第一版前言

随着我国科学技术的发展，化学试剂及精细化学品新、老产品更新的速度很快。近几年国内研制生产和从国外引进了很多新品种，原有的一些老品种的标准或数据等项内容也有较大变化。由于目前国内将化学试剂、精细化学品的有关资料，特别是近几年的新资料综合起来，汇编成册的实用工具书尚属少见，对理化特性等无数据可查，致使从事化学试剂、精细化学品的生产、使用、经营、保管人员深感不便，甚至发生新产品使用老标准的情况。

为了适应市场经济的发展，满足各方面的需要，我公司工程技术人员参考国内外有关化学试剂、精细化学品的最新资料，结合我国化学试剂、精细化学品市场的流通情况，编写了这部《化学试剂・精细化学品手册》。

本手册品种的资料内容包括：中、英文正名和别名（包括英文缩写名）；化学结构式；示性式；分子式；相对分子质量；性状；一般理化常数；国家标准化学试剂标准号；国家标准危险货物品名表编号；化学试剂行业标准号；美国默克索引《The Merck Index》第十二版编号；染料索引《Colour Index》编号；国际生物化学联合会酶委员会（Enzyme Commission of the International Union of Biochemistry）对酶的编号；参考规格及标准项目（最新版本的国家标准、化工行业标准及企业标准项目）；主要用途以及使用、保存的安全注意事项。其中国家标准化学试剂标准号、国家标准危险货物品名表编号、化学试剂行业标准号、美国默克索引《The Merck Index》等都采用了最新的资料，化合物的命名执行了中国化学会1980年公布的符合“国际纯化学和应用化学联合会”（即IUPAC）规定的命名原则，具有一定权威性。

为了适应各方面人员作为工具书使用的要求，本手册尤其对每个品种的理化特性作了详细的描述，同时力求达到编排合理、检索便捷，正文之前有使用说明。正文部分按英文字母顺序排列，正文后附中、英文索引，检索查找十分方便。

在本目录的编写过程中得到了许多专家、学者的大力支持和热情帮助，在出版中又得到化学工业出版社的通力配合。在此谨向他们表示诚挚的谢意。

限于水平，编写中疏漏、差错及不尽人意之处，敬请各界同仁批评指正。

北京化学试剂公司

2001年

赵天宝 ◎ 主编

化学试剂・化学药品手册

第三版

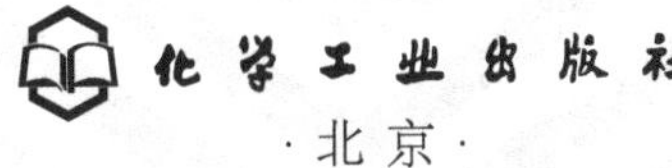

化学工业出版社

・北京・

本手册收集了国内外常用化学试剂及化学药品产品10000余种，包括中、英文正名和别名、结构式、分子式、分子量、所含元素百分比、性状、理化常数、国家危险物品名编号、国家化学试剂标准编号、行业化学试剂标准号、默克索引第十五版编号、染料索引编号、国际生物化学联合会对酶的编号、参考规格、标准、主要用途及注意事项等内容。

本手册适用于从事化学试剂及化学药品的使用、生产、经营、保管及科研等工作的人员。

图书在版编目（CIP）数据

化学试剂.化学药品手册/赵天宝主编.—3版.—北京：化学工业出版社，2018.1
ISBN 978-7-122-31069-9

Ⅰ.①化… Ⅱ.①赵… Ⅲ.①化学试剂-手册②药品-手册 Ⅳ.①TQ421-62②R97-62

中国版本图书馆CIP数据核字（2017）第292490号

责任编辑：张 艳 刘 军　　封面设计：张 辉
责任校对：边 涛

出版发行：化学工业出版社（北京市东城区青年湖南街13号 邮政编码100011）
印 装：北京建宏印刷有限公司
787mm×1092mm 1/16 印张93½ 字数4250千字 2019年1月北京第3版第1次印刷

购书咨询：010-64518888 售后服务：010-64518899
网 址：http://www.cip.com.cn
凡购买本书，如有缺损质量问题，本社销售中心负责调换。

定 价：480.00元
京化广临字2018——16

前言

《化学试剂•化学药品手册》自2006年出版后，深受读者欢迎。编者和出版社收到许多读者来电来函，对此书给予充分肯定，并根据他们各自的工作需要对该书的修订及再版提出了很好的建议。

近年来，国际、国内市场的化学试剂及化学药品发展速度很快，新知识、新技术和信息要求也发生了较大的变化。一方面我国引进了大量国际市场的新品种，另一方面国内也不断研制了自己所需要的新品种。本次修订增补了新品种2000多种，删去、淘汰了近1000种旧品种。本手册总计达10299个品种。对于品种质量标准、用途、安全及环保、注意事项等进行了大量修改，并进一步丰富了品种的别名。

为了适应化学试剂和化学药品行业的发展以及进一步满足从事化学试剂和化学药品的生产、使用、经营、保管等人员各方面的需求，我们参考了国内外有关化学试剂和化学药品的最新资料，综合广大读者的要求和建议对本书第二版进行了较系统的修订，并仍沿用《化学试剂•化学药品手册》的书名。

本版手册品种的资料内容包括：中、英文正名和别名（包括英文缩写名）；化学结构式；分子式；分子量；所含元素的百分比；性状；理化常数；国家标准（强制性）化学试剂标准号；国家标准（推荐性）化学试剂标准号；化学试剂行业标准号；国家标准危险化学品目录编号；美国默克索引《The Merck Index》第15版编号；染料索引《Colour Index》编号；国际生物化学联合会酶委员会（Enzyme Commission of the International Union of Biochemistry）对酶的编号；参考规格；标准（最新版本的国家强制性标准、国家推荐性标准、化工行业标准等）；主要用途；使用、保存及环保安全的注意事项。上述各项均采用最新的资料。

必须指出，化学试剂及化学药品不能直接用于人、畜的医疗，必要时须经国家有关部门的审批，经药理检验后方可应用。

为了适应各方面人员对工具书的使用要求，本手册尤其对每个品种的理化特性及使用、保管的注意事项都做了详细的描述，同时达到编排合理、检索便捷。正文之前还有详细的使用说明。正文部分正名、别名均按英文字母顺序排列，文前列英文正名目录。后附中文索引、CAS登录号索引，检索查找方便。

在本手册的编写过程中，得到了许多专家、学者的大力支持和热情帮助，出版过程又得到化学工业出版社的通力支持、指导和配合。在此谨向他们表示诚挚的谢意。

限于水平有限，编写中疏漏及不尽人意之处在所难免，敬请各界同仁批评指正。

编 者
2018年5月

使用说明

一、正文排列

本书正文部分按英文名称（正名、别名及缩写）字母顺序排列。英文、中文名称按“国际纯粹化学和应用化学联合会”（IUPAC）公布的命名原则及中国化学会公布的《无机化学命名原则》及《有机化学命名原则》，部分采用习惯的商品名称。并力求做到中、英文名称相对应。

二、名称序号

本书所收录的化学试剂及化学药品品名的序号是以五位数字按英文正名字母排列的序号（别名是见×××××号仍为正名的序号）。

三、商品编号

本书分子式前方括号［　］中的编号是国际通用 CAS 登录号（美国化学会所属化学文摘社编号）。

四、结构式

本书将所有带环状结构的大分子品种按国际通用的最新结构列出。

五、分子式和分子量

本书采用 2009 年“国际纯粹化学和应用化学联合会”（IUPAC）公布的国际原子量表所列的原子量。分子量是该品种分子式所有元素原子量之总和。没有分子式的用 Mr 表示。

六、中、英文别名

本书尽可能列出同一品种的其他名称，例如中、英文商品名称以及过去曾采用旧的命名法命名的常用旧称等，以便读者从多方面进行核查。

七、参考文献

本书收集了以下参考文献号：

1. GW 编号　国家标准《危险化学品目录》编号。如 2015-10 即 2015 年发布的危险化学品编号 10 号，3-氨基苯甲腈的编号。

2. M. I. 编号　美国默克索引《The Merck Index》编号。采用第 15 版编号。逗号前为版次，逗号后为序号。如“15，4544”，即第 15 版 4544 号，乙二醛。

3. C. I. 编号　染料索引《Colour Index》编号。如 C. I. 52005，即《Colour Index》52005 号，天青 A。

4. EC 编号　国际生物化学联合会酶委员会（Enzyme Commission of the International Union of Biochemistry）对酶的编号。如“EC 1. 4. 1. 3”，即谷氨酸脱氢酶的编号。

5. GB 编号　国家标准化学试剂强制性标准编号。如 GB 1255—1990，为无水碳酸钠，容量工作基准编号。

6. GB/T 编号　国家标准化学试剂推荐标准号。如 GB/T 2630—2010，即 2010 年颁布的国家标准化学试剂“乙酸铅三水”的推荐标准编号。

7. HG/T 编号　原化学工业部颁布的化学试剂推荐标准号（行业标准编号）。如 HG/T 3451—2003，即 2003 年国家发展和改革委员会颁布的行业标准化学试剂“硝基苯”的推荐标准编号。

八、性状

本书一般先列出该品种的外观、理化性质，后列出该品种的理化常数，如熔点、沸点、闪点、相对密度、折射率、比旋光度、致死量等的最新数据。

九、注意事项

本书一般先列出该品种的危险性、理化特征，再列出使用中的注意事项，最后列出其保管条件及保管温度。本条在此次修订中重点对环保方面的作用做出提示。该项下内容主要参考原我国的铁路《危险货物运输规则》、仓储储存规则及国际及联合国对危险品的有关规定，供读者参考。

十、目录及索引

本书设正名英文目录，按字母顺序排列。中文索引仍采用汉语拼音词头检索。例如查“硫酸”，用汉语拼音先查到“硫”的声母为“L”，在硫字后查到页码，查到硫酸，同样按后边的页码在正文中查到硫酸的正文。同时，可通过查阅CAS登录号索引找到相关产品。

常用符号说明

[α]	比旋光度。表示方法示例：$[\alpha]_{D}^{20}-4°\pm0.5°$（$c$＝2，于乙醇中），即在20℃时，在钠光波长下测得该物质比旋光度为－4°±0.5°（该物质2g溶于100mL乙醇中）。
AT	ardgentometric titration，银量滴定（法）。
bp	沸点。表示示例：bp_{10} 56℃/1.333kPa。即10mmHg（1.333kPa）的气压下沸点为56℃。
C. I.	燃料索引《Colour Index》缩写。表示方法示例：C. I. 44150，即指《Colour Index》第44150号。
d	相对密度。表示示例：d_{4}^{20} 0.905。该物质在20℃相对4℃水的密度为0.905。
DSC	Differential scanning calorimetry，差示扫描量热法。
EC	"国际生物化学会酶委员会"的缩写。后数字为对酶的编号。表示方法示例：EC 2.4.1.1。即磷酸化酶b的编号。
ε	摩尔消光系数（一般表示方法：g/mL）；介电常数。
Fp	闪点。表示示例：Fp 140℉，即闪点140华氏度。
GB/T	化学试剂国家推荐标准。
GC	gas chromatography，气相色谱（法）。
GE	gel electrophoresis，凝胶电泳（法）。
GW	国家标准危险货物品名编号。
HG/T	化工行业推荐标准。
HPLC	high performance liquid chromatography，高效液相色谱（法）。
IR	infra-red spectroscopy，红外光谱（法）。
KT	complexometric titration，配位滴定（法）；络合滴定（法）。
LC_{50}	致死中浓度［一般表示方法：（小时）mg/L］。
LD_{50}	致死中量（一般表示方法：mg/kg）。
λ_{max}	最大波长。
m-	meta-，间（位）。
M. I.	美国默克索引，《The Merck Index》的缩写。表示方法示例：M. I. 13，1276。即第13版1276号，逗号前为版次，逗号后为该版的品种序号。
Mr	分子量。在没有分子式时加Mr。表示方法示例：Mr约25000。即分子量约25000。
n	折射率。表示方法示例：n_{D}^{20} 1.140。即在20℃时，钠光波长下折射率为1.140。
nm	纳米。$1nm=10^{-3}\mu m=10^{-9}m=10Å$（埃）。
NMR	nuclear magnetic resonance spectroscopy，核磁共振波谱（法）。
NT	non aqueous titration，非水滴定（法）。

o-	ortho-，邻（位）。
p-	para-，对（位）。
PG	polarography，极谱（法）。
RT	radox titration，氧化还原滴定（法）。
sec-	仲，第二。
sp	凝固点。
sym-	对称，均。
T	acidimetric titration，酸量滴定（法）。
tert-	叔，第三。
TLC	thin-layer chromatography，薄层色谱（法）。
U	国际单位。
UV	ultra-violet spectroscopy，紫外线光谱（法）。
uv max	紫外光谱最大值。
vic-	连（位）。

英文目录

B

D

E

F

G

H

I

J

K

L

M

N

O

P

Q

R

S

T

U

V

W

X

A

Abacavir　阿巴卡韦　00001

[136470-78-5]　$C_{14}H_{18}N_6O$　286.34

成分　C 58.73%,H 6.34%,N 29.35%,O 5.59%。

别名　(1*S*,4*R*)-4-[2-Amino-6-(cyclopropylamino)-9*H*-purin-9-yl]-2-cyclopentene-1-methanol; (−)-*cis*-4-[2-Amino-6-(cyclopropylamino)-9*H*-purin-9-yl]-2-cyclopentene-1-methanol;1592U89

M.I. 15,1

性状　来自乙腈中的白色固体。溶于水(25℃):>80mmol/L(pH 值 7)。pK_a 5.01;mp 165℃;uv max(pH 值 1):296nm,255nm(ε 14000,10700);uv max(pH 值 7):284nm,259nm(ε 15900,9200);uv max(pH 值 13):284nm,259nm(ε 15800,9100);$[\alpha]_D^{20}$ −59.7°;$[\alpha]_{436}^{20}$ −127.8°;$[\alpha]_{365}^{20}$ −218.1°(*c*=0.15,于甲醇中)。

主要用途　医用抗病毒剂。

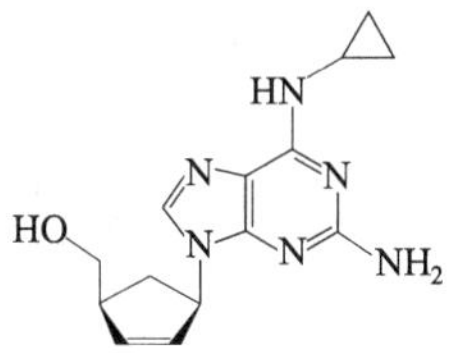

Abietic acid　松香酸　00002

[514-10-3]　$C_{20}H_{30}O_2$　302.46

成分　C 79.42%,H 10.00%,O 10.58%。

别名　松脂酸;枞酸;13-Isopropylpodocarpa-7,13-dien-15-oic acid; Sylvic acid; 13-*iso*-Propylpodocarpa-7,13-dien-15-oic acid; [1*R*-(1α,4aβ,4bα,10aα)]-1,2,3,4,4a,4b,5,6,10,10a-Decahydro-1,4a-dimethyl-7-(1-methylethyl)-1-phenanthrenecarboxylic acid

M.I. 15,7

性状　来自乙醇+水中的无色单斜片状结晶。溶于乙醇、苯、氯仿、乙醚、丙酮、二硫化碳、稀氢氧化钠溶液,不溶于水。mp 172~175℃;$[\alpha]_D^{24}$ −106°(*c*=1,于无水乙醇中)。uv max:235nm,241.5nm,250nm(ε 19500,22000,14300)。

注意事项　该品对眼睛、呼吸系统及皮肤有刺激性。对水生物极毒。使用时应穿适当的防护服。万一接触到眼睛,应立即用大量水冲洗后请医生诊治。对空气敏感。应充氩气密封于 2~8℃保存。

主要用途　酯类的生产,如松香酸甲酯、松香酸甘油酯等。涂料及工程塑料的生产等。

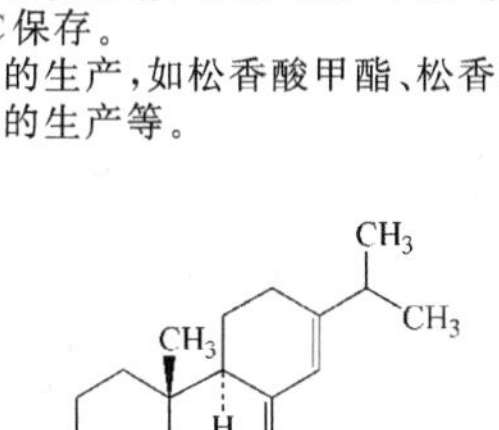

L-Abrine　L-红豆碱　00003

[21339-55-9][526-31-8]　$C_{12}H_{14}N_2O_2$　218.26

成分　C 66.04%,H 6.47%,N 12.84%,O 14.66%。

别名　*N*-甲基色氨酸;*N*-甲基-L-色氨酸;(*S*)-3-(1*H*-吲哚-3-基)-2-甲基氨基丙酸;α-甲基氨基-β-(3-吲哚)丙酸;L-相思豆碱;(*S*)-3-(1*H*-Indol-3-yl)-2-methylaminopropionic acid; α-Methylamino-β-(3-indole)propionic acid; *N*-Methyl-L-tryptophan

M.I. 15,11

性状　来自水中的无色或白色核柱体结晶。该品 1g 溶于约 100mL 甲醇,溶于稀酸及碱溶液,微溶于水,不溶于乙醚。mp 295℃(分解);$[\alpha]_D^{21}$ +44°(0.28g 溶于 10mL 0.5mol/L 盐酸中)。L-型 $[\alpha]_D^{20}$ −14°~−10°。一般试剂含量 ≥99.0%。

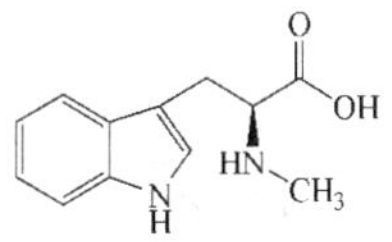

(+)-Abscisic acid　(+)-脱落酸　00004

[21293-29-8]　$C_{15}H_{20}O_4$　264.32

成分　C 68.16%,H 7.63%,O 24.21%。

别名　休眠素;离层酸;ABA;Abscisin Ⅱ;Dormin;(2-*cis*,4-*trans*,1*S*)-5-(1-Hydroxy-2,6,6-trimethyl-4-oxo-2-cyclohexen-1-yl)-3-methyl-2,4-pentadienoic acid;(2*Z*,4*E*)-5-[(1*S*)-Hydroxy-2,6,6-trimethyl-4-oxo-2-cyclohexen-1-yl-3-methyl-2,4-pentadienoic acid]

M.I. 15,12

性状　来自乙酸乙酯+己烷中的无色结晶。溶于碳酸氢钠水溶液、氯仿、丙酮、乙酸乙酯、乙醚,微溶于苯,水,略微溶于石油醚。mp 161~163℃;120℃升华;$[\alpha]_D^{20}$ +411.1°(*c*=1,于乙醇中);$[\alpha]_D^{20}$ +426.5°(*c*=1,于 0.05mol/L 硫酸中);uv max(于甲醇中):252nm(ε 25200)。一般试剂含量 ≥99.0%(CH)。

注意事项　使用时应避免吸入本品的粉尘,避免与眼睛及皮肤接触。对光敏感。应充氩气密封避光于−20℃保存。

主要用途　天然植物生长调整剂。植物组织分化、组织培养实验。

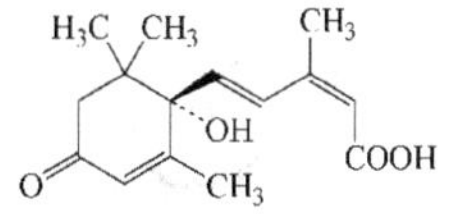

(−)-*cis*,*trans*-Abscisic acid

(−)-顺,反式-脱落酸　00005

[14398-53-9]　$C_{15}H_{20}O_4$　264.32

成分　C 68.16%,H 7.63%,O 24.21%。

别名　(*R*)-(−)-Abscisic acid

M.I. 15,12

性状　无色结晶。mp 162~163℃;$[\alpha]_D^{20}$ −426.2°(*c*=1,于 0.005mol/L 硫酸中)。一般试剂含量≥99.0%。

注意事项　该品应密封避光于−20℃保存。

Acacetin　金合欢素　00006

[480-44-4]　$C_{16}H_{12}O_5$　284.27

成分　C 67.60%,H 4.26%,O 28.14%。

别名　5,7-二羟基-2-(4-甲氧基苯基)-4*H*-1-苯并吡喃-4-酮;5,7-二羟基-4′-甲氧基黄酮;芹菜苷配基-4′-甲基醚;Apigenin-4′-methyl ether; 5,7-Dihydroxy-4′-methoxyflavone; 5,7-Dihydroxy-2-(4-methoxyphenyl)-4*H*-1-benzopyran-4-one

M.I. 15,14

性状　来自 95%乙醇中的黄色针状结晶。能吸潮。对光敏感。溶于热乙醇,几乎不溶于乙醚。溶于碱溶液呈黄色。mp 263℃。生化试剂含量≥97.0%(HPLC)。

注意事项　该品对眼睛、呼吸系统及皮肤有刺激性。使用时应穿适当的防护服。万一接触到眼睛,应立即用大量水冲洗后请医生诊治。应充氩气密封避光于 2~8℃干燥保存。

主要用途　生化研究。分析用标准物质。

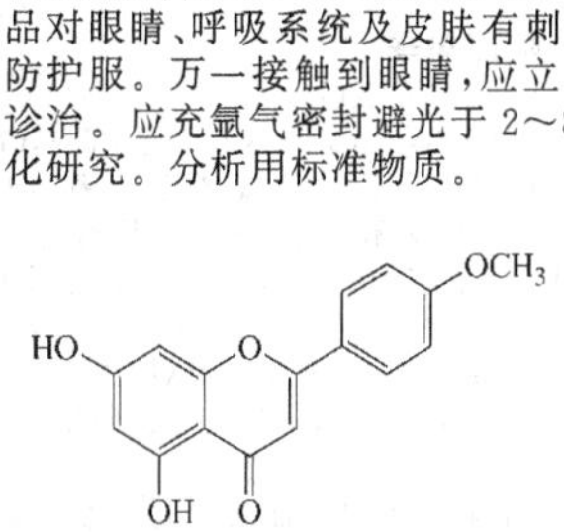

Acacic acid　金合欢酸　00007

[1962-14-7]　$C_{30}H_{48}O_5$　488.71

成分　C 73.73%,H 9.90%,O 16.37%。

别名　(3β,16α,21β)-Trihydroxyolean-12-en-28-oic acid

M.I. 15,16

性状　来自甲醇中的无色针状结晶。mp 280~281℃。

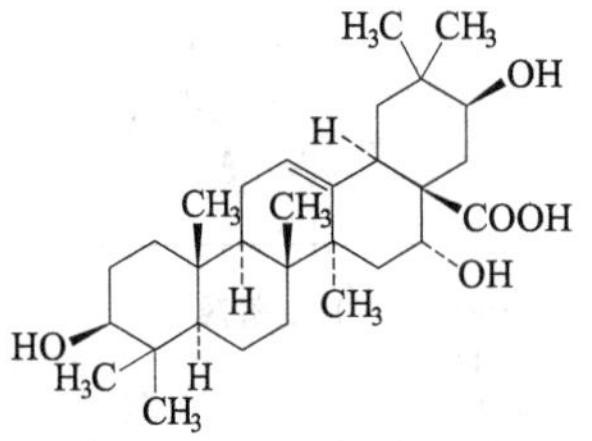

Acadesine 阿卡地辛 00008

[2627-69-2] $C_9H_{14}N_4O_5$ 258.23

成分 C 41.86%,H 5.46%,N 21.70%,O 30.98%。

别名 阿卡地辛;5-氨基-1-β-D-呋喃核糖基-1*H*-咪唑-4-羰胺;5-氨基-4-咪唑羰胺核糖核苷;5-Amino-1-β-D-ribofuran-osyl-1*H*-imidazole-4-carboxamide; 5-Amino-4-imidazolecarboxamide ribonucleoside; AICA-riboside; Arasine; Protara

M. I. 15,17

性状 来自甲醇或水中的无色结晶,mp 213~214℃(分解);或来自90%乙醇水溶液的浅棕色棱柱体结晶,mp 206~208℃(分解)。uv max(pH 值 7 及 0.1mol/L 氢氧化钠中):265nm(ε 12400);uv max(1mol/L 盐酸中):245nm,265nm(ε 8670,10320)。

主要用途 医用心脏保护剂。

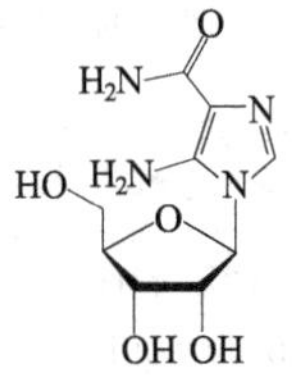

Aceclofenc 醋氯芬酸 00009

[89796-99-6] $C_{16}H_{13}Cl_2NO_4$ 354.18

成分 C 54.26%,H 3.70%,Cl 20.02%,N 3.95%,O 18.07%。

别名 2-[(2,6-二氯苯基)氨基]苯乙酰氧基乙酸;2-[(2,6-二氯苯基)氨基]苯乙酸羧甲酯;2-[(2,6-Dichlorophenyl)amino] benzeneacetic acid carboxymethyl ester; 2-[(2, 6-Dichlorophenyl)amino]phenylacetoxyacetic acid; Glycolic acid [*o*-(2, 6-dichloroanilino) phenyl] acetate ester; PR-82/3; Airtal; Falcol; Gerbin; Preservex

M. I. 15,23

性状 来自环己烷中的白色结晶。mp 149~150℃;uv max(乙醇中):275nm(lgε 4.14)。

主要用途 医用抗炎剂,止痛剂。

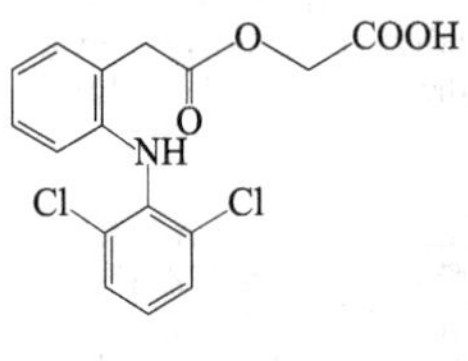

Acemetacin 阿西美辛 00010

[53164-05-9] $C_{21}H_{18}ClNO_6$ 415.83

成分 C 60.66%,H 4.36%,Cl 8.53%,N 3.37%,O 23.08%

别名 1-(4-氯苯甲酰基)-5-甲氧基-2-甲基-1*H*-吲哚-3-乙酸羧甲基酯;[[1-(4-氯苯甲酰基)-5-甲氧基-2-甲基吲哚-3-基]乙氧基]乙酸; 1-(4-Chlorobenzoyl)-5-methoxy-2-methyl-1 *H*-indole-3-acetic acid carboxymethyl ester; [[1-(4-Chlorobenzoyl)-5-methoxy-2-methylindoi-3-yl]acetoxy]acetic acid; TV-1322; Acemix; Emflex; Rantudil; Solart

M. I. 15,28

性状 来自石油醚中的极细的浅黄色结晶。mp 150~153℃。LD_{50}(mg/kg)雄、雌小鼠,雄,雌大鼠急性经口:55.5,18.42;24.2,30.1;静脉注射:34.1,51.1;38.1,28.3。

注意事项 该品吸入、口服或与皮肤接触极毒。使用时应穿适当的防护服,戴手套和防护镜或面罩。使用时应避免吸入本品的粉尘,避免与眼睛接触。使用时如有事故发生或有不适感,应立即请医生诊治。

主要用途 医用抗发炎剂。

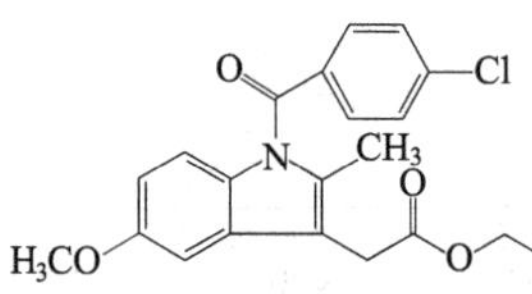

Acamprosate calcium 阿坎酸钙 00011

[77337-73-6] $C_{10}H_{20}CaN_2O_8S_2$ 400.47

成分 C 29.99%,H 5.03%,Ca 10.01%,N 7.00%,O 31.96%,S 16.01%。

别名 乙酰高牛磺酸钙;3-乙酰基氨基-1-丙烷磺酸钙盐(2:1);3-Acetylamino-1-propanesulfonic acid calcium salt(2:1); Calcium ace tyl homotaurinate; CA-AOTA; calcium bisacetyl homotaurine; Aotal; Campral

M. I. 15,18

性状 无色结晶性粉末。易溶于水,几乎不溶于无水乙醇、二氯甲烷。mp 270℃;uv max(水中):192nm(ε 7360)。LD_{50} 雄小鼠腹膜内注射:1.87g/kg。

主要用途 医疗用于酒精中毒的治疗。

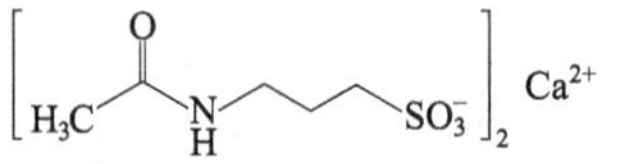

Acarbose 阿卡波糖 00012

[56180-94-0] $C_{25}H_{43}NO_{18}$ 645.61

成分 C 46.51%,H 6.71%,N 2.17%,O 44.61%。

别名 拜糖平;*O*-4,6-Dideoxy-4-[[[1*S*-(1α,4α,5β,6α)]-4,5,6-trihydroxy-3-(hydroxymethyl)-2-cyclohexen-1-yl]amino]-α-D-glucopyranosyl-(1→4)-*O*-α-D-glucopyranosyl-(1→4)-D-glucose;4″,6″-Dideoxy-4″-[(1*S*)-(1,4,6/5)-4,5,6-trihydroxy-3-hydroxymethyl-2-cyclohexenylamino]-maltotriose; Bay g 5421; Glucobay; Prandase; Precose

M. I. 15,19

性状 白色或近白色无定形粉末。溶于水。pK_a 5.1;$[\alpha]_D^{18}$ +165℃(c=0.4,于水中)。

主要用途 医用抗糖尿病剂。

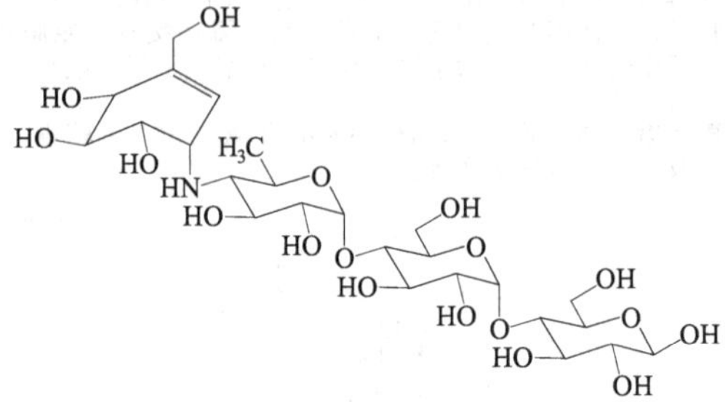

Acebutolol hydrochloride 乙丁酰心安 盐酸盐 00013

[34381-68-5] $C_{18}H_{29}ClN_2O_4$ 372.89

成分 C 57.98%,H 7.84%,Cl 9.51%,N 7.51%,O 17.16%。

别名 盐酸乙丁酰心安;盐酸醋丁酰心安;醋丁酰心安盐酸盐;M&B 17803A; IL-17803A; Acecor; Acetanol; Neptal; Prent; Sectral; *N*-[3-Acetyl-4-[2-hydroxy-3[(1-methylethyl) amino] propoxy] phenyl] butanamide hydrochloride; 3′-acetyl-4′-[2-hydroxy-3-(isopropylamino) propoxy] butyranilide hydrochloride; 1-(2-acetyl-4-*n*-butyramidophenoxy)-2-hydroxy-3-isopropylaminopropane hydrochloride; 5′-Butyramido-2′-(2-hydroxy-3-isopropylaminopropoxy) acetophenone hydrochloride

M. I. 15,20

性状 来自无水甲醇-无水乙醚中的无色结晶。易溶于水(室温,200mg/mL)、乙醇(室温,70mg/mL),极微溶于丙酮、二氯甲烷,不溶于乙醚。mp 141~143℃。

注意事项 该品吸入、口服或与皮肤接触有害。使用时应穿适当的防护服。应密封于 2~8℃保存。

主要用途 医用抗高血压剂，抗心绞痛剂，抗心律失常剂。

Acecainide hydrochloride 胺酰醋苯胺 盐酸盐 00014

[34118-92-8] $C_{15}H_{24}ClN_3O_2$ 313.83

成分 C 57.41%，H 7.71%，Cl 11.30%，N 13.39%，O 10.20%。

别名 4-(乙酰基氨基)-*N*-[(2-二乙基氨基)乙基]苯甲酰胺盐酸盐；4′-[[2-(二乙基氨基)乙基]氨基甲酰基]乙酰苯胺盐酸盐；*N*-乙酰基普鲁卡因 盐酸盐；盐酸胺酰醋苯胺；ASL-601；4-(Acetylamino)-*N*-[2-(diethylamino)ethyl]benzamide hydrochloride；4′-[[2-(Diethylamino)ethyl]carbamoyl] acetanilide hydrochloride；*N*-Acetylprocainamide hydrochloride；NAPA-HCl

M. I. 15，21

性状 无色结晶或粉末。mp 190～193℃。生化试剂含量≥99.0%(HPLC)。

注意事项 该品应密封于－20℃保存。

主要用途 医用抗心律失常剂。

Acecarbromal 乙酰阿达林 00015

[77-66-7] $C_9H_{15}BrN_2O_3$ 279.13

成分 C 38.73%，H 5.42%，Br 28.63%，N 10.04%，O 17.20%。

别名 乙酰二乙溴乙酰脲；阿巴辛；*N*-乙酰基-*N*-溴二乙基乙酰脲；乙酰基阿大林；乙酰基二乙代溴乙酰脲；*N*-[(乙酰基氨基)羰基]-2-溴-2-乙基丁酰胺；醋卡溴脲；*N*-[(Acetylamino)car-bonyl]-2-bromo-2-ethylbutanamide；*N*-Acetyl-*N*-bromodiethyl-acetylurea；Acetylbromodiethylacetylcarbamide；*N*-Acetyl-*N*′-α-bromo-α-ethylbutyrylcarbamide；Acetylcarbromal；Abasin；Sedamyl

M. I. 15，22

性状 无色结晶。味微苦。易溶于乙醇、乙酸乙酯，微溶于水。mp 108～109℃。

主要用途 医用镇静剂，安眠剂。

Acediasulfone 氨苯砜乙酸 00016

[80-03-5] $C_{14}H_{14}N_2O_4S$ 306.34

成分 C 54.89%，H 4.61%，N 9.14%，O 20.89%，S 10.47%。

别名 二氨二苯砜-*N*-乙酸；醋地砜；*N*-[4-[(4-Aminophenyl)-sulfonyl]phenyl]glycine；*N*-*p*-Sulfanilylphenylglycine；*p*-Amino-*p*′-(carboxymethylamino) diphenyl sulfone；4-Carboxymethyl-amino-4′-aminodiphenylsulfone；Diaminodiphenylsulfone-*N*-acetic acid

M. I. 15，24

性状 无色结晶。溶于甲醇、稀氢氧化钠溶液、丙酮。mp 194℃。

主要用途 医用抗菌剂。

Acefylline 茶碱乙酸 00017

[652-37-9] $C_9H_{10}N_4O_4$ 238.20

成分 C 45.38%，H 4.23%，N 23.52%，O 26.87%。

别名 1，2，3，6-四氢-1，3-二甲基-2，6-二氧嘌呤-7-乙酸；7-茶碱乙酸；羧甲基茶碱；1，2，3，6-Tetrahydro-1，3-dimethyl-2，6-dioxopurine-7-acetic acid；Carboxymethyltheophyl-line；7-Theophyllineacetic acid

M. I. 15，25

性状 来自水中的无色结晶。mp 271℃。

主要用途 医用支气管扩张剂。

Acenaphthene 苊 00018

[83-32-9] $C_{12}H_{10}$ 154.21

成分 C 93.46%，H 6.54%。

别名 苊烷；萘乙环；萘并乙烷；萘嵌戊烷；1，2-Dihydroacenaphthylene；1，8-Ethylenenaphthalene；*peri*-Ethylenenaphthalene

GW 2015-277 M. I. 15，29

性状 无色正交双锥体针状结晶或白色至米色结晶性粉末。溶于乙醇、三氯甲烷、甲苯、乙酸、苯、石油醚，不溶于水。mp 95℃；bp 279℃；*d* 1.189。一般试剂含量≥99.0%(HPLC)。

注意事项 该品易燃。对眼睛、呼吸系统和皮肤有刺激性。对水生物极毒。能对水环境引起不利的结果。使用时应穿适当的防护服，戴手套和防护镜或面罩。使用时应避免吸入本品的粉尘，避免与眼睛及皮肤接触。万一接触到眼睛，应立即用大量水冲洗后请医生诊治。其包装物应按危险品处理。应防止将本品释放于环境中。

主要用途 用于芳香族醛的检定。杀菌剂。染料中间体。塑料、农药等的制造。

Acenaphthenequinone 苊醌 00019

[82-86-0] $C_{12}H_6O_2$ 182.18

成分 C 79.12%，H 3.32%，O 17.56%。

别名 萘并乙二酮；萘嵌戊二酮；1，2-Acenaph thenedione；ACQ

性状 黄色针状结晶。溶于乙醇、热苯、甲苯，不溶于水。加热能升华。mp 252～255℃。一般试剂含量≥97.0%(HPLC)。

注意事项 该品对眼睛、呼吸系统及皮肤有刺激性。使用时应穿适当的防护服。使用时应避免吸入本品的粉尘，避免与眼睛及皮肤接触。万一接触到眼睛，应立即用大量水冲洗后请医生诊治。应密封保存。

主要用途 染料合成，杀虫剂。

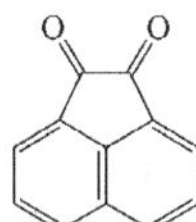

1-Acenaphthenol 1-苊醇 00020

[6306-07-6] $C_{12}H_{10}O$ 170.21

成分 C 84.68%，H 5.92%，O 9.40%。

别名 1-羟基苊；1-Hydroxyacenaphthene

性状 无色结晶。mp 147～148℃。一般试剂含量≥99.0%(GC)。

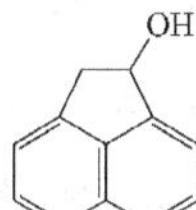

Acenaphthylene 苊烯 00021

[208-96-8] $C_{12}H_8$ 152.20

成分 C 94.70%，H 5.30%。

别名 萘并乙烯；萘嵌戊烯

性状 黄色棱柱形片状结晶。易溶于乙醇、丙酮、乙醚、石油醚、苯，不溶于水，在强酸中能聚合。mp 90～92℃；bp 280℃；Fp 251℉(122℃)；*d* 0.889。

注意事项 该品口服有害。对眼睛、呼吸系统及皮肤有刺激性。使用时应穿适当的防护服，戴防护镜或面罩。万一接触到眼睛，应立即用大量水冲洗后请医生诊治。

主要用途 用于芳香醛的测定。

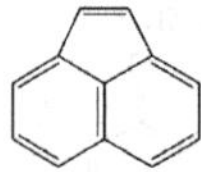

Acenocoumarol　苊香豆醇 00022
[152-72-7]　$C_{19}H_{15}NO_6$ 353.33
成分　C 64.59%，H 4.28%，N 3.96%，O 27.17%。
别名　新抗凝；4-羟基-3-[1-(4-硝基苯基)-3-氧丁基]-2*H*-苯并吡喃-2-酮；醋硝香豆素；4-Hydroxy-3-[1-(4-nitrophenyl)-3-oxobutyl]-2*H*-1-benzopyran-2-one；3-(*α*-Acetonyl-*p*-nitrobenzyl)-4-hydroxycoumarin；3-(*α*-*p*-Nitrophenyl-*β*-acetylethyl)-4-hydroxycoumarin；Acenocoumarin；Nicoumalone；G-23350；Mini-Sintrom；Sinthrome；Sintrom
M. I. 15，30
性状　无色结晶。略微溶于水及大多数有机溶剂。其水溶盐呈碱性。mp 196～199℃。LD_{50}(mg/kg)小鼠，大鼠急性经口：1470，1000。
主要用途　医用抗凝剂。

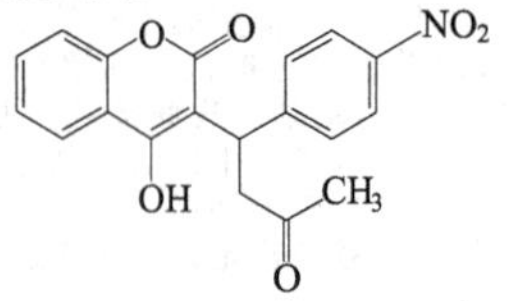

Aceperone　乙哌隆 00023
[807-31-8]　$C_{24}H_{29}FN_2O_2$ 396.51
成分　C 72.70%，H 7.37%，F 4.79%，N 7.07%，O 8.07%。
别名　1-对氟苯基-4-(4-苯基-4-乙酰氨甲哌啶)-1-丁酮；醋哌隆；乙哌丁酮；*N*-[[1-[4-(4-Fluorophenyl)-4-oxobutyl]-4-phenyl-4-piperidinyl]methyl]acetamide；*N*-[[1-[3-(*p*-Fluorobenzoyl)propyl]-4-phenyl-4-piperidyl]methyl]acetamide；1-(*p*-Fluorophenyl)-4-(4-phenyl-4-acetamidomethylpiperidino)-1-butanone；1-[*γ*-(4-Fluorobenzoyl)propyl]-4-acetamido-methyl-4-phenylpiperidine；*N*-[1-[3-(*p*-Fluorobenzoyl)propyl]-4-phenylpiperidin-4-ylmethyl]acetamide；4′-Fluoro-4-(4-acetamidomethyl-4-phenylpiperido)butyrophenone；Acetabutone；Acetobuton；R-3248
M. I. 15，31
性状　无色结晶。mp 97～100℃。

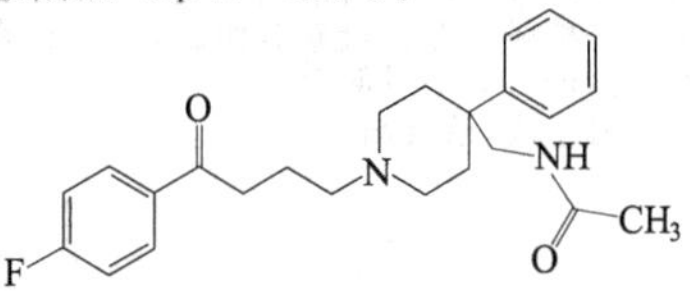

Acephate　高灭磷 00024
[30560-19-1]　$C_{14}H_{10}NO_3PS$ 183.16
成分　C 26.23%，H 5.50%，N 7.65%，O 26.20%，P 16.91%，S 17.50%。
别名　乙酰甲胺磷；杀虫灵；Acetylphosphoramidothioic acid *O*，*S*-dimethyl ester；*O*，*S*-Dimethyl *N*-acetylphosphoramidothioate；Ortho 12420；Orthene
M. I. 15，32
性状　白色固体。易溶于水，中等程度溶于丙酮、乙醇，较少地溶于芳香溶剂。mp 64～68℃(不纯的)。LD_{50}大鼠急性经口：700mg/kg。
注意事项　该品口服有害。使用时应穿适当的防护服。应密封于2～8℃保存。
主要用途　接触及吸入型杀虫剂。分析用标准物质。

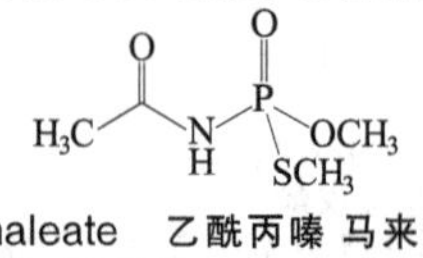

Acepromazine maleate　乙酰丙嗪 马来酸盐 00025
[3598-37-6]　$C_{23}H_{26}N_2O_5S$ 442.53
成分　C 62.43%，H 5.92%，N 6.33%，O 18.08%，S 7.24%。
别名　乙酰噻吗嗪马来酸盐；马来酸乙酰丙嗪；马来酸乙酰噻吗嗪；Atravet；Calmivet；Plegicil；Prom Ace；Sedalin；Vetranquil；1-[10-[3-(Dimethylamino)propyl]-10*H*-phenothiazin-2-yl]ethanone maleate；10-[3-(Dimethylamino)propyl]phenothiazin-2-yl methyl ketone maleate；2-Acetyl-10-(3-dimethylaminopropyl)phenothiazine maleate；3-Acetyl-10-(3-dimethylaminopropyl)phenothiazine maleate；10-(3-Dimethylaminopropyl)phenothiazine-3-ethylone maleate；Acetazine maleate；Acetopromazine maleate；Acetylpromazine maleate；1522-CB maleate
M. I. 15，33
性状　来自乙酸乙酯中的黄色结晶。溶于水、乙醇、氯仿。其水溶液pH值约4.0．pK_a9.3；mp 135～136℃。LD_{50}大鼠急性经口：400mg/kg；小鼠静脉注射：59mg/kg。
注意事项　该品的蒸气吸入有害。对水生物极毒。能对水环境产生长期不良的影响。应防止将本品释放于环境中。其包装物应按危险品处理。
主要用途　兽用镇静剂。

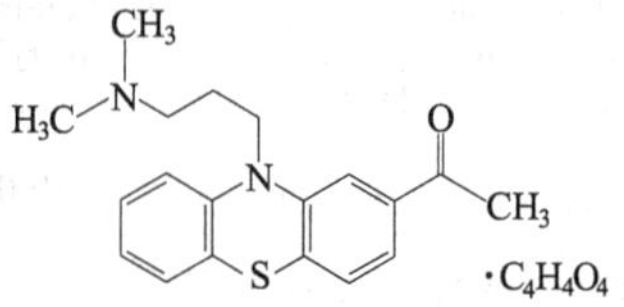

Aceguinocyl　灭螨醌 00026
[57960-19-7]　$C_{24}H_{32}O_4$ 384.52
成分　C 74.97%，H 8.39%，O 16.64%。
别名　2-乙酰氧基-3-十二烷基-1，4-萘醌；2-Acetyloxy-3-dodecyl-1，4-naphthalenedione；AKD-2023；DPX-3792；DPX-T3792；AC-145；Kanemite；Shuttle
M. I. 15，34
性状　细小的微黄色粉末。溶于水(25℃，6.7×10^{-6}g/L)。蒸气压(40℃)5.18×10^{-5}Pa。mp 59.6℃，LD_{50}(mg/kg)大鼠急性经口＞5000，皮肤接触＞2000；小鼠经口＞5000。LC_{50}(mg/L)(96h)鲤鱼，虹鳟鱼：＞96.5，＞33。
主要用途　杀螨剂。

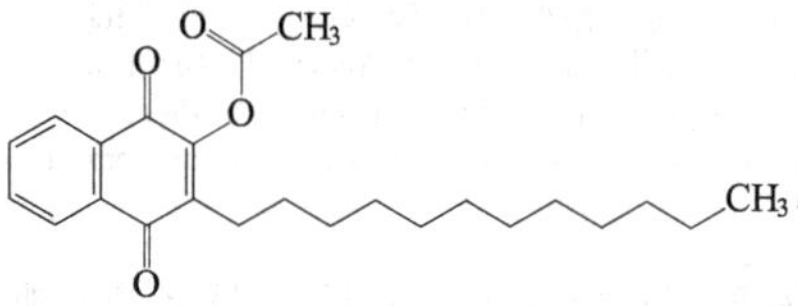

Acesulfame potassium salt　乙酰磺胺酸钾 00027
[55589-62-3]　$C_4H_4KNO_4S$ 201.24
成分　C 23.87%，H 2.00%，K 19.43%，N 6.96%，O 31.80%，S 15.93。
别名　安赛蜜；双氧噁噻嗪；乙酰氨基磺酸钾；6-Methyl-1，2，3-oxathiazin-4(3*H*)-one 2，2-dioxide potassium salt，6-Methyl-3，4-dihydro-1，2，3-oxathiazin-4-one 2，2-dioxide；Acetosulfam
M. I. 15，38
性状　来自苯或氯仿中的无色针状结晶。一般试剂含量≥99.0%(HPLC)。

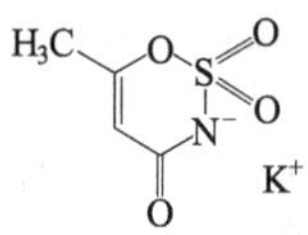

Acetal　乙缩醛 00028
[105-57-7]　$C_6H_{14}O_2$ 118.18
成分　C 60.98%，H 11.94%，O 27.08%。
别名　二乙醇缩乙醛；1，1-二乙氧基乙烷；阿雪太；缩醛；Acetaldehyde diethyl acetal；1，1-Diethoxyethane；Diethylacetal；Ethylidene diethyl ether
GW 2015-705　　M. I. 15，39
性状　无色透明易挥发液体。在碱中稳定。能与乙醇、60%乙醇、乙醚相混溶。5g该品能溶于100g水。bp_{760} 102.7℃/101.325kPa；bp_{200} 66.3℃/26.664kPa；bp_{60} 39.8℃/8kPa；bp_{40} 31.9℃/5.333kPa；bp_{20} 19.6℃/2.666kPa；bp_{10} 8.0℃/1.333kPa；bp_5 －2.3℃/666.6Pa；bp_1 －23℃/133.3Pa；Fp 97°F(36℃，闭杯)；d_4^{20} 0.8254；n_D^{20} 1.38193。LD_{50}大鼠急性经口4.57g/kg。一般试剂含量≥98.0%
注意事项　该品高度易燃。对眼睛及皮肤有刺激性。使用现场禁止吸烟。应远离火种，采取抗放静电措施于通风良好处密封保存。长期放置易聚合。

主要用途 溶剂。制备香料。医用安眠剂。

Acetaldehyde 40% 乙醛 40% 00029

[75-07-0] C_2H_4O 44.05

成分(以无水物计) C 54.53%，H 9.15%，O 36.32%。

别名 醋醛；Acetic aldehyde；AcH；"Aldehyde"；Aldehyde C_2；Ethanal；Ethylaldehyde

GW 2015-2627 M.I. 15,40

性状 纯品为无色液体。有特殊的刺激性气味。久置聚合并发生浑浊或沉淀现象。能与水、乙醇相混溶。纯品 mp −123.5℃；bp 21℃；Fp −36℉(−38℃，闭杯)；d_4^{16} 0.788；n_D^{20} 1.3316。LD_{50}大鼠急性经口：1930mg/kg。一般试剂为乙醛的 40.0%水溶液。

注意事项 该品的纯品极易燃。对眼睛及呼吸系统有刺激性。对机体有不可逆损伤的可能性。使用时应穿适当的防护服，戴手套。切勿排入下水道。应远离火种，采取抗放静电措施于通风良好处密封保存。

主要用途 还原剂。杀菌剂。比色法测定醛时用以制备标准溶液。工业上用以制造多聚乙醛、乙酸、合成橡胶等。

Acetaldehyde ammonia trimer 乙醛合氨三聚体 00030

[58052-80-5] $C_6H_{21}N_3O_3$ 183.25

成分 C 39.33%，H 11.55%，N 22.93%，O 26.19%。

别名 1-氨基乙醇 三聚体；1-Aminoethanol trimer；α-Aminoethyl alcohol trimer；Aldehyde ammonia trimer；Hexahydro-2,4,6-trimethyl-1,3,5-triazine trihydrate

GW 2015-32

性状 单体为白色结晶。易吸潮。露置空气中逐渐变黄色至棕色。有特殊臭味。易溶于水，微溶于乙醇、乙醚。mp 97℃；bp 110℃(部分分解)；Fp 132℉(55℃)。一般试剂含量≥96.0%(NT)。

注意事项 该品易燃。对眼睛、呼吸系统及皮肤有刺激性。使用时应穿适当的防护服。万一接触到眼睛，应立即用大量水冲洗后请医生诊治。应密封避光于 2～8℃保存。

主要用途 有机合成纯乙醛。橡胶硫化促进剂。

Acetaldoxime 乙醛肟 00031

[107-29-9] C_2H_5NO 59.07

成分 C 40.67%，H 8.53%，N 23.71%，O 27.09%。

别名 亚乙基胲；Acetaldehyde oxime；Aldoxime；Ethylideneh ydroxylamine

GW 2015-2628 M.I. 15,43

性状 白色双结晶体。易溶于水、乙醇、乙醚。能被盐酸分解为乙醛和羟胺。mp 46.5℃(α-型)；mp 12℃(β-型)；bp 114.5℃；Fp 104℉(40℃)；d 0.966；n_D^{20} 1.415。一般试剂含量≥99.0%(GC)。

注意事项 该品易燃。对眼睛、呼吸系统及皮肤有刺激性。使用时应穿适当的防护服。万一接触到眼睛，应立即用大量水冲洗后请医生诊治。应密封避光保存。

Acetamide 乙酰胺 00032

[60-35-5] C_2H_5NO 59.07

成分 C 40.67%，H 8.53%，N 23.71%，O 27.08%。

别名 醋酰胺；Acetic acid amide；Acetic acid amine；Amide C_2；Ethanamide

M.I. 15,44

性状 无色透明六方形结晶。易潮解。呈中性至微碱性。纯品应无臭，但一般商品常有老鼠般的气味。1g 该品溶于 0.5mL 水、2mL 乙醇、6mL 吡啶，溶于三氯甲烷、甘油、热苯，微溶于乙醚。pK_b(25℃)：14.51。mp 81℃；bp_{760} 222℃/101.325kPa；bp_{100} 158℃/13.332kPa；bp_{40} 136℃/5.333kPa；bp_{20} 120℃/2.666kPa；bp_{10} 105℃/1.333kPa；bp_5 92℃/666.6Pa；d_4^{20} 1.159；n_D^{78} 1.4272。LD_{50}大鼠急性经口：30g/kg。一般试剂含量≥98.5%。

注意事项 该品对眼睛及呼吸系统有刺激性。对机体有不可逆损伤的可能性。使用时应穿适当的防护服和戴手套。应密封于干燥处保存。

主要用途 分析试剂。有机合成。溶剂。增塑剂。制药工业。染料合成。

Acetamidine hydrochloride 乙脒盐酸盐 00033

[124-42-5] $C_2H_7ClN_2$ 94.54

成分 C 25.41%，H 7.46%，Cl 37.50%，N 29.63%。

别名 盐酸乙脒；Acetamidinium chloride；Ethanimidamide hydrochloride；Acediamine hydrochloride；α-Amino-α-iminoethane hydrochloride；Ethanamidine hydrochloride；Ethenylamidine hydrochloride；SN-4455

M.I. 15,45

性状 来自乙醇中的无色长棱柱体结晶。微潮解。极易溶于水，溶于醇类，几乎不溶于丙酮、乙醚。mp 164～166℃。一般试剂含量≥97.0%(NT)。

注意事项 该品对眼睛、呼吸系统及皮肤有刺激性。使用时应穿适当的防护服。万一接触到眼睛，应立即用大量水冲洗后请医生诊治。应密封于阴凉干燥处保存。

主要用途 用于合成咪唑类、嘧啶类、三嗪类等。

NH
·HCl
H_3C NH_2

2-Acetamidoacrylic acid 2-乙酰氨基丙烯酸 00034

[5429-56-1] $C_5H_7NO_3$ 129.12

成分 C 46.51%，H 5.46%，N 10.85%，O 37.17%。

别名 *N*-乙酰基脱氢丙氨酸；*N*-Acetyldehydroalanine

性状 无色结晶。溶于水。mp 约 195℃(分解)。一般试剂含量≥99.0%(T)。

注意事项 该品口服有害。对眼睛、呼吸系统及皮肤有刺激激性。使用时应穿防护服、戴防护镜或面罩。万一接触到眼睛，应立即用大量水冲洗后请医生诊治。应密封保存。

O
H_2C OH
H_3C NH
O

***N*-(2-Acetamido)-2-aminoethanesulfonic acid**
***N*-(2-乙酰氨基)-2-氨基乙烷磺酸** 00035

[7365-82-4] $C_4H_{10}N_2O_4S$ 182.20

成分 C 26.37%，H 5.53%，N 15.38%，O 35.12%，S 17.60%。

别名 *N*-(2-乙酰胺基)-2-氨基乙烷磺酸；*N*-(氨基甲酰甲基)牛磺酸；ACES；2-[(2-Amino-2-oxoethyl)amino]ethane sulfonic acid；2-(Carbamoylmethylamino) ethanesulfonic acid；*N*-(Carbamoylmethyl)taurine

M.I. 15,37

性状 来自乙醇和水中的无色结晶。pK_a 6.8(25℃)；>220℃分解。该品 0.1mol/L 水溶液(20℃)pH 值 3.0～4.5；生化试剂含量≥99.0%(T)。

注意事项 使用时应避免吸入本品的粉尘，避免与眼睛及皮肤接触。

主要用途 生物缓冲剂。

O H_2
H_2N $\overset{+}{N}$ SO_3^-

4-Acetamidobenzaldelyde 4-乙酰氨基苯甲醛 00036

[122-85-0] $C_9H_9NO_2$ 163.18

成分 C 66.25%，H 5.56%，N 8.58%，O 19.61%。

别名 对乙酰氨基苯甲醛；4-Formylacetanilide

性状 无色或白色结晶。微溶于水。mp 156～158℃。一般试剂含量≥96.0%。

O
H_3C O
N
H

4-Acetamidobenzenesulfonyl azide
叠氮化 4-乙酰氨基苯磺酰 00037

[2158-14-7] $C_8H_8N_4O_3S$ 240.24

成分 C 40.00%,H 3.36%,N 23.32%,O 19.98%,S 13.35%。

别名 4-乙酰氨基苯磺酰叠氮;*p*-ABSA

性状 白色结晶。mp 107～111℃;一般试剂含量≥97.0%(HPLC)。

注意事项 该品对眼睛、呼吸系统及皮肤有刺激性。使用时应穿适当的防护服,戴手套和防护镜或面罩。万一接触到眼睛,应立即用大量水冲洗后请医生诊治。应密封于 2～8℃保存。

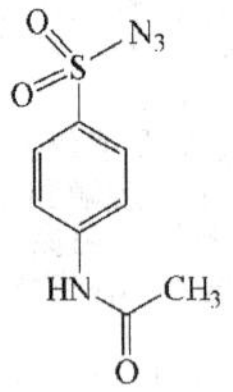

2-Acetamidobenzoic acid 2-乙酰氨基苯甲酸 00038

[89-52-1] $C_9H_9NO_3$ 179.18

成分 C 60.33%,H 5.06%,N 7.82%,O 26.79%。

别名 邻乙酰氨基苯甲酸;*N*-乙酰邻氨基苯甲酸;邻乙酰胺基苯甲酸;*N*-Acetyl-*o*-aminobenzoic acid;*N*-Acetylanthranilic acid;2-Carboxyacetanilide

性状 白色针状结晶。易溶于乙醚、苯、丙酮、热水、热乙酸、热乙醇,微溶于水。易为稀酸所水解。mp 184～186℃;一般试剂含量≥98.0%(HPLC)。

注意事项 该品口服有害。使用时应穿适当的防护服。应密封避光保存。

主要用途 有机合成。

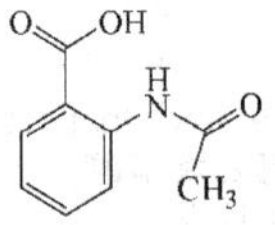

4-Acetamidobenzoic acid 4-乙酰氨基苯甲酸 00039

[556-08-01] $C_9H_9NO_3$ 179.18

成分 C 60.33%,H 5.06%,N 7.82%,O 26.79%。

别名 *N*-乙酰对氨基苯甲酸;对乙酰氨基苯甲酸;对乙酰胺基苯甲酸;*p*-Acetaminobenzoic acid;*N*-Acetyl-*p*-aminobenzoic acid;4-Carboxyacetanilide;PABA

性状 白色片状或针状结晶。微溶于水。在乙醇及乙醚中被热盐酸分解。mp 259～262℃(分解)。一般试剂含量≥98.0%(T)。

注意事项 使用时应避免吸入本品的粉尘,避免与眼睛及皮肤接触。应密封避光保存。

主要用途 有机合成。

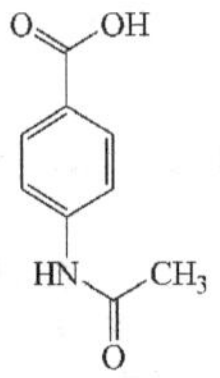

α-Acetamidocinnamic acid α-乙酰氨基肉桂酸 00040

[5469-45-4] $C_{11}H_{11}NO_3$ 205.21

成分 C 64.38%,H 5.40%,N 6.83%,O 23.39%。

别名 α-乙酰氨基桂皮酸;*N*-乙酰基脱氢苯丙氨酸;*N*-Acetyldehydrophenylalanine

性状 无色结晶。mp 193～195℃;一般试剂含量≥99.0%(T)。

注意事项 该品对眼睛及皮肤有刺激性。使用时应穿适当的防护服。万一接触到眼睛,应立即用大量水冲洗后请医生诊治。

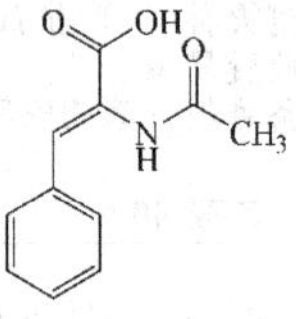

2-Acetamidofluorene 2-乙酰氨基芴 00041

[53-96-3] $C_{15}H_{13}NO$ 223.28

成分 C 80.69%,H 5.87%,N 6.27%,O 7.17%。

别名 AAF;2-FAA;*N*-Acetyl-2-aminofluorene;*N*-9*H*-Fluoren-2-ylacetamide;*N*-(2-Fluorenyl)acetamide;2-Acetylaminofluorene

M.I. 15,4189

性状 来自乙醇+水中的近白至浅黄色结晶性粉末。溶于乙醇、乙二醇及脂肪溶剂,不溶于水。mp 194℃;uv max:285nm。生化试剂含量≥99.0%(HPLC)。

注意事项 该品口服有害,能致癌。使用前应得到专门的指导,避免曝露。使用时应穿适当的防护服,戴手套和防护镜或面罩。使用时如有事故发生或有不适之感,应立即请医生诊治。应密封避光保存。

主要用途 该品为检查致癌芳香氨化合物新陈代谢过程的一种典型化合物。有机合成。

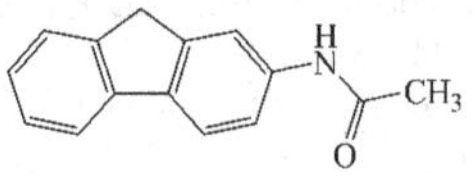

N-(2-Acetamido)iminodiacetic acid *N*-(2-乙酰氨基)亚氨基二乙酸 00042

[26239-55-4] $C_6H_{10}N_2O_5$ 190.16

成分 C 37.90%,H 5.30%,N 14.73%,O 42.07%。

别名 ADA;*N*-(2-Amino-2-oxoethyl)-*N*-(carboxymethyl)glycine;*N*-(Carbamoylmethyl)iminodiacetic acid

M.I. 15,135

性状 来自氯乙酰胺中的无色结晶或白色结晶性粉末。微溶于水。pK_a(25℃)6.6。一般试剂含量≥98.0%(T)。

主要用途 生物缓冲剂。金属螯合剂。

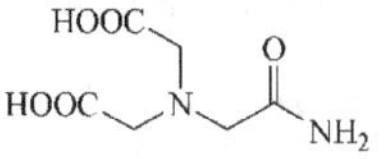

N-(2-Acetamido)iminodiacetic acid monosodium salt *N*-(2-乙酰氨基)亚胺基二乙酸一钠盐 00043

[7415-22-7] $C_6H_9N_2NaO_5$ 212.14

成分 C 33.97%,H 4.28%,N 13.21%,Na 10.84%,O 37.71%。

别名 *N*-(甲氨酰甲基)亚氨基二乙酸一钠盐;*N*-(氨基甲酰基甲基)亚氨基二乙酸一钠盐;ADA monosodium salt;ADA-Na;*N*-(Arbamoylmethyl)iminodiacetic acid monosodium salt

性状 无色结晶。溶于水。pK_a(25℃)6.6。生化试剂含量≥99.0%(T)。

注意事项 使用时应避免吸入本品的粉尘,避免与眼睛及皮肤接触。

主要用途 生化研究。用于蛋白质分离中固定 pH 值的梯度变化缓冲剂。

4-Acetamido-4′-isothiocyanato-2,2′-stilbenedisulfonic acid disodium salt hydrate 4-乙酰氨基-4′-异硫氰酸芪-2,2′-二磺酸二钠盐 00044

[51023-76-8] $C_{17}H_{12}N_2Na_2O_7S_3 \cdot xH_2O$ 498.47(无水物)

成分 C 40.96%,H 2.43%,N 5.62%,Na 9.22%,O 22.47%,S 19.30%。

别名 4-乙酰氨基-4′-异硫氰酸-1,2-二苯乙烯-2,2′-二磺酸二钠盐;4-Acetamido-4′-isothiocyanatestilbene-2,2′-disulfonic acid disodium salt;Disodium 4-acetamido-4′-isothiocyanato-stilben-2,2′-disulfonate;SITS

性状 无色结晶,溶于水。对光及湿度敏感。生化试剂含量≥90.0%(HPLC)。

注意事项 该品口服有害。对眼睛、呼吸系统及皮肤有刺激性。吸入能引起过敏。使用时应穿适当的防护服,避免吸入本品的粉尘。万一接触到眼睛,应立即用大量水冲洗后请医生诊治。应充氩气密封避光于 2～8℃干燥保存。
主要用途 生化研究。

S-Acetamidomethyl-L-cysteine hydrochloride
S-乙酰氨基甲基-L-半胱氨酸 盐酸盐 00045
[28798-28-9] $C_6H_{13}ClN_2O_3S$ 228.70
成分 C 31.51%，H 5.73%，Cl 15.50%，N 12.25%，O 20.99%，S 14.02%。
别名 盐酸 *S*-乙酰氨基甲基-L-半胱氨酸；*S*-乙酰氨基甲基-L-巯基丙氨酸盐酸盐；H-Cys(Acm)·HCl
性状 无色结晶。溶于水，易吸潮。mp 约 165℃（分解）；$[\alpha]_D^{20}$约 27°±1℃（*c*=1，于水中）。生化试剂含量≥99.0%（AT）。
注意事项 使用时应避免吸入本品的粉尘，避免与眼睛及皮肤接触。应充氩气密封干燥保存。

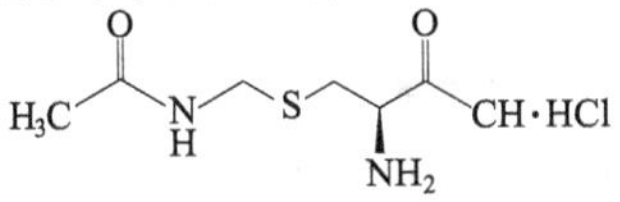

2-Acetamidophenol 2-乙酰氨基酚 00046
[614-80-2] $C_8H_9NO_2$ 151.17
成分 C 63.57%，H 6.00%，N 9.27%，O 21.17%。
别名 乙酰邻氨基酚；邻羟基乙酰苯胺；邻乙酰氨基酚；2-羟基乙酰苯胺；*o*-Hydroxyacetanilide；2′-Hydroxyacetanilide；*o*-Acetamidophenol
性状 白色针状结晶或结晶性粉末。溶于乙醇和热水，微溶于冷水。对空气、湿度及光敏感。遇三氯化铁显绿色。mp 209℃。
注意事项 该品对眼睛及皮肤有刺激性。使用时应穿适当的防护服。万一接触到眼睛，应立即用大量水冲洗后请医生诊治。应密封避光于干燥处保存。
主要用途 有机合成。制药工业（抗肿瘤剂嘧啶苯芥的中间体）。过氧化氢的稳定剂。

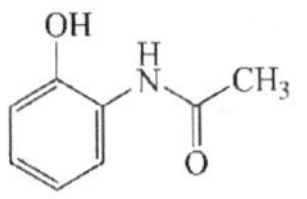

3-Acetamidophenol 3-乙酰氨基酚 00047
[621-42-1] $C_8H_9NO_2$ 151.17
成分 C 63.57%，H 6.00%，N 9.27%，O 21.17%。
别名 *N*-乙酰间氨基酚；间羟基乙酰苯胺；间乙酰氨基酚；3-羟基乙酰苯胺；*N*-Acetyl-*m*-aminophenol；*m*-Hydroxyacetanilide；3′-Hydroxyacetanilide
性状 无色针状结晶。溶于水、乙醇，微溶于乙醚、三氯甲烷、苯。对空气、湿度及光敏感。mp 146～148℃。一般试剂含量≥98.5%。
注意事项 该品对眼睛、呼吸系统及皮肤有刺激性。使用时应穿适当的防护服。万一接触到眼睛，应立即用大量水冲洗后请医生诊治。应密封避光于干燥处保存。
主要用途 偶氮染料。

4-Acetamidophenol 4-乙酰氨基酚 00048
[103-90-2] $C_8H_9NO_2$ 151.17
成分 C 63.56%，H 6.00%，N 9.27%，O 21.17%。
别名 *N*-乙酰对氨基酚；对羟基乙酰苯胺；对乙酰氨基酚；Abensanil；Acamol；Acetalgine；*p*-Acetamidophenol；Acetaminophen；*p*-Acetaminophenol；*N*-Acetyl-*p*-aminophenol；Alpiny；Amadil；Anaflon；Anhiba；Apamide；APAP；Enelfa；Eneril；Eu-med；Exdol；Febrilex；Finimal；Gelocatil；Hedex；Homoodan；Ben-uron；Bickie-mol；Calpol；Captin；Claratal；Cetadol；Dafalgan；Datril；Dirox；Disprol；Doliprane；Dolprone；Dymadon；*p*-Hydroxyacetanilide；4′-Hydroxyacetanilide；*N*-(4-Hydroxyphenyl) acetamide；Korum；Momentum；Naprinol；Nobedon；Ortensan；Pacemol；Paldesic；Panadol；Panaleve；Panasorb；Panets；Panex；Panodil；Paracetamol；Paraspen；Parelan；Parmol；Pasolind N；Salzone；Tabalgin；Tapar；Tempra；Tralgon；Tylenol；Valadol
M. I. 15，47
性状 来自水中的无白大单斜棱柱体结晶。溶于甲醇、乙醇、二甲基甲酰胺、二氯乙烯、丙酮、乙酸乙酯，较多地溶于热水，极微溶于冷水，不溶于石油醚、戊烷及苯。mp 169～170.5℃；d_4^{21} 1.293；uv max（乙醇中）：250nm（ε 13800）。LD_{50}小鼠急性经口：338mg/kg；LD_{50}小鼠腹膜内注射：500 mg/kg。一般试剂含量≥98.0%（HPLC）。
注意事项 该品口服有害。对眼睛、呼吸系统及皮肤有刺激性。使用时应穿适当的防护服。万一接触到眼睛，应立即用大量水冲洗后请医生诊治。应密封避光保存。
主要用途 偶氮染料的合成。照相用药品。医用止痛剂，抗发热剂。

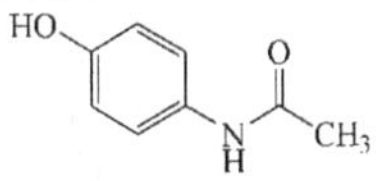

4-Acetamido-2,2,6,6-tetramethylpiperidine 1-oxyl
1-氧-4-乙酰氨基-2,2,6,6-四甲基哌啶 00049
[14691-89-5] $C_{11}H_{21}N_2O_2$ 213.30
成分 C 61.94%，H 9.92%，N 13.13%，O 15.00%。
别名 4-乙酰氨基-2,2,6,6-四甲基哌啶-1-氧；4-Acetamido-TEMPO
性状 无色结晶。mp 143～145℃。一般试剂含量≥98.0%（HPLC）。
注意事项 该品对眼睛、呼吸系统及皮肤有刺激性。使用时应穿适当的防护服。万一接触到眼睛，应立即用大量水冲洗后请医生诊治。应充氮气密封于 2～8℃保存。

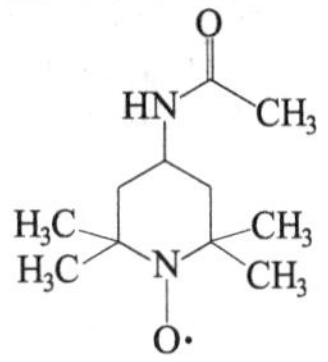

Acetamiprid 啶虫脒 00050
[160430-64-8][135410-20-7] $C_{10}H_{11}ClN_4$ 222.68
成分 C 53.94%，H 4.98%，Cl 15.92%，N 25.16%。
别名 吡虫清；(1*E*)-*N*-[(6-氯-3-吡啶基)甲基]-*N*′-氰基-*N*-甲基乙酰胺；(1*E*)-*N*-[(6-Chloro-3-pyridinyl) methyl]-*N*′-cyano-*N*-methylethanimidamide；*N*-Cyano-*N*′-(2-chloro-5-pyridylmethyl)-*N*′-methylacetamidine；NI-25；Mospilan
M. I. 15，48
性状 白色结晶。溶于水（25℃，4200mg/L），溶于丙酮、甲醇、乙醇、二氯甲烷、氯仿、乙腈、四氢呋喃。蒸气压（25℃）$<1\times10^{-8}$mmHg/1.333×10^{-6}Pa。mp101.0～103.3℃。LD_{50}(mg/kg)雄、雌大鼠，雄、雌小鼠急性经口：217、146、198、184。一般试剂含量≥99.0%（HPLC）。
注意事项 该品吸入或口服有毒。对蜜蜂有毒。使用时如有事故发生或有不适之感，应请医生诊治。
主要用途 杀虫剂。分析用标准物质。

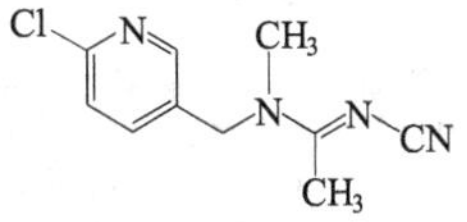

Acetanilide 乙酰苯胺 00051
[103-84-4] C_8H_9NO 135.17
成分 C 71.09%，H 6.71%，N 10.36%，O 11.84%。
别名 *N*-乙酰苯胺；安替非布林；退热冰；*N*-苯基乙酰胺；Acetanil；*N*-Acetanilide；Acetylaminobenzene；Acetylanilide；Acetylaniline；Antifebrin；*N*-Phenylacetamide
GW2015-76 M. I. 15，49
性状 来自水中的无色或白色有光泽的斜方片或鳞片结晶。微有辛辣味。1g 该品溶于 185mL 水，20mL 沸水，3.4mL 乙醇，0.6mL 沸乙醇，3mL 甲醇，3.7mL 氯仿，4mL 丙酮，5mL 甘油，8mL 二氧六环，18mL 乙醚，47mL 苯。略微溶于石油醚。p*K*(28℃) 13.0。95℃时即有相当大的挥发性。mp 113～115℃；bp 304～305℃；Fp 161℃(321℉)；d_4^{15} 1.219。LD_{50}老鼠胃内注入：800mg/kg。一般试剂含量≥99.0%。
注意事项 该品口服有害，对眼睛、呼吸系统及皮肤有刺激性。使用时应穿适当的防护服，应避免吸入本品的粉尘。万一接触到眼睛，应立即用大量水冲洗后请医生诊治。应密封避光保存。
主要用途 分析试剂，用于有机元素（C、H、N）定量分析的标样；钍、铬、铅、锰、铁、氰化物、氧化物、硝酸盐、亚硝酸盐的检定。过氧化氢的稳定剂。医用止痛剂，抗发热剂。

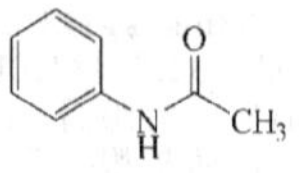

Acetarsone　乙酰胺胂　00052

［97-44-9］　$C_8H_{10}AsNO_5$　275.09

成分　C 34.93%，H 3.66%，As 27.24%，N 5.09%，O 29.08%。

别名　2-乙酰氨基苯酚-4-胂酸；3-乙酰氨基-4-羟基苯胂酸；乙酰胂胺；乙酰氨基羟基苯胂酸；阿西太松；阿西塔胂；羟基乙酰氨基苯胂酸；斯托瓦梭尔；醋酰胺胂；Devegan；Orarsan；Qsarsal；Osarsol；Osvarsan；Paroxyl；Sanogyl；Spirocid；S. V. C.；Monargan；Ginarsol；Stovarsol；[3-(Acetylamino)-4-hydroxyphenyl]arsonic acid；*N*-Acetyl-4-hydroxy-*m*-arsanilic acid；3-Acetamido-4-hydroxyphenylarsonic acid；3-Acetamido-4-hydroxybenzenearsonic acid；Acetamidophenol-4-arsonic acid；Acetarsol；Acetphenarsine；Ehrlich 594；Fournean 190；F-190；Stovarsol；Amarsan；Arsaphen；Dynarsan；Goyl；Kharophen；Limarsol；Malagride；Gynoplix；Oralcid

M. I. 15,51

性状　来自水中的粗大无色或白色棱柱体结晶。微有酸味。易溶于碱和碳酸碱溶液，微溶于水、乙醇、稀酸。于常温下稳定。其饱和水溶液对石蕊呈酸性。mp 240～250℃（分解）。MLD 兔急性经口：125～150mg/kg；猫急性经口：150～175mg/kg。

注意事项　该品剧毒。应密封避光保存。

主要用途　有机合成。染料的制造。医用抗原生物剂（杀滴虫剂，治疗阴道鞭毛滴虫）。

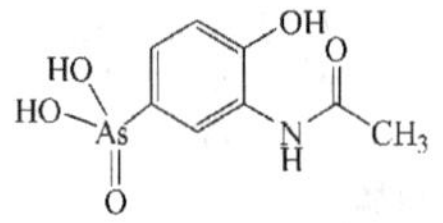

Acetazolamide　乙酰唑胺　00053

［59-66-5］　$C_4H_6N_4O_3S_2$　222.24

成分　C 21.62%，H 2.72%，N 25.21%，O 21.60%，S 28.85%。

别名　乙唑磺胺；2-乙酰氨基-1,3,4-噻二唑-5-磺酰胺；乙酰唑磺胺；*N*-[5-(Aminosulfonyl)-1,3,4-thiadiazol-2-yl]acetamide；5-Acetamido-1,3,4-thiadiazole-2-sulfonamide；2-Acetylamino-1,3,4-thiadiazole-5-sulfonamide；Acetamox；Atenezol；Dé filtran；Diamox；Didoc；Diuriwas；Donmox；Edemox；Fonurit；Glaupax

M. I. 15,52

性状　来自水中的无色或白色针状结晶或粉末。无嗅。味微苦。mp 258～259℃（泡腾）。呈弱酸性。略微溶于冷水，微溶于乙醇、丙酮，不溶于四氯化碳、氯仿、乙醚。该品于下列物质中的溶解度（mg/mL）：聚乙二醇-400 87.81；聚乙二醇 7.44；乙醇 3.93；甘油 3.65；水 0.72。生化试剂含量≥99.0%。

注意事项　该品对眼睛及皮肤有刺激性。能危害胎儿。使用前应得到专门的指导，避免曝露。使用时应穿适当的防护服，戴手套和防护镜或面罩。使用时应避免吸入本品的粉尘。万一接触到眼睛，应立即用大量水冲洗后请医生诊治。使用时如有事故发生或不适之感，应请医生诊治。

主要用途　医用抗青光眼剂。利尿剂。

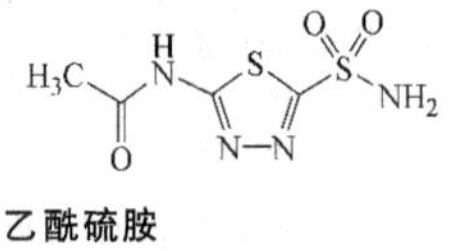

Acetiamine　二乙酰硫胺　00054

［299-89-8］　$C_{16}H_{22}N_4O_4S$　366.44

成分　C 52.44%，H 6.05%，N 15.29%，O 17.46%，S 8.75%。

别名　维生素 B_1 *O*,*S*-二乙酸酯；Ethanethioic acid *S*-[1-[2-(acetyloxy)ethyl]-2-[[(4-amino-2-methyl-5-pyrimidinyl)methyl]formylamino]-1-propenyl]ester；Thioacetic acid *S*-ester with *N*-[(4-amino-2-methyl-5-pyrimidinyl)methyl]-*N*-(4-hydroxy-2-mercapto-1-methyl-1-butenyl)formamide acetate；*N*-[(4-Amino-2-methyl-5-pyrimidinyl)methyl]-*N*-(4-hydroxy-2-mercapto-1-methyl-1-butenyl)formamide *O*,*S*-diacetate；3-Acetylthio-4-[(4-amino-2-methyl-5-pyrimidinyl)methyl-*N*-formylamino]-3-pentenyl acetate；5-Acetoxy-3-acetylthio-2-[(4-amino-2-methyl-5-pyrimidinyl)methyl-*N*-formylamino]-2-pentene；Diacethiamine；*O*,*S*-Diacetylthiamine；Vitamin B_1 *O*,*S*-diacetate；D. A. T；Thianeuron

M. I. 15,53

性状　来自苯-石油醚中的无色棱柱体结晶，mp 122～123℃（分解）；来自水中的为 mp 123～124℃。溶于水、甲醇、乙醇。

主要用途　维生素（酶辅因子）。

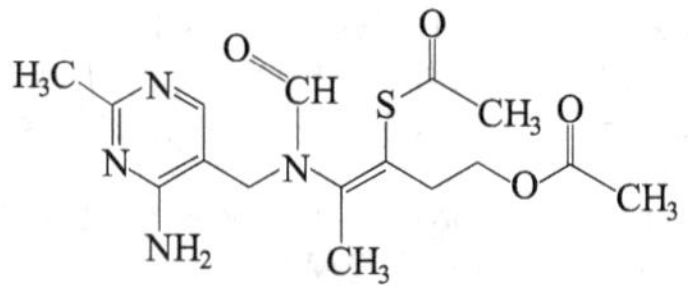

顺式

Acetic acid 36%　乙酸 36%　00055

［64-19-7］　$C_2H_4O_2$　60.05

成分（以无水物计）　C 40.00%，H 6.71%，O 53.29%。

别名　醋酸 36%；Ethanoic acid 36%；Methanecarboxylic acid 36%；Vinegar acid

GW 2015-2630　M. I. 15,54

性状　无色透明液体，为 36%的乙酸水溶液。有酸味。能与水、乙醇、乙醚等有机溶剂相混溶，不溶于二硫化碳。

注意事项　该品具有腐蚀性。万一接触到眼睛，应立即用大量水冲洗。

主要用途　常用分析试剂。溶剂。浸洗剂。制造乙酸盐。

参考规格　HG/T 3476—1999

	分析纯
含量(CH_3COOH)/%	36.0～37.0
蒸发残渣/%≤	0.001
氯化物(Cl)/%≤	0.0001
硫酸盐(SO_4)/%≤	0.0001
铁(Fe)/%≤	0.00005
重金属(以 Pb 计)/%≤	0.00005
还原重铬酸钾物质(以 O 计)/%≤	0.002

Acetic acid glacial　冰乙酸　00056

［64-19-7］　$C_2H_4O_2$　60.05

成分　C 40.00%，H 6.71%，O 53.29%。

别名　冰醋酸；Ac. A；Aci-Jel；AcOH；Carboxylic acid C_2；Crytallizable acetic acid；Ethanoic acid；Methanecarboxylic acid

GW 2015-2630　M. I. 15,54

性状　无色透明液体，低温下凝固为冰状晶体。有刺激性酸味。能与水、乙醇、甘油、乙醚和四氯化碳等有机溶剂相混溶，不溶于二硫化碳。mp 16.7℃；bp 118℃；Fp 103℉（39℃，闭杯）；$d^{16.67}$ 1.053（液体）；$d^{16.60}$ 1.266（固体）；d_{25}^{25} 1.049；n_D^{20} 1.3718。LD_{50}小鼠急性经口：3.53g/kg。

注意事项　该品易燃。具有腐蚀性，能引起严重烧伤。使用时应避免吸入其蒸气。万一接触到眼睛，应立即用大量水冲洗后请医生诊治。使用时如有事故发生或有不适之感，应请医生诊治。应密封于 16℃以上温暖处保存，以防凝固而致使容器破裂。

主要用途　常用分析试剂。通用溶剂和非水滴定溶剂。有机合成。色素、药品的合成。

参考规格　GB/T 676—2007

	优级纯	分析纯	化学纯
含量(CH_3COOH)/%≥	99.8	99.5	99.0
结晶点/℃≥	16.0	15.1	14.8
与水混合试验	合格	合格	合格
蒸发残渣/%≤	0.001	0.002	0.005
氯化物(Cl)/%≤	0.0001	0.0001	0.0004
硫酸盐(SO_4)/%≤	0.0001	0.0002	0.0005
铁(Fe)/%≤	0.00002	0.0001	0.0002
铜(Cu)/%≤	0.00001	0.00005	0.0001
锌(Zn)/%≤	0.00001		
铅(Pb)/%≤	0.00001	0.00005	0.0001
乙酸酐[$(CH_3CO)_2O$]/%≤	0.01	0.02	0.02
还原重铬酸盐物质(以 O 计)/%≤	0.004	0.008	0.01

Acetic anhydride　乙酸酐　00057

[108-24-7]　$C_4H_6O_3$　102.09

成分　C 47.06%，H 5.92%，O 47.02%。

别名　乙酐；无水乙酸；醋酐；醋酸酐；Acetic acid anhydride；Acetic oxide；Acetyl oxide；Ethanoic anhydride

GW 2015-2634　M. I. 15,55

性状　无色有强折射性的透明液体。有强乙酸味。具有催泪性。溶于三氯甲烷、乙醇、丙酮、乙醚。能缓慢溶于水，生成乙酸。mp −73℃；bp 139℃；Fp 130 ℉(55℃)；d_4^{15} 1.080；n_D^{20} 1.3904。LD_{50}大鼠急性经口：1.78g/kg。

注意事项　该品易燃。吸入或口服有害。具有腐蚀性，能引起烧伤。使用时应穿适当的防护服，戴手套和防护镜或面罩。万一接触到眼睛，应立即用大量水冲洗后请医生诊治。使用时如有事故发生或不适之感应请医生诊治。应密封于干燥处保存。

主要用途　有机合成。染料、制药工业。分析中进行乙酰化及制造乙酰化合物。测定水分。检验醇、芳香族伯胺和仲胺。色层分析试剂。

参考规格　GB/T 677—2011	分析纯	化学纯
含量[$(CH_3CO)_2O$]/%≥	98.5	96.0
蒸发残渣/%≤	0.002	0.005
氯化物(Cl)/%≤	0.0002	0.0005
硫酸盐(SO_4)/%≤	0.0005	0.001
磷酸盐(PO_4)/%≤	0.0005	0.001
铁(Fe)/%≤	0.0001	0.0005
铜(Cu)/%≤	0.0001	0.0005
铅(Pb)/%≤	0.0001	0.0005
还原高锰酸钾物质(以 O 计)/%≤	0.015	0.015

Acetimidoquinone　乙酰亚氨基醌　00058

[50700-49-7]　$C_8H_7NO_2$　149.15

成分　C 64.42%，H 4.73%，N 9.39%，O 21.45%。

别名　*N*-(4-Oxo-2,5-cyclohexadien-1-ylidene) acetamide；*N*-Acetyl-*p*-benzoquinoni-mine；*N*-Acetylimidoquinone；NAPQI

M. I. 15,56

性状　黄色立方体结晶。45～50℃升华(0.07mmHg/9.33Pa)；mp 74～75℃；uv max(正己烷中)：263nm，376nm(ε 3.3×10^4，$1.6\times10^2 mol^{-1}\cdot cm^{-1}$)。$LD_{50}$雄小鼠腹膜内注射：20mg/kg。

Acetoacetanilide　乙酰乙酰苯胺　00059

[102-01-2]　$C_{10}H_{11}NO_2$　177.20

成分　C 67.78%，H 6.26%，N 7.90%，O 18.06%。

别名　乙酰代乙酰苯胺；AAA；Acetoacetic anilide；Acetoacetyl aniline；α-Acetylacetanilide；β-Ketobutyranilide；3-Oxo-*N*-phenylbutanamide

M. I. 15,57

性状　白色叶状结晶。溶于乙醇、三氯甲烷、乙醚、热苯、热石油醚、酸、氢氧化钠溶液，微溶于水。遇三氯化铁呈紫色。mp 84～86℃；bp_{24} 129℃/3.2kPa；Fp 302℉(150℃)；*d* 1.260。一般试剂含量≥98.0%(N)。

注意事项　该品具有蓄积性危害。使用时应穿适当的防护服和戴手套。使用时应避免吸入本品的粉尘，避免与眼睛及皮肤接触。

主要用途　分析试剂。有机合成。制造黄色染料。

o-Acetoacetaniside　邻乙酰乙酰氨基苯甲醚　00060

[92-15-9]　$C_{11}H_{13}NO_3$　207.23

成分　C 63.76%，H 6.32%，N 6.76%，O 23.16%。

别名　邻甲氧基乙酰乙酰替苯胺；乙酰乙酰代邻甲氧基苯胺；2-Acetoacetamidoanisol；Acetoacet-*o*-anisidine；*o*-Acetoacetanisidide

性状　白色结晶。溶于乙醇、三氯甲烷、苯，微溶于乙醚。mp 85～87℃。

注意事项　该品应密封避光保存。

主要用途　有机合成。偶氮染料中间体。

Acetobromo-α-D-galactose　乙酰溴代-α-D-半乳糖　00061

[3068-32-4]　$C_{14}H_{19}BrO_9$　411.20

成分　C 40.89%，H 4.66%，Br 19.43%，O 35.02%。

别名　乙酰溴代-α-D-水解乳糖；2,3,4,6-Tetra-*O*-acetyl-α-D-galactopyranosyl bromide

性状　白色结晶性粉末。一般商品常加入约 2%的碳酸钙为稳定剂。$[\alpha]_D^{20}+205°\pm10°$(*c*=3，于氯仿中)。生化试剂含量≥95.0%(AT)。

注意事项　该品对眼睛、呼吸系统及皮肤有刺激性。使用时应穿适当的防护服。万一接触到眼睛，应立即用大量水冲洗后请医生诊治。应充氩气密封避光于−20℃干燥保存。

主要用途　生化研究。

Acetobromo-α-D-glucose　乙酰溴代-α-D-葡糖　00062

[572-09-8]　$C_{14}H_{19}BrO_9$　411.20

成分　C 40.89%，H 4.66%，Br 19.43%，O 35.02%。

别名　乙酰溴代葡糖；Acetobromglucose；α-Acetobromoglucose；*O*-Acetobromoglucose；1-Bromo 2,3,4,6-tetraacetylglucose；α-D-Glucopyranosyl bromide-2,3,4,6-tetraacetate；Tetraacetyl bromoglucose；2,3,4,6-Tetraacetyl-α-D-glucopyranosyl bromide；2,3,4,6-Tetraacetyl-α-D-glucopyranosyl bromide

M. I. 15,59

性状　白色或浅黄色结晶或粉末。遇水分解。1g 该品溶于 20mL 无水乙醇，更多地溶于甲醇。易溶于乙醚、丙酮、乙酸乙酯、苯、三氯甲烷，微溶于石油醚。对光及湿度敏感。一般加入 1%～2%的碳酸钙作稳定剂。mp 88～89℃；$[\alpha]_D^{19}+199.3°$(*c*=3，于氯仿中)；$[\alpha]_D^{15}+230.3°$(*c*=9，于苯中)。生化试剂含量≥95.0%(AT)。

注意事项　该品应充氩气密封避光于−20℃干燥保存。

主要用途　生化研究。制造配糖物及二糖的主要中间体。

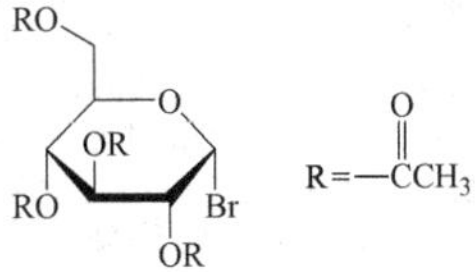

Acetobromo-α-D-glucuronic acid methyl ester
乙酰溴化-α-D-葡糖醛酸甲酯　00063

[21085-72-3]　$C_{13}H_{17}BrO_9$　397.18

成分　C 39.31%，H 4.31%，Br 20.12%，O 36.25%。

别名　(2,3,4-三氧乙酰基-α-D-溴化吡喃葡糖)糖醛酸甲酯；Methylacetobromo-α-D-glucuronate；(2,3,4-Tri-*O*-acetyl-α-D-glucopyranosyl bromide)uronic acid methyl ester

性状　无色结晶。mp 约 104℃；$[\alpha]_D^{20}+190°\pm10$℃(*c*=1；于乙酸乙酯中)。一般商品含量≥97.0%(GC)。

注意事项　使用时应避免吸入本品的粉尘，避免对眼睛及皮肤接触。应充氩气密封避光于−20℃干燥保存。

Acetochlor　乙草胺　00064

[34256-82-1]　$C_{14}H_{20}ClNO_2$　269.77

成分　C 62.33%，H 7.47%，Cl 13.14%，N 5.19%，O 11.86%。

别名 2-氯-*N*-乙氧基甲基-*N*-(2-乙基-6-甲基苯基)乙酰胺；2-Chloro-*N*-ethoxymethyl-*N*-(2-ethyl-6-methylphenyl) acetamide；2-Chloro-*N*-ethoxymethyl-6′-ethyl-*o*-acetotoiuidide；2′-Ethyl-6′-methyl-*N*-ethoxymethyl-2-chloroacetanilide；MON-097；MG-02；Harness Surpass；Trophy

M. I. 15，60

性状 浅稻草色油状液体。水中溶解度(25℃)：400mg/kg；$bp_{0.4}$ 134℃/53.329Pa；n_D^{20} 1.5272。LD_{50} 大鼠急性经口：1160mg/kg。

注意事项 该品蒸气吸入有害。对呼吸系统及皮肤有刺激性。接触皮肤能引起过敏。对水中有机物极毒。能对水环境引起不利的结果。使用时应穿适当的防护服和戴手套。其包装物应按危险品处理。应防止将本品释放于环境中。应避免吸入本品的蒸气，避免与眼睛及皮肤接触。

主要用途 除草剂。分析用标准物质。

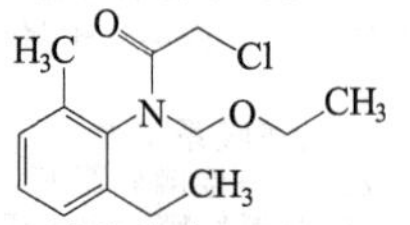

Acetohexamide 乙酰苯磺酰环己脲 00065

[968-81-0] $C_{15}H_{20}N_2O_4S$ 324.40

成分 C 55.54%，H 6.21%，N 8.64%，O 19.73%，S 9.88%。

别名 4-Acetyl-*N*-[(cyclohexylamino)carbonyl]benzenesulfonamide；1-(*p*-Acetylphenyl) sulfonyl-3-cyclohexylurea；3-Cyclohexyl-1-(*p*-acetylphenylsulfonyl)urea；*N*-(*p*-Acetylbenzenesulfonyl)-*N*′-cyclohexylurea；Cyclamide；Tsiklamid；Dimelor；Dymelor；Dimeline；Ordimel

M. I. 15，61

性状 来自90%乙醇水中的无色或白色结晶。mp 188～190℃。来自稀乙醇中的结晶，mp 175～177℃。溶于吡啶，微溶于醇、氯仿，不溶于水、乙醚。uv max(甲醇中)：247nm，283nm。

注意事项 使用时应穿适当的防护服。

主要用途 医用抗糖尿病剂。

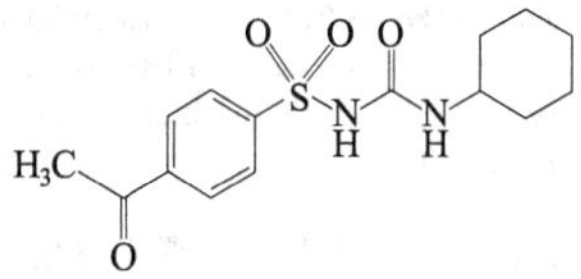

Acetol 丙酮醇 00066

[116-09-6] $C_3H_6O_2$ 74.08

成分 C 48.64%，H 8.16%，O 43.19%。

别名 羟基丙酮；乙酰甲醇；1-羟基-2-丙酮；Acetone alcohol；Acetylcarbinol；Acetylmethanol；Hydroxyacetone；1-Hydroxy-2-propanone；2-Oxopropanol

M. I. 15，64

性状 无色油状液体。有特殊气味。能与水相混溶。mp −17℃；bp_{760} 147℃/101.325kPa(分解)；bp_{200} 105～106℃/26.664kPa；bp_{20} 50℃/2.666kPa；Fp 133℉(56℃)；d_4^{20} 1.0872；n_D^{20} 1.4235。一般试剂含量≥95.0%(GC)。

注意事项 该品易燃。易吸潮。使用时应避免吸入本品的蒸气和烟雾，避免与眼睛及皮肤接触。应密封于2～8℃保存。

主要用途 有机合成、肽合成保护剂。

1-Acetonaphthone 1-萘乙酮 00067

[941-98-0] $C_{12}H_{10}O$ 170.21

成分 C 84.68%，H 5.92%，O 9.40%。

别名 1-乙酰萘；α-乙酰萘；甲基-1-萘基甲酮；α-萘乙酮；1-Acetylnaphthalene；Methyl 1-naphthyl ketone

性状 黄色液体。能与有机溶剂相混溶，不溶于水。mp 10.5℃；bp 302℃；Fp 235.4℉(113℃)；d_4^{20} 1.119；n_D^{20} 1.6280。一般试剂含量≥98.0%(GC)。

注意事项 该品口服有害。对眼睛、呼吸系统及皮肤有刺激性。使用时应穿适当的防护服。万一接触到眼睛，应立即用大量水冲洗后请医生诊治。

主要用途 制药工业。有机合成。检测乙醇溶解试验。

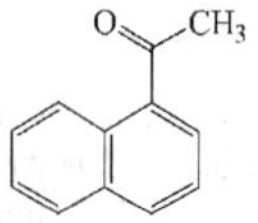

2-Acetonaphthone 2-萘乙酮 00068

[93-08-3] $C_{12}H_{10}O$ 170.21

成分 C 84.68%，H 5.92%，O 9.40%。

别名 2-乙酰萘；甲基-2-萘基甲酮；β-萘乙酮；2-Acetylnaphthalene；Methyl 2-naphthyl ketone

性状 无色结晶。mp 52～56℃；bp 301～303℃；Fp 334.4℉(168℃)。一般试剂含量≥99.0%(GC)；1-萘乙酮≤1.0%。

注意事项 该品口服有害。对眼睛、呼吸系统及皮肤有刺激性。使用时应避免吸入本品的粉尘，避免与眼睛及皮肤接触。

主要用途 有机合成。

Acetone 丙酮 00069

[67-64-1] C_3H_6O 58.08

成分 C 62.04%，H 10.41%，O 27.55%。

别名 二甲酮；阿西通；醋酮；AT；Dimethylformaldehyde；Dimethyl ketone；β-Ketopropane；2-Propanone；Pyroacetic ether

GW 2015-137 M. I. 15，65

性状 无色透明易挥发的液体。有特殊气味及甜的味道。其蒸气与空气混合可形成爆炸性气体。能与水、乙醇、二甲基甲酰胺、氯仿、乙醚及多数油类相混溶。mp −94℃；bp 56.5℃；Fp 0℉(−18℃，闭杯)；d_{25}^{25} 0.788；n_D^{20} 1.3591。LD_{50}大鼠急性经口：10.7mL/kg。

注意事项 该品高度易燃。对眼睛有刺激性。反复曝露可造成皮肤干燥或开裂。其蒸气可造成头晕和瞌睡。使用时应避免吸入本品的蒸气和飞沫。万一接触到眼睛，应立即用大量水冲洗后请医生诊治。使用现场禁止吸烟。应远离火种，采取抗放静电措施于通风良好处密封保存。

主要用途 常用分析试剂和溶剂。色谱分析用标准物质。

参考规格 GB/T 686—2008

	分析纯	化学纯
含量(CH_3COCH_3)/%≥	99.5	99.0
沸点/℃	56±1	56±1
与水混合试验	合格	合格
蒸发残渣/%≤	0.001	0.001
水分(H_2O)/%≤	0.3	0.5
酸度(以 H^+ 计，mmol/g)/%≤	0.0005	0.0008
碱度(以 OH^- 计，mmol/g)/%≤	0.0005	0.0008
醛(以 CH_3CHO 计)/%≤	0.002	0.005
甲醇/%≤	0.05	0.1
乙醇/%≤	0.05	0.1
还原高锰酸钾物质	合格	合格

Acetone cyanohydrin 丙酮氰醇 00070

[75-86-5] C_4H_7NO 85.11

成分 C 56.45%，H 8.29%，N 16.46%，O 18.80%。

别名 2-甲基-2-羟基丙腈；丙酮合氰化氢；丙酮合氰醇；2-羟基异丁腈；氰丙醇；Acetonecyanhydrin；α-Hydroxyisobutyronitrile；2-Hydroxy-2-methylpropanenitrile；Isopropylcyanohydrin；2-Methyllactonitrile

GW 2015-138 M. I. 15，66

性状 无色液体。能与水、乙醇、乙醚相混溶，不溶于石油醚及二硫化碳。因加热能分解为氢化氰和丙酮，故不宜蒸馏。mp −19℃；bp_{760} 95℃/101.325kPa；bp_{23} 82℃/3.066kPa；bp_{20} 88～90℃/2.666kPa；bp_{15} 81℃/2kPa；Fp 167℉(75℃)；d_4^{25} 0.9267；d_4^{19} 0.932；n_D^{19} 1.40002；n_D^{15} 1.3980。LD_{50} 大鼠急性经口 170mg/kg。一般试剂含量≥98.0%(NMR)。

注意事项 该品吸入、口服或与皮肤接触极毒。对水生物极毒。使用时如有事故发生或有不适之感，应立即请医生诊治。使用完应立即脱掉受污染的衣服。其包装物应按危险品处理。应防止将本品释放于环境中。应密封于通风处保存。
主要用途 农药制备。有机合成。

1,3-Acetonedicarboxylic acid 1,3-丙酮二羧酸 00071
[542-05-2] $C_5H_6O_5$ 146.10
成分 C 41.10%,H 4.14%,O 54.75%。
别名 3-氧戊二酸;β-酮戊二酸;Acetonedicarboxylic acid;β-Ketoglutaric acid;3-Oxoglutaric acid;3-Oxopentanedioic acid
M.I. 15,67
性状 来自乙酸乙酯中的无色针状结晶。易吸潮。易溶于水、乙醇,微溶于乙酸乙酯、乙醚,不溶于氯仿、苯、石油醚。能被热水、酸或碱分解成丙酮、二氧化碳。pK(25℃)3.10;mp 138℃(分解)。一般试剂含量≥97.0%(T)。
注意事项 使用时应避免吸入本品的粉尘,避免与眼睛及皮肤接触。应密封于2~8℃干燥保存。
主要用途 有机合成。

Acetonitrile 乙腈 00072
[75-05-8] C_2H_3N 41.05
成分 C 58.52%,H 7.37%,N 34.12%。
别名 甲基氰;甲基腈;氰甲烷;氰代甲烷;ACN;Cyanomethane;Ethanenitrile;Methyl cyanide;Nitrile C_2
GW 2015-2622 M.I. 15,69
性状 无色透明液体。有类似乙醚的气味。能与水、乙醇相混溶。mp −45℃;bp_{760} 81.6℃/101.325kPa;Fp 42℉(6℃,开杯);d_4^{30} 0.77125;d_4^{15} 0.78745;n_D^{30} 1.33934;n_D^{15} 1.34604。LD_{50} 大鼠急性经口:3.8g/kg。气相色谱标准试剂含量≥99.5%(GC)。
注意事项 该品高度易燃。吸入、口服或与皮肤接触有害。对眼睛有刺激性。使用现场禁止吸烟。使用时穿适当的防护服和戴手套。应远离火种密封保存。
主要用途 色谱分析标准物质。气相色谱固定液。溶剂。维生素 B_1、香料的中间体。制造均三嗪氮肥增效剂的原料。

Acetonyl triphenylphosphonium chloride 00073
氯化丙酮基三苯基镂
[1235-21-8] $C_{21}H_{20}ClOP$ 354.82
成分 C 71.09%,H 5.68%,Cl 9.99%,O 4.51%,P 8.73%。
性状 无色结晶或白色粉末。mp 243~245℃。一般试剂含量≥99.0%(NT)。
注意事项 该品对眼睛、呼吸系统及皮肤有刺激性。使用时应戴适当的手套。万一接触到眼睛,应立即用大量水冲洗后请医生诊治。应密封干燥保存。
主要用途 维悌希反应试剂。

Acetophenone 苯乙酮 00074
[98-86-2] C_8H_8O 120.15
成分 C 79.97%,H 6.71%,O 13.32%。
别名 乙酰苯;甲基苯基酮;苯基甲基甲酮;苯甲酰基甲烷;Acetyl benzene;AP;Benzoylmethane;Hypnone;1-Phenylethanone;Phenyl methyl ketone;Methylphenyl ketone
M.I. 15,71
性状 无色液体,遇冷结晶。有刺激性气味。易溶于乙醇、乙醚、氯仿、脂肪油、甘油,溶于浓硫酸呈橙色,微溶于水。mp 20.5℃;bp 202℃;Fp 221℉(105℃,闭杯);d_{15}^{15} 1.033;n_D^{20} 1.5339。LD_{50}大鼠急性经口:900mg/kg。一般试剂含量≥99.0%(GC)。
注意事项 该品口服有害。对眼睛有刺激性。使用时应穿适当的防护服。万一接触到眼睛,应立即用大量水冲洗后请医生诊治。应充氩气密封避光保存。
主要用途 溶剂。萃取剂。色谱分析标准物。医用安眠剂。

Acetoxime 丙酮肟 00075
[127-06-0] C_3H_7NO 73.10
成分 C 49.30%,H 9.65%,N 19.16%,O 21.89%。
别名 Acetone oxime;2-Propanone oxime;β-Isonitrosopropane
M.I. 15,73
性状 无色柱状、三棱状结晶。有类似水合氯醛的气味。易溶于水、乙醇、乙醚、石油醚等有机溶剂。呈中性反应。对湿度敏感。pK(24.9℃)12.42。在空气中能快速挥发。mp 60℃;bp_{728} 134.8℃/97.06kPa;d_4^{62} 0.9113。
注意事项 使用时应避免吸入本品的粉尘,避免与眼睛及皮肤接触。应密封干燥保存。
主要用途 测定钴的试剂。

Acetoxolone 甘草次酸乙酸酯 00076
[6277-14-1] $C_{32}H_{48}O_5$ 512.73
成分 C 74.96%,H 9.44%,O 15.60%。
别名 甘草次酸醋酸酯;(3β,20β)-3-Acetyloxy-11-oxoolean-12-en-29-oic acid;3β-hydroxy-11-oxoolean-12-en-30-oic acid acetate;3-O-Acetyl-18β-glycyrrhetic acid;Acetylglycyrrhetinic acid;Glycyrrhetic acid acetate
M.I. 15,74
性状 无色结晶。mp 322~325℃;$[\alpha]_D^{20}$ +141°。
主要用途 医用抗溃疡剂。

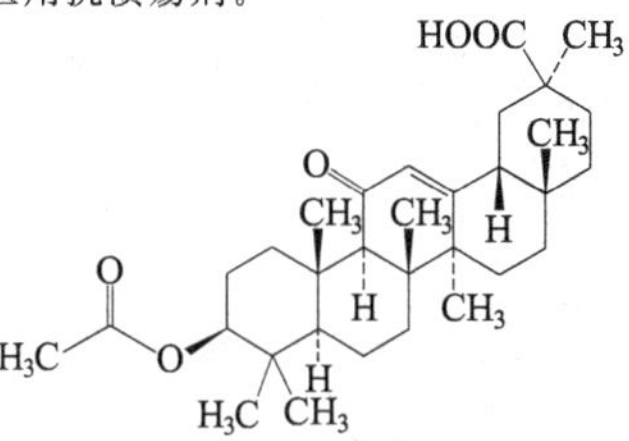

***N*-Acetoxy-*N*-acetyl-4-chlorobenzenesulfonamide**
***N*-乙酰氧基-*N*-乙酰基-4-氯苯磺酰胺** 00077
[142867-52-5] $C_{10}H_{10}ClNO_5S$ 291.71
成分 C 41.17%,H 3.46%,Cl 12.15%,N 4.80%,O 27.42%,S 10.99%。
别名 *O*-乙酰基-*N*-(4-氯苯磺基)乙羟肟酸;*O*-Acetyl-*N*-(4-chlorophenylsulfenyl)acethydroxamic acid
性状 无色结晶或白色粉末。微溶于水。mp 120~121℃。
注意事项 使用时应避免吸入本品的粉尘,避免与眼睛及皮肤接触。应充氩气密封于2~8℃干燥保存。

4-Acetoxy-2-azetidinone
4-乙酰氧基-2-氮杂环丁酮 00078
[28562-53-0] $C_5H_7NO_3$ 129.12
成分 C 46.51%,H 5.46%,N 10.85%,O 37.17%。
性状 无色结晶。高温为液体。mp 39~41℃;Fp 230℉(110℃)。一般试剂含量≥99.0%(GC)。
注意事项 该品具有腐蚀性,能引起烧伤。接触皮肤能引起过敏。使用时应穿适当的防护服,戴手套和防护镜或面罩。万一接触到眼睛,应立即用大量水冲洗后请医生诊治。使用时如有事故发生或有不适之感,应请医生诊治。

4-Acetoxybenzaldehyde 4-乙酰氧基苯甲醛 00079
[878-00-2] $C_9H_8O_3$ 164.16
成分 C 65.85%,H 4.91%,O 29.24%。
别名 4-乙酸基苯甲醛;对乙酰氧基苯甲醛;4-Formylphenyl
性状 无色液体。bp_{35} 170~172℃/4.67kPa;Fp>230℉(110℃);d^{20} 1.168;n_D^{20}1.5380。一般试剂含量≥96.0%(GC)。
注意事项 该品对眼睛、呼吸系统及皮肤有刺激性。使用时应戴适当的手套。万一接触到眼睛,应立即用大量水冲洗后请医生诊治。

4-Acetoxybenzoic acid　4-乙酰氧基苯甲酸　00080

[2345-34-8]　$C_9H_8O_4$　180.16

成分　C 60.00%，H 4.48%，O 35.52%。

别名　4-乙酸基苯甲酸；对乙酰氧基苯甲酸；*p*-Acetoxybenzoic acid

性状　无色结晶。mp 191～194℃。一般试剂含量≥98.0%(T)。

注意事项　该品对眼睛、呼吸系统及皮肤有刺激性。使用时应穿适当的防护服。万一接触到眼睛，应立即用大量水冲洗后请医生诊治。

1-Acetoxy-1,3-butadiene(*cis* + *trans*)
1-乙酰氧基-1,3-丁二烯(顺、反式)　00081

[1515-76-0]　$C_6H_8O_2$　112.13

成分　C 64.27%，H 7.19%，O 28.54%。

性状　无色液体。bp 169℃；Vp(60℃)5.26kPa；Fp 91.4℉(33℃)；d^{20} 0.945；n_D^{20} 1.47。LD_{50}大鼠急性经口：710mg/kg。

注意事项　该品易燃。口服或与皮肤接触有害。对眼睛、呼吸系统及皮肤有刺激性。使用时应穿防护服和戴手套。万一接触到眼睛，应立即用大量水冲洗后请医生诊治。应密封于2～8℃保存。

主要用途　用于配向性狄尔斯-阿德耳反应合成二烯。

(1*R*,2*R*)-*trans*-2-Acetoxy-1-cyclopentanol
(1*R*,2*R*)-反式-2-乙酰氧基-1-环戊醇　00082

[105663-22-7]　$C_7H_{12}O_3$　144.17

成分　C 58.32%，H 8.39%，O 33.29%。

别名　(1*R*)-反式-1,2-环戊二醇乙酸酯；(1*R*)-*trans*-1,2-Cyclopentanediol monoacetate

性状　无色液体。d_4^{20} 1.102；n_D^{20} 1.455；$[\alpha]_D^{20}$ +33°±2°(*c*=1，于氯仿中)。一般试剂含量≥99.0%(GC)。

注意事项　使用时应避免吸入本品的蒸气，避免与眼睛及皮肤接触。应充氩气密封保存。

(1*R*,4*S*)-*cis*-4-Acetoxy-2-cyclopenten-1-ol
(1*R*,4*S*)-顺式-4-乙酰氧基-2-环戊烯-1-醇　00083

[60176-77-4]　$C_7H_{10}O_3$　142.15

成分　C 58.32%，H 8.39%，O 33.29%。

别名　(1*S*,4*R*)-顺式-4-羟基-2-环戊基乙酸酯；(1*S*,4*R*)-*cis*-4-Hydroxy-2-cyclopentenyl acetate

性状　无色结晶。mp 49～51℃；$[\alpha]_D^{20}$ −67°±2°(*c*=2.3，于氯仿中)。一般试剂含量≥98.0%(GC)。

注意事项　使用时应避免吸入本品的粉尘，避免与眼睛及皮肤接触。应充氩气密封保存。

(*R*)-2-Acetoxy-3,3-dimethylbutyronitrile
(*R*)-2-乙酰氧基-3,3-二甲基丁腈　00084

[126567-38-2]　$C_8H_{13}NO_2$　155.20

成分　C 61.91%，H 8.44%，N 9.02%，O 20.62%。

别名　(*R*)-1-氰基-2,2-二甲基-1-丙基乙酸酯；(*R*)-乙酸-1-氰基-2,2-二甲基-1-丙酯；(*R*)-1-Cyano-2,2-dimethyl-1-propyl acetate

性状　无色液体。d_4^{20} 0.953；n_D^{20} 1.416；$[\alpha]_D^{20}$ +106°±3°(*c*=5，于氯仿中)。一般试剂含量≥99.0%(GC)。

注意事项　该品吸入、口服或与皮肤接触有毒。使用时应穿适当的防护服，戴手套和防护镜或面罩。使用时如有事故发生或有不适之感，应请医生诊治。应密封干燥保存。

2-Acetoxyisobutyryl bromide
溴化2-乙酰氧基异丁酰　00085

[40635-67-4]　$C_6H_9BrO_3$　209.05

成分　C 34.47%，H 4.34%，Br 38.22%，O 22.96%。

别名　2-乙酰氧基-2-甲基丙酰溴；2-乙酰氧基异丁酰溴；溴化2-乙酰氧基-2-甲基丙酰；2-Acetoxy-2-methylpropionyl bromide；1-Bromocarbonyl-1-methylethyl acetate

性状　无色液体。具催泪性。溶于水并分解。$bp_{0.5}$ 40℃/66.66Pa；Fp 235.4℉(113℃)；d_4^{20} 1.420；n_D^{20} 1.457。一般试剂含量≥96.0%(AT)。

注意事项　该品与水能激烈反应。具有腐蚀性，能引起烧伤。对呼吸系统有刺激性。使用时应穿适当的防护服，戴手套和防护镜或面罩。万一接触到眼睛，应立即用大量水冲洗后请医生诊治。使用时如有事故发生或有不适之感，应请医生诊治。应充氩气密封于2～8℃保存。

主要用途　用于脱氧及二脱氧饱和核苷的合成。用于转化二元醇至其溴乙酸酯的合成。

7-Acetoxy-1-methylquinolinium iodide
碘化7-乙酰氧基-1-甲基喹啉鎓　00086

[7270-83-9]　$C_{12}H_{12}INO_2$　329.14

成分　C 43.79%，H 3.67%，I 38.56%，N 4.26%，O 9.72%。

性状　无色结晶。溶于水、二甲基甲酰胺、二甲基亚砜。mp 222℃。生化试剂含量≥98.0%(HPLC)。

注意事项　使用时应避免吸入本品的粉尘，避免与眼睛及皮肤接触。应充氩气密封避光于−20℃干燥保存。

主要用途　生化研究。胆碱酯酶的荧光底物。

(*R*)-α-Acetoxyphenylacetonitrile
(*R*)-α-乙酰氧基苯乙腈　00087

[119718-89-7]　$C_{10}H_9NO_2$　175.19

成分　C 68.56%，H 5.18%，N 8.00%，O 18.27%。

别名　*O*-乙酰-D-苯乙醇腈；*O*-乙酰-D-扁桃腈；(*R*)-α-乙酸氰苄酯；*O*-Acetyl-D-mandelonitrile；(*R*)-α-Cyanobenzyl acetate

性状　无色液体。d_4^{20} 1.115；n_D^{20} 1.506；$[\alpha]_D^{20}$ +8.0°±0.5°(*c*=10，于氯仿中)。一般试剂含量≥99.0%(GC)。

注意事项　使用时应避免吸入本品的蒸气，避免与眼睛及皮肤接触。应密封干燥保存。

(*R*)-2-Acetoxy-4-phenylbutyronitrile
(*R*)-2-乙酰氧基-4-苯丁腈　00088

[126641-88-1]　$C_{12}H_{13}NO_2$　203.24

成分　C 70.92%，H 6.45%，N 6.89%，O 15.74%。

别名　(*R*)-1-氰基-3-苯基-1-丙基乙酸酯；(*R*)-乙酸-1-氰基-3-苯基-1-丙酯；(*R*)-1-Cyano-3-phenyl-1-propyl acetate

性状　无色液体。d_4^{20} 1.072；n_D^{20} 1.500；$[\alpha]_D^{20}$ +44°±2°(*c*=5，于氯仿中)。一般试剂含量≥99.0%(GC)。

注意事项　该品对眼睛、呼吸系统和皮肤有刺激性。使用时应穿适当的防护服和戴手套。应密封干燥保存。

21-Acetoxypregnenolone　21-乙酰氧基孕烯醇酮　00089

[566-78-9]　$C_{23}H_{34}O_4$　374.51

成分　C 73.76%，H 9.15%，O 17.09%。

别名　(3β)-21-乙酰氧基-3-羟基孕-5-烯-20-酮；21-乙酸基孕烯醇酮；3β,21-二羟基孕-5-烯-20-酮-21-乙酸酯；5-孕烯-3β,21-二醇-20-酮21-乙酸酯；21-乙酰氧基-5-孕烯-3-醇-20-酮；3-羟基-21-乙酰氧基-5孕烯-20-酮；(3β)-21-Acetyloxy-3-hydroxypregn-5-en-20-one；3β,21-Dihydroxypregn-5-en-20-one 21-acetate；5-Pregnene-3β,21-diol-20-one 21-acetate；21-Acetoxy-5-pregnen-3-ol-20-one；3-Hydroxy-21-acetoxy-5-pregnen-20-one；Prebediolone acetate；A.O.P.；Acetoxanon；Artisone acetate

M. I. 14,77
性状 来自丙酮中的无色针状结晶。溶于氯仿、甲苯,极微溶于乙醚、戊烷。mp 184～185℃。
主要用途 生化研究。医用抗炎剂。

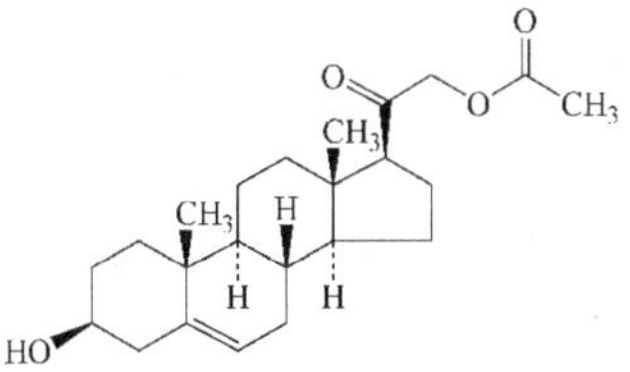

(*S*)-2-Acetoxypropanoic acid
(*S*)-2-乙酰氧基丙酸 00090
[6034-46-4] $C_5H_8O_4$ 132.12
成分 C 45.45%,H 6.10%,O 48.44%。
性状 无色结晶或白色粉末。溶于水并分解。bp 167～170℃;d_4^{20} 1.171～1.177。一般试剂含量≥97.0%(GC)。
注意事项 该品口服有害。对眼睛、呼吸系统及皮肤有刺激性。使用时应穿适当的防护服,戴防护镜或口罩。万一接触到眼睛,应立即用大量水冲洗后请医生诊治。

8-Acetoxypyrene-1,3,6-trisulfenic acid trisodium salt
8-乙酰氧基芘-1,3,6-三磺酸三钠盐 00091
[115787-83-2] $C_{18}H_9Na_3O_{11}S_3$ 566.41
成分 C 38.17%,H 1.60%,Na 12.18%,O 31.07%,S 16.98%。
别名 Trisodium 8-acetoxypyrene-1,3,6-trisulfonate
性状 无色结晶或白色粉末。溶于水、二甲基甲酰胺、二甲基亚砜、甲醇。对光及湿度敏感。mp 238～248℃(分解)。生化试剂含量≥98.0%(TLC)。
注意事项 该品对眼睛、呼吸系统及皮肤有刺激性。使用时应穿适当的防护服。万一接触到眼睛,应立即用大量水冲洗后请医生诊治。应充氩气密封避光干燥保存。
主要用途 生化研究。

(*R*)-2-Acetoxysuccinic anhydride
(*R*)-2-乙酰氧基丁二酸酐 00092
[79814-40-7] $C_6H_6O_5$ 158.11
成分 C 45.58%,H 3.82%,O 50.60%。
别名 (*R*)-3-乙酰氧基二氢-2,5-呋喃二酮;(*R*)-2-乙酰氧基琥珀酸酐;*O*-乙酰基-D-苹果酸酐;(*R*)-3-Acetoxy-dihydro-2,5-furandione;*O*-Acetyl-D-malic anhydride
性状 无色结晶或白色粉末。对湿度敏感。mp 54～56℃;$[\alpha]_D^{20}+24°\pm1°$($c=1$,于氯仿中)。一般试剂含量≥98.0%(HPLC)。
注意事项 该品对眼睛、呼吸系统及皮肤有刺激性。使用时应戴适当的手套。万一接触到眼睛,应立即用大量水冲洗后请医生诊治。应充氩气密封于干燥处保存。

Acetylacetone 乙酰丙酮
00093
[123-54-6] $C_5H_8O_2$ 100.12
成分 C 59.98%,H 8.05%,O 31.96%。
别名 二乙酰基甲烷;2,4-戊二酮;ACAC;Diacetylmethane;2,4-Diketopentane;2,4-Pentanedione
GW 2015-2170 M. I. 15,76
性状 无色或微黄色液体。有愉快的气味。1份该品溶于约8份水,能与乙醇、苯、乙醚、氯仿、丙酮、冰乙酸相混溶。mp －23℃;bp 140.5℃;Fp 93℉(34℃);d_4^{20} 0.976;n_D^{20} 1.4512。LC_{50}小鼠吸入 4h:1000mg/L。一般试剂含量≥99.0%(GC)。
注意事项 该品易燃。口服有害。使用时应避免吸入本品的蒸气,避免与眼睛及皮肤接触。使用现场禁止吸烟。应密封避光保存。
主要用途 溶剂。比色法测定铁、氟的试剂。在二硫化碳存在下测定铊。测定铬、钴、铪、锰、锆。制备乙酰丙酮酸盐。钨、钼中铝的萃取剂。

N-Acetyl-D-*α*-alanine *N*-乙酰-D-*α*-丙氨酸
00094
[19436-52-3] $C_5H_9NO_3$ 131.13
成分 C 45.80%,H 6.92%,N 10.68%,O 36.60%。
别名 *N*-乙酰-D-丙氨酸;*N*-Acetyl-D-alanine
性状 白色结晶。
注意事项 该品应密封于－20℃保存。
主要用途 生化研究。

N-Acetyl-DL-*α*-alanine *N*-乙酰-DL-*α*-丙氨酸
00095
[1115-69-1] $C_5H_9NO_3$ 131.13
成分 C 45.80%,H 6.92%,N 10.68%,O 36.60%。
别名 *N*-乙酰基-DL-*α*-初油氨基酸;*N*-Acetyl-2-aminopropionic acid
性状 白色针状或片状结晶。溶于水、乙醇,不溶于乙醚。能被酸或碱所分解。
注意事项 该品应密封于－20℃保存。
主要用途 生化研究。

N-Acetyl-L-*α*-alanine *N*-乙酰-L-*α*-丙氨酸
00096
[97-69-8] $C_5H_9NO_3$ 131.13
成分 C 45.80%,H 6.92%,N 10.68%,O 36.60%。
别名 *N*-乙酰-L-丙氨酸;*N*-Acetyl-L-alanine
性状 白色结晶。生化试剂含量约99%。
注意事项 该品应密封于2～8℃保存。
主要用途 生化研究。

N_α-Acetyl-L-arginine N_α-乙酰-L-精氨酸
00097
[155-84-0] $C_8H_{16}N_4O_3$ 216.24
成分 C 44.44%,H 7.46%,N 25.91%,O 22.20%。
别名 *Nα*-乙酰-L-2-氨基-5-胍基戊酸;*Nα*-乙酰-L-蛋白氨基酸
性状 白色结晶。
注意事项 该品应密封于－20℃保存。
主要用途 生化研究。

N_α-Acetyl-D-asparagine N_α-乙酰基-D-天冬酰胺
00098
[26117-27-1] $C_6H_{10}N_2O_4$ 174.16
成分 C 41.38%,H 5.79%,N 16.08%,O 36.75%。
别名 N_α-乙酰基-D-天门冬素;N_α-乙酰基-D-天门冬酰胺
性状 无色结晶或白色粉末。溶于水。易潮解。mp 168～170℃。生化试剂含量≥99.0%。
注意事项 使用时应避免吸入本品的粉尘,避免与眼睛及皮肤接触。应充氩气密封于2～8℃干燥保存。
主要用途 生化研究。用于啤酒酵母菌属天冬酰胺酶Ⅱ的水解及羟氨基分解反应底物。

N-Acetyl-L-aspartic acid *N*-乙酰基-L-天冬氨酸
00099
[997-55-7] $C_6H_9NO_5$ 175.14
成分 C 41.15%,H 5.18%,N 8.00%,O 45.68%。
别名 *N*-乙酰基-L-*α*-氨基丁二酸
M. I. 15,830
性状 无色结晶。mp 143～144℃;$[\alpha]_D^{20}+12°\pm1°$($c=2$,于6mol/L盐酸中)。生化试剂含量≥99.0%(T)。
注意事项 使用时应避免吸入本品的粉尘,避免与眼睛及皮肤接触。
主要用途 生化研究。

4-Acetylbenzenesulfonyl chloride
4-乙酰基苯磺酰氯 00100
[1788-10-9] $C_8H_7ClO_3S$ 218.65
成分 C 43.95%,H 3.23%,Cl 16.21%,O 21.95%,S 14.67%。
别名 苯乙酮-4-磺酰氯;氯化4-乙酰基苯磺酰;氯化苯乙酮-4-磺酰;Acetophenone-4-sulfonyl chloride
性状 无色结晶或白色粉末。mp 84～87℃。一般试剂含量≥95.0%(AT)。
注意事项 该品具有腐蚀性,能引起烧伤。使用时应穿适当的防护服,戴手套和防护镜或面罩。万一接触到眼睛,应立即用大量水冲洗后请医生诊治。使用时如有事故发生或有不适之感,应请医生诊治。应充氩气密封干燥保存。

2-Acetylbenzoic acid 2-乙酰基苯甲酸
00101
[577-56-0] $C_9H_8O_3$ 164.16
成分 C 65.85%,H 4.91%,O 29.24%。

别名 2-乙酰苯甲酸；邻乙酰基苯甲酸；苯乙酮-2-羧酸；Acetophenone-2-carboxylic acid；3-Hydroxy-3-methylphthalide
性状 无色结晶。mp 116～118℃。一般试剂含量≥99.0%(NT)。

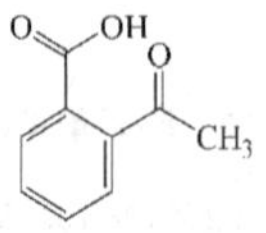

4-Acetylbenzoic acid 4-乙酰基苯甲酸 00102
[586-89-0] $C_9H_8O_3$ 164.16
成分 C 65.85%，H 4.91%，O 29.24%。
别名 4-乙酰苯甲酸；对乙酰基苯甲酸；苯乙酮-4-羧酸；Aectophenone-4-carboxylic acid
性状 无色结晶。mp 208～210℃。一般试剂含量≥97.0%(T)。
注意事项 使用时应避免吸入本品的粉尘，避免与眼睛及皮肤接触。

4-Acetylbenzonitrile 4-乙酰基苯甲腈 00103
[1443-80-7] C_9H_7NO 145.16
成分 C 74.47%，H 4.86%，N 9.65%，O 11.02%。
别名 对乙酰基苯甲腈；4′-Cyanoacetophenone
性状 无色结晶或白色粉末。mp 57～58℃。一般试剂含量≥98.0%(GC)。
注意事项 该品口服有害。

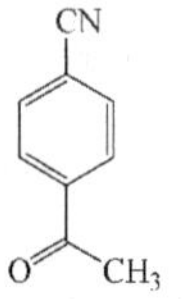

Acetyl bromide 乙酰溴 00104
[506-96-7] C_2H_3BrO 122.95
成分 C 19.54%，H 2.46%，Br 64.99%，O 13.01%。
别名 溴乙酰；溴化乙酰；溴化醋酰；Ethanoyl bromide
GW 2015-2406 M. I. 15，77
性状 无色发烟液体。露置空气中颜色逐渐变黄。能被水、乙醇强烈地分解。能与乙醚、苯、三氯甲烷相混溶。mp −96℃；bp 76℃；Fp ＞230℉(110℃)；d^9 1.52；n_D^{20} 1.4500。一般试剂含量≥98.0%(AT)。
注意事项 该品与水反应激烈。具有腐蚀性，能引起烧伤。使用时应穿适当的防护服，戴手套和防护镜或面罩。万一接触到眼睛，应立即用大量水冲洗后请医生诊治。使用时如有事故发生或有不适之感，应请医生诊治。应充氮气密封干燥保存。
主要用途 染料制备。有机合成。

2-Acetylbutyrolactone 2-乙酰基丁内酯 00105
[517-23-7] $C_6H_8O_3$ 128.13
成分 C 56.24%，H 6.29%，O 37.46%。
别名 α-Acetylbutyrolactone；3-Acetyldihydro-2(3*H*)-furanone；α-Acetyl-γ-hydroxybutyric acid γ-lactone；α-Acetobutyrolactone；α-(2-Hydroxyethyl) acetoacetic acid γ-lactone
M. I. 15，78
性状 无色液体。有酯香气味。溶于水[20%(体积分数)]。bp_{30} 142～143℃/4kPa；bp_{18} 130～132℃/2.4kPa；bp_5 107～108℃/666.6kPa；Fp 235.4℉(113℃)；d_{20}^{20} 1.185～1.189；d_4^{20} 1.1846；n_D^{20} 1.4562。一般试剂含量≥98.0%(GC)。
注意事项 该品对眼睛、呼吸系统及皮肤有刺激性。使用时应穿适当的防护服。万一接触到眼睛，应立即用大量水冲洗后请医生诊治。
主要用途 合成3,4-二取代基吡啶及5-(β-羟乙基)-4-甲基噻唑。

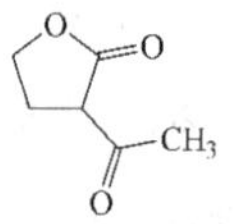

***N*-Acetylcaprolactam *N*-乙酰基己内酰胺** 00106
[1888-91-1] $C_8H_{13}NO_2$ 155.20
成分 C 61.91%，H 8.44%，N 9.02%，O 20.62%。
别名 1-乙酰基六氢-2*H*-吖庚因-2-酮；1-乙酰基六氢-2*H*-氮杂䓬-2-酮；1-乙酰基-2-氧六亚甲基亚胺；1-Acetylhexahydro-2*H*-azepin-2-one；1-Acetyl-2-oxohexamethyleneimine
性状 无色液体。bp_{26} 134～135℃/3.466kPa；Fp 252℉(122℃)；*d* 1.094；n_D^{20} 1.4890。一般试剂含量≥98.0%(GC)。
注意事项 该品口服有害。使用时应避免与眼睛及皮肤接触。

***O*-Acetyl-L-carnitine hydrochloride**
***O*-乙酰基-L-肉碱 盐酸盐** 00107
[5080-50-2] $C_9H_{18}ClNO_4$ 239.70
成分 C 45.10%，H 7.57%，Cl 14.79%，N 5.84%，O 26.70%。
别名 盐酸 *O*-乙酰基-L-肉碱；ALC；(*R*)-3-Acetoxy-4-(trimethylammonio) butyrate hydrochloride；Acetyl-L-carnitine chloride；Alcar；Branigen；Levacecarnine hydrochloride；Nicetile；Normobren；ST-200；Zibren
M. I. 15，79
性状 无色结晶。性稳定。易溶于水，溶于乙醇，几乎不溶于乙醚。mp 187℃(分解)；$[\alpha]_D^{25}$ −28°(*c*=2，于水中)；$[\alpha]_D^{20}$ −26.9°(*c*=9，于水中)。生化试剂含量≥99.0%(AT)。
注意事项 该品对眼睛、呼吸系统及皮肤有刺激性。使用时应穿适当的防护服。万一接触到眼睛，应立即用大量水冲洗后请医生诊治。应充氮气密封干燥保存。
主要用途 生化研究。

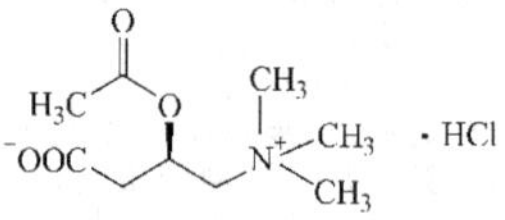

Acetyl chloride 乙酰氯 00108
[75-36-5] C_2H_3ClO 78.50
成分 C 30.60%，H 3.85%，Cl 45.16%，O 20.38%。
别名 氯乙酰；氯化乙酰；氯化醋酰；Ethanoyl chloride
GW 2015-2679 M. I. 15，80
性状 无色透明发烟液体。有强烈的刺激性气味。能与乙醚、苯、三氯甲烷、冰乙酸、石油醚相混溶，遇水及乙醇分解。mp −112℃；bp 52℃；Fp 40℉(4℃)；d_4^{20} 1.104；n_D^{20} 1.3898。一般试剂含量≥99.0%。
注意事项 该品高度易燃。与水反应激烈。具有腐蚀性，能引起烧伤。万一接触到眼睛，应立即用大量水冲洗后请医生诊治。使用时如有事故发生或有不适之感，应请医生诊治。万一着火，应使用指定的灭火设备，不能用水。应远离火种，于干燥、通风良好处密封保存。
主要用途 乙酸化试剂。测定磷、胆甾醇、有机溶剂中的水分。鉴定亚硝基、羟基、四乙基铅等的试剂。乙酰基衍生物和染料等的制备。医用胆碱功能剂。

Acetylcholine bromide 溴化乙酰胆碱 00109
[66-23-9] $C_7H_{16}BrNO_2$ 226.11
成分 C 37.18%，H 7.13%，Br 35.34%，N 6.19%，O 14.15%。
别名 乙酰基溴化胆碱；溴化乙酰氧基三甲基乙铵；β-Acetoxyethyltrimethylammonium bromide；2-Acetyloxy-*N*,*N*,*N*-trimethylethanaminium bromide；*N*-(2-Hydroxyethyl) trimethylammonium bromide acetate；Pragmoline；Tonocholin B
M. I. 15，81
性状 无色结晶。易潮解。易溶于冷水，溶于乙醇，不溶于乙醚。能被热水或碱溶液分解。bp 144～146℃。一般试剂含量 99.0%～100.5%。
注意事项 该品对眼睛、呼吸系统及皮肤有刺激性。使用时应穿适当的防护服。万一接触到眼睛，应立即用大量水冲洗后请医生诊治。应充氩气密封，避光于−20℃干燥保存。
主要用途 生化研究。测乙酰胆碱酯酶的底物。医用胆碱功能剂。

Acetylcholine chloride 氯化乙酰胆碱 00110
[60-31-1] $C_7H_{16}ClNO_2$ 181.66

成分 C 46.28%,H 8.88%,Cl 19.52%,N 7.71%,O 17.61%。
别名 乙酰基氯化胆碱;氯化乙酰氧基三甲基乙铵;ACC;(2-Acetoxyethyl)trimethylammonium chloride;Ach;(2-Hydroxyethyl)trimethylammonium chloride acetate;2-Acetyloxy-*N*,*N*,*N*-trimethylethanaminium chloride;Acecoline;Arterocoline;Miochol;Ovisot
M.I. 15,82
性状 无色结晶或结晶性粉末。易潮解。易溶于冷水、乙醇,不溶于乙醚。能被热水或碱分解。mp 149~152℃。LD_{50} 小鼠,大鼠皮下注射:170mg/kg,250mg/kg;静脉注射:20mg/kg,22mg/kg;腹膜内注射:3000mg/kg,2500mg/kg。
注意事项 该品对眼睛、呼吸系统及皮肤有刺激性。万一接触到眼睛,应立即用大量水冲洗后请医生诊治。应充氩气密封避光于−20℃干燥保存。
主要用途 医药研究,能刺激交感神经;增加血管的收缩作用等。测定乙酰胆碱酯酶的底物。医用胆碱功能剂。

Acetylcholine iodide 碘化乙酰胆碱 00111
[2260-50-6] $C_7H_{16}INO_2$ 273.12
成分 C 30.78%,H 5.90%,I 46.46%,N 5.13%,O 11.72%。
别名 乙酰基碘化胆碱;碘化乙酰氧基三甲基乙铵;(2-Acetoxyethyl)trimethylammonium iodide;*O*-Acetylcholine iodide;(2-Hydroxyethyl)trimethylammonium iodide acetate;2-(Acetyloxy)ethyltrimethylammonium iodide
性状 白色或近白色的结晶性粉末。易吸潮。溶于水、乙醇。mp 161~162℃。
注意事项 该品对眼睛、呼吸系统及皮肤有刺激性。使用时应穿适当的防护服。万一接触到眼睛,应立即用大量水冲洗后请医生诊治。应充氮气密封避光于2~8℃保存。
主要用途 生化研究。制药工业。测乙酰胆碱酯酶的底物。

Acetylcholinesterase from bovine erythrocytes
乙酰胆碱酯酶(牛红血球) 00112
[9000-81-1] 175000~850000
别名 胆碱酯酶 乙酰化;AChE;Cholinesterase,acetyl;True cholinesterase;Acetylcholine acetylhydrolase;Acetylcholine esterase;Acetylcholinehydrolase
M.I. 15,2214 EC 3.1.1.7
性状 冻干微黄色或棕色粉末。
注意事项 使用时应避免吸入本品的粉尘,避免与眼睛及皮肤接触。应充氩气密封于−20℃干燥保存。
主要用途 生化研究。

Acetylcoenzyme Adisodium salt
乙酰辅酶A二钠盐 00113
[102029-73-2] $C_{23}H_{36}N_7Na_2O_{17}P_3S$ 853.54
成分 C 32.37%,H 4.25%,N 11.49%,Na 5.39%,O 31.87%,P 10.89%,S 3.76%。
别名 Acetyl-S-Co A Na_2;Acetyl-Co A Na_2
性状 白色微细结晶。易吸潮。生化试剂含量≥95.0%(HPLC)。
注意事项 该品对眼睛及皮肤有刺激性。使用时应避免吸入本品的粉尘。万一接触到眼睛,应立即用大量水冲洗后请医生诊治。应充氩气密封于−20℃干燥保存。
主要用途 生化研究。

Acetylcoenzyme Atrilithium salt
乙酰辅酶A三锂盐 00114
[32140-51-5] $C_{23}H_{35}Li_3N_7O_{17}P_3S$ 827.38
成分 C 33.39%,H 4.26%,Li 2.52%,N 11.85%,O 32.87%,P 11.23%,S 3.88%。
别名 Ac-Co A Li_3;Acetylcoenzyme A lithium salt;Acetyl-Co A Li_3;Acetylcoenzyme A Li_3 salt;Acetyl-S-Co A Li_3
性状 无色结晶。生化试剂含量≥95.0%(HPLC)。
注意事项 该品对眼睛、呼吸系统及皮肤有刺激性。使用时应穿适当的防护服和戴手套。应充氩气密封于−20℃干燥保存。
主要用途 生化研究。

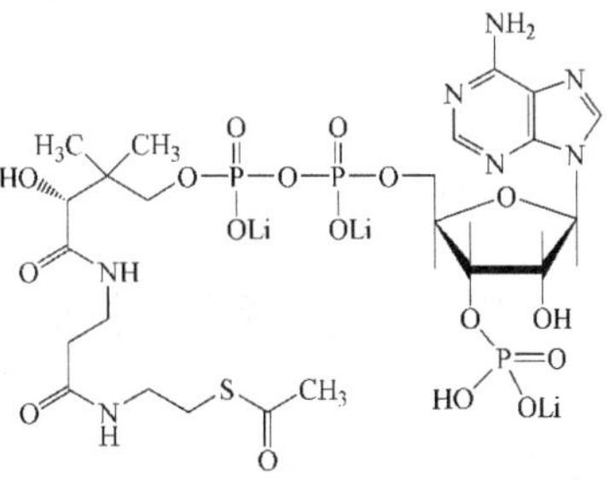

Acetylcoenzyme A trisodium salt
乙酰辅酶A三钠盐 00115
[102029-73-2] $C_{23}H_{35}N_7Na_3O_{17}P_3S$ 868.53
成分 C 31.81%,H 4.06%,N 11.29%,Na 7.14%,O 31.32%,P 10.70%,S 3.69%。
别名 Acetyl-S-CoA Na_3;Acetyl-CoA Na_3
性状 无色结晶或白色结晶性粉末。易吸潮。易溶于水。生化试剂含量≥90.0%(HPLC)。
注意事项 该品对眼睛及皮肤有刺激性。使用时应避免吸入本品的粉尘。万一接触到眼睛,应立即用大量水冲洗后请医生诊治。应充氩气密封于−20℃干燥保存。
主要用途 生化研究。

Acetylcyclohexane 乙酰基环己烷 00116
[823-76-7] $C_8H_{14}O$ 126.20
成分 C 76.14%,H 11.18%,O 12.68%。
别名 六氢基乙酮;环己基甲基甲酮;Cyclohexyl methyl ketone;Hexahydroacetophenone
性状 无色液体。mp −34℃;bp 181~183℃;Fp 134℉(57℃);d_4^{20} 0.915;n_D^{20} 1.4520。一般试剂含量≥95.0%(GC)。
主要用途 溶剂。有机合成。
注意事项 该品对眼睛、呼吸系统及皮肤有刺激性。使用时应戴适当的手套。万一接触到眼睛,应立即用大量水冲洗后请医生诊治。

2-Acetylcyclohexanone 2-乙酰基环己酮 00117
[874-23-7] $C_8H_{12}O_2$ 140.18
成分 C 68.55%,H 8.63%,O 22.83%。
性状 无色液体。bp 224~226℃;bp_{18} 111~112℃/2.4kPa;Fp 174.2℉(79℃);d_4^{20} 1.063;n_D^{20} 1.5110。一般试剂含量≥97.0%(GC)。
注意事项 使用时应避免吸入本品的蒸气,避免与眼睛及皮肤接触。
主要用途 有机合成。

2-Acetylcyclopentanone 2-乙酰基环戊酮 00118
[1670-46-8] $C_7H_{10}O_2$ 126.16
成分 C 66.64%,H 7.99%,O 25.36%。
性状 无色液体。bp_{80} 72~75℃/10.67kPa;Fp 161.6℉(72℃);d_4^{20} 1.061;n_D^{20} 1.4905。
注意事项 该品口服有害。使用时穿适当的防护服。应避免吸入本品的蒸气,避免与眼睛及皮肤接触。应密封避光于2~8℃保存。

Acetylcyclopropane 乙酰基环丙烷 00119
[765-43-5] C_5H_8O 84.12
成分 C 71.39%,H 9.59%,O 19.02%。
别名 环丙基甲基甲酮;Cyclopropyl methyl ketone
性状 无色液体。mp<−70℃;bp 113-114℃;Fp 61℉(16℃);d_4^{20} 0.898;n_D^{20} 1.4240。一般试剂含量≥99.0%。

注意事项 该品高度易燃。使用现场禁止吸烟。切勿排入下水道。应远离火种，采取抗放静电措施密封保存。

N-Acetyl-L-cysteine *N*-乙酰基-L-半胱氨酸 00120

[616-91-1] $C_5H_9NO_3S$ 163.20

成分 C 36.80%，H 5.56%，N 8.58%，O 29.41%，S 19.65%。

别名 *N*-乙酰基-3-巯基丙氨酸；L-α-乙酰氨基-β-巯基丙酸；L-α-乙酰胺基-β-巯基丙酸；L-α-Acetamido-β-mercaptopropionic acid；Acetylcysteine；*N*-Acetyl-3-mercaptoalanine；Airbron；Broncholysin；Brunac；Fabrol；Fluatox；Fluimucil；Fluimucetin；Fluprowit；LNAC；Mucocedyl；Mucolator；Mucolyticum；Mucomyst；Muco sanigen；Mucosil；Mucret；NAC；Neo-Fluimucil；Parvolex；Rexpaire(obsolete)；Tixair

M. I. 15,83

性状 来自水中的无色结晶或白色结晶性粉末。有类似大蒜的臭味。味道酸。有吸湿性。溶于乙醇、水。mp 109～110℃。LD_{50}大鼠急性经口：5.05g/kg。一般试剂含量≥99.0%(T)。

注意事项 使用时应避免吸入本品的粉尘，避免的眼睛及皮肤接触。应充氩气密封保存。

主要用途 保护硫醇试剂。医疗用于粘多糖，角膜的疗创剂，解毒剂及祛痰剂。

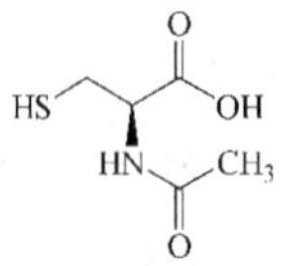

N-Acetyl-L-cysteine methyl ester
N-乙酰-L-半胱氨酸甲酯 00121

[7652-46-2] $C_6H_{11}NO_3S$ 177.22

成分 C 40.66%，H 6.26%，N 7.90%，O 27.08%，S 18.09%。

别名 *N*-乙酰基-L-半胱氨酸甲酯

性状 无色结晶或白色粉末。mp 77～81℃；$[\alpha]_D^{20}-24.0°\pm2°$($c=1$，于碱溶液中)一般试剂含量≥95.0%(HPLC)。

注意事项 使用时应避免吸入本品的粉尘，避免与眼睛及皮肤接触。应充氩气密封保存。

N^4-Acetylcytosine N^4-乙酰胞啶 00122

[14631-20-0] $C_6H_7N_3O_2$ 153.14

成分 C 47.06%，H 4.61%，N 27.44%，O 20.90%。

别名 N^4-乙酰基胞嘧啶

性状 无色结晶或白色粉末。mp>300℃。一般试剂含量≥98.0%(HPLC)。

注意事项 使用时应避免吸入本品的粉尘，避免与眼睛及皮肤接触。

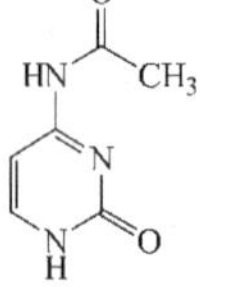

N-Acetyl-2,3-dehydro-2-deoxyneuraminic acid
N-乙酰-2,3-脱氢-2-脱氧神经氨酸 00123

[24967-27-9] $C_{11}H_{17}NO_8$ 291.26

成分 C 45.36%，H 5.88%，N 4.81%，O 43.95%。

别名 *N*-乙酰-2,3-脱氢-2-脱氧甘露糖胺丙氨酸；2,3-脱氢-2-脱氧-*N*-乙酰神经氨酸；2,3-Dehydro-2-deoxy-*N*-acetylneuraminic acid

性状 无色结晶。生化试剂含量≥95%(TLC)。

注意事项 使用时应避免吸入本品的粉尘，避免与眼睛及皮肤接触。应充氩气密封于2～8℃干燥保存。

主要用途 生化研究。细菌、病毒及动物神经氨酸苷酶的抑制剂。

2-Acetyl-5,5-dimethyl-1,3-cyclohexanedione
2-乙酰-5,5-二甲基-1,3-环己二酮 00124

[1755-15-3] $C_{10}H_{14}O_3$ 182.22

成分 C 65.91%，H 7.74%，O 26.34%。

别名 2-乙酰基二甲基环己二酮；2-乙酰基-5,5-二甲基-1,3-环己二酮；2-乙酰基双甲酮；2-Acetyldimedone

性状 无色结晶。mp 36～40℃。一般试剂含量≥98.0%(HPLC)。

注意事项 该品对眼睛、呼吸系统及皮肤有刺激性。使用时应穿适当的防护服。万一接触到眼睛，应立即用大量水冲洗后请医生诊治。应充氩气密封保存。

主要用途 伯胺保护基试剂。

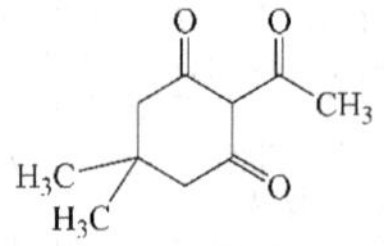

4-Acetyl-3,5-dioxo-1-methylcyclohexanecarboxylic acid
4-乙酰-3,5-二氧-1-甲基环己烷羧酸 00125

[181486-37-3] $C_{10}H_{12}O_5$ 212.20

成分 C 56.60%，H 5.70%，O 37.70%。

别名 3,5-二氧-4-(1-羟基亚乙基)-1-甲基环己烷羧酸；3,5-Dioxo-4-(1-hydroxyethylidene)-1-methyl cyclohexanecarboxylic acid

性状 无色结晶。mp 95～99℃。一般试剂含量≥98.0%(HPLC)。

注意事项 该品对眼睛、呼吸系统及皮肤有刺激性。使用时应穿适当的防护服。万一接触到眼睛，应立即用大量水冲洗后请医生诊治。应充氩气密封于2～8℃保存。

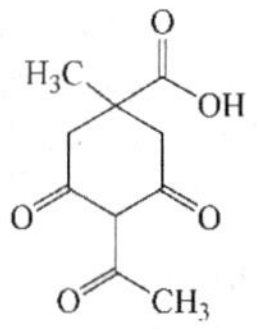

N-Acetyldiphenylamine *N*-乙酰二苯胺 00126

[519-87-9] $C_{14}H_{13}NO$ 211.26

成分 C 79.60%，H 6.20%，N 6.63%，O 7.57%。

别名 *N*,*N*-二苯基乙酰胺；*N*-苯基乙酰苯胺；Acetyldiphenylamine；Diphenylacetamide；*N*,*N*-Diphenylacetamide；*N*-Phenylacetanilide

M. I. 15,3345

性状 白色结晶性粉末。溶于乙醇、乙醚，微溶于水。mp 103℃(升华但不分解)。

注意事项 该品应密封避光保存。

主要用途 染料合成。

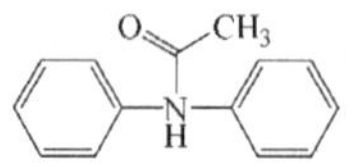

Acetylene dicarboxylic acid monopotassium salt
乙炔二羧酸一钾盐 00127

[928-04-1] C_4HKO_4 152.15

别名 2-丁炔二酸一钾盐；Potassium acetylenedicarboxylate；mono-Potassium 2-butynedioate

性状 无色结晶或白色粉末。微溶于水。LD_{50}小鼠急性经口：63mg/kg。一般试剂含量≥98.0%(T)。

注意事项 该品吸入或口服有毒。与皮肤接触极毒。对眼睛、呼吸系统及皮肤有刺激性。使用时应穿适当的防护服，戴手套和防护镜或面罩。万一接触到眼睛，应立即用大量水冲洗后请医生诊治。使用时如有事故发生或有不适之感，应请医生诊治。

Acetyleneurea 乙炔脲 00128

[496-46-8] $C_6H_6N_4O_2$ 142.12

成分 C 33.81%，H 4.26%，N 39.42%，O 22.51%。

别名 Acetylene carbamide；Acetylenediurea；Acetylenediureine；Glycoluril；Glyoxaldiureine；Tetrahydroimidazo[4,5-*d*]imidazole-2,5(1*H*,3*H*)-dione

M. I. 15,88

性状 无色结晶或白色结晶性粉末。溶于温热的无机酸及氨水，较多地溶于热水，微溶于冷水(20℃，2g/L)。mp>300℃(分解)。LD_{50}大鼠急性经口：>2g/kg。

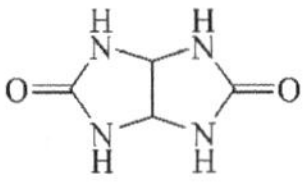

N-Acetylethanolamine　N-乙酰乙醇胺　00129

[142-26-7]　$C_4H_9NO_2$　103.12

成分　C 46.59%，H 8.80%，N 13.58%，O 31.03%。

别名　N-(2-羟乙基)乙酰胺；2-乙酰氨基乙醇；2-乙酰胺基乙醇；N-(2-Hydroxyethyl)acetamide；2-Acetamidoethanol

性状　无色黏稠浆状液体。有类似吡啶的臭味。能与水、乙醇相混溶，不溶于乙醚。mp 15.8℃；bp_5 151～155℃/666.61Pa；Fp 350°F(176℃)；d_4^{20} 1.120；n_D^{20} 1.4720。一般试剂含量≥90.0%。

注意事项　该品对眼睛有严重损伤的危险。使用时应戴防护镜或面罩。万一接触到眼睛，应立即用大量水冲洗后请医生诊治。应密封避光保存。

主要用途　染料合成。制药工业。

Acetylferrocene　乙酰二茂铁　00130

[1271-55-2]　$C_{12}H_{12}FeO$　228.07

成分　C 63.20%，H 5.30%，Fe 24.49%，O 7.02%。

别名　乙酰基二茂铁；(Acetylcy clopentadienyl)cyclopentadienyliron

性状　无色结晶或粉末。不溶于水。mp 83～86℃；bp_3 160～163℃/400Pa。一般试剂含量≥95.0%(CHN)。

注意事项　该品口服极毒。使用时应穿适当的防护服和戴手套。接触皮肤后，应用大量肥皂水冲洗。使用时如有事故发生或有不适之感，应请医生诊治。应充氩气密封保存。

N-Acetyl-3-O-β-D-galactopyranosyl-D-galactosamine

N-乙酰-3-O-β-D-吡喃半乳糖基-D-半乳糖胺　00131

[3554-90-3]　$C_{14}H_{25}NO_{11}$　383.35

成分　C 43.86%，H 6.57%，N 3.65%，O 45.91%。

别名　N-乙酰基-3-O-β-D-吡喃半乳糖基-D-软骨糖胺

性状　无色结晶或白色粉末。生化试剂含量≥97.0%(HPLC)。

注意事项　使用时应避免与眼睛及皮肤接触。应充氩气密封于2～8℃干燥保存。

主要用途　生化研究。

N-Acetyl-3-O-α-D-galactopyranosyl-α-D-galactosamine methyl glycoside

N-乙酰-3-O-α-D-吡喃半乳糖基-α-D-半乳糖胺甲苷　00132

[75669-79-3]　$C_{15}H_{27}NO_{11}$　397.38

成分　C 45.34%，H 6.85%，N 3.52%，O 44.29%。

别名　N-乙酰-3-O-β-D-吡喃半乳糖基-α-D-半乳糖胺配糖物

性状　无色结晶或白色粉末。生化试剂含量≥97.0%(HPLC)。

注意事项　使用时应避免与眼睛及皮肤接触。应充氩气密封于2～8℃干燥保存。

主要用途　生化研究。

N-Acetyl-D-galactosamine　N-乙酰-D-半乳糖胺　00133

[1811-31-0]　$C_8H_{15}NO_6$　221.21

成分　C 43.44%，H 6.83%，N 6.33%，O 43.40%。

别名　N-乙酰-D-氨基半乳糖；N-乙酰-D-氨基水解乳糖；N-乙酰-D-软骨糖胺；N-乙酰-D-氨基水解乳糖；N-乙酰-D-2-氨基半乳糖；N-乙酰-D-水解乳糖胺；2-Acetamido-2-deoxy-D-galactose；N-Acetylchondrosamine；D-GalNAc

性状　无色结晶。溶于水，微溶于乙醇，不溶于乙醚。mp 160～161℃；$[\alpha]_D^{20}$ +85°±5(c=1，于水中 5h)。生化试剂含量≥98.0%(HPLC)。

注意事项　使用时应避免吸入本品的粉尘，避免与眼睛及皮肤接触。应充氩气密封于2～8℃干燥保存。

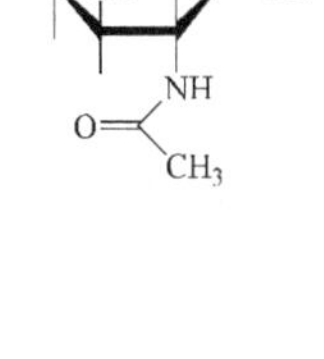

N-Acetyl-D-glucosamine　N-乙酰-D-葡糖胺　00134

[7512-17-6]　$C_8H_{15}NO_6$　221.21

成分　C 43.44%，H 6.83%，N 6.33%，O 43.40%。

别名　N-乙酰-D-葡萄糖胺；N-乙酰氨基-2-脱氧-D-葡糖；N-乙酰氨基-2-脱氧-D-葡糖；N-乙酰-D-氨基葡糖；2-Acetanido-2-deoxy-α-D-glucopyranose；N-Acetamido-2-deoxy-D-glucose；D-GlcNAc

性状　白色粉末。溶于水(50mg/mL)，微溶于乙醇，不溶于乙醚。mp 211℃(分解)；$[\alpha]_D^{20} \xrightarrow{2h} +41°\pm2°$($c$=2，于水中)。生化试剂含量≥99.0%。

注意事项　该品应充氩气密封于－20℃干燥保存。

主要用途　生化研究。

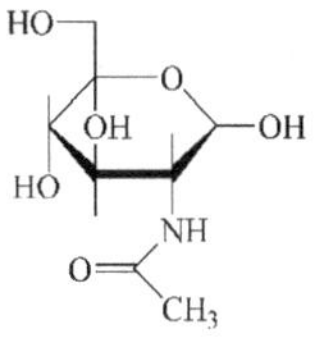

N-Acetyl-β-D-glucosamine naphthol AS-LC

N-乙酰-β-D-葡糖胺萘酚 AS-LC　00135

[58225-96-0]　$C_{27}H_{29}ClN_2O_9$　561.04

成分　C 57.80%，H 5.21%，Cl 6.32%，N 4.99%，O 25.67%。

别名　N-乙酰-β-D-氨基葡糖萘酚 AS-LC；Naphthol AS-LC N-acetyl-β-D-glucosaminine；2-Acetamido-2-deoxy-β-D-glucosidoxynaphthol AS-LC；Naphthalene-2-(2′-acetamido-2′-deoxy-β-D-glucosidoxy)-3-carboxy (2″，5″-dimethoxy-4″-chloroanilide)

性状　无色结晶或白色粉末。

注意事项　该品应密封于－20℃保存。

N-Acetyl-DL-glutamic acid　N-乙酰-DL-谷氨酸　00136

[5817-08-3]　$C_7H_{11}NO_5$　189.17

成分　C 44.46%，H 5.86%，N 7.40%，O 42.29%。

别名　DL-2-乙酰氨基戊二酸；DL-2-Acetamidoglutaric acid

性状　白色结晶性粉末。易溶于水、乙醇。mp 185℃。

注意事项　使用时应避免吸入本品的粉尘，避免与眼睛及皮肤接触。应密封于2～8℃干燥保存。

主要用途　生化研究。

N-Acetyl-L-glutamic acid　N-乙酰-L-谷氨酸　00137

[1188-37-0]　$C_7H_{11}NO_5$　189.17

成分　C 44.46%，H 5.86%，N 7.40%，O 42.29%。

别名　L-2-乙酰氨基戊二酸；L-2-Acetamidoglutaric acid

性状　无色结晶。mp 194～196℃；$[\alpha]_D^{20}$ －15.5°±0.5°(c=4，于水中)。生化试剂含量≥99.0%(T)。

注意事项　使用时应避免吸入本品的粉尘，避免与眼睛及皮肤接触。应密封于2～8℃保存。

主要用途　生化研究。N-乙酰-L-谷氨酸合成酶抑制剂。

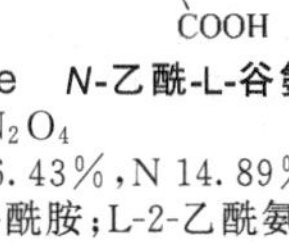

N-Acetyl-L-glutamine　N-乙酰-L-谷氨酰胺　00138

[2490-97-3]　$C_7H_{12}N_2O_4$　188.18

成分　C 44.68%，H 6.43%，N 14.89%，O 34.01%。

别名　N-乙酰基-L-谷酰胺；L-2-乙酰氨基戊酰胺酸；L-2-乙酰胺基戊酰胺酸；Aceglutamide；L-2-Acetamidoglutaramic acid；α-N-Acetyl-L-glutamine；N^2-Acetyl-L-glutamine；Acutil-S

M.I. 15,26

性状　来自乙醇中的无色结晶或白色结晶性粉末。易溶于水，溶于乙醇、乙酸乙酯。mp 197℃；$[\alpha]_D^{20}$ －12.5°(c=2.9，于水中)。生化试剂含量≥99.0%(T)。

注意事项　使用时应避免吸入本品的粉尘，避免与眼睛及皮肤接触。应密封于2～8℃保存。

主要用途　生化研究。医疗用于脑外伤昏迷、肝昏迷、高位性截瘫及神经系统疾患。亦用于治疗神经性头痛、腰痛、小儿麻痹后遗症、乙脑后遗症等。

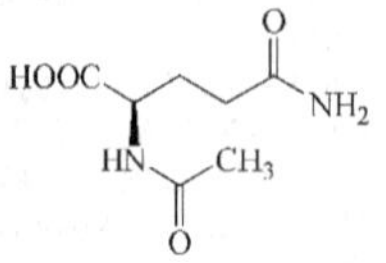

S-Acetyl-L-glutathione　S-乙酰-L-谷胱甘肽 00139
[3054-47-5]　$C_{12}H_{19}N_3O_7S$ 349.36
成分　C 41.26%，H 5.48%，N 12.03%，O 32.06%，S 9.18%。
别名　S-乙酰胶氨基酸缩胱氨酸缩甘氨酸；乙酰硫糠质；S-Acetyl glutamylcysteinylglycine；Glutathione-S-acetate；N^5-[1-[(Carboxymethyl) carbamoyl]-2-(acetylmercapto) ethyl]glutamine
性状　白色结晶性粉末。易溶于热水，难溶于冷水。mp 199～204℃(分解)；[α] −15.8°～−16.5°。
注意事项　该品应密封于2～8℃干燥保存。
主要用途　生化研究。

N-Acetylglycine　N-乙酰甘氨酸 00140
[543-24-8]　$C_4H_7NO_3$ 117.10
成分　C 41.03%，H 6.03%，N 11.96%，O 40.99%。
别名　N-乙酰氨基乙酸；醋尿酸；Acetamidoacetic acid；Aceturic acid；Acetylaminoacetic acid；Acetylglycocoll；Ethanoylaminoethanoic acid
M. I. 15，75
性状　来自水中的无色长针状结晶或白色结晶性粉末。溶于水(15℃，2.7%)，中等程度溶于乙醇，微溶于丙酮、冰乙酸、三氯甲烷，几乎不溶于乙醚、苯。pK(25℃)3.64。mp 206～208℃。生化试剂含量≥99.0%(T)。
注意事项　使用时应避免吸入本品的粉尘，避免与眼睛及皮肤接触。
主要用途　生化研究。医药中间体。

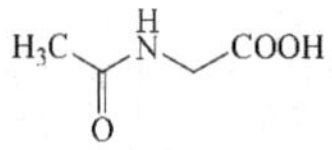

N-Acetyl-L-histidine monohydrate
N-乙酰-L-组氨酸 一水 00141
[39145-52-3]　$C_8H_{11}N_3O_3 \cdot H_2O$ 215.21
成分(以无水物计)　C 48.73%，H 5.62%，N 21.31%，O 24.34%。
别名　一水合N-乙酰-L-组氨酸
性状　无色结晶。mp 157～159℃(分解)；$[\alpha]^{24}$ +46°(c=1，于水中)。生化试剂含量≥99.0%。
注意事项　该品应密封于−20℃保存。
主要用途　生化研究。

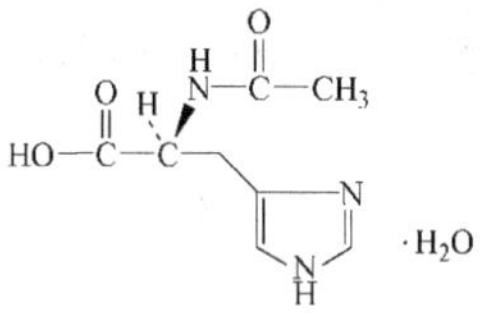

N-Acetyl-DL-homocysteinethiolactone
N-乙酰基-DL-高半胱氨酸硫代内酯 00142
[1195-16-0]　$C_6H_9NO_2S$ 159.20
成分　C 45.26%，H 5.70%，N 8.80%，O 20.10%，S 20.14%。
别名　2-乙酰氨基-4-巯基丁酸-γ-硫代内酯；2-Acetamido-4-mercaptobutyric acid γ-thiolactone；α-Acetamido-γ-thiobutyrolactone；AH-CTL；BO-714；Citiolase；Citiolone；Immunothiol；N-(Tetrahydro-2-oxo-3-thienyl) acetamide；Thioxidrene
M. I. 15，2319
性状　来自甲苯中的无色针状结晶。mp 111.5～112.5℃；uv max：238nm(ε 4400)。LD_{50}小鼠静脉注射：1.2g/kg。生化试剂含量≥99.0%(N)。
注意事项　使用时应避免吸入本品的粉尘，避免与眼睛及皮肤接触。
主要用途　生化研究。肝功紊乱的处理。

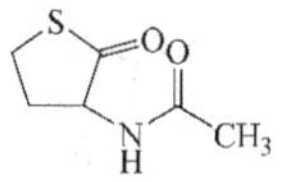

N-Acetylhomopiperazine　N-乙酰高哌嗪 00143
[61903-11-5]　$C_7H_{14}N_2O$ 142.20
成分　C 59.13%，H 9.92%，N 19.70%，O 11.25%。
别名　N-乙酰同(型)哌嗪；1-乙酰基六氢-1H-1，4-二吖庚因；1-乙酰基六氢-1H-1，4-二氮杂䓬；1-Acetylhexahydro-1H-1，4-diazepine
性状　无色液体。对CO_2敏感，能吸湿。d_4^{20} 1.077；n_D^{20} 1.510。一般试剂含量≥97.0%(GC)。
注意事项　该品具有腐蚀性，能引起烧伤，使用时应穿适当的防护服，戴手套和防护镜或面罩。万一接触到眼睛，应立即用大量水冲洗后请医生诊治。使用时如有事故发生或有不适之感，应请医生诊治。应充氩气密封干燥保存。

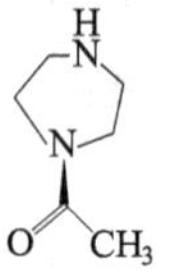

N-Acetyl-L-hydroxyproline
N-乙酰基-L-羟基脯氨酸 00144
[33996-33-7]　$C_7H_{11}NO_4$ 173.17
成分　C 48.55%，H 6.40%，N 8.09%，O 36.96%。
别名　N-乙酰基-L-羟基噃啉；1-乙酰基-4-羟基吡咯烷羧酸；反式1-乙酰基-4-羟基-L-脯氨酸；4-羟基-N-乙酰基脯氨酸；(4R)-1-Acetyl-4-hydroxy-L-proline；trans-1-Acetyl-4-hydroxy-L-proline；1-Acetyl-4-hydroxy-2-pyrrolidinecarboxylic acid；AHP-200；CO-61；4-Hydroxy-N-acetylproline；Jonctum；Oxaceprol
M. I. 15，7002
性状　来自丙酮中的无色结晶。易溶于乙醇，溶于水、甲醇，不溶于乙醚、氯仿。mp 133～134℃；$[\alpha]_D^{20}$ −116.5°(c=3.2，于水中)；$[\alpha]_D^{18}$ −119.5°(c=3.75，于水中)。生化试剂含量≥99.0%(T)。
主要用途　生化研究。医用抗炎及治疗创伤药。
注意事项　该品对眼睛有严重损伤的危险。使用时应穿防护服，戴防护镜或面罩。万一接触到眼睛，应立即用大量水冲洗后请医生诊治。应充氩气密封保存。

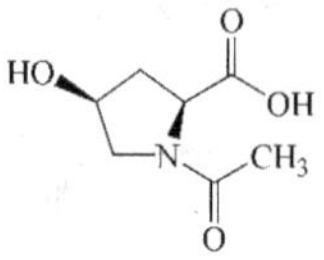

N-Acetyl-5-hydroxytryptamine　N-乙酰-5-羟色胺 00145
[1210-83-9]　$C_{12}H_{14}N_2O_2$ 218.26
成分　C 66.04%，H 6.47%，N 12.83%，O 14.66%。
别名　N-Acetylserotonin
性状　无色结晶或白色粉末。溶于乙醇(50mg/mL)。mp 120～122℃。生化试剂含量≥99.0%(TLC)。
注意事项　该品使用时应避免吸入本品的粉尘，避免与眼睛及皮肤接触。应密封于2～8℃保存。

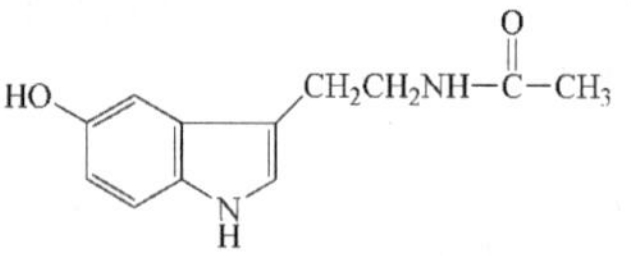

1-Acetylimidazole　1-乙酰咪唑 00146
[2466-76-4]　$C_5H_6N_2O$ 110.12
成分　C 54.54%，H 5.49%，N 25.44%，O 14.53%。
别名　咪唑基甲基酮；N-Acetylimidazole；1-Imidazolylmethyl ketone
性状　无色结晶。极易水解。mp 100～102℃。一般试剂含量≥99.0%(N)。
注意事项　该品对眼睛、呼吸系统及皮肤有刺激性。使用时应穿适当的防护服。万一接触到眼睛，应立即用大量水冲洗后请医生诊治。应充氩气密封于2～8℃干燥保存。

主要用途 乙酰化试剂。亦是蛋白质和肽的特殊试剂。

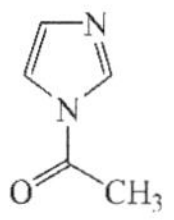

3-Acetylindole 3-乙酰吲哚 00147

[703-80-8] $C_{10}H_9NO$ 159.19

成分 C 75.45%，H 5.70%，N 8.80%，O 10.05%。

别名 3-乙酰基吲哚；3-吲哚基甲基甲酮；3-Indolyl methyl ketone

性状 无色结晶。mp 188～190℃。一般试剂含量≥98.0%（HPLC）。

注意事项 使用时应避免吸入本品的粉尘，避免与眼睛及皮肤接触。

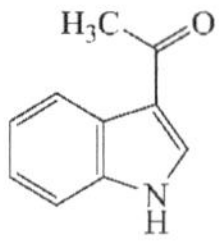

Acetyl isothiocyanate 异硫氰酸乙酰酯 00148

[13250-46-9] C_3H_3NOS 101.13

成分 C 35.63%，H 2.99%，N 13.85%，O 15.82%，S 31.71%。

别名 乙酰异硫氰酸酯

性状 无色液体。有恶臭。具有催泪性。bp 132～133℃；Fp>230°F（110℃）；d_4^{20} 1.151；n_D^{20} 1.523。一般试剂含量≥97.0%（GC）。

注意事项 该品与水激烈反应。吸入、口服或与皮肤接触有毒。对眼睛、呼吸系统及皮肤有刺激性。吸入能引起过敏。使用时应穿适当的防护服，戴手套和防护镜或面罩。使用时应避免吸入本品的蒸气、飞沫。万一接触到眼睛，应立即用大量水冲洗后请医生诊治。使用时如有事故发生或有不适之感，应请医生诊治。应充氩气密封于 2～8℃干燥保存。

N-Acetyl-D-lactosamine *N*-乙酰-D-乳糖胺 00149

[32181-59-2] $C_{14}H_{25}NO_{11}$ 383.40

成分 C 43.86%，H 6.57%，N 3.67%，O 45.90%。

别名 *N*-乙酰-4-*O*-（*β*-D-半乳糖基）-D-葡糖胺；*N*-Acetyl-4-*O*-（*β*-D-galactopyranosyl）-D-glucosamine

性状 无色结晶。易吸潮。溶于水。生化试剂含量≥97.0%（HPLC）。

注意事项 该品对眼睛、呼吸系统及皮肤有刺激性。使用时应穿适当的防护服和戴手套。万一接触到眼睛，应立即用大量水冲洗后请医生诊治。应充氩气密封于－20℃干燥保存。

主要用途 生化研究。用于半乳糖苷酶的效价研究。

N-Acetyl-D-leucine *N*-乙酰-D-白氨酸 00150

[19764-30-8] $C_8H_{15}NO_3$ 173.21

成分 C 55.47%，H 8.73%，N 8.09%，O 27.71%。

别名 *N*-乙酰-D-亮氨酸

性状 无色或白色结晶。溶于水。

注意事项 该品应密封于－20℃保存。

主要用途 生化研究。

N-Acetyl-DL-leucine *N*-乙酰-DL-白氨酸 00151

[99-15-0] $C_8H_{15}NO_3$ 173.21

成分 C 55.47%，H 8.73%，N 8.09%，O 27.71%。

别名 *α*-乙酰氨基异己酸；*α*-乙酰胺基异己酸；*N*-乙酰-DL-亮氨酸；*α*-Acetylamino-*iso*-caproic acid；*α*-Acetylaminoisocaproic acid

性状 白色细针状结晶。溶于水、甲醇，微溶于乙醚。mp 161℃。

注意事项 该品应密封于－20℃保存。

主要用途 生化研究。

N-Acetyl-L-leucine *N*-乙酰-L-白氨酸 00152

[1188-21-2] $C_8H_{15}NO_3$ 173.21

成分 C 55.47%，H 8.73%，N 8.09%，O 27.71%。

别名 *N*-乙酰-L-亮氨酸

性状 白色结晶。溶于水、酸、有机溶剂。mp 约 185℃；$[\alpha]_D^{20}$ −23°（*c*=5，于乙醇中）。生化试剂含量≥99.0%（T）。

注意事项 该品应密封保存。

主要用途 生化研究。

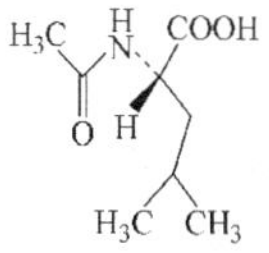

Acetylleucine monoethanolamine salt 乙酰白氨酸一乙醇铵盐 00153

[149-90-6] $C_{10}H_{22}N_2O_4$ 234.30

成分 C 51.26%，H 9.46%，N 11.96%，O 27.32%。

别名 乙酰亮氨酸一乙醇胺盐；*N*-Acetyl-DL-leucine compd with 2-aminoethanol（1∶1）；Monoethanolamine DL-acetylleucinate；DL-Acetylleucine monoethanol-amine salt；Monoethanolamine salt of *α*-acetamidoisocaproie acid；RP-7452；Tanganil

M. I. 13，97

性状 无色结晶。溶于水（>20%），微溶于乙醇（约 1%）。其 10%水溶液 pH 值约 6。mp 约 150℃。

主要用途 医用抗眩晕剂。

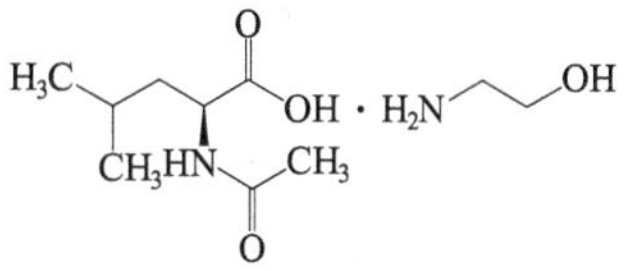

S-Acetylmercaptosuccinic anhydride *S*-乙酰巯基丁二酸酐 00154

[6953-60-2] $C_6H_6O_4S$ 174.18

成分 C 41.37%，H 3.47%，O 36.74%，S 18.41%。

别名 硫代乙酰琥珀酸酐；*S*-乙酰巯基琥珀酸酐；2-（Acetylthio）succinic anhydride；Mercaptosuccinic acid anhydride；SMSA

性状 无色结晶。易溶于水。mp 83～86℃。一般试剂含量≥96.0%。

注意事项 该品对眼睛、呼吸系统及皮肤有刺激性。应密封于－20℃干燥保存。

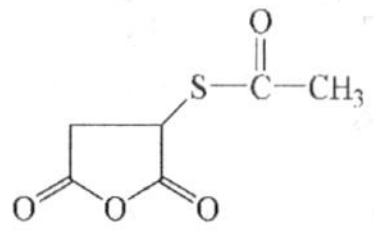

N-Acetyl-D-methionine *N*-乙酰-D-甲硫氨基酸 00155

[1509-92-8] $C_7H_{13}NO_3S$ 191.25

成分 C 43.96%，H 6.85%，N 7.32%，O 25.10%，S 16.77%。

别名 *N*-乙酰-D-甲硫氨基丁酸；*N*-乙酰-D-蛋氨酸；D-*α*-Acetylamino-*γ*-methylmercaptobutyric acid；D-1-Acetylamino-3-methylmercapto propanecarboxylic acid；D-2-Acetylamino-4-methylthiobutanoic acid；D(+)-*N*-Acetylmethionine

M. I. 15，92

性状 来自水或乙酸乙酯中的无色结晶或白色结晶性粉末。该品于下列物质中的溶解度（25℃，g/100mL）：水 30.7，丙酮 29.6，乙酸乙酯 7.04，氯仿 6.43。mp 104～105℃；$[\alpha]_D^{25}$ +20.3°（*c*=4，于水中）。生化试剂含量约 99.0%。

注意事项 该品应密封于－20℃保存。

主要用途 生化研究。

N-Acetyl-DL-methionine *N*-乙酰-DL-甲硫氨基酸 00156

[1115-47-5] $C_7H_{13}NO_3S$ 191.25

成分 C 43.96%，H 6.85%，N 7.32%，O 25.10%，S 16.77%。

别名 乙酰-DL-甲硫氨基丁酸；*N*-乙酰-DL-蛋氨酸；DL-*α*-Acetylamino-*γ*-methylmercaptobutyric acid；DL-1-Acetylamino-3-methylmercaptopropanecarboxylic acid；2-Acetamido-4-（methylthio）butyric acid；DL-2-Acetylamino-4-methylthiobutanoic

acid；Methionamine
M. I. 15，92
性状 来自水中的无色结晶或白色结晶性粉末。有不愉快气味。该品在下列物质中的溶解度（25℃，g/100mL）：水 9.12，丙酮 10.0，乙酸乙酯 2.29，氯仿 1.33。mp 114～115℃。生化试剂含量≥98.5%。
注意事项 该品应密封保存。
主要用途 生化研究。医用防治脂肪肝，抗脂肪肝剂。

N-Acetyl-L-methionine N-乙酰-L-甲硫氨基酸 00157
[65-82-7] $C_7H_{13}NO_3S$ 191.25
成分 C 43.96%，H 6.85%，N 7.32%，O 25.10%，S 16.77%。
别名 L（－）-*N*-乙酰甲硫氨酸；*N*-乙酰-L（－）-蛋氨酸；L（－）-*N*-乙酰甲硫氨基丁酸；L-*α*-Acetylamino-*γ*-methylmercaptobutyric acid；L-1-Acetylamino-3-methylmercaptopropanecarboxylic acid；L-2-Acetylamino-4-methylthiobutanoic acid；L（－）-*N*-Acetylmethionine
M. I. 15，92
性状 无色结晶。mp 104℃；$[\alpha]_D^{25}-20.3°$（$c=4$，于水中）。生化试剂含量≥99.0%（T）。
注意事项 该品应密封于－20℃保存。
主要用途 生化研究。

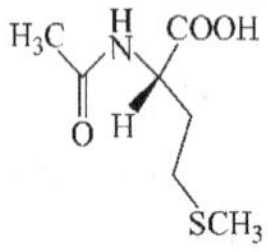

Acetyl-β-methylcholine bromide
溴化乙酰-β-甲基胆碱 00158
[333-31-3] $C_8H_{18}BrNO_2$ 240.14
成分 C 40.01%，H 7.56%，Br 33.27%，N 5.83%，O 13.33%。
别名 乙酰-*β*-甲基溴化胆碱；(2-Acetoxypropyl) trimethylammonium bromide；*O*-Acetyl-*β*-methylcholinebromide；2-Acetyloxy-*N*,*N*,*N*-trimethyl-1-propanaminium bromide；Amechol；(2-Hydroxypropyl) trimethylammonium bromide acetate；Mecholyl bromide；Methacholine bromide；Metholin；Trimethyl-*β*-acetoxypropylammonium bromide
性状 白色结晶。易吸潮。溶于水、乙醇、甘油，不溶于苯、乙醚。mp 147～149℃。生化试剂含量≥99.0%。
注意事项 该品对眼睛、呼吸系统及皮肤有刺激性。使用时应穿适当的防护服。万一接触到眼睛，应立即用大量水冲洗后请医生诊治。应密封或熔封于－20℃干燥保存。
主要用途 生化研究。

Acetyl-β-methylcholine chloride
氯化乙酰-β-甲基胆碱 00159
[62-51-1] $C_8H_{18}ClNO_2$ 195.69
成分 C 49.10%，H 9.27%，Cl 18.12%，N 7.16%，O 16.35%。
别名 乙酰-*β*-甲基氯化胆碱；(2-Acetoxypropyl) trimethylammonium chloride；*O*-Acetyl-*β*-methylcholine chloride；2-Acetyloxy-*N*，*N*，*N*-trimethyl-1-propanaminium chloride；Mecholyl chloride；(2-Hydroxypropyl) trimethylammonium chloride acetate；Amechol；Mecholin；Methacholine chloride；Provocholine；Trimethyl-*β*-acetoxypropylammonium chloride
M. I. 15，6012
性状 来自乙醚中的白色针状结晶。易潮解。略有鱼腥臭味。易溶于水、乙醇、氯仿，其溶液对石蕊呈中性。不溶于乙醚。mp 172～173℃。生化试剂含量≥99.0%（AT）。
注意事项 该品口服有害。对眼睛、呼吸系统及皮肤有刺激性。使用时应穿适当的防护服。万一接触到眼睛，应立即用大量水冲洗后请医生诊治。应充氩气密封或熔封于 2～8℃干燥保存。溶液冷藏保存不能超过两周。
主要用途 生化研究。医用胆碱功能辅助诊断剂。

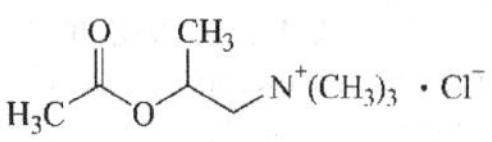

Acetylmethylenetriphenylphosphorane
乙酰亚甲基三苯膦 00160
[1439-36-7] $C_{21}H_{19}OP$ 318.36
成分 C 79.23%，H 6.02%，O 5.03%，P 9.73%。
别名 1-三苯基膦亚基-2-丙酮；1-Triphenylphosphoranylidene-2-propanone
性状 无色结晶或白色粉末。溶于水并分解。mp 205～207℃。一般试剂含量≥99.0%（NT）。
注意事项 使用时应避免吸入本品的粉尘，避免与眼睛及皮肤接触。
主要用途 用于丙酮基被亲核置换卤代烃的试剂。

4-Acetylmorpholine 4-乙酰吗啉 00161
[1696-20-4] $C_6H_{11}NO_2$ 129.16
成分 C 55.80%，H 8.58%，N 10.84%，O 24.77%。
别名 4-乙酰基吗啉
性状 无色液体。低温凝固。溶于水。mp 14℃；bp_6 96～97℃/0.8kPa；Fp 251.6℉（122℃）；*V*p（20℃）20Pa；d^{20} 1.116；n_D^{20} 1.4830；燃点 320℃。LD_{50} 大鼠急性经口：6130mg/kg。
注意事项 该品对眼睛有刺激性。使用时应穿适当的防护服。万一接触到眼睛，应立即用大量水冲洗后请医生诊治。

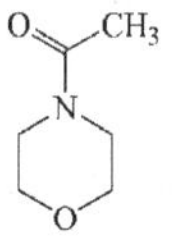

N-Acetylmuramic acid N-乙酰胞壁酸 00162
[10597-89-4] $C_{11}H_{19}NO_8$ 293.27
成分 C 45.05%，H 6.53%，N 4.78%，O 43.64%。
别名 *N*-乙酰基-2-葡糖胺-3-乳酸醚；2-乙酰氨基-2-脱氧-3-氧-(D-1-羧乙基)-D-吡喃葡萄糖；2-Acetamido-2-deoxy-3-*O*-(D-1-carboxyethyl)-D-glucopyranose；(*R*)-2-Acetylamino-3-*O*-(1-carboxyethyl)-2-deoxy-D-glucose；MurNAc；NAMA
M. I. 15，6389
性状 来自乙酸乙酯＋甲醇中的无色结晶。mp 119～121℃。$[\alpha]_D^{20}+56°$（10min）→＋40°（24h）（$c=0.68$，于水中）。生化试剂含量≥99.0%（TLC）。
注意事项 该品吸入、口服或与皮肤接触有害。并造成不少逆的作用。使用时应穿适当的防护服和戴手套。使用时应避免吸入本品的粉尘，避免与眼睛及皮肤接触。应充氩气密封于 2～8℃干燥保存。
主要用途 生化研究。检测细菌污染的化学标示物。

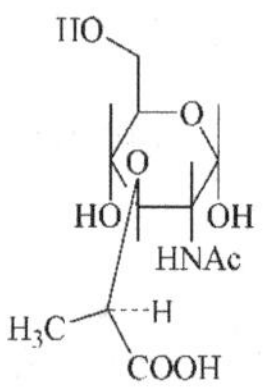

N-Acetylmuramyl-L-alanyl-D-isoglutamine
N-乙酰胞壁酰-L-丙氨酰-D-异谷氨酰胺 00163
[53678-77-6] $C_{19}H_{32}N_4O_{11}$ 492.48
成分 C 46.34%，H 6.55%，N 11.38%，O 35.74%。
别名 胞壁酰二肽；N^2-[*N*-(*N*-Acetylmuramoyl)-L-alanyl]-D-*α*-glutamine；2-Acetamido-2-deoxy-3-*O*-(D-2-propionyl-L-alanyl-D-isoglutamine)-D-gluco pyranose；Adjuvant pentide；MDP；Muramyl dipeptide
M. I. 15，6390
性状 来自甲醇-丙酮-乙醚中的无色结晶。溶于水。$[\alpha]_D^{25}+44°$（于乙酸中）。
注意事项 使用时应避免吸入本品的粉尘，避免与眼睛及皮肤接触。应充氩气密封于－20℃保存。
主要用途 生化研究。免疫学用佐剂。

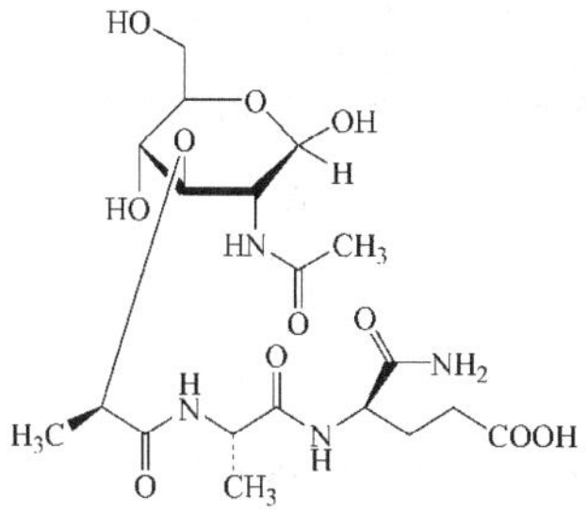

N-Acetylneuraminic acid　N-乙酰神经氨酸　00164

[131-48-6]　$C_{11}H_{19}NO_9$　309.27

成分　C 42.72%，H 6.19%，N 4.53%，O 46.56%。

别名　N-乙酰甘露糖胺丙酮酸；N-乙酰涎酸；氧-唾液酸；5-Acetamido-3，5-dideoxy-D-glycero-D-galacto-2-nonulosonic acid；N-Acetylsialic acid；Lactaminic acid；NAN；NANA；5-Acetylamino-3，5-dideoxy-D-glycero-D-galacto-2-nonulosonic acid；O-Sialic acid

M. I. 15，8623

性状　来自水与乙酸（0.8∶12）中（5℃）的无色结晶。溶于水（1∶20）。mp 180～182℃（分解）；$[\alpha]_D^{20}-33.1°$（c=0.9，于水中）。生化试剂含量≥98.0%（TLC）。

注意事项　使用时应避免吸入本品的粉尘，避免与眼睛及皮肤接触。应充氩气密封于-20℃干燥保存。

主要用途　生化研究。

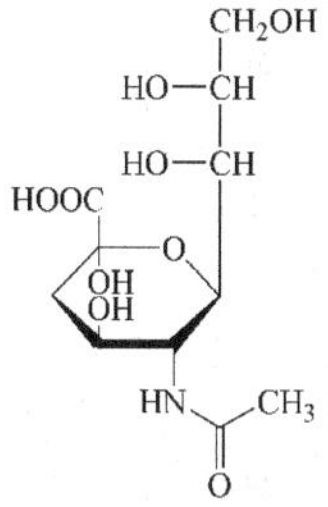

3′-N-Acetylneuraminyl-D-lactose sodium salt
3′-N-乙酰神经氨酸基乳糖钠盐　00165

[35890-38-1]　$C_{23}H_{38}NNaO_{19}$　655.54

成分　C 42.14%，H 5.84%，N 2.14%，Na 3.51%，O 46.37%。

别名　N-Acetylneuraminosyl-D-lactose sodiumsalt；NANA-Lactose Na salt；α-NeuNAc-［2→3］-β-D-Gal-［1→4］-D-Glc-Na；3′-Sialyl-D-lactose sodium salt

性状　白色粉末。溶于水。生化试剂含量≥98.0%（HPAE/PAD）。

注意事项　该品应密封于-20℃保存。

主要用途　生化研究。

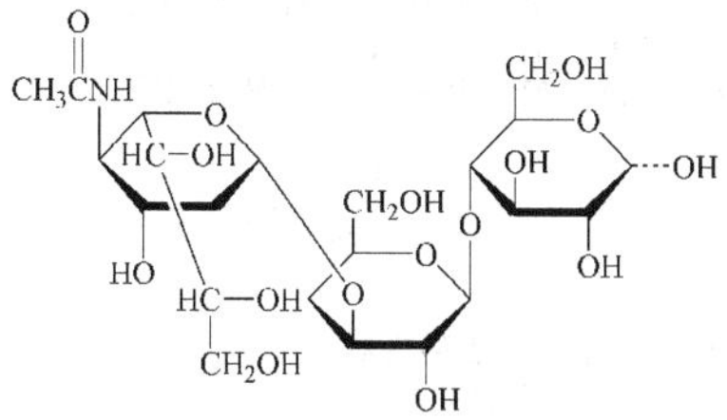

N-Acetyl-D-penicillamine　N-乙酰基-D-青霉胺　00166

[15537-71-0]　$C_7H_{13}NO_3S$　191.25

成分　C 43.96%，H 6.85%，N 7.32%，O 25.10%，S 16.77%。

别名　N-乙酰青霉胺；N-乙酰基-3-巯基-D-缬氨酸；N-Acetyl-3-mercapto-D-valine；N-Acetylpenicillamine

M. I. 15，94

性状　来自水中的无色结晶。溶于水。mp 189～190℃；$[\alpha]_D^{25}+18°$（于50%乙醇水溶液中）。生化试剂含量≥99.0%（T）。

注意事项　该品对眼睛、呼吸系统及皮肤有刺激性。使用时应穿适当的防护服。应避免吸入本品的粉尘，避免与眼睛及皮肤接触。万一接触到眼睛，应立即用大量水冲洗后请医生诊治。应充氩气密封保存。

主要用途　生化研究。

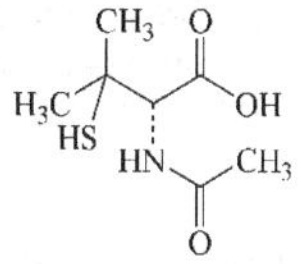

N-Acetyl-DL-penicillamine　N-乙酰-DL-青霉胺　00167

[59-53-0]　$C_7H_{13}NO_3S$　191.25

成分　C 43.96%，H 6.85%，N 7.32%，O 25.10%，S 16.77%。

别名　N-乙酰-3-巯基-DL-缬氨酸；N-乙酰-3-α-氨基异戊酸；N-Acetyl-3-mercapto-DL-valine

M. I. 15，94

性状　来自热水中的无色有光泽的针状结晶。对空气敏感。mp 183℃。

注意事项　见 00166 N-乙酰基-D-青霉胺。

主要用途　生化研究。

N-Acetyl-D-phenylalanine　N-乙酰-D-苯丙氨酸　00168

[10172-89-1]　$C_{11}H_{13}NO_3$　207.23

成分　C 63.76%，H 6.32%，N 6.76%，O 23.16%。

别名　N-乙酰-D-α-氨基氢化肉桂酸；N-Acetyl-D-α-aminohydrocinnamic acid；N-Acetyl-D-β-phenylalanine

性状　无色结晶或白色结晶性粉末。

注意事项　该品应密封于-20℃保存。

主要用途　生化研究。

N-Acetyl-DL-β-phenylalanine
N-乙酰-DL-β-苯丙氨酸　00169

[40638-98-0]　$C_{11}H_{13}NO_3$　207.23

成分　C 63.76%，H 6.32%，N 6.76%，O 23.16%。

别名　N-乙酰氨基苯丙氨酸；N-乙酰胺基苯丙酸；N-乙酰-DL-β-氨基氢化肉桂酸；N-Acetyl-DL-β-aminohydrocinnamic acid；N-Acetyl-amino-β-phenylpropionic acid；N-Acetyl-DL-β-phenylalanine

性状　无色结晶。溶于乙醇、乙酸乙酯。mp 152～153℃。生化试剂含量≥97.0%（HPLC）。

注意事项　该品应充氩气密封保存。

主要用途　生化研究。

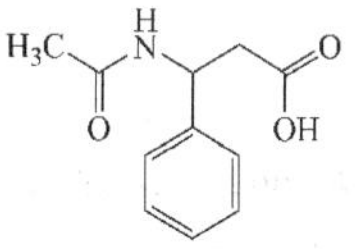

N-Acetyl-L-phenylalanine　N-乙酰-L-苯丙氨酸　00170

[2018-61-3]　$C_{11}H_{13}NO_3$　207.23

成分　C 63.76%，H 6.32%，N 6.76%，O 23.16%。

别名　N-乙酰-L-α-氨基氢化肉桂酸；N-Acetyl-L-α-aminohy-drocinnamic acid；N-Acetyl-L-β-phenylalanine

性状　无色结晶或白色结晶性粉末。mp 171～172℃；$[\alpha]^{22}$ +40.0°（c=1，于甲醇中）。生化试剂含量≥99.0%。

注意事项　该品应密封保存。

主要用途　生化研究。

N-Acetyl-L-phenylalanyl-3，5-diiodo-L-tyrosine　00171
N-乙酰-L-苯丙氨酰-3，5-二碘-L-酪氨酸

[3786-08-1]　$C_{20}H_{20}I_2N_2O_5$　622.20

成分　C 38.61%，H 3.24%，I 40.79%，N 4.50%，O 12.86%。

性状　无色结晶或白色结晶性粉末。生化试剂含量≥97.0%（CHN）。

注意事项　使用时应避免吸入本品的粉尘，避免与眼睛及皮肤接触。应密封避光于2～8℃保存。

主要用途　生化研究。

Acetyl-L-phenylalanyl-L-3-thiaphenylalanine
乙酰 L-苯基丙氨酰-L-3-硫代苯基丙氨酸　00172

[108906-59-8] $C_{19}H_{20}N_2O_4S$ 372.44

成分 C 61.27%，H 5.41%，N 7.52%，O 17.18%，S 8.61%。

别名 Ac-Phe-3-Thiaphe-OH

性状 无色结晶或白色结晶性粉末。生化试剂含量≥98.0%（HPLC）。

注意事项 该品对眼睛、呼吸系统及皮肤有刺激性。使用时应穿适当的防护服。万一接触到眼睛，应立即用大量水冲洗后请医生诊治。应充氩气密封保存。

主要用途 生化研究。

N-Acetyl-*p*-phenylenediamine *N*-乙酰对苯二胺 00173

[112-80-5] $C_8H_{10}N_2O$ 150.18

成分 C 63.98%，H 6.71%，N 18.65%，O 10.65%。

别名 4-乙酰氨基苯胺；4-乙酰胺基苯胺；对乙酰氨基苯胺；对乙酰胺基苯胺；对氨基乙酰苯胺；4-Acetamidoaniline；*p*-Acetamidoaniline；Acetyl-*p*-phenylenediamine；*p*-Aminoacetanilide；*N*-(4-Aminophenyl)acetamide；4′-Aminoacetanilide

GW 2015-2675 M.I. 15，405

性状 白色或浅粉红色结晶。易溶于热水、乙醇、乙醚，微溶于冷水。露置空气中色渐变深。mp 163.5～166℃；F_p 302℉（150℃）。一般试剂含量≥98.5%（NT）。

注意事项 该品对眼睛有刺激性。吸入或与皮肤接触可引起过敏。使用时应穿适当的防护服和戴手套。使用时应避免吸入本品的粉尘，避免与眼睛及皮肤接触。万一接触到眼睛，应立即用大量水冲洗后请医生诊治。应充氮气密封避光保存。

主要用途 有机合成。偶氮染料中间体。制药工业。

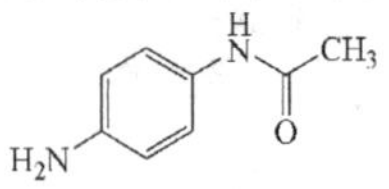

N-Acetyl-*N*-phenylglycine *N*-乙酰-*N*-苯基甘氨酸 00174

[579-98-6] $C_{10}H_{11}NO_3$ 193.20

成分 C 62.17%，H 5.74%，N 7.25%，O 24.84%。

别名 *N*-乙酰苯氨基乙酸；*N*-乙酰-DL-苯基氨基乙酸；*N*-Acetyl-DL-phenylaminoacetic acid；*N*-Phenylaceturic acid

性状 无色或白色叶片状结晶。能溶于乙醇、乙酸、乙酸乙酯，难溶于水、乙醚、氯仿、苯。mp 190～192℃。

注意事项 该品应于－20℃保存。

主要用途 生化研究。

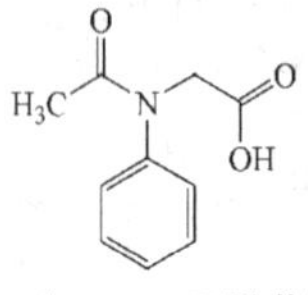

N-Acetylphenylhydrazine *N*-乙酰苯肼 00175

[114-83-0] $C_8H_{10}N_2O$ 150.18

成分 C 63.98%，H 6.71%，N 18.65%，O 10.65%。

别名 1-乙酰-2-苯肼；乙酰基苯联氨；Acetic phenylhydrazide；Acetylphenylhydrazine；1-Acetyl-2-phenylhydrazine；β-Acetylphenylhydrazine；APH；Hydrcetin 2-Phenylacetohydrazide；Pyrodin

性状 白色或浅黄色结晶或结晶性粉末。溶于热水、乙醇、三氯甲烷、苯，难溶于冷水、乙醚、石油醚。mp 128～131℃。一般商品含量≥98.0%。

注意事项 该品口服有害。对眼睛、呼吸系统及皮肤有刺激性。使用时应穿防护服和戴手套。万一接触到眼睛，应立即用大量水冲洗后请医生诊治。应密封避光保存。

主要用途 制药工业。有机合成。稳定剂。

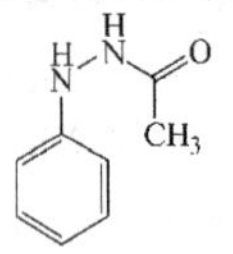

1-Acetylpiperazine 1-乙酰哌嗪 00176

[13889-98-0] $C_6H_{12}N_2O$ 128.18

成分 C 56.22%，H 9.44%，N 21.85%，O 12.48%。

性状 无色结晶或白色粉末。易吸潮。mp 31～34℃；Fp 235.4℉（113℃）。一般试剂含量≥98.0%（GC）。

注意事项 该品对眼睛及皮肤有刺激性。使用时应穿适当的防护服。万一接触到眼睛，应立即用大量水冲洗后请医生诊治。应充氩气密封于2～8℃干燥保存。

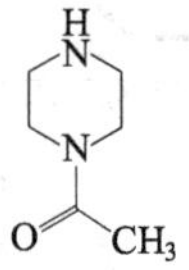

1-Acetyl-4-piperidone 1-乙酰-4-哌啶酮 00177

[32161-06-1] $C_7H_{11}NO_2$ 141.17

成分 C 59.56%，H 7.85%，N 9.92%，O 22.67%。

别名 *N*-Acetyl-4-piperidone

性状 无色液体。bp 218℃；Fp＞230℉（110℃）；*d* 1.146；n_D^{20} 1.5026。

注意事项 使用时应避免吸入本品的蒸气，避免与眼睛及皮肤接触。应充氩气密封保存。

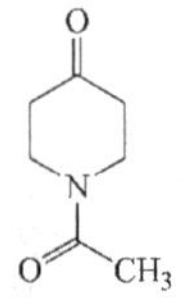

2-Acetylpyridine 2-乙酰吡啶 00178

[1122-62-9] C_7H_7NO 121.14

成分 C 69.40%，H 5.82%，N 11.56%，O 13.21%。

别名 甲基-2-吡啶基酮；2-Acetopyridine；2-AP；Methyl 2-pyridyl ketone

性状 黄色油状液体。见光易变色。能与乙醇、乙醚相混溶。bp 188～189℃；bp_{11} 76～79℃/1.467kPa；Fp 164℉（73℃）；d_4^{20} 1.082；n_D^{20} 1.5210。一般试剂含量≥97.0%（GC）。

注意事项 该品对眼睛、呼吸系统及皮肤有刺激性。使用时应穿适当的防护服。万一接触到眼睛，应立即用大量水冲洗后请医生诊治。应密封避光保存。

主要用途 有机合成。制药工业。橡胶工业。

3-Acetylpyridine 3-乙酰吡啶 00179

[350-03-8] C_7H_7NO 121.14

成分 C 69.40%，H 5.82%，N 11.56%，O 13.21%。

别名 甲基-3-吡啶基酮；3-Acetopyridine；β-Acetylpyridine；3-AP；Methyl 3-pyridyl ketone；Methyl pyridyl ketone；Methyl β-pyridyl ketone；1-(3-Pyridinyl)ethanone

M.I. 15，6189

性状 无色至浅黄色油状液体。易溶于酸，能与水、乙醇、乙醚相混溶。露置空气中颜色逐渐变深。mp 11～13℃；bp 220℃；Fp 219.2℉（104℃）；d_4^{20} 1.106；n_D^{20} 1.534。

注意事项 该品口服有毒。使用时应穿适当的防护服，戴手套和防护镜或面罩。使用时如有事故发生或有不适之感，应请医生诊治。应密封避光保存。

主要用途 有机合成。制药工业。橡胶工业。

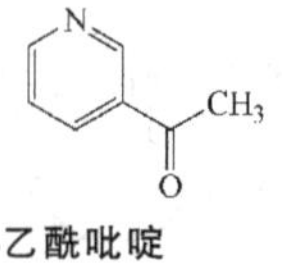

4-Acetylpyridine 4-乙酰吡啶 00180

[1122-54-9] C_7H_7NO 121.14

成分 C 69.40%，H 5.82%，N 11.56%，O 13.21%。

别名 甲基-4-吡啶基酮；4-Acetopyridine；4-AP；Methyl 4-pyridyl ketone

性状 浅黄棕色油状液体。能与乙醇、乙醚相混溶，不溶于水。mp 13～16℃；Fp 219.2℉（104℃）；d_4^{20} 1.100；n_D^{20} 1.529。一般试剂含量≥98.0%。

注意事项 见00178 2-乙酰吡啶，应密封避光保存。

主要用途 有机合成。制药工业。橡胶工业。

2-Acetylpyrrole 2-乙酰吡咯 00181

[1072-83-9] C_6H_7NO 109.13

成分 C 66.04%，H 6.47%，N 12.83%，O 14.66%。
别名 Methyl 2-pyrrolyl ketone。
性状 无色结晶或白色粉末。溶于水。mp 89～92℃；bp 220℃。一般试剂含量≥98.0%（GC）。
注意事项 该品口服有害。对呼吸系统及皮肤有刺激性。

Acetylsalicylic acid 乙酰水杨酸 00182

［50-78-2］ $C_9H_8O_4$ 180.16
成分 C 60.00%，H 4.48%，O 35.52%。
别名 乙酰柳酸；乙酰基柳酸；乙酰氧基苯甲酸；阿司匹灵；醋柳酸；Acenterine；Acetophen；Acetosal；Acetosalic acid；Acetosalin；2-Acetoxybenzoic acid；Acetylin；2-Acetyloxybenzoic acid；Acetyl-SAL；*O*-Acetylsalicylic acid；Acimetten；Acylpyrin；Angettes；Arthrisin；ASA；Asatard；ASP；Aspirin；Aspro；Asteric；Caprin；Cardioaspirin；Cardiprin；Cemirit；Claradin；Claragine；Colfarit；Contrheuma retard；Duramax；ECM；Ecotrin；Empirin；Encaprin；Endydol；Entrophen；Enterosarine；Helicon；Kilios；Levius；Longasa；Measurin；Neuronika；Platet；Rhodine；Rhonal；Salacetin；Salcetogen；Saletin；Salicylic acid acetate；Solprin；Solpyron；Xaxa
M.I. 15，841
性状 白色单斜片状或针状结晶。在干燥空气中稳定。1g 该品溶于 300mL 水（25℃）、100mL 水（37℃）、5mL 乙醇、17mL 氯仿、10～15mL 乙醚，较少地溶于无水乙醚。能被沸水或氢氧化碱及碳酸碱溶液分解。p*K*（25℃）3.49。mp 135℃；*d* 1.40；uv max（0.1mol/L 硫酸中）：229nm（$E^{1\%}_{1cm}$ 484）；（氯仿中）：277nm（$E^{1\%}_{1cm}$ 68）。LD_{50}（g/kg）小鼠，大鼠急性经口：1.1，1.5。一般试剂含量≥99.0%（HPLC）。
注意事项 该品大量口服有害。对眼睛、呼吸系统及皮肤有刺激性。万一接触到眼睛，应立即用大量水冲洗后请医生诊治。应密封于干燥处保存。
主要用途 检测锰的试剂。医用止痛剂，抗发热剂，抗发炎剂，抗血凝剂。合成其他药物的中间体。

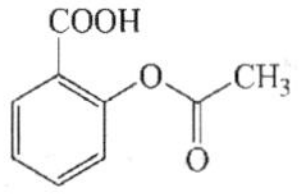

O-Acetylsalicylic anhydride *O*-乙酰水杨酸酐 00183

［1466-82-6］ $C_{18}H_{14}O_7$ 342.31
成分 C 63.16%，H 4.12%，O 32.72%。
别名 2-Acetoxybenzoic anhydride
性状 无色结晶。易吸潮。mp 80～83℃。一般试剂含量≥98.0%（HPLC）。
注意事项 该品口服有害。对眼睛、呼吸系统及皮肤有刺激性。使用时应穿适当的防护服。万一接触到眼睛，应立即用大量水冲洗后请医生诊治。应充氩气密封干燥保存。

O-Acetylsalicyloyl chloride *O*-乙酰水杨酰氯 00184

［5538-51-2］ $C_9H_7ClO_3$ 198.61
成分 C 54.43%，H 3.55%，Cl 17.85%，O 24.17%。
别名 *O*-乙酰邻羟基苯甲酰氯；氯化 *O*-乙酰水杨酰；2-Acetoxybenzoyl chloride
性状 无色结晶。溶于水并分解。mp 45～48℃；bp_{12} 135℃/1.6kPa，$bp_{0.1}$ 107～110℃/13.3Pa；Fp 235.4℉（113℃）；n_D^{20} 1.536。一般商品含量≥98.0%（AT）。
注意事项 该品口服有害。具有腐蚀性，能引起烧伤。对呼吸系统有刺激性。使用时应穿适当的防护服，戴手套和防护镜或面罩。万一接触到眼睛，应立即用大量水冲洗后请医生诊治。使用时如有事故发生或有不适之感，应请医生诊治。应密封干燥保存。
主要用途 乙酸氯烯丙酯中二醇的转变试剂。

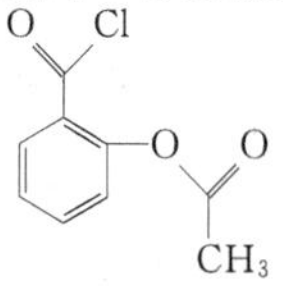

N-Acetyl-DL-serine *N*-乙酰-DL-丝氨酸 00185

［97-14-3］ $C_5H_9NO_4$ 147.13
成分 C 40.82%，H 6.17%，N 9.52%，O 43.50%。
性状 无色结晶或白色结晶性粉末。
注意事项 该品应密封于-20℃保存。
主要用途 生化研究。

N^8-Acetylspermidine dihydrochloride 00186
N^8-乙酰亚精胺 二盐酸盐

［34450-15-2］ $C_9H_{23}Cl_2N_3O$ 260.21
成分 C 41.54%，H 8.91%，Cl 27.25%，N 16.15%，O 6.15%。
别名 二盐酸 N^8-乙酰亚精胺
性状 无色结晶或白色结晶性粉末。溶于水。生化试剂含量≥98.0%（TLC）。
注意事项 该品对眼睛、呼吸系统及皮肤有刺激性。使用时应穿适当的防护服。万一接触到眼睛，应立即用大量水冲洗后请医生诊治。应密封于 2～8℃保存。
主要用途 生化研究。

N^1-Acetylspermine trihydrochloride 00187
N^1-乙酰精胺 三盐酸盐

［77928-70-2］ $C_{12}H_{31}Cl_3N_4O$ 353.76
成分 C 40.74%，H 8.83%，Cl 30.07%，N 15.84%，O 4.53%。
别名 N^1-乙酰精素三盐酸盐；三盐酸 N^1-乙酰精胺；三盐酸 N^1-乙酰精素
性状 无色结晶或白色结晶性粉末。生化试剂含量≥98.0%（TLC）。
注意事项 见 00186 N^8-乙酰亚精胺 二盐酸盐。

N-Acetylsulfanilyl chloride *N*-乙酰基磺胺酰氯 00188

［121-60-8］ $C_8H_8ClNO_3S$ 233.67
成分 C 41.12%，H 3.45%，Cl 15.17%，N 5.99%，O 20.54%，S 13.72%。
别名 *N*-乙酰基对氨基苯磺酰氯；氯化 *N*-乙酰基磺胺酰；氯化 *N*-乙酰基对氨基苯磺酰；4-(Acetylamino) benzenesulfonyl chloride；*p*-Acetamidobenzenesulfonyl chloride；*p*-Acetaminobenzenesulfonyl chloride；Acetanilide-*p*-sulfonyl chloride；ASC
M.I. 15，95
性状 来自苯中的浅褐色粗棱柱形结晶或粉末。微有乙酸气味。对湿度敏感。mp 149℃（分解）。
注意事项 该品口服有害。具有腐蚀性，能引起烧伤。对呼吸系统有刺激性。使用时应穿适当的防护服，戴手套和防护镜或面罩。万一接触到眼睛，应立即用大量水冲洗后请医生诊治。使用时如有事故发生或有不适之感，应请医生诊治。应充氮气密封干燥保存。

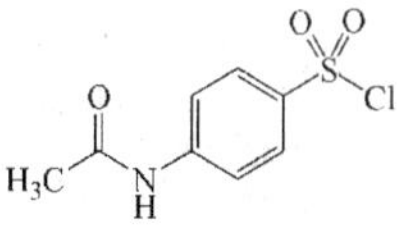

2-Acetylthiazole 2-乙酰噻唑 00189

［24295-03-2］ C_5H_5NOS 127.17
成分 C 47.22%，H 3.96%，N 11.01%，O 12.58%，S 25.22%。
性状 无色液体。有恶臭。bp_{12} 89～91℃/1.6kPa；Fp 172.4℉（78℃）；*d* 1.227；n_D^{20} 1.5480。一般试剂含量≥98.0%（GC）。
注意事项 该品口服有害。对眼睛有刺激性。接触皮肤能引起过敏。使用时应穿适当的防护服。万一接触到眼睛，应立即用大量水冲洗后请医生诊治。应密封保存。

S-Acetylthiochoilne bromide
溴化 *S*-乙酰硫代胆碱 00190

［25025-59-6］ $C_7H_{16}BrNOS$ 242.18
成分 C 34.72%，H 6.66%，Br 32.99%，N 5.78%，O 6.61%，S 13.24%。
别名 乙酰溴化硫代胆碱；溴化硫代乙酰胆碱；Acetylthiocholine bromide；*N*-(2-Mercaptoethyl) trimethylammonium bromide acetate
性状 白色结晶。极易吸湿。能溶于水。mp 217～223℃（分解）。生化试剂含量≥98.0%。

注意事项 使用时应避免吸入本品的粉尘，避免与眼睛及皮肤接触。应密封或熔封避光于 2～8℃干燥保存。
主要用途 生化研究。测乙酰胆碱酯酶的底物。

S-Acetylthiocholine chloride
氯化 *S*-乙酰硫代胆碱 00191
[6050-81-3] $C_7H_{16}ClNOS$ 197.72
成分 C 42.52%，H 8.16%，Cl 17.93%，N 7.08%，O 8.09%，S 16.22%。
别名 乙酰氯化硫代胆碱；氯化硫代乙酰胆碱；*β*-(Acetthio) ethyl trimethylammonium chloride; Acetylthiocholine chloride; *N*-(2-Mercaptoethyl) trimethylammonium chloride acetate
性状 白色结晶。极易潮解。易溶于水，微溶于丙酮。mp 195～198℃。生化试剂含量≥99.0%（TLC）。
注意事项 使用时应避免吸入本品的粉尘，避免与眼睛及皮肤接触。应密封于－20℃保存。
主要用途 生化研究。测乙酰胆碱酯酶的底物。

S-Acetylthiocholine iodide 碘化 *S*-乙酰硫代胆碱 00192
[1866-15-5] $C_7H_{16}INOS$ 289.18
成分 C 29.07%，H 5.58%，I 43.88%，N 4.84%，O 5.53%，S 11.09%。
别名 乙酸-*N*-(2-巯基乙基)三甲基碘化铵；碘化硫代乙酰胆碱；*β*-(Acetthio) ethyltrimethylammonium iodide; Acetylthiocholine iodide; *N*-(2-Mercaptoethyl) trimethylammonium iodide acetate
性状 白色或浅黄色有光泽的片状结晶。溶于水、乙醇，不溶于乙醚、丙酮。mp 205～210℃。生化试剂含量≥99.0%（AT）。
注意事项 该品口服有毒。与皮肤接触有害。对眼睛、呼吸系统及皮肤有刺激性。使用时应穿适当的防护服。应避免吸入本品的粉尘，避免与眼睛及皮肤接触。万一接触到眼睛，应立即用大量水冲洗后请医生诊治。应充氩气密封或熔封避光于 2～8℃干燥保存。
主要用途 生化研究。测乙酰胆碱酯酶的底物。

S-Acetylthioglycolic acid pentafluorophenyl ester
***S*-乙酰巯基乙酸五氟苯酯** 00193
[129815-48-1] $C_{10}H_5F_5O_3S$ 300.20
成分 C 40.00%，H 1.68%，F 31.64%，O 15.99%，S 10.68%。
别名 *S*-乙酰硫代乙醇酸五氟苯酯；Pentafluorophenyl (ace-tylthio) acetate; Pentafluorophenyl *S*-acetylthioglycolate
性状 无色结晶或白色粉末。mp 45～49℃。一般试剂含量≥98.0%（TLC）。
注意事项 该品对眼睛、呼吸系统及皮肤有刺激性。使用时应穿适当的防护服。万一接触到眼睛，应立即用大量水冲洗后请医生诊治。应充氩气密封于 2～8℃保存。
主要用途 改性树脂结合物。保护肽的试剂。

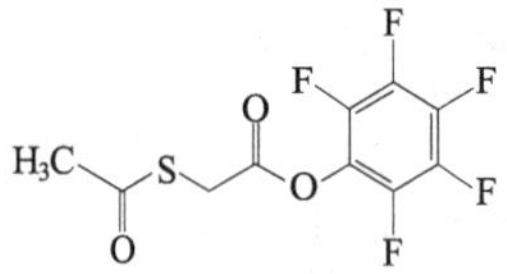

2-Acetylthiophene 2-乙酰噻吩 00194
[88-15-3] C_6H_6OS 126.18
成分 C 57.11%，H 4.79%，O 12.68%，S 25.41%。
别名 甲基-2-噻吩基甲酮；Methyl-2-thienyl ketone
性状 无色液体。长期储存可变为红棕色。有恶臭。能与乙醇、乙醚相混溶，微溶于水。mp 10～11℃；bp 214℃；bp_9 89～91℃/1.2kPa；Fp 204.8℉（96℃）；d_4^{22} 1.168；n_D^{20} 1.5654。
注意事项 该品吸入、口服或与皮肤接触有毒。使用时如有事故发生或有不适之感，应请医生诊治。应密封保存。
主要用途 医药中间体。

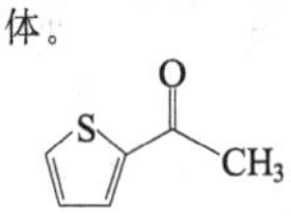

3-Acetylthiophene 3-乙酰噻吩 00195
[1468-83-3] C_6H_6OS 126.18
成分 C 57.11%，H 4.79%，O 12.68%，S 25.41%。
别名 甲基-3-噻吩基甲酮；Methyl-3-thienyl ketone
性状 无色结晶。mp 58～61℃；bp 212℃。一般试剂含量≥98.0%（GC）。
注意事项 使用时应避免吸入本品的粉尘，避免与眼睛及皮肤接触。

Acetylthiourea 乙酰硫脲 00196
[591-08-2] $C_3H_6N_2OS$ 118.16
成分 C 30.50%，H 5.12%，N 23.71%，O 13.54%，S 27.14%。
别名 1-乙酰-2-硫脲；1-Acetyl-2-thiourea
GW 2015-2680
性状 浅黄色结晶。易溶于热水、乙醇，溶于氢氧化钠稀溶液，微溶于冷水、乙醚。pH 值（20℃，173g/L）6.0。mp 165～167℃。LD_{50} 大鼠急性经口：50mg/kg。一般试剂含量≥98.0（S）。
注意事项 该品口服有毒。使用时应穿适当的防护服，戴手套和防护镜或面罩。使用时如有事故发生或有不适之感，应请医生诊治。应密封保存。
主要用途 有机合成。合成硫醇的试剂。

1-*O*-Acetyl-2,3,5-tri-*O*-benzoyl-*β*-D-ribofuranose
1-*O*-乙酰-2,3,5-三-*O*-苯甲酰基-*β*-D-呋喃核糖 00197
[6974-32-9] $C_{28}H_{24}O_9$ 504.49
成分 C 66.66%，H 4.80%，O 28.54%。
别名 1-乙酸 2,3,5-三苯甲酸 *β*-D-呋喃核糖酯；*β*-D-Ribofuranose 1-acetate 2,3,5-tribenzoate
性状 无色结晶或白色结晶性粉末。mp 128～130℃；$[\alpha]_D^{20}$ $+44°\pm1°$（$c=0.5$，于氯仿中）。生化试剂含量≥97.0%（TLC）。
注意事项 使用时应避免吸入本品的粉尘，避免与眼睛及皮肤接触。
主要用途 核糖衍生物，合成核苷。

Acetyltrimethylsilane 乙酰基三甲基硅烷 00198
[13411-48-8] $C_5H_{12}OSi$ 116.23
成分 C 51.67%，H 10.41%，O 13.76%，Si 24.16%。
别名 三甲基乙酰基硅烷；1-(三甲基甲硅烷基)乙酮；1-(Trimethylsilyl) ethanone
性状 无色液体。对湿度敏感。Fp 46.6℉（8℃）；d_4^{20} 0.811；n_D^{20} 1.411。一般试剂含量约 97.0%（GC）。
注意事项 该品高度易燃。对眼睛、呼吸系统及皮肤有刺激性。使用时应穿防护服。使用现场禁止吸烟。万一接触到眼睛，应立即用大量水冲洗后请医生诊治。使用现场禁止吸烟。应远离火种充氩气密封避光于 0～4℃干燥保存。

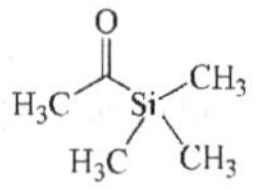

N-Acetyl-D-tryptophan *N*-乙酰-D-色氨酸 00199
[2280-01-5] $C_{13}H_{14}N_2O_3$ 246.27
成分 C 63.40%，H 5.73%，N 11.38%，O 19.49%。
别名 D-*α*-*N*-乙酰氨基-*β*-吲哚丙酸；D-*α*-Acetamidoindol-3-propionic acid; D-*α*-*N*-Acetylamino-*β*-indolylpropionic acid
性状 白色或浅粉红色结晶或粉末。易潮解。
注意事项 该品应熔封或密封于－20℃干燥保存。
主要用途 生化研究。

N-Acetyl-DL-tryptophan *N*-乙酰-DL-色氨酸 00200
[87-32-1] $C_{13}H_{14}N_2O_3$ 246.27
成分 C 63.40%，H 5.73%，N 11.34%，O 19.49%。
别名 DL-*α*-*N*-乙酰氨基-*β*-吲哚丙酸；DL-*α*-*N*-乙酰胺基-*β*-吲哚丙酸；DL-*α*-*N*-Acetylamino-*β*-indolylpropionic acid; DL-*α*-Acetamidoindol-3-propionic acid
性状 白色或浅粉色结晶或粉末。易潮解。有特殊气味。易溶于水，溶液呈酸性。不溶于有机溶剂。mp 205～207℃（分解）。生化试剂含量≥99.0%（T）。
注意事项 使用时应避免吸入本品的粉尘，避免与眼睛及皮肤接触。应熔封或密封于2～8℃干燥保存。
主要用途 生化研究。配制培养基。

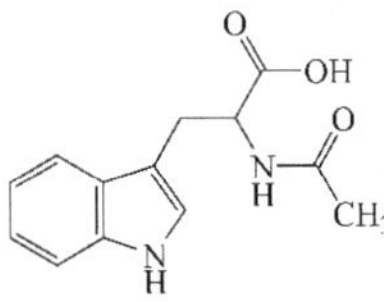

N-Acetyl-L-tryptophan **N-乙酰-L-色氨酸** 00201
[1218-34-4] $C_{13}H_{14}N_2O_3$ 246.27
成分 C 63.40%，H 5.73%，N 11.38%，O 19.49%。
别名 L-α-N-乙酰氨基-β-吲哚丙酸；L-α-N-Acetylamino-β-indolylpropionic acid；L-α-Acetamidoindol-3-propionic acid
性状 白色结晶或粉末。易潮解。
注意事项 该品应密封于2～8℃干燥保存。
主要用途 生化研究。

N-Acetyl-L-tryptophanamide **N-乙酰-L-色氨酰胺** 00202
[2382-79-8] $C_{13}H_{15}N_3O_2$ 245.28
成分 C 63.66%，H 6.16%，N 17.13%，O 13.05%。
别名 L-乙酰氨基吲哚-3-丙酰胺；L-Acetamidoindol-3-propionamide
性状 白色结晶。mp 194～196℃；$[\alpha]^{22}$ +17.5°（c=2，于甲醇中）。生化试剂含量≥98.0%。
注意事项 该品应密封于-20℃保存。
主要用途 生化研究。

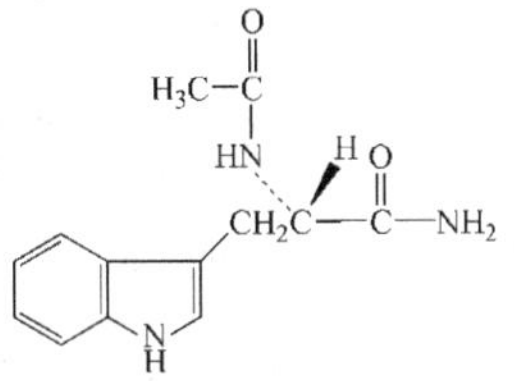

N-Acetyl-L-tyrosine **N-乙酰-L-酪氨酸** 00203
[537-55-3] $C_{11}H_{13}NO_4$ 223.23
成分 C 59.19%，H 5.87%，N 6.27%，O 28.67%。
性状 无色结晶。mp 152～154℃；$[\alpha]_D^{20}$ +58°（c=5，于乙醇中）。生化试剂含量≥99.0%（TLC）。
注意事项 该品对眼睛有严重损伤的危险。使用时应戴防护镜或面罩。万一接触到眼睛，应立即用大量水冲洗后请医生诊治。应充氩气密封于2～8℃保存。
主要用途 生化研究。

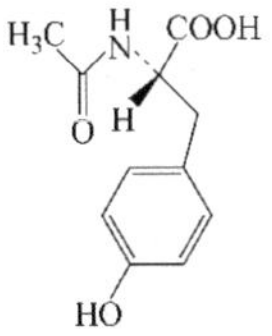

N-Acetyl-L-tyrosine ethyl ester monohydrate
N-乙酰-L-酪氨酸乙酯 一水 00204
[36546-50-6] $C_{13}H_{17}NO_4 \cdot H_2O$ 269.30
成分（以无水物计） C 62.14%，H 6.82%，N 5.57%，O 25.47%。
别名 N-乙酰-L-3-（对羟基苯基）丙氨酸乙酯；ATEE
性状 无色微细结晶或近白色粉末。溶于乙醇、热水，微溶于冷水。mp 79～80℃；$[\alpha]_D^{20}$ +22.6°（c=1，于乙醇中）。生化试剂含量≥99.0%（HPLC）。
注意事项 该品对眼睛、呼吸系统及皮肤有刺激性。使用时应穿适当的防护服。万一接触到眼睛，应立即用大量水冲洗后请医生诊治。应充氩气密封于2～8℃干燥保存。
主要用途 生化研究。测定胰凝乳蛋白酶的底物。

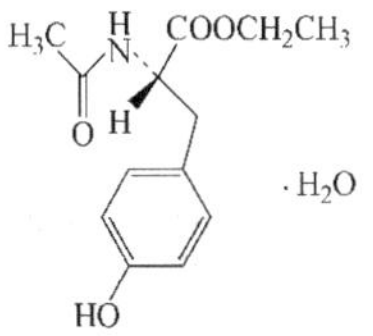

3-Acetyl-umbelliferone **3-乙酰伞形酮** 00205
[10441-27-7] $C_{11}H_8O_4$ 204.18
成分 C 64.71%，H 3.95%，O 31.34%。
别名 3-乙酰-7-羟基香豆素；3-Acetyl-7-hydroxycoumarin
性状 无色结晶。溶于二甲基甲酰胺、二甲基亚砜、甲醇。pK_a 6.6；mp 234℃。一般试剂含量≥98.0%（TLC）。
注意事项 该品应密封避光保存。
主要用途 生化研究。荧光指示剂。

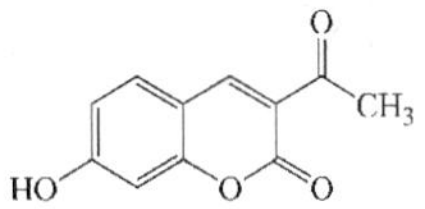

N-Acetyl-D-valine **N-乙酰-D-缬氨酸** 00206
[17916-88-0] $C_7H_{13}NO_3$ 159.18
成分 C 52.82%，H 8.23%，N 8.80%，O 30.15%。
别名 D-2-乙酰氨基-3-甲基丁酸；N-乙酰基-D-穿心排草氨基酸；D-2-Acetamido-3-methylbutyric acid
性状 无色结晶或白色粉末。
注意事项 该品对眼睛、呼吸系统及皮肤有刺激性。接触皮肤能引起过敏。使用时应穿适当的防护服和戴手套。万一接触到眼睛，应立即用大量水冲洗后请医生诊治。应密封于-20℃干燥保存。
主要用途 生化研究。

N-Acetyl-DL-valine **N-乙酰-DL-缬氨酸** 00207
[3067-19-4] $C_7H_{13}NO_3$ 159.18
成分 C 52.82%，H 8.23%，N 8.80%，O 30.15%。
别名 α-乙酰氨基异戊酸；N-乙酰基-DL-穿心排草氨基酸；α-Acetylaminoisovaleric acid；DL-2-Acetamido-3-methylbutyric acid；Ac-DL-Val-OH
性状 无色细小结晶或白色粉末。能溶于水、甲醇，微溶于乙醚。mp 148℃。生化试剂含量约99.0%（T）。
注意事项 使用时应避免吸入本品的粉尘，避免与眼睛及皮肤接触。应密封于-20℃干燥保存。
主要用途 生化研究。

N-Acetyl-L-valine **N-乙酰-L-缬氨酸** 00208
[96-81-1] $C_7H_{13}NO_3$ 159.18
成分 C 52.82%，H 8.23%，N 8.80%，O 30.15%。
别名 L-2-乙酰氨基-3-甲基丁酸；N-乙酰基-L-穿心排草氨基酸；L-2-Acetamido-3-methylbutyric acid
性状 无色结晶或白色粉末。
注意事项 该品应密封于-20℃干燥保存。
主要用途 生化研究。

Acibenzolar-S-methyl **阿拉酸式苯-S-甲酯** 00209
[135158-54-2] $C_8H_6N_2OS_2$ 210.27
成分 C 45.70%，H 2.88%，N 13.32%，O 7.61%，S 30.50%。
别名 1，2，3-Benzothiadiazole-7-carbothioic acid S-methyl ester；7-Methylthiocarbonyl-benzo-1，2，3-thiadiazole；CGA-245704；Bion
M.I.15，98
性状 白色至浅褐色粉末。该品于下列物质中的溶解度（25℃，g/L）：正己烷 1.3；甲苯 36；正辛醇 5.4；丙酮 28；二氯乙烷 160，微溶于水（25℃，7.7mg/L）。蒸气压（25℃）：4.6×10^{-4}Pa。mp 132.9℃。LD_{50}大鼠急性经口：>2000mg/kg；皮肤接触：>2000mg/kg。
注意事项 该品应密封于2～8℃保存。
主要用途 植物疾病抵抗活化剂。

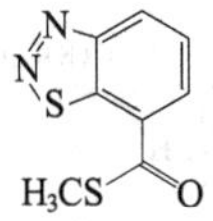

Acid blue 1 sodium salt 酸性蓝一钠盐 00210

[129-17-9] $C_{27}H_{31}N_2NaO_6S_2$ 566.66

成分 C 57.23%，H 5.51%，N 4.94%，Na 4.06%，O 16.94%，S 11.32%。

别名 Pantent blue VF; Sulphan Blue; *N*-[4-[[4-(Diethylamino) phenyl](2,4-disulfophenyl) methylene]-2,5-cyclohexadien-1-ylidene]-*N*-ethylethanaminium inner salt sodium salt; [4-[α-[*p*-(Diethylamino) phenyl]-2, 4-disulfobenzylidene]-2, 5-cyclohexadien-1-ylidene] diethylammonium hydroxide inner salt sodium salt; Anhydro-4,4′-bis(diethylamino) triphenylmethanol-2″,4″-disulfonic acid monosodium salt; Food blue 3; Disulfin blue VN; Disulphine blue

M. I. 15，9117 C. I. 42045

性状 紫色粉末。1g 该品 20℃溶于 20mL 水，部分溶于乙醇。其稀溶液呈蓝色，加入浓盐酸色变黄。λ_{max} 635 (410) nm。

主要用途 药物着色。羊毛、丝的染色。

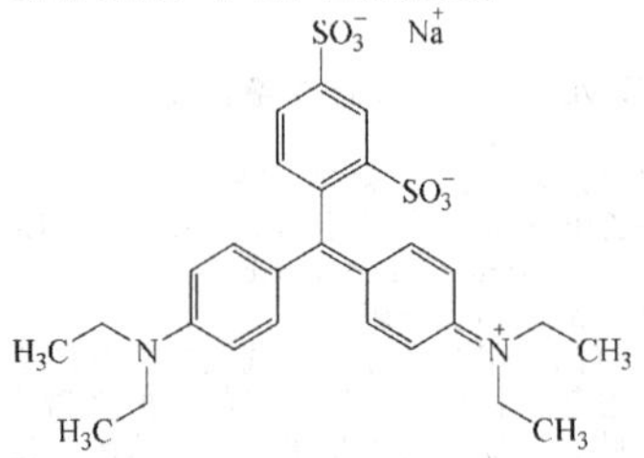

Acid broth 酸性肉汤 00211

成分		
	酵母浸膏	7.5g/L
	转化糖	10g/L
	胃消化动物组织（胃胨）	10g/L
	终点 pH 值（25℃）	4.0±0.2

性状 近白色粉末。易吸潮。

主要用途 用于酸性罐头食品无菌检验。

注意事项 该品应密封于 2～8℃干燥保存。

Acid chrome blue K 酸性络蓝 K 00212

[3270-25-5] $C_{16}H_9N_2Na_3O_{12}S_3$ 579.43

成分 C 33.17%，H 1.57%，N 4.83%，Na 10.70%，O 33.13%，S 16.60%。

别名 酸性媒介蓝 K；7-(2-羟基-5-磺基苯偶氮)变色酸钠盐；7-(邻羟基苯-5-磺酸钠偶氮)-1,8-二羟基萘-3,6-二磺酸钠；Chrome fast navy blue R；7-(2-Hydroxy-5-sulfophenylazo)-1,8-dihydroxynaphthalene-3,6-disulfonic acid trisodium salt

C. I. 16675

性状 暗红色粉末。溶于水呈玫瑰红色，在碱性溶液中呈灰蓝色。

注意事项 该品应密封于干燥处保存。

主要用途 测定钙、镁、络、锰、铅、锌的络合指示剂。农业用于土壤分析。

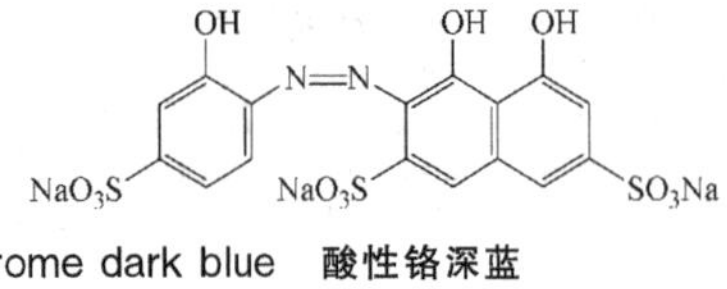

Acid chrome dark blue 酸性铬深蓝 00213

$C_{16}H_{10}N_2Na_2O_9S_2$ 484.36

成分 C 39.68%，H 2.08%，N 5.78%，Na 9.49%，O 29.73%，S 13.24%。

别名 酸性媒介深蓝；2-(2-羟基苯偶氮)变色酸钠盐；2-(2-羟基苯偶氮)-1,8-二羟基萘-3,6-二磺酸钠酸性铬蓝T；Acid chrome blue T；2-(2-Hydroxyphenylazo)-1,8-dihydroxynaphthalene-3,6-disulfonic acid disodium salt

C. I. 16670

性状 暗红色粉末。溶于水，也能溶于碱溶液。

主要用途 测定钙、镁、铅、锌的络合指示剂。

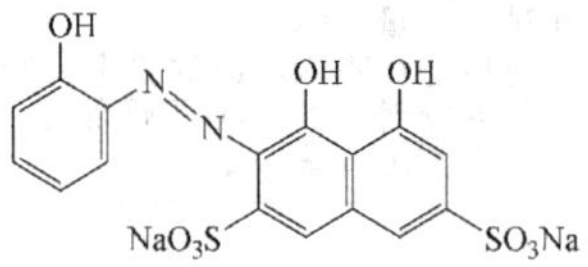

Acid violet 酸性紫 00214

[1681-60-3] $C_{16}H_{11}N_3Na_2O_8S_2$ 483.37

成分 C 39.76%，H 2.29%，N 8.69%，Na 9.51%，O 26.48%，S 13.27%。

别名 酸紫；Acid violet 3；Acid violet 4BS；Lissamine violet AV；Victoria violet 7BS

C. I. 16580

性状 紫色粉末。溶于水呈蓝紫色，溶于浓硫酸呈蓝红色；极微溶于乙醇、乙二醇乙醚。

注意事项 该品应密封于干燥处保存。

主要用途 生物染色剂。指示剂。

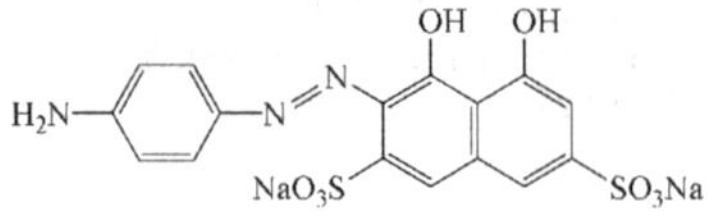

Acifluorfen 三氟羧草醚 00215

[50594-66-6] $C_{14}H_7ClF_3NO_5$ 361.66

成分 C 46.50%，H 1.95%，Cl 9.80%，F 15.76%，N 3.87%，O 22.12%。

别名 5-[2-氯-4-(三氟甲基)苯氧基]-2-硝基苯甲酸；氟锁草醚；氟羧草醚；5-[2-Chloro-4-(trifluoromethyl) phenoxy]-2-nitrobenzoic acid

M. I. 15，101

性状 无色结晶或白色固体。mp 151.5～157℃。

注意事项 该品口服有害，对皮肤有刺激性。对眼睛有严重损伤的危险。对水生物极毒。能对水环境产生长期不良的影响。使用时应戴防护镜或面罩。使用时应避免与皮肤接触。应防止将本品释放于环境中。其包装物应按危险品处理。

主要用途 除草剂。分析用标准物质。

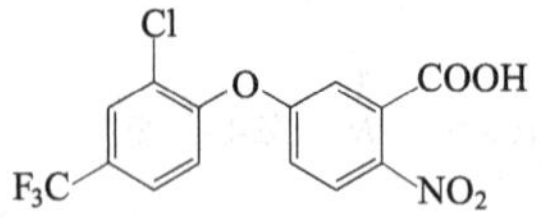

Acipimox 阿西莫司 00216

[51037-30-0] $C_6H_6N_2O_3$ 154.13

成分 C 46.76%，H 3.92%，N 18.18%，O 31.14%。

别名 东酯平；4-氧化 5-甲基吡嗪-2-羧酸；4-氧化 2-羧基-5-甲基吡嗪；5-Methylpyrazinecarbox-ylic acid 4-oxide；2-Carboxy-5methylpyrazine 4-oxide；K-9321；Olbemox；Olbetam

M. I. 15，102

性状 来自水中的无色结晶。mp 177～180℃。LD_{50}小鼠急性经口：3500mg/kg。

主要用途 医用抗青光眼剂。

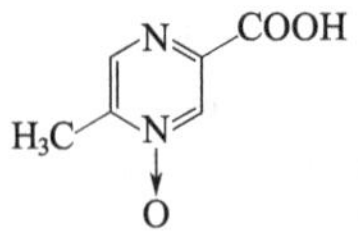

Acitretin 阿曲丁 00217

[55079-83-9] $C_{21}H_{26}O_3$ 326.43

成分 C 77.27%，H 8.03%，O 14.70%。

别名 阿维 A；阿维 A 酸；依曲背酸；阿曲汀；(2*E*,4*E*,6*E*,8*E*)-9-(4-Methoxy-2,3,6-trimethylphenyl)-3,7-dimethyl-2,4,6,8-nonatetraenoic acid; Etretin; Ro-10-1670; Neotigason; Soriatane

M. I. 15，103

性状 来自己烷中的无色结晶。mp 228～230℃。LD_{50}小鼠腹膜内注射：>4000（1 日），700（10 日），700（20 日）mg/kg。

注意事项 该品能危害胎儿。对眼睛及皮肤有刺激性。对水生物有害。对水环境能产生长期有害的结果。使用前应得到专门的指导，避免曝露。使用时应戴手套和防护镜或面罩。其包装物应按危险品处理。应避免将本品释放于环境中。

主要用途 医用治牛皮癣剂。

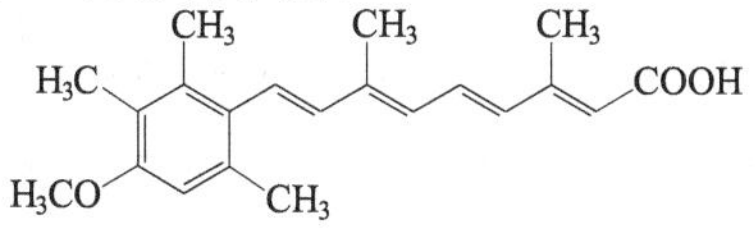

Aclatonium napadisilate 阿克拉胆碱 萘二磺酸盐 00218

[55077-30-0] $C_{30}H_{46}N_2O_{14}S_2$ 722.82

成分 C 49.85%，H6.41%，N3.88%，O 30.99%，S 8.87%。

别名 阿克吐，萘乙磺酸乙乳胆胺；1,6-萘二磺酸阿克拉胆碱；2-(2-Acetyloxy-l-oxopropoxy)-*N*, *N*, *N*-trimethylethanaminium 1,5-naphthalenedisulfonate(2∶1)；1,5-Naphthalenedisulfonic acid bis[2-(2-acetyloxy-1-oxopropoxy)-*N*,*N*,*N*-trimethylethanaminium]ion(2⁻)；Acetyllactoylcholine 1,5-naphthalenedisulfonate；Choline 1,5-naphthalenedisulfonate(2∶1), dilactate, diacetate；TM-723；Abovis

M. I. 15，105

性状 无色结晶。mp 189～191℃。LD_{50}小鼠急性经口：15g/kg；皮下注射：826 mg/kg。狗急性经口：>10g/kg。

主要用途 医用胆碱功能剂。

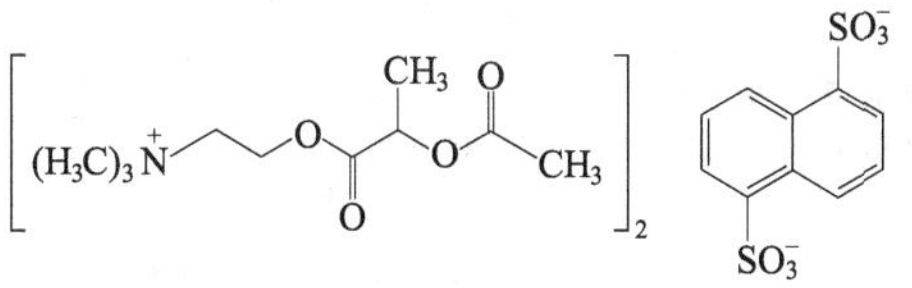

Aconitic acid 乌头酸 00219

[499-12-7] $C_6H_6O_6$ 174.11

成分 C 41.39%，H 3.47%，O 55.14%。

别名 丙烯-1,2,3-三羧酸；Achilleic acid；Citridic acid；Equisetic acid；1,2,3-Propenetricarboxylic acid；1-Propene-1,2,3-tricarboxylic acid

M. I. 15，109

性状 来自水中的白色至微黄色小叶状或片状结晶。1g 该品溶于 5.5mL 水（13℃）、2mL 水（25℃），溶于两份88%的乙醇（12℃），微溶于乙醚。K_1（25℃）1.58×10^{-3}；K_2 3.5×10^{-5}。198～199℃分解。

主要用途 有机合成。抗氧剂。

注意事项 该品口服有害。对眼睛、呼吸系统及皮肤有刺激性。使用时应穿适当的防护服，戴防护镜或面罩。万一接触到眼睛，应立即用大量水冲洗后请医生诊治。

***cis*-Aconitic acid 顺式乌头酸** 00220

[585-84-2] $C_6H_6O_6$ 174.11

成分 C 41.39%，H 3.47%，O 55.14%。

别名 1,2,3-丙烯三羧酸 顺式；顺乌头酸；顺式-1,2,3-丙烯三羧酸；乌头酸 顺式；*cis*-Citridic acid；*cis*-Propene-1,2,3-tricarboxylic acid

性状 白色或浅黄色结晶或结晶性粉末。溶于水。加热易转化为反式。mp 126～129℃（分解）。生化试剂含量≥98.0%。

注意事项 见 00219 乌头酸。应密封于－20℃干燥保存。

主要用途 生化研究。

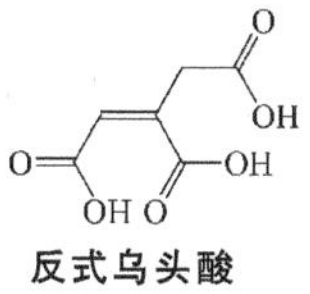

***trans*-Aconitic acid 反式乌头酸** 00221

[4023-65-8] $C_6H_6O_6$ 174.11

成分 C 41.39%，H 3.47%，O 55.14%。

别名 反式-1,2,3-丙烯三羧酸；失水柠檬酸；丙烯三羧酸；3-羧基-2-戊烯-1,5-二酸；乌头酸 反式；*trans*-Achilleic acid；*trans*-Citridic acid；*trans*-Equisetic acid；*trans*-1-Propene-1,2,3-tricarboxylic acid；*trans*-1,2,3-Propenetricarboxylic acid

性状 白色或浅黄色叶片状结晶。溶于水、乙醇，微溶于乙醚，在冷水中水解成顺式乌头酸，125℃时又重排成反式。mp 约 195℃（分解）。生化试剂含量≥99.0%（T）。

注意事项 见 00219 乌头酸。应密封于阴凉干燥处保存。

主要用途 生化研究。

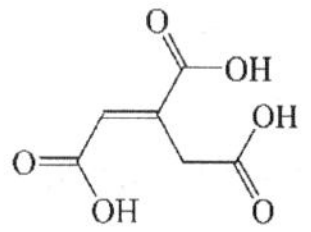

***cis*-Aconitic anhydride 顺式乌头酸酐** 00222

[6318-55-4] $C_6H_4O_5$ 156.10

成分 C 46.17%，H 2.58%，O 51.25%。

别名 乌头酸酐；顺 3-羧基戊烯二酸酐；乌头酸酐 顺式；顺乌头酸酐；Aconitic acid anhydride；*cis*-Propene-1,2,3-tricarboxylic anhydride

性状 白色或浅黄色结晶性粉末。溶于水。对湿度敏感。mp 约 75℃。

注意事项 该品具有腐蚀性，能引起烧伤。使用时应穿防护服，戴手套和防护镜或面罩。万一接触到眼睛，应立即用大量水冲洗后请医生诊治。使用时如有事故发生或不适之感，应请医生诊治。应充氩气密封于 2～8℃干燥保存。

主要用途 生化研究。

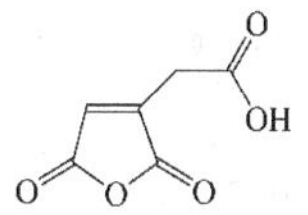

Aconitine 乌头碱 00223

[302-27-2] $C_{34}H_{47}NO_{11}$ 645.75

成分 C 63.24%，H 7.34%，N 2.17%，O 27.25%。

别名 附子精；乙酰苯甲酰阿康碱；Acetylbenzoylaconine；(1*α*,3*α*,6*α*,14*α*,15*α*,16*β*)-20-Ethyl-1,6,16-trimethoxy-4-(methoxymethyl) aconitane-3,8,13,14,15-pentol 8-acetate 14-benzoate；16-Ethyl-1,16,19-trimethoxy-4-(methoxymethyl) aconitane-3,8,10,11,18-pentol 8-acetate 10-benzoate

GW 2015-2133 M. I. 15，110

性状 无色六面体片状结晶。微有苦味。对二氧化碳敏感。1g 该品溶于 2mL 氯仿、7mL 苯、28mL 无水乙醇、50mL 乙醚、3300mL 水，微溶于石油醚。其水溶液对石蕊呈碱性。p*K* 5.88。mp 204℃；$[\alpha]_D$ +17.3°（于氯仿中）。LD_{50}小鼠静脉注射：0.12mg/kg；腹膜注射：0.380mg/kg；急性经口：1.8mg/kg。生化试剂含量≥95%。

注意事项 该品吸入或口服极毒。使用时应避免与皮肤接触。使用时如有事故发生或有不适之感，应请医生诊治。应充氩气密封保存。

主要用途 生化研究。医疗用于局部神经止痛剂。

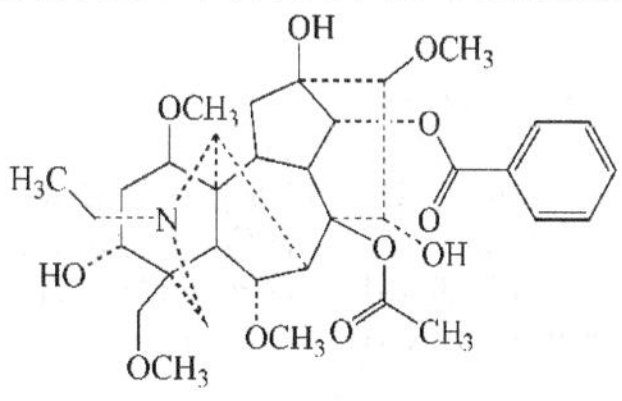

Acridine 吖啶 00224

[260-94-6] $C_{13}H_9N$ 179.22

成分 C 87.12%，H 5.06%，N 7.82%。

别名 二苯并吡啶；5,6-苯并氮杂萘；10-氮杂蒽；苯稠[*f*]氮萘；氮蒽；10-Azaanthracene；Dibenzo[*b*, *e*] pyridine

GW 2015-175 M. I. 15，114

性状 来自稀乙醇中的浅黄色正交片状或针状结晶。有辛辣味。易溶于乙醇、乙醚、烃类、二硫化碳，微溶于沸水、氨水、二氧化硫溶液，略溶于轻石油。1g 该品溶于＜1mL 沸苯或乙醇、5mL 苯（20℃）、6mL 乙醇（20℃）、16mL 乙醚（20℃）、1.8mL 沸环己烷，其稀溶液有紫色和绿色的荧光。mp 107～109℃；bp_{760} > 360℃/

101.325kPa；d 1.27 ～ 1.28。LD_{50} 小鼠皮下注射：0.40g/kg。一般试剂含量≥97.0%（HPLC）。

注意事项 该品口服有害。使用时应穿适当的防护服。使用时应避免吸入本品的粉尘。

主要用途 铋、溴化物、镉、氯、钴、铜、金、铟、铁、汞、镍、钯、铂、铱、铼、硫氰酸盐、铀的检验。重量分析锇化合物。植物诱变剂。

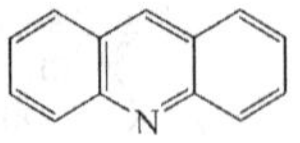

9-Acridinecarboxylic acid hydrate

9-吖啶羧酸 水合 00225

[5336-90-3][332927-03-4] $C_{14}H_9NO_2 \cdot xH_2O$ 223.23（无水）

成分 C 75.33%，H 4.06%，N 6.27%，O 14.33%。

性状 无色结晶。mp 290℃（分解）。一般试剂含量≥97.0%（T）。

注意事项 该品对眼睛、呼吸系统及皮肤有刺激性。使用时应穿防护服。万一接触到眼睛，应立即用大量水冲洗后请医生诊治。

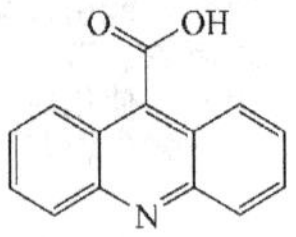

Acridine hydrochloride **吖啶 盐酸盐** 00226

[17784-47-3] $C_{13}H_{10}ClN$ 215.68

成分 C 72.40%，H 4.67%，Cl 16.44%，N 6.49%。

别名 盐酸吖啶；盐酸氮（杂）蒽；10-Azaanthracene hydrochloride；Dibenzo [b, e] pyridine hydrochloride；Tricyclic hydro chloride

性状 浅棕黄色棱柱状结晶。溶于水，溶液呈黄色。mp 250～255℃（分解）。一般试剂含量≥98.0%。

注意事项 见 00225 9-吖啶羟酸 水合。

主要用途 测定钴、铁、锌的试剂。

Acridine mutagen ICR 191 **吖啶诱变剂 ICR 191** 00227

[17070-45-0] $C_{19}H_{21}Cl_2N_3O \cdot 2HCl$ 451.23

别名 二盐酸 6-氯-9-[3-(2-氯乙氨基)丙氨基]-2-甲氧基吖啶；6-氯-9-[3-(2-氯乙氨基)丙氨基]-2-甲氧基吖啶二盐酸盐；6-Chloro-9-[3-(2-chloroethylamino) propylamino]-2-methoxyacridine dihydrochloride

性状 无色结晶或白色粉末。

注意事项 该品吸入、口服或与皮肤接触极毒。可能致癌。能引起遗传基因的损伤。使用前应得到专门的指导，避免曝露。使用时应穿适当的防护服，戴手套和防护镜或面罩。使用时如有事故发生或有不适之感，应请医生诊治。应密封避光于 2～8℃保存。

主要用途 生化研究。

Acridine orange **吖啶橙** 00228

[10127-02-3] $C_{17}H_{20}ClN_3 \cdot ZnCl_2$ 438.10

别名 3，6-双（二甲氨基）吖啶氯化锌盐酸盐；盐酸 3，6-双（二甲氨基）吖啶氯化锌；碱性橙 14；Basic orange 14；Basic orange 3RN；3,6-Bis(dimethylamino)acridine zinc chloride hydrochloride；Euchrysine 3RXA；Rhoduline orange

C. I. 46005

性状 橙色粉末。溶于水、乙醇。水溶液带橙黄色荧光。pH 值 8.4～10.4（由无色至黄绿色）。一般试剂干燥含量约 90%。

注意事项 该品吸入或与皮肤接触有毒害。对机体有不可逆损伤的可能性。使用时应穿适当的防护服，戴手套和防护镜或面罩。使用时如有事故发生或有不适之感，应请医生诊治。应密封于干燥处保存。

主要用途 酸碱指示剂。细菌染色。荧光指示剂。

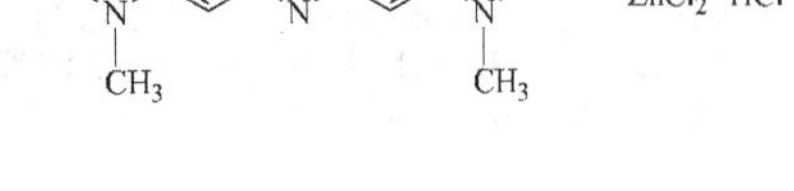

Acridine orange hydrochloride hydrate

吖啶橙 盐酸盐 水合 00229

[65-61-2] $C_{17}H_{20}ClN_3 \cdot xH_2O$ 301.82+18.02x

成分（以无水物计） C 67.65%，H 6.68%，Cl 11.75%，N 13.92%。

别名 盐酸吖啶橙；3，6-双（二甲氨基）吖啶 盐酸盐；3，6-Bis (dimethylamino) acridine hydrochloride

C. I. 46005

性状 橙黄色粉末。溶于水。mp 284～287℃。一般试剂含量≥98.0%（HPLC）。

主要用途 生物染色剂。酸碱指示剂。

注意事项 使用时应避免吸入本品的粉尘，避免与眼睛及皮肤接触。

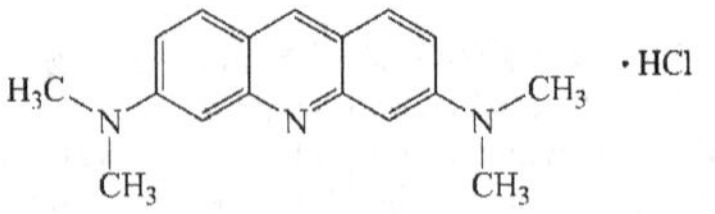

Acridine yellow **吖啶黄** 00230

[135-49-9] $C_{15}H_{16}ClN_3$ 273.77

成分 C 65.81%，H 5.89%，Cl 12.95%，N 15.35%。

别名 吖啶黄 G；绿光碱性黄；3,6-二氨基-2,7-二甲基吖啶 盐酸盐；氮蒽黄；盐酸 3,6-二氨基-2,7-二甲基吖啶；Acridine yellow G (2R, GR, GT)；3, 6-Diamino-2, 7-dimethylacridine hydrochloride；Diaminodimethylacridinium chloride

C. I. 46025

性状 黄色粉末。溶于水、乙醇，溶液呈黄色并带绿色荧光。λ_{max} 492nm。一般试剂干燥含量约 90.0%。

注意事项 该品应密封于干燥处保存。

主要用途 荧光染色。生物染色剂。

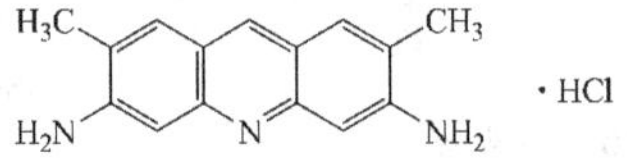

N-(9-Acridinyl) maleimide

***N*-(9-吖啶基) 马来酰亚胺** 00231

[49759-20-8] $C_{17}H_{10}N_2O_2$ 274.28

成分 C 74.44%，H 3.67%，N 10.21%，O 11.67%。

别名 9-马来酰亚胺基吖啶；*N*-（9-吖啶基）顺丁烯二酰亚胺；9-Maleimidoacridine；NAM

性状 无色结晶或白色粉末。对湿度敏感。一般试剂含量≥99.0%（HPLC）。

注意事项 该品对眼睛、呼吸系统及皮肤有刺激性。使用时应穿适当的防护服。万一接触到眼睛，应立即用大量水冲洗后请医生诊治。应充氩气密封避光干燥保存。

主要用途 硫醇的荧光标记物试剂。硫化物及亚硫酸盐的测定。

Acridone **吖啶酮** 00232

[578-95-0] $C_{13}H_9NO$ 195.22

成分 C 79.98%，H 4.65%，N 7.17%，O 8.20%。

别名 氮蒽酮；Dihydroketoacridine；9-Acridanone；9，10-Dihydro-9-oxoacridine

性状 黄色针状或片状结晶。溶于热乙酸、热乙醇、氢氧化钾乙醇溶液，不溶于水、乙醚、苯、氯仿。在乙醇溶液中显蓝色荧光。mp≥300℃。一般试剂含量≥98.0%（HPLC）。

注意事项 使用时应避免吸入本品的粉尘，避免与眼睛及皮肤接触。

主要用途 有机合成。

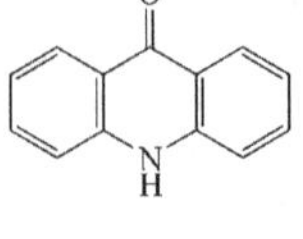

Acriflavine **吖黄素** 00233

[8048-52-0][86-40-8][65589-70-0] $C_{14}H_{14}ClN_3$ 259.74

成分 C 64.74%，H 5.43%，Cl 13.65%，N 16.18%。

别名 3,6-Diamino-10-methylacridinium chloride mixt with 3,6-acridinediamine；Neutral acriflavine；Euflavine；Trypaflavine；Neutroflavine；Gonacrine

M. I. 15，115

性状 深橙色颗粒或粉末。该品为氯化 3，6-二氨基-10-甲基吖啶和 3，6-二氨基吖啶的混合物。1g 该品溶于约 3mL 水，不完全地溶于乙醇，几乎不溶于乙醚、氯仿、不挥发油类。其水溶液呈微红橙色，稀时带有荧光。1%溶液的 pH 值约 3.5。

注意事项 该品、口服有害。对呼吸系统及皮肤有刺激性。对眼睛有严重损伤的危险。对水生物极毒。能对水环境引起不利的结果。使用时应戴眼镜或面罩。万一接触到眼睛，应立即用大量水冲洗后请医生诊治。应密封保存。其包装物应按危险品处理。应防止将本品释放于环境中。

主要用途 荧光指示剂。

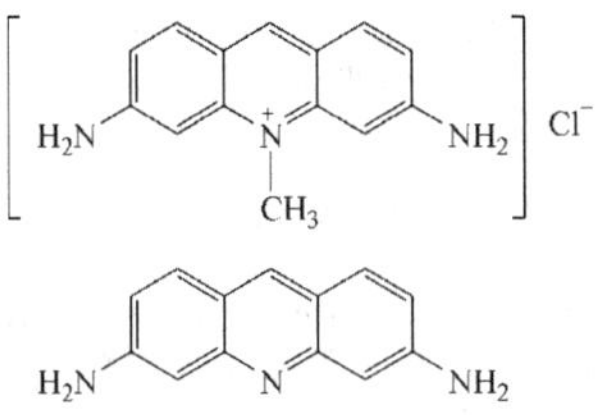

Acriflavine hydrochloride 吖黄素 盐酸盐 00234

［8063-24-9］ $C_{14}H_{14}ClN_3 \cdot HCl$ $C_{14}H_{15}Cl_2N_3$ 296.20

成分 C 56.77%，H 5.10%，Cl 23.94%，N 14.19%。

别名 三胜黄；盐酸吖黄素；锥黄；氯化 3,6-二氨基-10-甲基吖啶；Acid acriflavine；Acid trypaflavine；3，6-Diamino-10-methylacridinium chloride；Euflavine；Flavine；Panflavine

M. I. 15，115

性状 深红棕色或深橙红色结晶性粉末。易溶于水。该品 1%溶液 pH 值约 1.5。mp 260℃（分解）。一般试剂干燥含量约 90.0%。

注意事项 该品口服有害。对眼睛有严重损伤的危险。对水生物有毒，能对水环境引起不利的结果。使用时应戴防护镜或面罩。万一接触到眼睛，应立即用大量水冲洗后请医生诊治。应防止将本品释放于环境中。

主要用途 荧光指示剂。医用抗感染剂，消毒剂，防腐剂。

Acrinathrin 氟丙菊酯 00235

［101007-06-1］ $C_{26}H_{21}F_6NO_5$ 541.44

成分 C 57.68%，H 3.91%，F 21.05% N 2.59%，O 14.77%。

别名 (*S*)-氰基(3-苯氧基苯基)甲基-(*Z*)-(1*R*,3*S*)-2,2-二甲基[2-(2,2,2-三氟-1-三氟甲基乙氧羰基)乙烯基]环丙烷羧酸酯；氟酯菊酯；(1*R*,3*S*)-2,2-Dimeth-yl-3-[(1*Z*)-3-oxo-3-[2,2,2-trifluoro-1-(trifluoromethyl)ethoxy]-1-propenyl]cyclopropanecarboxylic acid (*S*)-cyano(3-phenoxy-phenyl) methyl ester；(*S*)-α-Cyano-3-phenoxybenzyl-(1*R*-*cis*)-2,2-dimethyl-3-[(*Z*)-3-oxo-3-[2-(1,1,1,3,3,3-hexafluoropropoxy)]-1-propenyl] cyclopropanecarboxylate；RU-38702；Rufast

M. I. 15，117

性状 无色结晶。mp 82℃；$[\alpha]_D^{20}$ +23.5°（c=0.5%，于苯中）。LD_{50}大鼠急性经口：>5000mg/kg；皮肤接触>2000mg/kg。

注意事项 该品蒸气吸入有害。对水生物极毒，能对于环境引起不利的结果。应防止将本品释放于环境中。其包装物应按危险品处理。

主要用途 杀虫剂分析用标准物。

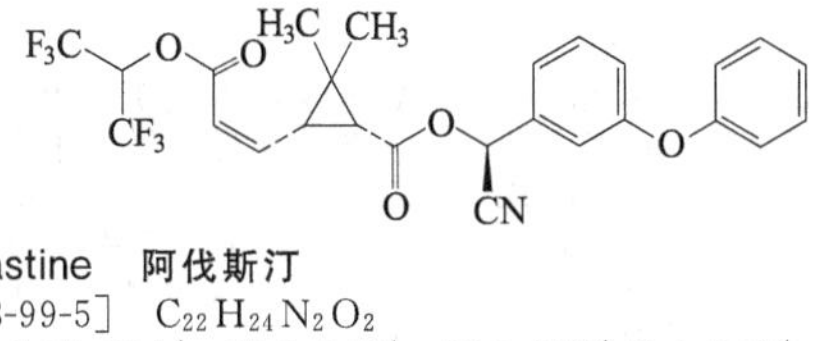

Acrivastine 阿伐斯汀 00236

［87848-99-5］ $C_{22}H_{24}N_2O_2$ 348.45

成分 C 75.83%，H 6.94%，N 8.04% O 9.18%。

别名 阿伐司汀；(2*E*)-3-[6-[(1*E*)-1-(4-Methylphenyl)-3-(1-pyrrolidinyl)-1-propenyl]-2-pyridinyl]-2-propenoic acid；(*E*)-6-[(*E*)-3-(1-Pyrrolidinyl)-1-*p*-tolylpropenyl]-2-pyridineacrylic acid；BW-270C；BW-825C；BW-A825C；Semprex

M. I. 15，118

性状 来自异丙醇中的无色结晶。mp 222℃（分解）。

主要用途 医用抗组胺剂。

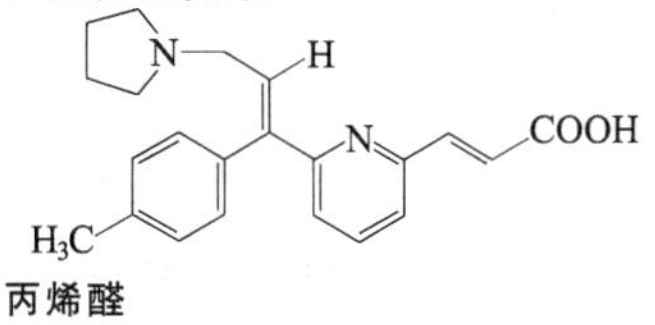

Acrolein 丙烯醛 00237

［107-02-8］ C_3H_4O 56.06

成分 C 64.27%，H 7.19%，O 28.54%。

别名 败脂醛；Acraldehyde；Acrylaldehyde；Acrylic aldehyde；Aqualin；Magnacide；2-Propenal

GW 2015-144 M. I. 15，119

性状 无色或浅黄色液体。有窒息性刺激气味。不稳定，易被氧化，接触空气成为丙烯酸。易聚合为二聚丙烯醛。能与水、乙醇、乙醚甲苯、二甲苯、氯仿、甲醇、乙醛、丙酮、乙酸、丙烯酸、乙酸乙酯、正己烷、正辛烷、环戊烷等相混溶。一般商品常加入约 0.2%的对苯二酚作稳定剂。mp −88℃；bp_{760} 52.5℃/101.325kPa；bp_{200} 17.5℃/26.664kPa；bp_{100} 2.5℃/13.332kPa；bp_{60} −7.5℃/8kPa；bp_1 −64.5℃/133.32kPa；Fp −0.4℉(−18℃，开杯)；d^{50} 0.8075；d^{20} 0.8389；d^0 0.8621；n_D^{19} 1.4022。LD_{50}大鼠急性经口：46mg/kg。一般试剂含量≥95.0%（GC）。

注意事项 该品高度易燃。吸入、口服或与皮肤接触有毒。对水性物极毒。使用时应穿适当的防护服，戴手套和防护镜或面罩。使用时应避免吸入本品的蒸气、飞沫。在通风不好的情况下，应戴适当的呼吸装置。万一接触到眼睛，应立即用大量水冲洗后请医生诊治。使用时如有事故发生或有不适之感，应请医生诊治。应采取抗放静电措施密封于 2～8℃处保存。应防止将本品释放于环境中。

主要用途 有机合成。从钴、锰、镍中分离锌。

Acrolein diethyl acetal 丙烯醛二乙基缩醛 00238

［3054-95-3］ $C_7H_{14}O_2$ 130.19

成分 C 64.58%，H 10.84%，O 24.58%。

别名 3，3-二乙氧基-1-丙烯；3，3-Diethoxy-1-propene

GW 2015-703

性状 无色结晶或白色粉末。有恶臭。bp 125℃；Fp 59℉(15℃)；d 0.854；n_D^{20} 1.4010。一般试剂含量≥95.0%(GC)。

注意事项 该品高度易燃。对眼睛有刺激性。使用现场禁止吸烟。万一接触到眼睛，应立即用大量水冲洗后请医生诊治。应远离火种，采取抗放静电措施于通风良好处密封避光 2～8℃保存。

Acrolein dimethyl acetal 丙烯醛二甲基缩醛 00239

［6044-68-4］ $C_5H_{10}O_2$ 102.13

别名 3，3-二甲氧基-1-丙烯；3，3-Dimethoxy-1-propene

性状 无色液体。bp 89～90℃；Fp 27℉（−2℃）；d_4^{20} 0.862；n_D^{20} 1.3950。一般试剂含量≥97.0%（GC）。

注意事项 该品高度易燃。使用时应避免吸入本品的蒸气，避免与眼睛及皮肤接触。切勿排入下水道。使用现场禁止吸烟。应远离火种，采取抗放静电措施密封于 2～8℃保存。

Acrylamide 丙烯酰胺 00240

［79-06-1］ C_3H_5NO 71.08

成分 C 50.69%，H 7.09%，N 19.71%，O 22.51%。

别名 AA；AAM；Acr；Acrylic amide；2-Propenamide

GW 2015-154 M. I. 13，131

性状 本品单体是来自苯中的无色透明薄片状结晶。该品溶解度为（g/100mL，30℃）：水 215.5，甲醇 115，乙醇 86.2，丙酮 63.1，乙酸乙酯 12.6，氯仿 2.66，苯 0.346，己烷 0.0068。其溶液于阴暗处较稳定，但光照或高温下易聚合。其水溶液中加入对苯二酚、叔丁基邻苯二酚、苯基-2-萘胺可使其稳定。mp 84.5℃；bp_{25} 125℃/3.33kPa；bp_5 103℃/670Pa；bp_2 87℃/266.64Pa；d_4^{30} 1.122。LD_{50}小鼠腹膜内注射：170mg/kg。一般试剂含量≥99.0%。

注意事项 该品口服或接触皮肤有毒。吸入、口服或与皮肤接触对健康有严重损伤的危险。可能致癌。能引起遗传基因的损伤。接触皮肤能引起过敏。使用前应得到专门的指导，避免曝露。使用时应穿适当的防护服，戴手套和防护镜或面罩。使用时如有事故发生或有不适之感，应请医生诊治。应充氩气密封避光于2～8℃保存。

主要用途 核酸分子量的测定。染料合成。塑胶合成。胶黏剂。制备聚丙烯酰胺凝胶，供电泳测定蛋白质分子量。

2-Acrylamido-2-methylpropanesulfonic acid 00241
2-乙烯胺基-2-甲基丙烷磺酸
[15214-89-8] $C_7H_{13}NO_4S$ 207.25
成分 C 40.57%，H 6.32%，N 6.76%，O 30.88%，S 15.47%。
别名 AMPS
性状 无色结晶或白色粉末。易吸潮。易溶于水（25℃，1500g/L）。mp 195℃（分解）；Fp 320℉（160℃）一般试剂含量≥98.0%。
注意事项 该品口服有害。具有腐蚀性，能引起烧伤。使用时应穿适当的防护服，戴手套和防护镜或面罩。使用时禁止饮食。万一接触到眼睛，应立即用大量水冲洗后请医生诊治。使用时如有事故发生或有不适之感，应请医生诊治。应密封于干燥处保存。
主要用途 有机合成。

Acrylic acid 丙烯酸 00242
[79-10-7] $C_3H_4O_2$ 72.06
成分 C 50.00%，H 5.59%，O 44.41%。
别名 败脂酸；Acroleic acid；Ethylenecarboxylic acid；2-Propenoic acid；Vinylformic acid
GW 2015-145 M.I. 15，121
性状 无色液体。发烟。有辛辣的刺激性恶臭气味。能与水、乙醇、乙醚任意混溶。在氧存在下，遇光或受热易聚合。一般商品常加入约0.02%的对苯二酚一甲醚作阻聚剂。pK_a（25℃）4.25。mp 14℃；bp 141.0℃；bp_{400} 122.0℃/53.329kPa；bp_{200} 103.3℃/26.664kPa；bp_{100} 86.1℃/13.332kPa；bp_{40} 66.2℃/5.333kPa；bp_{10} 39℃/1.333kPa；bp_5 27.3℃/666.6kPa；Fp 155℉（68℃，开杯）；d_4^{16} 1.0621；n_D^{20} 1.4224。LD_{50}大鼠急性经口：2.59g/kg。一般试剂含量≥99.0%（GC）。
注意事项 该品易燃。具有强腐蚀性，能引起严重烧伤。吸入、口服或与皮肤接触有害。对水生物极毒。使用时应穿适当的防护服，戴手套和防护镜或面罩。万一接触到眼睛，应立即用大量水冲洗后请医生诊治。使用时如有事故发生或有不适之感，应请医生诊治。应防止将本品释放与环境中。应密封避光于阴凉处保存。
主要用途 丙烯酸树脂的制备。橡胶合成。涂料制备。制药工业。

Acrylonitrile 丙烯腈 00243
[107-13-1] C_3H_3N 53.06
成分 C 67.91%，H 5.70%，N 26.40%。
别名 氰乙烯；ACN；Acritet；AN；Cyanoethylene；Fumigrain；2-Propenenitrile；Ventox；Vinyl cyanide
GW 2015-143 M.I. 15，122
性状 无色发烟液体。有过氧化物存在时易聚合。25℃时，该品与一定量空气混合，能引起爆炸（下限3.05%，上限1.70%）。能与有机溶剂相混溶。20℃时该品7.35份溶于100份水。一般商品常加入约0.005%的甲苯甲酰氢酯或约0.05%的对苯二酚作稳定剂。mp −83.55℃；bp_{760} 77.3℃/101.325kPa；bp_{500} 64.7℃/66.66kPa；bp_{250} 45.5℃/33.33kPa；bp_{100} 23.6℃/13.332kPa；bp_{50} 8.7℃/6.666kPa；Fp 32℉（0℃，开杯）；d_4^{25} 0.8004；d_4^{20} 0.8060；n_D^{25} 1.3888。LD_{50}大鼠急性经口：93mg/kg。一般试剂含量≥98.0%（GC）。
注意事项 该品高度易燃、易爆，有毒。吸入、口服或与皮肤接触有毒。对眼睛有严重损伤的危险。对呼吸系统及皮肤有刺激性。能致癌。对水生物有毒。能对水环境引起不利的结果。使用前应得到专门的指导，避免曝露。使用环境禁止吸烟。使用时如有事故发生或有不适之感，应请医生诊治。应防止将本品释放与环境中。应远离火种，密封避光于通风良好处保存。

主要用途 色谱分析标准物质。橡胶合成。塑料合成。有机合成表面活性剂及抗氧剂。杀虫剂的制造。

Acryloyl chloride 丙烯酰氯 00244
[814-68-6] C_3H_3ClO 90.51
成分 C 39.81%，H 3.34%，Cl 39.17%，O 17.68%。
别名 Acrylyl chloride
性状 无色液体。能与三氯甲烷混溶，遇水或乙醇分解。bp 74～76℃；Fp 61℉（16℃）；d_4^{20}1.114；n_D^{20} 1.435。一般试剂含量≥96.0%（HPLC）。
注意事项 该品高度易燃。与水反应激烈。吸入有毒。有腐蚀性，能引起烧伤。对眼睛和呼吸系统有刺激性。使用时应穿适当的防护服，戴手套和防护镜或面罩。万一接触到眼睛，应立即用大量水冲洗后请医生诊治。接触皮肤后，应用大量水冲洗。使用时如有事故发生或有不适之感，应请医生诊治。应远离火种，密封避光于2～8℃保存。
主要用途 防灰雾剂Ⅰ的中间体。有机合成中间体。

(*R*)-α-Acryloyloxy-β,β-dimethyl-γ-butyrolactone
(*R*)-α-丙烯酰氧基-β,β-二甲基-γ-丁内酯 00245
[102096-60-6] $C_9H_{12}O_4$ 184.19
成分 C 58.69%，H 6.57%，O 34.75%。
性状 无色液体。mp 7～8℃；bp 0.1 84℃/13.3Pa；Fp 235.4℉(113℃)；d^{20}1.125；n_D^{20} 1.461；$[\alpha]_D^{20}$ +6.0±0.4°(c=17，于二氯甲烷中)。一般试剂含量≥95.0%(GC)。一般加入氢醌约0.2%为稳定剂。
注意事项 该品对眼睛、呼吸系统及皮肤有刺激性。对水生物有毒，可能对水环境引起不利的结果，应防止将本品释放于环境中。万一接触到眼睛，应立即用大量水冲洗后请医生诊治。接触皮肤后，应立即用大量水冲洗。应密封避光于2～8℃保存。

Actarit 阿克泰特 00246
[18699-02-0] $C_{10}H_{11}NO_3$ 193.20
成分 C 62.17%，H 5.74%，N 7.25%，O 24.84%。
别名 4-(乙酰基氨基)苯乙酸；对乙酰氨基苯基乙酸；4-(Acetylamino) benzene-acetic acid；(*p*-Acetamidophenyl) acetic acid；MS-932；Mover；Orcl
M.I. 15，124
性状 白色结晶或结晶性粉末。无味。易溶于甲醇，溶于乙醇，略溶于丙酮，微溶于水，极微溶于乙醚。mp 173～175℃。LD_{50}(mg/kg)雄、雌小鼠，雄、雌大鼠腹膜内注射：1.06、1.30，1.95、2.03；皮下注射：5.68、5.48，5.48、6.12；急性经口：15.3、14.7，14.8、15.4。
主要用途 医用抗关节炎剂，解热、抗风湿剂。

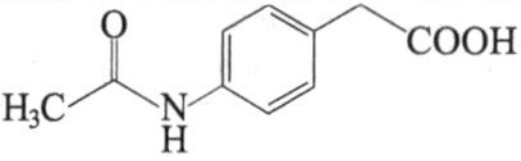

Actidione 放线菌酮 00247
[66-81-9] $C_{15}H_{23}NO_4$ 281.35
成分 C 64.03%，H 8.24%，N 4.98%，O 22.75%。
别名 放线酮；Cycloheximide；3-(3′，5′-Dimethyl-2′-oxocyclohexyl-2-hydroxyethyl) glutarimide；3-[2-(3，5-Dimethyl-2-oxocyclohexyl)-2-hydroxyethyl] glutarimide；[1S-[1α(S)，3α，5β]]-4-[2-(3，5-Dimethyl-2-oxocyclohexyl)-2-hydroxyethyl]-2，6-piperidinedione；Naramycin A；NSC-185；U-4527
GW 2015-382 M.I. 15，2721
性状 来自30%甲醇或乙酸戊酯或水中的无色片状结晶。能溶于氯仿、乙醇、乙醚、丙酮、甲醇，微溶于水（2℃，2.1g/100mL）、乙酸戊酯（2℃，7g/100mL）。mp 119.5～121℃；$[\alpha]_D^{29}$ −3.38°（c=9.47，于甲醇中）；$[\alpha]_D^{25}$ +6.8°（c=2，于水中）。LD_{50}小鼠静脉注射：150mg/kg。生化试剂含量≥95.0%（HPLC）。
注意事项 该品口服极毒。能危害胎儿。对水生物有毒，能对水环境引起不利的结果。使用前要得到专门的指导，避免曝露。使用时应穿适当的防护服，戴手套和防护镜或面罩。使用时如有事故发生或有不适之感，应请医生诊治。应防止将本品释放于环境中。应密封干燥于0～4℃保存。
主要用途 生化研究。杀菌剂。植物生长调节剂。

Actinodaphnine　樟碱　00248

[517-69-1]　$C_{18}H_{17}NO_4$　311.34

成分　C 69.44%，H 5.50%，N 4.50%，O 20.56%。

别名　六驳碱；黄肉楠碱；6,7,7a,8-Tetrahydro-11-methoxy-5*H*-benzo[*g*]-1,3-benzodioxolo[6,5,4-*de*]quinolin-10-ol；10-Methoxy-1,2-methylenedioxy-6aα-noraporphin-9-ol；1,2-Methylenedioxy-9-hydroxy-10-methoxynoraporphine

M. I. 15，129

性状　无色针状结晶。溶于丙酮、乙醇、苯、氯仿，中等程度溶于乙醚，不溶于水。mp 211℃；$[\alpha]_D^{20}+33°$（乙醇中）。

Actinomycin D　放线菌素 D　00249

[50-76-0]　$C_{62}H_{86}N_{12}O_{16}$　1255.44

成分　C 59.32%，H 6.90%，N 13.39%，O 20.39%。

别名　更生霉素；Actinomycin A_{IV}；Actinomycin Ⅳ；Actinomycin C_1；Actinomycin I_1；Actinomycin [thr-val-pro-sar-meval]；Actinomytin X_1；Cosmegen；Dactinomycin；Genshenmycin；Meractinomycin；NSC-3053

GW 2015-728　　M. I. 15，2797

性状　来自无水乙醇中的亮红色斜方或菱形结晶性粉末。易溶于乙醇，溶于水（10℃），微溶于 37℃水，极微溶于乙醚。略有吸潮性。易受光和热的影响而变质。三水合物 241.5～243℃分解；$[\alpha]_D^{28}-315°$（c=0.25，于甲醇中）。LD_{50}小鼠，大鼠急性经口：13.0，7.2mg/kg。生化试剂含量≥98.0%（HPLC）。

注意事项　该品口服极毒。使用时应穿适当的防护服，戴手套。使用时应避免吸入本品的粉尘，接触皮肤后用大量水冲洗。使用时如有事故发生或有不适之感，应请医生诊治。应充氩气密封避光于 2～8℃干燥保存。

主要用途　生化研究。医用抗肿瘤剂。代谢抑制剂。

Actinonin　放线酰胺素　00250

[13434-13-4]　$C_{19}H_{35}N_3O_5$　385.50

成分　C 59.20%，H 9.15%，N 10.90%，O 20.75%。

别名　3-[[1-(2-Hydroxymethyl-1-pyrroli; dinyl carbonyl)-2-methyl-propyl]carbamoyl]octanohydroxamic acid

性状　无色或白色结晶性粉末。溶于乙醇。生化试剂含量≥99.0%（TLC）。

注意事项　使用时应避免吸入本品的粉尘，避免与眼睛及皮肤接触。应密封于－20℃保存。

主要用途　生化研究。氨肽酶抑制剂。

Actinorhodine　放线菌紫素　00251

[1397-77-9]　$C_{32}H_{26}O_{14}$　634.55

成分　C 60.57%，H 4.13%，O 35.30%。

别名　放线菌紫红素；放线紫草素；(1*R*,1′*R*,3*S*,3′*S*)-3,3′,4,4′,5,5′10,10′-Octahydro-6,6′,9,9′-tetrahydroxy-1,1′-dimethyl-5,5′,10,10′-tetraoxo-[8,8′-bi-1H-naphtho[2,3-c]pyran]-3,3′-diacetic acid

M. I. 15，131

性状　来自二氧六环中的细小红色针状结晶。溶于吡啶、哌啶、四氢呋喃、二氧六环、苯酚，微溶于乙醇、乙酸、丙酮，不溶于酸性水溶液。其丙酮溶液呈红色，吡啶溶液呈蓝色。溶于碱水溶液中呈亮蓝色。270℃分解；最大吸收值（二氧六环中）：560nm，523nm。

Adamantane　金刚烷　00252

[281-23-2]　$C_{10}H_{16}$　136.24

成分　C 88.16%，H 11.84%。

别名　Tricyclo [3.3.1.1^{3,7}] decane；Diamantane (obsolete)

M. I. 15，137

性状　于－30℃时制得的为无色结晶。用丙酮中重结晶法或升华法可提纯。mp 269.6～270.8℃。一般试剂含量≥99.0%（GC）。

主要用途　用于环氧树脂二胺的固化剂。

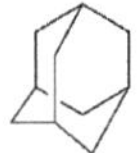

1-Adamantaneacetic acid　1-金刚烷乙酸　00253

[4942-47-6]　$C_{12}H_{18}O_2$　194.27

成分　C 74.19%，H 9.34%，O 16.47%。

别名　1-Adamantylacetic acid

性状　无色结晶。mp 136～138℃。一般试剂含量≥98.0%。

注意事项　该品对眼睛、呼吸系统及皮肤有刺激性。使用时应穿适当的防护服。万一接触到眼睛，应立即用大量水冲洗后请医生诊治。

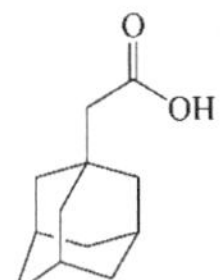

1-Adamantaneammonium chloride　氯化 1-金刚烷铵　00254

[665-66-7]　$C_{10}H_{18}ClN$　187.71

成分　C 63.99%，H 9.67%，Cl 18.89%，N 7.46%。

别名　1-金刚烷氯化铵；1-金刚烷胺盐酸盐；盐酸 1-金刚烷胺；1-Adamantylamine hydrochloride；Adekin；1-Aminoadamantane hydrochloride；Amantadine hydrochloride；EXP-105-1；NSC-83653；Lysovir；Mantadan；Mantadine；Mantadix；Symmetrel

M. I. 15，368

性状　来自无水乙醇＋无水乙醚中的无色结晶。易溶于水（最小 1∶20），溶于乙醇、氯仿，不溶于乙醚。mp＞360℃（分解）。LD_{50}小鼠，大鼠急性经口：700mg/kg，12 75mg/kg。一般试剂含量≥99.0%（AT）。

注意事项　该品口服有害。具有刺激性。

1-Adamantanecarbonyl chloride　1-金刚烷羰酰氯　00255

[2094-72-6]　$C_{11}H_{15}ClO$　198.69

成分　C 66.50%，H 7.61%，Cl 17.84%，O 8.05%。

别名　氯化 1-金刚烷羰酰

性状　无色结晶。mp 49～51℃；bp_{10} 135～136℃/1.33kPa；Fp＞230℉（110℃）。一般试剂含量≥99.0%（T）。

注意事项　该品与水反应激烈。具有腐蚀性，能引起烧伤。对呼吸系统有刺激性。使用时应穿适当的防护服，戴手套和防护镜或面罩。万一接触到眼睛，应立即用大量水冲洗后请医生诊治。使用时如有事故发生或有不适之感，应请医生诊治。应充氩气密封于 2～8℃干燥保存。

1-Adamantanecarboxylic acid　1-金刚烷羧酸　00256

[828-51-3]　$C_{11}H_{16}O_2$　180.25

成分　C 73.30%，H 8.95%，O 17.75%。

别名 1-金刚烷甲酸
性状 无色结晶。mp 172～174℃。一般试剂含量≥99.0%(T)。
注意事项 使用时应避免吸入本品的粉尘，避免与眼睛及皮肤接触。

1-Adamantaneethanol 1-金刚烷乙醇 00257
[6240-11-5] $C_{12}H_{20}O$ 180.29
成分 C 79.94%，H 11.18%，O 8.87%。
别名 2-(1-Adamantyl) ethanol
性状 无色结晶。mp 70～74℃。一般试剂含量≥98.0%(GC)。
注意事项 使用时应避免吸入本品的粉尘，避免与眼睛及皮肤接触。

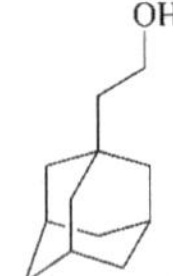

1-Adamantanemethanol 1-金刚烷甲醇 00258
[770-71-8] $C_{11}H_{18}O$ 166.26
成分 C 79.47%，H 10.91%，O 9.62%。
别名 1-Adamanylmethanol;1-(Hydroxymethyl)adamantane
性状 无色结晶。mp 114～117℃。一般试剂含量≥99.0%(GC)。
注意事项 使用时应避免吸入本品的粉尘，避免与眼睛及皮肤接触。

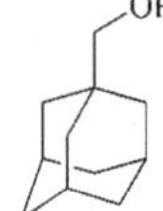

1-Adamantanol 1-金刚醇 00259
[768-95-6] $C_{10}H_{16}O$ 152.24
成分 C 78.90%，H 10.59%，O 10.51%。
别名 1-羟基金刚烷；1-Hydroxyadamantane
性状 无色结晶。mp 约 250℃。一般试剂含量≥99.0%(GC)。
注意事项 使用时应避免吸入本品的粉尘，避免与眼睛及皮肤接触。

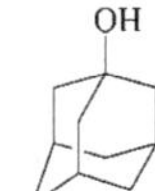

2-Adamantanol 2-金刚醇 00260
[700-57-2] $C_{10}H_{16}O$ 152.24
成分 C 78.90%，H 10.59%，O 10.51%。
别名 2-羟基金刚烷；2-Hydroxyadamantane
性状 无色结晶。mp 258～262℃。一般试剂含量≥98.0%(GC)。
注意事项 使用时应避免吸入本品的粉尘，避免与眼睛及皮肤接触。

2-Adamantanone 2-金刚酮 00261
[700-58-3] $C_{10}H_{14}O$ 150.22
成分 C 79.96%，H 9.39%，O 10.65%。
性状 无色结晶。溶于甲醇(0.1g/mL)。mp 约 260℃。一般试剂含量≥98.0%(GC)。
注意事项 该品对水生物有害。使用时应避免吸入本品的粉尘，避免与眼睛及皮肤接触。

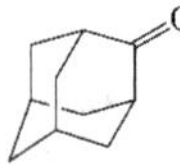

2-Adamantylamine hydrochloride
2-金刚胺 盐酸盐 00262
[10523-68-9] $C_{10}H_{18}ClN$ 187.71
成分 C 63.99%，H 9.67%，Cl 18.89%，N 7.46%。
别名 2-金刚烷基胺 盐酸盐；盐酸 2-金刚胺；盐酸 2-金刚烷基胺；2-氨基金刚烷 盐酸盐；2-Adamantanamine hydrochloride；2-Aminoadamantane hydrochloride
性状 无色或白色粉末。mp＞300℃。一般试剂含量≥99.0%(NT)。
注意事项 该品对眼睛、呼吸系统及皮肤有刺激性。使用时应穿适当的防护服。万一接触到眼睛，应立即用大量水冲洗后请医生诊治。应充氩气密封保存。

Adamantyl fluoroformate 氟甲酸金刚烷酯 00263
[62087-82-5] $C_{11}H_{15}FO_2$ 198.24
别名 金刚烷基氟甲酸酯
性状 无色或白色结晶性粉末。mp 31～32℃；Fp 183.2℉(84℃)。一般试剂含量≥90%(GC)。
注意事项 该品具有腐蚀性，能引起烧伤。使用时应穿适当的防护服，戴手套和防护镜或面罩。万一接触到眼睛，应立即用大量水冲洗后请医生诊治。使用时如有事故发生或有不适之感，应请医生诊治。应充氩气密封于 2～8℃保存。

Adapalene 阿达帕林 00264
[106685-40-9] $C_{28}H_{28}O_3$ 412.53
成分 C 81.52%，H 6.84%，O 11.64%。
别名 6-[3-(1-金刚烷基)-4-甲氧基苯基]-2-苯甲酸；6-(4-Methoxy-3-tricy-clo[3.3.1.1^{3,7}]dec-1-ylphenyl)-2-naphthalenecarboxylic acid;6-[3-(1-Adamantyl)-4-methoxyphenyl]-2-naphthoic acid;CD-271;Differin
M.I. 15，138
性状 来自四氢呋喃和乙酸乙酯中的白色结晶。对光稳定。pK 4.2。mp 319～322℃。
主要用途 医用抗痤疮剂

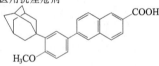

Adefovir 阿德福韦 00265
[106941-25-7] $C_8H_{12}N_5O_4P$ 273.19
成分 C 35.17%，H 4.43%，N 25.64%，O 23.43%，P 11.34%。
别名 [[2-(6-氨基-9H-嘌呤-9-基)乙氧基]甲基]膦酸；9-(2-膦酰甲氧基乙基)腺嘌呤；阿德弗韦；阿地福韦；[[2-(6-Amino-9H-purin-9-yl)ethoxy]methyl]phosphonic acid；9-(2-Phosphonylmethoxyethyl)adenine；PMEA；GS-393
M.I. 15，139
性状 近白色结晶性固体。pK_{a1}，2.0，pK_{a2} 6.8。mp＞250℃；uv max(水中)：208nm，260nm(ε19600，14100)；(0.1mol/L 盐酸中)：210nm，260nm(ε19000，13700)；(0.1mol/L 氢氧化钠中)：216nm，262nm(ε9600，14500)。
主要用途 医用抗病毒剂。

Adenine 腺嘌呤 00266
[73-24-5] $C_5H_5N_5$ 135.13
成分 C 44.44%，H 3.73%，N 51.83%。
别名 6-氨基尿环；6-氨基嘌呤；腺碱；腺尿环；腺素；腺碱；维生素 B_4；Ad；ADE；6-Amino-1H-purine；6-Aminopurine；6-Amino-3H-purine；6-Amino-9H-purine；1,6-Dihydro-6-iminopurine；3,6-Dihydro-6-iminopurine；Leuco-4；1H-Purin-6-amine；Vi-

tamin B_4
M. I. 15，140
性状 无色正交针状结晶或白色结晶性粉末。1g 该品（三水合物）溶于 2000mL 水、40mL 沸水，微溶于乙醇，不溶于乙醚、三氯甲烷。其水溶液呈中性。能与酸或碱结合。360～365℃分解。uv max（pH 值 7.0）：207nm，260.5nm（$\varepsilon\times10^{-3}$ 23.3，13.4）。LD_{50}大鼠急性经口：745mg/kg。生化试剂含量≥99.0%（HPLC）。
注意事项 该品口服有害。使用时应穿适当的防护服。使用时应避免吸入本品的粉尘，避免与眼睛及皮肤接触。万一接触到眼睛，应立即用大量水冲洗后请医生诊治。应充氩气密封避光保存。
主要用途 生化试剂。测定烟酸。

Adenine-9-β-D-arabinofuranoside
腺嘌呤-9-β-D-阿拉伯呋糖苷 00267
[5536-17-4] $C_{10}H_{13}N_5O_4$ 267.25
成分（以无水物计） C 44.94%，H 4.90%，N 26.21%，O 23.95%。
别名 Vidarabine；9-β-D-Arabinofuranosyl-9*H*-purine-6-amine monohydrate；9-β-D-Arabinofuranosyladenine monohydrate；Arabinosyladenine；Adenine arabinoside；Spongoadenosine；ara-A；CI-673；Arasena-A；Vira-A
M. I. 15，10173
性状 来自水中的无色结晶。微溶于二甲亚砜，极微溶于水。mp 257～257.5℃（$0.4H_2O$）；$[\alpha]_D^{27}-5°$($c=0.25$)；uv max(pH 值 1)：257.5nm（ε 12700）；（pH 值 13）：259nm（ε 14000）。LD_{50}小鼠腹膜内注射：4677mg/kg；急性经口：＞7950mg/kg。生化试剂含量≥99.0%（HPLC）。
注意事项 该品能危害胎儿。使用时应穿适当的防护服，戴手套。应充氩气密封于－20℃保存。
主要用途 生化研究。医用抗病毒剂。

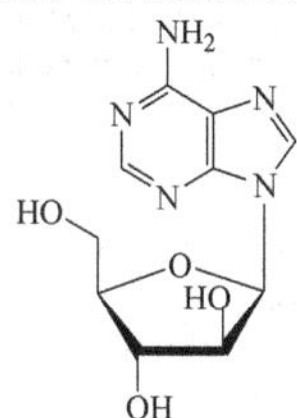

Adenine hydrochloride hemihydrate
盐酸腺嘌呤 半水 00268
[6055-72-7] [无水物 2922-28-3]$C_5H_5N_5\cdot HCl$ $C_5H_6ClN_5$ 171.59
成分（以无水物计） C 35.00%，H 3.52%，Cl 20.66%，N 40.81%。
别名 盐酸 6-氨基嘌呤；腺嘌呤 盐酸盐；盐酸腺素；盐酸胰碱；维生素 B_4 盐酸盐；盐酸维生素 B_4；6-Aminopurine hydrochloride；1,6-Dihydro-6-iminopurine hydrochloride；3,6-Dihydro-6-iminopurine hydrochloride；Vitamin B_4 hydrochloride
M. I. 15，140
性状 无色单斜棱柱形结晶或白色结晶性粉末。易吸潮。1g 该品溶于 42mL 水。mp 约 290℃（分解）。生化试剂含量≥99.0%（HPLC）。
注意事项 该品口服有害。应密封避光于阴凉干燥处保存。
主要用途 生化试剂。测定烟酸。

Adenine sulfate 硫酸腺嘌呤
00269
[321-30-2] $C_{10}H_{10}N_{10}\cdot H_2SO_4$ $C_{10}H_{12}N_{10}O_4S$ 368.34
成分 C 32.61%，H 3.28%，N 38.02%，O 17.37%，S 8.71%。
别名 硫酸胰碱；硫酸腺素；腺嘌呤 硫酸盐；维生素 B_4 硫酸盐；硫酸-6-氨基嘌呤；6-氨基嘌呤 硫酸盐；Adenine hemisulfate；6-Aminopurine sulfate
M. I. 15，140
性状 无色结晶或白色结晶性粉末。该品 1g（二水合物）溶于 150mL 水，微溶于乙醇。mp 205～210℃（分解）。生化试剂含量≥98.0%（HPLC）。
注意事项 使用时应避免吸入本品的粉尘，避免与眼睛及皮肤接触。应密封避光保存。
主要用途 生化研究。

Adenosine 腺苷
00270
[58-61-7] $C_{10}H_{13}N_5O_4$ 267.25
成分 C 44.94%，H 4.90%，N 26.21%，O 23.95%。
别名 胰苷；腺尿环核苷；腺呤配糖；腺素苷；腺嘌呤核苷；Adenine-9-β-D-ribofuranoside；Adenine riboside；Adenocard；Adenocor；Adenoscan；AD-R；6-Amino-9-β-D-ribofuranosidoadenine；6-Amino-9-β-D-ribofuranosyl-9*H*-purine；9-β-D-Ribofuranosidoadenine；9-β-D-Ribofuranosyl-9*H*-purin-6-amine
M. I. 15，141
性状 来自水中的无色针状结晶。微溶于水，不溶于乙醇。mp 234～235℃；$[\alpha]_D^{11}-61.7°$（$c=0.706$，于水中）；$[\alpha]_D^{9}-58.2°$（$c=0.658$，于水中）；uv max：260nm（ε 15100）。
注意事项 使用时应避免吸入本品的粉尘，避免与眼睛及皮肤接触。应充氩气密封于阴凉处保存。
主要用途 生化研究。医用抗心律失常剂。

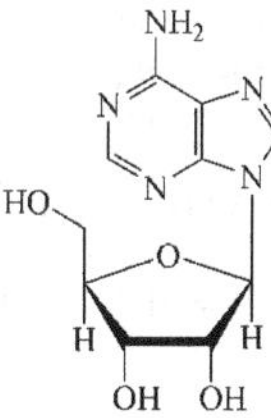

Adenosine 3′,5′-cyclic monophosphate
3′,5′-环一磷酸腺苷 00271
[60-92-4] $C_{10}H_{12}N_5O_6P$ 329.21
成分 C 36.48%，H 3.67%，N 21.27%，O 29.16%，P 9.41%。
别名 腺苷-3′,5′-环一磷酸；Acrasin；Adenosine cyclic 3′,5′-(hydrogen phosphate)；Adenosine 3′,5′-cyclic phosphate；Adenosine-3′,5′-cyclophosphoric acid；Adenosine 3′,5′-hydrogenphosphate；3′,5′-AMP；A-3,5-MPC；Adenosine 3′,5′-monophosphate；Adenosine-3′：5′-monophosphoric acid cyclic；Adenosine 3′,5′-phosphate；Cyclic adenosine 3′,5′-monophosphate；Cyclic AMP；3′,5′-Cyclic AMP；CAMP；cAMP
M. I. 15，2701
性状 来自水中的无色结晶。溶于水。mp 219～220℃（有气体产生）；$[\alpha]_D-51.3°$（$c=0.67$，于水中）；uv max（pH 值 7）：258nm（ε 14650）；（pH 值 2）：256nm（ε 14500）。生化试剂含量≥99.0%（HPLC）。
注意事项 该品使用时应避免吸入本品的粉尘，避免与眼睛及皮肤接触。应充氩气密封于 2～8℃干燥保存。
主要用途 生化研究。激活肝中无活性糖原磷酸酶及使肾上腺皮质产生激素。

Adenosine 3′,5′-cyclophosphate sodium salt monohydrate
3′，5′-环一磷酸腺苷钠盐 一水 00272
[37839-81-9] $C_{10}H_{11}N_5NaO_6P \cdot H_2O$ 369.20
别名 cAMP-Na；3′，5′-Cyclic AMP sodium salt
性状 无色结晶。溶于水。易吸潮。生化试剂含量≥99.0%(HPLC)。
注意事项 该品应充氩气密封于−20℃干燥保存。

Adenosine deaminase from calf intestinal mucosa
腺苷脱氨酶（小牛肠黏液） 00273
[9026-93-1]
别名 ADA；Adenosine aminohydrolase Mr 约 35000
EC 3.5.4.4
性状 无色结晶。生化试剂为其溶液。浅黄色，澄清。内含50%丙三醇，0.01mol/L 磷酸二氢钾，pH 值 6.0。含量约 150～250U/mg，蛋白质约 10mg/mL。
注意事项 使用时应避免吸入本品的蒸气、飞沫，避免与眼睛及皮肤接触。应充氩气密封于 2～8℃保存。
主要用途 生化研究。

Adenosine 5′-diphosphate 5′-二磷酸腺苷 00274
[58-64-0] $C_{10}H_{15}N_5O_{10}P_2$ 427.20
成分 C 28.11%，H 3.54%，N 16.39%，O 37.45%，P 14.50%。
别名 腺苷-5′-二磷酸；Adenosine diphosphate；Adenosine 5′-pyrophosphoric acid；Adenosine diphosphoric acid；Adenosine 5′-diphosphoric acid；5′-Adenylphosphoric acid；Adenosine 5′-(trihydrogen diphosphate)；ADP；5′-ADP；Apyrase；5′-Diphosphoric acid adenosine
M.I. 15，142
性状 无色结晶或白色结晶粉末。易吸潮。生化试剂含量≥95.0%（HPLC）。
注意事项 该品应充氩气密封于−20℃干燥保存。
主要用途 生化研究。

Adenosine 5′-diphosphate disodium salt
5′-二磷酸腺苷二钠盐 00275
[16178-48-6] $C_{10}H_{13}N_5Na_2O_{10}P_2$ 471.17
成分 C 25.49%，H 2.78%，N 14.86%，Na 9.76%，O 33.96%，P 13.15%。
别名 5′-二磷酸腺苷钠盐；腺苷-5′-二磷酸二钠盐；Adenosine-5′-diphosphoric acid disodium salt；ADP-Na_2；5′-ADP-Na_2；5′-Diphosphoric acid adenosine disodium salt；Adenosine-5′-pyrophosphoric acid disodium salt；5′-Adenylphosphoric acid disodium salt
性状 无色结晶或近白色粉末。易吸潮。$[\alpha]_D^{20}$ −30°（c=0.5，于 0.5mol/L 磷酸氢二钠中）生化试剂含量≥90.0%。
注意事项 使用时应避免吸入本品的粉尘，避免与眼睛及皮肤接触。应充氩气密封于−20℃干燥保存。
主要用途 生化研究。测定丙酮酸激酶的活性。制备多核苷酸。

Adenosine 5′-diphosphate monopotassium salt dihydrate
5′-二磷酸腺苷一钾盐 二水 00276
[72696-48-1] $C_{10}H_{14}KN_5O_{10}P_2 \cdot 2H_2O$ 501.33
成分（以无水物计） C 25.81%，H 3.03%，K 8.40%，N 15.05%，O 34.39%，P 13.31%。
别名 腺苷-5′-二磷酸钾盐；Adenosine-5′-diphosphoric acid potassium salt；Adenosine-5′-diphosphoric acid K salt；Adenosine-5′-pyrophosphoric acid monopotassium salt dihydrate；Adenylphosphoric acid monopotassium salt；ADP-K；5′-Diphosphoric acid adenosine monopotassium salt
性状 无色结晶。易吸潮。溶于水（10mg/mL）。生化试剂含量≥98.0%（HPLC）。
注意事项 使用时应避免吸入本品的粉尘，避免与眼睛及皮肤接触。应充氩气密封于 2～8℃干燥保存。
主要用途 生化研究。

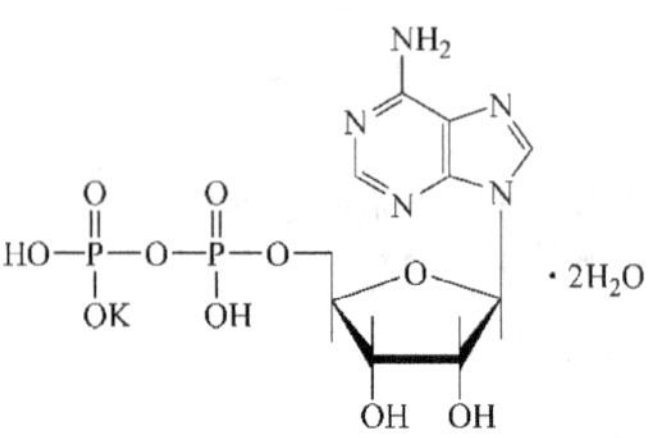

Adenosine 5′-diphosphate monosodium salt
5′-二磷酸腺苷一钠盐 00277
[20398-34-9] $C_{10}H_{14}N_5NaO_{10}P_2$ 449.22
成分 C 26.74%，H 3.14%，N 15.59%，Na 5.12%，O 35.62%，P 13.79%。
别名 腺苷-5′-二磷酸一钠盐；5′-二磷酸腺苷钠盐；Adenosine-5′-diphosphoric acid monosodium salt；Adenosine-5′-pyrophosphoric acid monosodium salt；Aderylphosphoric acid monosodium salt；ADP-Na；5′-ADP-Na；5′-Diphosphoric acid adenosine monosodium salt
性状 无色结晶。易吸潮。生化试剂含量 94.0%～99.0%。
注意事项 该品吸入、口服或与皮肤接触有害。对眼睛、呼吸系统及皮肤有刺激性。使用时应穿适当的防护服和戴手套。应避免吸入本品的粉尘。万一接触到眼睛，应立即用大量水冲洗后请医生诊治。应密封于−20℃干燥保存。
主要用途 生化研究。

Adenosine 5′-diphosphoglucose disodium salt
腺苷-5′-二磷酸葡糖二钠盐 00278
[102129-65-7] $C_{16}H_{23}N_5Na_2O_{15}P_2$ 633.31
成分 C 30.34%，H 3.66%，N 11.07%，Na 7.26%，O 37.89%，P 9.78%。
别名 5′-二磷酸葡糖腺苷二钠盐；ADP-glc；ADPC；ADP-glucose
性状 无色结晶或白色结晶性粉末。溶于水。生化试剂含量≥98.0%（HPLC）。
注意事项 使用时应避免吸入本品的粉尘，避免与眼睛及皮肤接触。应充氩气密封于−20℃干燥保存。
主要用途 生化研究。

Adenosine 5′-[β，γ-imido] triphosphate tetralithium salt hydrate
5′-[β，γ-亚氨基]三磷酸腺苷四锂盐 水合 00279
[72957-42-7] $C_{10}H_{13}Li_4N_6O_{12}P_3 \cdot xH_2O$ 529.93+18.02x
成分（以无水物计） C 22.67%，H 2.47%，Li 5.24%，N 15.86%，O 36.22%，P 17.53%。
别名 二水合 5′-(β，γ-亚氨基)三磷酸腺苷四锂盐；腺苷酰亚氨基二膦酸四锂盐；亚氨基二磷酸腺素苷四锂盐；腺嘌呤核苷酰亚胺基二磷酸四锂盐；Adenylylimido diphosphonate Li_4 salt；Adenylylimidodiphosphonate tetralithium salt；AMP-PNP Li_4；ATP [β，γ-NH]
性状 无色结晶。生化试剂含量≥90.0%（HPLC）。
注意事项 使用时应避免吸入本品的粉尘，避免对眼睛及皮肤接触。应充氩气密封于−20℃干燥保存。

Adenosine 5′-[α, β-methylene] diphosphoric acid
腺苷 5′-(α, β-亚甲基) 二磷酸 00280

[3768-14-7] $C_{11}H_{17}N_5O_9P_2$ 425.23

成分 C 31.07%，H 4.03%，N 16.47%，O 33.86%，P 14.57%。

别名 5′-二磷酸 α，β-亚甲基腺苷；5′-（α，β-亚甲基）二磷酸腺苷；Adenosine 5′-（α, β-methylene）diphosphate；ADP [α，β-CH_2]；AMP-CP；α，β-Methylene adenosine 5′-diphosphate

性状 无色结晶。易吸潮。生化试剂含量≥99.0%（HPLC）。

注意事项 使用时应避免吸入本品的粉尘，避免与眼睛及皮肤接触。应充氩气密封于－20℃干燥保存。

主要用途 生化研究。

Adenosine 3′-monophosphate 3′-一磷酸腺苷 00281

[84-21-9] $C_{10}H_{14}N_5O_7P$ 347.22

成分 C 34.59%，H 4.06%，N 20.17%，O 32.25%，P 8.92%。

别名 腺苷-3′-一磷酸；3′-磷酸腺苷；3′-磷酸腺素苷；3′-Adenylic acid；A-3′-MP；3′-AMP；Yeast adenylic acid；Adenosine 3′-monophosphoric acid；Adenosine-3′-phosphoric acid；Adenylic acid b；h-Adenylic acid；Synadenylic acid

M. I. 15，145

性状 无色长的纤细针状结晶或白色结晶性粉末。溶于水，不溶于有机溶剂。mp 197℃（分解）；$[\alpha]_D^{20}$ －42°±2°（c＝0.5，于 0.5mol/L 磷酸氢二钠中）。

注意事项 使用时应避免吸入本品的粉尘，避免与眼睛及皮肤接触。应充氩气密封于－20℃干燥保存。

主要用途 生化研究。

Adenosine 3′(＋2′)-monophosphate monohydrate
3′(2′)-一磷酸腺苷 一水 00282

[82530-89-0] $C_{10}H_{14}N_5O_7P \cdot H_2O$ 365.24

成分（以无水物计） C 34.59%，H 4.06%，N 20.17%，O 32.26%，P 8.92%。

别名 腺苷-3′（2′）-一磷酸；Adenosine-3′（＋2′）-monophosphoric acid monohydrate；2（3）-AMP；3′（＋2′）-AMP；Adenylic acid from yeast

性状 白色或浅黄色结晶性粉末。易溶于碱溶液和氨水，微溶于水。mp 200～202℃（分解）；

注意事项 使用时应避免吸入本品的粉尘，避免与眼睛及皮肤接触。应充氩气密封于 2～8℃干燥保存。

Adenosine 5′-monophosphate 5′-一磷酸腺苷 00283

[61-19-8][18422-05-4]（一水合物） $C_{10}H_{14}N_5O_7P$ 347.22

成分 C 34.59%，H 4.06%，N 20.17%，O 32.25%，P 8.92%。

别名 腺苷-5′-一磷酸；Adenosine-5′-monophosphoric acid；Adenosine phosphate；Adenosine-5′-phosphoric acid；5′-Adenylic acid；*t*-Adenylic acid；AMP；5′-AMP；A-5′-MP；A-5′-P；Ergadenylic acid；Lycedan；Muscle adenylic acid；Myoston；NSC-20264

M. I. 15，146

性状 来自水＋丙酮中的无色结晶。易溶于沸水、丙酮，微溶于乙醇，不溶于乙醚。pK_1 3.8；pK_2 6.2。mp 196～200℃；$[\alpha]_D^{20}$ －47.5°（c＝2，于 2%氢氧化钠溶液中）；$[\alpha]_D^{20}$ －26.0°（c＝2，于 10%盐酸中）；uv max（pH 值 7.0）：259nm（a_M 15.4×10^3）。

注意事项 该品应密封于－20℃干燥保存。

主要用途 营养素。

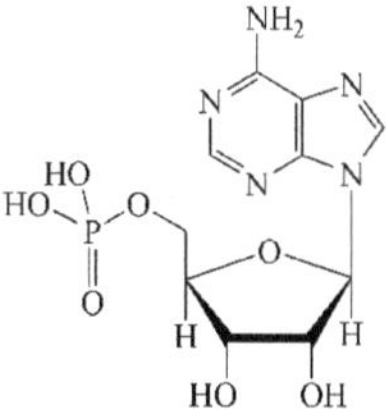

Adenosine 5′-monophosphate disodium salt
5′-一磷酸腺苷二钠盐 00284

[4578～31-8] $C_{10}H_{12}N_5Na_2O_7P$ 391.18

成分 C 30.70%，H 3.09%，N 17.90%，O 28.63%，P 7.92%。

别名 肌腺核苷酸二钠盐；5′-磷酸腺苷二钠盐；9-腺嘌呤-5′-磷酸呋喃核糖二钠盐；腺苷-5′-磷酸二钠盐；Adenosine-5′-monophosphoric acid Na_2 salt；5′-Adenylic acid disodium salt；*t*-Adenylic acid disodium salt；5′-AMP-Na_2 salt；Muscle adenylic acid disodium salt

性状 白色或浅黄色结晶性粉末。有潮解性。易溶于水。$[\alpha]_D^{20}$ －43±2°（c＝1，于 0.5mol/L 磷酸氢二钠溶液中）。生化试剂含量≥99.0%（HPLC）。

注意事项 使用时应避免吸入本品的粉尘，避免与眼睛及皮肤接触。应充氩气密封于 2～8℃干燥保存。

Adenosine 5′-monophosphoramidate sodium salt
5′-一氨基磷酸腺苷钠盐 00285

[102029-68-5] $C_{10}H_{14}N_6NaO_6P$ 368.22

成分 C 32.62%，H 3.83%，N 22.82%，Na 6.24%，O 26.07%，P 8.41%。

别名 腺苷-5′-氨基磷酸钠盐；5′-氨基磷酸腺苷钠盐；腺苷-5′-氨基磷酸酯钠盐；Adenosine 5′-phosphoramidate sodium salt；AMP-NH_2-Na；Adenosine 5′-monophosphoramidate Na salt

性状 白色结晶。生化试剂含量≥96%（HPLC）。

注意事项 该品应充氩气密封避光于－20℃干燥保存。

Adenosine 3′-phosphate-5′-phosphosulfate lithium salt hydrate
3′-磷酸 5′-磷硫酸腺苷锂盐 水合 00286

[109434-21-1]　$C_{10}H_{15}N_5O_{13}P_2S \cdot xLi^+ \cdot yH_2O$

成分（以无 H_2O 计）　C 22.62%，H 2.09%，Li 5.23%，N 13.19%，O 39.17%，P 11.67%，S 6.04%。

别名　腺苷 3′-磷酸-5′-磷硫酸锂盐 水合；3′-磷酸腺苷-5′-磷硫酸四锂盐 水合；APPS；Active sulfate；PAPS；3′-Phosphoadenosine-5′-phosphosulfate lithium salt

性状　无色结晶或白色粉末。易吸潮。溶于水。

注意事项　该品对眼睛、呼吸系统及皮肤有刺激性。使用时应穿适当的防护服。万一接触到眼睛，应立即用大量水冲洗后请医生诊治。应充氩气密封于－70℃干燥保存。

主要用途　生化研究。

Adenosine 5′-[β-thio] diphosphate trilithium salt

5′-[β-硫代] 二磷酸腺苷三锂盐　00287

[73536-95-5]　$C_{10}H_{12}Li_3N_5O_9P_2S$　461.07

成分　C 26 %，H 3 %，Li 5 %，N 15 %，O 31 %，P 13 %，S 7 %。

别名　腺苷-5′-*O*-硫代二磷酸锂盐；5′-*O*-硫代二磷酸腺苷锂盐；腺苷-5′-[β-硫代]二磷酸三锂盐；Adenosine-5′-thiodiphosphate Li_3 salt；Ado-5′-PP [S]；ADP-β-S

性状　白色结晶。生化试剂含量≥85.0%（HPLC）。

注意事项　该品应充氩气密封于－20℃干燥保存。

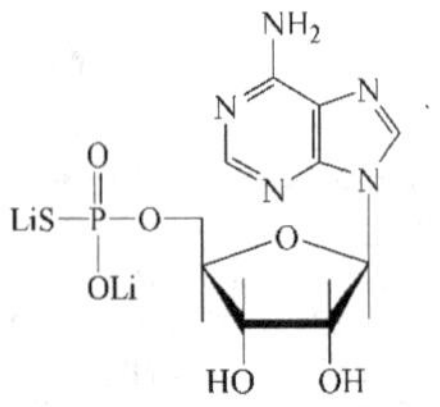

Adenosine 5′-[γ-thio] triphosphate tetralithium salt

5′-(γ-硫代) 三磷酸腺苷四锂盐　00288

[93839-89-5]　$C_{10}H_{12}Li_4N_5O_{12}P_3S$　546.98

成分　C 21.96%，H 2.21%，Li 5.08%，N 12.80%，O 35.10%，P 16.99%，S 5.86%。

别名　腺苷-5′-（γ-硫代）三磷酸四锂盐；Ado-5′-PPP [S]；ATP-γ-S；Adenosine 5′-(3-thiotriphosphate) trilithium salt

性状　白色结晶性粉末。生化试剂含量≥75.0%（HPLC）；ADP 约 5.0%；水约 10.0%。

注意事项　该品对眼睛、呼吸系统及皮肤有刺激性。使用时应穿适当的防护服。万一接触到眼睛，应立即用大量水冲洗后请医生诊治应充氩气密封于－20℃干燥保存。

主要用途　生化研究。

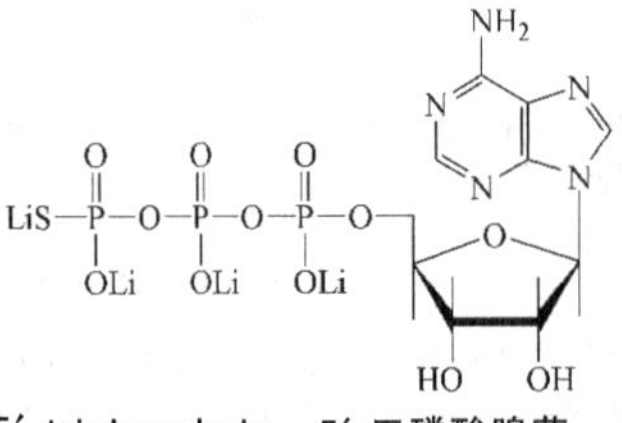

Adenosine 5′-triphosphate　5′-三磷酸腺苷　00289

[56-65-5]　$C_{10}H_{16}N_5O_{13}P_3$　507.18

成分　C 23.68%，H 3.18%，N 13.81%，O 41.01%，P 18.32%。

别名　腺苷-5′-三磷酸；腺三磷；腺呤配糖三磷酸；Adenosine 5′-(tetrahydrogen triphosphate)；Adenosine triphosphate；Adenosine-5′-triphosphoric acid；ATP；5′-ATP；Adenylpyrophosphoric acid；Adephos；Adetol；Atipi；Atriphos；Striadyne；Striphos；Triadenyl；Triphosaden

M.I. 5，143

性状　白色无定形粉末。无气味。呈微酸性。易溶于水，不溶于乙醇、乙醚及其他有机溶剂。$[\alpha]_D^{22}$－26.7°（c=3.095，于水中）；uv max (pH 值 7.0)：259nm（a_M 15.4×10^3）。

注意事项　该品应密封于－20℃保存。

主要用途　生化研究。营养素。医用辅酶。

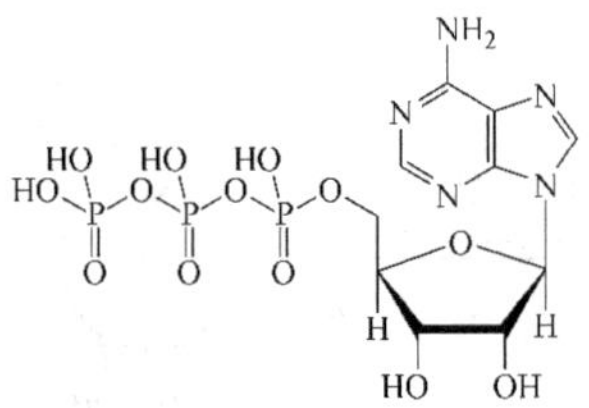

Adenosine 5′-triphosphate bis (TRIS) salt dihydrate

5′-三磷酸腺苷双（TRIS）盐 二水　00290

[102047-34-7]　$C_{18}H_{38}N_7O_{19}P_3 \cdot 2H_2O$　785.51

成分（以无水物计）　C 28.85%，H 5.11%，N 13.08%，O 40.56%，P 12.40%。

别名　二水合 5′-三磷酸腺苷双（TRIS）盐；5′-三磷酸腺苷双（三羟甲基氨基甲烷）盐 二水；腺苷 5′-三磷酸双（三羟甲基氨基甲烷）盐 二水；5′-ATP bis(TRIS) salt；Adenosine 5′-triphosphate bis(trihydroxymethylaminomethane) salt dihydrate

性状　白色结晶性粉末。溶于水。

注意事项　使用时应避免吸入本品的粉尘，避免与眼睛及皮肤接触。应充氩气密封于－70℃干燥保存。

主要用途　生化研究。

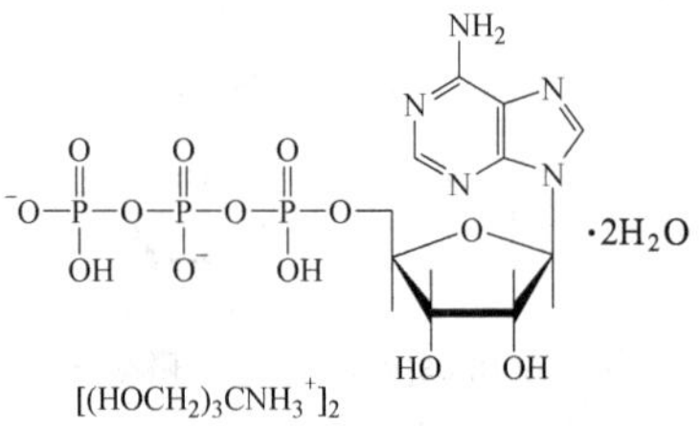

Adenosine 5′-triphosphate dipotassium salt dihydrate

5′-三磷酸腺苷二钾盐 二水　00291

[42373-41-1]　$C_{10}H_{14}K_2N_5O_{13}P_3 \cdot 2H_2O$　619.40

成分（以无水物计）　C 20.59%，H 2.42%，K 13.40%，N 12.01%，O 35.65%，P 15.93%。

别名　二水合 5′-三磷酸腺苷二钾盐；腺苷 5′-三磷酸二钾盐 二水；5′-ATP-K_2

性状　白色结晶性粉末。溶于水。生化试剂含量≥96.0%（HPLC）。

注意事项　该品对眼睛、呼吸系统及皮肤有刺激性。使用时应穿适当的防护服，应避免吸入本品的粉尘。万一接触到眼睛，应立即用大量水冲洗后请医生诊治。应充氩气密封于－20℃干燥保存。

主要用途　生化研究。

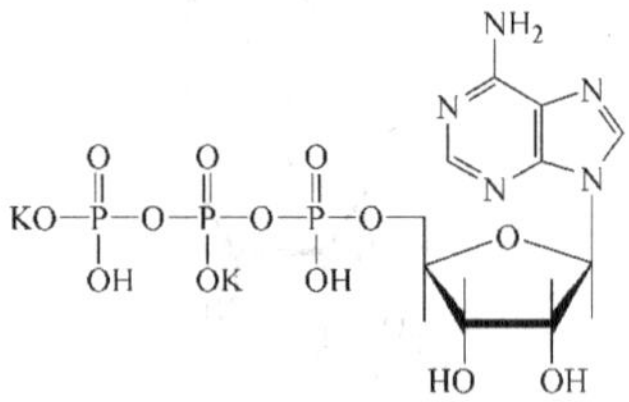

Adenosine 5′-triphosphate disodium salt hydrate

5′-三磷酸腺苷二钠盐 水合　00292

[987-65-5]　$C_{10}H_{14}N_5Na_2O_{13}P_3 \cdot xH_2O$　551.15＋18.02x

成分（以无水物计）　C 21.79%，H 2.56%，N 12.71%，Na 8.34%，O 37.74%，P 16.86%。

别名　ATP 二钠盐；腺苷-5′-三磷酸二钠盐；Adenosine 5′-triphosphoric acid Na_2 salt；5′-ATP-Na_2；5′-ATP-Na_2

性状　无色结晶或近白色结晶性粉末。无嗅，无味。具吸湿性。溶于水，几乎不溶于乙醇、乙醚、氯仿等有机溶剂。在碱性溶液中不稳定。mp 176℃（分解）；$[\alpha]_D^{20}$－19±1℃（c=3，于水中）生化试剂含量≥98.0%（HPLC）。

注意事项　该品应充氩气密封于 2～8℃干燥保存。

主要用途　生化研究。医疗用于治疗进行性肌肉萎缩性疾患、心肌梗死、冠心病、卒风后遗症、肝炎及肾炎等。

Adenosine 5′-triphosphate immobilized on agarose 4B

5′-三磷酸腺苷琼脂糖 4B 00293

别名 琼脂糖 4B（5′-三磷酸腺苷固定在上）；5′-ATP-agarose 4B

性状 近白色冻干粉末。含乳糖 60%为稳定剂。约 80mg 该粉能膨胀至 1mL 凝胶。d_4^{20} 1。

注意事项 使用时应避免吸入本品的粉尘，避免与眼睛及皮肤接触。应充氩气密封于－20℃干燥保存。

主要用途 生化研究，用于亲和色谱。

Adenosine 5′-triphosphate magnesium salt hydrate

5′-三磷酸腺苷镁盐 水合 00294

[74804-12-9] $C_{10}H_{14}MgN_5O_{13}P_3 \cdot xH_2O$ 529.47＋18.02x

成分（以无水物计） C 22.68%，H 2.67%，Mg 4.59%，N 13.23%，O 39.28%，P 17.55%。

别名 腺苷 5′-三磷酸镁盐 水合

性状 无色结晶或白色结晶性粉末。生化试剂含量≥97%（HPLC）。

注意事项 该品吸入、口服或与皮肤接触有毒。对眼睛、呼吸系统及皮肤有刺激性。使用时应穿适当的防护服，避免吸入本品的粉尘。万一接触到眼睛，应立即用大量水冲洗后请医生诊治。使用时如有事故发生或有不适之感，应请医生诊治。应充氩气密封于－20℃干燥保存。

主要用途 生化研究。

Adenosine 5′-triphosphate P³-[1-(2-nitrophenyl)ethyl ester]disodium salt

5′-三磷酸腺苷 P³-[1-(2-硝基苯基)乙酯]二钠盐 00295

[171800-68-3] $C_{18}H_{21}N_6Na_2O_{15}P_3$ 700.29

成分 C 30.87%，H 3.02%，N 12.00%，Na 6.57%，O 34.27%，P 13.27%。

别名 Caged ATP；NPE caged ATP

性状 白色粉末。生化试剂含量≥95.0%（HPLC）。

注意事项 该品应充氩气密封避光于－20℃干燥保存。

S-(5′-Adenosyl)-L-homocysteine

***S*-(5′-腺苷基)-L-高半胱氨酸** 00296

[979-92-0] $C_{14}H_{20}N_6O_5S$ 384.41

成分 C 43.74%，H 5.24%，N 21.86%，O 20.81%，S 8.34%。

别名 AdoHcy；*S*-(5′-Deoxyadenosine)-L-homocysteine；5′-Deoxy-*S*-adenosyl-L-homocysteine

性状 无色结晶。生化试剂含量≥98.0%（HPCE）。

注意事项 该品应充氩气密封避光于－20℃保存。

主要用途 生化研究。

S-(5′-Adenosyl)-L-methionine chloride

氯化 *S*-(5′-腺苷基)-L-甲硫氨基酸 00297

[24346-00-7] $C_{15}H_{23}ClN_6O_5S$ 434.90

成分 C 41.43%，H 5.33%，Cl 8.15%，N 19.32%，O 18.39%，S 7.37%。

别名 *S*-腺苷氯化-L-蛋氨酸；氯化 *S*-腺苷-L-甲硫丁氨酸；Active methionine；AdoMet；SAM；SAM chloride

性状 无色结晶或白色结晶性粉末。$[\alpha]_D^{25}$ ＋32°（c＝3.3，于水中）；uv max（水中）：260nm。生化试剂含量≥80.0%（HPCE）。

注意事项 该品口服、吸入或与皮肤接触有害。使用时应穿适当的防护服。使用时如有事故发生或有不适之感，应请医生诊治。应充氩气密封于－70℃干燥保存。

主要用途 生化研究。医用抗抑郁剂，抗风湿剂。

S-(5′-Adenosyl)-L-methionine iodide

碘化 *S*-(5′-腺苷基)-L-甲硫氨基酸 00298

[3493-13-8] $C_{15}H_{23}IN_6O_5S$ 526.35

成分 C 34.23%，H 4.40%，I 24.11%，N 15.97%，O 15.20%，S 6.09%。

别名 *S*-腺苷碘化 L-蛋氨酸；碘化 *S*-腺苷-L-甲硫丁氨酸；碘化 *S*-腺苷-L-甲硫氨基酸；SAM iodide salt

性状 无色结晶或白色结晶性粉末。溶于水（100mg/mL）。生化试剂含量约 80.0%（HPLC）。

注意事项 使用时应避免吸入本品的粉尘，避免与眼睛及皮肤接触。应密封于－20℃保存。

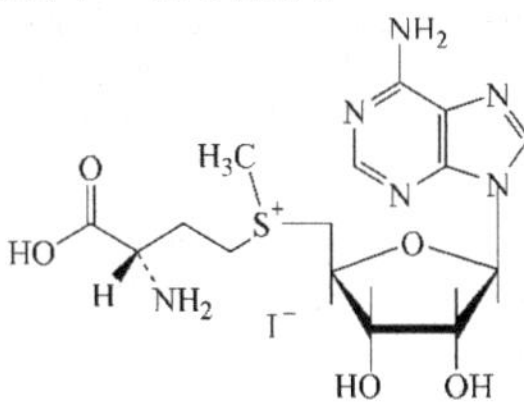

S-(5′-Adenosyl)-L-methionine *p*-toluenesulfonate salt

***S*-(5′-腺苷基)-L-甲硫氨基酸 对甲苯磺酸盐** 00299

[71914-80-2] $C_{22}H_{30}N_6O_8S_2$ 570.63

成分 C 46.31%，H 5.30%，N 14.73%，O 22.43%，S 11.24%。

别名 对甲苯磺酸 *S*-(5′-腺苷基)-L-甲硫氨基酸；*S*-(5′-腺苷基)-L-甲硫氨基酸 甲苯-4-磺酸盐；甲苯-4-磺酸 *S*-(5′-腺苷基)-L-蛋氨酸；*S*-(5′-腺苷基)-L-蛋氨酸 甲苯-4-磺酸盐；5-(5′-腺苷基)-L-甲硫氨酸 对甲苯磺酸盐；SAM toluene-4-sulfonate

性状 无色结晶。溶于水。生化试剂含量≥85.0%（HPCE）。

注意事项 使用时应避免吸入本品的粉尘，避免与眼睛及皮肤接触。应充氩气密封于－20℃干燥保存。

主要用途 生化研究。

Adinazolam

阿地唑仑 00300

[37115-32-5] $C_{19}H_{18}ClN_5$ 351.84

成分 C 64.86%，H 5.16%，Cl 10.08%，N 19.91%。

别名 8-Chloro-*N*,*N*-dimethyl-6-phenyl-4*H*-[1,2,4]triazolo[4,3-*α*][1,4]benzodiazepine-1-methanamine；8-Chloro-1-[(dimethylamino)methyl]-6-phenyl-4H-s-triazolo[4,3-α][1,4]benzodiazepine;U-41123

M. I. 15. 148

性状 来自乙酸乙酯中的无色结晶。mp 171～172.5℃。

主要用途 医用抗抑郁剂。

Adipamide 己二酰二胺 00301

[628-94-4] $C_6H_{12}N_2O_2$ 144.17

成分 C 49.99%,H 8.39%,N 19.43%,O 22.19%。

别名 己二酰胺;Adipic amide;Hexanediamide; Adipic diamide

性状 白色片状结晶。易溶于乙醇,微溶于水,不溶于乙醚。mp 226～229℃。一般试剂含量≥98.0%。

注意事项 该品对眼睛、呼吸系统及皮肤有刺激性。使用时应穿适当的防护服。使用时应避免吸入本品的粉尘,避免与眼睛及皮肤接触。万一接触到眼睛,应立即用大量水冲洗后请医生治疗。

主要用途 有机合成。

Adiphenine hydrochloride 解痉素 盐酸盐 00302

[50-42-0] $C_{20}H_{26}ClNO_2$ 347.88

成分 C 69.05%,H 7.53%,Cl 10.19%,N 4.03%,O 9.20%。

别名 二苯基乙酸-2-二乙氨基乙酯 盐酸盐;屈阿生丁 盐酸盐;盐酸解痉素;Trasentine;Diphenylacetic acid 2-(diethylamino)ethyl ester hydrochloride;α-Phenylbenzeneacetic acid 2-(Diethylamino)ethyl ester hydrochloride;2-Diethylaminoethyl diphenylacetate hydrochloride; Diphenylacetyldiethylaminoethanol hydrochloride;Diphacil hydrochloride;Spasmolytin hydrochloride

M. I. 15, 149

性状 无色结晶。易溶于水,极微溶于乙醇、乙醚。mp 113～114℃。LD_{50}小鼠腹膜内注射:0.24g/kg。

注意事项 该品吸入、口服或与皮肤接触有害。使用时应穿适当的防护服。

主要用途 医用抗痉挛剂。

Adipic acid 己二酸 00303

[124-04-9] $C_6H_{10}O_4$ 146.14

成分 C 49.31%, H 6.90%, O 43.79%。

别名 肥酸; 1, 4-丁二羧酸; 1, 4-Butanedicarboxylic acid; Dicarboxylic acid C_6; Hexanedioic acid

M. I. 15, 150

性状 来自乙酸乙酯、水或丙酮与石油醚中的无色单斜棱柱体结晶或结晶性粉末。160g 该品溶于 100mL 沸水。易溶于甲醇、乙醇,溶于丙酮,微溶于乙醚、环己烷,不溶于石油醚、苯。其 0.1%的水溶液 pH 值 3.2。K_1 (25℃) $=3.90\times10^{-5}$; $K_2=5.29\times10^{-6}$。mp 152℃; bp_{760} 337.5℃/101.325kPa; bp_{100} 265℃/13.332kPa; bp_{40} 240.5℃/5.33kPa; bp_{20} 222℃/2.67kPa; bp_{10} 205.5℃/1.333kPa; bp_5 191℃/670Pa; bp_1 159.5℃/133.32Pa。Fp 385℉ (196℃, 闭杯); d_4^{25} 1.360。一般试剂含量≥99.0% (HPLC)。

注意事项 该品对眼睛有刺激性。应密封保存。

主要用途 用于碱类和高锰酸钾标定的基准品。塑料制造。有机合成。

Adipic acid dihydrazide 己二酸二酰肼 00304

[1071-93-8] $C_6H_{14}N_4O_2$ 174.20

成分 C 41.37%, H 8.10%, N 32.16%, O 18.37%。

性状 无色结晶或白色粉末。mp 181～182℃; Fp>302℉ (150℃)。一般试剂含量≥97.0% (NT)。

注意事项 使用时应避免吸入本品的粉尘,避免与眼睛及皮肤接触。

Adiponitrile 己二腈 00305

[111-69-3] $C_6H_8N_2$ 108.14

成分 C 66.64%, H 7.46%, N 25.90%。

别名 1,4-二氰基丁烷; 四亚甲基二腈; 1,4-Dicyanobutane; Tetramethylene dicyanide;Adipic acid dinitrile;Hexanedinitrile

GW 2015-991 M. I. 15, 152

性状 无色油状液体。能与乙醇、三氯甲烷相混溶,微溶于四氯化碳,几乎不溶于二硫化碳、乙醚、水。mp 4～5℃; bp_{760} 295℃/101.32kPa; bp_{20} 180～182℃/2.66kPa; bp_{10} 147～148℃/1.333kPa; Fp 325.4℉ (163℃); d_4^{20} 0.9623; n_D^{20} 1.4385。LD_{50}小鼠急性经口: 300mg/kg。一般试剂含量≥98.0% (GC)。

注意事项 该品吸入或口服有毒。对眼睛、呼吸系统及皮肤有刺激性。使用时应穿适当的防护服,戴手套和防护镜或面罩。万一接触到眼睛,应立即用大量水冲洗后请医生诊治。使用时如有事故发生或有不适之感,应请医生诊治。应密封保存。

主要用途 溶剂。有机合成。气相色谱固定液。分离、分析胺及硝基化合物。

Adipoyl chloride 己二酰氯 00306

[111-50-2] $C_6H_8Cl_2O_2$ 183.04

成分 C 39.37%, H 4.41%, Cl 38.74%, O 17.48%。

别名 己二酰二氯; 氯化己二酰; Adipoyl dichloride; Hexanedioic acid dichloride

GW 2015-996

性状 无色液体。长期储存可变为黄棕色。对湿度敏感。能与苯、乙醚相混溶。溶于水及热乙醇分解。bp_{11} 125～128℃/1.5kPa; Fp 150.8℉ (66℃); d^{20} 1.26; n_D^{20} 1.4706。

注意事项 该品具有腐蚀性能引起烧伤。使用时应穿防护服,戴手套和防护镜或面罩。万一接触到眼睛,应立即用大量水冲洗后请医生诊治。使用时如有事故发生或有不适之感,应请医生诊治。应充氩气密封于2～8℃干燥保存。

主要用途 医药中间体。

Adlumidine 紫罂粟次碱 00307

[550-49-2] $C_{20}H_{17}NO_6$ 367.36

成分 C 65.39%, H 4.66%, N 3.81%, O 26.13%。

别名 山缘草定; 藤荷包牡丹定; (6S)-6-[(5S)]-5,6,7,8-Tetrahydro-6-methyl-1, 3-dioxolo [4, 5-g] isoquinolin-5-ylifuro[3,4-e]-1,3-benzodioxol-8(6H)-one

M. I. 15,154

性状 来自氯仿+甲醇中的无色菱形片状结晶。略微溶于乙醇、乙醚、己烷,不溶于水。pK_a 4.27。mp 236～237℃; $[\alpha]_D^{25}$ +116.2°(c=22,于氯仿中)。

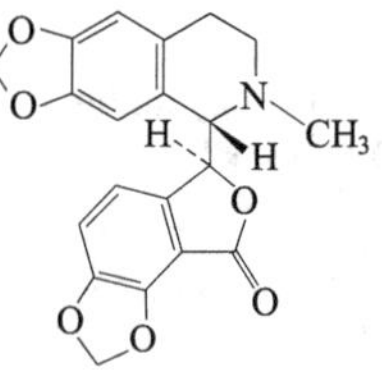

d-Adlumidine

Adonitol 侧金盏花醇 00308

[488-81-3] $C_5H_{12}O_5$ 152.15

成分 C 39.47%,H 7.95%,O 52.58%。

别名 戊五醇;阿东糖醇;侧金盏(戊)糖醇;福寿草醇;核糖醇;Adonite;Ribitol

M. I. 15,157

性状 无色无旋光菱形或针状结晶。不能还原费林氏溶液。易溶于水、热乙醇,不溶于乙醚。mp 102℃。生化试剂含量≥99.0%(HPLC)。

注意事项 该品应充氩气密封干燥保存。

主要用途 生化研究。

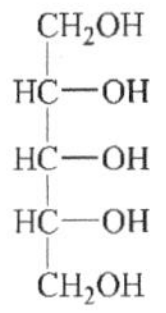

Adonitoxin　侧金盏花毒苷 00309

[17651-61-5]　$C_{29}H_{42}O_{10}$ 550.65

成分　C 63.26%，H 7.69%，O 29.09%。

别名　福寿草毒苷；(3β,5β,16β)-3-(6-Deoxy-α-L-mannopyranosyl) oxy-14,16-dihydroxy-19-oxocard-20(22)-enolide

M. I. 15,158

性状　来自氯仿＋甲醇＋乙醚中的无色结晶。251～258℃分解。

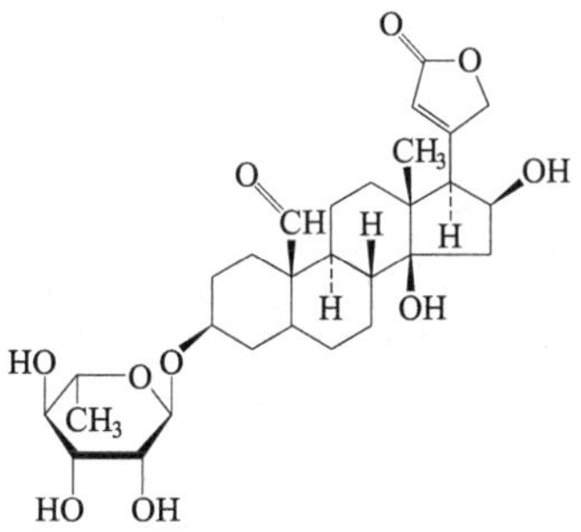

Adrafinil　艾提非尼 00310

[63547-13-7]　$C_{15}H_{15}NO_3S$ 289.35

成分　C 62.27%，H 5.23%，N 4.84%，O 16.59%，S 11.08%。

别名　阿屈非尼；2-(Diphenylmethyl) sulfinyl-*N*-hydroxyacetamide；2-(Benzhydrylsulfinyl) acetohydroxamic acid；CRL-40028；Olmifon

M. I. 15,159

性状　来自乙酸乙酯-异丙醇中的白色至浅玫瑰褐色结晶或粉末。溶于水（<1g/L），溶于乙醇、甲醇。mp 159～160℃。LD_{50}小鼠腹膜内注射：<2048mg/kg；胃内给药：1950 mg/kg。

主要用途　医疗用于抑郁症的治疗。

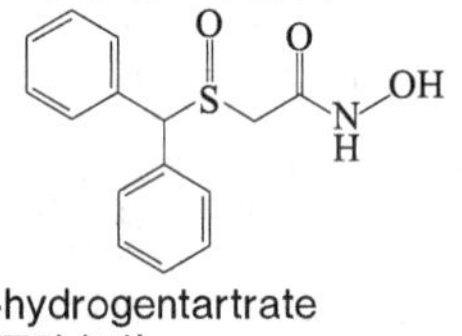

L-Adrenaline D-hydrogentartrate

L-肾上腺素 D-酒石酸氢盐 00311

[51-42-3]　$C_{13}H_{19}NO_9$ 333.30

成分　C 46.85%，H 5.75%，N 4.20%，O 43.20%。

别名　D-酒石酸氢 L-肾上腺素

性状　无色结晶或白色粉末。对空气敏感。mp 约 155℃(分解)；$[\alpha]_D^{20}$ －17°±1°(*c*＝1，于水中)。生化试剂含量≥98.0%(HPLC，对映体总量)。

注意事项　该品吸入或口服极毒。对机体有不可逆损伤的可能性。使用时应穿防护服，戴手套和防护镜或面罩。使用时如有事故发生或有不适之感，应请医生诊治。应充氩气密封避光于 0～4℃保存。

Adrenalone hydrochloride　肾上腺酮 盐酸盐 00312

[62-13-5]　$C_9H_{12}ClNO_3$ 217.65

成分　C 49.67%，H 5.56%，Cl 16.29%，N 6.44%，O 22.05%。

别名　3′,4′-二羟基-2-甲氨基苯乙酮 盐酸盐；盐酸肾上腺酮；盐酸3′,4′-二羟基-2-甲氨基苯乙酮；3′,4′-Dihydroxy-2-(methylamino) acetophenone hydrochloride；1-(3,4-Dihydroxyphenyl)-2-(methylamino) ethanone hydrochloride；Kephrine hydrochloride；4-Methylaminocetopyrocatechol hydrochloride；Stryphnasal；Stryphnonasal；Stypnone hydrochloride

M. I. 15,160

性状　无色结晶。易溶于水，溶于乙醇，不溶于乙醚。其水溶液对石蕊呈中性。mp 243℃。生化试剂含量≥98.0%(AT)。

注意事项　使用时应避免吸入本品的粉尘，避免与眼睛及皮肤接触。应充氩气密封避光于 2～8℃干燥保存。

主要用途　生化研究。医用止血剂。

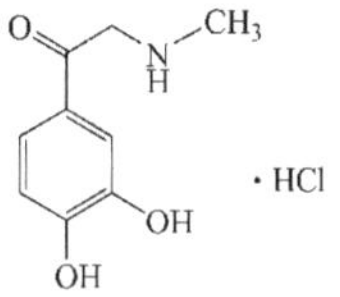

Adrenochrome　肾上腺色素 00313

[54-06-8]　$C_9H_9NO_3$ 179.18

成分　C 60.33%，H 5.06%，N 7.82%，O 26.79%。

别名　肾上腺素红；2,3-二氢-3-羟基-1-甲基-1*H*-吲哚-5,6-二酮；3-羟基-1-甲基-5,6-吲哚啉二酮；2,3-Dihydro-3-hydroxy-1-methyl-1*H*-indole-5,6-dione；3-Hydroxy-1-methyl-5,6-indolinedione

M. I. 15,161

性状　来自甲醇-甲酸中的亮红色结晶。常有 1/2 的结晶水。易溶于水，颇溶于乙醇，几乎不溶于苯、乙醚。其溶液不稳定。水溶液最佳 pH 值 4.0。115～120℃分解。最大吸收值(1mg 水溶液)：220nm，300nm，485nm(lg ε 4.33，4.01，3.64)。

注意事项　该品应密封于－20℃保存。

主要用途　生化研究。

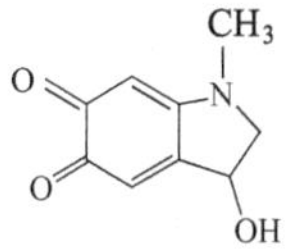

Adrenocorticotropic hormone human

促肾上腺皮质激素 人 00314

[9002-60-2]　$C_{207}H_{308}N_{56}O_{58}S$ 4541.10

成分　C 54.75%，H 6.84%，N 17.27%，O 20.43%，S 0.71%。

别名　促皮质激素 人；人促皮质激素；人促肾上腺皮质激素；Solacthyl；Jubex；Corticotropin；ACTH；Corticotropin A；Cibacthen；Adrenocorticotropin；Corstiline；Corticotrophin；Cortiphyson；Adrenocorticotropic hormone of the pituitary gland；Acethropan；Acortan；Acorto；Acthar；Acton；Actonar；Adrenocorticotrophic hormone of the pituitary gland；Adrenocorticotrophin；Adrenomone；Alfatrofin；Cortrophin；Isactid；Reacthin；Solacthyl；Tubex

M. I. 15，125

性状　白色粉末。易溶于水。生化试剂含量≥95.0%(HPLC)。

注意事项　该品吸入、口服或与皮肤接触有害。对机体有不可逆损伤的可能性。使用时应穿适当的防护服，应避免吸入本品的粉尘。应充氩气密封避光于－20℃保存。

主要用途　生化研究。医用促皮质激素。

Adrenoglomerulotropin

促醛固酮激素 00315

[1210-56-6]　$C_{13}H_{16}N_2O$ 216.28

成分　C 72.19%，H 7.46%，N 12.95%，O 7.40%。

别名　2,3,4,9-Tetrahydro-6-methoxy-l-methyl-1*H*-pyrido[3,4-*b*] indole；Aldosterone-stimulating hormone；ASH；1-Methyl-6-methoxy-1,2,3,4-tetrahydro-2-carboline

M. I. 15，162

性状　无色结晶。mp 150～151℃；uv max（乙醇中）：255nm，280nm（lg ε 4.34，3.86）；（0.1mol/L 盐酸中）：220nm，273nm（lg ε 4.40，3.86）。

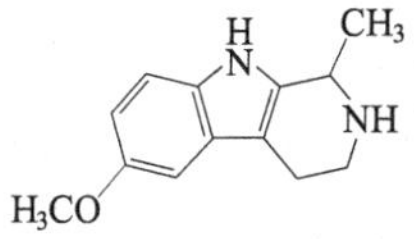

Adrenolutin

甲基茚三醇 00316

[642-75-1]　$C_9H_9NO_3$ 179.18

成分　C 60.33%，H 5.06%，N 7.82%，O 26.79%。

别名 1-甲基-1H-茚-3，5，6-三醇；1-Methyl-1H-indole-3，5，6-triol；N-Methyl-5，6-dihydroxyindoxyl；3，5，6-Trihydroxy-N-methylindole

M. I. 15，163

性状 一水合物为来自水中的亮黄色棱柱体结晶。mp 236℃（分解）。无水物 mp 245℃。

Adrenosterone 肾上腺甾酮 00317

[382-45-6] $C_{19}H_{24}O_3$ 300.40

成分 C 75.97%，H 8.05%，O 15.98%。

别名 肾上腺雄甾酮；雄甾-4-烯-3，11，17-三酮；Androst-4-ene-3，11，17-trione；Reichstein's substance G

M. I. 15，165

性状 来自乙醇中的无色针状结晶。溶于乙醇、丙酮、乙醚，微溶于水（23℃，9.85mg/100mL；37℃，15.2mg/100mL）。mp 220～224℃；$[\alpha]_D^{20}+262°$（于无水乙醇中）；uv max：235nm。

主要用途 生化研究。

Aesculin sesquihydrate 七叶苷 00318

[66778-17-4][531-75-9]（无水物） $C_{15}H_{16}O_9 \cdot 1\frac{1}{2}H_2O$ 367.31

成分（以无水物计） C 52.94%，H 4.74%，O 42.32%。

别名 七叶灵；七叶林；七叶树苷；马粟树皮苷；Bicolorin；6，7-Dihydrocoumarin-6-glucoside；6，7-Dihydroxycoumarin 6-glucoside；Enallachrome；Escosyl；Esculetin-6-β-D-glucopyranoside；Esculin sesquihydrate；Esculinic acid；Esculoside；6-（β-D-Glucopyranosyloxy）-7-hydroxy-2H-1-benzopyran-2-one；6-β-Glucosido-7-hydroxycoumarin；Esculin sesquihydrate；6，7-Dihydroxycoumarin 6-glucoside sesquihydrate；Polychrome

性状 无色针状结晶。无气味，味苦。对空气敏感。1g 该品溶于 580mL 水、13mL 沸水，溶于热乙醇、乙酸、甲醇、吡啶及乙酸乙酯，微溶于乙醇，极微溶于乙醚。其溶液呈蓝色荧光，pH 值约 5.8。mp 204～206℃；$[\alpha]_D^{18}-78.4°$（c=2.5，于 50%二氧六环中）。生化试剂含量≥98.0%（HPLC）。

注意事项 该品口服有害。使用时应避免吸入本品的粉尘，避免与眼睛及皮肤接触。应充氩气密封干燥保存。

主要用途 防晒洗液。

Aflatoxin B₁ 黄曲霉毒素 B₁ 00319

[1162-65-8] $C_{17}H_{12}O_6$ 312.28

成分 C 65.39%，H 3.87%，O 30.75%。

别名 黄曲霉素 B_1；AF B_1；（6aR-cis）-2，3，6a，9a-Tetrahydro-4-methoxycyclopenta[c]furo[3′，2′：4，5]furo[2，3-h][1]benzopyran-1，11-dione

M. I. 15，171

性状 无色或微黄色结晶。呈蓝色荧光。溶于甲醇、三氯甲烷，微溶于水。mp 268～269℃；$[\alpha]_D-558°$（c=0.1，于氯仿中）；$[\alpha]_D-480°$（c=0.1，于二甲基甲酰胺中）；uv max（乙醇中）：223nm、265nm、362nm（ε 25600，13400，21800）。LD_{50} 1 日龄子鸭急性经口：18.2μg/50g（体重）；新初生小鼠腹膜内注射：9.50mg/kg。

注意事项 该品吸入、口服或与皮肤接触极毒。能致癌。能引起遗传基因的损伤。使用前应得到专门的指导，避免曝露。使用时应穿适当的防护服，戴手套和防护镜或面罩。使用时应避免吸入本品的粉尘。使用时如有事故发生或有不适之感，应请医生诊治。应充密封于 2～8℃保存。

主要用途 新陈代谢及致癌性的研究。

Aflatoxin B₂ 黄曲霉毒素 B₂ 00320

[7220-81-7] $C_{17}H_{14}O_6$ 314.29

成分 C 64.97%，H 4.49%，O 30.54%。

别名 黄曲霉素 B_2；AF B_2；（6aR-cis）-2，3，6a，8，9，9a-Hexahydro-4-methoxycyclopenta[c]furo[3′，2′：4，5]furo[2，3-h][1]benzopyran-1，11-dione

M. I. 15，171

性状 无色或微黄色结晶。有蓝色荧光。mp 286～289℃；$[\alpha]_D-492°$（c=0.1，于氯仿中）；uv max（乙醇中）：265nm、363nm（ε 11700，23400）。LD_{50} 1 日龄子鸭急性经口：84.8μg/50g（体重）。

注意事项 该品吸入、口服或与皮肤接触极毒。能致癌。使用前应得到专门和指导，避免曝露。使用时应穿适当的防护服。使用时如有事故发生或有不适之感，应请医生诊治。应密封于 2～8℃保存。

主要用途 新陈代谢及致癌性的研究。

Aflatoxin G₁ 黄曲霉毒素 G₁ 00321

[1165-39-5] $C_{17}H_{12}O_7$ 328.28

成分 C 62.20%，H 3.68%，O 34.12%。

别名 黄曲霉素 G_1；AF G_1；3，4，7aα，10aα-Tetrahydro-5-methoxy-1H，12H-furo[3′，2′：4，5]furo[2，3-h]pyrano[3，4-c][1]benzopyran-1，12-dione

M. I. 15，172

性状 无色或微黄色结晶。有绿色荧光。mp 244～246℃；$[\alpha]_D-556°$（于氯仿中）；uv max（乙醇中）：243nm、257nm、264nm，362nm（ε 11500，9900，10000，16100）。LD_{50}1 日龄子鸭急性经口：39.2μg/50g（体重）。

注意事项 该品吸入、口服或与皮肤接触极毒。能致癌。使用前应得到专门的指导，避免曝露。使用时应穿适当的防护服和戴手套。接触皮肤后，应立即用大量水冲洗。使用时如有事故发生或有不适之感，应请医生诊治。应密封于 2～8℃保存。

主要用途 新陈代谢及致癌性的研究。

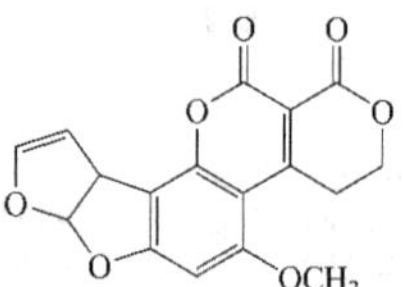

Aflatoxin G₂ 黄曲霉毒素 G₂ 00322

[7241-98-7] $C_{17}H_{14}O_7$ 330.29

成分 C 61.82%，H 4.27%，O 33.91%。

别名 黄曲霉素 G_2；AF G_2；3，4，7aα，9，10，10aα-Hexahydro-5-methoxy-1H，12H-furo[3′，2′：4，5]furo[2，3-h]pyrano[3，4-c][1]benzopyran-1，12-dione

M. I. 15，172

性状 无色或微黄色结晶。mp 237～240℃；$[\alpha]_D-473°$（c=0.084，于氯仿中）；uv max（乙醇中）：265nm，363nm（ε 9700，21000）。LD_{50} 1 日龄子鸭急性经口：172.5μg/50g（体重）。

注意事项 该品吸入、口服或与皮肤接触极毒。能致癌。使用前应得到专门的指导，避免曝露。使用时应穿防护服和戴手套。接触皮肤后，应用大量水冲洗。使用时如有事故发生或有不适之感，应请医生诊治。应密封于 2～8℃保存。

主要用途 新陈代谢及致癌性的研究。

Aflatoxin M₁ 黄曲霉毒素 M₁ 00323

[6795-23-9] $C_{17}H_{12}O_7$ 328.28

成分 C 62.20%，H 3.68%，O 34.12%。

别名 黄曲霉素 M_1；4-羟基黄曲霉毒素 B_1；AF M_1；4-Hydroxyaflatoxin B_1；2,3,6a,9a-Tetrahydro-9a-hydroxy-4-methoxycyclopenta[c]furo[3′,2′：4,5]furo[2,3-h][1]benzopyran-1,11-dione

M. I. 15,173

性状 来自甲醇中的无色结晶。有蓝紫色荧光。mp 299℃(分解)；$[\alpha]_D -280°$(c=0.1,于二甲基甲酰胺中)；uv max(乙醇中)：226nm、265nm、357nm(ε 23100,11600,19000)。LD_{50} 1 日龄北京鸭急性经口：16.6μg。

注意事项 该品吸入、口服或与皮肤接触极毒。对机体有不可逆损伤的可能性。使用前应得到专门的指导，避免曝露。使用时应穿适当的防护服，戴手套和防护镜或面罩。使用时应避免吸入本品的粉尘。使用时如有事故发生或有不适之感，应请医生诊治。应充氩气密封于 2～8℃保存。

主要用途 新陈代谢及致癌性的研究。

Afloqualone 氨氟喹酮 00324

[56287-74-2] $C_{16}H_{14}FN_3O$ 283.31

成分 C 67.83%，H 4.98%，F 6.71%，N 14.83%，O 5.65%。

别名 6-氨基-2-氟甲基-3-(2-甲基苯基)-4(3*H*)-喹唑啉酮；氟喹酮；6-Amino-2-fluoromethyl-3-(2-methylphenyl)-4(3*H*)-quinazolinone；6-Amino-2-fluoromethyl-3-(*o*-tolyl)-4(3*H*)-quinazolinone；HQ-495；Arofuto

M. I. 15,175

性状 来自 2-丙醇中的浅黄色棱柱体结晶。溶于乙腈，略溶于乙醇，不溶于乙醚。mp 195～196℃，uv max(乙醇中)：293nm(ε 14000)。LD_{50}小鼠腹膜内注射：315.1mg/kg。

主要用途 医用骨架肌肉松弛剂。

Agar 琼脂 00325

[9002-18-0] $(C_{12}H_{18}O_9)_x$ Mr 3000～9000

别名 石花菜；洋粉；洋菜；寒天；Agar-agar；Bengal isinglass；Ceylon isinglass；Chinese isinglass；Gelose；Gum agar；Japan agar；Japan isinglass；Layor carang

M. I. 15，176

性状 白色或微浅黄色半透明的条状或片状物。表面微带光泽。质轻而松胀。干时质脆，湿时质韧。无味。有黏性。缓溶于热水成糊状，呈中性。不溶于冷水、乙醇。

注意事项 该品应于阴凉干燥处保存。

主要用途 细菌培养基的制备。电桥制备。有色物质悬浮液的稳定剂。比色测定中用以保护胶体，并可用以沉淀硅酸。

Agar Endo 远滕氏琼脂 00326

别名 内琼脂；内琼脂碱；安度琼脂；远滕氏培养基；远滕氏琼脂基础；Endo agar

性状 近白色粉末。由蛋白胨、乳糖、磷酸钾、亚硫酸钠、1 号琼脂（Oxoid）组成。使用时加水，加入 10%的碱性品红乙醇溶液，调 pH 值，蒸汽灭菌，制成平板备用。

主要用途 生化研究。用于肠道致病菌，如伤寒、痢疾杆菌的分离培养。

注意事项 该品与酸接触能释放出有毒气体，对抗体有不可逆损伤的可能性。使用时应穿适当的防护服和戴手套。

Agaric acid 落叶松蕈酸 00327

[666-99-9] $C_{22}H_{40}O_7$ 416.56

成分 C 63.43%，H 9.68%，O 26.89%。

别名 平茸酸；松蕈酸；琼脂酸；十六烷基柠檬酸；落叶松蕈素；松蕈（三）酸；α-Acetylcitric acid；Agaricic acid；Agaricinic acid；*n*-Hexadecylcitric acid；Agaricin；α-Cetylcitric acid；2-Hydroxy-1,2,3-nonadecanetricarboxylic acid；Laricic acid

M. I. 15，178

性状 无色或白色结晶性粉末。无气味，几乎无味道。易溶于沸水、碱溶液或热冰乙酸，1g 该品能溶于 10mL 沸乙醇、180mL 冷乙醇，微溶于冷水、氯仿、乙醚。mp 142℃（分解，无水物）；$[\alpha]_D^{19} -9°$（于氢氧化钠溶液中）。

主要用途 有机合成。过去医疗用于止汗剂。

Agar-Kligler iron 克氏双糖含铁琼脂 00328

别名 双糖铁培养基；双铁含糖琼脂；含铁双糖琼脂；Double sugar iron agar；KIA；Kligler iron agar

性状 浅粉色干燥粉末。易潮解。加水煮沸溶解后呈橘红色透明液体。冷至 45℃开始凝固。pH 值约 7.4；溶于 1000mL 水中的各种成分的含量：牛肉膏粉 3g，硫酸亚铁 0.2g，蛋白胨 15g，硫代硫酸钠 0.08g，际胨 5g，亚硫酸钠 0.4g，葡萄糖（无水）1g，酚红 0.025g，氯化钠 5g，琼脂 15g，乳糖 10g

注意事项 该品应密封于干燥处保存。

主要用途 生化研究。用于初步鉴定肠道阴性杆菌。

Agar Mac-Conkey 麦康凯琼脂 00329

[9002-18-0]

别名 麦康甘琼脂；Mac-Conkey agar

性状 淡粉红色干燥粉末。溶化后呈淡橘红色透明液体。冷至 45℃开始凝固。主要由蛋白胨、乳糖、胆盐、氯化钠、中性红、琼脂组成。用时加水，调 pH 值，蒸汽灭菌。

注意事项 该品应密封于干燥处保存。

主要用途 分离培养大肠埃希菌属、沙门菌属、志贺菌属。用于大肠埃希菌属及产气杆菌的分离、检查。

Agar nutrient 营养琼脂 00330

别名 Nutrient agar

性状 近白色干燥粉末。易潮解。加水煮沸溶解后，为半透明的液体，冷至 45℃开始凝固。该品由牛肉膏粉、酵母浸膏、蛋白胨、氯化钠和琼脂组成。

注意事项 该品应密封避光于阴凉干燥处保存。

主要用途 生化研究。用于一般细菌培养和血液等培养基的制备。

Agarose 琼脂糖 00331

[9012-36-6]

别名 AG

性状 白色或浅黄色颗粒或粉末。有吸湿性。溶于热水，遇冷凝结成胶。mp 260℃。

注意事项 该品应密封干燥保存。

主要用途 广泛用于电泳支持物。生化试剂一般用于乙肝抗原、甲胎球蛋白的测定，血脂电泳分析等。肝炎、肝癌及心血管疾病的诊断。

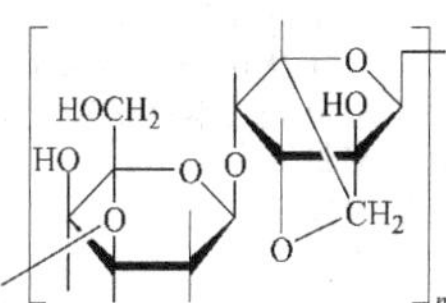

Agar rose bengal 虎红琼脂 00332

别名 琼脂-虎红；孟加拉玫瑰红琼脂；四氯四碘荧光素琼脂；虎红氯霉素琼脂；Rose bengal-agar；Rose-bengal chloramphenicol agar
性状 微带粉红色的粉末。由蛋白胨、葡萄糖、磷酸二氢钾、硫酸镁、琼脂、虎红组成。用时加水，调 pH 值，蒸汽灭菌后，再加氯霉素。
注意事项 该品可能致癌。使用前应得到专门的指导，避免曝露。使用时如有事故发生或有不适之感，应请医生诊治。应密封于阴凉干燥处保存。
主要用途 生化研究。用于霉菌分离、培养。测霉菌总数。

Agar Simmons citrate 西蒙柠檬酸盐琼脂 00333
别名 西蒙氏柠檬酸盐琼脂；Simmons citrate agar
性状 近白色粉末。易吸潮。由硫酸镁、磷酸二氢铵、磷酸铵钠、柠檬酸钠、氯化钠、溴百里酚蓝和琼脂组成。用时加水，调 pH 值，蒸汽灭菌。
主要用途 生化研究。用于大肠杆菌、志贺菌属等产气杆菌的培养和鉴别。
注意事项 该品应密封于阴凉干燥处保存。

Agar-S. S. S. S. 琼脂 00334
别名 沙门志贺氏菌属琼脂；S. S.-琼脂培养基；Salmonella Shigella agar；S. S. arar
性状 淡粉红色干燥粉末。在水中加热溶化后呈淡橘红色透明液体，pH 值约 7.0，冷至 45℃时凝固。该品由牛肉膏粉、蛋白胨、乳糖、胆盐、柠檬酸钠、硫代硫酸钠、柠檬酸铁、煌绿、中性红、琼脂组成。用时加水，调 pH 值，蒸汽灭菌。pH 值（37℃，最终值）7.0±0.2；溶于 1000mL 水中的各种成分的含量：牛肉膏粉 5.0g，胆盐 8.5g，蛋白胨 5.0g，柠檬酸铁 1.0g，乳糖 10.0g，中性红 0.025g，柠檬酸钠 10.0g，煌绿 0.0003g，硫代硫酸钠 8.5g，琼脂粉 15.0g。
注意事项 该品应密封于阴凉干燥处保存。
主要用途 用于沙门、志贺菌属的分离和鉴定，某些耶尔森菌及肠道致病菌的分离培养。

Agar tomato juice 番茄汁琼脂 00335
别名 Tomato juice agar
性状 浅粉色至近白色粉末。由番茄汁（400mL 固体，20g/L）、酶水解酪蛋白（10g/L）、胨化乳（10g/L）、琼脂（11g/L）干燥而成。用时加水，调 pH 值（25℃，最终值 6.1±2），蒸汽灭菌后使用。
主要用途 生化研究。用于乳酸杆菌的培养。
注意事项 该品应密封于阴凉干燥处保存。

Agar urea 脲琼脂 00336
别名 脲琼脂基础；尿素琼脂；Urea-agar；Urea agar base
性状 粉末。由蛋白胨、葡萄糖、氯化钠、磷酸氢二钠、磷酸二氢钾、酚红、琼脂组成。用时加水，调 pH 值，蒸汽灭菌。
主要用途 生化研究。用于检查分解尿素的变形杆菌及某些小球菌和副大肠菌。
注意事项 该品应密封于阴凉干燥处保存。

Agmatine sulfate salt 胍基丁胺 硫酸盐 00337
[2482-00-0] $C_5H_{16}N_4O_4S$ 228.27
成分 C 26.31%，H 7.06%，N 24.54%，O 28.04%，S 14.05%。
别名 鲱精胺 硫酸盐；硫酸胍基丁胺；硫酸鲱精胺；4-Aminobutyl guanidine sulfate；1-Amino-4-guanidobutane sulfate；Argamine；4-Guanidinobutylamine sulfate
M. I. 15，181
性状 来自稀甲醇中的无色针状结晶。易溶于水，几乎不溶于乙醇。mp 231℃。生化试剂含量≥99.0%（T）。
注意事项 使用时应避免吸入本品的粉尘，避免与眼睛及皮肤接触。应充氩气密封保存。
主要用途 生物化学用探针。

Agroclavine 田麦角碱 00338
[548-42-5] $C_{16}H_{18}N_2$ 238.33
成分 C 80.63%，H 7.61%，N 11.75%。
别名 8，9-Didehydro-6，8-dimethylergoline
M. I. 15，184
性状 来自乙醚中的棒状物，198～203℃分解；来自丙酮中的针状结晶，205～206℃分解。易溶于乙醇、氯仿、吡啶，溶于苯、乙醚，极微溶于水。$[\alpha]_D^{20}-155°$（$c=0.9$，于氯仿中）；$[\alpha]_D^{20}-182°$（$c=0.5$，于吡啶中）；uv max：225nm，284nm，293nm（ε 4.47，3.88，3.81）。
注意事项 该品吸入、口服或与皮肤接触有害。使用时应穿适当的防护服。

Agrocybin 田头菇素 00339
[544-44-5] $C_8H_5NO_2$ 147.13
成分 C 65.31%，H 3.43%，N 9.52%，O 21.75%。
别名 8-Hydroxy-2，4，6-octatriynamide
M. I. 15，185
性状 来自 20%乙醇或乙醚中的无色结晶。溶于乙醇、丙酮、乙醚、氯仿、甲基异丁基甲酮，微溶于水，几乎不溶于己烷。mp 140℃。

Ajmalicine 阿吗碱 00340
[483-04-5] $C_{21}H_{24}N_2O_3$ 352.43
成分 C 71.57%，H 6.86%，N 7.95%，O 13.62%。
别名 四氢蛇根碱；δ-育亨宾；Circolene；(19α)-16,17-Didehydro-19-methyloxayohimban-16-carboxylic acid methyl ester；Hydrosarpan；Isoarteril；Lamuran；Raubasine；Pytetrahydroserpentine；Tetrahydroserentine；δ-Yohimbine
M. I. 15，8237
性状 来自甲醇中的无色或白色棱柱体结晶。257℃分解；$[\alpha]_D^{20}-60°$（$c=0.5$，于氯仿中）；$[\alpha]_D^{20}-45°$（$c=0.5$，于吡啶中）；$[\alpha]_D^{20}-39°$（$c=0.25$，于甲醇中）；uv max（甲醇中）：227nm，292nm（lg ε 4.16，3.79）。
注意事项 该品口服有害。应充氩气密封保存。
主要用途 生化研究。医用抗高血压剂，抗局部缺血（大脑及面部）剂。

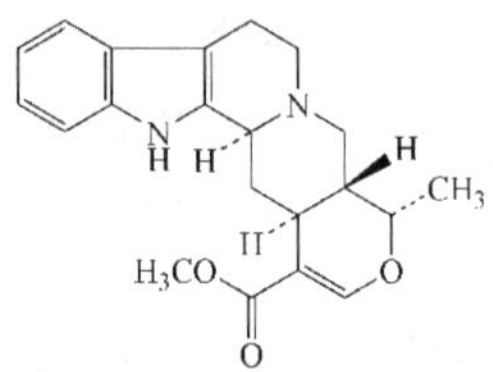

Ajmalicine hydrochloride 阿吗碱 盐酸盐 00341
[4373-34-6] $C_{21}H_{25}ClN_2O_3$ 388.89
成分 C 64.86%，H 6.48%，Cl 9.12%，N 7.20%，O 12.34%。
别名 δ-育亨宾盐酸盐；盐酸阿吗碱；盐酸 δ-育亨宾；Raubasine hydrochloride；δ-Yohimbine hydrochloride
M. I. 15，8237
性状 来自乙醇中的小叶状结晶。略微溶于水或稀盐酸。mp 290℃（分解）；$[\alpha]_D^{20}-17°$（$c=0.5$，于甲醇中）。
注意事项 该品口服有害。对眼睛、呼吸系统及皮肤有刺激性。使用时应穿适当的防护服。万一接触到眼睛，应立即用大量水冲洗后请医生诊治。应充氩气密封保存。
主要用途 生化研究。医用抗高血压剂，抗局部缺血（大脑和面部）剂。

Ajmaline 阿吗灵 00342
[4360-12-7] $C_{20}H_{26}N_2O_2$ 326.44

成分 C 73.59%，H 8.03%，N 8.58%，O 9.80%。
别名 西萝芙木碱；Ajmalan-17，21-diol；Aritmina；Rauwolf-ine；Gilurytmal；Cardiorythmine；Ritmos；Tachmalin
M.I. 15，187
性状 来自甲醇中的四方形棱柱体浅琥珀色溶剂。溶于甲醇、乙醇、乙醚、氯仿，微溶于水。mp 158～160℃；无水物 mp 205～207℃；$[\alpha]_D^{20}+144°$（c=0.8，于氯仿中）；$[\alpha]_D^{18}+131°$（c=0.4，于氯仿中）；uv max（乙醇中）：247nm，295nm（lg ε 3.94，3.49）。
主要用途 生化研究。医用抗高血压剂，抗心律失常剂。
注意事项 该品吸入、口服或与皮肤接触有害。使用时应穿适当的防护服。应密封于 2～8℃保存。

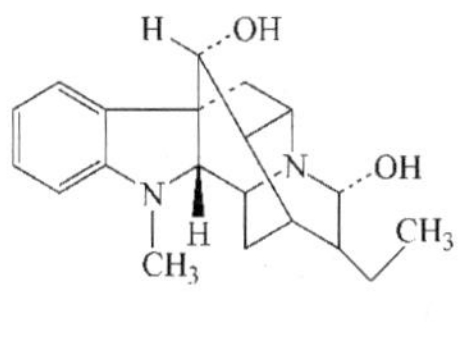

Akuammicine 阿枯米率碱 00343

[639-43-0] $C_{20}H_{22}N_2O_2$ 322.41
成分 C 74.51%，H 6.88%，N 8.69%，O 9.92%。
别名 2，16，19，20-Tetradehydrocuran-17-oic acid methyl ester
M.I. 15，192
性状 来自乙醇＋水中的无色片状结晶。pKa 7.54。mp 182℃；$[\alpha]_D^{16}-745$（c=0.994，于乙醇中）；uv max(乙醇中)：227nm，300nm，330nm(lgε 4.09，4.07.4.24)。

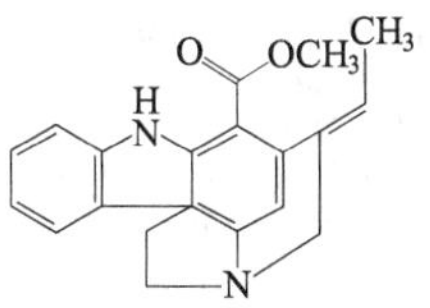

Alacepril 阿拉普利 00344

[74258-86-9] $C_{20}H_{26}N_2O_5S$ 406.50
成分 C 59.09%，H 6.45%，N 6.89%，O 19.68%，S 7.89%。
别名 阿拉普拉；1-[(2S)-3-Acetylthio-2-methyl-1-oxopropyl]-L-prolyl-L-phenylalanine；1-(D-3-Acetylthio-2-methylpropanoyl)-L-prolyl-L-phenylalanine；N-[1-[(S)-3-Mercapto-2-methylpropionyl]-L-prolyl]-3-phenyl-L-alanine acetate (ester)；DU-1219；Cetapril
M.I. 15，193
性状 来自乙醇/正己烷中的无色结晶。mp 155～156℃；$[\alpha]_D^{25}-81.3°$(c=1.02，于乙醇中)。LD_{50}(mg/kg)大鼠，小鼠急性经口：>5000，>5000；皮下注射：>3000，>3000；腹膜内注射：约 2000，约 3000。
主要用途 医用抗高血压剂强心剂。

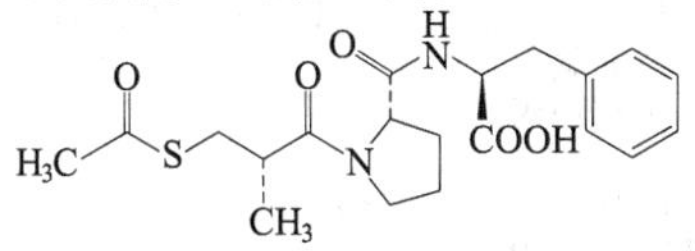

Alachlor 草不绿 00345

[15972-60-8] $C_{14}H_{20}ClNO_2$ 269.77
成分 C 62.33%，H 7.47%，Cl 13.14%，N 5.19%，O 11.86%。
别名 2-氯-N-(2，6-二乙基苯基)-N-(甲氧基甲基)乙酰胺；2-氯-2′，6′-二乙基-N-(甲氧基甲基)乙酰苯胺；Alanex；2-Chloro-N-(2，6-diethylphenyl)-N-(methoxymethyl)acetamide；2-Chloro-2′，6′-diethyl-N-(methoxymethyl)acetanilide；Metachlor；CP-50144；Lasso
M.I. 15，194
性状 结晶性固体。溶于水（23℃，140mg/L），溶于乙醚、丙酮、苯、乙醇、乙酸乙酯。在强酸或碱的条件下水解。mp 40～41℃；$d_{15.6}^{25}$ 1.133。LD_{50} 大鼠急性经口：1200mg/kg。
注意事项 该品口服有害。对机体有不可逆损伤的可能性。接触皮肤能引起过敏。对水生物极毒，能对水环境引起长期不利的结果。使用时应穿适当的防护服和戴手套。如误服本品，应立即请医生检查，并出示本品的容器或标签。其包装物应按危险品处理。应防止将本品释放于环境中。
主要用途 除草剂。分析用标准物质。

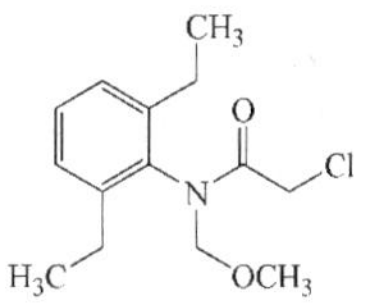

Alafosfalin 氨丙酰磷 00346

[60668-24-8] $C_5H_{13}N_2O_4P$ 196.14
成分 C 30.62%，H 6.68%，N 14.28%，O 32.64%，P 15.79%。
别名 L-丙氨酰-L-1-氨基乙基膦酸；(S)-丙氨酰-(R)-1-氨基乙基膦酸；氨丙酰胺乙磷；[(1R)-1-[[(2S)-2-Amino-1-oxopropyl]arnino]ethyl]phosphoric acid；[R-(R*，S*)]-[1-[(2-Amino-1-oxopropyl)amino]ethyl]phosphonic acid；1R-1-(L-Alanylamino)ethylphosphonic acid；Alaphosphin；Ro-3-7008
M.I. 15，195
性状 来自乙醇水溶液中的结晶。溶于水及乙醇。mp 295～296℃（分解）；$[\alpha]_D^{20}-44.0°$（c=1，于水中）。生化试剂含量≥99.0%（T）。
注意事项 使用时应避免吸入本品的粉尘，避免与眼睛及皮肤接触。应充氩气密封于 2～8℃保存。
主要用途 生化研究。

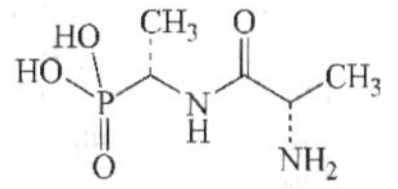

D-α-Alanine D-α-丙氨酸 00347

[338-69-2] $C_3H_7NO_2$ 89.09
成分 C 40.44%，H 7.92%，N 15.72%，O 35.92%。
别名 D-丝析氨酸；D-初油氨基酸；D-2-氨基丙酸；D-2-Aminopropionic acid；(R)-2-Aminopropionic acid
M.I. 15，197
性状 无色或白色结晶。溶于水，微溶于乙醇，不溶于乙醚。mp 289～291℃；$[\alpha]_D-14.1°$（c=0.9，于 1mol/L 盐酸中）。生化试剂含量≥99.0%（NT）。
注意事项 该品应密封于干燥处保存。
主要用途 生化研究。

DL-α-Alanine DL-α-丙氨酸 00348

[302-72-7] $C_3H_7NO_2$ 89.09
成分 C 40.44%，H 7.92%，N 15.72%，O 35.92%。
别名 DL-α-丝析氨酸；DL-初油氨基酸；DL-2-氨基丙酸；(±)-2-Aminopropionic acid；DL-2-Aminopropionic acid；DL-α-Aminopropionic acid；DL-Racemic alanine
M.I. 15，197
性状 来自水中的白色针状或棒状结晶。溶于水（0℃，121g/L；25℃，167g/L；50℃，231g/L；75℃，319g/L；100℃，440g/L），微溶于乙醇（25℃，0.0087g/100g），不溶于乙醚。pK_1 2.35；pK_2 9.87。热至约 200℃升华。mp 264～296℃（分解）；d 1.424。
注意事项 使用时应避免吸入本品的粉尘，避免与眼睛及皮肤接触。应密封于干燥处保存。
主要用途 用于组织培养基的制备。肝功能试验中测定谷-丙转氨酶的活力。有机元素（N）定量分析标样。

参考规格 HB/T 1295—1993 生化试剂

项目	生化试剂
含量（$C_3H_7NO_2$）/%≥	99.0
层析试验	合格
水溶解试验	合格
干燥失重/%≤	0.5
灼烧残渣（以硫酸盐计）/%≤	0.1
氯化物（Cl）/%≤	0.01
铁（Fe）/%≤	0.001
重金属（以 Pb 计）/%≤	0.001

L-α-Alanine L-α-丙氨酸 00349

[56-41-7] $C_3H_7NO_2$ 89.09

成分 C 40.44%，H 7.92%，N 15.72%，O 35.92%。
别名 L-初油氨基酸；L-2-氨基丙酸；A；Ala；L-Alanine；L-α-Aminopropionic acid；L-2-Aminopropionic acid；(*S*)-2-Aminopropionic acid
M.I. 15，197
性状 来自水中的无色正交结晶。溶于水（0℃，127.3g/L；25℃，166.5g/L；50℃，217.9g/L；75℃，285.1g/L；100℃，373.0g/L），溶于80%冷乙醇（0.2%），不溶于乙醚。297℃分解；*d* 1.401；$[\alpha]_D^{25}+2.42°$（*c*=10，于水中）；$[\alpha]_D^{25}+13.7°$（*c*=2.06，于6mol/L盐酸中）。生化试剂含量≥98.0%（TLC）。
注意事项 该品应密封避光于干燥处保存。
主要用途 生化研究。用于组织培养基的制备，肝功能的测定等。营养增补剂。

β-Alanine β-丙氨酸 00350
[107-95-9] $C_3H_7NO_2$ 89.09
成分 C 40.44%，H 7.92%，N 15.72%，O 35.92%。
别名 β-丝析氨酸；β-初油氨基酸；3-氨基丙酸；Abufene；3-Aminopropanoic acid；β-Aminopropionic acid；3-Aminopropionic acid；β-Ala；BAla；Beta-alanine
M.I. 15，198
性状 来自水中的无色或白色正交双锥体结晶。微有甜味。易溶于水，微溶于乙醇，不溶于乙醚、丙酮。其5%水溶液pH值6.0～7.3。pK_1 3.60；pK_2 10.19。207℃分解（快速加热）。生化试剂含量≥99.0（NT）。
注意事项 使用时应避免吸入本品的粉尘，避免与眼睛及皮肤接触。应密封干燥保存。
主要用途 生化研究。合成泛酸。电镀中用作缓冲剂。

L-Alanine benzyl ester *p*-toluene sulfonate
L-丙氨酸苄酯 对甲苯磺酸盐 00351
[42854-62-6] $C_{17}H_{21}NO_5S$ 351.43
成分 C 58.10%，H 6.02%，N 3.99%，O 22.76%，S 9.12%。
别名 对甲苯磺酸L-丙氨酸苄酯
性状 无色结晶或白色粉末。mp 114～116℃；$[\alpha]_D^{20}-5.0±0.5°$（*c*=3，于甲醇中）。一般试剂含量≥95.0%（T）。
注意事项 使用时应避免吸入本品的粉尘，避免与眼睛及皮肤接触。

L-Alanine *tert*-butyl ester hydrochloride
L-丙氨酸叔丁酯 盐酸盐 00352
[13404-22-3] $C_7H_{16}ClNO_2$ 181.66
成分 C 46.28%，H 8.88%，Cl 19.52%，N 7.71%，O 17.61%。
别名 盐酸L-丙氨酸叔丁酯
性状 无色结晶或白色粉末。mp 170～175℃（分解）；$[\alpha]_D^{20}+1.4°±0.2°$（*c*=2，于乙醇中）。一般试剂含量≥99.0%（AT）。
注意事项 使用时应避免吸入本品的粉尘，避免与眼睛及皮肤接触。应密封于2～8℃保存。

L-Alanine dehydrogenase from Bacillus subtilis
L-丙氨酸脱氢酶（枯草杆菌） 00353
[9029-06-5] 约280000
EC 1.4.1.1
性状 无色结晶或白色粉末。含量30～50U/mg。一般商品为该品于2.4mol/L硫酸铵的悬浮液，pH值7.0。
注意事项 使用时应避免吸入本品的粉尘，避免与眼睛及皮肤接触。应充氩气密封于2～8℃保存。
主要用途 生化研究。

DL-α-Alanine ethyl ester hydrochloride
DL-α-丙氨酸乙酯 盐酸盐 00354
[617-27-6] $C_5H_{12}ClNO_2$ 153.61
成分 C 39.10%，H 7.87%，Cl 23.08%，N 9.12%，O 20.83%。
别名 盐酸DL-α-丙氨酸乙酯；Ethyl-α-aminopropionate hydrochloride；Racemic alanine ethyl ester hydrochloride
性状 无色结晶。溶于水、乙醇，不溶于乙醚。mp 85～87℃。生化试剂含量≥99.0%（AT）。
注意事项 使用时应避免吸入本品的粉尘，避免与眼睛及皮肤接触。应密封于阴凉干燥处保存。
主要用途 生化研究。

L-Alanine ethyl ester hydrochloride
L-丙氨酸乙酯 盐酸盐 00355
[1115-59-9] $C_5H_{12}ClNO_2$ 153.61
成分 C 39.10%，H 7.87%，Cl 23.08%，N 9.12%，O 20.83%。
别名 盐酸L-丙氨酸乙酯
性状 无色结晶。易吸潮。mp 78～80℃（分解）；$[\alpha]^{22}+2.5°$（*c*=2.5，于水中）。生化试剂含量≥99.0%（TLC）。
注意事项 该品应充氩气密封干燥保存。

β-Alanine ethyl ester hydrochloride
β-丙氨酸乙酯 盐酸盐 00356
[4244-84-2] $C_5H_{12}ClNO_2$ 153.61
成分 C 39.10%，H 7.87%，Cl 23.08%，N 9.12%，O 20.83%。
别名 盐酸β-丙氨酸乙酯；3-氨基丙酸乙酯 盐酸盐；Ethyl 3-aminopropionate hydrochloride
性状 无色结晶。溶于水。mp 70～72℃。生化试剂含量≥98.0%（AT）。
主要用途 生化研究。

L-Alanine-4-methyl-7-coumarinylamide 00357
L-丙氨酸-4-甲基-7-香豆胺
[77471-41-1] $C_{13}H_{14}N_2O_3$ 246.27
成分 C 63.40%，H 5.73%，N 11.38%，O 19.49%。
别名 L-丙氨酸-4-甲基缴形胺；L-Alanine-4-methylumbelliferylamide
性状 无色结晶或白色粉末。
注意事项 使用时应避免吸入本品的粉尘，避免与眼睛及皮肤接触。应充氩气密封避光于2～8℃保存。
主要用途 生化用荧光指试剂。

L-Alanine-4-methyl-7-coumarinylamide trifluoroacetate
L-丙氨酸-4-甲基-7-香豆胺 三氟乙酸盐 00358
[96594-10-4] $C_{15}H_{15}F_3N_2O_5$ 360.30
成分 C 50.00%，H 4.20%，F 15.82%，N 7.78%，O 22.20%。
别名 三氟乙酸L-丙氨酸-4-甲基-7-香豆胺；L-Alanine 7-amido-4-methylcoumarintrifluoroacetate salt
性状 无色结晶或白色粉末。溶于甲醇、乙醇。$[\alpha]_D^{20}+6°±1°$（*c*=1，于甲醇中）。生化试剂含量≥99.0%（TLC）。
注意事项 使用时应避免吸入本品的粉尘，避免与眼睛及皮肤接触。应充氩气密封于-20℃干燥保存。
主要用途 生化用荧光试剂，用于肽底物。

L-Alanine methyl ester hydrochloride
L-丙氨酸甲酯 盐酸盐 00359
[2491-20-5] $C_4H_{10}ClNO_2$ 139.58
成分 C 34.42%，H 7.22%，Cl 25.40%，N 10.03%，O 22.93%。
别名 盐酸L-丙氨酸甲酯
性状 无色结晶。mp 107～110℃；$[\alpha]_D^{20}+7.5°±0.5°$（*c*=2，于甲醇中）。生化试剂含量≥99.0%（AT）。
注意事项 使用时应避免吸入本品的粉尘，避免与眼睛及皮肤接触。应密封于阴凉干燥处保存。
主要用途 生化研究。

β-Alanine methyl ester hydrochloride
β-丙氨酸甲酯 盐酸盐 00360
[3196-73-4] $C_4H_{10}ClNO_2$ 139.58
成分 C 34.42%，H 7.22%，Cl 25.40%，N 10.03%，O 22.93%。
别名 盐酸β-丙氨酸甲酯

性状 无色结晶或白色粉末。易吸潮。溶于水。mp 103～105℃。生化试剂含量≥98.0%（AT）。
注意事项 该品应充氩气密封于 2～8℃干燥保存。

L-Alanine-4-nitroanilide hydrochloride
L-丙氨酸-4-硝基苯胺 盐酸盐 00361
[31796-55-1] $C_9H_{12}ClN_3O_3$ 245.67
成分 C 44.00%，H 4.92%，Cl 14.43%，N 17.10%，O 19.54%。
别名 盐酸 L-丙氨酸-4-硝基苯胺
性状 无色至浅黄色结晶或结晶性粉末。易溶于水，pH 值（10g/L）4～5。堆积密度 225kg/m³。生化试剂含量≥99.0%（TLC）。
注意事项 使用时应避免吸入本品的粉尘，避免与眼睛及皮肤接触。
主要用途 生化研究，用于碱性水解。氨肽酶、菠萝蛋白酶的底物。

D-Alaninol D-丙氨醇 00362
[35320-23-1] C_3H_9NO 75.11
成分 C 47.97%，H 12.08%，N 18.65%，O 21.30%。
别名 (*R*)-(－)-2-氨基-1-丙醇；(*R*)-(－)-2-Amino-1-propanol
性状 无色液体。bp 173～176℃；Fp 181.4℉(83℃)；*d* 0.965；n_D^{20} 1.4493；$[\alpha]_D^{20}$ －22±2°(*c*＝2，于乙醇中)。一般试剂含量≥98.5%(GC)。
注意事项 该品具有腐蚀性，能引起烧伤。使用时应穿适当的防护服，戴手套和防护镜或面罩。万一接触到眼睛，应立即用大量水冲洗后请医生诊治。使用时如有事故发生或有不适之感，应请医生诊治。应充氩气密封保存。

L-Alaninol L-丙氨醇 00363
[2749-11-3] C_3H_9NO 75.11
成分 C 47.97%，H 12.08%，N 18.65%，O 21.30%。
别名 (S)-(＋)-2-氨基-1-丙醇；(S)-(＋)-2-Amino-1-propanol
性状 无色液体。bp 166～168℃；Fp 143.6℉(62℃)；d_4^{20} 0.963；n_D^{20} 1.450；$[\alpha]_D^{20}$ ＋22°±2°(*c*＝2，于乙醇中)。一般试剂含量≥98.5%(GC)。
注意事项 同 00362 D-丙氨醇。应充氩气密封于 2～8℃保存。
主要用途 有机合成。

DL-Alanyl-DL-alanine DL-丙氨酰-DL-丙氨酸 00364
[2867-20-1] $C_6H_{12}N_2O_3$ 160.17
成分 C 44.99%，H 7.55%，N 17.49%，O 29.97%。
别名 DL-初油氨基酰-DL-初油氨基酸
性状 无色或白色针状结晶。溶于水，不溶于乙醇。mp 268～270℃。生化试剂含量≥99.0%(NT)。
注意事项 该品应密封于－20℃干燥处保存。
主要用途 生化研究。

L-Alanyl-L-alanine L-丙氨酰-L-丙氨酸 00365
[1948-31-8] $C_6H_{12}N_2O_3$ 160.17
成分 C 44.99%，H 7.55%，N 17.49%，O 29.97%。
别名 Ala-ala
性状 无色结晶或白色粉末。溶于水。mp 286～288℃(分解)；$[\alpha]_D^{20}$ －20°±1°(*c*＝2，于水中)。生化试剂≥99.0%(NT)。
注意事项 该品应密封干燥保存。
主要用途 生化研究。

D-Alanylglycine D-丙氨酰甘氨酸 00366
[3997-90-8] $C_5H_{10}N_2O_3$ 146.15
成分 C 41.09%，H 6.90%，N 19.17%，O 32.84%。
别名 D-丙甘二肽；D-丙氨酰氨基乙酸；D-Ala-Gly
性状 无色针状结晶。
注意事项 该品应密封于－20℃保存。
主要用途 生化研究。

DL-Alanylglycine DL-丙氨酰甘氨酸 00367
[1188-01-8] $C_5H_{10}N_2O_3$ 146.15
成分 C 41.09%，H 6.90%，N 19.17%，O 32.84%。
别名 DL-丙氨酰氨基乙酸；DL-丙甘二肽；DL-Ala-Gly
性状 无色针状结晶。溶于水，不溶于乙醇、乙醚。mp 235℃(分解)。
注意事项 该品应密封于－20℃保存。
主要用途 生化研究。

L-Alanylglycine L-丙氨酰甘氨酸 00368
[687-69-4] $C_5H_{10}N_2O_3$ 146.15
成分 C 41.09%，H 6.90%，N 19.17%，O 32.84%。
别名 L-丙甘二肽；L-丙氨酰氨基乙酸；L-Ala-Gly
性状 无色结晶。不溶于乙醇、乙醚。mp 250～255℃(分解)；$[\alpha]_D^{20}$ ＋51°±1°(*c*＝2，于水中)。生化试剂含量≥99.0%(T)。
注意事项 该品应密封于－20℃保存。
主要用途 生化研究。

L-Alanyl-L-proline hydrate
L-丙氨酰-L-脯氨酸 水合 00369
[13485-59-1] $C_8H_{14}N_2O_3 \cdot xH_2O$ 186.21＋18.02*x*
成分（以无 H_2O 计） C 51.60%，H 7.58%，N 15.04%，O 25.78%。
别名 L-丙氨酰-L-嗜啉 水合；Ala-pro hydrate
性状 无色结晶。易吸潮。
注意事项 该品应充氩气密封于－20℃干燥保存。

L-Alanyl-L-tryptophan L-丙氨酰-L-色氨酸 00370
[16305-75-2] $C_{14}H_{17}N_3O_3$ 275.31
成分 C 61.08%，H 6.22%，N 15.26%，O 17.43%。
别名 L-丙氨酰-L-β-吲哚基丙氨酸；Ala-Trp
性状 无色结晶。溶于水。$[\alpha]_D^{20}$ ＋15.5±0.5°(*c*＝2.7，于水中)。生化试剂含量≥99.0%(TLC)。
主要用途 生化研究。

Albendazole 丙硫咪唑 00371
[54965-21-8] $C_{12}H_{15}N_3O_2S$ 265.33
成分 C 54.32%，H 5.70%，N 15.84%，O 12.06%，S 12.08%。
别名 5-丙硫-2-苯并咪唑氨甲酸甲酯；(5-Propylthio-1*H*-benzimidazol-2-yl)carbamic acid methyl ester；Methyl 5-propylthio-2-benzimidazolecarbamate；5-Propylthio-2-carbomethoxyamino-benzimidazole；SKF-62979；Albenza；Eskazole；Proftril；Valbazen；Zentel
M.I. 15，203
性状 无色结晶。易溶于无水甲酸，溶于二甲基亚砜、强酸、强碱，微溶于甲醇、氯仿、乙酸乙酯、乙腈，极微溶于乙醚、氯乙烯，不溶于水、乙醇。mp 208～210℃。生化试剂含量≥98.0%。
注意事项 该品对眼睛、呼吸系统及皮肤有刺激性。能危害胎儿。使用前应得到专门的指导，避免曝露。使用时应穿适当的防护服，戴手套和防护镜或面罩，应避免吸入本品的粉尘。万一接触到眼睛，应立即用大量水冲洗后请医生诊治。使用时如有事故发生或有不适之感，应请医生诊治。
主要用途 生化研究。医用驱肠虫剂。

H
N
NH
H_3C S N OCH$_3$
O

Albizziin 合欢氨酸 00372
[1483-07-4] $C_4H_9N_3O_3$ 147.13
成分 C 32.65%，H 6.17%，N 28.56%，O 32.62%。
别名 2-氨基-3-脲基丙酸；3-（氨基羰基）氨基-L-丙氨酸；脲基丙氨酸；3-(Aminocarbonyl) amino-L-alanine；2-Amino-3-ureidopropionic acid；L-(－)-2-Amino-3-ureidopropionic acid
M.I. 15，205
性状 来自稀乙醇中的无色针状结晶。mp 218～220℃（分解）；$[\alpha]_D^{25}$ －66.2°（*c*＝4，于水中）；$[\alpha]_D^{24}$ －22.2°（*c*＝4.24，于 1.0mol/L 盐酸中）；$[\alpha]_D^{24}$ ＋3.2°（*c*＝4.7，于 1.0mol/L 氢氧化钠溶液中）。生化试剂含量≥98.0%。

注意事项 该品对眼睛、呼吸系统及皮肤有刺激性。使用时应穿适当的防护服。万一接触到眼睛，应立即用大量水冲洗后请医生诊治。应密封于−20℃保存。

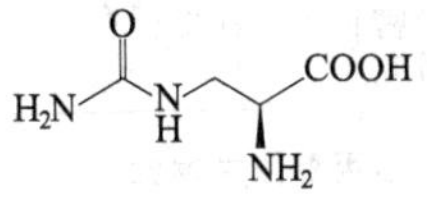

Alborixin 白利辛霉素 00373

[57760-36-8] $C_{48}H_{84}O_{14}$ 885.19

成分 C 65.13%，H 9.56%，O 25.30%。

别名 白汗菌素；白斗菌素；Antibiotic S 14750A

M. I. 15，208

性状 白色无定形粉末。pK_a 10.02（25℃，于甲醇中）。mp 100～105℃；$[\alpha]^{20}$ −7°（c=4，于丙酮中）。LD_{50}小鼠皮下注射：15mg/kg。

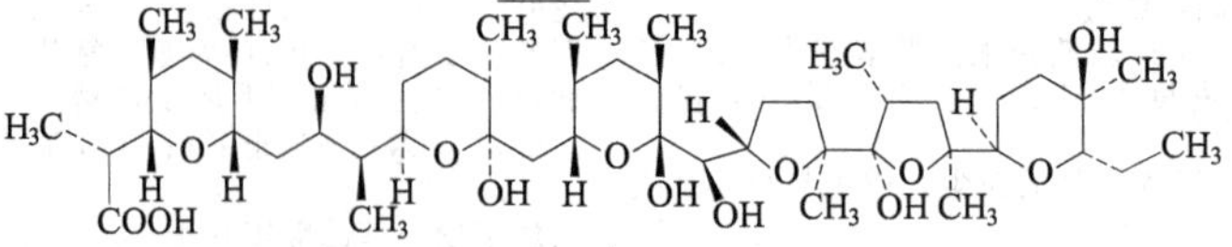

Albumin (bovine serum) 白蛋白（牛血清） 00374

[9048-46-8] Mr 约 67000

别名 牛血清白蛋白；牛血蛋白质；牛白蛋白；血清白蛋白（牛）；Albumin blood (bovine)；Albumin serum；Bovine albumin；BSA；Rat albumin

性状 近白色冷冻干粉。易溶于水。难于盐析。水溶液加热至 60～70℃时，蛋白即凝固沉淀。

注意事项 该品应充氩气密封于 2～8℃干燥保存。

主要用途 生化研究，组织培养基。

Albumin (bovine fraction V) 白蛋白（牛 第五部分） 00375

[9048-46-8]

别名 牛白朊（第五部分）；牛白蛋白（第五部分）；Bovine albumin fraction V

性状 低盐冷冻干燥的白色粉末。溶于水、氯化钠溶液及缓冲液后，成澄清溶液。

注意事项 该品应充氩气密封于 2～8℃保存。

主要用途 生化研究。组织培养基。白蛋白衍生物的制备。酶的释放激活及稳定剂。荧光免疫检定技术的稀释剂及稳定剂。

Albumin flake (egg) 卵蛋白片 00376

[9006-59-1] Mr 约 45000

别名 蛋白片；Albumin chicken egg；Ovalbumin

性状 无色冷冻干燥结晶性粉末。系蛋白中的一种结晶蛋白质，能溶于水和稀缓冲液。

注意事项 该品应密封于 2～8℃保存。

主要用途 澄清剂。胶黏剂。升汞中毒的解毒剂。

Albumin (human serum) 白蛋白（人血清） 00377

[70024-90-7] Mr 约 68000

别名 人血清白蛋白；人血清蛋白；Dried human albumin；Human serum albumin

性状 奶白色冷冻干燥粉末。在潮湿空气中能分解产生氨。

注意事项 该品应充氩气密封于 2～8℃干燥保存。

主要用途 肽酶及其他蛋白质的稳定剂。

Albumin powder (egg) 卵蛋白粉 00378

[9006-59-1] Mr 约 45000

别名 蛋白粉

性状 无色冷冻干燥结晶性粉末。系蛋白中的一种结晶蛋白质，能溶于水和稀缓冲液。

注意事项 该品应密封于 2～8℃保存。

主要用途 澄清剂。胶黏剂。升汞中毒的解毒剂。

Albuterol 舒喘宁 00379

[18559-94-9] $C_{13}H_{21}NO_3$ 239.32

成分 C 65.24%，H 8.85%，N 5.85%，O 20.06%。

别名 羟甲叔丁肾上腺素；4-羟基-3-羟甲基-α-[(叔丁氨基)甲基]苄醇；舒喘灵；α^1-[[(1,1-Dimethylethyl)amino]methyl]-4-hydroxy-1, 3-benzenedimethanol；α^1-[(*tert*-Butylamino)methyl]-4-hydroxy-*m*-xylene-α,α′-diol；2-(*tert*-Butylamino)-1-(4-hydroxy-3-hydroxymethylphenyl) ethanol；4-Hydroxy-3-hydroxymethyl-α-[(*tert*-butylamino)methyl]benzyl alcohol；Salbutamol；AH-3365

M. I. 15，210

性状 来自乙醇-乙酸乙酯或乙酸乙酯-环己烷中的无色或白色结晶性粉末。溶于乙醇等大多数有机溶剂，微溶于水。mp 151℃或 157～158℃。

注意事项 该品口服有害。使用时应穿适当的防护服。

主要用途 生化研究。医用支气管扩张剂。

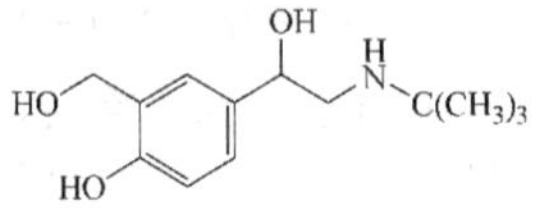

Albutoin 丁硫妥黄 00380

[830-89-7] $C_{10}H_{16}N_2OS$ 212.31

成分 C 56.57%，H 7.60%，N 13.19%，O 7.54%，S 15.10%。

别名 阿布妥因；5-(2-Methylpropyl)-3-(2-propenyl)-2-thioxo-4-imidazolidinone；3-Allyl-5-isobutyl-2-thiohy-dantoin；3-Allyl-5-*sec*-butyl-2-thiohydantoin；CO-ORD；Euprax

M. I. 15，211

性状 无色结晶。mp 210～211℃。

主要用途 医用抗惊癫剂。照相用感光胶片感光度抑制剂。

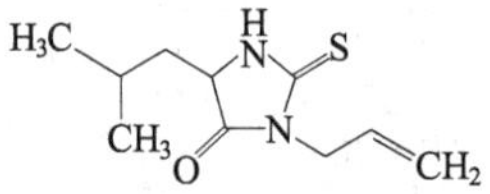

Alcian blue 阿利新蓝 00381

[12040-44-7] [75881-23-1] $C_{56}H_{88}Cl_4CuN_{16}S_4$ 1298.88

别名 纱染蓝 1；阿利新蓝 8GX；阿利新蓝 8GS；阿利新蓝 ICI；国固蓝 BXM；Alcian blue 8GS；Alcian blue ICI；Ingrain blue 1；Michrome no. 24；Nitional fast blue BXM

M. I. 15，212 C. I. 74240

性状 具有金属光泽的深绿黑色结晶。该品 20℃时于水中溶解度约 9.5%（质量分数），其溶液呈亮绿蓝色。溶于无水乙醇（约 6.0%）、乙二醇乙醚（6.0%）、乙二醇（3.25%），几乎不溶于二甲苯。一般试剂干燥含量约 50.0%。

注意事项 使用时应避免吸入本品的粉尘，避免与眼睛及皮肤接触。应密封于干燥处保存。

主要用途 细菌染色。

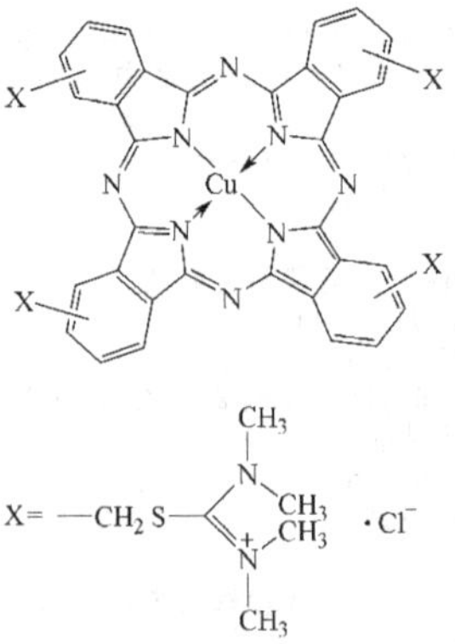

Alcian green 2GX 阿利新绿 2GX 00382

[37370-50-6]
别名 纱染绿 2；Ingrain green 2
性状 暗蓝色粉末。为阿利新蓝 8GX 和阿利新黄的混合物，一般试剂干燥含量约 60%。
主要用途 细菌染色。

Alcian yellow 阿利新黄 00383

[61968-76-1] $C_{40}H_{46}Cl_2N_8S_4$ 838.03
成分 C 57.33%，H 5.53%，Cl 8.46%，N 13.37%，S 15.31%。
别名 纱染黄 1；Ingrain yellow 1
C. I. 12840
性状 黄色结晶性粉末。mp 169℃（分解）。一般试剂干燥含量约 70%。
主要用途 细菌染色。

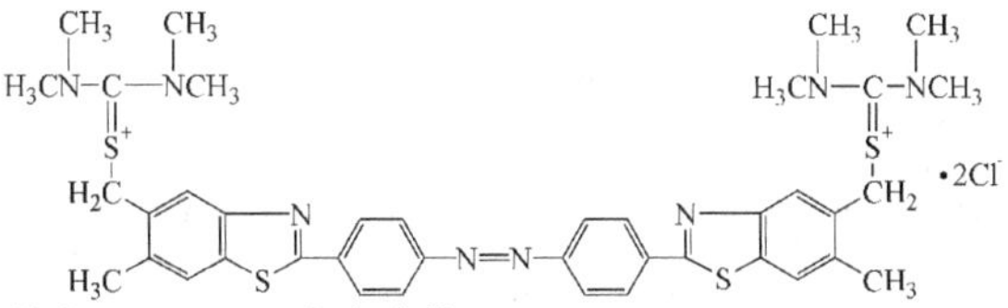

Alclometasone 阿氯米松 00384

[67452-97-5] $C_{22}H_{29}ClO_5$ 408.92
成分 C 64.62%，H 7.15%，Cl 8.67%，O 19.56%。
别名 (7α，11β，16α)-7-Chloro-11，17，21-trihydroxy-16-methylpregna-1，4-diene-3，20-dione；7α-Chloro-16α-methylprednisolone
M. I. 15，213
性状 来自丙酮/己烷中的无色结晶。mp 176～179℃；$[\alpha]_D^{26}$ +47.5°（c=0.3，于二甲基甲酰胺中）；uv max（甲醇中）：242 nm（ε 15500）。
主要用途 医用局部抗炎剂。

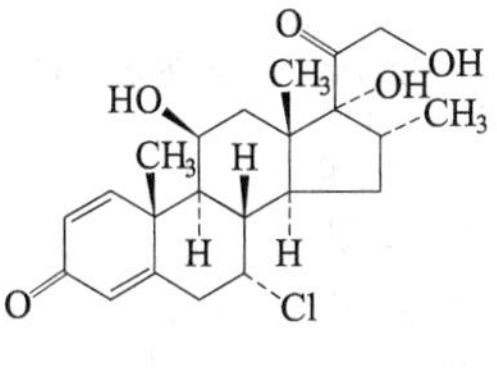

Alcohol dehydrogenase 乙醇脱氢酶 00385

[9031-72-5] Mr 约 80000
别名 ADH；HLADH
EC 1.1.1.1
性状 冻干的白色粉末。试剂分两种：(1) 含有蔗糖及磷酸盐的冷冻干燥结晶性粉末 Mr 约 80000。贮存在 4℃时，6 个月内其活力可能降低 10%。(2) 含有磷酸盐的结晶悬浮液。贮存在 4℃时，6 个月内其活力可能降低 40%。
注意事项 使用时应避免吸入本品的冻干体粉尘，避免与眼睛及皮肤接触。冻干 98 粉末应充氩气密封于-20℃干燥保存。悬浮液应密封于 2～8℃保存。
主要用途 测定乙醇的试剂。常用于测血液中乙醇的浓度。糖尿病、肝脏坏死及醇中毒的临床诊断。脱羧酶的检定。NAP、$NADH_2$ 的定性测定。

Alcuronium dichloride 二氯二烯丙基正箭毒碱 00386

[15180-03-7] $C_{44}H_{50}Cl_2N_4O_2$ 737.81
成分 C 71.63%，H 6.83%，Cl 9.61%，N 7.59%，O 4.34%。
别名 二氯二烯丙托锡弗林；二丙烯基正箭毒碱盐酸盐；双烯丙毒与钱碱盐酸盐；*N*,*N'*-Diallylnortoxiferinium；dichloride；Ro-4-3816；Alloferin 4,4'-Didemethyl-4,4'di-2-propenyltoxiferine I dichloride；*N*，*N'*-Diallylnortoxiferinium dichloride；Diallylbis (nortoxiferine) diallylnortoxiferine；dichloride；Diallyltoxiferine dicnloride
M. I. 13，220
性状 来自甲醇或乙醇中的无色结晶。$[\alpha]_D^{20}$ -348°（甲醇中）；ur max（甲醇中）：292 nm（ε 43000）。
主要用途 医用、兽用神经肌肉麻醉剂。

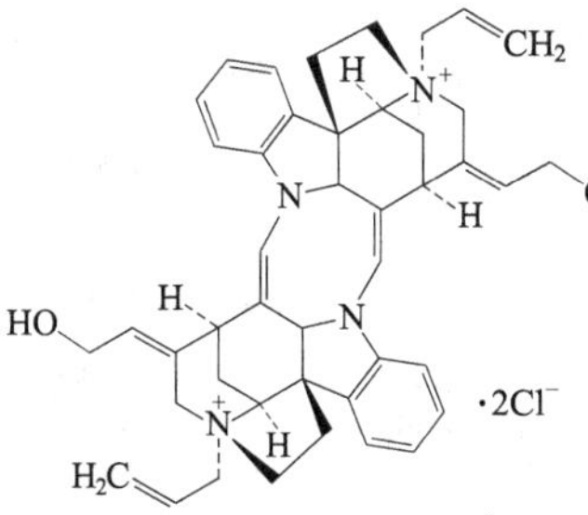

Aldehyde dehydrogenase from Baker's yeast 醛脱氢酶(贝克氏酵母) 00387

[9028-88-0]
别名 Aldehyde：NAD (P)$^+$ oxidoreductase
EC 1.2.1.5
性状 近白色冻干粉末。含有约 50%的酶蛋白，其余是磷酸钾和柠檬酸钠之类的缓冲盐等。
注意事项 该品对眼睛、呼吸系统及皮肤有刺激性。使用时应穿防护服。应避免吸入本品的粉尘，避免与眼睛及皮肤接触。应充氩气密封于-20℃干燥保存。
主要用途 测定血液中乙醇的浓度。糖尿病、肝脏坏死及醇中毒的临床诊断。

Aldicarb 涕灭威 00388

[116-06-3] $C_7H_{14}N_2O_2S$ 190.26
成分 C 44.19%，H 7.42%，N 14.72%，O 16.82%，S 16.85%。
别名 2-Methyl-2-(methylthio) propanal *O*-[(methylamino) carbonyl] oxime；2-Methyl-2-(methylthio) propionaldehyde *O*-(methylcarbamoyl) oxime；UC-21149；Temik
M. I. 15，215
性状 来自异丙醚中的无色结晶。于下列物质中的溶解度[25℃，（质量分数）]：水 0.6%；丙酮 35%；苯 15%；二甲苯 5%；二氯甲烷 30%。mp 99～100℃；Fp 212℉（100℃）；LD_{50}雄，雌大鼠急性经口：0.81～0.93mg/kg、0.67～1.20mg/kg。LC_{50}（96h，μg/kg）虹鳟鱼，翻车鱼：560～580、50～100。
注意事项 该品吸入或口服极毒。与皮肤接触有毒。对水生物极毒。可能对水环境引起不利的结果。使用时应穿防护服和戴手套，应避免吸入本品的粉尘。使用时如有事故发生或有不适之感，应请医生诊治。应防止将本品释放于环境中。其包装物应按危险品处理。
主要用途 内吸性杀虫剂。杀线虫剂。杀螨剂。分析用标准物质。

Aldioxa 尿囊素羟铝 00389

[5579-81-7] $C_4H_7AlN_4O_5$ 218.10
成分 C 22.03%，H 3.23%，Al 12.37% N 25.69%，O 36.68%。
别名 尿囊素铝；ALDA；[(2,5-Dioxo-4-imidazol idinyl) ureato] dihydroxyaluminum；(Allantoinato) dihydroxyalum inum；Dihydroxy [(4，5-dihydro-2-hydroxy-5-oxo-1*H*-imidazol-4-yl) ureato] aluminum；Aluminum dihydroxy allantoinate；RC-172；Alanetorin；Alusa；Aranto；Ascomp；Chlokale；Isalon；Nische；Peptilate
M. I. 15，216
性状 白色粉末。不溶于极性和非极性溶剂。mp 230℃。
主要用途 收敛剂和皮肤化妆品的调节剂。医用抗溃疡剂。

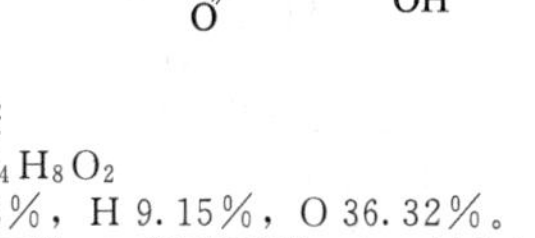

Aldol 丁醇醛 00390

[107-89-1] $C_4H_8O_2$ 88.11
成分 C 54.53%，H 9.15%，O 36.32%。
别名 3-羟基丁醛；β-羟基丁醛；Acetaldol；3-Hydroxybutanal；3-Hydroxybutyraldehyde
GW 2015-1640 M. I. 15，217
性状 无色浓稠液体。能与水、乙醇、乙醚、丙酮相混溶。bp_{20} 83℃/2.666kPa；约 85℃分解；Fp 150℉（65℃）；

d^{16} 1.109；n_D^{20} 1.4238。LD_{50}大鼠急性经口：2.18g/kg。

注意事项 使用时应避免吸入本品的蒸气，避免与眼睛及皮肤接触。应充氩气密封于干燥处保存。

主要用途 医用安眠剂，镇静剂。香料添加剂。制造橡胶硬化剂。矿石浮选剂等。

Aldolase(rabbit muscle) 醛缩酶(兔肌) 00391

[9024-52-6] Mr 约 161000

别名 丁醛醇酶；醇醛缩合酶；二磷酸果糖酶；ALD；Zymohexase；Fructose-biphosphate aldolase；D-Fructose-1，6-biphosphate-D-glyceraldehyde-3-phosphatelyase

EC 4.1.2.13

性状 蔷薇花形的扁针状结晶或白色粉末。存在于各种细胞中。溶于水。生化试剂含量 15～20U/mg。

注意事项 使用时应避免吸入本品的粉尘，避免与眼睛及皮肤接触。应充氩气密封于－20℃干燥保存。

主要用途 生化研究。用于1，6-二磷酸-D-果糖的测定。

Aldosterone 醛固酮 00392

[52-39-1] $C_{21}H_{28}O_5$ 360.45

成分 C 69.98%，H 7.83%，O 22.19%。

别名 醛甾酮；18-Aldocorticosterone；Aldocorten；Aldocortin；(11β)-11，21-Dihydroxy-3，20-dioxopregn-4-en-18-al；3，20-Diketo-11β，18-oxido-4-pregnene-18，21-diol；Electrocortin；4-Pregnen-18-al-11β,21-diol-3,20-dione

M.I. 15，218

性状 来自稀丙酮中的水合物为无色结晶。溶于乙醇、乙醚、氯仿，难溶于水。mp 108～112℃（无水物为164℃）；$[\alpha]_D^{25}$ +161°（c=0.1，于氯仿中）；$[\alpha]_D^{23}$ +152.2°（无水物：c=2，于丙酮中）。uv max：240nm（一水合物：lgε 4.20；无水物：ε_{mol} 15000）。生化试剂含量约 99.0%（UV）。

注意事项 使用时应避免吸入本品的粉尘，避免与眼睛及皮肤接触。应密封于 2～8℃保存。

主要用途 生化研究。

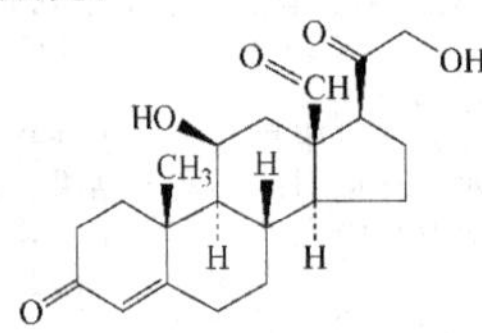

Aldrin 艾氏剂 00393

[309-00-2] $C_{12}H_8Cl_6$ 364.90

成分 C 39.50%，H 2.21%，Cl 58.29%。

别名 氯甲桥萘；化合物 118；Compd 118；HHDN；1,2,3,4,10,10-Hexachloro-1,4,4a,5,8,8a-hexahydro-1,4：5,8-dimethanonaphthalene；1,2,3,4,10,10-Hexachloro-1,4,4a,5,8,8a-hexahydro-1,4-endo-5,8-exodimethanonaphthalene；Octalene

GW 2015-1354 M.I. 15，219

性状 无色结晶。易溶于大多数有机溶剂，几乎不溶于水。在有机或无机碱的存在下稳定。mp 104℃。LD_{50}雄，雌大鼠急性经口：39，60mg/kg。

注意事项 该品口服或与皮肤接触有毒。对机体有不可逆损伤的可能性。口服、皮肤接触及长期曝露对健康有严重损伤的危险。对水生物极毒。能对水环境引起不利的结果。使用时应穿适当的防护服和戴手套。使用时应避免吸入本品的粉尘，如有事故发生或有不适之感应请医生诊治。应防止将本品释放于环境中。其包装物应按危险品处理。

主要用途 杀虫剂。分析用标准物质。

Aleuritic acid 虫胶酸 00394

[533-87-9] $C_{16}H_{32}O_5$ 304.43

成分 C 63.13%，H 10.59%，O 26.28%。

别名 9,10,16-三羟基十六烷酸；9,10,16-三羟基软脂酸；罂子桐酸；糊粉酸；9,10,16-三羟基棕榈酸；紫胶桐酸；(R^*,S^*)-(±)-9,10,16-Trihydroxyhexadecanoic acid；(9R,10S)-rel-9,10,16-Trihydroxyhexadecanoic acid；DL-*erythro*-9，10，16-Trihydroxyhexadecanoic acid；8,9,15-Trihydroxypentadecane-1-carboxylic acid；DL-*threo*-9,10,16-Trihydro xypalmitic acid

M.I. 15，225

性状 来自稀乙醇中的无色结晶或白色、浅黄色结晶性粉末。溶于甲醇、乙醇、异丙醇，中等程度溶于水。mp 100～101℃；d 1.15。一般试剂含量≥90.0%（T）。

注意事项 使用时应避免吸入本品的粉尘，避免与眼睛及皮肤接触。

主要用途 生化研究。有机合成。

Alfaxalone 羟基孕二酮 00395

[23930-19-0] $C_{21}H_{32}O_3$ 332.48

成分 C 75.86%，H 9.70%，O 14.44%。

别名 3α-羟孕二酮；3α-羟基-5α-孕-11,20-二酮；羟基孕甾二酮；(3α,5α)-3-Hydroxypregnane-11,20-dione；Alphaxalone；GR-2/234；5α-Pregnan-3α-ol-11,20-dione

M.I. 15，228

性状 来自乙醚中的无色棱柱体结晶。mp 172～174℃；$[\alpha]_D^{26}$ +113.4°（c=1.2，于氯仿中）。LC_{50}小鼠静脉注射：43mg/kg。

注意事项 该品口服有害。使用时应穿适当的防护服。应避免吸入本品的粉尘。

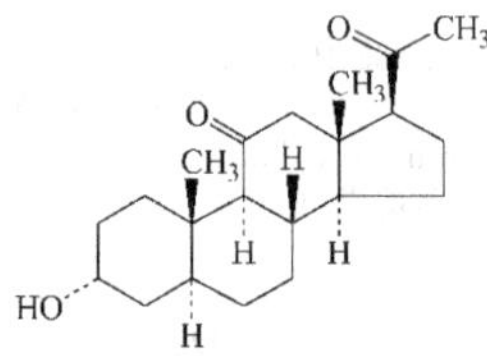

Algestone acetophenide 苯乙酮缩二羟孕酮 00396

[24356-94-3] $C_{29}H_{36}O_4$ 448.60

成分 C 77.65%，H 8.09%，O 14.27%。

别名 16,17-苯乙撑二氧孕酮；苯乙酮缩 16α,17α-二羟基孕酮；[16α(R)]-16,17-[(1-Phenylethylidene)bis(oxy)]pregn-4-ene-3,20-dione；16α,17-Dihydroxypregn-4-ene-3,20-dione cyclic acetal with acetophenone；16α,17α-Dihydroxyprogesterone acetophenide；Alphasone acetophenide；P-DHP；SQ-15101；Deladroxone (obsolete)；Droxone(obsolete)；Neolutin Depositum

M.I. 15，233

性状 来自 95%乙醇中的无色结晶。在矿物酸中稳定。易被热甲酸裂解。mp 150～151℃；$[\alpha]_D^{23}$ +51°（于氯仿中）。

主要用途 医用避孕剂。

Alginic acid 海藻酸 00397

[9005-32-7] $(C_6H_8O_6)_n$ Mr 约 240000

别名 藻朊酸；藻酸；Norgine；Polymannuronic acid；Sazio

M.I. 15，235

性状 白色至浅黄白色具纤维性的粉末。无味。溶于碱溶液，微溶于热水，不溶于冷水及有机溶剂。mp>300℃。

注意事项 该品应密封干燥保存。

主要用途 保护胶体。黏合剂。矿物油的乳化剂。人造象牙、赛璐珞的制备。

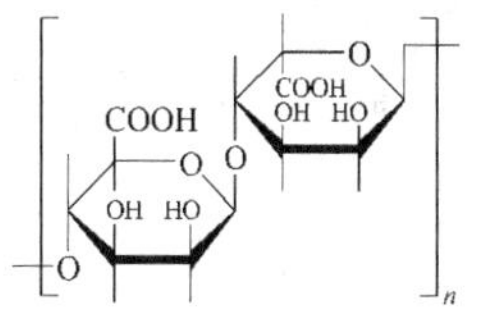

Alibendol 烯丙柳胺醇 00398

[26750-81-2] $C_{13}H_{17}NO_4$ 251.28

成分 C 62.14%，H 6.82%，N 5.57%，O 25.47%。

别名 阿利苯多；2-Hydroxy-*N*-(2-hydroxyethyl)-3-methoxy-5-(2-propenyl) benzamide; 5-allyl-2-hydroxy-*N*-(2-hydroxyethyl)-*m*-anisamide; 2-Hydroxy-3-methoxy-5-allyl-*N*-(*β*-hydroxyethyl) benzamide; EB-1856; FC-54; H-3774; Ce-bera

M. I. 15，236

性状 来自苯中的无色结晶。mp 95°；uv max（乙醇中）：316nm，218nm。LD 瑞士雄小鼠急性经口：>3000mg/kg；皮下注射：>2000mg/kg；腹膜内注射：209mg/kg；静脉注射：217mg/kg。

主要用途 医用利胆剂，解痉剂。

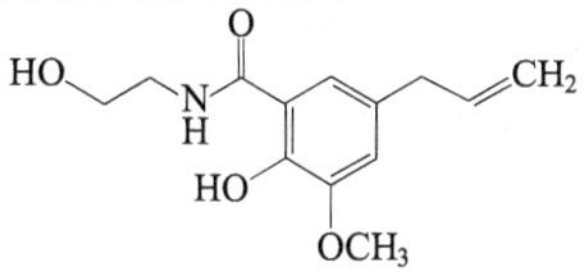

Alitame 阿力甜 00399

[80863-62-3] $C_{14}H_{25}N_3O_4S$ 331.43

成分 C 50.74%，H 7.60%，N 12.68%，O 19.31%，S 9.67%。

别名 L-α-天冬酰胺-*N*-(2,2,4,4-四甲基-3-硫化三亚甲基)-D-丙氨酰胺；埃利坦；L-α-Aspartyl-*N*-(2,2,4,4-tetramethyl-3-thietanyl)-D-alaninamide; L-Aspartyl-D-alanine-*N*-(2,2,4,4-tetramethylthietan-3-yl) amide; 3-(L-Aspartyl-D-alanin-amido)-2,2,4,4-tetramethylthietane; CP-54802

M. I. 15，240

性状 白色结晶或粉末。不吸湿。有弱的特殊气味。有甜的味道。于下列物质中的溶解度（25℃，%，质量浓度）：水（pH 值 5.6）13.1；甲醇 41.9；乙醇 61.0；丙二醇 53.7；氯仿 0.02；正庚烷 0.001。mp 136～147℃；$[\alpha]_D^{25}$ +40°～+50°（c=1，于水中）。

主要用途 甜味剂。

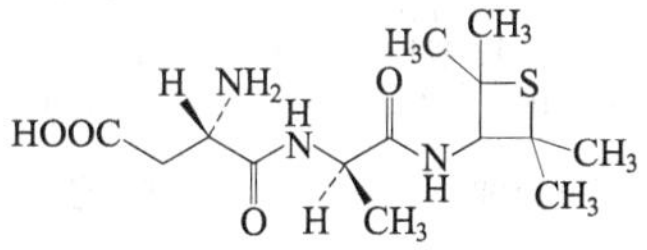

Alitretinoin 阿利维 A 酸 00400

[5300-03-8] $C_{20}H_{28}O_2$ 300.44

成分 C 79.96%，H 9.39%，O 10.65%。

别名 9-顺式维甲酸；9-*cis*-Retinoie acid; 6-*cis*-Retinoic acid; ALRT-1057; LGD-1057; Panretin

M. I. 15，241

性状 来自乙醇中的黄色细小针状结晶。mp 190～191℃；uv max（甲醇中）：343nm（ε 39000）。

主要用途 医用抗肿瘤剂（激素）。

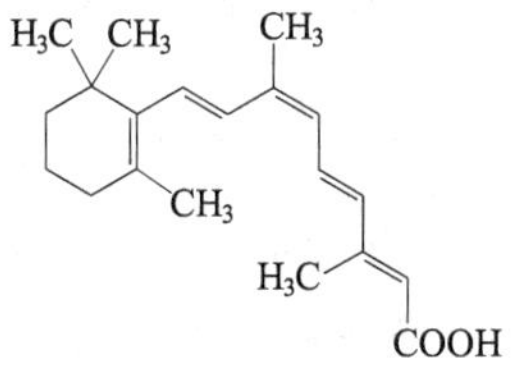

Alizapride 苯吡三唑 00401

[59338-93-1] $C_{16}H_{21}N_5O_2$ 315.38

成分 C 60.94%，H 6.71%，N 22.21%，O 10.15%。

别名 阿立必利；6-Methoxy-*N*-[[1-(2-propenyl)-2-pyrrolidinyl] methyl]-1*H*-benzotriazole-5-carboxamide; *N*-[(1-Allyl-2-pyrrolidinyl) methyl]-6-methoxy-1*H*-benzotriazole-5-carboxamide

M. I. 15，242

性状 来自丙酮中的无色结晶。mp 139℃。LD_{50}（5d 小鼠静脉注射：92.7mg/kg。

主要用途 生化研究。医用止吐剂。

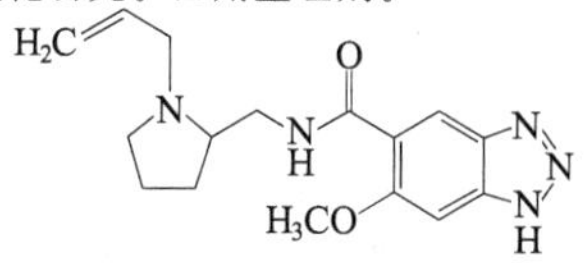

Alizarin 茜素 00402

[72-48-0] $C_{14}H_8O_4$ 240.21

成分 C 70.00%，H 3.36%，O 26.64%。

别名 1,2-二羟基蒽醌；媒染红 11；颜料红 83；1,2-Dihydroxy-9, 10-anthracenedione; 1, 2-Dihydroxyanthraquinone; Mordant red 11; Pigment red 83

M. I. 15，243 C. I. 58000

性状 来自无水乙醇中或升华法制得的橙色正交针状结晶或赭黄色粉末。易溶于热甲醇、乙醚，溶于苯、甲苯、二甲苯、吡啶、冰乙酸、二硫化碳。溶于 300 份沸水。适度溶于乙醇。其水溶液遇碱呈蓝色，但没有荧光。pH 值 5.8～7.2（由黄至紫红色）；11.0～13.0（由桃红色至紫色）。mp 290℃；bp 430℃。

注意事项 该品对眼睛有刺激性。使用时应避免吸入本品的粉尘，避免与眼睛及皮肤接触。应密封保存。

主要用途 用于微量分析，测定铝、铟、汞、锌、锆的试剂。酸碱指示剂。染料合成。神经组织染色剂。

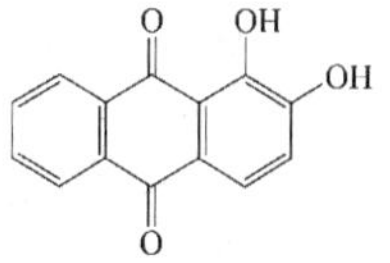

Alizarin complexone 茜素配位指示剂 00403

[3952-78-1] $C_{19}H_{15}NO_8$ 385.33

成分 C 59.22%，H 3.92%，N 3.63%，O 33.22%。

别名 茜素氨羧络合剂；3-氨基甲基茜素-*N*,*N*-二乙酸；氟试剂；茜素-3-甲胺-*N*,*N*-二乙酸；3-茜素甲基胺-*N*,*N*-二乙酸；3-茜素甲基胺-*N*,*N*-二乙酸；ALC; Alizarin fluorine blue; 3-Aminomethylalizarin-*N*, *N*-diacetic acid; [(3, 4-Dihydroxy-2-anthraquinonyl) methyl]iminodiacetic acid; Alizarine-3-methylamine-*N*, *N*-diacetate; Alizarin-3-methyliminodiacetic acid; 3, 4-Dihydroxyanthraguinon-2-yl methyliminodiacetic acid; Fluoron

性状 姜黄色粉末。在 pH 值>5 时微溶于水，pH 值<5 时溶解度降低。mp 约 185℃（分解）。

注意事项 使用时应避免吸入本品的粉尘，避免与眼睛及皮肤接触。

主要用途 分光测定氟的试剂。络合指示剂。滴定钡、钙、镉、钴、铜、铟、铅、锶、锌等的试剂。

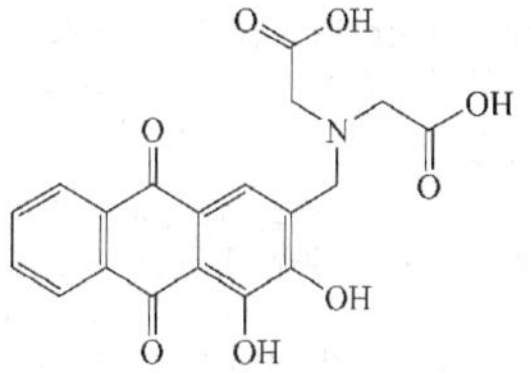

Alizarin cyanine green 茜素菁绿 00404

[4403-90-1] $C_{28}H_{20}N_2Na_2O_8S_2$ 622.57

成分 C 54.02%，H 3.24%，N 4.50%，Na 7.39%，O 20.56%，S 10.30%。

别名 茜素花青绿；茜素菁绿 F；媒染茜素绿 K；酸性绿 25；酸性媒染蒽醌绿；Acid green 25; Alizarin brilliant green G; Alizarin cyanine green G; Alizarin cyanine green F; 6,6′-(1,4-Anthraquinonylenediimino) di-*m*-toluenesulfonic acid disodium salt; D&C Green No. 5; 2,2-[(9,10-Dihydro-9,10-dioxo-1,4-anthracenediyl) diimino] bis (5-methylbenzenesulfonic acid) disodium salt; Quinizarin green

M. I. 15，244 C. I. 61570

性状 绿色粉末。溶于水，溶液呈蓝绿色。微溶于丙酮、乙醇、吡啶，不溶于氯仿、甲苯。在浓硫酸溶液中呈暗蓝色，稀释后转为翠蓝色。mp 235～238℃；λ_{max} 642（608）nm。一般试剂干燥含量约 75.0%。

注意事项 该品具有刺激性。应密封于干燥处保存。

主要用途 生物染色剂。

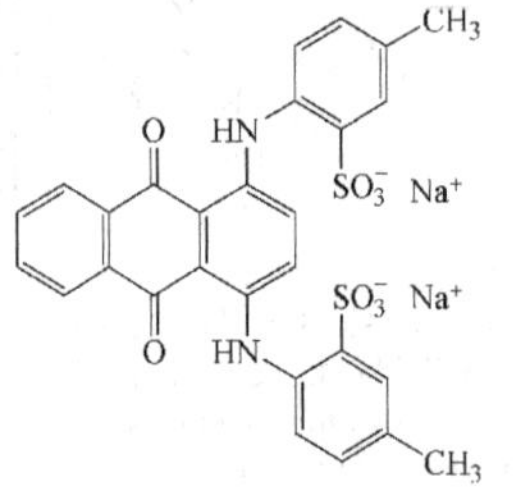

Alizarine blue 茜素蓝 00405

［568-02-5］ $C_{17}H_9NO_4$ 291.26

成分 C 70.10%，H 3.11%，N 4.81%，O 21.97%。

别名 茜素蓝 R；5,6-Dihydroxynaphtho［2,3-*f*］quinoline-7,12-dione；7,8-Dihydroxy-5,6-phthalylquinoline；Alizarin Blue R

M.I. 15,245 C.I. 67410

性状 来自苯中的有光泽的棕紫色针状结晶。溶于戊醇、冰乙酸、热苯，微溶于冷苯，略微溶于乙醇、乙醚，不溶于水。其饱和醇溶液为 pH 指示剂。pH 值 0.0～1.6，由桃红至黄色；6.0～7.6，由黄至绿色。mp 268～270℃。

主要用途 pH 指示剂。

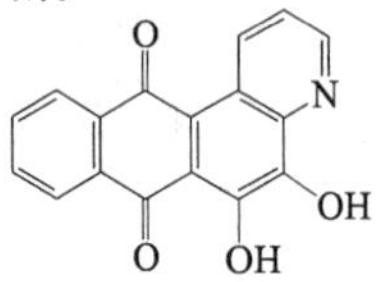

Alizarine orange 茜素橙 00406

［568-93-4］ $C_{14}H_7NO_6$ 285.21

成分 C 58.96%，H 2.47%，N 4.91%，O 33.66%。

别名 1,2-Dihydroxy-3-nitro-9,10-anthracenedione；1,2-Dihydroxy-3-nitroanthraquinone；3-Nitroalizarin；Mordant Orange14

M.I. 15，246 C.I. 58015

性状 来自乙酸中的橙色针状或片状结晶。244℃升华与部分分解。于有机溶剂中呈黄色，于稀碱溶液中呈紫红色，于硫酸中呈橙色。pH 值 5.0～6.5 由黄至紫红色。pH 值 2.0～4.0（于水中）由全橙色至黄色。

主要用途 指示剂。腐蚀有机铝的染料，呈铁红至紫色。

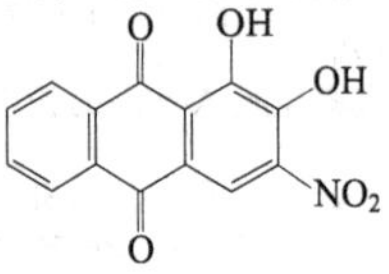

Alizarin red monohydrate 茜素红 一水 00407

［130-22-3］ $C_{14}H_7NaO_7S \cdot H_2O$（无水物） 342.25

成分（无 H_2O 计） C 49.13%，H 2.06%，Na 6.72%，O 32.72%，S 9.37%。

别名 茜素 S；茜素红 S；茜素红 WS；茜素胭脂红；茜素磺酸钠；媒介红；媒染红 3；酸性媒染茜素红；1,2-二羟基蒽醌-3-磺酸钠盐；Alizarine S；Alizarine carmine；Alizarin red WS；Alizarin red S；Alizarin sulfonic acid sodium salt；9，10-Dihydro-3，4-dihydroxy-9，10-dioxo-2-anthracenesulfonic acid monosodium salt；3,4-Dihydroxy-9,10-dioxo-2-anthracenesulfonic acid sodium salt；1,2-Dihydroxy anthraquinone-3-sulfonic acid sodium salt；Mordant red 3；Sodium alizarinesulfonate

M.I. 15，8711 C.I. 58005

性状 橙黄色粉末。易溶于水、乙醇，水溶液呈浅黄色。溶于氨水，溶液呈紫色。亦溶于苯、三氯甲烷。其 1%水溶液 pH 值：3.7 为黄色，5.2 为紫色。λ_{max}556（596）nm。pH 值 4.0～6.0（由黄至橙色），6.0～12.0（由橙至紫色）。一般试剂干燥含量约 70.0%。

注意事项 该品对眼睛、呼吸系统及皮肤有刺激性。使用时应穿防护服。万一接触到眼睛，应立即用大量水冲洗后请医生诊治。

主要用途 酸碱和吸附指示剂。硼、锆、钍、铝、钛、铍、氟化物的比色测定。氟化物的容量测定。检定颠茄碱的试剂。生物染色剂。神经组织的活性染色。金属着色剂。

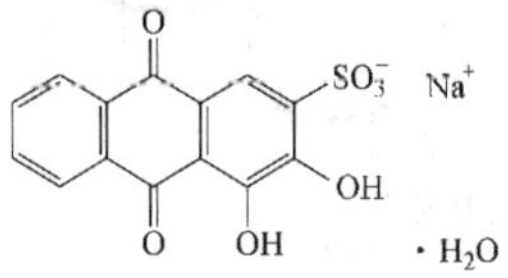

Alizarin violet 茜素紫 00408

［2103-64-2］ $C_{20}H_{12}O_7$ 364.31

成分 C 65.94%，H 3.32%，O 30.74%。

别名 连苯三酚酞酞；棓因；焦性没食子酚酞；邻苯三酚酞；Alizarin violet GRS；Gallein；Mordant violet 25；Pyrogallolphthalein；3′，4′，5′，6′-Tetrahydroxyfluoran；3′，4′，5′，6′-Tetrahydroxypiro［isobenzofuran-1(3*H*)，9′-(9*H*)xanthen］-3-one；3′，4′，5′，6′-Tetrahy droxyspiro(phthalan-1,9′-xanthen)-3-one

M.I. 15，4374 C.I. 45445

性状 棕红色或橘红色结晶或粉末。溶于乙醇、丙酮、碱溶液，微溶于乙醚，几乎不溶于水、苯、三氯甲烷。热至 180℃时失水，再加热时则变黑。当 pH 值 3.8 时，为浅棕至黄色；pH 值 6.6 时，为玫瑰红至红色。

主要用途 酸碱指示剂。配位指示剂，用以滴定铋、镍、锆。

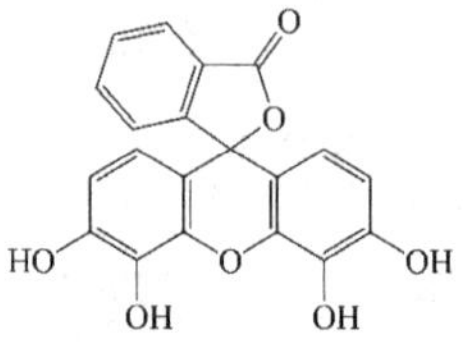

Alizarin yellow GG 茜素黄 GG 00409

［584-42-9］ $C_{13}H_8N_3NaO_5$ 309.21

成分 C 50.50%，H 2.61%，N 13.59%，Na 7.44%，O 25.87%。

别名 间铬黄；间硝基苯偶氮水杨酸钠；茜素黄 2G；偏铬黄；偏铬黄 2RD；媒染黄；媒染黄 2RD；蒽黄 C；酸性茜素黄；Acid alizarin yellow；Anthracene yellow C；Anthracene yellow GG；Chrome fast yellow G；2-Hydroxy-5-［(3-nitrophenyl)azo］benzoic acid monosodium salt；Metachrome yellow；Mordant yellow 1；Salicyl yellow；Sodium *m*-nitrobenzeneazosalicylate；5-［(3-Nitrophenyl)azo］salicylic acid sodium salt

M.I. 15，5989 C.I. 14025

性状 黄色粉末。较多地溶于热水，微溶于冷水。pH 值 10.2～12.0（由无色至黄色）。λ_{max} 362nm。一般试剂干燥含量约 50.0%。

主要用途 酸碱指示剂。生物染色剂，精子染色。色谱分析试剂。

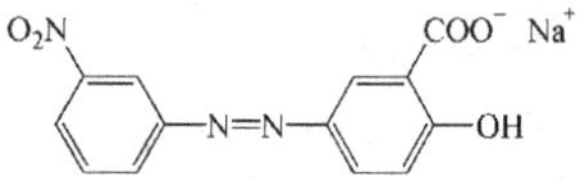

Alizarin yellow R 茜素黄 R 00410

［2243-76-7］ $C_{13}H_9N_3O_5$ 287.23

成分 C 54.36%，H 3.16%，N 14.63%，O 27.85%。

别名 5-(4-硝基苯偶氮)水杨酸；媒染橙 1；Alizarin yellow RW；2-Hydroxy-5-［(4-nitrophenyl)azo］benzoic acid；Mordant orange 1；*p*-Nitrobenzeneazosalicylic acid；5-(4-Nitrophenylazo) salicylic acid；5-(*p*-Nitrophenylazo)salicylic acid

M.I. 15，247 C.I. 14030

性状 来自稀冰乙酸中的橙棕色针状结晶。253～254℃分解。溶于水、乙醇，微溶于丙酮、2-乙氧基乙醇，几乎不溶于一般的有机溶剂。mp＞300℃。一般试剂干燥含量约 80.0%。

注意事项 使用时应避免吸入本品的粉尘，避免与眼睛及皮肤接触。

主要用途 酸碱指示剂。

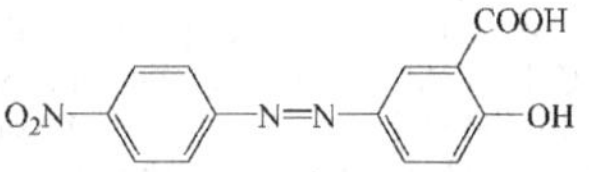

Alizarin yellow R sodium salt 茜素黄 R 钠盐 00411

[1718-34-9] $C_{13}H_8N_3NaO_5$ 309.22

成分 C 50.50%，H 2.61%，N 13.59%，Na 7.43%，O 25.87%。

别名 对硝基苯偶氮水杨酸钠盐；媒染黄 3R；Alizarin yellow RW；2-Hydroxy-5-[(4-nitrophenyl)azo]benzoic acid sodium salt；Mordant yellow 3R；*p*-Nitrobenzeneazosalicylic acid sodium salt；5-(*p*-Nitrophenylazo)salicylic acid sodium salt

M. I. 15，247 C. I. 14030

性状 棕黄色结晶或粉末。溶于水。其 0.1%水溶液 pH 值 10.2～12.0（由黄至橙红色）。

注意事项 该品应密封于干燥处保存。

主要用途 酸碱指示剂。

参考规格 HG/T 3496—2000 分析纯

茜素黄 R 含量（柱层析-分光光度法）/%≥	90.0
pH 值变色域	10.0（黄）～12.0（红）
水溶解试验	合格
灼烧残渣（以硫酸盐计）/%≤	20～25

Alkali blue 6B 碱蓝 6B 00412

[1324-80-7] $C_{37}H_{30}N_3NaO_4S$ 635.71

成分 C 69.91%，H 4.76%，N 6.61%，Na 3.62%，O 10.07%，S 5.04%。

别名 六蓝光碱染天蓝；酸性蓝 110；碱性蓝 6B；Acid blue 110；Alkaline sky blue；Triphenyl-*p*-rosanilinemonosulfonic acid sodium salt (carbinol base)；Triphenyltriaminotriphenyl carbinol sulfonic acid sodium salt

C. I. 42750

性状 蓝黑色粉末。溶于热水、乙醇。水溶液呈蓝色，乙醇溶液呈蓝绿色。pH 值 9.4～14（由蓝至红色）。mp＞300℃。一般试剂干燥含量约 80.0%。

注意事项 该品对眼睛、呼吸系统及皮肤有刺激性。使用时应穿防护服，避免吸入本品的粉尘，避免与眼睛及皮肤接触。万一接触到眼睛，应立即用大量水冲洗后请医生诊治。应密封于干燥处保存。

主要用途 酸碱指示剂。生物染色剂。

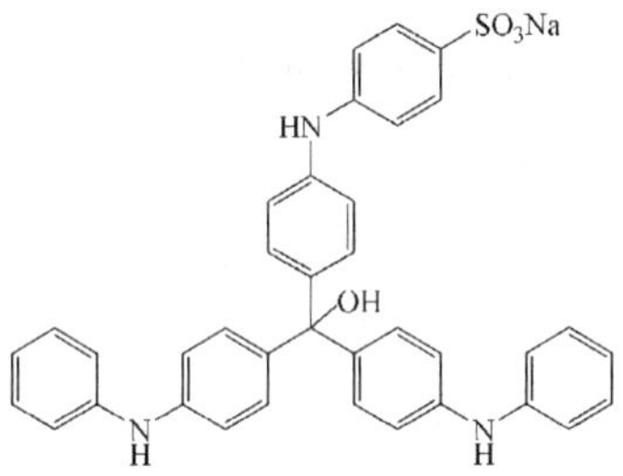

SO_3Na HN OH N H N H

Alkannin 紫草素 00413

[517-88-4] $C_{16}H_{16}O_5$ 288.30

成分 C 66.66%，H 5.59%，O 27.75%。

别名 紫朱草素；紫草红；5,8-Dihydroxy-2-[(1*S*)-1-hydroxy-4-methyl-3-pentenyl]-1,4-naphthalenedione；(*S*)-5,8-Dihydroxy-2-(1-hydroxy-4-methyl-3-pentenyl)-1,4-naphthalenedione；(－)-5,8-Dihydroxy-2-(1-hydroxy-4-methyl-3-pentenyl)-1,4-naphthoquinone；Alkanet extract；Alkanna red；Anchusa acid；Anchusin；(1-Hydroxy-3-isohexenyl) naphthazarine；2-(1-Hydroxy-4-methyl-3-pentenyl)-5,8-dihydroxy-1,4-naphthoquinone；Natural red 20

M. I. 15，249 C. I. 75530

性状 来自苯中的具有金属光泽的棕红色棱柱体结晶。溶于有机溶剂，微溶于水。缓冲水溶液 pH 值 6.1 时为红色，pH 值 8.8 时为紫色，pH 值 10.0 时为蓝色。mp 149℃；$[\alpha]_D^{20}$ －165°（于苯中）；－226°（于氯仿中）。LD_{50} 雄、雌小鼠，大鼠急性经口：(3.0±1.0) mg/kg，(3.1±0.1) mg/kg，＞1.0mg/kg。

主要用途 指示剂。生物染色剂。

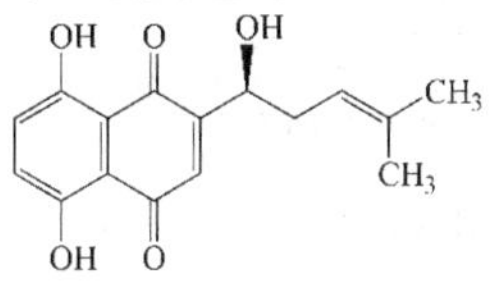

OH O OH CH_3 CH_3 OH O

Allantoin 尿囊素 00414

[97-59-6] $C_4H_6N_4O_3$ 158.12

成分 C 30.38%，H 3.82%，N 35.43%，O 30.36%。

别名 1-脲基间二氮杂茂烷-2,4-二酮；Cordianine；(2,5-Dioxo-4-imidazolidinyl) urea；Glyoxyldiureide；Glyoxylic (acid) diureide；Psoralon；Septalan；5-Ureidohydantoin

M. I. 15，250

性状 来自水中的无色单斜片状或棱柱体结晶。1g 该品溶于 190mL 水、500mL 乙醇，较多地溶于热水、热乙醇、稀氢氧化钠溶液，几乎不溶于乙醚。mp 238℃，其饱和水溶液 pH 值 5.5。生化试剂含量≥98.0%（N）。

注意事项 使用时应避免吸入本品的粉尘。

主要用途 生化研究。医用疗创伤剂。

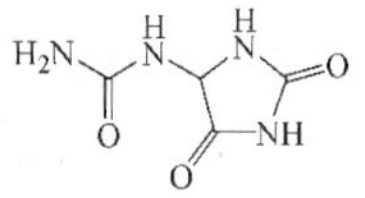

H_2N H N H N O O NH O

Allene 丙二烯 00415

[463-49-0] C_3H_4 40.06

成分 C 89.95%，H 10.06%。

别名 Propadiene

GW 2015-117

性状 无色气体。一般商品为灰蓝色压缩液体。不溶于水。mp －136℃；bp －34℃。一般试剂含量约 97%。

注意事项 该品为极易燃液化气体。使用现场禁止吸烟。应远离火种，采取抗放静电措施，密封于通风良好处 2～8℃保存。

Allethrin Ⅰ 丙烯除虫菊酯 Ⅰ 00416

[584-79-2] $C_{19}H_{26}O_3$ 302.41

成分 C 75.46%，H 8.67%，O 15.87%。

别名 Allethrolone ester of chrysanthemummonocarboxylic acid；Allylcinerin Ⅰ；2,2-Dimethyl-3-(2-methyl-1-propenyl) cyclopropanecarboxylic acid 2-methyl-4-oxo-3-(2-propenyl)-2-cyclopenten-1-yl ester；Pynamin

M. I. 15，252

性状 浅黄色澄清油状液体。溶于乙醇、石油醚、四氯化碳、二氯乙烯、硝基甲烷、煤油，几乎不溶于水。与碱类不相容。$bp_{0.1}$ 140℃/13.33Pa；d_{20}^{20} 1.010；n_D^{30} 1.5023；n_D^{20} 1.5040。

注意事项 该品吸入或口服有害。对水生物有毒，能对水环境引起不利的结果。使用时应穿防护服。应避免释放于环境中。其包装物按危险品处理。

主要用途 杀虫剂。分析用标准物质。

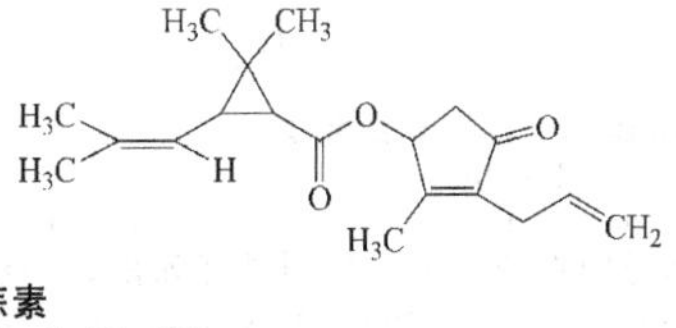

H_3C CH_3 H_3C H_3C H O O O H_3C CH_2

Allicin 蒜素 00417

[539-86-6] $C_6H_{10}OS_2$ 162.27

成分 C 44.41%，H 6.21%，O 9.86%，S 39.52%。

别名 蒜辣素；2-Propene-1-sulfinothioic acid *S*-2-propenyl ester；Thio-2-propene-1-sulfinic acid *S*-allyl ester；Diallyl disulfideoxide

M. I. 15，253

性状 黄色液体。有大蒜味。蒸馏时分解。溶于水（10℃）约 2.5%（质量分数）。pH 值约 6.5。醌与乙醇、乙醚、苯相混溶，不溶于溶剂汽油。对热碱不稳定，对酸稳定。d_4^{20} 1.112；n_D^{20} 1.561。LD_{50}小鼠静脉注射：60mg/kg；皮下注射：120mg/kg。

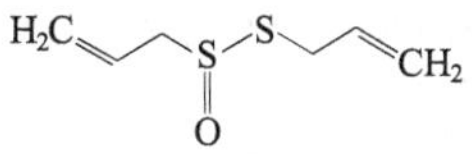

H_2C S S CH_2 O

(－)-Alloaromadendrene (－)-别香橙烯 00418

[25246-27-9] $C_{15}H_{24}$ 204.36

成分 C 88.16%，H 11.84%。

别名 （一）-异香橙烯；（一）-allo-Aromadendrene
性状 无色液体。bp 265～267℃；Fp 248℉（120℃）；d_4^{20} 0.923；n_D^{20} 1.501；$[\alpha]_D^{20}$ −33°±1°。一般试剂含量≥98.0%(GC)。
注意事项 该品应密封于2～8℃保存。

Allobarbital 二烯丙基丙二酰脲 00419

[52-43-7] $C_{10}H_{12}N_2O_3$ 208.22
成分 C 57.69%，H 5.81%，N 13.45%，O 23.05%。
别名 5,5-二烯丙基巴比土酸；烯丙基丙二酰脲；Allobarbitone；Diallylbarbitone；5,5-Diallylbarbituric acid；Malilum；5,5-Di-2-propenyl-2,4,6(1*H*,3*H*,5*H*)-pyrimidinetrione；Diadol；Dial
M.I. 15，55
性状 无色小叶状结晶或粉末。味道微苦。1份该品约溶于300份水、50份沸水、20份冷乙醇、20份乙醚。易溶于热乙醇、丙酮，溶于乙酸乙酯，不溶于脂肪烃。其水溶液对石蕊呈酸性。mp 171～173℃。LD_{50} 大鼠腹膜内注射：127.3mg/kg。
注意事项 该品口服有毒。使用时如有事故发生或不适之感，应请医生诊治。
主要用途 医用安眠剂，镇静剂。有机合成。

α-Allocryptopine hydrochloride α-别隐品碱 盐酸盐 00420

$C_{21}H_{24}ClNO_5$ 405.88
成分 C 62.14%，H 5.96%，Cl 8.73%，N 3.45%，O 19.71%。
别名 盐酸α-别隐品碱；α-Fagarine hydrochloride
性状 无色结晶性固体。溶于水，微溶于乙醇、氯仿、乙醚、乙酸乙酯、稀酸。生化试剂含量≥97.0%（TLC）。
主要用途 生化研究。
注意事项 使用时应避免吸入本品的粉尘，避免与眼睛及皮肤接触。应密封于2～8℃保存。

D-Alloisoleucine D-别异白氨酸 00421

[1509-35-9] $C_6H_{13}NO_2$ 131.18
成分 C 54.94%，H 9.99%，N 10.68%，O 24.39%。
别名 D-别异闪白氨基酸；D-别异亮氨酸；D-稳异闪白氨基酸；Allo-α-amino-β-methylvaleric acid；(2*R*，3*S*)-2-Amino-3-methylpentanoic acid；D-allo-Isoleucine
性状 白色结晶。溶于水，不溶于乙醚。mp 约285℃（分解）；$[\alpha]_D^{20}$ −37°（c=5，于6mol/L盐酸中）。
注意事项 该品应密封于2～8℃保存。
主要用途 生化研究。

(−)-Alloisolongifolene (−)-别异长叶烯 00422

[87064-18-4] $C_{15}H_{24}$ 204.36
成分 C 88.16%，H 11.84%。
别名 （一）-allo-Isolongifolene
性状 无色液体。bp 261～263℃；Fp 143.6℉（62℃）；d_4^{20} 0.934；n_D^{20} 1.503；$[\alpha]_D^{20}$ −43.5°。一般试剂含量≥99.0%(GC)。
注意事项 该品应充氩气密封避光于2～8℃保存。

Allocimene 别罗勒烯 00423

[673-84-7] $C_{10}H_{16}$ 136.24
成分 C 88.16%，H 11.84%。
别名 2,6-二甲基-2,4,6-辛三烯；Allocimene；2,6-Dimethyl-2,4,6-octatriene
性状 无色液体。bp 197℃；bp_{14} 73～75℃/1.866kPa；Fp 156℉(68℃)；d_4^{20} 0.811；n_D^{20} 1.5420。
注意事项 该品易燃。应充氩气密封避光保存。

Allopregnane 别孕烷 00424

[641-85-0] $C_{21}H_{36}$ 288.52
成分 C 87.42%，H 12.58%。
别名 5α-孕烷；别孕甾烷；别妊娠素；(5α)-Pregnane
M.I. 15，258
性状 来自丙酮+甲醇中的无色结晶。mp 84～85℃；$[\alpha]_D^{19}$ +18.4°(c=1.69，于氯仿中)。

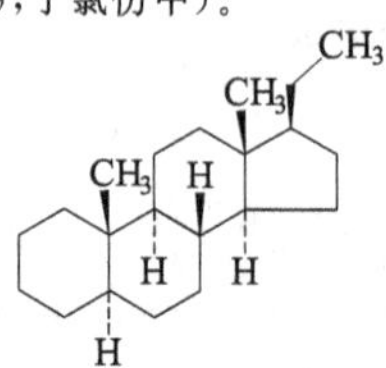

Allopregnan-3α-ol-20-one 5α-孕甾-3α-醇-20-酮 00425

[516-54-1] $C_{21}H_{34}O_2$ 318.50
成分 C 79.19%，H 10.96%，O 10.05%。
别名 别孕-3α-醇-20-酮；3α-羟基-5α-孕烷-20-酮；5α-Pregnan-3α-ol-20-one；3α-Hydroxy-5α-pregnan-20-one；3α-Hydroxy-20-oxo-5α-pregnane；Epiallopregnan-3-ol-20-one
M.I. 15.267
性状 来自无水乙醇中的无色结晶。mp 176～178℃；$[\alpha]_D$ +87.7°（于无水乙醇中）。生化试剂含量≥98.0%(TLC)。
注意事项 使用时应避免吸入本品的粉尘，避免与眼睛及皮肤接触。
主要用途 生化研究。

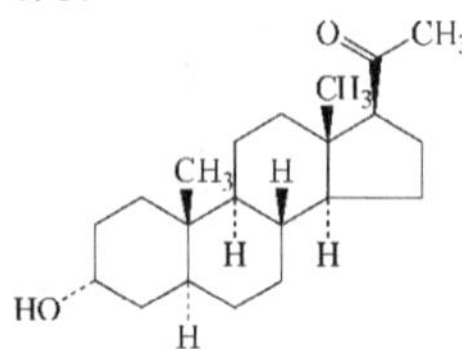

Allopurinol 别嘌呤醇 00426

[315-30-0] $C_5H_4N_4O$ 136.11
成分 C 44.12%，H 2.96%，N 41.16%，O 11.75%。
别名 异嘌呤醇；HPP；BW-56158；Adenock；Aloral；4-Hydroxypyrazolo[3,4-*d*]pyrimidine；1,5-Dihydro-4*H*-pyrazolo[3,4-*d*]pyrimidin-4-one；Alositol；Allo-Puren；Allozym；Allural；Anoprolin；Anzief；Apulonga；Apurin；Apurol；1*H*-Pyrazolo[3,4-*d*]pyrimidin-4-ol；Bleminol；Bloxanth；Cap-lenal；Cellidrin；Cosuric；Dabroson；Embarin；Epidropal；Foligan；Geapur；Gichtex；Hamarin；Hexanurat；Ketanrift；Ketobun-A；Ledopur；Lopurin；Lysuron；Miniplanor；Monarch；Nektrohan；Remid；Riball；Sigapurol；Suspendol；Takanarumin；Urbol；Uricemil Uripurinol；Urobenyl；Urosin；Urtias；Xanturat；Zyloprim；Zyloric
M.I. 15，271
性状 来自甲醇中的无色结晶。溶于水（37℃，80mg/dL），溶于氢氧化钠溶液、氢氧化钾溶液。极微溶于乙醇，几乎不溶于氯仿、乙醚。pK_a 9.4。mp＞380℃；uv max（于0.1mol/L氢氧化钠溶液中）：257nm(ε 7200)；(于0.1mol/L盐酸中)：250nm(ε 7600)；(于甲醇中)：252nm(ε 7600)。
注意事项 该品口服有毒，接触皮肤能引起过敏。使用时应穿适当的防护服，戴手套和防护镜或面罩。接触皮肤后应用大量水冲洗。使用时如有事故发生或有不适之感，应请医生诊治。
主要用途 生化研究。医用抗尿石剂，处理慢性痛风及高尿酸血症。

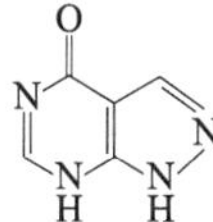

D-Allose　D-阿洛糖　00427

[2595-97-3]　$C_6H_{12}O_6$　180.16

成分　C 40.00%，H 6.71%，O 53.28%。

别名　β-D-阿洛糖；All；β-D-Allopyranose；β-D-Allose

M. I. 15，272

性状　来自稀甲醇中的无色结晶。溶于水，几乎不溶于乙醇。mp 128～128.5℃；$[\alpha]_D^{20} \xrightarrow{4min} +0.58° \xrightarrow{10min} +3.26° \xrightarrow{20h} +14.41°$（$c$=5，于水中）。

注意事项　该品应充氩气密封于干燥处保存。

主要用途　生化研究。

D-Allothreonine　D-别苏氨酸　00428

[24830-94-2]　$C_4H_9NO_3$　119.12

成分　C 40.33%，H 7.62%，N 11.76%，O 40.29%。

别名　D-异苏氨酸；(2*R*,3*R*)-2-氨基-3-羟基丁酸；(2*R*,3*R*)-2-Amino-3-hydroxybutyric acid；D-*allo*-Threonine

性状　无色结晶。mp 约 278℃（分解）；$[\alpha]_D^{20}$ −29±4°（c=1，于 1mol/L 盐酸中）。生化试剂含量≥99.0%（TLC）。

主要用途　生化研究。

DL-Allothreonine　DL-别苏氨酸　00429

[144-98-9]　$C_4H_9NO_3$　119.12

成分　C 40.33%，H 7.62%，N 11.76%，O 40.29%。

别名　DL-异苏氨酸；DL-2-氨基-3-羟基丁酸；DL-α-Amino-β-hydroxybutyric acid；DL-2-Amino-3-hydroxybutyric acid；DL-allo-Threnoine

性状　白色结晶。溶于水，微溶于乙醇。mp 244～245℃，加热至 260℃分解。

注意事项　该品应密封避光保存。

主要用途　生化研究。

L-Allothreonine　L-别苏氨酸　00430

[28954-12-3]　$C_4H_9NO_3$　119.12

成分　C 40.33%，H 7.62%，N 11.76%，O 40.29%。

别名　L-异苏氨酸；(2*S*，3*S*)-2-氨基-3-羟基丁酸；(2*S*，3*S*)-2-Amino-3-hydroxybutyric acid；L-*allo*-Threonine

性状　无色结晶。mp 约 275℃（分解）；$[\alpha]_D^{20}$ +33±2°（c=1，于 1mol/L 盐酸中）。生化试剂含量≥99.0%（TLC）。

主要用途　生化研究。

Alloxan　阿脲　00431

[50-71-5]　[一水合物 2244-11-3]　$C_4H_2N_2O_4$　142.07

成分　C 33.82%，H 1.42%，N 19.72%，O 45.05%。

别名　1,3-二氮四羰六环；1,3-二氮六环四酮；中草酸二酰脲；四氧嘧啶；丙酮二酰脲；2-氧代丙二酰脲；Mesoxalylcarbamide；Mesoxalylurea；2,4,5,6(1*H*,3*H*)-Pyrimidinetetrone；2,4,5,6-Tetraoxohexahydropyrimidine

M. I. 15，273

性状　无水物来自无水丙酮、冰乙酸或真空升华而制得的无色或白色斜方结晶。溶于甲醇、乙醇、丙酮、冰乙酸，微溶于氯仿、石油醚、甲苯、乙酸乙酯、乙酐，不溶于乙醚。p*K*（25℃）6.63；230℃变为粉红色，260℃分解。

注意事项　该品口服、吸入或与皮肤接触有害。使用时应穿适当的防护服，戴手套和防护镜或面罩。万一接触到眼睛，应立即用大量水冲洗后请医生诊治。应密封于 2～8℃保存。

主要用途　检测镉、钴、铁、锰、汞、镍、铝、银、锌、氢氰酸的试剂。亦用于糖尿病的感应试验。

Alloxantin dihydrate　双阿脲 二水　00432

[76-24-4]（无水物）　$C_8H_6N_4O_8 \cdot 2H_2O$　322.19

成分（无水物）　C 33.58%，H 2.11%，N 19.58%，O 44.73%。

别名　二水合双阿脲；5,5′-二羟基-5,5′-双-1,3-六环四酮；5,5′-二羟基-5,5′-双巴比土酸；双四氧嘧啶；均二羟己四酰脲；还原中草酸二酰脲；5,5′-Dihydroxy-5,5′-bibarbituric acid；5,5′-Dihydroxy-5,5′-bipyrimidine-2,2′,4,4′,6,6′(1*H*,1′*H*,3*H*,3′*H*,5*H*,5′*H*)-hexone；Uroxin

M. I. 15，274

性状　无色或白色结晶性粉末。露置空气中逐渐变红，加热至 225℃时变黄，253～255℃分解。溶于热水，略微溶于冷水、乙醇、乙醚。其水溶液呈酸性。与氢氧化钡一起能还原银盐成蓝色沉淀。

主要用途　检测铁的试剂。

Alloy aluminum nickel　铝镍合金　00433

[12635-27-7]

别名　罗兹镍合金；镍铝合金；Alloy nickel aluminum；Aluminum nickel alloy；Nickel aluminum alloy；Raney nickel®；Raney nickel alloy；Raney nickel catalyst

GW 2015-1378

性状　灰黑色的金属合金粉末或立方体晶体。含铝、镍各含 50%。

注意事项　该品与水接触时能释放出高度易燃气体。对机体有不可逆损伤的可能性。接触皮肤能引起过敏。使用时应穿适当的防护服和戴手套。应避免吸入本品的粉尘。万一着火，应用干砂子灭火而不能用水。应远离火种密封保存。

主要用途　催化剂。有机合成加氢用催化剂。

Alloy devarda's　第威德合金　00434

[8049-11-4]

别名　节瓦尔德合金；定氮合金；铜铝锌合金；德瓦达合金；戴氏合金；Devarda's alloy；Devarda's metal

M. I. 15，2943

性状　灰色的粉末或颗粒。该合金含有约 50%铜、约 45%铝和约 5%锌。为低熔点合金。部分溶于盐酸。在酸性溶液或碱性溶液中，还原硝酸根或亚硝酸根为氨。

注意事项　该品高度易燃。粉尘吸入或口服有害。使用现场禁止吸烟。应采取抗放静电措施，密封于通风处保存。

主要用途　还原剂。可使硝酸离子还原成铵离子；氯酸离子还原为氯离子。用于高温、高压的安全装置。

参考规格　HG/T 3438—1999

	分析纯
颗粒度	合格
总氮量（N）/%≤	0.003

Alloy Wood's　伍德合金　00435

[76093-98-6]

别名　低熔点合金；Wood's alloy；Wood's metal

性状　灰白色有光泽的金属。由铋（50%）、铅（24%）、锡（14%）、镉（21%）所组成的金属共熔合金。mp 72～74℃。

注意事项　该品吸入、口服或与皮肤接触有害。具有蓄积性危害。可能致癌。能危害胎儿。可能有损伤生育力的危险。长期曝露或口服有害，并有严重损伤健康的危险。对水生物极毒，能对水环境引起不利的结果。使用前应得到专门的指导，避免曝露。使用时应穿适当的防护服和戴手套。使用时如有事故发生或有不适之感，应请医生诊治。应防止将本品释放于环境中。其包装物应按危险品处理。

主要用途 为低熔点合金，用于高温、高压的安全装置。

Allura red AC 阿洛拉红 AC 00436

[25956-17-6] $C_{18}H_{14}N_2Na_2O_8S_2$ 496.42

成分 C 43.55%，H 2.84%，N 5.64%，Na 9.26%，O 25.78%，S 12.92%。

别名 诱惑红；红色 40[#]；食用红色 40 号；6-Hydroxy-5-[(2-methoxy-5-methyl-4-sulfophenyl)azo]-2-naphthalenesulfonicacid disodium salt；6-Hydroxy-5-[(6-methoxy-4-sulfo-*m*-tolyl)azo]-2-naphthalenesulfonic acid disodium salt；1-[(6-Methoxy-4-sulfo-*m*-tolyl)azo]-2-naphthol-6-sulfonic acid disodium salt；FD& C Red No. 40；Food red 17

M. I. 15. 275 C. I. 16035

性状 深红色粉末。25℃时，溶于水 22.5%，溶于 50%乙醇 1.3%。mp＞300℃；λ_{max} 504nm。一般试剂干燥含量约 80.0%。

主要用途 食品、药物及化妆品色素添加剂。

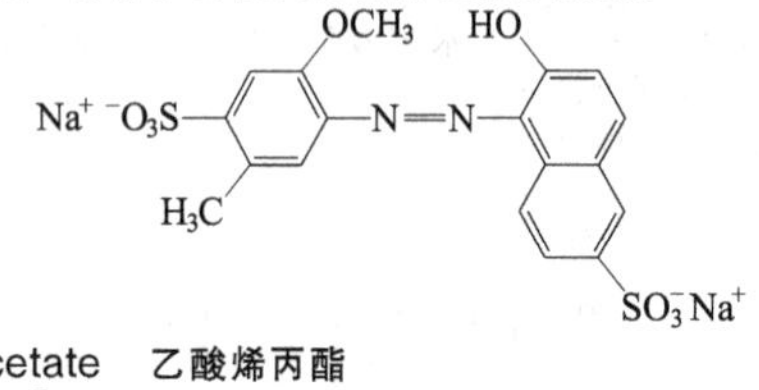

Allyl acetate 乙酸烯丙酯 00437

[591-87-7] $C_5H_8O_2$ 100.12

成分 C 59.98%，H 8.05%，O 31.96%。

别名 烯丙基乙酸酯；Acetic acid 2-propenyl ester；3-Acetoxy-1-propene

GW 2015-2645 M. I. 15，276

性状 无色液体。能与乙醇、乙醚相混溶，溶于丙酮，微溶于水。bp_{760} 104℃/101.325kPa；Fp 44℉(6℃)；d_4^{20} 0.9277；n_D 1.40396。LD_{50}兔皮肤接触：1.1mL/kg。LD_{50}大鼠，小鼠急性经口：142mg/kg，170mg/kg。一般试剂含量≥99.0%。

注意事项 该品高度易燃。吸入、口服或与皮肤接触有毒害。使用时应穿适当的防护服，戴手套和防护镜或面罩。使用现场禁止吸烟。使用时如有事故发生或有不适之感，应请医生诊治。应远离火种，密封于阴凉处保存。

主要用途 溶剂。树脂合成。黏合剂。

Allylacetic acid 烯丙基乙酸 00438

[591-80-0] $C_5H_8O_2$ 100.12

成分 C 59.98%，H 8.05%，O 31.96%。

别名 β-乙烯丙酸；烯戊酸；4-戊烯-1-酸；3-Butylene-1-carboxylic acid；4-Pentenoic acid；3-Vinylpropionic acid

性状 无色液体。易溶于乙醇、乙醚，微溶于水。mp −22.5℃；bp 187～189℃；bp_{12} 83～84℃/1.6kPa；Fp 192.2℉(89℃)；d_4^{20} 0.978；n_D^{20} 1.429。一般试剂含量≥98.0%(GC)。

注意事项 该品口服有害。具有腐蚀性，能引起烧伤。使用时应穿适当的防护服，戴手套和防护镜或面罩。万一接触到眼睛，应立即用大量水冲洗后请医生诊治。使用时如有事故发生或有不适之感，应请医生诊治。应密封保存。

主要用途 有机合成。

Allyl acetoacetate 乙酰乙酸烯丙酯 00439

[1118-84-9] $C_7H_{10}O_3$ 142.15

成分 C 59.15%，H 7.09%，O 33.77%。

别名 烯丙基乙酰乙酸酯；Acetoacetic acid allyl ester

性状 无色液体。溶于水(20℃，48g/L)，pH 值(20℃，48g/L)3.7。mp＜−70℃；bp_{737} 194～195℃/98.258kPa；bp_{10} 87～91℃/1.3kPa；V_p(20℃)0.2hPa；Fp 152.6℉(67℃)；d^{20} 1.04；n_D^{20} 1.438。LD_{50}大鼠急性经口：258mg/kg。一般试剂含量≥98.5%(GC)。

注意事项 该品口服有害，与皮肤接触有毒，对皮肤有刺激性。使用时应穿适当的防护服和戴手套，避免与眼睛及皮肤接触。使用时如有事故发生或有不适之感，应请医生诊治。应充氩气密封保存。

Allylacetone 烯丙基丙酮 00440

[109-49-9] $C_6H_{10}O$ 98.15

成分 C 73.42%，H 10.27%，O 16.30%。

别名 5-己烯-2-酮；1-Hexen-5-one；5-Hexen-2-one；3-Butenylmethyl ketone

GW 2015-1009

性状 无色液体。易溶于乙醇、乙醚，不溶于水。bp 128～129℃；Fp 75℉(23℃)；d_4^{20} 0.847；n_D^{20} 1.4190。一般试剂含量≥98.0%。

注意事项 该品易燃。使用时应戴手套。使用现场禁止吸烟。使用时应避免吸入本品的蒸气和烟雾，避免与眼睛及皮肤接触。万一接触到眼睛，应立即用大量水冲洗后请医生诊治。应远离火种密封保存。

主要用途 有机合成。

Allyl alcohol 烯丙醇 00441

[107-18-6] C_3H_6O 58.08

成分 C 62.04%，H 10.41%，O 27.55%。

别名 乙烯甲醇；蒜醇；2-丙烯-1-醇；2-Propen-1-ol；1-Propenol-3；Vinyl carbinol

GW 2015-141 M. I. 15，277

性状 无色液体。有类似芥子的刺激性气味。能与水、乙醇、乙醚、三氯甲烷、石油醚相混溶。mp −50℃；bp 96～97℃；Fp 70℉(21℃，开杯)；d_4^{20} 0.8540；n_D^{20} 1.41345。LD_{50}大鼠急性经口：64mg/kg。一般试剂含量≥98.0%。

注意事项 该品易燃。吸入、口服或与皮肤接触有毒。对眼睛、呼吸系统及皮肤有刺激性。对水生物极毒。使用时应穿适当的防护服，戴手套和眼镜或面罩。在通风不好的情况下，应戴适当的呼吸装置。使用时如有事故发生或有不适之感，应请医生诊治。应防止将本品释放于环境中。应密封于阴凉处保存。

主要用途 测定汞的试剂。在显微镜分析中用作固定剂。丙烯化合物制备。树脂、塑料合成等。

Allylamine 烯丙胺 00442

[107-11-9] C_3H_7N 57.10

成分 C 63.11%，H 12.36%，N 24.53%。

别名 3-氨基丙烯；烯丙基胺；3-Amino-1-propene；3-Aminopropylene；2-Propen-1-amine；2-Propen-1-ylamine

GW 2015-20 M. I. 15，278

性状 无色液体。有强烈的氨味和焦灼味。能刺激人并使之打喷嚏和流泪。能与水、乙醇、乙醚、三氯甲烷任意混溶。mp −88℃；bp 55～58℃；Fp 10℉(−12℃，闭杯)；d_{20}^{20} 0.760；n_D^{20} 1.4186。LD_{50}小鼠腹膜内注射：49mg/kg。一般试剂含量≥99.0%(GC)。

注意事项 该品高度易燃。吸入、口服或与皮肤接触有毒。对水生物有毒。能对水环境引起不利的结果。使用现场禁止吸烟。使用时应避免与眼睛及皮肤接触。使用时如有事故发生或有不适之感，应请医生诊治。应防止将本品释放于环境中。应远离火种，于通风良好处充氩气密封保存。

主要用途 制造类似汞的利尿剂。树脂合成。

4-Allylanisol 4-烯丙基苯甲醚 00443

[140-67-0] $C_{10}H_{12}O$ 148.21

成分 C 81.04%，H 8.16%，O 10.80%。

别名 对烯丙基苯甲醚；1-甲氧基-4-(2-丙烯基)苯；*p*-Allylanisol；Chavicol methyl ether；Esdragol；Estragole；1-Methoxy-4-(2-propenyl)benzene

M. I. 15，3760

性状 无色液体。溶于乙醇、氯仿。与水混溶能共沸。bp_{764} 216℃/101.86kPa；bp_{25} 108～114℃/3.333kPa；bp_{12} 95～96℃/1.6kPa；Fp 177.8℉(81℃)；d_4^{21} 0.9645；$n_D^{17.5}$ 1.5230。LD_{50}大鼠，小鼠急性经口：1820mg/kg，1250mg/kg。一般试剂含量≥98.0%。

注意事项 该品口服有害。对眼睛及皮肤有刺激性。使用时应穿适当的防护服，戴手套和防护镜或面罩。万一接触到眼睛，应立即用大量水冲洗后请医生诊治。

主要用途　香料。食品及饮料的香味剂。

Allylbenzene　烯丙基苯　00444

[300-57-2]　C_9H_{10}　118.18

成分　C 91.47%，H 8.53%。

别名　3-苯基-1-丙烯；3-Phenyl-1-propene

性状　无色液体。不溶于水。mp －88℃；bp 156～157℃；bp_{12} 50℃/1.6kPa；Fp 92℉（33℃）；d_4^{20} 0.892；n_D^{20} 1.511。一般试剂含量≥95.0%（GC）。

注意事项　该品易燃。口服有害。可能损伤肺。使用时应避免吸入本品的蒸气和飞沫，避免与眼睛及皮肤接触。如误服本品不能吐出，应立即请医生诊治，并出示瓶签或包装物。应远离火种贮存于阴凉处。

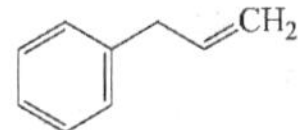

Allyl bromide　烯丙基溴　00445

[106-95-6]　C_3H_5Br　102.98

成分　C 29.78%，H 4.17%，Br 66.05%。

别名　溴化烯丙基；溴丙烯；3-溴-1-丙烯；Bromallylene；3-Bromo-1-propene；3-Bromopropylene；γ-Bromopropylene

GW 2015-2365　M.I. 15，279

性状　无色透明液体。有不愉快的刺激性气味及催泪性。能与乙醇、乙醚、三氯甲烷、二硫化碳、四氯化碳相混溶，微溶于水。mp －119℃；bp_{760} 71.3℃/101.325kPa；Fp 28℉（－2℃）；d_4^{20} 1.398，n_D^{20} 1.46545。一般试剂含量≥99.0%（GC）。

注意事项　该品高度易燃。吸入、口服或与皮肤接触有毒。对眼睛、呼吸系统及皮肤有刺激性。使用时应适当的穿防护服，戴手套和防护镜或面罩。万一接触到眼睛，应立即用大量水冲洗后请医生诊治。使用时如有事故发生或有不适之感，应请医生诊治。使用现场禁止吸烟。使用完毕应立即照样被污染的衣物。应远离火种，密封避光于通风阴凉处保存。其包装物应按危险品处理。

主要用途　有机合成，如香料、树脂合成。

Allyl butyl ether　烯丙基丁基醚　00446

[3739-64-8]　$C_7H_{14}O$　114.19

成分　C 73.63%，H 12.36%，O 14.01%。

性状　无色液体。bp 117～118℃；Fp 58°F（14℃）；d 0.783；n_D^{20} 1.4060。一般试剂含量≥98.0%（GC）。

注意事项　该品高度易燃。对眼睛、呼吸系统及皮肤有刺激性。使用时应穿防护服。使用现场禁止吸烟。万一接触到眼睛，应立即用大量水冲洗后请医生诊治。应远离火种密封保存。

Allyl chloride　烯丙基氯　00447

[107-05-1]　C_3H_5Cl　76.52

成分　C 47.08%，H 6.59%，Cl 46.33%。

别名　氯丙烯；氯化烯丙基；3-氯-1-丙烯；AlC；Chlorallylene；3-Chloro-1-propene；3-Chloropropylene

GW 2015-1440　M.I. 15，280

性状　无色液体。有不愉快的刺激性气味。能与乙醇、乙醚、三氯甲烷、石油醚任意混溶，微溶于水。mp －134.5℃。bp 44～45℃；Fp －25℉（－31℃，闭杯）；d_4^{20} 0.938；n_D^{20} 1.4154。LD_{50} 大鼠急性经口：0.7g/kg。一般试剂含量≥96.0%（GC）。

注意事项　该品高度易燃。吸入、口服或与皮肤接触有害，对眼睛、呼吸系统及皮肤有刺激性。有严重损伤健康的危险。能引起遗传基因的损伤。能致癌。对水生物极毒。使用前应得到专门的指导，避免曝露。使用时应穿适当的防护服和戴手套。使用现场禁止吸烟。切勿排入下水道。使用时如有事故发生或有不适之感，应请医生诊治。应防止将本品释放于环境中。应远离火种，采取抗放静电措施，密封于阴凉处保存。

主要用途　烯丙基化合物的合成。制药工业。

Allyl chloroformate　氯甲酸烯丙酯　00448

[2937-50-0]　$C_4H_5ClO_2$　120.54

成分　C 39.86%，H 4.18%，Cl 29.41%，O 26.55%。

GW 2015-1512

性状　无色液体。常加入 2,6-二叔丁基对甲酚作稳定剂。具有催泪性。bp 109～110℃；bp_{11} 27℃/1.467kPa；Fp 87.8°F（31℃）；d 1.136；n_D^{20} 1.4220。一般试剂含量≥97.0%（GC）。

注意事项　该品易燃。口服有害。吸入有毒。具有腐蚀性，能引起烧伤。使用时应穿适当的防护服，戴手套和防护镜或面罩。万一接触到眼睛，应立即用大量水冲洗后请医生诊治。接触皮肤后，应立即用大量水冲洗。使用时如有事故发生或有不适之感，应请医生诊治。应密封于2～8℃保存。

Allyl cyanide　烯丙基氰　00449

[109-75-1]　C_4H_5N　67.09

成分　C 71.61%，H 7.51%，N 20.88%。

别名　乙烯乙腈；3-丁烯腈；巴豆腈；氰化丙烯；氰化烯丙基；3-Butenenitrile；β-Butenonitrile；Vinylacetonitrile

GW 2015-243　M.I. 15，281

性状　无色透明液体。有葱的气味。常温下稳定。能与乙醇、乙醚等有机溶剂相混溶，微溶于水。mp －87℃；bp_{760} 119℃/101.325kPa；bp_{400} 98℃/53.329kPa；bp_{200} 78℃/26.664kPa；bp_{100} 60.2℃/13.332kPa；bp_{60} 48.8℃/7.999kPa；bp_{40} 40.4℃/5.333kPa；bp_{10} 14.1℃/1.333kPa；bp_5 2.9℃/666.61Pa；bp_1 － 19.6℃/133.32Pa；Fp 75℉（23℃）；d_4^{20} 0.8341；n_D^{20} 1.4060。LD_{50} 大鼠急性经口：115mg/kg。一般试剂含量≥98.0%（GC）。

注意事项　该品易燃。吸入或口服有毒。与皮肤接触有害。对眼睛及皮肤有刺激性。使用时应穿适当的防护服，戴手套和防护镜或面罩。万一接触到眼睛，应立即用大量水冲洗后请医生诊治。使用时如有事故发生或有不适之感，应请医生诊治。应远离火种充氩气密封保存。

主要用途　有机合成。

Allyl cyanoacetate　氰基乙酸烯丙酯　00450

[13361-32-5]　$C_6H_7NO_2$　125.13

成分　C 57.59%，H 5.64%，N 11.19%，O 25.57%。

别名　Cyanoacetic acid allyl ester

性状　无色液体。不溶于水。mp－40℃；bp_{20} 110℃/2.666kPa；Fp 244.4°F(118℃)；Vp 5.0Pa；d 1.065；n_D^{28} 1.4398。LD_{50} 大鼠急性经口：160mg/kg。一般试剂含量≥99.0%（GC）。

注意事项　该品口服有毒。使用时应戴适当的手套。使用时如有事故发生或有不适之感，应请医生诊治。

Allyl (dichloro) methylsilane
烯丙基二氯甲基硅烷　00451

[1873-92-3]　$C_4H_8Cl_2Si$　155.10

成分　C 30.98%，H 5.20%，Cl 45.72%，Si 18.11%。

别名　烯丙基甲基二氯硅烷；Allyl methyldichloro silane

性状　无色液体。bp 119～120℃；Fp 68°F（20℃）；d^{20} 1.0758；n_D^{20} 1.4419。一般试剂含量≥95.0%

注意事项　该品高度易燃。与水反应激烈。具有腐蚀性，能引起烧伤。使用时应穿适当的防护服，戴手套和防护镜或面罩。使用现场禁止吸烟。万一接触到眼睛，应立即用大量水冲洗后请医生诊治。使用时如有事故发生或有不适之感，应请医生诊治。应远离火种，充氩气密封干燥保存。

Allyl *p*,*p*-diethylphosphonoacetate
***p*,*p*-二乙基膦酰乙酸烯丙酯**　00452

[113187-28-3]　$C_9H_{17}O_5P$　236.20

成分　C 45.77%，H 7.25%，O 33.87%，P 13.11%。

别名　烯丙基 *p*,*p*-二乙基膦酰乙酸酯；膦酰乙酸 *p*,*p*-二乙基烯丙酯；phosphonoacetic acid *p*,*p*-diethyl allylester

性状　无色液体。bp_{10} 157～158℃/1.333kPa；Fp＞230°F（110℃）；d 1.120；n_D^{20} 1.4450。一般试剂含量约 97.0%（GC）。

注意事项　该品对眼睛、呼吸系统及皮肤有刺激性。使用时应穿适当的防护服。万一接触到眼睛，应立即用大量水冲洗后请医生诊治。

Allyldimethylchlorosilane　烯丙基二甲基氯硅烷　00453

［4028-23-3］ $C_5H_{11}ClSi$ 134.68

成分 C 44.59%，H 8.23%，Cl 26.32%，Si 20.85%。

别名 烯丙基氯二甲基硅烷；二甲基烯丙基氯硅烷；ADMCS；Allylchlorodimethylsilane

性状 无色液体。bp 111～113℃；Fp 42.8℉（6℃）；d^{25} 0.922；n_D^{20} 1.427。一般试剂含量≥97.0%（GC）。

注意事项 该品高度易燃。易有腐蚀性，能引起烧伤。使用时应穿适当的防护服，戴手套和防护镜或面罩。万一接触到眼睛，应立即用大量水冲洗后请医生诊治。使用时如有事故发生或有不适之感，应请医生诊治。使用现场禁止吸烟。应远离火种充氩气密封于干燥处保存。

CH_3 / H_2C=CH–CH_2–Si–Cl / CH_3

Allyldimethylsilane 烯丙基二甲基硅烷 00454

［3937-30-2］ $C_5H_{12}Si$ 100.24

成分 C 59.91%，H 12.07%，Si 28.02%。

别名 二甲基烯丙基硅烷；Dimethylallylsilane

性状 无色液体。bp 69℃；Fp －4℉（－20℃）；d_4^{20} 0.710；n_D^{20} 1.408。一般试剂含量≥97.0%（GC）。

注意事项 该品高度易燃。对眼睛、呼吸系统及皮肤有刺激性。使用时应穿适当的防护服。万一接触到眼睛，应立即用大量水冲洗后请医生诊治。使用现场禁止吸烟。应密封于通风良好处保存。

CH_3 / H_2C=CH–CH_2–Si–H / CH_3

Allyl 2,3-epoxypropyl ether 00455

烯丙基-2,3-环氧丙基醚

［106-92-3］ $C_6H_{10}O_2$ 114.15

成分 C 63.13%，H 8.83%，O 28.03%。

别名 Allyl glycidylether；1-Allyloxy-2，3-epoxypropane

性状 无色液体。微溶于水（20℃，5g/L）。mp －100℃；bp 150～154℃；Fp 113°F（45℃）；*V*p（20℃）2.6hPa；d^{20} 0.97；n_D^{20} 1.4332。LD_{50}大鼠急性经口：922mg/kg；LC_{50}鱼（24h）：78mg/L。一般试剂含量≥97.0%（GC）。

注意事项 该品易燃。吸入或口服有害。对呼吸系统及皮肤有刺激性。对机体有不可逆损伤的可能性。对眼睛有严重损伤的危险。接触皮肤能引起过敏。对水生物有害。对水环境能产生长期有害的结果。有损伤生育力的危险。使用时应穿适当的防护服，戴手套和防护镜或面罩。应避免与眼睛及皮肤接触。万一接触到眼睛，应立即用大量水冲洗后请医生诊治。应防止将本品释放于环境中。应密封于15℃以下保存。

Allyl ether 烯丙醚 00456

［557-40-4］ $C_6H_{10}O$ 98.15

成分 C 73.43%，H 10.27%，O 16.30%。

别名 二-*α*-烯丙醚；烯丙基醚；Diallyl ether；3，3′-Oxybis-1-propene；3-（2-Propenoxy）propene

GW 2015-582 M.I. 15，283

性状 无色液体。有类似萝卜的气味。能与乙醇、乙醚相混溶，易溶于丙酮，几乎不溶于水。bp 94℃；Fp 20℉（－6℃）；d_0^{18} 0.805；n_D^{20} 1.4240。LD_{50}大鼠急性经口：0.32g/kg。一般试剂含量≥99.0%。

注意事项 该品有毒。易燃。具有刺激性。使用现场禁止吸烟。应远离火种密封保存。

主要用途 有机合成。

Allyl ethyl ether 烯丙基乙基醚 00457

［557-31-3］ $C_5H_{10}O$ 86.13

成分 C 69.72%，H 11.70%，O 18.58%。

别名 乙基烯丙基醚；丙烯基乙醚；3-Ethoxy-1-propene；Ethyl allyl ether

GW 2015-2619 M.I. 15，284

性状 无色液体。能与乙醇、乙醚相混溶，几乎不溶于水。$bp_{742.9}$ 66～67℃/99.04kPa；Fp －5℉（－20℃）；*d* 0.765；n_D^{20} 1.3881。一般试剂含量≥98.0%。

注意事项 该品高度易燃。能形成爆炸性过氧化物。吸入或口服有害。使用现场禁止吸烟，使用时应穿适当的防护服，应避免吸入本品的蒸气、烟雾，应采取抗放静电措施，远离火种和密封于通风良好处保存。其包装物应按危险品处理。

主要用途 有机合成。

H_2C=CH–CH_2–O–CH_3

D-Allylglycine D-烯丙基甘氨酸 00458

［54594-06-8］ $C_5H_9NO_2$ 115.13

成分 C 52.16%，H 7.88%，N 12.17%，O 27.79%。

别名 D-2-氨基-4-戊烯酸；*R*-（＋）-2-氨基-4-戊烯酸；D-烯丙基氨基乙酸；D-2-Amino-4-Pentenoic acid；*R*-（＋）-2-Amino-4-pentenoic acid

性状 无色结晶。溶于水。

注意事项 该品对眼睛、呼吸系统及皮肤有刺激性。使用时应穿防护服。使用时应避免吸入本品的粉尘，避免与眼睛及皮肤接触。万一接触到眼睛，应立即用大量水冲洗后请医生诊治。应密封于－20℃保存。

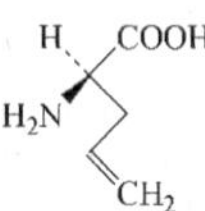

DL-Allylglycine DL-烯丙基甘氨酸 00459

［7685-44-1］ $C_5H_9NO_2$ 115.13

成分 C 52.16%，H 7.88%，N 12.17%，O 27.79%。

别名 DL-2-氨基-4-戊烯酸；DL-*C*-烯丙基氨基乙酸；DL-2-Amino-4-pentenoic acid

性状 无色结晶。溶于水。mp 约 265℃（分解）。生化试剂含量≥99.0%（NT）。

注意事项 该品对眼睛、呼吸系统及皮肤有刺激性。使用时应穿适当的防护服。万一接触到眼睛，应立即用大量水冲洗后请医生诊治。应密封于 2～8℃保存。

主要用途 生化研究。

L-Allylglycine L-烯丙基甘氨酸 00460

［16338-48-0］ $C_5H_9NO_2$ 115.13

成分 C 52.16%，H 7.88%，N 12.17%，O 27.79%。

别名 L-2-氨基-4-戊烯酸；L-2-Amino-4-pentenoic acid；*S*-（－）-2-Amino-4-pentenoic acid

性状 无色结晶。溶于水。mp 约 283℃（分解）；$[\alpha]_D^{20}$ －38°± 2°（*c*＝4，于水中）。生化试剂含量≥99.0%（TLC）。

注意事项 见 00459 DL-烯丙基甘氨酸。

主要用途 生化研究。

O-Allylhydroxylamine hydrochloride

O-烯丙基羟胺 盐酸盐 00461

［38945-21-0］ C_3H_8ClNO 109.56

成分 C 32.89%，H 7.36%，Cl 32.36%，N 12.78%，O 14.60%。

别名 *O*-（2-丙烯基）羟胺盐酸盐；盐酸*O*-（2-丙烯基）羟胺；盐酸*O*-烯丙基羟胺；*O*-（2-Propenyl）hydroxylamine hydrochloride

性状 无色结晶或白色粉末。易吸潮。溶于水。mp 约 170℃（分解）。一般试剂含量≥98.0%（AT）。

注意事项 该品对眼睛、呼吸系统及皮肤有刺激性。使用时应穿适当的防护服。万一接触到眼睛，应立即用大量会冲洗后请医生诊治。应充氮气密封干燥保存。

主要用途 有机合成中间体。

1-Allylimidazole 1-烯丙基咪唑 00462

［31410-01-2］ $C_6H_8N_2$ 108.14

成分 C 66.64%，H 7.46%，N 25.90%。

性状 无色液体。bp 212～213℃；$bp_{0.1}$ 40～42℃/13.33Pa；Fp 213°F（101℃）；*d* 1.003；n_D^{20} 1.5050。一般试剂含量≥99.0%（GC）。

注意事项 该品口服有害。具有腐蚀性，能引起烧伤。使用时应穿防护服，戴手套和防护镜或面罩。万一接触到眼睛，应立即用大量水冲洗后请医生诊治。使用时如有事故发生或有不适之感，应请医生诊治。

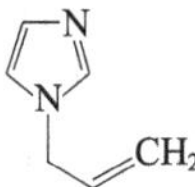

Allyl iodide 烯丙基碘 00463

[556-56-9] C_3H_5I 167.98

成分 C 21.45%，H 3.00%，I 75.55%。

别名 3-碘代-1-丙烯；3-碘丙烯；碘丙烯；3-Iodo-1-propene；3-Iodopropylene

GW 2015-179 M.I. 15，285

性状 浅黄色透明液体。有不愉快的刺激性气味。露置空气中或见光能析出游离碘使颜色变深。能与乙醇、乙醚、三氯甲烷相混溶，几乎不溶于水。bp 103℃；Fp 65℉（18℃）；d^{12} 1.848；n_D^{21} 1.5540。一般试剂含量≥95.0%（GC）。

注意事项 该品易燃。具有腐蚀性，能引起烧伤。万一接触到眼睛，应立即用大量水冲洗后请医生诊治。使用时如有事故发生或有不适之感，应请医生诊治。应远离火种，密封避光于2～8℃保存。

主要用途 有机合成。

Allyl isocyanate 异氰酸烯丙酯 00464

[1476-23-9] C_4H_5NO 83.09

成分 C 57.82%，H 6.07%，N 16.86%，O 19.26%。

别名 烯丙基异氰酸酯

性状 黄色透明液体。具有催泪性。对湿度敏感。bp 87～89℃；Fp 109.4℉（43℃）；d 0.940；n_D^{20} 1.4170。一般试剂含量≥97.0%（GC）。

注意事项 该品对眼睛、呼吸系统及皮肤有刺激性。吸入能引起过敏。使用时应穿适当的防护服，戴手套和防护镜或面罩。使用时应避免吸入本品的蒸气。万一接触到眼睛，应立即用大量水冲洗后请医生诊治。使用时如有事故发生或有不适之感，应请医生诊治。应充氮气密封于2～8℃干燥保存。

Allyl isothiocyanate 异硫氰酸烯丙酯 00465

[57-06-7] C_4H_5NS 99.15

成分 C 48.45%，H 5.08%，N 14.13%，S 32.34%。

别名 人造芥子油；Allyl isosulfocyanate；Allyl mustard oil；Allyl *iso*-sulfocyanate；AITC；3-Isothiocyanato-1-propene；Isothiocyanic acid allyl ester；Mustard oil；Oil of mustard；Redskin；*iso*-Thiocyanic acid allyl ester；3-*iso*-Thiocyanatopropene

GW 2015-2715 M.I. 15，286

性状 无色至浅黄色油状液体。久置逐渐变黄色。具催泪性。具有强折射性及辛辣刺激性气味。见光容易变色分解。能与乙醚、苯、二硫化碳等多数有机溶剂相混溶。1mL 该品能溶于 8mL 70% 的乙醇，微溶于水。mp −80℃；bp 152℃；Fp 115 ℉（46℃）；d_4^{15} 1.024；n_D^{25} 1.5248。LD_{50}大鼠急性经口：339mg/kg。一般试剂含量≥98.0%（GC）。

注意事项 该品易燃。口服或接触皮肤有毒。具有腐蚀性，能引起烧伤。吸入或接触皮肤能引起过敏。对眼睛、呼吸系统及皮肤有刺激性。使用时应穿适当的防护服，戴手套和防护镜或面罩。应避免吸入本品的蒸气、飞沫。万一接触到眼睛，应立即用大量水冲洗后请医生诊治。使用时如有事故发生或有不适之感，应请医生诊治。应充氮气密封避光于2～8℃保存。

主要用途 医用刺激中枢神经兴奋剂。食用香料。

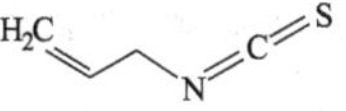

Allylmagnesium bromide ether solution
溴化烯丙基镁乙醚溶液 00466

[1730-25-2] C_3H_5BrMg 145.28

成分 C 24.80%，H 3.47%，Br 55.00%，Mg 16.73%。

GW 2015-2625（乙醚）

性状 无色液体。一般商品为约 1mol/L 的该品乙醚溶液。易吸湿，对空气和湿度敏感。d_4^{20} 0.85。一般试剂为约 1mol/L 于乙醚中。

注意事项 该品极易燃。遇水激烈反应并放出高易燃气体。能形成爆炸性过氧化物。具有腐蚀性，能引起烧伤。口服有害。反复曝露可能造成皮肤干燥或开裂。其蒸气可造成皮肤干燥及瞌睡。使用时应穿适当的防护服，戴手套和防护镜或面罩。应保持容器的密闭和干燥。使用现场禁止吸烟。万一接触到眼睛，应立即用大量水冲洗后请医生诊治。使用时如有事故发生或有不适之感，应请医生诊治。切勿排入下水道。万一着火，应用指定的灭火设备灭火而不能用水。应远离火种，采取抗放静电措施，于通风良好处充氩气密封干燥处保存。

Allylmagnesium chloride tetrahydrofuran solution
氯化烯丙基镁四氢呋喃溶液 00467

[2622-05-1] C_3H_5ClMg 100.83

成分 C 35.74%，H 5.00%，Cl 35.16%，Mg 24.10%。

GW 2015-2071（四氢呋喃）

性状 无色液体。易吸湿，对空气和湿度敏感。Fp 1.4℉（−17℃）；d_4^{20} 1.01。

注意事项 该品高度易燃。遇水激烈反应并放出高度易燃液体。具有腐蚀性，能引起烧伤，接触皮肤能引起过敏。使用时应穿适当的防护服，戴手套和防护镜或面罩。万一接触到眼睛，应立即用大量水冲洗后请医生诊治。使用现场禁止吸烟。应保持容器的密闭和干燥。使用时如有事故发生或有不适之感，应请医生诊治。应远离火种，密封保存。

Allyl mercaptan 烯丙基硫醇 00468

[870-23-5] C_3H_6S 74.14

成分 C 48.60%，H 8.16%，S 43.25%。

别名 2-丙烯-1-硫醇；Allyl thiol；2-Propene-1-thiol

GW 2015-142

性状 无色液体。有刺激性臭味。能与乙醇、乙醚相混溶。bp 67～68℃；Fp 70℉（21℃）；d_4^{20} 0.895；n_D^{20} 1.4765。一般试剂含量约 60.0%（GC）。

注意事项 该品高度易燃。吸入、口服或与皮肤接触有害。使用时应穿适当的防护服和戴手套。使用时应避免吸入本品的蒸气、飞沫。使用现场禁止吸烟。应远离火种，采取抗放静电措施，充氩气密封避光于通风良好处保存。其包装物应按危险品处理。

主要用途 有机合成。

Allyl methacrylate 甲基丙烯酸烯丙酯 00469

[96-05-9] $C_7H_{10}O_2$ 126.16

成分 C 66.64%，H 7.99%，O 25.36%。

别名 烯丙基甲基丙烯酸酯；Methacrylic acid allyl ester

GW 2015-1107

性状 无色液体。常加入约 0.01%的氢醌一甲醚作稳定剂。mp −65℃；bp 139～142℃；Fp 100.4℉（38℃）；d_4^{20} 0.934；n_D^{20} 1.436。一般试剂含量≥98.0%（GC）。

注意事项 该品易燃。口服或与皮肤接触有害。吸入有毒。对水生物极毒。使用时应穿适当的防护服和戴手套。使用时如有事故发生或有不适之感，应请医生诊治。万一接触到眼睛或与皮肤，应立即用大量水冲洗后请医生诊治。应防止将本品释放于环境中。应密封于2～8℃保存。

Allyl (4-methoxyphenyl) dimethylsilane
烯丙基（4-甲氧基苯基）二甲基硅烷 00470

[68469-60-3] $C_{12}H_{18}OSi$ 206.36

成分 C 69.84%，H 8.79%，O 7.75%，Si 13.61%。

别名 烯丙基二甲基（4-甲氧基苯基）硅烷；Allyldimethyl (4-methoxyphenyl) silane

性状 无色液体。Fp 244.4℉（118℃）；d_4^{20} 0.947；n_D^{20} 1.519。一般试剂含量≥98.0%（GC）。

注意事项 使用时应避免吸入本品的蒸气、飞沫，避免与眼睛及皮肤接触。

***N*-Allylmethylamine *N*-烯丙基甲胺** 00471

[627-37-2] C_4H_9N 71.12

成分 C 67.55%，H 12.76%，N 19.69%。

别名 *N*-甲基烯丙胺；*N*-Methylallylamine

性状 无色液体。对二氧化碳敏感。bp 64～66℃；Fp 17.6℉（−8℃）；d_4^{20} 0.748；n_D^{20} 1.412。一般试剂含量≥98.0%（GC）。

注意事项 该品高度易燃。吸入、口服或与皮肤接触有毒。具有腐蚀性，能引起烧伤。使用时应穿适当的防护服，戴手套和防护镜或面罩。万一接触到眼睛，应立即用大量水冲洗后请医生诊治。使用时如有事故发生或有不适之感，应请医生诊治。应充氮气密封于2～8℃保存。

Allyl methyl carbonate 碳酸烯丙基甲基酯 00472
[35466-83-2] $C_5H_8O_3$ 116.12
成分 C 51.72%，H 6.94%，O 41.33%。
别名 碳酸甲基烯丙基酯
性状 无色液体。对湿度敏感。bp 131℃；bp_{35} 59～60℃/4.666kPa；Fp 66.8°F（33℃）；d_4^{20} 1.026；n_D^{20} 1.4060。一般试剂含量≥98.0%（GC）。
注意事项 该品易燃。对眼睛、呼吸系统及皮肤有刺激性。使用时应穿适当的防护服。万一接触到眼睛，应立即用大量水冲洗后请医生诊治。应密封于干燥处保存。
主要用途 烯丙基化反应试剂。

6-Allyloxy carbonylamino-1-hexanol
6-烯丙氧基羰氨基-1-己醇 00473
[146292-92-4] $C_{10}H_{19}NO_3$ 201.26
成分 C 59.68%，H 9.52%，N 6.96%，O 23.85%。
别名 烯丙基 *N*-(6-羟己基)氨基甲酸酯；*N*-(6-羟己基)氨基甲酸烯丙酯；Allyl *N*-(6-hydroxyhexyl)carbamate
性状 无色结晶。高温为液体。mp 46～49℃。一般试剂含量≥98.0%（GC）。
注意事项 该品对眼睛、呼吸系统及皮肤有刺激性。使用时应穿适当的防护服。万一接触到眼睛，应立即用大量水冲洗后请医生诊治。
主要用途 有机合成。

5-Allyloxycarbonylamino-1-pentanol
5-烯丙氧基羰氨基-1-戊醇 00474
[221895-82-5] $C_9H_{17}NO_3$ 187.23
成分 C 57.74%，H 9.15%，N 7.48%，O 25.64%。
别名 烯丙基 *N*-（5-羟戊基）氨基甲酸酯；*N*-（5-羟戊基）氨基甲酸烯丙酯；Allyl *N*-（5-hydroxypentyl）carbamate
性状 无色液体。Fp＞228.2°F（109℃）；d_4^{20} 1.052；n_D^{20} 1.473。一般试剂含量≥97.0%（GC）。
注意事项 见 00473 6-烯丙氧基羰氨基-1-己醇。

3-Allyloxycarbonylamino-1-propanol
3-烯丙氧基羰氨基-1-丙醇 00475
[156801-29-5] $C_7H_{13}NO_3$ 159.18
成分 C 52.82%，H 8.23%，N 8.80%，O 30.15%。
别名 烯丙基 *N*-(3-羟丙基)氨基甲酸酯；*N*-(3-羟丙基)氨基甲酸烯丙酯；Allyl *N*-(3-hydroxypropyl)carbamate
性状 无色液体。Fp 228.2°F（109℃）；d_4^{20} 1.097；n_D^{20} 1.472。一般试剂含量≥98.0%（GC）。
注意事项 该品对眼睛、呼吸系统及皮肤有刺激性。使用时应穿适当的防护服。万一接触到眼睛，应立即用大量水冲洗后请医生诊治。

***N*-（Allyloxycarbonyl）ethanolamine**
***N*-（烯丙氧羰基）乙醇胺** 00476
[66471-00-9] $C_6H_{11}NO_3$ 145.16
成分 C 49.65%，H 7.64%，N 9.65%，O 33.07%。
别名 烯丙基 *N*-(2-羟乙基)氨基甲酸酯；*N*-(2-羟乙基)氨基甲酸烯丙酯；Allyl *N*-(2-hydroxyethyl)carbamate
性状 无色液体。Fp 228.2°F（109℃）；d_4^{20} 1.125；n_D^{20} 1.471。一般试剂含量≥98.0%（GC）。
注意事项 该品对眼睛、呼吸系统及皮肤有刺激性。使用时应穿适当的防护服。万一接触到眼睛，应立即用大量水冲洗后请医生诊治。

3-Allyloxy-1,2-propanediol
3-烯丙氧基-1,2-丙二醇 00477
[123-34-2] $C_6H_{12}O_3$ 132.16
成分 C 54.53%，H 9.15%，O 36.32%。
别名 丙三醇 1-烯丙基醚；Glycerol 1-allyl ether
性状 无色液体。溶于水，pH 值(20℃，1g/mL) 6.5～7.5。mp −100～−90℃；bp_{28} 141～143℃/3.7kPa；Fp 208.4°F(98℃)；*V*p(20℃)1.01hPa；d^{20} 1.07；n_D^{20} 1.4627。LD_{50} 大鼠经口：5400mg/kg；LC_{50} 鱼(24h)：＞5000mg/L。一般试剂含量≥99.0%(GC)。
注意事项 见 00473 6-烯丙氧基羰氨基-1-己醇。

Allyloxytrimethylsilane 烯丙氧基三甲基硅烷 00478
[18146-00-4] $C_6H_{14}OSi$ 130.26
成分 C 55.32%，H 10.83%，O 12.28%，Si 21.56%。
别名 3-（三甲基硅氧基）丙烯；三甲基烯丙氧基硅烷；3-（Trimethylsiloxy）propene
性状 无色液体。对湿度敏感。bp 100～102℃；Fp 33.8°F（1℃）；d_4^{20} 0.773；n_D^{20} 1.3970。一般试剂含量≥98.0%。
注意事项 该品高度易燃。对眼睛、呼吸系统及皮肤有刺激性。使用现场禁止吸烟。使用时应穿适当的防护服。万一接触到眼睛，应立即用大量水冲洗后请医生诊治。应充氩气密封于 2～8℃干燥保存。

Allylpalladium chloride dimer
氯化烯丙基钯二聚体 00479
[12012-95-2] $C_6H_{10}Cl_2Pd_2$ 365.85
成分 C 19.70%，H 2.75%，Cl 19.38%，Pd 58.18%。
性状 白色粉末。不溶于水。对空气和湿度敏感。一般试剂含量≥98.0%（CH）。
注意事项 该品对眼睛、呼吸系统及皮肤有刺激性。使用时应穿适当的防护服。万一接触到眼睛，应立即用大量水冲洗后请医生诊治。应充氩气密封于 2～8℃干燥处保存。

2-Allylphenol 2-烯丙基酚 00480
[1745-81-9] $C_9H_{10}O$ 134.18
成分 C 80.56%，H 7.51%，O 11.92%。
性状 无色液体。mp −7～−5℃；bp 226～228℃；Fp 190.4°F（88℃）；d_4^{20} 1.020；n_D^{20} 1.544。一般试剂含量≥98.0%（GC）。
注意事项 该品口服或与皮肤接触有害。具有腐蚀性，能引起烧伤。使用应穿适当的防护服，戴手套和防护镜或面罩。万一接触到眼睛，应立即用大量水冲洗后请医生诊治。使用时如有事故发生或有不适之感，应请医生诊治。应密封保存。

Allyl phenyl ether 烯丙基苯基醚 00481
[1746-13-0] $C_9H_{10}O$ 134.18
成分 C 80.56%，H 7.51%，O 11.92%。
别名 苯烯丙醚；苯氧基丙烯；苯基烯丙基醚；APE；3-Phenoxy-1-propene；Phenyl allyl ether
性状 无色液体。能与乙醇、乙醚、苯相混溶，不溶于水。bp 191～192℃；bp_{11} 71～73℃/1.467kPa；Fp 145°F(62℃)；d_4^{20} 0.978；n_D^{20} 1.522。一般试剂含量≥98.5%(GC)。
注意事项 使用时应避免吸入本品的蒸气，避免与眼睛及皮肤接触。应充氩气密封于阴凉处保存。
主要用途 有机合成。

Allyl phenyl sulfide 硫化烯丙基苯基 00482
[5296-64-0] $C_9H_{10}S$ 150.24
成分 C 71.96%，H 6.71%，S 21.34%。
别名 烯丙基硫化苯；烯丙基苯基化硫
性状 无色液体。有恶臭。bp 223～225℃；Fp＞208.4°F(98℃)；d_D^{20} 1.024；n_D^{20} 1.576。一般试剂含量≥97.0%(GC)。
注意事项 该品吸入、口服或与皮肤接触有害。使用时应穿适当的防护服，戴手套和防护镜或面罩。使用时应避免吸入本品的蒸气。应密封保存。

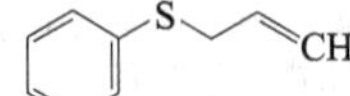

Allyl phenyl sulfone 烯丙基苯砜 00483
[16212-05-8] $C_9H_{10}O_2S$ 182.24

成分 C 59.32%，H 5.53%，O 17.56%，S 17.60%。
性状 无色液体。$bp_{0.5}$ 110～113℃/66.66Pa；Fp 235.4°F (113℃)；*d* 1.189；n_D^{20} 1.548。一般试剂含量≥98.0%（GC）。
注意事项 该品对眼睛、呼吸系统及皮肤有刺激性。使用时应穿适当的防护服。万一接触到眼睛，应立即用大量水冲洗后请医生诊治。应充氩气密封避光于2～8℃保存。

Allyl phenyl sulfoxide 烯丙基苯基亚砜 00484
[19093-37-9] $C_9H_{10}OS$ 166.24
成分 C 65.03%，H 6.06%，O 9.62%，S 19.29%。
性状 无色液体。$bp_{0.3}$ 85℃/40Pa；d_4^{20} 1.122；n_D^{20} 1.578。一般试剂含量≥97.0%（GC）。
注意事项 该品吸入或口服有害。使用时应穿适当的防护服和戴手套。使用时应避免吸入本品的蒸气。
主要用途 合成烯丙基醇的试剂。

Allylprodine hydrochloride 烯丙苯哌啶 盐酸盐 00485
[25384-17-2] $C_{18}H_{26}ClNO_2$ 323.86
成分 C 66.76%，H 8.09%，Cl 10.95%；N 4.33%；O 9.88%。
别名 盐酸烯丙苯哌啶；α-3-烯基-1-甲基-4-苯基-4-苯酰氧基哌啶 盐酸盐；1-Methyl-4-phenyl-3-(2-propenyl)-4-piperidinol propanoate hydrochloride；α-3-Allyl-1-methyl-4-phenyl-4-propionoxypiperidine hydrochloride；α-3-Allyl-1-methyl-4-phenyl-4-piperidinol propionate hydrochloride；NIH-7440-HCl；Ro-2-7113-HCl
M.I. 14.296
性状 来自丙酮+甲醇中的无色结晶。mp 186～187℃。
主要用途 医用止痛剂。

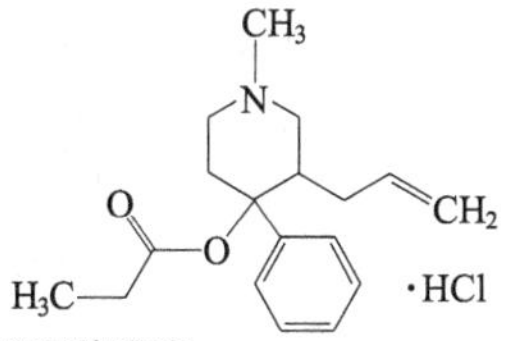

Allyl sulfide 烯丙基硫醚 00486
[592-88-1] $C_6H_{10}S$ 114.21
成分 C 63.10%，H 8.83%，S 28.08%。
别名 二烯丙基硫；二烯丙基硫醚；硫化二烯丙基；Diallyl sulfide；Oil garlic；Thioallyl ether；3，3′-Thiobis-1-propene
GW 2015-581 M.I. 15，288
性状 无色或浅黄色液体。有大蒜气味。能与乙醇、乙醚、氯仿、四氯化碳相混溶，几乎不溶于水。mp -83℃；bp 139℃；Fp 114°F (4b℃)；d_4^{27} 0.888；n_D^{27} 1.4877。一般试剂含量≥98.0%。
注意事项 该品易燃。对眼睛、呼吸系统及皮肤有刺激性。使用时应穿适当的防护服。万一接触到眼睛，应立即用大量水冲洗后请医生诊治。应远离火种密封保存。
主要用途 制造香料。

2-Allylthio-2-thiazoline 2-烯丙基硫代-2-噻唑啉 00487
[3571-74-2] $C_6H_9NS_2$ 159.27
成分 C 45.25%，H 5.70%，N 8.79%，S 40.27%。
别名 *S*-烯丙基-2-巯基噻唑啉；*S*-Allyl-2-mercaptothiazoline
性状 无色液体。不溶于水。$bp_{1.5}$ 92～94℃/200Pa；d^{20} 1.16。LD_{50}大鼠急性经口：110mg/kg。一般试剂含量≥99.0%
注意事项 该品吸入、口服或与皮肤接触有毒。使用时应穿适当的防护服和戴手套。使用时如有事故发生或有不适之感，应请医生诊治。
主要用途 检测卤代烃中3-碘丙烯的试剂。

Allyl thiourea 烯丙基硫脲 00488
[109-57-9] $C_4H_8N_2S$ 116.18
成分 C 41.35%，H 6.94%，N 24.11%，S 27.60%。
别名 1-烯丙基-2-硫脲；*N*-烯丙基硫脲；硫代芥子油；Allyl sulfocarbamide；Allyl sulfourea；Allylthiocarbamide；1-Allyl-2-thiourea；Aminosin；ATU；(2-Propenyl) thiourea；Rhodalline；Thiosinamine
M.I. 15，9515
性状 白色结晶。微有蒜臭气味。味苦。溶于约30份水，溶于乙醇，微溶于乙醚，不溶于苯。mp 78℃；*d* 1.22。LD_{50}大鼠急性经口：200mg/kg。一般试剂含量≥98.0%。
注意事项 该品口服有毒。对眼睛、呼吸系统和皮肤有刺激性。大量使用应穿防护服，戴手套和防护镜或面罩。万一接触到眼睛，应立即用大量水冲洗后请医生诊治。使用时如有事故发生或有不适之感，应请医生诊治。应密封保存。
主要用途 测定镉、铀。无氰镀铜添加剂。防腐剂。有机合成。兽用过去用于将疤痕组织减小。

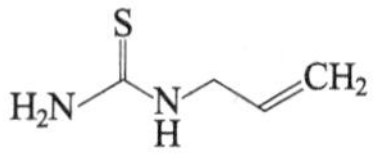

Allyl *p*-toluenesulfonate 对甲苯磺酸烯丙酯 00489
[4873-09-0] $C_{10}H_{12}O_3S$ 212.27
成分 C 56.59%，H 5.70%，O 22.61%，S 15.11%。
性状 无色液体。对湿度敏感。d_4^{20} 1.180；n_D^{20} 1.523。一般试剂含量≥95.0（GC）。
注意事项 该品对眼睛、呼吸系统及皮肤有刺激性。使用时应穿适当的防护服。万一接触到眼睛，应立即用大量水冲洗后请医生诊治。应充氩气密封于干燥处保存。

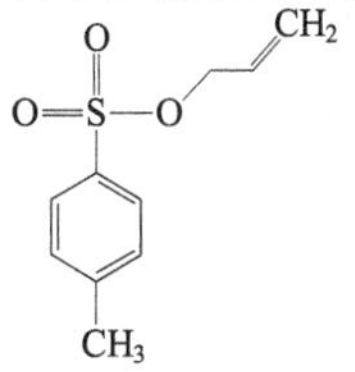

Allyltributylstannane 烯丙基三丁基锡烷 00490
[24850-33-7] $C_{15}H_{32}Sn$ 331.12
成分 C 54.41%，H 9.74%，Sn 35.85%。
性状 无色液体。有恶臭。$bp_{0.2}$ 88～92℃/26.66Pa；Fp 217.4°F (103℃)；*d* 1.068；n_D^{20} 1.4860。一般试剂含量≥95.0%（GC）。
注意事项 该品口服有毒，与皮肤接触有害。对眼睛及皮肤有刺激性。长期曝露、口服或吸入对健康有严重损伤的危险。对水生物极毒，能对水环境引起不利的结果。使用时应穿适当的防护服，戴手套和防护镜或面罩。使用时如有事故发生或有不适之感，应请医生诊治。应避免将本品释放于环境中。其包装物应按危险品处理。应密封于2～8℃保存。
主要用途 烯丙基化反应试剂。

Allyltrichlorosilane 烯丙基三氯硅烷 00491
[107-37-9] $C_3H_5Cl_3Si$ 175.52
成分 C 20.53%，H 2.87%，Cl 60.60%，Si 16.00%。
别名 三氯烯丙基硅烷；Trichloroallylsilane
GW 2015-2186
性状 无色透明液体。对湿度敏感。遇水分解。能与多种有机溶剂相混溶。bp_{750} 116℃/99.992kPa；Fp 88°F (31℃)；d_4^{20} 1.211；n_D^{20} 1.443。一般试剂含量≥95.0%（GC）。
注意事项 该品高度易燃。具有腐蚀性，能引起烧伤。使用时应穿适当的防护服，戴手套和防护镜或面罩。万一接触到眼睛，应立即用大量水冲洗后请医生诊治。使用时如有事故发生或有不适之感，应请医生诊治。使用现场禁止吸烟。万一着火，应用干粉灭火。应远离火种，采取抗放静电措施，充氩气密封于干燥处保存。
主要用途 合成高分子有机硅化合物的原料。

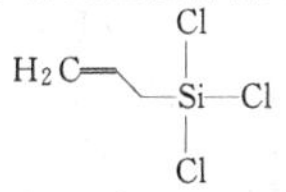

Allyltriethoxysilane 烯丙基三乙氧基硅烷 00492
[2550-04-1] $C_9H_{20}O_3Si$ 204.34
成分 C 52.90%，H 9.87%，O 23.49%，Si 13.74%。
别名 三乙氧基烯丙基硅烷；Triethoxyallylsilane
性状 无色液体。对湿度敏感。bp 176～177℃；bp_{21} 78℃/2.8kPa；Fp 69.8°F (21℃)；d_4^{20} 0.953；n_D^{20} 1.4060。一般试剂含量≥97.0%。
注意事项 该品易燃。对眼睛、呼吸系统和皮肤有刺激性。使用现场禁止吸烟。使用时应穿适当的防护服。万一接触到眼睛，应立即用大量水冲洗后请医生诊治。应远离火种，密封于干燥处保存。

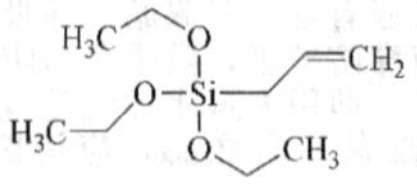

Allyltrimethoxysilane 烯丙基三甲氧基硅烷 00493

[2551-83-9] $C_6H_{14}O_3Si$ 162.26

成分 C 44.41%，H 8.70%，O 29.58%，Si 17.31。

别名 三甲氧基烯丙基硅烷；Trimethoxyallylsilane

性状 无色液体。对湿度敏感。bp 146～148℃；Fp 68.8℉（46℃）；d_4^{20} 0.963；n_D^{20} 1.405。一般试剂含量≥95.0%。

注意事项 该品易燃。对眼睛、呼吸系统及皮肤有刺激性。使用时应穿适当的防护服。万一接触到眼睛，应立即用大量水冲洗后请医生诊治。应充氩气密封于干燥处保存。

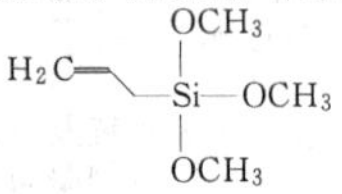

Allyltrimethylammonium bromide
溴化烯丙基三甲基铵 00494

[3004-51-1] $C_6H_{14}BrN$ 180.09

成分 C 40.02%，H 7.84%，Br 44.37%，N 7.78%。

别名 溴化三甲基烯丙基铵

性状 无色结晶或白色粉末。mp 169～173℃。一般试剂含量≥95.0%（AT）。

注意事项 该品对眼睛、呼吸系统及皮肤有刺激性。使用时应穿适当的防护服。万一接触到眼睛，应立即用大量水冲洗后请医生诊治。

Allyltrimethylsilane 烯丙基三甲基硅烷 00495

[762-72-1] $C_6H_{14}Si$ 114.27

成分 C 63.07%，H 12.35%，Si 24.58%。

别名 三甲基烯丙基硅烷；3-（三甲基甲硅烷基）丙烯；Trimethylallylsilane；3-（Trimethylsilyl）propene

性状 无色液体。bp 85～86℃；Fp 44.6℉（7℃）；d_4^{20} 0.717；n_D^{20} 1.4080。一般试剂含量≥99.0%。

注意事项 该品高度易燃。对眼睛、呼吸系统及皮肤有刺激性。使用时应穿适当的防护服，戴手套。使用现场禁止吸烟。万一接触到眼睛，应立即用大量水冲洗后请医生诊治。应密封于通风良好处保存。其包装物应按危险品处理。

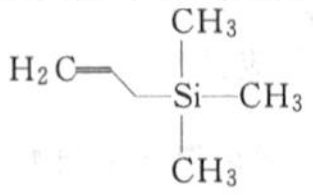

Allyltriphenylphosphonium bromide
溴化烯丙基三苯基鏻 00496

[1560-54-9] $C_{21}H_{20}BrP$ 383.27

成分 C 65.81%，H 5.26%，Br 20.85%，P 8.08%。

性状 无色结晶或白色粉末。溶于水并分解。能吸潮。mp 222～225℃。堆积密度 290kg/m³。LD_{50}小鼠急性经口＞450mg/kg。一般试剂含量≥99.0%。

注意事项 该品口服有害。对眼睛、呼吸系统及皮肤有刺激性。使用时应穿适当的防护服，戴手套和防护镜或面罩。万一接触到眼睛，应立即用大量水冲洗后请医生诊治。

Allyltriphenylphosphonium chloride
氯化烯丙基三苯基鏻 00497

[18480-23-4] $C_{21}H_{20}ClP$ 338.82

成分 C 74.44%，H 5.95%，Cl 10.46%，P 9.14%。

性状 无色结晶或白色粉末。易吸潮。mp 230～231℃。一般试剂含量≥99.0%（AT）。

注意事项 该品对眼睛、呼吸系统及皮肤有刺激性。使用时应戴适当的手套和防护镜或面罩。万一接触到眼睛，应立即用大量水冲洗后请医生诊治。

主要用途 维悌希试剂。

Allyltriphenylsilane 烯丙基三苯基硅烷 00498

[18752-21-1] $C_{21}H_{20}Si$ 300.48

成分 C 83.94%，H 6.71%，Si 9.35%。

别名 三苯基烯丙基硅烷；Triphenylallylsilane

性状 白色结晶或固体。mp 89～90℃。一般试剂含量≥98.0%。

注意事项 使用时应避免吸入本品的粉尘，避免与眼睛及皮肤接触。

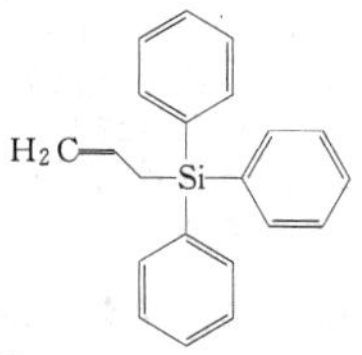

Allylurea 烯丙基脲 00499

[557-11-9] $C_4H_8N_2O$ 100.12

成分 C 47.99%，H 8.05%，N 27.98%，O 15.98%。

别名 *N*-烯丙基脲；Allylcarbamide；*N*-Allylurea；*N*-2-Propenylurea

M. I. 15，291

性状 无色结晶或白色结晶性粉末。易溶于水、乙醇，几乎不溶于氯仿、乙醚、甲苯、二硫化碳。mp 85℃。一般试剂含量≥95.0%。

主要用途 腐蚀抑制剂。烯丙基硫脲的合成。防腐剂。

注意事项 该品吸入、口服或与皮肤接触有害。对呼吸系统有刺激性。使用时应穿适当的防护服和戴手套，应避免吸入本品的粉尘。

Alminoprofen 阿明洛芬 00500

[39718-89-3] $C_{13}H_{17}NO_2$ 219.28

成分 C 71.21%，H 7.81%，N 6.39%，O 14.59%。

别名 α-甲基-4-[(2-甲基-2-丙烯基)氨基]苯乙酸；2-(对甲基烯丙基氨基苯基)丙酸；阿米洛芬；α-Methyl-4-[(2-methyl-2-propenyl)amino]benzeneacetic acid；2-(*p*-Methylallyl aminophenyl) propionic acid；EB-382；Minalfene

M. I. 15，293

性状 来自环己烷中的无色结晶。mp 107℃。LD_{50}小鼠急性经口：2400mg/kg。

注意事项 医用抗炎剂，止痛剂。

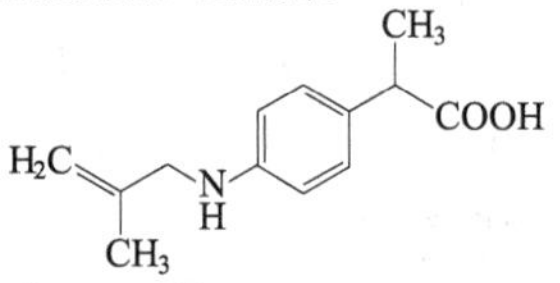

Almitrine dimethamesulfonate
阿米三嗪 二甲磺酸盐 00501

[29608-49-9] $C_{28}H_{37}F_2N_7O_6S_2$ 669.76

成分 C 50.21%，H 5.57%，F 5.67%；N 14.64%，O 14.33%，S 9.57%。

别名 二甲磺酸阿米三嗪；Almitrine dimesylate；Vectarion；6-[4-[Bis（4-fluorophenyl）methyl]-1-piperazinyl]-*N*，*N′*-di-2-propenyl-1,3,5-triazine-2,4-diamine dimethanesulfonate；2,4-Bis (allylamino)-6-[4-[bis(*p*-fluorophenyl) methyl]-1-piperazinyl]-*s*-triazine dimethanesulfonate；S-2620 dimethanesulfonate

M. I. 15，294

性状 无色结晶。mp 243℃（分解）；uv max（乙醇中）：227nm，246nm（lg ε 4.52，4.53）。LD_{50}小鼠静脉注射：210mg/kg；腹膜内注射：390 mg/kg；急性经口：＞2g/kg。

主要用途 医用呼吸兴奋剂。

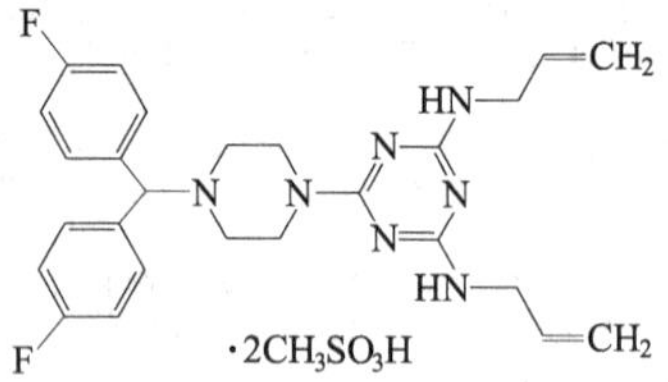

Almotriptan maleate 阿莫曲普坦 马来酸盐 00502

[181183-52-8] $C_{21}H_{31}N_3O_7S$ 469.55

成分 C 53.72%，H 6.65%，N 8.95%，O 23.85%，S 6.83%。

别名 马来酸阿莫曲普坦；依来曲普坦 马来酸盐；PNU-180638E；Almogran；Axert；1-[[[3-[2-(Dimethyl amino) ethyl]-1*H*-indol-5-yl] methyl] sulfonyl] pyrrolidine maleate；1-[[3-(2-Dimethylaminoethyl)-5-indolyl] methanesulphonyl] pyrrolidine maleate；LAS-31416 maleate

M. I. 15，298

性状 白色至微黄色结晶性粉末。溶于水。

主要用途 医用抗偏头痛剂。

Aloe-emodin 芦荟泻素 00503

[481-72-1] $C_{15}H_{10}O_5$ 270.24

成分 C 66.67%，H 3.73%，O 29.60%。

别名 1,8-二羟基-3-羟甲基蒽醌；3-羟甲基柯嗪；1,8-Dihydroxy-3-hydroxymethyl-9,10-anthracenedione；1,8-Dihydroxy-3-(hydroxymethyl)anthraquinone；3-Hydroxymethylchrysazin；Rhabarberone

M. I. 15，300

性状 来自甲苯中的橙色针状结晶。能在二氧化碳气流中升华。易溶于热乙醇，溶于乙醚，苯中呈黄色，溶于氨水，硫酸中呈深红至紫红色。mp 223～224℃。生化试剂含量≥95.0%（HOLC）。

注意事项 该品对眼睛、呼吸系统及皮肤有刺激性。使用时应穿防护服。万一接触到眼睛，应立即用大量水冲洗后请医生诊治。应充氩气密封于 2～8℃保存。

主要用途 生化研究。医用泻剂。

Aloin 芦荟素 00504

[8015-61-0] $C_{21}H_{22}O_9$ 418.40

成分 C 60.28%，H 5.30%，O 34.42%。

别名 葡糖基蒽酮；10-(1′,5′-Anhydroglucosyl)-aloe-emodin-9-anthrone；Barbaloin；1,8-Dihydroxy-10-(*β*-D-glucopyranosyl)-3-hydroxymethyl-9(10*H*)-anthracenone；1,8-Dihydroxy-3-hydroxymethyl-10-(6-hydroxymethyl-3,4,5-trihydroxy-2-pyranyl)anthrone；10-Glucopyranosyl-1,8-dihydroxy-3-hydroxymethyl-9(10*H*)-anthracenone

M. I. 15，303

性状 柠檬黄色结晶。微有芦荟气味。味道苦。对光敏感。该品溶解于下列物质中的溶度(18℃)：吡啶 57%、冰乙酸 7.3%、甲醇 5.4%、丙酮 3.2%、乙醇 1.9%、水 1.8%、乙酸乙酯 0.78%、异丙醇 0.27%、乙酸甲酯 2.8%、丙醇 0.78%。极微溶于异丁醇、氯仿、二硫化碳、乙醚。与氢氧化碱、氯化高铁、单宁酸不相容。mp 148～149℃。一般试剂含量≥97.0%。

主要用途 医用缓泻剂。化妆品添加剂。清洗、净化剂。

注意事项 该品对眼睛、呼吸系统及皮肤有刺激性。使用时应穿适当的防护服。万一接触到眼睛，应立即用大量水冲洗后请医生诊治。应密封避光于 2～8℃保存。

Alosetron hydrochloride 阿洛司琼 盐酸盐 00505

[122852-69-1] $C_{17}H_{19}ClN_4O$ 330.82

成分 C 61.72%，H 5.79%，Cl 10.72%；N 16.94%，O 4.84%。

别名 盐酸阿洛司琼；GR-68755C；Lotronex；2,3,4,5-Tetrahydre-5-methyl-2-[(5-methyl-1*H*-imidazol-4-yl)methyl]-1*H*-pyrido[4,3-*b*]indol-1-one hydrochloride；GR-68755-HCl

M. I. 15，304

性状 无色结晶或白色粉末。mp 288～291℃。

主要用途 医用治疗过敏性肠综合征。5-羟色胺受体阻滞剂。

Alpiropride 阿吡必利 00506

[81982-32-3] $C_{17}H_{26}N_4O_4S$ 382.48

成分 C 53.39%，H 6.85%，N 14.65%，O 16.73%，S 8.38%。

别名 4-Amin-2-methoxy-5-[(methylamino)sulfonyl]-*N*-[[1-(2-propenyl)-2-pyrrolidinyl]-methyl]benzamide；(±)-*N*-[(1-Allyl-2-pyrrolidinyl)methyl]-4-amino-5-methylsulfamoyl-*o*-anisamide；*N*-(1-Allyl-2-pyrrolidinylmethy)-2-methoxy-4-amino-5-methylsulfamoylbenzamide；RIV-2093；Rivistel

M. I. 15，307

性状 来自无水乙醇中的无色结晶。mp 168.5～169℃。LD_{50}雄小鼠静脉注射：44mg/kg；腹膜内注射：184mg/kg；皮下注射：204mg/kg；急性经口：3600mg/kg。

主要用途 医用抗偏头痛剂。抗精神痛剂。

Alprazolam 三唑定安 00507

[28981-97-7] $C_{17}H_{13}ClN_4$ 308.77

成分 C 66.13%，H 4.24%，Cl 11.48%，N 18.15%。

别名 8-Chloro-1-methyl-6-phenyl-4*H*-[1,2,4]triazolo[4,3-*a*][1,4]benzodiazepine；8-Chloro-1-methyl-6-phenyl-4*H*-*s*-triazolo[4,3-*a*][1,4]benzodiazepine；D-65MT；U-31889；Alplax；Cassadan；Esparon；Tafil；Tranquinal；Trankimazin；Xanax

M. I. 15，308

性状 来自乙酸乙酯中的无色结晶。易溶于氯仿，溶于甲醇、乙醇，略溶于丙酮，微溶于乙酸乙酯，不溶于水。mp 228～228.5；uv max(乙醇中)：222nm(ε 40250)。LD_{50}小鼠，大鼠急性经口：1020mg/kg，＞2000mg/kg；腹膜内注射：540mg/kg，610mg/kg。

注意事项 该品口服有害。使用时应穿适当的防护服，应避免吸入本品的粉尘。

主要用途 生化研究。医用抗焦虑剂（安定剂）。

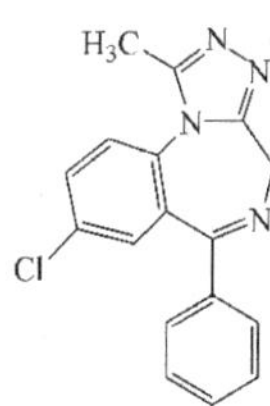

Alprenolol hydrochloride 心得舒 盐酸盐 00508

[13707-88-5] $C_{15}H_{24}ClNO_2$ 285.81

成分 C 63.03%，H 8.46%，Cl 12.40%，N 4.90%，O 11.20%。

别名 盐酸心得舒；盐酸烯丙心安；烯丙心胺盐酸盐；1-[(1-Methylethyl)amino]-3-[2-(2-propenyl)phenoxy]-2-propanol hydrochloride；1-(*o*-Allylphenoxy)-3-isopropylamino-2-propanol hydrochloride；H-56/28 hydrochloride；Apllobal；Aptine；Aptol Duriles；Gubernal；Regletin；Yobir

M. I. 15.309

性状 来自乙酸乙酯中的无色结晶或灰白色粉末。溶于水(50mg/mL)。mp 107～109℃。LD_{50}小鼠，大鼠，兔急性经口：278.0mg/kg，597.0mg/kg，337.3mg/kg。生化试剂含量≥99.0%（TLC）。

注意事项 该品口服有害。

主要用途 生化研究。*β*-肾上腺素阻滞剂。医用抗高血压剂，抗心律失常剂，抗咽炎剂。

Althiazide　烯硫噻二嗪　00509

[5588-16-9]　$C_{11}H_{14}ClN_3O_4S_3$　383.88

成分　C 34.42%，H 3.68%，Cl 9.23%，N 10.95%，O 16.67%，S 25.05%。

别名　1,1-二氧化 3-(烯丙基硫代)甲基-6-氯-3,4-二氢-2*H*-1,2,4-苯并噻二嗪-7-磺酰胺;3-烯丙基硫甲基-6-氯-3,4-二氢-1,2,4-苯并噻二嗪-7-氨磺酰-1,1-二氧化物;6-氯-3,4-二氢-3-(2-丙烯硫代)甲基-2*H*-1,2,4-苯并噻二嗪-7-磺酰胺;6-Chloro-3,4-dihydro-3-(2-propenylthio) methyl-2*H*-1, 2, 4-benzothiadiazine-7-sulfonamide 1,1-dioxide;3-(Allylthio)methyl-6-chloro-3,4-dihydro-2*H*-1,2,4-benzothiadiazine-7-sulfonamide 1,1-dioxide;3-Allylthiomethyl-6-chloro-7-sulfamoyl-3,4-dihydrobenzothiadiazine 1,1-dioxide;6-Chloro-3, 4-dihydro-7-sulfamoyl-3-(2-thiapent-4-enyl)-2*H*-1,2,4-benzothiadiazine 1,1-dioxide;Altizide;P-1779

M. I. 15, 314

性状　无色或白色固体。mp 206～207℃。

主要用途　生化研究。医用利尿、降血压剂。

Altrenogest　烯丙孕素　00510

[850-52-2]　$C_{21}H_{26}O_2$　310.44

成分　C 81.25%，H 8.44%，O 10.31%。

别名　四烯雄酮;(17β)-17-Hydroxy-17-(2-propenyl)estra-4,9,11-trien-3-one; 17α-Allyl-17-hydroxyestra-4, 9, 11-trien-3-one; 13β-Methyl-17α-allyl-$\Delta^{4,9,11}$-gonatriene-17β-ol-3-one; Allytrenbolone; A-35957;RU-2267;Regu-Mate

M. I. 15, 315

性状　无色结晶。mp 120℃；$[\alpha]_D^{20}$ −72°（*c*=0.5，于乙醇中)。生化试剂含量≥98.0%（HPLC)。

主要用途　兽用孕激素。

Altretarnine　六甲密胺　00511

[645-05-6]　$C_9H_{18}N_6$　210.29

成分　C 51.41%，H 8.63%，N 39.96%。

别名　六甲蜜胺;六甲三聚氰胺;2,4,6-三(二甲氨基)均三嗪;*N*, *N*, *N'*, *N'*, *N''*, *N'''*-Hexamethyl-1, 3, 5-triazine-2, 4, 6-triamine;2,4,6-Tris(dimethylamino)-*s*-triazine;Hemel;Hexamethylmelamine;HMM;ENT-50852;NSC-13875;Hexalen;Hexastat

M. I. 15, 316

性状　来自无水乙醇中的无色针状结晶。溶于氯仿，不溶于水。mp 172～174℃，uv max（乙醇中)：226nm（ε 49400)。LD_{50} 大鼠，豚鼠急性经口：350mg/kg，255mg/kg。

注意事项　该品口服有害。对眼睛、呼吸系统及皮肤有刺激性。使用时应穿适当的防护服。万一接触到眼睛，应立即用大量水冲洗后请医生诊治。实验用昆虫化学灭菌剂。

主要用途　医用抗肿瘤剂。

D-Altrose　D-阿卓糖　00512

[1990-29-0]　$C_6H_{12}O_6$　180.16

成分　C 40.00%，H 6.71%，O 53.26%。

别名　Alt；D-Altropyranose

M. I. 15, 317

性状　来自稀乙醇中的无色棱柱形结晶或白色结晶性粉末。溶于水，几乎不溶于乙醇。mp 103～105℃；$[\alpha]_D^{20}$ +32.6°（c=7.6，于水中)

注意事项　该品应充氩气密封于干燥处保存。

主要用途　生化研究。

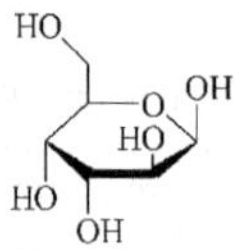

Aluminum powder　铝粉　00513

[7429-90-5]　Al　26.9815386

别名　Aluminium powder

GW 2015-1377　M. I. 15, 319

性状　银白色轻金属粉末。在潮湿空气中易被氧化，颜色变暗。易溶于稀硫酸、盐酸、碱溶液，不溶于水、浓硝酸。mp 660℃；bp 2327℃；*d* 2.70。一般试剂含量≥93.0%。

注意事项　该品易燃。与水接触时释放出高度易燃气体。在空气中能自动燃烧。万一着火，应使用指定的灭火设备，而决不能用水。使用时应保持容器的密闭和干燥。应密封干燥保存。

主要用途　还原剂。脱氧剂。铝合金制造。

Aluminum acetate basic dihydrate
碱式乙酸铝　二水　00514

[142-03-0]　$C_4H_7AlO_5 \cdot 2H_2O$　198.08

成分（以无水物计)　C 29.64%，H 4.35%，Al 16.65%，O 49.36%。

别名　乙酸铝 碱式;二乙酸铝;二水合碱式乙酸铝;氢氧化二乙酸铝;盐基乙酸铝;Aluminum diacetate;Aluminum diacetate hydroxide;Basic aluminum acetate

性状　白色粉末。微有乙酸味。久置或在水中煮沸，即逐渐失去乙酸而呈碱性。溶于碱溶液，难溶于酸，不溶于水。一般试剂含量（以乙酸计）≥50.0%。

注意事项　该品对眼睛、呼吸系统及皮肤有刺激性。使用时应戴适当的手套。万一接触到眼睛，应立即用大量水冲洗后请医生诊治。

主要用途　媒染剂。印染剂。医用收敛剂、消毒剂、防腐剂。

Aluminum acetylacetonate　乙酰丙酮化铝　00515

[13963-57-0]　$C_{15}H_{21}AlO_6$　324.31

成分　C 55.55%，H 6.53%，Al 8.32%，O 29.60%。

别名　Aluminum 2,4-pentanedionate;Tris(acetylacetonato)aluminum;Tris(2,4-pentanedionato)aluminum

性状　无色结晶或白色粉末。微溶于水（20℃，2.5g/L)，其 pH 值（20℃，2.5g/L）8。mp 192～194℃；bp 314～316℃；*d* 1.27。LD_{50}大鼠急性经口：48.7mg/kg。一般试剂含量≥98.0%（KT)。

注意事项　该品口服有毒，对眼睛、呼吸系统及皮肤有刺激性。使用时应穿适当的防护服，戴手套和防护镜或面罩。使用时应避免吸入本品的粉尘。万一接触到眼睛，应立即用大量水冲洗后请医生诊治。使用时如有事故发生或有不适之感，应请医生诊治。

Aluminum ammonium sulfate dodecahydrate
硫酸铝铵 十二水　00516

[7784-26-1]　$AlH_4NO_8S_2 \cdot 12H_2O$　453.31

成分（以无水计)　Al 11.38%，H 1.70%，N 5.91%，O 53.97%，S 27.04%。

别名　十二水合硫酸铝铵;铵明矾;硫酸铵铝;铝铵矾;Ammonium aluminum sulfate;Ammonium alum;Burnt ammonium alum;Exsiccated ammonium alum

M. I. 15, 323

性状　无色结晶或白色结晶性颗粒或粉末。1g 该品溶于 7mL 水、0.5mL 沸水，水溶液对石蕊呈酸性。其 0.05mol/L 水溶液 pH 值 4.6。易溶于甘油，几乎不溶于乙醇。120℃失去 10 分子结晶水，约 250℃成为无水物，

280℃以上分解。mp 94.5℃；*d* 1.65。一般试剂含量≥99.5%。

注意事项 使用时应避免吸入本品的粉尘，避免与眼睛及皮肤接触。应闭封于干燥处保存。

主要用途 分析试剂。媒染剂。软水剂。医用收敛剂，止血剂。半导体工业。镀铜。

Aluminum bromide anhydrous 无水溴化铝 00517

[7727-15-3] $AlBr_3$ 266.69

成分 Al 10.12%，Br 89.88%。

别名 无水三溴化铝；三溴化铝 无水；Aluminum tribromide anhydrous

GW 2015-1898 M.I. 15，328

性状 白色或浅黄而微带粉红色的片状或块状物。易潮解。在空气中发烟。溶于多数有机溶剂，如苯、丙酮、硝基苯、甲苯、二甲苯、二硫化碳、低碳烃等。mp 97℃，加热到250～270℃时分解。d_4^{18} 3.205。一般试剂含量≥98.0%。

注意事项 该品具有腐蚀性，能引起烧伤。能与水激烈反应。对皮肤有刺激性。口服有害。使用时应穿防护服，戴手套和防护镜或面罩。使用现场禁止吸烟。万一接触到眼睛，应立即用大量水冲洗后请医生诊治。使用时如有事故发生或有不适之感，应请医生诊治。使用时应保持容器密闭和干燥。应防止将本品释放于环境中。其包装物应按危险品处理。应密封干燥保存。

主要用途 有机合成的催化剂。

Aluminum bromide hexahydrate 溴化铝 六水 00518

[7727-15-3] $AlBr_3 \cdot 6H_2O$ 374.78

成分（以无水计） Al 10.12%，Br 89.88%。

别名 三溴化铝 六水；六水合溴化铝；Aluminum tribromide hexahydrate

GW 2015-1898 M.I. 15，328

性状 无色或微带浅黄色的易潮解结晶。溶于水、乙醇、乙醚、二硫化碳。mp 93℃；*d* 2.5。一般试剂含量≥98.0%。

注意事项 该品具有腐蚀性，能引起烧伤。接触皮肤后，应立即用大量指定的液体冲洗。使用时应保持容器的密闭和干燥。应密封干燥保存。

主要用途 分析试剂。有机合成和异构化的催化剂。

Aluminum *sec*-butoxide 仲丁氧基铝 00519

[2269-22-9] $C_{12}H_{27}AlO_3$ 246.32

成分 C 58.51%，H 11.05%，Al 10.95%，O 19.49%。

别名 三仲丁氧基铝；Aluminum tri-*sec*-butoxide

性状 无色液体。易吸湿。对空气敏感。bp_{30} 200～206℃/4kPa；Fp 78.8 ℉（26℃）；*d* 0.967；n_D^{20} 1.439。一般试剂含量≥95.0%（KT）。

注意事项 该品易燃，与水能激烈反应。吸入或与皮肤接触有害。使用时应穿适当的防护服，戴手套和防护镜或面罩。使用现场禁止吸烟。万一接触到眼睛，应立即用大量水冲洗后请医生诊治。万一着火，应使用指定的灭火设备，而不能用水。应远离火种，充氩气密封于干燥处保存。

Aluminum *tert*-butoxide 叔丁氧基铝 00520

[556-91-2] $C_{12}H_{27}AlO_3$ 246.33

成分 C 58.51%，H 11.05%，Al 10.95%，O 19.49%。

别名 叔丁基氧化铝；叔丁醇铝；第三丁基氧化铝；Aluminum *tert*-butoxide；Aluminum tri-*tert*-butoxide；2-Methyl-2-propanol aluminum salt

M.I. 15，329

性状 白色或浅黄色粉末或块状物。有强吸湿性。对光敏感。于180℃升华。易溶于有机溶剂，遇水分解成氢氧化铝。一般试剂含量≥97.0%。

注意事项 该品高度易燃。具有腐蚀性，能引起烧伤。使用时应穿适当的防护服，戴手套和防护镜或面罩。万一接触到眼睛，应立即用大量水冲洗后请医生诊治。使用时如有事故发生或有不适之感，应请医生诊治。使用现场禁止吸烟。使用时应保持容器的密闭和干燥。应远离火种，充氮气密封避光于干燥处保存。

主要用途 塑料、橡胶工业。

Aluminum carbide 碳化铝 00521

[1299-86-1] Al_4C_3 143.96

成分 Al 74.97%，C 25.03%。

别名 三碳化四铝

GW 2015-2108 M.I. 15，331

性状 黄色六角形结晶或粉末。遇水分解，产生甲烷。不溶于丙酮。mp 2100℃（约2200℃分解）；*d* 2.36。

注意事项 该品与水接触时能释放出高度易燃气体。对眼睛、呼吸系统及皮肤有刺激性。使用时应穿适当的防护服，戴手套和防护镜或面罩。使用现场禁止吸烟。万一接触到眼睛，应立即大量水冲洗后请医生诊治。使用时应保持容器的密闭和干燥。万一着火，应用干沙子灭火，而不能用水。应采取抗放静电措施，远离火种，密封于阴凉干燥处保存。

主要用途 甲烷发生剂。催化剂。还原金属氧化物。

参考规格 企标

	化学纯
含量/%	99

Aluminum chloride anhydrous 无水氯化铝 00522

[7446-70-0] $AlCl_3$ 133.33

成分 Al 20.24%，Cl 79.76%。

别名 无水三氯化铝；Aluminum trichloride anhydrous

GW 2015-1842 M.I. 15，333

性状 纯品为无色结晶或白色而微带浅黄色的结晶性粉末，通常为浅灰、黄绿色。有强烈盐酸气味。易潮解。在湿空气中发烟。易溶于多种有机溶剂，如苯、硝基苯、乙醚、三氯甲烷、二硫化碳、四氯化碳等。mp 192.6℃；*d* 2.48。一般试剂含量≥99.0%（AT）。

注意事项 该品具有腐蚀性，能引起烧伤。应保持容器密闭和干燥。接触皮肤后应立即用大量水冲洗。使用时如有事故发生或有不适之感，应请医生诊治。应密封于干燥处保存。

主要用途 分析试剂。强脱水剂。冶金工业。石油裂化的催化剂。

Aluminum chloride hexahydrate 氯化铝 六水 00523

[7784-13-6] $AlCl_3 \cdot 6H_2O$ 241.43

成分（以无水计） Al 20.24%，Cl 79.76%。

别名 六水合氯化铝；结晶三氯化铝；结晶氯化铝；Aluminum trichloride crystal；Aluwets；Anhydrol；Driclor；Drysol；Xerac

GW 2015-1842 M.I. 15，333

性状 无色结晶或白色、浅黄色结晶性粉末或颗粒。微有盐酸气味。易潮解。1g该品溶于0.9mL水、4mL乙醇，溶于乙醚、甘油、1，2-丙二醇。其水溶液呈酸性。mp 100℃（分解）。一般试剂含量≥97.0%。

注意事项 该品对眼睛、呼吸系统及皮肤有刺激性。万一接触到眼睛，应立即用大量水冲洗后请医生诊治。应密封于干燥处保存。

主要用途 分析试剂。木材防腐。媒染剂。消毒剂。医用于缺汗症。

Aluminum ethoxide 乙基氧化铝 00524

[555-75-9] $C_6H_{15}AlO_3$ 162.16

成分 C 44.44%，H 9.32%，Al 16.64%，O 29.60%。

别名 乙醇铝；三乙氧基铝；Aluminum ethylate；Aluminum triethoxide；Ethanol aluminum salt

M.I. 15，334

性状 纯品应是白色块状物或粉末，一般商品为液体。有强吸湿性。在空气中吸水后分解为氢氧化铝及乙醇。微溶于乙醇、乙醚、热二甲苯、氯苯。mp 140℃；$bp_{6\sim8}$ 200℃/800Pa～1.07kPa；bp_3 175～180℃/400Pa。一般试剂含量≥97.0%（KT）。

注意事项 该品高度易燃。与水反应激烈。对呼吸系统有刺激性。使用现场禁止吸烟，万一接触到眼睛，应立即用大量水冲洗后请医生诊治。万一着火，应使用干燥化学剂灭火，而绝不能用水。使用时应保持容器的密闭和干燥。应远离火种充氩气密封干燥保存。

主要用途 有机合成缩合剂，有机反应催化剂。醛类和酮类的还原剂。乙醇脱水剂。

Aluminum fluoride　氟化铝　00525

[7784-18-1]　AlF_3　83.98

成分　Al 32.13%，F 67.87%。

别名　三氟化铝；Aluminum trifluoride

GW 61513　M. I. 15，335

性状　白色六边形结晶或粉末。性极稳定。溶于水（25℃，0.559g/100mL），略微溶于酸、碱和其他有机溶剂。1272℃升华（760mmHg/101.325kPa）；*d* 3.10。一般试剂含量≥99.0%。

注意事项　该品吸入、口服或皮肤接触有毒。对眼睛、呼吸系统及皮肤有刺激性。具有腐蚀性，能引起烧伤。使用时应穿适当的防护服，戴手套和防护镜或面罩。使用时禁止进食及饮水。万一接触到眼睛，应立即用大量水冲洗后请医生诊治。使用时如有事故发生或有不适之感，应请医生诊治。其包装物应按危险品处理。

主要用途　分析试剂。催化剂。非铁金属的熔剂。乙醇发酵的抑制剂。白釉制造。

Aluminum hydroxide　氢氧化铝　00526

[21645-51-2]　$Al_3H_3O_3$　78.00

成分　Al 34.59%，H 3.88%，O 61.53%。

别名　Aluminum hydrate；Aluminum trihydrate；Hydrated alumina

M. I. 15，338

性状　白色无定形粉末。无味。溶于强酸和碱溶液，几乎不溶于水和乙醇，但溶于碱的水溶液及盐酸、硫酸。加热至300℃时失水成为氧化物。mp 300℃；*d* 2.42。

注意事项　该品对眼睛有刺激性。使用时应穿适当的防护服。万一接触到眼睛，应立即用大量水冲洗后请医生诊治。

主要用途　分析试剂。重量法测定钾肥的含钾量。吸附剂。乳化剂。铝盐合成。媒染剂。制药工业。

Aluminum isopropoxide　异丙基氧化铝　00527

[555-31-7]　$C_9H_{21}AlO_3$　204.25

成分　C 52.93%，H 10.36%，Al 13.21%，O 23.50%。

别名　三异丙醇铝；异丙醇铝；AIP；Aluminum isopropylate；Aluminum *iso*-propoxide；Aluminum triisopropoxide；2-Propanol aluminum salt

GW 32064　M. I. 15，342

性状　白色块状物或粉末。有强吸湿性。遇水分解成氢氧化铝。溶于乙醇、异丙醇、苯、甲苯、三氯甲烷、四氯化碳及石油烃类等有机溶剂。mp 119℃；bp_{10} 135℃/1.333kPa；$bp_{7.5}$ 131℃/999.92Pa；$bp_{5.5}$ 125.5℃/733.27Pa；$bp_{2.5}$ 113℃/333.31Pa；$bp_{1.5}$ 106℃/199.98Pa；$bp_{0.5}$ 94℃/66.66Pa。LD_{50} 大鼠急性经口：11.3g/kg。一般试剂含量≥97.0%(KT)。

注意事项　该品高度易燃。使用现场禁止吸烟。使用时应保持容器的密闭和干燥。应远离火种充氩气密封干燥保存。

主要用途　还原剂，用于羰基化合物的还原。有机合成。强脱水剂。

Aluminum L-lactate　L-乳酸铝　00528

[18917-91-4]　$C_9H_{15}AlO_9$　294.19

成分　C 36.74%，H 5.14%，Al 9.17%，O 48.95%。

别名　Aluctyl；L-Lactic acid aluminum salt

M. I. 15，343

性状　白色粉末。易溶于水［25℃，(0.70±0.01) mol/L］。mp＞300℃。生化试剂含量≥98.0%（KT）。

注意事项　使用时穿适当的防护服和戴手套。应避免吸入本品的粉尘，避免与眼睛及皮肤接触。

主要用途　生化活性研究用铝试剂。医用防腐剂，消毒剂。

Al [H, O, CH_3, O, O]$_3$

Aluminum lithium hydride　氢化锂铝　00529

[16853-85-3]　$LiAlH_4$　37.95

成分　Al 71.10%，H 10.62%，Li 18.29%。

别名　四氢化铝锂；四氢化锂铝；氢化铝锂；Lithium aluminohydride；Lithium aluminum hydride；Lithium tetrahydroaluminate；Lithium alanate

GW 2015-1658　M. I. 15，344

性状　多孔的微晶性白色粉末。久贮能变成灰色。在干燥空气中及室温中稳定，在潮湿空气中易分解。加热至约125℃时分解。于下列溶剂中的溶解度（份/100份溶剂）：乙醚 30、四氢呋喃 13、二丁醚 2、二氧六环 0.1。不溶于碳氢化合物。约 125℃ 分解；*d* 0.92。一般试剂含量≥97.0%。

注意事项　该品与水接触时能释放出高度易燃气体。使用时应避免与眼睛及皮肤接触。使用时应保持容器的密闭和干燥。万一着火，应使用特殊粉末灭火设备，决不能用水。应密封干燥保存。

主要用途　测定羰基的试剂。还原剂。氢化物、硅烷、硼烷等的制备。

Aluminum metaphosphate　偏磷酸铝　00530

[32823-06-6]　[13776-88-0]　（含 Al_2O_3 19.4%，P_2O_5 78.9%）　$(AlO_9P_3)_n$　$(263.90)_n$

性状　白色细小颗粒或粉末。溶于沸浓碱溶液，不溶于水及酸。mp 约 1537℃；*d* 2.779。

注意事项　该品对眼睛、呼吸系统及皮肤有刺激性。使用时应避免吸入本品的粉尘，避免与眼睛及皮肤接触。万一接触到眼睛，应立即用大量水冲洗后请医生诊治。应密封于干燥处保存。

主要用途　光学玻璃的配制。高温绝缘水泥添加剂。

Aluminum monostearate　一硬脂酸铝　00531

[7047-84-9]　$C_{18}H_{37}AlO_4$　344.47

成分　C 62.76%，H 10.83%，Al 7.83%，O 18.58%。

别名　Stearic acid aluminum dihydroxide salt

性状　白色粉末。一般试剂含量的 75.0%（Al）。

Aluminum nitrate nonahydrate　硝酸铝 九水　00532

[7784-27-2]　$AlN_3O_9 \cdot 9H_2O$　375.13

成分(以无水物计)　Al 12.67%，N 19.73%，O 67.60%。

别名　九水合硝酸铝

GW 2015-2308　M. I. 15，347

性状　白色结晶。易潮解。易溶于水、乙醇，水溶液呈酸性。极微溶于丙酮，几乎不溶于乙酸乙酯、吡啶。mp 73℃；＞135℃分解。LD_{50} 大鼠急性经口：4.28g/kg。一般试剂含量≥99.0%。

注意事项　该品与易燃品接触能引起燃烧。对眼睛及皮肤有刺激性。使用应穿防护服。万一接触到眼睛，应立即用大量水冲洗后请医生诊治。应远离火种及易燃品密封保存。

主要用途　分析试剂。催化剂。媒染剂。氧化剂。

Aluminum oxide　氧化铝　00533

[1344-28-1]　Al_2O_3　101.96

成分　Al 52.93%，O 47.08%。

别名　三氧化二铝；铝氧；Alumina

M. I. 15，350

性状　白色结晶性粉末。易吸潮但不潮解。溶于浓硫酸，不溶于水、乙醇、乙醚。mp 约 2000℃；bp 2980℃；d_{20} 4.0。

注意事项　使用时应避免吸入本品的粉尘，避免与眼睛及皮肤接触。应密封于干燥处保存。

主要用途　分析试剂。有机溶剂的脱水吸附剂。催化剂。研磨剂。低熔点铅玻璃的配制。

Aluminum phosphate　磷酸铝　00534

[7784-30-7]　AlO_4P　121.95

成分　Al 22.13%，O 52.48%，P 25.40%。

别名　Aluminum orthophosphate

M. I. 15，352

性状　无色六方晶体或白色无定形粉末。与石英同晶型。极微溶于浓盐酸、硝酸，几乎不溶于水、乙酸。mp＞1460℃；d^{23} 2.56。一般试剂含量≥97.0%。

注意事项　该品对眼睛、呼吸系统及皮肤有刺激性。使用时应戴手套。使用时应避免吸入本品的粉尘，避免与眼睛及皮肤接触。万一接触到眼睛，应立即用大量水冲洗后请医生诊治。

主要用途　分析试剂。助熔剂。陶瓷工业。牙科接合剂。医用抗酸剂。

Aluminum potassium sulfate anhydrous

无水硫酸铝钾 00535

[10043-67-1] $AlKO_8S_2$ 258.19

成分 Al 10.45%，K 15.14%，O 49.57%，S 24.84%。

别名 无水明矾；硫酸铝钾 无水；无水白矾；Burnt alum；Exsiccated alum

M. I. 15，354

性状 白色粉末。有潮解性。1g 该品溶于约 20mL 冷水或 1mL 沸水（通常不能完全溶解），几乎不溶于乙醇。一般试剂含量 97.0%～98.0%。

注意事项 使用时应避免吸入本品的粉尘，避免与眼睛及皮肤接触。应密封于干燥处保存。

主要用途 媒染剂。医用收敛剂。

Aluminum potassium sulfate dodecahydrate

硫酸铝钾 十二水 00536

[7784-24-9] $AlKO_8S_2 \cdot 12H_2O$ 474.37

成分（以无水物计） Al 10.45%，K 15.14%，O 49.57%，S 24.84%。

别名 十二水合硫酸铝钾；明矾；钾明矾；硫酸钾铝；白矾；Alum；Potassium alum；Kalinite；Potassium aluminum sulfate

M. I. 15，354

性状 无色透明结晶或白色结晶性粉末。无气味。味微甜而涩。易溶于水（1g 溶于 7.2mL 冷水，0.3mL 沸水）、甘油，其水溶液呈酸性（0.2mol/L 水溶液 pH 值 3.3）。不溶于乙醇、丙酮。长期接触空气易风化，约 200℃失去结晶水。mp 92.5℃；*d* 1.725。

注意事项 该品使用时应避免吸入本品的粉尘，避免与眼睛及皮肤接触。

主要用途 分析试剂。检测铁、锰、锑、铝的试剂。细菌染色。照相制版。医用收敛剂。

参考规格 HG/T 4195—2011

	分析纯	化学纯
含量 [$KAl(SO_4)_2 \cdot 12H_2O$] /%≥	99.5	99.0
pH 值（50g/L，25℃）	3.0～3.5	3.0～3.5
澄清度试验/号≤	3	4
水不溶物/%≤	0.005	0.01
氯化物（Cl）	0.0005	0.004
铵（NH_4）/%≤	0.005	0.01
铁（Fe）/%≤	0.001	0.002
重金属（以 Pb 计）/%≤	0.0005	0.002
砷（As）/%≤	0.00005	0.0001
钠（Na）/%≤	0.02	0.05

Aluminum silicate 硅酸铝 00537

[12141-46-7] Al_2O_5Si 162.04

成分 Al 33.30%，O 49.37%，Si 17.33%。

别名 Aluminum oxide silicate；Andalusite；Mullite

M. I. 15，356

性状 白色粉末或块状物。不溶于水、酸。

注意事项 见 00536 硫酸铝钾 十二水。

主要用途 玻璃、陶器、颜料和油漆中的填料。印刷油墨的配制。

Aluminum sulfate octadecahydrate

硫酸铝 十八水 00538

[7784-31-8] $Al_2O_{12}S_3 \cdot 18H_2O$ 666.40

成分（以无水物计） Al 15.77%，O 56.11%，S 28.11%。

别名 十八水合硫酸铝

M. I. 15，360

性状 白色有光泽的结晶或结晶性粉末。溶于水，溶液呈酸性。不溶于乙醇。mp 86.5℃（分解），热至 250℃失去结晶水。

注意事项 该品对眼睛有严重损伤的危险。使用时应戴防护镜或面罩。万一接触到眼睛，应立即用大量水冲洗后请医生诊治。

主要用途 分析试剂。媒染剂。防水剂。油脂脱色剂。医用抗感染剂。

参考规格 HG/T 3442—2000

	分析纯	化学纯
含量 [$Al_2(SO_4)_3 \cdot 18H_2O$] /%≥	99.0	99.0
pH 值（50g/L，25℃）	2.5	2.5
澄清度试验	合格	合格
水不溶物/%≤	0.02	0.05
氯化物（Cl）/%≤	0.002	0.01
铵盐（NH_4）/%≤	0.005	0.02
铁（Fe）/%≤	0.003	0.01
重金属（以 Pb 计）/%≤	0.001	0.002
碱金属及碱土金属（以硫酸盐计）/%≤	0.25	0.5

Aluminum triethide 三乙基铝 00539

[97-93-8] $C_6H_{15}Al$ 114.16

成分 C 63.12%，H 13.24%，Al 23.63%。

别名 Aluminum triethyl；ATE；TEAL；Triethyl aluminum

G W 2015-1917

性状 无色液体。能与苯、二甲苯、汽油相混溶。mp −50℃；bp_{50} 128～130℃/6.66kPa；d^{25} 0.835。一般试剂含量≥93.0%。

注意事项 该品在空气中能自燃。与水激烈反应。有腐蚀性，能引起烧伤。使用现场禁止吸烟。使用时如有事故发生或有不适之感，应请医生诊治。万一着火，应使用干粉灭火设备，决不能用水。应远离火种，密封于阴凉处存放。

主要用途 引发剂。

Aluminum stearate 硬脂酸铝 00540

[637-12-7] $C_{54}H_{105}AlO_6$ 877.39

成分 C 73.92%，H 12.06%，Al 3.08%，O 10.94%。

别名 三硬脂酸铝；三(十八酸)铝；Alaminum ristearate；Octadecanoic acid aluminum salt；Stearic acid aluminum salt

M. I. 15，358

性状 通过加热而形成的可塑坚硬物质或白色粉末。新制得的能溶于乙醇、苯、松节油、矿物油、碱溶液，几乎不溶于水。mp 117～120℃。一般试剂含量 4.5%～6.0%（Al）。

注意事项 见 00536 硫酸铝钾 十二水。

主要用途 防水剂。

Alverine citrate 乙双苯丙胺 柠檬酸盐 00541

[5560-59-8] $C_{26}H_{35}NO_7$ 473.57

成分 C 65.94%，H 7.45%，N 2.96%，O 23.65%。

别名 柠檬酸乙双苯丙胺；*N*-乙基-3,3′-二苯基二丙胺柠檬酸盐；二(苯丙基)乙胺柠檬酸盐；*N*-Ethyl-*N*-(3-phenylpropyl) benzenepropanamine citrate；*N*-Ethyl-3,3′-diphenyldipropylamine citrate；Bis(γ-phenylpropyl) ethylamine citrate；Di(phenylpropyl) ethylamine citrate；Spasmaverine；Spasmonal

M. I. 15，365

性状 白色至灰白色粉末。味微苦。微溶于水、氯仿，略溶于乙醇，极微溶于乙醚。mp 100～102℃。

主要用途 生化研究。医用抗痉挛剂。

N, CH_3, $\cdot C_6H_8O_7$

α-Amanitin α-鹅膏蕈碱 00542

[23109-05-9] $C_{39}H_{54}N_{10}O_{14}S$ 918.98

成分 C 50.97%，H 5.92%，N 15.24%，O 24.37%，S 3.49%。

别名 α-鹅膏亭；α-鹅膏素；α-鹅膏菌素

M. I. 15，367

性状 来自鬼笔鹅膏蕈，由甲醇中制得的产品为无色针状结晶。bp 254～255℃；$[\alpha]_D^{20}$ +191°；uv max：302nm。LD_{50} 白化病小鼠腹膜内注射：0.1mg/kg。

注意事项 该品吸入、口服或与皮肤接触极毒。具有蓄积性危害。使用时应穿防护服，戴手套和防护镜或面罩。使用时如有事故发生或有不适之感，应请医生诊治。应充氩气密封避光于2～8℃干燥保存。

主要用途 分子生化研究。RNAⅡ、Ⅲ聚合酶的抑制剂。

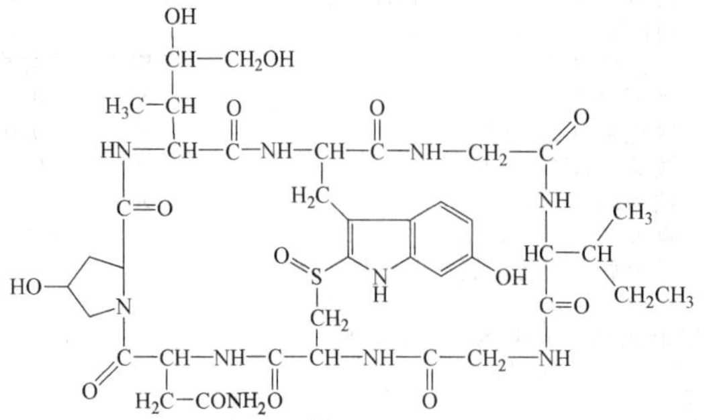

Amantadine 金刚胺 00543

[768-94-5] $C_{10}H_{17}N$ 151.25

成分 C 79.41%，H 11.33%，N 9.26%。

别名 1-金刚胺；金刚烷基胺；1-氨基金刚烷；1-Adamantanamine；1-Adamantylamine；1-Aminoadamantane；1-Aminodiamantane（obsolete）；1-Aminotricyclo[3.3.1.$1^{3,7}$]decane；Tricyclo[3.3.1.$1^{3,7}$]decan-1-amine

M.I. 15，368

性状 经升华而制得的无色结晶。略溶于水。对二氧化碳敏感。pK_a 10.1。mp 180～192℃；mp 160～190℃（封闭于试管中）。

注意事项 该品口服有害，对眼睛、呼吸系统及皮肤有刺激性。对机体有不可逆损伤的可能性。使用时应穿适当的防护服，戴手套和防护镜或面罩。万一接触到眼睛，应立即用大量水冲洗后请医生诊治。应充氩气密封保存。

主要用途 生化研究。医用抗病毒剂，抗震颤麻痹剂。

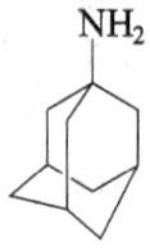

Amantadine hydrochloride 金刚胺 盐酸盐 00544

[665-66-7] $C_{10}H_{18}ClN$ 187.71

成分 C 63.99%，H 9.67%，Cl 18.89%，N 7.46%。

别名 1-金刚胺盐酸盐；1-金刚烷基胺 盐酸盐；盐酸金刚胺；盐酸1-金刚烷基胺；盐酸 1-氨基金刚烷；1-Adamantanamine hydrochloride；1-Aminoadamantane hydrochloride；1-Adamantylamine hydrochloride；Amazolon；1-Aminodiamantane（obsolete）hydrochloride；1-Aminotrieyclo[3.3.1.$1^{3.7}$]decanehydrochloride；EXP-105-1；Mantadan；Mantadine；Mantadix；NSC-83653；Symmetrel；Tricyclo[3.3.1.$1^{3.7}$]decan-1-amine hydrochlorideVirofral

M.I. 15，368

性状 来自无水乙醇与无水乙醚中的结晶。易溶于水（最小1∶20），溶于乙醇、氯仿，几乎不溶于乙醚。mp>360℃（分解）。LD_{50} 小鼠，大鼠急性经口：700mg/kg，1275mg/kg。生化试剂含量≥99.0%（AT）。

注意事项 该品口服有害。使用时应穿防护服和戴手套，应避免吸入本品的粉尘。

主要用途 生化研究。医用抗病毒剂，抗震颤剂。

Amantadine sulfate 金刚胺 硫酸盐 00545

[31377-23-8] $C_{10}H_{17}N \cdot \frac{1}{2}H_2SO_4$ 200.29

成分 C 59.97%，H 9.06%，N 6.99%，O 15.98%，S 8.00%。

别名 1-金刚胺 硫酸盐；1-氨基金刚烷 硫酸盐；硫酸金刚胺；硫酸1-氨基金刚烷；1-Adamantanamine sulfate；1-Adamantylamine sulfate；1-Aminoadamantane sulfate；PK-Merz；Trivaline

M.I. 15，368

性状 无色结晶或白色粉末。几乎不溶于水，其pH值（20℃，100g/L）4.9。mp 209～231℃

主要用途 生化研究。医用抗病毒剂，抗震颤麻痹剂。

Amaranth 苋菜红 00546

[915-67-3] $C_{20}H_{11}N_2Na_3O_{10}S_3$ 604.47

成分 C 39.74%，H 1.83%，N 4.63%，Na 11.41%，O 26.47%，S 15.91%。

别名 蓝光酸性红；鸡冠花红；对磺基萘偶氮R盐；偶氮宝石红；Acid red 27；Azorubin S；FD&C Red No.2；3-Hydroxy-4-[(4-sulfo-1-naphthalenyl)azo]-2,7-naphthalenedisulfonic acid trisodium salt；Red no.2；1-(4-Sulfo-1-naphthaleneazo)-2-naphthol-3,6-disulfonic acid trisodium salt；Trisodium salt of 1-(4-sulfo-1-naphthylazo)-2-naphthol-3,6-disulfonic acid

M.I. 15，369 C.I. 16185

性状 深红棕色粉末。溶于水（1g约溶于15mL）、盐酸，其溶液呈红色。水溶液对光稳定。极微溶于乙醇、乙二醇一乙醚。最大吸光值（25℃）：520nm（水中）、528nm（丙酮中）、520nm（二甲基甲酰胺中）。一般试剂干燥含量约80.0%。

注意事项 该品对眼睛、呼吸系统及皮肤有刺激性。使用时应穿适当的防护服，戴手套和防护镜或面罩。避免吸入本品的粉尘，避免与眼睛及皮肤接触。应密封避光保存。

主要用途 氧化还原指示剂，如用作滴定三价砷、锑的指示剂。在组织培养中用作细胞染色剂。食物、药物和化妆品的着色等。

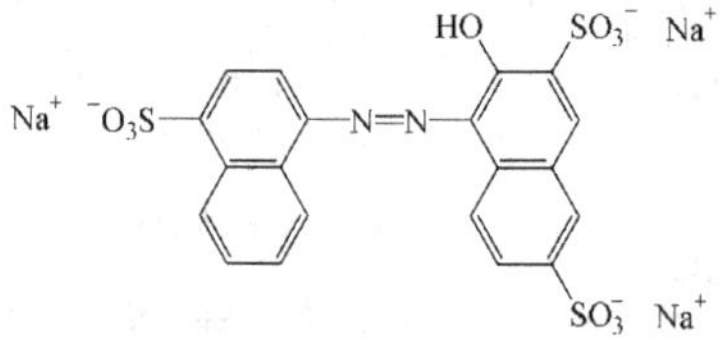

Ambroxol hydrochloride 溴环己胺醇 盐酸盐 00547

[23828-92-4] $C_{13}H_{19}Br_2ClN_2O$ 414.57

成分 C 37.66%，H 4.62%，Br 38.55%，Cl 8.55%，N 6.76%，O 3.86%。

别名 反式4-[(2-氨基-3,5-二溴苄基)氨基]环己醇盐酸盐；盐酸反式4-[(2-氨基-3,5-二溴苄基)氨基]环己醇；盐酸氨溴醇；盐酸溴环己胺醇；2-Amino-3,5-dibromo-*N*-(*trans*-4-hydroxycyclohexyl)benzylamine hydrochloride；4-[[(2-Amino-3,5-dibromophenyl)methyl]amino]cyclohexanol hydrochloride；*N*-(*trans*-*p*-Hydroxycyclohexyl)(2-amino-3，5-dibromobenzyl)amine hydrochloride；NA-872 HCl；Abramen；Ambril；Bronchopront；Duramucal；Fluibron；Fluixol；Frenopect；Lindoxyl；Motosol；Muco-Burg；Mucofar；Mucosan；Mucosolvan；Mucoclear；Mucovent；Pect；Solvolan；Stas-Hustenlöser；Surbronc；Surfactal

M.I. 15，380

性状 来自乙醇中的无色结晶。mp 233～234.5℃（分解）。LD_{50}小鼠，大鼠腹膜内注射：268mg/kg，380mg/kg；急性经口：2720mg/kg，13400mg/kg。

注意事项 该品口服有害。使用时应穿适当的防护服。应密封于2～8℃保存。

主要用途 生化研究。医用祛痰剂。

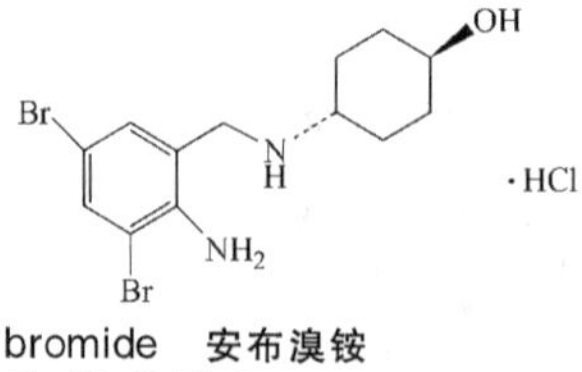

Ambutonium bromide 安布溴铵 00548

[115-51-5] $C_{20}H_{27}BrN_2O$ 391.35

成分 C 61.38%，H 6.95%，Br 20.42%，N 7.16%，O 4.09%。

别名 *γ*-Aminocarbonyl-*N*-ethyl-*N*，*N*-dimethyl-*γ*-phenylbenzenepropanaminium bromide；3-(Carbamoyl-3，3-diphenylpropyl)ethyldimethylammonium bromide；4-Dimethylamino-2，2-diphenylbutyramide ethyl bromide；R-100

M. I. 15，381

性状 无色结晶。mp 228～229℃（分解）。

主要用途 医用解痉剂。抗胆碱剂。

Amdinocillin 阿姆地诺西林 00549

[32887-01-7] $C_{15}H_{23}N_3O_3S$ 325.43

成分 C 55.36%，H 7.12%，N 12.91%，O 14.75%，S 9.85%。

别名 美西林

M. I. 15，383

性状 来自甲醇-丙酮中的无色结晶。溶于水。mp 156℃（分解）；$[\alpha]_D^{20}$ +285°（c=1，于 0.1mol/L 盐酸中）。

主要用途 医用抗菌剂。

Amdino cillin pivoxil hydrochloride

阿姆地诺西林双酯 盐酸盐 00550

[32887-03-9] $C_{21}H_{34}ClN_3O_5S$ 476.03

成分 C %，H %，Cl%，N %，O %，S %。

别名 美西林酯 盐酸盐；盐酸美西林酯；Selexid(tabl)；Melysin；(2*S*,5*R*,6*R*)-6-[[(Hexahydro-1*H*-azepin-1-yl)methylene]amino]-3,3-dimethyl-7-oxo-4-thia-1-azabicyclo[3.2.0]heptane-2-carboxylic acid(2,2-dimethyl-1-oxopropoxy)methyl ester hydrochloride；Pivaloyloxymethyl 6-[(hexahydro-1*H*-azepin-1-yl)methyleneamino]penicillanate hydrochloride；Pivamdinocillin hydrochloride；Pivmecillinam hydrochloride；FL-1039-HCl；Selexid(susp.)-HCl

M. I. 15，384

性状 来自甲醇-二异丙醚中的无色结晶。mp 172～173℃；$[\alpha]_D^{20}$ +219°（c=1，于 0.1mol/L 盐酸中）。

主要用途 医用抗菌剂。

Ametryn 莠灭净 00551

[834-12-8] $C_9H_{17}N_5S$ 277.33

成分 C 47.55%，H 7.54%，N 30.81%，S 14.11%。

别名 2-乙氨基-4-异丙氨基-6-甲基硫代-1,3,5-三嗪；2-甲基硫代-4-乙氨基-6-异丙氨基均三嗪；*N*-Ethyl-*N'*-(1-methylethyl)-6-methylthio-1,3,5-triazine-2,4-diamine；2-Ethylamino-4-isopropylamino-6-methylthio-1,3,5-triazine；2-Ethylamino-4-isopropylamino-6-methylthio-*s*-triazine；2-Ethylamino-4-isopropylamino-6-methylmercapto-*s*-triazine；2-Methylthio-4-ethylamino-6-isopropylamino-*s*-triazine；Ametryne；G-34162；Ametrex；Evik；Gesapax

M. I. 15，387

性状 无色结晶。mp 88～89℃。LD_{50}成熟雄，雌大鼠急性经口：508mg/kg，590mg/kg。一般试剂含量≥97.0%（HPLC）。

注意事项 该品口服有害。对水生物极毒。能对水环境产生长期不良的影响。使用时应穿适当的防护服。应防止将本品释放于环境中。其包装物应按危险品处理。

主要用途 除草剂。分析用标准物。

Amezinium methyl sulfate 阿美铵甲基硫酸盐 00552

[30578-37-1] $C_{12}H_{15}N_3O_5S$ 313.33

成分 C 46.00%，H 4.83%，N 13.41%，O 25.53%，S 10.23%。

别名 甲磺美嗪；4-Amino-6-methoxy-1-phenylpyridazinium methyl sulfate；LU-1631；Regulton；Risumic；Supratonin

M. I. 15，388

性状 来自水中的无色结晶。mp 176℃（分解）。LD_{50}小鼠，大鼠急性经口：1630mg/kg，1410mg/kg；静脉注射：40.4mg/kg，45.5mg/kg。

主要用途 医用抗低血压剂。

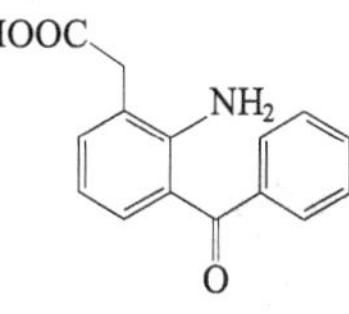

Amfenac 氨芬酸 00553

[51579-82-9] $C_{15}H_{13}NO_3$ 255.27

成分 C 70.58%，H 5.13%，N 5.49%，O 18.80%。

别名 2-氨基-3-苯甲酰基苯乙酸；2-Amino-3-benzoylbenzeneacetic acid；2-Amino-3-benzoylphenylacetic acid

M. I. 15，389

性状 无色结晶。mp 121～123℃（分解）。LD_{50}小鼠，大鼠急性经口：615mg/kg，311mg/kg。

主要用途 医用抗炎剂。

4-Amidinobenzamide hydrochloride

4-脒基苯甲酰胺 盐酸盐 00554

[59855-11-7] $C_8H_{10}ClN_3O$ 199.64

成分 C 48.13%，H 5.05%，Cl 17.76%，N 21.05%，O 8.01%。

别名 盐酸 4-脒基苯甲酰胺

性状 无色结晶或白色粉末。溶于水。mp≥300℃。一般试剂含量≥99.0%。

注意事项 该品对眼睛、呼吸系统及皮肤有刺激性。使用时应戴手套。

4-Amidinophenylmethanesulfonyl fluoride hydrochloride

4-脒基苯甲烷磺酰氟 盐酸盐 00555

[74938-88-8] $C_8H_{10}ClFN_2O_2S$ 252.70

成分 C 38.02%，H 3.99%，Cl 14.03%，F 7.52%，N 11.09%，O 12.66%，S 12.69%。

别名 盐酸 4-脒基苯甲烷磺酰氟；4-Amidinobenzylsulfonyl fluoride hydrochloride；*p*-APMSF

性状 无色结晶或白色粉末。微溶于水。mp 190℃。生化试剂含量≥97.0%（AT）。

注意事项 使用时应避免吸入本品的粉尘，避免与眼睛及皮肤接触。应充氩气密封于−20℃干燥保存。

(Amidinothio) acetic acid （脒基硫代）乙酸 00556

[7404-50-4] $C_3H_6N_2O_2S$ 134.15

成分 C 26.86%，H 4.51%，N 20.88%，O 23.85%，S 23.90%。

别名 S-（羧甲基）异硫脲；S-（Carboxymethyl）isothiourea
性状 无色结晶或白色粉末。mp 约 234℃（分解）。一般试剂含量≥98.0%（NT）。
注意事项 该品对眼睛、呼吸系统及皮肤有刺激性。使用时应穿适当的防护服。万一接触到眼睛，应立即用大量水冲洗后请医生诊治。

Amido black 10B 氨基黑 10B 00557
[1064-48-8] $C_{22}H_{14}N_6Na_2O_9S_2$ 616.49
成分 C 42.86%，H 2.29%，N 13.63%，Na 7.46%，O 23.36%，S 10.40%。
别名 对硝基苯偶氮-3,6-二磺酸-1-氨基-8-萘酚-7-偶氮苯钠盐；苯胺蓝黑；萘胺黑 10B；萘酚蓝黑；萘酚蓝黑 B；酰胺黑 10B；酸性黑 1；酸性蓝黑；Acid black 1；Amido black 10B；Amido schwarz；Aniline blue black；Buffalo black；Naphthene black 12B；p-Nitrobenzeneazo-3，6-disulfo-1-amino-8-naphthol-7-azobenzene disodium salt；Naphthol blue black B；NBR
C. I. 20470
性状 暗褐色或棕黑色粉末或颗粒。溶于水、乙醇、乙醚，其溶液为蓝黑色；溶于硫酸，溶液为绿色；微溶于丙酮；不溶于其他有机溶剂。一般试剂干燥含量约 50.0%。
注意事项 该品对眼睛、呼吸系统及皮肤有刺激性。万一接触到眼睛，应立即用大量水冲洗后请医生诊治。
主要用途 色谱分析试剂。生物染色剂。氧化还原指示剂。

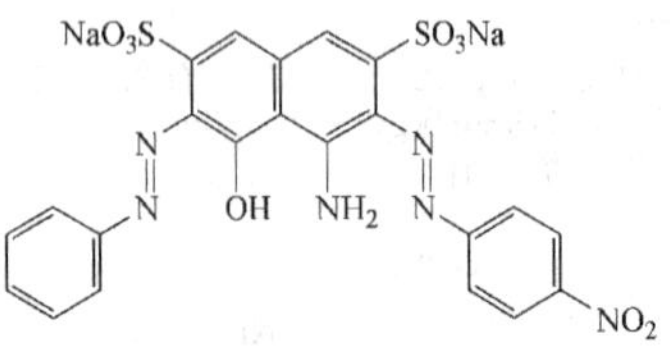

Amidosulfuron 酰嘧磺隆 00558
[120923-37-7] $C_9H_{15}N_5O_7S_2$ 369.37
成分 C 29.27%，H 4.09%，N 18.96%，O 30.32%，S 17.36%。
别名 氨基嘧磺隆；N-(4,6-Dimethoxy-2-pyrimidinyl)-3-methyl-2,4-dithia-3,5-diazahexan-6-amide 2,2,4,4-tetraoxide；3-(4,6-Dimethoxypyrimidin-2-yl)-1-(N-methyl-N-methylsulfonyl)urea；HOE-75032；Gratil；Eagle
M. I. 15. 397
性状 无色结晶或白色颗粒。溶于水（3.3mg/L 时 pH 值 3；9.0mg/L 时 pH 值 7；13500mg/L 时 pH 值 10）。蒸气压（20℃）：1.3×10^{-5}Pa；mp 160～163℃；d 1.594。
注意事项 该品对水生物有害，能对水环境产生长期不良的影响。应防止将本品释放于环境中。
主要用途 除草剂。

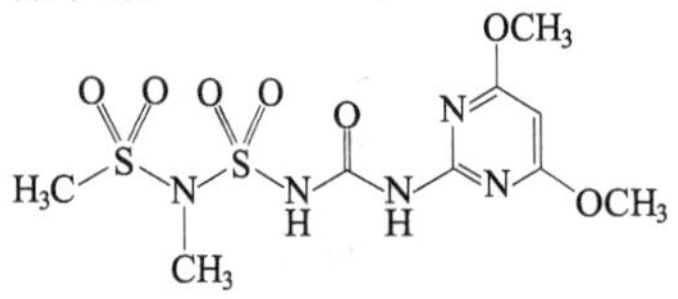

Amikacin 氨基羟丁基卡那霉素 A 00559
[37517-28-5] $C_{22}H_{43}N_5O_{13}$ 585.61
成分 C 45.12%，H 7.40%，N 11.96%，O 35.52%。
别名 抗生素 BBK8；O-3-Amino-3-deoxy-α-D-glucopyranosyl-(1→6)-O-[6-amino-6-deoxy-α-D-glucopyranosyl-(1→4)]-N^1-[(2S)-4-amino-2-hydroxy-1-oxobutyl]-2-deoxy-D-stre～ptamine；1-N-[L-(−)-4-Amino-2-hydroxybutyryl]kanamycin A；Lukadin
M. I. 15，400
性状 来自甲醇与异丙醇中的白色结晶性粉末。对二氧化碳敏感。mp 203～204℃（1½水）；$[\alpha]_D^{23}$ +99°（c=1.0，于水中）。LD_{50} 小鼠静脉注射（pH 值 6.6，7.4 溶液）：340mg/kg，560mg/kg。生化试剂含量≥98.0%（TLC）。
注意事项 该品应充氩气密封于 2～8℃保存。
主要用途 生化研究。医用抗菌剂。

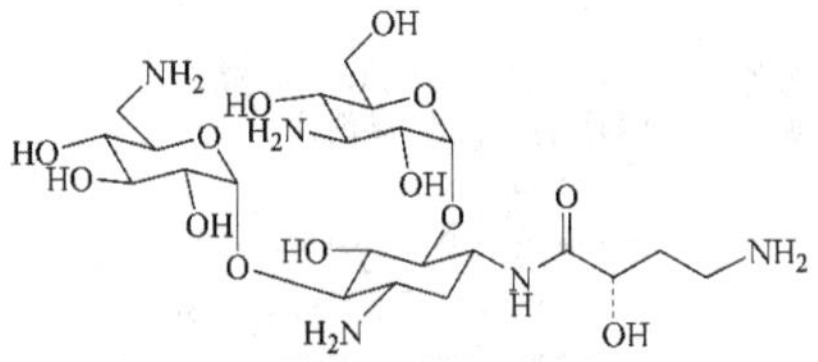

Amikacin sulfate 氨基羟丁基卡那霉素 A 硫酸盐 00560
[39831-55-5] $C_{22}H_{43}N_5O_{13}\cdot2H_2SO_4$ 781.75
别名 抗生素 BBK8 硫酸盐；硫酸抗生素 BBK8；硫酸氨基羟丁基卡那霉素 A；Amiglyde-V；Amikin；Amiklin；BB-K8；Biklin；Lukadin；Mikavir；Novamin；Pierami
M. I. 15，400
性状 无定形结晶或粉末。易溶于水。220～230℃分解；$[\alpha]_D^{22}$ +74.75°（于水中）。生化试剂含量≥99.0%（TLC）。
注意事项 该品应充氩气密封于 2～8℃干燥保存。
主要用途 生化研究。医用抗菌剂。

Amiloride hydrochloride dihydrate
氨氯吡脒盐酸盐 二水 00561
[17440-83-4] $C_6H_9Cl_2N_7O\cdot2H_2O$ 302.12
成分（以无水物计） C 27.08%，H 3.41%，Cl 26.65%，N 36.85%，O 6.01%。
别名 盐酸氨氯吡咪 二水；3,5-Diamino-N-aminoiminomethyl-6-chloropyrazinecarboxamide hydrochloride dihydrate；N-amidino-3,5-diamino-6-chloropyrazinecarboxamide hydrochloride dihydrate；1-(3,5-Diamino-6-chloropyrazinecarboxyl) guanidine hydrochloride dihydrate；1-(3,5-Diamino-6-chloropyrazinoyl) guanidine hydrochloride dihydrate；Guanamprazine hydrochloride dihydrate；Amipramidin hydrochloride dihydrate；Amipramiz ide hydrochloride dihydrate；Amikal；Midamor；MK-870；Modamide
M. I. 14，406
性状 无色结晶或结晶性固体。易溶于二甲基亚砜，微溶于水、异丙醇、乙醇，几乎不溶于丙酮、氯仿、乙醚、乙酸乙酯。pK_a 8.7；285～288℃分解。无水物 mp 293.5℃；uv max（于水中）：212nm，285nm，362nm（$E_{1cm}^{1\%}$ 642，555，617）。

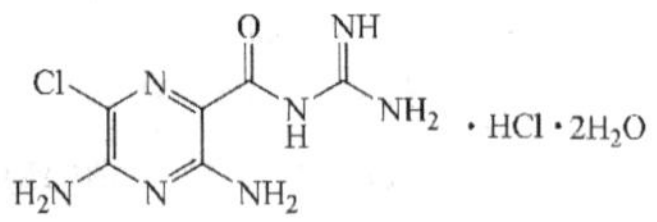

Aminitrozole 胺硝噻唑 00562
[140-40-9] $C_5H_5N_3O_3S$ 187.17
成分 C 32.08%，H 2.69%，N 22.45%，O 25.64%，S 17.13%。
别名 2-乙酰胺基-5-硝基噻唑；N-(5-Nitro-2-thiazolyl)-acetamide；2-Acetamido-5-nitrothiazole；2-Acetylamino-5-nitrothiazole；Acinitrazole；Nithiamide；Tritheon；Trichorad；Enheptin-A
M. I. 15，404
性状 来自乙醇中的无色针状结晶或来自乙酸中的无色长抗状结晶。一般商品为浅黄色。溶于氢氧化钠溶液及氨水溶液呈深橙色。mp 264～265℃。
主要用途 医用抗毛滴虫剂。兽用抗土耳其组织滴虫剂。

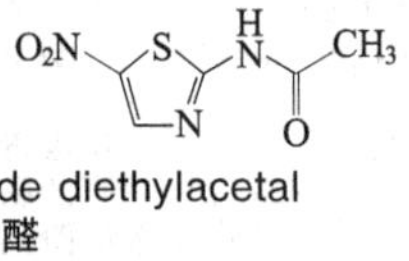

Aminoacetaldehyde diethylacetal
氨基乙醛二乙基缩醛 00563
[645-36-3] $C_6H_{15}NO_2$ 133.19
成分 C 54.11%，H 11.35%，N 10.52%，O 24.02%。
别名 2，2-二乙氧基乙胺；2，2-Diethoxyethylamine
性状 无色液体。bp 162～163℃；Fp 113℉（45℃）；d 0.916；n_D^{20} 1.4170。一般试剂含量≥96.0%（GC）。
注意事项 该品易燃。对眼睛、呼吸系统及皮肤有刺激性。具有腐蚀性，能引起烧伤。使用时应穿适当的防护服，戴手套和防护镜或面罩。使用时应避免吸入本品的蒸气，避免与眼睛及皮肤接触。万一接触到眼睛，应立即用大量水冲洗后请医生诊治。使用时如有事故发生或有不适之感，应请医生诊治。其包装物应按危险品处理。

Aminoacetaldehyde dimethylacetal
氨基乙醛二甲基缩醛 00564
[22483-09-6] $C_4H_{11}NO_2$ 105.14
成分 C 45.70%，H 10.54%，N 13.32%，O 30.43%。
别名 2，2-二甲氧基乙胺；2，2-Dimethoxyethylamine
性状 无色液体。溶于水，其 pH 值>7。bp_{95} 135～139℃/12.6kPa；Fp 127°F（53℃）；*d* 0.973；n_D^{20} 1.4170。一般试剂含量≥99%。
注意事项 该品易燃。具有腐蚀性，能引起烧伤。使用时应穿适当的防护服，戴手套和防护镜或面罩。使用本品时禁止进食及饮水。万一接触到眼睛，应立即用大量水冲洗后请医生诊治。使用时如有事故发生或有不适之感，应请医生诊治。应密封于阴凉处保存。其包装物应按危险品处理。

Aminoacetonitrile mono sulfate
氨基乙腈 硫酸盐 00565
[151-63-3] $C_2H_4N_2\cdot H_2SO_4$ $C_2H_6N_2O_4S$ 154.14
成分 C 15.58%，H 3.92%，N 18.17%，O 41.52%，S 20.80%。
别名 硫酸氨基乙腈；Aminoacetonitrile bisulfate；Cyanomethylamine sulfate（1∶1）；Glycine nitrile sulfate（1∶1）；Glycinonitrile sulfate（1∶1）
M. I. 14，412
性状 来自乙醇+乙醚中的无色小叶状结晶。易吸潮。易溶于水，微溶于乙醇，不溶于乙醚。mp 121℃；bp 165℃（分解）。一般试剂含量≥97.0%（T）。
注意事项 该品对眼睛、呼吸系统及皮肤有刺激性。使用时应穿适当的防护服。万一接触到眼睛，应立即用大量水冲洗后请医生诊治。应充氩气密封于干燥处保存。

2′-Aminoacetophenone 2′-氨基苯乙酮 00566
[551-93-9] C_8H_9NO 135.17
成分 C 71.09%，H 6.71%，N 10.36%，O 11.84%。
别名 2-乙酰基苯胺；邻氨基苯乙酮；2-Acetylaniline；*o*-Aminoacetophenone；*o*-Aminoacetylbenzene
M. I. 15，407
性状 黄色油状液体。具有挥发性。溶于乙醇，几乎不溶于水。bp_{760} 250～252℃/101.325kPa（部分分解）；bp_{17} 135℃/2.266kPa；$bp_{0.5}$ 85～90℃/66.66Pa；F_P 233°F（112℃）；d_4^{20} 1.116；n_D^{20} 1.6152。一般试剂含量≥98.0%（GC）。
注意事项 该品口服有害。对眼睛、呼吸系统及皮肤有刺激性。使用时应穿适当的防护服和戴手套。万一接触到眼睛，应立即用大量水冲洗后请医生诊治。应密封保存。
主要用途 检测乙酰乙酸的试剂。

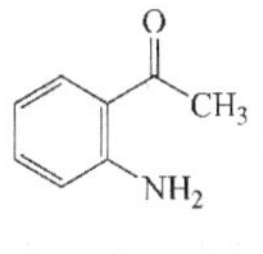

3′-Aminoacetophenone 3′-氨基苯乙酮 00567
[99-03-6] C_8H_9NO 135.17
成分 C 71.09%，H 6.71%，N 10.36%，O 11.84%。
别名 3-乙酰基苯胺；间乙酰苯胺；间氨基乙酰苯；间氨基苯乙酮；间氨基苯基甲基酮；3-Acetylaniline；*m*-Aminoacetophenone；*m*-Aminoacetylbenzene；1-(3-Aminophenyl) ethanone；*m*-Aminophenylmethyl ketone
M. I. 15，407
性状 黄色小叶状结晶。溶于乙醇，不溶于水。能部分随水蒸气挥发。mp 98～99℃；bp 289～291℃。LD_{50}大鼠急性经口：1.87g/kg。一般试剂含量≥97.0%。
注意事项 该品口服有害。对眼睛、呼吸系统及皮肤有刺激性。使用时应穿适当的防护服和戴手套。万一接触到眼睛，应立即用大量水冲洗后请医生诊治。
主要用途 香料合成。检测乙酰乙酸的试剂。

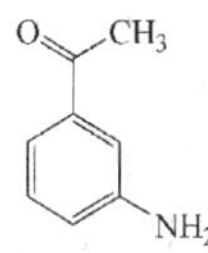

4′-Aminoacetophenone 4′-氨基苯乙酮 00568
[99-92-3] C_8H_9NO 135.17
成分 C 71.09%，H 6.71%，N 10.36%，O 11.84%。
别名 4-乙酰基苯胺；对氨基乙酰苯；对氨基苯乙酮；对氨基苯基甲基酮；对乙酰苯胺；4-Acetylamiline；*p*-Aminoacetylbenzene；*p*-Aminophenylmethyl ketone；*p*-Aminoacetophenone
M. I. 15，407
性状 浅黄色针状结晶或粉末。有特殊气味。见光色变深。易溶于热水，溶于乙醇、乙醚、盐酸，微溶于苯、冷水。mp 106℃；bp 293～295℃。LD_{50}大鼠腹膜内注射：260mg/kg。一般试剂含量≥98.0%（NT）。
注意事项 该品口服有害。对眼睛、呼吸系统及皮肤有刺激性。使用时应穿适当的防护服。万一接触到眼睛，应立即用大量水冲洗后请医生诊治。
主要用途 测定钯、铅的灵敏试剂。测定维生素 B_1、B_6、PP 的试剂。

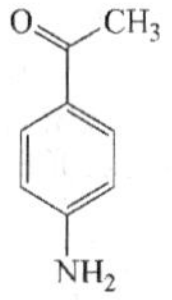

D-Amino acid oxidase from porcine kidney
D-氨基酸氧化酶（猪肾） 00569
[9000-88-8]
别名 D-AAO；D-Amino acid oxydase；D-AOD
M. I. 15，408 EC 1.4.3.3
性状 浅黄色冻干粉。生化试剂含量≥0.5U/mg。
注意事项 该品应充氩气密封干燥于−20℃保存。
主要用途 生化研究。

L-Amino acid oxidase L-氨基酸氧化酶 00570
[9000-89-9]
别名 L-AOD；L-AAO
M. I. 15，409 EC 1.4.3.2
性状 从蛇毒中制得的黄色粉末，悬浮在 3.2mol/L 硫酸镁溶液中。pH 值约为 6.1 时每毫升中含 1mg 酶。活力为每毫克含 7 单位（25℃），以 L-白氨酸作底物。
注意事项 该品吸入、口服或与皮肤接触极毒。使用时应穿适当的防护服，戴手套和防护镜或面罩。使用时如有事故发生或有不适之感，应立即请医生诊治。应充氩气密封于−20℃干燥保存。
主要用途 生化研究。促进天然氨基酸的氧化。

9-Amino acridine 9-氨基吖啶 00571
[90-45-9] $C_{13}H_{10}N_2$ 194.24
别名 Acridinylamine；Aminacrine
性状 无色结晶或白色粉末。不溶于水。mp 231～234℃。一般试剂含量≥97.0%（$HClO_4$）。
注意事项 该品对眼睛、呼吸系统及皮肤有刺激性。使用时应穿适当的防护服。万一接触到眼睛，应立即用大量水冲洗后请医生诊治。

9-Aminoacridine hydrochloride monohydrate
9-氨基吖啶 盐酸盐 一水 00572
[52417-22-8] [134-50-9] $C_{13}H_{11}ClN_2\cdot H_2O$ 248.71
成分（以无水计） C 67.68%，H 4.81%，Cl 15.37%，N 12.14%。
别名 一水合盐酸 9-氨基吖啶；盐酸 5-氨基吖啶；5-氨基吖啶盐酸盐；盐酸 9-氨基吖啶；9AA；Acramine yellow；9-Acridinamine hydrochloride；Aminacrine hydrochloride；5-Aminoacridine hydrochloride；Monacrin
M. I. 15.402
性状 浅黄色结晶或结晶性粉末。呈中性。微溶于水、乙醇，不溶于乙醚、三氯甲烷。1g 该品溶于 300mL 水，水溶液呈浅黄色，并呈蓝紫色荧光，pH 值 5.0～6.5。LD_{50} 小鼠急性经口：78mg/kg。一般水合物试剂含量≥98.0%。

注意事项 该品口服有毒。能引起遗传基因的损伤。对眼睛、呼吸系统及皮肤有刺激性。使用前应得到专门的指导，避免曝露。使用时应穿适当的防护服和戴手套。使用时应避免吸入本品的粉尘，如有事故发生或有不适之感，应请医生诊治。万一接触到眼睛，应立即用大量水冲洗后请医生诊治。其包装物应按危险品处理。

主要用途 染料制备。防腐剂。

2-Aminoacridone 2-氨基吖啶酮 00573

[27918-14-5] $C_{13}H_{10}N_2O$ 210.24

成分 C 74.27%，H 4.79%，N 13.32%，O 7.61%。

别名 2-氨基-9（10*H*）-吖啶酮；AMAC；2-Amino-9(10*H*)-acridinone

性状 无色结晶或白色粉末。对空气及湿度敏感。一般试剂含量≥98.0%（HPLC）。

注意事项 该品对眼睛、呼吸系统及皮肤有刺激性。使用时应穿适当的防护服。万一接触到眼睛，应立即用大量水冲洗后请医生诊治。应充氩气密封避光保存。

主要用途 用于还原糖类的荧光标记。

7-Aminoactinomycin D 7-氨基放线菌素 D 00574

[7240-37-1] $C_{62}H_{87}N_{13}O_{16}$ 1270.43

成分 C 58.62%，H 6.90%，N 14.33%，O 20.15%。

别名 7-ADD

性状 无色结晶或粉末。溶于氯仿呈红至深紫色。

注意事项 该品口服、吸入或与皮肤接触极毒。对眼睛呼吸系统及皮肤有刺激性使用时应穿适当的防护服和戴手套。万一接触到眼睛，应立即用大量水冲洗后请医生诊治。接触皮肤后，应用大量水冲洗。使用时如有事故发生或有不适之感，应请医生诊治。该品应充氩气密封避光于 2～8℃干燥保存。

主要用途 生化研究。

D-2-Aminoadipic acid D-2-氨基己二酸 00575

[7620-28-2] $C_6H_{11}NO_4$ 161.16

成分 C 44.72%，H 6.88%，N 8.69%，O 39.71%。

别名 (*R*)-2-氨基己二酸;D-高谷氨酸;(*R*)-2-Aminohexanedioic acid;D-Homoglutamic acid

性状 无色结晶。mp 208～210℃;$[\alpha]_D^{20}$ −24.5°±0.5°(*c*=1,于 5mol/L 盐酸中)。生化试剂含量≥98.0%(T)。

注意事项 使用时应避免吸入本品的粉尘，避免与眼睛及皮肤接触。

主要用途 生化研究。用于 NMDA（*N*-甲基-D-天冬酸）活性受体的选择性阻滞剂。

DL-2-Aminoadipic acid DL-2-氨基己二酸 00576

[542-32-5] $C_6H_{11}NO_4$ 161.16

成分 C 44.72%，H 6.88%，N 8.69%，O 39.71%。

别名 DL-α-氨基己二酸；DL-α-Aminoadipic acid；DL-2-Aminohexanedioic acid

M. I. 15，410

性状 无色结晶。1g 该品溶于 450mL 水，略微溶于乙醇、乙醚。mp 206℃（泡腾）。

注意事项 使用时应避免吸入本品的粉尘，应避免与眼睛及皮肤接触。

主要用途 生化研究。

L-2-Aminoadipic acid L-2-氨基己二酸 00577

[1118-90-7] $C_6H_{11}NO_4$ 161.16

成分 C 44.72%，H 6.88%，N 8.69%，O 39.71%。

别名 (*S*)-2-氨基己二酸；L-高谷氨酸；Aad；(*S*)-2-Aminohexanedioic acid；L-Homoglutamic acid

性状 无色结晶。微溶于水、乙醇。mp 205℃（分解）；$[\alpha]_D^{20}$ +25.0°±0.5°。生化试剂含量≥97.0%（NT）。

注意事项 使用时应避免吸入本品的粉尘，避免与眼睛及皮肤接触。生化试剂含量≥97.0%（NT）。

主要用途 生化研究。

1-Aminoanthracene 1-氨基蒽 00578

[610-49-1] $C_{14}H_{11}N$ 193.25

成分 C 87.01%，H 5.74%，N 7.25%。

别名 1-蒽胺；1-Anthramine

性状 无色结晶或白色粉末。mp 约 115℃。一般试剂含量≥90%（GC/NT）。

注意事项 该品对眼睛、呼吸系统及皮肤有刺激性。使用时应穿适当的防护服。万一接触到眼睛，应立即用大量水冲洗后请医生诊治。

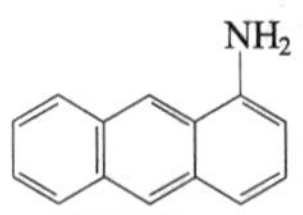

2-Aminoanthracene 2-氨基蒽 00579

[613-13-8] $C_{14}H_{11}N$ 193.25

成分 C 87.01%，H 5.74%，N 7.25%。

别名 2-蒽胺；2-Anthramine

性状 无色结晶。微溶于乙醇、乙醚，不溶于水。mp 235～239℃。一般试剂含量≥94.0%。

注意事项 该品对眼睛、呼吸系统及皮肤有刺激性。使用时应穿适当的防护服和戴手套。使用时应避免吸入本品的粉尘。万一接触到眼睛，应立即用大量水冲洗后请医生诊治。

1-Aminoanthraquinone 1-氨基蒽醌 00580

[82-45-1] $C_{14}H_9NO_2$ 223.23

成分 C 75.33%，H 4.06%，N 6.27%，O 14.33%。

别名 α-氨基蒽醌；1-Amino-9,10-anthracenedione；α-Aminoanthraquinone

M. I. 15，411

性状 宝石红色结晶。易溶于乙醇、苯、乙醚、三氯甲烷、盐酸、冰乙酸，几乎不溶于水。mp 约 250℃。一般试剂含量≥98.0%（N）。

注意事项 该品对眼睛、呼吸系统及皮肤有刺激性。对机体有不可逆损伤的可能性。使用时应穿适当的防护服和戴手套。万一接触到眼睛，应立即用大量水冲洗后请医生诊治。使用时应避免吸入本品的粉尘，避免与眼睛及皮肤接触。

主要用途 测定亚硝酸盐的试剂。有机合成。

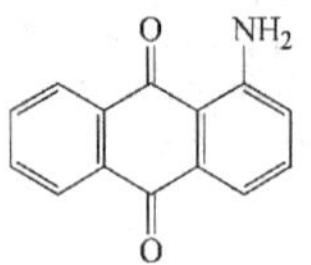

2-Aminoanthraquinone 2-氨基蒽醌 00581

[117-79-3] $C_{14}H_9NO_2$ 223.23

成分 C 75.33%，H 4.06%，N 6.27%，O 14.33%。

别名 β-氨基蒽醌；β-Aminoanthraquinone

性状 红色或橙棕色针状结晶。溶于乙醇、苯、氯仿、丙酮，不溶于水。mp 292～295℃（分解）；Fp 541℉（283℃）。一般试剂含量≥90.0%（HPLC）。

注意事项 该品对机体有不可逆损伤的可能性。使用时应穿适当的防护服和戴手套。使用时应避免吸入本品的粉尘。

主要用途 染料中间体。

1-Aminoanthraquinone-2-caboxylic acid 1-氨基蒽醌-2-羧酸 00582

[82-24-6] $C_{15}H_9NO_4$ 267.24

成分 C 67.42%，H 3.39%，N 5.24%，O 23.95%。

别名 1-氨基-9,10-二氢-9,10-二氧-2-蒽羧酸；1-Amino-9,10-dihydro-9,10-dioxo-2-anthracenecarboxylic acid

M. I. 15，412

性状 来自硝基苯中的红色针状结晶。溶于苯胺、沸硝基苯、氢氧化钠及吡啶水溶液而生成深红色溶液，溶于浓硫酸呈黄至棕色溶液，微溶于乙醚，苯、乙醇，不溶于水，石油醚。mp 295～296℃。

主要用途 用于铝、镁、锌的痕量检测。

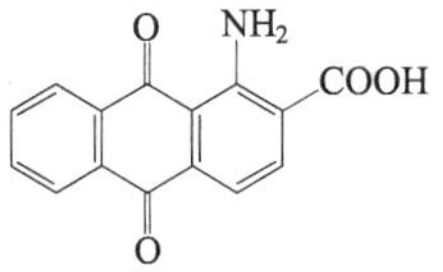

4-Aminoantipyrine 4-氨基安替比林 00583

[83-07-8] $C_{11}H_{13}N_3O$ 203.25

成分 C 65.00%，H 6.45%，N 20.68%，O 7.87%。

别名 1,5-二甲基-2-苯基-4-氨基-3-吡唑啉酮；4-氨基-2,3-二甲基-1-苯基-5-吡唑啉酮；4-氨基非那宗；AAP；4-Amino-1,2-dihydro-1,5-dimethyl-2-phenyl-3*H*-pyrazol-3-one；4-Amino-2, 3-dimethyl-l-phenyl-3-pyrazolin-5-one； 4-Aminophenazone；Ampyrone；1,5-Dimethyl-2-phenyl-4-aminopyrazolone；1-Phenyl-2,3-dimethyl-4-amino-5-pyrazolone

M. I. 15，413

性状 来自苯中的浅黄色结晶。溶于水、乙醇、苯，略微溶于乙醚。mp 109℃。一般试剂含量≥98.0%（NT）。

注意事项 该品口服有害。对眼睛、呼吸系统及皮肤有刺激性。使用时应穿适当的防护服和戴手套。万一接触到眼睛，应立即用大量水冲洗后请医生诊治。应充氩气密封避光保存。

主要用途 测定醇、苯酚类和胺的试剂。

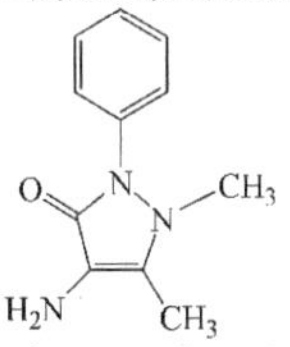

N_ω-Amino-L-arginine 2,4-dinitro-1-naphthol-7-sulfonic acid salt

N_ω-氨基-L-精氨酸 2，4-二硝基-1-萘酚-7-磺酸盐 00584

[137361-06-9] $C_{16}H_{21}N_7O_{10}S$ 503.44

成分 C 38.17%，H 4.20%，N 19.48%，O 31.78%，S 6.37%。

别名 2，4-二硝基-1-萘酚-7-磺酸 N_ω- 氨基-L-精氨酸

性状 无色结晶或白色粉末。一般试剂含量≥98.0%（TLC）。

注意事项 该品对眼睛，呼吸系统及皮肤有刺激性。使用时应穿适当的防护服。万一接触到眼睛，应立即用大量水冲洗后请医生诊治。

4-Aminoazobenzene 4-氨基偶氮苯 00585

[60-09-3] $C_{12}H_{11}N_3$ 197.24

成分 C 73.07%，H 5.62%，N 21.30%。

别名 苯胺黄；对氨基偶氮苯；油溶黄 B；苯胺黄 醇溶；标准（偶氮）色基棕；AAB；*p*-Aminoazobenzene；*p*-Aminodiphenylimide；Aniline yellow；Aniline yellow alcohol soluble；Oil yellow B；*p*-(Phenylazo)aniline；4-(Phenylazo)benzenamine；Solvent yellow 1；Spirit yellow

M. I. 15，414 C. I. 11000

性状 棕黄色针状结晶。易溶于乙醚、乙醇、苯、三氯甲烷，微溶于水。mp 128℃；bp 约 360℃。

注意事项 该品能致癌。对水生物极毒。能对水环境引起不利的结果。使用前应得到专门的指导，避免曝露。使用时如有事故发生或有不适之感，应请医生诊治。应防止将本品释放于环境中。其包装物应按危险品处理。应密封于20℃以下保存。

主要用途 酸碱指示剂。分析试剂，用于亚硝酸盐的检验。

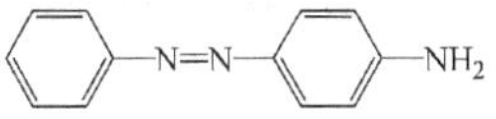

2-Aminobenzaldehyde 2-氨基苯甲醛 00586

[529-23-7] C_7H_7NO 121.14

成分 C 69.40%，H 5.82%，N 11.56%，O 13.21%。

别名 邻氨基苯甲醛；Anthranilaldehyde；*o*-Aminobenzaldehyde

性状 黄色针状或片状结晶或粉末。不稳定，露置空气中能形成聚合物。溶于热水、乙醇、乙醚，微溶于冷水，遇酸分解。mp 37～39℃；Fp 235℉（113℃）。

注意事项 该品对眼睛、呼吸系统及皮肤有刺激性。使用时应穿适当的防护服和戴手套。万一接触到眼睛，应立即用大量水冲洗后请医生诊治。应密封避光于－20℃保存。

主要用途 检测可待因、生物碱的试剂。染料中间体。

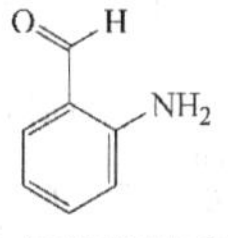

2-Aminobenzamide 2-氨基苯甲酰胺 00587

[88-68-6] $C_7H_8N_2O$ 136.15

成分 C 61.75%，H 5.92%，N 20.58%，O 11.75%。

别名 氨茴酸酰胺；邻氨基苯甲酰胺；2-AB；*o*-Aminobenzamide；2-Anthranilamide；2-Anthranilic acid amide

性状 无色结晶。微溶于水。mp 112～114℃，加热至 300℃以上分解。Fp 388.4°F（198℃）。一般试剂含量≥98.0%（NT）。

注意事项 该品口服有害。对眼睛、呼吸系统及皮肤有刺激性。接触皮肤能引起过敏。使用时应穿适当的防护服和戴手套。万一接触到眼睛，应立即用大量水冲洗后请医生诊治。

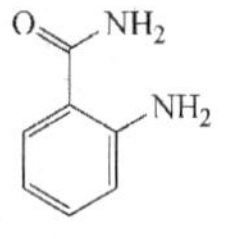

3-Aminobenzamide 3-氨基苯甲酰胺 00588

[3544-24-9] $C_7H_8N_2O$ 136.15

成分 C 61.75%，H 5.92%，N 20.58%，O 11.75%。

别名 间氨基苯甲酰胺；*m*-Aminobenzamide；3-Anthranilic acid amide；3-Anthranilamide

性状 无色结晶。mp 112～114℃。一般试剂含量≥98.0%。

注意事项 该品口服有害，对眼睛、呼吸系统及皮肤有刺激性。使用时应穿适当的防护服和戴手套。万一接触到眼睛，应立即用大量水冲洗后请医生诊治。

4-Aminobenzamide 4-氨基苯甲酰胺 00589

[2835-68-9] $C_7H_8H_2O$ 136.15

成分 C 61.75%，H 5.92%，N 20.58%，O 11.75%。

别名 对氨基苯甲酰胺；*p*-Aminobenzamide；4-Aminobenzoic acid amide；4-Anthranilamide

性状 无色结晶或白色粉末。溶于水。mp 182～184℃。一般试剂含量≥98.0%。

注意事项 该品对眼睛、呼吸系统及皮肤有刺激性。使用时应穿适当的防护服。万一接触到眼睛，应立即用大量水冲洗后请医生诊治。

4-Aminobenzamidine dihydrochloride 00590

4-氨基苄脒 二盐酸盐 00590

[2498-50-2] $C_7H_{11}Cl_2N_3$ 208.09

成分 C 40.40%，H 5.33%，Cl 34.07%，N 20.19%。

别名 二盐酸 4-氨基苄脒；二盐酸 4-氨基苯甲脒；4-氨基苯甲脒 二盐酸盐

性状 无色结晶或白色粉末。溶于水。mp 302～305℃。生化试剂含量≥99.0%（TLC）。

注意事项 该品对眼睛、呼吸系统及皮肤有刺激性。万一接触到眼睛，应立即用大量水冲洗后请医生诊治。应充氩气密封于 2～8℃干燥保存。

主要用途 生化研究，丝氨酸蛋白酶的竞争性抑制剂。丝氨酸蛋白酶活性部位的荧光探针。

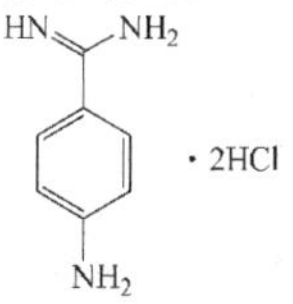

3-Aminobenzenesulfonic acid 3-氨基苯磺酸 00591

[121-47-1] $C_6H_7NO_3S$ 173.19

成 分 C 41.61%，H 4.07%，N 8.09%，O 27.71%，S 18.51%。

别名 间氨酸；苯胺磺酸；间氨基苯磺酸；Aniline-*m*-sulfonic acid；Metanilic acid；*m*-Sulfanilic acid；*m*-Aminobenzenesulfonic acid

M. I. 15，5998

性状 来自水中的无色或浅黄色正交针状结晶或结晶性粉末。溶于水，略微溶于甲醇、乙醇。*d*1.69。一般试剂含量≥98.0%（T）。

注意事项 该品吸入、口服或与皮肤接触有害。使用时应戴手套，应避免吸入本品的粉尘，避免与眼睛接触。接触皮肤后，应立即用大量水冲洗。应密封避光保存。

主要用途 有机合成。偶氮染料合成。制药工业。

4-Aminobenzenesulfonic acid 4-氨基苯磺酸 00592

[121-57-3] $C_6H_7NO_3S$ 173.19

成 分 C 41.61%，H 4.07%，N 8.09%，O 27.71%，S 18.51%。

别名 磺胺酸；对氨基苯磺酸；无水对氨基苯磺酸；苯胺-4-磺酸；Aniline-4-sulfonic acid；*p*-Anilinesulfonic acid；Sulfanilic acid；*p*-Aminobenzenesulfonic acid

GW 2015-254 M. I. 15，9058

性状 白色、灰白色结晶或粉末。见光变色。水中溶解度为：20℃，约 1%；30℃，1.45%；40℃，1.94%。微溶于热甲醇，几乎不溶于乙醇、乙醚、苯。mp 约 288℃（分解）。一般试剂含量≥99.0%（T）。

注意事项 该品对眼睛及皮肤有刺激性。接触皮肤能引起过敏。使用时应戴手套，应避免与皮肤接触。

主要用途 基准试剂。检测锇、钌、铝、镁、钾、钠、碘、碘化物、亚硝酸盐的试剂。染料合成。制药工业（医用制菌物）。

参考规格 GB 1261-1977

	容量基准
含量 [$C_6H_4(NH_2)(SO_3H)$] /%	99.9～100.1
杂质最高含量	
澄清度试验	合格
5%无水碳酸钠溶液不溶物/%≤	0.005
灼烧残渣（以硫酸盐计）/%≤	0.01
干燥失重/%≤	0.1
氯化物（Cl）/%≤	0.001
硫酸盐（SO_4）/%≤	0.005
亚硝酸盐（NO_2）/%≤	0.00002

2-Aminobenzimidazole 2-氨基苯并咪唑 00593

[934-32-7] $C_7H_7N_3$ 133.15

成分 C 63.14%，H 5.30%，N 31.56%。

别名 2-氨基间二氮茚；2-Aminobenziminazole；2-Benzimidazolamine

性状 无色针状或片状结晶。易溶于水、丙酮，微溶于乙醚、苯。mp 226～230℃。

注意事项 该品口服有害。对眼睛、呼吸系统及皮肤有刺激性。接触皮肤能引起过敏。使用时应穿适当的防护服，戴手套和防护镜或面罩。万一接触到眼睛，应立即用大量水冲洗后请医生诊治。应密封保存。

主要用途 有机合成。分析用标准物质。

4′-Aminobenzo-15-crown-5
4′-氨基苯并-15-冠醚-5 00594

[60835-71-4] $C_{14}H_{21}NO_5$ 283.33

成分 C 59.35%，H 7.47%，N 4.94%，O 28.23%。

别名 （苯并-15-冠醚-5）-4′-基胺；（Benzo-15-crown-5）-4′-ylamine

性状 无色结晶。mp 77～78℃。一般试剂含量≥97.0%（GC）。

注意事项 该品应充氩气密封避光保存。

4′-Aminobenzo-18-crown-6
4′-氨基苯并-18-冠醚-6 00595

[68941-06-0] $C_{16}H_{25}NO_6$ 327.38

成分 C 58.70%，H 7.70%，N 4.28%，O 29.32%。

别名 （苯并-18-冠醚-6）-4′-基胺；（Benzo-18-crown-6）-4′-ylamine

性状 无色结晶。mp 53～56℃。一般试剂含量≥97.0%（GC）。

注意事项 该品对眼睛、呼吸系统及皮肤有刺激性，使用时应穿适当的防护服。万一接触到眼睛，应立即用大量水冲洗后请医生诊治。应充氩气密封避光保存。

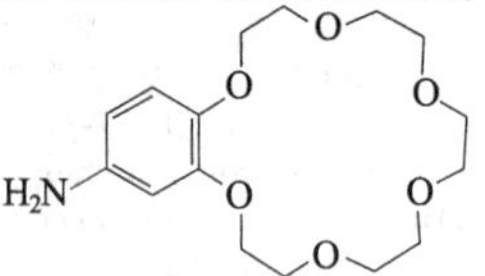

6-Amino-1，4-benzodioxane
6-氨基-1，4-苯并二氧六环 00596

[22013-33-8] $C_8H_9NO_2$ 151.17

成分 C 63.56%，H 6.00%，N 9.27%，O 21.17%。

别 名 6-氨基-1，4-苯并二噁烷；1，4-Benzodioxan-6-amine；3，4-Ethylenedioxyaniline

性状 无色液体。不溶于水。mp 29～31℃；bp_9 156～158℃/1.2kPa；Fp 233.6 °F（112℃）；d^{20} 1.231；n_D^{20} 1.5987。一般试剂含量≥98.0%（GC）。

注意事项 该品吸入、口服或与皮肤接触有害。使用时应穿适当的防护服和戴手套。接触皮肤后，应立即用大量水冲洗。

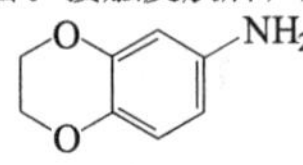

2-Aminobenzoic acid 2-氨基苯甲酸 00597

[118-92-3] $C_7H_7NO_2$ 137.14

成分 C 61.31%，H 5.15%，N 10.21%，O 23.33%。

别名 邻氨基苯甲酸；氨茴酸；2-AA；*o*-Aminobenzoic acid；Anthranilic acid

M. I. 15，417

性状 白色至浅黄色结晶或结晶性粉末。有甜的味道。易溶于热水，溶于乙醚、乙醇，略微溶于冷水。mp 144～146℃。一般试剂含量≥99.0%（T）。

注意事项 该品对眼睛有刺激性。使用时应穿适当的防护服，万一接触到眼睛，应立即用大量水冲洗后请医生诊治。应密封保存。

主要用途 测定镉、钴、汞、镁、镍、铅、锌、铈等的络合试剂。与1-萘胺共用可测定亚硝酸盐。有机合成。制药工业。染料合成。

3-Aminobenzoic acid 3-氨基苯甲酸 00598

[99-05-8] $C_7H_7NO_2$ 137.14

成分 C 61.31%，H 5.15%，N 10.21%，O 23.33%。

别名 间氨基苯甲酸；*m*-Aminobenzoic acid；Benzaminic acid

M. I. 15，416

性状 白色或浅黄色结晶。味甜。易溶于沸水、乙醇，溶于乙醚，微溶于冷水，不溶于苯、汽油。能升华，但部分分解。其水溶液长期接触空气会变为棕色。mp 174℃；*d* 1.51。

注意事项 该品具口服有害，并有蓄积性危害。对眼睛、呼吸系统及皮肤有刺激性。使用时应穿适当的防护服和戴手套。万一接触到眼睛，应立即用大量水冲洗后请医生诊治。应密封保存。

主要用途 测定铜的试剂。偶氮染料制备。

4-Aminobenzoic acid 4-氨基苯甲酸 00599

[150-13-0] $C_7H_7NO_2$ 137.14

成分 C 61.31%，H 5.15%，N 10.21%，O 23.33%。

别名 对氨基苯甲酸；维生素 Bx；Amben；*p*-Aminobenzoic acid；Anticanitic vitamin；Antichromotrichia factor；Bacterial vitamin H_1；Chromotrichia factor；PAB；PABA；Pabanol；Paraminol；Sunbrella；Trichochromogenic factor；Vitamin Bx

M. I. 15，418

性状 来自稀乙醇中的无色单斜棱柱体结晶。露置空气中或见光变浅黄色。1g 该品 25℃时溶于 170mL 水，溶于 90mL 沸水、8mL 乙醇、50mL 乙醚，溶于乙酸乙酯、冰乙酸，微溶于苯，几乎不溶于石油醚。pK_a 4.65，4.80。其 0.5%水溶液 pH 值 3.5。mp 187～187.5℃；uv max(水中)：266nm($E_{1cm}^{1\%}$ 1070)；(异丙醇中)：288nm($E_{1cm}^{1\%}$ 137)。LD_{50}小鼠，大鼠急性经口：2.85g/kg，>6.0g/kg；LD_{50}兔静脉注射：2.0g/kg；急性经口：1.83g/kg。一般试剂含量≥99.5%。

注意事项 该品口服有害。对眼睛、呼吸系统及皮肤有刺激性。接触皮肤能引起过敏。使用时应穿适当的防护服和戴手套。万一接触到眼睛，应立即用大量水冲洗后请医生诊治。

主要用途 碱物质的量浓度的标定。测定铜的试剂。酯类、叶酸和偶氮染料的合成。防晒剂。制药工业。

3-Aminobenzoic acid hydrochloride 3-氨基苯甲酸 盐酸盐 00600

[15151-51-6] $C_7H_8ClNO_2$ 173.60

成分 C 48.43%，H 4.64%，Cl 20.42%，N 8.07%，O 18.43%。

别名 盐酸 3-氨基苯甲酸；间氨基苯甲酸 盐酸盐；盐酸间氨基苯甲酸；*m*-Aminobenzoic acid hydrochloride

性状 白色结晶。mp 260～280℃（分解）。一般试剂含量≥98.0%（AT）。

注意事项 该品对眼睛、呼吸系统及皮肤有刺激性。使用时应穿适当的防护服。万一接触到眼睛，应立即用大量水冲洗后请医生诊治。

2-Aminobenzonitrile 2-氨基苯甲腈 00601

[1885-29-6] $C_7H_6N_2$ 118.14

成分 C 71.17%，H 5.12%，N 23.71%。

别名 2-氨基苄腈；2-氰基苯胺；Anthranilonitrile；2-Cyanoaniline

性状 无色结晶或白色粉末。mp 49～50℃；bp 267～268℃；Fp 293°F（145℃）。一般试剂含量≥98.0%（HPLC）。

注意事项 该品吸入、口服或与皮肤接触有害。对眼睛、呼吸系统及皮肤有刺激性。接触皮肤能引起过敏。使用时应穿适当的防护服和戴手套。万一接触到眼睛，应立即用大量水冲洗后请医生诊治。

3-Aminobenzonitrile 3-氨基苯甲腈 00602

[2237-30-1] $C_7H_6N_2$ 118.14

成分 C 71.17%，H 5.12%，N 23.71%。

别名 3-氨基苄腈；3-氰基苯胺；3-Cyanoaniline

GW 2015-10

性状 无色针状结晶或白色粉末。微溶于水。mp 51～53℃；Fp 233.6°F（112℃）。一般试剂含量≥97.0%（HPLC）。

注意事项 该品口服、吸入或与皮肤接触有害。接触皮肤能引起过敏。使用时应穿适当的防护服和戴手套。避免吸入本品的粉尘，避免与眼睛及皮肤接触。

4-Aminobenzonitrile 4-氨基苯甲腈 00603

[873-74-5] $C_7H_6N_2$ 118.14

成分 C 71.17%，H 5.12%，N 23.71%。

别名 4-氨基苄腈；4-氰基苯胺；4-Cyanoaniline

性状 无色结晶或白色粉末。mp 84～86℃。一般试剂含量≥97.0%（HPLC）。

注意事项 该品口服有害。对眼睛有刺激性。使用时应穿适当的防护服。万一接触到眼睛，应立即用大量水冲洗后请医生诊治。

2-Aminobenzophenone 2-氨基二苯甲酮 00604

[2835-77-0] $C_{13}H_{11}NO$ 197.24

成分 C 79.16%，H 5.62%，N 7.10%，O 8.11%。

别名 2-氨基苯苯基甲酮；2-Aminophenyl phenyl ketone；2-Benzoyaniline

性状 无色结晶。mp 103～107℃；bp 280℃；Fp 464°F（240℃）。一般试剂含量≥98.0%（NT）。

注意事项 该品对眼睛、呼吸系统及皮肤有刺激性，使用时应穿适当的防护服和戴手套。万一接触到眼睛，应立即用大量水冲洗后请医生诊治。

4-Aminobenzophenone 4-氨基二苯甲酮 00605

[1137-41-3] $C_{13}H_{11}NO$ 197.24

成分 C 79.16%，H 5.62%，N 7.10%，O 8.11%。

别名 4-苯甲酰基苯胺；4-Aminophenyl phenyl ketone；4-Benzoyl aniline

性状 白色结晶。对光及空气敏感。微溶于水。mp 122～126℃；bp_{22} 245～247℃/2.93kPa。一般试剂含量≥97.0%（NT）。

注意事项 该品对眼睛、呼吸系统及皮肤有刺激性。使用时应穿适当的防护服和戴手套。万一接触到眼睛，应立即用大量水冲洗后请医生诊治。应充氩气密封避光保存。

2-Aminobenzothiazole 2-氨基苯并噻唑 00606

[136-95-8] $C_7H_6N_2S$ 150.20

成分 C 55.98%，H 4.03%，N 18.65%，S 21.34%。

别名 2-Benzothiazolamine

M. I. 15，419

性状 来自水中的无色小叶状结晶或白色结晶性粉末。易溶于乙醇、氯仿、乙醚，溶于浓酸，极微溶于水。mp 132℃。LD_{50}小鼠静脉注射：126mg/kg。一般试剂含量≥98.0%（NT）。

注意事项 该品对眼睛、呼吸系统及皮肤有刺激性。口服有害。使用应戴手套。万一接触到眼睛，应立即用大量水冲洗后请医生诊治。应密封保存。

主要用途 有机合成。制备偶氮染料。

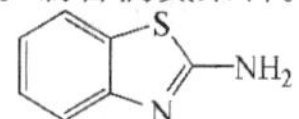

1-Aminobenzotriazole 1-氨基苯并三氮唑 00607

[1614-12-6] $C_6H_6N_4$ 134.14

成分 C 53.72%，H 4.51%，N 41.77%。

别名 1-苯并三唑胺；1-氨基苯并三唑；ABT；1-Benzotriazolamine

性状 白色粉末。mp 83～85℃。一般试剂含量≥98.0%（NT）。

注意事项 该品对眼睛、呼吸系统及皮肤有刺激性。使用时应穿适当的防护服。万一接触到眼睛，应立即用大量水冲洗后请医生诊治。

2-Aminobenzotrifluoride 2-氨基三氟甲苯 00608

[88-17-5] $C_7H_6F_3N$ 161.13

成分 C 52.18%，H 3.75%，F 35.37%，N 8.69%。

别名 邻氨基三氟甲苯；α，α，α-三氟邻甲苯胺；邻三氟甲苯胺；2-(三氟甲基)苯胺；2-(Trifluoromethyl)aniline；α，α，α-Trifluoro-*o*-toluidine；*o*-Aminobenzotrifluoride

GW 2015-1782

性状 无色或浅黄色油状液体。遇水分解。有苯胺气味。mp −35～−33℃；bp_{15} 68℃/2kPa；Fp 149°F(65℃)；d_4^{20} 1.282；n_D^{20} 1.4800。一般试剂含量≥98.0%。

注意事项 该品口服有害，并有蓄积性危害。对呼吸系统及皮肤有刺激性。对眼睛有严重损伤的危险。对水生物有毒。对水环境能产生长期有害的结果。使用时应穿适当的防护服，戴手套和防护镜或面罩。使用时应避免吸入本品的蒸气、飞沫。万一接触到眼睛，应立即用大量水冲洗后请医生诊治。应密封于干燥处保存。

CF_3 NH_2

3-Aminobenzotrifluoride 3-氨基三氟甲苯 00609

[98-16-8] $C_7H_6F_3N$ 161.13

成分 C 52.18%，H 3.75%，F 35.37%，N 8.69%。

别名 3-(三氟甲基)苯胺；α,α,α-三氟间甲苯胺；间氨基三氟甲苯；*m*-Aminotrifluorotoluidine；3-Trifluoromethylaniline；α，α，α-Trifluoro-*m*-toluidine；*m*-Aminobenzotrifluoride

GW 2015-1783

性状 无色或黄色油状液体。有苯胺气味，遇光变棕色，加热能分解出极毒烟雾。溶于乙醇、乙醚，微溶于水。mp 5～6℃；bp 187℃；Fp 185℉(85℃)；*d* 1.295；n_D^{20} 1.4800。一般试剂含量≥95.0%(GC)。

注意事项 该品吸入有毒。口服或与皮肤接触有害，并具有蓄积性危害。对眼睛、呼吸系统及皮肤有刺激性。使用时应穿适当的防护服，戴手套和防护镜或面罩。使用时应避免吸入本品的蒸气、飞沫。万一接触到眼睛，应立即用大量水冲洗后请医生诊治。使用时如有事故发生或有不适之感，应请医生诊治。应密封避光于通风良好处保存。

主要用途 染料中间体的制造。有机合成的中间体。

4-Aminobenzotrifluoride 4-氨基三氟甲苯 00610

[455-14-1] $C_7H_6F_3N$ 161.13

成分 C 52.18%，H 3.75%，F 35.37%，N 8.69%。

别名 4-(三氟甲基)苯胺；对氨基三氟甲苯；α,α,α-三氟对甲苯胺；对三氟甲苯胺；4-(Trifluoromethyl)aniline；α,α,α-Trifluoro-*p*-toluidine；*p*-Aminobenzotrifluoride

性状 无色或浅黄色液体。mp 5～8℃；bp_{12} 83℃/1.6kPa；Fp 187℉(86℃)；d_4^{20} 1.283；n_D^{20} 1.4840。一般试剂含量≥98.0%(GC)。

注意事项 该品口服有毒。对眼睛有刺激性。对水生物极毒。能对水环境引起不利的结果。使用时应穿适当的防护服，戴手套和防护镜或面罩。万一接触到眼睛，应立即用大量水冲洗后请医生诊治。使用时如有事故发生或有不适之感，应请医生诊治。应防止将本品释放于环境中。其包装物应按危险品处理。应密封保存。

主要用途 有机合成。

N-(4-Aminobenzoyl)-L-glutamic acid *N*-(4-氨基苯甲酰)-L-谷氨酸 00611

[4271-30-1] $C_{12}H_{14}N_2O_5$ 266.25

成分 C 54.13%，H 5.30%，N 10.52%，O 30.05%。

别名 *N*-对氨基苯甲酰-L-谷氨酸；对氨基苯甲酰基麸质酸；*N*-(*p*-Aminobenzoyl) glutamic acid；*N*-(*p*-Aminobenzoyl)-L-glutamic acid

M. I. 15，421

性状 来自水中的无色结晶或近白色固体。溶于水，微溶于乙醇，不溶于乙醚。mp 173～174℃(分解)；$[\alpha]_D^{23}$ −15°(*c*=2，于 0.1mol/L 盐酸中)。生化试剂含量≥99.0%(T)。

注意事项 该品应密封于阴凉干燥处保存。

主要用途 生化研究叶酸的代谢研究。

$H_2N-C_6H_4-C(=O)-NH-CH(COOH)-(CH_2)_2-COOH$

2-Aminobenzyl alcohol 2-氨基苄醇 00612

[5344-90-1] C_7H_9NO 123.16

成分 C 68.27%，H 7.37%，N 11.37%，O 12.99%。

别名 2-氨基苯甲醇；2-(羟甲基)苯胺；2-(Hydroxymethyl) aniline

性状 无色结晶。溶于水。对空气敏感。mp 85℃；bp_{15} 162℃/2kPa；n_D^{20} 1.4905。一般试剂含量≥98.0%(HPLC)。

注意事项 该品对眼睛、呼吸系统及皮肤有刺激性。使用时应穿防护服和戴手套。万一接触到眼睛，应立即用大量水冲洗后请医生诊治。应充氩气密封避光于 2～8℃保存。

OH NH_2

3-Aminobenzyl alcohol 3-氨基苄醇 00613

[1877-77-6] C_7H_9NO 123.16

成分 C 68.27%，H 7.37%，N 11.37%，O 12.99%。

别名 3-氨基苯甲醇；3-(羟甲基)苯胺；3-(Hydroxymethyl) aniline

性状 无色结晶。微溶于水。mp 93～95℃。

注意事项 该品吸入、口服或与皮肤接触有害。对眼睛、呼吸系统及皮肤有刺激性。使用时应穿适当的防护服，戴手套和防护镜或面罩。万一接触到眼睛，应立即用大量水冲洗后请医生诊治。应充氩气密封避光于 2～8℃保存。

4-Aminobenzyl alcohol 4-氨基苄醇 00614

[623-04-1] C_7H_9NO 123.16

成分 C 68.27%，H 7.37%，N 11.37%，O 12.99%。

别名 4-氨基苯甲醇；4-(羟甲基)苯胺；4-(Hydroxymethyl) aniline

性状 无色结晶。mp 60～65℃。一般试剂含量≥97.0%(T)。

注意事项 见 00612 2-氨基苄醇。应充氩气密封避光于 70℃以下保存。

1-(4-Aminobenzyl) ethylenediamine-*N*,*N*,*N*′,*N*′-tetraacetic acid 1-(4-氨基苄基)乙二胺-*N*,*N*,*N*′,*N*′-四乙酸 00615

[84256-90-6] $C_{17}H_{23}N_3O_8$ 397.38

成分 C 51.38%，H 5.83%，N 10.57%，O 32.21%。

别名 氨苄基-EDTA；Aminobenzyl-EDTA

性状 无色结晶。生化试剂含量≥90.0%(CHN)。

注意事项 该品对眼睛、呼吸系统及皮肤有刺激性。使用时应穿适当的防护服。万一接触到眼睛，应立即用大量水冲洗后请医生诊治。应密封于−20℃保存。

主要用途 生化研究。与乙二胺四乙酸一起标记分子生物的试剂。

4-Amino-1-benzylpiperidine 4-氨基-1-苄基哌啶 00616

[50541-93-0] $C_{12}H_{18}N_2$ 190.29

成分 C 75.74%，H 9.53%，N 14.72%。

别名 4-Amino-*N*-benzylpiperidine

性状 无色液体。对二氧化碳敏感。不溶于水。$bp_{1.0}$ 152℃/1.3Pa；Fp 233.6°F(112℃)；*d* 0.933；n_D^{20} 1.5430。一般试剂含量≥98.0%(GC)。

注意事项 该品对眼睛、呼吸系统及皮肤有刺激性。使用时应穿适当的防护服和戴手套。万一接触到眼睛，应立即用大量水冲洗后请医生诊治。应充氩气密封避光于 2～8℃保存。

NH_2 N

2-Aminobiphenyl 2-氨基联苯 00617

[90-41-5] $C_{12}H_{11}N$ 169.22

成分 C 85.17%，H 6.55%，N 8.28%。

别名 邻苯基苯胺；邻氨基联苯；*o*-Aminobiphenyl；2-Biphenylamine；2-Aminodi-phenyl；*o*-Phenylaniline；*o*-Xenylamine；*o*-Aminodiphenyl

GW 2015-30

性状 无色针状结晶。溶于乙醇，不溶于水。mp 49～

51℃; bp 299℃; Fp 307.4°F (153℃)。一般试剂含量≥98.0% (GC)。

注意事项 该品口服有害。对机体有不可逆损伤的可能性。对水生物有害。对水环境能产生长期有害的结果。使用时应穿适当的防护服和戴手套。应防止将本品释放于环境中。

主要用途 癌症研究。有机合成。

4-Aminobiphenyl 4-氨基联苯 00618

[92-67-1] $C_{12}H_{11}N$ 169.22

成分 C 85.17%, H 6.55%, N 8.28%。

别名 对苯基苯胺;对氨基联苯;4-Aminobiphenyl;*p*-Amino-diphenyl;*p*-Biphenylmine;(1,1′-Biphenyl)-4-amine;*p*-Phenylaniline;*p*-Xenylamine;*p*-Anilinobenzene

GW 2015-31 M.I.15, 1239

性状 来自乙醇或水中的无色小叶片状结晶。溶于热水、乙醇、乙醚、三氯甲烷,微溶于冷水。能随水蒸气同时挥发。mp 53℃; bp 302℃; Fp >230°F (110℃)。

注意事项 该品口服有害。能致癌。使用前应得到专门的指导,避免曝露。使用时如有事故发生或有不适之感,应请医生诊治。应密封避光于 20℃以下保存。

主要用途 检测硫酸盐。分析用标准物质。

NH_2

2-Amino-5-bromobenzoic acid
2-氨基-5-溴苯甲酸 00619

[5794-88-7] $C_7H_6BrNO_2$ 216.03

成分 C 38.92%, H 2.80%, Br 36.99%, N 6.48%, O 14.81%。

别名 5-溴邻氨基苯甲酸; 5-溴氨茴酸; 5-Bromo-2-amino benzoic acid; 5-Bromoanthranilioc acid

M.I.15, 1412

性状 无色结晶。易溶于丙酮,中等强度溶于乙醇、乙醚、氯仿、苯、乙酸,极微溶于水。mp 218~219℃。一般试剂含量≥98.0% (T)。

注意事项 该品口服有害。对眼睛、呼吸系统及皮肤有刺激性。使用时应穿防护服和戴手套。万一接触到眼睛,应立即用大量水冲洗后请医生诊治。

主要用途 测定钴、铜、镍、锌的试剂。

Br COOH NH_2

2-Amino-5-bromopyridine 2-氨基-5-溴吡啶 00620

[1072-97-5] $C_5H_5BrN_2$ 173.01

成分 C 34.71%, H 2.91%, Br 46.18%, N 16.19%。

性状 无色结晶或白色粉末。mp 136~139℃。一般试剂含量≥97.0% (AT)。

注意事项 该品口服有害。对眼睛、呼吸系统及皮肤有刺激性。使用时应穿适当的防护服。万一接触到眼睛,应立即用大量水冲洗后请医生诊治。应充氩气密封保存。

2-Amino-1-butanol 2-氨基-1-丁醇 00621

[96-20-8] $C_4H_{11}NO$ 89.14

成分 C 53.90%, H 12.44%, N 15.71%, O 17.95%

别名 丁醇胺;2-氨基正丁醇;2-Amino-*n*-butyl alcohol;Butanolamine;(±)-2-Amino-1-butanol

M.I. 15,422

性状 无色透明液体。能与水混溶,溶于乙醇。其水溶液呈强碱性(0.1mol/L 水溶液 pH 值 11.1)。mp −2℃;bp_{760} 178℃/101.325kPa;bp_{10} 79~80℃/1.333kPa; Fp 184 °F (84℃);d_{20}^{20} 0.944;n_D^{20} 1.453。一般试剂含量≥98.0% (GC)。

注意事项 该品具有腐蚀性,能引起烧伤。使用时应穿适当的防护服,戴手套和防护镜或面罩。万一接触到眼睛,应立即用大量水冲洗后请医生诊治。使用时如有事故发生或有不适之感,应请医生诊治。其包装物应按危险品处理。

主要用途 酸性气体吸收剂、乳化剂。

(*R*)-(−)-2-Amino-1-butanol
(*R*)-(−)-2-氨基-1-丁醇 00622

[5856-63-3] $C_4H_{11}NO$ 89.14

成分 C 53.90%,H 12.44%,N 15.71%,O 17.95%。

性状 无色液体。能与水混溶,溶于乙醇。mp −2℃;bp 172~174℃;Fp 203°F(95℃);d^{20} 0.947;n_D^{20} 1.4525;$[\alpha]_D^{20}$ −8.5°(c=2,于乙醇中);一般试剂含量≥98.0%。

注意事项 该品具有腐蚀性,能引起烧伤。对呼吸系统有刺激性。使用时应穿适当的防护服,戴手套和防护镜或面罩。使用时应避免吸入本品的蒸气、飞沫。万一接触到眼睛,应立即用大量水冲洗后请医生诊治。使用时如有事故发生或不适之感,应请医生诊治。

(*S*)-(+)-2-Amino-1-butanol
(*S*)-(+)-2-氨基-1-丁醇 00623

[5856-62-2] $C_4H_{11}NO$ 89.14

成分 C 53.90%,H 12.44%,N 15.71%,O 17.95%。

性状 无色液体。能与水混溶,溶于乙醇。mp −2℃;bp 172~174℃;Fp 203°F(95℃);d^{25} 0.947;n_D^{20} 1.4525;$[\alpha]_D^{20}$ +12.5°(c=2,于乙醇中);一般试剂含量≥98.0%。

注意事项 该品口服有害。具有腐蚀性,能引起烧伤。对呼吸系统有刺激性。使用时应穿适当的防护服,戴手套和防护镜或面罩。使用时应避免吸入本品的蒸气、飞沫。万一接触到眼睛,应立即用大量水冲洗后请医生诊治。使用时如有事故发生或有不适之感,应请医生诊治。

4-Amino-1-butanol 4-氨基-1-丁醇 00624

[13325-10-5] $C_4H_{11}NO$ 89.14

成分 C 53.90%, H 12.44%, N 15.71%, O 17.95%。

别名 4-羟基正丁胺; 4-Hydroxy-*n*-butylamine

性状 无色液体。能与水混溶。有吸湿性。对二氧化碳敏感。mp 16~18℃;bp 206℃;bp_{10} 96~100℃/1.333kPa;Fp 224°F (107℃);d^{25} 0.967;n_D^{20} 1.4610。一般试剂含量≥95.0% (GC)。

注意事项 见 00621 2-氨基-1-丁醇。应密封保存。

主要用途 有机合成。酸性气体吸收剂。

4-Amino-2-butanol 4-氨基-2-丁醇 00625

[39884-48-5] $C_4H_{11}NO$ 89.14

成分 C 53.90%, H 12.44%, N 15.71%, O 17.95%。

性状 无色液体。对二氧化碳敏感。d_4^{20} 0.938; n_D^{20} 1.453。一般试剂含量≥98.0% (T)。

注意事项 该品具有腐蚀性,能引起烧伤。使用时应穿适当的防护服,戴手套和防护镜或面罩。万一接触到眼睛,应立即用大量水冲洗后请医生诊治。使用时如有事故发生或有不适之感,应请医生诊治,应充氩气密封保存。

N-(4-Aminobutyl)-*N*-ethylisoluminol
N-(4-氨基丁基)-*N*-乙基异鲁米诺 00626

[66612-29-1] $C_{14}H_{20}N_4O_2$ 276.33

成分 C 60.85%,H 7.29%,N 20.27%,O 11.58%。

别名 4-(*N*′-乙基-4-氨基丁氨基)苯二甲酸肼;*N*-(4-氨基丁基)-*N*-乙基异氨基苯二酰一肼;ABEI;6-[*N*-(4-Aminobutyl)-N-ethylamino]-2,3-dihydro-1,4-phthalazinedione;4-(*N*′-Ethyl-4-aminobutylamino) phthalic hydrazide

性状 无色结晶或白色粉末。mp 259~260℃。生化试剂含量≥90.0% (HPLC)。

注意事项 使用时应避免吸入本品的粉尘,避免与眼睛及皮肤接触。应充氩气密封避光于 2~8℃保存。

主要用途 化学发光用生化试剂。

4-Aminobutyraldehyde diethyl acetal
4-氨基丁醛二乙基缩醛 00627

[6346-09-4] $C_8H_{19}NO_2$ 161.25

成分 C 59.59%, H 11.88%, N 8.69%, O 19.84%。

别名 4,4-二乙氧基丁胺;1-氨基-4,4-二乙氧基丁烷;4-Aminobutanal diethylacetal;4,4-Diethoxybutylamine

性状 无水液体。对二氧化碳敏感。bp 196℃;Fp 145°F(63℃);*d* 0.933;n_D^{20} 1.4275。一般试剂含量≥90.0%(NT)。

注意事项 该品具有腐蚀性,能引起烧伤。对眼睛、呼吸系统及皮肤有刺激性。使用时应穿适当的防护服,戴手套和防护镜或面罩。万一接触到眼睛,应立即用大量水冲洗后请医生诊治。使用时如有事故发生或有不适之感,应请医生诊治。应充氩气密封保存。

D-2-Aminobutyric acid　D-2-氨基丁酸　00628

[2623-91-8]　$C_4H_9NO_2$　103.12

成分　C 46.59%，H 8.80%，N 13.58%，O 31.03%。

别名　D-α-氨基正丁酸；D-α-氨基酪酸；D-α-Amino-*n*-butyric acid；(*R*)-(−)-2-Aminobutyric acid

性状　白色结晶。溶于水。mp >300℃；$[\alpha]_{546}^{20}$ −25.0°±1°（*c*=4.8，于6mol/L盐酸中）。生化试剂含量≥99.0%（NT）。

注意事项　使用时应避免吸入本品的粉尘，避免与眼睛及皮肤接触。应密封保存。

主要用途　生化研究。

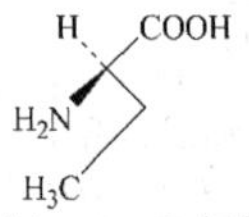

DL-2-Aminobutyric acid　DL-2-氨基丁酸　00629

[2835-81-6]　$C_4H_9NO_2$　103.12

成分　C 46.59%，H 8.80%，N 13.58%，O 31.03%。

别名　DL-α-氨基正丁酸；DL-α-氨基酪酸；DL-α-Aminobutanoic acid；Butyrine

M. I. 15，423

性状　无色或白色结晶。溶于水（25℃，210.5g/L），略微溶于乙醇（1.8g/L，沸乙醇），不溶于乙醚。mp 304℃（分解）。生化试剂含量≥99.0%（NT）。

注意事项　见 00628 D-2-氨基丁酸。

主要用途　生化研究。

L-2-Aminobutyric acid　L-2-氨基丁酸　00630

[1492-24-6]　$C_4H_9NO_2$　103.12

成分　C 46.59%，H 8.80%，N 13.58%，O 31.003%。

别名　L-α-氨基正丁酸；L-α-Aminobutyric acid；L-2-Aminobutanoic acid；(*S*)-(+)-2-Aminobutyric acid

M. I. 15，423

性状　来自稀乙醇中的无色小叶片状结晶或针状结晶。具有甜味。易溶于水。mp 270～280℃；$[M]_D$ +21.2°(于 5mol/L 盐酸中)；$[M]_D$ +43.3°(于冰乙酸中)；$[\alpha]_D^{16}$ +8.40°(*c*=4，于6mol/L 盐酸中)；$[\alpha]_D^{16}$　+18.65°(*c*=4.8，于 6 mol/L 盐酸中)。生化试剂含量≥99.0%(NT)。

注意事项　该品接触皮肤能引起过敏。使用时应穿适当的防护服和戴手套。使用时应避免吸入本品的粉尘，避免与眼睛及皮肤接触。

主要用途　生化研究。

DL-3-Aminobutyric acid　DL-3-氨基丁酸　00631

[2835-82-7] [541-48-0]　$C_4H_9NO_2$　103.12

成分　C 46.59%，H 8.80%，N 13.58%，O 31.03%。

别名　DL-β-氨基丁酸；DL-β-氨基酪酸；DL-β-Aminobutanoic acid；DL-β-Amino-*n*-butyric acid

M. I. 15，424

性状　来自乙醇中的无色或白色结晶。溶于水（1250g/L），不溶于冷的无水乙醇、乙醚。mp 193～194℃（分解）。生化试剂含量≥99.0%。

注意事项　见 00628 D-2-氨基丁酸。

主要用途　生化研究。

4-Aminobutyric acid　4-氨基丁酸　00632

[56-12-2]　$C_4H_9NO_2$　103.12

成分　C 46.59%，H 8.80%，N 13.58%，O 31.03%。

别名　γ-氨基丁酸；氨酪酸；γ-Aminobutanoic acid；4-Aminobu～tanoic acid；γ-Amino-*n*-butyric acid；GABA；Gammalon；Piperidic acid

M. I. 15，425

性状　来自甲醇加乙醚中的无色片状或小叶状结晶或来自水加乙醇中的无色针状结晶。极易溶于水，不溶于乙醇、乙醚、苯等多数有机溶剂。K_a 3.7×10^{-11}；K_b 1.7×10^{-10}（25℃）。mp 202℃（分解）。生化试剂含量≥98.0%（NT）。

注意事项　该品对眼睛、呼吸系统及皮肤有刺激性。使用时应穿适当的防护服和戴手套。万一接触到眼睛，应立即用大量水冲洗后请医生诊治。

主要用途　生化研究。医用抗高血压剂。

9-Aminocamptothecin　9-氨基喜树碱　00633

[91421-43-1]　$C_{20}H_{17}N_3O_4$　363.37

成分　C 66.11%，H 4.72%，N 11.56%，O 17.61%。

别名　(4*S*)-10-Amino-4-ethyl-4-hydroxy-1*H*-pyrano[3′,4′;6,7]indolizino[1,2-*b*]quinoline-3,14(4*H*,12*H*)-dione；9-Amino-29(S)-camptothecin；9-AC

M. I. 15，426

性状　来自甲醇/氯仿（13：87）中的橙黄色固体。不溶于水。mp 300℃（分解）；$[\alpha]_D^{23}$ +16°（c=0.05，于甲醇/氯仿 1：4 中）。生化试剂含量≥98.0%（HPLC）。

主要用途　医用抗肿瘤剂。

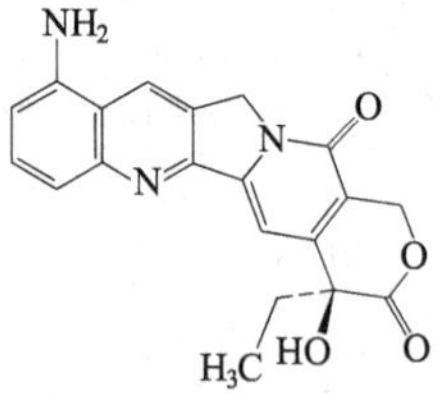

6-Aminocaproic acid　6-氨基己酸　00634

[60-32-2]　$C_6H_{13}NO_2$　131.18

成分　C 54.94%，H 9.99%，N 10.68%，O 24.39%。

别名　氨己酸；Afibrin；Amicar；ε-Aminocaproic acid；6-Amino *n*-caproic acid；EACA；6-Aminohexanoic acid；Capramol；Caprocid；CY-116；*epsilon*-Aminocaproic acid；Epsikapron；Epsilcapramin；Hemocaprol；Hepin；Ipsilon

M. I. 15，427

性状　来自乙醇中的无色或白色结晶。易溶于水，略溶于甲醇，几乎不溶于乙醇、氯仿。pK_1 4.43；pK_2 10.75。mp 202～203℃。LD_{50}大鼠腹膜内注射：7.0g/kg；静脉注射：约 3.3g/kg。一般试剂含量≥99.0%。

注意事项　该品对眼睛有刺激性，并具有蓄积性危害。有损伤生育力的危险。使用时应穿适当的防护服和戴手套。万一接触到眼睛，应立即用大量水冲洗后请医生诊治。应密封避光保存。

主要用途　生化研究。医用止血剂。人造纤维合成。有机合成。

DL-2-Aminocaprylic acid　DL-2-氨基辛酸　00635

[644-57-9]　$C_8H_{17}NO_2$　159.23

成分　C 60.35%，H 10.76%，N 8.80%，O 20.10%。

别名　DL-2-氨基正辛酸；DL-2-氨基亚羊脂酸；DL-2-Aminooctanoic acid

性状　无色或白色片状结晶。溶于乙酸，极微溶于水、乙醇、乙醚。mp 260℃（分解）。一般试剂含量≥99.0%（NT）。

注意事项　使用时应穿避免吸入本品的粉尘，避免与眼睛及皮肤接触。应密封保存。

主要用途　生化研究。有机合成。

Aminocarb　灭害威　00636

[2032-59-9]　$C_{11}H_{16}N_2O_2$　208.26

成分　C 63.44%，H 7.74%，N 13.45%，O 15.36%。

别名　4-Dimethylamino-3-methylphenol methylcarbamate(ester)；Methylcarbamic acid 4-dimethylamino-*m*-tolyl ester；4-Dimethylamino-*m*-tolyl methylcarbamate；A-363；Bay 44646；ENT-25784；Matacil

M. I. 15，428

性状　无色结晶。溶于多数极性有机溶剂，中等程度溶于芳香溶剂，微溶于水。mp 93～94℃；uv max（乙醇中）248.5nm（ε 6.67×10^4）。LD_{50} 雄，雌大鼠急性经口：40mg/kg，38mg/kg。

注意事项　该品口服或与皮肤接触有毒。对水生物极毒。能对水环境引起长期不良的影响。使用时应穿适当的防护服和戴手套。接触皮肤后应用大量水冲洗。使用时如有事故发生或有不适之感，应请医生诊治。应防止将本品释放于环境中。其包装物应按危险品处理。

主要用途　杀虫剂。分析用标准物质。

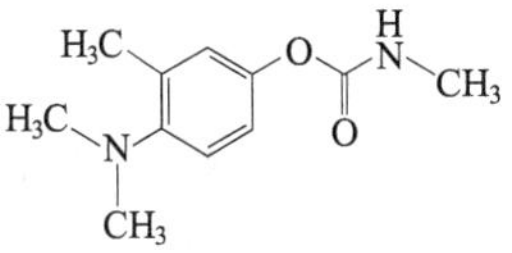

7-Aminocephalosporanic acid 7-氨基头孢烷酸 00637

[957-68-6] $C_{10}H_{12}N_2O_5S$ 272.28

成分 C 44.11%，H 4.44%，N 10.29%，O 29.38%，S 11.78%。

别名 7-ACA；(6*R*，7*R*)-3-(Acetyloxy) methyl-7-amino-8-oxo-5-thia-1-azabicyclo[4.2.0]oct-2-ene-2-carboxylic acid；7-amino-3-hydroxymethyl-8-oxo-5-thia-1-azabicyclo[4.2.0]oct-2-ene-2-carboxylic acid acetate ester；3-acetoxymethyl-7-aminoceph-3-em-4-oic acid

M. I. 15，429

性状 无色结晶或粉末。溶于丁醇、乙醇的水（4∶1∶5）溶液。mp＞300℃。生化试剂含量≥95.0%（HPLC）。

注意事项 该品吸入或与皮肤接触可引起过敏。使用时应穿适当的防护服和戴手套，避免吸入本品的粉尘及接触皮肤。使用时如有事故发生或有不适之感，应请医生诊治。应密封于2～8℃保存。

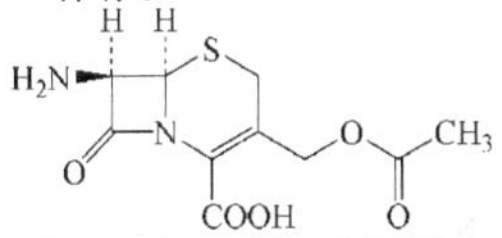

2-Amino-4-chlorobenzoic acid 2-氨基-4-氯苯甲酸 00638

[89-77-0] $C_7H_6ClNO_2$ 171.58

成分 C 49.00%，H 3.52%，Cl 20.66%，N 8.16%，O 18.65%。

别名 4-氯邻氨基苯甲酸；4-氯氨茴酸；4-Chloroanthranilic acid

性状 无色结晶或白色粉末。不溶于水。mp 233℃（分解）。一般试剂含量≥98.0%（T）。

注意事项 该品对眼睛、呼吸系统及皮肤有刺激性。使用时应穿适当的防护服和戴手套。万一接触到眼睛，应立即用大量水冲洗后请医生诊治。

2-Amino-5-chlorobenzoic acid 2-氨基-5-氯苯甲酸 00639

[635-21-2] $C_7H_6ClNO_2$ 171.58

成分 C 49.00%；H 3.52%，Cl 20.66%，N 8.16%，O 18.65%。

别名 5-氯邻氨基苯甲酸；5-氯-2-氨基苯甲酸；5-Chloroanthranilic acid

性状 白色结晶或粉末。mp 204～206℃（分解）。一般试剂含量≥98.0%（T）。

注意事项 见 00638 2-氨基-4-氯苯甲酸。

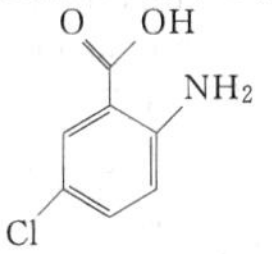

3-Amino-4-chlorobenzoic acid 3-氨基-4-氯苯甲酸 00640

[2840-28-0] $C_7H_6ClNO_2$ 171.58

成分 C 49.00%，H 3.52%，Cl 20.66%，N 8.16%，O 18.65%。

性状 无色结晶。mp 214～216℃。一般试剂含量≥98.0%（T）。

注意事项 见 00638 2-氨基-4-氯苯甲酸。

4-Amino-2-chlorobenzoic acid 4-氨基-2-氯苯甲酸 00641

[2457-76-3] $C_7H_6ClNO_2$ 171.58

成分 C 49.00%，H 3.52%，Cl 20.66%，N 8.16%，O 18.65%。

性状 无色结晶或白色粉末。mp 约 220℃（分解）。一般试剂含量≥97.0%（T）。

注意事项 见 00638 2-氨基-4-氯苯甲酸。

5-Amino-2-chlorobenzoic acid 5-氨基-2-氯苯甲酸 00642

[89-54-3] $C_7H_6ClNO_2$ 171.58

成分 C 49.00%，H 3.52%，Cl 20.66%，N 8.16%，O 18.65%。

性状 无色结晶。mp 185℃（分解）。一般试剂含量≥98.0%（T）。

注意事项 见 00638 2-氨基-4-氯苯甲酸。

2-Amino-4-chlorobenzonitrile 2-氨基-4-氯苯甲腈 00643

[38487-86-4] $C_7H_5ClN_2$ 152.58

成分 C 55.10%，H 3.30%，Cl 23.24%，N 18.36%。

别名 5-氯-2-氰基苯胺；5-Chloro-2-cyanoaniline

性状 白色粉末。mp 161～162℃。一般试剂含量≥97.0%（HPLC）。

注意事项 该品吸入、口服或与皮肤接触有害。对眼睛、呼吸系统及皮肤有刺激性。使用时应穿适当的防护服和戴手套。万一接触到眼睛，应立即用大量水冲洗后请医生诊治。应密封于通风良好处保存。

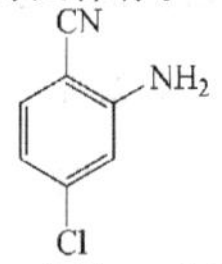

4-Amino-2-chlorobenzonitrile 4-氨基-2-氯苯甲腈 00644

[20925-27-3] $C_7H_5ClN_2$ 152.58

成分 C 55.10%，H 3.30%，Cl 23.24%，N 18.36%。

别名 3-氯-4-氰基苯胺；3-Chloro-4-cyanoaniline

性状 白色粉末。mp 117～119℃。一般试剂含量≥97.0%（HPLC）。

注意事项 该品口服有害。对眼睛、呼吸系统及皮肤有刺激性。使用时应穿适当的防护服和戴手套。使用时应避免吸入本品的粉尘，避免与眼睛及皮肤接触。万一接触到眼睛，应立即用大量水冲洗后请医生诊治。使用时如有事故发生或不适之感，应请医生诊治。

2-Amino-5-chlorobenzophenone

2-氨基-5-氯二苯甲酮 00645

成分 C 67.40%，H 4.35%，Cl 15.30%，N 6.05%，O 6.91%。

别名 4-氯-2-苯甲酰苯胺；5-Chloro-2-aminobenzophenone；4-Chloro-2-benzoylaniline

性状 无色结晶或白色粉末。不溶于水。mp 98～100℃。一般试剂含量≥98.0%。

注意事项 该品对眼睛、呼吸系统及皮肤有刺激性。使用时应穿适当的防护服和戴手套。万一接触到眼睛，应立即用大量水冲洗后请医生诊治。

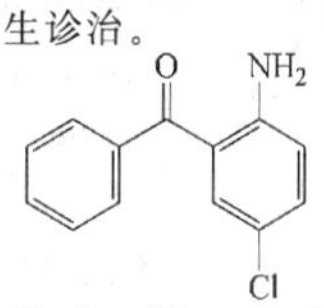

4-Amino-2-chloro-6,7-dimethoxy quinazoline

4-氨基-2-氯-6,7-二甲氧基喹唑啉 00646

[23680-84-4] $C_{10}H_{10}ClN_3O_2$ 239.66

成分 C 50.12%，H 4.21%，Cl 14.79%，N 17.53%，O 13.35%。

别名 2-氯-6,7-二甲氧基-4-喹唑啉胺；4-氨基-2-氯-6,7-二甲氧基-1,3-二氮杂萘；2-Chloro-6,7-dimethoxy-4-quinazolinamine

性状 无色结晶。mp 262～268℃（分解）。一般试剂含量≥99.0%（HPLC）。

注意事项 该品对眼睛、呼吸系统及皮肤有刺激性。使用时应穿适当的防护服。万一接触到眼睛，应立即用大量水冲洗后请医生诊治。应充氩气密封保存。

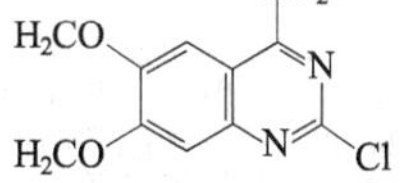

4-Amino-4′-chlorodiphenyl 4-氨基-4′-氯联苯 00647

[135-68-2] $C_{12}H_{10}ClN$ 203.67

成分 C 70.77%，H 4.95%，Cl 17.41%，N 6.88%。

别名 对氯-4-氨基联苯；4-氯联苯基胺；4-Amino-4′-chlorobiphenyl；*p*-Amino-*p*′-chlorobiphenyl；4′-Chloro-4-aminodiphenyl；4′-Chloro(1,1′-biphenyl)-4-amine；*p*-Chloro-*p*′-phenylaniline；4-Chloroxenylamine

M. I. 15，430

性状 来自石油醚中的无色或白色针状结晶。溶于热乙醇、苯、丙酮、冰乙酸、乙醚，几乎不溶于水和碱溶液。mp 134℃。uv max（0.1mol/L 盐酸中）：254nm（ε 22090）

注意事项 该品应密封避光保存。
主要用途 检测煤、橡胶中硫的试剂。

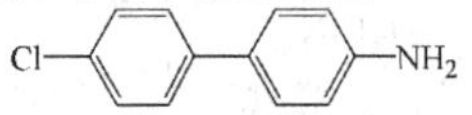

2-Amino-4-chlorophenol 2-氨基-4-氯酚 00648

[95-85-2] C_6H_6ClNO 143.57

成分 C 50.20%，H 4.21%，Cl 24.69%，N 9.76%，O 11.14%。
别名 4-氯-2-氨基酚；对氯邻氨基酚；2-羟基-5-氯苯胺；5-氯-2-羟基苯胺；4-Chloro-2-aminophenol；*p*-Chloro-*o*-aminophenol；5-Chloro-2-hydroxyaniline；2-Hydroxy-5-chloroaniline
GW 2015-1393
性状 浅棕色结晶。溶于稀无机酸或稀碱溶液。mp 135～138℃。一般试剂含量≥97.0%。
注意事项 该品口服有害。对眼睛、呼吸系统及皮肤有刺激性。使用时应穿适当的防护服和戴手套。万一接触到眼睛，应立即用大量水冲洗后请医生诊治。
主要用途 染料中间体。

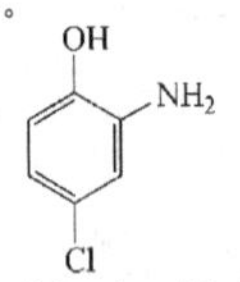

4-Amino-3-chlorophenol hydrochloride
4-氨基-3-氯酚 盐酸盐 00649

[52671-64-4] $C_6H_7Cl_2NO$ 180.04

成分 C 40.03%，H 3.92%，Cl 39.39%，N 7.78%，O 8.89%。
别名 盐酸4-氨基-3-氯酚；盐酸2-氯-4-羟基苯胺；2-氯-4-羟基苯胺盐酸盐；2-Chloro-4-hydroxyaniline hydrochloride
性状 无色或白色结晶性粉末。mp 254～256℃（分解）。一般试剂含量≥98.0%（AT）。
注意事项 该品对眼睛、呼吸系统及皮肤有刺激性。使用时应戴适当的手套。万一接触到眼睛，应立即用大量水冲洗后请医生诊治。

2-Amino-6-chloropurine 2-氨基-6-氯嘌呤 00650

[10310-21-1] $C_5H_4ClN_5$ 169.57

成分 C 35.42%，H 2.38%，Cl 20.91%，N 41.30%。
别名 6-氯鸟嘌呤；6-Chloroguanine
性状 白色粉末。mp＞300℃。一般试剂含量≥99.0%（NT）。
注意事项 使用时应避免吸入本品的粉尘，避免与眼睛及皮肤接触。应充氩气密封保存。
主要用途 生化研究。

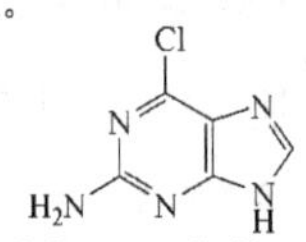

2-Amino-5-chloropyridine 2-氨基-5-氯吡啶 00651

[1072-98-6] $C_5H_5ClN_2$ 128.56

成分 C 46.71%，H 3.92%，Cl 27.58%，N 21.79%。
别名 5-氯-2-吡啶胺；5-Chloro-2-pyridylamine
性状 无色结晶。溶于水。mp 135～137℃；bp_{11} 127～128℃/1.6kPa；Fp 320℉（160℃）。一般试剂含量≥98.0%（NT）。
注意事项 该品吸入、口服或与皮肤接触有害对眼睛、呼吸系统及皮肤有刺激性。使用时应避免吸入本品的粉尘，避免与眼睛及皮肤接触。万一接触到眼睛，应立即用大量水冲洗后请医生诊治。应密封于通风良好处保存。

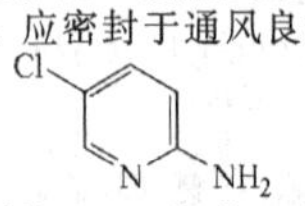

3-Amino-2-chloropyridine 3-氨基-2-氯吡啶 00652

[6298-19-7] $C_5H_5ClN_2$ 128.56

成分 C 46.71%，H 3.92%，Cl 27.58%，N 21.79%。
性状 白色粉末。mp 78～80℃；bp_{22} 130～134℃/2.93kPa；Fp 365℉（185℃）。一般试剂含量≥98.0%（NT）。
注意事项 该品对眼睛、呼吸系统及皮肤有刺激性。使用时应穿适当的防护服和戴手套。万一接触到眼睛，应立即用大量水冲洗后请医生诊治。应密封于2～8℃保存。

5-Amino-2-chloropyridine 5-氨基-2-氯吡啶 00653

[5350-93-6] $C_5H_5ClN_2$ 128.56

成分 C 46.71%，H 3.92%，Cl 27.58%，N 21.79%。
性状 白色粉末。mp 81～83℃。一般试剂含量≥97.0%（GC）。
注意事项 见00652 3-氨基-2-氯吡啶。

2-Amino-6-chloro-4-pyrimidino hydrate
2-氨基-6-氯-4-嘧啶醇 水合 00654

[206658-81-3] $C_4H_4ClN_3O \cdot xH_2O$ 145.55+xH_2O

成分（以无H_2O计） C 33.00%，H 2.77%，Cl 24.36%，N 28.87%，O 10.99%。
别名 2-氨基-4-氯-6-羟基嘧啶 水合；2-Amino-4-chloro-6-hydroxypyrimidine hydrate
性状 无色结晶。mp 252℃（分解）。一般试剂含量≥98.0%（AT）。
注意事项 该品对眼睛、呼吸系统及皮肤有刺激性。使用时应穿适当的防护服。万一接触到眼睛，应立即用大量水冲洗后请医生诊治。

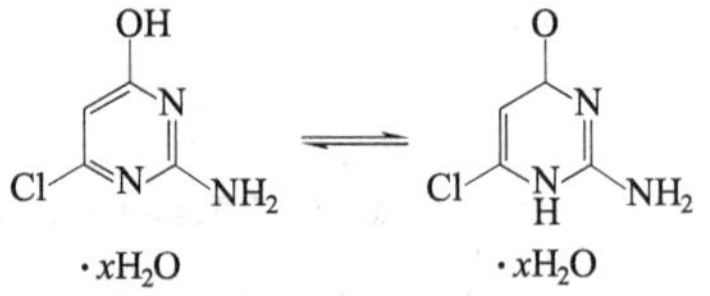

4-Aminocinnamic acid hydrochloride
4-氨基肉桂酸 盐酸盐 00655

[54057-95-3] $C_9H_{10}ClNO_2$ 199.64

成分 C 54.15%，H 5.05%，Cl 17.76%，N 7.02%，O 16.03%。
别名 盐酸4-氨基肉桂酸；盐酸4-氨基苯基-2-丙烯酸；4-氨基苯基-2-丙烯酸 盐酸盐
性状 无色结晶或白色粉末。mp 265～268℃（分解）。一般试剂含量≥97.0%（NT）。
注意事项 见00654 2-氨基-6-氯-4-嘧啶醇 水合。应充氩气密封保存。

2-Amino-*p*-cresol 2-氨基对甲酚 00656

[95-84-1] C_7H_9NO 123.16

成分 C 68.27%，H 7.37%，N 11.37%，O 12.99%。
别名 2-氨基-4-甲基苯酚；3-氨基-4-羟基甲苯；2-羟基-5-甲基苯胺；3-Amino-4-hydroxytoluene；2-Amino-4-methylphenol；2-Hydroxy-5-methylaniline
性状 无色结晶或白色粉末。mp 135～137℃。一般试剂含量≥98.0%（NT）。
注意事项 该品吸入、口服或与皮肤接触有害。对眼睛、呼吸系统及皮肤有刺激性。使用时应戴手套。万一接触到眼睛，应立即用大量水冲洗后请医生诊治。接触皮肤后应立即用聚乙二醇400液体冲洗。应密封保存。

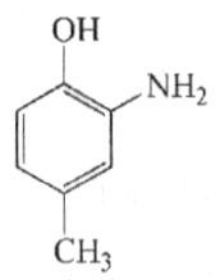

4-Amino-*m*-cresol 4-氨基间甲酚 00657

[2835-99-6] C_7H_9NO 123.16

成分 C 68.27%，H 7.37%，N 11.37%，O 12.99%。
别名 4-氨基-3-甲基苯酚；2-氨基-5-羟基甲苯；4-羟基-2-甲基苯胺；2-Amino-5-hydroxytoluene；4-Amino-3-methylphenol；4-Hydroxy-2-methylaniline
性状 白色粉末。对光敏感。mp 117～119℃。一般试剂含量≥98.0%（NT）。
注意事项 该品口服有害。对眼睛、呼吸系统及皮肤有刺激性。使用时应戴手套和防护镜或面罩。万一接触到眼睛，应立即用大量水冲洗后请医生诊治。应充氩气密封避光保存。

5-Amino-*o*-cresol　5-氨基邻甲酚　00658
[2835-95-2]　C_7H_9NO　123.16
成分　C 68.27%，H 7.37%，N 11.37%，O 12.99%。
别名　5-氨基-2-甲基苯酚；4-氨基-2-羟基甲苯；3-羟基对甲苯胺；2-羟基-4-氨基甲苯；4-Amino-2-hydroxytoluene；5-Amino-2-methylphenol；2-Hydroxy-4-aminotoluene；3-Hydroxy-*p*-toluidine
性状　无色片状或针状结晶。易溶于乙醇、乙醚，微溶于热水，不溶于冷水。mp 160～163℃。一般试剂含量≥98.0%（NT/TLC）。
注意事项　该品对眼睛、呼吸系统及皮肤有刺激性。使用时应穿适当的防护服。万一接触到眼睛，应立即用大量水冲洗后请医生诊治。
主要用途　有机合成。

OH　CH_3
H_2N

6-Amino-*m*-cresol　6-氨基间甲酚　00659
[2835-98-5]　C_7H_9NO　123.16
成分　C 68.27%，H 7.37%，N 11.37%，O 12.99%。
别名　2-氨基-5-甲基苯酚；4-氨基-3-羟基甲苯；2-羟基-4-甲基苯胺；4-Amino-3-hydroxytoluene；2-Amino-5-methylphenol；2-Hydroxy-4-methylaniline
性状　白色粉末。mp 155～159℃。一般试剂含量≥98.0%（NT/TLC）。
注意事项　见 00657 4-氨基间甲酚。

3-Aminocrotononitrile　3-氨基丁烯腈　00660
[1118-61-2]　$C_4H_6N_2$　82.11
成分　C 58.51%，H 7.37%，N 34.12%。
别名　3-氨基-2-丁烯腈；3-亚氨基丁腈；Diacetonitrile；3-Amino-2-butenenitrile；3-Iminobutyronitrile
性状　无色结晶。mp 70～75℃；bp_4 120℃/522.3Pa；Fp 309℉（154℃）。一般试剂含量≥97.0%（NT）。
注意事项　该品口服有害。其蒸气吸入有害。对眼睛及呼吸系统有刺激性。使用时应穿适当的防护服，戴手套和防护镜或面罩。使用时应避免吸入本品的粉尘，避免与眼睛及皮肤接触。万一接触到眼睛，应立即用大量水冲洗后请医生诊治。切勿排入下水道。应密封于 2～8℃保存。

1-Aminocyclohexanecarboxylic acid
1-氨基环己烷羧酸　00661
[2756-85-6]　$C_7H_{13}NO_2$　143.19
成分　C 58.72%，H 9.15%，N 9.78%，O 22.35%。
别名　高环亮氨酸；Homocycloleucine
性状　无色结晶。易吸潮。mp＞300℃。一般试剂含量≥98.0%（NT）。
注意事项　该品对眼睛、呼吸系统及皮肤有刺激性。使用时应戴手套。使用时应避免吸入本品的粉尘，避免与眼睛及皮肤接触。万一接触到眼睛，应立即用大量水冲洗后请医生诊治。应密封干燥保存。

HO
H_2N　O

1-Aminocyclopentanecarboxylic acid
1-氨基环戊烷羧酸　00662
[52-52-8]　$C_6H_{11}NO_2$　129.16
成分　C 55.80%，H 8.58%，N 10.84%，O 24.77%。
别名　环白氨酸；环亮氨酸；ACPC；CB-1639；Cycloleucine；NSC-1026
M. I. 15，2727
性状　来自于乙醇-水中的无色结晶。溶于水（5g/100mL），形成稳定的金质盐。mp 330℃（分解）。一般试剂含量≥97.0%（NT）。
注意事项　该品口服有害。对眼睛、呼吸系统及皮肤有刺激性。使用时应穿适当的防护服和戴手套。使用时应避免吸入本品的粉尘，避免与眼睛及皮肤接触。万一接触到眼睛，应立即用大量水冲洗后请医生诊治。

H_2N　COOH

4-Amino-2,6-dichlorophenol　4-氨基-2,6-二氯酚　00663
[5930-28-9]　$C_6H_5Cl_2NO$　178.02
成分　C 40.48%，H 2.83%，Cl 39.83%，N 7.87%，O 8.99%。
别名　2,6-二氯-4-氨基酚；3,5-二氯-4-羟基苯胺；2,6-Dichloro-4-aminophenol；3,5-Dichloro-4-hydroxyaniline
性状　无色针状结晶。溶于乙醇、乙醚，微溶于热水，不溶于冷水。mp 167～170℃。一般试剂含量≥98.0%。
注意事项　该品对眼睛、呼吸系统及皮肤有刺激性。使用时应戴适当的手套。万一接触到眼睛，应立即用大量水冲洗后请医生诊治。应密封保存。
主要用途　有机合成。

OH
Cl　Cl
NH_2

2-Amino-3,5-dichloropyridine
2-氨基-3,5-二氯吡啶　00664
[4214-74-8]　$C_5H_4Cl_2N_2$　163.01
成分　C 36.84%，H 2.47%，Cl 43.50%，N 17.19%。
性状　无色结晶或白色粉末。mp 81～83℃。一般试剂含量≥97.0%（AT）。
注意事项　见 00663 4-氨基-2,6-二氯酚。

2-Amino-4,6-dichloropyrimidine
2-氨基-4,6-二氯嘧啶　00665
[56-05-3]　$C_4H_3Cl_2N_3$　164.00
成分　C 29.30%，H 1.84%，Cl 43.24%，N 25.62%。
别名　4,6-二氯-2-嘧啶胺；4,6-Dichloro-2-pyrimidinamine
性状　白色粉末。mp 220～223℃。一般试剂含量≥98.0%（HPLC）。
注意事项　见 00663 4-氨基-2,6-二氯酚。

Cl
N
Cl　N　NH_2

5-Amino-4,6-dichloropyrimidine
5-氨基-4,6-二氯嘧啶　00666
[5413-85-4]　$C_4H_3Cl_2N_3$　164.00
成分　C 29.30%，H 1.84%，Cl 43.24%，N 25.62%。
别名　4,6-二氯-5-嘧啶胺；4,6-Dichloro-5-pyrimidinamine
性状　白色粉末。mp 143～146℃。一般试剂含量≥98.0%（AT）。
注意事项　见 00663 4-氨基-2,6-二氯酚。

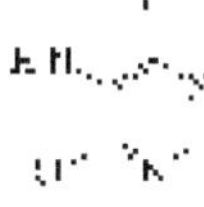

4-Amino-*N*,*N*-diethylaniline sulfate
4-氨基-*N*,*N*-二乙基苯胺 硫酸盐　00667
[6283-63-2]　$C_{10}H_{18}N_2O_4S$　262.33
成分　C 45.79%，H 6.92%，N 10.68%，O 24.40%，S 12.22%。
别名　*N*,*N*-二乙基对苯二胺 硫酸盐；硫酸 *N*,*N*-二乙基对苯二胺；对氨基-*N*,*N*-二乙基苯胺 硫酸盐；硫酸对氨基-*N*,*N*-二乙基苯胺；硫酸 4-氨基-*N*,*N*-二乙基苯胺；*N*,*N*-Diethyl-*p*-phenylenediamine sulfate；DPD
GW 61797
性状　白色或浅粉红色结晶。对光及空气敏感。易溶于水，微溶于乙醇。易氧化而呈粉红色。mp 185～187℃。一般试剂含量≥99.0%（T）。
注意事项　该品口服有害。对眼睛有刺激性。使用时应穿适当的防护服，戴手套和防护镜或面罩。万一接触到眼睛，应立即用大量水冲洗后请医生诊治。使用时如有事故发生或有不适之感，应请医生诊治。应充氮气密封避光保存。

主要用途 在环境检测中用于分析硫化物。分光光度法测 S^{2-}、Cl_2。彰色照相显影剂。

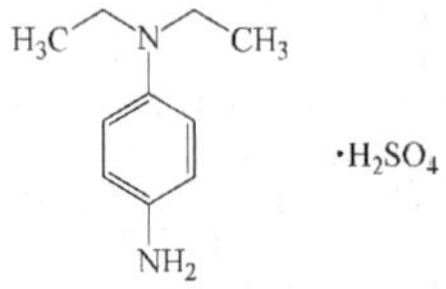

2-Amino-4,5-difluorobenzoic acid

2-氨基-4,5-二氟苯甲酸 00668

[83506-93-8] $C_7H_5F_2NO_2$ 173.12

成分 C 48.57%，H 2.91%，F 21.95%，N 8.09%，O 18.48%。

别名 4,5-二氟邻氨基苯甲酸；4,5-二氟氨茴酸；4，5-Difluoroanthranilic acid

性状 无色结晶。mp 181～183℃。一般试剂含量≥97.0%(T)。

注意事项 该品对眼睛、呼吸系统及皮肤有刺激性。使用时应穿适当的防护服。万一接触到眼睛，应立即用大量水冲洗后请医生诊治。

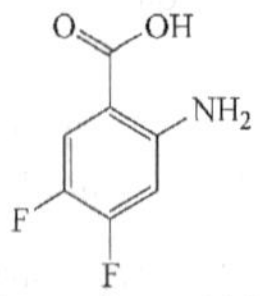

3-Amino-2,3-dihydrobenzoic acid hydrochloride

3-氨基-2,3-二氢苯甲酸 盐酸盐 00669

[59556-17-1] $C_7H_{10}ClNO_2$ 175.61

别名 盐酸 3-氨基-2,3-二氢苯甲酸；5-Amino-1,3-cyclothexadiene-1-carboxylic acid hydrochloride；Gabaculin hydrochloride

性状 无色结晶或白色粉末。mp 203℃（分解）。一般试剂含量≥98.0%（T）。

注意事项 使用时应避免吸入本品的粉尘，避免与眼睛及皮肤接触。

2-Amino-4,5-dimethoxybenzoic acid

2-氨基-4,5-二甲氧基苯甲酸 00670

[5653-40-7] $C_9H_{11}NO_4$ 197.19

成分 C 54.82%，H 5.62%，N 7.10%，O 32.45%。

别名 4，5-二甲氧基氨茴酸；6-氨基藜芦酸；6-Aminoveratric acid；4，5-Dimethoxyanthranilic acid

性状 无色结晶。mp 155～158℃（分解）。一般试剂含量≥98.0%。

注意事项 该品对眼睛、呼吸系统及皮肤有刺激性。使用时应戴适当的手套。万一接触到眼睛，应立即用大量水冲洗后请医生诊治。

2-Amino-4,5-dimethoxybenzonitrile

2-氨基-4,5-二甲氧基苄腈 00671

[26961-27-3] $C_9H_{10}N_2O_2$ 178.19

成分 C 60.67%，H 5.66%，N 15.72%，O 17.96%。

别名 2-氨基-4,5-二甲氧基苯甲腈；2-氨基-4,5-二甲氧基苯基氰；6-Aminoveratronitrile

性状 无色结晶。mp 97～101℃。一般试剂含量≥95.0%(HPLC)。

注意事项 见 00670 2-氨基-4,5-二甲氧基苯甲酸。

4-Amino-*N*,*N*-dimethylaniline

4-氨基-*N*,*N*-二甲基苯胺 00672

[99-98-9] $C_8H_{12}N_2$ 136.20

成分 C 70.55%，H 8.88%，N 20.57%。

别名 *N*,*N*-二甲基对苯二胺；对二甲氨基苯胺；对氨基-*N*,*N*-二甲基苯胺；*p*-Dimethylaminoaniline；*N*，*N*-Dimethyl-1,4-benzenediamine；Dimethyl-*p*-phenylenediamine；*N*,*N*-Dimethyl-1,4-benzenedinmline；*N*,*N*- Dimethyl-*p*-phenylenediamine；*p*-Aminodimethylaniline；*p*-Amino-*N*,*N*-dimethylaniline；PADA

GW 2015-6　M.I. 15，3278

性状 无色针状结晶或浅红紫色结晶。纯品在空气中稳定，不纯时易液化。见光颜色易变深。溶于水、乙醇、乙醚、氯仿、苯。mp 41℃；bp 262℃；Fp 266°F（130℃）；*d* 1.09；一般试剂含量≥96.0%。

注意事项 该品吸入、口服或接触皮肤有毒。对皮肤有刺激性。接触皮肤后，应立即用大量水冲洗。使用时如有事故发生或有不适之感，应请医生诊治。应充氩气密封避光于0～4℃保存。

主要用途 测定钒的试剂。氧化还原指示剂；显影剂。分光光度法测 SO_4^{2-}、S^{2-}。

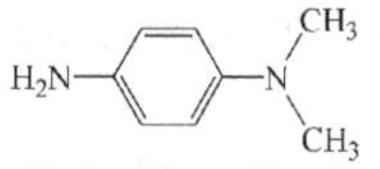

3-Amino-*N*,*N*-dimethylaniline dihydrochloride

3-氨基-*N*,*N*-二甲基苯胺 二盐酸盐 00673

[3575-32-4] $C_8H_{14}Cl_2N_2$ 209.12

成分 C 45.95%，H 6.75%，Cl 33.91%，N 13.40%。

别名 *N*,*N*-二甲基间苯二胺 二盐酸盐；二盐酸 *N*,*N*-二甲基间苯二胺；二盐酸 3-氨基-*N*,*N*-二甲基苯胺；3-(Dimethylamino)anilinedihydrochloride；*N*，*N*-Dimethyl-*m*-phenylenediamine dihydrochloride

性状 白色粉末。mp 217℃（分解）。一般试剂含量≥98.0%（AT）。

注意事项 该品口服有毒。对眼睛、呼吸系统及皮肤有刺激性。接触皮肤能引起过敏。使用时应穿适当的防护服，戴手套、防护镜和面罩。使用时如有事故发生活或有不适之感，应请医生诊治。应充氩气密封避光干燥保存。

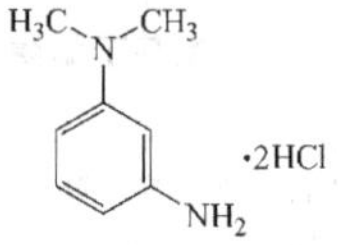

4-Amino-*N*,*N*-dimethylaniline dihydrochloride

4-氨基-*N*,*N*-二甲基苯胺 二盐酸盐 00674

[536-46-9] $C_8H_{12}N_2 \cdot 2HCl$ 209.12

成分 C 45.95%，H 6.75%，Cl 33.91%，N 13.40%。

别名 *N*,*N*-二甲基对苯二胺 二盐酸盐；*N*,*N*-二甲基对苯二胺盐酸盐；对氨基-*N*,*N*-二甲基苯胺 二盐酸盐；二盐酸 4-氨基-*N*,*N*-二甲基苯胺；二盐酸对氨基-*N*,*N*-二甲基苯胺；二盐酸 *N*,*N*-二甲基对苯二胺；1-Amino-4-dimethylaminobenzene dihydrochloride；*N*，*N*-Dimethyl-*p*-phenylenediamine dihydrochloride；DMPD·2HCl；DMPPDA·2HCl

M.I. 15，3278

性状 白色至灰白色结晶性粉末。易吸潮。露置空气中颜色逐渐变暗。易溶于水，溶于乙醇。mp 210～215℃（分解）。一般试剂含量≥99.0%（AT）。

注意事项 该品吸入、口服或接触皮肤时有毒。对眼睛、呼吸系统及皮肤有刺激性。使用时应穿适当的防护服，戴手套和防护镜或面罩。万一接触到眼睛，应立即用大量水冲洗后请医生诊治。使用时如有事故发生或有不适之感，请医生诊治。应充氮气密封避光干燥保存。

主要用途 硫化氢和硫化物的检验和比色测定；以显色反应检验氧化剂；钒的测验；空气中氯气、溴、臭氧的检验；氧化酶等的检验。

4-Amino-*N*,*N*-dimethylaniline monohydrochloride

4-氨基-*N*,*N*-二甲基苯胺 一盐酸盐 00675

[2052-46-2] $C_8H_{13}ClN_2$ 172.66

成分 C 55.65%，H 7.59%，Cl 20.53%，N 16.22%。

别名 一盐酸 *N*,*N*-二甲基-1,4-苯二胺；*N*,*N*-二甲基-1,4-苯二胺 盐酸盐；盐酸 *N*,*N*-二甲基对苯二胺；一盐酸 *N*,*N*-二甲基对苯二胺；*N*,*N*-二甲基对苯二胺 一盐酸盐；一盐酸 4-氨基 *N*,*N*-二甲基苯胺；*N*，*N*-Dimethyl-1,4-phenylenediamine monohydrochloride

性状 白色或灰白色结晶性粉末。露置空气中颜色逐渐变暗。易潮解。易溶于水，溶于乙醇。mp 215℃（分解）。一般试剂含量≥99.0%（AT）。

注意事项 见 00674 4-氨基-*N*,*N*-二甲基苯胺 二盐酸盐。

主要用途 硫化氢、硫化物的比色测定；钒的检测；氧化剂的检测；空气中氯气、溴、臭氧的检验；氧化酶等的检验。显影剂。

4-Amino-*N*,*N*-dimethylaniline sulfate

4-氨基-*N*,*N*-二甲基苯胺 硫酸盐 00676

[536-47-0] [6129-73-4] $C_8H_{14}N_2O_4S$ 234.28

成分 C 41.01%，H 6.02%，N 11.96%，O 27.32%，S 13.69%。

别名 *N*,*N*-二甲基对苯二胺 硫酸盐；*N*,*N*-对氨基-*N*,*N*-二甲基苯胺 硫酸盐；硫酸 4-氨基-*N*,*N*-二甲基苯胺；硫酸 *N*,*N*-二甲基对苯二胺；硫酸对氨基-*N*,*N*-二甲基苯胺；*N*,*N*-Dimethyl-*p*-phenylenediamine sulfate；*p*-Amino-*N*,*N*-dimethylaniline sulfate；4-Dimethylaminoaniline sulfate salt；DMPPDA；TSS

GW 2015-1307

性状 白色至微带灰蓝色结晶。具有吸湿性。易溶于水、乙醇。mp 200～205℃（分解）；bp 495℃。一般试剂含量≥98.0%（T）。

注意事项 见 00674 4-氨基-*N*,*N*-二甲基苯胺 二盐酸盐。应密封避光干燥保存。

主要用途 检测水中游离氯和溴、铵盐、过氧化氢、氧化酶、臭氧、胱氨酸、丙酮、脲酸、钒的试剂。比色测定硫化氢、硫化物的试剂。滴定钡盐时作指示剂。测定微量硫的试剂。

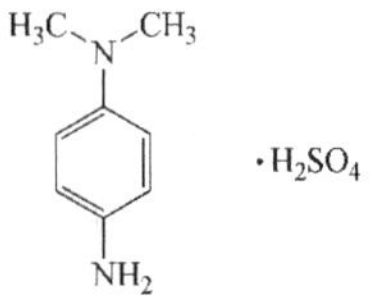

4-Amino-2′,3-dimethylazobenzene

4-氨基-2′,3-二甲基偶氮苯 00677

[97-56-3] $C_{14}H_{15}N_3$ 225.30

成分 C 76.64%，H 6.71%，N 18.65%。

别名 甲苯偶氮氨基甲苯；2,3′-二甲基-4′-氨基偶氮苯；邻氨基偶氮甲苯；*o*-Aminoazotoluene；4′-Amino-2,3′-dimethylazobenzene；2,3-Dimethyl-4′-aminoazobenzene；Fast garnet GBC base；Fastgarnet GBC base；2-Methyl-4-[(2-methylpentyl)azo]benzenamine；Solvent yellow 3；Toluazotoluidine；Tolueneazoaminotoluene；*o*-Tolueneazo-*o*-toluidine；5-(*o*-Tolylazo)-2-aminotoluene；4-(*o*-Tolylazo)-2-aminotoluene

M.I. 15，415　C.I. 11160

性状 金黄色至微红棕色结晶。易溶于 2-乙氧基乙醇，溶于乙醇、乙醚、氯仿、丙酮、乙酸乙酯、苯、亚麻子油、油酸、硬脂酸，几乎不溶于水。mp 101～102℃；λ_{max}(50%乙醇 1mol/L 盐酸中)326nm，490nm(ε 19000，2500)。

注意事项 该品能致癌。接触皮肤能引起过敏。使用前应得到专门的指导，避免曝露。使用时应穿适当的防护服，戴手套和防护镜或面罩。使用时如有事故发生或有不适之感，应请医生诊治。应密封避光保存。

主要用途 染料中间体。分析用标准物。

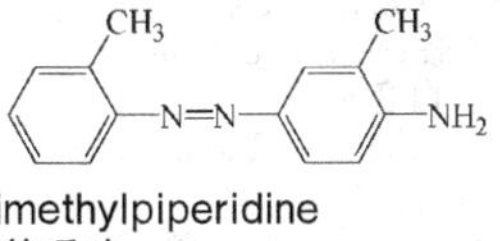

1-Amino-2,6-dimethylpiperidine

1-氨基-2,6-二甲基哌啶 00678

[39135-39-2] $C_7H_{16}N_2$ 128.22

成分 C 65.57%，H 12.58%，N 21.85%。

别名 2,6-二甲基-1-哌啶胺；2,6-Dimethyl-1-piperidinamine

性状 无色结晶或固体。对二氧化碳敏感。bp_{30} 65～80℃/4kPa；Fp 107.6°F（42℃）；*d* 0.865；n_D^{20} 1.4650。一般试剂含量≥90.0%。

注意事项 该品易燃，对眼睛、呼吸系统及皮肤有刺激性。使用时应穿适当的防护服。万一接触到眼睛，应立即用大量水冲洗后请医生诊治。应充氩气密封保存。

2-Amino-4,6-dimethylpyrimidine

2-氨基-4,6-二甲基嘧啶 00679

[767-15-7] $C_6H_9N_3$ 123.16

成分 C 58.51%，H 7.37%，N 34.12%。

别名 Acetylacetoneguanidine

性状 白色粉末。mp 152～153℃。一般商品含量≥98.0%（NT）。

注意事项 该品对眼睛、呼吸系统及皮肤有刺激性。使用时应戴手套。万一接触到眼睛，应立即用大量水冲洗后请医生诊治。

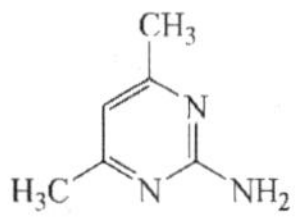

6-Amino-2,4-dimethylpyrimidine

6-氨基-2,4-二甲基嘧啶 00680

[461-98-3] $C_6H_9N_3$ 123.16

成分 C 58.51%，H 7.37%，N 34.12%。

别名 2,6-二氨基-4-嘧啶胺；4-氨基-2,6-二甲基嘧啶；2,6-Dimethyl-4-pyrimidinamine；4-Amino-2,6-dimethylpyrimidine；

M.I. 15，5374

性状 来自乙醇中的无色针状结晶或来自苯中的鳞片状结晶。1g 该品溶于（18℃）0.64mL 水或（18℃）5.25 份乙醇。mp 182～183℃。

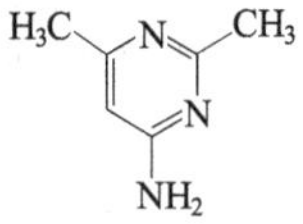

4-Amino-1,3-dimethyluracil

4-氨基-1,3-二甲基尿嘧啶 00681

[6642-31-5] $C_6H_9N_3O_2$ 155.16

成分 C 46.45%，H 5.85%，N 27.08%，O 20.62%。

别名 4-氨基-1,3-二甲基咁嗐；6-氨基-1,3-二甲基咁嗐；6-Ami-no-1,3-dimethyluracil；1,3-Dimethyl-4-aminouracil；1,3-Dimethyl-2,6-dioxo-4-aminotetrahydropyrimidine

性状 无色结晶。微溶于水，其 pH 值（20℃，100g/L）6.9。mp 295℃（分解）。一般试剂含量≥98.0%。

注意事项 该品应密封保存。

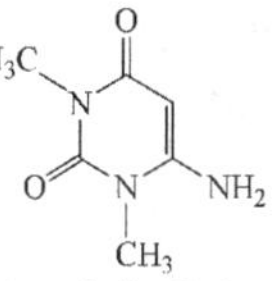

(1*R*,2*S*)-(−)-2-Amino-1,2-diphenylethanol

(1*R*,2*S*)-(−)-2-氨基-1,2-二苯基乙醇 00682

[23190-16-1] $C_{14}H_{15}NO$ 213.28

成分 C 78.84%，H 7.09%，N 6.57%，O 7.50%。

性状 无色结晶。mp 142～144℃；$[\alpha]^{25}$ −7.0°（*c*=0.6，于乙醇中）。一般试剂含量≥99.0%（NT）。

注意事项 该品对眼睛、呼吸系统及皮肤有刺激性。使用时应穿适当的防护服。万一接触到眼睛，应立即用大量水冲洗后请医生诊治。应充氩气密封保存。

(1*S*,2*R*)-(+)-2-Amino-1,2-diphenylethanol

(1*S*,2*R*)-(+)-2-氨基-1,2-二苯基乙醇 00683

[23364-44-5] $C_{14}H_{15}NO$ 213.28

成分 C 78.84%，H 7.09%，N 6.57%，O 7.50%。

性状 无色结晶。mp 142～144℃；$[\alpha]^{25}$ +7.0°（*c*=0.6，于乙醇中）。一般试剂含量≥98.5%（NT）。

注意事项 见 00682 （1*R*，2*S*)-(−)-2-氨基-1,2-二苯基乙醇。

(*S*)-2-Amino-1,1-diphenyl-1-propanol

(*S*)-2-氨基-1,1-二苯基-1-丙醇 00684

[78603-91-5] $C_{15}H_{17}NO$ 227.31

成分 C 79.26%，H 7.54%，N 6.16%，O 7.04%。

别名 1,1-二苯基-L-丙氨醇；1,1-Diphenyl-L-alaninol

性状 无色结晶。溶于乙醇，氯仿。mp 100～102℃；$[\alpha]_D^{20}$ −

62°±2°(c=1.7,于乙醇中)。一般试剂含量≥99.0%(HPLC)。

注意事项 见 00682 (1*S*,2*R*)-(−)-2-氨基-1,2-二苯基乙醇。

12-Aminododecanoic acid 12-氨基十二酸 00685

[693-57-2] $C_{12}H_{25}NO_2$ 215.34

成分 C 66.93%,H 11.70%,N 6.50%,O 14.86%。

别名 12-氨基月桂酸;12-Aminolauric acid

性状 无色结晶。mp 185~187℃;Fp 约 536 °F (280℃)。一般试剂含量≥96.0% (NT)。

注意事项 使用时应避免与眼睛及皮肤接触。

2-(2-Aminoethoxy)ethanol 2-(2-氨基乙氧基)乙醇 00686

[929-06-6] $C_4H_{11}NO_2$ 105.14

成分 C 45.70%,H 10.55%,N 13.32%,O 30.43%。

别名 乙二醇 (2-氨基乙基) 醚;Ethylene glycol mono (2-aminoethyl) ether

GW 2015-34

性状 无色液体。溶于水。对二氧化碳敏感。mp −11℃;bp 23 125~131℃ /13.06kPa;Fp 260°F (127℃);d 1.057;n_D^{20} 1.4570。LD_{50}大鼠急性经口:3000mg/kg。一般试剂含量≥98.0% (NT)。

注意事项 该品与皮肤接触有害。具有腐蚀性,能引起烧伤。使用时应穿适当的防护服,戴手套和防护镜或面罩。万一接触到眼睛,应立即用大量水冲洗后请医生诊治。使用时如有事故发生或有不适之感,应请医生诊治。应充氩气密封保存。

L-α-(2-Aminoethoxyvinyl)glycine hydrochloride
L-α-(2-氨基乙氧基乙烯基)甘氨酸 盐酸盐 00687

[55720-26-8] $C_6H_{13}ClN_2O_3$ 196.63

成分 C 36.65%,H 6.66%,Cl 18.03%,N 14.25%,O 24.41%。

别名 盐酸 L-α-(2-氨基乙氧基乙烯基)甘氨酸;L-α-[2-(2-Amino ethoxy) vinyl] glycine hydrochloride;AVG-HCl;(*S*)-*trans*-2-Amino-4-(2-aminoethoxy)-3-butenoic acid hydrochloride

性状 无色或白色结晶。对空气敏感。$[\alpha]_D^{20}$+83°±2°(c=1,于 0.1mol/L 磷酸钠缓冲液中,pH 值 6.7)。生化试剂含量≥95.0%(AT)。

注意事项 该品口服有害。应充氩气密封于 2~8℃保存。

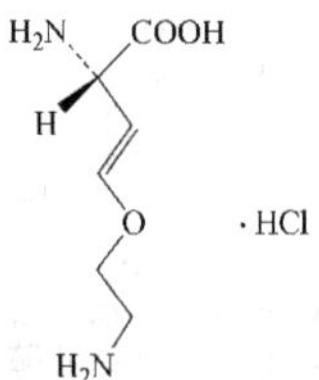

***N*-(2-Aminoethyl)acetamide**
***N*-(2-氨基乙基)乙酰胺** 00688

[1001-53-2] $C_4H_{10}N_2O$ 102.14

成分 C 47.04%,H 9.87%,N 27.43%,O 15.66%。

别名 *N*-乙酰基乙二胺;*N*-Acetylethylenediamine

性状 无色结晶。热至约 50℃以上可变为液体。长期保存可变为固体。易吸潮。mp 50℃;bp_3 128℃/399.97Pa;Fp>230°F (110℃);d^{25} 1.066;n_D^{20}1.485。一般试剂含量≥95.0% (GC)。

注意事项 该品具有腐蚀性,能引起烧伤。使用时应穿适当的防护服,戴手套和防护镜或面罩。万一接触到眼睛,应立即用大量水冲洗后请医生诊治。应密封干燥保存。

3-[2-(2-Aminoethylamino)ethylamino]propyltrimethoxysilane 00689
3-[2-(2-氨基乙基氨基)乙基氨基]丙基三甲氧基硅烷

[35141-30-1] $C_{10}H_{27}N_3O_3Si$ 265.43

成 分 C 45.25%,H 10.25%,N 15.83%,O 18.08%,Si 10.58%。

别名 2-[2-(3-三甲氧基甲硅烷基丙基氨基)乙基氨基]乙胺;2-[2-(3-Trimethoxysilylpropylamino)ethylamino] ethylamine;*N*-(3-Trimethoxysilylpropyl)diethylenetriamine

性状 无色液体。对湿度敏感。bp_2 114~118℃;Fp 255.2°F (124℃);d_4^{20} 1.031;n_D^{20} 1.459。一般试剂含量≥90.0%(T)。

注意事项 该品与皮肤接触有害。具有腐蚀性,能引起烧伤。接触皮肤能引起过敏。使用时应穿适当的防护服,戴手套和防护镜或面罩。万一接触到眼睛,应立即用大量水冲洗后请医生诊治。使用时如有事故发生或有不适之感,应请医生诊治。应充氩气密封于干燥处保存。

3-(2-Aminoethylamino)propyldimethoxy methyl silane
3-(2-氨基乙基氨基)丙基二甲氧基甲基硅烷 00690

[3069-29-2] $C_8H_{22}N_2O_2Si$ 206.36

成 分 C 46.56%,H 10.75%,N 13.58%,O 15.51%,Si 13.61%。

别名 *N*-[3-(二甲氧基甲基甲硅烷基)丙基]乙二胺;3-(2-氨基乙基氨基)丙基甲基二甲氧基硅烷;3-(2-Aminoethylamino)propylmethyldimethoxysilane;*N*-[3-(Dimethoxymethylsilyl)propyl]ethylenediamine

性状 无色液体。对湿度敏感。Fp 194°F (90℃);d^{20} 0.968,n_D^{20} 1.450。一般试剂含量≥95.0% (GC)。

注意事项 该品具有腐蚀性,能引起烧伤。使用时应穿适当的防护服,戴手套和防护镜或面罩。万一接触到眼睛,应立即用大量水冲洗后请医生诊治。使用时如有事故发生或有不适之感,应请医生诊治。应充氩气密封于干燥处保存。

3-(2-Aminoethylamino)propyltrimethoxysilane
3-(2-氨基乙基氨基)丙基三甲氧基硅烷 00691

[1760-24-3] $C_8H_{22}N_2O_3Si$ 222.36

别名 *N*-[3-(三甲氧基甲硅烷基)丙基]乙二胺;*N*-(2-氨基乙基)-3-(三甲氧基硅烷基)丙胺;*N*-(2-Aminoethyl)-3-trimethoxysilylpropylamine;*N*-(3-Trimethoxysilylpropyl)ethylenediamine

成分 C 43.21%,H 9.97%,N 12.60%,O 21.59%,Si 12.63%。

性状 无色液体。溶于水。对空气和温度敏感。bp 261~263℃;bp_{15} 146℃(1.99kPa);Fp 277.7°F(136.5℃);d^{25} 1.028;n_D^{20} 1.444。LD_{50}大鼠急性经口:7460mg/kg。一般试剂含量98.0%(NT)。

注意事项 该品具有腐蚀性,能引起烧伤。对皮肤有刺激性。接触皮肤能引起过敏。使用时应穿适当的防护服,戴手套和防护镜或面罩。使用时应避免吸入本品的蒸气。万一接触到眼睛,应立即用大量水冲洗后请医生诊治。使用时如有事故发生或有不适之感,应请医生诊治。应充氩气密封保存。

4-(2-Aminoethyl)aniline 4-(2-氨基乙基)苯胺 00692

[13472-00-9] $C_8H_{12}N_2$ 136.19

成分 C 70.55%,H 8.88%,N 20.57%。

别名 4-氨基苯乙胺;4-Aminophenethylamine

性状 无色结晶或白色粉末。对空气和二氧化碳敏感。mp 28~31℃;bp0.3 103℃/40Pa;d 1.034;n_D^{20}1.591;一般试剂含量≥97.0%(NT)。

注意事项 该品对眼睛及皮肤有刺激性。使用时应穿适当的防护服。万一接触到眼睛,应立即用大量水冲洗后请医生诊治。应充氩气密封保存。

3-Amino-9-ethylcarbazole 3-氨基-9-乙基咔唑 00693

[132-32-1] $C_{14}H_{14}N_2$ 210.28

成分 C 79.97%,H 6.71%,N 13.32%。

别名 9-乙基咔唑-3-胺;3-氨基-9-乙基卡巴唑;AEC;9-Ethylcarbazole-3-amine

性状 无色结晶。mp 85~88℃。一般商品含量>95%,生化试剂一片含该品 20mg。1 片该品溶于 5mL 二甲基甲酰胺应澄清,深橙至棕色。一般试剂含量≥95.0%。

注意事项 该品口服有毒。对机体有不可逆损伤的可能性。对眼睛、呼吸系统及皮肤有刺激性。使用时应穿适当的防护服和戴手套。使用时应避免吸入本品的粉尘,避免与眼睛及皮肤接触。使用时如有事故发生或有不适之感,应请医生诊治。应密封于 2~8℃保存。

NH₂ structure (carbazole, N-CH₃)

S-(2-Aminoethyl)-L-cysteine hydrochloride

S-2-氨基乙基-L-半胱氨酸 盐酸盐 00694

[4099-35-8] $C_5H_{13}ClN_2O_2S$ 200.69

别名 2-氨基乙基-3-巯基-L-丙氨酸 盐酸盐;盐酸 S-(2-氨基乙基)-L-半胱氨酸;AEC-HCl;S-2-Aminoethyl-3-mercapto-L-alanine hydrochloride;S-2-Aminoethyl-L-2-amino-3-mercaptopropionic acid hydrochloride;L-4-Thialysine hydrochloride

性状 无色结晶。易吸潮。mp 198～200℃(分解);$[\alpha]_D^{20}$ −3.5°±1°。生化试剂含量≥99.0%(AT)。

注意事项 该品应充氩气密封于 2～8℃干燥保存。

2-Aminoethyl dihydrogen phosphate

磷酸二氢 2-氨基乙酯 00695

[1071-23-4] $C_2H_8NO_4P$ 141.06

成分 C 17.03%, H 5.72%, N 9.93%, O 45.37%, P 21.96%。

别名 Colaminephosphoric acid;Ethanolamine dihydrogen phosphate;2-Hydroxyethylammonium dihydrogen phosphate;O-Phosphocolamine;O-Phosphoethanolamine

性状 无色结晶或白色粉末。溶于水。易吸潮。mp 237～240℃。生化试剂含量≥99.0%(T)。

注意事项 该品具有腐蚀性,能引起烧伤。使用时应穿适当的防护服,戴手套和防护镜或面罩。万一接触到眼睛,应立即用大量水冲洗后请医生诊治。使用时如有事故发生或有不适之感,应请医生诊治。应密封于 2～8℃保存。

2-Aminoethyl diphenylborinate

二苯基硼酸 2-氨基乙酯 00696

[524-95-8] $C_{14}H_{16}BNO$ 225.09

成分 C 74.70%, H 7.16%, B 4.80%, N 6.22%, O 7.11%。

别名 2-Aminoethyl diphenyl borate;2-APB;Diphenylboric acid 2-aminoethyl ester;Diphenylborinic acid

性状 无色结晶或白色粉末。mp 192～194℃。一般试剂含量≥97.0%(NT)。

注意事项 使用时应避免吸入本品的粉尘,避免与眼睛及皮肤接触。应密封避光于 2～8℃干燥保存。

主要用途 用于类黄酮类的光度分析法测定用试剂。

N-(2-Aminoethyl)-5-isoquinoline sulfonamide hydrochloride

N-(2-氨基乙基)-5-异喹啉磺酰胺 盐酸盐 00697

[116700-36-8] $C_{11}H_{14}ClN_3O_2S$ 287.77

成分 C 45.91%,H 4.90%,Cl 12.32%,N 14.60%,O 11.12%,S 11.14%。

别名 盐酸 N-(2-氨基乙基)-5-异喹啉磺酰胺;H-9 hydrochloride

性状 无色结晶或白色粉末。溶于乙醇、甲醇、水。生化试剂含量≥98.0%(HPLC)。

注意事项 使用时应避免吸入本品的粉尘,避免与眼睛及皮肤接触。应密封于−20℃保存。

主要用途 生化研究。选择性酪蛋白激酶 1 抑制剂。

2-(2-Aminoethyl)isothiourea dihydrobromide

2-(2-氨基乙基)异硫脲 二氢溴酸盐 00698

[56-10-0] $C_3H_{11}Br_2N_3S$ 281.02

成分 C 12.82%,H 3.95%,Br 56.87%,N 14.95%,S 11.41%。

别名 二氢溴酸 2-(2-氨基乙基)异硫脲;溴化-S-(氨基乙基)异硫脲 氢溴酸盐;AET;2-(2-Aminoethyl)-iso-thiourea dihydrobromide;S-(2-Aminoethyl)-iso-thiouronium bromide hydrobromide;S-(2-Aminoehtyl)isothiuronium bromide hydrobromide;β-Aminoethylisothiuronium bromide hydrobromide;2-(2-Aminoethyl)-2-thiopseudourea dihydrobromide;Antirad;Antiradon;Carbamimidothioic acid 2-aminoethyl ester dihydrobromide;Surrectan

M. I. 15, 167

性状 来自无水乙醇+乙酸乙酯中的无色或白色结晶。易潮解。易溶于水,溶于乙醇。mp 194～195℃。LD_{50} 小鼠静脉注射:100mg/kg;皮下注射:280mg/kg;腹膜内注射:480mg/kg;急性经口:1600mg/kg。一般试剂含量≥99.0%。

注意事项 该品口服有害。对眼睛、呼吸系统及皮肤有刺激性。使用时应穿适当的防护服和戴手套。应避免吸入本品的粉尘。万一接触到眼睛,应立即用大量水冲洗后请医生诊治。应密封干燥保存。

主要用途 医用放射性的保护剂。

$[H_3\overset{+}{N}CH_2CH_2SC(=\overset{+}{N}H_2)NH_2]\ 2Br^-$

N-(2-Aminoethyl)morpholine N-(2-氨基乙基吗啉) 00699

[2038-03-1] $C_6H_{14}N_2O$ 130.19

成分 C 55.35%,H 10.84%,N 21.52%,O 12.29%。

别名 2-吗啉基乙胺;4-(2-氨基乙基)吗啉;4-(2-Aminoethyl)morpholine;2-(4-Morpholino)ethylamine

性状 无色液体,低温可凝固。溶于水。mp 26℃;bp 205℃;Fp 186.8°F(86℃);d 0.992;n_D^{20} 1.4750。LD_{50} 大鼠急性经口:3000mg/kg。

注意事项 该品口服有害,与皮肤接触有毒。具有腐蚀性,能引起烧伤。使用时应穿适当的防护服,戴手套和防护镜或面罩。使用时禁止进食、饮水,避免吸入本品的蒸气。万一接触到眼睛,应立即用大量水冲洗后请医生诊治。使用时如有事故发生或不适之感,应请医生诊治。使用完毕应立即脱掉受污染的衣服。

O NCH₂CH₂NH₂

2-Aminoethyl vinyl ether 2-氨基乙基乙烯基醚 00700

[7336-26-0] C_4H_9NO 87.12

成分 C 55.15%, H 10.41%, N 16.08%, O 18.36%。

别名 2-(乙烯氧基)乙胺;2-氨乙基乙烯基醚;2-(Vinyloxy)ethylamine

性状 无色液体。对空气及二氧化碳敏感。bp 113～116℃;Fp 84.2°F(29℃);d_4^{20} 0.908;n_D^{20} 1.440。一般试剂含量≥95.0%(GC)。

注意事项 该品易燃。具有腐蚀性,能引起烧伤。使用时应穿适当的防护服,戴手套和防护镜或面罩。万一接触到眼睛,应立即用大量水冲洗后请医生诊治。使用时如有事故发生或有不适之感,应请医生诊治。应充氩气密封保存。

2-Aminofluorene 2-氨基芴 00701

[153-78-6] $C_{13}H_{11}N$ 181.24

成分 C 86.15%, H 6.12%, N 7.73%。

别名 2-芴胺;2-AF;2-Fluorenamine;2-Fluorenylamine

性状 白色细粉末。溶于乙醇、乙醚,不溶于水。mp 124～128℃。一般试剂含量≥97.0%(NT)。

注意事项 该品对机体有不可逆损伤的可能性。使用时应穿适当的防护服和戴手套。应密封保存。

主要用途 有机合成。

5-Aminofluoresecein 5-氨基荧光素 00702

[3326-34-9] $C_{20}H_{13}NO_5$ 347.32

成分 C 69.16%, H 3.77%, N 4.03%, O 23.03%。

别名 Fluoresceinamine isomer Ⅰ

性状 无色结晶。mp 223℃(分解);λ_{max} 496nm。一般试剂含量≥97.0%(HPLC)。

注意事项 该品口服有害。对眼睛、呼吸系统及皮肤有刺激

性。万一接触到眼睛，应立即用大量水冲洗后请医生诊治。应充氩气密封保存。

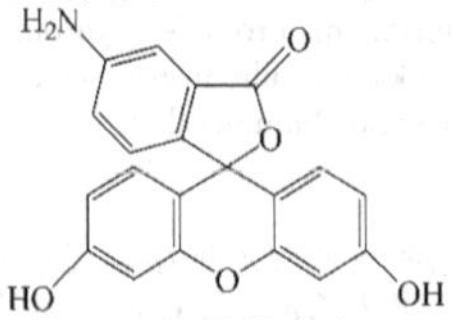

6-Aminofluoresecein 6-氨基荧光素 00703

[51649-83-3] $C_{20}H_{13}NO_5$ 347.32

成分 C 69.16%，H 3.77%，N 4.03%，O 23.03%。

别名 Fluoresceinamine isomer Ⅱ

性状 无色结晶。mp 285℃（分解）；λ_{max} 490nm。一般试剂含量约 95.0%（HPLC）。

注意事项 该品对眼睛、呼吸系统及皮肤有刺激性。使用时应穿适当的防护服。万一接触到眼睛，应立即用大量水冲洗后请医生诊治。

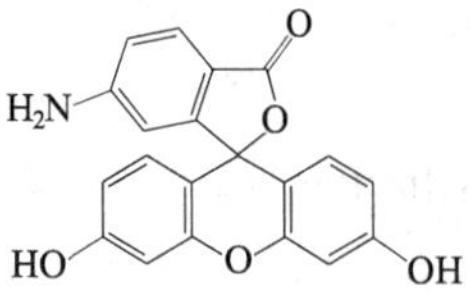

2-Amino-4-fluorobenzoic acid 2-氨基-4-氟苯甲酸 00704

[446-32-2] $C_7H_6FNO_2$ 155.13

成分 C 54.20%，H 3.90%，F 12.25%，N 9.03%，O 20.62%

别名 4-Fluoroanthranilic acid

性状 无色结晶。mp 192～196℃。一般试剂含量≥97.0%（T）。

注意事项 该品对眼睛、呼吸系统及皮肤有刺激性。使用时应穿适当的防护服。万一接触到眼睛，应立即用大量水冲洗后请医生诊治。

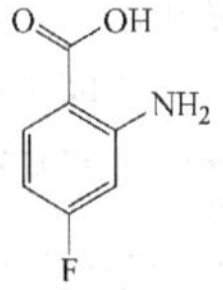

2-Amino-5-fluorobenzoic acid 2-氨基-5-氟苯甲酸 00705

[446-08-2] $C_7H_6FNO_2$ 155.13

成分 C 54.20%，H 3.90%，F 12.25%，N 9.03%，O 20.62%。

别名 5-氟邻氨基苯甲酸；5-氟氨茴酸；5-Fluoroanthranilic acid

性状 无色结晶。mp 182～184℃。一般试剂含量≥98.0%（T）。

注意事项 该品对眼睛、呼吸系统及皮肤有刺激性。使用时应穿适当的防护服和戴手套。万一接触到眼睛，应立即用大量水冲洗后请医生诊治。其包装物应按危险品处理。

2-Amino-6-fluorobenzoic acid 2-氨基-6-氟苯甲酸 00706

[434-76-4] $C_7H_6FNO_2$ 155.13

成分 C 54.20%，H 3.90%，F 12.25%，N 9.03%，O 20.62%。

别名 6-氟邻氨基苯甲酸；6-氟氨茴酸；6-Fluoroanthranilic acid

性状 无色结晶。mp 165～167℃。一般试剂含量≥98.0%（T）。

注意事项 该品对眼睛、呼吸系统及皮肤有刺激性。使用时应戴适当的手套。万一接触到眼睛，应立即用大量水冲洗后请医生诊治。

Aminoglutethimide 氨基乙哌啶酮 00707

[125-84-8] $C_{13}H_{16}N_2O_2$ 232.28

成分 C 67.22%，H 6.94%，N 12.06%，O 13.78%。

别名 3-对氨基苯基-3-乙基哌啶-2,6-二酮；氨基导眠能；3-(4-氨基苯基)-3-乙基-2,6-哌啶二酮；3-(4-Aminophenyl)-3-ethyl-2,6-piperidinedione；3-(p-Aminophenyl)-3-ethylpiperidine-2,6-dione；2-(p-Aminophenyl)-2-ethylglutarimide；3-Ethyl-3-(p-aminophenyl)-2,6-dioxopiperidine；Cytadren；Elipten；Orimeten

M. I. 15 437

性状 来自甲醇或乙酸乙酯中的无色结晶。易溶于多数有机溶剂。易溶于丙酮、冰乙酸、乙腈，较少地溶于乙酸乙酯、无水乙醇、0.1mol/L 盐酸，几乎不溶于水。mp 149～150℃。

注意事项 该品对眼睛、呼吸系统及皮肤有刺激性。可能危害胎儿。使用时应穿适当的防护服，应避免吸入本品的粉尘。万一接触到眼睛，应立即用大量水冲洗后请医生诊治。使用时如有事故发生或有不适之感，应请医生诊治。

主要用途 生化研究。医用肾上腺皮质类固醇类抑制剂，抗肿瘤剂。

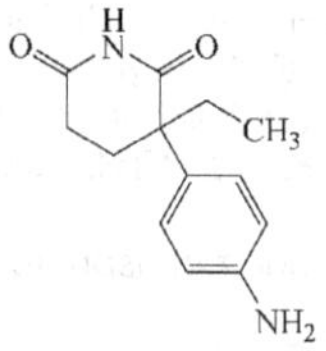

Aminoguanidine bicarbonate salt 氨基胍 重碳酸盐 00708

[2582-30-1] $CH_6N_4 \cdot H_2CO_3$ $C_2H_8N_4O_3$ 136.11

成分 C 17.65%，H 5.92%，N 41.16%，O 35.26%。

别名 重碳酸氨基胍；重碳酸脒基联氨；氨基胍 碳酸氢盐；Aminoguanidine hydrogen carbonate；Guanylhydrazine hyd～rogencarbonate；Hydrazinecarboximidamide bicarbonate；Pimagedine bicarbonate

GW 2015-22

性状 白色结晶。易溶于水。mp 约 170℃（分解）；*d* 1.600。一般试剂含量≥98.0%。

注意事项 该品对眼睛、呼吸系统及皮肤有刺激性。使用时应避免吸入本品的粉尘，避免与眼睛及皮肤接触。万一接触到眼睛，应立即用大量水冲洗后请医生诊治。应密封保存。

主要用途 有机合成。制药工业。发泡剂。

Aminoguanidine hydrochloride 氨基胍 盐酸盐 00709

[1937-19-5] CH_7ClN_4 110.55

成分 C 10.86%，H 6.38%，Cl 32.07%，N 50.68%。

别名 盐酸氨基胍；脒基肼 盐酸盐；盐酸脒基肼；GER-11；Hydrazinecarboximidamide hydrochloride；Guanylhydrazine hydrochloride；Pimagedine hydrochloride

M. I. 15，438

性状 来自稀乙醇中的无色大棱柱体结晶。对湿度敏感。易溶于水，溶于乙醇，几乎不溶于乙醚。mp 163℃。一般试剂含量≥97.0%（AT）。

注意事项 该品对眼睛、呼吸系统及皮肤有刺激性。使用时应穿适当的防护服。万一接触到眼睛，应立即用大量水冲洗后请医生诊治。应充氩气密封干燥保存。

主要用途 生化研究。

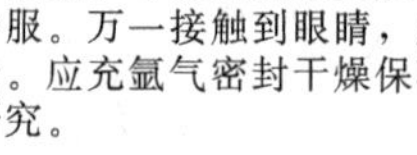

Aminoguanidine nitrate 氨基胍 硝酸盐 00710

[10308-82-4] $CH_7N_5O_3$ 137.11

成分 C 8.76%，H 5.15%，N 51.08%，O 35.01%。

别名 硝酸氨基胍

性状 无色结晶。mp 147℃。一般试剂含量≥99.0%（NT）。

注意事项 该品与易燃物接触能引起燃烧。对眼睛、呼吸系统及皮肤有刺激性。使用时应穿适当的防护服。万一接触到眼睛，应立即用大量水冲洗后请医生诊治。应远离易燃物品密封保存。

2-Aminoheptane 2-氨基庚烷 00711

[123-82-0] $C_7H_{17}N$ 115.22

成分 C 72.92%，H 14.87%，N 12.16%。

别名 1-甲基己胺；2-庚胺；2-Heptanamine；2-Heptylamine；1-Methylhexylamine；Tuamine；Tuaminoheptane

M. I. 15，9982

性状 无色易挥发液体。易溶于乙醇、乙醚、石油醚、氯仿、苯，微溶于水。其1%水溶液 pH 值 11.45。bp_{760} 142～144℃/101.325kPa；Fp 129.2°F(54℃)；d_4^{25} 0.7600～0.7660；n_D^{25} 1.4150～1.4200。一般试剂含量≥98.0%(GC)。

注意事项 该品高度易燃。具有腐蚀性，能引起烧伤。对眼睛、呼吸系统及皮肤有刺激性。使用时应穿适当的防护服，戴手套和防护镜或面罩。应避免吸入本品的蒸气。万一接触到眼睛，应立即用大量水冲洗后请医生诊治。使用时如有事故发生或有不适之感，应请医生诊治。其包装物应按危险品处理。

主要用途 医用减轻鼻充血剂。

2-Aminoheptanoic acid 2-氨基庚酸 00712

[1115-90-8] $C_7H_{15}NO_2$ 145.19

成分 C 57.90%，H 10.41%，N 9.65%，O 22.04%。

别名 2-Aminoenanthic acid

性状 无色结晶或白色粉末。mp 约 280℃（分解）。一般试剂含量≥97.0%（NT）。

注意事项 使用时应避免吸入本品的粉尘，避免与眼睛及皮肤接触。

7-Aminoheptanoic acid 7-氨基庚酸 00713

[929-17-9] $C_7H_{15}NO_2$ 145.19

成分 C 57.90%，H 10.41%，N 9.65%，O 22.04%。

别名 7-Aminoenanthic acid

性状 无色结晶或白色粉末。mp 194～196℃。一般试剂含量≥97.0%（CHN）。

注意事项 使用时应避免吸入本品的粉尘，避免与眼睛及皮肤接触。

2-Aminohexadecanoic acid 2-氨基十六酸 00714

[7769-79-1] $C_{16}H_{33}NO_2$ 271.44

成分 C 70.80%，H 12.25%，N 5.16%，O 11.79%。

别名 2-氨基软脂酸；2-氨基棕榈酸；2-Aminopalmitic acid

性状 无色结晶。mp 约 220℃（分解）。一般试剂含量≥95.0%（NT）。

注意事项 使用时应避免吸入本品的粉尘，避免与眼睛及皮肤接触。

6-Amino-1-hexanol 6-氨基-1-己醇 00715

[4048-33-3] $C_6H_{15}NO$ 117.19

成分 C 61.50%，H 12.90%，N 11.95%，O 13.65%。

性状 无色结晶。易吸潮。mp 56～58℃；bp_{30} 136～139℃/4kPa；Fp 271℉（133℃）。一般试剂含量≥97.0%（NT）。

注意事项 该品对眼睛、呼吸系统及皮肤有刺激性。使用时应穿适当的防护服。万一接触到眼睛，应立即用大量水冲洗后请医生诊治。应充氩气密封干燥保存。

4-Aminohippuric acid 4-氨基马尿酸 00716

[61-78-9] $C_9H_{10}N_2O_3$ 194.19

成分 C 55.67%，H 5.19%，N 14.43%，O 24.72%。

别名 4-氨基苯甲酰基甘氨酸；*N*-(对氨基苯甲酰基)氨基乙酸；对氨基马尿酸；*N*-(*p*-Aminobenzoyl) aminoacetic acid；*N*-(4-Aminobenzoyl)aminoacetic acid；*N*-(4-Aminobenzoyl) glycine；*p*-Aminohippuric acid；PAH

M. I. 15,439

性状 来自热水中的无色短的不规则棱柱体结晶或粉末。对光或空气敏感。溶于乙醇、苯、氯仿、丙酮，几乎不溶于冷水、乙醚、四氯化碳。mp 199℃。生化试剂含量≥99.0%(T)。

注意事项 该品具有刺激性。使用时应避免吸入本品的粉尘，避免与眼睛及皮肤接触。应充氮气密封避光保存。

主要用途 用于肾功能的辅助诊断试验。

O; N H; COOH; H_2N

4-Aminohippuric acid sodium salt 00717
4-氨基马尿酸钠盐

[94-16-6] $C_9H_9N_2NaO_3$ 216.17

成分 C 50.01%，H 4.20%，N 12.96%，Na 10.64%，O 22.20%。

别名 对氨基马尿酸钠；4-氨基苯甲酰胺基乙酸钠；4-氨基苯甲酰基甘氨酸钠；4-Aminobenzoylglycine sodium salt；Nephrotest；PAH-Na；Sodium 4-aminohippurate；Sodium *p*-aminohippurate

M. I. 15，439

性状 白色结晶。溶于水，其溶液呈碱性。mp 123～125℃。

注意事项 该品应密封避光保存。

主要用途 用于肾功能的辅助诊断试验。

4-Amino-5-hydrazino-4*H*-1,2,4-triazole-3-thiol
4-氨基-5-肼基-4*H*-1,2,4-三唑-3-硫醇 00718

[1750-12-5] $C_2H_6N_6S$ 146.17

成分 C 16.43%，H 4.14%，N 57.49%，S 21.94%。

别名 4-氨基-3-肼基-5-巯基-1,2,4-三唑；4-Amino-3-hydrazino-5-mercapto-1,2,4-triazole；Purpald®

性状 无色结晶。易分解。mp 220～223℃(分解)。一般试剂含量≥97.0%(N)。

注意事项 该品高度易燃。对眼睛、呼吸系统及皮肤有刺激性。使用时应穿适当的防护服。万一接触到眼睛，应立即用大量水冲洗后请医生诊治。使用现场禁止吸烟。应远离火种密封保存。

N–N; HS; N; N H; NH_2; NH_2

3-Amino-4-hydroxybenzoic acid
3-氨基-4-羟基苯甲酸 00719

[1571-72-8] $C_7H_7NO_3$ 153.14

成分 C 54.90%，H 4.61%，N 9.15%，O 31.34%。

性状 无色结晶或白色粉末。长期储存可变为棕色。mp 约 208℃(分解)。一般试剂含量≥97.0%(T)。

注意事项 该品对眼睛、呼吸系统及皮肤有刺激性。使用时应戴适当的手套。万一接触到眼睛，应立即用大量水冲洗后请医生诊治。应密封避光保存。

O; OH; NH_2; OH

4-Amino-3-hydroxybenzoic acid
4-氨基-3-羟基苯甲酸 00720

[2374-03-3] $C_7H_7NO_3$ 153.14

成分 C 54.90%，H 4.61%，N 9.15%，O 31.34%。

性状 无色结晶或白色粉末。长期储存可变为棕色。mp 211～215℃。一般试剂含量≥97.0%(T)。

注意事项 该品对眼睛、呼吸系统及皮肤有刺激性。使用时应戴适当的手套。万一接触到眼睛，应立即用大量水冲洗后请医生诊治。

4-Amino-2-hydroxybenzoic acid sodium salt dihydrate
4-氨基-2-羟基苯甲酸钠盐 二水 00721

[6018-19-5] $C_7H_6NNaO_3 \cdot 2H_2O$ 211.15

成分(以无水物计) C 48.01%，H 3.45%，N 8.00%，Na 13.13%，O 27.41%。

别名 4-氨基水杨酸钠 二水；4-Aminosalicylic acid sodium salt dihydrate；PAS-Na；Sodium 4-amino salicylate dihydrate

性状 无色结晶或白色粉末。溶于水，其溶液 pH 值(20℃，20g/L) 6.5～8.5。mp 250～254℃。一般试剂含量≥97.0%(T)。

注意事项 该品对眼睛、呼吸系统及皮肤有刺激性。使用时应穿适当的防护服。万一接触到眼睛，应立即用大量水冲洗后请医生诊治。

DL-4-Amino-3-hydroxybutyric acid
DL-4-氨基-3-羟基丁酸 00722

[924-49-2] $C_4H_9NO_3$ 119.12

成分 C 40.33%，H 7.62%，N 11.76%，O 40.29%。

别名 DL-4-Amino-3-hydroxybutanoic acid; DL-γ-Amino-β-hydroxybutyric acid; Buksamin; GABOB; Gabomade; Gamibetal

M. I. 15,441

性状 来自稀乙醇中的无色结晶。颇易溶于水,极微溶于甲醇、乙醇、乙醚、氯仿、乙酸乙酯。218℃分解。生化试剂含量≥98.0%。

注意事项 该品具有刺激性。

主要用途 生化研究。医用抗惊厥剂。

(3*S*,4*S*)-4-Amino-3-hydroxy-6-methylheptanoic acid
(3*S*,4*S*)-4-氨基-3-羟基-6-甲基庚酸 00723

[49642-07-1] $C_8H_{17}NO_3$ 175.23

成分 C 54.83%,H 9.78%,N 7.99%,O 27.39%。

别名 AHMHA; Statine

M. I. 15,8927

性状 无色结晶。溶于水。mp 201～203℃(分解);$[\alpha]_D^{15}$ −20°(c=0.64,于水中)。生化试剂含量≥98.0%(TLC)。

注意事项 该品对眼睛、呼吸系统及皮肤有刺激性。使用时应穿适当的防护服。万一接触到眼睛,应立即用大量水冲洗后请医生诊治。应密封于−20℃保存。

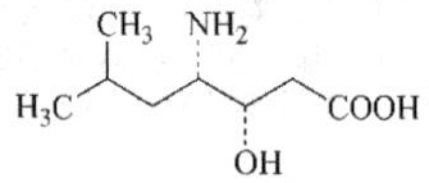

L-α-Amino-3-hydroxy-5-methyl-4-isoxazolepropionic acid
L-α-氨基-3-羟基-5-甲基-4-异噁唑丙酸 00724

[83643-88-3] $C_7H_{10}N_2O_4$ 186.16

成分 C 45.16%,H 5.41%,N 15.05%,O 34.38%。

别名 L-α-氨基-2,3-二氢-5-甲基-3-氧-4-异噁唑丙酸; L-AMPA; S-AMPA; L-α-Amino-2,3-dihydro-5-methyl-3-oxo-4-isoxazolepropanoic acid

M. I. 15, 575

性状 来自水＋乙醇中的无色结晶为水合物。约 200℃分解;$[\alpha]_D^{28}$ −21°±2° (c=0.19,于水中)。一般试剂含量≥98.0%。

注意事项 该品应密封于−20℃保存。

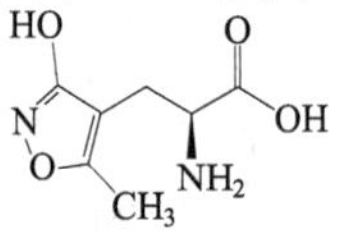

N-[(2*S*, 3*R*)-3-Amino-2-hydroxy-4-phenylbutyryl]-L-leucine hydrochloride
***N*-[(2*S*,3*R*)-3-氨基-2-羟基-4-苯基丁酰]-L-白氨酸 盐酸盐** 00725

[65391-42-6] $C_{16}H_{25}ClN_2O_4$ 344.83

成分 C 55.73%, H 7.32%, Cl 10.28%, N 8.12%, O 18.56%。

别名 盐酸 *N*-[(2*S*,3*R*)-3-氨基-2-羟基-4-苯基丁酰]-L-白氨酸; Bestatin hydrochloride

性状 无色结晶或白色粉末。易吸潮。溶于水。mp 216～218℃。生化试剂含量≥99.0%(HPLC)。

注意事项 使用时应避免吸入本品的粉尘,避免与眼睛及皮肤接触。应充氩气密封于−20℃干燥保存。

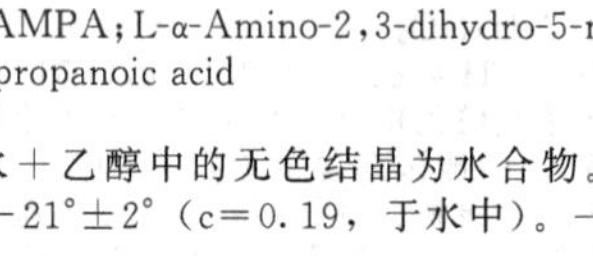

2-Amino-3-hydroxypyridine 2-氨基-3-羟基吡啶 00726

[16867-03-1] $C_5H_6N_2O$ 110.11

成分 C 54.54%, H 5.49%, N 25.44%, O 14.53%。

别名 2-氨基-3-吡啶醇; 2-Amino-3-pyridinol

性状 无色结晶。mp 172～174℃。一般试剂含量≥98.0%(NT)。

注意事项 该品对眼睛、呼吸系统及皮肤有刺激性。使用时应穿适当的防护服和戴手套。万一接触到眼睛,应立即用大量水冲洗后请医生诊治。

5-Amino-4-imidazolecarboxamide hydrochloride
5-氨基-4-咪唑碳酰胺 盐酸盐 00727

[72-40-2] $C_4H_7ClN_4O$ 162.58

成分 C 29.55%, H 4.34%, Cl 21.81%, N 34.46%, O 9.84%。

别名 盐酸 5-氨基-4-咪唑碳酰胺; AICA-HCl

性状 白色或近白色结晶。溶于水。mp 250～252℃(分解)。一般试剂含量≥99.0%(AT)。

注意事项 使用时应避免吸入本品的粉尘,避免与眼睛及皮肤接触。应密封于阴凉干燥处保存。

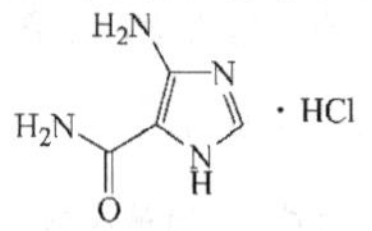

5-Aminoimidazole-4-carboxamide-1-β-D-ribofuranoside
5-氨基咪唑-4-羧胺-1-β-D-呋喃核糖 00728

[2627-69-2] $C_9H_{14}N_4O_5$ 258.23

别名 Acadesine; AICAR; N^1-(β-D-Ribofuranosyl)-5-aminoimidazole-4-carboxamide

性状 褐色结晶或粉末。溶于水(>10mg/mL)。生化试剂含量≥99.0%(HPLC)。

注意事项 该品对眼睛、呼吸系统及皮肤有刺激性。使用时应穿适当的防护服。万一接触到眼睛,应立即用大量水冲洗后请医生诊治。应密封于−20℃保存。

主要用途 生化研究。

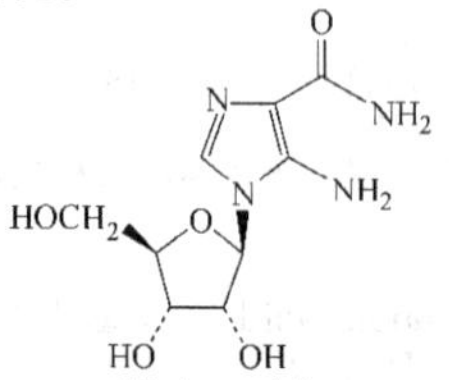

Aminoiminomethane sulfinic acid
氨基亚氨基甲烷亚磺酸 00729

[1758-73-2] $CH_4N_2O_2S$ 108.12

成分 C 11.11%, H 3.73%, N 25.91%, O 29.60%, S 29.66%。

别名 二氧化硫脲; 甲脒亚磺酸; Formamidinesulfinic acid; Thiourea dioxide

性状 无色结晶或白色粉末。溶于水(20℃, 30g/L),其pH值(20℃, 10g/L) 4。不溶于苯、乙醚。在微碱性溶液中可分解为尿素和次硫酸。堆积密度 850kg/m³。mp 126℃(分解)。LD_{50}大鼠急性经口: 1120mg/kg; LC_{50}鱼(96h): 416mg/L。一般试剂含量≥98.0%(KT)。

注意事项 该品口服有害。受热能引起爆炸。对眼睛、呼吸系统及皮肤有刺激性。万一接触到眼睛,应立即用大量水冲洗后请医生诊治。

主要用途 合成纤维。漂染、脱色剂。分离金属铑和铱。

(±)-1-Aminoindan (±)-1-氨基茚满 00730

[34698-41-4] $C_9H_{11}N$ 133.19

成分 C 81.16%,H 8.32%,N 10.52%。

别名 茚满胺; 1-氨基-2,3-二氢茚; (±)-1-Indanamine

性状 无色液体。微溶于水。对二氧化碳敏感。mp 2℃; bp_8 96～98℃/1.067kPa; Fp 201.2 °F(94℃); d 1.038; n_D^{20} 1.5620。一般试剂含量≥99.0%。

注意事项 该品对眼睛、呼吸系统及皮肤有刺激性。使用时应戴适当的手套。万一接触到眼睛,应立即用大量水冲洗后请医生诊治。应充氩气密封于 2～8℃保存。

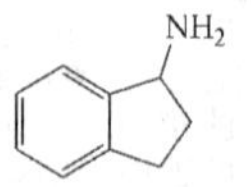

2-Aminoindan hydrochloride 2-氨基茚满 盐酸盐 00731

[2338-18-3] $C_9H_{12}ClN$ 169.66

成分 C 63.72%,H 7.13%,Cl 20.90%,N 8.26%。

别名 2-茚满胺 盐酸盐; 盐酸 2-茚满胺; 盐酸 2-氨基-2,3-二氢茚; 盐酸 2-氨基茚满; 2-氨基-2,3-二氢茚 盐酸盐; 2-Indanamine hydrochloride

性状 无色结晶或白色粉末。mp 246～247℃。一般试剂含量≥98.0(NT)。

注意事项 该品口服有害。使用时应穿适当的防护服和戴手套,应避免吸入本品的粉尘。

4-Aminoindole 4-氨基吲哚 00732

[5192-23-4] $C_8H_8N_2$ 132.16

成分 C 72.70%,H 6.10%,N 21.20%。

别名 4-吲哚胺;4-Indolamine

性状 白色粉末。对二氧化碳敏感。mp 107~111℃。一般试剂含量≥98.0%(NT)。

注意事项 该品对眼睛、呼吸系统及皮肤有刺激性。使用时应穿适当的防护服。万一接触到眼睛,应立即用大量水冲洗后请医生诊治。应充氩气密封避光于-20℃保存。

NH₂ / N

5-Aminoindole 5-氨基吲哚 00733

[5192-03-0] $C_8H_8N_2$ 132.17

成分 C 72.70%,H 6.10%,N 21.20%。

别名 5-吲哚胺;5-Indolamine

性状 白色粉末。mp 133℃(分解)。一般试剂含量约97.0%(NT)。

注意事项 该品口服有害。对眼睛、呼吸系统及皮肤有刺激性。使用时应穿适当的防护服和戴手套。万一接触到眼睛,应立即用大量水冲洗后请医生诊治。应充氩气密封保存。

H_2N / N H

2-Aminoisobutyric acid 2-氨基异丁酸 00734

[62-57-7] $C_4H_9NO_2$ 103.12

成分 C 46.59%,H 8.80%,N 13.58%,O 31.03%。

别名 2-甲基丙氨酸;α-甲基丙氨酸;α-氨基异丁酸;2-氨基异酪酸;Aib;2-AIBA;2-Aminoisobutanoic acid;α-Aminoisobutyric acid;2-Amino-2-methylpropionic acid;2-Methylalanine;α-Methylalanine;2-Amino-*iso*-butyric acid

M. I. 15, 442

性状 无色单斜三棱结晶或片状体。味甜。易潮解。易溶于水,难溶于乙醇,不溶于乙醚。加热至280℃开始升华。mp 335℃(于封闭毛细管中)。一般试剂含量≥99.0%(NT)。

注意事项 使用时应避免吸入本品的粉尘,避免与眼睛及皮肤接触。应密封干燥保存。

主要用途 生化研究。

DL-3-Aminoisobutyric acid DL-3-氨基异丁酸 00735

[144-90-1] $C_4H_9NO_2$ 103.12

成分 C 46.59%, H 8.80%, N 13.58%, O 31.03%。

别名 α-甲基-β-丙氨酸;DL-β-氨基异丁酸;DL-3-氨基-2-甲基丙酸;DL-β-Aminoisobutyric acid;3-Amino-*iso*-butyric acid;α-Methyl-β-alanine;DL-3-Amino-2-methylpropionic acid;3-Aminoisobutanoic acid;BAIB

性状 白色结晶。易溶于水、沸甲醇,微溶于乙醇,不溶于乙醚。mp 179~180℃。生化试剂含量≥99.0%(NT)。

注意事项 使用时应避免吸入本品的粉尘,避免与眼睛及皮肤接触。

主要用途 生化研究。

5-Aminoisophthalic acid 5-氨基间苯二甲酸 00736

[99-31-0] $C_8H_7NO_4$ 181.15

成分 C 53.04%, H 3.89%, N 7.73%, O 35.33%。

别名 5-氨基苯-1, 3-二羧酸;5-Aminobenzene-1, 3-dicarboxylic acid

性状 无色结晶。不溶于水。mp>300℃。一般试剂含量≥97.0%(HPLC)。

注意事项 该品口服有害。对眼睛、呼吸系统及皮肤有刺激性。使用时应穿适当的防护服和戴手套。万一接触到眼睛,应立即用大量水冲洗后请医生诊治。应充氮气密封保存。

O OH / H_2N / O / OH

5-Aminolevulinic acid hydrochloride 盐酸 5-氨基乙酰丙酸 00737

[5451-09-2] $C_5H_{10}ClNO_3$ 167.59

成分 C 35.83%, H 6.01%, Cl 21.15%, N 8.36%, O 28.64%。

别名 盐酸5-氨基左旋糖酸;盐酸5-氨基果糖酸;δ-氨基乙酰丙酸 盐酸盐;5-氨基左旋糖酸 盐酸盐;5-氨基乙酰丙酸 盐酸盐;δ-氨基-γ-酮戊酸 盐酸盐;δ-ALA-HCl;5-Aminoacetylpropionic acid hydrochloride;δ-Aminolevulinic acid hydrochloride;5-Amino-4-oxopentanoic acid hydrochloride;Levulan

M. I. 15, 443

性状 来自甲醇与乙醚中的白色或微黄色针状结晶或粉末。溶于水和乙醇,极微溶于乙醚和乙酸乙酯。mp 144~147℃(分解);uv max(水中):266.5nm(ε 2000)。一般试剂含量≥97.0%(AT)。

注意事项 使用时应避免吸入本品的粉尘,避免与眼睛及皮肤接触。该品应充氩气密封避光于2~8℃干燥保存。

主要用途 生化研究。医用抗肿瘤剂(感光剂)。检测铅中毒。除草剂。

3-Amino-5-mercapto-1,2,4-triazole 3-氨基-5-巯基-1,2,4-三唑 00738

[16691-43-3] $C_2H_4N_4S$ 116.15

成分 C 20.68%,H 3.47%,N 48.24%,S 27.61%。

别名 3-氨基-1,2,4-三唑-5-硫醇;3-Amino-1,2,4-triazole-5-thiol

性状 无色结晶或白色粉末。有恶臭。微溶于水。mp 300~305℃。一般商品含量≥98.0%。

注意事项 该品对眼睛、呼吸系统及皮肤有刺激性,使用时应戴适当的手套。万一接触到眼睛,应立即用大量水冲洗后请医生诊治。

Aminomethane sulfonic acid 氨基甲烷磺酸 00739

[13881-91-9] CH_5NO_3S 111.12

成分 C 10.81%,H 4.54%,N 12.61%,O 43.19%,S 28.86%。

性状 无色结晶。mp 184℃(分解)。一般试剂含量≥95.0%(T)。

注意事项 该品具有腐蚀性,能引起烧伤。使用时应穿适当的防护服,戴手套和防护镜或面罩。万一接触到眼睛,应立即用大量水冲洗后请医生诊治。使用时如有事故发生或有不适之感,应请医生诊治。

2-Amino-4-methoxy-6-methylpyrimidine 2-氨基-4-甲氧基-6-甲基嘧啶 00740

[7749-47-5] $C_6H_9N_3O$ 139.16

成分 C 51.79%,H 6.52%,N 30.20%,O 11.50%。

性状 无色结晶或白色粉末。mp 156~158℃。一般试剂含量≥98.0%。

注意事项 该品对眼睛、呼吸系统及皮肤有刺激性。使用时应穿适当的防护服。万一接触到眼睛,应立即用大量水冲洗后请医生诊治。应密封避光保存。

OCH_3 / N / H_3C N NH_2

4-(Aminomethyl)benzenesulfonamide hydrochloride 4-(氨基甲基)苯磺酸胺 盐酸盐 00741

[138-37-4] $C_7H_{11}ClN_2O_2S$ 222.69

成分 C 37.76%,H 4.98%,Cl 15.92%,N 12.58%,O 14.37%,S 14.40%。

别名 甲磺灭脓 盐酸盐;对氨基甲基苯磺酰胺 盐酸盐;盐酸甲磺灭脓;盐酸对氨基甲基苯磺酰胺;盐酸氨苄磺胺;盐酸4-(氨基甲基)苯磺酰胺;氨苄磺胺 盐酸盐;Mafenide hydrochloride;α-Amino-*p*-toluenesulfonamide hydrochloride;*p*-(Aminomethyl) benzenesulfonamide hydrochloride; 4-Homosulfanilamide hydrochloride; Maphenide hydrochloride; Marfanil hydrochloride; Mesudrin hydrochloride; Mesudin hydrochloride; Sulfamylon hydrochloride; Homosulfamine hydrochloride; Ambamide hydrochloride; Neofamid hydrochloride; Septicid hydrochloride; Emilene hydrochloride; Homonal hydrochloride; Paramenyl hydrochloride

M. I. 15, 5712

性状 来自95%乙醇中的无色结晶。其溶液呈中性。mp 256℃。LD_{50}大鼠，小鼠静脉注射：1170mg/kg，900mg/kg。生化试剂含量≥95.0%。

注意事项 该品吸入或与皮肤接触可引起过敏。使用时应穿防护服。

主要用途 生化研究。医用抗菌剂。

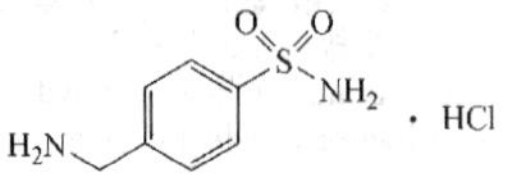

2-Amino-6-methylbenzothiazole

2-氨基-6-甲基苯并噻唑 00742

[2536-91-6] $C_8H_8N_2S$ 164.23

成分 C 58.51%，H 4.91%，N 17.06%，S 19.53%。

别名 6-甲基-2-氨基苯并噻唑；6-Methyl-2-aminobenzothiazole

性状 浅黄色针状或棱形结晶。溶于乙醇，微溶于热水。mp 140～142℃。一般试剂含量≥99.0%。

注意事项 该品对眼睛、呼吸系统及皮肤有刺激性。使用时应穿适当的防护服。万一接触到眼睛，应立即用大量水冲洗后请医生诊治。应密封避光保存。

主要用途 检测汞、银。

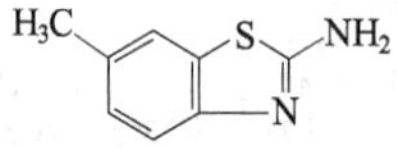

trans-4-(Aminomethyl) cyclohexanecarboxylic acid

反式-4-(氨基甲基)环己烷羧酸 00743

[1197-18-8] $C_8H_{15}NO_2$ 157.21

成分 C 61.12%，H 9.62%，N 8.91%，O 20.35%。

别名 AMCHA; Anvitoff; Cyklokapron; Emorhalt; Exacyl; Frenolyse; Hexapromin; Hexatron; Rikavarin; Spiramin; Tranex; Tranexamic acid; Tranexan; Transamin; Trasamlon; Ugurol

M. I. 15, 9730

性状 无色结晶。化学性质稳定，不吸潮。溶于水（约1g/6mL），极微溶于乙醇、乙醚，几乎不溶于多数有机溶剂。mp 386～392℃（分解）。LD_{50}小鼠，大鼠静脉注射：1500mg/kg，1200mg/kg。生化试剂含量≥96.0%(GC)。

注意事项 该品对眼睛、呼吸系统及皮肤有刺激性。使用时应戴适当的手套。万一接触到眼睛，应立即用大量水冲洗后请医生诊治。

主要用途 血纤维蛋白溶解中用作有效及特殊抑制剂。医用止血剂。

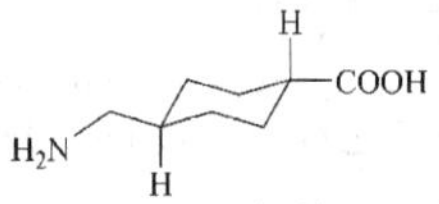

2-Amino-6-methylheptane 2-氨基-6-甲基庚烷 00744

[543-82-8] $C_8H_{19}N$ 129.25

成分 C 74.34%，H 14.82%，N 10.84%。

别名 1,5-二甲基己胺；6-甲基-2-庚胺；6-氨基-2-甲基庚烷；6-Amino-2-methylheptane; 1,5-Dimethylhexylamine; α,ε-Dimethylhexylamine; 2-Methyl-6-aminoheptane; 6-Methyl-2-heptanamine; 6-Methyl-2-heptylamine; Octodrine; SKF-51; Vaporpac

M. I. 15, 6846

性状 无色有黏性的液体。有鱼腥气味。对二氧化碳敏感。bp 154～156℃；Fp 118.4°F(48℃)；d^{25} 0.767；n_D^{24} 1.4200。生化试剂含量≥98.0%(GC)。

注意事项 该品易燃。口服有害。对眼睛、呼吸系统及皮肤有刺激性。使用时应穿适当的防护服，戴手套和防护镜或面罩。万一接触到眼睛，应立即用大量水冲洗后请医生诊治。万一着火，应用干砂灭火，而不能用水。应充氩气密封保存。

主要用途 医用减轻充血剂。医药中间体。

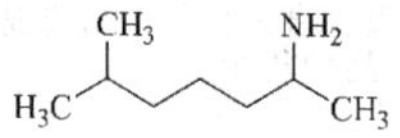

6-Amino-2-methyl-2-heptanol hydrochloride

6-氨基-2-甲基-2-庚醇 盐酸盐 00745

[543-15-7] $C_8H_{20}ClNO$ 181.70

成分 C 52.88%，H 11.09%，Cl 19.51%，N 7.71%，O 8.80%。

别名 庚胺醇 盐酸盐；6-氨基-2-甲基-2-庚醇 盐酸盐；盐酸庚胺醇；盐酸氨甲庚醇；盐酸 6-氨基-2-甲基-2-庚醇；Heptaminol hydrochloride; 2-Methyl-6-amino-2-heptanol hydrochloride; 6-Methyl-2-amino-6-heptanol hydrochloride; RP-2831; Cortensor; Eoden; Heptamyl; Heptylon

M. I. 15, 4692

性状 无色结晶。易吸潮。易溶于水，溶于乙醇，几乎不溶于丙酮、苯、乙醚。其2%水溶液pH值4.5～5.5。mp 150℃。生化试剂含量≥99.0%。

注意事项 该品对眼睛、呼吸系统及皮肤有刺激性。使用时应穿防护服。万一接触到眼睛，应立即用大量水冲洗后请医生诊治。使用时如有事故发生或有不适之感，应请医生诊治。应充氮气密封避光于干燥处保存。

主要用途 生化研究。医用抗低血压剂。

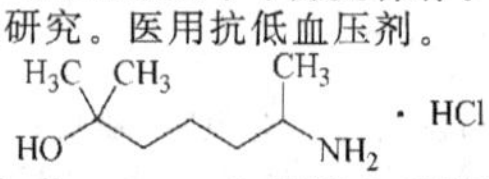

2-Amino-5-methylhexane 2-氨基-5-甲基己烷 00746

[28292-43-5] $C_7H_{17}N$ 115.22

成分 C 72.97%，H 14.87%，N 12.16%。

别名 1,4-二甲基戊胺；5-甲基-2-己胺；1,4-Dimethylpentylamine; 5-Methyl-2-hexylamine

性状 无色液体。mp 128～129℃；Fp 82.4°F(28℃)；d_4^{20} 0.760；n_D^{20} 1.416。一般试剂含量≥99.0%(GC)。

注意事项 该品易燃。具有腐蚀性，能引起烧伤。吸入、口服或与皮肤接触有害。使用时应穿适当的防护服，戴手套和防护镜或面罩。万一接触到眼睛，应立即用大量水冲洗后请医生诊治。使用时如有事故发生或有不适之感，应请医生诊治。

5-Amino-3-methylisothiazole hydrochloride

5-氨基-3-甲基异噻唑 盐酸盐 00747

[52547-00-9] $C_4H_7ClN_2S$ 150.63

成分 C 31.90%，H 4.68%，Cl 23.54%，N 18.60%，S 21.29%。

别名 盐酸 5-氨基-3-甲基异噻唑

性状 白色粉末。mp 300℃。一般试剂含量约95.0%(AT)。含有氯化铵。

注意事项 使用时应避免吸入本品的粉尘，避免与眼睛及皮肤接触。应充氩气密封保存。

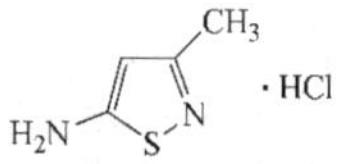

3-Amino-5-methylisoxazole 3-氨基-5-甲基异噁唑 00748

[1072-67-9] $C_4H_6N_2O$ 98.11

成分 C 48.97%，H 6.16%，N 28.55%，O 16.31%。

性状 无色结晶或白色粉末。mp 57～62℃。一般试剂含量≥98.0%(GC)。

注意事项 该品受热能引起爆炸。对眼睛、呼吸系统及皮肤有刺激性。使用时应戴适当的手套。万一接触到眼睛，应立即用大量水冲洗后请医生诊治。

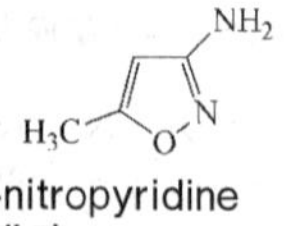

2-Amino-4-methyl-3-nitropyridine

2-氨基-4-甲基-3-硝基吡啶 00749

[6635-86-5] $C_6H_7N_3O_2$ 153.14

成分 C 47.06%，H 4.61%，N 27.44%，O 20.90%。

别名 2-氨基-3-硝基-4-甲基吡啶；2-氨基-3-硝基-4-皮考啉；2-Amino-3-nitro-4-picoline

性状 无色结晶或白色粉末。mp 139～141℃。一般试剂含量≥97.0%(NT)。

注意事项 该品对眼睛、呼吸系统及皮肤有刺激性。使用时应穿适当的防护服。万一接触到眼睛，应立即用大量水冲洗后请医生诊治。应充氩气密封保存。

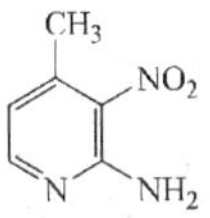

2-(2-Amino-5-methylphenoxy)methyl-6-methoxy-8-aminoquinoline-*N*,*N*,*N*′,*N*′-tetraacetic acid tetrapotassium salt

2-(2-氨基-5-甲基苯氧基)甲基-6-甲氧基-8-氨基喹啉-*N*,*N*,*N*′,*N*′-四乙酸四钾盐 00750

[73630-23-6] $C_{26}H_{23}K_4N_3O_{10}$ 693.87

成分 C 45.01%，H 3.34%，K 22.54%，N 6.06%，O 23.06%。

别名 Quin-2；2-[2-Bis(carboxymethyl)amino-5-methylphenoxy]methyl-6-methoxy-8-bis(carboxymethyl)aminoquinoline tetrapotassium salt

M. I. 15. 8158

性状 无色结晶。易溶于水。易吸潮。uv max（0.1mol/L 氯化钾中）：261nm，354nm（ε 37000，5000）。生化试剂含量≥95.0%（HPLC）。

注意事项 该品对眼睛、呼吸系统及皮肤有刺激性。使用时应穿适当的防护服。万一接触到眼睛，应立即用大量水冲洗后请医生诊治。应充氩气密封避光于 2～8℃干燥保存。

主要用途 生物荧光指示剂。

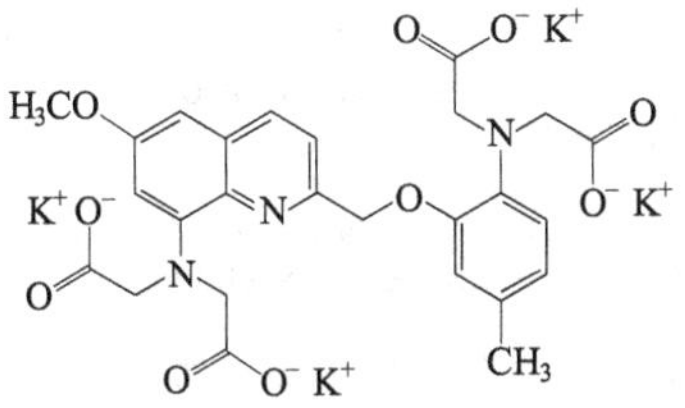

2-(2-Amino-5-methylphenoxy)methyl-6-methoxy-8-aminoquinoline-*N*,*N*,*N*′,*N*′-tetraacetic acid tetrakis(acetoxymethyl ester)

2-(2-氨基-5-甲基苯氧基)甲基-6-甲氧基-8-氨基喹啉-*N*,*N*,*N*′,*N*′-四乙酸四(乙酰氧基甲基酯) 00751

[83104-85-2] $C_{38}H_{43}N_3O_{18}$ 829.76

成分 C 55.01%，H 5.22%，N 5.06%，O 34.71%。

别名 2-[2-双(羧甲基)氨基-5-甲基苯氧基]甲基-6-甲氧基-8-双(羧甲基)氨基喹啉[四(乙酰氧基甲基)酯]；Quin-2/AM；2-[2-Bis(carboxymethyl)amino-5-methylphenoxy]methyl-6-methoxy-8-bis(carboxymethyl)aminoquinoline[tetrakis(acetoxymethyl)ester]

性状 无色结晶。溶于二甲基亚砜、氯仿、丙酮、苯。对空气和湿度敏感。Fp 235℉（113℃）。生化试剂含量≥97.0%（HPLC）。

注意事项 该品对眼睛、呼吸系统及皮肤有刺激性。使用时应穿适当的防护服。万一接触到眼睛，应立即用大量水冲洗后请医生诊治。应充氩气密封避光于−20℃干燥保存。

主要用途 生物荧光指示剂。

2-Amino-1-methyl-6-phenylimidazo[4,5-*b*]pyridine

2-氨基-1-甲基-6-苯基咪唑并[4,5-*b*]吡啶 00752

[105650-23-5] $C_{13}H_{12}N_4$ 224.27

成分 C 69.62%，H 5.39%，N 24.98%。

别名 1-Methyl-6-phenyl-1*H*-imidazo[4,5-*b*]pyridin-2-amine；PhIP

M. I. 15,7435

性状 灰白色结晶。溶于甲醇、二甲基亚砜。mp 327～328℃；uv max(甲醇中)：225nm，273nm，316nm(lg ε 4.46，4.00，4.46)。

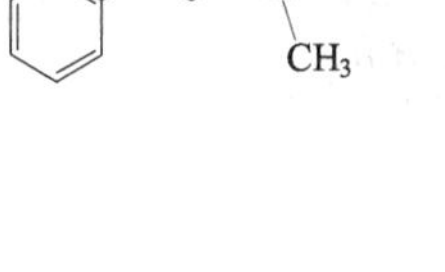

2-Amino-2-methyl-1，3-propanediol

2-氨基-2-甲基-1，3-丙二醇 00753

[115-69-5] $C_4H_{11}NO_2$ 105.14

成分 C 45.70%，H 10.55%，N 13.32%，O 30.43%。

别名 1,1-二(羟甲基)乙胺；1,3-二羟基-2-甲基-2-丙胺；氨基丁二醇；2-氨基-2-甲基丙烷-1，3-二醇；Aminobutyleneglycol；AMPD；Butanediolamine；Ammediol；1,1-Di(hydroxymethyl)ethylamine；1,3-Dihydroxy-2-methyl-2-propylamine

M. I. 15，445

性状 无色或白色块状结晶。溶于水（20℃，250g 溶于 100mL 水），溶于醇类。其 0.1mol/L 水溶液 pH 值 10.8。mp 109～111℃；bp_{10} 151～152℃/1.333kPa。一般试剂含量≥97.0%(GC)。

注意事项 该品对眼睛、呼吸系统及皮肤有刺激性。使用时应穿适当的防护服。万一接触到眼睛，应用大量水冲洗后请医生诊治。应密封于干燥处保存。

主要用途 酸性气体吸收剂。油脂、蜡类用乳化剂。生化缓冲剂。

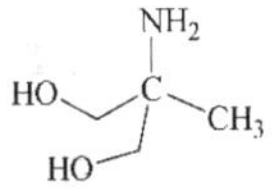

2-Amino-2-methyl-1-propanol

2-氨基-2-甲基-1-丙醇 00754

[124-68-5] $C_4H_{11}NO$ 89.14

成分 C 53.90%，H 12.44%，N 15.71%，O 17.95%。

别名 β-氨基异丁醇；2-甲基-2-氨基-1-丙醇；β-Amino-*iso*-butyl alcohol；β-Aminoisobutyl alcohol；AMP；2,2-Diethylethanolamine；2-Hydroxymethyl-2-propylamine；2-Methyl-2-amino-1-propanol

M. I. 15,446

性状 无色或白色块状结晶。能与水混溶，溶于乙醇。其 0.1mol/L 水溶液 pH 值 11.3。mp 30～31℃；bp_{760} 165℃/103.235kPa；bp_{10} 67.4℃/1.333kPa；Fp 153℉(67℃)；d_{20}^{20} 0.934；n_D^{20} 1.449。LD_{50}小鼠，大鼠急性经口：(2.15±0.2)g/kg，(2.90±0.14)g/kg。

注意事项 该品对眼睛及皮肤有刺激性。对水生物有害。对水环境能产生长期有害的结果。应防止将本品释放于环境中。应密封于阴凉干燥处保存。

主要用途 表面活性剂的合成。硫化促进剂。酸性气体的吸收剂。

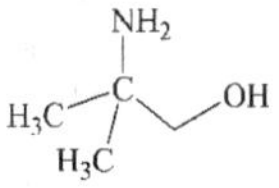

6-Amino-3-methylpurine 6-氨基-3-甲基嘌呤 00755

[5142-23-4] $C_6H_7N_5$ 149.16

成分 C 48.31%，H 4.73%，N 46.95%。

别名 3-甲基腺素；3-Methyladenine

性状 白色粉末。mp 约 300℃（分解）。一般试剂含量≥98.0%（HPLC）。

注意事项 使用时应避免吸入本品的粉尘，避免与眼睛及皮肤接触。

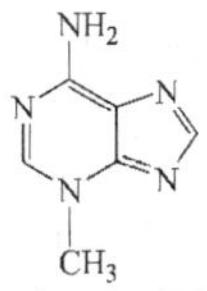

3-Amino-5-methylpyrazole 3-氨基-5-甲基吡唑 00756

[31230-17-8] $C_4H_7N_3$ 97.12

成分 C 49.47%，H 7.26%，N 43.27%。

别名 5-甲基-3-吡唑胺；5-Methyl-3-pyrazolamine

性状 无色结晶或白色粉末。mp 45～47℃；bp_{14} 213℃/1.867kPa；Fp 235.4℉（113℃）。一般试剂含量≥96.0%（GC）。

注意事项 该品对眼睛、呼吸系统及皮肤有刺激性。使用时应戴适当的手套。万一接触到眼睛，应立即用大量水冲洗后请医生诊治。

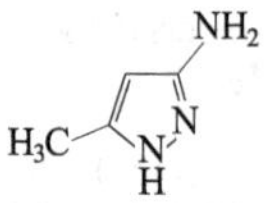

2-Amino-3-methylpyridine　2-氨基-3-甲基吡啶　00757
[1603-40-3]　$C_6H_8N_2$　108.14
成分　C 66.64%，H 7.46%，N 25.90%。
别名　2-氨基-3-䓬啉；3-甲基-2-氨基吡啶；2-Amino-3-picoline；3-Methyl-2-aminopyridine
性状　无色结晶。室温超过 30℃为液体。溶于水及有机溶剂。mp 29～31℃；bp 220～221℃；Fp 233°F（111℃）；d 1.073；n_D^{20} 1.5823。一般试剂含量≥97.0%（GC）。
注意事项　该品吸入、口服或接触皮肤有毒，并具有蓄积性危害。使用时应穿防护服，戴手套和防护镜或面罩。使用时如有事故发生或有不适之感，应请医生诊治。应密封保存。
主要用途　有机合成。

2-Amino-4-methylpyridine　2-氨基-4-甲基吡啶　00758
[695-34-1]　$C_6H_8N_2$　108.14
成分　C 66.64%，H 7.46%，N 25.90%。
别名　4-甲基-2-吡啶胺；2-氨基-4-䓬啉；α-氨基-γ-䓬啉；4-甲基-2-氨基吡啶；2-Amino-4-picoline；α-Amino-γ-picoline；4-Methyl-2-aminopyridine；4-Methyl-2-pyridinamine；W-45
M.I. 15，462
性状　来自石油醚中的无色小叶片状结晶。缓慢加热可升华。易溶于水、乙醇、甲醇、二甲基甲酰胺，微溶于石油醚、脂肪烃。mp 100～100.5℃；bp_{11} 115～117℃/1.466kPa；Fp 244℉（118℃）。
注意事项　该品口服有毒。与皮肤接触有害。使用时应穿适当的防护服和戴手套。应禁止进食、饮水。使用时如有事故发生或有不适之感，应请医生诊治。其包装物应按危险品处理。
主要用途　医用强心剂。染料中间体。

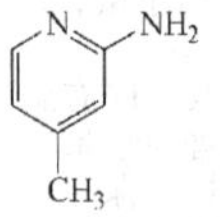

2-Amino-5-methylpyridine　2-氨基-5-甲基吡啶　00759
[1603-41-4]　$C_6H_8N_2$　108.14
成分　C 66.64%，H 7.46%，N 25.90%。
别名　2-氨基-5-䓬啉；6-氨基-3-䓬啉；5-甲基-2-氨基吡啶；2-Amino-5-picoline；5-Methyl-2-aminopyridine；6-Amino-3-picoline
性状　无色结晶。溶于水。mp 76～77℃；bp 226～228℃；Fp 244℉（118℃）。一般试剂含量≥99.0%。
注意事项　该品口服或与皮肤接触有毒。对眼睛、呼吸系统及皮肤有刺激性。使用时应穿适当的防护服，戴手套和防护镜或面罩。万一接触到眼睛，应立即用大量水冲洗后请医生诊治。使用时如有事故发生或有不适之感，应请医生诊治。使用完毕应立即脱掉受污染的衣物。应密封避光保存。其包装物应按危险品处理。
主要用途　染料中间体。

2-Amino-6-methylpyridine　2-氨基-6-甲基吡啶　00760
[1824-81-3]　$C_6H_8N_2$　108.14
成分　C 66.64%，H 7.46%，N 25.90%。
别名　2-氨基-6-䓬啉；6-氨基-2-䓬啉；6-甲基-2-氨基吡啶；2-Amino-6-picoline；6-Amino-2-picoline；6-Methyl-2-aminopyridine
性状　白色或微黄色结晶。极易溶于水，溶于热乙醇、乙醚、丙酮和苯。mp 41～44℃；bp 208～209℃，Fp 217.4°F（103℃）。一般试剂含量≥99.0%（GC）。
注意事项　该品口服或与皮肤接触有毒。对眼睛、呼吸系统及皮肤有刺激性。使用时应穿适当的防护服和戴手套。万一接触到眼睛，应立即用大量水冲洗后请医生诊治。使用时如有事故发生或有不适之感，应请医生诊治。使用时禁止进食、饮水。应密封干燥保存。其包装物应按危险品处理。

2-Amino-4-methylthiazole　2-氨基-4-甲基噻唑　00761
[1603-91-4]　$C_4H_6N_2S$　114.17
成分　C 42.08%，H 5.30%，N 24.54%，S 28.08%。
别名　4-甲基-2-噻唑胺；Aminomethiazole；4-Methyl-2-thiazolamine；4-Methyl-2-thiazolylamine；Normotiroide
M.I. 15，447
性状　无色结晶。易吸湿。易溶于水、乙醇、乙醚。mp 45～46℃；bp_{20} 124～126℃/2.666kPa；$bp_{0.4}$ 70℃/53.33Pa；Fp 224℉（107℃）。生化试剂含量≥98.0%。
注意事项　该品口服有害。对眼睛、呼吸系统及皮肤有刺激性。使用时应穿适当的防护服和戴手套。万一接触到眼睛，应立即用大量水冲洗后请医生诊治。应密封于阴凉干燥处保存。
主要用途　生化研究。抗甲状腺素机能亢进剂。

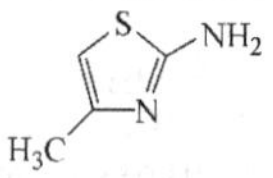

2-Amino-5-methylthiazole　2-氨基-5-甲基噻唑　00762
[7305-71-7]　$C_4H_6N_2S$　114.17
别名　5-甲基-2-噻唑胺；5-Methyl-2-thiazolamine
成分　C 42.08%，H 5.30%，N 24.54%，S 28.08%。
性状　白色粉末。mp 94～96℃。一般试剂含量≥98.0%（HPLC）。
注意事项　该品长期曝露或口服有害。有严重损害健康的危险。对水生物极毒。可能对水环境引起不利的结果。使用时应穿适当的防护服。使用时应避免吸入本品的粉尘。避免将本品释放于环境中。其包装物应按危险品处理。

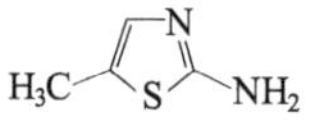

2-Amino-1,5-naphthalenedisulfonic acid
2-氨基-1,5-萘二磺酸　00763
[117-62-4]　$C_{10}H_9NO_6S_2$　303.31
成分　C 39.60%，H 2.99%，N 4.62%，O 31.65%，S 21.14%。
别名　2-萘胺-1，5-二磺酸；2-Naphthylamine-1，5-disulfonic acid
性状　一般试剂为含水的无色透明结晶。溶于水。mp >300℃。
注意事项　该品具有腐蚀性，能引起烧伤。使用时应穿适当的防护服，戴手套和防护镜或面罩。万一接触到眼睛，应立即用大量水冲洗后请医生诊治。使用时如有事故发生或有不适之感，应请医生诊治。应充氩气密封避光保存。
主要用途　分析蛋白质序列用试剂。

3-Amino-2-naphthoic acid　3-氨基-2-萘甲酸　00764
[5959-52-4]　$C_{11}H_9NO_2$　187.20
成分　C 70.58%，H 4.85%，N 7.48%，O 17.09%。
别名　3-氨基异萘甲酸；3-氨基-2-萘羧酸；3-Aminoisonaphthoic acid；3-Amino-2-naphthalenecarboxylic acid
M.I. 15，448
性状　来自稀乙醇中的黄色鳞状体结晶。溶于乙醇、乙醚，其溶液呈黄色并带浅绿色荧光。mp 214℃。
注意事项　该品口服有害。对眼睛、呼吸系统及皮肤有刺激性。使用时应穿适当的防护服和戴手套。万一接触到眼睛，应立即用大量水冲洗后请医生诊治。
主要用途　测定铜、镍、钴的试剂。

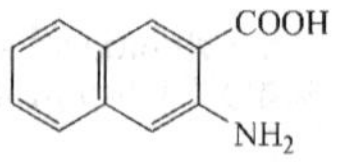

4-Amino-1-naphthol　4-氨基-1-萘酚　00765
[2834-90-4]　$C_{10}H_9NO$　159.19
成分　C 75.45%，H 5.70%，N 8.80%，O 10.05%。
别名　4-羟基-α-萘胺；4-Amino-1-naphthalenol；4-Hydroxy-α-naphthylamine
M.I. 15，449
性状　无色针状结晶。易溶于水。
注意事项　该品对眼睛、呼吸系统及皮肤有刺激性。使用时应戴手套。万一接触到眼睛，应立即用大量水冲洗后请医生诊治。应密封保存。
主要用途　聚合反应的抑制剂。

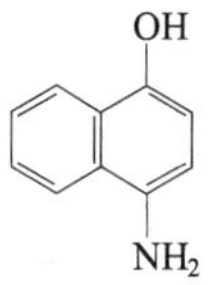

OH

NH_2

1-Amino-8-naphthol-3,6-disulfonic acid

1-氨基-8-萘酚-3,6-二磺酸 00766

[90-20-0] $C_{10}H_9NO_7S_2$ 319.30

成分 C 37.62%，H 2.84%，N 4.39%，O 35.07%，S 20.08%。

别名 H 酸；8-氨基-1-萘酚-3,6-二磺酸；4-氨基-5-羟基-2,7-萘二磺酸；1-萘酚-8-氨基-3,6-二磺酸；4-Amino-5-hydroxy-2,7-naphthalene disulfonic acid；8-Amino-1-naphthol-3,6-disulfonic acid；H acid；1-Naphthol-8-amino-3,6-disulfonic acid

M. I. 15，6470

性状 白色结晶或浅灰色粉末。溶于碱溶液，微溶于水、乙醇、乙醚。

注意事项 该品应密封避光保存。

主要用途 检测血钙、微量钛。偶氮染料的制备。

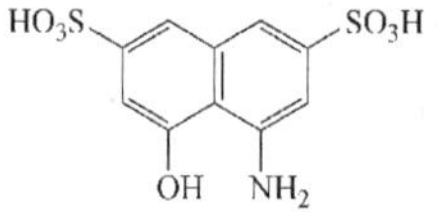

HO_3S SO_3H OH NH_2

1-Amino-2-naphthol hydrochloride

1-氨基-2-萘酚 盐酸盐 00767

[1198-27-2] $C_{10}H_{10}ClNO$ 195.65

成分 C 61.39%，H 5.15%，Cl 18.12%，N 7.16%，O 8.18%。

别名 盐酸 1-氨基-2-萘酚；盐酸 2-羟基-1-萘胺；2-羟基-1-萘胺 盐酸盐；2-Hydroxy-1-naphthylamine hydrochloride

性状 灰白色片状结晶。溶于水和乙醇。mp 276℃（分解）。一般试剂含量≥97.0%。

注意事项 该品对眼睛、呼吸系统及皮肤有刺激性。对人体有不可逆的危险性。使用时应穿适当的防护服和戴手套。万一接触到眼睛，应立即用大量水冲洗后请医生诊治。应密封避光保存。

主要用途 聚合抑制剂。

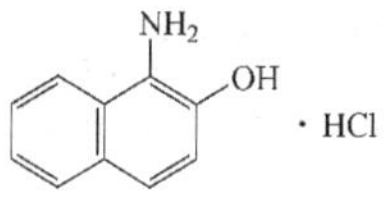

NH_2 OH · HCl

1-Amino-2-naphthol-4-sulfonic acid

1-氨基-2-萘酚-4-磺酸 00768

[116-63-2] $C_{10}H_9NO_4S$ 239.25

成分 C 50.20%，H 3.79%，N 5.85%，O 26.75%，S 13.40%。

别名 4-氨基-3-羟基-1-萘磺酸；1,2,4-酸；1,2,4-Acid；4-Amino-3-hydroxynaphthalene-1-sulfonic acid；4-Amino-3-hydroxy-1-naphthalenesulfonic acid；ANS；ANSA

M. I. 14，454

性状 白色、灰色针状结晶或结晶性粉末。易吸潮。见光或曝露于空气中易变色。溶于热亚硫酸氢钠和碳酸钠溶液，不溶于水、乙醇、乙醚、苯。一般试剂含量≥97.0%（T）。

注意事项 该品对眼睛、呼吸系统及皮肤有刺激性。使用时应戴适当的手套。万一接触到眼睛，应立即用大量水冲洗后请医生诊治。应密封避光于干燥处保存。

主要用途 测定磷酸盐、钙、硅等的试剂。磷钼酸、硅钼酸的还原剂。有机合成中间体。还原剂。

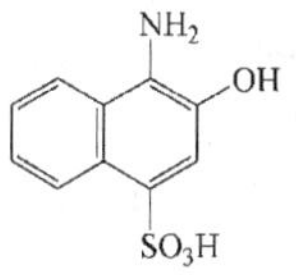

NH_2 OH SO_3H

1-Amino-2-naphthol-6-sulfonic acid

1-氨基-2-萘酚-6-磺酸 00769

[5639-34-9] $C_{10}H_9NO_4S$ 239.25

成分 C 50.20%，H 3.79%，N 5.85%，O 26.75%，S 13.40%。

别名 5-氨基-6-羟基-2-萘磺酸；5-Amino-6-hydroxy-2-naphthalenesulfonic acid

M. I. 15，451

性状 无色针状或棱柱体结晶。微溶于沸水，较少地溶于乙醇，不溶于乙醚。

注意事项 见 00768 1-氨基-2-萘酚-4-磺酸。

主要用途 偶氮染料的制造。

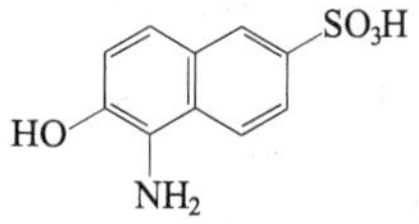

SO_3H HO NH_2

2-Amino-5-naphthol-7-sulfonic acid

2-氨基-5-萘酚-7-磺酸 00770

[87-02-5] $C_{10}H_9NO_4S$ 239.25

成分 C 50.20%，H 3.79%，N 5.85%，O 26.75%，S 13.40%。

别名 J 酸；6-氨基-1-萘酚-3-磺酸；2-氨基-5-羟基萘-7-磺酸；7-氨基-4-羟基萘-2-磺酸；J acid；7-Amino-4-hydroxynaphthalene-2-sulfonic acid；6-Amino-1-naphthol-3-sulfonic acid

性状 白色或灰白色结晶。溶于碳酸钠溶液，不溶于水、乙醇。

注意事项 使用时应避免吸入本品的粉尘，避免与眼睛及皮肤接触。应密封干燥保存。

主要用途 染料中间体。偶氮染料的制备。

6-Aminonicotinamide 6-氨基烟酰胺 00771

[329-89-5] $C_6H_7N_3O$ 137.14

成分 C 52.55%，H 5.14%，N 30.64%，O 11.67%。

别名 6-氨基尼克酰胺；6-氨基维生素 PP；6-Amino-3-pyridinecarboxamide；6-Amino vitamine PP

性状 白色结晶性粉末。溶于水（0.3∶100）；mp 246～248℃。一般试剂含量≥99.0%（NT）。

注意事项 该品能危害胎儿。口服有害。使用前应得到专门的指导，避免曝露。使用时如有事故发生或有不适之感，应请医生诊治。应密封避光保存。

主要用途 有机合成。染料中间体。

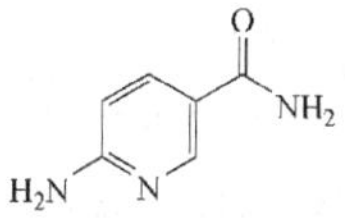

O NH_2 H_2N N

2-Aminonicotinic acid 2-氨基烟酸 00772

[5345-47-1] $C_6H_6N_2O_2$ 138.13

成分 C 52.14%，H 4.38%，N 20.28%，O 23.17%。

别名 2-氨基尼克酸；2-氨基吡啶-3-羧酸；2-Aminopyridine-3-carboxylic acid

性状 白色粉末。mp 295～297℃（分解）。一般试剂含量≥97.0%（T）。

注意事项 该品对眼睛、呼吸系统及皮肤有刺激性。使用时应戴手套。使用时应避免吸入本品的粉尘，避免与眼睛及皮肤接触。万一接触到眼睛，应立即用大量水冲洗后请医生诊治。

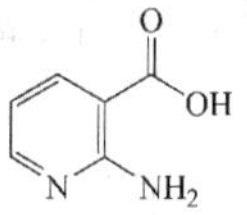

O OH N NH_2

6-Aminonicotinic acid 6-氨基烟酸 00773

[3167-49-5] $C_6H_6N_2O_2$ 138.13

成分 C 52.17%，H 4.38%，N 20.28%，O 23.17%。

别名 6-氨基尼克酸；6-氨基-3-吡啶羧酸；6-氨基菸酸；6-氨基-3-羧基吡啶；6-Amino-3-carboxypyridine；6-Amino-3-pyridinecarboxylic acid

M. I. 15，452

性状 二水合物为无色结晶。约 300℃分解为 2-氨基吡啶和二氧化碳。略微溶于多数溶剂。一般试剂含量≥98.0%（NT）。

注意事项 见 00772 2-氨基烟酸。

主要用途 生化研究。

H_2N N COOH

4′-Amino-5′-nitrobenzo-15-crown-5
4′-氨基-5′-硝基苯并-15-冠醚-5 00774
[77001-50-4] $C_{14}H_{20}N_2O_7$ 328.32
成分 C 51.22%，H 6.14%，N 8.53%，O 34.11%。
性状 无色结晶或白色粉末。mp 148～151℃。一般试剂含量≥97.0%（CHN）。
注意事项 该品对眼睛、呼吸系统及皮肤有刺激性。使用时应戴适当的手套。万一接触到眼睛，应立即用大量水冲洗后请医生诊治。

H_2N O_2N O O O O O

2-Amino-5-nitrobenzoic acid 2-氨基-5-硝基苯甲酸 00775
[616-79-5] $C_7H_6N_2O_4$ 182.14
成分 C 46.16%，H 3.32%，N 15.38%，O 35.14%。
别名 5-Nitroanthranilic acid
性状 无色结晶或白色粉末。mp 约 270℃（分解）。一般试剂含量≥96.0%（HPLC）。
注意事项 见 00774 4′-氨基-5′-硝基苯并-15-冠醚-5。

O OH NH_2 O_2N

5-Amino-2-nitrobenzoic acid 5-氨基-2-硝基苯甲酸 00776
[13280-60-9] $C_7H_6N_2O_4$ 182.14
成分 C 46.16%，H 3.32%，N 15.38%，O 35.14%。
性状 无色结晶或白色粉末。mp 236～238℃。一般试剂含量≥97.0%（HPLC）。
注意事项 该品对眼睛、呼吸系统及皮肤有刺激性。使用时应避免吸入本品的粉尘，避免与眼睛及皮肤接触。万一接触到眼睛，应立即用大量水冲洗后请医生诊治。

2-Amino-5-nitrobenzonitrile 2-氨基-5-硝基苄腈 00777
[17420-30-3] $C_7H_5N_3O_2$ 163.14
成分 C 51.54%，H 3.09%，N 25.76%，O 19.61%。
别名 2-氨基-5-硝基苯甲腈；2-氰基-4-硝基苯胺；2-Cyano-4-nitroaniline；5-Nitroanthranilonitrile
性状 无色结晶或白色粉末。mp 207～210℃；Fp 453.2°F（234℃），一般试剂含量≥95%（HPLC）。
注意事项 该品对眼睛、呼吸系统及皮肤有刺激性。使用时应戴适当的手套。万一接触到眼睛，应立即用大量水冲洗后请医生诊治。

NH_2 CN NO_2

4-Amino-3-nitrobenzonitrile 4-氨基-3-硝基苄腈 00778
[6393-40-4] $C_7H_5N_3O_2$ 163.14
成分 C 51.54%，H 3.09%，N 25.76%，O 19.61%。
别名 4-氨基-3-硝基苯甲腈
性状 无色结晶或白色粉末。mp 159～161℃。一般试剂含量≥97.0%（GC）。
注意事项 见 00777 2-氨基-5-硝基苄腈。

2-Amino-3-nitrophenol 2-氨基-3-硝基酚 00779
[603-85-0] $C_6H_6N_2O_3$ 154.13
成分 C 46.76%，H 3.92%，N 18.18%，O 31.14%。
别名 2-羟基-6-硝基苯胺；2-Hydroxy-6-nitroaniline
性状 无色结晶或白色粉末。一般商品为棕红色。mp 212～213。一般试剂含量≥97.0%（HPLC）。
注意事项 该品口服有害。对眼睛、呼吸系统及皮肤有刺激性。使用时应穿适当的防护服，戴手套和防护镜或面罩。万一接触到眼睛，应立即用大量水冲洗后请医生诊治。

OH NH_2 NO_2

2-Amino-4-nitrophenol 2-氨基-4-硝基酚 00780
[99-57-0] $C_6H_6N_2O_3$ 154.13
成分 C 46.76%，H 3.92%，N 18.18%，O 31.14%。
别名 2-羟基-5-硝基苯胺；4-硝基-2-氨基酚；4-硝基邻氨基酚；对硝基邻氨基酚；4-Nitro-2-aminophenol；2-Hydroxy-5-nitroaniline；*p*-Nitro-*o*-aminophenol
GW 2015-2215
性状 橙红色结晶性粉末。溶于乙醇、乙醚，不溶于水。mp 143～145℃；Fp 212°F（100℃）。一般试剂含量≥99.0%（NT）。
注意事项 该品对眼睛、呼吸系统及皮肤有刺激性。对机体有不可逆损伤的可能性。使用时应穿防护服和戴手套。万一接触到眼睛，应立即用大量水冲洗后请医生诊治。应密封保存。

OH NH_2 NO_2

2-Amino-5-nitrophenol 2-氨基-5-硝基酚 00781
[121-88-0] $C_6H_6N_2O_3$ 154.13
别名 2-羟基-4-硝基苯胺；2-Hydroxy-4-nitroaniline
GW 2015-2216
性状 无色结晶或白色粉末。mp 198～202℃（分解）。一般试剂含量 90.0%～95.0%（NT）。
注意事项 见 00780 2-氨基-4-硝基酚。

OH NH_2 O_2N

4-Amino-2-nitrophenol 4-氨基-2-硝基酚 00782
[119-34-6] $C_6H_6N_2O_3$ 154.13
成分 C 46.76%，H 3.92%，N 18.18%，O 31.14%。
别名 4-羟基-3-硝基苯胺；4-Hydroxy-3-nitroaniline
性状 无色结晶或白色粉末。mp 125～127℃。一般试剂含量≥93.0%（HPLC）。
注意事项 该品口服有害。对眼睛、呼吸系统及皮肤有刺激性。吸入能引起过敏。使用时应避免吸入本品的粉尘，避免与眼睛及皮肤接触。

OH NO_2 NH_2

4-Amino-3-nitrophenol 4-氨基-3-硝基酚 00783
[610-81-1] $C_6H_6N_2O_3$ 154.13
成分 C 46.76%，H 3.92%，N 18.18%，O 31.14%。
别名 4-羟基-2-硝基苯胺；4-Hydroxy-2-nitroaniline
性状 无色结晶或白色粉末。一般商品为深紫色结晶或粉末。mp 151～153℃。一般试剂含量≥98.0%（NT）。
注意事项 见 00781 2-氨基-5-硝基酚。

2-Amino-3-nitropyridine 2-氨基-3-硝基吡啶 00784
[4214-75-9] $C_5H_5N_3O_2$ 139.11

成分 C 43.17%，H 3.62%，N 30.20%，O 23.00%。
性状 白色粉末。对空气敏感。mp 165～167℃。一般试剂含量 ≥99.0%（NT）。
注意事项 该品口服有害。对眼睛、呼吸系统及皮肤有刺激性。使用时应穿适当的防护服和戴手套。万一接触到眼睛，应立即用大量水冲洗后请医生诊治。应密封避光保存。

2-Amino-5-nitropyridine 2-氨基-5-硝基吡啶 00785

[4214-76-0] $C_5H_5N_3O_2$ 139.11
成分 C 43.17%，H 3.60%，N 30.20%，O 23.00%。
性状 白色粉末。mp 186～188℃。一般试剂含量 ≥97.0%（NT）。
注意事项 见 00784 2-氨基-3-硝基吡啶。

2-Amino-5-nitrothiazole 2-氨基-5-硝基噻唑 00786

[121-66-4] $C_3H_3N_3O_2S$ 145.14
成分 C 24.83%，H 2.08%，N 28.95%，O 22.05%，S 22.09%。
别名 5-硝基-2-噻唑胺；Enheptin；Entramin；5-Nitro-2-thiazolamine
M. I. 15，453
性状 浅绿黄色至橙黄色松散粉末。味道微苦。1g 该品溶于 150g 95%乙醇、250g 乙醚，溶于稀无机酸，极微溶于水，几乎不溶于氯仿。202℃分解；uv max（0.0005%水溶液中）：386nm（ε 0.540）。
注意事项 该品吸入、口服或与皮肤接触有害。对机体有不可逆损伤的可能性。使用时应穿适当的防护服和戴手套。万一接触到眼睛，应立即用大量水冲洗后请医生诊治。应密封避光保存。
主要用途 兽犬用抗土耳其滴虫剂；鸡滴虫病。

2-Aminononanoic acid 2-氨基壬酸 00787

[5440-35-7] $C_9H_{19}NO_2$ 173.26
成分 C 62.39%，H 11.05%，N 8.08%，O 18.47%。
别名 2-Aminopelargonic acid
性状 无色结晶。mp 约 280℃（分解）。一般试剂含量≥90.0%（NT）。
注意事项 该品对眼睛有刺激性。使用时应穿适当的防护服。万一接触到眼睛，应立即用大量水冲洗后请医生诊治。

(+)-6-Aminopenicillanic acid 00788
(+)-6-氨基青霉烷酸

[551-16-6] $C_8H_{12}N_2O_3S$ 216.26
成分 C 44.43%，H 5.59%，N 12.95%，O 22.19%，S 14.83%。
别名 [2*S*-(2*α*，5*α*，6*β*)]-6-Amino-3，3-dimethyl-7-oxo-4-thia-1-azabicyclo[3.2.0]heptane-2-carboxylic acid；6-APA；Penicin；Penin；(2*S*，5*R*，6*R*)-6-Amino-3，3-dimethyl-7-oxo-4-thia-1-azabicyclo[3.2.0]heptane-2-carboxylic acid
M. I. 15，454
性状 来自盐酸＋水中的无色结晶。mp 208～209℃（分解）；$[\alpha]_D^{31}$ +273°（*c*＝1.2，于 0.1mol/L 盐酸中）。生化试剂含量≥98.0%（S）。
注意事项 该品吸入或与皮肤接触可引起过敏。具有蓄积性危害。使用时应穿适当的防护服和戴手套。使用时应避免吸入本品的粉尘。应充氩气密封于 2～8℃保存。
主要用途 生化研究。合成青霉素。

2-Aminoperimidine hydrobromide
2-氨基伯啶 氢溴酸盐 00789

[40835-96-9] $C_{11}H_{10}BrN_3 \cdot 1\frac{1}{2}H_2O$ 291.16
成分（以无水物计） C 50.02%，H 3.82%，Br 30.25%，N 15.91%。
别名 氢溴酸 2-氨基伯啶
性状 无色结晶。mp 295～300℃。一般试剂含量≥98.0%（AT）。
注意事项 使用时应避免吸入本品的粉尘，避免与眼睛及皮肤接触。应充氩气密封避光保存。

2-Aminophenol 2-氨基酚 00790

[95-55-6] C_6H_7NO 109.13
成分 C 66.04%，H 6.47%，N 12.83%，O 14.66%。
别名 邻氨基酚；2-氨基-1-羟基苯；邻羟基苯胺；2-Amino-1-hydroxybenzene；2-Hydroxyaniline；*o*-Hydroxyaniline；*o*-Aminophenol
GW 2015-7 M. I. 15，457
性状 白色针状结晶。见光或露置空气中，色变暗变棕。可升华。1g 该品溶于 50mL 冷水、23mL 乙醇。易溶于乙醚，极微溶于苯。mp 170～174℃；Fp 334.4℉（168℃）。
注意事项 该品吸入或口服有害。对机体有不可逆损伤的可能性。使用时应穿适当的防护服和戴手套。接触皮肤后应用聚乙二醇 400 液体冲洗。应充氩气密封避光保存。
主要用途 银、锡的测定和金的检定。重氮染料、硫化染料的中间体。

3-Aminophenol 3-氨基酚 00791

[591-27-5] C_6H_7NO 109.13
成分 C 66.04%，H 6.47%，N 12.83%，O 14.66%。
别名 间氨基酚；间氨基苯酚；间羟基苯胺；3-氨基-1-羟基苯；3-Amino-1-hydroxybenzene；3-Hydroxyaniline；*m*-Hydroxyaniline；*m*-Aminophenol
GW 2015-8 M. I. 15，456
性状 无色或白色结晶。见光易变色。1 份该品溶于 40 份冷水，易溶于热水、乙醇、乙醚、戊醇，微溶于苯，极微溶于石油醚。mp 121～123℃；bp_{11} 164°C/1.466kPa；Fp 311℉（155℃）。LD_{50}小鼠腹膜内注射：4.5mg/20g。
注意事项 该品吸入或口服有害。对水生物有毒，能对水环境引起不利的结果。接触皮肤后，应用聚乙二醇 400 液体冲洗。应防止将本品释放于环境中。应密封避光保存。
主要用途 有机合成。染料及对氨基水杨酸的中间体。

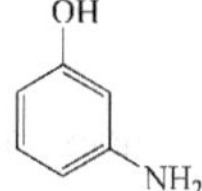

4-Aminophenol 4-氨基酚 00792

[123-30-8] C_6H_7NO 109.13
成分 C 66.04%，H 6.47%，N 12.83%，O 14.66%。
别名 对氨基苯酚；4-氨基-1-羟基苯；对羟基苯胺；Actirol；4-Amino-1-hydroxybenzene；*p*-Hydroxyaniline；*p*-Aminophenol；Azol；Certinal；Citol；Paranol；Rodinal；Unal；Ursol P
GW 2015-9 M. I. 15，458
性状 来自水中的白色、微黄色、微红色斜方片状结晶或结晶性粉末。见光或露置空气中变为紫色。微溶于水(13℃，0.39%；24℃，0.65%；30℃，0.80%；50℃，1.5%；80℃，4.7%；96℃，8.5%)、丁酮(58.5℃，9.3%)、无水乙醇(0℃，4.5%)，几乎不溶于苯、三氯甲烷。mp 189.6～190.2℃；bp_{760} 284℃/101.325kPa(分解)；bp_8 167℃/1.067kPa；bp_3 150℃/399.97Pa；$bp_{0.3}$ 130.2℃/40Pa。一般试剂含量≥98.0%(HPLC)。
注意事项 该品吸入或口服有害。对机体有不可逆损伤的可能性。对水生物极毒。能对水环境引起不利的结果。使用时应穿适当的防护服和戴手套。接触皮肤后，应立即用聚乙二醇 400 冲洗。应防止将本品释放于环境中。其包装物应按危险品处理。应密封避光保存。

主要用途 检测金、铜、铁、镁、钒、亚硝酸盐、氰酸盐。皮毛染色。照相显影剂。抗氧化剂。

2-Aminophenol hydrochloride 2-氨基酚 盐酸盐 00793

[51-19-4] C_6H_8ClNO 145.59

成分 C 49.50%，H 5.54%，Cl 24.35%，N 9.62%，O 10.99%。

别名 盐酸邻氨基酚；盐酸邻羟基苯胺；邻氨基酚 盐酸盐；盐酸 2-氨基酚；2-羟基苯胺 盐酸盐；*o*-Aminophenol hydrochloride；*o*-Hydroxyaniline hydrochloride

GW 2015-2510 M.I.15，457

性状 白色结晶。见光易变灰色。易溶于水、乙醇，溶于氨水。mp 207℃。

注意事项 该品吸入、口服或与皮肤接触有害。接触皮肤后，应立即用水冲洗。应密封避光保存。

主要用途 染料中间体。有机合成。

4-Aminophenol hydrochloride 4-氨基酚 盐酸盐 00794

[51-78-5] C_6H_8ClNO 145.59

成分 49.50%，H 5.54%，Cl 24.35%，N 9.62%，O 10.99%。

别名 对氨基酚 盐酸盐；对羟基苯胺 盐酸盐；盐酸对羟基苯胺；盐酸对氨基酚；盐酸 4-羟基苯胺；盐酸 4-氨基酚；*p*-Aminophenol hydrochloride；*p*-Hydroxyaniline hydrochloride

GW 2015-2519 M.I.15，458

性状 白色结晶性粉末。见光变暗。易溶于水，溶于乙醇。mp 约 306℃（分解）。一般试剂含量≥98.5%。

注意事项 该品对眼睛、呼吸系统及皮肤有刺激性。接触皮肤能引起过敏。使用时应穿适当的防护服。接触皮肤后，应立即用大量水冲洗。应密封避光保存。

主要用途 有机合成。照相业。

4-Aminophenol sulfate 4-氨基酚 硫酸盐 00795

[54646-39-8] $C_{12}H_{16}N_2O_6S$ 316.33

成分 C 45.56%，H 5.10%，N 8.86%，O 30.35%，S 10.14%。

别名 对氨基酚 硫酸盐；硫酸 4-氨基酚；4-氨基-1-羟基苯硫酸盐；对羟基苯胺 硫酸盐；硫酸对氨基酚；硫酸对羟基苯胺；*p*-Aminophenol sulfate；*p*-Hydroxyaniline sulfate

性状 白色或近白色针状结晶。溶于水。mp 272℃（分解）。

注意事项 该品吸入、口服或与皮肤接触有害。接触皮肤后，应立即用大量水冲洗。应密封避光保存。

主要用途 有机合成。

2-Aminophenol-4-sulfonic acid 2-氨基酚-4-磺酸 00796

[98-37-3] $C_6H_7NO_4S$ 189.19

成分 C 38.09%，H 3.73%，N 7.40%，O 33.83%，S 16.95%。

别名 邻氨基苯酚对磺酸；3-氨基-4-羟基苯磺酸；4-羟基间氨基苯磺酸；对羟基间氨基苯磺酸；*o*-Aminophenol-*p*-sulfonic acid；4-Hydroxymetanilic acid；3-Amino-4-hydroxybenzenesulfonic acid

性状 棕色结晶。易溶于碱性溶液，溶于热水。mp ≥300℃。

注意事项 该品具有腐蚀性，能引起烧伤。使用时应穿适当的防护服，戴手套和防护镜或面罩。万一接触到眼睛，应立即用大量水冲洗后请医生诊治。使用时如有事故发生或有不适之感，应请医生诊治。

主要用途 染料中间体。

4-Aminophenylacetic acid 4-氨基苯乙酸 00797

[1197-55-3] $C_8H_9NO_2$ 151.17

成分 C 63.56%，H 6.00%，N 9.27%，O 21.17%。

别名 对氨基苯乙酸；对氨基-*α*-甲苯甲酸；4-Aminobenzeneacetic acid；*p*-Aminophenylacetic acid；*p*-Amino-*α*-toluic acid

M.I.15，458

性状 来自水中的无色小叶状或片状结晶。有恶臭。溶于乙醇、碱溶液，中等程度溶于热水。mp 199～200℃（分解）。一般试剂含量≥99.0%（NT）。

注意事项 该品对眼睛、呼吸系统及皮肤有刺激性。使用时应戴适当的手套。万一接触到眼睛，应立即用大量水冲洗后请医生诊治。应密封保存。

4-Amino-L-phenylalanine hydrochloride 4-氨基-L-苯丙氨酸 盐酸盐 00798

[62040-55-5] $C_9H_{13}ClN_2O_2 \cdot \frac{1}{2}H_2O$ 225.67

成分（以无水物计） C 49.89%，H 6.05%，Cl 16.36%，N 12.93%，O 14.77%。

别名 盐酸 4-氨基-L-苯丙氨酸

性状 无色结晶或白色粉末。对空气敏感。mp 247～249℃；$[\alpha]_D^{20}-8.5°$（$c=2$，于水中）。一般试剂含量 96.0%（AT）。

注意事项 该品具有刺激性。使用时应避免吸入本品的粉尘，避免与眼睛及皮肤接触。应充氩气密封保存。

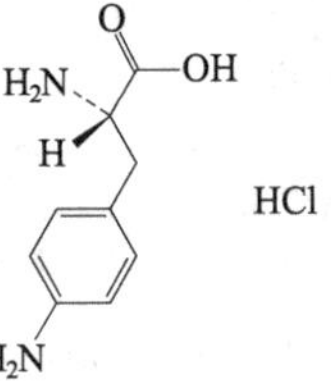

3-Aminophenylboronic acid monohydrate 3-氨基苯硼酸 一水 00799

[206658-89-1] $C_6H_8BNO_2 \cdot H_2O$ 154.96

成分（以无水物计） C 52.62%，H 5.89%，B 7.89%，N 10.23%，O 23.37%。

别名 一水合 3-氨基苯硼酸；3-Aminobenzeneboronic acid

性状 无色结晶。易吸潮。mp 94～96℃。一般试剂含量≥98.0%（HPLC）。

注意事项 见 00797 4-氨基苯乙酸。

(*R*)-2-Amino-1-phenylethanol (*R*)-2-氨基-1-苯乙醇 00800

[2549-14-6] $C_8H_{11}NO$ 137.18

成分 C 70.05%，H 8.08%，N 10.21%，O 11.66%。

别名 (*R*)-*α*-(氨基甲基)苄醇；(*R*)-*α*-(Aminomethyl)benzyl alcohol

性状 无色结晶。易吸潮。对空气及二氧化碳敏感。mp 57～63℃；$[\alpha]_D^{20}-43°\pm2°$（$c=2$，于乙醇中）。一般试剂含量≥97.0%（GC）。

注意事项 该品口服有害。具有腐蚀性，能引起烧伤。使用时应穿适当的防护服，戴手套和防护镜或面罩。万一接触到眼睛，应立即用大量水冲洗后请医生诊治。使用时如有事故发生或有不适之感，应请医生诊治。应充氩气密封干燥保存。

(*S*)-2-Amino-1-phenylethanol (*S*)-2-氨基-1-苯乙醇 00801

[56613-81-1] $C_8H_{11}NO$ 137.18

成分 C 70.05%，H 8.08%，N 10.21%，O 11.66%。

别名 (*S*)-*α*-(氨基甲基)苄醇；(*S*)-*α*-(Aminomethyl)benzyl alcohol

性状 无色结晶。对湿度敏感。$[\alpha]_D^{20}+43°\pm2°$（$c=2$，于乙醇中）。一般试剂含量≥97.0%(GC)。

注意事项 见 00800 (*R*)-2-氨基-1-苯乙醇。

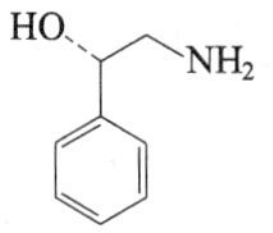

2-(4-Aminophenyl)ethanol 2-(4-氨基苯基)乙醇 00802
[104-10-9] $C_8H_{11}NO$ 137.18
成分 C 70.05%,H 8.08%,N 10.21%,O 11.66%。
别名 4-氨基苯乙醇;4-Aminophenethyl alcohol
性状 无色结晶。对空气敏感。mp 107～110℃。一般试剂含量≥98.0%(NT)。
注意事项 该品对眼睛、呼吸系统及皮肤有刺激性。使用时应穿适当的防护服。万一接触到眼睛,应立即用大量水冲洗后请医生诊治。应充氩气密封保存。

DL-(-)-2-Amino-3-phosphonopropionic acid
DL-(-)-2-氨基-3-膦丙酸 00803
[20263-06-3] $C_3H_8NO_5P$ 169.07
成分 C 21.31%, H 4.77%, N 8.28%, O 47.32%, P 18.32%。
别名 3-膦酰-D-丙氨酸; AP3; 3-Phosphono-DL-alanine
性状 无色结晶。生化试剂含量≥99.0% (CHN)。
注意事项 见 00802 2-(4-氨基苯基)乙酸。

L-(+)-2-Amino-3-phosphonopropionic acid
L-(+)-2-氨基-3-磷丙酸 00804
[23052-80-4] $C_3H_8NO_5P$ 169.07
成分 C 21.31%, H 4.77%, N 8.28%, O 47.32%, P 18.32%。
别名 (*R*)-(+)-2-氨基-3-膦丙酸;3-膦酰-L-丙氨酸;(*R*)-(+)-2-Amino-3-phosphonopropionic acid; L-AP3; 3-Phosphono-L-alanine
性状 无色结晶。易吸潮。$[\alpha]_D^{20}+13.5°\pm1.5°$ (c=1, 于 1mol/L 氢氧化钠溶液中)。一般试剂含量≥98.0% (TLC)。
注意事项 见 00802 2-(4-氨基苯基)乙醇。

DL-2-Amino-5-phosphonovaleric acid
DL-2-氨基-5-膦戊酸 00805
[76326-31-3] $C_5H_{12}NO_5P$ 197.13
成分 C 30.46%, H 6.14%, N 7.11%, O 40.58%, P 15.71%。
别名 5-膦酰-DL-正缬氨酸; DL-2-Amino-5-phosphonopentanoic acid; APV; 5-Phosphono-DL-norvaline
性状 无色结晶。生化试剂含量≥98.0% (TLC)。
注意事项 见 00802 2-(4-氨基苯基)乙醇。

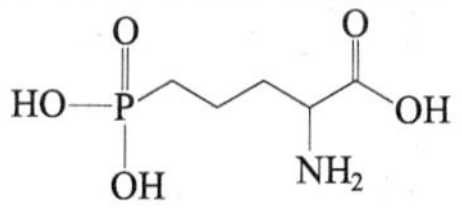

3-Aminophthalhydrazide 3-氨基邻苯二甲酰肼 00806
[521-31-3] $C_8H_7N_3O_2$ 177.16
成分 C 54.24%, H 3.98%, N 23.72%, O 18.06%。
别名 冷光剂;鲁米诺;5-Amino-2,3-dihydro-1,4-phthalazinedione; *o*-Aminophthalhydride; 3-Aminophthalic hydrazide; *o*-Aminophthaloyl hydrazide; Luminol
M. I. 15, 5660
性状 无色至微黄色结晶。微溶于乙醇、乙醚,不溶于水。mp 319～320℃; pH 值 6.0～7.0 (由橙至蓝色)。一般试剂含量≥98.0% (HPLC)。
注意事项 该品口服有害。使用时应穿适当的防护服。其包装物应按危险品处理。应密封避光保存。
主要用途 荧光指示剂。检测铜、铁、过氧化物、氰化物。检验铜时用作络合指示剂。血迹的鉴定。

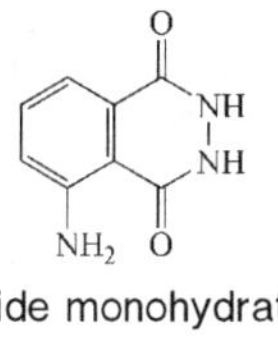

4-Aminophthalhydrazide monohydrate
4-氨基邻苯二甲酰肼 一水 00807
[3682-14-2] $C_8H_7N_3O_2 \cdot H_2O$ 195.18
成分 (以无水物计) C 54.24%, H 3.98%, N 23.72%, O 18.06%。
别名 异鲁米诺;异氨基苯二酰一肼;6-氨基-2,3-二氢-2,3-二氮杂萘-1,4-二酮;6-Amino-2,3-dihydrophthalazine-1,4-dione; Isoluminol
性状 无色结晶。对空气敏感。mp 300℃。一般试剂含量≥99.0% (RT)。
注意事项 该品对眼睛、呼吸系统及皮肤有刺激性。使用时应穿适当的防护服。万一接触到眼睛,应立即用大量水冲洗后请医生诊治。应充氩气密封保存。
主要用途 生化发光体。

N-Aminophthalimide *N*-氨基邻苯二甲酰亚胺 00808
[1875-48-5] $C_8H_6N_2O_2$ 162.15
成分 C 59.26%, H 3.73%, N 17.28%, O 19.73%。
别名 *N*,*N*-邻苯二甲酰肼 (不对称); *N*,*N*-Phthaloylhydrazine (*unsym*-)
性状 无色结晶。mp 200～202℃。一般试剂含量≥90.0% (HPLC)。
注意事项 该品对眼睛、呼吸系统及皮肤有刺激性。吸入或与皮肤接触可引起过敏。使用时应穿适当的防护服和戴手套。使用时应避免吸入本品的粉尘。万一接触到眼睛,应立即用大量水冲洗后请医生诊治。使用时如有事故发生或有不适之感,应请医生诊治。应充氮气密封于 2～8℃ 保存。

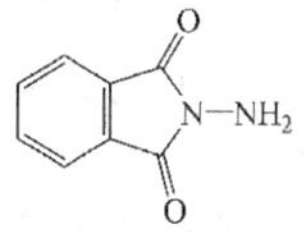

Aminophylline dihydrate 氨茶碱 二水 00809
[317-34-0] $C_{16}H_{24}N_{10}O_4 \cdot 2H_2O$ 456.46
成分 (以无水物计) C 45.71%, H 5.75%, N 33.32%, O 15.22%。
别名 Afonilum; Genophyllin; Pecram; Phyllindon; Diophyllin; Etilen-Xantisan Tabl; Euphyllina; Stenovasan; Theodrox; Cardophyllin; Cardiomin; Grifomin; Minaphil; Peterphyllin; Phyllocontin; Somophyllin; Theophyllamine; 3,7-Dihydro-1,3-dimethyl-1*H*-purine-2,6-dione compd with 1,2-ethanediamine (2:1); Theophylline compound with ethylenediamine(2:1)dihydrate; Theophylline ethylenediamine; Carena; Inophylline; Metaphyllin; Theophyldine; Aminocardol; Aminodur; Aminophylline; Ammophyllin; Cardiofilina; Cardophylin; Phylcardin; Phyllindon; Phyllocontin; Phyllotemp; Planphylline; Pulmovet; Tefamin; Theolamine; Eu phyllin CR; Theomin; TH100
M. I. 15, 461
性状 白色或微黄色的颗粒或粉末。微有氨的气味。味道苦。1g 该品溶于约 5mL 水,但该溶液在储存期间可能变浑浊。不溶于乙醇、乙醚。mp 269～270℃。LD_{50} 小鼠急性经口: 540mg/kg。生化试剂含量≥98.0% (HPLC)。
注意事项 该品口服有害。使用时应避免吸入本品的粉尘,避免与眼睛及皮肤接触。应充氩气密封保存。
主要用途 生化研究。医用支气管扩张剂。

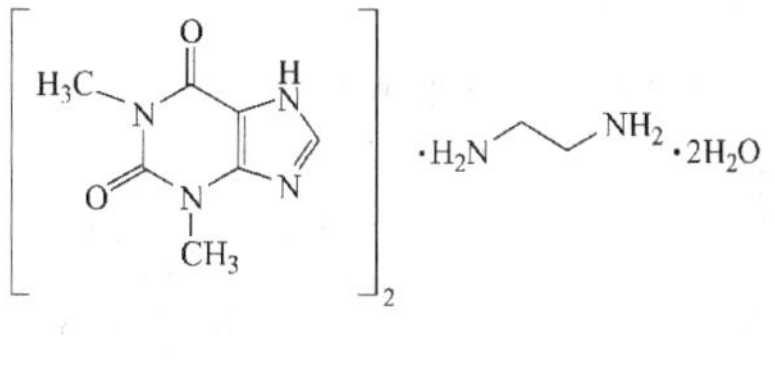

(±)-3-Amino-1,2-propanediol
(±)-3-氨基-1,2-丙二醇 00810
[616-30-8] $C_3H_9NO_2$ 91.11
成分 C 39.55%, H 9.96%, N 15.38%, O 35.12%。
性状 无色黏稠液体。对湿度敏感。bp 255～257℃; bp_{739} 264～265℃/98.525kPa; Fp 235.4℉ (113℃); d^{25} 1.175; n_D^{20} 1.4920。一般试剂含量≥98.0%(T)。

注意事项 该品具有腐蚀性，能引起烧伤。使用时应穿适当的防护服。应避免吸入本品的蒸气。万一接触到眼睛，应立即用大量水冲洗后请医生诊治。使用时如有事故发生或有不适之感，应请医生诊治。应充氩气密封干燥保存。

(*R*)-3-Amino-1,2-propanediol
(*R*)-3-氨基-1,2-丙二醇 00811
[66211-46-9] $C_3H_9NO_2$ 91.11
成分 C 39.55%，H 9.96%，N 15.38%，O 35.12%。
性状 无色结晶或白色粉末。对二氧化碳敏感。mp 55～50℃；bp_{739} 264～265℃/98.525kPa；Fp 235.4°F(113℃)；d 1.175；n_D^{20} 1.4920；$[\alpha]_D^{20}+9°$。一般试剂含量≥98.0%(T)。
注意事项 该品口服有害。具有腐蚀性，能引起烧伤。使用时应穿适当的防护服，戴手套和防护镜或面罩。万一接触到眼睛，应立即用大量水冲洗后请医生诊治。使用时如有事故发生或有不适之感，应请医生诊治。应充氩气密封保存。

(*S*)-3-Amino-1,2-propanediol
(*S*)-3-氨基-1,2-丙二醇 00812
[61278-21-5] $C_3H_9NO_2$ 91.11
成分 C 39.55%，H 9.96%，N 15.38%，O 35.12%。
性状 无色结晶或白色粉末。对二氧化碳敏感。$bp_{0.4}$ 117～119℃/53.33Pa；Fp 235.4°F (113℃)；d^{25} 1.175；n_D^{20} 1.483；$[\alpha]_D^{23}-12°$。
注意事项 见 00800 (*R*)-2-氨基-1-苯乙醇。

2-Amino-1,3-propanediol hydrochloride
2-氨基-1,3-丙二醇 盐酸盐 00813
[73708-65-3] $C_3H_{10}ClNO_2$ 127.57
成分 C 28.25%，H 7.90%，Cl 27.79%，N 10.98%，O 25.08%。
别名 丝氨醇 盐酸盐；盐酸丝氨醇；盐酸 2-氨基-1,3-丙二醇；Serinol hydrochloride
性状 无色结晶。易吸潮。mp 104～106℃。一般试剂含量≥98.0% (AT)。
注意事项 该品对眼睛、呼吸系统及皮肤有刺激性。使用时应穿适当的防护服。万一接触到眼睛，应立即用大量水冲洗后请医生诊治。应充氩气密封干燥保存。

DL-1-Amino-2-propanol DL-1-氨基-2-丙醇 00814
[78-96-6] C_3H_9NO 75.11
成分 C 47.97%，H 12.08%，N 18.65%，O 21.30%。
别名 异丙醇胺；3-氨基-2-丙醇；1-氨基异丙醇；2-羟基正丙胺；1-Amino-*iso*-proanol；*iso*-Propanolamine；1-Amino-*iso*-propyl alcohol；2-Hydroxy-*n*-propylamine；*iso*-Propanolamine
性状 无色或浅黄色液体。有氨味。能与水、乙醇相混溶。mp －2℃；bp 160℃；Fp 159.8°F(71℃)；d^{25} 0.973；n_D^{20} 1.448。一般试剂含量≥98.0%(GC)。
注意事项 该品具有腐蚀性，能引起烧伤。使用时应穿适当的防护服。使用时应避免吸入本品的蒸气和烟雾。万一接触到眼睛，应立即用大量水冲洗后请医生诊治。使用时如有事故发生或有不适之感，应请医生诊治。应密封保存。
主要用途 表面活性剂。洗涤剂。增塑剂。杀虫剂。乳化剂。橡胶硫化促进剂。溶剂。

(*R*)-(－)-1-Amino-2-propanol
(*R*)-(－)-1-氨基-2-丙醇 00815
[2799-16-8] C_3H_9NO 75.11
成分 C 47.97%，H 12.08%，N 18.65%，O 21.30%。
别名 (－)-异丙醇胺；(－)-Isopropanolamine
性状 无色结晶。溶于水。对二氧化碳敏感。mp 24～26℃；bp 160℃；d^{25}0.954；n_D^{20}1.448；$[\alpha]_D^{20}-18°\pm1°(c=1.8$，于水中)。一般试剂含量≥98.0%(GC)。
注意事项 该品具有腐蚀性，能引起烧伤。使用时应穿适当的防护服，避免吸入本品的蒸气。万一接触到眼睛，应立即用大量水冲洗后请医生诊治。使用时如有事故发生或有不适之感，应请医生诊治。应充氩气密封于 2～8℃保存。

(*S*)-(＋)-1-Amino-2-propanol
(*S*)-(＋)-1-氨基-2-丙醇 00816
[2799-17-9] C_3H_9NO 75.11
成分 C 47.97%，H 12.08%，N 18.65%，O 21.30%。
别名 (＋)-异丙醇胺；(＋)-Isopropanolamine
性状 无色结晶。高温时为液体。对二氧化碳敏感。mp 24～26℃；bp 160℃；Fp 159.8°F(71℃)；d^{25} 0.954；n_D^{20} 1.4437；$[\alpha]_D^{20}+18°(c=1.8$，于水中)。一般试剂含量≥98.0%(GC)。
注意事项 见 00815 (*R*)-(－)-1-氨基-2-丙醇。

DL-2-Aminopropanol DL-2 氨基丙醇 00817
[6168-72-5] C_3H_9NO 75.11
成分 C 47.97%，H 12.08%，N 18.65%，O 21.30%。
别名 *β*-丙醇胺；DL-2-氨基-1-丙醇；DL-2-Amino-1-propanol；DL-2-Aminopropyl alcohol；DL-Alaninol；DL-2-Hydroxyiso propylamine；DL-*β*-Propanolamine
M. I. 15,464
性状 无色液体。有鱼的气味。易溶于水、乙醇、乙醚。mp 8℃；bp 173～176℃；Fp 181°F(83℃)；d 0.965；n_D^{20} 1.4495。一般试剂含量 ≥98.0%(NT)。
注意事项 该品具有腐蚀性，能引起烧伤。使用时应穿适当的防护服，戴手套和防护镜或面罩。万一接触到眼睛，应立即用大量水冲洗后请医生诊治。使用时如有事故发生或有不适之感，应请医生诊治。应充氩气密封于 2～8℃保存。

3-Amino-1-propanol 3-氨基-1-丙醇 00818
[156-87-6] C_3H_9ON 75.11
成分 C 47.97% H 12.08%，N 18.65%，O 21.30%。
别名 正丙醇胺；*γ*-丙醇胺；3-羟基丙胺；丙醇胺；*n*-Propanolamine；3-Aminopropyl alcohol；3-Hydroxypropylamine；*γ*-Propanolamine
性状 无色液体。有吸湿性。能与水、乙醇、氯仿混溶。mp 10～12℃；bp 184～187℃；Fp 214°F (101℃)；d^{20} 0.987；n_D^{20} 1.461。一般试剂含量≥99.0% (GC)。
注意事项 该品口服或与皮肤接触有害。具有腐蚀性，能引起烧伤。使用时应穿适当的防护服，戴手套和防护镜或面罩。使用时应避免吸入本品的蒸气。万一接触到眼睛，应立即用大量水冲洗后请医生诊治。使用时如有事故发生或有不适之感，应请医生诊治。应密封保存。
主要用途 有机合成。

2-Aminopropionaldehyde dimethyl acetal
2-氨基丙醛二甲基缩醛 00819
[57390-38-2] $C_5H_{13}NO_2$ 119.16
成分 C 50.40%，H 11.00%，N 11.75%，O 26.85%。
性状 无色液体。Fp 102.2°F(39℃)；d_4^{20} 0.940；n_D^{20} 1.415。一般试剂含量≥98.0%(GC)。
注意事项 该品高度易燃。具有腐蚀性，能引起烧伤。使用时应穿适当的防护服，戴手套和防护镜或面罩。万一接触到眼睛，应立即用大量水冲洗后请医生诊治。使用时如有事故发生或有不适之感，应请医生诊治。使用现场禁止吸烟。

3-Aminopropionitrile fumarate salt
3-氨基丙腈反丁烯二酸盐 00820
[2079-89-2] $C_{10}H_{16}N_4O_4$ 256.26
成分 C 46.87%，H 6.29%，N 21.86%，O 24.97%。
别名 *β*-氨基丙腈 反丁烯二酸盐；反丁烯二酸 3-氨基丙腈；3-氨基丙腈 富马酸盐；富马酸 3-氨基丙腈；*β*-Aminopropionitrile fumarate；BAPN；PAPN
性状 无色结晶。mp 177℃ (分解)。一般试剂含量≥98.0% (NT)。
注意事项 该品能危害胎儿。对眼睛、呼吸系统及皮肤有刺激性。使用前应得到专门的指导，避免曝露。使用时应穿适当的防护服和戴手套。万一接触到眼睛，应立即用大量水冲洗后请医生诊治。使用时如有事故发生或有不适之感，应请医生诊治。

p-Aminopropiophenone
对氨基苯丙酮 00821

[70-69-9] $C_9H_{11}NO$ 149.19

成分 C 72.46%，H 7.43%，N 9.39%，O 10.72%。

别名 乙基对氨基苯基甲酮；1-(4-氨基苯基)-1-丙酮；1-(4-Aminophenyl)-1-propanone；Ethyl *p*-aminophenyl ketone；PAPP

M. I. 154，466

性状 来自水中的黄色针状结晶。溶于水、乙醇、二甲基亚砜。mp 140℃。LD_{50}（mg/kg）雄，雌小鼠静脉注射：145，200；雌小鼠，豚鼠，大鼠，雄大鼠急性经口：＞5000，1020，223.7，475。

注意事项 该品口服有害、对眼睛、呼吸系统及皮肤有刺激性。万一接触到眼睛，应立即用大量水冲洗后请医生诊治。

主要用途 医用氰化物解毒剂。

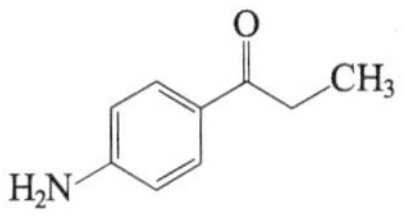

2-(3-Aminopropylamino) ethanol

2-(3-氨基丙基氨基)乙醇 00822

[4461-39-6] $C_5H_{14}N_2O$ 118.18

成分 C 50.82%，H 11.94%，N 23.70%，O 13.54%。

别名 *N*-(2-羟乙基)三亚甲基二胺；*N*-(2-Hydroxyethyl)trimethylenediaming

性状 无色液体。bp 250～252℃；Fp 305.6°F(152℃)；d^{20} 1.007；n_D^{20} 1.486。一般试剂含量≥98.0%(GC)。

注意事项 该品具有腐蚀性，能引起烧伤。对呼吸系统有刺激性。使用时应穿防护服，戴手套和防护镜或面罩。万一接触到眼睛，应立即用大量水冲洗后请医生诊治。使用时如有事故发生或有不适之感，应请医生诊治。

(3-Aminopropyl)triethoxysilane

(3-氨基丙基)三乙氧基硅烷 00823

[919-30-2] $C_9H_{23}NO_3Si$ 221.37

成分 C 48.83%，H 10.47%，N 6.33%，O 21.68%，Si 12.69%。

别名 3-三乙氧基甲硅烷基丙胺；3-Triethoxysilylpropylamine

性状 无色液体。bp 217℃；Fp 208.4℉(98℃)；d^{25} 0.946；n_D^{20} 1.4210。一般试剂含量≥99.0%(GC)。

注意事项 该品口服有害。具有腐蚀性，能引起烧伤。使用时应穿适当的防护服，戴手套和防护镜或面罩。万一接触到眼睛，应立即用大量水冲洗后请医生诊治。使用时如有事故发生或有不适之感，应请医生诊治。

(3-Aminopropyl)trimethoxysilane

(3-氨基丙基)三甲氧基硅烷 00824

[13822-56-5] $C_6H_{17}NO_3Si$ 179.29

成分 C 40.20%，H 9.56%，N 7.81%，O 26.77%，Si 15.66%。

别名 3-(三甲氧基甲硅烷基)丙胺；3-(Trimethoxysilyl)propylamine；

性状 无色液体。对空气和湿度敏感。bp 194℃；bp_{15} 91～92℃/2kPa；Fp 182℉(83℃)；d_4^{25} 1.027；n_D^{20} 1.424。一般试剂含量≥97.0%(NT)。

注意事项 见 00822 2-(3-氨基丙基氨)乙醇。

(3-Aminopropyl)tris(trimethylsiloxy)silane

(3-氨基丙基)三(三甲基硅氧基)硅烷 00825

[25357-81-7] $C_{12}H_{35}NO_3Si_4$ 353.76

成分 C 40.74%，H 9.98%，N 3.96%，O 13.57%，Si 31.76%。

别名 3-[三(三甲基硅氧基)甲硅烷基]丙胺；3-[Tris(trimethylsiloxy)silyl]propylamine

性状 无色液体。对湿度敏感。Fp 192.2℉(89℃)；d^{20} 0.891；n_D^{20} 1.413。一般试剂含量≥95.0%(GC)。

注意事项 该品对眼睛、呼吸系统及皮肤有刺激性。万一接触到眼睛，应立即用大量水冲洗后请医生诊治。应充氩气密封干燥保存。

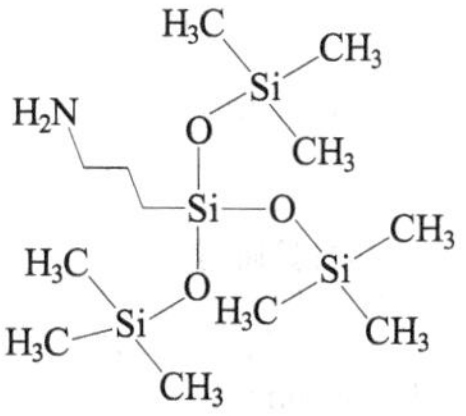

Aminopterin dihydrate 氨基蝶呤 二水 00826

[54-62-6] $C_{19}H_{20}N_8O_5 \cdot 2H_2O$ 476.45

成分(以无水物计) C 51.82%，H 4.58%，N 25.44%，O 18.16%。

别名 4-氨基叶酸；氨基蝶翅素；4-Aminofolic acid；4-Aminopteroylglutamic acid；*N*-[4-[[(2,4-Diamino-6-pteridinyl)methyl]amino]benzoyl]-L-glutamic acid；*N*-{*p*-[(2,4-Diamino-6-pteridylmethyl) amino] benzoyl} glutamic acid；4-Amino PGA；4-Aminopteroyl-L-glutamic acid

M. I. 14，472

性状 黄色针状来状结晶。溶于氢氧化钠溶液。mp 230～235℃(分解)；$[\alpha]_D^{20}$ +18°±2°(c=1，于 0.1mol/L 氢氧化钠溶液中)；uv max(0.1mol/L 氢氧化钠溶液中)：261nm、282nm、373nm(lgε4.41，4.39，3.91)。生化试剂含量≥96.0%(UV)。

注意事项 该品口服能危害胎儿。使用前应得到专门的指导，避免曝露。使用时应穿适当的防护服和戴手套。接触皮肤应立即用聚乙二醇 400 冲洗。使用时如有事故发生或有不适之感，应立即请医生诊治。应充氩气密封避光于 2～8℃保存。

主要用途 杀鼠剂。

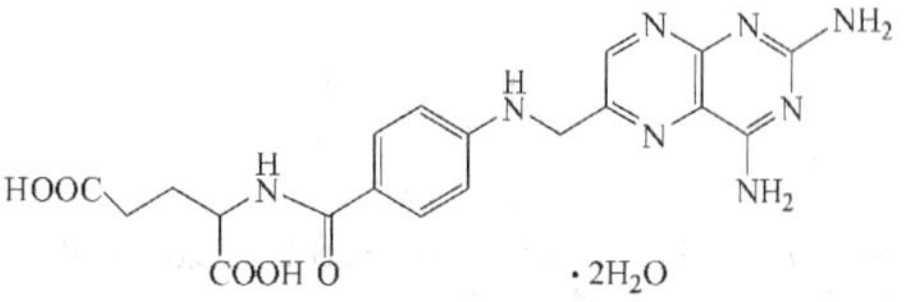

$\cdot 2H_2O$

2-Aminopurine 2-氨基嘌呤 00827

[452-06-2] $C_5H_5N_5$ 135.13

成分 C 44.44%，H 3.73%，N 51.83%。

别名 异腺素；异腺嘌呤；*iso*-Adenine；2-AP；Isoadenine

性状 白色或浅黄色结晶性粉末。溶于水。mp 280～282℃。生化试剂含量≥99.0%。

注意事项 该品口服有害。使用时应穿适当的防护服。应避免吸入本品的粉尘。应密封于 2～8℃保存。

主要用途 生化研究。生物及医学上用作 6-氨基嘌呤的对抗剂。

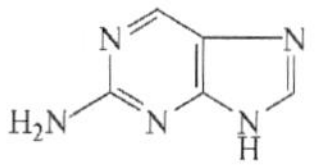

Aminopyrazine 氨基吡嗪 00828

[5049-61-6] $C_4H_5N_3$ 95.10

成分 C 50.52%，H 5.30%，N 44.19%。

别名 吡嗪胺；Pyrazinamine

性状 无色结晶。mp 119～120℃。一般试剂含量≥99.0%(NT)。

注意事项 该品对眼睛、呼吸系统及皮肤有刺激性。使用时应穿适当的防护服。万一接触到眼睛，应立即用大量水冲洗后请医生诊治。

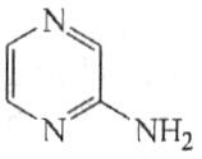

3-Amino-2-pyrazinecarboxylic acid

3-氨基-2-吡嗪羧酸 00829

[5424-01-1] $C_5H_5N_3O_2$ 139.11

成分 C 43.17%，H 3.62%，N 30.20%，O 23.00%。

性状 无色结晶。mp 204～206℃(分解)。一般试剂含量≥97.0%。

注意事项 见 00828 氨基吡嗪。

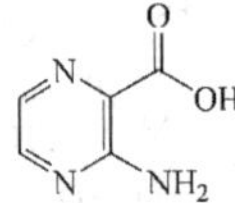

3-Aminopyrazole　3-氨基吡唑　00830

[1820-80-0]　$C_3H_5N_3$　83.09

成分　C 43.37%,H 6.07%,N 50.57%。

别名　2-吡唑胺;3-Pyrazolamine

性状　无色结晶或白色粉末。对空气敏感。mp 37～39℃;bp_{122} 218℃/16.253kPa;Fp 230℉(110℃)。一般试剂含量≥95.0%(NT)。

注意事项　该品口服有害。具有腐蚀性,能引起烧伤。对眼睛、呼吸系统及皮肤有刺激性。使用时应穿适当的防护服,戴手套和防护镜或面罩。万一接触到眼睛,应立即用大量水冲洗后请医生诊治。应充氩气密封避光于2～8℃保存。

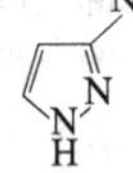

1-Aminopyrene　1-氨基芘　00831

[1606-67-3]　$C_{16}H_{11}N$　217.27

成分　C 88.45%,H 5.10%,N 6.45%。

别名　1-芘胺;3-氨基芘;3-Aminepyrene;1-Pyrenamine

性状　无色结晶或白色粉末。mp 116～119℃。一般试剂含量≥98.0%(HPLC)。

注意事项　该品口服有害。对机体有不可逆损伤的可能性。使用时应穿适当的防护服和戴手套。

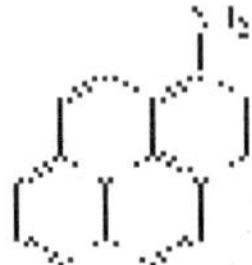

8-Aminopyrene-1,3,6-trisulfonic acid trisodium salt

8-氨基芘-1,3,6-三磺酸三钠盐　00832

[196504-57-1]　$C_{16}H_8NNa_3O_9S_3$　523.40

成分　C 37.21%,H 1.56%,N 2.71%,Na 12.00%,O 27.88%,S18.63%。

别名　APTS;Trisodium 8-aminopyrene-1,3,6-trisulfonate

性状　无色结晶或白色粉末。对湿度敏感。溶于水、二甲基甲酰胺、二甲基亚砜。mp≥250℃。生化试剂含量≥96.0%(HPCE)。

注意事项　使用时应避免吸入本品的粉尘,避免与眼睛及皮肤接触。应充氩气密封避光干燥保存。

主要用途　生化研究。糖衍生物的荧光探针。

2-Aminopyridine　2-氨基吡啶　00833

[504-29-0]　$C_5H_6N_2$　94.11

成分　C 63.81%,H 6.43%,N 29.77%。

别名　α-氨基吡啶;2-氨基氮杂苯;2-吡啶胺;α-Aminopyridine;2-Pyridinamine;2-Pyridylamine

GW 2015-15　M.I.14,473

性状　无色小叶状或大块的结晶。溶于水、乙醇、苯、乙醚、热石油醚。mp 58.1℃;bp 210.6℃;Fp 197.6℉(92℃)。一般试剂含量≥98.0%(NT)。

注意事项　该品吸入、口服有毒,与皮肤接触有害。对眼睛、呼吸系统和皮肤有刺激性。使用时应穿适当的防护服,戴手套和防护镜或面罩。万一接触到眼睛,应立即用大量水冲洗后请医生诊治。使用时如有事故发生或有不适之感,应请医生诊治。应密封避光于干燥处保存。

主要用途　用于显微分析。有硫氰酸盐存在时可用以测定钴、锌、铜、锑、铋、金。有机合成。

3-Aminopyridine　3-氨基吡啶　00834

[462-08-8]　$C_5H_6N_2$　94.11

成分　C 63.81%,H 6.43%,N 29.77%。

别名　β-氨基吡啶;3-氨基氮杂苯;3-吡啶胺;β-Aminopyridine;3-Pyridinamine;3-Pyridylamine

GW 2015-16　M.I.14,473

性状　无色或浅黄色针状结晶。有吸湿性。溶于水、乙醇、苯、乙醚,不溶于石油醚。mp 64℃;bp 250～252℃;Fp 190.4℉(88℃)。一般试剂含量≥98.0%(NT)。

注意事项　该品吸入、口服或接触皮肤有毒,并具有蓄积性危害。使用时应穿适当的防护服,戴手套和防护镜或面罩。万一接触到眼睛,应立即用大量水冲洗后请医生诊治。使用时如有事故发生或有不适之感,应请医生诊治。应充氮气密封避光于阴凉干燥通风处保存。其包装物应按危险品处理。

主要用途　分析试剂。制药工业。有机合成中间体。染料合成中间体。

4-Aminopyridine　4-氨基吡啶　00835

[504-24-5]　$C_5H_6N_2$　94.11

成分　C 63.81%,H 6.43%,N 29.77%。

别名　4-氨基氮杂苯;对氨基氮苯;4-吡啶胺;γ-Aminopyridine;4-AP;EL-970;Fampridine;4-Pyridinamine;4-Pyridylamine

GW 2015-17　M.I.14,3933

性状　来自氯仿中的无色至微黄棕色结晶。溶于水、甲醇、乙醇,微溶于乙醚、苯,极微溶于轻石油。mp 158～159℃;bp 273℃;Fp 327℉(164℃)。一般试剂含量≥98.0%(NT)。

注意事项　该品口服极毒。对眼睛、呼吸系统及皮肤有刺激性。对水生物有毒。能对水环境引起不利的结果。使用时应穿适当的防护服,戴手套和防护镜或面罩。万一接触到眼睛,应立即用大量水冲洗后请医生诊治。使用时如有事故发生或有不适之感,应请医生诊治。应密封避光于阴凉干燥处保存。其包装物应按危险品处理。

主要用途　染料合成中间体。

1-Aminopyridinium iodide　碘化1-氨基吡啶鎓　00836

[6295-87-0]　$C_5H_7IN_2$　222.03

成分　C 27.05%,H 3.18%,I 57.16%,N 12.62%。

性状　无色结晶或白色粉末。对光及温度敏感。mp 160～162℃(分解)。一般试剂含量≥97.0%。

注意事项　该品对眼睛、呼吸系统及皮肤有刺激性。使用时应穿适当的防护服。万一接触到眼睛,应立即用大量水冲洗后请医生诊治。应充氩气密封避光干燥保存。

2-Aminopyrimidine　2-氨基嘧啶　00837

[109-12-6]　$C_4H_5N_3$　95.10

成分　C 50.52%,H 1.30%,N 44.19%。

别名　2-嘧啶胺;2-Pyrimidinamide

性状　无色或浅黄色结晶。易溶于水。mp 122～126℃;bp_{186} 159℃/24.79kPa。生化试剂含量≥97.0(NT)。

注意事项　该品对眼睛、呼吸系统及皮肤有刺激性。使用时应穿适当的防护服。万一接触到眼睛,应立即用大量水冲洗后请医生诊治。应密封避光保存。

主要用途　生化研究。有机合成。

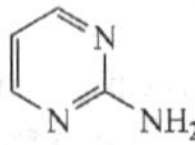

4-Aminopyrimidine　4-氨基嘧啶　00838

[591-54-8]　$C_4H_5N_3$　95.10

成分　C 50.52%,H 5.30%,N 44.19%。

性状　白色粉末。溶于水。mp 152～153℃。生化试剂含量≥98%。

主要用途　生化研究。

注意事项　该品对眼睛、呼吸系统及皮肤有刺激性。使用时应穿适当的防护服。万一接触到眼睛,应立即用大量水冲洗后请医生诊治。

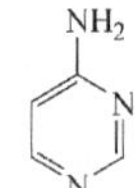

4-Aminoquinaldine　4-氨基喹那啶 00839
[6628-04-2]　$C_{10}H_{10}N_2$ 158.20
成分　C 75.93%，H 6.37%，N 17.71%。
别名　4-氨基-2-甲基喹啉；4-Amino-2-methylquinoline
性状　无色结晶。易溶于乙醇、乙醚、丙酮，溶于热苯，微溶于水。mp 169℃；bp 333℃。一般试剂含量≥97.0%(NT)。
注意事项　该品吸入、口服或皮肤接触有害。对眼睛、呼吸系统及皮肤有刺激性。使用时应戴手套和防护镜或面罩。万一接触到眼睛，应立即用大量水冲洗后请医生诊治。

3-Aminoquinoline　3-氨基喹啉 00840
[580-17-6]　$C_9H_8N_2$ 144.18
成分　C 74.98%，H 5.59%，N 19.43%。
别名　3-氨基氮杂萘；3-喹啉胺；3-Quinolinamine；3-Quinolylamine
GW 2015-29
性状　无色结晶或白色粉末。对空气和二氧化碳敏感。溶于乙醚、乙醇、氯仿，微溶于水。mp 93～95℃。一般试剂含量≥98.0%(NT)。
注意事项　该品对眼睛呼吸系统及皮肤有刺激性。使用时应穿适当的防护服。万一接触到眼睛，应立即用大量水冲洗后请医生诊治。应充氩气密封保存。
主要用途　有机合成。

5-Aminoquinoline　5-氨基喹啉 00841
[611-34-7]　$C_9H_8N_2$ 144.18
成分　C 74.98%，H 5.59%，N 19.43%。
别名　5-喹啉胺；5-Quinolinamine；5-Quinolylamine
性状　无色结晶或粉末。长期保存可变为棕黄色。对空气及二氧化碳敏感。mp 107～109℃；bp 310℃。一般试剂含量≥97.0%(NT)。
注意事项　见 00840 3-氨基喹啉。

6-Aminoquinoline　6-氨基喹啉 00842
[580-15-4]　$C_9H_8N_2$ 144.18
成分　C 74.98%，H 5.59%，N 19.43%。
别名　6-喹啉胺；6-Quinolinamine；6-Ouinolylamine
性状　无色结晶或粉末。对空气及二氧化碳敏感。mp 117～119℃；$bp_{0.3}$ 146℃/40Pa。一般试剂含量≥96.0%(NT)。
注意事项　见 00840 3-氨基喹啉。

8-Aminoquinoline　8-氨基喹啉 00843
[578-66-5]　$C_9H_8N_2$ 144.18
成分　C 74.98%，H 5.59%，N 19.43%。
别名　8-氨基氮杂萘；8-喹啉胺；8-Quinolinamine；8-Quinolylamine
性状　黄色结晶。溶于热水、乙醇。mp 66～68℃；bp_{26} 174℃/3.466kPa。一般试剂含量≥98.0%。
注意事项　见 00840 3-氨基喹啉。
主要用途　有机合成。制药工业。

2-Amino-8-quinolinol　2-氨基-8-喹啉醇 00844
[70125-16-5]　$C_9H_8N_2O$ 160.17
成分　C 67.49%，H 5.03%，N 17.49%，O 9.99%。
别名　2-氨基-8-羟基喹啉；2-Amino-8-hydroxyquinoline
性状　无色结晶。mp 157～160℃。一般试剂含量≥98.0%(GC)。
注意事项　见 00840 3-氨基喹啉。

3-Aminoquinuclidine dihydrochloride
3-氨基奎宁环 二盐酸盐 00845
[6530-09-2]　$C_7H_{16}Cl_2N_2$ 199.12
成分　C 42.22%，H 8.10%，Cl 35.61%，N 14.07%。
别名　二盐酸 3-氨基奎宁环
性状　无色结晶或白色粉末。mp 321～323℃(分解)。一般试剂含量≥98.0%(NT)。
注意事项　使用时应避免吸入本品的粉尘，避免与眼睛及皮肤接触。

Aminorex
氨苯噁唑啉 00846
[2207-50-3]　$C_9H_{10}N_2O$ 162.19
成分　C 66.65%，H 6.21%，N 17.27%，O 9.86%。
别名　4，5-二氢-5-苯基-2-噁唑胺；2-氨基-5-苯基-2-噁唑啉；4，5-Dihydro-5-phenyl-2-oxazolamine；2-Amino-5-phenyl-2-oxazoline；Aminoxafen；Aminoxaphen；McN-742
M. I. 15.472
性状　来自苯中的无色结晶。mp 136～138℃。
注意事项　该品吸入、口服或与皮肤接触极毒。使用时应穿适当的防护服，戴手套和防护镜或面罩。使用时应避免吸入本品的粉尘。使用时如有事故发生或有不适之感，应请医生诊治。
主要用途　生化研究。医用食欲抑制剂。

3-Aminosalicylic acid　3-氨基水杨酸 00847
[570-23-0]　$C_7H_7NO_2$ 153.14
成分　C 54.90%，H 4.61%，N 9.15%，O 31.34%。
别名　3-氨基-2-羟基苯甲酸；3-Amino-2-hydroxybenzoic acid
性状　无色结晶或白色粉末。mp 约 240℃(分解)。一般试剂含量≥95.0%(CHN)。
注意事项　该品对眼睛、呼吸系统及皮肤有刺激性。使用时应穿适当的防护服。万一接触到眼睛，应立即用大量水冲洗后请医生诊治。应充氩气密封保存。

4-Aminosalicylic acid　4-氨基水杨酸 00848
[65-49-6]　$C_7H_7NO_3$ 153.14
成分　C 54.90%，H 4.61%，N 9.15%，O 31.34%。
别名　对氨基邻羟基苯甲酸；对氨基水杨酸；4-氨基柳酸；4-氨基-2-羟基苯甲酸；4-Amino-2-hydroxybenzoic acid；Hilipidyl；*p*-Amino-*o*-hydroxybenzoic acid；PAS；PAS-C；Apas；Apacil；*p*-Aminosalicylic acid；Deapasil；Enteropas；Lepasen；Pamacyl；Paramycin；Para-Pas；Parasal；Parasalicil；Parasalindon；PAS；Pasalon；PASER；Pasolac；Propasa；Rezipas
M. I. 15,473
性状　来自乙醇中的无色或近白色微小结晶或粉末。露置空气中易变棕色。1g 该品溶于约 500mL 水、21mL 乙醇，溶于稀硝酸、稀氢氧化钠溶液，微溶于乙醚，几乎不溶于苯。其 0.1%水溶液 pH 值 3.5。pK_a 3.25。mp 150～151℃(沸腾)；uv max (0.1mol/L 盐酸中)：265nm，300nm。LD_{50} 小鼠急性经口：4g/kg。一般试剂含量≥95.0%(NT)。
注意事项　该品对眼睛、呼吸系统及皮肤有刺激性。使用时应穿适当的防护服和戴手套。万一接触到眼睛，应立即用大量水冲洗后请医生诊治。应密封避光保存。
主要用途　医用抗菌剂(结核菌抑制剂)。有机合成。

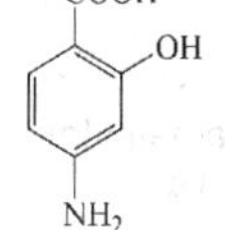

5-Aminosalicylic acid　5-氨基水杨酸 00849
[89-57-6]　$C_7H_7NO_3$ 153.14
成分　C 54.90%，H 4.61%，N 9.15%，O 31.34%。

别名 5-氨基-2-羟基苯甲酸；5-Amino-2-hydroxybenzene-1-carboxylic acid；5-Amino-2-hydroxybenzoic acid；*m*-Aminosalicylic acid；5-AS；5-ASA；Asacol；Asacolitin；Claversal；Fisalamine；Lixacol；Mesalamine；Mesalazine；Mesasal；Pentasa；Rowasa；Salofalk

M. I. 15，5974

性状 白色至浅粉红色结晶。溶于稀盐酸、稀氢氧化碱，较多地溶于热水，微溶于冷水、乙醇、甲醇、丙酮，几乎不溶于丁醇、氯仿、乙醚、乙酸乙酯、正己烷、正丙醇、二氯甲烷。约280℃分解。一般试剂含量≥97.0%(NT)。

注意事项 见 00848 4-氨基水杨酸。应充氩气密封避光于 2～8℃保存。

主要用途 制造光敏纸、偶氮及硫化染料。医用胃肠抗炎剂。

p-Aminosalicylic acid hydrazide

对氨基水杨酰肼 00850

[6946-29-8] $C_7H_9N_3O_2$ 167.17

成分 C 50.29%，H 5.43%，N 25.14%，O 19.14%。

别名 4-氨基-2-羟基苯甲酰肼；4-Amino-2-hydroxybenzoic acid hydrazide；Apacizin；Apacizina

M. I. 15. 474

性状 来自乙醇中的无色针状结晶。微溶于水，较多地溶于乙醇。mp 190～200℃。

主要用途 医用结核菌抑制剂。

2-Aminoterephthalic acid **2-氨基对苯二甲酸** 00851

[10312-55-7] $C_8H_7NO_4$ 181.15

成分 C 53.04%，H 3.89%，N 7.73%，O 35.33%。

别名 2-氨基-1，4-苯二甲酸

性状 无色结晶。mp 324℃(分解)。一般试剂含量≥98.0%(T)。

注意事项 见 00848 4-氨基水杨酸。

9-Amino-1,2,3,4-tetrahydroacridine hydrochloride

9-氨基-1,2,3,4-四氢吖啶 盐酸盐 00852

[1684-40-8] $C_{13}H_{15}ClN_2$ 234.73

成分 C 66.52%，H 6.44%，Cl 15.10%，N 11.93%。

别名 1，2，3，4-四氢-9-吖啶胺 盐酸盐；1，2，3，4-四氢-5-氨基吖啶 盐酸盐；盐酸 9-氨基-1，2，3，4-四氢吖啶；5-氨基-1，2，3，4-四氢吖啶 盐酸盐；Cognex；THA；Tacrine hydrochloride；1，2，3，4-Tetrahydro-9-acridin-amine hydroehloride；5-Amino-1，2，3，4-tetrahydroacridine hydroehloride；1，2，3，4-Tetrahydro-5-aminoacridine hydroehloride

M. I. 15，9154

性状 来自浓盐酸中的黄色针状结晶。味苦。溶于水，其1.5%水溶液 pH 值 4.5～6。mp 283～284℃；uv max (乙酸缓冲液中，pH 值 1～7)：242nm；最大发射值：362nm。

注意事项 该品口服有害。对眼睛、呼吸系统及皮肤有刺激性。使用时应穿适当的防护服。万一接触到眼睛，应立即用大量水冲洗后请医生诊治。使用时如有事故发生或有不适之感，应请医生诊治。应密封于 2～8℃保存。

主要用途 生化研究。医用镇吐剂，箭毒解毒剂，呼吸兴奋剂。

4-Amino-2,2,6,6-tetramethylpiperidine

4-氨基-2,2,6,6-四甲基哌啶 00853

[36768-62-4] $C_9H_{20}N_2$ 156.27

成分 C 69.17%，H 12.90%，N 17.93%。

性状 无色液体。低温凝固。mp 16～18℃；bp 188～189℃；Fp 167℉(75℃)；d^{25} 0.912；n_D^{20} 1.4705。

注意事项 该品口服有害。对眼睛、呼吸系统及皮肤有刺激性。使用时应穿适当的防护服和戴手套。万一接触到眼睛，应立即用大量水冲洗后请医生诊治。

4-Amino -2,2,6,6-tetramethylpiperidine-1-oxyl

4-氨基-2,2,6,6-四甲基哌啶-1-氧 00854

[14691-88-4] $C_9H_{19}N_2O$ 171.26

成分 C 63.12%，H 11.18%，N 16.36%，O 9.34%。

别名 4-氨基 TEMPO；4-Amino-TEMPO

性状 无色结晶或白色粉末。一般试剂含量≥95.0%(GC)。

注意事项 见 00853 4-氨基-2，2，6，6-四甲基哌啶。应密封于 2～8℃保存。

5-Aminotetrazole monohydrate

5-氨基四氮唑 一水 00855

[15454-54-3] $CH_3N_5 \cdot H_2O$ 103.08

成分(以无水物计) C 14.12%，H 3.55%，N 82.32%。

别名 一水合 5-氨基四氢唑；5-氨基-1*H*-四氮唑 一水；四氮唑-5-胺 一水；5-Amino-1*H*-tetrazole monohydrate；5-Tetrazolamine monohydrate；Tetrazol-5-amine monohydrate

性状 无色结晶。mp 约 203℃(分解)。一般试剂含量≥96.0%(NT)。

注意事项 该品高度易燃。对眼睛、呼吸系统及皮肤有刺激性。使用时应戴手套。万一接触到眼睛，应立即用大量水冲洗后请医生诊治。其包装物应按危险品处理。

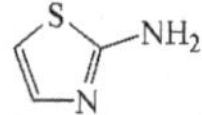

2-Aminothiazole **2-氨基噻唑** 00856

[96-50-4] $C_3H_4N_2S$ 100.14

成分 C 35.98%，H 4.03%，N 27.97%，S 32.02%。

别名 2-氨基-1，3-硫氮杂茂；2-氨基-1，3-硫氮唑；Abadol；2-AT；Basedol；2-Thiazolamine；2-Thiazolylamine；2-Thiazylamine

M. I. 15，475

性状 来自苯＋石油醚中的无色至微黄色结晶。易溶于稀盐酸及 20%的硫酸，溶于热水，微溶于冷水、乙醇、乙醚。mp 93℃；bp_{15} 177℃/2kPa。LD_{50} 大鼠急性经口：0.48g/kg。

注意事项 该品口服有害。对眼睛有刺激性。使用时应穿适当的防护服和戴手套。万一接触到眼睛，应立即用大量水冲洗后请医生诊治。应充氮气密封避光保存。

主要用途 甲状腺抑制剂。有机合成。

2-Amino-2-thiazoline **2-氨基-2-噻唑啉** 00857

[1779-81-3] $C_3H_6N_2S$ 102.16

成分 C 35.27%，H 5.92%，N 27.42%，S 31.39%。

别名 2-噻唑啉-2-胺；2-Thiazolin-2-amine

性状 无色结晶。溶于水。mp 79～81℃。一般试剂含量≥97.0%(NT)。

注意事项 该品对眼睛、呼吸系统及皮肤有刺激性。使用时应穿适当的防护服。万一接触到眼睛，应立即用大量水冲洗后请医生诊治。应充氮气密封保存。

DL-α-Amino-2-thiopheneacetic acid

DL-α-氨基-2-噻吩乙酸 00858

[21124-40-3] $C_6H_7NO_2S$ 157.19

成分 C 45.85%，H 4.49%，N 8.91%，O 20.36%，S 20.40%。

别名 DL-α-氨基-2-噻吩基乙酸；DL-2-(2-噻吩基)甘氨酸；DL-2-(2-噻吩基)氨基乙酸；DL-α-Amino-2-thienylacetic acid；DL-2-(2-Thienyl)glycine

性状 无色结晶。mp 208～210℃。一般试剂含量≥96.0%（TLC）。
注意事项 使用时应避免吸入本品的粉尘，避免与眼睛及皮肤接触。应充氩气密封于 2～8℃保存。

2-Aminothiophenol 2-氨基苯硫酚 00859
[137-07-5] C_6H_7NS 125.19
成分 C 57.57%，H 5.64%，N 11.19%，S 25.61%。
别名 邻氨基苯硫酚；邻氨基苯硫醇；邻氨基硫代苯酚；2-氨基硫代苯酚；2-巯基苯胺；邻巯基苯胺；2-氨基苯硫醇；*o*-Aminobenzenethiol；2-Aminophenyl mercaptan；*o*-Amino-thiophenol；2-Mercaptoaniline；2-Aminobenzenethiol
GW 2015-1249
性状 浅黄色液体。低温下为固体。有恶臭。溶于乙醇、乙醚，不溶于水。mp 16～20℃；$bp_{0.2}$ 70～72℃/26.664Pa；Fp 175℉(79℃)；d^{25} 1.17；n_D^{20} 1.642。一般试剂含量≥95.0%(GC)。
注意事项 该品口服有害。接触皮肤可引起过敏。具有腐蚀性，能引起烧伤。对水生物极毒。能对水环境引起不利的结果。使用时应穿适当的防护服，戴手套和防护镜或面罩。万一接触到眼睛，应立即用大量水冲洗后请医生诊治。使用时如有事故发生或有不适之感，应请医生诊治。应充氮气密封保存。
主要用途 有机合成。

4-Aminothiophenol 4-氨基苯硫酚 00860
[1193-02-8] C_6H_7NS 125.19
成分 C 57.57%，H 5.64%，N 11.19%，S 25.61%。
别名 4-氨基苯硫醇；4-氨基硫代苯酚；4-巯基苯胺；4-Aminobenzenethiol；4-Aminophenyl mercaptan；*m*-Aminothiophenol；4-Mercaptoaniline
性状 无色结晶或白色粉末。有恶臭。mp 39～42℃；bp_{16} 140～145℃/2.133kPa；Fp 235.4℉(113℃)。一般试剂含量约 90.0%～95.0%(RT)。
注意事项 该品具有腐蚀性，能引起烧伤。使用时应穿适当的防护服，戴手套和防护镜或面罩。万一接触到眼睛，应立即用大量水冲洗后请医生诊治。接触皮肤后，应用大量水冲洗。使用时如有事故发生或有不适之感，应请医生诊治。应充氩气密封于 2～8℃保存。

4-Amino-4*H*-1,2,4-triazole 4-氨基-4*H*-1,2,4-三唑 00861
[584-13-4] $C_2H_4N_4$ 84.08
成分 C 28.57%，H 4.80%，N 66.64%。
别名 4*H*-1,2,4-三唑-4-胺；1-氨基-1,3,4-三唑；4-氨基-4*H*-1,2,4-三氮唑；1-Amino-1,3,4-triazole；4*H*-1,2,4-Triazol-4-amine
性状 无色或白色结晶性粉末。溶于水、乙醇，微溶于氯仿、石油醚。mp 83～88℃。一般试剂含量≥98.0%(NT)。
注意事项 该品对眼睛、呼吸系统及皮肤有刺激性。对机体有不可逆损伤的可能性。使用时应穿适当的防护服和戴手套。万一接触到眼睛，应立即用大量水冲洗后请医生诊治。应密封避光保存。

2-Amino-1,1,3-tricyanopropene
2-氨基-1,1,3-三氰基丙烯 00862
[868-54-2] $C_6H_4N_4$ 132.12
成分 C 54.54%，H 3.05%，N 42.41%。
别名 2-氨基-1-丙烯-1,1,3-三碳腈；2-Amino-1,1,3-propene tricarbonitrile；2-Amino-1-propene-1,1,3-tricarbonitrile；2-Amino-1,1,3-tricyano-2-propene；Malononitrile dimer
M.I. 15，476
性状 来自水中的无色棒状结晶。mp 170～173℃。一般试剂含量≥98.0%（N）。
注意事项 该品口服有害。具有刺激性。使用时应避免吸入本品的粉尘，避免与眼睛及皮肤接触。

4-Amino-6-(trifluoromethyl)benzene-1,3-disulfonamide
4-氨基-6-(三氟甲基)苯-1,3-二磺酰胺 00863
[654-62-6] $C_7H_8F_3N_3O_4S_2$ 319.28
成分 C 26.33%，H 2.53%，F 17.85%，N 13.16%，O 20.04%，S 20.09%。
别名 5-氨基-*α*,*α*,*α*-三氟甲苯-2,4-二磺酰胺；5-Amino-*α*,*α*,*α*-trifluorotoluene-2,4-disulfonamide
性状 无色结晶或白色粉末。mp 241～246℃。一般试剂含量≥96.0%（HPLC）。
注意事项 该品对眼睛、呼吸系统及皮肤有刺激性。使用时应穿适当的防护服。万一接触到眼睛，应立即用大量水冲洗后请医生诊治。

2-Amino-3-(trifluoromethyl)benzoic acid
2-氨基-3-(三氟甲基)苯甲酸 00864
[313-12-2] $C_8H_6F_3NO_2$ 205.14
成分 C 46.84%，H 2.95%，F 27.78%，N 6.83%，O 15.60%。
别名 3-(三氟甲基)邻氨基苯甲酸；3-(三氟甲基)氨茴酸；3-(Trifluoromethyl)anthranilic acid
性状 无色结晶。mp 158～162℃。一般试剂含量≥98.0%(HPLC)。
注意事项 该品对眼睛、呼吸系统及皮肤有刺激性。使用时应穿适当的防护服。万一接触到眼睛，应立即用大量水冲洗后请医生诊治。

7-Amino-4-(trifluoromethyl)coumarin
7-氨基-4-(三氟甲基)香豆素 00865
[53518-15-3] $C_{10}H_6F_3NO_2$ 229.16
成分 C 52.41%，H 2.64%，F 24.87%，N 6.11%，O 13.96%。
别名 Coumarin 151
性状 无色结晶或白色粉末。mp 222～223℃。一般试剂含量≥97.0%(HPLC)。
注意事项 该品对眼睛、呼吸系统及皮肤有刺激性。使用时应穿适当的防护服。万一接触到眼睛，应立即用大量水冲洗后请医生诊治。

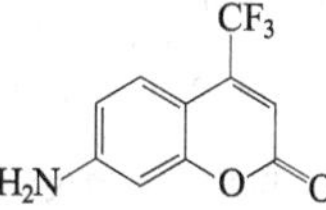

11-Aminoundecanoic acid 11-氨基十一酸 00866
[2432-99-7] $C_{11}H_{23}NO_2$ 201.31
成分 C 65.63%，H 11.52%，N 6.96%，O 15.90%。
别名 11-氨基十一烷酸；11-Aminoundecylic acid
性状 无色结晶。溶于水。mp 188～191℃。一般试剂含量≥98.0%(NT)。

5-Aminouracil 5-氨基尿嘧啶 00867
[932-52-5] $C_4H_5N_3O_2$ 127.10
成分 C 37.80%，H 3.97%，N 33.06%，O 25.18%。
别名 5-氨基呲嗐；5-氨基-2,4-二羟基嘧啶；5-氨基-2,6-二羟基嘧啶；5-氨基-2,4-嘧啶二醇；5-Amino-2,4-dihydroxypyrimidine；5-Amino-2,4-pyrimidinediol
性状 白色粉末。对空气敏感。mp >300℃。一般试剂含量 ≥98.0%(HPLC)。
注意事项 使用时应避免吸入本品的粉尘，避免与眼睛及皮

肤接触。应充氩气密封保存。

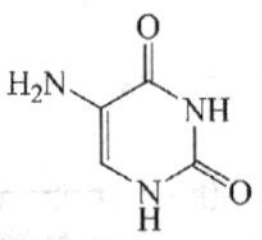

6-Aminouracil　6-氨基尿嘧啶 00868

[873-83-6]　$C_4H_5N_3O_2$　127.10

成分　C 37.8%，H 3.9%，N 33.06%，O 25.18%。

别名　6-氨基；4-氨基-2，6-二羟基嘧啶；6-氨基-2，4-嘧啶二醇；4-Amino-2，6-dihydroxypyrimidine；6-Amino-2，4-pyrimidinediol

性状　白色粉末。对空气敏感。mp ≥360℃。一般试剂含量 ≥98.0%(HPLC)。

注意事项　使用时应避免吸入本品的粉尘，避免与眼睛及皮肤接触。应充氩气密封保存。

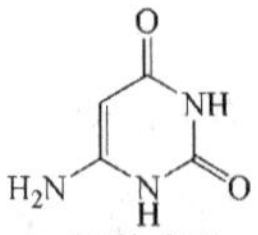

5-Aminovaleric acid　5-氨基戊酸 00869

[660-88-8]　$C_5H_{11}NO_2$　117.15

成分　C 51.26%，H 9.46%，N 11.96%，O 27.31%。

别名　戊氨酸；5-氨基正戊酸；5-Aminopentanoic acid；Homopiperidinic acid

性状　无色叶片状结晶。溶于水，微溶于乙醇，不溶于乙醚。mp 158～161℃(分解)。一般试剂含量≥95.0%(NT)。

注意事项　该品对眼睛、呼吸系统及皮肤有刺激性。使用时应避免吸入本品的粉尘，避免与眼睛及皮肤接触。

主要用途　有机合成。

Amiodarone hydrochloride　乙胺碘呋酮 盐酸盐 00870

[19774-82-4]　$C_{25}H_{30}ClI_2NO_3$　681.78

成分　C 44.04%，H 4.44%，Cl 5.20%，I 37.23%，N 2.05%，O 7.04%。

别名　盐酸乙胺碘呋酮；2-Butyl-3-benzofuranyl-4-2-diethylamino) ethoxy-3，5-dilodophenyl ketoane hydrochloride；L-3428；Amiodar；Ancaron；Angiodarona；Atlansil；Cordarex；Cordarone；Cordarone X；Miocard；Miodaron；Ortacrone；Pacerone；Ritmocardyl；Rythmarone；Trangorex；(2-Butyl-3-benzofuranyl)[4-(2-diethylamino) ethoxy]-3，5-diiodophenyl]methanone hydrochloride；2-Butyl-3-(5-diiodo-4-β-diethylaminoethoxy benzoxyl) benzofuran hydrochloride；Trangorex

M. I. 15，478

性状　无色结晶性粉末。该品于下列物质中的溶解度(25℃，g/100mL)：氯仿 44.51；二氯甲烷 19.20；甲醇 9.98；乙醇 1.28；苯 0.65；四氢呋喃 0.60；乙腈 0.32；1-辛醇 0.30；乙醚 0.17；1-丙醇 0.13；水 0.07；己烷 0.03；石油醚 0.001。略溶于异丙醇，微溶于丙酮、二氧六环、四氯化碳。其 5% 水溶液 pH 值 3.4～3.9。pK_a(25℃) 6.56±0.06。mp 156℃；uv max(甲醇中)：208nm，242nm($E_{1cm}^{1\%}$ 662±8，623±10)；生化试剂含量≥98.0%。

主要用途　生化研究。医用抗心律失常剂。

注意事项　该品吸入、口服或与皮肤接触有害。使用时应穿适当的防护服。应密封于 2～8℃保存。

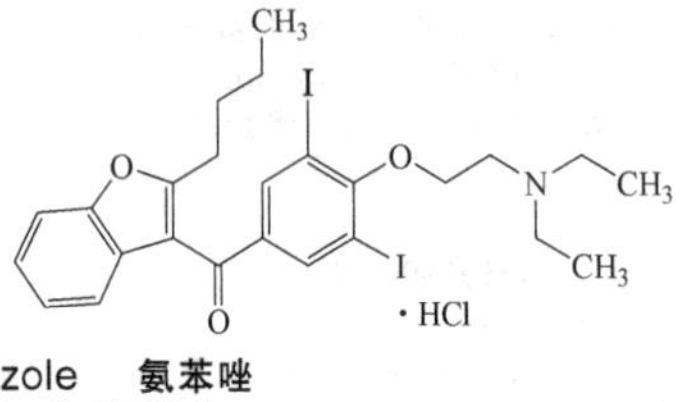

Amiphenazole　氨苯唑 00871

[490-55-1]　$C_9H_9N_3S$　191.25

成分　C 56.52%，H 4.74%，N 21.97%，S 16.77%。

别名　2，4-二氨基-5-苯基噻唑；5-Phenyl-2，4-thiazole-diamine；2，4-Diamino-5-phenylthiazole；DAPT；Phenamizole；Dizol；Daptazole；Daptazile；Fenamizol

M. I. 15，479

性状　来自水或稀乙醇中的无色鳞片状结晶。曝露于光下或空气中颜色变棕。163～164℃分解。

注意事项　该品应密封避光保存。

主要用途　医用麻醉剂对抗剂。兽用巴比妥酸盐和吗啡的对抗剂。

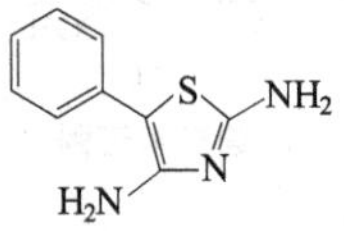

Amiprilose hydrochloride　氨普立糖 盐酸盐 00872

[60414-06-4]　$C_{14}H_{28}ClNO_6$　341.83

成分　C 49.19%，H 8.26%，Cl 10.37%，N 4.10%，O 28.08%。

别名　盐酸氨普立糖；SM-1213；Therafectim；3-*O*-[3-(Dimethylamino) propyl]-1，2-*O*-(1-methylethylidene)-α-D-glucofuranose；hydrochloride；1，2-*O*-Isopropylidene-3-*O*-[3'-(*N*，*N*-dimethylamino) propyl]-α-D-glucofuranose hydrochloride

M. I. 15，480

性状　来自甲醇中的无色结晶。溶于水、甲醇、热乙醇。mp 181～183℃。

主要用途　医用抗炎剂。

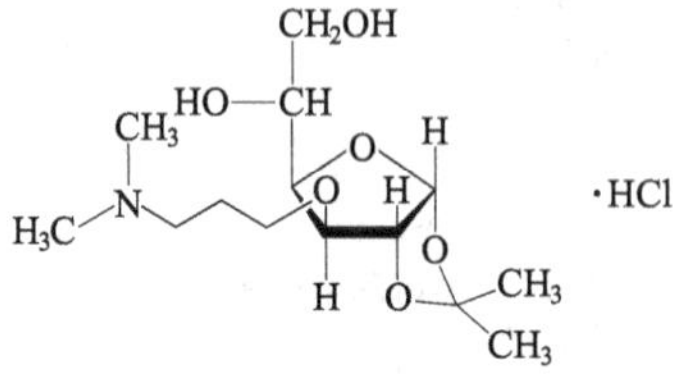

Amitraz　阿米曲拉 00873

[33089-61-1]　$C_{19}H_{23}N_3$　293.41

成分　C 77.78%，H 7.90%，N 14.32%。

别名　*N*，*N*-二(2，4-二甲苯基亚氨基甲基)甲胺；双甲脒；*N*-甲基双(2，4-二甲苯基亚氨基甲基)胺；虫螨脒；*N'*-(2，4-Dimethylphenyl)-*N*-[[(2，4-dimethylphenyl) imino] methyl]-*N*-methylmethanimidamide；*N*，*N*-Di(2，4-xylyliminomethyl) methylamine；2-Methyl-1，3-Di(2，4-xylylimino)-2-azapropane；1，5-Di(2，4-dimethylphenyl)-3-methyl-1，3，5-triazapenta-1，4-diene；*N*-Methylbis(2，4-xylyliminomethyl) amine；*N*-Methyl-*N'*-2，4-xylyl-*N*-(*N*-2，4-xylyl formimidoyl) formamidine；BTS-27419；U-36059；ENT-27967；BAAM；Aludex；Ectodex；Mitaban；Mitac；Taktic；Topline

M. I. 15. 482

性状　白色单斜针状结晶。在 pH 值呈酸性中不稳定。该品于下列物质中的溶解度(20℃，g/100mL)：水＜10^{-4}；甲醇 2.5；二甲苯 33；丙酮 50。mp 86～87℃。LD_{50} (mg/kg) 雌小鼠，雄大鼠，兔，豚鼠，北美鹌鹑急性经口：＞1600，800，＞100，＞400，788；LD_{50}兔，雄大鼠皮肤接触：＞200，＞1600；LC_{50} (48h) 虹鳟鱼，日本鲤鱼：3.3，1.2×10^{-6}。一般试剂含量≥96.0%(GC)。

注意事项　该品口服有害。使用时应避免吸入本品的粉尘。应密封于－20℃。

主要用途　生化研究。杀螨剂。杀虫剂。兽用杀体外寄生物。分析用标准物质。

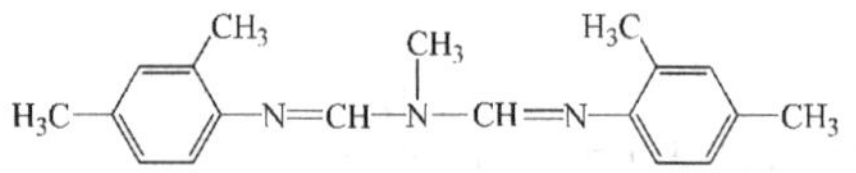

Amitriptyline hydrochloride　阿米替林 盐酸盐 00874

[549-18-8]　$C_{20}H_{23}N\cdot HCl$　313.87

成分　C 86.59%，H 8.36%，N 5.05%。

别名　阿密替林盐酸盐；盐酸阿米替林；盐酸阿密替林；3-(10，11-Dihydro-5*H*-dibenzo-[*a*，*d*] cyclohepten-5-ylidene)-*N*，*N*-dimethyl-1-propanamine hydrochloride；10，11-Dihydro-*N*，*N*-dimethyl-5*H*-dibenzo [*a*，*d*] cycloheptene-$\Delta^{5,\gamma}$-propylamine hydrochloride；5-(γ-Dimethylaminopropylidene)-5*H*-dibenzo[*a*，*d*]-10，11-dihydrocycloheptene hydrochloride；10，11-Dihydro-5-(γ-dimethylaminopropylidene)-5*H*-dibenzo [*a*，*d*] cycloheptene hydrochloride; 5-(3-dimethylaminopropylidene) dibenzo[*a*, *d*][1, 4]-cycloheptadiene hydrochloride; Adepril; Amineurin; Domical; Elavil; Endep; Euplit; Laroxyl; Lentizol; Miketorin; Redomex; Saroten; Sarotex; Sylvemid; Triptizol; Tryptanol; Tryptizol

M. I. 15, 483

性状 无色微小的结晶或粉末。易溶于水、氯仿、乙醇。pK_a 9.4；mp 196～197℃；uv max（甲醇中）：240nm（ε 13800）。LD_{50}小鼠，大鼠急性经口：350mg/kg，380mg/kg；腹膜内注射：65mg/kg，25mg/kg。生化试剂含量≥98.0%（TLC）。

注意事项 该品吸入、口服或与皮肤接触有毒。对眼睛、呼吸系统及皮肤有刺激性。吸入或与皮肤接触能引起过敏，能危害胎儿。使用时应穿适当的防护服，戴手套和防护镜或面罩。使用时应避免吸入本品的粉尘。万一接触到眼睛，应立即用大量水冲洗后请医生诊治。使用时如有事故发生或有不适之感，应请医生诊治。应密封于2～8℃干燥保存。

主要用途 生化研究。医用抗抑制剂。

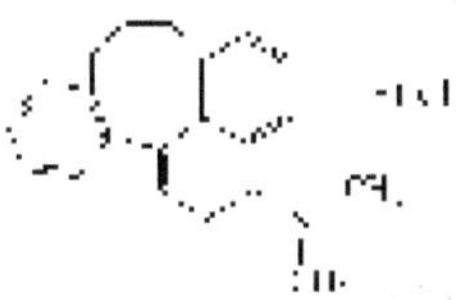

Amitrole 杀草强 00875

[61-82-5] $C_2H_4N_4$ 84.08

成分 C 28.57%，H 4.79%，N 66.64%。

别名 3-氨基-1*H*-1,2,4-三唑；3-氨基-1,2,4-三氮茂；3-氨基-1,2,4-三唑；3-Amino-1*H*-1,2,4-triazole；1*H*-1,2,4-Triazol-3-amine；Aminotriazole；Amitrole；Amizol；3-AT；ATA；Cytrol；ENT-25445；Weedazol

M. I. 15, 485

性状 来自无水乙醇中的无色结晶。溶于水、甲醇、乙醇、氯仿，略微溶于乙酸乙酯，不溶于乙醚、丙酮，其水溶液呈中性。mp 159℃。LD_{50}小鼠，大鼠急性经口：14.7g/kg，25.0g/kg。

注意事项 该品长期曝露或口服有害，并有严重损害健康的危险。对水生物有毒。能对水环境引起不利的结果。能危害胎儿。使用时应穿适当的防护服，戴手套。应防止将本品释放于环境中。远离食品及饮料存放。

主要用途 除草剂。分析用标准物质。

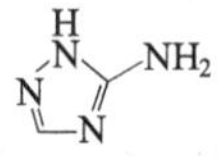

Ammonium acetate 乙酸铵 00876

[631-61-8] $C_2H_7NO_2$ 77.08

成分 C 31.16%，H 9.15%，N 18.17%，O 41.51%。

别名 醋酸铵；Acetic acid ammonium salt

M. I. 15, 492

性状 无色或白色粒状或块状结晶。易潮解。微有乙酸气味。易溶于乙醇，溶于约1份水，微溶于丙酮。其0.5mol/L水溶液pH值7.0。mp 114℃；*d* 1.07。LD小鼠静脉注射：1.8mg(NH_4^+)/20g。

注意事项 该品对眼睛、呼吸系统及皮肤有刺激性。使用时应穿适当的防护服。万一接触到眼睛，应立即用大量水冲洗后请医生诊治。应密封于阴凉干燥处保存。

主要用途 分析试剂，如测定铅、铁。配制缓冲液。由其他硫酸盐中分离硫酸铅。

参考规格 GB/T 1292—2008

	优级纯	分析纯	化学纯
含量（CH_3COONH_4）/%≥	98.0	98.0	97.0
pH 值（50g/L，25℃）	6.7～7.3	6.5～7.5	6.5～7.5
澄清度试验/号≤	2	3	5
水不溶物/%≤	0.002	0.005	0.01
灼烧残渣（以硫酸盐计）/%≤	0.005	0.005	0.01
水分/%≤	2		
氯化物（Cl）/%≤	0.0005	0.0005	0.001
硫酸盐（SO_4）/%≤	0.0005	0.002	0.005
硝酸盐（NO_3）/%≤	0.001	0.001	
磷酸盐（PO_4）/%≤	0.0003	0.0005	
镁（Mg）/%≤	0.0002	0.0004	0.001
钙（Ca）/%≤	0.0005	0.001	0.002
铁（Fe）/%≤	0.0002	0.0005	0.001
重金属（以Pb计）/%≤	0.0002	0.0005	0.001
还原高锰酸钾物质（以O计）/%≤	0.0016	0.0032	0.0032

Ammonium aurintricarboxylate 玫瑰红三羧酸铵 00877

[569-58-4] $C_{22}H_{23}N_3O_9$ 473.44

成分 C 55.81%，H 4.90%，N 8.88%，O 30.41%。

别名 铝试剂；玫红三羧酸铵；金红三甲酸铵；Aluminon；Ammonium salt of aurintricarboxylic acid；ATA；Aurintricarboxylic acid ammonium salt；3-[Bis(3-carboxy-4-hydroxyphenyl) methylene]-6-oxo-1,4-cyclohexadiene-1-carboxylic acid triammonium salt；5-[(3-Carboxy-4-hydroxyphenyl)(3-carboxy-4-oxo-2,5-cyclohexadien-1-ylidene) methyl]-2-hydroxybenzoic acid triammonium salt；3,3′-[(3-Carboxy-4-oxo-2,5-cyclohexadien-1-ylidene) methylene] bis (6-hydroxybenzoic aeid) mmonium salt(1∶3)；Lysofon

M. I. 15, 318 C. I. 43810

性状 黄棕色或暗红色玻璃状粉末或颗粒。易溶于水，溶于乙醇。一般试剂干燥含量约80.0%（T）。

注意事项 该品对眼睛及皮肤有刺激性。使用时应穿适当的防护服。万一接触到眼睛，应立即用大量水冲洗后请医生诊治。

主要用途 比色测定铝、氟等化合物。显色反应用于钍、镓、钪。用于检测铝、钙、铁、镁的络合指示剂。

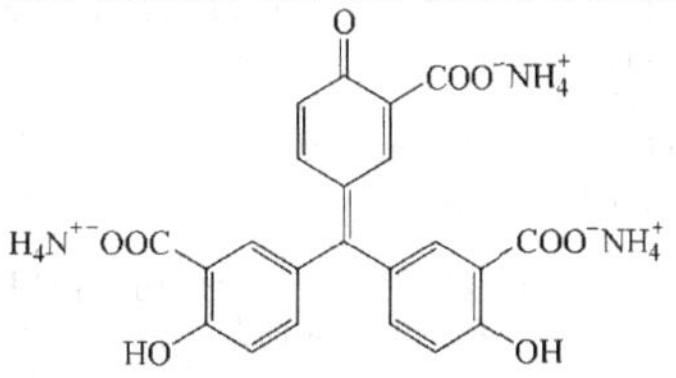

Ammonium benzoate 苯甲酸铵 00878

[1863-63-4] $C_7H_9NO_2$ 139.15

成分 C 60.42%，H 6.52%，N 10.07%，O 23.00%。

别名 安息香酸铵；AB；Benzoic acid ammonium salt

M. I. 15, 493

性状 无色薄片状结晶或结晶性粉末。无味或微有苯甲酸气味。露置空气中逐渐失去氨。1g该品溶于4.7mL水、1.2mL沸水、36mL乙醇、8mL沸乙醇、8mL甘油。其水溶液呈微酸性。mp 198℃；Fp 230℉(110℃)；*d* 1.26。一般试剂含量≥99.0%。

注意事项 该品口服有害。对眼睛、呼吸系统及皮肤有刺激性。使用时应穿适当的防护服。万一接触到眼睛，应立即用大量水冲洗后请医生诊治。

主要用途 分析试剂。检测铝。黏结剂。防腐剂。制药工业。医用抗尿感染用药。

Ammonium bicarbonate 碳酸氢铵 00879

[1066-33-7] CH_5NO_3 79.06

成分 C 15.19%，H 6.37%，N 17.72%，O 60.71%。

别名 重碳酸铵；阿莫尼亚粉；Acid ammonium carbonate；Ammonium acid carbonate；Ammonium hydrogen carbonate

M. I. 15, 494

性状 无色棱柱体结晶或白色坚硬的块状物或粉末。微有氨味。溶于水(10℃，14%；20℃，17.4%；30℃，21.3%)，其0.1mol/L水溶液pH值7.8(25℃)。能被热水分解。1g该品能溶于10mL甘油，不溶于乙醇、丙酮。热至约60℃时，分解为氨和二氧化碳。mp 60℃(分解)；*d*1.586。一般试剂含量(以 NH_3 计)21.0%～22.0%。

注意事项 该品口服有害。使用时应避免吸入本品的粉尘，避免与眼睛及皮肤接触。应密封避光于阴凉处保存。

主要用途 分析试剂。铵盐合成。织物脱脂。

Ammonium bifluoride 氟化氢铵 00880

[1341-49-7] F_2H_5N 57.04

成分 F 66.61%，H 8.84%，N 24.56%。

别名 酸性氟化铵；Acid ammomium fluoride；Ammonium acid fluoride；Ammonium hydrogen fluoride

GW 2015-757 M.I.15,495

性状 无色斜方菱形或片状结晶。易潮解。能腐蚀玻璃。易溶于水，微溶于乙醇。受热或遇热水即分解。对玻璃有腐蚀性。mp 124.6℃；*d* 1.5。

注意事项 该品口服有毒。具有腐蚀性，能引起烧伤。使用时应戴手套，应避免吸入本品的粉尘。万一接触到眼睛，应立即用大量水冲洗后请医生诊治。使用时如有事故发生或有不适之感，应请医生诊治。应密封干燥于塑料瓶内保存。

主要用途 分析试剂。陶器和玻璃面的镂刻。细菌抑制剂。电镀。

参考规格 GB/T 1278—1994	分析纯	化学纯
含量(NH_4HF_2)/%≥	98.0	97.0
灼烧残渣(以硫酸盐计)/%≤	0.01	0.05
氯化物(Cl)/%≤	0.001	0.005
硫酸盐(SO_4)/%≤	0.005	0.01
氟硅酸盐(以 SiF_6 计)/%≤	0.2	0.5
铁(Fe)/%≤	0.001	0.005
重金属(以 Pb 计)/%≤	0.002	0.005

Ammonium bisulfate 硫酸氢铵 00881

[7803-63-6] H_5NO_4S 115.10

成分 H 4.38%，N 12.17%，O 55.60%，S 27.85%。

别名 重硫酸铵；酸性硫酸铵；Acid ammnonium sulfate；Ammonium acid sulfate；Ammonium hydrogen sulfate

GW 2015-1324 M.I.15，497

性状 无色或白色结晶。易潮解。易溶于水，几乎不溶于丙酮、乙醇、吡啶。mp 约 147℃；*d* 1.787。一般试剂含量≥99.0%（T）。

注意事项 该品具有腐蚀性，能引起烧伤。使用时应穿适当的防护服，戴手套和防护镜或面罩。万一接触到眼睛，应立即用大量水冲洗后请医生诊治。使用时如有事故发生或有不适之感，应请医生诊治。

主要用途 分析试剂。有机反应催化剂。制药工业。电子工业。

Ammonium bitartrate 酒石酸氢铵 00882

[3095-65-6] $C_4H_9NO_6$ 167.12

成分 C 28.75%，H 5.43%，N 8.38%，O 57.44%。

别名 重酒石酸铵；酸式酒石酸铵；Ammonium acid tartrate；Ammonium hydrogen tartrate；(2*R*，3*R*)-2，3-Dihydroxybutanedioic acid monoammonium salt；L-Tartaric acid monoammonium salt

M.I.15，500

性状 无色结晶或白色结晶性粉末。无味。该品 1 份 15℃时溶于 45.6 份水，易溶于热水、碱溶液，几乎不溶于乙醇。在温暖潮湿的情况下易发霉变质，受热分解。*d* 1.68；$[\alpha]_D^{20}$ +26.0°(*c*=1.5，于水中)。

注意事项 该品应密封于阴凉干燥处保存。

主要用途 检定钙的试剂。用作发酵粉。

Ammonium borate trihydrate 硼酸铵 三水 00883

[12228-87-4][12007-55-8](无水物) $B_4H_5NO_7 \cdot 3H_2O$ 228.33

成分（以无水物计） B 24.81%，H 2.89%，N 8.04%，O 64.26%。

M.I.15.501

别名 三水合硼酸铵；四硼酸铵；偏硼酸铵；硼酸氢铵；Ammonium biborate；Ammonium metaborate；Ammonium tetraborate

性状 无色结晶。在干燥空气中易风化并逸出氨。溶于水，不溶于乙醇。一般试剂含量≥99.0%。

注意事项 该品应密封保存。

主要用途 分析试剂。木材及织物的防火。除草剂。

Ammonium bromide 溴化铵 00884

[12124-97-9] BrH_4N 97.94

成分 Br 81.58%，H 4.12%，N 14.30%。

M.I.15,502

性状 白色结晶或颗粒。无味。微有吸湿性。长期见光能变黄色，遇高热即升华。易溶于水、甲醇、乙醇、丙酮，微溶于乙醚，几乎不溶于乙酸乙酯。d^{25} 2.429。

注意事项 该品对眼睛及皮肤有刺激性。使用时应穿适当的防护服。万一接触到眼睛，应立即用大量水冲洗后请医生诊治。使用时应避免吸入本品的粉尘，避免与眼睛及皮肤接触。应密封避光于干燥处保存。

主要用途 分析试剂。滴定分析铜。照相制版。制药工业。医用镇静剂。

参考规格 HB/T 1277—1994	分析纯	化学纯
含量(NH_4Br)/%≥	99.0	98.0
pH 值(50g/L 溶液，25℃)	4.5～6.0	4.5～6.0
澄清度试验	合格	合格
水不溶物/%≤	0.003	0.005
干燥失重/%≤	0.3	0.5
灼烧残渣(以硫酸盐计)/%≤	0.03	0.10
氯化物(Cl)/%≤	0.2	0.3
溴酸盐(BrO_3)/%≤	0.001	0.001
碘化物(I)/%≤	0.005	0.05
硫酸盐(SO_4)/%≤	0.005	0.01
铁(Fe)/%≤	0.0002	0.0005
重金属(以 Pb 计)/%≤	0.0002	0.0005

Ammonium carbonate 碳酸铵 00885

[10361-29-2][506-87-6] $CH_8N_2O_3$ 96.09

别名 Ammonium carbonate carbamate；Ammonium sesquicarbonate；Hartshorn；Crystal ammonia

M.I.15，505

性状 无色或白色半透明的硬块或粉末。有刺激性氨臭味。能缓慢地溶于 4 份水，但在热水（>70℃）中被分解，不溶于浓氨水、乙醇。露置空气中逐渐变成碳酸氢铵。一般试剂含量（以 NH_3 计）≥30.0%。

注意事项 该品口服有害。应密封于阴凉处保存。

主要用途 分析试剂。点滴分析锂、镭、钍。碳酸盐合成等。

Ammonium cerium(Ⅳ)nitrate 硝酸铈铵 00886

[16774-21-3][10139-51-2] $CeH_8N_8O_{18}$ 548.22

成分 Ce 25.56%，H 1.47%，N 20.44%，O 52.53%。

别名 硝酸铵铈；Ammonium hexanitratocerate(Ⅳ)；Ammonium ceric nitrate；Ammonium nitratocerate(Ⅳ)；Ceric ammonium nitrate；Cerium(Ⅳ)ammium nitrate

GW 2015-2324 M.I.15，1991

性状 橙红色细小的单斜结晶。易潮解。易溶于水（25℃，1.41g/mL；80℃，2.27g/mL)，溶于硫酸、硝酸、高氯酸、盐酸，有限地溶于有机溶剂。一般试剂含量≥99.0%。

注意事项 该品为强氧化剂。与易燃物品接触能引起燃烧。对眼睛、呼吸系统及皮肤有刺激性。使用时应穿防护服。万一接触到眼睛，应立即用大量水冲洗后请医生诊治。应远离易燃物品，充氮气密封于阴凉干燥处保存。

主要用途 分析试剂，如微量银离子的测定。氧化剂。

Ammonium cerium(Ⅳ) sulfate dihydrate 硫酸铈铵 二水 00887

[10378-47-9] $CeH_{16}N_4O_{16}S_4 \cdot 2H_2O$ 632.56

成分（以无水物计） Ce 23.49%，H 2.70%，N 9.39%，O 42.91%，S 21.50%。

别名 二水合硫酸铈铵；硫酸铵铈 二水；Ceric ammonium sulfate dihydrate；Cerium(Ⅳ)ammonium sulfate

性状 黄色或橙黄色结晶性粉末。溶于无机酸，微溶于水，不溶于乙酸。mp 130℃。一般试剂含量≥98.0%（RT)。

注意事项 该品对眼睛、呼吸系统及皮肤有刺激性。使用时应穿适当的防护服。使用时应避免吸入本品的粉尘，避免与眼睛及皮肤接触。万一接触到眼睛，应立即用大量水冲洗后请医生诊治。
主要用途 分析试剂，如微量银离子的测定。容量分析中用作氧化剂。照相业。

Ammonium chloride 氯化铵 00888

[12125-02-9] ClH_4N 53.49
成分 Cl 66.27%，H 7.54%，N 26.19%。
别名 盐硇；硇砂；Amchlor；Ammonium muriate；Darammon；Sal ammoniac；Salmiac
M. I. 15，506
性状 无色结晶或结晶性块状物或白色颗粒或粉末。无味。吸潮结块。溶于水（0℃，22.9%；15℃，26.0%；25℃，28.3%；80℃，39.6%）、甘油、甲醇、乙醇，几乎不溶于丙酮、乙醚、乙酸乙酯。其水溶液（25℃）pH 值：1% 5.5；3% 5.1；10% 5.0。加热至337.8℃升华，并分解成氨和氯化氢。d_4^{25} 1.5274；n_D^{20} 1.642。LD_{50}大鼠肌肉注射：30mg/kg；急性经口：1650mg/kg。
注意事项 该品口服有害。对眼睛有刺激性。使用时应避免吸入本品的粉尘。应密封于干燥处保存。
主要用途 分析试剂。测定尿酸。与氨水配制氨缓冲液。制药工业。合成纤维黏度的检验。

参考规格

GB/T 658—2006	优级纯	分析纯	化学纯
含量（NH_4Cl）/%≥	99.8	99.5	98.5
pH 值（50g/L，25℃）	4.5～5.5	4.5～5.5	4.5～5.5
杂质最高含量			
澄清度试验/号≤	2	3	5
水不溶物/%≤	0.002	0.005	0.01
灼烧残渣（以硫酸盐计）/%≤	0.005	0.02	0.05
硫酸盐（SO_4）/%≤	0.002	0.005	0.005
磷酸盐（PO_4）/%≤	0.0002	0.0005	0.001
钠（Na）/%≤	0.005	0.005	
镁（Mg）/%≤	0.0005	0.001	0.002
钾（K）/%≤	0.005	0.005	
钙（Ca）/%≤	0.0005	0.001	0.002
铁（Fe）/%≤	0.0002	0.0005	0.001
镍（Ni）/%≤	0.0001		
铜（Cu）/%≤	0.0002		
锌（Zn）/%≤	0.0002		
铅（Pb）/%≤	0.0001		

Ammonium chloroosmate(Ⅳ) 氯锇酸铵 00889

[12125-08-5] $Cl_6H_8N_2Os$ 439.01
成分 Cl 48.45%，H 1.84%，N 6.38%，Os 43.33%。
别名 六氯锇酸铵；氯化锇铵；Ammonium hexachloroosmate(Ⅳ)；Ammonium osmium chloride；(*OC*-6-11)-Hexchloroosmate(2$^-$)ammonium(1∶2)；Osmium ammonium chloride
GW 2015-1448 M. I. 15，533
性状 红色粉末或暗红色八面体结晶。溶于水、乙醇。一般试剂含量（Os）：≥43.0%。
注意事项 该品吸入、口服或与皮肤接触有毒。有腐蚀性，能引起烧伤。使用时应穿适当的防护服，戴手套和防护镜或面罩。使用时应避免吸入本品的粉尘。万一接触到眼睛，应立即用大量水冲洗后请医生诊治。使用时如有事故发生或有不适之感，应请医生诊治。应密封保存。

Ammonium chloropalladate(Ⅳ) 氯钯酸铵 00890

[19168-23-1] $Cl_6H_8N_2Pd$ 355.22
成分 Cl 59.88%，H 2.27%，N 7.89%，Pd 29.96%。
别名 六氯钯酸铵；氯化钯(Ⅳ)铵；Ammonium hexachloropalladate(Ⅳ)；Palladium(Ⅳ)-ammonium chloride
性状 红棕色粉末，微溶于水。
注意事项 该品吸入、口服或与皮肤接触有害。对眼睛、呼吸系统及皮肤有刺激性。使用时应穿适当的防护服，戴手套和防护镜或面罩。万一接触到眼睛，应立即用大量水冲洗后请医生诊治。接触皮肤后，亦应用大量水冲洗。
主要用途 分析试剂。光谱分析用标准物。

Ammonium chloroplatinate(Ⅳ) 氯铂酸铵 00891

[16919-58-7] $Cl_6H_8N_2Pt$ 443.86
成分 Cl 47.92%，H 1.82%，N 6.31%，Pt 43.95%。
别名 氯化铂铵；六氯铂酸铵；Ammonium hexachloroplatinate(Ⅳ)；Ammonium platinic chloride；Platinic ammonium chloride
M. I. 15，545
性状 橙红色结晶或黄色粉末。微溶于水，几乎不溶于乙醇、乙醚、浓盐酸。*d* 3.06。
注意事项 该品口服有毒。对眼睛有严重损伤的危险。吸入或与皮肤接触可引起过敏。使用时应穿适当的防护服，戴手套和防护镜或面罩。使用时应避免吸入本品的粉尘。万一接触到眼睛，应立即用大量水冲洗后请医生诊治。接触皮肤应立即用大量水冲洗。使用时如有事故发生或有不适之感，应请医生诊治。
主要用途 铂海绵制造。地质分析中用于标准液的配制。电镀铂。

Ammonium chlororuthenate(Ⅳ) 氯亚钌酸铵 00892

[18746-63-9] $Cl_6H_8N_2Ru$ 349.86
成分 Cl 60.80%，H 2.30%，N 8.01%，Ru 28.89%。
别名 六氯亚钌酸铵；六氯钌酸铵；氯化钌（Ⅳ）铵；Ammonium hexachlororuthenite；Ruthenium(Ⅳ)ammonium chloride
性状 无色结晶。一般试剂含量(Ru)≥29.0%。
注意事项 该品对眼睛、呼吸系统及皮肤有刺激性。使用时应戴手套。万一接触到眼睛，应立即用大量水冲洗后请医生诊治。
主要用途 光谱分析标准物。

Ammonium chromate 铬酸铵 00893

[7788-98-9] $CrH_8N_2O_4$ 152.07
成分 Cr 34.19%，H 5.30%，N 18.42%，O 42.08%。
别名 Ammonium chromate(Ⅵ)；Neutral ammonium chromate
M. I. 15，507
性状 黄色针状结晶。在空气中失去部分氨。溶于水（0℃，19.78%；75℃，41.20%），溶液呈碱性。略溶于氨水、丙酮，微溶于甲醇，几乎不溶于乙醇。mp 185℃（分解）；*d* 1.8。一般试剂含量≥99.5%（RT）。
注意事项 该品与易燃物品接触能引起着火。吸入可能致癌。接触皮肤能引起过敏。对水生物极毒，能对水环境引起不利的结果。使用前应得到专门的指导，避免曝露。使用时如有事故发生或有不适之感，应请医生诊治。应防止将本品释放于环境中。其包装物应按危险品处理。应远离易燃物品密封保存。
主要用途 分析试剂。媒染剂。催化剂。腐蚀抑制剂。

Ammonium citrate dibasic 柠檬酸氢二铵 00894

[3012-65-5] $C_6H_{14}N_2O_7$ 226.19
成分 C 31.86%，H 6.24%，N 12.39%，O 49.51%。
别名 二碱式柠檬酸铵；枸橼酸氢二铵；柠檬酸氢铵；di-Ammonium hydrogen citrate；Citric acid diammonium salt；Diammonium citrate
M. I. 14，512
性状 白色颗粒或结晶性粉末。呈酸性反应。溶于约1份水，溶液呈弱酸性，其0.1mol/L水溶液pH值4.3。微溶于乙醇。受高热即分解。*d* 1.48。
注意事项 该品对眼睛及呼吸系统有刺激性。万一接触到眼睛，应立即用大量水冲洗后请医生诊治。
主要用途 分析试剂，肥料中磷酸根的测定。缓冲剂。

参考规格

HG/T 3497—2000	分析纯	化学纯
含量（$C_6H_{14}O_7N_2$）/%≥	99.0	98.0
澄清度试验	合格	合格
水不溶物/%≤	0.005	0.01
灼烧残渣（以硫酸盐计）/%≤	0.03	0.06
氯化物（Cl）/%≤	0.001	0.002
硫化合物（以 SO_4 计）/%≤	0.005	0.01
磷化合物（以 PO_4 计）/%≤	0.002	0.005
草酸盐（C_2O_4）%	合格	

钙（Ca）/%≤	0.005	0.02
铁（Fe）/%≤	0.0005	0.002
重金属（以 Pb 计）/%≤	0.0005	0.001

$$\left[\begin{array}{c} COO^- \\ | \\ CH_2 \\ | \\ HO-C-COOH \\ | \\ CH_2 \\ | \\ COO^- \end{array}\right] \cdot 2NH_4^+$$

Ammonium citrate tribasic　柠檬酸铵 00895

[3458-72-8]　$C_6H_{17}N_3O_7$　243.22

成分　C 29.63%，H 7.05%，N 17.28%，O 46.05%。

别名　柠檬酸三铵；枸橼酸铵；枸橼酸三铵；Triammonium citrate

性状　无色结晶或白色粉末。有潮解性。溶于水、酸。加热至熔点即分解。mp 185℃（分解）；bp 100℃；d^{25} 1。一般试剂含量≥97.0%（T）。

注意事项　该品对眼睛、呼吸系统及皮肤有刺激性。使用时应穿适当的防护服和戴手套。万一接触到眼睛，应立即用大量水冲洗后请医生诊治。应密封避光于干燥处保存。

主要用途　分析试剂，如肥料中磷酸盐的测定。络合剂。电子工业。

Ammonium cobaltous sulfate hexahydrate

硫酸亚钴铵 六水 00896

[13586-38-4]　$CoH_8N_2O_8S_2 \cdot 6H_2O$　395.23

成分（以无水物计）　Co 20.52%，H 2.81%，N 9.76%，O 44.58%，S 22.33%。

别名　六水合硫酸钴铵；六水合硫酸亚钴铵；硫酸钴（Ⅱ）铵 六水；硫酸铵钴 六水；Ammonium disulfatocobaltate hexahydrate; Cobaltous ammonium sulfate hexahydrate; Ammonium cobalt(Ⅱ) sulfate hexahydrate

性状　红色单斜棱柱状结晶。易吸潮。溶于水，不溶于乙醇。mp 120℃（分解）；*d* 1.902。一般试剂含量≥98.0%。

注意事项　该品接触皮肤能引起过敏。使用时应戴手套，应避免与皮肤接触。应密封于干燥处保存。

主要用途　分析试剂。催化剂。陶瓷业。镀钴等。

Ammonium cupric chloride dihydrate

氯化铜铵 二水 00897

[10060-13-6]　$Cl_4CuH_8N_2 \cdot 2H_2O$　277.48

成分（以无水物计）　Cl 58.74%，Cu 26.32%，H 3.34%，N 11.60%。

别名　二水合氯化铜铵；四氯铜酸铵二水；氯化高铜铵；氯化铵铜；Ammonium chlorocuprate; Ammonium copper chloride; Ammonium tetrachlorocuprate(Ⅱ); Ammonium tetrachlorodiaquocuprate(Ⅱ); Copper ammonium chloride; Cupric ammonium chloride

M. I. 15，511

性状　蓝色或蓝绿色四方形或十二棱柱体结晶。溶于水、氨水、乙醇。其水溶液对石蕊呈酸性。110～120℃成无水物，温度再高则分解。*d* 2.0。一般试剂含量≥98.0%。

注意事项　该品对眼睛、呼吸系统及皮肤有刺激性。使用时应戴手套。万一接触到眼睛，应立即用大量水冲洗后请医生诊治。

主要用途　分析试剂，钢铁中磷、碳的测定。

Ammonium dichromate　重铬酸铵 00898

[7789-09-5]　$Cr_2H_8N_2O_7$　252.06

成分　Cr 41.26%，H 3.20%，N 11.11%，O 44.43%。

别名　红矾铵；Ammonium bichromate; Ammonium dichromate (Ⅵ)

GW 2015-2815　M. I. 15，512

性状　亮橙红色结晶。无味。不吸潮。溶于水，水中溶解度（质量分数）：0℃，15.16%；20℃，26.67%；40℃，36.99%；60℃，46.14%；80℃，54.20%；100℃，60.89%。不溶于乙醇。其溶液呈酸性，1%溶液 pH 值 3.95，10%溶液 pH 值 3.45。约 180℃分解；d_4^{25} 2.155。

注意事项　该品与多种有机物接触、摩擦或撞击有能引起燃烧或爆炸的危险。与易燃物品接触能引起着火。吸入或口服有毒。能致癌。能引起遗传基因的损伤。能损伤生育力及危害胎儿。具有腐蚀性，能引起烧伤。对眼睛有严重损伤的危险。对呼吸系统及皮肤有刺激性。吸入或接触皮肤能引起过敏。对水生物极毒。能对水环境引起不利的结果。使用前应得到专门的指导，避免曝露。接触皮肤后，应立即用大量指定的液体冲洗。使用时如有事故发生或有不适之感，应请医生诊治。应防止将本品释放于环境中。其包装物应按危险品处理。应密封于阴凉处保存。

主要用途　分析试剂，检测钡。媒染剂。香料合成。照相制版。

参考规格　GB/T 656—2003	分析纯	化学纯
含量［$(NH_4)_2Cr_2O_7$］/%≥	99.0	99.0
杂质最高含量		
水不溶物/%≤	0.002	0.005
氯化物（Cl）/%≤	0.002	0.005
硫酸盐（SO_4）/%≤	0.01	0.03
钠（Na）/%≤	0.005	0.05
钾（K）/%≤	0.07	0.16
钙（Ca）/%≤	0.002	0.01
铁（Fe）/%≤	0.002	0.005

Ammonium ferric citrate brown

柠檬酸铁铵 棕色 00899

[1185-57-5]　$C_{12}H_{22}FeN_3O_{14}$　488.16

成分　C 29.53%，H 4.54%，Fe 11.44%，N 8.61%，O 45.88%。

别名　枸橼酸铁铵 棕色；棕色枸橼酸铁铵；棕色柠檬酸铁铵；Ammonium iron(Ⅲ) citrate brown; Soluble ferric citrate; Ferric ammonium citrate brown; 2-Hydroxy-1,2,3-propanetricarboxylic acid ammonium iron(3^+) salt brown; Iron ammonium citrate brown

M. I. 15，4044

性状　棕红色鳞片结晶、颗粒或棕黄色粉末。含约 9%的氨、16.5%～18.5%的铁、约 65%的水合柠檬酸。易潮解。见光易被还原为亚铁。极易溶于水，不溶于乙醇。一般试剂含量（Fe）20.5%～23.0%（RT）。

注意事项　见 00897 氯化铜铵 二水。

主要用途　检测铅。细菌培养剂。照相业。医用补血剂。食品营养增补剂，铁质强化剂。

Ammonium ferric citrate green

柠檬酸铁铵 绿色 00900

[1185-57-5]　$C_{12}H_{22}FeN_3O_{14}$　488.16

成分　C 29.53%，H 4.54%，Fe 11.44%，N 8.61%，O 45.88%。

别名　枸橼酸铁铵 绿色；绿色枸橼酸铁铵；绿色柠檬酸铁铵；Ammonium iron(Ⅲ) citrate green; Ferric ammonium citrate green; 2-Hydroxy-1,2,3-propanetricarboxylicl acid ammonium iron(3^+)salt green; Iron ammonium citrate green

M. I. 15，4044

性状　绿色鳞片状或珠状结晶、颗粒或粉末。含约 7.5%的氨、14.5%～16.0%的铁、约 75%的水合柠檬酸。易潮解。见光时比棕色柠檬酸铁铵更易被还原成亚铁。易溶于水，不溶于乙醇。一般试剂含量（以 Fe 计）14.5%～16.0%。

注意事项　见 00897 氯化铜铵 二水。应密封避光于干燥处保存。

主要用途　照相业。制药工业。食品营养增补剂。氯化钠抗结剂。

Ammonium ferric oxalate trihydrate

草酸高铁铵 三水 00901

[13268-42-3] [14221-47-7](无水物)　$C_6H_{12}FeN_3O_{12} \cdot 3H_2O$　488.16

成分（以无水物计）　C 19.27%，H 3.23%，Fe 14.93%，N 11.23%，O 51.33%。

别名　乙二酸高铁铵 三水；三水合乙二酸高铁铵；三水合草

酸高铁铵；草酸铁铵；Ammonium iron oxalate trihydrate；Ammonium trioxalatoferrate(Ⅲ) trihydrate；Ferric ammonium oxalate trihydrate；Iron ammonium oxalate trihydrate；Triammonium tris [ethanedioato(2⁻)-*O*,*O*′]ferrate(3⁻) trihydrate

M. I. 15，514

性状 浅黄绿色单斜或三菱形结晶。对光敏感。易溶于水，几乎不溶于乙醇。100℃失去结晶水，160～170℃分解。$d^{17.5}$ 1.78。一般试剂含量≥98.0%。

注意事项 该品口服或与皮肤接触有害。使用时应避免吸入本品的粉尘，避免与眼睛及皮肤接触。应密封避光保存。

主要用途 钙、镁沉淀剂。电镀业。

Ammonium ferric sulfate dodecahydrate

硫酸高铁铵 十二水 00902

[7783-83-7] $FeH_4NO_8S_2 \cdot 12H_2O$ 482.18

成分（以无水物计） Fe 20.99%，H 1.52%，N 5.27%，O 48.12%，S 24.11%。

别名 十二水合硫酸高铁铵；硫酸铁（Ⅲ）铵 十二水；硫酸铁铵 十二水；铁铵矾；Ammonium iron (Ⅲ) sulfate dodecahydrate；Ferric alum dodecahydrate；Ferric alum；Ferric ammonium sulfate dodecahydrate；Iron alum

M. I. 13，515

性状 无色至浅灰紫色透明八面体结晶。易吸潮及易风化。无味。易溶于水，几乎不溶于乙醇。其 0.1mol/L 水溶液 pH 值 2.5。mp 约 37℃；*d* 1.71。

注意事项 该品对眼睛及皮肤有刺激性。使用时应穿适当的防护服和戴手套。万一接触到眼睛，应立即用大量水冲洗后请医生诊治。应密封于干燥处保存。

主要用途 分析试剂。分析金属盐溶液中的氰化物。测定卤素时用作指示剂。医用止血剂，收敛剂。

参考规格 GB/T 1279—2008	分析纯	化学纯
含量 [$NH_4Fe(SO_4)_2 \cdot 12H_2O$] /%≥	99.0	98.0
水不溶物/%≤	0.005	0.015
氯化物（Cl）/%≤	0.0005	0.005
硝酸盐（NO_3）/%≤	0.01	0.02
钠（Na）/%≤	0.01	0.05
镁（Mg）/%≤	0.001	0.05
钾（K）/%≤	0.01	0.05
锰（Mn）/%≤	0.005	
亚铁（Fe）/%≤	0.001	0.005
铜（Cu）/%≤	0.002	0.01
锌（Zn）/%≤	0.003	0.01
铅（Pb）/%≤	0.001	

Ammonium ferrocyanide 亚铁氰化铵 00903

[14481-29-9] $C_6H_{16}FeN_{10}$ 284.11

成分 C 25.37%，H 5.68%，Fe 19.66%，N 49.30%。

别名 六氰铁酸铵；Ammonium hexacyanoferrate(Ⅱ)；Triammonium hexakis(cyano-C)ferrate(4⁻)

M. I. 15，512

性状 浅黄色或绿色结晶。露置空气中或见光则失去氨而变为蓝色。易溶于水，不溶于乙醇。一般试剂含有部分结晶水（约 10%）。

注意事项 该品口服有害。对眼睛、呼吸系统及皮肤有刺激性。使用时应穿适当的防护服和戴手套。万一接触到眼睛，应立即用大量水冲洗后请医生诊治。应密封避光保存。

主要用途 分析试剂。

Ammonium ferrous sulfate hexahydrate

硫酸亚铁铵 六水 00904

[7783-85-9] $FeH_8N_2O_8S_2 \cdot 6H_2O$ 392.13

成分（以无水物计） Fe 19.66%，H 2.84%，N 9.86%，O 45.06%，S 22.58%。

别名 六水合硫酸亚铁铵；莫尔氏盐；硫酸低铁铵 六水；硫酸铁（Ⅱ）铵 六水；Mohr's salt；Ferrousammonium sulfate hexahydrate

M. I. 14，521

性状 浅蓝绿色单斜结晶或结晶性粉末。在空气中能逐渐氧化和风化。溶于水，几乎不溶于乙醇。d_4^{20} 1.86。LD_{50} 大鼠急性经口：3.25g/kg。

注意事项 该品对眼睛、呼吸系统及皮肤有刺激性。使用时应穿适当的防护服。万一接触到眼睛，应立即用大量水冲洗后请医生诊治。

主要用途 分析化验中常用以配制亚铁离子标准。高锰酸钾、重铬酸钾的标定。

参考规格 GB/T 661—2011	分析纯	化学纯
含量 [$(NH_4)_2Fe(SO_4)_2 \cdot 6H_2O$] /%≥	99.5	99.0
pH 值（50g/L，25℃）	3.0～5.0	3.0～5.0
水不溶物/%≤	0.005	0.02
氯化物（Cl）/%≤	0.001	0.005
磷酸盐（PO_4）/%≤	0.0005	0.002
锰（Mn）/%≤	0.05	
高铁（Fe）/%≤	0.01	0.02
铜（Cu）/%≤	0.002	0.01
锌（Zn）/%≤	0.003	0.02
氨水不沉淀物（以硫酸盐计）/%≤	0.1	0.2
铅（Pb）/%≤	0.002	0.004

Ammonium fluoaluminate 氟铝酸铵 00905

[7784-19-2] $AlF_6H_{12}N_3$ 195.09

成分 Al 13.83%，F 58.43%，H 6.20%，N 21.54%。

别名 六氟铝酸铵；氟化铝铵；氟化铵铝；Aluminum ammonium fluoride；Ammonium cryolite；Ammonium fluoroaluminate；Ammonium hexafluoroaluminate；Ammonium aluminum fluoride；Triammonium hexafluoroaluminate (3⁻)

M. I. 15，521

性状 无色立方体结晶或白色结晶性粉末。易溶于水，不腐蚀玻璃。100℃以下稳定。*d* 1.78。

注意事项 该品吸入、口服或与皮肤接触有毒。水溶液有腐蚀性。使用时应穿适当的防护服，戴手套和防护镜或面罩。万一接触到眼睛或皮肤，应立即用大量水冲洗。使用时如有事故发生或有不适之感，应请医生诊治。

主要用途 分析试剂。制备纯氟化铝。助熔剂。

Ammonium fluoborate 氟硼酸铵 00906

[13826-83-0] BF_4H_4N 104.84

成分 B 10.31%，F 72.49%，H 3.85%，N 13.36%。

别名 四氟硼酸铵；氟化硼铵；氟硼化铵；Ammonium fluoroborate；Ammonium tetrafluoroborate

性状 无色单斜结晶。溶于水，溶液呈弱酸性。不溶于乙醇。mp 220℃（升华）；d^{25} 1.871。一般试剂含量≥98.0%（T）。

注意事项 该品口服有害。对眼睛、呼吸系统及皮肤有刺激性。使用时应穿适当的防护服。万一接触到眼睛，应立即用大量水冲洗后请医生诊治。

主要用途 分析试剂。杀虫剂。

Ammonium fluoride 氟化铵 00907

[12125-01-8] FH_4N 37.04

成分 F 51.29%，H 10.89%，N 37.82%。

别名 Neutral ammonium fluoride

GW 2015-744 M. I. 15，519

性状 无色或白色小叶状或针状结晶或由升华法而得的六面体棱柱形结晶。也有颗粒粉末状产品。易潮解。溶于冷水（0℃，100g/100mL），微溶于乙醇。其水溶液呈酸性。受热或遇热水即分解为氨和氟化氢铵。对玻璃有腐蚀性。*d* 1.015。

注意事项 该品吸入、口服或接触皮肤有毒。万一接触到眼睛，应立即用大量水冲洗后请医生诊治。使用时如有事故发生或有不适之感，应请医生诊治。应装塑料瓶充氮气密封干燥保存。

主要用途 分析试剂，测定铜合金中的铅、铜、锌。锆的微量分析。玻璃镂刻。防腐剂。化学抛光剂。掩蔽剂。细菌抑制剂。

参考规格 GB/T 1276—1999	优级纯	分析纯	化学纯
含量（NH_4F）/%≥	96.0	96.0	95.0

澄清度试验	合格	合格	合格
灼烧残渣（以硫酸盐计）/%≤	0.005	0.02	0.05
游离酸（以 $NH_4 \cdot HF$ 计）/%≤	0.2	0.5	1.0
游离碱	合格	合格	合格
氯化物（Cl）/%≤	0.0005	0.005	0.01
硫酸盐（SO_4）/%≤	0.005	0.01	0.02
氟硅酸盐（以 SiF_6 计）/%≤	0.08	0.30	0.60
铁（Fe）/%≤	0.0005	0.002	0.004
重金属（以 Pb 计）/%≤	0.0005	0.001	0.002

Ammonium fluorogallate 氟镓酸铵 00908

[14639-94-2] $F_6GaH_{12}N_3$ 237.83

成分 F 47.93%，Ga 29.32%，H 5.09%，N 17.67%。

别名 六氟镓酸铵；氟镓化铵；氟化镓铵；Ammonium hexafluogallate；Ammonium hexafluorogallate；(*OC*-6-11)-Hexafluorogallate(3^-) ammonium (1∶3)；Triammonium hexafluorogallate(3^-)

M. I. 15，522

性状 无色或白色八面体结晶。微溶于热水。在空气中加热能生成氧化镓。

注意事项 该品有腐蚀性，能引起烧伤。

主要用途 制备三氟化镓。

Ammonium fluorosilicate 氟硅酸铵 00909

[16919-19-0] $F_6H_8N_2Si$ 178.15

成分 F 63.99%，H 4.53%，N 15.72%，Si 15.76%。

别名 六氟硅酸铵；硅氟化铵；氟硅化铵；硅氟酸铵；Ammonium fluosilicate；Ammonium hexafluorosilicate；Ammonium silicofluoride；Diammonium hexafluorosilicate (2^-)

GW 2015-741 M. I. 15，524

性状 无色或白色结晶性粉末。无味。室温中有两种形态：一种为立方体，稳定；一种为三角形体，短时稳定。易溶于水，不溶于丙酮、乙醇。LD 豚鼠急性经口：150mg/kg。一般试剂含量≥98.0%

注意事项 该品吸入、口服或与皮肤接触有毒。万一接触到眼睛，应立即用大量水冲洗后请医生诊治。使用时如有事故发生或有不适之感，应请医生诊治。

主要用途 分析试剂，如钡的测定。消毒剂、防腐剂、杀虫剂的制备。

Ammonium formate 甲酸铵 00910

[540-69-2] CH_5NO_2 63.06

成分 C 19.05%，H 7.99%，N 22.21%，O 50.74%。

别名 蚁酸铵；Formic acid ammonium salt

M. I. 15，520

性状 无色结晶或颗粒。易潮解。溶于水、氨水、乙醇。水溶液（25℃，1mol/L）pH 值 5.5～7.5。mp 116℃；*d* 1.27。一般试剂含量≥99.0%。

注意事项 该品对眼睛、呼吸系统及皮肤有刺激性。使用时应穿适当的防护服和戴手套。万一接触到眼睛，应立即用大量水冲洗后请医生诊治。应充氩气密封保存。

主要用途 分析试剂。从贵金属盐中沉淀碱金属。

Ammonium hydrogen oxalate monohydrate 草酸氢铵 一水 00911

[37541-72-3] $C_2H_5NO_4 \cdot H_2O$ 125.08

成分（以无水物计） C 22.44%，H 4.71%，N 13.08%，O 59.77%。

别名 一水合草酸氢铵；Ammonium acid oxalate monohydrate；Ammonium binoxalate monohydrate；Ammonium bioxalate monohydrate；Ammonium hydrogen oxalate monohydrate

M. I. 15，496

性状 无色菱形结晶。溶于 25 份水，微溶于乙醇。mp 220℃（分解）；*d*1.56。一般试剂含量≥98.0%。

主要用途 去除墨水的颜色。

Ammonium hydroxide 氢氧化铵 00912

[1336-21-6] H_5NO 35.05

成分 H 14.38%，N 39.96%，O 45.65%。

别名 氢氧化铵溶液；氨水；Ammonia aqueous；Ammonia solution；Ammonia water；Aqua ammonia；Spirit of hartshorn

GW 2015-35 M. I. 15，491

性状 无色透明液体，是氨的水溶液。呈强碱性。有刺鼻臭味。能吸收空气中的二氧化碳。能与乙醇、乙醚相混溶，遇酸激烈反应、放热并生成盐类。d_4^{20} 0.88。

注意事项 该品有腐蚀性，能引起烧伤。对呼吸系统有刺激性。对水生物极毒。使用时应穿适当的防护服，戴手套和防护镜或面罩。万一接触到眼睛，应立即用大量水冲洗后请医生诊治。使用时如有事故发生或有不适之感，应请医生诊治。应防止将本品释放于环境中。应密封于阴凉处保存。

主要用途 常用分析试剂。铵盐合成。弱碱性溶剂。

参考规格 GB/T 631—2007	分析纯	化学纯
含量（NH_3）/%	25～28	25～28
蒸发残渣/%≤	0.002	0.004
氯化物（Cl）/%≤	0.00005	0.0001
硫化物（S）/%≤	0.00002	0.00005
硫酸盐（SO_4）/%≤	0.0002	0.0005
磷酸盐（PO_4）/%≤	0.0001	0.0002
碳酸盐（以 CO_2 计）/%≤	0.001	0.002
钠（Na）/%≤	0.0005	
镁（Mg）/%≤	0.0001	0.0005
钾（K）/%≤	0.0001	
钙（Ca）/%≤	0.0001	0.0005
铁（Fe）/%≤	0.00002	0.00005
铜（Cu）/%≤	0.00001	0.00002
铅（Pb）/%≤	0.00005	0.0001
还原高锰酸钾物质（以 O 计）/%≤	0.0008	0.0008

Ammonium hypophosphite 次磷酸铵 00913

[7803-65-8] H_6NO_2P 83.03

成分 H 7.28%，N 16.87%，O 38.54%，P 37.30%。

别名 卑磷酸铵；次亚磷酸铵；Ammonium phosphinate

M. I. 15，525

性状 无色结晶或白色颗粒。有潮解性。1g 该品溶于约 1mL 水、0.2mL 沸水、20mL 乙醇，易溶于沸乙醇，不溶于丙酮。其溶液呈中性。加热至 240℃时分解并有可燃性的磷化氢逸出。mp 200℃。

注意事项 该品对眼睛、呼吸系统及皮肤有刺激性。使用时应穿适当的防护服。万一接触到眼睛，应立即用大量水冲洗后请医生诊治。应密封于干燥处保存。

主要用途 制备聚酰胺的催化剂。制药工业。

Ammonium iodate 碘酸铵 00914

[13446-09-8] H_4INO_3 192.94

GW 2015-195

性状 白色结晶或粉末。溶于水、乙醇。mp 150℃（分解）；*d* 3.309。一般试剂含量≥99.8%。

注意事项 该品与易燃物品接触能引起燃烧。对眼睛、呼吸系统及皮肤有刺激性。使用时应避免吸入本品的粉尘，避免与眼睛及皮肤接触。万一接触到眼睛，应立即用大量水冲洗后请医生诊治。应远离易燃物品密封避光保存。

主要用途 分析试剂。氧化剂。

Ammonium iodide 碘化铵 00915

[12027-06-4] H_4IN 144.94

成分 H 2.78%，I 87.56%，N 9.66%。

M. I. 15，526

性状 无色四方形结晶或白色颗粒或粉末。无气味。有咸味。易潮解。见光或露置空气中即析出碘而变黄棕色。1g 该品溶于 0.6mL 水、0.5mL 沸水、3.7mL 乙醇、1.5mL 甘油、2.5mL 甲醇，难溶于乙醚。其水溶液对石蕊呈近似中性。加热至 551℃时升华并分解。其 0.1mol/L 水溶液 pH 值约 4.6。d^{25} 2.5142。一般试剂含量≥99.0%。

注意事项 该品对眼睛、呼吸系统及皮肤有刺激性。使用时应戴适当的手套。万一接触到眼睛，应立即用大量水冲洗后请医生诊治。应充氩气密封避光于干燥处保存。

主要用途 分析试剂。照相制版。碘化物合成。

Ammonium lactate 乳酸铵 00916

[515-98-0] [52003-58-4] $C_3H_9NO_3$ 107.11

成分 C 33.64%，H 8.47%，N 13.08%，O 44.81%。

别名 DL-Lactic acid ammonium salt

M. I. 15，527

性状 来自丙醇中的为无色结晶，一般商品为无色或浅黄色黏稠状液体。微有氨味。溶于水、甘油、95%乙醇，微溶于甲醇，几乎不溶于正丁醇、丙醇、异丙醇、乙醚、丙酮、乙酸乙酯。受热分解。mp 91～94℃。其78.8%溶液：d_4^{20} 1.2006；d_4^{25} 1.1984；d_4^{40} 1.1904。n_D^{20} 1.4543；n_D^{25} 1.4536；n_D^{40} 1.4503。

注意事项 该品应密封于阴凉处保存。

主要用途 鞣革。电镀。兽犬用过去治疗牛酮症。

Ammonium magnesium phosphate hexahydrate

磷酸镁铵 六水 00917

[13478-16-5] $H_4MgNO_4P \cdot 6H_2O$ 245.41

成分（以无水物计） H 2.94%，Mg 17.70%，N 10.20%，O 46.61%，P 22.56%。

别名 六水合磷酸铵镁；六水合磷酸镁铵；磷酸铵镁 六水；Magnesium ammonium phosphate hexahydrate

性状 白色结晶性粉末。溶于热水、稀酸，微溶于冷水。*d* 1.711。一般试剂含量≥99.0%。

注意事项 该品对眼睛、呼吸系统及皮肤有刺激性，使用时应穿适当的防护服。万一接触到眼睛，应立即用大量水冲洗后请医生诊治。

主要用途 分析试剂。制药工业。

Ammonium mercuric thiocyanate 硫氰酸汞铵 00918

[20564-21-0] $C_4H_8HgN_6S_4$ 469.00

成分 C 10.24%，H 1.72%，Hg 42.77%，N 17.92%，S 27.35%。

别名 硫氰酸铵汞

GW 2015-1297

性状 无色针状结晶。溶于水、乙醇。水溶液见光或露置空气中易分解而变浑浊。

注意事项 该品有毒。吸入、口服或与皮肤接触时极毒，并具有蓄积性危害。接触皮肤后，应立即用水冲洗。使用时如有事故发生或有不适之感，应请医生诊治。应远离食品和饲料，密封避光保存。

主要用途 测定钴的试剂。铜的微量分析。照相业。

Ammonium metavanadate 偏钒酸铵 00919

[7803-55-6] H_4NO_3V 116.98

成分 H 3.45%，N 11.97%，O 41.03%，V 43.55%。

别名 二缩原钒酸铵；钒酸铵；Ammonium monovanadate；Ammonium vanadate（Ⅴ）

GW 2015-1614 M. I. 15，565

性状 白色或微黄色结晶性粉末。易吸潮。mp 约 200℃；*d*2.33。溶于 165 份水，较多地溶于热水、稀氨水，几乎不溶于乙醇。LD_{50}大鼠急性经口：0.16g/kg。

注意事项 该品吸入或口服有毒。对眼睛、呼吸系统及皮肤有刺激性。使用时应穿适当的防护服，戴手套和防护镜或面罩。万一接触到眼睛，应立即用大量水冲洗后请医生诊治。使用时如有事故发生或有不适之感，应请医生诊治。应密封干燥保存。

主要用途 钢铁分析试剂。铜、钒、铬、磷的测定。催化剂。媒染剂。光谱分析用试剂。

参考规格 HG/T 3445—2003	分析纯	化学纯
含量（NH_4VO_3）/%≥	99.0	98.0
澄清度试验	合格	合格
氯化物（Cl）/%≤	0.005	0.05
硫酸盐（SO_4）/%≤	0.01	0.02
铁（Fe）/%≤	0.005	0.01

Ammonium molybdate tetrahydrate 钼酸铵 四水 00920

[12054-85-2] $H_{24}Mo_7N_6O_{24} \cdot 4H_2O$ 1235.92

成分（以无水物计） H 2.08%，Mo 57.70%，N 7.22%，O 32.99%。

别名 七钼酸铵 四水；四水合七钼酸铵；四水合钼酸铵；Ammonium heptamolybdate；Ammonium molybdate（Ⅵ）；Ammonium molybdate basic；Ammonium paramolybdate

M. I. 14，533

性状 无色或微带蓝绿色或微黄色柱状结晶。溶于 2.3 份水，几乎不溶于乙醇，遇酸分解。加热至 90℃时失去 1 分子结晶水，热至 190℃即分解。其 5%水溶液 pH 值 5.0～5.5。*d* 2.498。

注意事项 该品对眼睛、呼吸系统及皮肤有刺激性。使用时应穿适当的防护服。万一接触到眼睛，应立即用大量水冲洗后请医生诊治。应密封保存。

主要用途 测定磷酸盐、生物碱、砷酸盐和铅的试剂。照相业。陶器釉彩配制等。

参考规格 GB/T 657—2011	分析纯	化学纯
含量［$(NH_4)_6Mo_7O_{24} \cdot 4H_2O$］/%≥	99.0	99.0
配制溶液试验	合格	合格
澄清度试验/号≤	4	6
水不溶物/%≤	0.01	0.03
氯化物（Cl）/%≤	0.001	0.003
硫酸盐（SO_4）/%≤	0.02	0.05
磷酸盐、砷酸盐、硅酸盐（以 SiO_3 计）/%≤	0.001	0.003
重金属（以 Pb 计）/%≤	0.001	0.003

Ammonium nickel sulfate hexahydrate

硫酸镍铵 六水 00921

[7785-20-8] $H_8N_2NiO_8S_2 \cdot 6H_2O$ 395.00

成分（以无水物计） H 2.81%，N 9.76%，Ni 20.46%，O 44.61%，S 22.35%。

别名 六水合硫酸亚镍铵；六水合硫酸镍铵；硫酸亚镍铵 六水；Ammonium disulfatonickelate（Ⅱ）；Nickel ammonium sulfate；Nickelous ammonium sulfate

M. I. 15，6586

性状 翠绿色或浑绿色结晶或结晶性粉末。微风化。溶于水（无水盐计，g/100g）：10℃ 5.19，25℃ 7.52，40℃ 10.9。不溶于乙醇。*d*1.923。LD_{50} 大鼠急性经口：418mg/kg。一般试剂含量≥98.0%。

注意事项 该品口服有害。能致癌。吸入或与皮肤接触可引起过敏。使用前应得到专门的指导，避免曝露。使用时应穿防护服和戴手套。使用时应避免吸入本品的粉尘。使用时如有事故发生或有不适之感，应请医生诊治。

主要用途 分析试剂。电镀业。

Ammonium nitrate 硝酸铵 00922

[6484-52-2] $H_4N_2O_3$ 80.04

成分 H 5.04%，N 35.00%，O 59.97%。

别名 硝铵

GW 2015-2286 M. I. 15，531

性状 无色透明正交结晶或白色颗粒或粉末。无味。有吸湿性。1g 该品溶于 0.5mL 水、0.1mL 沸水、约 20mL 乙醇、约 8mL 甲醇。其 0.1mol/L 水溶液 pH 值 5.43。约 210℃时迅速分解并生成水和一氧化二氮，再高热即爆炸。mp 169.6℃；*d* 1.725。

注意事项 该品与易燃物品接触能引起着火。对眼睛、呼吸系统及皮肤有刺激性。使用时应穿适当的防护服。万一接触到眼睛，应立即用大量水冲洗后请医生诊治。应远离热源与易燃物品，充氩气密封于阴凉干燥处保存。

主要用途 分析试剂。色谱分析试剂。点滴分析钴。氧化剂。制冷剂。烟火和炸药的原料。

参考规格 GB/T 659—2011	优级纯	分析纯	化学纯
含量（NH_4NO_3）/%≥	99.0	99.0	98.0
pH 值（50g/L，25℃）	4.5～6.0	4.5～6.0	4.5～6.0
澄清度试验/号≤	2	3	5
水不溶物/%≤	0.002	0.005	0.01
灼烧残渣（以硫酸盐计）/%≤	0.005	0.01	0.03
氯化物（Cl）/%≤	0.0003	0.0005	0.001
亚硝酸盐（NO_2）/%≤	0.0002	0.0005	0.001
硫酸盐（SO_4）/%≤	0.002	0.005	0.01

磷酸盐（PO_4）/%≤	0.0005	0.001	0.002
钙（Ca）/%≤	0.0005	0.001	0.003
铁（Fe）/%≤	0.0001	0.0002	0.001
重金属（以 Pb 计）/%≤	0.0002	0.0005	0.001

Ammonium oleate 油酸铵 00923

[544-60-5] $C_{18}H_{37}NO_2$ 299.49

成分 C 72.19%，H 12.45%，N 4.68%，O 10.68%。

别名 Ammonia soap；(*Z*)-9-Octadecenoic acid ammonium salt；Oleic acid ammonium salt

M.I. 15，532

性状 黄棕色浆糊状物。有氨味。溶于水，微溶于乙醇、丙酮、甲醇、苯、四氯化碳、二甲苯。10℃软化，mp 21～22℃。一般试剂含量≥70.0%。

注意事项 该品应密封于阴凉处保存。

主要用途 乳化剂。香料。除垢剂。洗涤剂。

Ammonium oxalate monohydrate 草酸铵 一水 00924

[6009-70-7] $C_2H_8N_2O_4 \cdot H_2O$ 142.11

成分（以无水物计） C 19.36%，H 6.50%，N 22.57%，O 51.57%。

别名 一水合乙二酸铵；一水合草酸铵；乙二酸铵 一水；Ethanedioic acid diammenium salt；Oxalic acid diammonium salt monohydrate

M.I. 15，534

性状 无色柱状或白色粒状结晶。无味。易吸潮，1g 该品溶于 20mL 水、2.6mL 沸水，微溶于乙醇。其溶液呈中性（0.1mol/L 水溶液 pH 值 6.4）。热至 95℃时脱水，加高热即分解。*d* 1.50。

注意事项 该品口服或与皮肤接触有害。使用时应避免与眼睛及皮肤接触。应密封干燥保存。

主要用途 测定钙、铅、铈、钍、锆等稀土元素的试剂。有机合成。金属抛光剂。

参考规格

HG/T 3453—2012	优级纯	分析纯	化学纯
含量 [$(NH_4)_2C_2O_4 \cdot H_2O$] /%≥	99.8	99.5	99.5
pH 值（50g/L，25℃）	6.0～7.0	6.0～7.0	6.0～7.0
澄清度试验/号≤	3	4	6
水不溶物/%≤	0.003	0.005	0.015
灼烧残渣（以硫酸盐计）/%≤	0.005	0.01	0.03
氯化物（Cl^-）/%≤	0.0005	0.001	0.002
硫酸盐（SO_4^{2-}）/%≤	0.005	0.01	0.02
硝酸盐（NO_3^-）/%≤	0.002		
钠（Na）/%≤	0.001	0.002	0.005
镁（Mg）/%≤	0.001	0.002	0.005
钾（K）/%≤	0.001	0.002	0.005
钙（Ca）/%≤	0.001	0.002	0.005
铁（Fe）/%≤	0.0002	0.0005	0.001
重金属（以 Pb 计）/%≤	0.0005	0.001	0.0015

Ammonium paratungstate hydrate 仲钨酸铵 水合 00925

[11120-25-5] $H_{40}N_{10}O_{41}W_{12} \cdot xH_2O$ 3060.44（无水物）

成分（以无水物计） H 1.38%，N 4.58%，O 21.96%，W 72.081%。

别名 水合仲钨酸铵；水合偏钨酸铵；偏钨酸铵 水合；Ammonium tungstate (Ⅵ)

M.I. 15，536

性状 无色棱柱状结晶或白色粉末。易溶于水，几乎不溶于醇。热至 100℃失去结晶水，约 300℃分解。*d* 2.300（五水物）。

主要用途 磷钨酸铵和其他钨化合物的合成。

Ammonium pentaborate tetrahydrate 五硼酸铵 四水 00926

[12229-12-8] $B_5H_4NO_8 \cdot 4H_2O$ 272.14

成分（以无水物计） B 27.02%，H 2.01%，N 7.00%，O 63.97%。

别名 四水合五硼酸铵

性状 无色斜方晶系结晶。溶于水，溶液呈碱性。不溶于乙醇。加热失去结晶水并逸出氨。一般试剂含量≥99.0%。

注意事项 该品口服有害。对眼睛及皮肤有刺激性。使用时应穿适当的防护服。万一接触到眼睛，应立即用大量水冲洗后请医生诊治。

主要用途 分析试剂。制造硼化合物中间体。

Ammonium perchlorate 高氯酸铵 00927

[7790-98-9] ClH_4NO_4 117.49

成分 Cl 30.18%，H 3.43%，N 11.92%，O 54.47%。

别名 过氯酸铵；AP

GW 2015-799 M.I. 15，538

性状 无色或白色正交结晶。易溶于水，溶于甲醇，微溶于乙醇、丙酮，几乎不溶于乙酸乙酯、乙醚。加热分解。*d* 1.95。一般试剂含量≥98.0%（T）。

注意事项 该品为强氧化剂。与易燃物品混合时具有爆炸性。在密闭条件下加热有爆炸的危险。使用时应穿适当的防护服和戴手套。使用现场禁止吸烟。使用后应立即脱掉受污染的衣服。应远离火种和酸类，密封于阴凉干燥处保存。

主要用途 分析试剂。炸药的合成。氧化剂。农业科研工作中用于磷含量的测定。

Ammonium perrhenate 高铼酸铵 00928

[13598-65-7] H_4NO_4Re 268.24

成分 H 1.50%，N 5.22%，O 23.86%，Re 69.42%。

别名 过铼酸铵

性状 白色六方形结晶或粉末。微溶于水。加热至 200℃以上分解。*d*3.97。一般商品含量≥99.0%。

注意事项 该品与易燃物品接触能引起着火。对眼睛及皮肤有刺激性。万一接触到眼睛，应立即用大量水冲洗后请医生诊治。应远离易燃物品密封保存。

主要用途 光谱分析标准物。氧化剂。制铼钨丝的原料。

Ammonium persulfate 过硫酸铵 00929

[7727-54-0] $H_8N_2O_8S_2$ 228.19

成分 H 3.53%，N 12.28%，O 56.09%，S 28.10%。

别名 过二硫酸铵；过氧二硫酸铵；高硫酸铵；Ammonium peroxodisulfate；Ammonium peroxydisulfate；AP；APS；PER

GW 2015-851 M.I. 15，539

性状 无色片状、三菱形结晶或白色颗粒、粉末。易溶于水，但能缓慢水解并放出氧。热至 120℃开始分解。*d* 1.98。LD_{50}大鼠急性经口：820mg/kg。

注意事项 该品为强氧化剂，与易燃物品接触能引起燃烧。口服有害。对眼睛、呼吸系统及皮肤有刺激性。吸入或与皮肤接触可引起过敏。使用时应戴手套。应避免吸入本品的粉尘，避免与皮肤接触。万一接触到眼睛，应立即用大量水冲洗后请医生诊治。使用后应立即脱掉受污染的衣服。应远离易燃物品，密封于阴凉处保存。

主要用途 分析试剂，测定钨。氧化剂。

参考规格

GB/T 655—2011	分析纯	化学纯
含量 [$(NH_4)_2S_2O_8$] /%≥	98.0	98.0
澄清度试验/号≤	3	5
水不溶物/%≤	0.005	0.02
灼烧残渣（以硫酸盐计）/%≤	0.02	0.05
氯化物及氯酸盐（以 Cl 计）/%≤	0.001	0.002
锰（Mn）/%≤	0.00005	0.0001
铁（Fe）/%≤	0.0005	0.001
重金属（以 Pb 计）/%≤	0.0005	0.001

Ammonium phosphate dibasic 磷酸氢二铵 00930

[7783-28-0] $H_9N_2O_4P$ 132.06

成分 H 6.87%，N 21.21%，O 48.46%，P 23.45%。

别名 二盐基磷酸铵；di-Ammonium hydrogen phosphate；di-

Ammonium phosphate; Diammonium hydrogen phosphate; Fyrex; Secondary ammonium phosphate

M. I. 15，540

性状 无色结晶或白色结晶性粉末。无味。1g 该品溶于 1.7mL 水、0.5mL 沸水，几乎不溶于乙醇、丙酮。其溶液 pH 值约 8。露置空气中能失去氨而变成磷酸二氢铵。mp 190℃。

注意事项 该品对眼睛、呼吸系统及皮肤有刺激性。使用时应穿适当的防护服。使用时应避免吸入本品的粉尘，避免与眼睛及皮肤接触。万一接触到眼睛，应立即用大量水冲洗后请医生诊治。应密封于阴凉处保存。

主要用途 分析试剂，如镁、锌、镍、铀等的沉淀。浸种剂。缓冲剂。

参考规格 HG/T 3465—2012	分析纯	化学纯
含量［$(NH_4)_2HPO_4$］/%≥	99.0	98.0
pH 值（50g/L，25℃）	7.8～8.2	7.8～8.2
澄清度试验/号≤	3	5
水不溶物/%≤	0.005	0.01
氯化物（Cl）/%≤	0.0005	0.004
硝酸盐（NO_3）/%≤	0.0005	0.001
硫化合物（以 SO_4 计）/%≤	0.005	0.01
钠（Na）/%≤	0.01	0.02
钾（K）/%≤	0.003	0.01
铁（Fe）/%≤	0.0005	0.002
重金属（以 Pb 计）/%≤	0.0005	0.001
砷（As）/%≤	0.0003	0.002

Ammonium phosphate monobasic 磷酸二氢铵 00931

［7722-76-1］ H_6NO_4P 115.02

成分 H 5.26%，N 12.18%，O 55.64%，P 26.93%。

别名 一盐基磷酸铵；ADP；Ammonium acid phosphate；Ammonium biphosphate；Ammonium dihydrogen phosphate；mono-Ammononium phosphate；*prim*-Ammonium phosphate；Monoammonium phosphate；Primary ammonium phosphate

M. I. 15，541

性状 无色结晶或白色结晶性粉末。无味。露置空气中约能失去 8% 的氨。1g 该品溶于约 2.5mL 水，溶液呈酸性（0.2mol/L 水溶液 pH 值 4.2）。微溶于乙醇，不溶于丙酮。mp 193.3℃；bp 376.1℃（分解）；*d* 1.80。

注意事项 见 00930 磷酸氢二铵。

主要用途 分析试剂，如镁、锌、镍、铀等的沉淀。缓冲剂。照相制版。

参考规格 HG/T 3466—2012	优级纯	分析纯	化学纯
含量［$(NH_4)H_2PO_4$］/%≥	99.5	99.0	98.5
pH 值（50g/L，25℃）	4.0～4.5	4.0～4.5	4.0～4.5
澄清度试验/1 号	2	3	5
水不溶物/%≤	0.005	0.005	0.01
氯化物（Cl）/%≤	0.0003	0.0005	0.001
硝酸盐（NO_3）/%≤	0.0005	0.001	0.002
硫化合物（以 SO_4^{2-} 计）/%≤	0.005	0.005	0.01
钠（Na）/%≤	0.005	0.005	0.01
钾（K）/%≤	0.003	0.003	0.01
铁（Fe）/%≤	0.0005	0.001	0.003
重金属（以 Pb 计）/%≤	0.0005	0.0005	0.001
砷（As）/%≤	0.0002	0.0002	0.002

Ammonium phosphomolybdate 磷钼酸铵 00932

［12026-66-3］ $H_{12}Mo_{12}N_3O_{40}P$ 1876.45

成分 H 0.64%，Mo 61.36%，N 2.24%，O 34.11%，P 1.65%。

别名 Ammonium molybdophosphate；Ammonium 12-molybdophosphate；Molybdophosphoric acid ammonium salt；Phosphomolybdic acid ammonium salt

M. I. 15，543

性状 黄色结晶性重质粉末。溶于氢氧化碱溶液，微溶于水［20℃，(0.2±0.1)g/L］，几乎不溶于硝酸。一般试剂含量（以 MoO_3 计）≥96.5%。

注意事项 见 00930 磷酸氢二铵。

主要用途 检测磷、锡、生物碱。

Ammonium phosphotungstate trihydrate 磷钨酸铵 三水 00933

［1311-90-6］ $H_{12}N_3O_{40}PW_{12} \cdot 3H_2O$ 2985.18

成分（以无水物计） H 0.41%，N 1.43%，O 21.83%，P 1.06%，W 75.26%。

别名 三水合磷钨酸铵；Ammonium phosphowolframate；Ammonium tungstophosphate

M. I. 15，561

性状 白色微晶粉末。易溶于氢氧化碱溶液，微溶于水（20℃，0.15g/L），不溶于酸。一般试剂含量≥99.0%。

主要用途 分析试剂。离子交换剂。

Ammonium pyrosulfate 焦硫酸铵 00934

［10031-68-2］ $H_8N_2O_7S_2$ 212.19

成分 H 3.80%，N 13.20%，O 52.78%，S 30.22%。

性状 白色结晶或粉末。易吸潮。溶于水，在热水中易分解为硫酸氢铵。一般试剂含量（以 H_2SO_4 计）44.5%～46.5%。

注意事项 该品应密封于干燥处保存。

主要用途 分析试剂。酸化剂。砂石分析。

Ammonium pyrrolidinedithiocarbamate 吡咯烷二硫代氨基甲酸铵 00935

［5108-96-3］ $C_5H_{12}N_2S_2$ 164.29

成分 C 36.55%，H 7.36%，N 17.05%，S 39.04%。

别名 四次甲基二硫代氨基甲酸铵；四亚甲基二硫代氨基甲酸铵；APDC；APDG；APDTC；Ammonium pyrrolidine carbodithioate；Ammonium tetramethylenedithiocarbamate；PDC；Pyrrolidinecarbodithioic acid ammonium salt；1-Pyrrolidinecarbodithioic acid ammonium salt；Pyrrolidinedithiocarboxylic acid NH_4 salt

性状 白色结晶。溶于水、乙醇。易吸潮。mp 153～155℃。一般试剂含量≥98.0%（NT）。

注意事项 该品对眼睛、呼吸系统及皮肤有刺激性。使用时应穿适当的防护服。万一接触到眼睛，应立即用大量水冲洗后请医生诊治。应密封干燥保存。

主要用途 原子吸收分光光度分析用络合剂。发射光谱测定三价铬，测尿中痕量铅。微量测定镉、钴、铋、钼的试剂。

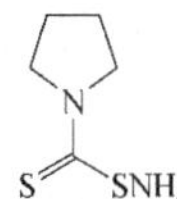

Ammonium salicylate 水杨酸铵 00936

［528-94-9］ $C_7H_9NO_3$ 155.15

成分 C 54.19%，H 5.85%，N 9.03%，O 30.94%。

别名 柳酸铵；邻羟基苯甲酸铵；Ammonium *o*-hydroxybenzoate；2-Hydroxybenzoic acid ammonium salt；Salicylic acid ammonium salt；Salicyl-Vasogen

M. I. 15，547

性状 无色有光泽的结晶或白色结晶性粉末。无味。长期露置空气中失去氨，长期遇光而变色。1g 该品溶于 1mL 水、3mL 乙醇。其水溶液呈微酸性。

注意事项 该品应密封避光于阴凉干燥处保存。

主要用途 检测锆。防腐剂。医用止痛剂。

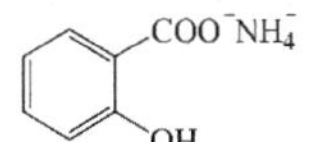

Ammonium succinate 丁二酸铵 00937

［15574-09-1］ $C_4H_{12}N_2O_4$ 152.15

成分 C 31.58%，H 7.95%，N 18.41%，O 42.06%。

别名 琥珀酸铵；Succinic acid ammonium salt

性状 白色结晶或粒状物。露置空气中逐渐失去氨。易溶于水，不溶于乙醇。一般试剂含量≥97.0%。

注意事项 该品应密封避光保存。
主要用途 分析试剂。有机合成。制药工业。

Ammonium sulfamate 氨基磺酸铵 00938
[7773-06-0] $H_6N_2O_3S$ 114.12
成分 H 5.30%，N 24.55%，O 42.06%，S 28.09%。
别名 Amcide；Ammate；AMS；AS；Sulfamic acid monoammonium salt
M.I. 15，551
性状 无色大片状结晶或白色粉末。易溶于水、氨水，中等程度溶于甘油、乙二醇、甲酰胺，微溶于乙醇。其0.27mol/L水溶液pH值4.9。其沸水溶液稳定。加热至160℃分解。mp 131℃。LD_{50} 大鼠急性经口：3.0g/kg。一般试剂含量≥99.0%（T）。
注意事项 该品口服有害。使用时应穿适当的防护服。应避免与眼睛及皮肤接触。应充氩气密封于干燥处保存。
主要用途 分析试剂。除草剂。农业科研工作中用作甘蔗的枯叶剂。防火剂（纺织物和纸）。电镀液的配制。

Ammonium sulfate 硫酸铵 00939
[7783-20-2] $H_8N_2O_4S$ 132.13
成分 H 6.10%，N 21.20%，O 48.43%，S 24.27%。
别名 硫铵；Mascagnite；Sulfuric acid diammonium salt
M.I. 15，552
性状 无色结晶或半透明正交结晶或白色颗粒。易溶于水（g/100gH_2O）：0℃，70.6；25℃，76.7；100℃，103.8），不溶于乙醇、丙酮。0.1mol/L水溶液pH值5.5。约280℃分解；*d* 1.77。
注意事项 该品对眼睛、呼吸系统及皮肤有刺激性。使用时应戴手套。万一接触到眼睛，应立即用大量水冲洗后请医生诊治。
主要用途 沉淀蛋白质。钙、锶的分离。微生物培养基的制备。
参考规格

GB/T 1396—2015	分析纯	化学纯
含量[$(NH_4)_2SO_4$]，质量分数/%≥	99.0	99.0
pH（50g/L，25℃）	4.8～6.0	4.8～6.0
澄清度试验/号≤	3	5
水不溶物，质量分数/%≤	0.002	0.01
灼烧残渣（以硫酸盐计），质量分数/%≤	0.01	0.05
氯化物（Cl），质量分数/%≤	0.0005	0.001
硝酸盐（NO_3），质量分数/%≤	0.001	0.005
磷酸盐（PO_4），质量分数/%≤	0.0005	0.002
钙（Ca），质量分数/%≤	0.005	
铁（Fe），质量分数/%≤	0.0002	0.0005
重金属，w(以Pb计)，质量分数/%≤	0.0005	0.002
砷（As），质量分数/%≤	0.00002	0.0002

Ammonium sulfide water solution 硫化铵 水溶液 00940
[12135-76-1] H_8N_2S 68.14
成分（以无水物计） H 11.83%，N 41.11%，S 47.06%。
别名 Ammonium bisulfide solution；Ammonium hydrosulfide solution；Ammonium sulfhydrate solution
GW 2015-1283 M.I. 15.553
性状 无色液体。有恶臭。呈强碱性。久置变黄。有氨及硫化氢的气味。－18℃以下可结晶。d_4^{20} 0.997。一般试剂含量（以S计）≥9.0%。
注意事项 该品易燃。与酸接触时释放出有毒气体。具有腐蚀性，能引起烧伤。使用时应穿适当的防护服，戴手套、防护镜或面罩。万一接触到眼睛，应立即用大量水冲洗后请医生诊治。使用时如有事故发生或有不适之感，应请医生诊治。应充氩气密封于阴凉处保存。冬季注意防冻。
主要用途 分析试剂。在钙、镁测定中去除硫化物。铊的微量分析。

Ammonium sulfite monohydrate 亚硫酸铵 一水 00941
[7783-11-1] $H_8N_2O_3S \cdot H_2O$ 134.15
成分（以无水物计） H 6.94%，N 24.12%，O 41.33%，S 27.61%。
别名 一水合亚硫酸铵
M.I. 15，554
性状 无色结晶。易风化。在空气中易氧化成硫酸铵。受热（60～70℃）逐渐分解。溶于水，几乎不溶于乙醇、丙酮。其水溶液对石蕊呈碱性。mp 60～70℃。热至150℃时升华并分解。*d* 1.410；n_D^{20}1.515。
注意事项 该品对眼睛及皮肤有刺激性。使用时应戴手套和防护镜或面罩。万一接触到眼睛，应立即用大量水冲洗后请医生诊治。应密封于阴凉干燥处保存。
主要用途 还原剂。

Ammonium sulfite 21% water solution 00942
亚硫酸铵 21% 水溶液
[17026-44-7] $H_8N_2O_3S$ 116.14
成分（以无水物计） H 7.00%，N 24.00%，O 41.00%，S 28.00%。
性状 无色或浅黄色溶液。受热分解。
注意事项 见 00941 亚硫酸铵 一水。
主要用途 检测铅、镍。还原剂。

Ammonium tartrate 酒石酸铵 00943
[3164-29-2] $C_4H_{12}N_2O_6$ 184.15
成分 C 26.09%，H 6.57%，N 15.21%，O 52.13%。
别名 酒石酸二铵；L-（＋）-酒石酸二铵盐；di-Ammonium tartrate；L-（＋）-Tartaric acid diammonium salt；L-Tartaric acid ammonium salt
性状 无色结晶。溶于水，溶液呈酸性。微溶于乙醇。露置空气中即逐渐失去氨。受热分解。其1mol/L水溶液25℃ pH值6.0～7.5。*d* 1.601；$[\alpha]^{15}$＋32.4°(*c*＝1.84，于水中)。一般试剂含量≥99.0%。
注意事项 该品应密封保存。
主要用途 分析试剂，是检测铅、镍、磷及金属等的掩蔽剂。制药工业。

Ammonium thiocyanate 硫氰酸铵 00944
[1762-95-4] CH_4N_2S 76.12
成分 C 15.78%，H 5.30%，N 36.80%，S 42.12%。
别名 硫氰化铵；Ammonium rhodanide；Ammonium sulfocyanate；Ammonium sulfocyanide；Thiocyanic acid ammonium salt
M.I. 15，558
性状 无色叶片状或柱状结晶。有潮解性。易溶于水、乙醇，溶于甲醇、丙酮，几乎不溶于氯仿、乙酸乙酯。热至170℃时，分解为氨、二硫化碳、硫化氢。mp 约149℃；*d* 1.305。
注意事项 该品吸入、口服或与皮肤接触有害。与酸接触时能释放出极毒气体。对水生物有害。对水环境能产生长期有害的结果。应远离食品、饮料和饲料，密封于干燥处保存。应防止将本品释放于环境中。
主要用途 分析试剂，如银、汞及微量铁的测定。硫氰酸盐、硫氰酸络盐的合成。
参考规格

GB/T 660—2015	分析纯	化学纯
含量（NH_4CNS），质量分数/%≥	98.5	98.0
pH值（50g/100mL，25℃）	4.5～6.0	4.5～6.0
澄清度试验/号≤	4	6
水不溶物，质量分数/%≤	0.005	0.01
灼烧残渣（以硫酸盐计），质量分数/%≤	0.01	0.02
氯化物（Cl），质量分数/%≤	0.005	0.01
硫酸盐（SO_4），质量分数/%≤	0.005	0.02
硫化物（S），质量分数/%≤	0.001	0.002
铁（Fe），质量分数/%≤	0.0001	0.0003
铜（Cu），质量分数/%≤	0.0005	0.001
铅（Pb），质量分数/%≤	0.0005	0.001
还原碘的物质（以I计），质量分数/%≤	0.025	0.05

Ammonium thiosulfate 硫代硫酸铵 00945
[7783-18-8] $H_8N_2O_3S_2$ 148.20
成分 H 5.44%，N 18.90%，O 32.39%，S 43.27%。
别名 连二硫酸铵；Ammonium hyposulfite
M.I. 15，559
性状 无色或白色结晶。有潮解性。溶于水，其溶液久置有硫析出。不溶于乙醇、乙醚。mp 约150℃（分解）；d^{25} 1.679。一般试剂含量≥99.0%。

注意事项 该品有蓄积性危害。对眼睛、呼吸系统有刺激性。使用时应穿适当的防护服。万一接触到眼睛，应立即用大量水冲洗后请医生诊治。应密封于干燥处保存。

主要用途 分析试剂。照相定影剂。还原剂。杀菌剂。电镀业。

Amobarbital sodium salt 异戊巴比妥钠盐 00946

[64-43-7] $C_{11}H_{17}N_2NaO_3$ 248.26

成分 C 53.22%，H 6.90%，N 11.28%，Na 9.26%，O 19.33%。

别名 5-乙基-5-异戊基巴比妥钠；阿米妥钠；Amsebarb；Amylobarbitone sodium；Amytal sodium；Barbamyl；Dorminal；Inmetal；Sodium amytal；Sodium 5-ethyl-5-isoamyl barbiturate

M. I. 15，567

性状 白色颗粒或粉末。无臭，味微苦，具有吸湿性。易溶于水，溶于乙醇（1∶1），几乎不溶于乙醚、氯仿。

注意事项 该品口服有害。使用时应穿适当的防护服。

主要用途 生化试剂。医用镇静剂，安眠剂。

Amodiaquin dihydrochloride dihydrate
阿莫特喹 二盐酸盐 二水 00947

[6398-98-7] $C_{20}H_{24}Cl_3N_3O \cdot 2H_2O$ 464.81

成分（以无水物计） C 56.00%，H 6.00%，Cl 25.00%，N 10.00%，O 4.00%。

别名 二盐酸阿莫特喹；二盐酸氨酚喹；二盐酸氨酚喹啉；氨酚喹 二盐酸盐；氨酚喹啉 二盐酸盐；4-(7-Chloro-4-quinolinyl)amino-2-[(diethylamino) methyl] phenol dihydrochloride；4-(7-Chloro-4-quinolyl) amino-α-diethylamino-o-cresol dihydrochloride；7-Chloro-4-(3-diethylaminomethyl-4-hydroxyanilino) quinoline dihydrochloride；7-Chloro-4-(3-diethylaminomethyl-4-hydroxyphenylamino) quinoline dihydrochloride；4-(3′-Diethylaminomethyl-4′-hydroxyanilino)-7-chloroquinoline dihydrochloride；SN-10751 dihydrochloride；CAM-AQ1；Camoguin；Flavoquine

M. I. 15，569

性状 黄色结晶。味苦。溶于水，略溶于乙醇，极微溶于苯、氯仿、乙醚。其1%水溶液 pH 值 4.0～4.8。150～160℃分解；uv max（甲醇中）：342nm（$E_{1cm}^{1\%}$ 349）；（水中）：341.5nm（$E_{1cm}^{1\%}$ 389）；（0.1mol/L 盐酸中）：342nm（$E_{1cm}^{1\%}$ 396）。

主要用途 医用抗疟剂。

Cl N HN N CH₃ ·2HCl·2H₂O OH CH₃

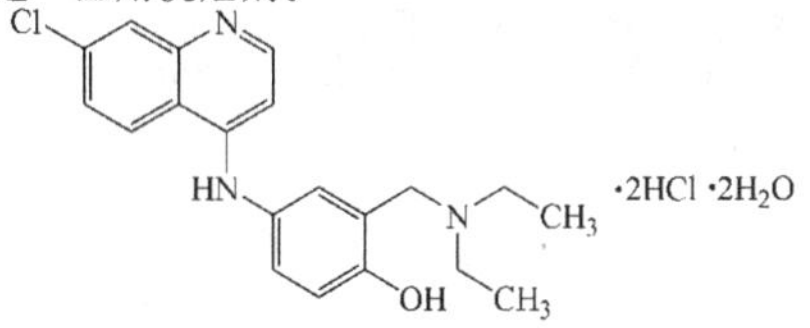

Amoxicillin 羟氨苄青霉素 00948

[26787-78-0] $C_{16}H_{19}N_3O_5S$ 365.40

成分 C 52.59%，H 5.24%，N 11.50%，O 21.89%，S 8.78%。

别名 (2S，5R，6R)-6-[(2R)-Amino(4-hydroxyphenyl)acetyl]amino-3，3-dimethyl-7-oxo-4-thia-1-azabicyclo[3.2.0]heptane-2-carboxylic acid；[2S-[2α，5α，6β(S*)]]-6-[Amino(4-hydroxyphenyl) acetyl] amino-3，3-dimethyl-7-oxo-4-thia-1-azabicyclo[3.2.0]heptane-2-carboxylic acid；(－)-6-[2-Amino-2-(p-hydroxyphenyl) acetamido]-3，3-dimethyl-7-oxo-4-thia-1-azabicyclo[3.2.0]heptane-2-carboxylic acid；6-[D-(－)-α-Amino-p-hydroxyphenylacetamido] penicillanic acid；α-Amino-p-hydroxybenzylpenicillin；6-(p-Hydroxy-α-aminophenylacetamido) penicillanic acid；p-Hydroxyamp icillin；Amoxycillin；Amp C；Amocilline；Amolin；Amopenixin；Amoram；Amoxipen；Anemolin；Aspenil；Betamox；Bristamox；Cabermox；Delacillin；Efpenix；Grinsil；Helvamox；Moxal；Optium；Ospamox；Pasetocin；Penamox；Penimox；Piramox；Sawacillin；Simoxil；Sumox；Widecillin；Wymox；Zamocilline

M. I. 14，574

性状 无色结晶或白色结晶性粉末。溶于水、甲醇、无水乙醇，不溶于已烷、苯、乙酸乙酯、乙腈。$[\alpha]_D^{20}$ +246°（c=0.1，于水中）；uv max（乙醇中）：230nm，274nm（ε 10850，1400）。生化试剂含量≥97.0%（NT）。水约15%。

注意事项 该品吸入或与皮肤接触可引起过敏。使用时应穿适当的防护服和戴手套。使用时应避免吸入本品的粉尘。应密封于 2～8℃保存。

主要用途 生化研究。抗生素。

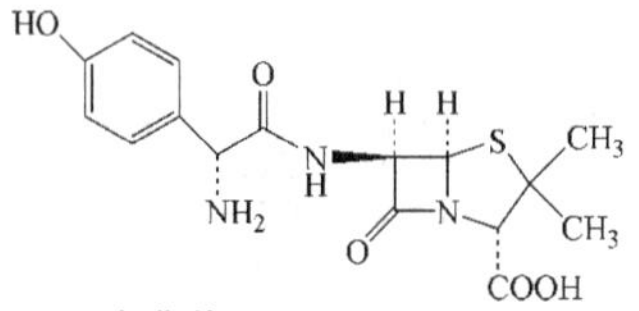

HO O H H S CH₃ N H NH₂ O N CH₃ COOH

Amp hetamine 安非他明 00949

[300-62-9] $C_9H_{13}N$ 135.21

成分 C 79.95%，H 9.69%，N 10.36%。

别名 苯齐特林；β-苯异丙胺；1-苯基-2-氨基丙烷；α-甲基苯乙胺；β-氨基丙基苯；α-Methylbenzeneethanamine；(±)-α-Methylphenethylamine；1-Phenyl-2-aminoropane；β-Phenyiisopropylamine；β-Aminopropylbenzene；(±)-Desoxynorephedrine

M. I. 15，579

性状 无色流动液体。有氨气体，有辛辣味道。在室温中挥发缓慢。易溶于酸，溶于乙醇、乙醚，微溶于水。其水溶液对石蕊呈碱性。bp $_{760}$ 200～203℃/101.325kPa；bp_{13} 82～85℃/1.733kPa；d_4^{25} 0.913。LD_{50} 大鼠皮下注射：180mg/kg。

主要用途 医用中枢神经兴奋剂。抑制食欲剂。

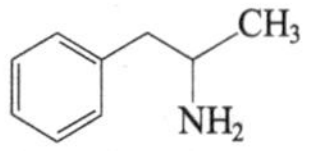

CH₃ NH₂

DL-Amp hetamine sulfate DL-安非他明 硫酸盐 00950

[60-13-9] $C_{18}H_{28}N_2O_4S$ 368.49

成分 C 58.67%，H 7.66%，N 7.60%，O 17.37%，S 8.70%。

别名 苯齐特林 硫酸盐；1-苯基-2-丙胺 硫酸盐；硫酸安非他明；硫酸 1-苯基-2-丙胺；硫酸 DL-苯异丙胺；硫酸苯齐特林；硫酸氨基丙苯；硫酸 1-苯基-2-氨基丙烷；Aetedron sulfate；Adipan sulfate；Alentol；Allodene sulfate；β-Aminopropyl benzene sulfate；Benzedrine；(±)-Desoxynore phedrine sulfate；(±)-α-Methylbenzeneethanamine sulfate；DL-α-Methyl phenethylamine sulfate；1-Phenyl-2-aminopropane sulfate；Phenedrine sulfate；β-Phenylisopropyl amine sulfate；Psychoton；Simp amina；Simp atedrin sulfate；Symp amine sulfate；Symp atedrine sulfate

M. I. 15，579

性状 白色结晶性粉末。无气味。味道微若。易溶于水（1∶9），溶液呈酸性。微溶于乙醇（约1∶500），不溶于乙醚。其 1g/10mL 水溶液 pH 值 5～6。mp 约 300℃（分解）。LD_{50}小鼠，大鼠急性经口：24.2mg/kg，55mg/kg。

注意事项 该品口服或与皮肤接触有毒。使用时应穿防护服和戴手套。使用时如有事故发生或有不适之感，应请医生诊治。

主要用途 医用中枢神经兴奋剂。

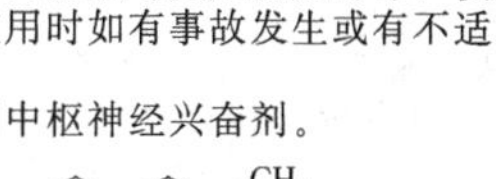

CH₃ ·H₂SO₄ NH₂

Amp holine 载体两性电解质 00951

[37348-94-0]

别名 两性电解质载体

性状 无色至浅黄色透明液体。是用多乙烯多胺与丙烯酸加成生成的系列多氨基多羧酸的混合物。一般试剂规格 pH 值 3.5～10；pH 值 5.0～8.0；pH 值 5.0～7.0；pH 值 6.0～8.0；pH 值 7.0～9.0。

注意事项 该品应密封于 2～8℃保存。

主要用途 大分子蛋白质的等电聚焦分离提纯。

Amp hotericin B from stereptomyces sp
两性霉素 B（SP 链霉菌） 00952

[1397-89-3] $C_{47}H_{73}NO_{17}$ 924.08

成分 C 61.09%，H 7.96%，N 1.52%，O 29.43%。

别名 Ambisome；Fungizone；Amp hozone；Fungilin；Amp

ho-Moronal
M. I. 15, 582
性状 来自二甲基甲酰胺中的深黄色菱形或针状结晶。溶于二甲基甲酰胺（2～4mg/mL）、二甲基甲酰胺＋盐酸（60～80mg/mL）、二甲基亚砜（30～40mg/mL），不溶于pH值6～7的水，而溶于pH值2或pH值11的水（约0.1mg/mL）。约170℃逐渐分解；$[\alpha]_D^{24}+333°$（酸性二甲基甲酰胺中），－33.6°（0.1mol/L甲醇盐酸中）；uv max（甲醇中）：406nm，382nm，363nm，345nm。LD_{50} 小鼠腹膜内注射：88mg/kg；静脉注射：4mg/kg。
注意事项 该品对眼睛、呼吸系统及皮肤有刺激性。万一接触到眼睛，应立即用大量水冲后请医生诊治，使用时应穿适当的防护服。应充氩气密封避光于2～8℃保存。

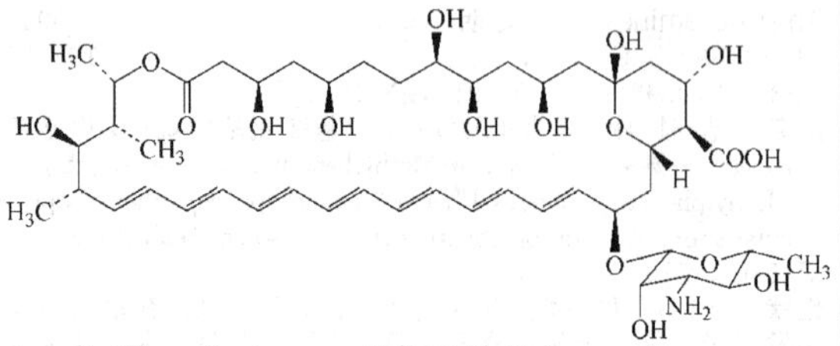

Amp icillin anhydrous 氨必西林 无水 00953

［69-53-4］ $C_{16}H_{19}N_3O_4S$ 349.40
成分 C 55.00％，H 5.48％，N 12.03％，O 18.32％，S 9.18％。
别名 无水氨必西林；无水α-氨基苄青霉素；α-氨基苄青霉素 无水；D-(－)-α-氨基苄基青霉素；D-(－)-α-Aminobenzylpenicillin；(2*S*，5*R*，6*R*)-6-［(2*R*)-Aminophenylacetyl］amino-3，3-dimethyl-7-oxo-4-thia-1-azabicyclo［3.2.0］heptane-2-carboxylic acid；6-［D-(－)-α-Aminophenylacetamido］penicillanic acid；D-(－)-α-Aminobenzylpenicillin；AY-6108；BRL-1341；P-50；Albipen；Amfipen；Amipenix；Amp ipenin；Amp itab；Bonapicillin；Britacil；Doktacillin；Domicillin；Dumopen；Gramp enil；Nuvapen；Omnipen；Penicline；Tokiocillin
M. I. 14, 586
性状 无色结晶。略微溶于水、甲醇，不溶于苯、四氯化碳、氯仿。199～202℃分解。$[\alpha]_D^{23}$ ＋287.9°（*c*＝1，于水中）。生化试剂含量≥98.0％（NT）。
注意事项 该品对眼睛、呼吸系统及皮肤有刺激性。吸入或与皮肤接触可引起过敏。使用时应穿适当的防护服和戴手套，应避免吸入本品的粉尘。万一接触到眼睛，应立即用大量水冲洗后请医生诊治。应充氩气密封于2～8℃干燥保存。
主要用途 生化研究。医用抗菌剂。

Ampicillin trihydrate 氨必西林 三水 00954

［7177-48-2］ $C_{16}H_{19}N_3O_4S\cdot3H_2O$ 403.46
成分（以无水物计） C 55.00％，H 5.48％，N 12.03％，O 18.32％，S 9.18％。
别名 α-氨苄基青霉素 三水；三水合氨必西林；Albipen trihydrate；Amfipen trihydrate；D-(－)-α-Amino benzyl penicilline trihydrate；［2*S*-［2α，5α，6β(*S*)］］-6-(Aminophenylacetyl) amino-3，3-dimethyl-7-oxo-4-thia-1-azabicyclo［3.2.0］heptane-2-carboxylic acid；6-［D-(－)-α-Aminophenylacetamido］penicillanic acid；Amipenix trihydrate；Amp itab trihydrate；Bonapicillin trihydrate；Britacil trihydrate；Amp eril；Amp ichel；Amp ikel；Amp inova；Trafarbiot；Amcap；Amp lin；Amcill；Acillin；AY-6108 trihydrate；BRL-1341 trihydrate；P-50 trihydrate；Princillin；Cymbi；Divercillin；Doktacillin trihydrate；Lifeamp il；Morepen；Nuvapen trihydrate；Domicillin trihydrate；Dumopen trihydrate；Gramp enil trihydrate；Omnipen trihydrate；Pensyn；Roamp en；Pen A；Principen；Tokiocillin；Vidopen；Ukapen；Alpen；Amblosin；Amp ilag；Amp ilar；Amp itablinen；Amp lital；Austrapen；Binotal；Cetamp in；Penbristol；Penbritin；Penbrock；Pentrexyl；Polycillin；Princillin；Rosamp line；Totacillin；Totalciclina；Totapen；Ultrabion
M. I. 15, 583
性状 无色结晶。微溶于水。mp 200～202℃（分解）；$[\alpha]_D^{23}$ ＋287.9°（*c*＝1，于水中）。生化试剂含量≥96.0％（NT）。
注意事项 见00953氨必西林 无水。

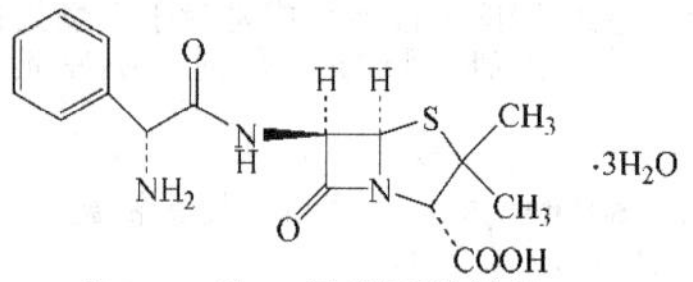

·3H₂O

Amp icillin sodium salt 氨必西林钠盐 00955

［69-52-3］ $C_{16}H_{18}N_3NaO_4S$ 371.39
成分 C 51.75％，H 4.89％，N 11.31％，Na 6.19％，O 17.23％，S 8.63％。
别名 α-氨基苄青霉素钠盐；D-(－)-α-氨基苄基青霉素钠盐；D-(－)-α-Aminobenzylpenicillin sodium salt；Alpen-*N*；Amcill-*S*；Davis；Ampicin；Cilleral；Omnipen-*N*；Penbristol；Pentrex；Pentrexyl；Polycillin-*N*；Synpenin；Viccillin
M. I. 15, 583
性状 白色结晶性粉末。易吸潮。易溶于水。与氯化钠葡萄糖溶液等渗。约240℃分解；$[\alpha]_D^{20}+257°\pm5°$（*c*＝0.2，于水中）。生化试剂含量≥99.0％（NT）。
注意事项 该品吸入或与皮肤接触可引起过敏。使用时应穿适当的防护服和戴手套。使用时应避免吸入本品的粉尘。使用时如有事故发生或有不适之感，应请医生诊治。应充氩气密封干燥保存。
主要用途 生化研究。医用抗菌剂。

Amprolium hydrochloride 氨丙嘧吡啶 盐酸盐 00956

［137-88-2］ $C_{14}H_{20}Cl_2N_4$ 315.24
成分 C 53.34％，H 6.39％，Cl 22.49％，N 17.77％。
别名 盐酸氨丙嘧吡啶；1-(4-Amino-2-propyl-5-pyrimidinyl) methyl-2-methylpyridinium chloride HCl；1-(4-Amino-2-propyl-5-pyrimidinyl) methyl-2-picolinium chloride HCl；Amprol；Corid HCl
M. I. 15, 586
性状 来自乙醇＋甲醇中的无色或白色结晶。易溶于水、甲醇、95％乙醇、二甲基甲酰胺，略微溶于无水乙醇，几乎不溶于异丙醇、丁醇、二氧六环、丙酮、乙酸乙酯、乙腈、异辛烷。其10％水溶液pH值2.5～3.0。248～249℃分解。生化试剂含量≥99.0％（HPLC）。
注意事项 使用时应避免吸入本品的粉尘，避免与眼睛与皮肤接触。应密封于20℃以下保存。
主要用途 生化研究。医用抑球虫剂。分析用标准物质。

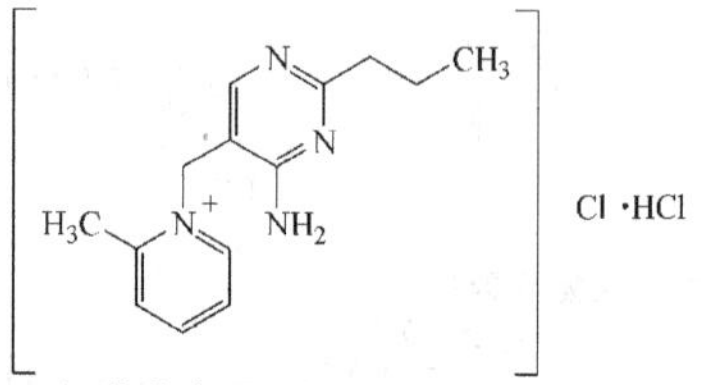

Cl·HCl

Amrinone 氨联吡啶酮 00957

［60719-84-8］ $C_{10}H_9N_3O$ 187.20
成分 C 64.16％，H 4.85％，N 22.45％，O 8.55％。
别名 5-Amino-(3，4′-bipyridin)-6(1*H*)-one；3-Amino-5-(4-pyridinyl)-2(1*H*)-pyridinone；Win-40680；Cartonic；Inocor；Vesistol；Wincoram
M. I. 15, 587
性状 来自二甲基甲酰胺中的无色结晶。mp 294～297℃（分解）。
主要用途 生化研究。医用强心剂。
注意事项 该品口服有毒。接触皮肤后，应立即用大量水冲洗后请医生诊治。使用时如有事故发生或有不适之感，应请医生诊治。应密封于2～8℃保存。

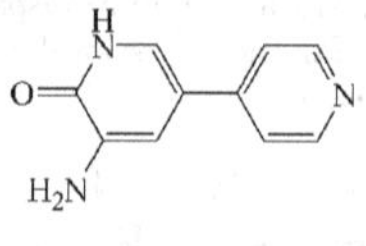

Amsacrine hydrochloride 安吖啶 盐酸盐 00958

[54301-15-4]　$C_{21}H_{20}ClN_3O_3S$　429.92

成分　C 58.67%，H 4.69%，Cl 8.25%，N 9.77%，O 11.16%，S 7.46%。

别名　盐酸安吖啶；NSC-141549；*N*-[4-(9-Acridinylamino)-3-methoxyphenyl] methanesulfonamide hydrochloride；4′-(9-acridinylamino) methanesulfon-*m*-anisidide hydrochloride；*m*-AMSA hydrochloride；Cl-880 hydrochloride；NSC-249992 hydrochloride；SN-11841 hydrochloride；Amekrin hydrochloride；Amsidine hydrochloride；Amsidyl hydrochloride

M. I. 15，589

性状　无色结晶或粉末。mp 197～199℃。LD_{50}小鼠腹膜内注射：约 60mg/kg。生化试剂含量≥98.0%（TLC）。

注意事项　该品口服有毒。对眼睛、呼吸系统及皮肤有刺激性。万一接触到眼睛，应立即用大量水冲洗后请医生诊治。使用时如有事故发生或有不适之感，应请医生诊治。

主要用途　医用抗肿瘤剂。

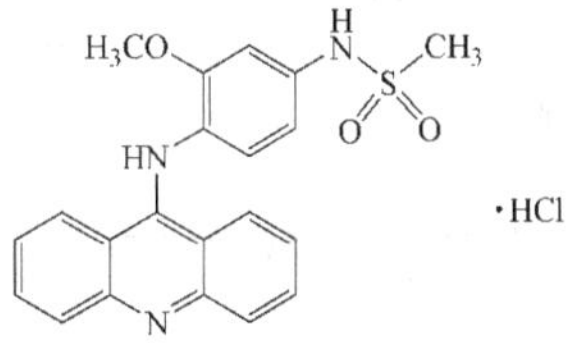

Amtolmetin guacil　哌氨托美丁　00959

[87344-06-7]　$C_{24}H_{24}N_2O_5$　420.47

成分　C 68.56%，H 5.75%，N 6.66%，O 19.03%。

别名　*N*-[[1-Methyl-5-(4-methyl-benzoyl)-1*H*-pyrrol-2-yl]acetyl] glycine 2-methoxyphenyl ester；*N*-[(1-methyl-5-*p*-toluoylpyrrol-2-yl) acetyl] glycine *o*-Methoxyphenyl ester；1-Methyl-5-*p*-toluoylpyrrole-2-acetamidoacetic acid guaicil ester；ST-679；MED-15；Eufans

M. I. 15，591

性状　来自环己烷-苯中的无色结晶。溶于通常的有机溶剂。mp 117～120℃。LD_{50}雄小鼠，大鼠腹膜内注射：1370mg/kg，1100mg/kg；急性经口：＞1500mg/kg，1450mg/kg。

主要用途　医用止痛剂，抗类剂。

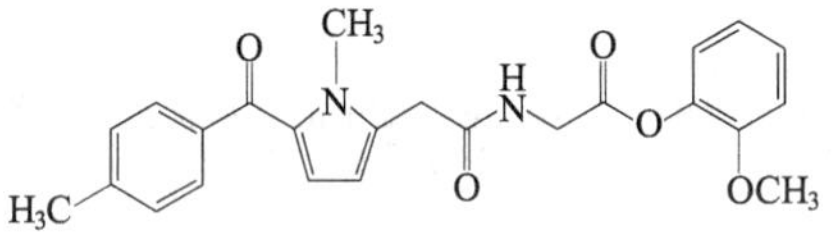

Amygdalin　扁桃苷　00960

[29883-15-6]　$C_{20}H_{27}NO_{11}$　457.43

成分　C 52.51%，H 5.95%，N 3.06%，O 38.47%。

别名　苦杏仁苷；苦杏仁素；Amygdaloside；[(6-*O*-β-D-Glucopyranosyl-β-D-glucopyranosyl) oxy] benzeneacetonitrile；D-Mandelonitrile-β-gentiobioside；D-Mandelonitrile-β-D-glucosido-6-β-D-glucoside；NSC-15780

M. I. 15，592

性状　白色结晶。味苦。易溶于水、乙醇，几乎不溶于乙醚。其水溶液 pH 值约 7。mp 约 220℃；$[\alpha]_D^{20}$ −42°。生化试剂含量≥97.0%（HPLC）。

注意事项　该品口服有害。使用时应穿适当的防护服，戴手套和防护镜或面罩。万一接触到眼睛，应立即用大量水冲洗后请医生诊治。使用时如有事故发生或有不适之感，应请医生诊治。应充氩气密封干燥保存。

主要用途　生化研究。试验植物体内有无氰苷类。

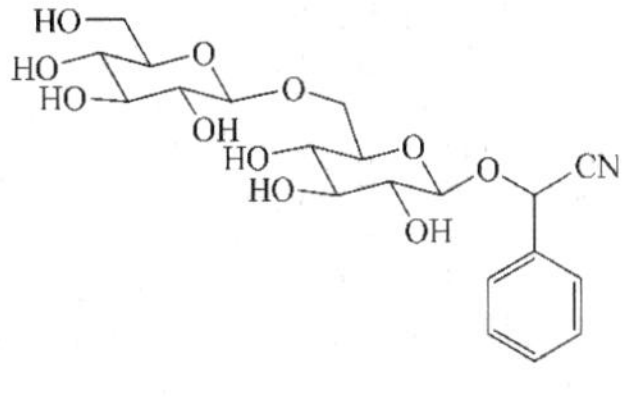

Amyl acetate　乙酸戊酯　00961

[628-63-7]　$C_7H_{14}O_2$　130.19

成分　C 64.58%，H 10.84%，O 24.58%。

别名　乙酸正戊酯；醋酸戊酯；Aceilc acid amyl ester；*n*-Pentyl acetate；*n*-Amyl acetate

GW 2015-2659

性状　无色液体。有水果香味。能与乙醇、乙醚等有机溶剂相混溶，微溶于水。mp −100℃；bp 147～149℃；Fp 98℉（36℃）；d_4^{20} 0.877；n_D^{20} 1.403。一般试剂含量≥95.0%（GC）。

注意事项　该品易燃。具有刺激性。长期曝露可导致皮肤干燥或破裂。使用时应避免吸入本品的蒸气和烟雾，避免与眼睛接触。应密封于阴凉干燥处保存。

主要用途　测定铬的试剂。色谱分析标准物。溶剂。

Amylamine　戊胺　00962

[110-58-7]　$C_5H_{13}N$　87.17

成分　C 68.90%，H 15.03%，N 16.07%。

别名　正戊胺；1-氨基戊烷；Amine C_5；*n*-Amylamine；1-Aminopentane；1-Pentanamine；Pentylamine

GW 2015-2791　M. I. 15，593

性状　无色透明液体。易溶于水，溶于乙醇，能与乙醚相混溶。mp −55℃；bp 104℃；Fp 30℉（−1℃）；d^{19} 0.766；n_D^{20} 1.412。一般试剂含量≥99.5%（GC）。

注意事项　该品高度易燃。具有腐蚀性，能引起烧伤。使用时应穿适当的防护服，戴手套和防护镜或面罩。使用现场禁止吸烟、进食、饮水。切勿排入下水道。万一接触到眼睛，应立即用大量水冲洗后请医生诊治。使用时如有事故发生或有不适之感，应请医生诊治。应远离火种密封保存。其包装物应按危险品处理。

主要用途　制药工业。抗氧剂。乳化剂。

Amylase　淀粉酶　00963

[9000-92-4]　Mr 约 51000

别名　淀粉酵素

M. I. 15，594　EC 3.2.1.1

性状　近白色冷冻干粉末。溶于水。

注意事项　使用时应避免吸入本品的粉尘，避免与眼睛及皮肤接触。应密封于 2～8℃干燥保存。

主要用途　生化研究。

α-Amylase from aspergillus oryzae　α-淀粉酶（米曲霉）　00964

[9001-19-8]

别名　高峰淀粉酶；Buclamase；Diastase taka；Maxilase；Taka diastase

M. I. 15，594　EC 3.2.1.1

性状　白色粉末。一般商品 1mg 含约 30 单位。

注意事项　该品吸入能引起过敏。使用时应穿适当的防护服和戴手套。使用时应避免吸入本品的粉尘，避免与皮肤接触。应充氩气密封于 2～8℃干燥保存。

主要用途　生化研究。

α-Amylase from bacillus licheniformis　α-淀粉酶（地衣型芽孢杆菌）　00965

[9000-90-2]

M. I. 15，594　EC 3.2.1.1

性状　浅棕色粉末。生化试剂 1mg 含约 2 单位。

注意事项　见 00963 淀粉酶。

主要用途　生化研究。

α-Amylase from bacillus subtilis　α-淀粉酶（枯草杆菌）　00966

[9000-90-2]　Mr 约 58000

别名　α-淀粉酵素；糊精化酶

M. I. 15，594　EC 3.2.1.1

性状　浅黄色至黄棕色冻干粉末。溶于水。生化试剂 1mg 含约 380 单位。

注意事项　见 00964 α-淀粉酶（米曲霉）。

主要用途　生化研究。

β-Amylase from barley　β-淀粉酶（大麦）　00967

[9000-91-3]
别名 β-淀粉酵素
M. I. 15，594　EC 3.2.1.2
性状 近白色冻干粉末。溶于水。生化试剂 1mg 含 12～60 单位。
注意事项 见 00964 α-淀粉酶（米曲霉）。
主要用途 生化研究。

Amylbenzene　戊苯　00968

[538-68-1]　$C_{11}H_{16}$　148.25
成分 C 89.12%，H 10.88%。
别名 正戊基苯；戊基苯；1-苯基戊烷；*n*-Amylbenzene；Pentylbenzene；1-Phenylpentane
M. I. 15，595
性状 无色液体。溶于乙醇，能与乙醚、苯相混溶，不溶于水。mp －78.25℃；bp_{760} 202.2℃/101.325kPa；bp_{10} 81℃/1.333kPa；Fp 150℉（65℃）；d_4^{20} 0.8594；n_D^{20} 1.48849。一般试剂含量≥97.0%（GC）。
注意事项 使用时应避免吸入本品的蒸气，避免与眼睛及皮肤接触。应密封于阴凉处保存。
主要用途 色谱分析标准物。

Amyl caproate　己酸戊酯　00969

[540-07-8]　$C_{11}H_{22}O_2$　186.30
成分 C 70.92%，H 11.90%，O 17.18%。
别名 己酸正戊酯；正己酸正戊酯；*n*-Amyl *n*-hexanoate；*n*-Pentyl hexanoate；*n*-Caproic acid *n*-amyl ester；*n*-Amyl *n*-caproate；*n*-Pentyl *n*-caproate；Hexanoic acid pentyl ester
M. I. 15，599
性状 无色液体。能与乙醇、乙醚相混溶，不溶于水。bp 222～227℃；*d* 0.87。
注意事项 使用时应避免吸入本品的蒸气。应密封保存。
主要用途 有机合成，香精配制等。

Amyl ether　戊醚　00970

[693-65-2]　$C_{10}H_{22}O$　158.29
成分 C 75.88%，H 14.01%，O 10.11%。
别名 二正戊基醚；二正戊醚；二戊醚；正戊醚；*n*-Amyl ether；Amyl oxide；Diamyl ether；Dipentyl ether；1，1′-Oxybispentane；*n*-Pentyl ether；*n*-Amyl ether
M. I. 15，602
性状 无色至微黄色液体。能与乙醇、乙醚相混溶，几乎不溶于水。mp －69.43℃；bp 186.75℃；Fp 135℉（57℃，闭杯）；d_4^{25} 0.77924；d_4^{20} 0.78326；n_D^{25} 1.40985；n_D^{20} 1.41195。一般试剂含量≥98.5%（GC）。
注意事项 该品易燃。使用现场禁止吸烟。应远离火种密封保存。
主要用途 溶剂。萃取剂。

tert-Amyl methyl ether　叔戊基甲基醚　00971

[994-05-8]　$C_6H_{14}O$　102.18
成分 C 70.53%，H 13.81%，O 15.66%。
别名 2-甲氧基-2-甲基丁烷；甲基叔戊基醚；2-Methoxy-2-methylbutane；Methyl *tert*-pentyl ether；1,1-Dimethylpropyl methyl ether；Methyl *tert*-anyl ether；TAME
M. I. 15，605
性状 无色液体。溶于水（20℃，1.15g/100g）。蒸气压（25℃）：75mmHg/10kPa；bp_{760} 86.3℃/101.325kPa；d_4^{30} 0.7607；d_4^{25} 0.7656；d_4^{20} 0.7703；d_4^{15} 0.7750；n_D^{20} 1.3885。
注意事项 该品高度易燃。口服有害。对皮肤有刺激性。对眼睛有严重损伤的危险。使用时应戴防护镜或面罩。使用现场禁止吸烟。万一接触到眼睛，应立即用大量水冲洗后请医生诊治。应远离火种密封保存。
主要用途 汽油燃料洗涤剂。

OCH_3　H_3C　CH_3　CH_3

Amylocaine hydrochloride　阿米洛卡因盐酸盐　00972

[532-59-2]　$C_{14}H_{22}ClNO_2$　271.79
成分 C 61.87%，H 8.16%，Cl 13.04%，N 5.15%，O 11.77%。
别名 盐酸阿米洛卡因；苯甲酸 1-二甲基氨基-2-甲基-2-丁醇 盐酸盐；苯甲酸 1-二甲基氨基甲基-1-甲基丙酯 盐酸盐；1-Dimethylamino-2-methyl-2-butanol benzoate hydrochloride；1-Dimethylaminomethyl-1-methylpropyl benzoate hydrochloride；Methylethyldimethylaminomethylcarbinol benzoyl ester hydrochloride；Amyleine hydrochloride；Stovaine
M. I. 15,607
性状 无色结晶。味苦，接触舌头有暂时的麻木感。1g 该品溶于 2mL 水、3.3mL 无水乙醇。几乎不溶于乙醚。其 5%水溶液对石蕊呈酸性，对刚果红呈中性。177～179℃分解。
主要用途 医用局部麻醉剂。

O　H_3C　CH_3　CH_3　O　N　CH_3　·HCl

Amylose from potatoes　直链淀粉(土豆)　00973

[9005-82-7]　$(C_6H_{10}O_5)_n$　Mr 约 150000
别名 α-直链淀粉
M. I. 15,8925
性状 近白色粉末。由 α-(1→4)糖苷键联结的葡萄糖单位构成非支链形式的淀粉。
注意事项 该品对眼睛有刺激性。使用时应穿适当的防护服，戴防护镜或面罩。万一接触到眼睛，应立即用大量水冲洗后请医生诊治。

Amylpenicillin sodium salt　戊青霉素钠　00974

[575-47-3]　$C_{14}H_{21}N_2NaO_4S$　336.38
成分 C 49.99%，H 6.29%，H 8.33%，Na 6.83%，O 19.02%，S 9.53%。
别名 Sodium *n*-amylpenicillinate；Flavacidin；Flavicin（2*S*，5*R*，6*R*）-3，3-Dimethyl-7-oxo-6-（1-oxohexyl）amino-4-thia-1-azabicyclo［3.2.0］heptane-2-carboxylic acid sodium salt；Dihydropenicillin F sodium salt；Hexanoylpenicillin sodium salt；Penicillin DFsodium salt
M. I. 15，609
性状 来自湿丙酮或湿乙酸乙酯中的一水合物为无色、无光泽的纯头针状结晶。易溶于水。无水物 mp 188℃（分解）；$[\alpha]_D^{23}$ ＋319°。

O　H H　H_3C　N H　S　CH_3　CH_3　O　N　COONa

4-*tert*-Amylphenol　4-叔戊基酚　00975

[80-46-6]　$C_{11}H_{16}O$　164.25
成分 C 80.44%，H 9.82%，O 9.74%。
别名 4-(1,1-二甲基丙基）酚；对叔戊基酚；对(1,1-二甲基丙基)苯酚；对（2-甲基-2-丁基）酚；*p*-Hydroxy-*tert*-pentylbenzene；4-(1，1-Dimethylpropyl）phenol；*p*-(2-Methyl-2-butyl) phenol；2-Methyl-2-(*p*-hydroxyphenyl) butane；Pentaphen；*p*-*tert*-Pentylphenol；4-*tert*-Pentylphenol
M. I. 15，7255
性状 白色针状结晶。溶于乙醇、乙醚、苯、氯仿，不溶于水。mp 94～95℃；bp 262.5℃；bp_{740} 248～250℃/98.658kPa；bp_{15} 138.5℃/2kPa；bp_3 112～120℃/399.97Pa；d_4^{20} 0.962。LD_{50}大鼠急性经口：3.08g/kg。
注意事项 该品口服或与皮肤接触有害。具有腐蚀性，能引起烧伤。使用时应穿适当的防护服，戴手套和防护镜或面罩。使用时应禁止进食、饮水。万一接触到眼睛，应立即用大量水冲洗后请医生诊治。使用时如有事故发生或有不适之感，应请医生诊治。其包装物应按危险品处理。
主要用途 有机合成。

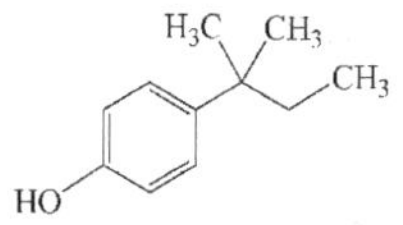

α-Amyrin　α-香树素　00976

[638-95-9]　$C_{30}H_{50}O$　426.73

成分　C 84.44%，H 11.81%，O 3.75%。

别名　α-香树精；α-榄香精；α-爱留米脂醇；(3β)-Urs-12-en-3-ol；α-Amyrenol；Viminalol

M. I. 15. 610

性状　来自乙醇中的无色针状结晶。溶于 22 份 98%乙醇，溶于乙醚、苯、氯仿、冰乙酸，微溶于石油醚。mp 186℃；$bp_{0.7}$ 243℃/93.33Pa；$[\alpha]_D^{17}$ +91.6°（c=1.3，于苯中）。一般试剂含量≥98.5%（HPLC）。

注意事项　该品应充氩气密封保存。

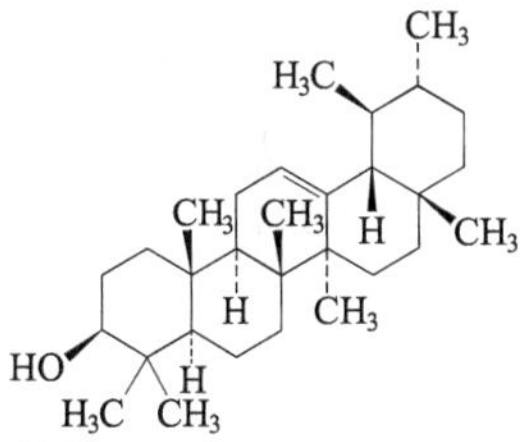

β-Amyrin　β-香树素　00977

[559-70-6]　$C_{30}H_{50}O$　426.73

成分　C 84.44%，H 11.81%，O 3.75%。

别名　β-香树精；β-榄香精；β-爱留米脂醇；(3β)-Olean-12-en-3-ol；β-Amyrenol

M. I. 15. 611

性状　来自石油醚或乙醇中的无色针状结晶。含有微量 α-香树素。溶于 37 份 98%乙醇。mp 197～197.5℃；$bp_{0.8}$ 260℃/106.66Pa；$[\alpha]_D^{19}$ +99.8°（c=1.3，于苯中）。一般试剂含量≥98.5%（HPLC）。

注意事项　该品应充氩气密封保存。

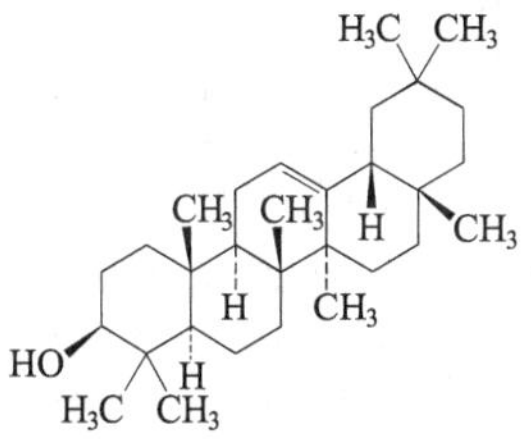

(±)-Anabasine　(±)-假木贼碱　00978

[13078-04-1][494-52-0]　$C_{10}H_{14}N_2$　162.24

成分　C 74.03%，H 8.70%，N 17.27%。

别名　灭虫碱;毒藜碱;新烟碱;2-(3-吡啶基)哌啶；3-(2-哌啶基)吡啶；3-(2-Piperidinyl)pyridine；2-(3-Pyridyl) piperidine；Neonicotine

M. I. 15，612

性状　无色至橙黄色液体。溶于水及多数有机溶剂。冻结点 9℃；bp 270～272℃；bp_{14} 145～147℃/1.867kPa；bp_2 105℃/266.64Pa；Fp 200°F (93℃)；d_D^{20} 1.0455；n_D^{20} 1.5430；$[\alpha]_D^{20}$ −83.1°。生化试剂含量≥90.0%（TLC）。

注意事项　该品吸入、口服或与皮肤接触有毒。使用时应穿适当的防护服，戴手套和防护镜或面罩。使用时如有事故发生或有不适之感，应请医生诊治。

主要用途　生化研究。杀虫剂。

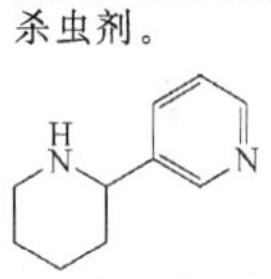

Anagrelide hydrochloride monohydrate
阿那格雷 盐酸盐 一水　00979

[58579-51-4]　$C_{10}H_8Cl_3N_3O \cdot H_2O$　310.57

成分（以无水物计）　C 41.06%，H 2.76%，Cl 36.36；N 14.36%，O 5.47%。

别名　Agrylin；BL-4162A；BMY-26538-01；6,7-Dichloro-1,5-dihydroimidazo[2,1-b]quinazolin-2(3H)-one hydrochloride；6,7-Dichloro-1,2,3,5-tetrahydroimidazo[2,1-b]quinazolin-2-one hydrochloride；Thromboredwctin；Xagrid

M. I. 15，616

性状　近白色粉末。略微溶于二甲基亚砜、二甲基甲酰胺，极微溶于水。mp >280℃。

主要用途　医用抗血小板增多剂。

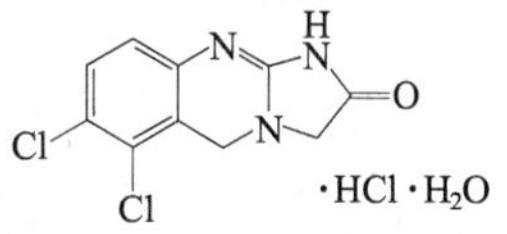

Anastrozole　阿那曲唑　00980

[120511-73-1]　$C_{17}H_{19}N_5$　293.37

成分　C 69.60%，H 6.53%，N 23.87%。

别名　α^1，α^1，α^3，α^3-Tetramethyl-5-(1H-1,2,4-triazol-1-yl) methyl-1,3-benzenediacetonitrile；2,2′-[5(1H-1,-2,4-Triazol-1-yl) methyl-1,3-phenylene] di (2-methylpropionitrile)；ZD-1033；ICI-D-1033；Arimidex

M. I. 15，619

性状　来自乙酸乙酯/环己烷中的无色结晶。mp 81～82℃。

注意事项　该品口服有害。

主要用途　医用抗肿瘤剂。芳香酶抑制剂。

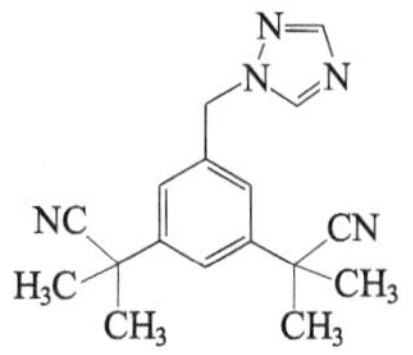

Anazolene sodium　阿那佐林钠　00981

[3861-73-2]　$C_{26}H_{16}N_3Na_3O_{10}S_3$　695.57

成分　C 44.90%，H 2.32%，N 6.04%，Na9.92%，O 23.00%，S 13.83%。

别名　4-Hydroxy-5-(4-phenylamino-5-sulfo-1-naphthalenyl) azo-2,7-naphthalenedisulfonic acid trisodium salt；4′-Anilino-8-hydroxy-1,1′-azonaphthalene-3,5′,6-trisulfonic acid trisodium salt；Trisodium 4′-anilino-8-hydroxy-1,1′-azonaphthalene-3,6,5′-trisulfonate；1-Naphthol-3，6-disulfonic acid-8-azo-4′-(N-phenyl-1′-naphthylamine)-8′-sulfonic acid trisodium salt；Acid Blue 92；Coomassie Blue；Coomassie Blue Medicinal；Coomassie Blue RL；Sulfon Acid Blue R；

M. I. 15，622　C. I. 13390

性状　浅红黑色粉末。溶于水、丙酮、乙二醇一乙醚，其溶液呈淡红蓝色。微溶于乙醇。最大吸收值（水中）：565～570nm；（丙酮中）：585nm；（人血浆中）：580～590nm（$E_{1cm}^{1\%}$约 600）。LD_{50}小鼠静脉注射：450mg/kg。

主要用途　医用辅助诊断剂（如血容积测定、心血流量测定）。

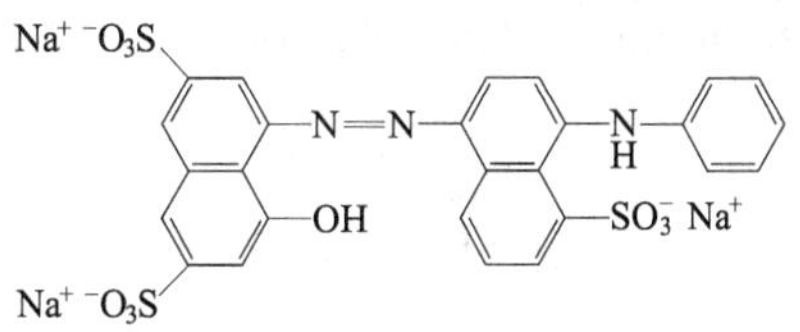

Ancymidol　嘧啶醇　00982

[12771-68-5]　$C_{15}H_{16}N_2O_2$　256.31

成分　C 70.29%，H 6.29%，N 10.93%，O 12.48%。

别名　α-Cyclopropyl-α-(4-methoxyphenyl)-5-pyrimidinemethanol；α-Cyclopropyl-4-methoxy-α-(pyrimidin-5-yl) benzyl alcohol；EL-531；A-Rest；Reducymol

M. I. 15，625

性状　无色结晶或固体。对热稳定。溶于水（25℃，约 650mg/L）。易溶于丙酮、甲醇、乙酸乙酯、氯仿、乙腈，中等程度溶于芳香烃，微溶于饱和烃。mp 110～111℃。LD_{50}大鼠，小鼠急性经口：4500mg/kg，5000mg/kg。

注意事项 使用时应避免吸入本品的粉尘，避免与眼睛及皮肤接触。应密封于2～8℃保存。

主要用途 植物生长调节剂。

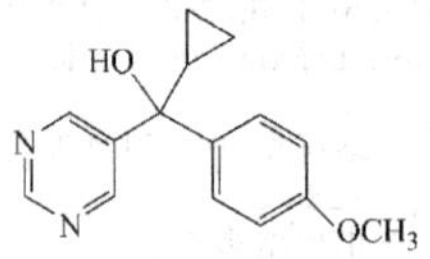

Andrographolide 雄茸交酯 00983

[5508-58-7] $C_{20}H_{30}O_5$ 350.46

成分 C 68.54%，H 8.63%，O 22.83%。

别名 (3E，4S)-3-[2-(1R，4aS，5R，6R，8aS)-Decahydro-6-hydroxy-5-hydroxymethyl-5，8a-dimethyl-2-methylene-1-naphthalenyl] ethylidenedihydro-4-hydroxy-2(3H)-furanone；3α，14，15，18-Tetrahydroxy-5β，9βH，10α-labda-8 (20)，12-dien-16-oic acid γ-lactone

M. I. 15，627

性状 来自乙醇或甲醇中的无色片状结晶。溶于丙酮、甲醇、氯仿、乙醚，略微溶于水。mp 218℃（分解）；d_4^{21} 1.2317；$[\alpha]_D^{25}$ －96.2°（c＝1，于吡啶中）；uv max（乙醇中）：223nm (lgε 4.09)。一般试剂含量≥98.0%。

注意事项 使用时应避免吸入本品的粉尘，避免与眼睛及皮肤接触。

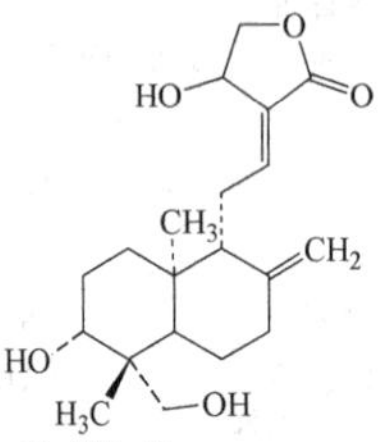

1,4-Androstadiene-3,17-dione

1,4-雄二烯-3,17-二酮 00984

[897-06-3] $C_{19}H_{24}O_2$ 284.39

成分 C 80.24%，H 8.51%，O 11.25%。

别名 1，4-Androstadien-3，17-dione；Androstadienedione；1-Dehydroandrostenedione

性状 无色或白色结晶。bp 138～139℃；$[\alpha]^{22}$ ＋117.5°（c＝1，于氯仿中）。生化试剂含量≥98.0%。

注意事项 该品应密封于阴凉干燥处保存。

Androstane 雄烷 00985

[438-22-2] $C_{19}H_{32}$ 260.47

成分 C 87.62%，H 12.38%。

别名 5α-雄烷；5α-雄甾烷；5α-Androstane；Etioallocholane

M. I. 15，628

性状 来自丙酮-甲醇中的无色或白色小叶片状结晶。溶于乙醇、乙醚、丙酮、甲醇、氯仿、石油醚。能于60℃，0.003mmHg (0.4Pa) 时升华。mp 50～50.5℃；$[\alpha]_D^{16}$ ＋2°（c＝1.2，于氯仿中）。

注意事项 该品应密封保存。

主要用途 生化研究。气相色谱分析标准物。甾族化合物分析标准物。

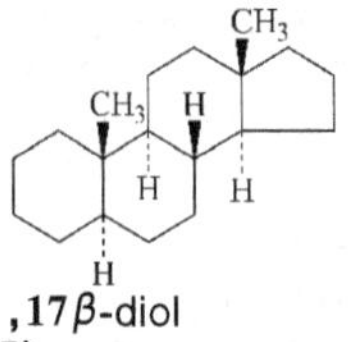

5α-Androstane-3α,17β-diol

5α-雄烷-3α,17β-二醇 00986

[1852-53-5] $C_{19}H_{32}O_2$ 292.46

成分 C 78.03%，H 11.03%，O 10.94%。

别名 Androstandiol；Dihydroandrosterone；3α，17β-Dihydroxy-5α-androstane

性状 无色小叶状结晶。bp 219～221℃；$[\alpha]^{25}$ ＋16°（c＝1，于乙醇中）。生化试剂含量≥98.0%。

注意事项 该品应密封保存。

主要用途 生化研究。

5α-Androstane-3β,17β-diol

5α-雄烷-3β,17β-二醇 00987

[571-20-0] $C_{19}H_{32}O_2$ 292.46

成分 C 78.03%，H 11.03%，O 10.94%。

别名 雄烷二醇；Androstandiol；3β,17β-Dihydroxy-5α-androstane

性状 无色小叶状结晶。mp 165～167℃；$[\alpha]^{25}$ ＋10.7°（c＝1，于乙醇中）。生化试剂含量≥98.0%。

注意事项 该品对眼睛及皮肤有刺激性。使用时应避免与皮肤接触。使用时如有事故发生或有不适之感，应请医生诊治。应密封于阴凉干燥处保存。

主要用途 生化研究。

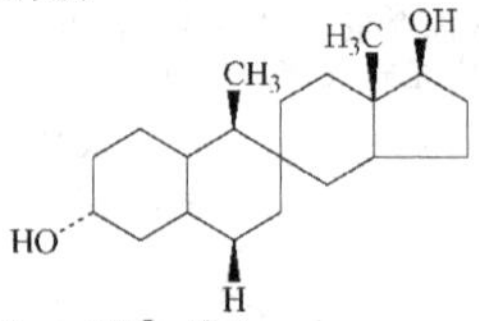

5β-Androstane-3α,17β-diol

5β-雄烷-3α,17β-二醇 00988

[1851-23-6] $C_{19}H_{32}O_2$ 292.47

成分 C 78.03%，H 11.03%，O 10.94%。

别名 3α,17β-二羟基雄烷；3α,17β-Dihydroxy-5β-androstane；Etiocholane-3α，17β-diol

性状 无色针状结晶。mp 232℃；[α] ＋26.5°（于乙醇中）。

注意事项 该品应密封于阴凉干燥处保存。

主要用途 生化研究。

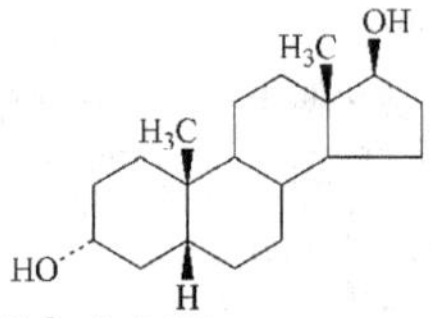

Androstane-3β,11β-diol-17-one

雄烷-3β,11β-二醇-17-酮 00989

[514-17-0] $C_{19}H_{30}O_3$ 306.45

成分 C 74.47%，H 9.87%，O 15.66%。

别名 (3β，5α，11β) -3,11-二羟基雄烷-17-酮；(3β，5α，11β) -3，11-Dihydroxyandrostan-17-one

M. I. 15.629

性状 来自丙酮＋乙醚中的无色针状结晶。能被平地黄皂苷沉淀。mp 235～238℃；$[\alpha]_{545}^{19}$ ＋105°（二氧六环中）；$[\alpha]_D^{20}$ ＋84.5°（乙醇中）；$[\alpha]_D^{19}$ ＋81.3°（二氧六环中）。

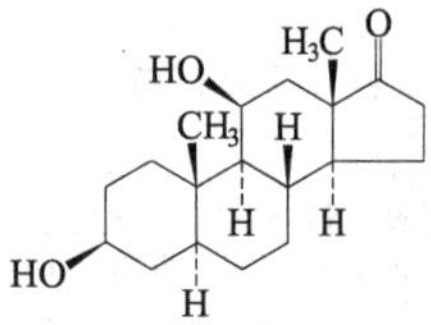

5α-Androstane-3,17-dione 5α-雄烷-3,17-二酮 00990

[846-46-8] $C_{19}H_{28}O_2$ 288.42

成分 C 79.12%，H 9.78%，O 11.09%。

别名 雄烷二酮；Androstanedione

性状 无色结晶。Fp 200℉ (93℃)。生化试剂含量≥99.0%。

注意事项 该品应密封于阴凉干燥处保存。

主要用途 生化研究。

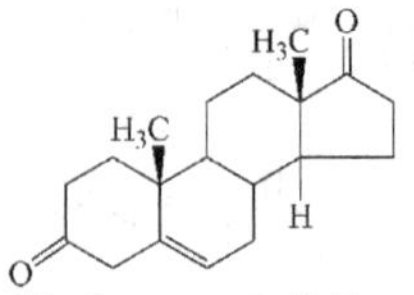

5β-Androstane-3,17-dione 5β-雄烷-3,17-二酮 00991

[1229-12-5] $C_{19}H_{28}O_2$ 288.43

成分 C 79.12%，H 9.78%，O 11.09%。

别名 本胆烷-3,17-二酮；Etiocholane-3，17-dione
性状 无色结晶。
注意事项 该品应密封于阴凉干燥处保存。
主要用途 生化研究。

Androstan-17β-ol-3-one 雄烷-17β-醇-3-酮 00992
[521-18-6] $C_{19}H_{30}O_2$ 290.45
成分 C 78.57%，H 10.41%，O 11.02%。
别名 二氢睾酮；5α-二氢睾丸甾酮；17β-羟基-5α-雄烷-3-酮；5α-雄烷-17β-醇-3-酮；Anabolex；Andractim；Androlone；17β-Hydroxy-3-androstanone；Androstanolone；(5α，17β)-17-Hydroxyandrostan-3-one；17β-Hydroxy-5α-androstan-3-one；4-Dihydrotestosterone；3-Oxo-17β-hydroxyandrostane；Stanolone
M. I. 15，8920
性状 来自乙酸乙酯+己烷中的无色结晶。溶于丙酮、乙醚、乙醇、乙酸乙酯，不溶于水。135℃升华(0.01mmHg/1.3Pa)；mp 181℃；$[\alpha]_D^{20}$ +32.4°(于乙醇中)。生化试剂含量≥99.0%(TLC)。
注意事项 该品能危害胎儿。对机体有不可逆损伤的可能性。使用前应得到专门的指导，避免曝露。使用时应穿适当的防护服，戴手套和防护镜或面罩。使用时如有事故发生或有不适之感，应请医生诊治。应密封于阴凉干燥处保存。
主要用途 生化研究。雄性激素。

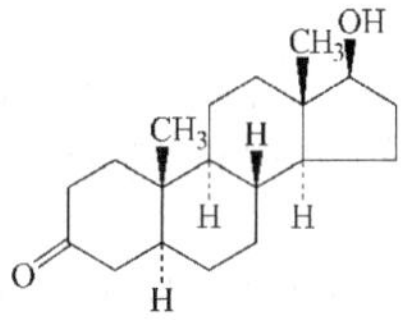

Androstan-17β-ol-3-one 17-benzoate
二氢睾酮 17-苯甲酸盐 00993
[1057-07-4] $C_{26}H_{34}O_3$ 394.56
成分 C 79.15%，H 8.69%，O 12.16%。
别名 17-苯甲酸双氢睾酮；17-苯甲酸雄甾烷醇酮；雄烷-17β-醇-3-酮 17-苯甲酸盐；Androstanolone 17-benzoate；Dihydrotestosterone benzoate；17β-Hydroxy-5α-androstan-3-one 17-benzoate
性状 无色结晶。
注意事项 该品对机体有不可逆损伤的可能性。长期接触对健康有严重危害。使用时应避免吸入本品的粉尘，避免与眼睛及皮肤接触。
主要用途 生化研究。

Androstenediol 雄烯二醇 00994
[521-17-5] $C_{19}H_{30}O_2$ 290.45
成分 C 78.57%，H 10.41%，O 11.02%。
别名 雄甾烯二醇；5-雄烯-3β，17β-二醇；5-Androstene-3β,17β-diol；(3β，17β)-Androst-5-ene-3，17-diol；3β，17β-Dihydroxyandrost-5-ene；3β,17β-Dihydroxy-5-androstene；Δ^5-Androstene-3β,17β-diol
M. I. 15，630
性状 来自丙酮+石油醚、甲醇或乙酸乙酯中的无色小叶片状结晶。在高真空状态中升华。不溶于水。mp 184℃；$[\alpha]_D^{18}$ −55.5°(c=0.4，于异丙醇中)。
注意事项 该品应密封于阴凉干燥处保存。
主要用途 生化研究。

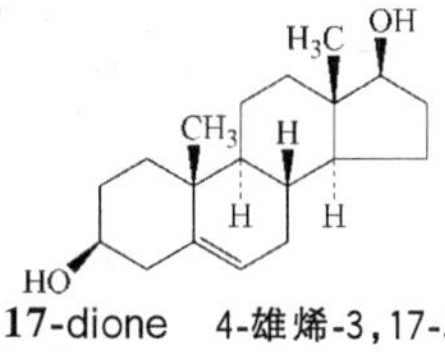

4-Androstene-3,17-dione 4-雄烯-3,17-二酮 00995
[63-05-8] $C_{19}H_{26}O_2$ 286.42
成分 C 79.68%，H 9.15%，O 11.17%。
别名 Androst-4-ene-3，17-dione；Δ^4-Androstenedione；3，17-Dioxo-4-androstene；Androstenedione；Androtex；Δ^4-Etiocholendione-3，17
M. I. 15，631
性状 来自己烷中的无色针状结晶。mp 173～174℃；$[\alpha]_D^{30}$ +199°(于氯仿中)。生化试剂含量≥98.0%。
注意事项 使用时应避免吸入本品的粉尘，避免与眼睛及皮肤接触。应密封保存。
主要用途 生化研究。

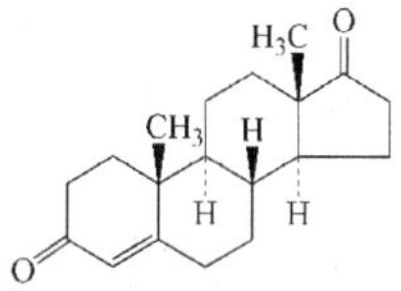

(3α,5α)-Androst-16-en-3-ol
(3α,5α)-雄-16-烯-3-醇 00996
[1153-51-1] $C_{19}H_{30}O$ 274.45
成分 C 83.15%，H 11.02%，O 5.83%。
别名 3α-Hydroxy-5α-Androst-16-ene；Δ^{16}-Androsten-3-ol
M. I. 15，632
性状 无色结晶。可于丙酮中重结晶或于高其空中升华而损纯。mp 142.5～143℃；$[\alpha]_D^{20}$ +13.1°(c=0.957，于氯仿中)。
主要用途 用于猪的初情期人工授精的辅助工具。

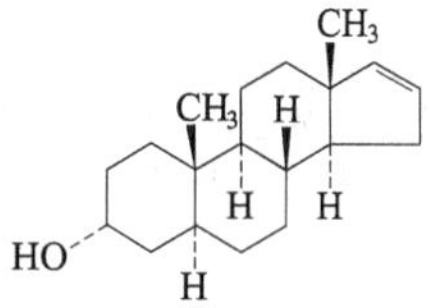

Androsterone 雄酮 00997
[53-41-8] $C_{19}H_{30}O_2$ 290.45
成分 C 78.57%，H 10.41%，O 11.02%。
别名 男脂酮；顺式雄素酮；雄酮 顺式；顺式酮基化甾醇；5α-雄烷-3α-醇-17-酮；*cis*-Androsterone；3-Epihydroxyetioallocholan-17-one；(3α，5α)-3-Hydroxyandrostan-17-one；3α-Hydroxy-17-androstanone；3α-Hydroxy-5α-androstan-17-one；3α-Hydroxyetioallocholan-17-one；Androstan-3α-ol-17-one
M. I. 15，633
性状 来自丙酮-乙醚中的无色结晶。溶于多数有机溶剂，几乎不溶于水。能于高真空中升华。不被毛地黄皂苷沉淀。mp 185～185.5℃；$[\alpha]_D^{20}$ +94.6°(c=0.7，于无水乙醇中)；$[\alpha]_D^{15}$ +87.8°(c=1.5，于二氧六环中)。生化试剂含量≥97.0%。
注意事项 使用时应避免吸入本品的粉尘，避免与眼睛及皮肤接触。应密封保存。
主要用途 生化研究。

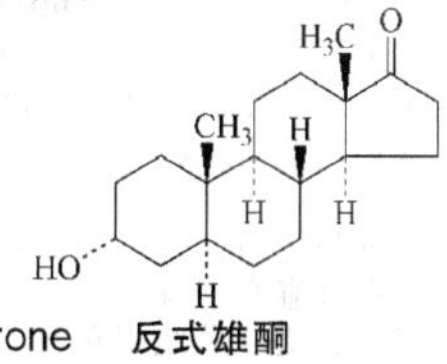

***trans*-Androsterone 反式雄酮** 00998
[481-29-8] $C_{19}H_{30}O_2$ 290.45
成分 C 78.57%，H 10.41%，O 11.02%。
别名 反式雄素酮；5α-雄烷-3β-醇-17-酮；3β-Androstanol-17-one；*iso*-Androsterone；5α-Androstan-3β-ol-17-one；Epiandrosterone；(3β,5α)-3-Hydroxyandrostan-17-one；3β-Hydroxy-17-androstanone；3β-Hydroxyetioallocholan-17-one；3β-Hydroxy-5α-androstan-17-one；Isoandrosterone
M. I. 15，3664
性状 无色结晶。加热时有麝香气味。遇毛地黄皂苷能沉淀。溶于有机溶剂，不溶于水。mp 161～162℃。
注意事项 使用时应避免吸入本品的粉尘，避免与眼睛及皮肤接触。应密封于干燥处保存。
主要用途 生化研究。

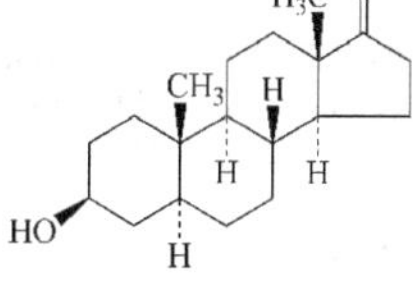

Androsterone 3-acetate　雄酮 3-乙酸盐　00999
[1164-95-0]　$C_{21}H_{32}O_3$　332.48
成分　C 75.86%，H 9.70%，O 14.44%。
别名　3-乙酸雄甾酮；3-乙酸雄酮；雄甾酮 3-乙酸盐
M. I. 15，633
性状　来自乙醚中的无色结晶。在高真空中升华。mp 165℃；$[\alpha]_D^{25}+86°$（c=2，于乙醇中）；$[\alpha]_D^{14}+76.7°$（c=2.04，于二氧六环中）。
注意事项　该品对机体有不可逆损伤的可能性。长期接触对健康有严重危害。使用时应避免吸入本品的粉尘，避免与眼睛及皮肤接触。

Anemonin　白头翁脑　01000
[508-44-1]　$C_{10}H_8O_4$　192.17
成分　C 62.50%，H 4.20%，O 33.30%。
别名　白头翁素；银莲花素；(5*R*，6*R*)-rel-1，7-Dioxadispiro[4.0.4.2]dodeca-3，9-diene-2，8-dione；β，β′-1，2-Dihydroxy-1，2-cyclobutanediacrylie acid di-γ-lactone；Anemone camp hor；Pulsatilla camp hor
M. I. 15，635
性状　来自石油醚中的无色结晶。能随水蒸气挥发。溶于热乙醇、氯仿、碱中呈黄色，微溶于冷水，较多地溶于热水，几乎不溶于乙醚。mp 157～158℃。LD_{50}小鼠腹膜内注射：150mg/kg。

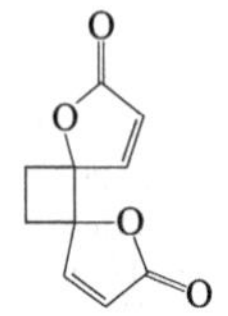

Anethole　茴香脑　01001
[4180-23-8]　$C_{10}H_{12}O$　148.21
成分　C 81.04%，H 8.16%，O 10.80%。
别名　1-甲氧基-4-丙烯基苯；对丙烯基茴香醚；茴香精；Anise camphor；*trans*-1-*p*-Anisyl propene；Isoestragole；1-Methoxy-4-(1*E*)-1-propenylbenzene；Monasirup；*trans*-*p*-Propenylanisole；*p*-Propenylphenylmethyl ether
M. I. 15，636
性状　无色结晶块，>22℃为无色油状液体。1mL 该品溶于2mL 乙醇，能与氯仿、乙醚相混溶，溶于苯、乙酸乙酯、丙酮、二硫化碳、石油醚，极微溶于水。mp 21.4℃；bp 231～237℃；$bp_{2.3}$ 81～81.5℃/306.64Pa；Fp 194℉(90℃)；d_4^{20} 0.9883；n_D^{20} 1.56145。uv max(乙醇中)：259nm(ε 22300)。LD_{50}大鼠腹膜内注射：900mg/kg。一般试剂含量≥98.0%(GC)。
注意事项　该品接触皮肤能引起过敏。使用时应穿适当的防护服和戴手套。应密封避光保存。
主要用途　生化研究，显微镜用组织包埋剂。医用镇咳剂。

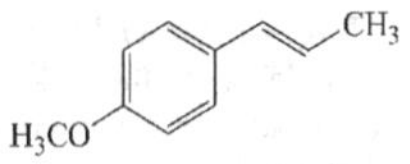

CH_3　H_3CO

Anethole trithione　胆维他　01002
[532-11-6]　$C_{10}H_8OS_3$　240.35
成分　C 49.97%，H 3.35%，O 6.66%，S 40.02%。
别名　5-(4-Methoxyphenyl)-3*H*-1，2-dithiole-3-thione；3-(*p*-Anisyl)trithione；3-(*p*-Methoxyphenyl)-4，5-dithiacyclopent-2-ene-1-thione；Trithio-*p*-methoxy phenylpropene；5-(*p*-Methoxyphenyl)-1，2-dithiacyclopent-4-ene-3-thione；3-(*p*-Methoxyphenyl)trithione；Trithioanethole；Anethole dithiolthione；ADT；Felviten；Mucinol；Sialor；Sulfarlem
M. I. 15，637
性状　来自乙酸丁酯中的橙色棱柱体结晶。味极苦。溶于吡啶、氯仿、苯、二氧六环、二硫化碳，微溶于乙醚、丙酮、乙酸乙酯、乙酸、乙醇、环已烷、石油醚，几乎不溶于水。mp 111℃。
主要用途　医用利胆剂，催涎剂。

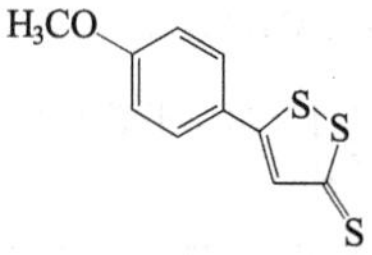

H_3CO　S　S　S

α-Angelica lactone　α-欧白芷内酯　01003
[591-12-8]　$C_5H_6O_2$　98.10
成分　C 61.22%，H 6.16%，O 32.62%。
别名　5-甲基-2(3*H*)-呋喃酮；4-羟基-3-戊烯酸-γ-内酸；α-当归酸内酯；Δ^2-Angelica lactone；4-Hydroxy-3-pentenoic acid γ-lactone；γ-Methyl-β，γ-crotonolactone；5-Methyl-2(3*H*)-furanone
M. I. 15，640
性状　无色针状结晶。高温时为无色液体。具挥发性。1g 该品 15℃时能溶于 20mL 水。mp 18℃；bp_{12} 56℃/1.6kPa；Fp 155℉(68℃，闭杯)；d_4^{20} 1.084；n_{He}^{20} 1.4476。LD_{50}小鼠急性经口：2.8g/kg。一般试剂含量≥98.0%。
注意事项　使用时应避免与眼睛及皮肤接触。应充氩气密封于阴凉处保存。

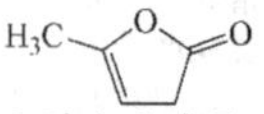

H_3C　O　O

β-Angelica lactone　β-欧白芷内酯　01004
[591-11-7]　$C_5H_6O_2$　98.10
成分　C 61.22%，H 6.16%，O 32.62%。
别名　5-甲基-2(5*H*)-呋喃酮；β-当归酸内酯；5-Methyl-2(5*H*)-furanone；Δ^1-Angelica lactone；γ-Methyl-α，β-crotonolactone；4-Hydroxy-2-pentenoic acid γ-lactone
M. I. 15，640
性状　无色液体。溶于水。比 α-当归内酯更稳定。至−17℃都不凝固。bp_{751} 208～209℃/100.125kPa；bp_{10} 87℃/1.333kPa；d_4^{20} 1.076；n_{He}^{20} 1.4603。
注意事项　使用时应避免与眼睛及皮肤接触。应充氩气密封于阴凉处保存。

H_3C　O　O

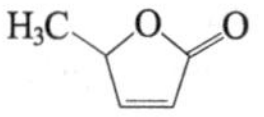

Anhalamine　安哈胺　01005
[643-60-7]　$C_{11}H_{15}NO_3$　209.25
成分　C 63.14%，H 7.23%，N 6.69%，O 22.94%。
别名　无盐掌胺；老头掌胺；6，7-二甲氧基-8-羟基-1，2，3，4-四氢异喹啉；1，2，3，4-四氢-6，7-二甲氧基-8-异喹啉醇；1，2，3，4-Tetrahydro-6，7-dimethoxy-8-isoquinolinol；6，7-Dimethoxy-8-hydroxy-1，2，3，4-tetrahydroisoquinoline
M. I. 15，646
性状　无色结晶。溶于热水、乙醇、丙酮、稀酸，几乎不溶于冷水、冷乙醇、乙醚。mp 189～191℃；uv max(乙醇中)：274nm(lgε 2.90)。

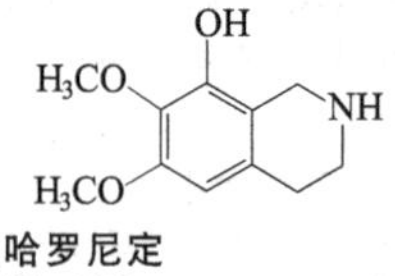

OH　H_3CO　NH　H_3CO

Anhalonidine　安哈罗尼定　01006
[17627-77-9]　$C_{12}H_{17}NO_3$　223.27
成分　C 64.56%，H 7.68%，N 6.27%，O 21.50%。
别名　老头掌酮定；安哈酮定；甲基老头掌胺，仙人掌次碱；1，2，3，4-Tetrahydro-6，7-dimethoxy-1-methyl-8-isoquinolinol；6，7-Dimethoxy-8-hydroxy-1-methyl-1，2，3，4-tetrahydroisoquinoline
M. I. 15，647
性状　来自苯中的细小八面体结晶。呈强碱性。易溶于水、乙醇、氯仿、热苯，略溶于乙醚，不溶于石油醚。其溶液呈淡红色。mp 160～161℃；uv max(乙醇中)：270nm(lg ε 2.81)。

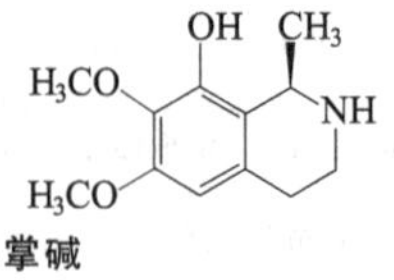

OH　CH_3　H_3CO　NH　H_3CO

Anhalonine　老头掌碱　01007
[519-04-0]　$C_{14}H_{15}NO_3$　221.26

成分 C 65.14%,H 6.83%,N 6.33%,O 21.69%。

别名 无盐掌宁;(9*S*)-6,7,8,9-Tetrahydro-4-methoxy-9-methyl-1,3-dioxolo[4,5-*h*]isoquinoline

M. I. 15,648

性状 来自石油醚中的菱形针状结晶。易溶于乙醇、乙醚、氯仿、苯、石油醚。mp 86℃;$bp_{0.02}$ 140℃/2.666Pa;$[\alpha]_D^{25}$ −63.8°(于甲醇中)。

1,6-Anhydro-*β*-D-glucose

1,6-脱水-*β*-D-葡糖 01008

[498-07-7] $C_6H_{10}O_5$ 162.14

成分 C 44.45%,H 6.22%,O 49.34%。

别名 1,6-脱水-*β*-D-吡喃葡萄糖;1,6-Anhydro-*β*-D-glucopyranose;Levoglucosan

性状 无色结晶或白色粉末。溶于水。mp 173~183℃;$[\alpha]_D^{20}$ −66°±2° (*c*=10, 于水中)。生化试剂含量≥98.0%(TLC)。

注意事项 使用时应避免吸入本品的粉尘,避免与眼睛及皮肤接触。

主要用途 生化研究

Anilazine 敌菌灵 01009

[101-05-3] $C_9H_5Cl_3N_4$ 275.52

成分 C 39.23%, H 1.83%, Cl 38.60%, N 20.34%。

别名 防霉灵;2,4-二氯-6-(邻氯苯氨基)均三嗪;4,6-二氯-*N*-2-氯苯基-1,3,5-三嗪-2-胺;(邻氯苯胺基)二氯三嗪;4,6-Dichloro-*N*-(2-chlorophenyl)-1,3,5-triazin-2-amine;2,4-Dichloro-6-(*o*-Chloroanilino)-*s*-triazine;(*o*-Chloroanilino) dichlorotriazine;Dyrene

M. I. 15,650

性状 白色至浅褐色结晶。该品于下列物质中的溶解度(30℃,g/100mL):甲苯 5;二甲苯 4;丙酮 10。与油及碱类物质不相溶。不溶于水。mp 159~160℃。LD_{50}大鼠急性经口:>5g/kg。

注意事项 该品对眼睛及皮肤有刺激性。对水生物极毒。能对水环境造成不利的结果。使用时应避免吸入本品的粉尘。应防止将本品释放于环境中。其包装物应按危险品处理。

主要用途 杀菌剂。

Aniline 苯胺 01010

[62-53-3] C_6H_7N 93.13

成分 C 77.38%,H 7.58%,N 15.04%。

别名 阿尼林;安尼林;氨基苯;Aminobenzene;Aminophen;Aniline oil;Benzenamine;Kyanol;Phenylamine

GW 2015-51 M. I. 15,652

性状 无色或浅黄色的透明油状液体。有特殊气味。露置空气中或见光逐渐变为棕色。1g 该品能溶于 28.6mL 水、15.7mL 沸水,能与乙醇、乙醚、苯、氯仿和其他有机溶剂相混溶,能随水蒸气挥发。其 0.2mol/L 水溶液 pH 值 8.1。pK_b 9.30。mp −6℃;bp 184~186℃;Fp 169℉(76℃,闭杯);d_{20}^{20} 1.022;n_D^{20} 1.5863。LD_{50}大鼠急性经口:0.44g/kg。

注意事项 该品吸入、口服或与皮肤接触有毒。对机体有不可逆损伤的可能性。对眼睛有严重损伤的危险。接触皮肤能引起过敏。长期接触对健康有严重危害。对水生物极毒。使用时应穿适当的防护服和戴手套、防护镜或面罩。接触皮肤后应立即用大量肥皂泡沫冲洗。使用时如有事故发生或有不适之感,应请医生诊治。应防止将本品释放于环境中。应充氮气密封避光于阴凉处保存。

主要用途 测定折射率用的标准样品。检测卤素、铬酸盐、钒酸盐、亚硝酸盐和羧酸。制药工业。有机合成。树脂、假漆、香料等的合成。

参考规格 GB/T 691—2012

	分析纯	化学纯
含量($C_6H_5NH_2$)/%≥	99.5	99.0
结晶点/℃	−6.0~−6.5	−5.0~−6.5
灼烧残渣(以硫酸盐计)/%≤	0.002	0.005
硝基苯/%≤	0.003	
水分(H_2O)/%≤	0.2	

Aniline acetate 苯胺 乙酸盐 01011

[542-14-3] $C_8H_{11}NO_2$ 153.18

成分 C 62.72%,H 7.24%,N 9.14%,O 20.89%。

别名 乙酸苯胺;苯胺 醋酸盐;醋酸苯胺

GW 2015-2632 M. I. 15,652

性状 无色透明液体。久置、见光或受热易分解而变色。能与水、乙醇相混溶。d_4^{20} 1.070~1.072。一般试剂含量≥97.0%。

注意事项 该品有毒。使用时应避免吸入本品的蒸气。应密封避光于阴凉处保存。

主要用途 分析试剂。有机合成。

Aniline blue alcohol soluble 苯胺蓝 醇溶 01012

[8004-91-9] $C_{32}H_{28}ClN_3$ 490.05

成分 C 78.43%,H 5.76%,Cl 7.23%,N 8.57%。

别名 芝加哥蓝 6B;酒精蓝;滂胺天青蓝 6BX;酸性蓝 22;醇溶苯胺蓝;Acid blue 22;Aniline blue(spirit soluble);Chicago blue 6B;Chine blue;Gentian blue 6B;Light blue;Lyons blue;Opal blue;Paris blue;Pontamine sky blue 6BX;Spirit blue

C. I. 42775

性状 蓝紫色结晶性粉末。系二苯基品红碱的氯化物和三苯基副品红碱的氯化物的混合物。溶于乙醇呈蓝色。

注意事项 该品应密封于干燥处保存。

主要用途 生物染色剂。

Aniline blue water soluble 苯胺蓝 水溶 01013

[28631-66-5] $C_{37}H_{27}N_3Na_2O_9S_3$ 799.82

成分 C 55.56%, H 3.40%, N 5.25%, Na 5.75%, O 18.00%,S 12.03%。

别名 水溶苯胺蓝;水蓝;可溶性蓝;棉蓝;中国蓝;溶剂蓝 3M,2R;霍夫曼蓝;Acid blue 93;China blue;Cotton blue;Hoffmann's blue;Marine blue;Soluble blue;Soluble blue 3M,2R;Water blue;Poirriers blue

C. I. 42780

性状 蓝色粉末或块状物。溶于水,难溶于乙醇。pH 值 9.4~14.0(由蓝至红至无色)。

注意事项 使用时应避免吸入本品的粉尘,避免与眼睛及皮肤接触。应密封避光保存。

主要用途 生物染色剂,用于神经组织、细胞、结缔组织的染色。酸碱指示剂。

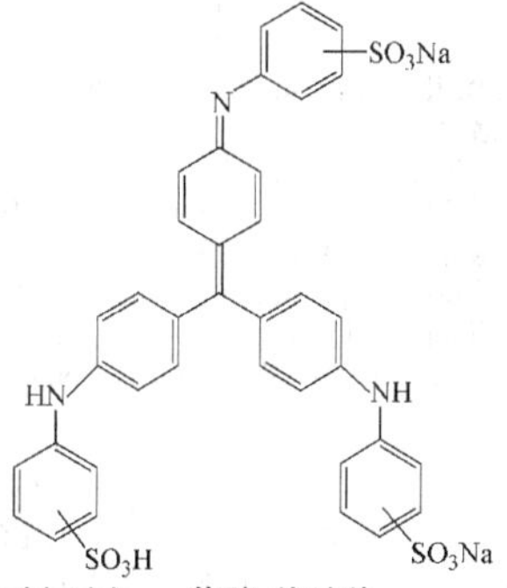

Aniline hydrochloride 苯胺 盐酸盐 01014

[142-04-1] C_6H_8ClN 129.59

成分 C 55.61%,H 6.22%,Cl 27.36%,N 10.81%。
别名 盐酸苯胺
GW 2015-2521 M.I. 15,652
性状 无色或白色片状结晶。微有吸湿性。露置空气中或见光色即变深。溶于约1份水,易溶于乙醇,不溶于乙醚、三氯甲烷。mp 198℃;Fp 380℉(193℃);*d* 1.222。
注意事项 见01010苯胺。应充氮气密封避光于干燥处保存。
主要用途 检定糠醛和比色测定氧化物的试剂。有机合成。

Aniline sulfate 苯胺 硫酸盐 01015
[542-16-5] $C_{12}H_{16}N_2O_4S$ 284.33
成分 C 50.69%,H 5.67%,N 9.85%,O 22.51%,S 11.28%。
别名 硫酸苯胺;Aniline hemisulfate
GW 2015-1308 M.I. 15,652
性状 白色有光泽的片状结晶或结晶性粉末。久置、见光或露置空气中易变黄色。1g该品溶于约15mL水,微溶于乙醇,不溶于乙醚。*d* 1.38。一般试剂含量99.8%~100.5%。
注意事项 见01010苯胺。应密封避光保存。
主要用途 测定氯酸盐的试剂;显微分析中用以检验木质素。有机合成。

(*S*)-(+)-2-(Anilino methyl)pyrrolidine
(*S*)-(+)-2-(苯胺基甲基)吡咯烷 01016
[64030-44-0] $C_{11}H_{16}N_2$ 176.26
成分 C 74.96%,H 9.15%,N 15.89%。
别名 (*S*)-(+)-2-(苯胺基甲基)四氢吡咯
性状 无色液体。对空气敏感。bp_2 120~122℃/266.6Pa;Fp>230℉(110℃);*d* 1.046;n_D^{20} 1.5750;$[\alpha]_D^{20}+22°(c=1$,于乙醇中)。一般试剂含量≥97.0%(NT)。
注意事项 该品具有腐蚀性,能引起烧伤。使用时应穿适当的防护服,戴手套和防护镜或面罩。万一接触到眼睛,应立即用大量水冲洗后请医生诊治。使用时如有事故发生或有不适之感,应请医生诊治。应充氩气密封保存。
主要用途 用于不对称格利雅及相关反应的手性助剂。制备相似反应的改良助剂。

8-Anilino-1-naphthalene sulfonic acid
8-苯胺基-1-萘磺酸 01017
[82-76-8] $C_{16}H_{13}NO_3S$ 299.34
成分 C 64.20%,H 4.38%,N 4.68%,O 16.03%,S 10.71%。
别名 1-Anilino-8-naphthalenesulfonate;ANS;ANSA;8-Phenylamino-1-naphthalene sulfonic acid;*N*-Phenylperi acid
M.I. 15,654
性状 无色结晶或白色粉末。生化试剂含量≥97.0%(T)。
注意事项 该品对眼睛有刺激性。万一接触到眼睛,应立即用大量水冲洗后请医生诊治。
主要用途 生化研究。荧光探针。

1-Anilino-8-naphthalenesulfonic acid ammonium salt
1-苯胺基-8-萘磺酸铵 01018
[28836-03-5] $C_{16}H_{16}N_2O_3S$ 316.38
成分 C 60.74%,H 5.1%,N 8.85%,O 15.17%,S 10.14%。
别名 8-苯基氨基-1-萘磺酸铵;8-苯胺基萘-1-磺酸铵;Ammonium1-anilino-8-naphthalenesulfonate; 8-Phenylamino-1-naphthalenesulfonic acid ammonium salt;8-Anilino-1-naphthalenesulfonic acid ammonium salt;1,8-ANS-NH_4;Phenylperi acid ammonium salt
M.I. 15,654
性状 无色结晶或白色粉末。易吸潮。对空气敏感。mp 242~244℃。生化试剂含量≥97.0%(HPLC)。
注意事项 该品对眼睛、呼吸系统及皮肤有刺激性。使用时应穿适当的防护服。万一接触到眼睛,应立即用大量水冲洗后请医生诊治。应充氩气密封避光于干燥处保存。
主要用途 生化试剂。生物荧光探针,用于蛋白质构象学。

8-Anilinonaphthalene-1-sulfonic acid magnesium salt dihydrate 8-苯胺基萘-1-磺酸镁盐 二水 01019
[18108-68-4] $C_{32}H_{24}MgN_2O_6S\cdot2H_2O$ 657.03
成分(以无水物计) C 65.26%,H 4.11%,Mg 4.13%,N 4.76%,O 16.30%,S 5.44%。
别名 二水合1-苯氨基萘-8-磺酸镁盐;1-苯氨基萘-8-磺酸镁盐 二水;8-苯胺-1-萘磺酸镁盐;8-Anilino-1-naphthalenesulfonic acid magnesium salt;1,8-ANS magnesium salt hexahydrate;8-Phenylamino-1-naphthalene sulfenic acid Mg salt;Magnesium 1-amilino-8-naphthalenesulfonate; Phenylperi acid Mg salt;ANSA-Mg
性状 来自水中的黄绿色针状结晶。mp >280℃;uv max:350nm(ε 4.95×10³)。
注意事项 见01018 1-苯胺基-8-萘磺酸铵。
主要用途 荧光探测剂。

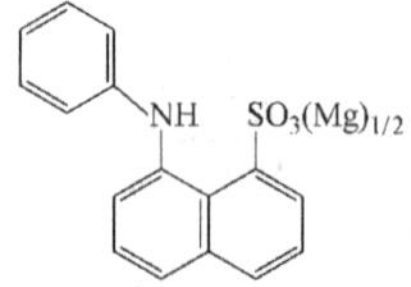

***N*-(4-Anilino-1-naphthyl)maleimide**
***N*-(4-苯胺基-1-萘基)马来酰亚胺** 01020
[50539-45-2] $C_{20}H_{14}N_2O_2$ 314.35
成分 C 76.42%,H 4.49%,N 8.91%,O 10.18%。
别名 *N*-(4-苯胺基-1-萘基)顺丁烯二酰亚胺;ANM
性状 白色粉末。一般试剂含量≥99.0%(HPLC)。
注意事项 见01018 1-苯胺基-8-萘磺酸铵。

***p*-Anisoin 对茴香偶姻** 01021
[119-52-8] $C_{16}H_{16}O_4$ 272.30
成分 C 70.58%,H 5.92%,O 23.5%。
别名 4,4′-二甲氧基二苯乙醇酮;4,4′-二甲氧基安息香;4,4′-二甲氧基苯偶姻;4,4′-Dimethoxybenzoin
性状 无色结晶或白色粉末。mp 108~111℃。一般试剂含量≥98.0%(HPLC)。
注意事项 使用时应避免吸入本品的粉尘,避免与眼睛及皮肤接触。

Anisole 苯甲醚 01022
[100-66-3] C_7H_8O 108.14
成分 C 77.75%,H 7.46%,O 14.79%。
别名 大茴香醚;甲氧基苯;茴香醚;Methoxybenzene;Phenylmethyl ether
GW 2015-79 M.I. 15,662
性状 无色透明液体。有芳香气味。溶于乙醇、乙醚,不溶于水。mp −37.3℃; bp_{760} 155.5℃/101.325kPa; bp_{100} 93.0℃/13.332kPa; bp_{40} 70.7℃/5.333kPa; bp_{20} 55.8℃/2.666kPa; bp_{10} 42.2℃/1.333kPa; bp_5 30.0℃/666.61Pa; bp_1 5.4℃/133.32Pa; Fp 104℉(40℃);d_4^{45} 0.9701;d_4^{18} 0.9956;n_D^{20} 1.51791。LD_{50} 大鼠急性经口:3.7g/kg。一般试剂含量≥99.0%(GC)。
注意事项 该品易燃。对眼睛、呼吸系统及皮肤有刺激性。使用现场禁止吸烟。使用时应戴手套。万一接触到眼睛,应立即用大量水冲洗后请医生诊治。应远离火种密封保存。
主要用途 折射率测定。溶剂。香料制备(用于配制香草、茴香、啤酒型香精)。肠内杀虫剂制备。恒温器填充物。

Anisomycin 茴香霉素 01023

[22862-76-6] $C_{14}H_{19}NO_4$ 265.31

成分 C 63.38%,H 7.22%,N 5.28%,O 24.12%。

别名 1,4,5-Trideoxy-1,4-imino-5-(4-methoxyphenyl)-D-*xylo*-pentitol 3-acetate;[2*R*-(2α,3α,4β)]-2-(4-Methoxyphenyl)methyl-3,4-pyrrolidinediol 3-acetate;(2*R*,3*S*,4*S*)-2-(4-Methoxyphenyl)methyl-3,4-pyrrolidineolilo 3-acetate;2-*p*-Methoxyphenylmethyl-3-acetoxy-4-hydroxypyrrolidine;Flagecidin

M.I. 14,670

性状 来自乙酸乙酯或水中的白色长针状结晶。溶于低级的醇类、醚类、酮类、氯仿,微溶于苯、甲苯、己烷。其碱中等速度溶于水。其水溶液在 pH 值较宽的范围内,于室温中稳定。pK_a 7.9。mp 140~141℃;$[\alpha]_D^{23}$ −30℃(于甲醇中);uv max:224nm,277nm,283nm(ε 10800,1800,1600)。生化试剂含量≥97.0%(TLC)。

注意事项 该品口服有毒。使用时应穿适当的防护服,戴手套和防护镜或面罩。使用时如有事故发生或有不适之感,应请医生诊治。应充氩气密封于 2~8℃干燥保存。

主要用途 生化研究。医用抗病原虫。

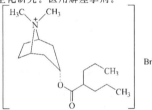

Anisotropine methylbromide 溴甲辛托品 01024

[80-50-2] $C_{17}H_{32}BrNO_2$ 362.35

成分 C 56.35%,H 8.90%,Br 22.05%,N 3.87%,O 8.83%。

别名 *endo*-8,8-Dimetlyl-3-(1-oxo-2-propylpentyl)oxy-8-azoniabicyclo[3.2.1]octane bromide;3α-Hydroxy-8-methyl-1α*H*,5α*H*-tropanium bromide 2-propylvalerate;8-Methyltropinium bromide 2-propylvalerate;8-Methyl-3-(2-propylpentanoyloxy)tropinium bromide;Octatropine methylbromide;Valpin

性状 来自丙酮中的无色结晶。mp 329℃。

注意事项 该品吸入、口服或与皮肤接触有害。使用时应穿适当的防护服。应密封于 2~8℃保存。

主要用途 生化研究。医用解痉挛剂。

***p*-Anisoyl chloride 对甲氧基苯甲酰氯** 01025

[100-07-2] $C_8H_7ClO_2$ 170.59

成分 C 56.32%,H 4.14%,Cl 20.78%,O 18.76%。

别名 4-甲氧基苯甲酰氯;对茴香酰氯;氯化对甲氧苯甲酰;氯化对茴香酰;氯化 4-甲氧基苯甲酰;4-Methoxybenzoyl chloride

GW 2015-1195 M.I. 15,665

性状 无色结晶,温度高时为液体。溶于丙酮、苯。与水反应激烈,能被水或乙醇分解。mp 22℃;bp 约 262~263℃(微分解);bp_{14} 145℃/1.867kPa;d_4^{20} 1.260;Fp 188.6℉(87℃);n_D^{20} 1.5810。

注意事项 该品能与水激烈反应。对呼吸系统有刺激性。具有腐蚀性,能引起烧伤。使用时应穿适当的防护服,戴手套和防护镜或面罩。使用时禁止进食、饮水。万一接触到眼睛,应立即用大量水冲洗后请医生诊治。使用时如有事故发生或有不适之感,应请医生诊治。应充氩气密封于 2~8℃干燥保存。

***N*⁴-Anisoyl-2′-deoxycytidine**

***N*⁴-茴香酰-2′-脱氧胞苷** 01026

[48212-99-3] $C_{17}H_{19}N_3O_6$ 361.35

成分 C 56.51%,H 5.30%,N 11.63%,O 26.57%。

别名 *N*⁴-甲氧苯甲酰-2′-脱氧胞苷

性状 白色结晶或粉末。易吸潮。对空气和湿度敏感。mp 175~180℃(分解)。一般试剂含量≥98.0%(HPLC)。

注意事项 使用时应避免吸入本品的粉尘,避免与眼睛及皮肤接触。应充氩气密封于−20℃干燥保存。

L-Anserine nitrate salt

L-鹅肌肽 硝酸盐 01027

[10030-52-1] $C_{10}H_{16}N_4O_3 \cdot HNO_3$ 303.27

成分 C 39.6%,H 5.65%,N23.09%,O 31.66%。

别名 硝酸 L-鹅肌肽;β-Ala-1-methyl-His nitrate salt;*N*-(β-Alanyl)-3-methyl-L-histidine nitrate salt;α-(β-Aminopropionylamino)-β-(1-methyl-5-imidazolyl)propionic acid nitrate salt;3-Methyl-*N*,α-(β-alanyl)-L-hisitidine nitrate salt

M.I. 15,671

性状 来自稀甲醇中的无色针状结晶。干(燥)品易吸潮。mp 226~228℃。

主要用途 生化研究。

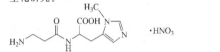

Antazoline hydrochloride 安他心 盐酸盐 01028

[2508-72-7] $C_{17}H_{19}N_3 \cdot HCl$ 301.82

成分 C 67.65%,H 6.35%,N 13.92%,H 0.33%,Cl 11.75%。

别名 安他唑啉 盐酸盐;盐酸安他心;盐酸安他唑啉;4,5-Dihydro-*N*-phenyl-*N*-phenylmethyl-1*H*-imidazole-2-methanamine hydrochloride;2-(*N*-Benzylanilinomethyl)-2-imidazoline;Phenazoline hydrochloride;2-(*N*-Phenyl-*N*-benzylaminomethyl)imidazoline hydrochloride;Imidamine;5512-M hydrochloride;Antistine;Histostab;Antastan;Antasten;Antihistal;Azalone;Ben-a-hist

M.I. 15,672

性状 无色结晶。味苦。能对舌部产生暂时的麻木感。1g 该品溶于 40mL 水、25mL 乙醇。不溶于乙醚、苯、氯仿。1%水溶液 pH 值 6.3。mp 237~241℃。uv max:242nm($E_{1cm}^{1\%}$ 495~515);min 222nm。

注意事项 该品吸入、口服或与皮肤接触有害。对眼睛、呼吸系统及皮肤有刺激性。使用时应穿适当的防护服。万一接触到眼睛,应立即用大量水冲洗后请医生诊治。

主要用途 医用抗组胺剂。

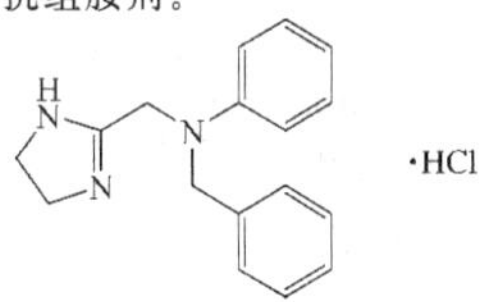

Anthracene 蒽 01029

[120-12-7] $C_{14}H_{10}$ 178.23

成分 C 94.34%,H 5.66%。

别名 绿油脑;Anthracene oil;Green oil

GW 2015-1224 M.I. 15,674 C.I. 10790

性状 来自乙醇中的无色单斜片状结晶。有浅蓝紫色荧光。见光色变暗。能升华。1g 该品溶于 67mL 无水乙醇、70mL 甲醇、62mL 苯、85mL 氯仿、200mL 乙醚、31mL 二硫化碳、86mL 四氯化碳、125mL 甲苯。mp 218℃;bp_{760} 342℃/101.325kPa;Fp 249℉(121℃);d_4^{27} 1.25。一般试剂含量≥99.0%(GC)。

注意事项 该品对眼睛、呼吸系统及皮肤有刺激性。对水生物极毒。能对水环境引起不利的结果。使用时应戴手套。万一接触到眼睛,应立即用大量水冲洗后请医生诊治。应防止将本品释放于环境中。其包装物应按危险品处理。应密封避光保存。

主要用途 测定茚的灵敏试剂。有机化合物中碳、氢、氮元素分析的标样。闪烁体。染料合成。

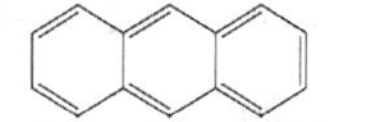

9-Anthracenecarbonyl cyanide 氰化 9-蒽碳酰 01030

[85985-44-0] $C_{16}H_9NO$ 231.25

成分 C 83.1%,H 3.92%,N 6.06%,O 6.92%。
别名 氰化 9-蒽羰基;9-蒽酮基腈;9-Anthroyl nitrile;α-Oxoanthracene-9-acetonitrile
性状 无色结晶。溶于二甲基甲酰胺、乙腈、氯仿、乙醇,几乎不溶于水。mp 142~143℃。荧光:Em_{max} 451nm(Exc:361nm 以后为衍生物,于乙醇中)。生化试剂含量≥99.0%(GC)。
注意事项 该品吸入、口服或与皮肤接触有害。与水接触能释放出有毒气体。使用时应穿适当的防护服。万一着火,只能用干燥化学剂灭火,而不能用水。应充氩气密封避光于-20℃干燥保存。

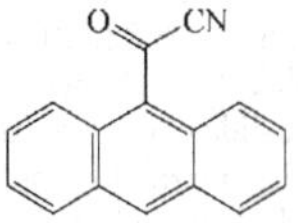

9-Anthracenecarboxaldehyde 9-蒽醛 01031
[642-31-9] $C_{15}H_{10}O$ 206.24
成分 C 87.35%,H 4.89%,O 7.76%。
别名 9-蒽甲醛;9-Anthraldehyde
性状 无色结晶或白色粉末。mp 103~105℃。一般试剂含量≥97.0%(HPLC)。
注意事项 该品对眼睛、呼吸系统及皮肤有刺激性。使用时应戴适当的手套。万一接触到眼睛,应立即用大量水冲洗后请医生诊治。

9-Anthracenecarboxaldehyde carbohydrazone
9-蒽醛卡巴腙 01032
[55486-16-3] $C_{16}H_{14}N_4O$ 278.30
成分 C 69.05%,H 5.07%,N 20.13%,O 5.75%。
别名 1-(9-蒽基亚甲基)卡巴肼;1-(9-Anthrylmethylene) carbazide
性状 无色结晶或白色粉末。生化试剂含量≥98.0%(CHN)。
注意事项 见 01031 9-蒽醛。应充氩气密封保存。

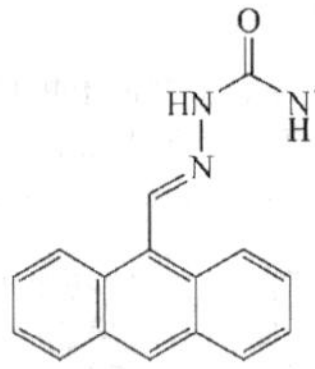

9-Anthracenecarboxylic acid 9-蒽羧酸 01033
[723-62-6] $C_{15}H_{10}O_2$ 222.24
成分 C 81.06%,H 4.54%,O 14.40%。
别名 9-蒽甲酸;9-Anthroic acid
性状 无色结晶。溶于乙醇,微溶于热水。mp 214℃(分解)。一般试剂含量≥98.0%(T)。
注意事项 见 01031 9-蒽醛。

Anthracene-9,10-dicarbonitrile 蒽-9,10-二腈 01034
[1217-45-4] $C_{16}H_8N_2$ 228.26
成分 C 84.2%,H 3.53%,N 12.27%。
别名 9,10-二氰蒽;9,10-Dicyanoanthracene
性状 无色结晶。mp 340℃。一般试剂含量≥98.0%(HPLC)。
注意事项 见 01031 9-蒽醛。

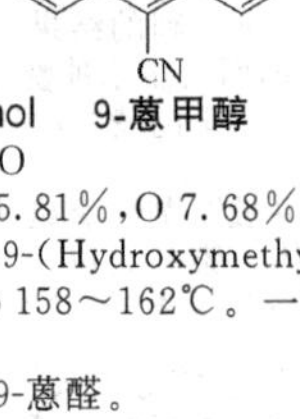

9-Anthracenemethanol 9-蒽甲醇 01035
[1468-95-7] $C_{15}H_{12}O$ 208.26
成分 C 86.51%,H 5.81%,O 7.68%。
别名 9-(羟甲基)蒽;9-(Hydroxymethyl) anthracene
性状 无色结晶。mp 158~162℃。一般试剂含量≥97.0%(HPLC)。
注意事项 见 01031 9-蒽醛。

Anthralin 蒽林 01036
[1143-38-0] $C_{14}H_{10}O_3$ 226.23
成分 C 74.33%,H 4.46%,O 21.22%。
别名 1,8-二羟基蒽酚;1,8,9-蒽三酚;1,8-二羟基-9(10*H*)-蒽酮;1,8-Dihydroxy-9(10*H*)-anthracenone;1,8-Dihydroxyanthrone;Dithranol;Anthraderm;Anthraforte;Anthranol;Anthrascalp;Antraderm;Batidrol;Cignolin;Cigthranol;Dithrocream;Dithocreme;Dritho-scalp;Micanol;Psoradrate;Psorderm;Psoriacide
M.I. 15,676
性状 来自石油醚中的柠檬黄色小叶状或针状结晶。溶于氯仿、丙酮、苯,微溶于乙醇、乙醚、冰乙酸,不溶于水。溶于稀氢氧化钠溶液呈黄色并有绿色荧光。曝露于空气即成为橙红色。mp 176~181℃。一般试剂含量≥99.0%(TLC)。
注意事项 见 01031 9-蒽醛。
主要用途 医用治牛皮癣用药。

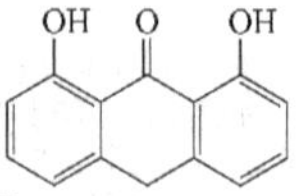

Anthraquinone 蒽醌 01037
[84-65-1] $C_{14}H_8O_2$ 208.22
成分 C 80.76%,H 3.87%,O 15.37%。
别名 9,10-蒽醌;9,10-Anthracenedione;9,10-Anthraquinone;AQ;Dihy-droketoanthracene;9,10-Dioxoanthracene;Flight Control;Morkit;Ordinaryanthraquinone
M.I. 15,679
性状 浅黄色细长单斜针状或棱柱体结晶。溶于乙醇(18℃,0.05g/100g;25℃,0.44g/100g;沸乙醇 2.25g/100g)、乙醚(25℃,0.11g/100g)、氯仿(20℃,0.61g/100g;40℃,1.00g/100g;60℃,1.60g/100g)、苯(20℃,0.26g/100g;40℃,0.50g/100g;60℃,1.00g/100g;80℃,1.80g/100g)、甲苯(25℃,0.30g/100g),不溶于水。mp 286℃;bp_{760} 377℃/101.32kPa;Fp 365℉(185℃);d_4^{20} 1.42~1.44。一般试剂含量≥99.0%(HPLC)。
注意事项 该品接触皮肤能引起过敏。使用时应穿适当的防护服和戴手套。
主要用途 染料合成。有机合成。

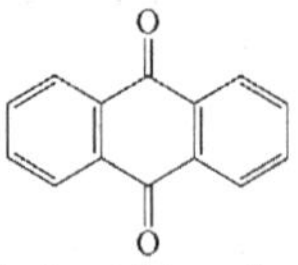

Anthraquinone-2-sulfonic acid sodium salt monohydrate
蒽醌-2-磺酸钠盐 一水 01038
[131-08-8] $C_{14}H_7NaO_5S \cdot H_2O$ 328.28
成分 C 51.22%,H 2.76%,Na 7%,O 29.25%,S 9.77%。
别名 一水合蒽醌-2-磺酸钠盐;9,10-Dihydro-9,10-dioxo-2-anthracenesulfonic acid sodium salt monohydrate;Sodium anthraquinone-2-sulfonate monohydrate;β-Sulfoanthraquinone sodium salt monohydrate
性状 白色或黄色有光泽的片状结晶。溶于热水,微溶于冷酸,不溶于乙醇、乙醚。mp>300℃。一般试剂含量≥98.0%(T)。
注意事项 见 01031 9-蒽醛。
主要用途 生物碱的分析试剂。染料合成。有机合成。

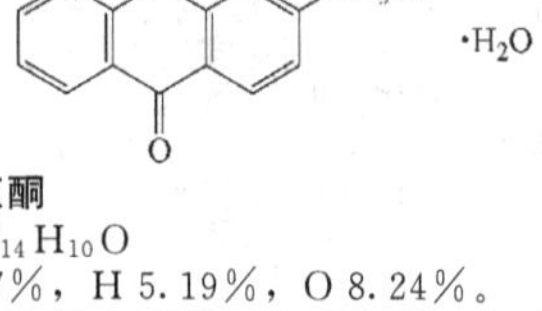

Anthrone 蒽酮 01039
[90-44-8] $C_{14}H_{10}O$ 194.23
成分 C 86.57%,H 5.19%,O 8.24%。
别名 9,10-二氢-9-氧蒽;9(10*H*)-Anthracenone;Anthranone;Carbothrone;9,10-Dihydro-9-oxoanthracene
M.I. 15,682
性状 来自苯+石油醚中的无色斜方针状结晶。溶于乙醇、苯等多数有机溶剂,溶于热氢氧化钠溶液,不溶于水。mp 155℃。一般试剂含量≥93.0%(HPLC)。
注意事项 见 01031 9-蒽醛。应密封避光保存。

主要用途 分析试剂。测定肝脏组织中的动物淀粉。快速测定体液中的糖分。有机合成。

N-(9-Anthrylmethyl)-N′-benzoyl-N-methylthiourea 01040
N-(9-蒽基甲基)-N′-苯甲酰基-N-甲基硫脲
[167781-43-3] $C_{24}H_{20}N_2OS$ 384.49
成分 C 74.97%，H 5.24%，N 7.29%，O 4.16%，S 8.34%。
性状 无色结晶。mp 175～180℃。一般试剂含量≥98.0%(HPLC)。
注意事项 该品口服有害。

(R)-(−)-1-(9-Anthryl)-2,2,2-trifluoroethanol
(R)-(−)-1-(9-蒽基)-2,2,2-三氟乙醇 01041
[53531-34-3] $C_{16}H_{11}F_3O$ 276.25
成分 C 69.56%，H 4.01%，F 20.63%，O 5.79%。
别名 (R)-(−)-α-(三氟甲基)蒽-9-甲醇；(R)-(−)-2,2,2-三氟-1-(9-蒽基)乙醇；(R)-(−)-2,2,2-Trifluoro-1-(9-anthryl)ethanol；(R)-(−)-α-(Trifluoromethyl)anthracene-9-methanol
性状 无色结晶。mp 132～135；$[\alpha]_D^{20}-25°\pm1°$($c=6$，于氯仿中)。一般试剂含量≥98.0%(HPLC)。
注意事项 见 01031 9-蒽醛。应充氩气密封于 2～8℃保存。

Antimony granular 锑粒 01042
[7440-36-0] Sb 121.60
别名 母尼粒；Stibium
M. I. 15,683
性状 银白色、质硬、有光泽的鳞片状结晶粒金属。在潮湿空气中逐渐失去光泽。溶于王水和浓硫酸。mp 630℃；bp 1635℃；d 6.68。LD_{50}(以 Sb 计)大鼠，豚鼠腹膜内注射：10.0mg/100g，15.0mg/100g。
注意事项 该品有毒。使用时应避免与皮肤接触。
主要用途 制造低熔点合金和锑盐。

Antimony powder 锑粉 01043
[7440-36-0] Sb 121.60
别名 母尼粉
GW 2015-2121 M. I. 15,683
性状 浅灰或银白色有光泽的金属粉末。溶于王水、浓硫酸，不溶于盐酸和稀硫酸。mp 630℃；bp 1635℃；d 6.68。LD_{50}(以 Sb 计)大鼠，豚鼠腹膜内注射：10.0mg/100g，15.0mg/100g。一般试剂含量≥99.8%。
注意事项 该品有毒。吸入或口服有害。对眼睛、呼吸系统及皮肤有刺激性。对水生物有毒。能对水环境引起不利的结果。使用时应穿适当的防护服。使用时应避免与眼睛及皮肤接触。万一接触到眼睛，应立即用大量水冲洗后请医生诊治。其包装物应按危险品处理。
主要用途 高纯试剂。半导体的原材料。合金制造。

Antimony chloride oxide 氧氯化锑 01044
[7791-08-4] ClOSb 173.21
成分 Cl 20.47%，O 9.24%，Sb 70.30%。
别名 次氯酸锑；氧氯化亚锑；Antimony chloride basic；Antimony (Ⅲ) oxychloride；Basic antimony chloride；Powder of algaroth；Mercurius vitae
M. I. 15,684
性状 无色单斜结晶或无定形结晶性粉末。溶于盐酸、酒石酸、二硫化碳，不溶于乙醇、乙醚。能被水水解生成三氧化二锑。加热至 250℃生成 $Sb_2O_5Cl_2$；约 320℃生成 Sb_2O_3。
主要用途 制药工业。锑盐制造。

Antimony pentachloride 五氯化锑 01045
[7647-18-9] Cl_5Sb 299.01
成分 Cl 59.28%，Sb 40.72%。
别名 Antimony(Ⅴ) chloride；Antimony perchloride
GW 2015-2153 M. I. 15,686
性状 无色至浅黄色油状液体。具奇特的气味。有吸湿性，在潮湿空气中猛烈发烟，遇水迅速分解并析出锑酸沉淀。溶于盐酸、三氯甲烷、四氯化碳。mp 3.5℃；bp_{68} 102.5℃/9.07kPa；bp_{55} 85℃/7.33kPa；bp_{30} 92℃/4kPa；bp_{22} 79℃/2.93kPa；bp_{14} 68℃/1.87kPa；d_4^{78} 2.231；d_4^{52} 2.289；d_4^{36} 2.319；d_4^{16} 2.358。一般试剂含量≥99.0%。
注意事项 该品具有腐蚀性，能引起烧伤。对水生物有毒。能对水环境引起不利的结果。万一接触到眼睛，应立即用大量水冲洗后请医生诊治。使用时如有事故发生或有不适之感，应请医生诊治。应防止将本品释放于环境中。
主要用途 检测生物碱及铯。催化剂。高纯锑的制备。

Antimony pentasulfide 五硫化二锑 01046
[1315-04-4] S_5Sb_2 403.82
成分 S 39.70%，Sb 60.30%。
别名 硫化锑；Antimony pentasulfide；Antimonia saffron；Antimonic sulfide；Antimony red；Antimony(Ⅴ) sulfide；Antimonial saffron；Golden antimony sulfide
M. I. 15,688
性状 橙黄色粉末。无味。溶于浓盐酸并放出有毒气体硫化氢，溶于碱溶液、硫化铵溶液，不溶于水、乙醇。mp 75℃(分解)。LD_{50}(以 Sb 计)大鼠腹膜内注射：150.0mg/100g。
注意事项 该品高度易燃。对眼睛、呼吸系统及皮肤有刺激性。使用时应戴适当的手套。万一接触到眼睛，应立即用大量水冲洗后请医生诊治。
主要用途 颜料配制。橡胶硫化剂。烟火、火柴的配制。

Antimony pentoxide 五氧化二锑 01047
[1314-60-9] O_5Sb_2 323.52
成分 O 24.73%，Sb 75.27%。
别名 锑酸酐；五氧化锑；Antimonic"acid"；Antimonic acid anhydride；Antimonic oxide；"Stibic" anhydride；Antimony (Ⅴ) oxide
GW 2015-2164 M. I. 15,689
性状 浅黄色立方体或粉末。溶于热浓盐酸或氢氧化钾溶液，微溶于水，不溶于硝酸。d 3.78。LD_{50}(以 Sb 计)大鼠腹膜内注射：400.0mg/100g。一般试剂含量≥90.0%。
注意事项 该品吸入、口服或与皮肤接触有害。对眼睛、呼吸系统及皮肤有刺激性。使用时应穿适当的防护服和戴手套。万一接触到眼睛，应立即用大量水冲洗后请医生诊治。应密封于通风良好处保存。
主要用途 制药工业。锑化合物的制造。服装阻燃剂。

Antimony potassium tartrate trihydrate
酒石酸锑钾 三水 01048
[28300-74-3] $C_8H_4K_2O_{12}Sb_2 \cdot 3H_2O$ 667.87
成分 C 14.39%，H 1.51%，K 11.71%，O 35.93%，Sb 36.46%。
别名 半水合酒石酸锑钾；吐酒石；酒石酸钾锑；Dipotassium bis[μ-[2,3-dihydroxybutanedioato(4⁻)-01,02∶03,04]]diantimonate(2⁻) trihydrate stereoisomer；Potassium antimonyl tartrate；Tartar emetic；Tartarized antimony；Tartrated antimony；Potassium antimony(Ⅲ) oxide tartrate hemihydrate
GW 2015-1227 M. I. 15, 691
性状 无色结晶或白色结晶性粉末。在空气中风化。1g 该品溶于 12mL 水、3mL 沸水、15mL 甘油，不溶于乙醇。其水溶液呈微酸性。d2.6，$[\alpha]_D^{20}+140.69°$ ($c=2$，于水中)；$[\alpha]_D^{20}+139.25°$ ($c=2$，于甘油中)；LD_{50}小鼠皮下注射：55mg/kg；静脉注射：65mg/kg。

注意事项 该品吸入或口服有害。对水生物有毒。能对水环境引起不利的结果。使用时应避免吸入本品的粉尘。应避免将本品释放于环境中。应密封保存。

主要用途 检测锗的试剂。地质分析中测定铅。医用驱肠虫剂。织物和皮革的媒染剂。杀虫剂。

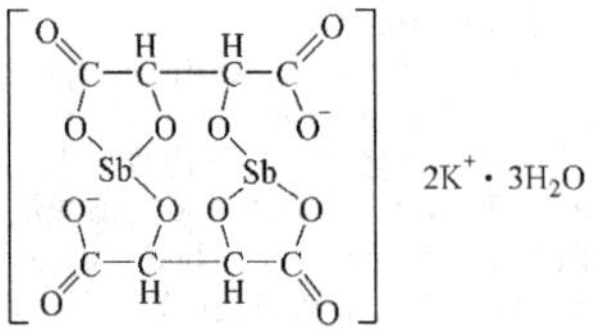

$$\left[\begin{array}{c} \text{(Sb}_2\text{ bis-tartrate complex structure: O=C–CH–CH–C(=O)O}^-\text{, Sb–O bridges)} \end{array}\right] 2K^+ \cdot 3H_2O$$

Antimony tetraoxide　四氧化二锑　01049

[1332-81-6]　O_4Sb_2　307.50

成分 O 20.81%，Sb 79.18%。

别名 Antimony (Ⅳ) oxide；Antimony tertoxide

性状 白色粉末。溶于盐酸、氢碘酸、氢氧化钾溶液，不溶于水。加热至930℃分解。d 5.820。

注意事项 该品对眼睛、呼吸系统及皮肤有刺激性。使用时应穿适当的防护服。万一接触到眼睛，应立即用大量水冲洗后请医生诊治。

主要用途 锑盐制备。陶瓷业。媒染剂。催化剂。高纯锑的制备。

Antimony tribromide　三溴化锑　01050

[7789-61-9]　Br_3Sb　361.47

成分 Br 66.32%，Sb 33.68%。

别名 溴化亚锑；溴化锑；Antimony(Ⅲ) bromide；Antimonous bromide

GW 2015-1902　M.I. 15,695

性状 无色至浅黄色正交双锥体针状结晶。易潮解。见光色变深。能被水、乙醇分解。溶于稀盐酸、氢溴酸、二硫化碳、丙酮、苯、氯仿等。mp 96℃；bp_{749} 288℃/99.86kPa；d_{23}^{23} 4.148。一般试剂含量≥99.5%。

注意事项 该品吸入或口服有害。具有腐蚀性，能引起烧伤。对水生物有毒。能对水环境引起不利的结果。使用时应穿适当的防护服，戴手套和防护镜或面罩。使用时应避免吸入本品的粉尘。万一接触到眼睛或皮肤，应立即用大量水冲洗后请医生诊治。应防止将本品释放于环境中。应密封避光于干燥处保存。

主要用途 分析试剂。有机合成。催化剂。

Antimony trichloride　三氯化锑　01051

[10025-91-9]　Cl_3Sb　228.11

成分 Cl 46.62%，Sb 53.38%。

别名 氯化亚锑；氯化锑；Antimonous chloride；Antimony (Ⅲ) chloride；Butter of antimony；Trichlorostibine

GW 2015-1849　M.I. 15,696

性状 来自二硫化碳中或100℃升华而得的无色或白色正交针状结晶或熔融块状物。易潮解。在空气中发烟。1g该品(25℃)溶于10.1mL水。溶于乙醇、苯、乙醚、丙酮、三氯甲烷、二氧六环、四氯化碳和二硫化碳，溶于稀盐酸，不溶于吡啶、喹啉。mp 73℃；bp 223.5℃；bp_{70} 143.5℃/9.33kPa；bp_{11} 102℃/1.47kPa；d_4^{20} 3.14。

注意事项 该品具有腐蚀性，能引起烧伤。对水生物有毒。能对水环境引起不利的结果。万一接触到眼睛，应立即用大量水冲洗后请医生诊治。使用时如有事故发生或有不适之感，应请医生诊治。应避免将本品释放于环境中。应充氩气密封于干燥处保存。

主要用途 分析试剂，如氯醛、芳香烃等的测定。催化剂。有机合成。

参考规格 HG/T 3464—2003

	分析纯	化学纯
含量($SbCl_3$)/%≥	99.0	98.0
澄清度试验	合格	合格
乙醇溶解试验	合格	合格
盐酸不溶物/%≤	0.005	0.005
铁(Fe)/%≤	0.002	0.005
砷(As)/%≤	0.005	0.03
硫化氢不沉淀物(以硫酸盐计)/%≤	0.2	0.4

Antimony trifluoride　三氟化锑　01052

[7783-56-4]　F_3Sb　178.76

成分 F 31.88%，Sb 68.12%。

别名 氟化锑；氟化亚锑；Antimonous fluoride；Antimony(Ⅲ) fluoride

GW 2015-1778　M.I. 15,697

性状 白色或灰白色正交结晶。有潮解性。溶于水(20℃，443g/100mL；30℃，562g/100mL)。mp 292℃；bp 376℃；d_{20}^{20} 4.379。一般试剂含量≥99.0%。

注意事项 该品吸入、口服或与皮肤接触有毒。对水生物有毒。能对水环境引起不利的结果。万一接触到眼睛，应立即用大量水冲洗后请医生诊治。使用时如有事故发生或有不适之感，应请医生诊治。应防止将本品释放于环境中。应充氩气密封于干燥处保存。

主要用途 分析试剂。氟化反应催化剂。棉织物的媒染剂。

Antimony triiodide　三碘化锑　01053

[7790-44-5]　I_3Sb　502.47

成分 I 75.77%，Sb 24.23%。

别名 碘化亚锑；碘化锑；Antimonous iodide；Antimony(Ⅲ) iodide

GW 2015-1751　M.I. 15,698

性状 宝石红色三角形结晶。遇水、接触空气分解为碘氧化锑(SbOI)。100℃时升华显著。溶于乙醇、二硫化碳、丙酮、盐酸和碘化钾溶液，不溶于四氯化碳。高热分解。偶极矩1.58。临界温度：1101℃；临界压强：55标准大气压。mp 168℃；bp 420℃；d_4^{17} 4.921。一般试剂含量≥97.0%。

注意事项 该品吸入或口服有害。具有腐蚀性，能引起烧伤。对水生物有毒。能对水环境引起不利的结果。使用时应避免吸入本品的粉尘。万一接触到眼睛，应立即用大量水冲洗后请医生诊治。接触皮肤应立即用大量水冲洗。应防止将本品释放于环境中。应充氩气密封避光于干燥处保存。

主要用途 制药工业。

Antimony trioxide　三氧化二锑　01054

[1309-64-4]　O_3Sb_2　291.52

成分 O 16.46%，Sb 83.53%。

别名 三氧化锑；无水亚锑酸；氧化亚锑；Antimonous acid anhydrous；Antimonous oxide；Antimony(Ⅲ) oxide；Diantimory trioxide；Flowers of antimony；Exitelite；Senarmontite；Stibious acid anhydrous；Valentinite；Weisspiessglanz

M.I. 15,699

性状 无色多晶型结晶或白色粉末。见光变褐色。溶于稀盐酸、碱溶液、硫化钠溶液，微溶于水、稀硝酸、硫酸。mp 655℃；bp 1425℃；bp_{210} 870℃/27.99kPa。LD_{50}大鼠急性经口：>20g/kg。一般试剂含量≥99.0%。

注意事项 该品对机体有不可逆损伤的可能性。使用时应穿适当的防护服和戴手套。使用时应避免吸入本品的粉尘。应密封避光保存。

主要用途 高纯试剂。电子元件。媒染剂。颜料的配制。防光剂。酒石酸锑钾的制造。

Antimony trisulfide　三硫化二锑　01055

[1345-04-6]　S_3Sb_2　339.70

成分 S 28.31%，Sb 71.69%。

别名 三硫化锑；硫化亚锑；黑色硫化锑；Antimonous sulfide；Antimony glance；Antimony sulfide；Needle antimony；Antimony(Ⅲ) sulfide black

GW 2015-1823　M.I. 15,701

性状 灰色有金属光泽的结晶或灰黑色疏松粉末。露置空气中逐渐被氧化。溶于浓盐酸产生硫化氢气，溶于硫化钠和碱溶液，不溶于水。mp 550℃。LD_{50}(以Sb计)大鼠腹膜内注射：100.0mg/100g。一般试剂含量≥98.0%。

注意事项 该品吸入或口服有害。对水生物有毒。能对水环境引起不利的结果。对眼睛、呼吸系统及皮肤有刺激性。应密封保存。应防止将本品释放于环境中。

主要用途 分析试剂。烟火制造。炸药制造。橡胶的硫化剂。

Antimycin A1 抗霉素 A₁ 01056
[642-15-9] $C_{28}H_{40}N_2O_9$ 548.63
成分 C 61.30%,H 7.35%,N 5.11%,O 26.25%。
别名 Antimycin A; Isovaleric acid 8-ester with 3-formamido-*N*-(7-hexyl-8-hydroxy-4,9-dimethyl-2,6-dioxo-1,5-dioxonan-3-yl) salicylamide; 3-Methylbutanoic acid 3-(3-formylamino-2-hydroxybenzoyl) amino-8-hexyl-2,6-dimethyl-4,9-dioxo-1,5-dioxonan-7-yl ester
GW 2015-1236 M.I. 15,702
性状 来自乙酸乙酯+溶剂汽油B中的无色结晶。易溶于乙醇、乙醚、丙酮、氯仿,极微溶于石油醚、苯、四氯化碳,几乎不溶于水、5%盐酸、碳酸钠及碳酸氢钠溶液。mp 149~150℃;$[\alpha]_D^{26}$ +76°(*c*=1,于氯仿中);uv max(于乙醇中):226nm,320nm(lg ε 4.54,3.68)。一般试剂含量≥90.0%。
注意事项 该品吸入、口服或与皮肤接触有毒。使用时应穿适当的防护服,戴手套和防护镜或面罩。使用时如有事故发生或有不适之感,应请医生诊治。应密封于-20℃保存。
主要用途 生化研究。杀菌剂。杀虫剂。杀螨剂。

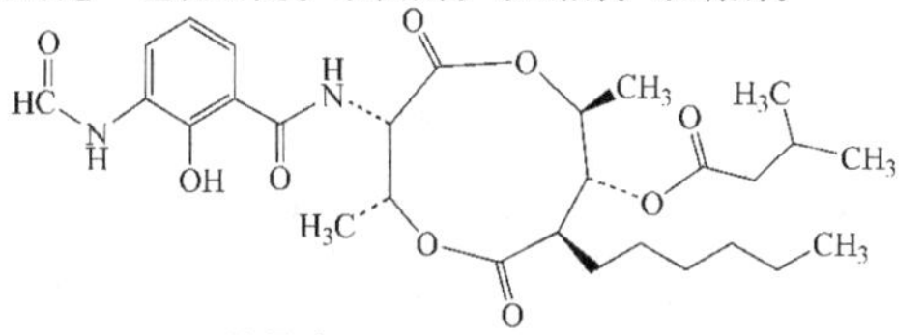

Antimycin A3 抗霉素 A₃ 01057
[522-70-3] $C_{26}H_{36}N_2O_9$ 520.57
成分 C 59.99%,H 6.97%,N 5.38%,O 27.66%。
别名 2*R*-(2*R**,3*S**,6*S**,7*R**,8*R**)-3-Methylbutanoic acid 8-butyl-3-(3-formylamino-2-hydroxybenzoylamino)-2,6-dimethyl-4,9-dioxo-1,5-dioxonan-7-yl ester; Isovaleric acid 8-ester with *N*-(7-butyl-8-hydroxy-4,9-dimethyl-2,6-dioxo-1,5-dioxonan-3-yl)-3-formamidosalicylamide; Blastmycin
M.I. 15,702
性状 来自苯+石油醚中的无色针状结晶。易溶于丙酮、乙酸乙酯、苯、氯仿、四氯化碳,中等程度溶于甲醇、乙醇、乙醚,微溶于己烷、环己烷,极微溶于石油醚,不溶于水。mp 170.5~171.5℃;$[\alpha]_D^{26}$ +64.3°(氯仿中);uv max(甲醇中):225nm,320nm(lg ε 4.52,3.86)。LD_{50}小鼠腹膜内注射:1.8mg/kg;皮下注射:1.6mg/kg。

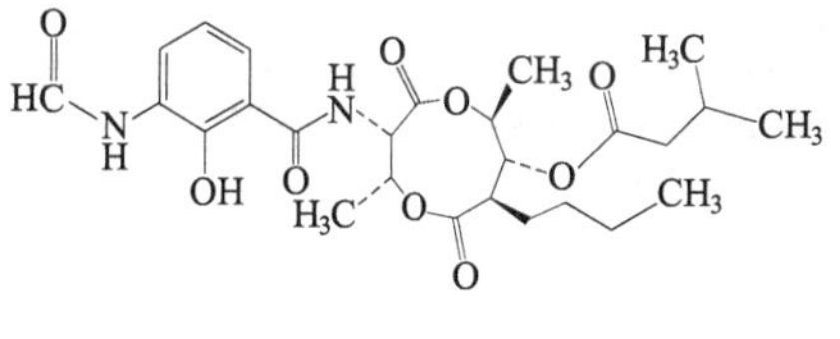

Antipain 安替配因 01058
[37691-11-5] $C_{27}H_{44}N_{10}O_6$ 604.70
成分 C 53.63%,H 7.33%,N 23.16%,O 15.87%。
别名 [(*S*)-1-Carboxy-2-phenylethyl] carbamoyl-L-arginyl-L-valylargininal
性状 白色粉末。对空气及湿度敏感。生化试剂含量>50000U/mg。
注意事项 该品应充氩气密封于-20℃干燥保存。
主要用途 蛋白酶抑制剂。

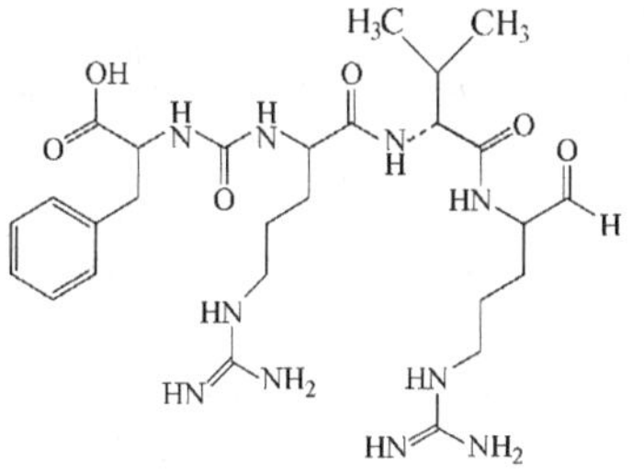

Antipyrine 安替比林 01059
[60-80-0] $C_{11}H_{12}N_2O$ 188.23
成分 C 70.19%,H 6.43%,N 14.88%,O 8.50%。
别名 1,5-二甲基-2-苯基-3-吡唑啉酮;二甲基苯基吡唑酮;安替比啉;非那宗;1-苯基-2,3-二甲基吡唑酮;Analgesine; Anodynine; 1,2-Dihydro-1,5-dimethyl-2-phenyl-3*H*-pyrazol-3-one; Dimethyloxychinizin; Dimethyloxyquinazine; 1,5-Dimethyl-2-phenyl-3-pyrazolone; Oxydimethylquinizine; Parodyne; Phenazone; Phenyldimethylpyrazolone; Phenyldimethyl-*iso*-pyrazolone; 1-Phenyl-2,3-dimethyl-5-pyrazolone; Phenylone; Sedatine; 2,3-Dimethyl-1-phenyl-3-pyrazolin-5-one
M.I. 15,703
性状 无色或微黄色平片状结晶或白色结晶性粉末。味微苦。1g该品溶于1.3mL乙醇、43mL乙醚、1mL三氯甲烷,溶于少于1mL水。其水溶液对石蕊呈中性。mp 111~113℃。LD_{50}大鼠急性经口:1.8g/kg。一般试剂含量≥99.0%(RT)。
注意事项 该品口服有害。对眼睛、呼吸系统及皮肤有刺激性。使用时应穿适当的防护服和戴手套。万一接触到眼睛,应立即用大量水冲洗后请医生诊治。应密封保存。
主要用途 测定铁、钴、铋、锑、锡、汞、铼、钛、锌、钙、钾和硝酸盐、亚硝酸盐、硝酸、碘值的试剂。医用止痛剂。

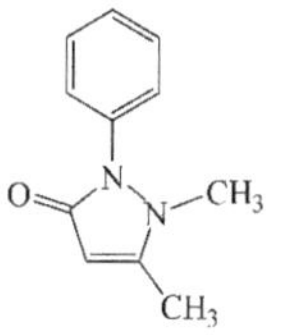

Antipyrylazo Ⅲ 安替比林偶氮Ⅲ 01060
[14918-39-8] $C_{32}H_{26}N_8Na_2O_{10}S_2$ 792.71
别名 3,6-双(4-安替比林基偶氮)-4,5-二羟基-2,7-萘磺酸二钠盐;3,6-Bis(4-antipyrylazo)-4,5-dihydroxy-2,7-naphthalenesulfonic acid disodinm salt
成分 C 48.48%,H 3.31%,N 14.14%,Na 5.80%,O 20.18%,S 8.09%。
性状 白色粉末。
注意事项 使用时应避免吸入本品的粉尘,避免与眼睛及皮肤接触。
主要用途 镧试剂。

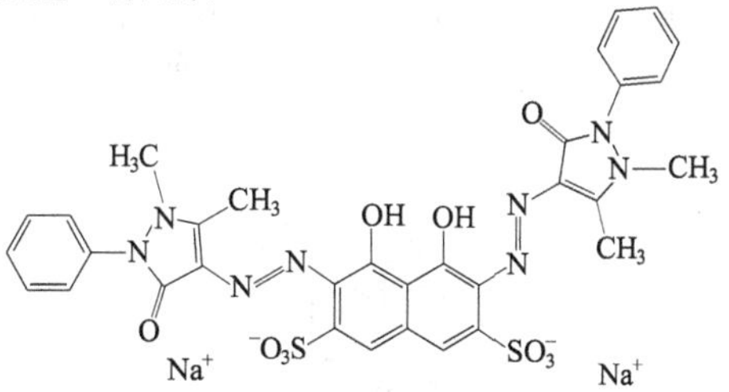

α_1-Antitrypsin from human plasma
α_1-抗胰蛋白酶(人血浆) 01061
[9041-92-3] Mr 约 53000
别名 AAT; A1AT; A1PI; Aralast; Prolastin; α-AT; α_1-Protease inhibitor; α_1-Proteinase inhibitor; α_1-Trypsin inhibitor; Zemaira
M.I. 15,705
性状 近白色无盐冻干粉末。生化试剂含量约3000U/mg。
注意事项 使用时应避免吸入本品的粉尘,避免与眼睛及皮肤接触。应充氩气密封于2~8℃保存。

Apafant 阿帕泛 01062
[105219-56-5] $C_{22}H_{22}ClN_5O_2S$ 455.96
成分 C 57.95%,H 4.86%,Cl 7.77%,N 15.36%,O 7.02%,S 7.03%。
别名 4-[3-[4-(2-Chlorophenyl)-9-methyl-6*H*-thieno[3,2-*f*][1,2,4]triazolo[4,3-α][1,4]diazepin-2-yl]-1-oxopropyl] morpholine; 3-[4-(2-Chlorophenyl)-9-methyl-6*H*-thieno[3,2-*f*][1,2,4]triazolo[4,3-α][1,4]diazepin-2-y1]-1-(4-morpholinyl)-1-propanone; WEB-2086

M. I. 15,709

性状 有黏性的近乎无色的油状液体。LD_{50}小鼠静脉注射：540mg/kg；急性经口：4600mg/kg。

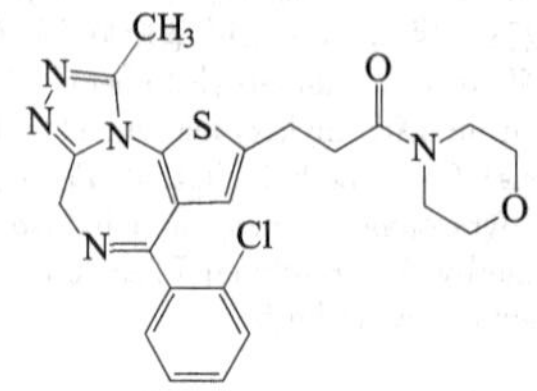

Apalcillin sodium salt 阿帕西林钠盐 01063

[58795-03-2] $C_{25}H_{22}N_5NaO_6S$ 543.53

成分 C 55.24%，H 4.08%，N 12.88%，Na 4.23%，O 17.66%，S 5.9%。

别名 (2*S*,5*R*,6*R*)-6-[[(2*R*)-[[(4-Hydroxy-1,5-naphthyridin-3-yl)carbonyl]amino]phenylacetyl]amino]-3,3-dimethyl-7-oxo-4-thia-1-azabicyclo[3.2.0]heptane-2-carboxylic acid sodium salt；Lumota；PC-904

M. I. 15, 710

性状 白色结晶。溶于水。

主要用途 医用抗菌剂。

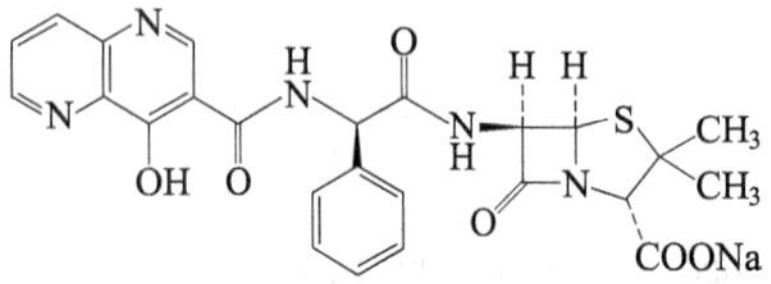

Aphidicolin 蚜肠霉素 01064

[38966-21-1] $C_{20}H_{34}O_4$ 338.48

成分 C 70.97%，H 10.12%，O 18.91%。

别名 艾菲地可宁；(3α,4α,5α,17α)-3,17-Dihydroxy-4-methyl-9,15-cyclo-*C*,18-dinor-14,15-secoandrostane-4,17-dimethanol；Tetradecahydro-3，9-dihydroxy-4，11b-dimethyl-8,11a-methano-11a*H*-cyclohepta[*a*]naphthalene-4,9-dimethanol；ICI-69653；NSC-234714

M. I. 15,714

性状 来自乙酸乙酯中的无色或白色针状结晶或粉末。mp 227～232℃；$[\alpha]_D^{27}+12°$（*c*=1，于甲醇中）。一般试剂含量≥98.0%（TLC）。

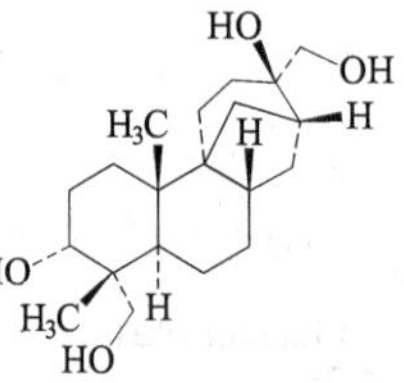

Apiezon® L 阿皮松 L 01065

[12678-02-3]

别名 阿皮松油脂 L；真空油脂 L；Apiezon oil L；Apiezon grease L

性状 黄色或深黄色油脂。系高分子量饱和烃类的混合物。溶于氯仿及苯等有机溶剂。sp 30℃；mp 47℃；*d* 0.896。n_D^{20} 1.4900。

主要用途 气相色谱固定液（适用于分析分离醇、醛、酮、芳香族和杂环化合物）。

Apigenin 芹菜苷配基 01066

[520-36-5] $C_{15}H_{10}O_5$ 270.24

成分 C 66.67%，H 3.73%，O 29.60%。

别名 4′,5,7-三羟基黄酮；芹菜配基；5,7-Dihydroxy-2-(4-hydroxyphenyl)-4*H*-1-benzopyran-4-one；2-(*p*-Hydroxyphenyl)-5,7-dihydroxychromone；Pelargidenon 1449；4′，5,7-Trihydroxyflavone

M. I. 15, 717

性状 来自含水吡啶中的黄色针状结晶。溶于稀氢氧化钾溶液呈黄色，中等程度溶于热乙醇，几乎不溶于水。mp 345～350℃；uv max（乙醇中）：269nm，340nm（ε 18800，20900）。一般试剂含量≥95.0%（HPLC），水约 2.0%。

注意事项 该品对眼睛、呼吸系统及皮肤有刺激性。使用时应穿适当的防护服。万一接触到眼睛，应立即用大量水冲洗后请医生诊治。应充氩气密封于－20℃保存。

主要用途 生化研究。

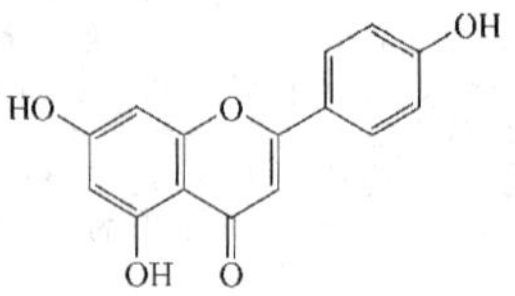

Apiole (Dill) 芹菜脑（草茴香） 01067

[484-31-1] $C_{12}H_{14}O_4$ 222.24

成分 C 64.85%，H 6.35%，O 28.80%。

别名 4,5-Dimethoxy-6-(2-propenyl)-1,3-benzodioxole；1-Allyl-2,3-dimethoxy-4,5-mathylenedioxy benzene；Dill apiole

M. I. 15, 720

性状 油状液体。mp 29.5℃；bp 285℃；d_{15}^{15} 1.2598；n_D^{17} 1.5305。

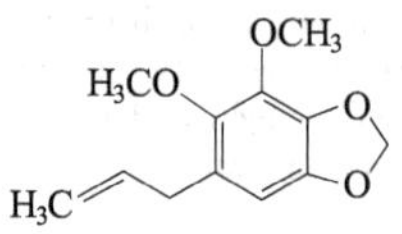

Apiole (parsley) 芹菜脑（绉叶石蛇床） 01068

[523-80-8] $C_{12}H_{14}O_4$ 222.24

成分 C 64.85%，H 6.35%，O 28.80%。

别名 4,7-Dimethoxy-5-(2-propenyl)-1,3-benzodioxole；1-Allyl-2,5-dimethoxy-3,4-methylenedioxybenzene；Parsley apiole；Apiol；Apioline；Parsley camphor

M. I. 15, 721

性状 无色结晶。有微弱的绉叶石蛇床气味。溶于乙醇、苯、氯仿、乙醚、丙酮、油类，不溶于水。mp 29.5℃；bp 294℃；n_D^{20}1.536～1.538。

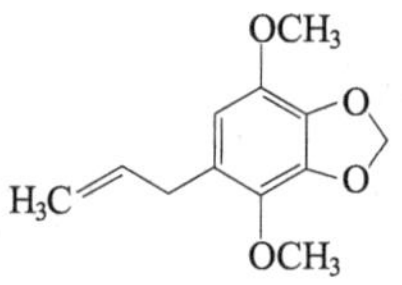

Aplasmomycin 除疟霉素 01069

[61230-25-9] $C_{40}H_{60}BNaO_{14}$ 798.71

成分 C 60.15%，H 7.57%，B 1.35%，Na 2.88%，O 28.04%。

别名 阿泼拉司霉素 (*T*-4)-[(1*R*,2*R*,5*S*,6*R*,8*S*,9*E*,12*R*,14*S*,17*R*,18*R*,19*R*,22*S*,23*R*,25*S*,26*E*,29*R*,31*S*,34*R*)-1,2,18,19-Tetra(hydroxy-*κO*)-12,29-dihydroxy-6,13,13,17,23,30,30,34-octamethyl-4,7,21,24,35,37-hexaoxapentacyclo[29.3.1.15.8.114,18.122,25]octatriaconta-9,26-diene-3,20-dionato(4⁻)]borate(1⁻)sodium(1：1)；ICI-122378

M. I. 15, 724

性状 无色针状结晶。几乎不溶于水。mp 283～285℃（分解）；$[\alpha]_D^{22}+225°$（*c*=1.24，于氯仿中）。LD_{50}小鼠腹膜内注射：125mg/kg。

主要用途 反刍动物的生长促进剂。

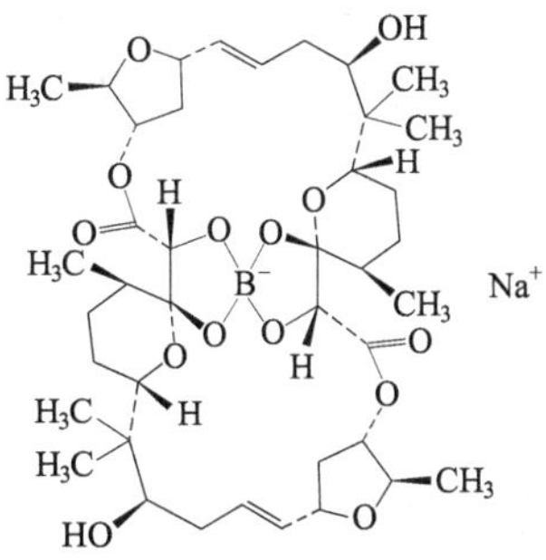

(+)-型

Apoatropine 阿朴阿托品 01070

[500-55-0] $C_{17}H_{21}NO_2$ 271.35

成分 C 75.25%，H 7.80%，N 5.16%，O 11.79%。

别名 *endo*-*α*-Methylenebenzeneacetic acid 8-methyl-8-azabicyclo[3.2.1]oct-3-yl ester；1*αH*，5*αH*-Tropan-3*α*-ol atropate；Atropamine；Atropyltropeime

M. I. 15,726

性状 来自氯仿中的无色棱柱体结晶。易溶于乙醇、乙醚、氯仿、苯、二硫化碳，微溶于石油醚、异戊醇，几乎不溶于水。mp 62℃。

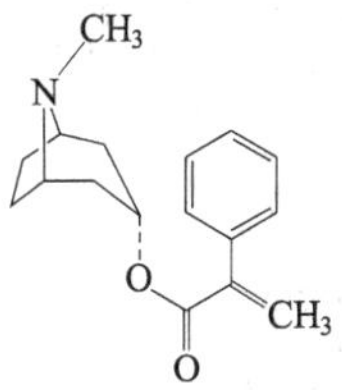

Apocodeine hydrochloride 阿朴可待因 盐酸盐 01071

[641-36-1] $C_{18}H_{20}ClNO_2$ 317.81

成分 C 68.03%，H 6.34%，Cl 11.15%，N 4.41%，O 10.07%。

别名 盐酸阿朴可待因；(6a*R*)-5,6,6a,7-Tetrahydro-10-methoxy-6-methyl-4*H*-dibenzo[*de*,*g*]quinolin-11-ol hydrochloride；10-Methoxy-6a*β*-aporphin-11-olhydrochloride

M. I. 15,727

性状 来自乙醇-乙醚中的无色结晶。易溶于水，溶于乙醇。140℃变软，260～263℃分解；$[\alpha]_D^{20}$ −43°（*c*=0.51）。

注意事项 该品应密封于2～8℃保存。

主要用途 医用催吐剂。

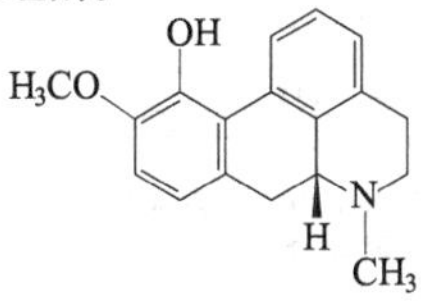

Apo-*β*-erythroidine 阿朴-*β*-刺桐定 01072

[478-85-3] $C_{15}H_{15}NO_2$ 241.29

成分 C 74.67%，H 6.27%，N 5.81%，O 13.26%。

别名 4,5,7,8,9,12-Hexahydro-5*H*-pyrano[3,4-*d*]pyrrolo[3,2,1-*jk*][1]benzazepin-5-one

M. I. 15,731

性状 无色结晶。mp 128～129℃（或 mp 132～132.5℃）；uv max（乙醇中）：345nm，240nm（ε 3500，24500）。

Apomorphine hydrochloride 阿朴吗啡 盐酸盐 01073

[314-19-2] $C_{17}H_{18}ClNO_2$ 303.79

成分 C 67.21%，H 5.97%，Cl 11.67%，N 4.61%，O 10.53%。

别名 盐酸阿朴吗啡；(6a*R*)-5,6,6a,7-Tetrahydro-6-methyl-4*H*-dibenzo[*de*,*g*]quinoline-10,11-diol hydrochloride；6a*β*-Aporphine-10,11-diol hydrochloride；Apokinon；Apokyn；Apomine；Britaject；Ixense；Uprima

M. I. 15,733

性状 无色或白色细小结晶。暴露光中或在空气中能被分解而变为绿色。1g该品溶于50mL水、17mL 80℃水、50mL乙醇，极微溶于氯仿、乙醚。其1∶300水溶液pH值4.8。$[\alpha]_D^{25}$ −48°(*c*=1.2，于水中)。LD_{50}小鼠腹膜内注射：145μg/g。

注意事项 该品口服有害。使用时应穿适当的防护服。应密封避光于2～8℃保存。

主要用途 生化研究。医用催吐剂。

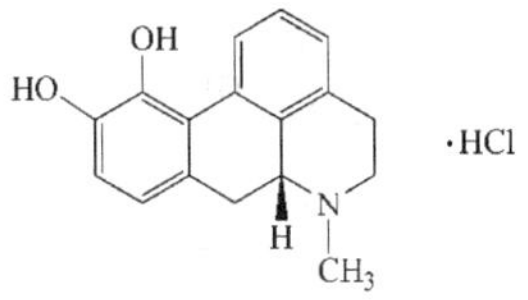

·HCl

Aporeine 阿普雷因 01074

[2030-53-7] $C_{18}H_{17}NO_2$ 279.33

成分 C 77.40%，H 6.13%，N 5.01%，O 11.46%。

别名 (7a*S*)-6,7,7a,8-Tetrahydro-7-methyl-5*H*-benzo[*g*]-1,3-benzodioxolo[6,5,4-*de*]quinoline；Aporheine；1,2-Methylenedioxyaporphine；(+)-Roemerine

M. I. 15,735

性状 来自乙醚+石油醚中的无色针状结晶。溶于乙醚、甲醇、乙醇、氯仿，微溶于石油醚，不溶于水及碱。p*K* 6.1。mp 102℃；$[\alpha]_D^{22}$ +80°（*c*=0.5，于乙醇中）；uv max：262nm，315nm（lg ε 4.3，3.7）。

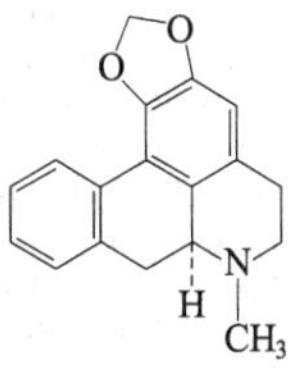

Apra clonidine hydrochlo ride 阿可乐定 盐酸盐 01075

[73218-79-8] $C_9H_{11}Cl_3N_4$ 281.57

成分 C 38%，H 4%，Cl 38%，N 20%。

别名 可乐定 盐酸盐；安普乐定 盐酸盐；阿拉可乐定 盐酸盐；盐酸可乐定；盐酸安普乐定；盐酸阿可乐定；盐酸阿拉可乐定；ALO-2145；Iopidine；2,6-Dichloro-*N*¹-(4,5-dihydro-1*H*-imidazol-2-yl)-1,4-benzenediamine hydrochloride；2,6-Dichloro-*N*′-2-imidazolidinylidene-1，4-benzenediamine hydrochloride；2-[(4-Amino-2,6-dichlorophenyl)imino]imidazolidine hydrochloride；*p*-Aminoclonidine hydrochloride；Aplonidine hydrochloride；NC-14-HCl

M. I. 15,738

性状 无色或白色固体或粉末。溶于甲醇，略溶于水、乙醇，不溶于氯仿、乙酸乙酯、己烷。

注意事项 该品吸入、口服或与皮肤接触有毒。使用时应穿适当的防护服，戴手套和防护镜或面罩。应避免吸入本品的粉尘。使用时如有事故发生或有不适之感，应请医生诊治。

主要用途 医疗用于治疗外科手术后眼压的升高。

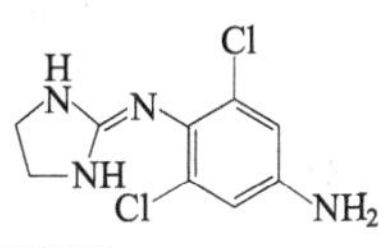

Apramycin 阿泊拉霉素 01076

[37321-09-8] $C_{21}H_{41}N_5O_{11}$ 539.58

成分 C 46.74%，H 7.66%，N 12.98%，O 32.62%。

别名 *O*-4-Amino-4-deoxy-*α*-D-glucopyranosyl-(1→8)-*O*-(8*R*)-2-amino-2,3,7-trideoxy-7-methylamino-D-glycero-*α*-D-*allo*-octodialdo-1,5∶8,4-dipyranosyl-(1→4)-2-deoxy-D-streptamine；4-*O*-[3*α*-Amino-6*α*-(4-amino-4-deoxy-*α*-D-glucopyranosyl) oxy-2,3,4,4aβ,6,7,8aα-octahydro-8β-hydroxy-7β-(methylamino) pyranopyrano[3,2,-*b*] pyran-2α-yl]-2-deoxy-D-streptamine; Nebramycin factor 2; EL-857; EL-857/820; 47657; Apralan

M. I. 15,739

性状 一水合物来自乙醇水溶液中。易溶于水，微溶于低级醇。pK_a（水中）：8.5，7.8，7.2，6.2，5.4。mp 245～247℃。

主要用途 兽用抗菌剂。

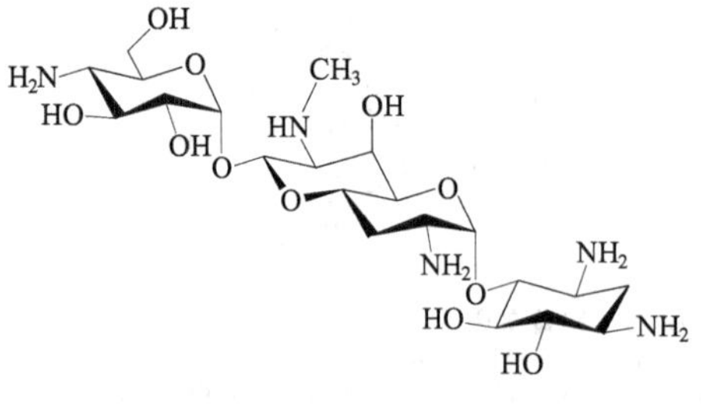

Apramycin sulfate 阿泊拉霉素 硫酸盐 01077

[65710-07-8] $C_{21}H_{43}N_5O_{15}S$ 637.64

成分 C 39.56%，H 6.80%，N 10.98%，O 37.63%，S 5.03%。

别名 硫酸阿泊拉霉素；*O*-4-Amino-4-deoxy-α-D-glucopyranosyl-(1→8)-*O*-(8*R*)-2-amino-2，3，7-trihydroxy-7-methylamino-D-glycero-α-D-*allo*-octodialdo-1，5 ：8，4-dipyranosyl-(1→4)-2-deoxy-D-streptamine sulfate；4-*O*-[3α-Amino-6α-(4-amino-4-deoxy-α-D-glucopyranosyl) oxy-2，3，4，4aβ，6，7，8aα-octahydro-8β-hydroxy-7β-(methylamino) pyranopyrano[3，2-*b*] pyran-2α-yl]-2-deoxy-D-streptamine sulfate；Nebramycin factor 2 sulfate；EL-857 sulfate；EL-8571820 sulfate；47657 sulfate；Ambylan sulfate；Apralan sulfate

性状 无色结晶或白色结晶性粉末。易溶于水，微溶于乙醇。生化试剂含量≥95.0%(TLC)。

注意事项 该品能危害胎儿。使用前应得到专门的指导，避免曝露。使用时如有事故发生或有不适之感，应请医生诊治。应充氩气密封于2～8℃保存。

主要用途 生化研究。抗菌剂。

Aprindine hydrochloride 茚满丙二胺 盐酸盐 01078

[33237-74-0] $C_{22}H_{31}ClN_2$ 358.96

成分 C 73.61%，H 8.71%，Cl 9.88%，N 7.80%。

别名 盐酸茚满丙二胺；Compd 83846；Amidonal；Aspenon；Fiboran；Ritmusin；*N*-(2，3-Dihydro-1*H*-inden-2-yl)-*N*′，*N*′-diethyl-*N*-phenyl-1，3-propanediamine hydrochloride；*N*，*N*-Diethyl-*N*′-2-indanyl-*N*′-prenyl-1，3-propanediamine hydrochloride；*N*-[3-(Diethylamino) propyl]-*N*-phenyl-2-indanamine hydrochloride；Compd 99170-HCl；AC-1802-HCl；Lilly 99170-HCl

M. I. 15,743

性状 来自苯中的无色结晶。mp 120～121℃。

主要用途 医用抗心律失常剂(Ⅰ类)。

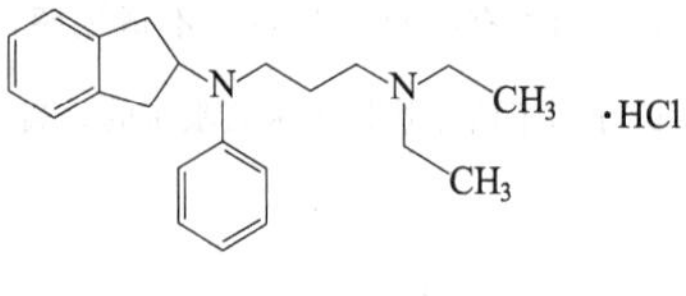

Aprobarbital 阿波巴比妥 01079

[77-02-1] $C_{10}H_{14}N_2O_3$ 210.23

成分 C 57.13%，H 6.71%，N 13.33%，O 22.83%。

别名 5-烯丙基-5-异丙基巴比土酸；5-(1-Methylethyl)-5-(2-propenyl)-2，4，6(1*H*，3*H*，5*H*)-pyrimidinetrione；5-Allyl-5-isopropylbarbituric acid；Allypropymal；Alurate

M. I. 15,745

性状 无色结晶。味微苦。溶于乙醇、氯仿、乙醚、丙酮、苯、冰乙酸。亦溶于不挥发碱溶液，几乎不溶于水、石油醚、脂肪烃类。其饱和水溶液对石蕊呈酸性。mp 140～141.5℃。LD_{50}小鼠腹膜内注射：200mg/kg。

主要用途 医用镇静剂，安眠剂。

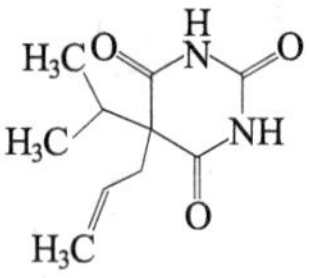

Aprotinin from bovine lung 抑肽酶(牛肺) 01080

[9087-70-1] $C_{284}H_{432}N_{84}O_{79}S_7$ 6511.51

成分 C 52.39%，H 6.69%，N 18.07%，O 19.41%，S 3.45%。

别名 抗蛋白酶肽(牛肺)；抑肽酶；蛋白酶抑制剂；Protease inhibitor；Aprotinin；Pancreatic basic trypsin inhibitor；Trypsin inhibitor (basic pancretic)；Trasylol；Pancreatic trypsin inhibitor (Kunitz)；Bayer A-128；Riker 52G；RP-9921；Antagosan；Antikrein；Fosten；Iniprol；Kir Richter；Onquinin；Repulson；Trazinin；Zymofren

M. I. 15,746

性状 白色结晶性粉末。20℃时，1g该品溶于1L水，形成无色澄清液体。uv max(pH值5.9)：280nm。LD_{50}小鼠静脉注射：2500000血管舒缓素抑制剂单位/kg。生化试剂含量≥80.0%(HPCE)，约7000U/mg。

注意事项 该品吸入或与皮肤接触能引起过敏。使用时应穿适当的防护服和戴手套。使用时应避免吸入本品的粉尘。使用时如有事故发生或有不适之感，应请医生诊治。应充氩气密封于2～8℃干燥保存。

主要用途 蛋白酶抑制剂。

Aptigamel hydrochloride 阿替加奈 盐酸盐 01081

[137160-11-3] $C_{20}H_{22}ClN_3$ 339.87

成分 C 70.68%，H 6.52%，Cl 10.43%，N12.36%。

别名 盐酸阿替加奈；CNS-1102；Cerestat；*N*-(3-Ethylphenyl)-*N*-methyl-*N*′-(1-naphthalenyl) guanidine hydrochloride；*N*-(1-Naphthyl)-*N*′-(3-ethylphenyl)-*N*′-methylguanidine hydrochloride；Aptaguanal hydrochloride

M. I. 15,747

性状 来自乙醇＋乙醚中的近白色针状结晶。mp 223～225℃。一般试剂含量≥98.0%(HPLC)。

注意事项 使用时应避免吸入本品的蒸气，避免与眼睛及皮肤接触。应密封于2～8℃保存。

主要用途 生化研究。医用神经蛋白活化剂。

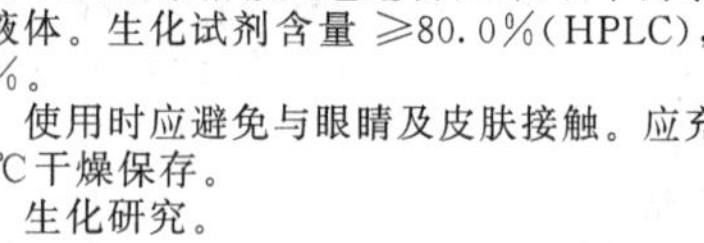

Arabinogalactan from larch wood 阿拉伯半乳聚糖(落叶松木) 01082

[9036-66-2]

别名 聚半乳阿拉伯聚糖；Polygalactoaraban

性状 该品98%的水溶液无色透明，95%以下的水溶液呈微黄浑浊液体。生化试剂含量≥80.0%(HPLC)，水(KFT)≤15.0%。

注意事项 使用时应避免与眼睛及皮肤接触。应充氩气密封于2～8℃干燥保存。

主要用途 生化研究。

D-(－)-Arabinose D-(－)-阿拉伯糖 01083

[10323-20-3] $C_5H_{10}O_5$ 150.13

成分 C 40%，H 6.71%，O 53.29%。

别名 D-(－)-阿戊糖；D-阿糖；D-(－)-树胶醛糖；D-(－)-Gum sugar；D-(－)-Pectinose；D-(－)-Pectin sugar

M. I. 15，750

性状 白色结晶。溶于水，微溶于乙醇，不溶于乙醚。mp 159～160℃；$[\alpha]_D^{20}\xrightarrow{24h}-105.0°\pm1°$($c$=10，于水中)。生化试剂含量≥99.0%(HPLC)。

注意事项 该品应充氩气密封于干燥处保存。
主要用途 生化研究。细菌培养基的制备。

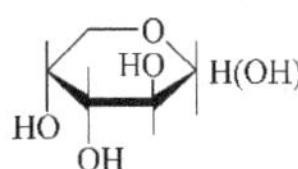

DL-Arabinose DL-阿拉伯糖 01084

[147-81-9] $C_5H_{10}O_5$ 150.13
成分 C 40%,H 6.71%,O 53.29%。
别名 DL-阿戊糖;DL-阿糖
性状 无色结晶。mp 158～160℃。生化试剂含量≥99.0%(HPLC)。

L-(+)-Arabinose L-(+)-阿拉伯糖 01085

[87-72-9][5328-37-0] $C_5H_{10}O_5$ 150.13
成分 C 40.00%,H 6.71%,O 53.29%。
别名 L-(+)-阿戊糖;L-阿糖;L-(+)-树胶醛糖;L-Gum sugar;Pectinose;Pectin sugar
M. I. 15,750
性状 无色斜方双楣结晶或结晶性粉末。1g 该品溶于约 1mL 水、约 250mL 90%乙醇。1mol/L(25℃)水溶液 pH 值 4～7。mp 157～160℃;$[\alpha]_D^{20}$ +104°±1°(20℃,1mol/L,于水中)。生化试剂含量≥99.0%(HPLC)。
注意事项 该品应充氩气密封于干燥处保存。
主要用途 生化研究,细菌培养基的制备。制药工业。

D-(+)-Arabitol D-(+)-阿糖醇 01086

[488-82-4] $C_5H_{12}O_5$ 152.15
成分 C 39.47%,H 7.95%,O 52.58%。
别名 D-阿拉伯醇;D-(+)-树胶糖醇;D-阿拉伯树胶糖醇;D-(+)-阿拉伯糖醇;D-Arabite;D-Lyscitol;D-1,2,3,4,5-Pentanepentol
M. I. 15,751
性状 无色大棱柱状结晶。味甜。易溶于水。1 份该品溶于 48 份 90%乙醇(12℃)。mp 103℃;$[\alpha]_D^{20}$ +7.7°(c=9.26,于饱和四硼酸钠水溶液中)。生化试剂含量≥99.0%(HPLC)。
注意事项 该品应充氩气密封于干燥处保存。
主要用途 生化研究。

L-(−)-Arabitol L-(−)-阿糖醇 01087

[7643-75-6] $C_5H_{12}O_5$ 152.15
成分 C 39.47%,H 7.95%,O 52.58%。
别名 L-阿拉伯树胶糖醇;L-阿拉伯醇;L-(−)-树胶糖醇;L-阿拉伯糖醇;L-Arabinitol;L-Arabite;L-1,2,3,4,5-Pentanepentol
M. I. 15,751
性状 类似瘤状的无色结晶或粉尘。有甜味。易溶于水、90%沸乙醇,1 份该品可溶于约 46 份 90%(12℃)乙醇。不能还原费林溶液。mp 102℃;$[\alpha]_D^{20}$ −11°±1°(c=5,于 8%四硼酸钠水溶液中)。生化试剂含量≥99.0%(HPLC)。
注意事项 使用时应避免吸入本品的粉尘,避免与眼睛及皮肤接触。应充氩气密封于干燥处保存。
主要用途 生化研究。细菌培养基的制备。

D-Araboflavin D-阿拉伯黄素 01088

[5978-87-0] $C_{17}H_{20}N_4O_6$ 376.36
成分 C 54.25%,H 5.36%,N 14.89%,O 25.51 %。
别名 1-Deoxy-1-(3,4-dihydro-7,8-dimethyl-2,4-dioxobenzo[*g*]pteridin-10(2*H*)-yl)-D-arabinitol;7,8-Dimethyl-10-(arabino-2,3,4,5-tetrahydroxypentyl)benzo[*g*]pteridine-2,4(3*H*,10*H*)-dione;6,7-Dimethyl-9-D-araboflavin
M. I. 15, 752
性状 来自稀乙酸中的橙黄色针状结晶。味苦。mp 302～303℃;$[\alpha]_D^{20}$ +78.6°(c=0.509,于 0.1mol/L 氢氧化钠溶液中);$[\alpha]_D^{20}$ −441°(c=0.253,于 0.2mol/L 氢氧化钠与硼砂饱和溶液中)。

Arachidic acid 花生酸 01089

[506-30-9] $C_{20}H_{40}O_2$ 312.54
成分 C 76.86%,H 12.90%,O 10.24%。
别名 1-二十酸;二十酸;1-Eicosanoic acid;Arachic acid;Eicosoic acid;Arachidinic acid;Carboxylic acid C_{20}
M. I. 15,753
性状 来自乙醇中的无色或白色有光泽的叶片状结晶。易溶于热无水乙醇、乙醚、苯、三氯甲烷、石油醚,略微溶于冷乙醇,不溶于水。mp 75.5℃;bp_{760} 约 328℃/101.325kPa(部分分解);bp_1 205℃/133.3Pa;Fp 212℉(110℃);d_4^{100} 0.8240;n_D^{100} 1.4250。一般试剂含量≥99.0%(GC)。
注意事项 使用时应避免吸入本品的粉尘,避免与眼睛及皮肤接触。
主要用途 有机合成。

Arachidonic acid 花生四烯酸 01090

[506-32-1] $C_{20}H_{32}O_2$ 304.47
成分 C 78.90%,H 10.59%,O 10.51%。
别名 5,8,11,14-二十碳四烯酸;二十碳四烯酸;(*all-Z*)-5,8,11,14-Ecosatetraenoic acid;*cis*,*cis*,*cis*,*cis*-5,8,11,14-Eicosatetraenoic acid;(5*Z*,8*Z*,11*Z*,14*Z*)-5,8,11,14-Eicosatetraenoic acid
M. I. 15,754
性状 无色至淡黄色油状液体。溶于乙醇、丙酮、苯和有机溶剂。中和值 184.20。碘值 333.50。mp −49.5℃;$bp_{0.15}$ 169～171℃/19.998Pa;Fp 235.4℉(113℃);d_4^{20} 0.922;n_D^{20} 1.4824。生化试剂含量≥98.5%(GC)。
注意事项 该品能形成爆炸性过氧化物。应充氩气密封避光于−20℃保存。
主要用途 生化研究。营养素(重要脂肪酸)。

Aranidipine 阿雷地平 01091

[86780-90-7] $C_{19}H_{20}N_2O_7$ 388.38
成分 C 58.76%,H 5.19%,N 7.21%,O 28.84%。
别名 2,6-二甲基-4-(2-硝基苯基)-1,4-氢-3,5-吡啶二羧酸甲基 2-氧丙基酯;1,4-Dihydro-2,6-dimethyl-4-(2-nitrophenyl)-3,5-pyridinedicarboxylic acid methyl 2-oxopropyl ester;(±)-Methyl 2-oxopropyl 1,4-dinydro-2,6-dimethyl-4-(2-nitrophenyl)-3,5-pyridinedicarboxylate;(±)-Acetonyl methyl 1,4-dihydro-2,6-dimethy1-4-(*o*-nitrophenyl)-3,5-pyridinedicarboxylate;MPC-1304;Sapresta
M. I. 15,756
性状 来自乙酸乙酯/己烷中的黄色棱柱体结晶。mp 155℃。LD_{50}(mg/kg)雄、雌小鼠,大鼠急性经口:143,193;1982,1459;雄,雌小鼠腹膜内注射:7.3,9.1。
主要用途 医用抗高血压剂。

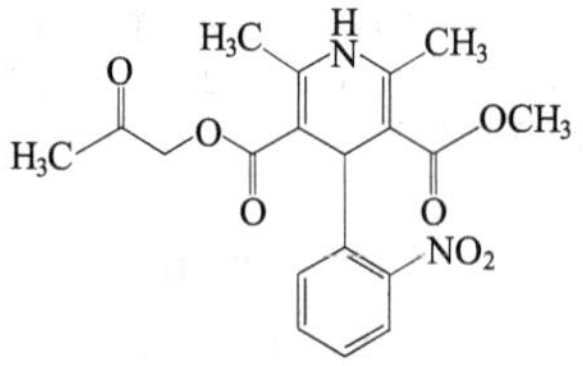

Arbekacin dicarbonate 阿贝卡星 二碳酸盐 01092

[51025-85-5] $C_{24}H_{48}N_6O_{16}$ 676.67

成分 C 42.60%,H 7.15%,N 12.42%,O 37.83%。

别名 二碳酸阿贝卡星;阿贝卡星 3;*O*-3-Amino-3-deoxy-*α*-D-glucopyranosyl-(1→6)-*O*-[2,6-diamino-2,3,4,6-tetradeoxy-*α*-D-*erythro*-hexopyranosyl-(1→6)]-N^1-[(2*S*)-4-amino-2-hydroxy-1-oxobutyl]-2-deoxy-D-streptamine dicarbonate;1-*N*-[(*S*)-4-Amino-2-hydroxybutyryl]dibekacin;1-*N*-[(*S*)-4-Amino-2-hydroxybutyryl]-3′,4′-dideoxykanamycin B dicarbonate;HBK dicarbonate

M. I. 15,760

性状 无色结晶性粉末。mp 178℃(分解);$[\alpha]_D^{24}$ +86.8°(c=0.77,于水中)。LD_{50}小鼠静脉注射:>150mg/kg。

主要用途 医用抗菌剂。

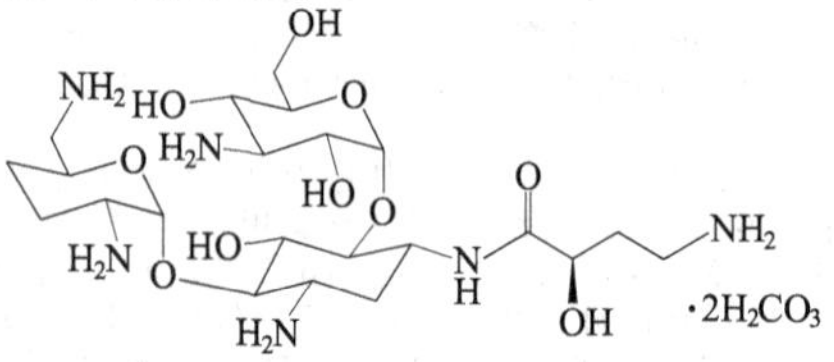

Arbutamine hydrochloride 阿布他明 盐酸盐 01093

[125251-66-3] $C_{18}H_{24}ClNO_4$ 353.84

成分 C 61.10%,H 6.84%,Cl 10.02%,N 3.96%,O 18.09%。

别名 盐酸阿布他明;GP-2-121-3;GenESA;4-(1*R*)-1-Hydroxy-2-[[4-(4-hydroxyphenyl)butyl]amino]ethyl-1,2-benzenediol hydrochloride;(*R*)-3,4-Dihydroxy-*α*-[[[4-(*p*-hydroxyphenyl)butyl]amino]methyl]benzyl alcohol hydrochloride;1-(3,4-Dihydroxyphenyl)-2-[4-(4-hydroxyphenyl)butylamino]ethanol hydrochloride

M. I. 15,762

性状 近白色无定形固体。易溶于水、乙醇,几乎不溶于乙醚、己烷。mp 55~58℃;$[\alpha]_D^{23}$ −18.5°(乙醇中)。

主要用途 医用冠状动脉疾病的诊断应力剂。

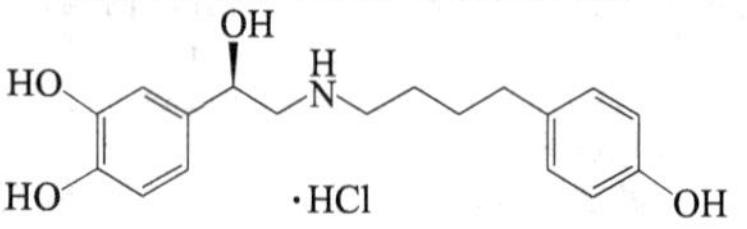

Arbutin 熊果苷 01094

[497-76-7] $C_{12}H_{16}O_7$ 272.25

成分 C 52.94%,H 5.92%,O 41.14%。

别名 对苯二酚葡萄糖苷;对苯醌配葡萄糖;梨配糖物;熊果叶苷;熊葡萄叶素;*p*-Arbutin;Arbutoside;Hydroquinone glucose;4-Hydroxyphenyl-*β*-D-glucopyranoside;Hydroquinone-*β*-D-glucopyranoside;Ursin;Uvasol

M. I. 15,763

性状 来自乙酸乙酯中的无色或白色长棱柱体结晶。通常含1分子结晶水,味苦。在70℃时开始失水。溶于水、乙醇,不溶于氯仿、乙醚、二硫化碳。mp 199.5~200℃;$[\alpha]_D^{20}$ −60.3°(于水中)。生化试剂含量≥96.0%(HPLC)。

注意事项 该品应充氩气密封干燥保存。

主要用途 聚合抑制剂。氧化抑制剂。

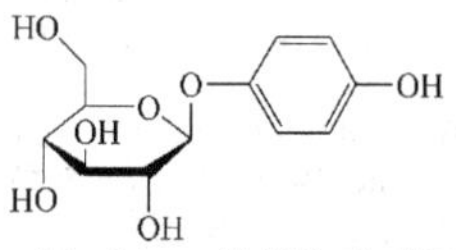

Arecaidine hydrochloride 槟榔次碱 盐酸盐 01095

[6018-28-6] $C_7H_{12}ClNO_2$ 177.63

成分 C 47.33%,H 6.81%,Cl 19.96%,N 7.89%,O 18.01%。

别名 *N*-甲基四氢化烟酸 盐酸盐;盐酸槟榔次碱;1,2,5,6-Tetrahydro-1-methyl-3-pyridinecarboxylic acid hydrochloride;1,2,5,6-Tetrahydro-1-methylnicotinic acid hydrochloride;Arecaine hydrochloride;Methylguvacine hydrochloride

M. I. 15,767

性状 无色针状结晶。易溶于水。mp 251℃,263℃分解。

注意事项 该品应密封于−20℃保存。

主要用途 生化研究。

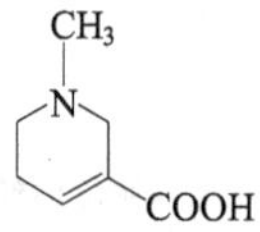

Arecoline hydrobromide 氢溴酸槟榔碱 01096

[300-08-3] $C_8H_{14}BrNO_2$ 236.11

成分 C 40.69%,H 5.98%,Br 33.84%,N 5.93%,O 13.55%。

别名 氢溴酸 *N*-甲基-1,2,5,6-四氢烟碱酸甲酯;槟榔碱 氢溴酸盐;Arecaline hydrobromide;Arecholin hydrobromide;Methylarecaidin hydrobromide;Methyl *N*-methyltetrahydronicotinate hydrobromide;Methyl 1-methyl-$\Delta^{3,4}$-tetrahydro-3-pyridinecarboxylate hydrobromide;Methyl-1,2,5,6-tetrahydro-1-methylnicotinate hydrobromide;*N*-Methyl-1,2,5,6-tetrahydronicotinic acid methyl ester hydrobromide;1,2,5,6-Tetrahydro-1-methyl-3-pyridinecarboxylic acid methyl ester hydrobromide

M. I. 15,768

性状 无色结晶或结晶性粉末。味苦。1g 该品溶于约 1mL 水、10mL 乙醇、2mL 沸乙醇,微溶于氯仿、乙醚,其水溶液几乎为中性。mp 169~171℃。一般试剂含量≥99.0%(AT)。

主要用途 生化研究。医用驱虫剂,缓泻剂。

注意事项 该品、口服有害。使用时应穿适当的防护服,戴手套和防护镜或面罩。使用时如有事故发生或有不适之感,应请医生诊治。应密封避光保存。

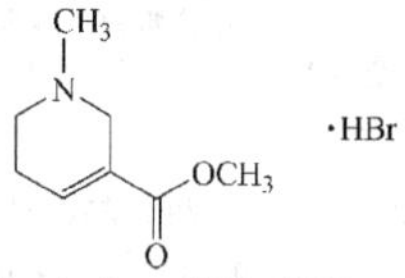

Argatroban monohydrate 阿加曲班 一水 01097

[141396-28-3] $C_{23}H_{36}N_6O_5S \cdot H_2O$ 526.26

成分(以无水物计) C 54.31%,H 7.13%,N 16.52%,O 15.73%,S 6.30%。

别名 阿戈托班;DK-7419;MCl-9038;MD-805;OM-805;Novastan;Slonnon;(2*R*,4*R*)-1-[(2*S*)-5-(Aminoiminomethyl)amino-1-oxo-2-[[(1,2,3,4-tetrahydro-3-methyl-8-quinolinyl)sulfonyl]amino]pentyl]-4-methyl-2-piperidinecarboxylic acid monohydrate;(2*R*,4*R*)-4-Methyl-1-[N^2-(3-methyl-1,2,3,4-tetrahydro-8-quinolinesulfonyl)-L-arginyl]-2-piperidinecarbox-ylic acid monohydrate;(2*R*,4*R*)-4-Methyl-1-[(*S*)-N^2-[[(*R*,*S*)-1,2,3,4-tetrahydro-3-methyl-8-quinolinyl]sulfonyl]arginyl]pipecolic acid monohydrate;Argipidine monohydrate;MQPA monohydrate

M. I. 15,769

性状 来自乙醇水溶液中的无色结晶。mp 176~180℃;$[\alpha]_D^{27}$ +76.1°(c=1,于 0.2mol/L 盐酸中)。

主要用途 医用抗血栓形成剂。

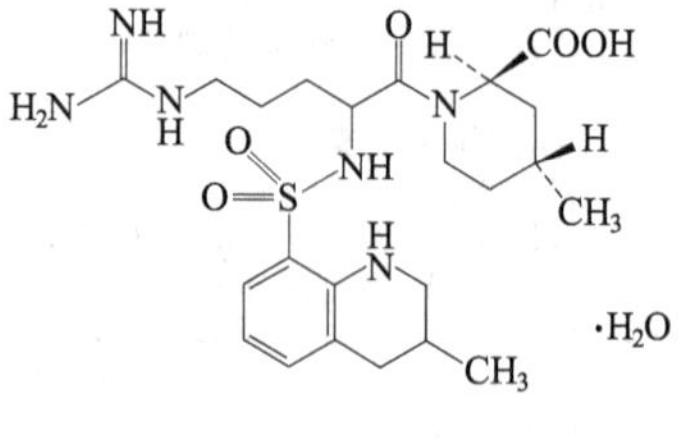

L-Arginase from bovine liver
L-精氨酸酶(牛肝) 01098

[9000-96-8] Mr 约 115000

别名 胍基戊氨酸酶；蛋白氨基酸酶；L-Arginine amidinohydrolase；L-Arginine amidinase

EC 3.5.3.1

性状 近白色至微黄色冻干粉。溶于水。生化试剂 1mg 含 100～200 国际单位。

注意事项 使用时应避免吸入本品的粉尘，避免与眼睛及皮肤接触。应充氩气密封于－20℃干燥保存。

主要用途 生化研究。

D-Arginine D-精氨酸 01099

[157-06-2] $C_6H_{14}N_4O_2$ 174.20

成分 C 41.37%，H 8.10%，N 32.16%，O 18.37%。

别名 D-胍基戊氨酸；D-蛋白氨基酸；(*R*)-2-Amino-5-guanidinopentanoic acid

性状 白色结晶。溶于水。mp 约 240℃（分解）；$[\alpha]_D^{20}$ －26.5°±0.5°（*c*＝5，于 5mol/L 盐酸中）。

注意事项 该品对眼睛有刺激性。万一接触到眼睛，应立即用大量水冲洗后请医生诊治。应充氮气或氩气密封避光于干燥处保存。

主要用途 生化研究。

DL-Arginine DL-精氨酸 01100

[7200-25-1] $C_6H_{14}N_4O_2$ 174.20

成分 C 41.37%，H 8.10%，N 32.16%，O 18.37%。

别名 DL-胍基戊氨酸；DL-蛋白氨基酸；DL-2-Amino-5-guanidinovaleric acid；(±)-2-Amino-5-guanidinopentanoic acid

性状 白色结晶或结晶性粉末。溶于水，微溶于乙醇。mp 228～232℃(分解)。生化试剂含量≥97.0%(NT)。

主要用途 生化研究。组织培养基的制备。

L-Arginine L-精氨酸 01101

[74-79-3] $C_6H_{14}N_4O_2$ 174.20

成分 C 41.37%，H 8.10%，N 32.16%，O 18.37%。

别名 L-胍基戊氨酸；L-蛋白氨基酸；2-Amino-5-guanidinovaleric acid；L-Guanidineaminovaleric acid；N^5-Amidino-L-ornithine；*N*-5-Amidinoornithine；(*S*)-2-Amino-5-[(aminoiminomethyl) amino] pentanoic acid；(*S*)-2-Amino-5-guanidinopentanoic acid；Arg；R

M. I. 15，770

性状 来自水中的无色棱柱体结晶或 66%乙醇中的无色单斜棱柱体结晶。易溶于水，略微溶于乙醇。不溶于乙醚。pK_1 2.17；pK_2 9.09；pK_3 12.48。230℃色变棕。mp 244℃(分解)；$[\alpha]_D^{20}$ ＋26.9°(*c*＝1.65，于 6.0mol/L 盐酸中)；$[\alpha]_D^{20}$ ＋12.5°(*c*＝3.5，于水中)；$[\alpha]_D^{20}$ ＋11.8°(*c*＝0.87，于 0.5mol/L 氢氧化钠溶液中)。生化试剂含量≥98.0%(NT)。

主要用途 生化研究。组织培养基的制备。营养增补剂。

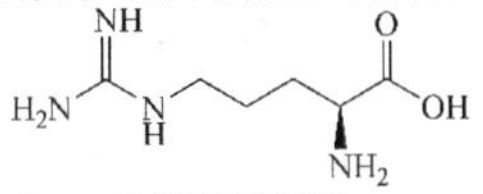

Arginine glutamate 谷氨酸精氨酸 01102

[4320-30-3] $C_{11}H_{23}N_5O_6$ 321.33

成分 C 41.12%，H 7.21%，N 21.79%，O 29.87%。

别名 L-Glutamic acid compd with L-arginine；Modumate

M. I. 15，771

性状 无色结晶。193～194.5℃分解。注射用一般为 25%（质量浓度）的水溶液。

主要用途 医用氨解毒剂（肝衰竭）。

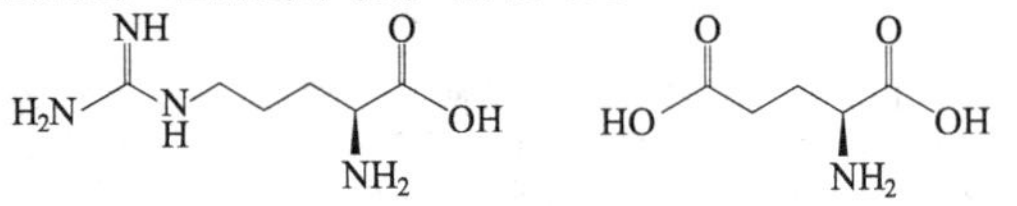

D-Arginine hydrochloride D-精氨酸 盐酸盐 01103

[627-75-8] $C_6H_{15}ClN_4O_2$ 210.66

成分 C 34.21%，H 7.18%，Cl 16.83%，N 26.59%，O 15.19%。

别名 D-精氨酸 一盐酸盐；盐酸 D-精氨酸；(*R*)-(－)-Arginine hydrochloride；D-Arginine monohydrochloride

性状 白色结晶。mp 216～218℃；$[\alpha]_D^{20}$ －21.8°±0.5°（*c*＝5，于 5mol/L 盐酸中）。

注意事项 使用时应避免吸入本品的粉尘，避免与眼睛及皮肤接触。应密封保存。

主要用途 生化研究。

DL-Arginine hydrochloride DL-精氨酸 盐酸盐 01104

[32042-43-6] $C_6H_{14}N_4O_2 \cdot HCl$ 210.66

成分 C 34.21%，H 7.18%，N 26.59%，O 15.19%，Cl 16.83%。

别名 盐酸 DL-胍基戊氨酸；盐酸 DL-蛋白氨基酸；盐酸 DL-精氨酸

性状 白色结晶性粉末。溶于水，微溶于乙醇。mp 128～130℃。生化试剂含量≥98.0%（TLC）。

注意事项 该品应密封保存。

主要用途 生化研究。组织培养基的制备。

L-Arginine hydrochloride L-精氨酸 盐酸盐 01105

[1119-34-2] $C_6H_{15}ClN_4O_2$ 210.66

成分 C 34.21%，H 7.18%，Cl 16.83%，N 26.59%，O 15.19%。

别名 L-胍基戊氨酸 盐酸盐；盐酸 L-胍基戊氨酸；盐酸 L-蛋白氨基酸；L-蛋白氨基酸 盐酸盐；盐酸 L-精氨酸；(*S*)-(＋)-2-Amino-5-[(aminoiminomethyl) amino] pentanoic acid monohydrochloride；L-1-Amino-4-guanidinovaleric acid hydrochloride；L-Guanidinoaminovaleric acid hydrochloride；R-gene

M. I. 15，770

性状 来自乙醇中的无色或白色片状或棱柱体结晶或结晶性粉末。溶于水，微溶于热乙醇。218℃烧结成块，235℃分解；$[\alpha]_D^{20}$ ＋12.0°（*c*＝4，于水中）；$[\alpha]_D^{21}$ ＋21.9°（*c*＝12，于稀盐酸中）。生化试剂含量≥99.0%。

注意事项 该品应充氩气密封于干燥处保存。

主要用途 生化研究。可用于电泳分离法。组织培养基的制备。营养增补剂。

Aricine 阿里辛 01106

[482-91-7] $C_{22}H_{26}N_2O_4$ 382.45

成分 C 69.09%，H 6.85%，N 7.32%，O 16.73%。

别名 马蹄叶碱；阿锐素；阿里斯；阿立新碱；(19α，20α)-16，17-Didehydro-10-methoxy-19-methyloxayohimban-16-carboxylic acid methyl ester；Quinovatine；Cinchovatine；Heterophylline

M. I. 15，774

性状 来自甲醇中的无色斜方长棱柱体结晶。易溶于氯仿，溶于 100 份 90%乙醇、33 份乙醚，几乎不溶于水。pK_a（于 80%甲基溶纤剂中）5.80；（于 1∶1 甲基甲酰胺-水中）：6.8。188℃分解；$[\alpha]_D^{20}$ －91°（*c*＝1.4，于氯仿中）；$[\alpha]_D^{20}$ －63°（*c*＝1.5，于吡啶中）；$[\alpha]_D^{20}$ －57°（于乙醇中）；uv max（乙醇中）：229nm，281nm（lg ε 4.54，3.97）。

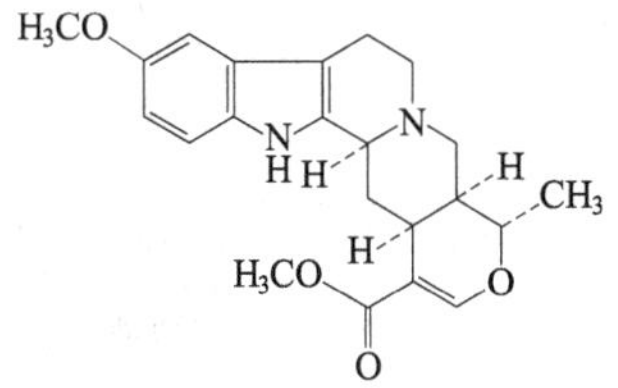

Aripiprazole 阿立哌唑 01107

[129722-12-9] $C_{23}H_{27}Cl_2N_3O_2$ 448.39

成分 C 61.61%，H 6.07%，Cl 15.81%，N 9.37%，O 7.14%。

别名 7-[4-[4-(2，3-Dichlorophenyl)-1-piperazinyl]butoxy]-3，4-dihydro-2(1*H*)-quinolinone；7-[4-[4-(2，3-Dichlorophenyl)-1-piperazinyl] butoxy]-3，4-dihydrocarbostyril；OPC-14597；OPC-31

M. I. 15，776

性状 来自乙醇中的无色鳞状结晶。mp 139.0～139.5℃。

主要用途 医用精神抑制剂。

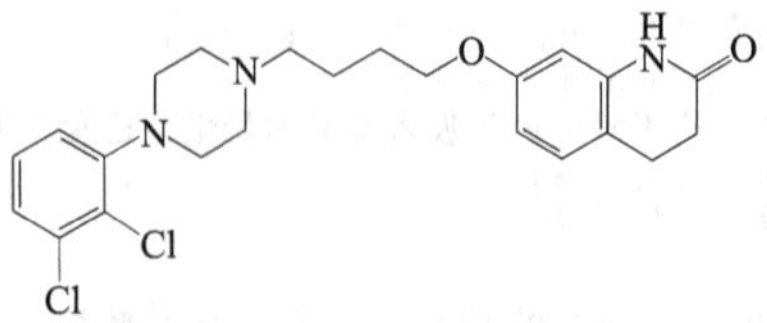

(—)-Aristolene　(—)-马兜铃烯　01108

[6831-16-9]　$C_{15}H_{24}$　204.36

成分　C 88.16%，H 11.84%。

别名　(—)-土青木香烯；(1*R*,2*S*,4*R*,11*R*)-1,3,3,11-四甲基三环[5.4.0.$0^{2,4}$]十一碳-6-烯；(1*R*,2*S*,4*R*,11*R*)-1,3,3,11-Tetramethyltricyclo[5.4.0.$0^{2,4}$]undec-6-ene

性状　无色结晶或粉末。bp251～253℃；d_4^{20}0.926；n_D^{20}1.503；$[\alpha]_D^{20}$－93°±2℃。一般试剂含量≥99.0%(GC)。

注意事项　该品应充氩气密封于－20℃保存。

Aristolochic acid　马兜铃酸　01109

[313-67-7]　$C_{17}H_{11}NO_7$　341.27

成分　C 59.83%，H 3.25%，N 4.10%，O 32.82%。

别名　8-Methoxy-6-nitrophenanthro[3,4-*d*]-1,3-dioxole-5-carboxylic acid；3,4-Methylenedioxy-8-methoxy-10-nitro-1-phenanthrenecarboxylic acid；Aristolochic acid-I；Aristolochine

M.I. 15,777

性状　来自二甲基甲酰胺＋热水中的有光泽的棕色小叶片状结晶或粉末。溶于乙醇、氯仿、乙醚、丙酮、乙酸、苯胺和碱类，微溶于水，不溶于苯、二硫化碳。281～286℃分解；uv max(乙醇中)：390nm，318nm，250nm(ε 6500，12000，27000)。LD_{50}雄，雌小鼠静脉注射：38.4mg/kg，70.1mg/kg；雄，雌大鼠静脉注射：82.5mg/kg，74.0mg/kg。LD_{50}雄，雌小鼠急性经口：55.9mg/kg，106.1mg/kg；雄，雌大鼠急性经口：203.4mg/kg，183.9mg/kg。

注意事项　该品口服有毒。使用时应穿适当的防护服，戴手套和防护镜或面罩。使用时如有事故发生或有不适之感，应请医生诊治。本品及容器应妥善清除。应密封于2～8℃保存。

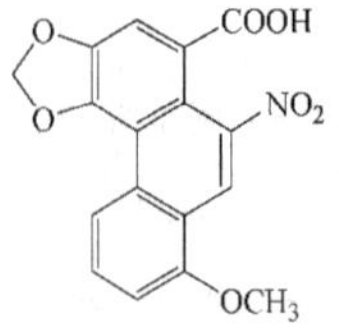

Arotinolol hydrochloride　阿罗洛尔 盐酸盐　01110

[68377-91-3]　$C_{15}H_{22}ClN_3O_2S_3$　407.99

成分　C 44.16%，H 5.44%，Cl 8.69%，N 10.30%；O 7.84%，S 23.57%。

别名　盐酸阿罗洛尔；Almarl；ARL；S-596；5-[2-[[3-(1,1-Dimethylethyl) amino-2-hydroxypropyl] thio]-4-thiazolyl]-2-thiophenecarboxamide hydrochloride；2-(3′-*tert*-Butylamino-2′-hydroxypropyithio)-4-(5′-carbamoyl-2′-thienyl) thiazoie hydrochloride

M.I. 15,782

性状　来自甲醇/水中的无色结晶。mp 234～235.5℃(分解)。LD_{50}小鼠静脉注射：86mg/kg；腹膜内注射：＞360mg/kg；急性经口＞5000mg/kg。

主要用途　医用抗高血压剂，抗心绞痛剂，抗心律失常剂。

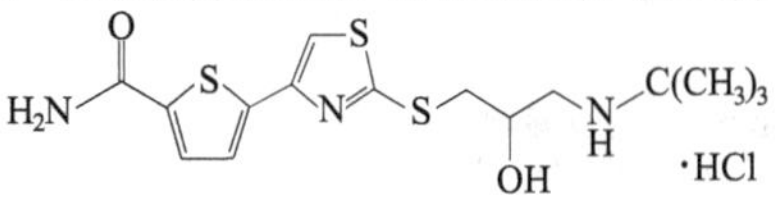

***o*-Arsanilic acid　邻氨基苯砷酸**　01111

[2045-00-3]　$C_6H_8AsNO_3$　217.06

成分　C 33.20%，H 3.71%，As 34.52%，N 6.45%，O 22.11%。

别名　邻阿散酸；邻氨基苯胂酸；2-氨苯基砷酸；2-氨基苯砷酸；2-Aminobenzenearsonic acid；*o*-Aminophenylarsonic acid；2-Arsanilic acid

GW 2015-11

性状　白色结晶性粉末。溶于热水、碳酸钠溶液，微溶于冷水、乙醇、乙酸。mp 154～155℃。一般试剂含量≥98.0%。

注意事项　该品吸入或口服有毒。对水生物极毒。能对水环境引起不利的结果。使用现场不得进餐或吸烟。接触皮肤后，应立即用聚乙二醇400冲洗。使用时如有事故发生或有不适之感，应请医生诊治。应防止将本品释放于环境中。其包装物应按危险品处理。应密封保存。

主要用途　在水杨醛存在下比色测定钪，显色反应检验钛、钍、钒、钪的试剂。

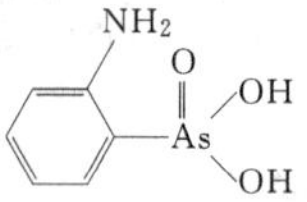

***p*-Arsanilic acid　对氨基苯砷酸**　01112

[98-50-0]　$C_6H_8AsNO_3$　217.06

成分　C 33.20%，H 3.72%，As 34.52%，N 6.45%，O 22.11%。

别名　4-氨苯基砷酸；4-氨基苯砷酸；对阿散酸；对氨基苯胂酸；*p*-Aminobenzenearsonic acid；(4-Aminophenyl) arsonic acid；Arsenic acid anilide；AS-101；Atoxylic acid；Arsanilic acid

GW 2015-13　M.I. 15,783

性状　来自水或乙醇中的无色或白色针状结晶。溶于热水、戊醇、碳酸钠溶液，中等程度溶于浓无机酸，微溶于冷水、乙醇、乙酸，不溶于苯、三氯甲烷、乙醚、丙酮、稀无机酸。mp ＞300℃。LD_{50}雄大鼠急性经口：＞1g/kg。一般试剂含量≥98.0%(T)。

注意事项　该品吸入或口服有毒。对水生物极毒。能对水环境引起不利的结果。使用现场不得进餐或吸烟。接触皮肤后应立即用大量肥皂水冲洗。使用时如有事故发生或有不适之感，应请医生诊治。应防止将本品释放于环境中。其包装物应按危险品处理。应密封保存。

主要用途　测定铵、铈、钴、锆的试剂。制造药用砷剂。

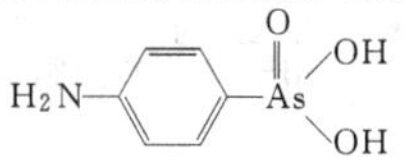

Arsenazo Ⅰ　偶氮胂 Ⅰ　01113

[66019-20-3][3547-38-4]　$C_{16}H_{11}AsN_2Na_2O_{11}S_2$　592.30

成分　C 32.45%，H 1.87%，As 12.65%，N 4.73%，Na 7.76%，O 29.71%，S 10.83%。

别名　偶胂偶氮；新钍试剂；铀试剂Ⅰ；邻苯胂酸偶氮-1,8-二羟基萘-3,6-二磺酸钠；邻苯胂酸偶氮变色酸钠盐；2-(*o*-Arsonophenylazo)-1,8-dihydroxynaphthalene-3,6-disulfonic acid sodium salt；Neothorine；Neothoron；Sodium 2-(*o*-arsonophenylazo)-1,8-dihydroxynaphthalene-3,6-disulfonate；Uranon；Arsenazo；2-(2-Arsonophenylazo) chromotropic acid disodium salt；NDP

性状　棕紫色粉末。易溶于水。在酸性和中性溶液中呈橙红色，在碱性溶液中呈玫瑰红色。

注意事项　该品吸入或口服时有毒害。应防止儿童接近。使用现场不得进餐或吸烟。接触皮肤后应立即用大量肥皂水冲洗。使用时如有事故发生或有不适之感，应请医生诊治。

主要用途　比色测定铀、钍、稀土等稀有元素的灵敏试剂。测定铝、铍、钙、钒、氟离子、硫酸盐的试剂。络合指示剂。

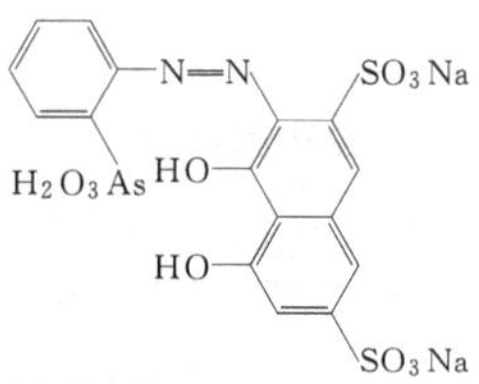

Arsenazo Ⅲ　偶氮胂 Ⅲ　01114

[1668-00-4]　$C_{22}H_{18}As_2N_4O_{14}S_2$　776.37

成分　C 34.04%，H 2.34%，As 19.30%，N 7.22%，O 28.85%，S 8.26%。

别名　1,8-二羟基萘-3,6-二磺酸-2,7-双(偶氮-2-苯胂酸)；2,7-双(2-苯砷酸-1-偶氮)-1,8-二羟基萘-3,6-二磺酸；2,7-双(2-苯砷酸-1-偶氮)变色酸；铀试剂Ⅲ；2,7-Bis(2-arsonophenylazo) chromotropic acid；2,7-Bis(2-arsonophenylazo)-1,8-dihydroxynaphthalene-3,6-disulfonicvacid

性状　紫褐色粉末。溶于水，溶液呈玫瑰红色。在浓硫酸中呈绿色，在碱性溶液中呈蓝色。mp≥320℃。

注意事项　该品吸入或口服有毒。对水生物极毒。能对水环境引起不利的结果。使用现场不得进餐或吸烟。接触皮肤后应立即用大量肥皂水冲洗。使用时如有事故发生或有不适之感，应请医生诊治。应防止将本品释放于环境中。其包装物应按危险品处理。密封保存。

主要用途 比色测定铀、钍、锆、镉、锌、钙、钡、铋及稀土等的灵敏试剂。

参考规格 HG/T 3463—2000 分析纯

分光有效含量($C_{22}H_{18}O_{14}$, $N_4S_2As_2$)/%≥	70
对铀灵敏度试验	合格
水溶解试验	合格
灼烧残渣（以硫酸盐计）含量/%≤	2

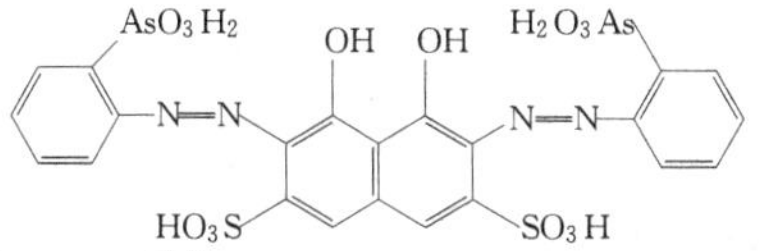

Arsenic lumps 砷块 01115

[7440-38-2] As 74.92160

GW 2015-1924 M.I. 15，784

别名 Arsen；Grey arsenic；Metallic arsenic

性状 灰色斜方六面体结晶。有金属光泽。性脆。在空气中易氧化。溶于硝酸、浓硫酸，不溶于水和盐酸。mp 817℃；d 5.727。616℃升华。

注意事项 该品吸入其粉尘或口服有害。能致癌。对眼睛及皮肤有刺激性。使用前应得到专门的指导，避免曝露。万一接触到眼睛，应立即用大量水冲洗。使用时如有事故发生或有不适之感，应请医生诊治。应充氩气密封保存。

主要用途 高纯分析用试剂。半导体掺杂材料。砷化镓、铟等Ⅲ～Ⅴ族半导体材料的合成。

Arsenic acid hemihydrate 砷酸 半水 01116

[7778-39-4] $H_3AsO_4 \cdot ½H_2O$ 150.95

成分（以无水物计） As 52.78%，H 2.13%，O 45.09%。

别名 正砷酸；半水合砷酸；Orthoarsenic acid

GW 2015-1929 M.I. 15，785

性状 白色结晶或粉末。有潮解性。易溶于水、乙醇、甘油。加热至300℃成为五氧化二砷。mp 35.5℃。LD_{50}兔静脉注射：6mg/kg。一般试剂含量≥85.0%。

注意事项 该品剧毒。使用现场不得进餐或吸烟。使用前应得到专门的指导，避免曝露。接触皮肤后，应立即用大量肥皂水冲洗。使用时如有事故发生或有不适之感，应请医生诊治。应密封于干燥处保存。

主要用途 砷酸盐的制备。杀虫剂。制药工业。

Arsenic disulfide 二硫化砷 01117

[1303-32-8][12279-90-2] As_4S_4 427.93

成分 As 70.03%，S 29.97%。

别名 红色硫化砷；雄黄；Arsenic sulfide；Arsenic（Ⅱ）sulfide；Pigment yellow 39；Realgar；Red arsenic glass；Red arsenic sulfide；Red orpiment；Ruby arsenic

M.I. 15，790 C.I. 77085

性状 深红色有光泽的单斜结晶或粉末。溶于碱溶液，极微溶于热二硫化碳及苯，几乎不溶于水。能被硝酸分解。高温时能燃烧。mp 320℃；bp 565℃；d 3.5。

注意事项 该品吸入或口服有毒。对水生物极毒。能对水环境引起不利的结果。使用现场不得进餐或吸烟。接触皮肤后，应立即用大量肥皂水冲洗。使用时如有事故发生或有不适之感，应请医生诊治。应防止将本品释放于环境中。其包装物应按危险品处理。

主要用途 脱毛剂。杀鼠剂。

Arsenic pentoxide 五氧化二砷 01118

[1303-28-2] As_2O_5 229.84

成分 As 65.19%，O 34.81%。

别名 无水砷酸；五氧化砷；砷酸酐；Arsenic acid anhydride；Arsenic anhydride；Arsenic（Ⅴ）oxide anhydrous

GW 2015-2163 M.I. 15，789

性状 白色无定形块状物或粉末。有潮解性。易溶于水、乙醇。mp 315℃（分解）；d 4.32。一般试剂含量≥98.5%。

注意事项 该品吸入或口服有毒。能致癌。对水生物极毒。能对水环境引起不利的结果。使用前应得到专门的指导，避免曝露。使用时如有事故发生或有不适之感，应请医生诊治。应防止将本品释放于环境中。其包装物应按危险品处理。应密封于干燥处保存。

主要用途 砷酸盐的制备。杀虫剂。染料和印刷工业等。

Arsenic tribromide 三溴化砷 01119

[7784-33-0] $AsBr_3$ 314.63

成分 As 23.81%，Br 76.19%。

别名 溴化亚砷；Arsenic（Ⅲ）bromide；Arsenous bromide

GW 2015-1901 M.I. 15，791

性状 无色或浅黄色正交棱柱体结晶。易潮解。在潮湿空气中发烟。溶于水而部分分解为三氧化二砷和溴化氢，可与苯、乙醚相混溶，溶于二硫化碳、四氯化碳、烃类、氯化烃类、脂肪及油类等。mp 31.1℃；bp_{760} 221℃/101.325kPa；bp_{11} 89℃/1.47kPa；d_4^{100} 3.1995；d_4^{75} 3.2623；d_4^{50}（液体）3.3282；d_4^{25} 3.397。一般试剂含量≥99.0%。

注意事项 该品剧毒。应上锁保管。应密封避光于干燥处保存。

主要用途 催化剂。制药工业。有机合成。

Arsenic trichloride 三氯化砷 01120

[7784-34-1] $AsCl_3$ 181.27

成分 As 41.33%，Cl 58.67%。

别名 氯化亚砷；氯化砷；Arsenic（Ⅲ）chloride；Arsenous chloride；Butter of arsenic；Fuming liquid arsenic

GW 2015-1847 M.I. 15，792

性状 无色或浅黄色油状液体。在空气中发烟。能与氯仿、四氯化碳、乙醚、碘、磷、硫、碘化钾溶液、油类、脂肪等相混溶。在大量水中分解成三羧基砷 $As(OH)_3$ 和盐酸。mp −16℃；bp 130.21℃；bp_{11} 25℃/1.467 kPa；d_4^{25} 2.1497；n_D^{20} 1.6006。一般试剂含量≥99.0%。

注意事项 该品有毒。易燃。具有腐蚀性，能引起烧伤。能致癌。应密封保存。

主要用途 催化剂。制备高纯砷和有机砷化合物的原料。

Arsenic triiodide 三碘化砷 01121

[7784-45-4] AsI_3 455.64

成分 As 16.44%，I 83.56%。

别名 碘化亚砷；碘化砷；Arsenic(Ⅲ) iodide；Arsenous iodide

GW 2015-1749 M.I. 15，794

性状 来自丙酮中的橙红色三角形棱面体结晶。受潮和见光均分解。1g该品溶于12mL水，呈黄色并发烟。易溶于甲苯、二甲苯、三氯甲烷、苯、二硫化碳，较少地溶于乙醇、乙醚。mp 140.9℃（缓慢加热能升华，迅速加热则分解）；bp_{760}约400℃/101.32kPa；d_4^{25} 4.688。

注意事项 该品剧毒。能致癌。应上锁保管。应密封避光于干燥处保存。

主要用途 分析试剂。制药工业。折射率的测定。

Arsenic trioxide 三氧化二砷 01122

[1327-53-3] As_2O_3 197.84

成分 As 75.74%，O 24.26%。

别名 三氧化砷；白砷；亚砒酸；亚砷酸；亚砷酸酐；氧化亚砷；Arsenous acid；Arsenous acid anhydride；Arsenic（Ⅲ）oxide；Arsenic sesquioxide；Arsenous oxide；Trisenox；White arsenic

GW 2015-1912 M.I. 15，795

性状 白色或透明玻璃状物、不定形块或结晶性粉末。为两性氧化物。溶于稀盐酸、氢氧化钠和碳酸钠溶液，微溶于水（溶于15份沸水），不溶于三氯甲烷、乙醇、乙醚。约135℃升华。mp 275℃；bp 465℃。对人的致死量约0.06g。LD_{50}小鼠，大鼠急性经口(mg/kg)：39.4，15.1。

注意事项 该品口服极毒。有腐蚀性，能引起烧伤。能致癌。对水生物极毒。能对水环境引起不利的结果。使用前应得到专门的指导，避免曝露。使用时如有事故发生或有不适之感，应请医生诊治。应防止将本品释放于环境中。其包装物应按危险品处理。应密封于干燥处保存。

主要用途 基准试剂。亚砷酸盐的制造。防腐剂。

参考规格 GB 1256—2008 工作基准试剂

含量(As_2O_3)/%	99.95～100.05
澄清度试验，号≤	2
灼烧残渣/%≤	0.02
氯化物(Cl)/%≤	0.002
硫化物(S)/%≤	0.0001
铁(Fe)/%≤	0.0005

铜(Cu)/%≤		0.0005
铅(Pb)/%≤		0.0005
锑(Sb)/%≤		0.005
GB/T 673—2006		优级纯
含量(As_2O_3)/%≥		99.8
澄清度试验		合格
氨水不溶物/%≤		0.01
灼烧残渣/%≤		0.02
氯化物(Cl)/%≤		0.002
硫化物(S)/%≤		0.0001
铁(Fe)/%≤		0.0005
铜(Cu)/%≤		0.0005
硒(Se)/%≤		0.0005
银(Ag)/%≤		0.001
铅(Pb)/%≤		0.0005
锑(Sb)/%≤		0.005
GB/T 673—2006	分析纯	化学纯
含量(As_2O_3)/%≥	99.5	99.0
澄清度试验	合格	合格
氨水不溶物/%≤	0.02	0.04
灼烧残渣/%≤	0.02	0.05
氯化物(Cl)/%≤	0.005	0.01
硫化物(S)/%≤	0.0002	0.0002
铁(Fe)/%≤	0.001	0.002
铜(Cu)/%≤	0.001	0.002
铅(Pb)/%≤	0.001	0.002
锑(Sb)/%≤	0.01	0.05

Arsenic trisulfide yellow 三硫化二砷 黄色 01123

[1303-33-9] As_2S_3 246.04

成分 As 60.90%,S 39.10%。

别名 黄色硫化砷;硫化亚砷;雌黄;Arsenic(Ⅲ) sulfide yellow;Arsenic yellow;Auripigment;King's gold;King's yellow;Orpiment;Yellow arsenic sulfide

M.I. 15,797

性状 黄色或橙黄色粉末。溶于碱及硫化钠溶液、碳酸盐溶液,能缓慢地溶于热盐酸,几乎不溶于水。能被硝酸分解。mp 300~325℃;*d* 3.46。一般试剂含量≥99.9%。

注意事项 该品吸入或口服有毒。对水生物极毒。能对水环境产生长期不良的影响。使用现场禁止饮食及吸烟。接触皮肤后,应立即用大量肥皂水冲洗。使用时如有事故发生或有不适之感,应请医生诊治。应防止将本品释放于环境中。其包装物应按危险品处理。

主要用途 分析试剂。合成颜料、釉彩的原料。

Arsthinol 胂噻醇 01124

[119-96-0] $C_{11}H_{14}AsNO_3S_2$ 347.28

成分 C 38.04%,H 4.06%,As 21.57%,N 4.03%,O 13.82%,S 18.46%。

别名 *N*-[2-Hydroxy-5-(4-hydroxymethyl-1,3,2-dithiarsolan-2-yl) phenyl] acetamide; 3-Acetamido-4-hydroxydithiobenzenearsonous acid cyclic (hydroxymethyl)-ethylene ester; 2-(3'-Acetamido-4'-hydroxyphenyl)-1,3-dithia-2-arsacyclopentane-4-methanol; 3-Acetamido-4-hydroxydithiobenzenearsonons acid cyclic 3-hydroxypropylene ester; 2-Acetylamino-4-(methylolcycloethylenedimercaptoarsine)phenol; Mercaptoarsenol; Balarsen

M.I. 15,802

性状 微小的无色结晶。溶于95%乙醇,极微溶于水、乙醚。mp 163~166℃。

主要用途 医用抗阿米巴剂。

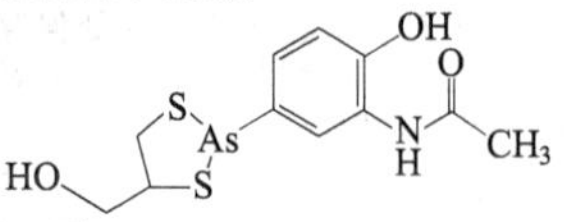

Arteether 蒿乙醚 01125

[75887-54-6] $C_{17}H_{28}O_5$ 312.41

成分 C 65.36%, H 9.03%, O 25.61%。

别名 青蒿乙醚;(3*R*,5a*S*,6*R*,8a*S*,9*R*,10*S*,-12*R*,12a*R*)-10-Ethoxydecahydro-3,6,9-trimethyl-3,12-epoxy-12*H*-pyrano[4,3-*j*]-1,2-benzodioxepin; Dihydroartemisinin ethylether; Dihydroqinghaosu ethyl ether; Artemotil; SM-227

M.I. 15,803

性状 白色结晶性固体。mp 80~82℃; $[\alpha]_D^{21}$ +154.5° (*c*=1.0,于氯仿中)。

主要用途 医用抗疟剂。

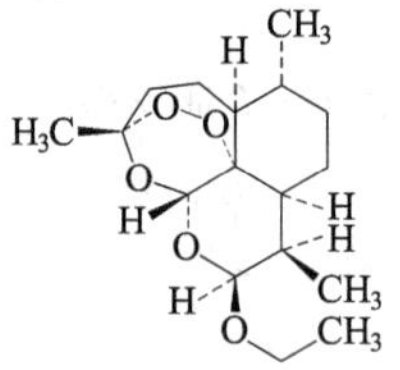

Artemether 蒿甲醚 01126

[71963-77-4] $C_{16}H_{26}O_5$ 298.38

成分 C 64.41%, H 8.78%, O 26.81%。

别名 青蒿甲醚;(3*R*,5a*S*,6*R*,8a*S*,9*R*,10*S*,12*R*,12a*R*)-Decahydro-10-methoxy-3,6,9-trimethyl-3,12-epoxy-12*H*-pyrano[4,3-*j*]-1,2-benzodioxepin; Dihydroartemisinin methyl ether; Dihydroqinghaosu methyl ether; *o*-Methyldihydroartemisinin; SM-224; Paluther

M.I. 15,805

性状 无色结晶。mp 86~88℃; $[\alpha]_D^{19.5}$ +171° (*c*=2.59,于氯仿中)。LD_{50}小鼠肌肉注射:263mg/kg。

注意事项 该品口服有害。

主要用途 医用抗疟剂。

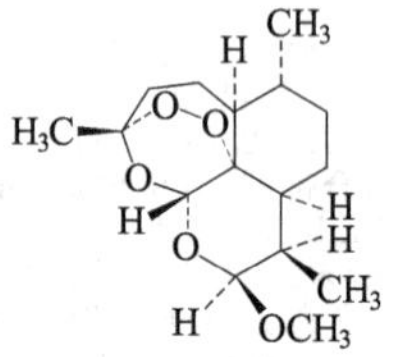

Artemisinin 青蒿素 01127

[63968-64-9] $C_{15}H_{22}O_5$ 282.34

成分 C63.81%, H 7.85%, O 28.33%。

别名 (3*R*,5a*S*,6*R*,8a*S*,9*R*,12*S*,12a*R*)-Octahydro-3,6,9-trimethyl-3,12-epoxy-12*H*-pyrano[4,3-*j*]-1,2-benzo dioxepin-10(3*H*)-one; Arteannuin; Artemisine; Huanghuahaosu; [3*R*-(3α,5aβ,6β,8aβ,9α,12β,12a*R**)]-Octahydro-3,6,9-trimethyl-3,12-epoxy-12*H*-pyrano[4,3-*j*]-1,2-benzodioxepin-10(3*H*)-one; QHS; Qinghaosu; Qing han sau

M.I. 15,807

性状 无色针状结晶。溶于多数非质子传递溶剂,微溶于油类。mp 156~157℃;$[\alpha]_D^{17}$+66.3°(*c*=1.64,于氯仿中)。LD_{50}小鼠急性经口:5105mg/kg;肌肉注射:2800mg/kg;腹膜内注射:1558mg/kg(Koch)。LD_{50}小鼠,大鼠急性经口(mg/kg):4228,5576;肌肉注射(mg/kg):3840,2571。生化试剂含量≥98.0%。

注意事项 该品应密封于2~8℃保存。

主要用途 生化研究。医用抗疟剂。

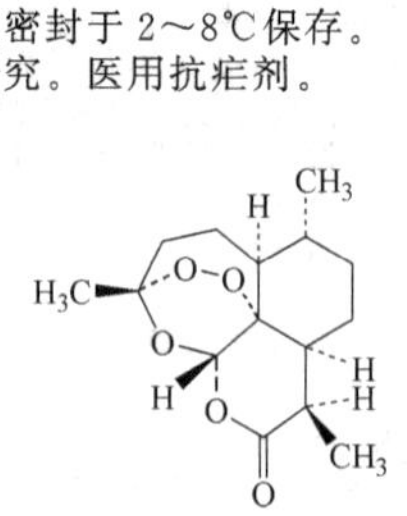

Asarinin 细辛素 01128

[133-04-0] $C_{20}H_{18}O_6$ 354.36

成分 C 67.79%,H 5.12%,O 27.09%。

别名 (−)-细辛素;*l*-Asarinin;(−)-Episesamin;1*R*-(1α,3aα,4β,6aα)-5,5'-(Tetrahydro-1*H*,3*H*-furo[3,4-*c*]furan-1,4-diyl)bis-1,3-benzodioxole; Xanthoxylin S

M.I. 15,812

性状 来自乙醇中的无色结晶。易溶于沸甲醇、乙醇、氯仿、丙酮、苯，几乎不溶于水。mp 121℃；$[-]_D^{23}$ −122°；$[-]_D^{20}$ −118.6°(于氯仿中)。
主要用途 生化研究。

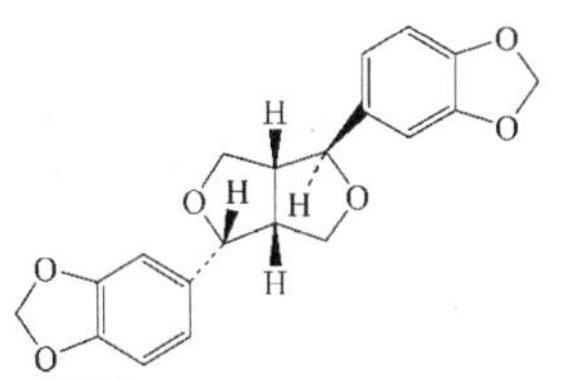

α-Asarone α-细辛脑 01129
[2883-98-9] $C_{12}H_{16}O_3$ 208.26
成分 C 69.21%，H 7.74%，O 23.05%。
别名 反式2,4,5-三甲氧基苯基丙烯；α-Asarabacca camphor；α-Asarin；α-Asarum camphor；*trans*-1-Propentyl-2,4,5-trimethoxybenzene；*trans*-1，2，4-Trimethoxy-5-(1-propenyl)benzene；*trans*-2,4,5-Trimethoxy-1-propenylbenzene
M. I. 15,813
性状 来自石油醚中的无色针状结晶。溶于乙醇、乙醚、冰乙酸、四氯化碳、氯仿、石油醚，几乎不溶于水。mp 62～63℃；bp 296℃；n_D^{11} 1.5719。一般试剂含量≥97.0%(GC)。
注意事项 该品口服有害。使用时应避免吸入本品的粉尘，避免与眼睛及皮肤接触。
主要用途 生化研究。

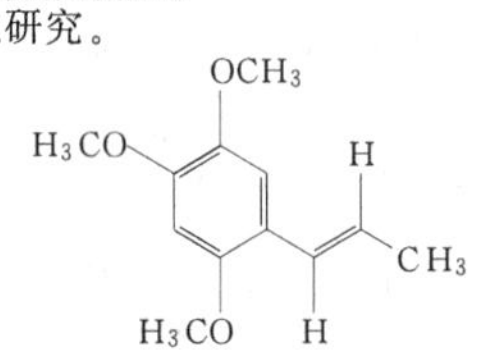

β-Asarone β-细辛脑 01130
[5273-86-9] $C_{12}H_{16}O_3$ 208.26
成分 C 69.21%，H 7.74%，O 23.05%。
别名 β-2,4,5-三甲氧苯基丙烯；顺式-1-丙烯基-2,4,5-三甲氧基苯；顺式-2,4,5-三甲氧基-1-丙基苯；*cis*-1-Propenyl-2,4,5-trimethoxybenzene；*cis*-2,4,5-Trimethoxy-1-propenylbenzene
M. I. 15,813
性状 无色液体。Fp 235.4℉(113℃)；d_4^{20} 1.087；n_D^{20} 1.558。
注意事项 该品口服有害。使用时应避免吸入本品的蒸气，避免与眼睛及皮肤接触。

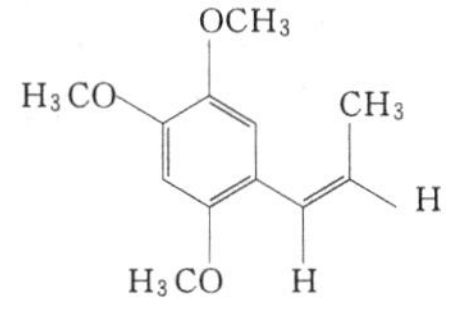

Asbestos gooch crucibles 石棉 古氏坩埚用 01131
[1332-21-4]
别名 古氏坩埚石棉；古奇坩埚石棉
性状 长绒状石棉。专为古氏坩埚用。
注意事项 该品吸入或长期曝露有严重损害健康的危险。能致癌。使用前应得到专门的指导，避免曝露。使用时应避免吸入本品的粉尘。使用时如有事故发生或有不适之感，应请医生诊治。

Asbestos acid washed 酸洗石棉 01132
[1332-21-4]
M. I. 15,815
性状 白色或微蓝色的柔软纤维，是石棉用酸洗涤后经干燥而得。其主要成分为硅酸镁钙。
注意事项 该品吸入或与皮肤接触有害。可能致癌。使用前应得到专门的指导，避免曝露。使用时应避免吸入本品的粉尘。使用时如有事故发生或有不适之感，应请医生诊治。
主要用途 过滤材料。

Asbestos soda 烧碱石棉 01133
[81133-20-2]
别名 碱石棉；Ascarite；Soda asbestos
性状 灰白色或浅棕黄色无定形颗粒。露置空气中易吸收二氧化碳和水分。
注意事项 该品具有腐蚀性，能引起烧伤。对呼吸系统有刺激性。使用时应穿适当的防护服，戴手套和防护镜或面罩。万一接触到眼睛，应立即用大量水冲洗后请医生诊治。使用时如有事故发生或有不适之感，应请医生诊治。应密封于干燥处保存。
主要用途 吸附剂。分析中用以吸收二氧化碳。钢铁分析中用于气体干燥过滤。

Ascaridole 驱蛔脑 01134
[512-85-6] $C_{10}H_{16}O_2$ 168.23
成分 C 71.39%，H 9.59%，O 19.02%。
别名 土荆芥油精；驱蛔萜；1-Methyl-4-(1-methylethyl)-2,3-dioxabicyclo[2.2.2]oct-5-ene；1，4-Peroxido-*p*-menthene-2
M. I. 15,816
性状 无色液体。性不稳定。当加热或与有机酸处理时易发生爆炸。溶于己烷、戊烷、乙醇、甲苯、蓖麻油。mp 3.3℃；$bp_{0.2}$ 39～40℃/26.66Pa；d_{20}^{20} 1.0113；d_4^{20} 1.0103；$[\alpha]_D^{20}$ ±0.00°。
主要用途 医用驱肠线虫剂。兽用驱肠虫剂。

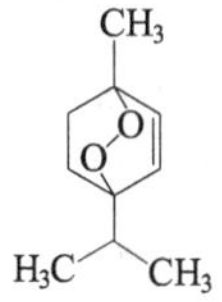

Ascomycin 子囊霉素 01135
[104987-12-4] $C_{43}H_{69}NO_{12}$ 792.01
成分 C 65.21%，H 8.78%，N 1.77%，O 24.24%。
性状 无色微细结晶或粉末。
注意事项 该品吸入、口服或与皮肤接触有害。对眼睛、呼吸系统及皮肤有刺激性。使用时应穿适当的防护服和戴手套。万一接触到眼睛，应立即用大量水冲洗后请医生诊治。应充氩气密封于−20℃保存。
主要用途 生化研究。

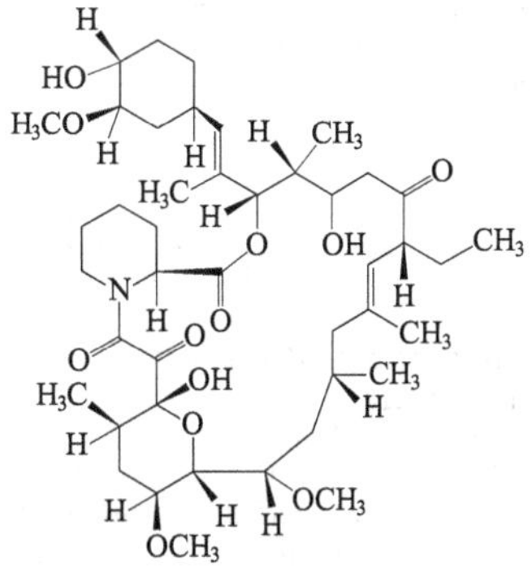

L-(+)-Ascorbic acid L-(+)-抗坏血酸 01136
[50-81-7] $C_6H_8O_6$ 176.12
成分 C 40.92%，H 4.58%，O 54.50%。
别名 丙种维生素；维生素C；Adenex；Allercorb；Antiscorbutic vitamin；Ascorbin；Ascorteal；Ascorvit；Cevalin；Cevatine；Cevex；Cevimin；Ce-Vi-Sol；Cevitan；Cevitex；Cantan；Cevitamic acid；Cewin；Cantaxin；Ciamin；Cipca；Cebicure；Concemin；Cebion；C-Vimin；Cecon；Davitamon C；Cegiolan；Duoscorb；Celaskon；Hicee；Hybrin；Celin；Laroscorbine；Cenetone；Lemascorb；Cereon；3-Oxo-L-gulofuranolactone；Planavit C；Cergona；Proscorbin；Cescorbat；Redoxon；Cetamid；Ribena；Cetebe；Scorbacid；Cetemican；Scorbu-C；Testascorbic；Vitamin C；L-Xyloascorbic acid；Antiscorbutic vitamin；L-Threoascorbic acid；Vicelat；Vitacee；Vitacimin；Vitacin；Vitascorbol；Xitix；L-*threo*-Hex-2-enonic acid γ-lactone；L-*xylo*-

Ascorbic acid; Ascorbicap; Ascorbicin
M. I. 15,819
性状 无色结晶或白色结晶性粉末。有酸味。在干燥空气中稳定，在潮湿空气中易被氧化而变黄色。1g 该品溶于约 3mL 水、30mL 乙醇、50mL 无水乙醇、100mL 甘油、20mL 丙二醇，不溶于乙醚、苯、三氯甲烷、石油醚、油类、脂肪。水中溶解度：80.0%(100℃)；40.0%(45℃)。水溶液能很快被空气氧化。其水溶液(5mg/mL)pH 值 3；(50mg/mL) pH 值 2。pK_1 4.17；pK_2 11.57。mp 190～192℃(部分分解)；d 1.65；$[\alpha]_D^{25}$ +(20.5～21.5)°(c=1，于水中)；$[\alpha]_D^{23}$ +48°(c=1，于甲醇中)。uv max (pH 值 2)：245nm($E_{1cm}^{1\%}$ 695)；(pH 值 6.4)：265nm($E_{1cm}^{1\%}$ 940)。
注意事项 该品应密封避光于干燥处保存。
主要用途 测定砷、铁、碘、铋、钙、镁、钛、钨、锑、磷的试剂。酸酐和碘价测定的基准物质。医用营养增补剂。抗氧化剂。防治坏血病。能增强对传染病的抵抗力。
参考规格 GB/T 15347—2015 分析纯

项目	分析纯
含量($C_6H_8O_6$)，20/%≥	99.7
比旋光度$[\alpha]_D^{20}$	+20.5～+21.5
澄清度试验 1 号≤	3
灼烧残渣（以硫酸盐计），20℃/%≤	0.05
干燥失重，20℃/%≤	0.1
氯化物（Cl），20℃/%≤	0.005
硫酸盐（SO_4），20℃/%≤	0.002
铁（Fe），20℃/%≤	0.0002
重金属（以 Pb 计），20℃/%≤	0.001

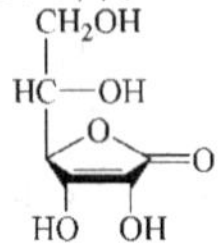

CH₂OH / HC—OH / HO OH / O

L-(+)-Ascorbic acid calcium salt dihydrate
L-(+)-抗坏血酸钙盐 二水 01137
[5743-27-1] $C_{12}H_{14}CaO_{12} \cdot 2H_2O$ 426.35
成分(以无水物计) C 36.93%，H 3.62%，Ca 10.27%，O 49.19%。
别名 维生素 C 钙盐；Calcium ascorbate；Vitamin C calcium salt
M. I. 15,819
性状 无色三斜结晶或白色粉末。易吸潮。易溶于水，微溶于甲醇、乙醇，不溶于乙醚。$[\alpha]_D^{20}$ +95.6°(c=2.4，于水中)。生化试剂含量≥99.0%(NT)。
注意事项 该品应密封于干燥处保存。
主要用途 生化研究。

$Ca^{2+} \cdot 2H_2O$

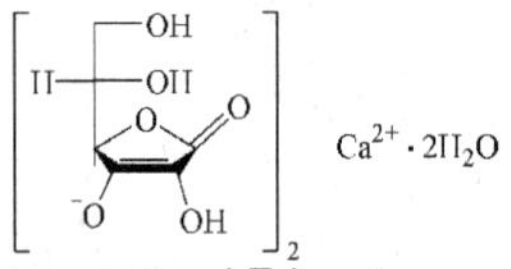

L-(+)-Ascorbic acid iron(Ⅱ) salt
L-(+)-抗坏血酸亚铁盐 01138
[24808-52-4] $C_{12}H_{14}FeO_{12}$ 406.08
成分 C 35.49%，H 3.47%，Fe 13.75%，O 47.28%。
别名 维生素 C 亚铁盐；Iron(Ⅱ) ascorbate；Vitamin C Fe (Ⅱ) salt；Ferrous ascorbate
性状 白色结晶。易吸潮。一般试剂含量 ≥95.0%(RT)。
注意事项 该品应密封于干燥处保存。
主要用途 生化研究。

L-(+)-Ascorbic acid magnesium salt
L-(+)-抗坏血酸镁盐 01139
[15431-40-0] $C_{12}H_{14}MgO_{12}$ 374.54
成分 C 38.48%，H 3.77%，Mg 6.49%，O 51.26%。
别名 维生素 C 镁盐；(+)-Magnesium L-ascorbate；Vitamin C Mg salt
性状 白色结晶。易溶于水。一般试剂含量 ≥95.0% (RT)。
注意事项 使用时应避免吸入本品的粉尘，避免与眼睛及皮肤接触。应密封于干燥处保存。
主要用途 生化研究。

L-Ascorbic acid sodium salt L-抗坏血酸钠盐 01140
[134-03-2] $C_6H_7NaO_6$ 198.11
成分 C 36.38%，H 3.56%，Na 11.6%，O 48.46%。
别名 维生素 C 钠盐；Adenex；Ascorbic acid sodium derivative；(+)-Sodium L-ascorbate；Ascorbicin；Vitamin C sodium salt；Ascorbin；Cebitate；Cenolate；Natrascorb；Sodascorbate；Xitix
M. I. 15,819
性状 无色或白色微小结晶。易溶于水(25℃，62g/100mL；75℃，78g/100mL)。mp 218℃(分解)；$[\alpha]_D^{20}$ +104.4°(c=5，于水中)。
注意事项 该品应密封避光于干燥处保存。
主要作途 食品抗氧化剂。

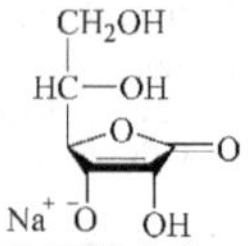

CH₂OH / HC—OH / O / Na⁺ ⁻O OH

Asoxime chloride 氯化阿索克辛 01141
[34433-31-3[一水合物 82504-20-9]] $C_{14}H_{16}Cl_2N_4O_3$ 359.21
成分 C 46.81%，H 4.49%，Cl 19.74%，N 15.60%，O 13.36%。
别名 1-[[4-(Aminocarbonyl) pyridinio] methoxy] methyl-2-[(hydroxyimino) methyl] pynidinium dichloride；4′-Carbamoyl-2-formyl-1,1′-(oxydimethylene) dipyridinium chloride 2-oxime；1-(2-Hydtoxyiminomethyl-1-pyridinio)-3-(4-carbamoyl-1-pyridinio)-2-oxapropane dichloride；HI-6
M. I. 15,825
性状 一水合物为来自水/乙醇（20：75）中的无色结晶。mp 145～147℃；uv max（水中）：350nm，300nm，270nm，218nm (lgε 3.093，4.018，3.966，4.181)。一般试剂含量≥98.0% (HPLC)。
主要用途 医用有机磷酸盐中毒的解毒剂。

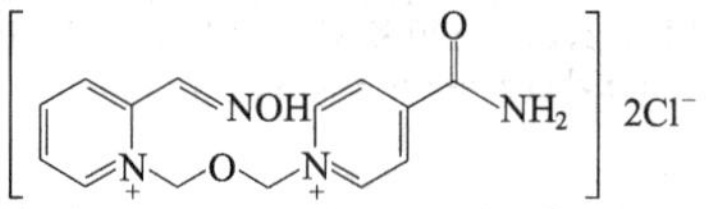

NOH / NH₂ / $2Cl^-$

D-Asparagine monohydrate D-天冬酰胺 一水 01142
[2058-58-4] $C_4H_8N_2O_3 \cdot H_2O$ 150.14
成分（以无水物计） C 36.36%，H 6.10%，N 21.20%，O 36.33%。
别名 一水合 D-天冬酰胺；D-天冬素；D-天门冬碱；D-天门冬酰胺；(R)-2-氨基琥珀酸酰胺；D-天冬碱；D-Aspargine；(R)-2-Amino succinic acid 4-amide；D-Aspartic acid 4-amide
M. I. 15,827
性状 无色结晶。mp 215℃；$[\alpha]_D^{20}$ +5.41°(c=1.3)。一般试剂含量≥99.0%(NT)。
注意事项 使用时应避免吸入本品的粉尘，避免与眼睛及皮肤接触。应密封于干燥处保存。
主要用途 生化研究。

DL-Asparagine monohydrate DL-天冬酰胺 一水 01143
[3130-87-8] $C_4H_8N_2O_3 \cdot H_2O$ 150.14
成分(以无水物计) C 36.36%，H 6.10%，N 21.20%，O 36.33%。
别名 一水合 DL-天冬酰胺；DL-天冬碱；DL-天冬素；DL-天门冬碱；DL-天门冬酰胺；DL-3-氨基琥珀酸酰胺；(±)-2-Aminosuccinic acid 4-amide；DL-Aspartic acid 4-amide
性状 白色结晶。溶于水、酸、碱溶液，不溶于乙醇、乙醚。mp 220℃(分解)。一般试剂含量≥99.0%(NT)。
注意事项 使用时应避免吸入本品的粉尘，避免与眼睛及皮肤接触。应密封避光保存。
主要用途 生化研究。

L-Asparagine monohydrate L-天冬酰胺 一水 01144
[70-47-3] $C_4H_8N_2O_3 \cdot H_2O$ 150.14
成分(以无水物计) C 36.36%，H 6.10%，N 21.20%，O 36.33%。

别名 一水合L-天冬酰胺；L-天门冬酰胺；L-天门冬碱；L-天冬素；L-天冬碱；L-2-氨基丁二酸酰胺；L-2-氨基琥珀酸酰胺；L-酰胺天冬酸；Agedoite；Altheine；α-Aminosuccinamic acid；L-2-Aminosuccinamic acid；Asn；L-β-Asparagine；L-Asparaginic acid-β-amide；L-Aspargine monohydrate；Asparamide；Aspartic acid β-amide；L-Aspartic acid 4-amide；(*S*)-2-Aminosuccinic acid 4-amide；(*S*)-2，4-Diamino-4-oxobutanoic acid；N

M. I. 15，827

性状 无水物为斜方双棡无色或白色结晶。溶于酸、碱溶液，几乎不溶于甲醇、乙醇、乙醚、苯。pK_1 2.02；pK_2 8.80。mp 234～235℃；d_4^{15} 1.543；$[\alpha]_D^{20}-5.30°$ (c=1.41)；$[\alpha]_D^{20}+34.26°$ (c=2.24，于 3.4mol/L 盐酸中)；$[\alpha]_D^{20}-6.35°$ (c=11.23，于 2.5mol/L 氢氧化钠水溶液中)。生化试剂含量≥99.0%(NT)。

注意事项 使用时应避免吸入本品的粉尘，避免与眼睛及皮肤接触。应密封保存。

主要用途 生化研究，如生物培养基的制备、结核菌培养、测转氨酶底物。处理含丙烯腈污水等。

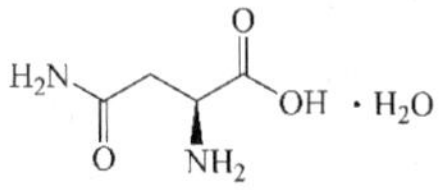

D-Aspartic acid D-天冬酸 01145

[1783-96-6] 133.10

成分 C 36.1%，H 5.30%，N 10.52%，O 48.08%。

别名 D-天门冬氨酸；D-氨基丁二酸；D-氨基琥珀酸；D-龙须菜氨基酸；D-Aminobutanedioic acid；D-Asp；D-Asparaginic acid；(*R*)-2-Aminosuccinic acid；(*R*)-(－)-Aspartic acid

M. I. 14，840

性状 无色结晶。溶于热水和稀盐酸，微溶于冷水，不溶于乙醇和乙醚。mp ＞300℃；$[\alpha]_D^{25}-2.0°$ (c=3.93，于 5mol/L 盐酸中)。生化试剂含量≥99.0(NT)。

注意事项 使用时应避免吸入本品的粉尘，避免与眼睛及皮肤接触。应密封于干燥处保存。

主要用途 生化研究。

DL-Aspartic acid DL-天冬酸 01146

[617-45-8] $C_4H_7NO_4$ 133.10

成分 C 36.1%，H 5.30%，N 10.52%，O 48.08%。

别名 DL-天门冬氨酸；DL-氨基丁二酸；DL-氨基琥珀酸；DL-天冬氨酸；DL-龙须菜氨基酸；DL-Aminobutanedioic acid；DL-Amino succinic acid；DL-Asparaginic acid；(±)-2-Aminosuccinic acid

性状 无色结晶或白色结晶性粉末。溶于水、酸，不溶于乙醇、乙醚。mp 约 280℃(分解)。一般试剂含量≥99.0%(NT)。

注意事项 该品使用时应避免吸入本品的粉尘，避免与眼睛及皮肤接触。应密封于干燥处保存。

主要用途 生化研究。营养增补剂。组织培养基的制备。有机合成中间体。金属络合剂。

L-Aspartic acid L-天冬酸 01147

[56-84-8] $C_4H_7NO_4$ 133.10

成分 C 36.10%，H 5.30%，N 10.52%，O 48.08%。

别名 L(+)-天门冬氨酸；L(+)-氨基丁二酸；L(+)-氨基琥珀酸；L-天冬氨酸；L-龙须菜氨基酸；(*S*)-Aminobutanedioic acid；1-Amino-1，2-carboxyethane；L-Aminosuccinic acid；L-Asparaginic acid；(+)-Aminosuccinic acid；(*S*)-2-Aminosuccinic acid；Asp；Asparagic acid；D

M. I. 15，830

性状 无色斜方双棡小叶状或棒状结晶。溶于水(20℃时 1g 溶于 222.2mL 水，30℃时 1g 溶于 144.9mL 水)、稀酸、碱溶液，几乎不溶于乙醇、乙醚。pK_1 1.88；pK_2 3.65；pK_3 9.60。mp 270～271℃。$d^{12.5}$ 1.661；$[\alpha]_D^{20}+25.0°\pm1°$ (c=1.97，于 6mol/L 盐酸中)。生化试剂含量≥99.0%(T)。

注意事项 该品对眼睛有刺激性。使用时应避免吸入本品的粉尘，避免与眼睛及皮肤接触。万一接触到眼睛，应立即用大量水冲洗后请医生诊治。应充氩气密封于干燥处保存。

主要用途 生化研究。营养增补剂。医用强壮剂。有机中间体。组织培养基的制备。金属络合剂。

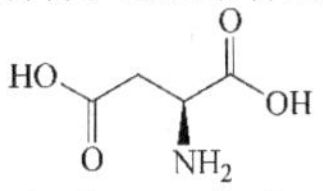

L-Aspartyl L-phenylalanine methyl ester

L-天冬氨酰-L-苯丙氨酸甲酯 01148

[22839-47-0] $C_{14}H_{18}N_2O_5$ 294.31

成分 C 57.13%，H 6.16%，N 9.52%，O 27.18%。

别名 天冬甜素；L-天冬氨酰-L-苯丙氨酸甲酯；天冬糖；阿斯巴甜；甜味素；3-Amino-*N*-(α-carboxyphenethyl) succinamic acid *N*-methyl ester；APM；Aspartame；*N*-L-α-Aspartyl-L-phenylalanine 1-methyl ester；Asp-Phe methyl ester；Asp-Phe-OMe；Canderel；Equal；Nutra -Sweet；Sanecta；SC-18862；Tri-Sweet

M. I. 15，829

性状 来自水中的无色针状结晶。略微溶于水，微溶于乙醇。该品为蔗糖甜度的 180 倍。mp 246～247℃；$[\alpha]_D^{20}-2.3°$ (于 1mol/L 盐酸中)。生化试剂含量≥99.0%(HPLC)。

注意事项 该品使用时应避免吸入本品的粉尘，避免与眼睛及皮肤接触。应密封于 2～8℃保存。

主要用途 非营养增甜剂。

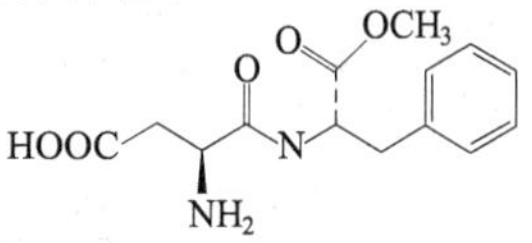

Aspergillic acid 曲霉酸 01149

[490-02-8] $C_{12}H_{20}N_2O_2$ 224.30

成分 C 64.26%，H 8.99%，N 12.49%，O 14.27%。

别名 1-Hydroxy-6-(1-methylpropyl)-3-(2-methylpropyl)-2(1*H*)-pyrazinone；6-*sec*-Butyl-1-hydroxy-3-isobutyl-2(1*H*)-pyrazinone；6-*sec*-Butyl-3-isobutylpyrazinol 1-oxide；2-Hydroxy-3-isobutyl-6-(1-methylpropyl)-pyrazine 1-oxide；3-Isobutyl-6-*sec*-butyl-2-hydroxypyrazine 1-oxide

M. I. 15，831

性状 浅黄色针状结晶。有类似黑胡桃木的气味。溶于烯酸、碱溶液、乙醇、乙醚、苯、丙酮、氯仿、吡啶，微溶于冷水。pK'_a 5.5。mp 97～99℃ (甲醇)；$[\alpha]_D^{18}+13.3°$ (c=3.9，于乙醇中)；uv max (水中，pH 值 8)：328nm，235nm (ε 8500，10500)。

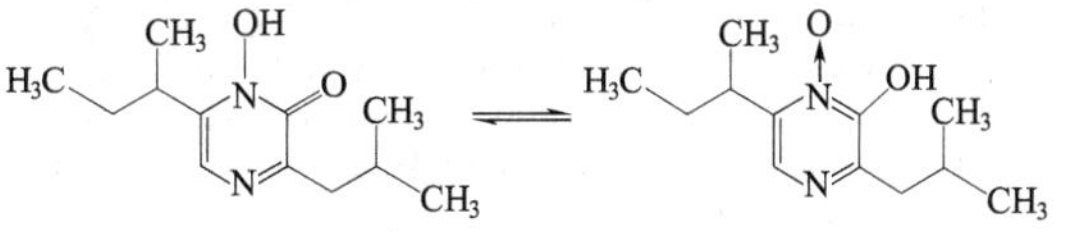

Asper licin 阿司利辛 01150

[93413-04-8] $C_{31}H_{29}N_5O_4$ 535.59

成分 C 69.52%，H 5.46%，N 13.08%，O 11.95%。

别名 曲林菌素；(7*S*)-6，7-Dihydro-7-[[(2*S*，9*S*，9a*S*)-2，3，9，9a-tetrahydro-9-hydroxy-2-(2-methylpropyl)-3-oxo-1*H*-imidazo[1，2-*a*]indol-9-yl]methyl]quinazolino[3，2-*a*][1，4]benzodiazepine-5，13-dione

M. I. 15，833

性状 白色结晶。溶于二氯甲烷、丙酮、低级醇类，不溶于水。mp 211～213℃；$[\alpha]_D^{26.5}-185.3°$ (c=1.10，于甲醇中)；uv max (甲醇中)：310.5nm (ε 4075)。

主要用途 胆囊收缩素 (CCK) 受体拮抗剂。

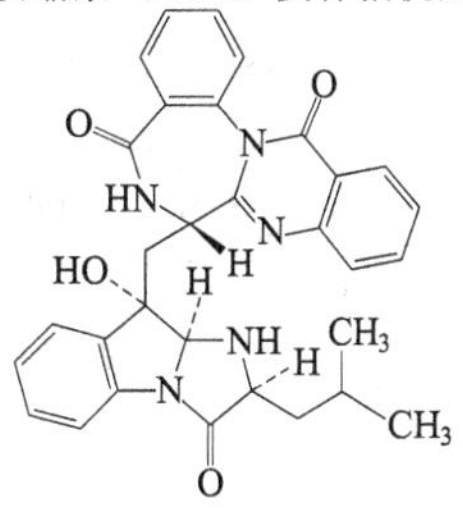

Asper uloside 车叶草苷 01151

[14259-45-1] $C_{18}H_{22}O_{11}$ 414.36

成分 C 52.18%，H 5.35%，O 42.47%。

别名 [2aS-(2aα,4aα,5α,7bα)]-4-(Acetyloxy)methyl-5-(β-D-glucopyrenosyloxy)-2a,-4a，5，7b-tetrahydro-1*H*-2，6-dioxacyclopent[*cd*]inden-1-one；Rubichloric acid

M. I. 15,834

性状 来自乙醇或丙酮中的无色针状结晶。溶于水、甲醇、乙醇、丙酮、乙酸乙酯、二氧六环、吡啶、乙酸，不溶于乙醚、苯、氯仿、石油醚。mp 131～132℃；$[\alpha]_D^{25}$ −198.6°（*c*=1.44，于水中）。

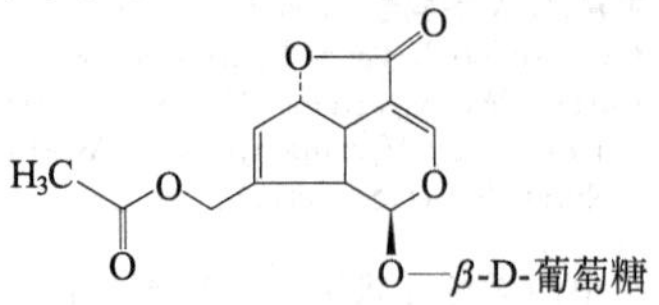

O—β-D-葡萄糖

Aspidin 绵马碱 01152

[584-28-1] $C_{25}H_{32}O_8$ 460.52

成分 C 65.20%，H 7.00%，O 27.79%。

别名 绵马素；鳞毛蕨素；2-[2,6-Dihydroxy-4-methoxy-3-methyl-5-(1-oxobutyl)phenyl]methyl-3,5-dihydroxy-4,4-dimethyl-6-(1-oxobutyl)-2，5-cyclohexadien-1-one；3′-(5-Butyryl-2,4-dihydroxy-3，3-dimethyl-6-oxo-1,4-cyclohexadien-1-yl) methyl-2′，4′-dihydroxy-6′-methoxy-5′-methylbutyrophenone；Polystichin

M. I. 15,836

性状 来自乙醇中的无色结晶。溶于乙醚、苯、氯仿、较多地溶于石油醚，略微溶于甲醇、乙醇、丙酮。mp 124～125℃。uv max（环己烷中）：230nm，290nm（ε 25500，21300）。

主要用途 生化研究。医用驱肠绦虫剂。

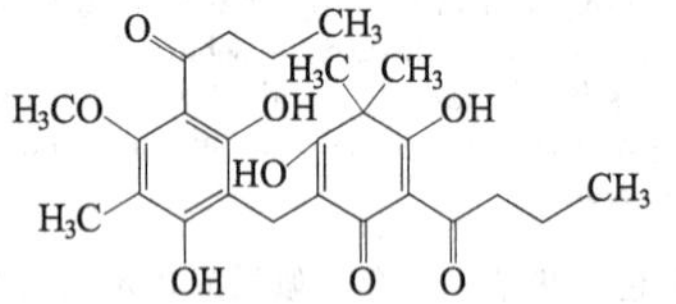

Aspidinol 绵马酚 01153

[519-40-4] $C_{12}H_{16}O_4$ 224.25

成分 C 64.27%，H 7.19%，O 28.54%。

别名 三叉蕨酚；绵马醇；4-丁酰基-3,5-二羟基-1-甲氧基-2-甲基苯；1-(2,6-二羟基-4-甲氧基-3-甲基苯基)-1-丁酮；1-(2,6-Dihydroxy-4-methoxy-3-methylphenyl)-1-butanone；2′，6′-Dihydroxy-4′-methoxy-3′-methyl-1-butyrophenone；4-Butyryl-2-methylphloroglucinol 1-methyl ether；4-Butyryl-3,5-dihydroxy-1-methoxy-2-methylbenzene

M. I. 15,837

性状 来自苯中的无色针状或棱柱体结晶。易溶于乙醇、乙醚、氯仿、丙酮，略微溶于水、苯，比假绵马酚较少地溶于石油醚。溶于氢氧化钠溶液，不溶于碳酸钠溶液。mp 156～161℃。

主要用途 生化研究。医用驱肠绦虫剂。

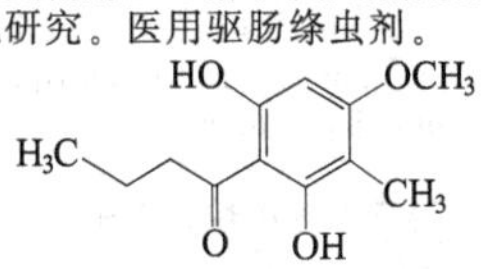

Aspidospermine 白坚木碱 01154

[466-49-9] $C_{22}H_{30}N_2O_2$ 354.49

成分 C 74.54%，H 8.53%，N 7.90%，O 9.03%。

别名 1-Acetyl-17-methoxyaspidospermidine

M. I. 15,840

性状 来自乙醇中的无色针状或棱柱体结晶。或来自石油醚中的无色针状结晶。1g 该品溶于 60mL 水、50mL 乙醇、100mL 乙醚，亦溶于苯、氯仿、石油醚。mp 208；180℃升华；bp_2 220℃/266.6Pa；$[\alpha]_D^{15}$ −100.2°（乙醇中）；$[\alpha]_D$ −93°（氯仿中）；uv max（甲醇中）：218nm，255nm，280～290nm（lgε 4.52，4.04，3.53～3.40）。LD_{50} 小鼠腹膜内注射：40mg/kg。

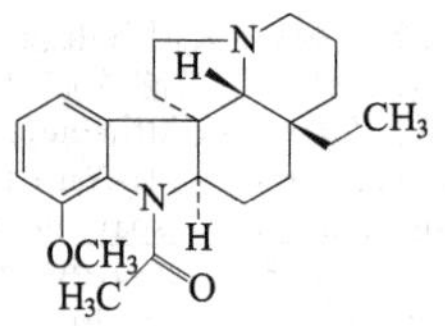

Aspoxicillin 阿扑西林 01155

[63358-49-6] $C_{21}H_{27}N_5O_7S$ 493.54

成分 C 51.11%，H 5.51%，N 14.19%，O 22.69%，S 6.50%。

别名 (2*R*)-*N*-Methyl-D-asparaginyl-*N*-[(2*S*,5*R*,6*R*)-2-carboxy-3,3-dimethyl-7-oxo-4-thia-1-azabicyclo [3.2.0] hept-6-yl]-D-2-(4-hydroxyphenyl) glycinamide；6-[D-2-(D-2-Amino-3-*N*-methylcarbamoylpropionamido)-2-*p*-hydroxcyphenylacetamido] penicillanic acid；(2*S*,5*R*,6*R*)-6-[(2*R*)-2-[(2*R*)-2-Amino-3-(methylcarbamoyl) propionamido]-2-(*p*-hydroxyphenyl)acetamido]-3,3-dimethyl-7-oxo-4-thia-1-azabicyclo[3.2.0]heptane-2-carboxylic acid；N^4-Methyl-D-asparaginylamoxicillin；ASPC；TA-058；Doyle

M. I. 15,842

性状 无色结晶性粉末。mp 195～198℃（分解）。

主要用途 医用抗菌剂。

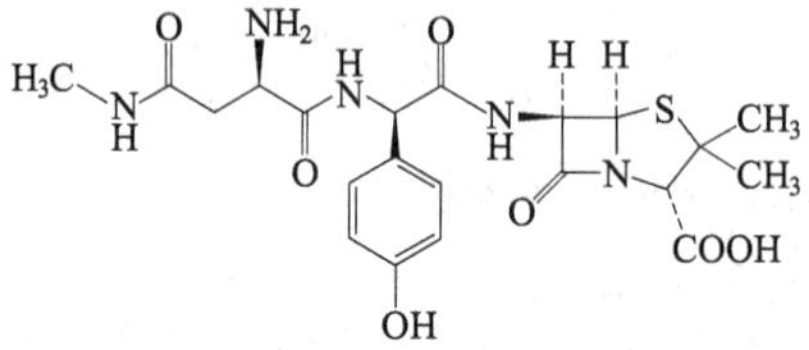

Astaxanthin 虾青素 01156

[472-61-7] $C_{40}H_{52}O_4$ 596.85

成分 C 80.50%，H 8.78%，O 10.72%。

别名 3,3′-Dihydroxy-β,β-carotene-4,4′-dione；3,3′-Dihydroxy-4,4′-diketo-β-carotene；Ovoester

M. I. 15，845

性状 来自二氯甲烷/甲醇中的暗紫色结晶。易溶于吡啶。mp 223～225℃。uv max：492nm（氯仿中）。生化试剂含量≥98.0%。

主要用途 生化研究。有效的抗氧化剂。

注意事项 该品密封于−20℃保存。

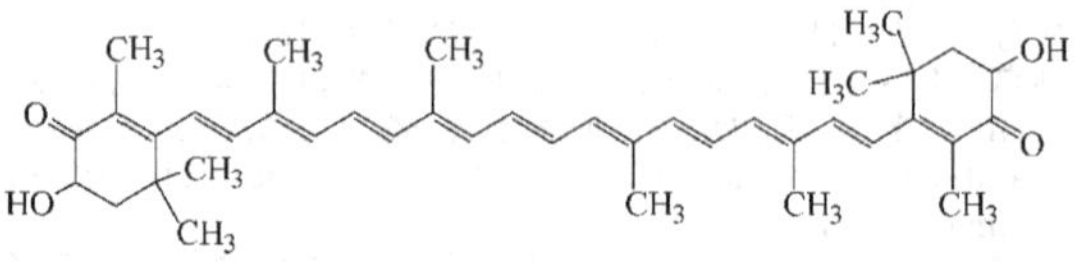

Astemizole 阿斯咪唑 01157

[68844-77-9] $C_{28}H_{31}FN_4O$ 458.58

成分 C 73.34%，H 6.81%，F 4.14%，N 12.22%，O 3.49%。

别名 息斯敏；1-(4-Fluorophenyl)methyl-*N*-[1-[2-(4-methoxyphenyl) ethyl]-4-piperidinyl]-1*H*-benzimidazol-2-amine；1-(*p*-Fluorobenzyl)-2-[[1-(*p*-methoxyphenethyl)-4-piperidyl]amino] benzimidazole；K-43512；Astemisan；Hismanal；Histamen；Histaminos；Histazol；Kelp；Laridal；Metodik；Novo-Nastizol A；Paralergin；Retolen；Waruzol

M. I. 15,846

性状 来自2,2′-氧双丙烷中的无色结晶。易溶于有机溶剂，几乎不溶于水。mp 172.9℃；uv max(乙醇中)：219nm，249nm，286nm(ε 27250.229，6480.293，8634.280)；(于 0.1mol/L 盐酸中)：209nm，277nm(ε 57889.908，18073.394)。

主要用途 医用抗组胺剂。

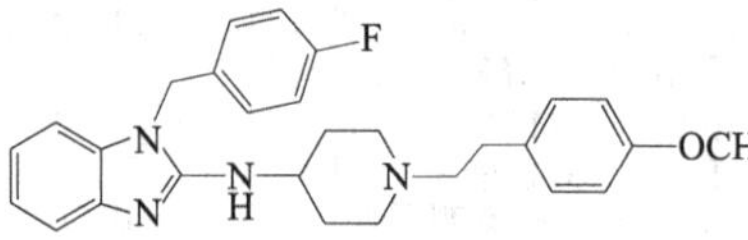

Asulam 黄草灵 01158

[3337-71-1] $C_8H_{10}N_2O_4S$ 230.24

成分 C 41.73%,H 4.38%,N 12.17%,O 27.80%,S 13.93%。

别名 [(4-Aminophenyl)sulfonyl]carbamic acid methyl ester;N^1-Methoxycarbonylsulfanilamide;Sulfanilylcarbamic acid methyl ester; Methyl *p*-aminobenenesulfonylcarbamate; M & B9057;Asulox

M. I. 15,847

性状 白色结晶。溶于水（0.5%）、烃类（<2%）、氯化烃类（<2%）、丙酮（34%）、甲醇（28%）。pK_a 4.82。mp 143～144℃（分解）。LD_{50}（mg/kg）大鼠，小鼠，狗，兔急性经口：>5000，>5000，>5000，>2000；大鼠皮肤接触：>1200。

主要用途 除草剂。

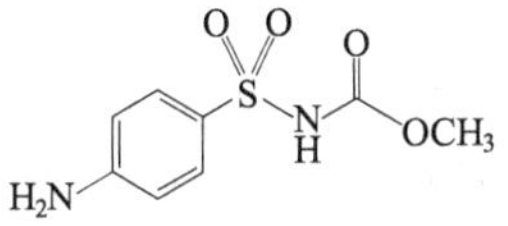

Atenolol 氨酰心安 01159

[29122-68-7] $C_{14}H_{22}N_2O_3$ 266.34

成分 C 63.13%，H 8.33%，N 10.52%，O 18.02%。

别名 2-[对(2-羟基-3-(异丙氨基)-丙氧基)苯基]乙酰胺；4-[2-羟基-3-[(1-甲基乙基)氨基]丙氧基]苯乙酰胺；Atehexal;Ateno basan;Atenol;1-*p*-Carbamoylmethylphenoxy-3-isopropylamino-2-propanol；Cuxanorm；2-[*p*-[2-Hydroxy-3-(isopropylamino) propoxy] phenyl] acetamide；4-[2-Hydroxy-3-[(1-methylethyl) amino] propoxy] benzeneacetamide；Ibinolo；ICI-66082；Mycocord；Prenormine；Seles Beta；Selobloc；Teno-basan；Tenoblock；Tenormin；Uniloc

M. I. 15,850

性状 来自乙酸乙酯中的无色结晶或粉末。易溶于甲醇，溶于乙酸、二甲基亚砜，中等程度溶于96%乙醇，微溶于水、异丙醇，极微溶于丙酮、二氧六环，几乎不溶于乙腈、乙酸乙酯、氯仿。pK_a 9.6；mp 150～152℃；uv max(甲醇中)(nm):225,275,283。LD_{50}(mg/kg)小鼠，大鼠急性经口：2000,3000；静脉注射：98.7,59.24。生化试剂含量≥98.0%(TLC)。

注意事项 该品口服有害。使用时应避免吸入本品的粉尘，避免与眼睛及皮肤接触。

主要用途 生化研究。医用抗高血压、心绞痛剂。分析用标准物质。

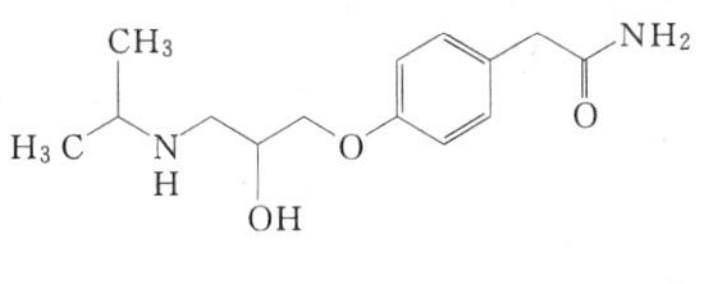

Atevirdine 阿替维定 01160

[136816-75-6] $C_{21}H_{25}N_5O_2$ 379.45

成分 C 66.47%,H 6.64%,N 18.46%,O 8.43%。

别名 阿替韦啶;阿的维定;1-(3-Ethylamino-2-pyridinyl)-4-[(5-methoxy-1*H*-indol-2-yl) carbonyl] piperazine; *N*-Ethyl-2-[4-(5-methoxy-1*H*-indol-2-ylcarbonyl)-1-piperazinyl]-3-pyridinamine; 1-(5-Methoxyindolyl-2-carbonyl)-4-(3-ethylamino-2-pyridinyl) piperazine;U-87201

性状 无色或白色结晶或粉末。mp 153～154℃。

主要用途 医用抗病毒剂。

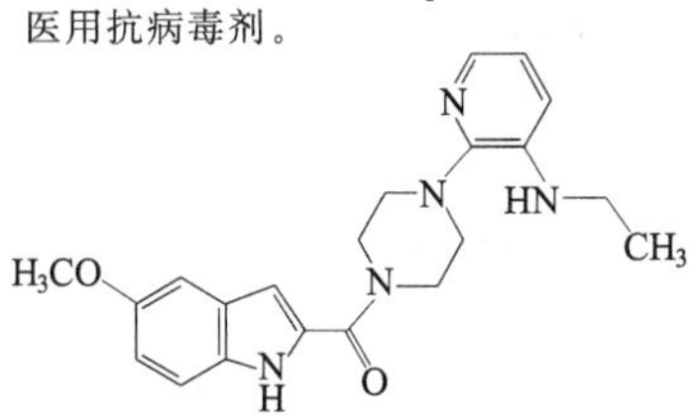

Atipamezole hydrochloride 阿替美唑 盐酸盐 01161

[104075-48-1] $C_{14}H_{17}ClN_2$ 248.75

成分 C 67.60%，H 6.89%，Cl 14.25%，N 11.26%。

别名 盐酸阿替美唑；Antisedan;MPV-1248;4-(2-Ethyl-2,3-dihydro-1*H*-inden-2-yl)-1*H*-imidazole hydrochloride；4(5)-(2-Ethyl-2-indanyl)imidazole hydrochloride

M. I. 15,852

性状 无色结晶。mp 211～215℃。LD_{50}雄，雌大鼠皮下注射：>50mg/kg，44mg/kg。

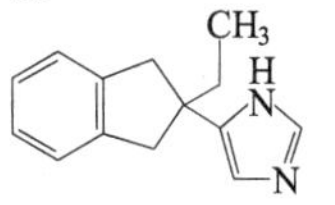

Atovaquone 阿托伐醌 01162

[95233-18-4] $C_{22}H_{19}ClO_3$ 366.84

成分 C 72.03%，H 5.22%，Cl 9.66%，O 13.08%。

别名 2-[反式-4-(4-氯苯基)环己基]-3-羟基-1,4-萘二酮;反式-2-[4-(4-氯苯基)环己基]-3-羟基-1,4-萘醌;阿托喹酮;2-[*trans*-4-(4-Chlorophenyl) cyciohexyl]-3-hydroxy-1, 4-naphthaienedione；*trans*-2-[4-(4-Chlorophenyl) cyclohexyl]-3-hydroxy-1,4-naphthoquinone;566C80;BW-566C;BW-566C-80;Mepron;Wellvone

M. I. 15,857

性状 来自乙腈中的无色结晶。易溶于*N*-甲基-2-吡咯烷酮、四氢呋喃，溶于氯仿，略溶于丙酮、己二酸二丁酯、二甲基亚砜、聚乙二醇400，微溶于乙醇、乙酸乙酯、甘油、1,3-丁二醇、辛醇、聚乙二醇200，极微溶于0.1mol/L氢氧化钠溶液，不溶于水。mp 216～219℃。生化试剂含量≥98.0%。

注意事项 该品对水生物极毒。能对水环境产生长期不良的影响。应防止将本品释放于环境中。其包装物应按危险品处理。

主要用途 医用抗肺囊虫剂。

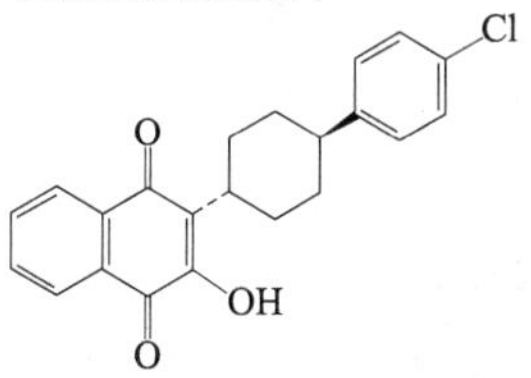

Atractyloside potassium salt 苍术苷钾盐 01163

[17754-44-8] [102130-43-8] $C_{30}H_{44}K_2O_{16}S_2$ 802.98

成分 C 44.87%，H 5.52%，K 9.74%，O 31.88%，S 7.99%。

别名 (2β,4α,15α)-15-Hydroxy-2-[[2-*O*-(3-methyl-1-oxobutyl)-3,4-di-*O*-sulfo-β-D-glucopyranosyl] oxy]-19-norkaur-16-en-18-oic acid dipotassium salt;Potassium atractylate;Atractylin

M. I. 15，858

性状 无色结晶。溶于水（20mg/mL）。174℃分解。$[\alpha]_D^{20}$ −53°（于水中）。LD_{50}大鼠肌肉注射：431mg/kg。生化试剂含量≥98.0%（TLC）。

主要用途 生化研究。

注意事项 该品吸入、口服或皮肤接触有毒。使用时应穿适当的防护服和戴手套。使用时如有事故发生或有不适之感，应请医生诊治。

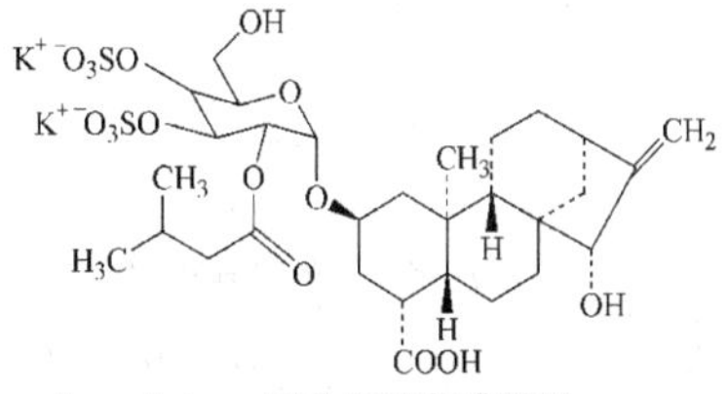

Atracurium besylate 阿曲库铵苯磺酸盐 01164

[64228-81-5] $C_{65}H_{82}N_2O_{18}S_2$ 1243.49

成分 C 62.78%，H 6.65%，N 2.25%，O 23.16%，S 5.16%。

别名 卡肌宁；阿曲可宁；妥开利；苯磺酸阿曲库铵；苯磺酸阿特拉嗪；2,2′-[1,5-Pentanediyibis[oxy(3-oxo-3,1-propanediyl)]]-bis

[1-(3,4-dimethoxyphenyl)methyl-1,2,3,4-tetrahydro-6,7-dimethoxy-2-methylisoquinolinium]dibenzenesulfonate; 2-(2-carboxycthyl)-1,2,3,4-tetrahydro-6,7-dimethoxy-2-methyl-1-veratrylisoquinolinium benzenesulfonate pentamethylene ester; *N*,*N'*-Dimethyl-*N*,*N'*-(4,10-dioxa-3,11-dioxotridecylene)-1,13-bistetrahydropapaverinium dibesylate; BW-33A; Wellcome 33-A-74; Tracrium

M. I. 15,859

性状 近白色粉末。60℃以上软化。mp 85～90℃。

主要用途 医用、兽用神经肌肉麻醉剂。

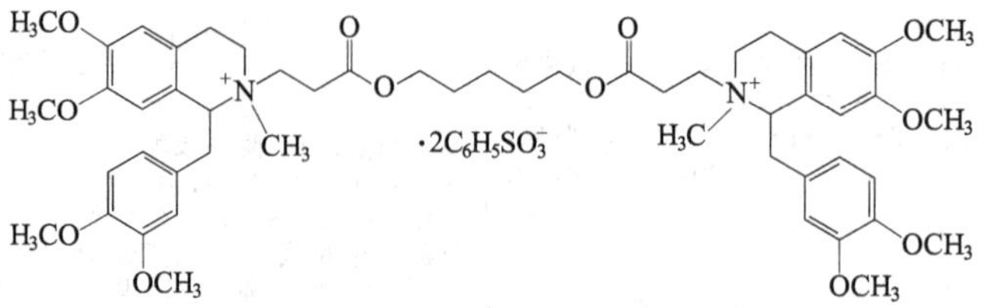

Atranorin 巴美灵 01165

[479-20-9] $C_{19}H_{18}O_8$ 374.35

成分 C 60.96%，H 4.85%，O 34.19%。

别名 黑茶渍素；Parmelin；3-Formyl-2,4-dihydroxy-6-methylbenzoic acid 3-hydroxy-4-methoxycarbonyl-2,5-dimethylphenyl ester；Atranoric acid

M. I. 15,860

性状 来自氯仿中的无色结晶或结晶性粉末。味苦。几乎不溶于水，微溶于乙醇，溶于沸苯、氯仿。在碱溶液中呈黄色。mp 195℃。

主要用途 抗微生物、细菌。

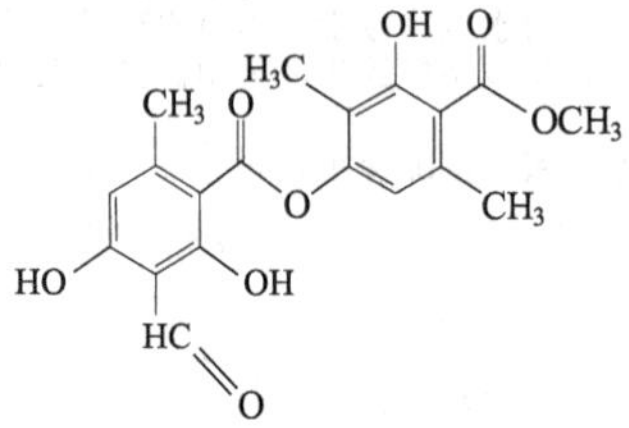

Atrazine 阿特拉津 01166

[1912-24-9] $C_8H_{14}ClN_5$ 215.69

成分 C 44.55%，H 6.54%，Cl 16.44%，N 32.47%。

别名 2-乙氨基-4-氯-6-异丙胺-1,3,5-三氮杂苯；莠去津；莠草津；2-氯-4-乙氨基-6-异丙氨基均三氮苯；AAtrex；6-Chloro-*N*-ethyl-*N'*-(1-methylethyl)-1,3,5-triazine-2,4-diamine；2-Ethylamino-4-chloro-6-isopropylamino-1,3,5-triazine；Gesaprim；Primatol A；2-Chloro-4-ethylamino-6-isopropylamine-*s*-triazine；G-30027；Atranex

M. I. 15,862

性状 无色结晶。在微酸或微碱的介质中稳定。但能被碱或矿物酸水解为不活泼的氢氧化衍生物。该品25℃时溶解度为：水 70×10^{-6}，乙醚 12000×10^{-6}，氯仿 52000×10^{-6}，甲醇 18000×10^{-6}。mp 171～174℃。LD_{50} 小鼠急性经口：1.75g/kg。

注意事项 该品接触皮肤能引起过敏。长期曝露或口服有害。对水生物极毒。能对水环境引起不利的结果。使用时应穿适当的防护服和戴手套。应防止将本品释放于环境中。其包装物应按危险品处理。

主要用途 分析用标准物（选择性除草剂）。

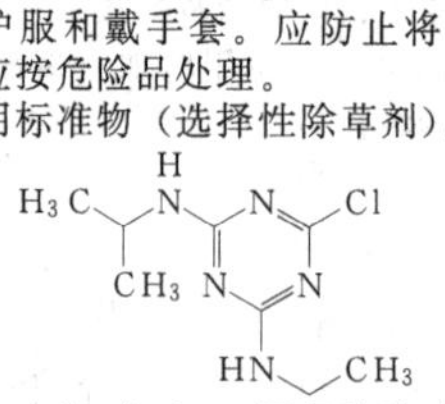

Atrolactic acid hemihydrate 阿卓乳酸 半水 01167

[515-30-0] $C_9H_{10}O_3\cdot\frac{1}{2}H_2O$ 175.18

成分（以无水物计） C 65.05%，H 6.07%，O 28.88%。

别名 半水合阿卓乳酸；2-苯基乳酸；2-苯基-2-羟基丙酸；2-羟基-2-苯基丙酸；Atrolactinic acid；2-Hydroxy-2-phenylpropionic acid；2-Phenyllactic acid；α-Hydroxy-α-methylbenzeneacetic acid；α-Hydroxy-α-phenylpropionic acid；α-Methylmandelic acid；2-Phenyl-2-hydroxypropionic acid；2-Phenyllactic acid

M. I. 15,864

性状 来自水中的无色或白色斜方结晶。溶于水（30℃，25.65g/L；25℃，21.17g/L；18℃，17.04g/L），较多地溶于沸水，微溶于石油醚。pK_a（25℃）：3.467；mp 88～90℃（75℃软化）。一般试剂含量≥98.0%（T）。

主要用途 有机合成。

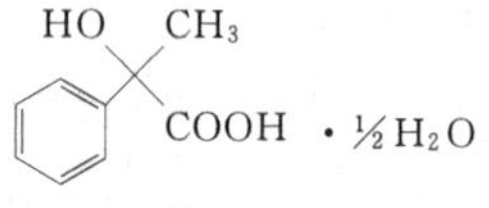

Atropic acid 阿托酸 01168

[492-38-6] $C_9H_8O_2$ 148.16

成分 C 72.96%，H 5.44%，O 21.60%。

别名 去水莨菪酸；α-苯基丙烯酸；α-Methylenebenzene acetic acid；α-Phenylacrylic acid

M. I. 15，865

性状 无色平片或针状结晶。能随水蒸气挥发。溶于790份水，溶于乙醇、苯、氯仿、乙醚、二硫化碳。mp 106～107℃；bp 约267℃（部分分解）。

注意事项 该品能对黏膜、皮肤引起过敏。

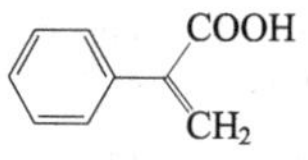

Atropine 阿托品 01169

[51-55-8] $C_{17}H_{23}NO_3$ 289.38

成分 C 70.56%，H 8.01%，N 4.84%，O 16.59%。

别名 颠茄碱；α-(Hydroxymethyl)benzeneacetic acid (3-*endo*)-8-methyl-8-azabicyclo[3.2.1]oct-3-yl ester；*endo*-(±)-α-(Hydroxymethyl) benzeneacetic acid 8-methyl-8-azabicyclo[3.2.1]oct-3-yl ester；*dl*-Hyoscyamine；1α*H*，5α*H*-Tropan-3α-ol (±)-tropate(ester)；Tropic acid ester with tropine；Tropine tropate；*dl*-Tropyl tropate；*dl*-Tropic acid tropin ester

M. I. 15,866

性状 来自丙酮中的无色或白色长的斜方棱柱体结晶。1g该品溶于455mL水、90mL 80℃水、2mL乙醇、1.2mL（60℃）乙醇、27mL甘油、25mL乙醚、1mL氯仿，亦溶于苯、稀酸。p*K* 4.35；mp 114～116℃。LD_{50}大鼠急性经口：750mg/kg。一般试剂含量≥95.0%（NT）。

注意事项 该品吸入或口服极毒。使用时应避免与眼睛接触。使用时如有事故发生或有不适之感，应请医生诊治。应充氩气密封避光保存。

主要用途 检测金的试剂。医用解痉剂，前驱麻醉剂及有机磷杀虫剂的解毒剂。

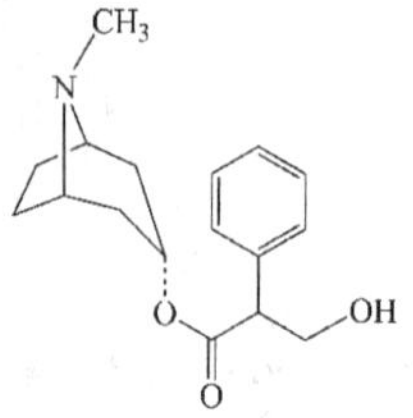

Atropine sulfate monohydrate　阿托品 硫酸盐 一水 01170
[5908-99-6]　[55-48-1](无水物)　$(C_{17}H_{23}NO_3)_2\cdot H_2SO_4\cdot H_2O$　694.84
别名　一水合硫酸阿托品;硫酸阿托品 一水;Atropisol;Atropt
M. I. 15,866
性状　白色粉末或颗粒。味极苦。1g 该品溶于 0.4mL 水、5mL 乙醇、2.5mL 沸乙醇、2.5mL 甘油、420mL 氯仿、3000mL 乙醚。pH 值约 5.4。mp 190～194℃。LD_{50}大鼠急性经口：622mg/kg。一般试剂含量≥98.0%（NT）。
主要用途　生化研究。医用抗胆碱剂、散瞳剂。
注意事项　该品吸入或口服极毒。使用时应避免吸入本品的粉尘及蒸气。使用时如有事故发生或有不适之感，应请医生诊治。应充氩气密封避光干燥保存。

Aucubin　珊瑚木苷 01171
[479-98-1]　$C_{15}H_{22}O_9$　346.33
成分　C 52.02%，H 6.40%，O 41.58%。
别名　桃叶珊瑚苷；[1*S*-(1α,4aα,5α,7aα)]-1-4a,5,7a-Tetrahydro-5-hydroxy-7-(hydroxymethyl) cyclopenta-[*c*] pyran-1-yl-β-D-glucopyranoside;Rhinanthin;Aucuboside
M. I. 15,868
性状　来自乙醇＋乙醚中的无色结晶。溶于水、乙醇、甲醇，几乎不溶于氯仿、乙醚、石油醚。mp 181℃；$[\alpha]_D^{21}$ －163.1°（c＝1.6）。一般试剂含量≥99.0%（HPLC）。
注意事项　该品应充氩气密封保存。

Auramine monohydrate　金胺 一水 01172
[2465-27-2]　$C_{17}H_{22}ClN_3\cdot H_2O$　321.84
成分（以无水物计）　C 67.20%，H 7.30%，Cl 11.67%，N 13.83%。
别名　双(二甲氨基苯基)代甲亚胺 盐酸盐;双二甲氨联苯基代甲亚胺 盐酸盐;金胺 O;金丝雀黄;浓单宁黄;碱性黄 2;碱性槐黄;盐基淡黄;Aminotetramethyldiaminodiphenylmethane hydrochloride;Auramine O;Basic yellow 2;Canary yellow;4,4′-(Imidocarbonyl)bis(*N*,*N*-dimethylaniline) monohydrochloride;Pyoctaninum auranum;Pyoktanium yellow
C. I. 41000
性状　金黄色粉末。溶于乙醇，溶液呈黄色。微溶于冷水，溶液呈亮黄色。煮沸易分解。难溶于乙醚。mp 172～173℃。一般试剂含量≥80.0%。
注意事项　该品口服有害。与皮肤接触有毒。对机体有不可逆损伤的可能性。使用时应穿适当的防护服和戴手套。使用时应避免吸入本品的粉尘。使用时如有事故发生或有不适之感，应请医生诊治。应密封避光于干燥处保存。
主要用途　生物染色剂，用于抗酸性细菌的荧光染色、蝾螈的活体染色和植物组织染色。

Auranofin　金诺芬 01173
[34031-32-8]　$C_{20}H_{34}AuO_9PS$　678.48
成分　C 35.41%，H 5.05%，Au 29.03%，O 21.22%，P 4.57%，S 4.73%。
别名　立达金；金兰诺芬；金葡芬；醋硫葡金；(1-Thio-β-D-giucopyranose-2,3,4,6-tetraacetato-*S*)(triethylphosphine)gold;(2,3,4,6-Tetra-*O*-acetyl-1-thio-β-D-glucopyranosato-*S*)(triethylphosphine)-gold;(1-Thio-β-D-glucopyranosato)(triethylphosphine)gold 2,3,4,6-tetraacetate;SKF-39162;Crisinor;Crisofln;Ridaura;Ridauran
M. I. 15,869
性状　白色结晶性粉末。无气味。对光、热不稳定。溶于乙醇，极微溶于水。mp 112～115℃。LD_{50}大鼠，小鼠急性经口：265mg/kg，310mg/kg
主要用途　医用抗风湿剂。消炎镇痛剂。

Aurodox　奥迪霉素 01174
[12704-90-4]　$C_{44}H_{62}N_2O_{12}$　810.98
成分　C 65.17%，H 7.71%，N 3.45%，O 23.67%。
别名　甲基莫西霉素；(α*S*,2*R*,3*R*,4*R*,6*S*)-*N*-[(2*E*,4*E*,6*S*,7*R*)-7-[(2*S*,3*S*,4*R*,5*R*)-5-[(1*E*,3*E*,5*E*)-7-(1,2-Dihydro-4-hydroxy-1-methyl-2-oxo-3-pyridinyl)-6-methyl-7-oxo-1,3,5-heptatrien-1-yl]-tetrahydro-3,4-dihydroxy-2-furanyl]-6-methoxy-5-methyl-2,4-octadien-1-yl]-α-ethyltetrahydro-2,3,4-trihydroxy-5,5-dimethyl-6-(1*E*,3*Z*)-1,3-pentadien-1-yl-2*H*-pyran-2-acetamide;1-methylmocimycin;antibiotic X-5108;goldinodox;goldinomycin;X-5108
M. I. 15,873
性状　黄色无定形固体。呈弱酸性。溶于甲醇、乙酸、乙酯、氯仿、丙酮、二氯甲烷，不溶于水。在酸或碱溶液中不稳定。pK_a 6.1。LD_{50}小鼠皮下注射：＞1000mg/kg；急性经口＞4000mg/kg。
主要用途　家禽生长促进剂。

Aurothioglucose　亚金基硫代葡萄糖 01175
[12192-57-3]　$C_6H_{11}AuO_5S$　392.18
成分　C 18.38%，H 2.83%，Au 50.22%，O 20.40%，S 8.17%。
别名　硫代葡萄糖金；Aureotan；(1-D-Glucosylthio)gold；Gold thioglucose；Solganal；(1-Thio-D-glucopyranosato-*O*2,*S*1)gold
M. I. 15,874
性状　浅黄色结晶或粉末。微有硫醇气味。溶于水并分解。微溶于丙二醇，几乎不溶于丙酮、乙醇、氯仿、乙醚。生化试剂含量≥95.0%。
注意事项　该品吸入、口服或与皮肤接触有毒。对机体有十分严重的不可逆损伤的危险。使用时应穿防护服，戴手套和防护镜或面罩。使用时如有事故发生或有不适之感，应请医生诊治。应密封干燥保存。
主要用途　生化研究。医用抗风湿剂。

Avobenzone　阿伏苯宗 01176
[70356-09-1]　$C_{20}H_{22}O_3$　310.39
成分　C 77.39%，H 7.14%，O 15.46%。
别名　1-[4-(1,1-二甲基乙基)苯基]-3-(4-甲氧基苯基)-1,3-丙二酮;4-叔丁基-4′-甲氧基二苯甲酰甲烷;亚佛苯酮;1-[4-(1,1-Dimethylethyl)phenyl]-3-(4-methoxyphenyl)-1,3-propanedione; Butyl methoxydibenzoylmethane; 4-*tert*-Butyl-4′-methoxydibenzoylmethane;Parsol 1789
M. I. 15,881
性状　来自甲醇中的无色结晶。mp 83.5℃。
注意事项　该品对水生物极毒。能对水环境产生长期不良的影响。应防止将本品释放于环境中。其包装物应按危险品处理。

主要用途 医用紫外线的屏蔽。防晒剂。

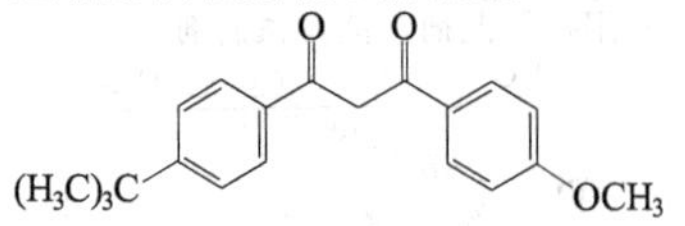

8-Azaadenine 8-氮腺嘌呤 01177

[1123-54-2] $C_4H_4N_6$ 136.11

成分 C 35.3%，H 2.96%，N 61.74%。

别名 8-氮杂腺嘌呤；8-氮杂-6-氨基嘌呤；6-氨基-8-氮杂嘌呤；8-氮腺素；6-Amino-8-azapurine；8-Aza-6-aminopurine

性状 白色粉末。微溶于水。mp ≥300℃。生化试剂含量≥99.0%。

注意事项 使用时应避免与眼睛及皮肤接触。应充氩气密封于 2～8℃保存。

主要用途 生化研究。植物生长抑制剂。嘌呤对抗物。

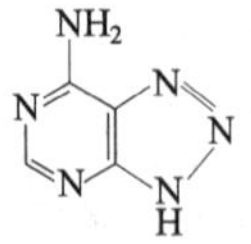

Azacitidine 阿扎胞苷 01178

[320-67-2] $C_8H_{12}N_4O_5$ 244.21

成分 C 39.35%，H 4.95%，N 22.94%，O 32.76%。

别名 氨基呋喃核糖基三嗪酮；5′-氮杂胞苷；4-Amino-1-β-D-ribofuranosyl-1,3,5-triain-2(1*H*)-one；5-Azacytidine；5-AzaC；Ladakamycin；U-18496；NSC-102816；Mylosar

M.I. 15,884

性状 来自乙醇水溶液中的无色结晶。该品于下列物质中的溶解度(mg/mL)：热水 14；冷水 28；0.1mol/L 盐酸 28；0.1mol/L 氢氧化钠溶液 43；二甲基亚砜 52.7；丙酮 1；氯仿 1；己烷 1。mp 235～237℃(分解)；$[\alpha]_D^{26}+22.4°$(c=1，于水中)；uv max(水中)：241nm(ε 8767)，(0.01mol/L 盐酸中)：249nm(ε 3077)，(0.01mol/L 氢氧化钾溶液中)：223nm(ε 24200)。LD_{50}小鼠腹膜内注射：115.9mg/kg；急性经口 572.3mg/kg。

主要用途 医用抗肿瘤剂。

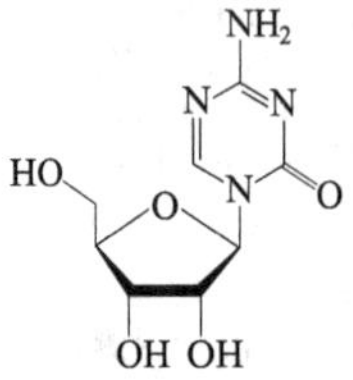

1-Aza-12-crown-4 1-氮杂-12-冠醚-4 01179

[41775-76-2] $C_8H_{17}NO_3$ 175.23

成分 C 54.84%，H 9.78%，N 7.99%，O 27.39%。

别名 1,4,7-三氧杂-10-氮杂环十二烷；1,4,7-Trioxa-10-azacyclododecane

性状 白色粉末。mp 54～58℃；$bp_{0.005}$ 58～62℃/0.667Pa。一般试剂含量≥97.0%(NT)。

注意事项 该品对眼睛、呼吸系统及皮肤有刺激性。使用时应穿适当的防护服。万一接触到眼睛，应立即用大量水冲洗后请医生诊治。应充氩气密封干燥保存。

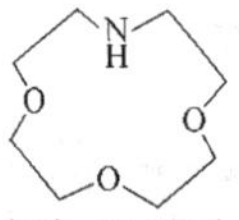

1-Aza-15-crown-5 1-氮杂-15-冠醚-5 01180

[66943-05-3] $C_{10}H_{21}NO_4$ 219.28

成分 C 54.78%，H 9.65%，N 6.39%，O 29.19%。

别名 1,4,7,10-四氧杂-13-氮杂环十五烷；1,4,7,10-Tetraoxa-13-azacyclopentadecane

性状 白色粉末。高温时为液体。易吸潮。mp 36～39℃。一般试剂含量≥98.0%(NT)。

注意事项 见 01179 1-氮杂-12-冠醚-4。

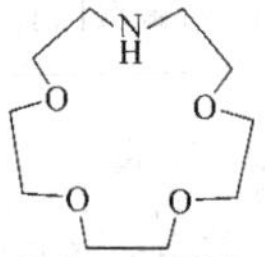

1-Aza-18-crown-6 1-氮杂-18-冠醚-6 01181

[33941-15-0] $C_{12}H_{25}NO_5$ 263.32

成分 C 54.74%，H 9.57%，N 5.32%，O 30.38%。

别名 1,4,7,10,13-五氧杂-16-氮杂环十八烷；1,4,7,10,13-Pentaoxa-16-azacyclooctadecane

性状 无色结晶或白色粉末。mp 51～54℃；Fp 235.4°F(113℃)。一般试剂含量≥98.0%(NT)。

注意事项 见 01179 1-氮杂-12-冠醚-4。

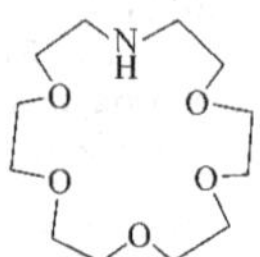

1-Aza-2-cyclooctanone 1-氮杂-2-环辛酮 01182

[673-66-5] $C_7H_{13}NO$ 127.18

成分 C 66.10%，H 10.30%，N 11.01%，O 12.58%。

别名 2-氧七亚甲基亚四胺；2-Azacyclooctanone；2-Azocanone；Enantholactam；Hexahydro-2(1*H*)-azocinone；Oenantholactam；2-Oxo-heptamethyleneimine

性状 无色结晶，高温为无色液体。mp 约 30℃；Fp 235.4℉(113℃)。一般试剂含量≥95.0%(N)，水(H_2O)≤5.0%。

注意事项 该品口服有害。使用时应避免与眼睛及皮肤接触。

5-Azacytidine 5-氮胞苷 01183

[320-67-2] $C_8H_{12}N_4O_5$ 244.20

成分 C 39.35%，H 4.95%，N 22.94%，O 32.76%。

别名 5-氮杂胞苷；5-氮杂胞啶；5-氮杂胞嘧啶核苷；4-Amino-1-(β-D-ribofuranosyl)-1,3,5-triazin-2-(1*H*)-one；Azacitidine；Ladakamycin；Mylosar；U-18496；NSC-102816

性状 无色结晶。mp 228～230℃(分解)；$[\alpha]_D^{25}+39°$(c=1，于水中)；uv max(水中)：241nm(ε 8767)；(0.01mol/L 盐酸中)：249nm(ε 3077)；(0.01mol/L 氢氧化钾溶液中)：223nm(ε 24200)。LD_{50}小鼠急性经口：572.3mg/kg；腹膜内注射：155.9mg/kg(Palm，Kensler)。生化试剂含量≥98.0%(HPLC)。

注意事项 该品口服有害。能致癌。能引起遗传基因的损伤。使用前应得到专门的指导，避免曝露。使用时应穿适当的防护服，戴手套和防护镜或面罩。使用时应避免吸入本品的粉尘。如有事故发生或有不适之感，应请医生诊治。使用时应保持容器干燥。应充氩气密封于 2～8℃干燥保存。

主要用途 生化研究。抗肿瘤剂。

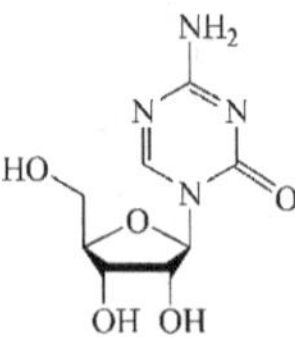

5-Azacytosine 5-氮杂胞嘧啶 01184

[931-86-2] $C_3H_4N_4O$ 112.09

成分 C 32.14%，H 3.60%，N 49.98%，O 14.27%。

别名 4-氨基-1,3,5-三嗪-2-酮；4-Amino-1,3,5-triazin-2(1*H*)-one

性状 无色结晶或白色粉末。mp≥300℃。生化试剂含量≥97.0%(NT)，水(H_2O)约 5.0%。

注意事项 使用时应避免吸入本品的粉尘，避免与眼睛及皮肤接触。

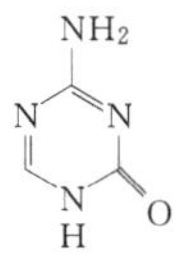

NH2 N N N H O

5-Aza-2′-deoxycytidine　5-氮杂-2′-脱氧胞苷　01185

[2353-33-5]　$C_8H_{12}N_4O_4$　228.21

成分　C 42.11%，H 5.30%，N 24.55%，O 28.04%。

别名　2′-脱氧-5-氮杂胞苷；4-Amino-1-（2-deoxy-*β*-D-ribofuranosyl）-1，3，5-triazin-2（1*H*）-one；Dacogen；Decitabine；2′-Deoxy-5-azacytidine；NSC-127716

M. I. 15，2856

性状　来自甲醇中的无色结晶。对二氧化碳敏感。mp 201～202℃（分解）；$[\alpha]_D^{22}$ +68.5°（30min）→57.8°（6h）（*c*=0.5，于水中）；uv max（pH7）：244 nm（lgε 3.86）。LD_{50}小鼠腹膜内注射 190mg/kg。一般商品含量≥97.0%（HPLC）。

注意事项　该品对眼睛、呼吸系统及皮肤有刺激性。接触皮肤能引起过敏。使用时应穿防护服和戴手套。万一接触到眼睛，应立即用大量水冲洗后请医生诊治。应充氩气密封于－20℃保存。

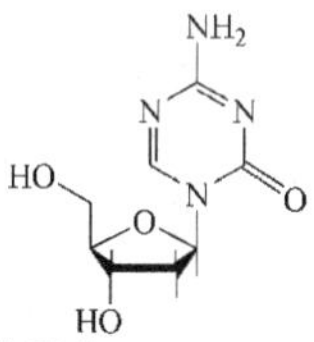

NH2 N N HO N O O HO

Azadirachtin　印苦楝子素　01186

[11141-17-6]　$C_{35}H_{44}O_{16}$　720.72

成分　C 58.33%，H 6.15%，O 35.52%。

别名　印楝素；川楝素；(2a*R*，3*S*，4*S*，4a*R*，5*S*，7a*S*，8*S*，10*R*，10a*S*，10b*R*)-10-(Acetyloxy) octahydro-3，5-dinydroxy-4-methyl-8-[(2*E*)-2-methyl-1-oxo-2-buten-1-yl] oxy-4-[(1a*R*，2*S*，3a*S*，6a*S*，7*S*，7a*S*)-3a，6a，7，7a-tetrahydro-6a-hydroxy-7a-methyl-2，7-methanofuro[2，3-*b*] oxireno[*e*]oxepin-1a(2*H*)-yl]-1*H*，7*H*-naphtho[1，8-*bc*：4，4*a*-*c*′]difuran-5，10a(8H)-dicarboxylic acid 5，10a-dimethylester

M. I. 15，886

性状　来自四氯化碳中的无色微细结晶性粉末。易溶于甲醇、乙醇、丙酮、二甲基亚砜等极性有机溶剂。mp 154～158℃；$[\alpha]_D$－53°（*c*=0.5，于氯仿中）；uv max（甲醇中）：217nm（ε 9100）。一般试剂含量约 95.0%。

注意事项　该品应密封于－20℃保存。

主要用途　实验用昆虫控制剂。杀虫剂。

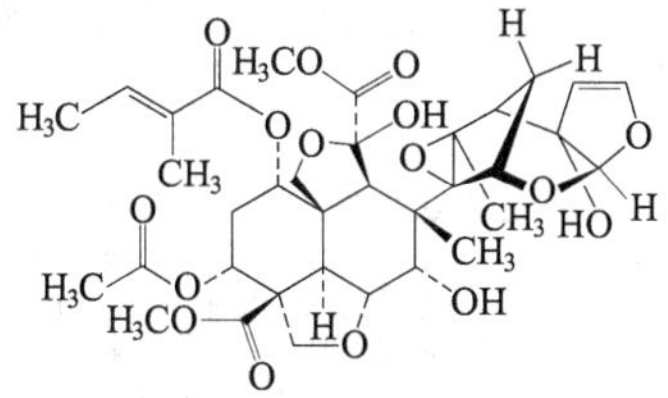

O H3CO O H H3C O OH O CH3 O O CH3 HO H O CH3 H3C O OH H3CO O H O O

Azafenidin　唑啶草酮　01187

[68049-83-2]　$C_{15}H_{13}Cl_2N_3O_2$　338.19

成分　C 53.27%，H 3.87%，Cl 20.97%，N 12.43%，O 9.46%。

别名　2-[2，4-Dichloro-5-(2-propynyloxy)phenyl]-5，6，7，8-tetrahydro-1，2，4-triazolo[4，3-*α*]pyridin-3(2*H*)-one；DPX-R6447；Milestone；Evolus

M. I. 15，887

性状　白色粉末或固体。一般试剂为棕红色固体。水中溶解度（pH7）12mg/L。蒸气压（20℃）：1×10^{-11} mmHg/133.3×10^{-11} Pa。mp 168～168.5℃。LD_{50}大鼠，小鼠，北美鹌鹑，雄野鸭急性经口（mg/kg）：>5000，>5000，>2500，>2500；兔皮肤接触：>2000mg/kg。LC_{50}大鼠，虹鳟鱼，翻车鱼（mg/L）：>5.3，33，48。

主要用途　除草剂。

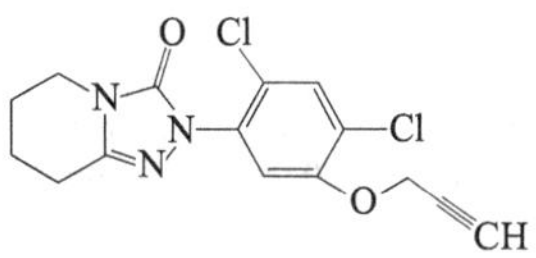

O Cl N N Cl N N O CH

Azafrin　杜鹃红素　01188

[507-61-6]　$C_{27}H_{38}O_4$　426.60

成分　C 76.02%，H 8.98%，O 15.00%。

别名　玄参红素；(5*R*，6*R*)-5，6-Dihydro-5，6-dihydroxy-10′-*apo*-*β*，*ψ*-carotenoic acid；Escobedin；(2*E*，4*E*，6*E*，8*E*，10*E*，12*E*，14*E*)-15-[(1*R*，2*R*)-1，2-Dihydroxy-2，6，6-trimethylcyclohexyl]-4，9，13-trimethyl-2，4，6，8，10，12，14-pentadecaheptenoic acid

M. I. 15，888

性状　来自甲苯中的橙色棱柱体结晶。溶于稀氢氧化钠或碳酸钠溶液，溶于氯仿、乙醇、乙酸、苯，略微溶于乙醚，不溶于水。mp 213℃；$[\alpha]_{6438}^{20}$－75°（*c*=0.28，于乙醇中）；最大吸收值（氯仿中）：458nm，428nm。

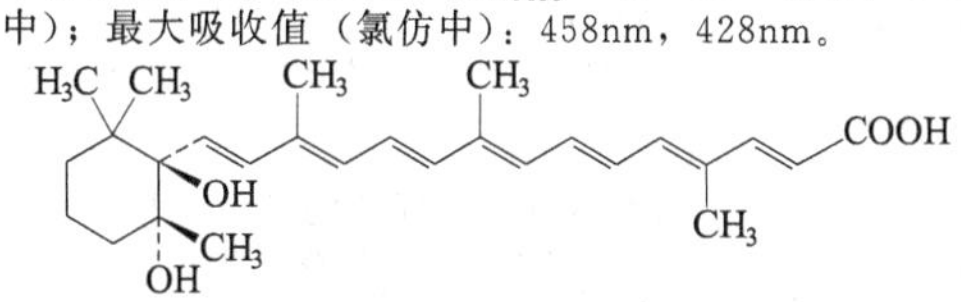

H3C CH3 CH3 CH3 COOH OH CH3 CH3 OH

8-Azaguanine　8-氮鸟嘌呤　01189

[134-58-7]　$C_4H_4N_6O$　152.12

成分　C 31.58%，H 2.65%，N 55.25%，O 10.52%。

别名　2-氨基-6-羟基-8-氮杂嘌呤；癌散；8-氮杂鸟嘌呤；8-AG；5-Amino-1，4-dihydro-7*H*-1，2，3-triazolo[4，5-*d*]pyrimidin-7-one；5-Amino-1，6-dihydro-7*H*-*υ*-triazolo[4，5-*d*] pyrimidin-7-ol；5-Amino-7-hydroxy-1*H*-*υ*-triazolo[*d*] pyrimidine；5-Amino-1*H*-*υ*-triazol[*d*] pyrimidin-7-ol；2-Amino-6-hydroxy-8-azapurine；8-NG；Pathocidin；Guana zolo

M. I. 15，889

性状　来自稀氢氧化钠水溶液中的无色细小针状结晶。溶于稀苛性碱溶液、稀酸，几乎不溶于水、乙醇、乙醚。约300℃熔化并分解。

注意事项　该品口服有害。对眼睛有刺激性。使用时应避免吸入本品的粉尘，避免与眼睛及皮肤接触。应充氩气密封于－20℃保存。

主要用途　生化试剂。嘌呤抗代谢物。

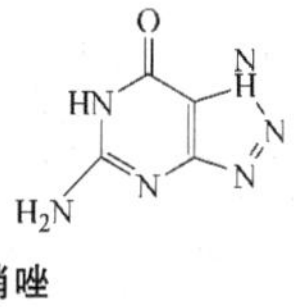

O N HN H N N H2N N N

Azanidazole　阿扎硝唑　01190

[62973-76-6]　$C_{10}H_{10}N_6O_2$　246.23

成分　C 48.78%，H 4.09%，N 34.13%，O 13.00%。

别名　(*E*)-4-[2-(1-Methyl-5-nitro-1*H*-imidazol-2-yl)ethenyl]-2-pyrimidinamine；(*E*)-2-Amino-4-[2-(1-methyl-5-nitroimidazol-2-yl)vinyl]pyrimidine；Nitromidine；F-4；Triciose

M. I. 15，890

性状　亮黄色粉末。无味。溶于二甲基甲酰胺、二甲基亚砜、矿物油及酸类，微溶于二氧六环、丙酮。mp 232～235℃。LD_{50}小鼠，大鼠急性经口：5100mg/kg，7600mg/kg；腹膜内注射：590mg/kg，860mg/kg。

主要用途　医用抗原生物剂（毛滴虫）。

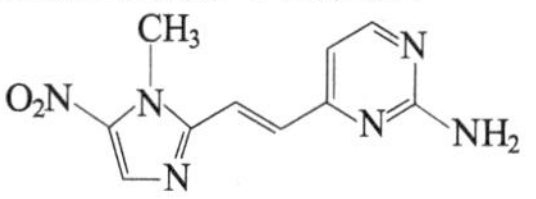

CH3 N O2N N N N NH2 N

Azaperone　氮哌酮　01191

[1649-18-9]　$C_{19}H_{22}FN_3O$　327.40

成分　C 69.70%，H 6.77%，F 5.80%，N 12.83%，O 4.89%。

别名　阿扎哌隆；1-(4-氟苯基)-4-[4-(2-吡啶基)-1-哌嗪基]-

1-丁酮；1-(4-Fluorophenyl)-4-[4-(2-pyridinyl)-1-piperazinyl]-1-butanone；4′-Fluoro-4-[4-(2-pyridyl)-1-piperazinyl] butyrophenone；1-[3-(4-Fluorobenzoyl) propyl]-4-(2-pyridyl)piperazine；R-1929；Stresnil；Suicalm

M. I. 15,891

性状 无色结晶。mp73～75℃。

注意事项 该品中服有害。

主要用途 兽用镇静安眠剂。

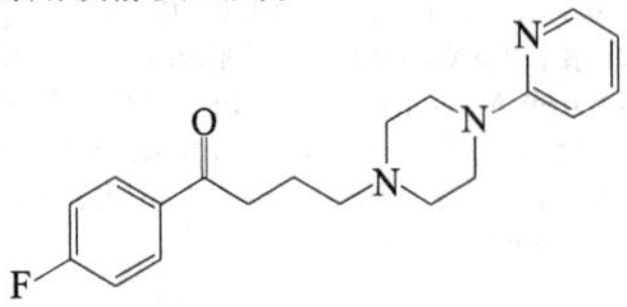

Azaserine 重氮丝氨酸 01192

[115-02-6] $C_5H_7N_3O_4$ 173.13

成分 C 34.69%，H 4.08%，N 24.27%，O 36.96%。

别名 重氮乙酰丝氨酸；*O*-重氮乙酰基 L-丝氨酸；CL-337；CN-15757；*O*-Diazoacetyl-L-serine；P-165-L-Serine diazoacetate(ester)

M. I. 15,892

性状 来自 90%乙醇中的浅黄至绿色的针状结晶。易溶于水，微溶于无水甲醇、无水乙醇、丙酮，但溶于这些溶剂的热水溶液。pK_a 8.55。146～162℃分解。$[\alpha]_D^{27.5}$ −0.5° (c=8.46，于 pH 值 5.18 的水中)；uv max (pH 值 7)：250.5nm ($E_{1cm}^{1\%}$ 1140)；于 0.1mol 氢氧化钠溶液中：252nm ($E_{1cm}^{1\%}$ 1230)。LD_{50}小鼠，大鼠急性经口：150mg/kg，170mg/kg。生化试剂含量≥99.0% (TLC)。

注意事项 该品口服有毒。对机体有不可逆损伤的可能性。使用前应得到专门的指导，避免曝露。使用时应穿适当的防护服，戴手套和防护镜或面罩。使用时如有事故发生或有不适之感，应请医生诊治。应充氩气密封于2～8℃保存。

主要用途 生化研究。医用抗霉剂，抗肿瘤剂。

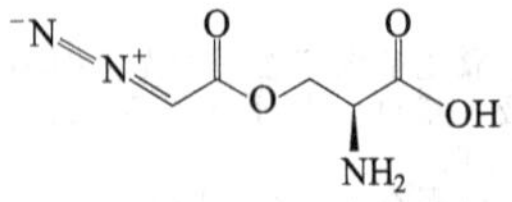

Azasetron hydrochloride 阿扎司琼 盐酸盐 01193

[123040-16-4] $C_{17}H_{21}Cl_2N_3O_3$ 386.27

成分 C 52.86%，H 5.48%，Cl 18.36%，N 10.88%，O 12.42%。

别名 阿扎西隆 盐酸盐；盐酸阿扎司琼，盐酸阿扎西隆；Y-25130；Serotone；*N*-1-Azabicyclo[2.2.2]oct-3′-yl-6-chloro-3,4-dihydro-4-methyl-3-oxo-2*H*-1,4-benzo-xazine-8-carboxamide hydrochloride；(±)-6-Chloro-3,4-dihydro-4-methyl-3-oxo-*N*-(3-quinuclidinyl)-2*H*-1,4-benzoxazine-8-carboxamide hydrochloride；nazasetron hydrochloride

M. I. 15,893

性状 来自乙醇盐酸中的无色结晶，mp 281℃ (分解)；或来自乙醇中的无色结晶，mp 305℃ (分解)。LD_{50}雄，雌大鼠静脉注射：135mg/kg，132mg/kg。

主要用途 医用止吐剂。5-羟色胺受体阻滞剂。

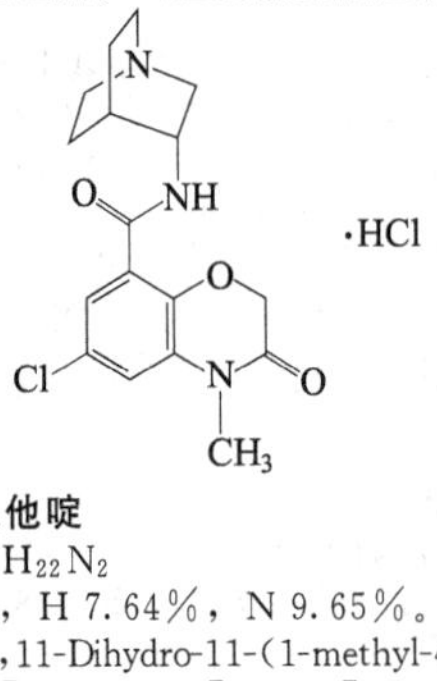

Azatadine 阿扎他啶 01194

[3964-81-6] $C_{20}H_{22}N_2$ 290.41

成分 C 82.72%，H 7.64%，N 9.65%。

别名 氮他定；6,11-Dihydro-11-(1-methyl-4-piperidinylidene)-5*H*-benzo[5,6]cyclohepta[1,2-*b*]pyridine；4-Aza-5-(*N*-methyl-4-piperidinylidene)-10，11-dihydro-5*H*-dibenzo[*a*,*d*]cycloheptene

M. I. 15,894

性状 来自异丙醚中的无色结晶。mp 124～126℃。

主要用途 医用抗组胺剂。

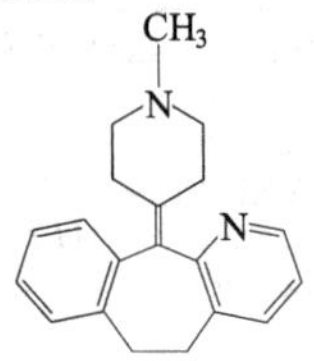

Azathioprine 硫唑嘌呤 01195

[446-86-6] $C_9H_7N_7O_2S$ 277.26

成分 C 38.99%，H 2.54%，N 35.36%，O 11.54%，S 11.56%。

别名 (硝基)咪唑硫嘌呤；Azamune；Azanin；Azathiopurine；Azoran；Azothioprine；BW-57-322；Imuran；Imurek；Imurel；6-(1-Methyl-4-nitro-5-imidazolyl) mercaptopurine；6-(1-Methyl-4-nitro-1*H*-imidazol-5-yl)thio-1*H*-purine；NSC-39084；Zytrim

M. I. 15,895

性状 来自 50%水丙酮中的浅黄色结晶。溶于碱的稀溶液，略微溶于稀无机酸，极微溶于氯仿、乙醇，几乎不溶于水。pK_{a2} 8.2。243～244℃分解；uv max(甲醇中)：276nm(ε 1.82×10^4^)；(0.1mol/L 盐酸中)：280nm(ε 1.73×10^4^)；(0.1mol/L 氢氧化钠溶液中)：285nm(ε 1.55×10^4^)。生化试剂含量≥98.0%。

注意事项 该品口服有害。对眼睛、呼吸系统及皮肤有刺激性。可能致癌。使用前应得到专门的指导，避免曝露。使用时应穿适当的防护服和戴手套。应避免吸入本品的粉尘。万一接触到眼睛，应立即用大量水冲洗后请医生诊治。使用时如有事故发生或有不适之感，应请医生诊治。应密封于−20℃保存。

主要用途 生化研究。免疫抑制剂。医用抗风湿剂。

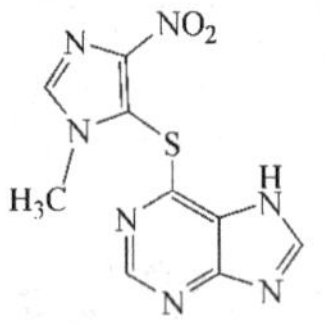

6-Azathymine 6-氮胸腺嘧啶 01196

[932-53-6] $C_4H_5N_3O_2$ 127.10

成分 C 37.80%，H 3.96%，N 33.06%，O 25.18%。

别名 5-甲基-6-氮杂尿嘧啶；5-甲基-6-氮杂呥嘈；6-氮杂胸腺碱；3,5-二羟基-6-甲基-1,2,4-三嗪；6-氮杂胸腺嘧啶；3,5-Dihydroxy-6-methyl-1,2,4-triazine；5-Methyl-6-azauracil；6-Methyl-1,2,4-triazine-3,5-(2*H*,4*H*)-dione

M. I. 15,896

性状 来自水中的无色或白色结晶。溶于水。pK_a 7.6。mp 210～212℃；uv max (0.1mol/L 盐酸中)：261nm (ε 5200)；(0.1mol/L 氢氧化钠溶液中)：246nm (ε 4770)。

注意事项 该品使用时应避免吸入本品的粉尘，避免与眼睛及皮肤接触。应密封于阴凉干燥处保存。

主要用途 生化研究。

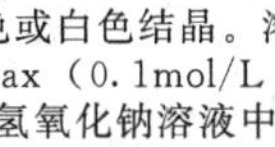

6-Azauracil 6-氮尿嘧啶 01197

[461-89-2] $C_3H_3N_3O_2$ 113.07

成分 C 31.87%，H 2.67%，N 37.16%，O 28.30%。

别名 3,5-二羟基-1,2,4-三氮杂苯；3,5-二羟基-1,2,4-三嗪；氮杂尿间二氮苯；氮杂呥嘈；6-氮-2,4-二羟基嘧啶；6-氮杂尿嘧啶；3,5-Dihydroxy-1,2,4-triazine；2,3,4,5-Tetrahydro-3，5-dioxo-1，2，4-triazine；6-Aza-2，4-dihydroxypyrimidine；1,2,4-Triazine-3,5 (2*H*,4*H*) -dione

性状 白色结晶性粉末。溶于热水，微溶于冷水。mp 275～278℃。生化试剂含量≥98.0% (NT)。

注意事项 该品对眼睛、呼吸系统及皮肤有刺激性。使用时应穿适当的防护服。万一接触到眼睛，应立即用大量水冲洗后请医生诊治。应充氩气密封保存。

主要用途 生化研究。RNA 合成抑制剂。抑菌及抗肿瘤剂。

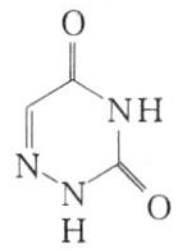

6-Azauridine 6-氮杂尿苷 01198

[54-25-1] $C_8H_{11}N_3O_6$ 245.19

成分 C 39.19%，H 4.52%，N 17.14%，O 39.15%。

别名 6-Azauracil riboside; AzUR; 3,5-Dioxo-2,3,4,5-tetrahydro-1,2,4-triazine riboside; Ribo-Azauracil; 2-*β*-D-Ribofuranosyl-1,2,4-triazine-3,5(2*H*,4*H*)-dione

M. I. 15,897

性状 来自乙醇或乙醚中的无色结晶。p*K* 6.70；mp 160～161℃；$[\alpha]_D^{24}$ −132°（于吡啶中）；uv max（水中）：262nm（ε 6100）。

注意事项 该品吸入、口服或与皮肤接触有害。对机体有不可逆损伤的可能性。使用时应穿适当的防护服。应避免吸入本品的粉尘。应密封于 2～8℃保存

主要用途 生化研究。医用治牛皮癣剂。

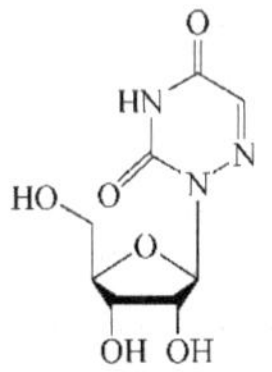

8-Azaxanthine monohydrate 8-氮杂黄嘌呤 一水 01199

[1468-26-4] $C_4H_3N_5O_2 \cdot H_2O$ 171.11

成分（以无水物计） C 31.38%，H 1.98%，N 45.74%，O 20.90%。

别名 2,6-二羧基-8-氮嘌呤；2,6-Dihydroxy-8-azapurine

性状 无色结晶。对空气敏感。生化试剂含量≥98.0%（HPLC）。

注意事项 使用时应避免与眼睛及皮肤接触。应充氩气密封保存。

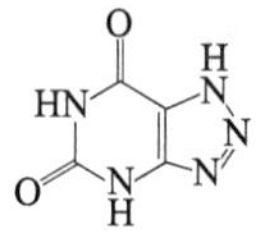

Azelaic acid 壬二酸 01200

[123-99-9] $C_9H_{16}O_4$ 188.22

成分 C 57.43%，H 8.57%，O 34.00%。

别名 杜鹃花酸；Anchoic acid; Azelex; Finaceae; 1,7-Heptanedicarboxylic acid; Lepargylic acid; Nonanedioic acid; Dicarboxylic acid C_9; Skinoren

M. I. 15,898

性状 白色或淡黄色单斜三棱针状结晶。1L 水能溶解该品：1℃，1.0g；20℃，2.4g；50℃，8.2g；65℃，22g。易溶于沸水，溶于乙醇，微溶于乙醚（11℃，18.8g/1000g；15℃，26.8g/1000g）。pK_1（25℃） 4.53；pK_2 5.33。mp 106.5℃；bp_{100} 286.5℃/13.332kPa；bp_{50} 265℃/6.67kPa；bp_{15} 237℃/2kPa；bp_{10} 225℃/1.333kPa；Fp 410℉（210℃）；$d_4^{110.6}$ 1.0291。一般试剂含量≥99.0%（GC）。

注意事项 该品对眼睛、呼吸系统及皮肤有刺激性。使用时应戴手套。万一接触到眼睛，应立即用大量水冲洗后请医生诊治。

主要用途 有机合成。塑料、喷漆、增溶性盐等的制备。医用抗痤疮剂。

Azelastine hydrochloride 氮斯汀 盐酸盐 01201

[79307-93-0] $C_{22}H_{25}Cl_2N_3O$ 418.29

成分 C 63.17%，H 6.01%，Cl 16.95%，N 10.05%，O 3.82%。

别名 盐酸氮斯汀；A-5610; E-0659; W-2979M; Allergodil; Astelin; Azeptin; Optilast; Rhinolast; 4-(4-Chlorophenyl)methyl-2-(hexahydro-1-methyl-1*H*-azepin-4-yl)-1(2*H*)-phthalazinone hydrochloride; 4-(*p*-Chlorobenzyl)-2-(hexahydro-1-methyl-1*H*-azepin-4-yl)-1(2*H*)-phthalazinone hydrochloride; 4-(*p*-Chlorobenzyl)-2-(*N*-methylperhydroazepin-4-yl)-1(2*H*)-phthalazinone hydrochloride

M. I. 15，899

性状 来自乙醇中的无色结晶。mp 225～229℃。LD_{50}（mg/kg）雄、雌小鼠，雄雌大鼠静脉注射：36.5、35.5、26.9、30.3；腹膜内注射：56.4、42.8、43.2、46.6，皮下注射：63.0、54.2、66.5、59.6；急性经口：124、139、310、417。

主要用途 医用抗组胺剂。

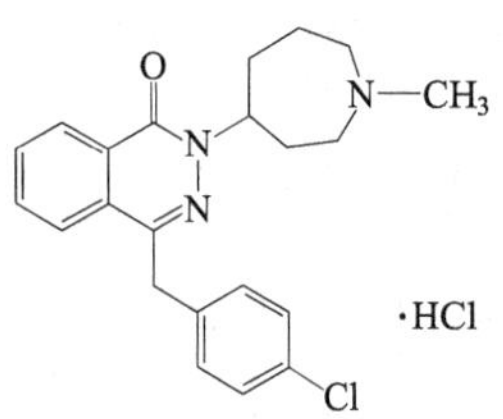

L-Azetidine-2-carboxyltic acid L-吖丁啶-2-羧酸 01202

[2133-34-8] [2517-04-6] $C_4H_7NO_2$ 101.11

成分 C 47.52%，H 6.98%，N 13.85%，O 31.65%。

别名 铃兰氨酸；L-吖丁啶-2-羧酸；L-2-氮杂环丁烷羧酸；(*S*)-(−)-2-吖丁啶羧酸；L-2-Azetidinecarboxylic acid; (*S*)-(−)-2-Azetidinecarboxylic acid; (*S*)-Azetidine-2-car-boxylic acid

M. I. 15，901

性状 来自 95%热甲醇中的无色结晶。在无机酸中不稳定。溶于冷、热水，几乎不溶于无水乙醇。mp 217℃（分解）；$[\alpha]_D^{20}$ −108°（*c*=3.6，于水中）。一般试剂含量≥98.0%（NT）。

注意事项 该品使用时应避免吸入本品的粉尘，避免与眼睛及皮肤接触。应密封保存。

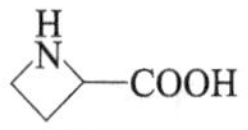

2-Azetidinone 2-吖丁啶酮 1203

[930-21-2] C_3H_5NO 71.08

成分 C 50.69%，H 7.09%，N 19.71%，O 22.51%。

别名 2-氮杂环丁酮；2-Azacyclobutanone; *β*-Propiolactam

性状 无色结晶或白色粉末。mp 74～76℃；bp_{15} 106℃/2kPa。一般试剂含量≥95.0%（GC）。

注意事项 该品具有腐蚀性，能引起烧伤。使用时应穿适当的防护服，戴手套和防护镜或面罩。万一接触到眼睛，应立即用大量水冲洗后请医生诊治。使用时如有事故发生或有不适之感，应请医生诊治。应密封于2～8°保存。

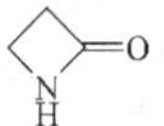

4-Azidoaniline hydrochloride 4-叠氮基苯胺 盐酸盐 01204

[91159-79-4] $C_6H_6N_4 \cdot HCl$ $C_6H_7ClN_4$ 170.60

成分 C 42.24%，H 4.14%，Cl 20.78%，N 32.84%。

别名 盐酸 4-叠氮基苯胺；叠氮化 4-氨基苯 盐酸盐；4-Aminophenyl azide hydrochloride

性状 无色结晶或白色粉末。mp 165℃（分解）。一般试剂含量≥ 98.0%（AT）。

注意事项 该品高度易燃，吸入、口服或与皮肤接触有毒。使用时应穿适当的防护服，戴手套和防护镜或面罩。使用时如有事故发生或有不适之感，应请医生诊治。应充氩气密封避光干燥保存。

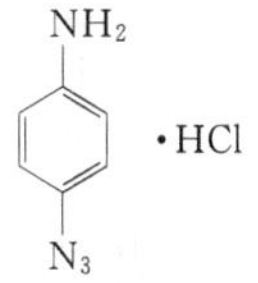

4′-Azido-2-bromoacetophenone

4′-叠氮基-2-溴苯乙酮 01205

[57018-46-9] $C_8H_6BrN_3O$ 240.06

成分 C 40.03%,H 2.52%,Br 33.29%,N 17.50%,O 6.66%。
别名 4-叠氮基-α-溴苯乙酮;溴化 4-叠氮基苯甲酰甲基;4-Azido-α-bromoacetophenone;4-Azidophenacyl bromide
性状 无色结晶或白色粉末。具有催泪性。mp 64~65℃。一般试剂含量≥98.0%(HPLC)。
注意事项 该品高度易燃。具有腐蚀性,能引起烧伤。吸入或与皮肤接触能引起过敏。使用时应穿适当的防护服,戴手套和防护镜或面罩。使用现场禁止吸烟。万一接触到眼睛,应立即用大量水冲洗后请医生诊治。使用时如有事故发生或有不适之感,应请医生诊治。使用完毕后应立即脱掉所受污染的衣服。应远离火种充氩气密封避光于 40℃以下保存。

3′-Azido-3′-deoxythymidine 3′-叠氮基-3′-脱氧胸苷 01206
[30516-87-1] $C_{10}H_{13}N_5O_4$ 267.25
成分 C 44.94%,H 4.90%,N 26.21%,O 23.95%。
别名 3′-叠氮基-3′-脱氧胸腺嘧啶脱氧核苷;Azidothymidine;AZT;Aztec;BW-A 509U;Retovir;Zidovudine
M. I. 15,10322
性状 来自石油醚中的无色针状结晶。溶于水(25℃,25mg/mL)澄清,无色至微黄色。mp 106~112℃;$[\alpha]_D^{25}$ +99°(*c*=0.5,于水中);uv max(水中):266.5nm(ε 11650)。LD_{50} 雄、雌小鼠,雄、雌大鼠急性经口(mg/kg):3568、3062,3084、3683;所有鼠种静脉注射:>750。生化试剂含量≥99.0%(HPLC)。
注意事项 该品对机体有严重的不可逆损伤的危险。使用时应穿适当的防护服,戴手套和防护镜或面罩。使用时如有事故发生或有不适之感,应请医生诊治。应充氩气密封于−20℃保存。
主要用途 生化研究。医用抗病毒剂。

2′-Azido-2′-deoxyuridine 2′-叠氮基-2′-脱氧尿苷 01207
[26929-65-7] $C_9H_{11}N_5O_5$ 269.21
成分 C 40.15%,H 4.12%,N 26.01%,O 29.71%。
性状 无色结晶。易吸潮。mp 149~153℃。生化试剂含量≥99.0%(N)。
注意事项 使用时应避免吸入本品的粉尘,避免与眼睛及皮肤接触。应充氩气密封避光于 2~8℃干燥保存。

***N*-(4-Azido-2-nitrophenyl)-*N*′-(3-biotinylaminopropyl)-*N*′-methyl-1,3-propanediamine acetate salt**
***N*-(4-叠氮基-2-硝基苯基)-*N*′-3-生物素基氨基丙基-*N*′-甲基-1,3-丙二胺 乙酸盐** 01208
[96087-38-6] $C_{25}H_{39}N_9O_6S$ 593.70
成分 C 50.58%,H 6.62%,N 21.23%,O 16.17%,S 5.40%。
别名 Biotin {3-[3-(4-azido-2-nitroanilino)-*N*-methylpropylamino]propylamide} acetate;Photobiotin acetate
性状 白色粉末。一般试剂含量≥95%(HPLC)
注意事项 该品具有刺激性。使用时应避免吸入本品的粉尘,避免与眼睛及皮肤接触。应充氩气密封避光于−20℃保存。
主要用途 生化研究。

4-Azidophenyl isothiocyanate
异硫氰酸 4-叠氮基苯酯 01209
[74261-65-7] $C_7H_4N_4S$ 176.20
成分 C 47.72%,H 2.29%,N 31.80%,S 18.20%。
性状 无色结晶。有恶臭。对湿度敏感。mp 66~68℃。一般试剂含量≥97.0%(CHN)。
注意事项 该品高度易燃。吸入、口服或与皮肤接触有害。对眼睛、呼吸系统及皮肤有刺激性。吸入能引起过敏。使用时应穿适当的防护服,戴手套和防护镜或面罩。使用时应避免吸入本品的粉尘。万一接触到眼睛,应立即用大量水冲洗后请医生诊治。应充氩气密封避光于 2~8℃干燥保存。

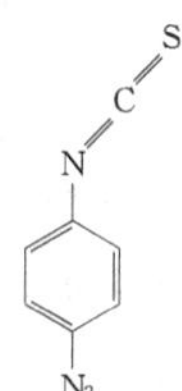

Azimsulfuron 四唑嘧磺隆 01210
[120162-55-2] $C_{13}H_{16}N_{10}O_5S$ 424.10
成分 C 36.79%, H 3.80%, N 33.00%, O 18.85%, S 7.55%。
别名 1-[(4,6-二甲氧基嘧啶-2-基)-3-[1-甲基-4-(2-甲基-2*H*-四唑-5-基)吡唑]-5-基磺酸基]脲;*N*-[(4,6-Dimethoxy-2-pyrimidinyl) amino] carbonyl-1-methyl-4-(2-methyl-2*H*-tetrazol-5-yl)-1*H*-pyrazole-5-sulfonamide; 1-(4, 6-Dimethoxypyrimidin-2-yl)-3-[1-methyl-4-(2-methyl-2*H*-tetrazol-5-yl)-pyrazol-5-ylsulfonyl]urea;DPX-A8947;IN-A8947
M. I. 15, 905
性状 无色或白色固体。该品于下列物质中的溶解度(25℃,10^{-6});二氯乙烷 65900,丙酮 26400,甲醇 2100,乙腈 13900,乙酸乙酯 13000。水中溶解度(20℃,10^{-6}):pH 值 5,72.3;pH 值 7,1050;pH 值 9,6540。pK_a3.6。蒸气压(25℃):3.0×10^{-11} mmHg/399.9×10^{-11}Pa。mp 170℃。LD_{50}大鼠,北美鹌鹑,雄野鸭急性经口(mg/kg):>5000,>2250,>2250;大鼠皮肤接触>2000。LC_{50}(96h)鲤鱼,翻车鱼,虹鳟鱼>300,>1000,154×10^{-6}。
主要用途 除草剂。

2,2′-Azino-bis(3-ethylbenzothiazoline-6-sulfonic acid) diammonium salt
2,2′-连氮基双(3-乙基苯并二氢噻唑啉-6-磺酸)二铵盐 01211
[30931-67-0] $C_{18}H_{24}N_4O_6S_4$ 548.68
成分 C 39.40%,H 4.41%,N 15.32%,O 17.50%,S 23.37%。
别名 2,2′-连氮基双(3-乙基苯并二氢噻唑-6-磺酸)二铵盐;ABTA;ABTS;2,2′-Azinobis(3-ethylbenzothiazoline-6-sulfonic acid) diammonium salt;ABTS-$(NH_4)_2$;Diammonium 2,2′-azino-bis(3-ethylbenzothiazoline-6-sulfonate)
性状 无色结晶。溶于水。mp≥300℃。一般试剂含量≥99.0%(HPLC)。
注意事项 该品对眼睛、呼吸系统及皮肤有刺激性。使用时应穿适当的防护服。万一接触到眼睛,应立即用大量水冲洗后请医生诊治。应充氩气密封避光保存。
主要用途 生化研究。

Azinphos-methyl 谷硫磷 01212

[86-50-0] $C_{10}H_{12}N_3O_3PS_2$ 317.32

成分 C 37.85%,H 3.81%,N 13.24%,O 15.13%,P 9.76%,S 20.21%。

别名 保棉磷;Methyltriazotin;Phosphorodithioic acid *O*,*O*-dimethyl *S*-[[4-oxo-1,2,3-benzotriazin-3(4*H*)-yl]methyl]ester;Phosphorodithioic acid *O*,*O*-dimethyl ester,*S*-ester with 3-mercaptomethyl-1,2,3-benzotriazin-4(3*H*)-one;Bayer 17174;ENT-23233;R-1582;Cotnion-methyl;Gusathion M;Guthion

GW 2015-399 M. I. 15,906

性状 来自甲醇中的无色结晶。溶于水(25℃,33mg/L)、甲醇、乙醇、丙二醇、二甲苯及一般有机溶剂。能被酸或冷碱溶液水解。当温度>200℃时不稳定。mp 73~74℃;d_4^{20} 1.44;n_D^{76} 1.6115。LD_{50} 雌大鼠急性经口:11mg/kg;皮肤接触:220mg/kg。

注意事项 该品与皮肤接触有毒。吸入或口服极毒。接触皮肤能引起过敏。对水生物极毒。能对水环境引起不利的结果。使用时应穿适当的防护服和戴手套。接触皮肤后,应立即用大量水冲洗。使用时如有事故发生或有不适之感,应请医生诊治。应防止将本品释放于环境中。其包装物应按危险品处理。应密封于2~8℃保存。

主要用途 分析用标准物质(农药)。杀虫剂。杀螨剂。

Azithromycin 阿奇霉素 01213

[83905-01-5] $C_{38}H_{72}N_2O_{12}$ 749.00

成分 C 60.94%,H 9.69%,N 3.74%,O 25.63%。

别名 [2*R*-(2*R**,3*S**,4*R**,5*R**,8*R**,10*R**,11*R**,12*S**,13*S**,14*R**)]-13-(2,6-Dideoxy-3-*C*-methyl-3-*O*-methyl-α-L-*ribo*-hexopyranosyl)oxy-2-ethyl-3,4,10-trihydroxy-3,5,6,8,10,12,14-heptamethyl-11-(3,4,6-trideoxy-3-dimethylamino-β-D-*xylo*-hexopyranosyl)oxy-1-oxa-6-azacyclopentadecan-15-one;*N*-Methyl-11-aza-10-deoxo-10-dihydroerythromycin A;9-Deoxo-9*a*-methyl-9*a*-aza-9*a*-homoerythromycin A;CP-62993;XZ-450;Azitrocin;Ribotrex;Sumamed;Trozocina;Zithromax;Zitromax

M. I. 15,907

性状 无色无定形固体。mp113~115℃;$[\alpha]_D^{20}-37°$(c=1,于氯仿中)。一般试剂含量≥95.0%(NT)。

注意事项 该品吸入或与皮肤接触可引起过敏。使用时应穿适当的防护服,戴手套和防护镜或面罩。

主要用途 医用抗菌剂。

Aziocillin sodium salt 阿洛西林钠盐 01214

[37091-65-9] $C_{20}H_{22}N_5NaO_6S$ 483.47

成分 C 49.69%,H 4.59%,N 14.49%,Na 4.76%,O 19.86%,S 6.63%。

别名 Azlin;Securopen;(2*S*,5*R*,6*R*)-3,3-Dimethyl-7-oxo-6-[(2*R*)-[[(2-ozo-1-imidazolidinyl)carbonyl]amino]phenylacetyl]amino-4-thia-1-azabicyclo[3.2.0]heptane-2-carboxylic acid sodium sdlt;D-α-[(Imidazolidin-2-on-1-yl)carbonylamino]benzylpenicillin sodium salt;Bay e 6905

M. I. 15,908

性状 浅黄色结晶。溶于水、甲醇、二甲基甲酰胺,微溶于乙醇、异丙醇。

注意事项 该品吸入或与皮肤接触可引起过敏。使用时应穿适当的防护服。

主要用途 医用抗菌剂。

Azobenzene 偶氮苯 01215

[103-33-3] $C_{12}H_{10}N_2$ 182.23

成分 C 79.10%,H 5.53%,N 15.37%。

别名 AB;Azobenzol;Azobenzide;Benzeneazobenzene;Diphenyldiazene;Diphenyl diimide

M. I. 15,909

性状 橙黄色或橙红色叶片状结晶。溶于乙醇、乙醚、冰乙酸,不溶于水。mp 68℃;bp 293℃;d 1.20。LD_{50} 大鼠急性经口:1g/kg。一般试剂含量≥95.0%(HPLC)。

注意事项 该品长期暴露、吸入或口服有害,并有严重损伤健康的危险。能致癌。对水生物极毒。可能对水环境引起不利的结果。使用前应得到专门的指导,避免曝露。使用时如有事故发生或有不适之感,应请医生诊治。应避免将本品释放于环境中。其包装物应按危险品处理。应密封保存。

主要用途 联苯染料的制造。橡胶促进剂。

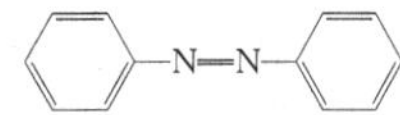

4,4′-Azobis(4-cyanovaleric acid)

4,4′-偶氮双(4-氰基戊酸) 01216

[2638-94-0] $C_{12}H_{16}N_4O_4$ 280.28

成分 C 51.42%,H 5.75%,N 19.99%,O 22.83%。

别名 4,4′-Azobis(4-cyanopentanoic acid)

性状 无色结晶。mp 118~125℃(分解)。一般试剂含量≥98.0%(T),水(H_2O)≤1.0%。

注意事项 该品高度易燃。使用时应穿适当的防护服。应避免吸入本品的粉尘,避免与眼睛及皮肤接触。使用现场禁止吸烟。应远离热源及火种,密封避光于2~8℃保存。

2,2′-Azobis(isobutyronitrile) 偶氮二异丁腈 01217

[78-67-1] $C_8H_{12}N_4$ 164.21

成分 C 58.51%,H 7.37%,N 34.12%。

别名 偶氮二(甲基丙腈);发孔剂 N;α,α′-偶氮异丁腈;2,2′-偶氮双异丁腈;A-BN;ADIB;AIBN;α,α′-Azo-*iso*-butyronitrile;2,2′-Azobis(2-methyl propanenitrile);2,2′-Dicyano-2,2′-azopropane;2,2′-Azo bis(2-methylpropionitrile);α,α′-Azoisobutyronitrile;Porofor-57

GW 2015-1600 M. I. 15,911

性状 来自乙醇+水中的无色针状结晶或结晶性粉末。溶于甲醇(g/100mL:0℃,1.8;20℃,4.96;40℃,16.06)、乙醇(g/100mL:0℃,0.58;20℃,2.04;40℃,7.15)。107℃分解;uv max(乙醇中):345nm。一般试剂含量≥98.0%(GC)。

注意事项 该品经碰撞、摩擦、遇火及其他火种有爆炸的危险。高度易燃。吸入或口服有害。对水生物有害。对水环境能产生长期有害的结果。使用时应戴防护镜或面罩。应防止将本品释放于环境中。应远离火种,密封避光于2~8℃保存。

主要用途 橡胶发泡剂。高分子聚合物的引发剂。

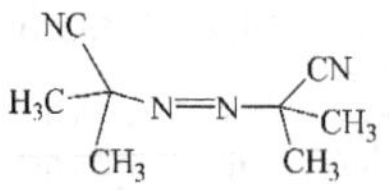

Azocarmine B 偶氮胭脂红 B 01218

[25360-72-9] $C_{28}H_{17}N_3Na_2O_9S_3$ 681.62

成分 C 49.34%，H 2.51%，N 6.16%，Na 6.75%，O 21.13%，S 14.11%。

别名 偶氮红 B；偶氮洋红 B；酸性红 103；Acid red 103；Rosinduline 2B

C. I. 50090

性状 红棕色粉末。溶于水，溶液呈蓝红色。mp ≥300℃；λ_{max}约 516nm(水中)。一般试剂干燥含量约 80.0%。

注意事项 该品具有刺激性。使用时应避免吸入本品的粉尘，避免与眼睛及皮肤接触。应密封于干燥处保存。

主要用途 生物染色剂。

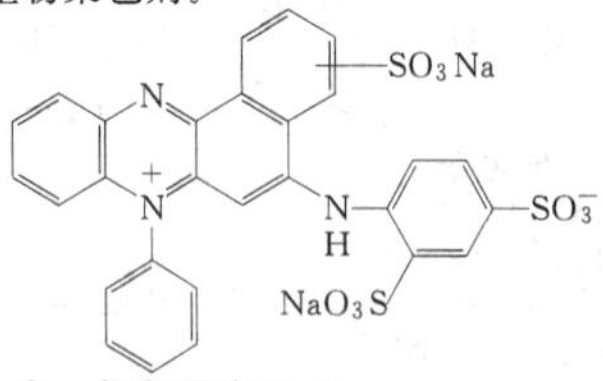

Azocarmine G 偶氮胭脂红 G 01219

[25641-18-3] $C_{28}H_{18}N_3NaO_6S_2$ 579.58

成分 C 58.03%，H 3.13%，N 7.25%，Na 3.97%，O 16.56%，S 11.06%。

别名 玫红对氮蒽；偶氮洋红 G；偶氮洋红 GX；偶氮洋红 GXS；酸性红 101；Acid red 101；Azocarmine GX；Azocarmine GXS；*N*-Phenylrosindulinedisulfonic acid disodium salt；Rosazine；Rosinduline；Rosinduline GXF

C. I. 50085

性状 带有金黄色光泽的红色粉末。微溶于水，溶液呈蓝红色。

注意事项 该品吸入或口服有毒。使用时如有事故发生或有不适之感，应请医生诊治。

主要用途 生物染色剂。

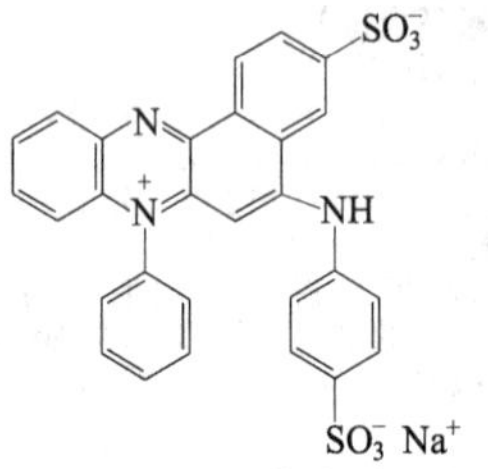

Azocasein from bovine milk 偶氮酪蛋白（牛乳） 01220

别名 偶氮干酪素；偶氮酪朊

性状 橙黄色冻干粉末。

注意事项 该品应充氩气密封于 2～8℃干燥保存。

主要用途 蛋白质分解酶的比色定量分析用底物。

Azomycin 氮霉素 01221

[527-73-1] $C_3H_3N_3O_2$ 113.08

成分 C 31.87%，H 2.67%，N 37.16%，O 28.30%。

别名 2-硝基-1*H*-咪唑；2-Nitro-1*H*-imidazole

M. I. 15，914

性状 来自甲醇中的无色结晶。溶于甲醇、乙醇、丙酮、乙酸乙酯、乙酸丁酯、碱的水溶液，几乎不溶于乙醚、石油醚、氯仿、酸的水溶液。283℃分解；Fp 392℉(200℃)；uv max (乙醇中)：313nm($E^{1\%}_{1cm}$ 915)；(0.1mol/L 氢氧化钠溶液中)：374nm(ε 12750)。LD_{50}小鼠静脉注射：80mg/kg。

注意事项 该品吸入口服或与皮肤接触有害，对眼睛、呼吸系统及皮肤有刺激性。使用时应穿适当的防护服和戴手套。万一接触到眼睛，应立即用大量水冲洗后请医生诊治。

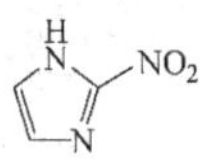

Azone 氮酮 01222

[59227-89-3] $C_{18}H_{35}NO$ 281.48

成分 C 76.81%，H 12.53%，N 4.98%，O 5.68%。

别名 1-十二烷基氮杂环庚酮-2；阿佐恩；Azon；1-Dodecylazacycloheptan-2-one；*N*-Dodecyl-ε-caprolactam；1-Dodecylhexahydro-2*H*-azepin-2-one；Laurocapram；N-0252

M. I. 15，5440

性状 无色无味透明液体。易溶于多数有机溶剂，不溶于水，能与水形成乳状液。能促使亲水性和水性药物对皮肤的渗透。mp −7℃；bp_{50} 160℃/6.67kPa；*d* 0.91；*n* 1.4701。LD_{50} 大鼠，小鼠静脉注射、腹膜内注射：8g/kg。

注意事项 该品应密封避光保存。

主要用途 渗透剂。药用赋形剂。

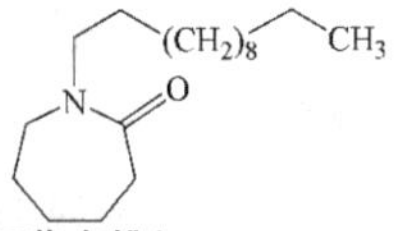

Azophloxine 偶氮荧光桃红 01223

[3734-67-6] $C_{18}H_{13}N_3Na_2O_8S_2$ 509.42

成分 C 42.44%，H 2.57%，N 8.25%，Na 9.03%，O 25.13%，S 12.59%。

别名 偶氮桃红；偶氮焰红；酸性大红；苯偶氮-8-乙酰氨基-1-萘酚-3，6-二磺酸钠盐；酸性红 1；酸性偶氮红；Acetyl red；Acid red 1；Amidonaphthol red G；Azogeramine BS；Azophloxine GA；Brilliant lanafuchsin 2G；Fast crimson GR；Kiton red G；Benzeneazo-8-acetylamino-1-naphthol-3，6-disulfonic acid sodium salt

C. I. 18050

性状 红色粉末。溶于水，微溶于乙醇。

注意事项 使用时应避免吸入本品的粉尘，避免与眼睛及皮肤接触。应密封于干燥处保存。

主要用途 生物染色剂，如红细胞的染色以及神经病理学上用作对比染色剂等。

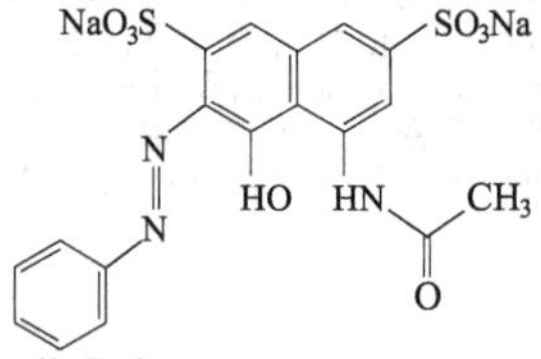

Azosemide 阿佐酰胺 01224

[27589-33-9] $C_{12}H_{11}ClN_6O_2S_2$ 370.83

成分 C 38.87%，H 2.99%，Cl 9.56%；N 22.66%；O 8.63%，S 17.29%。

别名 阿佐塞米；氮唑噻磺胺 2-Chloro-5-(1*H*-tetrazol-5-yl)-4-[(2-thienylmethyl)amino]benzenesulfonamide；2-Chloro-5-(2*H*-tetrazol-5-yl)-N^4-2-thenylsulfanilamide；5-(4′-Chioro-2′-thenylamino-5′-sulfamoylphenyl) tetrazole；Ple-1053；Diart；Luret

M. I. 15，915

性状 无色结晶。mp 218～221℃。

主要用途 医用利尿剂。

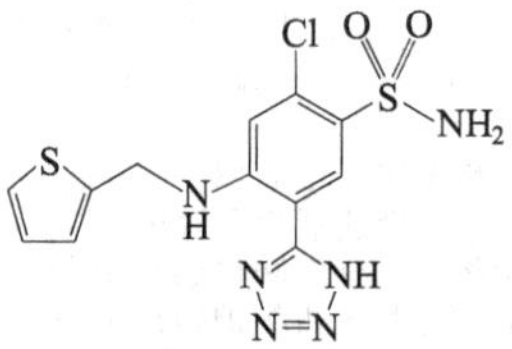

4，4′-Azoxyanisole 4，4′-氧化偶氮苯甲醚 01225

[1562-94-3] $C_{14}H_{14}N_2O_3$ 258.28

成分 C 65.11%，H 5.46%，N 10.85%，O 18.58%。

别名 对氧化偶氮苯甲醚；4，4′-二甲氧基氧化偶氮苯；*p*，*p*′-Azoxy anisole；4，4′-Azoxydianisole；4，4′-Dimethoxyazoxybenzol；PAA；4，4′-Dimethoxyazoxybenzene

性状 黄色针状结晶。mp 118～120℃。一般试剂含量 ≥98.0%(N)。

注意事项 使用时应避免吸入本品的粉尘，避免与眼睛及皮肤接触。

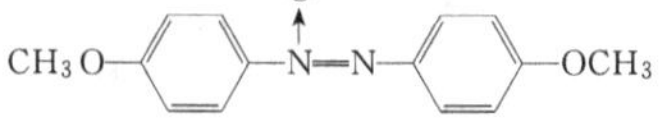

Azoxybenzene 氧化偶氮苯 01226

[495-48-7] $C_{12}H_{10}N_2O$ 198.23

成分 C 72.71%,H 5.09%,N 14.13%,O 8.07%。

别名 Azoxybenzide; Azoxybenzole; Diphenyldiazene 1-oxide; Fenazox

M. I. 15, 916

性状 浅黄色针状结晶(一般试剂主要为反式结构)。溶于乙醇、乙醚,不溶于水。mp 36℃; d_4^{50} 1.1373; d_4^{26} 1.1590。一般试剂含量 ≥98.0%。

注意事项 该品吸入或口服有害。接触皮肤后应用大量水冲洗。应密封于2~8℃保存。

主要用途 有机合成。

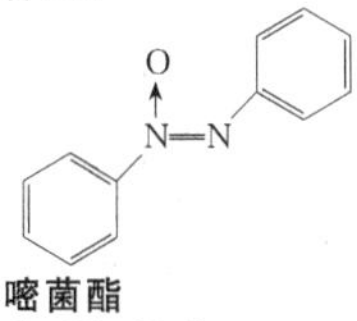

(反式)

Azoxystrobin 嘧菌酯 01227

[131860-33-8] $C_{22}H_{17}N_3O_5$ 403.39

成分 C 65.50%,H 4.25%,N 10.42%,O 19.83%。

别名 (*αE*)-2-[6-(2-Cyanophenoxy)-4-pyrimidinyl] oxy-α-(methoxymethylene) benzeneacetic acid methyl ester; Methyl (*E*)-2-[2-[6-(2-cyanophenoxy) pyrimidin-4-yloxy] phenyl]-3-methoxyacrylate; ICI-A-5504; Amistar; Heritage; Quadris

M. I. 15, 917

性状 白色结晶性固体。溶于水(25℃,10mg/L)。蒸气压(20℃):<10^{-5} Pa; mp 118~119℃; *d* 1.33。LD_{50} 大鼠急性经口:>5000mg/kg; 皮肤接触:>2000mg/kg。

注意事项 该品吸入有毒。对水生物极毒。能对水环境引起不利的结果。使用时应避免吸入本品的粉尘。使用时如有事故发生或有不适之感,应请医生诊治。应防止将本品释放于环境中。其包装物应按危险品处理。

主要用途 农用杀菌剂。

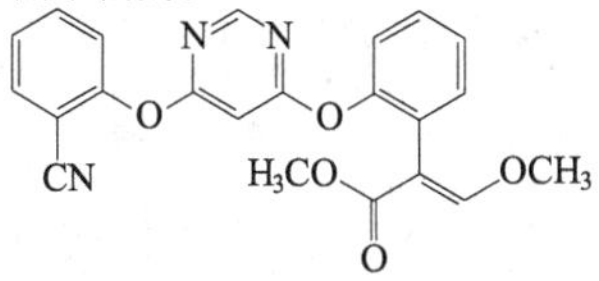

Aztreonam 氨曲南 01228

[78110-38-0] $C_{13}H_{17}N_5O_8S_2$ 435.43

成分 C 35.86%,H 3.94%,N 16.08%,O 29.39%,S 14.73%。

别名 安曲南;菌克单;噻肟单酰胺菌素;(2S)-[2α,β(Z)]-2-[[1-(2-Amino-4-thiazolyl)-2-[(2-methyl-4-oxo-1-sulfo-3-azetidinyl) amino]-2-oxoethylidene] amino] oxy-2-methylpropanoic acid; Azthreonam; SQ-26776; Azactam; Primbactam

M. I. 15, 918

性状 白色结晶性粉末。无味。溶于二甲基甲酰胺、二甲基亚砜,微溶于甲醇,极微溶于乙醇,几乎不溶于甲苯、氯仿、乙酸乙酯。227℃分解。

注意事项 使用时应避免吸入本品的粉尘,避免与眼睛及皮肤接触。

主要用途 医用抗菌剂。

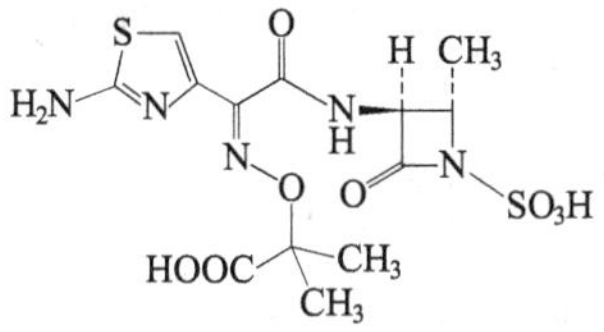

Azulene 薁 01229

[275-51-4] $C_{10}H_8$ 128.17

成分 C 93.71%,H 6.29%。

别名 甘菊环;茂并芳庚;环戊环庚烯; Bicyclo[5.3.0]decapentaene; Cyclopentacycloheptene; Bicyclo [5.3.0] deca-2,4,6,8,10-pentaene; Bicyclo[0.3.5]deca-1,3,5,7,9-pentaene

M. I. 15, 919

性状 来自乙醇中的蓝色小叶片状或单斜片状结晶。有萘的气味。溶于一般有机溶剂,不溶于水。mp 98.5~99℃; $λ_{max}$ 270mm。一般试剂含量≥99.0%(GC)。

注意事项 该品具有刺激性。使用时应避免吸入本品的粉尘,避免与眼睛及皮肤接触。应密封避光保存。

主要用途 分析用标准物质。

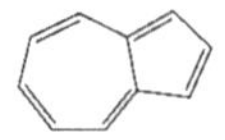

Azur A 天青 A 01230

[531-53-3] $C_{14}H_{14}ClN_3S$ 291.80

成分 C 57.62%, H 4.84%, Cl 12.15%, N 14.40%, S 10.99%。

别名 亚甲天青 A; 3-Amino-7-dimethylaminophenazathionium chloride; 3-Amino-7-(dimethylamino) phenothiazin-5-ium chloride; 7-Dimethylamino-3-imino-3*H*-phenothiazine hydrochloride; *asym*-Dimethyl-3, 7-diaminophenazathionium chloride; *asym*-Dimethylthionine chloride; Methylene azur A

C. I. 52005 M. I. 15, 920

性状 有绿色光泽的结晶或深绿色粉末。溶于水呈蓝色,略溶于乙醇,不溶于乙醚。mp 290℃(分解)。

注意事项 使用时应避免吸入本品的粉尘,避免与眼睛及皮肤接触。应密封保存。

主要用途 生物染色剂,用于细胞核、骨髓和血液等的染色。

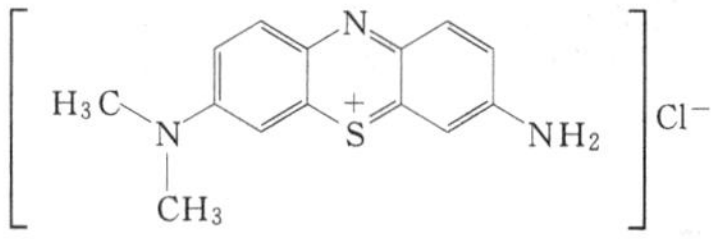

Azur B 天青 B 01231

[531-55-5] $C_{15}H_{16}ClN_3S$ 305.82

成分 C 58.91%, H 5.27%, Cl 11.59%, N 13.74%, S 10.48%。

别名 亚甲天青 B; 氯化三甲基硫堇; Azure B; 3-Dimethylamino-7-(methylamino) phenothiazin-5-ium chloride; 7-Dimethylamino-3-methylimino-3*H*-phenothiazine hydrochloride; 3-Methylamino-7-dimethylaminophenazathonium chloride; Trimethyldiaminophenazathonium chloride; Trimethylthionine chloride; Methylene azure B

M. I. 15, 921 C. I. 52010

性状 绿色有光泽的结晶或深绿色粉末。溶于水呈蓝色,略溶于乙醇。最大吸收波长: 648~655nm(50mg 该品溶于250mL 水,取 3mL 稀释至 200mL)。

注意事项 该品对机体有不可逆损伤的可能性。使用时应穿防护服,戴手套和防护镜或面罩。

主要用途 生物染色剂。

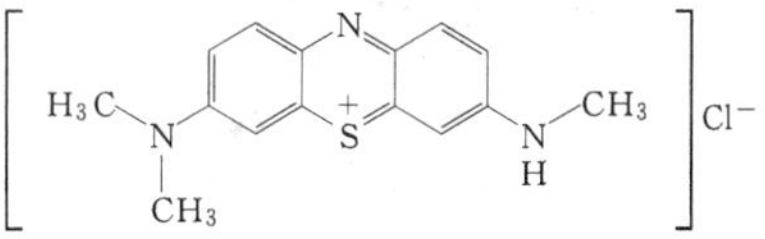

Azur C 天青 C 01232

[531-57-7] $C_{13}H_{12}ClN_3S$ 277.77

成分 C 56.21%, H 4.35%, Cl 12.76%, N 15.13%, S 11.54%。

别名 3-Amino-7-methylaminophenazathonium chloride; 3-Amino-7-(methylamino) phenothiazin-5-ium chloride; 3-Imino-7-methylamino-3*H*-phenothiazine hydrochloride; Monomethyldiaminodiphenazothionium chloride; Monomethylthionine chloride

C. I. 52002 M. I. 15, 922

性状 绿色有光泽的结晶或深绿色粉末。溶于水呈蓝色,略溶于乙醇。最大吸收值: 608~622nm(50mg 该品溶于250mL 水,取 3mL 稀释至 200mL)。一般试剂干燥含量约 40.0%。

注意事项 该品对机体有不可逆损伤的可能性。使用时应穿防护服,戴手套和防护镜或面罩。

主要用途 生物染色剂。

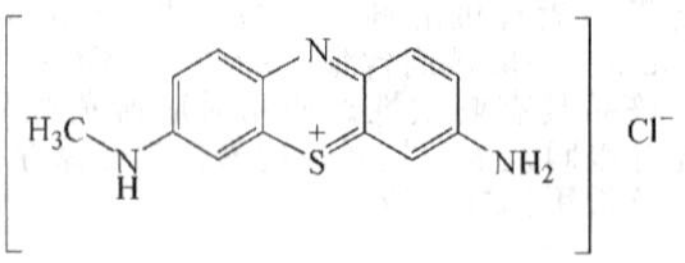

Azur Ⅱ 天青 Ⅱ 01233

[37247-10-2]

别名 天青Ⅰ；天青蓝Ⅱ；亚甲天青；亚甲天青Ⅱ；Azur blue Ⅱ；Azur Ⅱ；Giemsa；Methylene azur

C. I. 52010/52015 M. I. 15，6130

性状 深绿色粉末。为亚甲蓝与天青Ⅰ的混合物。溶于水呈深蓝色，微溶于乙醇、三氯甲烷，不溶于乙醚。λ_{max} 657mm。

注意事项 该品口服有害。对眼睛有严重损伤的危险。使用时应戴防护镜或面罩。万一接触到眼睛，应立即用大量水冲洗后请医生诊治。应密封保存。

主要用途 生物染色剂，如血细胞的染色。

Azur Ⅱ eosin 天青Ⅱ曙红 01234

[53092-85-6]

别名 二号天青伊红；天青Ⅱ伊红；曙红天青Ⅱ

M.I. 15，6130

性状 深绿色粉末。为亚甲蓝、天青Ⅰ和曙红(1∶1∶8)的混合物。溶于甲醇、乙醇和甘油，微溶于水。λ_{max} 647(524)nm。

注意事项 该品对眼睛有严重损伤的危险。使用时应穿适当的防护服。应避免吸入本品的粉尘。万一接触到眼睛，应立即用大量水冲洗后请医生诊治。应密封保存。

主要用途 生物染色剂。姬姆萨氏色素的配制。

B

Baccatin Ⅲ 浆果赤霉素Ⅲ 01235

[27548-93-2] $C_{31}H_{38}O_{11}$ 586.63

成分 C 63.47%，H 6.53%，O 30.00%。

性状 白色粉末。溶于水。一般试剂含量 ≥95.0%(HPLC)。

注意事项 该品口服、吸入或长期曝露有害。对眼睛、呼吸系统及皮肤有刺激性。能致癌，能引起遗传基因的损伤。并有严重损伤健康的危险。使用前应得到专门的指导，避免曝露。使用时应穿适当的防护服，戴手套和防护镜或面罩。使用时应避免吸入本品的粉尘。万一接触到眼睛，应立即用大量水冲洗后请医生诊治。使用时如有事故发生或有不适之感，应请医生诊治。应密封于2～8℃保存。

主要用途 生化研究。

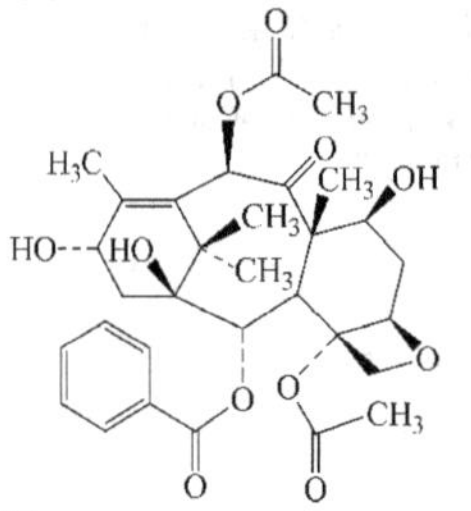

Bacitracin 杆菌肽 01236

[1405-87-4] $C_{66}H_{103}N_{17}O_{16}S$ 1422.69

成分 C 55.72%，H 7.30%，N 16.74%，O 17.99%，S 2.25%。

别名 杆菌胜；枯草杆菌抗生素；枯草菌肽；杆菌肽素；Ak-Tracin；Altracin；Ayfivin；Baciim；Fortracin；Ocu-Tracin；Penitracin；Topitracin；Zu racin

M.I. 15，927

性状 灰白色或淡绿白色粉末。易吸潮。味极苦。易溶于水、乙醇、甲醇、冰乙酸，几乎不溶于乙醚、丙酮、氯仿。在酸性溶液中稳定，在碱性溶液中不稳定。mp 221～225℃。一般试剂含量 ≥60000U/g。

注意事项 使用时应避免吸入本品的粉尘，避免与眼睛及皮肤接触。应密封于2～8℃干燥保存。

主要用途 生化研究。杆菌抑制剂。

Baclofen 氯苯氨丁酸 01237

[1134-47-0] $C_{10}H_{12}ClNO_2$ 213.66

成分 C 56.21%，H 5.66%，Cl 16.59%，N 6.56%，O 14.98%。

别名 β-对氯苯基-γ-氨基丁酸；β-氨基甲基-4-氯苯丙酸；β-(氨基甲基)对氯氢化桂皮酸；β-Aminomethyl-4-chlorobenzenepropanoic acid；β-Aminomethyl-*p*-chlorohydrocinnamic acid；γ-Amino-β-(*p*-chlorophenyl) butyric acid；Ba-34647；Baclon；β-(4-Chlorophenyl)GABA；Clofen；Lioresal

M. I. 15，930

性状 来自水中的无色结晶。微溶于水，极微溶于甲醇，不溶于氯仿。mp 206～208℃；LD_{50} 雄小鼠，大鼠静脉注射：45mg/kg、78mg/kg；皮下注射：103mg/kg、115mg/kg；急性经口：200mg/kg、145mg/kg。一般试剂含量≥98.0%(TLC)。

注意事项 该品口服有毒。能危害胎儿。对眼睛、呼吸系统及皮肤有刺激性。吸入或与皮肤接触可引起过敏。使用前应得到专门的指导，避免曝露。使用时应穿防护服，戴手套和防护镜或面罩。使用时应避免吸入本品的粉尘。如有事故发生或有不适之感，应请医生诊治。应密封于2～8℃保存。

主要用途 生化研究。肌肉松弛剂（骨骼的）。

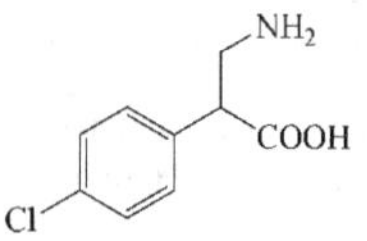

Baicalein 贝加因 01238

[491-67-8] $C_{15}H_{10}O_5$ 270.24

成分 C 66.67%，H 3.73%，O 29.60%。

别名 5，6，7-三羟基-2-苯基-4*H*-1-苯并吡喃-4-酮；5，6，7-三羟基黄酮；Noroxylin；5，6，7-Trihydroxyflavone；5，6，7-Trihydroxy-2-phenyl-4*H*-1-benzopyran-4-one

M. I. 15，935

性状 来自乙醇中的黄色棱柱体结晶。溶于乙醇、甲醇、乙醚、丙酮、乙酸乙酯、热冰乙酸，略微溶于氯仿、硝基苯，几乎不溶于水。溶于稀氢氧化钠溶液呈绿至棕色，于浓硫酸中呈黄色，并呈绿色荧光。264～265℃分解；ux max（乙醇中）：324nm，276nm（lg ε 4.18，4.12）。

注意事项 该品对眼睛、呼吸系统及皮肤有刺激性。使用时应穿适当的防护服。万一接触到眼睛，应立即用大量水冲洗后请医生诊治。应密封于2～8℃保存。

主要用途 生化研究。医用收敛剂。

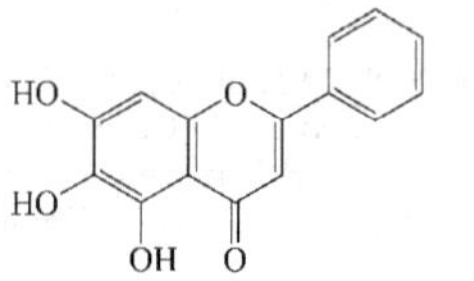

Baird Parker agar 琼脂基础 01239

性状 近白色粉末。其组成成分（g/L）：酶水解酪蛋白 10.00；牛肉浸膏 5.00；酵母浸膏 1.00；甘氨酸 12.00；丙酮酸钠 10.00；氯化锂 5.0；琼脂 15.00。pH 最终值（37℃）：6.8±0.2。

注意事项 该品应密封于阴凉干燥处保存。

主要用途 用于金黄色葡萄球菌的选择性分离培养（需加入亚碲酸盐卵黄增菌液）。

Balofioxacin 巴洛沙星 01240

[127294-70-6] $C_{20}H_{24}FN_3O_4$ 389.43

成分 C 61.69%，H 6.21%，F 4.88%，N 10.79%，O 16.43%。

别名 巴罗沙星；1-环丙基-7-(3-甲氨基-1-哌啶基)-8-甲氧基-6-氟-1，4-二氢-4-氧-3-喹啉羧酸；1-环丙基-6-氟-1，4-二氢-8-甲氧基-7-[3-(甲氨基-1-哌啶基)-4-氧-3-喹啉羧酸]；1-Cyclopropyl-6-fluoro-1，4-dihydro-8-methoxy-7-[3-(methylamino)-1-piperidinyl]-4-oxo-3-quinolinecarboxylic acid；Q-35；Baloxin

M. I. 15，937

性状 来自乙腈一水中的无色针状结晶。mp 134～135℃。生化试剂含量≥98%。

主要用途 医用抗菌剂。

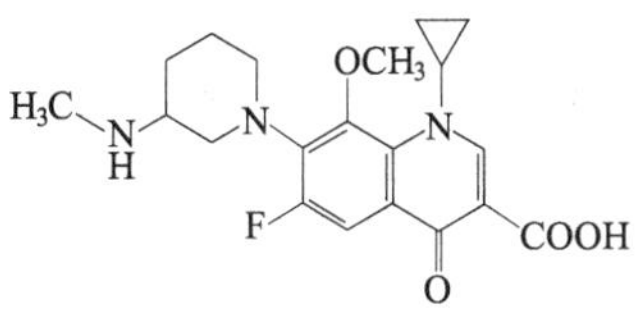

Balsalazide disodium salt　巴柳氮二钠盐　01241

[82101-18-6][二水合物 150399-21-6]　$C_{17}H_{13}N_3Na_2O_6$　401.28

成分　C 50.88%，H 3.27%，N 10.47%，Na 11.46%，O 23.92%。

别名　5-[(1*E*)-[4-[[(2-羧乙基)氨基]甲酰]苯基]偶氮]-2-羟基苯甲酸二钠盐；BX-661A；Colazide；5-[(1*E*)-[4-[[(2-Carboxyethyl) amino] carbonyl] phenyl] azo]-2-hydroxybenzoic acid disodium salt；(*E*)-5-[*p*-[(2-Carboxyethyl) carbmoyl]phenyl]azo-2-salicylic acid disodium salt

M. I. 15,938

性状　橙至黄色的二水合物为微小的结晶性粉末。不吸湿。易溶于水，略溶于甲醇、乙醇，几乎不溶于有机溶剂。mp>350℃。生化试剂含量≥99.0%。

主要用途　医用胃肠的抗炎剂。

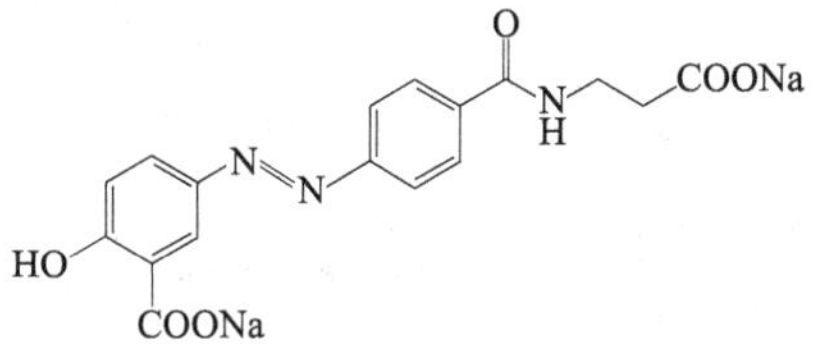

Balsam (for optical glass etc.) liquid

光学树脂胶 液体　01242

性状　微黄透明浓稠液体。是光学树脂胶的二甲苯溶液。Fp 118℉ (47℃)。

注意事项　该品易燃。使用现场禁止吸烟。应远离火种密封保存。

主要用途　用于生物和矿物切片，光学玻璃和眼镜片的黏合。

Balsam (for optical glass etc.) solid

光学树脂胶 固体　01243

别名　相似：加拿大胶；Balsam Canada；Balsam of fir；Canada balsam；Canada turpentinl

性状　黄色透明胶状物。是以旦马树脂或冷杉树脂为主体的光学黏合胶。遇冷凝结，受热变成半流体。久置色变深。具有较强的黏接力。折射率近似玻璃。溶于二甲苯。

注意事项　易燃。使用现场禁止吸烟。应远离火种密封保存。

主要用途　用于矿物切片、生物切片、光学玻璃和眼镜片等的黏合。

Balsam neutral　中性树胶　01244

别名　Balsam Canada；Balsam of fir；Canada balsam；Canada lurpenlinel；Neutral balsam

性状　浅黄色透明的油状液体。呈中性反应。固化后成透明体。溶于二甲苯，不溶于水。Fp 110℉ (43℃)；*d* 0.987～0.994；n_4^{20} 1.52～1.54。

注意事项　易燃。使用现场禁止吸烟。应远离火种密封保存。

主要用途　显微镜玻璃片标本的封藏剂。光学玻璃胶合剂。

Bamethan sulfate

1-对羟基苯基-2-丁氨基乙醇 硫酸盐　01245

[5716-20-1]　$C_{24}H_{40}N_2O_8S$　516.65

成分　C 55.79%，H 7.80%，N 5.42%，O 24.77%，S 6.21%。

别名　α-(丁氨基)甲基对羟基苯甲醇 半硫酸盐；硫酸 1-对羟基苯基-2-丁氨基乙醇；Bamethane hemisulfate；α-(Butylamino) methyl-4-hydroxybenzenemethanol sulfate；α-(Butylamino) methyl-*p*-hydroxybenzyl alcohol sulfate；1-(*p*-Hydroxyphenyl)-2-butylaminoethanol sulfate；1-(4-Hydroxyphenyl)-1-hydroxy-2-butylaminoethane sulfate；2-Butylamino-1-*p*-hydroxyphenylethanol sulfate；Bupatol；Garmian；Vasculat；Vasculit

M. I. 15,947

性状　无色结晶或白色粉末。

注意事项　该品口服有害。使用时应穿适当的防护服。

主要用途　生化研究。医用血管扩张剂。

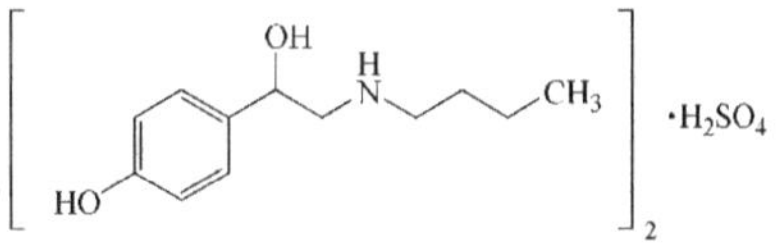

Barban　燕麦灵　01246

[101-27-9]　$C_{11}H_9Cl_2NO_2$　258.10

成分　C 51.19%，H 3.51%，Cl 27.47%，N 5.43%，O 12.40%。

别名　(3-氯苯基)氨基甲酸 4-氯-2-丁烯酯；(3-Chlorophenyl) carbamic acid 4-chloro-2-butynyl ester；*m*-Chlorocarbanilic acid 4-chloro-2-butynyl ester；Chloro-2-butynyl *m*-chlorocarbanilate；4-Chloro-2-butynyl *N*-(3-Chlorophenyl) carbamate；Barbamate；Barbane；Chlorinat；CS-847；Carbyne

GW 2015-1423

性状　来自正己烷+苯中的无色结晶。易溶于苯、二氯乙烯，微溶于己烷，几乎不溶于水(25℃，11×10⁻⁶)。遇酸水解能放出 3-氯丙烯酸。mp 75～76℃。LD_{50} 大鼠急性经口：600mg/kg。

注意事项　该品口服有害。接触皮肤能引起过敏。对水生物极毒。能对水环境引起不利的结果。使用时应穿适当的防护服和戴手套，避免与皮肤接触。其包装物应按危险品处理。应防止将本品释放于环境中。

主要用途　选择性除草剂(除野生燕麦)。分析用标准物质。

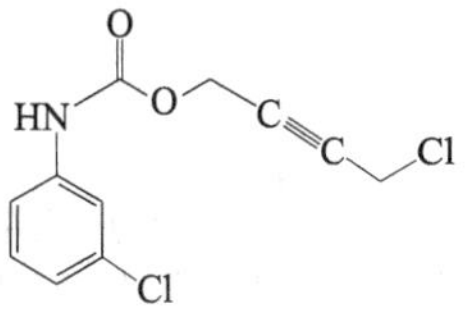

Barbital　巴比妥　01247

[57-44-3]　$C_8H_{12}N_2O_3$　184.20

成分　C 52.17%，H 6.57%，N 15.21%，O 26.06%。

别名　二乙基巴比土酸；5,5-二乙基巴比妥酸；巴比通；二乙基丙二酰脲；佛罗拿；Barbitone；Deba；5,5-Diethylbarbituric acid；Diethylmalonylurea；5,5-Diethyl-2,4,6(1*H*,3*H*,5*H*)-pyrimidinetrione；Dormonal；Hyrnogene；Malonal；Sedeval；Uronal；Veroletten；Veronal；Vesperal

M. I. 15,957

性状　来自水中的无色针状结晶。味微苦。1g 该品溶于约 130mL 水、13mL 沸水、14mL 乙醇、75mL 氯仿、35mL 乙醚，溶于丙酮、乙酸乙酯、石油醚和氢氧化钠溶液、乙酸、戊醇、吡啶、苯胺、硝基苯。p*K* (25℃) 7.43。mp 188～192℃。一般试剂含量≥99.0% (T)。

注意事项　该品口服有害。使用时应穿适当的防护服。

主要用途　分析试剂。过氧化氢稳定剂。催眠剂。镇静剂。

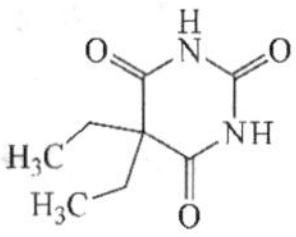

Barbital sodium salt　巴比妥钠盐　01248

[144-02-5]　$C_8H_{11}N_2NaO_3$　206.18

成分　C 46.61%，H 5.38%，N 13.59%，Na 11.15%，O 23.28%。

别名　二乙基巴比土酸钠；5,5-二乙基巴比妥酸钠；巴比妥钠；可溶性巴比通；Barbitone sodium；Buffer substance；Medinal；Sodium barbital；Sodium barbiton；Embinal；Sodium 5,5-diethylbarbiturate；Sodium diethylmalonylurea；Soluble barbital；5,5-Diethylbarbituric acid sodium salt；Veronal sodium

M. I. 15,957

性状　无色结晶或粉末。味苦。1g 该品溶于 5mL 水、2.5mL 沸水、400mL 乙醇，其水溶液对石蕊及酚酞呈碱性。该品 0.1mol 水溶液 pH 值 9.4。一般试剂含量（干燥后）≥99.0%。

注意事项 该品口服有害。

主要用途 肝功能的测定。配制生化缓冲溶液。细菌培养。制药及塑料工业。有机合成。

Barbituric acid 巴比妥酸 01249

[67-52-7] $C_4H_4N_2O_3$ 128.09

成分 C 37.51%，H 3.15%，N 21.87%，O 37.47%。

别名 巴比土酸；丙二酰脲；Malonylurea；2,4,6(1*H*,3*H*,5*H*)-Pyrimidinetrione；2,4,6-Trihydroxypyrimidine；2,4,6-Trioxohexahydropyrimidine

M. I. 15,958

性状 来自水中的白色结晶性粉末。强酸性。易溶于热水和稀酸，微溶于冷水、乙醇。mp 约 248℃（分解）。LD_{50} 雄大鼠急性经口：＞5g/kg。一般试剂含量≥99.0%（HPLC）。

注意事项 该品对眼睛、呼吸系统及皮肤有刺激性。使用时应穿适当的防护服、戴防护镜或面罩。万一接触到眼睛，应立即用大量水冲洗后请医生诊治。

主要用途 测定糠醛和多缩戊糖用的试剂。塑料合成。制药工业。

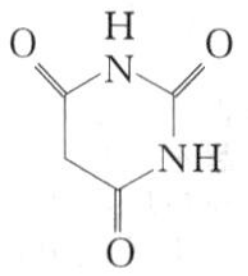

Barium rods 钡棒 01250

[7440-39-3] Ba 137.327

别名 金属钡棒

GW 2015-47 M. I. 15,960

性状 银白色微有金属光泽的棒状物。易氧化。需浸于液体石蜡中保存。溶于酸。mp 约 710℃；bp 约 1600℃；*d* 3.6。一般试剂含量≥99.0%。

注意事项 该品遇水能放出高度易燃气体。使用时应避免与眼睛及皮肤接触。万一着火，应使用指定的灭火设备，而决不能用水。使用时应保持容器干燥。应远离火种密封保存。

主要用途 制备钡盐。精炼铜的去氧剂。

Barium acetate 乙酸钡 01251

[543-80-6] $C_4H_6BaO_4$ 255.42

成分 C 18.81%，H 2.37%，Ba 53.77%，O 25.06%。

别名 醋酸钡；Acetic acid barium salt

GW 2015-2631 M. I. 15,961

性状 白色结晶性粉末。微有乙酸味。1g 一水合物溶于 1.5mL 水，溶于 700mL 乙醇。其水溶液对石蕊呈中性或微酸性。LD_{50} ICR 小鼠静脉注射(以 Ba^{2+} 计)：23.31mg /kg。

注意事项 该品吸入或口服有害。接触皮肤后，应立即用大量肥皂泡沫冲洗。应密封保存。

主要用途 分析试剂（分析钙）。硫酸盐、铬酸盐的沉淀剂。有机反应的催化剂。媒染剂。制药工业。

Barium bromate monohydrate 溴酸钡 一水 01252

[13967-90-3] $BaBr_2O_6 \cdot H_2O$ 411.16

成分（以无水物计） Ba 34.93%，Br 40.65%，O 24.42%。

别名 一水合溴酸钡

GW 2015-2417 M. I. 15,963

性状 来自热水中的无色单斜结晶或结晶性粉末。溶于丙酮，微溶于水（g/100mL：10℃，0.44；30℃，0.96；100℃，5.39），几乎不溶于乙醇及多数有机溶剂。加热至 170℃失去结晶水；mp 260℃（分解）；*d* 3.99。一般试剂含量≥99.0%。

注意事项 该品有毒。对呼吸系统有刺激性。该品为氧化剂，与易燃物品接触能引起燃烧。应远离易燃物品存放。

主要用途 分析试剂。稀土金属的溴酸盐的制备。低碳钢腐蚀抑制剂。

Barium bromide dihydrate 溴化钡 二水 01253

[7791-28-8] $BaBr_2 \cdot 2H_2O$ 333.19

成分（无水物） Ba 46.22%，Br 53.78%。

别名 二水合溴化钡

M. I. 15,964

性状 无色结晶或白色颗粒。易溶于水，溶于甲醇，几乎不溶于乙醇、乙酸乙酯、丙酮、二氧六环。120℃失去结晶水。mp 约 850℃（无水物）；*d* 3.580。一般试剂含量≥99.0%。

注意事项 该品吸入或口服有害。具有刺激性。接触皮肤后，应立即用大量水冲洗。应密封避光保存。

主要用途 分析试剂。溴化物的制备。

Barium carbonate 碳酸钡 01254

[513-77-9] $CBaO_3$ 197.34

成分 C 6.09%，Ba 69.59%，O 24.32%。

M. I. 15,965

性状 六角形微细结晶或白色重质粉末。溶于稀盐酸、硝酸、乙酸，亦溶于氯化铵或硝酸铵溶液而生成络合物，微溶于含二氧化碳的水（1∶1000），几乎不溶于水（0.024g/1L）。约 1300℃分解成氧化钡和二氧化碳；*d* 4.2865（碳酸钡矿）。

注意事项 该品口服有害。使用时应避免与眼睛及皮肤接触。

主要用途 分析钙、镁、锰和锌中铁，测有机物中的卤素。电子、仪表、冶金工业。烟火和信号弹的配制。陶瓷涂料。光学玻璃的辅料。

参考规格 GB/T 654—2011	分析纯	化学纯
含量（$BaCO_3$）/%≥	99.0	98.5
澄清度试验/号≤	4	6
盐酸不溶物/%≤	0.01	0.05
碱度（以 OH^- 计）/mmol/g	0.002	0.005
氯化物（Cl）/%≤	0.002	0.01
硫化物（S）/%≤	0.0001	0.0005
总氮量（N）/%≤	0.002	0.005
钠（Na）/%≤	0.02	0.05
钾（K）/%≤	0.005	0.01
钙（Ca）/%≤	0.01	0.03
铁（Fe）/%≤	0.0005	0.0015
锶（Sr）/%≤	0.1	0.3
重金属（以 Pb 计）/%≤	0.0005	0.001

Barium chlorate monohydrate 氯酸钡 一水 01255

[10294-38-9] $BaCl_2O_6 \cdot H_2O$ 322.24

成分（以无水物计） Ba 45.14%，Cl 23.31%，O 31.55%。

别名 一水合氯酸钡

GW 2015-1531 M. I. 15,966

性状 无色单斜三棱形结晶或白色粉末。易溶于水，溶于盐酸，中等程度溶于乙胺，稍溶于丙酮，微溶于乙醇，几乎不溶于乙酸乙酯吡啶 。mp 414℃（无水物）；*d* 3.179。

注意事项 该品与易燃物品混合时具有爆炸性。吸入或口服有害。对水生物有毒。能对水环境引起不利的结果。使用完毕应立即脱掉受污染的衣服。应防止将本品释放于环境中。应远离食品、饮料和动物饲料密封保存。

主要用途 分析试剂，测定硫酸盐、硒酸盐和铂。染料工业。绿色烟火和炸药的配制等。

Barium chloride anhydrous 无水氯化钡 01256

[10361-37-2] $BaCl_2$ 208.23

成分 Ba 65.95%，Cl 34.05%。

别名 氯化钡 无水

GW 2015-1457 M. I. 15,967

性状 白色结晶或结晶性粉末。易吸潮。溶于水，微溶于盐酸和硝酸，不溶于乙醇、乙酸乙酯、丙酮。mp 925℃（分解）；*d* 3.856。

注意事项 该品口服有毒。其蒸气吸入有害。接触皮肤后，应立即用大量指定的液体冲洗。使用时如有事故发生或有不适之感，应请医生诊治。应密封干燥保存。

主要用途 分析试剂，硫酸盐、硒酸盐的测定。脱水剂。冶金工业。

Barium chloride dihydrate 氯化钡 二水 01257

[10326-27-9] $BaCl_2 \cdot 2H_2O$ 244.26

成分（以无水物计） Ba 65.95%，Cl 34.05%。

别名 二水合氯化钡

GW 2015-1457(无水) M. I. 15,967

性状 无色扁平的四角形结晶或白色颗粒或粉末。微有吸湿性。易溶于水，溶于甲醇，几乎不溶于乙醇、乙酸乙酯、丙酮。mp 963℃；*d* 3.86。LD_{50} ICR小鼠静脉注射（以Ba^{2+}计）：19.2mg /kg。

注意事项 该品口服有毒。其蒸气吸入有害。使用时如有事故发生或有不适之感，应请医生诊治。应密封于干燥处保存。

主要用途 分析试剂，硒酸盐、硫酸盐和铂的测定。钡盐的制造。软水剂。电子、仪表、冶金工业。

参考规格 GB/T 652—2003

	优级纯
含量（$BaCl_2 \cdot 2H_2O$）/%≥	99.5
pH（50g/L溶液，25℃）	5.0～7.0
澄清度试验	合格
水不溶物/%≤	0.005
总氮量（N）/%≤	0.001
钠（Na）/%≤	0.005
钾（K）/%≤	0.005
钙（Ca）/%≤	0.01
锶（Sr）/%≤	0.05
铁（Fe）/%≤	0.00005
重金属（以Pb计）/%≤	0.0002

GB/T 652—2003	分析纯	化学纯
含量（$BaCl_2 \cdot 2H_2O$）/%≥	99.5	99.0
pH（50g/L溶液，25℃）	5.0～7.0	5.0～7.0
澄清度试验	合格	合格
水不溶物/%≤	0.01	0.02
总氮量（N）/%≤	0.002	0.005
钠（Na）/%≤	0.01	0.05
钾（K）/%≤	0.005	0.01
钙（Ca）/%≤	0.05	0.1
锶（Sr）/%≤	0.05	0.1
铁（Fe）/%≤	0.0001	0.0002
重金属（以Pb计）/%≤	0.0005	0.001

Barium chromate（Ⅵ） 铬酸钡 01258

[10294-40-3] $BaCrO_4$ 253.32

成分 Ba 54.21%，Cr 20.53%，O 25.26%。

别名 Baryta yellow;Lemon yellow;Permanent yellow;Pigment yellow 31;Steinbühl yellow;Ultramarine yellow

C. I. 77103 M. I. 15,968

性状 黄色单斜正交结晶或结晶性重质粉末。溶于盐酸和硝酸或被矿物酸分解，不溶于水、稀乙酸或铬酸。mp 210℃(分解)*d* 4.50。一般试剂含量≥99.0%(RT)。

注意事项 该品与易燃物品接触能引起燃烧。吸入或口服有害。吸入能致癌。接触皮肤能引起过敏。对水生物极毒。能对水环境引起不利的结果。使用前应得到专门的指导，避免曝露。使用时应穿适当的防护服和戴手套。接触皮肤后，应立即用大量肥皂泡沫冲洗。使用时如有事故发生或有不适之感，应请医生诊治。应防止将本品释放于环境中。

主要用途 测定硫酸盐、硒酸盐的试剂。

Barium citrate tribasic heptahydrate 柠檬酸钡 七水 01259

[6487-29-2] $C_{12}H_{10}Ba_3O_{14} \cdot 7H_2O$ 916.30

成分（以无水物计） C 18.24%，H 1.28%，Ba 52.14%，O 28.35%。

别名 七水合枸橼酸钡;七水合柠檬酸钡;枸橼酸钡 七水;Citric acid barium salt heptahydrate;Tribarium dicitrate heptahydrate

性状 白色粉末。易溶于稀盐酸、硝酸，微溶于水，不溶于乙醇。

注意事项 该品吸入或口服有害。接触皮肤后应用大量肥皂泡沫冲洗。

主要用途 制备钡盐。乳胶涂料的稳定剂。

Barium cyanide 氰化钡 01260

[542-62-1] C_2BaN_2 189.36

成分 C 12.69%，Ba 72.52%，N 14.79%。

GW 2015-1678 M. I. 15,969

性状 无色或白色结晶。易溶于水，溶于乙醇。接触空气能逐渐分解。

注意事项 该品剧毒。应密封保存。

主要用途 冶金、电镀工业。

Barium diphenylaminesulfonate 二苯胺磺酸钡 01261

[6211-24-1] $C_{24}H_{20}BaN_2O_6S_2$ 633.88

成分 C 45.47%，H 3.18%，Ba 21.67%，N 4.42%，O 15.14%，S 10.11%。

别名 二苯胺-4-磺酸钡盐；*N*-苯基对氨基苯磺酸钡盐；*p*-Anilino benzenesulfonic acid barium salt;Barium *N*-phenylsulfanilate Diphenylamine-4-sulfonic acid Ba salt; *N*-Phenylsulfanilic acid Ba salt; 4-Aminobenzolsulfonic acid Ba salt;4-(Phenylamino)benzenesulfonic acid barium salt

M. I. 15,7423

性状 白色或灰白色小叶状结晶或结晶性粉末。微溶于水。一般试剂含量≥98%。

注意事项 该品吸入或口服有害。接触皮肤后，应立即用大量水冲洗。

主要用途 氧化还原指示剂，测亚铁盐的指示剂。

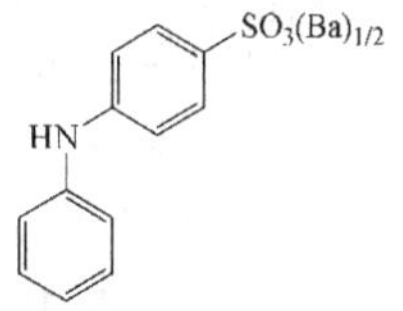

Barium fluoride 氟化钡 01262

[7787-32-8] BaF_2 175.32

成分 Ba 78.33%，F 21.67%。

GW 2015-745 M. I. 15,970

性状 无色透明立方体结晶或白色粉末。溶于盐酸、硝酸、氢氟酸、氯化铵水溶液，微溶于水(g/L:10℃，1.586;20℃，1.607;30℃，1.620)。对玻璃有腐蚀性。mp 1353℃；bp 2260℃；*d* 4.83。一般试剂含量≥98.0%。

注意事项 见01261二苯胺磺酸钡。

主要用途 冶金工业用于金属热处理。防腐剂。

Barium fluorsilicate 氟硅酸钡 01263

[17125-80-3] BaF_6Si 279.40

成分 Ba 49.15%，F 40.80%，Si 10.05%。

别名 六氟硅酸钡；硅氟化钡；Barium fluorosilicate; Barium hexafluorosilicate;Barium silicofluoride

GW 2015-1337 M. I. 15,972

性状 无色正交针状结晶。对湿度敏感。1g该品在100mL水中溶解度为：0℃，0.015；25℃，0.0235；100℃，0.091。溶于氯化铵溶液，微溶于稀酸，几乎不溶于乙醇。mp 300℃（分解）；d_4^{21} 4.29。一般试剂含量≥98.0%。

注意事项 该品有毒。吸入或口服有害。接触皮肤后，应立即用大量水冲洗。应密封于干燥处保存。

主要用途 分析试剂。制造四氟化硅。杀虫剂。

Barium formate 甲酸钡 01264

[541-43-5] $C_2H_2BaO_4$ 227.36

成分 C 10.57%，H 0.89%，Ba 60.40%，O 28.15%。

别名 蚁酸钡

M.I. 15,971

性状 无色正交结晶。溶于 4 份冷水、3 份沸水，几乎不溶于乙醇。d 3.21。

注意事项 该品有毒。吸入或口服有害。应密封保存。

主要用途 杀虫剂的制备。

Barium hydrogen phosphate 磷酸氢钡 01265

[10048-98-3] $BaHO_4P$ 233.30

成分 Ba 58.86%，H 0.43%，O 27.43%，P 13.28%。

别名 Barium phosphate dibasic；Secondary barium phosphate

M.I. 15,986

性状 无色结晶或白色结晶性粉末。溶于稀盐酸或硝酸，几乎不溶于水。d 4.16。

注意事项 该品有毒。

主要用途 磷光体和防火材料的制造。

Barium hydroxide anhydrous 无水氢氧化钡 01266

[17194-00-2] BaH_2O_2 171.34

成分 Ba 80.15%，H 1.18%，O 18.68%。

别名 氢氧化钡 无水；Barium hydrate；Caustic baryta

GW 2015-1666 M.I. 15,973

性状 白色无定形粉末。溶于水，微溶于乙醇，不溶于乙醚。mp 408℃。一般试剂含量≥96.0%。

注意事项 该品吸入或口服有害。对眼睛及呼吸系统有刺激性。接触皮肤后，应立即用大量水冲洗。应充氮气密封于干燥处保存。

主要用途 分析试剂，如碱标准液，用以沉淀分离硫酸根。二氧化碳、叶绿素的测定。钡盐的合成。

Barium hydroxide octahydrate 氢氧化钡 八水 01267

[12230-71-6] $BaH_2O_2 \cdot 8H_2O$ 315.46

成分 Ba 43.53%，H 5.75%，O 50.72%。

别名 八水合氢氧化钡

GW 2015-1666 M.I. 15,973

性状 无色透明结晶或白色结晶块状物。呈强碱性。易溶于水、甲醇，微溶于乙醇，几乎不溶于丙酮。能在空气中吸收二氧化碳成为碳酸钡。mp 78℃；d 2.180。

注意事项 该品吸入或口服有害。对眼睛及皮肤有刺激性。接触皮肤后，应立即用大量水冲洗。应充氮气密封保存。

主要用途 分析试剂，用以沉淀分离硫酸根。叶绿素的测定。钡盐合成。

参考规格 HG/T 2629—2011	分析纯	化学纯
含量[$Ba(OH)_2 \cdot 8H_2O$]/%≥	98.0	97.0
碳酸钡($BaCO_3$)/%≤	1.0	2.0
澄清度试验/号≤	3	5
盐酸不溶物/%≤	0.005	0.05
氯化物(Cl)/%≤	0.003	0.02
硫化物(S)/%≤	0.0002	0.001
钠(Na)/%≤	0.01	0.025
钾(K)/%≤	0.01	0.025
钙(Ca)/%≤	0.02	0.05
铁(Fe)/%≤	0.001	0.005
锶(Sr)/%≤	0.08	0.15
铅(Pb)/%≤	0.001	0.002

Barium hypophosphite monohydrate 次亚磷酸钡 一水 01268

[14871-79-5] $BaH_4O_4P_2 \cdot H_2O$ 285.29

成分（以无水物计） Ba 51.38%，H 1.51%，O 23.94%，P 23.18%。

别名 一水合次亚磷酸钡；次磷酸钡 一水；卑磷酸钡 一水

M.I. 15,974

性状 来自热水中的具有珍珠光泽的无色单斜片状结晶。该品在 100mL 水中溶解度为：17℃，28.6g；100℃，33.3g。溶于酸，几乎不溶于乙醇。受热至 100～150℃ 时分解；d_4^{17} 2.90。

注意事项 该品有毒。

主要用途 测定砷的试剂。还原剂。制药工业。镀镍。

Barium iodate monohydrate 碘酸钡 一水 01269

[7787-34-0] $BaI_2O_6 \cdot H_2O$ 505.16

成分（以无水物计） Ba 28.19%，I 52.10%，O 19.71%。

别名 一水合碘酸钡

GW 2015-195 M.I. 15,975

性状 无色或白色单斜结晶。溶于 3350 份水(25℃)、625 份沸水，溶于盐酸、硝酸，几乎不溶于乙醇。130℃ 成为无水物。d 5.00。

注意事项 该品有毒。与易燃品接触能引起燃烧。使用现场禁止吸烟。应远离火种密封保存。

Barium iodide dihydrate 碘化钡 二水 01270

[7787-33-9] $BaI_2 \cdot 2H_2O$ 427.18

成分（以无水物计） Ba 35.11%，I 64.89%。

别名 二水合碘化钡

M.I. 15,976

性状 无色透明结晶或白色颗粒。无味。易潮解。易溶于水，其水溶液呈中性或微碱性。溶于丙酮、乙醇。见光能析出游离碘而色变黄。d 5.15。一般试剂含量≥98.0%。

注意事项 该品吸入或口服有害。接触皮肤后，应立即用大量水冲洗。应充氩气密封避光干燥保存。

主要用途 制备其他碘化物。

Barium metaphosphate 偏磷酸钡 01271

[13762-83-9] $[Ba(PO_3)_2]_n$ 295.25(n=1)

成分 Ba 46.51%，P 20.98%，O 32.51%。

性状 白色粉末。不溶于水及稀酸。遇热浓酸分解。一般试剂含量≥90.0%。

注意事项 该品吸入或口服有害。接触皮肤后应用大量肥皂泡沫冲洗。应密封于干燥处保存。

主要用途 光学玻璃的配制。

Barium nitrate 硝酸钡 01272

[10022-31-8] BaN_2O_6 261.34

成分 Ba 52.55%，N 10.72%，O 36.73%。

GW 2015-2288 M.I. 15,979

性状 无色结晶或白色结晶性粉末。易溶于水，极微溶于乙醇、丙酮。mp 约 590℃（温度再高即分解）；d 3.24。LD_{50} ICR 小鼠静脉注射（以 Ba^{2+} 计）：20.10mg/kg。

注意事项 该品吸入或口服有害。与易燃品接触能引起燃烧。接触皮肤后，应立即用大量肥皂泡沫冲洗。应远离易燃物品，密封于阴凉处保存。

主要用途 分析试剂。硫酸、铬酸的定性。氧化剂。钡盐合成。制造焰火。

参考规格 GB/T 653—2011	分析纯	化学纯
含量[$Ba(NO_3)_2$]/%≥	99.5	99.0
pH 值(50g/L，25℃)	5.0～7.0	5.0～7.0
澄清度试验/号≤	3	5
水不溶物/%≤	0.005	0.02
氯化物(Cl)/%≤	0.0005	0.001
钠(Na)/%≤	0.005	0.01
钾(K)/%≤	0.005	0.01
钙(Ca)/%≤	0.02	0.04

锶(Sr)/%≤	0.03	0.06
铁(Fe)/%≤	0.0002	0.001
重金属(以 Pb 计)/%≤	0.0005	0.001

Barium nitrite monohydrate 亚硝酸钡 一水 01273

[7787-38-4] [无水物/13465-94-6] $BaN_2O_4 \cdot H_2O$ 247.37

成分 (以无水物计) Ba 59.88%,N 12.21%,O 27.91%。

别名 一水合亚硝酸钡

GW 2015-2488 M.I. 15,980

性状 白色或微黄白色结晶。溶于水,几乎不溶于乙醇、丙酮、乙醚。受热至 115℃分解。mp 217℃(无水物);*d* 3.187。一般试剂含量≥99.0%。

注意事项 该品吸入或口服有害。与易燃品接触能引起燃烧。接触皮肤后,应立即用大量水冲洗。应远离易燃物品,密封于阴凉处保存。

主要用途 分析试剂。重氮化有机合成。

Barium oxalate monohydrate 草酸钡 一水 01274

[516-02-9] $BaC_2O_4 \cdot H_2O$ 243.35

成分(以无水物计) C 10.66%,Ba 60.94%,O 28.40%。

别名 一水合乙二酸钡;一水合草酸钡;乙二酸钡 一水;Ethanedioic acid barium salt

M.I. 15,981

性状 无色或白色结晶性粉末。溶于稀硝酸、盐酸、氯化铵溶液,极微溶于水(10000 份冷水,5000 份沸水)。*d* 2.66。

注意事项 该品吸入、口服或与皮肤接触有害。使用时应避免与眼睛及皮肤接触。接触皮肤后,应立即用大量肥皂水冲洗。

主要用途 分析试剂。

Barium oxide anhydrous 无水氧化钡 01275

[1304-28-5] BaO 153.33

成分 Ba 89.56%,O 10.43%。

别名 一氧化钡 无水;氧化钡 无水;Barium monoxide;Barium protoxide;Calcined baryta

GW 2015-2529 M.I. 15,982

性状 白色或微黄白色块状物或粉末。呈强碱性。在空气中极易吸收水分和二氧化碳。遇水生成氢氧化钡并放热。450℃时能与氧化合生成过氧化钡,600℃还原成氧化钡。溶于水、稀酸,但溶于甲醇、乙醇则生成醇化钡。mp 约 1920℃;*d* 5.7。一般试剂含量≥85.0%。

注意事项 该品蒸气吸入有毒。口服有毒。具有腐蚀性,能引起烧伤。使用时应穿适当的防护服,戴手套和防护镜或面罩。万一接触到眼睛,应立即用大量水冲洗后请医生诊治。使用时如有事故发生或有不适之感,应请医生诊治。应充氮气密封保存。

主要用途 冶金工业。气体、溶液的干燥剂。脱水剂。光学玻璃的配料。

Barium perchlorate anhydrous 无水高氯酸钡 01276

[13465-95-7] $BaCl_2O_8$ 336.22

成分 Ba 40.84%,Cl 21.09%,O 38.07%。

别名 无水过氯酸钡;高氯酸钡 无水

GW 2015-800 M.I. 15,983

性状 无色结晶性粉末。易溶于水、乙醇、碱溶液,几乎不溶于乙醚。mp 505℃;Fp 69.8℉(21℃);*d* 3.200。一般试剂含量≥95.0%(KT)。

注意事项 该品吸入或口服有害。与易燃物品混合时具有爆炸性。使用完毕应立即脱掉所有受污染的衣服。应密封于干燥处保存。

主要用途 气体干燥剂。氧化剂。

Barium perchlorate trihydrate 高氯酸钡 三水 01277

[10294-39-0] $BaCl_2O_8 \cdot 3H_2O$ 390.29

成分(以无水物计) Ba 40.84%,Cl 21.09%,O 38.07%。

别名 三水合过氯酸钡;过氯酸钡 三水;三水合高氯酸钡

GW 2015-800 M.I. 15,983

性状 无色结晶。溶于水、甲醇,微溶于乙醇、乙酸乙酯、丙酮,几乎不溶于乙醚。一般试剂含量 99.0%~101.0%。

注意事项 该品与易燃物品混合时具有爆炸性。吸入或口服有害。使用完毕应立即脱掉所有受污染的衣物。应密封于阴凉干燥处保存。

主要用途 分析试剂,测定抗糖核酸酶。氧化剂。气体干燥剂。

Barium permanganate 高锰酸钡 01278

[7787-36-2] $BaMn_2O_8$ 375.20

成分 Ba 36.60%,Mn 29.28%,O 34.11%。

别名 过锰酸钡;Barium mangamate(Ⅶ)

GW 2015-811 M.I. 15,984

性状 棕紫色或黑色有光泽的结晶或颗粒。略微溶于水。能被乙醇分解。*d* 3.77。一般试剂含量≥99.0%。

注意事项 该品为氧化剂。有毒。应密封于阴凉干燥处保存。

主要用途 干电池去极化剂。

Barium peroxide 过氧化钡 01279

[1304-29-6] BaO_2 169.33

成分 Ba 81.10%,O 18.90%。

别名 二氧化钡;Barium bioxide;Barium dioxide;Barium superoxide

GW 2015-867 M.I. 15,985

性状 白色或灰白色的重质粉末。在空气中逐渐分解,遇酸类则分解成为氧化钡和过氧化氢。不溶于水。mp 450℃。一般试剂含量≥85.0%。

注意事项 该品与易燃物品接触能引起燃烧。吸入或口服有害。使用完毕应立即脱掉所有受污染的衣服。应远离食品、饮料和饲料,充氮气密封于干燥处保存。

主要用途 钡盐或过氧化氢的制备。氧化剂。漂白剂。媒染剂等。

Barium selenate(Ⅵ) 硒酸钡 01280

[7787-41-9] BaO_4Se 280.30

成分 Ba 49%,O 22.83%,Se 28.17%。

GW 2015-2196

性状 白色斜方形结晶。加热分解。溶于盐酸。mp>350℃;*d* 4.75。一般试剂含量≥98.0%。

注意事项 该品有毒。使用时应避免吸入本品的粉尘。

Barium selenite 亚硒酸钡 01281

[13718-59-7] BaO_3Se 264.30

成分 Ba 51.96%,O 18.16%,Se 29.88%。

GW 2015-2471

性状 白色粉末。溶于稀酸,不溶于水。一般试剂含量≥95%。

注意事项 该品吸入、口服或与皮肤接触极毒。具有蓄积性危害。接触皮肤后应用大量水冲洗。使用现场不得进餐或吸烟。使用时如有事故发生或有不适之感,应请医生诊治。

主要用途 玻璃工业用作去色剂。

Barium stearate 硬脂酸钡 01282

[6865-35-6] $C_{36}H_{70}BaO_4$ 704.28

成分 C 61.40%,H 10.02%,Ba 19.50%,O 9.09%。

别名 Octadecanoic acid barium salt

性状 无色结晶性粉末。微溶于水和乙醇。

注意事项 该品有毒。使用时应避免吸入本品的粉尘。

主要用途 防水剂。润滑剂。耐热的稳定剂。轴承填衬料。

Barium sulfate 硫酸钡 01283

[7727-43-7] BaO_4S 233.38

成分 Ba 58.84%,O 27.42%,S 13.74%。
别名 Actybaryte; Bakontal; Baridol; Baritop; Barosperse; Blanc fixe; Citobaryum; Esophotrast; E-Z-Paque; Intestibar; Mcrobar; Micropaque; Microtrast; Mixobar; Neobar; Oratrast; Polybar; Prontobario; Radiopaque; Telebar; Tixobar; Unibaryt
M. I. 15,990
性状 白色多晶型重质结晶或细小的重质结晶性粉末。无味。溶于热浓硫酸，几乎不溶于水（1g 只溶于 400000 份水）、乙醇、一般的酸、苛性碱溶液。约 1600℃分解；*d* 4.25～4.5。
注意事项 使用时应避免吸入本品的粉尘，避免与眼睛及皮肤接触。非药用硫酸钡不能医用！
主要用途 分析试剂。电子、仪表、冶金工业。
参考规格 GB/T 3033—2011

	分析纯	化学纯
盐酸可溶物/%≤	0.15	0.25
灼烧失重/%≤	1.5	1.5
氯化物（Cl）/%≤	0.005	0.02
可溶性硫酸盐（以 SO_4 计）/%≤	0.005	0.03
总氮量（N）/%≤	0.005	0.01
铁（Fe）/%≤	0.0005	0.001
重金属（以 Pb 计）/%≤	0.0005	0.001
砷（As）/%≤	0.0001	0.001
可溶性钡盐（以 Ba 计）/%≤	0.0001	0.0005

Barium sulfide 硫化钡 01284
[21109-95-5] BaS 169.39
成分 Ba 81.07%，S 18.93%。
GW 2015-1284 M. I. 15,991
性状 淡黄色或灰白色重质粉末。有硫化氢气味。能在干燥空气中氧化。溶于氯化铵溶液，微溶于冷水，较多地溶于热水。遇酸逐渐分解放出硫化氢。mp ＞2000℃；*d* 4.36。一般试剂含量≥90.0%～103.0%。
注意事项 该品有毒。具有腐蚀性，能引起烧伤。应密封避光保存。
主要用途 分析试剂。用于无砷硫化氢气的发生。钡盐制备。发光粉的基质。脱毛剂。橡胶硫化剂。

Barium sulfite 亚硫酸钡 01285
[7787-39-5] BaO_3S 217.38
成分 Ba 63.17%，O 22.08%，S 14.75%。
M. I. 15,993
性状 白色或浅黄色结晶或粉末。无味。微溶于水，几乎不溶于乙醇。能在空气中氧化为硫酸钡。遇酸能被分解并放出二氧化硫。
注意事项 该品有毒。使用时应避免吸入本品的粉尘。
主要用途 催化剂。造纸工业。

(＋)-Barium tartrate dibasic (＋)-酒石酸钡 01286
[5908-81-6] $C_4H_4BaO_6$ 285.41
成分 C 16.83%，H 1.41%，Ba 48.12%，O 33.64%。
别名 L-(＋)-酒石酸钡；L-(＋)-Tartaric acid barium salt
性状 无色结晶或白色结晶性粉末。极微溶于水。*d* 2.98。一般试剂含量≥98.0%。
注意事项 该品口服有毒。对眼睛、呼吸系统及皮肤有刺激性。使用时应穿适当的防护服和戴手套。使用本品时禁止进餐、吸烟。万一接触到眼睛，应立即用大量水冲洗后请医生诊治。使用时如有事故发生或有不适之感，应请医生诊治。

Barium thiocyanate trihydrate 硫氰酸钡 三水 01287
[68016-36-4] $BaC_2N_2S_2 \cdot 3H_2O$ 307.55
成分（以无水物计） C 9.48%，Ba 54.17%，N 11.05%，S 25.30%。
别名 三水合硫氰酸钡；硫氰化钡 三水；Barium rhodanide trihydrate; Barium sulfocyanate trihydrate; Barium sulfocyanide trihydrate
M. I. 15,994
性状 来自水中的无色针状结晶。具有潮解性。易溶于水，溶于丙酮、甲醇、乙醇。*d* 2.2。一般试剂含量≥98.0%。
注意事项 该品吸入、口服或与皮肤接触有害。与酸接触时能释放出极毒的气体。对水生物有害。对水环境能产生长期有害的结果。使用时应穿适当的防护服和戴手套。应防止将本品释放于环境中。应密封于通风干燥处保存。
主要用途 制造硫氰酸铝盐或钾盐。染料、照相。

Barium titanate(Ⅳ) 钛酸钡 01288
[12047-27-7] BaO_3Ti 233.19
成分 Ba 58.89%，O 20.58%，Ti 20.53%。
别名 偏钛酸钡；Barium metatitanate
M. I. 15,996
性状 浅灰色结晶。溶于浓硫酸和氢氟酸，不溶于水和碱溶液。mp 1625℃；*d* 6.08；一般试剂含量≥98.0%。
注意事项 该品吸入或口服有害。接触皮肤后，应立即用大量水冲洗。
主要用途 计算机元件、电子装置，用于电解放大器。

Barnidipine hydrochloride 巴尼地平盐酸盐 01289
[104757-53-1] $C_{27}H_{30}ClN_3O_6$ 528.00
成分 C 61.42%，H 5.73%，Cl 6.71%，N 7.96%，O 18.18%。
别名 美洛地平；盐酸巴尼地平；盐酸美洛地平；YM-09730-5；Hypoca；(4*S*)-1,4-Dihydro-2,6-dimethyl-4-(3-nitrophenyl)-3,5-pyridinedicarboxylic acid methyl (3*S*)-1-phenylmethyl-3-pyrrolidinyl ester hydrochloride；(＋)-(3′*S*,4*S*)-1-Benzyl-3-pyrrolidinyl methyl 1,4-dihydro-2,6-dimethyl-4-(*m*-nitrophenyl)-3,5-pyridinedicarboxylate hydrochloride；(3*S*)-1-Benzyl-3-pyrrolidinyl methyl (4*S*)-2,6-dimethyl-4-(*m*-nitrophenyl)-1,4-dinydropyridine-3,5-dicarboxylate hydrochloride；Mepirodipine hydrochloride
M. I. 15,998
性状 无色或白色结晶。不溶于水。mp 226～228℃；$[\alpha]_D^{20}$ ＋116.4°（*c*＝1，于甲醇中）。LD_{50} 雄，雌大鼠急性经口：105mg/kg，113mg/kg。
主要用途 医用血管扩张剂。抗高血压剂，抗心绞痛剂。

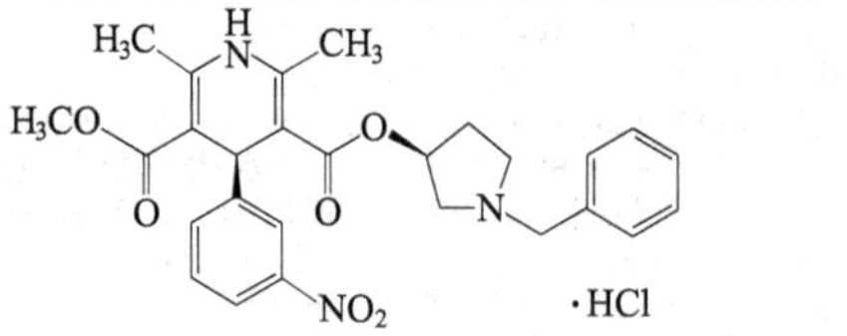

Batimastat 巴马司他 01290
[130370-60-4] $C_{23}H_{31}N_3O_4S_2$ 477.64
成分 C 57.84%，H 6.54%，N 8.80%，O 13.40%，S 13.40%。
别名 (2*R*,3*S*)-*N*[4]-Hydroxy-*N*[1]-[(1*S*)-2-methylamino-2-oxo-1-(phenylmethyl)ethyl]-2-(2-methylpropyl)-3-[(2-thienylthio)methyl]butanediamide；(2*S*,3*R*)-5-Methyl-3-[(α*S*)-α-(methylcarbamoyl)phenethyl]carbamoyl-2-[(2-thienylthio)methyl]hexanohydroxamic acid；[4-(*N*-Hydroxyamino)-2*R*-isobutyl-3*S*-(2-thienylthiomethyl)succinyl]-L-phenyialanine-*N*-methylamide；BB-94
M. I. 15,1006
性状 细小的白色粉末。mp 236～238℃。生化试剂含量≥99.0%。
注意事项 该品应密封于－20℃保存。
主要用途 金属蛋白酶抑制剂。医用抗肿瘤剂。

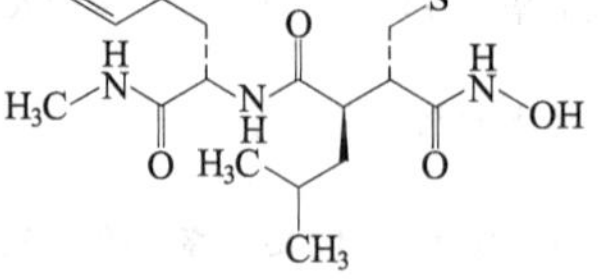

Bebeerine 贝比碱 01291
[477-60-1] $C_{36}H_{38}N_2O_6$ 594.71
成分 C 72.71%，H 6.44%，N 4.71%，O 16.14%。

别名 比比材；甘密树皮碱；卑比令碱；*d*-Bebeerine；Chondodendrine；1′ α-6，6′-Dimethoxy-2，2′-dimethyltubocuraran-7′，12′-diol；(13a*S*，25a*S*)-2，3，13a，14，15，16，25，25a-Octahydro-18，29-dimethoxy-1，14-dimethyl-13*H*，4，6：21，24-dietheno-8，12-metheno-1*H*-pyrido[3′，2′：14，15][1，11]dioxacycloeicosino[2，3，4-ij]isoquinoline-9，19-diol；Pelosine

M. I. 15，1014

性状 来自甲醇中的无色针状结晶。溶于苯、氯仿、吡啶。mp 215℃； $[\alpha]_D^{20}$ +345.7°（c=0.4，于 1 mol/L 盐酸中）。生化试剂含量≥95.0%（TLC）。

注意事项 该品吸入、口服或与皮肤接触极毒。使用时应穿适当的防护服，戴手套和防护镜或面罩。使用时应避免吸入本品的粉尘。使用时如有事故发生或有不适之感，应请医生诊治。应密封于 2～8℃保存。

主要用途 生化研究。医用抗疟剂。

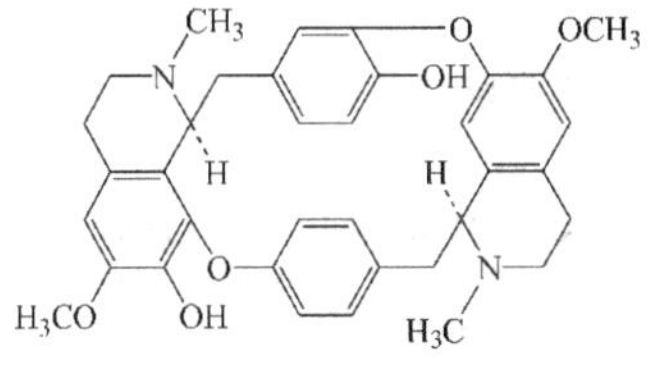

Beclomethasone dipropionate 氯地米松二丙酸盐 01292

[5534-09-8] $C_{28}H_{37}ClO_7$ 521.05

成分 C 64.54%，H 7.16%，Cl 6.80%，O 21.49%。

别名 二丙酸氯地米松；(11β，16β)-9-Chloro-11，17，21-trihydroxy-16-methylpregna-1，4-diene-3，20-dione dipropionate；9α-Chloro-16β-methyl-1，4-pregnadiene-11β，17α，21-triol-3，20-dione；9α-chloro-16β-methylprednisolone dipropionate；Sch-18020W；Aerobec；Aldecin；Anceron；Andion；Beclacin；Becloforte；Beclomet；Beclorhinol；Beclovent；Becodisks；Beconase；Beconasol；Becotide；Clenil-A；Entyderma；Inalone；Korbutone；Propaderm；Qvar；Rino-Clenil；Sanasthmax；Sanasthmyl；Vancenase；Vanceril；Viarex；Viarox

M. I. 15，1017

性状 来自丙酮+乙醚中的无色结晶。易溶于氯仿、丙酮，极微溶于水。mp 117～120℃(分解)；$[\alpha]_D$ +98.0°(c=1.0，于二氧六环中)；uv max(乙醇中)：238nm(ε 15990)。一般试剂含量≥99.0%。

注意事项 该品能损伤生育力，能危害胎儿。使用前应得到专门的指导，避免曝露。使用时应穿适当的防护服，戴手套和防护镜或面罩。使用时如有事故发生或有不适之感，应请医生诊治。应密封于 2～8℃保存。

主要用途 医用抗变应性的止喘剂(吸入剂)，局部抗炎剂。

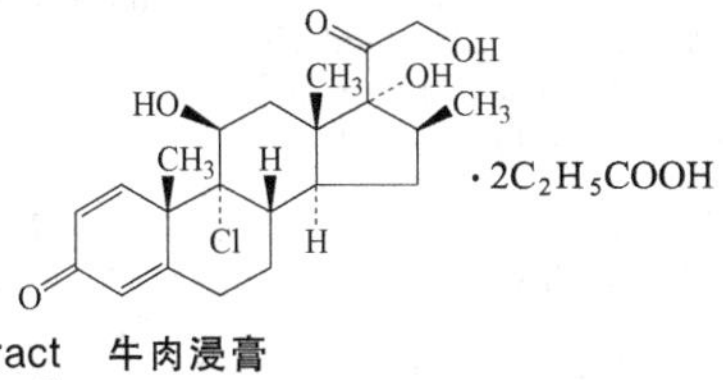

·2C₂H₅COOH

Beef extract 牛肉浸膏 01293

[68990-09-0]

别名 牛肉膏；Extractum carnis

性状 黄棕色或暗棕色糊状物。有牛肉香味。溶于水。

注意事项 该品应密封于阴凉干燥处保存。

主要用途 生化研究。细菌培养基。

Beef extract powder 牛肉浸膏粉 01294

别名 牛肉膏粉

性状 米色或黄棕色至暗棕色粉末。有牛肉香味。久置空气中易变质。易溶于水。

注意事项 该品应密封于阴凉干燥处保存。

主要用途 生化研究。细菌培养基。

Bees wax 蜂蜡 01295

[8012-89-3]

别名 白蜡；白蜜蜡；黄蜂蜡；Bees wax bleached；Bleached yellow wax；Cera alba；White wax；Yellow beeswax

M. I. 15，1019

性状 白色或浅黄色块状物。溶于热乙醇、氯仿、苯、乙醚、二硫化碳，微溶于冷乙醇，几乎不溶于水。mp 62～65℃；*d* 0.95～0.96。

主要用途 生化研究。

Befloxatone 贝氟沙通 01296

[134564-82-2] $C_{15}H_{18}F_3NO_5$ 349.31

成分 C 51.58%，H 5.19%，F 16.32%，N 4.01%，O 22.90%。

别名 倍氟沙通；(5*R*)-5-Methoxymethyl-3-[4-(3*R*)-4，4，4-trifluoro-3-hydroxybutoxy]phenyl-2-oxazolidinone；MD-370503

M. I. 15，1020

性状 来自乙醇+异丙醚中的无色结晶。mp 101℃； $[\alpha]_D^{20}$ −11.5°（c=1，于二氯甲烷中）。

主要用途 医用抗抑郁剂。

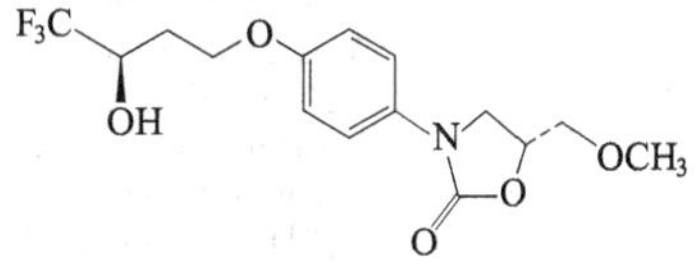

Befunolol 苯呋洛尔 01297

[39552-01-7] $C_{16}H_{21}NO_4$ 291.35

成分 C 65.96%，H 7.27%，N 4.81%，O 21.97%。

别名 青妥治；氧茚心安；1-[7-[2-Hydroxy-3-[(1-methylethyl) amino] propoxy]-2-benzofuranyl] ethanone；7-[2-Hydroxy-3-(isopropylamino) propoxy]-2-benzofuranyl methyl ketone；2-Acetyl-7-(2-hydroxy-3-isopropylaminopropoxy) benzofuran

M. I. 15，1021

性状 来自环己烷/丙酮中的无色结晶。mp115℃。LD_{50} 小鼠静脉注射：100～105mg/kg。一般试剂为盐酸盐[39543-79-8]。为来自乙酸乙酯中的结晶。mp 163℃。

主要用途 医用抗青光眼剂。

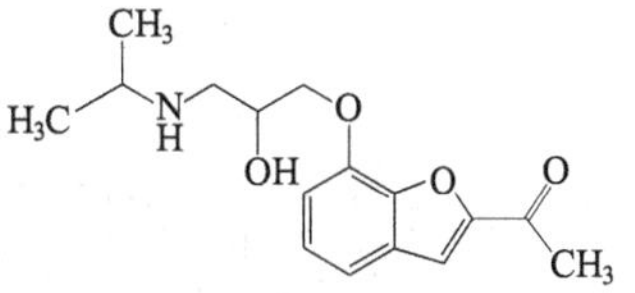

Behenic acid 山萮酸 01298

[112-85-6] $C_{22}H_{44}O_2$ 340.59

成分 C 77.58%，H 13.02%，O 9.40%。

别名 二十二酸；扁油酸；萮树酸；Carboxylic acid C_{22}；Docosanoic acid；*n*-Docosoic acid

M. I. 15，1022

性状 无色结晶或蜡状固体。100g 90%乙醇 17℃时可溶解该品 0.102g；100mL 91.5% 乙醇 25℃时可溶解该品 0.218g；100mL 86.2%乙醇 25℃时可溶解该品 0.116g；100g 乙醚 16℃时可溶解该品 0.1922g。mp 79.95℃；bp_{60} 306℃/19.993kPa；d_4^{100} 0.8221；n_4^{100} 1.4270。一般试剂含量≥97.0%(GC)。

注意事项 该品对眼睛、呼吸系统及皮肤有刺激性。使用时应穿适当的防护服，戴手套和防护镜或面罩。万一接触到眼睛，应立即用大量水冲洗后请医生诊治。

主要用途 增塑剂。稳定剂。有机合成。

Bemegride 贝美格 01299

[64-65-3] $C_8H_{13}NO_2$ 155.20

成分 C 61.91%，H 8.44%，N 9.03%，O 20.62%。

别名 4-乙基-4-甲基-2，6-二氧哌啶；4-乙基-4-甲基-2，6-哌啶二酮；2，6-二氧-4-甲基-4-乙基哌啶；甲基乙基戊二酰亚胺；美解眠；2，6-Dioxo-4-methyl-4-ethylpiperidine；4-Ethyl-4-methyl-2，6-dioxopiperidine；3-Ethyl-3-methylglutarimide；4-Ethyl-4-methyl-2，6-piperidinedione；Eukraton；Malysol；Megimide；Methetharimide；β，β-Methylethylglutarimide；Mikedimide；Np-13

M. I. 15，1029

性状 来自水中或丙酮+乙醚中的无色片状结晶。溶于水、丙酮。mp 127℃。LD_{50}雄小鼠,雄大鼠静脉注射:(20.1±1.41)mg/kg,(16.3±1.24)mg/kg。LD_{50}雄小鼠皮下注射:(43.0±1.8)mg/kg;雄大鼠腹膜内注射:(23.5±1.67)mg/kg。

注意事项 该品有毒。使用时应穿适当的防护服,戴手套、防护镜或面罩,应避免吸入本品的粉尘。应密封保存。

主要用途 生化研究。中枢神经系统兴奋剂。解毒剂。

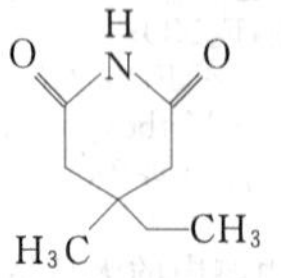

Benactyzine hydrochloride 苯乃静 盐酸盐 01300

[57-37-4] $C_{20}H_{26}ClNO_3$ 363.88

成分 C 66.01%,H 7.20%,Cl 9.74%,N 3.85%,O 13.19%。

别名 2-二乙氨基乙基二苯基甘醇酸酯 盐酸盐;盐酸苯乃静;胃复康 盐酸盐;盐酸胃复康;α-羟基-α-苯基苯乙酸 2-(二乙氨基)乙酯 盐酸盐;Actozine;Amizil;Arcadine;AY-5406-1;Benzilic acid β-diethylanimoethyl ester hydrochloride;Cafron;Cedad;Cevanol;β-Diethylaminoethyl benzilate hydrochloride;2-Diethylaminoethyl diphenylglycolate hydrochloride;Fobex;α-Hydroxy-α-phenylbenzeneacetic acid 2-(diethylammo)ethyl ester hydrochloride;Ibiotyzil;Lucidil;Nervatone;Neuroleptone;Nutinal;Parasan;Parpon;Suavitil;Tranquillin

M. I. 15,1031

性状 来自丙酮中的无色结晶。溶于水(25℃,14.9g/100mL),几乎不溶于乙醚。mp 177~178℃。

注意事项 该品有毒。

主要用途 生化研究。医用抗抑郁剂。抗痉挛剂。

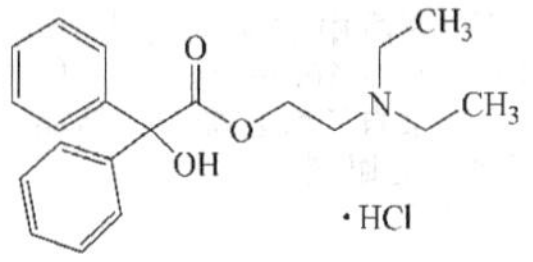

·HCl

Benalaxyl 苯霜灵 01301

[71626-11-4] $C_{20}H_{23}NO_3$ 325.41

成分 C 73.82%,H 7.12%,N 4.30%,O 14.75%。

别名 N-(2,6-二甲基苯基)-N-苯乙酰基-DL-丙氨酸甲酯;N-苯乙酰基-N-(2,6-二甲苯基)-DL-丙氨酸甲酯;N-(2,6-二甲基苯基)-N-(1-羰甲氧基乙基)苯乙酰胺;N-(2,6-Dimethylphenyl)-N-phenylacetyl-DL-alanine methyl ester;Methyl N-phenylacetyl-N-(2,6-xylyl)-DL-alaninate;N-(2,6-Dimethylphenyl)-N-(1-carbomethoxyethyl)phenylacetamide;M-9834;Galben

M. I. 15,1032

性状 来自石油醚中的无色结晶。mp 78~80℃。LD_{50}大鼠急性经口:4200mg/kg;腹膜内注射:1100mg/kg。LC_{50}虹鳟鱼(96h):3.75mg/L。

注意事项 该品对水生物极毒,能对水环境引起不利的结果。应防止将本品释放于环境中。其包装物应按危险品处理。使用时应避免吸入本品的粉尘,避免与眼睛及皮肤接触。

主要用途 农业用杀菌剂。

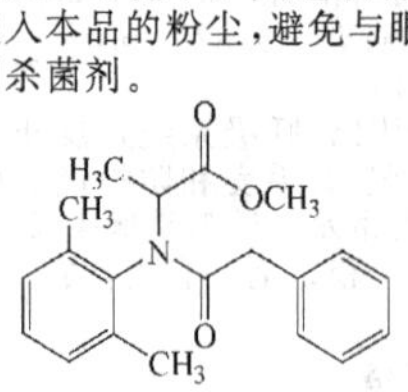

Benazepril hydrochloride 贝那普利 盐酸盐 01302

[86541-74-4] $C_{24}H_{29}ClN_2O_5$ 460.96

成分 C 62.54%,H 6.34%,Cl 7.69%,N 6.08%,O 17.35%。

别名 盐酸贝那普利;洛汀新 盐酸盐;盐酸洛汀新;CGS-14824A;Briem;Cibacen;Fortekor;Lotensin;Cotensin hydrochloride;(3S)-3-[(1S)-1-Ethoxy-carbonyl-3-phenylpropyl]amino-2,3,4,5-tetrahydro-2-oxo-1H-1-benzazepine-1-acetic acid hydrochloride;(3S)-1-Carboxymethyl-[(1S)-1-ethoxycarbonyl-3-phenylpropyl]aminol-2,3,4,5-tetrahydro-1H-[1]benzazepin-2-one hydrochloride;(3S)-3-[(1S)-1-Carboxy-3-phenylpropyl]amino-2,3,4,5-tetrahydro-2-oxo-1H-1-benzazepine-1-acetic acid 3-ethyl ester hydrochloride

M. I. 15,1029

性状 来自3-戊酮+甲醇(10:1)中的无色结晶。溶于水(约5mg/mL)、二甲基亚砜(约34mg/mL)、乙醇、甲醇。mp 188~190℃;$[\alpha]_D$ −141.0°(c=0.9,于乙醇中)。生化试剂含量≥98.0%(HPLC)。

注意事项 使用时应避免吸入本品的粉尘,避免与眼睛及皮肤接触。

主要用途 医用抗高血压剂。兽用治疗犬病。

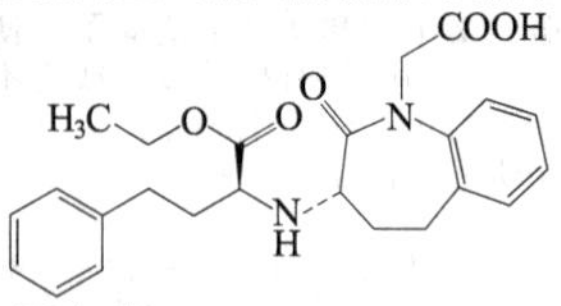

Bendiocarb 恶虫威 01303

[22781-23-3] $C_{11}H_{13}NO_4$ 223.23

成分 C 59.19%,H 5.87%,N 6.27%,O 28.67%。

别名 苯恶威;2,2-Dimethyl-1,3-benzodioxol-4-ol methylcarbamate;Ficam;Methylcarbamic acid 2,3-(isopropylidenedioxy)phenyl ester;NC-6897

M. I. 15,1038

性状 白色固体。溶于水(40×10^{-6})、己烷(350×10^{-6})。mp 129~130℃;Fp 212℉(100℃)。一般试剂含量≥99.0%(HPLC)。

注意事项 该品吸入或口服有毒。与皮肤接触有害。对水生物极毒。能对水环境引起不利的结果。使用时应穿适当的防护服和戴手套。应避免吸入本品的粉尘。使用时如有事故发生或有不适之感,应请医生诊治。应防止将本品释放于环境中。其包装物应按危险品处理。

主要用途 接触杀虫剂。分析用标准物质。

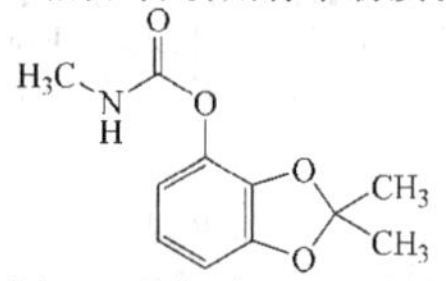

Bendroflumethiazide 卡氟噻 01304

[73-48-3] $C_{15}H_{14}F_3N_3O_4S_2$ 421.41

成分 C 42.75%,H 3.35%,F 13.52%,N 9.97%,O 15.19%,S 15.22%。

别名 卡氟噻嗪;3,4-Dihydro-3-phenylmethyl-6-trifluoromethyl-2H-1,2,4-benzothiadiazine-7-sulfonamide 1,1-dioxide;3-Benzyl-6-trifluoromethyl-3,4-dihydro-7-sulfamoyl-2H-1,2,4-benzothiadiazine 1,1-dioxide;3-Benzyl-3,4-dihydro-7-sulfamyl-6-trifluoromethyl-1,2,4-benzothiadiazine 1,1-dioxide;Bendrofluazide;Benzydroflumethiazide;Benzylhydroflumethiazide;Aprinox;Berkozide;Centyl;Naturetin;Naturine;Neo-Naclex;Salures;Sinesalin

M. I. 15,1039

性状 来自二氧六环中的无色结晶。易溶于丙酮、乙醇,不溶于水、氯仿、苯、乙醚。mp 224.5~225.5℃;uv max(甲醇中):208nm,273nm,326nm($E_{1cm}^{1\%}$ 745,565,96)。

主要用途 生化研究。医用利尿、降血压剂。

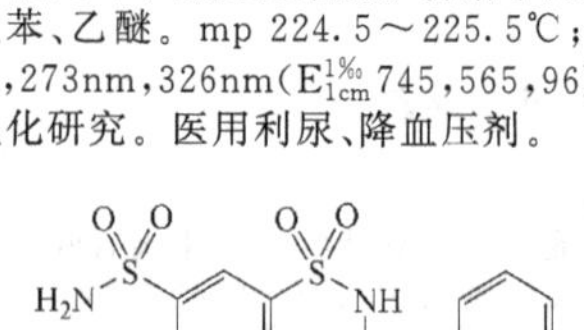

Benfluorex hydrochloride 苯氟雷司 盐酸盐 01305

[23642-66-2] $C_{19}H_{21}ClF_3NO_2$ 387.83

成分 C 58.84%,H 5.46%,Cl 9.14%,F 14.70%,N 3.61%,O 8.25%。

别名 盐酸苯氟雷司;S-992;JP-992;Minolip;Mediator;Mediaxal;2-[[1-Methyl-2-[3-(trifluoromethyl)phenyl]ethyl]amino]ethanol benzoate(ester)hydrochloride;2-[[α-Methyl-m-(trifluoromethyl)phenethyl]amino]ethanolbenzoate(ester)hydrochloride;1-(m-Trifluoromethylphenyl)-2-(β-benzoyloxyethyl) aminopropane hydrochloride; *N*-(2-Benzoyloxyethyl) norfenfluramine hydrochloride; Benfluramate hydrochloride; S-780-HCl; SE-780-HCl

M. I. 15, 1041

性状 来自乙酸乙酯中的无色结晶。mp 161～162℃。

主要用途 生化研究。医用抗青光眼剂。

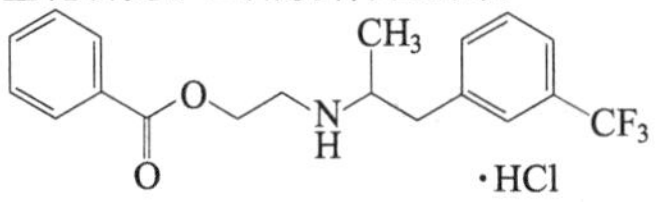

Benfluralin 氟草胺 01306

[1861-40-1] $C_{13}H_{16}F_3N_3O_4$ 335.28

成分 C 46.57%，H 4.81%，F 17.00%，N 12.53%，O 19.09%。

别名 *N*-丁基-*N*-乙基-2,6-二硝基-4-(三氟甲基)苯胺；*N*-丁基-*N*-乙基-α,α,α-三氟-2,6-二硝基对甲苯胺；*N*-丁基-*N*-乙基-2,6-二硝基-4-三氟甲基苯胺；*N*-Butyl-*N*-ethyl-2,6-dinitro-4-(trifluoromethyl)benzenamine; *N*-Butyl-*N*-ethyl-α,α,α-trifluoro-2,6-dinitro-*p*-toluidine; *N*-Butyl-*N*-ethyl-2,6-dinitro-4-trifluoromethylaniline; Benefin; Bethrodine; EL-110; Balan; Balfin; Benefex; Quilan

M. I. 15,1042

性状 黄至橙色结晶性固体。溶于多数有机溶剂，较少地溶于乙醇。在水中的溶解度(25℃)：<1mg/L。遇紫外线可分解。mp 65～66.5℃。LD_{50}雌大鼠急性经口：>10g/kg。

注意事项 该品对水生物极毒。能对水环境引起不利的结果。使用时应避免吸入本品的粉尘，避免与眼睛及皮肤接触。应防止将本品释放于环境中，其包装物应按危险品处理。

主要用途 芽前除草剂。分析用标准物质。

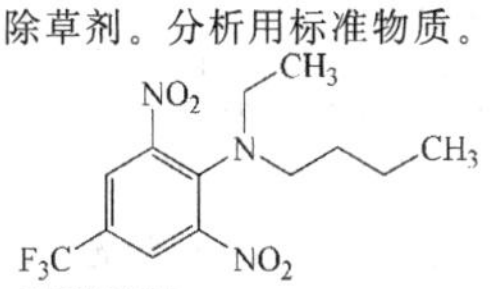

Benfotiamine 苯磷硫胺 01307

[22457-89-2] $C_{19}H_{23}N_4O_6PS$ 466.45

成分 C 48.92%，H 4.97%，N 12.01%，O 20.58%，P 6.64%，S 6.87%。

别名 苯酰磷酸维生素 B_1；苯酰磷酸硫胺；Benzenecarbothioic acid *S*-[2-[(4-amino-2-methyl-5-pyrimidinyl) methyl] formylamino]-1-[2-(phosphonooxy) ethyl]-1-propenyl ester; Thiobenzoic acid *S*-ester with *N*-(4-amino-2-methyl-5-pyrimidinyl) methyl-*N*-(4-hydroxy-2-mercapto-1-methyl-1-butenyl) formamide *O*-phosphate; *S*-Benzoylthiamine monophosphate; BTMP; Biotamin; Vitanevril

M. I. 15,1043

性状 无色结晶。165℃分解。

注意事项 该品应密封于 2～8℃保存。

主要用途 维生素(酶辅因子)。

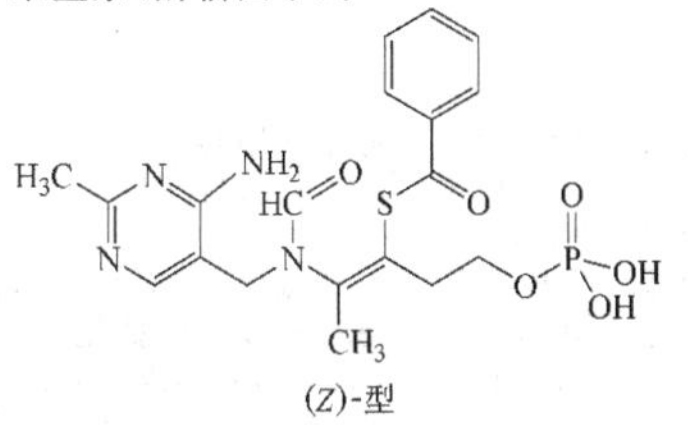

(*Z*)-型

Benfuracarb 丙硫克百威 01308

[82560-54-1] $C_{20}H_{30}N_2O_5S$ 410.53

成分 C 58.51%，H 7.37%，N 6.82%，O 19.49%，S 7.81%。

别名 免扶克；2-Methyl-4-(1-methylethyl)-7-oxo-8-oxa-3-thia-2,4-diazadecanoic acid 2,3-dihydro-2,2-dimethyl-7-benzofuranyl ester; 2,3-Dihydro-2,2-dimethylbenzofuran-7-yl *N*-(*N*-isopropyl-*N*-ethoxycarbonylethylaminosulfenyl)-*N*-methylcarbamate; 2,3-Dihydro-2,2-dimethyl-7-benzofuranyl *N*-[*N*-[2-(ethoxycarbonyl) ethyl]-*N*-isopropylsulfenamoyl]-*N*-methylcarbamate; Ethyl *N*-[2,3-dihydro-2,2-dimethylbenzofuran-7-yloxycarbonyl(methy) aminothio]-*N*-isopropyl-β-alaninate; OK-174; Oncol

M. I. 15,1044

性状 有黏性的棕红色液体。溶于有机溶剂，几乎不溶于水(20℃，8mg/L)。d^{20} 1.17；Fp 212℉(100℃)。LD_{50}雄大鼠，小鼠，狗急性经口：138mg/kg，175mg/kg，300mg/kg。

注意事项 该品吸入或口服有毒。对水生物极毒。能对水环境引起不利的结果。使用时应穿适当的防护服和戴手套。使用时如有事故发生或有不适之感，应请医生诊治。应防止将本品释放于环境中。其包装物应按危险品处理。

主要用途 杀虫剂。分析用标准物质。

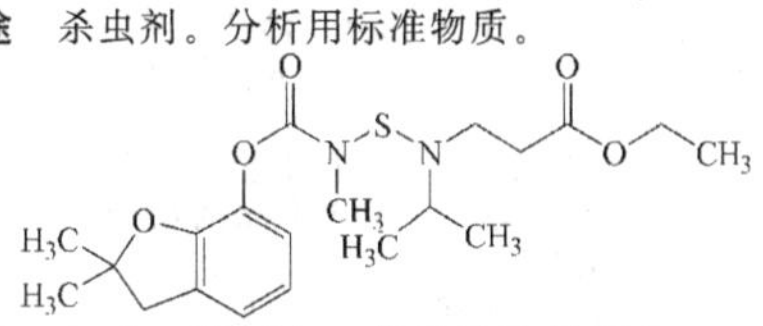

Benidipine hydrochloride 比尼地平 盐酸盐 01309

[91599-74-5] $C_{28}H_{32}ClN_3O_6$ 542.03

成分 C 62.05%，H 5.95%，Cl 6.54%，N 7.75%，O 17.71%。

别名 贝尼地平 盐酸盐；可力洛；盐酸贝尼地平，盐酸比尼地平；KW-3049; Coniel; *rel*-(4*R*)-1,4-Dihydro-2,6-dimethyl-4-(3-nitrophenyl)-3,5-pyridinedicarboxylic acid 3-methyl 5-[(3*R*)-1-phenylmethyl]-3-piperidinyl ester hydrochloride; (±)-(*R**)-3-[(*R**)-1-Behzyl-3-piperidyl] methyl 1,4-dihydro-2,6-dimethyl-4-(*m*-nitrophenyl)-3,5-pyridinedicarboxylate hydrochloride; (±)-2,6-Dimethyl-4-(3-nitrophenyl)-1,4-dihydropyridine-3,5-dicarboxylic acid 3-(1-benzyl-3-piperidyl) ester 5-methyl ester hydrochloride

M. I. 15,1045

性状 黄色结晶性粉末。25℃时于下列各溶剂中的溶解度(%)：甲醇 6.9；乙醇 2.2；水 0.19；氯仿 0.16；丙酮 0.13；乙酸乙酯 0.0056；甲苯 0.0019；正庚烷 0.00009。pK_a 7.34。mp 199.4～200.4℃；uv max(乙醇中)：238，359nm(ε 2.80×10^4，6.68×10^3)。LD_{50}雄小鼠急性经口：218mg/kg。

主要用途 医用抗高血压剂（钙拮抗剂）。

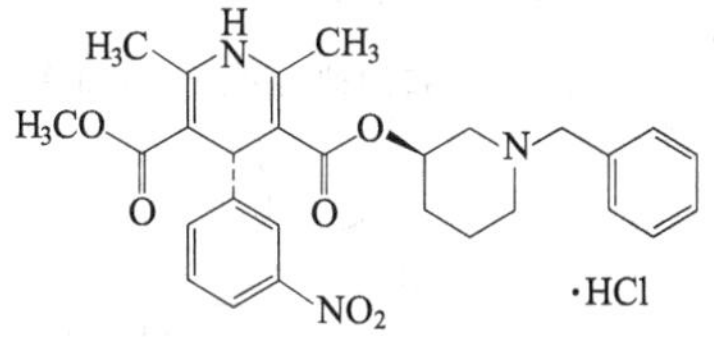

Benomyl 苯菌灵 01310

[17804-35-2] $C_{14}H_{18}N_4O_3$ 290.32

成分 C 57.92%，H 6.25%，N 19.30%，O 16.53%。

别名 1-丁基氨基甲酰基-2-苯并咪唑氨基甲酸甲酯；[1-(丁基氨基)甲酰基-1*H*-苯并咪唑-2-基]氨基甲酸甲酯；苯来特；1-[(Butylamino) carbonyl-1*H*-benzimidazol-2-yl] carbamic acid methyl ester; 1-Butylcarbamoyl-2-benzimidazolecarbamic acid methyl ester; Methyl 1-butylcarbamoyl-2-benzimidazolecarbamate; F-1991; Benlate

GW 2015-2760 M. I. 15,1046

性状 白色结晶性固体。溶于氯仿，不溶于水或油。mp>300℃。LD_{50}大鼠急性经口：>9590mg/kg。一般试剂含量≥99.0%(HPLC)。

注意事项 能引起遗传基因的损伤。能损伤生育力。能危害胎儿。对呼吸系统及皮肤有刺激性。接触皮肤能引起过敏。对水生物极毒。能对水环境引起不利的结果。使用前应得到专门的指导，避免曝露。使用时如有事故发生或有不适之感，应请医生诊治。应防止将本品释放于环境中。其包装物应按危险品处理。应密封于 2～8℃保存。

主要用途 杀菌剂。医用驱肠虫剂(杀蛔虫剂)。分析用标准物质。

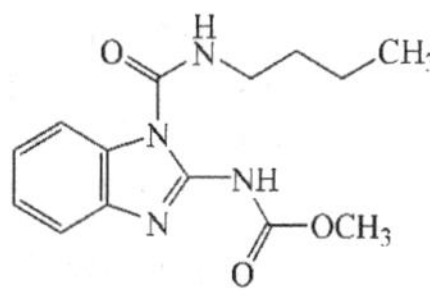

Benoxinate hydrochloride 丁氧普鲁卡因 盐酸盐 01311

[5987-82-6] $C_{17}H_{29}ClN_2O_3$ 344.88

成分 C 59.21%，H 8.48%，Cl 10.28%，N 8.12%，O 13.92%。

别名 3-正丁氧基-4-氨基苯甲酸-β-二乙氨基乙酯 盐酸盐；盐酸丁氧普鲁卡因；Benoxil; Cebesine; Conjuncain; Lacrimin; Novesine; 4-Amino-3-butoxybenzoic acid 2-(diethylamino) ethyl ester hydrochloride; 3-Butoxy-4-aminobenzoic acid 2-(diethylamino) ethyl ester hydrochloride; 2-(Diethylamino) ethyl 4-amino-3-*n*-butoxybenzoate hydrochloride; Oxibuprokain hydrochloride; Oxybuprocaine hydrochloride

M. I. 15,1049

性状 无色结晶。易溶于水、氯仿,溶于乙醇,几乎不溶于乙醚。其水溶液 pH 值 4.5～5.2。mp 约 155℃。生化试剂含量≥98.0%。

注意事项 该品对眼睛、呼吸系统及皮肤有刺激性。使用时应穿适当的防护服,应避免吸入本品的粉尘。万一接触到眼睛,应立即用大量水冲洗后请医生诊治。

主要用途 医用局部麻醉剂。

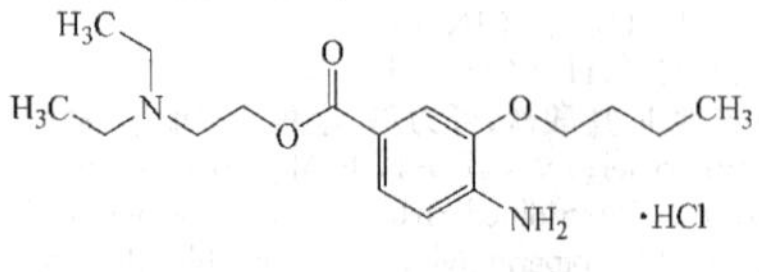

Benserazide hydrochloride 羟苄丝肼 盐酸盐 01312

[14919-77-8] $C_{10}H_{16}ClN_3O_5$ 293.70

成分 C 40.89%,H 5.49%,Cl 12.07%,N 14.31%,O 27.24%。

别名 *N*-2,3,4-三羟苄基丝氨酰肼 盐酸盐;盐酸羟苄丝肼;R0-4-4602; DL-Serine 2-[(2, 3, 4-trihydroxyphenyl) methyl]hydrazide hydrochloride; *N*-(DL-Seryl)-*N′*-(2,3,4-trihydroxybenzyl) hydrazine hydrochloride

M. I. 15,1052

性状 白色结晶性固体或粉末。溶于水。mp 146～148℃。生化试剂含量≥98.0%(TLC)。

注意事项 该品对眼睛、呼吸系统及皮肤有刺激性。使用时应穿适当的防护服。万一接触到眼睛,应立即用大量水冲洗后请医生诊治。

主要用途 生化研究。脱羧酶抑制剂。与左旋多巴结合是抗震颤麻痹剂。

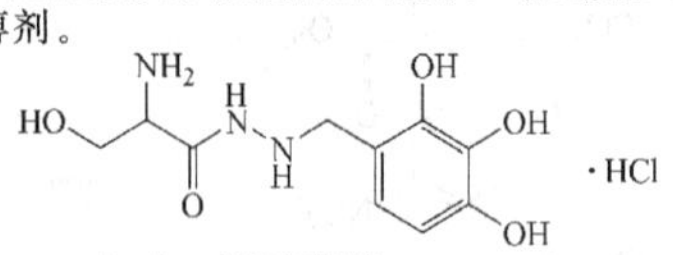

Bensulfuron-methyl 苄嘧磺隆 01313

[83055-99-6] $C_{16}H_{18}N_4O_7S$ 410.40

成分 C 46.83%,H 4.42%,N 13.65%,O 27.29%,S 7.81%。

别名 免速隆甲酯 2-[[[[[(4,6-Dimethoxy-2-pyrimidinyl) amino] carbonyl] amino] sulfonyl] methyl] benzoic acid methyl ester; Methyl 2-[(4,6-dimethoxypyrimidin-2-yl) ureidosulfonylmethyl]benzoate; DPX-F5384; Londax; Mariner

M. I. 15,1053

性状 无色结晶或白色粉末。mp 179～183℃。

注意事项 该品接触皮肤能引起过敏。对水生物有毒。能对水环境引起不利的结果。使用时应戴适当的手套,避免与皮肤接触。应避免将本品释放于环境中。

主要用途 除草剂。分析用标准物质。

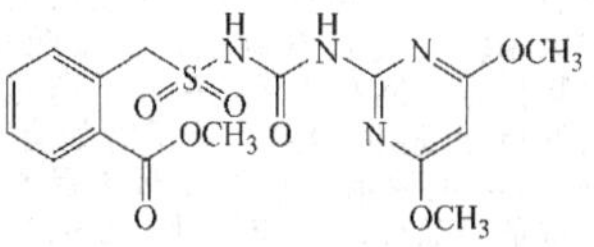

Bentazon 苯达松 01314

[25057-89-0] $C_{10}H_{12}N_2O_3S$ 240.28

成分 C 49.99%,H 5.03%,N 11.66%,O 19.98%,S 13.34%。

别名 噻草平; 3-(1-Methylethyl)-1*H*-2,1,3-benzothiadiazin-4(3*H*)-one 2,2-dioxide; 3-Isopropyl-1*H*-2,1,3-benzothiadiazin-4(3*H*)-one 2,2-dioxide; Bentazone; Bendioxide; Basagran

M. I. 15,1054

性状 白色结晶性粉末。20℃时于下列物质中的溶解度(质量分数):水 0.05%;丙酮 150.7%;苯 3.3%;氯仿 18%;乙醇 86.1%。pK_a(24℃):3.3。mp 137～139℃。LD_{50} 雄,雌大鼠急性经口:383.2mg/kg,433.6mg/kg。一般试剂含量≥98.0%(HPLC)。

注意事项 该品口服有害,对眼睛有刺激性。对水生物有毒。能对水环境产生长期有害的结果。使用时应戴适当的手套。使用时应避免与皮肤接触。万一接触到眼睛,应立即用大量水冲洗后请医生诊治。应防止将本品释放于环境中。

主要用途 除草剂。分析用标准物质。

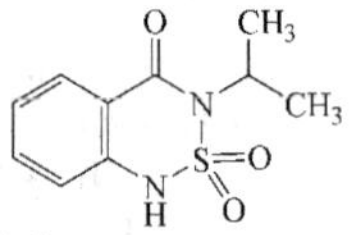

Bentone®-34 有机皂土-34 01315

[68953-58-2]

别名 二甲基双十八烷基铵皂土;蒙脱土;Dimethyldioctadecyl ammonium bentonite; Montmorillonite

性状 浅黄色粉末。是用氯化二甲基二(十八烷基)季铵盐处理的皂土。微溶于苯、丙酮、乙醚,不溶于水。

主要用途 气相色谱固定液,可用于芳烃化合物特别是二甲苯异构体的分析。

Bentonite 皂土 01316

[1302-78-9]

别名 胶状黏土;浆土;膨润土;Colloidal clay; Denver clay; Montmorillonite; Paper clay; Wilkinite

M. I. 15,1057

性状 乳白色或浅米黄色粉末。不溶于水。具有强吸附性。

注意事项 使用时应避免吸入本品的粉尘,避免与眼睛及皮肤接触。

主要用途 吸附剂。脱色剂。

Benzaldehyde 苯甲醛 01317

[100-52-7] C_7H_6O 106.12

成分 C 79.23%,H 5.70%,O 15.08%。

别名 人造苦杏仁油;安息香醛;Artificial essential oil of almond; Benzoic aldehyde; Benzoyl hydride

M. I. 15,1060

性状 无色或浅黄色液体。具有强折光性。有杏仁味。能挥发。露置空气中或见光色变黄,能氧化成苯甲酸。溶于 350 份水,能与乙醇、乙醚、油类相混溶。mp −56.5℃; bp 179℃; Fp 143.6℉(62℃); d^{25} 1.043; d_4^{15} 1.050; n_D^{20} 1.5456。LD_{50} 大鼠,豚鼠急性经口:1300mg/kg,1000mg/kg。一般试剂含量≥99.0%(GC)。

注意事项 该品口服有害。使用时应避免与皮肤接触。应充氩气密封避光保存。

主要用途 测定臭氧、酚、生物碱和位于羰基旁的亚甲基用的试剂。香料(配制杏仁、樱桃、桃等香精)。

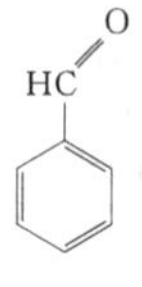

Benzalkonium chloride 氯化苯甲烃胺 01318

[8001-54-5] [63449-41-2] $[C_6H_5CH_2N(CH_3)_2\text{Alkyl}(C_8H_{17}\sim C_{18}H_{37})]Cl$

别名 洁尔灭;烃基苄基二甲基氯化铵;氯化烃基二甲基苄基铵;氯烃基二甲基代苯甲胺;杀藻胺;氯化苄烷胺;Alkylbenzyldimethylammonium chloride; Alkyldimethyl(phenylmethyl)ammonium chloride; Baktonium; Benirol; Bradosol; Callusolve; Capitol; Laudamonium; Osvan; Pharmatex; Roccal; Sagrotan; Zephiran; Zephirol

M. I. 15,1061

性状 白色或微黄白色无定形粉末或凝胶状块。有芳香气味。易溶于水、乙醇、丙酮,微溶于苯,几乎不溶于乙醚。其水溶液对石蕊呈微碱性。LD_{50} 大鼠急性经口:400mg/kg。一般试剂含量≥95.0%(T)。

注意事项 该品口服或与皮肤接触有害。具有腐蚀性,能引起烧伤。对水生物极毒。使用时应穿适当的防护服,戴手套和防护镜或面罩。使用时如有事故发生或有不适之感,应请医生诊治。应防止将本品释放于环境中。应充氮气密封干燥保存。

主要用途 阳离子表面活性剂。杀菌剂。防腐剂。

Benzamidine hydrochloride hydrate
苄脒 盐酸盐 水合 01319
[206752-36-5] [1670-14-0] $C_7H_9ClN_2 \cdot xH_2O$ 156.61+aq
成分（以无水物计） C 53.69%，H 5.79%，Cl 22.64%，N 17.89%。
别名 水合盐酸苄脒；盐酸苯甲脒；盐酸苄脒；苯甲脒 盐酸盐
性状 白色固体。易吸潮。mp 86～88℃。一般试剂含量≥98.0%(AT)。
注意事项 该品对眼睛、呼吸系统及皮肤有刺激性。使用时应穿适当的防护服。万一接触到眼睛，应立即用大量水冲洗后请医生诊治。应密封干燥保存。

1,2-Benzanthracene 1,2-苯并蒽 01320
[56-55-3] $C_{18}H_{12}$ 228.29
成分 C 94.70%，H 5.30%。
别名 2,3-苯并菲；苯并[a]蒽；苯稠[a]蒽；B[a]A；Benz[a]anthracene；Benzanthrene；2，3-Benzphenanthrene；Naphthanthracene；Tetraphene
M. I. 15，1064
性状 来自冰乙酸或乙醇中的无色或微黄色片状物。有淡绿黄色荧光。可升华。溶于多数有机溶剂，但难溶于沸乙醇，不溶于水。mp 155～157℃；bp 437.6℃。一般试剂含量≥98.0%(GC/HPLC)。
注意事项 该品能致癌。对水生物极毒。能对水环境引起长期不利的结果。使用前应得到专门的指导，避免曝露。使用时如有事故发生或有不适之感，应请医生诊治。应防止将本品释放于环境中。其包装物应按危险品处理。应密封保存。
主要用途 染料制备。有机合成。

2,3-Benzanthracene 2,3-苯并蒽 01321
[92-24-0] $C_{18}H_{12}$ 228.29
成分 C 94.70%，H 5.30%。
别名 并四苯；丁省；萘并萘；B[b]A；Benz[b]anthracene；Chrysogen；Naphthacene；Rubene；Tetracene
M. I. 15，6454
性状 来自二甲苯中的橙色叶片状结晶。溶于浓硫酸呈绿色，不溶于苯。在日光下微有绿色荧光。mp 341℃（开口毛细管）；d 1.35。一般试剂含量≥97.0%(HPLC)。
注意事项 该品对机体有不可逆损伤的可能性。使用时应穿适当的防护服，戴手套和防护镜或面罩。
主要用途 生化研究。有机合成。分析用标准物质。

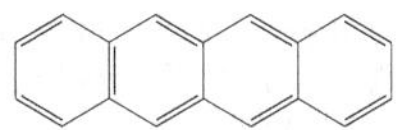

Benzanthrone 苯并蒽酮 01322
[82-05-3] $C_{17}H_{10}O$ 230.27
成分 C 88.67%，H 4.38%，O 6.95%。
别名 苯嵌蒽酮；1,9-Benz-10-anthrone；Mesobenzanthrone；7*H*-Benz[*de*]anthracen-7-one
M. I. 14，1063
性状 来自乙醇或二甲苯中的浅黄色针状结晶。20℃时，0.52g该品溶于冰乙酸100g，1.61g溶于苯100g，2.05g溶于氯苯100g。溶于稀硫酸中为橙色并带有绿色荧光。mp 170℃。LD_{50}天竺兔皮肤接触：>3g/kg；LD_{50}大鼠，小鼠腹膜内注射：1.5g/kg，0.29g/kg。
注意事项 该品对眼睛有刺激性。使用时应穿适当的防护服。万一接触到眼睛，应立即用大量水冲洗后请医生诊治。
主要用途 染料制造。

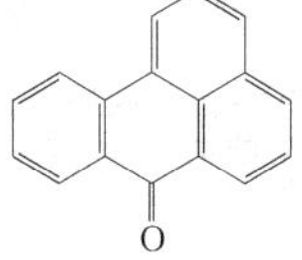

Benzbromarone 苯溴香豆酮 01323
[3562-84-3] $C_{17}H_{12}Br_2O_3$ 424.09
成分 C 48.15%，H 2.85%，Br 37.68%，O 11.32%。
别名 2-乙基-3-(3,5-二溴-4-羟基苯酰)香豆酮；3-(3,5-二溴-4-羟基苯甲酰基)-2-乙基苯并呋喃；(3,5-Dibromo-4-hydroxyphenyl)(2-ethyl-3-benzofuranyl) methanone；3，5-Dibromo-4-hydroxyphenyl 2-ethyl-3-benzofuranyl ketone；3-(3,5-Dibromo-4-hydroxybenzoyl)-2-ethylbenzofuran；2-Ethyl-3-benzofuranyl-4-hydroxy-3,5-dibromophenyl ketone；2-Ethyl-3-(3,5-dibromo-4-hydroxybenzoyl)benzofuran；2-Ethyl-3-(3,5-dibromo-4-hydroxybenzoyl) oxaindene；2-Ethyl-3-benzofuryl 3，5-dibromo-4-hydroxyphenyl ketone；MJ-10061；Azubromaron；Desuric；Max-Uric；Minuric；Narcaricin；Normurat；Uricovac；Urinorm
M. I. 15，1067
性状 浅黄色片状物。mp 151℃。一般试剂含量约95.0%。
注意事项 该品口服有害。使用时应穿适当的防护服。应密封于2～8℃保存。
主要用途 医用排尿酸剂。

Benzene 苯 01324
[71-43-2] C_6H_6 78.11
成分 C 92.26%，H 7.74%。
别名 Benzol；Cyclohexatriene
GW 2015-49 M. I. 15，1068
性状 无色透明液体。有特殊气味。易挥发。能与乙醇、乙醚、丙酮、氯仿、冰乙酸、二硫化碳、四氯化碳及油类等有机溶剂相混溶，微溶于水（23.5℃，质量分数：0.188%）。mp 5.5℃；bp 80.1℃；Fp 12℉（−11℃，闭杯）；d_4^{15} 0.8787；n_D^{20} 1.50108。LD_{50}成熟大鼠急性经口：3.8mL/kg。
注意事项 该品高度易燃。有毒。吸入、口服或与皮肤接触时对健康有严重损伤的危险。口服可使肺脏受损。能致癌。能引起遗传基因的损伤。使用前应得到专门的指导，避免曝露。使用时如有事故发生或有不适之感，应请医生诊治。应远离火种密封保存。
主要用途 分光纯溶剂。测定折射率用的标准样品。精密光学仪器、电子工业等的溶剂和清洗剂。有机合成。

参考规格 GB/T 690—2008	分析纯	化学纯
含量(C_6H_6)/%≥	99.5	99.0
色度，黑曾单位≤	10	20
结晶点/℃≥	5.2	4.5
蒸发残渣/%≤	0.001	0.002
酸度(以H^+计)/(mmol/g)≤	0.0001	0.0001
碱度(以OH^-计)/(mmol/g)≤	0.0001	0.0001
易碳化物质	合格	合格
水分(H_2O)/%≤	0.03	0.05
硫化合物(以SO_4计)/%≤	0.0015	0.003
噻吩(C_4H_4S)/%≤	0.0002	0.0002

Benzeneboronic acid 苯硼酸 01325
[98-80-6] $C_6H_7BO_2$ 121.93
成分 C 59.10%，H 5.79%，B 8.87%，O 26.24%。
别名 Phenylboric acid；Phenylboronic acid；Phenylboron dihydroxide
M. I. 15，1070
性状 来自水中的无色结晶。25℃时该品在下列物质中的溶解度：水2.5%；苯1.75%；二甲苯1.2%；乙醚30.2%；甲醇

178%。pK_a13.7；mp 215～216℃（酸酐）。一般试剂含量≥98.0%。

注意事项 该品口服有害。对眼睛、呼吸系统及皮肤有刺激性。使用时应穿适当的防护服，戴手套和防护镜或面罩。应于通风良好处保存。

Benzenesulfonamide 苯磺酰胺 01326

[98-10-2] $C_6H_7NO_2S$ 157.19

成分 C 45.85%，H 4.49%，N 8.91%，O 20.36%，S 20.40%。

别名 Benzolsulfamide

性状 白色针状或片状结晶。易溶于热乙醇、乙醚，微溶于水。mp 151～152℃。一般试剂含量≥97.0%（HPLC）。

注意事项 该品口服有害。使用时应穿适当的防护服。

主要用途 有机合成。制药工业。

Benzenesulfonic acid sesquihydrate 苯磺酸 1½水 01327

[98-11-3] $C_6H_6O_3S \cdot 1\frac{1}{2}H_2O$ 185.17

成分 （以无水物计） C 45.56%，H 3.82%，O 30.35%，S 20.27%。

别名 Phenylsulfonic acid

M.I. 15,1071

性状 易潮解的无色片状结晶。易溶于水、乙醇，微溶于苯，不溶于乙醚、二硫化碳。本品因难于贮存，故通常制成盐类或水溶液。pK_a(25℃)：0.699；mp 43～44℃。热至135℃分解。Fp 235.4℉(113℃)。一般试剂含量≥98.0%（T）。

注意事项 该品口服有害。具有腐蚀性，能引起烧伤。使用时应穿适当的防护服，戴手套和防护镜或面罩。万一接触到眼睛，应立即用大量水冲洗后请医生诊治。使用时如有事故发生或有不适之感，应请医生诊治。应密封保存。

Benzenesulfonyl chloride 苯磺酰氯 01328

[98-09-9] $C_6H_5ClO_2S$ 176.61

成分 C 40.81%，H 2.85%，Cl 20.07%，O 18.12%，S 18.15%。

别名 氯化苯磺酰；氯磺苯；Benzenesulfone chloride；Benzenesulfonic acid chloride

GW 2015-65 M.I. 15,1073

性状 无色透明油状液体。溶于乙醇、乙醚，不溶于冷水。sp 0℃；mp 14.5℃；bp_{760} 251～252℃/101.325kPa（分解）；bp_{100} 177℃/13.33kPa；bp_{10} 120℃/1.333kPa；Fp 269.6℉(132℃)；d_{15}^{15} 1.3842；n_D^{20} 1.551。一般试剂含量≥99.0%（AT）。

注意事项 〖JP2〗该品口服、吸入有害。吸入或与皮肤接触可引起过敏。具有腐蚀性，能引起烧伤。使用时应穿适当的防护服，戴手套和防护镜或面罩。应避免吸入本品的蒸气、飞沫。万一接触到眼睛，应立即用大量水冲洗后请医生诊治。使用时如有事故发生或有不适之感，应请医生诊治。应密封于干燥处保存。

主要用途 鉴定各种胺。有机合成。

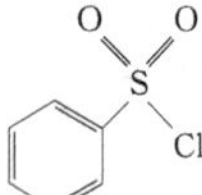

Benzenesulfonyl hydrazide 苯磺酰肼 01329

[80-17-1] $C_6H_8N_2O_2S$ 172.20

成分 C 41.85%，H 4.68%，N 16.27%，O 18.58%，S 18.62%。

别名 发孔剂 BSH；Benzenesulfonic acid hydrazide；Benzene sulfonohydrazide；BSH；Phenylsulfohydrazide；Porofor® BSH

GW 2015-64 M.I. 15, 1074

性状 浅黄色结晶。不溶于水。mp 103～104℃（分解）。一般试剂含量≥98.0%。

注意事项 该品高度易燃。口服有害。对眼睛及呼吸系统有刺激性。万一接触到眼睛，应立即用大量水冲洗后请医生诊治。应远离火种，避光于2～8℃以下保存。不宜久存。

主要用途 橡胶、塑料工业用作发泡剂。

1,2,4,5-Benzenetetracarboxylic acid

1,2,4,5-苯四酸 01330

[89-05-4] $C_{10}H_6O_8$ 254.15

成分 C 47.26%，H 2.38%，O 50.36%。

别名 均苯四甲酸；1,2,4,5-苯四羧酸；焦性密石酸；Pyromellitic acid；1,2,4,5-Benzenetetracarboxylic acid；PMA

M.I. 15,8116

性状 二水合物为来自水中的三斜片状无色或浅黄色结晶。无水物易溶于乙醇，微溶于水（1.5g 可溶于100mL 水）。能升华。mp 276℃。一般试剂含量≥96.0%。

注意事项 该品对眼睛、呼吸系统及皮肤有刺激性。使用时应戴适当的手套。万一接触到眼睛，应立即用大量水冲洗后请医生诊治。

主要用途 有机合成。

1,2,4,5-Benzenetetracarboxylic dianhydride

1,2,4,5-苯四酸酐 01331

[89-32-7] $C_{10}H_2O_6$ 218.12

成分 C 55.07%，H 0.92%，O 44.01%。

别名 1,2,4,5-苯四羧酸二酐；均苯四甲酸酐；1,2,4,5-Benzenetetracarboxylic anhydride；PMDA；Pyromellitic dianhydride

GW 2015-90

性状 白色结晶或粉末。溶于乙醇、丙酮、乙酸乙酯，微溶于水。mp 284～288℃；bp 397～400℃；Fp 716℉(380℃)；*d* 1.68。一般试剂含量≥97.0%。

注意事项 该品对眼睛有严重损伤的危险。吸入或与皮肤接触可引起过敏。使用时应戴手套和防护镜或面罩。应避免吸入本品的粉尘，避免与皮肤接触。万一接触到眼睛，应立即用大量水冲洗后请医生诊治。应充氩气密封于干燥处保存。

主要用途 耐高温聚酰亚胺树脂的制造。固化剂。有机合成。

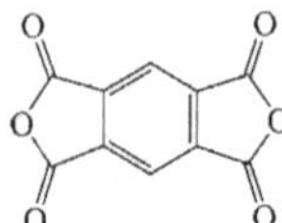

1,2,4-Benzenetriol 1,2,4-苯三酚 01332

[533-73-3] $C_6H_6O_3$ 126.11

成分 C 57.14%，H 4.80%，O 38.06%。

别名 1,2,4-三羟基苯；羟基氢醌；Hydroxyhydroquinone；Hydroxyquinol；1,2,4-Trihydroxybenzene

M.I. 15,1075

性状 来自乙醚中的单斜三棱型小叶状结晶。易溶于水、乙醇、乙醚、乙酸乙酯，几乎不溶于氯仿、二硫化碳、石油醚、苯。mp 141℃。一般试剂含量≥99.0%。

注意事项 该品对眼睛、呼吸系统及皮肤有刺激性。接触皮肤能引起过敏。使用时应戴适当的手套。避免与皮肤接触。万一接触到眼睛，应立即用大量水冲洗后请医生诊治。

Benzetimide hydrochloride 苄哌苯哌酮 盐酸盐 01333

[5633-14-7] $C_{23}H_{27}ClN_2O_2$ 398.93

成分 C 69.25%，H 6.82%，Cl 8.89%，N 7.02%，O 8.02%。

别名 盐酸苄哌苯哌酮；Dioxatrine；R-4929；Spasmentral；3-Phenyl-1′-phenylmethyl-3，4′-bipiperidine-2，6-dione hydrochloride；2-(1-Benzyl-4-piperidyl)-2-phenylglutarimide hydrochloride；1-

Benzyl-4-(2,6-dioxo-3-phenyl-3-piperidyl)piperidine hydrochloride
M. I. 15,1077
性状 无色结晶或粉末。mp 299～301.5℃。LD_{50}大鼠，小鼠静脉注射：37.6mg/kg，46.0mg/kg。一般试剂含量约97.0%（TLC）。
注意事项 该品口服有害，使用时应穿适当的防护服。
主要用途 医用解痉剂。兽用止泻剂。

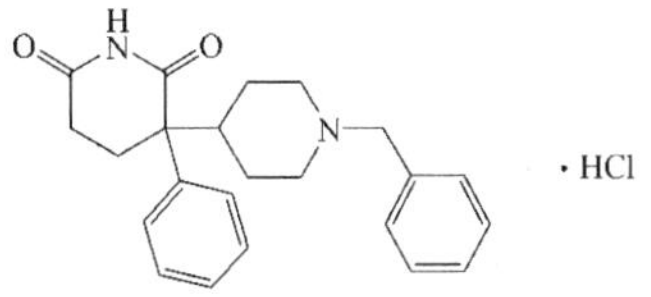

Benzhydroxamic acid 苯氧肟酸 01334

[495-18-1] $C_7H_7NO_2$ 137.14
成分 C 61.31%，H 5.14%，N 10.21%，O 23.33%。
别名 苯羟肟酸；苯胲胺；苯甲酰替羟胺；*N*-苯甲酰羟胺；Benzohydroxamic acid；*N*-Benzoyl hydroxylamine；*N*-Hydroxybenzamide
性状 白色针状结晶。溶于水、乙醇、乙酸乙酯，微溶于乙醚、苯。水溶液呈酸性。mp 121～123℃。一般试剂含量≥99.0%(T)。
注意事项 该品对机体有不可逆损伤的可能性。对眼睛、呼吸系统及皮肤有刺激性。使用时应穿适当的防护服和戴手套。万一接触到眼睛，应立即用大量水冲洗后请医生诊治。
主要用途 测定铁、钒、铀的试剂。

Benzhydrylamine 二苯甲基胺 01335

[91-00-9] $C_{13}H_{13}N$ 183.25
成分 C 85.21%，H 7.15%，N 7.64%。
别名 1,1-二苯基甲胺；*α*-氨基二苯基甲烷；*α*-Aminodiphenylmethane；1,1-Diphenylmethylamine；*α*-Phenylbenzenemethanamine
M. I. 15,1078
性状 来自水中的无色六方形片状结晶。微溶于水。强碱性。能吸收空气中的二氧化碳。mp 34℃；bp_{763} 304.1℃/101.725kPa；bp_{12} 166℃/1.6kPa；Fp 235.4℉(113℃)；d_4^{22} 1.0635(过冷液体)；n_D^{99} 1.59631(过冷液体)。一般试剂含量≥97.0%(GC)。
注意事项 该品口服有害。对眼睛、呼吸系统及皮肤有刺激性。使用时应穿适当的防护服。万一接触到眼睛，应立即用大量水冲洗后请医生诊治。应充氮气密封保存。

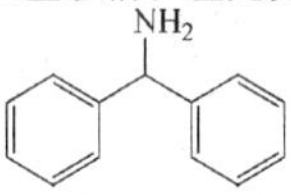

Benzidine 联苯胺 01336

[92-87-5] $C_{12}H_{12}N_2$ 184.24
成分 C 78.23%，H 6.57%，N 15.21%。
别名 4,4′-二氨基联苯；对二氨基联苯；对，对′-二氨基联苯；苯西丁；(1,1′-Biphenyl)-4,4′-diamine；*p*，*p*′-Bianiline；BZD；4,4′-Diaminobiphenyl；*p*-Diaminodiphenyl；4,4′-Diaminodiphenyl；*p*，*p*′-Dianiline
GW 2015-309 M. I. 15,1079
性状 白色或微粉红色结晶性粉末。露置空气中或见光变褐色。1g该品溶于2500mL冷水、107mL沸水、5mL沸乙醇、50mL乙醚。mp 115～120℃；bp约400℃。一般试剂含量≥98.0%(NT)。
注意事项 该品口服有害。能致癌。对水生物极毒。能对水环境引起不利的结果。使用前应得到专门的指导，避免曝露。使用时如有事故发生或有不适之感，应请医生诊治。应防止将本品释放于环境中。其包装物应按危险品处理。应密封避光保存。
主要用途 检测铜、锰、钨的试剂。水中硫酸盐类的检验。血的鉴定。检定各种氧化剂。分析用标准物质。有机合成。

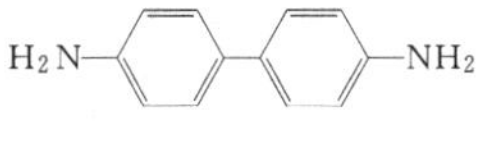

Benzidine acetate 联苯胺 乙酸盐 01337

[36341-27-2] $C_{14}H_{16}N_2O_2$ 244.29
成分 C 68.83%，H 6.60%，N 11.47%，O 13.10%。
别名 乙酸4,4′-二氨基联苯；4,4′-二氨基联苯 乙酸盐；醋酸联苯胺；乙酸联苯胺；联苯胺 醋酸盐；对，对′-二氨基联苯 乙酸盐；4,4′-Diaminobiphenyl acetate；*p*，*p*′-Diaminodiphenyl acetate
性状 白色或浅黄色结晶或粉末。溶于水、乙酸、盐酸，极微溶于乙醇。
注意事项 该品有毒。与皮肤接触极毒。能致癌。使用时应避免吸入本品的粉尘。使用时应穿适当的防护服。应密封避光保存。
主要用途 指示剂(如重铬酸钾测亚铁氰化物，常用其0.4%的水溶液，由黄绿变为深绿色)。

Benzidine dihydrochloride 联苯胺 二盐酸盐 01338

[531-85-1] $C_{12}H_{14}Cl_2N_2$ 257.16
成分 C 56.05%，H 5.49%，Cl 27.57%，N 10.89%。
别名 二盐酸4,4′-二氨基联苯；4,4′-二氨基联苯 二盐酸盐；4,4′-二氨基联苯 盐酸盐；二盐酸联苯胺；对，对′-二氨基联苯 二盐酸盐；盐酸-4,4′-二氨基联苯；盐酸联苯胺；Benzidine hydrochloride；4,4′-Diaminobiphenyl dihydrochloride；*p*，*p*′-Diaminodiphenyl dihydrochloride
GW 2015-2517 M. I. 15,1079
性状 白色片状结晶。溶于水及乙醇。mp ＞300℃。一般试剂含量≥99.0%(AT)。
注意事项 该品与皮肤接触有害。接触皮肤能引起过敏。能致癌。对水生物极毒。能对水环境引起不利的结果。使用前应得到专门的指导，避免曝露。使用时如有事故发生或有不适之感，应请医生诊治。应防止将本品释放于环境中。其包装物应按危险品处理。应密封保存。
主要用途 分析试剂，定量测定硫酸盐、测定血液、检验氰化物，萃取稀有元素铀和钍。临床检验中用以检验潜血。染料中间体。

Benzidine sulfate 联苯胺 硫酸盐 01339

[531-86-2] $C_{12}H_{14}N_2O_4S$ 282.32
成分 C 51.05%，H 5.00%，N 9.92%，O 22.67%，S 11.36%。
别名 4,4′-二氨基联苯 硫酸盐；硫酸联苯胺；对，对′-二氨基联苯 硫酸盐；硫酸4,4′-二氨基联苯；4,4′-Diaminobiphenyl sulfate；*p*，*p*′-Diaminodiphenyl sulfate
GW 2015-1306
性状 白色或近白色结晶或粉末。溶于水和乙醇。一般试剂含量≥99.0%。
注意事项 该品有毒。口服有害。能致癌。使用前应得到专门的指导，避免曝露。使用时应避免吸入本品的粉尘。使用时如有事故发生或有不适之感，应请医生诊治。应密封避光保存。
主要用途 分析试剂。临床检验中用以检验潜血。有机合成。

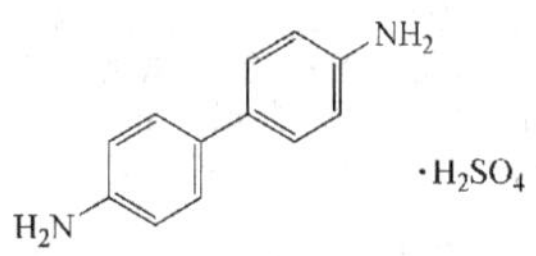

Benzil 联苯甲酰 01340

[134-81-6] $C_{14}H_{10}O_2$ 210.23
成分 C 79.99%，H 4.79%，O 15.22%。
别名 二苯基乙二酮；苯偶酰；Bibenzoyl；Dibenzoyl；Diphenyl-*α*，*β*-diketone；1,2-Diphenylethanedione；Diphenylglyoxal
M. I. 15,1080
性状 来自乙醇中的黄色棱柱体结晶。溶于乙醇、乙醚、三氯甲烷、乙酸乙酯、苯、甲苯、硝基苯，不溶于水。mp 95℃；bp_{760} 346～348℃/101.325kPa；bp_{12} 188℃/1.6kPa；Fp 356℉(180℃)；d_4^{15} 1.23；uv max(乙醇中)：260nm(ε 22000)。
注意事项 该品对眼睛、呼吸系统及皮肤有刺激性。使用时应戴手套。万一接触到眼睛，应立即用大量水冲洗后请医生诊治。
主要用途 有机合成。

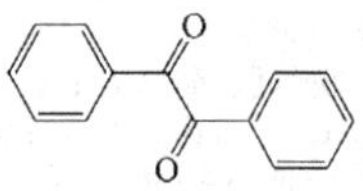

α-Benzil dioxime　α-联苯酰二肟　01341

[522-34-9][23873-81-6]　$C_{14}H_{12}N_2O_2$　240.26

成分　C 69.99%，H 5.03%，N 11.66%，O 13.32%。

别名　α-二苯甲酰二肟；顺式二苯乙二肟；α-二苯基乙二醛肟；α-苯偶酰二肟；Diphenylethanedione dioxime；α-Diphenylglyoxime

M. I. 15,1079

性状　来自甲醇中的无色结晶。易溶于氢氧化钠溶液，微溶于乙醇，几乎不溶于水、乙醚、冰乙酸。mp 235～237℃(分解)。一般试剂含量≥98.0%。

注意事项　使用时应避免吸入本品的粉尘，避免与眼睛及皮肤接触。

主要用途　测定镍和钯的试剂。

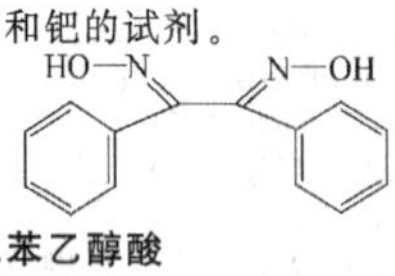

Benzilic acid　二苯乙醇酸　01342

[76-93-7]　$C_{14}H_{12}O_3$　228.25

成分　C 73.67%，H 5.30%，O 21.03%。

别名　二苯甘醇酸；二苯基羟乙酸；Diphenylglycolic acid；Diphenylcarbinol-α-carbonic acid；α-Hydroxydiphenylacetic acid；α-Hydroxy-α-phenylbenzeneacetic acid

M. I. 15,1082

性状　来自水中的无色单斜针状结晶。味苦。遇高温熔化为深红色。易溶于热水、乙醇、乙醚，微溶于冷水。pK_a(25℃)：3.036；mp 150℃。一般试剂含量≥99.0%(T)。

注意事项　该品口服有害。使用时应穿适当的防护服。

主要用途　测定锆的试剂。

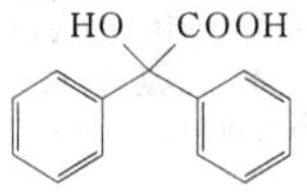

Benzimidazole　苯并咪唑　01343

[51-17-2]　$C_7H_6N_2$　118.14

成分　C 71.17%，H 5.12%，N 23.71%。

别名　苯并二唑；N,N′-甲川邻苯二胺；N,N′-邻次苯基甲脒；Azindole；Benziminazole；1,3-Benzodiazole；Benzoglyoxaline；N,N′-(o-Phenylene)formamidine；N,N′-Methenyl-o-phenylenediamine

M. I. 15,1083

性状　无色平片状结晶或正交、单斜结晶体。具有高度的化学稳定性。1g 该品溶于 2g 沸二甲苯，易溶于乙醇，溶于酸或强碱的水溶液，略溶于乙醚，略微溶于水，较多地溶于热水，几乎不溶于苯、石油醚。pK_a(25℃)：5.48；mp 170.5℃；bp_{760} > 360℃/101.325kPa。一般试剂含量≥99.0%。

注意事项　该品对身体有不可逆的危害。使用时应穿适当的防护服和戴手套。

主要用途　测定钴的试剂。

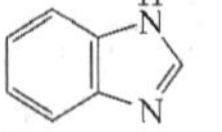

Benziodarone　苯碘达隆　01344

[68-90-6]　$C_{17}H_{12}I_2O_3$　518.09

成分　C 39.41%，H 2.33%，I 48.99%，O 9.26%。

别名　碘苯呋酮；(2-Ethyl-3-benzofuranyl)(4-hydroxy-3,5-diiodophenyl) methanone；2-Ethyl-3-(3′,5′-diiodo-4′-hydroxybenzoyl) benzofuran；2-Ethyl-3-(3′,5′diiodo-4′-hydroxybenzoyl)oxaindene；2-Ethyl-3-benzofuryl 3′,5′-diiodo-4′-hydroxyphenyl ketone；2-Ethyl-3-(3,5-diiodo-4-hydroxybenzoyl)coumarone；2-Ethyl-3-(4-hydroxy-3,5-diiodobenzoyl) benzofuran；2329Labaz；L-2329；Amplivix；Dilafurane；Retrangor

M. I. 15,1085

性状　浅黄色粉末。溶于氯仿、丙酮，溶于水(25℃，约 0.2%；45℃，约 1.0%)。mp 167℃。生化试剂含量≥98.0%。

主要用途　医用冠状血管舒张剂。抗心律失常剂。

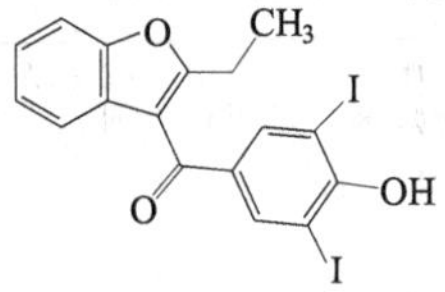

Benzitramide　氰苯咪哌啶　01345

[15301-48-1]　$C_{31}H_{32}N_4O_2$　492.62

成分　C 75.58%，H 6.55%，N 11.37%，O 6.50%。

别名　4-[2,3-Dihydro-2-oxo-3-(1-oxopropyl)-1*H*-benzimidazo-1-yl]-α,α-diphenyl-1-piperidine butane nitrile；1-[1-(3-Cyano-3,3-diphenylpropyl)-4-piperidinyl]-1,3-dihydro-3-(1-oxopropyl)-2*H*-benzimidazol-2-one；1-[1-(3-Cyano-3,3-diphenylpropyl)-4-piperidyl]-3-propionyl-2-benzimidazolinone；1-(3-Cyano-3,3-diphenylpropyl)-4-(2-oxo-3-propionyl-1-benzimidazolinyl) piperidine；Benzitramide；R-4845；Burgodin

M. I. 15,1200

性状　白色结晶性粉末，mp 145～149℃。或浅黄色非晶形粉末，mp 124.5～126℃。于乙酸乙酯、丙酮、苯、氯仿中溶解度均>1 g/100mL。几乎不溶于水、稀酸。LD_{50}小鼠，大鼠急性经口：2101mg/kg，141mg/kg。

主要用途　医用麻醉止痛剂。

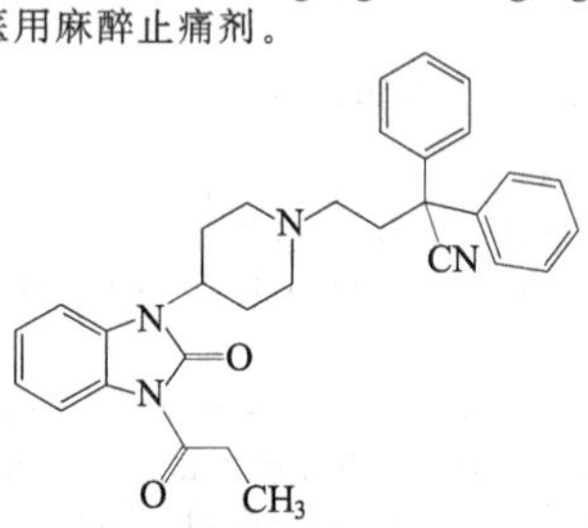

Benzo azurine G　苯并天青 G　01346

[2429-71-2]　$C_{34}H_{24}N_4Na_2O_{10}S_2$　758.68

成分　C 53.83%，H 3.19%，N 7.38%，Na 6.06%，O 21.09%，S 8.45%。

别名　直接苯天蓝；苯甲天青；二甲氧基苯胺重氮双(1-萘酚-4-磺酸钠)；苯并天青精；棉蓝 N；Benzoazurine；Cotton blue N；Dianisidinediazobis(sodium 1-naphthol-4-sulfonate)；3,3′-[3,3′-Dimethoxy(1,1′-biphenyl)-4,4′-diyl]bis(azo)bis(4-hydroxy-1-naphthalenesulfonic acid) disodium salt；Direct blue 8；Diso dium o-dianisidinediazobis(1-naphthol-4-sulfonate)；Direct- bright fast blue

M. I. 15,1087　C. I. 24140

性状　蓝黑色粉末。溶于水呈蓝紫色，溶于氢氧化钠水溶液呈红色，溶于硫酸呈蓝色，溶于乙二醇乙醚，极微溶于乙醇，几乎不溶于一般有机溶剂。

主要用途　检测镁的分析试剂。

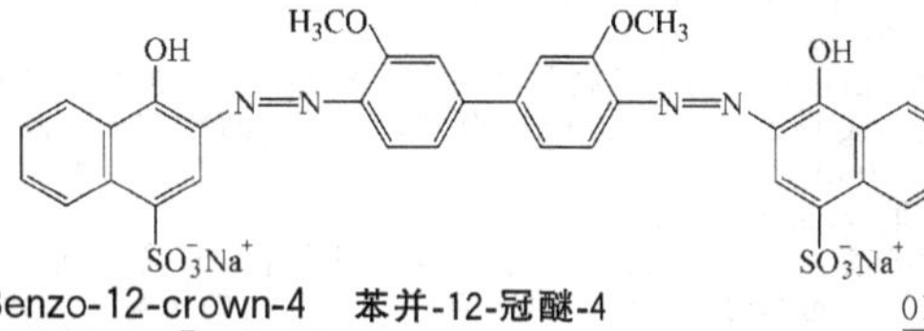

Benzo-12-crown-4　苯并-12-冠醚-4　01347

[14174-08-4]　$C_{12}H_{16}O_4$　224.26

成分　C 64.27%，H 7.19%，O 28.54%。

性状　无色结晶或白色粉末。mp 48～50℃。一般试剂含量≥99.0%(GC)。

注意事项　该品具有刺激性。使用时应避免吸入本品的粉尘，避免与眼睛及皮肤接触。应充氩气密封保存。

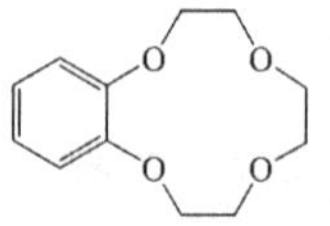

Benzo-15-crown-5　苯并-15-冠醚-5　01348
[14098-44-3]　$C_{14}H_{20}O_5$　268.31
成分　C 62.67%，H 7.51%，O 29.82%。
性状　无色结晶或白色粉末。易吸湿。mp 79～81℃。一般试剂含量 ≥99.0%(GC)。
注意事项　使用时应避免吸入本品的粉尘，避免与眼睛及皮肤接触。应充氩气密封干燥保存。

Benzo-18-crown-6　苯并-18-冠醚-6　01349
[14098-24-9]　$C_{16}H_{24}O_6$　312.36
成分　C 61.52%，H 7.74%，O 30.73%。
性状　无色结晶或白色粉末。易吸湿。mp 43～45℃；Fp 235.4℉(113℃)。一般试剂含量 ≥98.0%(GC)。
注意事项　该品具有刺激性。使用时应避免吸入本品的粉尘，避免与眼睛及皮肤接触。应密封干燥保存。

Benzoc tamine hydrochloride　苯佐他明 盐酸盐　01350
[10085-81-1]　$C_{18}H_{20}ClN$　285.82
成分　C 75.64%，H 7.05%，Cl 12.40%，N 4.90%。
别名　太息定 盐酸盐；盐酸太息定；盐酸苯佐他明；Ba-30803；Tacitin；*N*-Methyl-9, 10-ethanoanthracene-9(10*H*)-methanamine hydrochloride；1-(Methylaminomethyl)dibenzo[*b*,*e*]bicyclo[2.2.2]octadiene hydrochloride；9-Methylaminomethyl-9,10-dihydro-9,10-ethanoanthracene hydrochloride
M.I. 15，1089
性状　无色结晶。pK_a 7.6。mp 320～322℃。LD_{50} 大鼠急性经口：(700±170) mg/kg。
主要用途　医用抗焦虑剂。

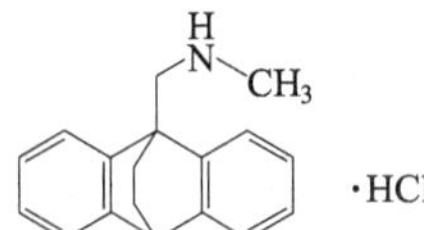

1,2-Benzofluorene　1,2-苯并芴　01351
[238-84-6]　$C_{17}H_{12}$　216.28
成分　C 94.40%，H 5.59%。
别名　11*H*-Benzo[*a*]fluorene；Chrysofluorene
性状　无色结晶。溶于乙醚、氯仿、热苯。mp 185～190℃；bp 398～400℃。一般试剂含量≥98.0%(HPLC)。
注意事项　该品蒸气和粉尘吸入有害。使用时应穿适当的防护服和戴手套。
主要用途　大气污染分析标准物。

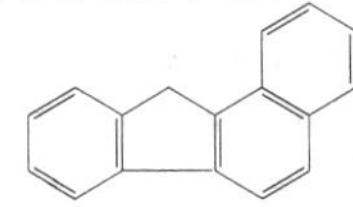

2,3-Benzofluorene　2,3-苯并芴　01352
[243-17-4]　$C_{17}H_{12}$　216.28
成分　C 94.40%，H 5.59%。
别名　11*H*-Benzo[*b*]fluorene；Isonaphthofluorene；*iso*-Naphthofluorene
性状　无色结晶。溶于轻石油，呈绿色荧光。mp 211～213℃；bp 401～402℃。一般试剂含量≥98.0%(HPLC)。
注意事项　使用时应避免吸入本品的粉尘，避免与眼睛及皮肤接触。
主要用途　大气污染分析标准物。

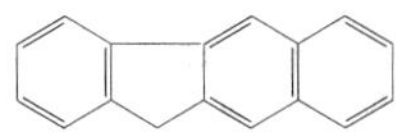

2-Benzofurancarboxylic acid　2-苯并呋喃羧酸　01353
[496-41-3]　$C_9H_6O_3$　162.14
成分　C 66.67%，H 3.73%，O 29.60%。
别名　苯并呋喃-2-羧酸；香豆基酸；Coumarilic acid；Coumarone-2-carboxylic acid
M.I. 15，2549
性状　来自水中的无色针状结晶。味苦。溶于沸水、乙醇，微溶于氯仿、二硫化碳。mp 192～193℃；bp 310～315℃(微分解)。一般试剂含量≥98.0%(T)。
注意事项　该品对眼睛、呼吸系统及皮肤有刺激性。使用时应穿适当的防护服。万一接触到眼睛，应立即用大量水冲洗后请医生诊治。

Benzoic acid　苯甲酸　01354
[65-85-0]　$C_7H_6O_2$　122.12
成分　C 68.85%，H 4.95%，O 26.20%。
别名　安息香酸；苯酸；苯蚁酸；Benzenecarboxylic acid；Dracylic acid；Phenylformic acid
M.I. 15，1093
性状　无色单斜片状或小叶状结晶。该品在水中的溶解度(g/L)：0℃，1.7；10℃，2.1；20℃，2.9；25℃，3.4；30℃，4.2；40℃，6.0；50℃，9.5；60℃，12.0；70℃，17.7；80℃，27.5；90℃，45.5；95℃，68.0。1g 该品溶于 2.3mL 冷乙醇、1.5mL 沸乙醇、4.5mL 氯仿、3mL 乙醚、3mL 丙酮、30mL 四氯化碳、10mL 苯、30mL 二硫化碳、23mL 松节油。溶于热水，微溶于石油醚。受热至100℃以上升华。其溶液 25℃时 pH 值 2.8。p*K*(25℃)4.19。mp 122.4℃；bp_{760} 249.2℃/101.325kPa；bp_{400} 227℃/53.33kPa；bp_{200} 205.8℃/26.664kPa；bp_{100} 186.2℃/13.332kPa；bp_{60} 172.8℃/8kPa；bp_{40} 162.6℃/5.33kPa；bp_{20} 146.7℃/2.666kPa；bp_{10} 132.1℃/1.333kPa；Fp 250℉(121℃)；*d* 1.321。
注意事项　该品口服有害。对眼睛、呼吸系统及皮肤有刺激性。吸入或与皮肤接触可引起过敏。对眼睛有严重损伤的危险。并有不可逆损伤的危险。使用时应穿适当的防护服、戴手套和防护镜或面罩。使用时应避免吸入本品的粉尘。万一接触到眼睛，应立即用大量水冲洗后请医生诊治。
主要用途　测定铝、铬、铜、铁、钍、钡、铊的试剂。三价和四价离子的分离（如铁、铝、铬等）。检测锰、汞、镍、镁、钛、钨、铀、硝酸盐、亚硝酸盐。有机分析中用于苯甲酰化。热量基准。防腐剂。

参考规格

HG/T 3458—2000	分析纯	化学纯
含量（C_6H_5COOH）/%≥	99.5	99.0
熔点范围/℃	121.0～123.0	121.0～123.0
澄清度试验	合格	合格
灼烧残渣（以硫酸盐计）/%≤	0.01	0.02
氯化合物（Cl）/%≤	0.01	0.02
硫化合物（以 SO_4 计）/%≤	0.003	0.005
铁（Fe）/%≤	0.0005	0.001
重金属（以 Pb 计）/%≤	0.001	0.001
硫酸试验	合格	合格
还原高锰酸钾物质	合格	

GB 12597—2008	工作基准试剂
含量（C_6H_5COOH）/%≥	99.95～100.05
熔点/℃	121.5～123.5
澄清度试验/号≤	2
灼烧残渣（以硫酸盐计）/%≤	0.01
氯化物（Cl）/%≤	0.003
硫化合物（以 SO_4 计）/%≤	0.003
铁（Fe）/%≤	0.0004
重金属（以 Pb 计）/%≤	0.0005
易碳化物质	合格
还原高锰酸钾物质（以 O 计）/%≤	0.008

Benzoic anhydride　苯甲酸酐 01355

[93-97-0]　$C_{14}H_{10}O_3$　226.23

成分　C 74.33%，H 4.46%，O 21.22%。

别名　安息香酸酐；苯甲酐；苯酐；Benzoic acid anhydride

M. I. 15,1094

性状　来自苯十石油醚中的无色或正交双锥体白色结晶。溶于乙醇、乙醚、氯仿、丙酮、乙酸乙酯、苯、甲苯、二甲苯、冰乙酸、乙酸酐，中等程度溶于石油醚，极微溶于水(0.01g/L)。在水及冷碱溶液中稳定。mp 42℃；bp_{760} 360℃/101.32kPa；bp_{200} 299.1℃/26.664kPa；bp_{60} 252.7℃/8kPa；bp_{40} 239.8℃/5.33kPa；bp_{20} 218℃/2.666kPa；bp_{10} 198℃/1.333kPa；bp_5 180℃/670Pa；bp_1 143.8℃/133.32Pa；Fp >230℉(110℃)；d_4^{15} 1.1989；n_D^{15} 1.57665。一般试剂含量≥95.0%(NT)。

注意事项　该品对眼睛、呼吸系统及皮肤有刺激性。使用时应穿适当的防护服。万一接触到眼睛，应立即用大量水冲洗后请医生诊治。应充氩气密封于干燥处保存。

主要用途　用于有机液体中水的测定。防腐剂。有机合成。

Benzoin　安息香 01356

[119-53-9]　$C_{14}H_{12}O_2$　212.25

成分　C 79.22%，H 5.70%，O 15.08%。

别名　1,2-二苯-α-氧代-1-乙醇；二苯基乙醇酮；苯甲酰苯甲醇；苯甲醇苯甲酮；苯基-α-羟基苯甲基酮；苯偶姻；α-羟基苄基苯基甲酮；2-羟基-2-苯基苯乙酮；Benzoylphenylcarbinol；Bitteralmend-oil camphor；2-Dihydroxy-1，2-diphenylethanone；α-Hydroxybenzyl phenyl ketone；α-Hydroxy-α-phenylacetophenone；Phenyl benzoyl carbinol；Phenly-α-hydroxybenzyl ketone

M. I. 15,1095

性状　来自乙醇中的无色单斜棱柱体结晶。溶于3335份水、5份吡啶，较多地溶于热水。溶于沸乙醇、丙酮，微溶于乙醚。mp 137℃；bp_{768} 344℃/102.39kPa；bp_{12} 194℃/1.6kPa；Fp 357.8℉(181℃)；uv max(乙醇中)：247nm(ε 14500)。一般试剂含量≥99.0%(GC)。

主要用途　荧光反应法检验锌。有机合成中间体。制药工业用作防腐剂。

Benzoin ethyl ether　安息香乙醚 01357

[574-09-4]　$C_{16}H_{16}O_2$　240.30

成分　C 79.97%，H 6.71%，O 13.32%。

别名　2-乙氧基-2-苯基苯乙酮；苯偶姻乙醚；2-Ethoxy-2-phenylacetophenone；α-Ethoxy-α-phenylacetophenone

M. I. 15,1095

性状　白色或微黄色针状结晶。溶于乙醇、乙醚、苯，不溶于水。mp 62℃；bp 194～195℃；d_4^{17} 1.1016。一般试剂含量≥97.0%(NT)。

注意事项　该品对眼睛、呼吸系统及皮肤有刺激性。使用时应戴适当的手套。万一接触到眼睛，应立即用大量水冲洗后请医生诊治。

主要用途　光敏树脂印刷。

Benzoin methyl ether　安息香甲醚 01358

[3524-62-7]　$C_{15}H_{14}O_2$　226.28

成分　C 79.62%，H 6.24%，O 14.14%。

别名　2-甲氧基-2-苯基苯乙酮；苯偶姻甲醚；2-Methoxy-2-phenylacetophenone；α-Methoxy-α-phenylacetophenone

M. I. 15,1095

性状　白色或微黄色针状结晶。溶于乙醇、乙醚、丙酮、三氯甲烷，不溶于水。mp 49℃；bp_{15} 188～189℃/1.99kPa；Fp >230℉(110℃)；d1.128。一般试剂含量≥99.0%。

注意事项　该品口服有害。使用时应穿适当的防护服。应避免吸入本品的粉尘，避免与眼睛及皮肤接触。

主要用途　印刷工业。

α-Benzoin oxime　α-安息香肟 01359

[441-38-3]　$C_{14}H_{13}NO_2$　227.26

成分　C 73.99%，H 5.77%，N 6.16%，O 14.08%。

别名　α-苯偶姻肟；铜试剂；2-羟基-2-苯基苯乙酮肟；Cupron；Benzoin anti-oxime；2-Hydroxy-1，2-diphenylethanone oxime；2-Hydroxy-2-phenylacetophenone oxime

M. I. 15,1096

性状　来自苯中的无色棱柱体结晶或白色结晶性粉末。遇光颜色变黑。溶于乙醇、氨水，微溶于水。mp 151～152℃；$[\alpha]_D^{20}$ 0°(c = 1.6，于丁酮中)。一般试剂含量≥97.0%(TLC)。

注意事项　使用时应避免吸入本品的粉尘，避免与眼睛及皮肤接触。应密封避光保存。

主要用途　测定铜、钼、钨的试剂。生化研究测微量金属元素。

Benzonitrile　苯甲腈 01360

[100-47-0]　C_7H_5N　103.12

成分　C 81.53%，H 4.89%，N 13.58%。

别名　苄腈；苯基氰；氰化苯；Benzene carbonitrile；Cyanobenzene；Phenyl cyanide

GW 2015-78　M. I. 15,1099

性状　无色或微黄色的透明油状液体。具有挥发性和强折光性。有苦杏仁味。能与乙醇、乙醚等多种有机溶剂相混溶，微溶于冷水。mp −12.75℃；bp_{760} 190.7℃/101.325kPa；bp_{100} 123.5℃/13.33kPa；bp_{10} 69.2℃/1.333kPa；bp_1 28.2℃/133.32Pa；Fp 167℉(75℃)；d_{15}^{15} 1.010；n_D^{20} 1.5289。一般试剂含量≥98.0%(GC)。

注意事项　该品口服或与皮肤接触有害。使用时应避免吸入本品的蒸气、飞沫。

主要用途　溶剂。有机合成。

Benzo[*ghi*]perylene　苯并[*ghi*]芘 01361

[191-24-2]　$C_{22}H_{12}$　276.34

成分　C 95.62%，H 4.38%。

别名　1,12-苯并芘；1,12-Benzoperylene

性状　无色结晶或白色粉末。带有亮绿黄色荧光。mp 278～279℃；bp>500℃。一般试剂含量≥98.0%。

注意事项　该品对机体有不可逆损伤的可能性。使用时应穿适当的防护服，戴手套和防护镜或面罩。应充氩气密封避光保存。

主要用途　大气污染分析标准物。

Benzopurpurine 4B　苯红紫 4B 01362

[992-59-6]　$C_{34}H_{26}N_6Na_2O_6S_2$　724.72

成分　C 56.35%，H 3.62%，N 11.60%，Na 6.34%，O 13.25%，S 8.85%。

别名　苯紫4B；苯紫基红4B；棉红4B；Azamin 4B；Benzopurpurin B；Cotton red 4B；Direct red 2；Direct red 4B；Disodium-o-tolidinedi azo bis(1-naphthylamine-4-sulfonate)；3,3′-[3,3′-Dimethyl(1,1′-biphenyl)-4,4′-diylbis(azo)]bis[4-amino-1-naphthalenesulfonic acid]disodium salt；Ditolyl diazo bis-α-naphthylamine-4-sulfonic acid sodium salt；Eclipse red；Fast scarlet；Paper red 4B；Sultan red 4B

M. I. 15,1104　C. I. 23500

性状　棕色粉末。溶于水、氢氧化钠溶液、硫酸、乙醇、丙酮、2-乙氧基乙醇，几乎不溶于别的有机溶剂。pH值1.2～4.0(由蓝紫色至红色)。λ_{max} 500nm。

注意事项　该品对眼睛、呼吸系统及皮肤有刺激性。使用时应穿适当的防护服，戴手套和防护镜或面罩。万一接触到眼睛，应立即用大量水冲洗后请医生诊治。应密封避光保存。

主要用途 检测镁、铝、汞、银、铀的试剂。生物染色剂，如原生质的染色。酸碱指示剂。用溴酸盐法测定锑时作氧化还原剂。

Benzo[*a*]pyrene 苯并[*a*]芘 01363

[50-32-8] $C_{20}H_{12}$ 252.32

成分 C 95.21%，H 4.79%。

别名 3，4-苯并芘；1，2-苯并芯；1，2-苯并芘；B[*a*]P；3，4-Benzopyrene；Benzo[*def*]chrysene；3，4-Benzpyrene

M. I. 15，1106

性状 来自苯+甲醇中的浅黄色针状或片状结晶。溶于苯、甲苯、二甲苯，略微溶于乙醇、甲醇，几乎不溶于水。在其稀苯溶液中呈紫色荧光。mp 179～179.3℃；bp_{10} 310～312℃/1.333kPa。

注意事项 该品吸入或与皮肤接触极毒。能致癌。能引起遗传基因的损伤。能引起生育力的损伤和危害胎儿。接触皮肤能引起过敏。对水生物极毒。能对水环境引起不利的结果。使用前应得到专门的指导，避免曝露。使用时如有事故发生或有不适之感，应请医生诊治。应防止将本品释放于环境中。其包装物应按危险品处理。

主要用途 组织化学测定脂类。

Benzo[*e*]pyrene 苯并[*e*]芘 01364

[192-97-2] $C_{20}H_{12}$ 252.32

成分 C 95.21%，H 4.79%。

别名 4，5-苯并芘；1，2-Benzpyrene；4，5-Benzpyrene；B[*e*]P

M. I. 15，1107

性状 来自苯中的无色棱柱体或片状结晶。mp 178～179℃。一般试剂含量≥99.0%(HPLC)。

注意事项 该品吸入、口服或与皮肤接触有害。能危害胎儿。使用前应得到专门的指导，避免曝露。使用时应穿适当的防护服，戴手套和防护镜或面罩。应避免吸入本品的粉尘。使用时如有事故发生或有不适之感，应请医生诊治。

主要用途 组织化学测定脂类。

Benzo[*f*]quinoline 苯并[*f*]喹啉 01365

[85-02-9] $C_{13}H_9N$ 179.22

成分 C 87.12%，H 5.06%，N 7.82%。

别名 5，6-苯并喹啉；5，6-苯基氮杂萘；*β*-萘喹啉；4-氮杂菲；5，6-Benzoquinoline；Naphthopyridine；*β*-Naphthoquinoline

M. I. 15，1108

性状 来自乙醇加水中的无色结晶。易溶于乙醇、乙醚、苯，溶于稀酸，几乎不溶于水。mp 93℃；bp_{721} 349～350℃/96.125kPa；uv max(乙醇中)：347nm、331nm、316nm、266 nm (lg ε 3.54，3.41，3.18，4.06)。一般试剂含量≥99.0%。

主要用途 测定镉、铋的试剂。

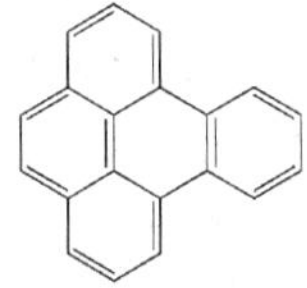

Benzo[*h*]quinoline 苯并[*h*]喹啉 01366

[230-27-3] $C_{13}H_9N$ 179.22

成分 C 87.12%，H 5.06%，N 7.82%。

别名 7，8-苯并喹啉；1-萘喹啉；B-78；7，8-Benzoquinoline；Naphtho-1，2-2′，3′-pyridine；1-Naphthoquinoline

性状 白色或黄色单斜结晶。溶于乙醇、乙醚、丙酮等有机溶剂，微溶于水。mp 48～50℃。bp_{719} 388℃/95.86kPa；bp_{47} 233℃/6.26kPa；Fp 235.4℉(113℃)；一般试剂含量≥99.0%(NT)。

注意事项 该品具有刺激性。使用时应避免吸入本品的粉尘，避免与眼睛及皮肤接触。

主要用途 气相色谱固定液，用以分离芳香烃。测定铋、镉的试剂。

1，4-Benzoquinone 1，4-苯醌 01367

[106-51-4] $C_6H_4O_2$ 108.10

成分 C 66.67%，H 3.73%，O 29.60%。

别名 对苯二酮；对苯醌；对醌；*p*-Benzoguinone；1，4-Cyclohexadienedione；2，5-Cyclohexadiene-1，4-dione；*p*-Dioxybenzene；Quinone；*p*-Quinone

GW 2015-86 M. I. 15，8191

性状 来自水或石油醚中的黄色单斜棱柱体结晶。有特殊气味。溶于乙醇、乙醚、热石油醚及碱类，微溶于水。加热升华。mp 115.7℃；Fp 170.6℉(77℃)；d_4^{20} 1.318。LD_{50} 大鼠急性经口：130mg/kg。一般试剂含量≥98.0%(HPLC)。

注意事项 该品吸入或口服有毒。对眼睛、呼吸系统及皮肤有刺激性。对水生物极毒。万一接触到眼睛，应立即用大量水冲洗后请医生诊治。接触皮肤后，应立即用大量肥皂泡沫冲洗。使用时如有事故发生或有不适之感，应请医生诊治。应防止将本品释放于环境中。应密封避光于2～8℃保存。

主要用途 用于测定毒芹碱、吡啶、酪氨酸及对苯二酚的定性试剂。氧化剂。有机合成。

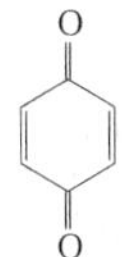

1，4-Benzoquinone dioxime 1，4-苯醌二肟 01368

[105-11-3] $C_6H_6N_2O_2$ 138.13

成分 C 52.17%，H 4.38%，N 20.28%，O 23.17%。

别名 对苯醌二肟；*p*-Benzoquinone dioxime

性状 浅黄色或棕黑色结晶。易溶于乙醇、乙酸乙酯，不溶于水。mp 235～242℃(分解)；Fp 120℉(49℃)；*d* 1.490。

注意事项 该品口服有害。对机体有不可逆损伤的可能性。使用时应穿适当的防护服和戴手套。使用时应避免吸入本品的粉尘。

主要用途 测定镍的试剂。

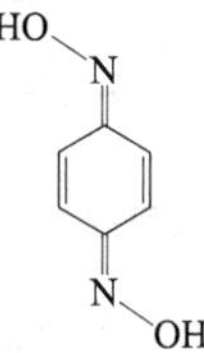

Benzothiazole 苯并噻唑 01369

[95-16-9] C_7H_5NS 135.18

成分 C 62.19%，H 3.73%，N 10.36%，S 23.72%。

别名 1，3-硫氮杂茚；间氮杂硫茚；Benzthiazole

M. I. 15，1110

性状 无色至微黄色液体。有类似喹啉的气味。易溶于乙醇、二硫化碳，微溶于水。mp 2℃；bp_{765} 227～228℃/101.99kPa；bp_{34} 131℃/4.53kPa；Fp 235.4℉(113℃)；d_4^{20} 1.246；n_D^{20} 1.6379。LD_{50} 小鼠静脉注射：(95±3)mg/kg。一般试剂含量≥97.0%。

注意事项 该品口服有害。使用时应穿适当的防护服。避免吸入本品的蒸气和烟雾，避免与眼睛及皮肤接触。万一接触到眼睛，应立即用大量水冲洗后请医生诊治。

主要用途 照相材料。有机合成。农业研究。橡胶促进剂。

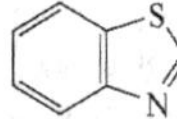

Benzotriazole 苯并三氮唑 01370

[95-14-7] $C_6H_5N_3$ 119.13

成分 C 60.50%,H 4.23%,N 35.27%。

别名 连三氮杂茚;苯三唑;1,2,3-苯并三唑;苯并三氮杂茂;Azimidobenzene;Benzeneazimide;Benzisotriazole;1,2,3-Benzotriazole;1*H*-Benzotriazole;Benztriazole;BTA;BZT

M. I. 14,1108

性状 来自苯中的无色或微粉色针状结晶。露置空气中逐渐氧化变红。溶于乙醇、苯、甲苯、三氯甲烷、二甲基甲酰胺,略微溶于水。mp 98.5℃;bp_{15} 204℃/2kPa;bp_2 159℃/266.64Pa;Fp 338°F(170℃)。一般试剂含量≥99.0%(N)。

注意事项 该品吸入或口服有害。对眼睛有刺激性。对水生物有害。对水环境能产生长期有害的结果。使用时应穿适当的防护服和戴手套。万一接触到眼睛,应立即用大量水冲洗后请医生诊治。应防止将本品释放于环境中。应密封避光保存。

主要用途 与氢氧化铵和乙二胺四乙酸合用测定银、铜、锌。照相防雾剂。有机合成。

Benzoxonium chloride 苯扎氯铵 01371

[19379-90-9] $C_{23}H_{42}ClNO_2$ 400.04

成分 C 69.06%,H 10.58%,Cl 8.86%,N 3.50%,O 8.00%。

别名 杀藻胺;氯化苄基十二烷基双(2-羟乙基)铵;*N*-Dodecyl-*N*,*N*-bis(2-hydroxyethyl)benzenemethanaminium chloride;Benzyldodecylbis(2-hydroxyethyl)ammonium chloride;Dodecyldi(*β*-hydroxyethyl)benzylammonium chloride;D-301;ZY-15021;Absonal;Bactofen;Bialcol

M. I. 15, 1114

性状 来自乙醚中的无色粉末。溶于水、乙醇、苯、甲苯、氯苯。mp 107~109℃。LD_{50}大鼠急性经口:750mg/kg。

主要用途 医用、兽用消毒剂。

2-Benzoylacetanilide 2-苯甲酰乙酰苯胺 01372

[85-99-4] $C_{15}H_{13}NO_2$ 239.27

成分 C 75.30%, H 5.48%, N 5.85%, O 13.37%。

别名 苯甲酰乙酰替苯胺;*α*-苯酰乙酰苯胺;*α*-Benzoylacetanilide

性状 白色或浅粉红色结晶。易溶于乙醇等多种有机溶剂,微溶于水。mp 106~108℃。一般试剂含量≥98.0%。

Benzoylacetone 苯甲酰丙酮 01373

[93-91-4] $C_{10}H_{10}O_2$ 162.19

成分 C 74.06%,H 6.21%,O 19.73%。

别名 1-苯基-1,3-丁二酮;*α*-乙酰苯乙酮;乙酰苯甲酰甲烷;甲基苯酰甲基酮;*α*-Acetylacetophenone;Acetylbenzoylmethane;Methylphenacyl ketone;1-Phenyl-1,3-butanedione

性状 浅黄色结晶。溶于乙醇、乙醚、浓碱溶液,微溶于热水。mp 58~59℃;*d* 1.090。一般试剂含量≥98.0%(GC)。

注意事项 使用时应避免吸入本品的粉尘,避免与眼睛及皮肤接触。

主要用途 测定铊的试剂。

***N*-Benzoyl-DL-*α*-alanine *N*-苯甲酰-DL-*α*-丙氨酸** 01374

[1205-02-3] $C_{10}H_{11}NO_3$ 193.20

成分 C 62.19%,H 5.74%,N 7.25%,O 24.84%。

别名 DL-苯甲酰初油氨基酸;DL-苯甲酰氨基丙酸;DL-2-Benzamidopropionic acid

性状 白色结晶性粉末。溶于稀酸,极微溶于水。mp 165~166℃。

主要用途 生化研究。

Benzoylamide 苯甲酰胺 01375

[55-21-0] C_7H_7NO 121.14

成分 C 69.40%,H 5.82%,N 11.56%,O 13.21%。

别名 苯酰胺;Benzamide;Benzene carbonamide;Benzoic acid amide

M. I. 15,1062

性状 无色结晶。1g 该品溶于 74mL 水、较多地溶于沸水,溶于 6mL 乙醇、3.3mL 吡啶,溶于热苯,微溶于乙醚。mp 130℃;bp 288℃;d^4 1.341。一般试剂含量≥98.0%(HPLC)。

注意事项 该品口服有害。使用时应避免吸入本品的粉尘,避免与眼睛及皮肤接触。

主要用途 氨基酸试剂。有机合成。

***N*-Benzoylaniline *N*-苯甲酰苯胺** 01376

[93-98-1] $C_{13}H_{11}NO$ 197.24

成分 C 79.17%,H 5.62%,N 7.10%, O 8.11%。

别名 *N*-苯甲酰替苯胺;苯基苯甲酰胺;*N*-苯酰替苯胺;*N*-Phenylbenzamide;Benzanilide

M. I. 15,1063

性状 来自乙醇中的无色或白色小叶状结晶。能升华。1g 该品溶于 60mL 乙醇、7mL 沸乙醇,微溶于乙醚,不溶于水。mp 163℃;bp_{10} 117~119℃/1.333kPa;*d* 1.315。一般试剂含量≥98.0%。

注意事项 使用时应避免吸入本品的粉尘,避免与眼睛及皮肤接触。

主要用途 有机合成。制药工业。

$N_α$-Benzoyl-L-arginine $N_α$-苯甲酰-L-精氨酸 01377

[154-92-7] $C_{13}H_{18}N_4O_3$ 278.31

成分 C 56.10%,H 6.52%,N 20.13%,O 17.25%。

别名 $N_α$-苯甲酰-L-蛋白氨基酸

性状 白色结晶性粉末。溶于稀酸,极微溶于水。mp 285℃(分解);$[α]^{20}_{546}$ −10.5°±1°;$[α]^{20}_{D}$ −8.5°±1°(*c*=1,于盐酸中)。一般试剂含量≥99.0%。

注意事项 使用时应避免吸入本品的粉尘,避免与眼睛及皮肤接触。

主要用途 生化研究。肽的中间体研究。

$N_α$-Benzoyl-L-arginine ethyl ester hydrochloride 01378
$N_α$-苯甲酰-L-精氨酸乙酯 盐酸盐

[2645-08-1] $C_{15}H_{23}ClN_4O_3$ 342.83

成分 C 52.55%,H 6.76%,Cl 10.34%,N 16.34%,O 14.00%。

别名 盐酸 $N_α$-苯甲酰-L-精氨酰乙酯；N^2-苯甲酰-L-精氨酸乙酯盐酸盐；盐酸 N^2-苯甲酰-L-精氨酸乙酯；N^2-Benzoyl-L-arginine ethyl ester hydrochloride；BAEE
性状 白色结晶。有吸湿性。溶于水并逐渐分解。mp 128～130℃；$[α]_D^{20}$ −16°±1.5°(c=2，于水中)。生化试剂含量≥99.0%(AT)。
注意事项 该品应充氩气密封于2～8℃干燥保存。
主要用途 生化研究，用作测定胰蛋白酶、胃蛋白酶、无花果蛋白酶的底物。

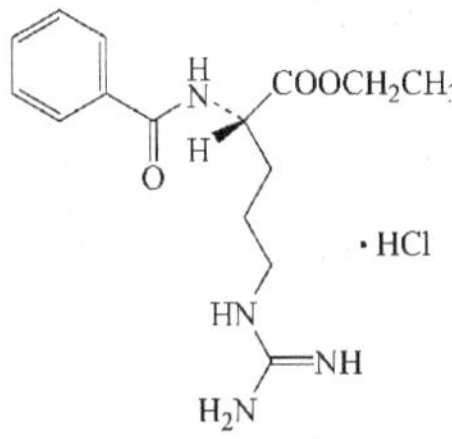

$N_α$-Benzoyl-DL-arginine-2-naphthylamide hydrochloride
$N_α$-苯甲酰-DL-精氨酸-2-萘酰胺 盐酸盐 01379
[913-04-2] $C_{23}H_{25}N_5O_2$·HCl 439.94
成分 C 62.79%，H 5.96%，Cl 8.06%，N 15.92%，O 7.27%。
别名 盐酸 N^2-苯甲酰-DL-精氨酸-2-萘酰胺；BANA；N^2-Benzoyl-DL-arginine-2-naphthylamide hydrochloride
性状 白色结晶。溶于水、乙醇。mp 196～199℃。生化试剂含量≥97.0%(AT)。
注意事项 使用时应避免吸入本品的粉尘，避免与眼睛及皮肤接触。应充氩气密封于2～8℃干燥保存。
主要用途 生化研究，测定组织蛋白酶 B_1、胰蛋白酶及其他蛋白酶的底物。

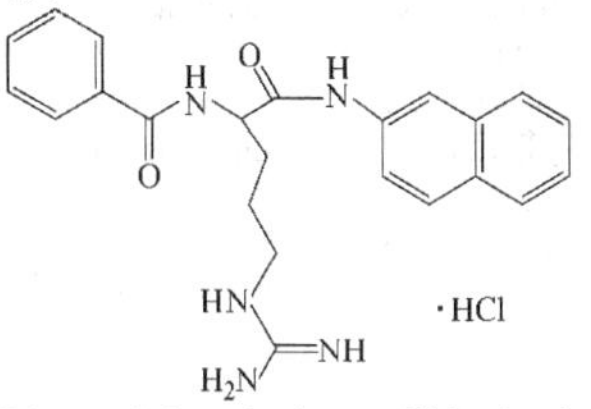

$N_α$-Benzoyl-DL-arginine-4-nitroanilide hydrochloride
$N_α$-苯甲酰-DL-精氨酸-4-硝基苯胺 盐酸盐 01380
[911-77-3] $C_{19}H_{23}ClN_6O_4$ 434.88
成分 C 52.48%，H 5.33%，Cl 8.15%，N 19.32%，O 14.72%。
别名 盐酸 $N_α$-苯甲酰-DL-精氨酸-4-硝基苯胺；N^2-苯甲酰-DL-精氨酸-4-硝基苯胺 盐酸盐；BANI；BAPA；BAPNA；N^2-Benzoyl-DL-arginine *p*-nitroaniline hydrochloride；NAPNA
性状 浅黄色粉末。mp 275～276℃(分解)。生化试剂含量≥98.0%(TLC)。
注意事项 使用时应避免吸入本品的粉尘，避免与眼睛及皮肤接触。应充氩气密封避光于2～8℃干燥保存。
主要用途 生化研究，测定胰乳蛋白酶的底物。

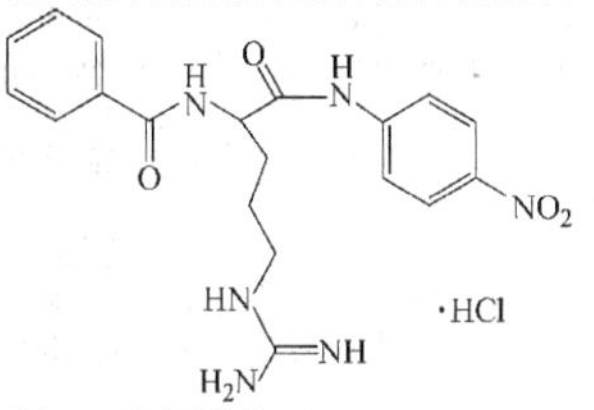

Benzoyl chloride 苯甲酰氯
01381
[98-88-4] C_7H_5ClO 140.57
成分 C 59.81%，H 3.59%，Cl 25.22%，O 11.38%。
别名 苯酰氯；氯化苯甲酰；Benzenecarbonyl chloride；α-Chlorobenzaldehyde
GW 2015-82 M.I.15，1115
性状 无色透明发烟液体。有刺激性气味。能与乙醚、苯、二硫化碳、油类相混溶。能被水或乙醇分解。mp −1℃；bp_{760} 197.2℃/101.325kPa；bp_{35} 100℃/4.67kPa；bp_{15} 82.3℃/2kPa；bp_9 71℃/1.2kPa；bp_3 49℃/400Pa；Fp 109.4°F(88℃)；d_4^{25} 1.2070；n_D^{20} 1.55369。一般试剂含量≥99.5%(T)。
注意事项 该品具有腐蚀性，能引起烧伤。万一接触到眼睛，应立即用大量水冲洗后请医生诊治。使用时如有事故发生或有不适之感，应请医生诊治。应密封于干燥处保存。
主要用途 分析试剂。香料合成。有机合成。

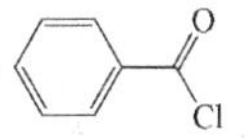

Benzoylcholine chloride 氯化苯甲酰胆碱
01382
[2964-09-2] $C_{12}H_{18}ClNO_2$ 243.73
成分 C 59.13%，H 7.44%，Cl 14.55%，N 5.75%，O 13.13%。
别名 苯甲酰氯化胆碱；*O*-Benzoylcholine chloride；Choline chloride benzoate；*N*-(2-Hydroxyethyl) trimethylammonium cloride benzoate
性状 白色棱柱状结晶。易潮解。溶于水、热乙醇、热丙酮。mp 204～208℃。生化试剂含量≥98.0%（AT）。
注意事项 该品对眼睛、呼吸系统及皮肤有刺激性。使用时应避免吸入本品的粉尘，避免与眼睛及皮肤接触。应密封干燥保存。
主要用途 测定胆碱酯酶作为胆碱酯酶的底物。

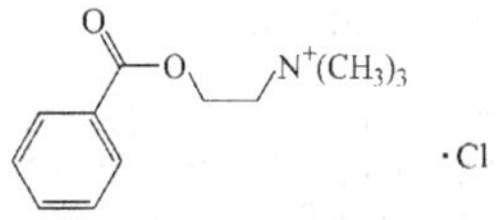

N^6-Benzoyl-5′-*O*-(4,4′-dimethoxytrityl)-2′-deoxyadenosine
N^6-苯甲酰基-5′-*O*-(4,4′-二甲氧基三苯甲基)-2′脱氧腺苷 01383
[64325-78-6] $C_{38}H_{35}N_5O_6$ 657.71
成分 C 69.39%，H 5.36%，N 10.65%，O 14.60%。
别名 Bz-DMT-dA
性状 白色粉末。生化试剂含量≥98.0%。
注意事项 使用时应避免吸入本品的粉尘，避免与眼睛及皮肤接触。应充氩气密封于−20℃保存。
主要用途 生化研究。

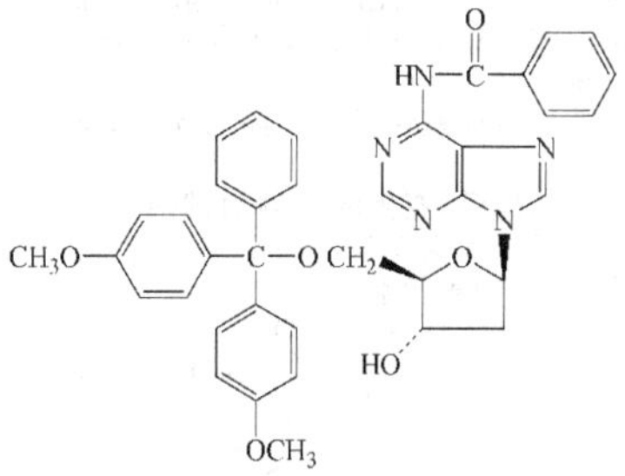

Benzoylecgonine hydrate 苯酰牙子碱 水合
01384
[519-09-5] $C_{16}H_{19}NO_4$ 289.33
成分(无水物) C 66.42%，H 6.62%，N 4.84%，O 22.12%。
别名 水合苯甲酰牙子碱；苯甲酰爱康宁；3-Benzoyloxy-8-methyl-8-azabicyclo[3.2.1]octane-2-carboxylic acid；Ecgonine benzoate；3β-*H*ydroxy-1α*H*,5α*H*-tropane-2β-carboxylic acid benzoate
M.I.15，1116
性状 四水合物为来自水中的斜方片状或针状结晶。溶于乙醇、热水。mp 86～92℃（无水物195℃分解）；$[α]_D^{15}$ −45°（c=3，于无水乙醇中）。

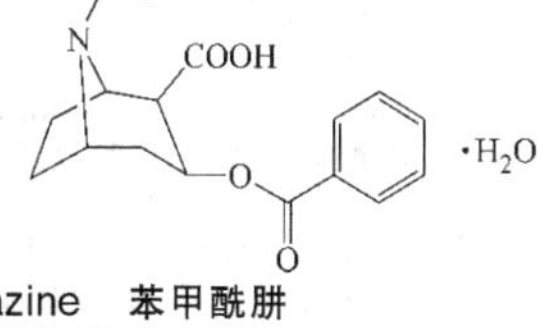

Benzoylhydrazine 苯甲酰肼
01385
[613-94-5] $C_7H_8N_2O$ 136.15

成分 C 61.75%，H 5.92%，N 20.58%，O 11.75%。

别名 苯酰肼；Benzhydrazide；Benz[*o*]hydrazide；Benzoic hydrazide

性状 无色片状结晶。溶于水、乙醇，微溶于乙醚、苯、三氯甲烷。mp 112～114℃。一般试剂含量≥96.0%(NT)。

注意事项 该品口服有毒。对眼睛、呼吸系统及皮肤有刺激性。使用时应避免吸入本品的粉尘，避免与眼睛及皮肤接触。万一接触到眼睛，应立即用大量水冲洗后请医生诊治。使用时如有事故发生或有不适之感，应请医生诊治。应密封保存。

主要用途 有机合成。

Benzoyl isothiocyanate 异硫氰酸苯甲酰 01386

[532-55-8] C_8H_5NOS 163.19

成分 C 58.88%，H 3.09%，N 8.58%，O 9.80%，S 19.65%。

别名 异硫氰酸苯酰；Benzoylthiocarbimide

M.I. 15，1117

性状 无色液体。对湿度敏感。bp 250～255℃；bp_{18} 133～137℃/2.4kPa；bp_{10} 119℃/1.333kPa；Fp 235.4°F(113℃)；$d_4^{18.3}$ 1.2142；d_4^{16} 1.197；$n_D^{18.3}$ 1.6382。一般试剂含量≥95.0%(GC)。

注意事项 该品吸入、口服或与皮肤接触有害。吸入能引起过敏。与酸接触能放出有毒气体。具有刺激性，为催泪剂。使用时应穿适当的防护服和戴手套。使用时应避免吸入本品的蒸气、飞沫。应密封保存。

4-Benzoyl-3-methyl-1-phenyl-2-pyrazolin-5-one 4-苯甲酰基-3-甲基-1-苯基-2-吡唑啉-5-酮 01387

[4551-69-3] $C_{17}H_{14}N_2O_2$ 278.31

成分 C 73.37%，H 5.07%，N 10.07%，O 11.50%。

别名 萃取剂Ⅱ；1-苯基-3-甲基-4-苯甲酰基-5-吡唑酮；HPMBP；PMBP；1-Phenyl-3-methyl-4-benzoyl-2-pyrazolin-5one；1-Phenyl-3-methyl-4-benzoyl-5-pyrazolone

性状 有酮式和烯醇式两种异构体。烯醇式为黄色立方形结晶。易溶于三氯甲烷、乙醇、苯，微溶于乙醚，几乎不溶于水。在极性溶剂中会逐渐转变为酮式。mp 90～92℃。一般试剂含量≥99.0%(GC)。

注意事项 使用时应避免吸入本品的粉尘，避免与眼睛及皮肤接触。

主要用途 测定硝酸、亚硝酸和碘的试剂。用于钢铁及有色金属中微量稀土元素总量的测定。螯合剂。萃取剂，分离铀、钚、镅、镎和钍等元素。

Benzoyl peroxide 过氧化苯甲酰 01388

[94-36-0] $C_{14}H_{10}O_4$ 242.23

成分 C 69.42%，H 4.16%，O 26.42%。

别名 过氧化二苯甲酰；Acetoxyl；Acnegel；Akneroxide L；Benoxyl；Benzac；Benzagel；Benzaknen；Benzoxyl；Benzoyl superoxide；BP；BPO；Brevoxyl；Debroxide；Desanden；Dibenzoyl peroxide；Lucidol；Nericur；Oxy-5；Oxy-L；Pan-Oxyl；Peroxyderm；Peroxydex；Persadox；Persa-gel；Sanoxit；Theraderm；Xerac BP

GW 2015-874 M.I. 15，1119

性状 无色结晶。1g 该品溶于 40mL 二硫化碳、约 50mL 橄榄油，溶于苯、氯仿、乙醚，略微溶于水或乙醇。mp 103～106℃。一般试剂含量(干样)≥99.0%。

注意事项 该品当干燥时，或经碰撞、摩擦、遇火及其他火种有爆炸的危险。对眼睛有刺激性。接触皮肤能引起过敏。使用时应穿适当的防护服，戴手套和防护镜或面罩。万一接触到眼睛，应立即用大量水冲洗后请医生诊治。一般储存和运输时应加入约 25%的水，以保证其安全。应远离易燃物品及强酸、碱类物品，密封于阴凉通风处保存。

主要用途 测定甲醛、胆甾醇、芳香胺等的试剂。氧化剂。漂白剂。塑料聚合引发剂。橡胶配合剂。有机合成。

N-Benzoyl-*N*-phenylhydroxylamine *N*-苯甲酰-*N*-苯基羟胺 01389

[304-88-1] $C_{13}H_{11}NO_2$ 213.24

成分 C 73.22%，H 5.20%，N 6.57%，O 15.01%。

别名 *N*-苯酰苯羟胺；*N*-苯甲酰苯胺；钽试剂；BPA；BPHA；NBDHA；PBHA；*N*-Phenylbenzohydroxamic acid；Tantalon

性状 白色或近白色的结晶性粉末。溶于乙醇、乙醚、苯、氨水、乙酸，微溶于水。mp 120.5～122℃。一般试剂含量≥98.0%(N)。

注意事项 使用时应避免吸入本品的粉尘，避免与眼睛及皮肤接触。

主要用途 分析试剂，检测铝。除锑、汞、锌、镉以外，能与多种金属形成难溶于水的带色络合物，并可用于这些元素的分光光度测定。

3,4-Benzphenanthrene 3,4-苯并菲 01390

[195-19-7] $C_{18}H_{12}$ 228.29

成分 C 94.70%，H 5.30%。

别名 苯并[C]菲；Benzo[C]phenanthrene

M.I. 15，1120

性状 来自乙醇中的无色针状结晶。来自石油醚中的针状或小叶状结晶，或来自乙醇＋丙酮中的细小针状结晶，mp 68℃。

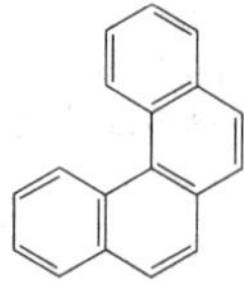

Benzphetamine hydrochloride 苄甲苯异丙胺 盐酸盐 01391

[5411-22-3] $C_{17}H_{22}ClN$ 275.82

成分 C 74.03%，H 8.04%，Cl 12.85%，N 5.08%。

别名 甲基苯异丙基苄胺 盐酸盐；盐酸甲基苯异丙基苄胺；盐酸苄甲苯异丙胺；Didrex；Inapetyl；(α*S*)-*N*,α-Dimethyl-*N*-(phenylmethyl) benzeneethanamine hydrochloride；*N*-Benzyl-*N*，α-dimethylphenethylamine hydrochloride；*d*-*N*-Methyl-*N*-benzyl-β-phenylisopropylamine hydrochloride

M.I. 15，1121

性状 来自乙酸乙酯中的无色结晶。溶于 95%乙醇、水。mp 129～130℃。

注意事项 该品吸入、口服或与皮肤接触有毒。能危害胎儿。使用时应穿适当的防护服，戴手套和防护镜或面罩。使用时应避免吸入本品的粉尘。使用时如有事故发生或有不适之感，应请医生诊治。

主要用途 医用减食欲剂。

Benzthiazide 苄噻嗪 01392

[91-33-8] $C_{15}H_{14}ClN_3O_4S_3$ 431.92

成分 C 41.71%，H 3.27%，Cl 8.21%，N 9.73%，O 14.82%，S 22.27%。

别名 6-Chloro-3-[(phenylmethyl)thio]methyl-2H-1,2,4-benzothiadiazine-7-sulfonamide 1,1-dioxide; 3-(Benzylthio)methyl-6-chloro-2H-1,2,4-benzothiadiazine-7-sulfonamide 1,1-dioxide; 3-(Benzylthio)methyl-6-chloro-7-sulfamoyl-2H-benzo-1,2,4-thiadiazine 1,1-dioxide; 6-Chloro-7-sulfamoyl-3-benzylthiomethyl-2H-1,2,4-benzothiadiazine 1,1-dioxide; Benzothiazide; Aquatag; Exna; Fovane

M. I. 15,1123

性状 来自丙酮中的无色结晶。味苦。溶于碱溶液,几乎不溶于水。mp 231～232℃。LD_{50}小鼠,大鼠急性经口:＞5000mg/kg,＞10000mg/kg;静脉注射:410mg/kg,422mg/kg。

注意事项 该品吸入或与皮肤接触可引起过敏。使用时应穿适当的防护服。万一接触到眼睛,应立即用大量水冲洗后请医生诊治。

主要用途 医用利尿、降压剂。

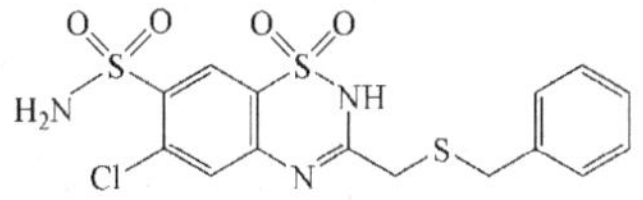

Benztropine mesylate 甲磺酸苄托品 01393

[132-17-2] $C_{22}H_{29}NO_4S$ 403.54

成分 C 65.48%,H 7.24%,N 3.47%,O 15.86%,S 7.95%。

别名 甲磺酸 3-二苯甲氧基托烷; 3-Diphenylmethoxy-8-methyl-8-azabicyclo[3.2.1]octane methanesulfonate; 3α-Diphenylmethoxy-1αH, 5αH-tropane methanesulfonate; Benztropine methanesulfonate; Tropine benzohydryl ether methanesulfonate; Cogentin; Cogentinol

M. I. 15,1124

性状 来自丙酮＋乙醚中的无色结晶。易溶于乙醇,溶于水,极微溶于乙醚。pH 值约 6。mp 143℃; uv max: 259 nm (E_M=437)。

注意事项 该品吸入、口服或与皮肤接触有毒。使用时应穿适当的防护服,戴手套和防护镜或面罩。使用时如有事故发生或有不适之感,应请医生诊治。应密封于 2～8℃保存。

主要用途 医用抗震颤麻痹剂。

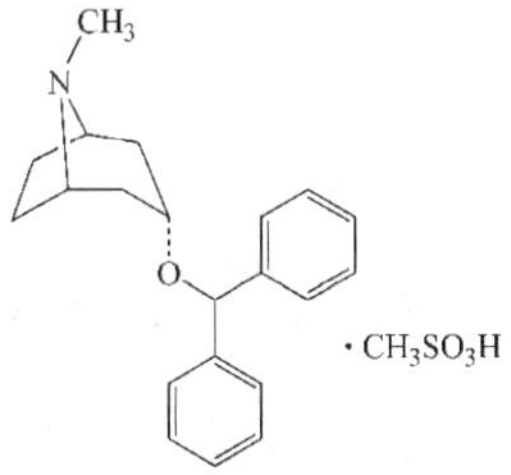

Benzydamine hydrochloride 消炎灵 盐酸盐 01394

[132-69-4] $C_{19}H_{24}ClN_3O$ 345.87

成分 C 65.98%,H 6.99%,Cl 10.25%,N 12.15%,O 4.63%。

别名 炎痛静 盐酸盐; 盐酸消炎灵; Afloben; Andolex; Benzyrin; Difflam; Enzamin; Imotryl; Opalgyne; Riripen; Salyzoron; Saniflor; Tamas; Tantum; Verax; N,N-Dimethyl-3-(1-phenylmethyl-1H-indazol-3-yl)oxy-1-propanamine hydrochloride; 1-Benzyl-3-[3-(dimethylamino)propoxy]-1H-indazole hydrochloride; 1-Benzyl-1H-indazol-3-yl 3-(dimethylamino)propyl ether hydrochloride; Benzindamine hydrochloride

M. I. 15, 1125

性状 无色或白色结晶。易溶于水,稍微溶于乙醇、氯仿、正丁醇。mp 160℃; uv max: 306nm ($E_{1cm}^{1\%}$ 160)。LD_{50}小鼠,大鼠腹膜内注射: 110mg/kg, 100 mg/kg; 急性经口: 515mg/kg, 1050mg/kg。

注意事项 该品吸入、口服或与皮肤接触有害。对眼睛有刺激性。使用时应穿适当的防护服。万一接触到眼睛,应立即用大量水冲洗后请医生诊治。应密封于 2～8℃保存。

主要用途 医用非甾体消炎镇痛剂。

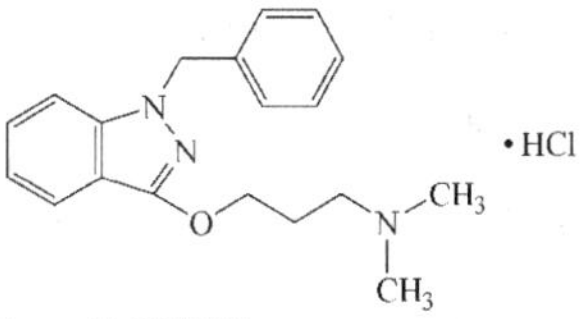

Benzyl acetate 乙酸苄酯 01395

[140-11-4] $C_9H_{10}O_2$ 150.18

成分 C 71.98%, H 6.71%, O 21.31%。

别名 乙酸苯甲酯; Acetic acid benzyl ester; Acetic acid phenylmethyl ester; Phenylmethyl acetate

M. I. 15,1126

性状 无色液体。有梨的气味。能与乙醇、乙醚相混溶,几乎不溶于水。mp −51℃; bp 213℃; bp_{102} 134℃/13.60kPa; Fp 216℉ (102℃, 闭杯); d_4^{25} 1.050; n_D^{25} 1.4998; n_D^{20} 1.5232; LD_{50}大鼠急性经口: 2490mg/kg。一般试剂含量≥99.0%(GC)。

注意事项 该品对眼睛、呼吸系统及皮肤有刺激性。万一接触到眼睛,应立即用大量水冲洗后请医生诊治。

主要用途 用于磺酸的检定。香料(配制茉莉、桃、杏、草莓、苹果、葡萄、香蕉、樱桃、菠萝、木瓜、梨等型香精)。

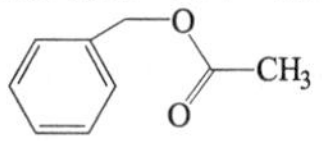

Benzylacetone 苄丙酮 01396

[2550-26-7] $C_{10}H_{12}O$ 148.21

成分 C 81.04%,H 8.16%,O 10.80%。

别名 苄基丙酮; 4-苯基-2-丁酮; 4-Phenyl-2-butanone

性状 无色液体。溶于乙醇、乙醚。bp 235℃; Fp 226℉ (108℃); d_4^{20} 0.989; n_D^{20} 1.5122。一般试剂含量≥95.0%(GC)。

注意事项 该品口服有害。对眼睛、呼吸系统及皮肤有刺激性。使用时应穿适当的防护服和戴手套。避免吸入本品的蒸气,避免与眼睛及皮肤接触。万一接触到眼睛,应立即用大量水冲洗后请医生诊治。

主要用途 有机合成。

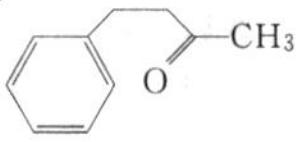

Benzyl alcohol 苯甲醇 01397

[100-51-6] C_7H_8O 108.14

成分 C 77.75%,H 7.46%,O 14.79%。

别名 苄醇; α-羟基甲苯; Benzalcohol; Benzenemethanol; α-Hydroxytoluene; Phenmethylol; Phenylcarbinol; Phenylmethanol

M. I. 15,1127

性状 无色透明液体。微有芳香气味。味苦。1g 该品能溶于约 25mL 水,1 份该品能溶于 1.5 份 50%的乙醇。能与无水乙醇、94%乙醇、乙醚、氯仿相混溶。mp −15.19℃; bp_{760} 204.7℃/101.325kPa; bp_{400} 183.0℃/53.3kPa; bp_{200} 160.0℃/26.664kPa; bp_{100} 141.7℃/13.332kPa; bp_{60} 129.3℃/8kPa; bp_{40} 119.8℃/5.33kPa; bp_{20} 105.8℃/2.666kPa; bp_{10} 92.6℃/1.333kPa; bp_5 80.8℃/670Pa; bp_1 58℃/133.32Pa; Fp 213℉(100.6℃,闭杯); Fp 220℉(104.4℃,开杯); d_4^{25} 1.04156; d_4^{20} 1.04535; n_D^{25} 1.53837; n_D^{20} 1.54035。LD_{50}大鼠急性经口: 3.1g/kg。一般试剂含量≥99.0%(GC)。

注意事项 该品吸入或口服有害。万一接触到眼睛,应立即用大量水冲洗后请医生诊治。应充氩气密封避光保存。

主要用途 检测维生素 B_{12}的含量。动物胶、干酪素、乙酸纤维素、洋干漆、油脂等的溶剂。有机物皂化时用以溶解碱。气相色谱固定液。有机合成。香料(配制浆果、果仁型香精)。定香剂。

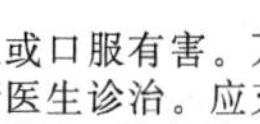

Benzylamine 苄胺 01398

[100-46-9] C_7H_9N 107.16

成分 C 78.46%, H 8.47%, N 13.07%。

别名 苯甲胺; α-氨基甲苯; α-Aminotoluene; Benzenemeth-

anamine；Moringine；Phenylmethylamine
GW 2015-933 M. I. 15,1128
性状 无色发烟液体。有氨味。呈强碱性。能与水、乙醇、乙醚相混溶。对二氧化碳敏感。mp 10℃；bp 185℃；bp_{12} 90℃/1.6kPa；Fp 140℉(60℃)；d_4^{19} 0.983；n_D^{20} 1.5401。一般试剂含量≥99.0%(GC)。
注意事项 该品口服或与皮肤接触有害。具有腐蚀性，能引起烧伤。使用时应穿适当的防护服，戴手套和防护镜或面罩。万一接触到眼睛，应立即用大量水冲洗后请医生诊治。使用时如有事故发生或有不适之感，应请医生诊治。
主要用途 在显微分析中用以测定钼酸盐、钒酸盐、钨酸盐、钍、锆、铈、镧、镨、钕；有机分析中用以区分各类羧酸。金属有机化合物的定性试验。有机合成。

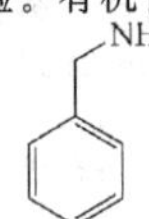

Benzylamine hydrochloride 苄胺 盐酸盐 01399

[3287-99-8] $C_7H_{10}ClN$ 143.62
成分 C 58.54%，H 7.02%，Cl 24.69%，N 9.75%。
别名 盐酸苄胺；α-Aminotoluene hydrochloride
M. I. 14,1125
性状 无色或白色结晶。溶于水。mp 253℃。一般试剂含量≥98.5%。
注意事项 该品口服有害。对眼睛、呼吸系统及皮肤有刺激性。使用时应穿适当的防护服，戴手套和防护镜或面罩。万一接触到眼睛，应立即用大量水冲洗后请医生诊治。应密封避光保存。
主要用途 有机合成。

2-Benzylaminoethanol 2-苄氨基乙醇 01400

[104-63-2] $C_9H_{13}NO$ 151.21
成分 C 71.49%，H 8.67%，N 9.26%，O 10.58%。
别名 *N*-苄基乙醇胺；*N*-Benzylethanolamine
性状 无色液体。bp_{12} 153～156℃/1.6kPa；Fp 266℉(130℃)；d_4^{20} 1.065；n_D^{20} 1.5430。一般试剂含量≥95.0%(GC)。
注意事项 该品具有刺激性。使用时应避免吸入本品的蒸气，避免与眼睛及皮肤接触。应密封保存。

6-Benzylaminopurine 6-苄氨基嘌呤 01401

[1214-39-7] $C_{12}H_{11}N_5$ 225.26
成分 C 63.98%，H 4.92%，N 31.09%。
别名 *N*-苄基腺苷；*N*-苄基腺素；6-苄基腺嘌呤；6-BA；BAP；*N*-Benzyladenine；N^6-Benzyladenine
性状 白色粉末。溶于稀碱、稀酸溶液，不溶于乙醇。mp 230～233℃。生化试剂含量≥99.0%(HPLC)。
注意事项 该品口服有害。对眼睛、呼吸系统及皮肤有刺激性。使用时应穿适当的防护服和戴手套。万一接触到眼睛，应立即用大量水冲洗后请医生诊治。应密封于阴凉处保存。
主要用途 生化研究。植物细胞分裂因子，合成细胞刺激素。

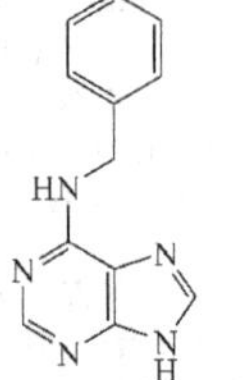

N-Benzylaniline *N*-苄基苯胺 01402

[103-32-2] $C_{13}H_{13}N$ 183.25
成分 C 85.21%，H 7.15%，N 7.64%。
别名 苄替苯胺；苯甲基苯胺；*N*-苯基苄胺；Benzylphenylamine；*N*-Phenylbenzenemethanamine；*N*-Phenylbenzylamine
M. I. 15,1129
性状 无色棱柱体结晶。溶于乙醇、氯仿、乙醚，几乎不溶于水。mp 37～38℃；bp 306～307℃；Fp 225℉(107℃)；d_4^{25} 1.061。一般试剂含量≥99.0%。
注意事项 该品具有刺激性。应密封避光保存。
主要用途 检测磺酸。有机合成。

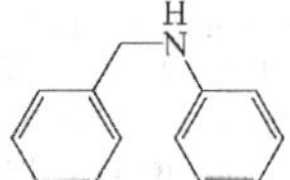

Benzyl benzoate 苯甲酸苄酯 01403

[120-51-4] $C_{14}H_{12}O_2$ 212.25
成分 C 79.22%，H 5.70%，O 15.08%。
别名 安息香酸苄酯；苯酸苄酯；Acarosan；Antiscabiosum；Ascabiol；Benzoic acid benzyl ester；Benzoic acid phenylmethyl ester；Benzyl benzenecarboxylate；Benzylphenyl formate；Venzonate
M. I. 15,1130
性状 无色透明小叶状结晶或油状液体。有香味及辛辣味道。能与乙醇、乙醚、三氯甲烷、油类相混溶，几乎不溶于水或甘油。略微挥发于水蒸气中。mp 21℃；bp 323～324℃；bp_{16} 189～191℃/2.13kPa；$bp_{4.5}$ 156℃/600Pa；Fp 298℉(147℃)；d_4^{25} 1.118；n_D^{21} 1.5681。LD_{50}大鼠，小鼠，兔，豚鼠急性经口(g/kg)：1.7，1.4，1.8，1.0。一般试剂含量≥99.0%(GC)。
注意事项 该品口服有害。使用时应避免与眼睛接触。
主要用途 乙酸纤维、硝酸纤维和人造麝香的溶剂。定香剂。香料(配制樱桃、洋李等浆果型香精)。

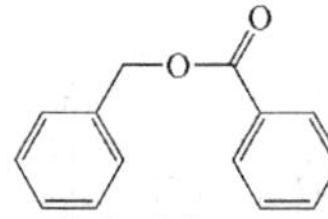

4-Benzylbiphenyl 4-苄基联苯 01404

[613-42-3] $C_{19}H_{16}$ 244.34
成分 C 93.40%，H 6.60%。
别名 对苄基联苯；*p*-Benzylbiphenyl；4-Benzyldiphenyl；Biphenylphenylmethane
性状 白色结晶或粉末。易溶于乙醇、苯、乙醚，不溶于水。mp 85～87℃；bp_{110} 285～286℃/14.665kPa；Fp 406℉(208℃)。一般试剂含量≥98.0%。
主要用途 气相色谱固定液，可用于芳香族化合物的分析。能选择性保留芳香族化合物，分离烯烃、环烯烃。分析卤代烃、脂肪酸酯。

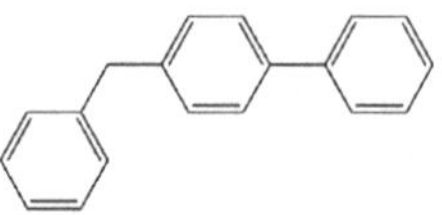

Benzyl bromide 溴化苄 01405

[100-39-0] C_7H_7Br 171.04
成分 C 49.16%，H 4.13%，Br 46.72%。
别名 苄基溴；溴甲苯；(Bromomethyl)benzene；α-Bromotoluene；ω-Bromotoluene
GW 2015-2398 M. I. 15,1131
性状 无色或浅黄色液体。有强烈的催泪作用。能与乙醇、苯、乙醚等相混溶，在水中缓慢分解。mp －3.9℃；bp 198～199℃；bp_{80} 127℃/10.67kPa；Fp 188℉(86℃)；d_4^{64} 1.3886；d_0^{22} 1.4380；d^{17} 1.443；n_D^{20} 1.5750。一般试剂含量≥98.0%(GC)。
注意事项 该品对眼睛、呼吸系统及皮肤有刺激性。使用时应戴防护镜或面罩。应充氮气密封于干燥处保存。
主要用途 发泡剂的制造。有机合成中间体。

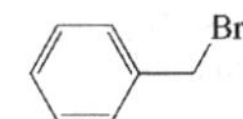

Benzyl butyrate 丁酸苄酯 01406

[103-37-7] $C_{11}H_{14}O_2$ 178.23
成分 C 74.13%，H 7.92%，O 17.95%。
别名 正丁酸苄酯；Benzyl *n*-butyrate；Benzyl butanoate；Butyric acid benzyl ester
性状 无色液体。有浓郁的果香味。能与乙醇混溶。bp 240℃；Fp 225℉(107℃)；*d* 1.009；n_D^{20} 1.4940。一般试剂含量≥98.0%。

主要用途　高分子化合物的韧化剂。增塑剂。

Benzyl chloride　氯化苄　01407
[100-44-7]　C_7H_7Cl　126.58
成分　C 66.42%，H 5.57%，Cl 28.01%。
别名　苄基氯；α-氯甲苯；(Chloromethyl) benzene；α-Chlorotoluene
GW 2015-1459　M. I. 15，1132
性状　无色透明液体。有强折光性。有刺激味。为催泪剂。能与乙醇、乙醚、三氯甲烷相混溶，不溶于水。有铁存在时加热能很快地分解。mp −48～−43℃；bp 179℃；Fp 165℉(73℃)；d_{20}^{20} 1.100；n_D^{15} 1.5415。一般试剂含量≥99.0%(GC)。
注意事项　该品吸入有毒。口服有害。对呼吸系统及皮肤有刺激性。对机体有不可逆损伤的可能性。对眼睛有严重损伤的危险。能致癌。长期曝露有严重损害健康的危险。使用前应得到专门的指导，避免曝露。使用时应穿适当的防护服，戴手套和防护镜和面罩。使用中如有事故发生或有不适之感，应请医生诊治。应密封避光保存。
主要用途　有机合成时用以代入苯甲基。制造香料、染料和人造树脂。

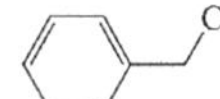

Benzyl chloroformate　氯甲酸苄酯　01408
[501-53-1]　$C_8H_7ClO_2$　170.59
成分　C 56.33%，H 4.14%，Cl 20.78%，O 18.76%。
别名　苄氧酰氯；苄基氯化甲酸酯；苯甲氧基碳酰氯；氯化苄氧羰基；Benzylcarbonyl chloride；Benzyl chlorocarbonate；Benzyloxycarbonyl chloride；Carbobenzoxy chloride；Carbobenzyloxy chloride；Carbonochloridic acid phenylmethyl ester；CBZ-chloride；CBZ-Cl；Chloroformic acid benzyl ester；Z-chloride
GW 2015-1507　M. I. 15，1801
性状　无色油状液体。具有辛辣的酸味。具有催泪性。遇二氧化碳、氯化苄及加热至100～155℃时分解。bp_{20} 103℃/2.666kPa；bp_7 85～87℃/933Pa；Fp 197℉(91℃)；d_4^{20} 1.210；n_D^{20} 1.5190。一般试剂含量≥95.0%(GC)。
注意事项　该品口服有害。具有腐蚀性，能引起烧伤。对呼吸系统有刺激性。对机体有不可逆损伤的可能性。能致癌，长期曝露有严重损害健康的危险。对水生物极毒。对水环境能引起不利的结果。使用前应得到专门的指导，避免曝露。使用时应穿适当的防护服，戴手套和防护镜或面罩。万一接触到眼睛，应立即用大量水冲洗后请医生诊治。使用时如有事故发生或有不适之感，应请医生诊治。应防止将本品释放于环境中。其包装物应按危险品处理。应密封于2～8℃保存。
主要用途　生化研究。

Benzyl cinnamate　肉桂酸苄酯　01409
[103-41-3]　$C_{16}H_{14}O_2$　238.29
成分　C 80.65%，H 5.92%，O 13.43%。
别名　肉桂酸苯甲酯；苯丙烯酸苄酯；桂皮酸苄酯；Cinnamein；*trans*-Cinnamic acid benzyl ester；3-Phenyl-2-propenoic acid phenylmethyl ester
M. I. 15，1133
性状　来自95%乙醇中的无色结晶。有芳香气味。在常压蒸馏时分解。溶于乙醇、乙醚、油类，几乎不溶于水、丙二醇、甘油。mp 39℃；bp_{22} 228～230℃/2.933kPa；bp_5 195～200℃/666.6Pa；$bp_{0.5}$ 154～157℃/66.66kPa；Fp 356℉(180℃)。LD_{50}大鼠急性经口：5530mg/kg。一般试剂含量≥98.0%(GC)。
注意事项　使用时应避免吸入本品粉尘，避免与眼睛及皮肤接触。
主要用途　人造香料。

Benzyl cyanide　氰化苄　01410
[140-29-4]　C_8H_7N　117.15
成分　C 82.02%，H 6.02%，N 11.96%。
别名　苄基氰；苯乙腈；Benzeneacetonitrile；ω-Cyanotoluene；Phenylacetonitrile；α-Tolunitrile
GW 2015-94　M. I. 15，1134
性状　无色油状液体。有芳香味。能与乙醇、乙醚相混溶，不溶于水。mp −23.8℃；bp_{760} 233.5℃/101.325kPa；bp_{100} 161.8℃/13.33kPa；bp_{20} 119.4℃/2.666kPa；$bp_{1.0}$ 60℃/133.32Pa；Fp 215℉(110℃)；d_{15}^{15} 1.0214；n_D^{25} 1.52105。一般试剂含量≥98.0%(GC)。
注意事项　该品吸入、口服或与皮肤接触有毒。对眼睛、呼吸系统及皮肤有刺激性。与酸接触能放出极毒气体。对水生物极毒。能对水环境引起不利的结果。使用时应穿适当的防护服，戴手套和防护镜或面罩。接触皮肤后，应立即用大量水冲洗。使用时如有事故发生或有不适之感，应请医生诊治。应防止将本品释放于环境中。切勿排入下水道。应充氮气远离酸类密封避光保存。
主要用途　气相色谱固定液，用于气体烃和卤代烃类的分离。有机合成。色谱分析标准物。

***S*-Benzyl-L-cysteine　*S*-苄基-L-半胱氨酸**　01411
[3054-01-1]　$C_{10}H_{13}NO_2S$　211.28
成分　C 56.85%，H 6.20%，N 6.63%，O 15.15%，S 15.18%。
别名　*S*-苯甲基-L-半胱氨酸；3-苄硫醇-L-氨基丙酸；3-Benzylthiol-L-alanine
性状　淡米色粉末。溶于热水、酸、碱溶液。mp 214℃(分解)；$[\alpha]_D^{20}+23°$ (c=2，于1mol/L氢氧化钠溶液中)。一般试剂含量≥98.0%(NT)。
注意事项　使用时应避免吸入本品的粉尘，避免与眼睛及皮肤接触。
主要用途　生化研究。合成肽的中间体。

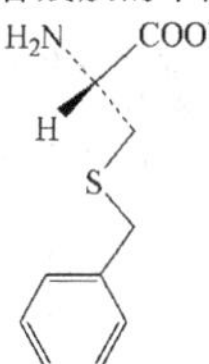

Benzyl dichloride　二氯化苄　01412
[98-87-3]　$C_7H_6Cl_2$　161.03
成分　C 52.21%，H 3.76%，Cl 44.03%。
别名　α，α-二氯甲苯；苄基二氯；Benzal chloride；Benzylene chloride；Benzylidene chloride；Chlorobenzal；(Dichloromethyl) benzene；α，α-Dichlorotoluene
GW 2015-540　M. I. 15，1059
性状　无色液体。有强折光性。易溶于乙醇、乙醚，不溶于水。在空气中发烟。具有刺激性臭味；mp −17℃；bp 205℃；bp_{10} 82℃/1.333kPa；Fp 199.4℉(93℃)；d 1.26；n_D^{20} 1.550。一般试剂含量≥98.0%。
注意事项　该品吸入有毒。口服有害。对呼吸系统及皮肤有刺激性。对机体有不可逆损伤的可能性。对眼睛有严重损伤的危险。使用时应穿适当的防护服和戴手套。在通风不好的情况下，应戴呼吸装置。使用时如有事故发生或有不适之感，应请医生诊治。应充氮气密封于干燥处保存。
主要用途　有机合成。制备苯甲醛和肉桂酸。芥子气代用品。

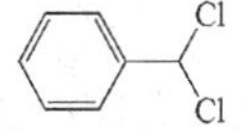

Benzyldimethyltetradecylammonium chloride
苄基二甲基十四烷基氯化铵　01413
[139-08-2]　$C_{23}H_{42}ClN$　368.04

成分 C 75.06%,H 11.50%,Cl 9.63%,N 3.81%。

别名 二甲基十四烷基苄基氯化铵;苄基二甲基十四烷基氯化铵;氯化十四烷基二甲基苄胺;二甲基苄胺氯化十四烷;苄二甲基十四烷基氯化铵;氯化十四烷基二甲基苄胺;氯化苄基二甲基十四烷胺;BDTAC;Benzyltetradecyldimethylammonium chloride

性状 白色结晶。mp 56～62℃。一般试剂含量≥99.0%(AT)。

注意事项 该品口服或与皮肤接触有害。具有腐蚀性,能引起烧伤。对水生物极毒。使用时应穿适当的防护服,戴手套和防护镜或面罩。使用时如有事故发生或有不适之感,应请医生诊治。应防止将本品释放于环境中。应密封干燥保存。

Benzyl disulfide 二硫化苄 01414

[150-60-7] $C_{14}H_{14}S_2$ 246.39

成分 C 68.25%,H 5.73%,S 26.02%。

别名 二苄基二硫;二硫化二苄;双硫化苄;双硫化苯甲基;Dibenzyl disulfide;α-(Benzyldithio)toluene;Bis(phenylmethyl)disulfide;Di(phenylmethyl)disulfide

M. I. 15,3018

性状 来自乙醇中的无色至微粉红色小叶状结晶。溶于苯、乙醚、热乙醇、热甲醇,几乎不溶于水。mp 69～70℃;>270℃分解;bp_{18} 210～216℃/2.39kPa;Fp 302℉(150℃);*d* 1.300。一般试剂含量≥98.0%。

注意事项 该品接触皮肤能引起过敏。使用时应戴适当的手套。使用时应避免与皮肤接触。

主要用途 橡胶防老剂。

Benzyl ether 苄醚 01415

[103-50-4] $C_{14}H_{14}O$ 198.27

成分 C 84.81%,H 7.12%,O 8.07%。

别名 二苄醚,Dibenzyl ether;1,1′-[Oxybis(methylene)]bis(benzene)

M. I. 15,1135

性状 近无色或浅黄色的油状液体,遇冷凝固。不稳定。见光或在潮湿空气中能逐渐分解成苯甲醛。能与乙醇、乙醚、氯仿、丙酮相混溶,几乎不溶于水。mp 1.5～3.5℃;bp 295～298℃(分解);bp_{21} 173～174℃/2.8kPa;bp_2 125.5～126.5℃/266.64Pa;Fp 275℉(135℃,闭杯);d^{35} 1.0341;d_4^{25} 0.99735;d_4^{20} 1.00142;d^{15} 1.0482;n_D^{25} 1.5601。一般试剂含量≥98.0%(GC)。

注意事项 该品对眼睛、呼吸系统及皮肤有刺激性。对水生物有毒。能对水环境引起不利的结果。使用时应避免吸入本品的蒸气、飞沫。应防止将本品释放于环境中。应密封避光于干燥处保存。

主要用途 气相色谱固定液,用于低级烃和卤代烃的分析。硝化纤维素的增塑剂。香料制备。

N-Benzyl-*N*-ethylaniline *N*-苄基-*N*-乙基苯胺 01416

[92-59-1] $C_{15}H_{17}N$ 211.31

成分 C 85.26%,H 8.11%,N 6.63%。

别名 *N*-乙基-*N*-苄基苯胺;*N*-乙基-*N*-苯基苄胺;*N*-Ethyl-*N*-benzylaniline;*N*-Ethyl-*N*-phenylbenzenemethanamine;*N*-Ethyl-*N*-phenylbenzylamine

GW 2015-1323 M. I. 15,3824

性状 浅黄色油状液体。1mL 该品能溶于 5.5mL 乙醇,溶于乙醚、三氯甲烷等一般的有机溶剂,几乎不溶于水。bp_{710} 287℃/94.659 kPa(微分解);bp_{14} 170～180℃/1.867kPa;bp_6 163～164℃/800Pa;Fp >230℉(110℃);d_4^{19} 1.034;n_D^{23} 1.5938。一般试剂含量≥98.0%。

注意事项 该品对眼睛、呼吸系统及皮肤有刺激性。使用时应穿适当的防护服,戴手套和防护镜或面罩。万一接触到眼睛,应立即用大量水冲洗后请医生诊治。应密封避光保存。

主要用途 有机合成。染料中间体。

Benzyl ethyl ether 苄乙醚 01417

[539-30-0] $C_9H_{12}O$ 136.19

成分 C 79.37%,H 8.88%,O 11.75%。

别名 α-乙氧基甲苯;乙氧基苄;乙基苄基醚;苄基乙基醚;(Ethoxymethy)benzene;α-Ethoxytoluene;Ethylbenzyl ether

M. I. 15,1136

性状 无色油状液体。有芳香气味。能与乙醇、乙醚相混溶,几乎不溶于水。能随水蒸汽挥发。bp 186℃;bp_{10} 65℃/1.333kPa;*d* 0.949;n_D^{20} 1.4955。

主要用途 有机合成。

Benzyl formate 甲酸苄酯 01418

[104-57-4] $C_8H_8O_2$ 136.15

成分 C 70.58%,H 5.92%,O 23.50%。

别名 蚁酸苄酯;Benzyl methanoate;Formic acid benzyl ester;Formic acid phenylmethyl ester

M. I. 15,1137

性状 无色液体。有水果香味。溶于乙醇,几乎不溶于水。mp 3.6℃;bp 203℃;Fp 201℉(94℃);*d* 1.081;n_D^{20} 1.5120。一般试剂含量≥97.0%。

注意事项 该品口服或与皮肤接触有害。使用时应穿适当的防护服和戴手套。

主要用途 硝化纤维素、乙酸纤维素、硬树脂、快干漆等的溶剂。香料合成。

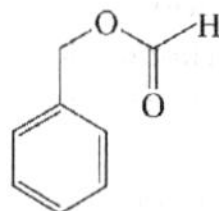

Benzylhexadecyldimethylammonium chloride 氯化十六烷基二甲基苄铵 01419

[122-18-9] $C_{25}H_{46}ClN$ 396.10

成分 C 75.81%,H 11.71%,Cl 8.95%,N 3.54%。

别名 十六烷基苄基二甲基氯化铵;苄基十六烷基二甲基氯化铵;氯化十六烷基苄基二甲基铵;氯化苄基十六烷基二甲基铵;*N*-Hexadecyl-*N*,*N*-dimethylbenzenemethanaminium chloride;Cetalkonium chloride;Cetyldimethylbenzylammonium chloride;Hexadecyldimethylbenzylammonium chloride;Banicol;Acetoquat CDAC;Acquat CDAC;Ammonyx G;Zettyn;Ammonyx T;Cetol

M. I. 15,2016

性状 来自乙酸乙酯+石油醚中的无色小叶状结晶。溶于水、乙醇、丙酮、乙酸乙酯、丙二醇、山梨醇溶液、甘油、乙醚、四氯化碳。其水溶液 pH 值 7.2。mp 59℃。一般试剂含量≥97.0%(AT,干燥物)。

注意事项 该品对眼睛、呼吸系统及皮肤有刺激性。对水生物极毒。能对水环境引起不利的结果。使用时应穿适当的防护服,戴手套和防护镜或面罩。万一接触到眼睛,应立即用大量水冲洗后请医生诊治。应防止将该品释放于环境中。应密封于阴凉保存。

主要用途 生化研究。医用局部抗感染剂。

Benzyl 4-hydroxybenzoate 4-羟基苯甲酸苄酯 01420

[94-18-8] $C_{14}H_{12}O_3$ 228.25

成分 C 73.67%,H 5.30%,O 21.03%。

别名 对羟基苯甲酸苄酯;Benzylparaben;Benzyl *p*-hydroxybenzoate

性状 无色结晶。mp 111℃。一般试剂含量≥98.0%(HPLC)。

注意事项 该品对眼睛、呼吸系统及皮肤有刺激性。使用时应穿适当的防护服。万一接触到眼睛,应立即用大量水冲洗后请医生诊治。

主要用途 香料合成。

Benzylideneacetone 亚苄基丙酮 01421

[122-57-6] $C_{10}H_{10}O$ 146.19

成分 C 82.16%，H 6.90%，O 10.94%。

别名 甲基苯乙烯基酮；苯基-3-丁烯-2-酮；苯亚甲基丙酮；Acetocinnamone；Benzalacetone；Cinnamyl methyl ketone；Methyl cinnamyl ketone；Methyl styryl ketone；4-Phenyl-3-buten-2-one

M. I. 15，1140

性状 无色有折光性的片状结晶。有香豆素的香味。见光色变暗。易溶于乙醇、乙醚、三氯甲烷、苯，略微溶于水、石油醚。mp 41.5℃；bp_{760} 261℃/101.325kPa；bp_{200} 211℃/26.66kPa；bp_{100} 187.8℃/13.33kPa；bp_{40} 161.3℃/5.33kPa；bp_{20} 143.8℃/2.666kPa；bp_{10} 127.4℃/1.333kPa；bp_5 112.2℃/666.61Pa；bp_1 81.7℃/133.32Pa；Fp 150℉(65℃)；$d_4^{45.2}$ 1.0097；d_{15}^{15} 1.0377；$n_D^{45.9}$ 1.5836。一般试剂含量≥98.0%(GC)。

主要用途 香料定香剂。有机合成。

注意事项 该品对眼睛、呼吸系统及皮肤有刺激性。吸入或与皮肤接触可引起过敏。使用应穿适当的防护服和戴手套。使用时应避免吸入本品的粉尘。万一接触到眼睛，应立即用大量水冲洗后请医生诊治。使用时如有事故发生或有不适之感，应请医生诊治。应密封避光保存。

***N*-Benzylideneaniline *N*-亚苄基苯胺** 01422

[538-51-2] $C_{13}H_{11}N$ 181.24

成分 C 86.15%，H 6.12%，N 7.73%。

别名 *N*-苄叉苯胺；苯亚甲基苯胺；Benzalaniline；*N*-(Phenylmethylene) benzenamine

M. I. 15，1141

性状 来自85%乙醇中的无色或浅黄色片状结晶或粉末。溶于乙醇、三氯甲烷、乙酸酐、二硫化碳等。mp 52℃；bp_{760} 300℃/101.325kPa；Fp >230℉(110℃)；d_4^{50} 1.045。一般试剂含量≥99.0%。

注意事项 该品对眼睛、呼吸系统及皮肤有刺激性。使用时应戴适当的手套。万一接触到眼睛，应立即用大量水冲洗后请医生诊治。

主要用途 有机合成。

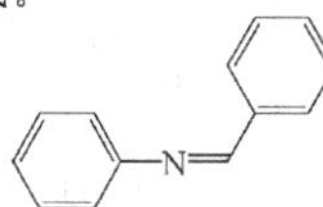

4,6-*O*-Benzylidene-methyl-α-D-glucopyranoside
4,6-*O*-亚苄基甲基-α-D-吡喃葡糖苷 01423

[3162-96-7] $C_{14}H_{18}O_6$ 282.29

成分 C 59.57%，H 6.43%，O 34.01%。

别名 甲基-4，6-氧-苄叉-α-D-葡萄糖苷；(+)-(4,6-*O*-Benzylidene) methyl-α-D-glucopyranoside；Methyl-4，6-*O*-benzylidene-α-D-glucopyranoside

性状 无色或白色结晶。mp 164～167℃；$[\alpha]_D^{20}$ +110°±3°(c=2，于氯仿中)。一般试剂含量≥96.0%(HPLC)。

注意事项 使用时应避免吸入本品的粉尘，避免与眼睛及皮肤接触。应密封于2～8℃干燥保存。

主要用途 生化研究。

Benzylimido bis(*p*-methoxyphenyl)methane
苄亚氨基双(对甲氧基苯基)甲烷 01424

[524-96-9] $C_{22}H_{21}NO_2$ 331.42

成分 C 79.73%，H 6.39%，N 4.23%，O 9.65%。

别名 *N*-[双(对甲氧基苯基)亚甲基]苄胺；苄亚氨基二(4-甲氧基苯基)甲烷；苄基亚氨基二(4-甲氧基苯基)甲烷；Benzylimido di(4-methoxyphenyl) methane；*N*-[Bis(4-methoxyphenyl) methylene] benzenemethanamine；*N*-[Bis(*p*-methoxyphenyl) methylene]benzylamine

M. I. 15，1142

性状 浅黄色结晶。溶于乙醚、氯仿，微溶于石油醚。mp 89～91℃。

主要用途 检测硫元素。

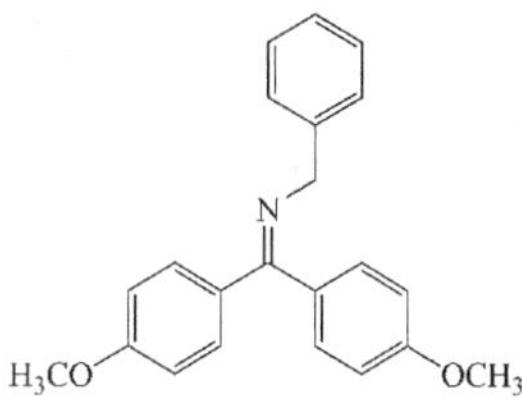

***N*-Benzylisopropylamine *N*-苄基异丙胺** 01425

[102-97-6] $C_{10}H_{15}N$ 149.24

成分 C 80.48%，H 10.13%，N 9.39%。

别名 *N*-异丙基苄胺；*N*-Isopropylbezylamine；*N*-Benzyl-*iso*-propyl amine；*N*-*iso*-Propylbenzylamine

性状 无色液体。bp 199～201℃；Fp 190℉(87℃)；d_4^{20} 0.906；n_D^{20} 1.502。一般试剂含量≥97.0%(GC)。

注意事项 该品对眼睛、呼吸系统及皮肤有刺激性。使用时应戴适当的手套。万一接触到眼睛，应立即用大量水冲洗后请医生诊治。

***S*-Benzylisothiourea hydrochloride**
***S*-苄基异硫脲 盐酸盐** 01426

[538-28-3] $C_8H_{11}ClN_2S$ 202.70

成分 C 47.40%，H 5.47%，Cl 17.49%，N 13.82%，S 15.82%。

别名 *S*-苄基硫脲 盐酸盐；盐酸 *S*-苄基异硫脲；α-Benzyl-2-thiopseudourea hydrochloride；*S*-Benzylthiuronium chloride；*S*-Benzylthiouronium hydrochloride

M. I. 15，1148

性状 来自乙醇或稀盐酸中的无色结晶或结晶性粉末。易溶于水、乙醇。mp 172～174℃。一般试剂含量≥98.0%(AT)。

注意事项 该品口服有毒。使用时应穿适当的防护服，戴手套和防护镜或面罩。使用时如有事故发生或有不适之感，应请医生诊治。

主要用途 测定磺酸、钴、镍的灵敏试剂。有机微量分析测定氮、硫、氯。

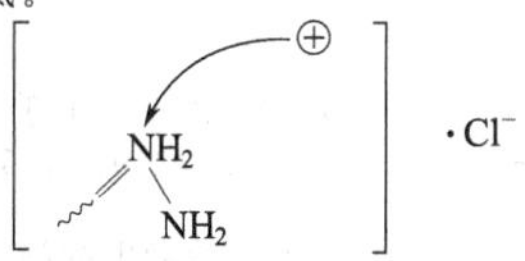

Benzylmalonic acid 苄基丙二酸 01427

[616-75-1] $C_{10}H_{10}O_4$ 194.19

成分 C 61.85%，H 5.19%，O 32.96%。

别名 苄基(代)缩苹果酸；苯甲基丙二酸；3-苯基异丁二酸；3-苯基异琥珀酸；β-Phenylisosuccinic acid；3-Phenyl-*iso*-succinic acid

性状 无色结晶。溶于水、乙醇、乙醚、苯。mp 120～121℃。一般试剂含量≥98.0%(T)。

注意事项 该品对眼睛、呼吸系统及皮肤有刺激性。使用时应穿适当的防护服。万一接触到眼睛，应立即用大量水冲洗后请医生诊治。

主要用途 有机合成。

Benzyl mercaptan 苄硫醇 01428

[100-53-8] C_7H_8S 124.20

成分 C 67.69%,H 6.49%,S 25.82%。

别名 甲苯硫醇;氢硫化苄;硫代苄醇;Benzylhydrosulfide;Benzene methanethiol;Thiobenzyl alcohol;α-Toluenethiol

GW 2015-106 M.I.15,9475

性状 无色液体。有葱的气味。在空气中能氧化成二硫化二苄。易溶于乙醇、乙醚,溶于二硫化碳。mp −30℃;bp 194~195℃;Fp 158℉(70℃);d 1.058;n_D^{20} 1.5751。一般试剂含量≥99.0%(GC)。

注意事项 该品吸入有毒。口服有害。对水生物极毒。能对水环境引起不利的结果。使用时应穿适当的防护服,戴防护镜或面罩。使用时应避免吸入本品的蒸气和烟雾。使用的容器应避免环境污染。使用时如有事故发生或有不适之感,应请医生诊治。应充氩气密封于阴凉通风处保存。

主要用途 有机合成。

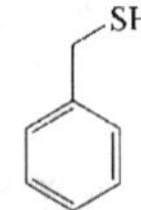

***N*-Benzylmethylamine *N*-苄基甲胺** 01429

[103-67-3] $C_8H_{11}N$ 121.18

成分 C 79.29%,H 9.15%,N 11.56%。

别名 *N*-甲基苄胺;ω-甲基氨基甲苯;甲替苄胺;*N*-苄甲胺;*N*-苯甲基甲胺;BMA;*N*-Methylbenzylamine;ω-Methylaminotoluene

性状 浅黄色液体。有氨味。对二氧化碳敏感。能与水混溶。bp 184~186℃;Fp 172℉(77℃);d_4^{20} 0.942;n_D^{20} 1.522。一般试剂含量≥97.0%(GC)。

注意事项 该品具有腐蚀性,能引起烧伤。吸入或与皮肤接触可引起过敏。使用时应穿适当的防护服,戴手套和防护镜或面罩。使用时应避免吸入本品的蒸气及飞沫。万一接触到眼睛,应立即用大量的水冲洗后请医生诊治。使用时如有事故发生或有不适之感,应请医生诊治。应充氩气密封保存。

主要用途 染料合成。有机合成。

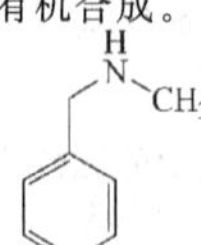

Benzyl methyl ether 苄甲醚 01430

[538-86-3] $C_8H_{10}O$ 122.17

成分 C 78.65%,H 8.25%,O 13.10%。

别名 苄基甲基醚;α-甲氧基甲苯;甲基苄基醚;(Methoxymethyl) benzene;α-Methoxytoluene;ω-Methoxytoluene;Methyl benzyl ether

M.I. 15,1143

性状 无色液体。溶于乙醇、乙醚,几乎不溶于水。bp 174℃;Fp 275℉(135℃);d 0.987;n_D^{20} 1.5020。一般试剂含量≥99.0%。

注意事项 该品易燃。应采取抗放静电措施,密封保存。

主要用途 溶剂。有机合成。

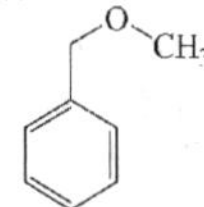

Benzyl methyl ketone 苄基甲基甲酮 01431

[103-79-7] $C_9H_{10}O$ 134.18

成分 C 80.57%,H 7.51%,O 11.92%。

别名 甲基苄基甲酮;苯基丙酮;1-苯基-2-丙酮;Acetonylbenzene;β-Ketopropylbenzene;Methylbenzylketone;Phenylacetone;1-Phenyl-2-propanone

M.I. 15,7381

性状 无色至微黄色油状液体。溶于乙醇、乙醚,不溶于水。mp −16~−15℃;bp_{760} 214℃/101.325kPa;bp_{14} 100~101℃/1.867kPa;Fp 194℉(90℃);d_4^{20} 1.0157;n_D 1.5174;uv max(乙醇中):258nm,283nm(ε 255,150)。

注意事项 使用时应避免吸入本品的蒸气、飞沫,避免与眼睛及皮肤接触。

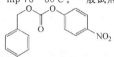

Benzyl 4-nitrophenyl carbonate
碳酸苄基 4-硝基苯酯 01432

[13795-24-9] $C_{14}H_{11}NO_5$ 273.25

成分 C 61.54%,H 4.06%,N 5.13%,O 29.28%。

别名 对硝基苯碳酸苄酯;4-硝基苯碳酸苄酯;苄基碳酸 4-硝基苯酯;碳酸 4-硝基苯基苄酯;Benzyl-*p*-nitrophenyl carbonate

性状 无色结晶。mp 78~80℃。一般试剂含量≥99.0%。

***N*-Benzyloxycarbonyl-L-alanine**
***N*-苄氧羰基-L-丙氨酸** 01433

[1142-20-7] $C_{11}H_{13}NO_4$ 223.23

成分 C 59.19%,H 5.87%,N 6.27%,O 28.67%。

别名 *N*-苄酯基-L-丙氨酸;Z-Ala-OH;Z-L-Alanine;Z-L-alanine;*N*-CBZ-L-alanine

性状 无色结晶或粉末。mp 84~87℃;$[\alpha]_{546}^{20}$ −17°±1°;$[\alpha]_D^{20}$ −14.5°±1°(c=4,于乙酸中)。生化试剂含量≥99.0%(T)。

注意事项 该品应密封于 2~8℃保存。

主要用途 生化研究。

***N*$_\alpha$-Benzyloxycarbonyl-L-asparagine**
***N*$_\alpha$-苄氧羰基-L-天冬酰胺** 01434

[2304-96-3] $C_{12}H_{14}N_2O_5$ 266.26

成分 C 54.13%,H 5.30%,N 10.52%,O 30.04%。

别名 N_α-苄氧羰基-L-天冬碱;*N*-苄酯基-L-天冬酰胺;Carbobenzyloxy-L-asparagine;N_α-CBZ-L-asparagine;N^2-CBZ-L-asparagine;Z-Asn-OH;Z-L-asparagine

性状 白色结晶。溶于乙酸。mp 164~166℃;$[\alpha]_D^{20}$ +6.3°±0.5°(c=2,于乙酸中)。生化试剂含量≥99.0%(T)。

注意事项 使用时应避免吸入本品的粉尘,避免与眼睛及皮肤接触。

主要用途 生化研究。

***N*-Benzyloxycarbonyl-L-aspartic acid**
***N*-苄氧羰基-L-天冬酸** 01435

[1152-61-0] $C_{12}H_{13}NO_6$ 267.24

成分 C 53.93%,H 4.90%,N 5.24%,O 35.92%。

别名 *N*-苄氧羰基-L-天冬氨酸;*N*-苄酯基-L-天冬酸;Z-Asp-OH;Z-L-Aspartic acid;Z-L-aspartic acid;*N*-CBZ-L-aspartic acid

性状 无色结晶。mp 115~118℃;$[\alpha]_D^{20}$ +8.8°±0.5°(c=2,于乙酸中)。生化试剂含量≥99.0%(T)。

注意事项 使用时应避免吸入本品的粉尘,避免与眼睛及皮肤接触。

主要用途 生化研究。

***N*-Benzyloxycarbonyl-L-glutamic acid**
***N*-苄氧羰基-L-谷氨酸** 01436

[1155-62-0] $C_{13}H_{15}NO_6$ 281.27

成分 C 55.51%,H 5.38%,N 4.98%,O 34.13%。

别名 *N*-苄酯基-L-谷氨酸;*N*-BOC-L-glutamic acid;*N*-Carbobenzoxy-L-glutamic acid;*N*-CBZ-L-glutamic acid;*N*-Carbobenzyloxy-L-glutamic acid;*Z*-Glu-OH;*Z*-L-Glutamic acid;*Z*-L-glutamic acid

性状 无色结晶。mp 117~119℃;$[\alpha]_D^{20}$ −7.5°±0.5°(c=4,于乙酸中)。生化试剂含量≥99.0%(T)。

注意事项 该品应密封于阴凉干燥处保存。

主要用途 生化研究。

***N*-Benzyloxycarbonyl-L-glutamine**
***N*-苄氧羰基-L-谷氨酰胺** 01437

[2650-64-8]　$C_{13}H_{16}N_2O_5$　280.28

成分　C 55.71%，H 5.75%，N 9.99%，O 28.54%。

别名　*N*-苄酯基-L-谷氨酰胺；*Z*-Gln-OH；*Z*-L-Glutamine；*Z*-L-glutamine；*N*-CBZ-L-glutamine；*N*-Carbobenzyl-L-glutamine

性状　无色结晶。mp 133～135℃；$[\alpha]_D^{20}$ −7°（c=2，于乙醇中）。生化试剂含量≥99.0%(T)。

注意事项　该品应密封于阴凉干燥处保存。

主要用途　生化研究。

N_α-Benzyloxycarbonyl-L-lysine

N_α-苄氧羰基-L-赖氨酸　01438

[2212-75-1]　$C_{14}H_{20}N_2O_4$　280.32

成分　C 59.98%，H 7.19%，N 9.99%，O 22.83%。

别名　*N*-苄酯基-L-赖氨酸；N_α-Z-L-Lysine；N_α-CBZ-L-lysine

性状　无色结晶。mp 226～230℃（分解）；$[\alpha]_D^{20}$ −12°（c=2，于 0.2mol/L 盐酸中）。生化试剂含量≥98.0%(NT)。

注意事项　使用时应避免吸入本品的粉尘，避免与眼睛及皮肤接触。应密封保存。

主要用途　生化研究。

N-Benzyloxycarbonyl-L-methionine

***N*-苄氧羰基-L-甲硫氨基酸**　01439

[1152-62-1]　$C_{13}H_{17}NO_4S$　283.35

成分　C 55.11%，H 6.04%，N 4.94%，O 22.59%，S 11.32%。

别名　*N*-苄酯基-L-甲硫氨酸；*Z*-L-Methionine；*Z*-L-methionine；*Z*-Met-OH；*N*-CBZ-L-methionine

性状　无色结晶。mp 67～68℃；$[\alpha]_D^{20}$ −26°（c=1，于甲醇中）。生化试剂含量≥98.0%(T)。

注意事项　使用时应避免吸入本品的粉尘，避免与眼睛及皮肤接触。应密封于 2～8℃保存。

主要用途　生化研究。

N-Benzyloxycarbonyl-L-valine

***N*-苄氧羰基-L-缬氨酸**　01440

[1149-26-4]　$C_{13}N_{17}NO_4$　251.28

成分　C 62.14%，N 12.39%，O 25.47%。

别名　*N*-苄酯基-L-缬氨酸；*Z*-L-Valine；*Z*-L-Valine；*Z*-Val-OH；*N*-CBZ-L-valine

性状　无色结晶或粉末。mp 59～60℃；$[\alpha]_D^{20}$ −3.8°（c=2，于乙酸中）。生化试剂含量≥99.0%(T)。

注意事项　该品对皮肤有刺激性，接触皮肤能引起过敏。使用时应穿适当的防护服和戴手套。

主要用途　生化研究。

2-(Benzyloxy)ethanol　2-苄氧基乙醇　01441

[622-08-02]　$C_9H_{12}O_2$　152.19

成分　C 71.03%，H 7.95%，O 21.03%。

别名　α-苄氧基乙醇；α-Benzyloxyethanol；Ethylene glycol monobenzyl ether

性状　无色透明液体。能与乙醇、乙醚相混溶，能以 3%的比例溶于水。bp_{760} 265℃/101.32kPa；Fp 230 ℉(110℃)；d 1.071；n_D^{20} 1.5210。一般试剂含量≥95.0%(GC)。

注意事项　该品口服有害。对眼睛、呼吸系统及皮肤有刺激性。使用时应穿适当的防护服。万一接触到眼睛，应立即用大量水冲洗后请医生诊治。应密封保存。

主要用途　溶剂。气相色谱固定液（最高使用温度 80℃，溶剂为乙醇。选择性与聚乙二醇相似）。

4-(Benzyloxy)phenol　4-苄氧基酚　01442

[103-16-2]　$C_{13}H_{12}O_2$　200.24

成分　C 77.98%，H 6.04%，O 15.98%。

别名　对苄氧基酚；氢醌一苄醚；氢醌单苄醚；对苯二酚单苄醚；氢醌独苄醚；Monobenzone；*p*-(Benzyloxy) phenol；4-(Phenylmethoxy) phenol；Hydroquinone monobenzyl ether；Hydroquinone benzyl ether；*p*-Hydroxyphenyl benzyl ether；Benzyl hydroquinone；Monobenzyl hydroquinone；Benoquin；Depigman；Pigmex；Benzoquin；Agenite；HME

M.I. 15,6334

性状　来自水中的无色具有光泽的小叶状结晶。溶于乙醇、乙醚、苯，溶于沸水（100mL 溶约 1.0g），几乎不溶于冷水。mp 122.5℃。LD_{50} 大鼠腹膜内注射：>600mg/kg。一般试剂含量≥99.0%(HPLC)。

注意事项　该品对眼睛有刺激性。接触皮肤能引起过敏。使用时应戴适当的手套。避免与眼睛及皮肤接触。万一接触到眼睛，应立即用大量水冲洗后请医生诊治。

主要用途　脱色剂。

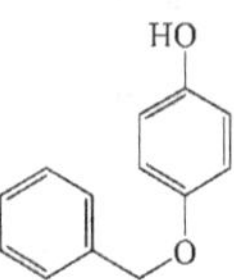

2-Benzylphenol　2-苄基酚　01443

[28994-41-4]　$C_{13}H_{12}O$　184.24

成分　C 84.75%，H 6.57%，O 8.68%。

别名　2-羟基二苯甲烷；邻苄基酚；2-(苯甲基)酚；α-苯基邻甲酚；*o*-Benzylphenol；(2-Hydroxydiphenyl) methane；α-Phenyl-*o*-cresol；2-(Phenylmethyl)phenol

M.I. 15,1144

性状　无色结晶或液体。溶于多数有机溶剂及碱溶液，几乎不溶于水。mp 20.2～20.9℃；bp_{10} 154～156℃/1.333kPa；$bp_{1.0}$ 121～123℃/133.322Pa；Fp 235.4℉(113℃)；n_D^{20} 1.59945。一般试剂含量≥98.0%(GC)。

注意事项　该品对眼睛、呼吸系统及皮肤有刺激性。使用时应穿适当的防护服。万一接触到眼睛，应立即用大量水冲洗后请医生诊治。

主要用途　消毒剂。有机合成。

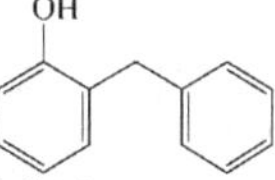

4-Benzylphenol　4-苄基酚　01444

[101-53-1]　$C_{13}H_{12}O$　184.24

成分　C 84.75%，H 6.57%，O 8.68%。

别名　对苄基酚；4-羟基二苯甲烷；4-(苯甲基)酚；α-苯基对甲酚；*p*-Benzylphenol；α-Phenyl-*p*-cresol；(4-Hydroxydiphenyl)methane；4-(Phenylmethyl)phenol

M.I. 15,1145

性状　无色结晶。溶于乙醇、乙醚、三氯甲烷、苯等有机溶剂，溶于碱溶液、冰乙酸，微溶于冷水，较多地溶于热水。mp 84℃；bp 322℃；bp_4 154～157℃/533.3Pa。一般试剂含量≥99.0%。

注意事项　该品对眼睛、呼吸系统及皮肤有刺激性。使用时应戴适当的手套。万一接触到眼睛，应立即用大量水冲洗后请医生诊治。

主要用途　杀虫剂。防腐剂。有机合成。

2-Benzylpyridine　2-苄基吡啶　01445

[101-82-6]　$C_{12}H_{11}N$　169.23

成分　C 85.17%，H 6.55%，N 8.28%。

别名　2-苯甲基吡啶；苯基-2-吡啶基甲烷；Phenyl-2-pyridylmethane

GW 2015-104

性状　黄色透明液体。能与乙醇、乙醚相混溶，不溶于水。mp 13～16℃；bp_{11} 140～143℃/1.46kPa；Fp 257℉(125℃)；d_4^{20} 1.053；n_D^{20} 1.579。一般试剂含量≥98.0%

注意事项　该品对眼睛、呼吸系统及皮肤有刺激性。使用时应戴适当的手套。万一接触到眼睛，应立即用大量水冲洗后请医生诊治。应密封保存。

主要用途　检定二氧化硫和锡的试剂。

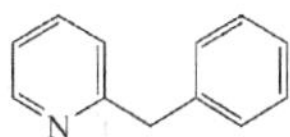

4-Benzylpyridine　4-苄基吡啶　01446

[2116-65-6]　$C_{12}H_{11}N$　169.23

成分　C 85.17%，H 6.55%，N 8.28%。

别名　4-苯甲基吡啶；苯基-4-吡啶基甲烷；γ-Benzylpyridine；

Phenyl-4-pyridylmethane
GW 2015-105

性状 浅黄色或微黄色透明液体。能与乙醇、苯相混溶，不溶于水。mp 9～11℃；bp 287℃；Fp 239℉（115℃）；d_4^{20} 1.061；n_D^{20} 1.5820。一般试剂含量≥99.0%。

注意事项 该品口服有害。对眼睛、呼吸系统及皮肤有刺激性。使用时应穿适当的防护服和戴手套。万一接触到眼睛，应立即用大量水冲洗后请医生诊治。

主要用途 制药工业。染料制备。

Benzyl salicylate 水杨酸苄酯 01447

[118-58-1] $C_{14}H_{12}O_3$ 228.25

成分 C 73.67%，H 5.30%，O 21.03%。

别名 邻羟基苯甲酸苄酯；2-羟基苯甲酸苄酯；2-羟基苯甲酸苯甲酯；Benzyl 2-hydroxybenzoate；2-Hydroxybenzoic acid phenylmethyl ester；Salicylic acid benzyl ester

M.I. 15，1146

性状 无色浓稠液体。微有愉快气味。能与乙醇、乙醚相混溶，微溶于水。bp_{25} 208℃/3.333kPa；Fp 365℉（180℃）；d^{20} 1.175；n_D^{20} 1.581。一般试剂含量≥99.0%（GC）。

注意事项 该品有蓄积性危害。对眼睛、呼吸系统及皮肤有刺激性。使用时应戴适当的手套。万一接触到眼睛，应立即用大量水冲洗后请医生诊治。

主要用途 定香剂。制备太阳篩。

O-Benzyl-L-serine O-苄基-L-丝氨酸 01448

[4726-96-9] $C_{10}H_{13}NO_3$ 195.22

成分 C 61.53%，H 6.71%，N 7.17%，O 24.59%。

别名 (S)-2-氨基-3-苄氧基丙酸；(S)-2-Amino-3-benzyloxypropionic acid

性状 无色结晶。mp 约 227℃（分解）；$[\alpha]_D^{20}$ +21°。生化试剂含量≥99.0%（NT）。

主要用途 生化研究。

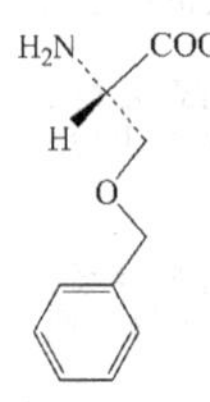

Benzyl sulfide 硫化苄 01449

[538-74-9] $C_{14}H_{14}S$ 214.33

成分 C 78.46%，H 6.58%，S 14.96%。

别名 二苄基硫；二苄基硫醚；二苄硫醚；苄基硫；苄硫醚；硫化二苄；Benzylmercaptanbenzyl ether；Dibenzyl sulfide；Dibenzyl thioether；1,1′-[Thiobis(methylene)]bisbenzene

M.I. 15，1147

性状 无色或白色片状结晶。有恶臭。溶于乙醇、乙醚，几乎不溶于水。mp 49℃；Fp ＞230℉（110℃）。一般试剂含量≥99.0%。

注意事项 使用时应避免吸入本品的粉尘，避免与眼睛及皮肤接触。应密封保存。

主要用途 抗氧化剂。

Benzyl thiocyanate 硫氰酸苄酯 01450

[3012-37-1] C_8H_7NS 149.22

成分 C 64.39%，H 4.73%，N 9.39%，S 21.49%。

别名 硫氰化苄；硫氰酸苄；Benzyl rhodanide；Benzyl thiocyanide；Benzyl sulfocyanate；α-Thiocyanatotoluene；Thiocyanic acid benzyl ester

GW 2015-1294

性状 白色或浅黄色结晶。有特殊的刺激味。溶于乙醇、乙醚，不溶于水。mp 39～41℃；bp 230～235℃；Fp 235.4℉（113℃），d 1.32。一般试剂含量≥98.0%（GC）。

注意事项 该品吸入、口服或与皮肤接触有害。与酸接触能释放出极毒气体。使用时应穿适当的防护服和戴手套。应远离食品、饮料和饲料，密封于 2～8℃保存。

主要用途 杀虫剂的制备。

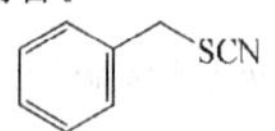

S-Benzylthiuronium chloride 氯化 S-苄基异硫脲 01451

[538-28-3] $C_8H_{11}ClN_2S$ 202.70

成分 C 47.40%，H 5.47%，Cl 17.49%，N 13.82%，S 15.82%。

别名 S-苄基异硫脲 盐酸盐；S-苄基氯化异硫脲；S-Benzylthiourea hydrochloride；S-Benzylisothiourea hydrochloride；Carbamimidothioic acid phenylmethyl ester monohydrochloride

M.I. 15，1148

性状 来自乙醇或稀盐酸中的无色或白色结晶。mp 172～174℃。146～148℃暂时稳定。一般试剂含量≥98.0%。

注意事项 该品口服有毒。使用时应穿适当的防护服，戴手套和防护镜或面罩。使用时如有事故发生或有不适之感，应请医生诊治。

主要用途 钴、镍的试剂。鉴别及分离羧酸，磺酸。

Benzyltrimethylammonium bromide 苄基三甲基溴化铵 01452

[5350-41-4] $C_{10}H_{16}BrN$ 230.15

成分 C 52.19%，H 7.01%，Br 34.72%，N 6.09%。

别名 三甲基苄基溴化铵；溴化苄基三甲铵；Trimethylbenzylammonium bromide

性状 白色结晶性粉末。有吸湿性。溶于热水、热乙醇。mp 230～232℃。一般试剂含量≥98.0%。

注意事项 该品对眼睛、呼吸系统及皮肤有刺激性。使用时应戴适当的手套。万一接触到眼睛，应立即用大量水冲洗后请医生诊治。应密封干燥保存。

主要用途 极谱分析试剂。金属保护膜的制造。

Benzyltrimethylammonium chloride 苄基三甲基氯化铵 01453

[56-93-9] $C_{10}H_{16}ClN$ 185.70

成分 C 64.68%，H 8.68%，Cl 19.09%，N 7.54%。

别名 三甲基苄基氯化铵；氯化苄基三甲铵；Trimethylbenzylammonium chloride

性状 白色或浅黄色结晶。易吸潮。溶于水、乙醇、热苯。mp 235℃（分解）；d_4^{20} 1.072；n_D^{20} 1.470。一般试剂含量≥98.0%。

注意事项 该品口服有害。对眼睛、呼吸系统及皮肤有刺激性。使用时应穿适当的防护服和戴手套。万一接触到眼睛，应立即用大量水冲洗后请医生诊治。应密封于阴凉处保存。

主要用途 检测铂、钯、汞、金的试剂。乳化剂。纤维素溶剂。阻聚剂。有机合成。

Benzyltrimethylammonium hydroxide 40% water solution 苄基三甲基氢氧化铵 40%水溶液 01454

[100-85-6] $C_{10}H_{17}NO$ 167.25

成分 C 71.81%，H 10.25%，N 8.37%，O 9.57%。

别名 三甲基苄基氢氧化铵 40%水溶液；曲拉通 B；氢氧化苄基三甲铵 40%水溶液；Trimethylbenzyl ammonium hydroxide；Triton B

性状 无色液体。具有强碱性。d_4^{20} 1.059；n_D^{20} 1.4300。

注意事项 该品具有腐蚀性，能引起烧伤。使用时应穿适当的防护服，戴手套和防护镜或面罩。使用本品时禁止进餐、吸烟。万一接触到眼睛，应立即用大量水冲洗后请医生诊治。使用时如有事故发生或有不适之感，应请医生诊治。应充氮气密封保存。

主要用途 极谱分析试剂。

Bephenium hydroxynaphthoate
酚乙铵 羟基萘酸盐 01455

[3818-50-6] $C_{28}H_{29}NO_4$ 443.54

成分 C 75.82%，H 6.59%，N 3.16%，O 14.43%。

别名 苄酚宁 羟基萘酸盐；*N*，*N*-Dimethyl-*N*-(2-phenoxyethyl)benzenemethanaminium salt with 3-hydroxy-2-naphthalene carboxylic acid(1∶1)；Bephenium embonate；Lecibis

M. I. 15，1150

性状 无色结晶。mp 170～171℃。最大吸收值（水中）：600nm。

主要用途 医用驱肠虫剂。

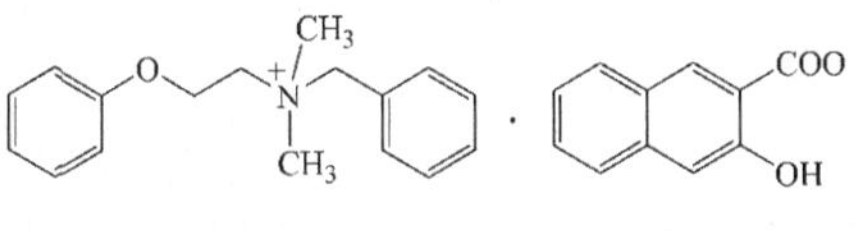

Bepotastine benzenesulfonate salt
贝托司汀 苯磺酸盐 01456

[190786-44-8] $C_{27}H_{31}ClN_2O_6S$ 547.06

成分 C 59.28%，H 5.71%，Cl 6.48%，N 5.12%，O 17.55%，S 5.86%。

别名 贝他斯汀 苯磺酸盐；苯磺酸贝托司汀；苯磺酸贝他斯汀；Bepotastine besilate；TAU-284；Talion；4-[(*S*)-(4-Chlorophenyi)-2-pyridinylmethoxy]-1-piperidinebutanoic acid benzenesulfonate；Betotastine benzenesulfonate

M. I. 15，1151

性状 来自乙腈中的浅灰色棱柱体结晶。mp 161～163℃；$[\alpha]_D^{20}$ + 6.0°（*c* = 5，于甲醇中）。生化试剂含量≥98.0%。

主要用途 医用抗组胺剂。

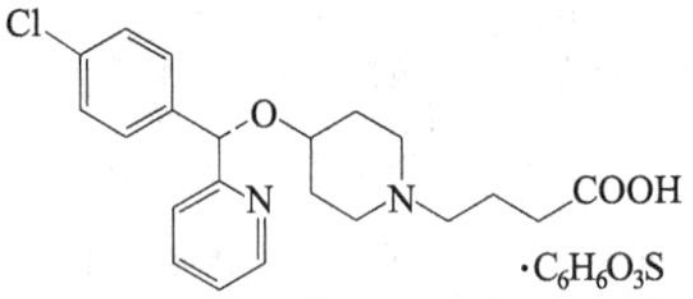

Bepridil hydrochloride monohydrate
苄普地尔 盐酸盐一水 01457

[74764-40-2] $C_{24}H_{35}ClN_2O \cdot H_2O$ 421.02

成分 （以无水物计）C 71.53%，H 8.75%，Cl 8.80%，N 6.95%，O 3.97%。

别名 盐酸苄普地尔；盐酸苄丙洛；苄丙洛 盐酸盐；双苯吡乙胺 盐酸盐；盐酸双苯吡乙胺；CERM-1978；Cordium；Vascor；Unicordium；*β*-(2-Methylpropoxy) methyl-*N*-phenyl-*N*-phenylmethyl-1-pyrrolidineethanamine hydrochloride monohy drate；1-[2-(*N*-Benzylanilino)-1-(isobutoxymethyl)ethyl]pyrrolidine hydrochloride monohy drae；1-Isobutoxy-2-pyrrolidino-3-*N*-benzylanilinopropane hydrochloride monohy drae；3-Isobutoxy-2-pyrrolidino-*N*-phenyl-*N*-benzylpropylamine hydrochloride monohy drae

M. I. 15，1152

性状 无色结晶。mp 91 ± 2℃。LD_{50} 小鼠急性经口：1955mg/kg；静脉注射 23.5mg/kg。

主要用途 医用抗心绞痛、心律失常、高血压剂。

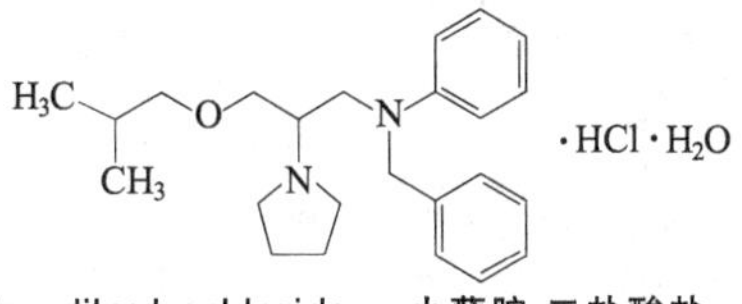

Berbamine dihydrochloride
小蘖胺 二盐酸盐 01458

[6078-17-7] $C_{37}H_{42}Cl_2N_2O_6$ 681.64

成分 C 65.20%，H 6.21%，Cl 10.40%，N 4.11%，O 14.08%。

别名 二盐酸 小蘖胺；[4a*S*-(4a*R**，16a*S**)]-3，4，4a，5，16a，17，18，19-Octahydro-21，22，26-trimethoxy-4，17-dimethyl-16*H*-1，2，4：6，9-dietheno-11，15-metheno-2*H*-pyrido[2′，-3′：17，18][1，11]dioxacycloeicosino[2，3，4-*ij*]isoquinolin-12-ol dihydrochloride；6，6′，7-Trimethoxy-2，2′-dimethylberbaman-12-ol dihydrochloride；Berbenine dihydrochloride

性状 来自水中的无色结晶。mp 250～253℃（分解）；$[\alpha]_D^{20}$ +114°（*c*=1，于乙醇中）。

注意事项 该品对眼睛、呼吸系统及皮肤具有刺激性。使用时应避免吸入本品的粉尘，避免与眼睛及皮肤接触。

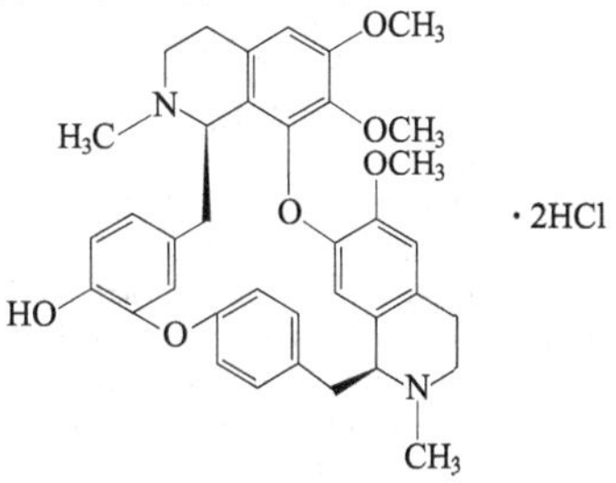

Berberine hydrochloride dihydrate
盐酸小檗碱 二水 01459

[5956-60-5] [633-65-8](无水物) $C_{20}H_{18}ClNO_4 \cdot 2H_2O$ 407.86

成分（以无水物计） C 64.61%，H 4.88%，Cl 9.53%，N 3.77%，O 17.21%。

别名 二水合盐酸小檗碱；小檗碱 盐酸盐 二水；盐酸黄连素；氯化小檗碱；Berberine chloride；5，6-Dihydro-9，10-dimethoxybenzo[*g*]-1，3-benzodioxolo[5，6-*a*] quinolizinium chloride dihydrate；Natural yellow18；7，8，13，13*a*-Tetradehydro-9，10-dimethoxy-2，3-(methylenedioxy) berbinium chloride dihydrate；Umbellatine chloride dihydrate

M. I. 15，1156

性状 黄色结晶或粉末。味极苦。易溶于沸水，微溶于冷水，几乎不溶于冷乙醇、氯仿、乙醚。mp 204～206℃（分解）。一般试剂含量≥90.0%(AT)。

注意事项 使用时应避免吸入本品的粉尘，避免与眼睛及皮肤接触。应充氩气密封干燥保存。

主要用途 生化研究。检测硝酸盐。

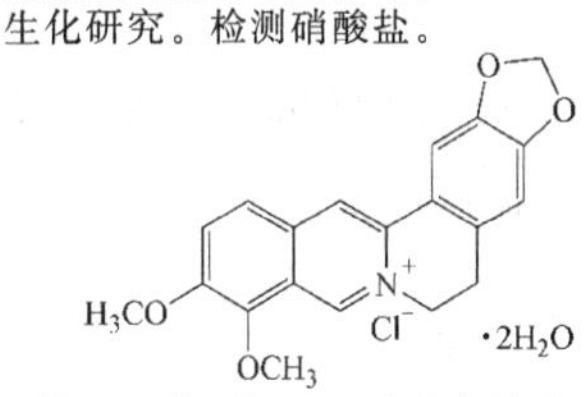

Berberine sulfate trihydrate
硫酸小檗碱 三水 01460

[633-66-9] $(C_{20}H_{18}NO_4)_2SO_4 \cdot 3H_2O$ 822.83

别名 三水合硫酸小檗碱；小檗碱 硫酸盐 三水；黄连素 硫酸盐 三水；硫酸黄连素 三水；5，6-Dihydro-9，10-dimethoxybenzo[*g*]-1，3-benzodioxolo[5，6-*a*] quinolizinium sulfate trihydrate；Neutral berberine sulfate；7，8，13，13*a*-Tetradehydro-9，10-dimethoxy-2，3-(methylenedioxy) berbinium sulfate trihydrate；Umbellatine sulfate trihydrate

M. I. 15，1156

性状 黄色针状结晶。1 份该品能溶于约 30 份水，溶于乙醇。

注意事项 该品吸入、口服或与皮肤接触有害。使用时应穿适当的防护服。

主要用途 检测硝酸盐用试剂。医用抗原生物剂(利什曼原虫)，抗疟剂，制菌剂，止泻剂。

Bergapten
香柠檬脑 01461

[484-20-8] $C_{12}H_8O_4$ 216.19

成分 C 66.67%，H 3.73%，O 29.60%。

别名 5-甲氧基补骨脂素；5-甲氧基扫若仑；佛手相茨烯；佛手烯；香柑油内酯；香柑脑；4-Methoxy-7*H*-furo[3，2-*g*][1]benzopyran-7-one；5-Methoxypsoralen；Bergaptan；Bergaptene；

Heraclin; Majudin; 5-MOP; Psoraderm-5
M. I. 15, 1160
性状 来自乙醇中的无色针状结晶或粉末。1份该品能溶于60份无水乙醇，其溶液在硫酸中呈金黄色。微溶于冰乙酸、氯仿、苯、热苯酚，几乎不溶于沸水。mp 188℃(升华)。生化试剂含量≥98.0%(HPLC)。
注意事项 该品口服有害。接触皮肤能引起过敏。使用时应穿适当的防护服和戴手套。应充氩气密封避光于2～8℃保存。
主要用途 生化研究。医用治牛皮癣剂。

OCH3

Bergenin 岩白菜宁 01462
[477-90-7][一水合物 108032-11-7] $C_{14}H_{16}O_9$ 328.28
成分 C 51.22%，H 4.91%，O 43.86%。
别名 Ardisic acid B; Bergenit; Cuscutin; 4-Methoxy-2-[tetrahydro-3, 4, 5-trihydroxy-6-(hydroxymethyl) pyran-2-yl]-α-resorcylic acid δ-lactone; Peltophorin; 3, 4, 4*a*, 10*b*-Tetra hydro-3, 4, 8, 10-tetrahydroxy-2-hydroxymethyl-9-methoxy-pyrano[3, 2-*c*][2] benzopyran-6(2*H*)-one; Vakerin
性状 来自甲醇中的无色结晶。易溶于水，溶于乙醇。mp 238℃；$[\alpha]_D^{18}$ −37.7°(*c*=1.96，于乙醇中)；$[\alpha]_D^{24}$ −45.3°(*c*=0.51，于水中)；uv max：275nm，220nm (lg ε 3.92，4.42)。
注意事项 该品对眼睛、呼吸系统及皮肤有刺激性。使用时应穿适当的防护服。万一接触到眼睛，应立即用大量水冲洗后请医生诊治。

OH OH OH OH H3CO HO O

Beryllium granular 铍粒 01463
[7440-41-7] Be 9.012182
别名 Glucinum granular
M. I. 15, 1163
性状 灰白色金属粒。有近似铝的化学性质。溶于酸和碱溶液，同时放出氢。mp 1287℃；bp 2500℃；*d* 1.8477。
主要用途 制造铍合金。X线管、荧光管、电视机显像管的磷光体。

Beryllium powder 铍粉 01464
[7440-41-7] Be 9.012182
别名 Glucinum powder
GW 2015-1613 M. I. 15, 1163
性状 灰白色金属粉末。有近似铝的化学性质。溶于酸和碱的溶液，同时放出氢。mp 1287℃；bp 2500℃；*d* 1.8477。一般试剂含量≥99.0%。
注意事项 该品吸入或口服有毒。吸入能致癌。接触皮肤能引起过敏。长期接触对健康有严重危害。对眼睛、呼吸系统及皮肤有刺激性。使用前应得到专门的指导，避免曝露。使用时如有事故发生或有不适之感，应请医生诊治。应密封于干燥处保存。
主要用途 见01463铍粒。

Beryllium acetylacetonate 乙酰丙酮铍 01465
[10210-64-7] $C_{10}H_{14}BeO_4$ 207.23
成分 C 57.96%，H 6.81%，Be 4.35%，O 30.88%。
别名 (*T*-4)-Bis (2,4-pentanedionato-*O*,*O*′) beryllium
M. I. 15, 1165
性状 无色单斜结晶或粉末。易溶于乙醇、丙酮、乙醚、苯、二硫化碳及多种有机溶剂，几乎不溶于水，但能被沸水水解。mp 108℃；bp 270℃；d_4^{20} 1.168。一般试剂含量≥99.0%。
注意事项 该品口服、吸入有毒。吸入能致癌。对眼睛、呼吸系统及皮肤有刺激性。接触皮肤能引起过敏。长期曝露、吸入有严重损害健康的危险。对水生物有毒。能对水环境引起不利的结果。使用前应得到专门的指导，避免曝露。使用时如有事故发生或有不适之感，应请医生诊治。应防止将本品释放于环境中。

H3C CH3 O O Be O O H3C CH3

Beryllium chloride 氯化铍 01466
[7787-47-5] $BeCl_2$ 79.91
成分 Be 11.28%，Cl 88.72%。
别名 二氯化铍
GW 2015-1474 M. I. 15, 1168
性状 白色至微黄色正交结晶或结晶性块状物，易潮解。易溶于水，其溶液呈强酸性。溶于乙醇、乙醚、吡啶、二硫化碳，不溶于苯、甲苯。mp 399.2～440℃；bp 482.3℃；*d* 1.90。(四水合物) LD_{50}豚鼠，大鼠腹膜内注射(以Be计)：63mg/kg，0.6mg/kg。
注意事项 该品吸入或口服有毒。吸入能致癌。对眼睛、呼吸系统及皮肤有刺激性。接触皮肤能引起过敏。长期曝露或吸入有严重损害健康的危险。对水生物有毒。可对水环境引起不利的结果。使用前应得到专门的指导，避免曝露。使用时如有事故发生或有不适之感，应请医生诊治。应防止将本品释放于环境中。其包装物应按危险品处理。应充氩气密封干燥保存。

Beryllium oxide 氧化铍 01467
[1304-56-9] BeO 25.01
成分 Be 36.03%，O 63.97%。
别名 Beryllia；Bromellite；Glucinum oxide
GW 2015-2537 M. I. 15, 1174
性状 白色有光泽的无定形粉末。溶于浓酸或熔融的碱溶液，极微溶于水。mp 2530℃；*d* 3.010。一般试剂含量≥99.5%。
注意事项 该品口服吸入有毒。吸入能致癌。对眼睛、呼吸系统及皮肤有刺激性。接触皮肤能引起过敏。长期曝露、吸入有严重损害健康的危险。对水生物有毒。能对水环境引起不利的结果。使用前应得到专门的指导，避免曝露。使用中如有事故发生或不适之感，应请医生诊治。应防止将本品释放于环境中。
主要用途 分析试剂。电子工业固体集成电路中的衬里材料。原子能工业中作中子源和反应堆的衬里材料。单晶炉的耐火材料。铍青铜合金的制造。硬化汽灯纱罩。

Beryllium potassium sulfate 硫酸铍钾 01468
[53684-48-3] $BeK_2O_8S_2$ 279.32
成分 Be 3.23%，K 27.99%，O 45.82%，S 22.96%。
别名 硫酸钾铍；Potassium beryllium sulfate
GW 2015-1320 M. I. 15, 1175
性状 具有光泽的结晶体。溶于水及浓硫酸钾溶液，几乎不溶于乙醇。
注意事项 该品剧毒。使用时应避免吸入本品的粉尘，避免与眼睛及皮肤接触。
主要用途 制造铍铬和铍银合金。

Beryllium sulfate tetrahydrate 硫酸铍 四水 01469
[7787-56-6] $BeO_4S \cdot 4H_2O$ 177.14
成分(以无水物计) Be 8.58%，O 60.91%，S 30.52%。
别名 四水合硫酸铍；Glucinum sulfate
GW 2015-1319 M. I. 15, 1177
性状 无色结晶。易溶于水，微溶于浓硫酸，几乎不溶于乙醇。约在100℃失去二分子结晶水，400℃成无水物，540℃分解。*d* 1.71。LD_{50}小鼠静脉注射(以Be计)：0.5mg/kg。一般试剂含量≥99.0%(T)。
注意事项 该品口服吸入有毒。吸入能致癌。对眼睛、呼吸系统及皮肤有刺激性。接触皮肤能引起过敏。长期曝露、吸入有严重损害健康的危险。对水生物有毒。能对水环境引起不利的结果。使用前应得到专门的指导，避免曝露。

使用中如有事故发生或不适之感，应请医生诊治。应防止将本品释放于环境中。应密封干燥保存。
主要用途 分析试剂。其他铍盐的制造。陶瓷工业。

Beryllon Ⅰ 铍试剂 Ⅰ 01470
[607-96-5] $C_{13}H_{11}N_3O_4$ 273.25
别名 4-(4-硝基苯偶氮)甲苯二酚；4-(对硝基苯)偶氮-5-甲基间苯二酚；4-(对硝基苯偶氮)苔黑酚；4-(对硝基苯偶氮)苔黑素；*p*-Nitrobenzeneazoorcinol；4-(*p*-Nitrophenyl) azo-5-methylresorcinol；4-[(4-Nitrophenyl) azo]orcinol
性状 红棕色粉末。溶于碱溶液，溶液呈黄色。不溶于水。
主要用途 测定铍、镁的灵敏试剂。

Beryllon Ⅱ 铍试剂 Ⅱ 01471
[51550-25-5] $C_{20}H_{10}N_2Na_4O_{15}S_4$ 738.52
成分 C 33.15%，H 1.39%，N 3.87%，Na 10.76%，O 33.12%，S 17.70%。
别名 8-羟基萘-3，6-二磺酸(1-偶氮-2')-1'，8'-二羟基萘-3'，6'-二磺酸四钠盐；H 酸偶氮变色酸钠；Berillon Ⅱ；Beryllion；8'-Hydroxynaphthalene-3，6-disulfonic acid (1-azo-2')-1'，8'-dihydroxynaphthalene-3'，6'-disulfonic acid Na_4 salt
性状 暗紫色粉末。溶于水、氢氧化钠溶液。
注意事项 该品对眼睛、呼吸系统及皮肤有刺激性，使用时应戴适当的手套。万一接触到眼睛，应立即用大量水冲洗后请医生诊治。
主要用途 测定铍的灵敏试剂。

Betahistine dihydrochloride 抗眩啶 二盐酸盐 01472
[5579-84-0] $C_8H_{14}Cl_2N_2$ 209.11
成分 C 45.95%，H 6.75%，Cl 33.91%，N 13.40%。
别名 甲氨乙基吡啶 二盐酸盐；倍它胺 二盐酸盐；陪他组啶 二盐酸盐；二盐酸抗眩啶；二盐酸倍它胺；二盐酸陪他组啶；陪他啶 二盐酸盐；Betaserc；Serc；Vasomotal；*N*-Methyl-2-pyridineethanamine dihydrochloride；2-[2-(Methylamino) ethyl]pyridine dihydrochloride；[2-(2-Pyridyl) ethyl]methylamine dihydrochloride
M. I. 15，1180
性状 来自乙醇中的无色结晶。溶于水。mp 148～149℃。
主要用途 生化研究。医用血管舒张剂。

Betaine 甜菜碱 01473
[107-43-7] $C_5H_{11}NO_2$ 117.15
成分 C 51.26%，H 9.46%，N 11.96%，O 27.31%。
别名 三甲铵乙内酯；甜菜素；(Carboxymethyl) trimethylammonium hydroxide inner salt；1-Carboxy-*N*，*N*，*N*-trimethylmethanaminium inner salt；Dimethylsarcosine；Glycine betaine；Glycocoll betaine；Lycine；Oxyneurine；Trimethylglycine hydroxide inner salt；Trimethylgycocoll anhydride
M. I. 15，1181
性状 无色鳞状或棱柱状结晶。有甜味。易潮解。1g 该品可溶于水 160g、甲醇 55g、乙醇 8.7g。微溶于乙醚。约 310℃分解。一般试剂含量≥98.0%(NT)。
注意事项 该品应充氩气密封于干燥处保存。
主要用途 检测金的试剂。

Betaine hydrochloride 甜菜碱 盐酸盐 01474
[590-46-5] $C_5H_{12}ClNO_2$ 153.61
成分 C 39.10%，H 7.87%，Cl 23.08%，N 9.12%，O 20.83%。
别名 盐酸甜菜碱；Acidol；1-Carboxy-*N*，*N*，*N*-trimethylme-thanaminium chloride；(Carboxymethyl) trimethylammonium chloride；Lycine hydrochloride；Oxyneurine hydrochloride；Pluchine；Trimethylglycocoll hydrochloride
M. I. 15，1181
性状 来自乙醇中的无色单斜结晶。溶于水（25℃，64.7g/100mL）、乙醇（5.0g/100mL），几乎不溶于氯仿、乙醚，其 5%水溶液 pH 值 1.0。mp 232℃（分解）。一般试剂含量≥99.0%（T）。
注意事项 该品对眼睛有刺激性。使用时应戴眼镜或面罩。避免吸入本品的粉尘。万一接触到眼睛，应立即用大量水冲洗后请医生诊治。应充氩气密封于干燥处保存。
主要用途 生化研究。有机合成。

Betamethasone 倍他米松 01475
[378-44-9] $C_{22}H_{29}FO_5$ 392.47
成分 C 67.33%，H 7.45%，F 4.84%，O 20.38%。
别名 9α-氟-16β-甲泼尼松龙；(11β，16β)-9-Fluoro-11，17，21-trihydroxy-16-methylpregna-1，4-diene-3，20-dione；9α-Fluoro-16β-methylprednisolone；16β-Methyl-9α-fluoro-Δ^1-hydrocortisone；16β-Methyl-9α-fluoroprednisolone；Betadexamethasone；Flubenisolone；β-Methasone；Sch-4831；NSC-39470；beta-Corlan；Becort；Betasolon；Betnelan；Celestene；Celestone；Dermabet；Diprolene；Visubeta
M. I. 15，1182
性状 来自乙酸乙酯中的无色结晶。略微溶于丙酮、乙醇、二氧六环、甲醇，极微溶于氯仿、乙醚，不溶于水。mp 231～234℃（分解）；$[\alpha]_D$＋108°（于丙酮中）；uv max（甲醇中）：238nm（ε 15200）。一般试剂含量≥98.0%。
注意事项 该品能危害胎儿。使用时应穿适当的防护服。使用时应避免吸入本品的粉尘。
主要用途 生化研究。强消炎剂。

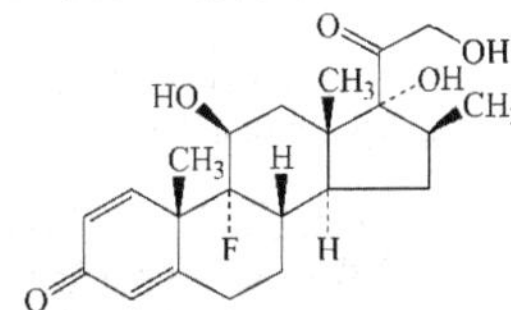

Betamipron 倍他米隆 01476
[3440-28-6] $C_{10}H_{11}NO_3$ 193.20
成分 C 62.17%，H 5.74%，N 7.25%，O 24.84%。
别名 倍他普隆；*N*-苯甲酰基-β-丙氨酸 *N*-Benzoyl-β-alanine；3-(Benzoylamino) propionic acid；β-Benzamidopropionic acid；CS-443
M. I. 15，1183
性状 来自热水中的无色棱柱体结晶，mp 120℃；来自水中的结晶，mp 133℃。易溶于热水、氯仿，极易溶于乙醇、乙醚、丙酮。LD_{50}大鼠静脉注射：＞3000mg/kg。
主要用途 医用抗菌剂（肾脏保护剂）。

Betaxolol hydrochloride 倍他洛尔 盐酸盐 01477
[63659-19-8] $C_{18}H_{30}ClNO_3$ 343.89
成分 C 62.87%，H 8.79%，Cl 10.31%，N 4.07%，O 13.96%。
别名 盐酸倍他洛尔；SLD-212；SL-75.212；Betoptic；Betoptima；Kerlone；1-[4-[2-(Cyciopropylmethoxy) ethyl] phenoxy]-3-(1-methylethyl) amino-2-propanol hydrochloride；(±)-1-Isopropylamino-3-*p*-(cyclopropylmethoxyethyl) phenoxy-2-propanol hydrochloride
M. I. 15，1184
性状 来自丙酮中的无色或白色结晶。溶于水（36mg/kg）、乙醇、氯仿、甲醇。mp 116℃。LD_{50}小鼠急性经口：944mg/kg；静脉注射：37mg/kg。生化试剂含量≥98.0%（HPLC）。

注意事项 该品口服有害。
主要用途 医用抗高血压剂。抗青光眼剂。β受体阻滞剂。

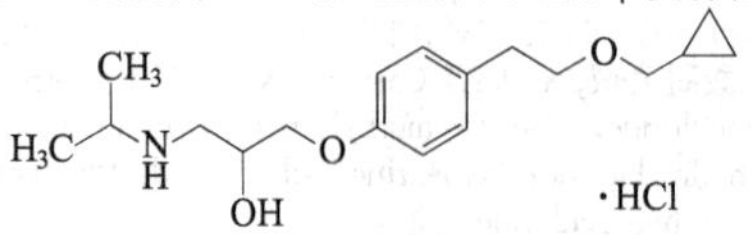

Bethanechol chloride 氯化氨甲酰甲胆碱 01478

[590-63-6] $C_7H_{17}ClN_2O_2$ 196.68

成分 C 42.75%，H 8.71%，Cl 18.03%，N 14.24%，O 16.27%。

别名 2-(Aminocarbonyl)oxy-*N*,*N*,*N*-trimethyl-1-propanaminium chloride; Carbamate of (2-hydroxypropyl) trimethylammonium chloride; (2-Hydroxypropyl) trimethylammonium chloride carbamate; 2-Carbamoyloxypropyltrimethylammonium chloride; Carbamyl-*β*-methylcholine chloride; Urethan of *β*-methylcholine chloride; Duvoid; Urecholine chloride; Mechothane; Myocholine; Mictone; Myotonine chloride; Uro-Carb

M. I. 15,1187

性状 无色结晶。易吸潮。微有氨味。1g该品溶于0.6mL水、12.5mL 95%乙醇。其0.5%水溶液pH值5.5～6.0。218～219℃分解。

注意事项 该品口服有害。使用时应穿适当的防护服。应密封于2～8℃保存。

主要用途 医用胆碱功能剂。

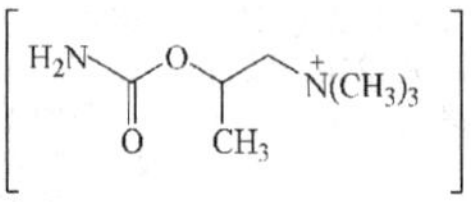

Betulin 桦木脑 01479

[473-98-3] $C_{30}H_{50}O_2$ 442.73

成分 C 81.39%，H 11.38%，O 7.23%。

别名 桦木醇；Betulinol；Betulol；(3*β*)-Lup-20(29)-ene-3,28-diol；Lup-20(30)-ene-3*β*,28-diol；Trochol

M. I. 15,1192

性状 来自甲醇-氯仿中的无色结晶。1份该品溶于149份乙醇、251份乙醚、113份氯仿、417份苯，溶于乙酸，略微溶于冷水、石油醚、二硫化碳。mp 248～251℃；$[\alpha]_D^{15}+20°$(c=2,于吡啶中)；uv max(硫酸中)：316nm。一般试剂含量≥98.0%。

注意事项 该品对眼睛、呼吸系统及皮肤有刺激性。使用时应穿适当的防护服。万一接触到眼睛，应立即用大量水冲洗后请医生诊治。应密封于2～8℃保存。

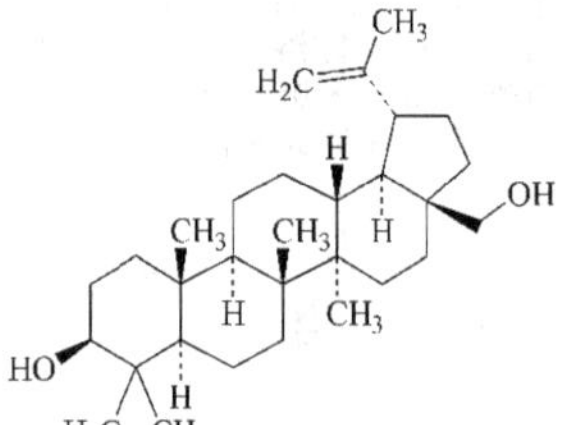

Bevantolol hydrochloride 贝凡洛尔 盐酸盐 01480

[42864-78-8] $C_{20}H_{28}ClNO_4$ 381.90

成分 C 62.90%，H 7.39%，Cl 9.28%，N 3.67%，O 16.76%。

别名 盐酸贝凡洛尔；藜芦心安；CI-775；Ranestol；Sentiloc；Vantol；1-[2-(3,4-Dimethoxyphenyl) ethyl] amino-3-(3-methylphenoxy)-2-propanol hydrochloride；1-(3,4-Dimethoxyphenethyl) amino-3-(*m*-tolyloxy)-2-propanol hydrochloride

M. I. 15,1195

性状 无色结晶。溶于水，几乎不溶于乙腈，不溶于丙醇。mp 137～138℃。生化试剂含量≥98.0%。

主要用途 医用抗心绞痛剂，抗高血压剂，抗心律失常剂。

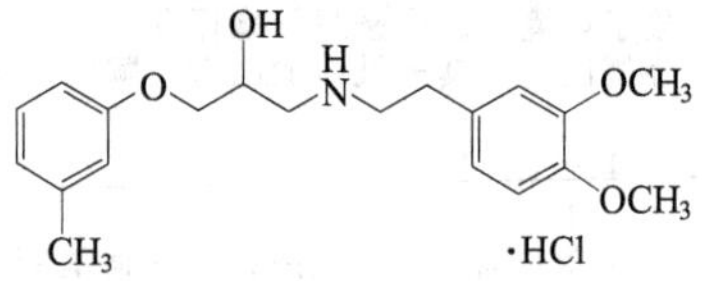

Bevonium methylsulfate 贝弗宁 甲基硫酸盐 01481

[5205-82-3] $C_{23}H_{31}NO_7S$ 465.56

成分 C 59.34%，H 6.71%，N 3.01%，O 24.06%，S 6.89%。

别名 甲硫贝弗宁；甲基硫酸贝弗宁；2-[(Hydroxydiphenylacetyl) oxy] methyl-1, 1-dimethylpiperidinium methyl sulfate(salt)；2-Hydroxymethyl-1, 1-dimethylpiperidinium methyl sulfate benzilate；Piribenzil methyl sulfate；Benzilic acid ester with 2-hydroxymethyl-1,1-dimethylpiperidiniummethyl sulfate；CG-201；Acabel

M. I. 15, 1197

性状 来自石油醚中的无色结晶。mp 134～135℃。

主要用途 医用解痉剂。

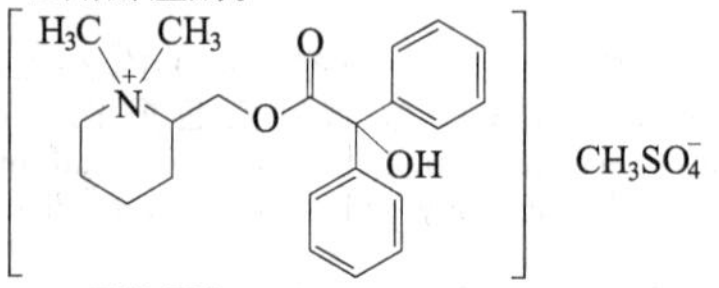

Bexarotene 贝沙罗汀 01482

[153559-49-0] $C_{24}H_{28}O_2$ 348.49

成分 C 82.72%，H 8.10%，O 9.18%。

别名 4-[1-(5,6,7,8-四氢-3,5,5,8,8-五甲基-2-萘基)乙烯基]苯甲酸；蓓萨罗丁；4-[1-(5,6,7,8-Tetrahydro-3,5,5,8,8-pentamethyl-2-naphthalenyl) ethenyl] benzoic acid SR-11247；LGD-1069；Targretin

M. I. 15,1198

性状 来自二氯甲烷中的白色固体（mp 230～231℃）或白色结晶（mp 234℃）。uv max（甲醇中）：264nm（ε 16400）。

主要用途 医用抗肿瘤剂。

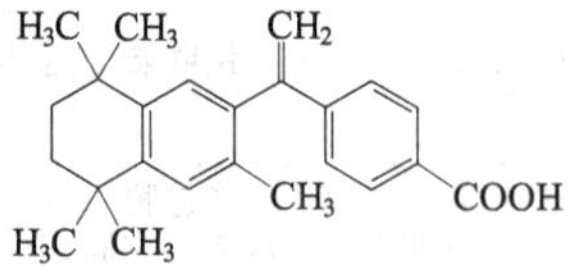

Bezafibrate 苯扎贝特 01483

[41859-67-0] $C_{19}H_{20}ClNO_4$ 361.82

成分 C 63.07%，H 5.57%，Cl 9.80%，N 3.87%，O 17.69%。

别名 2-[4-[2-[(4-Chlorobenzoyl) amino] ethyl] phenoxy]-2-methylpropanoic acid；2-[*p*-[2-(*p*-Chlorobenzamido) ethyl] phenoxy]-2-methylpropionic acid；*α*-[4-(4-Chlorobenzoylaminoethyl) phenoxy] isobutyric acid；BM-15075；Befizal；Bezalip；Bezatol；Cedur；Difaterol

M. I. 15, 1199

性状 来自丙酮中的无色结晶。mp 186℃。

注意事项 该品口服有害。使用时应穿适当的防护服。

主要用途 医用抗高血脂剂。

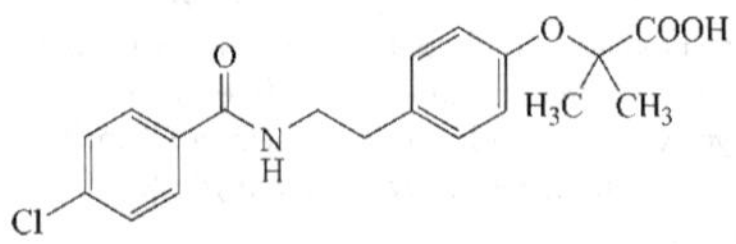

Biapenem 比阿培南 01484

[120410-24-4] $C_{15}H_{18}N_4O_4S$ 350.40

成分 C 51.42%，H 5.18%，N 15.99%，O 18.26% S 9.15%。

别名 6-[(4*R*,5*S*,6*S*)-2-Carboxy-6-(1*R*)-1-hydroxyethyl)]-4-methyl-7-oxo-1-azabicyclo [3.2.0] hept-2-en-3-yl] thio-6, 7-dihydro-5*H*-pyrazolo[1, 2-*a*][1, 2, 4] triazol-4-ium inner salt；(1*R*,5*S*,6*S*)-2-(6,7-Dihydro-5*H*-pyrazolo[1,2-*a*][1,2,4]triazolium-6-yl) thio-6-[(*R*)-1-hydroxyethyl]-1-methylcarbapen-2-em-3-carboxylate; LJC-10627; L-627; CL-186815

M. I. 15, 1201

性状 来自丙酮/水中的浅黄色非晶形粉末。常有半结晶水存在。$[\alpha]_D^{20}-32.9°$ ($c=0.5$)。

主要用途 医用抗菌剂。

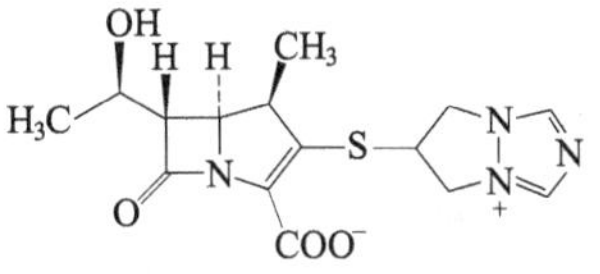

Bibenzyl 联苄 01485

[103-29-7] $C_{14}H_{14}$ 182.27

成分 C 92.26%, H 7.74%。

别名 对称二苯乙烷; Dibenzyl; 1,2-Diphenylethane; *sym*-Diphenylethane; 1,1′-(1,2-Ethanediyl) bisbenzene

M. I. 15, 1202

性状 来自甲醇中的无色单斜棱柱体结晶。易溶于乙酸戊酯、乙醚、三氯甲烷、二硫化碳,中等程度溶于乙醇,溶于二氧化硫溶液,几乎不溶于水、氨水。mp 52.0～52.5℃; bp_{760} 284℃/101.32kPa; Fp 230℉(110℃); d_4^0 1.104; d_4^{25} 0.9782; d_4^{58} 0.958。一般试剂含量≥98.0%(GC)。

注意事项 使用时应避免吸入本品的粉尘,避免与眼睛及皮肤接触。

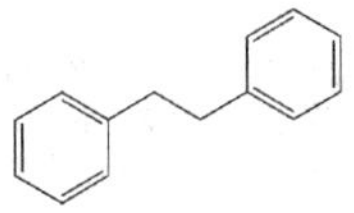

Bicalutamide 比卡鲁胺 01486

[90357-06-5] $C_{18}H_{14}F_4N_2O_4S$ 430.37

成分 C 50.24%, H 3.28%, F 17.66%, N 6.51%, O 14.87%, S 7.45%。

别名 比卡胺; 卡他胺; 康士得; *N*-[4-Cyano-3-(trifluoromethyl) phenyl]-3-(4-fluorophenyl) sulfonyl-2-hydroxy-2-methylpropanamide; 4-Cyano-3-trifluoromethyl-*N*-[3-(*p*-fluorophenyl) sulfonyl]-2-hydroxy-2-methylpropionyl anilne; (±)-4′-Cyano-*α*,*α*,*α*-trifluoro-3-(*p*-fluorophenyl) sulfonyl-2-methyl-*m*-lactotoluidide; ICI-176334; Casodex

M. I. 15, 1204

性状 来自乙酸乙酯及石油醚 1∶1 (体积比) 混合物中的无色结晶。易溶于四氢呋喃、丙酮,溶于乙腈,略溶于甲醇,微溶于乙醇。mp 191～193℃。

注意事项 该品使用时应穿适当的防护服,戴手套和防护镜或面罩。万一接触到眼睛,应立即用大量水冲洗后请医生诊治。

主要用途 医用抗雄激素,抗肿瘤剂(激素)。

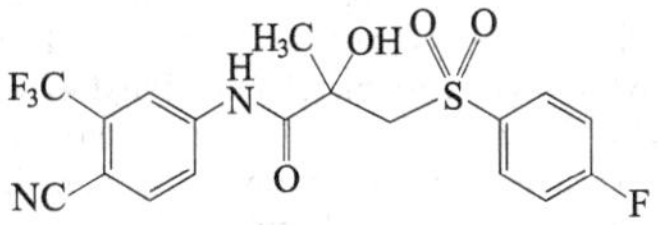

(+)-Bicuculline (+)-荷包牡丹碱 01487

[485-49-4] $C_{20}H_{17}NO_6$ 367.36

成分 C 65.39%, H 4.66%, N 3.81%, O 26.13%。

别名 (+)-毕扣扣灵; (6*R*)-6-[(5*S*)-5,6,7,8-Tetrahydro-6-methyl]-1,3-dioxolo[4,5-*g*]isoquinolin-5-yl-furo[3,4-*e*]-1,3-benzodioxol-8(6*H*)-one

M. I. 15, 1206

性状 来自氯仿-甲醇中的长片状无色或近白色结晶。溶于苯、氯仿、乙酸乙酯,略微溶于乙醇、乙醚。pK_a 4.84; mp 215℃; $[\alpha]_D^{25}+130.5°$(于氯仿中); uv max(酸化乙醇中): 225nm, 296nm, 324nm(ε 36700, 6390, 5870)。

主要用途 生化研究。γ-氨基正丁酸对抗剂。

注意事项 使用时应避免与眼睛及皮肤接触。应充氩气密封于 2～8℃保存。

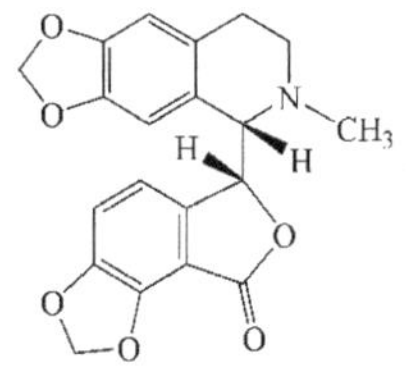

Bidisomide 比索米特 01488

[116078-65-0] $C_{22}H_{34}ClN_3O_2$ 407.98

成分 C 64.77%, H 8.40%, Cl 8.69%, N 10.30%, O 7.84%。

别名 贝地索胺; 比帝索米; 比地索胺; *α*-[2-[Acetyl(1-methylethyl)amino]ethyl]-*α*-(2-chiorophenyl)-1-piperidinebutanamide; (±)-*α*-(*o*-Chlorophenyl)-*α*-[2-(*N*-isopropylacetamido)ethyl]-1-piperidinebutyramide; SC-40230

M. I. 15, 1208

性状 来自乙酸乙酯中的无色结晶。mp 140～141℃。

主要用途 抗Ⅰ类心律失常剂。

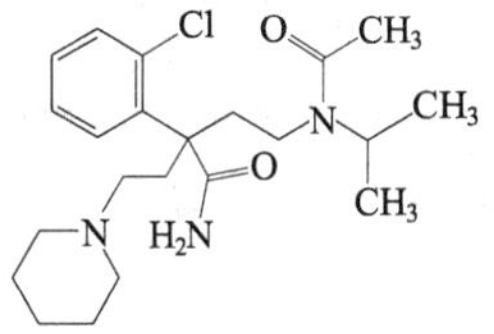

Biebrich scarlet water solution 比布列西猩红 水溶 01489

[4196-99-0] $C_{22}H_{14}N_4Na_2O_7S_2$ 556.48

别名 水溶比布列西猩红; 水溶猩红; 比布列西猩红钠盐; 丽春红 BS; 亮丽春红 S; 新品酸性红; 新品酸性橙; 猩红 B; 猩红 水溶; 酸性红 66; 翡翠猩红; 藏花猩红; Acid red 66; Biebrich scarlet sodium salt; Biebrich scarlet WS; Brilliant ponceau S; Crocein scarlet; Imperial scarlet; Ponceau BS; Scarlet B; *p*-Sulfobenzeneazo-*o*-sulfobenzeneazo-*β*-naphthol Na salt; 4-Sulfonbenzene-2′-sulfonbenzene-azo-2″-naphthol disodium salt

C. I. 26905

性状 红棕色粉末。溶于水,溶液呈橙红色。微溶于乙醇。λ_{max} 505nm; 一般试剂干燥含量约 60%。

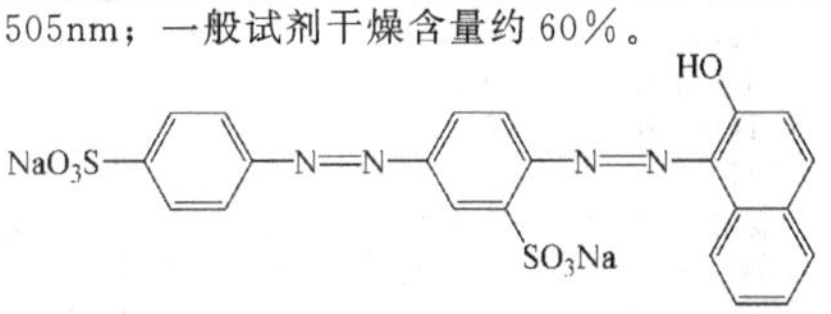

Bifemelane hydrochloride 二苯美仑 盐酸盐 01490

[62232-46-6] $C_{18}H_{24}ClNO$ 305.85

成分 C 70.69%, H 7.91%, Cl 11.59%, N 4.58%, O 5.23%。

别名 盐酸二苯美仑; 双芬麦兰 盐酸盐; E-0687; MCI-2016; Alnert; Celeport; *N*-Methyl-4-[2-(phenylmethyl) phenoxy]-1-butanamine hydrochloride; 4-(*o*-Benzylphenoxy)-*N*-methylbutylamine hydrochloride; 2-(4-Methylaminobutoxy)diphenylmethane hydrochloride; 2-Benzyl-1-[4-(methylamino)butoxy]benzene hydrochloride

M. I. 15, 1210

性状 来自丙酮中的无色结晶。mp 117～121℃。LD_{50} (mg/kg) 小鼠,大鼠急性经口: 1000, 1080; 腹膜内注射: 173, 130。

主要用途 医用止吐剂。中枢兴奋剂。脑功能改善剂。

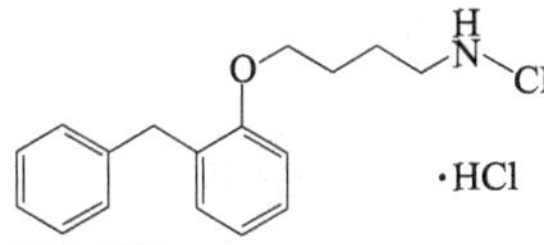

Bifenazate 联苯肼酯 01491

[149877-41-8] $C_{17}H_{20}N_2O_3$ 300.36

成分 C 67.98%, H 6.71%, N 9.33%, O 15.98%。

别名 3-(4-甲氧基-3-联苯基)肼基甲酸异丙酯; 2-[4-Methoxy(1,1′-biphenyl)-3-yl] hydrazinecarboxylic acid 1-

methylethyl ester; Isopropyl 3-(4-methoxy-3-biphenylyl) carbazate; D-2341; Mitekohne

M. I. 15, 1211

性状 白色结晶。溶于水（20℃，3.76mg/L）、甲苯（24.7 g/L）、乙酸乙酯（102g/L）、甲醇（44.7g/L）、乙腈（95.6g/L）。LD_{50}大鼠急性经口：5000mg/kg；皮肤接触＞2000mg/kg。

主要用途 杀螨剂。

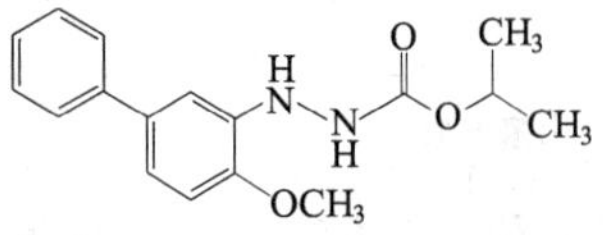

Bifenox 治草醚 01492

[42576-02-3] $C_{14}H_9Cl_2NO_5$ 342.13

成分 C 49.15%，H 2.65%，Cl 20.72%，N 4.09%，O 23.38%。

别名 5-(2,4-Dichlorophenoxy)-2-nitrobenzoic acid methyl ester; Methyl 5-(2,4-dichlorophenoxy)-2-nitrobenzoate; 2,4-Dichlorophenyl 3-methoxycarbonyl-4-nitrophenyl ether; MC-4379; Modown

M. I. 15, 1212

性状 黄褐色结晶。溶于二甲苯（25℃，30%），几乎不溶于水（25℃，0.35mg/kg）。mp 84～86℃。LD_{50}大鼠，小鼠急性经口：＞6400mg/kg，4556mg/kg；LC_{50}野鸡，野鸭：＞5000mg/kg。

注意事项 使用时应避免吸入本品的粉尘，避免与眼睛及皮肤接触。

主要用途 除草剂。

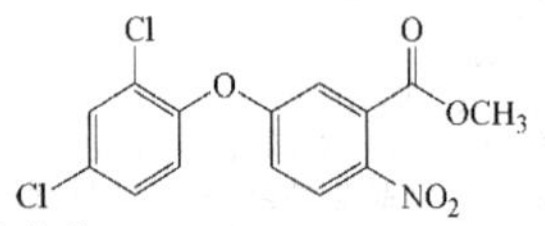

Bifenthrin 毕芬宁 01493

[82657-04-3] $C_{23}H_{22}ClF_3O_2$ 422.87

成分 C 65.33%，H 5.24%，Cl 8.38%，F 13.48%，O 7.57%。

别名 [1α,3α(*Z*)]-(±)-3-(2-Chloro-3,3,3-trifluoro-1-propenyl)-2,2-dimethylcyclo-propanecarboxylic acid [2-methyl(1,1′-biphenyl)-3-yl]methyl ester; 2-Methylbiphenyl-3-ylmethyl-(*Z*)-(1*RS*)-*cis*-3-(2-chloro-3,3,3-trifluoroprop-1-enyl)-2,2-dimethylcyclopropanecarboxylate; Biphenate; Biphenthrin; Biphentrin; FMC-54800; Brigade; Talstar; Capture; Wisdom

M. I. 15, 1213

性状 浅棕色具有黏性的油状物。溶于二氯甲烷、氯仿、丙酮、乙醚、甲苯，微溶于庚烷、甲醇。极微溶于水（＜0.1μg/kg）。mp 51～56℃；d^{25} 1.212。LD_{50}大鼠急性经口：54.5mg/kg；兔皮肤接触＞2000mg/kg。

注意事项 该品吸入、口服或与皮肤接触有害。对水生物极毒。能对水环境引起不利的结果。应防止将本品释放于环境中。其包装物应按危险品处理。应远离食品、饮料、饲料存放。

主要用途 杀虫剂。杀螨剂。分析用标准物质。

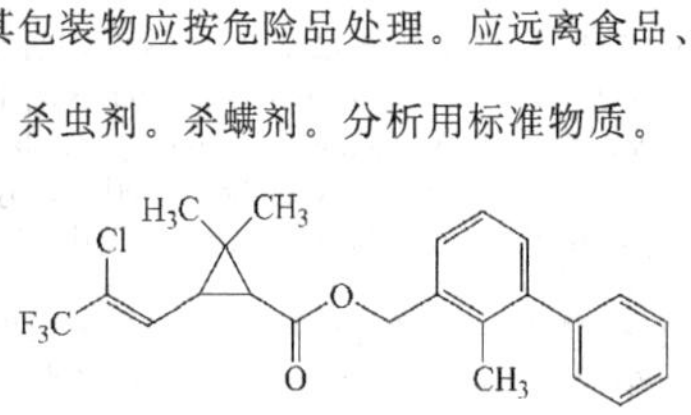

Bifonazole 联苯苄唑 01494

[60628-96-8] $C_{22}H_{18}N_2$ 310.40

成分 C 85.13%，H 5.85%，N 9.03%。

别名 1-[(1,1′-Biphenyl)-4-yl phenylmethyl]-1*H*-imidazole; (±)-1-(*p*,α-Diphenyl benzyl)imidazole; Bay h4502; Amycor; Azolmen; Bedriol; Mycospor; Mycosporan

M. I. 15, 1216

性状 来自乙腈中的无色结晶。为素油物质。溶于醇类、二甲基甲酰胺、二甲基亚砜，溶于水（pH 值 6，＜0.1mg/100mL）。其水溶液 pH 值 1～12 稳定。mp 142℃。LD_{50}雄小鼠，大鼠急性经口：2629mg/kg，2854mg/kg。

主要用途 医用抗真菌剂。

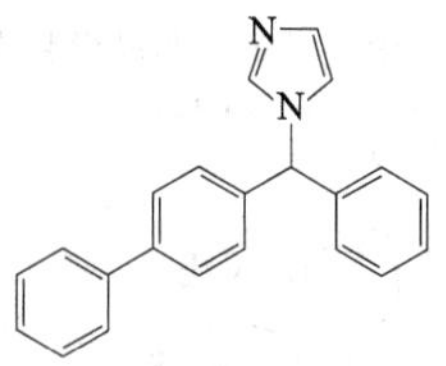

Bile salt No. 3 胆盐 3 号 01495

别名 3 号胆盐；胆酸钠盐；Bile acids sodium salt；

性状 淡黄褐色粉末。由牛胆中提取，其效力浓度少于胆盐培养基浓度的⅓，使用时最适当浓度是 0.15%。溶于水。

注意事项 该品应密封、避光于阴凉干燥处保存。

主要用途 生物培养基。

Bilirubin 胆红素 01496

[635-65-4] $C_{33}H_{36}N_4O_6$ 584.67

成分 C 67.79%，H 6.21%，N 9.58%，O 16.42%。

别名 胆红质；胆深红；Bilifulvin; Biliphaein; Bilirubin Ⅸα; Cholepyrrhin; 2,17-Diethenyl-1,10,19,22,23,24-hexahydro-3,7,13,18-tetramethyl-1,19-dioxo-21*H*-biline-8,12-dipropanoic acid; 1,8-Dioxy-1,3,6,7-tetramethyl-2,8-divinylbili-2′α,7′γ-dien-4,5-dipropionic acid; 1,10,19,22,23,24-Hexahydro-2,7,13,17-tetramethyl-1,19-dioxo-3,18-divinylbiline-8,12-dipropionic acid; 1,3,6,7-Tetramethyl-4,5-dicarboxyethyl-2,8-divinyl-(*b*-13)-dihydrobilenone

M. I. 15, 1222

性状 来自氯仿中的淡橙色至深红棕色单斜斜方棱柱体或片状结晶。溶于苯、氯仿、氯苯、二硫化碳、酸及碱溶液，微溶于乙醇、乙醚，几乎不溶于水。$λ_{max}$约 453nm（氯仿中）。生化试剂含量≥98.0%。

注意事项 使用时应避免吸入本品的粉尘，避免与眼睛及皮肤接触。应密封避光保存。

主要用途 生化研究。合成牛黄。

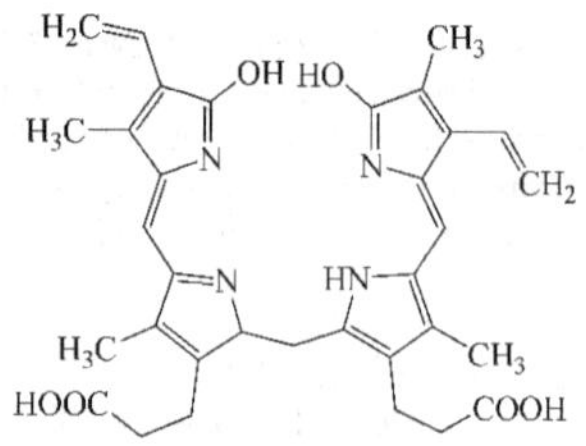

Binapacryl 乐杀螨 01497

[485-31-4] $C_{15}H_{18}N_2O_6$ 322.31

成分 C 55.90%，H 5.63%，N 8.69%，O 29.78%。

别名 3-Methyl-2-butenoic acid 2-(1-methylpropyl)-4,6-dinitrophenyl ester; 3-Methylcrotonic acid 2-*sec*-butyl-4,6-dinitrophenyl ester; 2-*sec*-Butyl-4,6-dinitrophenyl 3,3-dimethylacrylate; 2-*sec*-Butyl-4,6-dinitrophenyl 3-methyl-2-butenoate; 2-*sec*-Butyl-4,6-dinitrophenyl 3-methylcrotonate; 2-*sec*-Butyl-4,6-dinitrophenyl senecioate; 3,3-Dimethylacrylic acid 2-*sec*-butyl-4,6-dinitrophenyl ester; 4,6-Dinitro-2-*sec*-butylphenyl β,β-dimethylacrylate; 3-Methyl-2-butenoic acid 2-*sec*-butyl-4,6-dinitrophenyl ester; Dinoseb methacrylate; Senecioic acid 2-*sec*-butyl-4,6-dinitrophenyl ester; ENT-25793; HOE-2784; Niagara 9044; Acricid; Ambox; Endosan; Morocide

GW 2015-2802

性状 无色棱柱体结晶。易溶于丙酮、二甲苯，溶于乙醇、煤油，不溶于水。蒸气压（60℃）：$1×10^4$mmHg。mp 70℃；d_4^{20} 1.25～1.28。LD_{50}雌，雄大鼠急性经口：58mg/kg，63mg/kg。

注意事项 该品能危害胎儿。口服或与皮肤接触有害。对水生物极毒。能对水环境引起不利的结果。使用前应得到专门的指导，避免曝露。使用时如有事故发生或有不适之感，应请医生诊治。应防止将本品释放于环境中。其包装物应按危险品处理。

主要用途 杀菌剂，杀螨剂。分析用标准物质。

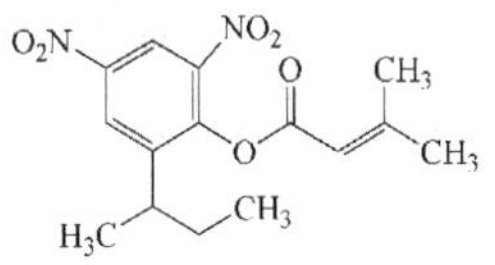

(±)-1,1′-Bi(2-naphthol) (±)-1,1′-联(2-萘酚) 01498

[602-09-5] $C_{20}H_{14}O_2$ 286.32

别名 2,2′-二羟基-1,1′-联萘；β,β′-联萘酚；β,β′-Dinaphthol；β-Di-2-naphthol；(±)-2,2′-Dihydroxy-1,1′-dinaphthyl；(±)-1,1′-Binaphthalene-2,2′-diol

性状 白色粉末。溶于乙醇、乙醚、二氧六环，不溶于水、碱溶液。mp 215～217℃。一般试剂含量≥99.0%(NT)。

注意事项 该品口服有毒。对眼睛有刺激性。万一接触到眼睛，应立即用大量水冲洗后请医生诊治。使用时如有事故发生或有不适之感，应请医生诊治。

主要用途 有机合成。

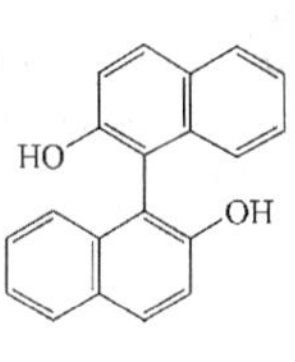

Binifibrate 比尼贝特 01499

[69047-39-8] $C_{25}H_{23}ClN_2O_7$ 498.92

成分 C 60.18%，H 4.65%，Cl 7.11%，N 5.61%，O 22.45%。

别名 3-Pyridinecarboxylicacid 2-[2-(4-chlorophenoxy)-2-methyl-1-oxopropoxy]-1,3-propanediyl ester；Trihydroxypropane 2-p-chlorophenoxyisobutyrate-1，3-dinicotinate；2-(p-Chlorophenoxy)-2-methylpropionic acid ester with 1,3-dinicotinoyloxy-2-propanol；Glyceryl-2-p-chlorophenoxyisobutyrate-1，3-dinicotinate；WAC-104；Biniwas

M. I. 15,1228

性状 来自乙醇-异丙醚中的浅黄白色结晶。mp 100℃。LD_{50}小鼠、大鼠急性经口：>4000mg/kg。

主要用途 医用抗青光眼剂。降血脂剂。

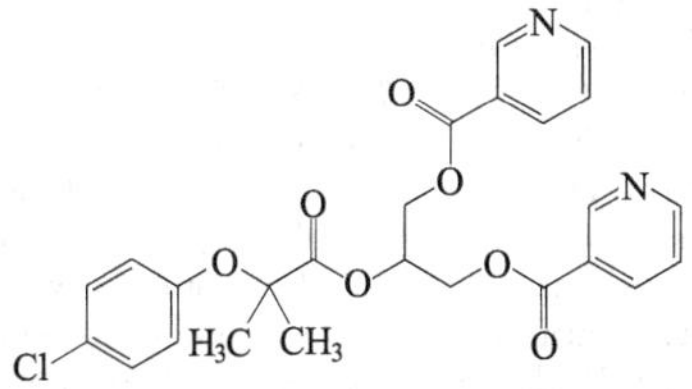

Biocytin 生物胞素 01500

[576-19-2] $C_{16}H_{28}N_4O_4S$ 372.48

成分 C 51.59%，H 7.58%，N 15.04%，O 17.18%，S 8.61%。

别名 生物素赖氨酸；Nε-(+)-Biotinyl-L-lysine；N^6-[5-[(3aS,4S,6aR)-Hexahydro-2-oxo-1H-thieno[3,4-d]imidazol-4-yl]-1-oxopentyl]-L-lysine；ε-N-Biotinyl-L-lysine；Biotin complex of yeast

M. I. 15，1232

性状 无色结晶。易溶于水、冰乙酸，较少地溶于乙醇，几乎不溶于丙酮及多数有机溶剂。mp 241～243℃；$[\alpha]_D^{25}$+53°(c=1.05，于0.1mol/L氢氧化钠溶液中)。生化试剂含量≥97.0%(HPLC)。

注意事项 该品应密封于−20℃保存。

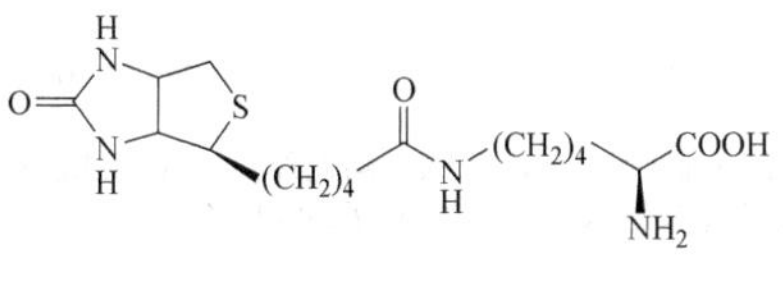

Biopterin 生物蝶呤 01501

[22150-76-1] $C_9H_{11}N_5O_3$ 237.22

成分 C 45.57%，H 4.67%，N 29.52%，O 20.23%。

别名 2-氨基-4-羟基-6-(1，2-二羟基丙基)蝶啶；2-Amino-6-[(1R，2S)-1，2-dihydroxypropyl]-4(1H)-pteridinone；1-(2-Amino-4-hydroxy-6-pteridinyl)-1，2-propanediol；2-Amino-4-hydroxy-6-(1，2-dihydroxypropyl) pteridine；Pterin HB_2

M. I. 15，1234

性状 来自水中的微小的黄色球状结晶。溶于水(20℃，0.7mg/mL；90℃，4mg/mL)、乙醇、乙醚、丙酮、苯(<0.1mg/mL)，溶于1mol/L氢氧化钠溶液、1mol/L盐酸(>25mg/mL)。在碱溶液中呈蓝色荧光。250～280℃炭化而不熔化。$[\alpha]_D^{24}$−50°(c=0.4，于0.1mol/L盐酸中)；$[\alpha]_D^{24}$−26°(c=0.92，于0.1mol/L氢氧化钠溶液中)；uv max(0.08mol/L盐酸中)：247nm(ε 11000)。生化试剂含量≥98.0%(HPLC)。

注意事项 该品对眼睛、呼吸系统及皮肤有刺激性。使用时应穿适当的防护服。万一接触到眼睛，应立即用大量水冲洗后请医生诊治。应充氩气密封于2～8℃保存。

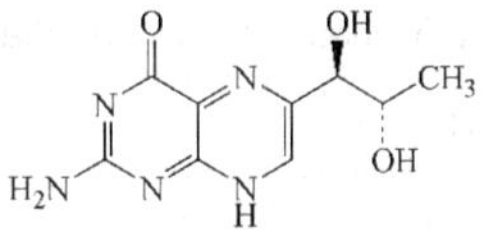

Bioresmethrin 除虫菊酯 01502

[28434-01-7] $C_{22}H_{26}O_3$ 338.45

成分 C 78.07%，H 7.74%，O 14.18%。

别名 反式-(+)-2,2-二甲基-3-(2-甲基丙烯基)环丙烷羧酸(5-苄基-3-呋喃基)甲酯(±)-反式菊酸5-苄基-3-呋喃基甲酯；d-反式[(5-苄基-3-呋喃基)甲基]菊酸酯；灭虫菊酯；苄呋菊酯；(1R,3R)-2,2-Dimethyl-3-(2-methyl-propenyl) cyclopropanecarboxylic acid (5-phenylmethyl-3-furanyl) methyl ester；trans-(+)-2，2-Dimethyl-3-(2-methylpropenyl) cyclopropanecarboxylic acid (5-benzyl-3-furyl) methyl ester；5-Benzyl-3-furylmethyl-(+)-trans-chrysanthemate；d-trnas-[(5-Benzyl-3-furyl) methyl] chrysanthemumate；(+)-trans-Resmethrin；NRDC-107；NIA-18739；SBP-1390；Resbuthrin；Biobenzyfuroline

M. I. 15,1235

性状 无色液体。温度过低可结晶。溶于多数有机溶剂，不溶于水。$bp_{0.0008}$ 174℃/0.107Pa；n_D^{20} 1.5346；$[\alpha]_D^{20}$−7.8°(c=5，于丙酮中)。LD_{50}成熟雄，雌大鼠急性经口：1244mg/kg,1721mg/kg。

注意事项 该品对水生物极毒。能对水环境引起不利的结果。应防止将本品释放于环境中。其包装物应按危险品处理。

主要用途 杀虫剂。

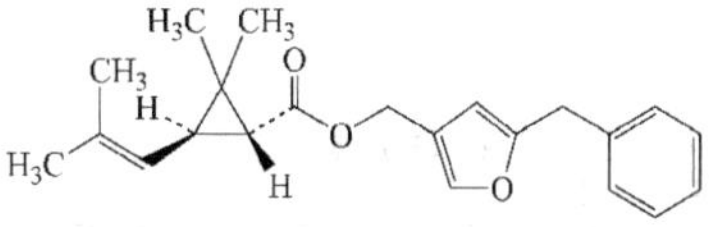

(+)-Biotin (+)-生物素 01503

[58-85-5] $C_{10}H_{16}N_2O_3S$ 244.31

成分 C 49.16%，H 6.60%，N 11.47%，O 19.65%，S 13.12%。

别名 生物活素Ⅱ；D-生物素；D-促进素；维生素H；辅酶R；Biodermatin；Bios Ⅱ；D-Biotin；Coenzyme R；Hexahydro-2-oxo-1H-thieno[3，4-d] imidazole-4-pentanoic acid；cis-Hexahydro-2-oxo-1H-thieno[3,4]imidazole-4-valeric acid；cis-Tetrahydro-2-oxothieno[3，4-d] imidazoline-4-valeric acid；VH；Vitamin H

M. I. 15,1236

性状 无色细长针状结晶。溶于水(25℃，约22mg/100mL)、95%乙醇(25℃，约80mg/100mL)。较易溶于热水和稀碱溶液，水溶液极易生长霉菌。其0.01%水溶液pH值4.5。mp 232～233℃；$[\alpha]_D^{21}$+91°(c=1，于0.1mol/L氢氧化钠溶液中)。生化试剂含量≥99.0%(T)。

注意事项 该品应密封于2～8℃保存。

主要用途 生化研究。医用营养增补剂(酶辅因子)。

2-(4-Biphenylyl)-6-phenylbenzoxazole
2-(4-联苯基)-6-苯基苯并噁唑 01504

[17064-47-0] $C_{25}H_{17}NO$ 347.41

别名 2-(4-Diphenylyl)-6-phenylbenzoxazole;PBBO

性状 白色粉末或固体。mp 198～199℃。一般试剂含量≥98.0%(TLC)。

注意事项 使用时应避免吸入本品的粉尘,避免与眼睛及皮肤接触。

主要用途 闪烁作用试剂。

2-(4-Biphenylyl)-5-phenyl-1,3,4-oxadiazole
2-(4-联苯基)-5-苯基-1,3,4-噁二唑 01505

[852-38-0] $C_{20}H_{14}N_2O$ 298.35

别名 2-苯基-5-(4′-联苯基)-1,3,4-噁二唑;PBD;2-Phenyl-5-(4-biphenylyl)-1,3,4-oxadiazole

性状 白色结晶或粉末。其酸或碱溶液加热则分解。不溶于水。mp 167～169℃。一试剂含量≥99.0%。

注意事项 使用时应避免与眼睛及皮肤接触。应密封保存。

2-(4-Biphenylyl)-2-propanol
2-(4-联苯基)-2-丙醇 01506

[34352-74-4] $C_{15}H_{16}O$ 212.29

别名 2-羟基-2-(4-联苯基)丙烷;2-Hydroxy-2-(4-biphenylyl)propane

性状 无色结晶或白色粉末。溶于氯仿。mp 88～92℃。一般试剂含量≥95.0%(HPLC)。

注意事项 使用时应避免吸入本品的粉尘,避免与眼睛及皮肤接触。

2,2′-Biquinoline 2,2′-联喹啉
01507

[119-91-5] $C_{18}H_{12}N_2$ 256.30

别名 α,α′-联喹啉;α,α′-Biquinolyl;Cuproin;2,2′-Diquinolyl;2-(2-Quinolyl)quinoline

性状 片状结晶。溶于有机溶剂,微溶于乙醇。mp 194～197℃。一般试剂含量≥99.0%(NT)。

主要用途 分析试剂,主要用于测定亚铜离子。

注意事项 该品对眼睛、呼吸系统及皮肤有刺激性。使用时应穿适当的防护服。万一接触到眼睛,应立即用大量水冲洗后请医生诊治。应密封避光保存。

Biricodar dicitrate 比立考达 二柠檬酸盐
01508

[174254-13-8] $C_{46}H_{57}N_3O_{21}$ 987.96

成分 C 55.92%,H 5.82%,N 4.25%,O 34.01%。

别名 柠檬酸比立考达;VX-710;Incel;(2*S*)-1-Oxo(3,4,5-trimethoxyphenyl)acetyl-2-piperidinecarboxylic acid 4-(3-pyridinyl)-1-[3-(3-pyridinyl)propyl]butyl ester dicitrate

M. I. 15,1244

性状 无色结晶或粉末。溶于水。

主要用途 医用抗肿瘤剂。

α-Bisabolol α-没药醇
01509

[515-69-5] $C_{15}H_{26}O$ 222.37

成分 C 81.02%, H 11.79%, O 7.19%。

别名 α-红没药醇;α-比萨波醇;6-甲基-2-(4-甲基-3-环己烯-1-基)-5-庚烯-2-醇;(α*R*, 1*R*)-*rel*-α, 4-Dimethyl-α-(4-methyl-3-pentenyl)-3-cyclohexene-1-methanol; 6-Methyl-2-(4-methyl-3-cyclohexen-1-yl)-5-hepten-2-ol; 1-Methyl-4-[1, 5-dimethyl-1-hydroxyhex-4(5)-enyl] cyclohexen-1; Camilol; Dragosantol; Hydagen B

M. I. 15, 1245

性状 无色油状液体。能与醇类、油类及亲脂类物质相混溶。bp_{12} 155～157℃/4kPa; Fp 275℉ (135℃); d_4^{23} 0.9223; n_D^{23} 1.4917。一般试剂含量≥95.0%(GC)。

注意事项 该品应充氩气密封保存。

主要用途 化妆品添加剂。医用抗炎剂。

Bisacodyl 双醋苯啶
01510

[603-50-9] $C_{22}H_{19}NO_4$ 361.40

成分 C 73.12%, H 5.30%, N 3.88%, O 17.71%。

别名 4,4′-(2-Pyridylmethylene) bisphenol diacetate;Bis(*p*-acetoxyphenyl)-2-pyridylmethane;(4,4′-Diacetoxydiphenyl)(2-pyridyl) methane;2-(4,4′-Diacetoxydiphenylmethyl) pyridine;Bicol;Broxalax; Contalax; DAMP; Dulcolan; Dulcolax; Durolax; Endokolat;Eulaxan;Godalax;Laxadin;Laxanin N;Laxorex;Nigalax;Perilax;Pyrilax;Stadalax;Telemin;Theralax;Ulcolax

M. I. 15,1246

性状 无色或白色结晶。无味。溶于酸类、乙醇、丙酮、丙二醇及一般有机溶剂,略微溶于乙醇、甲醇,微溶于乙醚,几乎不溶于水。mp 138℃。LD_{50} 大鼠急性经口:>3g/kg。

注意事项 该品口服有害。对眼睛、呼吸系统及皮肤有刺激性。使用时应穿适当的防护服。万一接触到眼睛,应立即用大量水冲洗后请医生诊治。应密封于 2～8℃保存。

主要用途 生化研究、医用泻剂。

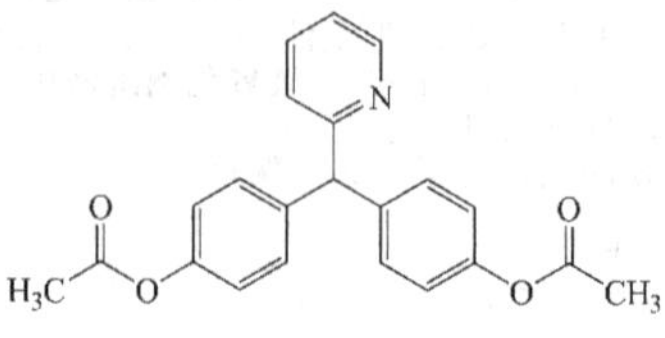

1,2-Bis(2-aminophenoxy)ethane-*N*,*N*,*N*′,*N*′-tetraacetic acid
1,2-双(2-氨基苯氧基)乙烷-*N*,*N*,*N*′,*N*′-四乙酸 01511

[85233-19-8]　$C_{22}H_{24}N_2O_{10}$　476.44

成分　C 55.46%，H 5.08%，N 5.88%，O 33.58%。

别名　BAPTA；*N*，*N'*-[1，2-Ethanediylbis(oxy)-2，1-phenylene]bis[*N*-(carboxy)glycine]；Ethylenedioxybis(*o*-phenylenenitrilo)tetraacetic acid

M.I. 15，952

性状　无色结晶或白色粉末。uv max：209nm，254nm（ε 3.8×10^4，1.6×10^4）。一般试剂含量≥96.0%（HPLC）。

主要用途　生化研究。生物缓冲剂。钙螯合剂。

注意事项　该品对眼睛、呼吸系统及皮肤有刺激性。使用时应穿适当的防护服。万一接触到眼睛，应立即用大量水冲洗后请医生诊治。应密封于2～8℃保存。

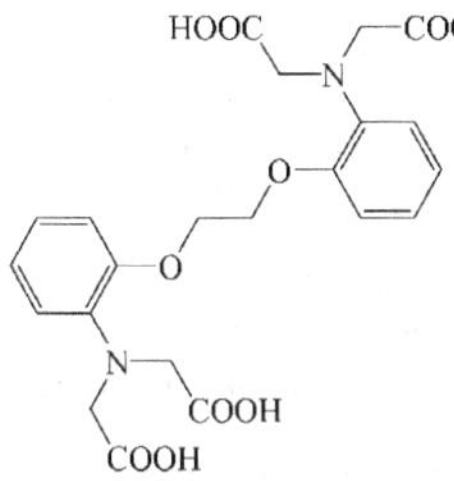

Bis(3-aminopropyl)amine　双(3-氨基丙基)胺　01512

[56-18-8]　$C_6H_{17}N_3$　131.22

成分　C 54.92%，H 13.06%，N 32.02%。

别名　二丙烯三胺；3，3'-亚氨基二丙胺；3，3'-亚氨基双(丙胺)；3，3'-二氨基二丙胺；3，3'-Diaminodipropylamine；Dipropylenetriamine；3，3'-Iminobis(propylamine)；3，3'-Iminodipropylamine

GW 2015-305

性状　无色液体。溶于水及极性有机溶剂。mp －14℃；bp_{50} 151℃/6.66kpa；bp_5 105～106℃/1.6kPa；Fp 242.6℉（117℃）；d_4^{20} 0.928；n_D^{20} 1.482。一般试剂含量≥97.0%（GC）。

注意事项　该品吸入有毒。口服或与皮肤接触有害。具有强腐蚀性，能引起严重烧伤。接触皮肤能引起过敏。使用时应穿适当的防护服，戴手套和防护镜或面罩。万一接触到眼睛，应立即用大量水冲洗后请医生诊治。接触皮肤后，应用大量肥皂泡沫冲洗。使用时如有事故发生或有不适之感，应请医生诊治。

N，*N'*-Bis(3-aminoproryl)-1，3-propanediamine
N，*N'*-双（3-氨基丙基）-1，3-丙二胺　01513

æJP [4605-14-5]　$C_9H_{24}N_4$　188.32

成分　C 57.40%，H 12.85%，N 29.75%。

别名　*N*，*N'*-双(3-氨基丙基)-1，3-二氨基丙烷；*N*，*N'*-Bis(3-ami-nopropyl)-1，3-diaminopropane

性状　无色液体。bp_1 101～103℃/133.322Pa；Fp ＞230℉（110℃）；*d* 0.920；n_D^{20} 1.4910。一般试剂含量≥97.0%。

注意事项　该品具有腐蚀性，能引起烧伤。使用时禁止进餐、饮水。使用时应穿适当的防护服，戴手套和防护镜或面罩。万一接触到眼睛，应立即用大量水冲洗后请医生诊治。使用时如有事故发生或有不适之感，应请医生诊治。

Bisbenzimide H 33258　荧光染料 H 33258　01514

[23491-45-4]　$C_{25}H_{24}N_6O \cdot 3HCl \cdot xH_2O$（无水物）　533.88

别名　Bb；H-33258；Hoechst 33258；HOE 33258；2'-(4-Hydroxyphenyl)-5-(4-methyl-1-piperazinyl)-2，5'-bi(1*H*-benzimidazole)；2-[2-(4-Hydroxyphenyl)-6-benzimidazoyl]-6-(1-methyl-4-piperazyl)benzimidazole trihydrochloride

性状　微细结晶或粉末。一般试剂含量≥98.0%（HPLC）。

注意事项　该品口服有害。对眼睛及皮肤有刺激性。使用时应穿适当的防护服。万一接触到眼睛，应立即用大量水冲洗后请医生诊治。应充氩气密封避光于2～8℃干燥保存。

主要用途　生物化学用荧光染色剂。

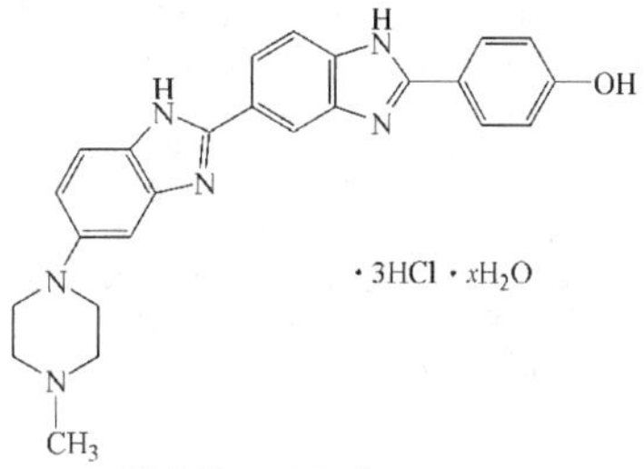

Bisbenzimide H 33342　荧光染料 H 33342　01515

[23491-52-3]　$C_{27}H_{28}N_6O \cdot 3HCl \cdot xH_2O$（无水物）　561.93

别名　2'-(4-Ethoxyphenyl)-5-(4-methyl-1-piperazinyl)-2，5'-bi(1*H*-benzimidazole)；H-33342；Hoechst 33342；HOE 33342

性状　微细结晶。一般试剂含量≥97.0%（HPLC）。

注意事项　该品口服有害。对呼吸系统及皮肤有刺激性。使用时应穿适当的防护服和戴手套。应避免吸入本品的粉尘。应充氩气密封避光于2～8℃干燥保存。

主要用途　生物化学用荧光染色剂。

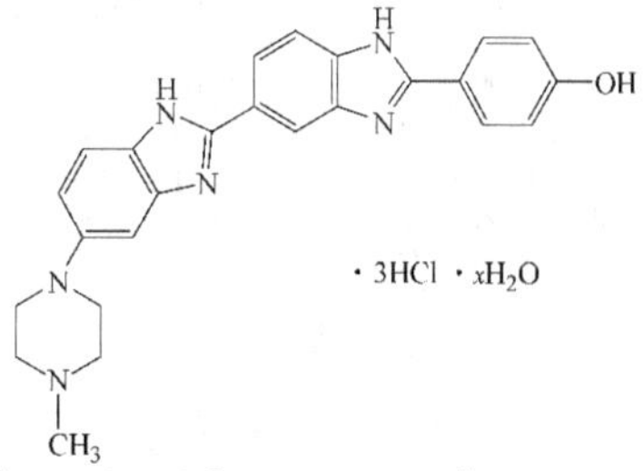

2，5-Bis(5-*tert*-butyl-2-benzoxazolyl)thiophene
2，5-双(5-叔丁基-2-苯并噁唑基)噻吩　01516

[7128-64-5]　$C_{26}H_{26}N_2O_2S$　430.57

成分　C 72.53%，H 6.09%，N 6.51%，O 7.43%，S 7.45%。

别名　2，5-双(5-叔丁基苯并噁唑-2)噻吩；BBOT；2，5-Bis(5-*tert*-butylbenzoxazol-2-yl)thiophene；2，5-Bis(5-*tert*-butyl-2-benzoxazoylyl)thiophene

M.I. 15，1012

性状　淡绿黄色结晶。20℃时，该品在下列物质中的溶解度(%，质量分数)：水＜0.01；丙酮 0.5；氯仿 14；乙酸乙酯 1；正已烷 0.2；甲醇＜0.1。mp 196～202℃；Fp＞662℉（350℃）；d^{20} 1.26。一般试剂含量≥99.0%(TLC)。

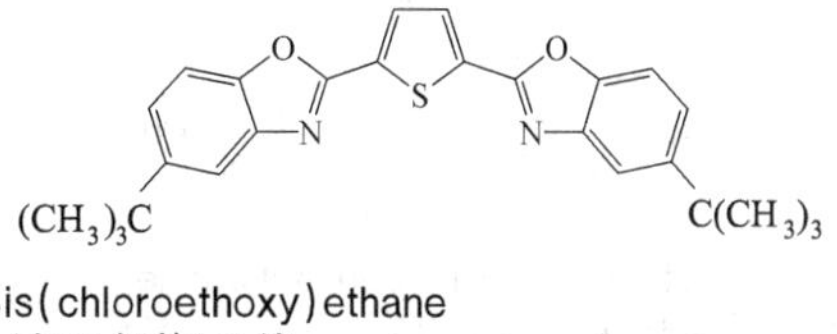

1，2-Bis(chloroethoxy)ethane
1，2-双(氯乙氧基)乙烷　01517

[112-26-5]　$C_6H_{12}Cl_2O_2$　187.06

成分　C 38.53%，H 6.47%，Cl 37.90%，O 17.10%。

别名　1，2-双(2-氯乙氧基)乙烷；1，2-Bis(2-chloroethoxy)ethane；Dichlorotriethylene dioxide；Triglycol dichloride

性状　无色液体。bp_{10} 118℃/1.333kPa；Fp 250℉(121℃)；d_4^{20} 1.193；n_D^{20} 1.461。一般试剂含量≥95.0%(GC)。

注意事项　该品能形成爆炸性过氧化物。口服或与皮肤接触有害。对呼吸系统及皮肤有刺激性。对眼睛有严重损伤的危险。使用时应穿适当的防护服，戴手套和防护镜或面罩。万一接触到眼睛，应立即用大量水冲洗后请医生诊治。

Bis(cyclohexanone)oxaldihydrazone
双环己酮草酰二腙　01518

[370-81-0]　$C_{14}H_{22}N_4O_2$　278.36

成分　C 60.41%，H 7.97%，N 20.13%，O 11.50%。

别名 新铜试剂；BCO；Cuprizon；DOD；Dicyclohexanoneoxalyldihydrazone；Oxalic acid bis(cyclohexylidenehydrazide)；Oxalyl bis(cyclohexylidenehydrazone)
性状 白色或浅黄色结晶。溶于热甲醇、乙醇，微溶于水。mp 210～214℃。一般试剂含量≥99.0%（N）。
注意事项 该品对眼睛、呼吸系统及皮肤有刺激性。能危害胎儿。使用时应穿适当的防护服和戴手套。万一接触到眼睛，应立即用大量水冲洗后请医生诊治。
主要用途 测定铜的灵敏试剂。

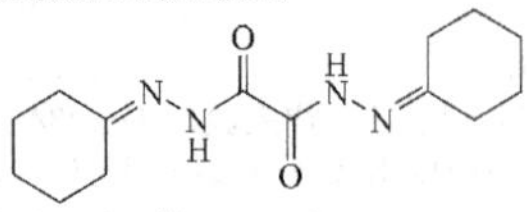

4,4′-Bis(diethylamino)benzophenone

4,4′-双(二乙氨基)二苯甲酮 01519
[90-93-7] $C_{21}H_{28}N_2O$ 324.47
成分 C 77.74%，H 8.70%，N 8.63%，O 4.93%。
别名 4,4′-四乙基二氨基二苯甲酮；二(4-二乙基氨基苯基)酮；BDPK；Di（4-diethylaminophenyl）ketone；TEDAT；4,4′-Tetraethyldiaminobenzophenone
性状 片状结晶。易溶于热乙醇，微溶于冷乙醇。mp 94～98℃；Fp 303.8℉（151℃）。一般试剂含量≥98.0%（HPLC）。
注意事项 该品对眼睛、呼吸系统及皮肤有刺激性。对水生物极毒。能对水环境引起不利的结果。使用时应穿适当的防护服。万一接触到眼睛，应立即用大量水冲洗后请医生诊治。应防止将本品释放于环境中。其包装物应按危险品处理。应密封避光保存。

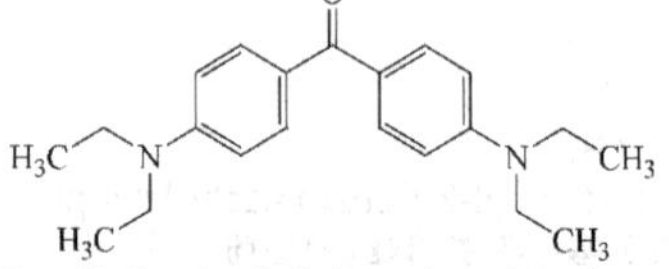

4,4′-Bis(dimethylamino)diphenyl carbinol

4,4′-双(二甲氨基)二苯基甲醇 01520
[119-58-4] $C_{17}H_{22}N_2O$ 270.38
成分 C 75.52%，H 8.20%，N 10.36%，O 5.92%。
别名 4,4′-Bis(dimethylamino)benzhydrol；BDC-OH
性状 白色固体。mp 103～104℃。一般试剂含量≥98.0%（HPLC）。
注意事项 该品对眼睛、呼吸系统及皮肤有刺激性。使用时应穿适当的防护服。万一接触到眼睛，应立即用大量水冲洗后请医生诊治。应充氩气密封避光保存。

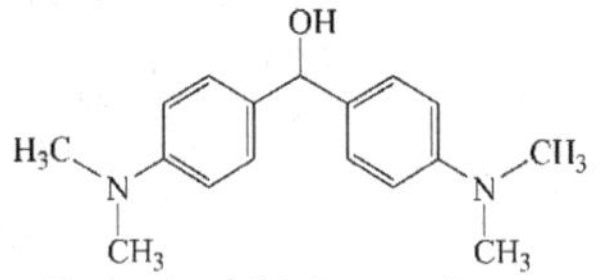

4,4′-Bis(dimethylamino)thiobenzophenone

4,4′-双(二甲氨基)硫代二苯甲酮 01521
[1226-46-6] $C_{17}H_{20}N_2S$ 284.42
成分 C 71.79%，H 7.09%，N 9.85%，S 11.27%。
别名 4,4′-四甲基二氨基硫代二苯甲酮；硫代米氏酮；硫代米蚩酮；Thiomichler's ketone；Tetramethyldiaminothiobenzophenone；TMK
性状 红玉色有光泽的结晶。易溶于热乙醇、苯，不溶于水、石油醚。mp 202～205℃。一般试剂含量≥98.0%。
注意事项 该品具有刺激性。
主要用途 该品为灵敏的分光光度试剂，主要用于金、汞、铅的测定。测定钨的试剂。

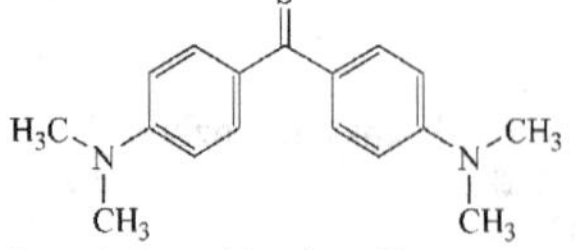

1,1′-Bis(diphenylphosphino)methane

1,1′-双(二苯基膦)甲烷 01522
[2071-20-7] $C_{25}H_{22}P_2$ 384.40
成分 C 78.12%，H 5.77%，P 16.12%。
别名 DPM；DPPM；Methylene bis（1，1′-diphenylphosphine）
M. I. 15，1254
性状 来自丙醇中的无色结晶。mp 120.5～121.5℃。一般试剂含量≥97.0%（CH）。
注意事项 该品对眼睛、呼吸系统及皮肤有刺激性。使用时应避免吸入本品的粉尘，避免与眼睛及皮肤接触。万一接触到眼睛，应立即用大量水冲洗后请医生诊治。应充氩气密封保存。

Bis（2-ethylhexyl）adipate

己二酸双（2-乙基己）酯 01523
[103-23-1] $C_{22}H_{42}O_4$ 370.58
成分 C 71.30%，H 11.42%，O 17.27%。
别名 己二酸二辛酯；肥酸二正辛酯；Adipic acid di(2-ethylhexyl）ester；Di（2-ethylhexyl）adipate；Di-octyl adipate；DOA
性状 无色或浅黄色油状液体。有特殊气味。能与乙醇、乙醚相混溶，不溶于水。mp −67℃；bp_2 175℃/266.644 Pa；Fp 384℉(196℃)；*d* 0.990；n_D^{20} 1.4470。一般试剂含量≥99.0%(GC)。
注意事项 该品对眼睛及皮肤有刺激性。使用时应穿适当的防护服。使用时应避免吸入本品的蒸气，避免与眼睛及皮肤接触。万一接触到眼睛，应立即用大量水冲洗后请医生诊治。
主要用途 气相色谱固定液（适用于烃、醇、酯类等有机化合物的分析）。

Bis(4-fluoro-3-nitrophenyl)sulfone

双(4-氟-3-硝基苯)砜 01524
[312-30-1] $C_{12}H_6F_2N_2O_6S$ 344.25
成分 C 41.87%，H 1.76%，F 11.04%，N 8.14%，O 27.89%，S 9.31%。
别名 4,4′-二氟-3,3′-二硝基二苯砜；4-氟-3-硝基苯砜；4-Fluoro-3-nitrophenylsulfone；4,4′-Difluoro-3,3′-dinitrodiphenylsulfone；FNPS
性状 白色结晶。对湿度敏感。mp 191～194℃。一般试剂含量≥97.0%（HPLC）。
注意事项 该品对眼睛、呼吸系统及皮肤有刺激性。使用时应穿适当的防护服。万一接触到眼睛，应立即用大量水冲洗后请医生诊治。应充氩气密封干燥保存。
主要用途 生化研究。聚肽链褪色的研究。

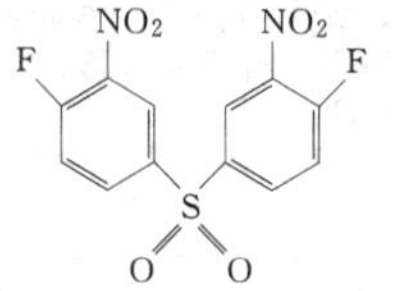

Bis(6-hydroxy-2-naphthyl)disulfide

二硫化双(6-羟基-2-萘基) 01525
[6088-51-3] $C_{20}H_{14}O_2S_2$ 350.45
成分 C 68.54%，H 4.03%，O 9.13%，S 18.30%。
别名 2,2′-二羟基二硫代-6,6′-联萘；6,6′-二硫代二萘酚；双(6-羟基-2-萘基)二硫；二硫化-2,2′-二羟基-6,6′-联萘；二硫化 6-羟基-2-萘基；DDD 试剂；(6-Hydroxy-2-naphthyl) disulfide；2,2′-Dihydroxy-6,6′-dinaphthyl disulfide；6,6′-Dihydroxy-2,2′-dinaphthyl disulfide；2-Hydroxy-6-naphthyl disulfide；6,6′-Dithiodi-2-naphthol；DDD(Analytical)；6，6′-Dithiobis-2-naphthalenol；6，6′-Dithiobis（2-naphthol）；DDD-reagent
M. I. 15，2842
性状 无色小叶片状结晶。mp 221～222℃。一般试剂含量≥98.0%（HPLC）。
注意事项 该品对眼睛、呼吸系统及皮肤有刺激性。使用时应穿适当的防护服。万一接触到眼睛，应立即用大量水冲洗后请医生诊治。
主要用途 生化研究。测定蛋白质与巯基的结合。

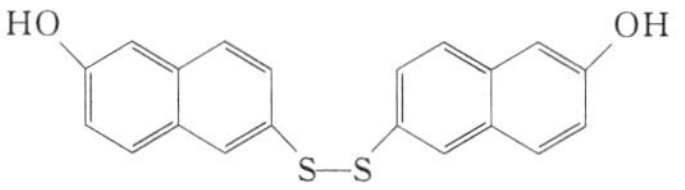

N,N-Bis(2-hydroxyethyl)glycine

N,N-双(2-羟乙基)甘氨酸 01526

[150-25-4] $C_8H_{13}NO_4$ 163.17

成分 C 44.17%，H 8.03%，N 8.58%，O 39.22%。

别名 N,N-二乙醇甘氨酸；N,N-二乙醇氨基乙酸；BHEG；BICINE；Bicine；N,N-Bis(hydroxyethyl)aminoacetic acid；Dicine；N,N'-Di(hydroxyethyl)aminoacetic acid；Diethylol glycine；Di(2-hydroxyethyl)glycine；2-HxG

M. I. 15，1205

性状 来自稀乙醇中的无色结晶或白色粉末。微溶于水，pH 值 7.6～9.0。mp 193～195℃(微分解)。pK_{a1}(20℃)：8.35。pK_{a2}(0.1mol/L)：0℃，8.7；20℃，8.35；37℃，8.2。ΔpK_a/℃：−0.018。一般试剂含量≥99.0%(T)。

注意事项 该品应充氩气密封干燥保存。

主要用途 生化研究中用作缓冲剂及螯合剂。

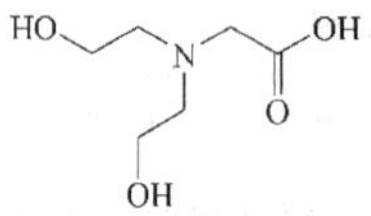

Bismarck brown R 俾士麦棕 R 01527

[5421-66-9] [8005-78-5] $C_{21}H_{26}Cl_2N_8$ 461.40

成分 C 54.67%，H 5.68%，Cl 15.37%，N 24.29%。

别名 俾士麦棕；曼彻斯特棕 EE；棕 R；碱性棕 4；Basic brown 4；Bismarck brown 53；Brown R；Manchester brown EE；4,4'-[(4-Methyl-1, 3-phenylene) bis (azo) bis (6-methyl)-1, 3-benzenediamine] dihydrochloride；5,5'-(4-Methyl-m-phenylene) bis(azo) bis(toluene-2, 4-diamine) dihydrochloride；Versuvin brown；Vesuvine

M. I. 15，1256 C. I. 21010

性状 深棕色固体或粉末。易溶于水，溶液呈淡黄棕色。于浓硫酸中呈棕色，稀释后变为红棕色。于浓硝酸呈紫色，后变为棕色。溶于乙醇、乙二醇乙醚，微溶于丙酮，几乎不溶于苯。mp 222℃；λ_{max} 468nm。

注意事项 使用时应避免吸入本品的粉尘，避免与眼睛及皮肤接触。

主要用途 生物染色剂（细菌及黏蛋白的良好染色剂）。纺织品、皮革类染料。

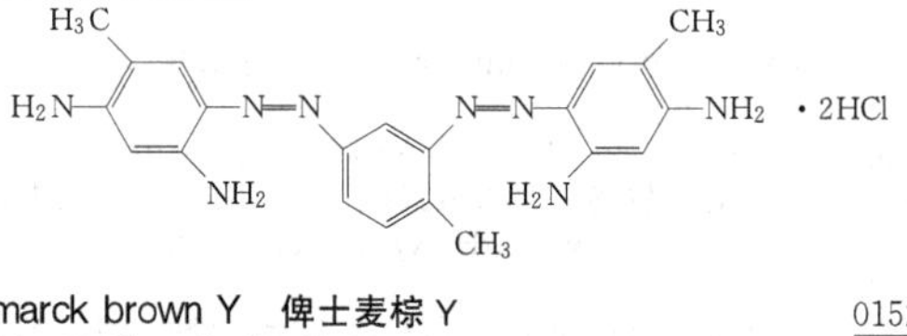

Bismarck brown Y 俾士麦棕 Y 01528

[10114-58-6] $C_{18}H_{20}Cl_2N_8$ 419.31

成分 C 51.56%，H 4.81%，Cl 16.91%，N 26.72%。

别名 俾士麦棕 G；碱性棕 1；Basic brown 1；Bismarck brown G；Phenylene brown；4, 4'-[1, 3-Phenylenebis (azo)] bis (1, 3-benzenediamine) dihydrochloride；4,4'-[m-Phenylenebis (azo)]bis (m-phenylenediamine) dihydrochloride；Vesuvin

M. I. 15，1257 C. I. 21000

性状 紫黑色或黑棕色粉末。易溶于水，微溶于乙醇、乙二醇乙醚，几乎不溶于丙酮、苯、四氯化碳。其水溶液加热时不稳定。于浓硫酸中呈棕色，于浓硝酸中呈橙色，后变为黄色。λ_{max} 457nm。

注意事项 使用时应避免吸入本品的粉尘，避免与眼睛及皮肤接触。

主要用途 生物染色剂，细菌、植物细胞及黏蛋白的染色。丝毛染料等。

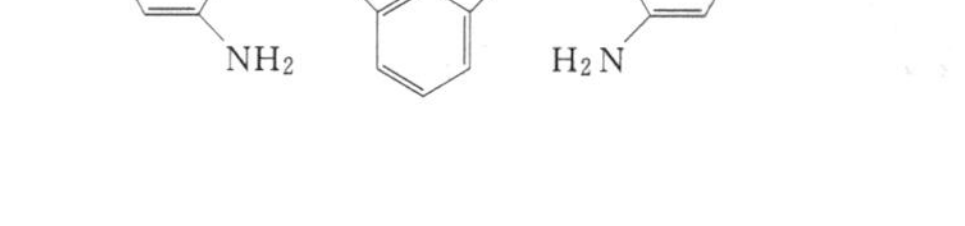

1,4-Bis(4-methyl-5-phenyl-2-oxazolyl)benzene

1,4-双(4-甲基-5-苯基-2-噁唑基)苯 01529

[3073-87-8] $C_{26}H_{20}N_2O_2$ 392.46

成分 C 79.57%，H 5.14%，N 7.14%，O 8.15%。

别名 二甲基 POPOP；1,4-Bis(4-methyl-5-phenyl-2-oxazolyl) benzene；Dimethyl-POPOP；1, 4-Di [2-(4-methyl-5-phenyl) oxazolyl]benzene；DMPOPOP；2,2'-p-Phenylene bis(4-methyl-5-phenyl)oxazol

性状 白色结晶或粉末。在酸或碱的水溶液中易分解。mp 234～235℃。一般试剂含量≥99.0%(UV)。

注意事项 使用时应避免吸入本品的粉尘，避免与眼睛及皮肤接触。

主要用途 用于闪烁计数器，测定 β、γ 射线。

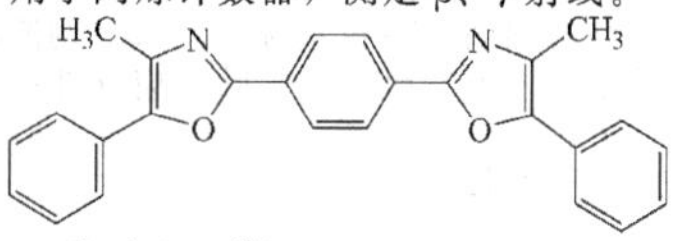

1,4-Bis(2-methylstyryl)benzene

1,4-双(2-甲基苯乙烯基)苯 01530

[13280-61-0] $C_{24}H_{22}$ 310.44

成分 C 92.86%，H 7.14%。

别名 1,4-二(2-甲基苯乙烯基)苯；对双(邻甲基苯乙烯基)苯；Bis-MSB；1,4-Di(o-methylstyryl)benzene；MSB

性状 淡黄色叶片状结晶。溶于苯。mp 180～182℃。一般试剂含量≥99.0%(UV)。

注意事项 该品对眼睛、呼吸系统及皮肤有刺激性。使用时应穿适当的防护服。万一接触到眼睛，应立即用大量水冲洗后请医生诊治。应充氩气密封保存。

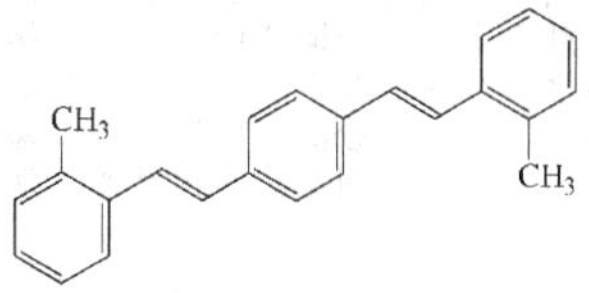

Bismuth granular 铋粒 01531

[7440-69-9] Bi 208.98040

别名 仓铅

M. I. 15，1261

性状 灰白色有光泽金属粒。性脆质硬。溶于稀硝酸、热硫酸、浓盐酸。mp 271℃；bp 1420℃；d_4^{271} 10.07；d_4^{20} 9.78。一般试剂含量≥99.0%。

主要用途 低熔点（45～96℃）合金的制造。制造铋化合物。原子反应堆冷却剂。

Bismuth chloride 氯化铋 01532

[7787-60-2] $BiCl_3$ 315.33

成分 Bi 66.27%，Cl 33.73%。

别名 三氯化铋；Bismuth (Ⅲ) chloride；Bismuth trichloride

M. I. 15，1264

性状 白色至浅黄色结晶。易潮解。有盐酸味。溶于盐酸、硝酸、无水乙醇、丙酮、乙酸乙酯等多种有机溶剂。能在水或乙醇水溶液中分解成氧氯化铋沉淀。mp 约 230℃；bp 447℃；d 4.75。一般试剂含量≥98.0%。

注意事项 该品对眼睛及皮肤有刺激性。使用时应穿适当的防护服。万一接触到眼睛，应立即用大量水冲洗后请医生诊治。应密封于干燥处保存。

主要用途 分析试剂。催化剂。铋盐的制造。

Bismuth fluoride 氟化铋 01533

[7787-61-3] BiF_3 265.98

成分 Bi 78.57%，F 21.43%。

别名 三氟化铋；Bismuth (Ⅲ) fluoride；Bismuth trifluoride

GW 2015-1766 M. I. 15，1265

性状 白色至灰白色双晶形结晶或粉末。溶于浓氢氟酸，几乎不溶于水。mp 725～730℃；d 8.3。一般试剂含量≥99.0%。

注意事项 该品对眼睛及皮肤有刺激性。使用时应戴手套。万一接触到眼睛，应立即用大量水冲洗后请医生诊治。应充氩气密封于干燥处保存。

主要用途 五氟化铋的制造。

Bismuth hydroxide 氢氧化铋 01534

[10361-43-0] BiH_3O_3 260.00

成分 Bi 80.38%，H 1.16%，O 18.46%。

别名 Bismuth hydrate；Bismuth oxyhydrate

M.I. 15，1267

性状 白色至浅黄白色无定形粉末。易溶于酸，几乎不溶于水和碱溶液。易呈胶状物。热至 100℃失去 1 分子水而成为黄色的氢氧化铋［BiO（OH）］。d^{15} 4.962。

注意事项 该品对眼睛、呼吸系统及皮肤有刺激性。使用时应戴适当的手套。万一接触到眼睛，应立即用大量水冲洗后请医生诊治。

主要用途 铋盐的制造。

Bismuth iodide 碘化铋 01535

[7787-64-6] BiI_3 589.69

成分 Bi 35.44%，I 64.56%。

别名 三碘化铋；Bismuth triiodide

M.I. 15，1269

性状 灰黑色有金属光泽的微小六方形结晶或粉末。溶于氨水、无水乙醇（20℃，约 3.5%）、盐酸、氢碘酸和碘化钾溶液，几乎不溶于冷水。在热水中分解成铋氧化物。在惰性气体中加热至 439℃能升华。mp 408℃；约至 500℃时分解；d_4^{17} 5.778。一般试剂含量 98.0%～101.0%。

注意事项 该品具有腐蚀性，能引起烧伤。使用时应穿适当的防护服，戴手套和防护镜或面罩。万一接触到眼睛，应立即用大量水冲洗后请医生诊治。使用时如有事故发生或有不适之感，应请医生诊治。应密封避光保存。

主要用途 分析试剂，检测钯。生物碱或其他碱类的检验用沉淀剂。

Bismuthiol Ⅰ 铋试剂Ⅰ 01536

[1072-71-5] $C_2H_2N_2S_3$ 150.24

别名 一硫-3，4-二氮茂；二硫酚硫杂二氮唑；二巯基硫代二唑；2，5-二巯基-1，3，4-硫杂二氮唑；二硫醇硫杂二氮唑；2，5-Dimercapto-1，3，4-thiadiazole；Mercaptosulfothiadiazol；2，5-Mercapto-1，3，4-thiadiazole；Mercaptothioketothiadiazole；1，3，4-Thiadiazole-2，5-dithiol

性状 黄色结晶性粉末。有恶臭。溶于碱溶液，微溶于乙醇，不溶于水、三氯甲烷、苯。mp 162℃（分解）。一般试剂含量≥99.0%（HPLC）。

注意事项 该品对呼吸系统及皮肤有刺激性。对眼睛有严重损伤的危险。使用时应戴适当的手套和防护镜或面罩。万一接触到眼睛，应立即用大量水冲洗后请医生诊治。应充氮气密封保存。

主要用途 测定铋、锑、铜、铅的灵敏试剂。

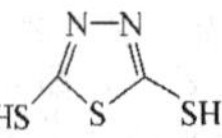

Bismuth nitrate pentahydrate 硝酸铋 五水 01537

[10035-06-0] $BiN_3O_9 \cdot 5H_2O$ 485.07

成分（以无水物计） Bi 52.91%，N 10.64%，O 36.45%。

别名 五水合硝酸铋；Bismuth（Ⅲ）nitrate pentahydrate

GW 2015-2291 M.I. 15，1271

性状 无色透明有光泽的结晶。有潮解性。具有硝酸气味。在空气中风化。溶于甘油、稀酸、乙酸、丙酮，几乎不溶于乙醇、乙酸乙酯。mp 30℃；热至 80℃脱水成无水物；*d* 2.83。一般试剂含量≥99.0%。

注意事项 该品与易燃物品接触能引起燃烧。对眼睛、呼吸系统及皮肤有刺激性。使用时应穿适当的防护服。万一接触到眼睛，应立即用大量水冲洗后请医生诊治。应远离易燃物品，密封避光保存。

主要用途 钠和铊的微量分析。铋盐的制造。有光漆和瓷漆的制造。

Bismuth oxide 氧化铋 01538

[1304-76-3] Bi_2O_3 465.96

成分 Bi 89.70%，O 10.30%。

别名 三氧化二铋；Bismuthous oxide；Bismuth(Ⅲ) oxide；Bismuth trioxide；Bismuth yellow

M.I. 15，1273

性状 黄色重质粉末或单斜结晶。无味。在空气中稳定。溶于盐酸或硝酸，几乎不溶于水。加热变为橙红色，继续加热则变为红棕色。mp 820℃。一般试剂含量≥98.0%（KT）。

注意事项 该品对眼睛、呼吸系统及皮肤有刺激性。使用时应穿适当的防护服和戴手套。万一接触到眼睛，应立即用大量水冲洗后请医生诊治。

主要用途 医用收敛剂。无机合成。催化剂。红玻璃配料。防火纸的制造。陶器颜料。

Bismuth oxychloride 氧氯化铋 01539

[7787-59-9] BiClO 260.43

成分 Bi 80.24%，Cl 13.61%，O 6.14%。

别名 球光白；氯氧化铋；Basic bismuth chloride；Bismuth chloride oxide；Bismuth chloride basic；Bismuth "subchloride"；Bismuthyl chloride；Blanc deperle；chlorbismol；Pearl white

M.I. 15，1274

性状 白色有光泽的四方形结晶或细小结晶性粉末。加热熔化呈浅红色。溶于盐酸、硝酸，几乎不溶于水、乙醇。*d* 7.72；n_D^{20} 2.15。一般试剂含量≥98.0%。

注意事项 该品对眼睛、呼吸系统及皮肤有刺激性。使用时应穿适当的防护服。万一接触到眼睛，应立即用大量水冲洗后请医生诊治。

主要用途 过去医疗用于抗梅毒剂。人造珍珠。

Bismuth potassium iodide 碘化铋钾 01540

[41944-01-8] BiI_7K_4 1253.70

成分 Bi 16.67%，I 70.86%，K 12.47%。

别名 碘化铋合四碘化钾；碘化钾铋；Potassium bismuth iodide；Potassium heptaiodobismuthate(4^-)

M.I. 15，1277

性状 红色结晶。完全溶于碘化碱溶液，能被水部分分解。一般试剂含量（以 Bi 计）≥16.0%；（以 I 计）≥69.0%。

注意事项 该品应密封避光保存。

主要用途 沉淀维生素，特别是维生素 B_1 盐酸盐及溶液中的抗生素。生物碱和铯盐的测定。

Bismuth subcarbonate anhydrous 次碳酸铋 无水 01541

[5892-10-4] Bi_2CO_5 509.97

成分 C 2.36%，Bi 81.96%，O 15.69%。

别名 无水次碳酸铋；无水碱式碳酸铋；Bismuth carbonate basic anhydrous；Bismuth oxycarbonate anhydrous

M.I. 15，1282

性状 白色或近白色粉末。无味。溶于无机酸、浓乙酸，几乎不溶于水、乙醚、乙醇。*d* 6.860。一般试剂（Bi）含量 80.0%～82.0%（KT）。

注意事项 该品使用时应避免吸入本品的粉尘，避免与眼睛或皮肤接触。应密封避光保存。

主要用途 医用局部保护剂。

Bismuth subcarbonate hemihydrate 次碳酸铋 半水 01542

[5798-45-8] $Bi_2CO_5 \cdot \frac{1}{2}H_2O$ 518.97

别名 半水合次碳酸铋；碱式碳酸铋 半水；碳酸铋 半水；碳酸氧铋 半水；Bismuth carbonate hemihydrate；Bismuth carbonate basic hemihydrate；Bismuth oxycarbonate hemihydrate；Bismuthyl carbonate hemihydrate

M.I. 14，1283

性状 白色或微黄色粉末。无嗅，无味。见光逐渐变成褐色。溶于硝酸、盐酸、浓乙酸，几乎不溶于水或乙醇。mp 817℃（分解）。

注意事项 该品应密封避光保存。

主要用途 铋盐制造。X线诊断遮光剂。医用局部保护剂、收敛剂。

Bismuth subgallate 次没食子酸铋 01543

[22650-86-8] $C_7H_5BiO_6$ 394.09

成分 C 21.33%，H 1.28%，Bi 53.03%，O 24.36%。

别名 碱式没食子酸铋；碱式棓酸铋；2,7-Dihydroxy-1,3,2-benzodioxabismole-5-carboxylic acid; Gallic acid bismuth basic salt; Bismuth gallate, basic; B. S. G; Dermatol

M. I. 15，1283

性状 浅黄色粉末。无嗅、无味。溶于稀氢氯化钠溶液、热无机酸并分解，几乎不溶于水、乙醇、氯仿、乙醚，不溶于稀无机酸。

注意事项 使用时应避免吸入本品的粉尘，避免与眼睛及皮肤接触。

主要用途 医用收敛剂。解酸剂。

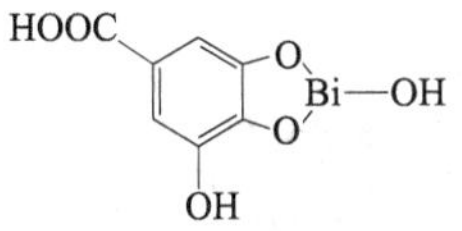

Bismuth subnitrate 次硝酸铋 01544

[1304-85-4] $Bi_5H_9N_4O_{22}$ 1461.98

成分 B71.47%；H 0.62%；N 3.83%，O 24.08%。

别名 硝酸氧铋；碱式硝酸铋；Bismuth hydroxide nitrate oxide; Bismuth nitrate basic; Bismuth nitrate oxide; Bismuth oxynitrate; Bismuthyl nitrate; Bismuth subnitricum; Bismuth white; Magistestery of bismuth; Novismuth; Paint white; Spanish white

M. I. 15，1284

性状 白色微小结晶性粉末。无嗅，无味。微有潮解性。溶于稀盐酸、硝酸、稀硫酸，几乎不溶于水、乙醇。mp 250℃(分解)；*d* 4.930。一般试剂含量(Bi)71.0%～74.0%

注意事项 见 01537 硝酸铋 五水。

主要用途 医用解胃酸剂。临床检验中用以化验糖和生物碱。

Bismuth sulfate 硫酸铋 01545

[7787-68-0] $Bi_2O_{12}S_3$ 706.13

成分 Bi 59.19%，O 27.19%，S 13.62%。

别名 Bismuthous sulfate; Bismuth sulfate normal

M. I. 15，1286

性状 白色结晶。溶于酸。能被水或乙醇分解成碱式盐。

注意事项 该品应密封于干燥处保存。

主要用途 分析试剂，用于其他金属硫酸盐的测定。

Bis(4-nitrophenyl) carbonate

碳酸双(4-硝基苯酯) 01546

[5070-13-3] $C_{13}H_8N_2O_7$ 304.21

别名 双(4-硝基苯基)碳酸酯

性状 淡黄色针状结晶。溶于乙醇、氯仿。mp 137～141℃。一般试剂含量≥97.0%（CHN)。

注意事项 该品对眼睛及皮肤有刺激性。使用时应穿适当的防护服。万一接触到眼睛，应立即用大量水冲洗后请医生诊治。应充氩气密封于干燥处保存。

主要用途 塑料制备。制药工业。

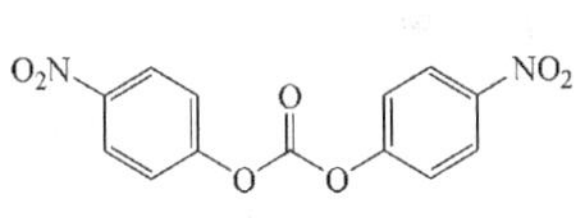

***N*,*N*′-Bis(4-nitrophenyl)urea**

***N*,*N*′-双(4-硝基苯基)脲** 01547

[587-90-6] $C_{13}H_{10}N_4O_5$ 302.25

成分 C 51.66%，H 3.33%，N 18.54%，O 26.47%。

别名 4,4′-二硝基二苯脲；1,3-双(4-硝基苯基)脲；1,3-Bis(4-nitrophenyl)urea; 4,4′-Dinitrocarbanilide; DNC; 4,4′-Dinitrodiphenylurea

M. I. 15，3304

性状 来自乙醇中的黄色针状结晶。该品于下列物质中的溶解度(25℃，g/100mL)：水 2×10^{-6}；乙醇 0.007；乙酸乙酯 0.015；二甲苯＜0.01；甲基溶纤剂 0.1；二甲基乙酰胺 0.14；二甲基亚砜 0.47。该品中等程度溶于沸硝基苯，略微溶于沸乙二醇，稍多地溶于冰乙酸和硝酸的混合物，几乎不溶于丙酮、氯仿、苯、二氧六环、乙酸、乙醚、亚麻子油。mp 312℃(分解)。一般试剂含量≥97.0%。

注意事项 该品具有刺激性。使用时应避免吸入本品的粉尘，避免与眼睛及皮肤接触。

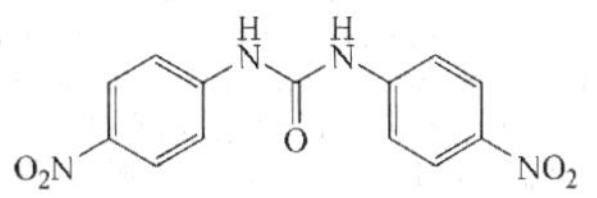

1,4-Bis(5-phenyl-2-oxazolyl)benzene

1,4-双(5-苯基-2-噁唑基)苯 01548

[1806-34-4] $C_{24}H_{16}N_2O_2$ 364.40

成分 C 79.11%，H 4.43%，N 7.69%，O 8.78%。

别名 BOPOB; 2,2′-*p*-Phenylonebis (5-phenyloxazol); POPOP

性状 淡黄色针状结晶。溶于热吡啶，微溶于甲苯、二甲苯，不溶于水、乙醇。mp 244～246℃；λ_{max} 358nm。闪烁纯试剂含量≥99.0%(UV)。

注意事项 使用时应避免吸入本品的粉尘，避免与眼睛及皮肤接触。

主要用途 闪烁体原料。光谱位移试剂。

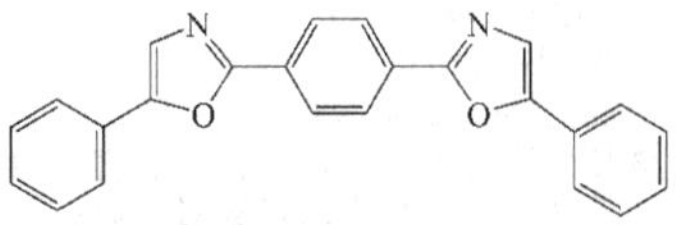

Bispyrazolone 双吡唑酮 01549

[7477-67-0] $C_{20}H_{18}N_4O_2$ 346.39

成分 C 69.35%，H 5.24%，N 16.17%，O 9.24%。

别名 双吡唑啉酮；双(1-苯基-3-甲基-5-吡唑酮)；Bis(1-phenyl-3-methyl-5-pyrazolone); 3,3′-Dimethyl-1,1′-diphenyl[4,4′-bi(2-pyrazoline)-5,5′-dione]

性状 黄色结晶。易溶于吡啶、氨水和碱溶液，溶于乙醇，不溶于乙醚、冷水。在溶液中极易挥发。一般试剂含量≥98.0%（TLC)。

注意事项 该品接触皮肤能引起过敏。使用时应穿适当的防护服和戴手套。避免与皮肤接触。

主要用途 测定钴、铜、铁、镍、银、维生素 B_{12}、氢氰酸、氨等的试剂。

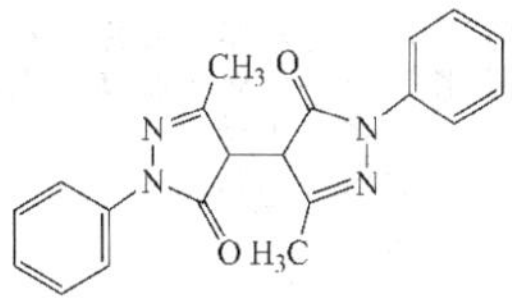

Bispyribac sodium salt 双草醚钠盐 01550

[125401-92-5] $C_{19}H_{17}N_4NaO_8$ 452.35

成分 C 50.45%，H 3.79%，N 12.39%，Na 5.08%，O 28.29%。

别名 2,6-双[(4,6-二甲氧基-2-嘧啶基)氧基]苯甲酸钠；2,6-Bis[(4,6-dimethoxy-2-pyrimidinyl)oxy]benzoic acid sodium salt; KIH-2023; KUH-911; V-10029; Nominee; sodium 2,6-bis[(4,6-dimethoxy-2-pyrimidinyl)oxy]benzoate

M. I. 15，1302

性状 白色粉末。溶于水(25℃，733g/L)。蒸气压(25℃)：5.05×10^{-9}Pa。mp 228.0℃(分解)。LD_{50}雄，雌大鼠急性经口：4111mg/kg，2635mg/kg；大鼠皮肤接触＞2000mg/kg。LC_{50}翻车鱼及虹鳟鱼＞100×10^{-6}。

主要用途 除草剂。

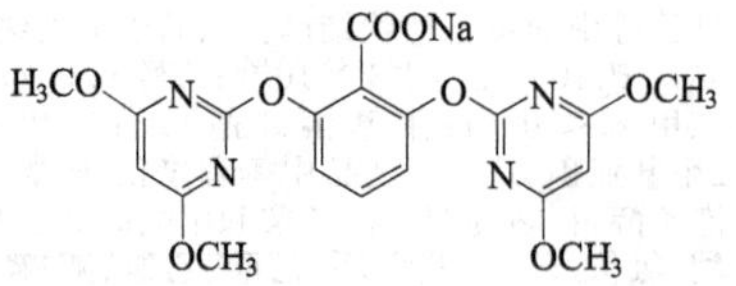

N,N'-Bis(salicylidene)ethylenediamine

N,N'-双水杨醛缩乙二胺 01551

[94-93-9] $C_{16}H_{16}N_2O_2$ 268.31

成分 C 71.62%，H 6.01%，N 10.44%，O 11.93%。

别名 二水杨叉乙二胺；二亚水杨基乙二胺；镁试剂；Bis(salicylidene) diaminoethane；*N*,*N'*-Disalicylideneethylenediamine；2,2'-Ethylenebis(nitrilomethylidene)diphenol

性状 来自乙醇中的无色、黄色结晶或粉末。溶于乙醇、氯仿，不溶于水。mp 125～126℃。一般试剂含量≥99.0%(NT)。

注意事项 该品对眼睛、呼吸系统及皮肤有刺激性。使用时应穿适当的防护服和戴手套。万一接触到眼睛，应立即用大量水冲洗后请医生诊治。

主要用途 荧光法测定镁，金属离子抑制剂。

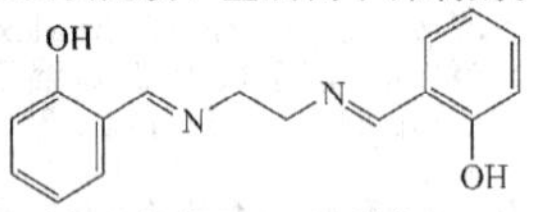

Bis(tributyltin) oxide 氧化双(三丁基锡) 01552

[56-35-9] $C_{24}H_{54}OSn_2$ 596.11

成分 C 48.36%，H 9.13%，O 2.68%，Sn 39.83%。

别名 Bis[tri-*n*-butyltin(Ⅳ)]oxide；HBD；Hexabutyldistannoxane；Tributyltin oxide；TBTO

性状 无色液体。bp_2 180℃/266.64Pa；Fp 235.4℉(113℃)；d_4^{20} 1.173；n_D^{20} 1.488。一般试剂含量≥97.0%。

注意事项 该品口服有毒。与皮肤接触有害。对眼睛及皮肤有刺激性。长期曝露、吸入或口服对健康有严重损伤的危险。对水生物极毒。能对水环境引起不利的结果。使用时应穿适当的防护服，戴手套和防护镜或面罩。使用时如有事故发生或有不适之感，应请医生诊治。应防止将本品释放于环境中。其包装物应按危险品处理。应密封保存。

1,4-Bis(trichloromethyl)benzene

1,4-双(三氯甲基)苯 01553

[68-36-0] $C_8H_4Cl_6$ 312.82

成分 C 30.72%，H 1.29%，Cl 67.99%。

别名 α,α,α,α',α',α'-六氯对二甲苯；对双(过氯甲基)苯；α,α,α,α',α',α'-Hexachloro-*p*-xylene；*p*-Bis(perchloromethyl)benzene；Bitriben；Hetol

M. I. 15，1304

性状 来自己烷或乙醚中的无色结晶。易吸潮。mp 108～110℃。

注意事项 该品对眼睛、呼吸系统及皮肤有刺激性。使用时应穿适当的防护服。万一接触到眼睛，应立即用大量水冲洗后请医生诊治。应密封干燥保存。

主要用途 杀虫剂。兽医用驱肠虫剂。

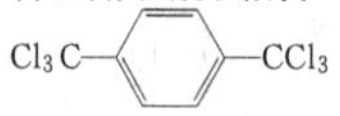

N,O-Bis(trimethylsilyl)acetamide

N,O-双(三甲基硅烷基)乙酰胺 01554

[10416-59-8] $C_8H_{21}NOSi_2$ 203.43

成分 C 47.23%，H 10.41%，N 6.89%，O 7.86%，Si 27.61%。

别名 BSA；BSABTSA；TMS-BA

性状 无色液体。bp_{35} 71～73℃/4.666kPa；Fp 111.2℉(44℃)；d_4^{20} 0.832；n_D^{20} 1.418。一般试剂含量≥97.0%(GC)。

注意事项 该品易燃。与水反应激烈。口服有害。具有腐蚀性，能引起烧伤。使用时应穿适当的防护服，戴手套和防护镜或面罩。万一接触到眼睛，应立即用大量水冲洗后请医生诊治。使用时如有事故发生或有不适之感，应请医生诊治。应充氩气密封于干燥处保存。

主要用途 该品为高活性三甲基硅烷化给予体。处理载体的硅烷化试剂及制备甲基硅醚。

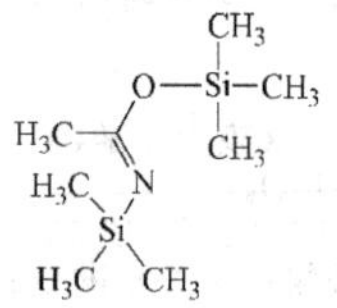

N,O-Bis(trimethylsilyl)-2,2,2-trifluoroacetamide

N,O-双(三甲基硅烷基)-2,2,2-三氟乙酰胺 01555

[25561-30-2] $C_8H_{18}F_3NOSi_2$ 257.40

成分 C 37.33%，H 7.05%，F 22.14%，N 5.44%，O 6.22%，Si 21.82%。

别名 2,2,2-三氟双(三甲基硅烷基)乙酰胺；BSTFA；2,2,2-Trifluorobis(trimethylsilyl)acetamide

性状 无色液体。bp 145～147℃；bp_{14} 45～50℃；Fp 75℉(23℃)；d_4^{20} 0.969；n_D^{20} 1.3840。一般试剂含量≥99.0%(GC)。

注意事项 该品易燃。具有腐蚀性，能引起烧伤。使用时应穿适当的防护服，戴手套和防护镜或面罩。万一接触到眼睛，应立即用大量水冲洗后请医生诊治。使用时如有事故发生或有不适之感，应请医生诊治。应远离火种，充氩气密封于干燥处保存。

主要用途 处理载体的硅烷化试剂。制备甲基硅醚。

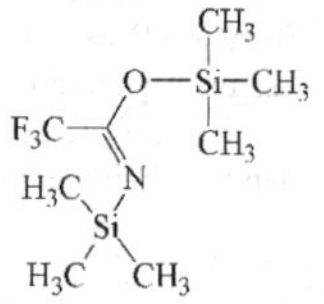

Bitertanol 联苯三唑醇 01556

[55179-31-2] $C_{20}H_{23}N_3O_2$ 337.42

成分 C 71.19%，H 6.87%，N 12.45%，O 9.48%。

别名 β-[(1,1'-联苯基)-4-基氧化]-α-(1,1-二甲基乙基)-1*H*-1,2,4-三氮唑-1-乙醇；1-(联苯-4-基氧代)-3,3-二甲基-1-(1*H*-1,2,4-三唑-1-基)-2-丁醇；β-[(1,1'-Biphenyl)-4-yloxy]-α-(1,1-dimethylethyl)-1*H*-1,2,4-triazol-1-ethanol；1-(Biphenyl-4-yloxy)-3,3-dimethyl-1-(1*H*-1,2,4-triazol-1-yl)butan-2-ol；Biloxazol；BAY KWG 0599；Baycor；Sibutol

M. I. 15，1306

性状 无色结晶。于下列物质中的溶解度(20℃，g/100g)：水 0.0005；石油醚(80～110℃) 0～1；2-丙醇 1～5；甲苯 1～5；环己烷 5～10；二氯甲烷 10～20。该品在水的酸性或碱性溶液中稳定。mp 125～129℃；Fp 212℉(100℃)。LD_{50} 大鼠，雄小鼠，雌小鼠急性经口：>5000mg/kg，4488mg/kg，4202mg/kg。

主要用途 农用杀菌剂。分析用标准物质。

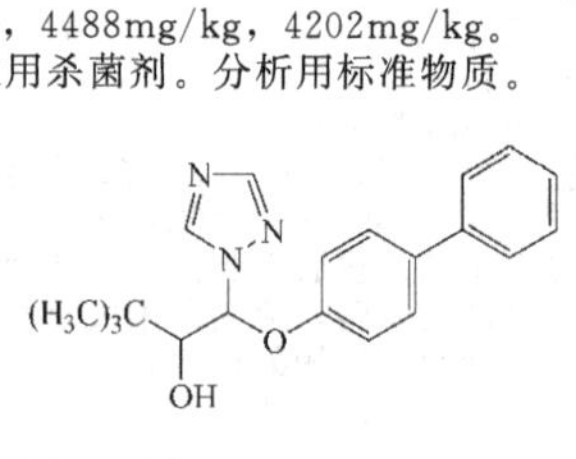

Bithionol 硫双二氯酚 01557

[97-18-7] $C_{12}H_6Cl_4O_2S$ 356.04

成分 C 40.48%，H 1.70%，Cl 39.83%，O 8.99%，S 9.00%。

别名 别丁；2,2'-Thiobis(4,6-dichlorophenol)；TBP；Bis(2-hydroxy-3,5-dichlorophenyl) sulfide；XL-7；Actamer；Bithin；Lorothidol

M. I. 15，1307

性状 无色结晶。该品在下列物质中的溶解度(g/100mL)：丙酮 15.0；二甲基乙酰胺 72.5；羊毛脂(42℃) 5.0；多乙氧基醚 19.0；松油 4.0；玉米油 1.0；丙二醇 0.5；70%乙醇 0.3。溶于烯碱溶液，4%的氢氧化钠溶液能溶解该品 16.2%。几乎不溶于水(25℃，0.0004%)。pK_1

4.82；pK_2 10.50。mp 188℃；d_4^{25} 1.73。一般试剂含量≥99.0%（HPLC）。

注意事项 该品吸入、口服或与皮肤接触有害。使用时应穿适当的防护服。

主要用途 消毒剂，杀菌剂，局部抗感染用。驱虫剂。

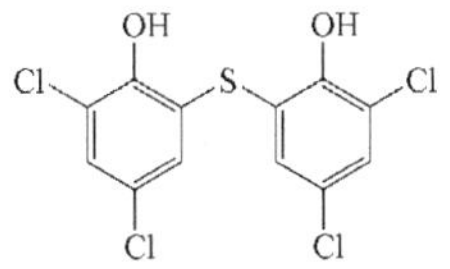

Biuret 缩二脲 01558

[108-19-0] $C_2H_5N_3O_2$ 103.08

成分 C 23.30%，H 4.89%，N 40.77%，O 31.04%。

别名 二缩脲；贰缩脲；氨基甲酰脲；氨缩脲；Allophanic acid amide；Allophanamide；Carbamylurea；Imidodicarbonic diamide

M. I. 15，1310

性状 来自乙醇中的易吸潮的无色长片状结晶。该品在水中的溶解度(g/100g)：25℃，2.01；50℃，7；75℃，20；105.5℃，53.5。易溶于乙醇，极微溶于乙醚。其水溶液遇硫酸铜或氢氧化钠生成红紫色。mp 185～190℃（分解）；d_4^{-5} 1.467。一般试剂含量≥99.0%(N)。

注意事项 该品对眼睛、呼吸系统及皮肤有刺激性。使用时应穿适当的防护服。万一接触到眼睛，应立即用大量水冲洗后请医生诊治。

主要用途 分析试剂。

Bleomycin sulfate 争光霉素 硫酸盐 01559

[9041-93-4]

别名 博莱霉素 硫酸盐；硫酸争光霉素；硫酸博莱霉素；Blenoxane；Bleo sulfate；Blexane；NSC-125066 sulfate

M. I. 15，1319

性状 白色至微黄色粉末。易溶于水、甲醇，微溶于乙醇，不溶于丙酮、乙醚。

注意事项 该品对机体有不可逆损伤的可能性。能引起遗传基因的损伤。使用前应得到专门的指导，避免曝露。使用时应穿适当的防护服和戴手套。使用时如有事故发生或有不适之感，应请医生诊治。应充氩气密封于2～8℃保存。

主要用途 生化研究。医用抗肿瘤剂。

Boldenone 去氢睾酮 01560

[846-48-0] $C_{19}H_{26}O_2$ 286.42

成分 C 79.68%，H 9.15%，O 11.17%。

别名 1,2-去氢睾酮；(17*β*)-17-Hydroxyandrosta-1,4-dien-3-one；1,4-Androstadien-17*β*-ol-3-one；3-Oxo-17*β*-hydroxy-1,4-androstadiene；Dehydrotestosterone

M. I. 15，1327

性状 无色结晶。mp 164～166℃；$[\alpha]_D^{25}$ +25°（于氯仿中）。

主要用途 医用雄性激素。兽医用同化剂。分析用标准物质。

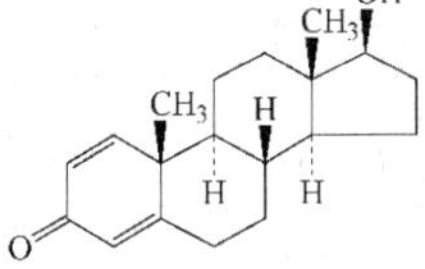

(＋)-Boldine (＋)-波尔定碱 01561

[476-70-0] $C_{19}H_{21}NO_4$ 327.38

成分 C 69.71%，H 6.47%，N 4.28%，O 19.54%。

别名 (＋)-2,6-二羟基-3,5-二甲氧基阿朴啡；(＋)-1,10-二甲氧基-2,9-二羟基阿朴啡；(＋)-2,6-Dihydroxy-3,5-dimethoxyaporphyine；(＋)-1,10-Dimethoxy-2,9-dihydroxyaporphine；(＋)-1,10-Dimethoxy-6a*α*-aporphine-2,9-diol；5,6,6a,7-Tetrahydro-1,10-dimethoxy-6-methyl-4*H*-dibenzo[*de*,*g*]quinoline-2,9-diol æBFQM. I. 15，1328

性状 来自乙醚中的无色结晶。溶于乙醇、氯仿、稀酸，极微溶于水、乙醚。mp 212～220℃；$[\alpha]_D^{25}$ +127℃ (*c*=0.1，于乙醇中)。一般试剂含量≥98.0%(HPLC)。

注意事项 该品口服有害。

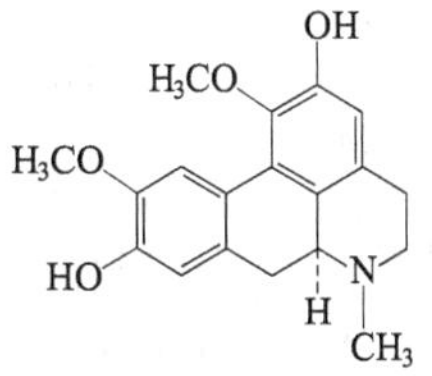

Bongkrekic acid solution 米酵菌酸溶液 01562

[11076-19-0] $C_{28}H_{38}O_7$ 486.61

成分 C 69.11%，H 7.87%，O 23.02%。

别名 (2*E*,4*Z*,6*R*,8*Z*,10*E*,14*E*,17*S*,18*E*,20*Z*)-20-Carboxymethyl-6-methoxy-2,5.17-trimethyl-2,4,8,10,14,18,20-docosaheptaenedioic acid；3-Carboxymethyl-17-methoxy-6,18,21-trimethyldocosa-2,4,8,12,14,18,20-heptaenedioic acid BA

M. I. 15，1334

性状 纯品酸为白色无定形固体。mp 50～60℃；$[\alpha]_D^{25}$ +162.5°；uv max(甲醇中)：237nm，267nm(ε 32000，36700)。LD_{50}小鼠静脉注射：1.41mg/kg。一般试剂溶于0.01mol/L Tris缓冲溶液中，pH值7.5，含量≥95.0%(HPLC)。

注意事项 纯品应密封于－20℃保存。

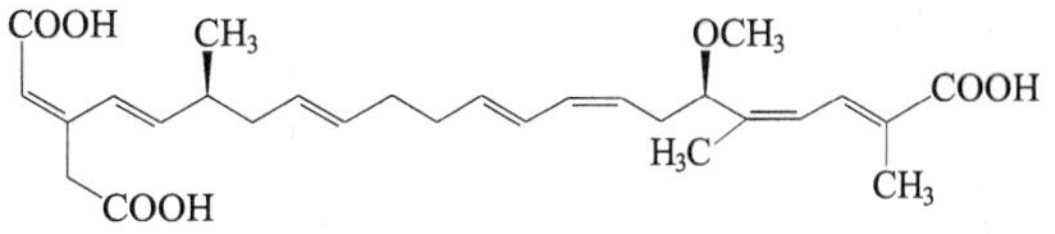

Borane *tert*-butylamine complex
硼烷叔丁胺 配合物 01563

[7337-45-3] $C_4H_{14}BN$ 86.98

成分 C 55.24%，H 16.22%，B 12.43%，N 16.10%。

别名 叔丁胺氢化硼；叔丁胺硼烷；第三丁胺氢化硼 络合物；*tert*-Butylamine borane；*tert*-Butylamine boronhydride；*tert*-Butylamineborane complex

性状 无色结晶。易溶于有机溶剂，微溶于水，不溶于石油醚。遇酸分解产生氢气。mp 96～98℃（分解）；*d* 0.870。一般试剂含量≥97.0%（N）。

注意事项 该品口服有毒。与皮肤接触有害。对眼睛、呼吸系统及皮肤有刺激性。使用时应穿适当的防护服和戴手套。万一接触到眼睛，应立即用大量水冲洗后请医生诊治。使用时如有事故发生或有不适之感，应请医生诊治。应充氮气密封保存。

Bordeaux R 玫瑰桃红 R 01564

[5858-33-3] $C_{20}H_{12}N_2Na_2O_7S_2$ 502.44

成分 C 47.81%，H 2.41%，N 5.58%，Na 9.15%，O 22.29%，S 12.76%。

别名 波尔多红；萘偶氮R盐；酸性枣红；1-萘偶氮-2-萘酚-3,6-二磺酸钠盐；Acid bordeaux；Acid red 17；Azo-bordeaux；Fast red B；酸性红17；1-Naphthaleneazo-2-naphthol-3,6-disulfonic acid sodium salt

C. I. 16180

性状 棕色粉末。溶于水，溶液呈红色。溶于乙醇，溶液呈蓝红色。λ_{max} 518nm。一般试剂干燥含量约65.0%。

注意事项 该品具有刺激性。使用时应避免吸入本品的粉尘，避免与眼睛及皮肤接触。

主要用途 生物染色剂。人体及动物组织如细胞质以及脾、睾丸、肝等切片的染色。氧化还原指示剂（溴酸盐滴定）。检定汞、锑。

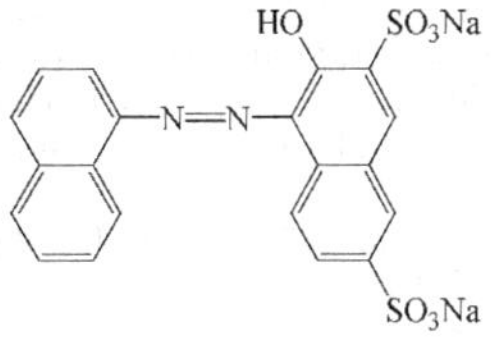

Boric acid 硼酸 01565

[10043-35-3] BH_3O_3 61.83

成分 B 17.48%，H 4.89%，O 77.63%。

别名 Boracic acid；Borofax；Orthoboric acid

GW 2015-1609 M.I. 15，1339

性状 无色透明并具有珍珠样光泽的鳞片状六角形结晶或白色结晶性粉末或颗粒。味微酸苦而带甜。与皮肤接触有滑腻感。1g 该品溶于 18mL 冷水、4mL 沸水、18mL 冷乙醇、6mL 沸乙醇，溶于 4mL 甘油。微溶于乙醚和丙酮。pK_a 9.42；mp 约 171℃；*d* 1.48。LD_{50} 大鼠急性经口：5.14g/kg。

注意事项 该品对眼睛、呼吸系统及皮肤有刺激性。能危害胎儿。有损伤生育力的危险。使用时应穿适当的防护服和戴手套。万一接触到眼睛，应立即用大量水冲洗后请医生诊治。

主要用途 医用收敛剂、防腐剂、消毒剂。碱摩尔浓度的测定。缓冲剂。硼酸盐的制备。电子工业用。光纤工业用。照相用。

参考规格 GB/T 628—2011

	分析纯	化学纯
含量（H_3BO_3）/%≥	99.5	99.0
澄清度试验/号≤	2	4
乙醇溶解试验	合格	合格
水不溶物/%≤	0.005	0.02
甲醇不挥发物（以硫酸盐计）/%≤	0.05	0.3
氯化物（Cl）/%≤	0.0005	0.002
硫酸盐（SO_4）/%≤	0.002	0.01
磷酸盐（PO_4）/%≤	0.0005	0.003
钙（Ca）/%≤	0.002	0.01
铁（Fe）/%≤	0.0005	0.002
铅（Pb）/%≤	0.001	0.003
砷（As）/%≤	0.0001	0.0005

(+)-Borneol (+)-龙脑 01566

[464-43-7] $C_{10}H_{18}O$ 154.25

成分 C 77.87%，H 11.76%，O 10.37%。

别名 *d*-龙脑；(+)-冰片；(+)-2-莰醇；*d*-Bhimsaim camphor；*d*-Baros camphor；*d*-*endo*-2-Bornanol；*d*-Borneo camphor；*d*-Borneol；*d*-Bornyl alcohol；*d*-*endo*-2-Camphanol；*d*-Camphol；*d*-Dryobalanops camphor；*d*-Malayan camphor；*d*-*endo*-2-Hydroxycamphane；*d*-*endo*-1,7,7-Trimethylbicyclo[2,2,1]heptan-2-ol

GW 2015-1232 M.I. 15，1340

性状 来自石油醚中的无色六方形片状结晶。溶于乙醇(176 份溶于 100 份乙醇)、乙醚、石油醚(约 1∶6)、苯(约 1∶5)、甲苯、丙酮、十氢萘、四氢萘，几乎不溶于水。mp 208℃；bp 212℃；Fp 149℉(65℃)；d_4^{20} 1.011；$[\alpha]_D^{20}$ +37.7°(c=5，于乙醇中)；$[\alpha]_{546}^{20}$ +44.4°(c=0.5，于甲苯中)。LD_{50} 兔急性经口：2g/kg。一般试剂含量≥98.0%(GC)。

注意事项 该品高度易燃。吸入、口服或与皮肤接触有害。使用时应穿适当的防护服。应远离火种，采取抗放静电措施，密封于通风良好处保存。

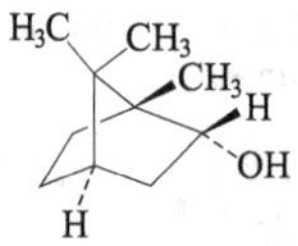

Bornyl chloride 冰片基氯 01567

[464-41-5] $C_{10}H_{17}Cl$ 172.70

成分 C 69.55%，H 9.92%，Cl 20.53%。

别名 氯化龙脑；氯化冰片；氯化莰；2-氯莰；2-Chlorobornane；2-Chlorocamphane；*endo*-2-Chloro-1，7，7-trimethylbicyclo[2.2.1]heptane；Pinene hydrochloride；Terpene hychrochloride；Turpentine camphor

M.I. 15，1342

性状 来自乙醇中的无色结晶。有类似樟脑的气味。溶于乙醇、乙醚，几乎不溶于水。mp 132℃；bp 207～208℃。

主要用途 防腐剂。

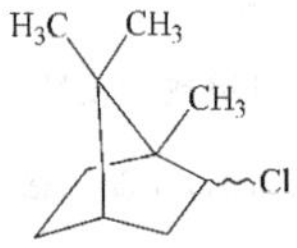

Boron 硼 01568

[7440-42-8] B 10.81

别名 无定形硼；Boron amorphous

M.I. 15，1344

性状 一般商品为无定形深棕色粉末。化学性不活泼。微溶于热浓硝酸和硫酸而生成硼酸，不溶于水。mp≥2300℃；bp 2550℃；*d* 2.35。一般试剂含量≥99.0%。

注意事项 该品高度易燃。口服有害。使用现场禁止吸烟。应远离火种密封保存。

主要用途 催化剂。植物营养剂。半导体材料硅的掺杂源。耐高温材料的合成。高温大功率半导体器件材料。红外器件材料。

Boron carbide 碳化硼 01569

[12069-32-8] B_4C 55.25

成分 C 21.74%，B 78.26%。

别名 Norbide

M.I. 15，1345

性状 黑色坚硬有光泽晶体或粉末。硬度仅次于金刚石。能溶于熔化的碱中。mp 2350℃；bp >3500℃；d_4^{25} 2.508～2.512。一般试剂含量≥99.0%。

注意事项 该品蒸气吸入有害。对眼睛、呼吸系统及皮肤有刺激性。使用时应穿适当的防护服和戴手套。万一接触到眼睛，应立即用大量水冲洗后请医生诊治。应密封于通风良好处保存。

主要用途 核反应控制棒。电阻器。粉状物用作研磨材料。

Boron nitride 氮化硼 01570

[10043-11-5] BN 24.82

成分 B 43.56%，N 56.43%。

别名 BN

M.I. 15，1347

性状 白色结晶性粉末。是难溶性物质，但易吸潮。与水蒸气或酸加热分解并生成氮。mp 3000℃（高压下），常压下则升华；*d* 3.48。一般试剂含量≥99.5%。

注意事项 该品对眼睛及呼吸系统有刺激性。使用时应穿适当的防护服。万一接触到眼睛，应立即用大量水冲洗后请医生诊治。应密封于干燥保存。

主要用途 半导体的固相掺杂源。高温半导体用高温材料。仪器中防中子辐射用的包装材料。

Boron tribromide 三溴化硼 01571

[10294-33-4] BBr_3 250.52

成分 B 4.32%，Br 95.69%。

别名 溴化硼；Boron bromide

GW 2015-1899 M.I. 15，1349

性状 无色发烟液体。有强烈的刺激味。见光或受热分解。能被水、乙醇分解并能引起爆炸。mp −46.0℃；bp 90℃；d^0 2.698。一般试剂含量≥99.0%（AT）。

注意事项 该品具有强腐蚀性，能引起严重烧伤。与水反应激烈。吸入或口服极毒。使用时应穿适当的防护服，戴手套和防护镜或面罩。万一接触到眼睛，应立即用大量水冲洗后请医生诊治。接触皮肤后，应立即用大量肥皂泡沫冲洗。使用时如有事故发生或有不适之感，应请医生诊治。应充氩气密封于干燥、通风良好处保存。

主要用途 半导体硅的掺杂源。高纯硼、二硼烷的制备。光导纤维用原料。

Boron trichloride 三氯化硼 01572

[10294-34-5] BCl_3 117.16

成分 B 9.23%，Cl 90.77%。

别名 氯化硼；Boron chloride

GW 2015-1844 M.I. 15，1350

性状 低温时为无色发烟液体。在无水乙醇中稳定，能被水或乙醇分解为盐酸和硼酸。mp −107℃；bp 12.5℃；d_4^{12}

1.35；d^0 1.3728。一般试剂含量≥99.9%。
注意事项 应密封于通风良好处保存。
主要用途 半导体硅的掺杂源。高纯硼和有机硼化合物的制取。有机合成催化剂。

Boron trifluoride 三氟化硼 01573
[7637-07-2] BF_3 67.81
成分 B 15.94%，F 84.05%。
GW 2015-1770 M.I. 15，1351
性状 无色气体。有刺激味。能与硫酸和有机溶剂相混溶。溶于水（0℃，332g/100g），生成氟硼酸。mp −127.1℃ bp −100.4℃；d_4 1.57（−100.4℃，液体）；n_D^{20} 1.317。一般试剂含量≥99.5%。
注意事项 该品吸入有毒。具有强腐蚀性，能引起严重烧伤。能与水激烈反应。使用时应穿适当的防护服，戴手套和防护镜或面罩。万一接触到眼睛，应立即用大量水冲洗后请医生诊治。接触皮肤后，应立即用大量水冲洗。使用时如有事故发生或有不适之感，应请医生诊治。应充氮气密封于干燥处保存。
主要用途 有机合成中作催化剂。银焊液。

Boron trifluoride acetic acid complex
三氟化硼乙酸 络合物 01574
[373-61-5] $C_4H_8BF_3O_4$ 187.91
成分 C 25.57%，H 4.29%，B 5.75%，F 30.33%，O 34.06%。
别名 乙酸三氟化硼 络合物；三氟化硼乙酸；Boron trifluoroacetic acid
GW 2015-1776
性状 无色液体。能与硫酸相混溶，遇水分解。Fp 181.4℉（83℃）；d_4^{20} 1.353；n_D^{20} 1.367。一般试剂含量(BF_3)约 36.0%。
注意事项 该品口服有害。具有腐蚀性，能引起烧伤。使用时应穿适当的防护服，戴手套和防护镜或面罩。万一接触到眼睛，应立即用大量水冲洗后请医生诊治。使用时如有事故发生或有不适之感，应请医生诊治。应充氮气密封于干燥处保存。
主要用途 有机合成。

Boron trifluoride etherate 三氟化硼乙醚 01575
[109-63-7] $C_4H_{10}BF_3O$ 141.93
成分 C 33.85%，H 7.10%，B 7.62%，F 40.16%，O 11.27%。
别名 乙醚三氟化硼络合物；三氟化硼乙醚络合物；Boron fluoride etherate；Boron trifluoride diethyl etherate；Boron trifluoride ethyl ether complex；Ethyl ether-boron trifluoride complex
GW 2015-1774 M.I. 15，1352
性状 暗褐色发烟液体。能在潮湿空气中立即分解。mp −60.4℃；bp 125.7℃；Fp 116℉（47℃）；d_4^{25} 1.125；n_D^{20} 1.348。一般试剂含量≥98.0%。
注意事项 该品易燃。吸入有毒。遇水激烈反应，并释放出高度易燃气体。有腐蚀性，能引起烧伤。使用时应穿适当的防护服，戴手套和防护镜或面罩。使用时切勿向本品中加水。应保持容器的密闭和干燥。万一接触到眼睛，应立即用大量水冲洗后请医生诊治。接触皮肤后，应用大量肥皂泡沫冲洗。使用时如有事故发生或有不适之感，应请医生诊治。应充氩气密封保存。
主要用途 分析试剂。有机合成中烃化、缩合反应等的催化剂。

Boron trioxide 三氧化二硼 01576
[1303-86-2] B_2O_3 69.62
成分 B 31.06%，O 68.94%。
别名 三氧化硼；氧化硼；硼酐；Boric anhydride；Boric oxide；Boron oxide；Boron sesquioxide；Diboron trioxide
M.I. 15，1348
性状 无色透明玻璃状固体或白色粉末。有吸湿性。溶于酸、碱溶液、乙醇、甘油、乙二醇，溶于 30 份冷水或 5 份沸水。mp 450℃；bp 1860℃；d 2.46。一般试剂含量≥98.0%。
注意事项 该品对眼睛、呼吸系统及皮肤有刺激性。使用时应戴适当的手套。万一接触到眼睛，应立即用大量水冲洗后请医生诊治。应充氩气密封干燥保存。
主要用途 半导体的掺杂源。硼的制造。硅酸盐分解时的助熔剂。检定二氧化硅和碱。

Brassinolide 芸苔素 01577
[72962-43-7] $C_{28}H_{48}O_6$ 480.69
成分 C 69.96%，H 10.07%，O 19.97%。
别名 夫平素；布拉西诺内酯；芸苔甾内酯；油菜素内酯；(1*R*,3a*S*,3b*S*,6a*S*,8*S*,9*R*,10a*R*,10bS,12a*S*)-1-[(1*S*,2*R*,3*R*,4*S*)-2,3-Dihydroxy-1,4,5-trimethylhexyl]hexadeca hydro-8,9-dihydroxy-10a,12a-dimethyl-6*H*-benz[*c*]indeno[5,4-e]oxepin-6-one；(2α,3α,5α,22*R*,23*R*,24*S*)-2,3,22,23-Tetrahydroxy-*B*-homo-7-oxaergostan-6-one；2α,3α,22,23-Tetrahydroxy-24-methyl-*B*-homo-7-oxa-5α-cho-lestan-6-one
M.I. 15，1370
性状 来自甲醇中的无色结晶。mp 274～275℃；$[\alpha]_D^{27}$ +16°。
主要用途 植物生长调节剂。

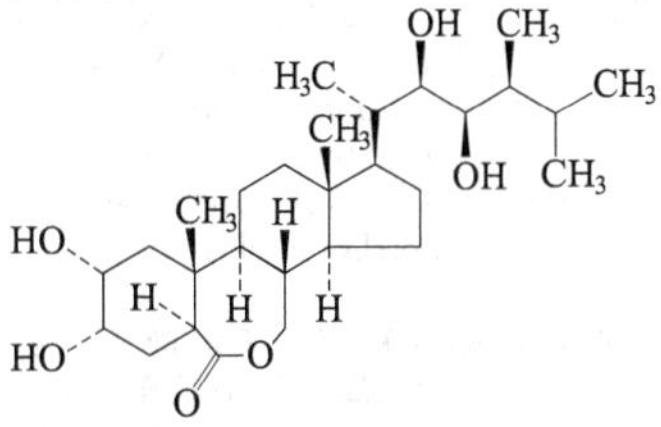

Brazilin 巴西苏木素 01578
[474-07-7] $C_{16}H_{14}O_5$ 286.28
成分 C 67.13%，H 4.93%，O 27.94%。
别名 巴西木素；巴西红木精；Brasilin；(6a*S*-*cis*)-7,11b-Dihydrobenz[*b*]indeno[1,2-*d*]pyran-3,6a,9,10(6*H*)-tetrol；Natural red 24
M.I. 15，1372 C.I. 75280
性状 纯品系无色针状结晶，一般商品为琥珀黄色结晶。遇光和空气变橙色。易溶于乙醇、乙醚，溶于水，亦溶于氢氧化碱溶液呈胭脂红色。mp 约 130℃（分解）；pH 值 5.8～7.7（绿光黄色至深紫色）。
注意事项 该品应密封避光保存。
主要用途 测定铁的试剂。酸碱指示剂。

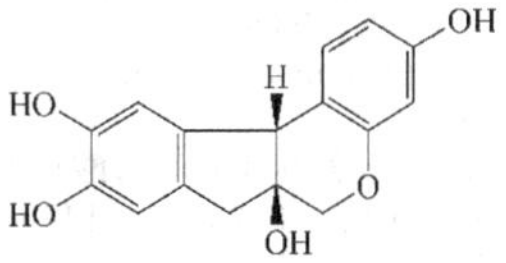

Brefeldin A 布雷菲德菌素 A 01579
[20350-15-6] $C_{16}H_{24}O_4$ 280.36
成分 C 68.54%，H 8.63%，O 22.83%。
别名 1,6,7,8,9,11*a*,12,13,14,14a-Decahydro-1,13-dihydroxy-6-methyl-4*H*-cyclopent[*f*]oxacyclotridecin-4-one；γ,4-Dihydroxy-2-(6-hydroxy-1-heptenyl)-4-cyclopentanecrotonic acid λ-lactone；Ascotoxin；BFA；Cyanein；Decumbin
M.I. 15，1374
性状 来自甲醇/乙醚中的无色片状体。mp 204～205℃；$[\alpha]_D^{22}$ +96°±2°（c=1.08，于甲醇中）；uv max（乙醇中）：215nm（lg ε 4.05）。LD_{50} 小鼠腹膜内注射：>200mg/kg。生化试剂含量≥99.0%（TLC）。
注意事项 该品口服有害。使用时应避免吸入本品的粉尘，避免与眼睛及皮肤接触。使用时如有事故发生或有不适之感，应请医生诊治。应密封于 2～8℃保存。

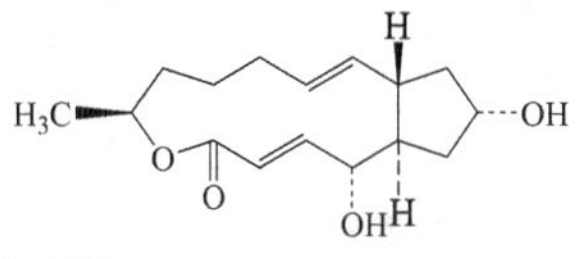

Brequinar 布喹那 01580
[96187-53-0] $C_{23}H_{15}F_2NO_2$ 375.37
成分 C 73.59%，H 4.03%，F 10.12%，N 3.73%，

O 8.52%。

别名 6-Fluoro-2-[2′-fluoro(1,1′-biphenyl)-4-yl]-3-methyl-4-quinolinecarboxylic acid

M.I. 15, 1376

性状 来自二甲基甲酰胺+水中的白色结晶。mp 315～317℃。生化试剂含量≥98.0%。

主要用途 医用免疫抑制剂。

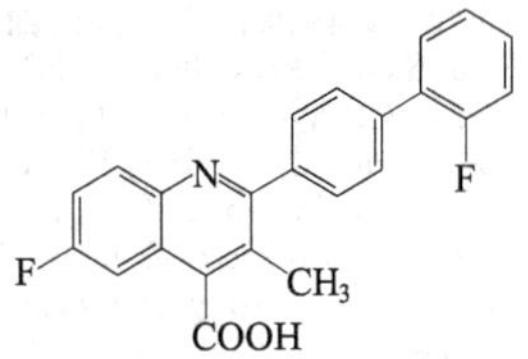

Bretylium tosylate 溴苄铵 01581

[61-75-6] $C_{18}H_{24}BrNO_3S$ 414.36

成分 C 52.18%, H 5.84%, Br 19.28%, N 3.38%, O 11.58%, S 7.74%。

别名 对甲苯磺酸 2-溴苄基乙基二甲基铵;2-溴苄基乙基二甲基铵对甲苯磺酸盐;2-Bromo-N-ethyl-N,N-dimethylbenzenemethanaminium salt with 4-methylbenzenesulfonic acid(1∶1);(o-Bromobenzyl) ethyldimethylammonium p-toluenesulfonate;N-Ethyl-N-o-bromobenzyl-N,N-dimethylammonium tosylate;Bretylan;Bretylate;Bretylol;Darenthin;Ornid

M.I. 15, 1377

性状 无色或白色结晶性粉末。味道极苦。易溶于水、甲醇、乙醇，几乎不溶于乙醚、乙酸乙酯、己烷。mp 97～99℃；uv max: 278nm, 271nm, 264nm。LD_{50}小鼠急性经口：400mg/kg；肌肉注射：250mg/kg。生化试剂含量≥99.0%（TLC）。

注意事项 该品吸入、口服或与皮肤接触有害。使用时应穿适当的防护服。

主要用途 医用抗交感神经剂，抗心律失常剂。

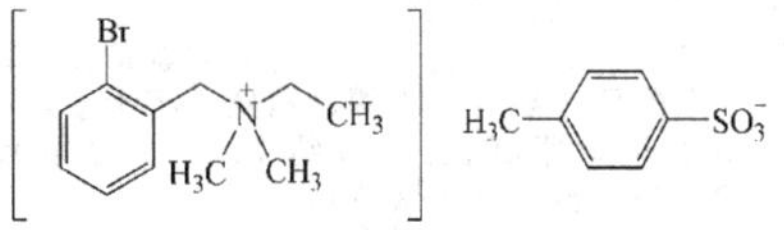

Brilliant blue G 灿烂蓝 G 01582

[6104-58-1] $C_{47}H_{48}N_3NaO_7S_2$ 854.03

成分 C 66.10%, H 5.66%, N 4.92%, Na 2.69%, O 13.11%, S 7.51%。

别名 考马斯亮蓝 G;康美赛蓝 G250;酸性蓝 90;Brilliant indocyanin G;Brilliant blue G 250;Acid blue 90;Coomassie® brilliant blue G

C.I. 42655

性状 粉状。溶于乙醇、热水，微溶于冷水。一般试剂干燥含量约 90.0%。

注意事项 该品使用时应避免吸入本品的粉尘，避免与眼睛及皮肤接触。

主要用途 凝胶电泳用。蛋白质染色。

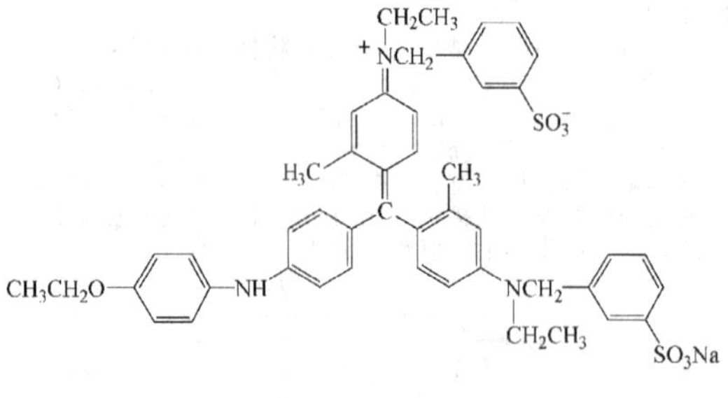

Billiant blue R 灿烂蓝 R 01583

[6104-59-2] $C_{45}H_{44}N_3NaO_7S_2$ 825.97

成分 C 65.44%, H 5.37%, N 5.09%, Na 2.78%, O 13.56%, S 7.76%。

别名 考马斯灿烂蓝;考马斯亮蓝 R;康美赛蓝 R250;酸性蓝 83;Coomassie® brilliant blue R;Brilliant indocyanin 6B;Acid blue 83CBB;Coomassie® blue R250;Brilliant blue R250

C.I. 42660

性状 紫色粉末。微溶于热水、乙醇，不溶于冷水。一般试剂干燥含量约 50%；λ_{max} 588nm。

注意事项 使用时应避免吸入本品的粉尘，避免与眼睛及皮肤接触。

主要用途 凝胶电泳用。蛋白质染色。

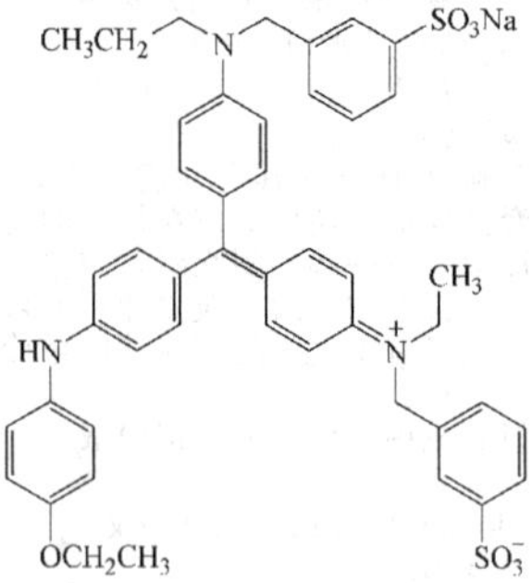

Brilliant cresyl blue 灿烂甲酚蓝 01584

[81029-05-2] $C_{34}H_{40}Cl_4N_6O_2Zn$ 771.92

成分 C 52.90%, H 5.22%, Cl 18.37%, N 10.89%, O 4.15%, Zn 8.47%。

别名 亮甲苯酚蓝;煌焦油蓝;甲酚蓝;亮甲苯蓝;亮甲酚蓝;亮蓝 C; 3-Amino-9-diethylamino-10-methyldiphenazoxonium chloride;Brilliant blue C;Brilliant crysyl blue ALD;Cresyl blue;Cresyl blue BBS or 2RN

C.I. 51010

性状 绿色粉末。溶于水，呈蓝色。微溶于乙醇。本品常混有二甲基衍生物，而显暗红色。λ_{max}约 635nm。

注意事项 该品对眼睛、呼吸系统及皮肤有刺激性。使用时应穿适当的防护服。万一接触到眼睛，应立即用大量水冲洗后请医生诊治。

主要用途 生物染色剂，如血液和活体的染色。氧化还原指示剂。

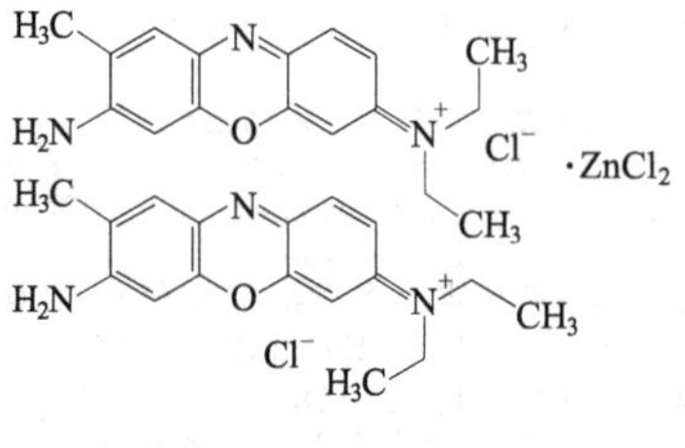

Brilliant green 灿烂绿 01585

[633-03-4] $C_{27}H_{34}N_2O_4S$ 482.64

成分 C 67.19%, H 7.10%, N 5.80%, O 13.26%, S 6.64%。

别名 乙基绿；亮绿；固绿 JJO；煌绿；碱性绿 1；Astra-diamant green GX;Basic green 1;Diamond green G;N-[4-[[4-(Diethylamino) phenyl] phenylmethylene]-2,5-cyclohexadien-1-ylidene]-N-ethylethanaminium sulfate(1∶1);Emerald green;Ethyl green;Fast green J;Malachite green G;Solid green;Solid green JO

M.I. 15, 1380 C.I. 42040

性状 有金黄色光泽的细小结晶。溶于水或乙醇呈绿色。mp 210℃（分解）；pH 值 0.0～2.6（由黄至绿色）；λ_{max} 623nm。LD_{100}小鼠静脉注射：3mg/kg。

注意事项 该品口服有害。对眼睛、呼吸系统及皮肤有刺激性。使用时应穿适当的防护服和戴手套。万一接触到眼睛，应立即用大量水冲洗后请医生诊治。应密封于通风良好处保存。

主要用途 医用防腐剂，消毒剂。细菌学培养基的制备。用以鉴别大肠杆菌和其他乳糖的发酵菌。粪便中伤害杆菌的培养和分离。亚硫酸盐的测定。指示剂。

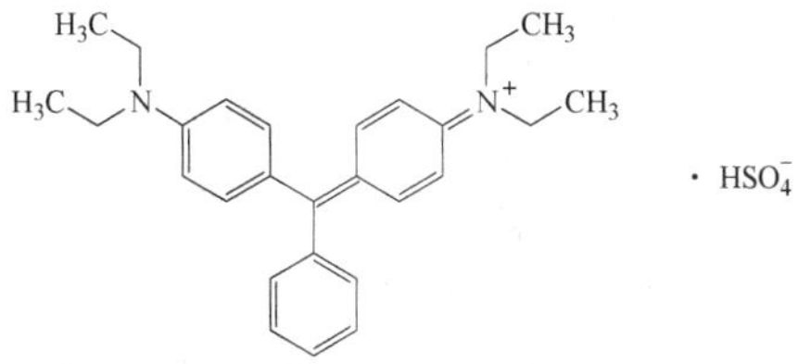

· HSO_4^-

Brilliant yellow 灿烂黄 01586

[3051-11-4] $C_{26}H_{18}N_4Na_2O_8S_2$ 624.56

成分 C 50.00%，H 2.90%，N 8.97%，Na 7.36%，O 20.49%，S 10.27%。

别名 直接黄 4；亮黄；芪-2，2-二磺酸-4，4′-双[(1-偶氮)-4-羟基苯]二钠盐；Chlorazol brilliant yellow 3G；Direct yellow 4；Stilbene-2，2′-disulfonic acid 4，4′-bis[(1-azo)-4-hydroxybenzene] disodium salt

C. I. 24890

性状 浅棕色粉末。溶于水，溶液呈黄色。pH 值 7.4～8.6（由黄至棕红色）；λ_{max} 397nm。一般试剂干燥含量约 70.0%。

注意事项 使用时应避免吸入本品的粉尘，避免与眼睛及皮肤接触。应密封于干燥处保存。

主要用途 检定钴、镁、镍的试剂。酸碱指示剂。生物染色剂。

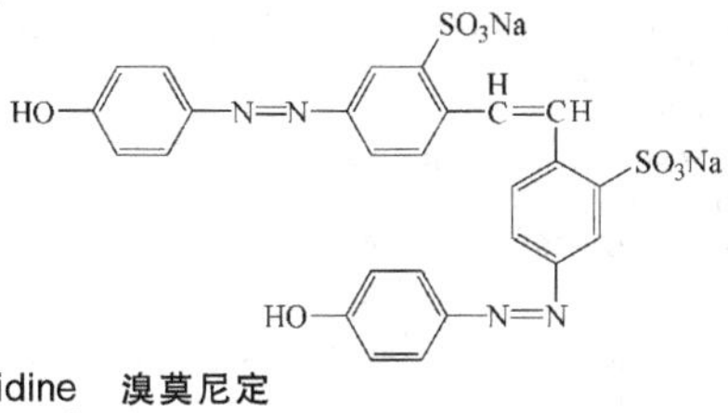

Brimonidine 溴莫尼定 01587

[59803-98-4] $C_{11}H_{10}BrN_5$ 292.14

成分 C 45.23%，H 3.45%，Br 27.35%，N23.97%。

别名 5-Bromo-*N*-(4，5-dihydro-1*H*-imidazol-2-yl)-6-quinoxalinamine；5-Bromo-6-(2-imidazolin-2-ylamino) quinoxaline；UK-14304；AGN-190342

M. I. 15，1381

性状 来自乙醇中的黄色结晶。溶于二甲基亚砜（>6.5mg/mL），微溶于热乙醇（<8mg/mL）。mp 252℃。

注意事项 该品口服有毒。对眼睛、呼吸系统及皮肤有刺激性。使用时应穿适当的防护服。万一接触到眼睛，应立即用大量水冲洗后请医生诊治。使用时如有事故发生或有不适之感，应请医生诊治。

主要用途 医用抗青光眼剂。

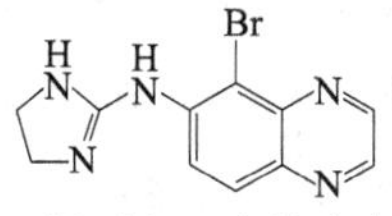

Brinzolamide hydrochloride 布林唑胺 盐酸盐 01588

[150937-43-2] $C_{12}H_{22}ClN_3O_5S_3$ 419.96

成分 C 34.32%，H 5.28%，Cl 8.44%，N 10.01%，O 19.05%，S 22.90%。

别名 布林佐胺 盐酸盐；盐酸布林佐胺；盐酸布林唑胺；帕瑞唑胺 盐酸盐；派立明；(4*R*)-4-Ethylamino-3，4-dihydro-2-(3-methoxypropyl)-2*H*-thieno[3，2-*e*]-1，2-thiazine-6-sulfonamide 1，1-dioxide hydrochloride；AL-4682-HCl；Azopt-HCl

M. I. 15，1382

性状 来自甲醇＋二氯甲烷中的无色结晶。mp 175～177℃；$[\alpha]_D$＋10.35°（c＝1，于水中）。

主要用途 医用抗青光眼剂。

· HCl

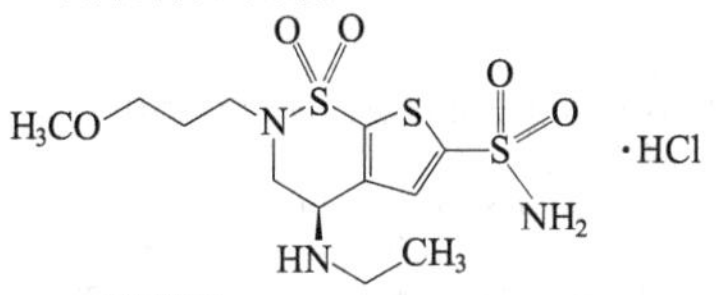

Brodifacoum 溴鼠灵 01589

[56073-10-0] $C_{31}H_{23}BrO_3$ 523.43

成分 C 71.13%，H 4.43%，Br 15.27%，O 9.17%。

别名 大隆；塔龙；3-[3-[4′-溴(1，1′-联苯)-4-基]-1，2，3，4-四氢-1-萘基]-4-羟基-2*H*-1-苯并吡喃-2-酮；3-[3-[4′-Bromo(1，1′-biphenyl)-4-yl]-1，2，3，4-tetrahydro-1-naphthalenyl]-4-hydroxy-2*H*-1-benzopyran-2-one；3-[3-(4′-Bromobiphenyl-4-yl)-1，2，3，4-tetrahydro-1-naphthyl]-4-hydroxycoumarin；PP-581；WBA-8119；Talon

M. I. 15，1386

性状 灰白色粉末。溶于丙酮、氯仿，微溶于乙醇、苯，不溶于水。mp 228～230℃。LD_{50} 雄，雌野大鼠急性经口：0.16mg/kg，0.18mg/kg。

注意事项 该品口服或与皮肤接触极毒。长期接触对健康有严重危害。对水生物极毒。能对水环境引起不利的结果。应防止儿童接近。使用时应穿适当的防护服和戴手套。使用时如有事故发生或有不适之感，应请医生诊治。应防止将本品释放于环境中。其包装物应按危险品处理。

主要用途 杀鼠剂。分析用标准物质。

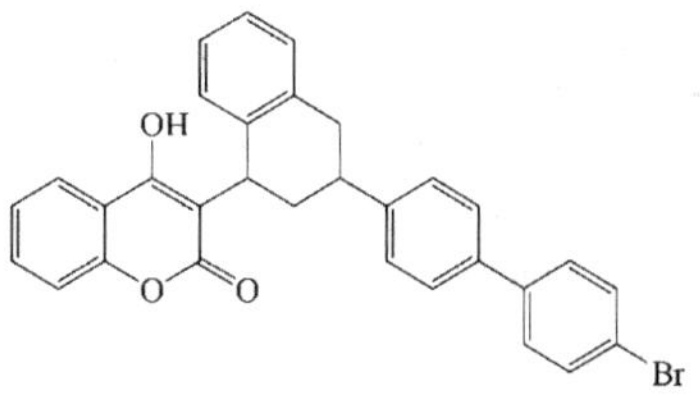

Brodimoprim 溴莫普林 01590

[56518-41-3] $C_{13}H_{15}BrN_4O_2$ 339.19

成分 C 46.03%，H 4.46%，Br 23.56%，N 16.52%，O 9.43%。

别名 2，4-二氨基-5-(4-溴-3，5-二甲氧基苄基)嘧啶；5-(4-溴-3，5-二甲氧基苯基)甲基-2，4-嘧啶二胺；溴烯尿苷；5-(4-Bromo-3，5-dimethoxyphenyl) methyl-2，4-pyrimidinediamine；2，4-Diamino-5-(4-bromo-3，5-dimethoxybenzyl)pyrimidine；Ro-10-5970

M. I. 15，1387

性状 来自甲醇中的无色结晶。pK_a 7.15。mp 225～228℃。

主要用途 医用抗菌剂。

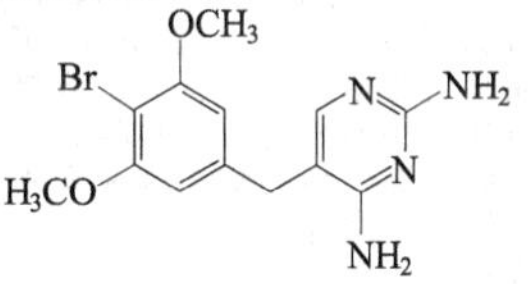

Bromacil 除草定 01591

[314-40-9] $C_9H_{13}BrN_2O_2$ 261.12

成分 C 41.40%，H 5.02%，Br 30.60%，N 10.73%，O 12.25%。

别名 溴甲另丁尿嘧啶；5-Bromo-6-methyl-3-(1-methylpropyl)-2，4(1*H*，3*H*)-pyrimidinedione；5-Bromo-3-*sec*-butyl-6-methyluracil；5-Bromo-6-methyl-3-(1-methylpropyl) uracil；Du Pont Herbicide 976；Hyvar；Uragon；Urox B

M. I. 15，1388

性状 白色结晶性固体。中等程度溶于强碱水溶液、丙酮、乙腈、乙醇，微溶于水（20℃，815mg/L）。mp 157.5～160℃。LD_{50} 大鼠急性经口：5200mg/kg。

注意事项 该品口服有害。对眼睛、呼吸系统及皮肤有刺激性。应防止儿童接近。使用时应穿适当的防护服和戴手套。万一接触到眼睛，应立即用大量水冲洗后请医生诊治。如误食本品，应立即请医生检查，瓶示本品容皿或标签。应远离食品、饮料及饲料保存。

主要用途 除草剂。分析用标准物质。

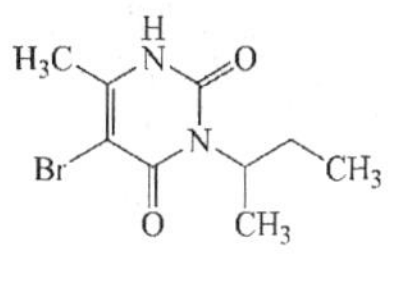

Bromadiolone 溴敌鼠 01592

[28772-56-7] $C_{30}H_{23}BrO_4$ 527.41

成分 C 68.32%，H 4.40%，Br 15.15%，O 12.13%。

别名 3-{α-[对(对溴苯基)-β-羟基苯乙基]苄基}-4-羟基香豆素；溴敌隆；3-{3-[4′-溴(1,1′-联苯)-4-基]-3-羟基-1-苯基丙基}-4-羟基-2*H*-1-苯并吡喃-2-酮；3-[3-[4′-Bromo(1,1′-biphenyl)-4-yl]-3-hydroxy-1-phenylpropyl]-4-hydroxy-2*H*-1-benzopyran-2-one；3-[α-[*p*-(*p*-Bromophenyl)-β-hydroxyphenethyl]benzyl]-4-hydroxycoumarin；LM-637；Maki；Bromone；Super-Caid；Super-Rozol

M.I. 15，1389

性状 白色至灰白色粉末。20～25℃时该品在下列物质中的溶解度(g/L)：二甲基甲酰胺 730.0；乙酸乙酯 25.0；丙酮 22.3；氯仿 10.1；乙醇 8.2；甲醇 5.6；乙醚 3.7；已烷 0.2；水 0.019。pK_a(21℃) 4.04；mp 200～210℃；uv max(乙醇中)：260nm($E_{1cm}^{1\%}$ 538～582)。LD_{50}大鼠，小鼠急性经口：1.125mg/kg，1.75mg/kg。

注意事项 该品口服或与皮肤接触极毒。使用时应穿适当的防护服，戴手套和防护镜或面罩。接触皮肤后，应用大量水冲洗。使用时如有事故发生或有不适之感，应请医生诊治。应密封保存。

主要用途 杀鼠剂。分析用标准物质。

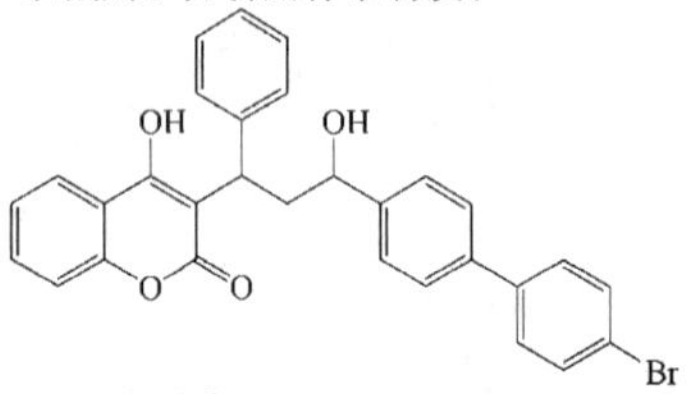

Bromazepam 溴西泮 01593

[1812-30-2] $C_{14}H_{10}BrN_3O$ 316.16

成分 C 53.19%，H 3.19%，Br 25.27%，N 13.29%；O 5.06%。

别名 溴安定；溴吡二氮䓬；7-Bromo-1,3-dihydro-5-(2-pyridinyl)-2*H*-1,4-benzodiazepin-2-one；7-Bromo-5-(2-pyridyl)-3*H*-1,4-benzodiazepin-2(1*H*)-one；Ro-5-3350；Compendium；Creosedin；Durazanil；Lectopam；Lexomil；Lexotan；Lexotanil；Normoc

M.I. 15，1392

性状 来自丙酮中的无色棱柱体结晶。mp 237～238.5℃(分解)。LD_{50}大鼠急性经口：(3050±405) mg/kg。

注意事项 该品高度易燃。吸入、口服或接触皮肤有毒。并有严重的不可逆损伤的危险。对眼睛、呼吸系统及皮肤有刺激性。使用时应穿适当的防护服和戴手套。万一接触到眼睛，应立即用大量水冲洗后请医生诊治。使用现场禁止吸烟。应远离火种密封保存。

主要用途 医用抗焦虑剂。分析用标准物质。

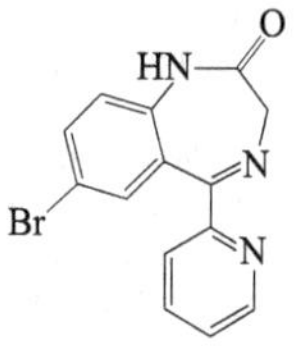

Bromelain from pineapple stem
菠萝蛋白酶(菠萝茎) 01594

[37189-34-7] Mr 约 28000

别名 菠萝朊酶；Ananase；Bromelin；Extranase；Inflamen；Traumanase

M.I. 15，1395 EC 3.4.22.32

性状 淡黄色至黄棕色粉末。微溶于水。uv max(自身)：280nm($E_{1cm}^{1\%}$ 20.1)。

注意事项 该品对眼睛、呼吸系统及皮肤有刺激性。吸入能引起过敏。使用时应穿适当的防护服和戴手套。使用时应避免吸入本品的粉尘，避免与皮肤接触。万一接触到眼睛，应立即用大量水冲洗后请医生诊治。应充氩气密封于－20℃干燥保存。

主要用途 生化研究。医用抗炎剂。啤酒防冻剂。

Bromethalin 溴甲灵 01595

[63333-35-7] $C_{14}H_7Br_3F_3N_3O_4$ 577.93

成分 C 29.10%，H 1.22%，Br 41.48%，F 9.86%，N7.27%，O 11.07%。

别名 *N*-甲基-2,4-二硝基-*N*-(2,4,6-三溴苯基)-6-(三氟甲基)苯胺；溴杀灵；溴鼠胺；*N*-Methyl-2,4-dinitro-*N*-(2,4,6-tribromophenyl)-6-(trfiluoromethyl)benzenamine；EL-614；Vengeance

M.I. 15，1396

性状 来自乙醇中的浅黄色无味结晶。溶于氯仿、丙酮，中等程度溶于芳香烃，不溶于水。mp 150～151℃。LD_{50}小鼠，大鼠，猫，狗急性经口(mg/kg)：2,5,2,5。

主要用途 杀鼠剂。

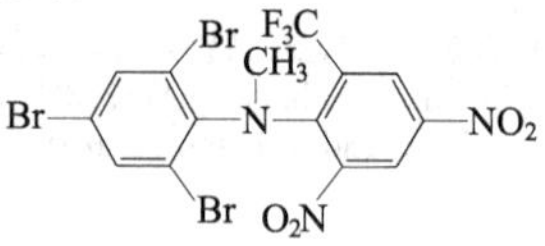

Bromfenac monosodium salt sesquihydrate
溴芬酸钠1½水 01596

[120638-55-3][一水合物 91714-93-1]1½H_2O $C_{15}H_{11}BrNNaO_3$ 365.17

成分(以无水物计) C 50.59%，H 3.11%，Br 22.44%，N 3.93%，Na 6.46%，O 13.48%。

别名 2-氨基-3-(4-溴苯甲酰)苯基乙酸钠；AHR-10282B；Duract；2-Amino-3-(4-bromobenzoyl) benzeneacetic acid sodium salt；AHR-10282

M.I. 15，1397

性状 亮橙黄色结晶性粉末。溶于水、甲醇、稀碱，不溶于氯仿、稀酸。pK_a 4.29。mp 284～286℃(分解)。

主要用途 医用止痛剂。抗炎剂。

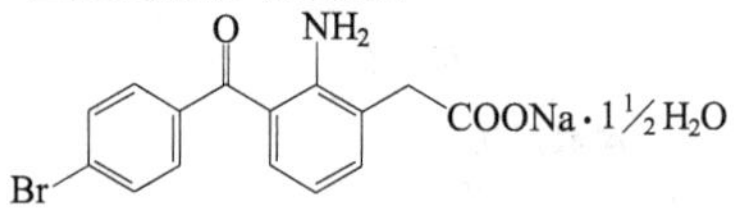

Bromine 溴 01597

[7726-95-6] Br_2 159.08

别名 溴素

GW 2015-2361 M.I. 15，1401

性状 深红棕色发烟液体。有窒息性刺激气味。易溶于乙醇、乙醚、三氯甲烷、苯、二硫化碳、四氯化碳、浓盐酸、溴化物的水溶液，微溶于水。mp －7.25℃；bp 59.47℃；d_4^{25} 3.1023；n_D^{20} 1.661

注意事项 该品具有强腐蚀性，能引起严重烧伤。其蒸气吸入有毒。对水生物极毒。万一接触到眼睛，应立即用大量水冲洗后请医生诊治。使用时如有事故发生或有不适之感，应请医生诊治。应防止将本品释放于环境中。应密封于通风良好处保存。

主要用途 常用分析试剂。氧化剂。乙烯和其他烯烃的吸收剂。有机合成的溴化剂。

参考规格 GB/T 1281—2011	优级纯	分析纯	化学纯
含量(Br_2)/%≥	99.5	99.5	99.0
蒸发残渣/%≤	0.005	0.005	0.01
氯(Cl)/%≤	0.01	0.02	0.05
碘(I)/%≤	0.001	0.001	0.005
硫酸盐(以 SO_4 计)/%≤	0.001	0.005	0.01
有机溴化合物	合格	合格	合格
铁(Fe)/%≤	0.00005	0.0002	
重金属(以 Pb 计)/%≤	0.00005	0.0002	

Bromine 3% water solution 溴水 3% 01598

[7726-95-6] Br_2 159.81

别名 溴 3%水溶液

GW 2015-2361

性状 该品为溴的 3%水溶液。橙黄色透明液体。具有溴的气味。性不稳定。

注意事项 该品具有氧化性。应于室温保存。温度高溴逸出，温度低于－4℃时瓶子会受冻而破裂。

主要用途 常用分析试剂，检测尿素、砷、镁、铜等。氧化剂。

4-Bromoacetanilide　4-溴乙酰苯胺　01599

[103-88-8]　C_8H_8BrNO　214.06

成分　C 44.89%，H 3.77%，Br 37.33%，N 6.54%，O 7.47%。

别名　*N*-乙酰基对溴苯胺；乙酰替对溴苯胺；对溴乙酰苯胺；*N*-Acetyl-4-bromoaniline；Antisepsin；Asepsin；*p*-Bromoacetanilide；Bromoanilide；Bromoantifebrin；*N*-(4-Bromophenyl) acetamide；Monobromoacetamilide

M. I. 15，1406

性状　来自 95%乙醇中的无色或浅黄色结晶。溶于苯、乙酸乙酯、三氯甲烷，中等程度溶于乙醇，略微溶于热水，几乎不溶于冷水。mp 168℃；*d* 1.72。一般试剂含量≥96.0%（GC/AT）。

注意事项　该品对眼睛、呼吸系统及皮肤有刺激性。使用时应穿适当的防护服。万一接触到眼睛，应立即用大量水冲洗后请医生诊治。

主要用途　制药工业。医用止痛、退热剂。有机合成。

Bromoacetic acid　溴乙酸　01560

[79-08-3]　$C_2H_3BrO_2$　138.95

成分　C 17.29%，H 2.18%，Br 57.51%，O 23.03%。

别名　一溴乙酸；溴代乙酸；溴醋酸；一溴醋酸；Bromoethanoic acid

GW 2015-2429　M. I. 15，1407

性状　无色结晶。易潮解。具有催泪性。易溶于水、乙醇，溶于丙酮、苯。mp 50℃；bp 208℃；Fp 235.4℉（113℃）；*d* 1.93。一般试剂含量≥99.0%（GC）。

注意事项　该品吸入、口服或与皮肤接触有毒。具有强腐蚀性，能引起严重烧伤。对水生物极毒。使用时应穿适当的防护服，戴手套和防护镜或面罩。万一接触到眼睛，应立即用大量水冲洗后请医生诊治。使用时如有事故发生或有不适之感，应请医生诊治。应防止将本品释放于环境中。应密封于干燥处保存。

主要用途　有机合成。

Bromoacetonitrile　溴乙腈　01601

[590-17-0]　C_2H_2BrN　119.95

成分　C 20.03%，H 1.68%，Br 66.61%，N 11.68%。

性状　黄色油状液体。具有催泪性。能与乙醚相混溶。bp 150～151℃；bp_{24} 60～62℃/3.19kPa；Fp 230℉（110℃）；d_4^{20} 1.795；n_D^{20} 1.479。一般试剂含量≥97.0%(GC)。

注意事项　该品吸入、口服或与皮肤接触有毒。对眼睛、呼吸系统及皮肤有刺激性。使用时应穿适当的防护服。万一接触到眼睛，应立即用大量水冲洗后请医生诊治。使用时如有事故发生或有不适之感，应请医生诊治。应密封保存。

主要用途　有机合成。

ω-Bromoacetophenone　ω-溴苯乙酮　01602

[70-11-1]　C_8H_7BrO　199.05

成分　C 48.27%，H 3.54%，Br 40.14%，O 8.04%。

别名　苯酰甲基溴；溴乙酰苯；*α*-溴苯乙酮；Bromomethyl phenyl ketone；*α*-Bromoacetophenone；2-Bromo-1-phenylethanone；Phenacyl bromide

GW 2015-2437　M. I. 15，1409

性状　无色或白色结晶。具催泪性。易溶于乙醇、苯、氯仿、乙醚，几乎不溶于水。mp 50℃；bp_{20} 133～135℃/2.666kPa；*d* 1.65；Fp 235.4℉（113℃）。一般试剂含量≥99.0%（GC）。

注意事项　该品具有腐蚀性，能引起烧伤。使用时应穿适当的防护服，戴防护镜或面罩。万一接触到眼睛，应立即用大量水冲洗后请医生诊治。使用时如有事故发生或有不适之感，应请医生诊治。应密封避光于 2～8℃保存。

主要用途　检验羧基的试剂。染料合成。有机合成。

4′-Bromoacetophenone　4′-溴苯乙酮　01603

[99-90-1]　C_8H_7BrO　199.05

成分　C 48.27%，H 3.54%，Br 40.14%，O 8.04%。

别名　1-乙酰基-4-溴苯；对溴乙酰苯；对溴苯乙酮；1-Acetyl-4-bromobenzene；1-(4-Bromophenyl)ethanone；Methyl *p*-bromophenyl ketone；*p*-Bromoacetophenone

M. I. 15，1410

性状　来自乙醇中的无色或白色小叶状结晶。溶于乙醇、苯、三氯甲烷、二硫化碳、乙醚、冰乙酸、石油醚。能随水蒸气挥发。mp 54℃；bp_{736} 255.5℃/98.125kPa；bp_{15} 130℃/2kPa；bp_7 117℃/933.25Pa；Fp 235.4℉（113℃）。一般试剂含量≥98.0%(AT)。

注意事项　该品对眼睛、呼吸系统及皮肤有刺激性。吸入或与皮肤接触可引起过敏。使用时应穿适当的防护服和戴手套。使用时应避免吸入本品的粉尘。万一接触到眼睛，应立即用大量水冲洗后请医生诊治。

主要用途　染料制备。有机合成。

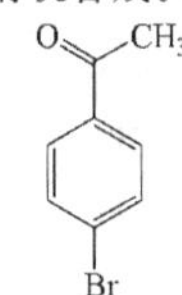

Bromoacetyl bromide　溴乙酰溴　01604

[598-21-0]　$C_2H_2Br_2O$　201.86

成分　C 11.90%，H 1.00%，Br 79.17%，O 7.93%。

别名　溴化溴乙酰

GW　2015-2438

性状　浅黄色透明液体。有刺激气味。溶于苯、乙醚、三氯甲烷，遇水、乙醇分解。bp 147～150℃；Fp 221℉（105℃）；d_4^{20} 2.324；n_D^{20} 1.546。一般试剂含量≥98.0%（AT）。

注意事项　该品具有腐蚀性，能引起烧伤。对眼睛及呼吸系统有刺激性。使用本品时禁止进餐、饮水。使用时应穿适当的防护服，戴防护镜或面罩。万一接触到眼睛，应立即用大量水冲洗后请医生诊治。使用时如有事故发生或有不适之感，应请医生诊治。应充氩气密封保存。

主要用途　有机合成。

2-Bromoaniline　2-溴苯胺　01605

[615-36-1]　C_6H_6BrN　172.03

成分　C 41.89%，H 3.52%，Br 46.45%，N 8.14%。

别名　邻溴苯胺；1-氨基-2-溴苯；1-Amino-2-bromobenzene；*o*-Bromoaniline

GW 2015-2373

性状　无色或浅黄色结晶。溶于乙醇、乙醚，微溶于水。mp 28～30℃；bp 229℃；bp_{11} 95～97℃/1.467kPa；Fp 230℉（110℃）；d^{25} 1.52。一般试剂含量≥98.0%（GC）。

注意事项　该品吸入、口服或与皮肤接触有毒，并有蓄积性危害。使用时应穿适当的防护服和戴手套。万一接触到眼睛，应立即用大量水冲洗后请医生诊治。使用时如有事故发生或有不适之感，应请医生诊治。应充氩气密封避光于 2～8℃通风良好处保存。

主要用途　有机合成。

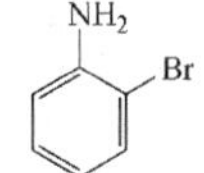

3-Bromoaniline　3-溴苯胺　01606

[591-19-5]　C_6H_6BrN　172.03

成分　C 41.89%，H 3.52%，Br 46.45%，N 8.14%。

别名　间溴苯胺；1-氨基-3-溴苯；1-Amino-3-bromobenzene；*m*-Bromoaniline

GW 2015-2374

性状 浅黄色液体。低温时凝固。能与乙醇、乙醚相混溶，微溶于水。mp 15～18℃；bp 251℃；$bp_{0.1}$ 74～75℃/13.332Pa；Fp 230℉(110℃)；d_4^{20} 1.58；n_D^{20} 1.625。一般试剂含量≥99.0%。

注意事项 该品吸入、口服或与皮肤接触有毒，并有蓄积性危害。对皮肤有刺激性。使用时应穿适当的防护服，戴手套和防护镜或面罩。接触皮肤后，应立即用大量肥皂泡沫冲洗。使用时如有事故发生或有不适之感，应请医生诊治。应充氩气密封避光保存。

主要用途 有机合成。

4-Bromoaniline 4-溴苯胺 01607

[106-40-1] C_6H_6BrN 172.03

成分 C 41.89%，H 3.52%，Br 46.45%，N 8.14%。

别名 对溴苯胺；1-氨基-4-溴苯；1-Amino-4-bromobenzene；*p*-Bromoaniline；*p*-Bromoaniline；4-Bromobenzeneamine

GW 2015-2375 M.I. 15,1411

性状 来自稀乙醇中的无色菱形结晶。易溶于乙醇、乙醚，不溶于冷水。pK_b(25℃)：10.28 或 9.98。mp 66～66.5℃；$d_4^{99.6}$ 1.4970(液体)。一般试剂含量≥99.0%(GC)。

注意事项 该品吸入、口服或与皮肤接触有害，对眼睛、呼吸系统及皮肤有刺激性。接触皮肤能引起过敏。使用时应穿适当的防护服，戴手套和防护镜或面罩。万一接触到眼睛，应立即用大量水冲洗后请医生诊治。使用时如有事故发生或有不适之感，应请医生诊治。应充氮气密封避光保存。

主要用途 偶氮染料制造。有机合成。

H_2N—C₆H₄—Br

2-Bromoanisole 2-溴苯甲醚 01608

[578-57-4] C_7H_7BrO 187.04

成分 C 44.95%，H 3.77%，Br 42.72%，O 8.55%。

别名 邻溴苯甲醚；邻溴茴香醚；1-溴-2-甲氧基苯；*o*-Bromoanisole；1-Bromo-2-methoxybenzene；*o*-Bromophenyl methyl ether

性状 油状液体。溶于乙醇、乙醚。mp 2～3℃；bp 220～222℃；Fp 206℉(96℃)；d_4^{20} 1.511；n_D^{20} 1.5740。一般试剂含量≥98.0%(GC)。

注意事项 使用时应避免吸入本品的蒸气，避免与眼睛及皮肤接触。应防止将本品释放于环境中。应充氩气密封避光保存。

主要用途 有机合成。

OCH_3 / Br

3-Bromoanisole 3-溴苯甲醚 01609

[2398-37-0] C_7H_7BrO 187.04

成分 C 44.95%，H 3.77%，Br 42.72%，O 8.55%。

别名 间溴苯甲醚；1-溴-3-甲氧基苯；间溴茴香醚；*m*-Bromoanisole；1-Bromo-3-methoxybenzene；*m*-Bromophenyl methyl ether

性状 浅黄色油状液体。溶于有机溶剂，不溶于水。bp 210～211℃；Fp 200℉(93℃)；d_4^{20} 1.489；n_D^{20} 1.5640。一般试剂含量≥98.0%(GC)。

注意事项 使用时应避免吸入本品的蒸气，避免与眼睛及皮肤接触。应密封避光保存。

主要用途 有机合成。

4-Bromoanisole 4-溴苯甲醚 01610

[104-92-7] C_7H_7BrO 187.04

成分 C 44.95%，H 3.77%，Br 42.72%，O 8.55%。

别名 对溴苯甲醚；对溴茴香醚；1-溴-4-甲氧基苯；*p*-Bromoanisole；1-Bromo-4-methoxybenzene；*p*-Bromophenyl methyl ether

GW 2015-2380

性状 无色或浅黄色液体。易溶于乙醇、乙醚，不溶于水。mp 9～10℃；bp 223℃；bp_{10} 98～99℃/1.333kPa；Fp 201.2℉(94℃)；d_4^{20} 1.494；n_D^{20} 1.5640。一般试剂含量≥99.0%。

注意事项 见 01609 3-溴苯甲醚。

主要用途 溶剂。有机合成。

2-Bromobenzaldehyde 2-溴苯甲醛 01611

[6630-33-7] C_7H_5BrO 185.03

成分 C 45.44%，H 2.72%，Br 43.18%，O 8.65%。

别名 邻溴苯甲醛；*o*-Bromobenzaldehyde

性状 无色至微黄色液体。在空气中易氧化。易溶于乙醇、苯。mp 21～22℃；bp 230℃；$bp_{0.5}$ 56～58℃/66.661Pa；Fp 203℉(95℃)；d_4^{20} 1.585；n_D^{20} 1.5960。一般试剂含量≥98.0%(GC)。

注意事项 该品口服有害。对眼睛、呼吸系统及皮肤有刺激性。使用时应穿适当的防护服和戴手套。万一接触到眼睛，应立即用大量水冲洗后请医生诊治。应充氩气密封保存。

主要用途 有机合成。

O H / Br

3-Bromobenzaldehyde 3-溴苯甲醛 01612

[3132-99-8] C_7H_5BrO 185.03

成分 C 45.44%，H 2.72%，Br 43.18%，O 8.65%。

别名 间溴苯甲醛；*m*-Bromobenzaldehyde

性状 无色或浅黄色液体。露置空气中易氧化变色。能与乙醇、乙醚相混溶，不溶于水。能随水蒸气挥发。mp 18～21℃；$bp_{0.2}$ 62～64℃/26.664Pa；Fp 205℉(96℃)；d_4^{20} 1.580；n_D^{20} 1.593。一般试剂含量≥98.0%。

注意事项 见 01611 2-溴苯甲醛。

主要用途 有机合成。制药和染料工业。

4-Bromobenzaldehyde 4-溴苯甲醛 01613

[1122-91-4] C_7H_5BrO 185.03

成分 C 45.44%，H 2.72%，Br 43.18%，O 8.65%。

别名 对溴苯甲醛；*p*-Bromobenzaldehyde

性状 无色或微黄色叶状结晶。溶于乙醇、乙醚，不溶于水。mp 55～57℃；bp_2 66～68℃/266.6Pa；Fp 228℉(108℃)。一般试剂含量≥97.0%(GC)。

注意事项 该品口服有害。对眼睛、呼吸系统及皮肤有刺激性。接触皮肤能引起过敏。使用时应穿适当的防护服和戴手套。万一接触到眼睛，应立即用大量水冲洗后请医生诊治。

主要用途 有机合成。制药工业。染料制备。

Bromobenzene 溴苯 01614

[108-86-1] C_6H_5Br 157.01

成分 C 45.90%，H 3.21%，Br 50.89%。

别名 溴代苯；Bromobenzol；Monobromobenzene；Phenyl bromide

GW 2015-2372 M.I.15，1413

性状 无色油状流动液体。有强折光性。具有芳香气味。能与乙醇、乙醚、氯仿、苯、烃类相混溶，溶于乙醇(25℃，10.4g/100g)、乙醚(25℃，71.3g/100g)，极微溶于水(30℃，100g 水只溶 0.045g)。mp －30.6℃；bp_{760} 156.2℃/101.32kPa；bp_{400} 132.3℃/53.33kPa；bp_{200} 101.1℃/26.66kPa；bp_{40} 68.6℃/5.333kPa；bp_{20} 53.8℃/2.666kPa；bp_{10} 40.0℃/1.333kPa；bp_5 27.8℃/666.6Pa；bp_1 2.9℃/133.32Pa；Fp 124℉(51℃)；d_4^0 1.5220；d_4^{10} 1.5083；d_4^{15} 1.5017；d_4^{20} 1.4952；d_4^{30} 1.4815；d_4^{71} 1.426；n_D^{15} 1.5625；n_D^{20} 1.5602。

注意事项 该品易燃。对皮肤有刺激性。对水生物有毒。能对水环境引起不利的结果。应防止将本品释放于环境中。应密封保存。

主要用途 溶剂。铜的比色测定。有机合成。标准折射率液。制药中间体。

Br

4-Bromobenzenesulfonyl chloride 4-溴苯磺酰氯 01615

[98-58-8] $C_6H_4BrClO_2S$ 255.52

成分 C 28.20%，H 1.58%，Br 31.27%，Cl 13.87%，O

12.52%，S 12.55%。
别名 对溴苯磺酰氯；对溴氯化苯磺酰；氯化-4-溴苯磺酰；*p*-Bromobenzenesulfonylchloride
GW 2015-2379　M. I. 15，1414
性状 来自石油醚中的无色针状结晶。易溶于乙醚，遇乙醇分解，不溶于水。mp 74.5℃；bp_{15} 153℃/2kPa。一般试剂含量≥99.0%。
注意事项 该品具有腐蚀性，能引起烧伤。使用时应穿适当的防护服，戴手套和防护镜或面罩。万一接触到眼睛，应立即用大量水冲洗后请医生诊治。使用时如有事故发生或有不适之感，应请医生诊治。
主要用途 鉴别胺类，测定苯酚、伯胺、仲胺的试剂。

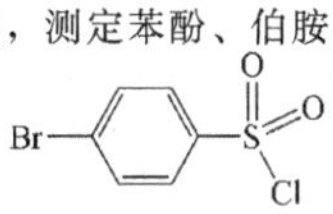

Br—C6H4—S(=O)(=O)—Cl

2-Bromobenzoic acid　2-溴苯甲酸　01616
[88-65-3]　$C_7H_5BrO_2$　201.02
成分 C 41.82%，H 2.51%，Br 39.75%，O 15.92%。
别名 邻溴安息香酸；邻溴苯甲酸；*o*-Bromobenzoic acid
性状 无色针状结晶。溶于乙醇、乙醚，不溶于冷水。mp 148～150℃；d_4^{25} 1.929。一般试剂含量≥99.5%。
注意事项 该品对眼睛、呼吸系统及皮肤有刺激性。使用时应穿适当的防护服。万一接触到眼睛，应立即用大量水冲洗后请医生诊治。
主要用途 有机合成。

3-Bromobenzoic acid　3-溴苯甲酸　01617
[585-76-2]　$C_7H_5BrO_2$　201.02
成分 C 41.82%，H 2.51%，Br 39.75%，O 15.92%。
别名 间溴安息香酸；间溴苯甲酸；*m*-Bromobenzoic acid
性状 无色针状结晶。易溶于乙醇、乙醚，难溶于水。能随水蒸气挥发 。mp 155～158℃；bp 280℃。一般试剂含量≥99.0%。
注意事项 见 01616 2-溴苯甲酸。
主要用途 有机合成。

4-Bromobenzoic acid　4-溴苯甲酸　01618
[586-76-5]　$C_7H_5BrO_2$　201.02
成分 C 41.82%，H 2.51%，Br 39.75%，O 15.92%。
别名 对溴安息香酸；对溴苯甲酸；*p*-Bromobenzoic acid
M. I. 15，1414
性状 来自乙醚中的无色或浅粉红色针状结晶或来自 90%乙醇及水中的小叶状结晶。溶于乙醇、乙醚，微溶于热水。mp 251～253℃。一般试剂含量≥99.0%。
注意事项 见 01616 2-溴苯甲酸
主要用途 检测铌的试剂。有机合成。

2-Bromobenzoyl chloride　2-溴苯甲酰氯　01619
[7154-66-7]　C_7H_4BrClO　219.47
成分 C 38.31%，H 1.84%，Br 36.41%，Cl 16.15%，O 7.29%。
别名 邻溴苯甲酰氯；氯化邻溴苯甲酰；氯化 2-溴苯甲酰；*o*-Bromobenzoyl chloride
GW 2015-2381
性状 淡黄色液体。具催泪性。mp 8～10℃；bp 245℃；bp_{15} 128℃/2kPa；Fp 235.4℉（113℃）；d_4^{20} 1.679；n_D^{20} 1.5947。一般试剂含量≥98%。
注意事项 该品具有腐蚀性，能引起烧伤。对呼吸系统有刺激性。使用时应穿适当的防护服，戴手套和防护镜或面罩。万一接触到眼睛，应立即用大量水冲洗后请医生诊治。使用时如有事故发生或有不适之感，应请医生诊治。应充氩气密封避光于干燥处保存。

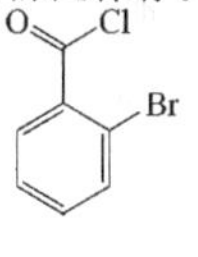

4-Bromobenzoyl chloride　4-溴苯甲酰氯　01620
[586-75-4]　C_7H_4BrClO　219.47
成分 C 38.31%，H 1.84%，Br 36.41%，Cl 16.15%，O 7.29%。
别名 对溴苯甲酰氯；氯化对溴苯甲酰；氯化 4-溴苯甲酰；*p*-Bromobenzoyl chloride
GW 2015-2382
性状 白色针状结晶。具催泪性。易溶于苯和石油醚，溶于乙醇、乙醚，遇水分解。mp 40～41℃；bp_{102} 174℃/13.6kPa；$bp_{0.1}$ 62℃/13.332Pa；Fp 235.4℉（113℃）。一般试剂含量≥98.0%。
注意事项 该品口服有害。使用时应穿防护服。应密封于 2～8℃干燥保存。
主要用途 有机合成。

2-Bromobenzyl bromide　2-溴苄基溴　01621
[3433-80-5]　$C_7H_6Br_2$　249.93
成分 C 33.64%，H 2.42%，Br 63.94%。
别名 α，2-二溴甲苯；邻溴代苄基溴；邻溴代溴化苄；α，2-Dibromo toluene；*o*-Bromobenzyl bromide
性状 白色结晶，30℃以上时为无色液体。具催泪性。溶于乙醇、乙醚、乙酸、二硫化碳。mp 29～32℃；bp_{19} 129℃/2.53kPa；bp_{11} 120～125℃/1.467kPa；Fp 235.4℉（113℃）；n_D^{20} 1.6190。一般试剂含量≥98.0%(GC)。
注意事项 该品口服有害。使用时应穿防护服。应密封保存。
主要用途 有机合成。

3-Bromobenzyl bromide　3-溴苄基溴　01622
[823-78-9]　$C_7H_6Br_2$　249.93
成分 C 33.64%，H 2.42%，Br 63.94%。
别名 间溴代苄基溴；间溴代溴化苄；α，3-二溴甲苯；α，3-Dibromo toluene；*m*-Bromobenzyl bromide
性状 白色针状或叶状结晶。具催泪性。溶于乙醇、乙醚、乙酸、二硫化碳。mp 40～42℃；bp_{12} 130℃/1.6kPa。Fp 235.4℉（113℃）。一般试剂含量≥98.0%（GC）。
注意事项 该品口服有害。使用时应穿防护服。应密封于 2～8℃保存。
主要用途 有机合成。染料中间体。

4-Bromobenzyl bromide　4-溴苄基溴　01623
[589-15-1]　$C_7H_6Br_2$　249.93
成分 C 33.64%，H 2.42%，Br 63.94%。
别名 对溴代苄基溴；对溴代溴化苄；对溴苯甲基溴；α，4-二溴甲苯；*p*，α-二溴甲苯；溴化对溴苄；1-溴-4-(溴甲基)苯；*p*-Bromobenzyl bromide；1-Bromo-4-(bromomethyl) benzene；*p*，α-Dibromotoluene；α，4-Dibromotoluene
M. I. 15，1416
性状 来自乙醇中的无色结晶。有芳香气味。具催泪性。溶于水、冷乙醇，较多地溶于热乙醇、苯、乙醚、二硫化碳、冰乙酸。mp 61℃；bp_{12} 115～124℃/1.6kPa。一般试剂含量≥98.0%（GC）。
注意事项 该品具有腐蚀性，能引起烧伤。吸入或与皮肤接触可引起过敏。使用时应穿适当的防护服，戴手套和防护镜或面罩。使用时应避免吸入本品的粉尘。万一接触到眼睛，应立即用大量水冲洗后请医生诊治。使用时如有事故发生或有不适之感，应请医生诊治。应密封保存。
主要用途 用于芳香酸的测定。有机合成。

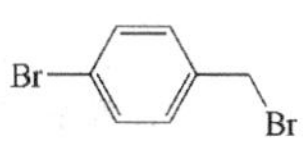

4-Bromobenzyl chloride　4-溴苄基氯　01624
[589-17-3]　C_7H_6BrCl　205.48
成分 C 40.92%，H 2.94%，Br 38.89%，Cl 17.25%。
别名 对溴苄基氯；氯化对溴苄；对溴 α-氯甲苯；α-氯-4-溴甲苯；1-溴-4-(氯甲基)苯；1-Bromo-4-(chloromethyl) benzene；*p*-Bromo-α-chlorotoluene；α-Chloro-4-bromotoluene
M. I. 15，1417

性状 来自乙醇中的无色针状结晶或白色粉末。易溶于热乙醇。mp40～41℃；bp_{27} 136～139℃/3.6 kPa；bp_{12} 105～115℃/1.6 kPa。
注意事项 该品对眼睛及呼吸系统有刺激性。能引起灼伤。使用时应穿适当的防护服，戴手套和防护镜或面罩。应避免与眼睛接触。使用时如有事故发生或有不适之感，应请医生诊治。

Br Cl

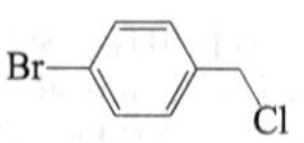

4-Bromobiphenyl 4-溴联苯 01625

[92-66-0] $C_{12}H_9Br$ 233.11
成分 C 61.83%，H 3.89%，Br 34.28%。
别名 对溴联苯；*p*-Bromobiphenyl；*p*-Bromodiphenyl
性状 无色结晶。有特殊气味。溶于乙醇、乙醚、二硫化碳、苯、四氯化碳等，不溶于水。mp 89～90℃；bp 310℃。bp_8 170～175℃/1.06 kPa；Fp 212℉(100℃)。一般试剂含量≥99.0%(GC)。
注意事项 使用时应避免吸入本品的粉尘，避免与眼睛及皮肤接触。
主要用途 有机合成。

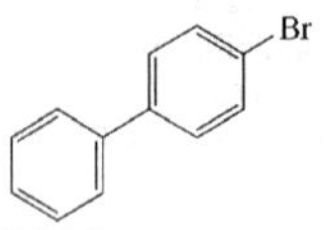

Br

1-Bromobutane 1-溴丁烷 01626

[109-65-9] C_4H_9Br 137.02
成分 C 35.06%，H 6.62%，Br 58.32%。
别名 丁基溴；正丁基溴；1-溴代丁烷；溴代正丁烷；*n*-Butyl bromide
GW 2015-2396 M.I.15，1555
性状 无色液体。溶于乙醇、乙醚，不溶于水。mp －112℃；bp_{760} 101.3℃/101.32kPa；Fp 75℉(23℃)；d_4^{25} 1.2686；n_D^{20} 1.4398。一般试剂含量≥99.5%(GC)。
注意事项 该品易燃。对眼睛、呼吸系统及皮肤有刺激性。对水生物有毒。能对水环境引起不利的结果。使用时应避免吸入本品的蒸气、飞沫。使用现场禁止吸烟。万一接触到眼睛，应立即用大量水冲洗后请医生诊治。应防止将本品释放于环境中。其包装物应按危险品处理。应远离火种密封保存。
主要用途 溶剂。有机合成。

2-Bromobutane 2-溴丁烷 01627

[78-76-2] C_4H_9Br 137.02
成分 C 35.06%，H 6.62%，Br 58.32%。
别名 甲基乙基溴甲烷；另丁基溴；溴化第二丁烷；溴代另丁烷；溴代仲丁烷；*sec*-Butyl bromide；Methylethylbromomethane
GW 2015-2397 M.I.15，1556
性状 无色液体。易溶于乙醇、乙醚，不溶于水。mp －112℃；bp 91.2℃；Fp 70℉ (21℃)；d_4^{25} 1.2530；n_D^{25} 1.4344。一般试剂含量≥98.0%(GC)。
注意事项 该品高度易燃。使用时应避免吸入本品的蒸气，避免与眼睛及皮肤接触。使用现场禁止吸烟。应远离火种密封保存。
主要用途 溶剂。有机合成。

2-Bromobutyric acid 2-溴丁酸 01628

[80-58-0] $C_4H_7BrO_2$ 167.00
成分 C 28.77%，H 4.23%，Br 47.85%，O 19.16%。
别名 邻溴丁酸；*α*-溴丁酸；*α*-溴酪酸；2-Bromobutanoic acid；*dl*-2-Bromobutyric acid；*α*-Bromobutyric acid
M.I.15，1420
性状 浅黄色至黄棕色发烟油状液体。有臭味。溶于乙醇、乙醚，溶于15份冷水。mp －4℃；bp_{250} 181～182℃/33.33kPa；bp_{25} 127～128℃/3.333kPa；Fp＞230℉(110℃)；d_4^4 1.5855；d_{15}^{15} 1.5735；d_{20}^{20} 1.5669；d_{25}^{25} 1.5620；n_D^{20} 1.472。LD_{50}小鼠急性经口：310mg/kg。一般试剂含量≥98.0%(T)。
注意事项 该品口服有害。对眼睛、呼吸系统及皮肤有刺激性。万一接触到眼睛，应立即用大量水冲洗后请医生诊治。
主要用途 有机合成。显色剂中间体。

endo-3-Bromo-*d*-camphor *endo*-3-溴-*d*-樟脑 01629

[10293-06-8] $C_{10}H_{15}BrO$ 231.13
成分 C 51.97%，H 6.54%，Br 34.57%，O 6.92%。
别名 3-溴-*d*-2-莰酮；Bromated camphor；*α*-Bromo-*d*-camphor；3*α*-Bromo-*d*-camphor；(＋)-3-Bromo-1,7,7-trimethylbicyclo[2.2.1]heptan-2-one；(＋)-3-Bromo-*d*-2-bornanone；*endo*-(1*R*)-3-Bromo-1,7,7-trimethylbicyclo[2.2.1]heptan2-one；Camphor monobromated
M.I.15，1421
性状 来自苯中的无色结晶。1g该品溶于6.5mL乙醇、0.5mL氯仿、1.6mL乙醚，溶于橄榄油，微溶于甘油，几乎不溶于水。mp 76℃；bp 274℃；*d* 1.449；$[\alpha]_D^{20}$＋122.7°(14.5g/100g苯溶液中)；uv max(环己烷中)：307.5nm(lg ε 1.98)。一般试剂含量≥97.0%(GC)。
注意事项 该品对眼睛、呼吸系统及皮肤有刺激性。使用时应穿适当的防护服。万一接触到眼睛，应立即用大量水冲洗后请医生诊治。应充氩气密封避光保存。
主要用途 医用局部抗刺激剂。

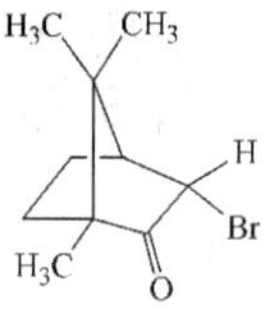

H_3C CH_3 H Br H_3C O

2-Bromo-4′-chloroacetophenone 2-溴-4′-氯苯乙酮 01630

[536-38-9] C_8H_6BrClO 233.49
成分 C 41.15%，H 2.59%，Br 34.22%，Cl 15.18%，O 6.85%。
别名 4-氯苯甲酰甲基溴；溴化对氯苯甲酰甲基；*ω*-Bromo-4-chloroacetophenone；2-Bromo-1-(4-chlorophenyl)ethanone；*α*-Bromo-*p*-chloroacetophenone；4-Chloro-*ω*-bromoacetophenone；4-Chlorophenacyl bromide；*p*-Chlorophenacyl bromide
M.I.15，2156
性状 无色针状结晶。具催泪性。mp 96～96.5℃。LD_{50}小鼠急性经口：＞2000mg/kg。一般试剂含量≥98.0%(AT)。
注意事项 该品具有腐蚀性，能引起烧伤。对眼睛及呼吸系统有刺激性。使用时应穿防护服，戴手套和防护镜或面罩。万一接触到眼睛，应立即用大量水冲洗后请医生诊治。使用时如有事故发生或有不适之感，应请医生诊治。应密封保存。
主要用途 制造六亚甲基四胺、氯酚乙二肟季盐。

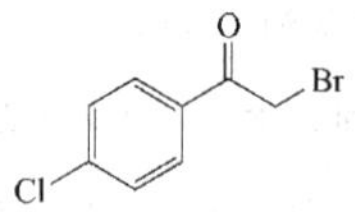

O Br Cl

2-Bromochlorobenzene 2-溴氯苯 01631

[694-80-4] C_6H_4BrCl 191.46
成分 C 37.64%，H 2.11%，Br 41.73%，Cl 18.52%。
别名 邻溴氯苯；邻氯溴苯；1-溴-2-氯苯；1-Bromo-2-chlorobenzene；*o*-Chlorobromobenzene
性状 无色液体。溶于乙醇、乙醚、苯，不溶于水。mp －13℃；bp 203～205℃；Fp 175℉(79℃)；d_4^{20} 1.649；n_D^{20} 1.5820。一般试剂含量≥98.0%。
注意事项 该品对眼睛、呼吸系统及皮肤有刺激性。使用时应戴适当的手套。万一接触到眼睛，应立即用大量水冲洗后请医生诊治。
主要用途 有机合成。溶剂。

Br Cl

3-Bromochlorobenzene　3-溴氯苯　01632

[108-37-2]　C_6H_4BrCl　191.46

成分　C 37.64%，H 2.11%，Br 41.73%，Cl 18.52%。

别名　间溴氯苯；3-氯溴苯；间氯溴苯；1-溴-3-氯苯；1-Bromo-3-chlorobenzene；*m*-Chlorobromobenzene

性状　无色油状液体。易溶于乙醇、乙醚，不溶于水。bp 195～196℃；bp_{11} 68～70℃/1.467kPa；Fp 177℉（80℃）；d_4^{20} 1.630；n_D^{20} 1.5770。一般试剂含量≥99.0%。

注意事项　见 01631 2-溴氯苯。

主要用途　有机合成。溶剂。

4-Bromochlorobenzene　4-溴氯苯　01633

[106-39-8]　C_6H_4BrCl　191.46

成分　C 37.64%，H 2.11%，Br 41.73%，Cl 18.52%。

别名　对溴氯苯；对氯溴苯；4-氯溴苯；1-溴-4-氯苯；*p*-Chlorobromobenzene；1-Bromo-4-chlorobenzene

{BFQ **性状**　无色针状结晶。溶于乙醚、三氯甲烷、苯、热乙醇，不溶于水。mp 66～68℃；bp 196℃。一般试剂含量≥98.0%(GC)。

注意事项　见 01631 2-溴氯苯。

主要用途　溶剂。有机合成。

1-Bromo-2-chloroethane　1-溴-2-氯乙烷　01634

[107-04-0]　C_2H_4BrCl　143.42

成分　C 16.75%，H 2.81%，Br 55.71%，Cl 24.72%。

别名　氯乙基溴；1-氯-2-溴乙烷；溴乙基氯；Ethylene bromochloride；Ethylene chlorobromide

GW 2015-1406

性状　无色液体。能与乙醇、乙醚相混溶，微溶于水。mp －16.6℃；bp 106～107℃；d_4^{20} 1.723；n_D^{20} 1.4884。一般试剂含量≥98.0%。

注意事项　该品口服有毒。吸入或与皮肤接触有害。对眼睛及皮肤有刺激性。能致癌。使用前应得到专门的指导，避免曝露。使用时应穿适当的防护服和戴手套。使用时如有事故发生或有不适之感，应请医生诊治。应防止将本品释放于环境中。

主要用途　有机合成。

5-Bromo-4-chloro-3-indolyl-β-D-galactopyranoside

5-溴-4-氯-3-吲哚基-β-D-半乳糖苷　01635

[7240-90-6]　$C_{14}H_{15}BrClNO_6$　408.63

成分　C 41.15%，H 3.70%，Br 19.56%，Cl 8.68%，N 3.43%，O 23.49%。

别名　5-溴-4-氯-3-吲哚基-*β*-D-吡喃半乳糖苷；5-溴-4-氯-3-吲哚基-*β*-D-吡喃水解乳糖苷；5-溴-4-氯-3-吲哚基-*β*-D-水解乳糖苷；5-Bromo-4-chloro-3-indolyl-*β*-D-galactopyranoside；X-Gal

性状　无色或白色结晶。溶于甲醇、二甲基甲酰胺。mp 230℃(分解)；$[\alpha]_D^{20}$ －62°±2°（*c*=1，于二甲基甲酰胺 1∶1 的水溶液中）。生化试剂含量≥98.0%(HPLC)。

注意事项　使用时应避免吸入本品的粉尘，避免与眼睛及皮肤接触。应充氩气密封避光于 2～8℃干燥保存。

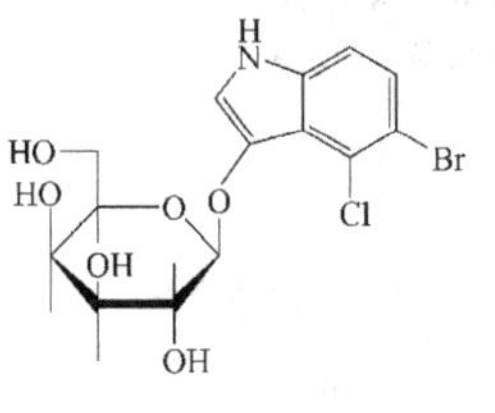

5-Bromo-4-chloro-3-indolyl phosphate *p*-toluidine salt

磷酸-5-溴-4-氯-3-吲哚基酯 对甲苯胺盐　01636

[6578-06-9]　$C_{15}H_{15}BrClN_2O_4P$　433.62

成分　C 41.55%，H 3.49%，Br 18.43%，Cl 8.18%，N 6.46%，O 14.76%，P 7.14%。

别名　5-溴-4-氯-3-吲哚基磷酸酯 对甲苯胺盐；BCIP *p*-Toluidine salt；X-phosphate *p*-toluidine

性状　无色或白色结晶。溶于二甲基甲酰胺，不溶于水。一般试剂含量≥90.0%(HPLC)。

注意事项　该品对眼睛、呼吸系统及皮肤有刺激性。万一接触到眼睛，应立即用大量水冲洗后请医生诊治。应充氩气密封避光于 2～8℃保存。

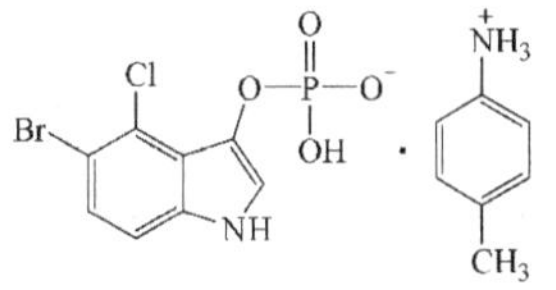

5-Bromo-4-chloroindoxyl 1,3-diacetate

乙酸 5-溴-4-氯-3-吲哚氧基酯　01637

[3030-06-6]　$C_{12}H_9BrClNO_3$　330.57

成分　C 43.60%，H 2.74%，Br 24.17%，Cl 10.72%，N 4.24%，O 14.52%。

别名　5-溴-4-氯-3-羟基吲哚乙酸酯；3-乙酰氧基-5-溴-4-氯吲哚；乙酸-5-溴-4-氯吲羟酯；5-溴-4 氯-3-吲哚氧基乙酸酯；5-溴-4-氯吲羟乙酸酯；5-溴-4-氯吲哚酚乙酸酯；3-Acetoxy-5-bromo-4-chloroindole；Acetyl-5-bromo-4-chloroindoxyl

性状　无色或白色结晶或粉末。mp 165～166℃。一般试剂含量≥99.0%（HPLC）。

注意事项　使用时应避免吸入本品的粉尘，避免与眼睛及皮肤接触。应充氩气密封避光于 2～8℃保存。

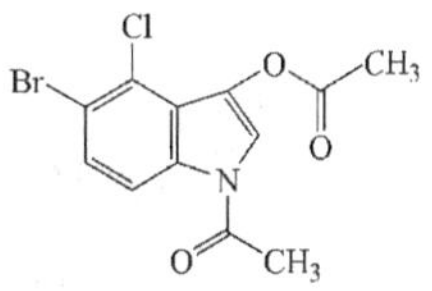

Bromochlorophenol blue　溴氯酚蓝　01638

[2553-71-1]　$C_{19}H_{10}Br_2Cl_2O_5S$　581.07

成分　C 39.27%，H 1.73%，Br 27.50%，Cl 12.20%，O 13.77%，S 5.52%。

别名　二溴二氯酚磺酞；BCPB；5′，5″-Dibromo-3′，3″-dichlorophenolsulfonphthalein

性状　紫红色粉末。溶于水，不溶于苯、乙醚。pH 值 3.2～4.8（由黄至蓝色）。mp 230℃（分解）；λ_{max} 590nm。一般试剂干燥含量约 95.0%。

主要用途　酸碱指示剂。

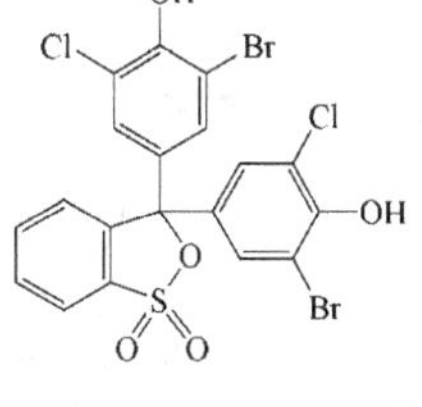

1-Bromo-3-chloropropane　1-溴-3-氯丙烷　01639

[109-70-6]　C_3H_6BrCl　157.44

成分　C 22.89%，H 3.84%，Br 50.75%，Cl 22.52%。

别名　1-氯-3-溴丙烷；3-溴-1-氯丙烷；1-BCP；3-Chloro-1-bromopropane；TMCB；Trimethylene bromochloride；Trimethylene chlorobromide

GW 2015-1409

性状　无色或浅黄色液体。有刺激性气味。易分解。能与乙醇、乙醚、三氯甲烷等有机溶剂相混溶，不溶于水。bp 144～145℃；Fp 113℉（45℃）；d_4^{20} 1.592；n_D^{20} 1.4851。一般试剂含量≥98.0%（GC）。

注意事项　该品易燃。口服有害。使用现场禁止吸烟。切勿排入下水道。应远离火种密封于通风良好处保存。

主要用途　有机合成。制药工业。

Bromocresol green 溴甲酚绿 01640

[76-60-8] $C_{21}H_{14}Br_4O_5S$ 698.01

成分 C 36.14%，H 2.02%，Br 45.79%，O 11.46%，S 4.59%。

别名 四溴间甲酚磺酞；溴甲酚蓝；BCB；BCG；4,4'-(3*H*,2,1-Benzoxathiol-3-ylidene) bis (2,6-dibromo-3-methylphenol) *S*,*S*-dioxide；*α*,*α*-Bis(3,5-dibromo-4-hydroxy-*o*-tolyl)-*α*-hydroxytoluenesulfonic acid *γ*-sultone；Bromcresol blue；Bromocresol blue；3',3'',5',5''-Tetrabromo-*m*-cresolsulfonphthalein

M. I. 15，1393

性状 来自乙酸中的微黄色细小结晶或粉末。溶于乙醇和稀碱溶液，几乎不溶于水。mp 218～219℃；pH 值 3.8～5.4（由黄至蓝绿色）；λ_{max} 423nm。

注意事项 使用时应避免吸入本品的粉尘，避免与眼睛及皮肤接触。

主要用途 酸碱指示剂。

参考规格 HG/T 4017—2008 指示剂

项目		指标
pH 变色域		3.8（黄绿）～5.4（蓝）
最大吸收波长/nm：	λ_1(pH3.8)	440～445
	λ_2(pH5.4)	615～618
质量吸收系数/[L/cm・g]：	α_1(λ_1/pH 3.8，干样)	24～28
	α_2(λ_2/pH 5.4，干样)	53～58
乙醇溶解试验		合格
干燥失重/%≤		3.0
灼烧残渣（以硫酸盐计）/%≤		0.25

Bromocresol green sodium salt 溴甲酚绿 钠盐 01641

[62625-32-5] $C_{21}H_{13}Br_4NaO_5S$ 720.00

成分 C 35.03%，H 1.82%，Br 44.39%，Na 3.19%，O 11.11%，S 4.45%。

M. I. 15，1393

性状 暗绿色结晶。溶于水，不溶于乙醇。mp 230℃（分解）；λ_{max}612（400）nm。一般试剂干燥含量约 90.0%。

注意事项 见 01640 溴甲酚绿。

主要用途 酸碱指示剂。

Bromocresol purple 溴甲酚紫 01642

[115-40-2] $C_{21}H_{16}Br_2O_5S$ 540.22

成分 C 46.69%，H 2.99%，Br 29.58%，O 14.81%，S 5.93%。

别名 5,5'-二溴邻甲酚磺酞；溴甲酚红紫；BCP；4,4'-(3*H*-2,1-Benzoxathiol-3-ylidene) bis (2-bromo-6-methylphenol) *S*,*S*-dioxide；Bromcresol purple；Bromocresol red；Bromcresol purple；*α*-(5-Bromo-4-hydroxy-*m*-tolyl)-*α*-(3-bromo-5-methyl-4-oxo-2,5-cyclohexadien-1-ylidene)-*o*-to-luenesulfonic acid；5,5'-Dibromo-*o*-cresolsulfonphthalein；4,4'-(1,1-Dioxido-3*H*-2,1-benzoxathiol-3-ylidene)bis(2-bromo-6-methylphenol)

M. I. 15，1394

性状 浅黄色或浅玫瑰红色细微结晶性粉末。溶于乙醇（溶液呈绿色）、稀碱溶液，几乎不溶于水。pK_a 6.3；pH 值 5.2～6.8（由黄至蓝紫色）。mp 241～242℃（分解）；λ_{max} 419nm。一般试剂干燥含量约 90.0%。

注意事项 该品对眼睛、呼吸系统及皮肤有刺激性。使用时应戴适当的手套。使用时应避免吸入本品的粉尘，避免与眼睛及皮肤接触。万一接触到眼睛，应立即用大量水冲洗后请医生诊治。应远离火种，热源，与氧化剂分开存放。应于阴凉、通风处保存。

主要用途 酸碱指示剂。非水溶液滴定指示剂。

Bromocriptine methanesulfonate 溴麦角环肽 甲烷磺酸盐 01643

[22260-51-1] $C_{33}H_{44}BrN_5O_8$ 750.71

成分 C 52.80%，H 5.91%，Br 10.64%，N 9.33%，O 17.05%。

别名 甲烷磺酸 2-溴-*α*-麦角隐亭；甲烷磺酸 溴代麦角环肽；甲烷磺酸 溴麦角环肽；2-溴-*α*-麦角隐亭 甲烷磺酸盐；Bagren；(5'*α*)-2-Bromo-12'-hydroxy-2'-(1-methylethyl)-5'-(2-methylpropyl) ergotaman-3',6',18-trione methanesulfonate；2-Bromoergocryptine methamesulfonate；2-Bromo-*α*-ergokryptin methamesulfonate；CB-154 mesylate；Parlodel；Pravidel

M. I. 15，1424

性状 来自甲乙酮中的无色结晶。易吸潮。该品在下列物质中的溶解度(25℃，mg/mL)：甲醇 910；乙醇 23.0；水 0.8；氯仿 0.45；苯＜0.1；已烷＜0.1。pK_a 4.90；mp 192～196℃(分解)；$[\alpha]_D^{20}$ +95°(c=1，于甲醇-二氯甲烷中)。LD_{50} 小鼠，大鼠，兔静脉注射：190mg/kg，72mg/kg，12.5mg/kg。

注意事项 使用时应避免吸入本品的粉尘，避免与眼睛及皮肤接触。应充氩气密封于 2～8℃干燥保存。

主要用途 生化研究。多巴胺拮抗剂。催乳激素抑制剂。抗震颤麻痹剂。

Bromocyclohexane 溴代环己烷 01644

[108-85-0] $C_6H_{11}Br$ 163.06

成分 C 44.20%，H 6.80%，Br 49.00%。

别名 六氢溴代苯；环己基溴；Cyclohexyl bromide；Hexahydrobromo benzene

M. I. 15，2723

性状 无色或微黄色液体。有刺激性气味。溶于乙醇、乙醚，不溶于水。bp 163～165℃；bp_{10} 48～51℃/1.333kPa；Fp 145℉(62℃)；d_4^{20} 1.335；d_{15}^{15} 1.329；n_D^{15} 1.4956。一般试剂含量≥99.0%(GC)。

注意事项 使用时应避免吸入本品的蒸气，避免与眼睛及皮肤接触。应密封避光保存。

主要用途 有机合成。

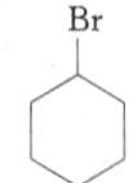

Bromocyclopentane 溴代环戊烷 01645

[137-43-9] C_5H_9Br 149.04

成分 C 40.29%，H 6.09%，Br 53.61%。

别名 环戊基溴；溴化环戊烷；Cyclopentyl bromide

GW 2015-2394

性状 无色或浅黄色液体。能与乙醇、乙醚相混溶，不溶于水。bp 137～139℃；Fp 107℉（42℃）；d_4^{20} 1.390；n_D^{20} 1.4881。一般试剂含量≥98.0%。

注意事项 该品易燃。使用时应穿适当的防护服和戴手套。避免吸入本品的蒸气，避免与眼睛及其皮肤接触。万一着火，应用指定的灭火设备而不能用水。其包装物应按危险品处理。应远离火种密封避光于通风良好处保存。

主要用途 制药工业。有机合成。

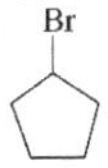

1-Bromodecane 1-溴癸烷 01646

[112-29-8] $C_{10}H_{21}Br$ 221.19

成分 C 54.30%,H 9.57%,Br 36.12%。

别名 癸基溴;溴代正癸烷;1-溴代癸烷;*n*-Decyl bromide

性状 无色油状液体。能与乙醇、乙醚、三氯甲烷相混溶,不溶于水。bp 238℃;bp_{10} 111~113℃/1.333kPa;Fp 202℉(94℃);d_4^{20} 1.069;n_D^{20} 1.4560。一般试剂含量≥98.0%。

注意事项 该品对眼睛、呼吸系统及皮肤有刺激性。使用时应避免吸入本品的蒸气、飞沫,避免与眼睛及皮肤接触。万一接触到眼睛,应立即用大量水冲洗后请医生诊治。应密封避光保存。

主要用途 有机合成。

5-Bromo-2′-deoxyuridine 5-溴-2′-脱氧尿苷 01647

[59-14-3] $C_9H_{11}BrN_2O_5$ 307.10

成分 C 35.20%,H 3.61%,Br 26.02%,N 9.12%,O 26.05%。

别名 5-溴尿嘧啶-2′-脱氧核苷;5-溴咁嗐-2′-脱氧核苷;5-溴-2′-脱氧尿核苷;5-BrDU;5-Bromo-1-(2-deoxy-*β*-D-ribofuranosyl)uracil;5-Bromouracil-2′-deoxyriboside;Broxuridine;BUdR

M. I. 15,1461

性状 来自无水乙醇中的无色结晶或粉末。溶于水。mp187~189℃;$[\alpha]_D^{20}$+23°±1°(*c*=1,于水中);uv max(于盐酸中):280nm(ε 9.9×10^{-3});uv max(于氢氧化钠溶液中):277nm(ε 7.2×10^{-3})。生化试剂含量≥99.0%(HPLC)。

注意事项 该品能引起遗传基因的损伤。使用前应得到专门的指导,避免曝露。使用时应穿适当的防护服和戴手套。使用时如有事故发生或有不适之感,应请医生诊治。应充氩气密封于2~8℃保存。

主要用途 DNA病毒的抑制剂。

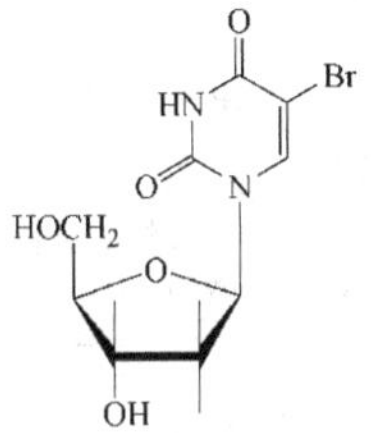

Bromodichloromethane 溴二氯甲烷 01648

[75-27-4] $CHBrCl_2$ 163.82

成分 C 7.33%,H 0.62%,Br 48.77%,Cl 43.28%。

别名 二氯溴甲烷;一溴二氯甲烷;溴代二氯甲烷;BDCM;Dichlorobromomethane;NCI-C55243

M. I. 15,1425

性状 无色液体。mp -55℃;bp 88.4~88.6℃或bp 91~92℃;d^{15} 1.9254;n_D^{20} 1.4967。LD_{50}雄,雌小鼠急性经口:450mg/kg,900mg/kg。一般试剂含量≥98.0%(GC)。

注意事项 该品口服有害。对呼吸系统及皮肤有刺激性。对机体有不可逆损伤的可能性。对眼睛有严重损伤的危险。使用时应穿适当的防护服,戴防护镜或面罩。万一接触到眼睛,应用大量水冲洗后请医生诊治。应密封避光保存。

4-Bromo-*N*, *N*-dimethylaniline 01649

4-溴-*N*, *N*-二甲基苯胺

[586-77-6] $C_8H_{10}BrN$ 200.08

成分 C 48.02%, H 5.04%, Br 39.94%, N 7.00%。

别名 对溴二甲替苯胺; *N*,*N*-二甲基对溴苯胺; *N*,*N*-二甲基-4-溴苯胺; *p*-Bromo-*N*,*N*-dimethylaniline; *N*,*N*-Dimethyl-*p*-bromoaniline

性状 无色小叶状结晶。易溶于乙醚,溶于乙醇及其他有机溶剂。mp 53~55℃; bp 264℃; Fp 235.4℉ (113℃)。一般试剂含量≥98.0% (T)。

注意事项 该品吸入、口服或与皮肤接触有害。对眼睛及皮肤有刺激性。使用时应穿适当的防护服和戴手套。万一接触到眼睛,应立即用大量水冲洗后请医生诊治。应密封避光保存。

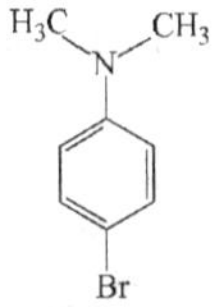

1-Bromo-2, 4-dinitrobenzene

1-溴-2, 4-二硝基苯 01650

[584-48-5] $C_6H_3BrN_2O_4$ 247.01

成分 C 29.18%, H 1.22%, Br 32.35%, N 11.34%, O 25.91%。

别名 4-溴-1,3-二硝基苯;2,4-二硝基溴苯;1,3-二硝基-4-溴苯;2,4-Dinitrobromoben-zene;4-Bromo-1,3-dinitrobenzene

GW 2015-2366

性状 浅黄色结晶或粉末。溶于热乙醇,不溶于水。mp 70~73℃。一般试剂含量≥98.0%。

注意事项 该品口服或与皮肤接触有害。对眼睛、呼吸系统及皮肤有刺激性。接触皮肤能引起过敏。使用时应穿适当的防护服和戴手套。万一接触到眼睛,应立即用大量水冲洗后请医生诊治。

主要用途 有机合成。

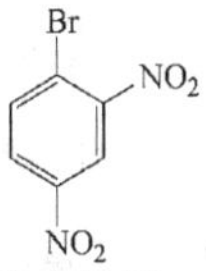

1-Bromododecane 1-溴十二烷 01651

[143-15-7] $C_{12}H_{25}Br$ 249.24

成分 C 57.83%, H 10.11%, Br 32.06%。

别名 十二烷基溴; 1-月桂基溴; 溴代正十二烷; 溴代月桂烷; 1-溴代十二烷; *n*-Dodecyl bromide; *n*-Lauryl bromide

M. I. 15, 5444

性状 无色液体。具催泪性。溶于乙醇、乙醚,不溶于水。mp -11~-9℃; bp_{45} 175~180℃/6kPa; Fp 235.4℉(113℃); d_4^{20} 1.04; n_D^{20} 1.4580。一般试剂含量≥99.5%(GC)。

注意事项 该品对眼睛、呼吸系统及皮肤有刺激性。使用时应穿适当的防护服。万一接触到眼睛,应立即用大量水冲洗后请医生诊治。应密封保存。

主要用途 溶剂。有机合成。

Bromoethane 溴乙烷 01652

[74-96-4] C_2H_5Br 108.97

成分 C 22.04%, H 4.63%, Br 73.33%。

别名 乙基溴; 溴代乙烷; Bromic ether; Ethyl bromide; Hydrobromic ether; Monobromoethane

GW 2015-2435 M. I. 15, 3826

性状 无色液体。可燃。有挥发性。有灼烧味。露置空气中或见光逐渐变为黄色。能与乙醇、乙醚、氯仿及一般有机溶剂等有机溶剂相混溶,微溶于水(g/100g:0℃,1.067;10℃,0.965; 20℃, 0.914; 30℃, 0.896)。mp -119℃; bp 38.2℃;Fp -10℉(-23℃);d_4^{20} 1.4612;d_4^{25} 1.4515;n_D^{20} 1.4242。一般试剂含量约99.0%(GC)。

注意事项 该品高度易燃。吸入或口服有害。对机体有不可逆损伤的可能性。使用时应穿适当的防护服和戴手套。应密封避光于阴凉处保存。

主要用途 测折射率用的标准样品。溶剂。有机合成。航空工业用作灭火剂。

2-Bromoethanol 2-溴乙醇 01653

[540-51-2] C_2H_5BrO 124.97

成分 C 19.22%, H 4.03%, Br 63.94%, O 12.80%。

别名 *β*-Bromoethyl alcohol;Ethylene bromohydrin;Glycol bromohydrin

GW 2015-2427 M. I. 15,3846

性状 无色或浅黄色液体。有吸湿性。能与水混溶,溶于多数有机溶剂(石油醚除外)。mp -80℃;bp_{750} 149~150℃/

99.99kPa（部分分解）；bp_{20} 56～57℃/2.67kPa；bp_{13} 48.5℃/1.73kPa；Fp 230°F（110℃）；d_4^0 1.7902；d_4^{15} 1.7696；d_4^{20} 1.7629；d_4^{25} 1.7560；d_4^{30} 1.7494；n_D^{20} 1.49361。一般试剂含量≥95.0%(GC)。

注意事项 该品吸入、口服或与皮肤接触有毒。具有腐蚀性，能引起烧伤。对机体有不可逆损伤的结果。使用时应穿适当的防护服，戴手套和防护镜或面罩。使用时应避免吸入本品的蒸气，避免与眼睛及皮肤接触。万一接触到眼睛，应立即用大量水冲洗后请医生诊治。使用时如有事故发生或有不适之感，应请医生诊治。应密封于2～8℃通风良好处保存。

主要用途 有机合成。溶剂。

2-Bromoethylamine hydrobromide
2-溴乙胺 氢溴酸盐 01654

[2576-47-8] $C_2H_7Br_2N$ 204.90

成分 C 11.72%，H 3.44%，Br 77.99%，N 6.84%。

别名 氢溴酸2-溴乙胺；2-Aminoethyl bromide hydrobromide

性状 白色或浅黄色结晶。溶于水、乙醇，微溶于乙醚。mp 172～174℃。一般试剂含量≥97.0%(AT)。

注意事项 该品口服有害。对眼睛、呼吸系统及皮肤有刺激性。对机体有不可逆损伤的可能性。使用时应穿适当的防护服和戴手套。应避免与皮肤接触。万一接触到眼睛，应立即用大量水冲洗后请医生诊治。应充氩气密封于干燥处保存。

主要用途 有机合成中间体。助焊剂。

(2-Bromoethyl)benzene (2-溴乙基)苯 01655

[103-63-9] C_8H_9Br 185.06

成分 C 51.92%，H 4.90%，Br 43.18%。

别名 β-溴代乙基苯；β-溴苯乙烷；2-苯基溴乙烷；β-(Bromoethyl)benzene；Phenethyl bromide；2-Phenylethyl bromide

性状 无色液体。能与乙醇、乙醚、苯等相混溶，不溶于水。mp －56℃；bp 220～221℃；bp_{11} 88～92℃/1.467kPa；Fp 193°F(89℃)；d_4^{20} 1.355；n_D^{20} 1.5560。一般试剂含量≥97.0%(GC)。

注意事项 该品口服有害。对眼睛、呼吸系统及皮肤有刺激性。使用时应穿适当的防护服和戴手套。万一接触到眼睛，应立即用大量水冲洗后请医生诊治。

主要用途 气相色谱固定液。杀虫剂制备。

Br

2-Bromofluorobenzene 2-溴氟苯 01656

[1072-85-1] C_6H_4BrF 175.01

成分 C 41.18%，H 2.30%，Br 45.66%，F 10.86%。

别名 邻溴氟苯；邻氟溴苯；1-氟-2-溴苯；1-溴-2-氟苯；o-Bromofluorobenzene；1-Fluoro-2-bromobenzene；1-Bromo-2-fluorobenzene

性状 无色液体。mp －8℃；bp 155～157℃；bp_{50} 78～82℃/6.666kPa；Fp 110°F(43℃)；d 1.601；n_D^{20} 1.5340。一般试剂含量≥98.0%(GC)。

注意事项 该品易燃。对眼睛及皮肤有刺激性。使用时应穿适当的防护服和戴手套。万一接触到眼睛，应立即用大量水冲洗后请医生诊治。应采取抗放静电措施，密封保存。

主要用途 有机合成。

Br F

3-Bromofluorobenzene 3-溴氟苯 01657

[1073-06-9] C_6H_4BrF 175.01

成分 C 41.18%，H 2.30%，Br 45.66%，F 10.86%。

别名 间溴氟苯；间氟溴苯；1-氟-3-溴苯；1-溴-3-氟苯；1-Bromo-3-fluorobenzene；m-Bromofluorobenzene；1-Fluoro-3-bromobenzene

性状 无色液体。mp －8℃；bp 149～151℃；bp_{80} 77～79℃/10.666kPa；Fp 102°F (38℃)；d 1.567；n_D^{20} 1.5270。一般试剂含量≥98.0% (GC)。

注意事项 该品易燃。口服有害。对眼睛及皮肤有刺激性。使用时应穿适当的防护服和戴手套应避免吸入本品的蒸气。万一接触到眼睛，应立即用大量水冲洗后请医生诊治。应密封保存。

主要用途 有机合成。

4-Bromofluorobenzene 4-溴氟苯 01658

[460-00-4] C_6H_4BrF 175.01

成分 C 41.18%，H 2.30%，Br 45.66%，F 10.86%。

别名 对溴氟苯；对氟溴苯；1-氟-4-溴苯；1-溴-4-氟苯；p-Bromofluorobenzene；1-Fluoro-4-bromobenzene

性状 无色液体。能溶于乙醇、乙醚。mp－16℃；bp 151～153℃；Fp 140°F（60℃）；d 1.604；n_D^{20} 1.5270。一般试剂含量≥97.0%（GC）。

注意事项 见01657 3-溴氟苯。

主要用途 有机合成。

1-Bromoheptane 1-溴庚烷 01659

[629-04-9] $C_7H_{15}Br$ 179.11

成分 C 46.94%，H 8.44%，Br 44.61%。

别名 正庚基溴；溴代正庚烷；1-溴代庚烷；n-Heptyl bromide

性状 无色液体。能与乙醇、乙醚相混溶，不溶于水。mp －58℃；bp 179～180℃；bp_{11} 66～68℃/1.467kPa；Fp 141°F(60℃)；d 1.140；n_D^{20} 1.4499。一般试剂含量≥98.0%(GC)。

注意事项 该品对眼睛、呼吸系统及皮肤有刺激性。使用时应避免吸入本品的蒸气。避免与眼睛及皮肤接触。万一接触到眼睛，应立即用大量水冲洗后请医生诊治。万一着火，应用指定的灭火设备而不能用水。其包装物应按危险品处理。应采取抗放静电措施密封保存。

主要用途 溶剂。有机合成。

1-Bromohexadecane 1-溴十六烷 01660

[112-82-3] $C_{16}H_{33}Br$ 305.35

成分 C 62.94%，H 10.89%，Br 26.17%。

别名 十六烷基溴；溴代十六烷；溴化鲸蜡烷；鲸蜡基溴；Cetyl bromide；n-Hexadecyl bromide

性状 深黄色液体。能与乙醇、乙醚相混溶，不溶于水。mp 16～18℃；bp_{11} 190℃/1.47kPa；$bp_{0.1}$ 122～124℃/13.332Pa；Fp 348°F(176℃)；d 0.999；n_D^{20} 1.4609。一般试剂含量≥97.0%(GC)。

注意事项 该品对眼睛、呼吸系统及皮肤有刺激性。使用时应穿适当的防护服。万一接触到眼睛，应立即用大量水冲洗后请医生诊治。

主要用途 有机合成。去污剂合成。

1-Bromohexane 1-溴己烷 01661

[111-25-1] $C_6H_{13}Br$ 165.08

成分 C 43.66%，H 7.94%，Br 48.40%。

别名 正己基溴；1-溴代己烷；溴代正己烷；n-Hexyl bromide

GW 2015-2407

性状 无色液体。能与乙醇、乙醚相混溶，不溶于水。mp －85℃；bp 154～156℃；Fp 117°F(47℃)；d_4^{20} 1.173；n_D^{20} 1.4475。一般试剂含量≥98.0%(GC)。

注意事项 见01660 1-溴十六烷。

主要用途 溶剂。有机合成。

2-Bromo-2′-hydroxy-5′-nitroacetanilide
2-溴-2′-羟基-5′-硝基乙酰苯胺 01662

[3947-58-8] $C_8H_7BrN_2O_4$ 275.07

成分 C 34.93%，H 2.57%，Br 29.05%，N 10.18%，O 23.27%。

别名 2-溴乙酰氨基-4-硝基酚；2-Bromoacetamido-4-nitrophenol；Koshland's reagent Ⅲ

性状 白色结晶。mp 215～220℃（分解）。一般试剂含量≥98.0%。

注意事项 该品具有刺激性。使用时应避免吸入本品的粉尘，避免与眼睛及皮肤接触。

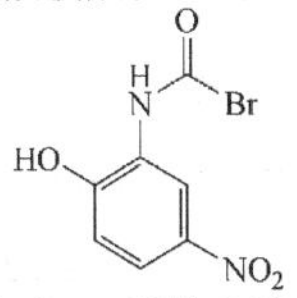

5-Bromoindoxyl acetate　乙酸 5-溴代吲哚酚酯　01663

[17357-14-1]　$C_{10}H_8BrNO_2$　254.09

成分　C 47.27%，H 3.17%，Br 31.45%，N 5.51%，O 12.59%。

别名　5-溴代乙酰吲哚酚；5-溴代-3-羟基吲哚乙酸酯；3-乙酰氧基-5-溴吲哚；5-溴-3-吲哚氧基乙酸酯；5-溴代吲哚酚乙酸酯；3-Acetoxy-5-bromoindole；*O*-Acetyl-5-bromoindoxyl；5-Bromoindol-3-yl acetate

性状　白色至淡灰色片状结晶。mp 132～134℃。一般试剂含量≥98.0%(AT)。

注意事项　使用时应避免吸入本品的粉尘，避免与眼睛及皮肤接触，应充氩气密封避光于 2～8℃保存。

主要用途　组织化学测定酯酶的底物。

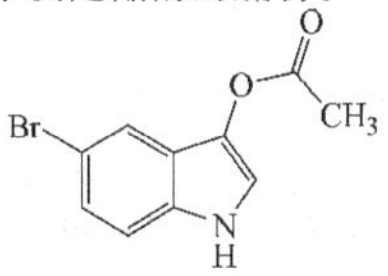

2-Bromoiodobenzene　2-溴碘苯　01664

[583-55-1]　C_6H_4BrI　282.91

成分　C 25.47%，H 1.43%，Br 28.24%，I 44.86%。

别名　1-碘-2-溴苯；1-溴-2-碘苯；邻溴碘苯；邻碘溴苯；1-Bromo-2-iodobenzene；*o*-Bromoiodobenzene

性状　无色液体。遇光逐渐变红。微溶于乙醇、乙醚、苯。mp 9～10℃；bp 257℃；bp_{15} 120～121℃/2kPa；Fp>230℉(110℃)；*d* 2.256；n_D^{20} 1.6625。

注意事项　该品对眼睛、呼吸系统及皮肤有刺激性。使用时应穿适当的防护服和戴手套。万一接触到眼睛，应立即用大量水冲洗后请医生诊治。应密封避光于阴凉处保存。

主要用途　有机合成。

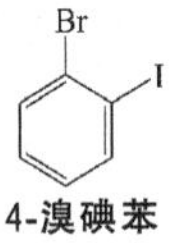

4-Bromoiodobenzene　4-溴碘苯　01665

[589-87-7]　C_6H_4BrI　282.91

成分　C 25.47%，H 1.43%，Br 28.24%，I 44.86%。

别名　对溴碘苯；对碘溴苯；1-碘-4-溴苯；1-溴-4-碘苯；1-Bromo-4-iodobenzene；*p*-Bromoiodobenzene

性状　无色结晶。溶于乙醇、苯、乙醚，不溶于水。mp 89～91℃；bp_{14} 120～122℃/1.87kPa。一般试剂含量≥97.0%(GC)。

注意事项　见 01664 2-溴碘苯

主要用途　有机合成。

2-Bromoisobutyric acid　2-溴异丁酸　01666

[2052-01-9]　$C_4H_7BrO_2$　167.00

成分　C 28.77%，H 4.23%，Br 47.85%，O 19.16%。

别名　α-溴异丁酸；2-溴-2-甲基丙酸；α-Bromoisobutyric acid；2-Bromo-2-methylpropanoic aicd；2-Bromo-2-methylpropionic acid

M. I. 15,1431

性状　无色结晶。有恶臭。溶于乙醚、乙醇，略微溶于冷水。能被热水分解为羟基酸。mp 48～49℃；bp 198～200℃；bp_{20} 110～116℃/2.666kPa；Fp 235.4℉(113℃)；*d* 1.52。一般试剂含量≥98.0%(GC)。

注意事项　该品具有腐蚀性，能引起烧伤。接触皮肤能引起过敏。使用时应穿适当的防护服，戴手套和防护镜或面罩。使用本品时禁止进餐、饮水。万一接触到眼睛，应立即用大量水冲洗后请医生诊治。使用时如有事故发生或有不适之感，应请医生诊治。

主要用途　有机合成。

2-Bromoisobutyryl bromide　2-溴异丁酰溴　01667

[20769-85-1]　$C_4H_6Br_2O$　229.91

成分　C 20.90%，H 2.63%，Br 69.51%，O 6.96%。

别名　2-溴-2-甲基丙酰溴；2-溴-2-甲基溴丙酰；α-溴异丁酰溴；2-Bromo-2-methylpropionyl bromide

性状　无色液体。具有催泪性。bp 162～164℃；Fp 235.4℉(113℃)；*d* 1.860；n_D^{20} 1.5080。一般试剂含量≥97.0%(GC)。

注意事项　该品能与水激烈反应。具有腐蚀性，能引起烧伤。使用时应穿适当的防护服，戴手套和防护镜或面罩。万一接触到眼睛，应立即用大量水冲洗后请医生诊治。使用时切勿向该品中加水。如有事故发生或有不适之感，应请医生诊治。应防止将本品释放于环境中。

主要用途　有机合成。

2-Bromoisovaleric acid　2-溴异戊酸　01668

[565-74-2]　$C_5H_9BrO_2$　181.03

成分　C 33.17%，H 5.01%，Br 44.14%，O 17.68%。

别名　2-溴代异戊酸；α-溴代异戊酸；2-溴-3-甲基丁酸；α-溴异戊酸；α-Bromoiso valeric acid；2-Bromo-3-methylbutanoic acid；2-Bromo-*iso*-valeric acid；2-Bromo-3-methylbutyric acid；α-Bromo-*iso*-valeric acid

M. I. 15,1432

性状　来自乙醚或氯仿中的无色棱柱形结晶。溶于乙醇、乙醚，略微溶于水。*d* 型和 *l* 型均为结晶体。mp 44℃；bp 约 230℃(部分分解)；bp_{20} 124～126℃/2.666kPa；Fp 225℉(107℃)。一般试剂含量≥98.0%(GC)。

注意事项　该品口服或与皮肤接触有害。具有腐蚀性，能引起烧伤。使用时应穿适当的防护服，戴手套和防护镜或面罩。使用本品时禁止进餐、饮水。万一接触到眼睛，应立即用大量水冲洗后请医生诊治。使用时如有事故发生或有不适之感，应请医生诊治。其包装物应按危险品处理。

主要用途　有机合成。

Bromolysergide　溴麦角酰二乙胺　01669

[478-84-2]　$C_{20}H_{24}BrN_3O$　402.34

成分　C 59.71%，H 6.01%，Br 19.86%，N 10.44%，O 3.98%。

别名　(8β)-2-Bromo-9,10-didehydro-*N*,*N*-diethyl-6-methylergoline-8-carboxamide；D-2-Bromolysergic acid diethylamide；2-Bromo-*N*,*N*-diethyl-D-lysergamide；Bromo-LSD；BOL-148

M. I. 15,1433

性状　来自乙醚中的无色针状结晶。mp 120～127℃；$[\alpha]_D^{20}$ +15°(*c*=0.5，于吡啶中)；$[\alpha]_D^{20}$ +53°(*c*=0.5，于氯仿中)；uv max：240nm，301nm(lgε 4.28，3.95)。

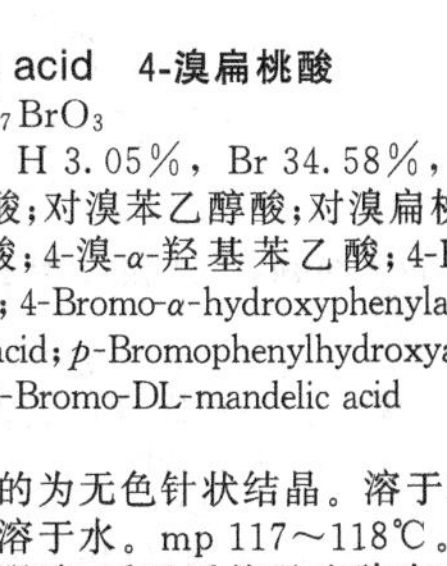

4-Bromomandelic acid　4-溴扁桃酸　01670

[6940-50-7]　$C_8H_7BrO_3$　231.05

成分　C 41.59%，H 3.05%，Br 34.58%，O 20.77%。

别名　对溴苦杏仁酸；对溴苯乙醇酸；对溴扁桃酸；对溴苯羟乙酸；4-溴苦杏仁酸；4-溴-α-羟基苯乙酸；4-Bromo-α-hydroxybenzeneacetic acid；4-Bromo-α-hydroxyphenylacetic acid；*p*-Bromophenylglycolic acid；*p*-Bromophenylhydroxyacetic acid；*p*-Bromomandelic acid；4-Bromo-DL-mandelic acid

M. I. 15,1434

性状　从苯中析出的为无色针状结晶。溶于乙醇、乙醚、热三氯甲烷、热苯，微溶于水。mp 117～118℃。

注意事项　该品对眼睛、呼吸系统及皮肤有刺激性。使用时应戴手套。万一接触到眼睛，应立即用大量水冲洗后请医生诊治。

主要用途　测定锆的分析试剂。有机合成。

Bromomethane　溴甲烷　01671
[74-83-9]　CH_3Br　94.94
成分　C 12.65%，H 3.19%，Br 84.16%。
别名　甲基溴；溴代甲烷；Embafume；Methyl bromide；Monobromomethane
GW 2015-2411　M. I. 15，6103
性状　冷冻下为无色透明液体，常温时为无色气体。极易挥发。有焦灼气味。易溶于乙醇、乙醚、三氯甲烷、二硫化碳、四氯化碳、苯，溶于碱溶液，微溶于水（20℃，1.75g/100g）。mp －93.66℃；bp 3.56℃；d_4^0 1.730；n_D^{-20} 1.4432。LC 大鼠于气体中（6h）：514×10^{-6}。一般试剂含量≥98.0%。
注意事项　该品吸入或口服有毒。对眼睛、呼吸系统及皮肤有刺激性。对机体有不可逆损伤的可能性。吸入或长期曝露有害，并有严重损害健康的危险。对水生物极毒，并对臭氧层有危险。使用时应穿适当的防护服，戴防护镜或面罩。在通风不好的情况下，应戴呼吸装置。使用时如有事故发生或有不适之感，应请医生诊治。使用完应立即脱掉所有受污染的衣服。应防止将本品释放于环境中。应远离热源密封于通风处保存。
主要用途　低沸点溶剂。有机合成。冷冻剂。灭火剂。熏烟杀虫剂。

1-Bromo-3-methylbutane　1-溴-3-甲基丁烷　01672
[107-82-4]　$C_5H_{11}Br$　151.05
成分　C 39.76%，H 7.34%，Br 59.20%。
别名　异戊基溴；溴代异戊烷；*iso*-Pentyl bromide；*iso*-Amyl bromide；Isoamyl bromide；Isopentyl bromide
GW 2015-2371　M. I. 15，5159
性状　无色液体。能与乙醇、乙醚相混溶，微溶于水（16.5℃，0.02g/100mL）。mp －112℃；bp 120～121℃；Fp 71℉（22℃）；d_4^{15} 1.210；n_D^{15} 1.4433。一般试剂含量≥96.0%。
注意事项　该品易燃。对眼睛、呼吸系统及皮肤有刺激性。使用时应穿适当的防护服和戴手套。使用时应避免吸入本品的蒸气，避免与眼睛及皮肤接触。万一接触到眼睛，应立即用大量水冲洗后请医生诊治。应采取抗放静电措施密封于阴凉处保存。其包装物应按危险品处理。
主要用途　有机合成。

4-Bromomethyl-7-methoxycoumarin
4-溴甲基-7-甲氧基香豆素　01673
[35231-44-8]　$C_{11}H_9BrO_3$　269.09
成分　C 49.10%，H 3.37%，Br 29.69%，O 17.84%。
别名　BMC；Br-Mmc
性状　白色结晶。具有催泪性。mp 213～215℃，荧光值 λ_{ex} 312nm；λ_{em}395nm（于甲醇中）。一般试剂含量≥97.0%（HPLC）。
注意事项　该品对眼睛、呼吸系统及皮肤有刺激性。使用时应穿适当的防护服。万一接触到眼睛，应立即用大量水冲洗后请医生诊治。应密封保存。

1-Bromo-2-methylpropane　1-溴-2-甲基丙烷　01674
[78-77-3]　C_4H_9Br　137.02
成分　C 35.06%，H 6.62%，Br 58.32%。
别名　异丁基溴；1-溴异丁烷；溴代异丁烷；1-Bromoisobutane；*iso*-Butyl bromide；Isobutyl bromide
GW 2015-2368　M. I. 15，5180
性状　无色液体。能与乙醇、乙醚相混溶，微溶于水（0.6g/L）。mp －119℃；bp 91.5℃；Fp 65℉（18℃）；d^{15} 1.272；n_D^{15} 1.4391。一般试剂含量≥97.0%（GC）。
注意事项　该品高度易燃。对呼吸系统有刺激性。使用现场禁止吸烟。使用时应避免吸入本品的蒸气。应远离火种采取抗放静电措施密封避光保存。万一着火，应用指定设备灭火而不能用水。
主要用途　溶剂。有机合成。

2-Bromo-2-methylpropane　2-溴-2-甲基丙烷　01675
[507-19-7]　C_4H_9Br　137.02
成分　C 35.06%，H 6.62%，Br 58.32%。
别名　三甲基溴甲烷；叔丁基溴；溴代叔丁烷；溴化第三丁烷；2-Bromo-*iso*-butane；2-Bromoisobutane；*tert*-Butyl bromide；Trimethylbromomethane
GW 2015-2369　M. I. 15，1557
性状　无色液体。长期储存即变为棕黄色。能与乙醇、乙醚等有机溶剂相混溶，不溶于水。210℃即变为溴化异丁烷。mp －16.3℃；bp 73.3℃；Fp 65℉（18℃）；d_4^{25} 1.2125；n_D^{25} 1.4249。一般试剂含量≥98.0%。
注意事项　该品高度易燃。口服有害。使用时应避免吸入本品的蒸气，避免与眼睛及皮肤接触。使用现场禁止吸烟。本品及其容器应妥善清除。应远离火种密封保存。
主要用途　溶剂。有机合成。

1-Bromonaphthalene　1-溴代萘　01676
[90-11-9]　$C_{10}H_7Br$　207.07
成分　C 58.00%，H 3.41%，Br 38.59%。
别名　α-溴代萘；1-溴萘；α-Bromonaphthalene
M. I. 15，1436
性状　室温为无色或微黄色油状液体。有萘的刺激性气味。能与乙醇、乙醚、苯、氯仿相混溶。微溶于水。mp 0.2～0.7℃ 或 mp 6.2℃；bp_{760} 281.1℃/101.32kPa；bp_{400} 252.0℃/53.33kPa；bp_{200} 224.2℃/26.66kPa；bp_{100} 198.8℃/13.33kPa；bp_{60} 183.5℃/8kPa；bp_{40} 170.2℃/5.33kPa；bp_{20} 150.2℃/2.666kPa；bp_{10} 133.6℃/1.333kPa；bp_5 117.5℃/666.6Pa；bp_1 84.2℃/133.3Pa；Fp 230℉（110℃）；d_4^{20} 1.4834；d_4^{25} 1.4785；d_4^{30} 1.4732；$n_D^{16.5}$ 1.66011。一般试剂含量≥95.0%。（GC）
注意事项　该品口服有害。对眼睛、呼吸系统及皮肤有刺激性。使用时应穿适当的防护服。万一接触到眼睛，应立即用大量水冲洗后请医生诊治。应密封避光保存。
主要用途　折射率的测定。有机合成。染料合成。干燥物的传热体。

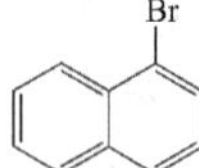

2-Bromonaphthalene　2-溴代萘　01677
[580-13-2]　$C_{10}H_7Br$　207.07
成分　C 58.00%，H 3.41%，Br 38.59%。
别名　β-溴代萘；2-溴萘；β-Bromonaphthalene
M. I. 15，1437
性状　来自醇中的无色结晶。易溶于乙醚、氯仿、苯，溶于8份乙醇，微溶于水。mp 59℃ 或 mp 54～56℃；bp 281～282℃；$bp_{4.5}$ 122～127℃/0.6kPa；Fp 235.4℉（113℃）；d 1.60。一般试剂含量≥97.0%（GC）。
注意事项　该品口服有害。对眼睛有刺激性。使用时应穿适当的防护服。万一接触到眼睛，应立即用大量水冲洗后请医生诊治。应密封保存。
主要用途　染料制成。有机合成。

6-Bromo-2-naphthol　6-溴-2-萘酚　01678
[15231-91-1]　$C_{10}H_7BrO$　223.08
成分　C 53.84%，H 3.16%，Br 35.82%，O 7.17%。
别名　6-溴-2-羟基萘；6-Bromo-2-hydroxynaphthalene
性状　白色结晶。mp 126～129℃。一般试剂含量≥97.0%。
注意事项　该品对眼睛、呼吸系统及皮肤有刺激性。使用时应戴手套。万一接触到眼睛，应立即用大量水冲洗后请医生诊治。
主要用途　有机合成。

6-Bromo-2-naphthyl-β-D-galactopyranoside

6-溴-2-萘基-β-D-吡喃半乳糖苷 01679

[15572-30-2] $C_{16}H_{17}BrO_6$ 385.21

成分 C 49.89%,H 4.45%,Br 20.74%,O 24.92%。

别名 6-溴-2-萘基-β-D-半乳糖苷;6-Bromo-2-naphthyl-β-D-galactoside

性状 白色至浅黄色粉末。mp 218～220℃;$[\alpha]^{23}-44°$(c=1.2,于吡啶中)。一般试剂含量≥98.0%(HPLC)。

注意事项 使用时应避免吸入本品的粉尘,避免与眼睛及皮肤接触。应充氩气密封于2～8℃干燥保存。

主要用途 检定半乳糖苷酶的底物。

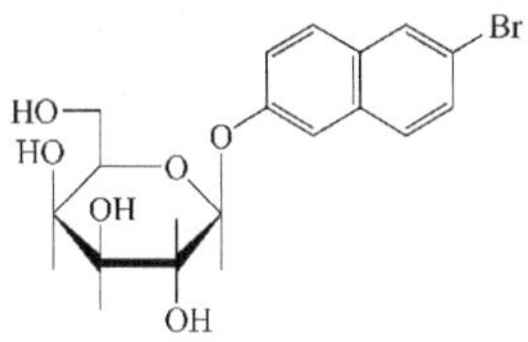

6-Bromo-2-naphthyl-β-D-glucopyranoside

6-溴-2-萘基-β-D-吡喃葡糖苷 01680

[15548-61-5] $C_{16}H_{17}BrO_6$ 385.21

成分 C 49.89%,H 4.45%,Br 20.74%,O 24.92%。

别名 6-溴-2-萘基-β-D-葡糖苷;6-Bromo-2-naphthyl-β-D-glucoside

性状 白色结晶或粉末。mp 210～212℃;$[\alpha]^{22}-36.8°$(c=2.2,于吡啶中)。生化试剂含量约99.0%(TLC)。

注意事项 该品应密封于-20℃保存。

主要用途 组织化学检定β-葡萄糖苷酶。

ω-Bromo-4-nitroacetophenone

ω-溴-4-硝基苯乙酮 01681

[99-81-0] $C_8H_6BrNO_3$ 244.04

成分 C 39.37%,H 2.48%,Br 32.74%,N 5.74%,O 19.67%。

别名 α-溴对硝基苯乙酮;2-溴-4′-硝基苯乙酮;2-Bromo-4′-nitroacetophenone;α-Bromo-*p*-nitroacetophenone;4-Nitrophenacyl bromide

性状 白色粉末或固体。具有催泪性。mp 94～99℃。一般试剂含量≥95.0%(AT)。

注意事项 该品具有腐蚀性,能引起烧伤。对呼吸系统有刺激性。使用时应穿适当的防护服,戴手套、防护镜或面罩。万一接触到眼睛,应立即用大量水冲洗后请医生诊治。使用时如有事故发生或有不适之感,应请医生诊治。应密封保存。

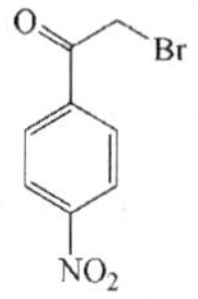

1-Bromo-2-nitrobenzene 1-溴-2-硝基苯 01682

[577-19-5] $C_6H_4BrNO_2$ 202.01

成分 C 35.67%,H 2.00%,Br 39.55%,N 6.93%,O 15.84%。

别名 邻硝基溴苯;邻溴硝基苯;2-溴-1-硝基苯;*o*-Bromonitrobenzene;*o*-Nitrobromobenzene;2-Bromo-1-nitrobenzene

GW 2015-2279

性状 浅黄色针状结晶。易溶于乙醇,溶于乙醚、苯,不溶于水。mp 40～42℃;bp 261℃;Fp 233.6℉(112℃)。一般试剂含量≥97.0%(HPLC)。

注意事项 该品吸入、口服或与皮肤接触有毒,并具有蓄积性危害。对眼睛、呼吸系统及皮肤有刺激性。使用时应穿适当的防护服,戴手套和防护镜或面罩。万一接触到眼睛,应立即用大量水冲洗后请医生诊治。应密封于通风良好处保存。

主要用途 有机合成。

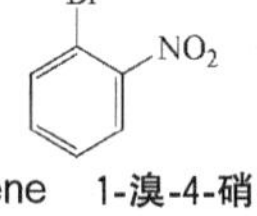

1-Bromo-4-nitrobenzene 1-溴-4-硝基苯 01683

[586-78-7] $C_6H_4BrNO_2$ 202.01

成分 C 35.67%,H 2.00%,Br 39.55%,N 6.93%,O 15.84%。

别名 对硝基溴苯;1-硝基-4-溴苯;对溴硝基苯;4-溴-1-硝基苯;1-Nitro-4-bromobenzene;*p*-Nitrobromobenzene;4-Bromo-1-nitrobenzene

GW 2015-2281

性状 白色结晶。溶于乙醇,微溶于水。mp 124～126℃;bp 255～256℃。一般试剂含量≥98.0%(HPLC)。

注意事项 见01682 1-溴-2-硝基苯。

主要用途 有机合成。

2-Bromo-2-nitro-1,3-propanediol

2-溴-2-硝基-1,3-丙二醇 01684

[52-51-7] $C_3H_6BrNO_4$ 199.99

成分 C 18.02%,H 3.02%,Br 39.95%,N 7.00%,O 32.00%。

别名 2-硝基-2-溴-1,3-丙二醇;β-Bromo-β-nitrotrimethyleneglycol;Bronopol;Bronosol

M. I. 15,1457

性状 来自乙酸乙酯-氯仿中的无色结晶。无臭。溶于水、乙醇、乙酸乙酯,微溶于氯仿、丙酮、乙醚、苯,不溶于石油醚。mp 120～122℃;Fp 332℉(167℃)。LD_{50}小鼠,大鼠急性经口:350mg/kg,400mg/kg。一般试剂含量≥98.0%(CHN)。

主要用途 防腐剂。

注意事项 该品高度易燃。口服或与皮肤接触有害。对呼吸系统及皮肤有刺激性。对眼睛有严重损伤的危险。对水生物极毒。能对水环境引起不利的结果。使用时应戴手套和防护镜或面罩。万一接触到眼睛,应立即用大量水冲洗后请医生诊治。应防止将本品释放于环境中。应充氮气密封避光于干燥处保存。

1-Bromononane 1-溴壬烷 01685

[693-58-3] $C_9H_{19}Br$ 207.16

成分 C 52.18%,H 9.24%,Br 38.57%。

别名 1-溴代壬烷;正壬基溴;溴代正壬烷;*n*-Nonyl bromide

性状 微黄色液体。能溶于苯、乙醚。bp 201℃;bp_{10} 86～88℃/1.333 kPa;Fp 194℉(90℃);d_4^{20} 1.088;n_D^{20} 1.4540。一般试剂含量≥97.0%(GC)。

注意事项 使用时应避免吸入本品的蒸气,避免与眼睛及皮肤接触。

1-Bromooctadecane 1-溴十八烷 01686

[112-89-0] $C_{18}H_{37}Br$ 333.40

成分 C 64.85%,H 11.19%,Br 23.97%。

别名 十八烷基溴;1-溴代十八烷;硬脂基溴;*n*-Octadecyl bromide;*n*-Stearyl bromide

性状 室温为结晶。温度较高时为无色或浅黄色液体。见光分解。能与乙醇、乙醚相混溶,不溶于水。mp 28～30℃;bp_{12} 214～216℃/1.59kPa;$bp_{0.1}$ 150～152℃/13.332Pa;Fp >230℉(110℃);d 0.976。一般试剂含量≥97.0%(GC)。

注意事项 该品对眼睛、呼吸系统及皮肤有刺激性。使用时应戴适当的手套。使用时应避免吸入本品的粉尘,避免与眼睛及皮肤接触。万一接触到眼睛,应立即用大量水冲洗后请医生诊治。应密封保存。

主要用途 有机合成。

1-Bromooctane 1-溴辛烷 01687

[111-83-1] $C_8H_{17}Br$ 193.13

成分 C 49.75%,H 8.87%,Br 41.37%。

别名 正辛基溴;辛基溴;溴代正辛烷;1-溴代辛烷;*n*-Capryl bromide;Caprylic bromide;Octoic bromide;*n*-Octyl bromide;Octylic bromide

M. I. 15, 6853

性状 无色液体。能与乙醇、乙醚相混溶,不溶于水。mp -55℃;bp 198～200℃;Fp 173℉(78℃);d_4^{25} 1.108;n_D^{25} 1.4503。LD_{50}大鼠急性经口:4.49mL/kg。一般试剂含量≥98.0%(GC)。

注意事项 该品对眼睛、呼吸系统及皮肤有刺激性。使用时应戴手套。应避免吸入本品的蒸气,避免与眼睛及皮肤接触。万一接触到眼睛，应立即用大量水冲洗后请医生诊治。
主要用途 有机合成。

α-Bromo-2,3,4,5,6-pentafluorotoluene
α-溴-2,3,4,5,6-五氟甲苯 01688
[1765-40-8] $C_7H_2BrF_5$ 261.00
成分 C 32.21%，H 0.77%，Br 30.61%，F 36.40%。
别名 溴甲基五氟苯；Bromomethylpentafluorobenzene；2,3,4,5,6-Pentafluorobenzyl bromide
性状 棕黄色液体。具有催泪性。mp 19～20℃；bp 174～175℃；Fp 181℉(82℃)；*d* 1.728；n_D^{20} 1.4720。一般试剂含量≥99.0%(GC)。
注意事项 该品具有腐蚀性，能引起烧伤。使用时应穿适当的防护服，戴手套和防护镜或面罩。使用时禁止进餐、饮水。万一接触到眼睛，应立即用大量水冲洗后请医生诊治。使用时如有事故发生或有不适之感，应请医生诊治。其包装物应按危险品处理。

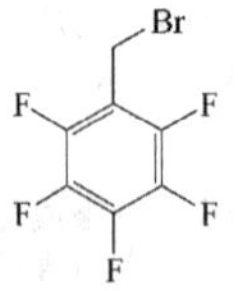

1-Bromopentane 1-溴戊烷 01689
[110-53-2] $C_5H_{11}Br$ 151.05
成分 C 39.76%，H 7.34%，Br 52.90%。
别名 正戊基溴；溴代正戊烷；*n*-Amyl bromide；Pentyl bromide
GW 2015-2395 M.I. 15,596
性状 无色液体。能与乙醚相混溶，溶于乙醇，几乎不溶于水。mp −95℃；bp_{740} 129.7℃/98.66kPa；Fp 88℉(31℃)；d_4^{15} 1.2237；n_D^{20} 1.4444。一般试剂含量≥98.0%(GC)。
注意事项 该品易燃。对眼睛、呼吸系统及皮肤有刺激性。使用时应穿适当的防护服。万一接触到眼睛，应立即用大量水冲洗后请医生诊治。万一着火，应用指定的灭火器灭火，而不能用水。应采取抗放静电措施，密封保存。
主要用途 溶剂。有机合成。

2-Bromopentane 2-溴戊烷 01690
[107-81-3] $C_5H_{11}Br$ 151.04
成分 C 39.76%，H 7.34%，Br 52.90%。
别名 溴代仲戊烷；仲戊基溴；溴代第二戊烷；*sec*-Amyl bromide；(±)-2-Pentyl bromide；*sec*-Pentyl bromide
GW 2015-2426
性状 无色液体。溶于丙酮、苯、四氯化碳、甲醇、乙醚，不溶于水。bp 116～117℃；Fp 69℉(20℃)；d_4^{20} 1.202；n_D^{20} 1.441。一般试剂含量约 97.0%(GC)。
注意事项 该品高度易燃。对眼睛、呼吸系统及皮肤有刺激性。使用时应穿适当的防护服，戴手套和防护镜或面罩。使用时应避免吸入本品的蒸气。万一接触到眼睛，应立即用大量水冲洗后请医生诊治。使用现场禁止吸烟。应远离火种密封保存。
主要用途 有机合成。

9-Bromophenanthrene 9-溴代菲 01691
[573-17-1] $C_{14}H_9Br$ 257.14
成分 C 65.39%，H 3.53%，Br 31.07%。
性状 白色结晶或固体。溶于氯仿、庚烷。mp 61～65℃；bp_2 180～190℃/266.64Pa；Fp 235.4℉(113℃)。一般试剂含量≥95.0%(HPLC)。
注意事项 使用时应避免吸入本品的粉尘，避免与眼睛及皮肤接触。应密封避光保存。

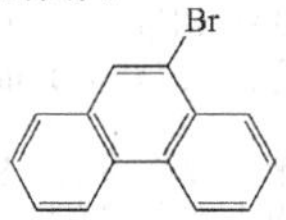

2-Bromophenol 2-溴酚 01692
[95-56-7] C_6H_5BrO 173.01
成分 C 41.65%，H 2.91%，Br 46.18%，O 9.25%。
别名 邻溴苯酚；邻溴酚；*o*-Bromophenol
GW 2015-2376 M.I. 15,1439
性状 黄色或橙红色的油状液体。有酚味。溶于水。能与乙醚、三氯甲烷相混溶。mp 6℃；bp 194℃；Fp 108℉(42℃)；*d* 约 1.5；n_D^{20} 1.589。一般试剂含量≥98.0%。
注意事项 该品易燃。口服或与皮肤接触有害。对眼睛、呼吸系统及皮肤有刺激性。使用现场禁止吸烟。使用时应穿适当的防护服和戴手套。万一接触到眼睛，应立即用大量水冲洗后请医生诊治。接触皮肤后，应立即用大量聚乙二醇 400 液体冲洗。应充氩气密封避光于通风良好处保存。
主要用途 有机合成。消毒剂。

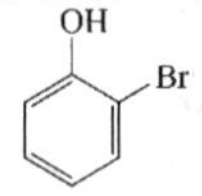

3-Bromophenol 3-溴酚 01693
[591-20-8] C_6H_5BrO 173.01
成分 C 41.65%，H 2.91%，Br 46.18%，O 9.25%。
别名 间溴苯酚；间溴酚；*m*-Bromophenol
GW 2015-2377 M.I. 15,1439
性状 无色结晶，高温时为液体。溶于乙醇、乙醚、碱溶液。mp 33℃；bp 235～236℃；bp_3 88～89℃/0.4kPa；Fp > 230℉(110℃)。一般试剂含量≥97.0%(HPLC)。
注意事项 该品吸入或口服有害。对眼睛、呼吸系统及皮肤有刺激性。使用时应穿适当的防护服，戴防护镜或面罩。万一接触到眼睛，应立即用大量水冲洗后请医生诊治。接触皮肤后，应立即用大量聚乙二醇 400 液体冲洗。应充氩气密封避光于通风良好处保存。
主要用途 有机合成。

4-Bromophenol 4-溴酚 01694
[106-41-2] C_6H_5BrO 173.01
成分 C 41.65%，H 2.91%，Br 46.18%，O 9.25%。
别名 对溴苯酚；对溴酚；*p*-Bromophenol
GW 2015-2378 M.I. 15,1439
性状 来自氯仿或乙醚中的无色四方锥形结晶。易溶于乙醇、三氯甲烷、乙醚、冰乙酸，溶于约 7 份水。mp 64℃；bp 238℃；d^{15} 1.840；d^{80} 1.5875。一般试剂含量≥99.0%。
注意事项 该品吸入或口服有害。对眼睛、呼吸系统及皮肤有刺激性。使用时应穿适当的防护服。万一接触到眼睛，应立即用大量水冲洗后请医生诊治。接触皮肤后，应立即用大量聚乙二醇 400 液体冲洗。应充氩气密封避光于通风良好处保存。
主要用途 制药工业。有机合成。杀虫剂。

Bromophenol blue 溴酚蓝 01695
[115-39-9] $C_{19}H_{10}Br_4O_5S$ 669.96
成分 C 34.06%，H 1.50%，Br 47.71%，O 11.94%，S 4.79%。
别名 四溴苯酚磺酞；四溴酚磺酞；Albutest；4,4′-(3*H*-2,1-Benzoxathiol-3-ylidene)bis(2,6-dibromophenol) *S*,*S*-dioxide；α,α-Bis(3,5-dibromo-4-hydroxyphenyl)-α-hydroxy-*o*-toluenesulfonic acidγ-sultone；BPB；Bromphenol blue；3,3′,5,5′-Tetrabromophenolsulfonphthalein
M.I. 15，1454
性状 来自乙酸+丙酮中的长六方体棱柱形结晶或粉末。易溶于氢氧化钠溶液而形成水溶液性钠盐，溶于甲醇、乙醇、乙醚、苯，微溶于水（100mL 水约溶 0.4g 该品）。pH 值 3.0～4.6（由黄至紫色）；mp 279℃（分解）；λ_{max} 422nm。
注意事项 使用时应避免吸入本品的粉尘，避免与眼睛及皮肤接触。
主要用途 酸碱指示剂。
参考规格 HG/T 4099—2009 指示剂

项目	指标
pH 变色域	3.0（黄）～4.6（蓝紫）
质量吸收系数/[(L/cm·g)]≥	115
乙醇溶解试验	合格

灼烧残渣（以硫酸盐计）/%≤　0.25

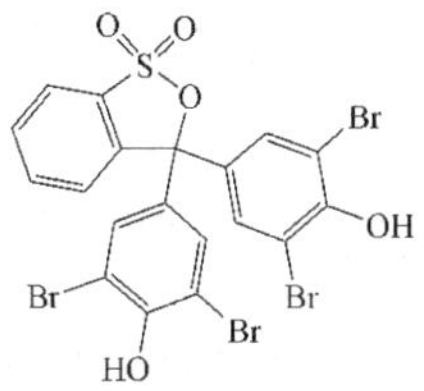

Bromophenol blue sodium salt　溴酚蓝钠盐　01696

[34725-61-6]　$C_{19}H_9Br_4NaO_5S$　691.94

成分　C 32.98%，H 1.31%，Br 46.19%，Na 3.32%，O 11.56%，S 4.63%。

别名　3′,3″,5′,5″-四溴酚磺酞钠盐；3′,3″,5′,5″-Tetrabromophenolsulfonphthalein sodium salt

M. I. 15，1454

性状　无色或浅红色结晶。溶于甲醇、乙醇、乙醚、苯，微溶于水呈蓝色。mp>300℃；λ_{max} 589（383）nm；pH 值 3.0～4.6（由黄至紫蓝色）。一般试剂干燥含量约 90.0%。

注意事项　见 01695 溴酚蓝。

主要用途　酸碱指示剂。

Bromophenol red　溴酚红　01697

[2800-80-8]　$C_{19}H_{12}Br_2O_5S$　512.17

成分　C 44.56%，H 2.36%，Br 31.20%，O 15.62%，S 6.26%。

别名　5′,5″-二溴苯酚磺酞酞；5′,5″-二溴酚磺酞；BPR；5′,5″-Dibromo phenolsulfonphthalein

性状　紫红色结晶或粉末。溶于乙醇、碱溶液，不溶于乙醚、苯。pH 值 5.2～7.0(由黄至红色)。

注意事项　使用时应戴手套。避免吸入本品的粉尘，避免与眼睛及皮肤接触。

主要用途　酸碱指示剂。

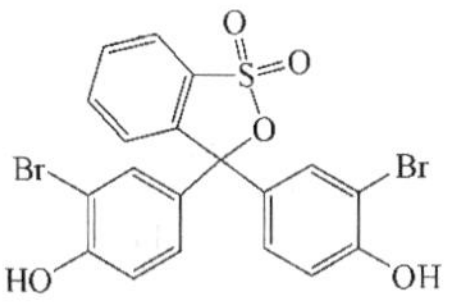

2-Bromo-4′-phenylacetophenone
2-溴-4′-苯基苯乙酮　01698

[135-73-9]　$C_{14}H_{11}BrO$　275.15

成分　C 61.11%，H 4.03%，Br 29.04%，O 5.81%。

别名　4-苯基溴化苯乙酮；4-苯基溴代苯乙酮；4-(溴乙酰)联苯；对苯基溴化苯乙酮；对苯基溴代苯乙酮；ω-溴-4-苯基苯乙酮；4-Phenylphenacyl bromide；4-(Bromoacetyl) biphenyl；ω-Bromo-4-phenylacetophenone

性状　白色针状结晶。具有催泪性。溶于热四氯化碳、热石油醚，微溶于乙醇，不溶于水。mp 124～125℃。一般试剂含量≥99.0%（AT）。

注意事项　该品具有腐蚀性，使用时禁止进餐、饮水。使用时应穿适当的防护服，戴手套和防护镜或面罩。万一接触到眼睛，应立即用大量水冲洗后请医生诊治。使用时如有事故发生或有不适之感，应请医生诊治。应密封避光保存。其包装物应按危险品处理

主要用途　检测羧酸类的试剂。

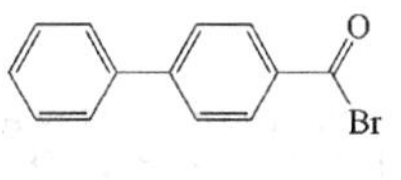

4-Bromophenylhydrazine　4-溴苯肼　01699

[589-21-9]　$C_6H_7BrN_2$　187.04

成分　C 38.53%，H 3.77%，Br 42.72%，N 14.98%。

别名　对溴苯肼；*p*-Bromophenylhydrazine

M. I. 15，1440

性状　来自水中的无色或白色针状结晶。溶于苯、乙醇、氯仿、乙醚，中等程度溶于石油醚，微溶于水。mp 108～109℃。

注意事项　使用时应避免吸入本品的粉尘，避免与眼睛及皮肤接触。应避光保存。

主要用途　用于糖类的检定。有机合成。

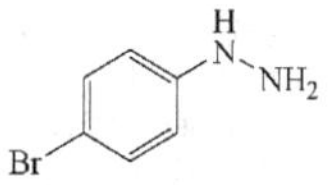

4-Bromophenylhydrazine hydrochloride
4-溴苯肼盐酸盐　01700

[622-88-8]　$C_6H_8BrClN_2$　223.51

成分　C 32.24%，H 3.61%，Br 35.75%，Cl 15.86%，N 12.53%。

别名　盐酸对溴苯肼；对溴苯肼盐酸盐；盐酸 4-溴苯肼；*p*-Bromophenylhydrazine hydrochloride

性状　浅粉红色针状或片状结晶。溶于苯、乙醇、乙醚。mp 220～230℃(分解)。一般试剂含量≥99.0%(AT)。

注意事项　该品具有腐蚀性，能引起烧伤。对眼睛、呼吸系统及皮肤有刺激性。使用时应穿适当的防护服，戴手套和防护镜或面罩。万一接触到眼睛，应立即用大量水冲洗后请医生诊治。使用时如有事故发生或有不适之感，应请医生诊治。

主要用途　用于糖类的检定。有机合成。

4-Bromophenyl isocyanate　异氰酸 4-溴苯酯　01701

[2493-02-9]　C_7H_4BrNO　198.02

成分　C 42.46%，H 2.04%，Br 40.35%，N 7.07%，O 8.08%。

别名　异氰酸对溴苯酯；1-溴-4-异氰酸苯酯；4-溴异氰酸苯酯；4-溴苯基异氰酸酯；对溴异氰酸苯酯；*p*-Bromocarbanil；1-Bromo-4-isocyanatobenzene；4-Bromophenylcarbimide；*p*-Bromophenylcarbonimide；*p*-Bromophenyl *iso*-cyanate；*p*-Bromophenyl isocyanate

GW 2015-2720　M. I. 15，1441

性状　无色针状结晶。有刺激性气味。易溶于乙醚。mp 42℃；bp_{14} 158℃/1.867kPa；Fp 229℉（109℃）。

注意事项　该品吸入有毒。吸入能引起过敏。对眼睛、呼吸系统及皮肤有刺激性。使用时应穿适当的防护服，戴手套和防护镜或面罩。应避免吸入本品的粉尘。万一接触到眼睛，应立即用大量水冲洗后请医生诊治。使用时如有事故发生或有不适之感，应请医生诊治。

主要用途　制备溴苯脲、乌来糖衍生物。

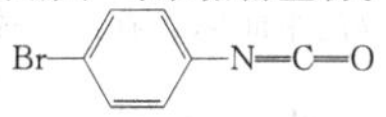

Bromophos　溴磷　01702

[2104-96-3]　$C_8H_8BrCl_2O_3PS$　365.99

成分　C 26.25%，H 2.20%，Br 21.83%，Cl 19.37%，O 13.11%，P 8.46%，S 8.76%。

别名　溴硫磷 phosphorothioic acid *O*-(4-bromo-2,5-dichlorophenyl) *O*,*O*-dimethyl ester；*O*-(4-Bromo-2,5-dichlorophenyl)-*O*, *O*-dimethylphosphorothioate; Bromophos-methyl；ENT-27162；OMS-658；S-1942；Nexion

M. I. 15，1442

性状　黄色结晶。溶于四氯化碳、乙醚，甲苯，微溶于水（25℃，40mg/mL）。其溶液 pH 值>9 时稳定。无腐蚀性。蒸气压（20℃）：1.3×10^{-4}mmHg/0.1Pa；mp 53～54℃；$bp_{0.01}$ 140～142℃/1.33Pa。LD_{50} 雄，雌大鼠急性经口：1600mg/kg，1730mg/kg。

主要用途　杀虫剂，杀螨剂。

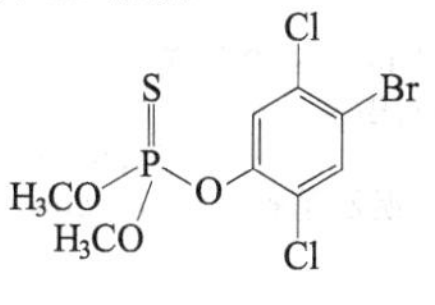

1-Bromopropane　1-溴丙烷　01703

[106-94-5]　C_3H_7Br　122.99

成分　C 29.30%，H 5.74%，Br 64.97%。

别名　正丙基溴；丙基溴；溴代正丙烷；*n*-Propyl bromide

GW 2015-2390　M. I. 15，7958

性状 无色液体。能与醇类相混溶，溶于约 400 份水。mp −110℃；bp 71℃；Fp 78℉（25℃）；d_{20}^{20} 1.353；n_D^{20} 1.4341。一般试剂含量≥98.0%（GC）。
注意事项 该品高度易燃。能损伤生育力。能危害胎儿。对眼睛、呼吸系统及皮肤有刺激性。吸入或长期曝露有害，并有严重损害健康的危险。其蒸气可造成头晕和瞌睡。使用前应得到专门的指导，避免曝露。使用时如有事故发生或有不适之感，应请医生诊治。应远离火种密封于通风处避光保存。
主要用途 有机合成。制药工业。

2-Bromopropane 2-溴丙烷 01704

[75-26-3] C_3H_7Br 122.99
成分 C 29.30%，H 5.74%，Br 64.97%。
别名 溴代异丙烷；异丙基溴；溴化异丙基；Isopropyl bromide；*iso*-Propyl bromide
GW 2015-2391 M.I.15,5256
性状 无色液体。能与乙醇、苯、乙醚、氯仿相混溶，微溶于水。mp −89℃；bp 59～60℃；Fp 67℉(19℃)；d_4^{20} 1.31；n_D^{20} 1.4251。一般试剂含量≥99.0%(GC)。
注意事项 该品高度易燃。能损伤生育力。吸入或长期曝露有害，并有严重损伤健康的危险。反复曝露能使皮肤干燥或开裂。使用前应得到专门的指导，避免曝露。使用时如有事故发生或有不适之感，应请医生诊治。使用现场禁止吸烟。应密封于通风良好处保存。
主要用途 有机合成。制药工业。

2-Bromopropionic acid 2-溴丙酸 01705

[598-72-1] $C_3H_5BrO_2$ 152.97
成分 C 23.55%，H 3.29%，Br 52.23%，O 20.92%。
别名 α-溴丙酸；DL-2-Bromopropanoic acid
GW 2015-2387
性状 无色至微棕色液体。溶于水、乙醇。mp 25℃；bp 203℃；Fp 212℉（100℃）；d_4^{20} 1.700；n_D^{20} 1.4750。一般试剂含量≥98.0%（GC）。
注意事项 该品口服有害。具有腐蚀性，能引起烧伤。使用时应穿适当的防护服，戴手套和防护镜或面罩。使用本品时禁止进餐、饮水。万一接触到眼睛，应立即用大量水冲洗后请医生诊治。使用时如有事故发生或有不适之感，应请医生诊治。应密封保存。
主要用途 丙氨酸等的中间体。有机合成。

3-Bromopropionic acid 3-溴丙酸 01706

[590-92-1] $C_3H_5BrO_2$ 152.98
成分 C 23.55%，H 3.29%，Br 52.23%，O 20.92%。
别名 β-溴丙酸；3-Bromopropanoic acid；β-Bromopropionic acid
GW 2015-2388 M.I.15,1444
性状 来自四氯化碳中的无色片状结晶。溶于水、乙醇、乙醚、苯、三氯甲烷。在碱性水溶液中水解成β-溴丙酸至羟基丙酸。p*K*(25℃)：4.00。mp 62.5℃；Fp 150℉(65℃)；*d* 1.480。一般试剂含量≥98.0%。
注意事项 该品高度易燃。具有腐蚀性，能引起烧伤。使用时应穿适当的防护服，戴手套和防护镜或面罩。使用时禁止进餐、饮水。万一接触到眼睛，应立即用大量水冲洗后请医生诊治。使用时如有事故发生或有不适之感，应请医生诊治。应采取抗放静电措施，密封保存。
主要用途 有机合成。

3-Bromopropionitrile 3-溴丙腈 01707

[2417-90-5] C_3H_4BrN 133.98
成分 C 26.89%，H 3.01%，Br 59.64%，N 10.45%。
别名 β-溴丙腈；3-溴乙基氰；β-Bromopropionitrile；3-Bromoethyl cyanide
GW 2015-2385
性状 无色或浅黄色液体。能与乙醇、乙醚相混溶。bp 203℃；bp_{10} 76～78℃/1.333kPa；Fp 206℉（97℃）；d_4^{20} 1.615；n_D^{20} 1.1480。一般试剂含量≥98.0%(GC)。
注意事项 该品吸入、口服或与皮肤接触有毒。对眼睛、呼吸系统及皮肤有刺激性。使用时应穿适当的防护服和戴手套。应避免吸入本品的蒸气。万一接触到眼睛，应立即用大量水冲洗后请医生诊治。使用时如有事故发生或有不适之感，应请医生诊治。应密封避光保存。
主要用途 有机合成。

2-Bromopropionyl bromide 2-溴丙酰溴 01708

[563-76-8] $C_3H_4Br_2O$ 215.88
成分 C 16.69%，H 1.87%，Br 74.03%，O 7.41%。
别名 溴化-2-溴丙酰；α-Bromopropionic acid bromide
GW 2015-2392
性状 无色或浅黄色液体。能与乙酸、丙酸、苯相混溶，遇水、乙醇则分解成酯。bp 153～157℃；bp_{10} 48～50℃/1.333kPa；Fp 228.2℉(109℃)；d_4^{20} 2.061；n_D^{20} 1.5180。一般试剂含量 98.0%～101.0%。
注意事项 该品口服有害。具有腐蚀性，能引起烧伤。使用时应穿适当的防护服，戴手套和防护镜或面罩。使用本品时禁止进餐、饮水。万一接触到眼睛，应立即用大量水冲洗后请医生诊治。使用时如有事故发生或有不适之感，应请医生诊治。其包装物应按危险品处理。
主要用途 有机合成。合成肽。

2-Bromopyridine 2-溴吡啶 01709

[109-04-6] C_5H_4BrN 158.00
成分 C 38.01%，H 2.55%，Br 50.57%，N 8.87%。
别名 α-溴吡啶；α-溴氮杂苯；α-Bromopyridine；α-Bromoazine
性状 浅黄色油状液体。能与乙醇、乙醚、苯、吡啶相混溶。bp 192～194℃；bp_{10} 70～75℃/1.333kPa；Fp 130℉(54℃)；d_4^{20} 1.657；n_D^{20} 1.5720。一般试剂含量≥98.0%(GC)。
注意事项 该品易燃。吸入、口服或与皮肤接触有毒。对眼睛、呼吸系统及皮肤有刺激性。使用时应穿适当的防护服，戴手套和防护镜或面罩。使用现场禁止吸烟。使用时如有事故发生或有不适之感，应请医生诊治。其包装物应按危险品处理。应远离火种，密封避光于通风良好处保存。
主要用途 有机合成。

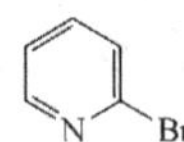

3-Bromopyridine 3-溴吡啶 01710

[626-55-1] C_5H_4BrN 158.00
成分 C 38.01%，H 2.55%，Br 50.57%，N 8.87%。
性状 浅黄色油状液体。mp −27℃；bp 173℃；Fp 125℉(51℃)；d_D^{20} 1.640；n_D^{20} 1.5700。一般试剂含量≥97.0%(GC)。
注意事项 见 01709 2-溴吡啶。
主要用途 有机合成。

4-Bromopyridine hydrochloride 4-溴吡啶 盐酸盐 01711

[19524-06-2] C_5H_5BrClN 194.46
成分 C 30.88%，H 2.59%，Br 41.09%，Cl 18.23%，N 7.20%。
别名 盐酸 4-溴吡啶
性状 白色至浅黄色粉末。mp 270℃（分解）。一般试剂含量≥97.0%（AT）。
注意事项 该品口服有害。对眼睛、呼吸系统及皮肤有刺激性。使用时应穿适当的防护服。万一接触到眼睛，应立即用大量水冲洗后请医生诊治。应充氩气密封干燥保存。
主要用途 有机合成。

2-(5-Bromo-2-pyridyl)azo-5-(diethylamino)phenol 2-(5-溴-2-吡啶基)偶氮-5-(二乙氨基)酚 01722

[14337-53-2] $C_{15}H_{17}BrN_4O$ 349.24
成分 C 51.59%，H 4.91%，Br 22.88%，N 16.04%，O 4.58%。
别名 2-(5-溴-2-吡啶)偶氮-5-(二乙氨基)苯酚；5-Br-PADAP；5-Bromo-PADAP
性状 暗橙红色结晶或粉末。溶于酸、乙醇、丙酮，微溶于苯、乙醚，不溶于水。mp 157～158℃；λ_{max} 443nm。一般试剂

含量 ≥97.0%。

注意事项 该品具有刺激性。使用时应避免吸入本品的粉尘，避免与眼睛及皮肤接触。

主要用途 测定铀、铟、铌、铅的灵敏试剂。

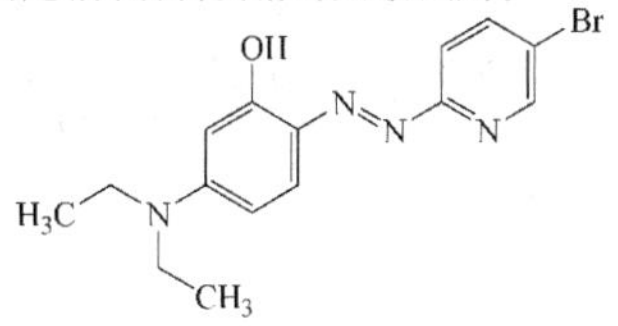

Bromopyrogallol red 溴邻苯三酚红 01713

[16574-43-9] $C_{19}H_{10}Br_2O_8S \cdot H_2O$ 576.17

成分(以无水物计) C 40.89%，H 1.81%，Br 28.63%，O 22.93%，S 5.74%。

别名 溴焦性没食子酸红；二溴邻苯三酚磺酞；BPR；5′，5″-Dibromopyrogallol sulfonphthalein；3′，3″-Dibromosulfongallein

性状 红棕色粉末。溶于乙醇，微溶于水。mp ≥300℃；λ_{max} 552nm。一般试剂干燥含量约 70.0%。

注意事项 使用时应避免吸入本品的粉尘，避免与眼睛及皮肤接触。

主要用途 络合指示剂，测定铋、镉、钴、镁、锰、镍及稀土元素。

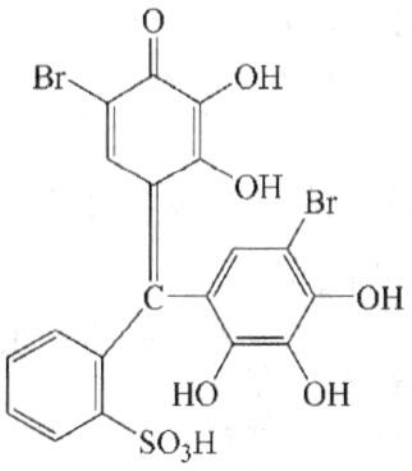

β-Bromostyrene β-溴代苯乙烯 01714

[103-64-0] C_8H_7Br 183.05

成分 C 52.49%，H 3.85%，Br 43.65%。

别名 β-溴乙烯苯；ω-溴苯乙烯；1-溴-2-苯乙烯；ω-溴苏合香烯；1-Bromo-2-phenylethylene；ω-Bromostyrene；β-Bromostyrol；β-(Bromovinyl)benzene；Styryl bromide

性状 浅黄色或黄色透明液体。能与稀乙醇相混溶，不溶于水。mp −8℃；bp 219～221℃；bp_{20} 110～112℃/2.666kPa；Fp 215℉(101℃)；d 1.427；n_D^{20} 1.6070。一般试剂含量 ≥98.0%。

注意事项 该品口服有害。使用时应穿适当的防护服，戴手套和防护镜或面罩。使用时应避免吸入本品的蒸气，避免与眼睛及皮肤接触。应密封于 2～8℃保存。

主要用途 有机合成，如香料制造等。

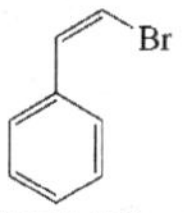

Bromosuccinic acid 溴丁二酸 01715

[923-06-8] $C_4H_5BrO_4$ 196.98

成分 C 24.39%，H 2.56%，Br 40.56%，O 32.49%。

别名 一溴丁二酸；溴代丁二酸；溴代琥珀酸；Bromobutanedioic acid；Monobromosuccinic acid

M. I. 15，1447

性状 无色结晶。溶于 5.5 份水，溶于乙醇。加热至熔点以上分解为富马酸。mp 161℃；d 2.07。

注意事项 该品对眼睛、呼吸系统及皮肤有刺激性。使用时应戴手套。万一接触到眼睛，应立即用大量水冲洗后请医生诊治。

主要用途 有机合成。

N-Bromosuccinimide N-溴代丁二酰亚胺 01716

[128-08-5] $C_4H_4BrNO_2$ 177.99

成分 C 26.99%，H 2.27%，Br 44.89%，N 7.87%，O 17.98%。

别名 N-溴代琥珀酰亚胺；1-Bromo-2，5-pyrrolidinedione；Succinbromimide；NBS

M. I. 15，1448

性状 无色或白色正交斜方结晶。微有溴味。该品溶解度(25℃，g/100g)：水 1.47；叔丁醇 0.73；丙酮 14.40；四氯化碳 0.02；己烷 0.006；冰乙酸 3.10。mp 173～175℃(微分解)；d 2.098。一般试剂含量 99.5%～100.0%。

注意事项 该品口服有害。具有腐蚀性，能引起烧伤。使用时应穿适当的防护服，戴手套和防护镜或面罩。万一接触到眼睛，应立即用大量水冲洗后请医生诊治。使用时如有事故发生或有不适之感，应请医生诊治。

主要用途 鉴别伯醇、仲醇与叔醇的试剂。橡胶制品添加剂。有机合成。

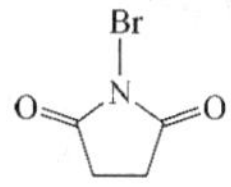

1-Bromotetradecane 1-溴十四烷 01717

[112-71-0] $C_{14}H_{29}Br$ 277.30

成分 C 60.64%，H 10.54%，Br 28.82%。

别名 十四烷基溴；1-溴代十四烷；正十四烷基溴；肉豆蔻基溴；n-Myristyl bromide；n-Tetradecyl bromide

性状 橙红色液体。能与乙醇、乙醚相混溶，不溶于水。mp 5～6℃；bp_{21} 181℃/2.8kPa；Fp 235.4℉(113℃)；d 1.018；n_D^{20} 1.461。一般试剂含量≥97.0%(GC)。

注意事项 该品对眼睛、呼吸系统及皮肤有刺激性。使用时应穿适当的防护服。万一接触到眼睛，应立即用大量水冲洗后请医生诊治。

主要用途 有机合成。

2-Bromothiophene 2-溴噻吩 01718

[1003-09-4] C_4H_3BrS 163.04

成分 C 29.47%，H 1.85%，Br 49.01%，S 19.67%。

别名 2-噻吩基溴；2-Thienyl bromide

性状 微黄色透明液体。mp<−10℃；bp 149～151℃；bp_{30} 45～47℃/4kPa；Fp 140℉(60℃)；d_4^{20} 1.701；n_D^{20} 1.5860。一般试剂含量约 97.0%(GC)。

注意事项 该品易燃。吸入、口服或与皮肤接触有毒。对眼睛、呼吸系统及皮肤有刺激性。使用时应穿适当的防护服，戴手套和防护镜或面罩。使用时严禁进餐、饮水。使用时应避免吸入本品的蒸气。万一接触到眼睛，应立即用大量水冲洗后请医生诊治。使用时如有事故发生或有不适之感，应请医生诊治。应防止将本品释放于环境中。应密封避光保存。

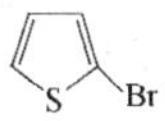

Bromothymol blue 溴百里酚蓝 01719

[76-59-5] $C_{27}H_{28}Br_2O_5S$ 624.38

成分 C 51.94%，H 4.52%，Br 25.59%，O 12.81%，S 5.14%。

别名 3，3′-二溴麝香草酚磺酞；溴百里香酚蓝；溴麝香草酚蓝；4，4′-(3H-2，1-Benzoxathiol-3-ylidene) bis[2-bromo-3-methyl-6-(1-methylethyl)phenol] S，S-dioxide；α，α-Bis(6-bromo-5-hydroxycarvacryl)-α-hydroxy-o-toluenesulfonic acid γ-sulfone；Bromthymolblue；BTB；3，3′-Dibromothymolsulfonphthalein

M. I. 15，1455

性状 无色、近似藕荷色或浅玫瑰色结晶性粉末。溶于乙醇、稀碱溶液、氨水，亦溶于乙醚，较少地溶于苯、甲苯、二甲苯，略微溶于水，几乎不溶于石油醚。pK：7.0；mp 202～204℃(分解)。λ_{max} 420nm；pH 值 6.0～7.6(由黄至蓝色)。一般试剂干燥含量约 95.0%。

注意事项 使用时应避免吸入本品的粉尘，避免与眼睛及皮肤接触。

主要用途 酸碱指示剂。

参考规格 HG/T 4012—2008

	指示剂
pH 变色域	6.0（黄）～7.6（蓝）
质量吸收系数/［L/(cm·g)］≥	52.0
乙醇溶解试验	合格
灼烧残渣（以硫酸盐计）/%≤	0.3

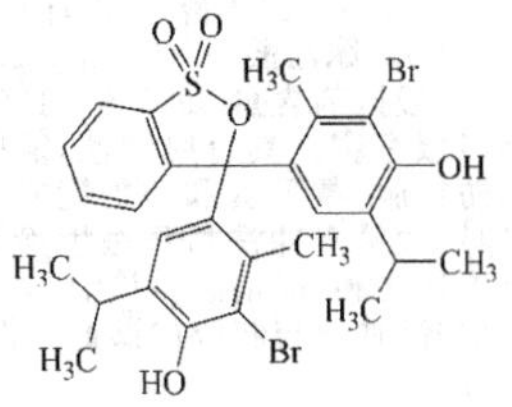

2-Bromotoluene　2-溴甲苯　01720
[95-46-5]　C_7H_7Br　171.04
成分　C 49.16%，H 4.13%，Br 46.72%
别名　2-溴-1-甲基苯；邻甲基溴苯；邻溴甲苯；2-Bromo-1-methyl benzene；*o*-Tolyl bromide；*o*-Methylbromobenzene；*o*-Bromotoluene
GW 2015-2408　M.I.15，1449
性状　无色液体。能与乙醇、苯相混溶，几乎不溶于水。mp −26℃；bp 181℃；bp_{10} 58～60℃/1.333kPa；Fp 174℉（78℃）；d_{15}^{15} 1.431；n_D^{20} 1.555。一般试剂含量≥99.0%。
注意事项　该品口服有害。对眼睛、呼吸系统及皮肤有刺激性。使用时应穿适当的防护服，戴手套和防护镜或面罩。万一接触到眼睛，应立即用大量水冲洗后请医生诊治。应密封于通风良好处保存。
主要用途　有机合成。

3-Bromotoluene　3-溴甲苯　01721
[591-17-3]　C_7H_7Br　171.04
成分　C 49.16%，H 4.13%，Br 46.72%。
别名　间溴甲苯；3-溴-1-甲基苯；间甲基溴苯；1-Bromo-3-methyl benzene；*m*-Bromotoluene；*m*-Methylbromobenzene；*m*-Tolyl bromide
GW 2015-2409　M.I.15，1449
性状　无色透明液体。溶于乙醇、乙醚、苯，不溶于水。mp −39.8℃；bp_{760} 183.7℃/101.32kPa；bp_{400} 160℃/53.33kPa；bp_{200} 138℃/26.66kPa；bp_{100} 117.8℃/13.33kPa；bp_{60} 104.1℃/8kPa；bp_{40} 93.9℃/5.33kPa；bp_{20} 78.1℃/2.666kPa；bp_{10} 64.0℃/1.333kPa；bp_5 50.8℃/666.61Pa；bp_1 14.8℃/133.32Pa；Fp 140℉(60℃)；d_4^{184} 1.201；d_4^{58} 1.309；d_4^{20} 1.4099；n_D^{20} 1.551。一般试剂含量≥99.0%(GC)。
注意事项　见 01720 2-溴甲苯。应密封避光保存。
主要用途　溶剂。有机合成。

4-Bromotoluene　4-溴甲苯　01722
[106-38-7]　C_7H_7Br　171.04
成分　C 49.16%，H 4.13%，Br 46.72%。
别名　对溴甲苯；4-溴-1-甲基苯；对甲基溴苯；4-Bromo-1-methyl benzene；*p*-Bromotoluene；*p*-Methylbromobenzene；*p*-Tolylbromide
GW 2015-2410　M.I.15，1449
性状　来自无水乙醇中的无色结晶。溶于乙醇、乙醚、苯，不溶于水。mp 28.5℃；bp_{760} 184.5℃/101.32kPa；bp_{100} 116.4℃/13.33kPa；bp_{60} 102.3℃/8kPa；bp_{40} 91.8℃/5.33kPa；bp_{20} 75.2℃/2.666kPa；bp_{10} 61.1℃/1.333kPa；bp_5 47.5℃/666.6kPa；bp_1 10.3℃/133.32kPa；Fp 185℉(85℃)；d_{35}^{35} 1.3959；d_{50}^{50} 1.3856；d_{100}^{100} 1.3637；d^{184} 1.1931；n_D^{20} 1.5490。一般试剂含量≥98.0%(GC)。
注意事项　该品吸入或口服有害。对眼睛、呼吸系统及皮肤有刺激性。对水生物有毒，能对水环境引起不利的结果。使用时应穿适当的防护服和戴手套。万一接触到眼睛，应立即用大量水冲洗后请医生诊治。应密封于通风良好处保存。
主要用途　有机合成。

Bromotrichloromethane　溴三氯甲烷　01723
[75-62-7]　$CBrCl_3$　198.28
成分　C 6.06%，Br 40.29%，Cl 53.64%。
别名　三氯溴甲烷；溴代三氯甲烷
性状　无色重质液体。能与乙醇、乙醚相混溶，不溶于水。mp −6℃；bp 105℃；d_4^{20} 2.012；n_D^{20} 1.5065。一般试剂含量≥98.0%（GC）。
注意事项　该品吸入、口服或与皮肤接触有害。对眼睛、呼吸系统及皮肤有刺激性。使用时应穿适当的防护服和戴手套。使用时应避免吸入本品的蒸气、万一接触到眼睛，应立即用大量水冲洗后请医生诊治。应密封于通风良好处保存。
主要用途　杀虫剂的制备。

1-Bromoundecane　1-溴十一烷　01724
[693-67-4]　$C_{11}H_{23}Br$　235.22
成分　C 56.17%，H 9.86%，Br 33.97%。
别名　十一烷基溴；Undecyl bromide
性状　无色或微黄色透明液体。mp −9℃；bp_{18} 137～138℃/2.4kPa；bp_{10} 112～114℃/1.333kPa；Fp ＞230℉（110℃）；d_4^{20} 1.054；n_D^{20} 1.4563。一般试剂含量≥97.0%（GC）。
注意事项　该品对眼睛、呼吸系统及皮肤具有刺激性。使用时应戴适当的手套。避免吸入本品的蒸气、飞沫，避免与眼睛及皮肤接触。万一接触到眼睛，应立即用大量水冲洗后请医生诊治。

11-Bromoundecanoic acid　11-溴十一酸　01725
[2834-05-1]　$C_{11}H_{21}BrO_2$　265.20
成分　C 49.82%，H 7.98%，Br 30.13%，O 12.07%。
别名　11-溴代十一酸；11-Bromohendecanoic acid；11-Bromo-*n*-undecylic acid
性状　白色针状结晶或粉末。易溶于有机溶剂，不溶于水。mp 48～51℃；bp_2 173～174℃/266.64Pa；Fp 235.4℉（113℃）。一般试剂含量≥98.0%（GC）。
注意事项　使用时应避免吸入本品的粉尘，避免与眼睛及皮肤接触。应密封避光保存。
主要用途　尼龙、塑料的制备。

5-Bromouracil　5-溴尿嘧啶　01726
[51-20-7]　$C_4H_3BrN_2O_2$　190.98
成分　C 25.16%，H 1.58%，Br 41.84%，N 14.67%，O 16.75%。
别名　5-溴代咄嚐；5-溴-2,4-二羟基嘧啶；5-Bromo-2,4-dihydroxypyrimidine；5-Bromo-2,4(1*H*,3*H*)-pyrimidinedione
M.I. 15，1450
性状　来自水中的无色棱柱体结晶。微溶于水。mp 293℃。生化试剂含量≥95.0%（HPLC）。
注意事项　该品口服有害，并有不可逆危害的结果。使用时应穿适当的防护服和戴手套。
主要用途　生化研究。诱变剂。

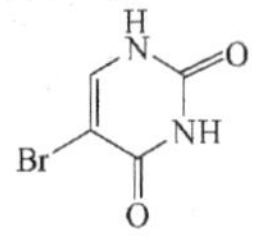

5-Bromouridine　5-溴尿苷　01727
[957-75-5]　$C_9H_{11}BrN_2O_6$　323.11
成分　C 33.46%，H 3.43%，Br 24.73%，N 8.67%，O 29.71%。
别名　5-溴尿嘧啶核苷；5-Bromouracil-1-*β*-D-ribofuranoside
性状　白色结晶。mp 180～182℃（分解）；$[\alpha]^{22}$ −24.1°（c=2，于水中）；λ_{max}（甲醇中）：279（ε 约 9500）。生化试剂含量≥98.0%(HPLC)。
注意事项　使用时应避免吸入本品的粉尘，避免与眼睛及皮肤接触。应充氩气密封于 2～8℃保存。

主要用途　生化研究。

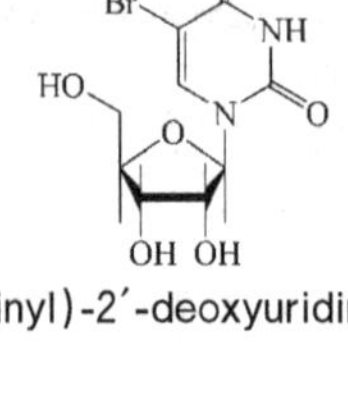

(*E*)-5-(2-Bromovinyl)-2′-deoxyuridine

(*E*)-5-(2-溴乙烯基)-2′-脱氧尿苷 01728

[69304-47-8] $C_{11}H_{13}BrN_2O_5$ 333.14

成分 C 39.66%，H 3.93%，Br 23.99%，N 8.41%，O 24.01%。

别名 BVdU

性状 白色粉末。

注意事项 该品应密封于 2～8℃保存。

主要用途 生化研究。

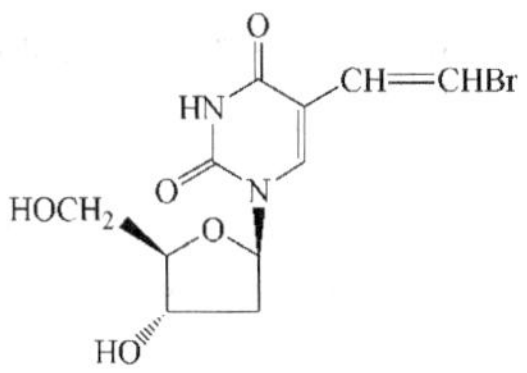

Bromoxynil 溴苯腈 01729

[1689-84-5] $C_7H_3Br_2NO$ 276.92

成分 C 30.36%，H 1.09%，Br 57.71%，N 5.06%，O 5.78%。

别名 3,5-二溴-4-羟基苄腈；3,5-Dibromo-4-hydroxybenzonitrile；3,5-Dibromo-4-hydroxyphenyl cyanide；2,6-Dibromo-4-cyanophenol；Broxynil；ENT-20852；MB-10064；Brominal GW 2015-623 M. I. 15，1451

性状 无色固体。25℃时该品于下列物质中的溶解度(g/L)：水 0.13；甲醇 90；丙酮 170；四氢呋喃 410。微溶于水蒸气。pK_a 4.06；mp 194～195℃。LD_{50} 小鼠急性经口：111mg/kg。

注意事项 该品吸入或口服有毒。能危害胎儿。接触皮肤能引起过敏。对水生物极毒。能对水环境引起不利的结果。使用时应穿适当的防护服和戴手套。使用时如有事故发生或有不适之感，应请医生诊治。应防止将本品释放于环境中。其包装物应按危险品处理。

主要用途 除草剂。分析用标准物质。

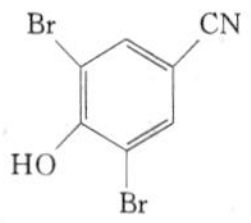

(+)-Brompheniramine maleate

(+)-溴苯吡胺 马来酸盐 01730

[2391-03-9] $C_{20}H_{23}BrN_2O_4$ 435.32

成分 C 55.18%，H 5.33%，Br 18.36%，N 6.44%，O 14.70%。

别名 马来酸溴苯吡胺；顺丁烯二酸溴苯吡胺；溴苯吡胺顺丁烯二酸盐；*γ*-(4-Bromophenyl)-*N*,*N*-dimethyl-2-pyridinepropanamine vmaleate；2-[*p*-Bromo-*α*-(2-dimethylaminoethyl)benzyl] pyridine maleate；1-(*p*-Bromophenyl)-1-(2-pyridyl)-3-dimethylaminopropane maleate；3-(*p*-Bromophenyl)-3-(2-pyridyl)-*N*,*N*-dimethylpropylamine maleate；Disomer；Ebalin；Parabromdylamine vmaleate

M. I. 15，1453

性状 无色结晶。易溶于水，溶于乙醇、氯仿，微溶于乙醚、苯。其 2%水溶液 pH 值约 5。mp 103～113℃。

注意事项 该品口服有毒。使用时应穿适当的防护服，戴手套和防护镜或面罩。使用时应避免吸入本品的粉尘。使用时如有事故发生或有不适之感，应请医生诊治。

主要用途 医用抗组胺剂。

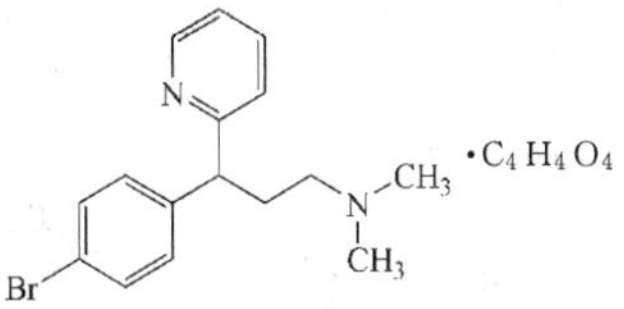

Bromuconazole 糠菌唑 01731

[116255-48-2] $C_{13}H_{12}BrCl_2N_3O$ 377.06

成分 C 41.41%，H 3.21%，Br 21.19%，Cl 18.80%，N 11.14%，O 4.24%。

别名 1-[(2*RS*,4*RS*;2*RS*,4*RS*)-4-溴-2-(2,4-二氯苯基)四氢糠基]-1*H*-1,2,4-三唑；1-[4-Bromo-2-(2,4-dichlorophenyl)tetrahydro-2-furanyl]methyl-1*H*-1,2,4-triazole；1-[(2*RS*,4*RS*;2*RS*,4*SR*)-4-Bromo-2-(2,4-dichlorophenyl)-tetrahydrofurfuryl]-1*H*-1,2,4-triazole；LS-860263；Granit

M. I. 15，1456

性状 白色至灰白色粉末。无味。中等至较高程度溶于有机溶剂，微溶于水（50mg/L）。mp 84℃。LD_{50}大鼠，小鼠急性经口：365mg/kg，1151mg/kg；大鼠皮肤接触：>2000mg/kg；兔吸入：>5mg/L。LC_{50}（96h）虹鳟鱼，翻车鱼：1.7mg/L，3.1mg/L。

主要用途 农用杀菌剂。

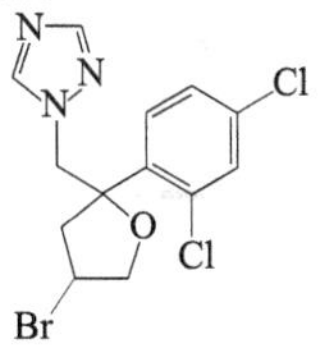

Brotizolam 溴替唑仑 01732

[57801-81-7] $C_{15}H_{10}BrClN_4S$ 393.69

成分 C 45.76%，H 2.56%，Br 20.30%，Cl 9.00%，N 14.23%，S 8.14%。

别名 2-Bromo-4-(2-chlorophenyl)-9-methyl-6*H*-thieno[3,2-*f*][1,2,4]triazolo[4,3-*a*][1,4]diazepine；2-Bromo-4-(*o*-chlorophenyl)-9-methyl-6*H*-thieno[3,2-f]-*s*-triazolo[4,3-*a*][1,4]diazepine；8-Bromo-6-(*o*-chlorophenyl)-1-methyl-4*H*-*s*-triazolo[3,4-*c*]thieno[2,3-*e*]-1,4-diazepine；WE-941-BS；Lendorm；Lendormin；Mederantil；Nim-bisan；sintonal

M. I. 15，1459

性状 来自乙醇中的无色结晶。mp 212～214℃。LD_{50}小鼠，大鼠急性经口：>10000mg/kg，>10000mg/kg；腹膜内注射：920mg/kg，1000mg/kg。

主要用途 医用镇静剂，安眠剂。

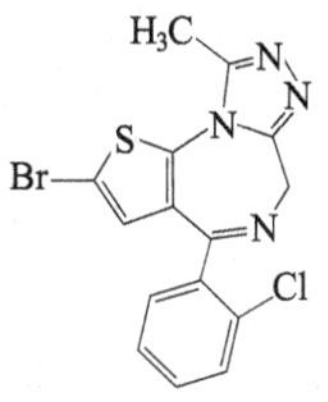

Brovincamine 溴长春胺 01733

[57475-17-9] $C_{21}H_{25}BrN_2O_3$ 433.35

成分 C 58.20%，H 5.82%，Br 18.44%，N 6.46%，O 11.08%。

别名 (3*α*,14*β*,16*α*)-11-Bromo-14,15-dihydro-14-hydroxyeburnamenine-14-carboxylic acid methyl ester；*cis*-11-Bromovincamine

M. I. 15，1460

性状 来自异丙醇中的无色结晶。mp 214℃（分解）；$[\alpha]_D^{20}$ +8.7°（1%于氯仿中）。

主要用途 医用末梢血管舒张剂。

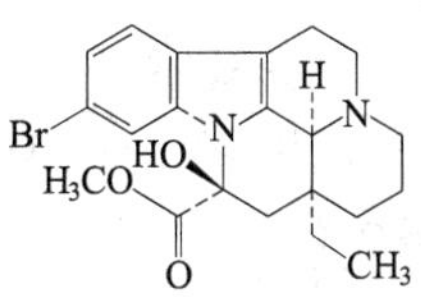

Broxuridine 溴尿苷 01734

[59-14-3] $C_9H_{11}BrN_2O_5$ 307.10

成分 C 35.20%，H 3.61%，Br 26.02%，N 9.12%，O 26.05%。

别名 5-溴-2′-去氧尿苷；溴苷；5-Bromo-2′-deoxyuridine；5-Bromouracil deoxyriboside；BrdUrd；BUdR；NSC-38297；

Broxine; Neomark; Radibud
M. I. 15, 1461
性状 来自无水乙醇中的无色结晶。mp 187～189℃；uv max（于盐酸中）：280nm（ε 9.9×10^{-3}）；uv max（于氢氧化钠中）：277nm（ε 7.2×10^{-3}）。
主要用途 用于测定 DNA 合成的研究工具。医用抗肿瘤剂。

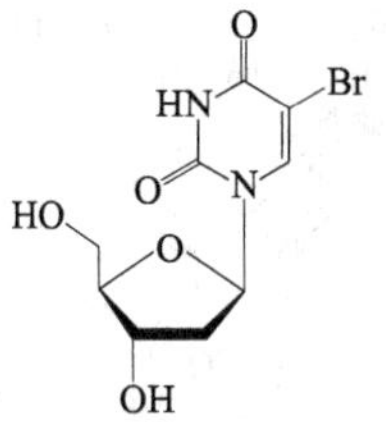

Brucine 番木鳖碱 01735

[357-57-3] $C_{23}H_{26}N_2O_4$ 394.47
成分 C 70.03%，H 6.64%，N 7.10%，O 16.22%。
别名 二甲氧基士的宁；白路新；二甲氧基马钱子碱；10,11-Dimethoxystrychnine; 2,3-Dimethoxystrychnidin-10-one
GW 2015-486 M. I. 15, 1464
性状 来自丙酮＋水中的无色针状结晶或白色粉末。味极苦。溶于乙醇、三氯甲烷、苯，微溶于水、乙醚、甘油、乙酸乙酯。mp 178℃；$[\alpha]_D$ −127°（于氯仿中），−85°（于无水乙醇中）；uv max（乙醇中）：263nm，301nm（lg ε 4.09，3.93）。一般试剂含量≥99.0%（TLC）。
注意事项 该品吸入或口服极毒。对水生物有害。对水环境能产生长期有害的结果。使用时如有事故发生或有不适之感，应请医生诊治。应防止将本品释放于环境中。应远离食品、饮料和饲料密封保存。
主要用途 生化试剂。外消旋混合物的分离。硝酸根、溴的检测。测定铋、镉、铈。医用中枢神经兴奋剂。

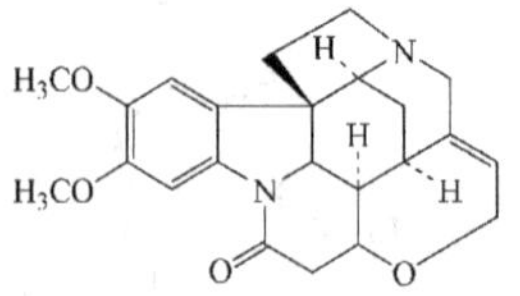

Bucetin 布西丁 01736

[1083-57-4] $C_{12}H_{17}NO_3$ 223.27
成分 C 64.55%，H 7.67%，N 6.27%，O 21.50%。
别名 *N*-(4-Ethoxyphenyl)-3-hydroxybutanalnide; 3-Hydroxy-*p*-butyrophenetidide; *β*-Hydroxybutyric acid *p*-phenetidide; *p*-Ethoxy-*N*-(*β*-hydroxybutyryl)aniline; Betadid
M. I. 15, 1467
性状 来自异丙醇中的无色结晶。略微溶于水。mp 160℃。LD_{50} 小鼠腹膜内注射：790mg/kg；急性经口：2800mg/kg。
注意事项 该品能致癌。能引起遗传基因的损伤。吸入、口服或与皮肤接触有害。使用前应得到专门的指导，避免曝露。使用时应穿适当的防护服，戴手套和防护镜或面罩，应避免吸入本品的粉尘。使用时如有事故发生或有不适之感，应请医生诊治。
主要用途 医用止痛剂。

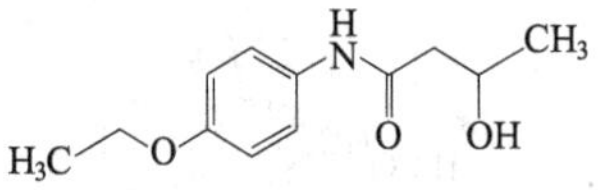

Bucillamine 布西拉明 01737

[65002-17-7] $C_7H_{13}NO_3S_2$ 223.31
成分 C 37.65%，H 5.87%，N 6.27%，O 21.49%，S 28.71%。
别名 *N*-(2-Mercapto-2-methyl-1-oxopropyl)-L-cysteine; *N*-(2-Mercapto-2-methylpropanoyl)-L-cysteine; *N*-(2-Mercaptoisobutyryl)-L-cysteine; Tiobutarit; Thiobutarit; DE-019; SA-96; Rimatil
M. I. 15, 1470
性状 来自乙酸乙酯中的无色结晶。mp 139～140℃；$[\alpha]_D^{25}$ +32.3°（*c*＝1.0，于乙醇中）。LD_{50} 小鼠腹膜内注射：2285mg/kg；静脉注射：989.6mg/kg。
主要用途 医用抗风湿剂。消炎镇痛剂。

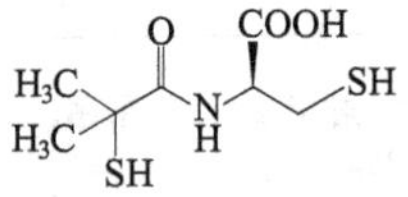

Bucindolol hydrochloride 布新洛尔 盐酸盐 01738

[70369-47-0] $C_{22}H_{26}ClN_3O_2$ 399.92
成分 C 66.07%，H 6.55%，Cl 8.86%，N 10.51%，O 8.00%。
别名 盐酸布新洛尔；2-[2-Hydroxy-3-[[2-(1*H*-indol-3-yl)-1,1-dimethylethyl]amino]propoxy]benzonitrile hydrochloride; MJ-13105-1
M. I. 15, 1471
性状 来自无水乙醇中的白色结晶。溶于水。不吸湿。pK_a 8.86。mp 185～187℃。LD_{50} 小鼠，大鼠急性经口：约 100mg/kg。
主要用途 医用抗高血压剂。

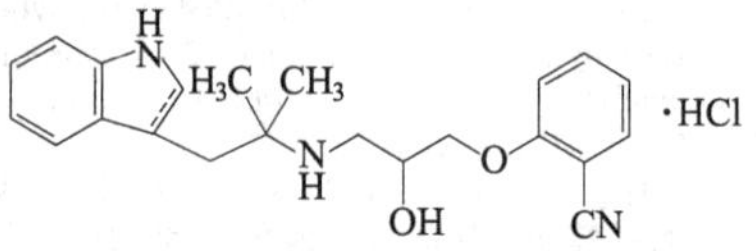

Buclizine dihydrochloride 安其敏 二盐酸盐 01739

[129-74-8] $C_{28}H_{35}Cl_3N_2$ 505.95
成分 C 66.47%，H 6.97%，Cl 21.02%，N 5.54%。
别名 二盐酸安其敏；盐酸安其敏；UCB-4445; Buclina; Longifene; Posdel; Postafen; Vibazine; 1-(4-Chlorophenyl) phenylmethyl-4-[[4-(1,1-dimethylethyl) phenyl] methyl] piperazine dihydrochloride; 1-(*p-tert*-Butylbenzyl)-4-(*p*-chloro-*α*-phenylbenzyl) piperazine dihydrochloride; 1-(*p*-Chlorobenzhydryl)-4-(*p-tert*-butylbenzyl) diethylenediamine dihydrochloride; 1-(*p-tert*-Butylbenzyl)-4-(*p*-chlorodiphenylmethyl) piperazine dihydrochloride; Histabutyzine dihydrochloride; Histabutizine dihydrochloride
M. I. 15, 1474
性状 无色或白色结晶性粉末。mp 230～240℃。
主要用途 医用止吐剂。

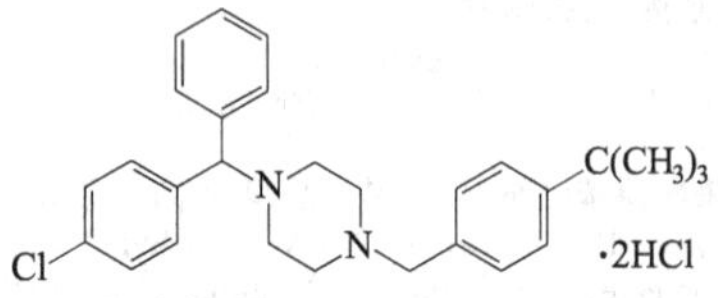

Budesonide 布地奈德 01740

[51333-22-3] $C_{25}H_{34}O_6$ 430.54
成分 C 69.74%，H 7.96%，O 22.30%。
别名 布地缩松；丁地去炎松；普米克；(11*β*,16*α*)-16,17-Butylidenebis(oxy)-11,21-dihydroxypregna-1,4-diene-3,20-dione; (*R*,*S*)-11*β*,16*α*,17,21-Tetrahydroxypregna-1,4-diene-3,20-dione cyclic 16,17-acetal with butyraldehyde; S-1320; Bidien; Budeson; Cortivent; Entocort CR; Preferid; Pulmicort; Rhinocort; Spirocort
M. I. 15, 1476
性状 无色结晶。一般商品为其异构体的混合物。易溶于氯仿，略微溶于乙醇，几乎不溶于水、庚烷。mp 221～232℃（分解）；$[\alpha]_D^{25}$ +98.9°（*c*＝0.28，于二氯甲烷中）。
主要用途 医用抗炎剂。

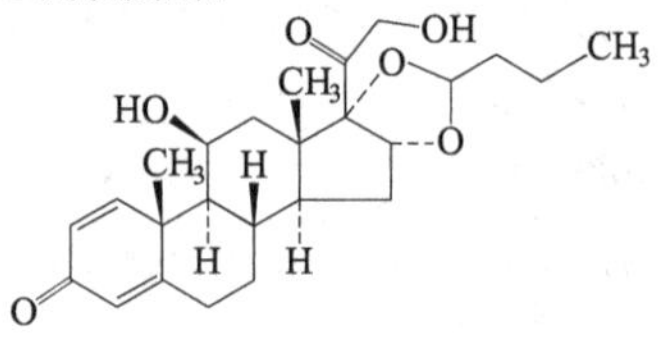

Budipine hydrochloride 布地品 盐酸盐 01741

[63661-61-0] $C_{21}H_{28}ClN$ 329.91

成分 C 76.45%，H 8.56%，Cl 10.75%，N 4.25%。

别名 丁双苯哌啶 盐酸盐；盐酸丁双苯哌啶；盐酸布他品；1-(1,1-Dimethylethyl)-4,4-diphenylpiperidine hydrochloride；1-*tert*-Butyl-4,4-diphenylpiperidine hydrochloride；Parkinsan

M. I. 15，1477

性状 无色结晶或白色粉末。LD_{50}雄小鼠，大鼠急性经口：120mg/kg，165mg/kg；静脉注射：33mg/kg，28mg/kg。

主要用途 医用抗震颤剂。

Bufalin 蟾蜍灵 01742

[465-21-4] $C_{24}H_{34}O_4$ 386.53

成分 C 74.58%，H 8.87%，O 16.56%。

别名 二羟蟾毒二烯酸内酯；蟾毒配质；(3β,5β)-3,14-Dihydroxybufa-20,22-dienolide

M. I. 15，1478

性状 来自甲醇/氯仿中的无色针状结晶。mp 242～243℃；$[\alpha]_D$ −20°；uv max（乙醇中）：298nm（lg ε 3.77）。

注意事项 该品吸入、口服或与皮肤接触极毒。使用时应穿适当的防护服，戴手套和防护镜或面罩。使用时应避免吸入本品的粉尘。使用时如有事故发生或有不适之感，应请医生诊治。应密封于 2～8℃保存。

Bufexamac 丁苯羟酸 01743

[2438-72-4] $C_{12}H_{17}NO_3$ 223.27

成分 C 64.56%，H 7.68%，N 6.27%，O 21.50%。

别名 皮炎灵；4-Butoxy-*N*-hydroxybenzeneacetamide；2-(*p*-Butoxyphenyl)acetohydroxamic acid；2-[*p*-(Butyloxy)phenyl]acetohydroxamic acid；CP-1044-13；Droxarol；Droxaryl；Feximac；Malipuran；Mofenar；Norfemac；Parfenac；Parfenal

M. I. 15，1479

性状 来自丙酮中的无色针状结晶。几乎不溶于水。mp 153～155℃。LD_{50}小鼠，大鼠急性经口：＞8g/kg，＞4 g/kg。

主要用途 医用抗炎剂，止痛剂，抗发热剂。

Buflomedil hydrochloride 丁咯地尔 盐酸盐 01744

[35543-24-9] [55837-25-7] $C_{17}H_{26}ClNO_4$ 343.85

成分 C 59.38%，H 7.62%，Cl 10.31%，N 4.07%，O 18.61%。

别名 盐酸丁咯地尔；LL-1656；Bufedil；Buflan；Buflocit；Buflonat；Fonzylane；Irrodan；Lofton；Loftyl；Provas；4-(1-Pyrrolidinyl)-1-(2，4，6-trimethoxyphenyl)-1-butanone hydrochloride；2′，4′，6′-Trimethoxy-4-(1-pyrrolidinyl) butyrophenone hydrochloride；(2,4,6-Trimethoxyphenyl)(3-pyrrolidinopropyl)ketone hydrochloride

M. I. 15，1480

性状 来自异丙醇中的白色结晶。mp 192～193℃。LD 小鼠静脉注射：(80±4.6) mg/kg。

主要用途 医用末稍血管舒张剂。

Buformin hydrochloride 丁二胍 盐酸盐 01745

[1190-53-0] $C_6H_{16}ClN_5$ 193.68

成分 C 37.21%，H 8.33%，Cl 18.30%，N 36.16%。

别名 *N*-丁基双胍 盐酸盐；盐酸丁二胍；盐酸 *N*-丁基双胍；Andere；Biforon；Bigunal；Bufonamin；Bulbonin；Diabrin；Dibetos；Gliporal；Insulamin；Krebon；Panformin；Silubin；Sindiatil；Tidemol；Ziavetine；*N*-Butylimidodicarbonimidicdiamide hydrochloride；1-Butylbiguanide hydrochloride；*n*-Butylbiguanide hydrochloride；Butyldiguanide hydrochloride；Butformin hydrochloride；W-37-HCl

M. I. 15，1481

性状 无色结晶。易溶于水、乙醇。mp 174～177℃。LD_{50}小鼠腹膜内注射：380mg/kg。

主要用途 医用口服降血糖剂。

Bufotalin 蟾蜍他灵 01746

[471-95-4] $C_{26}H_{36}O_6$ 444.57

成分 C 70.24%，H 8.16%，O 21.59%。

别名 蟾毒配基；蟾毒配基 B 乙酸酯；(3β,5β,16β)-16-Acetyloxy-3.14-dihydroxybufa-20,22-dienolide；3β,14,16β-Trihydroxy-5β-bufa-20,22-dienolide 16-acetate

M. I. 15，1482

性状 来自乙醇中的无色结晶。溶于乙醇、氯仿。154℃结块，233℃分解。在高真空状态下225～230℃升华。$[\alpha]_D^{20}$ +5.4°（c=0.5，于氯仿中）；uv max：300nm。

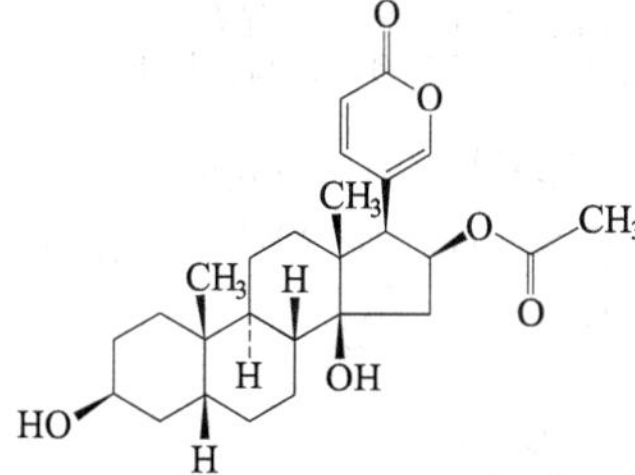

Bufotenine 蟾毒色胺 01747

[487-93-4] $C_{12}H_{16}N_2O$ 204.27

成分 C 70.56%，H 7.90%，N 13.71%，O 7.83%。

别名 *N*,*N*-二甲基-5-羟基色胺；蟾酥碱；3-[2-(Dimethylamino)ethyl]-1*H*-indol-5-ol；3-(2-Dimethylaminoethyl)-5-indolol；5-Hy-droxy-*N*,*N*-dimethyltryptamine；*N*,*N*-Dimethylserotonin；3-(β-Dimethylaminoethyl)-5-hydroxyindole；Mappine

M. I. 15，1483

性状 来自乙酸乙酯中的粗大棱柱体结晶。易溶于乙醇，较少地溶于乙醚，溶于稀酸、碱，几乎不溶于水。mp 146～147℃；$bp_{0.1}$ 320℃/13.33Pa；uv max：220nm，265nm（lg ε 4.0，3.7）。

Bufotoxin 蟾蜍素 01748

[464-81-3] $C_{40}H_{60}N_4O_{10}$ 756.94

成分 C 63.47%，H 7.99%，N 7.40%，O 21.14%。

别名 蟾蜍毒素；蟾毒素；蟾毒配基 B 二酯；(3β,5β,16β)-16-Acetyloxy-3-[8-[[(1S)-4-(aminoiminomethyl) amino-1-carboxybutyl]amino]-1,8-dioxooctyl]oxy-14-hydroxybufa-20,22-

dienolide; Vulgarobufotoxin; Bufotalin 3-suberoylarginine ester
M. I. 15, 1484
性状 其一水合物为来自乙醇中的无色针状结晶。味苦。易溶于甲醇、吡啶，略溶于无水乙醇，几乎不溶于水、乙醚、丙酮、氯仿、石油醚。205℃分解；uv max: 295nm (lg ε 3.74)。

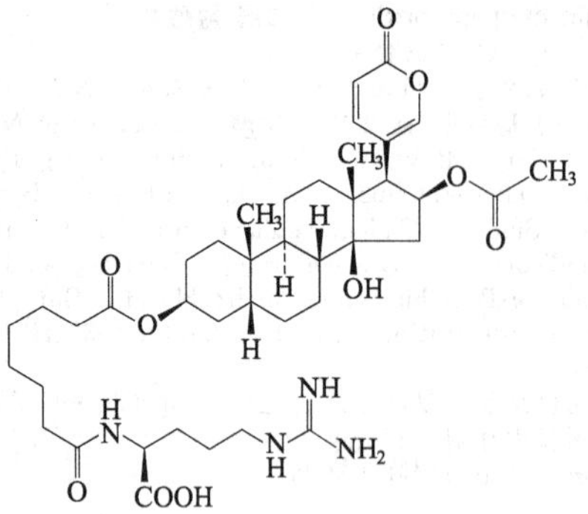

Bufuralol hydrochloride 丁呋洛尔 盐酸盐 01749

[59652-29-8] $C_{16}H_{24}ClNO_2$ 297.82

成分 C 64.53%，H 8.12%，Cl 11.90%，N 4.70%，O 10.74%。

别名 盐酸丁呋洛尔；Ro-3-4787；Angium；α-[(1, 1-Dimethylethyl) amino] methyl-7-ethyl-2-benzofuranmethanol hydrochloride; α-(*tert*-Butylamino) methyl-7-ethyl-2-benzofuranmethanol hydrochloride; 2-(2-*tert*-Butylamino-1-hydroxyethyl)-7-ethylbenzofuran hydrochloride; 1-(7-Ethylbenzofuran-2-yl)-2-*tert*-butylamino-1-hydroxyethane hydrochloride

M. I. 13, 1467

性状 来自丙酮中的细小白色粉末。mp 146℃。LD_{50}小鼠静脉注射：29.7mg/kg；腹膜内注射：88.0mg/kg。急性经口：177mg/kg。大鼠皮下注射：1400mg/kg；急性经口：750mg/kg。

注意事项 该品应密封于2～8℃保存。

主要用途 医用抗心绞痛剂，抗高血压剂。

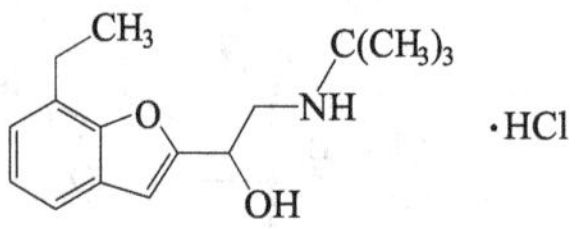

·HCl

Bulbocapnine 褐鳞碱 01750

[298-45-3] $C_{19}H_{19}NO_4$ 325.36

成分 C 70.14%，H 5.89%，N 4.31%，O 19.67%。

别名 (7a*S*)-6,7,7a,8-Tetrahydro-11-methoxy-7-methyl-5*H*-benzo[*g*]1,3-benzodioxolo[6,5,4-*de*]quinolin-12-ol; 10-Methoxy-1,2-methylenedioxy-6aα-aporphin-11-ol

M. I. 15, 1486

性状 柱状结晶。溶于乙醇、氯仿，几乎不溶于水。mp 201～203℃；$[\alpha]_D^{22}+231°$。LD_{50}小鼠皮下注射：195mg/kg。

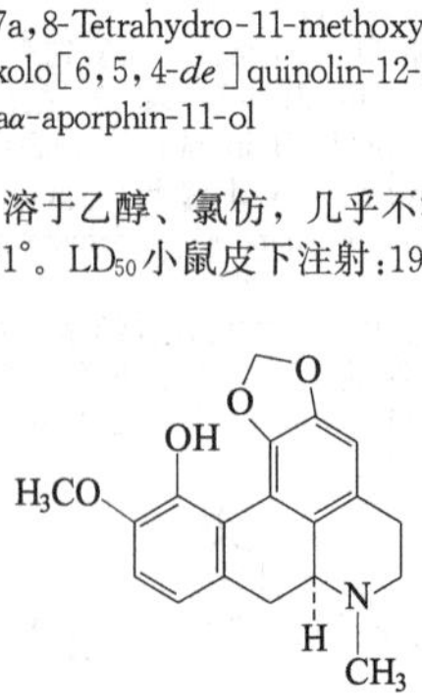

Bumadizon 丁丙二苯肼 01751

[3583-64-0] $C_{19}H_{22}N_2O_3$ 326.40

成分 C 69.92%，H 6.79%，N 8.58%，O 14.70%。

别名 丁基丙二酸单(1,2-二苯肼)；2-Butylpropanedioic acid 1-(1, 2-diphenylhydrazide); Butylmalonic acid mono (1, 2-diphenylhydrazide); *N*-(2-Carboxycaproyl) hydrazobenzene; α-Carboxycaproyl-*N*,*N'*-diphenylhydrazine

M. I. 15, 1488

性状 来自石油醚-乙醚中的无色结晶。mp 116～117℃；uv max (0.1mol/L 氢氧化钠溶液中)：234nm，264nm (ε 16200，3700)。

主要用途 医用消炎、退热、止痛、抗风湿剂。

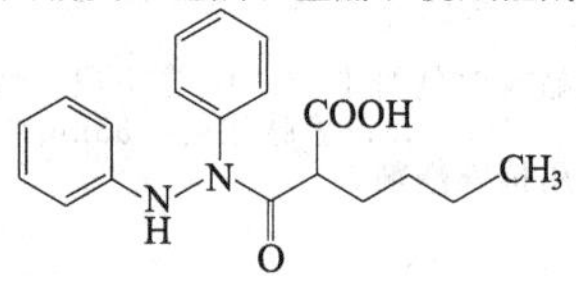

Bumetanide 丁苯氧酸 01752

[28395-03-1] $C_{17}H_{20}N_2O_5S$ 364.42

成分 C 56.03%，H 5.53%，N 7.69%，O 21.95%，S 8.80%。

别名 3-丁氧基-4-苯氧基-5-氨磺酰基苯甲酸；3-氨磺酰基-5-丁氨基-4-苯氧基苯甲酸；3-Aminosulfonyl-5-butylamino-4-phenoxybenzoic acid; Bumex; Burinex; Butinat; 3-Butylamino-4-phenoxy-5-sulfamoylbenzoic acid; PF-1593; Ro-10-6338; Fontego; Fordiuran; Lunetoron

M. I. 15, 1489

性状 来自乙醇水溶液中的无色结晶。溶于碱溶液，微溶于水。该品在下列物质中的溶解度(mg/mL)：水0.1；乙醇30.6；丙二醇18.7；二甲基乙酰胺>500；甲醇76.5；苯0.4；苯甲醇21.6；丙酮50.2。溶于碱溶液。pK_1 3.6，pK_2 7.7。mp 230～231℃。uv max (水中)：260nm，220nm ($E^{1\%}$ 18.9，17.1)；(0.1mol/L氢氧化钠溶液中)：326nm；(甲醇中)：270nm，345nm。LD_{50}小鼠静脉注射：330mg/kg。生化试剂含量≥98.0%。

主要用途 生化研究。医用利尿剂。

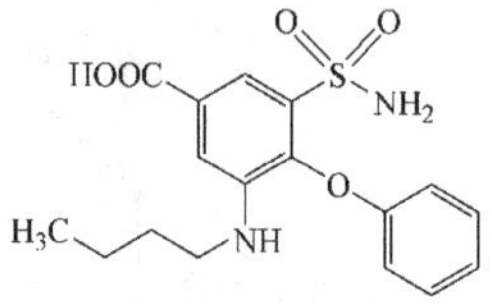

Bunamiodyl sodium 丁碘桂酸钠 01753

[1923-76-8] $C_{15}H_{15}I_3NNaO_3$ 660.99

成分 C 27.26%，H 2.29%，I 57.60%，N 2.12%，Na 3.48%，O 7.26%。

别名 2-[[2, 4, 6-Triiodo-3-[(1-oxobutyl) amino] phenyl] methylene]butanoic acid monosodium salt; 3-Butyramido-α-ethyl-2,4,6-triiodocinnamic acid sodium salt; 3-(3-Butyrylamino-2,4,6-triiodophenyl)-2-ehylacrylic acid sodium salt; α-Ethyl-β-(2,4,6-triiodo-3-butyramidophenyl) acrylic acid sodium salt; α-(2,4,6-Triiodo-3-butyrylaminobenzylidene) butyric acid sodium salt; Sodium 3-butyramido-α-ethyl-2, 4, 6-triiodocinnamate; Buniodyl; Bunaiod; Or-abilex; Orabilix

M. I. 15, 1490

性状 来自水中的白色细小结晶性粉末。微溶于水。LD_{50}大鼠急性经口：2.78g/kg。

主要用途 辅助诊断剂(射线透不过的介质)。

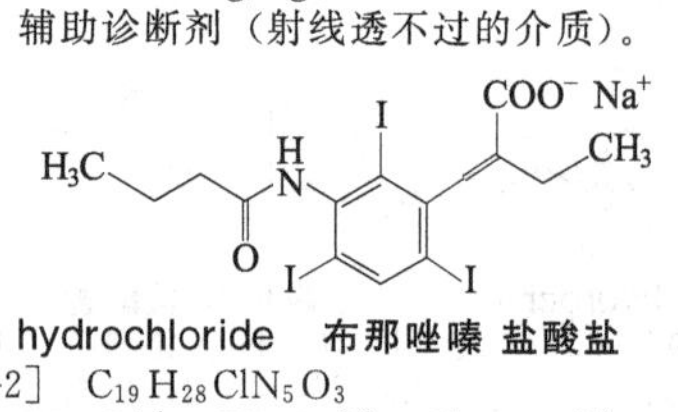

Bunazosin hydrochloride 布那唑嗪 盐酸盐 01754

[52712-76-2] $C_{19}H_{28}ClN_5O_3$ 409.92

成分 C 55.67%，H6.89%，Cl 8.65%，N 17.09%，O 11.71%。

别名 盐酸布那唑嗪；E-643; Detantol; 1-(4-Amino-6,7-dimethoxy-2-quinazolinyl) hexahydro-4-(1-oxobutyl)-1*H*-1, 4-diazepine hydrochloride; 1-(4-Amino-6,7-dimethoxy-2-quinazolinyl)-4-butyrylhexahydro-1*H*-1,4-diazepine hydrochloride; 4-Amino-6,7-dimethoxy-2-[4-(*n*-butyryl) homopiperazin-1-yl] quinazoline hydrochloride; DDQ-HCl

M. I. 15, 1491

性状 来自甲醇/乙醇中的无色结晶。mp 280～282℃。

主要用途 医用抗高血压剂。

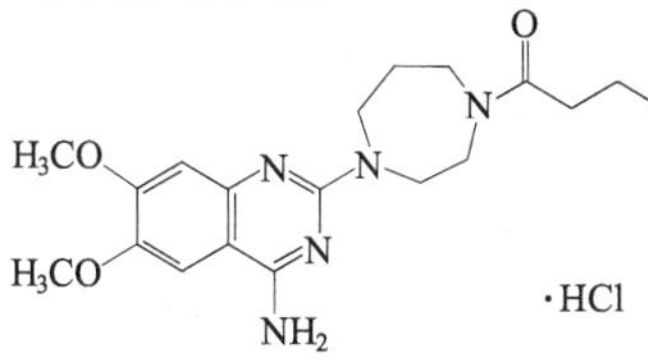

Bunitrolol hydrochloride 丁苄腈心安 盐酸盐 01755

[23093-74-5] $C_{14}H_{21}ClN_2O_2$ 284.78

成分 C 59.05%，H 7.43%，Cl 12.45%，N 9.84%，O 11.24%。

别名 盐酸丁苄腈心安；Betriol；Stresson；2-[3-[(1,1-Dimethylethyl)amino]-2-hydroxypropoxy]benzonitrile hydrochloride；*o*-[3-(*tert*-Butylamino)-2-hydroxypropoxy]benzonitrile hydrochloride；1-(2-Cyanophenoxy)-2-hydroxy-3-*tert*-butylaminopropane hydrochloride；Ko-1366-HCl

M. I. 15，1493

性状 来自乙醇中的无色结晶。mp 163～165℃。LD_{50}小鼠，大鼠急性经口：1344～1400mg/kg，639～649mg/kg；腹膜内注射：264～265mg/kg，222～225mg/kg。

主要用途 医用抗高血压剂，抗心律失常剂，抗心绞痛剂。

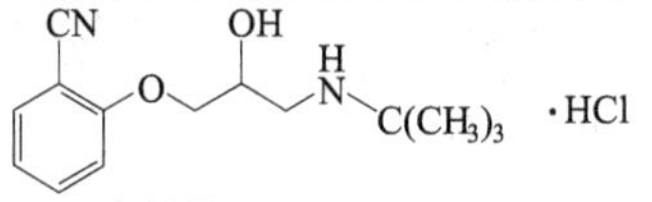

Buparvaquone 布帕伐醌 01756

[88426-33-9] $C_{21}H_{26}O_3$ 326.44

成分 C 77.27%，H 8.03%，O 14.70%。

别名 2-(4-叔丁基环己基)甲基-3-羟基-1,4-萘醌；2-[4-(1,1-Dimethylethyl)cyclohexyl]methyl-3-hydroxy-1,4-naphthalenedione；2-(4-*tert*-Butylcyclohexyl)methyl-3-hydroxy-1,4-naphthoqui-none；3-(4-*t*-Butylcyclohexyl)methyl-2-hydroxy-1,4-naphthoquinone；BW-720C；Butalex

M. I. 15，1495

性状 无色结晶。mp 124～125℃。LD_{50}大鼠急性经口：>2g/kg。

主要用途 兽用抗原生物剂（泰来虫属）。

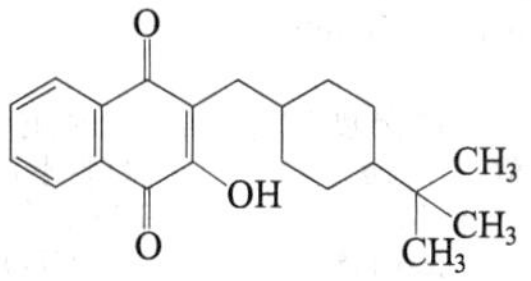

Buphanamine 布蕃胺 01757

[6793-24-4] $C_{17}H_{19}NO_4$ 301.34

成分 C 67.76%，H 6.36%，N 4.65%，O 21.24%。

别名 (1*R*,4a*R*,5*R*,11b*S*)-4,4a-Dihydro-7-methoxy-1*H*,6*H*,5,11b-ethano[1,3]dioxolo[4,5-*j*]phenanthridin-1-ol；(1α)-2,3-Didehydro-7-methoxycrinan-1-ol

M. I. 15，1496

性状 来自乙酸乙酯中的无色棱柱体结晶，mp 183～185℃；或来自丙酮中的结晶，mp 192～194℃。$[\alpha]_{589}^{24}$ −195°；$[\alpha]_{436}^{24}$ −408°（c=0.97）；$[\alpha]_D^{20}$ −205°（c=0.69，于95%乙醇中）；$[\alpha]_D^{21}$ −194°（c=0.247，于氯仿中）；uv max：287nm（ε 1495）。

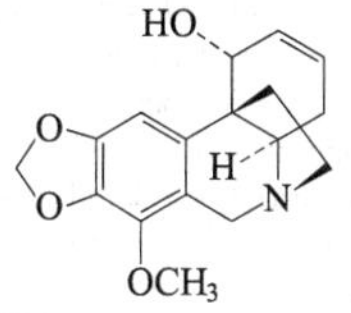

Buphanitine 布蕃尼亭 01758

[4673-18-1] $C_{17}H_{21}NO_5$ 319.36

成分 C 63.94%，H 6.63%，N 4.39%，O 25.05%。

别名 网球花碱；(1*R*,3*R*,4a*R*,5*S*,11b*S*)-2,3,4,4a-Tetrahydro-7-methoxy-1*H*,6*H*-5,11b-ethano[1,3]dioxolo[4,5-*f*]phenanthridine-1,3-diol；(1α,3α)-7-Methoxycrinan-1,3-diol；Hemanthine；Nerbowdine

M. I. 15，1497

性状 来自氯仿+乙醚中的无色针状结晶，或来自丙酮中的无色棱柱体结晶。mp 232℃；$[\alpha]_D^{20}$ −102°（c=1，于氯仿中）。

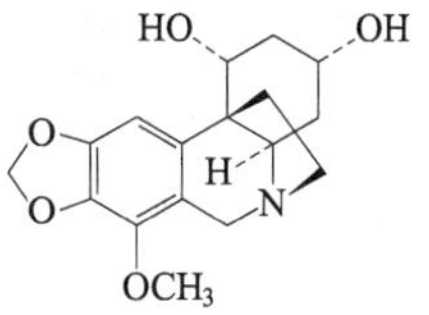

Bupirimate 磺酸丁嘧啶 01759

[41483-43-6] $C_{13}H_{24}N_4O_3S$ 316.42

成分 C 49.35%，H 7.65%，N 17.71%，O 15.17%，S 10.13%。

别名 乙嘧酚磺酸酯；二甲基氨基磺酸5-丁基-2-乙基氨基-6-甲基-4-嘧啶基酯；Dimethylsulfamic acid 5-butyl-2-(ethylamino)-6-methyl-4-pyrimidinyl ester；5-Butyl-2-(ethylamino)-6-methyl-4-pyrimidinyl dimethylsulfamate；PP-588；Nimrod

M. I. 15，1498

性状 浅褐色蜡状固体。溶于除烷属烃外的多数有机溶剂。微溶于水（25℃，22mg/L）。易被稀酸水解。mp 50～51℃。Fp 212℉（100℃）。LD_{50}大鼠急性经口：4000mg/kg。

主要用途 杀菌剂。

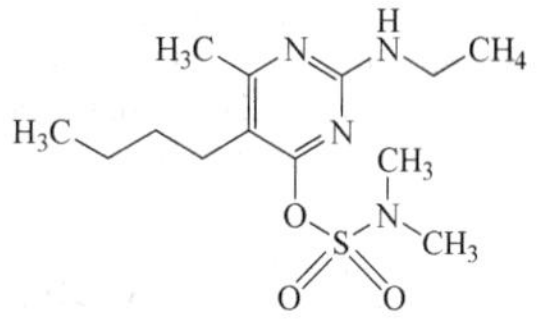

Bupivacaine hydrochloride
丁哌卡因 盐酸盐 01760

[14252-80-3] $C_{18}H_{28}N_2O \cdot HCl$ 324.89

成分（无 HCl） C 74.95%，H 9.78%，N 9.71%，O 5.55%。

别名 盐酸丁哌卡因；1-丁基-2′,6′-二甲基-2-哌啶酰苯胺 盐酸盐；盐酸1-丁基-2′,6′-二甲基-2-哌啶酰苯胺；1-Butyl-*N*-(2,6-dimethylphenyl)-2-piperidinecar boxamide hydrochloride；Anekain hydrochloride；*dl*-1-Butyl-2′,6′-pipecoloxylididehydrochloride；1-*n*-Butyl-2′,6′-dimethyl-2-piperdinecarboxanilide hydrodhloride；*dl*-*N*-*n*-Butylpipecolic acid 2,6-xylidide hydrochloride；1-Butyl-2-(2,6-xylylcarbamoyl)piperidine hydrochloride；*dl*-1-*n*-Butylpiperidine-2-carboxylic acid 2,6-dimethylanilide hydrochloride；Chirocaine；Marcaine hydrochloride；AH-2250；Carbostesin；LAC-43；Marcain；Marcaina

M. I. 15，1499

性状 白色粉末。无味。溶于水(40mg/mL)、乙醇(125mg/mL)，微溶于丙酮、氯仿、乙醚。mp 258.5℃。$[\alpha]_D^{25}$ −12.3°(c=2，于水中)。LD_{50}小鼠静脉注射：7.8mg/kg；皮下注射：82mg/kg。

注意事项 该品吸入、口服或与皮肤接触极毒。使用时应穿适当的防护服，戴手套和防护镜或面罩。应避免吸入本品的粉尘。使用时如有事故发生或有不适之感，应请医生诊治。

主要用途 生化研究。医用局部麻醉剂。

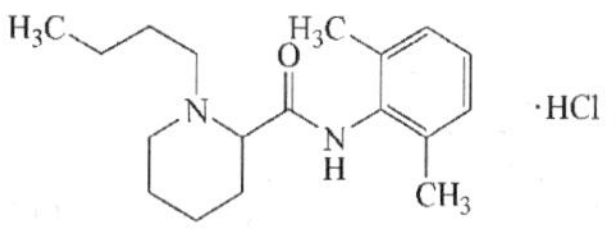

Bupranolol hydrochloride 氯甲苯心安 盐酸盐 01761

[15148-80-8] $C_{14}H_{23}Cl_2NO_2$ 308.24

成分 C 54.55%，H 7.52%，Cl 23.00%，N 4.54%，

O 10.38%。

别名 盐酸氯甲苯心安 KL-255;Betadran;Betadrenol;looser;Panimit; 1-(2-Chloro-5-methylphenoxy)-3-(1, 1-dimethylethyl) amino-2-propanol hydrochloride; 1-(*tert*-Butylamino)-3-(6-chloro-*m*-tolyl) oxy-2-propanol hydrochloride; 1-(6-Chloro-3-methylphenoxy)-3-*tert*-butylaminopropan-2-ol hydrochloride; 1-*tert*-Butylamino-3-(2-chloro-5-methylphenoxy)-2-propanol hydrochloride;Bupranol; hydrochloride;Ophtorenin hydrochloride

M. I. 15, 1500

性状 无色结晶。mp 220～222℃。

主要用途 医用抗高血压剂，抗心绞痛剂，抗心律失常剂，抗青光眼剂。

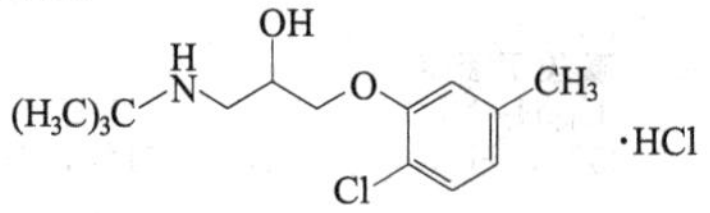

Buprofezin 噻嗪酮 01762

[69327-76-0] $C_{16}H_{23}N_3OS$ 305.44

成分 C 62.92%，H 7.59%，N 13.76%，O 5.24%，S 10.50 %。

别名 扑虱灵；稻虱净；2-[(1,1-Dimethylethyl)imino]tetrahydro-3-(1-methylethyl)-5-phenyl-4*H*-1,3,5-thiadiazin-4-one;2-*tert*-Butylimino-3-isopropyl-5-phenylperhydro-1, 3, 5-thiadiazin-4-one;NNI-750;NNK-758;NN-29285;PP-618;Applaud

M. I. 15, 1502

性状 来自异丙醇中的无色结晶。该品于下列物质中的溶解度(25℃,g/L):丙酮 240;氯仿 520;乙醇 80;甲苯 320。极微溶于水(0.9mg/L)。蒸气压(25℃):9.4×10^{-6}mm Hg/ 1.25×10^{-3}Pa。mp 106.1℃。LD_{50}小鼠,大鼠急性经口:10000mg/kg,8740mg/kg。LD_{50}(48h)鲤鱼:2～10mg/L。

主要用途 杀虫剂。分析用标准物质。

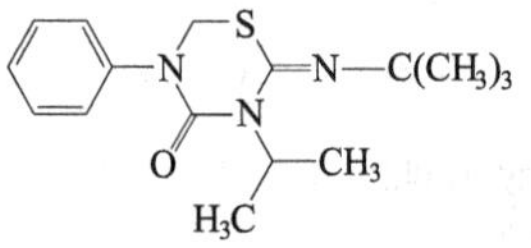

Bupropion hydrochloride 丁氨苯丙酮 盐酸盐 01763

[31677-93-7] $C_{13}H_{19}Cl_2NO$ 276.20

成分 C 56.53%，H 6.93%，Cl 25.67%，N 5.07%，O 5.79%。

别名 1-(3-氯苯基)-2-(1,1-二甲基乙基)氨基-1-丙酮 盐酸盐;盐酸丁氨苯丙酮;Wellbutrin;Zyban;1-(3-Chlorophenyl)-2-(1,1-dimethylethyl)amino-1-propanone hydrochloride;(±)-2-(*tert*-Butylamino)-3′-chloropropiophenone hydrochloride; *m*-Chloro-α-(*tert*-butylamino) propiophenone hydrochloride; Amfebutamone hydrochloride;Budeprion

M. I. 15, 1503

性状 来自异丙醇及无水乙醇中的无色结晶。味苦。该品于下列物质中的溶解度（mg/mL）：水 312；乙醇 193；0.1mol/L盐酸 333。pK_a 7.9。mp 233～234℃。LD_{50}小鼠，大鼠腹膜内注射：230mg/kg，210mg/kg；急性经口：575mg/kg，600mg/kg。生化试剂含量≥99.0%。

注意事项 该品口服有害。使用时应穿适当的防护服。

主要用途 生化研究。医用抗抑郁剂，帮助戒烟。

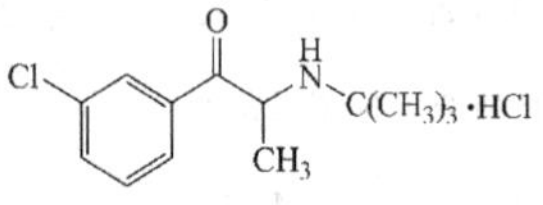

Buquinolate 丁喹酯 01764

[5486-03-3] $C_{20}H_{27}NO_5$ 361.44

成分 C 66.46%，H 7.53%，N 3.88%，O 22.13%。

别名 4-羟基-6,7-双(2-甲基丙氧基)-3-喹啉羧酸乙酯;6,7-二异丁氧基-4-羟基喹啉-3-羧酸乙酯;4-Hydroxy-6,7-bis(2-methylpropoxy)-3-quinolinecarboxylic acid ethyl ester; 4-Hydroxy-6,7-diisobutoxy-3-quinolinecarboxylic acid ethyl ester; Ethyl 6,7-diisobutoxy-4-hydroxyquinoline-3-earboxylate;Bonaid

M. I. 15, 1504

性状 无色结晶。mp 288～291℃。

主要用途 兽用抑球虫剂。

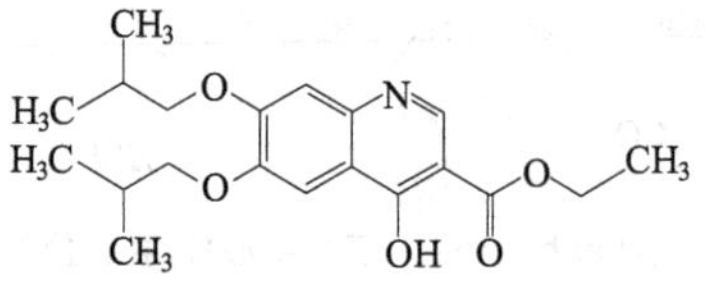

Buspirone hydrochloride 丁螺环酮 盐酸盐 01765

[33386-08-2] $C_{21}H_{32}ClN_5O_2$ 421.97

成分 C 59.77%，H 7.64%，Cl 8.40%，N 16.60%，O 7.58%。

别名 盐酸丁螺环酮；Ansial;Ansiced;Axoren;Bespar;Buspar;Buspimen;Buspinol;Buspisal;Narol;8-[4-[4-(2-pyrimidinyl)-1-piperazinyl]butyl]-8-azaspiro[4,5]decane-7,9-dione hydrochloride

M. I. 15, 1507

性状 来自无水乙醇中的无色结晶。易溶于水、甲醇、二氯乙烷，略溶于乙醇、乙腈，极微溶于乙酸乙酯，几乎不溶于己烷。pK_{a1} 4.12，pK_{a2} 7.32。mp 201.5～202.5℃。LD_{50}大鼠腹膜内注射：136mg/kg。

注意事项 该品口服有毒。使用时如有事故发生或有不适之感，应请医生诊治。应密封于 2～8℃保存。

主要用途 医用抗焦虑剂。

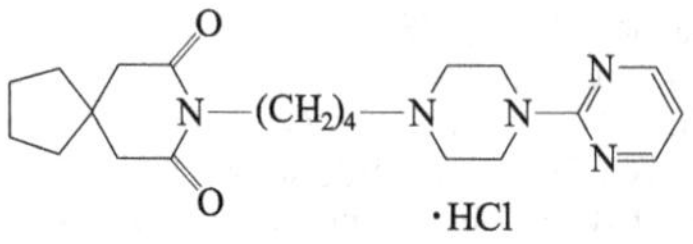

Busulfan 白消安 01766

[55-98-1] $C_6H_{14}O_6S_2$ 246.29

成分 C 29.26%，H 5.73%，O 38.97%，S 26.04%。

别名 二甲磺酸丁酯;二甲烷磺酸-1,4-丁二醇酯;1,4-丁二醇二甲基磺酸酯;1,4-Bis(methanesulfonoxy)butane;1,4-Butanediol dimethanesulfonate ester;Busulphan;CB-2041;1,4-Di(methanesulfonyloxy)butane;1,4-di(methylsulfonoxy)butane;GT-41;Methanesulfenicacid tetramethylene ester; Mielucin; Misulban; Mitosan; Myelsan;Myelenkon;Myeloleukon;Myleran;sulfabutin

M. I. 15, 1508

性状 无色结晶。对湿度敏感。溶于丙酮（25℃，2.4g/100mL）、乙醇（0.1g/100mL），几乎不溶于水，但能逐渐被水解。mp 114～118℃。LD_{50}大鼠静脉注射：1.8mg/kg。一般试剂含量≥99.0%（CH）。

注意事项 该品吸入、口服或与皮肤接触极毒。能致癌。使用前应得到专门的指导，避免曝露。使用时应穿适当的防护服，戴手套和防护镜或面罩。使用时如有事故发生或有不适之感，应请医生诊治。应密封于干燥处保存。

主要用途 杀虫剂。医用抗肿瘤剂。

Butabarbital sodium 布塔巴比妥钠 01767

[143-81-7] $C_{10}H_{15}N_2NaO_3$ 234.23

成分 C 51.28%，H 6.45%，N 11.96%，Na 9.82%，O 20.49%。

别名 5-乙基-5-仲丁基巴比妥钠；5-Ethyl-5-(1-methylpropyl)-2,4,6(1*H*,3*H*,5*H*)-pyrimidinetrione sodium salt;5-*sec*-Butyl-5-ethylbarbituric acid sodium salt;5-ethyl-5-(1-methylpropyl)barbituric acid sodium salt; Sodium 5-*sec*-butyl-5-ethylbarbiturate; Sodium5-ethyl-5-(1-methylpropyl) barbiurate; Secbutobarbitone sodium;Asturidon;Bubarbital Sodium;Butabarbitone Sodium; Busodium; Busotran; Butabon; Butabar; Butak; Buta-Kay;Butrate;Butte;Buticaps;Butalan;Butanotic;Butex;Butatran;Butazem;Carrbutabarb;Butased;Butisol sodium;Loubarb;Neravan;Prelital;Sarisol

M. I. 15, 1509

性状 无色或白色粉末。味苦。1g 该品溶于 2mL 水、约 7mL 乙醇，几乎不溶于乙醚、苯。其 10%水溶液 pH 值 10.0～11.2。

主要用途 医用镇静剂。安眠剂。

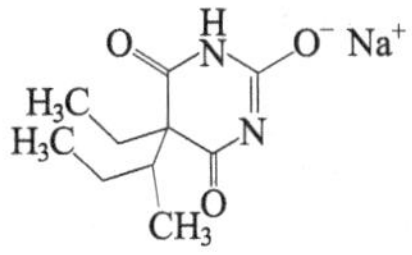

Butacaine　布大卡因　01768

[149-16-6]　$C_{18}H_{30}N_2O_2$　306.45

成分　C 70.55%，H 9.87%，N 9.14%，O 10.44%。

别名　4-氨基苯甲酸 3-二丁氨基-1-丙醇酯；3-Dibutylamino-1-propanol -4-aminobenzoate；3-(*p*-Aminobenzoxy)-1-di-*n*-butylaminopropane；Dibutylaminopropyl-*p*-aminobenzoate；*p*-Aminobenzoyldibutylaminopropanol；Butelline

M. I. 15，1510

性状　无色液体。$bp_{0.11}$ 178～182℃/14.67Pa。生化试剂含量≥98.0%。

注意事项　该品应密封于－20℃保存。

主要用途　生化研究。医用局部麻醉剂。

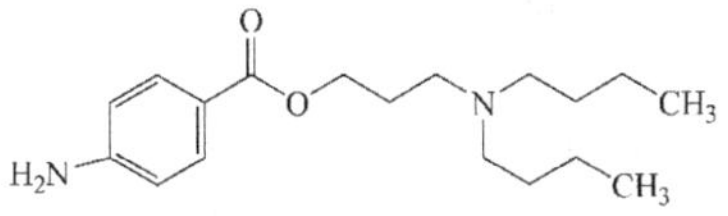

Butachlor　去草胺　01769

[23184-66-9]　$C_{17}H_{26}ClNO_2$　311.85

成分　C 65.48%，H 8.40%，Cl 11.37%，N 4.49%，O 10.26%。

别名　*N*-Butoxymethyl-2-chloro-*N*-(2, 6-diethylphenyl) acetamide；*N*-Butoxymethyl-2-chloro-2′,6′-diethylacetanilide；2-Chloro-2, 6-diethyl-*N*-(butoxymethyl) acetanilide；CP-53619；Machete；Butanex

M. I. 15，1511

性状　浅黄色油状液体。溶于多数有机溶剂。微溶于水(20℃，20mg/L)。$bp_{0.5}$ 196℃/66.661Pa；Fp 212℉(100℃)；d_4^{30}1.0695。LD_{50}大鼠急性经口：1740mg/kg。

注意事项　该品口服有害。对水生物极毒。能对水环境引起不利的结果。使用时应避免吸入本品的粉尘，避免与眼睛及皮肤接触。

主要用途　除草剂。分析用标准物质。

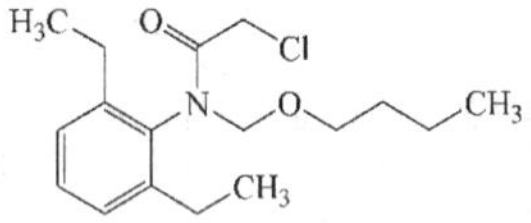

1,3-Butadiene　1,3-丁二烯　01770

[106-99-0]　C_4H_6　54.09

成分　C 88.82%，H 11.18%。

别名　联乙烯基；Biethylene；Bivinyl；*α*,*γ*-Butadiene；Divinyl；Erythrene；Pyrrolylene；Vinylethylene

GW 2015-223　M. I. 15，1512

性状　无色气体。有特殊的臭味。易液化。性活泼。易聚合。溶于有机溶剂，如乙醚、苯、四氯化碳，微溶于乙醇、甲醇，略微溶于水。mp －108.966℃；bp_{760} －4.5℃/101.32kPa；Fp －185℉(－85℃)；d_4^{-6} 0.650；n_D^{-6} 1.4223。LC_{50}大鼠 4h 吸入：129000×10^{-6}；小鼠 2h 吸入：122000×10^{-6}。一般试剂含量≥99.5%(GC)。

注意事项　该品极易燃。能致癌。能引起遗传基因的损伤。使用前应得到专门的指导，避免曝露。使用时如有事故发生或有不适之感，应请医生诊治。应远离火种，采取抗放静电措施于通风良好处密封于 50℃以下保存。

主要用途　色谱分析标准物。有机合成。人造橡胶。

Butadiene sulfone　丁二烯砜　01771

[77-79-2]　$C_4H_6SO_2$　118.15

成分　C 40.66%，H 5.12%，O 27.08%，S 27.14%。

别名　1,1-二氧化-2,5-二氢噻吩；3-硫烯；砜茂烯；3-二氧噻吩烯；2,5-Dihydrothiophene 1,1-dioxide；1-Thia-3-cyclopentene 1,1-dioxide；3-Sulfolene

M. I. 15，9086

性状　无色结晶。溶于水及有机溶剂。mp 64～65.5℃；bp 287℃；Fp 233℉(112℃)；d 1.314；n_D^{20} 1.4840。一般试剂含量≥98.0%。

注意事项　该品口服有害。对眼睛、呼吸系统及皮肤有刺激性。使用时应穿适当的防护服和戴手套。万一接触到眼睛，应立即用大量水冲洗后请医生诊治。应密封于干燥处保存。

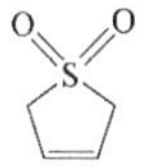

Butalamine hydrochloride　布他拉胺 盐酸盐　01772

[56974-46-0]　$C_{18}H_{29}ClN_4O$　352.91

成分　C 61.26%，H 8.28%，Cl 10.05%，N 15.88%，O 4.53%。

别名　5-二丁胺基乙胺基-3-苯基-1,2,4-噁二唑 盐酸盐；噁唑啉丁胺 盐酸盐；盐酸布他拉胺；LA-1221；Adrevil；Hemotrope；Surem；Surheme；*N*,*N*-Dibutyl-*N*′-(3-phenyl-1,2,4-oxadiazol-5-yl)-1,2-ethanediamine hydrochloride；5-[2-(Dibutylamino) ethyl] amino-3-phenyl-1, 2, 4-oxadiazole hydrochloride；3-Phenyl-5-dibutyl-aminoethylamino-1, 2, 4-oxadiazole hydrochloride

M. I. 15，1513

性状　无色或白色结晶。mp 145℃。LD_{50}小鼠静脉注射 43mg/kg，皮下注射 2500mg/kg，急性经口 625mg/kg；大鼠皮下注射＞4000mg/kg，急性经口 1600mg/kg。

主要用途　医用末稍血管舒张剂。

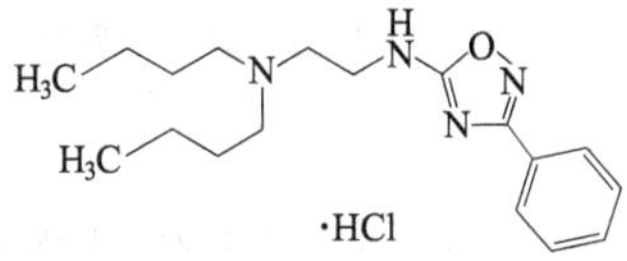

Butamirate　丁胺氧酯　01773

[18109-80-3]　$C_{18}H_{29}NO_3$　307.43

成分　C 70.32%，H 9.51%，N 4.56%，O 15.61%。

别名　2-苯基丁酸 2-[2-(二乙氨基)乙氧基]乙酯；*α*-Ethylbenzeneaceticacid 2-[2-(diethylamino)ethoxyl]ethyl ester；2-Phenylbutyricacid 2-[2-(diethylamino)ethoxy]ethyl ester；2-[2-(diethylamino)ethoxy]ethyl 2-phenylbutyrate；Butamyrate

M. I. 15，1516

性状　几乎无色的液体。具有特殊的气味，易溶于乙醇、丙酮、乙醚，几乎不溶于水。bp_1 140～155℃/133.32Pa。

主要用途　医用镇啶剂。

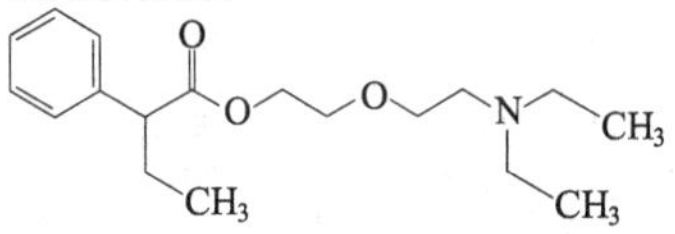

Butane　丁烷　01774

[106-97-8]　C_4H_{10}　58.12

成分　C 82.66%，H 17.34%。

别名　正丁烷；Alkane C_4；*n*-Butane

GW 2015-2778　M. I. 15，1517

性状　无色气体。溶于水(1 体积溶于 0.15 体积)、乙醇、乙醚、氯仿。mp －138℃；bp －0.5℃；Fp －76℉(－60℃)；d(气体) 2.046(空气＝1)。一般试剂含量≥99.0%(GC)。

注意事项　该品极易燃。使用现场禁止吸烟。应远离火种，采取抗放静电措施于通风良好处密封于 50℃以下保存。

主要用途　色谱分析标准物质。合成橡胶。

1,3-Butanediol　1,3-丁二醇　01775

[107-88-0]　$C_4H_{10}O_2$　90.12

成分　C 53.31%，H 11.18%，O 35.51%。

别名　1,3-二羟基丁烷；Methyltrimethylene glycol；1,3-Butylene glycol；*β*-Butyleneglycol；1,3-Dihydroxybutane；Butane-1,3-diol

性状　无色黏稠液体。味甜。易吸潮。溶于水、丙酮、甲乙酮、苯二甲酸二丁酯、蓖麻油、乙醇，微溶于乙醚，不溶于脂肪烃、苯、甲苯、四氯化碳、乙醇胺、矿物油、亚麻子油。mp ＜50℃；bp 207.5℃；Fp 250℉(121℃，泰格开杯)；d_{20}^{20} 1.004～1.006；n_D^{20} 1.4401。LD_{50} 大鼠急性经口：22.8g/kg。一般试剂含量≥98.0%(GC)。

注意事项　该品对眼睛、呼吸系统及皮肤有刺激性。使用时应戴适当的手套。应避免吸入本品的蒸气。万一接触到眼睛，应立即用大量水冲洗后请医生诊治。应密封于干燥处保存。

主要用途 溶剂。湿润剂。有机合成。

1,4-Butanediol 1,4-丁二醇 01776

[110-63-4] $C_4H_{10}O_2$ 90.12

成分 C 53.31%，H 11.19%，O 35.51%。

别名 1,4-二羟基丁烷；1,4-亚丁基二醇；1,4-BD；1,4-Dihydroxybutane；1,4-Butyleneglycol；Tetramethyleneglycol

M. I. 15，1518

性状 无色油状液体，低温下为针状结晶。溶于水、二甲基亚砜、丙酮、95%乙醇。mp 19～19.5℃；bp 230℃；bp_{10} 120～122℃/1.333kPa；Fp 273.2℉(134℃)；d_4^{20} 1.0171；n_D^{20} 1.4467。LD_{50} 天竺鼠腹膜内注射：1000mg/kg；急性经口：1550mg/kg。一般试剂含量≥98.0%(GC)

注意事项 该品口服有害。使用时应穿适当的防护服。

主要用途 溶剂。有机合成。气相色谱固定液。

2,3-Butanediol 2,3-丁二醇 01777

[513-85-9] $C_4H_{10}O_2$ 90.12

成分 C 53.31%，H 11.18%，O 35.51%。

别名 2,3-二羟基丁烷；2,3-BD；2,3-Butylene glycol；2,3-Dihydroxybutane；Dimethylethylene glycol

M. I. 15，1571

性状 无色结晶，温度较高时为液体。具吸湿性。能与水混溶，溶于乙醇、乙醚。mp 7.6℃；bp_{11} 81～83℃/146.65Pa；Fp 185℉(85℃)；d_4^{20} 1.003；n_D^{25} 1.4310。一般试剂含量≥99.0%(GC)

注意事项 该品使用时应避免与眼睛及皮肤接触。应充氩气密封于2～8℃干燥保存。

主要用途 溶剂。有机合成。

2,3-Butanedione 2,3-丁二酮 01778

[431-03-8] $C_4H_6O_2$ 86.09

成分 C 55.81%，H 7.02%，O 37.17%。

别名 双乙酰；二乙二酰；二甲基乙二酮；联乙酰基；Biacetyl；Diacetyl；2,3-Diketobutane；Dimethyl diketone；Dimethylglyoxal

GW 2015-477 M. I. 15，2969

性状 浅黄绿色油状液体。有苯醌臭味，但稀溶液却有奶酪香味。能与乙醇、乙醚相混溶，溶于约4份水。mp −3～1℃；bp 88℃；Fp 80℉ (26℃)；d_{15}^{15} 0.990；n_D^{18} 1.3933。LD_{50} 大鼠急性经口：1580mg/kg。一般试剂含量≥99.0% (GC)

注意事项 该品高度易燃。吸入或口服有害。对皮肤有刺激性。对眼睛有严重损伤的危险。使用时应戴防护镜或面罩。万一接触到眼睛，应立即用大量水冲洗后请医生诊治。使用现场禁止吸烟。应远离火种，密封于2～8℃保存。其包装物应按危险品处理。

主要用途 有机合成。食品工业中用作奶酪、咖啡、蜂蜜等的香料。

1,4-Butane sultone 1,4-丁烷磺内酯 01779

[1633-83-6] $C_4H_8O_3S$ 136.17

成分 C 35.28%，H 5.92%，O 35.25%，S 23.55%。

别名 4-羟基丁烷-1-磺酸-δ-内酯；4-Hydroxybutane-1-sulfonic acid δ-sultone

性状 无色液体。能与多种有机溶剂相混溶，不溶于水。mp 12～15℃；bp_{25}>165℃/3.333 kPa；Fp 235.4℉(113℃)；d 1.335；n_D^{20} 1.4640。一般试剂含量≥99.0%(GC)

注意事项 该品吸入、口服或与皮肤接触有害。对机体有不可逆损伤的可能性。使用时应穿适当的防护服和戴手套。使用时应避免吸入本品的蒸气。接触皮肤后，应立即用大量指定的液体冲洗。使用时如有事故发生或有不适之感，应请医生诊治。

主要用途 表面活性剂。制药工业。

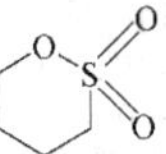

1-Butanethiol 1-丁硫醇 01780

[109-79-5] $C_4H_{10}S$ 90.18

成分 C 53.27%，H 11.18%，S 35.55%。

别名 硫代丁醇；正丁硫醇；*n*-Butanethiol；*n*-Butyl morcaptan；*n*-Butylthioalcohol；Mercaptan C_4；Normal butyl thioalcohol；Thiobutyl alcohol

GW 2015-2768 M. I. 15，1580

性状 无色流动液体。有较重的臭鼬气味。易溶于乙醇、乙醚、硫化氢水溶液，微溶于水。mp −115.9℃；bp_{766} 98.2℃/102.125kPa；bp_{760} 98.4℃/101.32kPa；Fp 55℉ (12℃)；d_4^{25} 0.83679；n_D^{20} 1.44014。一般试剂含量≥97.0%(GC)

注意事项 该品高度易燃。吸入或口服有害。能危害胎儿。对眼睛、呼吸系统及皮肤有刺激性。使用时应穿适当的防护服，戴防护镜或面罩。使用前应得到专门的指导，避免曝露。使用时如有事故发生或有不适之感，应请医生诊治。使用现场禁止吸烟。使用时应避免吸入本品的蒸气。应远离火种，采取抗放静电措施密封于通风良好处保存。

主要用途 合成橡胶制备。

1,2,4-Butanetriol 1,2,4-丁三醇 01781

[3068-00-6] $C_4H_{10}O_3$ 106.12

成分 C 45.27%，H 9.50%，O 45.23%。

别名 1，2，4-三羟基丁烷；1，2，4-Trihydroxybutane

性状 无色糖浆状液体。无气味。有吸湿性。能与水、乙醇混溶。mp −20℃；bp_{11} 167～168℃/1.476kPa；Fp 370.4℉ (188℃)；d_4^{20} 1.185；n_D^{20} 1.4750。一般试剂含量≥95.0% (GC)。

注意事项 该品对眼睛、呼吸系统及皮肤有刺激性。使用时应穿适当的防护服。应避免与眼睛及皮肤接触。万一接触到眼睛，应立即用大量水冲洗后请医生诊治。应密封于阴凉干燥处保存。

主要用途 有机合成（合成3，4-二羟基丁基-1-磷酸的原料）。

1-Butanol 1-丁醇 01782

[71-36-3] $C_4H_{10}O$ 74.12

成分 C 64.82%，H 13.60%，O 21.59%。

别名 正丁醇；丙原醇；酪醇；第一丁醇；Alcohol C_4；Butyl alcohol；*n*-Butyl alcohol；Butyric alcohol；Propyl carbinol

GW 2015-2761 M. I. 15，1542

性状 无色透明液体。具有强折射性。能与乙醇、乙醚及多数有机溶剂相混溶，微溶于水(25℃，9.1mL/100mL)。mp −90℃；bp 117～118℃；Fp 96.8～100.4℉(36～38℃)；d_4^{20} 0.810；n_D^{20} 1.3993。LD_{50} 大鼠急性经口：4.36g/kg。

注意事项 该品易燃。口服有害。对呼吸系统及皮肤有刺激性。对眼睛有严重损伤的危险。吸入其蒸气可引起瞌睡和眩晕。能引起遗传基因的损伤。使用时应戴手套和防护镜或面罩。万一接触到眼睛，应立即用大量水冲洗后请医生诊治。如误服本品，应立即请医生检查，并出示瓶签或包装物。使用现场禁止吸烟。应远离火种、食品及饲料，密封于通风良好处保存。

主要用途 色谱分析标准物质。砷酸的比色测定。分离钾、钠、锂、氯酸盐的溶剂。有机合成。

参考规格 GB/T 12590—2008

	分析纯	化学纯
含量[$CH_3(CH_2)_2$—CH_2OH]/%≥	99.5	98.0
色度/黑曾单位≤	10	15
密度（20℃）/（g/mL）	0.808～0.811	0.808～0.811
蒸发残渣/%≤	0.001	0.005
水分（H_2O）/%≤	0.2	
酸度（以H^+计）/mmol/g/%≤	0.0005	0.0015
铁（Fe）/%≤	0.00005	0.0001
羰基化合物（以CO计）/%≤	0.02	0.04
酯（以CH_3—$COOC_4H_9$计）/%≤	0.1	0.3
不饱和化合物		

(以 Br 计)/%≤	0.005	0.05
易碳化物质	合格	合格

2-Butanol 2-丁醇 01783

[78-92-2] $C_4H_{10}O$ 74.12

成分 C 64.82%,H 13.60%,O 21.59%。

别名 甲基乙基甲醇;第二丁醇;仲丁醇;*sec*-Butyl alcohol;Butylene hydrate;2-Hydroxybutane;Methyl ethyl carbinol;SBA

GW 2015-219 M.I.15,1543

性状 无色液体。有强烈的香味。能与乙醇、乙醚相混溶,溶于12份水。mp －114.7℃;bp 99.5℃;Fp 88℉(31℃,开杯);d_4^{20} 0.808;n_D^{25} 1.3949。LD_{50}大鼠急性经口:6.48g/kg。一般试剂含量≥99.0%(GC)

注意事项 该品易燃。对眼睛及呼吸系统有刺激性。其蒸气吸入可能引起瞌睡和眩晕。使用时应避免与眼睛及皮肤接触。万一接触到眼睛,应立即用大量水冲洗后请医生诊治。如误服本品,应立即请医生检查,并向医生出示瓶签或包装物。使用现场禁止吸烟。应远离火种、食品、饮料及饲料,于通风良好处密封保存。

主要用途 溶剂。色谱分析标准物质。

2-Butanone 2-丁酮 01784

[78-93-3] C_4H_8O 72.11

成分 C 66.63%,H 11.18%,O 22.19%。

别名 乙基甲基甲酮;甲乙酮;甲基乙基酮;甲基丙酮;Ethyl methyl ketone;2-Ketobutane;MEK;Methyl ethyl ketone;2-Oxobutane

GW 2015-236 M.I.15,6143

性状 无色易挥发性液体。有丙酮的气味。能与乙醇、乙醚、苯相混溶,溶于约4份水(27.5%),能与水共沸。mp －86℃;bp 79.6℃;Fp 21℉(－6℃,闭杯);d_4^{20} 0.805;n_D^{15} 1.3814。LD_{50}大鼠急性经口:6.86mL/kg。一般试剂含量≥99.5%(GC)

注意事项 该品高度易燃。吸入、口服或与皮肤接触有毒。并有十分严重的不可逆结果的危险。对眼睛有刺激性。其蒸气可能引起瞌睡和眩晕。使用现场禁止吸烟。使用时应穿适当的防护服和戴手套。使用时如有事故发生或有不适之感,应请医生诊治。应远离火种,于通风良好处密封保存。

主要用途 色谱分析标准物质。测定镉、铜、汞的试剂。半导体光刻用溶剂。有机合成。

2-Butanone peroxide 过氧化-2-丁酮 01785

[1338-23-4] $C_8H_{18}O_6$ 210.22

成分 C 54.53%,H 9.15%,O 36.32%。

别名 过氧化甲乙酮;Methyl ethyl ketone peroxide;Lupersol DDM;MEKP

GW 2015-891

性状 无色液体。为含50%～60%二丙酮醇＋苯二甲酸酯。溶于苯、乙醇、乙醚及酯类。Fp 138.2℉(59℃);d_4^{20} 1.053;n_D^{20} 1.442。

注意事项 该品高度易燃。能引起燃烧。吸入有毒。口服有害。具有腐蚀性,能引起烧伤。对眼睛有严重损伤的危险。使用时应穿适当的防护服,戴手套和防护镜或面罩。万一接触到眼睛,应立即用大量水冲洗后请医生诊治。使用时如有事故发生或有不适之感,应请医生诊治。应远离易燃物品及强酸、强碱密封于2～8℃保存。

主要用途 合成丙烯酸聚酯。

Butedronic acid 布替膦酸 01786

[51395-42-7] $C_5H_{10}O_{10}P_2$ 292.07

成分 C 20.56%,H 3.45%,O 54.78%,P 21.21%。

别名 (Diphosphonomethyl) butanedioic acid;(Diphosphonomethyl) succinic acid;2,3-Dicarboxypropane-1,1-diphosphonic acid;DPD

M.I.15,1520

性状 一水合物来自冰乙酸和水(15:1)中的白色结晶性粉末。mp 150℃;uv max(水中):208nm(ε 274)。

主要用途 医用辅助诊断(放射成像剂)。

HOOC, HOOC, P(=O)(OH)OH, P(=O)(OH)OH

Butenafine hydrochloride 布替萘芬 盐酸盐 01787

[101827-46-7] $C_{23}H_{28}ClN$ 353.93

成分 C 78.05%,H 7.97%,Cl 10.02%,N 3.96%。

别名 盐酸布替萘芬;KP-363;Mentax;*N*-[4-(1,1-Dimethylethyl) phenyl] methyl-*N*-methyl-1-naphthalenemethanamine hydrochloride;*N*-(*p*-*tert*-Butylbenzyl)-*N*-methyl-1-naphthalenemethylamine hydrochloride

M.I.15,1521

性状 来自丙酮＋乙醇中的无色结晶。易溶于甲醇、乙醇、二氯甲烷、氯仿,微溶于水。mp 211～213℃。

主要用途 医用抗真菌剂。

CH_3, N, $C(CH_3)_3$, ·HCl

1-Butene 1-丁烯 01788

[106-98-9] C_4H_8 56.11

成分 C 85.62%,H 14.37%。

别名 α-Butylene;Ethylethylene

GW 2015-238 M.I.15,1522

性状 无色气体。易溶于乙醇,不溶于水。sp －190℃;bp_{760} －6.47℃/101.32kPa;Fp －112℉(－80℃);$d_4^{-6.47}$ 0.6255。一般试剂含量≥99.0%(GC)。

注意事项 该品为极易燃液化气体。使用现场禁止吸烟。应远离火种,采取抗放静电措施密封于通风良好处50℃以下保存。包装不能穿孔。

主要用途 色谱分析标准物质。

***cis*-2-Butene 顺式-2-丁烯** 01789

[590-18-1] C_4H_8 56.11

成分 C 85.62%,H 14.37%。

别名 2-丁烯 顺式;顺 2-丁烯;*cis*-β-Butylene;*cis*-*sym*-Dimethylethylene;*cis*-Pseudobutylene

GW 2015-239 M.I.15,1523

性状 无色气体。易液化。溶于乙醇、乙醚,不溶于水。mp －139.3℃;bp_{760} 3.73℃/101.32kPa;Fp －99℉(－72℃);d_4^{20} 0.6213。一般试剂含量≥95.0%。

注意事项 该品为极易燃液化气体。应远离火种,采取抗放静电措施于通风良好处密封保存。

主要用途 色谱分析标准物质。

***trans*-2-Butene 反式-2-丁烯** 01790

[624-64-6] C_4H_8 56.11

成分 C 85.62%,H 14.37%。

别名 2-丁烯反式;反 2-丁烯;*trans*-β-Butylene;*trans*-*sym*-Dimethyl ethylene;*trans*-Pseudobutylene

GW 2015-239 M.I.15,1523

性状 无色气体。易液化。溶于乙醇、乙醚,不溶于水。mp －105.8℃;bp 1℃;bp_{744} 0.3～0.4℃;d_4^{20} 0.60。一般试剂含量≥99.0%。

注意事项 该品为极易燃液化气体。应远离火种,采取抗放静电措施于通风良好处密封保存。

主要用途 色谱分析标准物质。

***cis*-2-Butene-1,4-diol 顺式-2-丁烯-1,4-二醇** 01791

[6117-80-2] $C_4H_8O_2$ 88.11

成分 C 54.53%,H 9.15%,O 36.32%。

别名 2-丁烯-1,4-二醇 顺式;顺 2-丁烯-1,4-二醇

性状 无色至浅黄色液体。mp 4～10℃;bp 235℃;Fp 260.6℉(127℃);d_4^{20} 1.072;n_D^{20} 1.479。一般试剂含量≥96.0%(GC)。

注意事项 该品具有刺激性。使用时应避免吸入本品的蒸气、飞沫,避免与眼睛及皮肤接触。

主要用途 有机合成。交联剂。

3-Buten-2-one 3-丁烯-2-酮 01792
[78-94-4] C_4H_6O 70.09
成分 C 68.54%,H 8.63%,O 22.83%。
别名 乙烯基甲基甲酮;乙酰基乙烯;甲基乙烯基甲酮;Acetyl ethylene; Δ^3-2-Butenone; Methylene acetone; Methyl vinyl ketone;δ-Oxo-α-butylene;Vinyl methyl ketone
GW 2015-241 M.I.15,6210
性状 无色至微黄色液体。有强烈的刺激性气味。易溶于水、甲醇、乙醇、乙醚、丙酮、冰乙酸,微溶于烃类。mp −7℃; bp_{760} 81.4℃/101.32kPa; bp_{60} 32~34℃/8kPa; Fp 20°F (−6℃); d_4^{20} 0.8636; d_4^{25} 0.8407; n_D^{20} 1.4086。一般试剂含量≥95.0%(GC)。
注意事项 该品高度易燃。吸入或口服极毒。对眼睛、呼吸系统和皮肤有刺激性。具有腐蚀性,能引起烧伤。使用时应穿适当的防护服,戴手套和防护镜或面罩。万一接触到眼睛,应立即用大量水冲洗后请医生诊治。接触皮肤后应立即用大量水冲洗。使用时如有事故发生或有不适之感,应请医生诊治。应远离火种,采取抗放静电措施,充氩气密封避光于2~8℃保存。应防止将本品释放于环境中。
主要用途 香料配制。有机合成。

Butethal 布特萨 01793
[77-28-1] $C_{10}H_{16}N_2O_3$ 212.25
成分 C 56.59%,H 7.60%,N 13.20%,O 22.61%。
别名 丁正巴比妥;正丁巴比妥;新眠那;5-丁基-5-乙基巴比妥酸;5-Butyl-5-ethyl-2,4,6(1*H*,3*H*,5*H*)-pyrimidinetrione;5-Butyl-5-ethylbarbituric acid;Butobar-bitone;Soneryl;Neonal;Butobarbital;Etoval
M.I.15,1524
性状 无色结晶。味微苦。1g该品溶于约5mL乙醇、10mL乙醚。几乎不溶于水,不溶于石油醚、脂肪烃。mp 124~127℃。
主要用途 医用镇静剂,安眠剂。

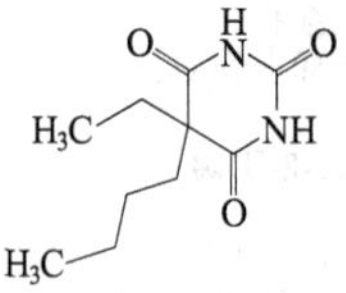

Butethamine hydrochloride 莫诺卡因 盐酸盐 01794
[553-68-4] $C_{13}H_{21}ClN_2O_2$ 272.77
成分 C 57.24%,H 7.76%,Cl 13.00%,N 10.27%,O 11.73%。
别名 对氨基苯甲酸异丁胺基乙酯 盐酸盐;布特撒明 盐酸盐;盐酸对氨基苯甲酸异丁胺基乙酯;盐酸莫诺卡因;盐酸布特撒明;Ibylcaine;Monocaine;2-[(2-Methylpropyl)amino]ethanol 4-aminobenzoate (ester) hydrochloride;2-Isobutylaminoethanol *p*-aminobenzoate (ester) hydrochloride;2-(Isobutylaminoe)thyl *p*-aminobenzoate hydrochloride
M.I.15,1526
性状 无色或白色粉末。溶于水,微溶于乙醇、氯仿、苯,几乎不溶于乙醚。其1%水溶液pH值约4.7。mp 192~196℃。
主要用途 医用局部麻醉剂。

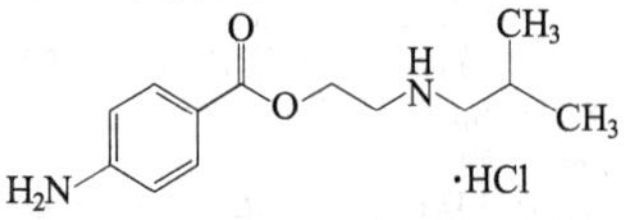

Buthiazide 异丁双氢氯噻嗪 01795
[2043-38-1] $C_{11}H_{16}ClN_3O_4S_2$ 353.84
成分 C 37.34%,H 4.56%,Cl 10.02%,N 11.88%,O 18.09%,S 18.12%。
别名 6-Chloro-3,4-dihydro-3-(2-methylpropyl)-2*H*-1,2,4-benzothiadiazine-7-sulfonamide 1,1-dioxide;6-Chloro-3,4-dihydro-3-isobutyl-7-sulfamoyl-1,2,4-benzothiadiazine 1,1-dioxide;Thiabutazide;Butizide;Isobutylhydrochlorothizzide;Su-6187;S-3500;Eunephran;Saltucin
M.I.15,1527
性状 无色结晶,mp 241~245℃;或来自甲醇+氯仿中的结晶,mp 228℃。
主要用途 医用利尿剂。降血压剂。

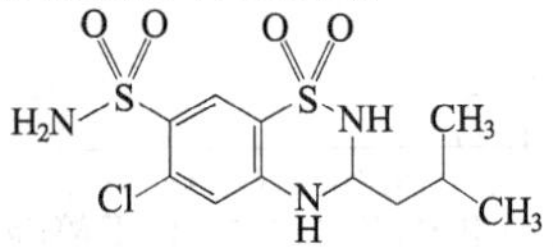

Buthionine sulfoximine 丁硫氨酸亚砜胺 01796
[83730-53-4][5072-26-4] $C_8H_{18}N_2O_3S$ 222.30
成分 C 43.22%,H 8.16%,N 12.60%,O 21.59%,S 14.42%。
别名 丁硫堇;丁硫氨酸硫酸亚胺;2-Amino-4-(*S*-butylsulfonimidoyl)butanoic acid;*S*-(3-Amino-3-carboxypropyl)-*S*-butylsulfoximine;*S*-(*n*-Butyl)homocysteine sulfoximine;BSO
M.I.15,1528
性状 来自乙醇水溶液中的无色结晶。溶于水。分配系数(辛醇/水):4.34±0.0004。mp 214~215.5℃(分解)。一般试剂含量≥98.0%(TLC)。
注意事项 该品对眼睛、呼吸系统及皮肤有刺激性。使用时应穿适当的防护服和戴手套。万一接触到眼睛,应立即用大量水冲洗后请医生诊治。应密封于−20℃保存。
主要用途 生化研究工具。

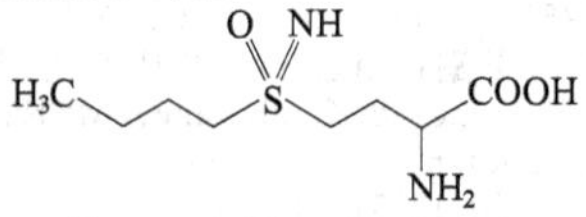

Butibufen α-乙基-4-(2-甲基丙基)苯乙酸 01797
[55837-18-8] $C_{14}H_{20}O_2$ 220.31
成分 C 76.33%,H 9.15%,O 14.52%。
别名 2-(4-异丁基苯基)丁酸;α-Ethyl-4-(2-methylpropyl)benzeneacetic acid;Butilopan
M.I.15,1529
性状 无色固体。mp 51~53℃。LD_{50}小鼠急性经口:810mg/kg。
主要用途 抗发炎剂。

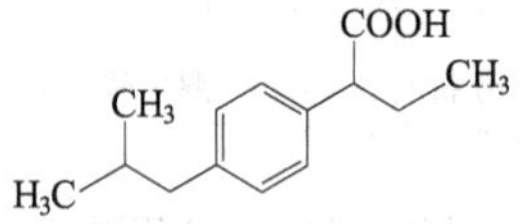

Butirosin A 丁酰苷菌素A 01798
[34291-02-6] $C_{21}H_{41}N_5O_{12}$ 555.57
成分 C 45.40%,H 7.44%,N 12.61%,O 34.56%。
别名 丁胺菌素A;布替罗星A;(*S*)-*O*-2,6-Diamino-2,6-dideoxy-α-D-giucopyranosyl-(1→4)-*O*-[β-D-xylofuranosyl-(1→5)]-N^1-(4-amino-2-hydroxy-1-oxobutyl)-2-deoxystreptamine
M.I.15,1530
性状 白色无定形固体。约149℃较大范围开始分解为盐。pK_a(水中):5.6,7.3,8.7,9.8。$[\alpha]_D^{25}$ +26°(c=1.46,于水中)。一般试剂含量≥95.0%。
注意事项 该品能危害胎儿。吸入、口服或与皮肤接触有害。使用前应得到专门的指导,避免曝露。使用时应穿适当的防护服,戴手套和防护镜或面罩。使用时应避免吸入本品粉尘。使用时如有事故发生或有不适之感,应请医生诊治。应密封于2~8℃保存。
主要用途 医用抗菌剂。

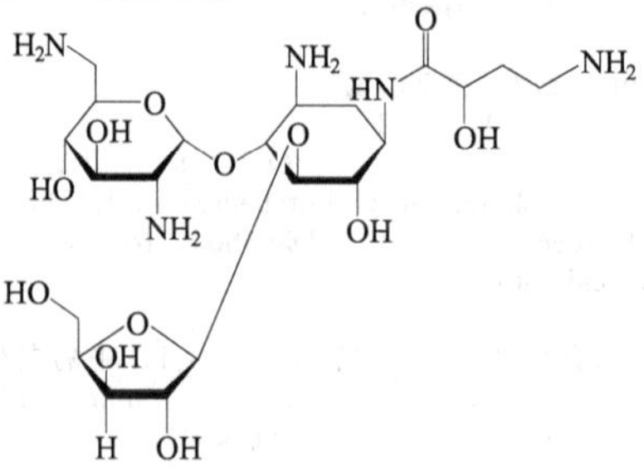

Butoconazole nitrate　布康唑 硝酸盐 01799

[64872-77-1]　$C_{19}H_{18}Cl_3N_3O_3S$ 474.78

成分　C 48.07%，H 3.82%，Cl 22.40%，N 8.85%，O 10.11%，S 6.75%。

别名　硝酸布康唑；1-[4-(4-Chlorophenyl)-2-[(2,6-dichlorophenyl)thio]butyl]-1*H*-imidazole nitrate；RS-35887；Femstat；Cynomyk

M. I. 15，1531

性状　来自丙酮/乙酸乙酯中的无色叶片状结晶或白色粉末。略溶于甲醇，微溶于乙腈、丙酮、二氯甲烷、四氢呋喃，极微溶于乙酸乙酯，几乎不溶于水。mp 162～163℃。LD_{50} 小鼠，雄大鼠，雌大鼠急性经口(mg/kg)：＞3200，＞3200，1720；腹膜内注射：＞1600，940，940。生化试剂含量≥98.0%。

主要用途　医用局部抗真菌剂。

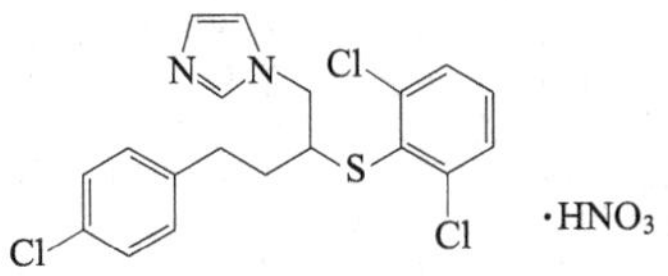

·HNO_3

Butopyronoxyl　丁基三甲苯基化氧 01800

[532-34-3]　$C_{12}H_{18}O_4$ 226.27

成分　C 63.70%，H 8.02%，O 28.28%。

别名　避蚊酮；Butyl 3,4-dihydro-2,2-dimethyl-4-oxo-2*H*-pyran-6-carboxylate；Butyl mesityl oxide oxalate；3,4-Dihydro-2,2-dimethyl-4-oxo-2*H*-pyran-6-carboxylic acid butyl ester；α,α-Dimethyl-α′-carboxydihydro-γ-pyrone butyl ester；Indalone

性状　黄色至浅红棕色液体。有芳香气味。能与乙醇、氯仿、乙醚、冰乙酸相混溶，不溶于水。bp_{760} 256～270℃/101.325kPa；Fp ＞ 230° F(110℃)；d_{25}^{25} 1.052～1.060；n_D^{25} 1.4745～1.4755。LD_{50} 小鼠，大鼠急性经口：11.6mL/kg，7.4mL/kg。一般试剂含量≥85.0%。

主要用途　生化研究。昆虫排斥剂。

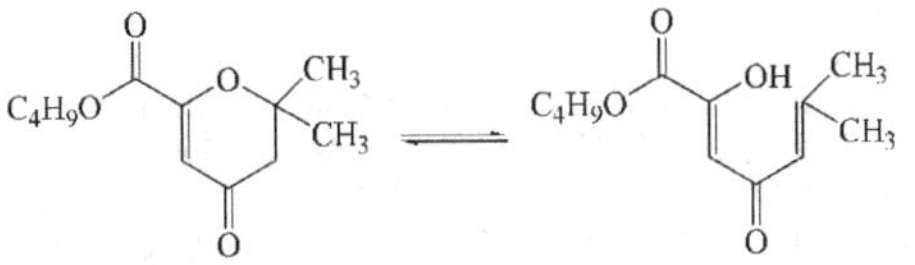

Butorphanol tartrate　布托啡诺 酒石酸盐 01801

[58786-99-5]　$C_{25}H_{35}NO_8$ 477.55

成分　C 62.88%，H 7.39%，N 2.93%，O 26.80%。

别名　(－)-*N*-环丁基甲基-3,14-二羟基吗喃 酒石酸盐；酒石酸(－)-*N*-环丁基甲基-3,14-二羟基吗喃；酒石酸布托啡诺；Stadol；Torbugesic；Torbutrol；17-Cyclobutylmethylmorphinan-3,14-diol tartrate；(－)-*N*-Cyclobutylmethyl-3,14-dihydroxymorphinan tartrate；*levo*-BC-2627 tartrate

M. I. 15，1532

性状　无色或白色粉末。溶于稀酸，略溶于水，微溶于甲醇，不溶于乙醇、氯仿、乙酸乙酯、乙醚、己烷。mp 217～219℃；$[\alpha]_D^{22}$ －64.0°(c＝0.4，于甲醇中)。LD_{50} 小鼠，大鼠静脉注射：40～57mg/kg，17～20mg/kg；急性经口：395～527mg/kg，570～756mg/kg。一般试剂含量≥99.0%。

注意事项　该品口服有害。能危害胎儿。使用时应穿适当的防护服，戴手套和防护镜或面罩。应避免吸入本品的粉尘。万一接触到眼睛，应立即用大量水冲洗后请医生诊治。应密封于2～8℃保存。

主要用途　医用麻醉止痛剂。兽用麻醉止痛剂，镇咳剂。

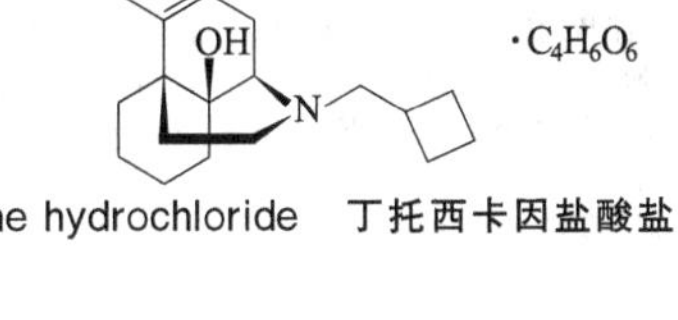

·$C_4H_6O_6$

Butoxycaine hydrochloride　丁托西卡因盐酸盐 01802

[2350-32-5]　$C_{17}H_{28}ClNO_3$ 329.87

成分　C 61.90%，H 8.56%，Cl 10.75%，N 4.25%，O 14.55%。

别名　4-丁氧基苯甲酸2-(二乙氨基)乙酯 盐酸盐；对丁氧基苯甲酸2-二乙氨基乙酯 盐酸盐；盐酸丁托西卡因；盐酸4-丁氧基苯甲酸2-(二乙氨基)乙酯；Stadacain；4-Butoxybenzoic acid 2-(diethylamino)ethyl ester hydrochloride；2-Diethylaminoethyl *p*-butoxybenzoate hydrochloride

M. I. 15，1533

性状　无色重质结晶。mp 146℃。

主要用途　医用局部麻醉剂。

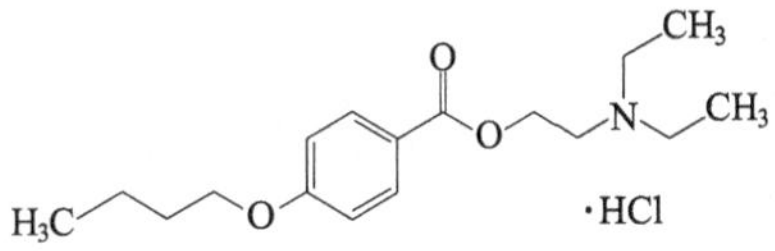

·HCl

N-(*tert*-Butoxycarbonyl)-L-alanine
N-(叔丁氧羰基)-L-丙氨酸 01803

[15761-38-3]　$C_8H_{15}NO_4$ 189.21

成分　C 50.78%，H 7.99%，N 7.40%，O 33.82%。

别名　Boc-Ala-OH；*N*-(*t*-BOC)-L-alanine；BOC-L-alanine；*tert*-Butoxycarbonyl-L-alanine

性状　白色结晶。mp 80～82℃；$[\alpha]_D^{20}$ －25°±1°(c＝2，于乙酸中)。一般试剂含量≥99.0%(TLC)。

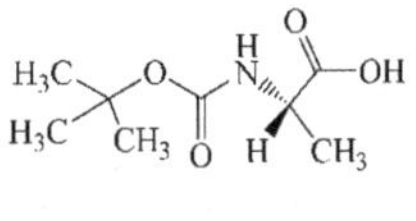

N-(*tert*-Butoxycarbonyl)-L-asparagine
N-(叔丁氧羰基)-L-天冬碱 01804

[7536-55-2]　$C_9H_{16}N_2O_5$ 232.23

成分　C 46.55%，H 6.94%，N 12.06%，O 34.45%。

别名　叔丁氧羰基-L-天冬碱；*N*-叔丁氧羰基-L-天冬酰胺；叔丁氧羰基-L-天冬酰胺；*N*-(*t*-BOC)-L-asparagine；BOC-L-asparagine；*tert*-Butoxycarbonyl-L-asparagine

性状　无色结晶。mp 约180℃(分解)；$[\alpha]_D^{20}$ －7.8°±0.5°(c＝2，于二甲基甲酰胺中)。一般试剂含量≥98.5%(T)。

注意事项　使用时应避免吸入本品的粉尘，避免与眼睛及皮肤接触。

N-(*tert*-Butoxycarbonyl)-*O*-benzyl-L-serine
N-(叔丁氧羰基)-O-苄基-L-丝氨酸 01805

[23680-31-1]　$C_{15}H_{21}NO_5$ 295.33

成分　C 61.00%，H 7.17%，N 4.74%，O 27.09%。

别名　*N-t*-BOC-*O*-benzyl-L-serine；*N*-(*tert*-Butoxycarbonyl)-*O*-benzyl-L-serine；BOC-*O*-benzyl-L-serine；Boc-Ser(Bzl)-OH

性状　无色结晶。mp 58～61℃；$[\alpha]_D^{20}$ ＋20°±1°(c＝2，于80%乙醇水溶液中)。一般试剂含量≥99.0%(T)。

注意事项　该品应密封于2～8℃保存。

N^2-(*tert*-Butoxycarbonyl)-L-glutamine
N^2-叔丁氧羰基-L-谷胺酰胺 01806

[13726-85-7]　$C_{10}H_{18}N_2O_5$ 246.26

成分　C 48.77%，H 7.37%，N 11.38%，O 32.48%。

别名　Boc-Gln-OH；N^2-*t*-BOC-L-glutamine；N^2-(*tert*-Butoxycarbonyl)-L-glutamine

性状　无色结晶。mp 113～116℃(分解)；$[\alpha]_D^{20}$ －3.4°±0.5°(c＝2，于乙醇中)。一般试剂含量≥99.0%(T)。

注意事项　应密封于2～8℃保存。

N-(*tert*-Butoxycarbonyl)-L-leucine
N-叔丁氧羰基-L-白氨酸 01807

[13139-15-6]　$C_{11}H_{21}NO_4$ 231.29

成分　C 57.12%，H 9.15%，N 6.06%，O 27.6%。

别名 *N-t*-BOC-L-白氨酸；*N*-叔丁氧羰基-L-亮氨酸；Boc-Leu-OH；BOC-L-leucine；*N*-(*t*-BOC)-L-leucine；BOC-L-leucine
性状 无色结晶。mp 85～87℃；$[\alpha]_D^{20}$ −25°±0.5°（$c=2$，于乙酸中）。一般试剂含量≥99.0%（T）。
注意事项 应密封于−0℃保存。

N-(*tert*-Butoxycarbonyl)-L-serine
N-叔丁氧羰基-L-丝氨酸 01808

[3262-72-4] $C_8H_{15}NO_5$ 205.21
成分 C 46.82%，H 7.37%，N 6.83%，O 38.98%。
别名 *N*-叔丁氧羰基-L-2-氨基-3-羟基丙酸；*N*-(*t*-BOC)-L-2-amino-3-hydroxypropionic acid；*N*-(*t*-BOC)-L-serine；BOC-L-serine；Boc-L-serine；Boc-Ser-OH
性状 无色结晶。mp 91℃（分解）；$[\alpha]_D^{20}$ −3.5°±0.5°（$c=2$，于乙酸中）。一般试剂含量≥99.0%（T）。
注意事项 该品应密封于2～8℃保存。

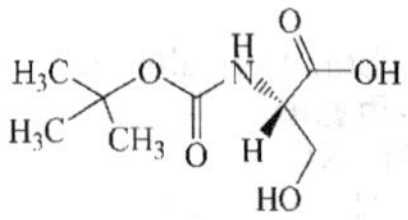

2-Butoxyethanol 2-丁氧基乙醇 01809

[111-76-2] $C_6H_{14}O_2$ 118.18
成分 C 60.98%，H 11.94%，O 27.08%。
别名 乙二醇独丁醚；丁氧基乙醇；丁基溶纤剂；乙二醇一丁醚；丁基赛罗沙夫；Butyl cellosolve；Ethylene glycol monobutyl ether
GW 2015-249 M. I. 15，1560
性状 无色液体。溶于水、乙醇、乙醚、矿物油及多数有机溶剂。mp−75℃；bp 171～172℃；Fp 141℉（60℃，闭杯）；d_4^{20} 0.9012；d_{20}^{20} 0.9019；n_D^{20} 1.4196。LD_{50}大鼠急性经口：1.48g/kg。一般试剂含量≥98.0%（GC）。
注意事项 该品吸入、口服或与皮肤接触有害。对眼睛及皮肤有刺激性。使用时应穿适当的防护服和戴手套。如误服本品，应立即请医生检查，并出示包装或瓶签。
主要用途 测定铁和钼的试剂。分离硝酸盐中的钙和锶。硝基纤维素、树脂、油脂、白蛋白的溶剂。干洗剂。

2-(2-Butoxyethoxy)ethanol
2-(2-丁氧基乙氧基)乙醇 01810

[112-34-5] $C_8H_{18}O_3$ 162.23
成分 C 59.23%，H 11.18%，O 29.59%
别名 二乙二醇一丁醚；二乙二醇单丁醚；二羟二乙丁醚；丁基卡别妥尔；BC；2-(2-Butoxyethoxy)ethanol；Butyl carbitol；Diethylene glycol monobutyl ether；Butyl diicinol；Butyl digol
M. I. 15，3133
性状 无色透明液体。微具刺激性气味。能与油类混溶。溶于水。中等程度溶于乙醇、乙醚等有机溶剂。mp −68.1℃；bp 230.4℃；Fp 210℉（99℃）；d_{20}^{20} 0.951；d^{20} 0.952，d^{25} 0.948；n_D^{27} 1.4258。LD_{50} 大鼠，豚鼠急性经口：6.56g/kg，2.00g/kg。一般试剂含量≥99.0%（GC）。
注意事项 该品对眼睛有刺激性。使用时应避免与皮肤接触。万一接触到眼睛，应立即用大量水冲洗后请医生诊治。
主要用途 硝化棉、清漆、印刷墨、油类、树脂等的溶剂。塑料合成中间体。

2-Butoxyethyl acetate 乙酸 2-丁氧基乙酯 01811

[112-07-2] $C_8H_{16}O_3$ 160.21
成分 C 59.97%，H 10.07%，O 29.96%。
别名 2-正丁氧基乙基乙酸酯；2-丁氧基乙基乙酸酯；乙酸 2-正丁氧基乙酯；Acetic acid 2-butoxyethyl ester；1-Acetoxy-2-butoxyethane；2-*n*-Butoxyethyl acetate；Butylcellosolve acetate；Ethyleneglycol monobutyl ether acetate
性状 无色液体。mp −65～−63℃；bp 192℃；Fp 159℉（71℃）；*d* 0.942；n_D^{20} 1.4130。一般试剂含量≥99.0%。
注意事项 该品吸入或口服有害。使用时应避免与皮肤接触。

Butralin 地乐胺 01812

[33629-47-9] $C_{14}H_{21}N_3O_4$ 295.34
成分 C 56.94%，H 7.17%，N 14.23%，O 21.67%。
别名 4-(1,1-二甲基乙基)-*N*-甲基丙基-2,6-二硝基苯胺；丁乐灵；双丁乐灵；仲丁灵；*N*-仲丁基-4-叔丁基-2,6-二硝基苯胺；4-(1，1-Dimethylethyl)-*N*-(1-methylpropyl)-2，6-dinitrobenzenamine；*N*-*sce*-Butyl-4-*tert*-butyl -2,6- dinitroaniline；Dibutalin；Amchem 70-25；A-820；Amexine；Tamex
M. I. 15，1534
性状 黄至橙色结晶。该品25℃时于下列物质中的溶解度（kg/kg）：甲醇 0.125；丙酮 4.48；苯 2.7；二甲苯 3.88；丁酮 9.55；四氯化碳 1.46。极微溶于水（25℃，1mg/L）。mp 60～61℃；$bp_{0.5}$ 134～136℃/66.66Pa；Fp 97℉（36℃，开杯）。LD_{50}大鼠急性经口：2500mg/kg。
注意事项 该品与皮肤接触有毒。对眼睛、呼吸系统及皮肤有刺激性。对水生物极毒，能对水环境引起不利的结果。使用时应穿适当的防护服和戴手套。万一接触到眼睛，应立即用大量水冲洗后请医生诊治。使用时如有事故发生或有不适之感，应请医生诊治。应防止将本品释放于环境中。其包装物应按危险品处理。
主要用途 除草剂。分析用标准物质。

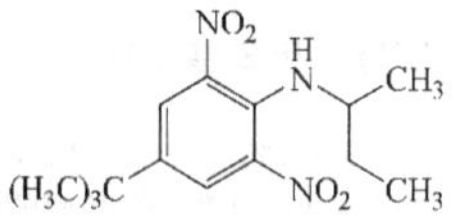

Butriptyline hydrochloride 丁替林 盐酸盐 01813

[5585-73-9] $C_{21}H_{28}ClN$ 329.91
成分 C 76.45%，H 8.56%，Cl 10.75 %，N 4.25%。
别名 布替林 盐酸盐；盐酸丁替林；盐酸布替林；AY-62014；Evadene；Evadyne；10，11-Dihydro-*N*，*N*，*β*-trimethyl-5*H*-dibenzo[*a*，*d*]cycloheptene-5-propanamine hydrochloride；5-(3-Dimethylamino-2-methylpropyl)-10，11-dihydro-5*H*-dibenzo[*a*，*d*]cycloheptene hydrochloride；5-(2-Methyl-3-dimethylaminopropyl) dibenzo[*a*，*d*][1，4]cycloheptadiene hydrochloride；Butriptylene hydrochloride
M. I. 15，1535
性状 来自异丙醇-乙醚中的无色结晶。易溶于水，中等程度溶于脂肪醇、氯仿，不溶于乙醚、石蜡烃。mp 188～190℃（分解）；uv max（甲醇中）：273nm，270nm，266nm（ε 460，441，552）。LD_{50} 小鼠腹膜内注射：120mg/kg；急性经口：345mg/kg。
主要用途 医用抗抑郁剂。

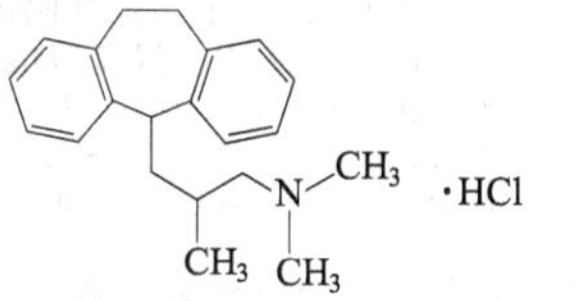

Butropium bromide 溴化布托品 01814

[29025-14-7] $C_{28}H_{38}BrNO_4$ 532.52
成分 C 63.15%，H 7.19%，Br 15.00%，N 2.63%，O 12.02%。
别名 [3(*S*)-*endo*]-8-(4-Butoxyphenyl) methyl-3-(3-hydroxy-1-oxo-2-phenylpropoxy)-8-methyl-8-azoniabicyclo[3.2.1]octane bromide；8-(*p*-Butoxybenzyl)-3*α*-hydroxy-1*αH*，5*αH*-tropanium bromide (−)-tropate；*l*-[1-(*p*-*n*-Butoxybenzyl)hyoscyaminium]bromide；BHB；Coliopan
M. I. 15，1536
性状 来自乙醇-丙酮中的无色结晶，mp 166～168℃；或来自异丙醇中的白色针状结晶，mp 158～160℃。易溶于冰乙酸，溶于氯仿、二甲基甲酰胺，略溶于乙醇，微溶于水、0.1mol/L 盐酸、0.1mol/L 氢氧化钠溶液，几乎不溶于丙酮、乙醚、苯。$[\alpha]_D^{20}$ −21.7°（$c=0.5$，于水中）。LD_{50} 雄小鼠急性经口：1500mg/kg；皮下注射：660mg/kg；静脉注射：12.0mg/kg。
主要用途 医用解痉剂。

n-Butyl acetate　乙酸正丁酯　01815

[123-86-4]　$C_6H_{12}O_2$　116.16

成分　C 62.04%,H 10.41%,O 27.55%。

别名　醋酸丁酯;乙酸丁酯;Acetic acid butyl ester;Butyl acetate;Butyl ethanoate

GW 2015-2657　M.I.15,1537

性状　无色透明液体。有芳香气味。能与乙醇、乙醚相混溶,溶于多数烃类。25℃时溶于约120份水。mp −77℃;bp 125～126℃;Fp 72℉(22℃,闭杯);d_{20}^{20} 0.8826;n_D^{20} 1.3951。LD_{50}大鼠急性经口:14.13g/kg。

注意事项　该品易燃。具有刺激性。反复曝露可造成皮肤干燥或开裂。吸入其蒸气可能引起瞌睡和眩晕。使用时应避免吸入本品的蒸气,避免与眼睛及皮肤接触。其包装物应按危险品处理。

主要用途　分析试剂,如铊、锡、钨、钼和铼等的测定。溶剂。人造革,照相软片、塑料、安全玻璃的制造。

参考规格

HG/T 3498—1999	分析纯	化学纯
含量($C_6H_{12}O_2$)/%≥	99.0	98.0
密度(20℃)/(g/mL)	0.878～0.883	0.878～0.883
蒸发残渣/%≤	0.001	0.005
水分(H_2O)/%≤	0.1	0.3
酸度(以H^+计)/(mmol/100g)≤	0.08	0.16
正丁醇(C_4H_9OH)/%≤	0.3	0.5
重金属(以Pb计)/%≤	0.0001	0.0001
易碳化物质	合格	合格

sec-Butyl acetate　乙酸仲丁酯　01816

[105-46-4]　$C_6H_{12}O_2$　116.16

成分　C 62.04%,H 10.41%,O 27.55%。

别名　醋酸第二丁酯;Acetic acid *sec*-butyl ester;Acetic acid 1-methylpropyl ester

GW 2015-2660　M.I.15,1538

性状　无色液体。溶于乙醇、乙醚,微溶于水。mp −99℃;bp_{761} 111～111.5℃/101.46 kPa;Fp 88℉(31℃,开杯);d_{27} 0.865;n_D^{27} 1.3848。一般试剂含量≥98%。

注意事项　该品高度易燃。具有刺激性。反复曝露可造成皮肤干燥或开裂。使用现场禁止吸烟。使用时应避免吸入本品的蒸气,避免与眼睛接触。避免排入下水道。应远离火种,采取抗放静电措施密封保存。

主要用途　色谱分析标准物质。汽油抗爆剂。硝酸纤维及漆的溶剂。

tert-Butyl acetate　乙酸叔丁酯　01817

[540-88-5]　$C_6H_{12}O_2$　116.16

成分　C 62.04%,H 10.41%,O 27.55%。

别名　乙酸第三丁酯;Acetic acid *tert*-butyl ester;Acetic acid 1,1-dimethylethyl ester

GW 2015-2644　M.I.15,1539

性状　无色液体。能与乙醇、乙醚相混溶,几乎不溶于水。mp −62℃;bp 97.8℃;Fp 59℉(15℃);d_4^{20} 0.8665;d_4^{25} 0.8593;n_D^{20} 1.3870。一般试剂含量≥98.5%。

注意事项　该品高度易燃。反复曝露可能使皮肤受损干燥或破裂。使用时应避免吸入本品的蒸气,避免与眼睛接触。切勿排入下水道。使用现场禁止吸烟。应远离火种,采取抗放静电措施密封保存。

主要用途　硝化纤维等的溶剂。汽油添加剂。

tert-Butylacetic acid　叔丁基乙酸　01818

[1070-83-3]　$C_6H_{12}O_2$　116.16

成分　C 62.04%,H 10.41%,O 27.55%。

别名　3,3-二甲基丁酸;3,3-Dimethylbutanoic acid;3,3-Dimethylbutyric acid

M.I.14,1538

性状　无色液体。低温为固体。mp 6～7℃;bp 190℃;bp_{739} 183.0～183.3℃/98.525kPa;bp_{26} 96℃/3.466kPa;Fp 192℉(88℃);d_4^{20} 0.9124;n_D^{20} 1.4115。一般试剂含量≥98.0%。

注意事项　该品具有腐蚀性,能引起烧伤。使用时应穿适当的防护服,戴手套和防护镜或面罩。使用本品时禁止进餐、饮水。万一接触到眼睛,应立即用大量水冲洗后请医生诊治。使用时如有事故发生或有不适之感,应请医生诊治。其包装物应按危险品处理。

n-Butyl acrylate　丙烯酸正丁酯　01819

[141-32-2]　$C_7H_{12}O_2$　128.17

成分　C 65.60%,H 9.44%,O 24.97%。

别名　丙烯酸丁酯;Acrylic acid *n*-butyl ester;2-Propenoic acid butyl ester

GW 2015-153　M.I.15,1541

性状　无色液体。能与乙醇、乙醚相混溶,微溶于水(20℃,0.14g/100mL;40℃,0.12g/100mL)。受热能迅速聚合。bp_{760} 145℃/101.32kPa;bp_{101} 84～86℃/13.47kPa;bp_{25} 59℃/3.33kPa;bp_{10} 39℃/1.33kPa;bp_8 35℃/1.07kPa;Fp 120℉(49℃);d_4^{20} 0.8986;d_4^{15} 0.9110;d_4^{12} 0.9117;d_4^0 0.9202;n_D^{20} 1.4190;n_D^{12} 1.4254。LD_{50}大鼠急性经口:3.73g/kg。一般试剂含量≥98.0%。

注意事项　该品易燃。对眼睛、呼吸系统及皮肤有刺激性。接触皮肤能引起过敏。应密封避光于通风良好处保存。

主要用途　有机合成。

n-Butylamine　正丁胺　01820

[109-73-9]　$C_4H_{11}N$　73.14

成分　C 65.69%,H 15.16%,N 19.15%。

别名　1-氨基丁烷;丁胺;Amine C_4;1-Aminobutane;1-Butanamine;Butylamine

GW 2015-2709　M.I.15,1545

性状　无色液体。挥发性强。在空气中发烟。有氨味。易吸收空气中的二氧化碳。能与水、乙醇、乙醚相混溶。mp −50℃;bp 78℃;Fp 30℉(−1℃,开杯);d_4^{25} 0.7327;n_D^{20} 1.4010。LD_{50}大鼠急性经口:500mg/kg。一般试剂含量≥99.5%。

注意事项　该品高度易燃。吸入、口服或与皮肤接触有害。具有强腐蚀性,能引起严重烧伤。使用时应穿适当的防护服,戴手套和防护镜或面罩。使用现场禁止吸烟。切勿排入下水道。万一接触到眼睛,应立即用大量水冲洗后请医生诊治。使用时如有事故发生或有不适之感,应请医生诊治。应远离火种密封于阴凉处保存。

主要用途　氰化物和铂族某些金属的检验。乳化剂。药物、橡胶化学、染料中间体。杀虫剂的合成。

sec-Butylamine　仲丁胺　01821

[13952-84-6]　$C_4H_{11}N$　73.14

成分　C 65.69%,H 15.16%,N 19.15%。

别名　2-氨基丁烷;第二丁胺;2-Aminobutane;2-Butanamine;Deccotane;Frucote;Tutane

GW 2015-2801　M.I.15,1546

性状　无色液体。有氨味。能与水、乙醇相混溶。mp −104℃;bp 63℃;Fp −2℉(−19℃);d_4^{20} 0.724;n_D^{20} 1.394。LD_{50}大鼠急性经口:380mg/kg。一般试剂含量≥98.0%。

注意事项　该品高度易燃。吸入或口服有害。具有强腐蚀性,能引起严重烧伤。对水生物极毒。使用时应穿适当的防护服,戴手套和防护镜或面罩。万一接触到眼睛,应立即用大量水冲洗后请医生诊治。接触皮肤后,应用大量肥皂泡沫冲洗。使用时如有事故发生或有不适之感,应请医生诊治。使用现场禁止吸烟。应防止将本品释放于环境中。应远离火种,于通风良好处密封保存。

主要用途　有机合成。农业用杀菌剂。

tert-Butylamine　叔丁胺　01822

[75-64-9]　$C_4H_{11}N$　73.14

成分 C 65.69%，H 15.16%，N 19.15%。
别名 三甲基氨基甲烷；2-氨基异丁烷；2-氨基-2-甲基丙烷；第三丁胺；2-Amino-*iso*-butane；2-Aminoisobutane；2-Amino-2-methylpropane；2-Methyl-2-propanamine；Trimethylaminome thane
GW 2015-1970　M. I. 15，1547
性状 无色液体。能与乙醇相混溶。mp −72.65℃；bp 44～46℃；Fp 16℉（−8℃）；d_4^{20} 0.6951；d_4^{25} 0.6867；n_D^{20} 1.37。一般试剂含量≥99.5%（GC）。
注意事项 该品高度易燃。吸入或口服有害。具有强腐蚀性，能引起严重烧伤。对水生物有害。对水环境能产生长期有害的结果。使用时应穿适当的防护服，戴手套和防护镜或面罩。使用现场禁止吸烟。切勿排入下水道。万一接触到眼睛，应立即用大量水冲洗后请医生诊治。接触皮肤后，应立即用大量肥皂泡沫冲洗。使用时如有事故发生或有不适之感，应请医生诊治。应防止将本品释放于环境中。应远离火种，于阴凉通风处密封保存。
主要用途 有机合成。

Butyl 4-aminobenzoate　4-氨基苯甲酸丁酯　01823

[94-25-7]　$C_{11}H_{15}NO_2$　193.25
成分 C 68.37%，H 7.82%，N 7.25%，O 16.56%。
别名 对氨基苯甲酸正丁酯；对氨基苯甲酸丁酯；4-Aminobenzoic acid butyl ester；*n*-Butyl *p*-aminobenzoate；*p*-Aminobenzoic acid *n*-butyl ester；Butamben；Butesin；Butoform；Planoform；Scuroform
M. I. 15，1515
性状 来自乙醇中的无色结晶。溶于乙醇、乙醚、三氯甲烷、稀酸、脂肪油，微溶于水（1g 该品溶于约 7L 水）。mp 57～59℃；bp_8 174℃/1.066kPa。一般试剂含量≥98.0%（NT）。
注意事项 该品对眼睛、呼吸系统及皮肤有刺激性。接触皮肤能引起过敏。使用时应穿适当的防护服和戴手套。万一接触到眼睛，应立即用大量水冲洗后请医生诊治。
主要用途 医用麻醉剂。有机合成。

O　O　CH_3　H_2N

N-Butylaniline　*N*-丁基苯胺　01824

[1126-78-9]　$C_{10}H_{15}N$　149.23
成分 C 80.48%，H 10.13%，N 9.39%。
别名 *N*-正丁基苯胺
GW 2015-2763
性状 无色或浅黄色液体。有氨味。能与乙醇、乙醚相混溶，不溶于水。mp −14.4℃；bp 240～242℃；Fp 222℉（105℃）；d_4^{20} 0.932；n_D^{20} 1.5320。一般试剂含量≥99.%。
注意事项 该品口服有害。对眼睛、呼吸系统及皮肤有刺激性。使用时应穿适当的防护服和戴手套。避免吸入本品的蒸气，避免与眼睛及皮肤接触。万一接触到眼睛，应立即用大量水冲洗后请医生诊治。应密封避光保存。
主要用途 有机合成。

H N　CH_3

p-tert-Butylaniline　对叔丁基苯胺　01825

[769-92-6]　$C_{10}H_{15}N$　149.23
成分 C 80.48%，H 10.13%，N 9.39%。
别名 对氨基叔丁基苯 4-叔丁基苯胺；*p*-Amino-*tert*-butylbenzene；4-*tert*-Butylaniline
性状 无色或白色结晶。mp 15～16℃；bp 228～230℃；bp_3 90～93℃/399.92Pa；Fp 215℉（101℃）；*d* 0.937；n_D^{20} 1.5380。一般试剂含量≥99.0%。
注意事项 见 01824 *N*-丁基苯胺。
主要用途 有机合成。

NH_2　H_3C　CH_3　CH_3

2-*tert*-Butylanthraquinone　2-叔丁基蒽醌　01826

[84-47-9]　$C_{18}H_{16}O_2$　264.32
成分 C 81.79%，H 6.10%，O 12.11%。
性状 浅黄色结晶性粉末。溶于乙醇、丙酮，不溶于水。mp 98～100℃。一般试剂含量≥95%。
主要用途 有机合成。

O　$C(CH_3)_3$　O

Butylate　苏达灭　01827

[2008-41-5]　$C_{11}H_{23}NOS$　217.37
成分 C 60.78%，H 10.67%，N 6.44%，O 7.36%，S 14.75%。
别名 Anelda；Bis(2-methylpropyl)carbamothioic acid *S*-ethyl ester；Diisobutylthiocarbamic acid *S*-ethyl ester；S-Ethyl *N*，*N*-diisobutylthiocarbamate；Butilate；Diisocarb；R-1910；Sutan Plus
M. I. 15，1548
性状 无色液体。溶于水(25℃，45mg/L)。bp_{21} 138℃/2.8kPa；*d* 0.9417；n_D^{30} 1.4701。LD_{50}大鼠急性经口：4000mg/kg。一般试剂含量≥99.0%(HPLC)。
注意事项 该品蒸气吸入有害。对水生物有毒。能对水环境引起不利的结果。其包装物应按危险品处理。
主要用途 除草剂。分析用标准物质。

O　H_3C　S　N　CH_3　H_3C　CH_3　CH_3

n-Butylbenzene　正丁基苯　01828

[104-51-8]　$C_{10}H_{14}$　134.22
成分 C 89.49%，H 10.51%。
别名 丁基苯；1-苯基丁烷；*n*-Butylbenzene；1-Phenylbutane
GW 2015-2762　M. I. 15，1551
性状 无色液体。能与乙醇、乙醚、苯相混溶，不溶于水。mp −88.5℃；bp_{760} 183.1℃/101.325kPa；bp_{400} 159.2℃/53.33kPa；bp_{200} 136.9℃/26.66kPa；bp_{100} 116.2℃/13.33kPa；bp_{60} 102.6℃/8kPa；bp_{40} 92.4℃/5.33kPa；bp_{20} 76.3℃/2.67kPa；bp_{10} 62.0℃/1.33kPa；bp_5 48.8℃/666.6kPa；$bp_{1.0}$ 22.7℃/133.3kPa；Fp 160℉(71℃，开杯)；d_D^{20} 0.8604；n_4^{20} 1.49040。一般试剂含量≥98.0%(GC)。
注意事项 该品易燃。对眼睛、呼吸系统及皮肤有刺激性。使用时应戴手套，应避免吸入本品的蒸气，避免与眼睛及皮肤接触。万一接触到眼睛，应立即用大量水冲洗后请医生诊治。其包装物应按危险品处理。应远离火种密封保存。
主要用途 色谱分析标准物。气相色谱固定液。有机合成。

CH_3

sec-Butylbenzene　仲丁基苯　01829

[135-98-8]　$C_{10}H_{14}$　134.22
成分 C 89.49%，H 10.51%。

别名 （1-甲基丙基）苯；另丁基苯；2-苯基丁烷；第二丁基苯；(1-Methylpropyl) benzene；2-Phenylbutane
GW 2015-2804　M. I. 15，1552
性状 无色液体。能与乙醇、乙醚、苯相混溶，不溶于水。mp −82.7℃；bp_{760} 173.5℃/101.325kPa；bp_{400} 150.3℃/53.33kPa；bp_{200} 128.8℃/26.66kPa；bp_{100} 109.5℃/13.33kPa；bp_{60} 96.0℃/8kPa；bp_{40} 86.2℃/5.33kPa；bp_{20} 70.6℃/2.67kPa；bp_{10} 57.0℃/1.33kPa；bp_{5} 44.2℃/666.6Pa；$bp_{1.0}$ 18.6℃/133.3Pa；Fp 126℉(52℃，闭杯)；d_4^{20} 0.8608；n_D^{20} 1.48980。一般试剂含量≥99.0%。
注意事项 见 01828 正丁基苯 。
主要用途 溶剂。有机合成。

tert-Butylbenzene　叔丁基苯　01830
[98-06-6]　$C_{10}H_{14}$　134.22
成分 C 89.49%，H 10.51%。
别名 （1,1-二甲基乙基）苯；三甲基甲苯；三甲基苯基甲烷；第三丁基苯；2-苯基异丁烷；苯基叔丁烷；第三丁基苯；2-甲基-2-苯基丙烷；(1,1-Dimethylethyl) benzene；2-Methyl-2-phenylpropane；2-phenyl-*iso*-butane；2-Phenyl isobutane；Pseudobutylbenzene；TBB；Trimethylphenyl methane
GW 2015-2972　M. I. 15，1553
性状 无色液体。能与乙醇、乙醚、苯相混溶，不溶于水。mp −58.1℃；bp_{760} 168.5℃/101.325kPa；bp_{400} 145.8℃/53.33kPa；bp_{200} 123.7℃/26.66kPa；bp_{100} 103.8℃/13.33kPa；bp_{60} 90.6℃/8kPa；bp_{40} 80.8℃/5.33kPa；bp_{20} 65.6℃/2.67kPa；bp_{10} 51.7℃/1.33kPa；bp_{5} 39.0℃/666.6Pa；$bp_{1.0}$ 13.0℃/133.3kPa；Fp 140℉(60℃，开杯)；d_4^{20} 0.8669；n_D^{20} 1.49235。一般试剂含量≥97.0%(GC)。
注意事项 该品易燃。其蒸气吸入有害。对皮肤有刺激性。使用时应避免吸入本品的蒸气，避免与眼睛及皮肤接触。
主要用途 色谱分析标准物。有机合成。

C(CH3)3

n-Butyl benzoate　苯甲酸正丁酯　01831
[136-60-7]　$C_{11}H_{14}O_2$　178.23
成分 C 74.13%，H 7.92%，O 17.95%。
别名 苯甲酸丁酯；Benzoic acid butyl ester；*n*-Butyl benzoate
M. I. 15，1554
性状 无色稠油状液体，低温下为固体。溶于乙醇、乙醚，几乎不溶于水。mp −22℃；bp 250℃；Fp 223℉(106℃)；*d* 1.00；n_D^{20} 1.498。LD_{50} 大鼠急性经口：5.14g/kg。一般试剂含量≥99.0%。
注意事项 该品口服有害。对眼睛、呼吸系统及皮肤有刺激性。使用时应穿适当的防护服和戴手套。万一接触到眼睛，应立即用大量水冲洗后请医生诊治。
主要用途 纤维素、酯类的溶剂。增塑剂。有机合成。气相色谱标准物。

4-*tert*-Butylbenzoic acid　4-叔丁基苯甲酸　01832
[98-73-7]　$C_{11}H_{14}O_2$　178.23
成分 C 74.13%，H 7.92%，O 17.95%。
别名 对叔丁基苯甲酸；*p*-*tert*-Butylbenzoic acid
性状 无色针状结晶。溶于乙醇、苯。mp 165～167℃；Fp 316.4℉(158℃)；d_4^{20} 1.142。一般试剂含量≥98.0%(T)。
注意事项 该品与皮肤接触有毒。吸入或口服有害。对眼睛有刺激性。使用时应穿适当的防护服和戴手套。避免吸入本品的粉尘，避免与皮肤及眼睛接触。万一接触到眼睛，应立即用大量水冲洗后请医生诊治。使用时如有事故发生或有不适之感，应请医生诊治。其包装物应按危险品处理。应密封于通风良好处保存。
主要用途 有机合成。

O　OH
H_3C　CH_3
CH_3

n-Butyl *n*-butyrate　正丁酸正丁酯　01833
[109-21-7]　$C_8H_{16}O_2$　144.21
成分 C 66.63%，H 11.18%，O 22.19%。
别名 丁酸丁酯；Butanoic acid butyl ester；Butyl butanoate；Butyl butyrate；Butyric acid butyl ester
GW 2015-2777　M. I. 15，1558
性状 无色液体。能与乙醇、乙醚相混溶，几乎不溶于水。mp −92℃；bp 165℃；Fp 121℉(49℃)；d_4^{20} 0.8692；n_D^{20} 1.4064。一般试剂含量≥99.0%(GC)
注意事项 该品易燃。对眼睛、呼吸系统及皮肤有刺激性。应远离火种密封保存。
主要用途 溶剂。有机合成。

tert-Butyl carbazate　肼基甲酸叔丁酯　01834
[870-46-2]　$C_5H_{12}N_2O_2$　132.16
成分 C 45.44%，H 9.15%，N 21.20%，O 24.21%。
别名 BOC-hydrazide；*tert*-Butyloxycarbonylhydrazide；Hydrazine carboxylic acid *tert*-butyl ester
性状 无色或白色结晶。mp 39～42℃；$bp_{0.1}$ 63～65℃/13.332Pa；$bp_{0.03}$ 65℃/4Pa；Fp 197℉(91℃)。一般试剂含量≥98.0%(GC)。
注意事项 该品高度易燃。使用时应避免与眼睛及皮肤接触。使用现场禁止吸烟。应远离火种，采取抗放静电措施密封于干燥处保存。

4-*tert*-Butylcatechol　4-叔丁基邻苯二酚　01835
[98-29-3]　$C_{10}H_{14}O_2$　166.22
成分 C 72.26%，H 8.49%，O 19.25%。
别名 对叔丁基儿茶酚；4-叔丁基-1，2-二羟基苯；对第三丁基儿茶酚；对叔丁基邻苯二酚；*p*-*tert*-Butylcatechol；4-*tert*-Butyl-1，2-dihydroxybenzene；4-*tert*-Butylpyrocatechol；TBC
性状 无色针状结晶。吸潮后即成为黏稠状液体。溶于甲醇、乙醇、四氯化碳、苯乙醚、丙酮、苯、甲苯，微溶于热水。mp 56～58℃；bp 285℃；Fp 305℉(151℃)；*d* 1.049。一般试剂含量≥99.0%(HPLC)
注意事项 该品口服或与皮肤接触有害。具有腐蚀性，能引起烧伤。接触皮肤能引起过敏。对眼睛、呼吸系统及皮肤有刺激性。使用时应穿适当的防护服，戴手套和防护镜或面罩。万一接触到眼睛，应立即用大量水冲洗后请医生诊治。使用时如有事故发生或有不适之感，应请医生诊治。其包装物应按危险品处理。
主要用途 聚合抑制剂。抗氧化剂。稳定剂。

OH
OH
H_3C　CH_3
CH_3

tert-Butyl chloroacetate　氯乙酸叔丁酯　01836
[107-59-5]　$C_6H_{11}ClO_2$　150.60
成分 C 47.85%，H 7.36%，Cl 23.54%，O 21.25%。
别名 一氯乙酸叔丁酯；*tert*-Butyl monochloroacetate；Chloroacetic acid *tert*-butyl ester
GW 2015-1556　M. I. 15，1564
性状 无色透明液体。具有催泪性。能与乙醇混溶，能被水解为叔丁醇和氯乙酸。bp 155℃(分解)；$bp_{16\sim17}$ 56～57℃/2.13～2.27kPa；bp_{11} 48～49℃/1.47kPa；Fp 114℉(46℃)；*d* 1.053；n_D^{25} 1.4204～1.4210；n_D^{20} 1.4259～1.4260。一般试剂含量≥97.0%(GC)。
注意事项 该品易燃。吸入、口服或与皮肤接触有害。具有腐蚀性，能引起烧伤。使用时应穿适当的防护服，戴手套和防护镜或面罩。万一接触到眼睛，应立即用大量水冲洗后请医生诊治。使用时如有事故发生或有不适之感，应请医生诊治。应密封于通风干燥处保存。
主要用途 有机合成。

n-Butyl chloroformate 氯甲酸正丁酯 01837
[592-34-7] $C_5H_9ClO_2$ 136.58
成分 C 43.97%，H 6.64%，Cl 25.96%，O 23.43%。
别名 氯甲酸丁酯；Butyl chlorocarbonate
GW 2015-1517
性状 无色液体。能与乙醚、苯相混溶，遇水分解。具有催泪性。mp<－70℃；bp 142℃；Fp 102℉（39℃）；d_4^{20} 1.074；n_D^{20} 1.413。一般试剂含量≥97.0%（GC）
注意事项 该品易燃。吸入有毒。具有腐蚀性，能引起烧伤。使用时应穿适当的防护服，戴手套和防护镜或面罩。万一接触到眼睛，应立即用大量水冲洗后请医生诊治。使用时如有事故发生或有不适之感，应请医生诊治。应充氩气密封于2～8℃保存。

Butyl cyanoacetate 氰乙酸丁酯 01838
[5459-58-5] $C_7H_{11}NO_2$ 141.17
成分 C 59.56%，M 7.85%，N 9.92%，O 22.67%。
性状 无色或浅黄色液体。能与乙醇混溶，不溶于水。bp 230～232℃；bp_{15} 115℃/2kPa；Fp 189℉（87℃）；d 0.993；n_D^{20} 1.4250。一般试剂含量≥99.0%。
注意事项 该品对眼睛、呼吸系统及皮肤有刺激性。使用时应戴适当的手套，应避免吸入本品的蒸气，避免与眼睛及皮肤接触。万一接触到眼睛，应立即用大量水冲洗后请医生诊治。
主要用途 有机合成。

Butylcyclohexane 丁基环己烷 01839
[1678-93-9] $C_{10}H_{20}$ 140.27
成分 C 85.63%，H 14.37%。
别名 正丁基环己烷；1-环己基丁烷；1-环己基正丁烷；1-Cyclohexylbutane
GW 2015-951
性状 无色透明液体。能与乙醇、乙醚、苯等相混溶，不溶于水。mp －78℃。bp 180～181℃；Fp 106℉（41℃）；d_4^{20} 0.799；n_D^{20} 1.441。一般试剂含量≥99.0%(GC)。
注意事项 该品易燃。使用时应避免与眼睛及皮肤接触。应远离火种密封保存。
主要用途 色谱分析标准物质。

4-*tert*-Butylcyclohexanol 4-叔丁基环己醇 01840
[98-52-2] $C_{10}H_{20}O$ 156.27
成分 C 76.86%，H 12.90%，O 10.24%。
别名 对第三丁基环己醇；对叔丁基环己醇；4-叔丁基环己醇；4-叔丁基环己醇异构体混合物；*p-tert*-Butylcyclohexanol
性状 白色固体。mp 62～70℃；bp_{15} 110～115℃/2kPa；Fp 221℉（105℃）。一般试剂含量≥99.0%（GC）。
注意事项 该品对眼睛及皮肤有刺激性。使用时应穿适当的防护服。万一接触到眼睛，应立即用大量水冲洗后请医生诊治。

OH
H_3C—C(—CH_3)—CH_3

2-*tert*-Butylcyclohexanone 2-叔丁基环己酮 01841
[1728-46-7] $C_{10}H_{18}O$ 154.25
成分 C 77.87%，H 11.76%，O 10.37%。
性状 无色液体。能溶于一般有机溶剂。bp_4 63～64℃/533.3Pa；Fp 161.6℉（72℃）；d_4^{20} 0.910；n_D^{20} 1.458。一般试剂含量≥99.0%（GC）。
注意事项 使用时应避免吸入本品的蒸气，避免与眼睛及皮肤接触。
主要用途 有机合成。

***tert*-Butyl disulfide 二硫化叔丁基** 01842
[110-06-5] $C_8H_{18}S_2$ 178.36
成分 C 53.87%，H 10.17%，S 35.96%。
别名 二硫代二叔丁基；Di-*tert*-butyl disulfide
性状 无色液体。bp 200～201℃；Fp 114℉（62℃）；d_4^{20} 0.922；n_D^{20} 1.490。一般试剂含量≥98.0%（GC）。
注意事项 该品对水生物有毒。能对水环境引起不利的结果。应防止将本品释放于环境中。
主要用途 有机合成。

n-Butyl ether 正丁醚 01843
[142-96-1] $C_8H_{18}O$ 130.23
成分 C 73.78%，H 13.93%，O 12.29%。
别名 二丁醚；二正丁醚；氧化二丁烷；丁醚；*n*-Dibutyl ether；Dibutyl oxide；Butyl ether；1，1′-Oxybisbutane
GW 2015-2769 M.I.15，1572
性状 无色液体。微有乙醚味。性较稳定。能与乙醇、乙醚相混溶，几乎不溶于水。有生成过氧化爆炸物的可能，尤其是无水物。mp －98℃；bp 142～143℃；Fp 100℉（37℃，闭杯）；d_{20}^{20} 0.769；n_D^{20} 1.399。LD_{50}大鼠急性经口：7.4g/kg。一般试剂含量≥99.0%（GC）。
注意事项 该品易燃。对眼睛、呼吸系统及皮肤有刺激性。对水生物有害。对水环境能产生长期有害的结果。应防止将本品释放于环境中。应远离火种密封保存。
主要用途 测定铋的试剂。溶剂。有机合成。

Butyl ethyl ether 丁基乙基醚 01844
[628-81-9] $C_6H_{14}O$ 102.18
成分 C 70.53%，H 13.81%，O 15.66%。
别名 乙基正丁基醚；乙丁醚；乙氧基丁烷；正丁基乙基醚；乙基丁基醚；*n*-Butyl ethyl ether；1-Ethoxybutane；Ethyl *n*-butyl ether
GW 2015-2621
性状 无色透明液体。有香味。能与乙醇、乙醚、苯相混溶，不溶于水。mp －124℃；bp 91～93℃；Fp 22℉（－5℃）；d_4^{20} 0.752；n_D^{20} 1.3818。一般试剂含量≥98.0%(GC)。
注意事项 该品高度易燃。口服有害。对眼睛、呼吸系统及皮肤有刺激性。使用时应避免吸入本品的蒸气。使用现场禁止吸烟。万一接触到眼睛，应立即用大量水冲洗后请医生诊治。应远离火种密封保存。
主要用途 溶剂。萃取剂。

n-Butyl formate 甲酸正丁酯 01845
[592-84-7] $C_5H_{10}O_2$ 102.13
成分 C 58.80%，H 9.87%，O 31.33%。
别名 蚁酸丁酯；甲酸丁酯；蚁酸正丁酯；*n*-Butyl methanoate；*n*-Butyl formate；Formic acid butyl ester
GW 2015-1185
性状 无色透明液体。能与乙醇、乙醚相混溶，微溶于水。mp －92℃；bp 105～107℃；Fp 64℉（18℃）；d_4^{20} 0.892；n_D^{25} 1.3910。一般试剂含量≥97.0%。
注意事项 该品高度易燃。对眼睛及呼吸系统有刺激性。使用时应避免与皮肤接触。使用现场禁止吸烟。应远离火种，采取抗放静电措施，于通风良好干燥处密封保存。
主要用途 色谱分析标准物。香料制造。溶剂。有机合成。

***tert*-Butyl hydroperoxide 过氧化氢叔丁基** 01846
[75-91-2] $C_4H_{10}O_2$ 90.12
成分 C 53.31%，H 11.18%，O 35.51%。
别名 叔丁基过氧化氢；过氧化叔丁醇；第三丁基过氧化氢；氢过氧化叔丁基；*tert*-Butyl hydrogen peroxide；1，1-Dimethylethylhydroperoxide；TBHP；tBH-peroxide；TBPO
GW 2015-904 M.I.15，1573
性状 无色液体。溶于乙醇、乙醚等有机溶剂。在75℃以下稳定。mp －8℃；bp_{20} 35℃/2.67kPa；Fp 100℉（37℃）；d_4^{20} 0.896；n_D^{20} 1.4007。一般试剂为含量约70.0%的水溶液。
注意事项 该品易燃。能引起着火。吸入、口服或与皮肤接触有害。具有腐蚀性，能引起烧伤。对水生物有害。对水环境能产生长期有害的结果。使用时应穿适当的防护服，戴手套和防护镜或面罩。使用时禁止进餐、饮水。避免吸入本品的蒸气。万一接触到眼睛，应立即用大量水冲洗后请医生诊治。使用时如有事故发生或有不适之感，应请医生诊治。应防止将本品释放于环境中。应于通风良好处保存。

主要用途 聚合反应的催化剂。

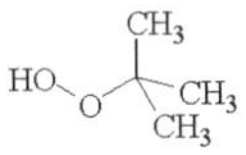

tert-Butylhydroquinone 叔丁基对苯二酚 01847

[1948-33-0] $C_{10}H_{14}O_2$ 166.22

成分 C 72.26%，H 8.49%，O19.25%。

别名 第三丁基对苯二酚；叔丁基氢醌；TBHQ

性状 无色片状结晶。溶于热水和有机溶剂，不溶于冷水。mp 125～127℃；bp 295℃；Fp 339.8℉（171℃）。一般试剂含量 ≥98.0%（HPLC）。

注意事项 该品口服有害。对水生物极毒。能对水环境引起不利的结果。对眼睛、呼吸系统及皮肤有刺激性。使用时应穿适当的防护服。万一接触到眼睛，应立即用大量水冲洗后请医生诊治。

主要用途 染料制备。制药工业。

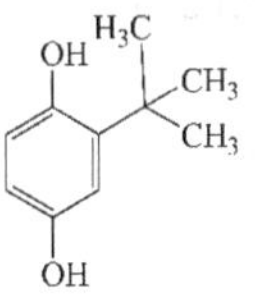

2(3)-*tert*-Butyl-4-hydroxyanisole 2(3)-叔丁基-4-羟基苯甲醚 01848

[25013-16-5] $C_{11}H_{16}O_2$ 180.25

成分 C 73.30%，H 8.95%，O 17.75%。

别名 间叔丁基对羟基大茴香醚；2-叔丁基-4-甲氧基苯酚；丁基羟基茴香醚；Antrancine 12；BHA；Butylated hydroxyanisole；2(3)-*tert*-Butyl-4-methoxyphenol；(1,1-Dimethylethyl)-4-methoxyphenol；Embanox；Nipantiox 1-F；Sustane 1-F；Tenox BHA

M.I.15，1549

性状 无色蜡状固体或白色、微粉红色粉末。溶于石油醚、油脂类、50%以上的乙醇、丙二醇，不溶于水。mp 48～55℃；bp_{733} 264～270℃/97.725kPa。LD_{50}小鼠，大鼠急性经口：2g/kg，2.2g/kg。一般试剂含量 ≥98.0%（GC）。

注意事项 该品口服有害。能危害胎儿。对眼睛、呼吸系统及皮肤有刺激性。对机体有不可逆损伤的可能性。使用时应穿适当的防护服和戴手套。使用时应避免吸入本品的粉尘。万一接触到眼睛，应立即用大量水冲洗后请医生诊治。

主要用途 有机合成。食品抗氧剂。

Butyl 4-hydroxybenzoate 4-羟基苯甲酸丁酯 01849

[94-26-8] $C_{11}H_{14}O_3$ 194.23

成分 C 68.02%，H 7.26%，O 24.71%。

别名 尼泊金丁酯；对羟基苯甲酸正丁酯；Butoben；Butyl chemo sept；*n*-Butyl *p*-hydroxybenzoate；Butyl paraben；Butyl parasept；4-Hydroxybenzoic acid butyl ester；Nipagin；Tegosept B

M.I.15，1587

性状 无色结晶或白色结晶性粉末。微有特殊气味。易溶于丙酮、乙醇、乙醚、三氯甲烷、丙二醇，极微溶于甘油、水（1∶6500）、甘油。mp 68～69℃。一般试剂含量 ≥99.0%（GC）。

注意事项 该品对眼睛、呼吸系统及皮肤有刺激性。具有蓄积性危害。使用时应避免吸入本品的粉尘，避免与眼睛及皮肤接触。使用时应戴适当的手套。万一接触到眼睛，应立即用大量水冲洗后请医生诊治。

主要用途 防腐剂。消毒剂。

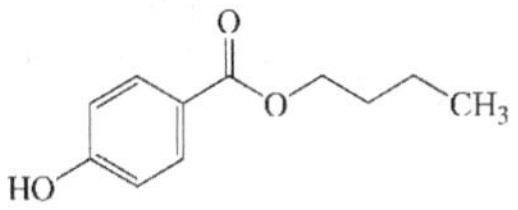

Butyl isocyanate 异氰酸丁酯 01850

[111-36-4] C_5H_9NO 99.13

成分 C 60.58%，H 9.15%，N 14.13%，O 16.14%

别名 异氰酸正丁酯；BIC；*n*-Butyl *iso*-cyanate；1-Isocyanatobutane；Isocyanic acid butyl ester

GW 2015-2731 M.I.15，1578

性状 无色液体。具有催泪性。bp 113～116℃；Fp 64℉（17℃）；d_4^{20} 0.880；n_D^{20} 1.4060。LC_{50}雄，雌大鼠吸入 4h：60mg/m³，55mg/m³。一般试剂含量 ≥98.0%（GC）。

注意事项 该品高度易燃。吸入有毒。口服或与皮肤接触有害。具有腐蚀性，能引起烧伤。对呼吸系统有刺激性。其蒸气吸入或与皮肤接触能引起过敏。使用时应穿适当的防护服、戴手套和防护镜或面罩。使用时应避免吸入本品的蒸气。万一接触到眼睛及皮肤，应立即用大量水冲洗后请医生诊治。使用时如有事故发生或有不适之感，应请医生诊治。应远离火种，充氩气密封于2～8℃干燥保存。

主要用途 有机合成。

Butyl isovalerate 异戊酸丁酯 01851

[109-19-3] $C_9H_{18}O_2$ 158.24

成分 C 68.31%，H 11.47%，O 20.22%。

别名 异戊酸正丁酯；Isovaleric acid *n*-butyl ester；*n*-Butyl *iso*-valerate

性状 无色液体。溶于乙醇、乙醚，难溶于水，其稀醇溶液有水果香味。bp 175℃；d_4^{20} 0.860；n_D^{20} 1.409；Fp 143.6℉（62℃）。一般试剂含量 ≥98.0%。

注意事项 该品对眼睛、呼吸系统及皮肤有刺激性。使用时应穿适当的防护服。万一接触到眼睛，应立即用大量水冲洗后请医生诊治。

主要用途 有机溶剂、香料。

Butyl lactate 乳酸丁酯 01852

[138-22-7] $C_7H_{14}O_3$ 146.19

成分 C 57.51%，H 9.65%，O 32.83%。

别名 羟基丙酸丁酯；乳酸正丁酯；(±)-Butyl lactate；Hydroxypropionic acid butyl ester

性状 无色或浅黄色液体。能与乙醇、乙醚相混溶。mp −28℃；bp 185～187℃；Fp 157℉（69℃）；d_4^{20} 0.984；n_D^{20} 1.4210。一般试剂含量 ≥97.0%（GC）。

注意事项 该品对眼睛、呼吸系统及皮肤有刺激性。使用时应避免吸入本品的蒸气，避免与眼睛及皮肤接触。

主要用途 溶剂。油漆和油墨的配制等。

Butyl laurate 月桂酸丁酯 01853

[106-18-3] $C_{16}H_{32}O_2$ 256.42

成分 C 74.94%；H 12.58%，O 12.48%。

别名 十二酸丁酯；Butyl dodecanoate

性状 无色或淡黄色液体。溶于乙醇、乙醚，不溶于水。mp −10℃；bp_{30} 194℃/4kPa；Fp 235.4℉（113℃）；d_4^{20} 0.860；n_D^{20} 1.435。一般试剂含量 ≥99.0%(GC)。

主要用途 气相色谱固定液。

Butyllithium 1.6mol/L solution in hexanes 丁基锂 1.6mol/L 己烷溶液 01854

[109-72-8] C_4H_9Li 64.06

成分 C 75.00%，H 14.16%，Li 10.84%。

别名 正丁基锂；Lithium butyl；Lithium-1-butanide

性状 室温为黄色透明液体。溶于多数有机溶剂。Fp 10.4℉（−12℃）；d_4^{20} 0.70。

注意事项 该品高度易燃。与水接触时能释放出高度易燃气体。在空气中能自燃。具有腐蚀性，能引起烧伤。吸入或长期曝露有害，并有严重损伤健康的危险，对水生物有毒。能对水环境引起不利的结果。有损伤生育力的危险。

口服可使肺脏受损。其蒸气可造成头晕和瞌睡。使用时应穿适当的防护服，戴手套和防护镜或面罩。使用现场禁止吸烟。万一接触到眼睛，应立即用大量水冲洗后请医生诊治。使用时如有事故发生或有不适之感，应请医生诊治。万一着火，应使用指定的灭火设备而不能用水。应防止将本品释放于环境中。应远离火种，充氩气于 2～8℃密封于干燥处保存。

主要用途 聚合催化剂。

n-Butylmalonic acid 正丁基丙二酸 01855

[534-59-8] $C_7H_{12}O_4$ 160.17

成分 C 52.49%，H 7.55%，O 39.96%。

别名 丁基丙二酸；戊烷-1,1-二羧酸；Butylpropanedioic acid；Pentane-1,1-dicarboxylic acid

M.I.15，1579

性状 来自水中的无色棱柱体结晶。溶于水（0℃，11.6g/100g；50℃，79.3g/100g）、乙醇、乙醚。p*K*（5℃）：2.96；mp 102℃。加热至 150℃生成己酸。

注意事项 该品具有刺激性。使用时应避免与眼睛及皮肤接触。

Butyl methacrylate 甲基丙烯酸丁酯 01856

[97-88-1] $C_8H_{14}O_2$ 142.20

成分 C 67.57%，H 9.92%，O 22.50%。

别名 甲基丙烯酸正丁酯；*n*-Butyl methacrylate；Methacrylic acid *n*-butyl ester

GW 2015-1110

性状 无色液体。能与乙醇、乙醚任意混溶，不溶于水。极易聚合。常加入 0.01%的对苯二酚作为阻聚剂。mp −75℃；bp 162 ～ 165℃；Fp 123℉ （50℃）；d_4^{20} 0.896；n_D^{20} 1.423。一般试剂含量 ≥98.0%。

注意事项 该品易燃。对眼睛、呼吸系统及皮肤有刺激性。接触皮肤能引起过敏。应远离火种，密封于阴凉处保存。

主要用途 塑料合成。有机合成。乳化剂。

Butylmethylimidazolium hexafluorophosphate 1-丁基-3-甲基咪唑 六氟磷酸盐 01857

[174501-64-5] $C_8H_{15}F_6N_2P$ 284.19

成分 C 33.81%，H 5.32%，F 40.11%，N 9.86%，P 10.90%。

别名 1-丁基-3-甲基六氟磷酸咪唑鎓；六氟磷酸丁甲基咪唑；六氟磷酸 1-丁基-3-甲基-1*H*-咪唑；1-Butyl-3-methyl-1*H*-imidazolium hexafluorophosphate（1－）；[BMIM][PF_6]

M.I.15，1584

性状 具有黏性的无色液体。能与水混溶，不与甲苯、己烷及其他非极性溶剂相混溶。黏度（25℃）：450mPa·s（干燥）；d^{25} 1.36g/mL（干燥）；n^{25} 1.409（干燥）。一般试剂含量 ≥97.0%（HPLC）。

注意事项 该品对眼睛、呼吸系统及皮肤有刺激性。万一接触到眼睛，应立即用大量水冲洗后请医生诊治。

主要用途 有机反应的溶剂。

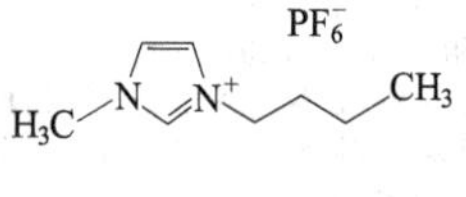

2-*tert*-Butyl-4-methylphenol 2-叔丁基-4-甲基酚 01858

[2409-55-4] $C_{11}H_{16}O$ 164.25

成分 C 80.44%，H 9.82%，O 9.74%。

别名 邻叔丁基对甲酚；2-叔丁基-4-甲酚；2-叔丁基对甲酚；2-*tert*-Butyl-4-cresol；*o*-*tert*-Butyl-*p*-methylphenol；2-*tert*-Butyl-*p*-cresol

性状 无色或白色针状结晶。溶于甲醇、乙醚、丙酮、苯和其他有机溶剂。mp 51～52℃；bp 237℃；Fp 212℉（100℃）；d_4^{25} 0.9247。一般试剂含量 ≥98.0%（GC）。

注意事项 该品具有腐蚀性，能引起烧伤。对呼吸系统有刺激性。使用时应穿适当的防护服，戴手套和防护镜或面罩。使用本品时禁止进餐、饮水。万一接触到眼睛，应立即用大量水冲洗后请医生诊治。使用时如有事故发生或有不适之感，应请医生诊治。应充氮气密封避光保存。

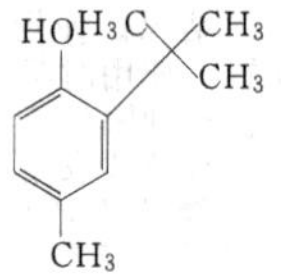

2-*tert*-Butyl-6-methylphenol 2-叔丁基-6-甲基酚 01859

[2219-82-1] $C_{11}H_{16}O$ 164.25

成分 C 80.44%，H 9.82%，O 9.74%。

别名 6-叔丁基邻甲酚；6-*tert*-Butyl-*o*-cresol

性状 白色结晶。mp 30～32℃；bp 230℃；Fp 225℉（107℃）；d^{25} 0.967；n_D^{20} 1.5190。一般试剂含量 ≥98.0%（GC）。

注意事项 该品具有腐蚀性，能引起烧伤，对呼吸系统有刺激性。使用时应穿适当的防护服，戴手套和防护镜或面罩。万一接触到眼睛，应立即用大量水冲洗后请医生诊治。接触皮肤后，应立即用大量聚乙二醇 400 液体冲洗。使用时如有事故发生或有不适之感，应请医生诊治。

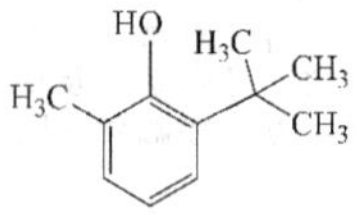

4-*tert*-Butyl-2-methylphenol 4-叔丁基-2-甲基酚 01860

[98-27-1] $C_{11}H_{16}O$ 164.25

成分 C 80.44%，H 9.82%，O 9.74%。

别名 对叔丁基邻甲酚；4-叔丁基邻甲酚；4-*tert*-Butyl-*o*-cresol；*p*-*tert*-Butyl-*o*-cresol

性状 白色结晶。mp 28～33℃。一般试剂含量 ≥98.0%（GC）。

注意事项 该品具有腐蚀性，能引起烧伤。使用时应穿适当的防护服，戴手套和防护镜或面罩。万一接触到眼睛，应立即用大量水冲洗后请医生诊治。使用时如有事故发生或有不适之感，应请医生诊治。

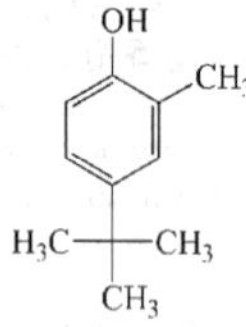

n-Butyl nitrite 亚硝酸正丁酯 01861

[544-16-1] $C_4H_9NO_2$ 103.12

成分 C 46.59%，H 8.80%，N 13.58%，O 31.03%。

别名 亚硝酸丁酯；Butyl nitrite；Nitrous acid butyl ester

GW 2015-2501 M.I.15，1585

性状 无色或微黄色油状液体。有特殊的气味。见光易分解。能与乙醇、乙醚相混溶，不溶于水。bp_{760} 78.2℃/101.32kPa；Fp 8℉（−13℃）；d_4^0 0.9114；n_D^{20} 1.3770。

注意事项 该品高度易燃。有毒。使用现场禁止吸烟。应远离火种，密封避光保存。

主要用途 有机合成。制备稀土叠氮化物。

tert-Butyl nitrite 亚硝酸叔丁酯 01862

[540-80-7] $C_4H_9NO_2$ 103.12

成分 C 46.59%，H 8.80%，N 13.58%，O 31.03%。

别名 亚硝酸 α,α-二甲基乙酯-；α,α-Dimethylethyl nitrite；Nitrous acid *tert*-butyl ester；Nitrous acid 1,1-dimethyl ethyl ester

M.I.15，1586

性状 黄色液体。有适宜的气味。易溶于乙醇、乙醚、氯仿、二硫化碳，微溶于水，几乎不溶于甘油。bp_{760} 63℃/101.325kPa；bp_{250} 34℃/33.331kPa；Fp －14℉（−10℃）；d_4^{20} 0.8671；d_4^0 0.8941；n_D^{20} 1.3687。一般试剂含量 ≥90.0%（GC）。

注意事项 该品高度易燃。吸入或口服有害。使用时应避免与皮肤接触。使用现场禁止吸烟。如误服本品，应立即请医生检查，并出示瓶签或包装物。应远离火种，密封避光于 2～8℃保存。

主要用途 喷气发动机推进剂。

Butyl oleate 油酸丁酯 01863

[142-77-8] $C_{22}H_{42}O_2$ 338.57

成分 C 78.05%，H 12.50%，O 9.45%。

别名 油酸正丁酯；*n*-Butyl oleate；Butyl 9-octadecenoate

性状 室温为浅黄色液体。能与乙醇、乙醚相混溶，不溶于水。mp 26.4℃；d_4^{20} 0.8725。

主要用途 增塑剂。溶剂。润滑剂。防水剂。气相色谱固定液。

Butyloxirane 丁基环氧乙烷 01864

[1436-34-6] $C_6H_{12}O$ 100.16

成分 C 71.95%，H 12.08%，O 15.97%。

别名 1,2-环氧己烷；氧化 1-己烯；1,2-Epoxyhexane；1-Hexene oxide

性状 无色液体。bp 116～117℃；Fp 59℉（15℃）；d_4^{20} 0.833；n_4^{20} 1.406。一般试剂含量约 97.0%（GC）。

注意事项 该品高度易燃。对眼睛、呼吸系统及皮肤有刺激性。使用时应穿适当的防护服。万一接触到眼睛，应立即用大量水冲洗后请医生诊治。使用现场禁止吸烟。应远离火种，采取抗放静电措施，充氩气密封于 2～8℃干燥保存。

***tert*-Butyl peroxybenzoate 过氧化苯甲酸叔丁酯** 01865

[614-45-9] $C_{11}H_{14}O_3$ 194.23

成分 C 68.02%，H 7.27%，O 24.71%。

别名 过苯甲酸叔丁酯；过氧化苯甲酸特丁酯；过氧化苯甲酸第三丁酯；*tert*-Butyl perbenzoate；peroxybenzoic acid *tert*-butyl ester

GW 2015-865

性状 无色至浅黄色液体。遇水分解。mp 6～8℃；$bp_{0.2}$ 75～76℃/26.66Pa；Fp 200℉(93℃)；*d* 1.034；n_D^{20} 1.496。一般试剂含量 ≥98.0%。

注意事项 该品与易燃物品接触能引起燃烧。口服有害。对眼睛、呼吸系统及皮肤有刺激性。使用时应穿适当的防护服，戴防护镜或面罩。使用时应避免吸入本品的蒸气和飞沫，避免与眼睛及皮肤接触。使用现场禁止吸烟。应远离火种，密封于 2～8℃保存。

主要用途 苯乙烯、树脂、乙烯等聚合用催化剂。橡胶固化剂。

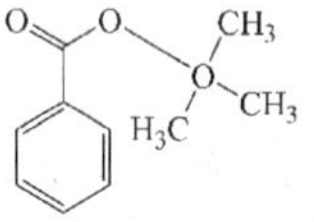

4-*tert*-Butylphenol 4-叔丁基酚 01866

[98-54-4] $C_{10}H_{14}O$ 150.22

成分 C 79.96%，H 9.39%，O 10.65%。

别名 4-(1,1-二甲基乙基)酚；对第三丁基苯酚；4-羟基-1-叔丁基苯；对叔丁基酚；4-叔丁基苯酚；Butylphen；*p-tert*-Butylphenol；4-(1,1-Dimethylethyl) phenol；4-Hydroxy-1-*tert*-butylbenzene；Terbutol；PTBP

GW 2015-1924 M. I. 15，1588

性状 来自水中的无色针状结晶。溶于乙醇、乙醚，几乎不溶于冷水。mp 98℃；bp 237℃；Fp 235.4℉（113℃）；d_4^{114} 0.9081。LD_{50}大鼠急性经口：3.25mL/kg。一般试剂含量 ≥99.0%（GC）。

注意事项 该品具有腐蚀性，能引起烧伤。对呼吸系统及皮肤有刺激性。对眼睛有严重损伤的危险。对水生物有毒。能对水环境引起不利的结果。使用时应戴防护镜或面罩。万一接触到眼睛，应立即用大量水冲洗后请医生诊治。应防止将本品释放于环境中。

主要用途 树脂中间体。抗氧剂。添加剂。杀虫剂。

2-(4′-*tert*-Butylphenyl)-5-(4″-biphenylyl)-1,3,4-oxadiazole
2-(4′-叔丁基苯基)-5-(4″-联苯基)-1,3,4-噁二唑 01867

[15082-28-7] $C_{24}H_{22}N_2O$ 354.44

成分 C 81.32%，H 6.26%，N 7.90%，O 4.51%。

别名 BBPD；2-(4-Biphenylyl)-5-(4-*tert*-butylphenyl)-1,3,4-oxadiazole；2-Biphenyl-4-yl-5-(4-*tert*-butylphenyl)-1,3,4-oxadiazole；*tert*-Butyl-PBD

性状 白色结晶。溶于甲苯等有机溶剂。在酸性或碱性溶液中易分解。mp 137～139℃。一般试剂含量 ≥99.0%（UV）。

注意事项 使用时应避免吸入本品的粉尘，避免与眼睛及皮肤接触。应密封避光保存。

主要用途 用于闪烁计数器，以测定 α、β、γ 射线。

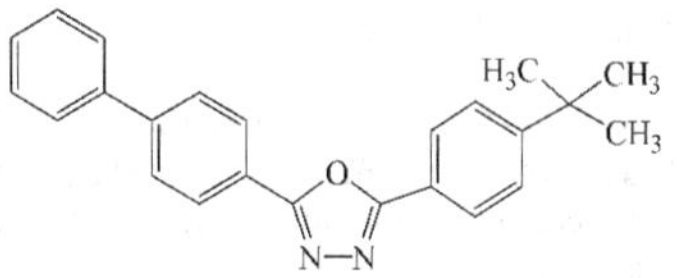

4-tert-Butylphenyl salicylate 水杨酸 4-叔丁基苯酯 01868

[87-18-3] $C_{17}H_{18}O_3$ 270.33

成分 C 75.53%，H 6.71%，O 17.75%。

别名 水杨酸对叔丁基苯酯；2-Hydroxybenzoic acid 4-(1,1-dimethylethyl) phenyl ester；Salicylic acid *p-tert*-butylphenyl ester；TBS

M. I. 15，1589

性状 无色结晶。微有类似水杨酸苯酯的气味。该品于下列物质中的溶解度（质量分数）：水<0.1%；无水乙脂 79%；乙酸乙酯 153%；甲基乙基甲酮 197%；甲苯 158%；斯托达德溶剂（干洗汽油）39%。mp 62～64℃；最大吸光值 290～330nm。

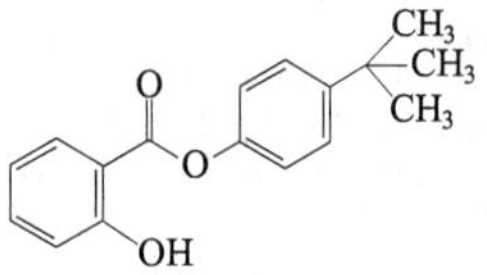

***n*-Butyl propionate 丙酸正丁酯** 01869

[590-01-2] $C_7H_{14}O_2$ 130.19

成分 C 64.58%，H 10.84%，O 24.58%。

别名 丙酸丁酯；Butyl propanoate；Propanoic acid butyl ester；Propionic acid butyl ester

GW 2015-134 M. I. 15，1590

性状 无色液体。易溶于乙醇、乙醚，极微溶于水。mp −89℃；bp 146.8℃；Fp 101℉（38℃）；d_4^{20} 0.8754；n_D^{20} 1.401。一般试剂含量 ≥99.0%。

注意事项 该品易燃。对眼睛、呼吸系统及皮肤有刺激性。其包装物应按危险品处理．应远离火种密封保存。

主要用途 硝化纤维素、棉胶漆等的溶剂。香料配制。有机合成。

***N*-Butylscopolammonium bromide 溴丁东莨菪碱** 01870

[149-64-6] $C_{21}H_{30}BrNO_4$ 440.38

成分 C 57.28%，H 6.87%，Br 18.14%，N 3.18%，O 14.53%。

别名 天仙子碱 氢溴酸盐；丁溴东莨菪碱；[7(*S*)-(1α,2β,4β,5α,7β)]-9-Butyl-7-[(2*S*)-3-hydroxy-1-oxo-2-phenylpropoxy]-9-methyl-3-oxa-9-azoniatricyclo[3.3.1.0^{2,4}]nonanebromide（1∶1）；α-(Hydroxymethyl) benzeneacetic acid 9-butyl -9-methyl-3-oxa-9-azoniatricyclo[3.3.1.0^{2,4}]non-7-yl ester bromide；8-Butyl-6β,7β-epoxy-3α-hydroxy-1α*H*,5α*H*-tropanium bromide(−)-tropate；Butylscopolamine bromide；Hyoscine-*N*-butyl bromide；Scopolamine-*N*-butyl bromide；Scopolamine bromobutylate；Amisepan；Buscapina；Buscol；Buscolysin；Buscopan；Butylmin；Donopon；Monospan；Scobro；Scobron；Scobutil；Sparicon；Sporamin；Stibron；Tirantil

M. I. 15，1591

性状 来自甲醇中的无色结晶。易溶于水、氯仿，略溶于乙醇。mp 142～144℃；$[\alpha]_D^{20}$ −20.8°（c=3，于水中）。LD_{50}小鼠静脉注射：15.6mg/kg；腹膜内注射：74mg/kg；皮下注射：570mg/kg；急性经口 3000mg/kg。

注意事项 该品口服有害。应密封于阴凉干燥处保存。

主要用途 医用解痉剂。

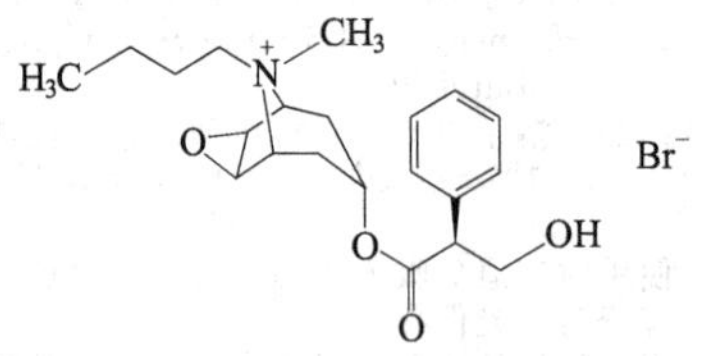

Butyl stearate 硬脂酸丁酯 01871

[123-95-5] $C_{22}H_{44}O_2$ 340.59

成分 C 77.58%，H 13.02%，O 9.40%。

别名 十八酸丁酯；十八酸正丁酯；硬脂酸正丁酯；n-Butyl octadecanoate; Octadecanoic acid butyl ester; Stearic acid butyl ester

M. I. 15，1592

性状 来自乙醇、丙醇或乙醚中的无色结晶。一般商品室温下为白色或微黄色蜡状物，受热至熔点以上为液体。溶于乙醇、乙醚，微溶于水。mp 27℃；bp 343℃；Fp 320℉（160℃，闭杯）；Fp 320℉（160℃，闭杯）；d_{25}^{25} 0.855～0.875；n_D^{20} 1.453。一般试剂含量 ≥98.0%。

注意事项 该品对眼睛、呼吸系统及皮肤有刺激性。使用时应穿适当的防护服。万一接触到眼睛，应立即用大量水冲洗后请医生诊治。

主要用途 溶剂。增塑剂。润滑剂。有机合成。

n-Butyl sulfide 正丁硫醚 01872

[544-40-1] $C_8H_{18}S$ 146.29

成分 C 65.68%，H 12.40%，S 21.92%。

别名 二正丁基硫；二正丁硫醚；丁硫醚；硫化正丁基；硫化二正丁基；Butyl sulfide; Butylthiobutane; Dibutyl sulfide; 1,1′-Thiobisbutane; Thiobutyl ether

M. I. 15，1593

性状 无色液体。有特殊臭味。易溶于乙醇、乙醚，不溶于水。mp −79.7℃；bp 182℃；Fp 143.6℉（62℃）；d_0^{16} 0.839；d_4^0 0.852；n_D^{20} 1.453。一般试剂含量 ≥98.0%(GC)。

注意事项 该品对眼睛、呼吸系统及皮肤有刺激性。使用时应穿适当的防护服，戴手套和防护镜或面罩。万一接触到眼睛，应立即用大量水冲洗后请医生诊治。应密封保存。

主要用途 有机合成。

Butylurea 丁基脲 01873

[592-31-4] $C_5H_{12}N_2O$ 116.16

成分 C 51.70%，H 10.41%，N 24.12%，O 13.77%。

别名 N-丁基脲；N-正丁基脲；N-Butylurea；N-n-Butylurea

性状 无色结晶。mp 96～98℃。一般试剂含量 ≥99.0%(N)。

注意事项 该品口服有害。使用时应穿适当的防护服和戴手套。使用时应避免吸入本品的粉尘。

Butyl vinyl ether 丁基乙烯基醚 01874

[111-34-2] $C_6H_{12}O$ 100.16

成分 C 71.95%，H 12.08%，O 15.97%。

别名 乙烯基正丁基醚；乙烯正丁醚；丁氧基乙烯；乙烯基丁基醚；正丁基乙烯基醚；Butoxy ethylene; BVE; Vinyl n-butyl ether

GW 2015-2766

性状 无色透明液体。易聚合。能与乙醇、乙醚相混溶，微溶于水。mp −92℃；bp 92～94℃；Fp 10℉（−12℃）；d_4^{20} 0.778；n_D^{20} 1.4010。一般试剂含量 ≥98%。常加入 0.01%氢氧化钾的稳定剂。

注意事项 该品高度易燃。能形成爆炸性过氧化物。对眼睛、呼吸系统及皮肤有刺激性。使用现场禁止吸烟。万一接触到眼睛，应立即用大量水冲洗后请医生诊治。应远离火种和酸类，采取抗放静电措施，密封于阴凉及通风良好处保存。

主要用途 有机合成。

2-Butyne-1,4-diol 2-丁炔-1,4-二醇 01875

[110-65-6] $C_4H_6O_2$ 86.09

成分 C 55.81%，H 7.02%，O 37.17%。

别名 1,4-二羟基-2-丁炔；二羟基二甲基乙炔；1,4-丁炔二醇；1,4-Butynediol; 1,4-Dihydroxy-2-butyne; Dihydroxydimethylac-etylene

GW 2015-563

性状 无色结晶。易潮解。溶于水、乙醇和其他极性溶剂。mp 56～58℃；bp 238℃；bp_{100} 194℃/13.33kPa；Fp 306℉（152℃）。一般试剂含量 ≥98%。

注意事项 该品吸入或口服有毒。与皮肤接触有害，接触皮肤能引起过敏。具有腐蚀性，能引起烧伤。长期曝露有严重损害健康的危险。使用时应穿适当的防护服，戴手套和防护镜或面罩。应避免与眼睛接触。万一接触到眼睛，应立即用大量水冲洗后请医生诊治。使用时如有事故发生或有不适之感，应请医生诊治。应充氩气密封于阴凉干燥处保存。

主要用途 防腐剂。合成丁二烯。电镀用光亮剂。

3-Butyn-2-ol 3-丁炔-2-醇 01876

[2028-63-9] C_4H_6O 70.09

成分 C 68.55%，H 8.63%，O 22.83%。

别名 1-丁炔-3-醇；1-Butyne-3-ol

GW 2015-232

性状 浓稠液体。bp 108～109℃；bp_{150} 66～67℃/20kPa；Fp 78℉（25℃）；d 0.894；n_D^{20} 1.4260；$[\alpha]^{25}$ 0°（c=1，于氯仿中）。一般试剂含量 ≥98%。

注意事项 该品高度易燃。口服或与皮肤接触有毒。对眼睛、呼吸系统及皮肤有刺激性。使用时应穿适当的防护服，戴手套和防护镜或面罩。万一接触到眼睛，应立即用大量水冲洗后请医生诊治。使用时如有事故发生或有不适之感，应请医生诊治。使用现场禁止吸烟。应远离火种，采取抗放静电措施，充氮气密封保存。

主要用途 有机合成。

Butyraldehyde 丁醛 01877

[123-72-8] C_4H_8O 72.11

成分 C 66.63%，H 11.18%，O 22.19%。

别名 正丁醛；酪醛；Aldehyde C_4; n-Butyraldehyde; Butalyde; Butaldehyde; n-Butanal; n-Butylaldehyde; Butyric aldehyde

GW 2015-2770 M. I. 15，1595

性状 无色液体。有强刺激性臭味。能与乙醇、乙醚、乙酸乙酯、丙酮、甲苯等多种有机溶剂、油类相混溶，微溶于水（25℃，7.1g/100mL）。mp −99℃；bp 74.8℃；Fp 20℉（−6.67℃，闭杯）；d_4^{20} 0.8016；n_D^{20} 1.379。LD_{50}大鼠急性经口：5.89g/kg。一般试剂含量 ≥99.0%(GC)。

注意事项 该品易燃。切勿排入下水道。应远离火种，采取抗放静电措施，充氩气密封于通风良好处保存。

主要用途 测定臭氧的试剂。橡胶促进剂。胶黏剂。树脂合成。丁酸的制造。

Butyric acid 丁酸 01878

[107-92-6] $C_4H_8O_2$ 88.11

成分 C 54.53%，H 9.15%，O 36.32%。

别名 正丁酸；酪酸；n-Butyric acid; Ethylacetic acid; n-Butanoic acid; Propylformic acid

GW 2015-2771 M. I. 15，1597

性状 无色透明油状液体。有腐臭的酸味。能与水、乙醇、乙醚任意混溶。能被盐析。能随水蒸气挥发。mp −7.9℃；bp 163.5℃；Fp 170℉（77℃，闭杯）；d_4^{20} 0.959；n_D^{20} 1.3991。LD_{50}大鼠急性经口：8.79g/kg。一般试剂含量 99.0%～100.0%。

注意事项 该品具有腐蚀性，能引起烧伤。使用时应穿适当的防护服。万一接触到眼睛，应立即用大量水冲洗后请医生诊治。使用时如有事故发生或有不适之感，应请医生诊治。应密封保存。

主要用途 用以测定脂肪溶解作用的临界温度。表面张力的测定。萃取剂。脱钙剂。酯类合成。

Butyric anhydride　丁酸酐 01879
[106-31-0]　$C_8H_{14}O_3$ 158.20
成分　C 60.74%，H 8.92%，O 30.34%。
别名　正丁酸酐；正丁酐；氧化丁酰；Butanoic acid anhydride；*n*-Butyric anhydride；*n*-Butyryl oxide
GW 2015-234　M. I. 15，1598
性状　无色液体。有恶臭。溶于水和乙醇并立即分解，溶于乙醚。mp －75℃；bp 199.4～201.4℃；Fp 190℉（88℃，开杯）；d_4^{20} 0.9668；n_D^{20} 1.4070。一般试剂含量 ≥97.0%(NT)。
注意事项　该品与水反应激烈。具有腐蚀性，能引起烧伤。使用时应穿适当的防护服，戴手套和防护镜或面罩。万一接触到眼睛，应立即用大量水冲洗后请医生诊治。使用时如有事故发生或有不适之感，应请医生诊治。
主要用途　各种丁酸酯的制造。有机合成。

γ-Butyrolactone　γ-丁内酯 01880
[96-48-0]　$C_4H_6O_2$ 86.09
成分　C 55.81%，H 7.03%，O 37.17%。
别名　1,4-丁内酯；1,4-丁酸内酯；4-羟基丁酸-γ-内酯；1,2-Butanolide；1,4-Butanolide；1,4-Butyrolactone；Dihydro-2(3*H*)-furanone；4-Hydroxybutyric acid lactone；γ-Hydroxybutyric acid lactone
M. I. 15，1600
性状　无色油状液体。易挥发。有香味。能随水蒸气挥发。能与水相混溶，溶于甲醇、乙醇、丙酮、乙醚、苯。能被热碱溶液水解。mp －43.53℃；bp_{760} 204℃/101.32kPa；bp_{12} 89℃/1.6kPa；Fp 209℉（98℃，开杯）；d_0^0 1.1441；d_0^{15} 1.1286；n_D^{25} 1.4348。LD_{50}大鼠急性经口：17.2mL/kg。一般试剂含量 ≥99.0%(GC)。
注意事项　该品口服有害。对眼睛有刺激性。使用时应穿适当的防护服。万一接触到眼睛，应立即用大量水冲洗后请医生诊治。应密封于干燥处保存。
主要用途　气相色谱固定液（适用于烃类和含氧化合物的分析）。合成丁酸、琥珀酸等的中间体。溶剂。

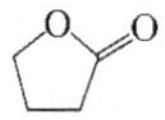

Butyronitrile　丁腈 01881
[109-74-0]　C_4H_7N 69.11
成分　C 69.52%，H 10.21%，N 20.27%。
别名　丙基氰；正丁腈；氰化丙烷；*n*-Butyronitrile；Butanenitrile；Butyric acid nitrile；Nitrile C_4；Propyl cyanide
GW 2015-2767　M. I. 15，1601
性状　无色液体。能与乙醇、乙醚、二甲基甲酰胺相混溶，略微溶于水。mp －112℃；bp_{760} 117.5℃/101.325kPa；bp_{400} 96.8℃/53.33kPa；bp_{200} 76.7℃/26.66kPa；bp_{100} 59.0℃/13.33kPa；bp_{60} 47.3℃/8kPa；bp_{40} 38.4℃/5.33kPa；bp_{20} 25.7℃/2.67kPa；bp_{10} 13.4℃/1.33kPa；bp_5 2.1℃/666.6Pa；$bp_{1.0}$ －20.0℃/133.3Pa；Fp 85℉(29℃，开杯)；d_4^0 0.8091；d_4^{15} 0.7954；d_4^{30} 0.7817；n_D^{20} 1.38385。LD_{50} 大鼠经口：0.14g/kg。一般试剂含量 ≥99.0%(GC)。
注意事项　该品易燃。吸入、口服或与皮肤接触有毒。使用时如有事故发生或有不适之感，应请医生诊治。应密封保存。
主要用途　溶剂。有机合成。

***n*-Butyryl chloride　正丁酰氯** 01882
[141-75-3]　C_4H_7ClO 106.55
成分　C 45.09%，H 6.62%，Cl 33.27%，O 15.02%。
别名　丁酰氯；氯化丁酰；氯化正丁酰；Butyryl chloride；Butanoyl chloride
GW 2015-2779　M. I. 15，1602
性状　无色液体。有刺激性气味。能与乙醚相混溶，在水、乙醇中溶解缓慢并分解。mp －89℃；bp 101～102℃；Fp 71℉（21℃）；$d_4^{20.6}$ 1.0263；n_D^{20} 1.412。一般试剂含量 ≥98.0%（GC）。
注意事项　该品高度易燃。具有腐蚀性，能引起烧伤。使用现场禁止吸烟。使用时应穿适当的防护服。使用时应避免吸入本品的蒸气。万一接触到眼睛，应立即用大量水冲洗后请医生诊治。使用时如有事故发生或有不适之感，应请医生诊治。应远离火种，密封于干燥处保存。
主要用途　有机合成。

Butyrylcholine chloride　氯化丁酰胆碱 01883
[2963-78-2]　$C_9H_{20}ClNO_2$ 209.71
成分　C 51.54%，H 9.61%，Cl 16.90%，N 6.68%，O 15.26%。
别名　丁酰氯化胆碱；(2-Hydroxyethyl)trimethylammonium chloride butyrate
性状　白色结晶性粉末。易潮解。易溶于水及乙醇，不溶于乙醚。mp 108～111℃。生化试剂含量（以丁酰基计）33.6～34.2；(以氯计）16.3%～16.5%。
注意事项　该品应密封于－20℃干燥保存。
主要用途　生化试剂。医药研究。检测假胆碱脂酶的底物。

***S*-Butyrylthiocholine chloride　氯化 *S*-丁酰硫代胆碱** 01884
[22026-63-7]　$C_9H_{20}ClNOS$ 225.78
成分　C 47.88%，H 8.93%，Cl 15.70%，N 6.20%，O 7.09%，S 14.20%。
别名　丁酰氯化硫代胆碱；氯化丁酰硫代胆碱；氯化硫代丁酰胆碱；(2-Mercaptoethyl)trimethylammonium chloride butyrate
性状　白色结晶。
注意事项　使用时应避免吸入本品的粉尘，避免与眼睛及皮肤接触。应密封于 2～8℃干燥保存。
主要用途　生化研究。

***S*-Butyrylthiocholine iodide　碘化 *S*-丁酰硫代胆碱** 01885
[1866-16-6]　$C_9H_{20}INOS$ 317.23
成分　C 34.08%，H 6.35%，I 40.00%，N 4.42%，O 5.04%，S 10.11%。
别名　丁酰碘化硫代胆碱；碘化硫代丁酰胆碱；碘化丁酰硫代胆碱；Butyrylthiocholine iodide；(2-Mercaptoethyl) trimethylammonium iodide butyrate
性状　浅黄色结晶。溶于水。mp 171～174℃。
注意事项　该品对眼睛、呼吸系统及皮肤有刺激性。使用时应穿适当的防护服。万一接触到眼睛，应立即用大量水冲洗后请医生诊治。应充氩气密封于 2～8℃干燥保存。

C

Cabergoline　卡麦角林 01886
[81409-90-7]　$C_{26}H_{37}N_5O_2$ 451.62
成分　C 69.15%，H 8.26%，N 15.51%，O 7.09%。
别名　(8β)-*N*-[3-(Dimethylamino)propyl]-*N*-(ethylamino)carbonyl-6-(2-propen-1-yl)-ergoline-8-carboxamide；1-Ethyl-3-(3′-dimethylaminopropyl)-3-(6′-allylergoline-8′β-carbonyl)urea；1-(6-Allylergoline-8β-yl)carbonyl-1-[3-(dimethylamino)propyl]-3-ethylurea；FCE-21336；Dostinex
M. I. 15，1606
性状　来自乙醚中的白色结晶。溶于乙醇、氯仿、二甲基甲酰胺，微溶于 0.1mol/L 盐酸，极微溶于正己烷，不溶于水。mp 102～104℃。LD_{50} 雄小鼠急性经口：＞400mg/kg。
注意事项　该品对眼睛、呼吸系统及皮肤有刺激性。使用时应穿适当的防护服和戴手套。万一接触到眼睛，应立即用大量水冲洗后请医生诊治。
主要用途　医用催乳激素抑制剂，抗震颤剂。

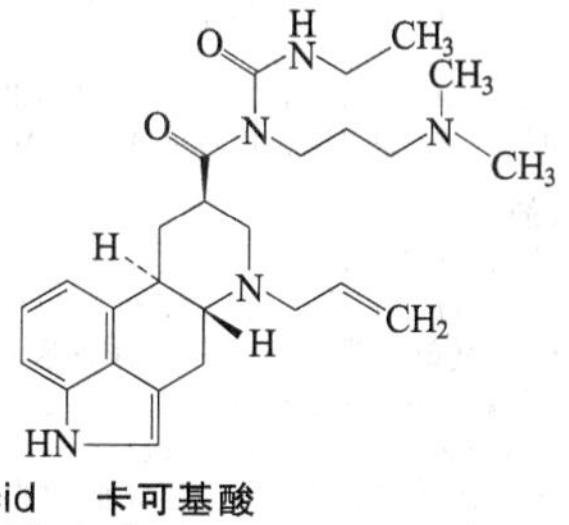

Cacodylic acid　卡可基酸 01887
[75-60-5]　$C_2H_7AsO_2$ 138.00
成分　C 17.41%，H 5.11%，As 54.29%，O 23.19%。

别名 二甲基次胂酸；氧化羟基二甲胂；Dimethylarsinic acid；Hydroxydimethylarsine oxide；Phytar

M. I. 15，1609

性状 来自乙醇＋乙醚中的无色结晶。易吸潮。溶于 0.5 份水。易溶于乙醇，溶于乙酸，几乎不溶于乙醚。mp 195～196℃。LD_{50} 大鼠急性经口：1350mg/kg。一般试剂含量≥99.0%。

注意事项 该品吸入或口服有毒。对水生物极毒。能对水环境引起不利的结果。使用现场不得进餐或吸烟。接触皮肤后，应立即用大量肥皂泡沫冲洗。使用时如有事故发生或有不适之感，应请医生诊治。应防止将本品释放于环境中。应密封于干燥处保存。

主要用途 生化研究。除草剂。医用治疗皮肤病。

Cacotheline 卡可西灵 01888

[561-20-6] $C_{21}H_{21}N_3O_7$ 427.41

成分 C 59.01%，H 4.95%，N 9.83%，O 26.20%。

别名 克考西林；硝基马钱子碱；硝基布鲁生醌；Bisdesmethylnitro brucine hydrate nitrate；2，3-Dihydro-4-nitro-2，3-dioxo-9，10-secostrychnidin-10-oic acid；Nitrobruciquinone hydrate

GW 2015-2273 M. I. 15，1610

性状 黄色结晶或粉末。易溶于热水，略微溶于水。

注意事项 使用时应避免吸入本品的粉尘，避免与眼睛及皮肤接触。

主要用途 测定钨、钒、铈、铌、铕、汞的试剂。指示剂。

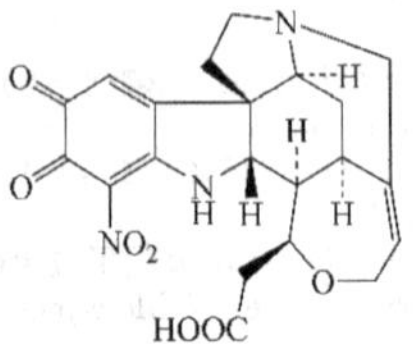

Cactinomycin 放线菌素 C 01889

[8052-16-2]

别名 Actinomycin C；HBF-386；Sanamycin

M. I. 15，1611

性状 来自乙酸乙酯的茜素红色六方双锥体结晶。一般为含 C_1 约 5%，C_2 约 30%，C_3 约 65%的混合物。溶于氯仿、乙酸乙酯、苯、丙酮，中等程度溶于乙醇，略微溶于水。mp 252℃；$[\alpha]_D^{25}$ −325°～−349°（c=0.25，于乙醇中）。

注意事项 该品能引起遗传基因的损伤，能危害胎儿。吸入、口服或与皮肤接触极毒。使用前应得到专门的指导，避免曝露。使用时应穿适当的防护服，戴手套和防护镜或面罩。使用时如有事故发生或有不适之感，应请医生诊治。应充氩气密封避光于 2～8℃干燥保存。

主要用途 生化研究。抗肿瘤剂。

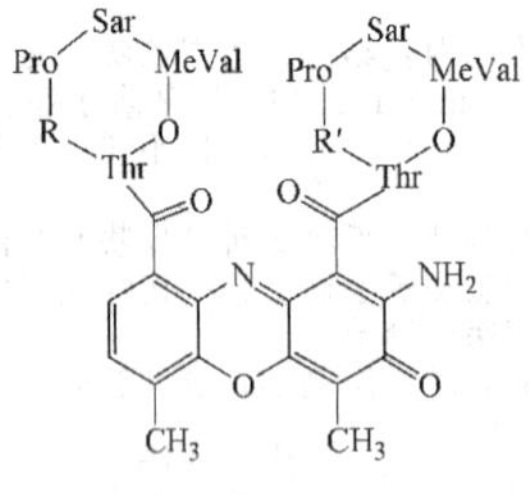

Actinomycin C_2 R = D-Valine R′= D-Alloisoleucine

Actinomycin C_3 R = D-Alloisoleucine R′= D-Alloisoleucine

Cadion 镉试剂 01890

[5392-67-6] $C_{18}H_{14}N_6O_2$ 346.35

成分 C 62.42%，H 4.07%，N 24.26%，O 9.24%。

别名 对硝基苯重氮氨基偶氮苯 1-(4-硝基苯基)-3-(4-苯基偶氮苯基)三氮烯；1-(4-Nitrophenyl)-3-(4-phenylazophenyl) triazene；*p*-Nitrobenzenediazoaminoazobenzene

性状 黄色粉末。在苯和丙酮中的溶解度比在乙醇中的溶解度大。遇无机酸分解。mp 189℃（分解）。一般试剂含量≥99.0%（N）。

注意事项 加热至 197℃以上完全分解并爆炸。

主要用途 测定镉、镍、银、镁、汞、铋的灵敏试剂。

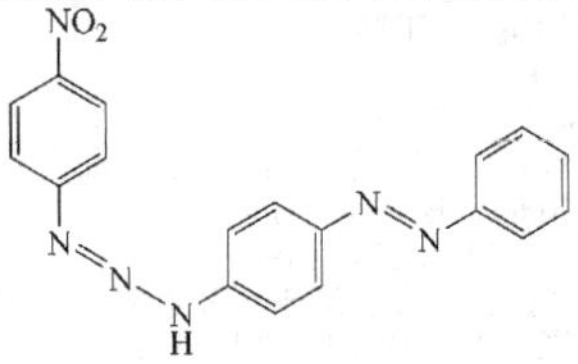

Cadmium 镉 01891

[7440-43-9] Cd 112.411

GW 2015-817 M. I. 15，1618

性状 微带蓝色光泽的银白色软质金属。有延展性。燃烧时显红色火焰并生成褐色的氧化物。易溶于稀硝酸，缓溶于盐酸，溶于硝酸铵溶液和热浓硫酸，难溶于冷浓硫酸，不溶于水及碱溶液。mp 321℃；bp 765℃；d^{25} 8.65。

注意事项 该品粉尘吸入、口服或与皮肤接触有害。能致癌。使用时应穿适当的防护服，戴手套和防护镜或面罩。使用前应得到专门的指导，避免曝露。使用时如有事故发生或有不适之感，应请医生诊治。

主要用途 还原剂。镉盐制造。镀镍去氧剂。光电池。

Cadmium acetate dihydrate 乙酸镉 二水 01892

[5743-04-4] $C_4H_6CdO_4 \cdot 2H_2O$ 266.52

成分（无水物） C 20.84%，H 2.62%，Cd 48.77%，O 27.76%。

别名 二水合乙酸镉；醋酸镉 二水

M. I. 15，1614

性状 无色透明的单斜晶系结晶。易潮解。微有乙酸味。易溶于水，溶于乙醇，不溶于乙醚。其 0.2mol/L 水溶液 pH 值 7.1。约 130℃为无水物。mp 255℃（无水物）；d 2.01。一般试剂含量≥99.5%。

注意事项 该品吸入、口服或与皮肤接触有害，可能致癌。对水生物极毒。能对水环境引起不利的结果。使用时应避免吸入本品的粉尘。应防止将本品释放于环境中。其包装物应按危险品处理。应密封保存。

主要用途 测定钢铁中硫、硒、碲等的试剂。

Cadmium bromide tetrahydrate 溴化镉 四水 01893

[13464-92-1][7789-42-6]（无水物） $Br_2Cd \cdot 4H_2O$ 344.28

成分（无水物） Br 58.71%，Cd 41.29%。

别名 二溴化镉 四水；四水合溴化镉

M. I. 15，1620

性状 无色六棱形结晶或珍珠色鳞片状物。在干燥空气中易风化。久置或见光色逐渐变黄。易溶于水、乙醇，中等程度溶于丙酮，微溶于乙醚。无水物 mp 583℃；bp 963℃；d 5.192。

注意事项 见 01892 乙酸镉 二水。

主要用途 石印、照相、雕刻工艺等。

Cadmium carbonate 碳酸镉 01894

[513-78-0] $CCdO_3$ 172.42

成分 C 6.97%，Cd 65.20%，O 27.84%。

M. I. 15，1621

性状 白色无定形粉末或菱面小叶状体。溶于稀酸、铵盐浓溶液，几乎不溶于水。加热至 500℃分解；d 4.26。一般试剂含量≥98.0%。

注意事项 使用时应避免吸入本品的粉尘，避免与眼睛及皮肤接触。

主要用途 测定硫的试剂。

Cadmium chloride hemipentaihydrate 氯化镉 2½水 01895

[7790-78-5] $CdCl_2 \cdot 2\frac{1}{2}H_2O$ 228.35

成分（以无水物计） Cd 61.31%，Cl 38.69%。

别名 二氯化镉 2.5 水；2.5 水合氯化镉；Caddy；Vi-Cad

GW 2015-1463 M. I. 15，1622

性状 白色菱面小叶状结晶或颗粒。有风化性。易溶于水，微溶于乙醇，不溶于乙醚、丙酮。mp 568℃（无水物）；d^{20} 2.84。

注意事项 该品吸入或口服有毒。能引起遗传基因的损伤。能损伤生育力。能危害胎儿。能致癌。长期曝露、口服或吸入对健康有严重损伤的危险。对水生物极毒。能对水环境引起不利的结果。使用前应得到专门的指导，避免曝露。使用时应避免吸入本品的粉尘。使用时如有事故发生或有不适之感，应请医生诊治。应防止将本品释放于环境中。其包装物应按危险品处理。应密封保存。

主要用途 微量分析过氯酸盐、吡啶碱的试剂。照相材料。

参考规格 GB/T 1285—1944

	分析纯	化学纯
含量（$CdCl_2 \cdot 2\frac{1}{2}H_2O$）/%≥	99.0	98.0
pH（50g/L 溶液，25℃）	4.0～6.5	4.0～6.5
澄清度试验	合格	合格
水不溶物/%≤	0.005	0.01
硫酸盐（SO_4）/%≤	0.01	0.02
总氮量（N）/%≤	0.002	0.005
铁（Fe）/%≤	0.0002	0.001
铜（Cu）/%≤	0.002	0.005
锌（Zn）/%≤	0.002	0.01
铅（Pb）/%≤	0.01	0.02
钠（Na）/%≤	0.005	0.01
钙（Ca）/%≤	0.01	0.02

Cadmium fluoride 氟化镉 01896

[7790-79-6] CdF_2 150.41

成分 Cd 74.74%，F 25.26%。

GW 2015-747 M.I.15，1624

性状 无色或白色立方体结晶。溶于氢氟酸及无机酸，微溶于水(25℃，4.3g/100mL)，几乎不溶于乙醇、氨水。mp 1049℃；bp 1748℃；*d* 6.33。

注意事项 该品对机体有不可逆损伤的可能性。使用时应适当的穿防护服和戴手套，应避免吸入本品的粉尘。

主要用途 阴极射线管制造。制造磷玻璃。核反应对照物。

Cadmium hydroxide 氢氧化镉 01897

[21041-95-2] CdH_2O_2 146.43

成分 Cd 76.77%，H 1.38%，O 21.85%。

别名 Cadmium hydrate

M.I.15，1625

性状 白色无定形粉末或三角形、六方形结晶。露置空气中能吸收二氧化碳。溶于稀酸、氨水、氯化铵溶液，微溶于氢氧化钠溶液，不溶于水。mp 232℃；*d* 4.79。一般试剂含量≥99.9%。

注意事项 该品吸入、口服或与皮肤接触有害。对水生物极毒。能对水环境引起不利的结果。应防止将本品释放于环境中。其包装物应按危险品处理。应密封保存。

主要用途 电子元件材料。镉盐制造。电镀。蓄电池电解液的制造。

Cadmium iodide 碘化镉 01898

[7790-80-9] CdI_2 366.22

成分 Cd 30.69%，I 69.31%。

M.I.15，1626

性状 白色或浅黄色有光泽的六方体薄片状结晶或粉末。见光或露置空气中色易变黄。溶于水、乙醇、乙醚、丙酮。mp 388℃；bp 787℃；*d* 5.67。一般试剂含量≥99.5%。

注意事项 该品吸入或口服有毒。具有蓄积性危害。对水生物极毒。能对水环境引起不利的结果。吸入或口服能造成不可逆损伤的结果。使用时应避免吸入本品的粉尘。使用时如有事故发生或有不适之感。应请医生诊治。应防止将本品释放于环境中。其包装物应按危险品处理。应密封避光保存。

主要用途 分析钒、锡。测定生物碱、亚硝酸盐等的试剂。照相。制药工业。

Cadmium nitrate tetrahydrate 硝酸镉 四水 01899

[10022-68-1] $CdN_2O_6 \cdot 4H_2O$ 308.48

成分（无水物） Cd 47.55%，N 11.85%，O 40.60%。

别名 四水合硝酸镉

GW 2015-2296 M.I.14，1622

性状 无色正交结晶。易潮解。溶于 0.6 份水，溶于乙醇、丙酮、乙酸乙酯，几乎不溶于浓硝酸。mp 59.5℃；bp 132℃；*d*2.45。一般试剂含量≥99.0%。

注意事项 该品与易燃物接触能引起燃烧。吸入、口服或与皮肤接触有害。能致癌。对水生物极毒。能对水环境引起不利的结果。使用前应得到专门的指导，避免曝露。使用时应避免吸入本品的粉尘。使用现场禁止吸烟。使用时如有事故发生或有不适之感，应请医生诊治。应防止将本品释放于环境中。其包装物应按危险品处理。应远离火种密封保存。

主要用途 测定锌、亚铁氰化物的试剂。制备其他镉盐。催化剂。制造照相乳剂。

Cadmium oxide 氧化镉 01900

[1306-19-0] CdO 128.41

成分 Cd 87.54%，O 12.46%。

别名 Aska-Rid；Cadmium oxide anhydride

GW 2015-2532 M.I.15，1628

性状 棕红色立方体结晶或深棕色无定形粉末。在空气中能吸收二氧化碳而变为白色碳酸镉。溶于稀酸、铵盐溶液，缓溶于氨水，几乎不溶于水。加热至 700℃ 开始升华。*d* 8.15。一般试剂含量≥99.0%。

注意事项 该品吸入有毒，能致癌。口服有害，并具有蓄积性危害。对机体有不可逆损伤的可能性。有损伤生育力的危险。对水生物极毒。能对水环境引起不利的结果。使用前应得到专门的指导，避免曝露。使用时应避免吸入本品的粉尘。使用时如有事故发生或有不适之感，应请医生诊治。应防止将本品释放于环境中。其包装物应按危险品处理。

主要用途 有机反应催化剂。高纯镉盐的制备。光谱分析试剂。镀镉。陶瓷釉彩配制。

Cadmium salicylate monohydrate 水杨酸镉 一水 01901

[19010-79-8] $C_{14}H_{10}CdO_6 \cdot H_2O$ 404.65

成分（无水物） C 43.49%，H 2.61%，Cd 29.07%，O 24.83%。

别名 一水合水杨酸镉；柳酸镉 一水；邻羟基苯甲酸镉 一水；*o*-Hydroxybenzoic acid cadmium salt

M.I.15，1630

性状 无色或白色细针状或片状结晶。易溶于沸水，溶于酸、氨水，微溶于冷水，极微溶于甲醇、乙醇。mp 242℃（分解）。

主要用途 医用防腐剂，消毒剂。

Cadmium selenide 硒化镉 01902

[1306-24-7] CdSe 191.37

成分 Cd 58.74%，Se 41.26%。

GW 2015-2189 M.I.15，1631

性状 白色至棕色立方体或六方体结晶。在阳光下变为红色粉末。遇空气或酸分解。几乎不溶于水。mp 1350℃；*d* 5.8。

注意事项 该品吸入或口服有毒。与皮肤接触有害。有蓄积性危害。对水生物极毒。能对水环境引起不利的结果。使用现场不得进餐或吸烟。接触皮肤应用大量水冲洗。使用时如有事故发生或有不适之感，应请医生诊治。应避免将本品释放于环境中。其包装物应按危险品处理。应密封保存。

主要用途 光谱试剂。光电材料。红外线探测器。半导体材料。

Cadmium stearate 硬脂酸镉 01903

[2223-93-0] $C_{36}H_{70}CdO_4$ 679.36

成分 C 63.65%，H 10.39%，Cd 16.55%，O 9.42%。

别名 十八酸镉

性状 白色细小粉末。溶于热乙醇，不溶于水。遇强酸分解为硬脂酸和镉盐。mp 105℃。一般试剂含量（以 CdO 计）18.8%～20.0%。

主要用途 聚氯乙烯塑料稳定剂。橡胶制品制造。塑料薄膜的光滑剂。

Cadmium sulfate anhydrous 无水硫酸镉 01904

[10124-36-4] CdO_4S 208.47

成分 Cd 53.92%，O 30.70%，S 15.38%。

别名 硫酸镉 无水

GW 2015-1313 M.I.15，1632

性状 白色斜方晶系柱状结晶或结晶性粉末。溶于水，不溶于乙醇。mp 1000℃。

注意事项 该品吸入或口服有毒。能引起遗传基因的损伤。能致癌。能损伤生育力。能危害胎儿。对健康有严重损伤的危险。对水生物极毒。对水环境能引起不利的结果。使用前应得到专门的指导，避免曝露。使用时如有事故发生或有不适之感，应请医生诊治。应防止将本品释放于环境中。其包装物应按危险品处理。应密封于干燥处保存。
主要用途 荧光粉材料。催化剂。

Cadmium sulfate octahydrate 硫酸镉 八水 01905
[7790-84-3] $Cd_3O_{12}S_3 \cdot 8H_2O$ 769.50
成分（无水物） Cd 53.92%，O 30.70%，S 15.38%。
别名 八水合硫酸镉；结晶硫酸镉；Cadmium sulfate crystals
M. I. 15，1632
性状 白色单斜晶系柱状结晶。易溶于水，几乎不溶于乙醇、氨水、乙酸乙酯。mp 41.5℃；*d* 3.08；n_D^{20} 1.565。LD_{50}狗皮下注射：27mg/kg。一般试剂含量≥99.0%。
注意事项 该品能致癌。能引起遗传基因的损伤。能损伤生育力。能危害胎儿。口服或吸入有毒。对水生物极毒。能对水环境引起不利的结果。使用前应得到专门的指导，避免曝露。使用时应避免吸入本品的粉尘。使用时如有事故发生或有不适之感，应请医生诊治。应防止将本品释放于环境中。其包装物应按危险品处理。应密封于干燥处保存。
主要用途 测定砷、硫化氢、反丁烯二酸等的试剂。催化剂。镉锌电池制造。

Cadmium sulfide 硫化镉 01906
[1306-23-6] CdS 144.47
成分 Cd 77.81%，S 22.19%。
别名 镉黄；镉橙；Cadmium orange；Cadmium yellow；Capsebon；Orange cadmium
GW 2015-1285 M. I. 15，1633 C. I. 77199
性状 浅黄色或橙黄色立方体或六方形结晶。易溶于氨水，溶于稀硝酸、硫酸并放出有毒的硫化氢气体，极微溶于水（18℃，0.13mg/100g）。mp 980℃，>980℃ 升华；*d* 4.82（六方形结构）；*d* 4.50（立方体结构）。一般试剂含量≥98.0%。
注意事项 该品能致癌。口服有害。长期曝露、吸入或与皮肤接触对健康有严重损伤的危险。有损伤生育力的危险。能危害胎儿。对机体有不可逆损伤的可能性。对水生物环境有长期有害的结果。使用前应得到专门的指导，避免曝露。使用时如有事故发生或有不适之感，应请医生诊治。应防止将本品释放于环境中。
主要用途 半导体材料。发光材料。

Cadmium telluride 碲化镉 01907
[1306-25-8] CdTe 240.01
成分 Cd 46.84%，Te 53.16%。
GW 2015-178 M. I. 15，1634
性状 棕黑色立方形结晶。不溶于水、酸，而能在硝酸中分解。在潮湿空气中易氧化。mp 1041℃；d_4^{15} 6.2。一般试剂含量≥99.999%。
注意事项 该品吸入、口服或与皮肤接触有害。可能致癌。对水生物极毒。能对水环境引起不利的结果。使用前应得到专门的指导，避免曝露。使用时应避免吸入本品的粉尘。应防止将本品释放于环境中。其包装物应按危险品处理。
主要用途 光谱分析试剂。半导体研究。磷光体。电子元件材料。

Cadmium tungstate 钨酸镉 01908
[7790-85-4] CdO_4W 360.25
成分 Cd 31.20%，O 17.77%，W 51.03%。
别名 Cadmium tungstate(Ⅵ)；Cadmium wolframate
M. I. 15，1635
性状 白色或微黄色单斜结晶或粉末。溶于氨水、碱性氰化物溶液，几乎不溶于水、稀酸。
注意事项 该品对眼睛、呼吸系统及皮肤有刺激性。能致癌。
主要用途 有机反应催化剂。X射线荧光屏荧光涂料。

Cadusafos 硫线磷 01909
[95465-99-9] $C_{10}H_{23}O_2PS_2$ 270.39
成分 C 44.42%，H 8.57%，O 11.83% P 11.46%，S 23.71%。
别名 *O*-乙基-*S*,*S*-双(1-甲基丙基)二硫代磷酸酯；丁线磷，克线丹；*O*-乙基-*S*,*S*-二仲丁基二硫代磷酸酯；phosphorodithioic acid *O*-ethyl *S*,*S*-bis(1-methylpropyl) ester；*S*,*S*-Di-*sec*-butyl *O*-ethylphosphorodithioate；Ebufos；FMC-67825；Apache；Rugby；Taredan
M. I. 15，1636
性状 无色至黄色液体。对光敏感。能与多数有抗溶剂相混溶，溶于水(248mg/L)。蒸气压(25℃)：120mPa。bp_{80} 112～114°/107Pa；Fp 264.9℉(129.4℃)；d^{20} 1.054。
注意事项 该品应密封避光于 2～8℃保存。
主要用途 杀虫剂。杀线虫剂。

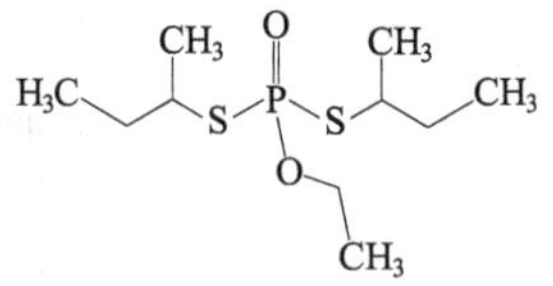

Caffeic acid 咖啡酸 01910
[331-39-5] $C_9H_8O_4$ 180.16
成分 C 60.00%，H 4.48%，O 35.52%。
别名 水解咖啡鞣酸；3,4-二羟基肉桂酸；3,4-二羟基苯丙烯酸；3-(3,4-二羟基苯基)-2-丙烯酸；3,4-Dihydroxycinnamic acid；3-(3,4-Dihydroxyphenyl)-2-propenoic acid
M. I. 15，1638
性状 来自浓水溶液中的黄色结晶。易溶于热水、冷乙醇。略微溶于冷水。其碱溶液由黄色至橙色。223～225℃分解(194℃软化)。一般试剂含量≥99.0%（HPLC）。
注意事项 该品对眼睛、呼吸系统及皮肤有刺激性。对机体有不可逆损伤的可能性。能危害胎儿。使用时应穿适当的防护服，戴手套和防护镜或面罩。万一接触到眼睛，应立即用大量水冲洗后请医生诊治。
主要用途 有机合成。

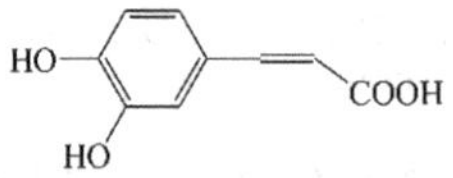

Caffeine 咖啡因 01911
[58-08-2] $C_8H_{10}N_4O_2$ 194.19
成分 C 49.48%，H 5.19%，N 28.85%，O 16.48%。
别名 1,3,7-三甲基黄嘌呤；甲基可可豆碱；咖啡碱；茶素；Coffeine；3，7-Dihydro-1，3，7-trimethyl-1*H*-purine-2，6-dione；Guaranine；Methyltheobromine；No-Doz；1，3，7-Trimethyl-2,6-dioxopurine；Thein；1，3，7-Trimethylxanthine
M. I. 15，1639
性状 有光泽的针状结晶或白色粉末。味苦。在空气中能风化。1g 该品溶于 46mL 水、5.5mL 80℃的水、1.5mL 沸水、66mL 乙醇、22mL 60℃的乙醇、50mL 丙酮、5.5mL 氯仿、530mL 乙醚、100mL 苯、22mL 沸苯。易溶于氯仿、吡咯，溶于四氢呋喃、乙酸乙酯，微溶于石油醚。其 1%水溶液 pH 值 6.9。178℃升华；mp 238℃；d_4^{18} 1.23。LD_{50}(mg/kg) 雄小鼠，仓鼠，大鼠，兔急性经口：127，230，355，246；雌小鼠，仓鼠，大鼠，兔急性经口：137，249，247，224。一般试剂含量≥99.0%(HPLC)。
注意事项 该品口服有害。应充氩气密封保存。
主要用途 测定锑、铋、金、钯。医用中枢神经系统兴奋剂，呼吸兴奋剂。

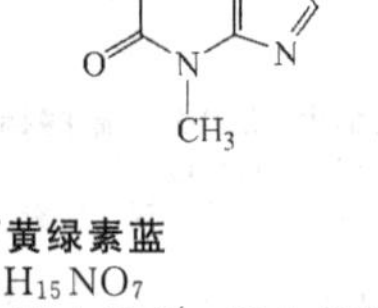

Calcein blue 钙黄绿素蓝 01912
[54375-47-2] $C_{15}H_{15}NO_7$ 321.28
成分 C 56.08%，H 4.71%，N 4.36%，O 34.86%。
别名 4-甲基伞形酮-8-甲基亚氨基二乙酸；4-Methylumbelliferone-8-methyliminodiacetic acid
性状 白色松散粉末或颗粒。λ_{max} 360nm。一般试剂干燥含量约 90.0%。

注意事项 该品对眼睛、呼吸系统及皮肤有刺激性。使用时应穿适当的防护服。万一接触到眼睛，应立即用大量水冲洗后请医生诊治。

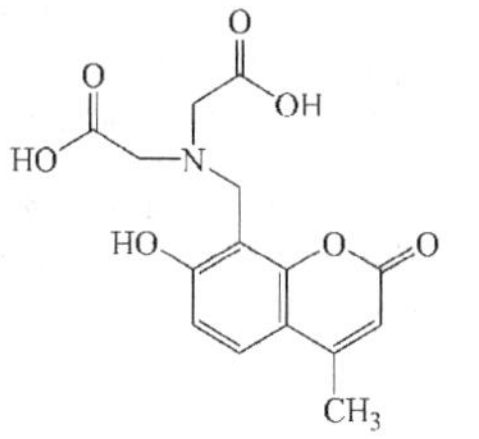

Calcein disodium salt 钙黄绿素二钠盐 01913

[108750-13-6] $C_{30}H_{24}N_2Na_2O_{13}$ 666.51

成分 C 54.06%，H 3.63%，N 4.20%，Na 6.90%，O 31.21%。

别名 3,3'-双(甲亚胺二乙酸钠)荧光素；3,3'-双(甲胺二乙酸)荧光素钠盐；钙黄绿素二钠盐；2',7'-Bis{[bis(carboxymethyl)amino]methyl} fluorescein disodium salt; Calcein disodium salt; Fluorescein complexon; Fluorexon; Fluorescein-2',7'-bis(methylaminodiacetic acid sodium salt)

性状 橙色结晶性粉末，有黄带绿色的荧光。溶于水，不溶于无水乙醇、乙醚。

注意事项 使用时应避免吸入本品的粉尘，避免与眼睛及皮肤接触。应密封于干燥处保存。

主要用途 络合指示剂，如钙、钡、锶、铜、锰等的测定。荧光指示剂。

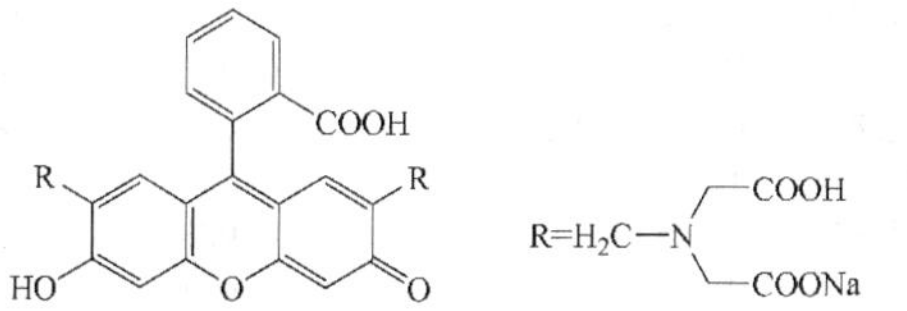

R=H_2C—N(COOH)(COONa)

Calcichrome 钙色素 01914

[3810-39-7] $C_{30}H_{14}N_4Na_6O_{22}S_6$ 1084.83

成分 C 33.22%，H 1.30%，N 5.16%，Na 10.14%，O 32.45%，S 17.74%。

别名 环三[7-(1-偶氮-8-羟基萘-3,6-二磺酸二钠盐)]; Calcion; Cyclotris-7-(1-azo-8-hydroxynaphthalene-3, 6-disulfonic acid disodium salt)

性状 紫黑色粉末。溶于水，不溶于乙醇、苯、丙酮、三氯甲烷、四氯化碳、异戊醇。λ_{max} 574nm。

注意事项 该品具有刺激性。应密封于干燥处保存。

主要用途 光度法测定钙、锰。铬合指示剂。

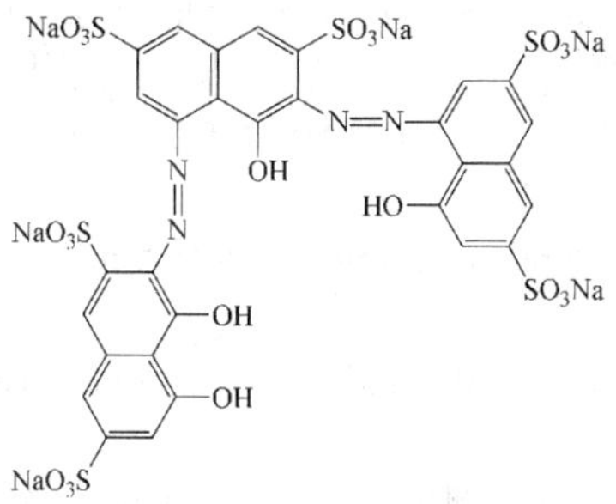

Calcimycin 卡西霉素 01915

[52665-69-7] $C_{29}H_{37}N_3O_6$ 523.63

成分 C 66.52%，H 7.12%，N 8.02%，O 18.33%。

别名 5-Methylamino-2-[(2*R*,3*R*,6*S*,8*S*,9*R*,11*R*)-3,9,11-trimethyl-8-[(1S)-1-methyl-2-oxo-2-(1*H*-pyrrol-2-yl)ethyl]-1,7-dioxaspiro[5,5]undec-2-yl]methyl-4-benzoxazolecarboxylic acid; Antibiotic A-23187; A-23187

M. I. 15，1642

性状 无色结晶性固体或粉末。易溶于乙酸乙酯、氯仿、甲醇、二甲基亚砜。微溶于水。pK_{a1}，6.9(于 90%二甲基亚砜中)。mp 181～182℃；$[\alpha]_D^{25}$ −56°(*c*=1，于氯仿中)；uv max(乙醇中)：204nm，225nm，278nm，378nm(ε 28200，26200，18200，8200)。LD_{50}小鼠腹膜内注射：10mg/kg。一般试剂含量≥98.0%(TLC)。

注意事项 该品对眼睛、呼吸系统及皮肤有刺激性。使用时应穿适当的防护服。万一接触到眼睛，应立即用大量水冲洗后请医生诊治。

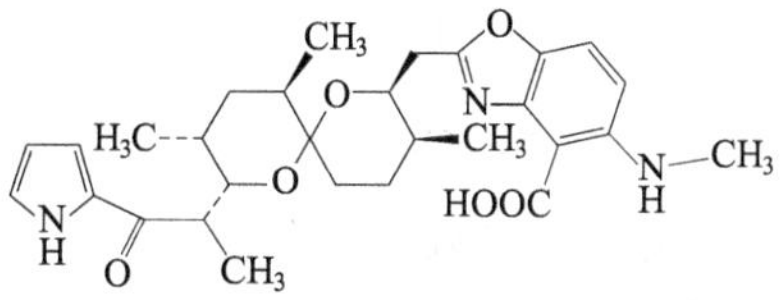

Calcipotriene 卡泊三烯 01916

[112965-21-6] $C_{27}H_{40}O_3$ 412.61

成分 C 78.60%，H 9.77%，O 11.63%。

别名 卡泊三醇；钙泊三醇；(1*R*,3*S*,5*Z*)-5-[(2*E*)-2-[(1*R*,3a*S*,7a*R*)-1-[(1*R*,2*E*,4*S*)-4-Cyclopropyl-4-hydroxy-1-methyl-2-buten-1-yl] octahydro-7a-methyl-4*H*-inden-4-ylidene] ethylidene]-4-methylene-1,3-cyclohexanediol; (1α,3β,5*Z*,7*E*,22*E*,24*S*)-24-Cyclopropyl-9,10-secochola-5,7,10(19),22-tetraene-1,3,24-triol; (1*S*,1'*E*,3*R*,5*Z*,7*E*,20*R*)-9,10-Seco-20-(3'-cyclopropyl-3'-hydroxyprop-1'-enyl)-1,3-dihydroxypregna-5,7,10(19)-triene; Calcipotriol; MC-903; Daivonex; Dovonex; Psorcutan

M. I. 15，1644

性状 来自甲酸甲酯中的无色结晶。mp 166～168℃；uv max (96%乙醇中)：264nm (ε 17200)。

注意事项 该品应密封于−20℃干燥保存。

主要用途 医用治牛皮癣剂。

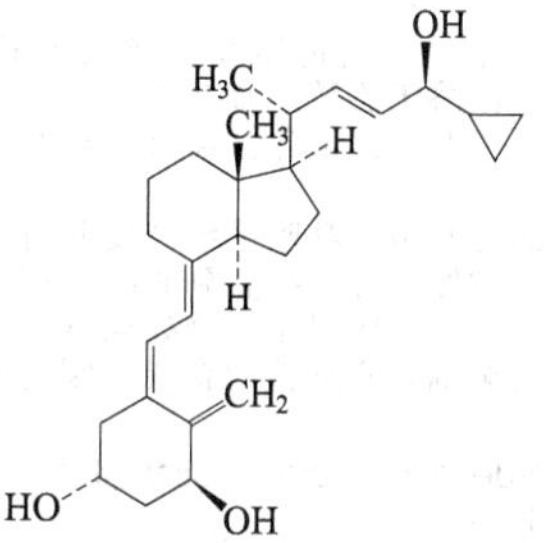

Calcitonin (human) 降(血)钙素(人) 01917

[21215-62-3][9007-12-9] $C_{151}H_{226}N_{40}O_{45}S_3$ 3417.85

别名 hCT; Calcitonin M(human); Thyrocalcitonin; Calcitonin[human reduced cyclic(1→7)disulfide]; Calcitonin M(human C carcinoma); C; bacalcin; TCA; TCT

M. I. 15，1646

性状 微细结晶或粉末。一般试剂含量≥97.0% (HPLC)。

注意事项 使用时应避免吸入本品的粉尘，避免与眼睛及皮肤接触。应密封于−20℃保存。

主要用途 生化研究。

Calcitriol 钙三醇 01918

[32222-06-3] $C_{27}H_{44}O_3$ 416.65

成分 C 77.84%，H 10.64%，O 11.52%。

别名 新胆甾三烯三醇；(1α,3β,5*Z*,7*E*)-9,10-Secocholesta-5,7,10(19)-triene-1,3,25-triol; 1α,25-Dihydroxycholecalciferol; 1α,25-Dihydroxyvitamin D_3; 1,25-DHCC; Ro-21-5535; Calcijex; Rocaltrol; Silkis

M. I. 15，1647

性状 白色结晶性粉末。溶于乙醚、脂肪油类，微溶于甲醇、乙醇、乙酸乙酯、四氢呋喃，几乎不溶于水。对空气和光敏感。mp 111～115℃；$[\alpha]_D^{25}$ +48° (于甲醇中)；uv max (无水乙醇中)：264nm (ε 19000)。一般试剂含量≥99.0% (TLC)。

注意事项 该品吸入、口服或与皮肤极毒。能危害胎儿。使用时应穿适当的防护服，戴手套和防护镜或面罩。使用时应避免吸入本品的粉尘。使用时如有事故发生或有不适之感，应请医生诊治。应密封于 2～8℃保存。

主要用途 医用钙调节剂。

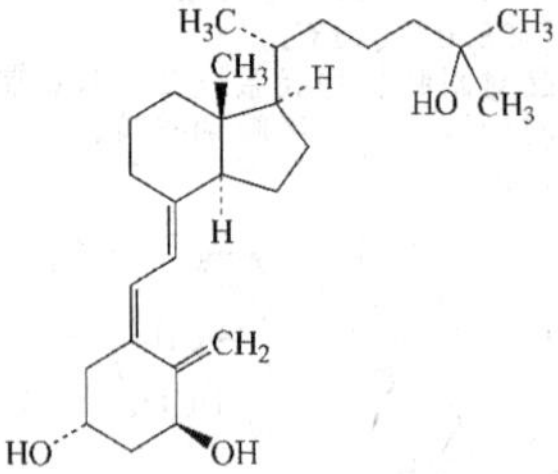

Calcium 钙 01919

[7440-70-2] Ca 40.078

GW 2015-789 M.I.15，1648

性状 银白色软质金属。表面易氧化成灰色。遇水生成氢氧化钙并放出氢气。mp 839℃；bp 1484℃；d_4^{20} 1.54。一般试剂含量≥99.0%。

注意事项 该品与水接触能放出高度易燃气体。使用时应保持容器干燥，避免与眼睛及皮肤接触。着火时应使用指定的灭火设备，而不能用水。应密封于煤油或液体石蜡中于通风干燥处保存。

主要用途 合金的脱氧剂、油类的脱水剂、冶炼的还原剂、铁和铁合金的脱硫磷脱氧剂。净化氩气和氮气。制药工业。

Calcium acetate monohydrate 乙酸钙 一水 01920

[5743-26-0] $C_4H_6CaO_4 \cdot H_2O$ 176.18

成分（无水物） C 30.37%，H 3.82%，Ca 25.34%，O 40.46%。

别名 一水合乙酸钙；醋酸钙 一水

M.I.15，1649

性状 无色针状结晶或白色结晶性颗粒或粉末。微有乙酸味。溶于水，微溶于乙醇。加热分解。其 0.2mol/L 水溶液 pH 值 7.6。LD_{50} 大鼠急性经口：4.28g/kg。一般试剂含量≥98.0%。

注意事项 该品对眼睛、呼吸系统及皮肤有刺激性。使用时应穿适当的防护服。万一接触到眼睛，应立即用大量水冲洗后请医生诊治。应密封于干燥处保存。

主要用途 分析试剂。乙酸盐的合成。制药工业。

Calcium bromide anhydrous 无水溴化钙 01921

[7789-41-5] Br_2Ca 199.89

成分 Br 79.95%，Ca 20.05%。

别名 溴化钙 无水

M.I.15，1657

性状 白色菱形结晶或粒状物。无味。易潮解。易溶于水、甲醇、乙醇，溶于丙酮，几乎不溶于乙醚、二氧六环、三氯甲烷。其水溶液对石蕊呈中性至微碱性。久置空气中变黄，受高热则逸出溴而生成氧化钙。mp 730℃；bp 806～812℃；d_4^{25} 3.353。一般试剂含量≥99.5%。

注意事项 该品对眼睛、呼吸系统及皮肤有刺激性。使用时应穿适当的防护服。万一接触到眼睛，应立即用大量水冲洗后请医生诊治。应密封于干燥处保存。

主要用途 医用镇静剂，抗惊厥剂。

Calcium bromide hydrate 溴化钙 水合 01922

[71626-99-8] $Br_2Ca \cdot xH_2O$ $199.90+xH_2O$

成分（以无水物计） Br 79.94%，Ca 20.05%。

别名 水合溴化钙

性状 无色或白色结晶。易溶于水，溶于乙醇、丙酮，不溶于乙醚、三氯甲烷。在空气中久置变黄。受高热则逸出溴而成氧化钙。一般试剂含量≥98.0%。

注意事项 见 01921 无水溴化钙。

主要用途 分析试剂。制造照相干版、光敏纸。制药工业。

Calcium carbonate 碳酸钙 01923

[471-34-1] $CCaO_3$ 100.09

成分 C 12.00%，Ca 40.04%，O 47.95%。

别名 Cacit；Calcichew；Calcidia；Carbonic acid calcium salt (1∶1)；Citrical；Fixical

M.I.15，1659

性状 白色结晶或粉末。无臭、无味。溶于稀酸，几乎不溶于水，不溶于乙醇。高温时（约 825℃）分解为氧化钙和二氧化碳。*d* 2.83。

注意事项 该品对呼吸系统及皮肤有刺激性。对眼睛有严重损伤的危险。使用时应穿适当的防护服，戴手套和防护镜或面罩。万一接触到眼睛，应立即用大量水冲洗后请医生诊治。

主要用途 分析试剂，检定磷。基准试剂。硅单晶切片胶。厚膜电容材料。光谱分析试剂。医用补钙剂。

参考规格

GB 12596—2008	工作基准试剂
含量（$CaCO_3$）/%	99.95～100.05
澄清度试验 1 号≤	5
干燥失重/%≤	0.2
碱度（以 OH^- 计），/（mmol/g）≤	0.0025
氯化物（Cl）/%≤	0.001
硫酸盐（SO_4）/%≤	0.01
总氮量（N）/%≤	0.01
镁（Mg）/%≤	0.02
铁（Fe）/%≤	0.001
重金属（以 Pb 计）/%≤	0.001

GB/T 15897—1995	分析纯	化学纯
含量（$CaCO_3$）/%≥	99.0	98.0
澄清度试验	合格	合格
盐酸不溶物/%≤	0.01	0.03
碱度(以 OH^- 计)/(mmol/100g)	0.25	0.25
氯化物（Cl）/%≤	0.002	0.01
钠（Na）/%≤	0.1	0.3
镁（Mg）/%≤	0.05	0.20
钾（K）/%≤	0.005	0.05
硫酸盐（SO_4）/%≤	0.01	0.05
锶（Si）/%≤	0.05	0.10
钡（Ba）/%≤	0.02	0.04
铁（Fe）/%≤	0.001	0.005
重金属（以 Pb 计）/%≤	0.001	0.005

Calcium chloride anhydrous 无水氯化钙 01924

[10043-52-4] $CaCl_2$ 110.98

成分 Ca 36.11%，Cl 63.89%。

别名 氯化钙 无水

M.I.15，1661

性状 白色立方体结晶、多孔性熔块或颗粒或粉末。极易吸潮。易溶于水、乙醇、丙酮、乙酸；mp 772℃；bp ＞1600℃；d_4^{15} 2.152。LD_{50} 小鼠静脉注射：42.2mg/kg。一般试剂含量≥97.0%（KT）。

注意事项 该品对眼睛有刺激性。使用时应避免吸入本品的粉尘，避免与皮肤接触。应密封于干燥处保存。

主要用途 分析试剂。测定钢铁含碳量。测定全血葡萄糖、血清无机磷、血清碱性磷酸酶的活力。有机液体和气体的干燥剂及脱水剂。

Calcium chloride dihydrate 氯化钙 二水 01925

[10035-04-8] $CaCl_2 \cdot 2H_2O$ 147.01

成分（无水物） Ca 36.11%，Cl 63.89%。

别名 二水合氯化钙；干燥氯化钙；Calcium chloride granular

M.I.15，1661

性状 白色吸湿性颗粒或小块。易溶于水、乙醇。*d* 1.86。一般试剂含量（以无水物计）≥74.0%。

注意事项 该品对眼睛有刺激性。大量使用应穿适当的防护服。使用时应避免吸入本品的粉尘，避免与皮肤接触。万一接触到眼睛，应立即用大量水冲洗后请医生诊治。应密封于干燥处保存。

主要用途 防腐剂。织物整理。抗冻剂。灭火剂。

Calcium chloride hexahydrate 氯化钙 六水 01926

[7774-34-7] $CaCl_2 \cdot 6H_2O$ 219.07

成分（以无水物计） Ca 36.11%，Cl 63.89%。

别名 六水合氯化钙；结晶氯化钙；氯化钙结晶；Calcium

chloride crystals

M.I.15，1661

性状 无色三角形结晶。易潮解。极易溶于水，溶于乙醇，其溶液呈中性或弱酸性。其 0.1mol/L 水溶液（25℃）pH 值 5.0～7.0。mp 30℃；d^{17} 1.68。一般试剂含量≥95.0%。

注意事项 见 01925 氯化钙 二水。

主要用途 氧、硫吸收剂。净水剂。抗冻、灭火、防腐、织物防火等。

Calcium chromate anhydrous 无水铬酸钙 01927

[13765-19-0] $CaCrO_4$ 156.07

成分 Ca 25.68%，Cr 33.32%，O 41.00%。

别名 铬酸钙 无水；Calcium chromate(Ⅵ) anhydrous；Calcium chrome yellow anhydrous；Gelbin；Pigment yellow 33；Yellow ultramarine anhydrous

M.I.15，1662 C.I. 77223

性状 黄色单斜结晶或粉末。溶于稀酸，略微溶于水，几乎不溶于乙醇。一般试剂含量≥99.9%。

注意事项 该品具有氧化性。能致癌。口服有害，对水生物极毒。能对水环境引起不利的后果。使用前应得到专门的指导，避免曝露。使用时如有事故发生或有不适之感，应请医生诊治。应防止将本品释放于环境中。其包装物应按危险品处理。

主要用途 分析试剂。氧化剂。颜料。腐蚀抑制剂。

Calcium citrate tetrahydrate 柠檬酸钙 四水 01928

[5785-44-4] $C_{12}H_{10}Ca_3O_{14} \cdot 4H_2O$ 572.60

成分（无水物） C 28.92%，H 2.02%，Ca 24.12%，O 44.94%。

别名 二柠檬酸三钙 四水；四水合柠檬酸钙；枸橼酸钙 四水；Calcimax；Citracal；Citric acid calcium salt；Lime citrate；Tricalcium dicitrate；2-Hydroxy-1,2,3-propanetricarboxylic acid calciam salt(2∶3)

M.I.15，1663

性状 白色针状结晶或粉末。无味。易溶于酸，较多地溶于热水，微溶于冷水（约 1050 份），不溶于乙醇。100℃失去大部分结晶水，120℃完全失水。一般试剂含量 99.0%～101.0%。

主要用途 分析试剂。柠檬酸盐类的制备。

Calcium cyanamide 氰氨化钙 01929

[156-62-7] $CCaN_2$ 80.10

成分 C 15.00%，Ca 50.03%，N 34.97%。

别名 氰氨基化钙；石灰氮；碳氮化钙；Calcium carbimide；Cyanamide；Lime nitrogen；Nitrolime

GW 2015-1676 M.I.15，1664

性状 白色粉末。溶于盐酸，在水中能放出氨及乙炔。mp 约 1340℃；d_4^{20} 2.29。一般试剂含量≥90.0%。

注意事项 该品遇水能释放出高度易燃气体。对呼吸系统有刺激性。对眼睛有严重损伤的危险。使用时应保持容器干燥。使用时应穿适当的防护服，戴手套和戴防护镜或面罩。应避免吸入本品的粉尘。万一接触到眼睛，应立即用大量水冲洗后请医生诊治。万一着火，应用指定的灭火设备而决不能用水。应充氮气密封于干燥处保存。

主要用途 除锈剂。增加钢铁的硬度。

Calcium cyanide 氰化钙 01930

[592-01-8] C_2CaN_2 92.11

成分 C 26.08%，Ca 43.51%，N 30.41%。

别名 Cyanogas

GW 2015-1680 M.I.15，1666

性状 无色菱面晶体或白色结晶性粉末。在潮湿空气中分解而放出剧毒的氰化氢。溶于水及弱酸也能放出氰化氢，溶于乙醇。LD_{50} 大鼠急性经口：39mg/kg。一般试剂含量≥90.0%。

注意事项 该品剧毒。吸入或与皮肤接触时极毒。与酸接触时能释放出极毒气体。接触皮肤后应立即用大量指定的液体冲洗。切勿排入下水道。使用时如有事故发生或有不适之感，应请医生诊治。应密封于干燥处保存。

主要用途 杀虫剂，熏灭柑橘等果树上的昆虫。杀鼠剂。

Calcium fluoride 氟化钙 01931

[7789-75-5] CaF_2 78.07

成分 Ca 51.34%，F 48.67%。

别名 氟石；Fluorite；Fluorspar

M.I.15，1669

性状 无色立方体结晶或白色粉末。微溶于稀无机酸，几乎不溶于水（18℃，0.0015g/100mL）。在浓无机酸中分解而放出氟化氢。mp 1403℃；bp 2500℃；d 3.18。LD_{50} 小鼠腹膜内注射：2638.27mg/kg。一般试剂含量≥98.5%。

注意事项 该品对眼睛、呼吸系统及皮肤有刺激性。使用时应戴适当的手套。万一接触到眼睛，应立即用大量水冲洗后请医生诊治。

主要用途 制造氢氟酸，脱水及脱氢反应的催化剂。冶金助熔剂。脱水和脱氢催化剂。还可用于电子、仪表工业等。

Calcium formate 甲酸钙 01932

[544-17-2] $C_2H_2CaO_4$ 130.11

成分 C 18.46%，H 1.55%，Ca 30.80%，O 49.19%。

别名 蚁酸钙

M.I.15，1670

性状 无色正交结晶或结晶性粉末。微有乙酸味。溶于水，几乎不溶于乙醇。d 2.02。一般试剂含量≥99.0%（T）。

注意事项 该品对眼睛、呼吸系统及皮肤有刺激性。使用时应避免吸入本品的粉尘，避免与眼睛及皮肤接触。万一接触到眼睛，应立即用大量水冲洗后请医生诊治。应密封保存。

主要用途 皮革鞣制。制药工业。润滑剂。

Calcium glycerate hydrate 甘油酸钙 水合 01933

[207300-72-9] $C_6H_{10}CaO_8 \cdot xH_2O$ 250.22+18.02x

成分（无水物） C 28.80%，H 4.03%，Ca 16.02%，O 51.15%。

别名 水合甘油酸钙；hemi-Calcium DL-glycerate；Glyceric acid hemicalcium salt hydrate

性状 白色粉末。溶于热水。易吸潮。mp 134℃（分解）。一般试剂含量≥97.0%。

注意事项 使用时应避免吸入本品的粉尘，避免与眼睛及皮肤接触。应密封于干燥处保存。

主要用途 制药工业。

Calcium glycerophosphate 甘油磷酸钙 01934

[27214-00-2] $C_3H_7CaO_6P$ 210.13

成分 C 17.15%，H 3.36%，Ca 19.07%，O 45.68%，P 14.74%。

别名 二水合甘油磷酸钙；Calcium glycerinophosphate；Calcium phosphoglycerate；Neurosin；Phosphoric acid glycerol ester calcium salt；1,2,3-Propanetriol mono(dihydrogen phosphate) calcium salt(1∶1)

M.I.15，1672

性状 白色颗粒或粉末。微有潮解性。溶于约 50 份水，溶液呈碱性。几乎不溶于沸水、乙醇。130℃时失去结晶水成为无水物。170℃以上分解。一般试剂含量≥98.0%。

注意事项 该品应密封于干燥处保存。

主要用途 分析试剂。制药工业。食品用钙质强化剂。

Calcium hydride 氢化钙 01935

[7789-78-8] CaH_2 42.09

成分 Ca 95.22%，H 4.79%。

别名 Hydrolith

GW 2015-1653 M.I.15，1674

性状 无色至灰白色正交结晶或粉末。受潮即生成氢氧化钙并放出氢气，遇水发生燃烧。能被低级醇分解。mp 186℃；d 1.7。一般试剂含量≥97.0%。

注意事项 该品与水接触能释放出高度易燃气体。使用时应保持容器密闭和干燥，避免与眼睛及皮肤接触。万一着火，应使用指定的灭火设备，而不能用水。使用时如有事故发生或有不适之感，应请医生诊治。应密封于干燥处保存。

主要用途 分析试剂。还原剂。液体和气体的干燥剂。制氢原料。有机合成。

Calcium hydroxide　氢氧化钙 01936
[1305-62-0]　CaH_2O_2 74.09
成分　Ca 54.09%，H 2.72%，O 43.19%。
别名　熟石灰；Calcium hydrate；Caustic lime；Slaked lime；Lime hydrate
M. I. 15，1675
性状　白色结晶性颗粒或粉末。无味。通常含有微量水分。溶于甘油、蔗糖、氯化铵溶液，微溶于水，极微溶于沸水，不溶于乙醇。在空气中易吸收二氧化碳变为碳酸钙。其水溶液（25℃）pH 值 12.4。*d* 2.08～2.34。LD_{50} 大鼠急性经口：7.34g/kg。
注意事项　该品具有腐蚀性，能引起烧伤。使用时应穿适当的防护服，戴手套和防护镜或面罩。使用时应避免吸入本品的粉尘。接触皮肤后应立即用大量指定的液体冲洗。万一接触到眼睛，应立即用大量水冲洗后请医生诊治。其包装物应按危险品处理。应密封于干燥处保存。
主要用途　分析试剂。二氧化碳吸收剂。有机合成。杀虫剂。皮革脱毛剂。
参考规格　GB 6852—86　pH 工作基准
饱和 $Ca(OH)_2$ 溶液 pH (S)$_{II}$ 值（25℃）：
pH (S)$_{II}$ = pH (S)$_{I}$ ±0.005

项目	指标
含量 [$Ca(OH)_2$] /%≥	98.0
杂质最高含量	
澄清度试验	合格
盐酸不溶物/%≤	0.03
氯化物（Cl）/%≤	0.005
硫化合物（以 SO_4 计）/%≤	0.005
碳酸盐（以 $CaCO_3$ 计）/%≤	1
铁（Fe）/%≤	0.001
重金属（以 Pb 计）/%≤	0.002
镁及碱金属（以硫酸盐计）/%≤	0.2

Calcium hypochlorite　次氯酸钙 01937
[7778-54-3]　$CaCl_2O_2$ 142.98
成分　Ca 28.03%，Cl 49.59%，O 22.38%。
别名　次亚氯酸钙；氧氯化钙；高级晒粉；漂粉精；Calcium oxychloride；Losantin；Perchloron
GW 2015-163　M. I. 15，1676
性状　白色或微浅黄绿色粉末。有强烈的氯气味。有吸湿性。溶于水（25℃，21.4%）并产生氯，与酸作用放出氯。100℃分解；*d* 2.35。
注意事项　该品口服有害。与易燃物品接触能引起燃烧。与酸接触时能释放出有毒气体。具有腐蚀性，能引起烧伤。对水生物极毒。使用时应穿适当的防护服，戴手套和防护镜或面罩。万一接触到眼睛，应立即用大量水冲洗后请医生诊治。使用时如有事故发生或有不适之感，应请医生诊治。应防止将本品释放于环境中。应密封于干燥处保存。
主要用途　分析上用作标准液。漂白、脱色剂。氧化剂。消毒剂。脱臭剂。

Calcium hypophosphite　次亚磷酸钙 01938
[7789-79-9]　$CaH_4O_4P_2$ 170.05
成分　Ca 23.57%，H 2.37%，O 37.63%，P 36.43%。
别名　次磷酸钙；次磷酸二氢钙；卑磷酸钙；Lime hypophosphite；Losantin
M. I. 14，1675
性状　白色或半透明单斜三棱形结晶或颗粒、粉末。味苦。溶于水，溶液呈微酸性。溶于水（其溶液呈微酸性）。微溶于甘油，几乎不溶于乙醇。加热至 300℃以上时，即放出易燃有毒的磷化氢。一般试剂含量≥98.5%。
注意事项　该品高度易燃。应远离热源密封保存。
主要用途　分析试剂，如砷的测定。医用钙源。

Calcium iodate　碘酸钙 01939
[7789-80-2]　CaI_2O_6 389.88
成分　Ca 10.28%，I 65.10%，O 24.62%。
别名　Lautarite
GW 2015-197　M. I. 15，1678
性状　白色单斜三菱形结晶。不吸湿。溶于硝酸，微溶于水（0℃，0.1g/100mL；100℃，0.95g/100mL），更多地溶于碘化物水溶液及氨基酸水溶液。不溶于乙醇。540℃以下稳定。d_4^{15} 4.519。一般试剂含量≥99.0%。
注意事项　该品与易燃物接触能引起燃烧。对眼睛、呼吸系统及皮肤有刺激性。使用时应穿适当的防护服。万一接触到眼睛，应立即用大量水冲洗后请医生诊治。使用现场禁止吸烟。应远离火种及易燃物品，密封保存。
主要用途　分析试剂。防腐去臭。

Calcium iodide anhydrous　无水碘化钙 01940
[10102-68-8]　CaI_2 293.89
成分　Ca 13.64%，I 86.36%。
别名　碘化钙 无水
M. I. 15，1679
性状　无色至微黄色六方形薄片状结晶。易吸潮。在空气中吸收二氧化碳而分解。易溶于水、甲醇、乙醇、丙酮，其水溶液呈中性或弱碱性。几乎不溶于乙醚、二氧六环。遇酸分解。mp 740℃；bp 1100℃；*d* 3.956。一般试剂含量≥96.0%。
注意事项　该品对眼睛及皮肤有刺激性。使用时应避免与眼睛及皮肤接触。万一接触到眼睛，应立即用大量水冲洗后请医生诊治。应密封避光于干燥处保存。
主要用途　医用祛痰剂。分析试剂。照相工业。

Calcium iodide hexahydrate　碘化钙 六水 01941
[10102-68-8]　$CaI_2 \cdot 6H_2O$ 401.98
成分（以无水物计）　Ca 13.64%，I 86.36%。
别名　六水合碘化钙
M. I. 15，1679
性状　无色六方形粗针状、鳞片状、块状结晶或粉末。极易潮解。易溶于水、乙醇。久置逐渐析出游离碘而呈黄色。mp 约 42℃。一般试剂含量≥98.0%。
注意事项　该品使用时应避免与眼睛及皮肤接触。应密封避光于干燥处保存。
主要用途　医用祛痰剂。分析试剂。照相工业。

Calcium lactate pentahydrate　乳酸钙 五水 01942
[5743-47-5][无水物 814-80-2]　$C_6H_{10}CaO \cdot 5H_2O$ 308.29
成分（以无水物计）　C 33.02%，H 4.62%，Ca 18.36%，O 43.99%。
别名　五水合乳酸钙；2-羟基丙酸钙五水；2-Hydroxypropanoic acid calcium salt pentahydrate
M. I. 15，1680
性状　白色颗粒或粉末。无味。微有风化性。加热至 120℃为无水物。溶于水，几乎不溶于乙醇、乙醚、三氯甲烷。pH 值6～8。
注意事项　该品应密封于 2～8℃保存。
主要用途　生化研究。

Calcium lactobionate dihydrate　乳糖酸钙 二水 01943
[5001-51-4]　$C_{24}H_{42}CaO_{24} \cdot 2H_2O$ 790.70
成分（以无水物计）　C 38.20%，H 5.61%，Ca 5.31%，O 50.88%。
别名　二水合乳糖酸钙；二水合乳糖醛酸钙；乳糖醛酸钙 二水；4-*O*-*β*-D-Galactopyranosyl-D-gluconic acid calcium salt；Lactobionic acid calcium salt；4-(*β*-D-Galactosido)-D-gluconic acid calcium salt
M. I. 15，5391
性状　无色或微黄色毛发状结晶或粉末。易溶于水。mp 约 190℃（分解）；$[\alpha]_D^{20}$ +23.7°（*c*=6.28，于水中）；n_D^{20} 1.4583（近似结晶的浆状物）。生化试剂含量≥98.0%（KT）。
注意事项　该品应密封于干燥处保存。
主要用途　生化研究。配制基础培养基。

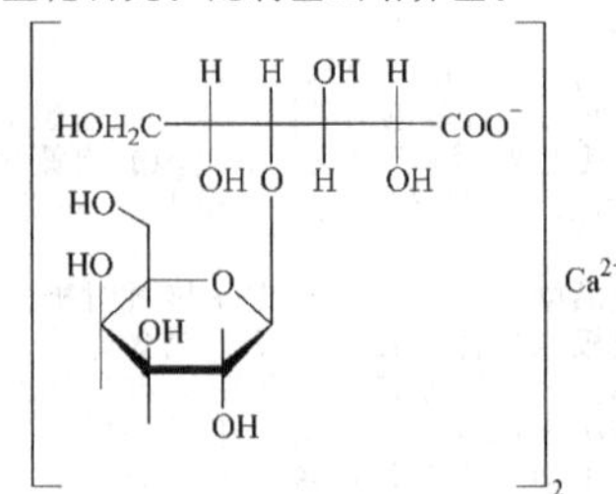

Calcium levulinate dihydrate　乙酰丙酸钙 二水 01944

[5743-49-7]　$C_{10}H_{14}CaO_6 \cdot 2H_2O$ 308.34

成分（以无水物计）　C 44.44%，H 5.22%，Ca 14.83%，O 35.52%。

别名　二水合乙酰丙酸钙；γ-戊酮酸钙；左旋糖酸钙；果糖酸钙；Calcium β-acetopropionate；Calcium levulate；Levulinic acid calcium salt；4-Oxopentanoic acid calcium salt

M. I. 15，1681

性状　无色结晶或白色颗粒、粉末。易溶于水，其水溶液几乎呈中性。微溶于乙醇，不溶于乙醚、氯仿。mp 125℃。生化试剂含量≥98.0%（KT）。

注意事项　使用时应避免吸入本品的粉尘，避免与眼睛及皮肤接触。

主要用途　医用钙补充剂。生化研究。

Calcium metaborate　偏硼酸钙 01945

[13701-64-9]　B_2CaO_4 125.70

成分　B_2O_3 39%～44%；CaO 31%～37%。

别名　硼酸钙；Calcium borate

性状　白色粉末。溶于稀酸，微溶于热水，不溶于冷水。标准试剂含量≥99.99%。

注意事项　该品对眼睛、呼吸系统及及皮肤有刺激性。使用时应戴手套。万一接触到眼睛，应立即用大量水冲洗后请医生诊治。

Calcium molybdate（Ⅵ）　钼酸钙 01946

[7789-82-4]　$CaMoO_4$ 200.02

成分　Ca 20.04%，Mo 47.97%，O 31.99%。

别名　Calcium molybdenum oxide

M. I. 15，1683

性状　无色四方形结晶或粉末。溶于浓无机酸，几乎不溶于水、乙醇。*d* 4.35。一般试剂含量≥99.8%。

注意事项　该品对眼睛、呼吸系统及皮肤有刺激性。使用时应戴手套。万一接触到眼睛，应立即用大量水冲洗后请医生诊治。

主要用途　用于磷及发光物质。制造钼酸，铁及钢合金。

Calcium nitrate tetrahydrate　硝酸钙 四水 01947

[13477-34-4]　$CaN_2O_6 \cdot 4H_2O$ 236.15

成分（无水物）　Ca 24.42%，N 17.07%，O 58.50%。

别名　四水合硝酸钙；钙硝石；Lime nitrate；Lime saltpeter；Nitrocalcite；Norge niter；Norwegian saltpeter

GW 2015-2294　　M. I. 15，1684

性状　无色结晶。易潮解。易溶于水、乙醇、甲醇、丙酮，几乎不溶于浓硝酸。其 5%水溶液（以无水物计）pH 值 6.0。mp 45℃；bp 132℃（分解）；*d* 1.860。一般试剂含量≥99.0%。

注意事项　该品与易燃物品接触能引起燃烧。对眼睛、呼吸系统及皮肤有刺激性。使用时应穿适当的防护服。万一接触到眼睛，应立即用大量水冲洗后请医生诊治。应远离易燃物品，密封保存。

主要用途　分析试剂，检测硫酸盐、草酸盐。配制基础培养基。烟火材料。电子、仪表、冶金工业等。

Calcium oxalate monohydrate　草酸钙 一水 01948

[5794-28-5]　$C_2CaO_4 \cdot H_2O$ 146.11

成分（以无水物计）C 18.75%，Ca 31.28%，O 49.96%。

别名　一水合乙二酸钙；一水合草酸钙；乙二酸钙 一水；Ethanedioic acid calcium salt monohydrate

M. I. 15，1687

性状　白色立方体结晶或粉末。溶于稀硝酸、盐酸，几乎不溶于水、乙酸。加热至 200℃时失去结晶水。*d* 2.2。一般试剂含量≥99.0%。

注意事项　该品口服或与皮肤接触有害。使用时应避免与眼睛及皮肤接触。应密封于干燥处保存。

主要用途　用于钙的分析。在分离稀土金属时用作载体。草酸盐的合成。

Calcium oxide　氧化钙 01949

[1305-78-8]　CaO 56.08

成分　Ca 71.47%，O 28.53%。

别名　石灰；生石灰；Burnt lime；Calx；Fluxing lime；Lime；Quicklime

M. I. 15，1688

性状　白色或浅灰白色结晶性块状物或颗粒、粉末。溶于酸、甘油、糖溶液，微溶于水，几乎不溶于乙醇。在空气中吸收二氧化碳和水分。遇水生成氢氧化钙并放出大量的热。mp 2572℃；bp 2850℃；*d* 3.32～3.35；n_D^{20} 1.83。一般试剂含量（灼烧后）≥98.0%。

注意事项　该品与水反应激烈。具有腐蚀性，能引起烧伤。对眼睛有严重损伤的危险。使用时应穿适当的防护服，戴手套和防护镜或面罩。使用时应避免吸入本品的粉尘。万一接触到眼睛，应立即用大量水冲洗后请医生诊治。使用时如有事故发生或有不适之感，应请医生诊治。应充氩气密封于干燥处保存。

主要用途　分析试剂。高纯钙盐的制备。二氧化碳吸收剂。制荧光粉的助熔剂。还可用于电子、仪表、冶金工业。光谱分析试剂。植物油脱色剂。

Calcium D-pantothenate　D-泛酸钙 01950

[137-08-6]　$C_{18}H_{32}CaN_2O_{10}$ 476.54

成 分　C 45.37%，H 6.77%，Ca 8.41%，N 5.88%，O 33.57%。

别名　D-本多生酸钙；Calpanate；D-*N*-(2,4-Dihydroxy-3,3-dimethylbutyryl)-β-alanine calcium salt；Pantholin；D-Pantothenic acid calcium salt

M. I. 15，7118

性状　白色结晶或粉末。微吸潮。1g 该品溶于 2.8mL 水。溶于甘油，微溶于乙醇、丙酮。其 5%水溶液 pH 值 7.2～8.0，于 CO_2 水中 8.7。195～196℃分解；$[\alpha]_D^{20}$ +28.2°(*c*=5，于水中)。一般试剂含量(干样)≥98.0%。

注意事项　该品应充氩气密封于 2～8℃保存。

主要用途　生化研究，如组织培养基的制备等。医用维生素，营养增补剂。能缓冲咖啡因及糖精等的苦味。

Calcium peroxide　过氧化钙 01951

[1305-79-9]　CaO_2 72.08

成分　Ca 55.60%，O 44.39%。

别名　二氧化钙；Calcium dioxide；Calcium superoxide

GW 2015-888　　M. I. 15，1691

性状　白色或浅黄色结晶性粉末。无味。溶于酸能生成过氧化氢，微溶于水。在潮湿空气中分解。一般试剂含量约 60.0%。

注意事项　该品与易燃物品混合具有爆炸性。具有腐蚀性，能引起烧伤。对眼睛、呼吸系统及皮肤有刺激性。使用时应穿适当的防护服，戴手套和防护镜或面罩。万一接触到眼睛，应立即用大量水冲洗后请医生诊治。使用时如有事故发生或有不适之感，应请医生诊治。应远离易燃物品，密封于干燥处保存。其包装物应按危险品处理。

主要用途　分析试剂。医用防腐剂、消毒剂。种子消毒。橡胶稳定剂。

Calcium phosphate dibasic dihydrate 01952
磷酸氢钙 二水

[7789-77-7]　$CaHO_4P \cdot 2H_2O$ 172.09

成分（无 水 物）　Ca 29.46%，H 0.74%，O 47.04%，P 22.76%。

别名　二水合磷酸氢钙；Bicalcium phosphate；Brushite；di-Calcium orthophosphate；Calcium monohydrogen phosphate；Secondary calcium phosphate

M. I. 15，1694

性状　白色单斜结晶或粉末。溶于稀盐酸、稀硝酸，微溶于稀乙酸，几乎不溶于水、乙醇。mp 109℃；*d* 2.31。一般试剂含量≥98.0%。

注意事项　该品对眼睛、呼吸系统及皮肤有刺激性。使用时应穿适当的防护服。万一接触到眼睛，应立即用大量水冲洗后请医生诊治。

主要用途　分析试剂。塑料固定剂。

Calcium phosphate monobasic monohydrate
磷酸二氢钙 一水 01953

[7758-23-8]　$CaH_4O_8P_2 \cdot H_2O$ 252.08

成分（无水物）　Ca 17.12%，H 1.72%，O 54.69%，P 26.47%。

别名　一水合磷酸二氢钙；磷酸一钙 一水；酸性磷酸钙 一水；Acid calcium phosphate；Calcium biphosphate；Calcium bis(hydrogen phos phate) monohydrate；Monocalcium phosphate；

Primary calcium phosphate
M. I. 15，1695
性状 无色有光亮的三斜大片结晶或微带黄色的粉末或颗粒。纯品不易潮解。溶于稀盐酸、硝酸、乙酸，中等程度溶于水，不溶于乙醇。100℃失去结晶水，200℃分解。d_4^{18} 2.220。
注意事项 该品对眼睛、呼吸系统及皮肤有刺激性。使用时应穿适当的防护服和戴手套。万一接触到眼睛，应立即用大量水冲洗后请医生诊治。
主要用途 分析试剂。塑料固定剂。

Calcium phosphate tribasic 磷酸三钙 01954
[7758-87-4] $Ca_3O_8P_2$ 310.17
成分 Ca 38.76%，O 41.27%，P 19.97%。
别名 三碱式磷酸钙；原磷酸钙；磷酸钙；Calcigenol simple；Calcium orthophosphate；Pentacalcium hydroxide phosphate；Tricalcium phosphate；Tricalcium orthophosphate；Precipitated calcium phosphate；Tertiarycalcium phosphate
M. I. 15，1696
性状 白色无定形粉末。无臭、无味。溶于稀盐酸、稀硝酸，几乎不溶于水、乙醇、乙酸。mp 1670℃；*d* 3.14。一般试剂含量≥99.0%（T）。
注意事项 使用时应避免吸入本品的粉尘，避免与眼睛及皮肤接触。
主要用途 媒染剂。陶器、玻璃、涂料等的着色。医用钙补充剂。

Calcium propionate 丙酸钙 01955
[4075-81-4] $C_6H_{10}CaO_4$ 186.22
成分 C 38.70%，H 5.41%，Ca 21.52%，O 34.37%。
别名 初油酸钙；Mycoban；Propionic acid calcium salt
M. I. 15，1700
性状 无色单斜结晶或白色结晶性粉末。溶于水，微溶于甲醇、乙醇，几乎不溶于丙酮、苯。一般试剂含量≥98.0%。
主要用途 食品、烟草中微生物及霉菌的抑制剂。医用抗霉剂。

Calcium pyrophosphate 焦磷酸钙 01956
[7790-76-3][35405-51-7] $Ca_2O_7P_2$ 254.10
成分 Ca 31.55%，O 44.07%，P 24.38%。
别名 Calcium diphosphate
M. I. 15，1701
性状 白色多晶型结晶或粉末。溶于稀盐酸、稀硝酸，几乎不溶于水。mp 1353℃；*d* 3.09。一般试剂含量≥96.0%。
注意事项 该品对眼睛、呼吸系统及皮肤有刺激性。使用时应穿适当的防护服。万一接触到眼睛，应立即用大量水冲洗后请医生诊治。
主要用途 涂料。研磨剂。食品添加剂。化肥。

Calcium silicate 硅酸钙 01957
[1344-95-2] CaO_3Si 116.16
成分 Ca 34.50%，O 41.32%，Si 24.18%。
别名 偏硅酸钙；Calcium metasilicate；Wollastonite
M. I. 15，1704
性状 白色或微带奶油色的无定形粉末。溶于盐酸并析出二氧化硅，不溶于水。一般试剂含量（以 CaO 计）≥93.0%。
注意事项 该品对眼睛及呼吸系统有刺激性。使用时应穿适当的防护服，戴防护镜或面罩。应避免吸入本品的粉尘。万一接触到眼睛，应立即用大量水冲洗后请医生诊治。
主要用途 液体、气体的吸收剂。凝结剂。

Calcium stearate 硬脂酸钙 01958
[1592-23-0] $C_{36}H_{70}CaO_4$ 607.03
成分 C 71.23%，H 11.62%，Ca 6.60%，O 10.54%。
别名 十八酸钙；Octadecanoic acid calcium salt；Stearic acid calcium salt
M. I. 15，1705
性状 白色轻质粉末或颗粒。完全溶于热吡啶，微溶于热乙醇、植物油、矿物油，几乎不溶于水、乙醚、氯仿、丙酮、冷乙醇。受高热分解。mp 147～149℃。一般试剂含量（以 CaO 计）8.1%～9.8%。
注意事项 使用时应避免吸入本品的粉尘，避免与眼睛及皮肤接触。
主要用途 防水剂。润滑剂。塑料助剂。聚氯乙烯的稳定剂。

Calcium succinate monohydrate 丁二酸钙 一水 01959
[140-99-8] $C_4H_4CaO_4 \cdot H_2O$ 174.17
成分（以无水物计）C 30.77%，H 2.58%，Ca 25.67%，O 40.98%。
别名 一水合丁二酸钙；一水合琥珀酸钙；琥珀酸钙 一水；Artume；Butanedioic acid calcium salt；Succinic acid calcium salt
M. I. 15，1707
性状 无色针状结晶或白色颗粒。溶于稀酸，微溶于水，几乎不溶于乙醇。
注意事项 该品对眼睛、呼吸系统及皮肤有刺激性。使用时应穿适当的防护服。万一接触到眼睛，应立即用大量水冲洗后请医生诊治。
主要用途 医用治疗风湿性关节炎。

Calcium sulfate anhydrous 无水硫酸钙 01960
[7778-18-9] CaO_4S 136.13
成分 Ca 29.44%，O 47.01%，S 23.55%。
别名 熟石膏；硫酸钙 无水；Drierite®
M. I. 15，1708
性状 无色斜方结晶或白色结晶性粉末。易吸潮。溶于铵盐、硫代硫酸钠、氯化钠等溶液及酸类，不溶于水、乙醇。mp 1450℃；*d* 2.96。一般试剂含量≥99.0%。
注意事项 使用时应避免吸入本品的粉尘，避免与眼睛及皮肤接触。应密封于干燥处保存。
主要用途 分析试剂。干燥剂。

Calcium sulfate dihydrate 硫酸钙 二水 01961
[13397-24-5][10101-41-4] $CaO_4S \cdot 2H_2O$ 172.17
成分（无水物） Ca 29.44%，O 47.01%，S 23.55%。
别名 石膏；二水合硫酸钙；硫酸钙；Alabaster;Gypsum;Light spar;Mineral white;Terra alba;Native calcium sulfate;Precipitated calcium sulfate;Satinite;Satin spar;Selenite
M. I. 15，1708
性状 无色柱状结晶或白色结晶性粉末。能十分缓慢地溶于甘油，微溶于水（18℃，0.26g/100mL），几乎不溶于一般的有机溶剂。加热至 128℃失去 1½ 水，至 163℃以上可成为无水物。*d* 2.32。一般试剂含量≥99.0%。
主要用途 阻滞剂。黏合剂。螯合剂。食品用钙质强化剂。

Calcium sulfide 硫化钙 01962
[20548-54-3] CaS 72.14
成分 Ca 55.56%，S 44.44%。
M. I. 15，1709
性状 白色或浅灰黄色粉末。易溶于铵盐溶液，微溶于水，不溶于乙醇。在空气中易氧化为硫代硫酸钙。能被弱酸分解并放出 H_2S。mp ＞2000℃；*d* 2.59。一般试剂含量≥95.0%。
注意事项 该品与酸接触能释放出有毒气体。对眼睛、呼吸系统及皮肤有刺激性。对水生物极毒。使用时应避免与眼睛及皮肤接触。接触皮肤后，应立即用大量水冲洗。应防止将本品释放于环境中。应密封避光保存。
主要用途 分析试剂。制造不含砷的硫化氢。荧光粉的基质。过去兽医用于缓慢的化脓症。

Calcium sulfite dihydrate 亚硫酸钙 二水 01963
[10257-55-3] $CaO_3S \cdot 2H_2O$ 156.16
成分（无水物） Ca 33.36%，O 39.95%，S 26.69%。
别名 二水合亚硫酸钙
M. I. 15，1710
性状 无色结晶或白色结晶性粉末。溶于亚硫酸。微溶于水、乙醇。在空气中能缓慢氧化成硫酸钙。
注意事项 该品应密封保存。
主要用途 漂白织物的脱氯剂、脱色剂，造纸等工业。

Calcium tartrate tetrahydrate　酒石酸钙 四水 01964

[3164-34-9]　$C_6H_4CaO_6 \cdot 4H_2O$　260.21

成分（无水物）　C 25.53%，H 2.14%，Ca 21.30%，O 51.02%。

别名　四水合酒石酸钙

M. I. 15，1711

性状　白色粉末。溶于稀盐酸、稀硝酸，微溶于水（10℃，约 0.04%；85℃，约 0.2%）、乙醇。

主要用途　水果、蔬菜等的防腐剂。鱼腥味等的脱臭剂。

Calcium thiocyanate tetrahydrate　硫氰酸钙 四水 01965

[2092-16-2]　$C_2CaN_2S_2 \cdot 4H_2O$　228.30

成分（无水物）　C 15.37%，Ca 25.65%，N 17.93%，S 41.05%。

别名　四水合硫氰化钙；四水合硫氰酸钙；硫氰化钙 四水；Calcium rhodanate；Calcium sulfocyanate

GW 2015-1295　　M. I. 15，1712

性状　无色或微带黄色的结晶或结晶性粉末。可吸潮。易溶于水，溶于甲醇、丙酮、乙醇。加热至约 160℃分解。一般试剂含量≥99.0%。

注意事项　该品有毒。应密封保存。

主要用途　织物溶剂。硬化剂。制造丙烯腈聚合物。

Calcium tungstate　钨酸钙 01966

[7790-75-2]　CaO_4W　287.91

成分　Ca 13.92%，O 22.23%，W 63.85%。

别名　Calcium orthotungstate；Calcium tungstate（Ⅵ）；Calcium wolframate

M. I. 15，1714

性状　无色四方形结晶。能被热盐酸或硝酸分解。几乎不溶于水。mp 1535℃。*d* 6.06。一般试剂含量≥98.0%。

主要用途　照相工业。制造钨丝、X 射线荧光屏、闪烁计数器、荧光油漆。

Calconcarboxylic acid　钙羧酸 01967

[3737-95-9]　$C_{21}H_{14}N_2O_7S$　438.42

成分　C 57.53%，H 3.22%，N 6.39%，O 25.25%，S 7.31%。

别名　钙试剂一羧酸；2-羟基-1-(2-羟基-4-磺基-1-萘基偶氮)-3-萘甲酸；钙红指示剂；Cal Red indicator；Potton and Reeder's reagent；3-Hydroxy-4-(2-hydroxy-4-sulfo-1-naphthylazo)-2-naphthalene carboxylic acid；2-Hydroxy-1-[(2-hydroxy-4-sulfo-1-naphthalene) azo] naphthalene-3-carboxylic acid；2-Hydroxy-1-(2-hydroxy-4-sulfo-1-naphthylazo)-3-naphthoic acid；HHSNN；HSN；NANA；NN

性状　紫红色或褐色结晶性粉末。易溶于氢氧化钠溶液和氨水，微溶于水。mp 约 300℃（分解）；λ_{max} 560（366）nm。一般试剂干燥含量约 60.0%。

注意事项　该品对眼睛、呼吸系统及皮肤有刺激性。使用时应穿适当的防护服和戴手套。万一接触到眼睛，应立即用大量水冲洗后请医生诊治。

主要用途　测定钙的络合指示剂。

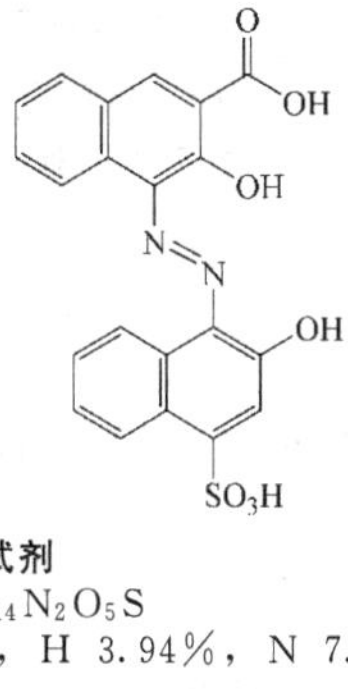

Calmagite　钙镁试剂 01968

[3147-14-6]　$C_{17}H_{14}N_2O_5S$　358.37

成分　C 56.98%，H 3.94%，N 7.82%，O 22.32%，S 8.95%。

别名　1-(1-羟基-4-甲基-2-苯基偶氮)-2-萘酚-4-磺酸；3-羟基-4-(2-羟基-5-甲基苯偶氮)萘-1-磺酸；3-Hydroxy-4-(2-hydroxy-5-methylphenyl) azo-1-naphthalenesulfonic acid；1-(1-Hydroxy-4-methyl-2-phenylazo)-2-naphthol-4-sulfonic acid

M. I. 15，1720

性状　来自丙酮中的红色结晶。溶于水、乙醇、苛性碱溶液。其水溶液 pH 值 7.1～9.1 呈红色，9.1～11.4 呈蓝色。mp 330℃；λ_{max}（pH 值 10.10）610nm（ε 20300）。

注意事项　该品对眼睛、呼吸系统及皮肤有刺激性。使用时应穿适当的防护服和戴手套。万一接触到眼睛，应立即用大量水冲洗后请医生诊治。

主要用途　测定钙、镁的络合指示剂。pH 指示剂。

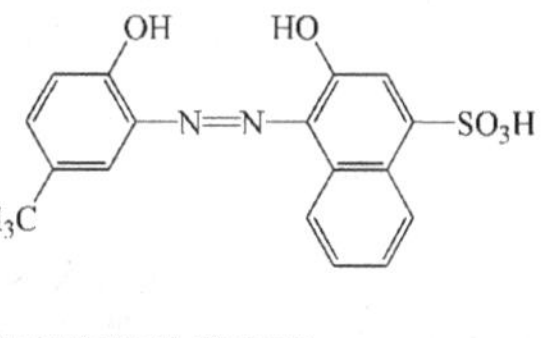

Calyculin A　花萼海绵体诱癌素 A 01969

[101932-71-2]　$C_{50}H_{81}N_4O_{15}P$　1009.17

成分　C 59.51%，H 8.09%，N 5.55%，O 23.78%，P 3.07%。

别名　*N*-[(3*S*)-3-[4-[(1*E*)-3-[(2*R*,3*R*,5*R*,7*S*,8*S*,9*R*)-2-[(1*S*,3*S*,4*S*,5*R*,6*R*,7*E*,9*E*,11*E*,13*Z*)-14-Cyano-3,5-dihydroxy-1-methoxy-4,6,8,9,13-pentamethyl-7,9,11,13-tetradecatetraenyl]-9-hydroxy-4,4,8-trimethyl-3-phosphonooxy-1,6-dioxaspiro[4,5]dec-7-yl]-1-propenyl]-2-oxazolyl]-butyl]-4-deoxy-4-dimethylamino-5-*O*-methyl-L-ribonamide；(－)-Calyculin A

M. I. 15，1726

性状　来自乙烷、乙醚及丙酮中的混合物为无色针状结晶。mp247～249℃；$[\alpha]_D$ －60°（*c*＝0.1，于乙醇中）；uv max（乙醇中）：230nm，342nm（ε 12000，19000）。生化试剂含量≥98.0%（HPLC）。

注意事项　该品吸入、口服或与皮肤接触有毒。对皮肤有刺激性。使用时应穿适当的防护服，戴手套和防护镜或面罩。使用时如有事故发生或有不适之感，应请医生诊治。应密封避光于－20℃保存。

主要用途　生化研究。用于磷酸酶 1.2a 的抑制剂。

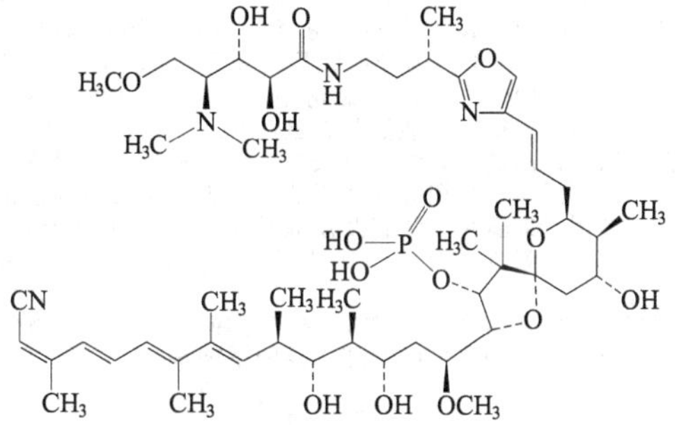

Campesterol　菜油甾醇 01970

[474-62-4]　$C_{28}H_{48}O$　400.69

成分　C 83.93%，H 12.08%，O 3.99%。

别名　(3β,24*R*)-麦角甾-5-烯-3-醇；24[*R*]-麦角甾-5-烯-3β-醇；(3β,24*R*)-Ergost-5-en-3β-ol；24α-Methyl-5-cholesten-3β-ol

M. I. 15，1731

性状　来自丙酮中的无色结晶。mp 157～158℃；$[\alpha]_D^{23}$ －33°（22.5mg 溶于 5mL 氯仿中）。生化试剂含量≥65.0%（NMR）。

注意事项　该品吸入、口服或与皮肤接触有害。对眼睛、呼吸系统及皮肤有刺激性。使用时应穿适当的防护服。万一接触到眼睛，应立即用大量水冲洗后请医生诊治。于－20℃密封保存。

主要用途　生化研究。

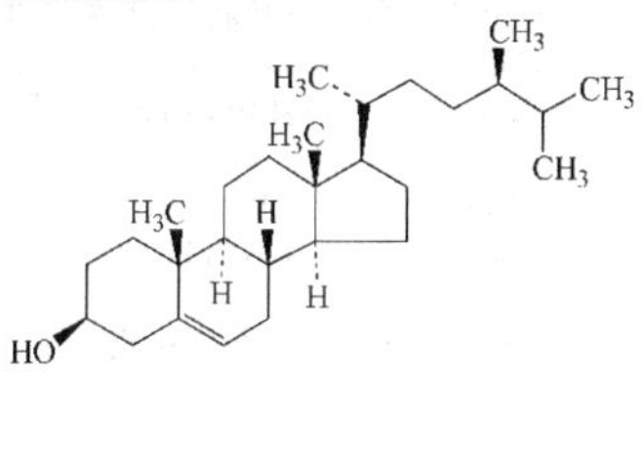

Camphene 莰烯 01971

[79-92-5] $C_{10}H_{16}$ 136.24

成分 C 88.16%，H 11.84%。

别名 莰芬；樟脑油萜；樟脑萜；2,2-Dimethyl-3-methylenebicyclo[2.2.1]heptane；2,2-Dimethyl-3-methylenenorbornane；3,3-Dimethyl-2-methylenenorcamphane

1GW 2015-1233 M.I.15，1732

性状 来自乙醇中的无色立方体结晶。在空气中能挥发。溶于乙醚、氯仿、环己烷、二氧六环、环己烯，中等程度溶于乙醇，几乎不溶于水。mp 51～52℃；bp_{760} 158.5～159.5℃/101.325kPa；bp_{100} 92.4℃/13.33kPa；bp_{16} 55～56℃/2.133kPa；d_4^{54} 0.8422；n_D^{54} 1.45514。一般试剂含量≥97.0%。

注意事项 该品易燃。使用时应避免吸入本品的粉尘，避免与眼睛及皮肤接触。使用现场禁止吸烟。应远离火种采取抗放静电措施密封保存。

主要用途 合成樟脑。樟脑代用品。

CH_3 CH_3 CH_2

Camphor natural 天然樟脑 01972

[76-22-2] $C_{10}H_{16}O$ 152.24

成分 C 78.90%，H 10.59%，O 10.51%。

别名 2-莰酮；樟脑 天然；2-Bornaone；2-Camphanone；(+)-Camphor；Formosa camphor；Gum camphor；Japan camphor；2-Keto-1,7,7-trimethylnorcamphane；Laurel camphor；Ordinary camphor；1,7,7-Trimethylbicyclo[2.2.1]heptan-2-one；1,7,7-Trimethylbicyclo[2.2.1]-2-heptanone

M.I.15，1734

性状 无色、白色片状结晶或半透明而质软的固体。有异香和辛凉味。常温下易挥发。易溶于二硫化碳，1g该品25℃溶于1mL乙醇、1mL乙醚、0.5mL三氯甲烷、0.4mL苯、0.4mL丙酮、1.5mL松节油、0.5mL冰乙酸，溶于苯胺、硝基苯、石油醚，微溶于水(1g溶于约800mL水)。mp 179℃；bp_{760} 209℃/101.3kPa；Fp 148℉(64℃)；d_4^{25} 0.992；204℃以上升华。uv max(氯仿中)：292nm。LD_{50} 小鼠急性经口：1.3g/kg。一般试剂含量≥96.0%。

注意事项 该品高度易燃。口服有害。对眼睛、呼吸系统及皮肤有刺激性。使用应穿适当的防护服。使用现场禁止吸烟。使用时应避免与眼睛及皮肤接触。万一接触到眼睛，应立即用大量水冲洗后请医生诊治。应远离火种，密封保存。

主要用途 医用局部止痛剂，局部止痒剂。赖氏法测分子量。杀虫剂。用于纤维素酯、醚的增塑剂。

H_3C CH_3 H_3C O

d型

D-Camphoric acid D-樟脑酸 01973

[124-83-4][5394-83-2] $C_{10}H_{16}O_4$ 200.23

成分 C 59.98%，H 8.05%，O 31.96%。

别名 1,2,2-三甲基-1,3-环戊烷二羧酸；(+)-Camphoric acid；Dextrocamphoric acid；1,2,2-Trimethyl-1,3-cyclopentanedicarboxylic acid

M.I.14，1733

性状 来自水中的无色或白色小叶状结晶或来自乙醇中的无色单斜棱柱体结晶。1g该品溶于125mL水、10mL沸水、1mL乙醇、20mL甘油，溶于氯仿、乙醚、脂肪、油类。mp 186～188℃；d 1.186；$[\alpha]_D^{20}$ +47°～+48°(c=1，于乙醇中)。一般试剂含量≥99.0%(T)。

注意事项 使用时应避免吸入本品的粉尘，避免与眼睛及皮肤接触。

主要用途 测定镓以及从铊或铁中分离镓的试剂。制药工业。

H_3C COOH CH_3 CH_3 COOH

Camphorquinone 樟脑醌 01974

[10373-78-1] $C_{10}H_{14}O_2$ 166.22

成分 C 72.26%，H 8.49%，O 19.25%。

别名 莰-2,3-二酮；莰醌；2,3-Bornanedione；Camphane-2,3-dione

性状 黄色针状结晶。溶于乙醇、乙醚、苯，不溶于水。mp 198～200℃。一般试剂含量≥98%(GC)。

注意事项 使用时应避免吸入本品的粉尘，避免与眼睛及皮肤接触。应密封于2～8℃保存。

主要用途 制药工业。防腐剂。

H_3C CH_3 O H_3C O

D-Camphor-10-sulfonic acid D-樟脑-10-磺酸 01975

[3144-16-9] $C_{10}H_{16}O_4S$ 232.29

成分 C 51.71%，H 6.94%，O 27.55%，S 13.80%。

别名 *d*-Camphorsulfonic acid；(1S)-Camphor-10-sulfonic acid；10-Camphorsulfonic acid；*β*-Camphorsulfonic acid；Camphostyl；Camsylate；7,7-Dimethyl-2-oxobicyclo[2.2.1]heptane-1-methanesulfonic acid；2-Oxo-10-bornanesulfonic acid；Reychler's acid

M.I.15，1736

性状 来自冰乙酸或乙酸乙酯中的无色、白色棱柱体结晶。在湿空气中潮解。微溶于乙酸乙酯、冰乙酸，几乎不溶于乙醚。mp 193～195℃(分解)；$[\alpha]_D^{20}$ +43.5°(c=4.3，于乙醇中)；$[\alpha]_D^{20}$ +21.5°(c=4.3，于水中)。一般试剂含量≥98.0%(T)。

注意事项 该品具有腐蚀性，能引起烧伤。使用时应穿适当的防护服，戴手套、防护镜或面罩。使用本品时禁止进餐及饮水。万一接触到眼睛，应立即用大量水冲洗后请医生诊治。使用时如有事故发生或有不适之感，应请医生诊治。应充氩气密封于干燥处保存。其包装物应按危险品处理。

主要用途 制药工业。

H_3C CH_3 SO_3H O H

DL-Camphor-10-sulfonic acid DL-樟脑-10-磺酸 01976

[5872-08-2] $C_{10}H_{16}O_4S$ 232.29

成分 C 51.71%，H 6.94%，O27.55%，S 13.80%。

性状 白色结晶或粉末。溶于水，难溶于乙醇，不溶于乙醚。mp 199～201℃(分解)。一般试剂含量≥98.0%(T)。

注意事项 见01975 D-樟脑-10-磺酸。

主要用途 制药工业。

Camphor-10-sulfonic acid sodium salt
樟脑-10-磺酸钠盐 01977

[34850-66-3] $C_{10}H_{16}O_4S$ 254.28

成分 C 47.23%，H 5.95%，O 25.17%，Na 9.04%，S 12.61%。

别名 Sodium camphorsulfonate

性状 白色结晶性粉末。溶于水、热乙醇。mp 286～288℃。一般试剂含量≥99.0%。

注意事项 使用时应避免与眼睛及皮肤接触。

主要用途 生化研究。医用呼吸系统和心脏血管系统的刺激剂。

Camphor synthetic 合成樟脑 01978

[76-22-2] $C_{10}H_{16}O$ 152.24

成分 C 78.90%，H 10.59%，O 10.51%。

别名 樟脑 合成；脑硫；1,7,7-Trimethylbicyclo [2.2.1] heptan-2-one

M. I. 15，1734

性状 无色半透明结晶性固体。mp 178～179℃。一般试剂含量≥95.0%（GC）；H_2O ≤0.5%。

注意事项 见 01972 天然樟脑。

(*S*)-(+)-Camptothecin (*S*)-(+)-喜树碱 01979

[7689-03-4] $C_{20}H_{16}N_2O_4$ 348.36

成分 C 68.96%，H 4.63%，N 8.04%，O 18.37%。

别名 (*S*)-4-Ethyl-4-hydroxy-1*H*-pyrano[3′,4′：6,7]indolizino[1,2-*b*]quinoline-3,14(4*H*,12*H*)-dione

M. I. 15，1737

性状 来自甲醇＋乙腈中的浅黄色针状结晶或粉末。溶于二甲基亚砜(50mg/mL)、1mol/L 氢氧化钠溶液(50mg/mL)，极微溶于水。264～267℃分解；$[\alpha]_D^{25}$ +31.3°(于氯仿-甲醇 8：2 溶液中)；uv max：220nm，254nm，290nm，370nm(ε 37320，29230，4980，19900)。一般试剂含量约 95.0%(HPLC)。

注意事项 该品口服有毒。使用时应避免吸入本品粉尘，避免与眼睛及皮肤接触。使用时如有事故发生或有不适之感，应请医生诊治。应密封于 2～8℃保存。

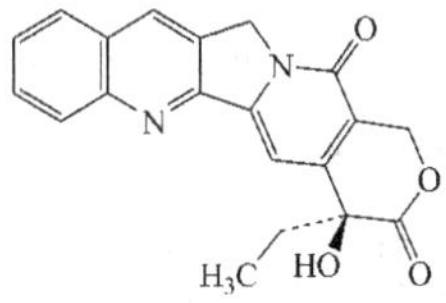

Canada balsam dissolved in xylene 加拿大树胶 溶于二甲苯 01980

[8007-47-4]

别名 加拿大树胶溶液（溶于二甲苯）

GW 2015-358（二甲苯）

性状 浅黄或微绿黄色有黏性、透明、微有荧光的液体。露置空气中逐渐变为固态的非结晶物质。能与苯、氯仿、二甲苯相混溶，溶于乙醇、乙醚、松节油，不溶于水。d_4^{20} 0.987～0.994；$[\alpha]_D^{20}$ +1°～+4°；n_D^{20} 1.52～1.54。

注意事项 该品含有二甲苯，故为易燃液体。吸入或与皮肤接触有害。对皮肤有刺激性。使用现场禁止吸烟。应远离火种密封保存。

主要用途 显微镜用。

Canada balsam ductile 加拿大树胶 韧性 01981

[8007-47-4]

性状 微黄透明固体。使用时溶于二甲苯。黏度(25℃)：约 2000～3000 mPa·s；Fp 176℉(80℃)；d_4^{20} 0.99；n_D^{20} 1.522。

注意事项 该品易燃。使用现场禁止吸烟。应远离火种密封保存。

主要用途 显微镜用。

L-Canavanine sulfate salt L-刀豆氨酸 硫酸盐 01982

[2219-31-0] $C_5H_{14}N_4O_7S$ 274.25

成分 C 21.90%，H 5.15%，N 20.43%，O 40.83%，S 11.69%。

别名 硫酸 L-刀豆氨基酸；*O*-[(Aminoiminomethyl)amino]homoserine sulfate；2-Amino-4-(guanidinooxy)butyric acid sulfate

M. I. 15，1740

性状 来自稀乙醇中的无色结晶。易溶于水。mp 172℃(分解)；$[\alpha]_D^{17}$ +19.4°（*c*=2，于水中）。生化试剂含量≥98.0%（TLC）。

注意事项 该品吸入、口服或与皮肤接触有害。使用时应穿适当的防护服。应密封于 2～8℃保存。

主要用途 生化研究。

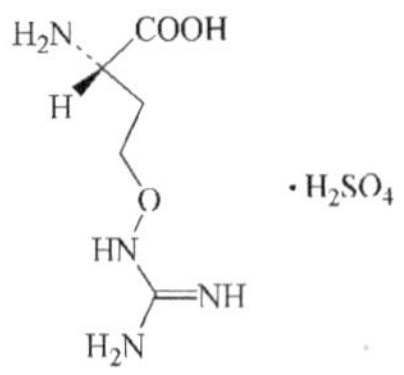

Candesartan 坎地沙坦 01983

[139481-59-7] $C_{24}H_{20}N_6O_3$ 440.46

成分 C 65.45%，H 4.58%，N 19.08%，O 10.90%。

别名 坎地沙坦西酯；博脈舒锭；2-Ethoxy-1-[2′-(1*H*-tetrazol-5-yl)[1,1′-biphenyl]-4-yl]methyl-1*H*-benzimidazole-7-carboxylic acid；2-Ethoxy-1-[4-[2-(1*H*-tetrazol-5-yl)phenyl]benzyl]-7-benzimidazolecarboxylic acid；CV-11974

M. I. 15，1742

性状 来自乙酸乙酯＋甲醇中的无色结晶。mp 183～185℃。

主要用途 医用抗高血压剂。用于充血性心脏衰竭的治疗。

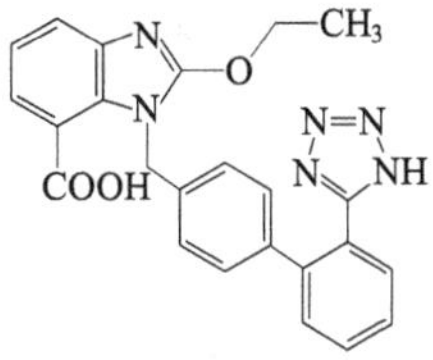

Candoxatril 坎沙曲 01984

[123122-55-4] $C_{29}H_{41}NO_7$ 515.65

成分 C 67.55%，H 8.01%，N 2.72%，O 21.72%。

别名 *cis*-4-[[[1-[(2*S*)-3-(2,3-Dihydro-1*H*-inden-5-yl)oxy-2-[(2-methoxyethoxy)methyl]-3-oxopropyl]cyclopentyl]carbonyl]amino]cyclohexanecarboxylic acid；(α*S*)-1-(*cis*-4-Carboxycyclohexyl)carbamoyl-α-[(2-methoxy-ethoxy)methyl]cyciopentanepropionic acid α-5-indanyl ester；(*S*)-*cis*-4-[1-[2-(5-Indanyloxycarbonyl)-3-(2-methoxyethoxy)propyl]-1-cyclopentanecarboxamido]-1-cyclohexanecarboxylic acid；UK-79300

M. I. 15，1745

性状 白色结晶。mp 107～109℃；$[\alpha]_D$ −5.8°（*c*=1，于甲醇中）。

注意事项 该品应密封于 2～8℃保存。

主要用途 用于充血性心脏衰竭的治疗。

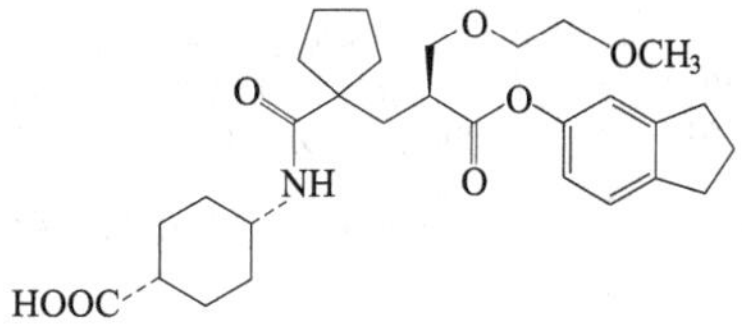

Cannabidiol 大麻二酚 01985

[13956-29-1] $C_{21}H_{30}O_2$ 314.47

成分 C 80.21%，H 9.62%，O 10.18%。

别名 CBD；2-[3-Methyl-6-(1-methylethenyl)-2-cyclohexen-1-yl]-5-pentyl-1,3-benzenediol；(3*R*,4*R*)-2-*p*-Mentha-1,8-dien-3-yl-5-pentylresorcinol

M. I. 15，1750

性状 浅黄色结晶或树脂状物。溶于乙醇、甲醇、乙醚、苯、氯仿、石油醚，几乎不溶于水或 10%氢氧化钠溶液。mp 66～67℃；bp_2 187～190℃/266.64Pa；$bp_{0.001}$ 130℃/0.13Pa；d_4^{40} 1.040；n_D^{20} 1.5404；$[\alpha]_D^{27}$ −125°(0.066g 溶于 5mL 95%乙醇中)；$[\alpha]_D^{18}$ −129°(*c*=0.45，于乙醇中)；uv max(乙醇中)：282nm，274nm(lg ε 3.10，3.12)。一般试剂为 1.0mg/mL(±5%)的甲醇溶液，含量≥98.0%。

注意事项 该品的甲醇溶液高度易燃。吸入、口服或与皮肤接触有毒。并有不可逆的危险。吸入或与皮肤接触可引起过敏。使用时应穿适当的防护服和戴手套。使用时如有事故发生或有不适之感，应请医生诊治。应密封于 2～8℃保存。

Cannabinol　大麻酚　01986

[521-35-7]　$C_{21}H_{26}O_2$　310.44

成分　C 81.25%，H 8.44%，O 10.31%。

别名　大麻醇；6,6,9-Trimethyl-3-pentyl-6*H*-dibenzo[*b*,*d*]pyran-1-ol；3-Amyl-1-hydroxy-6,6,9-trimethyl-6*H*-dibenzo[*b*,*d*]pyran

M.I.15，1751

性状　来自石油醚中的小叶状无色结晶。溶于甲醇、乙醇、碱水溶液，不溶于水。mp 76～77℃；$bp_{0.05}$ 185℃/6.67Pa。一般试剂为 1.0mg/mL（±5%）的甲醇溶液。含量≥98.0%。

注意事项　该品如为甲醇溶液，高度易燃。吸入、口服或与皮肤接触有毒。并有严重的不可逆危险。使用时应穿适当的防护服和戴手套。使用时如有事故发生或有不适之感，应请医生诊治。应远离火种，密封于 2～8℃保存。

Cantharidin　斑蝥素　01987

[56-25-7]　$C_{10}H_{12}O_4$　196.20

成分　C 61.22%，H 6.16%，O 32.62%。

别名　斑蝥酸酐；Cantharides camphor；Cantharidic acid anhydride；2,3-Dimethyl-7-oxabicyclo[2.2.1]heptane-2,3-dicarboxylic anhydride；Exo-1,2-*cis*-dimethyl-3,6-epoxyhexahydrophthalic anhydride；Hexahydro-3*a*，7*a*-dimethyl-4，7-epoxyisobenzofuran-1,3-dione

GW 2015-1349　M.I.15，1755

性状　无色正交片状或鳞状体。1g 该品溶于 40mL 丙酮、65mL 三氯甲烷、560mL 乙醚、150mL 乙酸乙酯，溶于乙醇、二甲基亚砜、油类，微溶于热水，不溶于冷水。84℃开始升华。mp 218℃。

注意事项　该品口服极毒。对眼睛、呼吸系统及皮肤有刺激性。使用前应得到专门的指导，避免曝露。使用时应穿适当的防护服，戴手套和防护镜或面罩。使用时如有事故发生或有不适之感，应请医生诊治。

主要用途　生化研究。医用发疱剂。兽医用发红剂、发疱剂、抗刺激剂。

Capecitabine　卡培他滨　01988

[154361-50-9]　$C_{15}H_{22}FN_3O_6$　359.35

成分　C 50.14%，H 6.17%，F 5.29%，N 11.69%，O 26.71%。

别名　5′-Deoxy-5-fluoro-*N*-[(pentyloxy)carbonyl]cytidine；[1-(5-Deoxy-*β*-D-ribofuranosyl)-5-fluoro-1，2-dihydro-2-oxo-4-pyrimidinyl] carbamic acid penyl ester；Pentyl 1-(5-deoxy-*β*-D-ribofuranosyl)-5-fluoro-1,2-dihyro-2-oxo-4-pyrimidinecarbamate；Ro-9-1978；Xeloda

M.I.15，1757

性状　来自乙酸乙酯中的无色结晶。易溶于甲醇，溶于乙腈，略微溶于水（20℃，26mg/mL）。mp 110～121℃。

主要用途　医用抗肿瘤剂。

***n*-Caproic acid　正己酸**　01989

[142-62-1]　$C_6H_{12}O_2$　116.16

成分　C 62.04%，H 10.41%，O 27.55%。

别名　正己酸；羊油酸；次羊脂酸；Butylacetic acid；Carboxylic acid C_6；Hexanoic acid；Hexoic acid；Hexylic acid；Pentiformic acid

GW 2015-1003　M.I.15，1761

性状　无色至微黄色油状液体。有苯的特殊臭味。溶于乙醇、乙醚，微溶于水（1.082g/100g）。mp －3.4℃；bp 205℃；Fp 215.6℉（102℃）；d_4^{20} 0.9265；n_D^{20} 1.4163。LD_{50} 大鼠急性经口：3.0g/kg。一般试剂含量≥98.5%。

注意事项　该品具有腐蚀性，能引起烧伤。吸入、口服或与皮肤接触有害。使用时应穿适当的防护服，戴手套和防护镜或面罩。使用本品时禁止进餐、饮水。万一接触到眼睛，应立即用大量水冲洗后请医生诊治。使用时如有事故发生或有不适之感，应请医生诊治。其包装物应按危险品处理。

主要用途　制药工业。香料制造。橡胶和树脂的合成等。

Caproic anhydride　己酸酐　01990

[2051-49-2]　$C_{12}H_{22}O_3$　214.31

成分　C 67.25%，H 10.35%，O 22.40%。

别名　己酐；正己酸酐；次羊脂酸酐；羊油酸酐；Hexanoic acid anhydride；Hexanoic anhydride；Caproic acid anhydride

性状　浅黄色油状液体。遇水易分解成正己酸。mp －40℃；bp 246～248℃；Fp 262℉(128℃)；d_4^{20} 0.928；n_D^{20} 1.4280。一般试剂含量≥98.0%。

注意事项　见 01989 正己酸。应密封保存。

主要用途　有机合成。

Caprolactam　己内酰胺　01991

[105-60-2]　$C_6H_{11}NO$　113.16

成分　C 63.68%，H 9.80%，N 12.38%，O 14.14%。

别名　羊脂内酰胺；环己酮异肟；ε-己内酰胺；6-Aminocaproic lactam；6-Aza-2-cycloheptanone；Cyclohexanone-*iso*-oxime；ε-Caprolactam；Hexahydro-2*H*-azepin-2-one；2-Ketohexamethylenimine；2-Oxohexamethylenimine

M.I.15，1763

性状　来自石油醚中的无色或白色小叶片状结晶。易潮解。易溶于水、乙醇、甲醇、乙醚、四氢呋喃甲醇、二甲基甲酰胺，溶于氯化烃、环己烯、石油醚。mp 70℃；bp_{50} 180℃/6.67kPa；bp_3 100℃/399kPa；Fp 257℉(125℃，开杯)；d_4^{75} 1.02(液体)。其 70% 水溶液 d_4^{25} 1.05；n_D^{31} 1.4965；n_D^{40} 1.4935。LD_{50} 大鼠急性经口：2.14g/kg。一般试剂含量≥98.0%(GC)。

注意事项　该品吸入或口服有害。对眼睛、呼吸系统及皮肤有刺激性。使用时应穿适当的防护服，戴手套和防护镜或面罩。使用时应避免吸入本品的粉尘，避免与眼睛及皮肤接触。应密封于干燥处保存。

主要用途　卡普隆单体和其他有机物的合成。聚酰胺型合成纤维的制造。

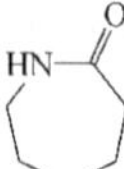

6-Caprolactone monomer　6-己内酯　01992

[502-44-3]　$C_6H_{10}O_2$　114.14

成分 C 63.13%，H 8.83%，O 28.03%。

别名 α-羟基己酸内酯；α-己内酯；6-己内酯；α-Caprolactone monomer；6-Hexanolactone；2-Oxepanone；ε-Caprolactone monomer

性状 无色液体。能与水任意混合。mp －1℃；bp_2 98～99℃/266.64Pa；Fp 229 ℉（109℃）；d_4^{20} 1.076；n_D^{20} 1.4630。一般试剂含量≥99.0%(GC)。

注意事项 该品对呼吸系统及皮肤有刺激性。对眼睛有严重损伤的危险。使用时应戴防护镜或面罩。万一接触到眼睛，应立即用大量水冲洗后请医生诊治。

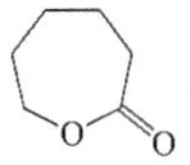

Capronitrile 己腈 01993

[628-73-9] $C_6H_{11}N$ 97.16

成分 C 74.17%，H 11.41%，N 14.42%。

别名 正己腈；戊基氰；氰化正戊烷；n-Amyl cyanide；Caproic nitrile；Hexanenitrile；Nitrile C6

GW 2015-998

性状 无色液体。能与乙醇、乙醚相混溶，不溶于水。mp －80℃；bp 162～164℃；Fp 111℉(43℃)；d_4^{20} 0.807～0.813；n_4^{14} 1.4085。

注意事项 该品易燃。口服有害。对眼睛、呼吸系统及皮肤有刺激性。使用时应穿适当的防护服和戴手套。使用时应避免吸入本品的蒸气和烟雾。应远离火种密封保存。

主要用途 有机合成。

Caproyl chloride 己酰氯 01994

[142-61-0] $C_6H_{11}ClO$ 134.60

成分 C 53.54%，H 8.24%，Cl 26.34%，O 11.89%。

别名 氯化己酰；Hexanoyl chloride

GW 2015-1010 M.I.15，1765

性状 无色至微黄色液体。溶于乙醚、三氯甲烷。能被水、乙醇分解。mp －87.3℃；bp 151～153℃；Fp 179.6℉(82℃)；d_4^{15} 0.9805；n_D^{15} 1.4286。一般试剂含量≥98.0%(GC)。

注意事项 该品具有腐蚀性，能引起烧伤。对呼吸系统有刺激性。使用时应穿适当的防护服，戴手套和防护镜或面罩。万一接触到眼睛，应立即用大量水冲洗后请医生诊治。使用时如有事故发生或有不适之感，应请医生诊治。

主要用途 有机合成。

Caprylic acid 辛酸 01995

[124-07-2] $C_8H_{16}O_2$ 144.21

成分 C 66.63%，H 11.18%，O 22.19%。

别名 羊脂酸；正辛酸；Caprilic acid；Carboxylic acid C8；Hexylacetic acid；Octic acid；Octoic acid；Octanoic acid；Octylic acid

M.I.15，1767

性状 无色透明油状液体，低温下为固体。其蒸气有刺激性。易溶于乙醇、乙醚、三氯甲烷、二硫化碳、石油醚、冰乙酸，极微溶于水(20℃，0.068g/100g)。mp 16.7℃；bp 239.7℃；Fp 269℉(132℃)；d_4^{20} 0.910；n_D^{20} 1.4280。LD_{50} 大鼠急性经口：10080mg/kg。一般试剂含量≥98.5%。

注意事项 该品具有腐蚀性，能引起烧伤。对眼睛、呼吸系统及皮肤有刺激性。使用时应穿适当的防护服，戴手套和防护镜或面罩。万一接触到眼睛，应立即用大量水冲洗后请医生诊治。使用时如有事故发生或有不适之感，应请医生诊治。

主要用途 有机合成。香料合成。杀虫剂。杀菌剂。增塑剂。

Capsaicin 辣椒素 01996

[404-86-4] $C_{18}H_{27}NO_3$ 305.42

成分 C 70.79%，H 8.91%，N 4.58%，O 15.72%。

别名 8-甲基-N-香草基-L-6-壬烯胺；辣椒碱；Axsain；N-(4-Hydroxy-3-methoxybenzyl)-8-methylnon-*trans*-6-enamide；(E)-N-(4-Hydroxy-3-methoxyphenyl) methyl-8-methyl-6-nonenamide；Styptysat；*trans*-8-Methyl-N-vanillyl-6-nonenamide；Mioton；Zostrix

M.I.15，1770

性状 来自石油醚中的单斜长方形片状、鳞片状结晶。易溶于乙醇、乙醚、苯、氯仿，微溶于二硫化碳，几乎不溶于冷水。mp 65℃；$bp_{0.01}$ 210～220℃/1.333Pa；Fp 235℉(113℃)；uv max：227nm，281nm(ε 7000，2500)。生化试剂含量≥98.0%(HPLC)。

注意事项 该品口服有毒。对呼吸系统及皮肤有刺激性。对眼睛有严重损伤的危险。吸入或与皮肤接触可引起过敏。使用时应穿适当的防护服，戴手套和防护镜或面罩。使用时应避免吸入本品的粉尘。万一接触到眼睛，应立即用大量水冲洗后请医生诊治。接触皮肤后应立即用大量指定液体冲洗。使用时如有事故发生或有不适之感，应请医生诊治。应充氩气密封于0～4℃干燥保存。

主要用途 神经生物学研究。医用局部止痛剂。

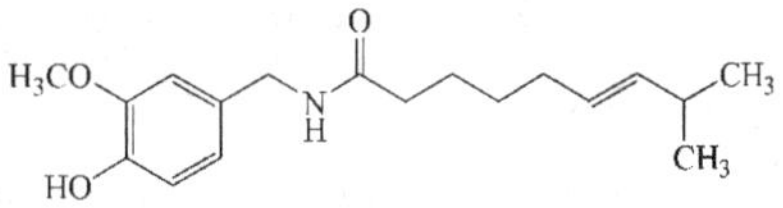

Captafol 敌菌丹 01997

[2425-06-1] $C_{10}H_9Cl_4NO_2S$ 349.05

成分 C 34.41%，H 2.60%，Cl 40.62%，N 4.01%，O 9.17%，S 9.19%。

别名 N-(1,1,2,2-四氯乙基硫代)-4-环己烯-1,2-二羰亚胺；3a,4,7,7a-四氢-2-(1,1,2,2-四氯乙基)硫代-1H-异吲哚-1,3(2H)-二酮四氯丹；敌菌灵；3a,4,7,7a-Tetrahydro-2-(1,1,2,2-tetrachloroethyl) thio-1H-isoindole-1,3(2H)-dione；N-(1,1,2,2-Tetrachloroethylthio)-4-cyclohexene-1,2-dicarboximide；N-(1,1,2,2-Tetrachloroethylmercapto)-4-cyclohexene-1,2-dicarboximide；N-(1,1,2,2-Tetrachloroethylthio)-Δ^4-tetrahydrophthalimide；N-(1,1,2,2-Tetrachloroethylsulenyl)-*cis*-4-cyclohexene-1,2-dicarboximide；Difolatan

M.I.15，1773

性状 无色结晶。mp 160～161℃。Fp 212℉(100℃)；LD_{50}大鼠，兔急性经口：2500～6200mg/kg；皮肤接触：15400mg/kg。

注意事项 该品接触皮肤能引起过敏。能致癌。对水生物极毒。能对水环境引起不利的结果。使用前应得到专门的指导，避免曝露。使用时如有事故发生或有不适之感，应请医生诊治。应防止将本品释放于环境中。其包装物应按危险品处理。

主要用途 农用杀菌剂（主要用于马铃薯）。分析用标准物。

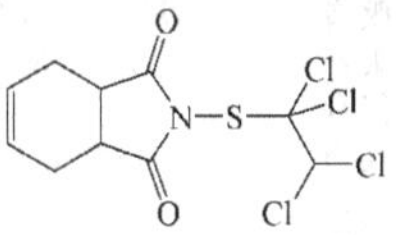

Captan 克菌丹 01998

[133-06-2] $C_9H_8Cl_3NO_2S$ 300.58

成分 C 35.96%，H 2.68%，Cl 35.38%，N 4.66%，O 10.65%，S 10.67%。

别名 N-三氯甲硫基-4-环己烯-1,2-二甲酰亚胺；开普顿；ENT-26538；Merpan；Orthocide-406；SR-406；3a,4,7,7a-Tetrahydro-2-(trichloromethyl) thio-1H-isoindole-1,3(2H)-dione；N-Trichloromethylthio-4-cyclohexene-1,2-dicarboximide；N-Trichloromethylmercapto-4-cyclohexene-1,2-dicarboximide；N-Trichloromethylmercarto-Δ^4-tetrahydrophthalimide；N-Trichloromethylthio-3a,4,7,7a-tetrahydrophthalimide；Vancide 89

M.I.15，1774

性状 来自四氯化碳中的无色结晶。无味。该品于下列物质中的溶解度(26℃，g/100mL)：氯仿 7.78、四氯乙烷 8.15、环己酮 4.96、二氧六环 4.70、苯 2.13、甲苯 0.69、庚烷 0.04、乙醇 0.29、乙醚 0.25。几乎不溶于水。mp 178℃；d 1.74。LD_{50} 大鼠急性经口：9g/kg。

注意事项 该品吸入有毒。对眼睛有严重损伤的危险。对机体有不可逆损伤的可能性。接触皮肤能引起过敏。对水生物极毒。使用时应穿适当的防护服，戴手套和防护镜或面罩。万一接触到眼睛，应立即用大量水冲洗后请医生诊治。使用时如有事故发生或有不适之感，应请医生诊治，应防止将本品释放于环境中。切勿排入下水道。

主要用途 杀菌剂。肥皂中的抑菌剂。

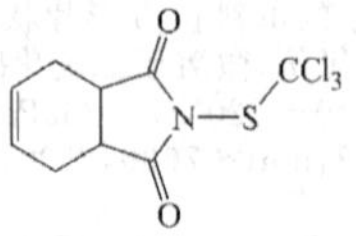

Captopril 卡托普利 01999

[62571-86-2] $C_9H_{15}NO_3S$ 217.28

成 分 C 49.75%，H 6.96%，N 6.45%，O 22.09%，S 14.76%。

别名 1-(3-巯基-2-甲基丙酰)-L-脯氨酸巯基甲基氧丙基-L-脯氨酸;1-(3-巯基-2-甲基丙酰)-L-嗜啉;巯基甲基氧丙基-L-嗜啉;Acediur;Acepril;Aceplus;Alopresin;Acepress;Capoten;Captolane;Captoril;Cesplon;Dilabar;Garranil;Hipertil;Lopirin;Lopril;1-[(2S)-3-Mercapto-2-methyl-1-oxopropyl]-L-proline;(2S)-1-(3-Mercapto-2-methylpropionyl)-L-proline;D-2-Methyl-3-mercaptopropanoyl-L-proline;SQ-14225;Tensobon;Tensoprel

M. I. 15，1776

性状 来自乙酸乙酯/己烷中的无色结晶。微有硫味。易溶于水(约160mg/mL)、乙醇、氯仿、二氯甲烷，略溶于乙酸乙酯。pK_1 3.7，pK_2 9.8；mp 103～104℃；$[\alpha]_D^{22}$ −131.0°(c=1.7，于乙醇中)。LD_{50}小鼠静脉注射：1040mg/kg；急性经口：6000mg/kg。生化试剂含量≥99.0%(HPLC)。

注意事项 使用时应避免吸入本品的粉尘，避免与眼睛及皮肤接触。

主要用途 医用抗高血压剂。血管紧张素转换酶抑制剂。

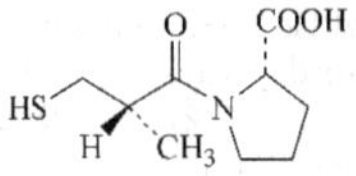

Carazolol hydrochloride 卡托洛尔 盐酸盐 02000

[57775-29-8] $C_{18}H_{23}ClN_2O_2$ 334.84

成 分 C 64.57%，H 6.92%，Cl 10.59%，N 8.37%，O 9.56%。

别名 咔唑心安；盐酸卡拉洛尔 4-(3-异丙胺基-2-羟基丙氧基)咔唑；盐酸卡拉洛尔；1-(9H-Carbazol-4-yl-oxy)-3-(1-methylethyl)amino-2-propanol hydrochloride；BM-51052HCl；Conducton HCl；Suacron HCl

M. I. 15，1780

性状 无色结晶。mp 234～235℃。

注意事项 该品口服有害。对眼睛、呼吸系统及皮肤有刺激性。万一接触到眼睛，应立即用大量水冲洗后请医生诊治。应密封干燥保存。

主要用途 医用抗高血压剂，抗心绞痛剂，抗心律失常剂。

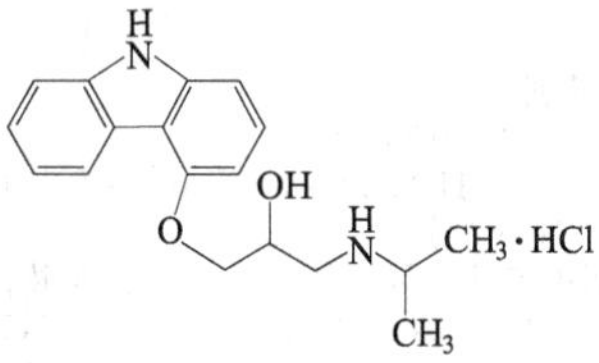

Carbadox 卡巴氧 02001

[6804-07-5] $C_{11}H_{10}N_4O_4$ 262.23

成分 C 50.38%，H 3.84%，N 21.37%，O 24.41%。

别名 3-(2-喹噁啉甲烯)肼羧酸甲酯-N^1，N^4-二氧化物；(2-Quinoxalinylmethylene)hydrazinecarboxylic acid methyl ester N，N′-dioxide；3-(2-Quinoxalinylmethylene)carbazic acid methyl ester N，N′-dioxide；Methyl 3-(2-quinoxalinylmethylene)carbazate N^1，N^4-dioxide；2-Formylquinoxaline-1，4-dioxide carbomethoxyhydrazone；GS-6244；Fortigro；Mecadox

M. I. 15，1782

性状 黄色微小的结晶。几乎不溶于水。mp 239.5～240℃；uv max(于水中)：236nm，251nm，303nm，366nm，373nm(ε 11000，10900，36400，16100，16200)。

注意事项 该品高度易燃。口服有害。能致癌。使用前应得到专门的指导，避免曝露。使用时如有事故发生或有不适之感，应请医生诊治。应密封于2～8℃保存。

主要用途 生化研究。医用灭菌剂。

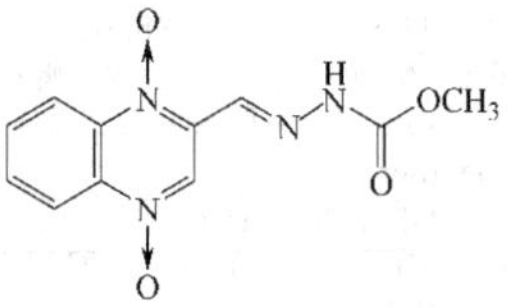

Carbamazepine 卡巴咪嗪 02002

[298-46-4] $C_{15}H_{12}N_2O$ 236.27

成分 C 76.25%，H 5.12%，N 11.86%，O 6.77%。

别名 氨甲酰氮䓬；氨甲酰苯䓬；酰胺咪嗪；痛痉宁；镇痉宁；立痛定；退痛；叉癫宁；Biston；Calepsin；5-Carbamoyl-5H-dibenz[b，f]azepine；Carbatrol；5H-Dibenz[b，f]azepine-5-carboxamide；Epitol；Finlepsin；G-32883；Sirtal；Stazepine；Tegretal；Tegretol；Telesmin；Timonil

M. I. 15，1783

性状 来自无水乙醇＋苯中的无色结晶。溶于乙醇、丙酮、丙二醇，几乎不溶于水。mp 190～193℃。LD_{50}小鼠，大鼠急性经口：3750mg/kg，4025mg/kg。一般试剂含量≥99.0%。

注意事项 该品口服有害。吸入或与皮肤接触可引起过敏。使用时应穿适当的防护服，戴手套和防护镜或面罩。应避免吸入本品的粉尘。应密封于2～8℃保存。

主要用途 生化研究。医用止痛剂，抗惊厥剂。

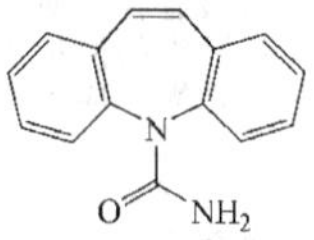

Carbamoylcholine chloride 氯化氨基甲酰胆碱 02003

[51-83-2] $C_6H_{15}ClN_2O_2$ 182.65

成 分 C 39.46%，H 8.28%，Cl 19.41%，N 15.34%，O 17.52%。

别名 卡巴考；氨基甲酰氯化胆碱；(2-氨基甲酰乙基)三甲基氯化铵；氯化甲氨酰胆碱；2-(Aminocarbonyl)oxy-N，N，N-trimethyl ethanaminium chloride Carbachol；Carbamylcholine chloride；Carbocholine；Carcholin；Coletyl；Choline chloride carbamate；Doryl；N-(2-Hydroxyethyl)trimethylammonium chloride carbamate；Isop to Carbachlol；Lentin；Jestryl；Miostat；Moryl

GW 2105-28 M. I. 15，1781

性状 来自乙醇-乙醚中的无色三棱形结晶。具有吸湿性。1g该品溶于1mL水、50mL乙醇、10mL甲醇，几乎不溶于氯仿、乙醚。mp 207℃。LD_{50}小鼠急性经口：15mg/kg；静脉注射：0.3mg/kg。一般试剂含量≥99.0%(AT)。

注意事项 该品吸入、口服或与皮肤接触有毒。使用时应穿适当的防护服和戴手套。使用时应避免吸入本品的粉尘。使用时如有事故发生或有不适之感，应请医生诊治。

主要用途 生化研究。医用胆碱功能剂，缩瞳剂。

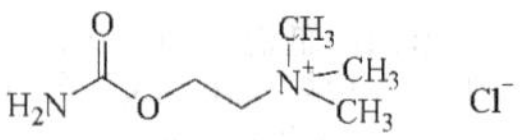

Carbamoylphosphate dilithium salt 氨基甲酰磷酸二锂盐 02004

[1866-68-8] $CH_2Li_2NO_5P$ 152.89

成 分 C 7.86%，H 1.32%，Li 9.08%，N 9.15%，O 52.33%，P 20.26%。

别名 磷酸氨基甲酰二锂盐；CAP-Li_2；Carbamyl phosphate Li_2 salt；Carbamyl phosphoric acid dilithium salt；Lithium carbamoylphosphate dibasic

性状 无色结晶。易吸潮。一般试剂含量90.0%～95.0%。

注意事项 使用时应避免吸入本品的粉尘，避免与眼睛及皮肤接触。应充氩气密封于2～8℃干燥保存。

Carbaryl 西维因 02005

[63-25-2] $C_{12}H_{11}NO_2$ 201.23

成分 C 71.63%，H 5.51%，N 6.96%，O 15.90%。

别名 胺甲萘；N-甲基氨基甲酸-1-萘酯；O-(1-萘基)-N-

甲基氨基甲酸酯；甲萘威；Arylam；Carylderm；Clinicide；Derbac；Dicarbam；ENT-23969；Methylcarbamic acid 1-naphthyl ester；NAC；1-Naphthalenol methylcarbamate；OMS-29；Ravyon；Seffein；Sevin；1-Naphthyl-*N*-methylcarbamate；UC-7744

GW 61888　　M. I. 15，1788

性状　无色结晶或白色结晶性粉末。对热、光、酸稳定，能被碱水解。无腐蚀性。中等程度溶于环已酮、二甲基甲酰胺、异佛尔酮、丙酮，微溶于水（30℃，120mg/L）。mp 142℃；d_{20}^{20} 1.232。LD_{50} 大鼠急性经口：250mg/kg。一般试剂含量 ≥99.0%。

注意事项　该品口服有害。对机体有不可逆损伤的可能性。对水生物极毒。使用时应穿适当的防护服和戴手套。使用时应避免吸入本品的粉尘，避免与皮肤接触。如误服了本品，应立即请医生检查，并出示瓶签或包装物。应防止将本品释放于环境中。

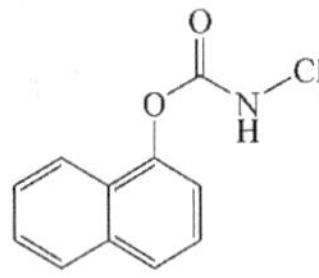

Carbazole　咔唑　　02006

[86-74-8]　$C_{12}H_9N$　　167.21

成分　C 86.20%，H 5.42%，N 8.38%。

别名　亚氨基二亚苯；氮杂芴；氮芴；9-Azafluorene；9*H*-Carbazole；Dibenzopyrrole；9-Dibenzo[*b*,*d*]pyrrole；Diphenylenimine

GW 2015-2440　　M. I. 15，1791

性状　来自乙醇、苯、甲苯或冰乙酸中的无色结晶。1g 该品溶于 135mL 无水乙醇、35mL 乙醚、9mL 丙酮（50℃，2mL）、3mL 喹啉、6mL 吡啶、120mL 苯。溶于浓硫酸则分解。微溶于石油醚、氯化烃类、乙酸，不溶于水。mp 245℃；bp 355℃；bp_{147} 200℃/19.6kPa；Fp 428℉（220℃）；d_4^{18} 1.10；λ_{max} 293nm。LD_{50} 大鼠急性经口＞5g/kg。一般试剂含量 ≥96.0%（GC）。

注意事项　该品口服有害。对眼睛、呼吸系统及皮肤有刺激性。对机体有不可逆损伤的可能性。对水生物极毒。能对水环境引起不利的结果。使用时应穿适当的防护服。万一接触到眼睛，应立即用大量水冲洗后请医生诊治。应防止将本品释放于环境中。其包装物应按危险品处理。应充氩气密封保存。

主要用途　用以比色测定亚硝酸盐和检定亚甲基。测定木质素、碳氢化物和甲醛的试剂。杀虫剂。染料合成。

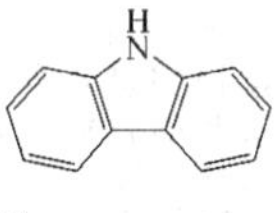

Carbendazim　多菌灵　　02007

[10605-21-7]　$C_9H_{10}N_3O_2$　　191.19

成分　C 56.54%，H 4.74%，N 21.98%，O 16.74%。

别名　苯并咪唑 44 号；棉萎灵；BAS-3460；BAS-67054；Bavistin；BCM；2-Benzimidazolecarbamic acid methyl ester；1*H*-Benzimidazol-2-ylcarbamic acid methyl ester；BMC；Carbendazole；CTR-6669；Delsene；Derosal；HOE-17411；MBC；2-(Methoxycarbonylamino)benzimidazole；Methyl 2-benzimidazolecarbamate

M. I. 15，1792

性状　白色至微灰色粉末。溶于水（24℃：8mg/L，pH 值 7；29mg/L，pH 值 4），20℃时溶于已烷（0.5mg/L）、苯（36mg/L）、二氯甲烷（68mg/L）、乙醇（300mg/L）、二甲基甲酰胺（5000mg/L）、氯仿（100mg/L）、丙酮（300mg/L）。遇碱溶液分解。pK_a 4.48；mp 302～307℃（分解）。LD_{50}大鼠急性经口：6.4g/kg。

注意事项　该品能引起遗传基因的损伤，能损伤生育力，能危害胎儿。对水生物极毒。能对水环境引起不利的结果。使用前应得到专门的指导，避免曝露。使用时应穿适当的防护服和戴手套。使用时如有事故发生或有不适之感，应请医生诊治。应防止将本品释放于环境中。其包装物方兴未艾按危险品处理。

主要用途　医用杀菌剂。

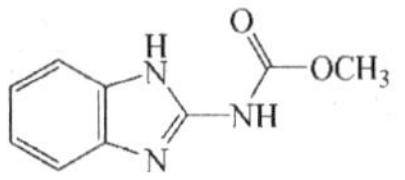

Carbenicillin disodium salt　羧苄青霉素 二钠盐　　02008

[4800-94-6]　$C_{17}H_{16}N_2Na_2O_6S$　　422.36

成分　C 48.34%，H 3.82%，N 6.63%，Na 10.89%，O 22.73%，S 7.59%。

别名　*α*-羰基苄基青霉素 二钠；Carbenicillin Na_2 salt；BRL-2064；CP-15639-2；Anabactyl；Carbapen；Carbecin；Geopen；Hyoper；Microcillin；Pyocianil；Pyopen；*α*-Carboxybenzylpenicillin

M. I. 15，1793

性状　白色粉末。易溶于水，溶于乙醇，几乎不溶于氯仿、乙醚。LD_{50} 大鼠腹膜内注射：＞2000mg/kg。生化试剂含量 ≥97.0%（N）。

注意事项　该品吸入或与皮肤接触可引起过敏。使用时应穿适当的防护服和戴手套。使用时应避免吸入本品的粉尘。应充氩气密封于 2～8℃避光干燥保存。

主要用途　抗生素。

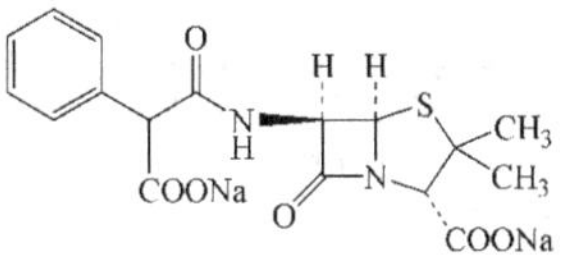

Carbenoxolone disodium salt　生胃酮 二钠盐　　02009

[7421-40-1]　$C_{34}H_{48}Na_2O_7$　　614.73

成分　C 66.43%，H 7.87%，Na 7.48%，O 18.22%。

别名　Bioplex；Bioral；(3*β*,20*β*)-3-(3-Carboxy-1-oxopropoxy)-11-oxoolean-12-en-29-oic acid disodium salt；3*β*-Hydroxy-11-oxoolean-12-en-30-oic acid hydrogen succinate disodium salt；3-*O*-(*β*-Carboxypropionyl)-11-oxo-18*β*-olean-12-en-30-oic acid disodium salt；18*β*-Glycyrrhetic acid hydrogen succinate disodium salt；Carbenoxalone disodium salt Neogel；Sanodin；Ulcus-Tablinen

M. I. 15，1794

性状　奶油白色固体。易溶于水，不溶于氯仿、乙醚。pK_{a1} 4.18；pK_{a2} 5.52。uv max（水中）：260nm（$E_{1cm}^{1\%}$ 172）。LD_{50}雄小鼠静脉注射：198mg/kg；腹膜内注射：120mg/kg。雄大鼠急性经口：3200mg/kg。

注意事项　该品口服有害。对眼睛有刺激性。使用时应穿适当的防护服。万一接触到眼睛，应立即用大量水冲洗后请医生诊治。应密封于 2～8℃保存。

主要用途　医用抗溃疡剂。

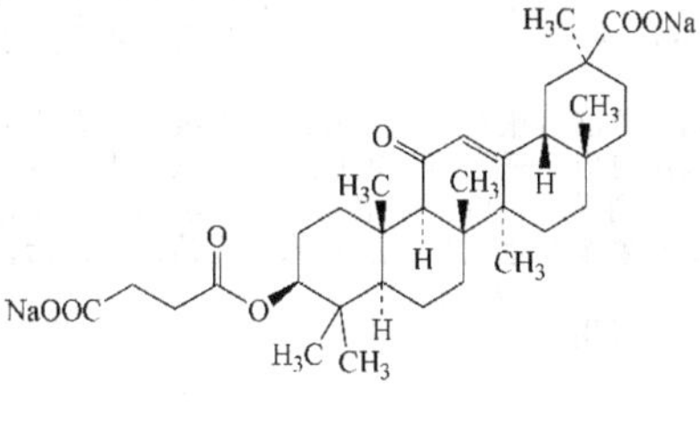

Carbetapentane citrate　枸环戊酯　　02010

[23142-01-0]　$C_{26}H_{39}NO_{10}$　　525.60

成分　C 59.42%，H 7.48%，N 2.66%，O 30.44%。

别名　托可拉斯；枸橼酸咳必清；UCB-2543；Antees；Calnathal；Carbetane；Cossym；Fustpentane；Germapect；Pencal；Sedotussin；Toclase；Tosnone；Tuclase；1-Phenylcyclopentanecarboxylic acid 2-(2-diethylaminoethoxy)ethyl ester citrate；2-(diethylaminoethoxy)ethyl 1-phenyl-1-cyclopentanecarboxylate citrate；2-(Diethylaminoethoxy)ethyl 1-phenylcyclopentyl-1-carboxylate citrate；1-Phenylcyclopentane-1-carboxylic acid diethylaminoethoxyethyl ester citrate，Pentoxyverine citrate；Pentoxiverin citrate

M. I. 15，1795

性状　无色结晶。易溶于水、氯仿，溶于乙醇、丙酮、乙酸乙酯，几乎不溶于乙醚、石油醚、苯。mp 93℃。

注意事项 该品吸入、口服或与皮肤接触有害。对眼睛、呼吸系统及皮肤有刺激性。使用时应穿适当的防护服。万一接触到眼睛，应立即用大量水冲洗后请医生诊治。

主要用途 医用镇咳剂。

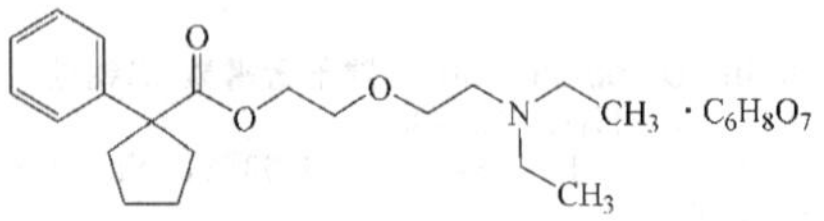

$\cdot C_6H_8O_7$

Carbidopa monohydrate 卡比多巴 一水 02011

[38821-49-7][28860-95-9](无水物) $C_{10}H_{14}N_2O_4 \cdot H_2O$ 244.25

成分 (以无水物计) C 49.18%，H 6.60%，N 11.47%，O 32.57%。

别名 (αS)-α-Hydrazino-3,4-dihydroxy-α-methylbenzenepropanoic acid monohydrate；(－)-L-α-Hydrazino-3,4-dihydroxy-α-methylhydrocinnamic acid monohydrate；α-Hydrazino-α-methyl-β-(3,4-dihydroxyphenyl)propionic acid monohydrate；L-α-(3,4-Dihydroxybenzyl)-α-hydrazinopropionic acid monohydrate；α-Methyldopahydrazine；HMD；MK-486；Lodosyn

M.I. 15，1798

性状 来自热水中的无色结晶或粉末。易溶于 3mol/L 盐酸，微溶于水、甲醇，几乎不溶于乙醇、丙酮、氯仿、乙醚。mp 203～205℃（分解）；$[\alpha]_D$ －17.3°（甲醇中）。一般试剂含量≥98.0%（TLC）。

注意事项 该品应密封于－20℃保存。

主要用途 医用左旋多巴抗震颤麻痹剂的合成。

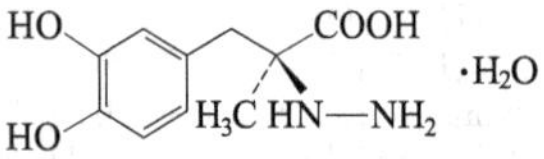

$\cdot H_2O$

Carbinoxamine maleate 卡比沙明 马来酸盐 02012

[3505-38-2] $C_{20}H_{23}ClN_2O_5$ 406.87

成分 C 59.04%，H 5.70%，Cl 8.71%，N 6.89%，O 19.66%。

别名 马来酸卡比沙明；马来酸罗托沙敏；马来酸氯苯吡醇胺；罗托沙敏马来酸盐；氯苯吡醇胺马来酸盐；Allergefon；Clistin；Ciberon；Lergefin；Polistin T-Caps；2-(4-Chlorophenyl)-2-pyridinylmethoxy-N，N-dimethylethanamine maleate；2-[p-Chcoro-α-(2-dimethylaminoethoxy)benzyl]pyridine maleate；Paracarbinoxamine maleate

M.I. 15，1800

性状 来自乙酸乙酯中的无色结晶。味苦。易溶于水、乙醇、氯仿，极微溶于乙醚。其 1%水溶液 pH 值 4.6～5.1。mp 117～119℃。LD_{50} 小鼠腹膜内注射：166mg/kg。

注意事项 该品口服有害。对眼睛、呼吸系统及皮肤有刺激性。使用时应穿适当的防护服，戴手套和防护镜或面罩。万一接触到眼睛，应立即用大量水冲洗后请医生诊治。使用时如有事故发生或有不适之感，应请医生诊治。应密封避光于 2～8℃干燥保存。

主要用途 医用抗组胺剂。

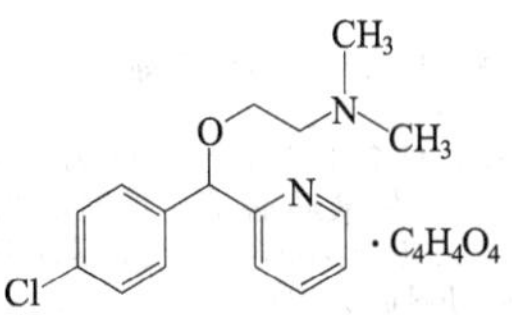

$\cdot C_4H_4O_4$

Carbofuran 卡巴呋喃 02013

[1563-66-2] $C_{12}H_{15}NO_3$ 221.26

成分 C 65.14%，H 6.83%，N 6.33%，O 21.69%。

别名 虫螨威；2,3-Dihydro-2,2-dimethyl-7-benzofuranol methylcarbamate；Methyl carbamic acid 2,3-dihydro-2,2-dimethyl-7-benzofuranyl ester；2,2-Dimethyl-2,3-dihydro-7-benzofuranyl-N-methylcarbamate；2,2-Dimethyl-7-coumaranyl N-methylcarbamate；Bay70143；NIA-10242；Furadan

M.I. 15，1803

性状 白色结晶性固体。溶于水（25℃，700×10^{-6}）。在碱中不稳定。mp 150～153℃。LD_{50}小鼠急性经口：2mg/kg。

注意事项 该品吸入或口服极毒。对水生物极毒。能对水环境引起不利的结果。使用时应穿适当的防护服和戴手套。使用时如有事故发生或有不适之感，应请医生诊治。应防止将本品释放于环境中。其包装物应按危险品处理。

主要用途 杀虫剂，杀螨剂，杀线虫剂。

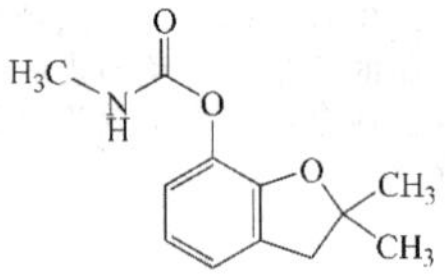

Carbol-Fuchsin dry powder 石碳酸品红 干粉 02014

别名 卡宝品红；石碳酸复红；哥瑞母氏石碳酸品红；酚品红；Fuchsine basic ＋ Phenol；Parafuchsin ＋ Phenol；Gram's carbol-Fuchsin powder；Phenol-Fuchsin

性状 暗红色粉末。λ_{max} 547nm。

注意事项 该品吸入、口服或接触皮肤时有毒。具有腐蚀性，能引起烧伤。能致癌。使用时应穿适当的防护服，戴手套和防护镜或面罩。万一接触到眼睛，应立即用大量水冲洗后请医生诊治。使用时如有事故发生或有不适之感，应请医生诊治。使用前应得到专门的指导，避免曝露。应充氮气密封避光保存。

主要用途 杆菌的染色。

Carbon disulfide 二硫化碳 02015

[75-15-0] CS_2 76.14

成分 C 15.78%，S 84.22%。

别名 Carbon bisulfide；Dithiocarbonic anhydride

GW 2015-494 M.I. 15，1811

性状 无色透明液体。有强折射性。纯品具有乙醚气味，一般均有恶臭。能与无水甲醇、乙醇、乙醚、苯、氯仿、四氯化碳、油类相混溶，几乎不溶于水（20℃，0.294%）。mp －111.6℃；bp（5atm 1atm ＝ 101.325kPa）104.8℃；bp（2atm）69.1℃；bp_{760} 46.5℃/101.32kPa；bp_{400} 28.0℃/53.33kPa；bp_{100} －5.1℃/13.33kPa；bp_{10} －44.7℃/1.333kPa；$bp_{1.0}$ －73.8℃/133.3Pa；Fp － 29℉（－30℃，闭杯）；d_4^0 1.29272；d_4^{15} 1.27055；d_4^{20} 1.2632；d_4^{30} 1.24817；n_D^{15} 1.63189；$n_D^{20.1}$ 1.62803；$n^{23.5}$ 1.62543。一般试剂含量≥99.0%（GC）。

注意事项 该品高度易燃。对眼睛及皮肤有刺激性。长期曝露和吸入有严重损害健康的危险。长期接触能损伤生育力，有危害胎儿的危险。使用时应穿适当的防护服和戴手套。使用现场禁止吸烟。使用时如有事故发生或有不适之感，应请医生诊治。应远离火种，采取抗放静电措施，密封保存。

主要用途 溶剂。伯胺、仲胺及α-氨基酸的测定。

Carbonic anhydrase from bovine erythrocytes 碳酸酐酶（牛红血球） 02016

[9001-03-0] Mr 约 30000

别名 碳酸脱水酶（牛红血球）；Carbonate dehydratase；Carbonate hydro-lyase

M.I. 15，1812 EC 4.2.1.1

性状 白色绒毛状粉末。生化试剂含量>2000U/mg。

注意事项 使用时应避免吸入本品的粉尘，避免与眼睛及皮肤接触。应充氩气密封于－20℃干燥保存。

主要用途 生化研究。

Carbon tetrabromide 四溴化碳 02017

[558-13-4] Br_4C 331.63

成分 C 3.62%，Br 96.37%。

别名 四溴甲烷；Tetrabromomethane

GW 2015-2084

性状 白色或近白色结晶或粉末。溶于乙醇、乙醚，微溶于水。mp 92～93℃；bp 190℃；*d* 3.420。一般试剂含量≥98.0%。

注意事项 该品口服有害。对呼吸系统及皮肤有刺激性。对眼睛有严重损伤的危险。使用时应穿适当的防护服，戴手套和防护镜或面罩。万一接触到眼睛，应立即用大量水冲洗后请医生诊治。

主要用途 有机合成。制药工业。

Carbon tetrachloride 四氯化碳 02018

[56-23-5] CCl_4 153.81

成分 C 7.81%，Cl 92.19%。

别名 四氯甲烷；Benzinoform；Necatorina；Perchloromethane；Tetrachloromethane

GW 2015-2056 M. I. 15，1816

性状 无色透明不燃烧的重质液体。有特殊气味。能与乙醇、乙醚、苯、氯仿、二硫化碳、石油醚、油类相混溶，极微溶于水（1mL 该品溶于 2000mL 水）。mp －23℃；bp 76.7℃；d_{25}^{25} 1.589；d_4^{20} 1.594；n_D^{20} 1.4607。LC_{50} 小鼠：9528×10^{-6}；LD_{50} 大鼠，小鼠，狗急性经口：2.92g/kg，12.1～14.4g/kg，2.3g/kg；小鼠腹膜内注射：4.1g/kg；皮下注射：30.4g/kg。

注意事项 该品吸入、口服或与皮肤接触有毒。对机体有不可逆损伤的可能性。长期曝露和吸入有严重损害健康的危险。对水生物有害。对水环境能产生长期有害的结果。对臭氧层有危险。使用时应穿适当的防护服和戴手套。使用时应避免吸入本品的蒸气和飞沫。使用时如有事故发生或有不适之感，应请医生诊治。应防止将本品释放于环境中。应密封避光保存。

主要用途 检定硼、溴、钙、铜、碘、镍，测定硼、溴、钙、氯、钼、磷、银、钨、钒的试剂。电子工业清洗剂。溶剂。油质浸出剂。萃取剂。杀虫剂。灭火剂。

参考规格 GB/T 688—2011

	分析纯	化学纯
含量（CCl_4）/%≥	99.5	99.0
密度（20℃）/（g/mL）	1.592～1.598	1.592～1.598
色度/黑曾单位≤	10	10
适用于双硫腙试验	合格	
蒸发残渣/%≤	0.001	0.001
水分（H_2O）/%≤	0.02	0.05
酸度（以 H^+计）（mmol/g）≤	0.00005	0.0001
游离氯（Cl_2）/%≤	0.0001	0.0001
二硫化碳（CS_2）/%≤	0.0005	0.001
三氯甲烷（$CHCl_3$）/%≤	0.05	0.2
还原碘的物质	合格	合格
易碳化物质	合格	合格

Carbon tetrafluoride 四氟化碳 02019

[75-73-0] CF_4 88.00

成分 C 13.65%，F 86.36%。

别名 四氟甲烷；Freon 14；Treon-14；Tetrafluoromethane

GW 2015-2026 M. I. 15，1817

性状 无色无味气体。具有热稳定性，化学性质很不活泼。mp －183.6℃；bp －127.8℃；*d* 1.89（液态－183℃）；*d* 1.98（固态－195℃）。一般试剂含量≥99.9%。

注意事项 该品在阴凉处于钢瓶中保存。

主要用途 低温制冷剂。气态绝缘体。

Carbon tetraiodide 四碘化碳 02020

[507-25-5] CI_4 519.63

成分 C 2.31%，I 97.69%。

别名 四碘甲烷；Tetraiodomethane

M. I. 15，1818

性状 红色立方体晶体。具有碘的气味，在光或热作用下分解成碘和四碘乙烯。溶于苯、氯仿，能被热乙醇分解。几乎不溶于水，但遇水缓慢分解为碘及碘仿。mp 171℃；d_4^{20} 4.32。一般试剂含量≥9.60%（AT）。

注意事项 该品对眼睛、呼吸系统及皮肤有刺激性。吸入、口服或与皮肤接触有害。使用时应穿适当的防护服和戴手套。万一接触到眼睛，应立即用大量水冲洗后请医生诊治。应充氩气密封避光于2～8℃干燥保存。

N,*N*′-Carbonyldiimidazole *N*,*N*′-羰基二咪唑 02021

[530-62-1] $C_7H_6N_4O$ 162.15

成分 C 51.85%，H 3.73%，N 34.55%，O 9.87%。

别名 1,1′-Carbonylbis-1*H*-imidazole

M. I. 15，1820

性状 来自四氢呋喃或苯中的无色结晶。mp 155.5～116℃。一般试剂含量≥97.0%（T）。

注意事项 该品口服有害。具有腐蚀性，能引起烧伤。使用时应穿适当的防护服，戴手套和防护镜或面罩。万一接触到眼睛，应立即用大量水冲洗后请医生诊治。使用时如有事故发生或有不适之感，应请医生诊治。

主要用途 用于肽的合成。

Carbophenothion 三硫磷 02022

[786-19-6] $C_{11}H_{16}ClO_2PS_3$ 342.87

成分 C 38.53%，H 4.70%，Cl 10.34%，O 9.33%，P 9.03%，S 28.06%。

别名 三塞昂；Phosphorodithioic acid *S*-[(4-chlorophenyl)thio]methyl *O*,*O*-diethyl ester；*S*-[(*p*-Chlorophenyl)thio]methyl *O*,*O*-diethyl phosphorodithioate；*O*,*O*-Diethyl *S*-(*p*-chlorophenylthio)methyl phosphorodithioate；R-1303；Garrathion；Trithion

GW 2015-674

性状 浅琥珀色液体。能与植物油及多种有机溶剂相混溶，不溶于水。$bp_{0.01}$ 82℃/1.333Pa；d_4^{25} 1.271；n_D^{25} 1.5970；n_D^{26} 1.6198。LD_{50} 雌，雄大鼠急性经口：10mg/kg，30mg/kg；皮肤接触：27mg/kg，54mg/kg。

注意事项 该品口服或与皮肤接触有毒。对水生物极毒。能对水环境引起不利的结果。使用时应穿适当的防护服和戴手套。接触皮肤后应用大量水冲洗。使用时如有事故发生或有不适之感，应请医生诊治。应防止将本品释放于环境中。其包装物应按危险品处理。应密封于2～8℃保存。

主要用途 杀螨剂，杀虫剂。

Carboplatin 卡铂 02023

[41575-94-4] $C_6H_{12}N_2O_4Pt$ 371.26

成分 C 19.41%，H 3.26%，N 7.55%，O 17.24%，Pt 52.55%。

别名 卡波铂；伯尔定；顺二氨环丁烷羧酸铂；(*SP*-4-2)-Diammine-[1,1-cyclobutanedi(carboxylato-*κO*)(2−)]platinum；1,1-Cyclobutanedicarboxylic acid piatinum complex；*cis*-Diammine（1，1-cyclobutanedicarboxylato）platinum（Ⅱ）；CBDCA；JM-8；NSC-241240；paraplatin

M. I. 15，1823

性状 白色结晶。溶于水。LD_{50}小鼠腹膜注射：150mg/kg，静脉注射：140mg/kg；大鼠静脉注射：85mg/kg。

注意事项 该品可能引起遗传基因的损伤，能危害胎儿。吸入、口服或与皮肤接触有害，吸入或与皮肤接触能引起过敏。使用前应得到专门的指导，避免曝露。使用时应穿适当的防护服，戴手套和防护镜或面罩。应避免吸入本品的粉尘。万一接触到眼睛，应立即用大量水冲洗后请医生诊治。使用时如有事故发生或有不适之感，应请医生诊治。

主要用途 医用抗肿瘤剂。

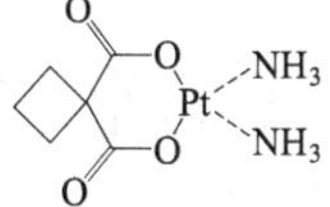

Carbosulfan 丁硫克百威 02024

[55285-14-8] $C_{20}H_{32}N_2O_3S$ 380.55

成分 C 63.12%，H 8.48%，N 7.36%，O 12.61%，S 8.43%。

别名 呋喃威；好年冬；好安威；[(Dibutylamino) thio] methylcarbamic acid 2,3-dihydro-2,2-dimethyl-7-benzofuranyl ester；FMC35001；Marshal；Posse

M. I. 15，1827

性状 具有黏性的棕色液体。溶于有机溶剂（>50%），极微溶于水（25℃，0.3×10^{-6}）。蒸气压 0.31×10^{-6} mmHg/ 41.33×10^{-6} Pa。LD_{50} 雄，雌大鼠急性经口：250mg/kg，185mg/kg；雄，雌兔皮肤接触：>2000mg/kg，>2000mg/kg；雉，雄，野鸭，鹌鹑急性经口：26.2×10^{-6}，8.1×10^{-6}，81.6×10^{-6}。LC_{50}（96h）翻车鱼，鲑鱼：14.9×10^{-9}，42.4×10^{-9}。

注意事项 该品吸入或口服有害。接触皮肤能引起过敏。对水生物极毒。能对水环境引起长期不良的影响。使用时应戴适当的手套。应避免与皮肤接触。通风不良时，应戴适当的呼吸器。使用时如有事故发生或有不适之感，应请医生诊治。应防止将本品释放于环境中。其包装物应按危险品处理。应密封避光于阴凉干燥处保存。

主要用途 杀虫剂。

Carboxin 萎锈灵

02025

[5234-68-4] $C_{12}H_{13}NO_2S$ 235.30

成 分 C 61.25%，H 5.57%，N 5.95%，O 13.60%，S 13.63%。

别名 5,6-Dihydro-2-methyl-*N*-phenyl-1,4-oxathiin-3-carboxamide；2，3-Dihydro-5-carboxanilido-6-methyl-1，4-oxathiin；Carbathiin；DCMO；Vitavax

M. I. 15，1828

性状 来自乙醇或甲醇中的无色结晶。溶于乙醇、甲醇。mp 93～95℃；Fp 212℉（100℃）。LD_{50}大鼠，小鼠急性经口：430mg/kg，3200mg/kg。

注意事项 该品口服或与皮肤接触有害。使用时应穿适当的防护服。

主要用途 生化研究。系统的植物杀菌剂。分析用标准物质。

γ-Carboxy-L-glutamic acid γ-羧基-L-谷氨酸

02026

[53861-57-7] $C_6H_9NO_6$ 191.14

成分 C 37.70%，H 4.75%，N 7.33%，O 50.22%。

别名 3-Amino-1,1,3-propanetricarboxylic acid；γ-Carboxyglutamic acid；L-γ-Carboxyglutamic acid；Gla

M. I. 15，1829

性状 无色结晶。mp 167～167.5℃（分解）；$[\alpha]_D^{20}$ +35.3°（c=1，于 6mol/L 盐酸中）。生化试剂含量≥98.0%（TLC）。

注意事项 该品应充氩气密封于 2～8℃干燥保存。

主要用途 生化研究。

Carboxymethoxyamine hemihydrochloride
羧甲氧基胺半盐酸盐

02027

[2921-14-4] $C_4H_{11}ClN_2O_6$ 218.59

成 分 C 21.98%，H 5.07%，Cl 16.22%，N 12.81%，O 43.92%。

别名 半盐酸羧甲氧基胺；（氨氧基）乙酸 半盐酸盐；盐酸羧甲氧基胺；*O*-羧甲基羟胺 半盐酸盐；(Aminooxy) acetic acid hemihydrochloride；AOA；AOAA；Carboxymethoxyamine hemihydrochloride；*O*-(Carboxymethyl) hydroxylamine hemihydrochloride

性状 无色结晶或白色粉末。易吸潮。mp 156℃（分解）。一般试剂含量≥98.0%（AT）。

注意事项 该品对眼睛、呼吸系统及皮肤有刺激性。应密封于干燥处保存。

S-Carboxymethyl-L-cysteine
S-羧甲基-L-半胱氨酸

02028

[638-23-3] $C_5H_9NO_4S$ 179.19

成 分 C 33.51%，H 5.06%，N 7.82%，O 35.71%，S 17.89%。

别名 3-羧甲基硫代-L-丙氨酸；羧甲基硫代氨基丙酸；AHR-3053；Carbocit；Carbocysteine；3-(Carboxymethyl) thio-L-alanine；Fluifort；Lisil；Lisomucil；LJ-206；Loviscol；Muciclar；Mucocis；Mucodyne；Mucolase；Mucopront；Mucotab；Mukinyl；Pectox；Pulmoclase；Reomueil；Rhinathiol；Siroxyl；Thiodril；Transbronchin

M. I. 15，1802

性状 无色结晶。mp 204～207℃；$[\alpha]_D^{24}$ +0.5°（于 1mol/L 盐酸中）。一般试剂含量≥98.0%（NT）。

注意事项 该品应密封于 2～8℃保存。

主要用途 医用黏液溶解剂，祛痰剂。

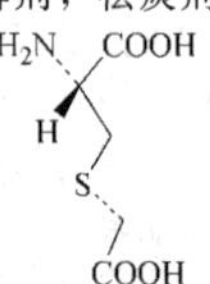

N-(2-Carboxyphenyl) glycine
N-(2-羧基苯基)甘氨酸

02029

[612-42-0] $C_9H_9NO_4$ 195.17

成分 C 55.39%，H 4.65%，N 7.18%，O 32.79%。

别名 甘氨酸邻苯甲酸；氨基乙酸邻苯甲酸；新铀试剂；邻羧基苯基甘氨酸；*o*-Carboxyphenylglycine；Glycine-*o*-benzoic acid；Phenylglycine-*o*-carboxylic acid

性状 无色结晶或白色粉末。mp 218℃（分解）。一般试剂含量≥97%。

注意事项 该品对眼睛、呼吸系统及皮肤有刺激性。使用时应避免吸入本品的粉尘，避免与眼睛及皮肤接触。

Carbutamide 氨磺丁脲

02030

[339-43-5] $C_{11}H_{17}N_3O_3S$ 271.34

成分 C 48.69%，H 6.32%，N 15.49%，O 17.69%，S 11.82%。

别名 对氨基苯磺酰丁脲；1-丁基-3-磺氨酰脲；1-丁基-3-对氨基苯酰酰脲；*N*-(4-氨基苯磺酰基)-*N'*-丁基脲；4-Amino-*N*-[(butylamino) carbonyl] benzenesulfonamide；1-Butyl-3-sulfanilylurea；N^1-(Butylcarbamoyl) sulfanilamide；N^1-Sulfanilyl-N^2-butylurea；N^1-Sulfanilyl-N^2-butylcarbamide；*N*-(4-Aminobenzenesulfonyl)-*N'*-butylurea；Aminophenurobutane；BZ-55；U-6987；Bucarban；Glucidoral；Glucofren；Invenol；Nadisan

M. I. 15，1831

性状 无色结晶。溶于水，其 pH 值 5～8。mp 140～142℃。LD_{50}小鼠皮下注射：3g/kg。

注意事项 该品对眼睛、呼吸系统及皮肤有刺激性。

主要用途 医用抗糖尿病剂，降血糖剂。

Cardiolipin disodium salt from bovine heart
心磷脂二钠盐（牛心）

02031

别名 双磷脂酰甘油；双磷脂酰丙三醇；Diphosphatidylglycerol；1，3-Di (3-sn-phosphatidyl) -sn-glycerol disodium salt

性状 白色粉末。生化试剂含量约 98.0%（TLC）。

主要用途 生化研究。

注意事项 该品应密封于－20℃保存。

3-Carene 3-蒈烯

02032

[13466-78-9][498-15-7] $C_{10}H_{16}$ 136.23

成分 C 88.16%，H 11.84%。

别名 Δ³-Carene; Isodiprene; 3,7,7-Trimethylbicyclo[4.1.0]hept-3-ene; 4,7,7-Trimethyl-3-norcarene

M. I. 15, 1835

性状 无色至极微黄色液体。具有甜的及刺激性气味。更多地有类似松节油的适宜气味。曝露于空气中易被氧化。能与多数脂肪及油类相混溶，几乎不溶于水。bp_{705} 168～169℃/93.992kPa；bp_{200} 123～124℃/26.664kPa；Fp 131℉（55℃）；d_{30}^{30} 0.8586；d_{15}^{15} 0.8668；n_D^{30} 1.468；$[\alpha]_D^{20}$ +7.69°。一般试剂含量≥90.0%。

注意事项 该品易燃。对水生物极毒。能对水环境引起不利的结果。使用时应穿适当的防护服和戴手套。应防止将本品释放于环境中。其包装物应按危险品处理。应充氩气密封保存。

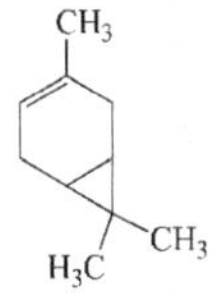

Carfentrazone-ethyl 唑草酮 02033

[128639-02-1] $C_{15}H_{14}Cl_2F_3N_3O_3$ 412.19

成分 C 43.71%，H 3.42%，Cl 17.20%，F 13.83%，N 10.19%，O 11.64%。

别名 三唑酮草酯；唑草酯；α-2-Dichloro-5-(4-difluoromethyl-4,5-dihydro-3-methyl-5-oxo-1*H*-1,2,4-triazol-1-yl)-4-fluorobenzenepropanoic acid ethyl ester; Ethyl 2-chloro-3-[2-chloro-4-fiuoro-5-(4-difluoromethyl-4,5-dihydro-3-methyl-5-oxo-1*H*-1,2,4-triazol-1-yl)phenyl]propionate; F8426; Aurora

M. I. 15, 1836

性状 具有黏性的黄色液体。溶于水(20℃，12μg/mL；25℃，22μg/mL；30℃，23μg/mL)。蒸气压(25℃)：1.2×10^{-7} mmHg/160Pa；mp −22.1℃；bp_{760} 350～355℃/101.25kPa；Fp>230℉(110℃)；d^{20} 1.457。LD_{50}大鼠急性经口：5143mg/kg；皮肤接触>4000mg/kg。

注意事项 该品对水生物极毒。能对水环境引起不利的结果。其包装物应按危险品处理。

主要用途 出土后施用的除草剂。分析用标准物质。

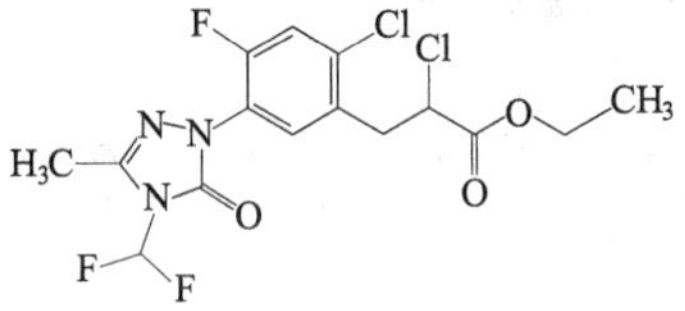

Cariporide 卡立泊莱德 02034

[159138-80-4] $C_{12}H_{17}N_3O_3S$ 283.35

成分 C 50.87%，H 6.05%，N 14.83%，O 16.94%，S 11.31%。

别名 *N*-Aminoiminomethyl-4-(1-methylethyl)-3-(methylsulfonyl) benzamide; 4-Isopropyl-3-(methanesulfonylbenzoyl) guanidine

M. I. 15, 1840

性状 无色固体。mp 90～94℃（分解）。生化试剂含量≥99.0%。

主要用途 医用心脏保护剂。

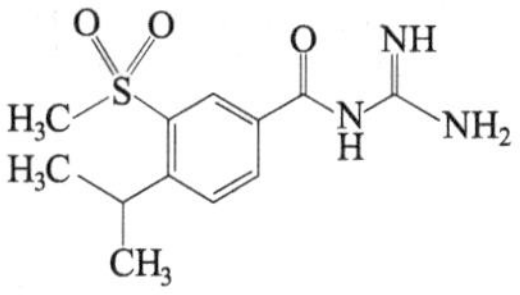

Carisoprodol 异丙安宁 02035

[78-44-4] $C_{12}H_{24}N_2O_4$ 260.33

成分 C 55.37%，H 9.29%，N 10.76%，O 24.58%。

别名 卡来梯；肌安宁；(1-Methylethyl) carbamic acid 2-[(aminocarbonyl)oxy]methyl-2-methylpentyl ester; *N*-Isopropyl-2-methyl-2-propyl-1,3-propanediol dicarbamate; Isopropyl meprobamate; Isobamate; Carisoprodate; Carisoma; Flexartal; Rela; Sanoma; Soma; Somadril; Somalgit

M. I. 15, 1842

性状 无色结晶。微有苦味。溶于多种常用有机溶剂，极微溶于水(25℃，30mg/100mL；50℃，140mg/100mL)，几乎不溶于植物油类。在稀酸或碱中稳定。mp 92～93℃。LD_{50}小鼠，大鼠急性经口：2340mg/kg，1320mg/kg；腹膜内注射：980mg/kg，450mg/kg。

注意事项 该品口服有害。使用时应穿适当的防护服。应密封于2～8℃保存。

主要用途 生化研究。医用肌肉松弛剂。

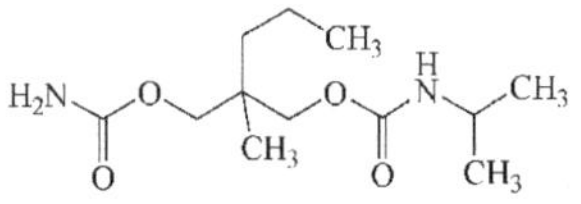

Carmine 胭脂红 02036

[1390-65-4]

别名 卡红；虫红；洋红；洋红色淀；洋红酸色淀；胭脂虫红；Alum lake of carminic acid; Carmine lake; Carminic acid aluminum calcium lake; Carminic acid lake; Cochineal

M. I. 15, 1843　　C. I. 75470

性状 该品为鲜红色片状物，易研磨成粉。溶于硼砂溶液，其碱性溶液呈深红色，溶于热水，不溶于冷水或稀酸。λ_{max} 531 (563)nm。

注意事项 使用时应避免吸入本品的粉尘，避免与眼睛及皮肤接触。应充氩气密封避光于干燥处保存。

主要用途 滴定氨溶液的指示剂。

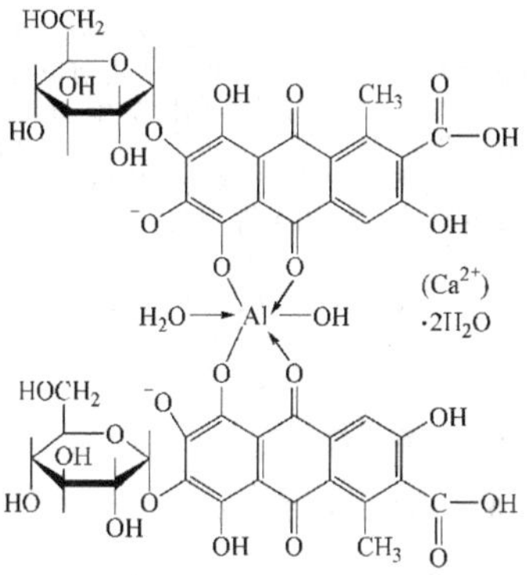

Carminic acid 胭脂红酸 02037

[1260-17-9] $C_{22}H_{20}O_{13}$ 492.39

成分 C 53.67%，H 4.09%，O 42.24%。

别名 中性红 4；洋红酸；胭脂虫酸；Cochinilin; 7-α-D-Glucopyranosyl-9,10-dihydro-3,5,6,8-tetrahydroxy-1-methyl-9,10-dioxo-2-anthracenecarboxylic acid; Natural red 4

M. I. 15, 1843　　C. I. 75470

性状 来自乙醇中的红至红棕色棱柱体结晶或粉末。溶于水、乙醇、浓硫酸，微溶于乙醚，几乎不溶于石油醚、苯、三氯甲烷。pH 值 4.8～6.2（由黄至紫色）。$[\alpha]_{654}^{15}$ +51.6°（c=1，于水中）；uv max（于水中）：500nm（ε 6800）；（于 0.02mol/L 盐酸中）：490～500nm（ε 5800）；（于 0.0001mol/L 氢氧化钠溶液中）：540nm（ε 3450）。

注意事项 使用时应避免吸入本品的粉尘，避免与眼睛及皮肤接触。

主要用途 酸碱指示剂。荧光反应检验钼、硼，显色反应检验铅、锆。测定铝。油溶性颜料。

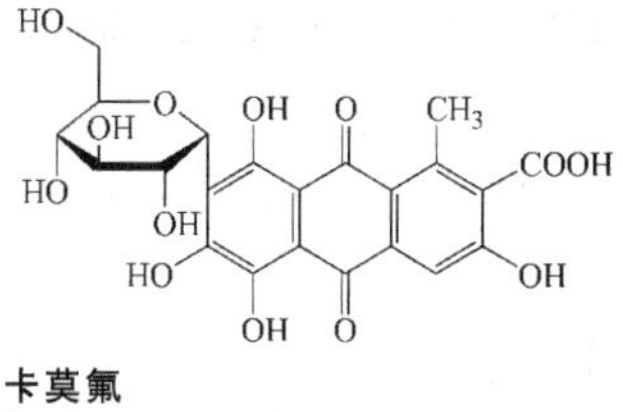

Carmofur 卡莫氟 02038

[61422-45-5] $C_{11}H_{16}FN_3O_3$ 257.27

成分 C 51.35%，H 6.27%，F 7.38%，N 16.33%，O 18.66%。
别名 氟己嘧啶；密福禄；5-Fluoro-*N*-hexyl-3,4-dihydro-2,4-dioxo-1(2*H*)-pyrimidi necarboxamide；1-(*N*-Hexylcar-bamoyl)-5-fluorouracil；HCFU；Mifurol；Yamaful
M. I. 15，1844
性状 来自乙醇中的白色结晶。mp 110～111℃；uv max（氯仿中）：258nm（ε 1.16×10^4）。
注意事项 该品应密封避光保存
主要用途 医用抗肿瘤剂。

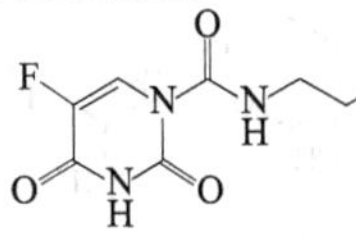

Carmustine 卡氮芥 02039

[154-93-8] $C_5H_9Cl_2N_3O_2$ 214.05
成 分 C 28.06%，H 4.24%，Cl 33.12%，N 19.63%，O 14.95%。
别名 亚硝脲氮芥；双氯乙基亚硝脲；*N*,*N'*-Bis(2-chloroethyl)-*N*-nitrosourea；BCNU；NSC-409962；Becenun；Bicnu；Carmubris
M. I. 15,1845
性状 浅黄色粉末。高于熔点为油状液体。性稳定。溶于水（>4mg/mL），50%乙醇（>150mg/mL）。mp 30～32℃。LD_{50}小鼠急性经口：19～25mg/kg，腹膜内注射：26mg/kg，皮下注射：24mg/kg；大鼠急性经口：30～34mg/kg。生化试剂含量≥98.0%。
注意事项 该品口服极毒。能引起遗传基因的损伤。能致癌。能损伤生育力。能危害胎儿。使用前应得到专门的指导，避免曝露。使用时应穿适当的防护服，戴手套和防护镜或面罩。使用时应避免吸入本品的粉尘。使用时如有事故发生或有不适之感，应请医生诊治。应密封于－20℃保存。
主要用途 生化研究。医用抗肿瘤剂。

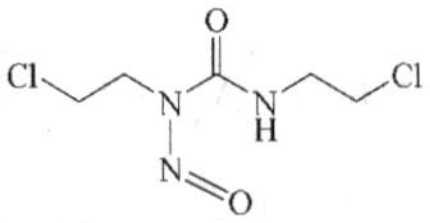

Carnauba wax 棕榈蜡 02040

[8015-86-9]
别名 巴西蜡；卡劳巴蜡；Brazil wax
M. I. 15,1846
性状 硬质微黄至深褐色脆性无定形块状物。溶于乙醚、热乙醇及碱溶液，不溶于水。mp 82～85.5℃；*d* 0.990～0.999；n_D^{90} 1.4500；皂化值 78～89；碘值约 13。
主要用途 生化研究。表面保护剂。

DL-Carnitine hydrochloride DL-肉碱 盐酸盐 02041

[461-05-2] $C_7H_{16}ClNO_3$ 197.66
成分 C 42.54%，H 8.16%，Cl 17.94%，N 7.09%，O 24.28%。
别名 DL-肉素 盐酸盐；DL-盐酸肉碱；维生素 BT；氯化肉碱；DL-(3-羧基-2-羟丙基)氯化三甲胺；DL-盐酸肉毒素；Bicarnesine；DL-(3-Carboxy-2-hydroxypropyl)trimethylammonium chloride；Flatistine
M. I. 15,1849
性状 来自乙醇中的无色或白色针状结晶。易溶于水，溶于热乙醇，微溶于冷乙醇，几乎不溶于丙酮、乙醚。mp 196℃（分解）。生化试剂含量≥99.0%（AT）。
注意事项 该品对眼睛、呼吸系统及皮肤有刺激性。使用时应穿适当的防护服。万一接触到眼睛，应立即用大量水冲洗后请医生诊治。应密封于阴凉干燥处保存。
主要用途 生化研究。医用胃及胰的分泌兴奋剂。

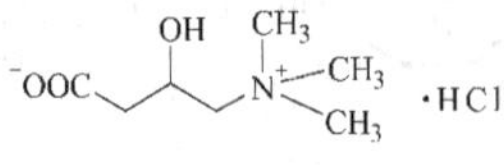

L-Carnosine L-肌肽 02042

[305-84-0] $C_9H_{14}N_4O_3$ 226.24
成分 C 47.78%，H 6.24%，N 24.76%，O 21.22%。
别名 L-肉缩氨基酸；L-肉缩酸；β-丙氨酰-L-组氨酸；β-Alanyl-L-histidine；Ignotine
M. I. 15,1851
性状 来自含水乙醇中的无色结晶。呈碱性。溶于水（25℃，1g溶于 3.1mL 水），不溶于乙醇。pK_1 2.64；pK_2 6.83；pK_3 9.51。mp 262℃（分解）；$[\alpha]_D^{25}$ +21.0°（c=1.5，于水中）。生化试剂含量≥99.0（NT）。
注意事项 使用时应避免吸入本品的粉尘，避免与眼睛及皮肤接触。应充氩气密封于 2～8℃干燥保存。
主要用途 生化研究。测定肌肽酶的底物。

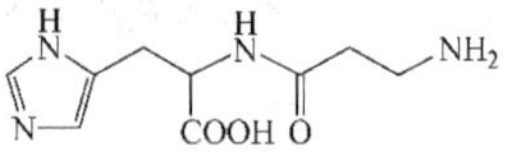

α-Carotene α-胡萝卜素 02043

[7488-99-5] $C_{40}H_{56}$ 536.89
成分 C 89.49%，H 10.51%。
别名 α-叶红素；α-胡萝卜烯；α-Carotin
M. I. 15,1854
性状 来自石油醚或苯+甲醇中的深紫色棱柱形多面体结晶。能吸收空气中的氧，生成不活泼的无色氧化物。比β-胡萝卜素易溶。易溶于二硫化碳、氯仿，溶于乙醚、苯，微溶于石油醚、乙醇、己烷（0℃，294mg/100mL），几乎不溶于水、酸、碱溶液。最大吸收值（氯仿中）：485nm，454nm。mp 187.5℃；$[\alpha]_{643}^{18}$ +385°（c=0.08，于苯中）。一般试剂含量≥97.0%（HPLC）。
注意事项 该品应充氩气密封避光于－20℃干燥保存。
主要用途 生化研究。医用维生素 A 的前体。

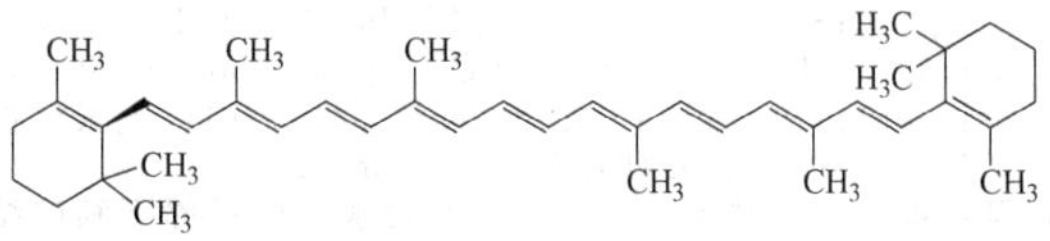

β-Carotene β-胡萝卜素 02044

[7235-40-7] $C_{40}H_{56}$ 536.89
成分 C 89.49%，H 10.51%。
别名 β-叶红素；β-胡萝卜烯；前维生素 A；橙黄素；维生素 A 原；Carotaben；β，β-Carotene；β-Carotin；caritol；Provatene；Proveitamin A；Solatene
M. I. 15,1853
性状 来自苯+甲醇中的深紫色六方形棱柱体结晶或来自石油醚中的红色菱形，几乎正方形的小叶状结晶。易分解。溶解度小于α-胡萝卜素。溶于二硫化碳、苯、氯仿，中等程度溶于乙醚、石油醚、油类，极微溶于己烷（0℃，109mg/100mL）、甲醇、乙醇，其稀溶液呈黄色。几乎不溶于水、碱类及酸类。能吸收空气中的氧，生成不活泼的无色氧化物。最大吸收值（氯仿中）：497nm，466nm。mp 183℃（真空管中）。
注意事项 该品在密闭条件下加热有爆炸的危险。应轻拿轻放，小心开启容器。应远离热源，充氩气密封避光于－20℃干燥保存。
主要用途 生化研究。医用维生素 A 的前体。紫外线的屏蔽剂。营养增补剂、食品色素。在果汁中与维生素 C 合用，可提高稳定性。

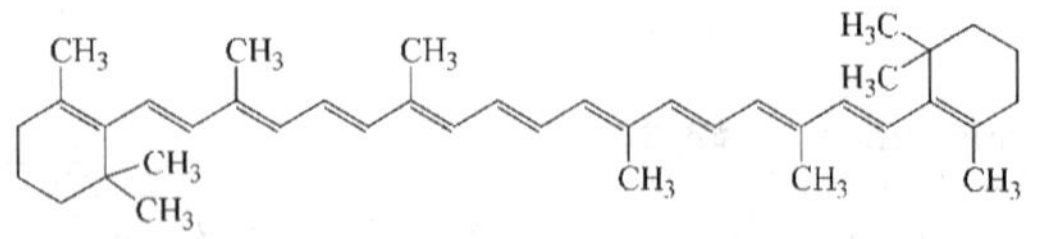

Carpetimycin A 毯霉素 A 02045

[76025-73-5] $C_{14}H_{18}N_2O_6S$ 342.37
成 分 C 49.11%，H 5.30%，N 8.18%，O 28.04%，S 9.36%。
别名 地毯霉素 A；(5*R*,6*R*)-3-[(*R*)-[(1*E*)-2-(Acetylamino) ethenycl] sulfinyl]-6-(1-hybroxy-1-methylethyl)-7-oxo-1-

azabicyclo[3.2.0]hept-2-ene-2-carboxylic acid; Antibiotic Ab 651; Antibiotic C-19393-H_2; Antibiotic KA-6643-A; C-19393-H_2
M.I. 15, 1861
性状 无色固体。mp>145℃（分解）；$[\alpha]_D^{24}$ −27℃（c=1.7，于水中）；uv max（水中）：240nm，288nm（$E_{1cm}^{1\%}$ 369，300）。

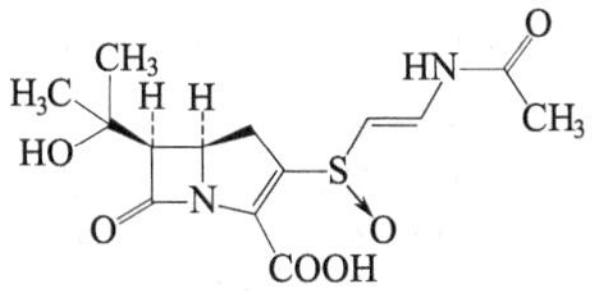

Carprofen 卡洛芬 02046
[53716-49-7] $C_{15}H_{12}ClNO_2$ 273.72
成分 C 65.82%，H 4.42%，Cl 12.95%，N 5.12%，O 11.69%。
别名 6-氯-α-甲基-9H-咔唑-2-乙酸；6-Chloro-α-metyl-9H-carbazole-2-acetic acid; C-5729; Ro-20-5720/000; Imadyl; Ri-madyl
M.I. 15, 1862
性状 来自氯仿中的无色结晶。易溶于乙醚、丙酮、乙酸乙酯、氢氧化钠溶液、碳酸钠溶液几乎不溶于水。mp 197～198℃。LD_{50}小鼠急性经口：400mg/kg。
注意事项 该品口服有害。对眼睛、呼吸系统及皮肤有刺激性。呼入、口服或与皮肤接触有害。使用时应穿适当的防护服。万一接触到眼睛，应立即用大量水冲洗后请医生诊治。使用时如有事故发生或有不适之感，应立即请医生诊治。
主要用途 医用，兽用抗炎剂。分析用标准物质。

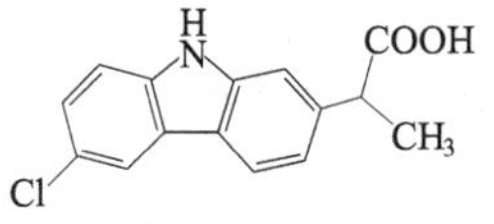

Carpropamid 环丙酰胺 02047
[104030-54-8] $C_{15}H_{18}Cl_3NO$ 334.67
成分 C 53.83%，H 5.42%，Cl 31.78%，N 4.19%，O 4.78%。
别名 环丙酰菌胺；2,2-二氯-N-[1-(4-氯苯基)乙基]-1-乙基-3-甲基环丙烷酰胺；2,2-Dichloro-N-[1-(4-chlorophenyl)ethyl]-1-ethyl-3-methylcyclopropanecarbox-amide; KTU 3616; Win
M.I. 15, 1863
性状 专业级一般为异构体的混合物（1RS，3SR，1′RR）。溶于二氯甲烷，微溶于甲苯，极微溶于水。蒸气压（20℃）：2.7×10^{-7}Pa。mp 152℃。
注意事项 该品对水生物有毒。对水生物能引起不利的结果。其包装物应按危险品处理。
主要用途 杀菌剂。分析用标准物质。

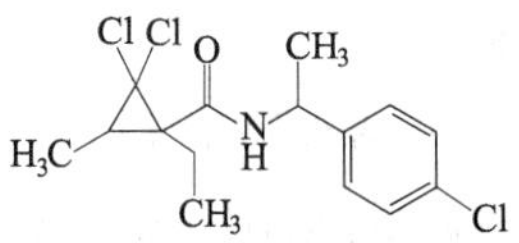

Carteolo hydrochloride 卡替洛尔 盐酸盐 02048
[51781-21-6] $C_{16}H_{25}ClN_2O_3$ 328.76
成分 C 58.45%，H 7.64%，Cl 10.78%，N 8.52%，O 14.60%。
别名 盐酸卡替洛尔；盐酸喹酮心安；美开朗（滴眼液）；Abbott 43326; OPC-1085; Arteoptic; Carteol; Endak; Mikelan; Optipress; Teoptic; 5-[3-(1, 1-Dimethylethyl) amino-2-hydroxypropoxy]-3,4-dihydro-2(1H)-quinolinoe hydrochloride; 5-[3-(*tert*-Butylamino)-2-hydroxypropoxy]-3, 4-dihydrocarbostyril hydrochloride
M.I. 15, 1866
性状 来自乙醇中的无色结晶。mp 278℃。LD_{50}雄小鼠，大鼠急性经口：810mg/kg，1380mg/kg；静脉注射：54.5mg/kg，158mg/kg；腹膜内注射：380mg/kg，400mg/kg。生化试剂含量≥99.0%。
主要用途 医用抗高血压剂，抗心绞痛剂，抗心律失常剂，抗青光眼剂。

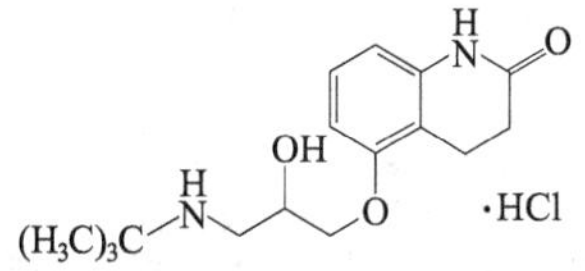

Carubicin hydrochloride 卡柔比星 盐酸盐 02049
[52794-97-5] $C_{26}H_{28}ClNO_{10}$ 549.96
成分 C 56.78%，H 5.13%，Cl 6.45%，N 2.55%，O 29.09%。
别名 盐酸卡柔比星；NSC-180024；(8S-*cis*)-Acetyl-10-(3-amino-2,3,6-trideoxy-α-L-*lyxo*-hexopyranosyl)oxy-7,8,9,10-tetrahydro-1, 6, 8, 11-tetrahydroxy-5, 12-naphthacenedione hydrochloride; (1S,3S)-3-Acetyl-1,2,3,4,6,11-hexahydro-3,5,10,12-tetrahydroxy-6, 11-dioxo-1-naphthacenyl 3-amino-2, 3, 6-trideoxy-α-L -*lyxo*-hexopyranoside hydrochloride; 4-O-Demethyldaunorubicir hydrochloride; Carminomycin hydrochloride; Carminomycin I hydrochloride; Karminomycin hydrochloride
M.I. 15, 1870
性状 来自乙醇/苯中的无色结晶。溶于水、甲醇，几乎不溶于一般的有机溶剂。pK_{a1} 8.00，pK_{a2} 10.16。$[\alpha]_D^{20}$ +289°；uv max（乙醇中）：236nm，255nm，462nm，478nm，492nm（$E_{1cm}^{1\%}$ 300nm，510nm，525nm）。LD_{50}小鼠急性经口：7.3mg/kg；静脉注射：1.3mg/kg；皮下注射：3.7mg/kg。
主要用途 医用抗肿瘤剂。

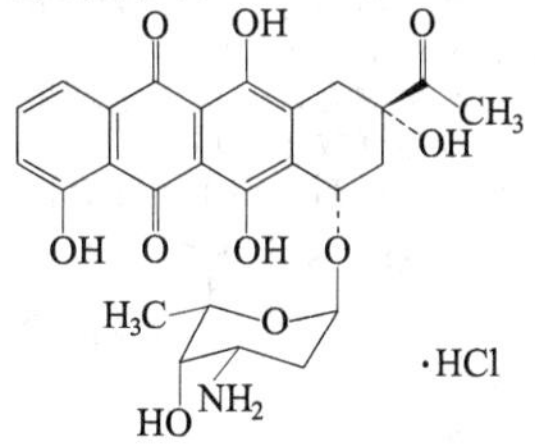

Carumonam 卡芦莫南 02050
[87638-04-8] $C_{12}H_{14}N_6O_{10}S_2$ 466.40
成分 C 30.90%，H 3.03%，N 18.02%，O 34.30%，S 13.75%。
别名 卡鲁莫南；噻肟单酰胺菌素；Amasulin; [[(Z)-[2-[(2S,3S)-2-[(Aminocarbonyl)oxy]methyl-4-oxo-1-sufo-3-azetidinyl]amino-1-(2-amino-4-thiazolyl)-2-oxoethylidene]amino]oxy]acetic acid; (Z)-[[[(2-Amino-4-thiazolyl)[[(2S, 3S)-2-hydroxymethyl-4-oxo-1-sulfo-3-azetidinyl]carbamoyl]methylene]amino]oxy]acetic acidcarbamate(ester); (3S,4S)-*cis*-3-[2-(2-Amino-4-thiazolyl)-2-(Z)-carboxymethoxyiminoacetamido]-4-carbamoyloxymethyl-2-azetidinone-1-sulfonic acid
M.I. 15, 1871
性状 无色至淡黄色粉末。易溶于碳酸氢钠水溶液。不溶于水、乙醇、乙醚。mp 207℃。$[\alpha]_D^{26}$ −45°（c=1，于二甲基亚砜中）。
主要用途 医用抗菌剂。

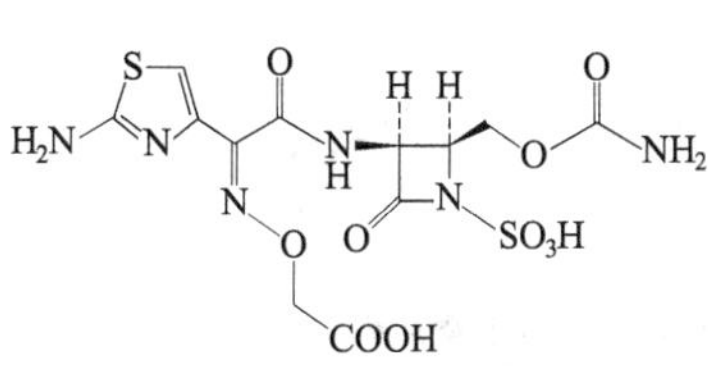

Carvacrol 香芹酚 02051
[499-75-2] $C_{10}H_{14}O$ 150.22
成分 C 79.96%，H 9.39%，O 10.65%。
别名 异丙基甲苯酚；异丙基邻甲酚；异百里酚；香旱芹菜酚；羟基异丙基甲苯；香荆芥酚；2-甲基-5-异丙基酚；2-p-Cymenol; 2-Cymophenol; 2-Hydroxy-p-cymene; Isopropyl-o-cresol; Isopropylhydroxytoluene; 2-Isopropyl-2-methylphenol; Isothymol; 2-Methyl-5-(1-methylethyl)phenol; Oxycymol; *iso*-Propyl-o-cresol; 2-Methyl-5-*iso*-propylphenol; *iso*-Propylhydroxytoluene
M.I. 15, 1872
性状 无色稠厚油状液体。有百里酚气味。易溶于乙醇、乙醚，几乎不溶于水。能随水蒸气挥发。mp 约 0℃；bp_{760} 237～238℃/101.325kPa；bp_{18} 118～122℃/2.4kPa；bp_3 93℃/0.4kPa；Fp 224℉（106℃）；d_4^{20} 0.976；d_{25}^{25} 0.9751；n_D^{20} 1.52295；uv max（于95%乙醇中）：277.5nm（lg ε 3.262）。LD_{50} 兔急性经口：100mg/kg。一般试剂含量≥97.0%（GC）。

注意事项 该品口服有害。具有腐蚀性，能引起烧伤。使用时应穿适当的防护服，戴手套和防护镜或面罩。万一接触到眼睛，应立即用大量水冲洗后请医生诊治。使用时如有事故发生或有不适之感，应请医生诊治。

主要用途 检定锑、砷。消毒剂。有机合成。医用抗感染剂，驱线虫剂。

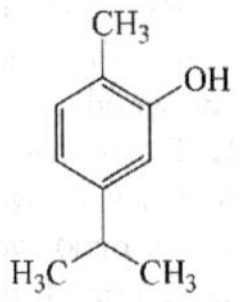

Carvedilol 卡维地洛 02052

[72956-09-3] $C_{24}H_{26}N_2O_4$ 406.48

成分 C 70.92%，H 6.45%，N 6.89%，O 15.74%。

别名 1-(9*H*-Carbazol-4-yloxy)-3-[2-(2-methoxyphenoxyl)ethyl]amino-2-propanol；BM-14190；DQ-2466；Coreg；Dilatrend；Dimitone；Eucardic；Kredex；Ouerto

M. I. 15，1873

性状 来自乙酸乙酯中的无色结晶。易溶于二甲基亚砜，溶于二氯甲烷、甲醇，略溶于乙醇、异丙醇，微溶于乙醚，几乎不溶于水。mp 114～115℃。

注意事项 该品对水生物有毒。能对水环境产生长期不良的影响。应防止将本品释放于环境中。

主要用途 医用抗高血压剂。用于治疗充血性心脏衰竭。

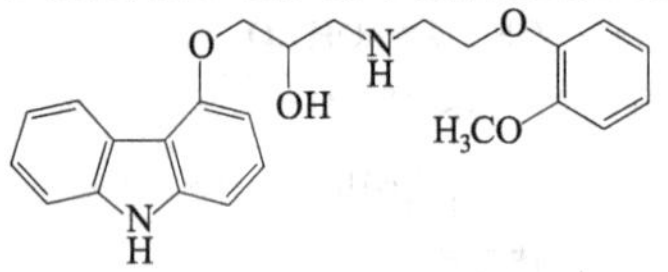

(－)-Carvone (－)-香芹酮 02053

[6485-40-1] $C_{10}H_{14}O$ 150.22

成分 C 79.95%，H 9.39%，O 10.65%。

别名 *l*-Carvol；*l*-Carvone；(*R*)-5-Isopropenyl-2-methyl-2-cyclohexenone；L-*p*-Mentha-6,8-dien-2-one；L-1-Methyl-4-isopropenyl-Δ^6-cyclohexen-2-one；L-2-Methyl-5-(1-methylethenyl)-2-cyclohexene-1-one

M. I. 15，1874

性状 无色液体。bp_{763} 230～231℃/101.725kPa；Fp 199℉（93℃）；d_{15}^{15} 0.9652；n_D^{20} 1.4988；$[\alpha]_D^{20}$ −62.46°。一般试剂含量≥99.0%（GC）。

注意事项 该品口服有害。使用时应穿适当的防护服，应避免与眼睛及皮肤接触。应充氩气密封避光于2～8℃保存。

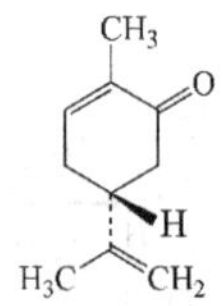

(＋)-Carvone (＋)-香芹酮 02054

[2244-16-8] $C_{10}H_{14}O$ 150.22

成分 C 79.95%，H 9.39%，O 10.65%。

别名 *d*-Carvol；*d*-Carvone；(*S*)-5-Isopropenyl-2-methyl-2-cyclohexenone；D-*p*-Mentha-6,8-dien-2-one；D-1-Methyl-4-isopropenyl-Δ^6-cyclohexen-2-one；D-2-Methyl-5-(1-methylethenyl)-2-cyclohexene-1-one

M. I. 15，1894

性状 无色液体。bp_{755} 230℃/100.658kPa；$bp_{5\sim6}$ 91℃/666.61～799.93Pa；Fp 204℉（95℃）；d_4^{20} 0.965；n_D^{20} 1.4989；$[\alpha]_D^{20}$ +61.2°。一般试剂含量≥98.5%（GC）。

注意事项 该品应充氮气密封避光保存。

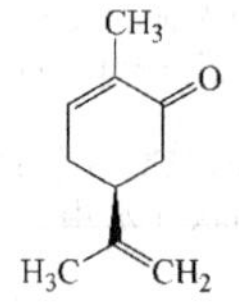

(－)-*trans*-Caryophyllene (－)-丁子香烯 02055

[87-44-5] $C_{15}H_{24}$ 204.36

成分 C 88.16%，H 11.84%。

别名 *β*-丁子香烯；反式丁子香烯；石竹烯；[1*R*-(1*R**,4*E*,9*S**)]-4,11,11-Trimethyl-8-methylenebicyclo[7.2.0]undec-4-ene；*β*-Caryophyllene；*trans*-Caryophyllene

M. I. 15，1875

性状 无色液体。有类似丁香、松节油及萜烯的气味。bp_{14} 129～130℃/1.87kPa；$bp_{9.7}$ 118～119℃/1.29kPa；Fp 212℉（100℃）；d_4^{17} 0.9052；n_D^{17} 1.5009；n_D^{15} 1.5030；$[\alpha]_D$ −8°～−9°。一般试剂含量≥98.5%（GC）。

注意事项 该品对皮肤有刺激性。使用时应穿适当的防护服。应避免吸入本品的蒸气，避免与眼睛及皮肤接触。

主要用途 香料。

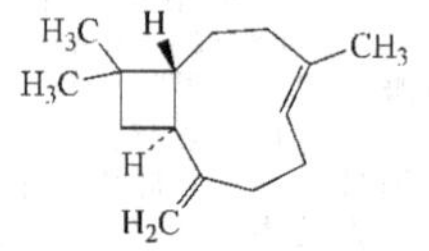

Caryophyllin 石竹素 02056

[508-02-1] $C_{30}H_{48}O_3$ 456.71

成分 C 78.90%，H 10.59%，O 10.51%。

别名 (3*β*)-3-Hydroxyolean-12-en-28-oic acid；Oleanol；Oleanolic acid

M. I. 15，6920

性状 来自乙醇中的无色细小针状结晶。1份该品溶于65份乙醚、106份95%乙醇、35份沸95%乙醇、118份氯仿、180份丙酮、235份甲醇，不溶于水。p*K* 2.52；mp 310℃（干燥后）；$[\alpha]_D^{20}$ +83.3°（*c*=0.6，于氯仿中）。

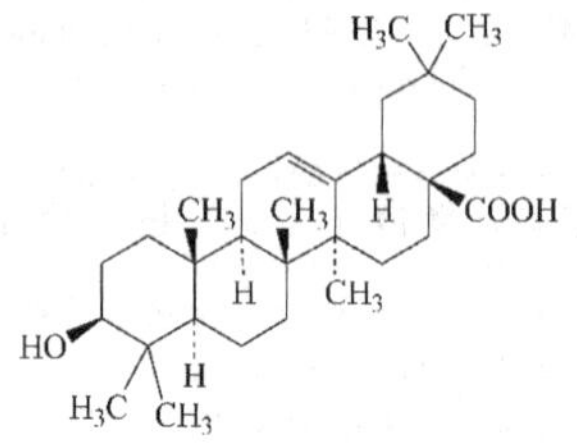

Casein 干酪素 02057

[9000-71-9]

别名 乳酪素；酪朊；酪蛋白；酪素

M. I. 15，1883

性状 近白色或浅黄色的蛋白质状无定形颗粒或粉末。溶于稀碱水溶液呈左旋，溶于浓酸中呈浅紫色，极微溶于水及非极性有机溶剂。在零电位范围左右 pH 值 4.7。mp 280℃（分解）。一般试剂含量（以 mol/L 计）15.2%～16.0%。

注意事项 该品应充氩气密封于2～8℃保存。

主要用途 生化研究，如生物培养基的制备等。医用营养素。胶黏剂。织物整理剂。油漆和塑料制造。

Casein sodium salt from bovine milk 干酪素钠盐（牛奶） 02058

[9005-46-3]

别名 含钠酪素；钠酪朊；酪朊酸钠；钠酪蛋白；酪素钠；Nutrose

性状 白色无臭无味的粉末。含有65%的蛋白质。溶于水（浑浊）。

注意事项 该品应密封于2～8℃保存。

主要用途 生化研究。用于营养剂、微生物培养基的配制。

Caspofungin acetate　乙酸卡泊芬净 02059
[179463-17-3]　$C_{56}H_{96}N_{10}O_{19}$ 1213.44
成分　C 55.43%，H 7.97%，N 11.54%，O 25.05%。
别名　卡泊芬净乙酸酯；乙酸卡泊芬净；MK-0991；Cancidas；1-[(4*R*,5*S*)-5-[(2-Ami-noethyl)amino]-N^2-(10,12-dimethyl-1-oxotetradecyl)-4-hydroxy-L-ornithine]-5-[(3*R*)-3-hydroxy-L-ornithine]pneumocandin B acetate
M. I. 15，1889
性状　白色至灰白色粉末。易吸潮。易溶于水、甲醇，微溶于乙醇。$[\alpha]^{25}_{405}-105°$（c=1.0，于水中）。生化试剂含量≥98.0%。
注意事项　该品应密封于2～8℃保存。
主要用途　医用抗真菌剂。

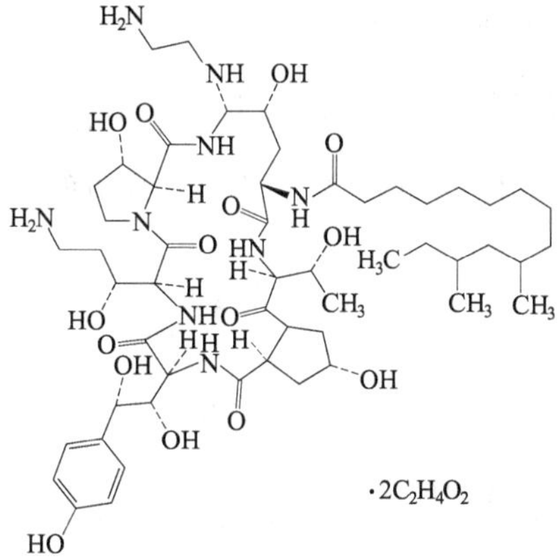

Castanospermine　栗精胺 02060
[79831-76-8]　$C_8H_{15}NO_4$ 189.21
成分　C 50.78%，H 7.99%，N 7.40%，O 33.82%。
别名　(1*S*,6*S*,7*R*,8*R*,8aR)-Octahydro-1,6,7,8-indolizinetertrol；1,6,7,8-Tetrahydroxyoctahydroindolizine；(1*S*,6*S*,7*R*,8*R*,8a*R*)-1,6,7,8-Tetrahydroxyindolizidine
M. I. 15，1896
性状　来自乙醇水溶液中的无色结晶。p*K* 6.09。mp 212～215℃（分解）；$[\alpha]^{25}_{D}+79.7°$（c=0.93，于水中）。生化试剂含量≥94.0%（GC）。
注意事项　该品吸入、口服或与皮肤接触有害。使用时应穿适当的防护服。万一接触到眼睛，应立即用大量水冲洗后请医生诊治。应密封于2～8℃保存。

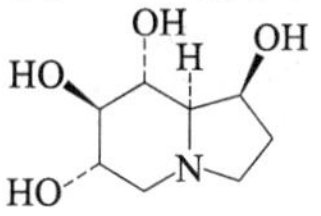

Castor oil　蓖麻油 02061
[8001-79-4]
别名　Neoloid；Oil of palma christi；Ricinus oil；Tangantangan oil
M. I. 15，1898
性状　无色或浅黄色黏稠油状液体。微有特殊气味。能与无水乙醇、甲醇、乙醚、冰乙酸、三氯甲烷等混溶。sp －18～－10℃；bp 313℃；Fp 445℉（230℃）；$[\alpha]^{20}_{D}+5°$（c=5，于乙醇中）；$d^{15.5}_{15.5}$ 0.961～0.963；n^{25}_{D} 1.473～1.477；n^{40}_{D} 1.466～1.473。
注意事项　该品应充氩气密封避光于阴凉处保存。
主要用途　医用泻剂。土耳其红油、肥皂、塑料、润滑油等的制造。

Catalase from beef liver　过氧化氢酶（牛肝） 02062
[9001-05-2]　Mr 约 240000
别名　过氧化氢酵素；血中氧化酶；过氧化氢放氧酶；氧化酵素；触酶；Caperase；CAT；Equilase；Optidase
M. I. 15，1900　EC 1.11.1.6
性状　纯品为暗绿或暗棕色粉末。溶于水。一般试剂为其水溶液。
注意事项　使用时应避免吸入本品的粉尘，避免与眼睛及皮肤接触。纯品应充氩气密封于－18℃保存。水溶液应密封于2～8℃保存。
主要用途　生化研究。

(+)-Catechin hydrate　(+)-儿茶素 水合 02063
[225937-10-0][154-23-4]　$C_{15}H_{14}O_6 \cdot xH_2O$ 290.27+18.02x
成分（以无水物计）　C 62.07%，H 4.86%，O 33.07%。
别名　*d*-儿茶素；D(+)-儿茶酸；D(+)-儿茶精；水合D(+)-儿茶素；D(+)-Catechinic acid；Catechol；Catechuric acid；Catergen；D-Cyanidol；(+)-Cyanidanol-3；Cyanidol；Dexcyanidanol；(2*R-trans*)-2-(3,4-Dihydroxyphenyl)-3,4-dihydro-2*H*-1-benzopyran-3,5,7-triol；3,3′,4′,5,7-Flavmpentol；*trans*-3,3′,4′,5,7-Pentahydroxyflavane
M. I. 15，1902
性状　来自水+乙酸中的无色针状结晶。一般以水合物存在。mp 93～96℃（175～177℃成无水物）；$[\alpha]^{18}_{D}+16°$～+18.4°。一般试剂含量≥98.0%（HPLC）。
注意事项　该品对眼睛、呼吸系统及皮肤有刺激性。使用时应穿适当的防护服。万一接触到眼睛，应立即用大量水冲洗后请医生诊治。应充氩气密封避光于2～8℃保存。
主要用途　医用止泻剂。染料。鞣革。

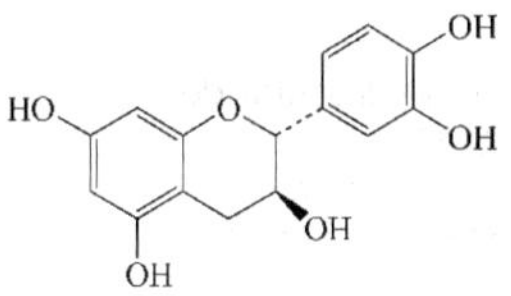

(±)-L-Catechin hydrate　(±)-儿茶素 水合 02064
[7295-85-4]　$C_{15}H_{14}O_6 \cdot xH_2O$ 290.27+18.02x
成分　C 62.07%，H 4.86%，O 33.07%。
别名　*dl*-儿茶素；DL-儿茶酸；DL-儿茶精；水合DL-儿茶素；DL-Catechinic acid；Catechuic acid；DL-Cyanidol；3,3′,4′,5,7-Flavanpentol；*trans*-3,3′,4′,5,7-Pentahydroxyflavaene
M. I. 15，1902
性状　白色针状结晶。溶于热水、乙醇、丙酮、冰乙酸，微溶于冷水、乙醚，几乎不溶于苯、石油醚、氯仿。mp 212～216℃。一般试剂含量≥98.0%（HPLC）。
注意事项　见02063(+)-儿茶素 水合。
主要用途　医用止泻剂。染料。鞣革。

Catechol　邻苯二酚 02065
[120-80-9]　$C_6H_6O_2$ 110.11
成分　C 65.45%，H 5.49%，O 29.06%。
别名　儿茶酚；焦性儿茶酚；1,2-二羟基苯；1,2-Benzenediol；1,2-Dihydroxybenzene；Pyrocatechin；Pyrocatechol
GW 2015-56　M. I. 15，8111
性状　来自甲苯中的无色或近白色至浅灰色单斜片状、菱形结晶或结晶性粉末。在空气及光照下变色。可升华。易溶于吡啶、碱的水溶液，溶于2.3份水、乙醇、乙醚、苯、氯仿。能随水蒸气挥发。p*K*（18℃）9.48；mp 105℃；bp_{760} 245.5℃/101.325kPa；bp_{400} 221.5℃/53.33kPa；bp_{200} 197.7℃/26.66kPa；bp_{100} 176℃/13.33kPa；bp_{60} 161.7℃/8kPa；bp_{40} 150.6℃/5.33kPa；bp_{20} 134℃/2.66kPa；bp_{10} 118.3℃/1.333kPa；bp_5 104℃/664.6Pa；Fp 279℉（137℃）；d 1.344。LD_{50}小鼠急性经口：260mg/kg；腹膜内注射：190mg/kg。一般试剂含量≥99.0%（HPLC）。
注意事项　该品口服或与皮肤接触有害。对眼睛及皮肤有刺激性。使用时应戴适当的手套。使用时应避免吸入本品的粉尘。万一接触到眼睛，应立即用大量水冲洗后请医生诊治。应密封避光保存。
主要用途　钛、钼、钨、钒、铁、铈的比色分析。有机合成。医用消毒剂，防腐剂。

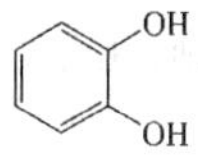

Catechol violet 邻苯二酚紫 02066

[115-41-3] $C_{19}H_{14}O_7S$ 386.38

成分 C 59.06%，H 3.65%，O 28.99%，S 8.30%。

别名 儿茶酚紫；邻苯二酚磺酞；3,3′,4-三羟基品红酮-2″-磺酸；焦性儿茶酚紫；Pyrocatechol violet；Pyrocatechinsulfonphthalein violet；Pyrocatecholsulfonphthalein；PV；3,3′,4-Trihydroxyfuchsone-2″-sulfonic acid

性状 有金属光泽的红棕色结晶或粉末。易溶于水、乙醇。λ_{max} 441nm。一般试剂干燥含量约 90.0%。

注意事项 该品对眼睛、呼吸系统及皮肤有刺激性。使用时应戴适当的手套。万一接触到眼睛，应立即用大量水冲洗后请医生诊治。

主要用途 络合指示剂。在氨羧络合剂滴定中可用于滴定钍、铜、铁、铝、钛、镍、锌、镁、镉的指示剂。

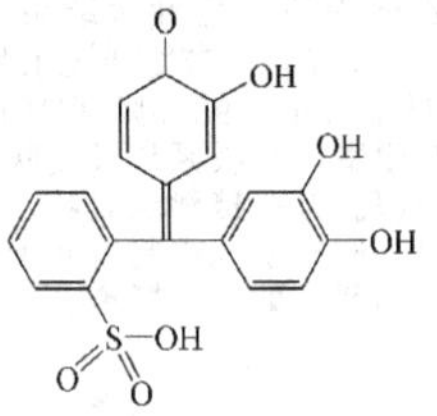

S(－)-Cathinone hydrochloride

S(－)-卡西酮 盐酸盐 02067

[76333-53-4] $C_9H_{12}ClNO$ 185.65

成分 C 58.23%，H 6.52%，Cl 19.10%，N 7.54%，O 8.62%。

别名 S(－)-盐酸卡西酮；(2S)-2-Amino-1-phenyl-1-propanone hydrochloride；(－)-α-Aminopropiophenone hydrochloride；Norephedrone hydrochloride

M. I. 15，1907

性状 来自异丙醇-四氢呋喃中的无色结晶。溶于水、乙醇。mp 189～190℃。

注意事项 该品口服有害。对眼睛、呼吸系统及皮肤有刺激性。使用时应穿适当的防护服。万一接触到眼睛，应立即用大量水冲洗后请医生诊治。应密封于 2～8℃保存。

主要用途 生化研究。

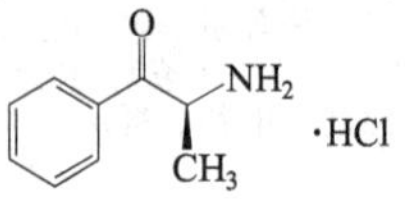

Ceanothic acid 美洲茶酸 02068

[21302-79-4] $C_{30}H_{46}O_5$ 486.69

成分 C 74.04%，H 9.53%，O 16.44%。

别名 (3β,3′β,4α,4′α,5β,8α,9β,10α,13α,14β,15β)-Tetrahydro-4′-hydroxy-4,5′,5′,9-tetramethyl-15-(1-methylethenyl)-3′H-cyclopenta[3,4]-18-norandrost-3-ene-3′,13-dicarboxylic acid；(2α,3β)-3-Hydroxy-A(1)-28-dinorlup-20(29)-ene-2,17-dicarboxylic acid；Emmolic acid

M. I. 15，1911

性状 来自甲醇＋乙醚中的无色结晶。mp 356～357℃；$[\alpha]_D$+38°（c=1.20，于乙醇中）。

注意事项 该品应密封避光于 2～8℃干燥保存。

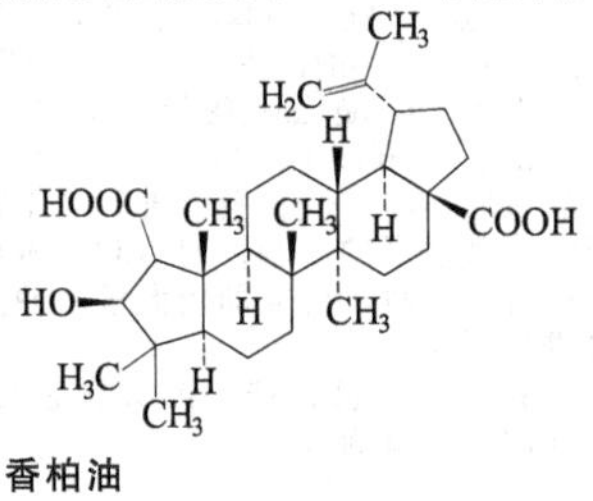

Cedar oil 香柏油 02069

[8000-27-9]

别名 金松油；洋杉木油；桧油；油镜油；Cedar wood oil；Oil of Cedar Wood

M. I. 15，6874

性状 无色或微黄色略有黏性的挥发性液体。系蒸馏柏木而得的芳香油。1 份该品溶于 10～20 份 90%的乙醇，溶于乙醚，不溶于水。Fp 235℉（113℃）；d_{20}^{20} 0.940～0.950；n_D^{20} 1.495～1.510；$[\alpha]_D^{20}$－25°～－46°。

注意事项 该品对皮肤有刺激性。应充氮气密封避光保存。

主要用途 显微镜用油，增加放大倍数及清晰度。薰衣草油代用品。

Cedrol 雪松醇 02070

[77-53-2] $C_{15}H_{26}O$ 222.37

成分 C 81.02%，H 11.79%，O 7.19%。

别名 (＋)-Cedrol；Cedar camphor；Cypress camphor；[3R-(3α,3aβ,6α,7β,8aα)]-Octahydro-3,6,8,8-tetramethyl-1H-3a,7-methanoazulen-6-ol；8βH-Cedran-8-ol；(1S,2R,5S,7R,8R)-2,6,6,8-Tetramethyltricyclo[5.3.1.0$^{1.5}$]undecan-8-ol

M. I. 15，1913

性状 来自稀甲醇中的无色针状结晶。mp 86～87℃；$[\alpha]_D^{28}$ +9.9°（c=5，于氯仿中）。一般试剂含量≥99.0%(GC)。

注意事项 使用时应避免吸入本品的粉尘，避免与眼睛及皮肤接触。

主要用途 香料。

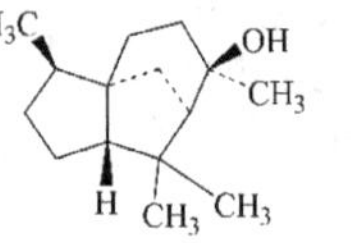

Cefaclor 头孢氯 02071

[53994-73-3][70356-03-5](一水合物) $C_{15}H_{14}ClN_3O_4S$ 367.80

成分 C 46.70%，H 4.18%，Cl 9.19%，N 10.89%，O 20.73%，S 8.31%。

别名 氯头孢菌素；(6R,7R)-7-[(2R)-Aminophenylacetyl]amino-3-chloro-8-oxo-5-thia-1-azabicyclo[4.2.0]oct-2-ene-2-carboxylic acid monohydrate；7-(D-2-Amino-2-phenylacetamido)-3-chloro-3-cephem-4-carboxylic acid monohydrate；3-Chloro-7-D-(2-phenylglylcinamido)-3-cephem-4-carboxylic acid monohydrate；Compd 99638；Alfacet；Alfatil；Ceclor；Distaclor；Panacef；Panoral

M. I. 15,1914

性状 无色结晶性固体。溶于水，几乎不溶于甲醇、氯仿、苯。其溶液 pH 值 2.5～4.5 时稳定。uv max(pH 值 7 的缓冲液中)：265nm(ε 6800)。一般试剂含量≥99.0%(TLC)。

注意事项 该品吸入或与皮肤接触可引起过敏。使用时应穿适当的防护服和戴手套。使用时应避免吸入本品的粉尘，使用时如有事故发生或有不适之感，应请医生诊治。

主要用途 医用抗菌剂。

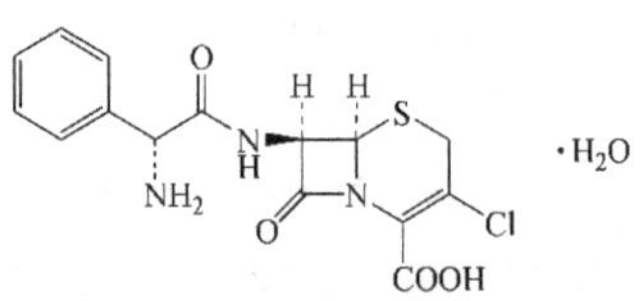

Cefadroxil 氨羟苄头孢菌素 02072

[50370-12-2][66592-87-8](一水合物) $C_{16}H_{17}N_3O_5S$ 363.39

成分 C 50.39%，H 5.02%，N 11.02%，O 25.17%，S 8.41%。

别名 (6R,7R)-7-[(2R)-Amino(4-hydroxyphenyl)acetyl]amino-3-methyl-8-oxo-5-thia-1-azabicyclo[4.2.0]oct-2-ene-2-carboxylic acid monohydrate；7-[D-(－)-α-Amino-α-(4-hydroxyphenyl)acetamido]-3-methyl-3-cephem-4-carboxylic acid monohydrate；p-Hydroxycephalexine monohydrate；BL-S578；MJF-11567-3；Baxan；Bidocef；CefaDrops；Cefamox；Ceforal；Cephos；Duracef；Duricef；Kefroxil；Oracéfal；Sedral；Ultracef

M. I. 15,1915

性状 一水合物为白色结晶。微溶于水，几乎不溶于乙醇、氯仿、乙醚。mp 197℃(分解)。

注意事项 该品吸入或与皮肤接触可引起过敏。对眼睛、呼吸系统及皮肤有刺激性。使用时应穿适当的防护服。万一接触到眼睛，应立即用大量水冲洗后请医生诊治。
主要用途 医用抗菌剂。

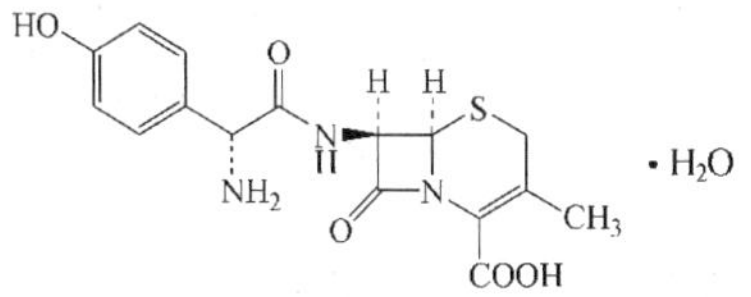

Cefazolin sodium salt 头孢唑啉钠盐 02073
[27164-46-1] $C_{14}H_{13}N_8NaO_4S_3$ 476.48
成分 C 35.29%，H 2.75%，N 23.52%，Na 4.82%，O 13.43%，S 20.19%。
别名 头孢菌素 V 钠盐；唑啉头孢菌素钠盐；Sodium CEZ；SKF-41558；Acef；Ancef；Atirin；Biazolina；Bor-Cefazol；Cefacidal；Cefamedin；Cefamezin；Cefazil；Cefazina；Elzogrom；Firmacef；Gramaxin；Kefzol；Lampocef；Liviclina；Totacef；Zolicef
M. I. 15，1918
性状 白至浅黄白色结晶性粉末。无味。易溶于水，微溶于甲醇，极微溶于乙醇，几乎不溶于苯、丙酮、氯仿、乙醚。LD_{50}小鼠，大鼠静脉注射：3.9mg/kg，3.18mg/kg；腹膜内注射：6.2mg/kg，7.4mg/kg。生化试剂含量≥98.0%（HPLC）。
注意事项 该品吸入或与皮肤接触可引起过敏。使用时应穿适当的防护服和戴手套。使用时应避免吸入本品的粉尘。应密封于2～8℃保存。
主要用途 医用抗菌剂。

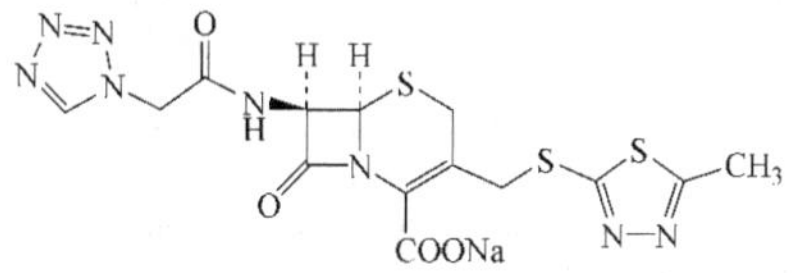

Cefbuperazone 头孢拉宗 02074
[76610-84-9] $C_{22}H_{29}N_9O_9S_2$ 627.65
成分 C 42.10%，H 4.66%，N 20.08%，O 22.94%，S 10.22%。
别名 头孢布宗；乙氧哌甲氧头孢菌素；(6*R*，7*S*)-7-[(2*R*，3*S*)-2-[(4-Ethyl-2，3-dioxo-1-piperazinyl) carbonyl] amino-3-hydroxy-1-oxobutyl] amino-7-methoxy-3-[(1-methyl-1*H*-tetrazol-5-yl) thio] methyl-8-oxo-5-thia-1-azabicyclo [4.2.0] oct-2-ene-2-earboxylic acid；(6*R*，7*S*)-7-[(2*R*，3*S*)-2-(4-Ethyl-2，3-dioxo-1-piperazinecarboxamido)-3-hydroxybutyramido]-7-methoxy-3-[(1-methyl-1*H*-tetrazol-5-yl) thio] methyl-8-oxo-5-thia-1-azabicyclo[4.2.0]oct-2-ene-2-carboxylic acid；7*β*-[D-*α*-(4-Ethyl-2，3-dioxo-1-piperazinecarboxamido)-*β*-(*S*)-hydroxybutanamido]-7-*α*-meth-oxy-3-[5-(1-methyl-1，2，3，4-tetrazolyl) thiomethyl]-Δ^3-cephem-4-carboxylic acid
M. I. 15，1919
性状 无色或白色固体或粉末。mp 118～120℃（分解）。生化试剂含量≥99.0%。
主要用途 医用抗菌剂。

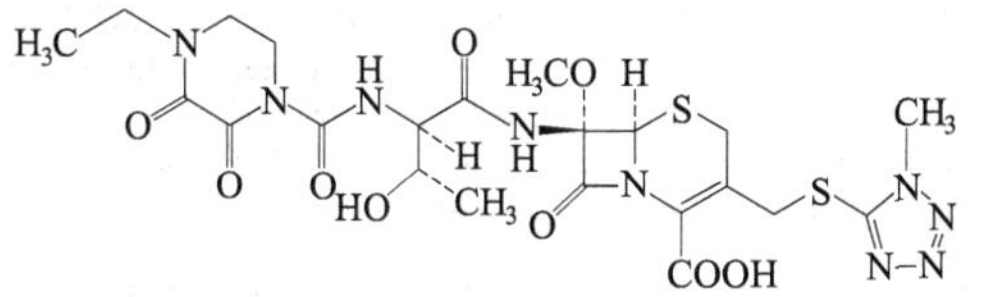

Cefdinir 头孢地尼 02075
[91832-40-5] $C_{14}H_{13}N_5O_5S_2$ 395.41
成分 C 42.53%，H 3.31%，N 17.71%，O 20.23%，S 16.22%。
别名 头孢狄尼；(6*R*，7*R*)-7-[(2Z)-2-(2-Amino-4-thiazolyl)-2-(hydroxyimino) acetyl] amino-3-ethenyl-8-oxo-5-thia-1-azabicyclo [4.2.0] oct-2-ene-2-carboxylic acid；*syn*-7-[2-(2-Amino-4-thiazolyl)-2-hydroxyiminoacetamido]-3-vinyl-3-cephem-4-carboxylic acid；FK-482；BMY-28488；Omnicef
M. I. 15，1921
性状 白无或微棕黄色固体或粉末。溶于0.1mol/L（pH值7.0）磷酸盐缓冲液，微溶于稀盐酸，几乎不溶于水、乙醇、乙醚。pK_a 9.70。mp 170℃（分解）；uv max（于pH值7的磷酸盐缓冲液中）：223nm，286nm（ε 17400，19700）。
主要用途 医用抗菌剂。

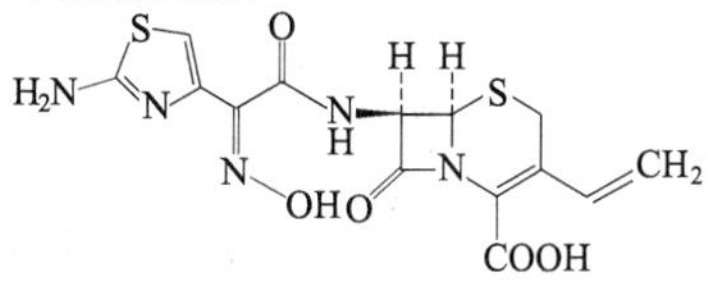

Cefditoren sodium salt sesquihydrate
头孢妥仑钠盐 1½水 02076
[104145-95-1] $C_{19}H_{17}N_6NaO_5S_3 \cdot 1\frac{1}{2}H_2O$ 555.57
成分 （以无水物计） C 43.18%，H 3.24%，N 15.90%，Na 4.35%，O 15.13%，S 18.20%。
别名 (6*R*，7*R*)-7-[(2Z)-2-(2-Amino-4-thiazolyl)(methoxyimino) acetyl] amino-3-[(1Z)-2-(4-methyl-5-thiazolyl) ethenyl]-8-oxo-5-thia-1-azabicyclo[4.2.0]oct-2-ene-2-carboxylic acid；sodium salt；(+)-(6*R*，7*R*)-7-[2-(2-Amino-4-thiazolyl) glyoxylamido]-3-[(Z)-2-(4-methyl-5-thiazolyl) vi-nyl]-8-oxo-5-thia-1-azabicyclo [4.2.0] oct-2-ene-2-carboxylic acid 7^2-(*Z*)-(*O*-methyloxime) sobium salt；ME-1206-Na
M. I. 15，1922
性状 来自水中的浅黄色结晶。mp 195～200℃（分解）；$[\alpha]_D^{20}$ +121.6°（*c*=0.5，于甲醇中）。
主要用途 医用抗菌剂。

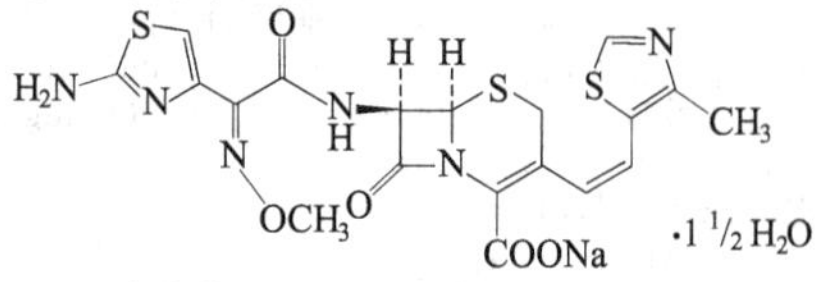

Cefepime 头孢吡肟 02077
[88040-23-7] $C_{19}H_{24}N_6O_5S_2$ 480.56
成分 C 47.49%，H 5.03%，N 17.49%，O 16.65%，S 13.34%。
别名 头孢匹姆；头孢泊姆；头孢平；1-[(6*R*，7*R*)-7-[(2*Z*)-(2-Amino-4-thiazolyl)(methoxyimino) acetyl] amino-2-carboxy-8-oxo-5-thia-1-azabicyclo[4.2.0]oct-2-en-3-yl] methyl-1-methylpyrrolidnium inner salt；1-[(6*R*，7*R*)-7-[2-(2-Amino-4-thiazolyl) glyoxylamido]-2-carboxy-8-oxo-5-thia-1-azabicyclo [4.2.0] oct-2-en-3-yl]methyl-1-methylpyrrolidinium hydroxideinner salt 7^2-(*Z*)-2-(*O*-methyloxime)；7-[(*Z*)-2-(2-Aminothiazol-4-yl)-2-methoxyiminoacetamido]-3-(1-methylpyrrolidinio) me-thyl-3-cephem-4-carboxylate；BMY-28142
M. I. 15，1923
性状 无色、白色至浅黄色粉末。mp 150℃（分解）；uv max（于pH值7的磷酸盐缓冲液中）：235nm，257nm（ε 16700，16100）。
主要用途 医用抗菌剂。

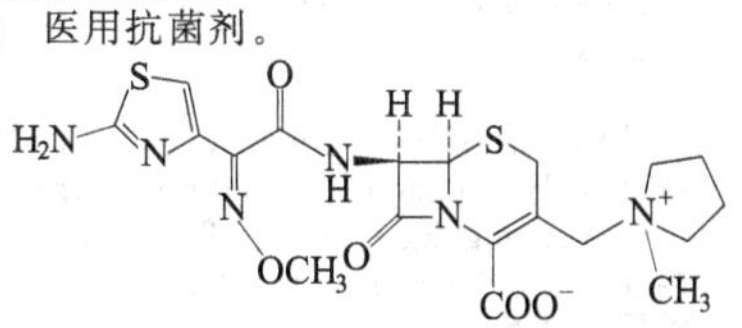

Cefmetazole sodium salt 头孢美唑钠 02078
[56796-39-5] $C_{15}H_{16}N_7NaO_5S_3$ 493.51
成分 C 36.51%，H 3.27%，N 19.87%，Na 4.66%，O 16.21%，S 19.49%。
别名 美唑钠；Cefmetazon；Metafar；Metazol；Zefazone；(6*R*，7*S*)-7-[[(Cyanomethyl) thio] acetyl] amino-7-methoxy-3-[(1-methyl-1*H*-tetrazol-5-yl) thio] methyl-8-oxo-5-thia-1-azabicyclo [4.2.0] oct-2-ene-2-carboxylic acid sodium salt；CS-1170 -Na；SKF-83088-Na
M. I. 15，1927
性状 白色粉末。易溶于水、甲醇，溶于丙酮，微溶于乙醇，极微溶于四氢呋喃，几乎不溶于氯仿。$[\alpha]_D^{20}$ +73°～85°（*c*=1，于水中）；uv max（水中）：272nm（ε 10900）。LD_{50}大鼠静脉注射>75kg。
注意事项 该品对眼睛、呼吸系统及皮肤有刺激性。吸入或与皮肤接触可引起过敏。使用时应穿适当的防护服。万一接触到眼睛，应立即用大量水冲洗后请医生诊治。应密封于 2～8℃保存。

主要用途 医用抗菌剂。

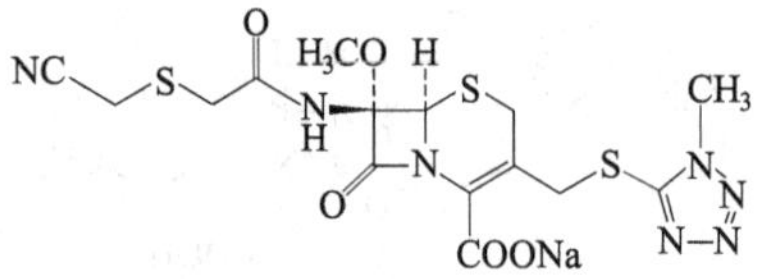

Cefminox sodium salt heptahydrate

头孢米诺钠盐 七水合物 02079

[88641-36-5] [75498-96-3](无水物) $C_{16}H_{20}N_7NaO_7S_3 \cdot 7H_2O$ 667.65

成分 (以无水物计) C 35.49%，H 3.72%，N 18.11%，Na 4.25%，O 20.68%，S 17.76%。

别名 MT-141; Meicelin; (6*R*, 7*S*)-7-[[[(2*S*)-2-Amino-2-carboxyethyl]thio] acetyl]amino-7-methoxy-3-[(1-methyl-1*H*-tetrezol-5-yl) thio] methyl-8-oxo-5-thia-1-azabicy-clo [4.2.0] oct-2-ene-2-carboxylic acidsodium salt; 7*β*-(2-D-Amino-2-carboxyethylthioacetamido)-7*α*-methoxy-3-[(1-methyl-1*H*-tet-razol-5-yl) thio]methyl-3-cephem-4-carboxylic acid sodium salt

M. I. 15, 1928

性状 来自乙醇-水中的无色结晶。一般商品为白色至浅黄色结晶性粉末。易溶于水，略溶于甲醇，几乎不溶于乙醇。mp 90～91℃。LD_{50}雄，雌小鼠静脉注射：6100mg/kg，5200mg/kg；雄，雌大鼠静脉注射：6600mg/kg，5700mg/kg；腹膜内注射：8600mg/kg，8550mg/kg；皮下注射或急性经口：>15000mg/kg，>15000mg/kg。生化试剂含量≥99.0%。

主要用途 医用抗菌剂。

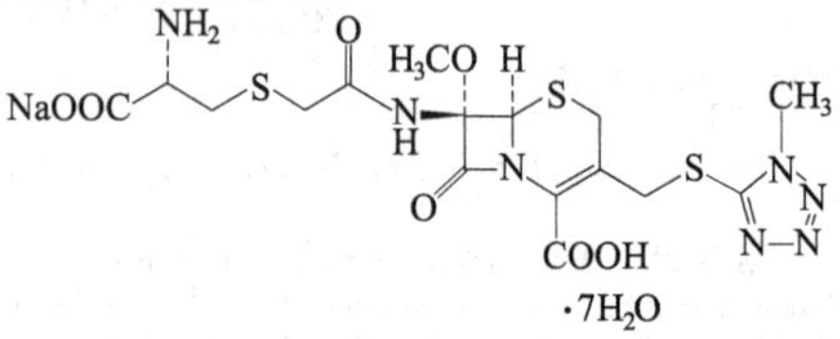

Cefodizime disodium salt 头孢地嗪二钠盐 02080

[86329-79-5] $C_{20}H_{18}N_6Na_2O_7S_4$ 628.62

成分 C 38.21%，H 2.89%，N 13.37%，Na 31%，O 17.82%，S 20.40%。

别名 HR-221; THR-221; Kenicef; Neucef; Timecef; (6*R*, 7*R*)-7-[(2*Z*)-(2-Amino-4-thiazolyl) (methoxyimino) acetyl] amino-3-[(5-carboxymethyl-4-methyl-2-thiazolyl) thio] methyl-8-oxo-5-thia-1-azabicyclo [4.2.0] oct-2-ene-2-carboxylic acid disodium salt; (6*R*, 7*S*)-7-[2-(2-Amino-4-thiazolyl) glyoxylamido]-3-[(5-carboxymethyl-4-methyl-2-thiazolyl) thio] methyl-8-oxo-5-thia-1-azabicyclo[4.2.0]oct-2-ene-2-carboxylic acid 7^2-(*Z*)-(*O*-methyloxime) disodium salt

M. I. 15, 1929

性状 白色至黄色结晶性粉末。溶于水(约 270g/L)。LD_{50}小鼠，兔静脉注射：全部 4000～8000mg/kg；大鼠静脉注射：4000～8000mg/kg；皮下注射 15000～17500mg/kg；腹膜内注射：8000～11000mg/kg。

主要用途 医用抗菌剂。

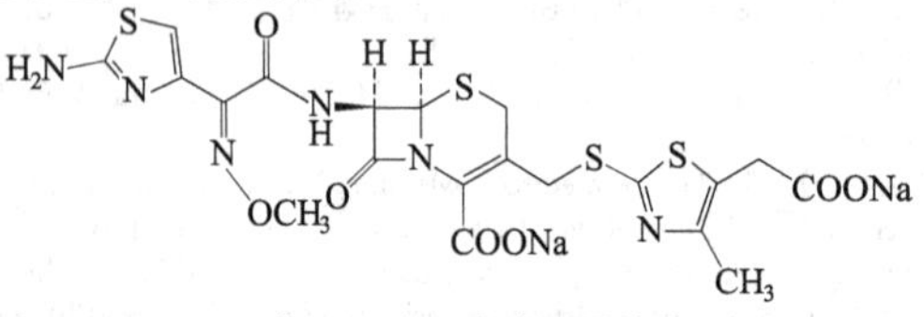

Cefoperazone sodium salt 头孢哌酮钠盐 02081

[62893-20-3] $C_{25}H_{26}N_9NaO_8S_2$ 667.65

成分 C 44.97%，H 3.92%，N 18.88%，Na 3.44%，O 19.17%，S 9.61%。

别名 CP-52640-2; T-1551; Biopera-zone; Cefazone; Cefobid; Cefobine; Cefobis; Cefogram; Cefoneg; Cofosint; Dardum; Farecef; Kefazon; Novobiocyl; Pathozone; Peracef; Perocef; Tomabef; (6*R*, 7*R*)-7-[(2*R*)-[[(4-Ethyl-2, 3-dioxo-1-piperazinyl) carbonyl] amino](4-hydroxyphenyl) acetyl]amino-3-[(1-methyl-1*H*-tetrazol-5-yl) thio]methyl-8-oxo-5-thia-1-azabicyclo[4.2.0]oct-2-ene-2-carboxylic acid sodium salt; 7-[D-(−)-*α*-(4-Ethyl-2, 3-dioxo-1-piperazinecarboxamido)-*α*-(4-hydroxyphenyl) acetamido]-3-[(1-methyl-1*H*-tetrazol-5-yl) thio] methyl-3-cephem-4-carboxylic acid sodium salt

M. I. 15, 1931

性状 无色结晶。易溶于水、甲醇，微溶于无水乙醇，不溶于现丙酮、乙酸乙酯、乙醚。于 pH 值 4.0～7.0 时稳定，在碱溶液中极不稳定，在酸中亦不稳定。

注意事项 该品吸入或与皮肤接触可引起过敏。使用时应穿适当的防护服和戴手套。应避免吸入本品的粉尘。应密封于 2～8℃保存。

主要用途 医用抗菌剂。

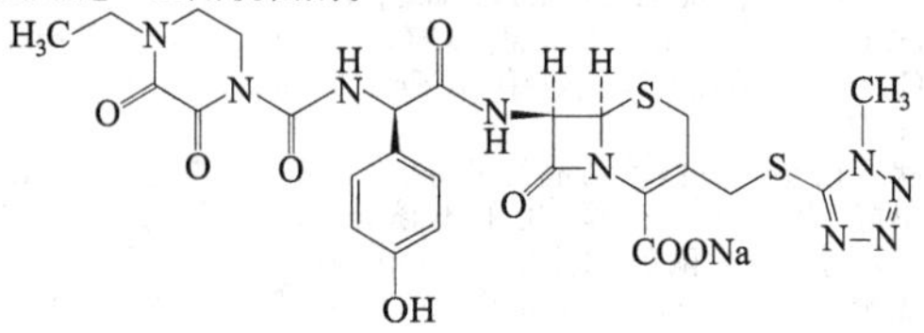

Ceforanide 头孢雷特 02082

[60925-61-3] $C_{20}H_{21}N_7O_6S_2$ 519.55

成分 C 46.24%，H 4.07%%，N 18.87%，O 18.48%，S 12.34%。

别名 头孢氨甲苯唑；头孢来尼；氨苄四唑头孢菌素；(6*R*, 7*R*)-7-[[2-(Aminomethyl) phenyl] acetyl] amino-3-[(1-carboxymethyl-1*H*-tetrazol-5-yl) thio] methyl-8-oxo-5-thia-1-azabicyclo[4.2.0]oct-2-ene-2-carboxylic acid; (6*R*, 7*R*)-7-[2-(*α*-Amino-*o*-tolyl) acetamido]-3-[(1-carboxymethyl-1*H*-tetrazol-5-yl) thio]methyl-8-oxo-5-thia-1-azabicyclo[4.2.0]oct-2-ene-2-carboxylic acid; 7-[*o*-(Aminomethyl) phenylacetamido]-3-[(1-carboxymethyl-1*H*-tetrazol-5-yl)-thio] methyl-3-cephem-4-carboxylic acid; BL-S786

M. I. 15, 1932

性状 白色固体。易溶于 1mol/L 氢氧化钠溶液，几乎不溶于水、甲醇、氯仿、乙醚。mp>150℃ (分解)；*d* 1.79。生化试剂含量≥99.9%。

主要用途 医用抗菌剂。

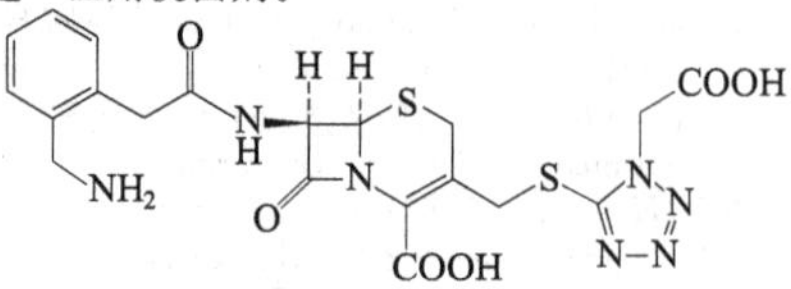

Cefotaxime sodium salt 头孢噻肟钠盐 02083

[64485-93-4] $C_{16}H_{16}N_5NaO_7S_2$ 477.44

成分 C 40.25%，H 3.38%，N14.67%，Na 4.82%，O 23.46%，S 13.43%。

别名 HR-756; RU-24756; Cefotax; Chemcef; Claforan; Pretor; Tolycar; (6*R*, 7*R*)-3-(Acetyloxy) methyl-7-[(2*Z*)-(2-amino-4-thiazolyl) (methoxyimino) acetyl] amino-8-oxo-5-thia-1-azabicyclo [4.2.0]oct-2-ene-2-carboxylic acid sodium salt; (6*R*, 7*R*)-7-[2-(2-Amino-4-thiazolyl) glyoxylamido]-3-hydroxymethyl -8-oxo-5-thia-1-azabicyclo [4.2.0] oct-2-ene-2-carboxylate 7^2-(*Z*)-(*O*-methyloxime) acetate sodium salt; 7-[2-(2-Amino-4-thiazolyl)-2-methoxyiminoacetamido]cephalosporanic acid sodium salt

M. I. 15, 1934

性状 无色结晶或白色粉末。易溶于水，微溶于甲醇，几乎不溶于有机溶剂。$[\alpha]_D^{20}+55°\pm2°$ (c=0.8，于水中)。

注意事项 该品吸入或与皮肤接触可引起过敏。使用时应穿适当的防护服和戴手套。应避免吸入本品的粉尘。应密封于 2～8℃保存。

主要用途 医用抗菌剂。

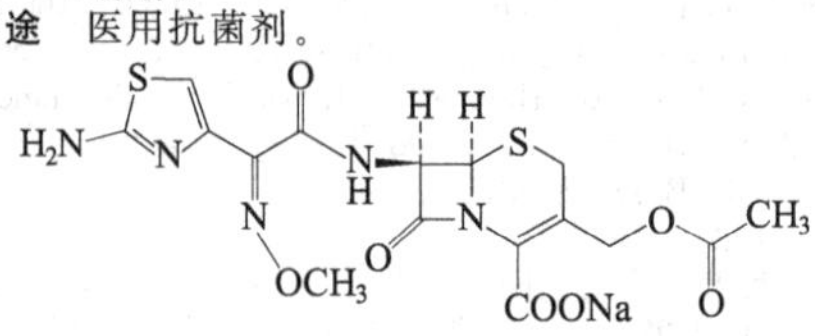

Cefotetan disodium salt 头孢替坦二钠盐 02084

[74356-00-6] $C_{17}H_{15}N_7Na_2O_8S_4$ 619.57

成分 C 32.96%，H 2.44%，N 15.83%，Na 7.42%，O 20.66%，S 20.70%。

别名 头孢西丁二钠，头孢双硫唑甲氧二钠；双硫唑甲氧头孢菌素二钠；ICI-156834；YM-09330；Apatef；Cefotan；(6*R*，7*S*)-7-[[4-(2-Amino-1-carboxy-2-oxoethylidene)-1，3-dithietan-2-yl]carbonyl]amino-7-methoxy-3-[(1-methyl-1*H*-tetrazol-5-yl)thio] methyl-8-oxo-5-thia-1-azabicyclo [4.2.0] oct-2-ene-2-carboxylic acid disodium salt；(6*R*，7*S*)-7-(4-Carbamoylcarboxymethylene-1， 3-dithietane-2-carboxamido)-7-methoxy-3-[(1-methyl-1*H*-tetrazol-5-yl) thio] methyl -8-oxo-5-thia-1-azabicyclo [4.2.0]oct-2-ene-2-carboxylic acid disodium salt

M. I. 15，1935

性状 白色或微黄白色粉末。略溶于甲醇、微溶于乙醇、水。LD_{50}雄小鼠，大鼠静脉注射：6.35g/kg，8.48g/kg；腹膜内注射：8.12g/kg，8.37g/kg；急性经口及皮下注射：全部>10g/kg。

主要用途 医用抗菌剂。

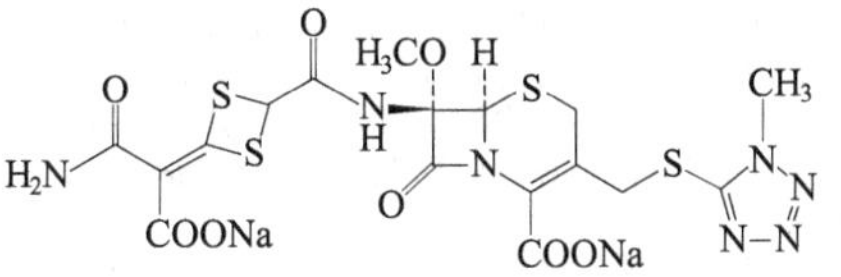

Cefoxitin sodium salt 头孢甲氧霉素钠盐 02085

[33564-30-6] $C_{16}H_{16}N_3NaO_7S_2$ 449.43

成分 C 42.76%，H 3.59%，N 9.35%，Na 5.11%，O 24.92%，S 14.27%。

别名 甲氧噻吩头孢菌素钠盐；噻吩甲氧头孢菌素钠盐；MK-306；Betacef；Farmoxin；Mefoxin；Mefoxitin；Merxin；Cenomycin；(6*R*，7*S*)-3-[(Aminocarbonyl) oxy] methyl-7-methoxy-8-oxo-7-(2-thienylacetyl) amino-5-thia-1-azabicyclo [4.2.0] oct-2-ene-2-carboxylic acid sodium salt；3-Hydroxymethyl-7-methoxy-8-oxo-7-[2-(2-thienyl)acetamido]-5-thia-1-azabicyclo[4.2.0]oct-2-ene-2-carboxylic acid carbamate (ester) sodium salt；3-Carbamoyloxymethyl-7α-methoxy-7-[2-(2-thienyl) acetamido]-3-cephem-4-carboxylic acid sodium salt

M. I. 15，1938

性状 白色结晶。有特殊气味。易溶于水，溶于甲醇，略溶于乙醇、二甲基甲酰胺，微溶于丙酮，不溶于乙醚、氯仿及芳香烃、脂肪烃。$[\alpha]^{25}_{589nm}$ +210°（c=1，于甲醇中）。LD_{50}小鼠，大鼠，狗静脉注射：5.10mg/kg，8.98mg/kg，>10.0mg/kg。

注意事项 该品对眼睛、呼吸系统及皮肤有刺激性。吸入或与皮肤接触可引起过敏。使用时应穿适当的防护服，戴手套和防护镜或面罩。使用时应避免吸入本品的粉尘。万一接触到眼睛，应立即用大量水冲洗后请医生诊治。应密封于2～8℃保存。

主要用途 医用抗菌剂。

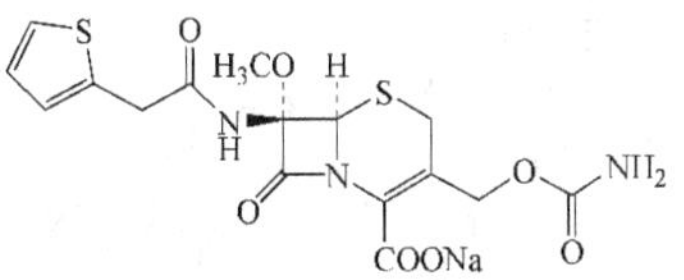

Cefozopran hydrochloride 头孢唑兰 盐酸盐 02086

[113981-44-5] $C_{19}H_{18}ClN_9O_5S_2$ 551.98

成分 C 41.34%，H 3.29%，Cl 6.42%，N 22.84%，O 14.49%，S 11.62%。

别名 盐酸头孢唑兰；SCE-2787；Firstcin；1-[[(6*R*，7*R*)-7-[(2*Z*)-(5-Amino-1，2，4-thiadiazol-3-yl)(methoxyimino) acetyl] amino-2-carboxy-8-oxo-5-thia-1-azabicyclo[4.2.0] oct-2-en-3-yl] meth-yl] imidazo[1，2-b]pyridazinium inner salt hydrochloride；7β-[2-(5-Amino-1，2，4-thiadiazol-3-yl)-2-(*Z*)-methoxyiminoacetamido]-3-(imidazo [1，2-*b*] pyridazinium-1-yl) methyl-3-cephem-4-carboxylate hydrochloride

M. I. 15，1939

性状 白色至淡黄色结晶性粉末。易溶于二甲基亚砜、甲酰胺，微溶于水、甲醇、乙醇，几乎不溶于乙腈、乙醚。生化试剂含量≥99.0%。

主要用途 医用抗菌剂。

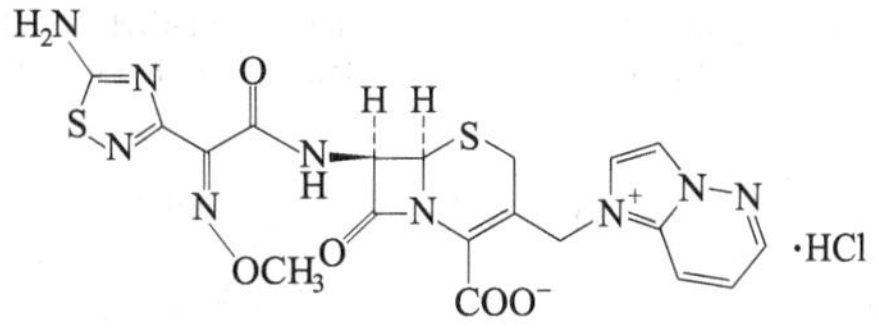

Cefpiramide 头孢匹胺 02087

[70797-11-4] $C_{25}H_{24}N_8O_7S_2$ 612.64

成分 C 49.01%，H 3.95%，N 18.29%，O 18.28%，S 10.47%。

别名 头孢吡四唑；(6*R*，7*R*)-7-[(2*R*)-[[(4-Hydroxy-6-methyl-3-pyridinyl) carbonyl] amino] (4-hydroxyphenyl) acetyl] amino-3-[(1-methyl-1*H*-tetrazol-5-yl)thio]methyl-8-oxo-5-thia-1-azabicyclo [4.2.0]oct-2-ene-2-carboxylic acid；7-[(*R*)-2-(4-Hydroxy-6-methylnicotinamido)-2-(*p*-hydroxyphenyl) acetamido]-3-[(1-methyl-1*H*-tetrazol-5-yl)thio]methyl-8-oxo-5-thia-1-azabicyclo[4.2.0]oct-2-ene-2-carboxylic acid；D-7-[(4-Hydroxy-6-methylnicotinamido)-4-hydroxyphenylacetamido]-3-(1-methyltetrazol-5-yl) thiomethyl-cephem-4-carboxylic acid

M. I. 15，1940

性状 黄色结晶。mp 213～215℃（分解）；*d* 1.75。

主要用途 医用抗菌剂。

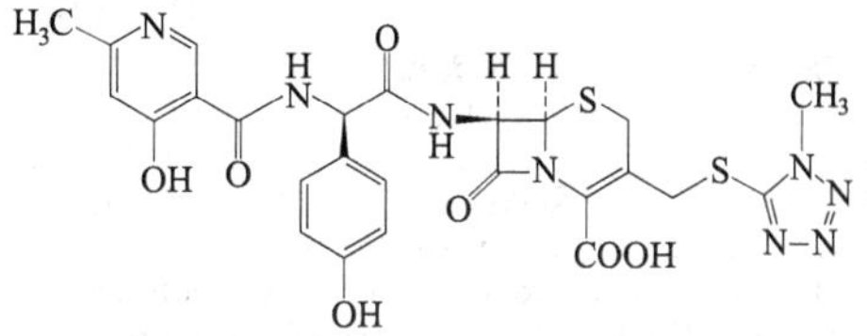

Cefpirome 头孢匹罗 02088

[84957-29-9] $C_{22}H_{22}N_6O_5S_2$ 514.58

成分 C 51.35%，H 4.31%，N 16.33%，O 15.55%，S 12.46%。

别名 头孢匹隆；1-[(6*R*，7*S*)-7-[(2*Z*)-(2-Amino-4-thiazolyl) (methoxyimino) acetyl] amino-2-carboxy-8-oxo-5-thia-1-azabicyclo [4.2.0] oct-2-en-3-yl] methyl-6，7-dihydro-5*H*-cyclopenta[*b*] pyrindinium inner salt；3-(2，3-Cyclopentemo-1-pyridinium) methyl-7-[2-*syn*-methoxyimino-2-(2-aminothiazol-4-yl) acetamido] ceph-3-en-4-carboxylate；1-[(6*R*，7*S*)-7-[2-(2-Amino-4-thiazolyl) glyoxylamido]-2-carboxy-8-oxo-5-thia-1-azabicyclo[4.2.0]oct-2-en-3-yl]methyl-6，7-dihydro-5*H*-1-pyrindinium hydroxide inner salt，7^2-(*Z*)-(*O*-methyloxime)；HR-810

M. I. 15，1941

性状 类白色至微黄色结晶性粉末。易溶于水，几乎不溶于乙醇及乙醚。LD_{50}小鼠，大鼠静脉注射：1.9～2.4g/kg，1.9～2.15g/kg；腹膜内注射：3.8～4.2g/kg，5.8～6.55g/kg。

注意事项 该品对眼睛、呼吸系统及皮肤有刺激性。吸入或与皮肤接触可引起过敏。使用时应穿适当的防护服，戴手套和防护镜或面罩。应避免吸入本品的粉尘。万一接触到眼睛，应立即用大量水冲洗后请医生诊治。

主要用途 医用抗菌剂。

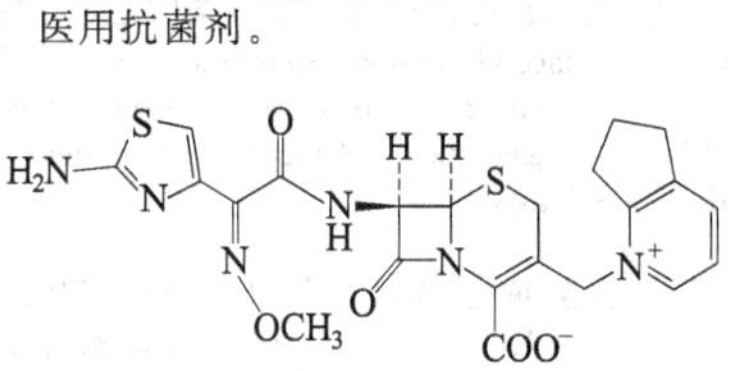

Cefpodoxime 1-(isopropoxycarbonylocy) ethyl ester 头孢泊肟 1-(异丙氧基羰氧)乙酯 02089

[87239-81-4] $C_{21}H_{27}N_5O_9S_2$ 557.59

成分 C 45.24%，H 4.88%，N 12.56%，O 25.82%，S 11.50%。

别名 头孢多星 1-(异丙氧基羰氧)乙酯；头孢安塞醚酯；普拿；(6*R*，7*R*)-7-[(2*Z*)-(2-Amino-4-thiazolyl)(methoxyimino) acetyl] amino-3-methoxymethyl-8-oxo-5-thia-1-azabicyclo [4.2.0] oct-2-ene-2-carboxylic acid 1-[[(1-

methylethoxy) carbonyl] oxy] ethyl ester; 1-(Isopropoxycarbonyloxy)ethyl (6R, 7R) -7- [2- (2-amino-4-thiazolyl) - (Z) -2- (methoxyimino) acetamido] -3-methoxymethyl-3-cephem-4-carboxylate; CS-807; U-76252; Banan; Cefodox; Orelox; Otreon; Vantin

M. I. 15, 1942

性状 白色至淡黄色粉末。味苦。易溶于甲醇、乙腈、乙醇，几乎不溶于水。mp 111～113℃；d 1.58。LD_{50} (mg/kg) 雄、雌小鼠，雄、雌大鼠皮下注射：＞10000，＞10000，＞2000，＞2000；腹膜内注射：3502，2535，＞4000，＞4000；急性经口：＞8000，＞8000，＞4000，＞4000。生化试剂含量≥99.0%。

注意事项 该品对眼睛、呼吸系统及皮肤有刺激性。吸入或与皮肤接触可引起过敏。使用时应穿适当的防护服，戴手套和防护镜或面罩。应避免吸入本品的粉尘。万一接触到眼睛，应立即用大量水冲洗后请医生诊治。应密封于阴凉干燥处保存。

主要用途 医用抗菌剂。

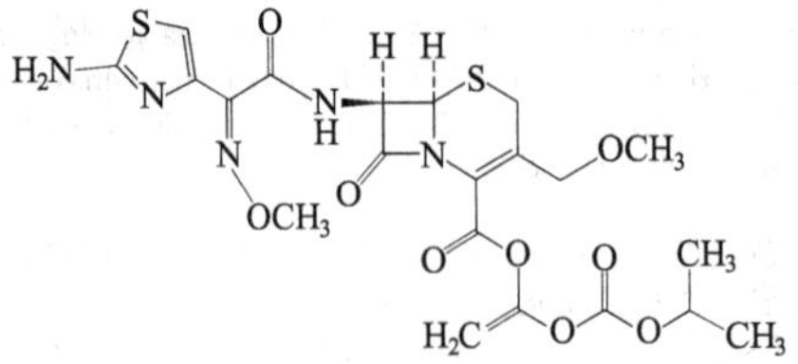

(Z)-Cefprozil (Z)-头孢丙烯 02090

[121412-77-9] $C_{18}H_{19}N_3O_5S \cdot H_2O$ 407.44

成分 C 53.06%，H 5.20%，N 10.31%，O 23.56%，S 7.87%。

别名 头孢罗齐；赛夫罗秀；头孢齐尔；BMY-28100；(6R,7R)-7-[(2R)-Amino(4-hydroxyphenyl)acetyl]amino-8-oxo-3-(1-propenyl)-5-thia-1-azabicyclo[4.2.0]oct-2-ene-2-carboxylic acid monohydrate；(6R,7R)-7-[(R)-2-Amino-2-(p-hydroxyphenyl) acetamido]-8-oxo-3-propenyl-5-thia-1-azabicyclo[4.2.0]oct-2-ene-2-carboxylic acid monohydrate；Cerfzil；Procef

M. I. 15, 1943

性状 来自丙酮中离析出的无色结晶，为半水合物。mp 218～220℃（分解）；uv max（于 pH 值 7 的磷酸盐缓冲剂中）：228nm，279nm（ε 12300，9800）。生化试剂含量≥99.0%。

主要用途 医用抗菌剂。

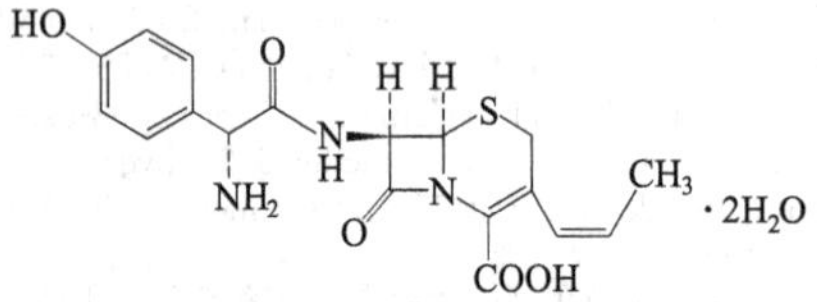

Cefroxadine dihydrate 头孢沙定 二水 02091

[95615-72-8][51762-05-1]（无水物） $C_{16}H_{19}N_3O_5S \cdot 2H_2O$ 401.43

成分 （以无水物计） C 52.59%，H 5.24%，N 11.50%，O 21.89%，S 8.78%。

别名 头孢甲氧环烯胺；头孢西丁；噻甲羧肟头孢菌素；甲氧环烯氨头孢菌素；(6R, 7R)-7-[(2R)-Amino-1, 4-cyclohexadien-1-ylacetyl] amino-3-methoxy-8-oxo-5-thia-1-azabicyclo[4.2.0]oct-2-ene-2-carboxylic acid；7-[D-2-Amino-2-(1,4-cyclohexadienyl) acetamide]-3-methoxy-3-cephem-4-carboxylic acid；CGP-9000；Oraspor

M. I. 15, 1945

性状 浅黄白色至黄色结晶性粉末。mp 170℃（分解）；$[\alpha]_D^{20}$ +87°（c=1.093，于 0.1mol/L 盐酸中）；uv max（于 0.1mol/L 盐酸中）：267nm（ε 6100）。LD_{50} 小鼠急性经口：＞6000mg/kg；腹膜内注射：＞7090mg/kg。

主要用途 医用抗菌剂。

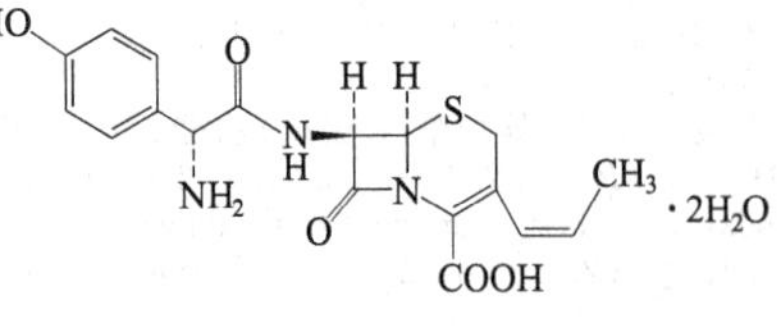

Cefsulodin sodium salt 头孢磺啶钠盐 02092

[52152-93-9] $C_{22}H_{19}N_4NaO_8S_2$ 554.52

成分 C 47.65%，H 3.45%，N 10.10%，Na 4.15%，O 23.08%，S 11.56%。

别名 头孢磺吡啶钠；头孢磺吡苄钠；磺吡苄头孢菌素钠；Sulcephalosporin；Abbott 46811；CGP-7174/E；SCE-129；Cefomonil；Monaspor；Pseudomonil；Pseudocef；Pyocefal；Takesulin；Tilmapor；Ulfaret；4-Aminocarbonyl-1-[[(6R,7R)-2-carboxy-8-oxo-7-[(2R)-phenylsulfoacetyl] amino-5-thia-1-azabicyclo[4.2.0]oct-2-en-3-yl]methyl]pyridinium inner salt sodium salt；7-(α-Sulphophenylacetamido)-3-(4′-carbamoylpyridinium) methyl-3-cephem-4-carboxylic acid sodium salt

M. I. 15, 1946

性状 来自乙醇/水中的无色针状结晶。易吸潮。易溶于水、甲酰胺，微溶于甲醇，极微溶于乙醇。mp 175℃（分解）；$[\alpha]_D^{23}$ +16.5°（c=1.08，于水中）；uv max（水中）：263nm（ε 14600）。LD_{50}小鼠腹膜内注射：＞4000mg/kg；急性经口：＞15000mg/kg。

注意事项 该品对眼睛、呼吸系统及皮肤有刺激性。吸入或与皮肤接触可引起过敏。使用时应穿适当的防护服和戴手套。应避免吸入本品的粉尘。万一接触到眼睛，应立即用大量水冲洗后请医生诊治。使用时如有事故发生或有不适之感，应请医生诊治。应密封于 2～8℃保存。

主要用途 医用抗菌剂。

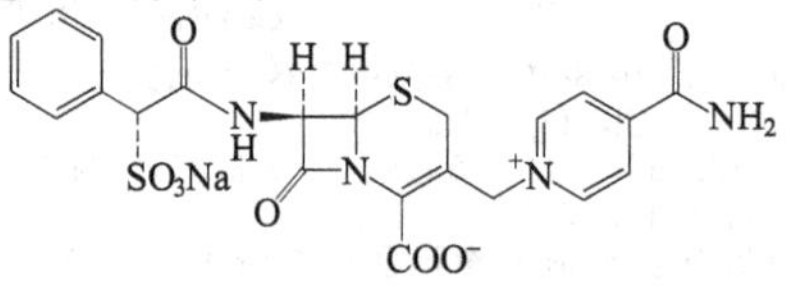

Ceftazidime pentahydrate 头孢他啶 五水 02093

[78439-06-2] $C_{22}H_{22}N_6O_7S_2 \cdot 5H_2O$ 636.66

成分 （以无水物计） C 48.34%，H 4.06%，N 15.38%，O 20.49%，S 11.73%。

别名 头孢噻甲羧肟；Fortam；Fortaz；Fortum；Fortumset；Glazidim；Kefadim；Kefamin；Kefazim；Modacin；Panzid；Spectrum；Starcef；Tazicef；Tazidime；1-[[(6R,7R)-7-[[(2Z)-(2-Amino-4-thiazolyl)[(1-carboxy-1-methylethoxy)imino]acetyl]amino]-2-carboxy-8-oxo-5-thia-1-azabicyclo[4.2.0]oct-2-en-3-yl]methyl] pyridinium inner salt；1-[[(6R,7R)-7-[2-(2-Amino-4-thiazolyl) glyoxylamido]-2-carboxy-8-oxo-5-thia-1-azabicyclo[4.2.0]oct-2-en-3-yl]methyl]pyridinium hydroxideinner salt 7²-(Z)-[O(1-carboxy-1-methylethyl)oxime]；GR-20263

M. I. 15, 1948

性状 无色或白色结晶性固体。uv max（pH 值 6 中）：257nm（$E_{1cm}^{1\%}$ 348）。一般试剂为水合物。含量 90.5%～105.0%。

注意事项 该品吸入或与皮肤接触可引起过敏。使用时应穿适当的防护服和戴手套。应避免吸入本品的粉尘，避免与皮肤接触。使用时如有事故发生或有不适之感，应请医生诊治。应密封于 2～8℃保存。

主要用途 医用抗菌剂。

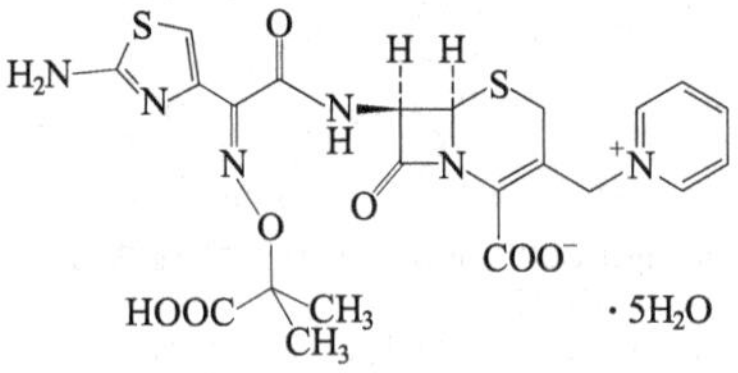

Cefteram 头孢特仑 02094

[82547-58-8] $C_{16}H_{17}N_9O_5S_2$ 479.49

成分 C 40.08%，H 3.57%，N 26.29%，O 16.68%，S 13.37%。

别名 (6R,7R)-7-[(2Z)-(2-Amino-4-thiazolyl)(methoxyimino) acetyl] jamido-3-(5-methyl-2H-tetrazol-2-yl) methyl-8-oxo-5-thia-1-azabicyclo[4.2.0]oct-2-ene-2-carboxylic acid；(+)-(6R,7R)-7-[(Z)-2-(2-Amino-4-thiazolyl)-2-(methoxyimino) acetamido]-3-(5-methyl-2H-tetrazol-2-yl) methyl-8-oxo-5-thia-1-azabicyclo [4.2.0] oct-2-ene -2-carboxylic acid；7-[2-(2-Aminothiazol-4-yl)-2-syn-methoxyiminoacetamido]-3-[2-(5-

methyl-1，2，3，4-tetrazolyl）methyl］-Δ^3-cephem-4-carboxylic acid;（+）-(6*R*，7*R*）-7-［2-（2-Amino-4-thiazolyl）glyoxylamido］-3-（5-methyl-2*H*-tetrazol-2-yl）methyl-8-oxo-5-thia-1-azabicyclo［4.2.0］oct-2-ene -2-carboxylic acid，7^2-（*Z*）-（*O*-methyloxime)；Ceftetrame；Ro-19-5247；T-2525

M.I.15，1949

性状 来自丙酮中的无色结晶。mp＞200℃。

主要用途 医用抗菌剂。

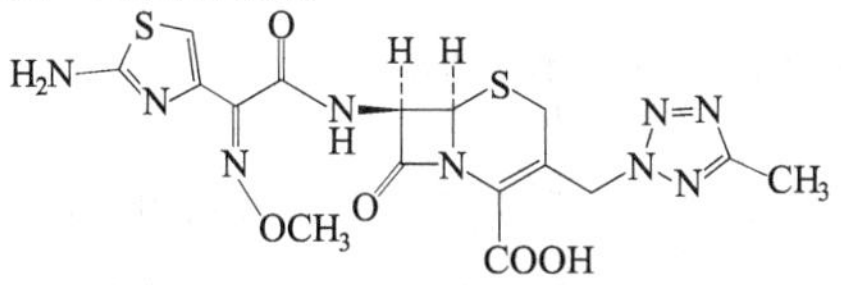

Ceftiofur monosodium salt 头孢噻呋一钠盐 02095

［104010-37-9］ $C_{19}H_{16}N_5NaO_7S_3$ 545.53

成分 C 41.83%，H 2.96%，N 12.84%，Na 4.21%，O 20.53%，S 17.63%。

别名 头孢噻夫钠盐；CM-31916；U-64279E；Naxcel；Spectramast；(6*R*，7*R*)-7-［(2*Z*)-(2-Amino-4-thiazolyl)(methoxyimino)acetyl］amino-3-［(2-furanylcarbonyl)thio］methyl-8-oxo-5-thia-1-azabicyclo［4.2.0］oct-2-ene -2-carboxylic acid monosodium salt；(6*R*，7*R*)-7-［2-(2-Amino-4-thiazolyl)glyoxylamido］-3-mercaptomethyl-8-oxo-5-thia-1-azabicyclo［4.2.0］oct-2-ene -2-carboxylic acid，7^2-(*Z*)-(*O*-methyloxime)2-furoate (ester) monosodium salt

M.I.15，1951

性状 白色至淡灰黄色粉末。溶于水。mp 240℃。一般试剂含量≥99.9%。

注意事项 该品应密封避光保存。

主要用途 兽用抗菌剂。

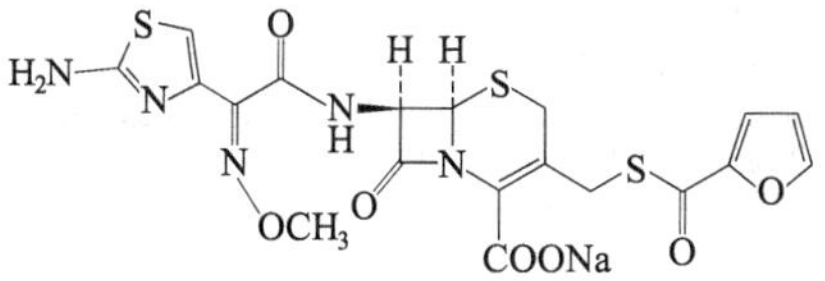

Ceftizoxime sodium salt 头孢唑肟钠盐 02096

［68401-82-1］ $C_{13}H_{12}N_5NaO_5S_2$ 405.38

成分 C 38.52%，H 2.98%，N 17.28%，Na 5.67%，O 19.73%，S 15.82%。

别名 头孢去甲噻肟钠；安保速灵；益保世灵；安普西林；FK-749；FR-13479；SKF-88373；Cefizox；Ceftix；Ceftizon；Epocelin；Eposerin；(6*R*，7*R*)-7-［(2*Z*)-(2-Amino-4-thiazolyl)(methoxyimino)acetyl］amiuo-8-oxo-5-thia-1-azabicyclo［4.2.0］oct-2-ene -2-carboxylic acid sodium salt；(6*R*，7*R*)-7-［2-(2-Imino-4-thiazolyl) glyoxylamido］-8-oxo-5-thia-1-azabicyclo［4.2.0］oct-2-ene -2-carboxylic acid，7^2-(*Z*)-(*O*-methyloxime) sodium salt

M.I.15，1952

性状 白色至淡黄色结晶性粉末易溶于水，略溶于甲醇，几乎不溶于乙醇。LD_{50}小鼠，大鼠静脉注射：约 6000mg/kg。生化试剂含量≥99.0%。

注意事项 该品应密封于阴凉干燥处保存。

主要用途 医用抗菌剂。

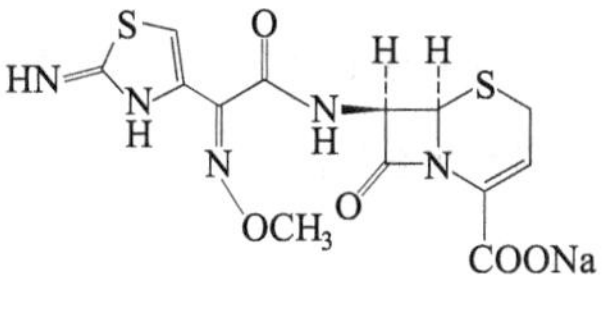

Ceftriaxone disodium salt hemiheptahydrate 头孢曲松钠盐 3½水 02097

［104376-79-6］ $C_{18}H_{16}N_8Na_2O_7S_3 \cdot 3\frac{1}{2}H_2O$ 661.59

成分 (以无水物计) C 36.12%，H 2.69%，N 18.72%，Na 7.68%，O 18.71%，S 16.07%。

别名 头孢三嗪；头孢哌酮；(6*R*，7*R*)-7-［(2*Z*)-2-(2-Amino-4-thiazolyl)-2-(methoxyimino) acetyl］amino-8-oxo-3-［(1，2，5，6-tetrahydro-2-methyl-5，6-dioxo-1，2，4-triazin-3-yl)thio］methyl-5-thia-1-azabicyclo［4.2.0］oct-2-ene -2-carboxylic acid disodium salt；(6*R*，7*R*)-7-［2-(2-Amino-4-thiazolyl)glyoxylamido］-3-［(2，5-dihydro-6-hydroxy-2-methyl-5-oxo-*as*-triazin-3-yl) thio］methyl-8-oxo-5-thia-1-azabicyclo［4.2.0］oct-2-ene -2-carboxylic，acid' 7^2-(*Z*)-(*O*-methyloxime) disodium salt；Cefatriaxone disodium salt

M.I.15，1955

性状 白色结晶性粉末。溶于水（25℃，约 40g/1000mL）。mp＞155℃（分解）；$[\alpha]_D^{25}-165°$（$c=1$，于水中）；uv max（水中）：241nm，272nm（ε 32300，29500）。LD_{50} 雄、雌小鼠，大鼠静脉注射：3000mg/kg，2800mg/kg，2175mg/kg，2175mg/kg；所有品种急性经口：＞10g/kg；所有品种皮下注射：＞5g/kg。

注意事项 该品对眼睛、呼吸系统及皮肤有刺激性。吸入或与皮肤接触可引起过敏。使用时应穿适当的防护服。万一接触到眼睛，应立即用大量水冲洗后请医生诊治。应密封于 2～8℃保存。

主要用途 医用抗菌剂。

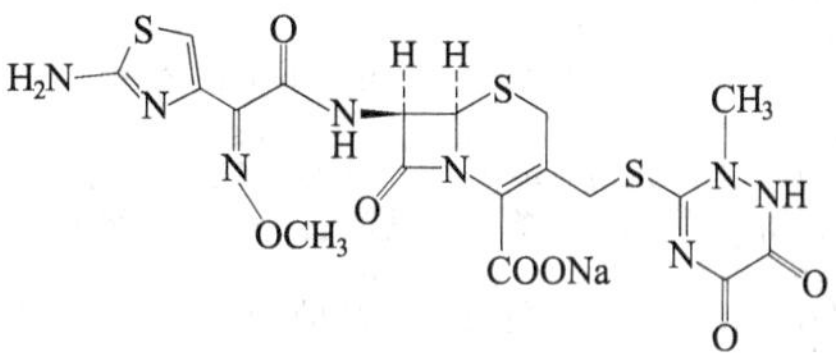

Cefuroxime sodium salt 头孢氨呋肟钠盐 02098

［56238-63-2］ $C_{16}H_{15}N_4NaO_8S$ 446.37

成分 C 43.05%，H 3.39%，N 12.55%，Na 5.15%，O 28.67%，S 7.18%。

别名 Anaptivan；Biociclin；Biofurex；Bioxima；Cefamar；Cefoprim；Cefumax；Cefurex；Cefurin；Curocef；Curoxim；Duxima；Gibicef；Ipacef；Kefurox；Kesint；Lampsporin；Medoxim；Novocef；Spectrazole；Ultroxim；Zinacef；(6*R*，7*R*)-3-［(Aminocarbonyl)oxy］methyl-7-［(2*Z*)-2-furanyl(methoxyimino)acetyl］amino-8-oxo-5-thia-1-azabicyclo［4.2.0］oct-2-ene-2-carboxylic acid sodium salt；(6*R*，7*R*)-3-carbamoyloxymethyl-7-［2-(2-furyl)-2-(methoxyimino) acetamido］-8-oxo-5-thia-1-azabicyclo［4.2.0］oct-2-ene-2-carboxylic acid sodium salt；(6*R*，7*R*)-3-carbamoyloxymethyl-7-［2-(2-furyl)-2-(methoxyimino) acetamido］ceph-3-en-4-carboxylic acid sodium salt

M.I.15，1956

性状 白色或淡黄色粉末。易溶于水(500mg/2.5mL)及缓冲溶液。溶于甲醇，极微溶于乙醇、乙酸乙酯、乙醚、辛醇、苯、氯仿。pK_a(水中)：2.5；(二甲基甲酰胺中)：5.1。该品溶液室温可稳定 13h，(25℃)48h＜10%分解。$[\alpha]_D^{20}+60°$（$c=0.91$，于水中)；uv max(水中)：274nm(ε 17400)。

注意事项 该品吸入或与皮肤接触可引起过敏。对眼睛、呼吸系统及皮肤有刺激性。使用时应穿适当的防护服。万一接触到眼睛，应立即用大量水冲洗后请医生诊治。应密封于 2～8℃保存。

主要用途 医用抗菌剂。

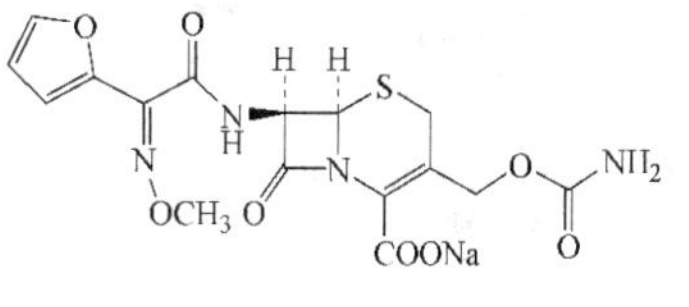

Celecoxib 塞来昔布 02099

［169590-42-5］ $C_{17}H_{14}F_3N_3O_5S$ 381.37

成分 C 53.54%，H 3.70%，F 14.94%，N 11.02%，O 8.39%，S 8.41%。

别名 昔布；塞来考昔；4-［5-(4-Methylphenyl)-3-trifluoromethyl-1*H*-pyrazol-1-yl］benzenesulfonamide；SC-58635；YM-177；Celebrex

M.I.15，1958

性状 浅黄色固体。溶于二甲基亚砜、乙醇及水。mp 157～159℃。

注意事项 该品应密封于－20℃保存。
主要用途 医用抗炎剂。用于通常腺瘤息肉的治疗。

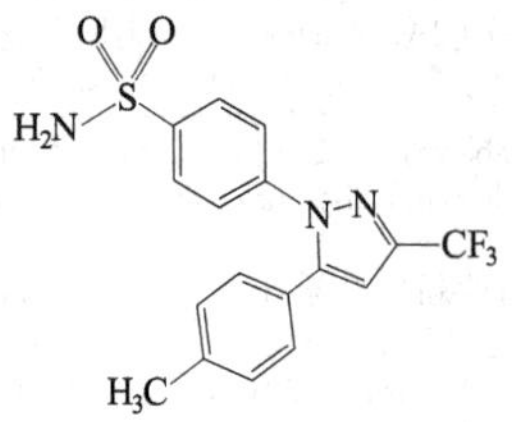

Celestin blue 天青石蓝 02100

[1562-90-9] $C_{17}H_{18}ClN_3O_4$ 363.80

成分 C 56.13%，H 4.99%，Cl 9.74%，N 11.55%，O 17.59%。
别名 天青石蓝 B；媒染蓝 14；1-Aminocarbonyl-7-diethylamino-3,4-dihydroxyphenoxazin-5-ium chloride；1-Carbamoyl-7-diethylamino-3,4-dihydroxyphenazoxonium chloride；Celestine blue B；Coelestin blue；Gallo sky blue B；Corein 2R；Michrome No. 66；Mordant blue 14
M. I. 15,1961 C. I. 51050
性状 墨绿色粉末。该品在下列物质中近似溶解度为：水 2%，无水乙醇 1.5%，2-乙氧基乙烷 2.25%，乙二醇 6.5%，二甲苯 0.005%。其醇溶液呈纯蓝色，最大吸收峰 610～630nm。该品的盐酸溶液呈红色，硫酸溶液呈蓝色。一般试剂干燥含量约 85%；mp 227～230℃；λ_{max} 642nm。
注意事项 使用时应避免吸入本品的粉尘，避免与眼睛及皮肤接触。
主要用途 生物染色剂。

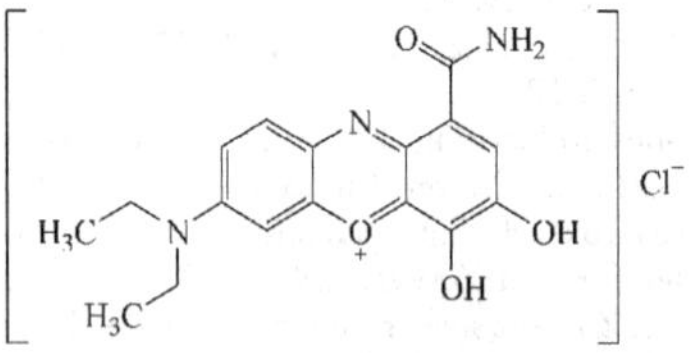

D-(＋)-Cellobiose D-(＋)-纤维二糖 02101

[528-50-7] $C_{12}H_{22}O_{11}$ 342.30

成分 C 42.11%，H 6.48%，O 51.41%。
别名 *β*-Cellobiose；Cellose；4-*O*-*β*-D-Glucopyranosyl-D-glucopyranose；4-*O*-*β*-D-Glucopyranosyl-D-glucose；4-(*β*-D-Glucosido)-D-glucose
M. I. 15，1961
性状 来自烯乙醇中的白色微小结晶。无甜味。1g 该品溶于 8mL 水、1.5mL 沸水，几乎不溶于无水乙醇、乙醚。mp 225℃（分解）；$[\alpha]_D^{20}+14.2° \xrightarrow{15h} +34.6°$（$c=8$，于水中）。生化试剂含量≥99.0%（HPLC）。
注意事项 该品应充氩气密封干燥保存。
主要用途 生化研究。

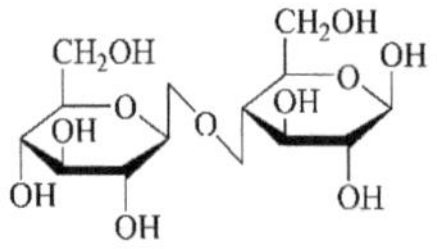

D-(＋)-Cellobiose octaacetate 02102
D-(＋)-八乙酸纤维二糖

[5346-90-7] $C_{28}H_{38}O_{19}$ 678.59

成分 C 49.56%，H 5.64%，O 44.80%。
别名 八乙酰纤维二糖；醋酸纤维二糖；Cellobiose octaacetyl；D(＋)-Cellobiose octaacetate
M. I. 15，1963
性状 白色针状结晶或结晶性粉末。易溶于三氯甲烷，不溶于水、乙醇。mp 229℃；$[\alpha]_D^{20}+41°$（$c=6$，于氯仿中）。生化试剂含量≥98.0%（TLC）。
注意事项 该品应充氩气密封干燥保存。
主要用途 生化研究。

R=COCH₃

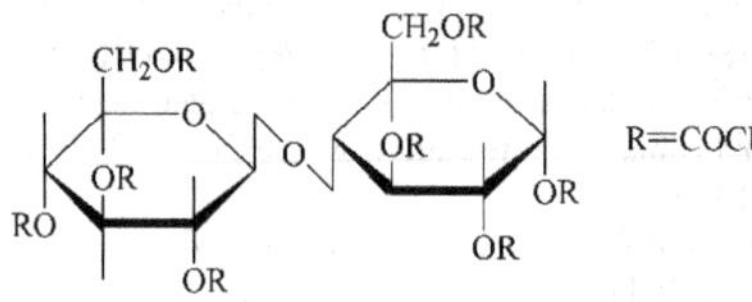

Cellulose powder 纤维素粉 02103

[9004-34-6] $(C_6H_{10}O_5)_n$ $(162.06)_n$

M. I. 15，1966
性状 白色粉末。几乎不溶于水及一般的溶剂，亦不溶于稀酸，但能吸水或吸碱溶液而润胀。
注意事项 使用时应避免吸入本品的粉尘，避免与眼睛及皮肤接触。应密封于干燥处保存。
主要用途 薄层色谱及柱层色谱用固定相。药物和生物制品的分离与提纯。

Cellulose acetate 乙酸纤维素 02104

[9004-35-7] Mr 约 37000

别名 乙酰基纤维素；二乙酸纤维素；Acetylcellulose；CA；Diacetate cellulose；Sericose
M. I. 15，1967
性状 白色粉末。三乙酸盐溶于冰乙酸，不溶于水、乙醇、乙醚；四乙酸盐不溶于水、乙醇、乙醚、冰乙酸、甲醇；五乙酸盐溶于乙醇，不溶于水。*d* 1.300；n_D^{20} 1.4750。
主要用途 薄层色谱试剂。用于电泳、同位素诊断等。制造橡胶、不易燃胶片及防水绝缘电线。

Centaurein 矢车菊糖苷 02105

[35595-03-0] $C_{24}H_{26}O_{13}$ 522.46

成分 C 55.17%，H 5.02%，O 39.81%。
别名 棕鳞矢车菊苷；7-(*β*-D-Glucopyranosyloxy)-5-hydroxy-2-(3-hydroxy-4-methoxyphenyl)-3,6-dimethoxy-4*H*-1-benzopyran-4-one；3′,5,7-Trihydroxy-3,4′,6-trimethoxyflavone 7-*β*-D-glucoside
M. I. 15，1969
性状 其一水合物为黄色结晶。溶于热水、热乙醇、热丙酮，几乎不溶于冷水、氯仿、乙醚。mp 208～209℃；$[\alpha]_D^{20}-76.6°$（$c=1.4$，于甲醇中）；uv max（甲醇中）：349nm，258nm（lg ε 4.31，4.30）。

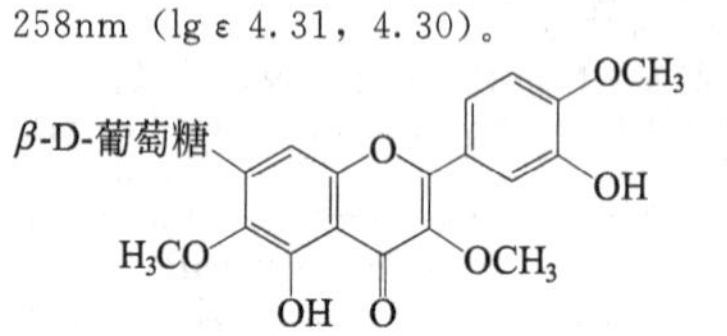

β-D-葡萄糖

Centchroman 星克罗曼 02106

[31477-60-8] $C_{30}H_{35}NO_3$ 457.61

成分 C 78.74%，H 7.71%，N 3.06%，O 10.49%。
别名 森可曼；*rel*-1-[2-[4-[(3*R*,4*R*)-3,4-Dihydro-7-methoxy-2,2-dimethyl-3-phenyl-2*H*-1-benzopyran-4-yl] phenoxy] ethyl] pyrrolidine；(*trans*)-1-[2-[*p*-(7-Methoxy-2，2-dimethyl-3-phenyl-4-chromanyl) phenoxy] ethyl] pyrrolidine；3,4-*trans*-2,2-Dimethyl-3-phenyl-4-[*p*-(*β*-pyrrolidinoethoxy) phenyl]-7-methoxychroman；*trans*-Centchroman；Ormeloxifene；Centon；Saheli
M. I. 15,1972
性状 来自乙醚/石油醚中的无色结晶。约 50℃结块，mp 99～101℃。
主要用途 医用抗雌激素剂。

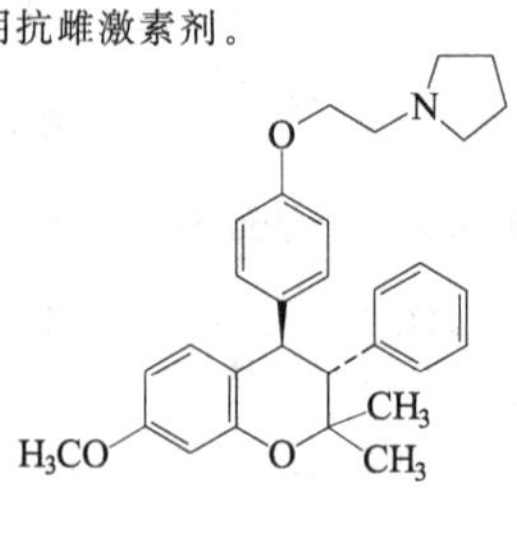

Cephalexin hydrate

氨基苯乙酰去乙酸头孢菌素 水合 02107

[15686-71-2][23325-78-2](一水合物) $C_{16}H_{17}N_3O_4S \cdot xH_2O$ 347.39+xH_2O

成分(无 H_2O) C 55.32%,H 4.93%,N 12.10%,O 18.42%,S 9.23%。

别名 (6*R*,7*R*)-7-[(2*R*)-Aminophenylacetyl]amino-3-methyl-8-oxo-5-thia-1-azabicyclo[4.2.0]oct-2-ene-2-carboxylic acid; 7-(D-*α*-Aminophenylacetamido) desacetoxycephalosporanic acid; 7-(D-2-Amino-2-phenylacetamido)-3-methyl-Δ^3-cephem-4-carboxylic acid; Cefadros; Cefaloto; Cefanex; Cefaseptin; Cex; Derantel; Efalexin; Farexin; Fergon 500; Garasin; Ibilex; Iwalexin; Larixin; Lexibiotico; Llonexina; Madlexin; Mamalexin; Mecilex; Ohlexin; Oracocin; Rinesal; Sencephalin; Sintolexyn; Syncl; Taicelexin; Tokiolexin; Xahl

M. I. 15,1974

性状 无色至微黄色结晶。溶于水及氨水。pK_a 5.2,7.3;uv max:260nm。LD_{50}(一水合物)小鼠,大鼠急性经口:1.6~4.5g/kg,>5g/kg;腹膜内注射:0.4~1.3g/kg,>3.7g/kg。生化试剂含量≥97.0%(T)。

注意事项 该品吸入或与皮肤接触可引起过敏。使用时应穿适当的防护服和戴手套。应避免吸入本品的粉尘。使用时如有事故发生或有不适之感,应请医生诊治。应密封于 2~8℃保存。

主要用途 生化研究。医用抗菌剂。

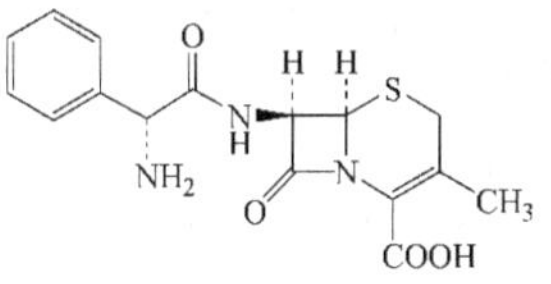

L-α-Cephalin from bovine brain

L-α-脑磷脂(牛脑) 02108

[90989-93-8]

别名 L-α-磷脂酰乙醇胺; Diacylglycerylphosphorylethanolamine; Kephalin; 3-*sn*-Phosphatidylethanolamine; L-*α*-Phosphatidylethanolamine; PE

M. I. 15,1975

性状 浅黄色无定形物。具特殊气味。有吸湿性。易溶于乙醚、三氯甲烷,微溶于乙醇,几乎不溶于水、丙酮。生化试剂含量≥98.0%(TLC)。

注意事项 该品应充氩气密封避光于-20℃干燥保存。

主要用途 生化研究。肝功能的检验。

Cephalonic acid 头孢菌酸

02109

[18456-04-7] $C_{25}H_{36}O_4$ 400.56

成分 C 74.96%,H 9.06%,O 15.98%。

别名 8-Hydroxy-5-oxoophiobola-3, 6, 19-trien-25-oic acid; Ophiobolin D

M. I. 15, 1976

性状 无色或白色固体。mp 139℃; $[\alpha]_D$ +76.20° (*c* = 0.54, 于氯仿中): uv max: 259nm (ε 11700)。

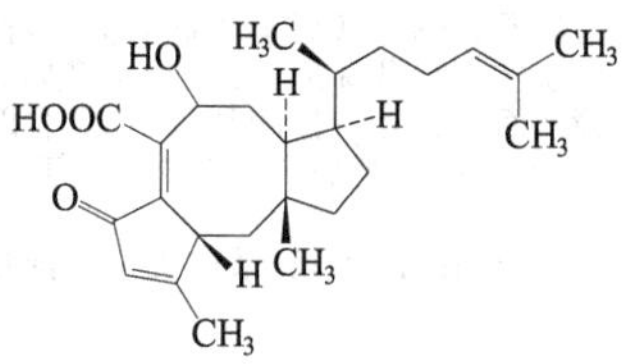

Cephalonium 头孢罗宁

02110

[5575-21-3] $C_{20}H_{18}N_4O_5S_2$ 458.51

成分 C 52.39%, H 3.96%, N 12.22%, O 17.45%, S 13.99%。

别名 头孢烟酰; 头孢洛宁; 4-Aminocarbonyl-1-[[(6*R*,7*R*)-2-carboxy-8-oxo-7-(2-thienylacetyl) amino-5-thia-1-azabicyclo[4.2.0]oct-2-en-3-yl]methyl]pyridinium inner salt; Cefalonium; 2-Thienylmethyl isonicotinamide cephalosporin C_A; Cepravin Dry Cow

M. I. 15, 1977

性状 来自热水中的无色结晶。pK_a: 3.3。mp 147~150℃(分解); uv max: 233nm, 262nm (ε 16650, 13550)。

主要用途 医用抗菌剂。预防乳腺炎。

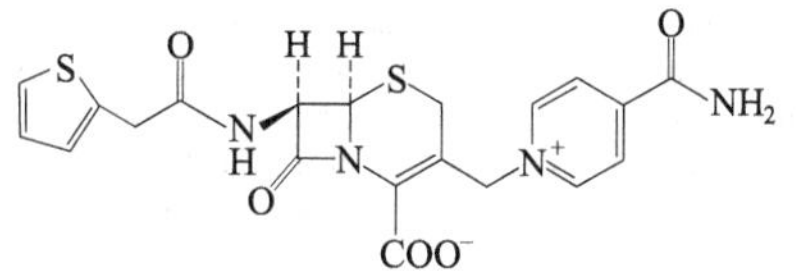

Cephaloridine 头孢利定

02111

[50-59-9] $C_{19}H_{17}N_3O_4S_2$ 415.49

成分 C 54.93%, H 4.12%, N 10.11%, O 15.40%, S 15.43%。

别名 1-[[(6*R*,7*R*)-2-Carboxy-8-oxo-7-(2-thineylacetyl) amino-5-thia-1-azabicyclo[4.2.0]oct-2-en-3-yl]methyl]pyridinium inner salt; 1-[7′-*β*-[2-(2-Thienyl) acetamido]-8′-oxo-1′-aza-5′-thiabicyclo[4.2.0] oct-2′-en-3′-ylmethyl] pyridinium 2′-carboxylate; *N*-[7-[(2-Thienyl)acetamido]ceph-3-en-3-ylmethyl] pyridinium 4-carboxylate; Cefaloridin; Ceporan; Ceporin; Cilifor; Intrasporin; Keflodin; Keflordin(obsolete); Lloncefal; Sefacin; Cepalorin; Deflorin; Kefspor; Loridine; Amp ligram; Floridin; Ceflorin; Cepaloridin; Cer; Faredina

性状 无色结晶。溶于水,其溶液呈微酸性(pH 值 4.5~5)。pK_a 3.2;$[\alpha]_D$+47.7°(*c*=1.25,于水中);uv max:239nm,252nm(ε 15160,13950)。LD_{50} 小鼠,大鼠急性经口:>15g/kg,2.5~4g/kg;猴肌肉注射:>0.2g/kg。

注意事项 该品吸入或与皮肤接触可引起过敏。对眼睛、呼吸系统及皮肤有刺激性。使用时应穿适当的防护服。万一接触到眼睛,应立即用大量水冲洗后请医生诊治。应密封避光于 2~8℃干燥保存。

主要用途 生化研究。医用抗菌剂。

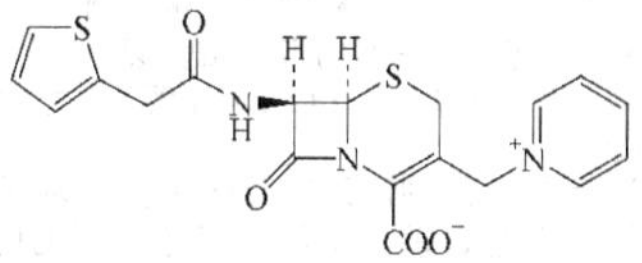

Cephalothin sodium salt

7-(2-噻吩基乙酰氨基)头孢菌酸钠盐 02112

[58-71-9] $C_{16}H_{15}N_2NaO_6S_2$ 418.41

成分 C 45.93%,H 3.61%,N 6.70%,Na 5.49%,O 22.94%,S 15.33%。

别名 Averon-1; Cefalotin; Cemastin; Cephation; Ceporacin; Cepovenin; Chephalotin; Coaxin; Keflin; Lospoven; Synclotin; 7-(2-Thienylacetamido) cephalosporanic acid Sodium salt; Toricelocin; (6*R*,7*R*)-3-(Acetyloxy) methyl-8-oxo-7-(2-thienylacetyl) amino-5-thia-1-azabicycio[4.2.0] oct-2-ene-2-carboxylic acid sodium salt; 3-Hydroxymethyl-8-oxo-7-[2-(2-thienyl) acetamido]-5-thia-1-azabicyclo[4.2.0]oct-2-ene-2-carboxylic acid acetate sodium salt; 7-(2-Thienylacetamido) cephalosporanic acid sodium salt; 7-(Thiophene-2-acetamido)cephalosporanic acid sodium salt

M. I. 15,1981

性状 无色结晶。溶于水。mp 204~205℃;$[\alpha]_D$+135°(*c*=1.0,于水中);uv max:236nm,260nm(ε 12950,9350)。LD_{50}小鼠,大鼠急性经口:>20000mg/kg,>10000mg/kg;腹膜内注射:5670mg/kg,7716mg/kg。生化试剂含量≥99.0%(TLC)。

注意事项 该品吸入或与皮肤接触能引起过敏。使用时应穿适当的防护服和戴手套,避免吸入本品的粉尘。应密封于 2~8℃保存。

主要用途 生化研究。医用抗菌剂。分析用标准物。

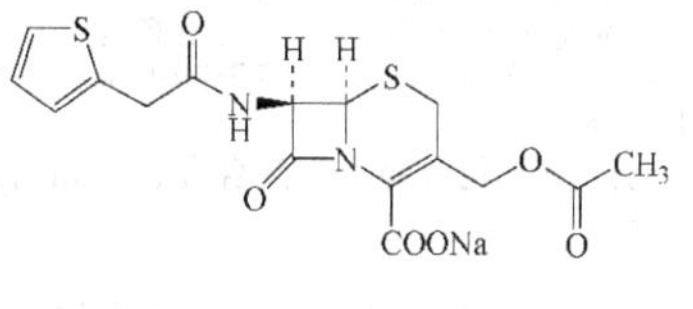

Cephapirin sodium 吡啶硫乙酰头孢菌素钠

02113

[24356-60-3] $C_{17}H_{16}N_3NaO_6S_2$ 445.44

成分 C 45.84%,H 3.62%,N 9.43%,Na 5.16%,O 21.55%,S 14.40%。

别名 塞法吡呤钠；(6*R*,7*R*)-3-(Acetyloxy)methyl-8-oxo-7-[(4-pyridinylthio)acetyl]amino-5-thia-1-azabicyclo[4.2.0]oct-2-ene-2-carboxylic acid monosodium salt；3-Hydroxymethyl-8-oxo-7-[2-(4-pyridylthio)acetamido]-5-thia-1-azabicyclo[4.2.0]oct-2-ene-2-carboxylic acid acetate monosodium salt；7-[α-(4-Pyridylthio)acetamido]cephalosporanic acid sodium salt；Sodium 7-(pyrid-4-ylthioacetamido) cephalosporanate；BL-P-1322；Ambrocef；Brisfirina；Bristocef；Cefadyl；Cefa-Lak；Piricef；ToDay

M. I. 15,1983

性状 白色结晶性粉末。易溶于水，不溶于一般的有机溶剂。

注意事项 见 02111 头孢利定。应密封于2～8℃保存。

主要用途 生化研究。医用抗菌剂。

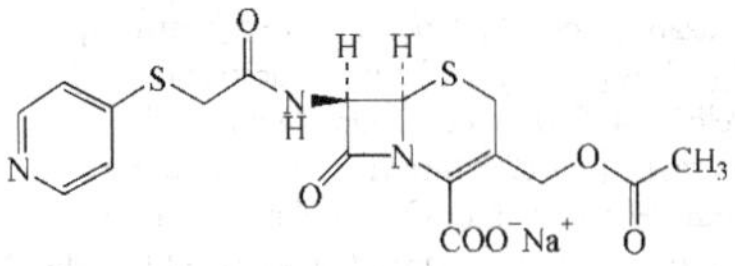

Cephradine 苎氨基乙酰去乙酰头孢菌素 02114

[38821-53-3] $C_{16}H_{19}N_4S$ 349.41

成分 C 55.00%，H 5.48%，N 12.03%，O 18.32%，S 9.18%。

别名 塞法莱定；(6*R*,7*R*)-7-[(2*R*)-Amino-1,4-cyclohexadien-1-ylacetyl]amino-3-methyl-8-oxo-5-thia-1-azabicyclo[4.2.0]oct-2-ene-2-carboxylic acid；7-[D-2-Amino-2-(1,4-cyclohexadienyl)acetamido] desacetoxycephalosporanic acid；Cefradin；SQ-11436；Anspor；Cefradex；Cefrag；Cefro；Celex；Cesporan；Dimacef；Ecosporina；Eskacef；Lenzacef；Lisacef；Megacef；Samedrin；Velocef

M. I. 15,1985

性状 无色或微黄色粉末。易吸潮。略溶于水，溶于丙二醇，微溶于丙酮、乙醇，几乎不溶于乙醚、氯仿、苯、己烷。pK_1 2.63；pK_2 7.27；mp 140～142℃(分解)。生化试剂含量≥90.0%(HPLC)。

注意事项 该品对眼睛、呼吸系统及皮肤有刺激性。吸入或与皮肤接触可引起过敏。使用时应穿适当的防护服。万一接触到眼睛，应立即用大量水冲洗后请医生诊治。应密封于 2～8℃保存。

主要用途 生化研究。医用抗菌剂。

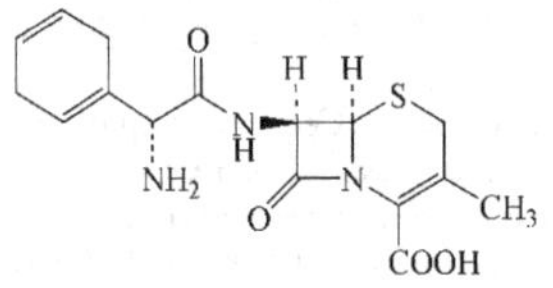

Ceresin 地蜡 02115

[8001-75-0]

别名 微晶蜡；Ceresin wax；Cerin；Cerosin；Earth wax；Mineral wax；Purified ozokerite

M. I. 15，1986

性状 白色至浅黄色不透明的蜡状物。为天然烃类的混合物。溶于 30 份无水乙醇，溶于苯、氯仿、石油醚、热油类，不溶于水。mp 61～78℃；*d* 0.91～0.92。

主要用途 近似于蜂蜡，为蜂蜡代用品。

Cerium 铈 02116

[7440-45-1] Ce 140.116

GW 2015-1968 M. I. 15，1990

性状 铁灰色金属，具有延展性。溶于稀无机酸。在潮湿空气中表面易氧化。mp 798℃；bp 3433℃；*d* 6.770。

注意事项 该品遇水激烈反应，并放出高度易燃气体。使用现场禁止吸烟。万一着火，应用干砂灭火而不能用水。应密封于干燥处保存。

主要用途 制造铈的化合物。耐热合金、照相用发光剂。合成氨催化剂。

Cerium(Ⅲ) carbonate anhydrous 碳酸铈 无水 02117

[537-01-9] $C_3Ce_2O_9$ 460.26

成分 C 7.83%，Ce 60.89%，O 31.28%。

别名 碳酸亚铈；Cerous carbonate anhydrous

M. I. 15，1995

性状 白色粉末或细小棱柱形结晶。易吸潮。溶于稀无机酸，几乎不溶于水。

注意事项 该品对眼睛、呼吸系统及皮肤有刺激性。应密封于干燥处保存。

Cerium (Ⅲ) chloride heptahydrate 氯化铈 七水 02118

[18618-55-8] $CeCl_3 \cdot 7H_2O$ 372.59

成分（无水物） Ce 56.85%，Cl 43.15%。

别名 七水合氯化亚铈；七水合氯化铈；三氯化铈 七水；氯化亚铈七水；Cerous chloride heptahydrate

M. I. 15，1996

性状 无色至黄色柱状结晶或白色粉末。有吸湿性。易溶于水、乙醇。230℃成为无水物。mp 848℃（无水物）；*d* 3.920。一般试剂含量≥99.0%。

注意事项 该品对眼睛、呼吸系统及皮肤有刺激性。使用时应穿适当的防护服和戴手套。万一接触到眼睛，应立即用大量水冲洗后请医生诊治。应充氩气密封干燥保存。

主要用途 分析试剂。催化剂。金属铈的制造。

Cerium (Ⅲ) fluoride 氟化铈 七水 02119

[7758-88-5] CeF_3 197.11

成分 Ce 71.09%，F 28.91%。

别名 三氟化铈；氟化亚铈；Cerous fluoride；Certrifluoride

M. I. 15，1997

性状 无色六方形结晶或白色粉末。几乎不溶于水，但能被水缓慢地水解。mp 1460℃；*d* 6.157。一般试剂含量≥99.9%。

注意事项 见 02118 氯化铈 七水。

主要用途 用于碳弧中增加光亮度。

Cerium(Ⅳ) hydroxide 氢氧化铈 02120

[12014-56-1] CeH_4O_4 208.15

成分 Ce 67.31%，H 1.94%，O 30.75%。

别名 Cerium(Ⅳ)oxide hydrated

性状 白色粉末。为水合氧化物，约含 85%～90%的氧化铈。溶于浓酸、碳酸铵溶液，不溶于水及碱溶液。

注意事项 该品具有腐蚀性，能引起烧伤。使用时应穿适当的防护服，戴手套和防护镜或面罩。万一接触到眼睛，应立即用大量水冲洗后请医生诊治。使用时如有事故发生或有不适之感，应请医生诊治。

主要用途 制备铈盐。不透明玻璃的添加剂。

Cerium(Ⅲ) nitrate hexahydrate 硝酸铈 六水 02121

[10294-41-4] $CeN_3O_9 \cdot 6H_2O$ 434.23

成分（以无水物计） Ce 42.96%，N 12.88%，O 44.15%。

别名 六水合硝酸亚铈；六水合硝酸铈；硝酸亚铈 六水；Cerous nitrate

GW 2015-2323 M. I. 15,1999

性状 无色透明结晶。溶于水、乙醇、丙醇。mp 200℃(分解)。LD_{50}大鼠急性经口：4.2g/kg；腹膜注射：290mg/kg。一般试剂含量≥99.0%～100.0%。

注意事项 该品与易燃物品接触能引起着火。对眼睛、呼吸系统及皮肤有刺激性。对眼睛有严重损伤的危险。使用时应戴手套和防护镜或面罩。万一接触到眼睛，应立即用大量水冲洗后请医生诊治。应远离易燃物品，充氩气密封于干燥处保存。

主要用途 分析试剂，用于镧、镨、钕的测定。催化剂。光谱分析试剂。

Cerium(Ⅲ) oxalate nonahydrate 草酸铈 九水 02122

[15750-47-7] $C_6Ce_2O_{12} \cdot 9H_2O$ 706.44

成分（无水物） C 13.24%，Ce 51.48%，O 35.27%。

别名 乙二酸亚铈 九水；九水合草酸亚铈；九水合草酸铈；草酸亚铈；Sedemesis；Cerous oxalate

M. I. 15，2000

性状 白色或微带桃红色结晶或结晶性粉末。无味。溶于热稀硫酸或盐酸，几乎不溶于水。一般试剂含量≥99.0%。

注意事项 该品吸入或与皮肤接触有害。使用时应避免与眼睛及皮肤接触。

主要用途 铈族金属元素的分离。医用止吐剂。

Cerium(Ⅳ) oxide 氧化铈 02123
[1306-38-3] CeO_2 172.11
成分 Ce 81.41%，O 18.59%。
别名 二氧化铈；Ceric oxide；Cerium(Ⅳ) dioxide
M. I. 15，1988
性状 纯品为白色立方体结晶，一般商品为黄色或浅棕色重质粉末。溶于硫酸，在硝酸中加过氧化氢也能溶解，溶于盐酸时逸出氯，几乎不溶于稀酸（稀硫酸除外）、水。mp 约 2600℃。LD_{50}大鼠急性经口：＞5.0g/kg。一般试剂含量≥99.0%。
注意事项 使用时应避免吸入本品的粉尘，避免与眼睛或皮肤接触。
主要用途 分析试剂。氧化剂。光学玻璃抛光。催化剂。陶瓷业。X 射线研究。半导体材料。光谱分析试剂。

Cerium(Ⅳ) sulfate anhydrous 无水硫酸铈 02124
[13590-82-4] CeO_8S_2 332.23
成分 Ce 42.17%，O 38.53%，S 19.30%。
别名 无水硫酸高铈；Ceric sulfate anhydrous
M. I. 15，1989
性状 黄色结晶性粉末。溶于冷水、热酸，在热水中分解为碱式盐。受热至 150℃以上分解。*d* 3.010。一般试剂含量≥98.0%。
注意事项 该品与易燃物接触可引起着火。具有腐蚀性，能引起烧伤。使用时应穿适当的防护服，戴手套和防护镜或面罩。使用本品时禁止进餐、饮水。吸烟。万一接触到眼睛，应立即用大量水冲洗后请医生诊治。使用时如有事故发生或有不适之感，应请医生诊治。应远离易燃物品，密封保存。其包装物应按危险品处理。
主要用途 分析试剂。滴定铈时配制标定液。

Cerium(Ⅲ) sulfate octahydrate 硫酸亚铈 八水 02125
[10450-59-6] $Ce_2O_{12}S_3 \cdot 8H_2O$ 712.55
成分（无水物） Ce 49.30%，O 33.78%，S 16.92%。
别名 八水合硫酸亚铈；Cerous sulfate octahydrate
M. I. 15，2001
性状 白色或浅粉红色正交八面体结晶。易吸潮。溶于水、热酸。在热水中分解为碱式盐。mp 250℃（成为无水物）；约 650℃分解；*d* 2.87。一般试剂含量≥99.9%。
注意事项 该品对眼睛、呼吸系统及皮肤有刺激性。使用时应戴适当的手套。万一接触到眼睛，应立即用大量水冲洗后请医生诊治。应密封干燥保存。
主要用途 显色剂。苯胺黑制造。

Cerium(Ⅳ) sulfate tetrahydrate 硫酸铈 四水 02126
[10294-42-5] $CeO_{18}S_2 \cdot 4H_2O$ 404.30
成分 Ce 42.17%，O 38.52%，S 19.30%。
别名 四水合硫酸铈；硫酸高铈 四水；Ceric sulfate tetrahydrate
M. I. 15，1989
性状 黄色至橙黄色正交结晶或结晶性粉末。易溶于水，但在大量的水中则分解，溶于稀硫酸。155℃失去结晶水。约 350℃分解。一般试剂含量（干燥后）≥80.0%。
注意事项 该品对眼睛、呼吸系统及皮肤有刺激性。使用时应穿适当的防护服，戴手套和防护镜或面罩。万一接触到眼睛，应立即用大量水冲洗后请医生诊治。应密封于干燥处保存。
主要用途 分析试剂，用以测定亚硝酸盐、碘化物、亚铁盐和其他可被氧化的高化合价的物质。苯胺黑制造。

Cerivastatin sodium salt 西立伐他汀钠盐 02127
[143201-11-0] $C_{26}H_{33}FNNaO_5$ 481.54
成分 C 64.85%，H 6.91%，F 3.95%，N 2.91%，Na 4.77%，O 16.61%。
别名 拜斯亭；Rivastatin；Bay w 6228；Baycol；Lipobay；(3*R*，5*S*，6*E*)-7-[4-(4-Fluorophenyl)-5-methoxymethyl-2，6-bis(1-methylethyl)-3-pyridinyl]-3，5-dihydroxy-6-heptenoic acid sodium salt；(3*R*，5*S*，6*E*)-7-[4-(*p*-Fluorophenyl)-5-methoxymethyl-2，6-bis(1-methylethyl)-3-pyridinyl]-3，5-dihydroxy-6-heptenoic acid sodium salt
M. I. 15，1992
性状 无色或白色至浅褐色固体或粉末。溶于水。mp 197～199℃；$[\alpha]_D^{20}+24.1°$（*c*=1，于乙醇中）。
主要用途 抗青光眼剂。

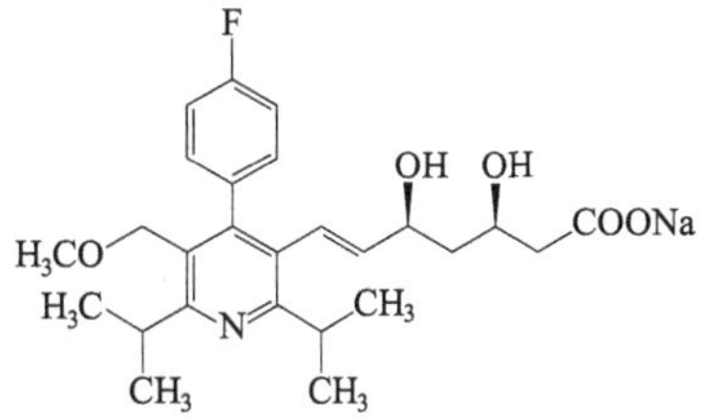

Ceronapril 西罗普利 02128
[111223-26-8] $C_{21}H_{33}N_2O_6P$ 440.48
成分 C 57.26%，H 7.55%，N 6.36%，O 21.79%，P 7.03%。
别名 塞罗普利；赛洛那普瑞尔；1-[(2*S*)-6-Amino-2-[hydroxy(4-phenylbutyl)phosphinyl]oxy-1-oxohexyl]-L-proline；1-[(2*S*)-6-Amino-2-hydroxyhexanoyl]-L-proline，hydrogen (4-phenylbutyl)phosphonate (ester)；Ceranapril；SQ-29852
M. I. 15，1993
性状 来自水中的无色结晶。一般试剂为一水合物。mp 190～195℃（分解）；$[\alpha]_D-47.5°$（*c*=1，于甲醇中）。
主要用途 医用抗高血压剂。

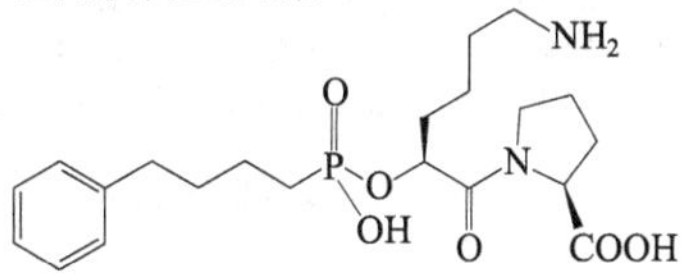

Cerotic acid 蜡酸 02129
[506-46-7] $C_{26}H_{52}O_2$ 396.69
成分 C 78.72%，H 13.21%，O 8.07%。
别名 虫蜡酸；二十六酸；正二十六酸；Cerinic acid；Cerotinic acid；*n*-Hexacosanoic acid；Carboxylic acid C_{26}
性状 白色粉末或小颗粒。溶于热乙醇、乙醚、苯、三氯甲烷、二硫化碳、丙酮，微溶于冷乙醇，不溶于水。mp 86～87℃。一般试剂含量≥97.0%(GC)。
注意事项 使用时应避免吸入本品的粉尘，避免与眼睛及皮肤接触。应密封于 2～8℃保存。
主要用途 有机合成。气相色谱标准物。

Cerulenin 浅蓝菌素 02130
[17397-89-6] $C_{12}H_{17}NO_3$ 223.27
成分 C 64.55%，H 7.67%，N 6.27%，O 21.50%。
别名 (2*R*，3*S*)-3-[(4*E*，7*E*)-1-Oxo-4，7-nonadienyl]oxiranecarboxamide；2，3-Epoxy-4-oxo-7，10-dodecadienamide；2，3-Epoxy-4-oxo-7，10-dodecadienoylamide；Helicocerin
M. I. 15，2003
性状 来自苯中的白色针状结晶。溶于乙醇、丙酮、苯及一般溶剂，微溶于水，几乎不溶于石油醚。在中性和酸性溶液中稳定。mp 93～94℃；bp_{10-8} 120℃/0.000001Pa；$[\alpha]_D^{16}+63°$(*c*=2，于甲醇中)。LD_{50}小鼠静脉注射：154mg/kg；腹膜内注射：211mg/kg；急性经口：547mg/kg。
注意事项 该品口服有害。使用时应穿适当的防护服。应充氩气密封于－20℃干燥保存。
主要用途 生化研究。生化工具。

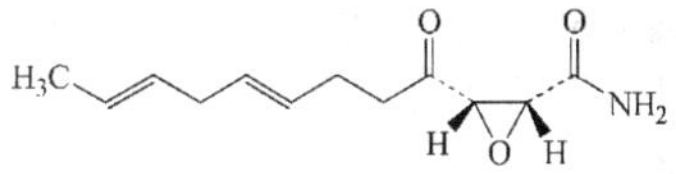

Cesium 铯 02131
[7440-46-2] Cs 132.9054519
别名 Caesium
GW 2015-1221 M. I. 15，2007
性状 银白色金属。具有延展性。在空气中易氧化。在潮湿空气中能自燃。溶于酸类、醇类和液氨。mp 28.5℃；bp 705℃；*d*

1.90。一般试剂含量约 99.5%。

注意事项 该品高度易燃。遇水激烈反应并放出高度易燃气体。具有腐蚀性，能引起烧伤。使用时应穿适当的防护服，戴手套和防护镜或面罩。使用时应保持容器干燥。使用现场禁止吸烟。万一接触到眼睛，应立即用大量水冲洗后请医生诊治。万一着火，应用指定的灭火设备而不能用水。应保存于氩气中密封于干燥处保存。

Cesium bromide 溴化铯 02132

[7787-69-1] BrCs 212.81

成分 Br 37.55%，Cs 62.45%。

M. I. 15，2008

性状 无色结晶或白色立方晶体。易溶于水，溶于乙醇，几乎不溶于丙酮。mp 636℃；bp 约 1300℃；*d* 4.44。LD_{50} 大鼠腹膜内注射：1.4g/kg。一般试剂含量≥99.5%。

注意事项 该品对眼睛、呼吸系统及皮肤有刺激性。使用时应穿适当的防护服。万一接触到眼睛，应立即用大量水冲洗后请医生诊治。应密封于干燥处保存。

主要用途 分析试剂。制药工业。X 射线荧光屏、分光镜的棱镜制造。

Cesium carbonate 碳酸铯 02133

[534-17-8] CCs_2O_3 325.82

成分 C 3.69%，Cs 81.58%，O 14.73%。

M. I. 15，2009

性状 白色结晶性粉末。易潮解。极易溶于水、乙醇，溶于乙醚。热至 610℃时分解。一般试剂含量≥99.9%。

注意事项 该品对眼睛、呼吸系统及皮肤有刺激性。使用时应避免吸入本品的粉尘，避免与眼睛及皮肤接触。万一接触到眼睛，应立即用大量水冲洗后请医生诊治。应充氩气密封干燥保存。

主要用途 分析试剂。环氧乙烷聚合催化剂。

Cesium chloride 氯化铯 02134

[7647-17-8] ClCs 168.36

成分 Cl 21.06%，Cs 78.94%。

M. I. 15，2010

性状 无色立方结晶或白色结晶性粉末。有潮解性。易溶于水，溶于乙醇。mp 646℃；bp 1303℃；*d* 3.99。LD_{50}大鼠腹膜内注射：1.5g/kg。一般试剂含量≥99.5%。

注意事项 该品口服有害。对机体有不可逆损伤的可能性。使用时应穿适当的防护服和戴手套。使用时应避免吸入本品的粉尘，避免与眼睛及皮肤接触。应充氩气密封于干燥处保存。

主要用途 分析试剂。点滴分析三价铬和镓。显微镜分析。光谱分析试剂。铯盐制造。制药工业。X 射线荧光屏制造。光电管材料等。

Cesium chromate 铬酸铯 02135

[56320-90-2][13454-78-9] $CrCs_2O_4$ 381.81

成分 Cr 13.62%，Cs 69.62%，O 16.76%。

性状 黄色菱形结晶。溶于水，不溶于乙醇。一般试剂含量≥99.0%。

注意事项 该品具有氧化性。吸入能致癌。接触皮肤可引起过敏。对水生物极毒。能对水环境引起不利的结果。使用前应得到专门的指导，避免曝露。使用时如有事故发生或有不适之感，应请医生诊治。应防止将本品释放于环境中。其包装物应按危险品处理。应远离易燃品密封保存。

主要用途 分析试剂。光电材料。

Cesium dichromate 重铬酸铯 02136

[13530-67-1] $Cr_2Cs_2O_7$ 481.80

成分 Cr 21.58%，Cs 55.17%，O 23.25%。

GW 2015-2821

性状 红色或橘红色结晶。溶于水。一般试剂含量≥99.5%。

注意事项 该品与易燃物品接触可引起着火。具有腐蚀性，能引起烧伤。接触皮肤能引起过敏。吸入可能致癌。对水生物极毒。能对水环境引起不利的结果。使用前应得到专门的指导，避免曝露。使用时如有事故发生或有不适之感，应请医生诊治。使用时应避免吸入本品的粉尘。接触皮肤后应立即用大量肥皂泡沫冲洗。应防止将本品释放于环境中。其包装物应按危险品处理。应密封保存。

主要用途 分析试剂。荧光屏、光电管的制造。

Cesium fluoride 氟化铯 02137

[13400-13-0] CsF 151.90

成分 Cs 87.49%，F 12.51%。

GW 2015-761 M. I. 15，2011

性状 无色立方结晶或白色结晶性粉末。易溶于水，不溶于乙醇。mp 682℃；bp 1251℃；*d* 4.61。一般试剂含量≥99.0%(F)。

注意事项 该品吸入、口服或与皮肤接触有毒。具有腐蚀性，能引起烧伤。使用时应穿适当的防护服，戴手套和防护镜或面罩。万一接触到眼睛，应立即用大量水冲洗后请医生诊治。使用时如有事故发生或有不适之感，应请医生诊治。应充氩气密封于干燥处保存。

主要用途 高纯分析试剂。催化剂。光学晶体制造。电子工业。酿造工业。

Cesium hydroxide 氢氧化铯 02138

[21351-79-1][35103-79-8](一水合物) CsHO 149.91

成分 Cs 88.66%，H 0.67%，O 10.67%。

别名 Cesium hydrate

GW 2015-1672 M. I. 15,2012

性状 白色或浅黄色熔融物或结晶块。具有强碱性，易吸潮。溶于约 0.25 份水，能产生大量热，亦溶于乙醇。mp 272℃；*d* 3.68。LD_{50} 大鼠腹膜内注射：100mg/kg。一般试剂含量≥80.0%。

注意事项 该品口服有害。具有腐蚀性，能引起烧伤。使用时应穿适当的防护服，戴手套和防护镜或面罩。万一接触到眼睛，应立即用大量水冲洗后请医生诊治。使用时禁止进餐、饮水。如有事故发生或有不适之感，应请医生诊治。应密封于干燥处保存。

主要用途 蓄电池电解液的制备。催化剂。

Cesium iodide 碘化铯 02139

[7789-17-5] CsI 259.81

成分 Cs 51.15%，I 48.85%。

M. I. 15,2013

性状 无色立方晶体或粉末。易潮解。易溶于水，溶于乙醇，微溶于甲醇，几乎不溶于丙酮。mp 621℃；bp 约 1280℃；*d* 4.5。LD_{50} 大鼠腹膜内注射：1.4g/kg。一般试剂含量≥99.9%。

注意事项 该品对眼睛、呼吸系统及皮肤有刺激性。吸入或与皮肤接触可引起过敏。使用时应穿适当的防护服和戴手套。应避免吸入本品的粉尘。使用时如有事故发生或有不适之感，应请医生诊治。应密封避光于阴凉干燥处保存。

主要用途 闪烁晶体材料。制药工业。光谱分析试剂。红外线光谱仪棱镜。X 射线荧光屏用材料。

Cesium nitrate 硝酸铯 02140

[7789-18-6] $CsNO_3$ 194.91

成分 Cs 68.19%，N 7.19%，O 24.63%。

GW 2015-2321 M. I. 15,2014

性状 白色有光泽的六面体或立方棱柱体结晶。有硝石味。溶于 5 份冷水、0.5 份沸水，溶于丙酮，极微溶于乙醇。mp 414℃，高时分解；d_4^{20} 3.64～3.68。LD_{50} 大鼠腹膜内注射：1.2g/kg。一般试剂含量 ≥99.0%(T)。

注意事项 该品与易燃物品接触能引起燃烧。对眼睛、呼吸系统及皮肤有刺激性。使用时应穿适当的防护服。万一接触到眼睛，应立即用大量水冲洗后请医生诊治。应远离易燃物品密封干燥保存。

主要用途 分析试剂，钠的微量分析。铯盐制造。氧化剂。环境控制分析中用于放射性物质的检测。光谱分析试剂。

Cesium sulfate 硫酸铯 02141

[10294-54-9] Cs_2O_4S 361.87

成分 Cs 73.45%，O 17.68%，S 8.86%。

M. I. 15,2015

性状 无色或白色正交或六方形棱柱体结晶。易溶于水，几乎不溶于乙醇、吡啶、丙酮。mp 1019℃；*d* 4.24。一般试剂含量≥99.0%。

注意事项 使用时应避免吸入本品的粉尘，避免与眼睛及皮肤接触。应密封于干燥处保存。
主要用途 微量分析铝和三价铬。酿造工业。催化剂。

Cetirizine dihydrochloride 西替利嗪 二盐酸盐 02142
[83881-52-1] $C_{21}H_{25}ClN_2O_3 \cdot 2HCl$ 461.81
成分 C 54.61%，H 5.91%，Cl 23.03%，N 6.07%，O 10.38%。
别名 盐酸西替利嗪；2-[2-[4-(4-氯苯基)苯基甲基]哌嗪-1-基]乙氧基乙酸二 盐酸盐；[2-[4-(4-Chlorophenyl) phenylmethyl-1-piperazinyl] ethoxy] acetic acid dihydrochloride；[2-[4-(*p*-Chloro-*α*-phenylbenzyl)-1-piperazinyl] ethoxyl] acetic acid dihydrochloride
M. I. 15，2021
性状 来自异丙醇中的无色结晶或白色粉末。溶于水(101mg/L)。mp 225℃。生化试剂含量≥98.0%(HPLC)。
注意事项该品口服有害。
主要用途 医用抗组胺剂。

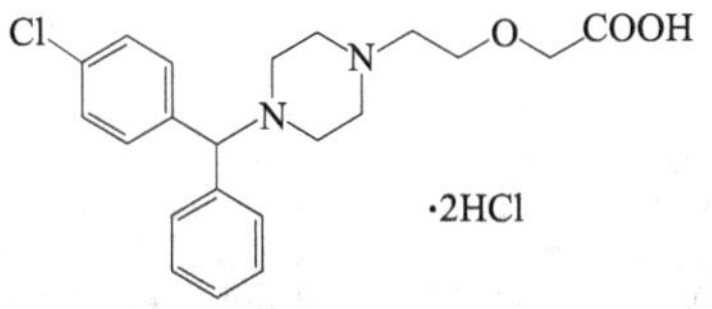

Cl COOH N N •2HCl

Cetraxate 西曲酸酯 02143
[34675-84-8] $C_{17}H_{23}NO_4$ 305.37
成分 C 66.86%，H 7.59%，N 4.59%，O 20.96%。
别名 4-[[[*trans*-4-(Aminomethyl) cyclohexyl] carbonyl] oxy] benzenepropancoic acid；*p*-Hydroxyhydrocinnamic acid *tracns*-(4-aminomethyl) cyclohexanecarboxylate；Tranexamic acid；*p*-(2-carboxyethyl) phenyl ester
M. I. 15，2023
性状 来自甲醇中的无色结晶。熔化范围 200～280℃。
主要用途 医用抗溃疡剂。

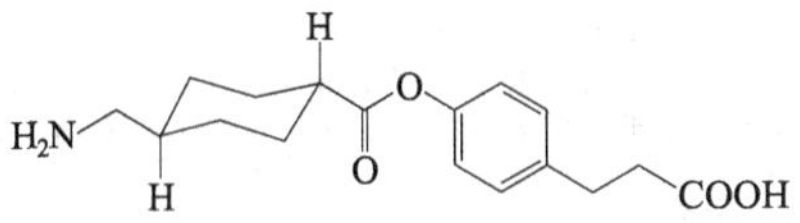

H H_2N O O H COOH

Cetyl alcohol 十六醇 02144
[36653-82-4] $C_{16}H_{34}O$ 242.45
成分 C 79.26%，H 14.14%，O 6.60%。
别名 鲸蜡醇；正十六醇；Alcohol C_{16}；Ethal；Ethol；1-Hexadecanol；Palmityl alcohol；Pentadecyl carbinol
M. I. 15，2027
性状 白色结晶。溶于乙醇、乙醚、三氯甲烷，几乎不溶于水。mp 49℃；bp 344℃；bp_{15} 190℃/2kPa；*d* 0.811；n_D^{79} 1.4283。一般试剂含量≥98.0%。
注意事项 该品对眼睛、呼吸系统及皮肤有刺激性。使用时应避免吸入本品的粉尘，避免与眼睛及皮肤接触。
主要用途 气相色谱固定液（适用于低沸点含氧化合物的分析）。香料合成。制药工业。乳化剂。

Cetylamine 十六胺 02145
[143-27-1] $C_{16}H_{35}N$ 241.46
成分 C 79.59%，H 14.61%，N 5.80%。
别名 1-氨基十六烷；正十六胺；Amine C_{16}；1-Aminohexadecane；Hexadecylamine
性状 无色固体或白色结晶粉末。溶于乙醇、乙醚、丙酮、苯、氯仿，不溶于水。对二氧化碳敏感。mp 46～48℃；bp 322℃；Fp 285℉(140℃)；d_4^{20} 0.813；n_D^{20} 1.4496。一般试剂含量≥99.0%(GC)。
注意事项 该品具有腐蚀性，能引起烧伤。使用时应穿适当的防护服，戴手套和防护镜或面罩。万一接触到眼睛，应立即用大量水冲洗后请医生诊治。使用时如有事故发生或有不适之感，应请医生诊治。应密封保存。

主要用途 高级洗涤剂。

Cetyldimethylethylammonium bromide 02146
溴化十六烷基二甲基乙基铵
[124-03-8] $C_{20}H_{44}BrN$ 378.48
成分 C 63.47%，H 11.72%，Br 21.11%，N 3.70%。
别名 十六烷基二甲基乙基溴化铵；乙基十六烷基二甲基溴化铵；溴化乙基十六烷基二甲基铵；溴化 *N*-乙基-*N*，*N*-二甲基-1-十六烷基铵；*N*-Ethyl-*N*，*N*-dimethyl-1-hexadecanaminium bromide；Ethylhexadecyldimethylammonium bromide；Ethyl cetab；CDA；Ammonyx DME
M. I. 15，2028
性状 白色粉末。溶于水、乙醇，微溶于氯仿、苯、乙醚。mp 178～186℃；Fp 199.4℉（93℃）。一般试剂含量≥98.0%（NT）。
注意事项 该品口服有害。对眼睛及皮肤有刺激性。使用时应穿适当的防护服。万一接触到眼睛，应立即用大量水冲洗后请医生诊治。
主要用途 医用局部消毒剂。实验用试剂。

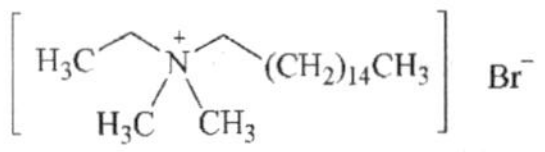

$[H_3C\text{–}CH_2\text{–}N^+(CH_3)_2\text{–}CH_2(CH_2)_{14}CH_3]\ Br^-$

Cetylpyridine bromide 溴代十六烷基吡啶 02147
[140-72-7] $C_{21}H_{38}BrN$ 384.44
成分 C 65.61%，H 9.96%，Br 20.78%，N 3.64%。
别名 十六烷基吡啶基溴；溴化鲸蜡基吡啶；Hexadecylpyridinium bromide；CPB；HDPB
性状 白色或浅黄色结晶。溶于乙醇，微溶于水、苯、石油醚、乙酸乙酯、冷丙酮(温度 30℃时溶解加快)。mp 61～62℃。一般试剂含量≥99.0%。
注意事项 该品口服有害，对眼睛、呼吸系统及皮肤有刺激性。使用时应穿适当的防护服和戴手套。万一接触到眼睛，应立即用大量水冲洗后请医生诊治。
主要用途 防腐剂。表面活性剂。乳化剂。

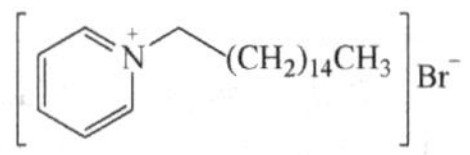

$[C_5H_5N^+\text{–}CH_2(CH_2)_{14}CH_3]\ Br^-$

Cetylpyridine chloride monohydrate 02148
氯代十六烷基吡啶 一水
[6004-24-6] $C_{21}H_{38}ClN \cdot H_2O$ 358.01
成分(无水物) C 74.19%，H 11.26%，Cl 10.43%，N 4.12%。
别名 一水合氯代十六烷基吡啶；氯化鲸蜡吡啶 一水；十六烷基吡啶基氯 一水；Ceepryn chloride；Cetylpyridinium chloride；Cetamium；Dobendan；Cepacol chloride；CPC；Halset；HDPC；1-Hexadecylpyridinium chloride
M. I. 15，2031
性状 白色粉末。易溶于水、乙醇、三氯甲烷，极微溶于苯、乙醚。其 1%水溶液 pH 值 6.0～7.0。mp 77～83℃。LD_{50} 大鼠皮下注射：250mg/kg；腹膜内注射：6mg/kg；静脉注射：30mg/kg；急性经口：200mg/kg。一般试剂含量≥98.5%。
注意事项 该品吸入、口服有毒。对眼睛、呼吸系统及皮肤有刺激性。对水生生物极毒。能对水环境引起不利的结果。使用时应穿适当的防护服和戴手套。万一接触到眼睛，应立即用大量水冲洗后请医生诊治。接触皮肤后应用大量水冲洗。使用时如有事故发生或有不适之感，应请医生诊治。所用容器应避免污染环境。应密封于通风良好处保存。
主要用途 表面活性剂。卤化剂。医用防腐剂，消毒剂。

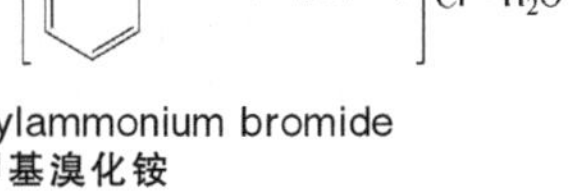

$[C_5H_5N^+\text{–}CH_2(CH_2)_{14}CH_3]\ Cl^- \cdot H_2O$

Cetyltrimethylammonium bromide
十六烷基三甲基溴化铵 02149
[57-09-0] $C_{19}H_{42}BrN$ 364.46

成分 C 62.62%，H 11.62%，Br 21.92%，N 3.84%。

别名 鲸蜡烷三甲基溴化铵；溴化十六烷基三甲铵；Bromat；CETAB；Cetavlon；Cetrimide；Cetrimonium bromide；Cetylamine；CTAB；CTMAB；HDTA；Hexadecyl trimethylammonium bromide；Lissolamine V；Micol；Quamonium；*N*，*N*，*N*-Trimethyl-1-hexadecanaminium bromide；Trimethylhexadecylammonium bromide

M. I. 15，2024

性状 无色或白色结晶。易溶于乙醇，溶于约 10 份水，略微溶于丙酮，几乎不溶于乙醚、苯。于酸性溶液中稳定。mp 237～243℃；Fp 471°F（244℃）。LD_{50}小鼠，大鼠静脉注射：32.0mg/kg，44.0mg/kg。一般试剂含量≥99.0%（AT）。

注意事项 该品口服有害。对眼睛有严重损伤的危险。对呼吸系统及皮肤有刺激性。对水生物极毒。使用时应穿适当的防护服。万一接触到眼睛，应立即用大量水冲洗后请医生诊治。应防止将本品释放于环境中。其包装物应按危险品处理。应密封于干燥处保存。

主要用途 分析试剂。比色测定或分光测定锑、锡。表面活性剂。

Cetyltrimethylammonium chloride 十六烷基三甲基氯化铵 02150

[112-02-7] $C_{19}H_{42}ClN$ 320.01

成分 C 71.31%，H 13.23%，Cl 11.08%，N 4.38%。

别名 氯化十六烷基三甲铵；CETAC；CTAC；CTMAC；HDTC；Hexadecyltrimethylammonium chloride；Trimethylhexadecylammonium chloride

性状 无色至微黄色结晶。易溶于水、乙醇。mp 232～234℃；*d* 0.968。一般试剂含量≥98.0%(NT)。

注意事项 该品对皮肤有刺激性。对眼睛有严重损伤的危险。使用时应戴防护镜或面罩。万一接触到眼睛，应立即用大量水冲洗后请医生诊治。应防止将本品释放于环境中。其包装物应按危险品处理。

主要用途 消毒剂。

DD-Chalcose D-查耳糖 02151

[3150-28-5] $C_7H_{14}O_4$ 162.19

成分 C 51.84%，H 8.70%，O 39.46%。

别名 4，6-二脱氧-3-*O*-甲基-D-葡糖；D-查耳霉糖； 4，6-Dideoxy-3-*O*-methyl-D-xylohexose；4，6-dideoxy-3-*O*-methyl-D-glucose；Lankavose

M. I. 15，2038

性状 无色结晶。mp 96～99℃；$[\alpha]_D^{24}+120°$（2min）→+97°（10min）→76°（3h 及 26h）（*c*=1.5，于水中）。

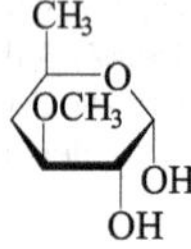

Charcoal active granular 活性炭 粒 02152

[7440-44-0] C 12.011

别名 Activated charcoal granular；Carbon amorphous granular；Carbon active granular；Carbon decolorizing granular；Carbon black granular

M. I. 15，1807

性状 黑色无定形粒状物。由植物硬壳精炼而成，质重。在液体中作用后容易沉淀。

注意事项 该品易燃。使用时应避免吸入本品的粉尘，避免与眼睛及皮肤接触。应远离火种密封保存。

主要用途 脱色。吸收各种气体。测甲醇、锡、硅的还原剂。用作催化剂的载体。

Charcoal active powder 活性炭 粉 02153

[7440-44-0] C 12.011

别名 Activated charcoal powder；Carbon amorphous powder；Carbon active powder；Carbon decolorizing powder；Carbon black powder

M. I. 15，1807

性状 黑色粉末。无臭、无味、无砂性。不溶于任何溶剂。对各种气体有选择性的吸附能力。

注意事项 见 02152 活性炭 粒。

主要用途 测定甲醇、锡、硅的还原剂。吸附剂。脱色剂。

参考规格 HG/T 3491—1999	分析纯	化学纯
亚甲基蓝吸附量	合格	合格
pH 值（50g/L，25℃）	5.0～7.0	5.0～7.0
乙醇溶解物/%≤	0.2	0.2
盐酸溶解物/%≤	0.8	2.0
灼烧残渣（以硫 酸盐计）/%≤	2.0	3.0
干燥失重/%≤	10.0	15.0
氯化物（Cl）/%≤	0.025	0.10
硫化合物（以硫酸盐计）/%≤	0.10	0.15
铁（Fe）/%≤	0.02	0.10
重金属（以 Pb 计）/%≤	0.005	0.01
锌（Zn）/%≤	0.05	0.10

Chelerythrine chloride 氯化白屈菜季铵碱 02154

[3895-92-9] $C_{21}H_{18}ClNO_4$ 383.82

成分 C 65.72%，H 4.73%，Cl 9.24%，N 3.65%，O 16.67%。

别名 1，2-Dimethoxy-12-methyl[1，3]benzodioxolo[5，6-*c*]phenanthridinium chloride；Todbaline chloride；1，2-Dimethoxy-*N*-methyl[1，3]benzodioxolo[5，6-*c*]phenanthridinium chloride

性状 黄色至橙色粉末。但其季铵盐是黄色的，碱及盐的水溶液呈紫色荧光。mp 207℃。一般试剂含量≥95%(TLC)。

注意事项 该品吸入、口服或与皮肤接触有害。对眼睛、呼吸系统及皮肤有刺激性。使用时应穿适当的防护服。万一接触到眼睛，应立即用大量水冲洗后请医生诊治。应密封于－20℃保存。

Chelidonic acid 白屈菜酸 02155

[99-32-1] $C_7H_4O_6$ 184.10

成分 C 45.67%，H 2.19%，O 52.14%。

别名 4-氧-1，4-吡喃-2，6-二羧酸；Jervasic acid；Jerva acid；4-Oxo-1，4-pyran-2，6-dicarboxylic acid；4-Oxo-4*H*-pyran-2，6-dicarboxylic acid

M. I. 15，2051

性状 无色结晶或白色结晶性粉末。1g 该品溶于 65mL 水、26mL 沸水，略微溶于乙醇。257℃分解。uv max（水中）：270nm（ε 11500）。一般试剂含量≥98.0%（T）。

注意事项 该品对眼睛、呼吸系统及皮肤有刺激性。使用时应穿适当的防护服。使用时应避免吸入本品的粉尘，避免与眼睛及皮肤接触。万一接触到眼睛，应立即用大量水冲洗后请医生诊治。

主要用途 有机合成。

D-Chelidonine D-白屈菜碱 02156

[476-32-4] $C_{20}H_{19}NO_5$ 353.37

成分 C 67.98%，H 5.42%，N 3.96%，O 22.64%。

别名 毛茛碱；[5b*R*-(5bα，6β，12bα)]-5b，6，7，12b，13，14-Hexahydro-13-methyl[1，3]benzodioxolo[5，6-*c*]-1，3-dioxolo[4，5-*i*]phenanthridin-6-ol；Stylophorin；Diphylline

M. I. 15，2052

性状 来自甲醇、乙醇或乙醇＋氯仿中的无色单斜棱柱体结晶。溶于乙醇、氯仿、乙醚、戊醇，几乎不溶于水。mp 135～136℃；$bp_{0.002}$ 220℃/0.226Pa（气浴温度）；$[\alpha]_D^{22}+115°±3°$（于乙醇中）；$[\alpha]_D^{20}+117°$（*c*=3，于三氯甲烷中）；uv max（甲醇中）：289nm、239nm、208nm（lg ε 3.89，3.88，4.69）。LD_{50} 小鼠静脉注射：(34.6±2.44) mg/kg。

注意事项 该品吸入、口服或与皮肤接触有害。使用时应穿

适当的防护服和戴手套。应充氩气密封避光于 2～8℃保存。

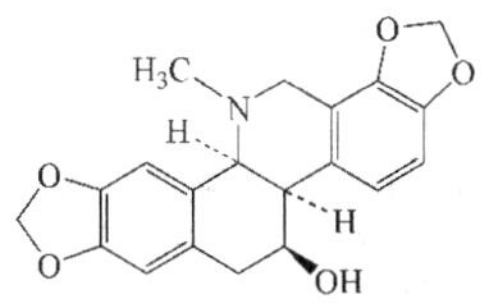

Chenodeoxycholic acid 鹅脱氧胆酸 02157

[474-25-9] $C_{24}H_{40}O_4$ 392.58

成分 C 73.43%，H 10.27%，O 16.30%。

别名 3α，7α-二羟基胆质酸；3α，7α-二羟基-5β-胆烷酸；脱氧鹅胆酸；鹅去氧胆酸；去氧鹅胆酸；Anthropodesoxycholic acid；CDC；CDCA；Chendol；Chenic acid；Chenix；Chenocedon；Chenocol；Chenodex；Chenofalk；Chenossil；Cholanorm；3α，7α-Dihydroxy-5β-cholanic acid；Fluibil；Kebilis；Gallodesoxycholic acid；Chenodiol；Chenodesoxycholic acid；5β-Cholanic acid-3α，7α-diol；3α，7α-Dihydroxy-5β-cholanic acid；(3α，5β，7α)-3，7-Dihydroxy-cholan-24-oic acid；Hekbilin；Kebilis；17β-(1-Methyl-3-carboxypropyl)etiocholane-3α，7α-diol；Ulmenide

M. I. 15，2054

性状 来自乙酸乙酯＋庚烷中的无色针状结晶或粉末。易溶于乙醇、甲醇、丙酮、乙酸，溶于乙醚、乙酸乙酯、脱氧胆酸，几乎不溶于水、石油醚、苯。mp 119℃；$[\alpha]_D^{20}$ +11.5°(于二氧六环中)。生化试剂含量≥98.0%(T)。

注意事项 使用时应避免吸入本品的粉尘，避免与眼睛及皮肤接触。

主要用途 胆石溶解剂。

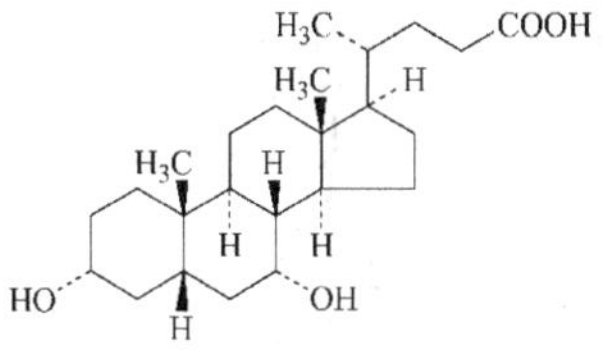

Chitin 甲壳素 02158

[1398-61-4] $(C_8H_{13}NO_5)_n$ Mr 约 400000

成分 C 47.29%，H 6.45%，N 6.89%，O 39.37%。

别名 壳蛋白；明角质；聚乙酰氨基葡糖；Poly-N-acetylglucosamine；Poly(N-acetyl-1，4-β-D-glucopyranosamine)

M. I. 15，2065

性状 白色或浅黄色无定形粉末或固体。溶于浓盐酸、硫酸、78%～97%的磷酸、无水甲酸，几乎不溶于水、稀酸、稀碱和浓碱及乙酸等一般有机溶剂。

注意事项 该品应密封于干燥处保存。

主要用途 生化研究。医用疗创剂。

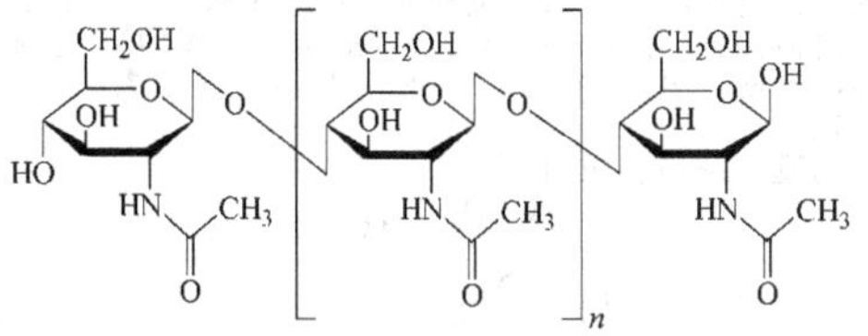

Chitinase from streptomyces griseus 壳多糖酶(灰色链霉菌) 02159

[9001-06-3] 约 56000

别名 几丁酶；壳质酶；几丁质酶；Chitodextrinase；Poly[1，4-β-(2-acetamido-2-deoxy-D-glucoside)] glycanohydrolase

EC 3.2.1.14

性状 浅棕色粉末。生化试剂含量 30～50U/g。

注意事项 使用时应避免吸入本品的粉尘，避免与眼睛及皮肤接触。应充氩气密封于－20℃干燥保存。

Chlophedianop hydrochloride 氯苯达诺 盐酸盐 02160

[511-13-7] $C_{17}H_{21}Cl_2NO$ 326.26

成分 C 62.58%，H 6.49%，Cl 21.73%，N 4.29%，O 4.90%。

别名 盐酸氯苯达诺；敌退咳；2-氯-α-(二甲基氨基)乙基-α-苯基苯甲醇 盐酸盐；Coldrin；Pectolitan；Refugal；Ulone；ULO 2-Chloro-α-[2-(dimethylamino) ethyl]-α-phenylbenzenemethanol hydrochloride；2-Chloro-α-(2-dimethylaminoethyl) benzhydrol hydrochloride；1-o-Chlorophenyl-1-phenyl-3-dimethylamino-1-propanol hydrochloride；1-Phenyl-1-(o-chlorophenyl)-3-dimethylaminopropanol hydrochloride；α-Dimethylaminoethyl-o-chlorobenzhydrol hydrochloride；Clofedanol hydrochloride；Tussistop hydrochloride

M. I. 15，2066

性状 无色结晶或白色结晶性粉末。易溶于水、甲醇、乙醇，略微溶于乙醚、苯、乙酸乙酯。mp 190～191℃。LD_{50}大鼠急性经口：350mg/kg；小鼠皮下注射：95mg/kg。一般试剂含量≥99.0%。

主要用途 医用镇咳剂。

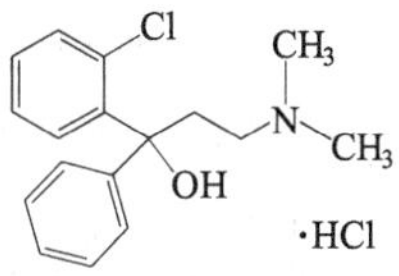

Chloral anhydrous 无水氯醛 02161

[75-87-6] C_2HCl_3O 147.38

成分 C 16.30%，H 0.68%，Cl 72.16%，O 10.86%。

别名 三氯乙醛 无水；无水三氯乙醛；氯醛 无水；Anhydr chloral；Trichloroacetaldehyde anhydrous

GW 2015-1861 M. I. 15，9791

性状 无色油状液体。有强刺激性气味。溶于乙醇(生成醇化氯醛)、乙醚。易溶于水，并水结合成水合氯醛。mp －57.5℃；bp_{760} 97.8℃/101.325kPa；d_4^{20} 1.510；d_4^{25} 1.5050；n_D^{20} 1.45572；$n_{He}^{21.4}$ 1.45412。一般试剂含量 98.0%～101.0%。

注意事项 该品吸入有毒。对眼睛、呼吸系统及皮肤有刺激性。使用时应穿适当的防护服和戴手套。万一接触到眼睛，应立即用大量水冲洗后请医生诊治。使用时如有事故发生或有不适之感，应请医生诊治。应密封于通风处 2～8℃保存。

主要用途 水合三氯乙醛和 D.D.T. 的制备。有机合成。

Chloral hydrate 氯醛 水合 02162

[302-17-0] $C_2H_3Cl_3O_2$ 165.39

成分 C 14.52%，H 1.83%，Cl 64.30%，O 19.35%。

别名 三氯乙二醇；水合三氯乙醛；Chloraldural；Escre；Noctec；Nycton；Somnos；2，2，2-Trichloro-1，1-ethandiol；Trichloroacetaldehyde monohydrate

M. I. 15，2071

性状 无色大单斜片状结晶。有辛辣刺激性气味。在空气中缓慢挥发。易溶于丙酮、甲乙酮，1g 该品溶于 1.3mL 乙醇、1.5mL 乙醚、2mL 三氯甲烷、0.5mL 甘油、68g 二硫化碳。略溶于松节油、石油醚、四氯化碳、苯、甲苯，溶于水而解离。mp 57℃；bp 98℃；d 1.91。LD_{50}大鼠急性经口：479mg/kg。一般试剂含量≥99.5%。

注意事项 该品口服有毒。对眼睛及皮肤有刺激性。使用时应避免吸入本品的蒸气。使用时如有事故发生或有不适之感，应请医生诊治。应密封保存。

主要用途 生化研究。制造 DDT。医用镇静剂，安眠剂。

α-Chloralose α-氯醛糖 02163

[15879-93-3] $C_8H_{11}Cl_3O_6$ 309.52

成分 C 31.04%，H 3.58%，Cl 34.36%，O 31.01%。

别名 α-三氯乙醛化葡萄糖；Alphakil；Anhydroglucochloral；Chloralosane；Dorcalm；Glucochloral；α-D-Glucochloralose；Anhydro-Dglucochloral；Somio；1，2-O-[(R)-2，2，2-Trichlo roethylidene]-α-D-glucofuranose

GW 2015-1856 M. I. 15，2072

性状 来自乙醇或乙醚中的无色针状结晶。1g 该品溶于水：225mL(15℃)、120mL(37℃)；溶于乙醇：15mL(25℃)。溶于乙醚、冰乙酸，微溶于氯仿，几乎不溶于石油醚。mp 187℃；$[\alpha]_D^{22}$ +19°(c=5，于 98%乙醇中)。LD_{50}小鼠急性经口：400mg/kg。一般试剂含量≥98.0%(AT)。

注意事项 该品吸入或口服有害。使用时应避免与眼睛及皮肤接触。使用现场禁止吸烟。万一接触到眼睛，应立即用大量水冲洗后请医生诊治。接触皮肤后，应立即用大量肥皂泡沫冲洗。应远离火种密封保存。

主要用途 生化研究。

β-Chloralose β-氯醛糖 02164

[16376-36-6] $C_8H_{11}Cl_3O_6$ 309.52

成分 C 31.04%，H 3.58%，Cl 34.36%，O 31.01%。

别名 β-三氯乙醛化葡萄糖；β-D-Glucochloralose

M. I. 15，2072

性状 白色有光泽的鳞片状结晶。微溶于乙醇、乙醚、水。mp 227～230℃；$[\alpha]_D^{20}$ −17.2°（c=2，于吡啶中）。

注意事项 该品吸入或口服有害。使用时应避免与眼睛及皮肤接触。万一接触到眼睛，应立即用大量水冲洗后请医生诊治。接触皮肤后，应立即用大量的水冲洗后请医生诊治。应远离火种密封保存。

主要用途 生化研究。

Chloramben 草灭平 02165

[133-90-4] $C_7H_5Cl_2NO_2$ 206.03

成分 C 40.81%，H 2.45%，Cl 34.42%，N 6.80%，O 15.53%。

别名 豆科威；草灭畏；3-氨基-2，5-二氯苯甲酸；3-Amino-2，5-dichlorobenzoic acid

性状 无色结晶。该品于下列物质中的溶解度（25℃，g/100mL）：丙酮 23.3；甲醇 22.3；乙醇 17.3；氯仿 0.09；苯 0.02。微溶于水（25℃，700mg/L）。mp 200～201℃；蒸气压（100℃）：7×10^{-3} mmHg/0.933Pa。

注意事项 该品能致癌。对眼睛、呼吸系统及皮肤有刺激性。使用时应穿适当的防护服，戴手套和防护镜或面罩。使用前应得到专门的指导，避免曝露。使用时应避免吸入本品的粉尘。万一接触到眼睛，应立即用大量水冲洗后请医生诊治。使用时如有事故发生或有不适之感，应请医生诊治。

主要用途 除草剂。分析用标准物质。

Chlorambucil 苯丁酸氮芥 02166

[305-03-3] $C_{14}H_{19}Cl_2NO_2$ 304.21

成分 C 55.27%，H 6.30%，Cl 23.31%，N 4.60%，O 10.52%。

别名 4-[Bis(2-chloroethyl)amino]benzenebutanoic acid；4-[p-[Bis(2-chloroethyl)amino]phenyl]butyric acid；γ-[p-Di(2-chloroethyl)aminophenyl]butyric acid；N，N-Di-2-chloroethyl-γ-p-aminophenylbutyric acid；Chloraminophene；Chloroambucil；CB-1348；Amboclorin；Leukeran

M. I. 15，2073

性状 来自石油醚中的扁平针状结晶。溶于乙醚、稀碱溶液，20℃时溶于 1.5 份乙醇、2.5 份氯仿、2 份丙酮，极微溶于水。mp 64～66℃。LD_{50} 大鼠腹膜内注射：58.2μmol/kg。生化试剂含量≥98.0%（T）。

注意事项 该品口服有毒。能致癌。对眼睛、呼吸系统及皮肤有刺激性。使用前应得到专门的指导，避免曝露。使用时应穿适当的防护服，戴手套和防护镜或面罩。万一接触到眼睛，应立即用大量水冲洗后请医生诊治。使用时如有事故发生或有不适之感，应请医生诊治。应密封于 2～8℃保存。

主要用途 生化研究。医用抗肿瘤剂。

Chloramine T trihydrate 氯胺 T 三水 02167

[7080-50-4] $C_7H_7ClNNaO_2S \cdot 3H_2O$ 281.68

成分（无水物） C 36.93%，H 3.10%，Cl 15.57%，N 6.15%，Na 10.10%，O 14.06%，S 14.09%。

别名 氯亚明 T 三水；氯胺基甲苯砜钠 三水；对甲苯磺酰氯胺钠 三水；Aktiven trihydrate；Chloramine trihydrate；Chloraseptine trihydrate；Chlorazene trihydrate；Chlorazone trihydrate；Clorina trihydrate；N-Chloro-4-methylbenzenesulfonamide sodium salt trihydrate；(N-Chloro-p-toluenesulfonamido) sodium salt trihydrate；Euclorina trihydrate；Gansil trihydrate；Halamid trihydrate；Mianine trihydrate；Sodium p-toluenesulfonchloramide trihydrate；Tochlorine trihydrate；Tolamine trihydrate

M. I. 15，2075

性状 无色棱柱体结晶或白色结晶性粉末。微带氯味。露置空气中逐渐分解。颇溶于水，几乎不溶于苯、氯仿、乙醚。能被乙醇分解。mp 167～170℃（分解）；Fp 378℉（192℃）。一般试剂含量（以活性氯计）≥24.0%。

注意事项 该品口服有害。与酸接触能释放出有毒气体。具有腐蚀性，能引起烧伤。吸入能引起过敏。使用时应穿适当的防护服，戴手套和防护镜或面罩。使用时应避免吸入本品的粉尘。万一接触到眼睛，应立即用大量水冲洗后请医生诊治。使用时如有事故发生或有不适之感，应请医生诊治。应密封于干燥处保存。

主要用途 检定溴酸盐、卤素，测定碘化物、铊、锡。制药工业。制菌剂。防腐剂。消毒剂。

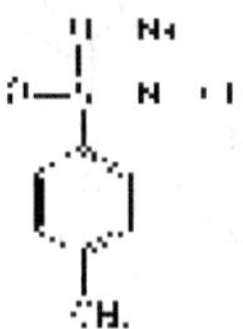

Chloraminophenamide 氯氨苯二磺胺 02168

[121-30-2] $C_6H_8ClN_3O_4S_2$ 285.72

成分 C 25.22%，H 2.82%，Cl 12.41%，N 14.71%，O 22.40%，S 22.44%。

别名 苯磺酸氨氯地平；氯米非那胺；4-氨基-6-氯-1，3-苯二磺胺；4-Amino-6-chloro-1，3-benzenedisulfonamide；4-Amino-6-chloro-m-benzenedisulfonamide；5-Chloro-2，4-bis(sulfonamido)anilne；6-Amino-4-chlorobenzene-1，3-disulfonamide；5-Chloro-2，4-disulfamylaniline；Idorese

M. I. 15，2076

性状 来自乙醇水中的无色结晶。微溶于水，更多地溶于碱性溶液。mp 251～252℃；uv max（乙醇中）：223.5～224.5nm，265～266nm，312～314nm（ε 41776，18633，3874）。

主要用途 医用利尿剂。

Chloramp henicol 氯霉素 02169

[56-75-7] $C_{11}H_{12}Cl_2N_2O_5$ 323.13

成分 C 40.89%，H 3.74%，Cl 21.94%，N 8.67%，O 24.76%。

别名 D(−)-苏-2-二氯乙酰氨基-1-对硝基苯基-1，3-丙二醇；2，2-Dichloro-N-[(1R，2R)-2-hydroxy-1-(hydroxymethyl)-2-(4-nitrophenyl)ethyl]acetamide；D-threo-N-Dichloroacetyl-1-p-nitrophenyl-2-amino-1，3-propanediol；D-threo-N-(1，1′-Dihydroxy-1-p-nitrophenylisopropyl)dichloroacetaide；Ak-Chlor；Amphicol；Anacetin；Aquamycetin；Chemicetina；Chloramex；Chlorasol；Chloricol；Chlorocid；Chloromycetin；Chloroptic；Cloramfen；Clorocyn；Enicol；Farmicetina；Fenicol；Globenicol；Intramycetin；Kemicetine；Leukomycin；Micoclorina；Mychel；Mycinol；Novomycetin；Ophthochlor；Pantovernil；

Paraxin; Quemicetina; Ronphenil; Sintomicetina; Sno Phenicol; Synthomycetin; Tevcocin; Tifomycine; Veticol; Viceton

M. I. 15, 2077

性状 来自水或二氯乙烷中的无色针状或卡片状结晶。溶于水（25℃，2.5mg/mL）、丙二醇（150.8mg/mL）。易溶于甲醇、乙醇、丁醇、乙酸乙酯、丙酮，颇能溶于乙醚，不溶于苯、石油醚、植物油。溶于50%乙酰胺溶液约5%。其水溶液呈中性。mp 150.5～151.5℃；$[\alpha]_D^{27}$ +18.6°（c=4.86，于乙醇中）；$[\alpha]_D^{25}$ −25.5°（于乙酸乙酯中）；uv max：278nm（$E_{1cm}^{1\%}$ 298）。一般试剂含量≥99.0%（HPLC）。

注意事项 该品可能致癌。使用前应得到专门的指导，避免曝露。使用时如有事故发生或有不适之感，应请医生诊治。应充氩气密封干燥保存。

主要用途 抗菌剂

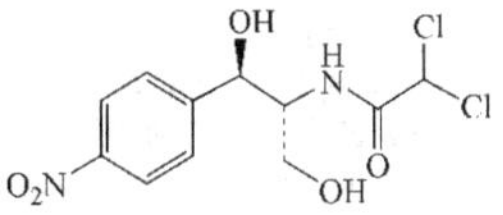

Chloranil 四氯苯醌 02170

[118-75-2] $C_6Cl_4O_2$ 245.86

成分 C 29.31%，Cl 57.68%，O 13.01%。

别名 四氯代对苯醌；氯醌；2,3,5,6-Tetrachloro-2,5-cyclohexadiene-1,4-dione; 2,3,5,6-Tetrachloro-*p*-benzoquinone; Tetrachloroquinone; Spergon; Vulkor

M. I. 15, 2078

性状 来自乙酸或丙酮中的金黄色小片状结晶或来自苯、甲苯中的单斜棱柱体结晶。溶于乙醚，略微溶于氯仿、四氯化碳、二硫化碳，几乎不溶于冷石油醚、冷乙醇，不溶于水。mp 290℃。LD_{50}大鼠急性经口：4.0g/kg。一般试剂含量≥99.0%（AT）。

注意事项 该品对眼睛及皮肤有刺激性。对水生物极毒。能对水环境引起不利的结果。使用时应戴手套。应防止将本品释放于环境中。其包装物应按危险品处理。应密封避光保存。

主要用途 杀菌剂。

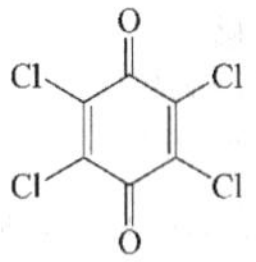

Chloranilic acid 氯冉酸 02171

[87-88-7] $C_6H_2Cl_2O_4$ 208.98

成分 C 34.48%，H 0.96%，Cl 33.93%，O 30.62%。

别名 2,5-二氯-3,6-二羟基对苯醌；氯醌酸；2,5-Dichloro-3,6-dihydroxy-1,4-benzoquinone; 2,5-Dichloro-3,6-dihydroxy-*p*-benzoquinone; 2,5-Dichloro-3,6-dihydroxy-2,5-cyclohexadiene-1,4-dione

M. I. 15, 2079

性状 红色片状或针状结晶。溶于热乙醇、氢氧化钠溶液，微溶于水。mp 283～284℃。最大吸收峰值(pH 值 4，于水中)：290～340nm，520～555nm。一般试剂含量≥99.0%（T）。

注意事项 该品对眼睛、呼吸系统及皮肤有刺激性。使用时应穿适当的防护服。万一接触到眼睛，应立即用大量水冲洗后请医生诊治。

主要用途 用于锶、锆、钙、钼的测定；血清中钙的测定。

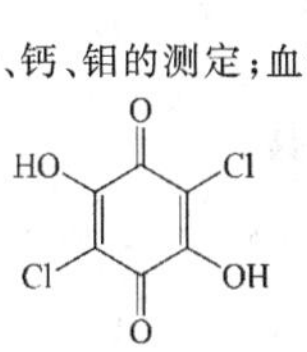

Chlorazol black 卡拉唑黑 02172

[1937-37-7] $C_{34}H_{25}N_9Na_2O_7S_2$ 781.73

成分 C 52.24%，H 3.22%，N 16.13%，Na 5.88%，O 14.33%，S 8.20%。

别名 卡拉唑黑 E；酸性绿光直接黑；Azo black; Chlorazol black E; Cotton black E extra; Direct black 38, MS, RL, GX; Direct deep black EW extra

C. I. 30235

性状 灰黑色粉末。易溶于乙醇，溶于水，水溶液为绿棕色。

注意事项 该品能致癌，能危害胎儿。使用前应得到专门的指导，避免曝露。使用时如有事故发生或有不适之感，应请医生诊治。

主要用途 细胞学、组织学染色。

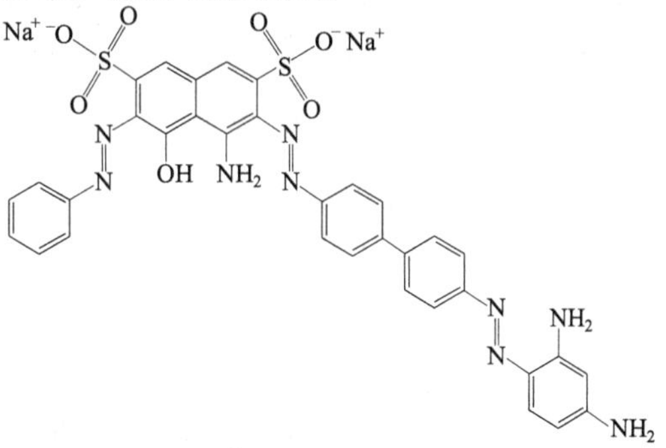

Chlorbenside 氯杀螨 02173

[103-17-3] $C_{13}H_{10}Cl_2S$ 269.19

成分 C 58.00%，H 3.74%，Cl 26.34%，S 11.91%。

别名 氯杀；1-Chloro-4-[[(4-chlorophenyl)methyl]thio]benzene; *p*-Chlorobenzyl *p*-chlorophenyl sulfide; Chlorocide; Chlorparacide; Chlorsulphacide; Mitox

性状 无色或白色结晶。有杏仁气味。溶于丙酮、苯、甲苯、二甲苯、石油醚，溶于煤油 5%～7.5%，溶于乙醇约 2.9%，极微溶于水(<1∶5000)。mp 75～76℃；d_4^{25} 1.4210；uv max(95%乙醇中)：262nm。

注意事项 该品口服有害。万一接触到眼睛，应立即用大量水冲洗后请医生诊治。

主要用途 杀螨剂，主要用于控制鸡蛋和红蜘蛛幼虫。分析用标准物质。

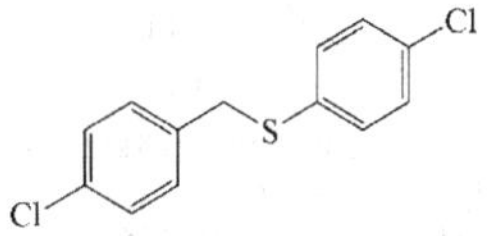

Chlorbenzoxamine dihydrochloride 氯苄沙明 二盐酸盐 02174

[5576-62-5] $C_{27}H_{33}Cl_3N_2O$ 507.92

成分 C 63.85%，H 6.55%，Cl 20.94%，N 5.52%，O 3.15%。

别名 氯苯氧嗪 二盐酸盐；盐酸氯苄沙明；UCB-1474; Libratar; Gastomax; 1-[2-[(2-Chlorophenyl)phenylmethoxy]ethyl]-4-[(2-methylphenyl) methyl] piperazine dihydrochloride; 1-[2-(*o*-Chloro-*α*-phenylbenzyloxy)ethyl]-4-*o*-methylbenzylpiperazine dihydrochloride; 1-[2′-(*o*-Chlorobenzhydryloxy)ethyl]-4-(*o*-methylbenzyl)diethylenediamine dihydrochloride; 1-(*o*-Chlorobenzhydsryloxyethyl)-4-(*o*-methylbenzyl) piperazine dihydrochloride; Chlorbenzoxyethamine; Chlorobenzoxamine dihydrochloride

M. I. 15, 2081

性状 无色结晶。味苦。易溶于甲醇，溶于乙醇、氯仿、乙酸，微溶于水、丙酮，几乎不溶于乙醚、乙腈、苯。mp 197～200℃。LD_{50}大鼠皮下注射：4000mg/kg，静脉注射：66mg/kg；小鼠急性经口：1400mg/kg。

主要用途 医用解痉剂。

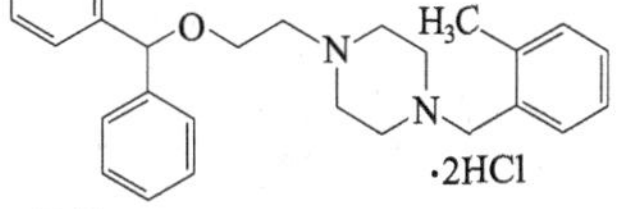

·2HCl

Chlordane 氯丹 02175

[57-74-9] $C_{10}H_6Cl_8$ 409.76

成分 C 29.31%，H 1.48%，Cl 69.21%。

别名 八氯化茚；Aspon; Belt; CD-68; Chlodan; Chlor kil; Corodane; Niran; Octachlor; 1,2,4,5,6,7,8,8-Octachloro-2,3a,4,7,7a-hexahydro-4,7-methano-1*H*-indene; 1,2,4,5,6,7,8,8-Octachloro-4,7-methane-3a,4,7,7a-tetrahydroindane; 1,2,4,5,6,7,8,8-Octachloro-3a,4,7,7a-tetrahydro-4,7-methanoindan; Orthoklor; Synklor; Toxichlor; Velsicol 1068

GW 2015-43　M. I. 15, 2083

性状　无色或微黄色黏稠液体。有杉木气味。溶于脂肪烃、芳香烃等有机溶剂，不溶于水。mp 175℃；d^{25} 1.59～1.63；n_D^{25} 1.56～1.57。LD_{50}雄大鼠腹膜内注射：343mg/kg。

注意事项　该品吸入、口服或与皮肤接触有毒。对机体有不可逆损伤的结果。使用时应穿适当的防护服和戴手套。使用时如有事故发生或有不适之感，应请医生诊治。应密封于2～8℃保存。

主要用途　杀虫剂。杀螨剂。分析用标准物质。

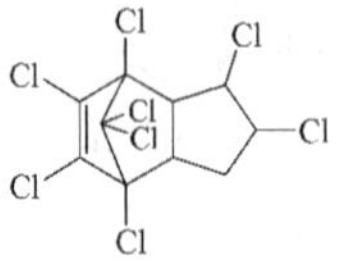

Chordecone　十氯酮　02176

[143-50-0]　$C_{10}Cl_{10}O$　490.61

成分　C 24.48%，Cl 72.26%，O 3.26%。

别名　开蓬；1,1a,3,3a,4,5,5,5a,5b,6-Decachlorooctahydro-1,3,4-metheno-2*H*-cyclobuta[*cd*]pentalen-2-one；GC-1189；Kepone

GW 2015-1958　M. I. 15, 2084

性状　无色结晶。溶于醇类、酮类、乙酸，微溶于水、烃类溶剂。350℃分解；Fp 212℉(100℃)。LD_{50}大鼠急性经口：125mg/kg。

注意事项　该品口服或与皮肤接触有毒。对机体有不可逆损伤的可能性。对水生物极毒。能对水环境引起不利的结果。使用时应穿适当的防护服和戴手套，应避免吸入本品的粉尘。使用时如有事故发生或有不适之感，应请医生诊治。应防止将本品释放于环境中。其包装物应按危险品处理。

主要用途　杀虫剂。杀菌剂。

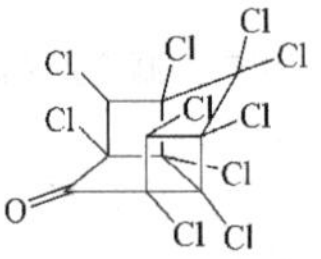

Chlordiazepoxide hydrochloride　利眠宁 盐酸盐　02177

[438-41-5]　$C_{16}H_{14}ClN_3O \cdot HCl$　336.22

成分　C 57.16%，H 4.50%，Cl 21.09%，N 12.50%，O 4.76%。

别名　甲氨二氮䓬 盐酸盐；盐酸利眠宁；盐酸甲氨二氮䓬；Ansiacal；A-Poxide；Balance；Benzodiapin；Cebrum；Corax；Disarim；Elenium；Equibral；Labican；Lentotran；Librium；O. C. M.；Psichial；Psicoterina；Reliberan；Seren Vita；SK-Lygen；Viansin；7-Chloro-*N*-methyl-5-phenyl-3*H*-1，4-benzodiazepin-2-amine 4-oxide hydrochloride；7-Chloro-2-methylamino-5-phenyl-3*H*-1,4-benzodiazepine 4-oxide hydrochloride；Methaminodiazepoxide hydrochloride；Clopoxide hydrochloride；Helogaphen hydrochloride；Libritabs hydrochloride；Multum hydrochloride；Risolid hydrochloride；Silibrin hydrochloride；Tropium hydrochloride

M. I. 15，2085

性状　来自甲醇中的无色结晶。溶于水，略微溶于乙醇，不溶于己烷。mp 213℃。

注意事项　该品口服有害。能损伤生育力。能危害胎儿。对机体有不可逆损伤的可能性。使用时应穿适当的防护服和戴手套。应避免吸入本品的粉尘。

主要用途　医用抗焦虑剂。兽用镇定剂。

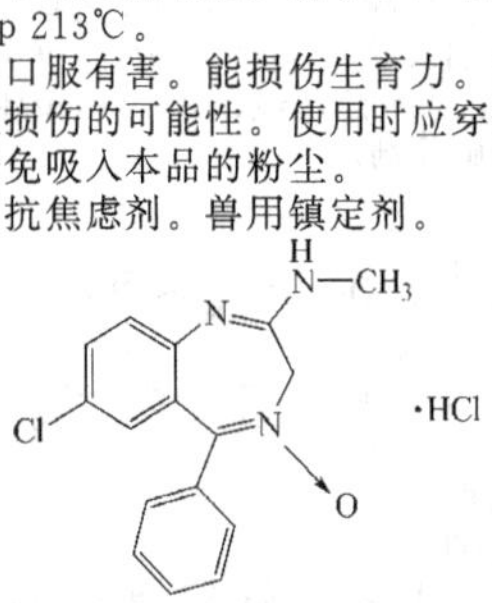

·HCl

Chlordimeform　杀虫脒　02178

[6164-98-3]　$C_{10}H_{13}ClN_2$　196.68

成分　C 61.07%，H 6.66%，Cl 18.03%，N 14.24%。

别名　克死螨；*N*′-(2-甲基-4-氯苯基)-*N*，*N*-二甲基甲脒；*N*′-(4-Chloro-2-methylphenyl)-*N*，*N*-dimethylmethanimidamide；*N*′-(4-Chloro-*o*-tolyl)-*N*，*N*-dimethylformamidine；Chorophenamidine；Chlorphenamidine；Spanon；CDM；Ciba 8514；Schering 36268；Fundal；Galecron

M. I. 15，2086

性状　无色结晶。易溶于有机溶剂，微溶于水。蒸气压（20℃）3.5×10^{-4} mmHg/466.6×10^{-4} Pa。mp 35℃；$bp_{0.4}$ 156～157℃/53.3Pa；d_4^{25} 1.105；n_D^{25} 1.5885。LD_{50}大鼠腹膜内注射：238mg/kg。

主要用途　杀螨剂，杀虫剂。

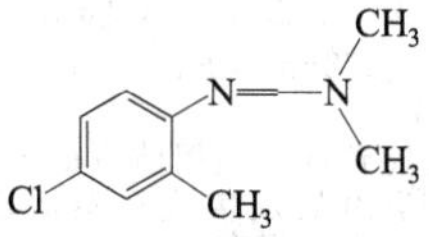

Chlorendic anhydride　氯菌酸酐　02179

[115-27-5]　$C_9H_2Cl_6O_3$　370.81

成分　C 29.15%，H 0.54%，Cl 57.36%，O 12.94%。

别名　六氯内亚甲基四氢苯二甲酸酐；4，5，6，7，8，8-六氯-3*a*，4，7，7*a*-四氢-4，7-亚甲基异苯并呋喃-1，3-二酮；1,4,5,6,7,7-Hexachloro-*endo*-bicyclo[2.2.1]hept-5-ene-2,3-dicarboxylic anhydride；Hexachloroendomethylenetetrahydrophthalic anhydride；1,4,5,6,7,7-Hexachloro-*endo*-5-norbornene-2,3-dicarboxylic anhydride；4,5,6,7,8,8-Hexachloro-3*a*,4,7,7*a*-tetrahydro-4,7-methanoisobenzofuran-1,3-dione

M. I. 15，2087

性状　无色结晶。对湿度敏感。mp 231～235℃；*d* 1.730。

注意事项　该品能致癌。对眼睛、呼吸系统及皮肤有刺激性。使用前应得到专门的指导，避免曝露。使用时如有事故发生或有不适之感，应请医生诊治。应密封于干燥处保存。

主要用途　制备聚酯树脂。

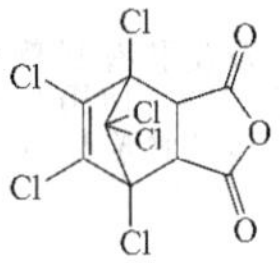

Chlorethoxyfos　氯氧磷　02180

[54593-83-8]　$C_6H_{11}Cl_4O_3PS$　335.98

成分　C 21.45%，H 3.30%，Cl 42.20%，O 14.29%，P 9.22%，S 9.54%。

别名　Phosphorothioic acid-*O*，*O*-diethyl *O*-(1，2，2，2-tetrachloroe-hyl) ester；*O*，*O*-Diethyl *O*-(1，2，2，2-tetrachloroethyl) thionophosphate；DPX-43898；SD-208304；Fortress

M. I. 15，2088

性状　无色液体。亦有报告为白色结晶性粉末。溶于己烷、乙醇、二甲苯、乙腈、氯仿，微溶于水（<1mg/L）。蒸气压（20℃）8×10^{-4}mmHg/1.07×$^{-4}$kPa。$bp_{0.05}$ 80℃/6.67Pa；d_4^{20}；n_D^{25} 1.4980。LD_{50}大鼠，小鼠急性经口：1～10mg/kg，20～50mg/kg；兔皮肤接触：20～200mg/kg。

主要用途　杀虫剂。

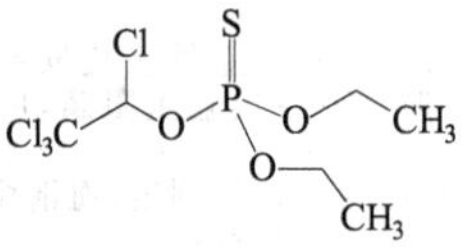

Chlorfenapyr　虫满腈　02181

[122453-73-0]　$C_{15}H_{11}BrClF_3N_2O$　407.62

成分　C 44.20%，H 2.72%，Br 19.60%，Cl 8.70%，F 13.98%，N 6.87%，O 3.92%。

别名　溴虫腈；4-溴-2-(4-氯苯基)-1-乙氧基甲基-5-三氟甲基-1*H*-吡咯-3-腈；4-Bromo-2-(4-chlorophenyl)-1-ethoxymethyl-5-trifluoromethyl-1*H*-pyrrole-3-carbonitrile；AC-303630；Cl-303630；Pirate；Stalker

M. I. 15，2089

性状　白色固体。溶于丙酮、乙醚、二甲基亚砜、四氢呋喃、乙腈、醇类，不溶于水。mp 91～92℃。LD_{50}（单独剂量）雄，雌大鼠急性经口：223mg/kg，459mg/kg；兔皮肤接触：>2000mg/kg。LD_{50}日本鲤鱼：0.5mg/kg。

注意事项 该品吸入有毒。口服有害。对水生物极毒。能对水环境引起不利的结果。使用时应穿适当的防护服和戴手套。使用时如有事故发生或有不适之感，应立即请医生诊治。应防止将本品释放于环境中。其包装物应按危险品处理。应远离食品、饮料和饲料密封保存。

主要用途 杀虫剂。杀螨剂，分析用标准物质。

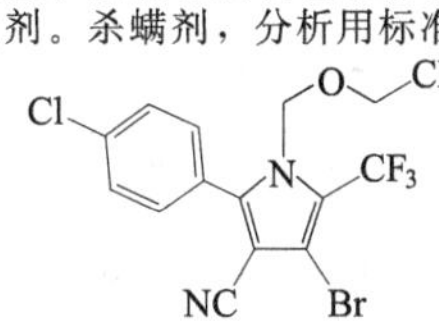

Chlorfenvinphos 毒虫畏 02182

[470-90-6] $C_{12}H_{14}Cl_3O_4P$ 359.56

成分 C 40.08%，H 3.92%，Cl 29.58%，O 17.80%，P 8.61%。

别名 磷酸 *O*,*O*-二乙基-*O*-[2-氯-1-(2,4-二氯苯基)乙烯基]酯；磷酸 2,4-二氯-*α*-(氯亚甲基)苄醇二乙酯；磷酸 2-氯-1-(2,4-二氯苯基)乙烯基二乙酯；Phosphoric acid 2-chloro-1-(2,4-dichlorophenyl) ethenyl diethyl ester；*O*,*O*-Diethyl-*O*-[2-chloro-1-(2,4-dichlorophenyl) vinyl] phosphate；2,4-Dichloro-*α*-(chloromethylene) benzyl alcohol diethyl phosphate；CVP；SD-7859；Comp d 4072；Birlane；Steladone；Supona

GW 2015-665 M. I. 15，2090

性状 琥珀色液体。有温和的气味。能与丙酮、乙醇、丙二醇相混溶，微溶于水（23℃，145mg/kg）。能被水缓慢水解。能腐蚀金属。对鱼有毒。$bp_{0.5}$ 167～170℃/66.66Pa；$bp_{0.001}$ 120℃/0.133Pa；Fp 212°F（100℃）；n_D^{25} 1.5272。LD_{50}大鼠静脉注射：6.6mg/kg；急性经口：9.66mg/kg。

注意事项 该品口服极毒。与皮肤接触有毒。对水生物极毒。能对水环境引起不利的结果。使用时应穿适当的防护服和戴手套。接触皮肤后，应用大量水冲洗。使用时如有事故发生或有不适之感，应请医生诊治。应防止将本品释放于环境中。其包装物应按危险品处理。应密封于 2～8℃保存。

主要用途 杀虫剂。杀螨剂。分析用标准物质。

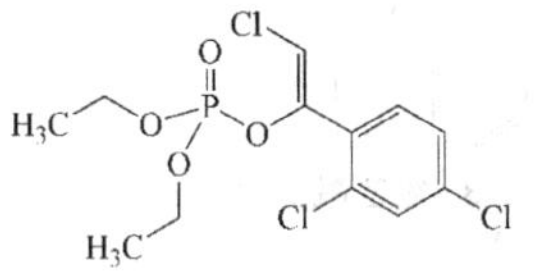

（Z 型异构体）

Chlorhexidine 洗必太 02183

[55-56-1] $C_{22}H_{30}Cl_2N_{10}$ 505.45

成分 C 52.28%，H 5.98%，Cl 14.03%，N 27.71%。

别名 双氯苯双胍己烷；洗必泰；*N*,*N*″-Bis(4-chlorophenyl)-3,12-diimino-2,4,11,13-tetraazatetradecanediimidamide；1,6-Bis[*N*′-(*p*-chlorophenyl)-*N*5-biguanido] hexane；1,6-Bis(*N*5-*p*-chlorophenyl-*N*′-diguanido) hexane；1,6-Di(4′-chlorophenyl diguanido) hexane；1,1′-Hexamethylenebis[5-(*p*-chlorophenyl) biguanide]

M. I. 15，2092

性状 来自甲醇中的无色结晶。对二氧化碳敏感。溶于水（20℃，质量浓度）：0.08%，呈强碱性。mp 134℃。一般试剂含量≥99.0%（HPLC）。

注意事项 该品对眼睛、呼吸系统及皮肤有刺激性。对水生物有毒。能对水环境引起不利的结果。使用时应穿适当的防护服和戴手套。使用时应避免吸入本品的粉尘，避免与眼睛及皮肤接触。万一接触到眼睛，应立即用大量水冲洗后请医生诊治。应防止将本品释放于环境中。其包装物应按危险品处理。应充氩气密封保存。

主要用途 防腐剂。消毒剂。医用外用抗菌剂。

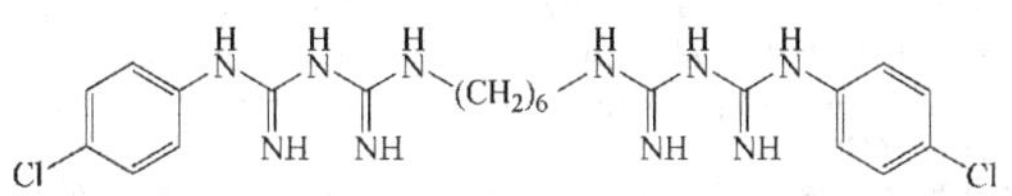

Chloric acid 氯酸 02184

[7790-93-4] $ClHO_3$ 84.46

成分 Cl 41.98%，H 1.19%，O 56.83%。

GW 2015-1536 M. I. 15，2093

性状 无色透明液体。是与水混溶而成的强酸。d_4^{18} 1.1273。一般试剂含量≥20.0%。

注意事项 该品与易燃物品接触能引起燃烧。有腐蚀性，能引起烧伤。使用时应穿适当的防护服，戴手套和防护镜或面罩。万一接触到眼睛，应立即用大量水冲洗后请医生诊治。使用时如有事故发生或有不适之感，应请医生诊治。应远离易燃物品密封保存。

主要用途 氧化剂。丙烯腈聚合催化剂的制备。

Chlorimuron-ethyl 氯嘧磺隆 02185

[90982-32-4] $C_{15}H_{15}ClN_4O_6S$ 414.82

成分 C 43.43%，H 3.64%，Cl 8.55%，N 13.51%，O 23.14%，S 7.73%。

别名 2-[[[[(4-Chloro-6-methoxy-2-pyrimidinyl)amino]carbonyl]amino]sulfonyl]benzoic acid ethyl ester；Ethyl 2-[[[[(4-chloro-6-methoxypyrimidin-2-yl)amino]carbonyl]amino]sulfonyl]benzoate；DPX-F6025；Classic

M. I. 15，2094

性状 来自氯丁烷中的无色结晶。该品溶于下列物质中浓度（mg/kg）：丙酮 71000；乙腈 31000；苯 8000；二氯甲烷 153000；水（pH 值 7）1200；水（pH 值 6.5）450；水（pH 值 5）11。mp 198～201℃。LD_{50}雄，雌大鼠急性经口：4102mg/kg，4236mg/kg。

注意事项 该品对眼睛有刺激性。使用时应穿适当的防护服。万一接触到眼睛，应立即用大量水冲洗后请医生诊治。

主要用途 除草剂。

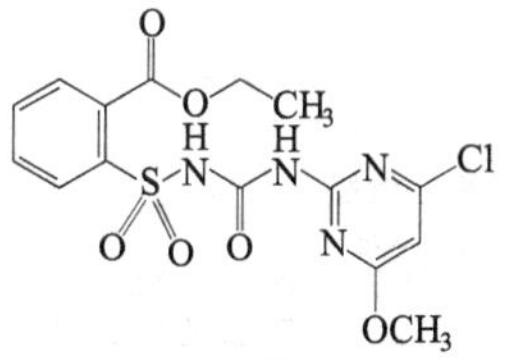

Chlormadinone acetate 乙酸氯地孕酮 02186

[302-22-7] $C_{23}H_{29}ClO_4$ 404.93

成分 C 68.22%，H 7.22%，Cl 8.76%，O 15.80%。

别名 17-Acetyloxy-6-Chloropregna-4，6-diene-3，20-dione；6-Chloro-17-hydroxypregna-4，6-diene-3，20-dione acetate；6-Chloro-6-dehydro-17*α*-hydroxyprogesterone acetate；6-Chloro-6-dehydro-17*α*-acetoxyprogesterone；17*α*-Acetoxy-6-chloro-6,7-dehydroprogesterone；Chronosyn；Cyclonorm；Fertiletten；Gestafortin；Lormin；Luteran；Matrol；Normenon；Menstridyl；Prostal；Traslan

M. I. 15，2102

性状 来自甲醇或乙醚中的无色结晶。mp 212～214℃；$[\alpha]_D$+6°（*c*=1，于氯仿中）；uv max：283.5nm，286nm（ε 23400，22100）。生化试剂含量≥98.0%。

注意事项 该品能损伤生育力，能危害胎儿。对机体有不可逆损伤的可能性。长期接触对健康有严重危害。使用前应得到专门的指导，避免曝露。使用时应穿适当的防护服，戴手套和防护镜或面罩。应避免吸入本品的粉尘。使用时如有事故发生或有不适之感，应请医生诊治。

主要用途 生化研究。医用孕激素。抗肿瘤剂（激素）。

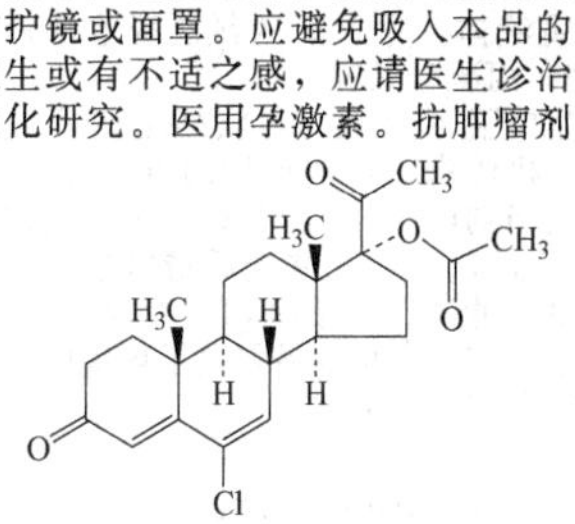

Chlormequat chloride 氯化矮壮素 02187

[999-81-5] $C_5H_{13}Cl_2N$ 158.07

成分 C 37.99%，H 8.29%，Cl 44.86%，N 8.86%。

别名 (2-氯乙基）三甲基氯化铵；氯化三甲基（2-氯乙基）铵盐；矮壮素；2-Chloro-*N*,*N*,*N*-trimethylethanaminium chloride；(2-Chloroethyl) trimethylammonium chloride；Chlorocholine chloride；Choline dichloride；AC-38555；CCC；Cycocel；Cycogan

M. I. 15，2104

性状 白色结晶性固体。有鱼的气味。易潮解。溶于水、低级醇，不溶于乙醚、烃类。其水溶液能腐蚀金属。mp 245℃（分解）。LD_{50} 小鼠急性经口：54mg/kg；静脉注射：7mg/kg。一般试剂含量≥98.0%。

注意事项 该品口服或与皮肤接触有害。使用时应穿适当的防护服和戴手套。

主要用途 植物生长调节剂。分析用标准物质。

Chlormezanone 氯美扎酮 02188

[80-77-3] $C_{11}H_{12}ClNO_3S$ 273.73

成分 C 48.27%，H 4.42%，Cl 12.95%，N 5.12%，O 17.53%，S 11.71%。

别名 氯美乍酮；芬那露；2-(4-Chlorophenyl) tetrahydro-3-methyl-4*H*-1，3-thiazin-4-one 1，1-dioxide；2-(*p*-Chlorophenyl) perhydro-3-methyl-1,1,3-thiazin-4-one 1,1-dioxide；2-(4-Chlorophenyl)-3-methyl-4-metathiazanone 1，1-dioxide；Dichloromethazanone；Chlormethazanone；Alinam；Banabin-Sintyal；Fenarol；Lobak；Mio-Sed；Rexan；Rilansyl；Rilaquil；Rilassol；Supotran；Suprotan；Tanafol；Trancopal；Trancote；Transanate

M. I. 15，2016

性状 无色结晶或白色结晶性粉末。溶于水（25℃，<0.25%质量浓度），95%乙醇（25℃，<1.0%质量浓度）。mp 116.2～118.2℃。

主要用途 医用抗焦虑剂，骨架肌肉松弛剂。

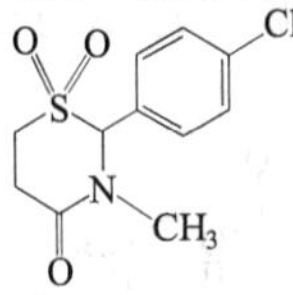

Chloroacetal 氯乙缩醛 02189

[621-62-5] $C_6H_{13}ClO_2$ 152.62

成分 C 47.22%，H 8.59%，Cl 23.23%，O 20.97%。

别名 二乙氧基乙氯；1,1-二乙氧基-2-氯代乙烷；氯化二乙醇缩乙醛；氯乙醛缩二乙醇；Chloroacetaldehyde diethyl acetal；1-Chloro-2，2-diethoxyethane；2-Chloro-1，1-diethoxyethane

性状 无色液体。能与乙醇、乙醚任意混溶，微溶于热水。mp －45℃；bp 157℃；Fp 85℉（29℃）；d_4^{20} 1.015；n_D^{20} 1.4160。一般试剂含量 ≥98.0%(GC)。

注意事项 该品易燃。口服有害。对眼睛、呼吸系统及皮肤有刺激性。使用时应穿适当的防护服，避免吸入本品的蒸气、飞沫。万一接触到眼睛，应立即用大量水冲洗后请医生诊治。应密封于通风干燥处保存。

主要用途 有机合成。

Chloroacetaldehyde 30% water solution

氯乙醛 30%水溶液 02190

[107-20-0] C_2H_3ClO 78.50

成分(纯品) C 30.60%，H 3.85%，Cl 45.16%，O 20.38%。

别名 一氯代乙醛；2-Chloro-1-ethanal；Monochloroacetaldehyde

GW 2015-2557 M. I. 15,2109

性状 无色透明液体。为 30%的氯乙醛水溶液。有刺激性气味。能与乙醇、丙酮相混溶。

注意事项 该品口服、吸入或与皮肤接触有毒。具有腐蚀性，能引起烧伤。对机体有不可逆损伤的可能性。对水生物极毒。使用时应穿适当的防护服，戴手套和防护镜或面罩。万一接触到眼睛，应立即用大量水冲洗后请医生诊治。接触皮肤后应立即用大量水冲洗。使用时如有事故发生或有不适之感，应请医生诊治。应防止将本品释放于环境中。

主要用途 有机合成。杀菌剂。

Chloroacetaldehyde dimethyl acetal

二甲醇缩氯乙醛 02191

[97-97-2] $C_4H_9ClO_2$ 124.57

成分 C 38.57%，H 7.28%，Cl 28.46%，O 25.69%。

别名 2-氯-1,1-二甲氧基乙烷；2-Chloro-1,1-dimethoxyethane

性状 无色液体。mp <－73℃；bp 128～130℃；Fp 84℉（28℃）；d_4^{20} 1.095；n_D^{20} 1.4150。一般试剂含量 ≥98.0%(GC)。

注意事项 该品易燃。吸入或口服有害 。对水生物有害。对水环境能产生长期有害的结果。使用时应穿适当的防护服，避免吸入本品的蒸气、飞沫。应防止将本品释放于止境中。应密封于通风干燥处保存。

主要用途 有机合成。

2-Chloroacetamide 2-氯乙酰胺 02192

[79-07-2] C_2H_4ClNO 93.51

成分 C 25.69%，H 4.31%，Cl 37.91%，N 14.98%，O 17.11%。

别名 2-氯代乙酰胺；2-Chloroethanamide

M. I. 15，2110

性状 来自水中的无色结晶。溶于 10 份水、10 份无水乙醇，极微溶于乙醚。mp 119～120℃；bp 约 225℃（分解）；Fp 338℉（170℃）。一般试剂含量 ≥99.0%。

注意事项 该品口服有毒。接触皮肤能引起过敏。有损伤生育力的危险。使用时应穿适当的防护服和戴手套。应避免吸入本品的粉尘。使用时如有事故发生或有不适之感，应请医生诊治。

主要用途 有机合成。

2′-Chloroacetanilide 2′-氯乙酰苯胺 02193

[533-17-5] C_8H_8ClNO 169.61

成分 C 56.65%，H 4.75%，Cl 20.90%，N 8.26%，O 9.43%。

别名 *N*-乙酰邻氯苯胺；邻氯乙酰苯胺；邻氯乙酰替苯胺；*o*-Chloroacetanilide；*N*-Acetyl-*o*-chloroanilide；Acet-*o*-chloroanilide

M. I. 15，2111

性状 来自稀冰乙酸中的无色针状结晶。溶于乙醇，较多地溶于苯，几乎不溶于水、碱溶液。约 50～60℃ 升华。mp 87～88℃；uv max(95%乙醇中)：240 nm(lg ε 4.02)。

注意事项 该品对眼睛、呼吸系统及皮肤有刺激性。使用时应戴适当的手套。万一接触到眼睛，应立即用大量水冲洗后请医生诊治。

主要用途 制药工业。有机合成。染料制造。

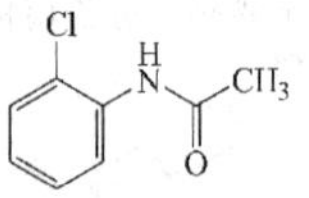

3′-Chloroacetanilide 3′-氯乙酰苯胺 02194

[588-07-8] C_8H_8ClNO 169.61

成分 C 56.65%，H 4.75%，Cl 20.90%，N 8.26%，O 9.43%。

别名 间氯乙酰苯胺；*N*-乙酰对氯苯胺；*m*-Chloroacetanilide；*N*-(3-Chlorophenyl)acetamide

M. I. 15，2111

性状 来自 50%冰乙酸中的无色针状结晶。易溶于乙醇、苯、二硫化碳，极微溶于石油醚。mp 77～78℃；uv max（95% 乙醇中）：245nm（lgε 4.19）。一般试剂含量 ≥98.0%。

注意事项 该品对眼睛、呼吸系统及皮肤有刺激性。使用时应戴适当的手套。万一接触到眼睛，应立即用大量水冲洗后请医生诊治。

主要用途 有机合成。染料制造。

4′-Chloroacetanilide 4′-氯乙酰苯胺 02195

[539-03-7] C_8H_8ClNO 169.61

成分 C 56.65%，H 4.75%，Cl 20.90%，N 8.26%，O 9.43%。

别名 *N*-乙酰对氯苯胺；对氯乙酰苯胺；Acet-*p*-chloroanilide；Acet-*p*-chloroaniline；Acetic acid 4-chloroanilide

M. I. 15，2111

性状 来自冰乙酸水溶液、乙醇或丙酮中的无色或白色斜方结晶。易溶于乙醇、乙醚、二硫化碳，微溶于四氯化碳、苯，几乎不溶于水。mp 178～179℃；d_4^{22} 1.385；uv max（95%乙醇中）：249nm（lgε 4.25）。一般试剂含量 ≥98%（Cl）。

注意事项 该品对眼睛、呼吸系统及皮肤有刺激性。使用时应穿适当的防护服和戴手套。使用时应避免吸入本品的粉尘，避免与眼睛及皮肤接触。万一接触到眼睛，应立即用大量水冲洗后请医生诊治。

主要用途 有机合成。染料制造。

Chloroacetic acid 氯乙酸 02196
[79-11-8] $C_2H_3ClO_2$ 94.49
成分 C 25.42%，H 3.20%，Cl 37.52%，O 33.86%。
别名 一氯乙酸；一氯醋酸；Carboxymethyl chloride; Chloroethanoic acid; MCA; Monochloroacetic acid
GW 2015-1551 M. I. 15, 2112
性状 无色或白色结晶。易潮解。易溶于水，溶于乙醇、乙醚、苯、三氯甲烷。mp 63℃；bp 189℃；*d* 1.580。一般试剂含量 ≥99.5%。
注意事项 该品口服有毒。具有腐蚀性，能引起烧伤。对水生物极毒。使用时应穿适当的防护服，戴手套，避免吸入本品的粉尘和蒸气。使用时如有事故发生或有不适之感，应请医生诊治。应防止将本品释放于环境中。应密封于阴凉干燥处保存。
主要用途 制备缓冲溶液。有机合成。除草剂。

Chloroacetic anhydride 氯乙酸酐 02197
[541-88-8] $C_4H_4Cl_2O_3$ 170.97
成分 C 28.10%，H 2.36%，Cl 41.47%，O 28.07%。
别名 一氯乙酸酐；一氯醋酐；Chloroacetic acid anhydride; Monochloroacetic acid anhydride; *sym*-Dichloroacetic anhydride
GW 2015-1553 M. I. 15, 2113
性状 来自苯中的白色片状结晶。具有催泪性。易溶于乙醚、氯仿，微溶于苯，几乎不溶于冷石油醚。mp 46℃；bp_{760} 203℃/101.325kPa；bp_{116} 163℃/15.465kPa；bp_{62} 149℃/8.266kPa；bp_{24} 126℃/3.2kPa；bp_{10} 109～110℃/1.333kPa；$bp_{0.05}$ 118～120℃/0.667Pa；d_4^{20} 1.5494。一般试剂含量 ≥97.0%(NT)。
注意事项 该品口服有毒。具有腐蚀性，能引起烧伤。接触皮肤能引起过敏。使用时应穿适当的防护服，戴手套和防护镜或面罩。万一接触到眼睛，应立即用大量水冲洗后请医生诊治。接触皮肤后，应立即用大量肥皂泡沫冲洗。使用时如有事故发生或有不适之感，应请医生诊治。应充氩气密封于干燥处保存。
主要用途 有机合成。氯乙酸纤维素的制造

4′-Chloroacetoacetanilide 4′-氯乙酰基乙酰苯胺 02198
[101-92-8] $C_{10}H_{10}ClNO_2$ 211.65
成分 C 56.75%，H 4.76%，Cl 16.75%，N 6.62%，O 15.12%。
别名 对氯乙酰基乙酰苯胺；*p*-Chloroacetoacetanilide
性状 白色结晶性粉末。mp 104～106℃。一般试剂含量 ≥98%。
注意事项 该品对眼睛、呼吸系统及皮肤有刺激性。使用时应穿适当的防护服，戴手套和防护镜或面罩。万一接触到眼睛，应立即用大量水冲洗后请医生诊治。
主要用途 有机合成。制造偶氮染料。

Chloroacetone 氯丙酮 02199
[78-95-5] C_3H_5ClO 92.52
成分 C 38.94%，H 5.45%，Cl 38.32%，O 17.29%。
别名 一氯丙酮；氯代丙酮；Acetonyl chloride; Chloracetone; 1-Chloro-2-ketopropane; 1-Chloro-2-oxopropane; Chloropropanone; 1-Chloro-2-propanone; Monochloracetone; Monochloroacetone
GW 2015-2551 M. I. 15, 2114
性状 无色液体。有强烈刺激味。能与乙醇、乙醚、三氯甲烷相混溶，微溶于水（约溶于 10 份水，质量份）。mp −44.5℃；bp 119.7℃；bp_{50} 61℃/6.666kPa；bp_{12} 20℃/1.6kPa；Fp 82℉(27℃)；d_4^{25} 1.123；d_4^{15} 1.135；n_D^{20} 1.432。LD_{50}(14 天)小鼠，大鼠急性经口：127mg/kg，100mg/kg；LC_{50}(1h)大鼠吸入：262×10^{-6}。一般试剂含量 ≥96.0%(GC)。
注意事项 该品易燃。吸入、口服或与皮肤接触有毒。对眼睛、呼吸系统及皮肤有刺激性。对水生物极毒。能对水环境引起不利的结果。使用时应穿适当的防护服，戴手套和防护镜或面罩。在通风不好的情况下，应戴呼吸装置。万一接触到眼睛，应立即用大量水冲洗后请医生诊治。使用时如有事故发生或有不适之感，应请医生诊治。应防止将本品释放于环境中。其包装物应按危险品处理。应密封避光于2～8℃保存。
主要用途 酶激活剂。有机合成和染料中间体。

Chloroacetonitrile 氯乙腈 02200
[107-14-2] C_2H_2ClN 75.50
成分 C 31.82%，H 2.67%，Cl 46.96%，N 18.55%。
别名 一氯乙腈；氯代乙腈；氰化氯甲烷；2-Chloroethanenitrile; Chloromethyl cyanide; Monochloroacetonitrile
GW 2015-1550
性状 无色发烟液体。bp 123～125℃；Fp 129.2℉(54℃)；d_4^{20} 1.196；n_D^{20} 1.423。一般试剂含量 ≥97.0%。
注意事项 该品吸入、口服或与皮肤接触有毒。对水生物有毒。能对水环境引起不利的结果。使用时如有事故发生或有不适之感，应请医生诊治。应密封保存。应防止将本品释放于环境中。
主要用途 有机合成。

ω-Chloroacetophenone ω-氯苯乙酮 02201
[532-27-4] C_8H_7ClO 154.59
成分 C 62.16%，H 4.56%，Cl 22.93%，O 10.35%。
别名 苯酰甲基氯；氯乙酰苯；α-氯苯乙酮；2-氯苯乙酮；Chemical Mace; 2-Chloro-1-phenylethanone; α-Chloroacetophenone; 2-Chloroacetophenone; CN; Phenacyl chloride
GW 2015-1427 M. I. 15, 2115
性状 来自稀醇、四氯化碳或石油醚中的无色或微黄色结晶。有刺激味及催泪性。易溶于乙醇、苯、乙醚，几乎不溶于水。mp 58～59℃；bp 244～245℃；d^{15} 1.324。LD_{50} 大鼠急性经口：127mg/kg；静脉注射：41mg/kg；腹膜内注射：36mg/kg。LC_{50} 大鼠：8750mg/(min・m^3)。一般试剂含量 ≥98.0%(GC)。
注意事项 该品口服有毒。对眼睛、呼吸系统及皮肤有刺激性。吸入或与皮肤接触可引起过敏。使用时应穿适当的防护服，戴手套和防护镜或面罩。使用时应避免吸入本品的粉尘。万一接触到眼睛，应立即用大量水冲洗后请医生诊治。使用时如有事故发生或有不适之感，应请医生诊治。应充氮气密封保存。
主要用途 有机合成。医用干扰控制剂。

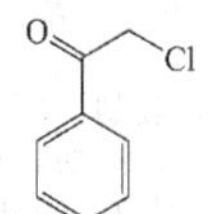

2′-Chloroacetophenone 2′-氯苯乙酮 02202
[2142-68-9] C_8H_7ClO 154.59
成分 C 62.16%，H 4.56%，Cl 22.93%，O 10.35%。
别名 邻氯苯乙酮；1-(2-Chlorophenyl)ethanone; 2′-Chloroacetophenone; *o*-Chloroacetophenone; 2-Chlorophenylethanone; 2-Chloroacetophenone
性状 无色结晶。具催泪性。能与乙醇、乙醚、苯相混溶。几乎不溶于水。bp 227～230℃；Fp 192℉(88℃)；d_4^{20} 1.190；n_D^{20} 1.544。一般试剂含量 ≥97.0%(GC)。
注意事项 该品口服有害。对眼睛及呼吸系统有刺激性。使用时应穿适当的防护服。万一接触到眼睛，应立即用大量水冲洗后请医生诊治。应密封保存。

3′-Chloroacetophenone 3′-氯苯乙酮 02203
[99-02-5] C_8H_7ClO 154.59
成分 C 62.16%，H 4.56%，Cl 22.93%，O 10.35%。
别名 间氯苯乙酮；1-(3-Chlorophenyl)ethanone; *m*-Chloroacetophenone
性状 无色液体。具催泪性。bp 227～229℃；Fp 221℉(105℃)；*d* 1.191；n_D^{20} 1.5506。一般试剂含量 ≥97.0%。
注意事项 该品对眼睛、呼吸系统及皮肤有刺激性。使用时应穿适当的防护服。万一接触到眼睛，应立即用大量水冲洗后请医生诊治。应密封保存。

4′-Chloroacetophenone 4′-氯苯乙酮 02204
[99-91-2] C_8H_7ClO 154.59

成分 C 62.16%,H 4.56%,Cl 22.93%,O 10.35%。
别名 对氯苯乙酮；*p*-Chloroacetophenone；1-(4-Chlorophenyl)ethanone
M.I.15，2116
性状 无色液体。能与乙醇、乙醚相混溶，几乎不溶于水。mp 20～21℃；bp 237℃；bp_{24} 124～126℃/3.2kPa；Fp 194℉（90℃）；d_4^{20} 1.192；d_4^{25} 1.188；n_D^{20} 1.555；n_D^{25} 1.553。一般试剂含量 ≥95.0%（GC）。
注意事项 见 02202 2′-氯苯乙酮。
主要用途 有机合成。

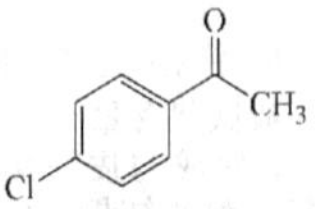

Chloroacetyl chloride 氯乙酰氯 02205
[79-04-9] $ClCH_2COCl$ $C_2H_2Cl_2O$ 112.94
成分 C 21.27%，H 1.78%，Cl 62.78%，O 14.17%。
别名 氯化氯乙酰；氯代乙酰氯；Chloracetyl chloride
GW 2015-1563 M.I.15,2067
性状 无色透明液体。有辛辣味。能与乙醚、苯、三氯甲烷、四氯化碳相混溶,能被水、乙醇分解。mp −21.77℃;bp 106℃;d_4^{20} 1.4202;n_D^{20} 1.4541。一般试剂含量 ≥99.0%(GC)。
注意事项 该品能与水激烈反应。吸入、口服或与皮肤接触有毒。具有强腐蚀性,能引起严重烧伤。长期曝露、吸入有严重损害健康的危险。对水生物极毒。使用时应穿适当的防护服,戴手套和防护镜或面罩。万一接触到眼睛,应立即用大量水冲洗后请医生诊治。使用时如有事故发生或有不适之感,应请医生诊治。应防止将本品释放于环境中。应密封于通风干燥处保存。
主要用途 有机合成。

Chloroacetyl isocyanate 异氰酸氯乙酰酯 02206
[4461-30-7] $C_3H_2ClNO_2$ 119.50
成分 C 30.15%,H 1.69%,Cl 29.67%,N 11.72%,O 26.77%。
别名 氯乙酰异氰酸酯;Chloroacetic acid anhydride with isocyanic acid
M.I.15，2117
性状 无色液体。为催泪剂。bp_{20} 50～55℃/2.666kPa；Fp 143℉（61℃）；*d* 1.403；$n_D^{21.5}$ 1.4580。工业品含量 ≥90.0%。
注意事项 该品与水反应激烈。吸入有毒。吸入能引起过敏。具有腐蚀性，能引起烧伤。使用时应穿适当的防护服，戴手套和防护镜或面罩。应避免吸入本品蒸气，万一接触到眼睛，应立即用大量水冲洗后请医生诊治。使用时如有事故发生或有不适之感，应请医生诊治。应密封保存。

2-Chloroaniline 2-氯苯胺 02207
[95-51-2] C_6H_6ClN 127.57
成分 C 56.49%，H 4.74%，Cl 27.79%，N 10.98%。
别名 邻氯苯胺；邻氨基氯苯；*o*-Chloroaniline;*o*-Aminochlorobenzene;2-Chlorobenzenamine;2-Chlorophenylamine
GW 2015-1415 M.I.15,2118
性状 无色至浅棕黄色澄明液体。露置空气中色变黑。溶于酸类及一般有机溶剂，几乎不溶于水。mp −1.94℃;bp 208.84℃;Fp 208℉(97℃);d_4^{22} 1.2114;n_D^{20} 1.5895。一般试剂含量 ≥99.5%(GC)。
注意事项 该品吸入、口服或与皮肤接触有毒,并具有蓄积性危害。对水生物极毒。能对水环境引起不利的结果。使用时应穿适当的防护服和戴手套。接触皮肤后,应立即用大量肥皂泡沫冲洗。使用时如有事故发生或有不适之感,应请医生诊治。应防止将本品释放于环境中。其包装物应按危险品处理。应充氩气密封避光保存。
主要用途 有机合成。染料中间体。

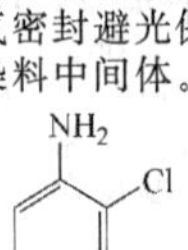

3-Chloroaniline 3-氯苯胺 02208
[108-42-9] C_6H_6ClN 127.57
成分 C 56.49%,H 4.74%,Cl 27.79%,N 10.98%。
别名 间氯苯胺;间氨基氯苯;*m*-Chloroaniline;*m*-Aminochlorobenzene;3-Chlorobenzenamine;3-Chlorophenylamine
GW 2015-1416 M.I.15,2118
性状 无色至浅棕黄色澄明液体。溶于多种常用有机溶剂,几乎不溶于水。mp −10.4℃;bp 230.5℃;Fp 255℉(123℃);d_4^{22} 1.2150;n_D^{20} 1.5931。一般试剂含量 ≥98.0%。
注意事项 见 02209 2-氯苯胺。
主要用途 有机合成。

4-Chloroaniline 4-氯苯胺 02209
[106-47-8] C_6H_6ClN 127.57
成分 C 56.49%,H 4.74%,Cl 27.79%,N 10.98%。
别名 对氯苯胺;对氨基氯苯;*p*-Chloroaniline;*p*-Aminochlorobenzene;4-Chlorobenzenamine;4-Chlorophenylamine
GW 2015-1417 M.I.15,2118
性状 来自乙醇或石油醚中的白色或微灰黄色单斜结晶。溶于热水,易溶于乙醇、乙醚、丙酮、二硫化碳。mp 72.5℃;bp 232℃;d_4^{77} 1.169;LD_{50}大鼠急性经口:0.31g/kg。一般试剂含量 ≥99.0%(GC)。
注意事项 该品吸入、口服或与皮肤接触有毒。接触皮肤能引起过敏。能致癌。对水生物极毒。能对水环境引起不利的结果。使用前应得到专门的指导,避免曝露。使用时应穿适当的防护服和戴手套。接触皮肤后,应用大量肥皂泡沫冲洗。使用时如有事故发生或有不适之感,应请医生诊治。应防止将本品释放于环境中。其包装物应按危险品处理。应充氩气密封避光保存。
主要用途 染料中间体。

2-Chloroanisole 2-氯苯甲醚 02210
[766-51-8] C_7H_7ClO 142.59
成分 C 58.96%,H 4.95%,Cl 24.86%,O 11.22%。
别名 2-氯-1-甲氧基苯;邻氯苯甲醚;邻氯茴香醚;2-Chloro-1-methoxybenzene;*o*-Chlorophenylmethyl ether;*o*-Chloroanisole
性状 无色液体。溶于乙醇、乙醚、氯仿,不溶于水。bp 195～196℃;Fp 169℉(76℃);*d* 1.123;n_D^{20} 1.5450。一般试剂含量 ≥98.0%。
注意事项 使用时应避免与眼睛及皮肤接触。
主要用途 有机合成。

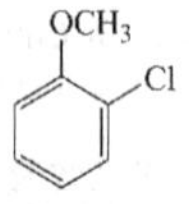

3-Chloroanisole 3-氯苯甲醚 02211
[2845-89-8] C_7H_7ClO 142.59
成分 C 58.96%,H 4.95%,Cl 24.86%,O 11.22%。
别名 3-氯-1-甲氧基苯;间氯苯甲醚;间氯茴香醚;3-Chloro-1-methoxybenzene;*m*-Chlorophenyl methyl ether;*m*-Chloroanisole
性状 无色液体。bp 193℃;Fp 164℉(73℃);*d* 1.164;n_D^{20} 1.5360。一般试剂含量≥97.0%(GC)。
注意事项 使用时应避免吸入本品的蒸气,避免与眼睛及皮肤接触。
主要用途 有机合成。

4-Chloroanisole 4-氯苯甲醚 02212
[623-12-1] C_7H_7ClO 142.59
成分 C 58.96%,H 4.95%,Cl 24.86%,O 11.22%。
别名 对氯苯甲醚;对氯茴香醚;4-氯-1-甲氧基苯;*p*-Chloroanisole; 4-Chloro-1-methoxybenzene; *p*-Chlorophenyl methyl ether
性状 无色液体。能与乙醇、乙醚、三氯甲烷相混溶,不溶于水。mp −18℃;bp 198～202℃;Fp 173℉(78℃);*d* 1.164;n_D^{20} 1.5350。一般试剂含量 ≥98.0%(GC)。
注意事项 见 02211 3-氯苯甲醚。
主要用途 有机合成。

1-Chloroanthraquinone 1-氯蒽醌 02213
[82-44-0] $C_{14}H_7ClO_2$ 242.66

成分 C 69.30%,H 2.91%,Cl 14.61%,O 13.19%。
别名 α-氯代蒽醌;α-Chloroanthraquinone
性状 黄色针状结晶或结晶性粉末。溶于乙酸、硝基苯、戊醇、热苯,不溶于水。mp 159～160℃。一般试剂含量 ≥98.0%。
注意事项 该品对眼睛、呼吸系统及皮肤有刺激性。使用时应戴适当的手套。万一接触到眼睛,应立即用大量水冲洗后请医生诊治。应充氩气密封保存。
主要用途 合成还原染料。

O Cl

O

2-Chloroanthraquinone 2-氯蒽醌 02214
[131-09-9] $C_{14}H_7ClO_2$ 242.66
成分 C 69.30%,H 2.91%,Cl 14.61%,O 13.19%。
别名 β-氯代蒽醌;β-氯蒽醌;β-Chloroanthraquinone
性状 浅黄色针状结晶。溶于乙醇、乙醚、热苯、硝基苯、乙酸乙酯、硫酸,不溶于水。mp 209～211℃。一般试剂含量 ≥97%。
注意事项 见 02213 1-氯蒽醌。
主要用途 有机合成。染料中间体。

2-Chlorobenzaldehyde 2-氯苯甲醛 02215
[89-98-5] C_7H_5ClO 140.57
成分 C 59.81%,H 3.59%,Cl 25.22%,O 11.38%。
别名 邻氯苯甲醛;o-Chlorobenzaldehyde
性状 无色或浅黄色油状液体。对光及空气敏感。能与乙醇、乙醚、丙酮相混溶,不溶于水。mp 10～11.5℃;bp 212～214℃;Fp 190℉(87℃);d_4^{20} 1.248;n_D^{20} 1.5660。一般试剂含量 ≥98.0%。
注意事项 该品具有腐蚀性,能引起烧伤。万一接触到眼睛,应立即用大量水冲洗后请医生诊治。使用时如有事故发生或有不适之感,应请医生诊治。应充氮气密封避光保存。
主要用途 测定山梨醇。制备三苯基甲烷。有机合成。染料中间体。

O H

Cl

3-Chlorobenzaldehyde 3-氯苯甲醛 02216
[587-04-2] C_7H_5ClO 140.57
成分 C 59.81%,H 3.59%,Cl 25.22%,O 11.38%。
别名 间氯苯甲醛;m-Chlorobenzaldehyde
性状 无色或浅黄色透明液体。能与乙醇、乙醚、苯、丙酮相混溶,几乎不溶于水。mp 9～12℃;bp 213～214℃;Fp 191℉(88℃);d_4^{20} 1.235;n_D^{20} 1.5640。一般试剂含量 ≥95.0%(GC)。
注意事项 该品对眼睛、呼吸系统及皮肤有刺激性。使用时应穿适当的防护服。万一接触到眼睛,应立即用大量水冲洗后请医生诊治。应充氮气密封于干燥处保存。
主要用途 有机合成。染料中间体。制药工业。

4-Chlorobenzaldehyde 4-氯苯甲醛 02217
[104-88-1] C_7H_5ClO 140.57
成分 C 59.81%,H 3.59%,Cl 25.22%,O 11.38%。
别名 对氯苯甲醛;p-Chlorobenzaldehyde
性状 无色片状结晶。溶于乙醇、乙醚,微溶于水。mp 45～47℃;bp 213～214℃;Fp 190℉(87℃)。一般试剂含量 ≥98.0%(GC)。
注意事项 该品口服有害。对眼睛、呼吸系统及皮肤有刺激性。使用时应穿适当的防护服。万一接触到眼睛,应立即用大量水冲洗后请医生诊治。应充氮气密封避光保存。
主要用途 有机合成。制造三苯基甲烷。

Chlorobenzene 氯苯 02218
[108-90-7] C_6H_5Cl 112.56
成分 C 64.02%,H 4.48%,Cl 31.50%。
别名 一氯代苯;氯代苯;Benzene chloride;Monochlorobenzene
GW 2015-1414 M. I. 15,2122
性状 无色至微黄色液体。易挥发。具特殊气味。见光分解且色变深。易溶于苯、乙醇、乙醚、氯仿,不溶于水。mp −45℃;bp 131～132℃;Fp 82.4℉(28℃);d_4^{20} 1.107;n_D^{20} 1.5248。气相色谱标准物含量≥99.5%(GC)。
注意事项 该品易燃。其蒸气吸入有害。对水生物有毒。能对水环境引起不利的结果。使用时应避免与眼睛及皮肤接触。应防止将本品释放于环境中。应密封避光保存。
主要用途 有机合成。制造酚、苯胺、滴滴涕等。涂料溶剂。气相色谱分析标准物。

4-Chlorobenzenesulfonic acid 4-氯苯磺酸 02219
[98-66-8] $C_6H_5ClO_3S$ 192.61
成分 C 37.41%,H 2.62%,Cl 18.41%,O 24.92%,S 16.65%。
别名 对氯苯磺酸;p-Chlorobenzenesulfonic acid;Closylate
M. I. 15, 2123
性状 一水合物来自水中的浅黄色针状结晶。有刺激性气味。有潮解性。溶于乙醇、水,几乎不溶于乙醚、苯。mp 67℃;bp_{25} 148℃/3.33kPa。一般试剂含量 ≥90%。
注意事项 该品具有腐蚀性,能引起烧伤。应密封于干燥处保存。
主要用途 有机合成。胶黏板添加剂。

Cl—⟨苯环⟩—SO_3H

4-Chlorobenzenesulfonylchloride 4-氯苯磺酰氯 02220
[98-60-2] $C_6H_4Cl_2O_2S$ 211.07
成分 C 34.14%, H 1.91%, Cl 33.59%, O 15.16%, S 15.20%。
别名 对氯苯磺酰氯; p-Chlorobenzenesulfonyl chloride
性状 无色棱柱状结晶。溶于乙醇。mp 52～54℃; bp_{15} 141℃/2kPa; Fp 225℉ (107℃)。一般试剂含量 ≥97.0% (GC)。
注意事项 该品与水反应激烈。具有腐蚀性,能引起烧伤。对呼吸系统有刺激性。使用时应穿适当的防护服,戴手套和防护镜或面罩。使用时切勿向该品中加水。万一接触到眼睛,应立即用大量水冲洗后请医生诊治。接触皮肤后,应用大量肥皂泡沫冲洗。使用时如有事故发生或有不适之感,应请医生诊治。其包装物应按危险品处理。应密封于干燥处保存。
主要用途 有机合成。

O

Cl—⟨苯环⟩—S—Cl

O

2-Chlorobenzoic acid 2-氯苯甲酸 02221
[118-91-2] $C_7H_5ClO_2$ 156.57
成分 C 53.70%, H 3.22%, Cl 22.64%, O 20.44%。
别名 邻氯苯甲酸; o-Chlorobenzoic acid
M. I. 15, 2125
性状 无色单斜结晶。易溶于乙醇、乙醚,较多地溶于热水,微溶于冷水(溶于约 900 份冷水)。mp 142℃; bp 284～286℃; Fp 343℉ (173℃); d_4^{20} 1.544。一般试剂含量 99.0%～100.5%。
注意事项 该品对眼睛、呼吸系统及皮肤有刺激性。使用时应穿适当的防护服和戴手套。万一接触到眼睛,应立即用大量水冲洗后请医生诊治。
主要用途 杀菌剂制造。制药工业。胶水和油漆的防腐剂。染料中间体。

O OH

Cl

3-Chlorobenzoic acid 3-氯苯甲酸 02222
[535-80-8] $C_7H_5ClO_2$ 156.57
成分 C 53.70%, H 3.22%, Cl 22.64%, O 20.44%。
别名 间氯苯甲酸; m-Chlorobenzoic acid

M. I. 15，2124

性状 无色结晶。易溶于乙醇、乙醚，较多地溶于热水，微溶于冷水（溶于约 2850 份冷水）。mp 158℃；bp 274～276℃；d_4^{25} 1.496。一般试剂含量≥98.0%。

注意事项 见 02221 2-氯苯甲酸。

主要用途 有机合成。染料中间体。

4-Chlorobenzoic acid 4-氯苯甲酸 02223

[74-11-3] $C_7H_5ClO_2$ 156.57

成分 C 53.70%，H 3.22%，Cl 22.64%，O 20.44%。

别名 对氯苯甲酸；Chlorodracylic acid；*p*-Chlorobenzoic acid

M. I. 15，2126

性状 无色三斜结晶或白色粉末。易溶于乙醇、乙醚，极微溶于水（溶于 5290 份水）。mp 243℃；bp 275℃；Fp 460℉（238℃）；*d* 1.54。一般试剂含量≥99.5%。

注意事项 该品口服有害。对眼睛、呼吸系统及皮肤有刺激性。使用时应穿适当的防护服和戴手套。万一接触到眼睛，应立即用大量水冲洗后请医生诊治。

主要用途 测定碳、氢、氯的标准样品。有机合成。

2-Chlorobenzonitrile 2-氯苯甲腈 02224

[873-32-5] C_7H_4ClN 137.57

成分 C 61.12%，H 2.93%，Cl 25.77%，N 10.18%。

性状 无色结晶或白色粉末。mp 43～45℃；bp 232℃；Fp 227℉（108℃）。一般试剂含量≥97.0%(GC)。

注意事项 该品口服或与皮肤接触有害。对眼睛有刺激性。使用时应避免吸入本品的蒸气。

3-Chlorobenzonitrile 3-氯苯甲腈 02225

[766-84-7] C_7H_4ClN 137.57

成分 C 61.12%，H 2.93%，Cl 25.77%，N 10.18%。

性状 无色结晶或白色粉末。mp 39～40℃；bp_{10} 94℃/13.332Pa；Fp 207℉（97℃）。一般试剂含量≥99.0%(GC)。

注意事项 该品口服有害。对眼睛、呼吸系统及皮肤有刺激性。使用时应穿适当的防护服和戴手套。万一接触到眼睛，应立即用大量水冲洗后请医生诊治。使用时如有事故发生或有不适之感，应请医生诊治。其包装物应按危险品处理。

4-Chlorobenzonitrile 4-氯苯甲腈 02226

[623-03-0] C_7H_4ClN 137.57

成分 C 61.12%，H 2.93%，Cl 25.77%，N 10.18%。

别名 对氯苯甲腈；*p*-Chlorobenzonitrile

性状 无色结晶。不溶于水。mp 91～93℃；bp 223℃；Fp 226℉（108℃）；*d* 1.200。一般试剂含量≥97.0%(AT)。

注意事项 该品口服有害。对眼睛、呼吸系统及皮肤有刺激性。使用时应穿适当的防护服和戴手套。应避免吸入本品蒸气。万一接触到眼睛，应立即用大量水冲洗后请医生诊治。

4-Chlorobenzophenone 4-氯二苯甲酮 02227

[134-85-0] $C_{13}H_9ClO$ 216.67

成分 C 72.06%，H 4.19%，Cl 16.36%，O 7.38%。

别名 对氯二苯甲酮；*p*-Chlorobenzophenone

性状 无色结晶。不溶于水。mp 74～76℃；bp 332℃；bp_{17} 195～196℃/2.266kPa；Fp 289℉（143℃）。一般试剂含量≥97.0%（AT）。

2-Chloro-1,4-benzoquinone 2-氯-1,4-苯醌 02228

[695-99-8] $C_6H_3ClO_2$ 142.54

成分 C 50.56%，H 2.12%，Cl 24.87%，O 22.45%。

别名 邻氯对苯醌

性状 橙红色结晶。溶于水、乙醇、乙醚、氯仿。加热升华。mp 57℃。一般试剂含量≥95.0%。

注意事项 该品对眼睛、呼吸系统及皮肤有刺激性。使用时应戴适当的手套。万一接触到眼睛，应立即用大量水冲洗后请医生诊治。应密封保存。

主要用途 有机合成。

2-Chlorobenzothiazole 2-氯苯并噻唑 02229

[615-20-3] C_7H_4ClNS 169.63

成分 C 49.56%，H 2.38%，Cl 20.90%，N 8.26%，S 18.90%。

性状 无色液体。mp 30～33℃；bp_{30} 141℃/4kPa；Fp＞230℉（110℃）；*d* 1.370；n_D^{20} 1.6370。一般试剂含量≥98.0%(GC)。

注意事项 该品口服有害。使用时应穿适当的防护服，应避免吸入本品蒸气，飞沫。

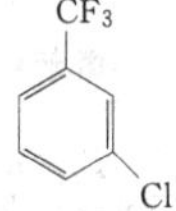

3-Chlorobenzotrifluoride 3-氯三氟甲苯 02230

[98-15-7] $C_7H_4ClF_3$ 180.55

成分 C 46.56%，H 2.23%，Cl 19.64%，F 31.56%。

别名 间氯三氟甲苯；间氯三氯苄；3-氯-α,α,α-三氟甲苯；1-氯-3-氟甲基苯；3-Chloro-α，α，α-trifluorotoluene；1-Chloro-3-trifluoromethylbenzene；*m*-Chlorobenzotrifluoride

GW 2015-1526

性状 无色液体。有芳香气味。mp −56℃；bp 138.4℃；Fp 101℉（38℃）；*d* 1.331；n_D^{20} 1.446。一般试剂含量≥97.0%。

注意事项 该品易燃。对眼睛、呼吸系统及皮肤有刺激性。使用时应戴适当的手套。应避免吸入本品的蒸气，避免与皮肤接触。万一接触到眼睛，应立即用大量水冲洗后请医生诊治。其包装物应按危险品处理。

主要用途 溶剂。染料中间体。

4-Chlorobenzotrifluoride 4-氯三氟甲苯 02231

[98-56-6] $C_7H_4ClF_3$ 180.55

成分 C 46.56%，H 2.23%，Cl 19.64%，F 31.57%。

别名 对氯三氟苄；对氯三氟甲苯；(4-Chlorophenyl) trifluoro methane；4-Chloro-α，α，α-trifluorotoluene；1-Chloro-4-（trifluoromethyl）benzene；*p*-Chlorobenzotrifluoride；Oxsol 100；PCBTF

GW 2015-1527 M. I. 15，2127

性状 无色油状液体。微溶于水（25℃，29×10^{-6}）。冻结点：−36℃；mp −34℃；bp 139℃；Fp 109℉（闭杯，43℃）；d^{20} 1.34；d_4^{25} 1.334；n_D^{21} 1.4469。一般试剂含量≥98.0%（GC）

注意事项 该品易燃。对眼睛、呼吸系统及皮肤有刺激性。使用时应穿适当的防护服。应避免吸入本品的飞沫、蒸气。万一接触到眼睛，应立即用大量水冲洗后请医生诊治。

主要用途 有机合成。染料中间体。溶剂。

2-Chlorobenzoxazole 2-氯苯并噁唑 02232

[615-18-9] C_7H_4ClNO 153.57

成分 C 54.75%，H 2.63%，Cl 23.08%，N 9.12%，O 10.42%。

性状 无色液体。mp 7℃；bp 201～202℃；bp_{20} 95～96℃/2.666 kPa；Fp 185℃（85℃）；*d* 1.390；n_D^{20} 1.5660。一

般试剂含量≥99.0%（GC）。

注意事项 该品口服有害。对眼睛及皮肤有刺激性。使用时应穿适当的防护服，戴手套和防护镜或面罩。万一接触到眼睛，应立即用大量水冲洗后请医生诊治。应充氩气密封于2～8℃保存。

2-Chlorobenzoyl chloride 2-氯苯甲酰氯 02233

[609-65-4] $C_7H_4Cl_2O$ 175.01

成分 C 48.04%，H 2.30%，Cl 40.51%，O 9.14%。

别名 邻氯苯甲酰氯；*o*-Chlorobenzoyl chloride

GW 2015-1425

性状 无色液体。易挥发。具有催泪性。能与乙醇、乙醚、丙酮相混溶，不溶于水。mp－4～－3℃；bp 237～239℃；Fp 257℉(125℃)；d_4^{20} 1.378；n_D^{20} 1.5718。一般试剂含量≥97.5%。

注意事项 该品具有腐蚀性，能引起烧伤。对眼睛及呼吸系统有刺激性。使用时应穿适当的防护服，戴手套和防护镜或面罩。应避免吸入本品的蒸气、飞沫。万一接触到眼睛，应立即用大量水冲洗后请医生诊治。使用时如有事故发生或有不适之感，应请医生诊治。应密封于干燥处保存。

主要用途 有机合成。

3-Chlorobenzoyl chloride 3-氯苯甲酰氯 02234

[618-46-2] $C_7H_4Cl_2O$ 175.01

成分 C 48.04%，H 2.30%，Cl 40.51%，O 9.14%。

别名 间氯苯甲酰氯；*m*-Chlorobenzoyl chloride

性状 浅黄色有刺激性液体。溶于乙醇、乙醚、丙酮，不溶于水。bp 225℃；Fp 242℉(117℃)；d_4^{20} 1.367；n_D^{20} 1.569。一般试剂含量≥98.0%。

注意事项 见 02233 2-氯苯甲酰氯。

主要用途 有机合成。

4-Chlorobenzoyl chloride 4-氯苯甲酰氯 02235

[122-01-0] $C_7H_4Cl_2O$ 175.01

成分 C 48.04%，H 2.30%，Cl 40.51%，O 9.14%。

别名 氯化对氯苯甲酰；对氯苯甲酰氯；*p*-Chlorobenzoyl chloride

GW 2015-1426

性状 无色液体，低温下凝固。具有催泪性。能与乙醇、乙醚、丙酮相混溶并同时分解，不溶于水。mp12～14℃；bp 221～222℃；bp_{11} 102～104℃/1.467kPa；Fp 221℉(105℃)；d_4^{20} 1.365；n_D^{20} 1.5780。一般试剂含量≥99.0%(GC)。

注意事项 见 02233 3-氯苯甲酰氯。

主要用途 有机合成。染料中间体。制药工业。

2-Chlorobenzyl alcohol 2-氯苯甲醇 02236

[17849-38-6] C_7H_7ClO 142.59

成分 C 58.96%，H 4.95%，Cl 24.86%，O 11.22%。

性状 无色结晶或白色粉末。溶于甲醇。mp 69～71℃；bp 227℃。一般试剂含量约 99.0%(GC)。

4-Chlorobenzyl alcohol 4-氯苯甲醇 02237

[873-76-7] C_7H_7ClO 142.59

成分 C 58.96%，H 4.95%，Cl 24.86%，O 11.22%。

性状 无色结晶或白色粉末。mp 70～72℃；bp 234℃。一般试剂含量≥98.0%(GC)。

注意事项 使用时应避免吸入本品的粉尘，避免与眼睛及皮肤接触。

主要用途 羰基保护试剂。

2-Chlorobenzylamine 2-氯苄胺 02238

[89-97-4] C_7H_8ClN 141.60

成分 C 59.38%，H 5.69%，Cl 25.04%，N 9.89%。

性状 无色液体。bp 225～227℃；bp_{11} 103～104℃/1.46kPa；Fp 190.4℉(88℃)；d_4^{20} 1.169；n_D^{20} 1.5630。一般试剂含量约 98.0%(GC)。

注意事项 见 02233 2-氯苯甲酰氯。

4-Chlorobenzylamine 4-氯苄胺 02239

[104-86-9] C_7H_8ClN 141.60

成分 C 59.38%，H 5.69%，Cl 25.04%，N 9.89%。

别名 对氯苄胺；*p*-Chlorobenzylamine

性状 无色液体。不溶于水。bp 215℃；bp_{14} 104～106℃/1.867kPa；Fp 195℉(90℃)；*d* 1.164；n_D^{20} 1.5590。一般试剂含量≥97.0%(GC)。

注意事项 见 02233 2-氯苯甲酰氯。应充氮气密封保存。

3-Chlorobenzyl bromide 3-氯溴化苄 02240

[766-80-3] C_7H_6BrCl 205.49

成分 C 40.92%，H 2.94%，Br 38.88%，Cl 17.25%。

别名 3-氯苄基溴；3-氯溴化苄；邻氯苄基溴；邻氯溴化苄；溴化3-氯苄

性状 无色液体。具有催泪性。bp_{10} 108～110℃/1.333kPa；Fp＞230℉(110℃)；d_4^{20} 1.569；n_D^{20} 1.588。一般试剂含量约97%(GC)。

注意事项 该品口服有毒。具有腐蚀性，能引起烧伤。使用时应穿适当的防护服，戴手套和防护镜或面罩。万一接触到眼睛，应立即用大量水冲洗后请医生诊治。使用时如有事故发生或有不适之感，应请医生诊治。其包装物应按危险品处理。应密封保存。

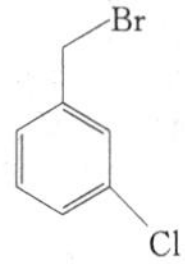

2-Chlorobenzyl chloride 2-氯苄基氯 02241

[611-19-8] $C_7H_6Cl_2$ 161.03

成分 C 52.21%，H3.76%，Cl 44.03%。

别名 邻氯苄基氯；邻氯氯化苄；2，*α*-二氯甲苯；2-氯氯化苄；*o*-Chlorobenzyl chloride；2，*α*-Dichlorotoluene；*α*，2-Dichlorotoluene

性状 无色液体。不溶于水。mp －13℃；bp 213～214℃；bp_{10} 90～95℃/1.333kPa；Fp 180℉（82℃）；d_4^{20} 1.274；n_D^{20} 1.5590。一般试剂含量≥98%（GC）。

注意事项 该品吸入、口服或与皮肤接触有害。具有腐蚀性，能引起烧伤。对水生物极毒。能对水环境引起不利的结果。使用时应穿适当的防护服，戴手套、防护镜或面罩。应避免吸入本品的蒸气。万一接触到眼睛，应立即用大量水冲洗后请医生诊治。使用时如有事故发生或有不适之感，应请医生诊治。应密封于通风良好、干燥处保存。

主要用途 有机合成。

3-Chlorobenzyl chloride 3-氯苄基氯 02242

[620-20-2] $C_7H_6Cl_2$ 161.03

成分 C 52.21%，H 3.76%，Cl 44.03%。

别名 间氯苄基氯；间氯氯化苄；3-氯氯化苄，*α*,3-二氯甲苯；*m*-Chlorobenzyl chloride；3，*α*-Dichlorotoluene；*α*，3-Dichlorotoluene

性状 无色液体。具有催泪性。不溶于水。bp 215～216℃；Fp 208.4℉（98℃）；d_4^{20} 1.265；n_D^{20} 1.5550。一般试剂含量≥97.0%(GC)。

注意事项 该品口服有毒。具有腐蚀性，能引起烧伤。使用时应穿适当的防护服，戴防护镜或面罩。使用时禁止进餐、饮水。万一接触到眼睛，应立即用大量水冲洗后请医生诊治。使用时如有事故发生或有不适应感，应请医生诊治。应密封于阴凉处保存。其包装物应按危险品处理。
主要用途 有机合成。

4-Chlorobenzyl chloride 4-氯苄基氯 02243
[104-83-6] $C_7H_6Cl_2$ 161.03
成分 C 52.21%，H 3.76%，Cl 44.03%。
别名 α,4-二氯甲苯；对氯代氯苄；对氯苄基氯；4-氯氰化苄；α,p-Dichlorotoluene；α,4-Dichlorotoluene；p-Chlorobenzyl chloride
GW 2015-1429
性状 无色针状结晶。具有催泪性。溶于乙醚、苯、二硫化碳、乙酸，微溶于冷乙醇。mp 27～29℃；bp 220～221℃；Fp 208℉(97℃)；d 1.275。一般试剂含量 ≥98.0%(GC)。
注意事项 该品具有腐蚀性，能引起烧伤。并有蓄积性危害。该品对眼睛、呼吸系统和皮肤有刺激性。吸入可引起过敏。使用时应穿适当的防护服和戴手套。使用时应避免吸入本品的粉尘，避免与皮肤接触。万一接触到眼睛，应立即用大量水冲洗后请医生诊治。应充氩气密封于－18℃干燥保存。应密封于干燥处保存。
主要用途 有机合成。染料工业。制药工业等。

3-Chlorobenzyl cyanide 3-氯氰化苄 02244
[1529-41-5] C_8H_6ClN 151.60
成分 C 63.38%，H 3.99%，Cl 23.39%，N 9.24%。
别名 氰化 3-氯苄；4-氯苄基氰；3-氯苯乙腈；3-Chlorophenylacetonitrile
性状 无色液体。低温下结晶。mp 11～13℃；bp 276～278℃；bp_{10} 134～136℃/1.333kPa；Fp＞230℉ (110℃)；d_4^{20} 1.187；n_D^{20} 1.5437。一般试剂含量 ≥97.0% (GC)。
注意事项 该品吸入、口服或与皮肤接触有毒。对眼睛及皮肤有刺激性。使用时应穿适当的防护服，戴手套防护镜或面罩。使用时应避免吸入本品的蒸气，禁止进餐、吸烟。万一接触到眼睛，应立即用大量水冲洗后请医生诊治。使用时如有事故发生或有不适之感，应请医生诊治。应远离生活区，密封于通风良好处保存。其包装物应按危险品处理。

CN
Cl

4-Chlorobenzyl cyanide 4-氯氰化苄 02245
[140-53-4] C_8H_6ClN 151.60
成分 C 63.38%，H 3.99%，Cl 23.39%，N 9.24%。
别名 氰化-4-氯苄；4-氯苄基氰；4-氯苯乙腈；4-Chlorophenylacetonitrile
性状 无色液体。低温时结晶。mp 26～30℃；bp 265～267℃；bp_{11} 141～143℃/1.46 kPa；Fp 273.2℉ (134℃)；d_4^{20} 1.190；n_D^{20} 1.539。一般试剂含量 ≥98.0% (GC)。
注意事项 该品吸入、口服或与皮肤接触有毒。对眼睛、呼吸系统及皮肤有刺激性。使用时应穿适当的防护服，戴手套和防护镜或面罩。万一接触到眼睛，应立即用大量水冲洗后请医生诊治。使用时如有事故发生或有不适之感，应请医生诊治。

***o*-Chlorobenzylidenemalononitrile**
邻氯苯亚甲基缩丙二腈 02246
[2698-41-1] $C_{10}H_5ClN_2$ 188.61
成分 C 63.68%，H 2.67%，Cl 18.80%，N 14.85%。
别名 邻氯苄叉缩丙二腈；[(2-Chlorophenyl) methylene]propanedinitrile；o-Chlorobenzalmalononitrile；β, β-Dicyano-o-chlorostyrene；CS
M. I. 15, 2128
性状 白色结晶性固体。溶于丙酮、二氧六环、二氯甲烷、乙酸乙酯、苯，略微溶于水。蒸气压 (20℃)：3.4×10^{-5} mmHg/453.3×10^{-5} Pa 。mp 95～96℃；bp 310 315℃。LD_{50}大鼠静脉注射：28mg/kg；腹膜内注射：48mg/kg。LC_{50}大鼠：88480mg/ (m^3·min)。
主要用途 干扰控制剂。

Cl
CN
CN

1-Chlorobutane 1-氯丁烷 02247
[109-69-3] C_4H_9Cl 92.57
成分 C 51.90%，H 9.80%，Cl 38.30%。
别名 正丁基氯；氯代正丁烷；Butyl chloride；n-Butyl chloride；n-Propylcarbinyl chloride
GW 2015-1446 M. I. 15, 1561
性状 无色液体。能与乙醇、乙醚相混溶，几乎不溶于水 (12℃, 0.066%)。mp －123.1℃；bp_{760} 78.5℃/101.325kPa；Fp 20℉ (－6.7℃)；d_4^{25} 0.88098；d_4^{20} 0.88648；d_4^{15} 0.89197；n_D^{20} 1.40223。LD_{50}大鼠急性经口：2.67g/kg。一般试剂含量 ≥ 99.5% (GC)。
注意事项 该品高度易燃。切勿排入下水道。使用现场禁止吸烟。应远离火种，于通风良好处密封保存。
主要用途 溶剂。有机合成。

2-Chlorobutane 2-氯丁烷 02248
[78-86-4] C_4H_9Cl 92.57
成分 C 51.90%，H 9.80%，Cl 38.30%。
别名 仲丁基氯；氯代第二丁烷；氯代仲丁烷；2-氯-3-甲基丙烷；2-Chloro-3-methylpropane；sec-Butyl chloride
GW 2015-1447 M. I. 15, 1562
性状 无色液体。能与乙醇、乙醚相混溶，微溶于水 (25℃, 1g 溶于 1000mL 水)。mp －140℃；bp 68℃；Fp 5℉ (－15℃)；d_4^{20} 0.871；n_D^{20} 1.3960；n_D^{25} 1.3953。LD_{50}大鼠急性经口：20.0mL/kg。一般试剂含量 ≥ 98.0% (GC)。
注意事项 该品高度易燃。切勿排入下水道。使用现场禁止吸烟。应远离火种，于阴凉通风处密封保存。
主要用途 溶剂。有机合成。

4-Chloro-1-butanol 4-氯-1-丁醇 02249
[928-51-8] C_4H_9ClO 108.57
成分 C 44.25%，H 8.36%，Cl 32.65% O 14.74%。
别名 四次甲基氯醇；四亚甲基氯醇；4-Chloro-n-butyl alcohol；4-Chloro-1-hydroxybutane；Tetramethylene chlorohydrin
性状 无色透明黏稠状液体。bp_1 50～52℃/133.22Pa；Fp 97℉ (36℃)；d_4^{20} 1.089；n_D^{20} 1.453。一般试剂含量 ≥ 95.0% (GC)。
注意事项 该品易燃。口服有害。对眼睛、呼吸系统及皮肤有刺激性。使用时应避免吸入本品的蒸气、飞沫，避免与眼睛及皮肤接触。应密封于 2～8℃ 保存。
主要用途 溶剂。有机合成。

3-Chloro-2-butanone 3-氯-2-丁酮 02250
[4091-39-8] C_4H_7ClO 106.55
成分 C 45.09%，H 6.62%，Cl 33.27%，O 15.02%。
性状 无色液体。mp ＜－60℃；bp 114～116℃；Fp 82.4℉ (28℃)；d_4^{20} 1.060；n_4^{20} 1.4210。一般试剂含量 ≥96.0% (GC)。
注意事项 该品易燃。口服有害。对眼睛、呼吸系统及皮肤有刺激性。使用时应穿适当的防护服，戴手套和防护镜或面罩。使用时应避免吸入本品的蒸气、飞沫。万一接触到眼睛，应立即用大量水冲洗后请医生诊治。

***cis*, *trans*-1-Chloro-2-butene**
顺,反式-1-氯-2-丁烯 02251
[591-97-9] C_4H_7Cl 90.55
成分 C 53.06%，H 7.79%，Cl 39.15%。
别名 1-氯-2-丁烯顺，反式；α-Chloro-β-butene；Crotyl chloride；γ-Methallyl chloride；γ-Methylallyl chloride
GW 2015-1395 M. I. 15, 2130
性状 无色液体。bp_{752} 84.8℃/100.258kPa；Fp 23℉ (－5℃)；d_4^{20} 0.9295；n_D^{25} 1.4327；n_D^{20} 1.4350。一般试剂含量 (顺式与反式异构体比约 1∶6) 约 70% (GC)。

注意事项 该品高度易燃。口服有害。具有腐蚀性，能引起烧伤。使用时应穿适当的防护服，戴手套和防护镜或面罩。万一接触到眼睛，应立即用大量水冲洗后请医生诊治。使用时如有事故发生或有不适之感，应请医生诊治。使用现场禁止吸烟。应远离火种密封保存。

2-Chlorocinnamic acid 2-氯肉桂酸 02252

[3752-25-8] $C_9H_7ClO_2$ 182.61

成分 C 59.20%，H 3.86%，Cl 19.41%，O 17.52%。

别名 邻氯肉桂酸；邻氯苯丙烯酸；邻氯桂皮酸；反式-2-氯苯基丙烯酸；*o*-Chlorocinnamic acid

性状 黄色结晶。易溶于乙醇、乙醚，微溶于热苯，不溶于热水、石油醚。mp 209～211℃。一般试剂含量≥99.0%。

注意事项 该品口服有害。对眼睛、呼吸系统及皮肤有刺激性。使用时应穿适当的防护服，戴手套和防护镜或面罩。万一接触到眼睛，应立即用大量水冲洗后请医生诊治。

主要用途 有机合成。

3-Chlorocinnamic acid 3-氯肉桂酸 02253

[1866-38-2] $C_9H_7ClO_2$ 182.61

成分 C 59.20%，H 3.86%，Cl 19.41%，O 17.52%。

别名 间氯肉桂酸；间氯苯丙烯酸；间氯桂皮酸；反式-3-(3-氯苯基)丙烯酸；*m*-Chlorocinnamic acid；*trans*-3-(3-Chlorophenyl)propenoic acid

性状 黄色结晶。溶于热乙醇、乙醚。mp 161～163℃。一般试剂含量≥98.5%。

注意事项 该品对眼睛、呼吸系统及皮肤有刺激性。使用时应戴适当的手套。万一接触到眼睛，应立即用大量水冲洗后请医生诊治。

主要用途 有机合成。

4-Chlorocinnamic acid 4-氯肉桂酸 02254

[1615-02-7] $C_9H_7ClO_2$ 182.61

成分 C 59.20%，H 3.86%，Cl 19.41%，O 17.50%。

别名 对氯肉桂酸；对氯苯丙烯酸；对氯桂皮酸；反式 3-(4-氯苯基)丙烯酸；4-氯苯丙烯酸；*p*-Chlorocinnamic acid；*trans*-3-(4-Chlorophenyl)propenoic acid

性状 无色结晶。mp 248～250℃。一般试剂含量≥99%（T）。

注意事项 该品口服有害。使用时应穿适当的防护服。应避免吸入本品的粉尘，避免与眼睛及皮肤接触。

主要用途 有机合成。

4-Chloro-*m*-cresol 4-氯间甲酚 02255

[59-50-7] C_7H_7ClO 142.58

成分 C 58.97%，H 4.95%，Cl 24.86%，O 11.22%。

别名 3-甲基-4-氯苯酚；4-氯-3-甲基苯酚；2-氯-5-羟基甲苯；6-氯-3-羟基甲苯；Chlorocresol；6-Chloro-3-hydroxytoluene；2-Chloro-5-hydroxytoluene；4-Chloro-3-methylphenol；3-Methyl-4-chlorophenol；Parachlorometacresol

GW 2015-1407 M.I.15，2133

性状 无色双晶形结晶。易溶于乙醇、苯、三氯甲烷、乙醚、丙酮、石油醚、萜烯、碱溶液。1g 该品 20℃ 溶于 260mL 水，较多地溶于热水。mp 55.5℃；bp 235℃；Fp 244℉（118℃）；*d* 1.370。一般试剂含量≥99.0%。

注意事项 该品口服或与皮肤接触有害。对眼睛有严重损伤的危险。接触皮肤能引起过敏。对水生物极毒。使用时应穿适当的防护服，戴手套和防护镜或面罩。万一接触到眼睛，应立即用大量水冲洗后请医生诊治。应防止将本品释放于环境中。

主要用途 杀菌剂。消毒剂。防腐剂。有机合成。

6-Chloro-*m*-cresol 6-氯间甲酚 02256

[615-74-7] C_7H_7ClO 142.59

成分 C 58.96%，H 4.95，Cl 24.86%，O 11.22%。

别名 2-氯-5-甲基酚；6-氯-3-甲基苯酚；4-氯-3-羟基甲苯；4-Chloro-3-hydroxytoluene；2-Chloro-5-methylphenol；6-Chloro-3-methylphenol

GW 2015-1522

性状 白色结晶。有酚味。溶于乙醚、丙酮、苯等有机溶剂，不溶于水。mp 46～47℃；bp 196℃；Fp 178℉（81℃）；*d* 1.215。一般试剂含量 99.0%～100.5%。

注意事项 该品口服或与皮肤接触有害。对眼睛及皮肤有刺激性。使用时应穿适当的防护服，戴手套和防护镜或面罩。万一接触到眼睛，应立即用大量水冲洗后请医生诊治。接触皮肤后应用大量水冲洗。

主要用途 防腐剂。消毒剂。

Chlorocyclopentane 氯环戊烷 02257

[930-28-9] C_5H_9Cl 104.58

成分 C 57.42%，H 8.67%，Cl 33.90%。

别名 环戊基氯；氯化环戊烷；氯代环戊烷；Cyclopentyl chloride

GW 2015-1467

性状 无色液体。bp 113～114℃；Fp 59℉（15℃）；d_4^{20} 1.008；n_D^{20} 1.452。一般试剂含量≥99.0%(GC)。

注意事项 该品高度易燃。吸入、口服或与皮肤接触有害。使用现场禁止吸烟。应远离火种密封于通风良好处保存。

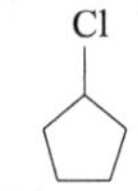

1-Chlorodecane 1-氯癸烷 02258

[1002-69-3] $C_{10}H_{21}Cl$ 176.73

成分 C 67.96%，H 11.98%，Cl 20.06%。

别名 癸基氯；1-氯代癸烷；氯代癸烷；*n*-Decyl chloride

性状 无色液体。能与乙醇、乙醚相混溶，不溶于水。mp −34℃；bp 223℃；Fp 182℉（83℃）；d_4^{20} 0.868；n_D^{20} 1.4362。一般试剂含量≥98.0%(GC)。

注意事项 该品对机体有不可逆损伤的可能性。对水生物极毒。能对水环境引起不利的结果。使用时应穿适当的防护服和戴手套。应避免与皮肤接触。应防止将本品释放于环境中。其包装物应按危险品处理。

主要用途 有机合成。制造表面活性剂。

2-Chloro-2′-deoxyadenosine 2-氯-2′-去氧腺苷 02259

[4291-63-8] $C_{10}H_{12}ClN_5O_3$ 285.69

成分 C 42.04%，H 4.23%，Cl 12.41%，N 24.51%，O 16.80%。

别名 Cladribine；2-Chloro-6-amino-9-(2-deoxy-*β*-D-*erythro*-pentofuranosyl) purine；2-Chlorodeoxyadenosine；CldAdo；NSC-105014-F；Leustatin

M.I.15，2336

性状 来自水中的无色结晶。210～215℃转化，凝固后色变棕。$[\alpha]_D^{25}$ −18.8°(c=1，于二甲基甲酰胺中)；uv max(0.1mol/L 氢氧化钠溶液中)：265nm；(0.1mol/L 盐酸中)：265nm。

注意事项 该品吸入、口服或与皮肤接触有毒。对眼睛、呼吸系统及皮肤有刺激性。使用时应穿适当的防护服。使用时应避免吸入本品的粉尘。万一接触到眼睛，应立即用大量水冲洗后请医生诊治。使用时如有事故发生或有不适之感，应请医生诊治。应密封于 2～8℃保存。

主要用途 生化研究。医用抗肿瘤剂。

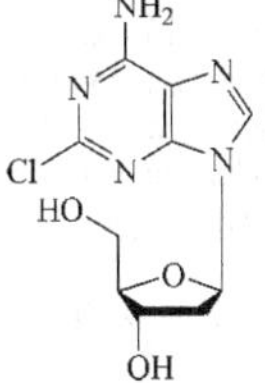

Chlorodibromomethane 氯二溴甲烷 02260

[124-48-1] $CHBr_2Cl$ 208.28

成分 C 5.77%，H 0.48%，Br 76.73%，Cl 17.02%。

别名 氯代二溴甲烷；一氯二溴甲烷；二溴氯甲烷；Chlorobromoform；DBCM；Dibromochloromethane；Monochlorodibromomethane；NCI-C 255254

M.I.15，2135

性状 无色液体。溶于乙醇、乙醚、丙酮。mp −22℃；bp 121.3～121.8℃；d^{15} 2.4450；n_D^{20} 1.5471。LD_{50}雄、雌大鼠急性经口（mg/kg）：370，760；雄、雌小鼠管饲（mg/kg）：800、1200。一般试剂含量≥97.0%(GC)。

注意事项 该品口服有害。对机体有不可逆损伤的可能性。使用时应穿适当的防护服和戴手套。应充氩气密封避光于干燥处保存。

主要用途 化学试剂。有机合成中间体。

2-Chloro-4,5-dihydro-1,3-dimethyl-1*H*-imidazolium chloride 氯化 2-氯-4,5-二氢-1,3-二甲基-1*H*-咪唑 02261

[37091-73-9] $C_5H_{10}Cl_2N_2$ 169.05

成分 C 35.52%，H 5.96%，Cl 41.94%，N 16.57%。

别名 氯化 2-氯-1,3-二甲基咪唑；2-Chloro-1,3-dimethylimidazolinium chloride

M.I.15，3434

性状 无色棱柱结晶。无气味。该品于室温时，于下列溶剂中的溶解度（g/mL）：乙酸<1；水<1；甲醇<1；乙醇<1；异丙醇<2；正丁醇<3；氯仿<1；四氯化碳>50；正己烷>50；四氢呋喃>50；二甲基甲酰胺 6。mp 95～100℃。

主要用途 有机合成。用于众多反应，如氯化、缩合等反应。

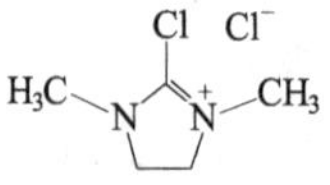

(2-Chloro-1,1-dimethylethyl)benzene (2-氯-1,1-二甲基乙基)苯 02262

[515-40-2] $C_{13}H_{13}Cl$ 168.66

成分 C 71.21%，H 7.77%，Cl 21.02%。

别名 1-氯-2-甲基-2-苯基丙烷；(β-氯叔丁基)苯；Neophyl chloride；1-Chloro-2-methyl-2-phenylpropane；(β-Chloro-*tert*-butyl)benzene；2-Chloromethyl-2-phenylpropane

M.I.15，6544

性状 无色液体。bp_{741} 221℃（分解）/98.792kPa；bp_{90} 111℃/11.999kPa；bp_{30} 120℃/4kPa；bp_{20} 105℃/2.666kPa；bp_{18} 104℃/2.4kPa；bp_{13} 97℃/1.733kPa；bp_{10} 95℃/1.333kPa；bp_1 53℃/133.32Pa；Fp 204.8℉（96℃）；d_4^{25} 1.0379；n_D^{25} 1.5228；n_D^{20} 1.5249。一般试剂含量≥98.0%。

注意事项 该品对眼睛、呼吸系统及皮肤有刺激性。使用时应戴适当的手套。使用时应避免吸入本品的蒸气。万一接触到眼睛，应立即用大量水冲洗后请医生诊治。

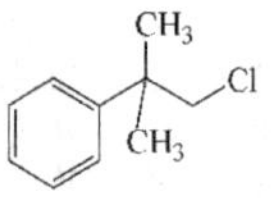

4-Chloro-3,5-dimethylphenol 4-氯-3,5-二甲酚 02263

[88-04-0] C_8H_9ClO 156.61

成分 C 61.35%，H 5.79%，Cl 22.64%，O 10.22%。

别名 4-氯-3,5-二甲基苯酚；Benzytol；2-Chloro-5-hydroxy-1,3-dimethylbenzene；2-Chloro-5-hydroxy-*m*-xylene；Chloroxylenol；*p*-Chloro-*m*-xylenol；2-Chloro-*m*-xylenol；4-Chloro-3，5-xylenol；4-Chloro-*sym*-*m*-xylenol；Dettol；Parachlorometaxylenol

M.I.513，2182

性状 来自苯中的无色结晶或白色结晶性粉末。有酚的气味。能随水蒸气挥发。1g 该品 20℃溶于 3L 水，较多地溶于热水。溶于 1 份 95%乙醇，溶于乙醚、苯、萜烯、不挥发油、碱溶液。mp 115.5℃；bp 246℃；Fp 280℉（138℃）。一般试剂含量≥98.0%（T）。

注意事项 该品口服有害。对眼睛及皮肤有刺激性。接触皮肤能引起过敏。使用时应戴适当的手套。应避免与皮肤接触。

主要用途 医用抗菌剂，局部及尿道消毒剂。

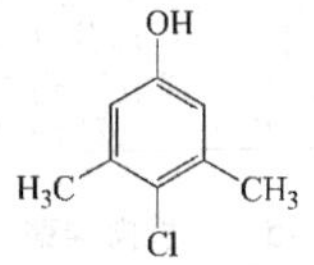

Chlorodimethylsilane 氯二甲基硅烷 02264

[1066-35-9] C_2H_7ClSi 94.62

成分 C 25.39%，H 7.46%，Cl 37.47%，Si 29.68%。

别名 二甲基氯硅烷；Dimethylchlorosilane；DMCS

性状 无色液体。mp −111℃；bp 34.7℃；Fp −20℉（−28℃）；*d* 0.852；n_D^{20} 1.3830。一般试剂含量≥97.0%。

注意事项 该品高度易燃。具有腐蚀性，能引起烧伤。使用时应穿适当的防护服，戴手套和防护镜或面罩。使用现场禁止吸烟。万一接触到眼睛，应立即用大量水冲洗后请医生诊治。使用时如有事故发生或有不适之感，应请医生诊治。应远离火种，采取抗放静电措施，充氩气密封于干燥处保存。其包装物应按危险品处理。

1-Chloro-2,4-dinitrobenzene 1-氯-2,4-二硝基苯 02265

[97-00-7] $C_6H_3ClN_2O_4$ 202.55

成分 C 35.58%，H 1.49%，Cl 17.50%，N 13.83%，O 31.60%。

别名 2,4-二硝基氯苯；4-氯-1,3-二硝基苯；6-氯-1,3-二硝基苯；1,3-二硝基-4-氯苯；CDNB；4-Chloro-1,3-dinitrobenzene；6-Chloro-1,3-dinitrobenzene；CNB；1,3-Dinitro-4-chlorobenzene；1,3-Dimtro-6-chlorobenzene；2,4-Dinitro-1-chlorobenzene；DNCB

GW 2015-1392 M.I.15，2137

性状 黄色结晶。易溶于热乙醇，溶于乙醚、苯、二硫化碳，略微溶于冷乙醇，几乎不溶于水。mp 52～54℃；bp 315℃；Fp 367℉（186℃）；*d* 约 1.7。LD_{50}大鼠急性经口：1.07g/kg。一般试剂含量≥98.0%（HPLC）。

注意事项 该品吸入、口服或与皮肤接触有毒，并具有蓄积性危害。对水生物极毒。能对水环境引起不利的结果。使用时应穿适当的防护服和戴手套。接触皮肤后，应立即用大量肥皂泡沫冲洗。使用时如有事故发生或有不适之感，应请医生诊治。应防止将本品释放于环境中。其包装物应按危险品处理。

主要用途 检定硫醇。用作元素（C、H、Cl、N）定量分析的标样。烟碱酸、烟碱酰胺和其他吡啶化合物的测定。有机合成。染料制造。

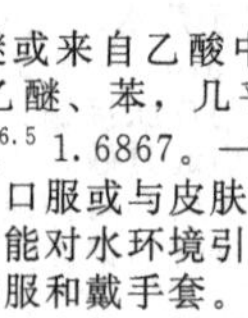

2-Chloro-1,3-dinitrobenzene 2-氯-1,3-二硝基苯 02266

[606-21-3] $C_6H_3ClN_2O_4$ 202.55

成分 C 35.58%，H 1.49%，Cl 17.50%，N 13.83%，O 31.60%。

别名 1-Chloro-2,6-dinitrobenzene；2,6-Dinitro-1-chlorobenzene

M.I.15，2138

性状 来自苯＋石油醚或来自乙酸中的黄色结晶。溶于乙醇，中等程度溶于乙醚、苯，几乎不溶于水。mp 86～87℃；bp 315℃；$d_4^{16.5}$ 1.6867。一般试剂含量≥98.0%。

注意事项 该品吸入、口服或与皮肤接触有毒。有蓄积性危害。对水生物极毒。能对水环境引起长期不良的影响。使用时应穿适当的防护服和戴手套。使用时禁止饮食。使用完应立即脱掉受污染的衣物。使用时如有事故发生或有不适之感，应请医生诊治。应远离生活区，密封于通风良好处保存。

主要用途 医用心脏保护剂。

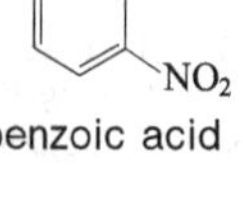

4-Chloro-3,5-dinitrobenzoic acid

4-氯-3,5-二硝基苯甲酸 02267

[118-97-8] $C_7H_3ClN_2O_6$ 246.56

成分 C 34.10%，H 1.23%，Cl 14.38%，N 11.36%，O 38.93%。

别名 3,5-二硝基对氯苯甲酸；3,5-二硝基-4-氯苯甲酸；3,5-Dinitro-4-chlorobenzoic acid

性状 浅黄色结晶。易溶于甲醇、乙醚、丙酮、乙酸乙酯，溶于乙醇、苯、二硫化碳、三氯甲烷，不溶于石油醚。mp 159～161℃；bp 315℃；Fp 367℉（186℃）。一般试剂含量 ≥99.0%。

注意事项 该品对眼睛、呼吸系统及皮肤有刺激性。使用时应戴适当的手套。万一接触到眼睛，应立即用大量水冲洗后请医生诊治。接触皮肤后，应立即用大量肥皂泡沫冲洗。

主要用途 有机合成。

1-Chlorododecane 1-氯十二烷 02268

[112-52-7] $C_{12}H_{25}Cl$ 204.78

成分 C 70.38%，H 12.30%，Cl 17.31%。

别名 十二烷基氯；月桂基氯；氯化十二烷；氯化月桂烷；*n*-Dodecyl chloride；*n*-Lauryl chloride

性状 无色透明或浅黄色油状液体。能与乙醇、乙醚、苯相混溶，不溶于水。d_4^{20} 0.867；n_D^{20}1.443。一般试剂含量 ≥98.0%。

注意事项 该品对机体有不可逆损伤的可能性。对水生物极毒。能对水环境引起不利的结果。使用时应穿适当的防护服和戴手套，应避免与皮肤接触。应防止将本品释放于环境中。其包装物应按危险品处理。

主要用途 表面活性剂的制备。增塑剂。溶剂。有机合成。

Chloroethane 氯乙烷 02269

[75-00-3] C_2H_5Cl 64.51

成分 C 37.24%，H 7.81%，Cl 54.95%。

别名 乙基氯；Ethyl chloride；Monochloroethane；Chlorethyl；Aethylis chloridum；Ether chloratus；Ether hydrochloric；Ether muriatic；Kelene；Chelen；Anodynon；Chloryl；Anesthetic；Narcotile

GW 2015-1560 M.I.15，3837

性状 常温常压下为气体，在低温或增加压力情况下为流动的极易挥发的液体。能与乙醚相混溶，溶于乙醇（48.3g/100mL），微溶于水（20℃，0.574g/100mL）。mp －138.7℃；bp_{760} 12.3℃/101.325kPa；Fp －58℉（－50℃，闭杯）；Fp －45℉（－43℃，开杯）；d_4^0 0.9214。一般试剂含量 ≥98.0%。

注意事项 该品极易燃。对机体有不可逆损伤的可能性。对水生物有害。对水环境能产生长期有害的结果。使用时应穿适当的防护服和戴手套。使用现场禁止吸烟。应防止将本品释放于环境中。应远离热源，采取抗放静电措施，密封于50℃以下通风良好处保存。包装不能穿孔。

主要用途 医用局部麻醉剂。溶剂。制冷剂。

2-Chloroethanol 2-氯乙醇 02270

[107-07-3] C_2H_5ClO 80.51

成分 C 29.84%，H 6.26%，Cl 44.03%，O 19.87%。

别名 氯乙醇；2-Chloroethyl alcohol；Ethylene chlorohydrin；Glycol chlorohydrin

GW 2015-1549 M.I.15，3847

性状 无色透明液体。微有乙醚味。能与水、乙醇任意混溶。mp －67℃；bp 128～130℃；Fp 105℉（40℃，开杯）；d_4^{20} 1.197；n_D^{20} 1.4419。LD_{50}大鼠急性经口：95mg/kg。一般试剂含量 ≥99.0%（GC）。

注意事项 该品吸入、口服或与皮肤接触极毒。接触皮肤后，应立即用大量肥皂泡沫冲洗。使用时如有事故发生或有不适之感，应请医生诊治。应密封于通风干燥处保存。

主要用途 溶剂。杀虫剂。农药和染料合成。有机合成。甘蔗催芽剂。

2-Chloroethyl vinyl ether 2-氯乙基乙烯基醚 02271

[110-75-8] C_4H_7ClO 106.55

成分 C 45.09%，H 6.62%，Cl 33.27%，O 15.02%。

别名 乙烯基（2-氯乙基）醚；（2-氯乙氧基）乙烯；（2-Chloroethoxy)ethene；Vinyl 2-chloroethyl ether

GW 2015-2663 M.I.15，2140

性状 无色液体。极微溶于水。常加入约0.05%的三乙醇胺为稳定剂。bp_{740} 109℃/98.658kPa；Fp 61℉（16℃）；d_{15}^{15} 1.0525；n_D^{20} 1.4380。LD_{50}大鼠急性经口：250mg/kg。一般试剂含量 ≥98.0%（GC）。

注意事项 该品高度易燃。口服有害。对眼睛、呼吸系统及皮肤有刺激性。使用时应穿适当的防护服。万一接触到眼睛，应立即用大量水冲洗后请医生诊治。应远离火种密封保存。

主要用途 制造麻醉剂，镇静剂，纤维素醚。

1-Chloro-2-fluorobenzene 1-氯-2-氟苯 02272

[348-51-6] C_6H_4ClF 130.55

成分 C 55.20%，H 3.09%，Cl 27.16%，F 14.55%。

别名 2-氯氟苯；邻氯氟苯；邻氟氯苯；2-Chlorofluorobenzene；*o*-Fluorochlorobenzene；*o*-Chlorofluorobenzene

GW 2015-1451

性状 近无色或浅黄色的液体。mp －43～－42℃；bp 137～141℃；Fp 88℉（31℃）；*d* 1.242；n_D^{20} 1.5010。一般试剂含量 ≥98.0%。

注意事项 该品易燃。口服有毒。对眼睛、呼吸系统及皮肤有刺激性。使用时应穿适当的防护服和戴手套，应避免吸入本品的蒸气。使用本品时禁止进餐、吸烟。万一接触到眼睛，应立即用大量水冲洗后请医生诊治。使用时如有事故发生或有不适之感，应请医生诊治。应采取抗放静电措施密封保存。万一着火，应用指定的灭火设备而不能用水。其包装物应按危险品处理。

主要用途 有机合成。

1-Chloro-3-fluorobenzene 1-氯-3-氟苯 02273

[625-98-9] C_6H_4ClF 130.55

成分 C 55.20%，H 3.09%，Cl 27.16%，F 14.55%。

别名 1-氟-3-氯苯；3-氯氟苯；间氟氯苯；间氯氟苯；3-Chlorofluorobenzene；1-Fluoro-3-chlorobenzene；*m*-Fluorochlorobenzene

GW 2015-1452

性状 无色液体。极易溶于乙醇、乙醚，不溶于水。bp 126～128℃；Fp 64℉（18℃）；*d* 1.224；n_D^{20} 1.4940。一般试剂含量 ≥99.0%。

注意事项 该品高度易燃。对眼睛、呼吸系统及皮肤有刺激性。使用时应穿适当的防护服。万一接触到眼睛，应立即用大量水冲洗后请医生诊治。其包装物应按危险品处理。

主要用途 有机合成。

1-Chloro-4-fluorobenzene 1-氯-4-氟苯 02274

[352-33-0] C_6H_4ClF 130.55

成分 C 55.20%，H 3.09%，Cl 27.16%，F 14.55%。

别名 4-氯氟苯；对氟氯苯；对氯氟苯；4-Chlorofluorobenzene；*p*-Fluorochlorobenzene；*p*-Chlorofluorobenzene

GW 2015-1453

性状 无色或浅黄色液体。不溶于水。mp －27～－26℃；bp 129～130℃；Fp 85℉（29℃）；*d* 1.226；n_D^{20} 1.4950。一般试剂含量 ≥98.0%。

注意事项 见 02273 1-氯-3-氟苯。

主要用途 有机合成。

Chlorogenic acid 氯吉酸 02275

[327-97-9] $C_{16}H_{18}O_9$ 354.31

成分 C 54.24%，H 5.12%，O 40.64%。

别名 绿原酸；氯原酸；3-Caffeoylquinic acid；3-*O*-(3,4-Dihydroxycinnamoyl)-D-quinic acid；[1*S*-(1*α*,3*β*,4*α*,5*α*)]-3-[3-(3,4-Dihydroxyphenyl)-1-oxo-2-propenyl] oxy-1，4，5-trihydroxycychohexanecarboxylic；1,3,4,5-Tetrahydroxycyclohexane carboxylic acid 3-(3,4-dihydroxycinnamate)]

M.I.15，2143

性状 半水合物为来自水中的无色或微黄色针状结晶。易溶于乙醇、丙酮，极微溶于乙酸乙酯。25℃时溶于水约4%。

pK_a (27℃) 2.66。mp 208℃（分解）；$[\alpha]_D^{26}$ −35.2°（c=2.8，于水中）。一般试剂含量 ≥98.0%（T）。

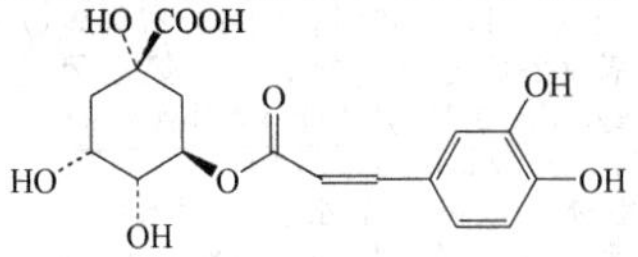

1-Chlorohexadecane 1-氯十六烷 02276

[4860-03-1] $C_{16}H_{33}Cl$ 260.89

成分 C 73.66%，H 12.75%，Cl 13.59%。

别名 十六烷基氯；氯代鲸蜡烷；鲸蜡基氯；氯代十六烷；Cetyl chloride；*n*-Hexadecyl chloride

性状 无色透明液体。能与有机溶剂相混溶，不溶于水。mp10～12℃；bp 289℃（分解）；bp 149℃/13.33Pa；Fp 277℉（136℃）；d_4^{20} 0.860；n_D^{20} 1.449。一般试剂含量≥98.0%。

注意事项 该品对眼睛、呼吸系统及皮肤有刺激性。使用时应穿适当的防护服。万一接触到眼睛，应立即用大量水冲洗后请医生诊治。

主要用途 有机合成。去污剂的合成。

1-Chlorohexane 1-氯己烷 02277

[544-10-5] $C_6H_{13}Cl$ 120.62

成分 C 59.75%，H 10.86%，Cl 29.39%。

别名 己基氯；氯代正己烷；*n*-Hexyl chloride

GW 2015-1445 M.I.15，2145

性状 无色液体。能与乙醇、乙醚相混溶，不溶于水。mp −94℃；bp_{760} 134℃/101.325kPa；Fp 80℉（26℃）；d_4^{20} 0.8780；n_D^{20} 1.4195；n_D^{20} 1.4236。一般试剂含量 ≥99.0%（GC）。

注意事项 该品易燃。对眼睛、呼吸系统及皮肤有刺激性。使用时应戴适当的手套，应避免吸入本品的蒸气、飞沫，避免与眼睛及皮肤接触。应远离火种，采取抗放静电措施密封保存。其包装物应按危险品处理。

主要用途 有机合成。香料合成。

Chlorohydroquinone 氯氢醌 02278

[615-67-8] $C_6H_5ClO_2$ 144.56

成分 C 49.85%，H 3.49%，Cl 24.52%，O 22.14%。

别名 2-氯对苯二酚；2-氯-1,4-二羟基苯；氯代氢醌；2-氯氢醌；2-Chloro-1,4-dihydroxybenzene；Chloroquinol；2-Chlorohydroquinone

性状 白色或浅黄色针状或叶片状结晶。易溶于水、乙醇，溶于乙醚、热的三氯甲烷。mp 100～104℃；bp 263℃。一般试剂含量 80%～90%（HPLC）；含有约 5%的氢醌。

注意事项 该品口服或与皮肤接触有害。接触皮肤可引起过敏。对眼睛、呼吸系统及皮肤有刺激性。使用时应穿适当的防护服和戴手套。应避免吸入本品的蒸气。

主要用途 杀菌剂。显影剂。有机合成。

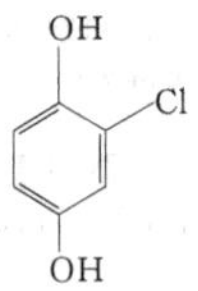

5-Chloro-2-hydroxybenzoxazole
5-氯-2-羟基苯并噁唑 02279

[95-25-0] $C_7H_4ClNO_2$ 169.56

成分 C 49.58%，H 2.38%，Cl 20.91%，N 8.26%，O 18.87%。

别名 氯羟苯噁唑；5-Chloro-2(3*H*)-benzoxazolone；5-Chloro-2-benzoxazolol；Chlorzoxazone；2-Hydroxy-5-chlorobenzoxazole；5-Chlorbenzoxazolin-2-one；5-Chlorobenzoxazolidone；Paraflex；Biomioran；Solaxin

M.I.15，2201

性状 来自丙酮中的无色结晶或粉末。易溶于碱水溶液及氨水，略溶于甲醇、乙醇、异丙醇，微溶于水。mp 191～191.5℃。LD_{50}小鼠急性经口：3650mg/kg；腹膜内注射：380mg/kg。一般试剂含量 ≥99.0%。

注意事项 该品口服有害。对眼睛、呼吸系统及皮肤有刺激性。使用时应穿适当的防护服和戴手套。万一接触到眼睛，应立即用大量水冲洗后请医生诊治。

主要用途 生化研究。医用肌肉松弛剂。

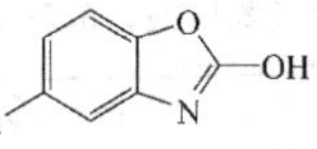

5-Chloro-8-hydroxy-7-iodoquinoline
5-氯-8-羟基-7-碘喹啉 02280

[130-26-7] C_9H_5ClINO 305.50

成分 C 35.38%，H 1.65%，Cl 11.60%，I 41.54%，N 4.58%，O 5.24%。

别名 5-氯-7-碘-8-羟基喹啉；5-氯-7-碘-8-喹啉醇；Alchloquin；Amebil；Amoenol；Bactol；Barguinol；Budoform；Chinofrom；5-Chloro-7-iodo-8-hydroxyquinoline；Chloroiodoquin；5-Chloro-7-iodo-8-quinolinol；Clioquinol；Cliquinol；Eczecidin；Enteroquinol；Entero-Septol；Entero-Vioform；Enterozol；Entrokin；Hi-Enterol；Iodochlorhydroxyquin；Iodochlorohydroxyquinoline；Iodochloroxyquinoline；Iodoenterol；Nioform；Quinambicide；Rometin；Vioform；Vioformio

M.I.15，5075

性状 浅黄色针状结晶或棕黄色重质粉末。1 份该品溶于 43 份沸乙醇、128 份氯仿、17 份沸乙酸乙酯、170 份冷乙酸、13 份沸乙酸，几乎不溶于乙醚、冷乙醇、水。约 178～179℃分解；uv max（水/浓盐酸中）：266nm（$A_{1cm}^{1\%}$ 990）；（0.1mol/L 甲醇氢氧化钠中）：269nm（$A_{1cm}^{1\%}$ 1120）；（乙醇中）：255nm（$A_{1cm}^{1\%}$ 1570）。LD_{50}猫急性经口：400mg/kg。一般试剂含量（以碘计）40.0%～42.0%；（以氯计）11.0%～12.2%。

注意事项 该品口服有毒。吸入或与皮肤接触可引起过敏，能危害胎儿。使用时应穿适当的防护服，戴手套和防护镜或面罩。使用时应避免吸入本品的粉尘，避免与皮肤接触。使用时如有事故发生或有不适之感，应请医生诊治。

主要用途 防腐剂。

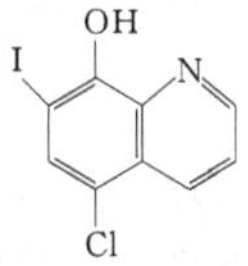

4-Chloroindole 4-氯吲哚 02281

[25235-85-2] C_8H_6ClN 151.60

成分 C 63.38%，H 3.99%，Cl 23.39%，N 9.24%。

性状 无色结晶。bp_{13} 150℃/1.733kPa；bp_4 129～130℃；Fp 235.4℉（113℃）；d 1.259；n_D^{20} 1.6280。一般试剂含量 ≥99%。

注意事项 该品对眼睛、呼吸系统及皮肤有刺激性。使用时应穿适当的防护服。使用时应避免吸入本品的粉尘、蒸气，避免与眼睛及皮肤接触。万一接触到眼睛，应立即用大量水冲洗后请医生诊治。应充氩气密封保存。

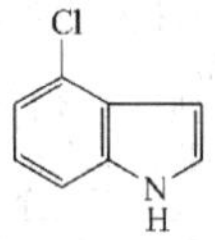

1-Chloro-2-iodobenzene 1-氯-2-碘苯 02282

[615-41-8] C_6H_4ClI 238.46

成分 C 30.22%，H 1.69%，Cl 14.87%，I 53.22%。

别名 邻氯碘苯；邻碘氯苯；*o*-Chloroiodobenzene；*o*-Iodochlorobenzene

性状 微黄色液体。mp 1℃；bp 235℃；bp_{15} 108～110℃/1.99kPa；Fp 233℉(111℃)；d_4^{20} 1.957；n_D^{20} 1.6334。一般试剂含量 ≥99.0%(GC)。

注意事项 该品对眼睛、呼吸系统及皮肤有刺激性。使用时应戴适当的手套。万一接触到眼睛，应立即用大量水冲洗后请医生诊治。应密封避光保存。

主要用途 有机合成。

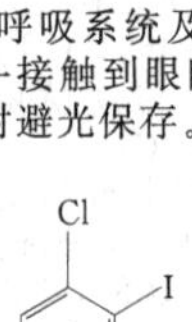

1-Chloro-3-iodobenzene　1-氯-3-碘苯　02283
[625-99-0]　C_6H_4ClI　238.46
成分　C 30.22%，H 1.69%，Cl 14.87%，I 53.22%。
别名　间氯碘苯；间碘氯苯；*m*-Chloroiodobenzene；*m*-Iodochlorobenzene
性状　微黄色液体。bp_{15} 103～104℃/2kPa；Fp 215℉(101℃)；*d* 1.926；n_D^{20} 1.6310。一般试剂含量≥98%。
主要用途　有机合成。

1-Chloro-4-iodobenzene　1-氯-4-碘苯　02284
[637-87-6]　C_6H_4ClI　238.46
成分　C 30.22%，H 1.69%，Cl 14.87%，I 53.22%。
别名　对氯碘苯；对碘氯苯；4-氯碘苯；*p*-Chloroiodobenzene；*p*-Iodo chlorobenzene；4-Chloroiodobenzene
性状　无色叶状结晶。溶于乙醇、硝基苯。mp 54～55℃；bp 226～227℃；Fp 227℉(108℃)；d_4^{57} 1.886。一般试剂含量≥99.0%(GC)。
注意事项　该品对眼睛、呼吸系统及皮肤有刺激性。使用时应戴适当的手套。万一接触到眼睛，应立即用大量水冲洗后请医生诊治。

Chloroiridic acid hexahydrate　氯铱酸 六水　02285
[110802-84-1]　$Cl_6H_2Ir \cdot 6H_2O$　515.05
成分(无水物)　Cl 52.27%，H 0.50%，Ir 47.23%。
别名　六水合氯铱酸；Hydrogen hexachloroiridate(Ⅸ) hexahydrate
性状　黑色粒状或块状物。易潮解。易溶于水。热至 90℃以上失去结晶水，至 150～180℃转化为三价铱。
注意事项　该品口服有害。对眼睛、呼吸系统及皮肤有刺激性。使用时应穿适当的防护服和戴手套。万一接触到眼睛，应立即用大量水冲洗后请医生诊治。应密封或熔封于阴凉干燥处保存。其包装物应按危险品处理。
主要用途　催化剂。

4-Chloromandelic acid　4-氯扁桃酸　02286
[492-86-4]　$C_8H_7ClO_3$　186.60
成分　C 51.49%，H 3.78%，Cl 19.00%，O 25.72%。
别名　对氯苯乙醇酸；2-羟基-2-对氯苯基乙酸；对氯苯羟乙酸；对氯苦杏仁酸；对氯扁桃酸；4-氯苦杏仁酸；4-氯苯乙醇酸；4-氯-*α*-羟基苯乙酸；4-Chloro-*α*-hydroxyphenyl acelic acid；*p*-Chlorophenylglycollic acid
性状　浅黄色针状结晶。易溶于水，溶于乙醇、乙醚，微溶于苯、二硫化碳。mp 114～118℃。一般试剂含量≥98.0%。
注意事项　该品对眼睛、呼吸系统及皮肤有刺激性。使用时应戴适当的手套。使用时应避免吸入本品的粉尘，避免与眼睛及皮肤接触。万一接触到眼睛，应立即用大量水冲洗后请医生诊治。应密封于干燥处保存。
主要用途　测定锆的沉淀剂。

4-(Chloromercuri)benzoic acid　4-(氯汞)苯甲酸　02287
[59-85-8]　$C_7H_5ClHgO_2$　357.16
成分　C 23.54%，H 1.41%，Cl 9.93%，Hg 56.16%，O 8.96%。
别名　对氯化汞苯甲酸；对氯汞苯甲酸；*p*-CMB；4-(Hydroxymercuric) benzoic acid；*p*-Mercurichlorobenzoic acid；Mercuri-*p*-carboxyphenyl chloride；Benzoic acid *p*-mercuric chloride；PCMB
GW 2015-1455
性状　无色结晶或白色粉末。溶于乙醇，不溶于水。mp 283℃(分解)。一般试剂含量≥97.5%。
注意事项　该品吸入、口服或与皮肤接触极毒，并具有蓄积性危害。对水生物极毒。能对水环境引起不利的结果。使用时应穿适当的防护服。接触皮肤后，应立即用大量指定的液体冲洗。使用时如有事故发生或有不适之感，应请医生诊治。应防止将本品释放于环境中。其集装箱和包装物应按危险品处理。应远离食品、饮料和饲料存放。应充氩气密封避光保存。
主要用途　测定巯基。有机合成。合成对碘苯甲酸。

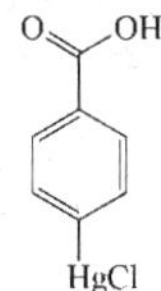

1-Chloro-3-methylbutane　1-氯-3-甲基丁烷　02288
[107-84-6]　$C_5H_{11}Cl$　106.60
成分　C 56.34%，H 10.40%，Cl 33.26%。
别名　氯代异戊烷；异戊基氯；*iso*-Amyl chloride；*iso*-Pentyl chloride；Isoamyl chloride；Isopentyl chloride
GW 2015-1408　M. I. 15,5161
性状　无色液体。能与乙醇、乙醚相混溶，微溶于水。mp －104℃；bp 约 100℃；Fp 60℉(16℃)；d^0 0.893；n_D^{20} 1.4103。
注意事项　该品高度易燃。使用时应避免吸入本品的蒸气、飞沫，避免与眼睛及皮肤接触。使用现场禁止吸烟。应远离火种密封保存。
主要用途　溶剂。有机合成。

2-Chloro-2-methylbutane　2-氯-2-甲基丁烷　02289
[594-36-5]　$C_5H_{11}Cl$　106.59
成分　C 56.34%，H 10.40%，Cl 33.26%。
别名　氯代叔戊烷；氯代第三戊烷；3-氯异戊烷；叔戊基氯；*tert*-Amyl chloride；3-Chloroisopentane；3-Chloro-*iso*-pentane；*tert*-Pentyl chloride
GW 2015-1399
性状　无色固体。能与乙醇、乙醚相混溶，不溶于水。mp －73℃；bp 85～86℃；Fp 15℉(－9℃)；d_4^{20} 0.866；n_D^{20} 1.405。一般试剂含量≥96.0%(GC)。
注意事项　该品高度易燃。对眼睛、呼吸系统及皮肤有刺激性。使用时应穿适当的防护服。万一接触到眼睛，应立即用大量水冲洗后请医生诊治。使用现场禁止吸烟。应远离火种密封保存。
主要用途　溶剂。有机合成。

Chloromethyl methyl ether　氯甲基甲醚　02290
[107-30-2]　C_2H_5ClO　80.51
成分　C 29.84%，H 6.26%，Cl 44.03%，O 19.87%。
别名　氯二甲基醚；氯甲醚；氯甲基甲基醚；氯代二甲醚；甲基氯甲醚；Chlorodimethyl ether；Chloromethoxymethane；CMME；Methyl chloromethyl ether；Monochloromethyl ether
GW 2015-1502　M. I. 15,2148
性状　无色发烟液体。与水作用生成甲醛。溶于乙醇、乙醚。bp 59℃；Fp 60℉(15℃)；d_4^{20} 1.0605；n_D^{20} 1.39737。
注意事项　该品极易燃。高毒。能致癌。使用时应避免吸入本品的蒸气。应远离火种密封保存。
主要用途　有机合成。

1-Chloro-2-methylpropane　1-氯-2-甲基丙烷　02291
[513-36-0]　C_4H_9Cl　92.57
成分　C 51.90%，H 9.80%，Cl 38.30%。
别名　氯代异丁烷；氯代异丁基；1-氯异丁烷；异丁基氯；1-Chloro-*iso*-butane；*iso*-Butyl chloride；Isobutyl chloride
GW 2015-1444　M. I. 15, 5183
性状　无色透明液体。易挥发。有乙醚味。能与乙醇、乙醚混溶，不溶于水。mp －131℃；bp 68～69℃；Fp 19℉(－7℃)；d^{15} 0.883；n_D^{15} 1.40096。一般试剂含量≥98.0%(GC)。
注意事项　该品高度易燃。使用现场禁止吸烟。切勿排入下水道。应远离火种采取抗放静电措施密封保存。
主要用途　溶剂。有机合成。

2-Chloro-2-methylpropane　2-氯-2-甲基丙烷　02292
[507-20-0]　$C_5H_{11}Cl$　92.57
成分　C 51.90%，H 9.80%，Cl 38.30%。
别名　三甲基氯甲烷；氯代叔丁烷；2-甲基-2-氯丙烷；叔丁基氯；*tert*-Butyl chloride；2-Chloro-*tert*-butane；2-Chloroispbutane；Trimeth-

ylchloromethane
GW 2015-1443　　M. I. 15, 1563
性状　无色透明液体。能与乙醇、乙醚相混溶，略微溶于水。在沸水中能生成叔丁醇。mp −26.5℃；bp_{760} 51.0℃/101.32kPa；bp_{400} 32.6℃/53.33kPa；bp_{200} 14.6℃/26.66kPa；bp_{100} −1.0℃/13.33kPa；bp_{60} −11.4℃/8kPa；bp_{40} −19.0℃/5.33kPa；Fp −9.4℉(−23℃)；d_4^{15} 0.847；n_D^{18} 1.38686。一般试剂含量≥99.0%(GC)。
注意事项　该品高度易燃。使用现场禁止吸烟。切勿排入下水道。应远离火种，采取抗放静电措施密封于阴凉通风处保存。其包装物应按危险品处理。
主要用途　溶剂。有机合成。

1-Chloro-2-methyl-1-propene　2-氯-2-甲基-1-丙烯　02293
[513-37-1]　C_4H_7Cl　90.55
成分　C 53.06%，H 7.79%，Cl 39.15%。
别名　*α*-氯异丁烯；*β*,*β*-二基乙烯基氯；*α*-Chloroisobutylene；1-Chloro-2-methylpropene；*β*, *β*-Dimethylvinyl chloride；Isocrotyl chloride；2-Methyl-1-propenyl chloride
M. I. 15, 2149
性状　无色液体。bp 68.1℃；Fp 30℉（−1℃）；d_4^{20} 0.9186；n_D^{20} 1.4221。一般试剂含量≥97.0%（GC）。
注意事项　该品高度易燃。吸入或口服有毒。具有腐蚀性，能引起烧伤。接触皮肤能引起过敏。对水生物有毒。能对水环境引起不利的结果。使用时应穿适当的防护服，戴手套和防护镜或面罩。万一接触到眼睛，应立即用大量水冲洗后请医生诊治。使用时如有事故发生或有不适之感，应请医生诊治。使用现场禁止吸烟。应防止将本品释放于环境中。应远离火种密封于通风良好处保存。
主要用途　有机合成。

3-Chloro-2-methyl-1-propene　3-氯-2-甲基-1-丙烯　02294
[563-47-3]　C_4H_7Cl　90.55
成分　C 53.06%，H 7.79%，Cl 39.15%。
别名　甲代烯丙基氯；异丁烯基氯；*γ*-Chloroisobutylene；Isobutenyl chloride；*β*-Methylallyl chloride；*β*-Methallyl chloride；*iso*-Butenyl chloride
GW 2015-1398 M. I. 15, 2150
性状　无色液体。bp 71～72℃；Fp 9℉（−12℃）；d_4^{15} 0.9210；d_4^{20} 0.9165；d_{20}^{20} 0.926～0.930；n_D^{15} 1.4318；n_D^{20} 1.4274。一般试剂含量≥97.0%(GC)。
注意事项　见 02293 2-氯-2-甲基-1-丙烯。
主要用途　杀虫剂。熏蒸消毒剂。有机合成中间体。

1-Chloronaphthalene　1-氯萘　02295
[90-13-1]　$C_{10}H_7Cl$　162.62
成分　C 73.86%，H 4.34%，Cl 21.80%。
别名　*α*-氯代萘；1-氯代萘；*α*-氯萘；*α*-Chloronaphthalene
GW 2015-1472　M. I. 15, 2151
性状　无色至微黄色油状液体。溶于乙醇、苯、石油醚，能随水蒸气挥发。mp −2.5℃；bp_{760} 259.3℃/101.32kPa；bp_{400} 230.8℃/53.33kPa；bp_{200} 204.2℃/26.66kPa；bp_{100} 180.4℃/13.33kPa；bp_{60} 165.6℃/8kPa；bp_{40} 153.2℃/5.33kPa；bp_{20} 134.4℃/2.666kPa；bp_{10} 118.6℃/1.333kPa；bp_5 104.8℃/666.6Pa；$bp_{1.0}$ 80.6℃/133.3Pa；Fp 250℉(121℃)；d_4^{20} 1.19382；n_D^{20} 1.63321。
注意事项　该品口服有害。对眼睛、呼吸系统及皮肤有刺激性。使用时应穿适当的防护服和戴手套。万一接触到眼睛，应立即用大量水冲洗后请医生诊治。应密封保存。
主要用途　气相色谱固定液(适用于低级烃、卤代烃的分析和二甲苯异构物的分离)。折射率测定。油脂溶剂。

4-Chloro-1-naphthol　4-氯-1-萘酚　02296
[604-44-4]　$C_{10}H_7ClO$　178.61
成分　C 67.24%，H 3.95%，Cl 19.85%，O 8.96%。
别名　4-氯-*α*-萘酚；4-ClN
性状　无色针状结晶。能升华。溶于乙醇、乙醚、苯、三氯甲烷。mp 118～120℃。一般试剂含量≥97.0%。
注意事项　该品对眼睛、呼吸系统和皮肤有刺激性。使用时应穿适当的防护服。万一接触到眼睛，应立即用大量水冲洗后请医生诊治。应密封于−20℃保存。
主要用途　制药工业。

2-Chloro-4-nitroaniline　2-氯-4-硝基苯胺　02297
[121-87-9]　$C_6H_5ClN_2O_2$　172.57
成分　C 41.76%，H 2.92%，Cl 20.54%，N 16.23%，O 18.54%。
别名　邻氯对硝基苯胺；4-氨基-3-氯硝基苯；*o*-Chloro-*p*-nitroaniline；4-Amino-3-chloronitrobenzene
GW 2015-1413
性状　黄色针状结晶。溶于乙醇、乙醚、二硫化碳。mp 105～108℃；Fp 379.4℉(193℃)。一般试剂含量≥97.0%。
注意事项　该品口服有害。对水生物有毒。能对水环境引起不利的结果。使用时应避免吸入本品的粉尘，避免与皮肤接触。应防止将本品释放于环境中。
主要用途　有机合成。染料中间体。

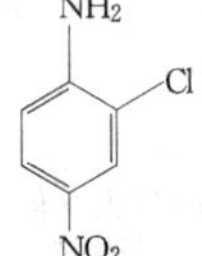

4-Chloro-2-nitroaniline　4-氯-2-硝基苯胺　02298
[89-63-4]　$C_6H_5ClN_2O_2$　172.57
成分　C 41.76%，H 2.92%，Cl 20.54%，N 16.23%，O 18.54%。
别名　对氯邻硝基苯胺；1-氨基-4-氯-2-硝基苯；2-氨基-5-氯硝基苯；邻硝基对氯苯胺；1-Amino-4-chloro-2-nitrobenzene；2-Amino-5-chloronitrobenzene；*p*-Chlroro-*o*-nitroaniline；*o*-Nitro-*p*-chloroaniline
GW 2015-1401
性状　橙黄色或橙红色针状结晶。溶于乙醇、乙醚、三氯甲烷、热水，微溶于石油醚。mp 117～119℃；Fp 375.8℉(191℃)。一般试剂含量≥98.5%。
注意事项　该品吸入、口服或与皮肤接触极毒，并具有蓄积性危害。对水生物有毒。能对水环境引起不利的结果。使用时应穿适当的防护服和戴手套。接触皮肤后，应立即用大量水冲洗。使用时如有事故发生或有不适之感，应请医生诊治。应防止将本品释放于环境中。
主要用途　有机合成。染料中间体。

5-Chloro-2-nitroaniline　5-氯-2-硝基苯胺　02299
[1635-61-6]　$C_6H_5ClN_2O_2$　172.57
成分　C 41.76%，H 2.92%，Cl 20.54%，N 16.23%，O 18.54%。
别名　2-氨基-6-氯硝基苯；2-硝基-3-氯苯胺；2-Amino-6-chloronitro benzene；2-Nitro-3-chloroaniline
性状　无色或白色结晶。mp 128～129℃。一般试剂含量≥98.0%(HPLC)。
注意事项　见 02298 4-氯-2-硝基苯胺。应充氮气密封保存。

1-Chloro-2-nitrobenzene　1-氯-2-硝基苯　02300
[88-73-3]　$C_6H_4ClNO_2$　157.55
成分　C 45.74%，H 2.56%，Cl 22.50%，N 8.89%，O 20.31%。
别名　邻硝基氯苯；邻氯硝基苯；2-氯硝基苯；2-Chloronitrobenzene；*o*-Nitrochlorobenzene；*o*-Chloronitrobenzene
GW 2015-1544　M. I. 15, 2153
性状　黄色结晶。溶于乙醇、苯、乙醚，不溶于水。mp 32～33℃；bp 245～246℃；Fp>230℉(110℃)；*d* 1.305。一般试剂含量≥99.0%(GC)。
注意事项　该品口服或与皮肤接触有毒。有蓄积性危害。对机体有不可逆损伤的可能性。对水生物有害。可致使水生物环境长期有害的结果。使用时应穿适当的防护服，戴手套和防护镜或面罩。使用时应避免吸入本品的粉尘，避免与眼睛及皮肤接触。使用时如有事故发生或有不适之感，应请医生诊治。使用完毕应立即脱掉受污染的衣物。应密封保存。其包装物应按危险品处理。

主要用途 有机合成。染料中间体。

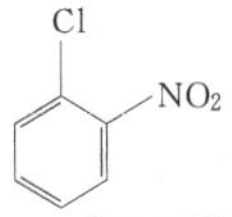

1-Chloro-3-nitrobenzene 1-氯-3-硝基苯 02301

[121-73-3] $C_6H_4ClNO_2$ 157.55

成分 C 45.74%,H 2.56%,Cl 22.50%,N 8.89%,O 20.31%。

别名 3-硝基氯苯;间氯硝基苯;间硝基氯苯;3-氯硝基苯;3-Chloronitrobenzene;*m*-Chloronitrobenzene;*m*-Nitrochlorobenzene

GW 2015-1545 M. I. 15,2153

性状 来自乙醇中的浅黄色单斜片状结晶。易溶于热乙醇、乙醚、三氯甲烷、二硫化碳、冰乙酸,略微溶于冷乙醇,不溶于水。mp 46℃;bp_{760} 236℃/101.32kPa;bp_{12} 117℃/1.6kPa;Fp 218℉(103℃);d_4^{20} 1.534。一般试剂含量≥99.0%(GC)。

注意事项 该品口服有害。对水生物极毒。能对水环境引起不利的结果。使用时应避免吸入本品的粉尘,避免与眼睛及皮肤接触。应防止将本品释放于环境中。其包装物应按危险品处理。应密封保存。

主要用途 有机合成。染料中间体。

1-Chloro-4-nitrobenzene 1-氯-4-硝基苯 02302

[100-00-5] $C_6H_4ClNO_2$ 157.55

成分 C 45.74%,H 2.56%,Cl 22.50%,N 8.89%,O 20.31%。

别名 对硝基氯苯;对氯硝基苯;4-氯硝基苯;4-Chloronitrobenzene;*p*-Nitrochlorobenzene

GW 2015-1546 M.I. 15,2153

性状 黄色结晶。易溶于沸乙醇、乙醚、二硫化碳,略微溶于冷乙醇,不溶于水。mp 82~84℃;bp 242℃;Fp 260.6℉(127℃);*d* 1.520。一般试剂含量≥98.0%(GC)。

注意事项 该品吸入、口服或与皮肤接触有毒,对机体有不可逆损伤的可能性。对水生物有毒。能对水环境引起不利的结果。长期曝露,吸入、口服或与皮肤接触有严重损伤健康的危险。使用时应穿适当的防护服和戴手套。接触皮肤后应立即用大量肥皂泡沫冲洗。使用时如有事故发生或有不适之感,应请医生诊治。应防止将本品释放于环境中。应密封保存。

主要用途 有机合成。染料中间体。

4-Chloro-7-nitrobenzofurazan
4-氯-7-硝基苯并呋咱 02303

[10199-89-0] $C_6H_2N_3ClO_3$ 199.55

成分 C 36.11%,H 1.01%,N 21.06%,Cl 17.77%,O 24.05%。

别名 4-氯-7-硝基-2,1,3-苯并氧二氮唑;4-氯-7-硝基苯-2-氧-1,3-二氮杂茂;4-氯-7-硝基苯并-1,3-二氮唑;4-Chloro-7-nitro-2,1,3-benzoxadiazole;4-Chloro-7-nitrobenzo-1,3-diazole;4-Chloro-7-nitrobenzo-2-oxa-1,3-diazole;NBD chloride

性状 黄色针状结晶。mp 99~100℃。一般试剂含量≥99.0%(HPLC)。

注意事项 该品对皮肤有刺激性。应充氩气密封于干燥处保存。

主要用途 氨基酸荧光试剂。

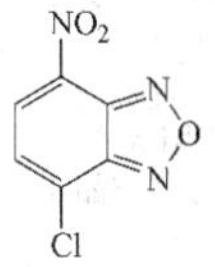

2-Chloro-3-nitrobenzoic acid 2-氯-3-硝基苯甲酸 02304

[3970-35-2] $C_7H_4ClNO_4$ 201.56

成分 C 41.71%,H 2.00%,Cl 17.59%,N 6.95%,O 31.75%。

性状 无色结晶或白色结晶性粉末。溶于水。mp 184~186℃。一般试剂含量≥98.0%(T)。

注意事项 该品对眼睛、呼吸系统及皮肤有刺激性。使用时应穿适当的防护服。万一接触到眼睛,应立即用大量水冲洗后请医生诊治。

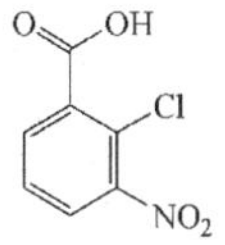

2-Chloro-4-nitrobenzoic acid 2-氯-4-硝基苯甲酸 02305

[99-60-5] $C_7H_4ClNO_4$ 201.56

成分 C 41.71%,H 2.00%,Cl 17.59%,N 6.95%,O 31.75%。

别名 邻氯对硝基苯甲酸;4-硝基-2-氯苯甲酸;*o*-Chloro-*p*-nitrobenzoic acid;4-Nitro-2-chlorobenzoic acid

性状 白色针状结晶或浅黄色结晶性粉末。易溶于热水、热苯,溶于水、乙醇。mp 139~141℃。

注意事项 见 02304 2-氯-3-硝基苯甲酸。

主要用途 制药工业。有机合成。

2-Chloro-5-nitrobenzoic acid 2-氯-5-硝基苯甲酸 02306

[2516-96-3] $C_7H_4ClNO_4$ 201.56

成分 C 41.71%,H 2.00%,Cl 17.59%,N 6.95%,O 31.75%。

别名 2-硝基-5-氯苯甲酸;2-Nitro-5-chlorbenzoic acid

性状 白色结晶。mp 166~168℃;Fp >212℉(100℃)。一般试剂含量≥98.0%(GC)。

注意事项 见 02304 2-氯-3-硝基苯甲酸。

主要用途 有机合成。

3-Chloro-2-nitrobenzoic acid 3-氯-2-硝基苯甲酸 02307

[4771-47-5] $C_7H_4ClNO_4$ 201.56

成分 C 41.71%,H 2.00%,Cl 17.59%,N 6.95%,O 31.75%。

性状 无色结晶或白色结晶性粉末。易溶于水。mp 237~239℃。一般试剂含量≥97.0%。

注意事项 见 02304 2-氯-3-硝基苯甲酸。

4-Chloro-2-nitrobenzoic acid 4-氯-2-硝基苯甲酸 02308

[6280-88-2] $C_7H_4ClNO_4$ 201.56

成分 C 41.71%,H 2.00%,Cl 17.59%,N 6.95%,O 31.75%。

性状 白色粉末。mp 141~143℃;Fp >212℉(100℃)。一般试剂含量约 97.0%(HPLC)。

注意事项 见 02304 2-氯-3-硝基苯甲酸。

4-Chloro-3-nitrobenzoic acid 4-氯-3-硝基苯甲酸 02309

[96-99-1] $C_7H_4ClNO_4$ 201.56

成分 C 41.71%,H 2.00%,Cl 17.59%,N 6.95%,O 31.75%。

别名 对氯间硝基苯甲酸;3-硝基-4-氯苯甲酸;*p*-Chloro-*m*-nitro benzoic acid;3-Nitro-4-chlorobenzoic acid

性状 浅黄色结晶性粉末。易溶于热水,溶于乙醇。mp 181~184℃。一般试剂含量≥98.5%。

注意事项 见 02304 2-氯-3-硝基苯甲酸。

主要用途 有机合成。制药工业

5-Chloro-2-nitrobenzoic acid 5-氯-2-硝基苯甲酸 02310

[2516-95-2] $C_7H_4ClNO_4$ 201.56

成分 C 41.71%,H 2.00%,Cl 17.59%,N 6.95%,O 31.75%。

性状 白色粉末。mp 138~140℃;。一般试剂含量>99.0%。

注意事项 见 02304 2-氯-3-硝基苯甲酸。

4-Chloro-3-nitrobenzonitrile 4-氯-3-硝基苯乙腈 02311

[939-80-0] $C_7H_4ClNO_4$ 182.57

成分 C 46.05%,H 1.66%,Cl 19.42%,N 15.34%,O 17.53%。

别名 4-氯-3-硝基苄腈;2-Chloro-5-cyanonitrobenzene

性状 无色结晶或白色粉末。mp 99~101℃。一般试剂含量≥98.0%(GC)。

注意事项 该品口服有害。对眼睛、呼吸系统及皮肤有刺激性。使用时应穿适当的防护服和戴手套。万一接触到眼睛,应立即用大量水冲洗后请医生诊治。

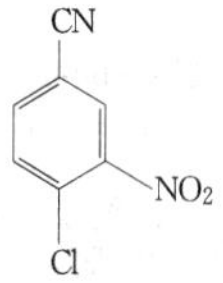

2-Chloro-4-nitrophenol 2-氯-4-硝基酚 02312

[619-08-9] $C_6H_4ClNO_3$ 173.55

成分 C 41.52%,H 2.32%,Cl 20.43%,N 8.07%,O 27.66%。

性状 黄色针状结晶。溶于热水、乙醇、乙醚、三氯甲烷,微溶于水。mp 105～106℃。一般试剂含量≥97.0%。

注意事项 该品与皮肤接触有毒。使用时应避免与皮肤接触。

主要用途 有机合成。

OH Cl NO2

4-Chloro-2-nitrophenol 4-氯-2-硝基酚 02313

[89-64-5] $C_6H_4ClNO_3$ 173.55

成分 C 41.52%,H 2.32%,Cl 20.43%,N 8.07%,O 27.66%。

GW 2015-1402

性状 白色结晶或粉末。水约 5%。mp 85～89℃。一般试剂含量≥97.0%(GC)。

注意事项 该品对眼睛、呼吸系统及皮肤有刺激性。使用时应穿适当的防护服。万一接触到眼睛,应立即用大量水冲洗后请医生诊治。

4-Chloro-3-nitrophenol 4-氯-3-硝基酚 02314

[610-78-6] $C_6H_4ClNO_3$ 173.55

成分 C 41.52%,H 2.32%,Cl 20.43%,N 8.07%,O 27.66%。

性状 棕色结晶或粉末。mp 126～127℃。一般试剂含量≥98.0%(GC)。

注意事项 见 02313 4-氯-2-硝基酚。

2-Chloro-4-nitrotoluene 2-氯-4-硝基甲苯 02315

[121-86-8] $C_7H_6ClNO_2$ 171.58

成分 C 49.00%,H 3.52%,Cl 20.66%,N 8.16%,O 18.65%。

别名 2-氯-1-甲基-4-硝基苯;2-Chloro-1-methyl-4-nitrobenzene

性状 无色结晶或白色粉末。mp 60～64℃;Fp 100℉(37.8℃)。一般试剂含量≥97.0%。

注意事项 该品口服有害。接触皮肤后应用大量水冲洗。使用时如有事故发生或有不适之感,应请医生诊治。

CH3 Cl NO2

2-Chloro-5-nitrotoluene 2-氯-5-硝基甲苯 02316

[13290-74-9] $C_7H_6ClNO_2$ 171.58

成分 C 49.00%,H 3.52%,Cl 20.66%,N 8.16%,O 18.65%。

别名 2-氯-1-甲基-5-硝基苯;2-Chloro-1-methyl-5-nitrobenzene

性状 无色结晶。mp 40～44℃。一般试剂含量≥99.0%(GC)。

注意事项 该品口服有害。

2-Chloro-6-nitrotoluene 2-氯-6-硝基甲苯 02317

[83-42-1] $C_7H_6ClNO_2$ 171.58

成分 C 49.00%,H 3.52%,Cl 20.66%,N 8.16%,O 18.65%。

别名 2-氯-1-甲基-6-硝基苯;2-Chloro-1-methyl-6-nitrobenzene

性状 无色结晶。mp 34～36℃;bp 238℃;Fp 257℉(125℃)。一般试剂含量≥99.0%(GC)。

注意事项 该品蒸气吸入有害。对皮肤有刺激性。使用时应避免吸入本品的粉尘。接触皮肤后应用大量肥皂泡沫冲洗。

4-Chloro-2-nitrotoluene 4-氯-2-硝基甲苯 02318

[89-59-8] $C_7H_6ClNO_2$ 171.58

成分 C 49.00%,H 3.52%,Cl 20.66%,N 8.16%,O 18.65%。

别名 4-氯-1-甲基-2-硝基苯;4-Chloro-1-methyl-2-nitrobenzene

GW 2015-1404

性状 无色结晶。mp 34～38℃;bp_{718} 239～240℃/75.725kPa;bp_{11} 115～116℃(液体)/1.46kPa;Fp>230℉(110℃)。一般试剂含量≥97.0%(GC)。

注意事项 该品对眼睛、呼吸系统及皮肤有刺激性。使用时应穿适当的防护服。万一接触到眼睛,应立即用大量水冲洗后请医生诊治。

1-Chlorononane 1-氯壬烷 02319

[2473-01-0] $C_9H_{19}Cl$ 162.70

成分 C 66.44%,H 11.77%,Cl 21.79%。

别名 氯代壬烷;壬基氯;1-氯代壬烷;*n*-Nonyl chloride

性状 无色油状液体。能与乙醇、乙醚相混溶,不溶于水。bp 202～204℃;Fp 166℉(74℃);d_4^{20} 0.870;n_D^{20} 1.4360。一般试剂含量≥98.0%

注意事项 该品对眼睛、呼吸系统及皮肤有刺激性。使用时应穿适当的防护服,戴手套、防护镜或面罩。万一接触到眼睛,应立即用大量水冲洗后请医生诊治。

主要用途 有机合成。

1-Chlorooctadecane 1-氯十八烷 02320

[3386-33-2] $C_{18}H_{37}Cl$ 288.94

成分 C74.82%,H 12.91%,Cl 12.27%。

别名 氯代十八烷;硬脂基氯;十八烷基氯;Octadecyl chloride;Stearyl chloride

性状 无色透明液体。能与乙醇、乙醚相混溶,不溶于水。$bp_{1.5}$ 157～158℃/199.98Pa; Fp＞230℉(110℃); d_4^{20} 0.849; n_D^{25} 1.4510。一般试剂含量≥97.0%(GC)。

注意事项 该品对眼睛、呼吸系统及皮肤有刺激性。使用时应穿适当的防护服。万一接触到眼睛,应立即用大量水冲洗后请医生诊治。

主要用途 气相色谱固定液(适用于卤代烃及其衍生物的分析)。

1-Chlorooctane 1-氯辛烷 02321

[111-85-3] $C_8H_{17}Cl$ 148.68

成分 C 64.63%,H 11.52%,Cl 23.85%。

别名 氯代正辛烷;氯辛烷;*n*-Octyl chloride

性状 无色液体。不溶于水。mp －61℃;bp 183℃;Fp 136℉(57℃);d_4^{20} 0.875;n_D^{20} 1.4290。一般试剂含量≥98.0%(GC)。

注意事项 使用时应避免吸入本品的蒸气、飞沫,避免与眼睛及皮肤接触。

1-Chloropentane 1-氯戊烷 02322

[543-59-9] $C_5H_{11}Cl$ 106.59

成分 C 56.34%,H 10.40%,Cl 33.26%。

别名 正戊基氯;1-氯代正戊烷;氯代正戊烷;*n*-Butylcarbinyl chloride;*n*-Amyl chloride;Pentyl chloride

GW 2015-1543 M.I. 15,600

性状 无色液体。能与乙醇、乙醚相混溶,不溶于水。mp －99℃;bp_{760} 107.8℃/101.325kPa; Fp 55℉(13℃,闭杯); d_4^{20} 0.8828; n_D^{20} 1.41280。一般试剂含量≥99.5%(GC)。

注意事项 该品高度易燃,吸入、口服或与皮肤接触有害。切勿排入下水道。应密封于通风良好处保存。

主要用途 有机合成。溶剂。

3-Chloroperoxybenzoic acid 3-氯过氧苯甲酸 02323

[937-14-4] $C_7H_5ClO_3$ 172.57

成分 C 48.72%,H 2.92%,Cl 20.54%,O 27.81%。

别名 3-氯过苯甲酸;间氯过苯甲酸;3-Chloroperbenzoic acid;*m*-Chloroperoxybenzoic acid;MCPBA

GW 2015-1421

性状 无色结晶。不溶于水。mp 69～71℃。一般试剂含量约70%(RT);含有约10%的3-氯苯甲酸和约20%的水。

注意事项 该品受热能引起爆炸。与易燃物品接触能引起燃烧。对眼睛、呼吸系统及皮肤有刺激性。使用时应穿适当的防护服。万一接触到眼睛,应立即用大量水冲洗后请医生诊治。不能在40℃以上使用。应远离易燃物品于2～8℃保存。

O O OH Cl

2-Chlorophenol 2-氯酚 02324

[95-57-8] C_6H_5ClO 128.56

成分 C 56.06%,H 3.92%,Cl 27.58%,O 12.44%。

别名 邻氯酚;2-氯苯酚;2-氯-1-羟基苯;1-羟基-2-氯苯;2-Chloro-1-hydroxybenzene;*o*-Chlorophenol;1-Hydroxy-2-chlorobenzene

GW 2015-1418　　M. I. 15,2157

性状　无色或浅黄色液体。有刺激性气味。能溶于乙醇、乙醚、苛性碱溶液，微溶于水。mp 9.3℃；bp 175℃；bp_{11} 62～63℃/1.467kPa；Fp 147℉（63℃）；d_4^{23} 1.2573；n_D^{25} 1.5565；n 1.5473；LD_{50} 大鼠急性经口：0.67g/kg。一般试剂含量≥ 98.0%(HPLC)。

注意事项　该品吸入、口服或与皮肤接触有害。对水生物有毒。能对水环境引起不利的结果。接触皮肤后，应立即用大量聚乙二醇 400 液体冲洗。应充氮气密封保存。并避免释放于环境中。

主要用途　有机合成。染料工业。医用消毒剂。分析用标准物质。

3-Chlorophenol　3-氯酚　02325

[108-43-0]　C_6H_5ClO　128.56

成分　C 56.06%，H 3.92%，Cl 27.58%，O 12.44%。

别名　间氯酚；3-氯苯酚；3-氯-1-羟基苯；3-Chlorohydroxybenzene；*m*-Chlorophenol

GW 2015-1419　　M. I. 15,2157

性状　无色或浅黄色针状结晶。溶于乙醇、乙醚、苛性碱溶液，微溶于水。mp 33.5℃；bp 214℃；Fp ＞230℉（110℃）；d_4^{45} 1.245；d_4^{78} 1.214；n_D^{40} 1.5565；LD_{50} 大鼠急性经口：0.57g/kg。一般试剂含量≥ 98.0%（HPLC）。

注意事项　见 02324 2-氯酚。应密封于 2～8℃保存。

主要用途　制药工业。染料工业。有机合成。医用消毒剂。

4-Chlorophenol　4-氯酚　02326

[106-48-9]　C_6H_5ClO　128.56

成分　C 56.06%，H 3.92%，Cl 27.58%，O 12.44%。

别名　对氯酚；4-氯苯酚；4-氯-1-羟基苯；4-Chloro-1-hydroxybenzene；*p*-Chlorophenol；Parachlorophenol

GW 2015-1420　　M. I. 15,2157

性状　白色针状结晶。有特殊气味。易溶于乙醇、乙醚、甘油、氯仿、苛性碱溶液、挥发性油类，微溶于水、液体石蜡。mp 43.2～43.7℃；bp 220℃；Fp 240℉(115℃)；d_4^{78} 1.2238；n_D^{55} 1.5419；n_D^{40} 1.5579。LD_{50} 大鼠急性经口：0.67g/kg。一般试剂含量≥ 99.0%(GC)。

注意事项　见 02324 2-氯酚。

主要用途　用于显微镜分析。溶剂。染料中间体。植物生长促进剂。医用消毒剂。

Chlorophenol red　氯酚红　02327

[4430-20-0]　$C_{19}H_{12}Cl_2O_5S$　423.28

成分　C 53.91%，H 2.86%，Cl 16.75%，O 18.90%，S 7.58%。

别名　二氯苯酚磺酰酞；3′,3′-二氯酚磺酞；CDR；3′,3″-Dichlorophenolsulfonphthalein

性状　红色或黄棕色粉末。溶于乙醇、碱溶液，微溶于水，不溶于乙醚、苯。pH 值 4.8～6.7（由黄至玫瑰红色）。λ_{max} 572nm。

注意事项　该品对眼睛、呼吸系统及皮肤有刺激性。使用时应穿适当的防护服，应避免吸入本品的粉尘，避免与眼睛及皮肤接触。万一接触到眼睛，应立即用大量水冲洗后请医生诊治。应密封保存。

主要用途　酸碱指示剂。吸附指示剂。汞量滴定法测定氯、溴。

4-Chlorophenoxyacetic acid　4-氯苯氧乙酸　02328

[122-88-3]　$C_8H_7ClO_3$　186.60

成分　C 51.49%，H 3.78%，Cl 19.00%，O 25.72%。

别名　对氯苯氧基乙酸；防落叶素；蓄茄灵；*p*-Chlorophenoxyacetic acid；4-CPA；P-51；PCPA

性状　白色结晶。有清香味。易溶于有机溶剂，溶于水。mp 157～159℃。一般试剂含量≥ 99.0%。

注意事项　该品口服有害。具有刺激性。应密封于干燥处保存。

主要用途　植物生长刺激素。分析用标准物质。

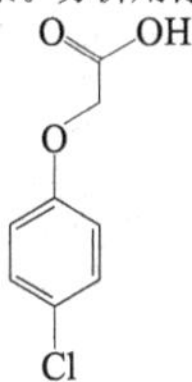

2-Chlorophenylacetic acid　2-氯苯乙酸　02329

[2444-36-2]　$C_8H_7ClO_2$　170.60

成分　C 56.32%，H 4.14%，Cl 20.78%，O 18.76%。

性状　无色结晶或白色粉末。有恶臭。mp 95～97℃。一般试剂含量≥98.0%(T)。

注意事项　该品对眼睛、呼吸系统及皮肤有刺激性。使用时应穿适当的防护服和戴手套。万一接触到眼睛，应立即用大量水冲洗后请医生诊治。

3-Chlorophenylacetic acid　3-氯苯乙酸　02330

[1878-65-5]　$C_8H_7ClO_2$　170.60

成分　C 56.32%，H 4.14%，Cl 20.78%，O 18.76%。

性状　无色结晶或白色粉末。溶于甲醇。mp 76～79℃。一般试剂含量≥97.0%(HPLC)。

注意事项　见 02329 2-氯苯乙酸。

4-Chlorophenylacetic acid　4-氯苯乙酸　02331

[1878-66-6]　$C_8H_7ClO_2$　170.60

成分　C 56.32%，H 4.14%，Cl 20.78%，O 18.76%。

性状　无色结晶或白色粉末。有恶臭。mp 105～108℃。一般试剂含量≥97.0%(T)。

注意事项　该品吸入或与皮肤接触有害。使用时应穿适当的防护服和戴手套。应密封保存。

DL-4-Chlorophenylalanine　DL-4-氯苯丙氨酸　02332

[7424-00-2]　$C_9H_{10}ClNO_2$　199.64

成分　C 54.15%，H 5.05%，Cl 17.76%，N 7.02%，O 16.03%。

别名　DL-对氯苯丙氨酸；DL-对氯苯初油氨基酸；*α*-Amino-*β*-(4-chlorophenyl) propionicaid；*β*-(4-Chlorophenyl) alanine；DL-*p*-Chlorophenylalanine；PCA；PCPA

性状　无色片状结晶。易溶于碱溶液，溶于热水，难溶于冷水。mp＞240℃(分解)。生化试剂含量≥99.0%。

注意事项　该品口服有毒。接触皮肤能引起过敏。使用时应穿适当的防护服和戴手套。使用时如有事故发生或有不适之感，应请医生诊治。应密封于－20℃保存。

主要用途　生化研究。

2-Chloro-L-phenylalanine　2-氯-L-苯丙氨酸　02333

[103616-89-3]　$C_9H_{10}ClNO_2$　199.64

成分　C 54.15%，H 5.05%，Cl 17.76%，N 7.02%，O 16.03%。

别名　L-邻氯苯丙氨酸；L-*o*-Chlorophenylalanine

性状　白色粉末。$[\alpha]_D^{20}$ －9°±1°；(*c*=1，于水中)。生化试剂含量≥98.0%(NT)。

注意事项　使用时应避免吸入本品粉尘，避免与眼睛及皮肤接触。应密封于－20℃保存。

4-Chloro-L-phenylalanine　4-氯-L-苯丙氨酸　02334
[14173-39-8]　$C_9H_{10}ClNO_2$　199.64
成分　C 54.15%,H 5.05%,Cl 17.76%,N 7.02%,O 16.03%。
别名　L-对氯苯丙氨酸;L-*p*-Chlorophenylalanine
性状　白色粉末;mp 约 260℃(分解);$[\alpha]_{546}^{20}$ −30°±2°;$[\alpha]_{D}^{20}$ −25°±2°(c=0.5,于水中)。生化试剂含量≥99.0%(NT)。
注意事项　该品口服有毒。接触皮肤能引起过敏。使用时应穿适当的防护服和戴手套。使用时如有事故发生或有不适之感,应请医生诊治。应密封于−20℃保存。

DL-4-Chlorophenylalanine methyl ester hydrochloride
DL-4-氯苯丙氨酸甲酯 盐酸盐　02335
[14173-40-1]　$C_{10}H_{12}ClNO_2 \cdot HCl$　250.13
成分　C 48.02%,H 5.24%,Cl 28.35%,N 5.60%,O 12.79%。
别名　DL-对氯苯丙氨酸甲酯 盐酸盐;盐酸 DL-对氯苯丙氨酸甲酯;盐酸 DL-4-氯苯丙氨酸甲酯;DL-*p*-Chlorophenylalanine methyl ester hydrochloride
性状　白色结晶。mp 186～189℃;一般试剂含量 ≥99.0%。
注意事项　该品应密封于−20℃保存。

1-(2-Chlorophenyl)-1-(4-chlorophenyl)-2,2-dichloroethane
1-(2-氯苯基)-1-(4-氯苯基)-2,2-二氯乙烷　02336
[53-19-0]　$C_{14}H_{10}Cl_4$　320.03
成分　C 52.54%, H 3.15%, Cl 44.31%。
别名　1,1-二氯-2-(2-氯苯基)-2-(4-氯苯基)乙烷;1,1-二氯-2-(邻氯苯基)-2-(对氯苯基)乙烷; *o*,*p*′-滴滴滴; 1-氯-2-[2,2-二氯-1-(4-氯苯基)乙基]苯; *o*,*p*′-四氯二苯乙烷; 2,2-Bis(2-choloro-phenyl-4-chlorophenyl)-1,1-dichloroethane; CB-313; 1,1-Dichloro-2-(2-chlorophenyl)-2-(4-chlorophenyl)ethane; 1-Chloro-2-[2,2-dichloro-1-(4-chlorophenyl)]ethylbenzene; 2-(2-Chlorophenyl)-2-(4-chlorophenyl)-1,1-dichloroethane; 2,4′-Dichlorodi phenyldichloroethane; *o*,*p*′-Tetrachlorodiphenylethane; Lysodren; Mitotane; *o*,*p*′-DDD; *o*,*p*′-TDE
M. I. 15,6301
性状　来自戊烷或甲醇中的无色结晶。溶于乙醇、异辛烷、四氯化碳、乙醚、己烷,几乎不溶于水。mp 76～78℃。一般试剂含量≥99.0% (HPLC)。
注意事项　该品机体有不可逆损伤的可能性。使用时应穿适当的防护和戴手套。使用前应得到专门的指导,避免曝露。使用时如有事故发生或有不适之感,应请医生诊治。
主要用途　生化研究。抗肿瘤剂。

2-Chloro-1,4-phenylenediamine　2-氯-1,4-苯二胺　02337
[615-66-7]　$C_6H_7ClN_2$　142.59
成分　C 50.54%, H 4.95%, Cl 24.86%, N 19.65%。
别名　邻氯对苯二胺; 2-氯-1,4-二氨基苯; 2-氯对苯二胺; 2-Chloro-1,4-diaminobenzene; 2-Chloro-*p*-phenylenediamine
性状　白色粉末。mp 62～66℃。一般试剂含量≥98.0% (GC)。
注意事项　该品口服有害。对眼睛、呼吸系统及皮肤有刺激性。使用时应穿适当的防护服。万一接触到眼睛,应立即用大量水冲洗后请医生诊治。

4-Chloro-1,2-phenylenediamine　4-氯-1,2-苯二胺　02338
[95-83-0]　$C_6H_7ClN_2$　142.59
成分　C 50.54%, H 4.95%, Cl 24.86%, N 19.65%。
别名　对氯邻苯二胺; 4-氯-1,2-二氨基苯; 4-氯邻苯二胺; 4-Chloro-1,2-diaminobenzene; *p*-Chloro-*o*-phenylenediamine
性状　白色叶片状结晶。溶于乙醇、乙醚,微溶于冷水。mp 70～73℃。一般试剂含量≥97.0% (NT)。
注意事项　该品对眼睛、呼吸系统及皮肤有刺激性。对机体有不可逆损伤的可能性。使用时应穿适当的防护服和戴手套。万一接触到眼睛,应立即用大量水冲洗后请医生诊治。应密封避光保存。
主要用途　有机合成。

2-Chlorophenylhydrazine hydrochloride
2-氯苯肼 盐酸盐　02339
[41052-75-9]　$C_6H_7Cl_2N_2$　179.05
成分　C 40.25%, H 4.50%, Cl 39.60%, N 15.65%。
别名　盐酸邻氯苯肼; 盐酸 2-氯苯肼
性状　白色粉末。mp 200～203℃ (分解)。一般试剂含量≥97.0% (AT)。
注意事项　该品吸入、口服或与皮肤接触有害,并具有积蓄性危害。对水生物极毒。使用时应穿适当的防护服和戴手套。使用时如有事故发生或有不适之感,应请医生诊治。应防止将本品释放于环境中。

3-Chlorophenylhydrazine hydrochloride
3-氯苯肼 盐酸盐　02340
[2312-23-4]　$C_6H_7ClN_2 \cdot HCl$　179.05
成分　C 40.25%, H 4.50%, Cl 39.60%, N 15.65%。
别名　盐酸间氯苯肼; 盐酸 3-氯苯肼
性状　白色粉末。mp 240～245℃ (分解); 一般试剂含量≥97.0% (AT)。
注意事项　该品口服有害。使用时应穿适当的防护服和戴手套。

4-Chlorophenylhydrazine hydrochloride
4-氯苯肼 盐酸盐　02341
[1073-70-7]　$C_6H_7ClN_2 \cdot HCl$　179.05
成分　C 40.25%, H 4.50%, Cl 39.60%, N 15.65%。
别名　盐酸 4-氯苯肼; 盐酸对氯苯肼
性状　白色粉末。mp216℃ (分解)。一般试剂含量≥98.0% (AT)。
注意事项　该品吸入、口服或与皮肤接触有害。使用时应穿适当的防护服和戴手套。

3-Chlorophenyl isocyanate　异氰酸 3-氯苯酯　02342
[2909-38-8]　C_7H_4ClNO　153.57
成分　C 54.75%, H 2.63%, Cl 23.08%, N 9.12%, O 10.42%。
别名　间氯苯基异氰酸酯; 异氰酸间氯苯酯; 3-异氰酰氯苯; 3-异氰酸氯化苯; 3-氯异氰酸苯酯; 3-氯苯基异氰酸酯; 3-Chlorophenyl *iso*-cyanate; 3-*iso*-Cyanatochlorobenzene; 3-Isocyanatochlorobenzene; *m*-Chlorophenyl isocyanate
性状　无色液体。为催泪剂。mp −4℃; bp_{43} 113～114℃/5.73kPa; bp_{10} 78～80℃/1.333kPa; Fp 188°F (86℃); d_4^{20} 1.260; n_D^{20} 1.5570。一般试剂含量约 99.0% (GC)。
注意事项　该品吸入有毒。对眼睛、呼吸系统及皮肤有刺激性。吸入可引起过敏。使用时应穿适当的防护服,戴手套、防护镜或面罩。使用时应避免吸入本品的蒸气、飞沫。万一接触到眼睛,应立即用大量水冲洗后请医生诊治。使用时如有事故发生或有不适之感,应请医生诊治。

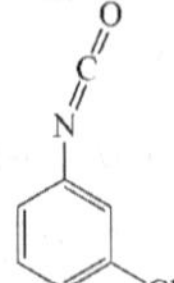

4-Chlorophenyl isocyanate　异氰酸 4-氯苯酯　02343
[104-12-1]　C_7H_4ClNO　153.57

成分 C 54.75%，H 2.63%，Cl 23.08%，N 9.12%，O 10.42%。
别名 对氯苯基异氰酸酯；4′-氯异氰酸苯酯；4-氯苯基异氰酸酯；4-异氰酰氯苯；异氰酸对氯苯酸；4-异氰酸氯化苯；*p*-Chlorophenyl；4-*iso*-Cyanatochlorobenzene；4-Isocyanatochlorobenzene
性状 白色固体。具有催泪性。mp 29～31℃；bp 203～204℃；Fp ＞230℉(110℃)；*d* 1.200；n_D^{20} 1.5610。一般试剂含量≥98.0%(GC)。
注意事项 该品有毒。对眼睛、呼吸系统及皮肤有刺激性。吸入能引起过敏。使用时应穿适当的防护服。应避免吸入本品的粉尘。万一接触到眼睛，应立即用大量水冲洗后请医生诊治。应充氩气密封干燥保存。

4-Chlorophenyl isothcyanate 异硫氰酸 4-氯苯酯 02344
[2131-55-7] $C_7H_4ClN_5$ 169.63
成分 C 49.56%，H 2.38%，Cl 20.90%，N 8.25%，S 18.90%。
性状 无色结晶或白色粉末。具有催泪性。对湿度敏感。mp 43～45℃；bp_{24} 135～136℃/3.2kPa；Fp 235.4℉(113℃)。一般试剂含量≥98.0%(AT)。
注意事项 该品吸入或皮肤接触时有毒，对眼睛、呼吸系统及皮肤有刺激性。吸入能引起过敏。使用时应穿适当的防护服，戴手套和防护镜或面罩。使用时应避免吸入本品的粉尘。万一接触到眼睛，应立即用大量水冲洗后请医生诊治。使用时如有事故发生或有不适之感，应请医生诊治。应充氩气密封干燥保存。

S C N Cl

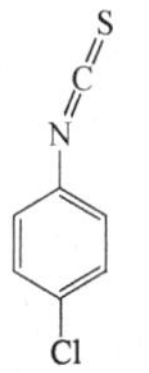

Chlorophosphonazo Ⅲ 偶氮氯膦 Ⅲ 02345
[1914-99-4] $C_{22}H_{16}Cl_2N_4O_{14}P_2S_2$ 757.37
成分 C 34.89%，H 2.12%，Cl 9.36%，N 7.40%，O 29.57%，P 8.18%，S 8.47%。
别名 2,7-双(4-氯-2-膦酸苯偶氮)-1,8-二羟基萘-3,6-二磺酸；氯膦偶氮Ⅲ；[2,7-(1,8-Dihydroxynaphthalene-3,6-disulfonic acid)] bis(azo) bis(4-chloro-2-phenylphosphonic acid)；Bis(4-chloro-2-phosphonobenzolazo)chromotropic acid
性状 紫褐色结晶性粉末。易溶于水，不溶于乙醚、三氯甲烷、四氯化碳。
注意事项 使用时应避免吸入本品的粉尘，避免与眼睛及皮肤接触。应密封保存。
主要用途 分光光度测定铀、锶。在不同条件下能与钡、钙、镁、铜、锌、铅、铁、钴、铝、钇、钍、铈、铵形成有色化合物。

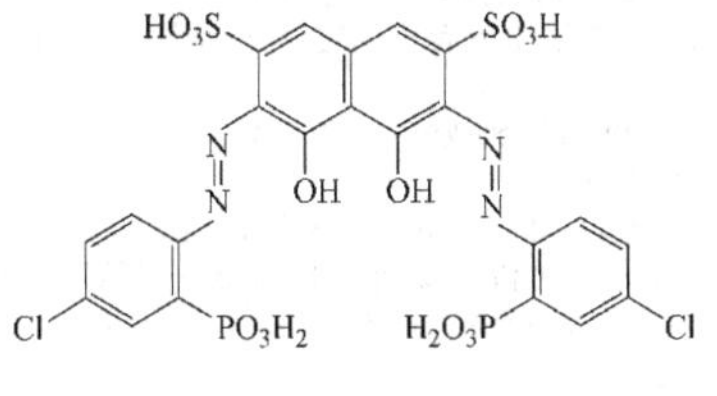

HO_3S SO_3H N N OH OH N N Cl PO_3H_2 H_2O_3P Cl

Chlorophyll a 叶绿素 a 02346
[479-61-8] $C_{55}H_{72}MgN_4O_5$ 893.51
成分 C 73.94%，H 8.12%，Mg 2.72%，N 6.27%，O 8.95%。
别名 Chlorophyl；Chromule；Leaf green
M.I. 15,2158
性状 蓝黑色微细结晶的蜡状物。常呈剑状或叶片状。易溶于乙醚、乙醇、丙酮、氯仿、二硫化碳、苯，略微溶于冷甲醇，几乎不溶于石油醚。其乙醇溶液为蓝绿色并显深红色荧光。对空气敏感。最大吸收值(乙醚中，nm)：660，577，531，498，429，409。mp 117～120℃；$[\alpha]_D^{20}$ －262°(于丙酮中)。一般试剂含量≥96.0%(HPLC)。
注意事项 使用时应避免吸入本品的粉尘，避免与眼睛及皮肤接触。应充氩气密封避光于 2～8℃保存。
主要用途 生化研究。染色剂。

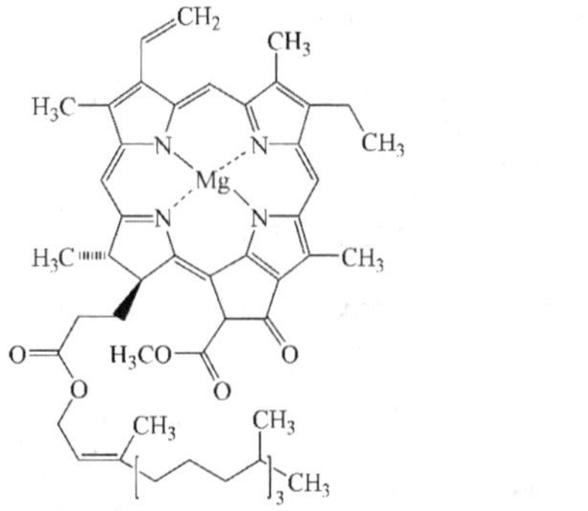

CH_2 CH_3 H_3C N N CH_3 Mg N N H_3C CH_3 O H_3CO O O O CH_3 CH_3 CH_3 3

Chlorophyll b 叶绿素 b 02347
[519-62-0] $C_{55}H_{70}MgN_4O_6$ 907.49
成分 C 72.80%，H 7.77%，Mg 2.68%，N 6.17%，O 10.58%。
M.I. 15,2158
性状 蜡状蓝黑色微细结晶性粉末。易溶于无水乙醇、乙醚，略微溶于石油醚、冷甲醇。其乙醚溶液呈亮绿色，在多数有机溶剂中通常呈绿至黄绿色，并有红色荧光。对光敏感。86～92℃间可烧结，而 120～130℃即分解。$[\alpha]_D^{20}$ －267℃(于丙酮-甲醇中)；最大吸收值(乙醚中，nm)：642，593，565，545，453，427。一般试剂含量≥95.0%(HPLC)。
注意事项 见 02346 叶绿素 a。

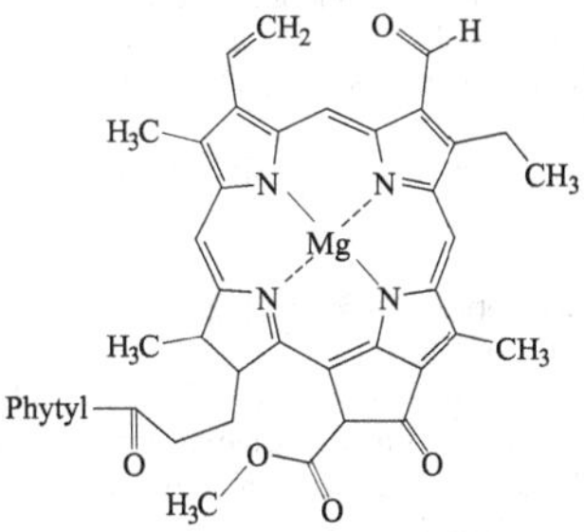

CH_2 O H H_3C CH_3 N N Mg N N H_3C CH_3 Phytyl O O O H_3C

Chloroplatinic acid hexahydrate 氯铂酸 六水 02348
[26023-84-7] $Cl_6H_2Pt \cdot 6H_2O$ 517.89
成分(以无水物计) Cl 51.91%，H 0.49%，Pt 47.60%。
别名 六水合氯铂酸；六氯铬铂酸；铂氯氢酸；氯化铂；Acid platinic chloride；Hydrogen hexachloroplatinate(Ⅳ) hydrate；Platinic chloride；Hexachloroplatinic(Ⅳ) acid
GW 2015-1441 M.I. 15,7641
性状 橙红色、棕黄色或红褐色结晶。易潮解。易溶于水，溶于乙醇。mp 60℃；*d* 2.431。一般试剂含量(以 Pt 计)≥37.0%。
注意事项 该品口服有毒。具有腐蚀性，能引起烧伤。吸入或与皮肤接触到引起过敏。使用时应穿适当的防护服，戴手套和防护镜或面罩。使用时应避免吸入本品的粉尘。万一接触到眼睛，应立即用大量水冲洗后请医生诊治。使用时如有事故发生或有不适之感，应请医生诊治。应充氩气密封避光于干燥处保存。
主要用途 用以沉淀钾、铷、铯、铊，并可使这些离子与钠分离。沉淀生物碱。催化剂。

1-Chloropropane 1-氯丙烷 02349
[540-54-5] C_3H_7Cl 78.54
成分 C 45.88%，H 8.98%，Cl 45.14%。
别名 丙基氯；氯代正丙烷；*n*-Propyl chloride
GW2015-1437 M.I. 15,7960
性状 无色液体。能与乙醇、乙醚相混溶，微溶于水(溶于约 300 份水)。mp －123～－122℃；bp 46～47℃；Fp －0.4℉(－18℃)；d_{20}^{20} 0.890；n_D^{20} 1.3886。一般试剂含量≥99.5%(GC)。
注意事项 该品高度易燃，吸入、口服或与皮肤接触有害。切勿排入下水道。应远离火种，密封于通风良好处保存。
主要用途 气相色谱标准物。有机合成。

2-Chloropropane 2-氯丙烷 02350
[75-29-6] C_3H_7Cl 78.54
成分 C 45.88%，H 8.98%，Cl 45.14%。

别名 异丙基氯;氯化异丙烷;Ispropyl chloride

GW 2015-1438 M.I. 15,5257

性状 无色液体。能与乙醇、乙醚相混溶,微溶于水。mp −117℃;bp 35～36℃;Fp −26℉(−32℃,闭杯);d^{15} 0.868;n_D^{20} 1.4251。一般试剂含量≥99.5%(GC)。

注意事项 该品高度易燃。吸入、口服或与皮肤接触有害。切勿排入下水道。应密封于通风良好处保存。

3-Chloro-1,2-propanediol 3-氯-1,2-丙二醇 02351

[96-24-2] $C_3H_7ClO_2$ 110.54

成分 C 32.60%,H 6.38%,Cl 32.07%,O 28.95%。

别名 α-氯丙二醇;3-氯代丙二醇;3-氯-1,2-二羟基丙烷;α-Chlorohydrin;3-Chloropropylene glycol;3-Chloro-1,2-dihydroxypropane;β,β′-Dihydroxyisopropyl chloride;β,β′-Dihydroxy-*iso*-propyl chloride;Epibloc;Glycerol-α-Monochlorohydrin;α-monochlorohydrin

GW 2015-1383 M.I. 15,2146

性状 无色液体。易吸湿。见光或久置逐渐变黄色。溶于水、乙醇、乙醚。bp_{760} 213℃/101.32kPa(分解);bp_{14} 114～120℃/1.87kPa;bp_{11} 115～117℃/1.47kPa;Fp 275℉(135℃);d_4^{20} 1.3218;n_D^{20} 1.4831。LD_{50} 小鼠,大鼠急性经口:0.16g/kg,0.15g/kg。一般试剂含量≥98.0%(GC)。

注意事项 该品吸入或口服有毒。与皮肤接触有害。对眼睛、呼吸系统和皮肤有刺激性。对眼睛有严重损伤的危险。使用时应穿适当的防护服,戴手套和防护镜或面罩。万一接触到眼睛,应立即用大量水冲洗后请医生诊治。使用时如有事故发生或有不适之感,应请医生诊治。应密封于干燥处保存。

主要用途 乙酸纤维素、树脂、树胶等的溶剂。染料中间体。

1-Chloro-2-propanol 1-氯-2-丙醇 02352

[127-00-4] C_3H_7ClO 94.54

成分 C 38.11%,H 7.46%,Cl 37.50%,O 16.92%。

别名 氯丙醇;氯异丙醇;1-Chloroisopropyl alcohol;1-Chloro-*iso*-propyl alcohol;*sec*-Propylene chlorohydrin

GW 2015-1394 M.I. 15,7964

性状 无色液体。有轻微臭味。溶于水、乙醇。具有催泪性。bp 126～127℃;Fp 125℉(51℃);d^{20} 1.115;n_D^{20} 1.4392。一般试剂为1-氯-2-丙醇和2-氯-1-丙醇的混合物。1-氯-2-丙醇含量>70.0%。总含量≥97.0%(GC)。

注意事项 该品易燃。其蒸气吸入有害。对眼睛、呼吸系统及皮肤有刺激性。使用时应穿适当的防护服,戴防护镜或面罩。万一接触到眼睛,应立即用大量水冲洗后请医生诊治。应密封保存。

主要用途 有机合成。

3-Chloro-1-propanol 3-氯-1-丙醇 02353

[627-30-5] C_3H_7ClO 94.54

成分 C 38.11%,H 7.46%,Cl 37.50%,O 16.92%。

别名 Trimethylenechlorohydrin;1-Chloro-3-hydroxypropane

GW 2015-1386

性状 无色液体。bp 160～162℃;$bp_{0.2}$ 48～50℃/26.664Pa;Fp 164℉(73℃);d^{25} 1.131;n_D^{20} 1.446。一般试剂含量≥95.0%(GC);游离 HCl 约 0.5%。

注意事项 该品口服有害。对眼睛、呼吸系统及皮肤有刺激性。使用时应穿适当的防护服。万一接触到眼睛,应立即用大量水冲洗后请医生诊治。

2-Chloropropionic acid 2-氯丙酸 02354

[598-78-7] $C_3H_5ClO_2$ 108.52

成分 C 33.20%,H 4.64%,Cl 32.67%,O 29.49%。

别名 α-氯代丙酸;α-氯代初油酸;α-氯丙酸;α-Chloropropanoic acid

GW 2015-1431

性状 无色液体。低温下为无色结晶。有特殊气味。能与水、乙醚、苯、丙酮、四氯化碳相混溶。bp 170～190℃;bp_{11} 78～80℃/1.467kPa;Fp 215℉(101℃);d^{25} 1.182;n_D^{20} 1.436。一般试剂含量约90%(GC)。含4%～6%的2,2-二氯丙酸。

注意事项 该品口服有害。具有强腐蚀性,能引起严重烧伤。使用时应穿适当的防护服和戴手套。避免吸入其蒸气和飞沫。万一接触到眼睛,应立即用大量水冲洗后请医生诊治。接触皮肤后,应立即用大量肥皂泡沫冲洗。使用时如有事故发生或有不适之感,应请医生诊治。应密封保存。

主要用途 有机合成。

3-Chloropropionic acid 3-氯丙酸 02355

[107-94-8] $C_3H_5ClO_2$ 108.52

成分 C 33.20%,H 4.64%,Cl 32.67%,O 29.49%。

别名 β-氯代丙酸;β-氯代初油酸;β-氯丙酸;3-Chloropropanoic acid;β-Chloropropanoic acid;β-Chloropropionic acid

GW 2015-1432 M.I. 15,2161

性状 来自石油醚中的无色小叶状结晶。易吸湿。易溶于水、乙醇、氯仿,微溶于乙醚。pK(25℃)4.0。mp 41℃;bp_{765} 200℃/101.99kPa;bp_{35} 127℃/4.67kPa;bp_{25} 124℃/3.33kPa;bp_{12} 108℃/1.6kPa;Fp>230℉(110℃)。一般试剂含量≥98.0%。

注意事项 该品具有强腐蚀性,能引起严重烧伤。使用时应穿适当的防护服,戴手套和防护镜或面罩。万一接触到眼睛,应立即用大量水冲洗后请医生诊治。使用时如有事故发生或有不适之感,应请医生诊治。应充氩气密封于干燥处保存。

主要用途 有机合成。

3-Chloropropionitrile 3-氯丙腈 02356

[542-76-7] C_3H_4ClN 89.52

成分 C 40.25%,H 4.50%,Cl 39.60%,N 15.65%。

别名 氰化β-氯乙烷;β-Chloroethyl cyanide;3-Chloropropanenitrile;β-Chloropropionitrile

GW 2015-1430 M.I. 15,2162

性状 无色液体。有特殊的辛辣味。能与乙醇、乙醚、苯、丙酮、四氯化碳相混溶,微溶于水(25℃,4.5g/100mL)。mp −51℃;bp_{760} 176℃/101.32kPa(分解);bp_{200} 132℃/26.66kPa(分解);bp_{50} 95.2℃/6.67kPa;bp_5 46.0℃/0.67kPa;Fp 168℉(75.5℃);d_4^{25} 1.1363;n_D^{25} 1.4341。LD_{50} 小鼠,大鼠急性经口:9mg/kg,100mg/kg。一般试剂含量≥98.0%。

注意事项 该品吸入有毒。口服极毒。使用时应穿适当的防护服,戴手套和防护镜或面罩。使用时如有事故发生或有不适之感,应请医生诊治。

主要用途 有机合成。

2-Chloropropionyl chloride 2-氯丙酰氯 02357

[7623-09-8] $C_3H_4Cl_2O$ 126.97

成分 C 28.38%,H 3.18%,Cl 55.84%,O 12.60%。

性状 无色液体。bp 109～111℃;Fp 78.8℉(26℃);d^{25} 1.308;n_D^{20} 1.440。一般试剂含量≥95.0%(GC)。

注意事项 该品易燃。具有强腐蚀性,能引起严重烧伤。对呼吸系统有刺激性。使用时应穿适当的防护服,戴手套和防护镜或面罩。万一接触到眼睛,应立即用大量水冲洗后请医生诊治。使用时如有事故发生或有不适之感,应请医生诊治。

3-Chloropropionyl chloride 3-氯丙酰氯 02358

[625-36-5] $C_3H_4Cl_2O$ 126.97

成分 C 28.38%,H 3.18%,Cl 55.84%,O 12.60%。

性状 无色液体。对温度敏感。bp 143～145℃;bp_{11} 38～40℃/1.46kPa;Fp 145.4℉(63℃);d^{25} 1.33;n_D^{20} 1.457。一般试剂含量≥98.0%(GC)。

注意事项 该品与水反应激烈。吸入有毒。口服有害。有强腐蚀性,能引起严重烧伤。使用时应穿适当的防护服,戴手套和防护镜或面罩。应避免吸入本品的蒸气。万一接触到眼睛,应立即用大量水冲洗后请医生诊治。使用时如有事故发生或有不适之感,应请医生诊治。应密封于干燥处保存。

6-Chloropurine 6-氯嘌呤 02359

[87-42-3] $C_5H_3ClN_4$ 154.56

成分 C 38.86%,H 1.96%,Cl 22.94%,N 36.25%。

别名 6-氯代嘌呤

M.I. 15,2163

性状 来自水中的无色或微黄色钝头针状结晶。溶于乙醚、二甲基甲酰胺。25℃时,水中溶解度为0.5%(或24℃,1g/182mL)。175～177℃分解。uv max(pH 值 5.2):

265nm (ε 9120); (pH值13): 274nm (ε 8790)。一般试剂为黄至橙色。含量≥95.0% (HPLC); λ_{max} 264nm。

注意事项 该品口服有害。对眼睛、呼吸系统及皮肤有刺激性。使用时应穿适当的防护服。万一接触到眼睛，应立即用大量水冲洗后请医生诊治。应充氩气密封于2～8℃保存。

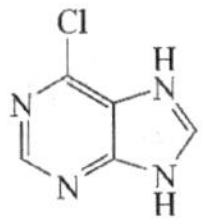

Chloropyramine hydrochlonide 氯吡拉敏 盐酸盐 02360

[6170-42-9] $C_{16}H_{21}Cl_2N_3$ 326.27

成分 C 58.90%，H 6.49%，Cl 21.73%，N 12.88%。

别名 盐酸氯吡拉敏；盐酸氯苯吡二胺；氯苯吡二胺 盐酸盐；Alegan S; Synopen; Synpen; *N*-(4-Chlorophenyl)methyl-*N'*, *N'*-dimethyl-*N*-2-pyridinyl-1, 2-ethanediamine hydrochloride; 2-[(*p*-Chlorobenzyl)[2-(dimethylamino)ethyl]amino]pyridine hydrochloride; *N*-Dimethylaminoethyl-*N*-*p*-chlorobenzyl-α-aminopyridine hydrochloride; *N*,*N*-Dimethyl-*N'*-(*p*-chlorobenzyl)-*N'*-(2-pyridyl)ethylenediamine hydrochloride; Halopyramine hydrochloride; Chloropyribenzamine hydrochloride

M. I. 15, 2164

性状 来自丙酮的无色结晶。mp 172～174℃。

主要用途 医用抗组胺剂。

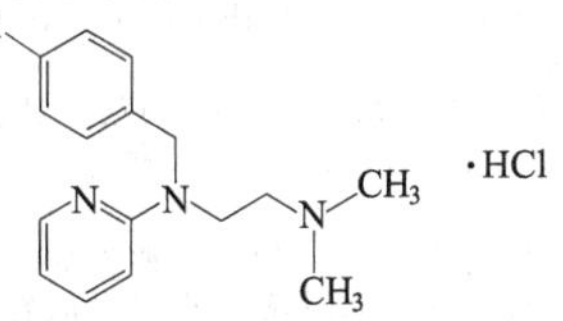

2-Chloropyrazine 2-氯吡嗪 02361

[14508-49-7] $C_4H_3ClN_2$ 114.54

成分 C 41.94%，H 2.64%，Cl 30.95%，N 24.46%。

性状 无色液体。bp 153～154℃; Fp 136℉ (57℃); *d* 1.283; n_D^{20} 1.5320。一般试剂含量≥98.0% (AT)。其余为水。

注意事项 该品对眼睛、呼吸系统及皮肤有刺激性。使用时应穿适当的防护服。万一接触到眼睛，应立即用大量水冲洗后请医生诊治。

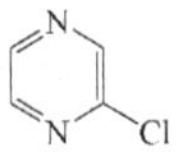

2-Chloropyridine 2-氯吡啶 02362

[109-09-1] C_5H_4ClN 113.55

成分 C 52.89%，H 3.55%，Cl 31.22%，N 12.34%。

GW 2015-1428

性状 无色液体。与水不能混溶。bp $_{714}$166℃/95.19kPa; Fp 149℉ (65℃); d^{25} 1.2; n_D^{20} 1.5320。一般试剂含量≥98.0% (GC)。

注意事项 该品吸入、口服或与皮肤接触有毒。对眼睛、呼吸系统及皮肤有刺激性。使用时应穿适当的防护服，戴手套和防护镜或面罩。万一接触到眼睛，应立即用大量水冲洗后请医生诊治。使用时如有事故发生或有不适之感，应请医生诊治。

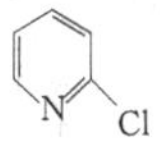

3-Chloropyridine 3-氯吡啶 02363

[626-60-8] C_5H_4ClN 113.55

成分 C 52.89%，H 3.55%，Cl 31.22%，N 12.34%。

性状 无色液体。与水不能混溶。bp 148℃; Fp 150℉ (65℃); *d* 1.194; n_D^{20} 1.5330。一般试剂含量≥98.0% (GC)。

注意事项 该品吸入、口服或与皮肤接触有毒。使用时应穿适当的防护服和戴手套。

4-Chloropyridine hydrochloride 4-氯吡啶 盐酸盐 02364

[7379-35-3] 150.01

成分 C 40.03%，H 3.36%，Cl 47.27%，N 9.34%。

别名 盐酸4-氯吡啶

GW 61908

性状 白色固体。mp 210℃ (升华); Fp 388℉ (198℃)。一般试剂含量≥99.0% (AT)。

注意事项 该品对眼睛、呼吸系统和皮肤有刺激性。口服有害。万一接触到眼睛，应立即用大量水冲洗后请医生诊治。

2-Chloropyrimidine 2-氯嘧啶 02365

[1722-12-9] $C_4H_3ClN_2$ 114.54

成分 C 41.94%，H 2.64%，Cl 30.95%，N 24.46%。

性状 白色粉末。对空气敏感。mp 63～66℃; bp_{10} 75～76℃/1.333kPa; Fp 208.4℉ (98℃)。一般试剂含量≥95.0℃ (HPLC)。

注意事项 该品口服有害。对眼睛有刺激性。万一接触到眼睛，应立即用大量水冲洗后请医生诊治。应充氩气密封保存。

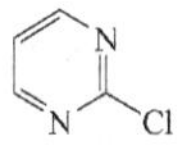

Chloroquine diphosphate 二磷酸氯喹 02366

[50-63-5] $C_{18}H_{32}ClN_2O_8P_2$ 515.86

成分 C 41.91%，H 6.25%，Cl 6.87%，N 5.43%，O 24.81%，P 12.01%。

别名 氯喹二磷酸盐；Arechin; Avloclor; Imagon; Malaquin; Resochin; Tresochin; N^4-(7-Chloro-4-quinolinyl)-N^1, N^1-diethyl-1, 4-pentanediamine diphosphate; 7-Chloro-4-(4-diethylamino-1-methylbutylamino) quinoline diphosphate; SN-7618 diphosphate; RP-3377 diphosphate; Aralen diphosphate; Artrichin diphosphate; Bemaphate diphosphate; Capquin diphosphate; Nivaquine B diphosphate; Reumachler diphosphate; Sanoquin diphosphate

M. I. 15, 2165

性状 无色结晶。味苦。易溶于水，其1%溶液pH值约4.5。几乎不溶于乙醇、苯、氯仿、乙醚。有两种晶型，一种mp 193～195℃，另一种mp 215～218℃。生化试剂含量≥96.0℃ (TLC)。

注意事项 该品口服有害。使用时应避免吸入本品的粉尘，避免与眼睛及皮肤接触。应充氩气密封保存。

主要用途 医用抗疟剂，抗阿米巴剂，抗风湿剂。

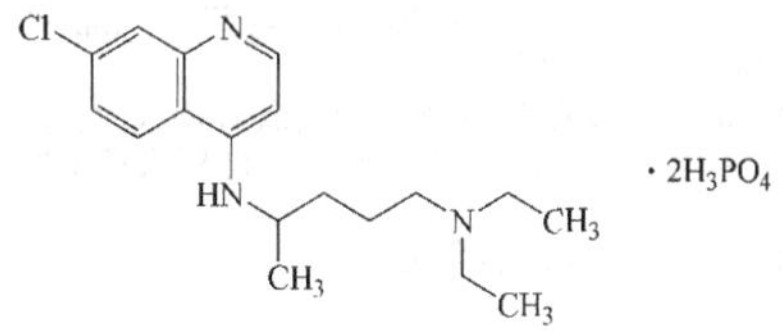

2-Chloroquinoline 2-氯喹啉 02367

[612-62-4] C_9H_6ClN 163.61

成分 C 66.07%，H 3.70%，Cl 21.67%，N 8.56%。

性状 白色粉末。对光敏感。溶于甲醇，溶解度0.1g/mL。mp 34～36℃; bp 266～267℃; $bp_{0.1}$ 96～99℃/13.332Pa; Fp >230℉ (110℃); d^{25} 1.230。一般试剂含量≥98.0% (GC)。

注意事项 该品对眼睛、呼吸系统及皮肤有刺激性。使用时应穿适当的防护服。万一接触到眼睛，应立即用大量水冲洗后请医生诊治。应密封避光保存。

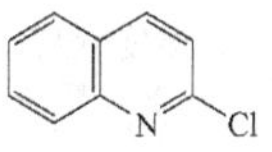

4-Chloroquinoline 4-氯喹啉 02368

[611-35-8] C_9H_6ClN 163.61

成分 C 66.07%，H 3.70%，Cl 21.67%，N 8.56%。

性状 无色液体。低温凝固。mp 28～31℃; bp 260～261℃; Fp>230℉ (110℃); d^{20} 1.25。一般试剂含量≥98.0% (GC)。

注意事项 该品对眼睛、呼吸系统及皮肤有刺激性。使用时应戴适当的手套和防护镜或面罩。万一接触到眼睛，应立即用大量水冲洗后请医生诊治。

5-Chloroquinoline 5-氯喹啉 02369

[635-27-8] C_9H_6ClN 163.61

成分 C 66.07%，H 3.70%，Cl 21.67%，N 8.56%。

性状 白色粉末。mp 28～32℃。一般试剂含量≥98.0%(GC)。

注意事项 该品对眼睛、呼吸系统及皮肤有刺激性。使用时应穿适当的防护服。万一接触到眼睛，应立即用大量水冲洗后请医生诊治。应密封避于2～8℃保存。

6-Chloroquinoline 6-氯喹啉 02370

[612-57-7] C_9H_6ClN 163.61

成分 C 66.07%，H 3.70%，Cl 21.67%，N 8.56%。

性状 无色针状结晶。溶于乙醇、乙醚。mp 41～43℃；bp_{10} 126～127℃/1.333kPa；Fp ＞230℉ (110℃)。一般试剂含量≥98.0%。

注意事项 该品对眼睛、呼吸系统及皮肤有刺激性。使用时应避免吸入本品的粉尘，避免与眼睛及皮肤接触。

主要用途 有机合成。制药工业。

4-Chlororesorcinol 4-氯间苯二酚 02371

[95-88-5] $C_6H_5ClO_2$ 144.56

成分 C 49.85%，H 3.49%，Cl 24.52%，O 22.14%。

别名 1，3-二羟基-4-氯苯；1-氯-2，4-二羟基苯；1-Chloro-2,4-dihydroxybenzene;1,3-Dihydroxy-4-chlorobenzene

性状 无色结晶。溶于水、乙醇、乙醚、苯、二硫化碳。能升华。与氯化铁作用能生成蓝紫色。mp 106～108℃；bp_{18} 147℃/2.4kPa。一般试剂含量≥98.0%。

注意事项 该品吸入、口服或与皮肤接触有毒。具有刺激性。接触皮肤后，应立即用大量指定的液体冲洗。应密封保存。

主要用途 分析试剂，如硝酸银、氯化铁的测定。

5-Chlorosalicylic acid 5-氯水杨酸 02372

[321-14-2] $C_7H_5ClO_3$ 172.57

成分 C 48.72%，H 2.92%，Cl 20.54%，O 27.81%。

别名 5-氯-2-羟基苯甲酸；5-氯代水杨酸；5-Chloro-2-hydroxybenzoic acid

性状 无色针状结晶。易溶于乙醇、乙醚、苯、三氯甲烷、乙酸，溶于热水，不溶于冷水。与氯化铁作用呈红紫色。mp 171～172℃。一般试剂含量≥98.0%。

注意事项 该品口服有害，对眼睛及皮肤有刺激性。使用时应穿适当的防护服。万一接触到眼睛，应立即用大量水冲洗后请医生诊治。

主要用途 有机合成。制药工业。

O OH
OH
Cl

N-Chlorosuccinimide *N*-氯代丁二酰亚胺 02373

[128-09-6] $C_4H_4O_2NCl$ 133.53

成分 C 35.98%，H 3.02%，Cl 26.55%，N 10.49%，O 23.96%。

别名 *N*-氯代琥珀酰亚胺；琥珀酰氯亚胺；1-Chloro-2,5-pyrrolidinedione；NCS；Succinchlorimide

M. I. 15，2167

性状 无色正交结晶。对湿度敏感。1g 该品溶于约 70mL 水、150mL 乙醇、50mL 苯，略微溶于乙醚、氯仿、四氯化碳。mp 150～151℃。MLD 大鼠急性经口：2.7g/kg。一般试剂含量≥96.0% (RT)。

注意事项 该品口服有害。具有腐蚀性，能引起烧伤。使用时应穿适当的防护服，戴手套和防护镜或面罩。万一接触到眼睛，应立即用大量水冲洗后请医生诊治。使用时如有事故发生或有不适之感，应请医生诊治。应密封于干燥处保存。

主要用途 鉴别伯、仲、叔醇的试剂。水的消毒剂。

Cl
O N O

Chlorosulfonic acid 氯磺酸 02374

[7790-94-5] $ClHO_3S$ 116.52

成分 Cl 30.42%，H 0.87%，O 41.19%，S 27.51%。

别名 氯硫酸；Chlorosulfuric acid；Sulfuric chlorohydrin

GW 2015-1497 M. I. 15,2168

性状 无色或微黄色液体。在空气中发烟。有刺激性气味。滴于水中能引起爆溅。mp －80℃；bp_{755} 151～152℃/100.66kPa；bp_{19} 74～75℃/2.53kPa；$bp_{2\sim4}$ 60～64℃/0.53kPa；d_{20}^{20} 1.76～1.77；d_4^0 1.784；d_4^{20} 1.753；n_D^{14} 1.437。一般试剂含量（以总酸度计）99.5%～102.0%；（以 Cl 计）99.0%～102.0%。

注意事项 该品具有强腐蚀性，能引起严重烧伤。与水反应激烈。对呼吸系统有刺激性。万一接触到眼睛，应立即用大量水冲洗后请医生诊治。使用时如有事故发生或有不适之感，应请医生诊治。应密封保存。

主要用途 磺酰化合物、糖精等的制造。

Chlorosulfonyl isocyanate 异氰酸磺酰氯 02375

[1189-71-5] $CClNO_3S$ 141.53

成分 C 8.49%，Cl 25.05%，N 9.90%，O 33.91%，S 22.66%。

别名 氯磺酰异氰酸酯；*N*-Carbonylsulfamyl chloride；Chlorosulfonyl *iso*-cyanate

性状 无色液体。对湿度敏感。遇水分解。具有催泪性。mp －44℃；bp107℃。d^{25} 1.626；n_D^{20} 1.4470。一般试剂含量≥99.0%(AT)。

注意事项 该品与水反应激烈。口服有害。具有腐蚀性，能引起烧伤。吸入能引起过敏。使用时应穿适当的防护服，戴手套和防护镜或面罩。使用时切勿向该品中加水。应避免吸入本品的蒸气、飞沫。万一接触到眼睛，应立即用大量水冲洗后请医生诊治。如有事故发生或有不适之感，应请医生诊治。应充氩气密封干燥保存。

1-Chlorotetradecane 1-氯十四烷 02376

[2425-54-9] $C_{14}H_{29}Cl$ 232.84

成分 C 72.22%，H 12.55%，Cl 15.23%。

别名 氯代十四烷；肉豆蔻基氯；*n*-Tetradecyl chloride；Myristyl chloride

性状 无色液体。能与乙醇、乙醚相混溶，不溶于水。bp_4 139～142℃/533.29Pa；Fp ＞230℉(110℃)；*d* 0.859；n_D^{20} 1.4460。一般试剂含量≥98.5%。

注意事项 该品对眼睛、呼吸系统及皮肤有刺激性。使用时应穿适当的防护服。万一接触到眼睛，应立即用大量水冲洗后请医生诊治。

主要用途 有机合成。

Chlorothalonil 百菌清 02377

[1897-45-6] $C_8Cl_4N_2$ 265.90

成分 C 36.14%，Cl 53.33%，N 10.54%。

别名 2,4,5,6-Tetrachloro-1,3-benzenedicarbonitrile；Tetrachloroisophthalonitrile；*m*-Tetrachlorophthalodinitrile；2,4,5,6-Tetrachloro-1,3-dicyanobenzene；1,3-Dicyano-2,4,5,6-tetrachlorobenzene；Chlorthalonil；DAC-2787；Daconil 2787；Bravo

M. I. 15，2169

性状 无色结晶。25℃时，该品于下列物质中的溶解度（质量分数）：二甲苯 8%；环己烷 3%；丙酮 2%；煤油＜1.0%。几乎不溶于水（有报告室温时只溶 0.6×10^{-6}）。mp 250～251℃；bp_{760} 350℃/101.325kPa；d_4^{25} 1.7。LD_{50} 大鼠急性经口：＞10.0g/kg。一般试剂含量≥98.0% (HPLC)。

注意事项 该品吸入有毒。对呼吸系统有刺激性。对机体有不可逆损伤的可能性。接触皮肤能引起过敏。对水生物极毒。能对水环境引起不利的结果。使用时应穿适当的防护服，戴手套和防护镜或面罩。接触皮肤后，应立即用大量指定的液体冲洗。使用时如有事故发生或有不适之感，应请医生诊治。其包装物应按危险物品处理。应防止将本品释放于环境中。

主要用途 农业和园艺用杀菌剂。杀线虫剂。分析用标准物质。

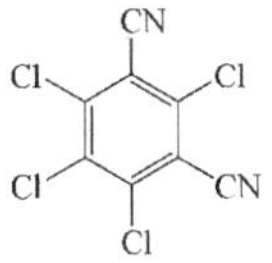

Chlorothiazide 氯噻嗪 02378

[58-94-6] $C_7H_6ClN_3O_4S_2$ 295.71

成分 C 28.43%，H 2.05%，Cl 11.99%，N 14.21%，O 21.64%，S 21.68%。

别名 克尿噻；6-Chloro-2*H*-1,2,4-benzothiadiazine-7-sulfonamide 1,1-dioxide；6-Chloro-7-sulfamoyl-2*H*-1,2,4-benzothiadiazine 1,1-dioxide；6-Chloro-7-sulfamyl-1,2,4-benzothiadiazine 1,1-dioxide；Chlorurit；Chlotride；Clotride；Diuril；Diurilix；Saluretil；Saluric

M. I. 15，2171

性状 来自稀乙醇中的无色针状结晶。易溶于二甲基亚砜、二甲基甲酰胺，溶于稀氢氧化钠溶液，微溶于甲醇、吡啶，极微溶于水，几乎不溶于乙醚、氯仿、苯。pK_{a1} 6.85，pK_{a2} 9.45；mp 342.5～343℃。

注意事项 该品吸入或与皮肤接触能引起过敏。使用时应穿适当的防护服。应密封于2～8℃保存。

主要用途 生化研究。医用利尿剂。

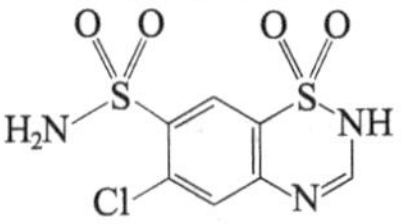

4-Chlorothiophenol 4-氯硫酚 02379

[106-54-7] C_6H_5ClS 144.62

成分 C 49.83%，H 3.48%，Cl 24.51%，S 22.17%。

别名 对氯苯硫酚；对氯苯硫醇；对氯硫酚；*p*-Chlorothiophenol；*p*-Chlorobenzenethiol；4-Chlorobenzenethiol

GW 2015-259

性状 白色结晶。有恶臭。为催泪剂。溶于热乙醇、乙醚、苯。mp 49～51℃；bp 205～207℃；Fp 178℉（81℃）。一般试剂含量≥98.0%。

注意事项 该品口服有害。具有腐蚀性，能引起烧伤。使用时应穿适当的防护服，戴手套和防护镜或面罩。万一接触到眼睛，应立即用大量水冲洗后请医生诊治。使用时如有事故发生或有不适之感，应请医生诊治。应充氮气密封保存。

主要用途 增塑剂。油类的添加剂。润湿剂。

4-Chlorothymol 4-氯百里酚 02380

[89-68-9] $C_{10}H_{13}ClO$ 184.66

成分 C 65.04%，H 7.10%，Cl 19.20%，O 8.66%。

别名 6-氯代百里酚；6-氯对聚伞花质醇；4-氯代麝香草酚；4-氯代百里酚；6-氯-4-异丙基-1-甲基-3-苯酚；4-氯-2-异丙基-5-甲基酚；4-Chloro-2-isopropyl-5-methylphenol；6-Chloro-4-isopropyl-1-methyl-3-phenol；4-Chloro-5-methyl-2-(1-methylethyl)phenol；6-Chloro-4-*iso*-propylmethyl-3-phenol；6-Chlorothymol；1-Methyl-3-hydroxy-4-isopropyl-6-chlorobenzene；1-Methyl-3-hydroxy-4-*iso*-propyl-6-chlorobenzene；Monochlorothymol；6-Chloro-*p*-cymen-3-ol

M. I. 15，2173

性状 无色结晶或白色颗粒或粉末。有特殊芳香气味。在光照中渐变浅黄或淡棕色。1g该品能溶于0.5mL乙醇、1.5mL乙醚、2mL苯、2mL氯仿、约10mL石油醚，亦溶于稀氢氧化钠水溶液，微溶于水（1g溶于约1000mL水）。mp 62～64℃。一般试剂含量≥99.0%。

注意事项 该品具有刺激性。应密封避光保存。

主要用途 杀菌剂。

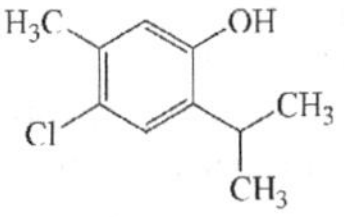

2-Chlorotoluene 2-氯甲苯 02381

[95-49-8] C_7H_7Cl 126.58

成分 C 66.42%，H 5.57%，Cl 28.01%。

别名 2-氯-1-甲基苯；邻氯甲苯；1-Chloro-2-methylbenzene；2-Chloro-1-methylbenzene；*o*-Tolyl chloride；*o*-Chlorotoluene

GW 2015-1498 M. I. 15，2175

性状 无色透明液体。溶于乙醇、乙醚、苯、三氯甲烷，微溶于水。能随水蒸气蒸发。mp −35.59℃；bp 158.97℃；Fp 117℉（47℃）；d_4^{20} 1.0826；n_D^{20} 1.5258。一般试剂含量≥98.0%（GC）。

注意事项 该品具有刺激性。其蒸气吸入有害。对水生物有毒。能对水环境引起不利的结果。使用时应避免与眼睛及皮肤接触。应防止将本品释放于环境中。

主要用途 溶剂。有机合成。染料中间体。分析用标准物质。

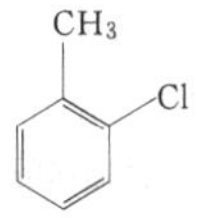

3-Chlorotoluene 3-氯甲苯 02382

[108-41-8] C_7H_7Cl 126.58

成分 C 66.42%，H 5.57%，Cl 28.01%。

别名 3-氯-1-甲基苯；间氯甲苯；1-chloro-3-methylbenzene；3-Chloro-1-methylbenzene；*m*-Tolyl chloride；*m*-Chlorotoluene

GW 2015-1499 M. I. 15，2175

性状 无色液体。能与苯、乙醚等有机溶剂相混溶，不溶于水。mp −47.8℃；bp 161.75℃；Fp 123℉（50℃）；$d_4^{18.7}$ 1.0760；n_D^{20} 1.5218。一般试剂含量≥97.0%（GC）。

注意事项 见02381 2-氯甲苯。

主要用途 溶剂。有机合成。

4-Chlorotoluene 4-氯甲苯 02383

[106-43-4] C_7H_7Cl 126.58

成分 C 66.42%，H 5.57%，Cl 28.01%。

别名 4-氯-1-甲基苯；对氯甲苯；1-Chloro-4-methylbenzene；4-Chloro-1-methylbenzene；*p*-Tolyl chloride；*p*-Chlorotoluene

GW 2015-1500 M. I. 15，2175

性状 无色液体。有特殊气味。溶于乙醇、乙醚、苯、三氯甲烷，微溶于水。mp 7.5℃；bp 162.4℃；Fp 121℉（49℃）；d_4^{20} 1.0697；n_D^{20} 1.5211。一般试剂含量≥99.0%（GC）。

注意事项 见02381 2-氯甲苯。

主要用途 溶剂。有机合成。染料中间体。分析用标准物质。

Chlorotrianisene 三(对甲氧基苯基)氯乙烯 02384

[569-57-3] $C_{23}H_{21}ClO_3$ 380.87

成分 C 72.53%，H 5.56%，Cl 9.31%，O 12.60%。

别名 1,1′,1″-(1-Chloro-1-ethenyl-2-ylidene)tris(4-methoxybenzene)；Chlorotris(*p*-methoxyphenyl)ethylene；Tri-*p*-anisylchloroethylene；Tris(*p*-methoxyphenyl)chloroethylene；Hormonisene；Merbentul；Tace

M. I. 15，2178

性状 来自甲醇中的无色结晶。溶于乙醇（0.28g/100mL）、乙醚（3.6g/100mL），亦溶于冰乙酸、丙酮、氯仿、四氯化碳、苯、植物油，几乎不溶于水。mp 114～116℃；uv max（氯仿中）：310nm（$E_{1cm}^{1\%}$ 423），最小278nm。一般试剂含量≥95.0%。

主要用途 生化研究。医用雌激素。

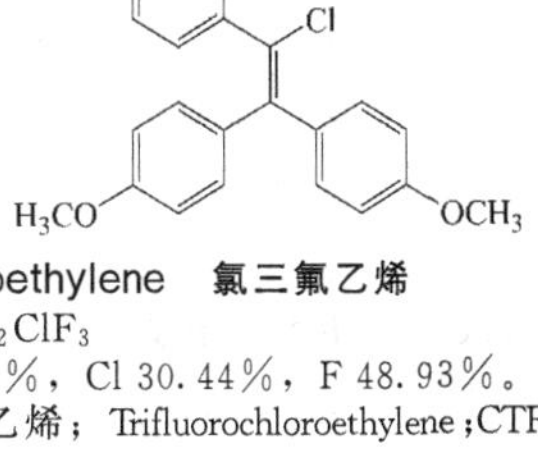

Chlorotrifluoroethylene 氯三氟乙烯 02385

[79-38-9] C_2ClF_3 116.47

成分 C 20.63%，Cl 30.44%，F 48.93%。

别名 三氟氯乙烯；Trifluorochloroethylene；CTFE

GW 2015-1786

性状 无色气体。一般商品为压缩液化气。mp −158℃；bp

−28.4℃。一般试剂含量 ≥98.0%。
注意事项 该品易燃。有毒。使用时应避免吸入本品。

2-Chloro-5-(trifluoromethyl)aniline
2-氯-5-(三氟甲基)苯胺 02386
[121-50-6] $C_7H_5ClF_3N$ 195.57
成分 C 42.99%，H 2.58%，Cl 18.13%，F 29.14%，N 7.16%。
别名 3-Amino-4-Chlorobenzotrifluoride；6-Chloro-*α*，*α*，*α*-trifluoro-*m*-toluidine
性状 无色液体。低温凝固。溶于水（60℃，11g/L）。vp 15Pa；mp 10℃；Fp 167℉（75℃）；d^{20} 1.428；n_D^{20} 1.4990。一般试剂含量≥97.0%。
注意事项 该品吸入、口服或与皮肤接触有害。对眼睛及皮肤有刺激性。使用时应穿适当的防护服和戴手套。

4-Chloro-3-(trifluoromethyl)aniline
4-氯-3-（三氟甲基）苯胺 02387
[320-51-4] $C_7H_5ClF_3N$ 195.57
成分 C 42.99%，H 2.58%，Cl 18.13%，F 29.14%，N 7.16%。
别名 5-Amino-2-Chlorobenzotrifluoride；4-Chloro-*α*，*α*，*α*-trifluoro-*m*-tuluidine
性状 无色结晶。温度较高为液体。mp 36～37℃；Fp 273.2℉（134℃）。一般试剂含量≥90.0%（NT）。
注意事项 该品对眼睛、呼吸系统及皮肤有刺激性。使用时应避免吸入本品的粉尘，避免与眼睛及皮肤接触。

Chlorotris(triphenylphosphine)rhodium
氯三(三苯膦)铑 02388
[14694-95-2] $C_{54}H_{45}ClP_3Rh$ 925.23
成分 C 70.10%，H 4.90%，Cl 3.83%，P 10.04%，Rh 11.12%。
别名 Wilkinson's catalyst
M. I. 15，10245
性状 来自热乙醇中的深暗红色或橙色结晶。溶于氯仿、二氯甲烷（25℃，约20g/L），溶于苯、甲苯（25℃，约2g/L）。较少地溶于乙酸、丙酮、甲醇、低级醇类，不溶于煤油、环已烷。mp 157℃；*d* 1.363（橙色）；*d* 1.379（红色）。高纯试剂含量 99.99%。
主要用途 催化剂。

2-Chloro-*p*-xylene 2-氯对二甲苯
02389
[95-72-7] C_8H_9Cl 140.61
成分 C 68.34%，H 6.45%，Cl 25.21%。
别名 2-氯-1,4-二甲基苯；2-Chloro-1,4-dimethylbenzene
性状 无色液体。mp 2～3℃；bp 186℃；bp_{12} 64～66℃/1.6kPa；Fp 152.60℉（67℃）；d^{25} 1.049；n_D^{20} 1.524。一般试剂含量 ≥99.0%（GC）。
注意事项 该品口服有害。对眼睛及皮肤有刺激性。使用时应避免吸入本品的蒸气。万一接触到眼睛，应立即用大量水冲洗后请医生诊治。

4-Chloro-*o*-xylene 4-氯邻二甲苯
02390
[615-60-1] C_8H_9Cl 140.61
成分 C 68.34%，H 6.45%，Cl 25.21%。
别名 4-氯-1,2-二甲基苯；4-Chloro-1,2-dimethylbenzene
性状 无色液体。bp 221～233℃；Fp 152.6℉（67℃）；d_4^{20} 1.07；n_D^{20} 1.529；一般试剂含量 ≥98.0%（GC）。
注意事项 使用时应避免吸入本品的粉尘，避免与眼睛及皮肤接触。

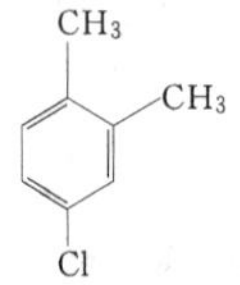

α-Choro-*o*-xylene *α*-氯邻二甲苯
02391
[552-45-4] C_8H_9Cl 140.61
成分 C 68.34%，H 6.45%，Cl 25.21%。
别名 氯化 2-甲基苄；2-Methylbenzyl chloride；*o*-Xylyl chloride
M. I. 15，10289
性状 无色液体。具有催泪性。能与无水乙醇、乙醚相混溶，几乎不溶于水。bp 195～203℃；bp_{25} 95～96℃/3.333kPa；Fp 163.4℉（73℃）；d_4^{20} 1.085；n_D^{20} 1.5391。一般试剂含量 ≥99.0%。
注意事项 使用时应避免吸入本品的粉尘，避免与眼睛及皮肤接触。

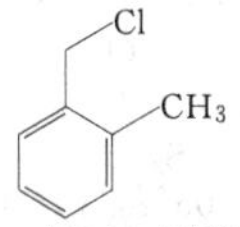

α-Chloro-*p*-xylene *α*-氯对二甲苯
02392
[104-82-5] C_8H_9Cl 140.61
成分 C 68.34%，H 6.45%，Cl 25.21%。
别名 氯化 4-甲基苄；4-Methylbenzyl chloride；*p*-xylyl chloride
M. I. 15，10289
性状 无色发烟液体。具有催泪性。能与无水乙醇、乙醚相混溶，几乎不溶于水。有特殊气味。bp 200～202℃；bp_1 48～50℃/133.32Pa；Fp 167℉（75℃）；d_4^{20} 1.065；n_D^{17} 1.5360。一般试剂含量≥97.0%（GC）。
注意事项 该品具有腐蚀性，能引起烧伤。使用时应穿适当的防护服，戴手套和防护镜或面罩。万一接触到眼睛，应立即用大量水冲洗后请医生诊治。使用时如有事故发生或有不适之感，应请医生诊治。使用完应立即脱掉受污染的衣物。

(±)-Chlorpheniramine maleate
扑尔敏 马来酸盐 02393
[113-92-8] $C_{16}H_{19}ClN_2 \cdot C_4H_4O_4$ 390.86
成分 C 61.46%，H 5.93%，Cl 9.07%，N 7.17%，O 16.37%。
别名 马来酸扑尔敏；马来酸氯苯吡胺；马来酸氯曲米；马来酸氯屈米；氯苯吡胺 马来酸盐；氯屈米 马来酸盐；氯曲米马来酸盐；氯曲米通 马来酸盐；扑尔敏 顺丁烯二酸盐；顺丁烯二酸扑尔敏；Allergisan；Antagonate；Chlor-Trimeton；Chlor-Tripolon；Cloropiril；C-Meton；Histadur；Histaspan；Lorphen；Piriton；Pyridamal-100；Teldrin；*γ*-(4-Chlorophenyl)-*N*，*N*-dimethyl-2-pyridinepropanamine maleate；2-[*p*-Chloro-*α*-(2-dimethylaminoethyl)benzyl]pyridine maleate；1-(*p*-Chlorophenyl)-1-(2-pyridyl)-3-dimethylaminopropane maleate；1-(*p*-Chlorophenyl)-1-(2-pyridyl)-3-*N*，*N*-dimethylpropylamine maleate；3-(*p*-Chlorophenyl)-3-(2-pyridyl)-*N*，*N*-dimethylpropylamine maleate；*γ*-(4-Chlorophenyl)-*γ*-(2-pyridyl)propyldimethylamine maleate；Chlorprophenpyridamine maleate；Chlorphenamine maleate；Haynon maleate
M. I. 15，2186
性状 无色结晶。该品于下列物质中的溶解度（25℃，mg/mL）：乙醇 330；氯仿 240；水 160；甲醇 130。微溶于苯、乙醚。其 2%水溶液 pH 值约 5。mp 130～135℃；uv max（水中）：261nm（ε 5760）。LD_{50} 小鼠急性经口：162mg/kg。一般试剂含量≥99.0%（过氯酸滴定）。
注意事项 该品口服有毒。使用时应穿适当的防护服，戴手套和防护镜或面罩。使用时如有事故发生或有不适之感，应请医生诊治。
主要用途 生化研究。医用抗组胺剂。

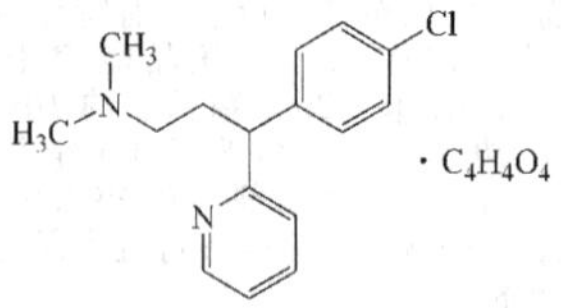

Chlorproguanil hydrochloride 氯丙胍 盐酸盐
02394
[15537-76-5] $C_{11}H_{16}Cl_3N_5$ 324.63
成分 C 40.70%，H 4.97%，Cl 32.76%，N 21.57%。
别名 盐酸氯丙胍；Lapudrine；*N*-(3,4-Dichlorophenyl)-*N′*-(1-methylethyl)imidodicarbonimidic diamide hydrochloride；1-(3,4-Dichlorophenyl)-5-isopropylbiguanide hydrochloride；N^1-3,4-Dichlorophenyl-N^5-isopropylbiguanide； hydrochloride； N^5-isopropgldigunide；*N′*-3，4-Dichlorophenyl-N^5-isopropyldiguonide hydrochloride；M-5943 HCl

M. I. 15，2190

性状 无色结晶。溶于水（1g/100mL），煮沸后可能分解。

主要用途 医用抗疟剂。

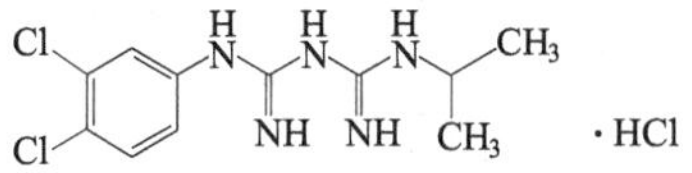

Chlorpromazine hydrochloride 氯丙嗪盐酸盐 02395

[69-09-0] $C_{17}H_{19}ClN_2S \cdot HCl$ 355.32

成分（不含 HCl） C 64.03%，H 6.01%，Cl 11.12%，N 8.79%，S 10.06%。

别名 冬眠灵；盐酸氯丙嗪；2-Chloro-10-(3-dimethylaminopropyl) phenothiazine hydrochloride；Hebanil；Hibanil；Hibernal Klorpromex；Largactil；Largaktyl；Megaphen；Promacid；Chloractil；Chlorazin；Sonazine；Marazine；Propaphenin；Taroctyl；Thorazine；Torazina；3-Chloro-10-(3-dimethylaminopropyl)phenothiazine；Hydrochloride；*N*-(3-Dimethylaminopropyl)-3-chlorophenothiazine hydrochloride；2601-A-HCl；HL-5746 HCl；RP-4560 HCl；SKF-2601-A HCl；Chlorderazin hydrochloride；Chlorpromados hydrochloride；Contomin hydrochloride；Esmind hydrochloride；Fenactil hydrochloride；Novomazina hydrochloride；Promactil hydrochloride；Prozilhydrochloride；Plegomazin hydrochloride；Sanopron hydrochloride；Aminazine hydrochloride；Amp liactil hydrochloride；Amp lictil hydrochloride；Promazil hydrochloride；Proma hydrochloride；Elmarin；Wintermin hydrochloride

M. I. 15，2191

性状 无色或白色结晶。易吸湿。1g 该品溶于 2.5mL 水，溶于甲醇、乙醇、氯仿，几乎不溶于乙醚、苯。对石蕊及其 5%水溶液均呈微酸性，pH 值 4.0～5.5。mp 179～180℃分解（毛发状）；194～196℃（小块状）。LD_{50} 大鼠急性经口：225mg/kg。生化试剂含量≥95.0%（AT）。

注意事项 该品吸入、口服有毒。使用时应穿适当的防护服和戴手套。使用时如有事故发生或有不适之感，应请医生诊治。应充氩气密封干燥保存。

主要用途 分析用标准物质。生化研究。医用镇定剂、止吐剂。

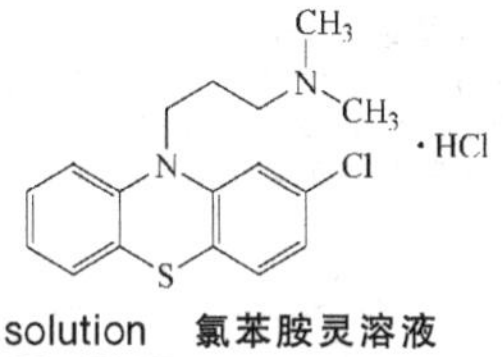

Chlorpropham solution 氯苯胺灵溶液 02396

[101-21-3] $C_{10}H_{12}ClNO_2$ 213.66

成分 C 56.22%，H 5.66%，Cl 16.59%，N 6.56%，O 14.98%。

别名 (3-Chlorophenyl) carbamic acid 1-methylethyl ester；*m*-Chlorocar-banilic acid isopropyl ester；Isopropyl-*m*-chlorocarbanilate；Isopropyl *N*-(3-chlorophenyl) carbamate；Chloro-IPC；Chloropropham；CIPC；Chlor-IFC；Furloe；Sprout-Nip

M. I. 15，2193

性状 纯品为无色固体。能与多数油类及有机溶剂相混溶，微溶于水。mp 40.7～41.1℃；bp_2 149℃/266.644Pa；溶液 Fp 35.6℉（2℃）；n_D^{20} 1.5388。LD_{50} 大鼠急性经口：1.2g/kg。一般试剂为 100ng/μL 乙腈溶液。

注意事项 该品高度易燃。吸入、口服或与皮肤接触有害。对眼睛有刺激性。使用现场禁止吸烟。使用时应穿适当的防护服。应远离火种密封于 2～8℃保存。

主要用途 除草剂。植物生长调节剂。分析用标准物质。

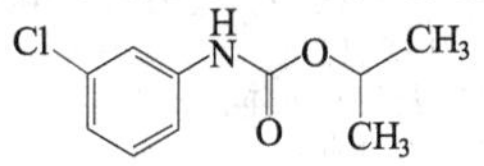

Chlorproth ixene hydrochloride 氯普噻吨 盐酸盐 02397

[6469-93-8] $C_{18}H_{19}Cl_2NS$ 352.33

成分 C 61.36%，H 5.44%，Cl 20.12%，N 3.98%，S 9.10%。

别名 盐酸氯普噻吨；(*Z*)-3-(2-Chloro-9*H*-thioxanthen-9-ylidene)-*N*，*N*-dimethyl-1-propanamine hydrochloride；(*Z*)-2-Chloro-*N*，*N*-dimethylthioxanthene-$\Delta^{9,\gamma}$-propylamine hydrochloride；*cis*-2-Chloro-*N*，*N*-dimethyl-3-thioxanthen-9-ylidenepropylamine hydrochloride；α-2-Chloro-10-(3-dimethylaminopropylidene)thiaxanthene hydrochloride；N-714 hydrochloride；Taractan hydrochloride；Tarasan hydrochloride；Truxal hydrochloride；Truxaleetten hydrochloride

M. I. 15，2194

性状 无色结晶。易溶于水（pH 值 6～6.5）。mp 221℃。

注意事项 该品吸入、口服或与皮肤接触有害。使用时应穿适当的防护服。应密封于 2～8℃保存。

主要用途 医用精神抑制剂。

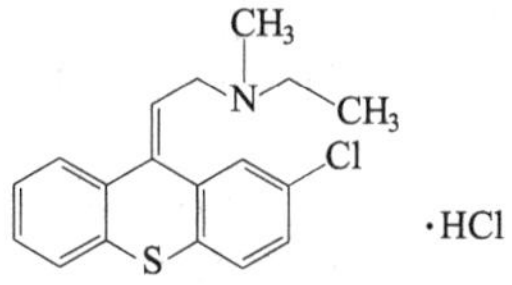

Chlorsulfuron 氯磺隆 02398

[64902-72-3] $C_{12}H_{12}ClN_5O_4S$ 357.77

成分 C 40.29%，H 3.38%，Cl 9.91%，N 19.57%，O 17.89%，S 8.96%。

别名 2-Chloro-*N*-[[(4-methoxy-6-methyl-1，3，5-triazin-2-yl) amino]carbonyl]benzenesulfonamide；DPX-4189；Glean；Telar

M. I. 15，2197

性状 来自乙醚中的无色结晶。中等程度溶于二氯甲烷，较少地溶于丙酮、乙腈，微溶于烃类溶剂，极微溶于水（125mg/kg）。mp 174～178℃。LD_{50} 雄，雌大鼠急性经口：5545mg/kg，6293mg/kg。

注意事项 该品对水生物极毒。能对水环境引起不利的结果。应防止将本品释放于环境中。其包装物应按危险品处理。

主要用途 除草剂。分析用标准物质。

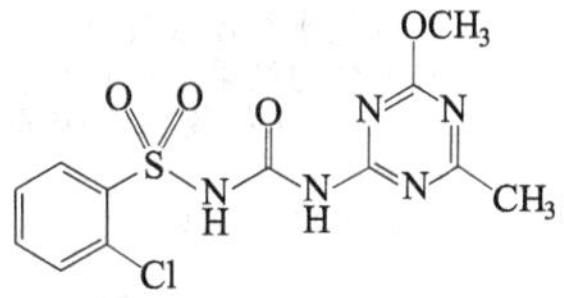

Chlortetracycline hydrochoride 金霉素 盐酸盐 02399

[64-72-2] $C_{22}H_{24}Cl_2N_2O_8$ 515.34

成分 C 51.27%，H 4.69%，Cl 13.76%，N 5.44%，O 24.84%。

别名 盐酸氯四环；盐酸金霉素；氯四环 盐酸盐；Aureociclina；Aureomycin hydrochloride；Aureomycin；Centraureo hydrochloride；Lsphamycin；7-Chlorotetracycline hydrochloriele；Acronize hydrochloride；Aureocina-HCl；Aureomycin-HCl；Bronilrim-HCl；Biomycin-HCl；Chrysomykine-HCl；Duomycin hydrochloride；Isphamycin；Orospray hydrochloride

M. I. 15，2198

性状 黄色长斜方形结晶。味苦。在空气中稳定。该品在下列物质中的溶解度（28℃，mg/mL）：水 8.6；甲醇 17.4；乙醇 1.7。约 210℃分解；$[\alpha]_D^{23}$ −240°。LD_{50} 大鼠急性经口：10.3g/kg。一般试剂含量≥80.0%。

注意事项 该品对眼睛、呼吸系统及皮肤有刺激性。万一接触到眼睛，应立即用大量水冲洗后请医生诊治。应密封于 2°8℃保存。

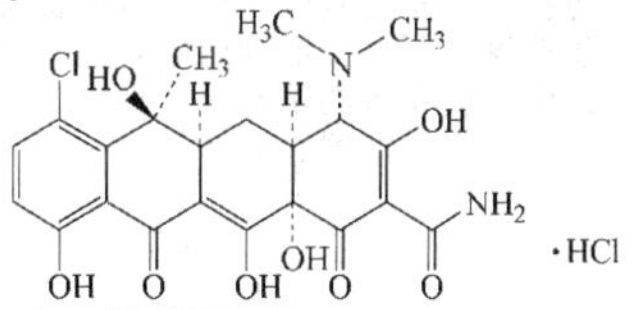

Chlorthalidone 氯噻酮 02400

[77-36-1] $C_{14}H_{11}ClN_2O_4S$ 338.76

成分 C 49.64%，H 3.27%，Cl 10.46%，N 8.27%，O 18.89%，S 9.46%。

别名 2-Chloro-5-(2，3-dihydro-1-hydroxy-3-oxo-1*H*-isoindol-1-yl) benzenesulfonamide；2-Chloro-5-(1-hydroxy-3-oxo-1-isoindolinyl) benzenesulfonamide；3-Hydroxy-3-(4-chloro-3-sulfamylphenyl) phthalimidine；2-Chloro-5-(3-hydroxy-1-oxoisoindolin-3-yl) benzenesulfonamide；1-Oxo-3-(3-sulfamyl-4-chlorophenyl)-3-hydroxyisoindoline；3-(4′-Chloro-3′-sulfamoylphenyl)-3-hydroxyphthalimidine；1-Keto-3-(3′-sulfamyl-4′-chlorophenyl)-3-hydroxyisoindoline；Chlorphthalidolone；Phthalamudine；Phthalamodine；G-33182；Higroton; Hydro-long; Hygroton; Thalitone

M. I. 15, 2200

性状 来自 50%乙酸中的无色结晶。溶于水（20℃，12mg/100mL；37℃，27mg/100mL）、0.1mol/L 碳酸钠溶液（20℃，577mg/100mL；37℃，990mg/100mL），更多地溶于氢氧化钠溶液，溶于热甲醇、热乙醇，几乎不溶于乙醚、氯仿。224～226℃分解；uv max（甲醇中）：＜220nm。

注意事项 使用时应避免吸入本品的粉尘，避免与眼睛及皮肤接触。应密封于 2～8℃保存。

主要用途 生化研究。医用利尿剂，抗高血压剂。

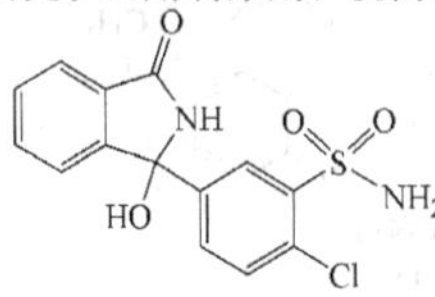

Chlorthion 氯硫磷 02401

[500-28-7] $C_8H_9ClNO_5PS$ 297.66

成分 C 32.28%，H 3.05%，Cl 11.91%，N 4.71%，O 26.88%，P 10.40%，S 10.77%。

别名 氯塞昂；Phosphorothioic acid *O*-(3-chloro-4-nitrophenyl) *O*, *O*-dimethyl ester; *O*, *O*-Dimethyl *O*-(3-chloro-4-nitrophenyl) thionophosphate; *p*-Nitro-*m*-chlorophenyldimethyl thionophosphate; Comp d 22/190; Chlorothion

性状 黄色结晶。一般商品为黄色油状液体。能与苯、乙醇、乙醚相混溶，不溶于水。能被碱水解。mp 21℃；d_4^{20} 1.437；n_D^{20} 1.5611。LD_{50} 雄，雌大鼠急性经口：880mg/kg，980mg/kg。

注意事项 该品吸入、口服或与皮肤接触有害。对水生物极毒。能对水环境引起不利的结果。应远离食品、饮料及动物饲料，于 2～8℃保存。其包装物应按危险品处理。应防止将本品释放于环境中。

主要用途 杀虫剂。分析用标准物质。

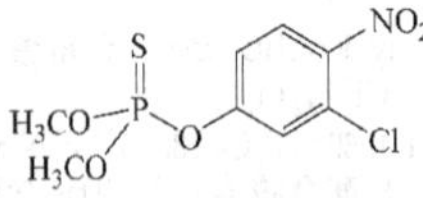

3-(3-Cholamidopropyl) dimethylammonium 1-propanesulfonate 1-丙烷磺酸 3-(3-胆酰氨丙基) 二甲基铵 02402

[75621-03-3] $C_{32}H_{58}N_2O_7S$ 614.88

成分 C 62.51%，H 9.51%，N 4.56%，O 18.21%，S 5.21%。

别名 CHAPS; *N*, *N*-Dimethyl-*N*-(3-sulfopropyl)-3-[(3α, 5β, 7α, 12α)-3, 7, 12-trihydroxy-24-oxocholan-24-yl] amino-1-propanaminium inner salt

M. I. 15, 2043

性状 来自无水甲醇中的无色结晶。易吸湿。mp 157℃（分解）。生化试剂含量≥98.0%（TLC）。

注意事项 该品对眼睛、呼吸系统及皮肤有刺激性。使用时应穿适当的防护服。使用时应避免吸入本品的粉尘，避免与眼睛及皮肤接触。万一接触到眼睛，应立即用大量水冲洗后请医生诊治。应充氩气密封干燥保存。

主要用途 非变性生物洗涤剂。

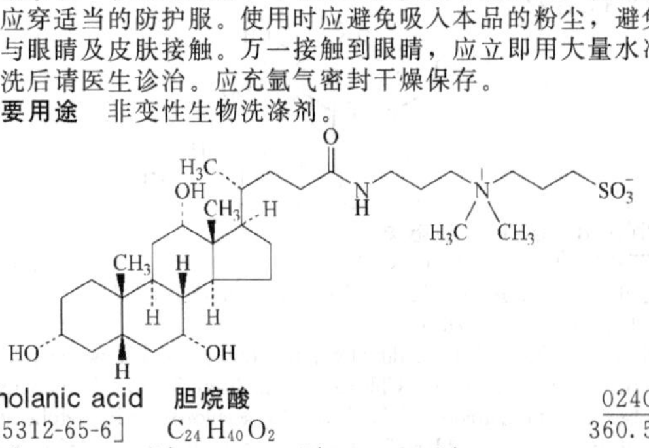

Cholanic acid 胆烷酸 02403

[25312-65-6] $C_{24}H_{40}O_2$ 360.58

成分 C 79.94%，H 11.18%，O 8.87%。

别名 5β-胆烷-24-酸；5β-胆烷酸；5β-Cholanic acid; Cholan-24-oic acid; 5β-Cholan-24-oic acid; Ursocholanic acid; 17β-(1-Methyl-3-carboxypropyl) etiocholane

M. I. 15, 2203

性状 来自乙醇中的无色针状结晶。溶于氯仿、乙醇、乙酸。mp 163～164℃；$[\alpha]_D^{20}$ +21.7°（于氯仿中）。

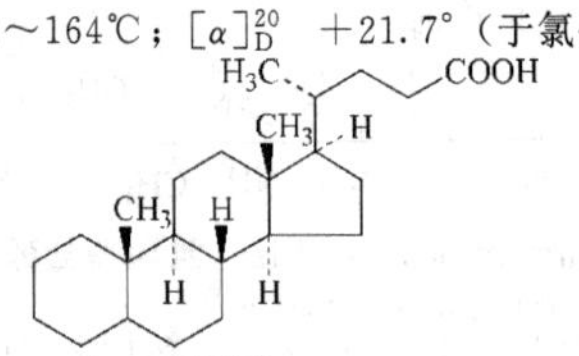

5α-Cholestane 5α-胆甾烷 02404

[481-21-0] $C_{27}H_{48}$ 372.68

成分 C 87.02%，H 12.98%。

M. I. 15, 2206

性状 来自乙醚+乙醇中的无色或白色鳞片状结晶。易溶于氯仿、乙醚、苯，微溶于无水乙醇。mp 80℃；n_D^{88} 1.4887；$[\alpha]_D^{20}$ +24.4°或+30.2°（*c*=2，于氯仿中）。一般试剂含量≥96.0%（GC）。

注意事项 该品口服有害。对皮肤有刺激性。对机体有不可逆损伤的可能性。吸入或长期曝露对健康有严重损伤的危险。使用时应穿适当的防护服和戴手套。

主要用途 生化研究。

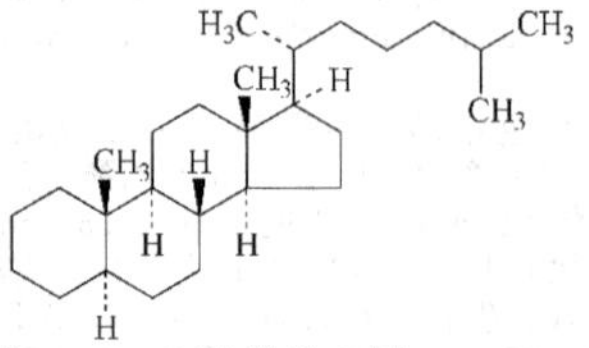

4-Cholesten-3-one 4-胆甾烯-3-酮 02405

[601-57-0] $C_{27}H_{44}O$ 384.65

成分 C 84.31%，H 11.53%，O 4.16%。

别名 正-4-胆甾烯-3-酮；(+)-4-Cholesten-3-one; 3-Oxo-4-cholestene

性状 无色或白色结晶。mp 79～82℃；$[\alpha]_D^{20}$ +93°±2°（*c*=1，于氯仿中）。生化试剂含量≥99.0%（UV）。

注意事项 使用时应避免吸入本品的粉尘，避免与眼睛及皮肤接触。应密封避光于阴凉处保存。

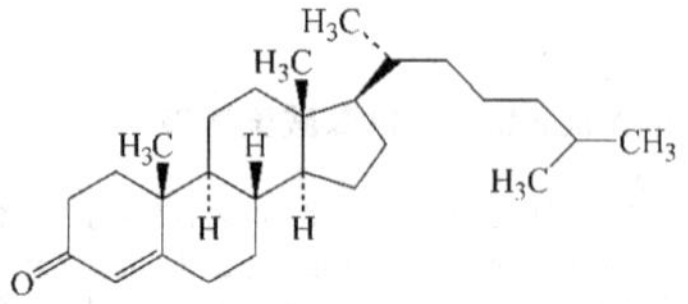

Cholesterol 胆甾醇 02406

[57-88-5] $C_{27}H_{46}O$ 386.66

成分 C 83.87%，H 11.99%，O 4.14%。

别名 胆固醇；异辛甾烯醇；胆固烯醇；胆甾醇；胆脂素；Cholesterin; Cholest-5-en-3β-ol; (3β)-Cholest-5-en-3-ol; 5-Cholesten-3β-ol

M. I. 15, 2208

性状 来自稀乙醇中的白色或浅黄色针状结晶。1g 该品溶于 2.8mL 乙醚、1.5mL 吡啶、4.5mL 三氯甲烷，溶于丙酮、二氧六环、乙酸乙酯和植物油等，微溶于乙醇，几乎不溶于水（100mL 水溶约 0.2mg）。mp 148.5℃；bp_{760} 360℃/101.325kPa；$bp_{0.5}$ 233℃/70Pa；d_{19}^{19} 1.052；$[\alpha]_D^{20}$ −39.5°（*c*=2，于氯仿中）；$[\alpha]_D^{20}$ −31.5°（*c*=2，于乙醚中）。生化试剂含量≥99.0%（GC）。

注意事项 使用时应避免吸入本品的粉尘，避免与眼睛及皮肤接触。应密封于 2～8℃保存。

主要用途 生化研究，如脑磷脂胆固醇絮状试验。乳化剂。合成维生素 D、激素、液晶和人造牛黄的原料。

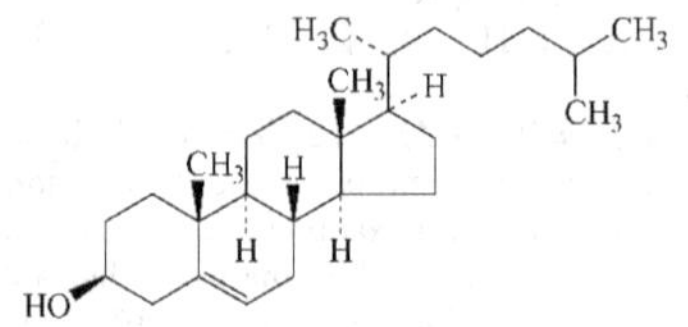

Cholesterol oxidase　胆甾醇氧化酶　02407

[9028-76-6]

别名　胆固醇氧化酶;胆脂醇氧化酶

EC 1.1.3.6

性状　浅黄色结晶性粉末。

注意事项　使用时应避免吸入本品的粉尘,避免与眼睛及皮肤接触。应充氩气密封于−20℃干燥保存。

主要用途　生化研究。

Cholesteryl oleate　油酸胆甾醇酯　02408

[303-43-5]　$C_{45}H_{78}O_2$　651.10

成分　C 83.01%,H 12.07%,O 4.91%。

别名　油酸胆固醇酯;胆固醇油酸酯;胆甾醇油酸酯;CO

性状　白色结晶或粉末。溶于三氯甲烷。mp 48～50℃;Fp 235℉(113℃);$[\alpha]_D^{20}$ −24°(c=1,于氯仿中)。生化试剂含量≥99.0%(TLC)。

注意事项　该品应密封于阴凉处保存。

主要用途　生化研究。

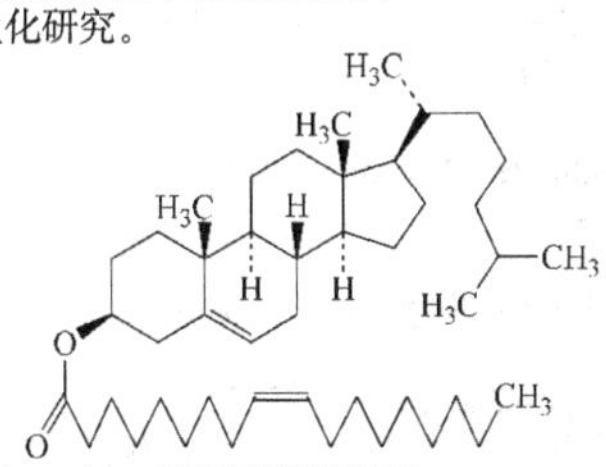

Cholesteryl stearate　硬脂酸胆甾醇酯　02409

[35602-69-8]　$C_{45}H_{80}O_2$　653.14

成分　C 82.75%,H 12.35%,O 4.90%。

别名　胆甾醇十八酸酯;胆固醇硬脂酸酯;胆固醇十八酸酯;硬脂酸胆固醇酯;5-Cholesten-3*β*-yl octadecanoate

性状　白色结晶或粉末。溶于三氯甲烷。生化试剂含量≥98.0%(HPLC)。

注意事项　使用时应避免吸入本品的粉尘,避免与眼睛及皮肤接触。应密封于−20℃保存。

主要用途　生化研究。

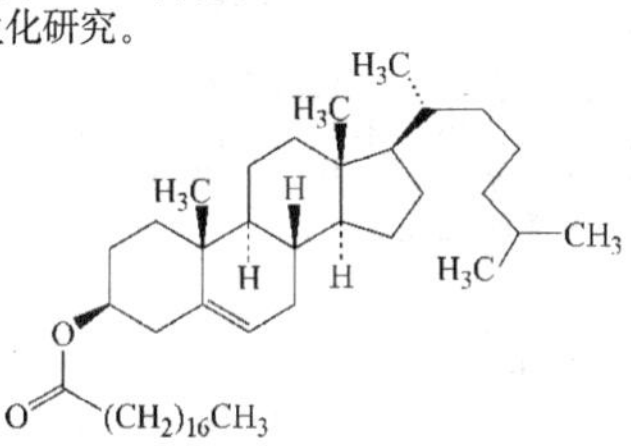

Cholestyramine　消胆胺　02410

[11041-12-6]

别名　消胆胺树脂; Cholybar; Colestyraminv resin; Colybar; Cuemid; Dowex 1-X-2-Cl; MK-135; Quantalan; Questran

M. I. 15, 2209

性状　白色至米色细小粉末。易吸潮。无味或微有氨味。不溶于水、乙醇、苯、氯仿、乙醚。

注意事项　使用时应避免吸入本品的粉尘，避免与眼睛及皮肤接触。应充氩气密封干燥保存。

主要用途　离子交换树脂（用于胆汁郁滞性瘙痒症及高胆甾醇血）。抗高脂血剂。

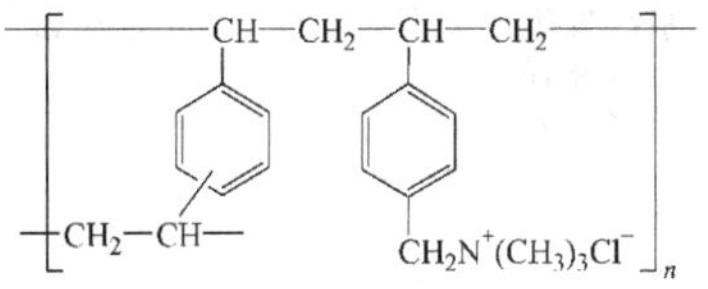

Cholic acid　胆酸　02411

[81-25-4]　$C_{24}H_{40}O_5$　408.58

成分　C 70.55%，H 9.87%，O 19.58%。

别名　胆汁酸；无水胆酸；3，17，12-三羟甾代异戊酸；Colalin; 3*α*,7*α*,12*α*-Trihydroxy-5*β*-cholanic acid; (3*α*,5*β*,7*α*,12*α*)-3,7,12-Trihydroxycholan-24-oic acid; 17*β*-(1-Methyl-3-carboxypropyl)etiocholane-3*α*,7*α*,12*α*-triol; Cholanic acid

M. I. 15, 2210

性状　一水合物为来自稀乙酸中的无色或白色片状结晶。味先苦后甜。15℃时该品溶解度(g/L)：水 0.28；乙醇 30.56；乙醚 1.22；氯仿 5.08；苯 0.36；丙酮 28.24；冰乙酸 152.12。溶于碱溶液或碳酸钠溶液。p*K* 6.4。mp 198℃；$[\alpha]_D^{20}$ +37°（c=0.6，于乙醇中）。生化试剂含量≥99.0%（T）。

注意事项　使用时应避免吸入本品的粉尘，避免与眼睛及皮肤接触。

主要用途　生化研究。医用利胆剂。染料中间体。

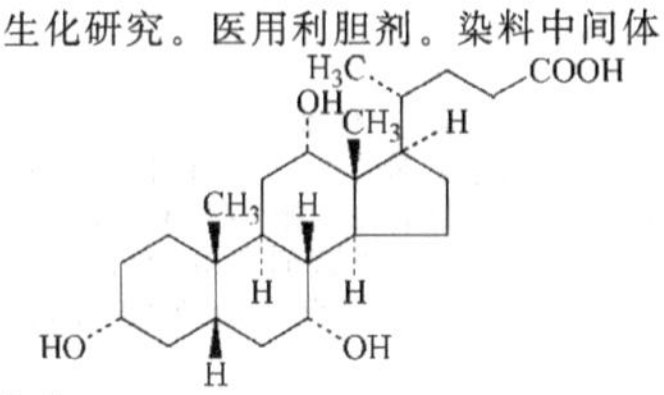

Choline　胆碱　02412

[62-49-7]　$C_5H_{15}NO_2$　121.18

成分　C 49.56%，H 12.47%，N 11.56%，O 26.41%。

别名　胆汁碱；碱式胆碱；氢氧化羟乙基三甲铵；（2-羟乙基）三甲基氢氧化铵；Bilineurine; Bursine; Choline free base; 2-Hydroxy-*N*, *N*, *N*-trimethylethanaminium hydroxide; Sincaline; Vidine; (*β*-Hydroxyethyl) trimethylammonium; (2-Hydroxyethyl) trimethylammonium hydroxide

M. I. 15, 2211

性状　无色黏稠状的强碱性液体（一般为水溶液）。味辛辣而苦。吸湿性极强。在酸性溶液中热稳定性好，在碱性溶液中则不佳。受热分解。在空气中能吸收二氧化碳。易溶于水、乙醇，不溶于乙醚、苯、二硫化碳、四氯化碳。一般试剂为 50%的水溶液。d_4^{20} 1.09。

注意事项　该品具有腐蚀性，能引起烧伤。使用时应穿适当的防护服，戴手套和防护镜或面罩。使用时应避免吸入其蒸气、飞沫。万一接触到眼睛，应立即用大量水冲洗后请医生诊治。使用时如有事故发生或有不适之感，应请医生诊治。应充氮气密封避光于 2～8℃保存。

主要用途　生化研究。制药工业。

Choline alfoscerate　甘磷酸胆碱　02413

[28319-77-9]　$C_8H_{20}NO_6P$　257.22

成分　C 37.36%，H 7.84%，N 5.45%，O 37.32%，P 12.04%。

别名　甘油磷脂酰胆碱；2-[[(2*R*)-2,3-Dihydroxypropoxy] hydroxyphosphinyl] oxy-*N*, *N*, *N*-trimethylethanaminium hydroxide inner salt; D-Choline hydroxide 2,3-dihydroxypropyl hydrogen phosphate; inner salt; L-*α*-Glycerylphosphorylcholine; *sn*-Glycero-3-phosphorylcholine; L-*α*-GPC; Brezal; Delecit; Gliatilin

M. I. 15, 2212

性状　白色结晶。极易吸潮。溶于水。141℃结块。mp 142.5～143℃。$[\alpha]_D^{25}$ −2.7°（c=2.7，于 pH 值 2.5 水中）；$[\alpha]_D^{25}$ −2.8°（c=2.6，于 pH 值 5.8 水中）。

注意事项

主要用途　医用止吐剂。

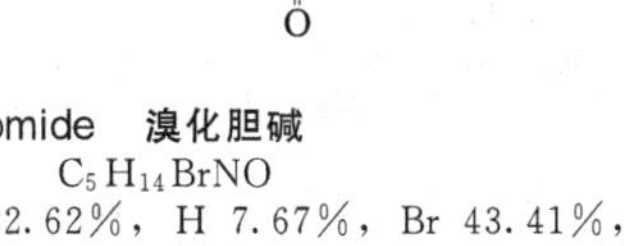

Choline bromide　溴化胆碱　02414

[1927-06-6]　$C_5H_{14}BrNO$　184.08

成分　C 32.62%，H 7.67%，Br 43.41%，N 7.61%，O 8.69%。

别名　三甲基（2-羟乙基）溴化铵；（2-羟乙基）三甲基溴化铵；溴化（2-羟乙基）三甲基铵；(2-Hydroxyethyl) trimethylammonium bromide; Choline bromide salt

性状　白色结晶。味苦。溶于水。一般试剂含量≥99.0%。

注意事项　该品对眼睛、呼吸系统及皮肤有刺激性。使用时应穿适当的防护服。万一接触到眼睛，应立即用大量水冲洗后请医生诊治。

主要用途 生化研究。制药工业。

Choline chloride 氯化胆碱 02415

[67-48-1] $C_5H_{14}ClNO$ 139.62

成分 C 43.01%，H 10.11%，Cl 25.39%，N 10.03%，O 11.46%。

别名 三甲基(2-羟乙基)氯化铵；氯化胆脂；氯化胆素；(2-羟乙基)三甲基氯化铵；Biocolina；Hepacholine；(2-Hydroxyethyl) trimethylammonium chloride；2-Hydroxy-*N*,*N*,*N*-trimethylethanaminium chloride；Lipotril

M. I. 15，2211

性状 白色结晶。易潮解。有咸苦味。易溶于水、乙醇，水溶液呈中性。不溶于乙醚、苯、二硫化碳。在碱性溶液中不稳定。mp 302℃。LD_{50} 大鼠急性经口：6.64g/kg；腹膜内注射：0.4g/kg。一般试剂含量≥99.0%（AT）。

注意事项 见 02414 溴化胆碱。应充氮气密封于干燥处保存。

主要用途 医用抗脂肪肝剂。培养基的配制等。营养增补剂。

Chondrillasterol 菠菜甾醇 02416

[481-17-4] $C_{29}H_{48}O$ 412.70

成分 C 84.40%，H 11.72%，O 3.88%。

别名 (3*β*,5*α*,22*E*,24*R*)-Stigmasta-7,22-dien-3-ol

M. I. 15，2216

性状 来自氯仿-甲醇中的无色结晶。mp 168～169℃。$[\alpha]_D^{24}$ −2°（于氯仿中）。

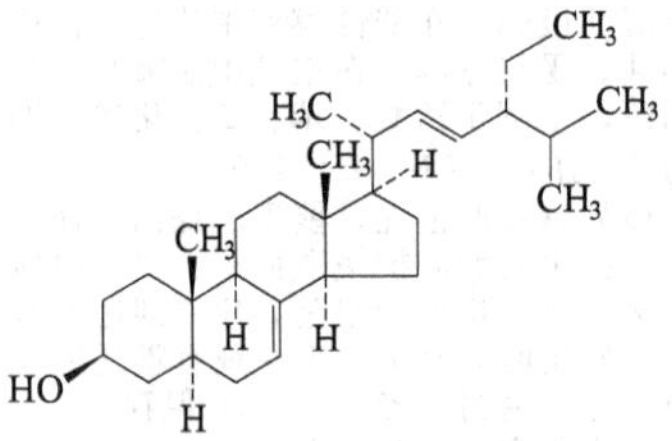

Chondro curine 软骨箭毒素 02417

[477-58-7] $C_{36}H_{38}N_2O_6$ 594.71

成分 C 72.71%，H 6.44%，N 4.71%，O 16.14%。

别名 6,6′-Dimethoxy-2,2′-dimethyltubocuraran-7′,12-diol；*d*-Chondocurine；*d*-Tubocurine；(13a*R*,25aS)-2,3,13a,14,15,16,25,25a-Octahydro-18,29-dimethoxy-1,14-dimethyl-13*H*-4,6

M. I. 15，2217

性状 来自甲醇中的无色细长针状结晶。mp 232～234℃（亦有报告为 218～220℃）；bp_{760} 706.5℃/101.325kPa；Fp＞18℉（381.1℃）；*d* 1.239； $[\alpha]_D^{24}$ +200°（*c*＝0.5，于 0.1mol/L 盐酸中）；$[\alpha]_D^{24}$ +105°（*c*＝0.9，于吡啶中）。

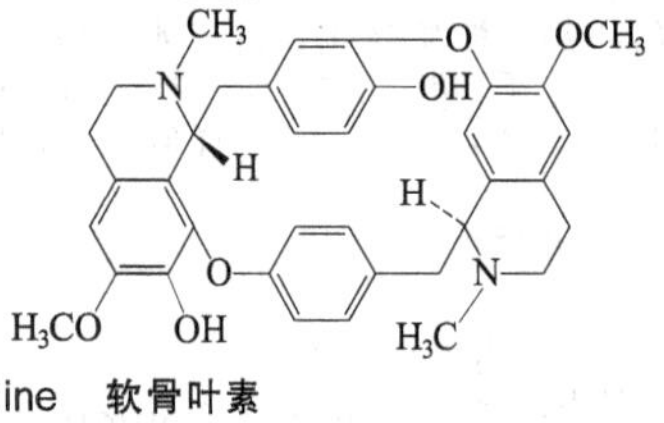

Chondrofoline 软骨叶素 02418

[31944-97-5] $C_{37}H_{40}N_2O_6$ 608.74

成分 C 73.00%，H 6.62%，N4.60%，O 15.77%。

别名 谷树叶碱；(1*β*)-6,6′,7′-Trimethoxy-2,2′-dimethyltubocuraran-12′-ol；(*R*,*R*)-7-*O*-Methylbebeerine；7-*O*-Methylcurine

M. I. 15，2218

性状 来自甲醇中的无色溶出片状物。mp 约 135℃；$[\alpha]_{5461}^{20}$ −281°（于 0.1mol/L 盐酸中）。

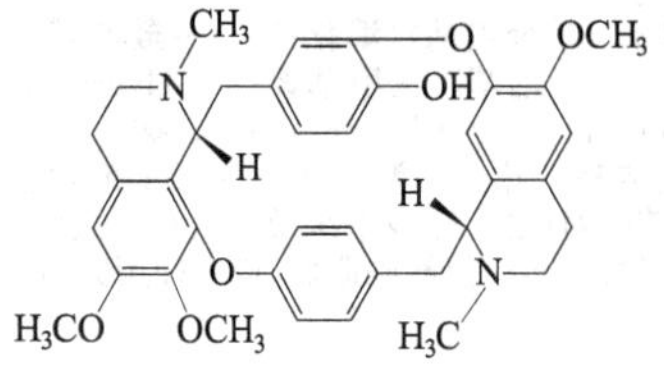

Chondroitin sulfate A sodium salt
硫酸软骨素 A 钠盐 02419

[39455-18-0]

别名 4-硫酸软骨素二钠盐；Chondroitin sulfate A sodium salt；Chonsurid sodium salt；Condrosulf；CSA；Lacrypos；Structum sodium salt

性状 白色结晶。溶于水。$[\alpha]_D^{20}$ −30°±4°。生化试剂含量≥55%（NMR）。

注意事项 该品应充氩气密封于 2～8℃干燥保存。

主要用途 生化研究。医用抗高血脂剂。

Chondroitin sulfate B sodium salt (from bovine mucosa)
硫酸软骨素 B 钠盐（牛黏液） 02420

[54328-33-5] 20000～36000

别名 Dermatan sulfate sodium salt；*β*-Heparin

性状 白色粉末。溶于水。生化试剂含量≥98.0%（GE）。

注意事项 使用时应避免吸入本品的粉尘，避免与眼睛及皮肤接触。应充氩气密封于 2～8℃干燥保存。

主要用途 生化研究。

Chondroitin sulfate C sodium salt
硫酸软骨素 C 钠盐 02421

[12678-07-8]

别名 6-硫酸软骨素钠盐；Chondroitin 6-sulfate Na salt

M. I. 15，2219

性状 白色粉末，易吸潮，溶于水。$[\alpha]_D$ −12°～18°。

注意事项 应充氩气密封于 2～8℃干燥保存。

主要用途 生化研究。

Chorionic gonadotropin(Human) 绒毛膜促性激素(人) 02422

[9002-61-3]

别名 Ambinon；Antophysin；Antuitrin S；APL；HCG；Choragon；Endocorion；Choriogonin；Chorex；Choron；Coriantin；Coriovis；Corulon；Follutein；Glukor；Gonadotraphon LH；Gonic；Libigon；Luteogonin B；Physex；predalon；Preynesin；Pregnyl；Primogonyl；Profasi；Riogon

M. I. 15，2221

性状 白色或淡黄色粉末。易溶于水，水溶液不稳定，溶于甘油水溶液、乙二醇，不溶于乙醇、丙酮、乙醚。

注意事项 该品应密封于−20℃干燥保存。

主要用途 医用性腺激发素。

Chorismic acid 分支酸 02423

[617-12-9] $C_{10}H_{10}O_6$ 226.18

成分 C 53.10%，H 4.46%，O 42.44%。

别名 (3*R*-*trans*)-3-(1-Carboxyethenyl)oxy-4-hydroxy-1,5-cyclohexadiene-1-carboxylic acid；3-Enolpyruvic ether of *trans*-3,4-dihydroxycyclohexa-1,5-diene carboxylic acid；*α*-(5-Carboxy-1,2-dihydro-2-hydroxy-phenoxy)acrylic acid

M. I. 15，2222

性状 无色结晶。mp 105～108°（分解）； $[\alpha]_D^{21}$ −274°（*c*＝0.16，于水中）。一般试剂含量≥80.0%。

注意事项 该品吸入、口服或与皮肤接触有害。对眼睛、呼吸系统及皮肤有刺激性。能致癌，能危害胎儿。使用时应穿适当的防护服，戴手套和防护镜或面罩。使用前应得到专门的指导，避免曝露，避免吸入本品的蒸气、飞沫。使用时如有事故发生或有不适之感，应请医生诊治。应密封于−70℃干燥保存。

主要用途 生化研究。

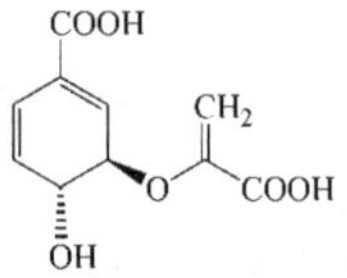

Chromium powder 铬粉 02424

[7440-47-3] Cr 51.9961

别名 克罗母粉

M. I. 15，2235

性状 灰白色有光泽的金属粉末。溶于稀盐酸、硫酸，不溶于硝酸、水。mp (1903±10)℃; bp 2642℃; d^{20} 7.14。
注意事项 该品易燃。使用时应避免吸入本品的粉尘。

Chromium (Ⅲ) acetate 乙酸铬 02425

[1066-30-4] $C_6H_9CrO_6$ 229.13
成分 C 31.45%, H 3.96%, Cr 22.69%, O 41.90%。
别名 醋酸铬; Acetic acid chromium(3+)salt;Chromic acetate
M. I. 15,2224
性状 一水合物为灰绿色粉末或紫色片状物。微溶于水，不溶于乙醇。MLD 蛙，小鼠，兔静脉注射 (mg/kg): 6185, 2290, 1604。
注意事项 该品有毒。
主要用途 媒染剂。催化剂。

Chromium acetylacetonate 乙酰丙酮铬 02426

[21679-31-2] $C_{15}H_{21}CrO_6$ 349.33
成分 C 51.57%, H 6.06%, Cr 14.88%, O 27.48%。
别名 三乙酰丙酮铬; 三(2,4-戊二酮)铬(Ⅲ); Chromic tricetyl acetonate; Tris (2,4-pentandionato) chromium; Chromium (Ⅲ)acetylacetonate;Chromium(Ⅲ) 2,4-pentandionate
性状 浅绿色结晶。溶于水，不溶于乙醇、苯等有机溶剂。mp 212～216℃; bp 340℃。一般试剂含量≥99.0%。
注意事项 该品对眼睛、呼吸系统及皮肤有刺激性。使用时应穿适当的防护服。使用时应避免吸入本品的粉尘。万一接触到眼睛，应立即用大量水冲洗后请医生诊治。
主要用途 硝基甲烷降爆剂。

Chromium(Ⅲ) bromide hexahydrate

溴化铬 六水 02427
[13478-06-3] $Br_3Cr \cdot 6H_2O$ 399.82
成分（以无水物计） Br 82.17%, Cr 17.82%。
别名 六水合溴化铬; 三溴化铬; Chromic bromide hexahydrate; Chromium tribromide trihydrate
M. I. 15, 2225
性状 墨绿色结晶。极易潮解。溶于水，几乎不溶于乙醚，不溶于乙醇。mp 79℃; d 5.4°。一般试剂含量（以 Cr 计）12.5%～13.2%。
注意事项 该品有毒。具有腐蚀性，能引起烧伤。应密封于干燥处保存。
主要用途 烯烃聚合反应的催化剂。

Chromium(Ⅲ)chloride hexahydrate

氯化铬 六水 02428
[10060-12-5] $Cl_3Cr \cdot 6H_2O$ 266.45
成分（以无水物计） Cl 67.16%, Cr 32.83%。
别名 三氯化铬六水; 六水合三氯化铬; 六水合氯化铬; Chromium trichloride hexahydrate;Chromic chloride hexahydrate
M. I. 15,2226
性状 深绿色单斜结晶或结晶性粉末。易潮解。易溶于水，其浓溶液呈绿色，稀溶液呈紫色。溶于乙醇，微溶于丙酮，几乎不溶于乙醚。mp 86～90℃; d 1.849。一般试剂含量≥99.0%。
注意事项 该品吸入、口服有毒。对眼睛、呼吸系统及皮肤有刺激性。使用时应穿适当的防护服，戴手套和防护镜或面罩。万一接触到眼睛，应立即用大量水冲洗后请医生诊治。使用时如有事故发生或有不适之感，应请医生诊治。应密封于干燥处保存。
主要用途 媒染剂。催化剂。无机合成。镀铬。

Chromium(Ⅲ)fluoride 氟化铬 02429

[7788-97-8] CrF_3 108.99
成分 Cr 47.71%, F 52.29%。
别名 三氟化铬; 无水三氟化铬; 氟化高铬; Chromic fluoride;Chromium trifluoride
GW 2015-748 M. I. 15,2227
性状 深绿色针状结晶。溶于碱溶液、盐酸(呈紫色),几乎不溶于水、乙醇。mp 1100℃;d 3.8。生化试剂含量≥99.99%。
注意事项 该品有毒。具有腐蚀性,能引起烧伤。应密封于干燥处保存。
主要用途 卤化物反应的催化剂。毛织品的印染。防蛀剂。氟化剂。

Chromium(Ⅲ) hydroxide dihydrate

氢氧化铬 二水 02430
[1308-14-1] $CrH_3O_3 \cdot 2H_2O$ 139.05
成分（以无水物计） Cr 50.47%, H 2.94%, O 46.59%。
别名 二水合氢氧化铬; Chromic hydroxide dihydrate;Chromic oxide hydrous;Chromic oxide gel
M. I. 15,2229
性状 蓝绿色胶状物。溶于酸、强碱溶液。溶于过量的苛性碱溶液时生成亚铬酸盐,几乎不溶于水。
主要用途 铬盐、颜料制造。催化剂。

Chromium(Ⅲ)nitrate nonahydrate

硝酸铬 九水 02431
[7789-02-8] $CrN_3O_9 \cdot 9H_2O$ 400.15
成分（无水物） Cr 21.85%, N 17.65%, O 60.50%。
别名 九水合硝酸铬; Chromic nitrate nonahydrate; Chromic nitrate nonahydrate;Nonaquochromium trinitrate
GW 2015-2297 M. I. 15, 2230
性状 深紫红色正交单斜结晶。有潮解性。溶于水、乙醇。mp 约 60℃。热至约 100℃时分解。LD_{50} 大鼠急性经口: 3.25g/kg。一般试剂含量≥98.0%。
注意事项 该品与易燃物品接触能引起燃烧。对眼睛及皮肤有刺激性。使用时应穿适当的防护服。万一接触到眼睛，应立即用大量水冲洗后请医生诊治。应远离易燃物品，密封于干燥处保存。
主要用途 分析试剂。无机合成。制备铬的催化剂。玻璃和陶瓷的彩釉原料。腐蚀阻抑剂。

Chromium(Ⅲ)oxide 三氧化二铬 02432

[1308-38-9] Cr_2O_3 151.99
成分 Cr 68.42%, O 31.58%。
别名 氧化铬; 铬绿; Anadonis green;Chromic oxide;Chrome green;Chrome ocher;Chromia;Chromium sesquioxide ;Green cinnabar;Green oxide of chromium; Green rouge; Leaf green; Oil green;Pigmate green 17;Ultramarine green
M. I. 15, 2238 C. I. 77288
性状 浅至深绿色细小六方形结晶或粉末。微溶于酸、碱及热的溴酸钾溶液，几乎不溶于水、乙醇、丙酮。mp 约 2435℃; bp 约 3000℃; d^{25} 5.22。一般试剂含量≥99.0%。
注意事项 该品吸入或口服有害。接触皮肤能引起过敏。使用时应戴手套。应避免与皮肤接触。应密封于通风良好处保存。
主要用途 光谱分析试剂。有机合成催化剂。陶瓷釉彩原料。铬合金与铬盐的制造。磨料。

Chromium(Ⅵ)oxide 三氧化铬 02433

[1333-82-0] CrO_3 99.99
成分 Cr 52.00%, O 48.00%。
别名 无水铬酸; 铬酸; 铬酐; 铬酸酐; Chromic anhydride; Chromic acid;Chromium trioxide
GW 2015-1913 M. I. 15,2239
性状 暗红色双锥体三棱柱状结晶或薄片、颗粒、粉末。易潮解。易溶于水,溶于乙醇、乙醚、硝酸、硫酸。加热至 250℃分解为三氧化铬和氧。mp 197℃;d 2.70。
注意事项 该品与易燃物混合具有爆炸性。口服、吸入或与皮肤接触有毒。对眼睛有刺激性。吸入可能致癌。具有强腐蚀性,能引起严重烧伤。吸入或接触皮肤能引起过敏。长期曝露,吸入有严重损伤健康的危险。有损伤生育力的危险。对水生物极毒。能对水环境引起长期不利的结果。使用前应得到专门的指导,避免曝露。使用时如有事故发生或有不适之感,应请医生诊治。应防止将本品释放于环境中。其包装物应按危险品处理。应密封于干燥处保存。
主要用途 分析试剂。铬酸盐制造。电镀铬。强氧化剂。医用其溶液为消毒剂、收敛剂。

参考规格 HG/T 3444—2003	分析纯	化学纯
含量(CrO_3)/%≥	99.0	98.0
水不溶物/%≤	0.003	0.01
氯化物(Cl)/%≤	0.001	0.005
硫酸盐(SO_4)/%≤	0.01	0.05
钠(Na)/%≤	0.15	0.3
铝(Al)/%≤	0.003	0.01

钾（K）/%≤	0.05	0.1
铁（Fe）/%≤	0.01	0.02

Chromium picolinate 吡啶甲酸铬 02434
[14639-25-9] $C_{18}H_{12}CrN_3O_6$ 418.31
成分 C 51.68%，H 2.89%，Cl 12.43%，N 10.05%，O 22.95%。
别名 Tris（2-pyridinecarboxylato-N^1，O^2）chromium；Chromium（Ⅲ）trispicolinate
M. I. 15，2240
性状 紫红色细小结晶性粉末或油脂性固体。微溶于水，不溶于乙醇。于下列物质中的溶解度：水（pH值7.0）0.6mmol/L；氯仿2.0mmol/L。uv max（水中）：264nm［am15546L/（mol·cm）］。一般试剂含量98.0%～100.0%（HPLC）。
注意事项 该品吸入、口服或与皮肤接触有害。对眼睛、呼吸系统及皮肤有刺激性。使用时应穿适当的防护服，戴手套和防护镜或面罩。应避免吸入本品的粉尘。万一接触到眼睛，应立即用大量水冲洗后请医生诊治。
主要用途 营养添加剂。络添加剂。

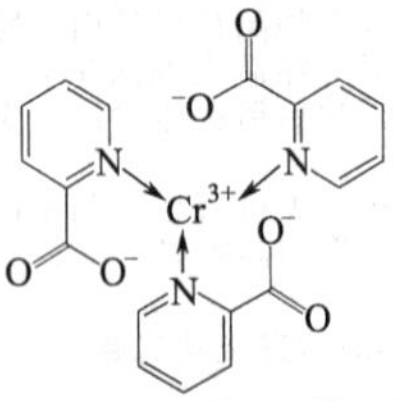

Chromium(Ⅲ)potassium oxalate dihydrate
草酸铬钾 二水 02435
[14217-01-7] $C_6CrK_3O_{12}\cdot 2H_2O$ 469.38
成分（无水物） C 16.63%，Cr 12.00%，K 27.07%，O 44.30%。
别名 乙二酸铬钾；二水合乙二酸铬钾；二水合草酸铬钾；草酸钾铬 二水；Potassium chromic oxalate；Potassium trioxalatochromate(Ⅲ) dihydrate；Chromic potassium oxalate dihydrate；Tripotassium tris(ethane dioato) chromate(3－)；Tripotassium tris (oxalato) chromate(3－)
M. I. 15，2232
性状 墨绿色单斜鳞片状结晶或蓝色透明的棱柱体结晶。易溶于水，几乎不溶于乙醇。
注意事项 该品应密封于干燥处保存。
主要用途 分析试剂。毛织物的染料。制革。

Chromium(Ⅲ)potassium sulfate dodecahydrate
硫酸铬钾 十二水 02436
[7788-99-0] $CrKO_8S_2\cdot 12H_2O$ 499.39
成分（无水物） Cr 18.36%，K 13.80%，O 45.19%，S 22.64%。
别名 十二水合硫酸铬钾；硫酸钾铬；钾铬矾；铬矾；黑矾；Chrome alum；Chromic potassium sulfate；Potassium chromic sulfate；Potassium disulfatochromate(Ⅲ)
M. I. 15，2233
性状 黑紫色有光泽的结晶或浅紫色颗粒或粉末。溶于4份冷水、2份沸水，溶液凉时为紫色、热时为绿色。几乎不溶于乙醇。mp 89℃；d^{25} 1.83。一般试剂含量≥99.5%。
注意事项 使用时应避免吸入本品的粉尘，避免与眼睛及皮肤接触。应密封保存。
主要用途 分析试剂。照相制版。皮革鞣制。

Chromium(Ⅲ)sulfate hexahydrate 硫酸铬 六水 02437
[15244-38-9] $Cr_2O_{12}S_3\cdot 6H_2O$ 500.31
成分（无水物） Cr 26.52%，O 48.95%，S 24.53%。
别名 六水合硫酸铬；Chromic sulfate hexahydrate
M. I. 15，2234
性状 墨绿色的鳞片状结晶或绿色粉末。溶于水，难溶于乙醇。MLD(无水物)：蛙，小鼠，兔静脉注射(mg/kg)：37，246.8，215。
注意事项 该品具有腐蚀性，能引起烧伤。
主要用途 分析试剂。媒染剂。玻璃和陶瓷釉彩原料。无机盐合成。

Chromocarb 氧苯吡喃酸 02438
[4940-39-0] $C_{10}H_6O_4$ 190.15
成分 C 63.16%，H 3.18%，O 33.66%。
别名 苯并-γ-吡喃酮羧酸；4-氧-4*H*-1-苯并吡喃-2-羧酸；4-Oxo-4*H*-1-benzopyran-2-carboxylic acid；2-Chromonecarboxylic acid；4-oxo-4*H*-chromene-2-carboxylic acid；Benzo-γ-pyronecarboxylic acid
M. I. 15，2241
性状 来自乙醇中的无色针状结晶。溶于乙醇、氨水，略溶于水。mp 250～251℃（分解）；uv max：230 nm，305nm（ε 20220，8075）。一般试剂含量≥97.0%。
注意事项 该品对眼睛、呼吸系统及皮肤有刺激性。使用时应穿适当的防护服。万一接触到眼睛，应立即用大量水冲洗后请医生诊治。
主要用途 生化研究。其二乙胺盐为毛发保护剂。

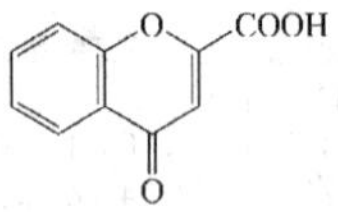

Chromomycin A_3 色霉素 A_3 02439
[7059-24-7] $C_{57}H_{82}O_{26}$ 1183.26
成分 C 57.86%，H 6.99%，O 35.16%。
别名 阿布拉霉素B；Aburamycin B；3^B-*O*-(4-*O*-Acetyl-2,6-dideoxy-3-*C*-methyl-α-L-*arabino*-hexopyranosyl)-7-methylolivomycin D；Toyomycin
M. I. 15，2242
性状 黄色粉末。易吸湿。溶于乙醇、乙酸乙酯、二甲基亚砜、甲醇。185℃分解。$[\alpha]_D^{23}$ －57℃（于乙醇中）；uv max（乙醇中，nm）：230，281，304，318，330，412（lg ε 4.39，4.72，3.85，3.92，3.84，4.07）。LD_{50}小鼠静脉注射：1.85mg/kg。生化试剂含量≥95.0%（HPLC）。
注意事项 该品口服极毒。能危害胎儿。使用前应得到专门的指导，避免曝露。使用时应穿适当的防护服，戴手套和防护镜或面罩。使用时应避免吸入本品的粉尘。接触皮肤后，应用大量肥皂泡沫冲洗。使用时如有事故发生或有不适之感，应请医生诊治。应充氩气密封避光于－20℃干燥保存。
主要用途 生化研究。抗肿瘤剂。

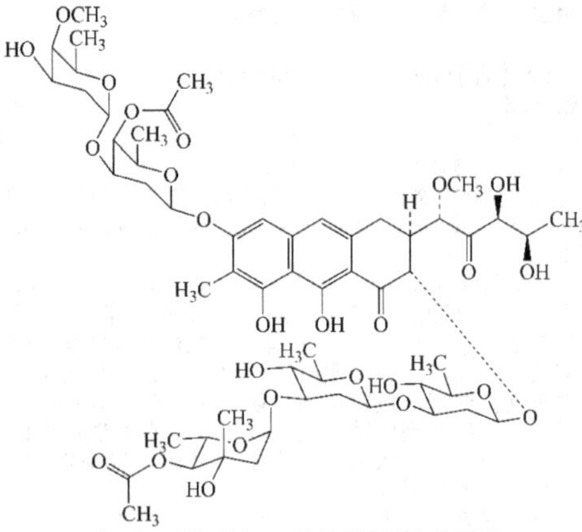

Chromonar hydrochloride 乙胺香豆素 盐酸盐 02440
[655-35-6] $C_{20}H_{28}ClNO_5$ 397.90
成分 C 60.37%，H 7.09%，Cl 8.91%，N 3.52%，O 20.10%。
别名 乙氧香豆素 盐酸盐；延痛心 盐酸盐；隐痛散 盐酸盐；盐酸乙胺香豆素；盐酸乙氧香豆素；盐酸延痛心；盐酸隐痛散；Antiangor；Cassella 4489；Intenkordin；Intensain；[[3-[2-(Diethylamino) ethyl]-4-methyl-2-oxo-2*H*-1-benzopyran-7-yl] oxy] acetic acid ethyl ester hydrochloride；3-(β-Diethylaminoethyl)-4-methyl-7-(carbethoxymethoxy)coumarin hydrochloride；Ethyl[[3-[2-(diethylamino) ethyl]-4-methyl-2-oxo-2*H*-1-benzopyran-7-yl] oxy] acetate hydrochloride；Carbochromen hydrochloride；Carbocromen hydrochloride
M. I. 15，2243
性状 无色或白色结晶性粉末。易溶于水、乙醇、二氯甲烷、氯仿，略微溶于丙酮、2-丁酮、苯、乙醚，其水溶液呈蓝色荧光。mp 159～160℃。LD_{50} 小鼠急性经口：6.3g/kg；腹膜内注射：0.528g/kg；静脉注射：0.0355g/kg。

主要用途 医用冠状血管舒张剂。

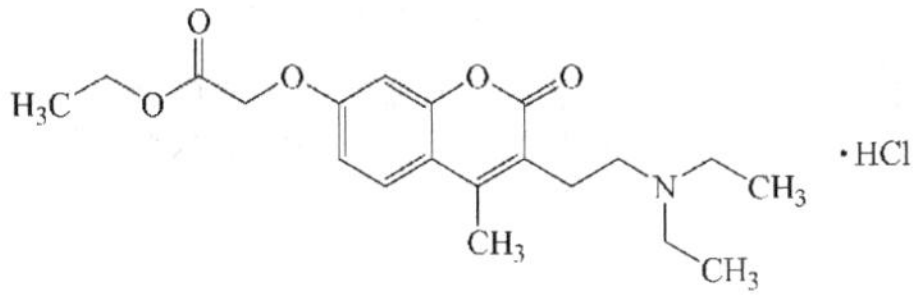

Chromotrope 2B 铬变素 2B 02441

[548-80-1] $C_{16}H_9N_3Na_2O_{10}S_2$ 513.36

成分 C 37.43%，H 1.77%，N 8.19%，Na 8.96%，O 31.16%，S 12.49%。

别名 变色素 2B；变色酸 2B；对硝基苯偶氮变色酸钠；4,5-二羟基-3-(4-硝基苯)偶氮-2，7-萘二磺酸二钠盐；酸性红 176；Acid red 176；4,5-Dihydroxy-3-(4-nitrophenyl) azo-2,7-naphthalenedisulfonic acid disodium salt；2-(4-Nitrobenzeneazo) chromotropic acid disodium salt；*p*-Nitrobenzochromotropic acid sodium salt

M. I. 15,2244 C. I. 16575

性状 浅红棕色粉末。溶于水，溶液呈黄至红色。不溶于乙醇。mp >300℃；λ_{max} 514 nm。

注意事项 该品对眼睛、呼吸系统及皮肤有刺激性。使用时应穿适当的防护服。使用时应避免吸入本品的粉尘，避免与眼睛及皮肤接触。万一接触到眼睛，应立即用大量水冲洗后请医生诊治。

主要用途 测定硼酸和硼酸盐的试剂。铝、钙、镁的检定。测定钍的络合指示剂。

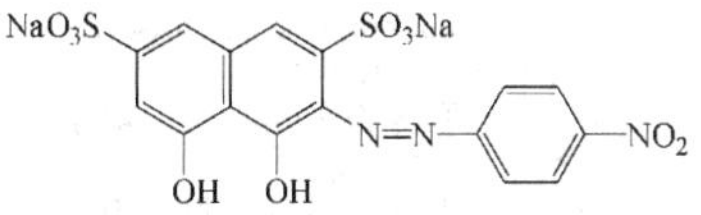

Chromotrope 2R 铬变素 2R 02442

[4197-07-3] $C_{16}H_{10}N_2Na_2O_8S_2$ 468.39

成分 C 41.03%，H 2.15%，N 5.98%，Na 9.82%，O 27.33%，S 13.69%。

别名 苯偶氮变色酸钠；铬变蓝 2R；变色素 2R；变色酸 2R；偶氮品红 4G；酸性红 29；酸性焰红；Acid phloxin；Acid red 29；Phenylazochromotropic acid Na_2 salt；Acid phloxin GR；Azo fuchsin 4G；Chromotrope blue 2R；Chromotrope N2R；Carmoisime；Benzeneazo-1, 8-dihydroxynaphthalene-3, 6-disulfonic acid disodium salt；Fast fuchsin G；2-(Phenylazo) chromotropic acid disodium salt

C. I. 16570

性状 棕红色粉末。溶于水，呈鲜红色。难溶于乙醇。一般试剂干燥含量约 75.0%。λ_{max} 510 (530) nm。

注意事项 该品对眼睛、呼吸系统及皮肤有刺激性。使用时应穿适当的防护服。万一接触到眼睛，应立即用大量水冲洗后请医生诊治。

主要用途 测定镁的试剂。生物染色剂。

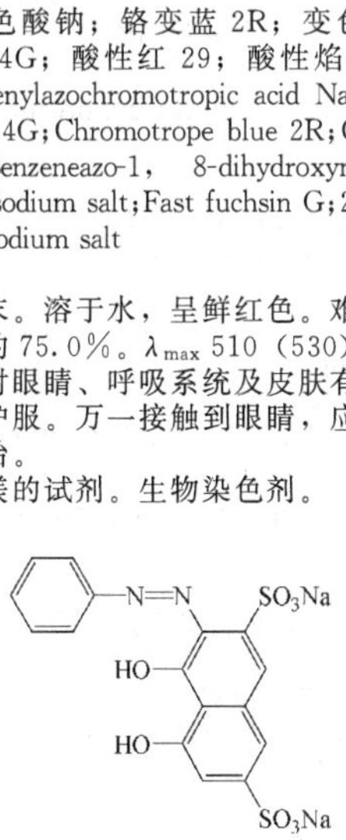

Chromotropic acid 变色酸 02443

[148-25-4] $C_{10}H_8O_8S_2$ 320.29

成分 C 37.50%，H 2.52%，O 39.96%，S 20.02%。

别名 1,8-二羟基萘-3,6-二磺酸；4,5-二羟基-2,7-萘二磺酸；铬变酸；比色酸；1,8-Dihydroxynaphthalene-3,6-disulfonic aicd；4,5-Dihydroxy-2,7-naphthalenedisulfonic acid

M. I. 15,2245

性状 白色针状结晶。溶于水。

注意事项 使用时应避免吸入本品的粉尘，避免与眼睛及皮肤接触。应密封于干燥处保存。

主要用途 测定铬、钛、银、甲醛、氯酸盐、硝酸、亚硝酸等的试剂。染料中间体。

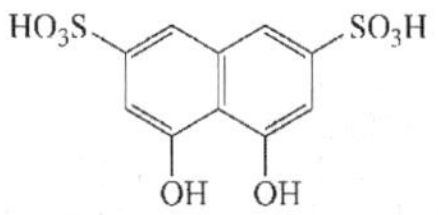

Chromotropic acid disodium salt dihydrate 变色酸二钠盐 二水 02444

[5808-22-0][129-96-4] $C_{10}H_6Na_2O_8S_2 \cdot 2H_2O$ 400.28

成分 (以无水物计) C 32.97%，H 1.66%，Na 12.62%，O 35.14%，S 17.61%。

别名 1,8-二羟基萘-3,6-二磺酸二钠盐；4,5-二羟基萘-2,7-二磺酸二钠盐；铬变酸二钠；1,8-Dihydroxynaphthalene-3,6-disulfonic acid disodium salt；4,5-Dihydroxynaphthalene-2,7-disulfonic acid disodium salt

M. I. 15,2245

性状 白色针状或小叶状结晶或粉末。易溶于水，溶液呈浅褐色。

注意事项 该品对眼睛、呼吸系统及皮肤有刺激性。使用时应穿适当的防护服。万一接触到眼睛，应立即用大量水冲洗后请医生诊治。应密封保存。

主要用途 比色法测定铬、钛、汞。偶氮染料指示剂。有机合成。

Chromyl chloride 铬酰氯 02445

[14977-61-8] Cl_2CrO_2 154.89

成分 Cl 45.77%，Cr 33.57%，O 20.66%。

别名 次氯酸铬；氧氯化铬；二氯二氧化铬；氯化铬酰；Chlorochromic anhydride；Chromium dioxychloride；Dichlorodioxochromium

GW 2015-2542 M. I. 15,2252

性状 深红色液体，在反光下呈黑色。在潮湿空气中发烟。溶于四氯化碳、二硫化碳、苯、硝基苯、氯仿、三氯氧磷。mp −96.5℃；bp 117℃；d_4^{25} 1.91。高纯试剂含量 99.99%。

注意事项 该品与易燃物品接触能引起燃烧。具有强腐蚀性，能引起严重烧伤。接触皮肤能引起过敏。吸入可能致癌。能引起遗传基因的损伤。对水生物极毒。能对水环境引起不利的结果。使用前应得到专门的指导，避免曝露。使用时如有事故发生或有不适之感，应请医生诊治。应防止将本品释放于环境中。其包装物应按危险品处理。应密封于干燥处保存。

主要用途 有机合成的氧化和氯化剂。烯烃聚合催化剂。

6-Chrysenamine 6-氨基䓛 02446

[2642-98-0] $C_{18}H_{13}N$ 243.31

成分 C 88.86%，H 5.39%，N 5.76%。

别名 6-䓛胺；6-Chrysenylamine；6-Aminochrysene；6-Chrysylamine；CP-1001；Chrysenex

M. I. 15, 2258

性状 来自乙醇中的无色小叶状结晶或黄色至橙色结晶性粉末微溶于乙醇、苯、乙酸乙酯。mp 210～211℃；bp_{760} 501.2℃/101.325 kPa；Fp 549℉ (287℃)。生化试剂含量≥98.0%。

注意事项 该品口服有害。使用时应穿适当的防护服和戴手套。万一接触到眼睛，应立即用大量水冲洗后请医生诊治。使用时如有事故发生或有不适之感，应请医生诊治。

主要用途 用于制造白细胞减少的生化研究。

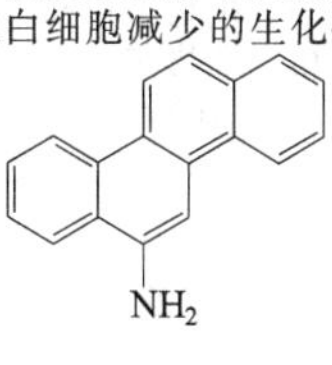

Chrysene 䓛 02447

[218-01-9] $C_{18}H_{12}$ 228.29

成分 C 94.70%，H 5.30%。

别名 1,2-苯并菲；稠二萘；1,2-Benzphenanthrene；1,2-Benzophenanthrene；Benzo[*a*]phenanthrene

M. I. 15,2259

性状 来自苯中的无色正交双锥体片状结晶。25℃时，1g该品溶于1300mL无水乙醇、480mL甲苯。溶于热甲苯（100℃时，约5%），微溶于冰乙酸、乙醇、乙醚、二硫化碳，中等程度溶于沸苯，不溶于水。mp 254℃；bp 448℃；d_4^{20} 1.274；λ_{max} 268mm。一般试剂含量≥95.0%（HPLC）。

注意事项 该品能致癌。有造成不可逆结果的危险。对水生物极毒。能对水环境引起不利的结果。使用前应得到专门的指导，避免曝露。使用时如有事故发生或有不适之感，应请医生诊治。应防止将本品释放于环境中。其包装物应按危险品处理。

主要用途 有机合成。分析用标准物质。

Chrysin 柯因 02448

[480-40-0] $C_{15}H_{10}O_4$ 254.24

成分 C 70.86%，H 3.96%，O 25.17%。

别名 5,7-二羟基-2-苯基-4*H*-1-苯并吡喃-4-酮；5,7-二羟基黄酮；Chrysidenon 1438；5,7-Dihydroxyflavone；5,7-Dihydroxy-2-phenyl-4*H*-1-benzopyran-4-one

M. I. 15，2260

性状 来自甲醇中的浅黄色棱柱体结晶。溶于碱溶液，微溶于乙醇、氯仿、乙醚，几乎不溶于水。mp 285℃；uv max：270nm，329nm（lgε 4.40，3.90）。生化试剂含量≥96.0%（TLC）。

注意事项 使用时应避免吸入本品的粉尘，避免与眼睛及皮肤接触。应充氩气密封保存。

HO OH O

Chrysoidine 黄吡精 02449

[532-82-1] $C_{12}H_{13}ClHN_4$ 248.71

成分 C 57.95%，H 5.27%，Cl 14.25%，N 22.53%。

别名 2,4-二氨基偶氮苯盐酸盐；金黄；柯衣定；橘黄；盐酸黄吡精；黄吡精 G；黄吡精 Y；黄吡精 盐酸盐；菊橙；碱性菊橙；盐酸 2,4-二氨基偶氮苯；Basic orange 2；Chrysoidine G；Chrysoidine Y；Chrysoidine orange；2,4-Diaminoazobenzene hydrochloride；4-(Phenylazo)-1,3-benzenediamine monohydrochloride；4-Phenylazo-*m*-phenylenediamine hydrochloride

M. I. 15,2261 C. I. 11270

性状 红棕色结晶性粉末。15℃时，该品溶解度：水5.5%、无水乙醇4.75%、2-乙氧基乙醇6.0%、乙二醇9.5%、二甲苯0.005%。溶于水、乙醇的溶液呈橙棕色。微溶于丙酮，几乎不溶于苯。在浓硫酸中呈黄色，在稀硫酸、硝酸中呈橙色。pH值4～7（由橙至黄色）。mp 118～118.5℃。一般试剂含量（干燥后）98.5%～99.5%。

注意事项 该品对水生物极毒。能对水环境引起不利的结果。使用时应避免吸入本品的粉尘，避免与眼睛及皮肤接触。应防止将本品释放于环境中。其包装物应按危险品处理。

主要用途 酸碱指示剂。生物染色剂。其柠檬酸盐医用消毒剂、防腐剂。分析用标准物质。

H_2N N=N NH_2 · HCl

Chrysophanic acid 大黄根酸 02450

[481-74-3] $C_{15}H_{10}O_4$ 254.24

成分 C 70.86%，H 3.96%，O 25.17%。

别名 大黄根酚；驱虫豆酸；1,8-二羟基-3-甲基蒽醌；Chrysophanol；1,8-Dihydroxy-3-methyl-9,10-anthracenedione；1,8-Dihydroxy-3-methyl-9,10-anthraquinone；3-Methylchrysazin

M. I. 15,2262

性状 来自乙醇或苯中的无色至黄色六角形或单斜结晶。能升华。易溶于沸乙醇，溶于苯、氯仿、乙醚、冰乙酸、丙酮、碱溶液，微溶于冷乙醇，极微溶于石油醚，几乎不溶于水。mp 196℃。最大吸收值（nm）：226，256，278，288，436（ε ×10^{-3}：41，28，14，14，11.8）。一般试剂含量≥98%（HPLC）。

注意事项 该品对眼睛及皮肤有刺激性。使用时应穿适当的防护服。万一接触到眼睛，应立即用大量水冲洗后请医生诊治。应充氩气密封避光保存。

OH O OH CH_3 O

Chymostatin 抑凝乳蛋白酶素 02451

[9076-44-2]

别名 *N*-(Na-Carbonyl-Cpd-*x*-phe-al)-Phe

性状 白色粉末。对湿度敏感。生化试剂为其A、B及C的混合物 。

注意事项 使用时应避免吸入本品的粉尘，避免与眼睛及皮肤接触。应充氩气密封于－20℃干燥保存。

主要用途 生化研究。

α-Chymotrypsin from bovine pancreas
α-糜蛋白酶（牛胰） 02452

[9004-07-3] 约 25000

别名 α-胰凝乳朊酶；凝胰蛋白酶；α-胰凝乳蛋白酶；Alpha-Chymocutan；α-Avazyme；Catarase；Chymar；α-Chymetin；α-Chymolase(tabl)；Chymozym；α-Enzeon；Imp ral；Kimopsin；Kimoral；Kymotrypure；Quimar；Quimoral；Quimotrase；Zolyse

M. I. 15,2264 EC 3.4.21.1

性状 白色结晶或无定形冷冻干燥粉末。溶于水。对湿度敏感。生化试剂含量≥50U/mg。

注意事项 该品对眼睛、呼吸系统和皮肤有刺激性。吸入可引起过敏。使用时应穿适当的防护服和戴手套。使用时应避免吸入本品的粉尘，避免与皮肤接触。万一接触到眼睛，应立即用大量水冲洗后请医生诊治。应充氩气密封于－20℃干燥保存。

主要用途 生化研究。水解蛋白酶。

β-Chymotrypsin from bovine pancreas
β-糜蛋白酶(牛胰) 02453

[9004-07-3]

别名 β-胰凝乳朊酶；β-胰凝乳蛋白酶；β-Chymetin；β-Avazyme；β-Catarase；β-Chymolase；β-Enzeon

EC 3.4.21.1

性状 白色或近白色结晶性冷冻干燥粉末。溶于水。生化试剂含量800U/mg。

注意事项 见02452 α-糜蛋白酶（牛胰）。

主要用途 生化研究，蛋白质的消化和分解。

γ-Chymotrypsin from bovine pancreas
γ-糜蛋白酶（牛胰） 02454

[9004-07-3]

别名 γ-胰凝乳朊酶；γ-胰凝乳蛋白酶

EC 3.4.21.1

性状 近白色无盐冻干粉末。

注意事项 见02452 α-糜蛋白酶（牛胰）。

主要用途 生化研究。

Cibacron blue 3G-A 汽巴龙蓝 3G-A 02455

[84166-13-2] $C_{29}H_{20}ClN_7O_{11}S_3$ 774.17

成分 C 44.99%，H 2.60%，Cl 4.58%，N 12.66%，O 22.73%，S 12.43%。

C. I. 61211

性状 暗蓝色粉末。

主要用途 生物染色剂。

注意事项 该品对眼睛、呼吸系统及皮肤有刺激。使用时应穿适当的防护服。万一接触到眼睛，应立即用大量水冲洗后请医生诊治。应充氩气密封干燥保存。

Ciclesonide 环索奈德 02456

[126544-47-6] $C_{32}H_{44}O_7$ 540.70

成分 C 71.08%，H 8.20%，O 20.71%。

别名 Alvesco; BY-9010; (11*β*, 16*α*)-16, 17-[(*R*)-Cyclohexylmethylene] bis (oxy)-11-hydroxy-21-(2-methyl-1-oxopropoxy) pregna-1,4-diene-3,20-dione; Omnaris; Osonide

M. I. 15，2266

性状 类白色固体或黄至白色结晶性粉末。易溶于乙醇、丙酮，几乎不溶于水。mp 206～207℃；bp_{760} 665℃/101.325kPa；Fp 410℉（210℃）；*d* 1.23。生化试剂含量≥99.0%

主要用途 医用糖肾上腺皮质激素。

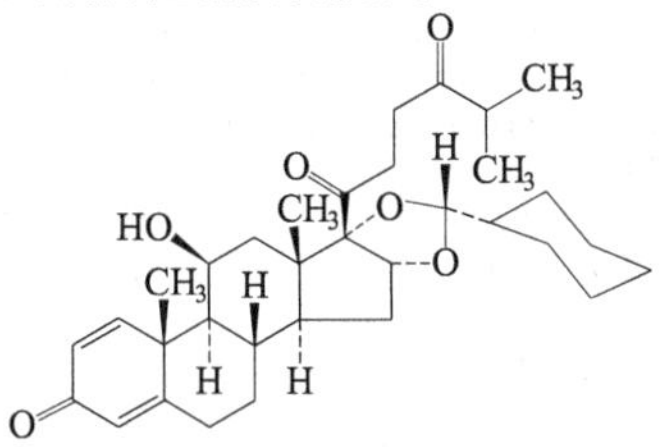

Cicletanine hydrochloride 西氯他宁 盐酸盐 02457

[82747-56-6] $C_{14}H_{13}Cl_2NO_2$ 298.16

成分 C 56.40%，H 4.39%，Cl 23.78%，N 4.70%，O 10.73%。

别名 沙克太宁 盐酸盐；盐酸西氯他宁；盐酸沙克太宁；BN-1270；Coverine；Justar；Secletan；Tenstaten；3-(4-Chlorophenyl)-1，3-dihydro-6-methylfuro[3，4-*c*] pyridin-7-ol hydrochloride；1，3-Dihydro-3-(4-chlorophenyl)-7-hydroxy-6-methylfuro[3,4-*c*]pyridine hydrochloride; Cicletanide hydrochloride; Cycletanide hydrochloride

M. I. 15，2267

性状 白色结晶。不溶于水。mp 219～228℃。

主要用途 医用抗高血压剂。

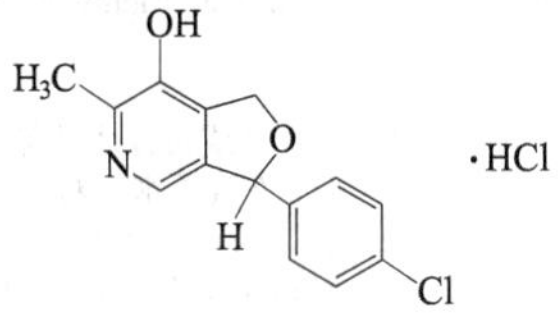

Cidofovir 西多福韦 02458

[113852-37-2] $C_8H_{14}N_3O_6P$ 279.19

成分 C 34.42%，H 5.05%，N 15.05%，O 34.38% P 11.09%。

别名 西多夫韦；*p*-[[(1*S*)-2-(4-Amino-2-oxo-1(2*H*)-pyrimidinyl)-1-(hydroxymethyl)ethoxy]methyl]phosphonic acid; (*S*)-1-[3-Hydroxy-2-(phosphonylmethoxy) propyl] cytosine; (*S*)-HPmp C; GS-504; Vistide

M. I. 15，2271

性状 松散的白色粉末。mp 260℃（分解）；$[\alpha]_D^{20}$ −97.3°（*c*＝0.80，于水中）。一水合物 uv max（pH 值 2）：279nm（*ε* 13000）。

主要用途 医用抗病毒剂。

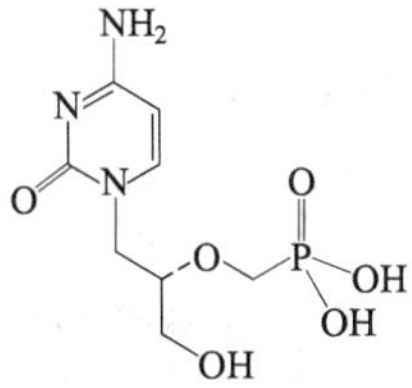

Ciguatoxin-1 鱼肉毒素-1 02459

[11050-21-8] $C_{60}H_{86}O_{19}$ 1111.33

成分 C 64.85%，H 7.80%，O 27.35%。

别名 雪卡毒素 1；CTX-1

M. I. 15，2273

性状 白色固体。LD_{50}小鼠腹膜内注射：0.25μg/kg。

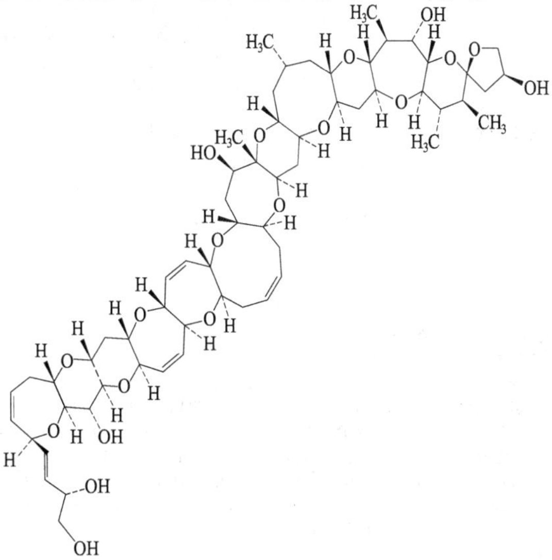

Cilastatin sodium salt 西司他丁钠盐 02460

[81129-83-1] $C_{16}H_{25}N_2NaO_5S$ 380.36

成分 C 50.52%，H 6.61%，N 7.37%，Na 6.04%，O 21.03%，S 8.43%。

别名 (2*Z*)-7-[(2*R*)-2-Amino-2-carboxyethyl]thio-2-[[(1*S*)-2,2-dimethylcyclopropyl]carbonyl]amino-2-heptenoic acid sodium salt; MK-971-Na

M. I. 15，2274

性状 灰白色至浅黄白色无定形固体或粉末。易吸潮。易溶于水、甲醇。pK_{a1}2.0，pK_{a2}4.4，pK_{a3}9.2。bp_{760} 655.5℃/101.32kPa；Fp 662.4℉（350.2℃）。生化试剂含量≥98.0%。

主要用途 医用抗菌附加剂。酶抑制剂。

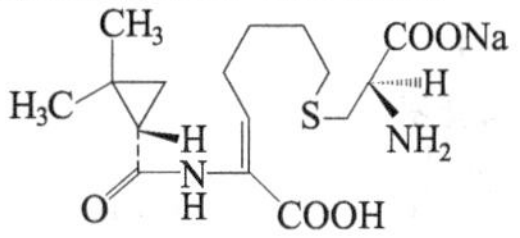

Cilazapril 西拉普利 02461

[88768-40-5] $C_{22}H_{31}N_3O_5$ 417.51

成分 C 63.29%，H 7.48%，N 10.06%，O 19.16%。

别名 抑舒平；一平苏；(1*S*,9*S*)-9-[[(1S)-1-(Ethoxycarbonyl)-3-phenylpropyl]amino]octahydro-10-oxo-6*H*-pyridazino[1,2-*a*][1,2]diazepine-1-carboxylic acid; (1*S*,9*S*)-9-[[(*S*)-1-Carboxy-3-phenylpropyl]amino]octahydro-10-oxo-6*H*-pyridazino[1,2-*a*][1,2]diazepine-1-carboxylic acid 9-ethyl ester; Ro-31-2848; Dynorm; Inhibace; Initiss; Justor; Vascase

M. I. 15，2275

性状 来自乙醇水中的无色结晶。mp 95～97℃；$[\alpha]_D^{20}$ −62.51°（*c*＝0.01，于乙醇中）。

注意事项 该品应密封于阴凉干燥处保存。

主要用途 医用抗高血压剂。血管紧张素Ⅰ转化酶抑制剂。

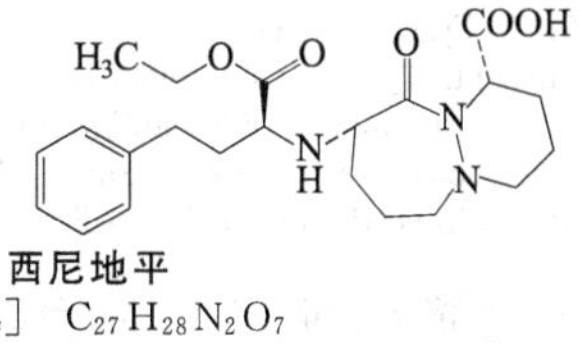

Cilnidipne 西尼地平 02462

[132203-70-4] $C_{27}H_{28}N_2O_7$ 492.53

成分 C 65.84%，H 5.73%，N 5.69%，O 22.74%。

别名 1,4-Dihydro-2,6-dimethyl-4-(3-nitrophenyl)-3,5-pyridinedicarboxylic acid 2-methoxyethyl (2*E*)-3-phenyl-2-propenyl ester; (±)-(*E*)-Cinnamyl 2-methoxyethyl -1,4-dihydro-2,6-dimethyl-4-(*m*-nitrophenyl)-3,5-pyridinedicarboxylate; FRC-8653; Atelec; Cinalong; Siscard

M. I. 15，2278

性状 来自甲醇中的无色结晶至浅黄色结晶粉末。mp 115.5～116.6℃。LD_{50}（mg/kg）雄、雌小鼠、大鼠急性经口≥5000，≥5000，≥5000，4412；皮下注射：全部＞5000；腹膜内注射：1845，2353，441，426。生化试剂含量≥99.0%。

主要用途 医用抗高血压剂。钙通道阻滞剂。

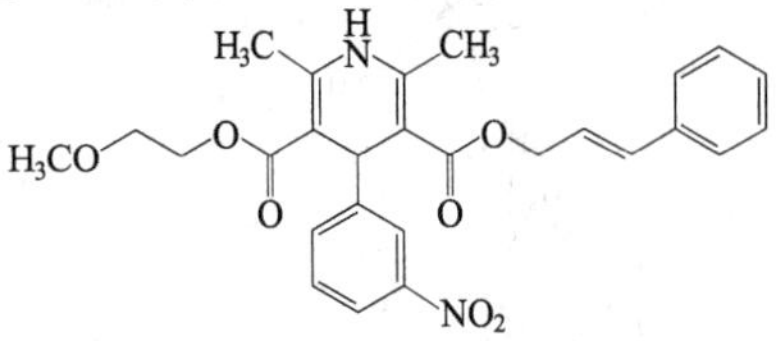

Cilostazol 西洛他唑 02463

[73963-72-1] $C_{20}H_{27}N_5O_2$ 369.47

成分 C 65.02%，H 7.37%，N 18.96%；O 8.66%。

别名 西斯他唑；6-[4-(1-环己基-1*H*-四唑-5-基)丁氧基]-3，4-二氢-2（1*H*）-喹诺酮；6-[4-(1-Cyclohexyl-1*H*-tetrazol-5-yl)butoxy]-3,4-dihydro-2(1*H*)-quinolinone；6-[4-(1-Cyclohexyl-1*H*-tetrazol-5-yl) butoxyl]-3, 4-dihydrocarbostyril；6-[4-(1-Cyclohexyl-5-tetrazolyl) butoxy]-1, 2, 3, 4-tetrahydro-2-oxoquinoline；OPC-13013；Pletal

M. I. 15，2280

性状 来自甲醇中的无色或近白色针状结晶。易溶于乙酸、氯仿、*N*-甲基-2-吡咯烷酮、二甲基亚砜，不溶于乙醚、水、0.1mol/L 盐酸、0.1mol/L 氢氧化钠溶液。mp 159.4～160.3℃；uv max（甲醇中）：257nm（ε 15200）。LD_{50}（mg/kg）小鼠，大鼠腹膜内注射：＞2000，＞2000；急性经口：＞5000，＞5000。生化试剂含量≥99.0%（HPLC）。

主要用途 医用抗血栓形成剂。

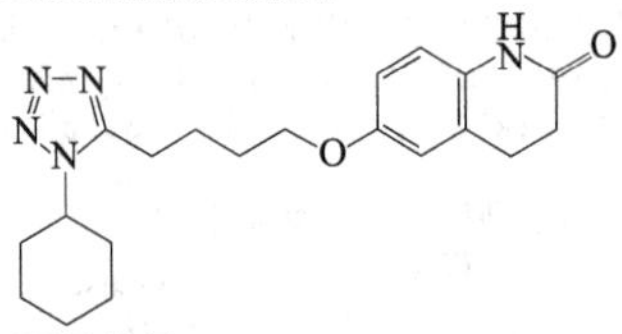

Cimaterol 西马特罗 02464

[54239-37-1] $C_{12}H_{17}N_3O$ 219.29

成分 C 65.73%，H 7.81%，N 19.16%，O 7.30%。

别名 塞曼特罗；喜马特罗；2-Amino-5-[1-hydroxy-2-[(1-methylethyl)amino]ethyl]benzonitrie；(±)-5-[1-Hydroxy-2-(isopropyiamino) ethyl] anthranilonitrile；1-(4-Amino-3-cyanophenyl)-2-isopropylaminoethanol；AB-A-663；CL-263780；AC-263780

M. I. 15，2281

性状 无色结晶。mp 159～161℃。一般试剂含量≥98.0%。

主要用途 养分重新分配剂。

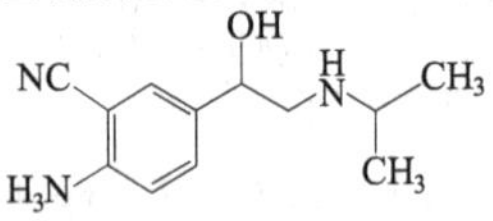

Cimetidine 甲腈咪胍 02465

[51481-61-9] $C_{10}H_{16}N_6S$ 252.34

成分 C 47.60%，H 6.39%，N 33.30%，S 12.71%。

别名 甲腈咪胺；*N*-Cyano-*N′*-methyl-*N″*-[2-[[(5-methyl-1*H*-imidazol-4-yl) methyl] thio] ethyl] guanidine；SKF-92334；Acibilin；Acinil；Cimal；Cimetag；Cimetum；Edalene；Dyspamet；Eureceptor；Gastromet；Peptol；Stomédine；Tagamet；Tametin；Tratul；Ulcedin；Ulcedine；Ulcerfen；Ulcimet；Ulcofalk；Ulcomedina；Ulcomet；Ulhys

M. I. 15，2282

性状 无色结晶。易溶于甲醇，溶于乙醇、聚乙二醇 400，极微溶于氯仿，略微溶于异丙醇，几乎不溶于乙醚。溶于水（37℃，1.14%），在稀盐酸中溶解度增加。pK_a 6.8。mp 141～143℃。LD_{50}（mg/kg）小鼠，大鼠急性经口：2600，5000；静脉注射：150，106；腹膜内注射：470，650。

注意事项 该品能损伤生育力。使用前应得到专门的指导，避免曝露。使用时应穿适当的防护服，戴手套和防护镜或面罩。万一接触到眼睛，应立即用大量水冲洗后请医生诊治。使用时如有事故发生或有不适之感，应请医生诊治。应密封于2～8℃保存。

主要用途 生化研究。医用抗溃疡剂。

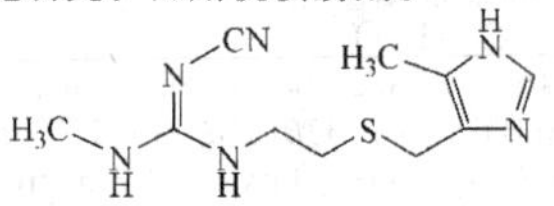

Cimetropium bromide 溴化西米托品 02466

[51598-60-8] $C_{21}H_{28}BrNO_4$ 438.36

成分 C 57.54%，H 6.44%，Br 18.23%，N 3.20%，O 14.60%。

别名 西托溴铵；溴化 *N*-(环丙基甲基)东莨菪碱；(1α，2β，4β，5α，7β)-9-Cyclopropylmethyl-7-[(2*S*)-3-hydroxy-1-oxo-2-phenylpropoxy]-9-methyl-3-oxa-9-azoniatricyclo [3.3.1.$0^{2,4}$] nonane bromide；8-Cyclopropylmethyl-6β，7β-epoxy-3α-hydroxy-1α*H*，5α*H*-tropanium bromide(−)-(*S*)-tropate；*N*-Cyclopropylmethylscopolamine bromide；DA-3177；Alginor

M. I. 15，2283

性状 来自乙腈中的无色结晶或白色粉末。易溶于水，不溶于乙醚、氯仿。mp 174℃；$[\alpha]_D^{20}$ −18.3°（*c*＝3，于水中）。

主要用途 医用解痉剂。

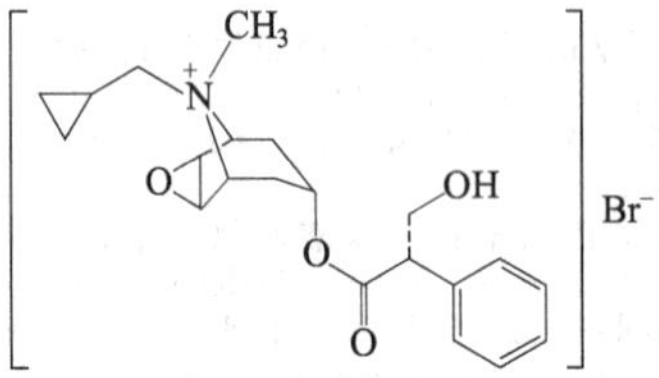

Cinchonidine 辛可尼定 02467

[485-71-2] $C_{19}H_{22}N_2O$ 294.40

成分 C 77.52%，H 7.53%，N 9.52%，O 5.43%。

别名 类金鸡纳碱；辛可尼丁；(8α，9*R*)-Cinchonan-9-ol；Cinchovatine；α-Quinidine；2-(5-Vinyl-2-quinuclidinyl)-4-quinoline methanol

M. I. 15，2289

性状 来自醇中的白色斜方形片状或棱柱体结晶。溶于乙醇、氯仿，中等程度溶于乙醚，几乎不溶于水。对光敏感。pK_1 5.80，pK_2 10.03。mp 210℃；$[\alpha]_D^{20}$ −109.2°（于乙醇中）。LD_{50} 大鼠腹膜内注射：206mg/kg；鹌鹑急性经口：＞316mg/kg。一般试剂含量≥98.0%（NT，干燥物）。

注意事项 使用时应避免吸入本品的粉尘，避免与眼睛及皮肤接触。应密封避光保存。

主要用途 测定金、铱、锇、钯、铂的试剂。

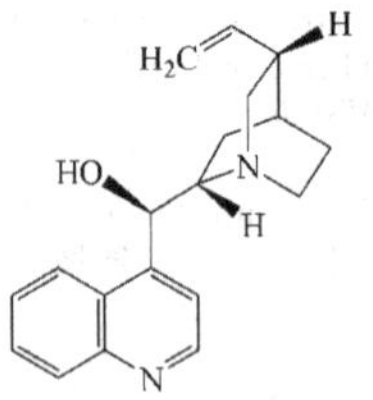

Cinchonidine sulfate trihydrate 辛可尼定 硫酸盐 三水 02468

[5949-16-6] $(C_{19}H_{22}N_2O)_2 \cdot H_2SO_4 \cdot 3H_2O$ 740.91

成分（无水物） C 66.45%，H 6.75%，N 8.16%，O 13.98%，S 4.67%。

别名 三水合硫酸辛可尼定；硫酸辛可尼定 三水；硫酸辛可尼丁 三水；硫酸异辛可宁碱 三水

M. I. 15，2289

性状 具有丝光的针状结晶。在空气中曝露易风化，在光下变暗。1g 该品溶于 70mL 水、20mL 热水、90mL 乙醇、40mL 热乙醇、260mL 氯仿，几乎不溶于乙醚。其水溶液近呈中性。

注意事项 该品应密封避光保存。

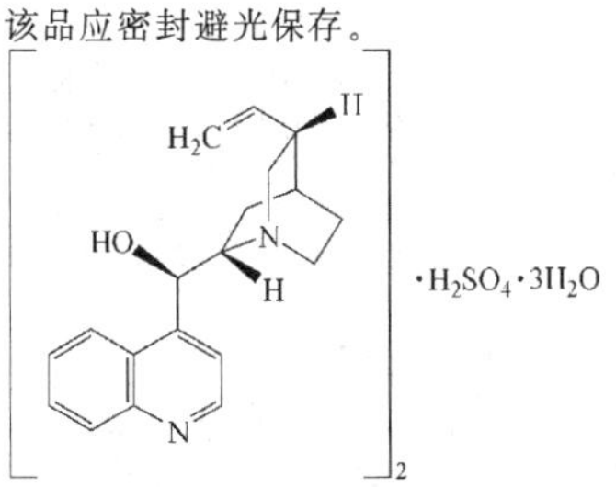

Cinchonine 辛可宁 02469

[118-10-5] $C_{19}H_{22}N_2O$ 294.40

成分 C 77.52%，H 7.53%，N 9.52%，O 5.43%。

别名 弱金鸡纳碱；(9S)-Cinchonan-9-ol；α-(5-Vinyl-2-quinuclidinyl)-4-quinolimethanol

M. I. 15，2290

性状 来自乙醇或乙醚中的无色棱柱体或针状结晶。1g 该品溶于 60mL 乙醇、25mL 沸乙醇、110mL 三氯甲烷、500mL 乙醚，几乎不溶于水。pK_1 5.85，pK_2 9.92。mp 约 265℃（220℃开始升华）；$[\alpha]_D$ +229°（于乙醇中）。LD_{50}大鼠腹膜内注射：152mg/kg。一般试剂含量≥99.0%（HPLC/NT）。

注意事项 该品吸入或口服有害。使用时应穿适当的防护服。万一接触到眼睛，应立即用大量水冲洗后请医生诊治。应密封避光保存。

主要用途 生化研究。检定铋、锑、锗、镉、钼、钨的试剂。医用抗疟剂。

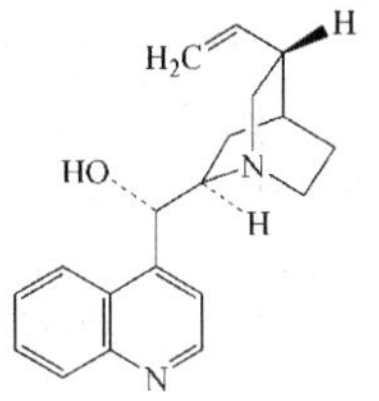

Cinchonine monohydrochloride dihydrate 辛可宁 一盐酸盐 二水 02470

[5949-11-1] $C_{19}H_{23}ClN_2O \cdot 2H_2O$ 366.88

成分（以无水物计） C 68.98%，H 7.01%，Cl 10.71%，N 8.47%，O 4.83%。

别名 二水合盐酸辛可宁；盐酸辛可宁 二水；盐酸弱金鸡纳碱 二水；弱金鸡纳碱 盐酸盐 二水

M. I. 15，2290

性状 白色微细结晶。1g 该品溶于 20mL 水、3.5mL 沸水、1.5mL 乙醇、20mL 氯仿，微溶于乙醚。其水溶液近似呈中性。mp（无水物）约 215℃（分解）。一般试剂含量（干燥后）99.5%～100.2%。

注意事项 该品吸入、口服或与皮肤接触有害。使用时应穿适当的防护服和戴手套。应密封避光保存。

主要用途 测定铋、钼、钨的试剂。生化研究。医用抗疟剂。

CinerinⅡ 瓜叶菊酯Ⅱ 02471

[121-20-0] $C_{21}H_{28}O_5$ 360.45

成分 C 69.98%，H 7.83%，O 22.19%。

别名 丁烯除虫菊酯Ⅱ；白花除虫菊素Ⅱ；瓜叶除虫菊酯Ⅱ；瓜瓜叶菊酯Ⅱ；灰菊素；瓜叶菊素Ⅱ；(1*R*,3*R*)-3-[(1*E*)-3-Methoxy-2-methyl-3-oxo-1-propenyl]-2,2-dimethylcyclopropanecarboxylic acid (1S)-3-(2*Z*)-(2-butenyl)-2-methyl-4-oxo-2-cyclopentenl-yl ester

M. I. 15，2293

性状 具有黏性的无色液体。接触空气能被氧化及变得失去活性。溶于乙醇、石油醚、煤油、四氯化碳、二氯乙烯、硝基甲烷，几乎不溶于水。$bp_{0.001}$ 182～184℃/1.33Pa；n_D^{20} 1.5183；$[\alpha]_D^{16}$ +16°（异辛烷中）；uv max：229 nm（ε 28700）。

注意事项 该品口服有害。对水生物极毒。能对水环境引起长期不良的影响。应防止将本品释放于环境中。其包装物应按危险品处理。

主要用途 杀虫剂。

Cinmethylin 环庚草醚 02472

[87818-31-3] $C_{18}H_{26}O_2$ 274.40

成分 C 78.79%，H 9.55%，O 11.66%。

别名 *exo*-(±)-1-Methyl-4-(1-methylethyl)-2-(2-methylphenyl)methoxy-7-oxabicyclo[2.2.1]heptane；(±)-2-Exo-(2-methylbenzyloxy)-1-methyl-4-isopropyl-7-oxabicyclo[2.2.1]heptane；SD-95481；Cinch

M. I. 15，2296

性状 无色液体。具中等挥发性。能与多数有机溶剂相混溶，微溶于水[20℃，(63±2)mg/L]。黏度（20℃）：70～90mpa。蒸气压（20℃）：7.6×10^{-5}mmHg/1.013×10^{-5}kPa。bp (313±2)℃；Fp 123℃；d^{20} 1.015。LD_{50}大鼠急性经口：4.5g/kg；兔皮肤接触：>2g/kg。

注意事项 该品蒸气吸入有害。对水生物极毒。能对水环境引起长期不良的影响。万一着火，应用砂土、干粉、泡沫灭火，而不能用水。应密封于 2～8℃通风处保存。

主要用途 除草剂。

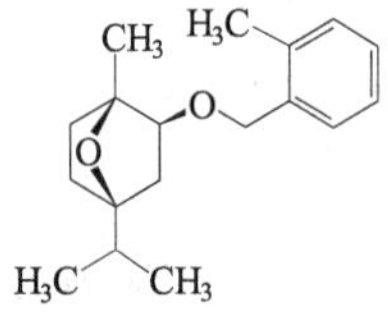

Cinnamaldehyde 肉桂醛 02473

[104-55-2][14371-10-9] C_9H_8O 132.16

成分 C 81.79%，H 6.10%，O 12.11%。

别名 反式肉桂醛；反式 3-苯基-2-丙烯醛；反式桂皮醛；肉桂醛反式；3-苯丙烯醛；桂皮醛；桂皮醛 反式；Benzalactaldehyde；Cinnamal；*trans*-Cinnamaldehyde；Phenylacrolein；Cinnamic aldehyde；*trans*-3-Phenyl-2-propenal

M. I. 15，2298

性状 浅黄色油状液体，遇冷结晶。有强烈的肉桂味。对空气敏感。能随水蒸气挥发。能与乙醇、乙醚、三氯甲烷、油类等相混溶，溶于约 7 体积的 60%乙醇，微溶于水（约 700 份）。mp −7.5℃；bp_{760} 246℃/101.325kPa（部分分解）；bp_{400} 222.4℃/53.33kPa；bp_{200} 199.3℃/26.66kPa；bp_{100} 177.7℃/13.33kPa；bp_{60} 163.7℃/8kPa；bp_{40} 152.2℃/5.33kPa；bp_{20} 135.7℃/2.67kPa；bp_{10} 120℃/1.333kPa；bp_5 105.8℃/0.67kPa；bp_1 76.1℃/133.3Pa；Fp 122℉（50℃）；d_{25}^{25} 1.048～1.052；n_D^{20} 1.618～1.623。LD_{50}大鼠急性经口：2.22g/kg。一般试剂含量≥98.0 (GC)。

注意事项 该品对呼吸系统及皮肤有刺激性。对眼睛有严重损伤的危险。使用时应戴防护镜或面罩。万一接触到眼睛，应立即用大量水冲洗后请医生诊治。应充氩气密封保存。

主要用途 溶剂。食品调味剂。化妆品的香料。

Cinnamamide 肉桂酰胺 02474

[621-79-4] C_9H_9NO 147.18

成分 C 73.45%，H 6.16%，N 9.52%，O 10.87%。

别名 桂皮酰胺

性状 无色针状结晶。微溶于热水，溶于乙醇和乙醚。mp 148～150℃。一般试剂含量≥97.0%。

主要用途 有机合成。

Cinnamic acid 肉桂酸 02475

[621-82-9][140-10-3] $C_9H_8O_2$ 148.16

成分 C 72.96%，H 5.44%，O 21.60%。

别名 反式肉桂酸；反式 3-苯基丙烯酸；反式桂皮酸；亚苄基乙酸；肉桂酸 反式；3；3-苯基丙烯酸 反式；桂皮酸反式；超肉桂酸；Benzalacetic acid；*trans*-Cinnamic acid；Cinnamylic acid；β-Phenylacrylic acid；3-Phenyl-2-propenoic acid

M. I. 15，2299

性状 无色单斜结晶。微有桂皮味。易溶于苯、乙醚、丙酮、冰乙酸、二硫化碳、油类，1g 该品 25℃时溶于约

2000mL 水、6mL 乙醇、5mL 甲醇、12mL 氯仿。p*K*(25℃) 4.46。mp 134℃；bp 300℃；bp_3 147℃/399.9Pa；Fp>199.9℉ (93.3℃，闭杯)；d_4^4 1.2475；uv max (乙醇中)：273nm。LD_{50}大鼠急性经口：3.57g/kg；兔皮肤接触：>5.0g/kg。一般试剂含量≥99.0% (T)。
注意事项 该品对眼睛、呼吸系统及皮肤有刺激性。使用时应穿适当的防护服。万一接触到眼睛，应立即用大量水冲洗后请医生诊治。
主要用途 测定铀、钒和分离钍的试剂。香料合成。制药工业。

Cinnamon oil 肉桂油 02476
[8015-91-6]
别名 山扁豆油；桂皮油；Cassia oil；Chinesecinnamon oil；Cinnamoncassia oil
性状 黄色油状液体。有香味。溶于乙醚、三氯甲烷。接触空气颜色逐渐变黑。Fp 188.6℉ (87℃)；d_4^{20} 1.025；n_D^{20} 1.592。
注意事项 该品与皮肤接触有害。对眼睛、呼吸系统及皮肤有刺激性。接触皮肤能引起过敏。使用时应穿适当的防护服。万一接触到眼睛，应立即用大量水冲洗后请医生诊治。应密封避光于2～8℃保存。
主要用途 制药工业。合成苯丙砜、香兰素。

Cinnamoyl chloride 肉桂酰氯 02477
[102-92-1] C_9H_7ClO 166.60
成分 C 64.88%，H 4.24%，Cl 21.28%。O 9.60%。
别名 反式肉桂酰氯；3-苯基-2-丙烯酰氯；桂皮酰氯；*trans*-3-Phenylacryloyl chloride；Phenylacryl chloride；3-Phenyl-2-propenoyl chloride
M. I. 15，2301
性状 浅黄色结晶。对湿度敏感。溶于乙醇、乙醚和四氯化碳，不溶于水，但在水中能缓慢分解。mp 35～36℃；bp_{58} 170～171℃/7.73kPa；bp_{25} 154℃/3.33kPa；bp_{16} 147℃/2.13kPa；bp_2 101℃/0.27kPa；Fp > 235.4℉ (113℃)；$d_4^{45.3}$ 1.1617；$n_D^{42.5}$ 1.614。一般试剂含量98.0%～101.0%。
注意事项 该品具有腐蚀性，能引起烧伤。使用时应穿适当的防护服，戴手套和防护镜或面罩。万一接触到眼睛，应立即用大量水冲洗后请医生诊治。使用时如有事故发生或有不适之感，应请医生诊治。应充氩气密封干燥保存。
主要用途 微量水的测定。有机合成中间体。

1-*trans*-Cinnamoylimidazole 1-反式肉桂酰咪唑 02478
[1138-15-4] $C_{12}H_{10}N_2O$ 198.23
成分 C 72.71%，H 5.08%，N 14.13%，O 8.07%。
别名 *N*-反式肉桂酰咪唑；反式 1-桂皮酰咪唑；*N*-*trans*-Cinnamoyl imidazole
性状 白色至黄色结晶。对光及湿度敏感。mp 133～135℃。一般试剂含量≥97%。
注意事项 该品应密封避光于干燥处保存。

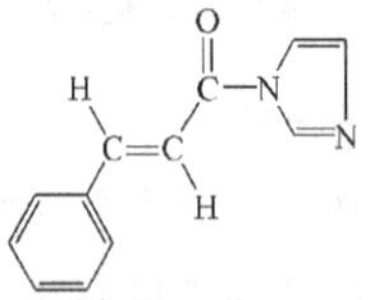

Cinnamyl alcohol 肉桂醇 02479
[104-54-1] $C_9H_{10}O$ 134.18
成分 C 80.57%，H 7.51%，O 11.92%。
别名 苯丙烯醇；3-苯基-2-丙烯-1-醇；桂皮醇；Cinnamic alcohol；3-Phenyl-2-propen-1-ol；γ-Phenylallyl alcohol；Sterone；Styryl carbinol；Styrylic alcohol
M. I. 15，2303
性状 无色针状结晶或结晶块。有风信子香味。露置空气中逐渐氧化成肉桂醛。易溶于乙醇、乙醚及多数有机溶剂，溶于水、甘油。mp 30℃；bp_{760} 258℃/101.325kPa；bp_{400} 224.6℃/53.33kPa；bp_{200} 199.8℃/26.66kPa；bp_{100} 177.8℃/13.3kPa；bp_{60} 162.0℃/8kPa；bp_{40} 151.0℃/5.33kPa；bp_{20} 133.7℃/2.67kPa；bp_{10} 117.8℃/1.33kPa；bp_5 102.5℃/0.67kPa；$bp_{1.0}$ 72.6℃/133.3Pa；Fp 199.9℉ (93.3℃)；d_{35}^{35} 1.0397；n_D^{33} 1.57580；n_D^{20} 1.58190。一般试剂含量≥98.0%。
注意事项 该品口服有害。对眼睛及皮肤有刺激性。接触皮肤能引起过敏。使用时应穿适当的防护服和戴手套。万一接触到眼睛，应立即用大量水冲洗后请医生诊治。
主要用途 香料制备。定香剂。除臭剂。有机合成。

Cinnamyl chloride 肉桂基氯 02480
[2687-12-9] C_9H_9Cl 152.62
成分 C 70.83%，H 5.94%，Cl 23.23%。
别名 3-氯-1-苯丙烯；氯代肉桂烷；3-Chloro-1-phenylpropene；(3-Chloropropenyl) benzene；γ-Chloropropenylbenzene
性状 无色液体。能与乙醇、乙醚相混溶，不溶于水。mp −19℃；bp 213～215℃；bp_{12} 108℃/1.6kPa；Fp 175℉ (79℃)；*d* 1.096；n_D^{20} 1.5840。一般试剂含量≥95.0%。
注意事项 该品为催泪剂。具有腐蚀性，能引起烧伤。
主要用途 检测乙醇溶解试验。有机合成。

Cinnarizine 肉桂苯哌嗪 02481
[298-57-7] $C_{26}H_{28}N_2$ 368.52
成分 C 84.74%，H 7.66%，N 7.60%。
别名 脑益嗪；1-Diphenylmethyl-4-(3-phenyl-2-propenyl) piperazine；1-Cinnamyl-4-diphenylmethylpiperazine；*N*-Benzhydryl-*N'*-*trans*-cinnamylpiperazine；1-*trans*-Cinnamyl-4-diphenylmethylpiperazine；1-Cinnamyl-4-benzhy-drylpiperazine；1-Diphenylmethyl-4-*trans*-cinnamylpiperazine；Cinnipirine；516-MD；Aplactan；Aplexal；Apotomin；Artate；Carecin；Cerebolan；Cerepar；Cinaperazine；Cinazyn；Cinnacet；Cinnageron；Corathiem；Denapol；Dimitron；Eglen；Folcodal；Giganten；Glanil；Hilactan；Ixertol；Katoseran；Labyrin；Midronal；Mitronal；Olamin；Processine；Sedatromin；Sepan；Siptazin；Spaderizine；Stugeron；Stutgeron；Stutgin；Toliman
M. I. 15，2306
性状 无色结晶。微溶于水。
注意事项 使用时应避免吸入本品的粉尘，避免与眼睛及皮肤接触。
主要用途 医用抗组胺剂。

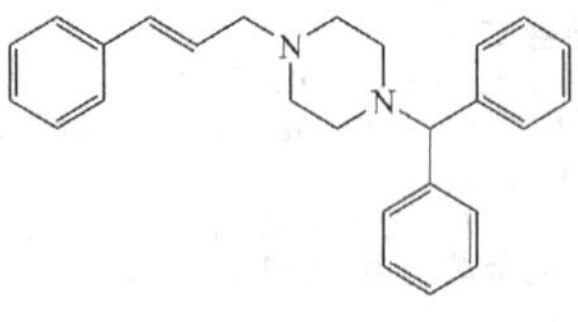

Cinnoline hydrodlloride 噌啉盐酸盐 02482
[5949-24-6] $C_8H_7ClN_2$ 166.61
成分 C 57.67%，H 4.23%，Cl 21.28%，N 16.81%。
别名 1,2-二氮杂萘盐酸盐；肉啉盐酸盐；盐酸 1，2-氮杂萘；盐酸肉啉；盐酸噌啉；1,2-Benzodiazine hydrochloride；Benzo[*c*]pyridazine hydrochloride；1,2-Diazanaphthalene hydrochloride；α-Phenodiazine hydrochloride
M. I. 15，2307
性状 来自乙醇+乙醚中的浅棕色针状结晶。易溶于水、乙醇。mp 156～160℃。一般试剂含量≥98.0%。
注意事项 该品应密封于干燥处保存。

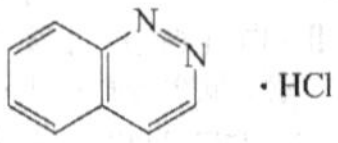

Cinobufotalin 华蟾蜍毒精 02483
[1108-68-5] $C_{26}H_{34}O_7$ 458.55
成分 C 68.10%，H 7.47%，O 24.42%。
别名 (3β，5β，15β，16β)-16-Acetyloxy-14，15-epoxy-3，5-dihydroxybufa-20，22-dienolide；14，15β-Epoxy-3β，5，16β-trihydroxy-5β-bufa-20，22-dienolide 16-acetate
M. I. 15，2308
性状 来自丙酮中的八面体结晶。mp 259～262℃。$[\alpha]_D^{20}$

+11°;uv max: 295nm (lgε 3.72)。

注意事项 该品吸入、口服或与皮肤接触极毒。使用时应穿适当的防护服，戴手套和防护镜或面罩。应避免吸入本品的粉尘。使用时如有事故发生或有不适之感，应立即请医生诊治。应密封于 2~8℃保存。

主要用途 生化研究。

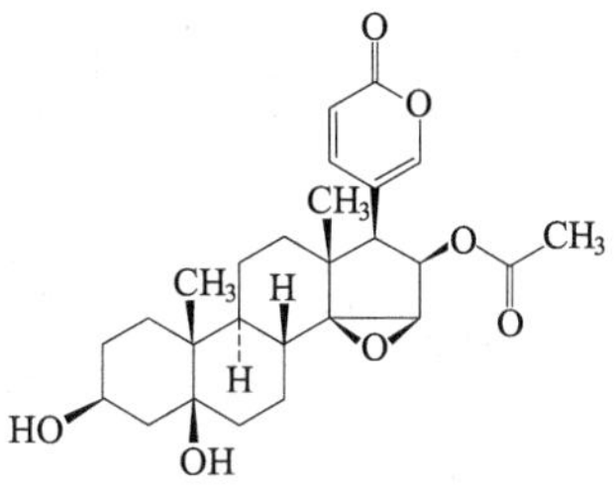

Cinoxacin 噌恶呈 02484

[28657-80-9] $C_{12}H_{10}N_2O_5$ 262.22

成分 C 54.96%，H 3.84%，N 10.68%，O 30.51%。

别名 1-乙基-1，4-二氢-4-氧[1，3]二噁茂[4，5-*g*]噌啉-3-羧酸；1-Ethyl-1,4-dihydro-4-oxo[1,3]dioxolo[4,5-*g*]cinnoline-3-carboxylic acid;1-Ethyl-6,7-methylenedioxy-4(1*H*)-oxocinnoline-3-carboxylic acid; Comp d64716; Cinobac; Noxigram; Uronorm

M. I. 15，2309

性状 浅褐色结晶。溶于多数极性有机溶剂及碱溶液。不溶于水及一般的有机溶剂。mp 261~262℃（分解）。LD_{50} 大鼠急性经口：4160mg/kg；静脉注射：900mg/kg。

主要用途 生化研究。医用抗菌剂。

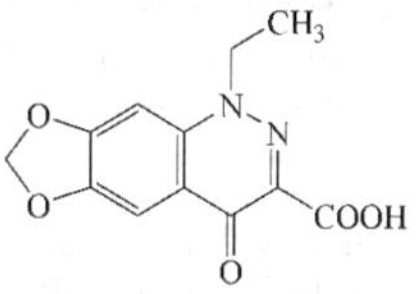

Ciprofibrate 丙环贝特 02485

[52214-84-3] $C_{13}H_{14}Cl_2O_3$ 289.15

成分 C 54.00%，H 4.88%，Cl 24.52%，O 16.60%。

别名 2-[4-(2,2-二氯环丙基)苯氧基]-2-甲基丙酸；2-[4-(2,2-二氯环丙基)苯氧基]异丁酸；2-[4-(2,2-Dichlorocyclopropyl) phenoxy]-2-methylpropanoic acid; 2-[4-(2,2-Dichlorocyclopropyl) phenoxy] isobutyric acid; Win-35833; Ciprol; Lipanor; Modalim

M. I. 15，2312

性状 来自环己烷中的浅奶油色固体。mp 114~116℃。

注意事项 该品能致癌。使用前应得到专门的指导，避免曝露。使用时应穿适当的防护服，戴手套和防护镜或面罩。应避免吸入本品的粉尘。使用时如有事故发生或有不适之感，应立即请医生诊治。应密封于 2~8℃保存。

主要用途 医用抗高血脂剂。

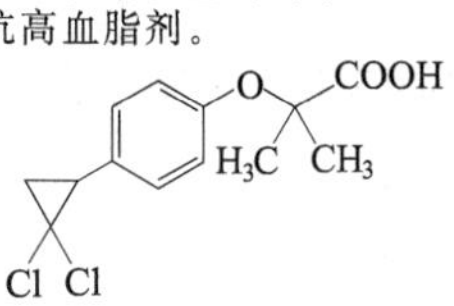

Ciprofloxacin 环丙沙星 02486

[85721-33-1] $C_{17}H_{18}FN_3O_3$ 331.35

成分 C 61.62%，H 5.48%，F 5.73%，N 12.68%，O 14.49%。

别名 环丙氟哌酸；1-Cyclopropyl-6-fluoro-1,4-dihydro-4-oxo-7-(1-piperazinyl)-3-quinolinecarboxylic acid; Bay q 3939

M. I. 15，2313

性状 亮黄色结晶性粉末。溶于稀盐酸（0.1mol/L），几乎不溶于水、乙醇。mp 255~257℃（分解）。生化试剂含量≥98.0%（HPLC）。

主要用途 医用抗菌剂。分析用标准物质。

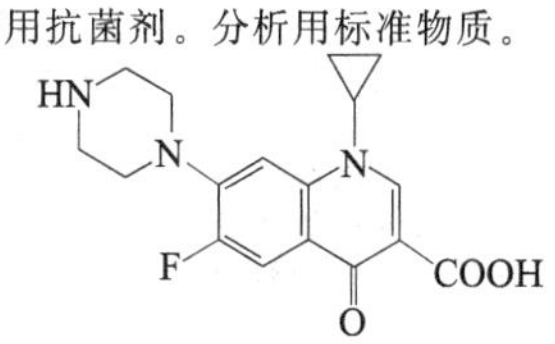

Cisapride 西沙必利 02487

[81098-60-4] $C_{23}H_{29}ClFN_3O_4$ 465.95

成分 C 59.29%，H 6.27%，Cl 7.61%。F 4.08%，N 9.02%，O 13.73%。

别名 西沙比利；普瑞博斯；R-51619; Acenalin; Alimix; Cipril; Prepulsid; Propulsid; Risamol; *cis*-4-Amino-5-chloro-*N*-[1-[3-(4-fluorophenoxy) propyl]-3-methoxy-4-piperidinyl]-2-methoxybenzamide; *cis*-4-Amino-5-chloro-*N*-[1-[3-(*p*-fluorophenoxy) propyl]-3-methoxy-4-piperidinyl]-*o*-anisamide

M. I. 15，2315

性状 一水合物来自 2-丙醇中的无色或白色结晶。溶于丙酮、二甲基亚砜，略微溶于甲醇，不溶于水。mp 109.8℃。生化试剂含量≥98.0%(HPLC)。

注意事项 该品对眼睛有严重损伤的危险。使用时应戴防护镜或面罩。万一接触到眼睛，应立即用大量水冲洗后请医生诊治。

主要用途 医用胃肠动力剂。

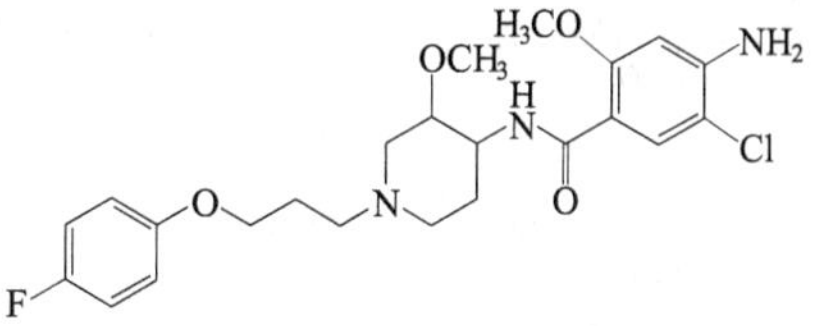

Citalopram hydrobromide 西酞普兰 氢溴酸盐 02488

[59729-32-7] $C_{20}H_{22}BrFN_2O$ 405.31

成分 C 59.27%，H 5.47%，Br 19.71%，F 4.69%，N 6.91%，O 3.95%。

别名 氢溴酸西酞普兰；1-(3-二甲氨基丙基)-1-(4-氟苯基)-1,3-二氢-5-异苯并呋喃腈 氢溴酸盐；Celexa; Cipramil; Elopram; Seropram; 1-[3-(Dimethylamino)-propyl]-1-(4-fluorophenyl)-1,3-dizohydro-5-isobenzo-furancarbonitrile hydrobromide; 1-[3-(Dimethylamino) propyl]-1-(4-fluorophenyl)-5-phthalancarbonitrile hydrobromide; Nitalapram hydrobromide LU-10-171-HBr

M. I. 15，2317

性状 来自异丙醇中的无色结晶或白色、灰白色粉末。易溶于水、乙醇、氯仿。mp 182~183℃。

主要用途 医用抗抑郁剂。

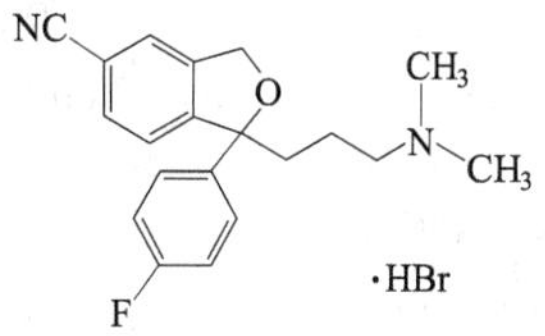

Citicoline sodium salt 二磷酸胞苷胆碱钠盐 02489

[33818-15-4] $C_{14}H_{25}N_4NaO_{11}P_2$ 510.31

成分 C 32.95%，H 4.94%，N 10.98%，Na 4.51%，O 34.49%，P 12.14%。

别名 Acticolin; Brassel; Cebroton; Ceraxon; Cidifos; Flussorex; Gerolin; Logan; Neuroton; Sinkron; Cytidine 5′-(trihydrogen diphosphate) *P*′-[2-(trimethylammonio) ethyl] ester inner salt sodium salt; Choline cytidine 5′-pyrophosphate(ester) sodium salt; Cytidine diphosphate choline ester sodium salt; CDP-choline sodium salt; Audes sodium salt; Citifar sodium salt; Colite sodium salt; Cyscholin sodium salt; Difosfocin sodium salt; Ensign sodium salt; Haocolin sodium salt; Neucolis sodium salt; Nicholin sodium salt; Recognan sodium salt; Rexort sodium salt; Sintoclar sodium salt; Somazina sodium salt; Suncholin sodium salt

M. I. 15, 2318

性状 白色结晶性固体或海绵状吸湿性粉末。对湿度敏感。溶于水，几乎不溶于乙醇。250℃分解；$[\alpha]_D^{20}+12.5°$（c=1.0，于水中）。生化试剂含量≥98.0%。

注意事项 该品应充氩气密封于−20℃干燥保存。

主要用途 生化研究。用于治疗缺血性心脏跳动及头外伤。分析用标准物质。

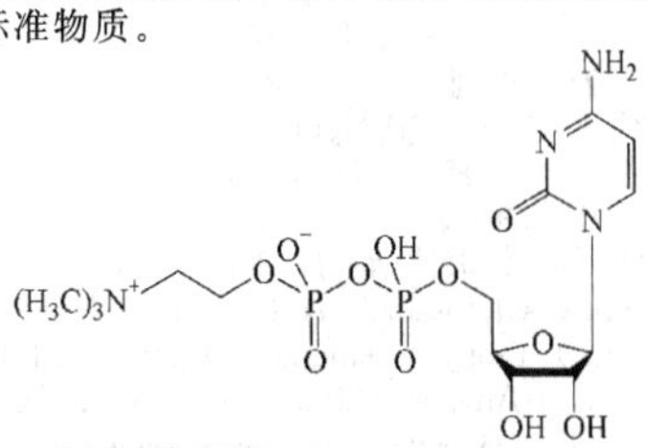

Citraconic acid 柠康酸 02490

[498-23-7] $C_5H_6O_4$ 130.10

成分 C 46.16%，H 4.65%，O 49.19%。

别名 顺式甲基丁烯二酸；*Z*-甲基丁烯二酸；甲基顺式丁烯二酸；(*Z*)-2-Methyl-2-butenedioic acid; Methylmaleic acid

M. I. 15, 2320

性状 无色单斜结晶。有特殊气味。具有吸湿性。易溶于水、乙醇、乙醚，微溶于氯仿，几乎不溶于苯、石油醚。mp 约 90℃（分解）；d 1.62。LD_{50}大鼠，小鼠急性经口：1320mg/kg，2260mg/kg。一般试剂含量≥99.0%（T）。

注意事项 该品口服有害。使用时应穿适当的防护服。应密封于干燥处保存。

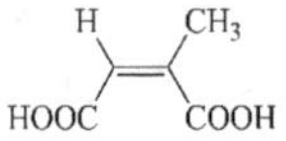

Citral 柠檬醛 02491

[5392-40-5] $C_{10}H_{16}O$ 152.24

成分 C 78.90%，H 10.59%，O 10.51%。

别名 3,7-二甲基-2,6-辛二烯醛；橙花醛；枸橼醛；牻牛儿醛；3,7-Dimethyl-2,6-octadienal; Neral

M. I. 15, 2321

性状 浅黄色流动液体。有浓的柠檬气味。能与乙醇、乙醚相混溶，不溶于水。bp 220～225℃；Fp 208℉（99.5℃）；d_{25}^{25} 0.885～0.891；n_D^{20} 1.4860～1.4900。LD_{50}大鼠急性经口：4.96g/kg。一般试剂为顺式及反式的混合物。含量≥95%。

注意事项 该品对皮肤有刺激性。接触皮肤能引起过敏。使用时应戴手套，应避免与眼睛及皮肤接触。应密封保存。

主要用途 香料和化妆品的制备。合成维生素 A。

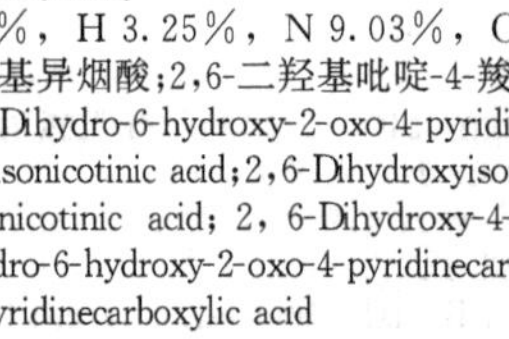

(反式) (顺式)

Citrazinic acid 柠嗪酸 02492

[99-11-6] $C_6H_5NO_4$ 155.11

成分 C 46.46%，H 3.25%，N 9.03%，O 41.26%。

别名 2,6-二羟基异烟酸；2,6-二羟基吡啶-4-羧酸；二缩一酰胺柠檬酸；1,2-Dihydro-6-hydroxy-2-oxo-4-pyridinecarboxylic acid; 2,6-Dihydroxyisonicotinic acid; 2,6-Dihydroxyisonicotinic acid; 2,6-Dihydroxy-*iso*-nicotinic acid; 2, 6-Dihydroxy-4-pyridinecarboxylic acid; 1,2-Dihydro-6-hydroxy-2-oxo-4-pyridinecarboxylic acid; 2,6-Dihydroxy-4-pyridinecarboxylic acid

M. I. 15, 2324

性状 浅黄色或浅绿色粉末。见光或露置空气中颜色逐渐变深。易溶于碱和碳酸碱溶液，微溶于热盐酸，几乎不溶于水。在碱溶液中变蓝。约 300℃熔化并炭化。一般试剂含量≥96.0%（HPLC）。

注意事项 该品对眼睛、呼吸系统及皮肤有刺激性。使用时应穿适当的防护服。万一接触到眼睛，应立即用大量水冲洗后请医生诊治。应密封避光保存。

主要用途 彩色胶片显影液的配制。制药工业。染料合成。

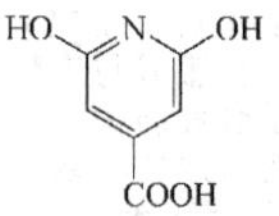

Citric acid anhydrous 无水柠檬酸 02493

[77-92-9] $C_6H_8O_7$ 192.12

成分 C 37.51%，H 4.20%，O 58.29%。

别名 无水枸橼酸；枸橼酸 无水；柠檬酸 无水；2-Hydroxy-1, 2, 3-propanetricarboxylic acid; *β*-Hydroxytricarboxylic acid

M. I. 15, 2325

性状 来自热浓水溶液中的无色单斜对称结晶或白色结晶性粉末、颗粒。易吸潮。易溶于乙醇、水（质量分数：10℃，54.0%；20℃，59.2%；30℃，64.3%；40℃，68.6%；50℃，70.9%；60℃，73.5%；70℃，76.2%；80℃，78.8%；90℃，81.4%；100℃，84.00%）、极微溶于乙醚。pK_1 3.128，pK_2 4.761，pK_3 6.396。mp 153℃；d 1.665。LD_{50}小鼠，大鼠腹膜内注射：5.0mmol/kg，4.6mmol/kg。一般试剂含量≥99.5%（T）。

注意事项 该品对眼睛有严重损伤的危险。使用时应戴防护镜或面罩。万一接触到眼睛，应立即用大量水冲洗后请医生诊治。应密封于干燥处保存。

主要用途 分析试剂。检定铋、亚硝酸盐，测定铝、铜、镍和钍。

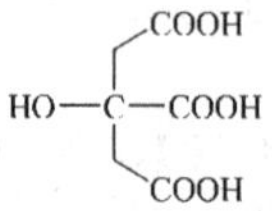

Citric acid monohydrate 柠檬酸 一水 02494

[5949-29-1] $C_6H_8O_7 \cdot H_2O$ 210.14

成分(以无水物计) C 37.51%，H 4.20%，O 58.29%。

别名 一水合柠檬酸；枸橼酸一水；2-羟基丙三羧酸 一水；2-Hydroxy-1, 2, 3-propanetricarboxylic acid monohydrate; *β*-Hydroxytricarballylic acid monohydrate; 1, 2, 3-Tricarboxy-2-hydroxypropane monohydrate

M. I. 15, 2325

性状 来自冷水溶液中的无色斜方结晶。有愉快的酸味。在干燥空气中易风化，而在潮湿空气中易结块。易溶于水和乙醇，微溶于乙醚。该品 0.1mol/L 溶液 pH 值 2.2。该品溶解度（g/100g）：乙醚 2.17、氯仿 0.007、戊醇 15.43、乙酸戊酯 5.98、乙酸乙酯 5.28；19℃时，甲醇 197、丙醇 62.8。mp 约 100℃；Fp 345.2℉（174℃）；d 1.542。LD_{50}大鼠腹膜内注射：975mg/kg。

注意事项 该品对呼吸系统及皮肤有刺激性。对眼睛有严重损伤的危险。使用时应穿适当的防护服，戴手套和防护镜或面罩。万一接触到眼睛，应立即用大量水冲洗后请医生诊治。

主要用途 测定铋、铝、铜、汞、镍、亚硝酸盐、次亚硝酸等的试剂。缓冲液的配制。生物培养基的制备。与苦味酸一同用以测定尿中的蛋白质。碱中毒的解毒剂。

参考规格

GB/T 9855—2008	优级纯
含量（$C_6H_8O_7 \cdot H_2O$）/%≥	99.8
澄清度试验/号≤	2
水不溶物/%≤	0.002
灼烧残渣（以硫酸盐计）/%≤	0.01
氯化物（Cl）/%≤	0.0005
硫酸盐（SO_4）/%≤	0.002
磷酸盐（PO_4）/%≤	0.001
草酸盐（C_2O_4）/%≤	0.05
钙（Ca）/%≤	0.002
铁（Fe）/%≤	0.0003
铜（Cu）/%≤	0.0005
铅（Pb）/%≤	0.0005
易碳化物质	合格

GB/T 9855—1988	分析纯	化学纯
含量（$C_6H_8O_7 \cdot H_2O$）/%≥	99.5	99.0
澄清度试验/号≤	4	6
水不溶物/%≤	0.005	0.01
灼烧残渣（以硫酸盐计）/%≤	0.02	0.07

氯化物（Cl）/%≤	0.0005	0.005
硫酸盐（SO_4）/%≤	0.005	0.02
磷酸盐（PO_4）/%≤	0.001	0.005
草酸盐（C_2O_4）/%≤	0.05	
钙（Ca）/%≤	0.005	0.02
铁（Fe）/%≤	0.0005	0.001
铜（Cu）/%≤	0.0005	
铅（Pb）/%≤	0.0005	0.001
易碳化物质	合格	

Citrinin 桔霉素 02495

[518-75-2] $C_{13}H_{14}O_5$ 250.25

成分 C 62.39%，H 5.64%，O 31.97%。

别名 橘霉素；(3*R*,4*S*)-4,6-Dihydro-8-hydroxy-3,4,5-trimethyl-6-oxo-3*H*-2-benzopyran-7-carboxylic acid；Antimycin

M.I.15,2326

性状 来自乙醇中的柠檬黄色针状结晶。溶于乙醇、二氧六环、稀碱，几乎不溶于水。pH 值变色范围：4.6（柠檬黄色）至 9.9（樱桃红色）。175℃分解；$[\alpha]_D^{18}-37.4°$（c=1.15，于乙醇中）；uv max：250nm，331nm（$E_{1cm}^{1\%}$ 370，418）。LD_{50}小鼠，大鼠腹膜内注射：35mg/kg，67mg/kg。生化试剂含量≥98.0%（TLC）。

注意事项 该品吸入、口服或与皮肤接触有毒。对机体有不可逆损伤的可能性。应密封于 2～8℃保存。

主要用途 生化研究。

(±)-Citronellal 香茅醛 02496

[106-23-0] $C_{10}H_{18}O$ 154.25

成分 C 77.87%，H 11.76%，O 10.37%。

别名 雄刈萱草醛；(±)-3,7-二甲基-6-辛烯醛；(±)-3,7-Dimethyl-6-octenal

M.I.15，2328

性状 无色液体。溶于醇类，极微溶于水。对光敏感。bp_1 47℃/133.322Pa；Fp186.8℉（86℃）；d 0.848～0.856；n_D^{20} 1.4460；$[\alpha]_D^{25}+11.5°$。一般试剂含量 80%～90%（GC）。

注意事项 该品对眼睛、呼吸系统及皮肤有刺激性。使用时应穿适当的防护服。万一接触到眼睛，应立即用大量水冲洗后请医生诊治。应充氩气密封避光保存。

(+)-β-Citronellol (+)-β-香茅醇 02497

[1117-61-9] $C_{10}H_{20}O$ 156.26

成分 C 76.86%，H 12.90%，O 10.24%。

别名 (+)-β-3,7-二甲基-6-辛烯-1-醇；(+)-β-Cephrol；(+)-β-Citronellol；(+)-β-3,7-Dimethyl-6-octen-1-ol；(+)-β-2,6-Dimethyl-2-octen-8-ol

M.I.15，2329

性状 油状液体。能与乙醇、乙醚混溶，极微溶于水。bp 224.5℃；bp_{10} 108.4℃/1.333kPa；Fp 209℉（98℃）；d_4^{20} 0.8550；n_D^{20} 1.4559；$[\alpha]_D^{20}+5.22°$。一般试剂含量 90%～95%（GC）。

注意事项 见 02496 香茅醛。

主要用途 香料。

DL-Citrulline DL-瓜氨酸 02498

[627-77-0] $C_6H_{13}N_3O_3$ 175.19

成分 C 41.13%，H 7.48%，N 23.99%。

别名 DL-西瓜氨基酸；DL-N^5-Aminocarbonylornithine；DL-2-Amino-5-ureidopentanoic acid；DL-α-Amino-δ-ureidoraleric acid；DL-N^δ-Carbamylornithin；DL-Cit

M.I.15，2330

性状 白色结晶或结晶性粉末。溶于水，不溶于乙醇、甲醇。mp 242～244℃（分解）。

注意事项 使用时应避免吸入本品的粉尘，避免与眼睛及皮肤接触。

主要用途 生化研究。

L-Citrulline L-瓜氨酸 02499

[372-75-8] $C_6H_{13}N_3O_3$ 175.19

成分 C 41.13%，H 7.48%，N 23.99%，O 27.40%。

别名 L-西瓜氨基酸；氨甲酰鸟氨酸；N^5-Aminocarbonyl-L-ornithine；L-α-Amino-δ-ureidovaleric acid；L-N^δ-Carbamylornithine；L-δ-Ureidonorvaline；(*S*)-2-Amino-5-ureidopentanoic acid

M.I.15，2330

性状 来自甲醇+水中的无色棱形柱体结晶。溶于水，不溶于甲醇、乙醇。mp 222℃（分解）；$[\alpha]_D^{20}$ +3.7°（c=2）。一般试剂含量≥98.0%（TLC）。

主要用途 检测干燥失重、灼烧残渣、铵盐、氯化物、重金属、铁等的含量。医用治疗虚弱。

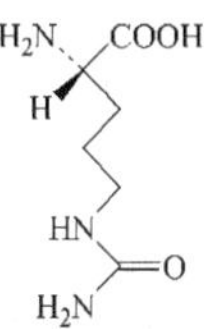

Clanobutin 利胆丁酸 02500

[30544-61-7] $C_{18}H_{18}ClNO_4$ 347.80

成分 C 62.16%，H 5.22%，Cl 10.19%，N 4.03%，O 18.40%。

别名 氯诺布汀；4-[(4-Chlorobenzoyl)(4-methoxyphenyl)amino]butanoic acid；4-[*p*-Chloro-*N*-(*p*-methoxyphenyl)benzamido]butyric acid；*N*-(*p*-Chlorobenzoyl)-γ-(*p*-anisidino)butyric acid；Bykahepar

M.I.15，2337

性状 来自乙酸乙酯中的无色结晶或近白色结晶性粉末。溶于水（37℃，pH 值 7，4.02×10^{-2} mol/L）。pK_a 5.04。mp 115～116℃。LD_{50}大鼠急性经口：>2000mg/kg；静脉注射：570mg/kg。生化试剂含量≥99.0%。

主要用途 医用利胆剂。

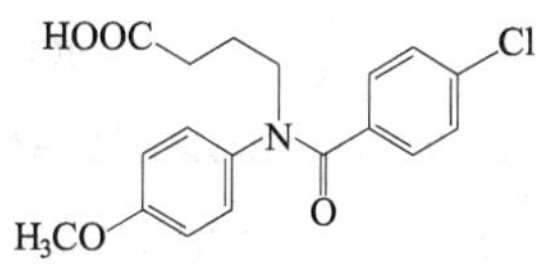

Clarithromycin 克拉霉素 02501

[81103-11-9] $C_{38}H_{69}NO_{13}$ 747.96

成分 C 61.02%，H 9.30%，N 1.87%，O 27.81%。

别名 克拉红霉素；甲基红霉素；甲氧基红霉素；6-*O*-Methylerythromycin；A-56268；TE-031；Biaxin；Clathromycin；Cyllind；Klacid；Klaricid Macladin；Naxy；Veclam；Zeclar

M.I.15，2338

性状 来自氯仿-十二异丙醚（1∶2）中的无色针状结晶，mp 217～220℃（分解）；或来自乙醇中的无色结晶，mp 222～225℃。于 pH 值酸性时稳定。$[\alpha]_D^{24}-90.4°$（c=1，于氯仿中）；uv max（氯仿中）：288nm（ε 27.9），（甲醇中）：211nm，288nm。LD_{50}（mg/kg）雄，雌小鼠，大鼠经口：2740，2700，3470，2700；腹膜内注射：1038，850，669，753；皮下注射：全部>5000。生化试剂含量≥99.0%。

注意事项 该品口服有害。

主要用途 医用抗菌剂。

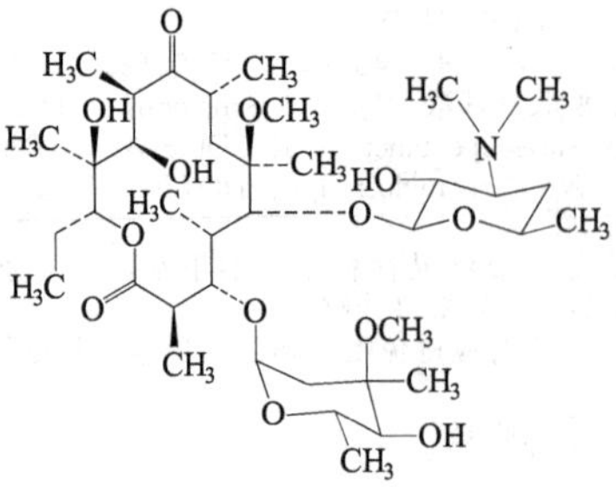

Clazuril　克拉珠利　02502

[101831-36-1]　$C_{17}H_{10}Cl_2N_4O_2$　373.19

成分　C 54.71%，H 2.70%，Cl 19.00%，N 15.01%，O 8.57%。

别名　2-Chloro-α-(4-chlorophenyl)-4-[4,5-dihydro-3,5-dioxo-1,2,4-triazin-2(3*H*)-yl]benzeneacetonitrile;(±)-[2-Chloro-4-[4,5-dihydro-3, 5-dioxo-*as*-triazin-2 (3*H*)-yl] phenyl] (*p*-chlorophenyl)acetonitrile;Appertex

M. I. 15，2341

性状　无色或白色结晶或粉末。mp 196.8℃。

主要用途　兽用抑球虫剂。

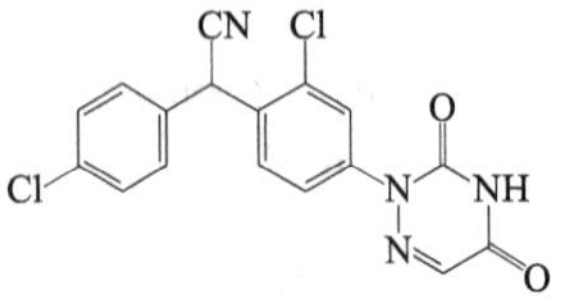

Clebopride hydrochloride monohydrate　氯波必利 盐酸盐 一水　02503

[55905-53-8]　$C_{20}H_{25}Cl_2N_3O_2$　410.26（无水物）

成分　（以无水物计）　C 58.55%，H 6.12%，Cl 17.28%，N 10.24%，O7.80 %。

别名　盐酸氯波必利;4-Amino-5-chloro-2-methoxy-*N*-(1-phenylmethyl-4-piperidinyl) benzamide hydrochloride monohydrate; 4-Amino-*N*-(1-benzyl-4-piperidyl)-5-chloro-*o*-anisamide hydrochloride monohydrate; *N*-(1′-Benzyl-4′-piperidyl)-2-methoxy-4-amino-5-chlorobenzamide hydrochloride monohydrate

M. I. 15，2342

性状　无色结晶。mp 217～219℃。LD_{50}雄瑞士小鼠急性经口：约>1000mg/kg。

主要用途　医用止吐剂，解痉剂。

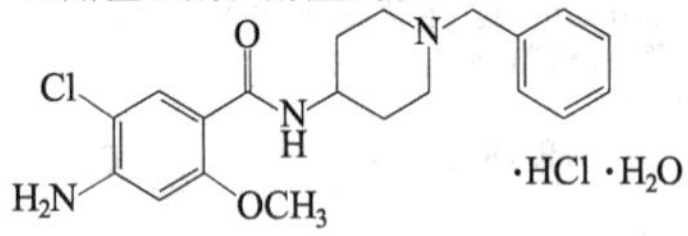

Clemastine fumarate salt　氯马斯汀 富马酸盐　02504

[14976-57-9]　$C_{25}H_{30}ClNO_5$　459.97

成分　C 65.28%，H 6.57%，Cl 7.71%，N 3.05%，O 17.39%。

别名　富马酸氯马斯汀；斯诺平；HS-592; Aloginan; Alphamin; Anhistan; Fuluminol; Inbestan; Kinotomin; Lacretin; Lecasol; Maikohis; Mallermin-F; Marsthine; Masletine; Piloral; Reconin; Tavegil; Tavegyl; Tavist; Telgin-G; Trabest; Xolamin; (2*R*)-2-[2-[(1*R*)-1-(4-Chlorophenyl)-1-phenylethoxy]ethyl]-1-methylpyrrolidine fumarate salt; (+)-2-[2-[(*p*-Chloro-α-methyl-α-phenylbenzyl) oxy] ethyl]-1-methylpyrrolidine fumarate salt; 1-Methyl-2-[2-(α-methyl-*p*-chlorobenzhydryloxy) ethyl] pyrrolidine fumarate salt;1-Methyl-2-[2-(methyl-*p*-chlorodiphenylmethyloxy) ethyl]pyrrolidine fumarate salt;meclastine fumarate salt

M. I. 15，2343

性状　无色结晶。微溶于甲醇，极微溶于水、氯仿。mp 177～178℃。$[\alpha]_D^{21}$ +16.9°（于甲醇中）。LD_{50}小鼠，大鼠急性经口：730mg/kg，3550mg/kg；静脉注射：43mg/kg，82mg/kg。生化试剂含量 98.0%～102%。

注意事项　该品应密封避光保存。

主要用途　医用抗组胺剂。

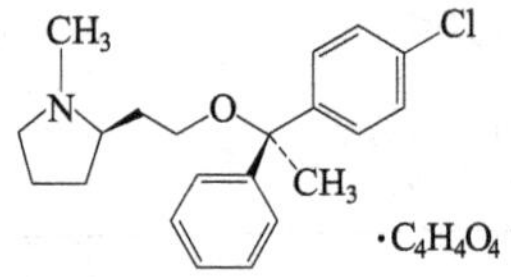

Clemizole hydrochloride　氯苄咪唑 盐酸盐　02505

[1163-36-6]　$C_{19}H_{21}Cl_2N_3$　362.30

成分　C 62.99%，H 5.84%，Cl 19.57%，N 11.60%。

别名　盐酸氯苄咪唑；Allercur;1-(4-Chlorophenyl)methyl-2-(1-pyrrolidinylmethyl)-1*H*-benzimidazole hydrochloride;1-(*p*-Chlorobenzyl)-2-(1-pyrrolidinylmethyl) benzimidazole hydrochloride; 1-(*p*-Chlorobenzyl)-2-pyrrolidylmethylenebenzimidazole hydrochloride

M. I. 15，2344

性状　来自丁醇中的白色微细棒状结晶。溶于水。mp 239～241℃。

注意事项　该品口服有害。使用时应穿适当的防护服。

主要用途　医用抗组胺剂。

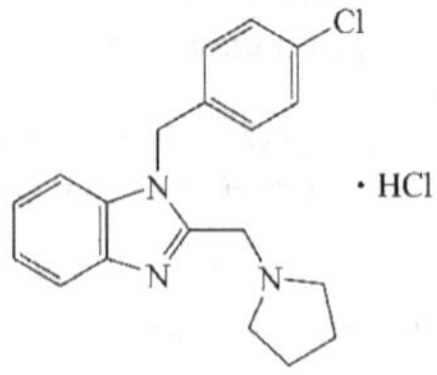

Clenbuterol hydrochloride　氨哮素 盐酸盐　02506

[21898-19-1]　$C_{12}H_{19}Cl_3N_2O$　313.65

成分　C 45.95%，H 6.11%，Cl 33.91%，N 8.93%，O 5.10%。

别名　克喘素 盐酸盐；盐酸克喘素；盐酸氨哮素；NAB-365Cl; Spiropent; Ventipulmin; 4-Amino-3,5-dichloro-α-[[(1,1-dimethylethyl) amino] methyl] benzenemethanol hydrochloride; 4-Amino-α-(*tert*-butylamino)methyl-3,5-dichlorobenzyl alcohol hydrochloride; NAB-365 hydrochloride; Monores hydrochloride

M. I. 15，2345

性状　来自异丙醇中的无色微细结晶性粉末。易溶于水、甲醇、乙醇，微溶于氯仿，不溶于苯。mp 174～175.5℃。LD_{50}（mg/kg）小鼠，大鼠，豚鼠急性经口：176，315，67.1；静脉注射：27.6，35.3，12.6。生化试剂含量≥95%。

注意事项　该品口服有毒。使用时应穿适当的防护服，戴手套和防护镜或面罩。应避免吸入本品的粉尘。使用时如有事故发生或有不适之感，应请医生诊治。应密封于 2～8℃保存。

主要用途　医用支气管扩张剂。

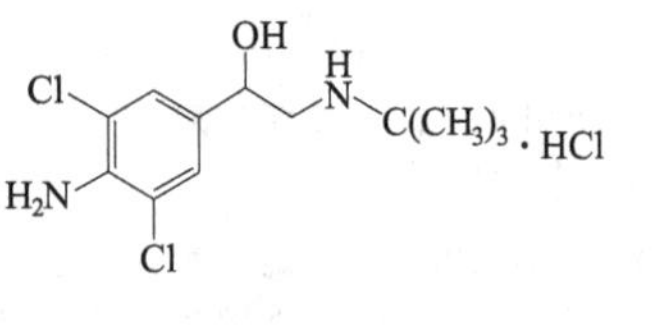

Clentiazem maleate　马来酸 克仑硫䓬　02507

[96128-92-6]　$C_{26}H_{29}ClN_2O_8S$　565.03

成分　C 55.27%，H 5.17%，Cl 6.27%，N 4.96%，O 22.65%，S 5.67%。

别名　克仑硫䓬马来酸盐；TA-3090; Logna; (2*S*,3*S*)-3-Acetyloxy-8-chloro-5-[2-(dimethylamino) ethyl]-2,3-dihydro-2-(4-methoxyphenyl)-1,5-benzothiazepin-4(5*H*)-one maleate; (+)-(2*S*,3*S*)-8-Chloro-5-[2-(dimethylamino) ethyl]-2,3-dihydro-3-hydroxy-2-(*p*-methoxyphenyl)-1,5-benzothiazepin-4(5*H*)-one acetate (ester) maleate

M. I. 15，2346

性状　来自乙醇中的无色结晶。mp 160.5～161.5℃；$[\alpha]_D^{20}$ +76.5°（*c*=1，于甲醇中）。

主要用途　医用抗高血压剂。

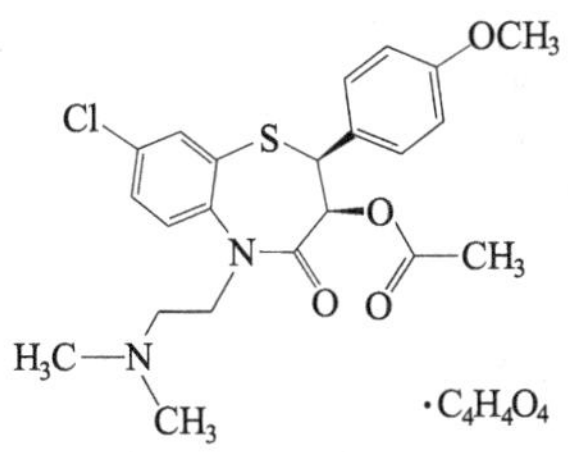

·$C_4H_4O_4$

Clerici's solution 克列里斯溶液 02508

[61971-47-9]

别名 甲酸铊和丙二酸铊混合液；克利嘈溶液；铊重液；克累西溶液；Thallium(I) malonate/formate solution

性状 无色液体。系甲酸铊与丙二酸铊的混合溶液(甲酸铊 7g;丙二酸铊 7g;水 1mL)。能与水任意混溶。d 4.360;n_D^{20} 1.5810。一般试剂含量约 78%～79%。

注意事项 该品有毒。对眼睛、呼吸系统及皮肤有刺激性。

主要用途 矿物学上用以浮载标本进行密度测定。是测压计上用的一种密封液,适用于比较大的压力变化的测定。

Clethodim 烯草酮 02509

[99129-21-2] $C_{17}H_{26}ClNO_3S$ 359.91

成分 C 56.73%,H 7.28%,Cl 9.85%,N 3.89%,O 13.34%,S 8.91%。

别名 克草酮;2-[1-[[(3-Chloro-2-propenyl)oxy]imino]propyl]-5-[2-(ethylthio)propyl]-3-hydroxy-2-cyclohexen-1-one;(±)-2-[(*E*)-1-[(*E*)-3-Chloroallyloxyimino]propyl]-5-[2-(ethylthio)propyl]-3-hydroxycyclohex-2-enone; RE-45601; Centurion; Prism;Select

M. I. 15，2347

性状 澄清的琥珀色液体。溶于多数有机溶液。d^{20} 1.14。LD_{50}雄、雌大鼠急性经口：1630mg/kg，1360mg/kg。LD_{50}鲑鱼：56mg/L；8 日喂养鹌鹑：>6000×10^{-6}。

注意事项 该品使用时应避免吸入其粉尘。避免与眼睛及皮肤接触。应密封于 2～8℃保存。

主要用途 除草剂。

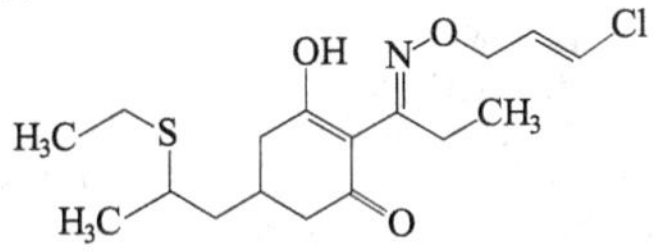

Clidinium bromide 克利溴铵 02510

[3485-62-9] $C_{22}H_{26}BrNO_3$ 432.36

成分 C 61.12%，H 6.06%，Br 18.48 %，N 3.24%，O 11.10%。

别名 凯利溴铵;溴化凯利铵;3-(Hydroxydiphenylacetyl)oxy-1-methyl-1-azoniabicyclo[2.2.2]octane bromide; 3-Hydroxy-1-methylquinuclidinium bromide benzilate; 1-Methyl-3-benziloyloxyquinuclidinium bromide;3-Benziloyloxy-1-azabicyclo[2.2.2]octane methobromide;Ro-2-3773;Quarzan

M. I. 15，2352

性状 来自甲醇+丙酮+乙醚中的无色结晶或白色结晶性粉末。几乎无味。溶于水、乙醇，微溶于苯、乙醚。mp 240～241℃。

注意事项 该品口服有害。使用时应穿适当的防护服。

主要用途 医用抗痉挛剂。

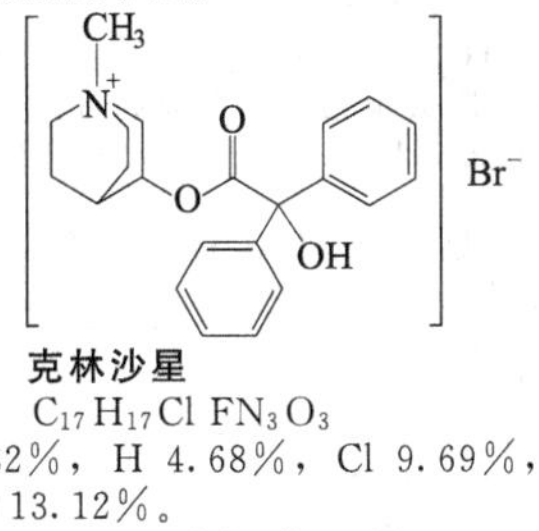

Br^-

Clinafloxacin 克林沙星 02511

[105956-97-6] $C_{17}H_{17}ClFN_3O_3$ 365.79

成分 C 55.82%，H 4.68%，Cl 9.69%，F 5.19%，N 11.49%，O 13.12%。

别名 7-(3-Amino-1-pyrrolidinyl)-8-chloro-1-cyclopropyl-6-fluoro-1,4-dihydro-4-oxo-3-quinolinecarboxylic acid

M. I. 15，2353

性状 来自氯仿-甲醇-浓氨水中的奶白色粉末。mp 253～258℃（分解）；bp_{760} 592.3℃/101.325kPa；Fp 593.6℉(312℃)；d 1.573。生化试剂含量≥98.5%。

主要用途 医用抗菌剂。

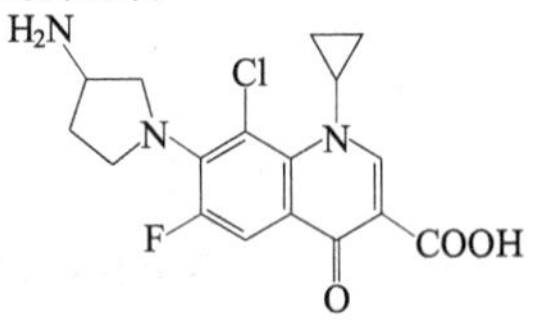

Clindamycin hydrochloride 氯洁霉素 盐酸盐 02512

[21462-39-5] $C_{18}H_{34}Cl_2N_2O_5S$ 461.44

成分 C 46.85%，H 7.43%，Cl 15.37%，N 6.07%，O 17.34%，S 6.95%。

别名 氯林可霉素 盐酸盐；氯林肯霉素 盐酸盐；盐酸氯洁霉素；盐酸氯林可霉素；盐酸氯林肯霉素；Dalacin;(2*S*-*trans*)-Methyl-7-chloro-6,7,8-trideoxy-6-[(1-methyl-4-propyl-2-pyrrolidinyl)carbonyl]amino-1-thio-L-*threo*-α-D-*galacto*-octopyranoside hydrochloride;7(*S*)-Chloro-7-deoxylincomycin hydrochloride; 7-Deoxy-7 (*S*)-chlorolincomycin hydrochloride; Clinimycin (rescinded)-HCl; U-21251-HCl; Antirobe-HCl; Cleocin-HCl;Dal acin C-HCl;Klimicin-HCl;Sobelin

M. I. 15，2354

性状 来自乙醇-乙酸乙酯中的白色结晶。易溶于水、甲醇、二甲基甲酰胺，溶于乙醇、吡啶，几乎不溶于丙酮。pK_a 7.6。mp 141～143℃；$[\alpha]_D$+144°（于水中）。LD_{50}小鼠急性经口：2618mg/kg；静脉注射：245mg/kg；腹膜内注射：361mg/kg。生化试剂含量≥96.0%（TLC）。

注意事项 使用时应避免吸入本品的粉尘，避免与眼睛及皮肤接触。万一接触到眼睛，应立即用大量水冲洗后请医生诊治。应充氩气密封于 2～8℃保存。

主要用途 生化研究。医用抗菌剂。

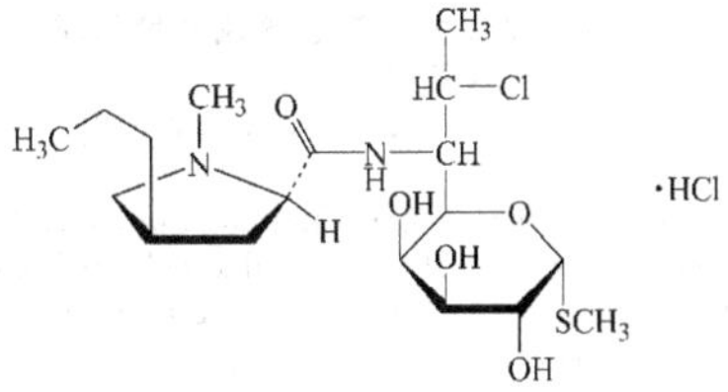

·HCl

Clinofibrate 克利贝特 02513

[30299-08-2] $C_{28}H_{36}O_6$ 468.59

成分 C 71.77%，H 7.74%，O 20.49%。

别名 双环苯氧酸；环己双妥明；2,2′-[Cyclohexylidenebis(4,1-phenyleneoxy)]bis(2-methylbutanoic acid);2,2′-(4,4′-Cyclohexylidenediphenoxy)-2,2′-dimethyldibutyric acid;S-8527;Lipclin

M. I. 15，2355

性状 白色至灰白色末。溶于甲醇、乙醇、丙酮、氯仿、冰乙酸，微溶于四氯化碳，几乎不溶于水。mp 143～146℃(分解)。生化试剂含量≥98.5%。

主要用途 医用抗青光眼剂。

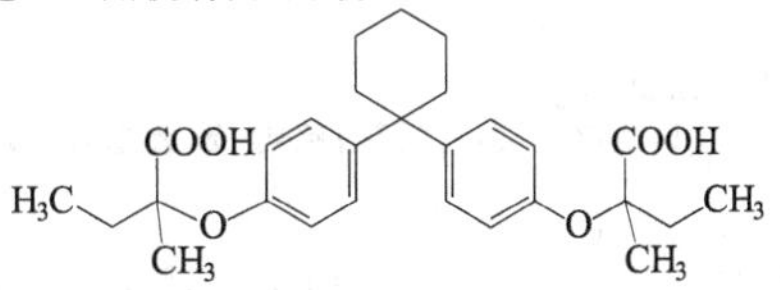

Clobazam 氧异安定 02514

[22316-47-8] $C_{16}H_{13}ClN_2O_2$ 300.74

成分 C 63.90%，H 4.36%，Cl 11.79%，N 9.31%，O 10.64%。

别名 7-Chloro-1-methyl-5-phenyl-1*H*-1,5-benzodiazepine-2,4(3*H*,5*H*)-dione; 1-Phenyl-5-methyl-8-chloro-1,2,4,5-tetrahydro-2,4-dioxo-3*H*-1,5-benzodiazepine; H-4723; HR-376; LM-2717;Frisium;Urbadan;Urbanyl

M. I. 15，2356

性状 来自 50%乙醇中的无色结晶。mp 166～168℃。

注意事项 使用时应避免吸入本品的粉尘，避免与眼睛及皮肤接触。

主要用途 生化研究。医用抗焦虑剂，抗惊厥剂。

Clobetasol 17-propionate 17-丙酸氯氟美松 02515

[25122-46-7] $C_{25}H_{32}ClFO_5$ 466.97

成分 C 64.30%，H 6.91%，Cl 7.59%，F 4.07%，O 17.13%。

别名 氯氟美松 17-丙酸盐；(11β,16β)-21-Chloro-9-fluoro-11,17-dihydroxy-16-methylpregna-1,4-diene-3,20-dione 17-propionate;GR-2/925;Clobesol;Dermoval;Dermovate;Dermoxin;Dermoxinale;Temovate

M. I. 15, 2358

性状 白色或近白色结晶性粉末。溶于丙酮、二甲基亚砜、氯仿、甲醇、二氧六环，略微溶于乙醇，微溶于苯、乙醚，不溶于水。mp 195.5～197℃；$[\alpha]_D$+103.8°（c=1.04，于二氧六环中）；uv max（乙醇中）：237nm（ε 15000）。一般试剂含量≥98.0%。

注意事项 该品对眼睛、呼吸系统及皮肤有刺激性。使用时应穿适当的防护服。万一接触到眼睛，应立即用大量水冲洗后请医生诊治。应密封于 2～8℃保存。

主要用途 医用抗发炎剂。糖（肾上腺）皮质激素。

Clobetasone 17-butyrate 17-丁酸氯氟美松酮 02516

[25122-57-0] $C_{26}H_{32}ClFO_5$ 478.99

成 分 C 65.20%，H 6.73%，Cl 7.40%，F 3.97%，O 16.70%。

别名 17-丁酸去氢氯氟美松；Emovate;Eumovate;GR-2/1214;Molivate(obsolete);(16β)-21-Chioro-9-fluoro-17-hydroxy-16-methylpregna-1,4-diene-3,11,20-trione 17-butyrate;21-Chloro-11-dehydrobetamethasone 17-butyrate

M. I. 15,2359

性状 来自甲醇中的无色结晶。mp 90～100℃。生化试剂含量≥98.0%。

注意事项 该品对机体有不可逆损伤的可能性。使用时应穿适当的防护服，应避免吸入本品的粉尘。

主要用途 生化研究。医用抗发炎剂。

Clodinafop-propargyl

(2R)-2-[4-[(5-氯-3-氟-2-吡啶基)氧代]苯氧基]丙酸 2-丙炔酯 02517

[105512-06-9] $C_{17}H_{13}ClFNO_4$ 349.74

成分 C 58.38%，H 3.75%，Cl 10.14%，F 5.43%，N 4.00%，O 18.30%。

别名 2-丙炔基(R)-2-[4-(5-氯-3-氟-2-吡啶基氧化)苯氧基]丙酸酯；(2R)-2-[4-[(5-Chloro-3-fluoro-2-pyridinyl)oxy]phenoxy]propanoic acid 2-propynyl ester;2-Propynyl(R)-2-[4-(5-chloro-3-fluoro-2-pyridyloxy) phenoxy] propionate; CGA-184927;Topik

M. I. 15, 2364

性状 结晶性固体。无味。溶于多数有机溶剂，极微溶于水（20℃，2.5×10^{-6}）。mp 59.3℃；$[\alpha]_D^{20}$+45.4°（c=2，于丙酮中）。LD_{50}大鼠急性经口：1829mg/kg；皮肤接触：>2000mg/kg。LC_{50}大鼠吸入（4h）：>2325mg/m^3。一般试剂含量≥97%（HPLC）。

注意事项 该品口服或吸入有害。接触皮肤能引起过敏。对水生物极毒。能对水环境引起不利的结果。使用时应穿适当的防护服和戴手套。应避免将本品释放于环境中。其包装物应按危险品处理。应密封保存。

主要用途 除草剂。分析用标准物。

Clofazimine 氯苯吩嗪 02518

[2030-63-9] $C_{27}H_{22}Cl_2N_4$ 473.40

成分 C 68.50%，H 4.68%，Cl 14.98%，N 11.84%。

别名 N,5-Bis(4-chlorophenyl)-3,5-dihydro-3-(1-methylethyl)imino-2-phenazinamine;3-(p-Chloroanilino)-10-(p-chlorophenyl)-2,10-dihydro-2-(isopropylimino)phenazine;2-(4-Chloroanilino)-3-isopropylimino-5-(4-chlorophenyl)-3,5-dihydrophenazine;2-(p-Chloroanilino)-5-(p-chlorophenyl)-3,5-dihydro-3-isopropyliminophenazine;G-30320;B-663;Lamp ren(e)

M. I. 15, 2367

性状 深红色结晶。溶于稀乙酸、二甲基甲酰胺、苯，溶于 15 份氯仿、700 份乙醇、1000 份乙醚，略微溶于丙酮、乙酸乙酯，几乎不溶于水。pK_a 8.37。mp 210～212℃；uv max（0.01mol/L 甲醇盐酸中）：284nm，486nm（无水：约 1.30，约 0.64）。LD_{50}小鼠，大鼠，豚鼠急性经口：>4g/kg。

注意事项 该品口服有害。使用时应穿适当的防护服。

主要用途 医用抗菌剂。结核菌，麻风菌抑制剂。

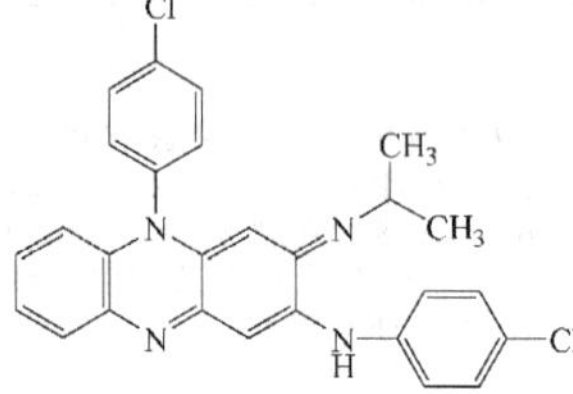

Clofentezine 四螨嗪 02519

[74115-24-5] $C_{14}H_8Cl_2N_4$ 303.15

成分 C 55.47%，H 2.66%，Cl 23.39%，N 18.48%。

别名 3,6-双(2-氯苯基)-1,2,4,5-四嗪；3,6-双(2-氯苯基)-1,2,4,5-四氮杂苯；3,6-Bis(2-chlorophenyl)-1,2,4,5-tetrazine;Bisclofentezin;NC-21314;Apollo

M. I. 15, 2369

性状 来自乙酸乙酯中的品红色结晶或固体。该品于下列物质中的溶解度：氯仿 50g/L；苯 2.5g/L；己烷<1g/L；水<1mg/L。mp 179～182℃。LD_{50}大鼠，小鼠急性经口：>3200mg/kg；LC_{50}虹鳟鱼（96h）：100mg/L。

注意事项 使用时应避免吸入本品的粉尘，避免与眼睛及皮肤接触。

主要用途 分析农药用标准物。

Clomazone 异恶草松 02520

[81777-89-1] $C_{12}H_{14}ClNO_2$ 239.70

成分 C 60.13%，H 5.89%，Cl 14.79%，N 5.84%，O 13.35%。

别名 异恶草酮；广灭灵；2-(2-Chlorophenyl)methyl-4,4-dimethyl-3-isoxazolidinone;Dimethazone;FMC-57020;Command

M. I. 15, 2374

性状 亮棕色具有黏性的液体。易溶于氯仿、甲醇、二氯甲烷、庚烷、乙腈、甲苯、丙酮、二氧六环、二甲苯、己烷，微溶于水（1000×10^{-6}）。蒸气压（25℃）：1.4×10^{-6}mmHg/186.65×10^{-6} Pa。mp 25℃；Fp 314.6℉（157℃）；d^{20} 1.19。LD_{50}雄大鼠，雌大鼠，雄野鸭及北美鹌鹑急性经口：2077mg/kg，1369mg/kg，>2510mg/kg；兔皮肤接触：>2000mg/kg。

注意事项 该品吸入或口服有害。对眼睛及皮肤有刺激性。使用时应穿适当的防护服。万一接触到眼睛，应立即用大量水冲洗后请医生诊治。
主要用途 除草剂。分析用标准物质。

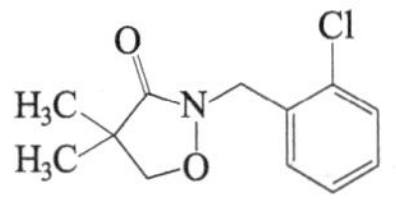

Clomiphene citrate 氯蔗酚胺 柠檬酸盐 02521

[50-41-9] $C_{32}H_{36}ClNO_8$ 598.09

成分 C 64.26%，H 6.07%，Cl 5.93%，N 2.34%，O 21.40%。

别名 克罗米芬 柠檬酸盐；柠檬酸克罗米芬；柠檬酸氯蔗酚胺；Clomid；Clomp hid；Clomivid；Clostilbegyt；Dyneric；Ikaclomine；Pergotime；Serophene 2-[4-(2-Chloro-1,2-diphenylethenyl)phenoxy]-*N*,*N*-diethylethanamine citrate；2-[*p*-(*β*-Chloro-*α*-phenylstyryl)phenoxy]triethylamine citrate；1-[*p*-(*β*-Diethylaminoethoxy)phenyl]-1,2-diphenylchloroethylene citrate；Clomifene citrate；Chloramiphene citrate；MRL-41 citrate

M.I.15，2377

性状 白色至浅黄色粉末。无味。易溶于甲醇，略溶于乙醇，微溶于水、氯仿，不溶于乙醚。mp 116.5～118℃。一般试剂为顺、反式异构体的混合物。

注意事项 该品能损伤生育力，能危害胎儿。使用前应得到专门的指导，避免曝露。使用时应穿适当的防护服和戴手套。使用时如有事故发生或有不适之感，应请医生诊治。应密封于2～8℃保存。

主要用途 医用性腺激素。

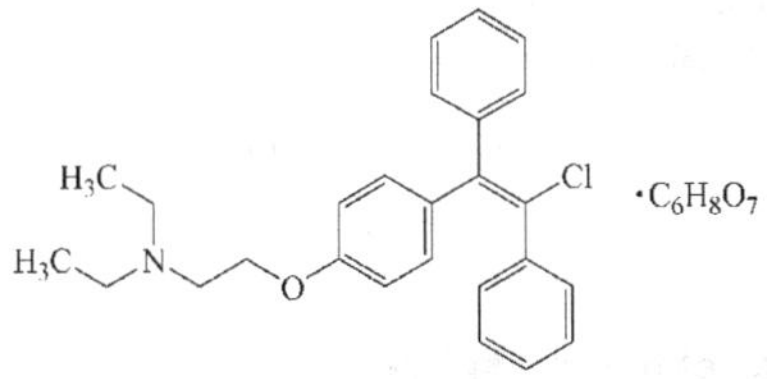

$\cdot C_6H_8O_7$

Clomipramine hydrochloride 氯丙咪嗪 盐酸盐 02522

[17321-77-6] $C_{19}H_{24}Cl_2N_2$ 351.32

成分 C 64.96%，H 6.89%，Cl 20.18%，N 7.97%。

别名 盐酸氯丙咪嗪；Anafranil；Clomicalm；3-Chloro-10,11-dihydro-*N*，*N*-dimethyl-5*H*-dibenz[*b*，*f*]azepine-5-propanamine hydrochloride；3-Chloro-5-[3-(dimethylamino)propyl]-10,11-dihydro-5*H*-dibenz[*b*,*f*]azepine hydrochloride；5-(*γ*-Dimethylaminopropyl)-3-chloroiminodibenzyl hydrochloride；Chlorimipramine hydrochloride；G-34586 hydrochloride

M.I.15，2378

性状 来自丙酮-乙醚/甲醇-乙醚中的无色、白色或近白色结晶或粉末。易溶于水、甲醇、二氯甲烷，几乎不溶于乙醚、己烷。mp 189～190℃。一般试剂含量≥98.0%（HPLC）。

注意事项 该品吸入、口服或与皮肤接触有害。使用时应穿适当的防护服。

主要用途 医用抗抑制剂。

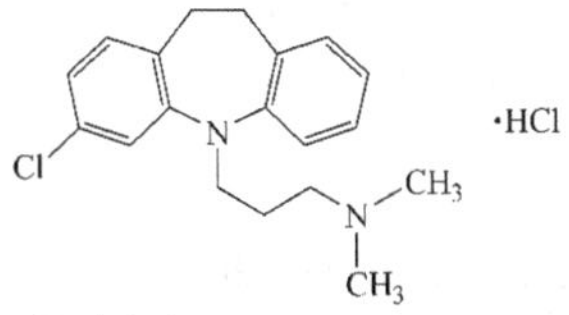

·HCl

Clonazepam 氯硝安定 02523

[1622-61-3] $C_{15}H_{10}ClN_3O_3$ 315.71

成分 C 57.07%，H 3.19%，Cl 11.23%，N 13.31%，O 15.20%。

别名 5-(2-Chlorophenyl)-1,3-dihydro-7-nitro-2*H*-1,4-benzodiazepin-2-one；7-Nitro-5-(2-Chlorophenyl)-3*H*-1,4-benzodiazepin-2(1*H*)-one；Ro-5-4023；Clonopin；Iktorivil；Klonopin；Landsen；Rivotril

M.I.15，2379

性状 来自乙醇-二氯甲烷中的白色结晶。一般商品为浅黄色粉末。该品于下列物质中的溶解度（25℃，mg/mL）：丙酮 31；氯仿 15；甲醇 8.6；乙醚 0.7；苯 0.5；水＜0.1。pK_1 1.5，pK_2 10.5。mp 236.5～238.5℃；uv max（7.5%甲醇于异丙醇中）：248nm，310nm（ε 14500，11600）。LD_{50}小鼠急性经口：＞4g/kg。

注意事项 使用时应避免吸入本品的粉尘，避免与眼睛及皮肤接触。

主要用途 医用抗惊厥剂。

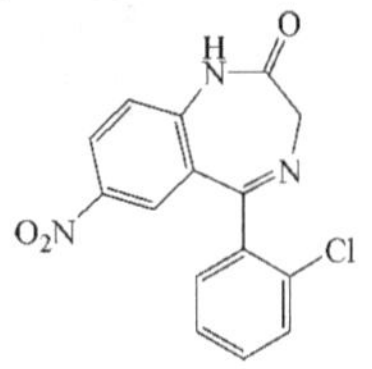

Clonidine hydrochloride 可乐宁 盐酸盐 02524

[4205-91-8] $C_9H_{10}Cl_3N_3$ 266.55

成分 C 40.55%，H 3.78%，Cl 39.90%，N 15.76%。

别名 盐酸可乐宁；盐酸可尔亭；盐酸长压定；110 降压片 盐酸盐；ST-155；Catapres；Catapresan；Clonistada；Dixarit；Duraclon；Isoglaucon；Tenso-Timelets；*N*-(2,6-Dichlorophenyl)-4,5-dihydro-1*H*-imidazol-2-amine hydrochloride；2-(2,6-Dichloroanilino)-2-imidazoline hydrochloride；2,6-Dichloro-*N*-2-imidazolidinylidenebenzenamine hydrochloride；2-(2,6-Dichloroanilino)-1,3-diazacyclopentene-(2)hydrochloride；2-(2,6-Dichlorophenyl)imino-2-imidazoline hydrochloride

M.I.15，2380

性状 无色或白色结晶。溶于无水乙醇、乙醇、甲醇、水，微溶于氯仿，几乎不溶于乙醚。1g该品能溶于6mL水（60℃）、约13mL 20℃水、约5.8mL甲醇、约25mL乙醇、约5000mL氯仿。mp 305℃；uv max（水中）：213nm，271nm，302nm（ε 8290.327，713.074，339.876）。LD_{50}小鼠，大鼠急性经口：328mg/kg，270mg/kg；静脉注射：18mg/kg，29mg/kg。生化试剂含量≥98.0%（TLC）。

注意事项 该品口服或吸入有毒。使用时应穿适当的防护服，戴手套和防护镜或面罩。使用时应避免吸入本品的粉尘。万一接触到眼睛，应立即用大量水冲洗后请医生诊治。接触皮肤后，应立即用大量水冲洗。使用时如有事故发生或有不适之感，应请医生诊治。应充氩气密封于2～8℃保存。

主要用途 生化研究。医用抗高血压剂，神经痛止痛剂。

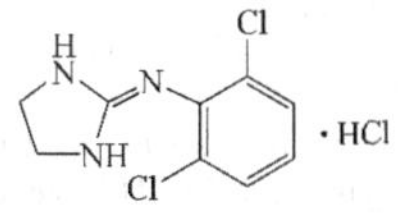

·HCl

Clonixin 氯尼辛 02525

[17737-65-4] $C_{13}H_{11}ClN_2O_2$ 262.69

成分 C 59.44%，H 4.22%，Cl 13.50%，N 10.66%，O 12.18%。

别名 2-(3-氯-2-甲基苯基)氨基-3-吡啶羰酸；氯尼克辛；2-(3-Chloro-2-methylphenyl)amino-3-pyridinecarboxylic acid；2-(3-Chloro-*o*-toluidino)nicotinic acid；2-(2-Methyl-3-chloroanilino)nicotinic acid；2-(3-Chloro-2-methylanilino)nicotinic acid；Clonixic acid；CBA-93626；Sch-10304

M.I.15，2381

性状 来自乙酸异丙酯中的无色结晶。味道极苦。mp 233～235℃。LD_{50}（mg/kg）雄小鼠，大鼠急性经口：415，335；腹膜注射：198，148；皮下注射：296，325。生化试剂含量≥98.0%（HPLC）。

主要用途 医用消炎镇痛剂。

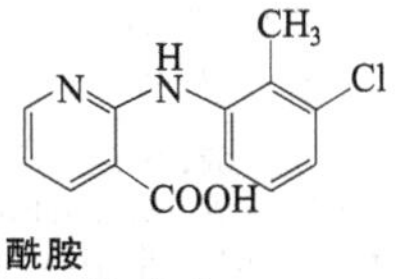

Clopamide 氯哌酰胺 02526

[636-54-4] $C_{14}H_{20}ClN_3O_3S$ 345.84

成分 C 48.62%，H 5.83%，Cl 10.25%，N 12.15%，O 13.88%，S 9.27%。

别名 *rel*-3-Aminosulfonyl-4-chloro-*N*-[(2*R*,6*S*)-2,6-dimethyl-1-piperidinyl]benzamide；*cis*-1-(4-Chloro-3-sulfamoylbenzamido)-2,6-dimethylpiperidine；*cis*-*N*-(2′,6′-Dimethyl-1′-piperidyl)-3-sulfamoyl-4-chlorobenzamide；*cis*-4-Chloro-*N*-(2′,6′-dimethyl-1′-piperidyl)-3-sulfamoylbenzamiac；Chlosudimeprimyl；DT-327；Adurix；Brinaldix

M. I. 15，2382

性状 白色或近白色结晶性粉末。易吸湿。略溶于甲醇，微溶于水、无水乙醇。mp 244～246℃。

注意事项 该品吸入或与皮肤接触可引起过敏。使用时应穿适当的防护服。应密封于 2～8℃保存。

主要用途 医用抗高血压剂，利尿剂。

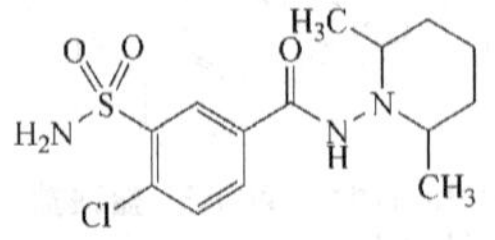

Cloperastine hydrochloride 氯苄哌醚 盐酸盐 02527

[14984-68-0] $C_{20}H_{25}Cl_2NO$ 366.33

成分 C 65.57%，H 6.88%，Cl 19.36%，N 3.82%，O 4.37%。

别名 咳平 盐酸盐；盐酸咳平；盐酸氯苄哌醚；1-[2-[(4-Chlorophenyl)phenylmethoxy]ethyl]piperidine hydrochloride；1-[2-[(*p*-Chloro-*α*-phenylbenzyl) oxy] ethyl] piperidine hydrochloride；*p*-Chlorobenzhydryl 2-(1-piperidyl) ethyl ether hydrochloride；Hustazol；Nitossil；Novotusil；Seki

M. I. 15，2384

性状 无色结晶。mp 147.9℃。

注意事项 该品口服有害。使用时应穿适当的防护服。

主要用途 医用镇咳剂。

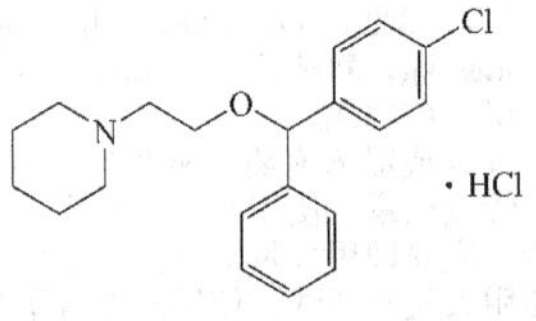

Clopidogrel hydrogensulfate 氯吡格雷 硫酸氢盐 02528

[135046-48-9] $C_{16}H_{16}ClNO_2S$ 419.89

成分 C 59.72%，H 5.01%，Cl11.02%，N 4.35%，O 9.94%，S 9.96%。

别名 硫酸氢氯吡格雷；(*α*S)-*α*-(2-Chlorophenyl)-6，7-dihydrothieno[3，2-*c*]pyridine-5(4*H*)-acetic acid methyl ester；Methyl(+)-(S)-*α*-(*o*-chlorophenyl)-6，7-dihydrothieno[3，2-*c*] pyridine-5(4*H*)-acetate；(+)-Methyl *α*-5-(4，5，6，7-tetrahydro[3，2-*c*]thienopyridyl)-(2-chlorophenyl)acetate；SR-25990

M. I. 15，2385

性状 白色结晶。溶于水、甲醇。mp 148℃；$[\alpha]_D^{20}$ + 55.10°（*c* = 1.891，于甲醇中）。生化试剂含量≥97.0%（HPLC）。

注意事项 使用时应避免吸入本品的粉尘，避免与眼睛及皮肤接触。应密封于 2～8℃保存。

主要用途 医用抗血栓形成剂。

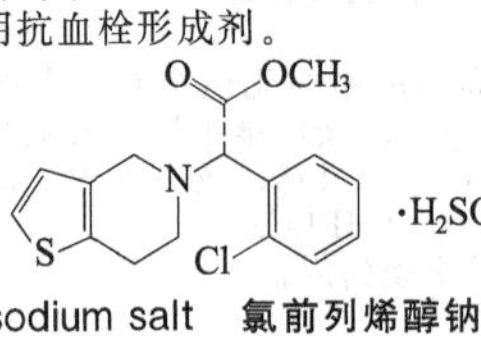

Cloprostenol sodium salt 氯前列烯醇钠盐 02529

[55028-72-3] $C_{22}H_{28}ClNaO_6$ 446.90

成分 C 59.13%，H 6.31%，Cl 7.93%，Na 5.14%，O 21.48%。

别名 (5*Z*)-*rel*-7-[(1*R*，2*R*，3*R*，5*S*)-2-[(1*E*，3*R*)-4-(3-Chlorophenoxy)-3-hydroxy-1-butenyl]-3，5-dihydroxycyclopentyl]-5-heptenoic acid sodium salt；ICI-80996；Estrumate；Planate

M. I. 15，2388

性状 无色结晶。溶于水。生化试剂含量≥98.0%。为浅棕色。

注意事项 该品口服有害、能损伤生育力。对眼睛、呼吸系统及皮肤有刺激性。使用前应得到专门的指导，避免曝露。使用时应穿适当的防护服，戴手套和防护镜或面罩。万一接触到眼睛，应立即用大量水冲洗后请医生诊治。使用时如有事故发生或有不适之感，应请医生诊治。

主要用途 生化研究。

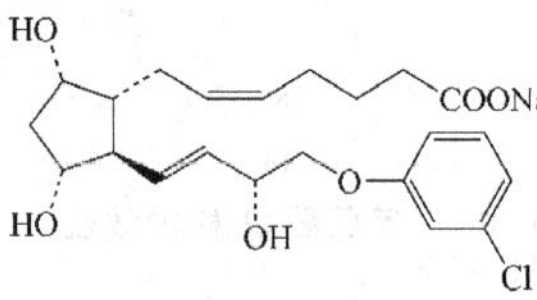

Clopyralid 3，6-二氯-2-吡啶羧酸 02530

[1702-17-6] $C_6H_3Cl_2NO_2$ 192.00

成分 C 37.53%，H 1.58%，Cl 36.93%，N 7.30%，O 16.67%。

别名 二氯吡啶酸；3，6-二氯嘧啁啉酸；3，6-Dichloro-2-pyridinecarboxylic acid；3，6-Dichloropicolinic acid；3，6-DCP；Dowco 290；Lontrel；Shield；Reclaim

M. I. 15，2389

性状 白色结晶性固体。无味。25℃时该品溶于水约1000×10^{-6}，溶于甲醇＞25%（质量分数），溶于丙酮、二甲苯。mp 151～152℃。LD_{50} 小鼠，雌大鼠急性经口：＞5000mg/kg，4300mg/kg；LC_{50} 虹鳟鱼（96h）：103.5mg/L。

注意事项 该品对眼睛有严重损伤的危险。对水生物有毒。能对水环境引起不利的结果。使用时切勿向该品中加水。万一接触到眼睛，应立即用大量水冲洗后请医生诊治。应防止将本品释放于环境中。

主要用途 除草剂。分析用标准物质。

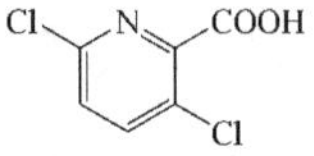

Cloquintocet-mexyl 解草酯 02531

[99607-70-2] $C_{18}H_{22}ClNO_3$ 335.83

成分 C 64.38%，H 6.60%，Cl 10.56%，N 4.17%，O 14.29%。

别名 解毒喹；[(5-Chloro-8-quinolinyl)oxy]acetic acid 1-methylhexyl ester；CGA-185072

M. I. 15，2390

性状 无色无味结晶。溶于多数有机溶剂，极微溶于水（20℃，0.8×10^{-6}）。蒸气压（20℃）：2.5×10^{-6}Pa。mp 69℃。LD_{50}大鼠急性经口：＞2000mg/kg；皮肤接触：＞2000mg/kg。LD_{50}(4h) 大鼠吸入：＞935mg/m³。

注意事项 该品接触皮肤能引起过敏。使用时应穿适当的防护服和戴手套。

主要用途 除草剂。

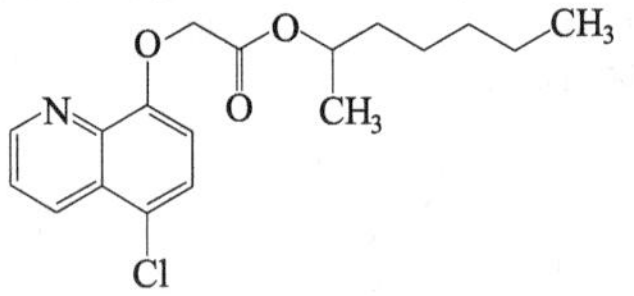

Clorazepic acid dipotassium salt 氯氮䓬酸 二钾盐 02532

[57109-90-7] $C_{16}H_{11}ClK_2N_2O_4$ 408.92

成分 C 47.00%，H 2.71%，Cl 8.67%，K 19.12%，N 6.85%，O 15.65%。

别名 7-Chloro-2，3-dihydro-2-oxo-5-phenyl-1*H*-1，4-benzodiazepine-3-carboxylic acid mono-potassium salt comp d with potassium hydroxide；Clorazepate dipotassium；Abbott 35616；CB-4306；Belseren；Mendon；Tranxilène；Tranxilium；Transene；Tranxene

M. I. 15，2392

性状 白色粉末。易溶于水，极少溶于乙醇，几乎不溶于乙醚、氯仿。其水溶液对酚酞呈碱性。uv max（无水物于水中）：231nm，311nm（ε 33500，2450）。LD_{50}小鼠急性经口：700mg/kg；腹膜内注射：290mg/kg。LD_{50}大鼠急性经口：＞1000mg/kg。

注意事项 该品口服有害。能危害胎儿。使用时应穿适当的防护服，戴手套和防护镜或面罩。应避免吸入本品的粉尘。
主要用途 医用抗焦虑剂。

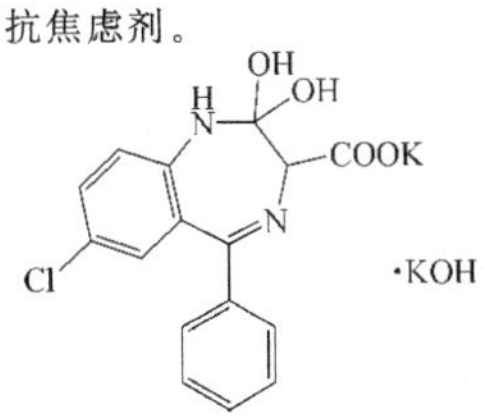

Cloricromen 氯克罗孟 02533

[28206-94-0] $C_{20}H_{26}ClNO_5$ 395.88

成分 C 60.68%，H 6.62%，Cl 8.95%，N 3.54%，O 20.21%。
别名 [[8-Chloro-3-[2-(diethylamino)ethyl]-4-methyl-2-oxo-2*H*-1-benzopyran-7-yl]oxy]acetic acid ethyl ester; Ethyl [[8-chloro-3-[2-(diethylamino)ethyl]-4-methyl-2-oxo-2*H*-1-benzopyran-7-yl]oxy]acetate; 8-Monochloro-3-(*β*-diethylaminoethyl)-4-methyl-7-ethoxycarbonylmethoxycoumarin; 8-Chlorocarbochromen; AD_6
M. I. 15，2393
性状 来自乙酸乙酯中的无色或白色结晶。溶于二甲基亚砜(17mg/mL)，不溶于水。mp 147～148℃。生化试剂含量≥98.0%(HPLC)。
注意事项 该品口服有害。应密封于2～8℃保存。
主要用途 医用抗血栓形成剂。冠状血管舒张剂。

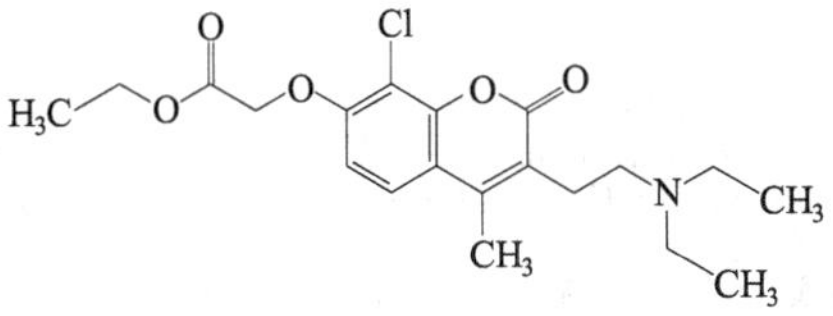

Clorsulon 氯舒隆 02534

[60200-06-8] $C_8H_8Cl_3N_3O_4S_2$ 380.64

成分 C 25.24%，H 2.12%，Cl 27.94%，N 11.04%，O 16.81%，S 16.85%。
别名 克洛索隆；4-Amino-6-trichloroethenyl-1,3-benzenedisulfonamide; 4-Amino-6-trichlorovinyl-*m*-benzenedisulfonamide; MK-401; Curatrem
M. I. 15，2395
性状 来自乙醚中的无色结晶。mp 194～203℃；或来自水中的另一种结晶，mp 203～205℃。对二氧化碳敏感。易溶于乙腈、甲醇，微溶于水，极微溶于二氯甲烷。uv max(甲醇中)：325nm，267nm，227nm(ε 4530，17395，36310)。LD_{50}小鼠腹膜内注射：716mg/kg；急性经口：>10g/kg。
注意事项 该品应充氩气密封保存。
主要用途 兽用驱肠吸虫剂。分析用标准物质。

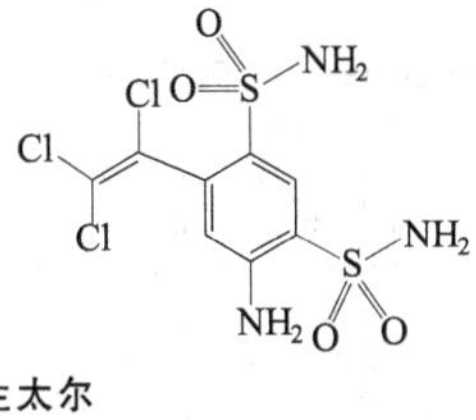

Closantel 氯生太尔 02535

[57808-65-8] $C_{22}H_{14}Cl_2I_2N_2O_2$ 663.07

成分 C 39.85%，H 2.13%，Cl 10.69%，I 38.28%，N 4.22%，O 4.83%。
别名 *N*-[5-Chloro-4-[(4-chlorophenyl)cyanomethyl]-2-methylphenyl]-2-hydroxy-3,5-diiodobenzamide; R-31520; Flukiver; Seponver
M. I. 15，2396
性状 来自甲醇中的无色结晶。mp 217.8℃。
注意事项 该品口服有害。
主要用途 兽用驱肠虫剂。分析用标准物质。

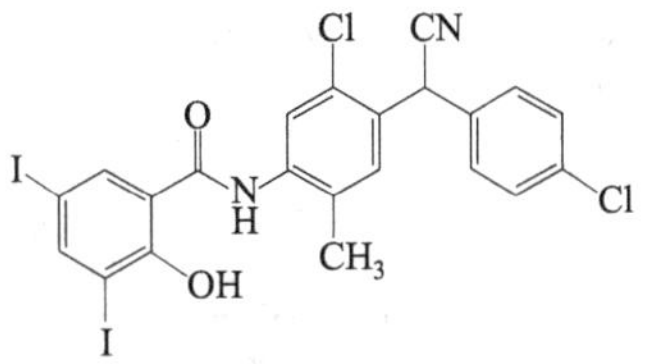

Clotiazepam 氯噻西泮 02536

[33671-46-4] $C_{16}H_{15}ClN_2OS$ 318.82

成分 C 60.28%，H 4.74%，Cl 11.12%，N 8.79%，O 5.02%，S 10.06%。
别名 5-(2-Chlorophenyl)-7-ethyl-1,3-dihydro-1-methyl-2*H*-thieno[2,3-*e*]-1,4-diazepin-2-one; Y-6047; Clozan; Rise; Rize; Rizen; Tienor; Trecalmo; Veratran
M. I. 15，2400
性状 来自己烷中的无色结晶。mp 105～106℃。LD_{50}小鼠腹膜内注射：440 mg/kg；急性经口：636mg/kg。
主要用途 医用抗焦虑剂。

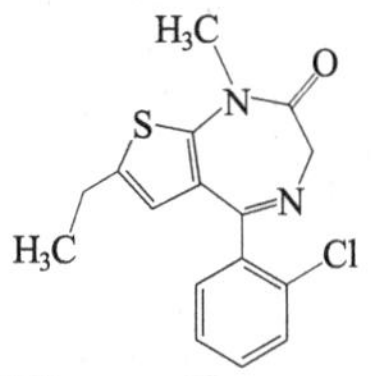

Clotrimazole 克霉唑 02537

[23593-75-1] $C_{22}H_{17}ClN_2$ 344.84

成分 C 76.63%，H 4.97%，Cl 10.28%，N 8.12%。
别名 抗真菌1号；氯三苯甲咪唑；1-(邻氯-*α*，*α*-二苯基苄基)咪唑；1-[(2-氯苯基)二苯基甲基]-1*H*-咪唑；1-[(2-Chlorophenyl)diphenylmethyl]-1*H*-imidazole; 1-(*o*-Chloro-*α*,*α*-diphenylbenzyl)imidazole; 1-[*α*-(2-Chlorophenyl)benzhydryl]imidazole; 1-[(*o*-Chlorophenyl)diphenylmethyl]imidazole; Diphenyl-(2-Chlorophenyl)-1-imidazolylmethane; 1-(*o*-Chlorotrityl)imidazole; FB-5097; Bay b 5097; Canesten; Canifug; Emp ecid; Gyne-Lotrimin; Lotrimin; Mono-Baycuten; Mycelex-G; Mycofug; Mycosporin; Pedisafe; Rimazole; Tibatin; Trimysten
M. I. 15，2401
性状 白色至浅黄色结晶。系一种弱碱。易溶于乙醇、甲醇、苯、丙酮、氯仿、二甲基甲酰胺，溶于乙酸乙酯、二甲亚砜、二氯甲烷，几乎不溶于水。在酸性水溶液中加热能很快水解。mp 147～149℃。LD_{50}雄小鼠，大鼠急性经口：923mg/kg，708mg/kg。
注意事项 该品口服有害，对眼睛及皮肤有刺激性。使用时应穿适当的防护服。万一接触到眼睛，应立即用大量水冲洗后请医生诊治。
主要用途 医用抗霉剂。分析用标准物质。

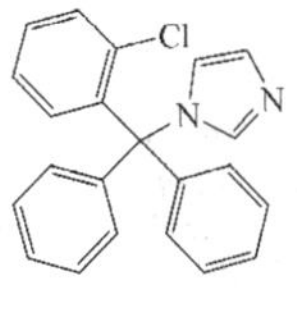

Clove oil 丁香油 02538

[8000-34-8]

别名 丁子香油；Caryophyllus oil; Oil of cloves
M. I. 15，2402
性状 无色至浅黄色液体。具有挥发性和浓厚的香味。久贮颜色变棕，浓度变稠。易溶于乙醇、乙醚、冰乙酸，不溶于水。bp 约 250℃；Fp 239℉(115℃)；d_{25}^{25} 1.038～1.060；$[\alpha]_D^{25}$<1.1°；n_D^{20} 1.530。
注意事项 该品对眼睛、呼吸系统及皮肤有刺激性。使用时应穿适当的防护服。万一接触到眼睛，应立即用大量水冲洗后请医生诊治。应密封避光保存。
主要用途 检定氨。显微镜用。香料制造。调味品的配制。医药上用于局部刺激药物以及麻醉药的配制。

Cloxacillin sodium salt monohydrate
邻氯青霉素钠盐 一水 02539
[7081-44-9] $C_{19}H_{17}ClN_3NaO_5S \cdot H_2O$ 475.88
成分（以无水物计） C 49.84%，H 3.74%，Cl 7.74%，N 9.18%，Na 5.02%，O 17.47%，S 7.00%。
别名 一水合邻氯青霉素钠盐；(2*S*,5*R*,6*R*)-6-[[3-(2-Chlorophenyl)-5-methyl-4-isoxazolyl] carbonyl] amino-3，3-dimethyl-7-oxo-4-thia-1-azabicyclo[3.2.0] heptane-2-carboxylic acid sodium salt；[3-(*o*-Chlorophenyl)-5-methyl-4-isoxazolyl] penicillin sodium salt；[5-Methyl-3-(*o*-chlorophenyl)-4-isoxazolyl] penicillin sodium salt；Sodium cloxacillin；BRL-1621；Bactopen；Cloxapen；Cloxypen；Ekvacillin；Gelstaph；Orbenin；Methocillin-S；Prostaphlin-A；Staphobristol-250；Staphybiotic；Tegopen；Tepogen
M. I. 15，2403
性状 无色或白色微细结晶性粉末。溶于水、甲醇、乙醇、吡啶、乙二醇，微溶于氯仿。其 1%水溶液 pH 值 6.0～7.5。170℃分解；$[\alpha]_D^{20}+163°$（$c=1$，于水中）。LD_{50}大鼠、小鼠腹膜内注射：(1630±112) mg/kg，(1280±50) mg/kg。
注意事项 该品对眼睛、呼吸系统及皮肤有刺激性。吸入或与皮肤接触可引起过敏。使用时应穿适当的防护服。使用时应避免吸入本品的粉尘。万一接触到眼睛，应立即用大量水冲洗后请医生诊治。应密封于 2～8℃保存。
主要用途 医用抗菌剂。

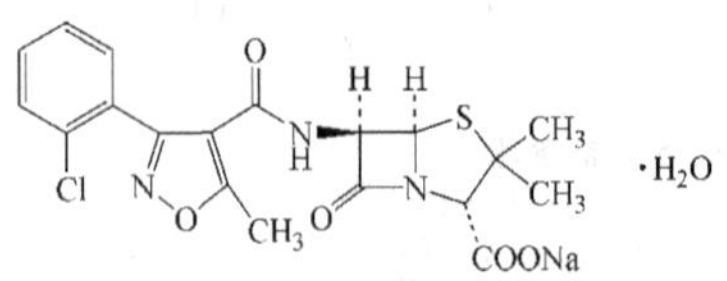

Cloxyquin 氯羟喹 02540
[130-16-5] C_9H_6ClNO 179.60
成分 C 60.19%，H 3.37%，Cl 19.74%，N 7.80%，O 8.91%。
别名 5-氯-8-喹啉醇；5-氯-8-羟基喹啉；5-Chloro-8-quinolinol；5-Chloro-8-hydroxyquinoline；5-Chloro-8-oxychinolin；Cloxiquine；Chlorisept
M. I. 15，2405
性状 来自乙醇中的无色结晶。略溶于冷的稀盐酸。mp 130℃。
主要用途 医用抗菌剂，抗真菌剂。

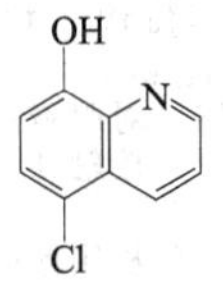

Clozapine 氯氮平 02541
[5786-21-0] $C_{18}H_{19}ClN_4$ 326.83
成分 C 66.15%，H 5.86%，Cl 10.85%，N 17.14%。
别名 8-氯-11-(4-甲基-1-吡嗪基)-5*H*-二苯并[*b*,*e*][1,4]二氮䓬；8-Chloro-11-(4-methyl-1-piperazinyl)-5*H*-dibenzo[*b*,*e*][1,4]diazepine；HF-1854；Clozaril；Leponex
M. I. 15，2406
性状 来自丙酮-石油醚中的黄色结晶。该品于下列物质中的溶解度（25℃，质量分数）：丙酮＞5%；乙腈 1.9%；氯仿＞20%；乙酸乙酯＞5%；无水乙醇 4.0%；水＜0.01%。pK_{a1} 3.70，pK_{a2} 7.60。分配系数（辛醇/水）：0.4（pH 值 2）；600（pH 值 7）；1000（pH 值 7.4）；1500（pH 值 8）。mp 183～184℃；uv max（乙醇中）：215nm，230nm，261nm，297nm（ε 27400，25800，16800，10500）。LD_{50}小鼠，大鼠静脉注射：61mg/kg，58mg/kg；急性经口：199mg/kg，260mg/kg。
注意事项 该品口服有害。对眼睛、呼吸系统及皮肤有刺激性。万一接触到眼睛，应立即用大量水冲洗后请医生诊治。
主要用途 生化研究。医用精神抑制剂。

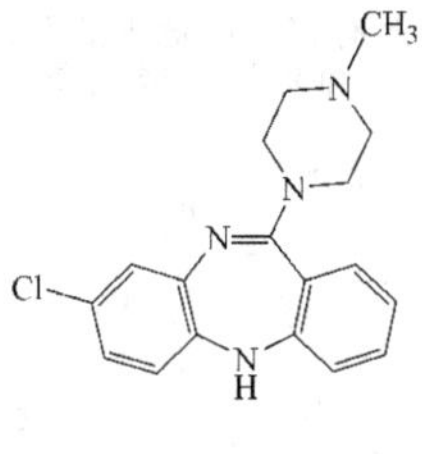

Cobalt powder 钴粉 02542
[7440-48-4] Co 58.9332
M. I. 15，2411
性状 灰色金属粉末。其他与钴粒同。一般试剂含量≥99.5%。
注意事项 该品可燃。吸入或与皮肤接触可引起过敏。能致水生物环境长期有害的结果。使用时应戴适当的手套，避免吸入本品的粉尘，避免与皮肤接触。应防止将本品释放于环境中。
主要用途 催化剂。制备耐热磁合合金，钴盐。

Cobalt (Ⅱ) acetate tetrahydrate 乙酸钴 四水 02543
[6147-53-1] $C_4H_6CoO_4 \cdot 4H_2O$ 249.08
成分（以无水物计） C 27.14%，H 3.42%，Co 33.29%，O 36.15%。
别名 乙酸亚钴 四水；四水合乙酸亚钴；四水合乙酸钴；醋酸亚钴 四水；醋酸钴 四水；Bis(acetato) tetraaquocobalt；Cobaltous acetate；Cobaltous acetate tetrahydrate
M. I. 15，2417
性状 正红色单斜或三棱形结晶。有潮解性。有乙酸气味。溶于水、乙醇、稀酸、乙酸戊酯。其 0.2mol/L 水溶液 pH 值 6.8。140℃以上为无水物。*d* 1.705。一般试剂含量≥99.5%。
注意事项 该品口服有害。对机体有不可逆损伤的可能性，对呼吸系统有刺激性。接触皮肤能引起过敏。能对水生物环境引起长期有害的结果。使用时应穿适当的防护服和戴手套。避免吸入本品的粉尘，避免与眼睛及皮肤接触。应避免将本品释放于环境中。应密封于干燥处保存。
主要用途 分析试剂。催化剂。漆的快干剂。

Cobalt (Ⅱ) acetylacetonate 乙酰丙酮亚钴 02544
[14024-48-7] $C_{10}H_{14}CoO_4$ 257.15
成分 C 46.71%，H 5.49%，Co 22.92%，O 24.88%。
别名 二乙酰丙酮钴；二（2，4-戊二酮）亚钴；双（2，4-戊二酮）亚钴；Bis(2,4-pentanedionato) cobalt(Ⅱ) derivative；2,4-Pentanedione,cobalt(Ⅱ) derivative
性状 紫色或红紫色结晶。溶于乙醇、苯等有机溶剂，不溶于水。mp 165～170℃。一般试剂含量＞97.0%，水＜3%。
注意事项 该品对眼睛、呼吸系统及皮肤有刺激性。可能引起遗传基因的损伤。
主要用途 有机反应催化剂。油漆催干剂。

Cobalt(Ⅲ) acetylacetonate 乙酰丙酮钴(Ⅲ) 02545
[21679-46-9] $C_{15}H_{21}CoO_6$ 356.26
成分 C 50.57%，H 5.94%，Co 16.54%，O 26.95%。
别名 三（2,4-戊二酮）钴；三乙酰丙酮钴；$Co(acac)_3$；Cobalt(Ⅲ) 2,4-pentane dionate；Cobaltic acetylacetonate；Cobaltic triacetylacetonate；Tris(2,4-pentandionato) cobalt
性状 暗绿色或黑色结晶。对湿度敏感。溶于一般有机溶剂，不溶于水。mp 210～213℃（分解）。
注意事项 该品吸入或与皮肤接触可引起过敏。使用时应穿适当的防护服和戴手套。应避免吸入本品粉尘。使用时如有事故发生或有不适之感，应请医生诊治。应密封于干燥处保存。
主要用途 油漆和假漆的催干剂。油漆的颜料。

Cobalt(Ⅱ) bromide hexahydrate 溴化钴 六水 02546
[85017-77-2] $Br_2Co \cdot 6H_2O$ 326.84
成分（以无水物计） Br 73.06%，Co 26.94%。
别名 六水合溴化亚钴；六水合溴化钴；溴化亚钴 六水；Cobalt dibromide hexahydrate

M. I. 15，2419

性状 红色至红紫色三棱形结晶。易潮解；溶于水、甲醇呈红色，溶于乙醇、丙酮、乙醚、乙酸甲酯呈蓝色。mp 47～48℃；d_4^{25} 2.46。

注意事项 该品口服有害。对眼睛及皮肤有刺激性。使用时应穿适当的防护服。万一接触到眼睛，应立即用大量水冲洗后请医生诊治。应密封避光保存。

主要用途 用于湿度计的主线。有机反应催化剂。分析试剂。

Cobalt(Ⅱ) carbonate 碳酸钴 02547

[513-79-1] $CoCO_3$ 118.94

成分 C 10.10%，Co 49.55%，O 40.35%。

别名 碳酸亚钴；Cobaltous carbonate

M. I. 15，2420

性状 红色粉末或菱形结晶。与冷浓硝酸或盐酸不反应，加热溶解放出二氧化碳。几乎不溶于水、乙醇、乙酸甲酯。d 4.13。一般试剂含量≥99.0%。

注意事项 该品对眼睛、呼吸系统和皮肤有刺激性。大量使用应穿适当的防护服，戴手套和防护镜或面罩。万一接触到眼睛，应立即用大量水冲洗后请医生诊治。

主要用途 钴盐制造。玻璃、瓷器的着色。

Cobalt(Ⅱ) chloride anhydrous 氯化钴 无水 02548

[7646-79-9] Cl_2Co 129.83

成分 Cl 54.61%，Co 45.39%。

别名 二氯化钴 无水；无水二氯化钴；无水 氯化钴；Cobalt dichloride；Cobaltous chloride

GW 2015-1465 M. I. 15，2421

性状 浅蓝色小叶状结晶。易吸潮。露置空气中因吸潮逐渐变红。溶于水、乙醇、丙酮、乙醚、甘油、吡啶。mp 735℃；bp 1049℃；d_4^{25} 3.367。LD_{50} 小鼠、大鼠急性经口：360.0mg/kg，171.0mg/kg；腹膜内注射：92.6mg/kg，36.9mg/kg；静脉注射：23.3mg/kg，4.3mg/kg。一般试剂含量≥97.0%。

注意事项 该品口服有害，吸入可能致癌，吸入或与皮肤接触可引起过敏。对水生物极毒，能对水环境引起不利的结果。使用前应得到专门的指导，避免曝露。使用时应穿适当的防护服，戴手套和防护镜或面罩。使用时应避免吸入本品的粉尘。使用时如有事故发生或有不适之感，应请医生诊治。应防止将本品释放于环境中。其包装物应按危险品处理。应充氮气密封于干燥处保存。

主要用途 锌的微量测定。制备催化剂。电镀工业。医用补血剂。

Cobalt(Ⅱ) chloride hexahydrate 氯化钴 六水 02549

[7791-13-1] $CoCl_2 \cdot 6H_2O$ 237.92

成分（以无水物计） Cl 54.61%，Co 45.39%。

别名 二氯化钴 六水；氯化亚钴 六水；六水合氯化亚钴；六水合氯化钴；Cobaltous chloride hexahydrate

M. I. 15，2421

性状 红色或紫红色单斜三棱体结晶。微有潮解性。溶于水、甘油、乙醇、丙酮、乙醚。其 0.2mol/L 水溶液 pH 值 4.6。mp 87℃；d^{20} 1.924。LD_{50}大鼠急性经口：766mg/kg。

注意事项 见 02548 氯化钴 无水。

主要用途 分析试剂，锌的微量分析。氨吸收剂。湿度及水分的指示剂。医用补血剂。

参考规格 GB/T 1270—1996

	分析纯	化学纯
含量（$CoCl_2 \cdot 6H_2O$）/%≥	99.0	98.0
水不溶物/%≤	0.01	0.03
硫酸盐（SO_4）/%≤	0.01	0.02
硝酸盐（NO_3）/%≤	0.02	0.05
锰（Mn）/%≤	0.005	0.02
铁（Fe）/%≤	0.001	0.002
镍（Ni）/%≤	0.03	0.05
锌（Zn）/%≤	0.002	0.05
铜（Cu）/%≤	0.001	0.005
硫化铵不沉淀物（以硫酸盐计）/%≤	0.2	0.3

Cobalt(Ⅱ) fluoride 氟化钴 02550

[10026-17-2] CoF_2 96.93

成分 Co 60.80%，F 39.20%。

别名 二氟化钴；氟化亚钴；Cobalt difluoride；Cobaltous fluoride

GW 2015-764 M. I. 15，2424

性状 玫瑰红色四方形结晶。在潮湿空气中易褪色。溶于氢氟酸，略微溶于水，在热水中分解。mp 1100～1200℃，成为发烟的红色液体；约 1400℃挥发为气体。d 4.43。一般试剂含量≥99.0%。

注意事项 该品口服有毒。应具有腐蚀性，能引起烧伤。使用时应穿适当的防护服，戴手套和防护镜或面罩。万一接触到眼睛，应立即用大量水冲洗后请医生诊治。使用时如有事故发生或有不适之感，应请医生诊治。应密封于干燥处保存。

主要用途 有机反应催化剂。

Cobalt (Ⅲ) hexaminetrichloride 三氯六氨络钴 02551

[10534-89-1] $Cl_3CoH_{18}N_6$ 267.47

成分 Cl 39.76%，Co 22.03%，H 6.78%，N 31.42%。

别名 三氯六氨钴；六氨络氯化钴；Hexaaminecobalt trichloride；Hexammino-cobalt chloride；Luteocobaltic chloride

M. I. 15，4710

性状 黄褐色或棕橙红色单斜结晶。溶于水、浓盐酸，不溶于氨水、乙醇。mp 215℃（失去 1 分子氨）。一般试剂含量≥99.0%（AT）。

注意事项 该品对眼睛、呼吸系统及皮肤有刺激性。万一接触到眼睛，应立即用大量水冲洗后请医生诊治。应密封于2～8℃保存。

主要用途 分析试剂。有机合成。钴盐制造。植物资源研究。

Cobalt(Ⅱ) hydroxide 氢氧化钴 02552

[21041-93-0] CoH_2O_2 92.95

成分 Co 63.40%，H 2.17%，O 34.43%。

别名 氢氧化亚钴；Cobaltous hydroxide

M. I. 15，2426

性状 蓝绿色或玫瑰红色细微粉末或极微细的菱面体结晶。易溶于酸，溶于氨水，极微溶于水，几乎不溶于稀碱。d_4^{15} 3.597。一般试剂含量≥97.0%。

注意事项 该品对眼睛、呼吸系统及皮肤有刺激性。应密封于干燥处保存。

主要用途 钴化合物的制造。

Cobalt(Ⅱ) iodide 碘化钴 02553

[15238-00-3] CoI_2 312.74

成分 Co 18.84%，I 81.16%。

别名 二碘化钴；无水碘化钴；碘化亚钴；Cobalt diiodide；Cobaltous iodide

M. I. 15，2427

性状 为两种异构体的混合物，即 α-碘化钴和 β-碘化钴。α-碘化钴为黑色石墨状固体。极易吸潮，于空气中分解为黑绿色。溶于水呈桃红色溶液。mp 515～520℃；d_4^{25} 5.584。β-碘化钴为赭石至黄色粉末。于 400℃变黑为 α-碘化钴。易潮解。溶于水。d_4^{25} 5.45。其混合物一般为墨绿色结晶。易潮解。易溶于水，溶于乙醇（呈蓝色）、乙醚（呈蓝至绿色）、氯仿（呈蓝色）、丙酮。一般试剂含量≥99.5%。

注意事项 该品接触皮肤能引起过敏。对机体有造成不可逆损伤的可能性。使用时应穿适当的防护服和戴手套。其包装物应按危险品处理。应密封避光于干燥处保存。

主要用途 测定有机溶剂中的水分。湿度指示剂。有机反应催化剂。

Cobalt(Ⅱ) naphthenate 环烷酸钴 02554

[61789-51-3] $C_{14}H_{22}CoO_4$ 313.25

成分 C 53.68%，H 7.08%，Co 18.81%，O 20.43%。

别名 六氢苯甲酸钴；石油酸亚钴；环已烷羧酸钴；萘酸钴；Cyclohexanecarboxylic acid cobalt salt；Hexahydrobenzoic acid cobalt salt

GW 2015-963

性状 深紫红色半固态或黏稠状液体。溶于苯和二甲苯，不溶于水。Fp 120℉(48℃)；d_4^{20} 0.921。n_D^{20} 1.4620

注意事项 该品对机体有不可逆损伤的可能性。吸入或与皮肤接触可引起过敏。对眼睛、呼吸系统及皮肤有刺激性。使用时应穿适当的防护服和戴手套。使用时应避免吸入本品的蒸气、飞沫，避免与眼睛及皮肤接触。使用时如有事故发生或有不适之感，应请医生诊治。应密封于2～8℃保存。
主要用途 油漆催干剂。

Cobalt(Ⅱ) nitrate hexahydrate 硝酸钴 六水 02555
[10026-22-9] $CoN_2O_6 \cdot 6H_2O$ 291.03
成分（以无水物计） Co 32.21%，N 15.31%，O 52.47%。
别名 六水合硝酸亚钴；六水合硝酸钴；硝酸亚钴 六水；Cobaltous nitrate hexahydrate
GW 2015-2299 M.I.15，2428
性状 暗红色结晶或颗粒。有潮解性。易溶于水、乙醇，溶于多数有机溶剂，微溶于氨水。mp 约 55℃；d 1.88。LD_{50}（无水物）大鼠急性经口：691mg/kg。
注意事项 该品与易燃物品接触能引起燃烧。口服有害。对机体有不可逆损伤的可能性。对眼睛、呼吸系统及皮肤有刺激性。接触皮肤能引起过敏。对水生物极毒。能对水环境引起不利的结果。使用时应穿适当的防护服和戴手套。万一接触到眼睛，应立即用大量水冲洗后请医生诊治。应防止将本品释放于环境中。其包装物应按危险品处理。应远离易燃物品密封保存。
主要用途 分析试剂，钾的测定。钴色素和催化剂的制造。合成维生素 B_{12}原料。蓝宝石抛光膏的配料。可控硅管芯的处理等。

参考规格 GB/T 15898—1995	分析纯	化学纯
含量 [$Co(NO_3)_2 \cdot 6H_2O$] /%≥	99.0	97.0
水不溶物/%≤	0.005	0.01
氯化物（Cl）/%≤	0.005	0.01
硫酸盐（SO_4）/%≤	0.005	0.02
铵（NH_4）/%≤	0.2	
锰（Mn）/%≤	0.005	0.02
铁（Fe）/%≤	0.0005	0.003
镍（Ni）/%≤	0.05	0.5
铜（Cu）/%≤	0.002	0.01
锌（Zn）/%≤	0.05	0.1
硫化铵不沉淀物（以硫酸盐计）/%≤	0.1	0.5

Cobalt(Ⅱ) oxalate dihydrate 草酸钴 二水 02556
[5965-38-8] $C_2CoO_4 \cdot 2H_2O$ 182.98
成分（以无水物计） C 16.35%，Co 40.10%，O 43.55%。
别名 乙二酸亚钴 二水；二水合乙二酸钴；二水合草酸钴；草酸亚钴 二水；Cobaltous oxalate dihydrate
M.I.15，2429
性状 浅粉红色无定形粉末或针状结晶。易溶于氨水，微溶于酸。几乎不溶于水及草酸水溶液。能被热氢氧化钾或碳酸钠水溶液分解。mp 230℃（分解），d3.021。
注意事项 该品口服或与皮肤接触有害。使用时应避免与眼睛及皮肤接触。
主要用途 检测盐酸不溶氯化物。检测硫酸盐、铁、镍、锌。指示剂和催化剂的制备。

Cobalt(Ⅱ) oxide 一氧化钴 02557
[1307-96-6] CoO 74.93
成分 Co 78.65%，O 21.35%。
别名 氧化亚钴；Cobaltous oxide；Cobalt monoxide
M.I.15，2430
性状 浅灰绿色立方体，六方体结晶或粉末。易吸潮。溶于酸和热浓碱溶液，几乎不溶于水、乙醇。mp 约 1935℃；d 6.45。LD_{50}大鼠急性经口：1.70g/kg。一般试剂含量 99.5%～101.0%。
注意事项 该品有害。对眼睛有严重损伤的危险。对水生物极毒。能对水环境产生长期不良的影响。使用时应戴手套。应避免与皮肤接触。应防止将本品释放于环境中。应密封于干燥处保存。
主要用途 分析试剂。钴盐的制造。催化剂。蓝色玻璃的制造。

Cobalt(Ⅱ,Ⅲ) oxide 四氧化三钴 02558
[1308-06-1] Co_3O_4 240.80
成分 Co 73.42%，O 26.58%。
别名 一氧化钴合三氧化二钴；Cobaltic-cobaltous oxide；Cobaltocobaltic oxide；Cobaltosic oxide；Tricobalt tetraoxide
M.I.15，2413
性状 黑色或灰色八面体结晶或粉末。露置空气中吸潮，但不生成水化物。溶于无机酸、碱，几乎不溶于水。约900℃分解；d 6.11。一般试剂含量≥98.5%。
注意事项 该品口服有害。接触皮肤能引起过敏。可能致癌。使用时应穿适当的防护服和戴手套。应避免与皮肤接触。应密封于干燥处保存。
主要用途 分析试剂。氧化剂。钴盐的制造。工业用于搪瓷，半导体，抛光轮等。

Cobalt(Ⅲ) oxide 三氧化二钴 02559
[1308-04-9] Co_2O_3 165.86
成分 Co 71.06%，O 28.94%。
别名 氧化高钴；黑色氧化钴；氧化钴；Cobalt sesquioxide；Cobaltic oxide；Dicobalt trioxide
性状 灰黑色结晶性粉末。溶于热盐酸、热稀硫酸，分别放出氯、氧，不溶于水、乙醇。mp 895℃（分解）。一般试剂含量≥99.0%。
注意事项 该品口服有害。对机体有不可逆损伤的可能性。接触皮肤能引起过敏。使用时应穿适当的防护服和戴手套。避免与皮肤接触。
主要用途 分析试剂。制取钴和不含镍的钴盐。氧化剂。催化剂。制造蓝色玻璃。

Cobalt(Ⅱ) sulfate anhydrous 无水硫酸钴 02560
[10124-43-3] $CoSO_4$ 154.99
成分 Co 38.02%，O 41.29%，S 20.69%。
别名 硫酸亚钴 无水；无水 硫酸钴；无水硫酸亚钴；Cobaltous sulfate anhydrous
GW 2015-1315 M.I.15，2432
性状 红色至薰衣草色双晶或斜方结晶。于沸水中能缓慢溶解。微溶于甲醇，不溶于氨水。热至708℃仍稳定。d_4^{25} 3.71。
注意事项 该品吸入或口服有毒。对眼睛、呼吸系统有刺激性。接触皮肤能引起过敏。使用时应穿适当的防护服和戴手套。万一接触到眼睛，应立即用大量水冲洗后请医生诊治。应密封于干燥处保存。
主要用途 电镀工业。釉彩着色。

Cobalt(Ⅱ) sulfate heptahydrate 硫酸钴 七水 02561
[10026-24-1] $CoO_4S \cdot 7H_2O$ 281.10
成分（以无水物计） Co 38.02%，O 41.29%，S 20.69%。
别名 七水合硫酸亚钴；七水合硫酸钴；硫酸亚钴 七水；Cobaltous sulfate heptahydrate；Cobaltous sulfate
GW 2015-1315 M.I.15，2432
性状 桃红至红色单斜结晶或三斜形结晶。溶于水，微溶于乙醇、甲醇。d_4^{25} 2.03。
注意事项 该品口服有害。吸入能致癌。对眼睛、呼吸系统有刺激性。吸入或接触皮肤能引起过敏。对水生物极毒。对水环境可引起不利的结果。使用前应得到专门的指导，避免曝露。使用时应穿适当的防护服和戴手套。使用时应避免吸入本品的粉尘。使用时如有事故发生或有不适之感，应请医生诊治。应防止将本品释放于环境中。其包装材料应按危险品处理。应密封于干燥处保存。
主要用途 分析试剂。催化剂。用于电子、仪表、冶金工业。玻璃着色剂。

参考规格 HG/T 2631—2005	分析纯	化学纯
含量（$CoSO_4 \cdot 7H_2O$）/%≥	99.5	98.5
水不溶物/%≤	0.005	0.01
氯化物（Cl）/%≤	0.002	0.005
总氮量（N）/%≤	0.05	0.05
钠（Na）/%≤	0.01	0.05
钙（Ca）/%≤	0.005	0.025
锰（Mn）/%≤	0.005	0.02
铁（Fe）/%≤	0.001	0.005
镍（Ni）/%≤	0.01	0.1
铜（Cu）/%≤	0.001	0.005
锌（Zn）/%≤	0.005	0.02

Cobamamide 腺苷钴胺 02562

[13870-90-1] $C_{72}H_{100}CoN_{18}O_{17}P$ 1579.61

成分 C 54.75%，H 6.38%，Co 3.73%，N 15.96%，O 17.22%，P 1.96%。

别名 腺苷辅酶 B_{12}；Co-(5′-deoxyadenosine-5′) deriv of 3′-ester of cobinamide dihydrogen phosphate(ester) with 5,6-dimethyl-1-α-D-ribofuranosyl-1*H*-benzimidazole, inner sait; Cobamamidum; coenzyme B_{12}; DBC; Adenosyl-B_{12}; 5′-Deoxyadenosyl-B_{12}; 5′-Deoxyadenosylcobalamine; Dibencozide; Dibenzcozamide; Dimebenzcozamide; 5,6-Dimethylbenzimidazolylcobamide coenzyme; 5,6-Dimethylbenzimidazolylcobamide 5′-deoxyadenosine; Vitamin B_{12} coenzyme; Actimide; Ademide; Betarin; Calomide; Cobalion; Cobaltamin S; Cobanzyme; Cobazymase; Coenzile; Dolonevran; Enzicoba; Héraclène; Hi-Fresmin; Hycobal; Indusil; Ripresil; Sabalamin; Xobaline

M. I. 15，2435

性状 黄-橙色六面体结晶。曝露于空气中部分分解为深红色。溶于乙醇、苯酚，不溶于丙酮、乙醚、二氯乙烯、二氧六环。溶于水（24℃）：16.4mmol/L。其水溶液 pH 值 <3.5 为黄色，>3.5 为红色。最大吸收值（水中）：260nm，375nm，522nm（$A\times10^{-6}$：34.7cm²/mol，10.9cm²/mol，8.0cm²/mol）。pK_a 3.5。生化试剂含量约 95%（HPLC）。

注意事项 使用时应避免吸入本品的粉尘，避免与眼睛及皮肤接触。应密封于 2～8℃保存。

主要用途 医用兽用维生素。

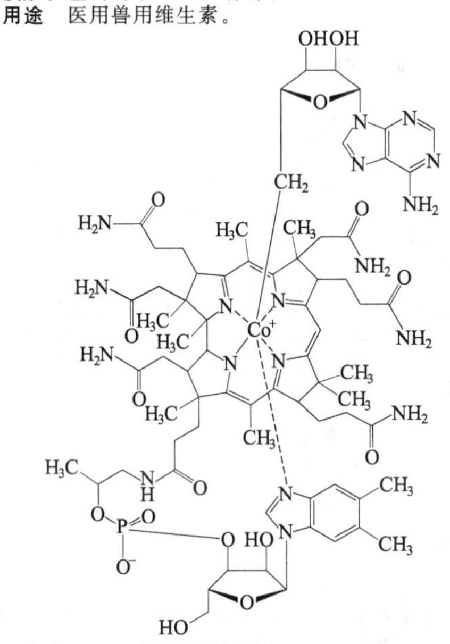

Cocaethylene 乙基苯酰爱康因 02563

[529-38-4] $C_{18}H_{23}NO_4$ 317.39

成分 C 68.12%，H 7.30%，N 4.41%，O 20.16%。

别名 *o*-苯甲酰-*l*-芽子碱乙酯；[1*R*-(*exo*,*exo*)]-3-(Benzoyloxy)-8-methyl-8-azabicyclo[3.2.1]octane-2-carboxylic acid ethyl ester; Ecgonine ethyl ester benzoate(ester); *O*-Benzoyl-*l*-ecgonine ethyl ester; Ethylbenzoylecgonine; Homocaine

M. I. 15，2439

性状 来自乙醇中的棱柱体结晶。溶于乙醇、乙醚，几乎不溶于水。mp 109℃。

注意事项 该品吸入、口服或与皮肤接触极毒。接触皮肤能引起过敏。使用时应穿适当的防护服，戴手套和防护镜或面罩。应避免吸入本品的粉尘。使用时如有事故发生或有不适之感，应请医生诊治。

主要用途 医用局部麻醉剂。

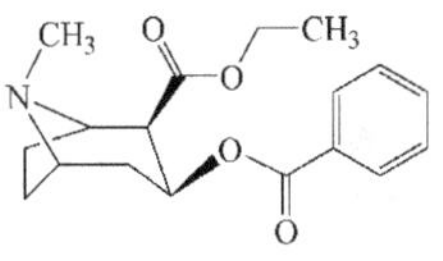

Cocaine 可卡因 02564

[50-36-2] $C_{17}H_{21}NO_4$ 303.36

成分 C 67.31%，H 6.98%，N 4.62%，O 21.10%。

别名 古柯碱；[1*R*-(*exo*,*exo*)]-3-(Benzoyloxy)-8-methyl-8-azabicyclo[3.2.1]octane-2-carboxylic acid methyl ester; 3β-Hydroxy-1α*H*,5α*H*-tropane-2β-carboxylic acid methyl ester benzoate; 2β-Carbomethoxy-3β-benzoxytropane; Ecgonine methyl ester benzoate; *l*-Cocaine; β-Cocaine; Benzoylmethylecgonine

M. I. 15，2440

性状 来自乙醇中的无色单斜片状结晶。具挥发性，尤其约 90℃时，但升华物不是晶体。1g 该品溶于 600mL 水、270mL 80℃的水、6.5mL 乙醇、0.7mL 氯仿、3.5mL 乙醚、12mL 松节油、12mL 橄榄油、30～50mL 液体石蜡，亦溶于丙酮、乙酸乙酯、二硫化碳，略微溶于矿物油。其水溶液对石蕊呈碱性。pK_a（15℃）8.61；pK_b（15℃）5.59。mp 98℃；bp $_{0.1}$ 187～188℃/13.33Pa；$[\alpha]_D^{18}-35°$（于 50%乙醇中）；$[\alpha]_D^{20}-16°$（$c=4$，于氯仿中）。LD_{50} 大鼠静脉注射：17.5mg/kg。

注意事项 该品吸入、口服或与皮肤接触极毒，接触皮肤能引起过敏。使用时应穿适当的防护服，戴手套和防护镜或面罩。使用时应避免吸入本品的粉尘，如有事故发生或有不适之感，应请医生诊治。

主要用途 医用局部麻醉剂。兽用眼局部麻醉剂。

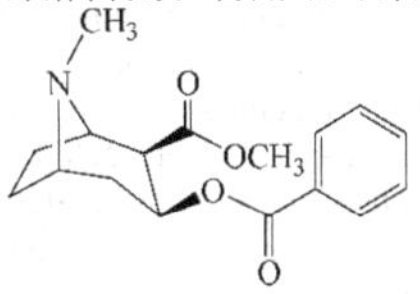

Cocarboxylase monohydrate 羧化辅酶一水 02565

[154-87-0] $C_{12}H_{19}ClN_4O_7P_2S\cdot H_2O$ 478.78

成分（以无水物计） C 31.28%，H 4.16%，Cl 7.69%，N 12.16%，O 24.31%，P13.44%，S 6.96%。

别名 焦磷酸硫胺；焦磷酸噻胺；二磷酸硫胺素；辅羧酶；3-(4-Amino-2-methyl-5-pyrimidinyl) methyl-4-methyl-5-(4,6,6-trihydroxy-3,5-dioxa-4,6-diphosphahex-1-yl) thiazolium chloride *P*,*P*′-dioxide; Aneurine pyrophosphoric acid; Berolase; Bivitasi; Cocalose; Cocarvit; Nutrase; Pyrolase; DPT; TDP; Thiamine diphosphate ester chloride; Thiamine pyrophosphate; Thiaminepyrophosphoric acid chloride; Thiamine trihydrogen pyrophosphate (ester); TPP; APP

M. I. 15，9448

性状 来自无水乙醇中的无色结晶。其干燥品稳定。溶于水，其 0.3%水溶液 pH 值 2.23。mp 238～240℃（分解）；uv max：242nm。生化试剂含量≥97%。

注意事项 使用时应避免吸入本品的粉尘，避免与眼睛及皮肤接触。应充氩气密封避光于−20℃干燥保存。

主要用途 生化研究。医用维生素（酶辅因子）。

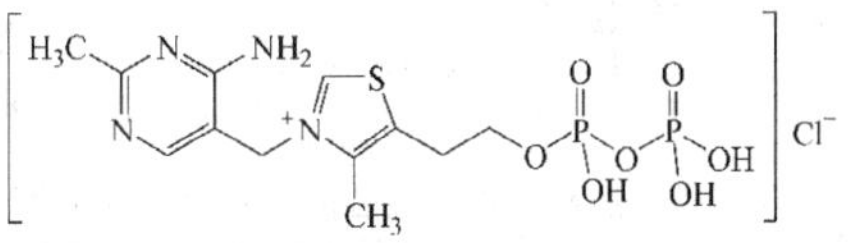

Cochineal powder 胭脂虫粉 02566

别名 Coccus

M. I. 15，2442

性状 本品为干燥的雌性胭脂虫（含卵）和幼虫，干燥品为紫黑色或紫灰色，研成粉末后是红色。有特殊气味。含有约 10%胭脂红酸、10%脂肪和 2%蜡。

主要用途 在生物碱滴定中用作指示剂（酸性为红色，碱性为蓝色）。

Codeine 可待因 02567

[76-57-3] $C_{18}H_{21}NO_3$ 299.37

成分 C 72.22%，H 7.07%，N 4.68%，O 16.03%。

别名 甲基吗啡；(5α,6α)-7,8-Didehydro-4,5-epoxy-3-methoxy-17-methylmorphinan-6-ol; Methylmorphine; Morphine monomethyl ether; Morphine 3-methyl ether; Codicept

M. I. 15，2448

性状 一水合物为来自水或稀乙醇中的无色斜方半面晶形结

晶。1g 该品（一水合物）溶于 120mL 水、60mL 80℃水、2mL 乙醇、1.2mL 热乙醇、13mL 苯、18mL 乙醚、0.5mL 氯仿，易溶于戊醇、甲醇、稀酸，几乎不溶于石油醚、碱溶液。其水溶液 pH 值 9.8。pK（15℃）6.05。mp 154～156℃；d_4^{20} 1.32；$[\alpha]_D^{15}$ −136°（c=2，于乙醇中）；$[\alpha]_D^{15}$ −112°（c=2，于氯仿中）。其盐酸盐 LD_{50} 小鼠皮下注射：300mg/kg。

注意事项 该品吸入、口服或与皮肤接触有害。使用时应穿适当的防护服。万一接触到眼睛，应立即用大量水冲洗后请医生诊治。应密封于 2～8℃保存。

主要用途 医用麻醉止痛剂，镇咳剂。

Coenzyme Ⅰ　辅酶Ⅰ　02568

[53-84-9]　$C_{21}H_{27}N_7O_{14}P_2$　663.43

成分 C 38.02%，H 4.10%，N 14.78%，O 33.76%，P 9.34%。

别名 二磷酸吡啶核苷酸；烟酰胺腺嘌呤二核苷酸；Adenosine 5′-(trihydrogen diphosphate)P'→5′-ester with 3-aminocarbenyl-1-β-D-ribofuranosylpyridinium inner salt；3-Carbamoyl-1-β-D-ribofuranosylpyridinium hydroxide 5′→5′-ester with adenosine 5′-(trihydrogen pyrophosphate) inner salt；NAD^+；DPN；Co Ⅰ；Diphosphopyridine nucleotide；Cozymase；Nadide；CodehydrogenaseⅠ；Codehydrase Ⅰ；Nicotinamide-adenine dinucleotide；β-NAD；NAD；Nadide；NAPH；NDA

M. I. 15，6329

性状 白色粉末。极易潮解。易溶于水，不溶于丙酮等有机溶剂；其 1%水溶液 pH 值约 2，其水溶液在约 1 周内稳定。$[\alpha]_D^{20}$ −31.5°（c=1.2，于水中）；uv max：260nm（ε 18100）。生化试剂含量≥99.0%。

注意事项 该品对眼睛、呼吸系统及皮肤有刺激性。使用时应穿适当的防护服。万一接触到眼睛，应立即用大量水冲洗后请医生诊治。应充氩气密封于−20℃保存。

主要用途 生化研究。药物研究。临床诊断。

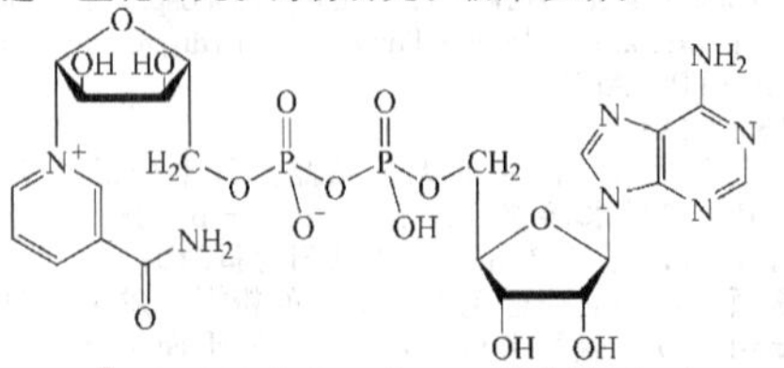

Coenzyme Ⅰ reduced disodium salt trihydrate　02569
还原型辅酶Ⅰ二钠盐 三水

[606-68-8]　$C_{21}H_{27}N_7Na_2O_{14}P_2 \cdot 3H_2O$　763.46

成分（以无水物计）　C 35.55%，H 3.84%，N 13.82%，Na 6.48%，O 31.57%，P 8.73%。

别名 还原型烟酰胺腺嘌呤二核苷酸二钠盐；还原型二磷酸吡啶核苷酸二钠盐；CoⅠ redu Ced Na_2；$DPNH_2$-Na_2；β-Nicotinamide adenine dinucleotide reduced disodium salt；DPNH-Na_2 salt；Nicotinamide adenine dinucleotide (reduced) disodium salt；NADH-Na_2；Coenzyme Ⅰ red. disodium salt；Coenzyme Ⅰ reduced disodium salt；β-Nicotinamide adenine disodium salt reduced；Diphosphopyridine nucleotide reduced disodium salt；Dihydrodiphosphopyridine nucleotide disodium salt

性状 白色粉末。溶于水。生化试剂含量≥95.0%(HPLC)。

注意事项 该品应充氩气密封于 2～8℃干燥保存。

主要用途 生化研究。用于冠心病（如心肌梗死）的诊断等。

Coenzyme Ⅱ　辅酶Ⅱ　02570

[53-59-8]　$C_{21}H_{28}N_7O_{17}P_3$　743.41

成分 C 33.93%，H 3.80%，N 13.19%，O 36.59%，P 12.50%。

别名 三磷酸吡啶核苷酸；烟酰胺腺嘌呤二核苷酸磷酸盐；Adenosine 5′-(trihydrogen diphosphate)2′-(dihydrogen phosphate)P'→5′-ester with 3-aminocarbonyl-1-β-D-ribofuranosylpyridinium inner salt；3-Carbamoyl-1-β-D-ribofuranosylpyridinium hydroxide 5→5′ ester with adenosine 2′-(dihydrogen phosphate)5′-(trihydrogen pyrophosphate) inner salt；Co Ⅱ；β-NADP；Codehydrase Ⅱ；Phosphocozymase；β-Nicotinamide-adenine dinucleotide phosphate；Phosphocozymase；TPN；Triphosphopyridine nucleotide；Nicotinamide-adenine dinucleotide phosphate；N-763；NADP；NDAP

M. I. 15，6332

性状 灰白色粉末。溶于水、甲醇，少量溶于乙醇，几乎不溶于乙醚、乙酸乙酯。pK_{a1} 3.9；pK_{a2} 6.1。uv max：260nm（ε 18000）。生化试剂含量≥96.0%（HPLC）。

注意事项 该品对眼睛、呼吸系统及皮肤有刺激性。使用时应穿适当的防护服。万一接触到眼睛，应立即用大量水冲洗后请医生诊治。应充氩气密封于−20℃干燥保存。

主要用途 生化研究。

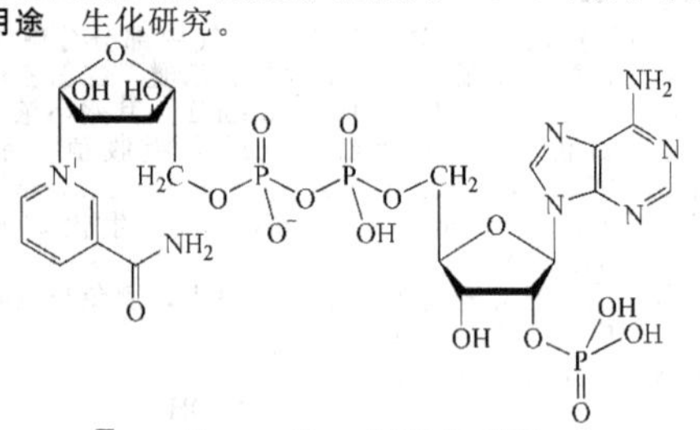

Coenzyme Ⅱ sodium salt　辅酶Ⅱ 钠盐　02571

[1184-16-3]　$C_{21}H_{27}N_7NaO_{17}P_3$　765.39

成分 C 32.95%，H 3.56%，N 12.81%，Na 3.00%，O 35.54%，P 12.14%。

别名 辅酶Ⅱ钠盐；Co Ⅱ Na；β-Nicotinamide adenine dinucleotide phosphate sodium salt；β-NADP-Na；TPN-Na；Triphosphopyridine nucleotide sodium salt

性状 无色结晶或白色结晶性粉末。生化试剂含量≥98.0%(HPLC)；NADPH ≤0.1%。

注意事项 该品对眼睛、呼吸系统及皮肤有刺激性。使用时应穿适当的防护服。使用时应避免吸入本品的粉尘。避免与眼睛及皮肤接触。万一接触到眼睛，应立即用大量水冲洗后请医生诊治。应充氩气密封于−20℃干燥保存。

主要用途 生化研究。

Coenzyme A　辅酶 A　02572

[85-61-0]　$C_{21}H_{36}N_7O_{16}P_3S$　767.53

成分 C 32.86%，H 4.73%，N 12.77%，O 33.35%，P 12.11%，S 4.18%。

别名 辅酶甲；Co A

M. I. 15，2450

性状 白色粉末。有吸潮性。有特殊的硫醇气味。呈强酸性。溶于水和生理盐水，几乎不溶于乙醇、乙醚、丙酮。pK 9.6（硫醇中）；pK 6.4（二代磷酸盐中）；pK 4.0（腺嘌呤氨盐中）。uv max：259.5nm（ε 16800）。生化试剂含量≥80.0%(ENZ)。

注意事项 该品应充氩气密封于−20℃干燥保存。

主要用途 生化研究。调节糖、脂肪及蛋白质代谢的重要因子，促进乙酰胆碱的合成。降低血液中胆固醇，增加肝糖原的积存，促进甾体的合成。

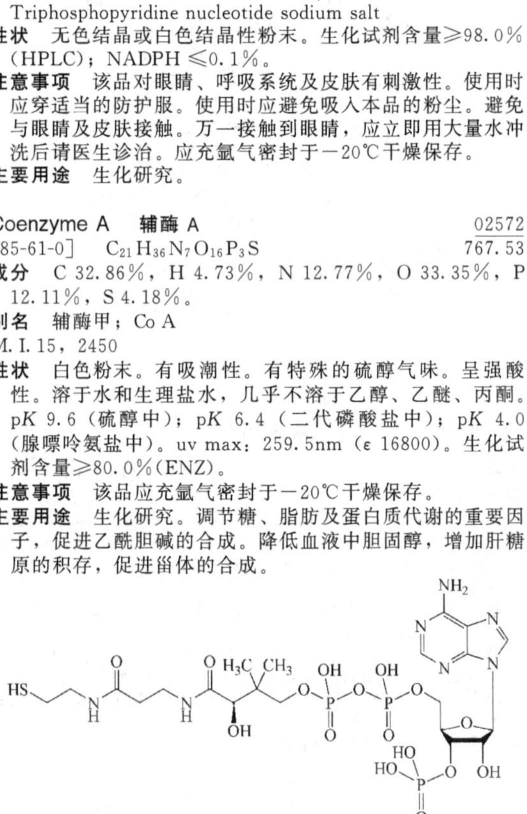

Coenzyme Q₆　辅酶 Q₆　02573

[1065-31-2]　$C_{39}H_{58}O_4$　590.89

成分 C 79.28%，H 9.89%，O 10.83%。

别名 泛醌；2,3-Dimethoxy-5-methyl-6-farnesylfarnesyl-1,4-benzo-

quinone;Ubiquinone-30;UQ-30;Ubiquinone 6;UQ-6;Q_6;Co Q_6
M. I. 15，10025
性状 橙红色油状液体。溶于乙醇、乙醚和环己烷，不溶于水。mp 18℃。
注意事项 该品应密封于－20℃保存。
主要用途 生化研究。

Coenzyme Q_{10} 辅酶 Q_{10} 02574
[303-98-0] $C_{59}H_{90}O_4$ 863.37
成分 C 82.08%，H 10.51%，O 7.41%。
别名 Coenzyme Q-199; Ubidecarenone; Ubiquinone 10; NSC-140865; Adelir; Caomet; Decafar; Decorenone; Dymion; Heartcin; Inokiten; Iuvacor; Mitocor; Neuquinon; Taidecanone; Ubifactor; ubiquinone 50; Ubisan; Ubivis; Ubiten-50; Udekinon
M. I. 15，10025
性状 一般试剂为来自酵母中的无色结晶性粉末。mp 49～51℃。生化试剂含量≥99.0%（HPLC）。
注意事项 使用时应避免吸入本品的粉尘，避免与眼睛及皮肤接触。应密封于－20℃保存。
主要用途 生化研究。

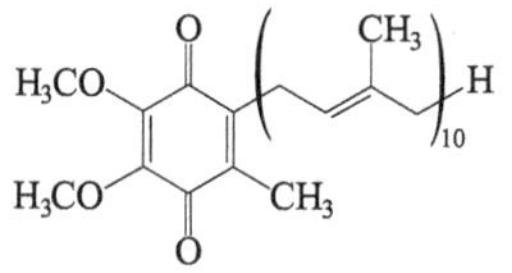

Colchicine 秋水仙碱 02575
[64-86-8] $C_{22}H_{25}NO_6$ 399.44
成分 C 66.15%，H 6.31%，N 3.51%，O 24.03%。
别名 秋水仙素；*N*-[(*S*)-5,6,7,9-Tetrahydro-1,2,3,10-tetramethoxy-9-oxobenzo[*a*]heptalen-7-yl]acetamide
M. I. 15，2455
性状 来自乙酸乙酯＋乙醚中的近无色至淡黄色针状或鳞片状结晶或粉末。遇光颜色变深。mp 154～156℃。1g 能溶于 22mL 水、220mL 乙醚、100mL 苯，易溶于乙醇、氯仿，几乎不溶于石油醚。$[\alpha]_D^{22}$ －121.6°（c＝1.001，于氯仿中）；uv max（95%乙醇中）：350.5nm，243nm（lgε 4.22，4.47）。LD_{50} 大鼠，小鼠静脉注射：1.6mg/kg，4.13mg/kg。生化试剂含量≥97.0%（HPLC）。
注意事项 该品吸入或口服极毒。使用时如有事故发生或有不适之感，应立即请医生诊治。应远离食品、饮料及饲料，密封避光保存。
主要用途 硒试剂。生化研究，用于植物遗传学和癌症的研究。

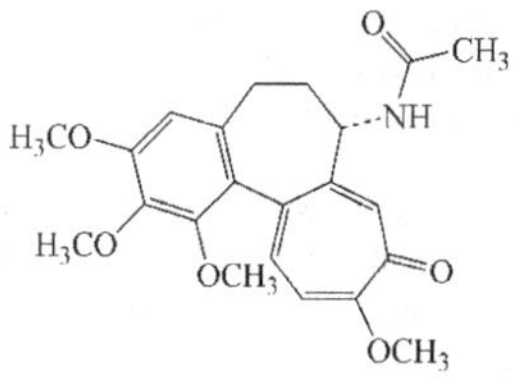

Colforsin 考福新 02576
[66575-29-9] $C_{22}H_{34}O_7$ 410.51
成分 C 64.37%，H 8.35%，O 27.28%。
别名 佛司可林；福斯高林；(3*R*,4a*R*,5*S*,6*S*,6a*S*,10*S*,10a*R*,10b*S*)-5-Acetyloxy-3-ethenyldodecahydro-6,10,10b-trihydroxy-3,4a,7,7,10a-pentamethyl-1*H*-naphtho[2,1-*b*]pyran-1-one; 7*β*-Acetoxy-8,13-epoxy-1*α*,6*β*,9*α*-trihydroxylabd-14-en-11-one; Forskolin; Boforsin(obsolete); HL-362
M. I. 15，2460
性状 来自乙酸乙酯/石油醚中的无色结晶或白色粉末。mp 230～232℃；$[\alpha]_D^{25}$－26.19°（c＝1.68，于氯仿中）；uv max：210nm，305nm（ε 1000，50）。LD_{50}大鼠，小鼠急性经口：2550mg/kg，2300mg/kg。生化试剂含量≥98.0%。
注意事项 该品与皮肤接触有害。使用时应穿适当的防护服和戴手套。万一接触到眼睛，应立即用大量水冲洗后请医生诊治。应远离食品及强酸、强碱，密封于阴凉干燥处保存。
主要用途 医用抗高血压，抗青光眼剂。并有抗肿瘤转移作用。

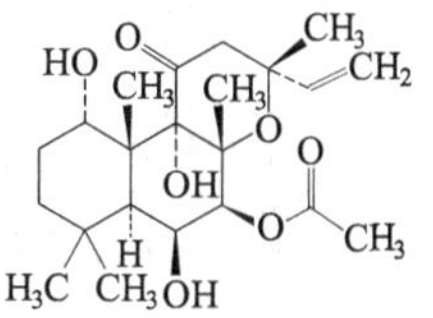

Colfosceril palmitate 考佛塞尔 棕榈酸酯 02577
[63-89-8] $C_{40}H_{80}NO_8P$ 734.05
成分 C 65.45%，H 10.98%，N 1.91%，O 17.44%，P 4.22%。
别名 棕榈酸 考佛塞尔；考福西利 棕榈酸酯；棕榈胆磷；(7*R*)-4-Hydroxy-*N*,*N*,*N*-trimethyl-10-oxo-7-(1-oxohexadecyl)oxy-3,5,9-trioxa-4-phosphapentacosan-1-aminium inner salt 4-oxide; L-*α*-Dipalmitoyl lecithin; Dipalmitoyl-L-*α*-glycerylphosphorylcholine; Dipalmitoyl phosphatidylcholine; DPPC; Exosurf neonatal
M. I. 15，2461
性状 一水合物来自热的二异丁基甲酮中的无色结晶。易溶于热氯仿、热二异丁基甲酮、热二氧六环，易于水中乳化。该品于下列物质中的溶解度（22～23℃，g/100mL）：乙醇 1.5；乙醚 0.02；丙酮 0.02；吡啶 1.1；乙酸 4.0；甲醇 1.4。75～79℃变软，mp 234～235℃；$[\alpha]_D^{23}$＋6.6°（c＝4.2，于氯仿-甲醇 1∶1 溶液中。）
主要用途 肺表面活性剂。辅助诊断胎儿肺部成熟期。

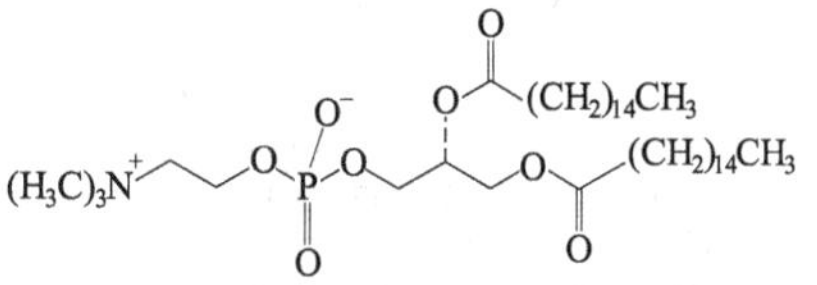

Collagen from bovine achilles tendon
胶原(牛肌腱) 02578
[9007-34-5] 约 80000
别名 骨胶原；胶原蛋白；Ossein
M. I. 15，2464
性状 冻干白色胶状物。bp 100℃。
注意事项 该品应充氩气密封于 2～8℃干燥保存。
主要用途 生化研究。测定胶原酶的底物。医用临床手术缝合用纤维。

Collagenase from clostridium histolyticum
胶原酶(溶组织梭状芽孢杆菌) 02579
[9001-12-1] 约 105000
别名 骨胶原酶（溶组织梭状芽孢杆菌）；Clostridiopeptidase A; Iruxol; Santyl
M. I. 15，2465　EC 3.4.24.3
性状 冻干白色粉末。
注意事项 该品对眼睛、呼吸系统及皮肤有刺激性。吸入可引起过敏。使用时应穿适当的防护服和戴手套。使用时应避免吸入本品的粉尘，避免与皮肤接触。万一接触到眼睛，应立即用大量水冲洗后请医生诊治。应充氩气密封于－20℃干燥保存。
主要用途 生化研究。研究胶原的组织和生物合成。

Collodion 5% 火棉胶 5% 02580
[9004-70-0]
别名 胶棉；柯罗掟；胶棉液；克罗甸；Cellulose nitrate
GW 2015-2208　M. I. 15,2468
性状 无色或微黄色浆状透明液体。对光敏感。溶于乙醇、乙醚的混合溶液中。Fp 125.6℉(52℃)；d_{25}^{25} 0.765～0.775。
注意事项 该品极易燃。能形成爆炸性过氧化物。切勿排入下水道。使用现场禁止吸烟。应远离火种，采取抗放静电措施于通风良好处密封避光保存。
主要用途 显微镜切片。摄影底片制备。制药工业。皮革制造。人造珍珠。石印和雕刻业。照相制版材料。

Collodion wool 火棉胶 棉体 02581
[9004-70-0] $C_{12}H_{16}O_6(NO_3)_4$ 504.28
别名 火棉；固体火棉胶；硝化棉；硝化纤维素；低氮硝化纤维；焦木素；棉体火棉胶；硝酸纤维素；噻啰璐；火棉胶片；Collodion cotton;

Colloxylin; Colloidine; Histocell; NC; Pyroxylin; Nitrocellulose; Xyloidin; Nitroce-S
GW 2015-2208　M. I. 15, 2468
性状　白色、微黄色丝状，形似棉花的固体。溶于乙醇、乙醚混合液(1∶3)、丙酮、甲醇、冰乙酸。久见光能分解。
注意事项　该品极易燃。使用现场禁止吸烟。应远离火种，密封避光保存。
主要用途　生物组织切片。电子工业用作黏结剂。

Combretastatin　考布他汀　02582
[82855-09-2]　$C_{18}H_{22}O_6$　334.37
成分　C 64.66%，H 6.63%，O 28.71%。
别名　康普立停；(αR)-3-Hydroxy-4-methoxy-α-(3,4,5-trimethoxyphenyl) benzeneethanol；(−)-Combretastatin
M. I. 15. 2477
性状　来自丙酮-己烷中的无色针状结晶。mp 130～131℃；d 1.33；$[\alpha]_D^{26}$ −8.51°（c=1.41，于氯仿中）；uv max（甲醇中）：212nm，228nm，279nm，287nm（lgε 4.33，4.11，3.47，3.36）。生化试剂含量≥98.0%。
主要用途　医用抗肿瘤剂。

Combretastatin A-4　考布他汀 A-4　02583
[117048-59-6]　$C_{18}H_{20}O_5$　316.35
成分　C 68.34%，H 6.37%，O 25.29%。
别名　康普立停 A-4；(Z)-2-Methoxy-5-[2-(3,4,5-trimethoxyphenyl) ethenyl] phenol；3，4，5-Trimethoxy-3′-hydroxy-4′-methoxy-(Z)-stilbene; CS-A4
M. I. 15. 2477
性状　来自乙酸乙酯-己烷中的无色细小结晶。mp 116℃。一般试剂含量≥98.0%（HPLC）。

Concanavalin A from canavalia ensiformis
刀豆球蛋白 A(洋刀豆)　02584
[11028-71-0]　Mr 约 53000
别名　刀豆球朊 A；洋刀豆蛋白；Con A; Jack bean phytohemagglutinin; Lectin from canavalia ensiformis
M. I. 15，2478
性状　白色易溶的冷冻干燥粉末。系从刀豆中分离出来的血球凝集蛋白。生化试剂含量≥99.0%，糖类含量≤0.1%。
注意事项　该品吸入、口服或与皮肤接触有害。吸入或与皮肤接触可引起过敏。对机体有不可逆损伤的可能性。使用时应穿适当的防护服。应充氩气密封于 2～8℃干燥保存。
主要用途　生化研究。有凝集细胞及促进细胞分裂作用。用作细胞表面动力学和细胞分裂研究的探针。

Congo red　刚果红　02585
[573-58-0]　$C_{32}H_{22}N_6Na_2O_6S_2$　696.66
成分　C 55.17%，H 3.18%，N 12.06%，Na 6.60%，O 13.78%，S 9.21%。
别名　直接大红；直接刚果红；刚果；刚果红 AT；刚果红 4B；刚果红 B，C；4，4′-二苯基-双 [1-偶氮-2-1-氨基萘-4-二磺酸钠]；3,3′-[(1,1′-Biphenyl)-4,4′-diylbis(azo)] bis(4-amino-1-naphthalenesulfonic acid) disodium salt; Congo; Congo red B or C; Dircet red 28; Dircet red C; Dircet red Y; Sodium diphenylbisazonaphthionate; Sodium diphenyldiazo bis(α-naphthylamine) sulfonate
M. I. 15，2482　C. I. 22120
性状　棕红色粉末。溶于水（呈黄至红色）、乙醇（呈橙色），极微溶于丙酮，几乎不溶于乙醚。pH 值 3.0～5.2（由蓝紫至红色）。最大吸收值（pH 值 7.3）：488nm（$E_{1cm}^{1\%}$ 595）。mp ＞ 360℃；LD_{50} 大鼠静脉注射：190mg/kg。
注意事项　该品能致癌，能危害胎儿。使用前应得到专门的指导，避免曝露。使用时如有事故发生或有不适之感，应请医生诊治。
主要用途　酸碱指示剂。吸附指示剂。生物染色剂。也可用于蛋白质的沉淀和硼酸、氰化物、盐酸等的检定。医用辅助诊断淀粉样变性。

Congressane　金刚烷　02586
[2292-79-7]　$C_{14}H_{20}$　188.31
成分　C 89.30%，H 10.71%。
别名　国会烷；会标烷；五环十四烷；Decahydro-3,5,1,7-[1,2,3,4] butanetetraylnaphthalene; Pentacyclo [7.3.1.1^{4,12}，O^{2,7}，O^{6,11}]tetradecane; Diamantane
M. I. 15，2483
性状　无色结晶。mp 236～237℃。

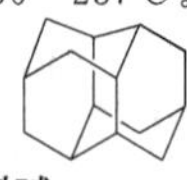

β-Coniceine　β-毒芹侧碱　02587
[538-90-9]　$C_8H_{15}N$　125.22
成分　C 76.74%，H 12.07%，N 11.19%。
别名　α-烯丙基哌啶；2-（1-丙烯基哌啶；β-毒芹瑟碱）；2-(1-Propenyl) piperidine; α-Allylpiperidine
M. I. 15，2485
性状　dl 型为无色液体。8℃左右凝固。溶于乙醇、乙醚，极微溶于水。bp 168℃；d_4^{15} 0.8716。
主要用途　生化研究

γ-Coniceine　γ-毒芹侧碱　02588
[1604-01-9]　$C_8H_{15}N$　125.22
成分　C 76.74%，H 12.07%，N 11.19%。
别名　2-正丙基-3，4，5，6-四氢吡啶；毒芹瑟碱；2,3,4,5-Tetrahydro-6-propylpyridine; 2-n-Propyl-3,4,5,6-tetrahydropyridine; 2-n-Propyl-Δ^1-piperidine
M. I. 15，2486
性状　无色碱性液体。有老鼠般的气味。易溶于乙醇、氯仿、乙醚，微溶于水。能随蒸汽挥发。bp 171℃；bp_{15} 63℃/2kPa；d_4^{15} 0.8753；n_D^{16} 1.4661。
主要用途　生化研究

Coniferyl alcohol　松柏醇　02589
[458-35-5]　$C_{10}H_{12}O_3$　180.20
成分　C 66.65%，H 6.71%，O 26.64%。
别名　4-羟基-3-甲氧基肉桂醇，4-Hydroxy-3-methoxycinnamyl alcohol；4-(3-Hydroxy-1-propenyl)-2-methoxyphenol；3-(4-Hydroxy-3-methoxyphenyl)-2-propen-1-ol；4-Hydroxy-3-methoxycinnamic alcohol; γ-Hydroxyisoeugenol
M. I. 15，2488
性状　无色棱柱体结晶。易溶于乙醚，中等程度溶于乙醇，溶于碱类，几乎不溶于水。能被稀酸聚合，转化为无定形胶体。mp 74℃；bp_3 163～165℃/399.96Pa。一般试剂含量≥97.0%（GC）。
注意事项　使用时应避免吸入本品的粉尘，避免与眼睛及皮肤接触。应充氩气密封避光于−20℃保存。使用温度不能高于 8℃。

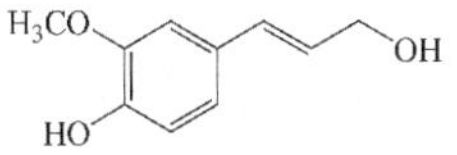

(±)-Coniine　(±)-欧毒芹碱　02590

[3238-60-6]　$C_8H_{17}N$　127.23

成分　C 75.52%，H 13.47%，N 11.01%。

别名　Cicutine；2-Propylpiperidine

M. I. 15，2489

性状　无色碱性液体。曝露于光下或空气中色变暗、变黄及聚合。1mL 该品溶于 90mL 水，较多地溶于热水。溶于乙醇、丙酮、苯、戊醇，微溶于氯仿。pK 3.1。mp 约 −2℃；bp 166～166.5℃；bp_{20} 65～66℃/2.666kPa；d_4^{20} 0.844～0.848；n_D^{23} 1.4505；$[\alpha]_D^{25}$＋8.4°（c＝4，于氯仿中）；$[\alpha]_D^{23}$＋14.6°（纯净品）。一般试剂含量≥98.0%。

注意事项　该品吸入、口服或与皮肤接触有毒。对机体有不可逆损伤的可能性。使用时应穿适当的防护服，戴手套和防护镜或面罩。应避免吸入本品的粉尘。使用时如有事故发生或有不适之感，应请医生诊治。应密封于 2～8℃保存。

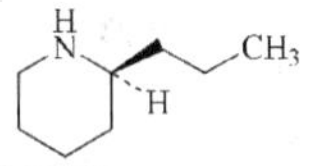

Convallatoxin　铃兰毒苷　02591

[508-75-8]　$C_{29}H_{42}O_{10}$　550.65

成分　C 63.26%，H 7.69%，O 29.06%。

别名　铃兰毒；(3β,5β)-3-(6-Deoxy-α-L-mannopyranosyl) oxy-5,14-dihydroxy-19-oxocard-20(22)-enolide；Strophanthidin α-L-rhamnoside；Convallaton；Corglykon；Korglykon

M. I. 15，2497

性状　来自甲醇＋乙醚中的无色棱柱体结晶。溶于乙醇、丙酮，微溶于氯仿、乙酸乙酯、水（1∶2000），几乎不溶于乙醚、石油醚。mp 235～242℃；$[\alpha]_D^{22}$ −1.7°±3°（c＝0.65，于甲醇中）；$[\alpha]_D^{25}$ −9.4±3°（c＝0.72，于二氧六环中）。LD_{50} 小鼠，大鼠腹膜内注射：10.0mg/kg；静脉注射：16.0mg/kg。生化试剂含量约 70.0%。

注意事项　该品吸入、口服或与皮肤接触极毒。使用时应穿适当的防护服，戴手套和防护镜或面罩。使用时应避免吸入本品的粉尘。使用时如有事故发生或有不适之感，应请医生诊治。

主要用途　生化研究。医用强心剂。

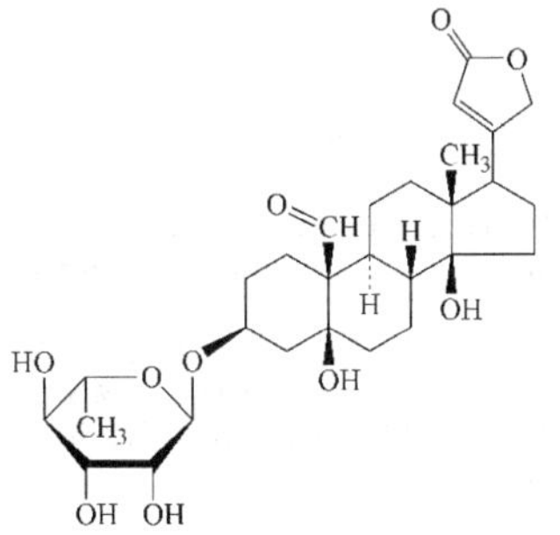

Copaene　玷𤣿烯　02592

[3856-25-5]　$C_{15}H_{24}$　204.36

成分　C 88.16%，H 11.84%。

别名　[1R-(1α,2α,6α,7α,8α)]-1,3-Dimethyl-8-(1-methylethyl) tricyclo[4.4.0.0^{2,7}]dec-3-ene；(1R,2S,6S,7S,8S)-(−)-8-Isopropyl-1,3-dimethyltricyclo[4.4.0.0^{2,7}]dec-3-ene；α-Copaene

M. I. 15，2500

性状　无色油状液体。对空气敏感。bp 246～251℃；bp_{10} 119～120℃/1.333kPa；Fp 228.2°F（109℃）；d_{15}^{15} 0.9077；n_D^{20} 1.4894；$[\alpha]_D^{22}$ −6.3°（c＝1.2，于氯仿中）。一般试剂含量≥90.0%（GC，对映体总量）。

注意事项　使用时应避免与眼睛及皮肤接触。应充氩气密封于−20℃保存。

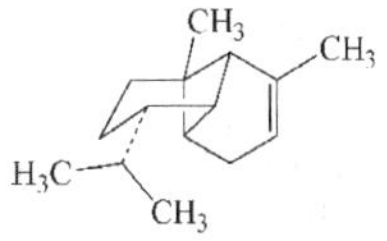

Copper　铜　02593

[7440-50-8]　Cu　63.546

M. I. 15，2504

性状　红棕色有光泽的金属，有片状、粒状、屑状和粉状等多种制品。富延展性。易溶于热浓硫酸、硝酸、稀硫酸，溶于氨水、氰化钾溶液并生成络盐。mp 1083℃；bp 2595℃；d 8.94。一般试剂含量≥99.9%。

主要用途　分析试剂。催化剂。还原剂。电镀。铜盐、铜合金制造。

Copper powder　铜粉　02594

[7440-50-8]　Cu　63.546

M. I. 15，2504

性状　见 02593 铜 一般试剂含量≥99.5%。

注意事项　该品易燃。使用现场禁止吸烟。使用时应避免吸入本品的粉尘。应远离火种密封保存。

Copper(Ⅱ) acetate anhydrous　乙酸铜 无水　02595

[142-71-2]　$C_4H_6CuO_4$　181.63

成分　C 26.45%，H 3.33%，Cu 34.99%，O 35.23%。

别名　无水乙酸铜；无水醋酸酮；Crystallized verdigris；Cupric acetate anhydrous；Neutralized verdigris

M. I. 15，2614

性状　绿色结晶。易吸潮。溶于水和乙醇，微溶于乙醚和甘油。d 1.93。一般试剂含量≥98.0%（RT）。

注意事项　该品口服有害。对眼睛、呼吸系统及皮肤有刺激性。对水生物极毒。能对水环境引起不利的结果。万一接触到眼睛，应立即用大量水冲洗后请医生诊治。应防止将本品释放于环境中。其包装物应按危险品处理。应充氩气密封于干燥处保存。

Copper(Ⅱ) acetate monohydrate　乙酸铜 一水　02596

[6046-93-1]　$C_4H_6CuO_4 \cdot H_2O$　199.65

成分（以无水物计）　C 26.45%，H 3.33%，Cu 34.99%，O 35.23%。

别名　一水合乙酸铜；一水合醋酸铜；醋酸铜 一水；Cupric acetate monohydrate

M. I. 15，2614

性状　深绿色单斜结晶。溶于水、乙醇，微溶于乙醚、甘油。mp 115℃；240℃（分解）；d 1.882。LD_{50} 大鼠急性经口：710mg/kg。一般试剂含量≥99.0%。

主要用途　钾和氰化物的微量分析。

注意事项　该品口服有害。对眼睛、呼吸系统及皮肤有刺激性。对水生物极毒。能对水环境引起不利的结果。使用时应穿适当的防护服，戴手套和防护镜或面罩。应防止将本品释放于环境中。其包装物应按危险品处理。

Copper(Ⅱ) arsenite　亚砷酸铜　02597

[10290-12-7]　$AsCuHO_3$　187.46

成分　As 39.96%，Cu 33.90%，H 0.54%，O 25.60%。

别名　亚砷酸氢铜；Arsonic acid copper(2＋) salt (1∶1)；Arsenious acid copper(2＋)salt(1∶1)；Copper orthoarsenite；Cupric arsenite；Scheel's green；Swedish green

GW 2015-2467　M. I. 15,2616

性状　淡黄绿色粉末。溶于酸、氨水，几乎不溶于水、乙醇。

注意事项　该品剧毒。吸入或口服时有毒。能致癌。使用现场不得进餐或吸烟。接触皮肤后应立即用大量指定的液体冲洗。使用时如有事故发生或有不适之感，应请医生诊治。使用前应得到专门的指导，避免曝露。

主要用途　杀菌剂。杀虫剂。杀鼠剂。羊毛防腐。颜料。

Copper(Ⅰ) bromide　溴化亚铜　02598

[7787-70-4]　BrCu　143.45

成分　Br 55.70%，Cu 44.30%。

别名 一溴化铜；Copper monobromide；Cuprous bromide
M. I. 15，2649
性状 白色粉末或立方体结晶。露置空气中逐渐变成浅绿色。溶于盐酸、氢溴酸、氨水而生成络合物，微溶于冷水，在热水、硝酸中分解，几乎不溶于丙酮、浓硫酸。mp 504℃；bp 1345℃；*d* 4.72。一般试剂含量≥99.0%。
注意事项 使用时应避免吸入本品的粉尘，避免与眼睛及皮肤接触。应密封避光保存。
主要用途 分析试剂。催化剂。

Copper(Ⅱ) bromide 溴化铜 02599

[7789-45-9] $CuBr_2$ 223.35
成分 Br 71.55%，Cu 28.45%。
别名 二溴化铜；Cupric bromide
M. I. 15，2619
性状 近黑色的碘状单斜结晶或结晶性粉末。有潮解性。易溶于水，溶于乙醇、丙酮、氨水，几乎不溶于苯、乙醚、浓硫酸。mp 498℃；bp 900℃；d_4^{20} 4.710。一般试剂含量≥99.0%（RT）。
注意事项 该品口服有害。具有腐蚀性，能引起烧伤。使用时应穿适当的防护服，戴手套和防护镜或面罩。万一接触到眼睛，应立即用大量水冲洗后请医生诊治。使用时如有事故发生或有不适之感，应请医生诊治。应密封于干燥处保存。
主要用途 分析试剂。有机合成溴化剂，乙酰化聚甲醛稳定剂。照相业。催化剂、温度指示剂。

Copper(Ⅱ) carbonate 碳酸铜 02600

[12069-69-1] $CH_2Cu_2O_5$ 221.11
成分 C 5.43%，H 0.91%，Cu 57.48%，O 36.18%。
别名 一水合碳酸铜；盐基性碳酸铜；碱式碳酸铜；Bremen blue；Bremen green；Cupric carbonate basic；Copper carbonate hydroxide；Cupric subcarbonate
M. I. 15，2621
性状 深绿色单斜结晶或绿至蓝色无定形粉末。溶于稀酸、氨水，几乎不溶于水、乙醇。加热至220℃分解。一般试剂含量（以Cu计）54.0%～57.0%。
注意事项 该品口服有害。对眼睛、呼吸系统及皮肤有刺激性。使用时应穿适当的防护服。万一接触到眼睛，应立即用大量水冲洗后请医生诊治。
主要用途 固体荧光粉的激活剂。铜盐制造。油漆颜料的配制。烟火配制。杀虫剂。磷中毒的解毒剂。

Copper(Ⅰ) chloride 氯化亚铜 02601

[7758-89-6] ClCu 99.00
成分 Cl 35.81%，Cu 64.19%。
别名 一氯化铜；Copper monochloride；Cuprous chloride
M. I. 15，2650
性状 白色结晶性粉末或立方体结晶。露置空气中易被氧化为绿色的高价铜盐，见光则分解，变成褐色。溶于浓盐酸、浓氨水生成络合物，略微溶于水，部分分解并能被热水分解。几乎不溶于丙酮、乙醇。mp 430℃；d_4^{25} 4.14。
注意事项 该品口服有害。对水生物极毒。能对水环境引起不利的结果。使用时应避免吸入本品的粉尘。应防止将本品释放于环境中。其包装物应按危险品处理。应充氩气密封避光保存。
主要用途 气体分析用于一氧化碳和乙炔的测定。催化剂。冶金工业。杀菌剂。媒染剂。脱色剂。

参考规格 HG/T 3489—2000

	分析纯	化学纯
含量（CuCl）/%≥	97.0	93.0
酸不溶物/%≤	0.01	0.03
硫酸盐（SO_4）/%≤	0.2	0.4
铁（Fe）/%≤	0.002	0.005
砷（As）/%≤	0.0005	0.002
硫化氢不沉淀物（以硫酸盐计）/%≤	0.15	0.30

Copper(Ⅱ) chloride anhydrous 氯化铜 无水 02602

[7447-39-4] Cl_2Cu 134.45
成分 Cl 52.74%，Cu 47.26%。
别名 无水氯化铜；Cupric chloride anhydrous
GW 2015-1477 M. I. 15，2623
性状 黄色至棕色微晶形粉末。易潮解。溶于水、乙醇、丙酮。约300℃部分分解为氯化亚铜＋氯气。mp 630℃（推算）；bp 993℃；d_4^{25} 3.39。一般试剂含量≥97.0%。
注意事项 该品口服有害。对眼睛呼吸系统及皮肤有刺激性。对水生物极毒。能对水环境引起不利的结果。使用时应穿适当的防护服。万一接触到眼睛，应立即用大量水冲洗后请医生诊治。应防止将本品释放于环境中。其包装物应按危险品处理。应密封于干燥处保存。
主要用途 氧化剂。催化剂。媒染剂。

Copper(Ⅱ) chloride dihydrate 氯化铜 二水 02603

[10125-13-0] $Cl_2Cu \cdot 2H_2O$ 170.48
成分（以无水物计） Cl 52.74%，Cu 47.26%。
别名 二水合二氯化铜；二水合氯化铜；二氯化铜 二水；氯化高铜 二水；Copper dichloride dihydrate；Cupric chloride dihydrate
M. I. 15，2623
性状 绿色至蓝色粉末或斜方双锥体结晶。在湿空气中易潮解。在干燥空气中易风化。易溶于水、乙醇、甲醇，中等程度溶于丙酮、乙酸乙酯，微溶于乙醚。其水溶液对石蕊呈酸性。0.2mol/L水溶液pH值3.6。mp 约100℃；*d* 2.51。
注意事项 该品口服有害。对眼睛、呼吸系统及皮肤有刺激性。对水生物极毒。能对水环境引起长期不利的结果。使用时应穿适当的防护服。万一接触到眼睛，应立即用大量水冲洗后请医生诊治。应避免将本品释放于环境中。其包装物应按危险品处理。应密封于干燥处保存。
主要用途 分析试剂。氧化剂。媒染剂。催化剂。杀虫剂。照相业。水的净化。石油脱臭、脱硫和纯化。

参考规格 GB/T 15901—1995

	分析纯	化学纯
含量（$CuCl_2 \cdot 2H_2O$）/%≥	99.0	98.0
水不溶物/%≤	0.005	0.02
硫酸盐（SO_4）/%≤	0.003	0.01
硝酸盐（NO_3）/%≤	0.01	0.03
铁（Fe）/%≤	0.002	0.005
镍（Ni）/%≤	0.001	
砷（As）/%≤	0.0002	0.0005
硫化氢不沉淀物（以硫酸盐计）/%≤	0.05	0.2

Copper(Ⅱ) citrate hemipentahydrate
柠檬酸铜 2 ½水 02604

[10402-15-0][866-82-0]（无水物） $C_6H_4Cu_2O_7 \cdot 2\frac{1}{2}H_2O$ 360.22
成分（以无水物计） C 22.87%，H 1.28%，Cu 40.32%，O 35.53%。
别名 枸橼酸铜；Cupric citrate；Cuprocitrol；2-Hydroxy-1,2,3-propanetricarboxylic acid copper salt(1∶2)hemipentahydrate
M. I. 15，2626
性状 绿色或蓝绿色结晶性粉末。无气味。味涩。溶于氨水和稀酸，微溶于冷水。加热易脱水，高温分解。有毒。
主要用途 测定葡萄糖的试剂。杀虫剂。医用消毒剂、防腐剂、收敛剂。

Copper(Ⅰ) cyanide 氰化亚铜 02605

[544-92-3] CCuN 89.56
成分 C 13.41%，Cu 70.95%，N 15.64%。
别名 Cupricin；Cuprous cyanide
GW 2015-1700 M. I. 15，2651
性状 白色至奶油色粉末，无色或深绿色正交结晶，深红色单斜结晶。溶于氨水，能被沸稀盐酸、硝酸分解，在硝酸中分解并放出剧毒的氰化氢气体。不溶于水、乙醇、冷的稀酸。mp 474℃；*d* 2.920。一般试剂含量≥99.0%。
注意事项 该品吸入、口服或与皮肤接触极毒。与酸接触时能释放出极毒气体。对水生物极毒。可能对水环境引起不利的结果。应防止将本品释放于环境中。接触皮肤后应立即用大量指定的液体冲洗。切勿排入下水道。使用时如有事故发生或有不适之感，应立即请医生诊治。其包装物应按危险品处理。应密封上锁保存。

主要用途 聚合催化剂。电镀业。

Copper(Ⅱ) fluoride dihydrate 氟化铜 二水 02606

[13454-88-1] 7789-19-7 $CuF_2 \cdot 2H_2O$ 137.57

成分（以无水物计） Cu 62.58%，F 37.42%。

别名 二水合氟化铜；二氟化铜 二水；氟化高铜 二水；Copper difluoride dihydrate；Cupric fluoride dihydrate

GW 2015-762 M. I. 15，2628

性状 蓝色单斜结晶。溶于乙醇、酸类，微溶于冷水。在热水中能水解成氧氟化物。约 130℃分解；d_4^{25} 2.934。一般试剂含量≥98.5%。

注意事项 该品吸入、口服或与皮肤接触有害。具有腐蚀性，能引起烧伤。使用时应穿适当的防护服，戴手套和防护镜或面罩。万一接触到眼睛，应立即用大量水冲洗后请医生诊治。使用时如有事故发生或有不适之感，应请医生诊治。使用完毕应立即脱掉所受污染的衣服。应密封于干燥处保存。

主要用途 高温氟化剂。陶瓷和搪瓷业。

Copper（Ⅱ）hydroxide 氢氧化铜 02607

[20427-59-2] CuH_2O_2 97.56

成分 Cu 65.14%，H 2.07%，O 32.80%。

别名 Copper hydrate；Cupric hydroxide；Hydrated cupric oxide

M. I. 15，2632

性状 蓝至蓝绿色凝胶状物或浅蓝色结晶性粉末。溶于酸、氨水和氰化钠溶液，几乎不溶于水。在热水中分解。d 3.37。

注意事项 该品口服有害。对眼睛、呼吸系统及皮肤有刺激性。使用时应穿适当的防护服和戴手套。万一接触到眼睛，应立即用大量水冲洗后请医生诊治。

主要用途 分析试剂。媒染剂。铜盐制造。杀虫剂。

Copper（Ⅰ）iodide 碘化亚铜 02608

[7681-65-4] CuI 190.45

成分 Cu 33.37%，I 66.63%。

别名 一碘化铜；碘化铜；Cuprous iodide

M. I. 15，2652

性状 近白或灰白色立方体结晶或浓厚的粉末。见光易分解变成棕黄色。能被浓硫酸、硝酸分解。溶于氨水、碘化物、氰化碱、硫代硫酸盐的水溶液，不溶于稀酸、乙醇、水。mp 588～606℃；bp 约 1290℃；d_4^{25} 5.63。一般试剂含量≥98.0%。

注意事项 该品口服有害。对眼睛、呼吸系统和皮肤有刺激性。使用时应穿适当的防护服。万一接触到眼睛，应立即用大量水冲洗后请医生诊治。应密封避光保存。

主要用途 汞的微量分析。有机反应催化剂。

Copper(Ⅱ) nitrate trihydrate 硝酸铜 三水 02609

[10031-43-3] $CuN_2O_6 \cdot H_2O$ 241.60

成分（以无水物计） Cu 33.88%，N 14.94%，O 51.18%。

别名 三水合硝酸铜；Cupric nitrate；Gerhardite

GW 2015-2330 M. I. 15,2633

性状 蓝色菱形或片状结晶。易潮解。易溶于水、乙醇，几乎不溶于乙酸乙酯。其 0.2mol/L 水溶液 pH 值 4.0。mp 114.5℃；d 2.05。LD_{50}大鼠急性经口：0.94g/kg。

注意事项 该品与易燃物品接触能引起燃烧。口服有害。具有腐蚀性，能引起烧伤。使用时应穿适当的防护服，戴手套和防护镜或面罩。万一接触到眼睛，应立即用大量水冲洗后请医生诊治。使用时如有事故发生或有不适之感，应请医生诊治。应远离易燃物品，密封于阴凉干燥处保存。

主要用途 分析试剂，铌的微量分析。氧化剂。荧光粉的激活剂。光敏电阻材料。

参考规格 HG/T 3443—2003

	分析纯	化学纯
含量[$Cu(NO_3)_2 \cdot 3H_2O$]/%≥	99.0～102.0	99.0～103.0
pH(50g/L,25℃)	3.0～4.0	3.0～4.0
水不溶物/%≤	0.002	0.005
氯化物(Cl)/%≤	0.001	0.005
硫酸盐(SO_4)/%≤	0.005	0.02
铁(Fe)/%≤	0.002	0.01
硫化氢不沉淀物(以硫酸盐计)/%≤	0.05	0.1

Copper(Ⅰ) oxide 氧化亚铜 02610

[1317-39-1] Cu_2O 143.09

成分 Cu 88.82%，O 11.18%。

别名 红色氧化铜；Caocobre；Copper protoxide；Copper-Sandoz；Copper suboxide；Perenex；Red copper oxide；Yellow cuprocide

M. I. 15，2654 C. I. 77402

性状 黄色、红色、深红色或深红棕色立方体结晶或微晶性粉末。在潮湿空气中易氧化。溶于酸及浓氨水，不溶于水。mp 1232℃；d_4^{25} 6.0。LD_{50}大鼠急性经口：0.47g/kg。一般试剂含量≥90.0%。

注意事项 该品口服有害。对水生物极毒。能对水环境引起不利的结果。使用时应避免吸入本品的粉尘。应防止将本品释放于环境中。其包装物应按危险品处理。

主要用途 分析试剂，测定偶氮化合物中的氮时作还原剂。有机合成催化剂。杀菌剂。电镀业。玻璃、陶瓷工业。

Copper(Ⅱ) oxide granular 氧化铜粒 02611

[1317-38-0] CuO 79.55

成分 Cu 79.88%，O 20.11%。

M. I. 15，2636

性状 黑色至棕黑色颗粒。粒度大小约 2～5mm。溶于酸，不溶于水。mp 1148℃；d_4^{14} 6.315。一般试剂含量≥98.0%。

注意事项 该品口服有害。使用时应避免吸入本品的粉尘。

主要用途 有机化合物中碳的测定。蓝绿色玻璃和宝石的制造。

Copper(Ⅱ) oxide powder 氧化铜粉 02612

[1317-38-0] CuO 79.55

成分 Cu 79.88%，O 20.11%。

别名 氧化高铜；粉状氧化铜；Cupric oxide powder；Copper monoxide powder

M. I. 15,2636 C. I. 77403

性状 黑色至棕黑色无定形粉末。溶于酸成铜盐，溶于氨水、氯化铵和氰化钾溶液，分别生成可溶性络盐，也溶于碱稀溶液并呈蓝色，不溶于水。mp 1148℃（部分分解）；d_4^{14} 6.315。

注意事项 该品口服有害。使用时应避免吸入本品的粉尘。

主要用途 微量分析试剂，如碳的测定。氧化剂。催化剂。蓝色玻璃、蓝绿色宝石的制造。金属黏合固化剂。

参考规格 GB/T 674—2003

	分析纯	化学纯
含量(CuO)/%≥	99.0	98.0
盐酸不溶物/%≤	0.02	0.05
氯化物(Cl)/%≤	0.003	0.005
总氮量(N)/%≤	0.002	0.005
硫化合物(以 SO_4 计)/%≤	0.01	0.05
碳化合物(以 CO_3 计)/%≤	0.025	0.10
铁(Fe)/%≤	0.01	0.04
氧化亚铜(Cu_2O)/%≤	0.05	0.10
硫化氢不沉淀物/%≤	0.20	0.50

Copper(Ⅱ) oxide wire 氧化铜丝 02613

[1317-38-0] CuO 79.55

成分 Cu 79.88%，O 20.11%。

别名 丝状氧化铜；线状氧化铜；氧化铜 线状

M. I. 15，2636

性状 黑色至棕黑色短丝状物。微有吸湿性。易溶于稀硝酸，溶于氨水。mp 1148℃；d_4^{14} 6.315。

注意事项 该品口服有害。使用时应避免吸入本品的粉尘。应密封保存。

主要用途 微量分析试剂，如碳的测定。氧化剂。催化剂。石油脱硫剂。蓝绿色玻璃和宝石的制造。

参考规格 HG/T 3490—2003 分析纯

含量（以 Cu 计）/%≥	87.0
氯化物（Cl）/%≤	0.005
总氮量（N）/%≤	0.002
硫化合物（以 SO_4 计）/%≤	0.005
碳化合物（以 C 计）/%≤	0.002

Copper phthalocyanine　铜酞菁　02614

[147-14-8]　$C_{32}H_{16}CuN_8$　576.08

成分　C 66.72%，H 2.80%，Cu 11.03%，N 19.45%。

别名　铜酞菁蓝；酞菁铜；Monastral blue BF；(SP-4-1)-[29*H*,31*H*-Phthalocyaninato(2−)-N^{29},N^{30},N^{32}]copper；Pigment blue 15

M. I. 15，2505　C. I. 74160

性状　具有紫色光泽的浅蓝色微细结晶。不溶于水、乙醇、烃类。能被热硝酸分解。一般试剂含量>80%（Cu）。

注意事项　使用时应避免吸入本品的粉尘。避免与眼睛及皮肤接触。

主要用途　用于墨水、涂料、聚丙烯缝合线。

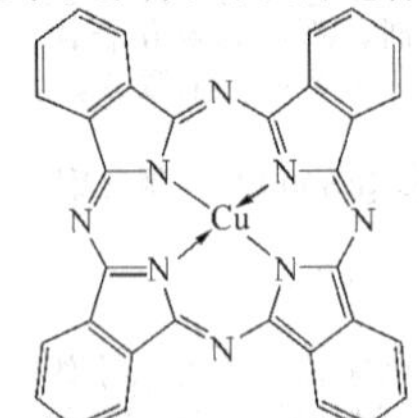

Copper(Ⅱ) sulfate anhydrous　硫酸铜 无水　02615

[7758-98-7]　CuO_4S　159.60

成分　Cu 39.81%，O 40.10%，S 20.09%。

别名　无水硫酸高铜；无水硫酸铜；Cupric sulfate anhydrous

M. I. 15，2643

性状　白色、淡灰白色至淡绿白色正交结晶或无定形粉末。易吸潮。溶于水，溶液呈酸性，几乎不溶于乙醇。约560℃分解；*d* 3.6。一般试剂含量≥99.0%。

注意事项　该品口服有害。对眼睛及皮肤有刺激性。对水生物极毒。能对水环境引起不利的结果。使用时应避免吸入本品的粉尘。应防止将本品释放于环境中。其包装物应按危险品处理。应密封于干燥处保存。

主要用途　分析试剂。醇类和有机化合物的脱水剂。气体干燥剂。铜的着色。

Copper(Ⅱ) sulfate pentahydrate　硫酸铜 五水　02616

[7758-99-8]　$CuSO_4 \cdot 5H_2O$　249.68

成分（以无水物计）　Cu 39.81%，O 40.10%，S 20.09%。

别名　五水合硫酸铜；结晶硫酸铜；蓝矾；孔雀石；胆矾；硫酸铜 结晶；Bluestone；Blue vitriol；Cupric sulfate pentahydrate；Roman vitriol；Salzburg vitriol

M. I. 15，2643

性状　蓝色或群青三斜结晶、蓝色颗粒或浅蓝色粉末。易溶于水，溶于甲醇、甘油，微溶于乙醇。热至30℃成为三水盐，约190℃成为浅蓝色的一水盐，至250℃成为白色粉末状的无水物。其0.2mol/L 水溶液 pH 值 4.0。$d_4^{15.6}$ 2.286。LD_{50} 大鼠急性经口：960mg/kg。

注意事项　该品口服有害。对眼睛及皮肤有刺激性。对水生物极毒。能对水环境引起不利的结果。使用时应避免吸入本品的粉尘。应防止将本品释放于环境中。其包装物应按危险品处理。应密封保存。

主要用途　分析试剂，碲和锌的微量分析；糖类的分析。定氮时作催化剂。铜盐合成。医药用。媒染剂。防腐剂。电池制造。

参考规格　GB/T 665—2007	分析纯	化学纯
含量（$CuSO_4 \cdot 5H_2O$）/%≥	99.0	99.0
水不溶物/%≤	0.005	0.01
氯化物（Cl）/%≤	0.001	0.002
总氮量（N）/%≤	0.001	0.003
钠（Na）/%≤	0.005	0.015
钾（K）/%≤	0.001	0.004
铁（Fe）/%≤	0.003	0.02
镍（Ni）/%≤	0.005	0.015
锌（Zn）/%≤	0.03	0.06

Copper(Ⅰ) sulfide　硫化亚铜　02617

[22205-45-4]　Cu_2S　159.15

成分　Cu 79.86%，S 20.14%。

别名　Copper glance；Chalcocite

M. I. 15，2657

性状　蓝色至灰黑色有光泽的正交结晶粉末或颗粒。对热稳定。导电性好。部分溶于氨水，极微溶于盐酸，几乎不溶于水、乙酸，能被硝酸、浓硫酸分解。mp 约 1100℃；d_4^{20} 5.6。高纯试剂含量 99.99%。

主要用途　催化剂。苯胺黑染料的制造。

Copper(Ⅱ) sulfide　硫化铜　02618

[1317-40-4]　CuS　95.61

成分 Cu 66.46%，S 33.54%。

别名　硫化高铜；Cupric sulfide

M. I. 15，2645

性状　黑色粉末。溶于热硝酸、氨水、氰化钾溶液，微溶于硫化铵溶液，几乎不溶于水、乙醇、稀酸、稀碱。在潮湿空气中能被氧化而成胶体。导电性能优于硫化亚铜。加热至220℃分解成硫化亚铜。*d* 4.60。一般试剂含量99.0%～100.3%。

注意事项　该品应密封保存。

主要用途　分析试剂。苯胺黑染料的制造。制备混合催化剂。

Copper(Ⅱ) tungstate(Ⅵ) dihydrate
钨酸铜 二水　02619

[98992-36-6][13587-35-4](无水物)　$CuO_4W \cdot 2H_2O$　347.42

成分（以无水物计）　Cu 20.41%，O 20.55%，W 59.04%。

别名　二水合钨酸铜；Cupric wolframate dihydrate；Cupric tungstate dihydrate

M. I. 15，2647

性状　浅绿色粉末。能被无机酸分解。溶于氨水、磷酸，微溶于乙酸，不溶于水。加热干燥失去水而呈棕至灰黄色。

主要用途　聚酯生产催化剂。用于半导体，核反应。

Coprostane　别胆甾烷　02620

[481-20-9]　$C_{27}H_{48}$　372.68

成分　C 87.02%，H 12.98%。

别名　粪甾烷；5*β*-Cholestane；Pseudocholestane

M. I. 15，2508

性状　来自乙醇中的无色针状结晶。易溶于乙醚、氯仿，微溶于无水乙醇。mp 72℃；$[\alpha]_D^{11}$ +25.1°（*c*=2，于氯仿中）；n_D^{88} 1.4884。

主要用途　生化研究。

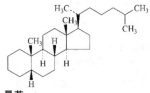

Coronene　晕苯　02621

[191-07-1]　$C_{24}H_{12}$　300.36

成分　C 95.97%，H 4.03%。

别名　六苯并苯；Hexabenzobenzene

M. I. 15，2523

性状　黄色针状结晶。微溶于苯及一般有机溶剂，不溶于水。在有机溶剂中呈蓝色荧光。mp 442℃；bp 525℃；λ_{max} 345 nm（lg*ε* 4.07）。一般试剂含量≥95.0%（HPCL）。

注意事项　该品对机体有不可逆损伤的可能性。使用时应穿适当的防护服，戴手套和防护镜或面罩。

主要用途　抗宇宙辐射材料的制造。

Corticosterone　皮质酮 02622

[50-22-6]　$C_{21}H_{30}O_4$　346.47

成分　C 72.80%，H 8.73%，O 18.47%。

别名　皮质甾酮；皮甾酮；肾上腺皮质甾酮；Comp d B；(11*β*)-11，21-Dihydroxypregn-4-ene-3，20-dione；11*β*，21-Dihydroxy-4-pregnene-3，20-dione；Kendall's comp ound B；4-Pregnene-11*β*，21-diol-3，20-dione；Reichstein's substance H

M. I. 15，2524

性状　来自丙酮中的无色三角形片状结晶。溶于一般有机溶剂，不溶于水。遇浓硫酸产生橙黄色，溶液并有强的荧光。mp 180～182℃；$[\alpha]_D^{15}$ +223°（*c*＝1.1，于乙醇中）；uv max：240nm。生化试剂含量≥98.5%（HPLC）。

注意事项　该品接触皮肤能引起过敏。使用时应穿适当的防护服。使用时应避免吸入本品的粉尘，避免与眼睛及皮肤接触。

主要用途　生化研究。医用糖（肾上腺）皮质激素。分析用标准物质。

Cortisone　可的松 02623

[53-06-5]　$C_{21}H_{28}O_5$　360.45

成分　C 69.98%，H 7.83%，O 22.19%。

别名　肾上腺皮质激素；17-羟基-11-脱氢皮质（甾）酮；Adreson；Corlin，Cortadren；Cortadren；Cortogen；11-Dehydro-17-hydroxycorticosterone；17*α*，21-Dihydroxy-4-pregnene-3，11，20-trione；17，21-Dihydroxypregn-4-ene-3，11，20-trione；17-Hydroxy-11-dehydrocorticosterone；Cortone；Incortin；KE；Kendall's comp ound E；Wintersteiner's comp ound F；Δ^4-Pregnene-17*α*，21-diol-3，11，20-trione；Reichstein's substance Fa；Scheroson

M. I. 15，2525

性状　来自95%乙醇中的无色菱形片状结晶。系肾上腺的分泌物。颇溶于乙醇、丙酮和冷甲醇，极少溶于乙醚、苯和氯仿，微溶于水（25℃，28mg/100mL）。其水溶液呈中性。在浓硫酸中为橙红色，并呈绿色荧光。mp 220～224℃（部分分解）；$[\alpha]_D^{25}$ +209°（*c*＝1.2，于乙醇中）；$[\alpha]_{546}^{25}$ +269°（*c*＝0.125，于苯中）；$[\alpha]_{546}^{25}$ +248°（*c*＝0.1～0.2，于乙醇中）；uv max：237nm（ε 1.4×10^4）。生化试剂含量≥95.0%（HPLC）。

注意事项　使用时应避免吸入本品的粉尘，避免与眼睛及皮肤接触。

主要用途　生化研究。医用糖（肾上腺）皮质激素。

Cortisone acetate　乙酸可的松 02624

[50-04-4]　$C_{23}H_{30}O_6$　402.49

成分　C 68.64%，H 7.51%，O 23.85%。

别名　乙酸肾上腺皮质激素；醋酸可的松；醋酸皮质酮；醋酸肾上腺皮质激素；Cortelan；Cortisab；Cortisone C_{21} monoacetate；Cortisyl artriona；17*α*，21-Dihydroxy pregn-4-ene-3，11，20-trione-21-acetate；21-Acetoxy-4-pregnene-17*α*-ol-3，11，20-trione

M. I. 15，2525

性状　来自丙酮中的无光泽的针状结晶或来自氯仿中的无色棒状集束体。溶于二氧六环，略溶于丙酮，微溶于乙醇，微溶于氯仿（182mg/g）、丙二醇（44mg/100mL）、水（2.2mg/100mL）、乙醚和石油醚。溶于硫酸呈黄色，没有荧光。mp 235～238℃；$[\alpha]_D^{25}$ +164°（*c*＝0.5，于丙酮中）；$[\alpha]_D^{25}$ +208°～+217°（*c*＝1，于二氧六环中）；uv max（乙醇中）：238nm（ε 1.58×10^4）。生化试剂含量≥99.0%。

主要用途　生化研究。

Corynanthine　柯楠次碱 02625

[483-10-3]　$C_{21}H_{26}N_2O_3$　354.45

成分　C 71.16%，H 7.39%，N 7.90%，O 13.54%。

别名　柯楠质；(16*β*，17*α*)-17-Hydroxy-yohimban-16-carboxylic acid methyl ester；Rauhimbine

M. I. 15，2535

性状　来自丙酮中的粗大棱柱体结晶。1份该品溶于40份沸氯仿、60份沸苯、20份沸乙酸乙酯、5份沸乙醇，几乎不溶于水、石油醚。225～226℃分解；$[\alpha]_D^{19}$ −85°（*c*＝0.5，于吡啶中）；uv max（甲醇中，nm）：226，283，290（lg ε 4.56，3.87，3.79）。

注意事项　该品应密封于2～8℃保存。

主要用途　生化研究。

Corypalmine　紫堇达明 02626

[6018-40-2]　$C_{20}H_{23}NO_4$　341.41

成分　C 70.36%，H 6.79%，N 4.10%，O 18.75%。

别名　紫堇单酚碱；延胡索单酚碱；紫堇根碱；5，8，13，13a-Tetrahydro-2，9，10-trimethoxy-6*H*-dibenzo[*a*，*g*]quinolizin-3-ol；2，9，10-Trimethoxyberbin-3-ol；3-Hydroxy-2，9，10-trimethoxyberbine；Tetrahydrojatrorrhizine

M. I. 15，2536

性状　*dl* 型为来自甲醇中的无色结晶。mp 207℃。*d* 型为小结晶，溶于乙醇、氯仿，不溶于水，mp 236℃，$[\alpha]_D^{16}$ +280°（于氯仿中）。*l* 型为来自氯仿-甲醇中的无色结晶，mp 246°（于真空中）。一般试剂含量≥98.0%。

(－)-Cotinine　(－)-可铁宁 02627

[486-56-6]　$C_{10}H_{12}N_2O$　176.22

成分　C 68.16%，H 6.86%，N 15.90%，O 9.08%。

别名　(S)-1-甲基-5-(3-吡啶基)-2-吡咯烷酮；(－)-*N*-甲基-2-(3-吡啶基)-5-吡咯烷酮；(S)-1-Methyl-5-(3-pyridyl)-2-pyrrolidinone；1-Methyl-5-(3-pyridinyl)-2-pyrrolidinone；*N*-Methyl-2-(3-pyridyl)-5-pyrrolidone

M. I. 15，2541

性状　无色有黏性的油状液体。bp_6 210～211℃/799.932Pa；Fp>230℉（110℃）。一般试剂含量≥96%（TLC）。

主要用途　生化环境。医用抗抑郁剂。

注意事项　该品口服有害。对眼睛、呼吸系统及皮肤有刺激性。使用时应穿适当的防护服。应避免吸入本品的粉尘，避免与眼睛及皮肤接触。万一接触到眼睛，应立即用大量水冲洗后请医生诊治。应充氩气密封于2～8℃保存。

Coumachlor　氯杀鼠灵 02628

[81-82-3]　$C_{19}H_{15}ClO_4$　342.78

成分　C 66.58%，H 4.41%，Cl 10.34%，O 18.67%。

别名　比猫灵；3-[1-(4-Chlorophenyl)-3-oxobutyl]-4-hydroxy-2*H*-1-benzopyran-2-one；3-(*α*-Acetonyl-*p*-chlorobenzyl)-4-hydroxycoumarin；3-(*α*-*p*-Chlorophenyl-*β*-acetylethyl)-4-hydroxycoumarin；G-21133；Ratilan；Tomorin

M. I. 15，2544

性状　无色结晶。溶于乙醇、丙酮、氯仿，微溶于苯、乙醚，几乎不溶于水。mp 169～171℃；MLD 狗，猪急性经口：<5mg/kg，<5mg/kg。

注意事项　口服或长期曝露或口服有害，并有严重损害健康的危险。对水生物有害。对水环境能产生长期有害的结果。使用时应戴适当的手套。应防止将本品释放于环境中。

主要用途　杀鼠剂。分析用标准物质。

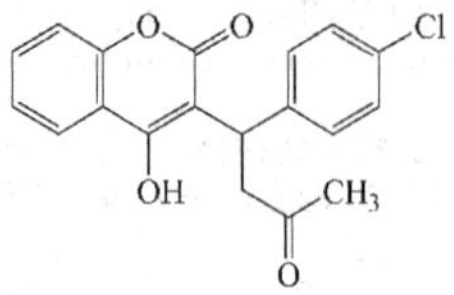

Coumafuryl　克灭鼠 02629

[117-52-2]　$C_{17}H_{14}O_5$　298.29

成分　C 68.45%，H 4.73%，O 26.82%。

别名　3-[1-(2-Furanyl)-3-oxobutyl]-4-hydroxy-2*H*-1-benzopyran-2-one；3-(*α*-Acetonylfurfuryl)-4-hydroxycoumarin；3-[*α*-(2-Furyl)-*β*-acetylethyl]-4-hydroxycoumarin；Fumarin

性状　无色结晶。mp 124℃；Fp 413.6℉（212℃）。

注意事项　该品口服有毒。吸入或长期曝露对健康有严重损伤的危险。使用时应戴适当的手套。使用时如有事故发生或有不适之感，应请医生诊治。应防止将本品释放于环境中。

主要用途　杀鼠剂。分析用标准物质。

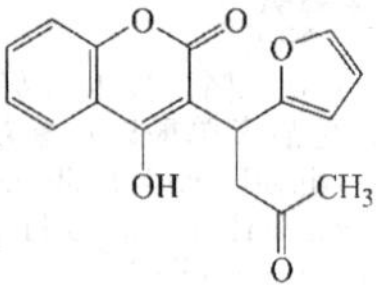

Coumaphos　蝇毒磷 02630

[56-72-4]　$C_{14}H_{16}ClO_5PS$　362.76

成分　C 46.35%，H 4.45%，Cl 9.77%，O 22.05%，P 8.54%，S 8.84%。

别名　蝇毒；Phosphorothioic acid *O*-(3-chloro-4-methyl-2-oxo-2*H*-1-benzopyran-7-yl) *O*,*O*-diethyl ester；3-Chloro-7-hydroxy-4-methylcoumarin *O*-ester with *O*,*O*-diethyl phosphorothioate；3-Chloro-4-methylumbelliferone *O*-ester with *O*,*O*-diethyl phosphorothioate；*O*,*O*-Diethyl *O*-(3-chloro-4-methyl-7-coumarinyl) phosphorothioate；Coumafos；Bayer 21/199；Asuntol；Baymix；Co-ral；Meldane；Muscatox；Resitox

GW 2915-659　M. I. 15，2546

性状　无色结晶。一般商品为微棕色。微溶于丙酮、氯仿、玉米油，几乎不溶于水。在水中稳定。mp 91℃。LD_{50} 雌，雄大鼠急性经口：16mg/kg，41mg/kg。

注意事项　该品口服极毒，与皮肤接触有害。对水生物极害。能对水环境引起不利的结果。使用时应穿适当的防护服和戴手套。接触皮肤后，应用水大量冲洗。使用时如有事故发生或有不适之感，应请医生诊治。应防止将本品释放于环境中。其包装物应按危险品处理。应密封于 2～8℃保存。

主要用途　杀虫剂，杀线虫剂。医用驱虫剂。分析用标准物质。

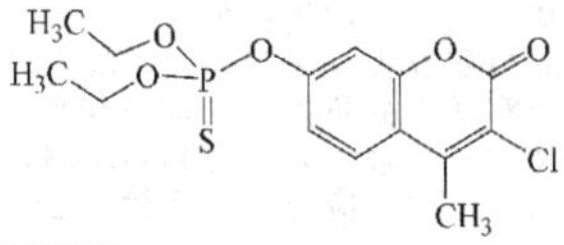

Coumaran　香豆满 02631

[496-16-2]　C_8H_8O　120.15

成分　C 79.97%，H 6.71%，O 13.32%。

别名　2,3-二氢苯并呋喃；氧杂茚满；香豆冉；苯并二氢呋喃；Cumaran；2,3-Dihydrobenzofuran；Dihydrocoumarone

M. I. 13，2547

性状　无色油状液体。溶于乙醇、乙醚、氯仿、二硫化碳。bp 188～189℃；bp_{13} 74～75℃/1.733kPa；Fp 150.8℉（66℃）；d_4^{25} 1.058；n_D^{20} 1.5426。一般试剂含量≥99.0%。

注意事项　使用时应避免吸入本品的蒸气，避免与眼睛及皮肤接触。

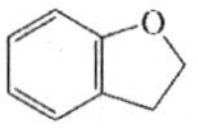

***o*-Coumaric acid　邻香豆酸** 02632

[614-60-8]　$C_9H_8O_3$　164.16

成分　C 65.85%，H 4.96%，O 29.24%。

别名　2-羟基肉桂酸；邻羟基苯基丙烯酸；反式 2-羟基肉桂酸；反式 2-羟基桂皮酸；邻羟基肉桂酸；*o*-Cumaric acid；*o*-Hydroxycinnamic acid；*trans*-2-Hydroxycinnamic acid

性状　浅黄色针状结晶。溶于乙醇，微溶于水、乙醚，不溶于三氯甲烷、二硫化碳。mp 约 210℃（分解）。一般试剂含量≥97.0%（HPLC）。

注意事项　使用时应避免吸入本品的粉尘，避免与眼睛及皮肤接触。

主要用途　香料合成。

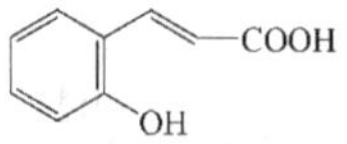

***p*-Coumaric acid　对香豆酸** 02633

[7400-08-0]　$C_9H_8O_3$　164.16

成分　C 65.85%，H 4.91%，O 29.24%。

别名　4-羟基肉桂酸；对羟基苯基丙烯酸；反式 4-羟基肉桂酸；反式 4-羟基桂皮酸；对羟基肉桂酸；*p*-Hydroxycinnamic acid；*trans*-4-Hydroxycinnamic acid；*β*-(4-Hydroxyphenyl)acrylic acid；3-(4-Hydroxyphenyl)-2-propenoic acid

M. I. 15，2548

性状　无色至淡黄色针状结晶。溶于乙醚、热水、乙醇，微溶于冷水，几乎不溶于苯、石油醚。mp 210～213℃；uv max（95%乙醇中）：223nm，286nm（ε 14450，19000）。

注意事项　使用时应避免吸入本品的粉尘，避免与眼睛及皮肤接触。

主要用途　香料合成。

Coumarin　香豆素 02634

[91-64-5]　$C_9H_6O_2$　146.15

成分　C 73.96%，H 4.14%，O 21.89%。

别名　香豆内酯；1,2-苯并吡喃酮；邻氧萘酮；邻羟基桂皮酸内酯；2*H*-1-Benzopyran-2-one；1，2-Benzopyrone；*o*-Hydroxycinnamic acid lactone；*cis*-*o*-Coumarinic acid lactone；Coumarinic anhydride；Cumarin；Tonka bean camphor

M. I. 15，2550

性状　无色有芬芳气味的正交长方形片状结晶。易溶于乙醇、乙醚、三氯甲烷、油类，亦溶于碱溶液，1g 该品溶于 400mL 冷水、50mL 沸水。mp 68～70℃；bp 297～299℃；bp_5 139℃/666.61Pa。LD_{50}大鼠，豚鼠急性经口：680mg/kg，202mg/kg。一般试剂含量≥97.0%（UV）。

注意事项　该品口服有害。使用时应穿适当的防护服。

主要用途　药品香料和肥皂香料。电镀增亮剂。

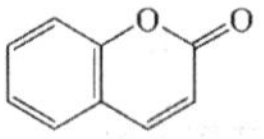

Coumarin-3-carboxylic acid　香豆素-3-甲酸 02635

[531-81-7]　$C_{10}H_6O_4$　190.15

成分　C 63.16%，H 3.18%，O 33.66%。

别名　香豆素-3-羧酸；2-Oxo-2*H*-1-benzopyran-3-carboxylic acid

M. I. 15，2551

性状　来自水中的无色针状结晶。溶于乙醇、碱溶液，微溶于水，几乎不溶于乙醚、苯、石油醚。mp 188℃（分解）。一般试剂含量≥97.0%（HPLC）。

注意事项　该品口服有害。使用时应穿适当的防护服，戴手套和防护镜或面罩。使用时如有事故发生或有不适之感，应请医生诊治。应密封避光保存。

Coumarone　香豆酮　02636
[271-89-6]　C_8H_6O　118.14
成分　C 81.34%，H 5.12%，O 13.54%。
别名　2,3-苯并呋喃；1-苯并呋喃；2,3-Benzofuran；1-Benzofuran；Cumarone
GW 2015-52　M.I.15，1090
性状　无色油状液体。有芳香气味。能随水蒸气挥发。能与苯、石油醚、无水乙醇、乙醚相混溶，不溶于水及碱性水溶液。贮存日久能缓慢聚合。sp −18℃；bp_{760} 173～175℃/101.325kPa；bp_{15} 62～63℃/2kPa；Fp 133℉（56℃）；$d_4^{22.7}$ 1.0913；$n_D^{16.3}$ 1.56897；$n_D^{22.7}$ 1.565。一般试剂含量≥99.0%（GC）。
注意事项　该品对机体有不可逆损伤的可能性。对水生物有害。使用时应穿适当的防护服和戴手套。应充氩气密封于2～8℃保存。
主要用途　有机合成。香豆酮-茚树脂的制造。

Coumestrol　拟雌内酯　02637
[479-13-0]　$C_{15}H_8O_5$　268.22
成分　C 67.17%，H 3.01%，O 29.83%。
别名　3,9-Dihydroxy-6*H*-benzofuro[3,2-*c*]-[1]benzopyran-6-one；2-(2,4-Dihydroxyphenyl)-6-hydroxy-3-benzofurancarboxylic acid δ-lactone；7′,6-Dihydroxycoumarino(3′,4′,3,2)coumarone
M.I.15，2552
性状　无色结晶。溶于二甲基亚砜，略微溶于碱性水溶液（pH值11～12），微溶于甲醇、氯仿、乙醚，极微溶于四化碳、苯，不溶于酸性及中性水。mp 385℃；uv max（甲醇中）：208nm，243nm，343nm。生化试剂含量≥97.5%（TLC）。
注意事项　该品口服有害。对眼睛、呼吸系统及皮肤有刺激性。使用时应穿适当的防护服。万一接触到眼睛，应立即用大量水冲洗后请医生诊治。应充氩气密封保存。
主要用途　生化研究。

Crabtre's catalyst　克拉布特利催化剂　02638
[64536-78-3]　$C_{31}H_{50}F_6IrNP_2$　804.90
成分　C 46.26%，H 6.26%，F 14.16%，Ir 23.88%，N 1.74%，P 7.70%。
别名　[(1,2,5,6-*η*)1,5-Cyclooctadiene](pyridine)(tricyclohexylphosphine)iridum(1⁺)hexafluorophosphate(1⁻)(1∶1)；Felkin-Crabtree catalyst
M.I.15，2554
性状　橙色结晶性固体。于空气中稳定。溶于二氯甲烷、氯仿、丙酮，不溶于醇、水、苯、乙醚、己烷。d 1.67。一般试剂含量≥98.0%。
主要用途　用于氢化反应的均相催化剂。选择性还原催化剂。

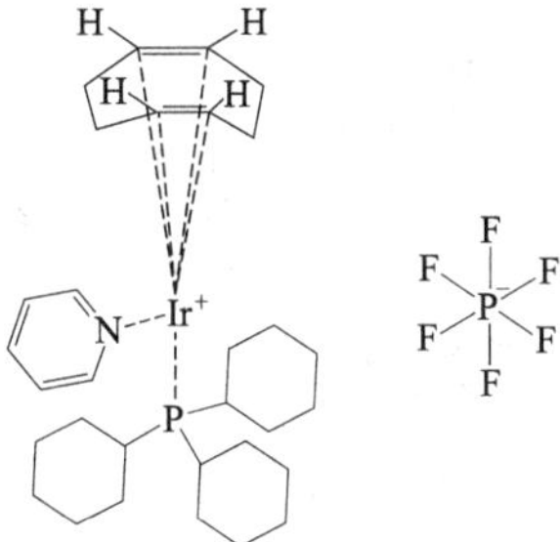

Creatine monohydrate　肌酸 一水　02639
[6020-87-7][57-00-1]（无水物）　$C_4H_9N_3O_2 \cdot H_2O$　149.15
成分（以无水物计）　C 36.64%，H 6.92%，N 32.04%，O 24.40%。
别名　一水合肌酸；肌肉素；甲胍基乙基；甲胍基醋酸；肌氨基酸；*N*-Amidinosarcosine；*N*-Aminoiminomethyl-*N*-methylglycine；(α-Methylguanido) acetic acid；Methylglycocyamine；*N*-Methyl-*N*-guanylglycine
M.I.15，2556
性状　来自水中的无色或白色单斜棱柱体结晶。100℃即为无水物。1g该品溶于75mL水、约9L乙醇，不溶于乙醚。对石蕊呈中性。mp 303℃（分解）；pK_b（20℃）11.02。生化试剂含量≥99.0%（NT）。
注意事项　该品对眼睛、呼吸系统及皮肤有刺激性。万一接触到眼睛，应立即用大量水冲洗后请医生诊治。
主要用途　生化研究。

Creatine phosphorate disodium salt tetrahydrate
磷酸肌酸二钠盐 四水　02640
[922-32-7]　$C_4H_8N_3Na_2O_5P \cdot 4H_2O$　327.14
成分（以无水物计）　C 18.83%，H 3.16%，N 16.47%，Na 18.03%，O 31.36%，P 12.14%。
别名　四水合磷酸肌酸二钠盐；肌酸磷酸钠盐 四水；磷酸肌肉素二钠 四水；CP-Na；Phosphocreatine disodium salt；*N*-(Phosphonoamidino) sarcosine Na_2 salt tetrahydrate；Creatine phosphoric acid Na_2 salt tetrahydrate；Sodium creatine phosphate dibasic tetrahydrate
性状　无色、白色针状结晶或粉末。溶于水，难溶于乙醇。生化试剂含量≥98.0%（NT）。
注意事项　该品使用时应避免吸入本品的粉尘，避免与眼睛及皮肤接触。应充氩气密封于2～8℃保存。
主要用途　生化研究。肌酸肌酶的底物。

Creatine phosphokinase from rabbit muscle
磷酸肌激酶(兔肌)　02641
[9001-15-4]　Mr 约 81000
别名　肌酸激酶；肌酸磷酸激酶；肌酸磷酸酶（兔）；CPK；Creatine kinase；Creatine-*N*-phosphotransferase；Phosphocreatine phosphokinase
EC 2.7.3.2
性状　近白色无盐色冷冻干粉。溶于水。该品在中性及60%乙醇溶液中稳定。
注意事项　该品应充氩气密封于−20℃干燥保存。
主要用途　生化试剂。测定肌酸及肌酸磷酸。

Creatinine　肌酐　02642
[60-27-5]　$C_4H_7N_3O$　113.12
成分　C 42.47%，H 6.24%，N 37.15%，O 14.14%。
别名　肌酸酐；肌氨基酐；缩水肌肉素；2-Amino-1,5-dihydro-1-methyl-4*H*-imidazol-4-one；2-Amino-1-methyl-4-imidazolidinone；C；Cr；2-Imino-1-methyl-4-imidazolidinone；1-Methylglycocyamidine；1-Methylhydantoin-2-imide；2-Imino-*N*-methylhydantoin
M.I.15，2557
性状　来自水中的无色单斜片状或小叶状结晶。对空气敏感。溶于12份水，微溶于乙醇，几乎不溶于丙酮、乙醚、三氯甲烷。pK_a 4.8，9.2；pK_b（40℃）10.45。约300℃分解。Fp 554℉（290℃）。生化试剂含量≥99.0%（NT）。
注意事项　使用时应避免吸入本品的粉尘，避免与眼睛及皮肤接触。应充氮气密封保存。
主要用途　生化研究。鉴定血液中肌酸酐。

Cresol mixed isomer　甲酚 混合体　02643
[1319-77-3]　C_7H_8O　108.14

成分 C 77.75%，H 7.46%，O 14.79%。

别名 木馏油酸；甲苯酚；甲酚；混合体甲酚；煤焦油酸；Cresylic acid；Cresylol；Tricresol

GW 2015-1029 M.I.15，2564

性状 无色、浅黄色、浅棕色、浅粉红色液体。是三种异构体甲酚的混合物。有刺激性气味。久置或见光色变深。能与乙醇、苯、乙醚、甘油、石油醚相混溶，亦能溶于碱溶液，微溶于水（约溶于 50 份水）。mp 195～205℃；Fp 176℉（80℃）；d_{25}^{25}1.030～1.038。

注意事项 该品具有腐蚀性，能引起烧伤。口服或接触皮肤有毒。对水生物有害，对水环境能产生长期有害的结果。有造成不可逆危险的结果。使用时应穿适当的防护服，戴手套和防护镜或面罩。万一接触到眼睛，应立即用大量水冲洗后请医生诊治。接触皮肤后应立即用大量指定的液体冲洗。使用时如有事故发生或有不适之感，应请医生诊治。应防止将本品释放于环境中。应密封避光保存。

主要用途 树脂合成。消毒剂。防腐剂。染料工业。

m-Cresol 间甲酚 02644

[108-39-4] C_7H_8O 108.14

成分 C 77.75%，H 7.46%，O 14.79%。

别名 3-甲基苯酚；间蒸木油酸；3-甲酚；间克勒梭尔；间羟基甲苯；3-Cresol；*m*-Cresylic acid；*m*-Hydroxytoluene；*m*-Methylphenol；3-Methylphenol；*m*-Oxytoluene

GW 2015-1027 M.I.15，2564

性状 无色至微黄色透明液体。有酚的气味。见光或露置空气中逐渐变色。能与乙醇、乙醚、氯仿相混溶，溶于约 40 份水，溶于碱溶液。mp 11～12℃；bp 202℃；Fp 187℉（86℃，闭杯）；d_4^{20} 1.034；n_D^{20} 1.5398。LD_{50}大鼠急性经口：2.02g/kg。一般试剂含量≥99.0%（GC）。

注意事项 该品具有腐蚀性，能引起烧伤。口服或与皮肤接触有毒。使用时应穿适当的防护服，戴手套和防护镜或面罩。使用时如有事故发生或有不适之感，应请医生诊治。应密封避光保存。

主要用途 分析试剂。有机合成。

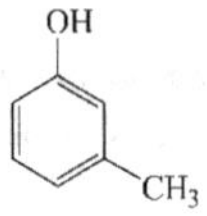

o-Cresol 邻甲酚 02645

[95-48-7] C_7H_8O 108.14

成分 C 77.75%，H 7.46%，O 14.79%。

别名 邻克勒梭尔；邻羟基甲苯；邻蒸木油酸；邻甲基苯酚；2-甲基苯酚；2-甲酚；*o*-Cresylic acid；*o*-Cresylic alcohol；*o*-Hydroxytoluene；2-Methylphenol；*o*-Oxytoluene；2-Cresol

GW 2015-1026 M.I.15，2564

性状 无色结晶。高于室温为无色液体。有酚味。久置或见光即逐渐变为棕色。能与乙醇、乙醚、三氯甲烷相混溶。溶于约 40 份水，溶于碱溶液。杀菌性较酚强。mp 30℃；bp 191～192℃；Fp 178℉（81℃）；d_4^{20} 1.047；n_D^{20} 1.553。LD_{50}大鼠急性经口：1.35g/kg。一般试剂含量≥99.5%（GC）。

注意事项 见 02644 间甲酚。

主要用途 定性分析中用以检验硝酸盐、五氯化锑、砷酸。检测酶。色谱分析标准物。有机合成。

p-Cresol 对甲酚 02646

[106-44-5] C_7H_8O 108.14

成分 C 77.75%，H 7.46%，O 14.79%。

别名 对甲苯酚；对甲基苯酚；4-甲酚；对羟基甲苯；对蒸木油酸；*p*-Cresylic acid；*p*-Hydroxytoluene；4-Cresol；*p*-Methylphenol；4-Methylphenol

GW 2015-1028 M.I.15，2564

性状 无色结晶。高于室温时为液体。有酚味。溶于乙醇、乙醚、三氯甲烷、碱水溶液，微溶于水（50℃，约 2.5g 该品溶于 100mL 水；100℃时，约 5g 该品溶于 100mL 水）。能随水蒸气挥发。mp 35.5℃；bp_{760} 201.8℃/101.32kPa；bp_{200} 179.4℃/26.66kPa；bp_{100} 140.0℃/13.33kPa；bp_{40} 117.7℃/5.33kPa；bp_{20} 102.3℃/2.67kPa；bp_{10} 88.6℃/1.33kPa；bp_5 76.5℃/0.67kPa；$bp_{1.0}$ 53.0℃/133.3kPa；Fp 187℉（86℃，闭杯）；d_4^{20} 1.0341；n_D^{20} 1.5395。LD_{50}大鼠急性经口：1.8g/kg。一般试剂含量≥98.0%。

注意事项 见 02644 间甲酚。应充氩气密封避光保存。

主要用途 有机合成。制造甲基苯甲酸。杀菌剂。防霉剂。

o-Cresolphthalein 邻甲酚酞 02647

[596-27-0] $C_{22}H_{18}O_4$ 346.38

成分 C 76.28%，H 5.24%，O 18.48%。

别名 2-甲酚酞；3,3′-二甲基酚酞；3,3-Bis(4-hydroxy-3-methyl phenyl)-1(3*H*)-*iso*-benzofuranone；3,3-Bis(4-hydroxy-3-methylphenyl)-1(3*H*)-isobenzofuranone；Di-*o*-cresol phthalide；3,3′-Dimethylphenolphthalein；OCP

M.I.15，2565

性状 来自乙醇中的无色结晶。溶于乙醇，微溶于水。p*K* 9.4。mp 223℃。pH 值 8.2～9.8（由无色至红色）。λ_{max} 566（381）nm。

主要用途 酸碱指示剂。

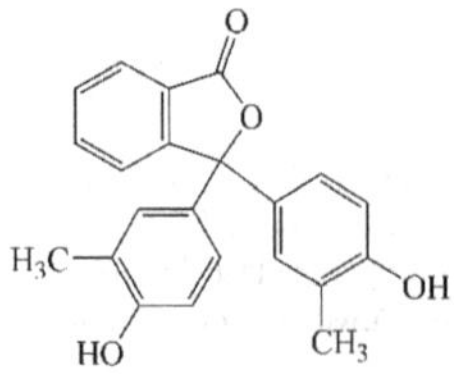

o-Cresolphthalein comp lexon 邻甲酚酞络合剂 02648

[2411-89-4] $C_{32}H_{32}N_2O_{12}$ 636.61

成分 C 60.37%，H 5.07%，N 4.40%，O 30.16%。

别名 金属酞；酞紫；酞酚紫；2-甲酚酞络合剂；3,3′-Bis[*N*,*N*-di(carboxymethylaminomethyl)]-*o*-cresolphthalein；*o*-Cresolphthalein di(methylaminodiacetic acid)；Metalphthalein Ⅰ；Phthalein purple；Xylenylphthalein bis(iminodiacetic acid)；*o*-Cresolphthalein-3′,3″-bis(methyliminodiacetic acid)；*o*-Cresolphthalexon；OCPC；PC

M.I.15，2566

性状 来自乙醇中的白色或浅粉红色结晶性粉末或固体。微溶于乙醇、水、乙醚、冰乙酸。mp 181～185℃（分解）；λ_{max} 580nm（ε 820）。

注意事项 使用时应避免吸入本品的粉尘，避免与眼睛及皮肤接触。

主要用途 络合指示剂，如钡、钙、镉、镁、锶等的测定。

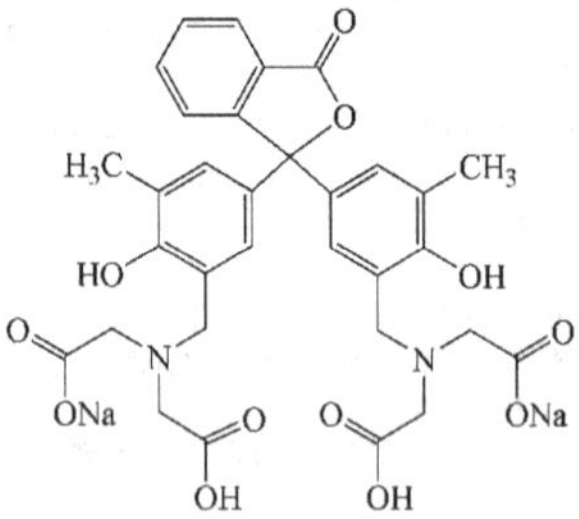

Cresol purple 甲酚紫 02649

[2303-01-7] $C_{21}H_{18}O_5S$ 382.43

成分 C 65.95%，H 4.74%，O 20.92%，S 8.38%。

别名 间甲酚紫；3-甲酚紫；间甲酚磺酞；*m*-Cresol purple；*m*-Cresolsulfonphthalein；4,4′-(1,1-Dioxido-3*H*-2,1-benzoxathiol-3-ylidene)bis(3-methylphenol)；MCP

M.I.15，2567

性状 橘红或橘黄至绿棕色粉末。溶于变性乙醇（含 10% 甲醇），微溶于乙醇，不溶于水。λ_{max} 579（371）nm；pH 值1.2～2.8（由红至黄色），7.4～9.0（由黄至紫色）。一般指示剂干燥含量≥90.0%。

主要用途 酸碱指示剂。

参考规格 HG/T 4019—2008 指示剂

pH 变色域 1.2（粉红）～2.8（黄）

7.4（棕黄）～9.0（紫）

最大吸收波长/nm	
λ_1（pH 1.2）	526～529
λ_2（pH 2.8）	431～437
λ_3（pH 7.4）	431～437
λ_4（pH 9.0）	576～580
质量吸收系数/［L/（cm·g）］	
α_1（λ_1/pH 1.2，干样）	80～94
α_2（λ_2/pH 2.8，干样）	40～46
α_3（λ_3/pH 7.4，干样）	39～45
α_4（λ_4/pH 9.0，干样）	75～86
乙醇溶解试验	合格
干燥失重/%≤	1.0

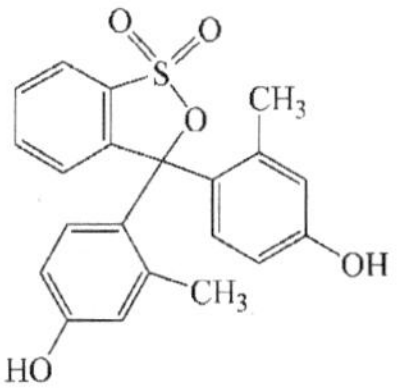

Cresol red 甲酚红 02650

［1733-12-6］ $C_{21}H_{18}O_5S$ 382.43

成分 C 65.95%，H 4.74%，O 20.92%，S 8.38%。

别名 邻甲酚红；邻甲酚磺酞酞；邻甲酚磺酞；4,4′-(3*H*-2,1-Benzoxathiol-3-ylidene) bis (2-methylphenyl) *S*, *S*-dioxide; 4, 4′-(3*H*-2,1-Benzoxathiol-3-ylidene) di-*o*-cresol *S*,*S*-dioxide; CR; *o*-Cresol red; *o*-Cresolsulfonphthalein; 4,4′-(1,1-Dioxido-3*H*-2,1-benzoxathiol-3-ylidene) bis (2-methylphenol); α-Hydroxy-α,α-bis (4-hydroxy-*m*-tolyl)-*o*-toluenesulfonic acid γ-sultone

M. I. 15，2568

性状 红棕色或暗红色结晶性粉末。溶于稀酸（呈黄色）、稀碱溶液（呈紫色），溶于乙醇、水。mp 约 290℃（分解）。pH 值 0.2～1.8（由红至黄色）；7.2～8.8（由黄至紫红色）；λ_{max} 570（367）nm。一般指示剂含量≥83.0%

注意事项 该品对眼睛、呼吸系统及皮肤有刺激性。使用时应穿适当的防护服。万一接触到眼睛，应立即用大量水冲洗后请医生诊治。

主要用途 酸碱指示剂。

参考规格 HG/T 4102—2009 指示剂

pH 变色域	6.5（橙）～8.5（紫）
最大吸收波长/nm	
λ_1（pH 6.5）	432～436
λ_2（pH 8.5）	571～574
质量吸收系数/［L/cm·g）］：	
α_1（λ_1/pH 6.5，干样）	49～67
α_2（λ_2/pH 8.5，干样）	100～132
乙醇溶解试验	合格
干燥失重/%≤	3.0
灼烧残渣（以硫酸盐计）/%≤	0.2

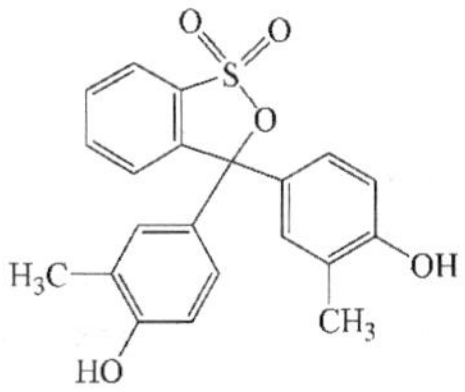

m-Cresotie acid 间升柳酸 02651

［50-85-1］ $C_8H_8O_3$ 152.15

成分 C 63.15%，H 5.30%，O 31.5%。

别名 4-甲基水杨酸；2-羟基-4-甲基苯甲酸；2-Hydroxy-4-methylbenzoic acid; 2,4-Cresotic acid; *m*-Homosalicylic acid; *m*-Eresotinic acid; 2-Hydroxy-*p*-toluic acid; γ-Cresotic acid

M. I. 15,2569

性状 无色结晶、小叶状结晶或白色粉末。能随水蒸气挥发。溶于氯仿、乙醇、乙醚、碱，微溶于冷水，较多地溶于热水。mp 177℃。

注意事项 该品口服有害。对眼睛、呼吸系统及皮肤有刺激性。使用时应穿适当的防护服和戴手套。万一接触到眼睛，应立即用大量水冲洗后请医生诊治。

主要用途 染料制造。

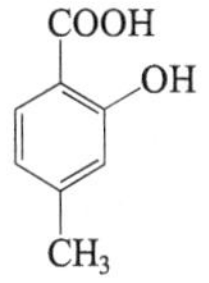

Crimidine 鼠立死 02652

［535-89-7］ $C_7H_{10}ClN_3$ 171.63

成分 C 48.99%，H 5.87%，Cl 20.66%，N 24.48%。

别名 杀鼠嘧啶；2-氯-4-二甲氨基-6-甲基嘧啶；2-Chloro-*N*,*N*,6-trimethyl-4-pyrimidinamine; 2-Chloro-4-dimethylamino-6-methylpyrimidine; W-491; Castrix

GW 2015-1411

性状 一般商品为棕色蜡状固体。溶于多数有机溶剂，不溶于水。mp 87℃。LD_{50} 大鼠，小鼠，豚鼠腹膜内注射（mg/kg）：1.00±0.06，0.42±0.05，2.66±10；大鼠急性经口（mg/kg）：1.25±0.10；雄，雌小鼠皮下注射（mg/kg）：1.3，1.1；雌小鼠急性经口：1.2mg/kg。

注意事项 该品口服极毒。使用时应穿适当的防护服和戴手套。使用时如有事故发生或有不适之感，应请医生诊治。

主要用途 杀鼠剂。分析用标准物质。

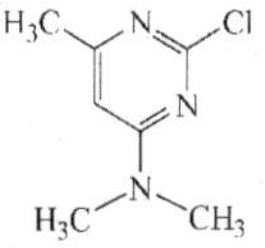

Croconazole monohydrochloride 氯康唑-盐酸盐 02653

［77174-66-4］ $C_{18}H_{16}Cl_2N_2O$ 347.24

成分 C 62.26%，H 4.64%，Cl 20.42%，N 8.07%，O 4.61%。

别名 盐酸氯康唑；710674-S; Pilzcin; 1-［1-［2-［(3-Chlorophenyl) methoxy］phenyl］ethenyl］-1*H*-imidazole mono-hydrochloride; 1-［1-［2-［(3-Chlorobenzyl) oxy］phenyl］vinyl］-1*H*-imidazole monohydrochioride; Cloconazole monohydrochloride

M. I. 15，2580

性状 来自乙酸乙酯＋乙腈中的无色结晶。mp 148.5～150℃。LD_{50} 大鼠皮下注射：7000mg/kg；急性经口：2500mg/kg。一般试剂含量≥99.0%。

注意事项 该品应密封避光于阴凉处保存。

主要用途 医用局部抗真菌剂。

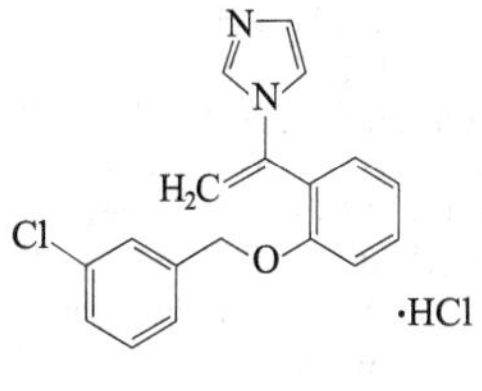

Cromolyn disodium salt 色甘酸二钠盐 02654

［15826-37-6］ $C_{23}H_{14}Na_2O_{11}$ 512.33

成分 C 53.92%，H 2.75%，Na 8.97%，O 34.35%。

别名 色甘酸钠；Cromolyn sodium; Disodium cromeglycate; DSCG; FPL-670; Aarane; Alercrom; Alerion; Allergocrom; Colimune; Cromovet; Fivent; Gastrofrenal; Inostral; Intal; Introl; Irtan; Lomudal; Lomupren; Lomusol; Lomuspray; Nalcrom; Nalcron; Nasalcrom; Nasmil; Opticrom; Opticron; Rynacrom; Sofro; Vicrom; Vividrin; 5,5′-［(2-Hydroxytrimethylene) dioxy］bis (4-oxo-

4*H*-1-ben-zopyran-2-carboxylic acid) disodium salt; 5, 5′-(2-Hydroxytrimethylenedioxy)bis(4-oxochromene-2-Carboxylic acid)disodium salt; 1, 3-Bis (2-carboxychromon-5-yloxy)-2-hydroxypropane disodium salt; 1, 3-Di (2-carboxy-4-oxochromen-5-yloxy) propan-2-ol disodium salt; Cromoglycic acid disodium salt; Duracroman disodium salt

M. I. 15, 2581

性状 无色结晶。易吸潮。易溶于水（20℃，100mg/mL），几乎不溶于氯仿、乙醇。LD_{50}小鼠，大鼠急性经口：＞8g/kg。一般试剂含量≥95.0%。

注意事项 该品对眼睛、呼吸系统及皮肤有刺激性。使用时应穿适当的防护服。万一接触到眼睛，应立即用大量水冲洗后请医生诊治。

主要用途 生化研究。医用止喘剂，抗变应性剂。

Crotonaldehyde 巴豆醛 02655

[4170-30-3] C_4H_6O 70.09

成分 C 68.54%，H 8.63%，O 22.83%。

别名 2-丁烯醛 反式；反式 2-丁烯醛；β-甲基丙烯醛；反丁烯醛；*trans*-2-Butenal; Crotonic aldehyde; β-Methacrolein; β-Methylacrolein; Propylene aldehyde

GW 2015-245 M. I. 15, 2587

性状 无色或浅黄色透明油状液体。有窒息性刺激臭味，是极强的催泪剂。易溶于乙醇，溶于水（20℃，18.1g/100g；5℃，19.2g/100g）。久置易聚合。mp －69℃；bp 102.2℃；Fp 55℉（13℃，开杯）；d_{20}^{20} 0.853；$n_D^{17.3}$ 1.4384。LD_{50}大鼠急性经口：0.3g/kg。一般试剂含量≥95.0%。

注意事项 该品高度易燃。口服或与皮肤接触有毒。对呼吸系统及皮肤有刺激性。对眼睛有严重损伤的危险。长期曝露或口服有害，并有严重损伤健康的危险。对水生物极毒。有造成不可逆结果的危险。使用时应穿适当的防护服，戴手套和防护镜或面罩。万一接触到眼睛，应立即用大量水冲洗后请医生诊治。接触皮肤应立即用大量水冲洗。使用时如有事故发生或有不适之感，应请医生诊治。应防止将本品释放于环境中。其包装物应按危险品处理。应远离火种，采取抗放静电措施充氮气密封于 2～8℃保存。

主要用途 分析试剂，测定铜。矿物油纯化用溶剂。橡胶促进剂。抗氧剂。杀虫剂。有机合成。

Crotonic acid 巴豆酸 02656

[107-93-7] $C_4H_6O_2$ 86.09

成分 C 55.81%，H 7.02%，O 37.17%。

别名 2-丁烯酸 反式；反式 2-丁烯酸；β-甲基丙烯酸；亚乙基乙酸；α-Butenic acid; (*E*)-2-Butenoic acid; *trans*-2-Butenoic acid; 1-Carboxypropylene; α-Crotonic acid; *trans*-Crotonic acid; Solid crotonic acid; β-Methylacrylic acid

GW 2015-246 M. I. 15, 2588

性状 来自水或石油醚中的无色单斜针状或棱柱状结晶。有油酸味。溶于水（0℃，41.5g/L；10℃，41.5g/L；20℃，54.6g/L；25℃，94g/L；30℃，122g/L；40℃，656g/L）、乙醇[25℃，52.5%（质量分数）]、丙酮[53.0%（质量分数）]、甲苯[37.5%（质量分数）]。p*K*（25℃）4.70。mp 71.6℃；bp_{760} 185.0℃/101.32kPa；bp_{400} 165.5℃/53.33kPa；bp_{200} 146.0℃/26.66kPa；bp_{100} 128.0℃/13.33kPa；bp_{60} 116.7℃/8kPa；bp_{40} 107.8℃/5.33kPa；bp_{20} 93.0℃/2.67kPa；bp_{10} 80.0℃/1.33kPa；Fp 190 ℉（87℃）；d_4^{15} 1.018；d_4^{80} 0.964；n_D^{80} 1.4228。LD_{50}大鼠急性经口：1.0g/kg。一般试剂含量≥97.0%（T）。

注意事项 该品口服或与皮肤接触有害。具有腐蚀性，能引起烧伤。使用时应穿适当的防护服，戴手套和防护镜或面罩。万一接触到眼睛，应立即用大量水冲洗后请医生诊治。使用时如有事故发生或有不适之感，应请医生诊治。应密封保存。

主要用途 合成橡胶软化剂。树脂合成。增塑剂。制药工业。

Crotyl alcohol 巴豆醇 02657

[6117-91-5] C_4H_8O 72.11

成分 C 66.62%，H 11.18%，O 22.19%。

别名 丁烯醇；2-丁烯-1-醇；2-Buten-1-ol; Crotonyl alcohol; 1-Hydroxy-2-butylene; γ-Methyl allyl alcohol; Propenyl carbinol

GW 2015-240 M. I. 15, 2591

性状 无色透明液体。为顺、反式异构体的混合物。有特殊臭味，是催泪剂。溶于 6 份水，能与乙醇混溶。bp 122℃；Fp 93.2℉（34℃）；d_4^{20} 0.8532；n_D^{20} 1.4285。LD_{50}大鼠急性经口；0.93mL/kg。一般试剂含量约 97.0%（GC）。水约 1%。

注意事项 该品易燃。吸入或与皮肤接触有毒。使用时应穿适当的防护服和戴手套。应远离火种密封保存。

主要用途 有机合成。除莠剂。熏蒸剂。

12-Crown-4 12-冠醚-4 02658

[294-93-9] $C_8H_{16}O_4$ 176.22

成分 C 54.53%，H 9.15%，O 36.32%。

别名 12-冠-4；1，4，7，10-Tetraoxacyclododecane

性状 无色液体。有刺激性。极易吸湿。mp 16℃；$bp_{0.1}$ 68～70℃/13.332Pa；Fp ＞230℉（110℃）；d_4^{20} 1.108；n_D^{20} 1.462。一般试剂含量≥98.0%（GC）。

注意事项 该品吸入、口服或与皮肤接触有害。对眼睛、呼吸系统及皮肤有刺激性。使用时应穿适当的防护服。万一接触到眼睛，应立即用大量水冲洗后请医生诊治。应充氮气密封于干燥处保存。

主要用途 锂离子络合剂。

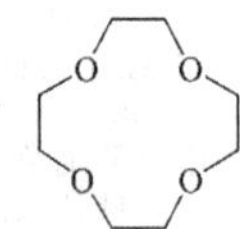

15-Crown-5 15-冠醚-5 02659

[33100-27-5] $C_{10}H_{20}O_5$ 220.27

成分 C 54.53%，H 9.15%，O 36.32%。

别名 15-冠-5；1,4,7,10,13-Pentaoxacyclopentadecane

性状 无色液体。极易吸湿。mp 42～45℃；$bp_{0.05}$ 93～96℃/6.667Pa；Fp 235.4℉（113℃）；d_4^{20} 1.113；n_D^{20} 1.465。一般试剂含量≥98.0%（GC）。

注意事项 该品口服有害。对眼睛及皮肤有刺激性。万一接触到眼睛，应立即用大量水冲洗后请医生诊治。应充氩气密封于干燥处保存。

主要用途 钠离子和钾离子的络合剂。

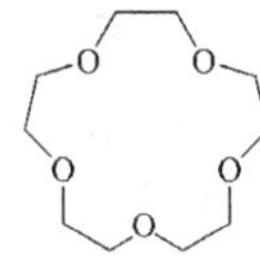

18-Crown-6 18-冠醚-6 02660

[17455-13-9] $C_{12}H_{24}O_6$ 264.32

成分 C 54.53%，H 9.15%，O 36.32%。

别名 18-冠-6；1,4,7,10,13,16-Hexaoxacyclooctadecane

M. I. 15, 2592

性状 来自乙腈中的无色结晶。具有吸湿性。mp 38～39.5℃；Fp 235.4℉（113℃）。一般试剂含量≥99.0%（GC）。

注意事项 该品口服有害。对眼睛、呼吸系统及皮肤有刺激性。使用时应穿适当的防护服。万一接触到眼睛，应立即用大量水冲洗后请医生诊治。应充氩气密封于干燥处保存。

主要用途 碱金属离子的强络合剂。测定血清中的钾盐。

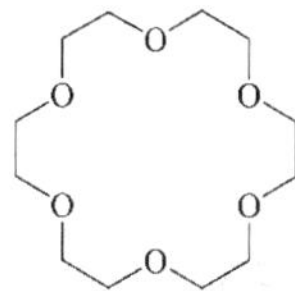

Crystal violet 结晶紫 02661

[548-62-9] $C_{25}H_{30}ClN_3$ 407.99

成分 C 73.60%，H 7.41%，Cl 8.69%，N 10.30%。

别名 六甲基紫；甲基紫 10B；Adergon；Aniline violet；Axuris；Badil；Basic violet 3；*N*-[4-[Bis[4-(dimethylamino)phenyl]methylene]-2,5-cyclohexadien-1-ylidene]-*N*-methylmethanaminium chloride；Gentian violet；Gentiaverm；Hexamethylrosaniline chloride；Hexamethyl-*p*-rosaniline chloride；Meroxyl；Meroxylan；Methylrosaniline chloride；Methylviolet 10B；Pyoktanin；Vianin；Viocid Violet C，GOV 7B

M. I. 15，4430 C. I. 42555

性状 具有金属光泽的深绿色粉末。1g 该品溶于约 10mL 乙醇、约 15mL 甘油。溶于水（0.2%～1.7%）、三氯甲烷，不溶于乙醚、二甲苯。mp 215℃（分解）；λ_{max} 588nm。LD_{50} 小鼠，大鼠急性经口：1.2g/kg，1.0g/kg。一般试剂干燥含量约 88.0%。

注意事项 该品口服有害。对机体有不可逆损伤的可能性，对眼睛有严重损伤的危险。对水生物极毒。能对水环境引起不利的结果。使用时应穿适当的防护服，戴手套和防护镜或面罩。万一接触到眼睛，应立即用大量水冲洗后请医生诊治。如误服本品，应立即请医生检查并出示包装。应防止将本品释放于环境中，其包装物应按危险品处理。

主要用途 非水溶液滴定指示剂。检定铊、锌、锑、钛、镉、钨、金、汞的试剂。酸碱指示剂（pH 值 0.5～2.0 由绿至蓝色）。生物染色剂。医用抗局部感染剂。驱线虫剂。

Cucurbitacin B 葫芦素 B 02662

[6199-67-3] $C_{32}H_{46}O_8$ 558.71

成分 C 68.79%，H 8.30%，O 22.91%。

别名 (2*β*，9*β*，10*α*，16*α*，23*E*)-25-Acetyloxy-2，16，20-trihydroxy-9-methyl-19-norlanosta-5，23-diene-3，11，22-trione；1，2-Dihydro-*α*-elaterin

M. I. 15，2604

性状 来自无水乙醇中的无色结晶或近白色结晶性粉末。mp 184～186℃；bp $_{760}$ 699.3℃/101.324kPa；Fp 425.7℉（218.7℃）；*d* 1.23；$[\alpha]_D^{25}$ +88℃（*c*=1.55，于乙醇中）。LD_{50} 小鼠急性经口：5mg/kg。一般试剂含量≥98.0%（HPLC）。

注意事项 该品应密封避光于 2～8℃保存。

Cuelure 诱蝇酮 02663

[3572-06-3] $C_{12}H_{14}O_3$ 206.24

成分 C 69.89%，H 6.84%，O 23.27%。

别名 4-[4-(乙酰氧基)苯基]-2-丁酮；4-[4-(Acetyloxy)phenyl]-2-butanone；4-(*p*-Hydroxyphenyl)-2-butanone acetate

M. I. 15，2606

性状 无色至浅黄色液体。有一种红梅状气味。溶于乙醇、烃类、乙醚，不溶于水。$bp_{0.2}$ 123～124℃/26.7Pa；*d* 1.099；n_D^{25} 1.5061。LD_{50} 大鼠急性经口：(3038±1266) mg/kg；兔皮肤接触：>2025mg/kg。LC_{50}（24h）虹鳟鱼，翻车鱼：约 21.18×10^{-6}。一般试剂含量≥98.0%。

主要用途 瓜蝇的诱引剂。

Cumene 枯烯 02664

[98-82-8] C_9H_{12} 120.20

成分 C 89.94%，H 10.06%。

别名 异丙苯；*iso*-Propylbenzene；Cumol；Isopropylbenzene；(1-Methylethyl)benzene

GW 2015-2618 M. I. 15，2607

性状 无色液体。溶于乙醇及多种有机溶剂，不溶于水。mp −96℃；bp 152～153℃；Fp 102℉（39℃，闭杯）；d_4^{20} 0.862；n_D^{20} 1.4914。LD_{50} 大鼠急性经口：2.91g/kg。一般试剂含量≥99.5%（GC）。

注意事项 该品易燃。口服有害，可使肺脏受损。对呼吸系统有刺激性。对水生物有毒。能对水环境引起不利的结果。使用时应戴适当的手套。应避免与皮肤接触。应防止将本品释放于环境中。如误食不能吐出，应立即请医生诊治，并出示瓶签或包装物。应充氩气密封保存。

主要用途 色谱分析标准物。溶剂。有机合成，制造苯酚、丙酮。苯乙酮、*α*-甲基苯乙烯等。

Cumene hydroperoxide 氢过氧化异丙苯 02665

[80-15-9] $C_9H_{12}O_2$ 152.20

成分 C 71.02%，H 7.95%，O 21.02%。

别名 过氧化羟基茴香素；异丙苯基过氧化氢；过氧化羟基异丙苯；枯基过氧化氢；CHP；Cumol hydroperoxide；Cumenyl hydroperoxide；*α*，*α*-Dimethylbenzyl hydroperoxide

GW 2015-906

性状 无色或浅黄色液体。溶于乙醇、丙酮、酯类和烃类，微溶于水。bp_8 100～101℃/1.067kPa；Fp 127.4℉（53℃）；d_4^{20} 1.028；n_D^{20} 1.519。一般试剂含量约 80.0%（于枯烯中）。

注意事项 该品易燃。能引起燃烧。具有腐蚀性和氧化性，能引起烧伤。吸入有毒。口服或与皮肤接触有害。口服可损害肺脏。并有严重损害健康的危险。对水生物有毒。能对水环境引起不利的结果。使用时应穿适当的防护服，戴手套和防护镜或面罩。使用现场禁止吸烟。不得与酸混合。使用时如有事故发生或有不适之感，应请医生诊治。应防止将该品释放于环境中。应远离火种及重金属的强酸、碱、盐密封于 2～8℃保存。

主要用途 交联剂。聚合催化剂。

Cuminaldehyde　枯茗醛 02666

[122-03-2]　$C_{10}H_{12}O$ 148.21

成分　C 81.04%，H 8.16%，O 10.80%。

别名　4-异丙基苯甲醛；对异丙基苯甲醛；4-*iso*-Propylbenzaldehyde；Cumaldehyde；Cuminal；*p*-*iso*-Propylbenzaldehyde；*p*-Isopropylbenzaldehyde；4-(1-Methylethyl) benzaldehyde

M.I.15，2611

性状　无色至微黄色油状液体。有强烈而持久的辛辣味道。溶于乙醇、乙醚，几乎不溶于水。bp_{760} 235～236℃/101.325kPa；bp_{35} 131～135℃/4.666kPa；Fp 206.6℉(97℃)；d^{20} 0.978；n_D^{20} 1.5301。LD_{50} 大鼠急性经口：1390mg/kg。一般试剂含量 约 85.0%～90.0%（GC）。

注意事项　该品口服有害。使用时应避免吸入本品的蒸气和飞沫，避免与眼睛及皮肤接触。应密封于阴凉处保存。

主要用途　香料。

4-Cumylphenol　4-枯基酚 02667

[599-64-4]　$C_{15}H_{16}O$ 212.29

成分　C 84.87%，H 7.60%，O 7.53%。

别名　4-(2-苯基异丙基)苯酚；对(2-苯基异丙基)苯酚；*p*-(2-Phenyl-*iso*-propyl)phenol；4-(2-Phenylisopropyl)phenol

性状　白色至淡棕色结晶。有酚的气味。mp 74～76℃；bp 335℃；Fp 320℉(160℃)。一般试剂含量≥99.0%。

注意事项　该品对眼睛、呼吸系统及皮肤有刺激性。

主要用途　塑料、杀虫剂、润滑剂等的中间体。

Cupferron　铜铁试剂 02668

[135-20-6]　$C_6H_9N_3O_2$ 155.16

成分　C 46.45%，H 5.85%，N 27.08%，O 20.62%。

别名　*N*-亚硝基苯胲铵盐；*N*-亚硝基-*N*-苯基羟胺铵盐；铜铁灵；Ammonium *N*-nitrosophenylhydroxylamine；*N*-Hydroxy-*N*-nitrosobenzenamine ammonium salt；*N*-Nitroso-*N*-phenylhydroxylamine ammonium salt

M.I.15，2612

性状　无色或微褐色而有光泽的鳞片状结晶。久置颜色变暗。易溶于水、乙醇。mp 163～164℃。一般试剂含量≥98.0%。

注意事项　该品口服有毒。对机体有不可逆损伤的可能性。对眼睛、呼吸系统及皮肤有刺激性。使用时应穿适当的防护服和戴手套。万一接触到眼睛，应立即用大量水冲洗后请医生诊治。使用时如有事故发生或有不适之感，应请医生诊治。应密封于 2～8℃保存。

主要用途　用于铜、铁、镓、铌、锡、钽、钍、钛、钒、钨等元素的测定。

Cuproxoline　铜克索林 02669

[13007-93-7]　$C_{34}H_{56}CuN_6O_{14}S_4$ 964.64

成分　C 42.33%，H 5.85%，Cu 6.59%，N 8.71%，O 23.22%，S 13.30%。

别名　Tetrahydrogen bis[8-hydroxy-5,7-quinolinedisulfonato(3−)-N^1,O^8]cuprate(4−) comp d with *N*-ethylethanamine(1∶4)；8-Hydroxy-5,7-quinolinedisulfonic acid copper derivative comp ound with diethylamine；Cupric bis[8-hydroxyquinoline di(diethylammonium sulfonate)]；Copper DOS；Dicuprene；Cujec；Cuprimyl

M.I.15，2660

性状　绿色小片状结晶。溶于水，其溶液呈深绿色。10%水溶液几乎呈中性，可被高压灭菌。LD_{50} 大鼠肌肉注射：126mg/kg。

主要用途　医用抗风湿剂，兽用铜补充剂。

Curare　箭毒 02670

[8063-06-7]

别名　Ourari；Urari；Woorari；Woorali；Wourara

M.I.15，2661

性状　白色结晶。溶于水及稀乙醇。其溶液稳定。

注意事项　该品有毒。应密封于−20℃保存。

主要用途　医用神经肌肉麻醉剂。

***C*-Curarine I dichloride　二氯化 *C*-箭毒Ⅰ** 02671

[7168-64-1]　$C_{40}H_{44}Cl_2N_4O$ 667.90

成分　C 71.93%，H 6.67%，Cl 10.62%，N 8.39%，O 2.40%。

M.I.15，2662

性状　来自甲醇＋乙醚中的无色针状结晶。溶于水、乙醇，几乎不溶于乙醚、丙酮。mp ＞350℃；$[\alpha]_D^{20}$ ＋73.6°（c＝1，于水中）；uv max（95%乙醇中）：260nm，296nm（lgε 4.41，4.07）。

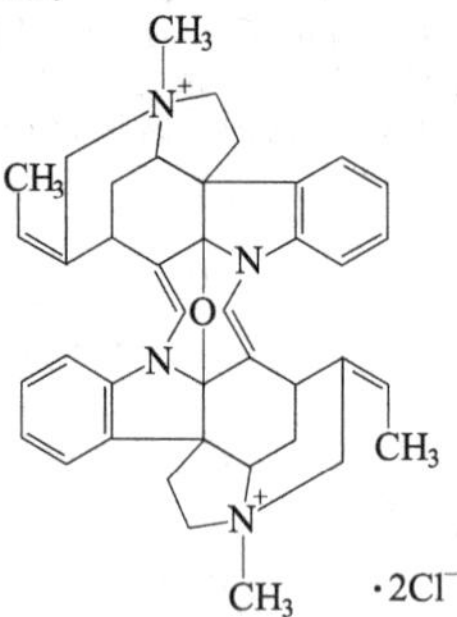

Curcumin　姜黄素 02672

[458-37-7]　$C_{21}H_{20}O_6$ 368.39

成分　C 68.47%，H 5.47%，O 26.06%。

别名　姜黄色素；酸性黄；1,7-双（4-羟基-3-甲氧基苯）-1,6-庚二烯二酮；(1*E*,6*E*)-1,7-Bis(4-hydroxy-3-methoxyphenyl)-1,6-heptadiene-3,5-dione；Diferuloylmethane；Natural yellow 3；Turmeric yellow

M.I.15，2663　　C.I. 75300

性状　橙黄色结晶性粉末。溶于乙醇、冰乙酸。在碱中呈深红棕色；在酸中呈浅黄色。不溶于水、乙醚。mp 183℃。pH 值 7.8～9.2（由黄至红褐色）。一般试剂含量≥95.0%（TLC）

注意事项　该品对眼睛、呼吸系统及皮肤有刺激性。使用时应穿适当的防护服。使用时应避免吸入本品的粉尘，避免与眼睛及皮肤接触。万一接触到眼睛，应立即用大量水冲冲洗后请医生诊治。

主要用途　分析试剂，用以检验铍、镁、锆和硼酸。酸碱指示剂。

Cyanamide　氰胺 02673

[420-04-2]　CH_2N_2 42.04

成分　C 28.57%，H 4.79%，N 66.64%。

别名　氨基氰；Amidocyanogen；Carbodiimide；Carbimide；

Cyanogenamide; Hydrogen cyanamide
M. I. 15, 2674
性状 来自苯二甲酸二甲酯中的无色斜方长六边形片状结晶。易潮解。该品溶解度（g/100g）：水：15℃，77.5；水：43℃，100；丁醇：20℃，28.8；甲乙酮：50.5；乙酸乙酯：42.4。溶于醇类、酚类、胺类、醚类、酮类，微溶于苯，几乎不溶于环己烷。mp 45～46℃；$bp_{0.5}$ 83℃/kPa；Fp 285.8℉（141℃）；d_4^{20} 1.282。LD_{50}雄小鼠腹膜内注射：200～300mg/kg。一般试剂含量≥98.0%（CHN）；H_2O≤2%。
注意事项 该品口服有毒。与皮肤接触有害。对眼睛及皮肤有刺激性。接触皮肤能引起过敏。使用时应穿适当的防护服和戴手套。使用时应避免吸入本品的粉尘。使用时如有事故发生或有不适之感，应请医生诊治。应密封于2～8℃保存。
主要用途 除莠剂。增加钢铁硬度。

Cyanazine 草净津 02674

[21725-46-2] $C_9H_{13}ClN_6$ 240.70
成分 C 44.91%，H 5.44%，Cl 14.73%，N 34.92%。
别名 2-(4-Chloro-6-ethylamino-1,3,5-triazin-2-yl) amino-2-methyl-propanenitrile; 2-(4-Chloro-6-ethylamino-*s*-triazin-2-yl) amino-2-methylpropionitrile; SD-15418; WL-19805; DW-3418; Bladex; Fortrol
M. I. 15,2675
性状 白色结晶。溶于水(25℃,171mg/L)。该品25℃时于下列物质中的溶解度(g/L):苯15;氯仿210;乙醇45;己烷15。mp 167.5～169℃;Fp 212℉(100℃)。LD_{50}大鼠,小鼠急性经口:182mg/kg,380mg/kg。
注意事项 该品口服有害。对水生物极毒。能对水环境引起不利的结果。使用时应戴适当的手套。应防止将本品释放于环境中。其包装物应按危险品处理。
主要用途 除草剂。分析用标准物质。

H3C–CH2–NH–(triazine, Cl)–NH–C(CH3)2–CN

Cyanoacetamide 氰乙酰胺 02675

[107-91-5] $C_6H_4N_2O$ 84.08
成分 C 42.86%,H 4.79%,N 33.32%,O 19.03%。
别名 2-Cyanoacetamide; Malonamide nitrile; Propiona-mide nitrile
M. I. 15,2678
性状 来自乙醇中的无色针状结晶。1g该品溶于6.5mL水。溶于95%乙醇中的溶解度:0℃,1.3g;26℃,3.1g;44℃,7.0g;62℃,14.0g;71℃,21.5g。mp 119.5℃; Fp 419℉(215℃)。一般试剂含量≥98.0%(GC)。
注意事项 该品口服有害。对眼睛、呼吸系统及皮肤有刺激性。使用时应避免吸入本品的粉尘,避免与眼睛及皮肤接触。万一接触到眼睛,应立即用大量水冲洗后请医生诊治。
主要用途 有机合成。

Cyanoacetic acid 氰基乙酸 02676

[372-09-8] $C_3H_3NO_2$ 85.06
成分 C 42.36%,H 3.55%,N 16.47%,O 37.62%。
别名 氰乙酸;氰基醋酸; Malonic acid mononitrile; Ma-lonic mononitrile
GW 2015-1707　M. I. 15,2679
性状 无色结晶。有吸潮性。溶于水、乙醇、乙醚,微溶于苯、三氯甲烷。mp 66℃;160℃分解为二氧化碳和乙腈;bp_{15} 108℃/2kPa;Fp 224.6℉(107℃)。一般试剂含量≥99.5%(T)。
注意事项 该品口服有害。与酸接触能释放出有毒气体。具有腐蚀性,能引起烧伤。使用时应穿适当的防护服,戴手套和防护镜或面罩。万一接触到眼睛,应立即用大量水冲洗后请医生诊治。使用时如有事故发生或有不适之感,应请医生诊治。应充氩气密封于干燥处保存。
主要用途 有机合成。巴比妥的制备。

4-Cyanobenzaldehyde 4-氰基苯甲醛 02677

[105-07-7] C_8H_5NO 131.14
成分 C 73.27%,H 3.84%,N 10.68%,O 12.20%。
别名 4-甲酰苄腈;对氰基苯甲醛;*p*-Cyano benzaldehyde; 4-Formylbenzonitrile
性状 白色固体。mp 101～102℃;bp_{12} 133℃/1.6kPa。一般试剂含量≥97.0%(T)。
注意事项 该品吸入、口服或与皮肤接触有害。使用时应穿适当的防护服和戴手套。

4-Cyanobenzoic acid 4-氰基苯甲酸 02678

[619-65-8] $C_8H_5NO_2$ 147.14
成分 C 65.30%,H 3.43%,N 9.52%,O 21.75%。
别名 对氰基苯甲酸;对苯二甲酸单腈;*p*-Cyanobenzoic acid; Terephthalic acid mononitrile
GW 2015-1706
性状 白色片状结晶。溶于热水、乙醇、乙醚、热乙酸,能与热碱溶液生成对苯二甲酸。mp 219～221℃。一般试剂含量≥98.0%(T)。
注意事项 该品吸入、口服或与皮肤接触有害。对眼睛、呼吸系统及皮肤有刺激性。使用时应穿适当的防护服。万一接触到眼睛,应立即用大量水冲洗后请医生诊治。
主要用途 检测乙酸溶解试验。有机合成。

2-Cyanoethyl phosphate barium salt dihydrate 磷酸2-氰基乙酯钡盐 二水 02679

[5015-38-3] $C_3H_4BaNO_4P \cdot 2H_2O$ 322.42
成分(以无水物计) C 12.58%,H 1.41%,Ba 47.96%,N 4.89%,O 22.35%,P 10.82%。
别名 二水合磷酸2-氰基乙酯钡盐;2-氰乙基磷酸酯钡盐 二水;2-Cyano ethyl phosphate Ba salt; Phosphoric acid 2-cyanoethyl ester barium salt; Phosphorylating agent; Barium 2-cyanoethyl phosphate
性状 白色结晶。一般试剂含量≥95.0%(NT)。
注意事项 该品吸入或口服有害。接触皮肤后,应立即用大量水冲洗。

Cyanofenphos 苯腈磷 02680

[13067-93-1] $C_{15}H_{14}NO_2PS$ 303.32
成分 C 59.40%,H 4.65%,N 4.62%,O 10.55%,P 10.21%,S 10.57%。
别名 Phenylphosphonothioic acid *O*-(4-cyanophenyl) *O*-ethyl ester; Phenylphosphonothioic acid *O*-ethyl ester *O*-ester with *p*-hydroxybenzonitrile; CYP; S-4087; Surecide
性状 无色结晶性固体。溶于水（30℃，6×10^{-6}），中等程度溶于酮类、芳香溶剂。对鱼、蜜蜂有毒。mp 83℃；Fp 212℉（100℃）；n_D^{25} 1.5839。蒸气压（25℃）：1.32×10^{-5}mmHg。LD_{50}小鼠急性经口：46mg/kg；皮下注射：145mg/kg；腹膜内注射：45mg/kg。LD_{50}雄，雌大鼠急性经口：60mg/kg，28.5mg/kg。
注意事项 该品口服有毒，并有十分严重的不可逆结果的危险。与皮肤接触有害，对眼睛有刺激性。对水生物有毒。能对水环境引起不利的结果。使用时应穿适当的防护服和戴手套。使用时如有事故发生或有不适之感，应请医生诊治。应防止将本品释放于环境中。应密封于2～8℃保存。
主要用途 杀虫剂。分析用标准物质。

C6H5–P(=S)(–O–CH2CH3)–O–C6H4–CN

Cyanogen bromide 溴化氰 02681

[506-68-3] CBrN 105.92
成分 C 11.34%，Br 75.44%，N 13.22%。
别名 氰化溴；Bromine cyanide
GW 2015-1697　M. I. 15，2683

性状 无色立方体或针状结晶。常温下能挥发，有刺激性气味。具催泪性。易溶于乙醇、乙醚、水，其水溶液遇碱逐渐分解。能腐蚀多数金属。mp 52℃；bp 61～62℃；d_4^{20} 2.015。一般试剂含量≥98.5%（RT）。

注意事项 该品吸入、口服或与皮肤接触极毒。具有腐蚀性，能引起烧伤。对水生物极毒。能对水环境引起不利的结果。使用时应穿适当的防护服，戴手套和防护镜或面罩。万一接触到眼睛及皮肤，应立即用水冲洗后请医生诊治。使用时如有事故发生或不适之感，应请医生诊治。应防止将本品释放于环境中。其包装物应按危险品处理。应密封避光于干燥处保存。

主要用途 生化研究。杀菌剂、氰化物的制备。有机合成。

Cyanophos 杀螟腈 02682

[2636-26-2] $C_9H_{10}NO_3PS$ 243.22

成分 C 44.44%，H 4.14%，N 5.76%，O 19.73%，P 12.73%，S 13.18%。

别名 *O*,*O*-二甲基-*O*-(4-氰其苯基)硫逐磷酸酯；phosphorothioic acid *O*-(4-cyanophenyl) *O*，*O*-dimethyl ester ; Phosphorothioic acid *O*，*O*-dimethyl ester *O*-ester with *p*-hydroxybenzonitrile；*O*,*O*-Dimethyl *O*-(4-cyanophenyl) phosphorothioate；*O*，*O*-Dimethyl *O*-(4-cyanophenyl) thionophosphate；Cyanophos；Bay34727；S-4084；Sumitomo S-4084；Ciafos；Cyanox

M. I. 15，2687

性状 黄色至微带淡红黄色透明液体。易溶于甲醇、乙醇、丙酮、氯仿，略溶于正己烷、煤油，微溶于水（30℃，46×10^{-6}）。在有碱存在下或曝露于光下会很快分解。mp 14～15℃；$bp_{0.09}$ 119～120℃/12Pa（分解）；d_4^{25} 1.260；$n_D^{21.2}$ 1.5457。LD_{50}小鼠急性经口：1000mg/kg；腹膜内注射：880mg/kg。

主要用途 杀虫剂。

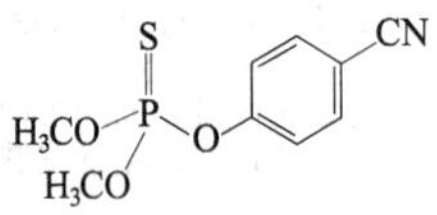

H_3CO, H_3CO, P, S, O, CN

2-Cyanopyridine 2-氰基吡啶 02683

[100-70-9] $C_6H_4N_2$ 104.11

成分 C 69.22%，H 3.87%，N 26.91%。

别名 Picolinonitrile；2-Pyridine carbomtrile

性状 室温为结晶。高于室温为液体。mp 26～28℃；bp 212～215℃；Fp 193°F（89℃）；*d* 1.081；n_D^{20} 1.5290。一般试剂含量≥98.0%（GC）。

注意事项 该品口服有害。对眼睛、呼吸系统及皮肤有刺激性。万一接触到眼睛，应立即用大量水冲洗后请医生诊治。应密封于2～8℃保存。

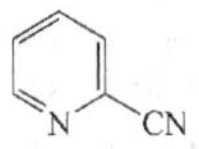

N, CN

3-Cyanopyridine 3-氰基吡啶 02684

[100-54-9] $C_6H_4N_2$ 104.11

成分 C69.22%，H 3.87%，N 26.91%。

别名 烟酸腈；吡啶酸-3-腈；Nicotinonitrile；Nicotinic acid nitrile；3-Pyridinecarbonitrile

性状 无色针状结晶。在空气中能升华。一般常含约2.5%的丙酮。溶于水、乙醇、乙醚、苯。mp 50～52℃；bp 201℃；Fp 184°F（84℃）。一般试剂含量≥97.0%（GC）。

注意事项 该品口服有害。对眼睛、呼吸系统及皮肤有刺激性。使用时应避免吸入本品的粉尘，避免与眼睛及皮肤接触。

主要用途 检测乙醇溶解试验。制药工业。有机合成中间体。塑料、橡胶和树脂的原料。

4-Cyanopyridine 4-氰基吡啶 02685

[100-48-1] $C_6H_4N_2$ 104.11

成分 C 69.22%，H 3.87%，N 26.91%。

别名 异菸腈；吡啶酸-4-腈；Isonicotinic acid nitrile；*iso*-Nicotinic acid nitrile；Isonicotinonitrile；4-Pyridinecarbonitrile

性状 白色结晶。溶于水、乙醇、乙醚、苯。mp 77～81℃。一般试剂含量≥96.0%（GC）。

注意事项 该品吸入、口服或与皮肤接触有害。使用时应穿适当的防护服和戴手套。应密封保存。

主要用途 有机合成。

Cyanuric acid 氰尿酸 02686

[108-80-5] $C_3H_3N_3O_3$ 129.08

成分 C 27.92%，H 2.34%，N 32.55%，O 37.18%。

别名 三聚氰酸；对称三羟基三氮杂苯；2,4,6-三羟基-1,3,5-三嗪；Normal cyanuric acid；1,3,5-Triazine-2,4,6-triol；*sym*-Triazinetriol；1,3,5-Triazine-2,4,6(1*H*,3*H*,5*H*)-trione；Tricyanic acid；Trihydroxycyanidine；2,4,6-Trihydroxy-1,3,5-triazine

M. I. 15，2690

性状 白色结晶性固体。味微苦。溶于水（25℃，0.2%；90℃，2.6%；150℃，10.0%）、二甲基甲酰胺（7.2%）、二甲基亚砜（17.4%）、96%硫酸（25℃，14.1%），溶于热醇、吡啶、浓盐酸（部分分解）、氢氧化钾或氢氧化钠水溶液，不溶于冷甲醇、乙醚、丙酮、苯、三氯甲烷。mp ＞360℃；d^{25} 1.75。LD_{50}大鼠急性经口：＞5.0g/kg。一般试剂含量≥98.0%（T）。

注意事项 该品对眼睛有刺激性。使用时应穿适当的防护服。万一接触到眼睛，应立即用大量水冲洗后请医生诊治。应密封于干燥处保存。

主要用途 测定锰的试剂。有机合成。制造氰酸。

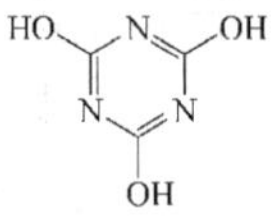

HO, N, OH, N, N, OH

Cyclamic acid 环己胺磺酸 02687

[100-88-9] $C_6H_{13}NO_3S$ 179.23

成分 C 40.21%，H 7.31%，N 7.81%，O 26.78%，S 17.89%。

别名 环己烷胺磺酸；环己基胺磺酸；Cyclohexanesulfamic acid；*N*-Cyclohexylsulfamic acid；Hexamic acid

M. I. 15，2696

性状 无色结晶。有甜酸味。溶于强酸，极微溶于水。在热水中逐渐水解。mp 169～170℃。一般试剂含量≥98.0%（T）。

注意事项 使用时应避免吸入本品的粉尘，避免与眼睛及皮肤接触。

主要用途 农药制备。制药工业。无营养的甜味剂。

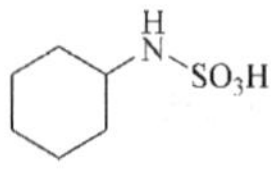

H, N, SO_3H

Cyclethrin 环虫菊 02688

[97-11-0] $C_{21}H_{28}O_3$ 328.45

成分 C 76.79%，H 8.59%，O 14.61%。

别名 环戊烯菊酯；环菊酯；环虫菊酯；2,2-Dimethyl-3-(2-methyl-1-propenyl)cyclopropanecarboxylic acid 3-(2-cyclopepten-1-yl)-2-methyl-4-oxo-2-cyclopenten-1-yl ester；3-(2-Cyclopentenyl)-2-methyl-4-oxo-2-cyclopentenyl ester of chrysanthemummonocarboxylic acid；Chrysanthemummonocarboxylic acid ester with 3-(2-chclopenten-1-yl)-2-methyl-4-oxo-2-cyclopenten-1-ol

M. I. 15，2700

性状 无色液体。溶于煤油及二氯二氟甲烷等有机溶剂。不溶于水。d_{20}^{20} 1.033；n_D^{30} 1.5120。LD_{50}大鼠急性经口：1.4～2.8mg/kg。

主要用途 杀虫剂。

Cyclic adenosine diphosphate ribose 环二磷酸腺苷核糖 02689

[119340-53-3] $C_{15}H_{21}N_5O_{13}P_2$ 541.30

成分 C 33.28%，H 3.91%，N 12.94%，O 38.42%，P 11.44%。

别名 cADPR；cADP-ribose；ADP-cyclo [N′：1″] -ribose

性状 白色冷冻干燥粉末，溶于水。生化试剂含量≥90.0%（HPLC）。

注意事项 该品对眼睛、呼吸系统及皮肤有刺激性。使用时应穿适当的防护服。万一接触到眼睛，应立即用大量水冲洗后请医生诊治。应密封于−20℃保存。

主要用途 生化研究。

Cyclobendazole 环苯达唑 02690

[31431-43-3] $C_{13}H_{13}N_3O_3$ 259.27

成分 C 60.22%，H 5.05%，N 16.20%，O 18.51%。

别名 [5-(Cyclopropylcarbonyl)-1*H*-benzimidazol-2-yl] carbamic acid methyl ester；Ciclobendazole；CC-2481；R-17147；Haptocil

M. I. 15，2705

性状 来自乙酸中的无色结晶。mp 250.5℃。

主要用途 医用驱肠线虫剂。

Cyclobenzaprine hydrochloride 环苯扎林 盐酸盐 02691

[6202-23-9] $C_{20}H_{21}N \cdot HCl$ 311.85

成分 C 77.03%，H 7.11%，Cl 11.37%，N 4.49%。

别名 盐酸环苯扎林；Flexeril；Flexiban；3-(5*H*-Dibenzo[*a*,*b*] cyclohepten-5-ylidene)-*N*，*N*-dimethyl-1-propanamine hydrochloride；*N*，*N*-Dimethyl-5*H*-dibenzo [*a*，*b*] cyclohepten-$\Delta^{5,\gamma}$-propylamine hydrochloride；5-(3-Dimethylaminopropylidene) dibenzo[*a*,*e*]cycloheptatriene hydrochloride；1-(3-Dimethylaminopropylidene)-2，3；6，7-dibenzo-4-suberene hydrochloride；Proheptatriene hydrochloride；MK-130-HCl；Ro-4-1577HCl；RP-9715HCl

M. I. 15，2706

性状 来自异丙醇中的白色或灰白色结晶性粉末。易溶于水（>20g/100mL）、甲醇、乙醇，略溶于异丙醇，微溶于氯仿、二氯甲烷，几乎不溶于烃类。mp 216～218℃；uv max：226nm，295 nm（ε 52300，12000）。LD_{50}小鼠静脉注射：35mg/kg；急性经口：250mg/kg。

注意事项 该品吸入、口服或与皮肤接触有害。使用时应穿适当的防护服。

主要用途 医用治疗肌肉松弛剂。

1，1-Cyclobutanedicarboxylic acid 1，1-环丁烷二羧酸 02692

[5445-51-2] $C_6H_8O_4$ 144.13

成分 C 50.00%，H 5.59%，O 44.40%。

别名 环丁烷-1，1-二羧酸；1，1-二羧基环丁烷；Cyclobutane-1，1-dicarboxylic acid

性状 菱形结晶。溶于水、乙醚、氯仿、苯。mp 159～163℃。一般试剂含量约99.0%（T）。

注意事项 该品具有腐蚀性，能引起烧伤。使用时应穿适当的防护服，戴手套和防护镜或面罩。万一接触到眼睛，应立即用大量水冲洗后请医生诊治。使用时如有事故发生或有不适之感，应请医生诊治。

主要用途 有机合成。

α-Cyclodextrin α-环糊精 02693

[10016-20-3] $C_{36}H_{60}O_{30}$ 972.85

成分 C 44.45%，H 6.22%，O 49.33%。

别名 Schardinger α-dextrin；D-Glucose cyclic polymer；Cyclohexaamylose；Cyclomaltohexaose

M. I. 15，2701

性状 无色叶片状针状结晶或六方形片状结晶。在25℃时，水中溶解度为145mg/mL。mp 278℃（分解）；$[\alpha]_D$ +150.5°（于水中）。一般试剂含量≥98.0%（HPLC）。

注意事项 该品吸入或口服有害。对眼睛、呼吸系统及皮肤有刺激性。应避免与皮肤接触。万一接触到眼睛，应立即用大量水冲洗后请医生诊治。使用时如有事故发生或有不适之感，应请医生诊治。应密封于阴凉干燥处保存。

主要用途 生化研究。络合剂。医药、食品制造。

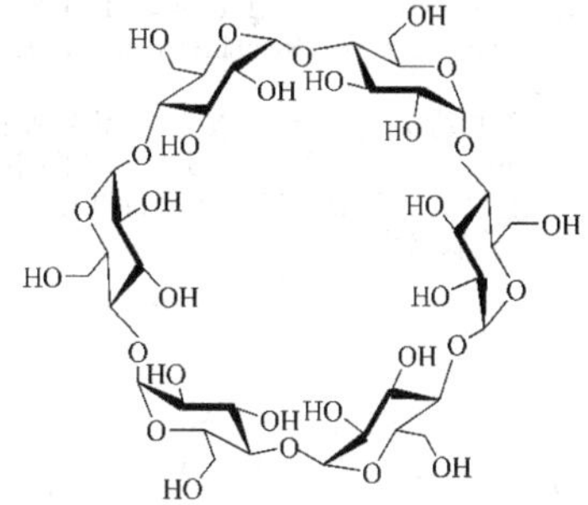

β-Cyclodextrin β-环糊精 02694

[7585-39-9] $C_{42}H_{70}O_{35}$ 1134.99

成分 C 44.44%，H 6.22%，O 49.34%。

别名 Schardinger β-dextrin；Cycloheptaamylose；Cyclomaltoheptaose

M. I. 15，2710

性状 无色平行四边形结晶或粉末。溶于水（25℃，18.5mg/mL）。mp 280℃；$[\alpha]_D$+162.0°（*c*=1.5，于水中）。一般试剂含量≥99.0%（HPLC）。

注意事项 该品应密封于阴凉干燥处保存。

主要用途 生化研究。医药食品的制造。

γ-Cyclodextrin γ-环糊精 02695

[17465-86-0] $C_{48}H_{80}O_{40}$ 1297.13

成分 C 44.44%，H 6.22%，O 49.34%。

别名 Cyclooctaamylose；Cyclomalto octaose；Schardinger γ-dextrin

M. I. 15，2710

性状 正方形板或长方形棒状物。易吸潮。溶于水（25℃，232mg/mL）。mp≥300℃；$[\alpha]_D$+177.4°（*c*=1，于水中）。

注意事项 该品应密封于阴凉干燥处保存。

主要用途 生化研究。医药、食品制造。

Cyclodrine hydrochloride 环戊君 盐酸盐 02696

[78853-39-1] $C_{19}H_{30}ClNO_3$ 355.90

成分 C 64.12%，H 8.50%，Cl 9.96%，N 3.94%，O 13.49%。

别名 环戊醇乙胺酯 盐酸盐；盐酸环戊君；盐酸环戊醇乙胺酯；GT-92；Cyclopent；1-Hydroxy-α-phenylcyclopentaneacetic acid 2-diethylaminoethyl ester hydrochloride；β-Diethylaminoethyl (1-hydroxycyclopentyl) phenylacetate hydrochloride；2-Phenyl-2-(1-hydroxycyclopentyl) acetic acid β-(diethylamino) ethyl ester hydrochloride

M. I. 15，2712

性状 来自异丙醇-异丙醚中的无色结晶。mp 133～135℃。

主要用途 医用扩瞳剂。

Cyclofenil 环芬尼 02697

[2624-43-3] $C_{23}H_{24}O_3$ 364.44

成分 C 75.80%，H 6.64%，O 17.56%。

别名 4-[[4-(Acetyloxy) phenyl] cyclohexylidenemethyl] phenol acetate；α-Cyclohexylidene-α-(p-hydroxyphenyl)-p-cresol diacetate；Bis (p-acetoxyphenyl) cyclohexylidenemethane；4,4′-Diacetoxybenzhydrylidenecyclohexane；F-6066；H-3452；ICI-48213；Fertodur；Neoclym；Ondogyne；Rehibin；Sanocrisin；Sexovid

M. I. 15，2713

性状 来自乙醇中的无色结晶。溶于二甲基亚砜（60℃，10mg/mL）。mp 135～136℃；uv max（乙醇中）：247nm（ε 17000）。生化试剂含量≥98.0%（HPLC）。

主要用途 医用性腺激发素。

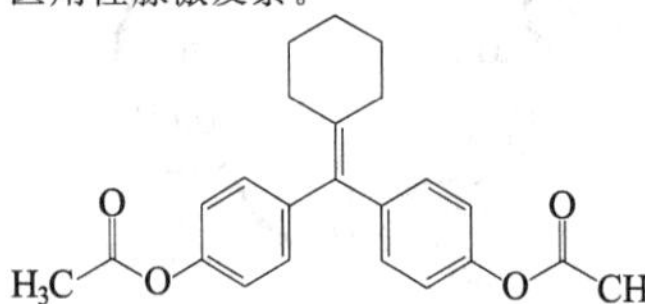

Cycloheptane 环庚烷 02698

[291-64-5] C_7H_{14} 98.19

成分 C 85.63%，H 14.37%。

别名 Heptamethylene

GW 2015-940

性状 无色油状液体。溶于乙醇、乙醚，不溶于水。mp −12℃；bp 118.5℃；Fp 43℉（6℃）；d 0.811；n_D^{20} 1.4450。一般试剂含量≥97.0%（GC）。

注意事项 该品高度易燃。口服有害。能损伤肺脏。使用时应避免吸入本品的蒸气、飞沫，避免与眼睛及皮肤接触。使用现场禁止吸烟。如误食该品不能吐出，应立即请医生诊治，并出示瓶签或包装物。应远离火种密封保存。

主要用途 溶剂。有机合成。

Cycloheptanone 环庚酮 02699

[502-42-1] $C_7H_{12}O$ 112.17

成分 C 74.95%，H 10.78%，O 14.26%。

别名 酮基环庚烷；软木酮；Ketocycloheptane；Ketoheptamethylene；Suberone

GW 2015-939 M. I. 15，2715

性状 无色液体。易溶于乙醇，溶于乙醚，几乎不溶于水。bp_{760} 179～181℃/101.325kPa；bp_{16} 66～70℃/2.13kPa；Fp 132℉（55℃）；d_4^{20} 0.9490；n_D^{20} 1.4608。一般试剂含量≥95.0%（GC）。

注意事项 使用时应避免吸入本品蒸气，避免与眼睛及皮肤接触。

主要用途 溶剂。有机合成。

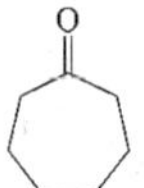

1,3-Cyclohexadiene 1,3-环己二烯 02700

[592-57-4] C_6H_8 80.13

成分 C 89.94%，H 10.06%。

别名 1,2-二氢苯；邻二氢苯；1,2-Dihydrobenzene；o-Dihydrobenzene

GW 2015-944

性状 无色液体。易溶于乙醚，溶于乙醇，不溶于水。bp 80℃；Fp 17.6℉（−8℃）；d_4^{20} 0.840；n_D^{20} 1.475。一般试剂含量≥97.0%（GC）。

注意事项 该品高度易燃。如误食该品不能吐出，应立即请医生诊治，并出示瓶签或包装物。使用现场禁止吸烟。切勿排入下水道。应远离火种，采取抗放静电措施，充氮气密封于通风良好处保存。

主要用途 气相色谱标准物。

1,4-Cyclohexadiene 1,4-环己二烯 02701

[628-41-1] C_6H_8 80.13

成分 C 89.94%，H 10.06%。

别名 1,4-二氢苯；对二氢苯；1,4-Dihydrobenzene；p-Dihydrobenzene

GW 2015-945

性状 无色液体。易溶于乙醇、乙醚，溶于苯，不溶于水。bp 88～89℃；Fp 20℉（−6℃）；d_4^{25} 0.847；n_D^{20} 1.472。一般商品加入约 0.1%的氢醌或约 0.2%的 2,6-二叔丁基对甲酚作为稳定剂。一般试剂含量≥99.0%（GC）。

注意事项 该品高度易燃。使用现场禁止吸烟。应远离火种充氩气密封保存。

主要用途 气相色谱标准物。

Cyclohexane 环己烷 02702

[110-82-7] C_6H_{12} 84.16

成分 C 85.63%，H 14.37%。

别名 六氢化苯；CHX；Hexahydrobenzene；Hexamethylene；Hexanaphthene

GW 2015-953 M. I. 15，2716

性状 无色液体。有特殊气味。当温度高于 57℃时，能与无水乙醇、甲醇、苯、乙醚、丙酮等相混溶，不溶于水。mp 6.47℃；bp_{760} 80.7℃/101.325kPa；bp_{400} 60.8℃/53.33kPa；bp_{200} 42.0℃/26.66kPa；bp_{100} 25.5℃/13.33kPa；bp_{60} 14.7℃/8kPa；bp_{40} 6.7℃/5.33kPa；Fp 1℉（−18℃，闭杯）；d_4^{20} 0.7781；d_4^{80} 0.7206；n_D^{20} 1.4264。LC 小鼠吸入气体：约 60～70mg/L。

注意事项 该品高度易燃。口服有毒，误服能损伤肺脏。其蒸气可引起瞌睡和眩晕。对皮肤有刺激性。对水生物极毒。能对水环境引起不利的结果。使用现场禁止吸烟。应避免与眼睛接触。应防止将本品释放于环境中。其包装物应按危险品处理。应远离火种，采取抗放静电措施，密封于通风良好处保存。

主要用途 络合滴定铜、铁、硅、铝、钙、镁等。色谱分析标准物。色谱用溶剂。溶剂。有机合成。

参考规格

GB/T 14305—2015	分析纯	化学纯
含量（C_6H_{12}）/%≥	99.7	99.5
密度（20℃）/（g/mL）	0.778～0.779	0.776～0.780
结晶点/℃≥	6.0	5.0
蒸发残渣≤	0.002	0.005
苯（C_6H_6）/%≤	0.03	0.08
环己烯（C_6H_{10}）/%≤	0.05	0.1
易碳化物质	合格	合格
水分/%≤	0.015	0.03

船形　　椅形

Cyclohexanebutyric acid　环己烷丁酸 02703

[4441-63-8]　$C_{10}H_{18}O_2$　170.25

成分 C 70.55%，H 10.66%，O 18.79%。

别名 4-环己基丁酸；4-Cyclohexylbutyric acid

性状 室温为结晶体或浓稠液体。溶于乙醇，不溶于水。mp 30～32℃。Fp >230℉（110℃）。一般试剂含量≥99.0%（T）。

注意事项 该品对眼睛、呼吸系统及皮肤有刺激性。使用时应穿适当的防护服。万一接触到眼睛，应立即用大量水冲洗后请医生诊治。

Cyclohexanecarboxylic acid　环己烷羧酸 02704

[98-89-5]　$C_7H_{12}O_2$　128.17

成分 C 65.60%，H 9.44%，O 24.97%。

别名 六氢苯甲酸；环烷酸；Hexahydrobenzoic acid；Naphthenic acid

M. I. 15，2717

性状 无色液体。冷却可析出单斜片状结晶。溶于乙醇、乙醚、三氯甲烷等多数有机溶剂，微溶于水（15℃，0.201g/100g）。mp 29℃；bp 232.5℃；bp_{20} 131℃/2.666kPa；bp_8 110℃/1.067kPa；$bp_{<1}$ 63～67℃/< 133.3Pa；Fp 230°F（110℃）；d_4^{15} 1.0480；n_D^{20} 1.4530。一般试剂含量≥95.0%（GC）。

注意事项 该品对呼吸系统及皮肤有刺激性。对眼睛有严重损伤的危险。使用时应穿适当的防护服。万一接触到眼睛，应立即用大量水冲洗后请医生诊治。

主要用途 硫化橡胶的增溶剂。矿物油（石油）的澄清剂。

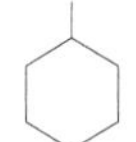

1,2-Cyclohexanediaminetetraacetic acid monohydrate
1,2-环己二胺四乙酸 一水 02705

[125572-95-4]　$C_{14}H_{22}N_2O_8 \cdot H_2O$　364.35

成分（以无水物计） C 48.55%，H 6.40%，N 8.09%，O 36.96%。

别名 一水合 1,2-环己二胺四乙酸；1,2-二氨基环己烷四乙酸 一水；反式-1,2-二氨基环己烷-*N*,*N*,*N'*,*N'*-四乙酸 一水；1,2-环乙烷双 *N*-羧甲甘氨酸 一水；CDTA；CDTE；Chel-CD；CHENTA；CyDTA；DCTA；DCyTA；Chleton Ⅳ；1,2-Cyclohex anebis(*N*-carboxymethyl)glycine；1,2-Cyclohexanedinitrilotetraacetic acid；*trans*-1,2-Cyclohexyldiaminetetraacetic acid；1,2-Cyclohexylenedinitrilotetraacetic acid monohydrate；1,2-Diamino-*trans*-cyclohexane-*N*,*N*,*N'*,*N'*-tetraacetic acid；*trans*-1,2-Diaminocyclohexane-*N*,*N*,*N'*,*N'*-tetraacetic acid

性状 白色结晶性粉末。溶于碱溶液，难溶于水及有机溶剂。70℃以上失去结晶水。mp 213～216℃；$[\alpha]^{23}$ 0°（*c*=1，于 1mol/L 氢氧化钠溶液中）。一般试剂含量≥99.0%（KT）。

注意事项 该品对眼睛、呼吸系统及皮肤有刺激性。万一接触到眼睛，应立即用大量水冲洗后请医生诊治。应充氮气密封保存。

主要用途 分光光度测定铁、铜、钴、铬。快速测定骨骼和牙齿中的钙。络合滴定铜、钍、硫酸盐。金属掩蔽剂。

(±)

(±)-*trans*-1,2-Cyclohexanediol
(±)-反式 1,2-环己二醇 02706

[1460-57-7]　$C_6H_{12}O_2$　116.16

成分 C 62.04%，H 10.41%，O 27.55%。

别名 1,2-环己二醇反式；*trans*-Cyclohexane-1,2-diol

性状 无色结晶。mp 101～103℃；Fp 273.2°F（134℃）。一般试剂含量≥96.0%（GC）。

注意事项 使用时应避免吸入本品的蒸气，避免与眼睛及皮肤接触。

主要用途 有机合成。

1,3-Cyclohexanediol　1,3-环己二醇 02707

[504-01-8]　$C_6H_{12}O_2$　116.16

成分 C 62.04%，H 10.41%，O 27.55%。

别名 六氢间苯二酚；Cyclohexane-1,3-diol；Hexahydroresorcinol；1,3-Cyclohexylene glycol

性状 无色结晶。溶于水和乙醇，难溶于乙醚、石油醚、苯。一般为顺式与反式的混合物。mp 86℃（顺式），117℃（反式）；bp 246～247℃；Fp >230℉（110℃）。

主要用途 有机合成。

1,4-Cyclohexanediol　1,4-环己二醇 02708

[556-48-9]　$C_6H_{12}O_2$　116.16

成分 C 62.04%，H 10.41%，O 27.55%。

别名 1,4-二羟基环己烷；六氢对苯二酚；Cyclohexane-1,4-diol；1，4-Dihydroxycyclohexane；Hexahydrohydroquinone；Quinitol；1,4-Cyclohexylene glycol

性状 顺式为菱形结晶，溶于水、乙醇、丙酮，微溶于乙醚、氯仿。反式为板状固体，溶于水、乙醇，微溶于乙醚。mp 98～102℃；bp_{20} 150℃/2.666kPa；Fp 150℉（65℃）。一般试剂为顺、反式的混合体。一般试剂含量≥98.0%（GC，顺式+反式）。

注意事项 该品易燃。使用时应避免吸入本品的粉尘，避免与眼睛及皮肤接触。

主要用途 有机合成。

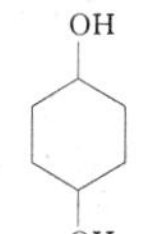

1,3-Cyclohexanedione　1,3-环己二酮 02709

[504-02-9]　$C_6H_8O_2$　112.13

成分 C 64.27%，H 7.19%，O 28.54%。

别名 二氢间苯二酚；氢化间苯二酚；Cyclohexen-1-ol-3-one；Dihydroresorcinol；1,3-Diketocyclohexane；1,3-Diketohexamethylene；Hydroresorcinol

M. I. 15，3196

性状 无色或白色菱形结晶。溶于水、乙醇、氯仿、丙酮、沸苯，微溶于乙醚、二硫化碳、石油醚。mp 约 105℃（分解）。一般试剂含量≥97.0%（T）。

注意事项 使用时应避免吸入本品的粉尘，避免与眼睛及皮肤接触。应密封避光于 2～8℃干燥保存。

主要用途 醛试剂。

1,4-Cyclohexanedione　1,4-环己二酮 02710

[637-88-7]　$C_6H_8O_2$　112.13

成分 C 64.27%，H 7.19%，O 28.54%。

性状 无色或白色柱状结晶。溶于水、乙醇、氯仿、丙酮。mp 76～77℃；Fp 269.6°F（132℃）。一般试剂含量≥98.0%（GC）。

注意事项 使用时应避免吸入本品的粉尘，避免与眼睛及皮肤接触。应密封避光保存。

主要用途 醛试剂。有机合成。

1,2-Cyclohexanedione dioxime
1,2-环己二酮二肟 02711

[492-99-9]　$C_6H_{10}N_2O_2$　142.16

成分 C 50.69%，H 7.09%，N 19.71%，O 22.51%。

别名 环己二酮二肟；环己烷-1，2 二酮二肟；Nioxime

M. I. 15，6646

性状 无色或白色针状结晶。溶于水。mp 185～188℃（分解，170℃色变深）。一般试剂含量≥97.0%（CHN）。
注意事项 使用时应避免吸入本品的粉尘，避免与眼睛及皮肤接触，应充氩气密封于2～8℃保存。
主要用途 检测镍、氡的试剂。

Cyclohexanol 环己醇 02712
[108-93-0] $C_6H_{12}O$ 100.16
成分 C 71.95%，H 12.08%，O 15.97%。
别名 Hexalin；Hexahydrophenol
M.I.15，2718
性状 25℃以上为无色液体，低于22℃为结晶。有樟脑味。易潮解。能与乙醇、乙酸乙酯、亚麻籽油、芳香烃相混溶。20℃时，水中溶解度为3.6%（质量分数）。mp 23～25℃；bp 161℃；Fp 154℉（68℃，闭杯）；d^{20} 0.962；n_D^{22} 1.465。LD_{50}大鼠急性经口：2.06g/kg。一般试剂含量≥98.0%（GC）。
注意事项 该品吸入或口服有害。对呼吸系统及皮肤有刺激性。使用时应避免与眼睛及皮肤接触。应密封于干燥处保存。
主要用途 比色法测定钼、铼的试剂。有机溶剂。

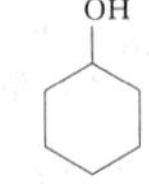

Cyclohexanone 环己酮 02713
[108-94-1] $C_6H_{10}O$ 98.15
成分 C 73.43%，H 10.27%，O 16.30%。
别名 Anone；Hytrol O；Ketohexahydrobenzene；Ketohexamethylene；Nadone；Pimelic ketone
GW 2015-952 M.I.15，2719
性状 无色透明油状液体。有薄荷及丙酮气味。能与乙醇、乙醚和其他有机溶剂，微溶于水（10℃，150g/L；30℃，50g/L）。其蒸气与空气能形成爆炸性的混合物。mp −32.1℃；bp_{760} 155.6℃/101.32kPa；bp_{400} 132.5℃/53.33kPa；bp_{200} 110.3℃/26.66kPa；bp_{100} 90.4℃/13.33kPa；bp_{60} 77.5℃/8kPa；bp_{40} 67.8℃/5.33kPa；bp_{20} 52.5℃/2.67kPa；bp_{10} 38.7℃/1.33kPa；bp_5 26.4℃/0.67kPa；$bp_{1.0}$ 1.4℃/133.3kPa；Fp 111℉（44℃，闭杯）；d_4^{25} 0.9421；d_4^{20} 0.9478；n_D^{20} 1.4507。LD_{50}大鼠急性经口：1.62mL/kg。
注意事项 该品易燃。其蒸气吸入有害。使用时应避免与眼睛接触。应远离火种密封保存。
主要用途 萃取稀有金属铀、钍、钴、钛。测定铋。色谱分析标准物。气相色谱固定液。橡胶、树脂、石蜡、虫胶的溶剂。树脂制备。纤维合成。

参考规格 HG/T 3455—2000

	分析纯	化学纯
含量（$C_6H_{10}O$）/%≥	99.5	99.0
折射率 n_D^{20}	1.4500～1.4510	1.4500～1.4510
与水混合试验	合格	合格
蒸发残渣含量/%≤	0.05	0.05

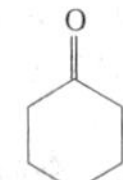

Cyclohexanone-2,4-dinitrophenylhydrazone
环己酮-2,4-二硝基苯腙 02714
[1589-62-4] $C_{12}H_{14}N_4O_4$ 278.27
成分 C 51.80%，H 5.07%，N 20.13%，O 23.00%。
别名 2,4-二硝基苯腙环己酮；2,4-Dinitrophenylhydrazonecyclohexanone；DNPH
M.I.15，2719
性状 金黄色针状结晶。mp 160℃。uv max（氯仿中）：262nm（ε 22500）；（0.01mol/L氢氧化钠溶液中）：435nm（ε 19000）。
主要用途 有机元素分析标准物。有机化合物中碳、氢、氮元素定量分析的标样。

Cyclohexanone oxime 环己酮肟 02715
[100-64-1] $C_6H_{11}NO$ 113.16
成分 C 63.69%，H 9.80%，N 12.38%，O 14.14%。
性状 白色结晶。易溶于水、乙醇。mp 86～89℃；bp 206～210℃；Fp 212℉（100℃）。一般试剂含量≥97.0%（GC）。
注意事项 该品口服有害。使用时应穿适当的防护服，戴手套和防护镜或面罩。
主要用途 检测乙醇溶解试验。检验灼烧残渣等杂质含量。有机合成。

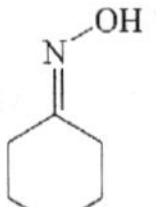

Cyclohexanone peroxide 过氧化环己酮 02716
[12262-58-7] $C_{12}H_{22}O_5$ 246.31
成分 C 58.52%，H 9.00%，O 32.48%。
别名 1-过氧化氢环己基；（1-羟基环己基）过氧化物；1-Hydroperoxycyclohexyl；1-Hydroxycyclohexyl peroxide
GW 2015-889
性状 白色或浅黄色针状结晶或粉末。溶于乙酸、石油醚、乙醇、苯、丙酮。mp 76～80℃；Fp 174℉（78℃）。一般试剂为50%苯二甲酸二辛酯溶液。
注意事项 该品具有强氧化性，与还原物接触易引起爆炸。能致癌。应密封于阴凉处保存。
主要用途 橡胶和塑料合成的交联剂和引发剂。

Cyclohexene 环己烯 02717
[110-83-8] C_6H_{10} 82.15
成分 C 87.73%，H 12.27%。
别名 1,2,3,4-四氢化苯；1,2,3,4-Tetrahydrobenzene
GW 2015-954 M.I.15，2720
性状 无色液体。能与乙醇、乙醚相混溶，不溶于水。mp −103.5℃；bp_{760} 83℃/101.325kPa；Fp 13.8℉（−20℃）；d_4^{20} 0.8098；d^{50} 0.7823；d^{100} 0.7355；n_D^{20} 1.4465；n_D^{27} 1.4428。一般试剂含量≥99.0%（GC）。
注意事项 该品高度易燃。口服或与皮肤接触有害。使用现场禁止吸烟。使用时应穿适当的防护服和戴手套。应远离火种，采取抗放静电措施，于通风良好处密封保存。
主要用途 有机合成。

2-Cyclohexen-1-one 2-环己烯-1-酮 02718
[930-68-7] C_6H_8O 96.13
成分 C 74.97%，H 8.39%，O 16.64%。
GW 2015-955
性状 无色液体。易溶于乙醇。mp −53℃；bp 171～173℃；Fp 136.4℉（58℃）；d^{25} 0.993；n_D^{20} 1.488。一般试剂含量≥95.0%（GC）。
注意事项 该品口服有害。吸入或与皮肤接触有毒。使用时应穿适当的防护服，戴手套和防护镜或面罩。使用时应避免吸入本品的蒸气。使用时如有事故发生或有不适之感，应请医生诊治。
主要用途 有机合成。

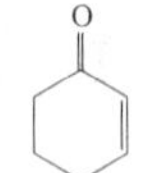

Cyclohexyl acetate 乙酸环己酯 02719
[622-45-7] $C_8H_{14}O_2$ 142.20
成分 C 67.57%，H 9.92%，O 22.50%。
别名 环己基乙酸酯；Acetic acid cyclohexyl ester
GW 2015-2636
性状 无色液体。溶于乙醇、乙醚，不溶于水。bp

172～173℃；Fp 136℉（57℃）；*d* 0.966；n_D^{20} 1.4390。一般试剂含量≥99.0％。

注意事项 该品对眼睛、呼吸系统及皮肤有刺激性。

主要用途 酸性气体的吸收剂。有机合成。

Cyclohexylamine 环己胺 02720

[108-91-8] $C_6H_{13}N$ 99.18

成分 C 72.67％，H 13.21％，N 14.12％。

别名 六氢苯胺；氨基环己烷；Aminocyclohexane；Cyclohexanamine；Hexahydroaniline

GW 2015-942 M. I. 15，2722

性状 无色透明液体。有类似鱼腥和胺的气味。具强碱性。能与水和一般有机溶剂（如醇类、醚类、酮类、酯类、烃类等）任意混溶。mp －17.7℃；bp_{760} 134℃/101.325kPa；bp_{500} 118.9℃/66.66kPa；bp_{300} 102.5℃/40kPa；bp_{100} 72.0℃/13.332kPa；bp_{50} 56.0℃/6.67kPa；bp_{30} 45.1℃/4kPa；bp_{25} 41.3℃/3.33kPa；bp_{20} 36.4℃/2.67kPa；bp_{15} 30.5℃/2kPa；Fp 80.6℉（27℃）；d_{25}^{25} 0.8647；n_D^{25} 1.4565。LD_{50}大鼠急性经口：0.71mL/kg。一般试剂含量≥99.0％（GC）。

注意事项 该品易燃。口服或与皮肤接触有害。具有腐蚀性，能引起烧伤。使用时应穿适当的防护服，戴手套和防护镜或面罩。使用时如有事故发生或有不适之感，应请医生诊治。应密封于阴凉处保存。

主要用途 酸性气体的吸收剂。有机合成。染料合成。防腐剂。

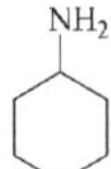

2-(Cyclohexylamino)ethanesulfonic acid

2-（环己基氨基）乙烷磺酸 02721

[103-47-9] $C_8H_{17}NO_3S$ 207.29

成分 C 46.35％，H 8.27％，N 6.76％，O 23.16％，S 15.47％。

别名 *N*-环己基牛胆碱；*N*-环己基牛磺酸；CHES；*N*-Cyclohexyltaurine

M. I. 15，2055

性状 无色结晶。易吸潮。pK_a 于水中（25℃）9.27±0.01；于20％（质量分数）二甲基亚砜中（25℃）9.10，（0℃）9.76，（－5.5℃）10.01；于 30％（质量分数）二甲基亚砜中（25℃）9.11，（0℃）9.89，（－12℃）10.27。mp 320℃。生化试剂含量≥99.0％（T）。

注意事项 该品对眼睛有刺激性。万一接触到眼睛，应立即用大量水冲洗后请医生诊治。应密封于干燥处保存。

主要用途 生物缓冲剂。

3-Cyclohexylamino-1-propanesulfonic acid

3-环己氨基-1-丙烷磺酸 02722

[1135-40-6] $C_9H_{19}NO_3S$ 221.32

成分 C 48.84％，H 8.65％，N 6.33％，O 21.69％，S 14.49％。

别名 CAPS

M. I. 15，1769

性状 来自甲醇中的无色针状结晶。p*K*（25℃）：10.35；mp 302～303℃。生化试剂含量≥99.0％（TLC）。

注意事项 使用时应避免吸入本品的粉尘，避免与眼睛及皮肤接触。

主要用途 生物缓冲剂。

Cyclohexyl chloride 氯代环己烷 02723

[542-18-7] $C_6H_{11}Cl$ 118.60

成分 C 60.76％，H 9.35％，Cl 29.89％。

别名 环己基氯；氯化环己基；Chlorocyclohexane

M. I. 15，2725

性状 无色透明液体。有窒息性气味。溶于乙醇等有机溶剂，不溶于水。干燥时稳定，有水时遇热分解。mp －44℃；bp 142℃；Fp 116.6℉（47℃）；d_4^{20} 1.000；n_D^{20} 1.4626。一般试剂含量≥98.0％（GC）。

注意事项 该品易燃。对眼睛、呼吸系统及皮肤有刺激性。使用时应穿适当的防护服。万一接触到眼睛，应立即用大量水冲洗后请医生诊治。应远离火种密封保存。

主要用途 有机合成，如环己烯等的合成。

Cyclohexyl isocyanate 异氰酸环己酯 02724

[3173-53-3] $C_7H_{11}NO$ 125.17

成分 C 67.17％，H 8.85％，N 11.19％，O 12.78％。

别名 Cyclohexyl *iso*-cyanate

GW 2015-2722

性状 无色浓稠液体。具有催泪性。bp 168～170℃；Fp 120℉（48℃）；d_4^{20} 0.986；n_D^{20} 1.456。一般试剂含量≥98.0％（GC）。

注意事项 该品易燃。口服或与皮肤接触有害。吸入有毒，能引起过敏。对眼睛、呼吸系统及皮肤有刺激性。具有腐蚀性，能引起烧伤。使用时应穿适当的防护服和戴手套。万一接触到眼睛或皮肤，应立即用大量水冲洗后请医生诊治。使用时如有事故发生或有不适之感，应请医生诊治。应充氩气密封于干燥处保存。

Cyclohexylmethanol 环己基甲醇 02725

[100-49-2] $C_7H_{14}O$ 114.18

成分 C 73.63％，H 12.36％，O 14.01％。

别名 Cyclohexanecarbinol；Cyclohexanemethanol；Cyclohexylcarbinol；Hexahydrobenzyl alcohol；(Hydroxymethyl)cyclohexane

性状 无色液体。微有樟脑气味。溶于乙醇、乙醚。bp_{784} 184～186℃/104.524kPa；bp_{23} 91～92℃/3.066kPa；Fp 160℉（71℃）；d_4^{25} 0.9215；n_D^{25} 1.4640。一般试剂含量≥95.0％（GC）。

注意事项 使用时应避免吸入本品的蒸气，避免与眼睛及皮肤接触。

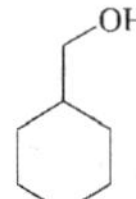

1-Cyclohexyl-3-(2-morpholinoethyl) carbodiimide metho-*p*-toluenesulfonate

1-环己基-3-(2-吗啉代乙基)碳二亚胺 甲基对甲苯磺酸盐 02726

[2491-17-0] $C_{21}H_{33}N_3O_4S$ 423.58

成分 C 59.55％，H 7.85％，N 9.92％，O 15.11％，S 7.57％。

别名 甲基对甲苯磺酸 1-环己基-3-(2-吗啉代乙基)碳二亚胺；*N*-环己基-*N′*-(2-吗啉代乙基)碳二亚胺 甲基对甲苯磺酸盐；CMC metho-*p*-toluenesulfonate；1-Cyclohexyl-3-(2-morpholinoethyl)carbodimide methyl-*p*-toluenesulfonate；Morpho CDI；*N*-Cyclohexyl-*N′*-[*β*-(*N*-methylmorpholine)ethyl]carbodiimide *p*-toluenesulfonate；*N*-Cyclohexyl-*N′*-[2-(4-morpholinyl)ethyl]carbodiimide methyl *p*-toluenesulfonate；*N*-Cyclohexyl-*N′*-(2-morpholinoethyl)carbodiimide methyl-*p*-toluenesulfonate

性状 白色固体或粉末。对湿度敏感。mp 115～120℃。一般试剂含量≥99.0％（CHN）。

注意事项 该品对眼睛、呼吸系统及皮肤有刺激性。使用时应穿适当的防护服。万一接触到眼睛，应立即用大量水冲洗后请医生诊治。应充氩气密封于干燥处保存。

主要用途 电泳、柱色谱、薄层色谱中用作离子交换剂。适用于蛋白质、酶等生物高分子电解质的分离和提纯。

N-Cyclohexyl-1,3-propanediamine
N-环己基-1,3-丙二胺 02727
[3312-60-5] $C_9H_{20}N_2$ 156.27
成分 C 69.17%，H 12.90%，N 17.93%。
别名 N-环己基-1,3-二氨基丙烷；N-(3-氨基丙基)环己胺；N-(3-Aminopropyl) cyclohexylamine；CHPD；N-Cyclohexyl-1,3-diaminopr-opane
性状 无色浓稠液体。低温可凝固。mp －17～－15℃；bp_{20} 120～123℃/2.666kPa；Fp 214℉（101℃）；d 0.917；n_D^{20} 1.4820。一般试剂含量≥99.0%。
注意事项 该品具有腐蚀性，能引起烧伤。

Cyclohexyltrichlorosilane 环己基三氯硅烷 02728
[98-12-4] $C_6H_{11}Cl_3Si$ 217.60
成分 C 33.12%，H 5.10%，Cl 48.88%，Si 12.91%。
别名 三氯环己基硅烷；Trichlorocyclohexylsilane
GW 2015-949
性状 无色液体。对湿度敏感。bp_{10} 81℃/1.333kPa；Fp 175℉（79℃）；d 1.232；n_D^{20} 1.4780。一般试剂含量≥97.0%。
注意事项 该品与水反应激烈。具有腐蚀性，能引起烧伤。使用时应穿适当的防护服，戴手套和防护镜或面罩。万一接触到眼睛或皮肤，应立即用大量水冲洗后请医生诊治。使用时如有事故发生或有不适之感，应请医生诊治。应充氩气密封于干燥处保存。
主要用途 制造聚硅氧烷。

Cyconium iodide 碘化环宁 02729
[6577-41-9] $C_{22}H_{34}INO_2$ 471.42
成分 C 56.05%，H 7.27%，I 26.92%，N 2.97%，O 6.79%。
别名 1-(2-Cyclohex-yl-2-phenyl-1,3-dioxolan-4-yl) methyl-1-methylpiperidiniumiodide；N-Methyl-N-[(2-cyclohexyl-2-phenyl-1,3-dioxolan-4-yl)methyl]piperidinium iodide；1-(2-Phenyl-2-cyclohexyl-1,3-dioxolan-4-yl) methyl-1-methylpiperidinium iodide；Ciclonium iodide；Oxapium iodide；SH-100；Esperan
M. I. 15，2729
性状 α 型为来自一氯苯或异丙醇中的白色结晶，mp 195～197℃，不溶于三氯乙烯。β 型亦为来自氯苯中的白色结晶，mp 150～152℃，溶于热三氯乙烯。两种均溶于甲醇、乙醇、氯仿、四氯乙烷，几乎不溶于苯、甲苯、二甲苯、水。LD_{50} 小鼠腹膜内注射：106mg/kg。
主要用途 医用解痉剂。

1,5-Cyclooctadiene 1,5-环辛二烯 02730
[111-78-4] C_8H_{12} 108.18
成分 C 88.82%，H 11.18%。
GW 2015-972
性状 无色液体。mp －69℃；bp 149～150℃；Fp 89℉（31℃）；d_4^{20} 0.882；n_D^{20} 1.4930。一般试剂含量≥99.0%（GC）。常加入微量对叔丁基邻苯二酚作稳定剂。
注意事项 该品易燃。对眼睛及皮肤有刺激性。吸入或与皮肤接触可引起过敏。误服可能损伤肺脏。使用时应穿适当的防护服和戴手套。使用时应避免吸入本品的蒸气、飞沫。万一接触到眼睛，应立即用大量水冲洗后请医生诊治。如误服本品不能吐出，应立即请医生诊治，并出示瓶签或包装物。应远离火种密封于 2～8℃保存。
主要用途 树脂合成。

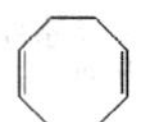

Cyclooctane 环辛烷 02731
[292-64-8] C_8H_{16} 112.22
成分 C 85.62%，H 14.37%。
GW 2015-974
性状 无色液体。有樟脑气味。mp 12～14℃；bp 150～152℃；Fp 86℉（30℃）；d_4^{20} 0.836；n_D^{20} 1.458。一般试剂含量≥99.0%（GC）。
注意事项 该品易燃。使用现场禁止吸烟。切勿排入地下水道。应远离火种，采取抗放静电措施。密封保存。
主要用途 有机合成。

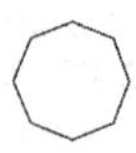

Cyclooctanone 环辛酮 02732
[502-49-8] $C_8H_{14}O$ 126.20
成分 C 76.14%，H 11.18%，O 12.68%。
别名 Azelaone
性状 白色固体。溶于乙醇、丙酮、苯，不溶于水。mp 39～41℃；bp 195～197℃；bp_{11} 77～79℃/1.467kPa；Fp 163℉（72℃）；d 0.958。一般试剂含量≥95.0%（GC）。
注意事项 见 02672 姜黄素。

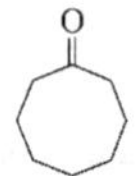

1,3,5,7-Cyclooctatetraene 1,3,5,7-环辛四烯 02733
[629-20-9] C_8H_8 104.15
成分 C 92.26%，H 7.74%。
GW 2015-973
性状 无色液体。久置能树脂化。mp －5～－3℃；bp 142～143℃；Fp 72℉（22℃）；d_4^{20} 0.923；n_D^{20} 1.5370。一般商品常加约 0.1%的氢醌作稳定剂。一般试剂含量≥97.0%（GC）。
注意事项 该品易燃。对眼睛、呼吸系统及皮肤有刺激性。口服有害，并可能损伤肺脏。使用时应穿适当的防护服。万一接触到眼睛，应立即用大量水冲洗后请医生诊治。如误服本品不能吐出，应立即请医生诊治，并出示瓶签或包装物。应充氩气密封避光于 2～8℃保存。

Cyclooctene 环辛烯 02734
[931-88-4] C_8H_{14} 110.20
成分 C 87.19%，H 12.81%。
GW 2015-975
性状 无色液体。mp －16℃；bp_{12} 32～34℃/1.6kPa；Fp 77℉（25℃）；d^{20} 0.848；n_D^{20} 1.470。标准物试剂含量≥95.5%（GC）。常加入微量对叔丁基邻苯二酚作稳定剂。
注意事项 该品易燃。口服有害，并可能损伤肺脏。使用现场禁止吸烟。如误服本品不能吐出，应立即请医生诊治，并出示瓶签或包装物。应远离火种密封保存。

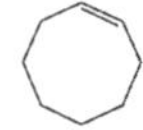

Cyclopentadecanone 环十五烷酮 02735
[502-72-7] $C_{15}H_{28}O$ 224.39
成分 C 80.29%，H 12.58%，O 7.13%。
别名 Exaltone；Ketocyclopentadecane；Normuscone；Oxocyclopentadecane
性状 白色或微黄色针状结晶。溶于乙醇，微溶于水。mp 64～66℃；$bp_{0.3}$ 120℃/39.997Pa；d 0.897。一般试剂含量≥97.0%（GC）
注意事项 使用时应避免吸入本品的粉尘，避免与眼睛及皮肤接触。

主要用途 甾醇、类胡萝卜素和偶氮染料的溶剂。

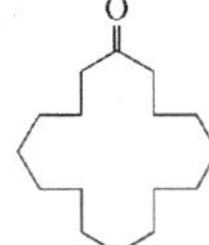

Cyclopentadiene 环戊二烯 02736

[542-92-7] C_5H_6 66.10

成分 C 90.85%，H 9.15%。

别名 1,3-环戊二烯；环戊间二烯；1,3-Cyclopentadiene

GW 2015-967 M.I.15，2734

性状 无色液体。能与乙醇、乙醚、苯、四氯化碳相混溶。溶于二硫化碳、苯胺、乙酸、液体石蜡，不溶于水。mp −85℃；bp_{760} 41.5～42℃/101.325kPa；d_4^0 0.8235；d_4^{10} 0.8131；d_4^{20} 0.8021；d_4^{25} 0.7966；d_4^{30} 0.7914；n_D^{16} 1.44632；LD_{50}大鼠急性经口：0.82g/kg。

注意事项 该品易燃。使用现场禁止吸烟。应远离火种密封保存。

主要用途 生物碱制备。合成樟脑、树脂和环戊二烯系列农药。

Cyclopentane 环戊烷 02737

[287-92-3] C_5H_{10} 70.14

成分 C 85.63%，H 14.37%。

别名 五亚甲基；环五次甲基；Pentamethylene

GW 2015-969 M.I.15，2736

性状 无色透明液体。能与乙醇、乙醚、丙酮、苯、四氯化碳、烃类溶剂相混溶，不溶于水。mp −94.4℃；bp 49.3℃；Fp −35℉（−37℃）；d_4^{20} 0.7460；n_D^{20} 1.4068。LC（空气中 2h）小鼠：110mg/L。一般试剂含量≥99.0%（GC）。

注意事项 该品高度易燃。对水生物有害，对水环境能产生长期有害的结果。切勿排入下水道。使用现场禁止吸烟。应防止将本品释放于环境中。应远离火种，采取抗放静电措施于通风良好处密封保存。

主要用途 检测挥发残渣，硫酸试验等杂质含量。色谱分析标准物。溶剂。

Cyclopentanecarboxylic acid 环戊烷羧酸 02738

[3400-45-1] $C_6H_{10}O_2$ 114.14

成分 C 63.13%，H 8.83%，O 28.03%。

性状 无色液体。mp 3～5℃；bp_{11} 104℃/1.467kPa；Fp 201℉（93℃）；d_4^{20} 1.052；n_D^{20} 1.453。一般试剂含量≥95.0%（GC）。

注意事项 该品对眼睛、呼吸系统及皮肤有刺激性。使用时应戴适当的手套和防护镜或面罩。万一接触到眼睛，应立即用大量水冲洗后请医生诊治。

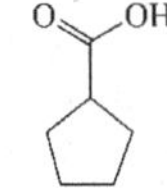

Cyclopentanol 环戊醇 02739

[96-41-3] $C_5H_{10}O$ 86.13

成分 C 69.72%，H 11.70%，O 18.58%。

别名 羟基环戊烷；Cyclopentyl alcohol；Hydroxycyclopentane

GW 2015-966 M.I.15，2737

性状 无色黏稠状液体。有戊醇香味。溶于乙醇，略微溶于水。mp −19℃；bp 140.85℃；Fp 124℉（51℃）；d_4^0 0.96253；d_4^{15} 0.95078；d_4^{20} 0.9488；d_4^{30} 0.93908；n_D^{15} 1.45512；n_D^{20} 1.4520。一般试剂含量≥99.0%（GC）。

注意事项 该品易燃。应远离火种密封保存。

主要用途 色谱分析标准物质。香料、染料、药品及有机物的合成。溶剂。

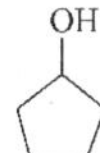

Cyclopentanone 环戊酮 02740

[120-92-3] C_5H_8O 84.12

成分 C 71.39%，H 9.59%，O 19.02%。

别名 Adipic ketone；Dumasin；Ketocyclopentane；Ketopentamethylene

GW 2015-968 M.I.15，2738

性状 无色油状液体。有乙醚类似的气味。能与乙醇、乙醚相混溶，微溶于水。有酸存在时，极易聚合。mp −58.2℃；bp_{760} 103.6℃/101.325kPa；bp_{10} 23～24℃/1.333kPa；Fp 85℉（29℃）；d_4^{18} 0.9509；n_D^{20} 1.4366。一般试剂含量≥99.0%（GC）。

注意事项 该品易燃。对眼睛及皮肤有刺激性。使用时应避免吸入本品的蒸气。应远离火种密封保存。

主要用途 制药工业。生物制剂、杀虫剂配制。橡胶合成。生化研究。

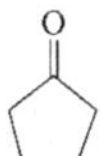

Cyclopentene 环戊烯 02741

[142-29-0] C_5H_8 68.12

成分 C 88.16%，H 11.84%。

GW 2015-970

性状 无色液体。能与乙醇、乙醚、苯、丙酮、三氯甲烷相混溶。mp −135℃；bp 43～45℃；Fp −20.2℉（−29℃）；d_4^{20} 0.771；n_D^{20} 1.421。一般试剂含量≥95.0%（GC）。常加入约 0.01%的 2，6-二叔丁基-4-甲基酚作为稳定剂。

注意事项 该品高度易燃。口服或与皮肤接触有害，误服能损伤肺脏。对眼睛、呼吸系统及皮肤有刺激性。使用时应穿适当的防护服。万一接触到眼睛，应立即用大量水冲洗后请医生诊治。使用现场禁止吸烟。如误服本品不能吐出，应立即请医生诊治，并出示瓶签或包装物。应远离火种，采取抗放静电措施于通风良好处密封保存。

主要用途 有机合成。气相色谱标准物。

Cyclopentolate hydrochloride 环戊通 盐酸盐 02742

[5870-29-1] $C_{17}H_{26}ClNO_3$ 327.85

成分 C 62.28%，H 7.99%，Cl 10.81%，N 4.07%，O 14.64%。

别名 盐酸环戊通；盐酸赛克罗奇；赛克罗奇 盐酸盐；AkPentolate；Alnide；Myd plegic；Cyclogyl；Mydrilate；Zyklolat；α-(1-Hydroxycyclopentyl) benzeneacetic acid 2-(dimethylamino) ethyl ester hydrochloride；1-Hydroxy-α-phenylcyclopentaneacetic acid 2-(dimethylamino) ethyl ester hydrochloride；2-Dimethylaminoethyl 1-hydroxy-α-phenylcyclopentaneacetate hydrochloride；β-Dimethylaminoethyl (1-hydroxycyclopentyl) phenylacetate hydrochloride；2-phenyl-2-(1-hydroxycyclopentyl) ethanoic acid β-(dimethylamino) ethyl ester hydrochloride

M.I.15，2741

性状 来自乙酸乙酯中的无色结晶。易溶于水、乙醇，几乎不溶于乙醚。其1%水溶液 pH 值 5.0～5.4。mp 137～141℃。

注意事项 该品应密封于−20℃保存。

主要用途 生化研究。医用扩瞳剂。

Cyclopentylamine 环戊胺 02743

[1003-03-8] $C_5H_{11}N$ 85.15

成分 C 70.53%，H 13.02%，N 16.45%。

别名 氨基环戊烷；Aminocyclopentane

GW 2015-965

性状 无色黏稠状的液体。呈强碱性。能与水任意混溶。对光及空气敏感。bp 106～108℃；Fp 63℉（17℃）；d_4^{20} 0.862；n_D^{20} 1.4482。一般试剂含量≥98.0%（GC）。
注意事项 该品高度易燃。对呼吸系统及皮肤有刺激性。使用现场禁止吸烟。应远离火种充氩气密封避光保存。
主要用途 制药工业。

3-Cyclopentylpropionic acid 3-环戊基丙酸 02744
[140-77-2] $C_8H_{14}O_2$ 142.20
成分 C 67.57%，H 9.92%，O 22.50%。
别名 环戊烷丙酸；Cyclopentanepropionic acid
性状 无色液体。bp_{12} 130～132℃/1.600kPa；Fp 116℉（46℃）；*d* 0.996；n_D^{20} 1.4570。一般试剂含量≥98.0%。
注意事项 该品对眼睛、呼吸系统及皮肤有刺激性。

Cyclophosphamide monohydrate 环磷酰胺 一水 02745
[6055-19-2] $C_7H_{15}Cl_2N_2O_2P \cdot H_2O$ 279.10
成分（以无水物计） C 30.12%，H 6.14%，Cl 25.41%，N 10.04%，O 17.20%，P 11.10%。
别名 一水合环磷酰胺；*N*,*N*-Bis(2-chloroethyl)tetrahydro-2*H*-1,3,2-oxazaphosphorin-2-amine 2-oxide monohydrate; 2-[Bis(2-chloroethyl)amino]tetrahydro-2*H*-1,3,2-oxazophosphorine 2-oxide monohydrate; 1-Bis(2-chloroethyl) amino-1-oxo-2-aza-5-oxaphosphoridin monohydrate; Bis(2-chloroethyl)phosphamide cyclic propanolamide ester monohydrate; *N*, *N*-Bis(*β*-chloroethyl) *N′*,*O*-propylenephosphoric acid ester diamide monohydrate; *N*,*N*-Bis(*β*-chloroethyl)-*N′*,*O*-trimethylenephosphoric acid ester diamide monohydrate; Cyclophosphane; Cytophosphane; B-518; Cycloblastin; Cyclosin; Cytoxan; Endoxan; Procytox; Sendoxan
M. I. 15，2743
性状 无色结晶。溶于水（40g/L），微溶于乙醇、苯、乙二醇、氯仿、二氧六环，略微溶于乙醚、丙酮。mp 41～45℃。Fp 235.4℉（113℃）。LD_{50}小鼠，大鼠急性经口：350mg/kg，94mg/kg。
注意事项 该品口服有毒。能致癌。使用前应得到专门的指导，避免曝露。使用时如有事故发生或有不适之感，应立即请医生诊治。应密封于2～8℃保存。
主要用途 生化研究。医用抗肿瘤剂。羊的脱毛剂。

Cyclopiazonic acid from penicillium cyclopium
环匹阿尼酸 02746
[18172-33-3] $C_{20}H_{20}N_2O_3$ 336.38
成分 C 71.41%，H 5.99%，N 8.33%，O 14.27%。
别名 CPA
性状 白色至近白色粉末。溶于二甲基亚砜、氯仿。一般试剂含量≥98.0%（TLC）。
注意事项 该品口服有毒。使用时应穿适当的防护服，戴手套和防护镜或面罩。使用时如有事故发生或有不适之感，应请医生诊治。应密封于－20℃保存。
主要用途 生化研究。

Cyclopropane 环丙烷 02747
[75-19-4] C_3H_6 42.08
成分 C 85.63%，H 14.37%。
别名 Trimethylene
GW 2015-936 M. I. 15，2744
性状 无色气体。有石油醚气味。易溶于乙醇、乙醚，溶于水、不挥发油。mp －127℃；bp －33℃；d_4^{20} 0.7791。一般试剂含量≥99.0%。
注意事项 该品极易燃。使用现场禁止吸烟。应储存在钢瓶内于阴凉处保存。
主要用途 有机合成。

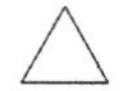

Cyclopropylamine 环丙胺 02748
[765-30-0] C_3H_7N 57.10
成分 C 63.11%，H 12.36%，N 24.53%。
别名 氨基环丙烷；Aminocyclopropane
性状 无色液体。bp 49～50℃；Fp 33.8℉（1℃）；d_4^{20} 0.814；n_D^{20} 1.420。一般试剂含量≥98.0%（GC）；H_2O ≤1.0%。
注意事项 该品高度易燃。口服有害。具有腐蚀性，能引起烧伤。使用时应穿适当的防护服，戴手套和防护镜或面罩。万一接触到眼睛，应立即用大量水冲洗后请医生诊治。使用时如有事故发生或有不适之感，应请医生诊治。使用现场禁止吸烟。应远离火种密封保存。

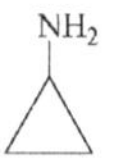

Cyclorphan 塞克罗酚 02749
[4363-15-9] $C_{20}H_{27}NO$ 297.44
成分 C 80.76%，H 9.15%，N 4.71%，O 5.38%。
别名 (－)-3-羟基-*N*-环丙甲基吗啡喃；17-环丙基甲基吗啡喃-3-酚；17-(Cyelopropylmethyl) morphinan-3-ol; (－)-3-Hydroxy-*N*-cyclopropylmethylmorphinan
M. I. 15，2748
性状 来自乙酸乙酯中的无色结晶。mp 187.5～189℃；$[\alpha]_D^{30}$ －120°（*c*＝2.26）。LD_{50}小鼠，大鼠静脉注射：24.23mg/kg。

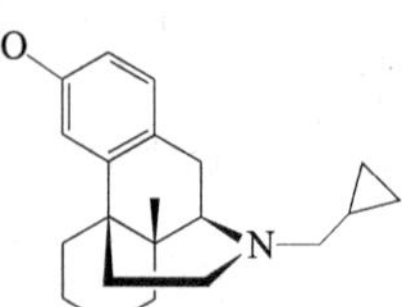

D-Cycloserine D-环丝氨酸 02750
[68-41-7] $C_3H_6N_2O_2$ 102.09
成分 C 35.30%，H 5.92%，N 27.44%，O 31.34%。
别名 (*R*)-(+)-Cycloserine; D-4-Amino-3-isoxazolidinone; D-4-Amino-3-isoxazolidone; Orientomycin; PA-94; Closina; Farmiserina; Micoserina; Oxamycin; Seromycin; (*R*)-4-Amino-3-isoxazolidone
M. I. 15，2749
性状 白色至浅黄色结晶性粉末。对空气敏感。易吸潮。溶于水，微溶于甲醇、丙二醇。其水溶液 pH 值在 6 左右。在中性或酸性溶液中不稳定。155～156℃分解；$[\alpha]_{546}^{20}$ ＋137°（*c*＝5，于 2mol/L 氢氧化钠溶液中）；$[\alpha]_D^{23}$ ＋116°（*c*＝1.17，于水中）；uv max ：226nm（$E_{1cm}^{1\%}$ 4.02）。生化试剂含量≥98.0%（NT）。
注意事项 该品应充氩气密封于－20℃保存。
主要用途 生化研究。医用抗生素（结核菌抑制剂）。

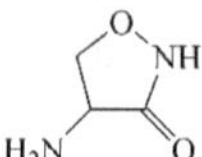

Cyclothiazide 环噻嗪 02751
[2259-96-3] $C_{14}H_{16}ClN_3O_4S_2$ 389.87
成分 C 43.13%，H 4.14%，Cl 9.09%，N 10.78%，O 16.41%，S 16.45%。
别名 3-Bicyclo[2.2.1]hept-5-en-2-yl-6-chloro-3,4-dihydro-2*H*-1,2,4-benzothiadiazine-7-sulfonamide 1,1-dioxide; 6-chloro-3,4-dihydro-3-(2-norbornen-5-yl)-2*H*-1,2,4-benzothiadiazine-7-sul-

fonamide 1, 1-dioxide; 6-Chloro-3, 4-dihydro-3-(2-norbornen-5-yl)-7-sulfamoyl-1, 2, 4-benzothiadiazine 1, 1-dioxide; 6-chloro-3-(2-norbornen-5-yl)-7-sulfamyl-3, 4-dihydro-1, 2, 4-benzothiadiazine 1, 1-dioxide; Lilly 35483; Aquirel; Anhydron; Doburil; Fluidil

M. I. 15, 2752

性状 来自稀乙醇中的无色结晶。mp 234℃。

注意事项 该品对眼睛、呼吸系统及皮肤有刺激性。使用时应穿适当的防护服。万一接触到眼睛，应立即用大量水冲洗后请医生诊治。应密封于 2～8℃保存。

主要用途 生化研究。医用利尿剂，抗高血压剂。

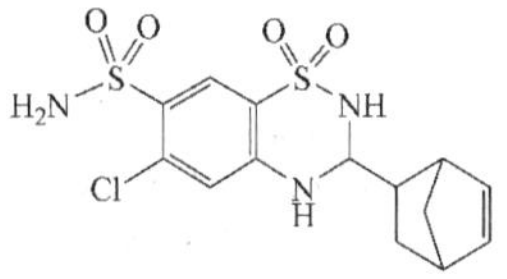

Cyfluthrin 氟氯氰菊酯 02752

[68359-37-5] $C_{22}H_{18}Cl_2FNO_3$ 434.29

成分 C 60.84%，H 4.18%，Cl 16.33%，F 4.37%，N 3.23%，O 11.05%。

别名 3-(2,2-二氯乙烯基)-2,2-二甲基环丙烷羧酸氰基(4-氟-3-苯氧基苯基)甲酯；(*R*,*S*)-*α*-氰基-4-氟-3-苯氧基苄基(1*R*,*S*)-顺,反-3-(2,2-二氯乙烯基)-2,2-二甲基环丙烷羧酸酯；3-(2,2-Dichloroethenyl)-2,2-dimethylcyclopropanecarboxylic acid cyano(4-fluoro-3-phenoxyphenyl)methyl ester; (*R*,*S*)-*α*-Cyano-4-fluoro-3-phenoxybenzyl-(1*R*,*S*)-*cis*,*trans*-3-(2,2-dichlorovinyl)-2,2-dimethylcyclopropanecarboxylate; Cyfoxylate; FCR-1272; BAY FCR 1272; Baythroid; Temp o

M. I. 15, 2754

性状 黄棕色油状液体。微溶于水 [20℃，(1～2) $\times 10^{-6}$ g/L]。n_D^{23} 1.5511。LD_{50} (mg/kg) 雄，雌大鼠；雄，雌小鼠急性经口：500～800，1200；300，600。LC_{50} (96h) 虹鳟鱼：0.0006mg/L。一般试剂含量≥99.0% (HPLC)。

注意事项 该品吸入或口服极毒。对水生物极毒。能对水环境引起不利的结果。使用时应穿适当的防护服，戴手套和防护镜或面罩。使用时如有事故发生或有不适之感，应请医生诊治。应防止将本品释放于环境中。其包装物应按危险品处理。应远离食品、饮料及饲料密封保存。

主要用途 农业用杀虫剂。分析用标准物质。

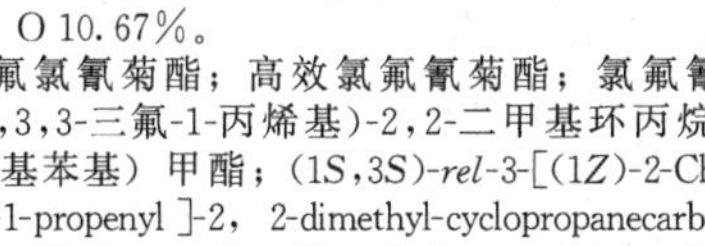

(1*R*,3*R*,*α**R*)型

λ-Cyhalothrin λ-格林奈 02753

[91465-08-6] $C_{23}H_{19}ClF_3NO$ 449.85

成分 C 61.41%，H 4.26%，Cl 7.88%，F 12.67%，N 3.11%，O 10.67%。

别名 三氟氯氰菊酯；高效氯氟氰菊酯；氯氟氰菊酯；3-(2-氯-3,3,3-三氟-1-丙烯基)-2,2-二甲基环丙烷羧酸氰基(3-苯氧基苯基)甲酯；(1*S*,3*S*)-*rel*-3-[(1*Z*)-2-Chloro-3,3,3-trifluoro-1-propenyl]-2, 2-dimethyl-cyclopropanecarboxylic acid (*R*)-cyano(3-phenoxyphenyl)methyl ester; (±)-*α*-Cyano-3-phenoxybenzyl 3-(2-chloro-3,3,3-trifluoroprop-1-enyl)-2,2-dimethylcyclopropane carboxylate; PP-321; Karate; Warrior

M. I. 15, 2756

性状 低温为固体，高温为有黏性的液体。无味。mp 49.2℃。LD_{50}雄，雌大鼠急性经口：79.56mg/kg；皮肤接触：632mg/kg，696mg/kg。

注意事项 该品吸入、口服或与皮肤接触有害。对水生物极毒。能对水环境引起不利的结果。应防止将本品释放于环境中。其包装物应按危险品处理。应远离食品、饮料及饲料密封保存。应密封于 2～8℃保存。

主要用途 杀虫剂。杀螨剂。分析用标准物质。

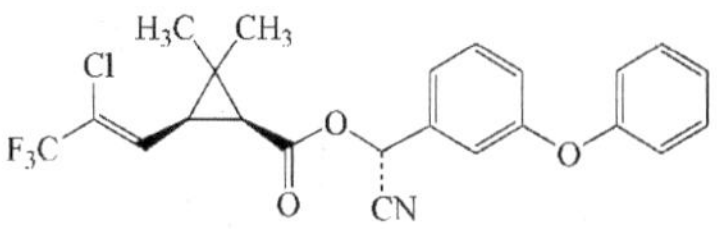

(2)-(1*S*)-顺式

Cyheptamide 苯环庚酰胺 02754

[7199-29-3] $C_{16}H_{15}NO$ 237.30

成分 C 80.98%，H 6.37%，N 5.90%，O 6.74%。

别名 10, 11-Dihydro-5*H*-dibenzo [a, d] cycloheptene-5-carboxamide; Dibenzo[a,d][1,4]cycloheptadiene-5-carboxamide; AY-8682

M. I. 14, 2759

性状 来自乙腈中的长针状结晶。溶于氯仿，略溶于甲醇、丙酮，微溶于乙醇、乙醚，不溶于水。mp 193～194℃。LD_{50}小鼠急性经口：4.2～5.2g/kg；腹膜内注射：2.4～2.6g/kg。

注意事项 该品对眼睛、呼吸系统及皮肤有刺激性。使用时应穿适当的防护服。万一接触到眼睛，应立即用大量水冲洗后请医生诊治。

主要用途 医用骨架肌肉松弛剂。

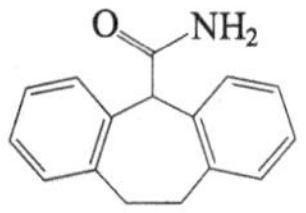

Cyhexatin 环己锡 02755

[13121-70-5] $C_{18}H_{34}OSn$ 385.18

成分 C 56.13%，H 8.90%，O 4.15%，Sn 30.82%。

别名 三环己基氢氧化锡；氢氧化三环己基锡；Tricyclohexylhydroxystannane; TCTH; Tricyclohexylstannol; Tricyclohexyltin hydroxide; ENT-27395; Dowco 213; Plictran

GW 2015-1795 M. I. 15, 2757

性状 微白色结晶性粉末。微溶于多数有机溶剂，不溶于水。mp 195～198℃；Fp 212℉ (100℃)。LD_{50}成熟雄，雌大鼠急性经口：779mg/kg，826mg/kg。

注意事项 该品吸入、口服或与皮肤接触有害。对水生物极毒。能对水环境引起不利的结果。应防止将本品释放于环境中。其包装物应按危险品处理。应远离食品、饮料和饲料于 2～8℃密封保存。

主要用途 杀螨剂。分析用标准物质。

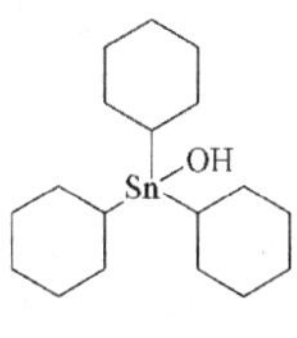

Cymarin 磁麻苷 02756

[508-77-0] $C_{30}H_{44}O_9$ 548.67

成分 C 65.67%，H 8.08%，O 26.24%。

别名 加拿大麻苷；Alvonal MR; 3*β*-(2,6-Dideoxy-3-*O*-methyl-*β*-Dribohexopyranosyl)oxy-5*β*,14-dihydroxy-19-oxocard-20(22)-enolide; K-Strophanthin-*α*; K-Strophanthidin-D-cymaroside

M. I. 15, 2758

性状 来自甲醇中的无色针状结晶。对光及空气敏感。溶于甲醇、氯仿，几乎不溶于水。mp 148℃；$[\alpha]_D^{20}$ +39.2° (于甲醇中)；$[\alpha]_D^{22}$ +39.0° (*c*=1.7，于氯仿中)。LD_{50}大鼠静脉注射：(24.8±1.8) mg/kg。生化试剂含量≥98.0% (TLC)。

注意事项 该品吸入或口服有毒，并具有蓄积性危害。使用时如有事故发生或有不适之感，应请医生诊治。应充氩气密封避光保存。

主要用途 生化研究。医用强心剂。

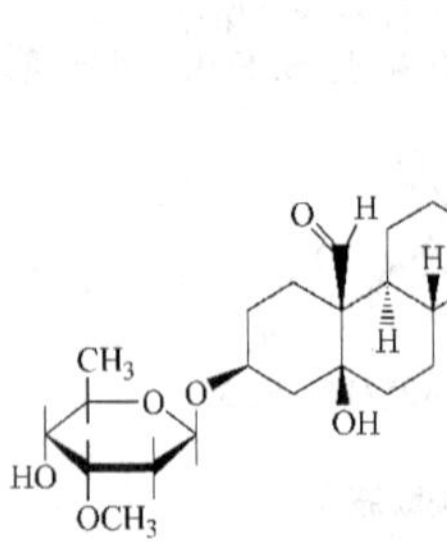

m-Cymene　间伞花烃 02757

[535-77-3]　$C_{10}H_{14}$　134.22

成分　C 89.49%，H 10.51%。

别名　3-异丙基甲苯；1-甲基-3-(1-甲基乙基)苯；3-甲基异丙基苯；间 缴花烃；3-Isopropyltoluene；3-Methylisopropylbenaene；1-Methyl-3-(1-methylethyl) benzene

GW 2015-1160　M. I. 15，2760

性状　无色液体。能与乙醇、乙醚相混溶，几乎不溶于水。mp −63.75℃；bp 175.14℃；Fp 118℉（47℃）；d_4^{25} 0.8570；d_4^{20} 0.8610；n_D^{25} 1.4906；n_D^{20} 1.4930。一般试剂含量≥99.0%（GC）。

注意事项　该品易燃。使用时应避免吸入本品的蒸气。应密封保存。

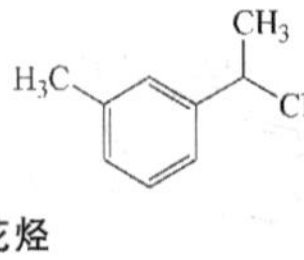

o-Cymene　邻伞花烃 02758

[527-84-4]　$C_{10}H_{14}$　134.22

成分　C 89.49%，H 10.51%

别名　1-甲基-2-（1-甲基乙基）苯；2-甲基异丙基苯；2-异丙基甲苯；邻 缴花烃；2-Isopropyltoluene；2-Methylisopropyl benaene；1-Methyl-2-(1-methylethy) benzene

GW 2015-1160　M. I. 15，2760

性状　无色液体。能与一般有机溶剂相混溶，几乎不溶于水。mp −71.54℃；bp 178.15℃；Fp 123℉（50℃）；d_4^{25} 0.8726；d_4^{20} 0.8766；n_D^{25} 1.4982；n_D^{20} 1.5006。一般试剂含量≥98.0%（GC）。

注意事项　该品易燃。使用时应避免吸入本品的蒸气，避免与眼睛及皮肤接触。应密封保存。

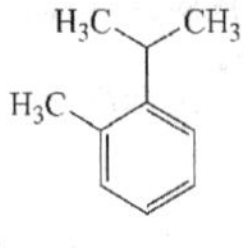

p-Cymene　对伞花烃 02759

[99-87-6]　$C_{10}H_{14}$　134.22

成分　C 89.49%，H 10.51%。

别名　1-甲基-4-(1-甲基乙基)苯；4-甲基异丙基苯；4-异丙基甲苯；4-Methylisopropylbenzene；1-Methyl-4-(1-methylethyl) benzene；Dolcymene；4-Isopropyltoluene

GW 2015-1160　M. I. 15，2760

性状　无色液体。能与乙醇、乙醚相混溶，几乎不溶于水。mp −67.94℃；bp 177.1℃；Fp 117℉（47℃，闭杯）；d_4^{25} 0.8533；d_4^{20} 0.8573；n_D^{25} 1.4885；n_D^{20} 1.4909。LD_{50}大鼠急性经口：4750mg/kg。色谱标准试剂含量≥99.5%（GC）。

注意事项　该品易燃。对眼睛、呼吸系统及皮肤有刺激性。使用时应穿适当的防护服。万一接触到眼睛，应立即用大量水冲洗后请医生诊治。

Cymiazole　赛米唑 02760

[61676-87-7]　$C_{12}H_{14}N_2S$　218.32

成分　C 66.02%，H 6.46%，N 12.83%，S 14.68%。

别名　螨蜱胺；噻螨胺；2,4-Dimethyl-N-[3-methyl-2(3H)-thiazolylidene] benzenamine；2-(2′,4′-Dimethylpnenyl-imino)-3-methylthiazoline；N-(3-Methyl-4-thiazolin-2-ylidene)-2,4-xylideny；Xymiazole；CGA-50439

M. I. 15，2761

性状　无色结晶。溶于苯、二氯甲烷、甲醇及己烷，微溶于水。mp 44℃；bp_{760} 354℃/101.325kPa；Fp 334.2℉（167.9℃）；d^{20} 1.19；n_D^{20} 1.599。LD_{50}大鼠急性经口：725mg/kg。

主要用途　杀螨剂。兽用杀体外寄生物。

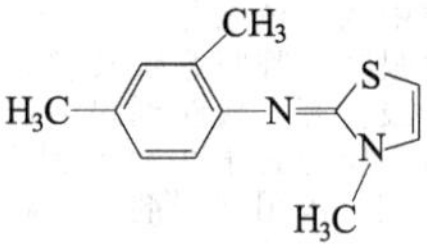

Cymoxanil　霜脲氰 02761

[57966-95-7]　$C_7H_{10}N_4O_3$　198.18

成分　C 42.42%，H 5.09%，N 28.27%，O 24.22%。

别名　脲腈；2-Cyano-N-(ethylamino) carbonyl-2-(methoxyimino) acetamide；2-Cyano-N-ethylcarbamoyl-2-methoxyiminoacetamide；1-(2-Cyano-2-methoxyimi-noacetyl)-3-ethylurea；DPX-3217；Biozate；Curzate

M. I. 15，2762

性状　来自丙酮中的无色结晶。溶于水（约 1000×10^{-6}）。mp 160～161℃；Fp 212℉（100℃）。LD_{50}雄大鼠急性经口：1425mg/kg；雄兔皮肤接触：>3000mg/kg。LC_{50}北美鹌鹑，雄野鸭急性经口：2847×10^{-6}，$>10000\times10^{-6}$。LC_{50}（96h）翻车鱼，虹鳟鱼：13.5×10^{-6}，18.7×10^{-6}。

注意事项　该品口服有害。接触皮肤能引起过敏。对水生物极毒。能对水环境引起不利的结果。使用时应穿适当的防护服和戴手套。应防止将本品释放于环境中。其包装物应按危险品处理。

主要用途　农用杀菌剂。分析用标准物质。

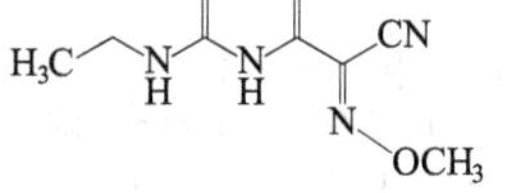

Cypermethrin　氯氰菊酯 02762

[52315-07-8]　$C_{22}H_{19}Cl_2NO_3$　416.30

成分　C 63.47%，H 4.60%，Cl 17.03 N 3.36%，O 11.53%。

别名　3-(2,2-Dichloroethenyl)-2,2-dimethylcyclopropanecarboxylic acid cyano(3-phenoxyphenyl) methyl ester；(±)-α-Cyano-3-phenoxybenzyl (±)-*cis*,*trans*-3-(2,2-dichlorovinyl)-2,2-dimethylcyclopropane carboxylate；NRDC-149；FMC-30980；PP-383；Ammo；Arrivo；Barricade；Basathrin；Cymbush；Cynoff；Demon；Flectron；Ripcord

M. I. 15，2764

性状　具有黏性的半固体类物质。溶于甲醇、丙酮、二甲苯、二氯甲烷，不溶于水。mp 60～80℃。LD_{50} 8 日大鼠，成熟雄大鼠急性经口：14.9mg/kg，250.0mg/kg。一般试剂含量≥95.0%（HPLC）。

注意事项　该品口服有毒。对呼吸系统有刺激性。长期曝露有害，并有严重损伤健康的危险。对水生物极毒。能对水环境引起不利的结果。使用时应穿适当的防护服，戴手套和防护镜或面罩。使用时如有事故发生或有不适之感，应立即请医生诊治。

主要用途　杀虫剂。兽用杀体外寄生物。分析用标准物质。应防止将本品释放于环境中。其包装物应按危险品处理。

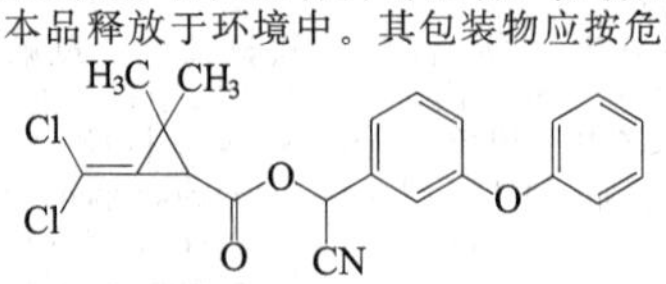

Cyphenothrin　苯醚氰菊酯 02763

[39515-40-7]　$C_{24}H_{25}NO_3$　375.47

成分　C 76.77%，H 6.71%，N 3.73%，O 12.78%。

别名　苯氰菊酯；2,2-Dimethyl-3-(2-methyl-1-propenyl) cyclopropanecarboxylic acid cyano(3-phenoxyphenyl) methyl ester；(RS)-α-Cyano-3-phenoxybenzyl (1R)-*cis*,*trans*-chrysanthemate；α-Cyano-m-phenoxybenzyl 2,2-dimethyl-3-(2-methylpropenyl) cyclopropanecarboxylate；3-Phenoxy-α-cyanobenzylchrysanthemate；S-2703；S-2703 Forte；Gokilaht

M. I. 15，2765

性状 浅黄色具有黏性的液体。黏度（30℃）：808.8mPa・s；蒸气压（30℃）：3.11×10^{-6}mmHg/414.6×10^{-6} Pa；d_{25}^{25} 1.083。

注意事项 该品口服有毒。对水生物极毒。能对水环境引起不利的结果。应防止将本品释放于环境中。其包装物应按危险品处理。

主要用途 杀虫剂。

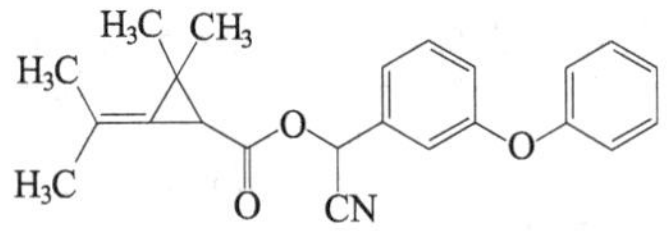

Cyprenorphine 环丙诺啡 02764

[4406-22-8] $C_{26}H_{33}NO_4$ 423.55

成分 C 73.73%，H 7.85%，N 3.31%，O 15.11%。

别名 赛普诺啡；(5α,7α)-17-Cyelopropylmethyl-4,5-epoxy-3-hydroxy-6-methoxy-α, α-dimethyl-6, 14-ethenomorphinan-7-methanol；*N*-Cyclopropylmethyl-7,8-dihydro-7α-(1-hydroxy-1-methylethyl)-O^6-methyl-6, 14-*endo*-ethenonormorphine；*N*-Cyclopropylmethyl-6,14-*endo*-etheno-7α-(2-hydroxy-2-propyl) tetrahydronororipavine；*N*-Cyclopropylmethyl-6,14-*endo*-ethenotetrahydronororipavine

M. I. 15，2766

性状 来自甲醇中的无色棱柱体结晶。mp 234℃。

主要用途 兽用羟戊甲吗啡对抗剂。

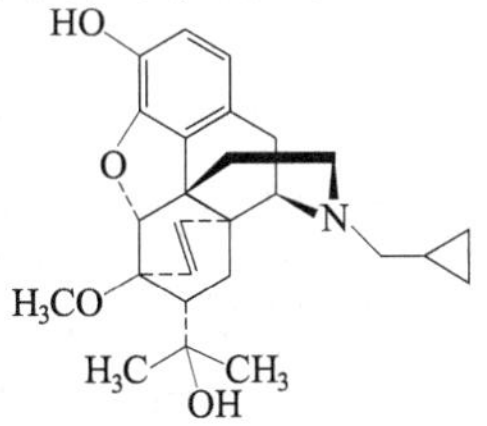

Cyproconazole 环丙唑醇 02765

[94361-06-5] $C_{15}H_{18}ClN_3O$ 291.78

成分 C 61.75%，H 6.22%，Cl 12.15%，N 14.40%，O 5.48%。

别名 环唑醇；2-(4-氯苯基)-3-环丙基-1-(1,2,4-三唑-1-基)-2-丁醇；α-(4-Chlorophenyl)-α-(1-cyclopropylethyl)-1*H*-1,2,4-triazole-1-ethanol；(2*RS*, 3*RS*)-2-(4-Chlorophenyl)-3-cyclopropyl-1(1*H*)-1,2,4-(triazol-1-yl)butan-2-ol；SAN-619F；SN-108266；Alto；Atemi；Bonanza；Paindor；Sentinel

M. I. 15，2768

性状 来自已烷/二氯甲烷中的无色结晶。该品于下列物质中的溶解度（25℃%，质量分数）：水 0.0140±0.0004；丙酮>23；乙醇>23；二甲苯；二甲基亚砜>18。蒸气压（20℃）：2.6×10^{-7}mmHg/346.6×10^{-7}Pa。mp 103～105℃；Fp 212℉（100℃）。LD_{50} 雄，雌大鼠急性经口：1020mg/kg，1330mg/kg；大鼠皮肤接触：2000mg/kg；鲤鱼：18.9mg/L 于水中；鲑鱼：7.2mg/L 于水中；翻车鱼：6.0mg/L 于水中；北美鹌鹑急性经口：150mg/kg；北美鹌鹑，雄野鸭（8 日饮食）：816mg/kg，1197mg/kg。

注意事项 该品口服有害。使用时应穿适当的防护服。

主要用途 农用杀菌剂。分析用标准物质。

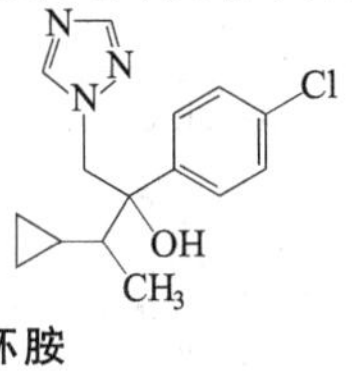

Cyprodinil 嘧菌环胺 02766

[121552-61-2] $C_{14}H_{15}N_3$ 225.30

成分 C 74.64%，H 6.71%，N 18.65%。

别名 4-环丙基-6-甲基-*N*-苯基-2-嘧啶胺；*N*-（4-环丙基-6-甲基嘧啶-2-基）苯胺；2-苯基氨基-4-甲基-6-环丙基嘧啶；4-Cyclopropyl-6-methyl-*N*-phenyl-2-pyrimidinamine；*N*-(4-Cyclopropyl-6-methylpyrimidin-2-yl) aniline；2-Phenylamino-4-methyl-6-cyclopropylpyrimidine；CGA-219417；Unix

M. I. 15，2769

性状 白色结晶性固体。溶于水（25℃）：20mg/L 时 pH 值 5.0；13mg/L 时 pH 值 7.0；15mg/L 时 pH 值 9.0。mp 75.9℃。LD_{50} 大鼠急性经口或皮肤接触：>2000mg/kg。一般试剂含量≥97.0%（HPLC）。

注意事项 该品对眼睛及皮肤有刺激性。接触皮肤能引起过敏。使用时应穿适当的防护服。万一接触到眼睛，应立即用大量水冲洗后请医生诊治。

主要用途 农业用杀菌剂。分析用标准物质。

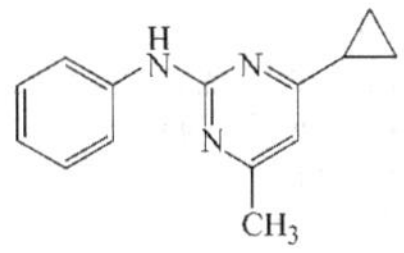

Cyproheptadine hydrochloride sesquihydrate
二苯环庚啶盐酸盐 1½水 02767

[41354-29-4] $C_{21}H_{22}ClN\cdot1\frac{1}{2}H_2O$ 350.89

成分（以无水物计） C 77.88%，H 6.85%，Cl 10.95%，N 4.32%。

别名 甲哌啶叉二苯环庚啶盐酸盐；盐酸二苯环庚啶；盐酸甲哌啶叉二苯环庚烷；盐酸赛庚啶；赛庚啶盐酸盐；Anarexol；Antegan；Cipractin；4-(5*H*-Dibenzo[*a*,*d*]cyclohepten-5-ylidene)-1-methylpiperidine hydrochloride；Ifrasarl；Periactin；Periactinol hydrochloride；Peritol；Vimicon；1-Methyl-4-(5*H*-dibenzo[*a*,*d*]cycloheptenylidene) piperidine hydrochloride；5-(1-Methylpiperidylidene-4)-5*H*-dibenzo[*a*,*d*] cycloheptene hydrochloride；1-Methyl-4-(5-dibenzo[*a*,*e*]cycloheptatrienylidene) piperidine hydrochloride；Nuran

M. I. 15，2770

性状 来自无水乙醇+乙醚中的无色结晶。1g 该品溶于 1.5mL 甲醇、16mL 氯仿、35mL 乙醇、275mL 水，几乎不溶于乙醚。mp 252.6～253.6℃（分解）；uv max（0.1mol/L 硫酸中）：224nm，285nm（$E_{1cm}^{1\%}$ 1656，355）。LD_{50} 小鼠急性经口：74.2mg/kg。生化试剂含量≥99.0%。

注意事项 该品口服有害。对眼睛、呼吸系统及皮肤有刺激性。使用时应穿适当的防护服。万一接触到眼睛，应立即用大量水冲洗后请医生诊治。

主要用途 生化研究。医用抗组胺剂。止痒剂。

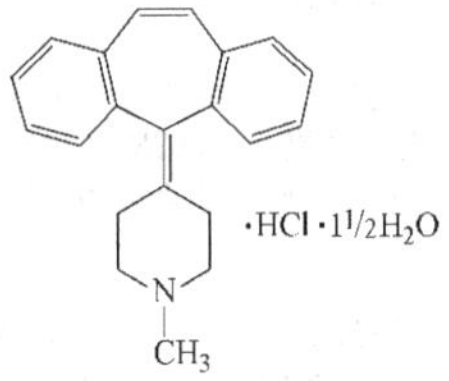

Cyproterone acetate 乙酸环孕酮 02768

[427-51-0] $C_{24}H_{29}ClO_4$ 416.94

成分 C 69.14%，H 7.01%，Cl 8.50%，O 15.35%。

别名 Androcur；CPA；Cyprostat；SH-714；(1β,2β)-6-Chloro-1,2-dihydro-17-hydroxy-3′*H*-cyclopropa[1,2]pregna-1,4,6-triene-3,20-dione acetate；6-Chloro-17-hydroxy-1α, 2α-methylenepregna-4,6-diene-3,20-dione acetate；6-Chloro-6-dehydro-17α-hydroxy-1,2α-methyleneprogesterone acetate；6-Chloro-1, 2α-methylene-4,6-pregnadien-17α-ol-3,20-dione acetate；SH-881 acetate；SH-80881 acetate

M. I. 15，2771

性状 来自二异丙醚中的无色结晶。mp 200～201℃；uv mam（甲醇中）：281nm（ε 17280）。一般试剂含量≥98.0%。

注意事项 该品吸入、口服或与皮肤接触有害。对机体有不可逆损伤的可能性。使用时应穿适当的防护服，避免吸入本品的粉尘。应密封于 2～8℃保存。

主要用途 生化研究。医用抗雄激素。与雌激素结合治疗痤疮。

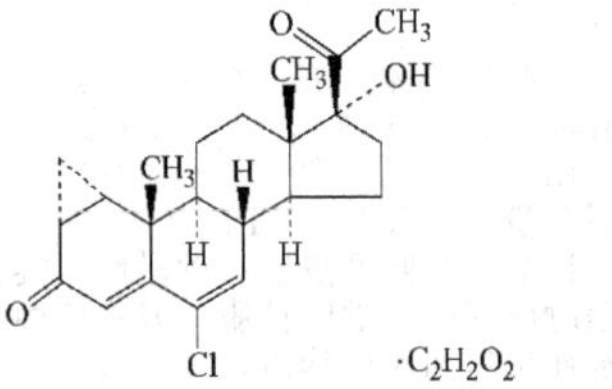

$\cdot C_2H_2O_2$

Cyromazine N-环丙基-1,3,5-三嗪-2,4,6-三胺 02769

[66215-27-8] $C_6H_{10}N_6$ 166.19

成分 C 43.37%，H 6.07%，N 50.57%。

别名 灭蝇胺；环丙三氨三嗪；环丙氨嗪；2-环丙基氨基-4,6-二氨基-*s*-三嗪；*N*-Cyclopropyl-1,3,5-triazine-2,4,6-triamine；2-Cyclopropylamino-4,6-diamino-*s*-triazine；CGA-72662；Larvadex；Trigard；Vetrazin

M. I. 15，2772

性状 白色或近白色结晶性粉末。微溶于甲醇、水。mp 219～222℃；Fp 212℉（100℃）。

注意事项 该品对眼睛、呼吸系统及皮肤有刺激性。使用时应穿适当的防护服。万一接触到眼睛，应立即用大量水冲洗后请医生诊治。

主要用途 杀虫剂。兽用杀体外寄生虫剂。分析用标准物质。

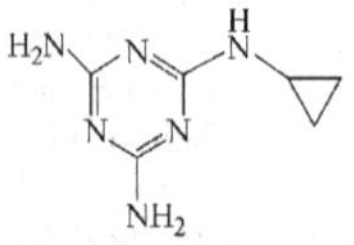

Cystamine dihydrochloride 胱胺 二盐酸盐 02770

[56-17-7] $C_4H_{14}Cl_2N_2S_2$ 225.19

成分 C 21.33%，H 6.27%，Cl 31.49%，N 12.44%，S 28.48%。

别名 二盐酸胱胺；Bis(*β*-aminoethyl)disulfide dihydrochloreide；2,2′-Diaminodiethyl disulfide dihydrochloride；2,2′-Dithiobis-ethanamine dihydrochloride；2,2′-Dithiobis(2-ethylamine) dihydrochloride；Decarboxycystine dihydrochloride

M. I. 15，2773

性状 来自甲醇中的无色针状结晶或白色结晶性粉末。易潮解。易溶于水，微溶于热乙醇。mp 203～214℃（分解）。生化试剂含量≥98.0%（AT）。

注意事项 该品口服有害。

主要用途 生化研究。制药工业。果糖二磷酸酶活化。

L-Cystathionine L-胱硫醚 02771

[56-88-2] $C_7H_{14}N_2O_4S$ 222.26

成分 C 37.83%，H 6.35%，N 12.60%，O 28.79%，S 14.43%。

别名 L-丙氨酸丁氨酸硫醚；*S*-[(2*R*)-2-Amino-2-carboxyethyl]-L-homocysteine；L-2-Amino-4-[(2-amino-2-carboxyethyl) thio] butyric acid

M. I. 15,2774

性状 无色结晶。易吸潮。312℃分解(270℃色变深)；$[\alpha]_D^{20}$ +23.7°(于 1mol/L 盐酸中)。一般试剂含量≥90.0%(TLC)。

注意事项 该品应充氩气密封干燥保存。

$$HOOC-CH(NH_2)-CH_2-CH_2-S-CH_2-CH(NH_2)-COOH$$

Cysteamine hydrochloride 半胱胺 盐酸盐 02772

[156-57-0] C_2H_8ClNS 113.60

成分 C 21.14%，H 7.10%，Cl 31.21%，N 12.33%，S 28.22%。

别名 盐酸半胱胺；2-巯基乙胺 盐酸盐；盐酸-2-氨基乙硫醇；盐酸-*β*-硫醇代乙胺；2-Aminoethanethiol HCl；2-Amino ethylmercaptan HCl；Becaptan HCl；Decarboxycysteine hydrochloride；MEA HCl；Mercamine HCl；2-Mercaptoethylamine HCl；Mercaptamine HCl；Thioethanolamine HCl；Decarboxycysteine HCl

M. I. 15，2776

性状 来自乙醇中的无色或白色结晶。有恶臭。溶于水、乙醇。mp 70.2～70.7℃。LD_{50} 大鼠腹膜内注射：23.19cg/kg；兔静脉注射：14.95cg/kg。一般试剂含量≥98.0%(RT)。

注意事项 该品口服有害。

主要用途 容量分析滴定钴、镍、铜、锌、镉、汞。生化研究。

L-Cysteic acid monohydrate L-磺基丙氨酸 一水 02773

[23537-25-9] [498-40-8](无水物) $C_3H_7NO_5S \cdot H_2O$ 187.17

成分（以无水物计） C 21.30%，H 4.17%，N 8.28%，O 47.29%，S 18.96%。

别名 一水合 L-磺基丙氨酸；L-氧化半胱氨酸 一水；L-2-氨基-3-磺基丙酸 一水；一水合 L-氧化半胱氨酸；3-磺基-L-丙氨酸 一水；L-3-Sulfoalanine；L-*α*-Amino-*β*-sulfopropionic acid；(*R*)-2-Amino-3-sulfopropionic acid；3-Sulfo-L-alanine；3-Sulfo-L-alanine

M. I. 15，2777

性状 无水物来自稀乙醇中的无色八面体或针状结晶。溶于水，不溶于乙醇。pK_{a1} (25℃) 1.89；pK_{a2} 8.7；pK_b 约 12.7。mp 260℃（分解）；$[\alpha]_D^{20}$ +8.66°（1.85g 溶于 25mL 水中）。生化试剂含量≥99.0%（T）。

注意事项 使用时应避免吸入本品的粉尘，避免与眼睛及皮肤接触。

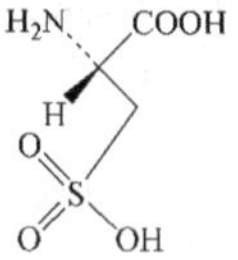

D-Cysteine D-半胱氨酸 02774

[921-01-7] $C_3H_7NO_2S$ 121.15

成分 C 29.74%，H 5.82%，N 11.56%，O 26.41%，S 26.47%。

别名 D-半膀胱氨基酸；D-*β*-巯基丙氨酸；3-巯基-D-丙氨酸；D-硫氢化氨基丙酸；(*S*)-2-氨基-3-巯基丙酸；(*S*)-2-Amino-3-mercaptopropionoic acid；D-Aminothiolactic acid；D-*α*-Amino-*β*-thiopropionic acid；D-Cys；D-*β*-Mercaptoalanine

性状 白色结晶。对空气敏感。mp 约 230℃；$[\alpha]_D^{20}$ −7.6°；生化试剂含量≥99.0%（NT）。

注意事项 该品应充氩气密封保存。

主要用途 生化研究。

DL-Cysteine DL-半胱氨酸 02775

[3374-22-9] $C_3H_7NO_2S$ 121.15

成分 C 29.74%，H 5.82%，N 11.56%，O 26.41%，S 26.47%。

别名 DL-2-氨基-3-巯基丙酸；DL-半膀胱氨基酸；3-巯基-DL-丙氨酸；*β*-Mercapto alanine；2-Amino-3-mercaptopropionic acid；DL-Cys

性状 无色结晶或白色结晶性粉末。溶于水、乙醇、乙酸、氨水，不溶于乙醚、丙酮、乙酸乙酯、苯、二硫化碳、四氯化碳。mp 约 225℃（分解）。生化试剂含量≥98.0%。

注意事项 该品口服有害。应充氩气密封避光保存。

主要用途 生化研究。

L-Cysteine L-半胱氨酸 02776

[52-90-4] $C_3H_7NO_2S$ 121.15

成分 C 29.74%，H 5.82%，N 11.56%，O 26.41%，S 26.47%。

别名 L-半膀胱氨基酸；L-*β*-巯基丙氨酸；L-硫氢化氨基丙酸；(+)-2-氨基-3-巯基丙酸；(*R*)-2-Amino-3-mercaptopropanoic acid；(+)-2-Amino-3-mercaptopropionic acid；L-Aminothiolactic acid；L-*α*-Amino-*β*-thiopropionic acid；C；L-Cys；L-*β*-Mercaptoalanine；half-Cystine；Thioserine

M. I. 15，2778

性状 无色或白色结晶。易溶于水、乙醇、乙酸、氨水，不溶于乙醚、丙酮、乙酸乙酯、苯、二硫化碳、四氯化碳。在空气中及中性或微碱性水溶液中能被氧化为胱氨酸。在酸性溶液中较稳定。mp 220℃（分解）；$[\alpha]_D^{25}$ +6.5°（于 5mol/L 盐酸中）；$[\alpha]_D^{25}$ +13°（于冰乙酸中）。一般试剂含量≥99.0%。

注意事项 该品口服有害。使用时应穿适当的防护服。

主要用途 生化研究。组织培养基的制备。医药上用作肝炎、肝中毒、锑剂中毒、放射性药物中毒等的解毒剂。

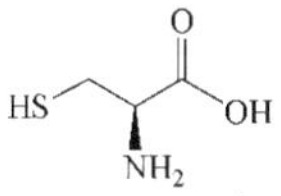

DL-Cysteine hydrochloride　DL-半胱氨酸 盐酸盐　02777

[10318-18-0]　$C_3H_8ClNO_2S$　157.62

成分　C 22.86%，H 5.12%，Cl 22.49%，N 8.89%，O 20.30%，S 20.34%。

别名　盐酸 DL-半胱氨酸；DL-半膀胱氨基酸 盐酸盐

性状　白色结晶。易溶于水、乙醇。生化试剂含量≥97.0%（RT）。

注意事项　该品对眼睛、呼吸系统及皮肤有刺激性。使用时应穿适当的防护服。万一接触到眼睛，应立即用大量水冲洗后请医生诊治。应充氩气密封于 2～8℃干燥保存。

主要用途　生化研究。营养研究。

L-Cysteine hydrochloride　L-半胱氨酸 盐酸盐　02778

[52-89-1]　$C_3H_8ClNO_2S$　157.62

成分　C 22.86%，H 5.12%，Cl 22.49%，N 8.89%，O 20.30%，S 20.34%。

别名　无水 L-半胱氨酸盐酸盐；无水盐酸 L-半胱氨酸；L-（+）-盐酸脬氨酸；盐酸 L-（+）-半膀胱氨基酸；L-2-氨基-3-巯基丙酸 盐酸盐；盐酸 L-半胱氨酸；L-(+)Amino-2-mercaptopropionic acid hydrochloride；L-(+) Aminothiolactic acid hydrochloride；L-(+)- Amino-β-thiopropionic acid hydrochloride；L-(+)-β-Mercaptoalanine hydrochloride

M. I. 15，2778

性状　无色或白色结晶。溶于水、乙醇、丙酮，水溶液呈酸性。mp 175～178℃(分解)；$[\alpha]_D^{25}$ +5.0°(于 5mol/L 盐酸中)；$[\alpha]_D^{25}$ +10.0°(于冰乙酸中)。

注意事项　见 02777 DL-半胱氨酸 盐酸盐。

主要用途　钢铁中钙、镁的测定。生化研究。测定溶血素的还原剂。厌氧菌的生化培养。组织培养基的制备。

参考规格　HB/T 1297—1993　生化试剂

项目	生化试剂
含量($C_3H_8NO_2SCl$)/%≥	99.0
比旋光度$[\alpha]_D^{20}$	+6.5°～+8.0°
层析试验	合格
杂质最高含量	
水溶解试验	合格
干燥失重/%≥	0.5
灼烧残渣(以硫酸盐计)/%≤	0.1
铁(Fe)/%≤	0.001
重金属(以 Pb 计)/%≤	0.001

D-Cystine　D-胱氨酸　02779

[349-46-2]　$C_6H_{12}N_2O_4S_2$　240.29

成分　C 29.99%，H 5.03%，N 11.66%，O 26.63%，S 26.69%。

别名　3,3′-二硫代二丙氨酸；3,3′-二硫代二氨基丙酸；D-膀胱氨基酸；(S，S)-3，3′-Dithiobis (2-aminopropionic acid)；3，3′-Dithiodialanine；(S，S)-3，3′-Dithiobis (2-aminopropionic acid)

M. I. 15，2779

性状　无色结晶或白色结晶性粉末。微溶于水（25℃，0.057g/L)。mp 约 250℃（分解）；$[\alpha]_D^{20}$ +223°（于 1.0mol/L 盐酸中)。生化试剂含量≥99.0%（T)。

注意事项　使用时应避免吸入本品的粉尘，避免与眼睛及皮肤接触。应密封避光保存。

主要用途　生化研究。

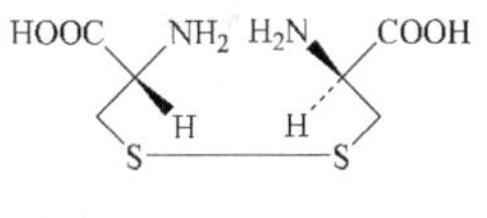

DL-Cystine　DL-胱氨酸　02780

[923-32-0]　$C_6H_{12}N_2O_4S_2$　240.29

成分　C 29.99%，H 5.03%，N 11.66%，O 26.63%，S 26.69%。

别名　DL-膀胱氨基酸；(±)-Dithiobis(2-aminopropionic acid)

M. I. 15，2779

性状　无色结晶或白色结晶性粉末。微溶于水（25℃，0.057g/L)；mp 227℃（分解)。生化试剂含量≥99.0%（T)。

注意事项　该品应密封避光保存。

主要用途　生化研究。组织培养基的制备。

L-Cystine　L-胱氨酸　02781

[56-89-3]　$C_6H_{12}N_2O_4S_2$　240.29

成分　C 29.99%，H 5.03%，N 11.66%，O 26.63%，S 26.69%。

别名　双-β-硫代丙氨酸；L-膀胱氨基酸；L-Bis(β-amino-β-carboxyethyl) disulfide；L-β,β-Diamino-β,β′-dicarboxydiethyl disulfide；L-α-Diamino-β-dithiolactic acid；L-Dicysteine；[R-(R*，R*)]-3，3′-Dithiobis (2-aminopropanoic acid)；L-β，β′-Dithiodialanine；Gelucystine

M. I. 15，2779

性状　来自水中的无色六角形片状结晶或白色结晶性粉末。溶于酸、碱溶液，微溶于水（25℃，0.112g/L；50℃，0.239g/L；75℃，0.523g/L；100℃，1.142g/L)，不溶于乙醇、乙醚、苯、三氯甲烷。35℃时：pK_1 1；pK_2 2.1；pK_3 8.02；pK_4 8.71。260～261℃分解；$[\alpha]_D^{20}$ −223.4°（于 1.0mol/L 盐酸中)。生化试剂含量≥99.0%。

注意事项　该品对眼睛、呼吸系统及皮肤有刺激性。使用时应穿适当的防护服。万一接触到眼睛，应立即用大量水冲洗后请医生诊治。应充氩气密封于 2～8℃干燥保存。

主要用途　检测铜。生化研究。生物培养基的制备。营养增补剂。用于奶粉的母乳化。

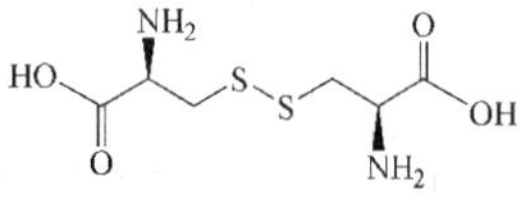

meso-Cystine　内消旋胱氨酸　02782

[6020-39-9]　$C_6H_{12}N_2O_4S_2$　240.29

成分　C 29.99%，H 5.03%，N 11.66%，O 26.63%，S 26.69%。

别名　内消旋膀胱氨基酸；*meso*-胱氨酸；胱氨酸 内消旋

M. I. 15，2779

性状　无色结晶。极微溶于水（0.056g/L)。mp 200～218℃（分解)。

主要用途　生化研究。

L-Cystine dihydrochloride　L-胱氨酸 二盐酸盐　02783

[30925-07-6]　$C_6H_{14}Cl_2N_2O_4S_2$　313.22

成分　C 23.01%，H 4.50%，Cl 22.64%，N 8.94%，O 20.43%，S 20.47%。

别名　二盐酸 L-膀胱氨基酸；L-双-β-硫代丙氨酸 盐酸盐；二盐酸 L-胱氨酸；L-膀胱氨基酸 二盐酸盐

性状　白色结晶。溶于水、稀盐酸。$[\alpha]_D^{30}$ −153°～−156°。生化试剂含量≥98.0%（KLC)。

注意事项　该品应密封避光保存。

主要用途　生化研究。组织培养基的制备。

Cytarabine　阿糖胞苷　02784

[147-94-4]　$C_9H_{13}N_3O_5$　243.22

成分　C 44.44%，H 5.39%，N 17.28%，O 32.89%。

别名　阿拉伯胞嘧啶糖苷；4-Amino-1-β-D-arabinofuranosyl-2(1*H*)-pyrimidinone；1-β-D-Arabinofuranosylcytosine；β-Cytosine arabinoside；Aracytidine；CHX-3311；U-19920；Alexan；Arabitin；Aracytine；Ara-C；Cytarbel；Cytosar；Erpalfa；Iretin；Udicil

M. I. 15，2781

性状　来自乙醇中的无色棱柱体结晶。易溶于水，微溶于乙醇、氯仿。mp 212～213℃；$[\alpha]_D^{24}$ +153°（c=0.5，于水中)；uv max（pH 值 2)：281.0nm，212.5nm（ε 13171，10230)；（pH 值 12)：272.5nm（ε 9259)。生化试剂含量≥99.0%（HPLC)。

注意事项　该品能危害胎儿。接触皮肤能引起过敏。使用时应穿适当的防护服和戴手套。应充氩气密封于 2～8℃保存。

主要用途　生化研究。医用抗肿瘤剂，抗病毒剂。

Cytarabine hydrochloride　阿糖胞苷 盐酸盐 02785

[69-74-9]　$C_9H_{14}ClN_3O_5$　279.68

成分　C 38.65%，H 5.05%，Cl 12.68%，N 15.02%，O 28.60%。

别名　阿拉伯胞嘧啶糖苷 盐酸盐；盐酸阿拉伯胞嘧啶糖苷；盐酸阿糖胞苷；4-Amino-1-β-D-arabinofuranosyl-2(1*H*)-pyrimidinone hydrochloride；1-β-D-Arabinofuranosylcytosine hydrochloride；β-Cytosine arabinoside hydrochloride；Alexan hydrochloride；Arabitin hydrochloride；Ara-C hydrochloride；Aracytidine hydrochloride；CHX-3311HCl；U-19920 hydrochloride；Aracytine hydrochloride；Cytarbel hydrochloride；Cytosar hydrochloride；Erpalfa hydrochloride；Iretin hydrochloride；Udicil hydrochloride

性状　无色或白色结晶。溶于水。mp 179～198℃；$[\alpha]^{25}$ +130°（c=1，于水中）。生化试剂含量≥98.0%。

注意事项　该品对眼睛有刺激性。接触皮肤能引起过敏。能危害胎儿。使用时应穿适当的防护服和戴手套。万一接触到眼睛，应立即用大量水冲洗后请医生诊治。应密封于2～8℃保存。

主要用途　生化研究。抗肿瘤剂。抗病毒剂。

Cytidine　胞苷 02786

[65-46-3]　$C_9H_{13}N_3O_5$　243.22

成分　C 44.44%，H 5.39%，N 17.28%，O 32.89%。

别名　胞啶；胞嘧啶核苷；4-Amino-1-β-D-ribofuranosyl-2-(1*H*)-pyrimidinone；Cytosine-1-β-D-ribofuranoside；Cytosine riboside；Cytosine-β-D-riboside；1-β-D-Ribofuranosylcytosine；Cytosine-1-β-D-ribofuranoside

M. I. 15，2783

性状　来自90%乙醇中的无色长针状结晶。对空气敏感。易溶于水，较少溶于乙醇。220～230℃分解；$[\alpha]_D^{25}$ +31°（c=0.7，于水中）；uv max（pH值8.2）：271nm（ε 9100）；（pH值2.2）：280nm（ε 13400）。生化试剂含量≥99.0%（HPLC）。

注意事项　该品应充氩气密封保存。

主要用途　生化研究。

Cytidine 5′-diphosphocholine sodium salt dihydrate

5′-二磷酸胆碱胞苷钠盐 二水 02787

[33818-15-4]　$C_{14}H_{25}N_4NaO_{11}P_2 \cdot 2H_2O$　546.34

成分（以无水物计）　C 32.95%，H 4.94%，N 10.98%，Na 4.50%，O 34.49%，P 12.14%。

别名　二水合5′-二磷酸胆碱胞苷钠盐；5′-二胆碱磷酸胞苷钠盐 二水；胞苷-5′-二胆碱磷酸钠盐 二水；胞苷-5′-二磷酸胆碱钠盐；二水合胞苷-5′-二胆碱磷酸钠盐；胞嘧啶核苷-5′-二磷酸胆碱钠盐 二水；5′-二磷胞苷胆碱钠盐 二水；CDPC Na salt；CDP-choline sodium salt；Cholinecytidine 5′-pyrophosphate monosodium salt

性状　白色结晶性粉末。易溶于水，不溶于甲醇、乙醇、丙酮、氯仿。mp 250～251℃。生化试剂含量≥99.0%（HPLC）。

注意事项　该品应充氩气密封于-20℃干燥保存。

主要用途　生化研究。

Cytidine-2′-monophosphate　2′-一磷酸胞苷 02788

[85-94-9]　$C_9H_{14}N_3O_8P$　323.20

成分　C 33.45%，H 4.37%，N 13.00%，O 39.60%，P 9.58%。

别名　2′-Cytidylic acid；胞苷-2′-一磷酸；2-胞苷酸；Cytidylic acid *a*；2′-Cytidinephosphoric acid；Cytidine-2′-phosphate；2′-Cytosylic acid；2′-Cmp

M. I. 15，2784

性状　无色结晶。一般含少量的3′-胞苷酸。略微溶于水。pK_{a1} 0.8；pK_{a2} 4.36；pK_{a3} 6.17。238～240℃分解；$[\alpha]_D^{20}$ +20.7°（于水中）；$[\alpha]_D^{25}$ -3°（于氢氧化钠水溶液中，pH值10）。uv max（pH值2）：278nm（ε 12.7）；（pH值12）：272nm（ε 8.6）。生化试剂含量约98.0%。

注意事项　该品应充氩气密封于-20℃干燥保存。

主要用途　生化研究。

Cytidine-3′-monophosphate　3′-一磷酸胞苷 02789

[84-52-6]　$C_9H_{14}N_3O_8P$　323.20

成分　C 33.45%，H 4.37%，N 13.00%，O 39.60%，P 9.58%。

别名　3′-Cytidylic acid；胞苷-3′-一磷酸；3′-胞苷酸；Cytidylic acid *b*；3′-Cytidinephosphoric acid；Cytidine-3′-phosphate；3′-Cytosylic acid；3′-Cmp

M. I. 15，2785

性状　无色结晶。中等程度溶于水（比2′-胞苷酸较易溶于水）。p*K*a1 0.8；p*K*a2 4.28；p*K*a3 6.0；232～234℃分解；$[\alpha]_D^{20}$ +49.4°（c=1，于水中）；$[\alpha]_D^{25}$ +50.0°（c=1，于pH值10的氢氧化钠水溶液中）。uv max（pH值2）：279nm（ε 13.0）；（pH值12）：272nm（ε 8.90）。生化试剂含量约98.0%。

注意事项　该品吸入或与皮肤接触有毒。大量使用应穿适当的防护服和戴手套。应密封避光保存。

主要用途　生化研究。

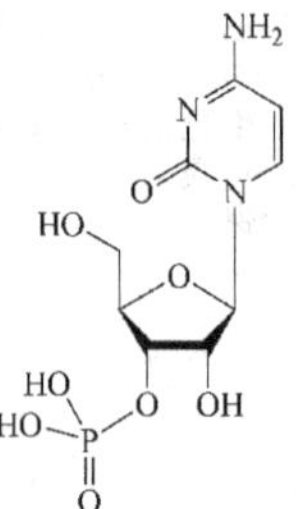

Cytidine 5′-monophosphate disodium salt dihydrate

5′-一磷酸胞苷二钠盐 二水 02790

[6757-06-8]　$C_9H_{12}N_3Na_2O_8P \cdot 2H_2O$　403.21

成分（以无水物计）　C 29.44%，H 3.29%，N 11.44%，Na 12.52%，O 34.86%，P 8.44%。

别名　二水合5′-一磷酸胞苷二钠盐；胞苷-5′-一磷酸二钠盐；5′-胞苷一磷酸二钠盐；胞苷酸钠；5′-一磷酸胞啶二

钠盐；5′-Cmp Na_2 salt；Cytidine-5′-monophosphate disodium salt；5′-Cytidylic acid disodium salt；Cytidine-5′-monophosphoric acid disdium salt

性状 白色结晶。易溶于水。生化试剂含量≥99.0%（HPLC）。

注意事项 使用时应避免吸入本品的粉尘，避免与眼睛及皮肤接触。应充氩气密封于2～8℃干燥保存。

主要用途 生化研究。食品用调味剂。

Cytidine sulfate　硫酸胞苷　02791

［32747-18-5］　$C_{18}H_{28}N_6O_{14}S$　584.52

成分 C 36.99%，H 4.83%，N 14.38%，O 38.32%，S 5.49%。

别名 胞苷 硫酸盐；胞啶 硫酸盐；硫酸胞啶；胞嘧啶核苷硫酸盐

M. I. 15，2783

性状 无色长菱形针状结晶。溶于水。mp 224～225℃（分解）；$[\alpha]_{589}^{25}+34°$；$[\alpha]_{546}^{25}+43°$。生化试剂含量约99.0%（T）。

注意事项 使用时应避免吸入本品的粉尘，避免与眼睛及皮肤接触。

主要用途 生化研究。

Cytidine 5′-triphosphate disodium salt

5′-三磷酸胞苷二钠盐　02792

［36051-68-03］　$C_9H_{14}N_3Na_2O_{14}P_3$　527.12

成分 C 20.51%，H 2.68%，N 7.97%，Na 8.72%，O 42.49%，P 17.63%。

别名 胞苷-5′-三磷酸二钠盐；CTP；5′-CTP-H_2Na_2；Cytidine-5′-triphosphoric acid Na_2 salt；5′-CTP Na_2

性状 白色结晶。溶于水。mp 215～218℃（分解）；Fp 235℉（113℃）。生化试剂含量约95.0%。

注意事项 该品应充氩气密封于－20℃保存。

主要用途 生化研究。

Cytisine　金雀花碱　02793

［485-35-8］　$C_{11}H_{14}N_2O$　190.25

成分 C 69.45%，H 7.42%，N 14.72%，O 8.41%。

别名 乌乐碱；金莲花素；野靛碱；Baptitoxine；Cytiton；(1*R*)-1,2,3,4,5,6-Hexahydro-1,5-methano-8*H*-pyrido[1,2-*a*][1,5]diazocin-8-one；Laburnine；Ulexine；Sophorine

M. I. 15，2786

性状 来自丙酮中的无色或微黄白色斜方菱形结晶或粉末。能升华。该品1份能溶于1.3份水、13份丙酮、1.3份甲醇、3.5份乙醇、30份苯、10份乙酸乙酯、2份氯仿，几乎不溶于石油醚。pK_1 6.11；pK_2 13.08。mp 152～153℃；bp_2 218℃/266.64Pa；$[\alpha]_D^{17}-120°$。LD_{50}小鼠静脉注射：1.73mg/kg；腹膜内注射：9.4mg/kg；急性经口：101mg/kg。生化试剂含量≥99.0%。

注意事项 该品口服有毒。对眼睛、呼吸系统及皮肤有刺激性。使用时应穿适当的防护服和戴手套。万一接触到眼睛或皮肤，应立即用大量水冲洗后请医生诊治。使用时如有事故发生或有不适之感，应请医生诊治。

主要用途 生化研究。

Cytochalasin A　松胞素A　02794

［14110-64-6］　$C_{29}H_{35}NO_5$　477.60

成分 C 72.93%，H 7.39%，N 2.93%，O 16.75%。

M. I. 15，2787

性状 无色或白色结晶。mp 190～191℃；$[\alpha]^{21}+83.7°$（c=1，于甲醇中）。生化试剂含量≥99.0%（TLC）。

注意事项 该品吸入、口服或与皮肤接触极毒。能危害胎儿。使用时应穿适当的防护服和戴手套。接触皮肤后应立即用大量聚乙二醇400冲洗。使用时如有事故发生或有不适之感，应请医生诊治。应充氩气密封于－0℃保存。

主要用途 生化研究。研究细胞的特征。

Cytochalasin B　松胞素B　02795

［14930-96-2］　$C_{29}H_{37}NO_5$　479.63

成分 C 72.63%，H 7.78%，N 2.92%，O 16.68%。

别名 (7*S*,13*E*,16*R*,20*R*,21*E*)-7,20-Dihydroxy-16-methyl-10-phenyl-24-oxo[14]cytochalasa-6(12),13,21-triene-1,23-dione；(*E*,*E*)-16-Benzyl-6,7,8,9,10,12*a*,13,14,15,15*a*,16,17-dodecahydro-5,13-dihydroxy-9,15-dimethyl-14-methylene-2*H*-oxacyclotetradec[2,3-*d*]isoindole-2,18-(5*H*)-dione；phomin

M. I. 15，2787

性状 来自丙酮中的无色或白色的黏结针状结晶或粉末。该品24℃时于下列物质中的溶解度（mg/mL）：丙酮10.3；乙醇35.4；二甲基亚砜371；二甲基甲酰胺492。mp 218～221℃。生化试剂含量≥98.0%（HPLC）。

注意事项 该品吸入、口服或与皮肤接触时极毒。能危害胎儿。使用时应穿适当的防护服和戴手套。接触皮肤后应立即用大量聚乙二醇400冲洗。使用时如有事故发生或有不适之感，应请医生诊治。应充氩气密封于－20℃保存。

主要用途 生化研究。研究细胞的特征。

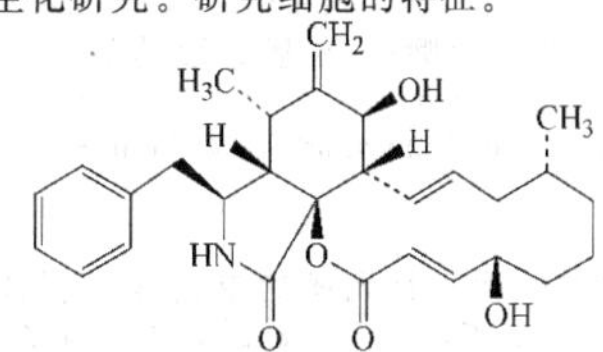

Cytochalasin C　松胞素C　02796

［22144-76-9］　$C_{30}H_{37}NO_6$　507.60

成分 C 70.99%，H 7.35%，N 2.76%，O 18.91%。

性状 浅桃红色结晶或浅桃红色冻干粉。易溶于水、酸性溶液及二氯甲烷。mp 260～266℃（分解）。生化试剂含量≥97.0%（TLC）。

注意事项 该品易燃。吸入、口服或与皮肤接触有害。应密封保存。

主要用途 生化研究。研究细胞的特征。

Cytochalasin D　松胞素 D 02797
[22144-77-0]　$C_{30}H_{37}NO_6$ 507.60
成分　C 70.99%，H 7.35%，N 2.76%，O 18.91%。
性状　无色或白色结晶。mp 260～267℃（分解）。生化试剂含量≥99.0%（TLC）。
注意事项　该品口服有毒。能危害胎儿。使用时应穿适当的防护服和戴手套。使用时如有事故发生或有不适之感，应请医生诊治。应密封于－20℃保存。
主要用途　生化研究。研究细胞学的特征。

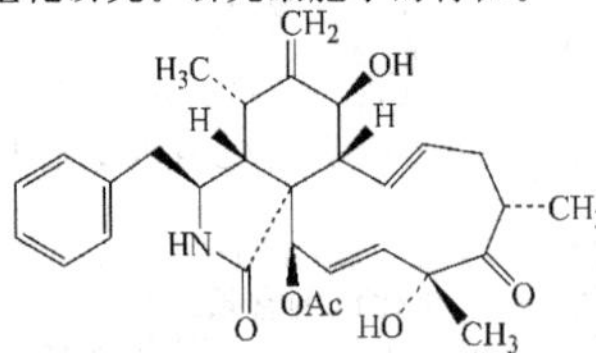

Cytochalasin E　松胞素 E 02798
[36011-19-5]　$C_{28}H_{33}NO_7$ 495.58
成分　C 67.86%，H 6.71%，N 2.83%，O 22.60%。
性状　无色或白色结晶。mp 约 226℃（分解）。生化试剂含量≥99.0%（TLC）。
注意事项　见 02795 松胞素 B。
主要用途　生化研究。研究细胞的特征。

Cytochrome C from bovine heart
细胞色素 C（牛心） 02799
[108021-98-3][9007-43-6] 约 13000
别名　肌血红质 C（牛心）；肌高铁血红素；细胞血素 C（牛心）；Cyt-C；Hematin protein；Myohematin
M. I. 15，2788
性状　暗红棕色冷冻干粉。溶于水，呈暗红至棕色。mp＞300℃。生化试剂含量≥95.0%（GE）。
注意事项　该品应充氩气密封避光于－20℃干燥保存。
主要用途　生化研究。标定蛋白质分子量。

Cytosine monohydrate　胞嘧啶 一水 02800
[71-30-7]　$C_4H_5N_3O \cdot H_2O$ 129.12
成分(以无水物计)　C 43.24%，H 4.54%，N 37.82%，O 14.40%。
别名　细胞碱；细胞嘧啶；4-氨基-2-羟基嘧啶；胞嗪；氧胞嘧啶；4-Amino-2-pyrimidinol；4-Amino-2-hydroxypyrimidine；4-Amino-2-oxo-1，2-dihydropyrimidine；4-Amino-2-(1*H*)-pyrimidinone；Cyt
M. I. 15，2792
性状　来自水中的无色有光泽的单斜或三斜片状结晶。1g 该品溶于 130mL 水，微溶于乙醇，不溶于乙醚。100℃成为无水物，300℃变棕，320～325℃分解；uv max（pH 值 8.8）：196.5nm，267nm（ε $\times 10^{-3}$ 22.5，6.1）；pK_1 4.60；pK_2 12.16。生化试剂含量≥99.0%（HPLC）。
注意事项　该品对眼睛、呼吸系统及皮肤有刺激性。使用时应穿适当的防护服。万一接触到眼睛，应立即用大量水冲洗后请医生诊治。
主要用途　生化研究。

Czapek dox agar　察氏琼脂 02801
性状　近白色粉末。该品种的组成为：琼脂 15.0g/L；磷酸氢二钾 1.0g/L；七水合硫酸镁 0.5g/L；七水合硫酸亚铁 0.01g/L；氯化钾 0.5g/L；硝酸钠 3.0g/L；蔗糖 30.0g/L。
注意事项　使用时应避免吸入本品的粉尘，避免与眼睛及皮肤接触。
主要用途　用于毒霉、曲霉鉴定及保存菌种。

D

Dacarbazine　氮烯唑胺 02802
[4342-03-4]　$C_6H_{10}N_6O$ 182.19
成分　C 39.56%，H 5.53%，N 46.13%，O 8.78%。
别名　5-(3，3-二甲基-1-三氮烯基)-1*H*-咪唑-4-甲酰胺；5-(3，3-Dimethyl-1-triazenyl)-1*H*-imidazole-4-carboxamide；5(or 4)-(Dimethyltriazeno) imidazole-4(or 5)-carboxamide；DIC；DTIC；NSC-45388；Dacatic；DTIC-Dome；Deticene
M. I. 15，2795
性状　象牙色微形结晶。在中性溶液中及少光时稳定。mp 250～255℃(爆炸分解)。uv max(0.1mol/L 盐酸中)：223 nm(ε 7500)；(pH 值 7 中)：237nm(ε 11200)。
注意事项　该品能引起遗传基因的损伤。能致癌。吸入、口服或与皮肤接触有害。对眼睛、呼吸系统及皮肤有刺激性。使用前应得到专门的指导，避免曝露。使用时应穿适当的防护服，戴手套和防护镜或面罩。使用时如有事故发生或有不适之感，应请医生诊治。应密封于 2～8℃保存。
主要用途　生化研究。医用抗肿瘤剂。

Daidzein　黄豆苷原 02803
[486-66-8]　$C_{15}H_{10}O_4$ 254.24
成分　C 70.86%，H 3.96%，O 25.17%。
别名　4′，7-二羟基异黄酮；大豆黄素；黄苷元；7-Hydroxy-3-(4-hydroxyphenyl)-4*H*-1-benzopyran-4-one；4′，7-Dihydroxyisoflavone
M. I. 15，2798
性状　来自稀乙醇中的浅黄色棱柱体结晶。溶于乙醇、乙醚、二甲基亚砜。315～323℃分解。uv max：250nm（lgε 4.44）。一般试剂含量≥98.0%（TLC）。
注意事项　该品对眼睛及皮肤有刺激性。使用时应避免与皮肤接触。万一接触到眼睛，应立即用大量水冲洗后请医生诊治。应密封于－20℃保存。

Dalfopristin　达福普汀 02804
[112362-50-2]　$C_{34}H_{50}N_4O_9S$ 690.85
成分　C 59.11%，H 7.30%，N 8.11%，O 20.84%，S 4.64%。
别名　达福普丁；(26*R*，27*S*)-26-[2-(Diethylamino)ethyl]sulfonyl-26，27-dihydrovirginiamycin M1；26-(2-diethylaminoethyl)sulfonylpristinamycin 11B；RP54476；(3*R*，4*R*，5*E*，10*E*，12*E*，14*S*，26*R*，26a*S*)-26-[2-(Diethylamino)ethyl]sulfonyl-8，9，14，15，24，25，26，26a-octahydro-14-hydroxy-4，12-dimethyl-3-(1-methylethyl)-3*H*-21，18-nitrilo-1*H*，22*H*-pyrrolo[2，1-c][1，8，4，19]dioxadiazacyclotetracosine-1，7，6，22(4*H*，17*H*)-tetrone
M. I. 15，2803
性状　白色固体。mp 约 150℃。
主要用途　医用抗菌剂。

Daltroban　达曲班 02805
[29094-20-5]　$C_{16}H_{16}ClNO_4S$ 353.82

成分 C 54.31%，H 4.56%，Cl 10.02%，N 3.96%，O 18.09%，S 9.06%。

别名 达尔卓潘；4-[2-[[[(4-氯苯基)磺基]氨基]乙基]苯]乙酸；4-[2-[[(4-Chlorophenyl) sulfonyl] amino] ethyl] benzeneacetic acid；[*p*-[2-(*p*-Chlorobenzenesulfonamido) ethyl] phenyl]acetic acid；BM-13505；SKF-96148

M. I. 15，2805

性状 无色结晶或白色粉末。生化试剂含量≥98.0%(HPLC)。

注意事项 该品对眼睛、呼吸系统及皮肤有刺激性。使用时应穿适当的防护服和戴手套。万一接触到眼睛，应立即用大量水冲洗后请医生诊治。

主要用途 医用抗血栓形成剂。

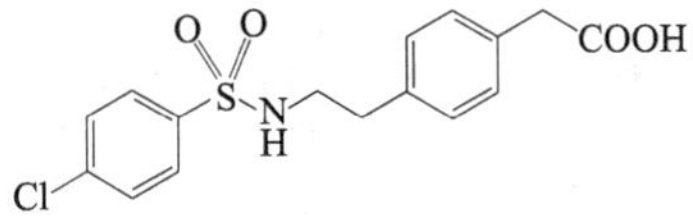

Damascenine 六马士革宁 02806

[483-64-7] $C_{10}H_{13}NO_3$ 195.22

成分 C 61.53%，H 6.71%，N 7.17%，O 24.59%。

别名 黑种草碱；3-Methoxy-2-(methylamino) benzoic acid methyl ester；2-Methylamino-*m*-anisicacid methyl ester；Methyl 2-methylamino-3-methoxybenzoate；Methyldamasecenine；Nigelline

M. I. 15，2807

性状 来自无水乙醇中的无色棱柱体结晶。有类似螺蚕的气味。能随水蒸气挥发。易溶于乙醇、乙醚、氯仿、石油醚、油类，不溶于水。mp 27～29℃；bp 270℃ (微分解)；bp_{10} 147℃/1.333kPa。

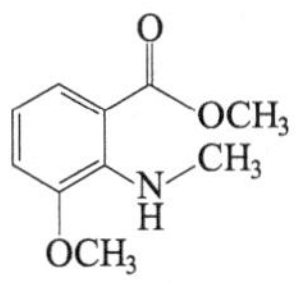

Danazol 炔羟雄烯异噁唑 02807

[17230-88-5] $C_{22}H_{27}NO_2$ 337.46

成分 C 78.30%，H 8.06%，N 4.15%，O 9.48%。

别名 17α-乙炔基-17β-羟基-4-雄烯[2，3-*d*]异噁唑；(17α)-Pregna-2，4-dien-20-yno[2，3-*d*]isoxazol-17-ol；1-Ethynyl-2，3，3a，3b，4，5，10，10a，10b，11，12，12a-dodecahydro-10a，12a-dimethyl-1*H*-cyclopenta[7，8]phenanthro[3，2-*d*]isoxazol-1-ol；17α-Ethynyl-17β-hydroxy-4-androsteno[2，3-*d*]isoxazole；Win-17757；Bonzol；Chronogyn；Cyclomen；Danatrol；Danocrine；Danol；Danoval；Ladogal；Winobanin

M. I. 15，2811

性状 来自丙酮中的白色至浅黄色结晶。mp 224.4～226.8℃；$[\alpha]_D^{25}$ +7.5°(乙醇中)；$[\alpha]_D^{25}$ +21.9°(氯仿中)；uv max (乙醇中)：286nm (ε 11300)。生化试剂含量≥98.0%。

注意事项 该品吸入、口服或与皮肤接触有害。能危害胎儿。使用时应穿适当的防护服。应避免吸入本品的粉尘。

主要用途 生化研究。医用抗促性腺激素剂。

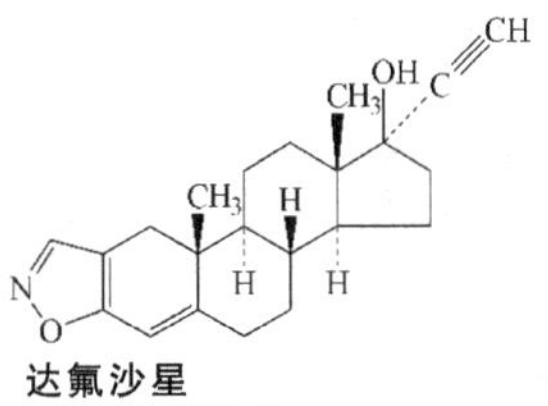

Danofloxacin 达氟沙星 02808

[112398-08-0] $C_{19}H_{20}FN_3O_3$ 357.39

成分 C 63.85%，H 5.64%，F 5.32%，N 11.76%，O 13.43%。

别名 丹诺沙星；丹奴氟沙星；丹诺沙星；1-Cyelopropyl-6-fluoro-1，4-dihydro-7-[(1S，4S)-5-methyl-2，5-diazabicyclo[2.2.1]hept-2-yl]-4-oxo-3-quinolinecarboxylic acid

M. I. 15，2812

性状 无色或白色固体。mp 268～272℃。

注意事项 使用时应避免吸入本品的粉尘，避免与眼睛及皮肤接触。

主要用途 兽用抗菌剂。分析用标准物质。

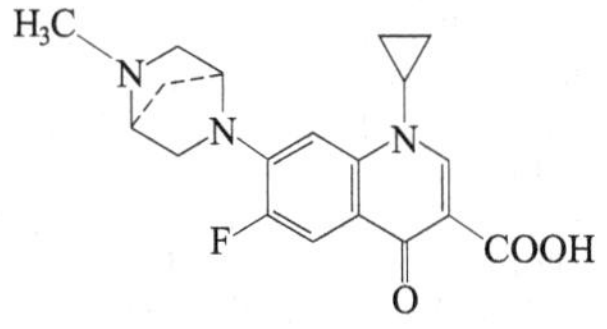

Dansylcadaverine 丹酰尸胺 02809

[10121-91-2] $C_{17}H_{25}N_3O_2S$ 335.46

成分 C 60.87%，H 7.51%，N 12.53%，O 9.54%，S 9.56%。

别名 *N*-丹酰-1，5-戊二胺；*N*-(5-Aminopentyl)-5-dimethylaminonaphthalene-1-sulfonamide；Dansylpentamethylenediamine；Monodansylcadaverine

性状 白色结晶性粉末。对空气敏感。mp 137～138℃。生化试剂品含量≥99.0% (HPLC)。

注意事项 该品对眼睛、呼吸系统及皮肤有刺激性。使用时应穿适当的防护服。万一接触到眼睛，应立即用大量水冲洗后请医生诊治。应充氩气密封保存。

主要用途 生化研究。

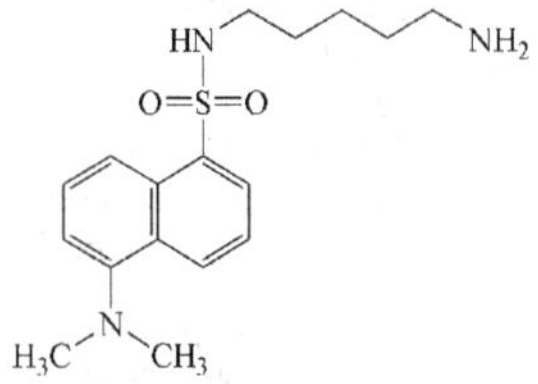

Dansyl chloride 丹酰氯 02810

[605-65-2] $C_{12}H_{12}ClNO_2S$ 269.74

成分 C 53.43%，H 4.48%，Cl 13.14%，N 5.19%，O 11.86%，S 11.89%。

别名 1-二甲氨基萘-5-磺酰氯；5-二甲氨基萘-1-磺酰氯；丹磺酰氯；氯化-1-二甲氨基萘-5-磺酰；氯化-5-二甲氨基萘-1-磺酰；DNS-Cl；1-Dimethylaminonaphthalene-5-sulfonyl chloride；5-Dimethylamino-1-naphthalenesulfonyl chloride；5-Dimethylaminonaphthalene-1-sulfonyl chloride

M. I. 15，2813

性状 来自己烷中的黄色或橙黄色结晶。溶于丙酮、吡啶、苯、二氧六环，不溶于水，但在水中能缓慢地分解。mp 66.5～68℃。一般试剂含量≥99.0% (HPLC)。

注意事项 该品具有腐蚀性，能引起烧伤。使用时应穿适当的防护服，戴手套和防护镜或面罩。万一接触到眼睛，应立即用大量水冲洗后请医生诊治。使用时如有事故发生或有不适之感，应请医生诊治。应充氩气密封于2～8℃干燥保存。

主要用途 用于标记蛋白质类和氨基酸类的荧光试剂。

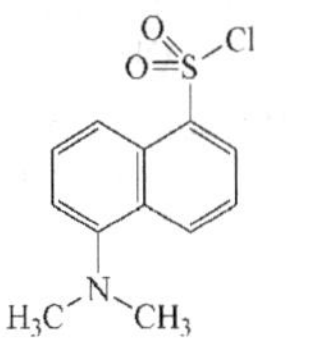

Dansyl fluoride 丹酰氟 02811

[34523-28-9] $C_{12}H_{12}FNO_2S$ 253.29

成分 C 56.90%，H 4.78%，F 7.50%，N 5.53%，O 12.63%，S 12.66%。

别名 5-二甲氨基萘-1-磺酰氟；1-二甲氨基萘-5-磺酰氟；氟化5-二甲氨基萘-1-磺酰；丹磺酰氟；5-Dimethylaminonaphthalene-1-sulfonyl fluoride；1-Dimethylaminonaphthalene-5-sulfonyl fluoride；DNSF

性状 无色结晶。一般试剂含量≥99.0% (HPLC)。

注意事项 见02810丹酰氯。

主要用途 标记蛋白质类的荧光试剂。

Dansylhydrazine　丹酰肼　02812

[33008-06-9]　$C_{12}H_{15}N_3O_2S$　265.34

成分　C 54.32%，H 5.70%，N 15.84%，O 12.06%，S 12.08%。

别名　丹磺酰肼；1-二甲氨基萘-5-磺酰肼；5-二甲氨基萘-1-磺酰肼；1-Dimethylaminonaph-thalene-5-sulfonylhydrazine；5-Dimethylaminonaphthylene-1-sulfonohydrazide；5-Dimethylamino-1-naphthylenesulfonic hydrazide

性状　无色结晶。溶于乙醇。对光及湿度敏感。mp 125～127℃。一般试剂含量≥97.0%（HPLC）。

注意事项　该品对眼睛、呼吸系统及皮肤有刺激性。使用时应穿适当的防护服和戴手套。万一接触到眼睛，应立即用大量水冲洗后请医生诊治。应充氩气密封避光于 2～8℃干燥保存。

主要用途　用于羰基化合物的检测。

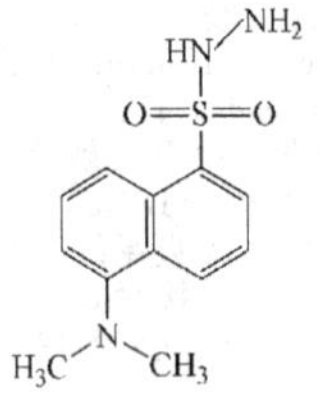

Dantrolene sodium salt　硝苯呋海因钠盐　02813

[14663-23-1]　$C_{14}H_{10}N_4O_5$　314.25

成分　C 53.51%，H 3.21%，N 17.83%，O 25.46%。

别名　丹曲林钠盐；丹曲洛林钠盐；1-[[5-(4-Nitrophenyl)-2-furanyl]methylene]amino-2,4-imidazolidinedione sodium salt；1-[[5-(*p*-Nitrophenyl)furfurylidene]amino]hydantoin sodium salt

M. I. 15. 2815

性状　一般商品含结晶水，为橙色粉末。略溶于丙酮、甘油、二甲基甲酰胺，微溶于水，较多地溶于碱水溶液。pK_a 7.5。LD_{50}小鼠急性经口：1110mg/kg。

注意事项　使用时应避免吸入本品的粉尘，避免与眼睛及皮肤接触。

主要用途　医用骨骼肌松弛剂。

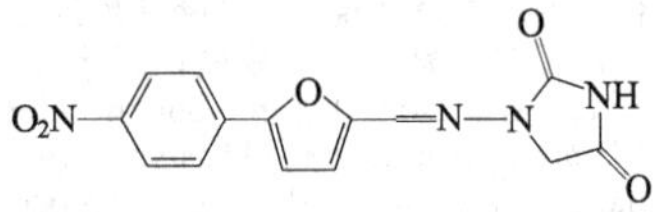

Daphnetin　瑞香素　02814

[486-35-1]　$C_9H_6O_4$　178.14

成分　C 60.68%，H 3.40%，O 35.92%。

别名　7,8-二羟基香豆素；瑞香内酯；白瑞香素；祖师麻甲素；7，8-Dihydroxy-2*H*-1-benzopyran-2-one；7，8-Dihydroxycoumarin

M. I. 15. 2817

性状　来自稀乙醇中的无色结晶。能升华。溶于沸水、热稀乙醇、热冰乙酸，极微溶于乙醚、二硫化碳、氯仿、苯。溶于碱及碳酸碱溶液呈黄色。其水溶液遇三氯化铁呈绿色，与碳酸钠加成变为红色。mp 256℃（分解）。

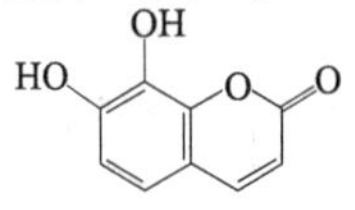

Daphnin　瑞香苷　02815

[486-55-5]　$C_{15}H_{16}O_9$　340.28

成分　C 52.94%，H 4.74%，O 42.32%。

别名　白瑞香苷；祖师麻乙素；7-β-D-Glueopyranosyloxy-8-hydroxy-2*H*-1-benzopyran-2-one；7，8-Dihydroxycoumarin 7-β-D-glucoside；Daphnetin 7-β-D-glucoside；7-Glucosido-8-hydroxycoumarin

M. I. 15. 2818

性状　一水合物为来自水中的无色棱柱体结晶。于 80～90℃干燥（2mmHg/266.6Pa）可得无水物。溶于热水、乙醇，不溶于乙醚。溶于碱溶液，碳酸碱溶液呈黄色。能被稀酸水解，产生 7，8-二羟基香豆素及 D-葡萄糖。215℃分解；$[\alpha]_D^{22}$ −124°（15mg 溶于 4mL 甲醇）。

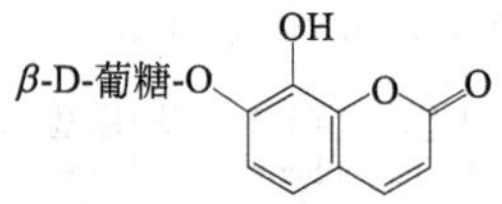

Daphnoline　瑞香醇灵　02816

[479-36-7]　$C_{35}H_{36}N_2O_6$　580.68

成分　C 72.40%，H 6.25%，N 4.82%，O 16.53%。

别名　(4a*R*,16a*S*)-3,4,4a,5,16a,17,18,19-Octahydro-21,26-dimethoxy-17-methyl-2*H*-1，24：12，15-dietheno-6，10-metheno-16*H*-pyrido[2′,3′：17,18][1,10]dioxacycloeicosino[2,3,4-*ij*]isoquinoline-9，22-diol；6，6′-Dimethoxy-2-methyloxyacanthan-7，12′-diol；Trilobamine

M. I. 15. 2819

性状　来自氯仿中的无色结晶。略微溶于甲醇、乙醇、二甲苯、热氯仿、稀酸、5%氢氧化钠水溶液，几乎不溶于水、乙酸乙酯、丙酮、乙醚、石油醚。mp 194～196℃；$[\alpha]_D$ +459°（c=0.3，于氯仿中）；uv max（甲醇中）：285nm（lgε 3.9）。

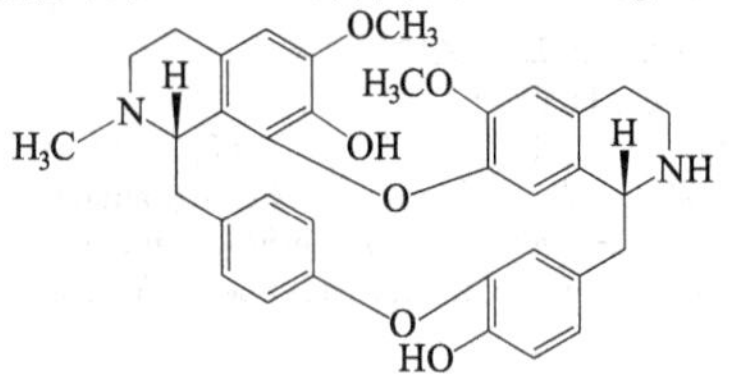

Dapiprazole monohydrochloride

达哌拉唑 盐酸盐　02817

[72822-13-0]　$C_{19}H_{28}ClN_5$　361.92

成分　C 63.06%，H 7.80%，Cl 9.79%，N 19.35%。

别名　盐酸达哌拉唑；达哌唑 盐酸盐；盐酸达哌唑；AF-2139；Glamidolo；Reversil；Rev-Eyes；5,6,7,8-Tetrahydro-3-[2-[4-(2-methylphenyl)-1-piperazinyl]ethyl]-1,2,4-triazolo[4,3-*a*]pyridine monohydrochloride；5，6，7，8-Tetrahydro-3-[2-(4-*o*-tolyl-1-piperazinyl)ethyl]-*s*-triazolo[4,3-*a*]pyridine monohydrochloride

M. I. 15. 2820

性状　来自无水乙醇中的无色结晶。mp 206～207℃。LD_{50}小鼠腹膜内注射：260mg/kg。

主要用途　医用抗青光眼剂，缩瞳剂。

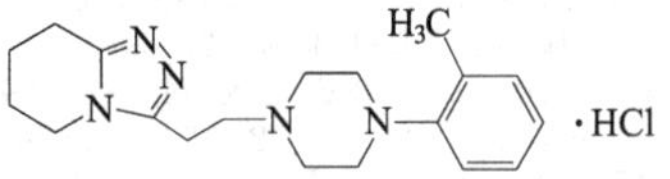

Darifenacin　达非那新　02818

[133099-04-4]　$C_{28}H_{30}N_2O_2$　426.55

成分　C 78.84%，H 7.09%，N 6.57%，O 7.50%。

别名　(3*S*)-1-[2-(2，3-Dihydro-5-benzofuranyl)ethyl]-α，α-diphenyl-3-pyrrolidineaceiamide；3-(*S*)-(−)-(1-Carbamoyl-1，1-diphenylmethyl)-1-[2-(2,3-dihydrobenzofuran-5-yl)ethyl]pyrmolidine；(*S*)-2-[1-[2-(2,3-Dihydrobenzfuran-5-yl)ethyl]-3-pyrrolidinyl]-2,2-diphenylacetamide；UK-88525

M. I. 15. 2826

性状　无色海绵状或玻璃状物。$[\alpha]_D^{25}$ −20.6°（c=1.0，于二氯甲烷中）。生化试剂含量≥99.0%。

主要用途　医用解痉剂。

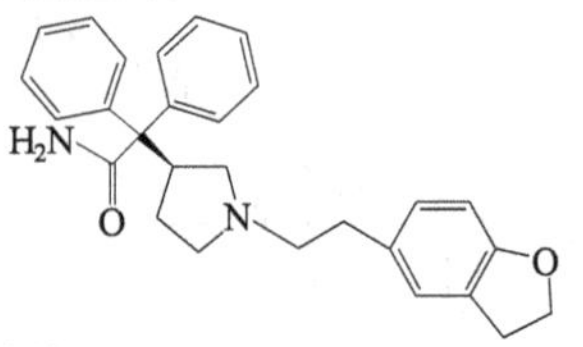

Datiscetin　橡精　02819

[480-15-9]　$C_{15}H_{10}O_6$　286.24

成分　C 62.94%，H 3.52%，O 33.54%。

别名　四数木精；3,5,7-三羟基-2-(2-羟基苯基)-4*H*-1-苯并吡喃-4-酮；3，5，7-Trihydroxy-2-(2-hydrocyphenyl)-4*H*-1-benzopyran-4-one；2′,3,5,7-Tetrahydroxyflavone；2′-H-ydroxycrysidenolon 1493

M. I. 15，2832

性状 来自乙醇中的浅黄色针状结晶。溶于乙醇、乙醚及多数有机溶剂，不溶于水。溶于碱溶液呈黄色。mp 271℃；uv max（96%乙醇中）：264.0nm，375.0nm（lgε 4.265，4.005）。生化试剂含量≥99.0%（HPLC）。

注意事项 该品对眼睛、呼吸系统及皮肤有刺激性。使用时应穿适当的防护服。应充氩气密封保存。

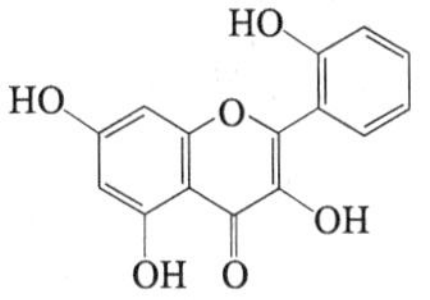

Daucol 胡萝卜醇 02820

[887-08-1] $C_{15}H_{26}O_2$ 238.37

成分 C 75.58%，H 10.99%，O 13.42%。

别名 胡萝卜脑；(3*R*,3 a*S*,6*S*,7*S*,8a*R*)-Octahydro-6,8a-dimethyl-3-(1-methyl ethyl)-1*H*-3a,6-epoxyazulen-7-ol；2,3,4,5,6,7a,8,8a-Octahydro-3-isopropyl-6,8a-dimethyl-1*H*-3a,6-epoxyazulen-7-ol

M. I. 15，2833

性状 来自石油醚中的（－30℃）无色结晶。mp 113～115℃；bp_2 124～132℃/266.6Pa；$[\alpha]_D^{20}$ －16.9°（*c*＝2.76，于乙醇中）。

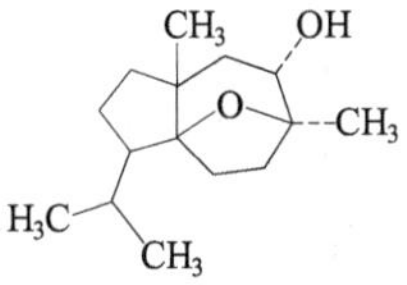

(−)-胡萝卜醇

Daunomycin hydrochloride 正定霉素 盐酸盐 02821

[23541-50-6] $C_{27}H_{30}ClNO_{10}$ 563.98

成分 C 57.50%，H 5.36%，Cl 6.29%，N 2.48%，O 28.37%。

别名 柔毛霉素 盐酸盐；道诺霉素 盐酸盐；盐酸正定霉素；盐酸道诺霉素；盐酸柔毛霉素；(8*S*-*cis*)-8-Acetyl-10-(3-amino-2,3,6-trideoxy-α-L-*lyxo*-hexopyranosyl)oxy-7,8,9,10-tetrahydro-6，8，11-trihydroxy-1-methoxy-5，12-naphthacenedione；Cérubidine；Cerubidin HCl；Daunoblastina；Daunorubicin hydrochloride；Leukaemomycin C hydrochloride；Ondena；RP-13057 HCl；Rubidomycin hydrochloride

M. I. 15，2834

性状 红色细针状结晶。溶于水、甲醇、乙醇水溶液，几乎不溶于氯仿、乙醚、苯。188～190℃分解；$[\alpha]_D^{20}$＋248°±5°（*c*＝0.05～0.1，于甲醇中）；最大吸光值（甲醇中）：234nm，252nm，290nm，480nm，495nm，532 nm（$E_{1cm}^{1\%}$ 665，462，153，214，218，112）。LD_{50} 小鼠静脉注射：26mg/kg。生化试剂含量≥90.0%（HPLC）。

注意事项 该品口服有害。对机体有不可逆损伤的可能性。吸入或与皮肤接触可引起过敏。使用时应穿适当的防护服和戴手套。应避免吸入本品的粉尘。使用时如有事故发生或有不适之感，应请医生诊治。应充氩气密封于2～8℃干燥保存。

主要用途 医用抗肿瘤剂。可强抑制 DNA 和 RNA 的合成物。

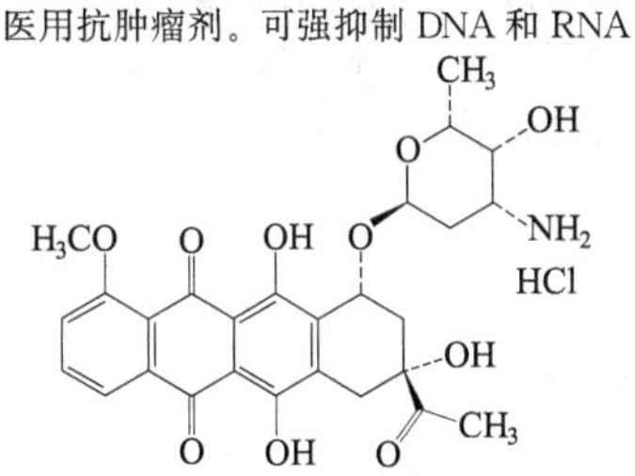

Dauricine 山豆根碱 02822

[524-17-4] $C_{38}H_{44}N_2O_6$ 624.78

成分 C 73.05%，H 7.10%，N 4.48%，O 15.36%。

别名 蝙蝠葛碱；北豆根碱；4-[[(1*R*)-1,2,3,4-Tetrahydro-6,7-dimethoxy-2-methyl-1-isoquinolinyl]methyl]-2-[4-[[(1*R*)-1,2,3,4-tetrahydro-6,7-dimethoxy-2-methyl-1-isoquinolinyl]methyl]phenoxyl]phenol

M. I. 15，2835

性状 微黄色无定形粉末。呈碱性。溶于乙醇、丙酮、苯，微溶于乙醚。mp 115℃；$[\alpha]_D^{11}$ －139。（于甲醇中）。

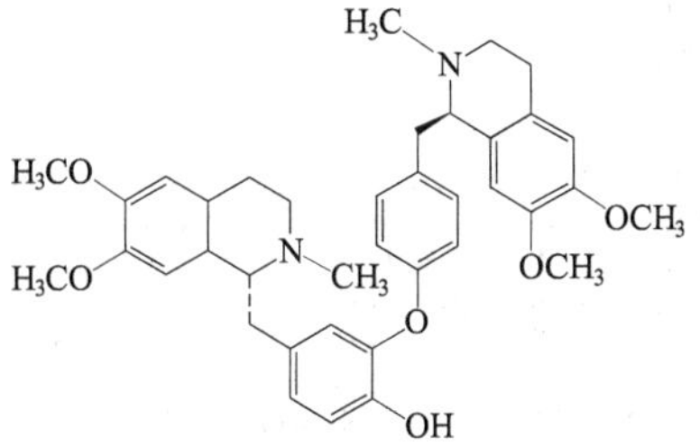

Dazomet 棉隆 02823

[533-74-4] $C_5H_{10}N_2S_2$ 162.27

成分 C 37.01%，H 6.21%，N 17.26%，S 39.52%。

别名 3,5-二甲基-2-硫四氢-1,3,5-噻二嗪；甲硫噻二嗪；Tetrahydro-3，5-dimethyl-2*H*-1，3，5-thiadiazine-2-thione；2-Thio-3，5-dimethyltetrahydro-1，3，5-thiadiazine；3，5-Dimethyl-2-thionotetrahydro-1，3，5-thiadiazine；Dimethylformocarbothialdine；DMTT；Crag 974；Mylone；UCC 974

M. I. 15，2837

性状 来自苯中的无色结晶。溶于乙醇而被分解。能被水、稀酸分解。mp 106～107℃；Fp 312.8℉（156℃）；uv max（于环己烷中）：242nm，289nm（ε 7150，9900）。LD_{50}（g/kg）大鼠，小鼠，豚鼠，兔急性经口：0.32～0.62，0.18，0.16，0.12；大鼠，兔，狗腹膜内注射：0.087，0.127，0.047～0.063；兔皮肤接触：7.1。

注意事项 该品口服有害。对眼睛有刺激性。对水生物极毒。能对水环境引起不利的结果。使用时应避免吸入本品的粉尘，避免与皮肤接触。应防止将本品释放于环境中。其包装物应按危险品处理。应远离热源密封于2～8℃保存。

主要用途 土壤杀菌剂，杀线虫剂，除莠剂。分析用标准物质。

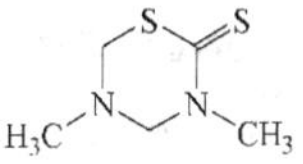

2,4-DB 4-(2,4-二氯苯氧基)丁酸 02824

[94-82-6] $C_{10}H_{10}Cl_2O_3$ 249.09

成分 C 48.22%，H 4.05%，Cl 28.46%，O 19.27%。

别名 4-(2,4-Dichlorophenoxy)butanoic acid；4-(2,4-Dichlorophenoxy)butyric acid；Butyrac；Legumex D

M. I. 15，2838

性状 白色结晶。溶于水（25℃）：46mg/kg。溶于丙酮、乙醇、乙醚，微溶于苯、甲苯、煤油。mp 117～119℃。一般试剂含量≥95.0%。

注意事项 该品口服或与皮肤接触有害。对水生物有毒。能对水环境引起不利的结果。使用时应穿适当的防护服和戴手套。应避免与眼睛接触。切勿排入下水道。如误服本品，应立即请医生检查，并出示本品的标签。应防止将本品释放于环境中。

主要用途 除草剂。分析用标准物质。

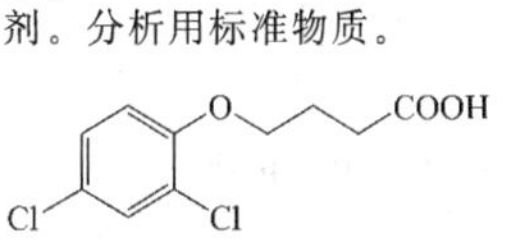

2,4′-DDT 2,4′-滴滴涕 02825

[789-02-6] $C_{11}H_9Cl_5$ 354.49

成分 C 47.43%，H 2.56%，Cl 50.01%。

别名 1,1,1-三氯-2-(2-氯苯基)-2-(4-氯苯基)乙烷；2-(2-氯苯基)-2-(4-氯苯基)-1,1,1-三氯乙烷；*o*,*p*′-DDT；2-(2-Chlorophenyl)-2-(4-chloro phenyl)-1,1,1-ethane；1,1,1-Trichloro-2-(2-chlorophenyl)-2-(4-chlorophenyl)ethane

性状 无色结晶。

注意事项 该品口服有毒。对机体有不可逆损伤的可能性。或能致癌。口服或长期曝露对健康有严重损伤的危险。对水生物极毒。能对水环境引起长期不利的结果。使用时应穿适当的防护服和戴手套。使用时应避免吸入本品的粉尘。使用时如有事故发生或有不适之感，应请医生诊治。应防止将本品释放于环境中。其包装物应按危险品处理。应密封保存。

主要用途 分析用标准物质。

4,4′-DDT
4,4′-滴滴涕 02826
[50-29-3] $C_{14}H_9Cl_5$ 354.48
成分 C 47.44%，H 2.56%，Cl 50.00%。
别名 1,1,1-三氯-2,2-双(4-氯苯基)乙烷；2,2-双(对氯苯基)-1,1,1-三氯乙烷；Agritan；1，1-Bis（4-chlorophenyl）-2，2，2-trichloroethane；1，1-双（4-氯苯基）-2，2，2-三氯乙烷；α，α-Bis（*p*-chlorophenyl ）-β， β， β-trichlorethane； Chlorophenothane；Clofenotane；DDT；*p*，*p*′-DDT；Dichlorodiphenyltrichloroethane；Dicophane；Gesapon；Gesarex；Gesarol；Guesapon；Neocid；Pentachlorin；2，2-Bis（*p*-chlorophenyl）-1，1，1-trichloro ethane；1，1，1-Trichloro-2，2-bis（*p*-chlorophenyl）ethane；1，1，1-Trichloro-2，2-bis (4-chlorophenyl) ethane；Agritan
M. I. 15，2843
性状 来自95%乙醇中的无色双轴长片状或针状结晶。易溶于吡啶、二氧六环，不溶于水、稀酸、稀碱。该品在下列物质中溶解度（g/100mL）：丙酮58；苯78；苯甲酸苄酯42；四氯化碳45；氯苯74；环己烷116；95%乙醇2；乙醚28；汽油10；异丙醇3；煤油8～10；吗啉75；花生油11；松油10～16；四氢萘61；磷酸三丁酯50。mp 108.5～109℃；Fp 161.6℉（72℃）；uv max（95%乙醇中）：236nm。LD_{50}雄，雌大鼠急性经口：113mg/kg，118mg/kg。一般试剂含量≥99.0%。
注意事项 见02825 2,4′-滴滴涕。
主要用途 接触性杀虫剂。环保、农药标样。医用杀体外寄生物。灭虱剂。

Debrisoquine sulfate 异喹胍 硫酸盐 02827
[581-88-4] $C_{20}H_{28}N_6O_4S$ 448.54
成分 C 53.56%，H 6.29%，N 18.74%，O 14.27%，S 7.15%。
别名 硫酸异喹胍；3,4-Dihydro-2(1*H*)-isoquinolinecarboximidamide sulfate；3，4-Dihydro-2（1*H*）-isoquinolinecarboxamidine sulfate；2-Amidino-1，2，3，4-tetrahydroisoquinoline sulfate；Isocaramidine sulfate；Ro-5-3307/1；Declinax；Tendor
M. I. 15，2846
性状 无色结晶。易溶于水。mp 278～280℃。LD_{50}新生，成熟大鼠急性经口（mg/kg）：88±18，1580±163。
注意事项 该品口服有害。使用时应穿适当的防护服。万一接触到眼睛，应立即用大量水冲洗后请医生诊治。
主要用途 生化研究。医用抗高血压剂。

Decafluorobiphenyl 十氟联苯 02828
[434-90-2] $C_{12}F_{10}$ 334.11
成分 C 43.14%，F 56.86%。
别名 全氟联苯；Perfluorobiphenyl
性状 白色粉末。mp 68～70℃；bp 206℃。一般试剂含量≥98.0%（GC）。
注意事项 使用时应避免吸入本品的粉尘。避免与眼睛及皮肤接触。
主要用途 有机合成。

Decahydronaphthalene（*cis* + *trans*）
十氢萘（顺、反式） 02829
[91-17-8] $C_{10}H_{18}$ 138.25
成分 C 86.88%，H 13.12%。
别名 萘烷；Bicyclo[4.4.0]decane；Dec；Decalin；Dekalin；Naphthalane；Naphthane；Perhydronaphthalene
GW 2015-1960 M. I. 15，2850
性状 无色液体。为顺式和反式异构体的混合物。易溶于乙醇、甲醇、乙醚、氯仿，能与丙醇、异丙醇及多数酮、酯相混溶，不溶于水。mp −125℃；bp 189～191℃；Fp 约136℉（58℃，闭杯）；d_4^{20} 0.881；n_D^{20} 1.474。LD_{50}大鼠急性经口：4.2g/kg。LC大鼠于空气中：500×10^{-6}。一般试剂含量≥98.0%（GC）。
注意事项 该品蒸气吸入有害。具有腐蚀性，能引起烧伤。对水生物有毒。能对水环境引起不利的结果。使用时应穿适当的防护服，戴手套和防护镜或面罩。万一接触到眼睛，应立即用大量水冲洗后请医生诊治。使用时如有事故发生或有不适之感，应请医生诊治。其包装物应按危险品处理。
主要用途 溶剂。折射率测定用液体。测定硼的试剂。

***cis*-Decahydronaphthalene 顺式十氢萘** 02830
[493-01-6] $C_{10}H_{18}$ 138.25
成分 C 86.88%，H 13.12%。
别名 十氢萘 顺式；萘烷 顺式；*cis*-Decalin；*cis*-Dekalin
GW 2015-1960 M. I. 15，2850
性状 无色液体。有类似甲醇的气味。易吸潮。能与乙醇、苯相混溶，不溶于水。mp −43.26℃；bp 195.7℃；bp_9 67.0℃/1.2kPa；Fp 137°F（58℃）；d_4^{20} 0.8963；n_D^{20} 1.48113。一般试剂含量≥98.0%（GC）。
注意事项 该品蒸气吸入有害。对眼睛、呼吸系统及皮肤有刺激性。使用时应穿适当的防护服。万一接触到眼睛，应立即用大量水冲洗后请医生诊治。
主要用途 溶剂。色谱分析标准物质。

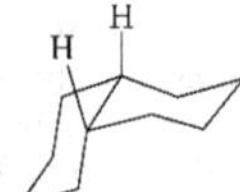

***trans*-Decahydronaphthalene 反式十氢萘** 02831
[493-02-7] $C_{10}H_{18}$ 138.25
成分 C 86.88%，H 13.12%。
别名 十氢萘 反式；萘烷 反式；*trans*-Decalin；*trans*-Dekalin
GW 2015-1960 M. I. 15，2850
性状 无色液体。能与苯任意混溶，不溶于水。mp −30.4℃；bp 187.25℃；bp_9 62.0℃/1.2kPa；Fp 127°F（52℃）；d_4^{20} 0.8700；n_D^{20} 1.46968。一般试剂含量≥99.0%（GC）。
注意事项 该品易燃。具有腐蚀性，能引起烧伤。使用时应穿适当的防护服，戴手套和防护镜或面罩。万一接触到眼睛，应立即用大量水冲洗后请医生诊治。使用时如有事故发生或有不适之感，应请医生诊治。
主要用途 色谱分析标准物质。溶剂。

Decamethyl cyclopentasiloxane
十甲基环戊硅氧烷 02832
[541-02-6] $C_{10}H_{30}O_5Si_5$ 370.77
成分 C 32.39%，H 8.16%，O 21.58%，Si 37.87%。
M. I. 15，2852
性状 无色油状液体。微溶于水（17×10^{-6}）。mp −38℃；bp 210℃；bp_{20} 101℃/2.666kPa；Fp 129.2℉（54℃）；*d* 0.9593；n_D^{20} 1.3982。一般试剂含量≥97.0%（GC）。
注意事项 该品对眼睛、呼吸系统及皮肤有刺激性。使用时应避免吸入本品的蒸气，避免与眼睛及皮肤接触。应密封保存。

$$
\begin{array}{c}
\text{cyclic: } [(CH_3)_2SiO]_5
\end{array}
$$

Decamethylene-1,10-bis(trimethylammonium bromide)
十亚甲基-1,10-双(三甲基溴化铵) 02833
[541-22-0] $C_{16}H_{38}Br_2N_2$ 418.30
成分 C 45.94%，H 9.16%，Br 38.20%，N 6.70%。
别名 溴化十甲铵；C-10；Decamethonium bromide；Decamethylenebis(trimethylammonium bromide)；*N*，*N*，*N*，*N'*，*N'*，*N'*-Hexamethyl-1,10-decanediaminium dibromide；Syncurine
M. I. 15，2851
性状 来自甲醇＋丙酮中的无色结晶。易吸湿。易溶于水、乙醇，极微溶于氯仿，几乎不溶于乙醚。其水溶液稳定。268～270℃分解。一般试剂含量≥99.0%（AT）。
注意事项 该品口服有毒。对眼睛、呼吸系统及皮肤有刺激性。万一接触到眼睛，应立即用大量水冲洗后请医生诊治。使用时如有事故发生或有不适之感，应请医生诊治。应充氩气密封于干燥处保存。
主要用途 生化研究。医用骨骼肌肉松弛剂。

Decamethyltetrasiloxane 十甲基四硅氧烷 02834
[141-62-8] $C_{10}H_{30}O_3Si_4$ 310.69
成分 C 38.66%，H 9.73%，O 15.45%，Si 36.16%。
M. I. 15，2854
性状 无色液体。性稳定。溶于苯及轻烃类，微溶于乙醇及重烃类。mp 约－70℃；bp 194℃；Fp 144℉（62℃）；*d* 0.8536；n_D^{20} 1.3895。一般试剂含量≥97.0%。
注意事项 使用时应避免吸入本品的粉尘，避免与眼睛及皮肤接触。

$(H_3C)_3Si-O-Si(CH_3)_2-O-Si(CH_3)_2-O-Si(CH_3)_3$

Decane 癸烷 02835
[124-18-00005] $C_{10}H_{22}$ 142.28
成分 C 84.42%，H 15.59%。
别名 十烷；正癸烷；Alkane C_{10}；Decyl hydride
GW 2015-2784
性状 无色液体。能与乙醇、乙醚相混溶，不溶于水。mp －30℃；bp 173～174℃；Fp 115℉（46℃）；d_4^{20} 0.730；n_D^{20} 1.412。一般试剂含量≥98.0%（GC）。
注意事项 该品易燃。口服有害，能使肺脏受损。如误服本品不能吐出，应立即请医生诊治，并出示瓶签或包装物。应远离火种密封保存。
主要用途 气相色谱固定液，用于低馏分碳氢化合物的分析。色谱分析参比物质。溶剂。有机合成。

1,10-Decanediamine 1,10-癸二胺 02836
[646-25-3] $C_{10}H_{24}N_2$ 172.31
成分 C 69.70%，H 14.04%，N 16.26%。
别名 1,10-二氨基癸烷；1,10-Diaminodecane；Decamethylenediamine
性状 白色或浅黄色结晶。溶于乙醇。对二氧化碳敏感。mp 59～61℃；bp_{12} 140℃/1.59kPa。一般试剂含量≥95.0%（GC）。
注意事项 该品具有腐蚀性，能引起烧伤。对呼吸系统有刺激性。使用时应穿适当的防护服，戴手套和防护镜或面罩。万一接触到眼睛，应立即用大量水冲洗后请医生诊治。使用时如有事故发生或有不适之感，应请医生诊治。应充氩气密封保存。
主要用途 高分子聚合。药品精制。

1,10-Decanedicarboxylic acid 1,10-癸二羧酸 02837
[693-23-2] $C_{12}H_{22}O_4$ 230.30
成分 C 62.58%，H 9.63%，O 27.79%。
别名 1,10-癸烷二羧酸；十二双酸；癸二羧酸；Dodecanedioic acid；Decane-1,10-dicarboxylic acid；Dicarboxylic acid C_{12}；1,10-Dodecadioic acid
性状 无色结晶。1g 该品溶于 10mL 乙醇。mp 128～130℃；bp_{10} 245℃/1.333kPa；Fp 428℉（220℃）。一般试剂含量≥98.0%（GC）。
注意事项 该品对眼睛，呼吸系统及皮肤有刺激性。使用时应穿适当的防护服。万一接触到眼睛，应立即用大量水冲洗后请医生诊治。

Decanedinitrile 癸二腈 02838
[1871-96-1] $C_{10}H_{16}N_2$ 164.25
成分 C 73.13%，H 9.82%，N 17.06%。
别名 1,8-二氰辛烷；1,8-Dicyanooctane；Octamethylene dicyanide；Sebacic acid dinitrile；Sebaconitrile
性状 黄色油状液体。不溶于水。mp 7～8℃；bp 199～200℃；bp_{15} 199～200℃/2kPa；Fp＞230°F（110℃）；d_4^{20} 0.9313；n_D^{20} 1.4474。一般试剂含量≥95.0%（GC）。
注意事项 该品口服有毒。对眼睛、呼吸系统及皮肤有刺激性。使用时应穿适当的防护服，戴手套和防护镜或面罩。万一接触到眼睛，应立即用大量水冲洗后请医生诊治。使用时如有事故发生或有不适之感，应请医生诊治。应密封保存。
主要用途 高分子聚合物的合成。

1,10-Decanediol 1,10-癸二醇 02839
[112-47-0] $C_{10}H_{22}O_2$ 174.28
成分 C 68.92%，H 12.72%，O 18.36%。
别名 十亚甲基二醇；1,10-二羟基癸烷；Decamethylene glycol
M. I. 15，2853
性状 来自水或稀乙醇中的无色针状结晶。易溶于乙醇、温乙醚，几乎不溶于石油醚、水。mp 74℃；bp_{20} 192℃/2.666kPa；bp_{11} 179℃/1.47kPa；bp_8 170℃/1.07kPa。Fp 305.6℉（152℃）；一般试剂含量≥95.0%（GC）。
主要用途 有机合成。

1-Decanesulfonie acid sodium salt
1-癸烷磺酸钠盐 02840
[13419-61-9] $C_{10}H_{21}NaO_3S$ 244.33
成分 C 49.16%，H 8.66%，Na 9.41%，O 19.65%，S 13.12%。
别名 正癸磺酸钠盐；正癸基磺酸钠；十烷磺酸钠；十烷基磺酸钠；癸基磺酸钠；癸磺酸钠；*n*-Decylsulfonic acid sodium salt；Sodium *n*-decylsulfonate；*n*-Decylsulfonic acid Na salt
性状 白色结晶。mp＞300℃。一般试剂含量≥99.0%（T）。
注意事项 该品对眼睛、呼吸系统及皮肤有刺激性。使用时应穿适当的防护服。万一接触到眼睛，应立即用大量水冲洗后请医生诊治。

1-Decanethiol 1-癸硫醇 02841
[143-10-2] $C_{10}H_{22}S$ 174.35
成分 C 68.89%，H 12.72%，S 18.39%。
别名 癸硫醇；正癸硫醇；*n*-Decylmercaptan；Mercaptan C_{10}
性状 无色或浅黄色液体。有特殊臭味。能与乙醇、乙醚相混溶，微溶于水。mp －26℃；bp_{13} 113～114℃/1.733kPa；Fp 209℉（98℃）；d_4^{20} 0.847；n_D^{20} 1.458。一般试剂含量≥95.0%（GC）。
注意事项 见 02840 1-癸烷磺酸钠盐。
主要用途 溶剂。有机合成。合成橡胶中间体。

Decanoic acid 癸酸 02842
[334-48-5] $C_{10}H_{20}O_2$ 172.27
成分 C 69.72%，H 11.70%，O 18.58%。
别名 羊蜡酸；正癸酸；*n*-Capric acid；Carboxylic acid C_{10}；Decoic acid；Decylic acid；Nonane-*α*-carboxylic acid
M. I. 15，1760
性状 白色结晶性固体。微有脂肪味。溶于乙醇、乙醚、氯仿、苯、二硫化碳、稀硝酸，几乎不溶于水（20℃，

0.015g/100g)。mp 31.4℃；bp 270℃；Fp > 230℉(110℃)；d_4^{50} 0.8782；n_D^{40} 1.4288。LD_{50}小鼠静脉注射：(129±5.4) mg/kg。一般试剂含量≥99.0%(GC)。

注意事项 该品对眼睛、呼吸系统及皮肤有刺激性。使用时应穿适当的防护服。使用时应避免吸入本品的粉尘，避免与眼睛及皮肤接触。万一接触到眼睛，应立即用大量水冲洗后请医生诊治。

主要用途 有机合成。酯类制造。果汁香料的配制。

1-Decanol 1-癸醇 02843

[112-30-1] $C_{10}H_{22}O$ 158.29

成分 C 75.88%，H 14.01%，O 10.11%。

别名 正癸醇；*prim-n*-Capric alcohol；*n*-Decyl alcohol；Nonylcarbi-nol；Alcohol C_{10}

M.I.15，2858

性状 无色黏稠状液体。有脂肪味。有强折光性。溶于乙醇、乙醚，不溶于水。mp 6.4℃；bp_{760} 232.9℃/101.325kPa；bp_{15} 115～120℃/2kPa；bp_8 109.5℃/1.07kPa；Fp 180℉ (82℃)；d_4^{20} 0.8297；n_D^{20} 1.43587。一般试剂含量≥99.5%(GC)。

注意事项 该品蒸气吸入有害。对眼睛、呼吸系统和皮肤有刺激性。对水生物有毒。能对水环境引起不利的结果。使用时应穿适当的防护服和戴手套。万一接触到眼睛，应立即用大量水冲洗后请医生诊治。其包装物应按危险品处理。

主要用途 玫瑰油制备。除草剂。润滑油添加剂。增塑剂。黏合剂。消泡剂。气相色谱固定液。

2-Decanol 2-癸醇 02844

[1120-06-5] $C_{10}H_{22}O$ 158.29

成分 C 75.88%，H 14.01%，O 10.11%。

别名 仲癸醇；2-Decyl alcohol；sec-Decyl alcohol；Methyl octyl carbinol

性状 无色液体。mp －6～－4℃；bp 211℃；bp_{11} 110～112℃/1.467kPa；Fp 185℉ (85℃)；d_4^{20}0.823；n_D^{20} 1.434。一般试剂含量≥98.0%(GC)。

注意事项 该品对眼睛有刺激性。对水生物有毒。能对水环境引起不利的结果。万一接触到眼睛，应立即用大量水冲洗后请医生诊治。应防止将本品释放于环境中。

2-Decanone 2-癸酮 02845

[693-54-9] $C_{10}H_{20}O$ 156.27

成分 C 76.86%，H 12.90%，O 10.24%。

别名 正辛基甲基甲酮；甲基正辛基甲酮；Methyl-*n*-octyl ketone；*n*-Octyl methyl ketone

性状 无色液体。溶于乙醇、乙醚，不溶于水。mp 3.5℃；bp 211℃；Fp 186.8℉ (86℃)；d_4^{20} 0.824；n_D^{20} 1.425。一般试剂含量≥97.0%(GC)。

注意事项 该品应充氩气密封保存。

主要用途 有机合成。气相色谱标准物。

1-Decene 1-癸烯 02846

[872-05-9] $C_{10}H_{20}$ 140.27

成分 C 85.63%，H 14.37%。

别名 正癸烯；*n*-Decylene

GW 2015-850

性状 无色液体。能与乙醇、乙醚相混溶，不溶于水。mp－66.3～－66℃；bp 170～171℃；Fp 118℉(47℃)；d_4^{20} 0.741；n_D^{20} 1.421。一般试剂含量≥98.0%(GC)。

注意事项 该品易燃。对皮肤有刺激性。口服有害，可使肺脏受损。能使水生物的环境产生长期有害的结果。使用时应穿适当的防护服和戴手套。并只能在通风良好处使用。如误服本品能不能吐出，应立即请医生诊治，并出示瓶签或包装物。应远离火种充氩气密封保存。

主要用途 溶剂。有机合成。

Dechlorane® plus 得克隆 02847

[13560-89-9] $C_{18}H_{12}Cl_{12}$ 653.69

成分 C 33.07%，H 1.85%，Cl 65.08%。

别名 双(六氯环戊二烯)环辛烷；1,2,3,4,7,8,9,10,13,13,14,14-Dodecachloro-1,4,4a,5,6,6a,7,10,10a,11,12,12a-dodecahydro-1,4；7,10-dimethanodibenzo[*a*,*e*]cyclooctene；Bis-(hexachlorocyclopentadieno)cyclooctane

M.I.15.2855

性状 无色结晶或白色粉末。mp >325℃。一般试剂含量≥99.0%。

主要用途 塑料阻燃剂。

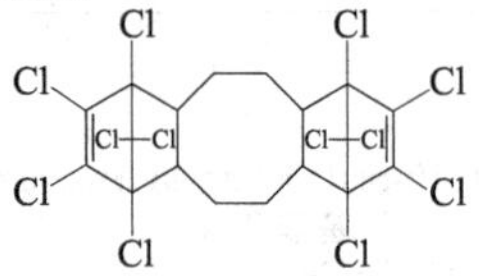

Decitabine 地西他滨 02848

[2353-33-5] $C_8H_{12}N_4O_4$ 228.21

成分 C 42.11%，H 5.30%，N 24.55%，O 28.04%。

别名 4-Amino-1-(2-deoxy-*β*-*erythro*-pentofuranosyl)-1，3，5-triazin-2(1*H*)-one；5-Aza-2′-deoxyeytidine；Dacogen；NSC-127716

M.I.15.2856

性状 来自甲醇中的无色结晶。溶于二甲基亚砜，略溶于水，微溶于甲醇、乙醇水溶液(50/50)、甲醇水溶液(50/50)。mp 201～202℃(分解)；$[\alpha]_D^{22}$ +68.5° (30min) →57.8° (6h) (c=0.5，于水中)；uv max (pH 值 7)：244nm (lgε 3.86)。LD_{50}小鼠腹膜内注射：190mg/kg。

主要用途 医用抗肿瘤剂。

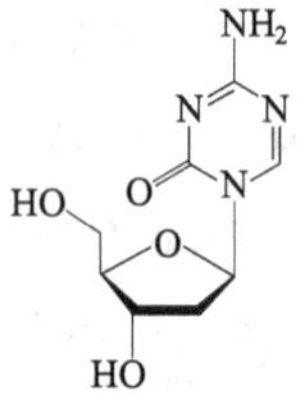

Decoquinate 地可喹酯 02849

[18507-89-6] $C_{24}H_{35}NO_5$ 417.55

成分 C 69.04%，H 8.45%，N 3.35%，O 19.16%。

别名 癸氧喹酯；乙癸氧喹酯；地考喹酯；癸喹酯；敌球素；6-Decyloxy-7-ethoxy-4-hydroxy-3-quinolinecarboxylic acid ethyl ester；Ethyl 6-(*n*-decyloxy-7-ethoxy-4-hydroxyquinoline-3-carboxylate；M & B15497；Deccox

M.I.15.2857

性状 奶油色至米色细小无定形粉末。无嗅。微溶于氯仿、乙醚，几乎不溶于水、乙醇。mp 244～246℃。

主要用途 兽用抑球虫剂。

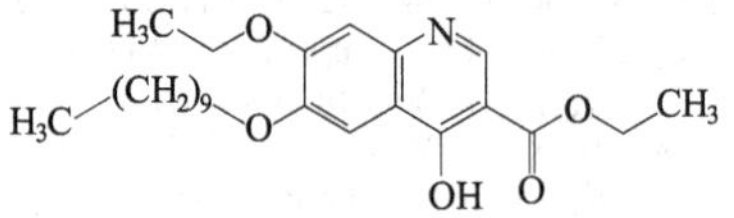

Decyl aldehyde 癸醛 02850

[112-31-2] $C_{10}H_{20}O$ 156.27

成分 C 76.86%，H 12.90%，O 10.24%。

别名 正癸醛；羊蜡醛；Aldehyde C_{10}；Capraldehyde；Capric aldehyde；Caprinaldehyde；Decanal

性状 无色至淡黄色液体。溶于脂肪油、挥发油、80%乙醇，不溶于水、甘油。bp 207～209℃；bp_{10} 93～95℃/1.333kPa；Fp 166℉ (85℃)；d_4^{20} 0.826；n_D^{20} 1.432。一般试剂含量≥95.0%(GC)。

注意事项 该品对眼睛、呼吸系统及皮肤有刺激性。使用时应穿适当的防护服。万一接触到眼睛，应立即用大量水冲洗后请医生诊治。应充氩气密封避光保存。

主要用途 有机合成。化妆品香料。

Decylamine 癸胺 02851

[2016-57-1] $C_{10}H_{23}N$ 157.30

成分 C 76.36%，H 14.74%，N 8.90%。

别名 1-氨基癸烷；正癸胺；1-Aminodecane；Amine C_{10}

性状 无色液体，低温时凝固。对二氧化碳敏感。能与乙醇、乙醚、苯、三氯甲烷相混溶，微溶于水。mp 12～14℃；bp 216～218℃；Fp 192.2℉ (89℃)；d_4^{20} 0.792；n_D^{20} 1.436。一般试剂含量≥98.0%(GC)。

注意事项 该品口服有害。与皮肤接触有毒。具有腐蚀性，能引起烧伤。使用时应穿适当的防护服，戴手套和防护镜或面罩。万一接触到眼睛，应立即用大量水冲洗后请医生诊治。使用时如有事故发生或有不适之感，应请医生诊治。
主要用途 有机合成。溶剂。

Decylbenzene 癸苯 02852
[104-72-3] $C_{16}H_{26}$ 218.38
成分 C 88.00%，H 12.00%。
别名 正癸基苯；1-苯基癸烷；癸基苯；*n*-Decylbenzene；1-Phenyldecane
性状 无色液体。mp −14℃；bp 293～294℃；bp_2 115～116℃/266.64Pa；Fp 230℉（110℃）；d_4^{20} 0.856；n_4^{20} 1.483。一般试剂含量≥98.0%（GC）。

Decyl-β-D-glucopyranoside 癸基-β-D-吡喃葡糖苷 02853
[58846-77-8] $C_{16}H_{32}O_6$ 320.42
成分 C 59.98%，H 10.07%，O 29.96%。
别名 正癸基-β-D-吡喃葡糖苷
性状 白色微细结晶性粉末。易吸潮。溶于乙醇。$[\alpha]_D^{20}$ −27.0°（c=1，于乙醇中）。生化试剂含量≥99.0%（TLC）。
注意事项 使用时应避免吸入本品的粉尘，避免与眼睛及皮肤接触。应充氮气密封干燥保存。
主要用途 生化研究。

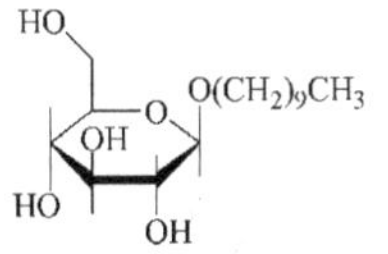

Decyl-β-D-maltoside 癸基-β-D-麦芽糖苷 02854
[82494-09-5] $C_{22}H_{42}O_{11}$ 482.57
成分 C 54.76%，H 8.77%，O 36.47%。
别名 正癸基-β-D-麦芽糖苷；Decyl-β-D-maltopyranoside
性状 白色粉末。溶于水。易吸潮。$[\alpha]_D^{20}$ +48.5°（c=1，于水中）。生化试剂含量≥98.0%（TLC）。
注意事项 该品应充氩气密封于2～8℃干燥保存。
主要用途 生化研究。

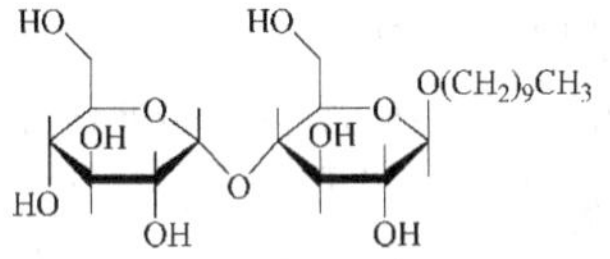

Deferiprone 去铁酮 02855
[30652-11-0] $C_7H_9NO_2$ 139.15
成分 C 60.42%，H 6.52%，N 10.07%，O 23.00%。
别名 1，2-二甲基-3-羟基-4-吡啶酮；3-羟基-1，2-二甲基-4（1*H*）-吡啶酮；3-Hydroxy-1，2-dimethyl-4（1*H*）-pyridinone；1，2-Dimethyl-3-hydroxypyrid-4-one；DMHP；L1；CP-20；Ferriprox；Kelfer
M. I. 15，2862
性状 来自水中的无色针状结晶或白色至灰白色结晶性粉末。味极苦。溶于水（37℃，pH 值 7.4）约 20mg/mL。pK_{a1} 3.3，pK_{a2} 9.7。mp 266～268℃；uv max（磷酸盐缓冲液中，pH 值 7.3）：460nm（ε 3600）。该品为水性螯合剂，与铁可形成红色配合物。mp 266～268℃。LD_{50} 大鼠，小鼠腹膜内注射：650mg/kg，800～1000mg/kg；大鼠臂肌注射：2.0～3.0g/kg。
注意事项 该品口服有害。对眼睛、呼吸系统及皮肤有刺激性。使用时应戴手套和防护镜或面罩。万一接触到眼睛，应立即用大量水冲洗后请医生诊治。
主要用途 铁、铝螯合剂。

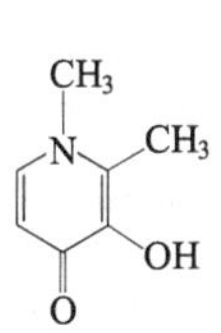

Deferoxamine methanesulfonate 去铁胺 甲烷磺酸盐 02856
[138-14-7] $C_{26}H_{52}N_6O_{11}S$ 656.79
成分 C 47.55%，H 7.98%，N 12.80%，O 26.80%，S 4.88%。
别名 甲烷磺酸去铁胺；*N*′-[5-[[4-[[5-(Acetylhydroxyamino)pentyl]amino]-1，4-dioxobutyl]hydroxyamino]pentyl]-*N*-(5-aminopentyl)-*N*-hydroxybutanediamide methanesulfonate；*N*-[5-[3-[(5-Aminopentyl)hydroxycarbamoyl]propionamido]pentyl]-3-[[5-(*N*-hydroxyacetamido)pentyl]carbamoyl]propionohydroxamic acid methanesulfonate；1-Amino-6，17-dihydroxy-7，10，18，21-tetraoxo-27-(*N*-acetylhydroxylamino)-6，11，17，22-tetraazaheptaeicosane methanesulfonate；Deferoxamine mesylate；desferrioxamine B methanesulfonate；DFOM；Desferol
M. I. 15，2863
性状 来自稀乙醇中的无色结晶或白色粉末。溶于水（20℃，>20%），微溶于甲醇。mp 148～149℃。一般试剂含量约 95.0%（TLC）。
注意事项 使用时应避免吸入本品的粉尘。避免与眼睛及皮肤接触。应密封于−20℃保存。
主要用途 生化研究。医用铁及铝的肠胃外螯合剂，铁中毒解毒剂。

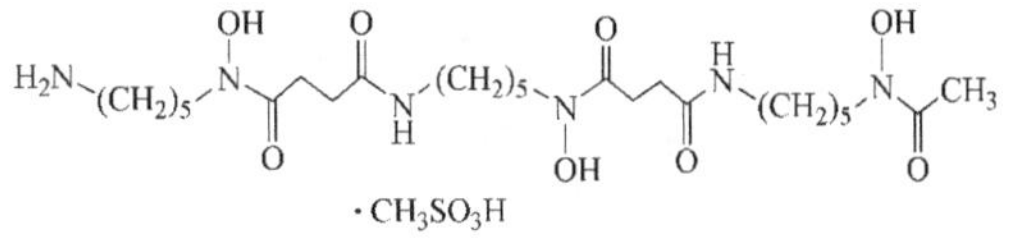

·CH_3SO_3H

Deflazacort 地夫可特 02857
[14484-47-0] $C_{25}H_{31}NO_6$ 441.52
成分 C 68.01%，H 7.08%，N 3.17%，O 21.74%。
别名 去氟可特；合成糖皮质激素；（11β，16β）-21-Acetyloxy-11-hydroxy-2′-methyl-5′*H*-pregna-1，4-dieno[17，16-*d*]oxazole-3，20-dione；11β，21-Dihydroxy-2′-methyl-5′β*H*-pregna-1，4-dieno[17，16-*d*]oxazole-3，20-dione 21-acetate；Pregna-1，4-diene-11β，21-diol-3，20-dione[17α，16a-*d*]-2-methyloxazoline 21-acetate；Oxazacort；Azacort；DL-458-IT；L-5458；Calcort；Deflan；Dezacor；Flantadin；Lantadin
M. I. 15，2865
性状 来自丙酮-己烷中的无色结晶。mp 255～256.5℃；$[\alpha]_D$ +62.3°（c=0.5，于氯仿中）；uv max（甲醇中）：241～242nm（$E_{1cm}^{1\%}$ 352.5）。LD_{50} 小鼠急性经口：5200mg/kg。
主要用途 医用抗炎剂，糖皮质激素。

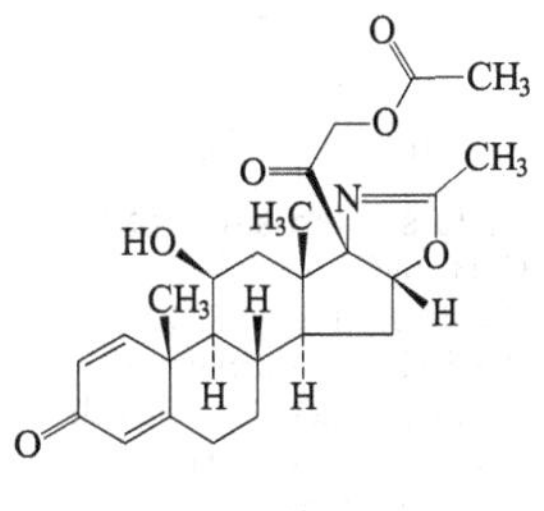

Deguelin 鱼藤素 02858
[522-17-8] $C_{23}H_{22}O_6$ 394.42
成分 C 70.04%，H 5.62%，O 24.34%。
别名 （7a*S*-*cis*）-13，13a-Dihydro-9，10-dimethoxy-3，3-dimethyl-3*H*-bis[1]benzopyrano[3，4-*b*：6′，5′-e]pyran-7(7a*H*)-one
M. I. 15，2867
性状 黄色油状液体。（±）-型为浅绿色结晶或易流动的粉末。mp 171℃。溶于乙醇，几乎不溶于水。$[\alpha]_D^{27}$ −97.2°（c=0.2，于苯中）。一般试剂含量≥98.0%（HPLC）。
注意事项 使用时应避免吸入本品的粉尘，避免与眼睛及皮肤接触。应密封于−20℃保存。
主要用途 杀虫剂。分析用标准物质。

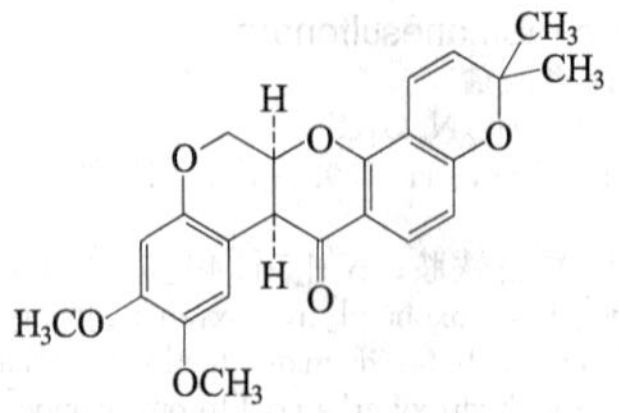

Dehydroabietylamine 脱氢枞胺 02859

[1446-61-3] $C_{20}H_{31}N$ 285.48

成分 C 84.15%，H 10.94%，N 4.91%。

别名 松香胺D；脱氢松香胺；Rosinamine D；(+)-Dehydroabietyl-amine；1,4a-Dimethyl-7-isopropyl-1,2,3,4,4a,9,10,10a-octahydro-1-phenanthrene methylamine

性状 白色结晶。对空气敏感。Fp 235.4°F (113℃)；n_D^{20} 1.5460；$[\alpha]_D^{20}$ +41°±2° (c=1，于乙醇中)。一般试剂含量≥60.0% (GC)。

注意事项 该品对眼睛、呼吸系统及皮肤有刺激性。使用时应穿适当的防护服。万一接触到眼睛，应立即用大量水冲洗后请医生诊治。应充氩气密封保存。

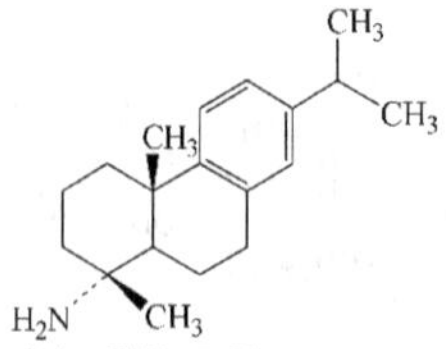

Dehydroacetic acid 脱氢乙酸 02860

[520-45-6] $C_8H_8O_4$ 168.15

成分 C 57.14%，H 4.80%，O 38.06%。

别名 6-甲基-3-乙酰-2-哌喃酮；2-Acetyl-5-hydroxy-3-oxo-4-hexenoic acid δ-lactone；DHA；Methylacetopyronone；3-Acetyl-4-hydroxy-6-methyl-2-pyrone；3-Acetyl-6-methyl-2*H*-pyran-2，4(3*H*)-dione

M. I. 15，2869

性状 白色至奶油色结晶性粉末。本品于下列物质中的溶解度 (25℃，质量分数)：丙酮 22%；苯 18%；甲醇 5%；四氯化碳 3%；乙醚 5%；乙醇 3%；甘油<0.1%；正庚烷 0.7%；橄榄油 1.6%；丙二醇 1.7%；水<0.1%。mp 109～111℃ (升华)；bp 269.9℃。LD_{50}大鼠急性经口：1g/kg。一般试剂含量≥98.0% (T)。

注意事项 该品口服有害。见 02859 脱氢枞胺。

主要用途 杀菌剂的配制。增韧剂。有机合成。

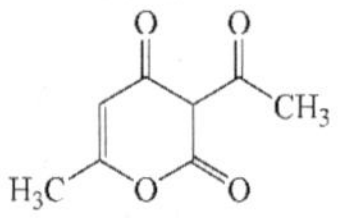

Dehydroacetic acid sodium salt 脱氢乙酸钠盐 02861

[4418-26-2] $C_8H_7NaO_4$ 190.13

成分 C 50.54%，H 3.71%，Na 12.09%，O 33.66%。

别名 3-Acetyl-4-hydroxy-6-methyl-2-pyrone sodium salt；2-Acetyl-5-hydroxy-3-oxo-4-hexenoic acid δ-lactone sodium salt；3-Acetyl-6-methyl-2*H*-pyran-2,4(3*H*)-dione sodium salt；DHA-Na；DHA-S；Methylacetopyronone sodium salt

M. I. 15，2869

性状 白色粉末。无味道。一水合物在下列物质中的溶解度 (25℃，质量分数)：水 33%；丙二醇 48%；橄榄油<0.1%，甲醇 14%；乙醇 1%；正庚烷<0.1%；甘油 15%；乙醚<0.1%；四氯化碳<0.1%，苯<0.1%，丙酮 0.2%。mp 约 295℃ (分解)。LD_{50}大鼠急性经口：570mg/kg。一般试剂含量≥98.0% (NT)。

注意事项 该品口服有害。

主要用途 生化研究。有机合成。

DL-Dehydroarmentomycin DL-脱氢畜群霉素 02862

[80300-23-8] $C_4H_5Cl_2NO_2$ 170.00

成分 C 28.26%，H 2.97%，Cl 41.71%，N 8.24%，O 18.82%。

别名 DL-2-氨基-4,4-二氯-3-丁烯酸；DL-2-Amino-4,4-dichloro-3-butenoic acid

性状 白色结晶性粉末。溶于盐酸。mp 163～166℃ (分解)。生化试剂含量≥98.0% (NT)。

注意事项 使用时应避免吸入本品的粉尘，避免与眼睛及皮肤接触。

主要用途 生化研究。

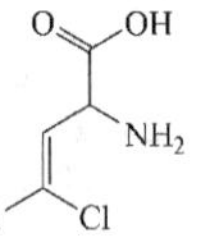

Dehydroascorbic acid 脱氢抗坏血酸 02863

[490-83-5] $C_6H_6O_6$ 174.11

成分 C 41.39%，H 3.47%，O 55.14%。

别名 脱氢维生素C；L-*threo*-2，3-Hexodiulosonic acid γ-lactone

M. I. 15，2870

性状 无色或白色细小的针状结晶。对光、湿度敏感。溶于60℃的水。225℃分解；pK_a：3.90；$[\alpha]_D^{20}$ +56°。

注意事项 该品应充氩气密封避光于干燥处保存。

主要用途 生化研究。

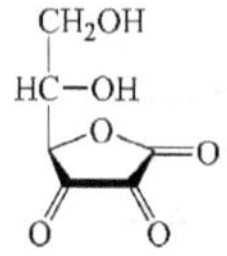

7-Dehydrocholesterol 7-脱氢胆甾醇 02864

[434-16-2] $C_{27}H_{44}O$ 384.65

成分 C 84.31%，H 11.53%，O 4.16%。

别名 前维生素D_3；维生素原D_3；7-脱氢胆固醇；7-脱氢胆酯醇；7-去氢胆甾醇；7-去氢胆固醇；7-去氢胆酯醇；Cholesta-5,7-dien-3-ol；Provitamin D_3；5,7-Cholestadien-3β-ol；(3β)-7-Dehydrocholesterol

M. I. 15，2871

性状 来自乙醚-甲醇中的无色水合片状结晶。溶于大部分有机溶剂，不溶于水。mp 150～151℃；$[\alpha]_D^{20}$ −113.6° (c=1，于氯仿中)。生化试剂含量≥98.0% (HPLC)。

注意事项 该品应充氩气密封避光于−20℃保存。

主要用途 生化研究。

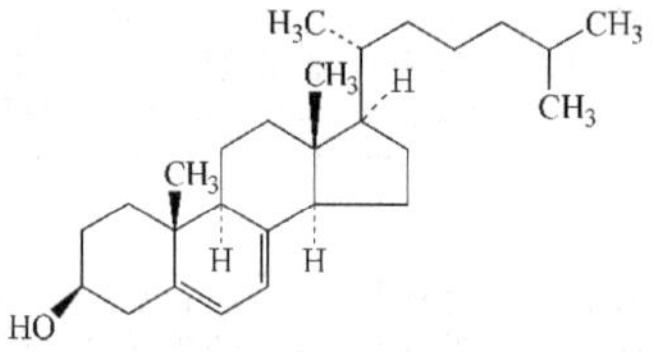

Dehydrocholic acid 脱氢胆酸 02865

[81-23-2] $C_{24}H_{34}O_5$ 402.53

成分 C 71.61%，H 8.51%，O 19.87%。

别名 去氢胆酸；Acolen；Bilidren；Bilostat；Cholagon；Cholan-DH；5β-Cholanic acid-3，5，12-trione；Cholepatin；Chologon；Decholin；Dehychol；Deidrocolico vita；Didrocolo；Erebile；Felacrinos；Procholon；3，7，12-Triketocholanic acid；3，7，12-Trioxo-5β-cholanic acid；(5β)-3,7,12-Trioxocholan-24-oic acid

M. I. 15，2872

性状 来自丙酮中的无色或白色结晶。味苦。该品在下列物质中溶解度 (15℃，g/L)：氯仿 9.04，丙酮 7.76，乙醇 3.3，苯 1.04，乙醚 0.46，水 0.18，乙酸乙酯 7.4，冰乙酸 7.42。溶于氢氧化钠、碳酸钠溶液。mp 237℃；$[\alpha]_D^{20}$ +26° (c=1.4，于乙醇中)。

主要用途 生化研究。医用利胆剂。

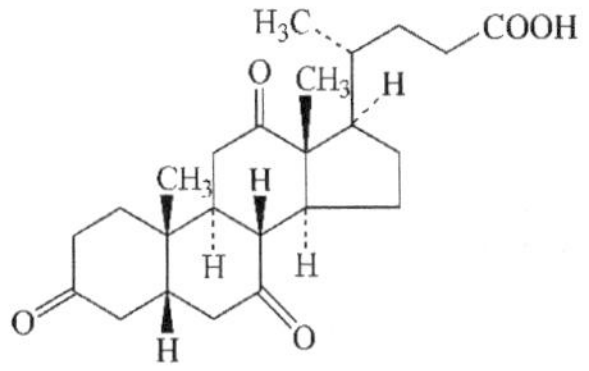

Dehydrocholic acid sodium salt 脱氢胆酸钠盐 02866

[145-41-5] $C_{24}H_{33}NaO_5$ 424.51

成分 C 67.91%，H 7.84%，Na 5.42%，O 18.84%。

别名 Carachol；Dycholium；Sodium dehydrocholate；Suprachol；3,7,12-Trioxo-5β-Cholanic acid sodium salt

M. I. 15，2872

性状 白色结晶性粉末。易吸潮。易溶于水，其水溶液 pH 值约 9.0。

注意事项 使用时应避免吸入本品的粉尘，避免与眼睛及皮肤接触。应充氮气密封干燥保存。

主要用途 生化研究。医用利胆剂。

11-Dehydrocorticosterone 11-去氢皮质酮 02867

[72-23-1] $C_{21}H_{28}O_4$ 344.45

成分 C 73.23%，H 8.19%，O 18.58%。

别名 11-脱氢皮质酮；21-Hy-droxypregn-4-ene-3,11,20-trione；Δ^4-Pregnen-21-ol-3,11,20-trione；17-(1-Keto-2-hydroxyethyl)-Δ^4-androsten-3,11-dione；Kendall's comp ound A

M. I. 15，2873

性状 来自丙酮水中的长棱柱体结晶。相对好地溶于苯。mp 178～180℃；$[\alpha]_{546}^{25}$ +299°或+347°（c=0.23，于苯中）；$[\alpha]_D^{25}$ +258°（乙醇中）。

主要用途 糖皮质激素。

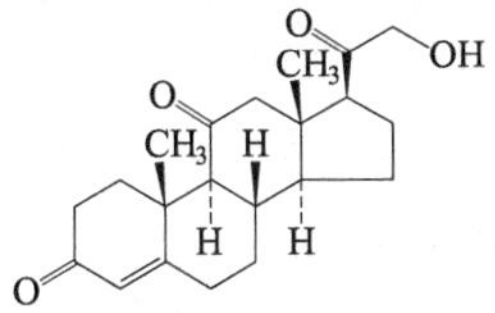

Dehydroemetine 去氢吐根碱 02868

[4914-30-1] $C_{29}H_{38}N_2O_4$ 478.63

成分 C 72.77%，H 8.00%，N 5.85%，O 13.37%。

别名 去氢依米丁；DHE；2,3-Didehydro-6′,7′,10,11-teuamethoxyemetan；2,3-Dehydroemetine；2-Dehy-droemetine；(11b*S*)-3-Ethyl-1,6,7,11b-Tetrahydro-9,10-dimethoxy-2-[(1*R*)-1,2,3,4-tetrahydro-6,7-dimethoxy-1-isoquinolinyl]-4*H*-benzo[*a*]quinolizine

M. I. 15，2874

性状 来自异丙醚中的无色结晶。mp 94～96℃；$[\alpha]_D$ −183°。

主要用途 医用抗阿米巴剂。

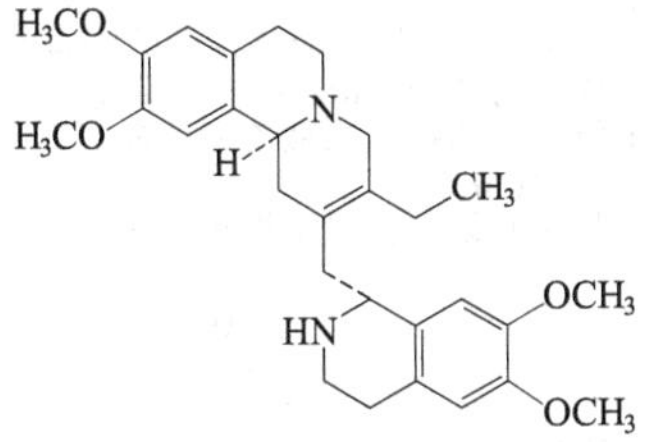

Dehydroergosterol 脱氢麦角甾醇 02869

[516-85-8] $C_{28}H_{42}O$ 394.64

成分 C 85.22%，H 10.73%，O 4.05%。

别名 麦角-5,7,9(11),22-四烯-3β-醇；(3β,22*E*)-麦角-5,7,9(11),22-四烯-3-醇；(3β,22*E*)-Ergosta-5,7,9(11),22-tetraen-3-ol

M. I. 15，2877

性状 来自乙醇中的溶剂化片状结晶或来自乙醚中的无色针状结晶。1g 该品溶于 800mL 甲醇，易溶于乙醚、氯仿、苯。mp 146℃（干品）；$bp_{0.5}$ 230℃/66.66Pa；$[\alpha]_D^{15}$ +149.2°（c=1.9，于氯仿中）。生化试剂含量≥96.0%（HPLC）。

注意事项 该品对机体有不可逆损伤的可能性。应密封于 −20℃保存。

主要用途 生化研究。

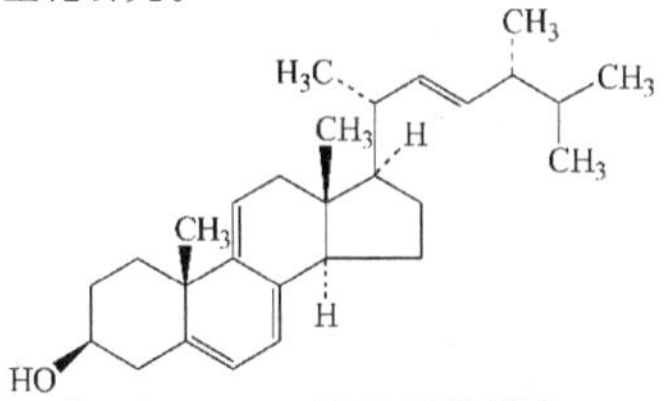

Dehydroisoandrosterone 脱氢异雄甾酮 02870

[53-43-0] $C_{19}H_{28}O_2$ 288.43

成分 C 79.12%，H 9.79%，O 11.09%。

别名 反式脱氢异雄甾酮；脱氢表雄素酮；雄素-5-烯-3β-醇-17-酮；Δ^5-Androsten-3β-ol-17-one；Androst-5-en-3β-ol-17-one；Astenile；Deandros；*trans*-Dehydroandrosterone；Dehydroepiandrosterone；DHEA；Diandrone；17-Hormoforin；(3β)-3-Hydroxyandrost-5-en-17-one；Prasterone；Psicosterone

M. I. 15，2875

性状 无色针状或双晶形结晶。溶于苯、乙醇、乙醚，略微溶于氯仿、石油醚。能被毛地黄皂苷沉淀。mp 140～141℃（针状），152～153℃（小叶状）；$[\alpha]_D^{18}$ +10.9°（c=0.4，于乙醇中）。生化试剂含量≥98.0%（GC）。

注意事项 该品对眼睛、呼吸系统及皮肤有刺激性。使用时应穿适当的防护服。万一接触到眼睛，应立即用大量水冲洗后请医生诊治。

主要用途 生化研究。

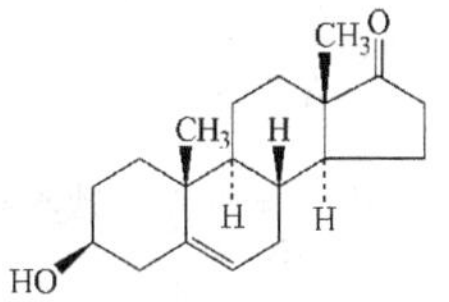

Dehydroisoandrosterone acetate
乙酸脱氢异雄甾酮 02871

[853-23-6] $C_{21}H_{30}O_3$ 330.47

成分 C 76.32%，H 9.15%，O 14.52%。

别名 乙酸反式脱氢异雄素酮；3-乙酸脱氢异雄甾酮；乙酸雄素-5-烯-3β-醇-17-酮；3β-Acetoxy-5-androsten-17-one；Dehydroisoandrosterone 3-acetate；Dehydroepiandrosterone acetate；3β-Hydroxyandrost-5-en-17-one acetate；Prasterone catate

性状 白色针状结晶。mp 168～170℃；$[\alpha]_D^{20}$ +2.4°（c=2，于乙醇中）。生化试剂含量≥97.0%。

注意事项 使用时应避免吸入本品的粉尘，避免与眼睛及皮肤接触。

主要用途 生化研究。

3-Dehydroretinal 3-脱氢视黄醛 02872

[472-87-7] $C_{20}H_{26}O$ 282.43

成分 C 85.06%，H 9.28%，O 5.67%。

别名 3,4-Didehydroreti-nal；(*all-E*)-3,7-Dimethyl-9-(2,6,6-trimethyl-1,3-cyclohexadien-1-yl)-2,4,6,8-nonatetracnal；*all-trans*-3,4-Detydroretinal；Retinal 2；Retinene 2；Vitamin A_2 aldehyde

M. I. 15，2878

性状 来自戊烷中的橙红色棱柱体结晶。mp 77～78℃；uv max（乙醇中）：401nm（$E_{1cm}^{1\%}$ 1470）。

主要用途 生物能量研究工具。

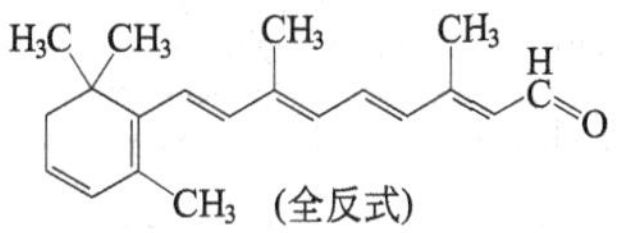

（全反式）

3-Dehydroretinol 3-脱氢视黄醇 02873

[79-80-1] $C_{20}H_{28}O$ 284.44

成分 C 84.45%，H 9.92%，O 5.63%。

别名 维生素 A_2；3,4-Didehydroreti-nal；(*all-E*)-3,7-dimethyl-9-(2,6,6-trimethyl-1,3-cyclohexadien-1-yl)-2,4,6,8-nonatetraen-1-ol；*all-trans*-3-Dehydroretinol；Retinal2；VitaminA_2

M. I. 15，2879

性状 来自石油醚中的亮黄色针状结晶。mp 63～65℃；uv max（乙醇中）：350nm（$E_{1cm}^{1\%}$ 1455）。

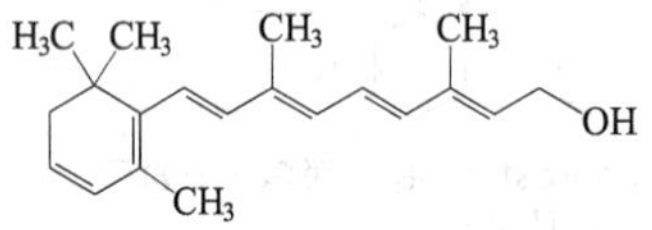

7-Dehydrositosterol 7-脱氢谷甾醇 02874

[521-04-0] $C_{29}H_{48}O$ 412.70

成分 C 84.40%，H 11.72%，O 3.88%。

别名 7-脱氢谷固醇；7-去氢谷甾醇；7-去氢谷固醇；(3*β*)-Stigmasta-5,7-dien-3-ol

M. I. 15，2880

性状 来自乙醇中的无色小片状结晶。与空气接触颜色变棕色。略溶于甲醇，稍多地溶于乙醇，易溶于别的有机溶剂，不溶于水。mp 144～145℃；$[\alpha]_D^{21}$ −116°（*c*=2，于氯仿中）。

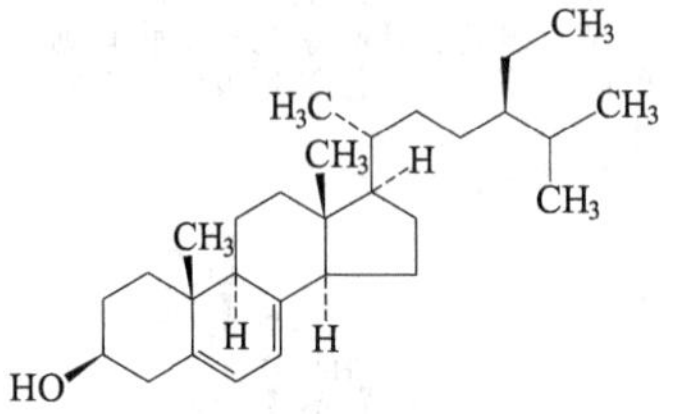

Delapril hydrochloride 地拉普利 盐酸盐 02875

[83435-67-0] $C_{26}H_{33}ClN_2O_5$ 489.01

成分 C 63.86%，H 6.80%，Cl 7.25%，N 5.73%，O 16.36%。

别名 盐酸地拉普利；CV-3317；REV-6000A；Adecut；Cupressin *N*-[(1*S*)-1-Ethoxycarbonyl-3-phenylpropyl]-L-alanyl-*N*-(2,3-dihydro-1*H*-inden-2-yl)-glycine hydrochloride；*N*-[*N*-[(*S*)-1-Ethoxycarbonyl-3-phenylpropyl]-L-alanyl]-*N*-(indan-2-yl) glycine hydrochloride；Ethyl(*S*)-2-[(*S*)-1-(carboxymethyl-2-indanylcarbamoyl) ethyl] amino-4-phenylbutyrate hydrochloride；Alindapril hydrochloride；Indalapril hydrochloride

M. I. 15，2881

性状 来自丙酮+盐酸中的无色片状结晶。mp 166～170℃（分解）；$[\alpha]_D^{22}$ +18.5°（*c*=1，于甲醇中）。

性状 医用抗高血压剂。

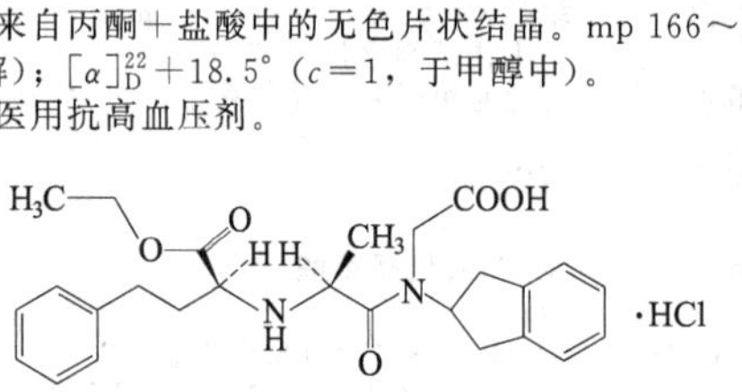

Delavirdine 地拉韦啶 02876

[136817-59-9] $C_{22}H_{28}N_6O_3S$ 456.57

成分 C 57.88%，H 6.18%，N 18.41%，O 10.51%，S 7.02%。

别名 地拉夫定；德拉维丁；*N*-[2-[4-[3-(1-Methylethyl) amino-2-pyridinyl]-1-piperazinyl]carbonyl]-1*H*-indol-5-yl]methanesulfonamide；1-[3-(1-Methylethyl) amino-2-pyridinyl]-4-[[5-(methylsulfonyl) amino-1*H*-indol-2-yl]carbonyl]piperazine；1-(5-Methanesulfonamido-1*H*-indol-2-ylcarbonyl)-4-[3-(1-methylethylamino) pyridinyl] piperazine；1-(3-Isopropylamino-2-pyridyl)-4-[(5-methanesulfonamidoindol-2-yl) carbonyl]piperazine；U-90152

M. I. 15，2882

性状 来自乙酸乙酯+己烷中的无色结晶。pK_a 4.56；pK_{a2} 8.9。lg 分配系数(正辛醇/水)：2.84。mp 226～228℃。

主要用途 医用抗病毒剂。

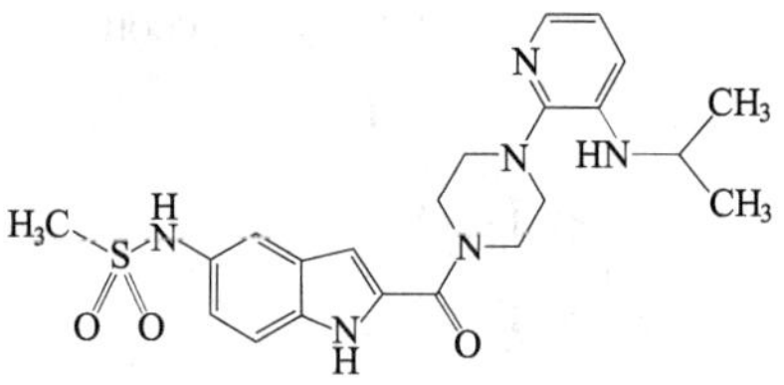

Delmadinone acetate 1-去氢氯地孕酮 02877

[13698-49-2] $C_{23}H_{27}ClO_4$ 402.92

成分 C 68.56%，H 6.75%，Cl 8.80%，O 15.88%。

别名 Δ^1-氯地孕酮；17-Acetyloxy-6-ehloropregna-1,4,6-triene-3,20-dione；6-Chloro-17-hydroxypregna-1,4,6-triene-3,20-dione acetate；1,6-Bisdehydro-6-chioro-17*α*-acetoxyprogesterone；Δ^1-chlormadinone acetate；RS-1301；Tardak

M. I. 15，2883

性状 无色结晶。mp 168～170℃；$[\alpha]_D$ −83°（于氯仿中）；uv max（乙醇中）：229nm，258nm，297nm（lg ε 4.00，4.00，4.03）。

主要用途 医用、兽用孕激素，抗雄激素，抗雌激素。

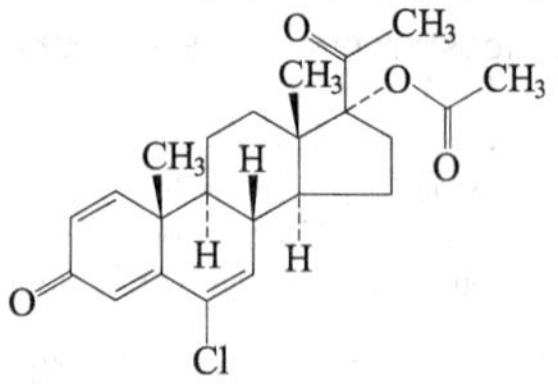

Delmopinol hydrochloride 地莫匹醇 盐酸盐 02878

[98092-92-3] $C_{16}H_{34}ClNO_2$ 307.90

成分 C 62.42%，H 11.13%，Cl 11.51%，N 4.55%，O 10.39%。

别名 盐酸地莫匹醇；M-1650；Decapinol；3-(4-Propylheptyl)-4-morpholineethanol hydrochloride

M. I. 15，2884

性状 无色或白色结晶。溶于水（>40%）。pK_a 7.1。mp 70～72℃。

主要用途 医用牙龈炎的治疗。

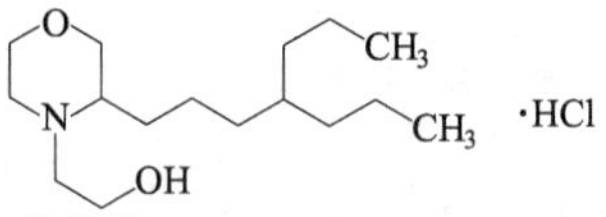

Delphinidin 花翠素 02879

[528-53-0] $C_{15}H_{11}ClO_7$ 338.70

成分 C 53.19%，H 3.27%，Cl 10.47%，O 33.07%。

别名 飞燕草色素；飞燕草苷元；翠雀素；3,5,7-Trihydroxy-2-(3, 4, 5-trihydroxyphenyl)-1-benzopyrylium chloride；3,3′,4′,5,5′,7-Hexahydroxyflavylium chloride；3,3′,4′,5,5′,7-Hexahydroxy-2-phenylbenzopyrylium chloride；Delphinidol

M. I. 15，2885

性状 来自5%盐酸中的具有金属光泽的深褐至棕色棱柱体或针状结晶或来自水（1mol/L，2mol/L，4mol/L）中的结晶。溶于甲醇、乙醇、乙酸乙酯。最大吸收值（于甲醇酸盐酸中）：544nm。

注意事项 该品应充氩气密封干燥于−20℃保存。

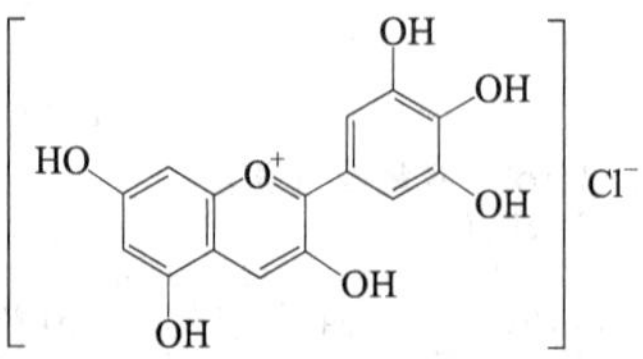

Delphinine 翠雀宁 02880

[561-07-9] $C_{33}H_{45}NO_9$ 599.72

成分 C 66.09%，H 7.56%，N 2.34%，O 24.01%。

别名 飞燕草色素苷；飞燕草碱；还亮草碱；花翠苷；翠雀碱；(1*α*,6*α*,14*α*,16*β*)-1,6,16-Trimethoxy-4-methoxymethyl-20-methylaconitane-8,13,14-triol 8-acetate 14-benzoate；1,6,19-

Trimethoxy-4-methoxymethyl-16-methylaconitane-8，10，11-triol-8-acetate-10-benzoate
M. I. 15，2886
性状 来自乙醇中的无色斜方六边形片状结晶。溶于 25 份乙醇、20 份氯仿、10 份石油醚，不溶于水。mp 197.5～199℃；$[\alpha]_D^{20}+25°$（于乙醇中）。
注意事项 该品有毒。使用时应避免吸入本品的粉尘。

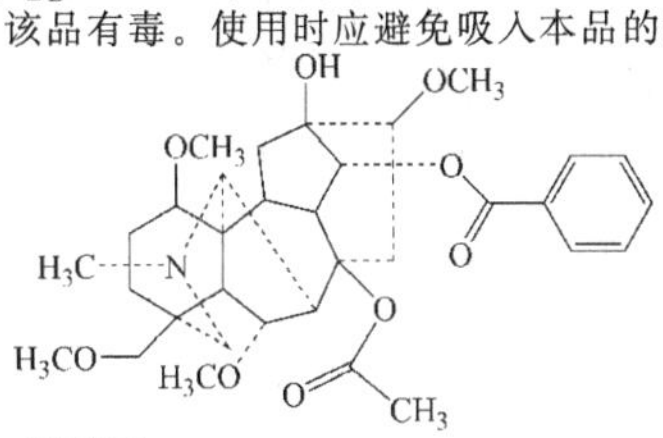

Delsoline 崔雀灵 02881

[509-18-2] $C_{25}H_{41}NO_7$ 467.60
成分 C 64.22%，H 8.84%，N 3.00%，O 23.95%。
别名 飞燕草固灵；(1α,6β,14α,16β)-20-Ethyl-6,14,16-trimethoxy-4-(methoxymethyl)aconitane-1,7,8-triol
M. I. 15，2887
性状 来自甲醇中的无色棱柱体结晶。溶于乙醇、氯仿，微溶于水。mp 213～216.5℃；$[\alpha]_D^{22}+53.4°$（$c=2.04$，于氯仿中）。
主要用途 糖醛着色剂。

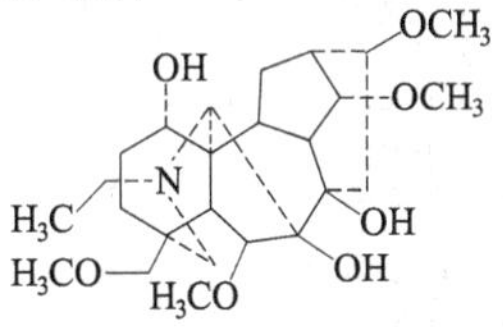

Deltamethrin 溴氰菊酯 02882

[52918-63-5] $C_{22}H_{19}Br_2NO_3$ 505.21
成分 C 52.30%，H 3.79%，Br 31.63%，N 2.77%，O 9.50%。
别名 1*R*-[1α(*S**)，3α]-3-(2,2-二溴乙烯基)-2,2-二甲基环丙烷羧酸氰基(3-苯氧基苯基)甲酯；[1*R*-[1α(*S**)，3α]]-3-(2,2-Dibromoethenyl)-2,2-dimethylcyclopropanecarboxylic acid cyano(3-phenoxyphenyl) methyl ester；(*S*)-α-Cyano-3-phenoxybenzyl-(1*R*)-*cis*-3-(2,2-dibromovinyl)-2,2-dimethylcyclopropane carboxylate；Decamethrin；Esbecythrin；FMC-45498；NRDC-161；RU-22974；Butox；Decis；K-Othrine
M. I. 15，2888
性状 无色结晶。溶于乙醇、丙酮、二氧六环，不溶于水。mp 98～101℃；Fp 212°F（100℃）。LD_{50} 雌大鼠急性经口：31mg/kg；静脉注射：4mg/kg。一般试剂含量≥98.0%。
注意事项 该品吸入或口服有毒，对水生物极毒。能对水环境引起不利的结果。使用时应穿适当的防护服，戴手套和防护镜或面罩。应避免与皮肤接触。使用时如有事故发生或有不适之感，应请医生诊治。应防止将本品释放于环境中。其包装物应按危险品处理。应密封于－20℃保存。
主要用途 杀虫剂。兽用杀体外寄生物剂。

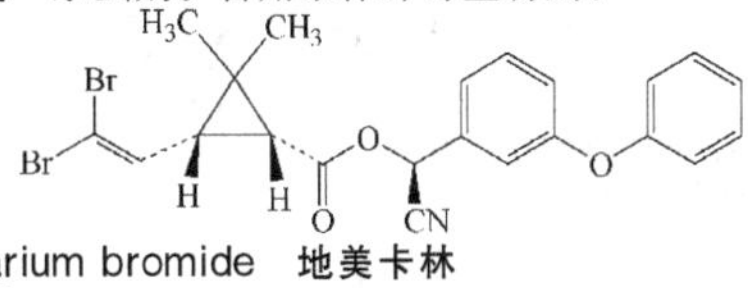

Demecarium bromide 地美卡林 02883

[56-94-0] $C_{32}H_{52}Br_2N_4O_4$ 716.60
成分 C 53.64%，H 7.31%，Br 22.30%，N 7.82%，O 8.93%。
别名 地美溴铵；溴化地美卡林；3,3′-[1,10-Decanediylbis[(methylimino)carbonyloxy]]bis(*N*,*N*,*N*-trimethyylbenzenaminium) dibromide；(*m*-Hydroxyphenyl) trimethylam-monium bromide decamethylenebis(methylcarbamate)；*N*,*N*′-Bis(3-trimethylammoniump henoxyearbonyl)-*N*,*N*′-dimethyldecamethylenediamine dibromide；Decamethylenebis(*m*-dimethylaminophenyl *N*-methylcarbamate) dimethobromide；Decamethylenebis(*N*-methylcarbamic caid *m*-dimethylaminophenylester) bromomethylate；BC-48；Tosmilen；Humorsol
M. I. 15，2889
性状 白色或浅黄色微吸湿的结晶性粉末。易溶于水、乙醇，溶于乙醚，略溶于丙酮，其水溶液呈中性，稳定。能被加热灭菌。162～167℃分解。
主要用途 医用胆碱功能剂（眼用）。

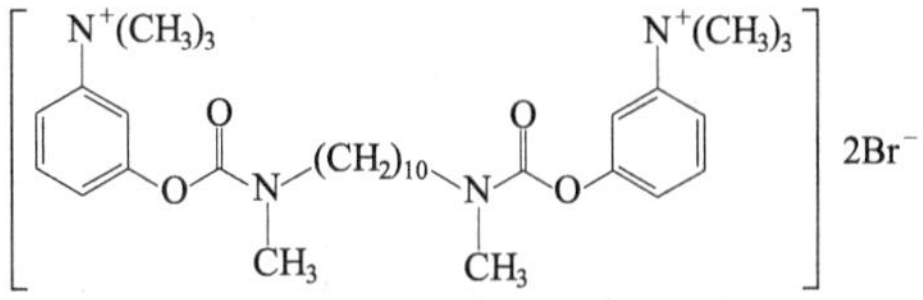

Demeclocycline hydrochloride 脱甲金霉素 盐酸盐 02884

[64-73-3] $C_{21}H_{22}Cl_2N_2O_8$ 501.32
成分 C 50.31%，H 4.42%，Cl 14.14%，N 5.59%，O 25.53%。
别名 盐酸脱甲氯四环素；盐酸脱甲金霉素；脱甲氯四环素盐酸盐；Clortetrin；Demetraciclina；Detravis；Meciclin；Mexocine；[4*S*-(4α，4aα，5aα，6β，12aα)]-7-Chloro-4-dimethylamino-1,4,4a,5,5a,6,11,12a-octahydro-3,6,10,12,12a-pentahydroxy-1，11-dioxo-2-naphthacenecarboxamide hydrochloride；7-Chloro-6-demethyltetracycline hydrochloride；Demethylchlortetracycline (obsolete) hydrochloride；RP-10192 HCl；Bioterciclin HCl；Declomycin HCl；Deganol HCl；Ledermycin HCl；Periciclina HCl
M. I. 15，2890
性状 无色至浅黄色结晶或结晶性粉末。略微溶于水，微溶于乙醇，几乎不溶于丙酮、氯仿。LD_{50} 大鼠急性经口：2372mg/kg。生化试剂含量≥98.0%（TLC）。
注意事项 该品接触皮肤能引起过敏。使用时应穿适当的防护服和戴手套。应充氩气密封避光于－20℃干燥保存。
主要用途 生化研究。医用抗菌剂。

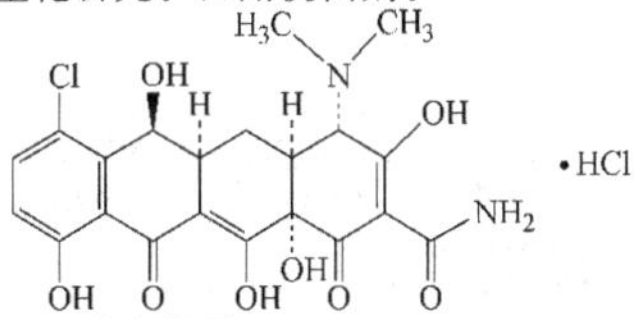

Demecolcine 秋水仙胺 02885

[477-30-5] $C_{21}H_{25}NO_5$ 371.43
成分 C 67.91%，H 6.78%，N 3.77%，O 21.54%。
别名 *N*-脱乙酰-*N*-甲基秋水仙碱；脱羰秋水仙碱；Colcemide；*N*-Deacetyl-*N*-methylcolchicine；Colchamine；6,7-Dihydro-1,2,3,10-tetramethoxy-7-(methylamino) benzo[*a*] heptalen-9(5*H*)-one；*N*-Methyl-*N*-desacetylcolchicine；Omaine；Santavy's substance F
M. I. 15，2891
性状 来自乙酸乙酯＋乙醚中的浅黄色棱柱形结晶。呈碱性。溶于酸化了的水、乙醇、乙醚、氯仿、苯。mp 186℃；$[\alpha]_D^{20}-129.0°$（$c=1$，于氯仿中）；uv max（乙醇中）：245nm，355nm（lgε 4.55，4.24）。生化试剂含量≥98.0%（HPLC）。
注意事项 该品口服有毒。使用时应避免吸入本品的粉尘，避免与眼睛及皮肤接触。使用时如有事故发生或有不适之感，应立即请医生诊治。应充氩气密封避光于 2～8℃保存。
主要用途 生化研究。医用抗肿瘤剂。

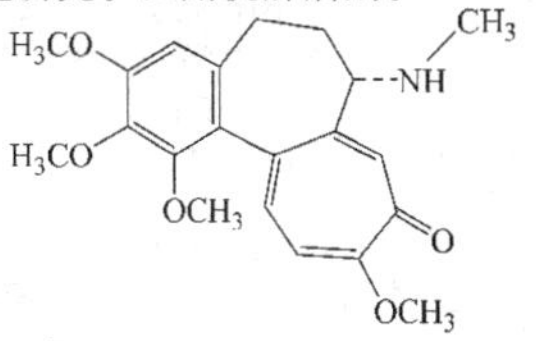

Demeton 内吸磷 02886

[8065-48-3] $C_8H_{19}O_3PS_2$ 258.33
成分 C 37.20%，H 7.41%，O 18.58%，P 11.99%，S 24.82%。
别名 一○五九；二乙基乙巯乙基硫代磷酸酯；地灭通；1059；Phosphorothioie acid *O*,*O*-diethyl *O*-[2-(ethylthio) ethyl] ester mixture with *O*,*O*-diethyl *S*-[2-(ethylthio) ethyl] phosphorothioate；Mereaptophos；Bayer 8169；E-1059；Systox
M. I. 15，2892
性状 无色油状液体。微有气味。溶于乙醇、丙二醇、甲苯、烃类，不溶于水。能被植物吸收。bp_2 134℃/266.6Pa。LD_{50}

雌，雄大鼠急性经口：2.5mg/kg，6.2mg/kg；皮肤接触：8.2mg/kg，14mg/kg。

主要用途 杀虫剂。

Denatonium benzoate 苯甲酸苄铵酰胺 苯甲酸盐 02887

[3734-33-6] $C_{28}H_{34}N_2O_3$ 446.59

成分 C 75.31%，H 7.67%，N 6.27%，O 10.75%。

别名 苯甲酸苄铵酰胺；*N*-[2-[(2,6-Dimethylphenyl)amino]-2-oxoethyl]-*N*,*N*-diethylbenzenemethanaminium benzoate；Benzyldiethyl [(2，6-xylylcarbamoyl) methyl] ammonium benzoate；Lignocaine benzyl benzoate；Bitrex

M. I. 15，2893

性状 来自异丙醇+乙酸乙酯中的无色结晶。味苦。易溶于氯仿、甲醇，溶于水、乙醇，略微溶于丙酮，几乎不溶于乙醚。mp 166～170℃。生化试剂含量≥99.0%（NT）。

注意事项 该品口服有害。对眼睛、呼吸系统及皮肤有刺激性。使用时应穿适当的适当的防护服。万一接触到眼睛，应立即用大量水冲洗后请医生诊治。

2′-Deoxyadenosine monohydrate

2′-脱氧腺苷 一水 02888

[16373-93-6] $C_{10}H_{13}N_5O_3 \cdot H_2O$ 269.26

成分(以无水物计) C 47.81%，H 5.22%，N 27.88%，O 19.10%。

别名 一水合 2′-脱氧腺苷；去氧胰苷；去氧腺嘌呤配糖；去氧腺核苷；脱氧腺嘌呤核苷；Adenine-2′-deoxyriboside；9-*β*-D-2′-Deoxyribofuranosidoadenine

性状 无色或白色针状结晶或结晶性粉末。对空气敏感。溶于水。mp 187～189℃（分解）；$[\alpha]_D^{20}$ −25°±1°（c=0.5，于水中）。生化试剂含量≥98.0%（HPLC）。

注意事项 该品应充氩气密封于 2～8℃保存。

主要用途 生化研究。合成 3′及 5′-磷酸脱氧腺苷。

3′-Deoxyadenosine 3′-脱氧腺苷 02889

[73-03-0] $C_{10}H_{13}N_5O_3$ 251.25

成分 C 47.81%，H 5.22%，N 27.88%，O 19.10%。

别名 Cordycepin；9-Cordyceposidoadenine

M. I. 15，2514

性状 来自乙醇、正丁醇、正丙醇或水中的无色针状结晶。对湿度敏感。溶于水、乙醇、丙醇、丁醇。其水溶液 pH 值 7.1。mp 225～226℃；$[\alpha]_D^{20}$ −47°；$[\alpha]_D^{27}$ −42°（于乙醇中）；uv max（乙醇中）：260nm（ε 14600）。生化试剂含量≥99.0%（HPLC）。

注意事项 该品对机体有不可逆损伤的可能性。使用时应穿适当的防护服。避免吸入本品的粉尘。应充氩气密封干燥保存。

主要用途 生化研究。

2′-Deoxyadenosine 5′-monophosphate

5′-一磷酸-2′-脱氧腺苷 02890

[653-63-4] $C_{10}H_{14}N_5O_6P$ 331.22

成分 C 36.26%，H 4.26%，N 21.14%，O 28.98%，P 9.35%。

别名 2′-脱氧腺苷-5′-磷酸；去氧胰碱酸；脱氧腺苷酸；腺嘌呤脱氧核糖核苷酸；5′-磷酸腺嘌呤脱氧核糖；dAMP；2′-Deoxyadenosine-5′-monophosphoric acid；Adeninedeoxyribose 5′-phosphate；5′-Deoxyadenylic acid；dAMP

性状 白色粉末。溶于水，不溶于有机溶剂。mp 148℃（分解）。生化试剂含量 98.0%～100.0%。

注意事项 该品应密封于−20℃保存。

主要用途 生化研究。

2′-Deoxyadenosine 5′-monophosphate disodium salt

5′-一磷酸-2′-脱氧腺苷二钠盐 02891

[2922-74-9] $C_{10}H_{12}N_5Na_2O_6P$ 375.19

成分 C 32.01%，H 3.22%，N 18.67%，Na 12.25%，O 25.59%，P 9.26%。

别名 2′-去氧腺苷-5′-一磷酸二钠盐；2′-脱氧腺苷-5′-一磷酸二钠盐；2′-脱氧腺苷-5′-磷酸二钠盐；5′-磷酸脱氧腺苷二钠盐；脱氧胰碱酸二钠；脱氧腺苷酸二钠；dAMP-Na_2；2′-Deoxyadenosine-5′-monophosphoric acid Na_2 salt；Deoxyadenylic acid disodium salt；dAMP-Na_2

性状 白色结晶。溶于水。生化试剂含量≥97.0%（HPLC）；H_2O 约 20.0%。

注意事项 使用时应避免吸入本品的粉尘，避免与眼睛及皮肤接触。应充氩气密封干燥保存。

主要用途 生化研究。

2′-Deoxyadenosine 5′-triphosphate disodium salt

5′-三磷酸-2′-脱氧腺苷二钠盐 02892

[74299-50-6] $C_{10}H_{14}N_5Na_2O_{12}P_3$ 535.15

成分 C 22.44%，H 2.64%，N 13.09%，Na 8.59%，O 35.88%，P 17.36%。

别名 5′-三磷酸-2′-去氧腺苷二钠盐；2′-去氧腺苷-5′-三磷酸二钠盐；2′-脱氧腺苷-5′-三磷酸二钠盐；5′-三磷酸-2′-脱氧腺苷二钠盐；dATP-Na_2；2′-Deoxyadenosine-5′-triphosphoric acid Na_2 salt；dATP-Na_2 salt

性状 白色粉末。溶于水。生化试剂含量≥90.0%（HPLC）。

注意事项 该品应充氩气密封于−20℃干燥保存。

主要用途 生化研究。

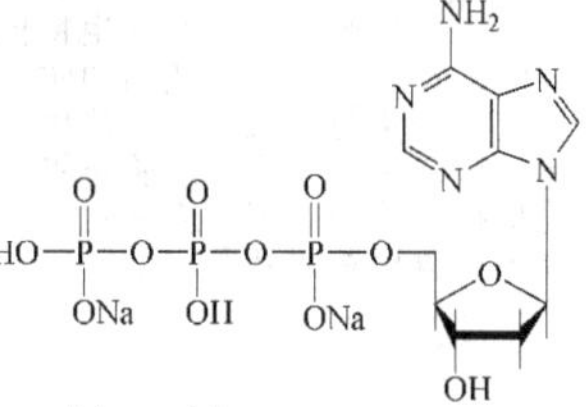

6-Deoxy-L-ascorbic acid

6-脱氧-L-抗坏血酸 02893

[528-81-4] $C_6H_8O_5$ 160.13

成分 C 45.00%，H 5.04%，O 49.96%。

别名 6-去氧-L-抗坏血酸

M. I. 15，2900

性状 来自乙酸乙酯中的无色粗大的棱柱体结晶。易溶于水，溶于丙酮、乙醇，略溶于乙酸乙酯，几乎不溶于乙醚。能升华（160℃，10^{-3} mmHg/0.13Pa）。mp 168℃；$[\alpha]_D^{22}$ −36.7°（0.1mol/L 盐酸中）。

Deoxybenzoin 脱氧安息香 02894

[451-40-1] $C_{14}H_{12}O$ 196.25

成分 C 85.68%，H 6.16%，O 8.15%。

别名 苄基苯基酮；二苯乙酮；2-苯基苯乙酮；α-苯基苯乙酮；脱氧苯偶姻；Benzyl phenyl ketone；Diphenylethanone；2-Phenylacetophenone；α-Phenylacetophenone

性状 无色或白色片状结晶。溶于乙醇、乙醚，微溶于热水。mp 54～55℃；bp 320℃；Fp 235.4℉（113℃）。一般试剂含量≥97.0%（HPLC）。

注意事项 使用时应避免吸入本品的粉尘，避免与眼睛及皮肤接触。应密封避光于 2～8℃保存。

主要用途 有机合成。

Deoxycholic acid 脱氧胆酸 02895

[83-44-3] $C_{24}H_{40}O_4$ 392.58

成分 C 73.43%，H 10.27%，O 16.30%。

别名 去氧胆酸；Cholaic acid；5β-Cholan-3α，12β-diol；7-Deoxycholic acid；Desoxycholic acid；(3α，5β，12α)-3，12-Dihydroxy-5-cholan-24-oic acid；3α，12α-Dihydroxy-5β-cholanic acid；17β-(1-Methyl-3-carboxypropyl)etiocholane-3α，12α-diol

M. I. 15，2901

性状 来自乙醇中的无色结晶。15℃时，该品溶于乙醇（220.7g/L)、乙醚（1.16g/L)、丙酮（10.46g/L)、三氯甲烷（2.94g/L)、冰乙酸（9.06g/L)、苯（0.12g/L)、水（0.24g/L)。溶于氢氧化钠及碳酸钠溶液。pK 6.58；mp 176～178℃；$[\alpha]_D^{20}$ +55°（于乙醇中）。生化试剂含量≥99.0%（T)。

注意事项 该品口服有害。对眼睛、呼吸系统及皮肤有刺激性。使用时应穿适当的防护服。万一接触到眼睛，应立即用大量水冲洗后请医生诊治。

主要用途 生化研究。细菌学及酶类的研究。医用利胆剂。治疗胆功能阻碍和严重胆炎。

Deoxycorticosterone 脱氧皮质甾酮 02896

[64-85-7] $C_{21}H_{30}O_3$ 330.47

成分 C 76.33%，H 9.15%，O 14.52%。

别名 去氧皮质脂酮；11-脱氧肾上腺皮质甾酮；Cortexone；11-Deoxycorticosterone；Deoxycortone；DOC；Desoxycorticosterone；Desoxy cortone；21-Hydroxypregn-4-ene-3，20-dione；Kendall's desoxy comp oumd B；21-Hydroxyprogesterone；4-Pregnen-21-ol-3，20-dione；Reichstein's substance Q

M. I. 15，2902

性状 来自乙醚中的无色或白色片状结晶。易溶于乙醇、丙酮。微溶于水。mp 141～142℃；$[\alpha]_D^{20}$ +178°（c=1，于乙醇中）。uv max：240nm。生化试剂含量≥99.0%（HPLC）。

注意事项 该品对机体有不可逆损伤的可能性。长期接触对健康有严重危害。使用时应避免吸入本品的粉尘，避免与眼睛及皮肤接触。

主要用途 生化研究。

Deoxycorticosterone acetate 乙酸脱氧皮质甾酮 02897

[56-47-3] $C_{23}H_{32}O_4$ 372.51

成分 C 74.16%，H 8.66%，O 17.18%。

别名 乙酸 11-脱氧皮质甾酮；乙酸脱氧皮质酮；乙酸脱氧肾上腺皮质固酮；21-Acetoxypregn-4-ene-3，20-dione；21-Acetyloxypregn-4-ene-3，20-dione；Cortate；Cortexone acetate；Cortiron；DCA；Decosteron；11-Deoxycorticosterone acetate；Desoxycorticosterone acetate；Desoxycortone acetate；Doca；Dorcostrin；21-Hydroxypregn-4-ene-3，20-dione 21-acetate；Deoxycortone acetate；Percorten；Syncortyl；21-Hydroxy progesterone 21-acetate

M. I. 15，2903

性状 来自乙醇中的白色正交针状结晶或粉末。在空气中稳定。在高真空状态可升华。微溶于乙醇、乙醚、甲醇、丙酮、二氧六环、丙二醇（10mg/mL)、植物油，几乎不溶于水。mp 154～160℃；$[\alpha]_D^{20}$ +168°～+176°（于二氧六环中）。生化试剂含量≥99.0%（HPLC）。

注意事项 使用时应避免吸入本品的粉尘，避免与眼睛及皮肤接触。

主要用途 生化研究。

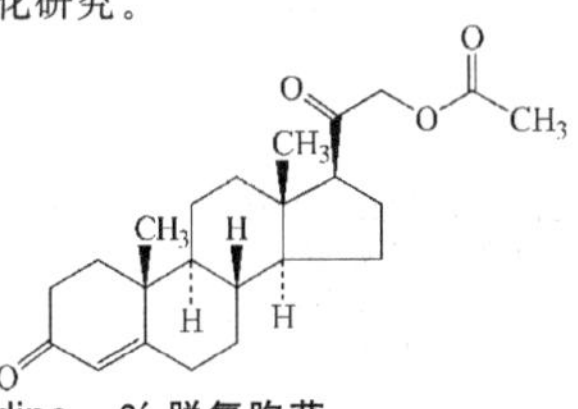

2′-Deoxycytidine 2′-脱氧胞苷 02898

[951-77-9] $C_9H_{13}N_3O_4$ 227.22

成分 C 47.57%，H 5.77%，N 18.49%，O 28.17%。

别名 Cytosine deoxyriboside

性状 白色粉末。溶于水。mp 200～201℃；$[\alpha]_D^{20}$ +82°。生化试剂含量≥99.0%（HPLC）。

注意事项 使用时应避免吸入本品的粉尘，避免与眼睛及皮肤接触。应充氩气密封保存。

主要用途 生化研究。

2′-Deoxycytidine hydrochloride

2′-脱氧胞苷 盐酸盐 02899

[3992-42-5] $C_9H_{14}ClN_3O_4$ 263.68

成分 C 41.00%，H 5.35%，Cl 13.45%，N 15.94%，O 24.27%。

别名 盐酸 2′-脱氧胞苷；脱氧胞核嘧啶核苷 盐酸盐；Cytidine deoxyriboside hydrochloride；Deoxyribosylcytosine hydrochloride；Cytosine deoxyriboside hydrochloride；1-(2-Deoxy-β-D-ribofuranosyl)cytosine hydrochloride

性状 白色结晶性粉末。溶于水。在酸性溶液中微量水解成胞苷。mp 168～170℃（分解）；$[\alpha]_D^{20}$ +57°。生化试剂含量≥99.0%（HPLC）。

注意事项 使用时应避免吸入本品的粉尘，避免与眼睛及皮肤接触。应充氩气密封干燥保存。

主要用途 生化研究。用于 3′及 5′-一磷酸胞苷、3′，5′-二磷酸胞苷的合成。

2′-Deoxycytidine 5′-monophosphate

5′-一磷酸-2′-脱氧胞苷 02900

[1032-65-1] $C_9H_{14}N_3O_7P$ 307.20

成分 C 35.19%，H 4.59%，N 13.68%，O 36.46%，P 10.08%。

别名 2′-脱氧胞苷-5′-磷酸；5′-胞嘧啶脱氧核糖一磷酸；胞嘧啶脱氧核糖-5′-磷酸；脱氧胞核嘧啶核苷酸；5′-脱氧胞啶酸；5′-磷酸脱氧胞苷；5′-磷酸脱氧胞嘧啶核苷；2′-Deoxycytidine-5′-monophosphoric acid；Cytosinedeoxyribose 5′-phosphate；dCMP；5′-Deoxycytidylic acid

性状 白色粉末。对湿度敏感。溶于稀碱溶液和氨水，不溶于有机溶剂。mp 169～172℃（分解）。生化试剂含量≥95.0%（HPLC）。

注意事项 使用时应避免吸入本品的粉尘，避免与眼睛及皮肤接触。应充氩气密封于 2～8℃干燥保存。

主要用途 生化研究。

2′-Deoxycytidine 5′-monophosphate disodium salt
5′-一磷酸-2′-脱氧胞苷二钠盐 02901
[13085-50-2] $C_9H_{12}N_3Na_2O_7P$ 351.16
成分 C 30.78%，H 3.44%，N 11.97%，Na 13.09%，O 31.89%，P 8.82%。
别名 2′-脱氧胞苷-5′-一磷酸二钠盐；2′-Deoxycytidine-5′-monophos-phoric acid Na_2 salt；2′-Deoxycytidine 5′-monophosphate disodium salt
性状 白色粉末。溶于水。生化试剂含量98.0%～100.0%。
注意事项 该品应密封与－20℃保存。
主要用途 生化研究。

2′-Deoxycytidine 5′-triphosphate disodium salt 02902
5′-三磷酸-2′-脱氧胞苷二钠盐
[102783-51-7] $C_9H_{14}N_3Na_2O_{13}P_3$ 511.13
成分 C 21.15%，H 2.76%，N 8.22%，Na 9.00%，O 40.69%，P 18.18%。
别名 2′-脱氧胞苷-5′-三磷酸二钠盐；dCTP-Na_2
性状 白色粉末。溶于水。生化试剂含量≥97.0%。
注意事项 该品吸入、口服或与皮肤接触有毒，并有产生十分严重的不可逆结果的危险。对眼睛、呼吸系统及皮肤有刺激性。使用时应穿适当的防护服。万一接触到眼睛，应立即用大量水冲洗后请医生诊治。使用时如有事故发生或有不适之感，应请医生诊治。应密封于－20℃干燥保存。
主要用途 生化研究。

Deoxyephedrine 脱氧麻黄碱 02903
[537-46-2] $C_{10}H_{15}N$ 149.24
成分 C 80.48%，H 10.13%，N 9.39%。
别名 去氧麻黄素；1-苯基-2-甲氨基丙烷；*d*-Deoxyephedrine；*d*-Desoxyephedrine；(*α*S)-*N*，*α*-Dimethylben-zeneethanamine；(S)-(+)-*N*，*α*-Dimethylphenethylamine；*d*-*N*-Methylamp hetamine；Methyl-*β*-phenylisopropylamine；Norodin；1-Phenyl-2-methylamin-opropane；*d*-Phenylisopropylmethylamine；Phenyl-*iso*-propylmeth-ylamine；Methamp hetamine
M. I. 15，6020
性状 无色透明液体。有特殊气味。能与乙醇、乙醚、氯仿混溶，微溶于水。mp 210℃；*d* 0.921～0.922。
注意事项 该品应密封避光保存。
主要用途 生化研究。能刺激中枢神经，有与苯丙胺相似的药理作用。医用食欲抑制剂，兴奋剂。

DL-Deoxyephedrine hydrochloride
DL-脱氧麻黄碱 盐酸盐 02904
[51-57-0] $C_{10}H_{16}ClN$ 185.70
成分 C 64.68%，H 8.68%，Cl 19.09%，N 7.54%。
别名 DL-去氧麻黄素 盐酸盐；盐酸 DL-去氧麻黄碱；盐酸 DL-脱氧麻黄碱；Amphedroxyn；Desfedrin；Desoxyephedrine hydrochloride；Desoxyfed；Desoxyn；Destim；*N*，*α*-Dimethylphenethylamine hydrochloride；Doxephrin；Drinalfa；Efroxine；Gerobit；Hiropon；"Ice"；Isophen；Madrine；"Meth"；Methadrine；Methampex；Methamp hetamine hydrochloride；Methedrine；Methylisomyn；Pervitin；Semoxydrine；Soxysympamine；"Speed"；Syndrox；Tonedron
M. I. 15，6020
性状 白色结晶或粉末。味苦。易溶于水、乙醇、氯仿，极微溶于乙醚。其1%水溶液对石蕊呈中性或微酸性。mp 170～175℃；$[\alpha]_D^{25}$+14°～+20°。LD_{50}小鼠腹膜内注射：70mg/kg。
注意事项 该品应密封避光保存。
主要用途 生化研究。医用食欲抑制剂，兴奋剂。

Deoxyepinephrine hydrochloride
去氧肾上腺素 盐酸盐 02905
[62-32-8] $C_9H_{14}ClNO_2$ 203.66
成分 C 53.08%，H 6.93%，Cl 17.41%，N 6.88%，O 15.71%。
别名 盐酸去氧肾上腺素；盐酸脱氧肾上腺素；脱氧肾上腺素盐酸盐；4-[2-(Methylamino)ethyl]-1,2-benzenediol hydrochloride；4-[2-(Methylamino) ethyl] pyrocatechol hydrochloride；3,4-Dihydroxyphenylethylamine hydrochloride；Methyl [*β*-(3,4-dihydroxyphenyl) ethyl] amine hydrochloride；Desoxyepinephrine hydrochloride；Epinine hydrochloride
M. I. 15，2904
性状 无色结晶或固体。溶于水、乙醇。生化试剂含量95.0%～98.0%。
注意事项 该品应密封于2～8℃保存。
主要用途 生化研究。医用肾上腺素功能剂，血管收缩剂。

2-Deoxy-D-galactose 2-脱氧-D-半乳糖 02906
[1949-89-9] $C_6H_{12}O_5$ 164.16
成分 C 43.90%，H 7.37%，O 48.73%。
别名 2-脱氧-D-水解乳糖；2-Deoxy-D-lyxohexose
性状 白色结晶。对光敏感，易被氧化。mp 107～110℃；$[\alpha]_D^{20}$+58°（*c*＝1，于水中 2h）。生化试剂含量≥97.0%（HPLC）。
注意事项 该品应充氩气密封干燥保存。
主要用途 生化研究。

2-Deoxy-D-glucose 2-脱氧-D-葡萄糖 02907
[154-17-6] $C_6H_{12}O_5$ 164.16
成分 C 43.90%，H 7.37%，O 48.73%。
别名 2-去氧-D-葡萄糖；2-去氧-D-葡糖；2-脱氧-D-葡糖；D-*arabino*-2-Desoxyhexose；Ba-2758；2-Deoxy-D-*arabino*-hexose；2-Deoxyglucose；2-DG
M. I. 15，2905
性状 来自丙酮或丁酮中的无色结晶。溶于水、乙醇。mp 142～144℃；$[\alpha]_D^{17.5}+38.3°\xrightarrow{35min}+45.9°$（*c*＝0.52，于水中），$+22.8°\xrightarrow{24h}80.8°$（*c*＝0.57，于吡啶中）。生化试剂含量≥98.0%（HPLC）。
注意事项 该品应充氩气密封干燥保存。
主要用途 生化研究。

6-Deoxy-D-glucose 6-脱氧-D-葡萄糖 02908
[7658-08-4] $C_{16}H_{12}O_5$ 164.16
成分 C 43.90%，H 7.37%，O 48.73%。
别名 Quinovose；D-Glucomethylose；D-Isorhamnose；D-Epirhamnose；Chinovose；D-Epifucose；Isorhodeose
M. I. 15,8194
性状 来自乙酸乙酯中的无色结晶。易吸潮。溶于水、乙醇，几乎不溶于乙醚、丙酮。mp 146℃；$[\alpha]_D^{20}+73°\xrightarrow{5min}30°$（3h，最终）（*c*＝8.3，于水中）。生化试剂含量≥98.0%（HPLC）。
注意事项 该品应充氩气密封干燥保存。
主要用途 生化研究。

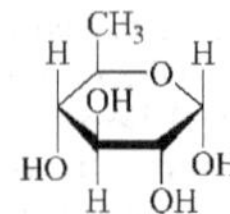

2′-Deoxyguanosine monohydratene

2′-脱氧鸟苷 一水 02909

[961-07-9] $C_{10}H_{13}N_5O_4 \cdot H_2O$ 285.26

成分(以无水物计) C 44.94%，H 4.90%，N 26.21%，O 23.95%。

别名 去氧鸟便嘌呤核苷；鸟嘌呤脱氧核糖核苷；9-β-D-2′-Deoxyribofuranosidoguanine; 9-(2-Deoxy-β-D-ribofuranosyl) guanine; dGuo; Guanine-2′-deoxyriboside

性状 白色针状结晶。溶于水；mp 250℃（开始发黑），300～301℃（分解）。

注意事项 该品应充氩气密封保存。

主要用途 生化研究。

2′-Deoxyguanosine 5′-monophosphate

5′-一磷酸-2′-脱氧鸟苷 02910

[902-04-5] $C_{10}H_{14}N_5O_7P$ 347.23

成分 C 34.59%，H 4.06%，N 20.17%，O 32.25%，P 8.92%。

别名 2′-脱氧鸟苷-5′-一磷酸；去氧鸟粪核酸；去氧鸟苷酸；5′-Deoxyguanylic acid; Desoxy guanylic acid; d-GMP；2′-Deoxyguanosine-5-monophosphoric acid; dGuo-5′-p; Guaninedeoxyribose 5′-phosphate; 2-Amino-2′-deoxy-6-hydroxy-9β-D-ribofuranosyl-9H-purine-5′-phosphoric acid

性状 白色粉末。溶于水，不溶于有机溶剂。mp 180～182℃。

注意事项 该品应充氩气密封于－20℃保存。

主要用途 生化研究。

2′-Deoxyguanosine 5′-monophosphate disodium salt

5′-一磷酸-2′-脱氧鸟苷二钠盐 02911

[33430-61-4] [312693-67-7](水合物) $C_{10}H_{12}N_5Na_2O_7P$ 391.19

成分 C 30.70%，H 3.09%，N 17.90%，Na 11.75%，O 28.63%，P 7.92%。

别名 去氧鸟苷酸二钠盐；去氧鸟粪核酸二钠盐；2′-脱氧鸟苷-5′-一磷酸二钠盐；2-Amino-2′-deoxy-6-hydroxy-9β-D-ribofuranosyl-9H-purine-5′-phosphoric acid disodium salt; d-GMP -Na_2; dGuo-5′-p-Na_2; 5′-Deoxyguanylic acid disodium salt; 2′-Deoxyguanosine-5′-monophosphoric acid Na_2 salt

性状 白色粉末。溶于水，不溶于有机溶剂。mp ＞245℃（分解）；$[\alpha]_D^{20}$ －41°（c＝1，于 0.05mol/L 磷酸氢二钠水溶液中）。生化试剂含量≥99.0%（HPLC）。

注意事项 使用时应避免吸入本品的粉尘，避免与眼睛及皮肤接触。应充氩气密封于－20℃干燥保存。

主要用途 生化研究。

2′-Deoxyguanosine 5′-triphosphate dilithium sat

5′-三磷酸-2′-脱氧鸟苷二锂盐 02912

[95648-75-2] $C_{10}H_{14}Li_2N_5O_{13}P_3$ 519.05

成分 C 23.14%，H 2.72%，Li 2.67%，N 13.49%，O 40.07%，P 17.90%。

别名 2′-脱氧鸟苷-5′-三磷酸二锂盐；d-GTP-Li_2

性状 白色粉末。溶于水。

注意事项 使用时应避免吸入本品的粉尘，避免与眼睛及皮肤接触。应充氩气密封于－20℃干燥保存。

主要用途 生化研究。

2′-Deoxyguanosine 5′-triphosphate disodium salt

5′-三磷酸-2′-脱氧鸟苷二钠盐 02913

[93919-41-6] $C_{10}H_{14}N_5Na_2O_{13}P_3$ 551.20

成分 C 21.79%，H 2.56%，N 12.71%，Na 8.34%，O 37.73%，P 16.86%。

别名 2′-脱氧鸟苷-5′-三磷酸二钠盐；d-GTP-Na_2

性状 白色粉末。溶于水。

注意事项 使用时应避免吸入本品的粉尘，避免与眼睛及皮肤接触。应充氩气密封于－20℃干燥保存。

主要用途 生化研究。

2′-Deoxyinosine 2′-脱氧肌苷 02914

[890-38-0] $C_{10}H_{12}N_4O_4$ 252.23

成分 C 47.62%，H 4.80%，N 22.21%，O 25.37%。

别名 2′-脱氧次黄嘌呤核苷；9-(2-Deoxy-β-D-ribofuranosyl) hypoxanthine

性状 白色结晶性粉末。溶于水。$[\alpha]_D^{20}$ －20°（c＝1，于水中）。生化试剂含量≥99.0%（HPLC）。

注意事项 使用时应避免吸入本品的粉尘，避免与眼睛及皮肤接触。应充氩气密封保存。

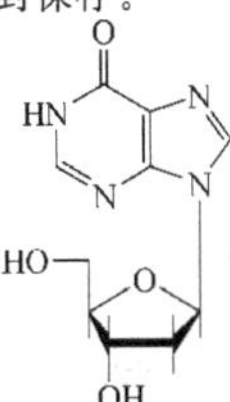

5′-Deoxy-5′-(methylthio)adenosine

5′-脱氧-5′-(甲硫基)腺苷 02915

[2457-80-9] $C_{11}H_{15}N_5O_3S$ 297.33

成分 C 44.44%，H 5.08%，N 23.55%，O 16.14%，S 10.78%。

性状 白色结晶性粉末。溶于吡啶。

注意事项 使用时应避免吸入本品的粉尘，避免与眼睛及皮肤接触。应密封于－20℃干燥保存。

主要用途 生化研究。

1-Deoxy-1-morpholino-D-fructose

1-脱氧-1-吗啉代-D-果糖 02916

[6291-16-3] $C_{10}H_{19}NO_6$ 249.30

成分 C 48.18%，H 7.68%，N 5.62%，O 38.51%。

性状 白色至淡黄色结晶性粉末。溶于吡啶。mp 147～148℃；$[\alpha]_D^{20}$ －51°（c＝2，于吡啶中 48h）。生化试剂含量≥98.0%（TLC）。

注意事项 该品应密封于－20℃保存。

主要用途 生化研究。

Deoxynivalenol 脱氧瓜蒌镰菌醇 02917

[51481-10-8]　$C_{15}H_{20}O_6$　296.32

成分　C 60.80%，H 6.80%，O 32.40%。

别名　脱氧雪腐镰刀菌醇；Dehydronivalenol；12,13-Epoxy-3,7,15-trihydroxytrichothec-9-en-8-one；Vomitoxin

M. I. 15，10229

性状　来自乙酸乙酯＋石油醚中的无色细小针状结晶。mp 151～153℃；$[\alpha]_D^{25}$ +6.35°（c=0.07，于乙醇中）；uv max（乙醇中）：218nm（ε 4500）。LD_{50} 雄，雌小鼠腹膜内注射：70.0mg/kg，76.7mg/kg。生化试剂含量≥97.0%（TLC）。

注意事项　该品口服有毒。使用时应穿适当的防护服，戴手套和防护镜或面罩。使用时如有事故发生或有不适之感，应请医生诊治。应密封于 2～8℃保存。

主要用途　生化研究。

1-Deoxynojirimycin　1-脱氧野尻霉素　02918

[19130-96-0]　$C_6H_{13}NO_4$　163.17

成分　C 44.17%，H 8.03%，N 8.58%，O 39.22%。

别名　1-去氧野尻霉素；1-DNJ；(2*R*,3*R*,4*R*,5*S*)-2-(Hydroxymethyl)-3,4,5-piperidinetriol；D-5-Amino-1,5-dideoxyglucopyranose；1,5-Dideoxy-1,5-imino-D-glucitol；(2*R*,3*R*,4*R*,5*S*)-2-Hydroxymethyl-3,4,5-trihydroxypiperidine；Moranoline；Bay n 5595；S-GI

M. I. 15，2906

性状　来自乙醇水溶液中的无色棱柱体结晶。pK_a 6.6。mp 195℃；$[\alpha]_D^{21}$ +47°（c=1.045，于水中）；$[\alpha]_D^{20}$ +46.7°（c=0.2，于水中）；$[\alpha]_D^{20}$ +36°（c=0.02，于水中）。一般试剂含量≥99.0%。

1-Deoxynojirimycin hydrochloride
1-脱氧野尻霉素 盐酸盐　02919

[73285-50-4]　$C_6H_{14}ClNO_4$　199.63

成分　C 36.10%，H 7.07%，Cl 17.76%，N 7.02%，O 32.06%。

别名　盐酸 1-脱氧野尻霉素；1,5-二脱氧-1,5-亚氨基-D-山梨醇 盐酸盐；盐酸 1,5-二脱氧-1,5-亚氨基-D-山梨醇；1,5-Dideoxy-1,5-imino-D-sorbitol hydrochloride

性状　白色结晶性粉末。生化试剂含量≥99.0%（TLC）。

注意事项　该品对眼睛及皮肤有刺激性。使用时应穿适当的防护服。万一接触到眼睛，应立即用大量水冲洗后请医生诊治。应充氩气密封于 2～8℃保存。

主要用途　生化研究。

4-Deoxypyridoxine hydrochloride
4-脱氧吡哆素 盐酸盐　02920

[148-51-6]　$C_8H_{12}ClNO_2$　189.64

成分　C 50.67%，H 6.38%，Cl 18.69%，N 7.39%，O 16.87%。

别名　2,4-二甲基-3-羟基-5-(羟甲基) 吡啶 盐酸盐；盐酸 2,4-二甲基-3-羟基-5-(羟甲基) 吡啶；盐酸 4-脱氧吡哆素；2,4-Dimethyl-3-hydroxy-5-(hydroxymethyl)pyridine hydrochloride

性状　无色或白色结晶。易溶于水。有潮解性。

注意事项　该品应密封于－20℃干燥保存。

主要用途　生化研究。用于新陈代谢研究，维生素 B_6 的抗代谢产物。

Deoxyribonuclease Ⅰ from bovine pancreas
脱氧核糖核酸酶Ⅰ（牛胰）　02921

[9003-98-9]　Mr 约 31000

别名　去氧细胞核酸酶；DNase Ⅰ；Deoxyribonucleate 5′-oligonucleotidohydrolase；Pancreatic deoxyribonuclease；Pancreatic dornase

EC 3.1.21.1

性状　近白色冷冻干燥粉末。溶于水。

注意事项　使用时应避免吸入本品的粉尘，避免与眼睛及皮肤接触。应充氩气密封于－20℃干燥保存。

主要用途　生化研究。

Deoxyribonuclease Ⅱ from bovine spleen
脱氧核糖核酸酶 Ⅱ（牛脾）　02922

[9025-64-3]　Mr 约 38000

别名　Deoxyribonucleate-3′-oligonucleotidohydrolase；DNase Ⅱ

EC 3.1.22.1

性状　无盐冷冻干燥粉末。溶于水及缓冲液。

注意事项　使用时应避免吸入本品的粉尘，避免与眼睛及皮肤接触。应充氩气密封于－20℃干燥保存。

主要用途　生化研究。

Deoxyribonucleic acid
脱氧核糖核酸　02923

[91080-16-9]

别名　去氧戊糖核酸；去氧细胞核酸；去氧核糖核酸；脱氧戊糖核酸；Desoxiribon；Desoxyribonucleic acid；DNA；Eucytol；Thymonucleic acid；Thymus nucleic acid；TNA

M. I. 15，2908

性状　白色或浅黄色粉末或纤维状的物质。微有酸味。易溶于碱溶液，微溶于水，不溶于乙醇及其他有机溶剂。

注意事项　该品应充氩气密封于 2～8℃保存。

主要用途　生化研究。

D-2-Deoxyribose　D-2-脱氧核糖　02924

[533-67-5]　$C_5H_{10}O_4$　134.13

成分　C 44.77%，H 7.52%，O 47.71%。

别名　胸腺糖；2-脱氧-D-核糖；D-2-Deoxyarabinose；2-Deoxy-D-*erythro*-pentose；Desoxyribose；2-Desoxy-D-ribose；D-2-Desoxyarabinose；D-*erythro*-2-Deoxy-pentose；D-2-Ribodesose；Thyminose

M. I. 15，2909

性状　来自异丙醇中的无色结晶。溶于水、吡啶，微溶于乙醇。mp 91℃；$[\alpha]_D^{22}$ −56.2°（于水中最终点）。生化试剂含量≥99.0%（TLC）。

注意事项　该品应充氩气密封于 2～8℃干燥保存。

主要用途　生化研究。

2-Deoxystreptamine　2-脱氧链霉胺　02925

[2037-48-1]　$C_6H_{14}N_2O_3$　162.19

成分　C 44.43%，H 8.70%，N 17.27%，O 29.59%。

别名　2-去氧链霉胺；2-Deoxy-1,3-myo-inosadiamine；1,3-Diamino-4,5,6-trihydroxycyclohexane

M. I. 15，2910

性状　来自乙醇中的无色结晶。mp 225～228℃。

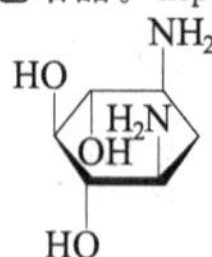

3′-Deoxythymidine　3′-脱氧胸苷　02926

[3416-05-5]　$C_{10}H_{14}N_2O_4$　226.23

成分　C 53.09%，H 6.24%，N 12.38%，O 28.29%。

别名　2′，3′-Dideoxythymidine

性状　白色结晶性粉末。对空气敏感。溶于水。mp 148～151℃；$[\alpha]_D^{20}+18°$（$c=1$，于水中）。生化试剂含量≥95.0%（HPLC）。

注意事项　使用时应避免吸入本品的粉尘，避免与眼睛及皮肤接触。应充氩气密封于2～8℃保存。

主要用途　生化研究。

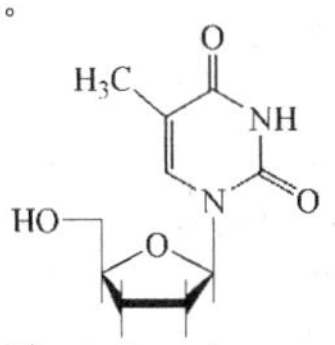

3′-Deoxythymidine 5′-triphosphate sodium salt
5′-三磷酸-3′-脱氧胸苷钠盐　02927

[128524-26-5]　$C_{10}H_{16}N_2NaO_{13}P_3$　488.15

成分　C 24.61%，H 3.30%，N 5.73%，Na 4.71%，O 42.61%，P 19.04%。

别名　2′,3′-二去氧胸苷-5′-三磷酸钠盐；2′,3′-二脱氧胸苷-5′-三磷酸钠盐；5′-三磷酸-2′,3′-二去氧胸苷钠盐；5′-三磷酸-2′,3′-二脱氧胸苷钠盐；5′-三磷酸-3′-去氧胸苷钠盐；DDTTP；2′，3′-Dideoxythymidine 5′-triphosphate sodium salt；dTTP-Na

性状　无色结晶。生化试剂含量≥98.0%（HPLC）。

注意事项　该品应充氩气密封于－20℃保存。

主要用途　生化研究。

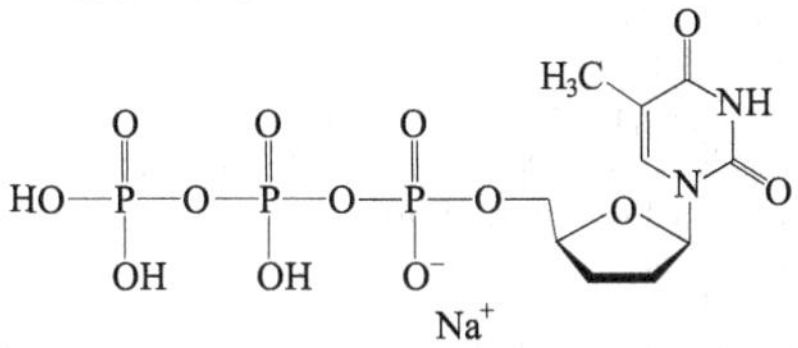

3′-Deoxythymidine 5′-triphosphate trilithium salt
5′-三磷酸-3′-脱氧胸苷三锂盐　02928

[93939-78-7]　$C_{10}H_{14}Li_3N_2O_{13}P_3$　483.97

成分　C 24.82%，H 2.92%，Li 4.30%，N 5.79%，O 42.98%，P 19.20%。

别名　3′-脱氧胸苷-5′-三磷酸三锂盐；dd TTP-Li_3；2′,3′-Dideoxy-thymidine 5′-triphosphate trilithium salt

性状　白色粉末。易溶于水。生化试剂含量≥80.0%（HPLC）。

注意事项　使用时应避免吸入本品的粉尘，避免与眼睛及皮肤接触。应密封于－20℃保存。

主要用途　生化研究。

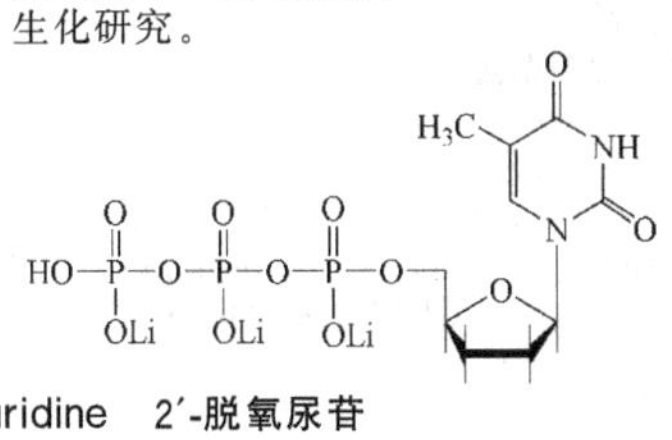

2′-Deoxyuridine　2′-脱氧尿苷　02929

[951-78-0]　$C_9H_{12}N_2O_5$　228.20

成分　C 47.37%，H 5.30%，N 12.28%，O 35.05%。

别名　2′-去氧尿苷；去氧尿啶；去氧尿嘧啶核苷；脱氧尿啶；脱氧尿嘧啶核苷；3β-D-2′-Deoxyribofuranosidouracil；1-(2-Deoxy-β-D-*erythro*-pentofuramosyl) uracil；1-(2-Deoxy-β-D-fibofuranosyl)uracil；dUrd；Uracil deoxyriboside

M. I. 15，2911

性状　来自无水乙醇或95%乙醇中的无色针状结晶。溶于水、甲醇。mp 163℃或167℃；$[\alpha]_D^{22}+50°$（$c=1.1$，于1mol/L氢氧化钠水溶液中）。生化试剂含量≥99.0%（HPLC）。

注意事项　使用时应避免吸入本品的粉尘，避免与眼睛及皮肤接触。应充氩气密封保存。

主要用途　生化研究。

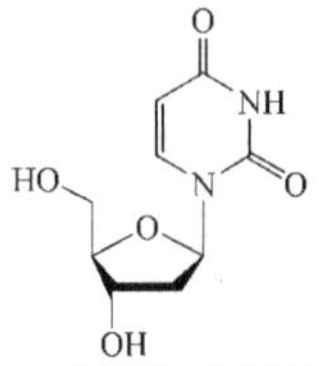

Deptropine citrate　达拍托品 柠檬酸盐　02930

[2169-75-7]　$C_{29}H_{35}NO_8$　525.59

成分　C 66.27%，H 6.71%，N 2.67%，O 24.35%。

别名　柠檬酸达拍托品；BS-6987；Brontine；(3-*endo*)-3-(10,11-Dihydro-5*H*-dibenzo[*a*,*d*]caclohepten-5-yl) oxy-8-methyl-8-azabicyclo[3.2.1]octane citrate；3a-(10,11-Dihydro-5*H*-dibenzo[*a*，*d*] caclohepten-5-yl) oxy-1a*H*，5a*H*-tropane citrate；Dibenzheptropine citrate

M. I. 15，2913

性状　无色结晶。LD_{50}小鼠静脉注射：32mg/kg；急性经口：300mg/kg。

主要用途　医用抗组胺剂。

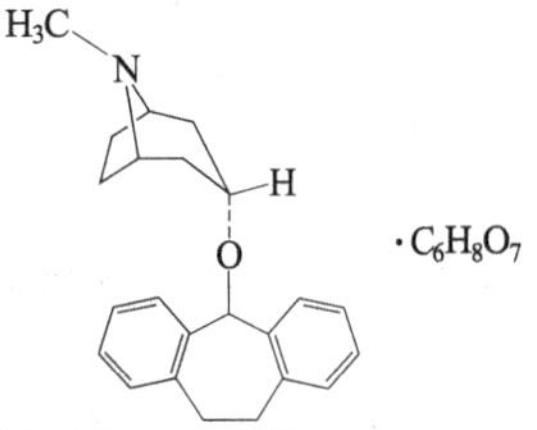

$\cdot C_6H_8O_7$

Dequalinium chloride　克菌定　02931

[522-51-0]　$C_{30}H_{40}Cl_2N_4$　527.58

成分　C 68.30%，H 7.64%，Cl 13.44%，N 10.62%。

别名　特快灵；1,1-癸烷双(4-氨基奎纳丁氯)；1,1′-(1,10-Decanedigl) bis (4-amino-2-methylquinolinium chloride)；1，1′-Decamethylenebis(4-aminoquinaldinium chloride)；B A Q D-10；Decamine；Dekamin；Decatylen；Dekadin；Dequadin chloride；Dequafungan；Dequavet；Dequavagyn；Eriosept；Evazol；Grocreme；Labosept；Optipect；Phylletten；Polycidine；Sorot

M. I. 15，2914

性状　来自乙醇中的无色结晶。溶于水（25℃，约1g/200mL）。mp 326℃（分解）。一般试剂含量≥95.0%。

注意事项　该品对眼睛、呼吸系统及皮肤有刺激性。使用时应穿适当的防护服。万一接触到眼睛，应立即用大量水冲洗后请医生诊治。

主要用途　生化研究。抑菌剂。医用防腐剂，消毒剂。

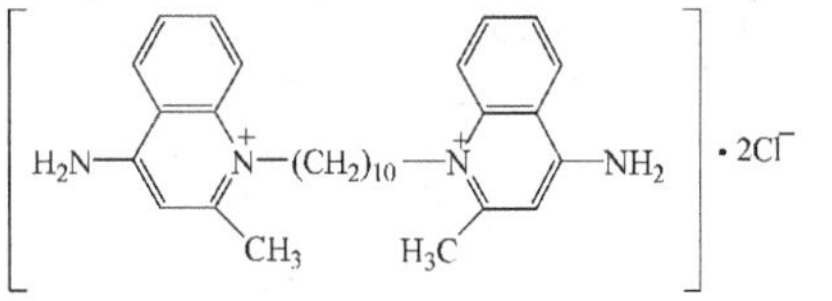

Desaspidin BB　去甲绵马素 BB　02932

[114-43-2]　$C_{24}H_{30}O_8$　446.50

成分　C 64.56%，H 6.77%，O 28.67%。

别名　异鳞毛素 BB；2-[2,4-Dihydroxy-6-methyoxy-3-(1-oxobutyl) phenyl] methyl-3，5-dihydroxy-4，4-dimethyl-6-(1-oxobutyl)-2，5-cyclohexadien-1-one；3′-(5-Butyryl-2，4-dihydroxy-3，3-dimethyl-6-oxo-1，4-cyclohexadien-1-yl) methyl-2′,6′-dihydroxy-4′-methoxybutyrophenone；Desaspidin；Rosapin

M. I. 15，2918

性状　来自乙醚＋石油醚中的无色结晶。易溶于乙醚、苯、丙酮，几乎不溶于甲醇、乙醇、石油醚。mp 150～150.5℃；uv max（于环己烷中）：230nm，274nm（ε 23000，16800）。LD_{50}小鼠急性经口：340mg/kg。

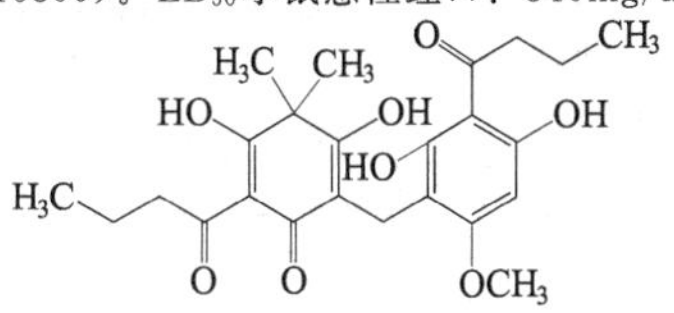

Deserpidine 去甲利血平 02933

[131-01-1] $C_{32}H_{38}N_2O_8$ 578.66

成分 C 66.42%，H 6.62%，N 4.84%，O 22.12%。

别名 11-去甲氧基利血平；去甲蛇根碱；底宿吡丁；(3β,16β,17α,18β,20α)-17-Methoxy-18-(3,4,5-trimethoxybenzoyl)oxy-3,20-yohimban-16-carboxylic acid methyl ester；11-Desmethoxy-reserpine；Canescine；Recanescine；Harmonyl；Raunormine

M. I. 15，2919

性状 来自甲醇中的具有三种晶型的混合晶体。α 型 mp 228～232℃；β 型 mp 230～232℃；γ 型 mp 138℃及 226～232℃。p*K*a 6.68（于40%甲醇中）。$[\alpha]_D^{20}$ −163°（*c*=0.5，于吡啶中）；uv max（乙醇中）：218nm，272nm，290nm（lgε 4.79，4.26，4.07）。

主要用途 医用抗高血压剂

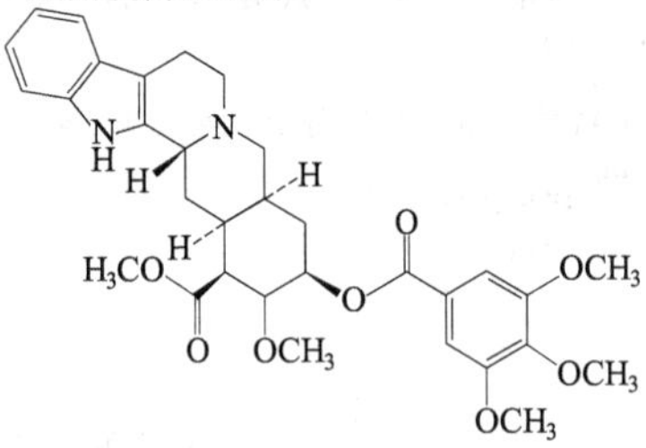

Desipramine hydrochloride 脱甲丙咪嗪 盐酸盐 02934

[58-28-6] $C_{18}H_{23}ClN_2$ 302.85

成分 C 71.39%，H 7.65%，Cl 11.71%，N 9.25%。

别名 盐酸脱甲丙咪嗪；G-35020；JB-8181；NSC-114901；Irene；Norpramin；Nortimil；Pertofran；Pertofrane；5*H*-Dibenz[*b*,*f*]azepine-5-propanamine hydrochloride；10,11-Dihydro-5-[3-(Methylamino)propyl]-5*H*-Dibenz[*b*,*f*]azepine hydrochloride；5-(γ-Methylaminopropyl)iminodibenzyl hydrochloride；*N*-(3-Methylaminopropyl)iminobibenzyl hydrochloride；Desmethylimipramine hydrochloride；Norimipramine hydrochloride

M. I. 15，2921

性状 来自甲醇、乙醚中的无色结晶或粉末。易溶于甲醇、氯仿，溶于水、乙醇，不溶于乙醚。mp 215～216℃。LD_{50}（mg/kg）小鼠，大鼠急性经口：500，385；腹膜内注射：94，48；皮下注射：420，183。生化试剂含量≥98.0%（TLC）。

注意事项 该品口服有害。对眼睛、呼吸系统及皮肤有刺激性。吸入或与皮肤接触可引起过敏。使用时应穿适当的防护服和戴手套。应避免吸入本品的粉尘，避免与皮肤接触。万一接触到眼睛，应立即用大量水冲洗后请医生诊治。应密封于 2～8℃保存。

主要用途 生化研究。医用抗抑郁剂。

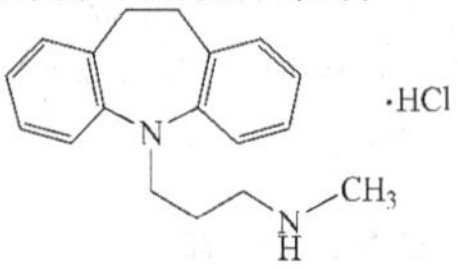

·HCl

Deslanoside 去乙酰西地兰 02935

[17598-65-1] $C_{47}H_{74}O_{19}$ 943.09

成分 C 59.86%，H 7.91%，O 32.23%。

别名 屯花强心 C；脱乙酰基毛花洋地黄苷 C；(3β,5β,12β)-3-[(*O*-β-D-Glucopyranosyl)-(1→4)-*O*-2,6-dideoxy-β-D*ribo*-hexopyranosyl-(1→4)-*O*-2,6-Dideoxy-β-D-*ribo*-hexopyranosyl-(1→4)-2,6-dideoxy-β-D-*ribo*-hexopyranosyl)oxy]-12,14-dihydroxy-card-20(22)-enolide；DeacetyllanatosideC；DesacetyldigilanideC；Cedilanide；Desace；Desaci

M. I. 15，2922

性状 来自甲醇中的无色结晶。1 份该品溶于 5000 份水、200 份甲醇、2500 份乙醇。极微溶于氯仿，几乎不溶于乙醚。265～268℃（分解）；$[\alpha]_D^{20}$ +12°（*c*=1.084，于75%乙醇中）。

注意事项 该品吸入或口服有毒。有蓄积性危害。使用时勿吸入其粉尘。使用时如有事故发生或有不适之感，应请医生诊治。应上锁保管。

主要用途 医用强心剂。

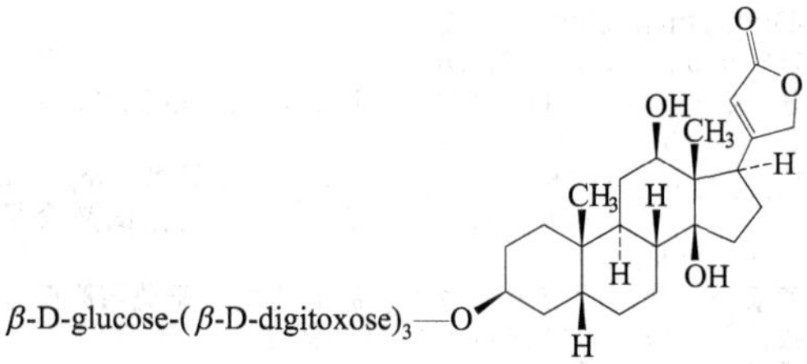

β-D-glucose-(β-D-digitoxose)$_3$—O

Desloratadine 地氯雷他定 02936

[100643-71-8] $C_{19}H_{19}ClN_2$ 310.83

成分 C 73.42%，H 6.16%，Cl 11.41%，N 9.01%。

别名 地洛他定；脱羧氯雷他定；艾力斯；8-Chloro-6,11-dihydro-11-(4-piperidinylidene)-5*H*-benzo[5,6]cyclohepta[1,2-*b*]pyridine；descarboethoxyloratadine；Sch-34117；Clarinex

M. I. 15,2923

性状 来自己烷中的无色结晶。易溶于乙醇、丙二醇，微溶于水。mp 150～151℃。生化试剂含量≥99.0%(HPLC)。

注意事项 该品应密封于 2～8℃保存。

主要用途 医用抗组胺剂。

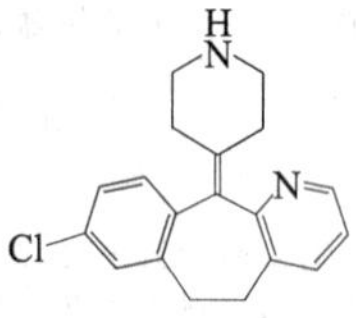

Desmosterol 链甾醇 02937

[313-04-2] $C_{27}H_{44}O$ 384.65

成分 C 84.31%，H 11.53%，O 4.16%。

别名 24-脱氢胆固醇；3β-Cholesta-5,24-dien-3-ol；5,24-Cholestadien-3β-ol；24-Dehydrocholesterol；Desmesterol；3β-Hydroxy-5,24-cholestadiene

M. I. 15，2927

性状 来自甲醇中的小片状结晶。mp 121.5℃；$[\alpha]_D^{27}$ −41.0°（*c*=1，于氯仿中）。生化试剂含量≥85.0%（GC）。

注意事项 该品应密封于−20℃保存。

主要用途 生化研究。

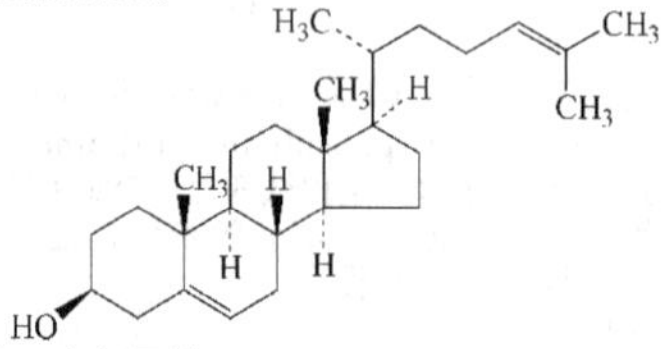

Desogestrel 去氧孕烯 02938

[54024-22-5] $C_{22}H_{30}O$ 310.48

成分 C 85.11%，H 9.74%，O 5.15%。

别名 地索高诺酮；脱氧炔诺酮；脱氧孕烯；(17α)-13-Ethyl-11-methylene-18，19-dinorpregn-4-en-20-yn-17-ol；17α-Ethynyl-18-methyl-11-methylene-Δ^4-estren-17β-ol；Org-2969；Cerazette

M. I. 15，2928

性状 无色结晶。mp 109～110℃；$[\alpha]_D^{20}$ +55°（于氯仿中）。生化试剂含量≥98.0%（LC）。

注意事项 该品应密封于−20℃保存。

主要用途 医用孕激素。

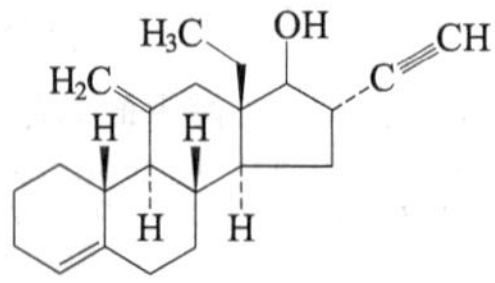

Desonide 丙缩羟强龙 02939

[638-94-8] $C_{24}H_{32}O_6$ 416.51

成分 C 69.21%，H 7.74%，O 23.05%。

别名 丙酮缩羟强的松龙；16α,17-丙酮缩-16α-羟基强的松龙；(11β,16α)-11,21-Dihydroxy-16,17-[(1-methylethylidene)bis(oxy)] pregna-1，4-diene-3，20-dione；11β，16α，17，12-Tetrahydroxypregna-1,4-diene-3,20-dione caclic 16,17-acetal with acetone；16α-Hydroxyprednisolone-16α，17-acetonide；11β，21-Dihydroxy-16α，17-isopropylidenedioxy-1，4-pregnadiene-3，20-dione；16α-Hydroxy-Δ^1-hydrocortisone-16α，17α-acetonide；16α，17α-Isopropylidenedioxyprednisolone；Pred nacinolone；D-2083；Locapred；Locatop；Sterax；Steroderm；Topifug；Tridesilon

M. I. 15，2929

性状 无色小片状或灰白色粉末。无气味。mp 274～275℃（来自甲醇中）或 263～266℃（来自乙酸乙酯-石油醚中）；$[\alpha]_D^{25}+123°$（$c=0.5$，于二甲基甲酰胺中）；uv max：242nm（$E_{cm}^{1\%}$356）。LD_{50}大鼠皮下注射：93mg/kg。

主要用途 医用抗炎剂。

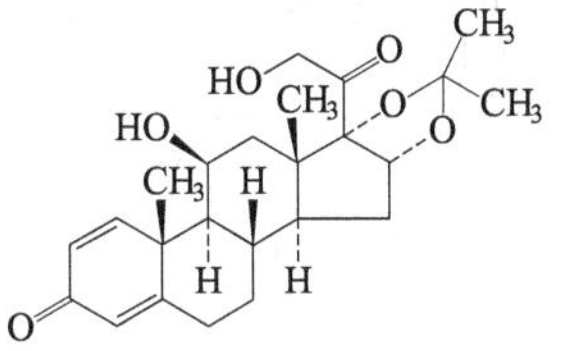

Desoximetasone 去氧米松 02940

[382-67-2] $C_{22}H_{29}FO_4$ 376.47

成分 C 70.19%，H 7.76%，F 5.05%，O 17.00%。

别名 17-去氧异倍他米松；17-去氧阿尔法来松；(11β,16α)-9-Fluoro-11,21-dihydroxy-16-methylpregna-1,4-diene-3,20-dione；9α-Fluoro-16α-methyl-17-desoxyprednisolone；Desoxymethasone；A-41-304；R-2113；HOE-304；Esperson；Stiedex LP；Topicort；Topisolon

M. I. 15，2931

性状 来自乙酸乙酯中的无色结晶。溶于乙醇、丙酮、氯仿、热乙酸乙酯，微溶于乙醚、苯，不溶于水、稀酸或碱的水溶液。mp 217℃；$[\alpha]_D+109°$（于氯仿中）；uv max：238nm（ε 15750）。

注意事项 该品吸入、口服或与皮肤接触有害。对眼睛、呼吸系统及皮肤有刺激性。接触皮肤能引起过敏。对机体有不可逆损伤的可能性。使用时应穿适当的防护服。使用时应避免吸入本品的粉尘。万一接触到眼睛，应立即用大量水冲洗后请医生诊治。

主要用途 生化研究。医用抗炎剂，糖（肾上腺）皮质激素。

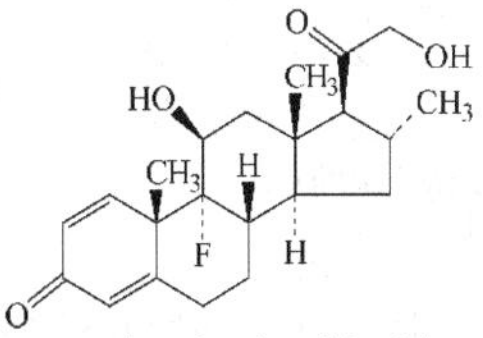

6-Desoxy-D-glucosamine hydrochloride 6-去氧-D-葡糖胺 盐酸盐 02941

[6018-53-7] $C_6H_4ClNO_4$ 189.55

成分 C 38.02%，H 2.13%，Cl 18.70%，N，7.39%，O 33.76%。

别名 6-脱氧-D-葡糖胺 盐酸盐；2-氨基-2,6-二脱氧-D 葡萄糖盐酸盐；盐酸 6-去氧-D-葡糖胺；盐酸 6-脱氧-D-葡糖胺；2-Amino-2，6-dideoxy-D-glucose；6-Deoxy-D-glucosamine；2，6-Didesoxy-2-amino-D-glucose

M. I. 15，2932

性状 来自无水乙醇＋乙醚中的无色结晶。172～173℃分解。显示旋光改变最终值：$[\alpha]_D^{20}+55°$（于水中）。

主要用途 生化研究。

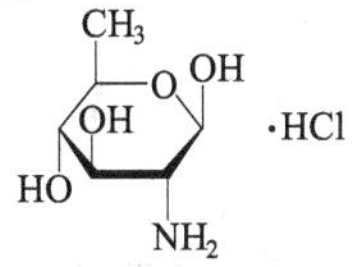

11-Desoxy-17-hydroxycorticosterone 11-去氧-17-羟基皮质酮 02942

[152-58-9] $C_2H_{30}O_4$ 346.47

成分 C 72.80%，H 8.73%，O 18.47%。

别名 11-脱氧-17-羟基皮质甾酮；17,21-Dihydroxypregn-4-ene-3，20-dione；17-Hydroxydesoxy-corticosterone；4-Pregnene-17α，21-diol-3，20-dione；17-(1-Keto-2-hydroxyethyl)-4-androsten-17α-ol-3-one；Reichstein's substance S；11-Desoxycortissone；Cortexolone

M. I. 15. 2933

性状 来自乙醚中的细小有闪光的片状结晶。与浓硫酸反应产生一种胭脂红色荧光。室温下能还原氨的硝酸银溶液。溶于丙酮、甲醇、乙醇，极微溶于水、乙醚。mp 212.8～216.8℃；uv max：242nm（$E_{1cm}^{1\%}$500）。

主要用途 生化研究。

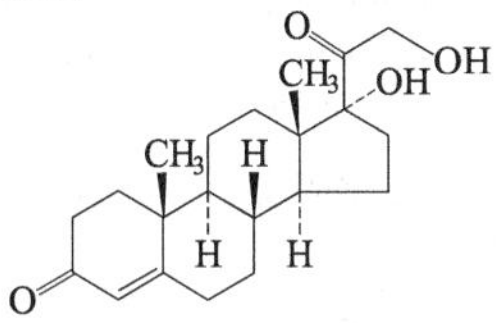

Dess-Martin periodinane 戴斯-马丁试剂 02943

[87413-09-0] $C_{13}H_{13}IO_8$ 424.14

成分 C 36.81%，H 3.09%，I 29.92%，O 30.18%。

别名 戴斯-马丁氧化剂；Acetic acid 1,1′,1″-(3-oxo-1λ^5-1,2-benziodoxol-1(3*H*)-ylidyne ester；DMP；1,1,1-Tris(acetyloxy)-1,1-dihydro-1,2-benziodoxol-3(1*H*)-one；triacetoxyperiodinane

M. I. 15，2934

性状 白色结晶性固体。溶于氯仿、二氯甲烷、乙腈、丙酮，略微溶于己烷、乙醚。mp 134℃（分解）。

注意事项 该品对眼睛、呼吸系统及皮肤有刺激性。在密封条件下加热有爆炸的危险。使用时应戴适当的手套。万一接触到眼睛，应立即用大量水冲洗后请医生诊治。

主要用途 氧化剂。

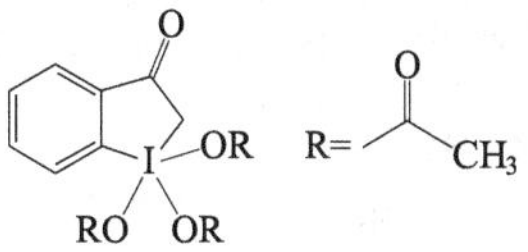

D-Desthiobiotin D-脱硫生物素 02944

[533-48-2] $C_{10}H_{18}N_2O_3$ 214.27

成分 C 56.06%，H 8.47%，N 13.07%，O 22.40%。

别名 (4*R*-*cis*)-5-Methyl-2-oxo-4-imidazolidinehexanoic acid；5-Methyl-2-oxo-4-imidazolidinecaproic acid；ε-(4-Methyl-5-imidazolidone-2)-caproic acid；4-Methyl-5-(ω-carboxyamyl)imidazolidone-2

M. I. 15，2935

性状 来自水中的长针状结晶。溶于水。mp 156～158℃；$[\alpha]_D^{21}+10.7°$（$c=2$，于水中）。生化试剂含量≥99.0%（TLC）。

注意事项 该品应密封于 2～8℃保存。

主要用途 生化研究。

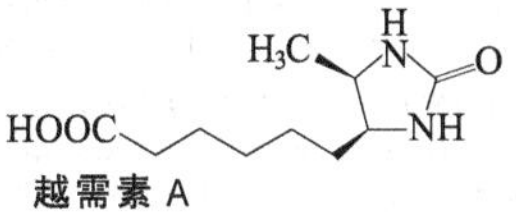

Destomycin A 越霉素 A 02945

[14918-35-5] $C_{20}H_{37}N_3O_{13}$ 527.52

成分 C 45.54%，H 7.07%，N 7.97%，O 39.43%。

别名 *O*-6-Amino-6-deoxy-L-*glycero*-D-*galacto*-heptopyranosylidene-(1→2-3)-*O*-*β*-D-talopyranosyl-(1→5)-2-deoxy-*N*′-methyl-D-streptamine；5-O-[2,3-*O*-(6-1-Amino-2-hydroxyethyl)tetrahydro-3,4,5-trihydroxy-2*H*-pyran-2-ylidene]-*β*-D-talopyranostyl]-2-deoxy-N^3-methyl-D-streptamine；Destonate 20

M. I. 15，2936

性状 白色粉末。易溶于水、低级醇，不溶或不良溶于多数有机溶剂。mp 180～190℃（分解）；$[\alpha]_D^{22}+7°$（$c=2$）。LD_{50}小鼠（2 周后）静脉注射：5～10mg/kg；急性经口：50～100mg/kg。

主要用途 兽用广谱抗菌剂，驱肠虫剂。

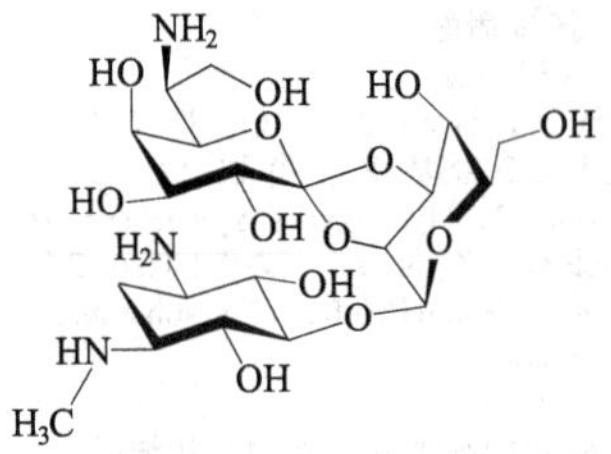

Detomidine　地托咪定　02946

[76631-46-4]　$C_{12}H_{14}N_2$　186.26

成分　C 77.38%，H 7.58%，N 15.04%。

别名　4-（2，3-二甲基苯基）甲基-1*H* 咪唑；4-(2′,3′-二甲基苄基）咪唑；地托咪啶；4-2,3-(Dimethylphenyl) methyl-1*H*-imidazole；4-(2,3′-dimethylbenzyl) imidazole；4-(2,3-Dimethylphenyl) methyl-1*H*-imidazole。

M. I. 15,2939

性状　来自丙酮中的无色结晶。mp 114～116℃。LD_{50}小鼠静脉注射:35mg/kg。

主要用途　兽用镇静剂。

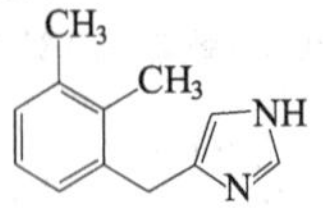

Detoxin D₁　脱毒 D₁　02947

[37878-19-6]　$C_{28}H_{41}N_3O_8$　547.65

成分　C 61.41%，H 7.55%，N 7.67%，O 23.37%。

别名　解毒素 D_1；*N*-(2-Methyl-1-oxobutyl)-L-phenylalanine (1*S*)-1-[(2*S*,3*R*)-3-acetyloxy-1-[(2*S*)-2-amino-3-methyl-1-oxobutyl]-2-pyrrolidinyl]-2-carboxyethyl ester

M. I. 15，2940

性状　无色或白色细小结晶性粉末。为两性物。pK_a 4.0，8.0。mp 156～158℃；$[\alpha]_D^{25}$ －16℃（*c*＝1，于甲醇中）；uv max（甲醇中）：253nm，258nm，265nm，268nm（$E_{1cm}^{1\%}$ 3.1，3.58，2.77，1.85）。

主要用途　生化研究。

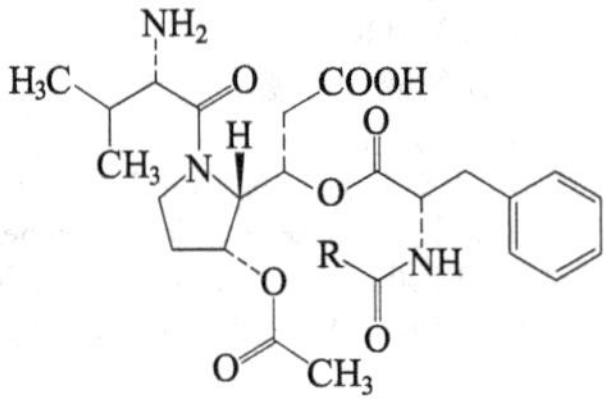

R=CH(CH₃)CH₂CH₃

Dexamethasone　地塞米松　02948

[50-02-2]　$C_{22}H_{29}FO_5$　392.47

成分　C 67.33%，H 7.45%，F 4.84%，O 20.38%。

别名　9α-氟-16α-甲基脱氢皮质酮；9α-Fluoro-16α-methylprednisolone；16α-Methyl-9α-fluoro-1，4-pregnadiene-11β，17α，21-triol-3，20-dione；16α-Methyl-9α-fluoroprednisolone；1-Dehydro-16α-methyl-9α-fluorohydrocortisone；16α-Methyl-9α-fluoro-Δ^1-hydrocortisone；Hexadecadrol；Aeroseb-Dex；Corson；Cortisumman；Decacort；Decaderm；Decadron；Decalix；Decasone；Dekacort；Deltafluorene；Deronil；Deseronil；Dexacortal；Dexacortin；Dexafarma；Dexa-Mamallet；Dexameth；Dexamonozon；Dexapos；Dexa-sine；Dexasone；Dexinoral；Dinormon；Fluormone；Isopto-Dex；Lokalison F；Loverine；Luxazone；Maxidex；Milicorten；Pet-Derm Ⅲ

M. I. 15，2945

性状　来自乙醚中的白色或近白色结晶或粉末。溶于水（25℃，10mg/100mL），略微溶于丙酮、乙醇、甲醇、二氧六环，微溶于氯仿，极微溶于乙醚。mp 262～264℃；$[\alpha]_D^{25}$＋77.5°（于二氧六环中）。生化试剂含量≥98.0%（HPLC）。

注意事项　该品接触皮肤能引起过敏。使用时应穿适当的防护服和戴手套。应密封于 2～8℃保存。

主要用途　生化研究。医用糖皮质激素，抗发炎剂。

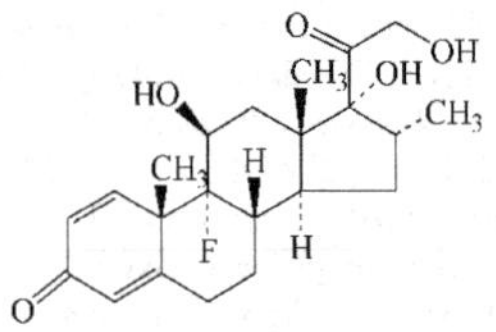

Dexanabinol　地塞比诺　02949

[112924-45-5]　$C_{25}H_{38}O_3$　386.58

成分　C 77.67%，H 9.91%，O 12.42%。

别名　(6a*S*,10a*S*)-3-(1,1-Dimethylheptyl)-6a,7,10,10a-tetrahydro-1-hydroxy-6,6-dimethyl-6*H*-dibenzo[*b*,*d*]pyran-9-methanol；(＋)-(3*S*,4*S*)-7-Hydroxy-Δ^6-tetrahydrocannabinol-1,1-dimethylheptyl；(＋)-11-OH-Δ^8-THC-DMH；HU-211

M. I. 15，2946

性状　来自戊烷中的无色结晶。mp 141～142℃；$[\alpha]_D$ ＋227°（于氯仿中）。

主要用途　医用神经蛋白活化剂。

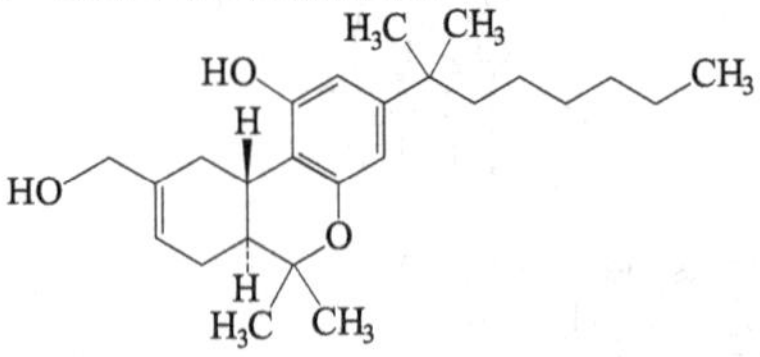

Dexetimide hydrochloride　苄替米特 盐酸盐　02950

[21888-96-0]　$C_{23}H_{27}ClN_2O_2$　398.93

成分　C 69.25%，H 6.82%，Cl 8.89%，N 7.02%，O 8.02%。

别名　盐酸苄替米特；右苄替米特　盐酸盐；盐酸右苄替米特；R-16470；Tremblex；(3*S*)-3-Phenyl-1′-phenylmethyl(3,4′-bipiperidine)-2,6-dione hydrochloride；(*S*)-(＋)-2-(1-Benzyl-4-piperidyl)-2-phenylglutarimide hydrochloride；(＋)-3-(1-Benzyl-4-piperidyl)-3-phehylpiperidine-2,6-dione hydrochloride；(＋)-1-Benzyl-4-(2,6-dioxo-3-phenyl-3-piperidyl)piperidine hydrochloride；Dextrobenzetimide hydrochloride；Dexbenzetimide hydrochloride

M. I. 15，2947

性状　无色或白色结晶。mp 270～275℃；$[\alpha]_D^{20}$＋125℃（于甲醇中）。LD_{50}大鼠静脉注射：45mg/kg。

主要用途　医用抗震颤剂。

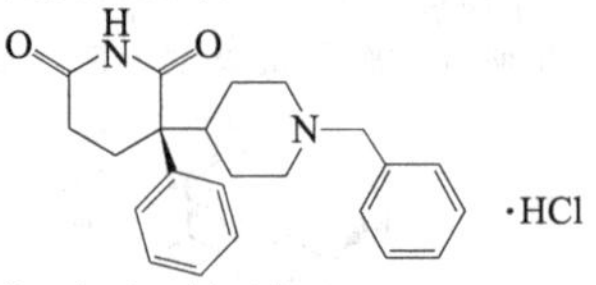

Dexmedetomidine hydrochloride
右类托咪定 盐酸盐　02951

[145108-58-3]　$C_{13}H_{17}ClN_2$　236.74

成分　C 65.96%，H 7.24%，Cl 14.97%，N 11.83%。

别名　4-[(1*S*)-1-(2,3-二甲基苯基)乙基]-1*H*-咪唑 盐酸盐；盐酸右美托咪定；美托咪定 盐酸盐；盐酸美托咪定；Precedex；Precedex；4-[(1*S*)-1-(2,3-Dimethylphenyl)ethyl]-1*H*-imidazole hydrochloride；*d*-Medetomidine hydrochloride；MPV-1440-HCl

M. I. 15，2948

性状　白色或近白色结晶性粉末。易溶于水。其 1%水溶液 pH 值 4.3。pK_a 7.1；lg 分配系数（辛醇/水）：2.89（pH 值 7.4）。mp 156.5～157℃；*d* 1.17；[α] ＋52.4°（c＝1，于水中）。

主要用途　医用镇静剂，止痛剂。

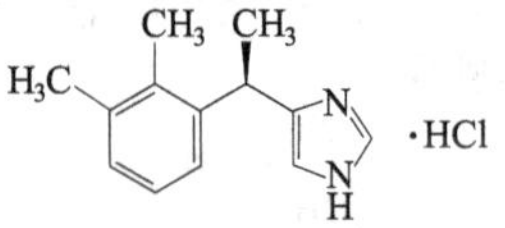

Dextran　葡聚糖　02952

[9004-54-0]　$(C_6H_{10}O_5)_n$

别名　右旋糖酐；葡聚精；Dextraven；Expandex；Hemodex；Gentran；Intradex；Macrodex；Macrose；Onkotin；Plavolex；

Polyglucin; Promit
M. I. 15, 2950
性状 白色粉末。不溶于乙醇。在强碱溶液中能与多种金属离子络合。相对分子质量由约 1000～约 670000 多种构成。
注意事项 使用时应避免吸入本品的粉尘，避免与眼睛及皮肤接触。应密封于干燥处保存。
主要用途 用于蛋白质、多糖、酶类、核酸、激素、氨基酸、肽、抗生素等的分离和提纯。

Dextran blue 蓝葡聚糖 02953
[87915-38-6] $(C_6H_{10}O_5)_n$ Mr 约 2000000
别名 葡聚糖 蓝色；蓝色葡聚糖；Blue dextran
性状 为分子量大小不同、用不同颜色的活性染料着色而成的葡聚糖。易吸潮。着色物为有光泽的鳞状物。溶于水，不溶于乙醇。
注意事项 使用时应保持容器密闭和干燥。应密封于干燥处保存。
主要用途 在凝胶过滤法中，用于各种类型葡萄糖的床空隙容积的测定和核柱的填充，形成大分子络合物以提纯酶。

Dextranase from a penicillium species 葡聚糖酶 (species a 青霉菌) 02954
[9025-70-1]
别名 α-1, 6-Glucan 6-glucanohydrolase; 1, 6-α-D-Glucan-6-glucanohydrolase
M. I. 15, 2951 EC 3.2.1.11
性状 冻干的棕色粉末。一般本品 1mg 含 10～25, 100～200, 400～800 单位不等。
注意事项 使用时应避免吸入本品的粉尘，避免与眼睛及皮肤接触。应充氩气密封于 2～8℃ 干燥保存。
主要用途 生化研究。临床用于沉淀葡聚糖。

Dextrin 糊精 02955
[9050-36-6](玉米淀粉) [9004-53-9](土豆淀粉)
$(C_6H_{10}O_5)_n \cdot xH_2O$
别名 Amylin; British; Fortodex; Gommelin; Leiocom; Pyrodextrin; Starch gum; Torrefaction dextrin
M. I. 15, 2955
性状 白色粉末或颗粒。具有右旋性。溶于沸水而形成胶体溶液，不溶于冷水、乙醇、乙醚。
注意事项 该品应密封于干燥处保存。
主要用途 分析中常用于锡、锌、铅、钙、镁的掩蔽剂。制药工业。保护胶体。悬浊剂。

Dextromoramide 右旋马酰胺 02956
[357-56-2] $C_{25}H_{32}N_2O_2$ 392.53
成分 C 76.50%，H 8.22%，N 7.14%，O 8.15%。
别名 右旋摩拉胺；(3S)-3-Mothyl-4-(4-morpholinyl)-2, 2-diphenyl-1-(1-pyolidinyl)-1-butanone; 1-[(3S)-3-Methyl-4-(4-morpholinyl)-1-oxo-2, 2-diphenylbutyl] pyrrolidine; (+)-1-(3-Methyl-4-morpholino-2, 2-diphenylbutyryl) pyrrolidine; 4-[2-Methyl-4-oxo-3, 3-diphenyl-4-(1-pyrrolidinyl) butyl] morpholine; *d*-2, 2-Diphenyl-3-methyl-4-morpholinobutyrylpyrrolidine; Pyrrolamidol; R-875; SKF-5137
M. I. 15, 2958
性状 无色结晶。溶于 0.1mol/L 盐酸：1∶2.5（质量浓度）。于下列物质中的溶解度 (g/100mL)：乙醇 50；甲醇 40；丙酮 50；乙酸乙酯 40；苯 5；氯仿 5。溶于乙醚，几乎不溶于水。mp 180～184℃；$[\alpha]_D^{20}+25.5°$ ($c=5$，于苯中)；uv max (0.01mol/L 异丙醇-盐酸中)：254nm，260nm，264nm。
主要用途 医用麻醉止痛剂。

Dezocine hydrobromide salt 地佐辛 氢溴酸盐 02957
[53648-55-8] $C_{16}H_{24}BrNO$ 326.28
成分 C 58.90%，H 7.41%，Br 24.49%，N 4.29%，O 4.90%。
别名 氢溴酸地佐辛；(5*R*, 11*S*, 13*S*)-13-Amino-5, 6, 7, 8, 9, 10, 11, 12-oetahydro-5-methyl-5, 11-methanobenzocy-clodeeen-3-ol hydrobromide salt; Wy-16225-HBr; Dalgan-HBr
M. I. 15, 2959
性状 无色或白色结晶性粉末。溶于水 (>20mg/mL)。其 2%水溶液 pH 值 4.6。mp 269～270℃。LD_{50} 雌，雄大鼠急性经口：313mg/kg，232mg/kg；肌肉注射：129mg/kg，270mg/kg。
主要用途 医用麻醉止痛剂。

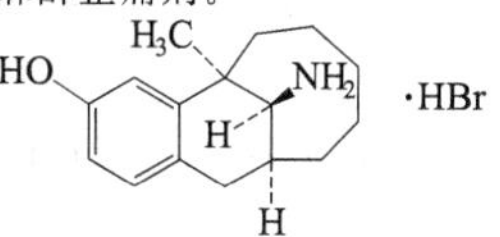

DFDT 二氟二苯三氯乙烷 02958
[475-26-3] $C_{14}H_9Cl_3F_2$ 321.57
成分 C 52.29%，H 2.82%，Cl 33.07%，F 11.82%
别名 1, 1'-(2, 2, 2-Trichloroethyl-idene) bis (4-fluorobenzene); 1, 1, 1-Trichloro-2, 2-bis (*p*-fluorophenyl) ethane; Difluorodiphenyl-trichloroethane; Fluorogesarol; HO-2474; Gix
M. I. 15, 2960
性状 来自乙醇水溶液中的无色结晶。易溶于油类及大多数有机溶剂，几乎不溶于水。mp 44～45℃。
主要用途 接触杀虫剂。

Dhurrin 蜀黎苷 02959
[499-20-7] $C_{14}H_{17}NO_7$ 311.29
成分 C 54.02%，H 5.50%，N 4.50%，O 35.98%。
别名 蜀黍氰苷；(αS)-α-(β-D-Glucopyranosyl-oxy)-4-hydroxy-benzeneacetonitrile; *p*-Hydroxymandelonitrile-β-D-glucoside; β-D-Glucopyranosyloxy-L-*p*-hydroxymandelonitrile
M. I. 15, 2961
性状 来自水中的无色小叶状结晶或来自乙醇中的无色菱柱体结晶。溶于水、乙醇。于碱中不稳定。200℃ 分解；$[\alpha]_D^{20}-65°$ (于乙醇中)；uv max，228nm (ε 13000)。
注意事项 该品水解能产生剧毒的氰化氢。

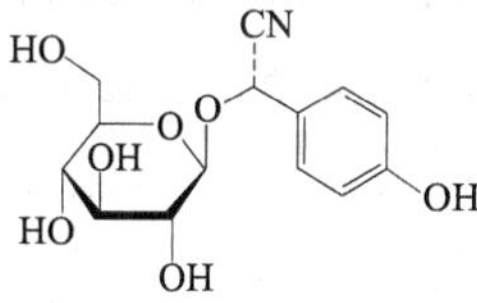

Diaboline 达波灵碱 02960
[509-40-0] $C_{21}N_{24}N_2O_3$ 352.43
成分 C 71.57%，H 6.86%，N 7.95%，O 13.62%。
别名 逮阿波林；戴氏马铵碱；1-Acetyl-19, 20-didehydro-17, 18-epoxycuran-17-ol; *N*-Acetyl-Wieland-Gumlich aldehyde
M. I. 15, 2962
性状 来自乙醚中的无色针状结晶。mp 187℃；$[\alpha]_D^{22}+37.8°$ ($c=1.72$，于氯仿中)；uv max (乙醇中)：249nm (lg ε 4.06)。
主要用途 生化研究。

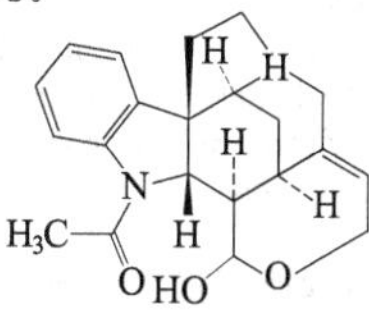

Diacerein 双醋端因 02961
[13739-02-1] $C_9H_{12}O_8$ 368.30
成分 C 61.96%，H 3.28%，O 34.75%。
别名 二乙酰瑞因；1,8-二乙酰氧基-3-羟基蒽醌；4, 5-Bis (acetyloxy)-9, 10-dihydro-9, 10-dioxo-2-anthracenecarboxylic acid;

9,10-Dihydro-4,5-dihydroxy-9,10-dioxo-2-anthroic acid diacetate; 1,8-Diacetoxy-3-carboxyanthraquinone; Diacerhein; Diacetylrhein; DAR; SF-277; Artrodar; Fisiodar

M. I. 15，2963

性状 来自乙酸中的黄色片状结晶。mp 217～218℃。生化试剂含量约 95.0%（HPLC）。

注意事项 该品对眼睛、呼吸系统及皮肤有刺激性。使用时应穿适当的防护服。万一接触到眼睛，应立即用大量水冲洗后请医生诊治。

主要用途 生化研究。医用抗关节炎剂。

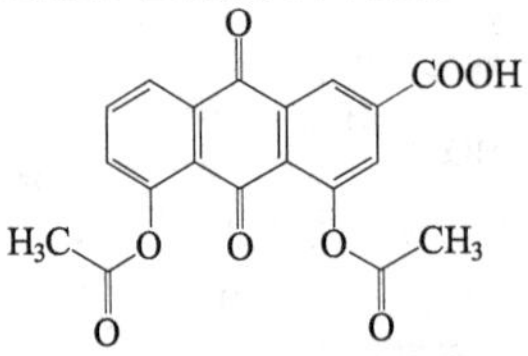

Diacetone acrylamide 二丙酮丙烯酰胺 02962

[2873-97-4] $C_9H_{15}NO_2$ 169.22

成分 C 63.88%，H 8.93%，N 8.28%，O 18.91%。

别名 *N*-(1,1-二甲基-3-氧丁基)丙烯酰胺；*N*-[2-(2-甲基-4-氧戊基)]丙烯酰胺；*N*-(1,1-Dimethyl-3-oxobutyl)-2-propenamide；*N*-(1,1-Dimethyl-3-oxobutyl) acrylamide；*N*-[2-(2-Methyl-4-oxopentyl)]acrylamide

M. I. 15，2966

性状 白色结晶性固体。易吸潮。mp 57～58℃；bp_8 120℃/1.067kPa；$bp_{0.1\sim0.3}$ 93 ～ 100℃/13.332 ～ 39.996Pa；Fp 235.4°F（113℃）。LD_{50} 小鼠急性经口：7.7mmol/kg。一般试剂含量≥99.0%（GC）。

注意事项 该品口服有害。使用时应避免吸入本品的蒸气，避免与眼睛及皮肤接触。应密封于干燥处保存。

主要用途 制造涂料、密封层、润滑油、胶黏等。

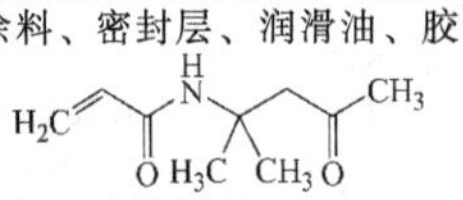

Diacetone alcohol 二丙酮醇 02963

[123-42-2] $C_6H_{12}O_2$ 116.16

成分 C 62.04%，H 10.41%，O 27.55%。

别名 甲基戊酮醇；2-甲基-4-氧代-2-戊醇；4-羟基-4-甲基-2-戊酮；Diacetonyl alcohol; Dimethyl acetonyl carbinol; 4-Hydroxy-2-keto-4-methylpentane；4-Hydroxy-4-methyl-2-pentanone; 2-Methylpentan-2-ol-4-one; Pyranton

GW 2015-1636 M. I. 15，2967

性状 无色至微黄色液体。有香味。能与水、乙醇、乙醚、酯类、芳香烃等相混溶。mp －44℃；bp_{760} 167.9℃/101.32kPa；bp_{100} 108.2℃/13.332kPa；bp_{20} 72.0℃/2.666kPa；bp_{10} 58.8℃/1.333kPa；bp_1 22.0℃/133.32Pa；Fp 151°F（66℃）；d_4^{25} 0.9306；n_D^{20} 1.4232。LD_{50} 大鼠急性经口：4.0g/kg。一般试剂含量≥98.0%（GC）。

注意事项 该品对眼睛有刺激性。使用时应避免与眼睛及皮肤接触。应充氮气密封保存。

主要用途 生化研究。电泳分析。乙酸纤维素、染料等的原料。树脂的溶剂。

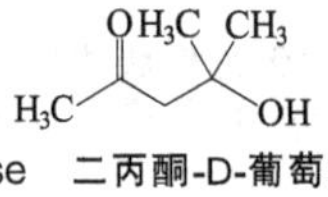

Diacetone-D-glucose 二丙酮-D-葡萄糖 02964

[582-52-5] $C_{21}H_{20}O_6$ 260.28

成分 C 55.37%，H 7.75%，O 36.88%。

别名 1,2,5,6-Bis-*O*-(1-methylethylidene)-D-glucofuranose; 1,2,5,6-Di-*O*-isopropylidene-α-D-glucofuranose; 1,2,5,6-Diisopropylidene-D-glucofuranose

M. I. 15，2968

性状 来自乙醚或石油醚中的无色针状结晶。味苦。能升华。易溶于乙醇、丙酮、氯仿、温乙醚，1 份该品溶于约 7 份沸水、约 200 份沸石油醚。不被酵母或苦杏仁酶分解。能被氢氧化钠水溶液沉淀。mp 110～111℃；$[\alpha]_D^{20}$ －18.5°(c=5，于乙醇中)。生化试剂含量≥98.0%（TLC）。

注意事项 该品应充氩气密封干燥保存。

主要用途 生化研究。

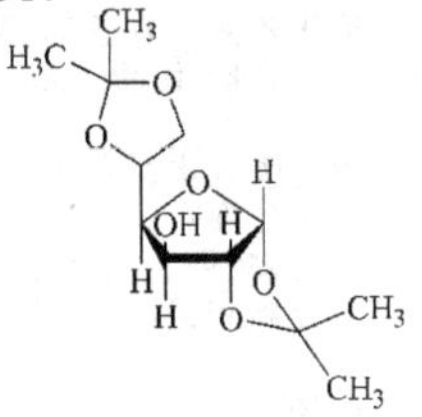

3,5-Diacetoxyacetophenone
3,5-二乙酰氧基苯乙酮 02965

[35086-59-0] $C_{12}H_{12}O_5$ 236.22

成分 C 61.02%，H 5.12%，O 33.87%。

性状 白色固体。mp 94～96℃。一般试剂含量≥97.0%（HPLC）。

主要用途 有机合成。

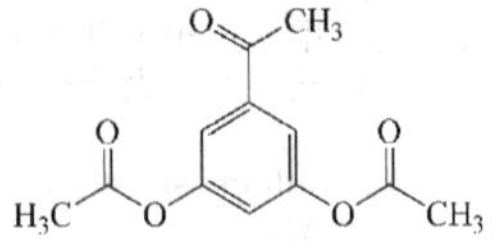

Diacetoxy di-*tert*-butoxysilane
二乙酰氧基二叔丁氧基硅烷 02966

[13170-23-5] $C_{12}H_{24}O_6Si$ 292.40

成分 C 49.29%，H 8.27%，O 32.83%，Si 9.61%。

别名 二乙酸二叔丁氧基甲硅烷基酯；原硅酸二乙酰基二叔丁基酯；Diacetyl di-*tert*-butyl orthosilicate; Di-*tert*-butoxysilyl diacetate

性状 无色液体。bp_5 102℃/666.6Pa；Fp 203°F（95℃）；d_4^{20} 1.031；n_D^{20} 1.405。一般试剂含量≥97.0%（GC）。

注意事项 该品具有腐蚀性，能引起烧伤。使用时应穿适当的防护服，戴手套和防护镜或面罩。万一接触到眼睛，应立即用大量水冲洗后请医生诊治。接触皮肤后，应立即用大量指定的液体冲洗。使用时如有事故发生或有不适之感，应请医生诊治。应充氩气密封于干燥处保存。

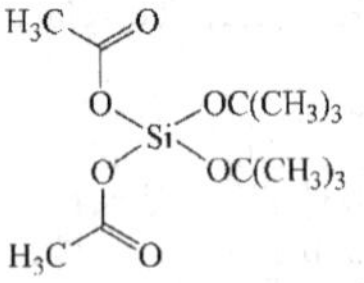

Diacetoxydimethylsilane 二乙酰氧基二甲基硅烷 02967

[2182-66-3] $C_6H_{12}O_4Si$ 176.25

成分 C 40.89%，H 6.86%，O 36.31%，Si 15.94%。

别名 二甲基二乙酰氧基硅烷；Dimethyldiacetoxysilane

性状 无色液体。对湿度敏感。mp －12.5℃；bp 164℃；Fp 153°F（67℃）；d_4^{20} 1.053；n_D^{20} 1.403。一般试剂含量＞98.0%（GC）。

注意事项 该品具有腐蚀性，能引起烧伤。应密封干燥保存。

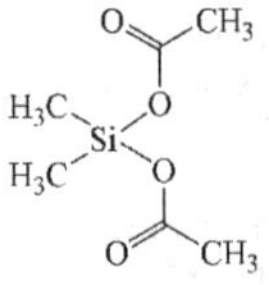

Diacetoxyscirpenol 二乙酰氧基藨草镰刀菌醇 02968

[2270-40-8] $C_{19}H_{26}O_7$ 366.41

成分 C 62.29%，H 7.15%，O 30.56%。

别名 双乙酸基藨草镰刀菌醇；蛇形菌素；镰刀菌毒素；12,13-Epoxytrichothec-9-ene-3,4,15-triol 4,15-diacetate; Scirp-9-en-3,4,15-triol 4,15-diacetate; Anguidin; 4β,15-Diacetoxy-3α-hydroxy-12,13-epoxytrichothec-9-ene

性状 无色液体。

注意事项 该品吸入、口服或与皮肤接触极毒。对眼睛及皮肤有刺激性。使用前应得到专门的指导，避免曝露。使用时应穿适当的防护服，戴手套和防护镜或面罩。使用时如有事故发生或有不适之感，应立即请医生诊治。应密封于

2～8℃保存。

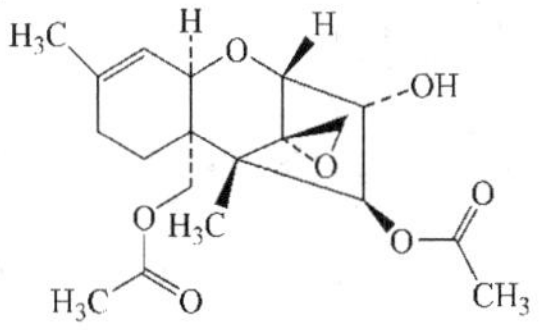

1,2-Diacethylbenzene　1,2-二乙酰苯 02969

[704-00-7]　$C_{10}H_{10}O_2$　162.19

成分　C 74.06%，H 6.21%，O 19.73%。

别名　邻二乙酰苯；*o*-Diacetylbenzene

性状　无色结晶。mp 39～41℃；$bp_{0.1}$ 110℃/13.332Pa；Fp235.4℉（113℃）。一般试剂含量≥98.0%（GC）。

注意事项　使用时应避免吸入本品的粉尘，避免与眼睛及皮肤接触。应密封避光保存。

主要用途　测定胺类、氨基酸类（特别是组氨酸、赖氨酸、鸟氨酸和稀有氨基酸）和蛋白质。

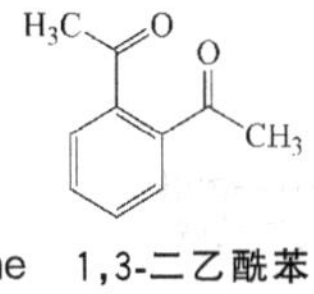

1,3-Diacetylbenzene　1,3-二乙酰苯 02970

[6781-42-6]　$C_{10}H_{10}O_2$　162.19

成分　C 74.06%，H 6.21%，O 19.73%。

别名　间二乙酰苯；*m*-Diacetylbenzene

性状　室温为无色结晶体，温度较高时为无色液体。mp 28～31℃；bp_{15} 150～155℃/2kPa；Fp 230℉（110℃）。一般试剂含量≥97.0%（GC）。

注意事项　使用时应避免吸入本品的粉尘，避免与眼睛及皮肤接触。应密封于2～8℃保存。

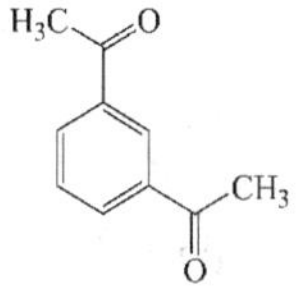

1,4-Diacetylbenzene　1,4-二乙酰苯 02971

[1009-61-6]　$C_{10}H_{10}O_2$　162.19

成分　C 74.06%，H 6.21%，O 19.73%。

别名　对二乙酰苯；*p*-Diacetylbenzene

性状　无色或白色结晶。mp 112～114℃。一般试剂含量≥99.0%（GC）。

注意事项　使用时应避免吸入本品的粉尘，避免与眼睛及皮肤接触。

Diacetyldihydromorphine　二乙酰二氢吗啡 02972

[509-71-7]　$C_{21}H_{25}NO_5$　371.43

成分　C 67.91%，H 6.78%，N 3.77%，O 21.54%。

别名　(5α,6α)-4,5-环氧-17-甲基吗啉-3,6-二醇二乙酸酯；双醋氢吗啡；(5α,6α)-4,5-Epoxy-17-methylmorphinan-3,6-diol diacetate(ester)；Dihydroheroin；Paralaudin

M.I.15，2970

性状　无色针状结晶。溶于氯仿、乙醇、乙醚，微溶于水。mp 165～167℃。

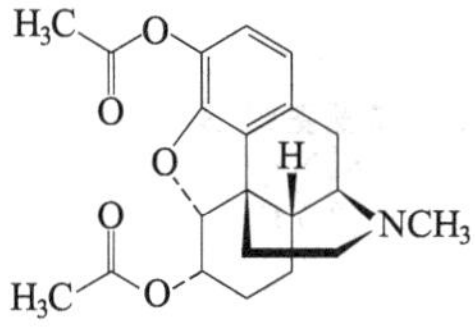

Diacetyl monoxime　二乙酰一肟 02973

[57-71-6]　$C_4H_7NO_2$　101.10

成分　C 47.52%，H 6.98%，N 13.85%，O 31.65%。

别名　2,3-丁二酮一肟；2,3-丁二酮肟；双乙酰一肟；DAM；Methylisonitrosoethyl ketone；Isonitroethylmethyl ketone；2,3-Butanedione monooxime；2,3-Butanedione oxime

性状　白色或灰黄色结晶性粉末。易溶于乙醇、乙醚、三氯甲烷，微溶于水。mp 75～76℃；bp 185～186℃。一般试剂含量≥99.0%（N）。

注意事项　使用时应避免吸入本品的粉尘，避免与眼睛及皮肤接触。

主要用途　检定和测定镍的试剂。肾功能测定。比色法测定脲、酰脲化合物。

Diacetylmorphine　二乙酰吗啡 02974

[561-27-3]　$C_{21}H_{23}NO_5$　369.42

成分　C 68.28%，H 6.28%，N 3.79%，O 21.65%。

别名　(5α,6α)-7,8-Didehydro-4,5-epoxy-17-methylmorphinan-3,6-diol diacetate(ester)；Heroin；Diamorphine；Acetomorphine

M.I.15，2971

性状　来自乙酸乙酯中的无色片状或正交板状结晶。1g该品溶于1.5mL氯仿、31mL乙醇、100mL乙醚、1700mL水。微溶于氨水；碳酸钠溶液及碱类。能被沸水分解。在空气中长时间曝露会变为桃红色并放出乙酸气味。mp 173℃；bp_{12} 272～274℃/1.6kPa；$[\alpha]_D^{25}$ −166°（c=1.49，于甲醇中）。LD_{50}小鼠静脉注射：59μmol/kg。

注意事项　该品吸入、口服或与皮肤接触极毒。使用时应穿适当的防护服，戴手套和防护镜或面罩。应避免吸入本品的粉尘。使用时如有事故发生或有不适之感，应立即请医生诊治。

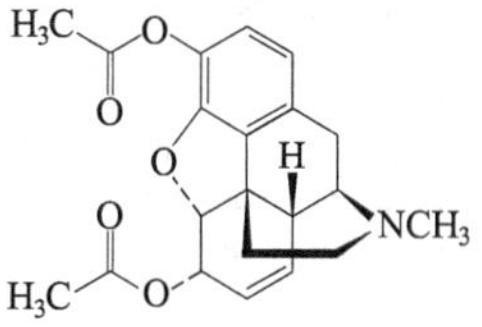

2,6-Diacetylpyridine　2,6-二乙酰基吡啶 02975

[1129-30-2]　$C_9H_9NO_2$　163.18

成分　C 66.25%，H 5.56%，N 8.58%，O 19.61%。

性状　白色结晶性粉末。mp 79～82℃。一般试剂含量≥98.0%（GC）。

注意事项　该品对眼睛、呼吸系统及皮肤有刺激性。使用时应穿适当的防护服。万一接触到眼睛，应立即用大量水冲洗后请医生诊治。应充氩气密封保存。

主要用途　有机合成。

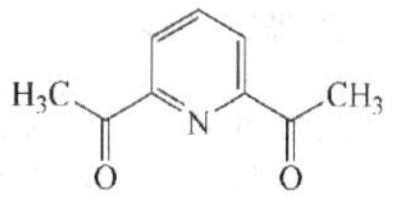

Diafenthiuron　杀螨隆 02976

[80060-09-9]　$C_{23}H_{32}N_2OS$　384.58

成分　C 71.83%，H 8.39%，N 7.28%，O 4.16%，S 8.34%。

别名　丁嘧脲；丁醚脲；*N*-[2,6-Bis(1-methylethyl)-4-phenoxyphenyl]-*N'*-(1,1-dimethylethyl)thiourea；1-*tert*-Butyl-3-(2,6-diisopropyl-4-phenoxyphenyl)thiourea；CGA-106630；Pegasus；Polo

M.I.15，2972

性状　无色结晶。该品于下列物质中的溶解度（20℃，g/100mL）：水0.00005；环已酮38；二甲苯21；己烷0.8。mp 149.6℃；蒸气压：1.8×10^{-8}Pa。LD_{50}大鼠急性经口：2068mg/kg；皮肤接触：>2000mg/kg。LC_{50}（14h）大鼠吸入：558mg/m³。

注意事项　该品蒸气吸入有害。使用时应避免吸入本品的粉尘。

主要用途　杀虫剂。分析用标准物质。

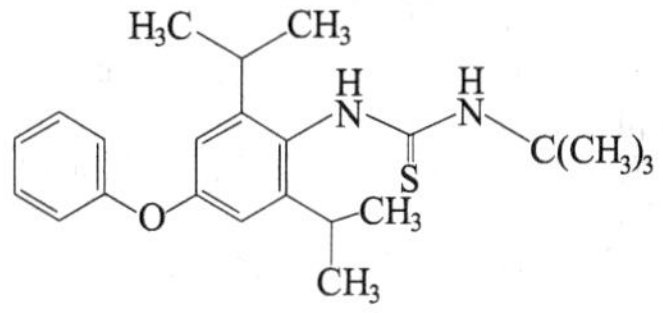

Dialifor　氯亚磷 02977

[10311-84-9]　$C_{14}H_{17}ClNO_4PS_2$　393.85

成分　C 42.69%，H 4.35%，Cl 9.00%，N 3.56%，O

16.25%，P 7.86%。

别名 Phosphorodithioic acid S-[2-chloro-1-(1,3-dihydro-1,3-dioxo-2H-isoindol-2-yl)ethyl]O,O-diethyl ester; Phosphorodithioic acid O,O-diethyl ester S-ester with N-(2-chloro-1-mercaptoethyl)phthalimide; O,O-Diethyl S-(2-chloro-1-phthalimidoethyl) phosphorodithioate; Dialifos; Hercules 14503; Torak

性状 白色结晶性固体（亦有报道为油状液体）。通常溶于芳香烃、醚类、酯类及酮类，不溶于水。mp 67～69℃；Fp 230℉（110℃）。LD_{50} 成熟雄，雌大鼠急性经口：24mg/kg，6mg/kg。一般试剂含量≥99.0%（HPLC）。

注意事项 该品口服极毒，与皮肤接触有毒。对水生物极毒，能对水环境引起不利的结果。使用时应穿适当的防护服和戴手套。接触皮肤后，应用水冲洗。使用时如有事故发生或有不适之感，应请医生诊治。应避免将本品释放于环境中。其包装物应按危险品处理。应密封于 2～8℃保存。

主要用途 杀虫剂，杀螨剂。分析用标准物质。

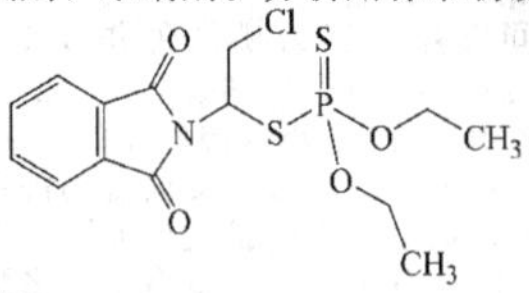

Diallate 燕麦敌 02978

[2303-16-4] $C_{10}H_{17}Cl_2NOS$ 270.21

成分 C 44.45%，H 6.34%，Cl 26.24%，N 5.18%，O 5.92%，S 11.86%。

别名 Bis(1-methylethyl) carbamothioic acid S-(2,3-dichloro-2-propenyl) ester; Diisopropylthiocarbamic acid S-2,3-dichloroallyl ester; S-2,3-Dichloroallyl diisopropylthiocarbamate; DATC; CP-15336; Avadex

M.I.15，2973

性状 棕色液体。溶于丙酮、苯、氯仿、乙醚、庚烷，极微溶于水（40×10^{-6}）。bp_9 150℃/1.2kPa。LD_{50}大鼠急性经口：395mg/kg。

主要用途 除草剂。

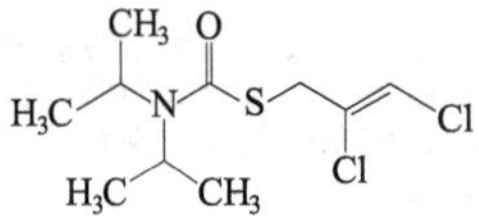

Diallylamine 二烯丙基胺 02979

[124-02-7] $C_6H_{11}N$ 97.16

成分 C 74.17%，H 11.41%，N 14.42%。

别名 二-2-丙烯基胺；二烯丙胺；Di-2-propenylamine；di-2-Propenylamine；N-2-Propenyl-2-propen-1-amine

GW 2015-579 M.I.15，2974

性状 无色液体。能与水、乙醇、乙醚、苯相混溶。对空气及二氧化碳敏感。mp －88℃；bp112℃；Fp 60℉（15℃）；d_4^{20} 0.787；n_D^{20} 1.4405。LD_{50}大鼠急性经口：0.65g/kg。一般试剂含量≥98.0%（GC）。

注意事项 该品高度易燃。吸入或口服有毒。与皮肤接触有毒。具有腐蚀性，能引起烧伤。使用时应穿适当的防护服，戴手套和防护镜或面罩。使用现场禁止吸烟。万一接触到眼睛，应立即用大量水冲洗后请医生诊治。使用时如有事故发生或有不适之感，应请医生诊治。应远离火种，充氩气密封保存。

主要用途 有机合成。

Diallyl m-phthalate 间苯二甲酸二烯丙酯 02980

[1087-21-4] $C_{14}H_{14}O_4$ 246.27

成分 C 68.28%，H 5.73%，O 25.99%。

别名 异苯二甲酸二烯丙酯；间酞酸二烯丙酯；Diallyl isophthalate

性状 浅黄色油状液体。能与乙醇、乙醚相混溶，不溶于水。d 1.238～1.258。

主要用途 高温树脂的制备。有机合成。

Diallyl o-phthalate 邻苯二甲酸二烯丙酯 02981

[131-17-9] $C_{14}H_{14}O_4$ 246.26

成分 C 68.28%，H 5.73%，O 25.99%。

别名 邻酞酸二烯丙酯；苯二甲酸二烯丙酯；Allyl phthalate；DAP；Phthalic acid diallyl ester

性状 无色或浅黄色油状液体。具有催泪性。能与乙醇、苯、乙酸乙酯等多种有机溶剂相混溶，微溶于石油醚、甘油，不溶于水。bp_{17} 190～195℃/2.266kPa；bp_5 165～167℃/666.61Pa；Fp330.8℉（166℃）；d_4^{20} 1.121；n_D^{20} 1.5190。

注意事项 该品口服有害。对水生物极毒。能对水环境引起不利的结果。使用时应避免与眼睛及皮肤接触。应防止将本品释放于环境中。其包装物应按危险品处理。应密封保存。

主要用途 增塑剂。

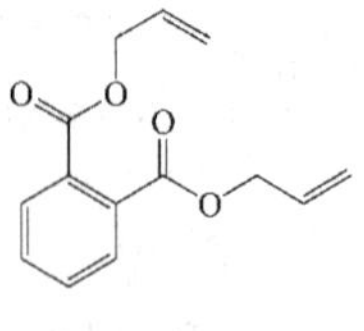

N,N′-Diallyl L-tartardiamide
N,N′-二烯丙基酒石酸二酰胺 02982

[58477-85-3] $C_{10}H_{16}N_2O_4$ 228.25

成分 C 52.62%，H 7.07%，N 12.27%，O 28.04%。

别名 DATD；(+)-N,N′-Diallyltartramide；N,N′-Diallyltartaric acid diamide

性状 白色片状结晶。溶于乙醇。mp 183～185℃；$[\alpha]_D^{20}$ +118°±2°（c=3，于甲醇中）。生化试剂含量≥99.0%（TLC）。

注意事项 该品对眼睛、呼吸系统和皮肤有刺激性。使用时应穿适当的防护服。万一接触到眼睛，应立即用大量水冲洗后请医生诊治。应密封于 2～8℃保存。

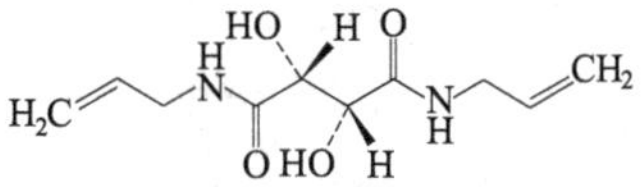

4′,6-Diamidino-2-phenylindole dihydrochloride
4′,6-二脒基-2-苯基吲哚 二盐酸盐 02983

[28718-90-3] $C_{16}H_{17}Cl_2N_5$ 350.25

成分 C 54.87%，H 4.89%，Cl 20.24%，N 20.00%。

别名 二盐酸 4′,6-二脒基-2-苯基吲哚；盐酸 4′,6-二脒基-2-苯基吲哚；DAPI；2-(4-Amidinophenyl)-6-indolecarbamidine dihydrochloride

性状 白色结晶。溶于水、二甲基甲酰胺。λ_{max} 348nm。生化试剂含量≥95.0%（HPLC）。

注意事项 使用时应避免吸入本品的粉尘，避免与眼睛及皮肤接触。

主要用途 生化研究，黏合于 DNA 作为荧光试剂。

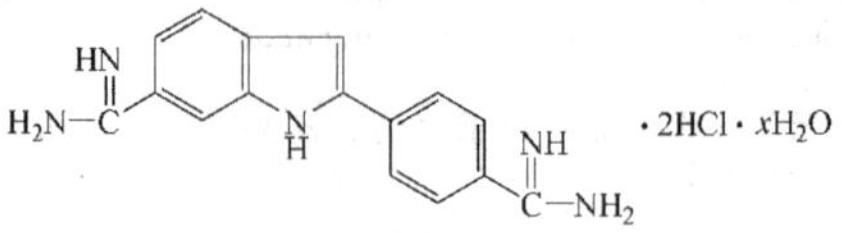

Diamine green B 二氨基绿 B 02984

[4335-09-5] $C_{34}H_{22}N_8Na_2O_{10}S_2$ 812.71

成分 C 50.25%，H 2.73%，N 13.79%，Na 5.66%，O 19.69%，S 7.89%。

别名 双胺绿 B；直接绿

C.I. 30295

性状 墨绿色粉末。溶于水，微溶于乙醇，不溶于其他的有机溶剂。

注意事项 该品能致癌。使用前应得到专门的指导，避免曝露。使用时如有事故发生或有不适之感，应请医生诊治。应密封于干燥处保存。

主要用途 测定碱土金属。

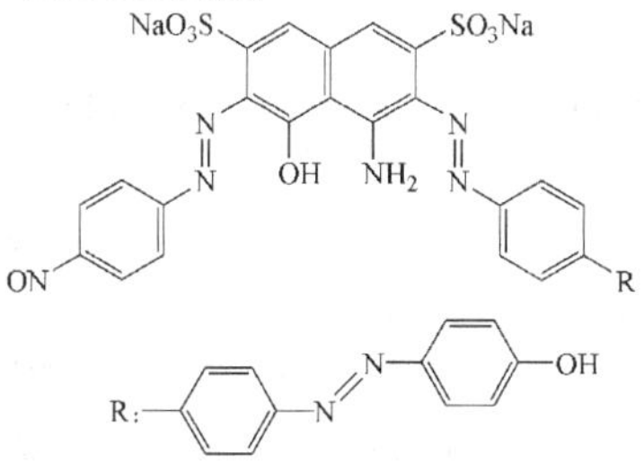

R：

2,4-Diaminoanisole 2,4-二氨基苯甲醚 02985

[615-05-4] $C_7H_{10}N_2O$ 138.17

成分 C 60.85%，H 7.30%，N 20.28%，O 11.58%。

别名 4-Methoxy-1,3-henzenediamine；4-Methoxy-*m*-phenylenediamine；2,4-DAA；4-MAP；Oxidation Base 12

M.I.15，2978 C.I.76050

性状 来自乙醚中的无色针状结晶。曝露于光中色变暗。mp 67～68℃。LD_{50}（含0.05%亚硫酸钠水溶液）大鼠急性经口：460mg/kg。

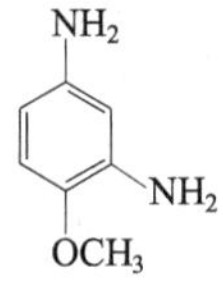

2,4-Diaminoanisole sulfate 2,4-二氨基苯甲醚 硫酸盐 02986

[39156-41-7] [12333-56-2]（水合物） $C_7H_{12}N_2O_5S$ 236.26

成分 C 35.59%，H 5.12%，N 11.86%，O 33.86%，S 13.57%。

别名 2,4-二氨基茴香醚 硫酸盐；硫酸2,4-二氨基苯甲醚；4-甲氧基-1,3-苯二胺 硫酸盐；硫酸2,4-二氨基茴香醚；4-Methoxy-1,3-phenylenediamine sulfate；4-MAP DS

M.I.15，2978

性状 近白色至紫色粉末。溶于水、乙醇，加热放出极毒的烟，产生氧化氮、氧化硫。LD_{50}大鼠腹膜内注射：372mg/kg；急性经口＞4g/kg。

注意事项 该品能致癌。能引起遗传基因的损伤。吸入、口服或与皮肤接触有毒。对眼睛、呼吸系统及皮肤有刺激性。使用前应得到专门的指导，避免曝露。使用时应穿适当的防护服，戴手套和防护镜或面罩。使用时应避免吸入本品的粉尘。使用时如有事故发生或有不适之感，应请医生诊治。应密封于20℃以下保存。

主要用途 制造涂料。钢腐蚀抑制剂。

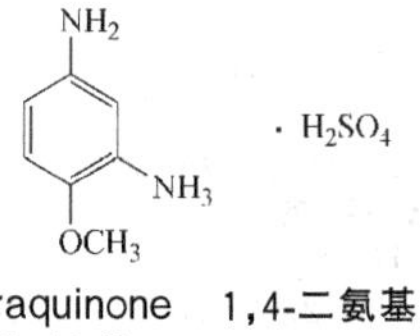

· H_2SO_4

1,4-Diaminoanthraquinone 1,4-二氨基蒽醌 02987

[128-95-0] $C_{14}H_{10}N_2O_2$ 238.25

成分 C 70.58%，H 4.23%，N 11.76%，O 13.43%。

别名 蒽醌-1,4-二胺；Anthraquinone-1,4-diamine

性状 棕色结晶或粉末。mp 约260℃；Fp 644℉（340℃）。一般试剂含量≥90.0%（HPLC）。

注意事项 该品对眼睛、呼吸系统及皮肤有刺激性。使用时应避免吸入本品的粉尘，避免与眼睛及皮肤接触。

主要用途 有机合成。

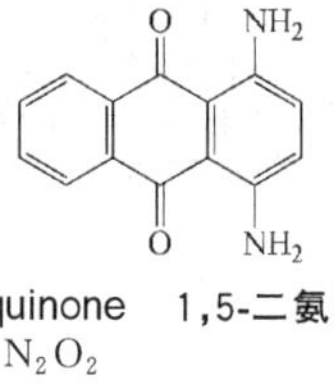

1,5-Diaminoanthraquinone 1,5-二氨基蒽醌 02988

[129-44-2] $C_{14}H_{10}N_2O_2$ 238.25

成分 C 70.58%，H 4.23%，N 11.76%，O 13.43%。

性状 红棕色针状结晶。微溶于乙醇、乙醚、苯、氯仿、丙酮，不溶于水。mp 308℃（分解）。一般试剂含量≥97.0%。

注意事项 该品对眼睛、呼吸系统及皮肤有刺激性。使用时应避免吸入本品的粉尘，避免与眼睛及皮肤接触。

主要用途 有机合成。

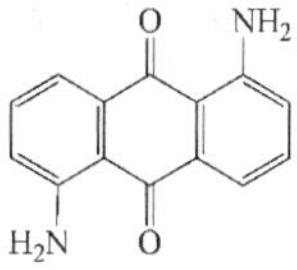

P-Diaminoazobenzene 对二氨基偶氮苯 02989

[538-41-0] $C_{12}H_{12}N_4$ 212.26

成分 C 67.90%，H 5.70%，N 26.40%。

别名 4,4′-二氨基偶氮苯；4,4′-偶氮二苯胺；4,4′-Azobisbenzenamine；4,4′-Azodianiline；*p*-Azoaniline；4,4′-Diaminoazobenzene

M.I.15，2979

性状 金黄色针状结晶。易溶于乙醇，微溶于水、苯、石油醚。238～241℃分解；最大吸收值（乙醇中）：400nm。一般试剂含量≥95%。

注意事项 该品吸入、口服或与皮肤接触有害，并可造成不可逆的后果。使用时应穿适当的防护服和戴手套。应避免吸入本品的粉尘。

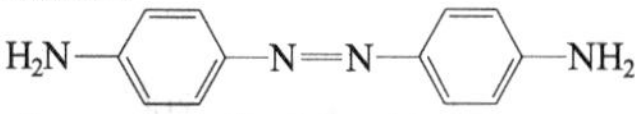

2,4-Diaminobenzenesulfonic acid 2,4-二氨基苯磺酸 02990

[88-63-1] $C_6H_8N_2O_3S$ 188.20

成分 C 38.29%，H 4.28%，N 14.88%，O 25.50%，S 17.04%。

性状 无色结晶或白色结晶性粉末。mp 260～266℃。一般试剂含量≥98.0%（T）。

注意事项 该品对眼睛及皮肤有刺激性。接触皮肤能引起过敏。使用时应穿适当的防护服，戴防护镜或面罩。万一接触到眼睛，应立即用大量水冲洗后请医生诊治。

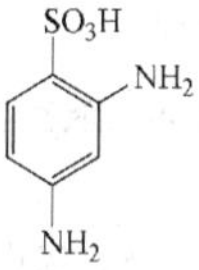

3,3′-Diaminobenzidine 3,3′-二氨基联苯胺 02991

[91-95-2] $C_{12}H_{14}N_4$ 214.27

成分 C 67.27%，H 6.59%，N 26.14%。

别名 3,4,3′,4′-四氨基联苯；3,3′,4,4′-Biphenyltetramine；DAB；DABD；3,3′,4,4′-Tetraaminobiphenyl

性状 暗红棕色片状结晶。露置空气中颜色迅速变黑。溶于稀酸。mp 173～176℃。一般试剂含量≥98.0%（CHN）。

注意事项 该品口服有害。对眼睛、呼吸系统及皮肤有刺激性。万一接触到眼睛，应立即用大量水冲洗后请医生诊治。应充氩气密封避光于2～8℃保存。

主要用途 测定硒、钡的试剂。

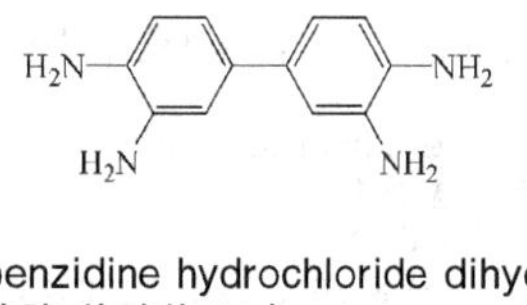

3,3′-Diaminobenzidine hydrochloride dihydrate 3,3′-二氨基联苯胺 盐酸盐 二水 02992

[7411-49-6] $C_{12}H_{18}Cl_4N_4 \cdot 2H_2O$ 396.15

成分（以无水物计） C 40.02%，H 5.04%，Cl 39.38%，N 15.56%。

别名 二水合3,3′-二氨基联苯胺 盐酸盐；二水合盐酸3,3′-二氨基联苯胺；3,3′-二氨基联苯胺 四盐酸盐；3,3′-二氨基联苯胺 盐酸盐；四盐酸3,3′-二氨基联苯胺；3,3′,4,4′-四氨基联苯 盐酸盐；盐酸3,3′-二氨基联苯胺 二水；硒试剂；3,3′,4,4′-Biphenyltetramine tetrahydrochloride；DAB-4HCl；3,3′-Diaminobenzidine tetrahydrochloride；3,3′,4,4′-Tetraaminobiphenyl hydrochloride dihydrate；3,3′,4,4′-Tetraaminodiphenyl tetra-

hydrochloride
GW 2015-2512

性状 灰色结晶性粉末。溶于水，其溶液的颜色在放置过程中因氧化而变暗。mp 约 280℃（分解）。

注意事项 使用时应避免吸入本品的粉尘，避免与眼睛及皮肤接触。应充氩气密封避光干燥保存。

主要用途 测定微量硒、微量钒的试剂。比色法测硒时用作发色剂。

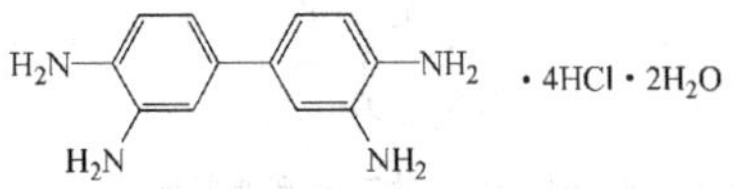

H_2N NH_2 H_2N NH_2 ·4HCl·$2H_2O$

3,5-Diaminobenzoic acid dihydrochloride
3,5-二氨基苯甲酸 二盐酸盐 02993

[618-56-4] $C_7H_{10}Cl_2N_2O_2$ 225.08

成分 C 37.35%，H 4.48%，Cl 31.50%，N 12.45%，O 14.22%。

别名 二盐酸 3,5-二氨基苯甲酸；3,5-二氨基苯甲酸 盐酸盐；盐酸 3,5-二氨基苯甲酸

性状 白色结晶。mp≥300℃。一般试剂含量≥99.0%（HPLC）。

注意事项 使用时应避免吸入本品的粉尘，避免与眼睛及皮肤接触。应充氩气密封避光于干燥处保存。

主要用途 测定 DNA 含量的敏感试剂。

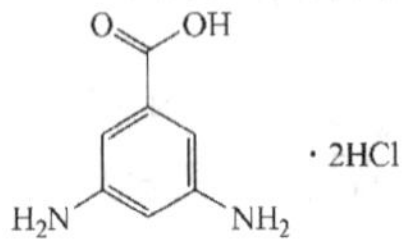

O OH H_2N NH_2 ·2HCl

4,4′-Diaminobenzophenone 4,4′-二氨基二苯甲酮 02994

[611-98-3] $C_{13}H_{12}N_2O$ 212.25

成分 C 73.57%，H 5.70%，N 13.20%，O 7.54%。

性状 白色固体。mp 243～247℃。一般试剂含量≥98.0%（HPLC）。

注意事项 该品对眼睛、呼吸系统及皮肤有刺激性。使用时应穿适当的防护服和戴手套。万一接触到眼睛，应立即用大量水冲洗后请医生诊治。

1,4-Diaminobutane 1,4-二氨基丁烷 02995

[110-60-1] $C_4H_{12}N_2$ 88.15

成分 C 54.50%，H 13.72%，N 31.78%。

别名 1，4-丁二胺；腐肉胺；腐肉碱；四亚甲基二胺；1，4-Butanediamine；Putrescine；Tetramethylenediamine

GW 2015-221 M.I.15，8058

性状 无色油状液体。低温结晶。有强烈氨臭。易溶于水，能吸收二氧化碳。mp 23～24℃；bp 158～160℃；bp_{11} 60～61℃/1.467kPa；Fp 125℉（51℃）；d_4^{25} 0.877；n_D^{20} 1.4569。一般试剂含量≥98.0%（GC）。

注意事项 该品高度易燃。具有腐蚀性，能引起烧伤。口服或与皮肤接触有害。使用现场禁止吸烟。使用时应穿适当的防护服，戴手套和防护镜或面罩。万一接触到眼睛，应立即用大量水冲洗后请医生诊治。使用时如有事故发生或有不适之感，应请医生诊治。应充氩气密封于阴凉干燥处保存。

主要用途 生化研究。用于刺激染色体转录。有机合成。

1,4-Diaminobutane dihydrochloride
1,4-二氨基丁烷 二盐酸盐 02996

[333-93-7] $C_4H_{14}Cl_2N_2$ 161.08

成分 C 29.83%，H 8.76%，Cl 44.02%，N 17.39%。

别名 二盐酸 1,4-二氨基丁烷；1,4-二氨基丁烷 盐酸盐；二盐酸四亚甲基二胺；盐酸 1,4-丁二胺；腐肉胺 盐酸盐；1,4-Butanediamine dihydrochloride；Butyl-1,4-diamine dihydrochloride；Putrescine dihydrochloride；Tetramethylenediamine dihydrochloride

M.I.15，8058

性状 白色结晶。溶于水，不溶于甲醇。mp>275℃。一般试剂含量≥99.0%（AT）。

注意事项 该品对眼睛、呼吸系统及皮肤有刺激性。使用时应穿适当的防护服。万一接触到眼睛，应立即用大量水冲洗后请医生诊治。应密封保存。

主要用途 制药工业。

DL-2,4-Diaminobutyric acid dihydrochloride
DL-2,4-二氨基正丁酸 二盐酸盐 02997

[65427-54-5] $C_4H_{12}Cl_2N_2O_2$ 191.06

成分 C 25.15%，H 6.33%，Cl 37.11%，N 14.66%，O 16.75%。

别名 二盐酸 DL-2,4-二氨基丁酸；盐酸 DL-2,4-二氨基丁酸；盐酸 DL-2,4-二氨基酪酸；DL-2,4-Diaminobutyric acid hydrochloride

性状 无色结晶。mp 197℃（分解）。一般试剂含量≥99.0%（AT）。

注意事项 该品应充氩气密封于阴凉处保存。

主要用途 气相色谱标准物。

L-2,4-Diaminobutyric acid dihydrochloride
L-2,4-二氨基丁酸 二盐酸盐 02998

[1883-09-6] $C_4H_{12}Cl_2N_2O_2$ 191.06

成分 C 25.15%，H 6.33%，Cl 37.11%，N 14.66%，O 16.75%。

别名 二盐酸 L-2,4-二氨基丁酸；盐酸 L-2,4-二氨基丁酸；盐酸 L-2,4-二氨基酪酸；(S)-(+)-2,4-二氨基丁酸 二盐酸盐

性状 无色菱形结晶。mp 197～200℃（分解）；$[\alpha]_D^{20}$ +15°±1°（c=3.7，于水中）。生化试剂含量≥97.0%（AT）。

注意事项 该品对呼吸系统及皮肤有刺激性。对眼睛有严重损伤的危险。使用时应穿适当的防护服，戴防护镜或面罩。万一接触到眼睛，应立即用大量水冲洗后请医生诊治。应充氩气密封干燥保存。

主要用途 有机合成。

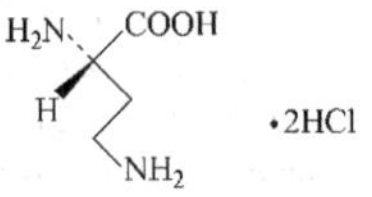

H_2N COOH H NH_2 ·2HCl

4′,4″(5″)-Diaminodibenzo-15-crown-5
4′,4″(5″)-二氨基二苯并-15-冠醚-5 02999

[245086-08-2] $C_{18}H_{22}N_2O_5$ 346.38

成分 C 62.42%，H 6.40%，N 8.09%，O 23.10%。

性状 白色固体或粉末。一般试剂为其异构体的混合物，含量≥97.0%（CHN/NMR）。

注意事项 见 02996 1,4 二氨基丁烷 二盐酸盐。应充氩气密封保存。

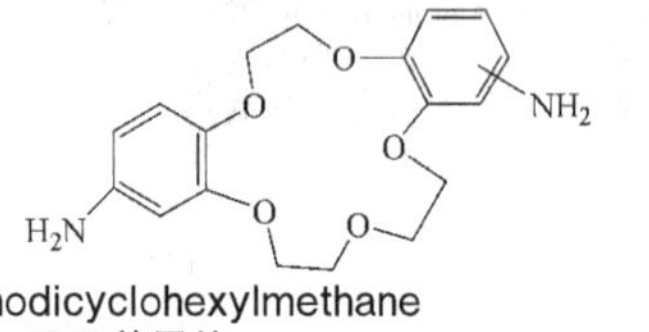

O O O O O NH_2 H_2N

4,4′-Diaminodicyclohexylmethane
4,4′-二氨基二环己基甲烷 03000

[1761-71-3] $C_{13}H_{26}N_2$ 210.36

成分 C 74.23%，H 12.46%，N 13.32%。

别名 4,4′-亚甲基双环己胺；4,4′-Methylenebiscyclohexylamine

性状 白色粉末。为其异构体的混合物。对二氧化碳气敏感。Fp 318.2°F（159℃）。一般试剂含量≥98.0%（NT）。其中：反式/反式约 50%（GC），顺式/反式约 40%（GC），顺式/顺式约 10%（GC）。

注意事项 该品吸入有毒。具有腐蚀性，能引起烧伤。对水生物有毒，能对水环境引起不利的结果。使用时应穿适当的防护服，戴手套和防护镜或面罩。万一接触到眼睛，应立即用大量水冲洗后请医生诊治。接触皮肤后，应立即用大量水冲洗。使用时如有事故发生或有不适之感，应请医生诊治。应防止将本品释放于环境中。应充氩气密封保存。

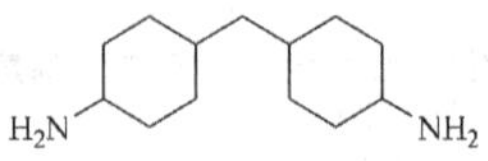

H_2N NH_2

4, 5-Diamino-2, 6-dihydroxypyrimidine sulfate
4,5-二氨基-2,4-二羟基嘧啶 硫酸盐 03001
[32014-70-3] $C_8H_{14}N_8O_8S$ 382.32
成分 C 25.13%，H 3.69%，N 29.31%，O 33.48%，S 8.39%。
别名 5,6-二氨基-2,4-二羟基嘧啶 半硫酸盐；硫酸 4,5-二氨基-2,6-二羟基嘧啶；5,6-二氨基尿嘧啶 硫酸盐；5,6-二氨基咁唔硫酸盐；硫酸 5,6-二氨基尿嘧啶；硫酸 5,6-二氨基咁唔；5,6-Diamino-2,4-dihydroxypyrimidine hemisulfate salt；5,6-Diaminouracil sulfate
性状 白色结晶性粉末。mp≥300℃。一般试剂含量≥95.0%（HPLC）。
注意事项 见 02672 姜黄素。

5,6-Diamino-1,3-dimethyluracil hydrate
5,6-二氨基-1,3-二甲基尿嘧啶 水合 03002
[5440-00-6] $C_6H_{10}N_4O_2 \cdot xH_2O$ 170.17+18.02x
成分（以无水物计） C 42.35%，H 5.92%，N 32.92%，O 18.80%。
别名 5,6-二氨基-1,3-二甲基咁唔；5,6-二氨基-1,3-二甲基-2,4（1*H*,3*H*）-嘧啶二酮；5,6-Diamino-1,3-dimethyl-2,4(1*H*,3*H*)-pyrimidinedione
性状 白色粉末或固体。对二氧化碳气敏感。mp 212～214℃（分解）。一般试剂含量≥97.0%（NT）。
注意事项 使用时应避免吸入本品的粉尘，避免与眼睛及皮肤接触。应充氮气密封保存。
主要用途 生化研究。

4,4′-Diaminodiphenylamine 4,4′-二氨基二苯胺 03003
[537-65-5] $C_{12}H_{13}N_3$ 199.26
成分 C 72.33%，H 6.58%，N 21.09%。
别名 *N*-(4-Aminophenyl)-1,4-benzenediamine；*p*-*p*′-Diaminodiphenylamine；Diazol black C
M.I. 15，2981 C.I. 76120
性状 来自水中的无色小叶状结晶。能被溴和浓硝酸氧化为溴苯胺和溴硝基甲烷。mp 158℃。
主要用途 用于检测氰化氢。染料的制造。

4,4′-Diaminodiphenyl ether 4,4′-二氨基二苯醚 03004
[101-80-4] $C_{12}H_{12}N_2O$ 200.24
成分 C 71.98%，H 6.04%，N 13.99%，O 7.99%。
别名 二氨基苯醚；4,4′-双（对氨基苯基）醚；4,4′-氧二苯胺；4-Aminophenyl ether；4, 4′-Oxydianiline；4, 4′-Bis(*p*-aminophenyl)ether
性状 近白色结晶。微溶于水、乙醇。mp 189～191℃。
注意事项 该品吸入、口服或与皮肤接触有毒。能致癌。能引起遗传基因的损伤。能损伤生育力。对水生物有毒。能对水环境引起不利的结果。使用时应穿适当的防护服，戴手套和防护镜或面罩。使用前应得到专门的指导，避免曝露。使用时如有事故发生或有不适之感，应请医生诊治。应防止将本品释放于环境中。

4,4′-Diaminodiphenylmethane
4,4′-二氨基二苯甲烷 03005
[101-77-9] $C_{13}H_{14}N_2$ 198.27
成分 C 78.75%，H 7.12%，N 14.13%。
别名 二苯胺基甲烷；对，对′-二氨基二苯甲烷；4,4′-亚甲基二苯胺；防老剂 DDM；促进剂 NA Ⅱ；4,4′-DDM；*p*,*p*′-Diaminodiphenylmethane；DMA；4,4′-Methylene bis(benzenamine)；4,4′-Methylenedianiline
M.I. 15，2982
性状 来自水或苯中的有光泽的银白色结晶或粉末。易溶于乙醇、乙醚、苯，微溶于冷水。mp 91.5～92℃；bp_{768} 398～399℃/102.39kPa；bp_{18} 275℃/2.4kPa；bp_{15} 249～253℃/2kPa；bp_9 232℃/1.2kPa；Fp 430℉（221℃）。一般试剂含量≥99.0%（GC）。
注意事项 该品吸入、口服或与皮肤接触有毒。与皮肤接触可能引起过敏。长期接触对健康有严重的不可逆的危害。能致癌。对水生物有毒。能对水环境引起不利的结果。使用前应得到专门的指导，避免曝露。使用时如有事故发生或有不适之感，应请医生诊治。应防止将本品释放于环境中。应密封避光保存。
主要用途 测定钨、硫酸盐的试剂。有机合成。染料工业。二异腈酸盐的制造。橡胶的抗氧剂和防老剂。分析用标准物质。

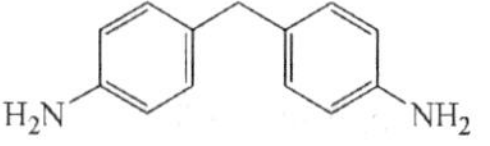

4,4′-Diaminodiphenyl sulfone 4,4′-二氨基二苯砜 03006
[80-08-0] $C_{12}H_{12}N_2O_2S$ 248.30
成分 C 58.05%，H 4.87%，N 11.28%，O 12.89%，S 12.91%。
别名 二氨二苯砜；双氨双苯砜；氨苯砜；4,4′-二氨基联苯砜；4-Aminophenyl sulfone；Avlosulfon；Bis(4-aminophenyl)sulfone；Croysulfone；DADPS；Dapsone；DDS；4,4′-Diaminodiphenyl sulfone；Dapsone；Diaphenylsulfone；Diphenasone；Diphenylsulfene；Disulone；Dumitone；Eporal；1358F；Novophone；Sulfona-Mae；4, 4′-Sulfonylbisbenzeneamine；4,4′-Sulfonyldianiline；Sulphadione；Udolac
M.I. 15，2822
性状 来自 95%乙醇中的无色或浅黄色结晶。味微苦。溶于乙醇、甲醇、丙酮、稀盐酸，几乎不溶于水。mp 175～176℃。一般试剂含量≥97.0%（NT）。
注意事项 该品口服有害。具有刺激性。使用时应避免吸入本品的粉尘。
主要用途 气相色谱固定液。分析分离酚类化合物。治麻风病剂。有机合成中间体。环氧树脂固化剂。

2,7-Diaminofluorene 2,7-二氨基芴 03007
[525-64-4] $C_{13}H_{12}N_2$ 196.25
成分 C 79.56%，H 6.16%，N 14.27%。
别名 2,7-芴二胺；9*H*-Fluorene-2,7-diamine；2,7-Fluorenediamine
M.I. 15，4188
性状 来自水中的无色针状结晶。易溶于乙醇，较多地溶于热水，微溶于冷水。mp 165℃。一般试剂含量≥97.0%（UV）。
注意事项 该品对眼睛、呼吸系统及皮肤有刺激性。使用时应穿适当的防护服。万一接触到眼睛，应立即用大量水冲洗后请医生诊治。应密封保存。
主要用途 检测溴化物、氯化物、硝酸盐、亚硝酸盐、过硫酸盐、镉、钴、锌的试剂。

2,6-Diaminoheptanedioic acid 2,6-二氨基庚二酸 03008
[583-93-7] $C_7H_{14}N_2O_4$ 190.20
成分 C 44.20%，H 7.42%，N 14.73%，O 33.65%。
别名 2,6-二氨基蒲桃酸；2,6-Diaminopimelic acid；*meso*-Diaminopimelic acid；α-ε-Diaminopimelinic acid
性状 白色针状结晶。易溶于水，不溶于乙醇。mp 约 295℃（分解）。生化试剂含量≥97.0%（NT）。
注意事项 该品对眼睛、呼吸系统及皮肤有刺激性。使用时应穿适当的防护服。万一接触到眼睛，应立即用大量水冲

洗后请医生诊治。应密封于干燥处保存。
主要用途 生化研究。

1,6-Diaminohexane-*N*,*N*,*N'*,*N'*-tetraacetic acid
1,6-二氨基己烷-*N*,*N*,*N'*,*N'*-四乙酸 03009
[1633-00-7] $C_{14}H_{24}N_2O_8$ 348.36
成分 C 48.27%，H 6.94%，N 8.04%，O 36.74%。
别名 六亚甲基二氮基四乙酸；六亚甲基二氮川四乙酸；Hexamethylenedinitrilotetraacetic acid
性状 白色结晶性粉末。mp 232～236℃（分解）。一般试剂含量≥97.0%（T）。
注意事项 该品对眼睛、呼吸系统及皮肤有刺激性。使用时应穿适当的防护服。万一接触到眼睛，应立即用大量水冲洗后请医生诊治。
主要用途 配位滴定用试剂。

COOH COOH N N COOH COOH

2,4-Diamino-6-hydroxypyrimidine
2,4-二氨基-6-羟基嘧啶 03010
[56-06-4] $C_4H_6N_4O$ 126.12
成分 C 38.09%，H 4.80%，N 44.42%，O 12.69%。
别名 2,6-二氨基-4-嘧啶醇；2,6-Diamino-4(1*H*)-pyrimidinol；2,6-Diamino-4-pyrimidinone
M. I. 15，2983
性状 来自水中的为一水合物，脱水后为无色结晶。mp 286℃（分解）。一般试剂含量≥98.0%（NT）。
注意事项 使用时应避免吸入本品的粉尘，避免与眼睛及皮肤接触。
主要用途 检测硝酸盐、亚硝酸盐。

HO N NH_2 N NH_2

2,4-Diamino-6-methyl-1,3,5-triazine
2,4-二氨基-6-甲基-1,3,5-三嗪 03011
[542-02-9] $C_4H_7N_5$ 125.14
成分 C 38.39%，H 5.64%，N 55.96%。
别名 Acetoguanamine
性状 无色结晶或白色粉末。mp 274～276℃。一般试剂含量≥98.0%（NT）。
注意事项 见 03009 1,6-二氨基己烷-*N*,*N*,*N'*,*N'*-四乙酸。

H_3C N NH_2 N N NH_2

1,5-Diaminonaphthalene 1,5-二氨基萘 03012
[2243-62-1] $C_{10}H_{10}N_2$ 158.20
成分 C 75.92%，H 6.37%，N 17.71%。
别名 1,5-萘二胺；1,5-Naphthalenediamine
性状 无色结晶。溶于乙醇、乙醚、氯仿，微溶于热水。能升华。mp 187～190℃。一般试剂含量≥98.0%（NT）。
注意事项 该品对机体有不可逆损伤的可能性。对水生物极毒，能对水环境引起不利的结果。使用时应穿适当的防护服和戴手套。应防止将本品释放于环境中。其包装物应按危险品处理。
主要用途 有机合成。

NH_2 NH_2

1,8-Diaminonaphthalene 1,8-二氨基萘 03013
[479-27-6] $C_{10}H_{10}N_2$ 158.20
成分 C 75.92%，H 6.37%，N 17.71%。
别名 1,8-萘二胺；1,8-Naphthalenediamine
M. I. 15，6457
性状 来自稀乙醇中的无色至微黄色针状结晶。久置会变为棕色。能升华。溶于乙醇、乙醚，微溶于水、氯仿。mp 66.5℃；bp_{12} 205℃/1.6kPa；$d_4^{99.4}$ 1.1265；$n_D^{99.4}$ 1.6828。一般试剂含量≥98.0%（HPLC/NT）。
注意事项 该品口服有害。对机体有不可逆损伤的可能性。接触皮肤能引起过敏。使用时应穿适当的防护服和戴手套。应充氮气密封避光保存。
主要用途 用于亚硝酸根、亚硒酸根测定的定性试剂。硒的光度测定。痕量镅的沉淀剂。有机合成。

NH_2 NH_2

2,3-Diaminonaphthalene 2,3-二氨基萘 03014
[771-97-1] $C_{10}H_{10}N_2$ 158.20
成分 C 75.92%，H 6.37%，N 17.71%。
别名 2,3-萘二胺；DAN；2,3-Naphthalenediamine
性状 无色或白色叶状结晶。溶于乙醇、乙醚。mp 197～203℃；d_4^{26} 1.0968。一般试剂含量≥98.0%（HPLC）。
注意事项 该品能致癌。对眼睛、呼吸系统及皮肤有刺激性。使用前应得到专门的指导，避免曝露。万一接触到眼睛，应立即用大量水冲洗后请医生诊治。使用时如有事故发生或有不适之感，应请医生诊治。应充氩气密封避光保存。
主要用途 有机合成。

NH_2 NH_2

1,5-Diaminopentane 1,5-二氨基戊烷 03015
[462-94-2] $C_5H_{14}N_2$ 102.18
成分 C 58.77%，H 13.81%，N 27.42%。
别名 1,5-戊二胺；尸胺；尸毒素；五亚甲基二胺；Animal coniine；1,5-Pentanediamine；Cadaverine；Pentamethylenediamine
GW 2015-2167 M. I. 15，1614
性状 无色糖浆状液体。有特殊臭味。呈强碱性。在空气中发烟，并放出二氧化碳。溶于水、乙醇，微溶于乙醚。pK_{a1} 10.25；pK_{a2} 9.13。mp 9℃；bp 178～180℃；Fp 145℉（62℃）；d_4^{25} 0.873；n_D^{20} 1.463。一般试剂含量≥95.0%（GC）。
注意事项 该品具有腐蚀性，能引起烧伤。使用时应穿适当的防护服。万一接触到眼睛，应立即用大量水冲洗后请医生诊治。使用时如有事故发生或有不适之感，应请医生诊治。应密封于阴凉处保存。
主要用途 生化研究。制备高聚合物。

2,3-Diaminophenazine 2,3-二氨基吩嗪 03016
[655-86-7] $C_{12}H_{10}N_4$ 210.24
成分 C 68.56%，H 4.79%，N 26.65%。
别名 2,3-吩嗪二胺；2,3-Phenazinediamine
M. I. 15，2984
性状 棕至黄色针状结晶。溶于乙醇、苯。mp 264℃。
主要用途 检测铋、镉、铅、铜、汞的试剂。

N NH_2 N NH_2

2,4-Diaminophenol dihydrochloride
2,4-二氨基酚 二盐酸盐 03017
[137-09-7] $C_6H_{10}Cl_2N_2O$ 197.06
成分 C 36.57%，H 5.11%，Cl 35.98%，N 14.21%，O 8.12%。
别名 二盐酸 2,4-二氨基酚；2,4-二氨基酚 盐酸盐；亚米多尔；盐酸 2,4-二氨基酚；Acrol；Amidol；Diamol
M. I. 15，2985
性状 无色或灰白色结晶。溶于水（15℃，27.5g/100mL），微溶于乙醇。mp 205℃。
注意事项 该品口服有害。对眼睛、呼吸系统及皮肤有刺激性。使用时应穿适当的防护服。万一接触到眼睛，应立即用大量水冲洗后请医生诊治。应密封保存。

主要用途 用于甲醛、氨、硝酸盐、游离酸、铬酸盐及金等的检验。能还原硅及钼酸。显影剂。

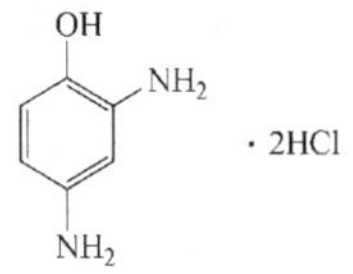

1,2-Diaminopropane-*N*,*N*,*N*′,*N*′-tetraacetic acid

1,2-二氨基丙烷-*N*,*N*,*N*′,*N*′-四乙酸 03018

[4408-81-5] $C_{11}H_{18}N_2O_8$ 306.27

成分 C 43.14%，H 5.92%，N 9.15%，O 41.79%。

别名 1,2-丙二胺-*N*,*N*,*N*′,*N*′-四乙酸；Propylenediamine-*N*,*N*,*N*′,*N*′-tetraacetic acid

性状 无色结晶或白色结晶性粉末。mp 241℃（分解）。一般试剂含量≥98.0%（T）。

注意事项 该品对眼睛、呼吸系统和皮肤有刺激性。使用时应穿适当的防护服。万一接触到眼睛，应立即用大量水冲洗后请医生诊治。

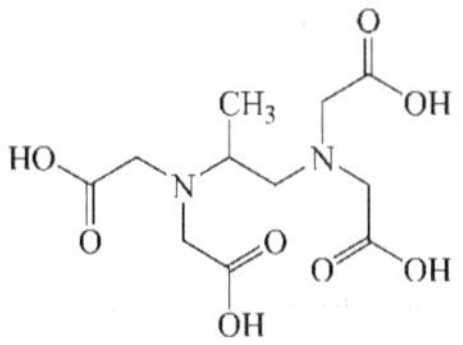

1,3-Diaminopropane-*N*,*N*,*N*′,*N*′-tetraacetic acid

1,3-二氨基丙烷-*N*,*N*,*N*′,*N*′-四乙酸 03019

[1939-36-2] $C_{11}H_{18}N_2O_8$ 306.27

成分 C 43.14%，H 5.92%，N 9.15%，O 41.79%。

别名 二亚甲基二胺-*N*,*N*,*N*′,*N*′-四乙酸；1,3-丙二胺-*N*,*N*,*N*′,*N*′-四乙酸；Trimethylenediamine-*N*,*N*,*N*′,*N*′-tetraactic acid

性状 无色结晶或白色结晶性粉末。mp 约 250℃（分解）。一般试剂含量≥99.0%（KT）。

注意事项 该品口服有害。对眼睛有严重损伤的危险。对水生物极毒。能对水环境引起不利的结果。使用时应戴防护镜或面罩。应避免吸入本品的粉尘。万一接触到眼睛，应立即用大量水冲洗后请医生诊治。应防止将本品释放于环境中。其包装物应按危险品处理。

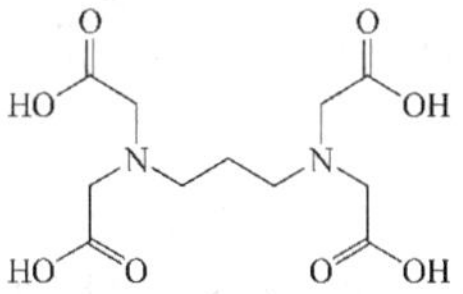

DL-2,3-Diaminopropionic acid hydrochloride

DL-2,3-二氨基丙酸 盐酸盐 03020

[54897-59-5] $C_3H_9ClN_2O_2$ 140.57

成分 C 25.63%，H 6.45%，Cl 25.22%，N 19.93%，O 22.76%。

别名 盐酸 DL-2,3-二氨基丙酸；3-Amino-DL-alanine hydrochloride；DL-2,3-Diaminopropanoic acid hydrochloride；DL-α,β-Diaminopropionic acid hydrochloride

M.I. 15, 2986

性状 无色针状结晶。易吸潮。1g 该品溶于 12mL 水，不溶于乙醇。mp 231～233℃（分解）。一般试剂含量≥99.0%（AT）。

注意事项 该品对眼睛、呼吸系统及皮肤有刺激性。使用时应穿适当的防护服。万一接触到眼睛，应立即用大量水冲洗后请医生诊治。应充氩气密封干燥保存。

主要用途 生化研究。有机微生物生长抑制剂。

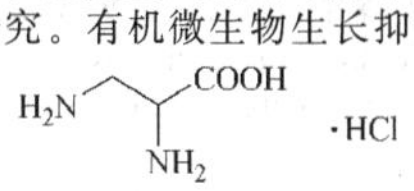

2,6-Diaminopurine 2,6-二氨基嘌呤 03021

[1094-98-9] $C_5H_6N_6$ 150.5

成分 C 40.00%，H 4.03%，N 55.97%。

别名 2,6-嘌呤二胺；2,6-Diamino-9*H*-purine；2,6-Purine-diamine；1*H*-Purine-2，6-diamine

M.I. 15, 2987

性状 来自乙醇＋水中的无色结晶。mp 302℃；uv max（pH 值 1.9）：241 nm，282 nm（lg ε 3.98，4.00）。生化试剂含量≥98.0%。

注意事项 该品对眼睛、呼吸系统及皮肤有刺激性。使用时应避免吸入本品的粉尘，避免与眼睛及皮肤接触。

主要用途 生化研究。

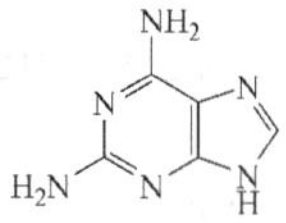

2,3-Diaminopyridine 2,3-二氨基吡啶 03022

[452-58-4] $C_5H_7N_3$ 109.13

成分 C 55.03%，H 6.47%，N 38.50%。

别名 2,3-吡啶二胺；2,3-Pyridinediamine

性状 无色结晶。mp 110～115℃。一般试剂含量≥98.0%（NT）。

注意事项 该品对眼睛、呼吸系统及皮肤有刺激性。使用时应穿适当的防护服。万一接触到眼睛，应立即用大量水冲洗后请医生诊治。应充氮气密封保存。

2,6-Diaminopyridine 2,6-二氨基吡啶 03023

[141-86-6] $C_5H_7N_3$ 109.13

成分 C 55.03%，H 6.47%，N 38.50%。

别名 2,6-二氨基氮杂苯；2,6-吡啶二胺；2,6-Pyridinediamine

性状 无色片状结晶。溶于水。mp 119～122℃；bp 285℃；Fp 311℉（155℃）。一般试剂含量≥99.0%（GC）。

注意事项 该品口服有害。对眼睛、呼吸系统及皮肤有刺激性。万一接触到眼睛，应立即用大量水冲洗后请医生诊治。应充氮气密封保存。

主要用途 偶合重氮化合物。

3,4-Diaminopyridine 3,4-二氨基吡啶 03024

[54-96-6] $C_5H_7N_3$ 109.13

成分 C 55.03%，H 6.47%，N 38.50%。

别名 3,4-吡啶二胺；Amifampridine；3,4-DAP；3,4-Pyridinediamine

M.I. 15, 398

性状 来自水中的无色针状结晶。对空气敏感。易溶于水、乙醇，微溶于乙醚。mp 218～219℃。LD_{50} 小鼠静脉注射：13mg/kg。一般试剂含量≥99.0%（NT）。

注意事项 该品吸入、口服有毒。对眼睛、呼吸系统及皮肤有刺激性。使用时应穿适当的防护服，戴手套和防护镜或面罩。万一接触到眼睛，应立即用大量水冲洗后请医生诊治。接触皮肤后，应用大量水冲洗。使用时如有事故发生或有不适之感，应请医生诊治。应充氩气密封保存。

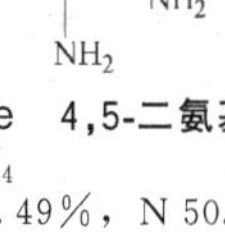

4,5-Diaminopyrimidine 4,5-二氨基嘧啶 03025

[13754-19-3] $C_4H_6N_4$ 110.12

成分 C 43.63%，H 5.49%，N 50.88%。

别名 嘧啶-4,5-二胺；Pyrimidine-4,5-diamine

性状 无色结晶或白色结晶性粉末。mp 约 200℃；bp_{32} 229℃/4.26kPa。一般试剂含量≥95.0%（NT）。

注意事项 使用时应避免吸入本品的粉尘，避免与眼睛及皮肤接触。

主要用途 生化研究。

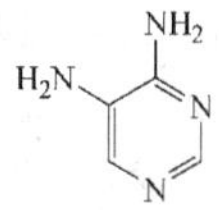

4,6-Diaminopyrimidine hemisulfate

4,6-二氨基嘧啶 半硫酸盐 03026

[77709-02-5] $C_4H_6N_4 \cdot \frac{1}{2}H_2O$ 119.13

成分 C 43.63%，H 5.49%，N 50.88%。
别名 4,6-二氨基-1,3-哒嗪 半硫酸盐；4,6-二氨基四氢嘧啶 半硫酸盐；半硫酸 4,6-二氨基嘧啶；嘧啶-4,6-二胺 半硫酸盐；4,6-Diamino-1,3-diazine hemisulfate; 4,6-Diaminotetrahydropyrimidine hemisulfate; Pyrimidine-4,6-diamine hemisulfate
性状 白色结晶。溶于水，微溶于乙醇。mp 243～244℃（分解）。生化试剂含量≥95.0%。
主要用途 生化研究。

2,4-Diaminotoluene　2,4-二氨基甲苯 03027
[95-80-7]　$C_7H_{10}N_2$ 122.17
成分 C 68.82%，H 8.25%，N 22.93%。
别名 甲苯-2,4-二胺；4-甲基间苯二胺；4-甲基-1,3-苯二胺；邻甲基间苯二胺；间甲苯二胺；2,4-莳二胺；2,4-甲苯二胺；MTD; 2,4-Tolylenediamine; 4-Methyl-1,3-phenylenediamine; 4-Methyl-*m*-phenylenediamine; *asym*-*m*-Toluylenediamine; 2,4-Tolylenediamine
GW 2015-306
性状 无色或浅黄色结晶或结晶性粉末。溶于水、乙醇。水溶液久置易变色。mp 98～99℃；bp 283～285℃。
注意事项 该品口服有毒。接触皮肤有害。对眼睛有刺激性。接触皮肤能引起过敏。能致癌。对水生物有毒。能对水环境引起不利的结果。使用前应得到专门的指导，避免曝露。使用时如有事故发生或有不适之感，应请医生诊治。应防止将本品释放于环境中。
主要用途 有机合成。染料中间体。

NH_2 / NH_2 / CH_3

2,6-Diaminotoluene　2,6-二氨基甲苯 03028
[823-40-5]　$C_7H_{10}N_2$ 122.17
成分 C 68.82%，H 8.25%，N 22.93%。
别名 甲苯-2,6-二胺；对甲苯二胺；2-甲基对苯二胺；2-甲基-1,4-苯二胺；2,6-莳二胺；2,6-甲苯二胺；2-Methyl-*m*-phenylenediamine; Tolylene-2,6-diamine
GW 2015-308
性状 无色片状结晶。易溶于乙醇、乙醚，微溶于苯。mp 104～106℃。一般试剂含量≥97.0%。
注意事项 该品口服或与皮肤接触有害。对机体有不可逆损伤的可能性。接触皮肤能引起过敏。对水生物有毒。能对水环境引起长期不利的结果。使用时应穿适当的防护服和戴手套。应避免与皮肤接触。应防止将本品释放于环境中。应充氮气密封保存。
主要用途 有机合成。染料中间体。分析用标准物。

3,4-Diaminotoluene　3,4-二氨基甲苯 03029
[496-72-0]　$C_7H_{10}N_2$ 122.17
成分 C 68.82%，H 8.25%，N 22.93%。
别名 3,4-甲苯二胺；甲苯-3,4-二胺；4-甲基邻苯二胺；4-甲基-1,2-苯二胺；3,4-莳二胺；Toluene-3,4-diamine; 4-Methyl-1,2-phenylenediamine; 3,4-Toluenediamine; *asym*-*o*-Toluylenediamine
性状 无色结晶。mp 91～93℃；bp_{18} 155～156℃/2.4kPa。一般试剂含量≥97.0%（NT）。
注意事项 该品吸入、口服或与皮肤接触有害。对眼睛、呼吸系统及皮肤有刺激性。使用时应戴手套和防护镜或面罩。万一接触到眼睛，应立即用大量水冲洗后请医生诊治。应密封保存。
主要用途 有机合成。

2,5-Diaminotoluene sulfate　2,5-二氨基甲苯 硫酸盐 03030
[615-50-9]　$C_7H_{12}N_2O_4S$ 220.25
成分 C 38.17%，H 5.49%，N 12.72%，O 29.06%，S 14.56%。
别名 硫酸 2,5-二氨基甲苯；2-甲基-1,4-苯二胺 硫酸盐；2-甲基对苯二胺 硫酸盐；硫酸 2,5-甲苯二胺；硫酸 2-甲基-1,4-苯二胺；硫酸甲苯-2,5-二胺；硫酸 2,5-莳二胺；对甲苯二胺 硫酸盐；硫酸对甲苯二胺；2-Methyl-1,4-phenylenediamine sulfate; 2-Methyl-*p*-phenylenediamine sulfate; 2,5-Toluenediamine sulfate; *p*-Tolylenediamine sulfate
GW 2015-1304
性状 无色结晶。mp≥300℃。一般试剂含量≥95.0%（T）。
注意事项 该品口服有毒。吸入或与皮肤接触有害。接触皮肤能引起过敏。对水生物有毒。能对水环境引起不利的结果。使用时应戴手套。避免与皮肤接触。如有事故发生或有不适之感，应请医生诊治。应防止将本品释放于环境中。

3,5-Diamino-1,2,4-triazole 03031
3,5-二氨基-1,2,4-三氮唑
[1455-77-2]　$C_2H_5N_5$ 99.09
成分 C 24.24%，H 5.09%，N 70.67%。
别名 Guanazole
性状 白色结晶性粉末。溶于水。mp 204～206℃（分解）。生化试剂含量≥98.0%（NT）。
注意事项 该品口服有害。使用时应穿适当的防护服和戴手套。避免吸入本品的粉尘，避免与眼睛及皮肤接触。
主要用途 DNA 合成的抑制剂。

NH_2 / N / N / H_2N / N / H

***cis*-Diamminedichloroplatinum（Ⅱ）**
顺式-二胺二氯铂 03032
[15663-27-1]　$Cl_2H_6N_2Pt$ 300.05
成分 Cl 23.63%，H 2.02%，N 9.34%，Pt 65.02%。
别名 二氯化顺式二胺铂（Ⅱ）；Cisplatin；(*SP*-4-2)-Diamminedichloroplatinum; *cis*-Diammine platinum（Ⅱ）dichloride; *cis*-Platinum Ⅱ; *cis*-DDP; CACP; CPDC; DDP; NSC-119875; Briplatin; Cismaplat; Cisplatyl; Citoplatino; Lederplatin; Neoplatin; Platamine; Platinex; Platiblastin; Platinol; Platinoxan; Platistin; Platosin; Randa
M. I. 15, 2316
性状 黄色至橙色结晶性粉末。溶于二甲基甲酰胺，微溶于水（25℃，0.253g/100g），不溶于通常的溶剂。270℃分解。LD_{50} 豚鼠腹膜内注射：9.7mg/kg。生化试剂含量≥96.0%（Pt）。
注意事项 该品口服有毒。能致癌。对眼睛有严重损伤的危险。使用前应得到专门的指导，避免曝露。使用时应戴防护镜或面罩。万一接触到眼睛，应立即用大量水冲洗后请医生诊治。使用时如有事故发生或有不适之感，应请医生诊治。
主要用途 生化研究。医用抗肿瘤剂。

Cl / NH_3 / Pt / Cl / NH_3

Di-*n*-amyl *o*-phthalate　邻苯二甲酸二正戊酯 03033
[131-18-0]　$C_{18}H_{26}O_4$ 306.41
成分 C 70.56%，H 8.55%，O 20.89%。
别名 邻酞酸二戊酯；酞酸二正戊酯；邻苯二甲酸二戊酯；苯二甲酸二戊酯；*n*-Amyl phthalate
性状 无色透明液体。微有香味。能与乙醇、乙醚相混溶，微溶于水。bp_{55} 247～255℃/7.333kPa。d_4^{20} 1.022～1.024；n_D^{20} 1.486～1.488。一般试剂含量≥98.5%。
主要用途 气相色谱固定液。增塑剂。润滑剂。

Diamyl sodium sulfosuccinate
磺基丁二酸二戊酯钠 03034
[922-80-5]　$C_{14}H_{25}NaO_7S$ 360.40
成分 C 46.66%，H 6.99%，Na 6.38%，O 31.07%，S 8.90%。
别名 二戊基磺基琥珀酸钠；二戊基磺基丁二酸钠；Sulfobutanedioic acid 1,4-dipeniyl ester sodium salt; Sulfosuccinic acid dipentyl ester sodium salt; Aerosol AY; Alphasol AY
M. I. 15, 2989
性状 白色片或粉末。于酸性或中性溶液中稳定。能被碱溶液水解。溶于水（25℃，392g/L；70℃，502g/L），亦溶于松木油、油酸、丙酮、四氯化碳、甘油、热橄榄油、热煤油，不溶于液体石蜡。

主要用途 乳胶聚合反应的乳化剂，变湿剂。

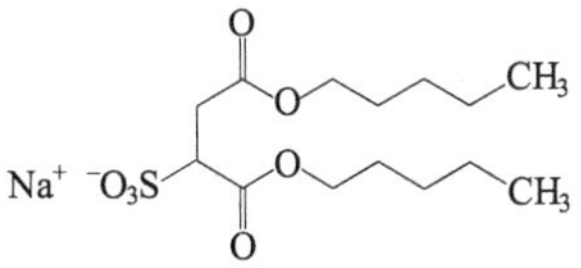

1,1′-Dianthrimide 1,1′-二蒽醌亚胺 03035

[82-22-4] $C_{28}H_{15}NO_4$ 429.43

成分 C 78.31%，H 3.52%，N 3.26%，O 14.90%。

别名 1,1′-亚氨基二蒽醌；1,1′-联蒽醌亚胺；Anthrimide；1,1′-Dianthraquinolylamine；Di(1-anthraquinoyl)amine；Dianthrimide；1,1′-Iminobis-9,10-anthracenedione；1,1′-Iminodianthraquinone

M. I. 15，681

性状 来自氯苯中的深红色针状结晶或来自硝基苯中的菱形结晶。溶于浓硫酸，略微溶于苯胺、硝基苯、氯苯、喹啉，几乎不溶于低沸点的有机溶剂。mp≥300℃。一般试剂含量≥95.0%（N）。

主要用途 测定硼、铝、锗、硒、碲、硅的试剂。

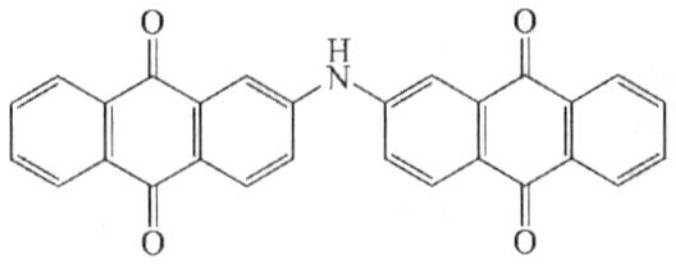

Diantipyrylmethane 二安替比林甲烷 03036

[1251-85-0] $C_{23}H_{24}N_4O_2$ 388.46

成分 C 71.11%，H 6.23%，N 14.42%，O 8.24%。

别名 二（1-苯基-2,3-二甲基-5-吡唑酮）甲烷；DAPM；Di(1-phenyl-2, 3-dimethylpyrazolon-5-yl) methane；4,4′-Methylenediantipyrine；4, 4′-Methylenebis (1,2-dihydro-1,5-dimethyl-2-phenyl-3*H*-pyrazol-3-one)；4, 4′-Methylenediantipyrine；Trichachnine

性状 白色片状结晶。易溶于酸并形成复合有机阳离子，不溶于水、乙醚、碱溶液。热至 130℃ 失水。mp 150～155℃。一般试剂含量≥95.0%（NT）。

注意事项 使用时应避免吸入本品的粉尘。避免与眼睛及皮肤接触。

主要用途 分光光度法测定钛、铁(Ⅲ)、钼、钕、铀(Ⅵ)、铱、铂、铼的灵敏试剂。

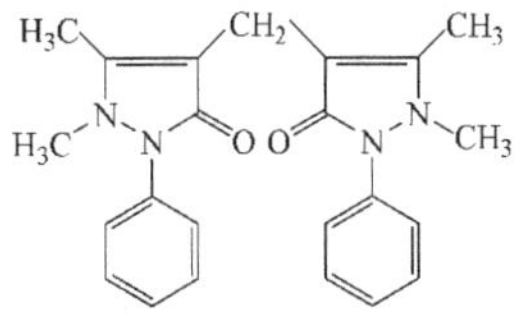

Diaphorase from clostridium kluyveri

黄递酶（尿酸梭菌） 03037

[9001-18-7] Mr 约 40000

别名 心肌黄酶；硫辛酰胺脱氢酶；Lipoyl dehydrogenase

EC 1.8.1.4

性状 浅棕黄色结晶。一般生化试剂 1mg 含 6 单位。

注意事项 该品应密封于-20℃干燥保存。

主要用途 测定 NAD、NADP 的试剂。

Diatrizoate sodium dihydrate 泛影钠 二水 03038

[737-31-5] $C_{11}H_8I_3N_2NaO_4 \cdot 2H_2O$ 671.93

成分（无水物） C 20.78%，H 1.27%，I 59.87%，N 4.41%，Na 3.62%，O 10.06%。

别名 3,5-二乙酰氨基-2,4,6-三碘苯甲酸钠盐；泛影酸钠盐二水；3,5-Bis(acetylamino)-2,4,6-triiodobenzoic acid sodium salt；3,5-Diacetamido-2,4,6-triiodobenzoic acid soduim salt；Urografic acid sodium salt；Soduim amidotrizoate；Sodium diatrizoate；Hypaque sodium；Triognost

M. I. 15，2993

性状 无水物为无色或白色菱形针状结晶。微有辛辣味。溶于水（20℃，60g/100mL），其 50%水溶液 pH 值 7.0～7.5。微溶于乙醇，几乎不溶于丙酮、乙醚。mp 261～262℃（分解）。LD_{50} 大鼠静脉注射：14.7g/kg。生化试剂含量≥99.0%（TLC）。

注意事项 该品吸入或与皮肤接触可引起过敏。使用时应穿适当的防护服。使用时应避免吸入本品的粉尘，避免与眼睛及皮肤接触。应充氩气密封避光保存。

主要用途 血细胞分离用浓度梯度试剂。辅助诊断用（射线阻挡介质）试剂。

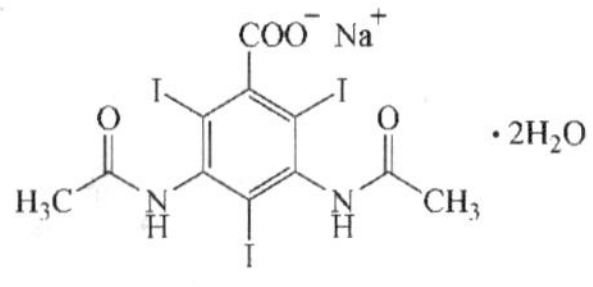

Diaveridine 二氨黎芦嘧啶 03039

[5355-16-8] $C_{13}H_{16}N_4O_2$ 260.30

成分 C 59.99%，H 6.20%，N 21.52%，O 12.29%。

别名 5-[(3,4-Dimethoxyphenyl)methyl]-2,4-pyrimidinediamine；2,4-Diamino-5-veratrylpyrimidine；2,4-Diamino-5-(3′,4′-dimethoxybenzyl)pyrimidine

M. I. 15，2994

性状 无色结晶。mp 233℃。一般试剂含量≥99.0%（HPLC）。

注意事项 该品对眼睛、呼吸系统及皮肤有刺激性。使用时应穿适当的防护服。万一接触到眼睛，应立即用大量水冲洗后请医生诊治。应密封于 2～8℃保存。

主要用途 生化研究。兽医用抗原生动物剂（磺胺喹噁啉合成）。抗菌剂。

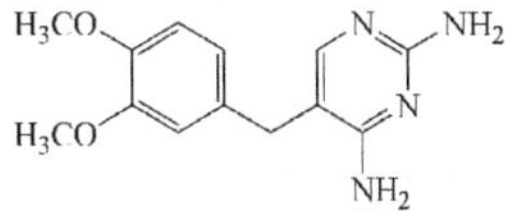

1,5-Diazabicyclo [4.3.0] non-5-ene

1,5-二氮二环 [4.3.0] 壬-5-烯 03040

[3001-72-7] $C_7H_{12}N_2$ 124.19

成分 C 67.70%，H 9.74%，N 22.56%。

别名 DBN；2,3,4,6,7,8-Hexahydropyrrolo [1,2-*a*] pyrimidine

性状 无色液体。易吸湿。bp_{11} 96～98℃/1.467kPa。Fp 220℉（94℃）；d_4^{20} 1.040；n_D^{20} 1.520。一般试剂含量≥98.0%（GC）。

注意事项 该品具有腐蚀性，能引起烧伤。使用时应穿适当的防护服，戴手套和防护镜或面罩。万一接触到眼睛，应立即用大量水冲洗后请医生诊治。使用时如有事故发生或有不适之感，应请医生诊治。应充氩气密封避光于干燥处保存。

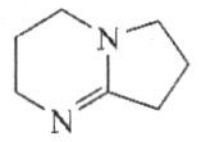

1,8-Diazafluoren-9-one 1,8-二氮杂芴-9-酮 03041

[54078-29-4] $C_{11}H_6N_2O$ 182.18

成分 C 72.52%，H 3.32%，N 15.38%，O 8.78%。

别名 Cyclopenta [1,2-*b*：4, 3-*b*′] dipyridin-9-one

性状 白色粉末。与氨基酸能形成具有强荧光的衍生物。溶于乙酸。mp 229～233℃。一般试剂含量≥99.0%（HPLC）。

注意事项 使用时应避免吸入本品的粉尘，避免与眼睛及皮肤接触。应充氩气密封于 2～8℃保存。

主要用途 检测氨基酸。

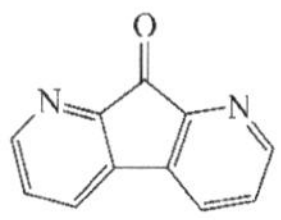

Diazepam 安定 03042

[439-14-5]　$C_{16}H_{13}ClN_2O$　284.74

成分　C 67.49%，H 4.60%，Cl 12.45%，N 9.84%，O 5.62%。

别名　7-Chloro-1,3-dihydro-1-methyl-5-phenyl-2*H*-1,4-benzodiazepin-2-one; 7-Chloro-1-methyl-5-phenyl-3*H*-1,4-benzo-diazepin-2(1*H*)-one; Methyl diazepinone; Diacepin; LA Ⅲ; Ro-5-2807; Wy-3467; NSC-77518; Apaurin; Apozepam; Atensine; Atilen; Bialzepam; Calmpose; Ceregulart; Dialar; Diazemuls; Dipam; Eridan; Erilytril; Eurosan; Evacalm; Faustan; Gewacalm; Horizon; Lamra; Lembrol; Levium; Mandrozep; Neurolytril; Noan; Novazam; Paceum; Pacitran; Paxate; Pro-Pam; Q-Pam; Relanium; Sedapam; Seduxen; Setonil; Servizepam; Stesolid; Solis; Stesolid; Tranimul; Tranquase; Tranquo-Tablinen; Unisedil; Valaxona; Valiquid; Valium; Valrelease; Vival; Vivol

M. I. 15，2997

性状　来自乙醇中的无色至浅黄色片状晶体。易溶于氯仿，溶于*N*,*N*-二甲基甲酰胺、苯、丙酮、乙醇，几乎不溶于水。pK_a 3.4。mp 131.5～134.5℃。LD_{50}大鼠急性经口：7.0mg/kg。

注意事项　该品口服或与皮肤接触有害。能危害胎儿。能损伤生育力。可能造成不可逆危险的结果。使用前应得到专门的指导，避免曝露。使用时应穿适当的防护服和戴手套。使用时如有事故发生或有不适之感，应请医生诊治。

主要用途　医用抗焦虑剂。骨架肌肉松弛剂。

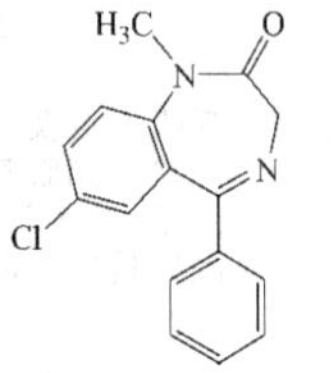

Diazinon　二嗪农　03043

[333-41-5]　$C_{12}H_{21}N_2O_3PS$　304.34

成分　C 47.36%，H 6.96%，N 9.20%，O 15.77%，P 10.18%，S 10.54%。

别名　*O*，*O*-二乙基-*O*-（2-异丙基-6-甲基-4-嘧啶基）硫逐磷酸酯；地亚农；2-异丙基-4-甲基-6-嘧啶基硫代磷酸二乙酯；Antigal; Basudin; Diazol; Diethyl-2-*iso*-propyl-4-methyl-6-pyrimidyl thiophosphate; Diethyl 2-isopropyl-4-methyl-6-pyrimidyl thionophosphate; *O*，*O*-Diethyl *O*-2-isopropyl-4-methyl-6-pyrimidyl thiophosphate; Dimpylate; D-z-n; G-24480; Garden Tox; Helfa Cat; HelfaDog; Neocidol; Parasitex; Sarolex; Saro; Spectracide; Taberdog; Tabergat; Thiophosphoric acid 2-*iso*-propyl-4-methyl-6-pyrimidyl diethyl ester

M. I. 15，2998

性状　无色液体。有淡的类似酯类的气味。能与乙醇、乙醚、石油醚、环己烷、苯及相似的烃类相混溶，极微溶于水（20℃，0.004%）。约120℃分解。$bp_{0.002}$ 83～84℃/0.27Pa；d_4^{20} 1.116～1.118；n_D^{20} 1.4978～1.4981。LD_{50}雄，雌大鼠急性经口：250mg/kg，285mg/kg。

注意事项　该品口服有害。对水生物极毒。能对水环境引起不利的结果。使用时应避免与眼睛及皮肤接触。应防止将本品释放于环境中。其包装物应按危险品处理。应密封于2～8℃保存。

主要用途　杀虫剂。兽用杀体外寄生虫剂。分析用标准物质。

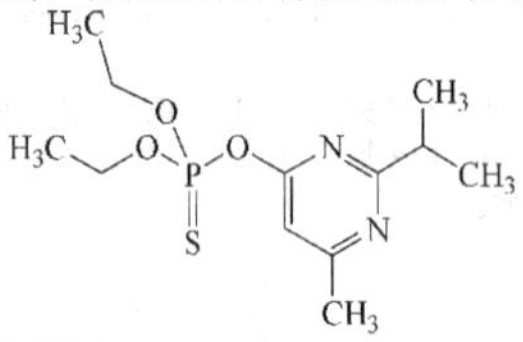

Diaziquone　地吖醌　03044

[57998-68-2]　$C_{16}H_{20}N_4O_6$　364.36

成分　C 52.74%，H 5.53%，N 15.38%，O 26.35%。

别名　[2,5-Bis(1-aziridinyl)-3,6-dioxo-1,4-cyclohexadiene-1,4-diyl] biscarbamic acid diethyl ester; 2,5-Bis(1-aziridinyl)-3,6-dioxo-1,4-cyclohexadiene-1,4-dicarbamic acid diethyl ester; 2,5-Diaziridinyl-3,6-bis(ethoxy-carbonylamino)-1,4-benzoquinone; Aziridinylbenzoquinone; AZQ; CI-904; NSC-182986

M. I. 15，2999

性状　来自乙醇中的橙色针状结晶。溶于水（0.5mg/mL）。mp 230℃（分解）；uv max（甲醇中）：380nm（lgε 4.17）。LD_{50}小鼠静脉注射：30.9m/kg。

注意事项　该品对机体有不可逆损伤的可能性。使用时应穿适当的防护服。应避免吸入本品的粉尘。

主要用途　生化研究。医用抗肿瘤剂。

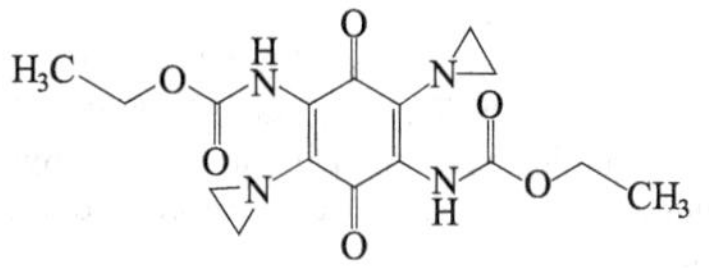

Diazoaminobenzene　重氮氨基苯　03045

[136-35-6]　$C_{12}H_{11}N_3$　197.24

成分　C 73.07%，H 5.62%，N 21.30%。

别名　1,3-二苯基三氮烯；三氮二苯；苯氨基偶氮苯；Anilinoazobenzene; Benzeneazoanilide; Benzeneazoaniline; DAP; Diazobenzeneanilide; 1,3-Diphenyl-1-triazene

GW 2015-2812　M. I. 15，3001

性状　金黄色的微细结晶。溶于苯、热乙醇、乙醚，不溶于水。mp 98℃；加热至150℃可爆炸。

注意事项　该品易燃。有毒。急剧加热至熔点以上能爆炸。应远离火种密封保存。

主要用途　镉的测定。有机合成。染料合成。

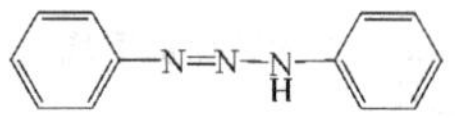

4-Diazobenzenesulfonic acid　4-重氮苯磺酸　03046

[305-80-6]　$C_6H_4N_2O_3S$　184.17

成分　C 39.13%，H 2.19%，N 15.21%，O 26.06%，S 17.41%。

别名　对重氮苯磺酸；*p*-Diazobenzene sulfonic acid; Diazosulfanilic acid; *p*-Diazobenzene-4-Sulfobenzene diazonium innersalt; Sulfanilic acid diazide; 4-Sulfobenzenediazonium inner salt

M. I. 15，3002

性状　白色或微粉红色结晶。易溶于热水、稀碱及盐酸，微溶于冷水、乙醇。一般试剂为50%水溶液，含量约50.0%（T）。

注意事项　该品当干燥时有爆炸性。对眼睛及皮肤有刺激性。万一接触到眼睛，应立即用大量水冲洗后请医生诊治。该品应用水保持其湿度，避免干燥。应密封于2～8℃保存（禁冻结）。

主要用途　酚试剂。

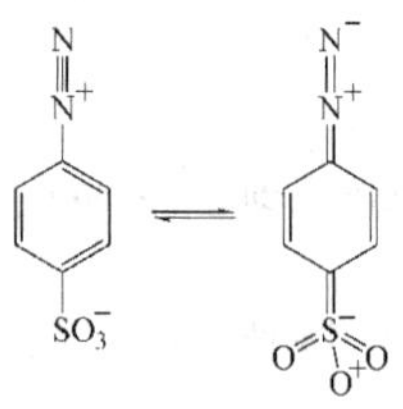

Diazolidinyl urea　尿素醛　03047

[78491-02-8]　$C_8H_{14}N_4O_7$　278.22

成分　C 34.54%，H 5.07%，N 20.14%，O 40.25%。

别名　*N*-[1,3-Bis(hydroxymethyl)-2,5-dioxo-4-imidazolidinyl]-*N*,*N'*-bis(hydroxymethyl) urea; *N*-Hydroxymethyl-*N*-(1,3-dihydroxymethyl-2,5-dioxo-4-imidazolidinyl)-*N'*-(hydroxymethyl) urea; Germall Ⅱ

M. I. 15，3003

性状　细小的白色易流动的粉末。溶于水（30%），不溶于脂肪。LD_{50}大鼠急性经口：2.57g/kg；兔皮肤接触：>2.0g/kg。

注意事项　该品接触皮肤能引起过敏。使用时应穿适当的防护服。应密封于2～8℃保存。

主要用途　用于化妆品和洗浴用品的储存灭菌。

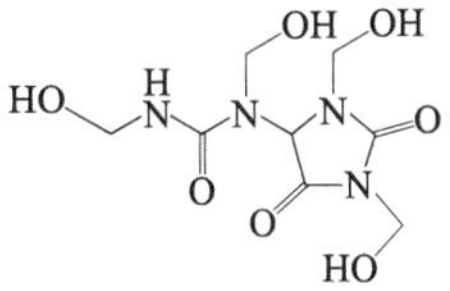

1-Diazo-2-naphthol-4-sulfonic acid

1-重氮-2-萘酚-4-磺酸 03048

[887-76-3] $C_{10}H_6N_2O_4S$ 250.23

成分 C 48.00%，H 2.42%，N 11.20%，O 25.58%，S 12.81%。

别名 2-氧化-1-重氮萘-4-磺酸

性状 黄色胶状物。溶于碱溶液，难溶于水。mp 160℃（分解）。一般试剂含量≥97.0（T）。

注意事项 该品易燃。对眼睛、呼吸系统及皮肤有刺激性。使用时应穿适当的防护服。万一接触到眼睛，应立即用大量水冲洗后请医生诊治。使用现场禁止吸烟。应远离火种充氩气于阴凉处保存。

主要用途 制造偶氮染料、铬染料。

2-Diazo-1-naphthol-5-sulfonic acid sodium salt monohydrate

2-重氮-1-萘酚-5-磺酸钠盐 一水 03049

[2657-00-3][312619-43-5] $C_{10}H_5NaO_4S \cdot H_2O$ 290.24

成分(以无水物计) C 44.12%，N 10.29%，Na 8.45%，O 23.51%，S 11.78%。

别名 1-氧化-2-重氮萘-5-磺酸；6-Diazo-5,6-dihydro-5-oxonaphthalene-1-sulfonic acid sodium salt；Sodium 2-diazo-1-naphthol-5-sulfonate hydrate

GW 2015-2809

性状 胶状物。难溶于水。mp 140℃（分解）。一般试剂含量≥97.0%（T）。

注意事项 该品高度易燃。使用现场禁止吸烟。应远离火种，密封于100℃以下保存。

主要用途 制造偶氮染料及硝基重氮氧化物。

5-Diazouracil **5-重氮尿嘧啶** 03050

[2435-76-9] $C_4H_2N_4O_2$ 138.09

成分 C 34.79%，H 1.46%，N 40.58%，O 23.17%。

别名 重氮呻嘈；瑞宾氏试剂；5-Diazo-2,4-dioxopyrimidine；5-Diazo-2,4(1*H*,3*H*)-pyrimidinedione；2,4-Dioxo-5-diazopyrimidine；DU；Ruybin's reagent

M. I. 15，3006

性状 白色或浅黄色结晶。微溶于水。一般试剂含量≥99.0%。

注意事项 该品应于－20℃保存。

主要用途 生化研究。癌症研究。蜂蜜的检验。

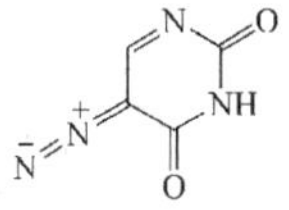

Diazoxide **氯甲苯噻嗪** 03051

[364-98-7] $C_8H_7ClN_2O_2S$ 230.67

成分 C 41.66%，H 3.06%，Cl 15.37%，N 12.14%，O 13.87%，S 13.90%。

别名 二氮嗪；7-Chloro-3-methyl-2*H*-1,2,4-benzothiadiazine 1,1-dioxide；3-Methyl-7-chloro-1,2,4-benzothiadiazine 1,1-dioxide；SRG-95213；Eudemine Injection；Proglicem；Hyperstat；Hypertonalum；Mutabase；Proglycem

M. I. 15，3007

性状 来自稀乙醇中的无色结晶。易溶于强碱溶液、二甲基甲酰胺，溶于乙醇，几乎不溶于水及多数有机溶液剂。mp 330～331℃；uv max（甲醇中）：268nm（ε11300）。

注意事项 该品口服有害。对眼睛、呼吸系统及皮肤有刺激性。使用时应穿适当的防护服。使用时应避免吸入本品的粉尘。万一接触到眼睛，应立即用大量水冲洗后请医生诊治。

主要用途 生化研究。医用抗高血压剂，利尿剂。

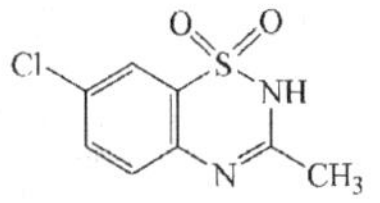

Dibekacin sulfate **双脱氧卡那霉素 硫酸盐** 03052

[58580-55-5, 93965-12-9] $C_{18}H_{39}N_5O_{12}S$ 549.60

成分 C 39.34%，H 7.15%，N 12.74%，O 34.93%，S 5.83%。

别名 达苄霉素 硫酸盐；硫酸双脱氧卡那霉素；硫酸达苄霉素；Débékacyl；Icacine；Kappabi；Orbicin；Panamicin；Panimycin；Tokocin；*O*-3-Amino-3-deoxy-*α*-D-glucopyranosyl-(1→6)-*O*-[2,6-diamino-2,3,4,6-tetradeoxy-*α*-D-*erythro*-hexopyranosyl-(1→4)]-2-deoxy-D-streptamine sulfate；DKB；3′,4′-Dideoxykanamycin B sulfate；Debecacin sulfate

M. I. 15，3008

性状 白色或浅黄色粉末。味微苦。溶于水，几乎不溶于乙醇、丙酮及一般的有机溶剂。

注意事项 该品吸入、口服或与皮肤接触有害。能危害胎儿。使用前应得到专门的指导，避免曝露。使用时应穿适当的防护服，戴手套和防护镜或面罩。使用时如有事故发生或有不适之感，应请医生诊治。应密封于2～8℃保存。

主要用途 生化研究。医用抗菌剂。

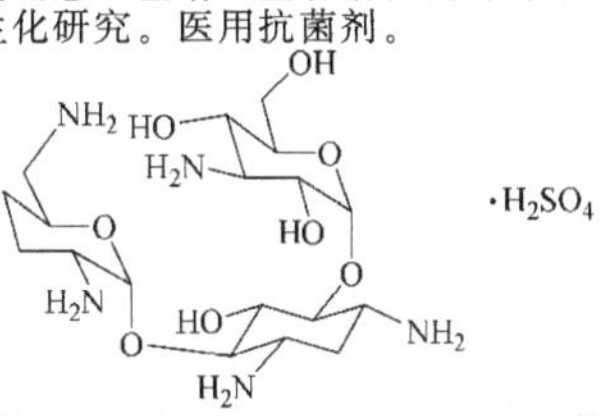

1,2∶3,4-Dibenzanthracene **1,2∶3,4-二苯并蒽** 03053

[215-58-7] $C_{22}H_{14}$ 278.35

成分 C 94.93%，H 5.07%。

别名 二苯稠[*a*,*c*]蒽；1,2,3,4-DBA；Dibenz[*a*,*c*]anthracene

性状 无色结晶。mp 205～207℃；bp 518℃。一般试剂含量≥97.0%（HPLC）。

注意事项 该品吸入、口服或接触皮肤时有毒。使用时应穿适当的防护服，戴手套和防护镜或面罩。使用时如有事故发生或有不适之感，应请医生诊治。

主要用途 生化研究。

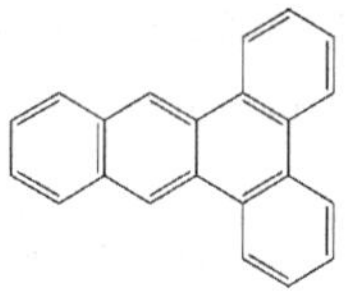

1,2∶5,6-Dibenzanthracene **1,2∶5,6-二苯并蒽** 03054

[53-70-3] $C_{22}H_{14}$ 278.35

成分 C 94.93%，H 5.07%。

别名 二苯并三苯；二苯稠[*a*,*h*]蒽；1,2,5,6-DBA；Dibenz[*a*,*h*]anthracene

M. I. 15，3011

性状 来自乙酸中的无色或白色单斜或斜方片状或小叶片状结晶。能升华。溶于石油醚、苯、甲苯、二甲苯、油类及一般有机溶剂，微溶于乙醇、乙醚，不溶于水。mp 266℃；bp 524℃；λ_{max} 297nm（lgε 5.24）。

注意事项 该品能致癌。对水生物极毒。可能对水环境引起不利的结果。使用前应得到专门的指导，避免曝露。使用时如有事故发生或有不适之感，应请医生诊治。应防止将本品释放于环境中。其包装物应按危险品处理。应密封于2～8℃保存。

主要用途 生化研究。

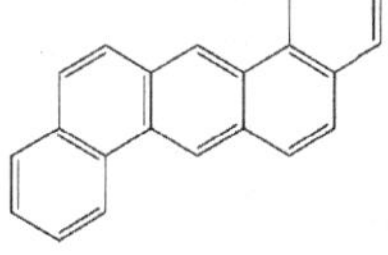

Dibenzepin hydrochloride 二苯氮䓬盐酸盐 03055
[315-80-0] $C_{18}H_{22}ClN_3O$ 331.84
成分 C 65.15%，H 6.68%，Cl 10.68%，N 12.66%，O 4.82%。
别名 盐酸二苯氮䓬；Neodalit；Noveril；10-[2-(Dimethylamino) ethyl]-5，10-dihydro-5-methyl-11*H*-dibenzo[*b*，*e*][1，4]diazepin-11-one hydrochloride；5-Methyl-10β-dimethylaminoethyl-10，11-dihydro-11-oxodibenzo[*b*，*e*][1，4]diazepine hydrochloride；HF-1927-HCl
M. I. 15，3012
性状 无色结晶。溶于水、乙醇、氯仿。pK_a 8.25。mp 238℃；uv max（于 0.1mol/L 盐酸中）：204nm，220nm（lg ε 4.530，4.458）。LD_{50}小鼠急性经口：215mg/kg。
主要用途 医用抗抑郁剂。

7*H*-Dibenzo[*c*，*g*]carbazol 7*H*-二苯并[*c*，*g*]咔唑 03056
[194-59-2] $C_{20}H_{13}N$ 267.33
成分 C 89.86%，H 4.90%，N 5.24%。
性状 无色结晶。
注意事项 该品对机体有不可逆损伤的可能性。使用时应穿适当的防护服和戴手套。使用时应避免吸入本品的粉尘。应密封于 2～8℃保存。
主要用途 分析用标准物质。

Dibenzo[*b*，*def*]chrysene 二苯并[*b*，*def*]䓛 03057
[189-60-4] $C_{24}H_{14}$ 302.38
成分 C 95.33%，H 4.67%。
别名 二苯并[*a*，*h*]芘；3，4，8，9-二苯并芘；3，4，8，9-Dibenzopyrene；Dibenzo[*a*，*h*]pyrene
性状 无色结晶。
注意事项 见 03056 7*H*-二苯并［*c*，*g*］咔唑 。
主要用途 分析用标准物。

Dibenzo-15-crown-5 二苯并-15-冠醚-5 03058
[14262-60-3] $C_{18}H_{20}O_5$ 316.35
成分 C 68.34%，H 6.37%，O 25.29%。
别名 二苯并十五冠五聚乙醚；Dibenzo-15-crown-5-polyether
性状 白色结晶。mp 104～108℃。一般试剂含量≥97.0%（GC）。
注意事项 该品对眼睛、呼吸系统及皮肤有刺激性。使用时应穿适当的防护服。万一接触到眼睛，应立即用大量水冲洗后请医生诊治。
主要用途 有机合成。相转移试剂。

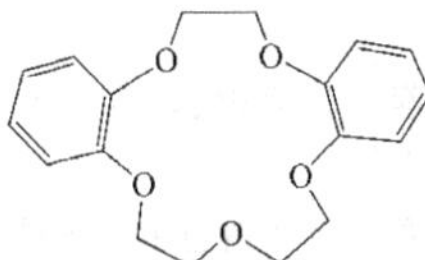

Dibenzo-18-crown-6 二苯并-18-冠醚-6 03059
[14187-32-7] $C_{20}H_{24}O_6$ 360.41
成分 C 66.66%，H 6.71%，O 26.64%。
别名 二苯并十八冠六聚乙醚；Dibenzo-18-crown-6-polyether；2，3，11，12-Dibenzo-1，4，7，10，13，16-hexaoxacyclooctadeca-2，11-diene；6，7，9，10，17，18，20，21-Octahydrodibenzo[*b*，*k*][1，4，7，10，13，16]hexaoxacyclooctadecene
M. I. 15，2592
性状 来自丙酮中的白色结晶。易溶于氯仿，不溶于水。mp 164℃；bp_{679} 380～384℃/90.53kPa。一般试剂含量≥98.0%（UV）。
注意事项 该品对眼睛有刺激性。万一接触到眼睛，应立即用大量水冲洗后请医生诊治。
主要用途 有机合成。相转移试剂。

Dibenzo-21-crown-7 二苯并-21-冠醚-7 03060
[14098-41-0] $C_{22}H_{28}O_7$ 404.46
成分 C 65.33%，H 6.98%，O 27.69%。
别名 二苯并二十一冠七醚；Dibenzo-21-crown-7-polyether
性状 白色结晶状粉末。mp 103～106℃。一般试剂含量≥97.0%（GC）。
注意事项 见 03058 二苯并-15-冠醚-5。
主要用途 有机合成。相转移试剂。

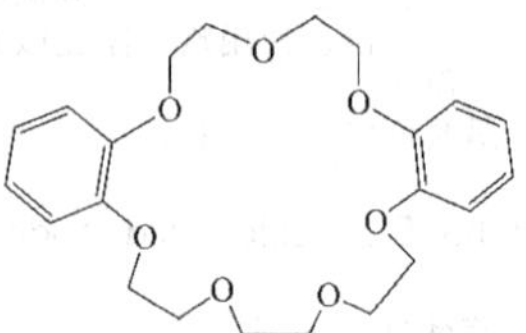

Dibenzo-24-crown-8 二苯并-24-冠醚-8 03061
[14174-09-5] $C_{24}H_{32}O_8$ 448.52
成分 C 64.27%，H 7.19%，O 28.54%。
别名 二苯并二十四冠八醚；Dibenzo-24-crown-8-polyether；6，7，9，10，12，13，20，21，23，24，26，27-Dodecahydrodibenz[*b*，*n*]-1，4，7，10，13，16，19，22-octaoxacyclotetracosane
性状 白色粉末。mp 103～107℃。一般试剂含量≥98.0%（UV）。
注意事项 见 03058 二苯并-15-冠醚-5。
主要用途 有机合成。相转移试剂。

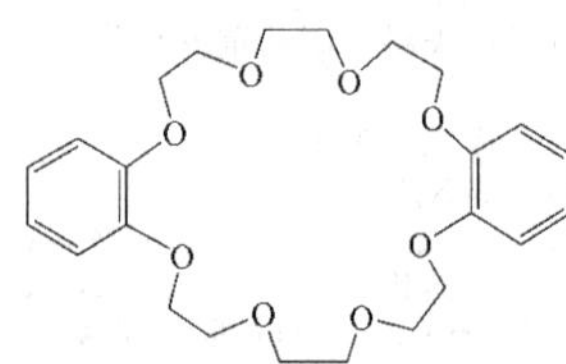

Dibenzo-30-crown-10 二苯并-30-冠醚-10 03062
[17455-25-3] $C_{28}H_{40}O_{10}$ 536.52
成分 C 62.68%，H 7.51%，O 29.82%。
别名 二苯并三十冠十醚；Dibenzo-30-crown-10-polyether
性状 白色粉末。mp 约 108℃。一般试剂含量≥98.0%（GC）。
主要用途 有机合成。相转移试剂。

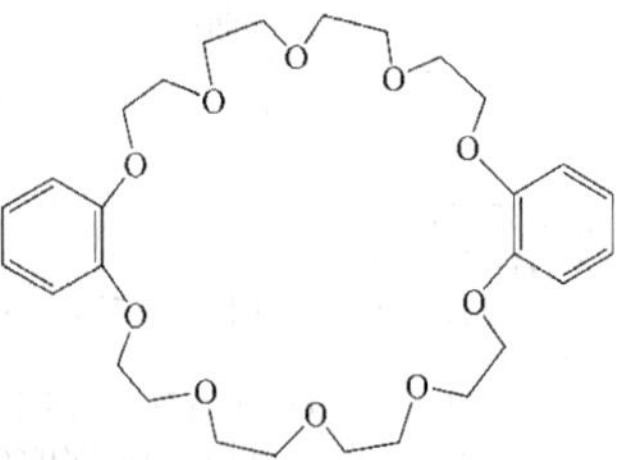

Dibenzofuran 二苯并呋喃 03063
[132-64-9] $C_{12}H_8O$ 168.19
成分 C 85.70%，H 4.79%，O 9.51%。
别名 环氧联苯；氧化次联苯基；氧芴；联苯抱氧；Diphenylene oxide
性状 无色叶片状或鳞片状结晶。具有蓝色荧光。溶于乙醇、乙醚，微溶于热苯，不溶于水。mp 83～85℃；bp_{20} 154～155℃/2.666kPa；Fp 266°F（130℃）；d_4^{20} 1.0728。一般试剂含量≥99.0%（GC）。
注意事项 使用时应避免吸入本品的粉尘。避免与眼睛及皮肤接触。
主要用途 有机合成。染料、药品及香料的制造。

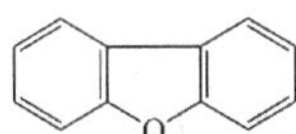

Dibenzo[a,i]pyrene　二苯并[a,i]芘 03064

[189-55-9]　$C_{24}H_{14}$　302.38

成分 C 95.33%，H 4.67%。

别名 3,4,9,10-二苯并芘；1,2,7,8-二苯并芘；3,4,9,10-Dibenzopyrene；1,2,7,8-Dibenzopyrene

性状 无色结晶。

注意事项 见 03056 7*H*-二苯并[*c*,*g*]咔唑。

主要用途 分析用标准物质。

***N*, *N*′-Dibenzoyl-L-cystine**

***N*,*N*′-二苄基-L-胱氨酸** 03065

[25129-20-8]　$C_{20}H_{20}N_2O_6S_2$　448.52

成分 C 53.56%，H 4.49%，N 6.25%，O 21.40%，S 14.30%。

性状 白色结晶。溶于水。易吸潮。mp 195～200℃(分解)；$[\alpha]_4^{20}$ －215°±8°（c=1，于乙醇中）。

注意事项 使用时应避免吸入本品的粉尘，避免与眼睛及皮肤接触。应密封干燥保存。

主要用途 生化研究。

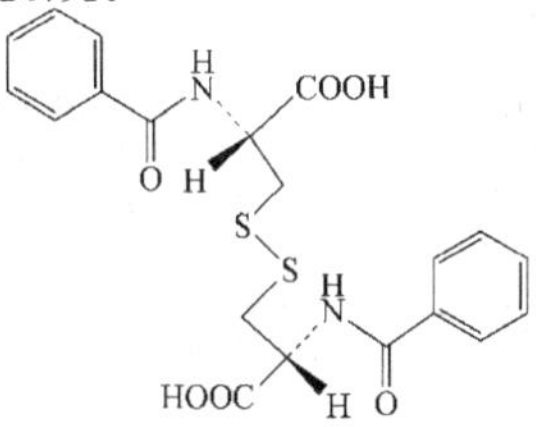

Dibenzoylmethane　二苯甲酰甲烷 03066

[120-46-7]　$C_{15}H_{12}O_2$　224.26

成分 C 80.34%，H 5.39%，O 14.27%。

别名 1,3-二苯基丙二酮；ω-苯甲酰基苯乙酮；ω-Benzoylacetophenone；DBM；1，3-Diphenyl-1，3-propanedione；γ-Hydroxychalkone；Phenyl-α-hydroxystyryl ketone；Phenyl phenacyl ketone

M.I. 15，3014

性状 来自石油醚中的浅粉红色斜方形片状结晶。溶于乙醚、三氯甲烷、氢氧化钠水溶液，微溶于乙醇（19℃，4.43 份该品溶于 100 份乙醇）。mp 80℃；bp_{18} 219～221℃/2.4 kPa。一般试剂含量≥99.0%（GC）。

注意事项 使用时应避免吸入本品的粉尘。避免与眼睛及皮肤接触。

主要用途 测定铀、铊、二硫化碳的试剂。可萃取银、铝、钡、铍、钙、镉、钴、铜、铁、镓、汞、镧、锰、镍、铅、钯、钪、钍、钛、锌、锆。

2,3：6,7-Dibenzphenanthrene

2,3：6,7-二苯并菲 03067

[222-93-5]　$C_{22}H_{14}$　278.35

成分 C 94.93%，H 5.07%。

别名 二苯并［*b*,*h*］菲；Pentaphene；Dibenzo[*b*,*h*]phenanthrene；β，β′-Dibenzphenanthrene；Naphtho-2′，3′-1，2-anthracene

M.I. 15，3015

性状 来自二甲苯中的浅黄绿色针状或小叶状结晶。溶于苯、二甲苯，略微溶于乙醇、乙醚。其溶液在日光下呈蓝色荧光。mp 257℃；最大吸收值（乙醇中，nm)：423.5，412，399，379，356，345，329，314.5，302，289.5，275.5，245。

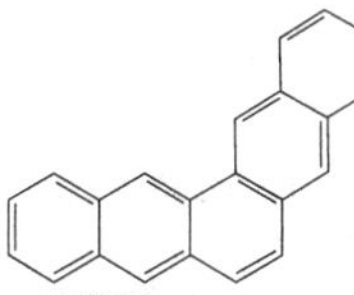

Dibenzylamine　二苄胺 03068

[103-49-1]　$C_{14}H_{15}N$　197.28

成分 C 85.24%，H 7.66%，N 7.10%。

别名 *N*-（Phenylmethyl）benzenemethanamine

M.I. 15，3016

性状 无色油状液体。有氨味。溶于乙醇、乙醚，几乎不溶于水。mp －26℃；bp 300℃（部分分解)；Fp 290℉（143℃)；d_4^{20} 1.026；n_D^{20} 1.574。一般试剂含量≥98.0%。

注意事项 该品口服有害。对皮肤有刺激性。使用时应穿适当的防护服，戴手套和防护镜或面罩。万一接触到眼睛，应立即用大量水冲洗后请医生诊治。使用时如有事故发生或有不适之感，应请医生诊治。

主要用途 用于钴、铁、氰酸盐的测定。

1,1′-Dibenzyl-4,4′-bipyridininm dichloride

二氯化 1,1′-二苄基-4,4′-联吡啶 03069

[1102-19-8]　$C_{24}H_{22}Cl_2N_2$　409.37

成分 C 70.42%，H 5.42%，Cl 17.32%，N 6.84%。

别名 Benzyl viologen dichloride；1,1′-Bis(phenylmethyl)-4,4′-bipyridinium dichloride；*N*,*N*′-Dibenzyl-γ,γ′-dipyridylium dichloride

性状 白色结晶性粉末。易吸湿。mp 262℃（分解)。一般试剂含量≥96.0%（AT)。

注意事项 该品吸入、口服或与皮肤接触有害。对眼睛、呼吸系统及皮肤有刺激性，使用时应穿适当的防护服。万一接触到眼睛，应立即用大量水冲洗后请医生诊治。应充氩气密封干燥保存。

主要用途 生物氧化还原指示剂。

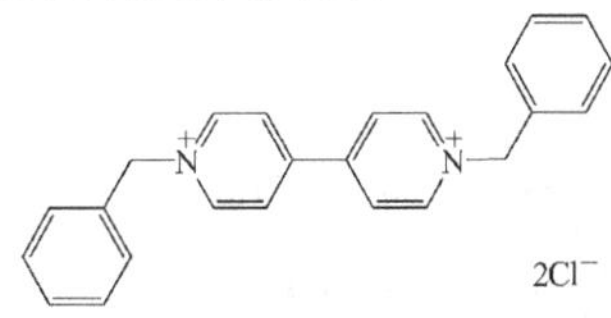

3,4-Dibenzyloxybenzaldehyde 3,4-二苄氧基苯甲醛 03070

[5447-02-9]　$C_{21}H_{18}O_3$　318.37

成分 C 79.23%，H 5.70%，O 15.08%。

别名 3,4-双苄氧基苯甲醛；3,4-Bis(benzyloxy)benzaldehyde

性状 白色结晶。mp 91～94℃。一般试剂含量≥98.0%（HPLC)。

注意事项 使用时应避免吸入本品的粉尘，避免与眼睛及皮肤接触。应充氩气密封保存。

主要用途 有机合成。

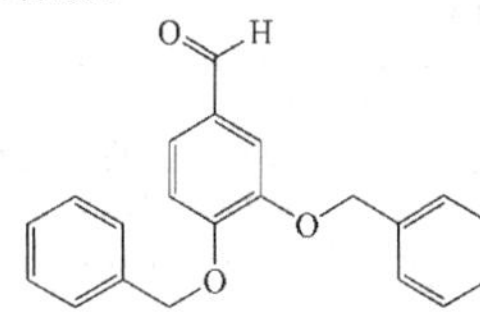

Dibenzyl *o*-phthalate　邻苯二甲酸二苄酯 03071

[523-31-9]　$C_{22}H_{18}O_4$　346.38

成分 C 76.29%，H 5.24%，O 18.48%。

别名 邻酞酸二苄酯；苯二甲酸二苄酯；Phthalic acid dibenzyl ester

性状 无色结晶。易溶于乙醇、乙醚，微溶于水、石油醚。mp 42～44℃；bp_{15} 277℃/2kPa。一般试剂含量≥99.0%。

主要用途 增塑剂。有机合成。

2,4′-Dibromoacetophenone　2,4′-二溴苯乙酮 03072

[99-73-0]　$C_8H_6Br_2O$　277.94

成分 C 34.57%，H 2.18%，Br 57.50%，O 5.76%。

别名 4-溴苯乙酰基溴；对溴苯乙酰基溴；对溴基溴化苯乙酮；溴化-4-溴苯乙酰；2-Bromo-1-(4-bromiophenyl)ethanone；4′-Bromophenacyl bromide；DBAP；ω,4-Dibromoacetophenone；*p*，α-Dibromoacetophenone；*p*-Bromophenacyl bromide；PBPB

GW 2015-2384　M.I. 15，1438

性状 来自乙醇中的无色结晶。具有催泪性。对湿度敏感。易溶于热乙醇，溶于乙醚。mp 109～110℃。一般试剂含量≥99.0%（HPLC)。

注意事项 该品具有腐蚀性，能引起烧伤。使用时应穿适当的防护服，戴手套和防护镜或面罩。万一接触到眼睛，应立即用大量水冲洗后请医生诊治。使用时如有事故发生或有不适之感，应请医生诊治。应密封干燥保存。

主要用途 用于羧酸的鉴别。

2,4-Dibromoaniline 2,4-二溴苯胺 03073

[615-57-6] $C_6H_5Br_2N$ 250.93

成分 C 28.72%，H 2.01%，Br 63.69%，N 5.58%。

别名 2,4-二溴氨基苯

GW 2015-625

性状 白色或浅黄色结晶。mp 78～80℃。一般试剂含量≥98.0%（GC）。

注意事项 该品对眼睛、呼吸系统及皮肤有刺激性。使用时应穿适当的防护服，戴手套和防护镜或面罩。接触皮肤后应用大量指定的液体冲洗。使用时如有事故发生或有不适之感，应请医生诊治。

主要用途 有机合成。

2,5-Dibromoaniline 2,5-二溴苯胺 03074

[3638-73-1] $C_6H_5Br_2N$ 250.93

成分 C 28.72%，H 2.01%，Br 63.69%，N 5.58%。

别名 2，5-二溴氨基苯

GW 2015-626

性状 黄色菱形结晶。溶于乙醇、乙醚，不溶于水。mp 51～53℃；Fp >230 ℉（110℃）。一般试剂含量≥98.0%。

注意事项 见 03073 2,4-二溴苯胺。应密封避光保存。

主要用途 有机合成。

2，6-Dibromoaniline 2,6-二溴苯胺 03075

[608-30-0] $C_6H_5Br_2N$ 250.93

成分 C 28.72%，H 2.01%，Br 63.69%，N 5.58%。

别名 2,6-二溴氨基苯

性状 白色或浅黄色结晶。mp 80～83℃；bp 262～264℃。一般试剂含量≥97.0%（GC）。

注意事项 该品对眼睛、呼吸系统及皮肤有刺激性。使用时应穿适当的防护服。万一接触到眼睛，应立即用大量水冲洗后请医生诊治。应充氩气密封保存。

主要用途 有机合成。

9,10-Dibromoanthracene 9,10-二溴蒽 03076

[523-27-3] $C_{14}H_8Br_2$ 336.03

成分 C 50.04%，H 2.40%，Br 47.56%。

M. I. 15，3023

性状 来自二甲苯中的黄色针状结晶。溶于热甲苯、热苯，微溶于乙醇、乙醚、冷苯，不溶于水。加热至熔点即升华。mp 226℃。一般试剂含量≥98.0%。

主要用途 染料制备。有机合成。

1,2-Dibromobenzene 1,2-二溴苯 03077

[583-53-9] $C_6H_4Br_2$ 235.91

成分 C 30.55%，H 1.71%，Br 67.74%。

别名 邻二溴苯；*o*-Benzene dibromide；*o*-Dibromobenzene

GW 2015-624

性状 浅黄色至棕黄色液体。能与乙醇、乙醚相混溶，不溶于水。mp 4～6℃；bp 224℃；bp_9 90～95℃/1.2kPa；Fp 204.8℉（96℃）；d^{25} 1.956；n_D^{20} 1.611。一般试剂含量≥97.0%（GC）。

注意事项 该品对眼睛、呼吸系统及皮肤有刺激性。使用时应穿适当的防护服。万一接触到眼睛，应立即用大量水冲洗后请医生诊治。

主要用途 溶剂。有机合成。染料中间体。矿物浮选。

1,3-Dibromobenzene 1,3-二溴苯 03078

[108-36-1] $C_6H_4Br_2$ 235.91

成分 C 30.55%，H 1.71%，Br 67.74%。

别名 间二溴苯；*m*-Dibromobenzene；*m*-Benzene dibromide

性状 无色至浅黄色液体。能与乙醇、苯、乙醚任意混溶，不溶于水。mp －7℃；bp 218～219℃；bp_{11} 94～96℃/1.467kPa；Fp 201℉（93℃）；d_4^{20} 1.955；n_D^{20} 1.608。一般试剂含量≥97.0%（GC）。

注意事项 见 03077 1,2-二溴苯。

主要用途 溶剂。有机合成。

1,4-Dibromobenzene 1,4-二溴苯 03079

[106-37-6] $C_6H_4Br_2$ 235.91

成分 C 30.55%，H 1.71%，Br 67.74%。

别名 对二溴苯；*p*-Dibromobenzene；*p*-Benzene dibromide

M. I. 15，3024

性状 无色结晶。有二甲苯的气味。易溶于乙醚，溶于苯、氯仿，溶于约 70 份乙醇，几乎不溶于水。mp 87.31℃；bp 200.4℃；Fp 212℉（100℃）；$d^{99.6}$ 0.9641；$n_D^{99.3}$ 1.5743。一般试剂含量≥97.0%（GC）。

注意事项 见 03077 1,2-二溴苯。

主要用途 有机合成。染料中间体。

3,5-Dibromobenzoic acid 3,5-二溴苯甲酸 03080

[618-58-6] $C_7H_4Br_2O_2$ 279.91

成分 C 30.04%，H 1.44%，Br 57.09%，O 11.43%。

性状 白色针状或叶片状结晶。溶于乙醇、丙酮、乙酸，微溶于水、苯。能升华。mp 218～220℃。一般试剂含量≥97.0%（GC）。

注意事项 该品对眼睛、呼吸系统及皮肤有刺激性。使用时应戴适当的手套和防护镜或面罩。万一接触到眼睛，应立即用大量水冲洗后请医生诊治。

主要用途 有机试剂。有机合成。

4,4′-Dibromobenzophenone 4,4′-二溴二苯甲酮 03081

[3988-03-2] $C_{13}H_8Br_2O$ 340.01

成分 C 45.92%，H 2.37%，Br 47.00%，O 4.71%。

性状 无色结晶或白色粉末。mp 171～174℃。一般试剂含量≥98.0%（GC）。

注意事项 使用时应避免吸入本品的粉尘。避免与眼睛及皮肤接触。

4,4′-Dibromobiphenyl 4,4′-二溴联苯 03082

[92-86-4] $C_{12}H_8Br_2$ 312.02

成分 C 46.19%，H 2.58%，Br 51.22%。

别名 4，4′-Dibromodiphenyl

性状 白色粉末。mp 165～169℃；bp 355～360℃。一般试剂含量≥97.0%（HPLC）。

1,4-Dibromobutane 1,4-二溴丁烷 03083

[110-52-1] $C_4H_8Br_2$ 215.93

成分 C 22.25%，H 3.73%，Br 74.01%。

别名 二溴化四亚甲基；溴化四亚甲基；Tetramethylene dibromide

性状 无色至浅黄色液体。能与乙醇、乙醚、三氯甲烷相混溶，不溶于水。mp －20℃；bp 196～198℃；bp_6 63～65℃/

799.93Pa; Fp 230℉(110℃); *d* 1.808; n_D^{20} 1.5186。一般试剂含量≥98.0%（GC）。

注意事项 该品口服有毒。对呼吸系统及皮肤有刺激性。对眼睛有严重损伤的危险。使用时应戴防护镜或面罩。使用时如有事故发生或有不适之感，应请医生诊治。

主要用途 有机合成。

trans-1,4-Dibromo-2-butene

反式-1,4-二溴-2-丁烯 03084

[821-06-7] $C_4H_6Br_2$ 213.91

成分 C 22.46%，H 2.83%，Br 74.71%。

性状 无色结晶。具有催泪性。mp 48～51℃；bp 205℃；Fp 235.4℉（113℃）。一般试剂含量≥97.0%（GC）。

注意事项 该品口服有毒。具有腐蚀性，能引起烧伤。使用时应穿适当的防护服，戴手套和防护镜或面罩。万一接触到眼睛，应立即用大量水冲洗后请医生诊治。使用时如有事故发生或有不适之感，应请医生诊治。应密封避光保存。

trans-1,2-Dibromocyclohexane

反式-1,2-二溴环己烷 03085

[7429-37-0] $C_6H_{10}Br_2$ 241.96

成分 C 29.78%，H 4.17%，Br 66.05%。

别名 1,2-二溴环已烷 反式；邻二溴环已烷；*o*-Dibromocyclohexane

性状 无色透明液体。能与乙醇、乙醚、苯相混溶，不溶于水。bp_{100} 145℃/13.332kPa；Fp ＞230℉（110℃）；*d* 1.784；n_D^{20} 1.5515。一般试剂含量≥99.0%。

主要用途 有机合成。

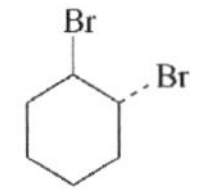

1,10-Dibromodecane 1,10-二溴癸烷 03086

[4101-68-2] $C_{10}H_{20}Br_2$ 300.07

成分 C 40.02%，H 6.72%，Br 53.25%。

别名 二溴十亚甲基；溴化十亚甲基；Decamethylene bromide；Decamethylene dibromide

性状 白色片状结晶。易潮解。溶于乙醚，不溶于水。mp 27℃；bp_{15} 160℃/2kPa；Fp＞230℉（110℃）；*d* 1.335；n_D^{20} 1.4912。一般试剂含量≥95.0%（GC）。

注意事项 使用时应避免吸入本品的粉尘，避免与眼睛及皮肤接触。应密封于2～8℃保存。

主要用途 有机合成。

1,2-Dibromo-2,4-dicyanobutane

1,2-二溴-2,4-二氰基丁烷 03087

[35691-65-7] $C_6H_6Br_2N_2$ 265.94

成分 C 27.10%，H 2.27%，Br 60.09%，N 10.53%。

别名 2-Bromo-2-(bromomethyl) pentanedinitrile; 2-Bromo-2-(bromomethyl) glutaronitrile; Tektamer38

M. I. 15，3026

性状 来自乙醇中的无色结晶。有柔和的刺激性气味。易溶于二甲基甲酰胺、丙酮、氯仿、乙酸乙酯、苯，溶于甲醇、乙醇、乙醚，不溶于水。mp 51.2～52.5℃。一般试剂含量≥99.0%。

注意事项 该品口服有害。对呼吸系统及皮肤有刺激性。使用时应戴适当的手套和防护镜或面罩。应避免与皮肤接触。万一接触到眼睛，应立即用大量水冲洗后请医生诊治。

主要用途 防腐剂。

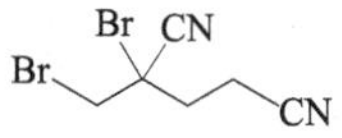

1,3-Dibromo-5,5-dimethylhydantoin

1,3-二溴-5,5-二甲基乙内酰脲 03088

[77-48-5] $C_5H_6Br_2N_2O_2$ 285.93

成分 C 21.00%，H 2.12%，Br 55.89%，N 9.80%，O 11.19%。

别名 1,3-二溴-5,5-二甲基海因；1,3-二溴-5,5-二甲基脲基乙酸内酰胺；Dibromantin

性状 无色结晶。mp 190～193℃（分解）。一般试剂含量≥97.0%（RT）。

注意事项 该品与易燃物接触能着火。口服有害。具有强腐蚀性，能引起严重烧伤。对水生物有害。对水环境能产生长期有害的结果。使用时应穿适当的防护服，戴手套和防护镜或面罩。万一接触到眼睛，应立即用大量水冲洗后请医生诊治。使用时如有事故发生或有不适之感，应请医生诊治。应防止将本品释放于环境中。其包装物应按危险品处理。应远离易燃品，密封于干燥处保存。

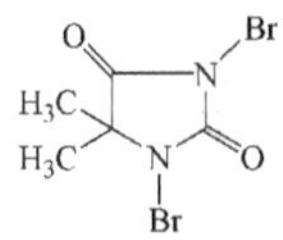

1,2-Dibromoethane 1,2-二溴乙烷 03089

[106-93-4] $C_2H_4Br_2$ 187.86

成分 C 12.79%，H 2.15%，Br 85.07%。

别名 二溴化乙烯；*sym*-Dibromoethane；Dowfume W85；EDB；Ethylene bromide；Ethylene dibromide；Glycol dibromide

GW 2015-630 M. I. 15，3850

性状 无色重质液体。挥发而不燃烧。能乳化。有氯仿气味。能与乙醇、乙醚相混溶，溶于约250份水。mp 9℃；bp 131～132℃；d_{25}^{25} 2.172；n_D^{20} 1.5379。LD_{50}小鼠腹膜内注射：220mg/kg。一般试剂含量≥98.0%（GC）。

注意事项 该品吸入、口服或与皮肤接触有毒。能致癌。对眼睛、呼吸系统及皮肤有刺激性。对水生物有毒。能对水环境引起不利的结果。使用前应得到专门的指导，避免曝露。使用时如有事故发生或有不适之感，应请医生诊治。应防止将本品释放于环境中。应密封避光保存。

主要用途 溶剂。制药工业。杀虫剂的制造。熏蒸剂（杀谷物、水果、木材之虫）。也用于汽油（与四乙基铅）中氧化铅变为挥发性溴化铅而排出。

(1,2-Dibromoethyl) benzene

(1,2-二溴乙基) 苯 03090

[93-52-7] $C_8H_8Br_2$ 263.96

成分 C 36.40%，H 3.05%，Br 60.54%。

别名 二溴化苯乙烯；1,2-二溴-1-苯基乙烷；Styrene dibromide；1,2-Dibromo-1-phenylethane；Phenylethylene bromide

性状 白色片状结晶。溶于乙醇、苯，不溶于水。具有催泪性。mp 70～73℃；bp_{15} 139～141℃/2kPa；$[\alpha]^{25}$0°（c=1，于乙醇中）。一般试剂含量≥98.0%（HPLC）。

注意事项 该品具有腐蚀性，能引起烧伤。对眼睛及呼吸系统有刺激性。使用时应穿适当的防护服，戴手套和防护镜或面罩。万一接触到眼睛，应立即用大量水冲洗后请医生诊治。使用时如有事故发生或有不适之感，应请医生诊治。应密封避光保存。

主要用途 医药、染料、季铵化合物的合成。

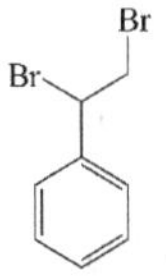

1,2-Dibromoethylene 1,2-二溴乙烯 03091

[540-49-8] $C_2H_2Br_2$ 185.85

成分 C 12.93%，H 1.08%，Br 85.99%。

别名 Acetylene dibromide; 1,2-Dibromoethene; *sym*-Dibromoethylene

M. I. 15，86

性状 无色液体。为顺、反式混合体。能被空气、水分、光逐渐分解。溶于多种有机溶剂，几乎不溶于水。bp 107～110℃；d_4^{17} 2.21；n_D^{20} 1.5428。LD_{50} 大鼠急性经口：117mg/kg。一般试剂含量≥98.0%（GC）。

注意事项 该品口服有毒。对眼睛、呼吸系统及皮肤有刺激性。使用时应穿适当的防护服，戴手套和防护镜或面罩。

万一接触到眼睛，应立即用大量水冲洗后请医生诊治。使用时如有事故发生或有不适之感，应请医生诊治。应密封避光保存。

4′,5′-Dibromofluorescein　4′,5′-二溴荧光素　03092
[596-03-2]　$C_{20}H_{10}Br_2O_5$　490.10
成分　C 49.01%，H 2.06%，Br 32.61%，O 16.32%。
别名　溶剂红 72；D&C Orange No. 5；4′,5′-Dibromo-3′,6′-dihydroxyspiro[isobenzofuran-1(3*H*),9′-[9*H*]xanthen]-3-one；4，5-Dibromo-3，6-fluorandiol；Eosin H8G；Solvent red 72
M. I. 15，3027　C. I. 45370.1
性状　红色或红棕色片状结晶。溶于乙醇呈橙色并有暗黄色荧光，溶于丙酮呈桃红色并有黄色荧光，微溶于水。mp 285℃；一般试剂干燥含量≥95.0%。
注意事项　使用时应避免吸入本品的粉尘。避免与眼睛及皮肤接触。
主要用途　吸附指示剂（如磷酸盐的测定）。生物染色剂。

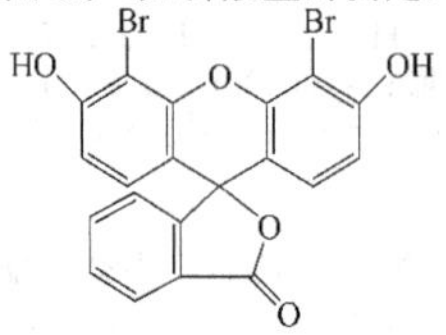

1,7-Dibromoheptane　1,7-二溴庚烷　03093
[4549-31-9]　$C_7H_{14}Br_2$　258.01
成分　C 32.59%，H 5.47%，Br 61.94%。
别名　二溴化七亚甲基；溴化七亚甲基；Heptamethylene dibromide
性状　无色液体。bp 255℃；$bp_{0.08}$ 63～70℃/10.67Pa；Fp 235.4℉（113℃）；d_4^{20} 1.530；n_D^{20} 1.503。一般试剂含量≥97.0%（GC）。
注意事项　该品口服有毒。对水生物有毒。能对水环境引起不利的结果。对眼睛、呼吸系统及皮肤有刺激性。使用时应穿适当的防护服和戴手套。使用时如有事故发生或有不适之感，应请医生诊治。应防止将本品释放于环境中。其包装物应按危险品处理。

1,6-Dibromohexane　1,6-二溴己烷　03094
[629-03-8]　$C_6H_{12}Br_2$　243.97
成分　C 29.54%，H 4.96%，Br 65.50%。
别名　二溴化六亚甲基；溴化六亚甲基；Hexamethylene bromide；Hexamethylene dibromide
性状　无色至浅棕黄色液体。mp −2.5℃；bp 243℃（微分解）；bp_{11} 112～114℃/1.467kPa；Fp 235.4℉（113℃）；d_4^{20} 1.586；n_D^{20} 1.5066。一般试剂含量≥97.0%（GC）。
注意事项　该品口服有毒。对水生物有毒。能对水环境引起不利的结果。使用时应穿适当的防护服。使用时如有事故发生或有不适之感，应请医生诊治。应防止将本品释放于环境中。
主要用途　有机合成。

5,7-Dibromo-8-hydroxyquinoline
5,7-二溴-8-羟基喹啉　03095
[521-74-4]　$C_9H_5Br_2NO$　302.95
成分　C 35.68%，H 1.66%，Br 52.75%，N 4.62%，O 5.28%。
别名　5,7-二溴-8-氧化喹啉；5,7-二溴-8-羟基氮杂萘；Brodiar；Broxykinolin；Broxyquinoline；Colepur；5，7-Dibromo-8-oxyquinoline；Bromoxin；5，7-Dibromo-8-quinolinol；Fenilor；Intensopan
M. I. 15，1462
性状　来自乙醇中的无色或微黄色有光泽的单斜针状结晶。易溶于氯仿、乙酸、苯、乙醇，微溶于乙醚，几乎不溶于水。mp 196℃；*d* 2.189。一般试剂含量≥99.0%。
注意事项　该品对眼睛、呼吸系统及皮肤有刺激性。使用时应穿适当的防护服。万一接触到眼睛，应立即用大量水冲洗后请医生诊治。应密封避光保存。
主要用途　测定铜、铁、钛、钒、铅、钴、镓、锆的试剂。医用消毒剂。

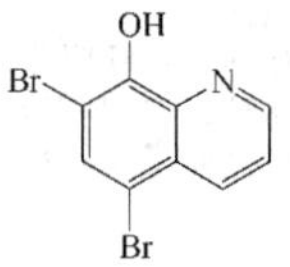

Dibromomaleic acid　二溴顺丁烯二酸　03096
[608-37-7]　$C_4H_2Br_2O_4$　273.86
成分　C 17.54%，H 0.74%，Br 58.35%，O 23.37%。
别名　二溴马来酸
性状　无色结晶。mp 约 125℃（分解）。一般试剂含量≥97.0%（T）。
注意事项　该品对眼睛、呼吸系统及皮肤有刺激性。使用时应戴手套。万一接触到眼睛，应立即用大量水冲洗后请医生诊治。接触皮肤后，应用大量水冲洗。

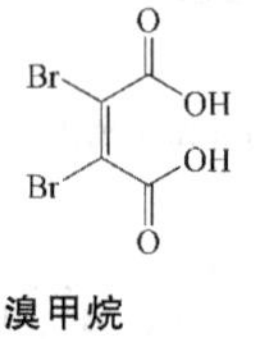

Dibromomethane　二溴甲烷　03097
[74-95-3]　CH_2Br_2　173.84
成分　C 6.91%，H 1.16%，Br 91.93%。
别名　二溴亚甲基；溴化亚甲基；Methylene bromide；Methylene dibromide
GW 2015-629　M. I. 15，6133
性状　无色液体。能与乙醇、乙醚、丙酮相混溶，微溶于水（15℃，11.7g/1000g；30℃，11.93g/1000g）。mp −52.7℃；bp 97℃；d_4^{20} 2.4956；n_D^{20} 1.5419。一般试剂含量≥99.0%（GC）。
注意事项　该品蒸气吸入有害。对水生物有害。对水环境能产生长期有害的结果。使用时应避免与皮肤接触。应防止将本品释放于环境中。
主要用途　溶剂。有机合成。

1,6-Dibromo-2-naphthol　1,6-二溴-2-萘酚　03098
[16239-18-2]　$C_{10}H_6Br_2O$　301.98
成分　C 39.77%，H 2.00%，Br 52.92%，O 5.30%。
性状　白色结晶。溶于乙醇、乙酸、乙醚，不溶于水。mp 105～107℃。
注意事项　该品对眼睛、呼吸系统及皮肤有刺激性。
主要用途　有机合成。染料制备。

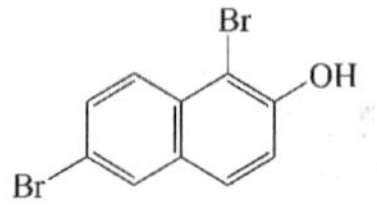

2,6-Dibromo-4-nitrophenol　2,6-二溴-4-硝基酚　03099
[99-28-5]　$C_6H_3Br_2NO_3$　296.91
成分　C 24.27%，H 1.02%，Br 53.82%，N 4.72%，O 16.17%。
别名　4-硝基-2,6-二溴酚；4-Nitro-2,6-dibromophenol
性状　黄色棱柱状结晶。溶于乙醇、乙醚、二硫化碳、乙酸乙酯、三氯甲烷，微溶于甲酸、苯、石油醚，几乎不溶于水。mp 145℃（分解）。一般试剂含量≥98.0%。
注意事项　该品对眼睛、呼吸系统及皮肤有刺激性。
主要用途　有机试剂。有机合成。

1,5-Dibromopentane　1,5-二溴戊烷　03100
[111-24-0]　$C_5H_{10}Br_2$　229.94
成分　C 26.12%，H 4.38%，Br 69.50%。
别名　二溴化五亚甲基；1,5-二溴正戊烷；1,5-Dibromo-*n*-pentane；Pentamethylene bromide；Pentamethylene dibromide
性状　无色透明液体。有芳香味。不溶于水。mp −34℃；bp_{11} 88～90℃/1.467kPa；Fp 174.2℉（79℃）；d_4^{20} 1.698；n_D^{20} 1.512。一般试剂含量≥98.0%（GC）。
注意事项　该品对眼睛及皮肤有刺激性。使用时应穿适当的防护服。应避免吸入本品的蒸气。万一接触到眼睛，应立即用大量水冲洗后请医生诊治。

主要用途 有机合成。

2,4-Dibromophenol 2,4-二溴酚 03101

[615-58-7] $C_6H_4Br_2O$ 251.92

成分 C 28.61%，H 1.60%，Br 63.44%，O 6.35%。

性状 无色针状结晶。易吸水。溶于乙醚、乙醇、二硫化碳、苯、热水、碱溶液。mp 40～42℃；bp_{11} 154℃/1.467kPa；Fp >230℉（110℃）。一般试剂含量≥95.0%。

注意事项 该品吸入、口服或与皮肤接触有害。使用时应穿适当的防护服和戴手套。接触皮肤后，应立即用大量聚乙二醇 400 液体冲洗。应密封于干燥处保存。

主要用途 制药工业。有机合成。

OH
Br
Br

2,6-Dibromophenol 2,6-二溴酚 03102

[608-33-3] $C_6H_4Br_2O$ 251.92

成分 C 28.61%，H 1.60%，Br 63.44%，O 6.35%。

性状 无色结晶。mp 55～56℃；bp_{740} 255～256℃/98.658kPa。一般试剂含量≥97.0%（HPLC）。

注意事项 该品吸入、口服或与皮肤接触有害。使用时应穿适当的防护服和戴手套。接触皮肤后应用聚乙二醇 400 液体冲洗。

1,2-Dibromopropane 1,2-二溴丙烷 03103

[78-75-1] $C_3H_6Br_2$ 201.89

成分 C 17.85%，H 3.00%，Br 79.16%。

别名 2-溴丙基溴；2-Bromopropyl bromide；Propylene bromide；Propylene dibromide

GW 2015-627 M.I. 15，7966

性状 无色至微黄色液体。能与乙醇、乙醚、丙酮、四氯化碳等有机溶剂相混溶，微溶于水。mp −55℃；bp 140～142℃；d^{20} 1.933；n_D^{20} 1.5203。一般试剂含量≥98.0%（GC）。

注意事项 该品易燃。吸入或口服有害。使用时应避免吸入本品的蒸气，避免与眼睛及皮肤接触。

主要用途 溶剂。有机合成。

1,3-Dibromopropane 1,3-二溴丙烷 03104

[109-64-8] $C_3H_6Br_2$ 201.89

成分 C 17.85%，H 3.00%，Br 79.16%。

别名 三亚甲基二溴；溴化三亚甲基；α,γ-Dibromopropane；ω,ω'-Dibromopropane；Trimethylene bromide；Trimethylene dibromide

M.I. 15，9884

性状 无色至微黄色液体。不稳定，见光分解。溶于乙醇、乙醚，微溶于水（30℃，1.68g/L）。mp −36℃；bp_{760} 167℃/101.325kPa；Fp 132.8℉（56℃）；d_4^{25} 1.9712；n_D^{15} 1.5249。一般试剂含量≥99.0%（GC）。

注意事项 该品易燃。口服有害。对皮肤有刺激性。对水生物有毒。能对水环境引起不利的结果。使用时应穿适当的防护服。使用现场禁止吸烟。万一接触到眼睛，应立即用大量水冲洗后请医生诊治。应防止将本品释放于环境中。应远离火种密封保存。

主要用途 环丙烷的制备。制药工业。有机合成。溶剂。

1,3-Dibromo-2-propanol 1,3-二溴-2-丙醇 03105

[96-21-9] $C_3H_6Br_2O$ 217.90

成分 C 16.54%，H 2.78%，Br 73.34%，O 7.34%。

别名 1,3-二溴异丙醇；α-Dibromohydrin；1,3-Dibromoisopropanol；1,3-Dibromopropyl alcohol；1,3-Dibromo-*iso*-propyl alcohol

性状 无色或浅黄色液体。有特殊气味。能与水、乙醇、乙醚相混溶。bp_7 82～83℃/0.933kPa；Fp 116℉（46℃）；d_4^{25} 2.136；n_D^{20} 1.5510。一般试剂含量≥97.0%。

注意事项 该品对眼睛、呼吸系统及皮肤有刺激性。

主要用途 有机合成。

2,3-Dibromo-1-propanol 2,3-二溴-1-丙醇 03106

[96-13-9] $C_3H_6Br_2O$ 217.90

成分 C 16.54%，H 2.78%，Br 73.34%，O 7.34%。

别名 Allyl alcohol dibromide；β-Dibromohydrin；Glycerol-1,2-dibromohydrin

性状 无色液体。能与乙醇、乙醚、丙酮、苯、乙酸相混溶，微溶于水。bp_{10} 95～97℃/1.333kPa；Fp >230℉（110℃）；d_4^{25} 2.120；n_D^{20} 1.5590。一般试剂含量≥98.0%。

注意事项 该品吸入或口服有害。能致癌。能危害胎儿。与皮肤接触有毒。对水生物有害。能对水环境产生长期有害的结果。使用前应得到专门的指导，避免曝露。使用时如有事故发生或有不适之感，应请医生诊治。应防止将本品释放于环境中。

主要用途 有机合成。

2,3-Dibromopropene 2,3-二溴丙烯 03107

[513-31-5] $C_3H_4Br_2$ 199.87

成分 C 18.03%，H 2.02%，Br 79.96%。

别名 溴化 2-溴烯丙基；2-溴烯丙基溴；2-Bromoallyl bromide；α-Bromoallyl bromide；2,3-Dibromopropylene；α-Epidibromohydrin

M.I. 15，3030

性状 无色液体。bp_{760} 140～143℃/101.325kPa；bp_{75} 75～76℃/9.999kPa；bp_{18} 42～43℃/2.4kPa；Fp 178℉（81℃）；d_4^{20} 1.9336；n_D^{20} 1.5157。一般试剂含量≥95.0%（GC）。

注意事项 该品吸入或口服有害。对眼睛有严重损伤的危险。使用时应戴防护镜或面罩。万一接触到眼睛，应立即用大量水冲洗后请医生诊治。应密封于干燥处保存。

2,5-Dibromopyridine 2,5-二溴吡啶 03108

[624-28-2] $C_5H_3Br_2N$ 236.89

成分 C 25.35%，H 1.28%，Br 67.46%，N 5.91%。

性状 白色粉末。mp 92～95℃。一般试剂含量≥97.0%（GC）。

注意事项 该品对眼睛、呼吸系统及皮肤有刺激性。使用时应戴适当的手套和防护镜或面罩。万一接触到眼睛，应立即用大量水冲洗后请医生诊治。

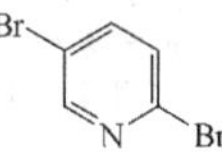

2,6-Dibromopyridine 2,6-二溴吡啶 03109

[626-05-1] $C_5H_3Br_2N$ 236.89

成分 C 25.35%，H 1.28%，Br 67.46%，N 5.91%。

性状 白色粉末。mp 118～119℃；Fp 212℉（100℃）。一般试剂含量≥97.0%（GC）。

注意事项 该品对眼睛、呼吸系统及皮肤有刺激性。使用时应戴适当的手套和防护镜或面罩。万一接触到眼睛，应立即用大量水冲洗后请医生诊治。

3,5-Dibromopyridine 3,5-二溴吡啶 03110

[625-92-3] $C_5H_3Br_2N$ 236.89

成分 C 25.35%，H 1.28%，Br 67.46%，N 5.91%。

性状 白色粉末。mp 113～115℃。一般试剂含量≥99.0%（GC）。

注意事项 见 03109 2,6-二溴吡啶。

2,6-Dibromoquinone-4-chloroimide
2,6-二溴醌-4-氯亚胺 03111

[537-45-1] $C_6H_2Br_2ClNO$ 299.35

成分 C 24.07%，H 0.67%，Br 53.39%，Cl 11.84%，N 4.68%，O 5.34%。

别名 4-氯亚氨基-2,6-二溴苯醌；2,6-二溴-4-（氯亚氨基）-2,5-环己二烯-1-酮；BQC reagent；2,6-Dibromo-1-benzoquinone-4-chlorimide；2,6-Dibromo-*N*-chloroquinonimine；2,6-Dibromoquinone-4-chlorimide

M.I. 15，3031

性状 来自乙醇或冰乙酸中的黄色菱形结晶。溶于 17000 份水，中等程度溶于热乙醇、热冰乙酸。遇碱性酚溶液显蓝色。mp 83℃。

注意事项 该品受热能引起爆炸。吸入或口服有害。使用时应穿适当的防护服和戴手套。应密封于 2～8℃保存。

主要用途 用以定性和定量测定酚和磷酸酶。薄层色谱分析显色剂。

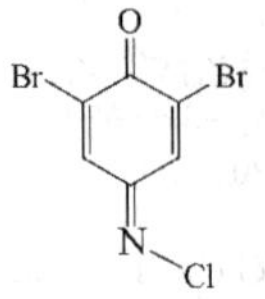

3,5-Dibromosalicylaldehyde 3,5-二溴水杨醛 03112

[90-59-5] $C_7H_4Br_2O_2$ 279.92

成分 C 30.04%，H 1.44%，Br 57.09%，O 11.43%。

别名 3,5-二溴-2-羟基苯甲醛；3,5-Dibromo-2-hydroxybenzaldehyde

M. I. 15，3032

性状 浅黄色棱柱体结晶。升华生成的是小叶或针状结晶。易溶于乙醚、苯、氯仿、热石油醚、乙醇、冰乙酸，略微溶于水。其水溶液呈黄色。mp 86℃。一般试剂含量≥98%。

注意事项 该品具有刺激性。使用时应避免吸入本品的粉尘，避免与眼睛及皮肤接触。

主要用途 生化研究。抑菌剂。

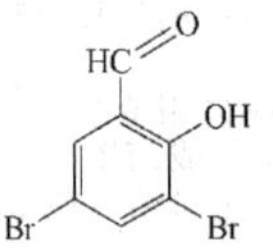

3,5-Dibromosalicylic acid 3,5-二溴水杨酸 03113

[3147-55-5] $C_7H_4Br_2O_3$ 295.91

成分 C 28.41%，H 1.36%，Br 54.01%，O 16.22%。

别名 3,5-二溴-2-羟基苯甲酸；3,5-Dibromo-2-hydroxybenzoic acid

M. I. 15，3033

性状 无色针状结晶。溶于乙醇、乙醚。略微溶于水。mp 223℃。一般试剂含量≥99.0%（T）。

注意事项 该品对眼睛、呼吸系统及皮肤有刺激性。使用时应避免吸入本品的粉尘，避免与眼睛及皮肤接触。

meso-2,3-Dibromosuccinic acid 内消旋-2,3-二溴丁二酸 03114

[608-36-6] $C_4H_4Br_2O_4$ 275.88

成分 C 17.41%，H 1.46%，Br 57.93%，O 23.20%。

别名 2,3-二溴丁二酸 内消旋；α,β-二溴琥珀酸；内消旋 2,3-二溴琥珀酸；2,3-Dibromobutanedioic acid；α,α′-Dibromosuccinic acid；*erythro*-2，3-Dibromosuccinic acid；*sym*-Dibromosuccinic acid

M. I. 15，3034

性状 来自水中的无色结晶。溶于 50 份冷水，较多地溶于热水。溶于乙醇、乙醚，略微溶于氯仿。255～256℃分解。一般试剂含量≥98.0%（T）。

注意事项 该品具有腐蚀性，能引起烧伤。使用时应穿适当的防护服，戴手套和防护镜或面罩。万一接触到眼睛，应立即用大量水冲洗后请医生诊治。使用时如有事故发生或有不适之感，应请医生诊治。

主要用途 有机合成。

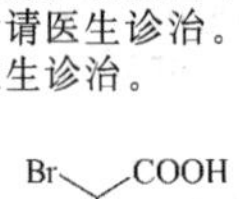

3,5-Dibromo-L-tyrosine 3,5-二溴-L-酪氨酸 03115

[300-38-9] $C_9H_9Br_2NO_3$ 338.98

成分 C 31.89%，H 2.68%，Br 47.14%，N 4.13%，O 14.16%。

别名 Biotiren；Bromotiren；β-(3,5-Dibromo-4-hydroxyphenyl)alanine

M. I. 15，3035

性状 浅红色结晶或粉末。1g 该品 25℃溶于 250mL 水、30mL 沸水，易溶于碱、稀无机酸，微溶于乙酸，不溶于乙醚。在沸水中稳定。pK_1 2.17；pK_2 6.45；pK_3 7.60。约 245℃分解；$[\alpha]_D^{20}$ +1.3°（c=5，于 4%盐酸中）。

主要用途 生化研究。医用甲状腺抑制剂。

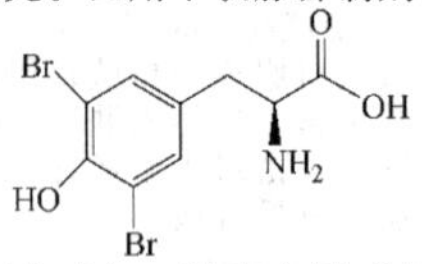

Dibucaine hydrochloride 狄布卡因 盐酸盐 03116

[61-12-1] $C_{20}H_{29}N_3O_2 \cdot HCl$ 379.93

成分 C 63.23%，H 7.96%，Cl 9.33%，N 11.06%，O 8.42%。

别名 奴白卡因 盐酸盐；盐酸狄布卡因；盐酸奴白卡因；狄布卡因，盐酸盐；2-Butoxy-*N*-[2-(diethylamino)ethyl]-4-quinolinecarboxamide monohydrochloride；2-Butoxy-*N*-(2-diethylaminoethyl)cinchoninamide hydrochloride；Benzolin；Nupercaine hydrochloride；Percaine；Cincaine；Sovcaine；Cinchocaine

M. I. 15，3036

性状 无色结晶。易吸潮。溶于 0.5 份水，其水溶液呈弱碱性。易溶于乙醇、丙酮、氯仿，微溶于苯、乙酸乙酯、甲苯，不溶于乙醚及油类。90～98℃分解；uv max（1mol/L 盐酸中）：247nm，320nm（ε 24700，8810）。

注意事项 该品口服有害。对眼睛有严重损伤的危险。使用时应戴防护镜或面罩。万一接触到眼睛，应立即用大量水冲洗后请医生诊治。

主要用途 生化研究。医用局部麻醉剂。

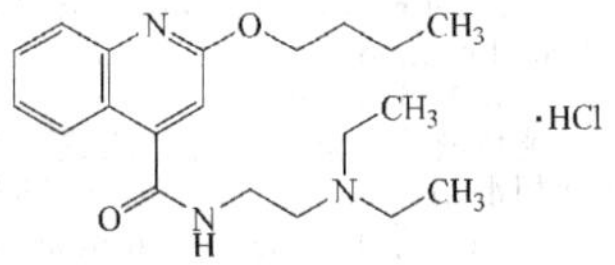

Dibutyl adipate 己二酸二丁酯 03117

[105-99-7] $C_{14}H_{26}O_4$ 258.36

成分 C 65.09%，H 10.14%，O 24.77%。

别名 己二酸二正丁酯；己二酸丁酯；肥酸二丁酸；Di-*n*-butyl adipate；Butyl adipate

性状 无色透明液体。能与乙醇、乙醚相混溶，不溶于水。bp 305℃；Fp>230℉（110℃）；d_4^{20} 0.962；n_D^{20} 1.4360。一般试剂含量≥99.5%。

主要用途 溶剂。有机合成。

Dibutylamine 二丁胺 03118

[111-92-2] $C_8H_{19}N$ 129.25

成分 C 74.34%，H 14.82%，N 10.84%。

别名 二正丁胺；*N*-Butyl-1-butanamine；Di-*n*-butylamine *n*-Dibutylamine

GW 2015-718 M. I. 15，3037

性状 无色液体。有氨味。溶于水、乙醇。mp −59～−60℃；bp 159～160℃；Fp 135℉（57℃，开杯）；d_4^{20} 0.7601；n_D^{20} 1.4177。LD_{50} 大鼠急性经口：550mg/kg。一般试剂含量≥98.0%（GC）。

注意事项 该品易燃。吸入、口服或与皮肤接触有害。应密封保存。

主要用途 有机合成。橡胶硫化促进剂。抗腐蚀剂。分析用标准物质。

Di-*sec*-butylamine 二仲丁胺 03119

[626-23-3] $C_8H_{19}N$ 129.25

成分 C 74.34%，H 14.82%，N 10.84%。

别名 *sec*-Dibutylamine
GW 2015-722
性状 无色液体。有氨的气味。易溶于水。溶于乙醇及有机溶剂。bp_{765} 135℃/101.991kPa；Fp 69°F（20℃）；d_4^{20} 0.753；n_D^{20} 1.4100。一般试剂含量≥98.0%。
注意事项 该品易燃。具有腐蚀性，能引起烧伤。使用现场禁止吸烟。应远离火种密封保存。
主要用途 有机合成。

2-(Dibutylamino)ethanol 2-(二丁基氨基)乙醇 03120
[102-81-8] $C_{10}H_{23}NO$ 173.30
成分 C 69.31%，H 13.38%，N 8.08%，O 9.23%。
别名 二丁基氨基乙醇；*N*,*N*-二正丁基乙醇胺；Dibutylaminoethanol；*N*,*N*-Dibutylethanolamine
GW 2015-719
性状 无色液体。有氨味。能与乙醇混溶。bp 229～230℃；Fp 197°F（91℃）；*d* 0.860；n_D^{20} 1.4440。一般试剂含量≥98.0%（GC）。
注意事项 该品吸入或与皮肤接触有毒。具有腐蚀性，能引起烧伤。使用时应穿适当的防护服，戴手套和防护镜或面罩。万一接触到眼睛，应立即用大量水冲洗后请医生诊治。使用时如有事故发生或有不适之感，应请医生诊治。
主要用途 溶剂。有机合成。萃取剂。

2,5-Di-*tert*-butylaniline 2,5-二叔丁基苯胺 03121
[21860-03-7] $C_{14}H_{23}N$ 205.34
成分 C 81.89%，H 11.29%，N 6.82%。
性状 白色粉末。mp 103～106℃。一般试剂含量≥98.0%（NT）。
注意事项 该品对眼睛、呼吸系统及皮肤有刺激性。使用时应穿适当的防护服。万一接触到眼睛，应立即用大量水冲洗后请医生诊治。

H_2N H_3C CH_3 CH_3 CH_3 H_3C CH_3

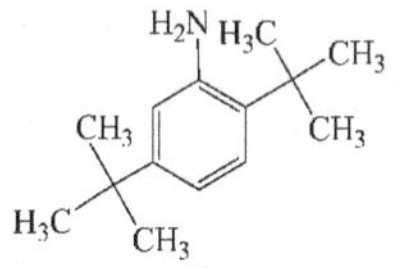

1,4-Di-*tert*-butylbenzene 1,4-二叔丁基苯 03122
[1012-72-2] $C_{14}H_{22}$ 190.33
成分 C 88.35%，H 11.65%。
别名 对二叔丁基苯
性状 白色结晶或粉末。mp 76～78℃；bp 236℃。一般试剂含量≥98.0%（GC）。
注意事项 使用时应避免与眼睛及皮肤接触。

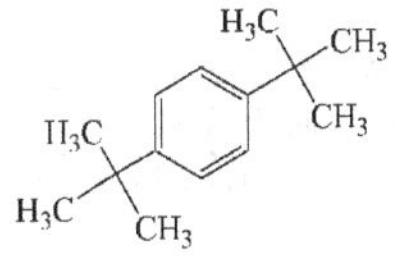

H_3C CH_3 CH_3 H_3C H_3C CH_3

Dibutyl butylphosphonate 丁基膦酸二丁酯 03123
[78-46-6] $C_{12}H_{27}O_3P$ 250.32
成分 C 57.58%，H 10.87%，O 19.17%，P 12.37%。
别名 丁基膦酸二正丁酯；DBBP；Di-*n*-butyl butylphosphonate
性状 无色或浅黄色油状液体。能与乙醇、苯等有机溶剂相混溶，不溶于水。bp 283℃；Fp 235.4°F（113℃）；d_4^{25} 0.946；n_D^{20} 1.4320。一般试剂含量≥99.0%（GC）。
主要用途 萃取剂。

3,5-Di-*tert*-butylcatechol 3,5-二叔丁基邻苯二酚 03124
[1020-31-1] $C_{14}H_{22}O_2$ 222.33
成分 C 75.63%，H 9.97%，O 14.39%。
性状 白色结晶性粉末。mp 96～99℃。一般试剂含量≥99.0%（GC）。
注意事项 该品对眼睛、呼吸系统及皮肤有刺激性。使用时应穿适当的防护服。万一接触到眼睛，应立即用大量水冲洗后请医生诊治。应充氩气密封保存。

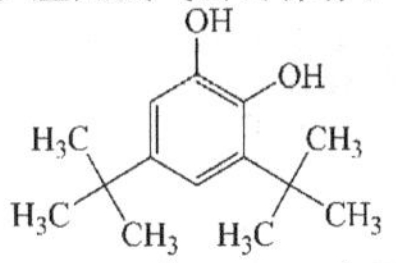

OH OH H_3C CH_3 H_3C CH_3 CH_3 H_3C

4,6-Di-*tert*-butyl-*m*-cresol 4,6-二叔丁基间甲酚 03125
[497-39-2] $C_{15}H_{24}O$ 220.36
成分 C 81.76%，H 10.98%，O 7.26%。
别名 2,4-双（1,1-二甲基乙基）-5-甲基酚；3-甲基-4,6-二叔丁基酚；2,4-Bis(1,1-dimethylethyl)-5-methylphenol；DBMC；3-Methyl-4,6-di-*tert*-butylphenol
M.I. 15，2840
性状 无色或白色结晶。溶于乙醇、苯、四氯化碳、乙醚、丙酮，几乎不溶于水、乙二醇。mp 62.1℃；bp 282℃；bp_{100} 211℃/13.332kPa；bp_{20} 167℃/2.666 kPa；d_4^{80} 0.912。

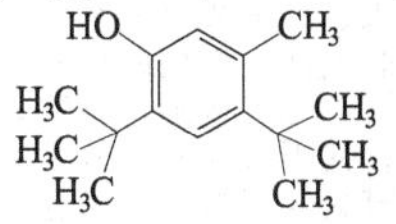

HO CH_3 H_3C CH_3 H_3C CH_3 H_3C CH_3

2,6-Di-*tert*-butyl-*p*-cresol 2,6-二叔丁基对甲酚 03126
[128-37-0] $C_{15}H_{24}O$ 220.36
成分 C 81.76%，H 10.98%，O 7.26%。
别名 2,6-二叔丁基-4-甲基酚；2,6-二第三丁基对甲酚；BHT；Antrancine 8；2,6-Bis(1,1-dimethylethyl)-4-methylphenol；Butylated hydroxytoluene；Dalpac；DBPC；2,6-Di-*tert*-butyl-4-methylphenol；Impruvol；Ionol CP；Sustane；T-501；Tenox BHT；Vianol
M.I. 15，1550
性状 无色或微黄色结晶。易溶于乙醇、氯仿、乙醚、甲苯，溶于甲醇、异丙醇、甲基乙基甲酮、丙酮、2-乙氧基乙醇、苯、石油醚等有机溶剂及亚麻籽油。不溶于水、丙二醇。mp 70℃；bp 265℃；Fp 260°F（127℃，开杯）；d_4^{20} 1.048。LD_{50} 小鼠急性经口：1.04g/kg。一般试剂含量≥99.0%（GC）。
注意事项 该品口服有害。对眼睛、呼吸系统及皮肤有刺激性。使用时应穿适当的防护服。万一接触到眼睛，应立即用大量水冲洗后请医生诊治。应充氩气密封避光保存。
主要用途 有机合成。橡胶防老剂。抗氧剂。

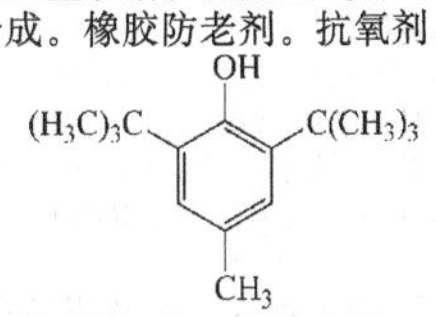

OH $(H_3C)_3C$ $C(CH_3)_3$ CH_3

4,4″(5″)-Di-*tert*-butyldibenzo-18-crown-6
4′,4″(5″)-二叔丁基二苯并-18-冠醚-6 03127
[29471-17-8] $C_{28}H_{40}O_6$ 472.61
成分 C 71.16%，H 8.53%，O 20.31%。
性状 白色结晶或白色粉末。mp 112～116℃。一般试剂为混合异构体。含量≥95.0%（HPZC）。
注意事项 该品对眼睛、呼吸系统及皮肤有刺激性。使用时应穿适当的防护服。万一接触到眼睛，应立即用大量水冲洗后请医生诊治。

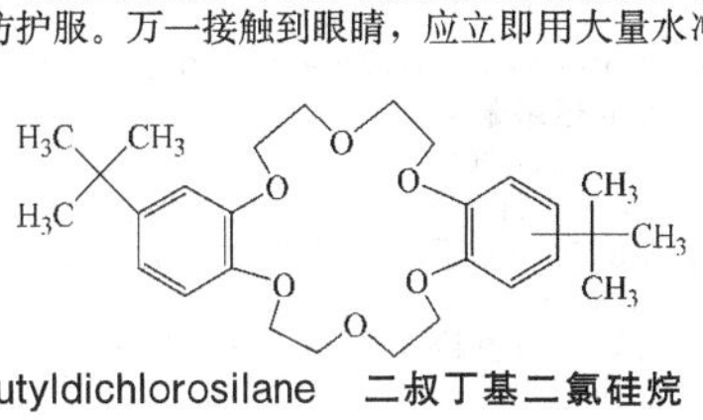

H_3C CH_3 H_3C O O O O O O CH_3 CH_3 CH_3

Di-*tert*-butyldichlorosilane 二叔丁基二氯硅烷 03128

[18395-90-9]　$C_8H_{18}Cl_2Si$　213.22
成分　C 45.07%，H 8.51%，Cl 33.25%，Si 13.17%。
别名　二氯二叔丁基硅烷；DTBSCl₂；Dichlorodi-*tert*-butylsilane
性状　无色结晶或白色粉末。mp －15℃；bp_{729} 190℃/97.192kPa；Fp 143℉（61℃）；d_4^{20} 1.009；n_D^{20} 1.4570。一般试剂含量≥98.0%（GC）。
注意事项　该品具有腐蚀性，能引起烧伤。对呼吸系统有刺激性。使用时应穿适当的防护服，戴手套和防护镜或面罩。万一接触到眼睛，应立即用大量水冲洗后请医生诊治。使用时如有事故发生或有不适之感，应请医生诊治。应充氩气密封干燥保存。

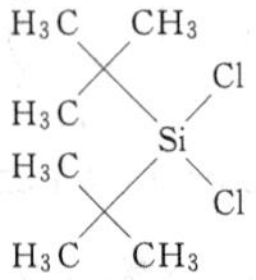

4′,4″(5″)-Di-*tert*-butyldicyclohexano-18-crown-6
4,4″(5″)-二叔丁基二环己烷并-18-冠醚-6　03129
[28801-57-2]　$C_{28}H_{52}O_6$　484.71
成分　C 69.38%，H 10.81%，O 19.80%。
性状　无色结晶或白色粉末。易吸湿。$bp_{0.05}$ 190～195℃/6.666Pa；Fp＞230℉（110℃）；n_D^{20} 1.485。一般试剂为异构体混合体，含量≥97.0%（GC）。
注意事项　该品吸入、口服或与皮肤接触有毒。对眼睛、呼吸系统及皮肤有刺激性。使用时应穿适当的防护服，戴手套和防护镜或面罩。万一接触到眼睛，应立即用大量水冲洗后请医生诊治。使用时如有事故发生或有不适之感，应请医生诊治。应充氮气密封干燥保存。

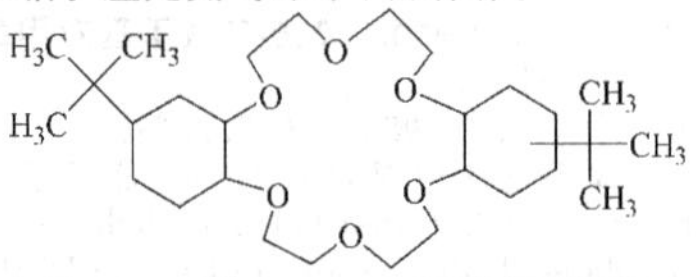

N,*N*-Dibutylformamide　*N*,*N*-二丁基甲酰胺　03130
[761-65-9]　$C_9H_{19}NO$　157.26
成分　C 68.74%，H 12.18%，N 8.91%，O 10.17%。
性状　无色透明液体。溶于乙醇、丙酮。bp 241～243℃；bp_{15} 120℃/2kPa；Fp 213℉（100℃）；d_4^{20} 0.878；n_D^{20} 1.4430。一般试剂含量≥99.0%（GC）。
注意事项　该品对呼吸系统有刺激性。接触皮肤能引起过敏。使用时应穿适当的防护服和戴手套。
主要用途　气相色谱固定液。

2,5-Di-*tert*-butylhydroquinone
2,5-二叔丁基对苯二酚　03131
[88-58-4]　$C_{14}H_{22}O_2$
成分　C 75.63%，H 9.97%，O 14.39%。
别名　2,5-二叔丁基氢醌；DBH；2,5-Di-*tert*-butylquinol
性状　白色或浅黄褐色结晶。溶于乙醇、丙酮、乙酸乙酯，微溶于苯，不溶于水。mp 216～218℃。一般试剂含量≥97.0%（HPLC）。
注意事项　该品对眼睛、呼吸系统及皮肤有刺激性。万一接触到眼睛，应立即用大量水冲洗后请医生诊治。
主要用途　阻聚剂。有机合成。薄层色谱试剂。

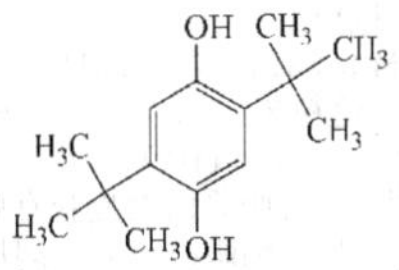

3,5-Di-*tert*-butyl-4-hydroxybenzoic acid
3,5-二叔丁基-4-羟基苯甲酸　03132
[1421-49-4]　$C_{15}H_{22}O_3$　250.34
成分　C 71.97%，H 8.86%，O 19.17%。
别名　4-羟基-3,5-二叔丁基苯甲酸；4-Hydroxy-3,5-di-*tert*-butylbenzoic acid
性状　无色结晶或白色粉末。mp 206～209℃。一般试剂含量≥98.0%（T）。
注意事项　该品口服有害。对眼睛、呼吸系统及皮肤有刺激性。使用时应穿适当的防护服。万一接触到眼睛，应立即用大量水冲洗后请医生诊治。

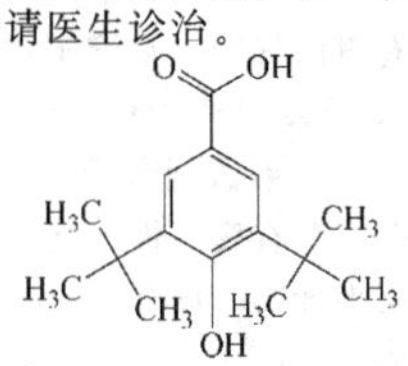

3,5-Di-*tert*-butyl-4-hydroxybenzyl thioglycollate
硫代甘醇酸 3,5-二叔丁基-4-羟基苄酯　03133
[63147-28-4]　$C_{17}H_{26}O_3S$　310.45
成分　C 65.77%，H 8.44%，O 15.46%，S 10.33%。
别名　DBHBT；Mercaptoacetic acid [3,5-bis(1,1-dimethylethyl)-4-hydroxyphenyl]methyl ester
M. I. 15，2839
性状　来自苯中的白色结晶。mp 107.5～108.5℃。
主要用途　抗氧化剂，防老剂。

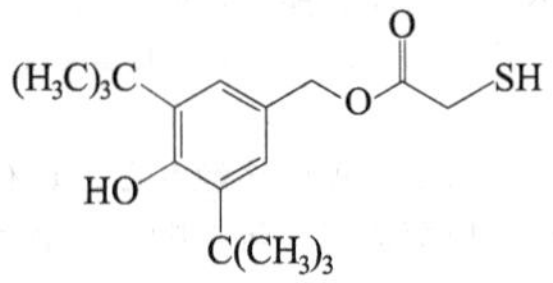

Dibutyl maleate　顺丁烯二酸二丁酯　03134
[105-76-0]　$C_{12}H_{20}O_4$　228.29
成分　C 63.14%，H 8.83%，O 28.03%。
别名　马来酸二丁酯；失水苹果酸二丁酯；丁烯二酸二丁酯顺式；DBM
性状　无色油状液体。能与乙醇混溶，不溶于水。bp 274～277℃；Fp 280.4℉（138℃）；d_4^{20} 0.995；n_D^{20} 1.445。一般试剂含量≥95.0%（GC）。
注意事项　见 03132 3,5-二叔丁基-4-羟基苯甲酸。
主要用途　塑料增塑剂。有机合成中间体。气相色谱固定液。分离分析卤化物及酯类。

Di-*tert*-butyl malonate　丙二酸二叔丁酯　03135
[541-16-2]　$C_{11}H_{20}O_4$　216.28
成分　C 61.09%，H 9.32%，O 29.59%。
别名　丙二酸双（1,1-二甲基乙基）酯；胡萝卜酸二叔丁酯；缩苹果酸二叔丁酯；Malonic acid di-*tert*-butyl ester；Propanedioic acid bis(1,1-dimethylethyl)ester
M. I. 15，3041
性状　无色液体。mp －6.1～－5.9℃；bp_{31} 112～115℃/4.133kPa；bp_{10} 93℃/1.333kPa；bp_1 65～67℃/133.322Pa；Fp 192℉（88℃）；d 0.966；n_D^{25} 1.4158～1.4161；$n_D^{24.2}$ 1.4161；n_D^{20} 1.4184。一般试剂含量≥98.0%（GC）。
注意事项　该品对眼睛、呼吸系统及皮肤有刺激性。使用时应避免吸入本品的蒸气，避免与眼睛及皮肤接触。应密封保存。

2,6-Di-*tert*-butyl-4-methylpyridine
2,6-二叔丁基-4-甲基吡啶　03136
[38222-83-2]　$C_{14}H_{23}N$　205.35
成分　C 81.89%，H 11.29%，N 6.82%。
性状　棕色结晶，高温时为液体。mp 33～36℃；bp 233℃；Fp 1832℉（84℃）；n_D^{20} 1.4763。一般试剂含量≥98.0%（GC）。
注意事项　该品口服有害。对眼睛、呼吸系统及皮肤有刺激性。万一接触到眼睛，应立即用大量水冲洗后请医生诊治。应充氩气密封避光于2～8℃保存。

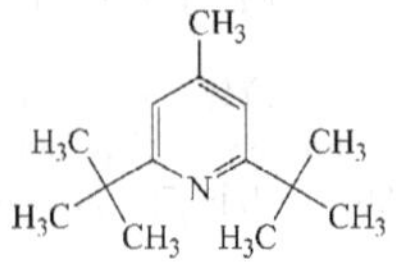

_N_,_N_-Dibutyl-D-norephedrine
_N_,_N_-二丁基-D-降麻黄碱 03137
[114389-70-7] $C_{17}H_{29}NO$ 263.42
成分 C 77.51%，H 11.10%，N 5.32%，O 6.07%。
别名 (1*S*,2*R*)-(－)-2-二丁基氨基-1-苯基-1-丙醇；(－)-DBNE；(1*S*，2*R*)-(－)-2-Dibutylamino-1-phenyl-1-propanol
性状 无色结晶或白色粉末。bp_2 170℃/266.64Pa；Fp 230℉（110℃）；d_4^{20} 0.944；n_D^{20} 1.410；$[\alpha]_D^{20}$ －24°±1°（*c*＝2，于已烷中）。一般试剂含量≥95.0%（GC）。
注意事项 该品对眼睛、呼吸系统及皮肤有刺激性。使用时应穿适当的防护服。万一接触到眼睛，应立即用大量水冲洗后请医生诊治。应充氩气密封保存。
主要用途 生化研究。

_N_,_N_-Dibutyl-L-norephedrine
_N_,_N_-二丁基-L-降麻黄碱 03138
[115651-77-9] $C_{17}H_{29}NO$ 263.42
成分 C 77.51%，H 11.10%，N 5.32%，O 6.07%。
别名 (1*R*,2*R*)-(＋)-2-二丁基氨基-1-苯基-1-丙醇；(＋)-DBNE；(1*R*，2*S*)-(＋)-2-Dibutylamino-1-phenyl-1-propanol
性状 无色结晶或白色粉末。$bp_{0.1}$ 121℃/13.33Pa；Fp 230℉（110℃）；d_4^{20} 0.944；n_D^{20} 1.410；$[\alpha]_D^{20}$＋24°±1°（*c*＝2，于已烷中）。一般试剂含量≥97.0%（GC）。
注意事项 该品对眼睛、呼吸系统及皮肤有刺激性。使用时应穿防护服。万一接触到眼睛，应立即用大量水冲洗后请医生诊治。应充氩气密封保存。

Dibutyl oxalate 草酸二丁酯 03139
[2050-60-4] $C_{10}H_{18}O_4$ 202.25
成分 C 59.39%，H 8.97%，O 31.64%。
别名 乙二酸二丁酯；Butyl oxalate；Dibutyl ethanedionate
GW 2015-2577
性状 无色液体。能与乙醇、乙醚、丙酮相混溶，不溶于水。mp －29℃；bp 239～240℃；bp_{10} 123～124℃/1.333kPa；Fp 228.2℉（109℃）；d^{25} 0.986；n_D^{20} 1.423。一般试剂含量≥97.0%（GC）。
注意事项 该品对、呼吸系统及皮肤有刺激性。对眼睛有严重损伤的危险。接触皮肤能引起过敏。使用时应穿适当的防护服，戴手套和防护镜或面罩。万一接触到眼睛，应立即用大量水冲洗后请医生诊治。
主要用途 溶剂。有机合成。

Di-*tert*-butyl peroxide 过氧化二叔丁基 03140
[110-05-4] $C_8H_{18}O_2$ 146.23
成分 C 65.71%，H 12.41%，O 21.88%。
别名 过氧化二叔丁烷；过氧化二叔丁醇；Bis(1,1-dimethylethyl) peroxide；*tert*-Butyl peroxide；DBP；DTBP
GW 2015-573 M.I.15，508
性状 无色液体。能与多种有机溶剂相混溶，溶于水约 0.01%。mp －40℃；bp_{284} 80℃/37.86kPa；Fp 65℉（18℃，开杯）；d_4^{20} 0.7940；n_D^{20} 1.3890。一般试剂含量≥95.0%（GC）。过氧化氢叔丁基含量≤0.5%。
注意事项 该品为强氧化剂。高度易燃。能引起着火。使用时应穿适当的防护服，戴手套和防护镜或面罩。使用现场禁止吸烟。应远离易燃物及火种，密封于2～8℃通风处保存。
主要用途 树脂、塑料聚合催化剂。有机合成中间体。

2,4-Di-*tert*-butylphenol 2,4-二叔丁基酚 03141
[96-76-4] $C_{14}H_{22}O$ 206.32
成分 C 81.50%，H 10.75%，O 7.75%。
性状 无色至微黄色结晶。mp 55～58℃，bp 265℃；Fp 239℉（115℃）。一般试剂含量≥98.0%（GC）。
注意事项 该品对眼睛、呼吸系统及皮肤有刺激性。使用时应穿适当的防护服和戴手套。万一接触到眼睛，应立即用大量水冲洗后请医生诊治。

OH CH_3 CH_3 CH_3 H_3C CH_3 CH_3

2,6-Di-*tert*-butylphenol 2,6-二叔丁基酚 03142
[128-39-2] $C_{14}H_{22}O$ 206.33
成分 C 81.50%，H 10.75%，O 7.75%。
性状 无色结晶。mp 35～38℃；bp 253℃；Fp 248℉（120℃）。一般商品含量≥98.0%（GC）。
注意事项 该品口服有害。使用时应穿适当的防护服。万一接触到眼睛，应立即用大量水冲洗后请医生诊治。

Dibutyl phosphate 磷酸二丁酯 03143
[107-66-4] $C_8H_{19}O_4P$ 210.21
成分 C 45.71%，H 9.11%，O 30.44%，P 14.73%。
别名 磷酸二正丁酯；二正丁基磷酸酯；Di-*n*-butyl phosphate；DBP；Phosphoric acid dibutyl ester
性状 无色至浅黄色黏稠状液体。溶于乙醚、四氯化碳及多种有机溶剂。Fp 314.6℉（157℃）；d^{20} 1.06；n_D^{20} 1.428。一般试剂含量≥97.0%（T）。
注意事项 该品对皮肤有刺激性。对眼睛有严重损伤的危险。使用时应戴防护镜或面罩。万一接触到眼睛，应立即用大量水冲洗后请医生诊治。
主要用途 铀、钍的萃取剂。气相色谱固定液。

Dibutyl phosphite 亚磷酸二丁酯 03144
[1809-19-4] $C_8H_{19}O_3P$ 194.21
成分 C 49.48%，H 9.86%，O 24.71%，P 15.95%。
别名 二正丁基亚磷酸酯；亚磷酸二正丁酯；Di-*n*-butyl phosphite；Butyl phosphite
GW 2015-2445
性状 无色液体。能与多种有机溶剂相混溶，不溶于水。bp_{11} 118～119℃/1.467kPa；Fp 244.4℉（118℃）；d_4^{20} 0.986；n_D^{20} 1.424。一般试剂含量≥98.0%。
注意事项 该品与皮肤接触有害。对呼吸系统及皮肤有刺激性。对眼睛有严重损伤的危险。对机体有不可逆损伤的可能性。使用时应穿适当的防护服，戴手套和防护镜或面罩。万一接触到眼睛，应立即用大量水冲洗后请医生诊治。
主要用途 溶剂。制药工业。香料合成。抗氧剂。

Dibutyl phthalate 苯二甲酸二丁酯 03145
[84-74-2] $C_{16}H_{22}O_4$ 278.35
成分 C 69.04%，H 7.97%，O 22.99%。
别名 驱蚊叮；邻苯二甲酸二丁酯；邻苯二甲酸二正丁酯；邻酞酸二丁酯；苯二甲酸二正丁酯；1,2-Benzenedicarboxylic acid dibutyl ester；*n*-Butyl phthalate；DBP；Dibutyl-1，2-benzenedicarboxylate；Dibutyl *o*-phthalate；Phthalic acid dibutyl ester
M.I.15，3044
性状 无色或微黄色油状液体。能与乙醇、乙醚相混溶，易溶于苯、丙酮，溶于约 2500 份水。mp －35℃；bp 340℃；Fp 340℉（171℃，开杯）；d^{20} 1.0459 或 1.0465；n_D^{20} 1.4900。一般试剂含量≥99.5%。
注意事项 该品对水生物极毒。能对水环境引起不利的结果。有损伤生育力及危害胎儿的危险。使用时应穿适当的防护服，戴手套和防护镜或面罩。使用时如有事故发生或有不适之感，应请医生诊治。应防止将该品释放于环境中。应密封保存。
主要用途 气相色谱固定液，用于非极性和弱极性物质的分析。溶剂。增塑剂。在高真空泵和气压计中用以代替汞。

2,6-Di-*tert*-butylpyridine 2,6-二叔丁基吡啶 03146
[585-48-8] $C_{13}H_{21}N$ 191.32

成分 C 81.62%，H 11.06%，N 7.32%。
别名 2,6-双(1,1-二甲基乙基)吡啶；2,6-Bis(1,1-dimethylethyl)pyridine
M. I. 15，3045
性状 无色至棕色液体。mp 2.2℃；bp_{23} 100～101℃/3.066kPa；Fp 162℉（72℃）；d_4^{20} 0.852；n_D^{20} 1.5733。一般试剂含量≥97.0%（GC）。
注意事项 使用时应避免吸入本品的蒸气，避免与眼睛及皮肤接触。

$(H_3C)_3C$ —N— $C(CH_3)_3$ （吡啶环）

Dibutyl sebacate 癸二酸二丁酯 03147

[109-43-3] $C_{18}H_{34}O_4$ 314.47
成分 C 68.75%，H 10.90%，O 20.35%。
别名 皮脂酸二丁酯；DBC；DBS；Sebacic acid dibutyl ester
性状 无色或浅黄色透明液体。能与乙醇、乙醚、丙酮等有机溶剂相混溶，不溶于水。mp −11℃；bp 344～345℃；bp_3 178～179℃/399.9Pa；Fp＞352.4℉（178℃）；d_4^{20} 0.936；n_D^{20} 1.441。一般试剂含量≥97.0%（GC）。
注意事项 该品对眼睛、呼吸系统及皮肤有刺激性。使用时应穿适当的防护服。万一接触到眼睛，应立即用大量水冲洗后请医生诊治。
主要用途 气相色谱固定液。分离、分析烃和酯类。增塑剂。香料配制。橡胶的软化剂。有机合成。

Dibutyl succinate 丁二酸二丁酯 03148

[141-07-3] $C_{12}H_{22}O_4$ 230.30
成分 C 62.58%，H 9.63%，O 27.79%。
别名 琥珀酸二丁酯；Butanedioic acid dibutyl ester；Butyl succinate；Di-*n*-butyl succinate；Succinic acid dibutyl ester；Tabatrex；Tabutrex
性状 无色透明液体。能与乙醇混溶，不溶于水。mp −29℃；bp 274.5℃；bp_7 121℃/3.999Pa；d_4^{20} 0.9768；n_D^{20} 1.4299。LD_{50} 大鼠急性经口：8g/kg。
注意事项 该品对水生物有毒。能对水环境引起不利的结果。应防止将本品释放于环境中。
主要用途 气相色谱固定液。分析用标准物质。

Dibutyltin diacetate 二乙酸二丁基锡 03149

[1067-33-0] $C_{12}H_{24}O_4Sn$ 351.03
成分 C 41.06%，H 6.89%，O 18.23%，Sn 33.82%。
别名 Diacetoxydibutyltin
性状 白色针状结晶或黏稠状物质。微溶于有机溶剂，不溶于水。mp 7～10℃；bp_{10} 142～145℃/1.333kPa；Fp 221℉（105℃）；d_4^{20} 1.308；n_D^{20} 1.471。一般试剂含量≥98.0%（RT）。
注意事项 该品口服有毒。具有腐蚀性，能引起烧伤。使用时应穿适当的防护服，戴手套和防护镜或面罩。万一接触到眼睛，应立即用大量水冲洗后请医生诊治。使用时如有事故发生或有不适之感，应请医生诊治。应密封保存。
主要用途 油漆工业用于高温绝缘漆和聚氨酯磁漆的催干剂。

Dibutyltin dilaurate 二月桂酸二丁基锡 03150

[77-58-7] $C_{32}H_{64}O_4Sn$ 631.57
成分 C 60.86%，H 10.21%，O 10.13%，Sn 18.80%。
别名 二丁基二月桂酸锡；二（十二酸）二丁基锡；Butynorate；DBTDL；Dibutylbis[(1-oxododecyl)oxy]stannane；Davainex；Dibutyltin didodecylate；Tinostat；Dibutylbis(lauroyloxy)tin
GW 2015-331　M. I. 15，3047
性状 浅黄色结晶，受热至熔点以上为液体。对湿度敏感。具有一定的润滑性和较好的热稳定性。溶于石油醚、苯、丙酮、四氯化碳、乙醚及有机酯类，不溶于水、甲醇。mp 22～24℃；Fp 235.4℉（113℃）；d_4^{20} 1.05；n_D^{20} 1.4683。一般试剂含量≥96.0%。
注意事项 该品吸入有毒。口服有害。对眼睛及皮肤有刺激性。对水生物极毒。能对水环境引起不利的结果。使用时应穿适当的防护服和戴手套。万一接触到眼睛，应立即用大量水冲洗后请医生诊治。接触皮肤后应用大量水冲洗。使用时如有事故发生或有不适之感，应请医生诊治。应防止将本品释放于环境中。其包装物应按危险品处理。应充氩气密封干燥保存。
主要用途 塑料稳定剂。橡胶熟化剂。催化剂。

Dibutyltin maleate 顺丁烯二酸二丁基锡 03151

[78-04-6] $C_{12}H_{20}O_4Sn$ 346.98
成分 C 41.54%，H 5.81%，O 18.44%，Sn 34.21%。
别名 二丁基顺丁烯二酸锡；失水苹果酸二丁基锡；Dibutyl (maleoyldioxy) tin
性状 白色无定形粉末。溶于乙醇、苯及酯类，不溶于水。加热分解。mp 135～140℃。一般试剂含量≥95.0%。
注意事项 该品有毒。对眼睛、呼吸系统及皮肤有刺激性。使用时应避免吸入本品的粉尘，避免与眼睛及皮肤接触。
主要用途 氯化有机物的稳定剂。汽油防爆剂。

Dibutyltin oxide 氧化二丁基锡 03152

[818-08-6] $C_8H_{18}OSn$ 248.94
成分 C 38.60%，H 7.29%，O 6.43%，Sn 47.69%。
别名 二丁基氧化锡；Dibutyloxotin
GW 2015-333
性状 浅黄色结晶或白色结晶性粉末。溶于稀盐酸、乙酸，不溶于水、乙醇。mp ≥300℃。一般试剂含量≥98.0%。
注意事项 该品口服有毒。使用时应穿适当的防护服，戴手套和防护镜或面罩。使用时如有事故发生或有不适之感，应请医生诊治。
主要用途 催化剂。黏合剂。稳定剂。

Di-tert-butyl tricarbonate 三碳酸二叔丁酯 03153

[24424-95-1] $C_{11}H_{18}O_7$ 262.26
成分 C 50.38%，H 6.92%，O 42.70%。
别名 三碳酸双(1,1-二甲基乙基)酯；Tricarbonic acid *C*,*C′*-bis(1,1-dimethylethyl)ester
M. I. 15，3049
性状 无色或白色结晶性固体，mp 64～65℃；或无色棱柱体结晶，mp 62～63℃。
主要用途 聚氨酯的合成。

$(H_3C)_3CO$–C(=O)–O–C(=O)–O–C(=O)–$OC(CH_3)_3$

N^6,2′-*O*-Dibutyryladenosine-3′,5′-cyclophosphate sodium salt monohydrate

3′,5′-环磷酸-N^6,2′-*O*-二丁酰腺苷钠盐 一水 03154

[16980-89-5] $C_{18}H_{23}N_5NaO_8P \cdot H_2O$ 509.39
成分（以无水物计） C 44.00%，H 4.72%，N 14.25%，Na 4.68%，O 26.05%，P 6.30%。
别名 3′,5′-环一磷酸-N^6,2′-*O*-二丁酰腺苷钠盐；N^6,$O^{2'}$-3′,5′-环磷酸二丁酰腺苷钠盐；N^6,2′-*O*-二丁酰腺苷-3′,5′-环磷酸钠盐；Actosin；Bucladesine sodium salt；DBcAMP-Na；DC-2797；N^6,2′-*O*-Dibutyryl adenosine-3′,5′-cyclic monophosphoric acid Na salt；N^6,2′-*O*-Dibutyryladenosine-3′,5′-cyclic monophosphate sodium salt
M. I. 15，1473
性状 无色或白色结晶性粉末。对湿度敏感。为脂溶性的CAMP。溶于水。mp 240～245℃（分解）。生化试剂含量≥97.0%（HPLC）。
注意事项 使用时应避免吸入本品的粉尘，避免与眼睛及皮肤接触。应充氩气密封于−20℃干燥保存。
主要用途 生化研究。医用强心剂。

N^2,2′-*O*-Dibutyrylguanosine-3′,5′-cyclophosphate sodium salt dihydrate

3′,5′-环磷酸-N^2,2′-*O*-二丁酰乌苷钠盐 二水 03155

[51116-00-8] $C_{18}H_{23}N_5NaO_9P \cdot 2H_2O$ 543.40

成分(以无水物计) C 42.61%,H 4.57%,N 13.80%,Na 4.53%,O 28.38%,P 6.10%。

别名 N^2,2′-*O*-二丁酰乌苷-3′,5′-环磷酸钠盐 二水;N^2,2′-*O*-Dibutyryl guanosine-3′,5′-cyclic monophosphate sodium salt dihydrate

性状 无色或白色结晶性粉末。溶于水。生化试剂含量≥95.0%(HPLC)。

注意事项 该品应充氩气密封于−20℃干燥保存。

Dicamba **麦草畏** 03156

[1918-00-9] $C_8H_6Cl_2O_3$ 221.03

成分 C 43.47%,H 2.74%,Cl 32.08%,O 21.71%。

别名 3,6-二氯-2-甲氧基苯甲酸;2-甲氧基-3,6-二氯苯甲酸;麦草丹;敌草平;3,6-Dichloro-2-methoxybenzoic acid;3,6-Dichloro-*o*-anisic acid;2-Methoxy-3,6-dichlorobenzoic acid;Dianat;Velsicol 58-CS-11;Banvel D;Mediben

M. I. 15,3050

性状 来自戊烷中的无色结晶。溶于乙醇、丙酮,极微溶于水。mp 114~116℃。LD_{50}大鼠急性经口:1040mg/kg。

注意事项 该品口服有害。对眼睛有严重损伤的危险。对水生物有害,对水环境能产生长期有害的结果。使用时应戴防护镜或面罩。万一接触到眼睛,应立即用大量水冲洗后请医生诊治。应防止将该品释放于环境中。

主要用途 除草剂。分析用标准物质。

Dichlofenthion **除线磷** 03157

[97-17-6] $C_{10}H_{13}Cl_2O_3PS$ 315.16

成分 C 38.11%,H 4.16%,Cl 22.50%,O 15.23%,P 9.83%,S 10.17%。

别名 Phosphorothioic acid *O*-2,4-dichlorophenyl *O*,*O*-diethyl ester;*O*-2,4-Dichlorophenyl *O*,*O*-Diethyl phosphorothioate;*O*,*O*-Diethyl *O*-2,4-dichlorophenyl phosphorothioate;VC-13 Nemacide

性状 无色液体。能与多数有机溶剂相混溶,微溶于水。$bp_{0.1}$ 164~169℃/13.332Pa;Fp 212℉(100℃);d_{20} 1.300;n_D^{25} 1.5291。LD_{50}雄,雌大鼠急性经口:185mg/kg,172mg/kg;皮肤接触:576mg/kg,355mg/kg。

注意事项 该品口服有害。对水生物极毒。能对水环境引起不利的结果。应防止将本品释放于环境中。其包装物应按危险品处理。应密封于2~8℃保存。

主要用途 杀线虫剂、杀虫剂。分析用标准物质。

Dichlofluanid **抑菌灵** 03158

[1085-98-9] $C_9H_{11}Cl_2FN_2O_2S_2$ 333.22

成分 C 32.44%,H 3.33%,Cl 21.28%,F 5.70%,N 8.41%,O 9.60%,S 19.24%。

别名 1,1-Dichloro-*N*-(dimethylamino)sulfonyl-1-fluoro-*N*-phenylmethanesulfenamide;*N*-(Dichlorofluoromethyl)thio-*N*′,*N*′-dimethyl-*N*-phenylsulfamide;Bayer 47531;KUE 13032c;Elvaron;Euparen(e)

M. I. 15,3053

性状 白色粉末。溶于丙酮、甲醇、二甲苯,不溶于水。该品20℃时于下列物质中溶解度(g/1000mL):水0.0013;二氯甲烷>200;正己烷2~5;2-丙醇10~20;甲苯100~200。对光敏感。能被强碱分解。对鱼有毒,对蜜蜂无害。mp 105~106.5℃;Fp 212℉(100℃)。LD_{50}大鼠,豚鼠,兔急性经口:1000mg/kg。

注意事项 该品的蒸气吸入有害。对眼睛有刺激性,接触皮肤能引起过敏。使用时应避免吸入本品的粉尘,避免与皮肤接触。应防止将本品释放于环境中。其包装物应按危险品处理。

主要用途 杀菌剂。分析用标准物质。

Dichloramine T **二氯胺 T** 03159

[473-34-7] $C_7H_7Cl_2NO_2S$ 240.10

成分 C 35.02%,H 2.94%,Cl 29.53%,N 5.83%,O 13.33%,S 13.35%。

别名 *N*,*N*-二氯-4-甲基苯磺酰胺;*N*,*N*-二氯对甲苯磺酰胺;对甲苯磺酸二氯胺;*N*,*N*-Dichloro-4-methylbenzene sulfonamide;*N*,*N*-Dichloro-*p*-toluene sulfonamide;*p*-Toluene sulfonic acid dichloramide

M. I. 15,3056

性状 来自氯仿+石油醚中的无色至微带黄色的棱柱体结晶。有强的氯气味。1g该品溶于约1mL苯、1mL氯仿、2.5mL四氯化碳。溶于桉树醇、氯化烷烃、冰乙酸,微溶于石油醚,几乎不溶于水。mp 83℃。

主要用途 杀菌剂。医用抗菌剂。

Dichlorisone **二氯去氧强的松** 03160

[7008-26-6] $C_{21}H_{26}Cl_2O_4$ 413.34

成分 C 61.02%,H 6.34%,Cl 17.15%,O 15.48%。

别名 (11*β*)-9,11-Dichloro-17,21-dihydroxypregna-1,4-diene-3,20-dione;9*α*,11*β*-Dichloro-1,4-pregnadiene-17*α*,21-diol-3,20-dione;9*α*,11*β*-Dichloro analogof prednisolone;Diloderm;Disoderm

M. I. 15,3057

性状 来自丙酮中的无色结晶。238~241℃分解;$[\alpha]_D^{20}$ +134°(于吡啶中);uv max(甲醇中):237nm(ε 15400)。

主要用途 医用局部止痒剂。

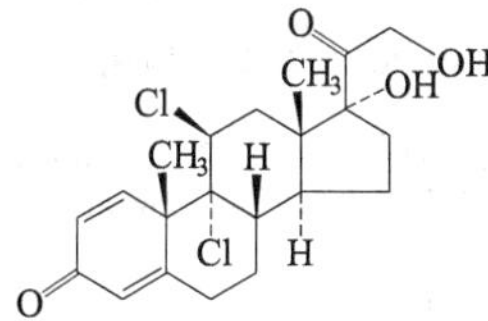

Dichloroacetic acid **二氯乙酸** 03161

[79-43-6]　$C_2H_2Cl_2O_2$　128.94
成分　C 18.63%,H 1.56%,Cl 54.99%,O 24.82%。
别名　二氯醋酸;Bichloracetic acid;DCA;Dichlorethanoic acid
GW 2015-553　M. I. 15,3059
性状　无色液体,低温时为结晶。有刺激性气味。能与水、乙醇、乙醚相混溶。mp 9.7℃;bp 193～194℃;Fp 235.4℉(113℃);d_4^{20} 1.563;n_D^{22} 1.4659。LD_{50} 大鼠急性经口:2.82g/kg。一般试剂含量≥98.5%(T)。
注意事项　该品具有强腐蚀性,能引起严重烧伤。对水生物极毒。万一接触到眼睛,应立即用大量水冲洗后请医生诊治。使用时如有事故发生或有不适之感,应请医生诊治。应防止将本品释放于环境中。应密封于干燥处保存。
主要用途　有机合成。医用腐蚀剂。角质层分离剂。局部收敛剂。

1,1-Dichloroacetone　1,1-二氯丙酮　03162

[513-88-2]　$C_3H_4Cl_2O$　126.96
成分　C 28.38%,H 3.18%,Cl 55.84%,O 12.60%。
别名　二氯甲基甲酮;α,α-Dichloroacetone;*uns*-Dichloroacetone;Dichloromethyl methyl ketone;1,1-Dichloro-2-propanone
GW 2015-520　M. I. 15，3060
性状　无色油状液体。具有催泪性。能与乙醚相混溶，溶于乙醇，微溶于水。与碳酸钠共沸能生成丙烯酸。bp 120℃；Fp 76℉（24℃)；d_{15}^{18} 1.305；n_D^{20} 1.4460。一般试剂含量≥96.0%（GC)。
注意事项　该品易燃。口服有害。使用现场禁止吸烟。应远离火种，密封于干燥处保存。

1,3-Dichloroacetone　1,3-二氯丙酮　03163

[534-07-6]　$C_3H_4Cl_2O$　126.96
成分　C 28.38%，H 3.18%，Cl 55.84%，O 12.60%。
别名　α,γ-二氯丙酮；Bis(chloromethyl) ketone；α,γ-Dichloroacetone；*sym*-Dichloroacetone；1,3-Dichloro-2-propanone
GW 2015-521　M. I. 15，3061
性状　无色针状或片状结晶。有催泪性、刺激性和渗透性。易溶于乙醇、乙醚，溶于水。mp 45℃；bp 173℃；Fp 193℉（89℃)；d_4^{46} 1.3826；n_D^{46} 1.47144。一般试剂含量≥95.0%（GC)。
注意事项　该品易燃。吸入或口服极毒。与皮肤接触有毒。对眼睛、呼吸系统及皮肤有刺激性。使用时应穿适当的防护服，戴手套和防护镜或面罩。万一接触到眼睛，应立即用大量水冲洗后请医生诊治。使用时如有事故发生或有不适之感，应请医生诊治。
主要用途　有机试剂。有机合成。

Dichloroacetonitrile　二氯乙腈　03164

[3018-12-0]　C_2HCl_2N　109.94
成分　C 21.85%，H 0.92%，Cl 64.50%，N 12.74%。
别名　氰代二氯甲烷；Dichloromethyl cyanide
GW 2015-552
性状　无色液体。具有催泪性。能与乙醇、乙醚相混溶，遇水燃烧。bp 110～112℃；Fp 95℉（35℃)；d_4^{20} 1.369；n_D^{20} 1.440。一般试剂含量≥99.5%（GC)。
注意事项　该品易燃。口服有害。具有腐蚀性，能引起烧伤。使用时应穿适当的防护服，戴手套和防护镜或面罩。万一接触到眼睛，应立即用大量水冲洗后请医生诊治。使用时如有事故发生或有不适之感，应请医生诊治。应充氮气密封保存。
主要用途　有机合成。分析用标准物质。

Dichloroacetyl chloride　二氯乙酰氯　03165

[79-36-7]　C_2HCl_3O　147.38
成分　C 16.30%，H 0.68%，Cl 72.16%，O 10.85%。
别名　氯化二氯代乙酰；2,2-Dichloroacetyl chloride；Dichloroethanoyl chloride
GW 2015-560　M. I. 15，3062
性状　无色透明液体。对湿度敏感。在空气中发烟。有辛辣刺激味。能与乙醚相混溶，遇水、乙醇剧烈分解。bp_{760} 107～108℃/101.325kPa；bp_{739} 106～107℃/98.52kPa；d_4^{16} 1.5315；n_D^{16} 1.4638。LD_{50}大鼠急性经口：2.46g/kg。一般试剂含量≥97.0%（GC)。
注意事项　该品具有强腐蚀性，能引起严重烧伤。对水生物极毒。万一接触到眼睛，应立即用大量水冲洗后请医生诊治。使用时如有事故发生或有不适之感，应请医生诊治。应防止将本品释放于环境中。应密封于干燥、通风良好处保存。
主要用途　有机合成中间体。

2,3-Dichloroaniline　2,3-二氯苯胺　03166

[608-27-5]　$C_6H_5Cl_2N$　162.02
成分　C 44.48%，H 3.11%，Cl 43.76%，N 8.65%。
GW 2015-503
性状　白色结晶或无色液体。mp 23～24℃；bp 252℃；bp_{10} 120～124℃/1.333kPa；Fp 239℉（115℃)；d_4^{20} 1.37；n_D^{20} 1.5970。一般试剂含量≥99.0%（HPLC)。
注意事项　该品吸入、口服或与皮肤接触有毒，并具有蓄积性危害。对水生物极毒。能对水环境引起不利的结果。使用时应穿适当的防护服和戴手套。接触皮肤后应立即用大量水冲洗。使用时如有事故发生或有不适之感，应请医生诊治。应防止将本品释放于环境中。其包装物应按危险品处理。应密封避光保存。
主要用途　有机合成。分析用标准物质。

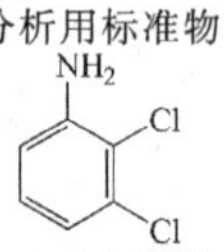

2,4-Dichloroaniline　2,4-二氯苯胺　03167

[554-00-7]　$C_6H_5Cl_2N$　162.02
成分　C 44.48%，H 3.11%，Cl 43.76%，H 8.65%。
GW 2015-504
性状　白色结晶。见光或露置空气中逐渐变色。溶于乙醇、乙醚等有机溶剂，微溶于水。mp 59～62℃；bp 245℃；Fp 239℉（115℃)。一般试剂含量≥98.0%（MPLC)。
注意事项　该品吸入、口服或与皮肤接触有毒，并具有蓄积性危害。对水生物极毒。能对水环境引起不利的结果。使用时应穿适当的防护服和戴手套。接触皮肤后，应用大量水冲洗。使用时如有事故发生或有不适之感，应请医生诊治。应防止将本品释放于环境中。其包装物应按危险品处理。应充氮气密封避光保存。
主要用途　染料中间体。有机合成。分析用标准物质。

2,5-Dichloroaniline　2,5-二氯苯胺　03168

[95-82-9]　$C_6H_5Cl_2N$　162.02
成分　C 44.48%，H 3.11%，Cl 43.76%，N 8.65%。
GW 2015-505
性状　橙黄色或棕色结晶。溶于乙醇、乙醚、苯、二硫化碳、稀盐酸，不溶于水。mp 49～51℃；bp 251℃；Fp 282.2℉（139℃)。一般试剂含量≥98.0%（HPLC)。
注意事项　见 03167 2,4-二氯苯胺。应密封避光保存。
主要用途　染料合成中间体。

2,6-Dichloroaniline　2,6-二氯苯胺　03169

[608-31-1]　$C_6H_5Cl_2N$　162.02
成分　C 44.48%，H 3.11%，Cl 43.76%，N 8.65%。
GW 2015-506
性状　无色或白色针状结晶。mp 36～38℃；Fp 224.4℉（118℃)。一般试剂含量≥98.0%（HPLC)。
注意事项　见 03166 2,3-二氯苯胺。

3,4-Dichloroaniline　3,4-二氯苯胺　03170

[95-76-1]　$C_6H_5Cl_2N$　162.01
成分　C 44.48%，H 3.11%，Cl 43.76%，N 8.65%。
别名　3，4-Dichlorobenzeneamine
GW 2015-507　M. I. 15，3063
性状　无色结晶。易溶于乙醇、乙醚，微溶于苯，几乎不溶于水。mp 71～72℃；bp 272℃；Fp 275℉（135℃）。一般试剂含量≥97.0%（HPLC）。

注意事项 该品吸入、口服或与皮肤接触有毒。对眼睛有严重损伤的危险。接触皮肤能引起过敏。对水生物有害。对水环境能产生长期有害的结果。使用时应穿适当的防护服，戴手套和防护镜或面罩。万一接触到眼睛，应立即用大量水冲洗后请医生诊治。使用时如有事故发生或有不适之感，应请医生诊治。应防止将本品释放于环境中。其包装物应按危险品处理。应密封避光保存。

1,5-Dichloroanthraquinone 1,5-二氯蒽醌 03171

[82-46-2] $C_{14}H_6Cl_2O_2$ 277.11

成分 C 60.68%，H 2.18%，Cl 25.59%，O 11.55%。

性状 黄色结晶。溶于硝基苯、茴香醚、苄醇，微溶于乙醇、苯、甲苯、乙酸。mp 245～247℃。一般试剂含量≥96.0%。

主要用途 染料中间体。有机合成。

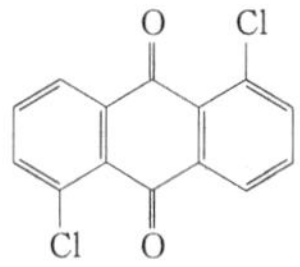

1,8-Dichloroanthraquinone 1,8-二氯蒽醌 03172

[82-43-9] $C_{14}H_6Cl_2O_2$ 277.11

成分 C 60.68%，H 2.18%，Cl 25.59%，O 11.55%。

性状 浅黄色针状结晶。溶于硝基苯、热甲苯，微溶于乙醇。在浓硫酸中呈黄色。mp 201.5～203℃。一般试剂含量≥97.0%。

主要用途 有机合成。染料中间体。

2,4-Dichlorobenzaldehyde 2,4-二氯苯甲醛 03173

[874-42-0] $C_7H_4Cl_2O$ 175.02

成分 C 48.04%，H 2.30%，Cl 40.51%，O 9.14%。

性状 白色结晶。溶于乙醇。mp 69～73℃；bp 233℃；Fp 275℉（135℃）。一般试剂含量≥97.0%（HPLC），含3,4-二氯苯甲醛约1%。

注意事项 该品具有腐蚀性，能引起烧伤。使用时应穿适当的防护服，戴手套和防护镜或面罩。万一接触到眼睛，应立即用大量水冲洗后请医生诊治。接触皮肤后，应立即用大量水冲洗。使用时如有事故发生或有不适之感，应请医生诊治。使用完应立即脱掉受污染的衣服。应充氮气密封避光于干燥处保存。

主要用途 电镀工业用。

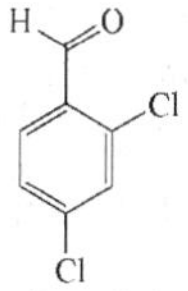

2,6-Dichlorobenzaldehyde 2,6-二氯苯甲醛 03174

[83-38-5] $C_7H_4Cl_2O$ 175.02

成分 C 48.04%，H 2.30%，Cl 40.51%，O 9.14%。

性状 白色结晶。mp 70～71℃；Fp 212℉（100℃）。一般试剂含量≥99.0%（T）。

注意事项 见 03173 2,4-二氯苯甲醛。

1,2-Dichlorobenzene 1,2-二氯苯 03175

[95-50-1] $C_6H_4Cl_2$ 147.00

成分 C 49.02%，H 2.74%，Cl 48.24%。

别名 邻二氯苯；Benzene dichloride；*o*-Dichlorobenzene；*o*-Dichloro benzol；ODCB；Orthodichlorobenzene

GW 2015-501 M.I.15，3065

性状 无色液体。有特殊气味。能与乙醇、乙醚、苯相混溶，微溶于水（145mg/L）。mp −17.03℃；bp 180.5℃；Fp 151℉（66℃，闭杯）；d_4^{20} 1.3059；d_4^{25} 1.3003；n_D^{20} 1.5515；n_D^{25} 1.5491。一般试剂含量≥99.0%（GC）。

注意事项 该品口服有害。对眼睛、呼吸系统及皮肤有刺激性。对水生物极毒。能对水环境引起不利的结果。使用时应避免吸入本品的蒸气和飞沫。应防止将本品释放于环境中。其包装物应按危险品处理。

主要用途 有机合成。染料制造。煤气除硫剂。熏漆、保护漆、棉胶漆、蜡类的溶剂。杀虫剂。

1,3-Dichlorobenzene 1,3-二氯苯 03176

[541-73-1] $C_6H_4Cl_2$ 147.00

成分 C 49.02%，H 2.74%，Cl 48.24%。

别名 间二氯苯；*m*-Dichlorobenzene；*m*-Dichlorobenzol

GW 2015-502 M.I.15，3064

性状 无色液体。溶于乙醇、乙醚，极微溶于水（1.23mg/L）。mp −24.76℃；bp 173℃；bp_{11} 60～62℃/1.467kPa；Fp 146℉（63℃）；d_4^{20} 1.2884；d_4^{25} 1.2828；n_D^{20} 1.5459。一般试剂含量≥99.0%（GC）。

注意事项 该品口服有害。对水生物有毒。能对水环境引起不利的结果。应防止将本品释放于环境中。

主要用途 溶剂。染料制造。有机合成中间体。杀虫剂。

1,4-Dichlorobenzene 1,4-二氯苯 03177

[106-46-7] $C_6H_4Cl_2$ 147.00

成分 C 49.02%，H 2.74%，Cl 48.24%。

别名 对二氯苯；*p*-Dichlorobenzene；*p*-Dichlorobenzol；Dichloricide；Paracide；PDB；Paradichlorobenzene；Para-zene；Paramoth

M.I.15，3066

性状 无色结晶或白色块状物。有特殊气味。溶于乙醇、乙醚、苯、氯仿、二硫化碳及其他有机溶剂，几乎不溶于水。常温下即能升华。mp 53.5℃（α型），54℃（β型）；bp 174.12℃；Fp 150℉（65℃，闭杯）；d^{20} 1.46；n_D^{60} 1.5285。LD_{50}雄，雌大鼠急性经口：3863mg/kg，3790mg/kg；皮肤接触：>6000mg/kg，>6000mg/kg。一般试剂含量≥99.0%（GC）。

注意事项 该品对眼睛有刺激性。对机体有不可逆损伤的可能性。对水生物极毒。能对水环境引起不利的结果。使用时应穿适当的防护服和戴手套。如误服了本品，应立即请医生检查，并出示本品的包装容器或瓶签。应防止将本品释放于环境中。其包装物应按危险品处理。

主要用途 有机分析试剂。溶剂。杀虫、防蛀剂等。

2,2′-Dichlorobenzidine 2,2′-二氯联苯胺 03178

[84-68-4] $C_{12}H_{10}Cl_2N_2$ 253.13

成分 C 56.94%，H 3.98%，Cl 28.01%，N 11.07%。

别名 2,2′-二氯(1,1′-联苯基)-4,4′-二胺；2,2′-Dichloro[1,1′-biphenyl]-4,4′-diamine

M.I.15，3067

性状 来自水中的无色针状结晶或来自乙醇中的无色棱柱体结晶。易溶于乙醚，中等程度溶于乙醇，几乎不溶于水。mp 165℃。

主要用途 制造偶氮染料。

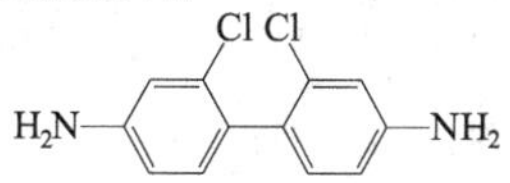

3,3′-Dichlorobenzidine dihydrochloride
3,3′-二氯联苯胺 二盐酸盐 03179

[612-83-9] $C_{12}H_{12}Cl_4N_2$ 326.05

成分 C 44.21%，H 3.71%，Cl 43.49%，N 8.59%。

别名 二盐酸 3,3′-二氯联苯胺；3,3-Dichloro-(1,1′-biphenyl)-4,4′-diamine dihydrochloride；3,3′-Dichloro-4,4′-biphenyldiamine dihydrochloride；DCB-2HCl

GW 2015-2515 M.I.15，3068

性状 无色针状结晶。易溶于乙醇，微溶于水。

注意事项 该品能致癌。与皮肤接触有害。接触皮肤能引起过敏。对水生物极毒。能对水环境引起不利的结果。使用前应得到专门的指导，避免曝露。使用时如有事故发生或有不适之感，应请医生诊治。应防止将本品释放于环境中。其包装物应按危险品处理。

主要用途 生化研究。分析用标准物质。

Cl Cl

H_2N- -NH_2 ·2HCl

2,4-Dichlorobenzoic acid　2,4-二氯苯甲酸　03180
[50-84-0]　$C_7H_4Cl_2O_2$　191.01
成分　C 44.01%，H 2.11%，Cl 37.12%，O 16.75%。
性状　白色或浅黄色针状结晶或粉末。溶于乙醇、乙醚、丙酮，不溶于水。能升华。mp 160～163℃。一般试剂含量≥96.0%（T）。
注意事项　该品口服有害。对眼睛、呼吸系统及皮肤有刺激性。使用时应穿适当的防护服。万一接触到眼睛，应立即用大量水冲洗后请医生诊治。
主要用途　染料制造。有机合成。

O OH Cl Cl

2,6-Dichlorobenzoic acid　2,6-二氯苯甲酸　03181
[50-30-6]　$C_7H_4Cl_2O_2$　191.01
成分　C 44.01%，H 2.11%，Cl 37.12%，O 16.75%。
性状　无色结晶或白色粉末。mp 143～145℃。一般试剂含量≥97%（T）。
注意事项　见 03180 2,4-二氯苯甲酸。

3,4-Dichlorobenzoic acid　3,4-二氯苯甲酸　03182
[51-44-5]　$C_7H_4Cl_2O_2$　191.01
成分　C 44.01%，H 2.11%，Cl 37.12%，O 16.75%。
性状　无色结晶或白色结晶性粉末。mp 207～209℃。一般试剂含量≥98.0%（T）。
注意事项　见 03180 2,4-二氯苯甲酸。

3,5-Dichlorobenzoic acid　3,5-二氯苯甲酸　03183
[51-36-5]　$C_7H_4Cl_2O_2$　191.01
成分　C 44.01%，H 2.11%，Cl 37.12%，O 16.75%。
性状　无色结晶或白色结晶性粉末。mp 184～187℃。一般试剂含量≥98.0%（T）。
注意事项　见 03180 2,4-二氯苯甲酸。

2,6-Dichlorobenzonitrile　2,6-二氯苄腈　03184
[1194-65-6]　$C_7H_3Cl_2N$　172.01
成分　C 48.88%，H 1.76%，Cl 41.22%，N 8.14%。
别名　2,6-二氯苯基氰；敌草腈；Casoron；2,6-Dichlorophenyl cyanide；2，6-Dichlorophenylnitrile；Dichlobenil；H-133；Niagara 5006
M. I. 15，3052
性状　来自石油醚中的无色或白色结晶。于水中溶解度：25℃，25×10^{-6}；20℃，18×10^{-6}。mp 144～145℃。LD_{50} 大鼠，小鼠急性经口：2710mg/kg，6800mg/kg。一般试剂含量≥98.0%（AT）。
注意事项　该品与皮肤接触有害。对水生物有毒。能对水环境引起不利的结果。使用时应穿适当的防护服和戴手套。应防止 将本品释放于环境中。
主要用途　除草剂。农药分析标准物。

CN Cl Cl

2,4-Dichlorobenzoyl chloride　2,4-二氯苯甲酰氯　03185
[89-75-8]　$C_7H_3Cl_3O$　209.46
成分　C 40.14%，H 1.44%，Cl 50.78%，O 7.64%。
别名　2,4-二氯（代）氯化苯甲酰；氯化 2,4-二氯苯甲酰；2,4-Dichlorobenzenecarbonyl chloride；2,4-Dichlorobenzoic acid chloride
GW 2015-517
性状　无色液体。能与乙醇、乙醚、丙酮相混溶，微溶于庚烷，不溶于水。具有催泪性。mp 16～18℃；bp_{34} 150℃/4.533kPa；bp_{15} 122～124℃/2kPa；Fp 280℉（137℃）；d_4^{20} 1.497；n_D^{20} 1.5927。一般试剂含量≥97.0%（GC）。
注意事项　该品具有腐蚀性，能引起烧伤。对眼睛及呼吸系统具有刺激性。使用时应穿适当的防护服，戴手套和防护镜或面罩。万一接触到眼睛，应立即用大量水冲洗后请医生诊治。使用时如有事故发生或有不适之感，应请医生诊治。使用完毕后，应立即脱掉受污染的衣服。应充氩气密封干燥保存。
主要用途　制药工业。染料中间体。有机合成。

O Cl Cl Cl

2,6-Dichlorobenzoyl chloride　2,6-二氯苯甲酰氯　03186
[4659-45-4]　$C_7H_3Cl_3O$　209.46
成分　C 40.14%，H 1.44%，Cl 50.78%，O 7.64%。
别名　氯化 2,6-二氯苯甲酰
性状　无色液体。具有催泪性。bp_{21} 142～143℃/2.8kPa；Fp 235.4℉（113℃）；d 1.462；n_D^{20} 1.5608。一般试剂含量≥98.0%（GC）。
注意事项　见 03185 2,4-二氯苯甲酰氯。

3,4-Dichlorobenzoyl chloride　3,4-二氯苯甲酰氯　03187
[3024-72-4]　$C_7H_3Cl_3O$　209.46
成分　C 40.14%，H 1.44%，Cl 50.78%，O 7.64%。
别名　氯化 3，4-二氯苯甲酰
性状　无色结晶。高温为液体。mp 30～33℃；bp 242℃；Fp 288℉（142℃）。一般试剂含量≥97.0%（T）。
注意事项　见 03185 2,4-二氯苯甲酰氯。

2,4-Dichlorobenzyl alcohol　2,4-二氯苄醇　03188
[1777-82-8]　$C_7H_6Cl_2O$　177.02
成分　C 47.49%，H 3.42%，Cl 40.05%，O 9.04%。
别名　2,4-二氯苯甲醇；2,4-Dichlorobenzenemethanol；Dybenal
M. I. 15，3069
性状　无色结晶。溶于甲醇。mp 59.5℃；Fp 235.4℉（113℃）。一般试剂含量≥98.0%（GC）。
注意事项　使用时应避免吸入本品的粉尘，避免与眼睛及皮肤接触。
主要用途　防腐剂。消毒剂。

OH Cl Cl

3,4-Dichlorobenzyl alcohol　3,4-二氯苄醇　03189
[1805-32-9]　$C_7H_6Cl_2O$　177.03
成分　C 47.49%，H 3.42%，Cl 40.05%，O 9.04%。
别名　3,4-二氯苯甲醇
性状　无色结晶。mp 35～38℃；bp 148～151℃；Fp>230℉（110℃）。一般试剂含量≥98.0%（AT）。
注意事项　该品口服有害。与皮肤接触有毒。使用时应穿适当的防护服，戴手套和防护镜或面罩。使用时如有事故发生或有不适之感，应请医生诊治。应密封于 2～8℃保存。

2,4-Dichlorobenzylamine　2,4-二氯苄胺　03190
[95-00-1]　$C_7H_7Cl_2N$　176.05
成分　C 47.76%，H 4.01%，Cl 40.28%，N 7.95%。
性状　无色液体。bp 258～260℃；bp_5 83～84℃/666.61Pa；Fp>230℉（110℃）；d_4^{20} 1.308；n_D^{20} 1.5780。一般试剂含量 97.0%（GC）。
注意事项　该品具有腐蚀性，能引起烧伤。对呼吸系统有刺激性。使用时应穿适当的防护服，戴手套和防护镜或面罩。万一接触到眼睛，应立即用大量水冲洗后请医生诊治。使用时如有事故发生或有不适之感，应请医生诊治。应充氮气密封保存。

NH_2 Cl Cl

3,4-Dichlorobenzylamine　3,4-二氯苄胺　03191

[102-49-8]　$C_7H_7Cl_2N$　176.05

成分　C 47.76%，H 4.01%，Cl 40.28%，N 7.95%。

性状　无色液体。Fp > 230°F (110℃)；d1.320；n_D^{20} 1.5780。一般试剂含量≥97.0%。

注意事项　该品具有腐蚀性，能引起烧伤。

3,4-Dichlorobenzyl chloride　3,4-二氯氯化苄　03192

[102-47-6]　$C_7H_5Cl_3$　195.48

成分　C 43.01%，H 2.58%，Cl 54.41%。

别名　3,4-二氯苄基氯；3,4,α-三氯甲苯；α-氯-3,4-二氯甲苯；3,4,α-Trichlorotoluene；α-Chloro-3,4-dichlorotoluene

GW 2015-519

性状　无色液体。能与乙醇、乙醚、丙酮任意混溶，不溶于水。具有催泪性。bp_2 99～101℃/266.64Pa；Fp 235.4°F (113℃)；d_4^{20} 1.411；n_D^{20} 1.577。一般试剂含量≥97.0% (GC)。

注意事项　该品具有腐蚀性，能引起烧伤。对眼睛及呼吸系统有刺激性。使用时应穿适当的防护服，戴手套和防护镜或面罩。万一接触到眼睛，应立即用大量水冲洗后请医生诊治。使用时如有事故发生或有不适之感，应请医生诊治。应密封保存。

主要用途　制药工业。染料中间体。有机合成。分析用标准物质。

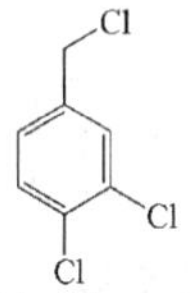

1,1-Dichloro-2,2-bis (4-chlorophenyl) ethane

1,1-二氯-2,2-双(4-氯苯基)乙烷　03193

[72-54-8]　$C_{14}H_{10}Cl_4$　320.03

成分　C 52.54%，H 3.15%，Cl 44.31%。

别名　p,p'-四氯二苯乙烷；p,p'-滴滴滴；2,2-双（对氯苯基）-1,1-二氯乙烷；1,1-二氯-2,2-双（对氯苯基）乙烷；DDD；p,p'-DDD；p,p'-TDE；Dichlorodiphenyldichloroethane；Tetrachlorodiphenylethane；2,2-Bis(4-chlorophenyl)-1,1-dichloroethane；1,1-Dichloro-2,2-bis(p-chlorophenyl)ethane；1,1'-(2,2-Dichloroethylidene)bis(4-chlorobenzene)；Rhothane；TDE；4,4'-DDD

M. I. 15，3070

性状　无色结晶。溶于有机溶剂，不溶于水。mp 109～110℃。LD_{50} 大鼠急性经口：>4g/kg。

注意事项　该品口服有毒。与皮肤接触有毒。使用时应避免吸入本品的粉尘，避免与眼睛接触。使用时如有事故发生或有不适之感，应请医生诊治。

主要用途　杀虫剂。分析用标准物质。

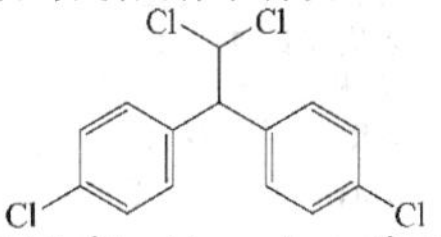

1,1-Dichloro-2,2-bis(4-chlorophenyl)ethylene

1,1-二氯-2,2-双(4-氯苯基)乙烯　03194

[72-55-9]　$C_{14}H_8Cl_4$　318.03

成分　C 52.87%，H 2.54%，Cl 44.59%。

别名　1,1-双（对氯苯基）二氯乙烯；4,4'-滴滴伊；1,1-Bis(p-chloro phenyl) dichloroethylene；4,4'-DDE；p,p'-DDE；1,1-Dichloro-2,2-bis(4-chlorophenyl)ethene

性状　白色结晶。mp 88～90℃。一般试剂含量≥99.0%。

注意事项　该品可致癌。对机体有不可逆损失的可能性。使用时应避免吸入本品的粉尘，避免与眼睛及皮肤接触。

1,4-Dichlorobutane　1,4-二氯丁烷　03195

[110-56-5]　$C_4H_8Cl_2$　127.02

成分　C 37.82%，H 6.35%，Cl 55.82%。

别名　二氯四亚甲基；氯化四亚甲基；Tetramethylene chloride；Tetramethylene dichloride

GW 2015-527

性状　无色液体。能与多数有机溶剂相混溶，不溶于水。mp −38℃；bp 161～163℃；Fp 109.4°F (43℃)；d^{25} 1.16；n_D^{20} 1.454。一般试剂含量≥99.0%(GC)。

注意事项　该品易燃。对眼睛、呼吸系统及皮肤有刺激性。使用时应穿适当的防护服。万一接触到眼睛，应立即用大量水冲洗后请医生诊治。

主要用途　有机合成。农药制造。

2,3-Dichloro-5,6-dicyano-1,4-benzoquinone

2,3-二氯-5,6-二氰-1,4-苯醌　03196

[84-58-2]　$C_8Cl_2N_2O_2$　227.00

成分　C 42.33%，Cl 31.23%，N 12.34%，O 14.10%。

别名　4,5-Dichloro-3,6-dioxo-1,4-cyclohexadiene-1,2-dicarbonitrile；DDQ

M. I. 15，3072

性状　黄色至橙色结晶。对湿度敏感。遇水分解。溶于苯、二氧六环、乙酸，微溶于氯仿、二氯甲烷。mp 213.5～215℃。一般试剂含量≥95.0% (RT)。

注意事项　该品口服有毒。与水接触释放出有毒气体。使用时应戴适当的手套。使用时应避免吸入本品的粉尘，避免与眼睛及皮肤接触。万一接触到眼睛，应立即用大量水冲洗后请医生诊治。应密封干燥保存。

主要用途　合成甾族化合物的氧化剂。

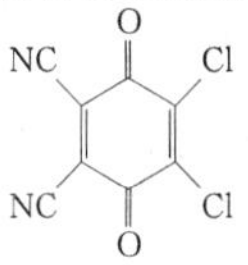

1,2-Dichlorodiethyl ether　1,2-二氯二乙醚　03197

[623-46-1]　$C_4H_8Cl_2O$　143.01

成分　C 33.59%，H 5.64%，Cl 49.58%，O 11.19%。

别名　乙基-1,2-二氯乙醚；1,2-Dichloroethyl ethyl ether；1,2-Dichloro-1-ethoxyethane；Ethyl-1,2-dichloroethyl ether

GW 2015-530

性状　无色液体。遇水分解。易溶于乙醇、乙醚。bp 140～145℃；Fp 107.6°F (42℃)；d_4^{20} 1.1670；n_D^{20} 1.442。一般试剂含量≥85.0% (GC)。

注意事项　该品易燃。口服有害。对眼睛、呼吸系统及皮肤有刺激性。万一接触到眼睛，应立即用大量水冲洗后请医生诊治。应远离火种，于干燥处密封保存。

主要用途　气相色谱固定液。分离分析甲基氯硅烷。铁的测定。

1,3-Dichloro-5,5-dimethylhydantoin

1,3-二氯-5,5-二甲基海因　03198

[118-52-5]　$C_5H_6Cl_2N_2O_2$　197.02

成分　C 30.48%，H 3.07%，Cl 35.99%，N 14.22%，O 16.24%。

别名　1,3-二氯-5,5-二甲基乙内酰脲；1,3-二氯-5,5-二甲基脲基乙酸内酰胺；1,3-Dichloro-5,5-dimethyl-2,4-imidazolidinedione；Dactin；Halane

M. I. 15，3074

性状　来自氯仿中的四面棱柱体结晶。该品在下列溶剂中25℃时的溶解度为：氯仿 14%、二氯甲烷 30.0%、四氯化碳 12.5%、二氯化乙烯 32.0%、对称四氯乙烷 17.0%、苯 9.2%。在水中溶解度：25℃，0.21%；60℃，0.60%。其水溶液 pH 值约 4.4。mp 132℃；d_{20}^{20} 1.5。一般试剂含量≥98.0% (AT)。

注意事项　该品口服有害。对眼睛、呼吸系统及皮肤有刺激性。使用时应穿适当的防护服。万一接触到眼睛，应立即用大量水冲洗后请医生诊治。

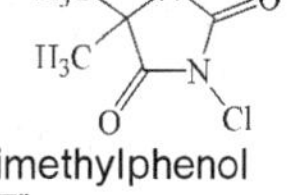

2,4-Dichloro-3,5-dimethylphenol

2,4-二氯-3,5-二甲基酚　03199

[133-53-9]　$C_8H_8Cl_2O$　191.05

成分 C 50.29%，H 4.22%，Cl 37.11%，O 8.37%。
别名 二氯二甲酚；Dichloroxylenol；2，4-Dichloro-3，5-xylenol；DCMX
M. I. 15，3086
性状 来自石油醚中的无色结晶。能升华。能随水蒸气挥发。1份该品溶于5000份水。15℃时，溶于下列溶剂100份中：苯14；甲苯15；丙酮73；3-戊酮59；石油醚4；氯仿25；四氯化碳10。mp 95～96℃。
注意事项 该品口服有害。对眼睛、呼吸系统及皮肤有刺激性。使用时应穿适当的防护服和戴手套。万一接触到眼睛，应立即用大量水冲洗后请医生诊治。
主要用途 肥皂的抑菌剂。霉菌抑制剂。防腐剂。

OH, Cl, H_3C, CH_3, Cl

Dichlorodimethylsilane 二氯二甲基硅烷 03200

[75-78-5] $C_2H_6Cl_2Si$ 129.06
成分 C 18.61%，H 4.69%，Cl 54.94%，Si 21.76%。
别名 二甲基二氯硅烷；二甲基二氯化硅；DDS；Dimethyldichlorosilane；DMDCS
GW 2015-436
性状 无色液体。对湿度敏感。能与乙醚、苯等相混溶。遇水或乙醇易分解。具有催泪性。mp －76℃；bp 69～70℃；Fp 23℉（－15℃）；d_4^{20} 1.072；n_D^{20} 1.404。一般试剂含量≥98.0%（GC）。
注意事项 该品高度易燃。对眼睛、呼吸系统及皮肤有刺激性。使用现场禁止吸烟。应远离火种，充氩气密封于干燥处保存。
主要用途 多种有机硅化合物的制造。

H_3C, Cl, Si, H_3C, Cl

Dichlorodiphenylsilane 二氯二苯基硅烷 03201

[80-10-4] $C_{12}H_{10}Cl_2Si$ 253.21
成分 C 56.92%，H 3.98%，Cl 28.00%，Si 11.09%。
别名 二苯基二氯化硅；二苯基二氯硅烷；Diphenyldichlorosilane
GW 2015-314
性状 无色液体。对湿度敏感。能与多数有机溶剂相混溶。易水解。$bp_{0.5}$ 131～133℃/66.661Pa；Fp 287.6 ℉（142℃）；d_4^{20} 1.230；n_D^{20} 1.577。一般试剂含量≥98.0%（GC）。
注意事项 该品具有腐蚀性，能引起烧伤。使用时应穿适当的防护服，戴手套和防护镜或面罩。万一接触到眼睛，应立即用大量水冲洗后请医生诊治。使用时如有事故发生或有不适之感，应请医生诊治。应充氩气密封于干燥处保存。
主要用途 高分子芳香基硅化合物的制造。

Cl, Si, Cl

4,4′-Dichlorodiphenyl sulfone 4,4′-二氯二苯砜 03202

[80-07-9] $C_{12}H_8Cl_2O_2S$ 287.17
成分 C 50.19%，H 2.81%，Cl 24.69%，O 11.14%，S 11.17%。
别名 双（对氯苯基）砜；双（4-氯苯基）砜；Bis(*p*-chlorophenyl) sulfone；Bis(4-chlorophenyl) sulfone
性状 白色固体。不溶于水。bp 143～146℃。一般试剂含量≥95.0%（AT）。
注意事项 使用时应避免吸入本品的粉尘，避免与眼睛及皮肤接触。

1,1-Dichloroethane 1,1-二氯乙烷 03203

[75-34-3] $C_2H_4Cl_2$ 98.95
成分 C 24.28%，H 4.07%，Cl 71.65%。
别名 Ethylidene chloride
GW 2015-556 M. I. 15，3865
性状 无色透明油状液体。有氯仿味。能与乙醇相混溶，溶于约200份水。mp 约－98℃；bp 57.3℃；Fp 21.2℉（－6℃）；d_4^{20} 1.1757；d_4^{25} 1.1680；n_D^{20} 1.4167。
注意事项 该品高度易燃。口服有害。对眼睛及呼吸系统有刺激性。对水生物有害。对水环境能产生长期有害的结果。使用现场禁止吸烟。使用时应避免吸入本品的蒸气。应防止将本品释放于环境中。应远离火种密封保存。
主要用途 溶剂。有机合成。分析用标准物质。

1,2-Dichloroethane 1,2-二氯乙烷 03204

[107-06-2] $C_2H_4Cl_2$ 98.95
成分 C 24.28%，H 4.07%，Cl 71.65%。
别名 对称二氯乙烷；二氯化乙烯；Brocide；*sym*-Dichloroethane；Dutch liquid；EDC；Ethane dichloride；Ethylene chloride；Ethylene dichloride；Glycol dichloride
GW 2015-557 M. I. 15，3851
性状 无色透明重质液体。能与乙醇、乙醚、氯仿、相混溶，溶于约120份水。mp 约－40℃；bp 83～84℃；Fp 56℉（13℃，闭杯）；Fp 65℉（18℃，开杯）；d_4^{20} 1.2569；n_D^{20} 1.4443。LD_{50}大鼠急性经口：770mg/kg。
注意事项 该品高度易燃。口服有害。能致癌。对眼睛、呼吸系统及皮肤有刺激性。使用前应得到专门的指导，避免曝露。使用现场禁止吸烟。使用时如有事故发生或有不适之感，应请医生诊治。应远离火种，采取抗放静电措施密封存放。
主要用途 分析硼。有机溶剂。有机合成。乙酰纤维素的制造。油脂及烟草的萃取剂。

参考规格 GB/T 15895—1995	分析纯	化学纯
含量（CH_2ClCH_2Cl）/%≥	99.0	98.5
沸点/℃	83.5±1	83.5±1
色度（黑曾单位）≤	10	20
酸度(以H^+计)/(mmol/100g)	0.03	0.06
蒸发残渣/%≤	0.002	0.005
水分（H_2O）/%≤	0.05	0.10
氯化物（Cl）/%≤	0.001	0.002
易炭化物质	合格	合格

1,1-Dichloroethylene 1,1-二氯乙烯 03205

[75-35-4] $C_2H_2Cl_2$ 96.94
成分 C 24.78%，H 2.08%，Cl 73.14%。
别名 偏二氯乙烯；1,1-Dichloroethene；*asym*-Dichloroethylene；Vinylidene chloride
GW 2015-558 M. I. 15，10192
性状 无色液体。有微弱的类似氯仿的气味。对空气、光及湿度敏感。溶于有机溶剂，几乎不溶于水。一般常加0.02%对甲氧基酚作阻聚剂。mp －122.5℃；bp_{760} 31.7℃/101.325kPa；Fp －13℉（－25℃）；d_4^{20} 1.2129；n_D^{20} 1.4249。一般试剂含量≥99.5%（GC）。
注意事项 该品极易燃。其蒸气吸入有害。对机体有不可逆损伤的可能性。使用时应穿适当的防护服和戴手套。切勿排入下水道。使用现场禁止吸烟。如误服本品，应立即请医生检查，并出示本品包装物或瓶签。应采取抗放静电措施，远离火种，充氩气密封避光于2～8℃保存。

1,2-Dichloroethylene 1,2-二氯乙烯 03206

[540-59-0] $C_2H_2Cl_2$ 96.94
成分 C 24.78%，H 2.08%，Cl 73.14%。
别名 二氯化乙炔；对称二氯乙烯；Acetylene dichloride；1，2-Dichloroethene；*sym*-Dichloroethylene；Dioform
GW 2015-559 M. I. 15，87
性状 无色液体。为顺、反式异构体的混合物。有醚的辛辣味。溶于乙醇、乙醚及一般有机溶剂，不溶于水。mp －57℃；bp 约55℃；Fp 43℉(6℃)；*d* 约1.28；n_D^{20} 1.4463。LD_{50} 小鼠腹膜内注射：约2150mg/kg。一般试剂含量≥98.0%。

注意事项 该品高度易燃。其蒸气吸入有害。对水生物有害。对水环境能产生长期有害的结果。使用现场禁止吸烟。切勿排入下水道。应防止将本品释放于环境中。应远离火种密封保存。
主要用途 溶剂。有机合成。

cis-1,2-Dichloroethylene 顺式-1,2-二氯乙烯 03207
[156-59-2] $C_2H_2Cl_2$ 96.94
成分 C 24.78%, H 2.08%, Cl 73.14%。
别名 1,2-二氯乙烯 顺式; *cis*-Acetylene dichloride
GW 2015-559 M.I.15, 87
性状 无色液体。有愉快的气味。遇潮气、日光、空气等逐渐分解。溶于乙醇、乙醚、苯、丙酮、氯仿,微溶于水(25℃, 3.5g/L)。mp −81.5℃; bp_{760} 60℃/101.325kPa; bp_{745} 59.6℃/99.325kPa; Fp 43 ℉ (6℃); *d* 1.282; n_D^{25} 1.4435。一般试剂含量≥95.0% (GC)。
注意事项 见 03206 1,2-二氯乙烯。
主要用途 溶剂。有机合成。

trans-1,2-Dichloroethylene 反式-1,2-二氯乙烯 03208
[156-60-5] $C_2H_2Cl_2$ 96.94
成分 C 24.78%, H 2.08%, Cl 73.14%。
别名 1,2-二氯乙烯 反式; *trans*-Acetylene dichloride; 1,2-Dichloroethene
GW 2015-559 M.I.15, 87
性状 无色液体。遇潮湿能逐渐分解。溶于乙醇、乙醚苯、丙酮、氯仿,微溶于水(25℃, 6.3g/L)。mp −49.4℃; bp_{745} 47.2℃/99.325kPa; Fp 43℉ (6℃); d_4^{20} 1.2565; n_D^{20} 1.446。LD_{50}大鼠急性经口: 1mL/kg; 腹膜内注射: 60mL/kg; 小鼠腹膜内注射: 3.2mL/kg。一般试剂常加入稳定剂 1,2-环氧丁烷 0.1%或 2,6-二叔丁基对甲酚 0.02%。一般试剂含量≥97.0% (GC)。
注意事项 见 03206 1,2-二氯乙烯。
主要用途 溶剂。有机合成。

sym-Dichloroethyl ether 对称二氯乙基乙醚 03209
[111-44-4] $C_4H_8Cl_2O$ 143.01
成分 C 33.59%, H 5.64%, Cl 49.58%, O 11.19%。
别名 2,2′-二氯乙醚; 2,2′-二氯二乙醚; β,β′-二氯代二乙醚; 对称二氯二乙醚; 双(2-氯乙基)乙醚; 2-氯乙基乙醚; Chlorex; 2-Chloroethyl ether; DCEE; 2,2′-Dichloro ether; 2,2′-Dichloroethyl ether; β,β′-Dichloroethyl ether; Bis (2-chloroethyl) ether; 1,1′-Oxybis(2-chloroethane)
GW 2015-531 M.I.15, 3075
性状 无色透明液体。有刺激性气味。溶于乙醇、乙醚等多数有机溶剂,不溶于水。mp −50℃; bp 178℃; Fp 145℉ (63℃, 闭杯); d_{20}^{20} 1.22; n_D^{20} 1.457。LD_{50}大鼠急性经口: 75mg/kg。一般试剂含量≥99.0 (GC)%。
注意事项 该品易燃。吸入、口服或与皮肤接触极毒。对机体有不可逆损伤的可能性。在通风不好的情况下使用,应戴呼吸装置。使用时如有事故发生或有不适之感,应请医生诊治。使用完毕应立即脱掉所有受污染的衣服。应保持容器密闭于通风处保存。
主要用途 气相色谱固定液。脂肪、石蜡、油类等的溶剂。干洗剂。

2′,7′-Dichlorofluorescein 2′,7′-二氯荧光素 03210
[76-54-0] $C_{20}H_{10}Cl_2O_5$ 401.20
成分 C 59.87%, H 2.51%, Cl 17.67%, O 19.94%。
别名 二氯荧光素; 2,7-二氯荧光黄; 2,7-二氯-3,6-荧烷二醇; 2,7-Dichloro-3,6-fluorandiol
性状 橙黄色至红棕色结晶性粉末。溶于乙醇、稀碱溶液,其溶液带黄绿色荧光,微溶于甘油、乙二醇,不溶于水、稀酸。mp 280℃ (分解); λ_{max} 509nm。指示剂含量≥90.0% (T)。
注意事项 见 01722 4-溴甲苯。
主要用途 吸附指示剂,测定硼酸盐、氯化物。用于纸色谱和薄板色谱的染色。酯类的染色。

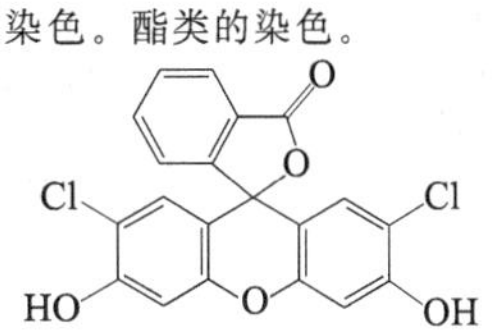

4′,5′-Dichlorofluorescein 4′,5′-二氯荧光素 03211
[2320-96-9] $C_{20}H_{10}Cl_2O_5$ 401.20
成分 C 59.88%, H 2.51%, Cl 17.67%, O 19.94%。
别名 4,5-二氯荧光黄; D&C Orange No. 8; 4′,5′-Dichloro-3′,6′-dihydroxypiro[isobenzofuran-1(3*H*),9′(9*H*)-xanthen]-3-one; 4,5-Dichloro-3,6-fluorandiol
M.I. 15, 3077
性状 橙色粉末。溶于乙醇、稀碱溶液呈橙色,并有黄绿色荧光,微溶于甘油、乙二醇,几乎不溶于油类、脂肪及蜡。不溶于水、稀酸。
主要用途 用于银量法测定卤素时的吸附指示剂。

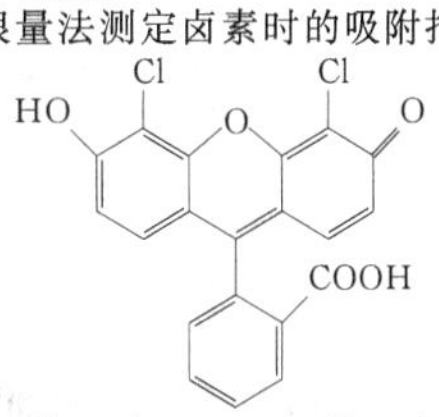

3,5-Dichloro-2-hydroxybenzenesulfonyl chloride
3,5-二氯-2-羟基苯磺酰氯 03212
[23378-88-3] $C_6H_3Cl_3O_3S$ 261.51
成分 C 27.56%, H 1.16%, Cl 40.67%, O 18.35%, S 12.26%。
别名 2,4-二氯酚-6-磺酰氯; 氯化-3,5-二氯-2-羟基苯磺酰; 氯化 2,4-二氯酚-6-磺酰; 2,4-Dichlorophenol-6-sulfonyl chloride
性状 白色粉末。mp 80~83℃。一般试剂含量≥99.0% (AT)。
注意事项 该品具有腐蚀性,能引起烧伤。使用时应穿适当的防护服,戴手套和防护镜或面罩。万一接触到眼睛,应立即用大量水冲洗后请医生诊治。使用时如有事故发生或有不适之感,应请医生诊治。应充氩气密封于干燥处保存。

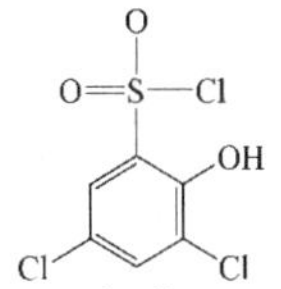

5,7-Dichloro-8-hydroxyquinoline
5,7-二氯-8-羟基喹啉 03213
[773-76-2] $C_9H_5Cl_2NO$ 214.05
成分 C 50.50%, H 2.35%, Cl 33.13%, N 6.54%, O 7.47%。
别名 二氯羟喹; 5,7-二氯-8-喹啉醇; 氯喔星; Capitrol; Chloroxine; 5,7-Dichloro-8-oxychinolin; 5,7-Dichloro-8-quinolinol
M.I. 13, 2181
性状 来自乙醇中的无色至微黄色针状结晶。溶于苯、丙酮,微溶于热乙醇、乙酸。溶于酸或碱中呈黄色。mp 179~180℃。一般试剂含量≥99.0%。
注意事项 该品对眼睛、呼吸系统及皮肤有刺激性。
主要用途 测定铜、铁、钛、钒、铅、钴、镓、铝、锆的试剂。医用抗皮质溢性剂。

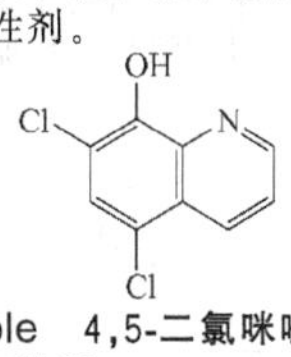

4,5-Dichloroimidazole 4,5-二氯咪唑 03214
[15965-30-7] $C_3H_2Cl_2N_2$ 136.97
成分 C 26.31%, H 1.47%, Cl 51.77%, N 20.45%。
性状 白色结晶性粉末。mp 约 180℃。一般试剂含量≥98.0% (AT)。

注意事项 该品对眼睛、呼吸系统及皮肤有刺激性。使用时应戴手套和防护镜或面罩。万一接触到眼睛，应立即用大量水冲洗后请医生诊治。

主要用途 制备和提取 Phosphitylating agent。

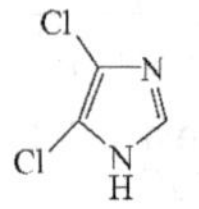

3,4-Dichloroisocoumarin 3,4-二氯异香豆素 03215

[51050-59-0] $C_9H_4Cl_2O_2$ 215.03

成分 C 50.27%，H 1.87%，Cl 32.97%，O 14.88%。

别名 3，4-Dichloro-2-benzopyran-1-one

性状 白色粉末。生化试剂含量≥99.0%（TLC）。

注意事项 该品口服有毒。对眼睛、呼吸系统及皮肤有刺激性。使用时应穿适当的防护服。万一接触到眼睛，应立即用大量水冲洗后请医生诊治。

主要用途 生化研究。丝氨酸蛋白酶抑制剂。

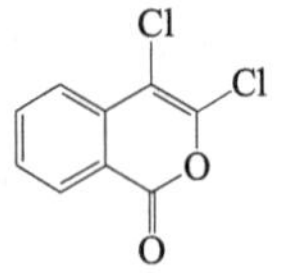

Dichloroisocyanuric acid sodium salt dihydrate 二氯异氰尿酸钠盐 二水 03216

[51580-86-0] $C_3Cl_2N_3NaO_3 \cdot 2H_2O$ 255.98

成分(以无水物计) C 16.38%，Cl 32.24%，N 19.10%，Na 10.45%，O 21.82%。

别名 二氯异三聚氰酸钠 二水；二水合二氯异氰尿酸钠盐；Dichloro-*iso*-cyanuric acid sodium salt dihydrate

性状 结晶。一般试剂含量≥98.0%(AT)，游离氯约 0.5%。

注意事项 该品与易燃物接触能引起着火。口服有害。与酸接触时能释放出有毒气体。对眼睛及呼吸系统有刺激性。对水生物极毒。能对水环境引起不利的结果。使用时应保持容器干燥。万一接触到眼睛，应立即用大量水冲洗后请医生诊治。万一着火或爆炸，应避免吸入其烟雾。应防止将本品释放于环境中。其包装物应按危险品处理。应充氮气密封干燥保存。

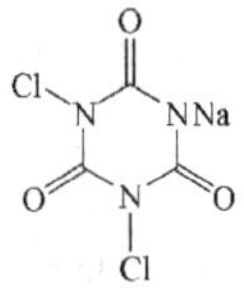

Dichloromaleic anhydride 二氯顺丁烯二酸酐 03217

[1122-17-4] $C_4Cl_2O_3$ 166.95

成分 C 28.78%，Cl 42.47%，O 28.75%。

别名 二氯失水苹果酸酐；2,3-二氯顺丁烯二酸酐；2,3-Dichloromaleic anhydride

性状 白色结晶。对湿度敏感。有刺激性的气味。易溶于乙醇、二硫化碳、苯。mp 约 120℃。一般试剂含量≥96.0%(HPLC)。

注意事项 该品对眼睛、呼吸系统及皮肤有刺激性。使用时应穿适当的防护服。万一接触到眼睛，应立即用大量水冲洗后请医生诊治。应充氩气密封于 2～8℃干燥保存。

主要用途 有机合成。用于塑料、树脂、涂料等工业。

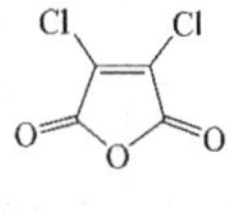

Dichloromethane 二氯甲烷 03218

[75-09-2] CH_2Cl_2 84.93

成分 C 14.14%，H 2.37%，Cl 83.49%。

别名 二氯亚甲基；氯化亚甲基；Methylene bichloride；Methylene chloride；Methylene dichloride

GW 2015-541 M.I.15，6153

性状 具有挥发性的无色液体。有与乙醚类似的气味。能与乙醇、乙醚、二甲基甲酰胺相混溶，溶于约 50 份水。mp −95℃；bp_{760} 39.75℃/101.325kPa；Fp 212℉（100℃）；d_4^0 1.36174；d_4^{15} 1.33479；d_4^{20} 1.3255；d_4^{30} 1.30777；n_D^{20} 1.4244。LD_{50} 年轻成熟大鼠急性经口：1.6mL/kg。

注意事项 该品对机体有不可逆损伤的可能性。使用时应穿适当的防护服和戴手套。使用时应避免吸入本品的蒸气，避免与眼睛及皮肤接触。

主要用途 植物遗传研究。诱变剂。溶剂。

参考规格 GB/T 16983—1997	分析纯	化学纯
含量（CH_2Cl_2）/%≥	99.5	99.0
色度/黑曾单位≤	10	20
密度(20℃)/(g/mL)	1.320～1.330	1.320～1.330
蒸发残渣/%≤	0.002	0.004
酸度(以 H^+计)/(mmol/100g)≤	0.03	0.05
游离氯(Cl)/%≤	0.0001	0.0002
铁(Fe)/%≤	0.0001	0.0002
水分(H_2O)/%≤	0.05	0.10

Dichloromethylenediphosphonic acid disodium salt 二氯亚甲基二膦酸二钠盐 03219

[22560-50-5] $CH_2Cl_2Na_2O_6P_2$ 288.86

成分 C 4.16%，H 0.70%，Cl 24.55%，Na 15.92%，O 33.23%，P 21.45%。

别名 Clodronic acid disodium salt；(Dichloromethylene) bisphosphonic acid disodium salt；(Dichloromethylene) diphosphonic acid disodium salt；Dichloromethanediphosphonic acid disodium salt；$Cl_2MDP-Na_2$ salt；$DMDP-Na_2$ salt

M.I.15，2395

性状 无色或白色结晶性粉末。

主要用途 生化研究。医用骨吸收抑制剂。

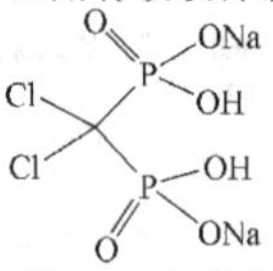

Dichloromethylphenylsilane 二氯甲基苯基硅烷 03220

[149-74-6] $C_7H_8Cl_2Si$ 191.13

成分 C 43.99%，H 4.22%，Cl 37.10%，Si 14.69%。

别名 甲基苯基二氯硅烷；苯基甲基二氯硅烷；Methylphenyldichlorosilane；Phenylmethyldichlorosilane

GW 2015-1087

性状 无色透明液体。对湿度敏感。能与多种有机溶剂相混溶。bp 202～205℃；Fp 152.6℉（67℃）；d_4^{20} 1.174；n_D^{20} 1.5190。一般试剂含量≥98.0%（GC）。

注意事项 该品与水反应激烈。具有腐蚀性，能引起烧伤。使用时应穿适当的防护服，戴手套和防护镜或面罩。万一接触到眼睛，应立即用大量水冲洗后请医生诊治。使用时如有事故发生或有不适之感，应请医生诊治。万一着火，应用指定的灭火设备而决不能用水。应充氩气密封干燥保存。

trans-(±)-3,4-Dichloro-*N*-methyl-*N*-[2-(1-pyrrolidinyl)cyclohexyl]benzene acetamide methane sulfonate salt 反式-(±)-3,4-二氯-*N*-甲基-*N*-[2-(1-吡咯烷基)环己基]苯乙酰胺 甲烷磺酸盐 03221

[83913-05-7] $C_{20}H_{30}Cl_2NO_5S$ 465.43

成分 C 51.39%，H 6.47%，Cl 15.17%，N 3.00%，O 17.11%，S 6.86%。

别名 U-50488H；(±) -*trans*-U-50488 methanesulfonatesalt

性状 白色结晶性粉末。溶于水。

注意事项 该品应密封于 2～8℃保存。

主要用途 生化研究。

Dichloromethylsilane　二氯甲基硅烷　03222

[75-54-7]　CH_4Cl_2Si　115.03

成分　C 10.44%，H 3.50%，Cl 61.64%，Si 24.41%。

别名　甲基二氯硅烷；Methyldichlorosilane

GW 2015-1115

性状　无色液体。对湿度敏感。在潮湿空气中水解并游离出盐酸。bp 40～45℃；Fp 14℉(－10℃)；d_{25}^{25} 1.110；n_D^{20} 1.398。一般试剂含量≥98.0%(GC)。

注意事项　该品高度易燃。遇水激烈反应并放出高度易燃气体。具有腐蚀性，能引起烧伤。对呼吸系统有刺激性。使用时应穿适当的防护服，戴手套和防护镜或面罩。使用现场禁止吸烟。万一接触到眼睛，应立即用大量水冲洗后请医生诊治。使用时如有事故发生或有不适之感，应请医生诊治。万一着火，应使用干化学剂灭火而不能用水。应远离火种，充氩气密封干燥保存。

主要用途　有机合成。

Dichloromethylvinylsilane　二氯甲基乙烯基硅烷　03223

[124-70-9]　$C_3H_6Cl_2Si$　141.07

成分　C 25.54%，H 4.29%，Cl 50.26%，Si 19.91%。

别名　乙烯基甲基二氯硅烷；甲基乙烯基二氯硅烷；Methylvinyldichlorosilane；Vinylmethyl dichlorosilane

性状　无色液体。bp 91～93℃；Fp 30.2℉（－1℃）；d_4^{20} 1.085；n_D^{20} 1.430。一般试剂含量≥97.0%（GC）。

注意事项　该品高度易燃。与水反应激烈。具有强腐蚀性，能引起严重烧伤。对呼吸系统有刺激性。使用时应穿适当的防护服，戴手套和防护镜或面罩。使用现场禁止吸烟。万一接触到眼睛，应立即用大量水冲洗后请医生诊治。使用时如有事故发生或有不适之感，应请医生诊治。应远离火种，充氩气密封干燥保存。

2,4-Dichloro-1-naphthol　2,4-二氯-1-萘酚　03224

[2050-76-2]　$C_{10}H_6Cl_2O$　213.06

成分　C 56.37%，H 2.84%，Cl 33.28%，O 7.51%。

别名　2,4-二氯-1-羟基萘；2,4-Dichloro-1-hydroxynaphthalene

性状　白色针状结晶。溶于乙醇、乙醚、苯。能随水蒸气挥发。mp 106～108℃；180℃分解。一般试剂含量≥95.0%。

注意事项　该品对眼睛、呼吸系统及皮肤有刺激性。

主要用途　照相工业。指示剂。

2,3-Dichloro-1,4-naphthoquinone
2,3-二氯-1,4-萘醌　03225

[117-80-6]　$C_{10}H_4Cl_2O_2$　227.04

成分　C 52.90%，H 1.78%，Cl 31.23%，O 14.09%。

别名　Dichlone；2,3-Dichloro-1,4-naphthalenedione；Phygon；Phygon paste；Phygon XL；USR-604

GW 2015-496　M.I.15，3054

性状　来自乙醇中的金黄色针状或小叶状结晶。能升华。溶于二甲苯、邻二氯苯约4%，中等程度溶于丙酮、乙醚、苯、二氧六环，几乎不溶于水（1份溶于约1千万份）。mp 193℃。LD_{50}大鼠急性经口：1.3g/kg。一般试剂含量≥98.0%。

注意事项　该品口服有害。对眼睛及皮肤有刺激性。对水生物极毒。能对水环境引起不利的结果。万一接触到眼睛，应立即用大量水冲洗后请医生诊治。应防止将本品释放于环境中。其包装物应按危险品处理。

主要用途　农业及纺织业用于杀菌剂。除草剂。

2,6-Dichloro-4-nitroaniline　2,6-二氯-4-硝基苯胺　03226

[99-30-9]　$C_6H_4Cl_2N_2O_2$　207.01

成分　C 34.81%，H 1.95%，Cl 34.25%，N 13.53%，O 15.46%。

别名　2,6-二氯对硝基苯胺；Dichloran

性状　白色结晶性粉末或固体。mp 186～189℃。一般试剂含量≥95.0%（GC）。

注意事项　该品对眼睛、呼吸系统及皮肤有刺激性。具有蓄积性危害。使用时应穿适当的防护服。应避免吸入本品的粉尘。万一接触到眼睛，应立即用大量水冲洗后请医生诊治。

2,3-Dichloronitrobenzene　2,3-二氯硝基苯　03227

[3209-22-1]　$C_6H_3Cl_2NO_2$　192.00

成分　C 37.53%，H 1.57%，Cl 36.93%，N 7.30%，O 16.67%。

别名　1,2-二氯-3-硝基苯；连硝基邻二氯苯；1-硝基-2,3-二氯苯；1,2-Dichloro-3-nitrobenzene；*vic*-Nitro-*o*-dichlorobenzene

GW 2015-547

性状　无色或白色结晶。不溶于水。mp 61～62℃；bp 257～258℃；Fp 255℉（123℃）；*d* 1.449。一般试剂含量≥98.0%（GC）。

注意事项　该品口服有害。对水生物有毒。能对水环境引起不利的结果。其包装物应按危险品处理。

主要用途　有机合成中间体。分析用标准物质。

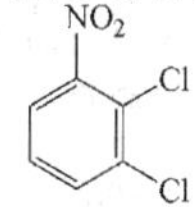

2,4-Dichloronitrobenzene　2,4-二氯硝基苯　03228

[611-06-3]　$C_6H_3Cl_2NO_2$　192.00

成分　C 37.53%，H 1.57%，Cl 36.93%，N 7.30%，O 16.67%。

别名　1,3-二氯-4-硝基苯；1,3-Dichloro-4-nitrobenzene；*asym*-Nitro-*m*-dichlorobenzene

GW 2015-548

性状　无色或白色结晶。不溶于水。mp 30～32℃；bp 258℃；Fp 266℉（130℃）。一般试剂含量≥98.0%（GC）。

注意事项　该品对眼睛、呼吸系统及皮肤有刺激性。使用时应穿适当的防护服。万一接触到眼睛，应立即用大量水冲洗后请医生诊治。

主要用途　有机合成中间体。

2,5-Dichloronitrobenzene　2,5-二氯硝基苯　03229

[89-61-2]　$C_6H_3Cl_2NO_2$　192.00

成分　C 37.53%，H 1.57%，Cl 36.93%，N 7.30%，O 16.67%。

别名　邻硝基-1,4-二氯苯；1,4-二氯-2-硝基苯；硝基对二氯苯；1,4-Dichloro-2-nitrobenzene；*o*-Nitro-1,4-dichlorobenzene

GW 2015-549

性状　无色或白色结晶。不溶于水。mp 54～57℃；bp 266～269℃；Fp 275℉（135℃）。一般试剂含量≥98.0%（GC）。

注意事项　该品口服有害。对眼睛有刺激性。对水生物有毒。能对水环境引起不利的结果。使用时应穿适当的防护服。万一接触到眼睛，应立即用大量水冲洗后请医生诊治。应防止将本品释放于环境中。

主要用途　有机合成。

3,4-Dichloronitrobenzene　3,4-二氯硝基苯　03230

[99-54-7]　$C_6H_3Cl_2NO_2$　192.00

成分　C 37.53%，H 1.57%，Cl 36.93%，N 7.30%，O 16.67%。

别名 1,2-二氯-4-硝基苯；1-硝基-3,4-二氯苯；1,2-Dichloro-4-nitrobenzene；*asym*-Nitro-1,2-dichlorobenzene
GW 2015-550
性状 无色针状结晶。溶于热乙醇、乙醚，不溶于水。mp 41～44℃；bp 255～256℃；Fp 255.2℉（124℃）；d_4^{25} 1.4558。一般试剂含量≥98.0%（GC）。
注意事项 该品口服有害。对眼睛有刺激性。接触皮肤能引起过敏。使用时应穿适当的防护服和戴手套。万一接触到眼睛，应立即用大量水冲洗后请医生诊治。
主要用途 有机合成中间体。

2,4-Dichloro-6-nitrophenol 2,4-二氯-6-硝基酚 03231
[609-89-2] 208.00
成分 C 34.65%，H 1.45%，Cl 34.09%，N 6.73%，O 23.08%。
性状 无色结晶或白色粉末。mp 121～124℃。一般试剂含量≥98.0%（HPLC）。
注意事项 该品吸入、口服或与皮肤接触有害。对眼睛有严重损伤的危险。使用时应穿适当的防护服，戴手套和防护镜或面罩。万一接触到眼睛，应立即用大量水冲洗后请医生诊治。接触皮肤后，应用大量的聚乙二醇 400 液体冲洗。应密封于 50℃以下保存。

OH, O_2N, Cl, Cl

2,6-Dichloro-4-nitrophenol 2,6-二氯-4-硝基酚 03232
[618-80-4] $C_6H_3Cl_2NO_3$ 208.00
成分 C 34.65%，H 1.45%，Cl 34.09%，N 6.73%，O 23.08%。
别名 2,6-二氯对硝基酚；2,6-Dichloro-*p*-nitrophenol
性状 浅棕色结晶。溶于乙醚、三氯甲烷、苯及适量的水。能随水蒸气微量挥发。mp 123～126℃（分解）。一般试剂含量≥98.0%（HPLC）。
注意事项 该品吸入、口服或与皮肤接触有害。对眼睛、呼吸系统及皮肤有刺激性。使用时应穿适当的防护服。万一接触到眼睛，应立即用大量水冲洗后请医生诊治。
主要用途 有机合成。染料制备。

4,6-Dichloro-5-nitropyrimidine
4,6-二氯-5-硝基嘧啶 03233
[4316-93-2] $C_4HCl_2N_3O_2$ 193.98
成分 C 24.77%，H 0.52%，Cl 36.55%，N 21.66%，O 16.50%。
性状 白色结晶性粉末。mp 100～103℃。一般试剂含量≥98.0%（AT）。
注意事项 该品对眼睛、呼吸系统及皮肤有刺激性。使用时应穿适当的防护服。万一接触到眼睛，应立即用大量水冲洗后请医生诊治。

Cl, O_2N, N, Cl, N

1,7-Dichlorooctamethyltetrasiloxane
1,7-二氯八甲基四硅氧烷 03234
[2474-02-4] $C_8H_{24}Cl_2O_3Si_4$ 351.53
成分 C 27.34%，H 6.88%，Cl 20.17%，O 13.65%，Si 31.96%。
性状 无色液体。mp －62℃；bp 222℃；Fp 188.6℉（87℃）；d_4^{20} 1.011；n_D^{20} 1.405。一般试剂含量≥95.0%（GC）。
注意事项 该品具有腐蚀性，能引起烧伤。对眼睛及呼吸系统具有刺激性。使用时应穿适当的防护服，戴手套和防护镜或面罩。万一接触到眼睛，应立即用大量水冲洗后请医生诊治。使用时如有事故发生或有不适之感，应请医生诊治。使用完毕后，应立即脱掉受污染的衣服。应充氩气密封干燥保存。

$Cl-Si(CH_3)_2-O-Si(CH_3)_2-O-Si(CH_3)_2-O-Si(CH_3)_2-Cl$

4,5-Dichloro-2-octyl-3-isothiazolone
4,5-二氯-2-辛基-3-异噻唑啉酮 03235
[64359-81-5] $C_{11}H_{17}Cl_2NO_5$ 282.22
成分 C 46.81%，H 6.07% Cl 25.12%，N 4.96%，O 5.67%，S 11.36%。
别名 4,5-dichloro-2-ocryl-3(2*H*)-isothiazolone；2-*n*-Octyl-4,5-dichloro-1-isothiazolin-3-one；4,5-Dichloro-2-*n*-octyl-4-isothiazolin-3-one；DCOI；C-9211；RH-5287；Sea-Nine
M. I. 15，3080
性状 来自乙烷中的无色结晶。mp 44～46℃。工业产物为褐色至棕色的蜡状固体，并有刺鼻的芳香气味。能与多数有机溶剂相混溶。溶于去离子水（6.5×10^{-6}）。mp 40～41℃；d^{25} 1.28。蒸气压（25℃）：7.4×10^{-6} mm Hg/986.6×10^{-6}Pa。LC_{50}（96h）翻车鱼，成熟湖鱼，招潮蟹：14×10^{-7}，850×10^{-7}，1312×10^{-7}。
主要用途 海洋防污剂。

O, Cl, N, CH_3, S, Cl

1,5-Dichloropentane 1,5-二氯戊烷 03236
[628-76-2] $C_5H_{10}Cl_2$ 141.04
成分 C 42.58%，H 7.15%，Cl 50.27%。
别名 二氯化五亚甲基；五亚甲基二氯；Pentamethylene chloride；Pentamethylene dichloride
GW 2015-546
性状 无色液体。能与乙醇、乙醚、三氯甲烷、二硫化碳相混溶，不溶于水。mp －72℃；bp_{10} 63～66℃/1.333kPa；Fp 80℉（26℃）；d_4^{20} 1.106；n_D^{20} 1.4553。一般试剂含量≥97.0%（GC）。
注意事项 该品易燃。口服有毒。对眼睛、呼吸系统及皮肤有刺激性。使用时应穿适当的防护服。万一接触到眼睛，应立即用大量水冲洗后请医生诊治。使用时如有事故发生或不有适之感，应请医生诊治。应远离火种密封保存。
主要用途 用作油类、树脂、橡胶等的溶剂。有机合成。

2,3-Dichlorophenol 2,3-二氯酚 03237
[576-24-9] $C_6H_4Cl_2O$ 163.00
成分 C 44.21%，H 2.47%，Cl 43.50%，O 9.82%。
CW 2015-510
性状 无色结晶或白色粉末。mp 56～57℃；bp 206℃；Fp 239℉（115℃）。一般试剂含量≥98.0%（HPLC）。
主意事项 该品口服有害。对眼睛及皮肤有刺激性。万一接触到眼睛，应立即用大量水冲洗后请医生诊治。接触皮肤后，应用大量的聚乙二醇 400 液体冲洗。
主要用途 分析用标准物质。

OH, Cl, Cl

2,4-Dichlorophenol 2,4-二氯酚 03238
[120-83-2] $C_6H_4Cl_2O$ 163.00
成分 C 44.21%，H 2.47%，Cl 43.50%，O 9.82%。
GW 2015-511 M. I. 15，3082
性状 无色针状结晶。溶于乙醇、四氯化碳，微溶于水。能随水蒸气挥发。mp 45℃；bp 209～211℃；Fp 237℉（113℃）。一般试剂含量≥97.0%（HPLC）。
注意事项 该品口服有害。与皮肤接触有毒。具有腐蚀性，能引起烧伤。对水生物有毒。能对水环境引起不利的结果。使用时应穿适当的防护服，戴手套和防护镜或面罩。万一接触到眼睛，应立即用大量水冲洗后请医生诊治。使用时如有事故发生或有不适之感，应请医生诊治。应防止将本品释放于环境中。
主要用途 有机合成。植物生长促进剂。色谱分析标准物。

2,5-Dichlorophenol 2,5-二氯酚 03239
[583-78-8] $C_6H_4Cl_2O$ 163.00
成分 C 44.21%，H 2.47%，Cl 43.50%，O 9.82%。
GW 2015-512
性状 无色或白色结晶。易溶于乙醇、乙醚、苯，微溶于水。mp 56～58℃；bp 211℃。一般试剂含量≥98.0%

(HPLC)。

注意事项 该品口服有害。对眼睛及皮肤有刺激性。万一接触到眼睛，应立即用大量水冲洗后请医生诊治。接触皮肤后，应立即用大量聚乙二醇 400 液体冲洗。

主要用途 色谱分析标准物。

2,6-Dichlorophenol 2,6-二氯酚 03240

[87-65-0] $C_6H_4Cl_2O$ 163.00

成分 C 44.21%，H 2.47%，Cl 43.50%，O 9.82%。

GW 2015-513 M.I.15，3083

性状 来自石油醚中的白色结晶。溶于水、乙醇、乙醚。mp 64.5～65.5℃，bp 218～220℃。

注意事项 该品具有腐蚀性，能引起烧伤。使用时应穿适当的防护服，戴手套和防护镜或面罩。万一接触到眼睛，应立即用大量水冲洗后请医生诊治。使用完毕后，应立即脱掉受污染的衣服。

主要用途 有机合成。色谱分析标准物。

3,4-Dichlorophenol 3,4-二氯酚 03241

[95-77-2] $C_6H_4Cl_2O$ 163.00

成分 C 44.21%，H 2.47%，Cl 43.50%，O 9.82%。

GW 2015-514

性状 无色结晶或白色结晶性粉末。mp 65～67℃；bp 145～146℃。一般试剂含量≥97.0%（HPLC）。

注意事项 该品口服有害。对眼睛及皮肤有刺激性。万一接触到眼睛，应立即用大量水冲洗后请医生诊治。接触皮肤后，应用聚乙二醇 400 冲洗。

3,5-Dichlorophenol 3,5-二氯酚 03242

[591-35-5] $C_6H_4Cl_2O$ 163.00

成分 C 44.21%，H 2.47%，Cl 43.50%，O 9.82%。

性状 无色结晶或白色结晶性粉末。mp 65～68℃；bp 233℃。一般试剂含量≥97.0%（GC）。

注意事项 该品口服有害。对眼睛及呼吸系统有刺激性。万一接触到眼睛，应立即用大量水冲洗后请医生诊治。接触皮肤后，应用聚乙二醇/乙醇（1∶1）液体冲洗。

主要用途 分析用标准物。

2,6-Dichlorophenolindophenol soidum salt
2,6-二氯酚靛酚钠盐 03243

[620-45-1] $C_{12}H_6Cl_2NNaO_2$ 290.07

成分 C 49.69%，H 2.08%，Cl 24.44%，N 4.83%，Na 7.93%，O 11.03%。

别名 二氯蓝靛酚钠；2,6-二氯靛酚钠盐；双氯酚靛酚钠；2,6-二氯-*N*-（对羟基苯）对苯醌亚胺钠盐；DCIP-Na；DCPIP-Na；DCPP；2，6-Dichloro-*N*-(4-hyroxyphenyl)-1，4-benzoquinoneimine sodium salt；2,6-Dichloroindophenol sodium salt；Sodium 2,6-dichloroindophenol；Sodium 2,6-dichloro-*N*-(*p*-hydroxyphenyl)-*p*-benzoquinone imine；Tillman's reagent

M.I.15，3078

性状 带荧光的草绿色结晶或深绿色粉末。易溶于水、乙醇，其水溶液呈深蓝色，遇酸变红。它能使碘化钾在酸的溶液中释放出碘。一般试剂含量（干燥后）≥90.0%。

注意事项 使用时应避免吸入本品的粉尘，避免与眼睛及皮肤接触。应密封避光保存。

主要用途 抗坏血酸的测定。氧化还原指示剂。

2,4-Dichlorophenoxyacetic acid
2,4-二氯苯氧基乙酸 03244

[94-75-7] $C_8H_6Cl_2O_3$ 221.03

成分 C 43.47%，H 2.74%，Cl 32.08%，O 21.27%。

别名 2,4-滴；2,4-D；Trinoxol

M.I.15，2793

性状 来自苯中的无色结晶或白色结晶性粉末。溶于乙醇、乙醚、丙酮等有机溶剂，几乎不溶于水。mp 138℃；$bp_{0.4}$ 160℃/53.329Pa。LD_{50} 小鼠，大鼠急性经口：368mg/kg，375mg/kg。一般试剂含量≥99.0%。

注意事项 该品口服有害。对呼吸系统有刺激性。对眼睛有严重损伤的危险。接触皮肤能引起过敏。对水生物有害。对水环境能产生长期有害的结果。使用时应穿适当的防护服和戴手套、防护镜或面罩。应避免与眼睛及皮肤接触。万一接触到眼睛，应立即用大量水冲洗后请医生诊治。如误服本品，应立即请医生检查，并出示包装物或瓶签。应防止将本品释放于环境中。

主要用途 除莠剂。植物生长刺激素。分析试剂。

2-（2,4-Dichlorophenoxy）propionic acid
2-（2,4-二氯苯氧基）丙酸 03245

[120-36-5] $C_9H_8Cl_2O_3$ 235.06

成分 C 45.99%，H 3.43%，Cl 30.16%，O 20.42%。

别名 2,4-滴丙酸；Cornox RK；2-(2，4-Dichlorophenoxy) propanoic acid；Dichlorprop；Dichloroprop；Dicopur DP；2,4-DP；Hedonal DP；Polymore

GW 2015-518 M.I.15，3088

性状 无色结晶。溶于乙醇等有机溶剂，微溶于水（20℃，350×10^{-6}）。在水中出现可腐蚀金属。pK_a 3.2。mp 117～118℃。

注意事项 该品口服或与皮肤接触有害。对皮肤有刺激性。对眼睛有严重损伤的危险。使用时应穿适当的防护服和戴手套。万一接触到眼睛，应立即用大量水冲洗后请医生诊治。

主要用途 除草剂。分析用标准物质。

2,4-Dichlorophenylacetic acid 2,4-二氯苯乙酸 03246

[19719-28-9] $C_8H_6Cl_2O_2$ 205.04

成分 C 46.86%，H 2.95%，Cl 34.58%，O 15.61%。

性状 白色结晶性粉末。溶于甲醇。mp 131～133℃。一般试剂含量≥98.0%（HPLC）。

注意事项 该品对眼睛、呼吸系统及皮肤有刺激性。使用时应穿适当的防护服。万一接触到眼睛，应立即用大量水冲洗后请医生诊治。

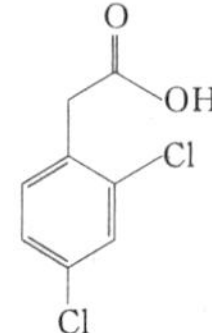

2,6-Dichlorophenylacetic acid 2,6-二氯苯乙酸 03247

[6575-24-2] $C_8H_6Cl_2O_2$ 205.04

成分 C 46.86%，H 2.95%，Cl 34.58%，O 15.61%。

性状 白色结晶性粉末。有恶臭。mp 158～161℃。一般试剂含量≥98.0%（T）。

注意事项 该品口服或与皮肤接触有毒。对眼睛、呼吸系统及皮肤有刺激性。使用时应穿防护服，戴手套和防护镜或面罩。万一接触到眼睛，应立即用大量水冲洗后请医生诊治。使用时如有事故发生或有不适之感，应请医生诊治。

2,5-Dichloro-1,4-phenylenediamine
2,5-二氯-1,4-苯二胺 03248

[20103-09-7] $C_6H_6Cl_2N_2$ 177.03

成分 C 40.71%，H 3.42%，Cl 40.05%，N 15.82%。

别名 1,4-二氨基-2,5-二氯苯；2,5-二氯对苯二胺；1,4-Diamino-2,5-dichlorobenzene；2,5-Dichloro-*p*-phenylenediamine

性状 无色或白色结晶。mp 164～166℃（分解）。一般试剂含量≥97.0%（AT）。

注意事项 该品口服有害。对眼睛、呼吸系统及皮肤有刺激

性。使用时应穿适当的防护服。万一接触到眼睛，应立即用大量水冲洗后请医生诊治。应充氮气密封于 2～8℃保存。

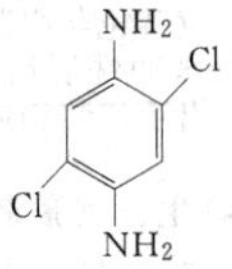

4,5-Dichloro-1,2-phenylenediamine

4,5-二氯-1,2-苯二胺 03249

[5348-42-5] $C_6H_6Cl_2N_2$ 177.03

成分 C 40.71%，H 3.42%，Cl 40.05%，N 15.82%。

别名 1,2-二氨基-4,5-二氯苯；4,5-二氯邻苯二胺；1,2-Diamino-4,5-dichlorobenzene；4,5-Dichloro-*o*-phenylenediamine

性状 白色结晶。mp 158～164℃。一般试剂含量≥95.0%(AT)。

注意事项 该品吸入、口服或与皮肤接触有害。对眼睛、呼吸系统及皮肤有刺激性。使用时应穿适当的防护服。万一接触到眼睛，应立即用大量水冲洗后请医生诊治。应充氩气密封保存。

2,4-Dichlorophenylhydrazine hydrochloride

2,4-二氯苯肼 盐酸盐 03250

[5446-18-4] $C_6H_7Cl_3N_2$ 213.49

成分 C 33.75%，H 3.30%，Cl 49.82%，N 13.12%。

别名 盐酸 2,4-二氯苯肼

性状 白色结晶性粉末。mp 220～222℃ (分解)。一般试剂含量≥95.0% (AT)。

注意事项 该品对眼睛、呼吸系统及皮肤有刺激性。使用时应穿适当的防护服。万一接触到眼睛，应立即用大量水冲洗后请医生诊治。应充氩气密封保存。

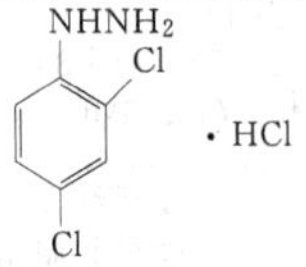

3,4-Dichlorophenyl isocyanate

异氰酸 3,4-二氯苯酯 03251

[102-36-3] $C_7H_3Cl_2NO$ 188.01

成分 C 44.72%，H 1.61%，Cl 37.71%，N 7.45%，O 8.51%。

别名 3,4-二氯苯基异氰酸酯

性状 无色结晶或白色粉末。有恶臭。mp 42～44℃；bp_{18} 118～120℃/2.4kPa；Fp＞230℉ (110℃)。一般试剂含量≥97.0% (NT)。

注意事项 该品吸入有毒。对眼睛、呼吸系统及皮肤有刺激性。吸入能引起过敏。使用时应穿适当的防护服，戴手套和防护镜或面罩。使用时应避免吸入本品的粉尘。万一接触到眼睛，应立即用大量水冲洗后请医生诊治。使用时如有事故发生或有不适之感，应请医生诊治。应充氩气密封避光干燥保存。

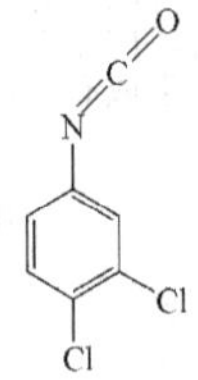

2,4-Dichlorophenyl isothiocyanate

异硫氰酸 2, 4-二氯苯酯 03252

[6590-96-1] $C_7H_3Cl_2NS$ 204.08

成分 C 41.20%，H 1.48%，Cl 34.75%，N 6.86%，S 15.71%。

别名 2,4-二氯苯基异硫氰酸酯

性状 白色结晶性粉末。mp 36～40℃；bp 260℃；Fp＞230℉ (110℃)；*d* 1.410。一般试剂含量≥95.0% (GC)。

注意事项 该品具有腐蚀性，能引起烧伤。吸入能引起过敏。口服有害。使用时应穿适当的防护服，戴手套和防护镜或面罩。使用时应避免吸入本品的粉尘。万一接触到眼睛，应立即用大量水冲洗后请医生诊治。使用时如有事故发生或有不适之感，应立即请医生诊治。应充氩气密封于 2～8℃干燥保存。

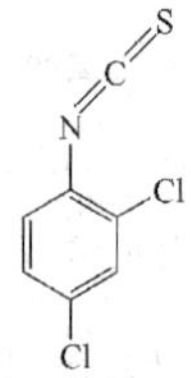

2-(2,4-Dichlorophenyl)methyl-4-[(1,1,3,3-tetramethyl)butyl] phenol

2-(2,4-二氯苯基) 甲基-4-(1,1,3,3-四甲基丁基)酚 03253

[37693-01-9] $C_{21}H_{26}Cl_2O$ 365.34

成分 C 69.04%，H 7.17%，Cl 19.41%，O 4.38%。

别名 α-(2,4-二氯苯基)-4-(1,1,3,3-四甲基丁基) 邻甲酚；氯福克酚；Clofoctol；α-(2,4-Dichlorophenyl)-4-(1,1,3,3-tetramethylbutyl)-*o*-cresol；Gramplus；Octofene

M. I. 15,2373

性状 来自石油醚中的无色结晶。mp 78℃。LD_{50} 雄大鼠急性经口＞4g/kg。

注意事项 该品应密封于 2～8℃保存。

主要用途 生化研究。医用抗菌剂。

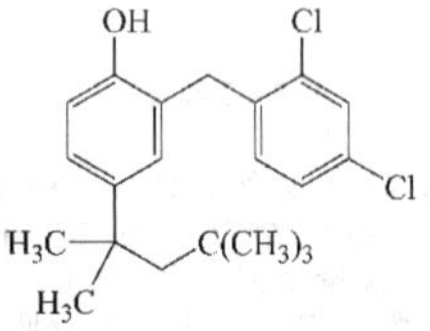

4,5-Dichlorophthalic acid **4,5-二氯苯二甲酸** 03254

[56962-08-4] $C_8H_4Cl_2O_4$ 235.02

成分 C 40.89%，H 1.72%，Cl 30.17%，O 27.23%。

别名 4,5-二氯邻苯二甲酸

性状 无色结晶或白色结晶性粉末。mp 198～200℃ (分解)。一般试剂含量≥97.0% (T)。

注意事项 使用时应避免吸入本品的粉尘，避免与眼睛及皮肤接触。

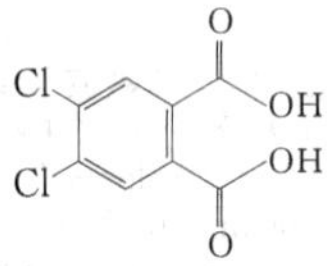

3,6-Dichlorophthalic anhydride

3,6-二氯苯二甲酸酐 03255

[4466-59-5] $C_8H_2Cl_2O_3$ 217.01

成分 C 44.28%，H 0.93%，Cl 32.67%，O 22.12%。

别名 3,6-二氯邻苯二甲酸酐

性状 无色结晶或白色结晶性粉末。对湿度敏感。mp 189～194℃。一般试剂含量≥97.0% (HPLC)。

注意事项 该品对眼睛、呼吸系统及皮肤有刺激性。使用时应穿适当的防护服。万一接触到眼睛，应立即用大量水冲洗后请医生诊治。应充氩气密封干燥保存。

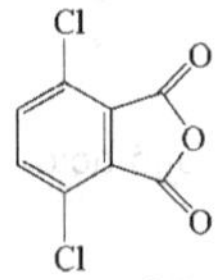

1,2-Dichloropropane **1,2-二氯丙烷** 03256

[78-87-5] $C_3H_6Cl_2$ 112.98

成分 C 31.89%，H 5.35%，Cl 62.75%。

别名 氯化丙烯；Propylene chloride；Propylene dichloride

GW 2015-522 M. I. 15, 7967

性状 无色液体。有三氯甲烷气味。能与多数有机溶剂相混溶，微溶于水。mp －100℃；bp 95～96℃；Fp 70℉ (21℃,

ASTM开杯)；d_{25}^{25} 1.159；n_D^{20} 1.4388。LD_{50}大鼠急性经口：1.19mL/kg。一般试剂含量≥99.0%（GC）。
注意事项 该品高度易燃。吸入或口服有害。使用时应避免与皮肤接触。使用现场禁止吸烟。应远离火种密封保存。
主要用途 溶剂。洗涤剂。

1,3-Dichloropropane 1,3-二氯丙烷 03257
[142-28-9] $C_3H_6Cl_2$ 112.99
成分 C 31.89%，H 5.35%，Cl 62.75%。
别名 二氯三亚甲基；氯化三亚甲基；Trimethylene chloride；Trimethylene dichloride
GW 2015-523
性状 无色透明液体。能与乙醇、乙醚相混溶。mp －99℃；bp 120～122℃；Fp 90℉（32℃）；d_4^{20} 1.186；n_D^{20} 1.4481。一般试剂含量≥98.0%（GC）。
注意事项 该品高度易燃。其蒸气吸入有害。使用现场禁止吸烟。切勿排入下水道。应远离火种，采取抗放静电措施，于通风良好处密封保存。
主要用途 色谱分析标准物质。溶剂。有机合成。

1,3-Dichloro-2-propanol 1,3-二氯-2-丙醇 03258
[96-23-1] $C_3H_6Cl_2O$ 128.98
成分 C 27.94%，H 4.69%，Cl 54.97%，O 12.40%。
别名 α-二氯丙醇；β,β'-二氯代异丙醇；α-Dichlorohydrin；Glycerol-α,γ-dichlorohydrin；*sym*-Glycerol dichlorohydrin；*sym*-Dichloro-*iso*-propyl alcohol；*sym*-Dichloroisopropyl alcohol
GW 2015-498　M.I.15，3084
性状 无色油状液体。有乙醚的气味。能与乙醇、乙醚等相混溶，溶于10份水。mp －4℃；bp_{760} 174.3℃/101.325kPa；bp_{100} 114.8℃/13.33kPa；bp_{40} 93℃/5.33kPa；bp_{20} 78℃/2.666kPa；bp_5 52℃/667Pa；$bp_{1.0}$ 28℃/133.3Pa；Fp 185℉（85℃）；d_4^{17} 1.3506；n_D^{17} 1.480245。LD_{50}大鼠急性经口：110mg/kg。一般试剂含量≥98.0%～100.5%。
注意事项 该品口服有毒。与皮肤接触有害。能致癌。使用前应得到专门的指导，避免曝露。使用时如有事故发生或有不适之感，应请医生诊治。应充氩气密封于2～8℃保存。
主要用途 醋酸纤维、乙基纤维等的溶剂。有机合成。

1,3-Dichloropropene 1,3-二氯丙烯 03259
[542-75-6] $C_3H_4Cl_2$ 110.97
成分 C 32.47%，H 3.63%，Cl 63.90%。
别名 α,γ-Dichloropropylene；1,3-Dichloropropylene；γ-Chloroallyl chloride；1,3-D；Telone Ⅱ
GW 2015-525　M.I.15，3085
性状 无色液体。有氯仿味。为顺、反式异构体的混合物。bp 108℃；Fp 82.4℉（28℃）；d^{25} 1.220；n_D^{22} 1.4735。LD_{50}（含量92%的工业品10%溶于玉米油）雄，雌大鼠急性经口：713mg/kg，470mg/kg；兔皮肤接触：504mg/kg。
注意事项 该品易燃。口服有毒。吸入或与皮肤接触有害。接触皮肤能引起过敏。对眼睛、呼吸系统及皮肤有刺激性。对水生物极毒。能对水环境引起不利的结果。使用时应穿适当的防护服和戴手套。使用时如有事故发生或有不适之感，应请医生诊治。应防止将本品释放于环境中。其包装物应按危险品处理。应密封于2～8℃保存。

3,4-Dichloropropionanilide 3,4-二氯丙酰苯胺 03260
[907-98-8] $C_9H_9Cl_2NO$ 218.08
成分 C 49.57%，H 4.16%，Cl 32.51%，N 6.42%，O 7.34%。
别名 *N*-(3,4-二氯苯基)丙酰胺；敌稗；(*N*-3,4-Dichlorophenyl)propionamide；DPA；FW-734；Propanil；Stam F-34；Sureopur
M.I.15，7918
性状 白色结晶性固体。溶于乙醇、甲醇、乙醚、丙酮、苯，难溶于水（室温225×10^{-6}），遇酸或碱分解，mp 91～93℃，Fp 212℉（100℃）；LD_{50}大鼠急性经口：1384mg/kg。
注意事项 该品口服有害。对水生物极毒。使用时应避免吸入本品的粉尘。应防止将本品释放于环境中。
主要用途 有机合成。除草剂。分析用标准物质。

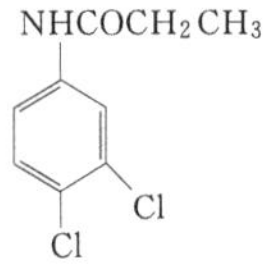

2,2-Dichloropropionic acid 2,2-二氯丙酸 03261
[75-99-0] $C_3H_4Cl_2O_2$ 142.96
成分 C 25.20%，H 2.82%，Cl 49.60%，O 22.38%。
别名 α,α-二氯丙酸；茅草枯；Dalapon；α,α-Dichloropropionic acid；2,2-Dichloropropanoic acid
M.I.15，2799
性状 无色至微黄色液体。能与水、乙醇相混溶。对湿度敏感，能随水蒸气挥发。bp_{20} 98～99℃/2.666kPa；Fp ＞230℉（110℃）；d^{20} 1.4014；n_D^{20} 1.4551。LD_{50}雄，雌大鼠急性经口：7126mg/kg，6936 mg/kg。
注意事项 该品口服有害。具有腐蚀性，能引起烧伤。对皮肤有刺激性。对眼睛有严重损伤的危险。使用时应戴防护镜或面罩。万一接触到眼睛，应立即用大量水冲洗后请医生诊治。应密封于干燥处保存。
主要用途 有机合成。选择性除草剂。

3,6-Dichloropyridazine 3,6-二氯哒嗪 03262
[141-30-0] $C_4H_2Cl_2N_2$ 148.98
成分 C 32.25%，H 1.35%，Cl 47.59%，N 18.80%。
别名 3,6-Dichloro-1,2-diazine
性状 白色结晶。mp 66～69℃。一般试剂含量≥97.0%。
注意事项 该品对眼睛、呼吸系统及皮肤有刺激性。

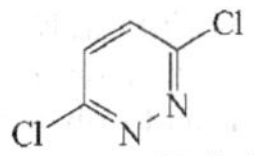

2,3-Dichloropyridine 2,3-二氯吡啶 03263
[2402-77-9] $C_5H_3Cl_2N$ 147.99
成分 C 40.58%，H 2.04%，Cl 47.91%，N 9.46%。
性状 白色结晶。mp 65～67℃。一般试剂含量≥99.0%（AT）。
注意事项 该品对眼睛、呼吸系统及皮肤有刺激性。使用时应穿适当的防护服。万一接触到眼睛，应立即用大量水冲洗后请医生诊治。

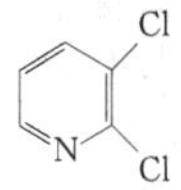

2,6-Dichloropyridine 2,6-二氯吡啶 03264
[2402-78-0] $C_5H_3Cl_2N$ 147.99
成分 C 40.58%，H 2.04%，Cl 47.91%，N 9.46%。
性状 白色结晶。溶于甲醇，不溶于水。mp 86～88.5℃。一般试剂含量≥98.0%（AT）。
注意事项 该品口服有毒。对眼睛、呼吸系统及皮肤有刺激性。使用时应穿适当的防护服，戴手套和防护镜或面罩。使用时如有事故发生或有不适之感，应请医生诊治。

3,5-Dichloropyridine 3,5-二氯吡啶 03265
[2457-47-8] $C_5H_3Cl_2N$ 147.99
成分 C 40.58%，H 2.04%，Cl 47.91%，N 9.46%。
性状 白色结晶。mp 65～67℃。一般试剂含量≥98.0%。
注意事项 该品对眼睛、呼吸系统及皮肤有刺激性。使用时应避免吸入本品的粉尘，避免与眼睛及皮肤接触。

2,4-Dichloropyrimidine 2,4-二氯嘧啶 03266
[3934-20-1] $C_4H_2Cl_2N_2$ 148.98

成分 C 32.25%，H 1.35%，Cl 47.59%，N 18.80%。
性状 白色结晶性粉末。mp 57～61℃；bp_{23} 101℃/3.066kPa。一般试剂含量≥96.0%（HPLC）。
注意事项 该品对眼睛、呼吸系统及皮肤有刺激性。使用时应穿适当的防护服。万一接触到眼睛，应立即用大量水冲洗后请医生诊治。

4,6-Dichloropyrimidine 4,6-二氯嘧啶 03267
[1193-21-1] $C_4H_2Cl_2N_2$ 148.98
成分 C 32.25%，H 1.35%，Cl 47.59%，N 18.80%。
性状 白色结晶性粉末。具有催泪性。mp 66～68℃；bp 176℃。一般试剂含量≥98.0%（GC）。
注意事项 该品具有腐蚀性，能引起烧伤。对眼睛及呼吸系统有刺激性。使用时应穿适当的防护服，戴手套和防护镜或面罩。万一接触到眼睛，应立即用大量水冲洗后请医生诊治。使用时如有事故发生或有不适之感，应请医生诊治。

4,7-Dichloroquinoline 4,7-二氯喹啉 03268
[86-98-6] $C_9H_5Cl_2N$ 198.05
成分 C 54.58%，H 2.54%，Cl 35.80%，N 7.07%。
性状 无色结晶或白色结晶性粉尘。mp 84～86℃。一般试剂含量≥97.0%（AT）。
注意事项 见 03267 4，6-二氯嘧啶。

2,6-Dichloroquinone-4-chlorimide
2,6-二氯醌-4-氯亚胺 03269
[101-38-2] $C_6H_2Cl_3NO$ 210.44
成分 C 34.24%，H 0.96%，Cl 50.54%，N 6.66%，O 7.60%。
别名 2,6-双氯醌氯酰亚胺；吉布斯试剂；2,6-氯亚氨基二氯醌；*N*，2,6-三氯对苯醌亚胺；2,6-Dichloro-4-chloroimino-2，5-cyclohexadien-1-one；2，6-Dichloroquinone chloroimide；*N*,2,6-Trichlorobenzoquinoneimine；*N*,2,6-Trichloro-*p*-benzoquinoneimine；Gibbs reagent；*N*，2，6-Trichloro-4-imino-2,5-cyclohexadien-1-one
M.I. 15,4456
性状 来自醇中的黄色针状结晶或结晶性粉末。对湿度敏感。见光分解。溶于乙醇、稀碱溶液，不溶于水。mp 65～67℃。一般试剂含量≥99.0%(AT)。
注意事项 该品经碰撞、摩擦、遇火及其他火种有爆炸的危险。对眼睛、呼吸系统及皮肤有刺激性。使用时应穿适当的防护服。万一接触到眼睛，应立即用大量水冲洗后请医生诊治。应远离热源密封于 2～8℃干燥保存。
主要用途 测定酚、维生素 B_6 的试剂。

1,3-Dichloro-1,1,3,3-tetraisopropyldisiloxane
1,3-二氯-1,1,3,3-四异丙基二硅氧烷 03270
[69304-37-6] $C_{12}H_{28}Cl_2OSi_2$ 315.43
成分 C 45.69%，H 8.95%，Cl 22.48%，O 5.07%，Si 17.81%。
别名 $TIPDSiCl_2$
性状 无色液体。$bp_{0.8}$ 94～95℃/106.658Pa；$bp_{0.5}$ 70℃/66.7Pa；Fp>230℉（110℃）；d^{25} 0.986；n_D^{20} 1.455。一般试剂含量≥98.5%（GC）。
注意事项 该品具有腐蚀性，能引起烧伤。使用时应穿适当的防护服，戴手套和防护镜或面罩。万一接触到眼睛，应立即用大量水冲洗后请医生诊治。接触皮肤后，应用大量水冲洗。使用时如有事故发生或有不适之感。应请医生诊治。应充氩气密封干燥保存。

1,3-Dichloro-1,1,3,3-tetramethylsiloxane
1,3-二氯-1,1,3,5-四甲基二硅氧烷 03271
[2401-73-2] $C_4H_{12}Cl_2OSi_2$ 203.21
成分 C 23.64%，H 5.95%，Cl 34.89%，O 7.87%，Si 27.64%。
性状 无色液体。bp 138℃；Fp 59℉（15℃）；d_4^{20} 1.038；n_D^{20} 1.407。一般试剂含量≥97.0%（GC）。
注意事项 该品高度易燃。具有腐蚀性，能引起烧伤。使用时应穿适当的防护服，戴手套和防护镜或面罩。使用现场禁止吸烟。万一接触到眼睛，应立即用大量水冲洗后请医生诊治。使用时如有事故发生或有不适之感，应请医生诊治。应远离火种，充氩气密封干燥保存。

2,4-Dichlorotoluene 2,4-二氯甲苯 03272
[95-73-8] $C_7H_6Cl_2$ 161.03
成分 C 52.21%，H 3.76%，Cl 44.03%。
GW 2015-536
性状 无色透明液体。能与乙醇、乙醚、苯任意混溶，不溶于水。bp 200℃；Fp 175℉（79℃）；d_4^{20} 1.247；n_D^{20} 1.546。一般试剂含量≥98.0%。
注意事项 使用时应避免吸入本品的蒸气，避免与眼睛及皮肤接触。
主要用途 高沸点溶剂。有机合成。制药工业。

2,5-Dichlorotoluene 2,5-二氯甲苯 03273
[19398-61-9] $C_7H_6Cl_2$ 161.03
成分 C 52.21%，H 3.76%，Cl 44.03%。
GW 2015-537
性状 无色透明液体。能与乙醇、乙醚、三氯甲烷等任意混溶，不溶于水。mp 4～5℃；bp 197～200℃；Fp 175℉（79℃）；d^{25} 1.254；n^{25} 1.547。一般试剂含量≥98.0%。
注意事项 该品蒸气吸入有害。使用时应避免与眼睛及皮肤接触。
主要用途 溶剂。有机合成。

2,6-Dichlorotoluene 2,6-二氯甲苯 03274
[118-69-4] $C_7H_6Cl_2$ 161.03
成分 C 52.21%，H 3.76%，Cl 44.03%。
GW 2015-538
性状 无色液体。溶于氯仿，不溶于水。bp 196～203℃；bp_{11} 73～76℃/1.47kPa；Fp 174.2℉（79℃）；d^{25} 1.254；n_D^{20} 1.5500。一般试剂含量≥98.0%（GC）。
注意事项 该品口服有害。吸入有毒。对呼吸系统及皮肤有刺激性。对眼睛有严重损伤的危险。对机体有不可逆损伤的可能性。使用时应穿适当的防护服，戴手套和防护镜或面罩。万一接触到眼睛，应立即用大量水冲洗后请医生诊治。使用时如有事故发生或有不适之感，应请医生诊治。

主要用途 溶剂。有机合成。

3,4-Dichlorotoluene 3,4-二氯甲苯 03275

[95-75-0] $C_7H_6Cl_2$ 161.03

成分 C 52.21%，H 3.76%，Cl 44.03%。

GW 2015-539

性状 无色透明液体。能与乙醇、乙醚、三氯甲烷任意混溶，不溶于水。bp_{741} 200.5℃/98.7kPa；bp_{15} 87～90℃/2kPa；Fp 194℉（90℃）；d^{25} 1.251；n_D^{20} 1.547。一般试剂含量≥98.0%（GC）。

注意事项 使用时应避免吸入本品的蒸气，避免与眼睛及皮肤接触。

注意事项 溶剂。有机合成。分析用标准物质。

5-[(4,6-Dichloro-*s*-triazin-2-yl)amino]fluorescein hydrochloride

5-[(4,6-二氯均三嗪-2-基) 氨基] 荧光素 盐酸盐 03276

[51306-35-5] $C_{23}H_{13}Cl_3N_4O_5$ 531.73

成分 C 51.95%，H 2.46%，Cl 20.00%，N 10.54%，O 15.04%。

别名 4-[(4, 6-二氯均三嗪-2-基) 氨基] 荧光素 盐酸盐；盐酸 4-(4, 6-三氯-*s*-三嗪-2-基) 氨基荧光素；DTAF·HCl

性状 无色结晶。生化试剂含量≥99.0%（TLC）。

注意事项 该品应充氩气密封于 2～8℃干燥保存。

主要用途 生化试剂。荧光标记蛋白质。

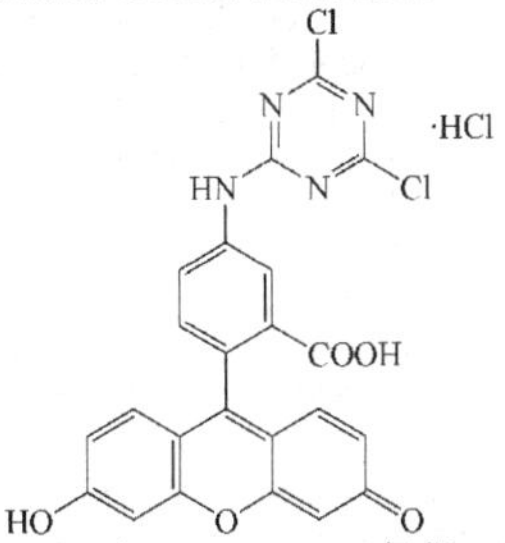

α,α′-Dichloro-*m*-xylene α,α-二氯间二甲苯 03277

[626-16-4] $C_8H_8Cl_2$ 175.06

成分 C 54.89%，H 4.61%，Cl 40.50%。

别名 1,3-双（氯甲基）苯；二氯化间亚二甲苯基；间亚二甲苯基二氯；1,3-Bis(chloromethyl)benzene；*m*-Xylylene dichloride

性状 白色结晶性粉末。温度较高时为液体。具有催泪性。mp 33～35℃；bp 250～255℃；Fp 235.4℉（113℃）；d^{25} 1.202。一般试剂含量≥98.0%（GC）。

注意事项 该品口服有害。对眼睛、呼吸系统及皮肤有刺激性。万一接触到眼睛，应立即用大量水冲洗后请医生诊治。

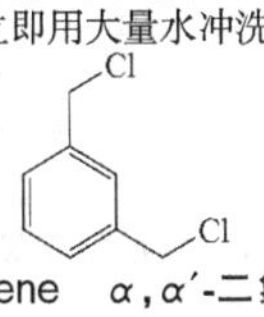

α,α′-Dichloro-*o*-xylene α,α′-二氯邻二甲苯 03278

[612-12-4] $C_8H_8Cl_2$ 175.06

成分 C 54.89%，H 4.61%，Cl 40.50%。

别名 1,2-双（氯甲基）苯；二氯化邻亚二甲苯基；邻亚二甲苯基二氯；1,2-Bis(chloromethyl)benzene；*o*-Xylylene dichloride

性状 白色结晶性粉末。具有催泪性。mp 51～55℃；bp 239～241℃；Fp 257℉（125℃）。一般试剂含量≥98.0%（GC）。

注意事项 该品具有腐蚀性，能引起烧伤。对眼睛及呼吸系统有刺激性。使用时应穿适当的防护服，戴手套和防护镜或面罩。万一接触到眼睛，应立即用大量水冲洗后请医生诊治。接触皮肤后，应用大量水冲洗。使用时如有事故发生或有不适之感，应请医生诊治。应密封保存。

α,α′-Dichloro-*p*-xylene α,α′-二氯对二甲苯 03279

[623-25-6] $C_8H_8Cl_2$ 175.06

成分 C 54.89%，H 4.61%，Cl 40.50%。

别名 1,4-双（氯甲基）苯；二氯化对亚二甲苯基；对亚二甲苯基二氯；1,4-Bis(chloromethyl)benzene；*p*-Xylylene dichloride

性状 无色结晶或白色结晶性粉末。溶于甲醇。具有催泪性。mp 98～101℃；bp 254℃。一般试剂含量≥98.0%（GC）。

注意事项 该品口服有毒。对眼睛及皮肤有刺激性。使用时应穿适当的防护服和戴手套。万一接触到眼睛，应立即用大量水冲洗后请医生诊治。应充氮气于 2～8℃干燥保存。

Dichlorvos 敌敌畏 03280

[62-73-7] $C_4H_7Cl_2O_4P$ 220.97

成分 C 21.74%，H 3.19%，Cl 32.09%，O 28.96%，P 14.02%。

别名 *O*,*O*-二甲基-*O*-(2,2-二氯乙烯基) 磷酸酯；二氯磷；磷酸-2,2-二氯乙烯基二甲酯；Astrobot；Atgard；Bayer 19149；Canogard；DDVP；DDVF；Dedevap；Dichlorman；Dichlorovos，Dichlorphos；Divipan；Doom；ENT 20738；Equigard；Equegel；Estrosol；Herkol；Mafu；Nogos；Nuvan；*O*,*O*-Dimethyl-*O*-(2,2-dichlorovinyl) phosphate；Phosphoric acid 2,2-dichloroethenyl dimethyl ester；Phosphoric acid 2,2-dichlorovinyl dimethyl ester；SD-1750；Task；Vapona；Verdisol

GW 2015-366 M.I.15，3089

性状 纯品应为无色结晶。一般商品为液体。几乎不燃。能与乙醇及多数非极性溶剂相混溶。水中溶解度：约 1g/100mL；甘油中溶解度：约 0.5g/100mL。bp_{20} 140℃/2.666kPa；$bp_{1.0}$ 84℃/133.32Pa；$bp_{0.5}$ 72℃/66.66Pa；$bp_{0.01}$ 30℃/13.332Pa；d_4^{25} 1.415；n_D^{25} 1.451。LD_{50} 雄，雌大鼠急性经口：80mg/kg，56mg/kg。

注意事项 该品吸入、口服或与皮肤接触有毒。接触皮肤能引起过敏。对水生物极毒。使用时应穿适当的防护服和戴手套。接触皮肤应用大量水冲洗。使用时如有事故发生或有不适之感，应请医生诊治。应防止将本品释放于环境中。应密封于 2～8℃保存。

主要用途 杀虫剂。分析用标准物质。

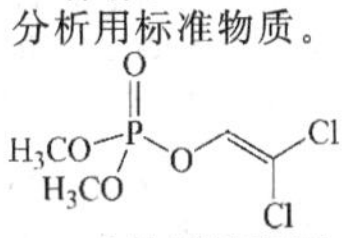

Dicinnamalacetone 二肉桂醛缩丙酮 03281

[622-21-9] $C_{21}H_{18}O$ 286.38

成分 C 88.08%，H 6.34%，O 5.59%。

别名 1，9-二苯基壬四烯酮；二桂皮醛缩丙酮；双（苯基丁二烯）酮；Bis(phenyl-1,3-butadiene)ketone；1,9-Diphenylnonatetraen-5-one；1，9-Diphenyl-1,3,6,8-nonatetraen-5-one

性状 黄色结晶或粉末。易溶于热乙醇、乙酸乙酯，难溶于冷乙醇。mp 144～145℃。一般试剂含量≥98.0%。

主要用途 有机合成。

Diclazuril 地克株利 03282

[101831-37-2] $C_{17}H_9Cl_3N_4O_2$ 407.64

成分 C 50.09%，H 2.23%，Cl 26.09%，N 13.74%，O 7.85%。

别名 2,6-二氯-α-[4-氯苯基)-4-[4,5-二氢-3,5-二氧-1,2,4-三嗪-2(3*H*)-基]苯乙腈；地克珠利；杀球灵；戴克拉尔；2,6-Dichloro-α-(4-chlorophenyl)-4-[4,5-dinydro-3,5-dioxo-1,2,4-triazin-2(3*H*)-yl]benzeneacetonitrile；(*p*-Chlorophenyl)[2,6-dichloro-4-(4，5-dihydro-3，5-dioxo-*as*-triazin-2（3*H*）-yl）phenyl]acetonitrile；R-64433；Clinacox

M.I.15，3090

性状 无色或白色固体或粉末。mp 290.5℃。

主要用途 兽用抑球虫剂。分析用标准物质。

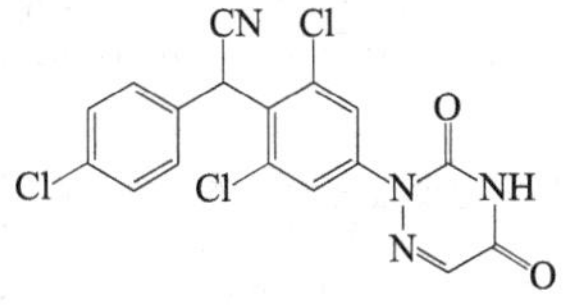

Diclobutrazol

苄氯三唑醇 03283

[75736-33-3] $C_{15}H_{19}Cl_2O$ 328.24

成分 C 54.89%，H 5.83%，Cl 21.60%，N 12.80%，O 4.87%。

别名 1-(2,4-二氯苯基)-4,4-二甲基-2-(1,2,4-三唑-1-基)-戊-3-醇；1-叔丁基-2-(1,2,4-三唑-1-基)-2-(2′,4′-二氯苄基)乙醇；(αR,βR)-rel-β-[(2,4-Dichlorophenyl) methyl]-α-(1,1-dimethylethyl)-1*H*-1,2,4-triazole-1-ethanol；1-(2,4-Dichlorophenyl)-4, 4-dimethyl-2-(1, 2, 4-triazol-1-yl) pentan-3-ol；1-*t*-Butyl-2-(1,2,4-triazol-1-yl)-2-(2′,4′-dichlorobenzyl) ethanol；Dichlobutrazol；PP-296；Vigil

性状 无色结晶性固体。无味。溶于水（20℃，9mg/L），溶于甲醇、乙醇、丙酮、氯仿（均＞50g/L）。mp 147～149℃；Fp 212℉（100℃）。LD_{50}大鼠急性经口：约 4g/kg；皮肤接触：＞1g/kg。雄野鸭，家鸭急性经口：＞9g/kg。一般试剂含量≥97.0%（GC）。

注意事项 该品对眼睛有刺激性。对水生物有毒。能对水环境引起不利的结果。万一接触到眼睛，应立即用大量水冲洗后请医生诊治。应防止将本品释放于环境中。

主要用途 农用杀菌剂。分析用标准物质。

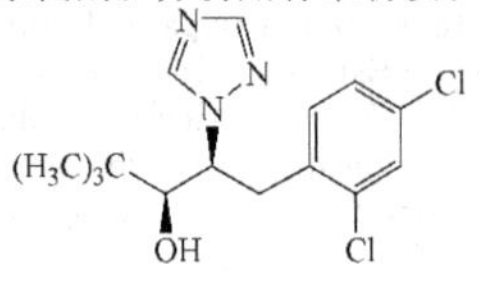

(*S*,*S*)-型

Diclofenac sodium salt 双氯灭痛 03284

[15307-79-6] $C_{14}H_{10}Cl_2NNaO_2$ 318.13

成分 C 52.85%，H 3.17%，Cl 22.29%，N 4.40%，Na 7.23%，O 10.06%。

别名 二氯胺苯乙酸钠；GP-45840；Alivoran；Benfofen；Dealgic；Deflamat；Delphinac；Diclomax；Diclometin；Diclophlogont；Diclo-Puren；Dicloreum；Diclo-Spondyril；Dolobasan；Duravolten；Ecofenac；Effekton；Lexobene；Motifene；Neriodin；Novapirina；Primofenac；Prophenatin；Rewodina；Rhumalgan；Trabona；Tsudohmin；Valetan；Voldal；Voltaren；Xenid；2-[(2,6-Dichlorophenyl) amino] benzeneacetic acid；[*o*-(2,6-dichloroanilino) phenyl]-acetic acid sodium salt；Voltarol sodium salt

M. I. 13，3108

性状 来自水中的白色结晶。该品 25℃于下列物质中的溶解度（mg/mL）：去离子水（pH 值 5.2）＞9；甲醇＞24；丙酮 6；乙腈＜1；环已烷＜1；盐酸（pH 值 1.1）＜1；磷酸盐缓冲液（pH 值 7.2）6。溶于乙醇，几乎不溶于氯仿、乙醚。pK_a 4。mp 283～285℃；uv max（甲醇中）：283nm（ε 1.05×10^5）；（磷酸盐缓冲液中，pH 值 7.2）：276 nm（ε 1.01×10^5）。LD_{50}小鼠，大鼠急性经口：约 390mg/kg，150mg/kg。

注意事项 该品口服有毒。使用时应穿适当的防护服和戴手套。应避免吸入本品的粉尘。使用时如有事故发生或有不适之感，应请医生诊治。

主要用途 生化研究。医用抗炎剂。

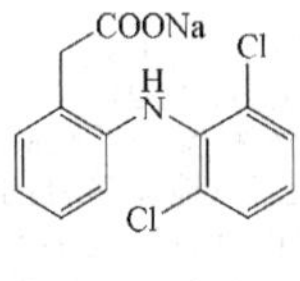

Diclofop-methyl 禾草灵 03285

[51338-27-3] $C_{16}H_{14}Cl_2O_4$ 341.18

成分 C 56.33%，H 4.14%，Cl 20.78%，O 18.76%。

别名 二氯苯氧基苯氧基丙酸甲酯 2-[4-(2,4-二氯苯氧基)苯氧基] 丙酸甲酯；2-[4-(2, 4-Dichlorophenoxy) phenoxy]propanoic acid methyl ester；Methyl 2-[4-(2,4-dichlorophenoxy) phenoxy] propionate；HOE-23408；Hoelon；Hoegrass；I11oxan

M. I. 15，3092

性状 无色结晶。温度过高为液体。该品在下列物质中的溶解度（g/100mL）：丙酮 249；乙醇 11；二甲苯 253。极微溶于水（0.3mg/100mL）。mp 39～41℃；$bp_{0.1}$ 175～177℃/13.332Pa。一般试剂含量≥98.0%（HPLC）。

注意事项 该品口服有害。接触皮肤能引起过敏。对水生物极毒。能对水环境引起不利的结果。使用时应戴适当的手套。应避免与皮肤接触。应防止将本品释放于环境中。其包装物应按危险品处理。

主要用途 除草剂。分析用标准物质。

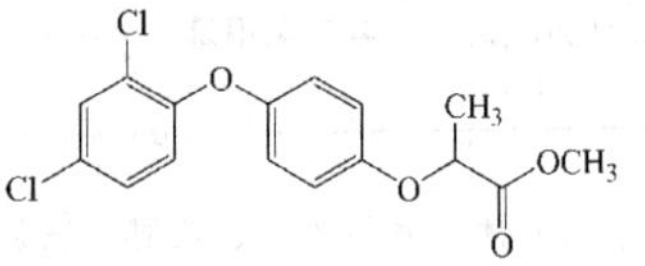

Diclosulam 双氯磺草胺 03286

[145701-21-9] $C_{13}H_{10}Cl_2FN_5O_3S$ 406.21

成分 C 38.44%，H 2.48%，Cl 17.45%，F 4.68%，N 17.24%，O 11.82%，S 7.89%。

别名 *N*-(2,6-Dichlorophenyl)-5-ethoxy-7-fluoro[1,2,4]triazolo[1,5-*c*]pyrimidine-2-sulfonamide；XDE-564；Strongarm

M. I. 15，3093

性状 无色或白色结晶或粉末。mp 234～237℃。

主要用途 除草剂。

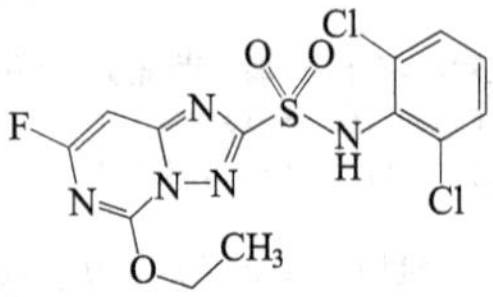

Dicloxacillin sodium salt monohydrate 双氯青霉素钠盐一水 03287

[13412-64-1] $C_{19}H_{16}Cl_2N_3NaO_5S\cdot H_2O$ 510.32

成分（以无水物计） C 46.35%，H 3.28%，Cl 14.40%，N 8.54%，Na 4.67%，O 16.25%，S 6.51%。

别名 二氯苯甲异噁唑青霉素钠盐水合；水合双氯青霉素钠盐；Sodium dicloxacillin monohydrate；P-1011；Brispen；Constaphyl；Dichlor-Stapenor；Diclocil；Dycill；Dynapen；Noxaben；Pathocil；Pen-Sint；Stampen；Syntarpen；Veracillin；6-[3-(2, 6-Dichlorophenyl)-5-methyl-4-isoxazolecarboxamido] penicillanic acid sodium salt；3-(2,6-Dichlorophenyl)-5-methyl-4-isoxazolylpenicillin soduim salt；BRL-1702 sodium salt；Maclicine sodium salt

M. I. 15,3111

性状 白色结晶。易溶于水，溶于甲醇，较少地溶于丁醇，微溶于丙酮及一般的有机溶剂。222～225℃分解；$[\alpha]_D^{20}$ 127.2°(于水中)。LD_{50}小鼠静脉注射：0.9g/kg；大鼠腹膜内注射：0.63g/kg；急性经口：＞5g/kg。

注意事项 该品吸入或与皮肤接触可引起过敏。对眼睛、呼吸系统及皮肤有刺激性。使用时应穿适当的防护服和戴手套。应避免吸入本品的粉尘。万一接触到眼睛，应立即用大量水冲洗后请医生诊治。使用时如有事故发生或有不适之感，应请医生诊治。应密封于 2～8℃保存。

主要用途 医用抗菌剂。分析用标准物质。

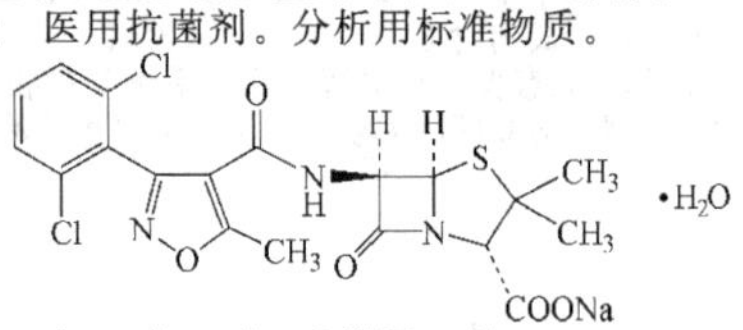

Dicobalt octacarbonyl 八羰酰二钴 03288

[10210-68-1] $C_8Co_2O_8$ 341.95

成分 C 28.10%，Co 34.47%，O 37.43%。

别名 羰基钴；八羰基二钴；四羰基钴；羰酰钴；Octacarbonyldicobalt；Di-μ-carbonylhexacarbonyldicobalt；Cobalt tetracabonyl；Cobalt octacarbonyl；Cobalt carbonyl

M. I. 15，3095

性状 橙色片状结晶。在空气中曝露分解。不溶于水，溶于乙醇、乙醚、二硫化碳、萘等有机溶剂。能被盐酸、硫酸缓慢地腐蚀，能被硝酸、溴素迅速地腐蚀。mp 51℃（约 52℃分解）；*d* 1.87；Fp －9.4℉（－23℃）。LD_{50}小鼠，大鼠管饲：377.7mg/kg，753.8mg/kg。一般试剂含量 90.0%～95.0%（Co）；用 5.0%～10.0%己烷湿润。

注意事项 该品高度易燃。口服有害。接触皮肤能引起过敏。对机体有不可逆损伤的可能性。吸入或长期曝露有害，并有严重损害健康的危险。对水生物有害。对水环境能产生长期有害的结果。能损伤生育力。使用时应穿适当的防护服和戴手套。使用现场禁止吸烟。使用时如有事故发生或有不适之感，应请医生诊治。应防止将本品释放于环境中。应充一氧化碳密封于 2～8℃保存。

Dicoumarin 双香豆素 03289
[66-76-2] $C_{19}H_{12}O_6$ 336.30
成分 C 67.86%，H 3.60%，O 28.54%。
别名 丁香素；双苯并哌喃；双（羟）香豆素；甜金花菜素；黄零陵香毒素；3,3′-亚甲基双（4-羟基香豆素）；Bishydroxy coumarin (rescinded)；Dicoumarol；Dicumarol；Dicumol；Dufalone；Melitoxin；3,3′-Methylenebis(4-hydroxy-2*H*-1-benzopyran-2-one)；3,3′-Methylenebis(4-hydroxycoumarin)
M. I. 15，3100
性状 无色或白色微小的结晶。微有愉快气味。味微苦。能溶于碱的水溶液、吡啶及类似的有机碱，微溶于氯仿、苯，几乎不溶于水、乙醇、乙醚。mp 287～293℃。LD_{50} 大鼠急性经口：541.6mg/kg。
注意事项 该品口服有害。
主要用途 生化试剂。抗凝血剂。

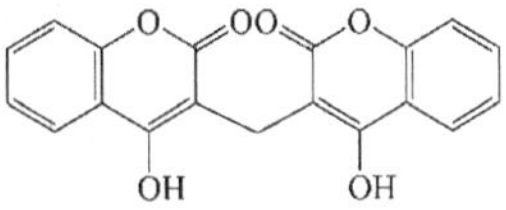

Dicrotophos 百治磷 03290
[141-66-2] $C_8H_{16}NO_5P$ 237.19
成分 C 40.51%，H 6.80%，N 5.91%，O 33.73%，P 13.06%。
别名 百特磷；Phosphoric acid 3-dimethylamino-1-methyl-3-oxo-1-propenyl dimethyl ester；Phosphoric acid dimethyl ester，ester with *cis*-3-hydroxy-*N*，*N*-dimethylcrotonamide；Dimethyl 2-dimethylcarbamoyl-1-methylvinyl phosphate；C-709；ENT-24482；SD-3562；Bidrin；Carbicron；Ektafos
M. I. 13，3097
性状 棕色液体。能与水、乙醇、二甲苯相混溶，稍微溶于煤油。该品在 90℃时，7 天分解；75℃时，31 天分解。bp_{760} 400℃/101.325kPa；d_{15}^{15} 1.216；n_D^{23} 1.468。LD_{50} 雌，雄大鼠急性经口：16mg/kg，21mg/kg；皮肤接触：42mg/kg，43mg/kg。
注意事项 该品口服极毒，与皮肤接触有毒。对水生物极毒。能对水环境引起不利的结果。使用时应穿适当的防护服和戴手套。接触皮肤后，应用大量水冲洗。使用时如有事故发生或有不适之感，应请医生诊治。应防止将本品释放于环境中。其包装物应按危险品处理。应密封于 2～8℃保存。
主要用途 杀虫剂。胆碱酯酶抑制剂。分析用标准物质。

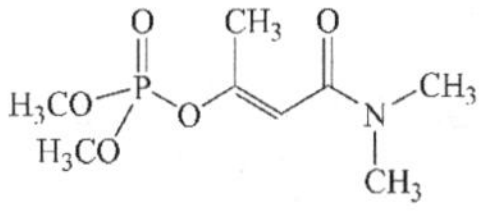

Dicryl 地快乐 03291
[2164-09-2] $C_{10}H_9Cl_2NO$ 230.09
成分 C 52.20%，H 3.94%，Cl 30.82%，N 6.09%，O 6.95%。
别名 *N*-(3,4-Dichlorophenyl)-2-methyl-2-propenamide；3′,4′-Dichloro-2-methylacrylanilide；*N*-(3,4-Dichlorophenyl) methacrylamide；Chloranocryl；Niagara4556
M. I. 15，3098
性状 来自乙醇＋石油醚中的无色结晶。溶于丙酮、乙醇、二甲基亚砜、异福尔酮，几乎不溶于水。mp128℃。LD_{50} 大鼠急性经口：3160mg/kg。
主要用途 除草剂。

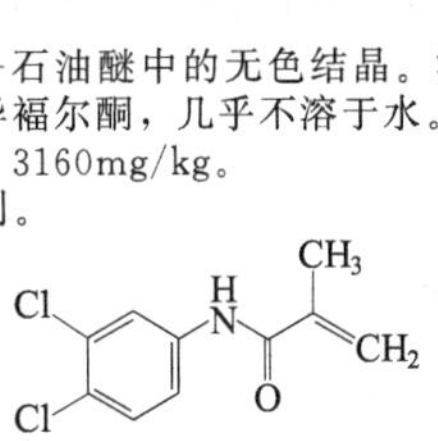

Dictamnine 白藓胺 03292
[484-29-7] $C_{12}H_9NO_2$ 199.21
成分 C 72.35%，H 4.55%，N 7.03%，O 16.06%。
别名 白藓碱；4-Methoxyfuro[2,3-*b*]quinoline；Dictamine
M. I. 15，3099
性状 来自乙醇、乙酸乙酯或苯＋乙酸乙酯中的无色棱柱体结晶。溶于热乙醇、氯仿，微溶于乙醚，几乎不溶于水。mp 133℃。

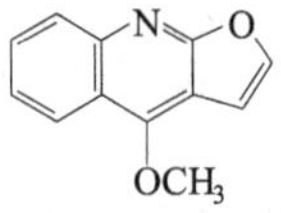

Dicumyl peroxide 过氧化二异丙苯 03293
[80-43-3] $C_{18}H_{22}O_2$ 270.37
成分 C 79.96%，H 8.20%，O 11.84%。
别名 二枯茗过氧；过氧化二枯茗；硫化剂 DCP；Bis(α,α-dimethylbenzyl) peroxide；Cumyl peroxide；DCUP；Di(α,α-dimethylbenzyl) peroxide；Diisopropylbenzene peroxide
GW 2015-883
性状 白色结晶。溶于乙醇、乙醚、乙酸、苯、石油醚，不溶于水。mp 39～41℃；Fp 212℉（110℃）；n_D^{20} 1.5360。一般试剂含量≥97.0%（TLC）。
注意事项 该品为强氧化剂。长期光照、受热均可能引起爆炸。能引起着火。对眼睛及皮肤有刺激性。对水生物有毒。能对水环境引起不利的结果。使用时应穿适当的防护服，戴手套和防护镜或面罩。应防止将本品释放于环境中。应远离可燃物、强酸、强碱于 2～8℃密封保存。
主要用途 天然橡胶、合成橡胶、聚乙烯树脂的硫化剂和交联剂。含水的可作润湿剂。

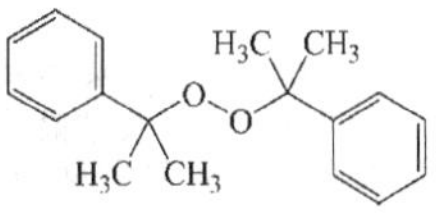

Dicyanine 双菁 03294
[52260-69-2] $C_{27}H_{29}IN_2$ 508.45
成分 C 63.78%，H 5.75%，I 24.96%，N 5.51%。
别名 双花青；1-Ethyl-2-[3-(1-ethyl-2-methyl-4(1*H*)-quinolinylidene)-1-propenyl]-4-methylquinollin-ium iodide；1-Ethyl-2-[3-(1-ethyl-4(1*H*)-quinaldylidene) propenyl] lepidinium iodide；1-Ethyl-2-[3-(1-ethyl-2-methyl-4 (1*H*)-quinolylidene) propenyl]-4-methylquinolinium iodide；2′,4-Di-methyl-1,1′-diethyl-2,4′-carbocyanine iodide
M. I. 15，3101
性状 来自甲醇中的带金属光泽的橄榄绿色结晶。溶于甲醇（约 2%）、水（约 0.2%）、无水乙醇（0.5%）、乙二醇（1.5%）、乙二醇乙醚（2.0%），几乎不溶于苯、二甲苯。244～252℃分解；最大吸收值（于甲醇中）：603.5nm，655.5nm（$A_{1cm}^{1\%}$ 63，218）。一般试剂含量≥98.0%。
主要用途 彩色摄影。胎盘细胞诊断着色剂。

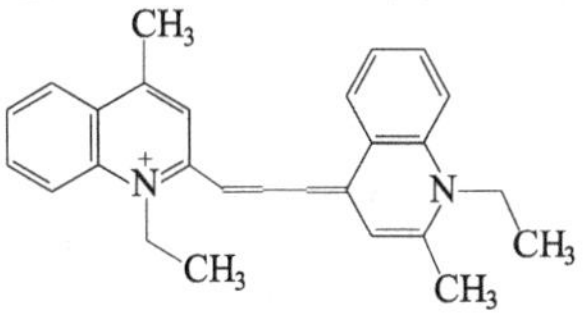

***m*-Dicyanobenzene 间二氰基苯** 03295
[626-17-5] $C_8H_4N_2$ 128.13
成分 C 74.99%，H 3.15%，N 21.86%。
别名 异苯二氰，间苯二氰；1,3-Dicyamobenzene；Isophthalodinitrile；Isophthalonitrile；*iso*-Phthalonitrile
性状 本品为针状结晶。溶于乙醇、乙醚、氯仿，难溶于冷水。mp 163～165℃。一般试剂含量≥98.0%（T）。
注意事项 该品口服有害。使用时应避免吸入本品的粉尘，避免与眼睛及皮肤接触。

Dicyanocobinamide 二氰基钴啉醇酰胺 03296
[27792-36-5] $C_{50}H_{72}CoN_{13}O_8$ 1042.14
成分 C 57.63%，H 6.96%，Co 5.66%，N 17.47%，O 12.28%。
M. I. 15，3102
性状 紫色固体。一般试剂含量≥95%（HPLC）；维生素 B_{12}<0.1%。
注意事项 使用时应避免吸入本品的粉尘，避免与眼睛及皮肤接触。应充氩气密封于－20℃保存。

Dicyanodiamide 二氰二胺 03297
[461-58-5] $C_2H_4N_4$ 84.08
成分 C 28.57%，H 4.79%，N 66.64%。
别名 二聚氨基氰；双氰胺；氰胍；Cyanoguanidine；Dicyandiamide
M.I. 15，3103
性状 来自水或醇中的无色单斜三棱形结晶或白色结晶性粉末。该品 13℃ 时溶解度为：水 2.26%、无水乙醇 1.26%、乙醚 0.01%。溶于氨水，不溶于氯仿、苯。热至熔点以上时，能变成三聚氰胺和其他三氮嗪的衍生物。mp 209.5℃；d_4^{25} 1.400。一般试剂含量≥98.0%（T）。
注意事项 使用时应避免吸入本品的粉尘，避免与眼睛及皮肤接触。
主要用途 测定钴、镍、铜、钯的试剂。有机合成。树脂合成。硫化促进剂。去垢剂。硬化剂。

Dicyanodiamidine sulfate 双氰胺 硫酸盐 03298
[591-01-5] $C_4H_{14}N_8O_6S$ 302.27
成分 C 15.89%，H 4.67%，N 37.07%，O 31.76%，S 10.61%。
别名 硫酸双氰胺；N-硫酸脒基脲；(Aminoiminomethyl) urea sulfate（2∶1）；Biuretamidine sulfate；Carbamylguanidine sulfate；Guanylueea slfate
M.I. 15，3104
性状 二水合物为白色针状结晶。溶于约 20 份冷水、3 份沸水，微溶于乙醇。>110℃失去结晶水。
主要用途 检定、测定镍，分离钴和别的金属。

Dicyclohexano-24-crown-8 二环己基并-24-冠醚-8 03299
[17455-23-1] $C_{24}H_{44}O_8$ 460.61
成分 C 62.58%，H 9.63%，O 27.79%。
别名 Dicyclohexyl-24-crown-8；2,5,8,11,18,21,24,27-Octaoxatricyclo[26.4.$O.O^{12,17}$]dotriacontane
性状 无色液体，易吸湿。Fp>230℉（110℃）；d_4^{20} 1.102；n_D^{20} 1.488。一般试剂含量约 97.0%（GC）。
注意事项 该品吸入、口服或与皮肤接触有毒。对眼睛、呼吸系统及皮肤有刺激性。使用时应穿适当的防护服，戴手套和防护镜或面罩。万一接触到眼睛，应立即用大量水冲洗后请医生诊治。接触皮肤后，应用大量水冲洗。使用时如有事故发生或有不适之感，应请医生诊治。应充氮气密封干燥保存。

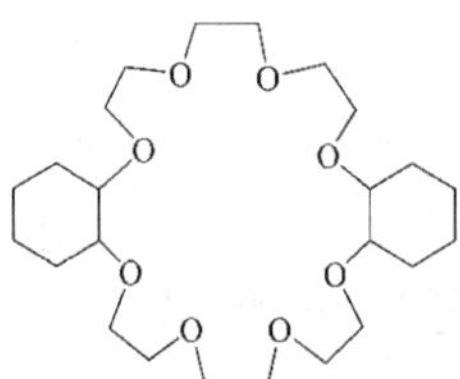

Dicyclohexyl 二环己基 03300
[92-51-3] $C_{12}H_{23}$ 166.31
成分 C 86.66%，H 13.33%。
别名 二环己烷；Dicyclohexane；Bicyclohexane；Bicyclohexyl
性状 无色液体。mp 3～4℃；bp 227℃；Fp 198℉（92℃）；d^{25} 0.864；n_D^{20} 1.4790。一般试剂含量≥99.0%（GC）。
注意事项 使用时应避免吸入本品的蒸气，避免与眼睛及皮肤接触。
主要用途 高沸点溶剂。渗透剂。

Dicyclohexylamine 二环己胺 03301
[101-83-7] $C_{12}H_{23}N$ 181.32
成分 C 79.49%，H 12.79%，N 7.73%。
别名 十二氢二苯胺；十二氢联苯胺；联环己胺；N-Cyclohexylcyclohexanamine；Dodecahydrodiphenylamine
GW 2015-347 M.I. 15，3106
性状 无色或浅黄色油状液体。呈强碱性。微具鱼的特殊气味。对光及空气敏感。能与环己胺相混溶，溶于乙醇、乙醚、苯等有机溶剂，微溶于水。pK_a 10.4。mp −0.1℃；bp_{760} 255.8℃/101.325kPa；bp_{300} 214.5℃/40kPa；bp_{200} 199.0℃/26.664kPa；bp_{100} 174.4℃/13.332kPa；bp_{50} 154.3℃/6.67kPa；bp_{25} 135.4℃/3.33kPa；bp_{11} 121℃/1.47kPa；bp_4 99.3℃/533.3Pa；$bp_{1.0}$ 83℃/133.32Pa；Fp 230℉（110℃）；d_{25}^{25} 0.9104；n_D^{25} 1.4823。
注意事项 该品口服有害。具有腐蚀性，能引起烧伤。对水生物极毒。能对水环境引起不利的结果。使用应穿适当的防护服，戴手套和防护镜或面罩。万一接触到眼睛，应立即用大量水冲洗后请医生诊治。使用时如有事故发生或有不适之感，应请医生诊治。应防止将本品释放于环境中。其包装物应按危险品处理。应充氮气密封避光保存。
主要用途 有机合成。杀虫剂。酸性气体吸收剂。钢铁防锈剂。

Dicyclohexylamine nitrite 亚硝酸二环己胺 03302
[3129-91-7] $C_{12}H_{24}N_2O_2$ 228.34
成分 C 63.12%，H 10.59%，N 12.27%，O 14.01%。
别名 二环己胺 亚硝酸盐；Dicyclohexylammonium nitrite；Vapour phaseinhibitor；VPI
GW 2015-947
性状 无色或浅黄色针状结晶或白色粉末。溶于水、甲醇、乙醇，不溶于乙醚。在碱性和酸性介质中分解。mp 188～194℃（分解）。一般试剂含量≥95.0%（NT）。
注意事项 该品吸入或口服有害。万一着火或爆炸，应避免吸入其烟雾。应远离热源密封避光保存。
主要用途 气相缓蚀剂，能防止黑色金属腐蚀。

***N*,*N*′-Dicyclohexylcarbodiimide**
***N*,*N*′-二环己基碳酰亚胺** 03303
[538-75-0] $C_{13}H_{22}N_2$ 206.33
成分 C 75.68%，H 10.75%，N 13.58%。
别名 *N*,*N*′-二环己基碳二亚胺；双环己基碳酰亚胺；Carbodicyclohexylimide；1,3-Dicyclohexylcarbodiimide；DCC；DCCA；DCCD；DCCI；Dicyclimide；*N*,*N*′-Methanetetraylbiscyclohexanamine
M.I. 15，3107
性状 无色或白色块状结晶。对湿度敏感。溶于乙醇、苯、二氯甲烷。mp 35～36℃；bp_{11} 154～156℃/1.47kPa；$bp_{0.5}$ 98～100℃/66.66Pa；Fp 235.4℉（113℃）。一般试剂含量≥99.0%（GC）。
注意事项 该品口服有害。与皮肤接触有毒。对眼睛有严重损伤的危险。接触皮肤可引起过敏。使用时应戴手套和防护镜或面罩。应避免与皮肤接触。万一接触到眼睛，应立即用大量水冲洗后请医生诊治。使用时如有事故发生或有不适之感，应请医生诊治。应密封干燥保存。
主要用途 生化试剂。肽的合成。羧酸的分光光度测定。有机合成脱水缩合剂。

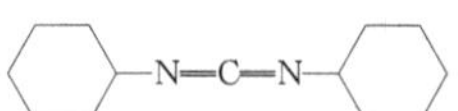

Dicyclohexyl-18-crown-6 二环己基-18-冠醚-6 03304
[16069-36-6] $C_{20}H_{36}O_6$ 372.50
成分 C 64.49%，H 9.74%，O 25.77%。
别名 Dicyclohexano-18-crown-6；2,3,11,12-Dicyclohexano-1,4,7,10,13,16-hexaoxacyclooctadecane；2,5,8,15,18,21-Hexaoxatricyclo[20.4.$O.O^{9,14}$]hexacosane；Perhydrodibenzo-18-crown-6
M.I. 15，2592
性状 无色结晶。对湿度敏感。溶于水。mp 47～50℃。近似致死量：大鼠急性经口：300mg/kg；皮肤接触：130mg/kg。一般试剂含量≥97.0%（GC）；二苯并-18-冠醚-6 ≤2.0%。

注意事项 该品吸入、口服或与皮肤接触有毒。对眼睛、呼吸系统及皮肤有刺激性。使用时应穿适当的防护服，戴手套和防护镜或面罩。万一接触到眼睛，应立即用大量水冲洗后请医生诊治。使用时如有事故发生或有不适之感，应请医生诊治。应充氮气密封干燥保存。

Dicyclohexyl *o*-phthalate 邻苯二甲酸二环己酯 03305

[84-61-7] $C_{20}H_{26}O_4$ 330.42

成分 C 72.70%，H 7.93%，O 19.37%。

别名 邻酞酸二环己酯；二环己基邻苯二甲酸酯；苯二甲酸二环己酯；DCHP

性状 白色或浅黄色的粒状或片状结晶。微有香味。溶于多种有机溶剂，不溶于水。mp 64～66℃。一般试剂含量≥98.0%。

注意事项 该品对眼睛、呼吸系统及皮肤有刺激性。使用时应穿适当的防护服。万一接触到眼睛，应立即用大量水冲洗后请医生诊治。

主要用途 高分子聚合物的原料。韧化剂。乙酸纤维素、乙基纤维素的增塑剂。

Dicyclomine hydrochloride 双环胺 盐酸盐 03306

[67-92-5] $C_{19}H_{36}ClNO_2$ 345.95

成分 C 65.97%，H 10.49%，Cl 10.25%，N 4.05%，O 9.25%。

别名 双环微林 盐酸盐；盐酸双环胺；盐酸双环维林；Bentyl；Bentylol；Merbentyl；Procyclomin；Wyovin；[1，1′-Bicyclohexyl] -1-carboxylic acid 2-（diethylamino）ehyl ester hydrochloride；*β*-Diethylaminoethyl-1-cyclohexylcyclohexanecarboxylate hydrochloride；Bis（cyclohexyl）carboxylic acid diethylaminoethyl ester hydrochloride；Dicycloverin hydrochloride

M. I. 15，3108

性状 来自丁酮中的无色结晶。味苦。易溶于乙醇、氯仿，溶于水，极微溶于乙醚。mp 164～166℃。

注意事项 该品口服有害。对眼睛、呼吸系统及皮肤有刺激性。使用时应穿适当的防护服。万一接触到眼睛，应立即用大量水冲洗后请医生诊治。

主要用途 医用解痉剂。

Dicyclopentadiene 二环戊二烯 03307

[77-73-6] $C_{10}H_{12}$ 132.20

成分 C 90.85%，N 9.15%。

别名 二聚环戊二烯；双茂；环戊二烯 二聚体；二茂烯；联环戊二烯；DCPD；4,7-Methano-3a,4,7,7a-tetrahydroindene；4,7-Methylene-4,7,8,9-tetrahydroindene；3*α*,4,7,7*α*-Tetrahydro-4,7-methanoindene；Cyclopentadiene dimer

GW 2015-490

性状 无色液体或固体。易溶于醇、乙醚、四氯化碳。有类似樟脑的气味。mp 32.5℃；bp 170℃；Fp 89.6℉（32℃）；d_4^{20} 0.979；n_D^{20} 1.511。一般试剂含量≥95.0%（GC）。

注意事项 该品高度易燃。吸入或口服有害。对眼睛、呼吸系统及皮肤有刺激性。对水生物有毒。能对水环境引起不利的结果。使用时应穿适当的防护服和戴手套。应防止将本品释放于环境中。

主要用途 合成生物碱、樟脑。

Didecylamine 二癸胺 03308

[1120-49-6] $C_{20}H_{42}N$ 297.56

成分 C 80.73%，H 14.56%，N 4.71%。

别名 二正癸胺

性状 白色固体。对二氧化碳敏感。易溶于乙醇、乙醚、苯，不溶于水。对 CO_2 敏感。mp 42～45℃；bp_2 179～180℃/266.64Pa；Fp ＞230℉（110℃）。一般试剂含量≥99.0%（GC）。

注意事项 见 03305 邻苯二甲酸二环己酯。

主要用途 溶剂。有机合成。染料中间体。

Didecyldimethylammonium chloide 氯化二癸二甲铵 03309

[7173-51-5] $C_{22}H_{48}ClN$ 362.08

成分 C 72.98%，H 13.36%，Cl 9.79%，N 3.87%。

别名 氯化二癸基二甲基铵；*N*-Dexyl-*N*，*N*-dimethyl-1-decanaminium chloride；Dimethyldidecylammonium chloride；Bardac 2250/2280；BTC-1010；Dodigen 1881；Quetron 210CL

M. I. 15，3110

性状 极易吸潮的结晶。极易溶于苯，溶于丙酮，不溶于己烷。

主要用途 通用消毒剂。木材防腐剂。

Didecyl *o*-phthalate 邻苯二甲酸二癸酯 03310

[84-77-5] $C_{28}H_{46}O_4$ 446.66

成分 C 75.29%，H 10.38%，O 14.33%。

别名 邻酞酸二癸酯；苯二甲酸二癸酯；康伏尔 20；Convoil-20；DDP；Di-*n*-decyl phthalate

性状 无色或浅黄色的液体。能与乙醇、乙醚、丙酮相混溶，不溶于水。Fp 392℉（200℃）；d_{20}^{20} 0.957～0.963；n_D^{20} 1.483。一般试剂含量≥98.0%。

主要用途 气相色谱固定液，可用于芳香族化合物和各种含氧化合物的分离。增塑剂。

2′,3′-Dideoxyadenosine 2′,3′-二脱氧腺苷 03311

[4097-22-7] $C_{10}H_{13}N_5O_2$ 235.25

成分 C 51.06%，H 5.57%，N 29.77%，O 13.60%。

别名 6- Amino-9-（2′，3′-dideoxy-*β*-D-*glycero*-pentofuranosyl）purine；DDA；ddA；ddAdo；Dideoxyadenosine

M. I. 15，3112

性状 来自乙醇中的无色结晶或白色结晶性粉末。溶于水。mp 184～186℃；$[\alpha]_D^{25}$ −25.2°（*c*＝101，于水中）；uv max（甲醇中）：259.5nm（ε 14800）。生化试剂含量≥99.0%（HPLC）。

注意事项 该品应密封于 2～8℃保存。

主要用途 医用抗病毒剂。

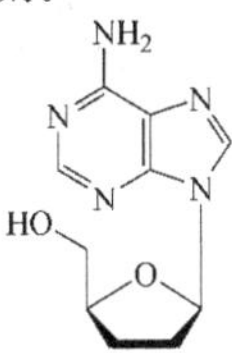

2′,3′-Dideoxyadenosine 5′-triphosphate trilithium salt 5′-三磷酸-2′,3′-二脱氧腺苷三锂盐 03312

[93939-70-9] $C_{10}H_{13}Li_3N_5O_{11}P_3$ 492.99

成分 C 24.36%，H 2.66%，Li 4.22%，N 14.21%，O 35.70%，P 18.85%。

别名 2′,3′-二脱氧腺苷-5′-三磷酸三锂盐；ddATP-Li_3

性状 白色微细结晶。易吸潮。溶于水。生化试剂含量≥85.0%（HPLC）。

注意事项 该品能危害胎儿。使用时应穿适当的防护服和戴手套。应充氩气密封于−20℃干燥保存。

主要用途 生化研究。

2′,3′-Dideoxycytidine 2′,3′-二脱氧胞苷 03313

[7481-89-2] $C_9H_{13}N_3O_3$ 211.22

成分 C 51.18%，H 6.20%，N 19.89%，O 22.72%。

别名 ddC；ddCyd；Dideoxycytidine；Hivid；Zalcitabine

M. I. 15，10307

性状 来自乙醇＋苯中的无色结晶。对空气敏感。溶于水（25℃，76.4mg/mL），溶于甲醇，略微溶于乙醇、乙腈、氯仿、二氯甲烷，微溶于环己烷。mp 215～217℃；$[\alpha]_D^{25}$ ＋81°（c＝0.635，于水中）；uv max（于 0.1mol/L 盐酸中）：280nm（ε 17720）；（于 0.1mol/L 氢氧化钠溶液中）：270nm（ε 8410）。生化试剂含量≥99.0%（HPLC）。

注意事项 该品对机体有不可逆损伤的可能性。使用时应穿适当的防护服。使用时应避免吸入本品的粉尘。应充氩气密封于 2～8℃保存。

主要用途 生化研究。医用抗病毒剂。

2′,3′-Dideoxycytidine 5′-triphosphate sodium salt 5′-三磷酸-2′,3′-二脱氧胞苷钠盐 03314

[132619-66-0] $C_9H_{15}N_3NaO_{12}P_3$ 473.14

成分 C 22.85%，H 3.20%，N 8.88%，Na 4.86%，O 40.58%，P 19.64%。

别名 2′,3′-二脱氧胞苷-5′-三磷酸钠盐；DDCTP-Na

性状 无色结晶。生化试剂含量约 90.0%（HPLC）。

注意事项 该品应充氩气密封于−20℃保存。

2′,3′-Dideoxycytidine 5′-triphosphate trilithium salt 5′-三磷酸-2′,3′-二脱氧胞苷三锂盐 03315

[93939-77-6] $C_9H_{13}Li_3N_3O_{12}P_3$ 468.96

成分 C 23.05%，H 2.79%，Li 4.44%，N 8.96%，O 40.94%，P 19.81%。

别名 2′,3′-二脱氧胞苷-5′-三磷酸三锂盐；ddCTP-Li_3

性状 白色微细结晶，生化试剂含量≥85.0%（HPLC）。

注意事项 该品应充氩气密封于−20℃干燥保存。

主要用途 生化研究。

2′,3′-Dideoxy-3′-fluorouridine 2′,3′-二脱氧-3′-氟尿苷 03316

[41107-56-6] $C_9H_{11}FN_2O_4$ 230.20

成分 C 46.96%，H 4.82%，F 8.25%，N 12.17%，O 27.80%。

别名 3′-氟-2′,3′-二脱氧尿苷；3′-Fluoro-2′,3′-dideoxyuridine

性状 白色结晶性粉末。mp 184～188℃；$[\alpha]_D^{20}$ ＋10.5°±1.0°（c＝1，于 0.5mol/L 氢氧化钠溶液中）。生化试剂含量约 95.0%（HPLC）。

注意事项 该品有能造成不可逆结果的危险。使用时应穿适当的防护服和戴手套。使用时应避免吸入本品的粉尘，避免与眼睛及皮肤接触。

2′,3′-Dideoxyinosine 2′,3′-二脱氧肌苷 03317

[69655-05-6] $C_{10}H_{12}N_4O_3$ 236.23

成分 C 50.84%，H 5.12%，N 23.72%，O 20.32%。

别名 2′,3′-二脱氧次黄嘌呤核苷；BMY-40900；ddI；ddIno；Didanosine；Dideoxyinosine；NSC-612049；Videx

M. I. 15，3109

性状 白色结晶性粉末。易溶于二甲基亚砜，溶于水（25℃，27.3mg/mL，pH 值 6）。该品于下列物质中的溶解度（23℃，mg/mL）：丙酮<1；乙腈<1；叔丁醇<1；氯仿<1；二甲基乙酰胺<45；乙醇 1；乙酸乙酯<1；己烷<1；甲醇 6；二氯甲烷<1；丙醇<1；2-丙醇<1。在酸性溶液中不稳定。pK_a 9.12±0.02。mp 160～163℃；$[\alpha]_D^{25}$ −26.3°（c＝10，于水中）；uv max：248nm（pH 值 2）；254nm（pH 值 12）。生化试剂含量≥98.0%（HPLC）。

注意事项 该品应密封于 2～8℃保存。

主要用途 生化研究。医用抗病毒剂。

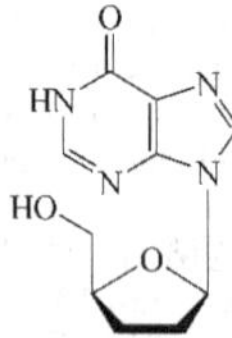

2′,3′-Dideoxyinosine 5′-triphosphate trilithiam salt 5′-三磷酸-2′,3′-二脱氧肌苷三锂盐 03318

[93858-64-1] $C_{10}H_{12}Li_3N_4O_{12}P_3$ 493.97

成分 C 24.32%，H 2.45%，Li 4.22%，N 11.34%，O 38.87%，P 18.81%。

别名 2′,3′-二脱氧肌苷 5′-三磷酸三锂盐；ddITP-Li_3

性状 白色结晶性粉末。生化试剂含量≥85.0%（HPLC）。

注意事项 使用时应避免吸入本品的粉尘，避免与眼睛及皮肤接触。应充氩气密封于−20℃干燥保存。

主要用途 生化研究。

2′,3′-Dideoxyuridine 2′,3′-二脱氧尿苷 03319

[5983-09-5] $C_9H_{12}N_2O_4$ 212.20

成分 C 50.94%，H 5.70%，N 13.20%，O 30.16%。

性状 白色结晶性粉末。生化试剂含量≥98.0%。

注意事项 使用时应避免吸入本品的粉尘，避免与眼睛及皮肤接触。

Dieldrin　狄氏剂　03320

[60-57-1]　$C_{12}H_8Cl_6O$　380.90

成分　C 37.84%，H 2.12%，Cl 55.84%，O 4.20%。

别名　Compound 497；HEOD；ENT-16225；(1a*α*，2*β*，2a*α*，3*β*，6*β*，6a*α*，7*β*，7a*α*)-3，4，5，6，9，9-Hexachloro-1a，2，2a，3，6，6a，7，7a-octahydro-2，7：3，6-dimethanonaphth[2，3-*b*]oxirene；1，2，3，4，10，10-Hexachloro-6，7-epoxy-1，4，4a，5，6，7，8，8a-octahydro-*endo*，*exo*-1，4：5，8-dimethanonaphthalene；Insecticide 497；Octalox

GW 2015-1351　M. I. 15，3114

性状　无色或白色结晶。溶于苯、二甲苯、四氯化碳等有机溶剂，几乎不溶于水。在无机、有机酸碱中稳定。mp 176～177℃。LD_{50}大鼠急性经口：46mg/kg。一般试剂含量≥90.0%。

注意事项　该品口服有毒。与皮肤接触极毒。对机体有不可逆损伤的可能性。吸入或长期曝露对健康有严重损伤的危害。对水生物极毒。能对水环境引起不利的结果。使用时应穿适当的防护服和戴手套。应避免吸入本品的粉尘。使用时如有事故发生或有不适之感，应请医生诊治。应防止将本品释放于环境中。其包装物应按危险品处理。

主要用途　杀虫剂。农药分析标准物。

Dienestrol　双烯雌酚　03321

[84-17-3]　$C_{18}H_{18}O_2$　266.34

成分　C 81.17%，H 6.81%，O 12.01%。

别名　3，4-双(对羟基苯基)-2，4-己二烯；3，4-Bis(*p*-hydroxyphenyl)-2，4-hexadiene；Cycladiene；Dienoestrol；Dienol；4，4′-(1，2-Diethylidene-1，2-ethanediyl) bisphenol；4，4′-(Diethylidene ethylene)diphenol；Dienoestrol；4，4′-Dihydroxy-*γ*，*δ*-diphenyl-*β*，*δ*-hexadiene；Dinovex；Di(*p*-oxyphenyl)-2，4-hexadiene；DV；Estrodienol；Estroral；Gynefollin；Hormofemin；Oestrasid；Oestrodiene；Oestroral；Restrol；Retalon；Synestrol

M. I. 15，3115

性状　来自稀醇中的无色微小的针状结晶。130℃升华。易溶于乙醇、甲醇、乙醚、丙酮、丙二醇，溶于氯仿、碱溶液，几乎不溶于水、稀酸。mp 227～228℃。

注意事项　该品对机体有不可逆损伤的可能性。长期接触能严重危害健康。使用时应避免吸入本品的粉尘，避免与眼睛及皮肤接触。

主要用途　生化研究。医用雌激素。

Dienestrol diacetate　二乙酸双烯雌酚　03322

[84-19-5]　$C_{22}H_{22}O_4$　350.41

成分　C 75.41%，H 6.33%，O 18.26%。

别名　双烯雌酚二乙酸酯；二乙酸双烯雌酚酯；3，4-双(对羟基苯基)-2，4-己二烯二乙酸酯；Dehydrostibestrol diacetate；Dienoestrol diacetate；3，4-Di(*p*-hydroxyphenyl)hexa-2，4-diene diacetate；Hexadienestrol diacetate；Lipamone；Retalon-Oral

M. I. 15，3115

性状　来自乙醇中的无色棱柱形结晶。mp 119～120℃。

注意事项　见 03321 双烯雌酚。

主要用途　生化研究。医用雌激素。

Dienochlor　除螨灵　03323

[2227-17-0]　$C_{10}Cl_{10}$　474.61

成分　C 25.31%，Cl 74.69%。

别名　1，1′，2，2′，3，3′，4，4′，5，5′-十氯双(2，4-环戊二烯-1-基)；双(五氯-2，4-环戊二烯-1-基)；1，1′，2，2′，3，3′，4，4′，5，5′-Decachlorobi-2，4-cyclopentadien-1-yl；Bis(pentachloro-2，4-cylopentadien-1-yl)；Decachlor；HRS-16；Pentac

M. I. 15，3116

性状　来自石油醚中的黄色棱柱体结晶。于碱中稳定。mp 121.5～122℃；uv max：330nm (*ε* 2950)。

注意事项　该品口服有害。使用时应避免吸入本品的粉尘，避免与皮肤接触。

主要用途　杀螨剂。分析用标准物质。

Dienogest　地诺孕素　03324

[65928-58-7]　$C_{20}H_{25}NO_2$　311.43

成分　C 77.14%，H 8.09%，N 4.50%，O 10.28%。

别名　(17*α*)-17-Hydroxy-3-oxo-19-norpregna-4，9-diene-21-nitrile；17*α*-Cyanomethyl-17*β*-hydroxy-13*β*-methylgona-4，9-dien-3-one；17*α*-Cyanomethyl-17*β*-hydroxy-4，9-estradien-3-one；Dienogestril；STS-557；Endometrion

M. I. 15，3117

性状　来自乙酸乙酯＋乙腈中的无色针状结晶。mp 209～214℃；$[\alpha]_D^{25}$ −290° (c=0.5，于吡啶中)。

主要用途　医用孕激素。

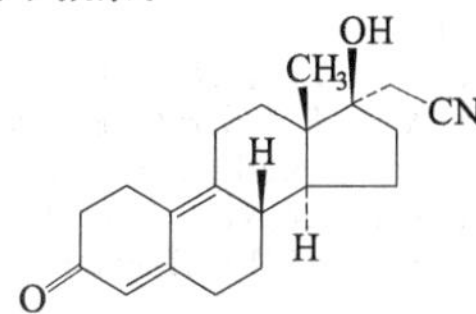

Diethanolamine　二乙醇胺　03325

[111-42-2]　$C_4H_{11}NO_2$　105.14

成分　C 45.70%，H 10.55%，N 13.32%，O 30.43%。

别名　2，2′-二羟基二乙胺；2，2′-亚氨基二乙醇；Bis(hydroxyethyl)amine；Diethylolamine；2，2′-Dihydroxydiethylamine；2，2′-Iminobisethamol；2，2′-Iminodiethanol

GW 2015-566　M. I. 15，3118

性状　白色菱形结晶或微带黄色的黏稠状液体。易吸潮。在潮湿空气中能强烈发烟。呈强碱性(该品 0.1mol/L 水溶液 pH 值 11.0)。能与水、甲醇、丙酮相混溶。20℃时，于下列物质中的溶解度：苯 4.2%，乙醚 0.8%，四氯化碳＜0.1%，正庚烷＜0.1%。mp 28℃；bp_{760} 268.8℃/101.32kPa；bp_{150} 217℃/19.998kPa；$bp_{0.01}$ 20℃/1.333Pa；Fp 300℉ (148.9℃)；d^{25} 1.0940；d_4^{30} 1.0881；d_4^{60} 1.0693；n_D^{20} 1.4753。LD_{50}大鼠急性经口：12.76g/kg。一般试剂含量≥99.0% (GC)。

注意事项　该品口服有害。对皮肤有刺激性。对眼睛有严重损伤的危险。长期曝露有害，并有严重损害健康的危险。使用时应穿适当的防护服，戴手套和防护镜或面罩。万一接触到眼睛，应立即用大量水冲洗后请医生诊治。如误服本品，应立即请医生检查，并出示本品的包装或瓶签。应密封于干燥处保存。

主要用途　气相色谱固定液，适用于醇类、吡啶及其衍生物的色谱分析。酸性气体的吸收。软化剂和润滑剂。有机合成。

Diethanolamine hydrochloride　二乙醇胺 盐酸盐　03326

[14426-21-2] $C_4H_{12}ClNO_2$ 141.60

成分 C 33.93%，H 8.54%，Cl 25.04%，N 9.89%，O 22.60%。

别名 盐酸二乙醇胺；2,2′-亚氨基二乙醇 盐酸盐；2,2′-Iminodiethanol hydrochloride

性状 无色或微黄浓稠液体。Fp ＞230°F（110℃）；d 1.261；n_D^{20} 1.5170。一般试剂含量≥98.0%。

注意事项 该品对眼睛、呼吸系统及皮肤有刺激性。应密封干燥保存。

主要用途 表面活性剂。除草剂。乳化剂。分散剂。柔软剂。

Diethazine hydrochloride 二乙吖嗪 盐酸盐 03327

[341-70-8] $C_{18}H_{23}ClN_2S$ 334.91

成分 C 64.55%，H 6.92%，Cl 10.58%，N 8.36%，S 9.57%。

别名 地撒嗪盐酸盐；盐酸二乙吖嗪；盐酸地撒嗪；Antipar；Aparkazin；Diparcol；Latibon；Thiantan；Thiontan；*N*,*N*-Diethyl-10*H*-phenothiazine-10-ethanamine hydrochloride；10-(2-Diethylaminoethyl) phenothiazine hydrochloride；*N*-(Diethylaminoethyl) thiodiphenylamine hydrochloride；*N*-(2′-Diethylaminoethy) dibenzoparathiazine hydrochloride；RP-2987-HCl；Deparkin-HCl；Dinezn-HCl；Dolisina-HCl；Eazaminum-HCl；Ethylemin-HCl；Parkazin-HCl

M. I. 15，3119

性状 无色结晶。有辛辣气味。能使舌头有暂时的麻木感。1份该品溶于约5份水、6份乙醇、5份氯仿。几乎不溶于乙醚。其10%水溶液pH值5.0～5.3。mp 184～186℃。LD_{50}小鼠急性经口：450mg/kg。

主要用途 医用抗震颤剂。

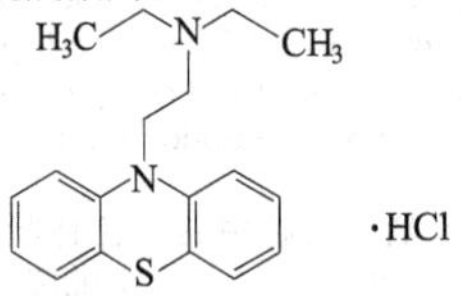

Diethofencarb 乙霉威 03328

[87130-20-9] $C_{14}H_{21}NO_4$ 267.33

成分 C 62.90%，H 7.92%，N 5.24%，O 23.94%。

别名 3，4-二乙氧基氨基甲酸异丙酯；*N*-(3,4-Diethoxyphenyl)carbamic acid 1-methylethyl ester；Isopropyl 3,4-diethoxycarbanilate；Isopropyl *N*-(3,4-diethoxyphenyl)carbamate；S-165；S-1605；S-32165；Powmil

M. I. 15，3120

性状 无色或白色结晶性固体。溶于多数有机溶剂，极微溶于水[(25±2)℃，(26.6±0.3) mg/L]。mp 101.3℃。蒸气压(20℃)：6.3×10^{-5}mmHg/839.9×10^{-5}Pa，(25℃)：1.1×10^{-4}mmHg/146.7×10^{-4}Pa。LD_{50}雄，雌大鼠急性经口：＞5000mg/kg，＞5000mg/kg；皮肤接触：＞5000mg/kg，＞5000mg/kg。LD_{50} (48h)：鲤鱼13.5mg/L；(3h)：水蚤＞10mg/L。一般试剂含量≥98.0%。

主要用途 农用杀菌剂。

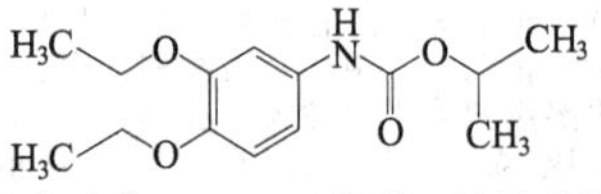

Diethoxydimethylsilane 二乙氧基二甲基硅烷 03329

[78-62-6] $C_6H_{16}O_2Si$ 148.28

成分 C 48.60%，H 10.88%，O 21.58%，Si 18.94%。

别名 二甲基二乙氧基硅烷；Dimethyldiethoxysilane

GW 2015-437

性状 无色透明液体。能与有机溶剂相混溶。常压下蒸馏不分解。bp 114℃；Fp 42.8°F（6℃）；d^{25} 0.865；n_D^{20} 1.381。一般试剂含量≥97.0%（GC）。

注意事项 该品高度易燃。对眼睛及皮肤有刺激性。使用时应穿适当的防护服。万一接触到眼睛，应立即用大量水冲洗后请医生诊治。应远离火种密封保存。

主要用途 高分子有机硅化合物的制造。

Diethoxydiphenylsilane 二乙氧基二苯基硅烷 03330

[2553-19-7] $C_{16}H_{20}O_2Si$ 272.41

成分 C 70.54%，H 7.40%，O 11.75%，Si 10.31%。

别名 二苯基二乙氧基硅烷；Diphenyldiethoxysilane

性状 无色透明液体。对湿度敏感。能与多种有机溶剂相混溶，不溶于水。bp_{15} 167℃/2kPa；Fp 310°F（156℃）；d_4^{20} 1.030；n_D^{20} 1.526。一般试剂含量≥97.0%（GC）。

注意事项 该品对眼睛、呼吸系统及皮肤有刺激性。使用时应穿适当的防护服。万一接触到眼睛，应立即用大量水冲洗后请医生诊治。应充氩气密封干燥保存。

主要用途 高分子有机硅化合物的制造。

Diethoxymethane
二乙氧基甲烷 03331

[462-95-3] $C_5H_{12}O_2$ 104.15

成分 C 57.66%，H 11.61%，O 30.72%。

别名 二乙醇缩甲醛；亚甲基二乙醚；Diethylformal；Ethylal；Formaldehyde diethyl acetal；Methylene diethyl ether

GW 2015-704

性状 无色透明液体。溶于水。bp 87～88℃；Fp 22°F（−5℃）；d_4^{20} 0.830；n_D^{20} 1.374。一般试剂含量≥99.0%（GC）。

注意事项 该品高度易燃。对眼睛、呼吸系统及皮肤有刺激性。使用时应穿适当的防护服。万一接触到眼睛，应立即用大量水冲洗后请医生诊治。使用现场禁止吸烟。应远离火种充氩气密封干燥保存。

主要用途 人造树脂和香料的合成。

Diethyl acetamidomalonate
乙酰氨基丙二酸二乙酯 03332

[1068-90-2] $C_9H_{15}NO_5$ 217.22

成分 C 49.76%，H 6.96%，N 6.45%，O 36.83%。

别名 Acetamidomalonic acid diethyl ester

性状 固体。溶于热乙醇，微溶于乙醚、热水。mp 95～98℃；bp_{20} 185℃/2.666kPa。一般试剂含量≥97.0%（HPLC）。

注意事项 该品对眼睛、呼吸系统及皮肤有刺激性。使用时应穿适当的防护服。万一接触到眼睛，应立即用大量水冲洗后请医生诊治。

Diethylacetic acid 二乙基乙酸 03333

[88-09-5] $C_6H_{12}O_2$ 116.16

成分 C 62.04%，H 10.41%，O 27.55%。

别名 2-乙基正丁酸；2-乙基丁酸；2-Ethyl-*n*-butyric acid；*α*-Ethyl butyric acid；3-Pentanecarboxylic acid；2-Ethyl-*n*-butanoic acid

M. I. 15，3121

性状 无色液体。有己酸味。易溶于乙醇、乙醚，微溶于水。mp 约 −15℃；bp 194～195℃；Fp 188.6°F（87℃）；d_4^{18} 0.920；n_D^{10} 1.4179。一般试剂含量≥98.0%（T）。

注意事项 该品与皮肤接触有害。对眼睛、呼吸系统及皮肤有刺激性。使用时应穿适当的防护服。万一接触到眼睛，应立即用大量水冲洗后请医生诊治。

主要用途 酯类的制造。染料中间体。

Diethyl acetylenedicarboxylate 丁炔二酸二乙酯 03334

[762-21-0] $C_8H_{10}O_4$ 170.17

成分 C 56.47%，H 5.92%，O 37.61%。

性状 无色液体。具有催泪性。mp 1～3℃；bp_{11} 107～110℃/1.467kPa；Fp 202°F（94℃）；d_4^{20} 1.068；n_D^{20} 1.4430。一般试剂含量≥95.0%。

注意事项 该品对眼睛、呼吸系统及皮肤有刺激性。具有腐蚀性，能引起烧伤。使用时应穿适当的防护服。万一接触到眼睛，应立即用大量水冲洗后请医生诊治。应充氩气密封避光保存。

Diethyl adipate 己二酸二乙酯 03335

[141-28-6] $C_{10}H_{18}O_4$ 202.25

成分 C 59.39%，H 8.97%，O 31.64%。

别名 己二酸乙酯；肥酸乙酯；肥酸二乙酯；Ethyl adipate

性状 无色液体。能与乙醇、乙醚相混溶，不溶于水。mp

−20～−19℃；bp_{11} 124～125℃/1.467 kPa；Fp 235.4℉（113℃）；d^{25} 1.009；n_D^{20} 1.429。一般试剂含量≥99.5%。
注意事项 使用时应避免与眼睛及皮肤接触。
主要用途 溶剂。香料合成。

Diethylamine 二乙胺 03336
[109-89-7] $C_4H_{11}N$ 73.14
成分 C 65.69%，H 15.16%，N 19.15%。
别名 氨基二乙烷；*N*-Ethylethanamine
GW 2015-650 M.I.15，3122
性状 无色挥发性易燃液体。气味与氨类似。呈强碱性。能与水、乙醇相混溶。mp −50℃；bp 55.5℃；Fp <20℉（−6.7℃）；d_4^{20} 0.7074；n_D^{20} 1.3864。LD_{50} 大鼠急性经口：540mg/kg。一般试剂含量≥99.0%（GC）。
注意事项 该品高度易燃。吸入、口服或与皮肤接触有害。具有强腐蚀性，能引起严重烧伤。使用时应穿适当的防护服，戴手套和防护镜或面罩。万一接触到眼睛，应立即用大量水冲洗后请医生诊治。使用时如有事故发生或有不适之感，应请医生诊治。使用现场禁止吸烟。切勿排入下水道。应远离火种充氩气密封保存。
主要用途 用于锑、铯、金、铱、镁、钯、铂、锡、锌的测定。有机合成。染料制造。防腐剂。

Diethylamine hydrochloride 二乙胺 盐酸盐 03337
[660-68-4] $C_4H_{12}ClN$ 109.60
成分 C 43.83%，H 11.04%，Cl 32.35%，N 12.78%。
别名 盐酸二乙胺；盐酸氨基二乙烷；Diethylammonium chloride
M.I.15，3122
性状 来自乙醇+乙醚中的无色片状结晶。有吸湿性。溶于水、乙醇、三氯甲烷，几乎不溶于乙醚。mp 226℃；bp 320～330℃；d_4^{21} 1.048。一般试剂含量≥98.0%（AT）。
注意事项 该品对眼睛、呼吸系统及皮肤有刺激性。使用时应穿适当的防护服。万一接触到眼睛，应立即用大量水冲洗后请医生诊治。应密封干燥保存。
主要用途 有机合成。制取不易合成的游离二乙胺。

Diethylamine phosphate 二乙胺 磷酸盐 03338
[68109-72-8] $C_4H_{14}NO_4P$ 171.14
成分 C 28.07%，H 8.25%，N 8.18%，O 37.40%，P 18.10%。
别名 磷酸二乙胺
性状 白色结晶性粉末。易潮解。易溶于水，微溶于乙醇。mp 158～160℃。一般试剂含量≥97.0%（NT）。
注意事项 该品对眼睛、呼吸系统及皮肤有刺激性。使用时应穿适当的防护服。万一接触到眼睛，应立即用大量水冲洗后请医生诊治。应充氩气密封干燥保存。
主要用途 抗腐蚀剂。

4-Diethylaminobenzaldehyde 4-二乙氨基苯甲醛 03339
[120-21-8] $C_{11}H_{15}NO$ 177.24
成分 C 74.53%，H 8.53%，N 7.90%，O 9.03%。
别名 对二乙氨基苯甲醛；*p*-Diethylaminobenzaldehyde
性状 黄色针状结晶。溶于乙醇、乙醚。mp 39～41℃；bp_7 174℃/933.25 Pa；Fp 235.4℉（113℃）。一般试剂含量≥98.0%（NT）。
注意事项 该品对眼睛、呼吸系统及皮肤有刺激性。使用时应穿适当的防护服。万一接触到眼睛，应立即用大量水冲洗后请医生诊治。
主要用途 有机合成。香料合成。

O H
H_3C N CH_3

4-（Diethylamino）benzoic acid
4-（二乙氨基）苯甲酸 03340
[5429-28-7] $C_{11}H_{15}NO_2$ 193.25
成分 C 68.37%，H 7.82%，N 7.25%，O 16.56%。
别名 对二乙氨基苯甲酸；*p*-Diethylaminobenzoic acid
性状 无色结晶。mp 192～193℃。一般试剂含量≥99.0%。
注意事项 该品对眼睛、呼吸系统及皮肤有刺激性。

2-(Diethylamino) ethanethiol hydrochloride
2-(二乙基氨基)乙硫醇 盐酸盐 03341
[1942-52-5] $C_6H_{16}ClNS$ 169.72
成分 C 42.46%，H 9.50%，Cl 20.89%，N 8.25%，S 18.89%。
别名 盐酸2-（二乙氨基）乙硫醇；2-Diethylaminoethanethiol hydrochloride；2-Diethylaminoethyl mercaptan hydrochloride
性状 无色结晶。具有恶臭。mp 170～175℃。一般试剂含量≥90.0%（RT）。
注意事项 该品对眼睛、呼吸系统及皮肤有刺激性。万一接触到眼睛，应立即用大量水冲洗后请医生诊治。应密封保存。

2-(Diethylamino) ethanol 2-(二乙氨基)乙醇 03342
[100-37-8] $C_6H_{15}NO$ 117.19
成分 C 61.50%，H 12.90%，N 11.95%，O 13.65%。
别名 二乙基-α-羟基乙胺；羟基三乙胺；*N*,*N*-二乙基乙醇胺；*β*-(Diethylamino) ethyl alcohol；Diethyl-2-hydroxyethylamine；2-Hydroxytriethylamine；*N*,*N*-Diethylethanolamine
GW 2015-700 M.I.15，3123
性状 无色液体。有氨味。有吸湿性。溶于水、乙醇、乙醚、苯。bp_{760} 163℃/101.32kPa；bp_{80} 100℃/10.67kPa；bp_{10} 55℃/1.333kPa；Fp 120℉（48℃）；d^{25} 0.8800；n_D^{25} 1.4389。一般试剂含量≥99.0%（GC）。
注意事项 该品易燃。吸入、口服或与皮肤接触有害。具有腐蚀性，能引起烧伤。使用时应穿适当的防护服，戴手套和防护镜或面罩。应避免与眼睛接触。万一接触到眼睛，应立即用大量水冲洗后请医生诊治。使用时如有事故发生或有不适之感，应请医生诊治。应密封干燥保存。
主要用途 有机合成。酸性媒质乳化剂。软化剂。

2-Diethylaminoethyl chloride hydrochloride
2-二乙氨基乙基氯 盐酸盐 03343
[869-24-9] $C_6H_{15}Cl_2N$ 172.10
成分 C 41.87%，H 8.79%，Cl 41.20%，N 8.14%。
别名 2-二乙氨基氯乙烷 盐酸盐；盐酸2-二乙氨基乙基氯；盐酸2-二乙氨基氯乙烷；盐酸2-氯代二乙氨基氯乙烷；盐酸2-氯-1-二乙氨基乙烷；2-氯-1-（二乙氨基）乙烷 盐酸盐；2-氯代二乙氨基乙烷 盐酸盐；2-Chloro-*N*,*N*-diethylethylamine hydrochloride；2-Chlorotriethylamine hydrochloride
性状 白色针状结晶。溶于乙醇，微溶于丙酮。mp 210～212℃。一般试剂含量≥98.0%（AT）。
注意事项 该品口服、吸入或与皮肤接触有毒。对眼睛、呼吸系统及皮肤有刺激性。使用时应穿适当的防护服。万一接触到眼睛，应立即用大量水冲洗后请医生诊治。使用时如有事故发生或有不适之感，应请医生诊治。
主要用途 药物合成。

3-Diethylaminophenol 3-二乙氨基酚 03344
[91-68-9] $C_{10}H_{15}NO$ 165.24
成分 C 72.69%，H 9.15%，N 8.47%，O 9.68%。
别名 *N*,*N*-二乙基间氨基酚；间羟基二乙基苯胺；间二乙氨基酚；*N*,*N*-Diethyl-3-aminophenol；*m*-Hydroxydiethylaniline
性状 白色斜方形结晶。溶于水、乙醇、乙醚，不溶于石油醚。mp 70～73℃；bp_{15} 170℃/2kPa；Fp 285.8℉（141℃）。一般试剂含量≥98.0%（NT）。
注意事项 该品口服有毒。使用时应穿适当的防护服，戴手套和防护镜或面罩。使用时如有事故发生或有不适之感，应请医生诊治。
主要用途 有机合成。染料中间体。

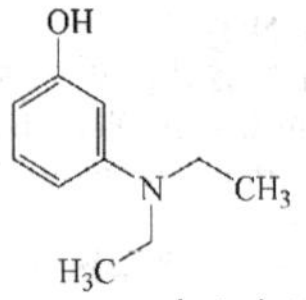

4-(4-Diethylaminophenylazo)-1-(4-nitrobenzyl) pyridinium bromide 03345
溴化 4-(4-二乙氨基苯偶氮)-1-(4-硝基苄基) 吡啶
[75902-86-2] $C_{22}H_{24}BrN_5O_2$ 470.38
成分 C 56.18%, H 5.14%, Br 16.99%, N 14.89%, O 6.80%。
别名 NDPP
性状 白色粉末。一般试剂含量≥95.0% (UV)。
注意事项 使用时应避免吸入本品的粉尘，避免与眼睛及皮肤接触。
主要用途 检测阴离子洗涤剂的试剂。

1-Diethylamino-2-propanol 1-二乙氨基-2-丙醇 03346
[4402-32-8] $C_7H_{17}NO$ 131.22
成分 C 64.07%，H 13.06%，N 10.67%，O 12.19%。
性状 无色液体。mp 13.5℃；bp_{13} 55～59℃/1.733 kPa；Fp 92℉ (33℃)；d_4^{20} 0.889；n_D^{20} 1.4255。一般试剂含量≥97.0% (T)。
注意事项 该品易燃。对眼睛、呼吸系统及皮肤有刺激性。使用时应避免与眼睛及皮肤接触。应远离火种密封保存。

3-Diethylamino-1-propylamine 3-二乙氨基-1-丙胺 03347
[104-78-9] $C_7H_{18}N_2$ 130.24
成分 C 64.56%，H 13.93%，N 21.51%。
别名 *N*,*N*-二乙基-1,3-二氨基丙烷；*N*,*N*-二乙基-1,3-丙二胺；*N*,*N*-Diethyl-1,3-diaminopropane；*N*,*N*-Diethyl-1,3-propyldiamine
GW 2015-652
性状 无色黏稠状液体。有氨味。能与水混溶。bp 169～171℃；Fp 125.6℉ (52℃)；d^{20} 0.826；n_D^{20} 1.442。一般试剂含量≥98.0% (GC)。
注意事项 该品易燃。具有腐蚀性，能引起烧伤。口服或与皮肤接触有害。接触皮肤能引起过敏。使用时应穿适当的防护服，戴手套和防护镜或面罩。万一接触到眼睛，应立即用大量水冲洗后请医生诊治。使用时如有事故发生或有不适之感，应请医生诊治。应远离火种密封保存。
主要用途 溶剂。萃取剂。有机合成。

2,6-Diethylaniline 2,6-二乙基苯胺 03348
[579-66-8] $C_{10}H_{15}N$ 149.24
成分 C 80.48%，H 10.13%，N 9.39%。
别名 2-氨基-1,3-二乙基苯；2-Amino-1,3-diethylbenzene
性状 无色至微黄色液体。对光及空气敏感。bp 240～242℃；Fp 239℉ (115℃)；d_4^{20} 0.959；n_D^{20} 1.546。一般试剂含量≥98.0% (GC)。
注意事项 该品口服有害。使用时应避免吸入本品的蒸气，避免与皮肤接触。应充氮气密封避光保存。
主要用途 有机合成。染料制造。

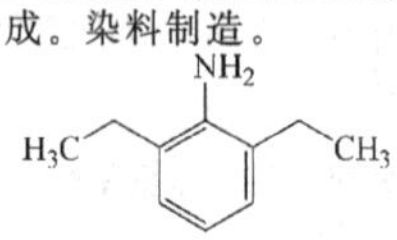

N,*N*-Diethylaniline *N*,*N*-二乙基苯胺 03349
[91-66-7] $C_{10}H_{15}N$ 149.24
成分 C 80.48%，H 10.13%，N 9.39%。
别名 二乙氨基苯；Diethylaminobenzene；*N*,*N*-Diethylbenzenamine
GW 2015-687 M.I.15，3125
性状 无色至浅黄色油状液体。1g 该品溶于 70mL 水 (12℃)，微溶于乙醇、乙醚、三氯甲烷。mp －38℃；bp 215～216℃；bp_3 62～66℃/399.94kPa；Fp 190.4℉ (88℃)；d_4^{25} 0.9302；n_D^{24} 1.5394；uv max (异辛烷中)：303nm，259nm ($\varepsilon \times 10^{-3}$ 2.37，16.7)。一般试剂含量≥99.5% (GC)。
注意事项 该品吸入、口服或与皮肤接触有毒。并有蓄积性危害。对水生物有毒。能对水环境引起不利的危险。使用时应戴手套。接触皮肤后，应立即用大量水冲洗。使用时如有事故发生或有不适之感，应请医生诊治。应防止将本品释放于环境中。
主要用途 分析试剂，用于锌、锰的检验。有机合成。

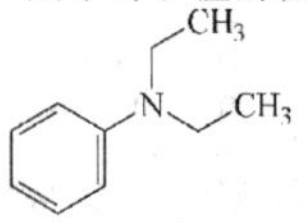

Diethyl azelate 壬二酸二乙酯 03350
[624-17-9] $C_{13}H_{24}O_4$ 244.33
成分 C 63.91%，H 9.90%，O 26.19%。
别名 Ethyl azelate
性状 浅黄色液体。能与乙醇、乙醚相混溶，不溶于水。mp －16～－15℃；bp_{18} 172℃/2.4kPa；Fp ＞ 230℉ (110℃)；*d* 0.973；n_D^{20} 1.4350。
主要用途 增塑剂。润滑剂。气相色谱固定液。

Diethylbenzene mixed isomers
二乙基苯 异构混合体 03351
[25340-17-4] $C_{10}H_{14}$ 134.22
成分 C 89.49%，H 10.51%。
GW 2015-684
性状 无色液体。能与乙醇、乙醚相混溶，不溶于水。bp 180～182℃；Fp 134℉ (56℃)；d_4^{20} 0.864；n_D^{20} 1.495。一般试剂为异构体的混合体，含量≥95.0% (GC)。
注意事项 该品对皮肤有刺激性。对水生物有毒。能对水环境引起不利的结果。应防止将本品释放于环境中。
主要用途 溶剂。染料中间体。

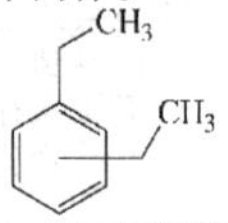

1,2-Diethylbenzene 1,2-二乙基苯 03352
[135-01-3] $C_{10}H_{14}$ 134.22
成分 C 89.49%，H 10.51%。
别名 邻二乙基苯；*o*-Diethylbenzene
GW 2015-684
性状 无色液体。溶于乙醇、乙醚、丙酮、苯，不溶于水。mp －31℃；bp 183℃；Fp 131℉ (55℃)；d_4^{20} 0.88；n_D^{20} 1.503。一般试剂含量≥99.0% (GC)。
注意事项 该品易燃。对眼睛、呼吸系统及皮肤有刺激性。使用时应穿适当的防护服。万一接触到眼睛，应立即用大量水冲洗后请医生诊治。应远离火种密封保存。
主要用途 气相色谱标准物。

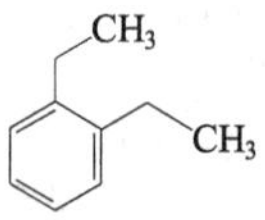

1,4-Diethylbenzene 1,4-二乙基苯 03353
[105-05-5] $C_{10}H_{14}$ 134.22
成分 C 89.49%，H 10.51%。
别名 对二乙基苯；*p*-Diethylbenzene
GW 2015-686
性状 无色液体。能与乙醇、乙醚、苯、四氯化碳等相混溶，不溶于水。mp －43℃；bp 184℃；Fp 131℉ (55℃)；d^{25} 0.862；n_D^{20} 1.495。一般试剂含量≥99.5% (GC)。
注意事项 见 03352 1,2-二乙基苯。
主要用途 溶剂。有机合成。气相色谱标准物。

N,*N*-Diethylbenzhydrylamine
N,*N*-二乙基二苯甲基胺 03354
[519-72-2] $C_{17}H_{12}N$ 239.36
成分 C 85.31%，H 8.84%，N 5.85%。
别名 二乙基氨基二苯基甲烷；*N*,*N*-Diethyl-α-phenylbenzen-

emethanamine; Diethylaminodiphenylmethane
M. I. 15，3127
性状 具有黏性的无色液体。深度冷却时凝固，56℃后逐渐熔化。mp 58～59℃；bp_{17} 170℃/2.266kPa。
主要用途 用于硝酸盐的检测。

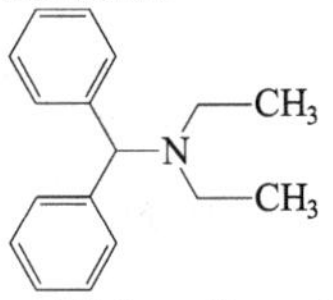

1,1′-Diethyl-4,4′-bipyridinium dibromide
二溴化 1,1′-二乙基-4,4′-联吡啶 03355
[53721-12-3] $C_{14}H_{18}Br_2N_2$ 374.11
成分 C 44.95%，H 4.85%，Br 42.72%，N 7.49%。
别名 Ethyl viologen dibromide
性状 白色结晶性粉末。mp 278℃（分解）。一般试剂含量≥99.0%（AT）。
注意事项 该品吸入、口服或与皮肤接触有害。对眼睛、呼吸系统及皮肤有刺激性。使用时应穿适当的防护服。万一接触到眼睛，应立即用大量水冲洗后请医生诊治。应密封保存。

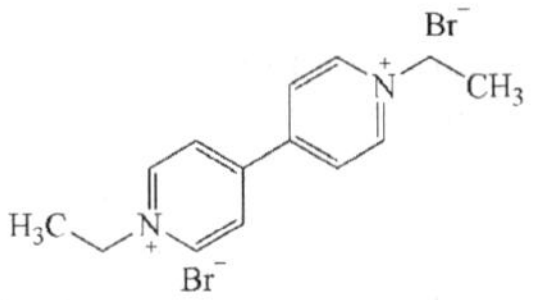

Diethyl butylmalonate 丁基丙二酸二乙酯 03356
[133-08-4] $C_{11}H_{20}O_4$ 216.28
成分 C 61.09%，H 9.32%，O 29.59%。
别名 丁基丙二酸乙酯；*n*-Butylmalonic acid diethyl ether; Ethyl butyl malonate
性状 无色液体。易溶于乙醇、乙醚，不溶于水。bp_{760} 235～240℃/101.325kPa；Fp 201℉（93℃）；*d* 0.983；n_D^{20} 1.4220。一般试剂含量≥99.0%。
主要用途 溶剂。有机合成。

Diethylcarbamazine citrate
乙胺嗪 柠檬酸盐 03357
[1642-54-2] $C_{16}H_{29}N_3O_8$ 391.42
成分 C 49.10%，H 7.47%，N 10.73%，O 32.70%。
别名 二乙碳酰嗪柠檬酸盐；柠檬酸乙胺嗪枸橼酸乙胺嗪；海群生；Diethylcarbamazine hydrogen citrate; Banocide; Dec; Dirocide; Filaribits; Filazine; Franocide; Hetrazan; Loxuran; Longicid; *N*,*N*-Diethyl-4-methyl-1-piperazinecarboxamide citrate; Carbamazine citrate; 1-Diethylcarbamyl-4-methylpiperazine citrate; 84L citrate; RP-3799 citrate; Carbilazine citrate; Caricide citrate; Cypip citrate; Ethodryl citrate; Notézine citrate; Spatonin citrate
M. I. 15，3128
性状 无色结晶。易溶于水（20℃，＞75%）、热乙醇，略微溶于冷乙醇，几乎不溶于苯、丙酮、乙醚、氯仿。mp 141～143℃。LD_{50}大鼠急性经口：1.38g/kg。一般试剂含量≥97.0%（HPLC）。
注意事项 该品吸入有毒。口服有害。使用时应穿适当的防护服，戴手套和防护镜或面罩。应避免吸入本品的粉尘。使用时如有事故发生或有不适之感，应请医生诊治。
主要用途 医用驱虫剂（抗丝虫剂）。分析用标准物质。

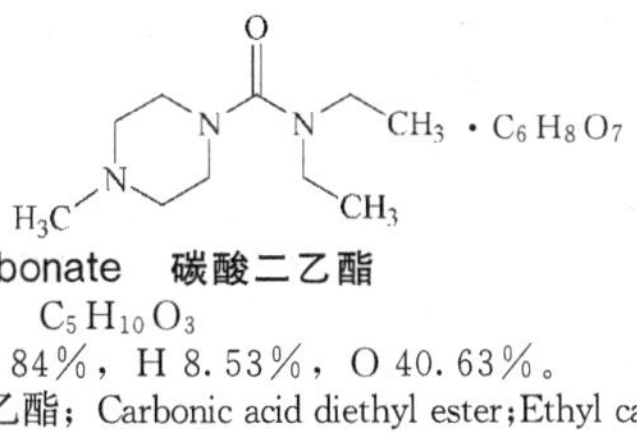

· $C_6H_8O_7$

Diethyl carbonate 碳酸二乙酯 03358
[105-58-8] $C_5H_{10}O_3$ 118.13
成分 C 50.84%，H 8.53%，O 40.63%。
别名 碳酸乙酯；Carbonic acid diethyl ester; Ethyl carbonate; Eufin
GW 2015-2111 M. I. 15，3835
性状 无色液体。有乙醚气味。能与乙醇、乙醚相混溶，几乎不溶于水。mp −43℃；bp 126℃；Fp 77℉（25℃，闭杯）；d_4^{20} 0.9764；n_D^{20} 1.3843。一般试剂含量≥98.0%（GC）。
注意事项 该品易燃。对眼睛、呼吸系统及皮肤有刺激性。使用时应穿适当的防护服。应避免吸入本品的蒸气。使用现场禁止吸烟。万一接触到眼睛，应立即及大量水冲洗后请医生诊治。应远离火种密封保存。
主要用途 溶剂。有机合成。

N,N-Diethylchloroacetamide
***N*,*N*-二乙基氯乙酰胺** 03359
[2315-36-8] $C_6H_{12}ClNO$ 149.62
成分 C 48.17%，H 8.08%，Cl 23.70%，N 9.36%，O 10.69%。
别名 2-氯-*N*,*N*-二乙基乙酰胺；Chloroacetdiethylamide; 2-Chloro-*N*,*N*-diethylacetamide
性状 无色液体。有刺激性气味。能与水相混溶。bp_{10} 112～113℃/1.333 kPa；Fp＞230℉（110℃）；*d* 1.089；n_D^{20} 1.4700。一般试剂含量≥98.0%。
注意事项 该品对眼睛、呼吸系统及皮肤有刺激性。应密封保存。
主要用途 有机合成。检测人造丝。

Diethyl chlorophosphphite 氯亚磷酸二乙酯 03360
[589-57-1] $C_4H_{10}ClO_2P$ 156.55
成分 C 30.69%，H 6.44%，Cl 22.64%，O 20.44%，P19.79%。
别名 氯亚磷酸乙酯；Diethyl chlorophosphonite; Diethyl phosphorochloridite; Ethyl phosphorochloridite; Phosphorochloridous acid diethyl ester; Diethylchlorophosphinate; Diethylchlorophosphonate; Diethylphosphorous acid chloride; Ethyl chlorophosphite
M. I. 15，3144
性状 无色液体。在潮湿空气中发烟。有特殊气味。遇水剧烈反应。bp_{760} 153～155℃/101.325kPa；bp_{30} 63～65℃/4kPa；bp_{15} 45～53℃/2kPa；bp_{10} 37～38℃/1.333kPa；Fp 34℉（1℃）；d_4^{20} 1.0816；d_0^{20} 1.0747；d_0^0 1.0962；n_D^{20} 1.4350。一般试剂含量≥97.0%。
注意事项 该品高度易燃。与水反应激烈。具有腐蚀性，能引起烧伤。对呼吸系统有刺激性。使用时应穿适当的防护服，戴手套和防护镜或面罩。万一接触到眼睛，应立即用大量水冲洗后请医生诊治。使用现场禁止吸烟，禁止进餐、饮水。使用时如有事故发生或有不适之感，应请医生诊治。应保持容器密闭和干燥，远离火种，充氩气密封于2～8℃干燥保存。
主要用途 生理研究。肽的合成。

Diethylcyanamide 二乙氨基腈 03361
[617-83-4] $C_5H_{10}N_2$ 98.15
成分 C 61.19%，H 10.27%，N 28.54%。
别名 二乙基氰胺；氰化二乙胺；Cyanodiethylamine
GW 2015-683
性状 无色液体。对湿度敏感。能与乙醇、乙醚等有机溶剂相混溶，微溶于水。bp 186～188℃；Fp 157℉（69℃）；*d* 0.846；n_D^{20} 1.4230。
注意事项 该品对眼睛、呼吸系统及皮肤有刺激性。应密封干燥保存。
主要用途 有机合成。

Diethyl cyclobutane-1,1-dicarboxylate
环丁烷-1,1-二羧酸二乙酯 03362
[3779-29-1] $C_{10}H_{16}O_4$ 200.24
成分 C 59.98%，H 8.05%，O 31.96%。
性状 无色液体。bp_{12} 104～105℃/1.6kPa；Fp 192.2℉（89℃）；d^{20} 1.05。一般试剂含量≥98.0%（GC）。
注意事项 使用时应避免吸入本品的蒸气，避免与眼睛及皮肤接触。

CH_3CH_2OOC $COOCH_2CH_3$

N,N-Diethylcyclohexylamine

N,N-二乙基环己胺 03363
[91-65-6] $C_{10}H_{21}N$ 155.29
成分 C 77.35%，H 13.63%，N 9.02%。
别名 六氢-N,N-二乙基苯胺；Hexahydro-*N*,*N*-diethylaniline
性状 无色澄清液体。溶于乙醇、苯，微溶于水。bp 194～195℃；Fp 136℉（57℃）；d_4^{20} 0.850；n_D^{20} 1.4560。一般试剂含量≥97.0%。
注意事项 该品具有腐蚀性，能引起烧伤。使用时应穿适当的防护服，戴手套和防护镜或面罩。
主要用途 溶剂。有机合成。

Diethyl diethylmalonate 二乙基丙二酸二乙酯 03364
[77-25-8] $C_{11}H_{20}O_4$ 216.28
成分 C 61.09%，H 9.32%，O 29.59%。
别名 Diethyl diethylpropanedioate；Diethylpropanedioic acid diethyl ester；Ethyl diethylmalonate
M.I.15，3130
性状 无色液体。能与乙醇、乙醚混溶，不溶于水。bp 228～230℃；Fp 202℉（94℃）；*d* 0.985～0.990；n_D^{20} 1.424。一般试剂含量≥98.0%。
主要用途 制造巴比土酸盐。有机合成试剂。

N,N-Diethyl-2,4-dinitro-5-fluoroaniline
N,N-二乙基-2,4-二硝基-5-氟苯胺 03365
[6917-48-2] $C_{10}H_{12}FN_3O_4$ 257.22
成分 C 46.70%，H 4.70%，F 7.39%，N 16.34%，O 24.88%。
别名 N,N-二乙基-5-氟-2,4-二硝基苯胺；*N*,*N*-Diethyl-5-fluoro-2,4-dinitroaniline
性状 白色结晶性粉末。溶于水，易吸潮。mp 116～118℃。一般试剂含量≥99.0%(HPLC)。
注意事项 该品吸入、口服或与皮肤接触有毒。使用时应穿适当的防护服，戴手套和防护镜或面罩。使用时如有事故发生或有不适之感，应请医生诊治。应充氩气密封干燥保存。
主要用途 生化研究。

N,N′-Diethyl-N,N′-diphenylurea
N,N′-二乙基-N,N′-二苯脲 03366
[85-98-3] $C_{17}H_{20}N_2O$ 268.36
成分 C 76.09%，H 7.51%，N 10.44%，O 5.96%。
别名 1,3-二乙基-1,3-二苯基脲；对称二乙基二苯脲；Carbamite；Centralite I；*N*,*N*′-Diethylcarbanilide；1,3-Diethyl-1,3-diphenylurea；*sym*-Diethyldiphenylurea；Ethyl centralite
M.I.15，3129
性状 来自乙醇中的无色或白色结晶。溶于有机溶剂，不溶于水。mp 79℃；bp 325～330℃；d_4^{20} 1.12。一般试剂含量≥99.0%。
注意事项 该品有毒。
主要用途 分析试剂，如硝酸盐的测定等。稳定剂。有机合成。

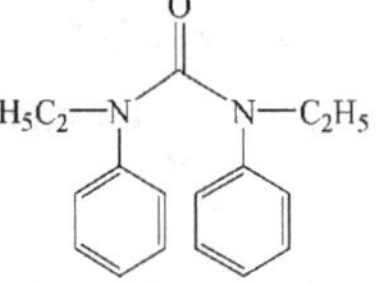

Diethyldithiocarbamic acid ammonium salt
二乙基二硫代氨基甲酸铵盐 03367
[21124-33-4] $C_5H_{14}N_2S_2$ 166.31
成分 C 36.11%，H 8.48%，N 16.84%，S 38.56%。
别名 ADDC；Ammonium diethyldithiocarbamate
性状 白色或微黄色结晶。有吸湿性。溶于水、乙醇，微溶于乙醚。mp 80℃（分解）。
注意事项 该品对眼睛、呼吸系统及皮肤有刺激性。使用时应穿适当的防护服。万一接触到眼睛，应立即用大量水冲洗后请医生诊治。应充氮气密封干燥保存。
主要用途 测定铜、锌等的试剂。

Diethyldithiocarbamic acid diethylammonium salt
二乙基二硫代氨基甲酸二乙铵盐 03368
[2391-78-8] $C_9H_{22}N_2S_2$ 222.42
成分 C 48.60%，H 9.97%，N 12.59%，S 28.83%。
别名 二乙基二乙二硫代氨基甲酸铵；DDDC；DDDCA；DEDTC；Diethylammonium diethyldithiocarbamate
性状 白色结晶。溶于水、乙醇、三氯甲烷。mp 82～83℃。一般试剂含量≥99.0%。
注意事项 见 03367 二乙基二硫代氨基甲酸铵。
主要用途 分析试剂，用于铜、砷、铅、锌的测定。橡胶促进剂。

Diethyldithiocarbamic acid lead salt
二乙基二硫代氨基甲酸铅盐 03369
[17549-30-3] $C_{10}H_{20}N_2PbS_4$ 503.73
成分 C 23.84%，H 4.00%，N 5.56%，Pb 41.13%，S 25.46%。
别名 Lead（Ⅱ）diethyldithiocarbamate
性状 白色结晶。一般试剂含量约 98.0%（CHN)。
注意事项 该品吸入或口服有害，并具有蓄积性危害。能危害胎儿。能损伤生育力。对水生物极毒。能对水环境引起不利的结果。使用前应得到专门的指导，避免曝露。使用时如有事故发生或有不适之感，应请医生诊治。应防止将本品释放于环境中。其包装物应按危险品处理。
主要用途 测定铜、汞、金的试剂。

Diethyldithiocarbamic acid silver salt
二乙基二硫代氨基甲酸银盐 03370
[1470-61-7] $C_5H_{10}AgNS_2$ 256.14
成分 C 23.45%，H 3.94%，Ag 42.10%，N 5.47%，S 25.04%。
别名 二乙氨基二硫代甲酸银；砷试剂；DDC-Ag；SDDC；Silver diethyldithiocarbamate
性状 浅黄色结晶。对光敏感。溶于吡啶、三氯甲烷，不溶于水、乙醇。mp 172～175℃。一般试剂含量≥99.0%(AT)。
注意事项 该品对眼睛、呼吸系统及皮肤有刺激性。使用时应穿适当的防护服。万一接触到眼睛，应立即用大量水冲洗后请医生诊治。应密封避光于2～8℃保存。
主要用途 分析试剂。主要用于测定微量铜、砷，亦可用于锌、钴、铂、钯的测定。

Diethyldithiocarbamic acid sodium salt trihydrate
二乙基二硫代氨基甲酸钠盐 三水 03371
[20624-25-3] $C_5H_{10}NNaS_2 \cdot 3H_2O$ 225.30
成分（以无水物计） C 35.07%，H 5.89%，N 8.18%，Na 13.42%，S 37.45%。
别名 三水合二乙基二硫代氨基甲酸钠；铜试剂；Cupral；DDC-Na；DDTC；DEDC；DeDTC；DIECA；Diethylcarbamodithioic acid sodium salt；Diethyldithiocarbamate sodium；Dithiocarb；Ditiocarb sodium；DTC；Imuthiol；NaDDTC；Sodium diethyldithiocarbamate
M.I.15，3421
性状 来自丙酮中的无色细小的不规则的片状结晶。易溶于水，溶于乙醇，其溶液呈碱性。溶于甲醇、丙酮，不溶于乙醚、苯。遇酸分离出二硫化碳，可使溶液浑浊。其水溶液对石蕊、酚酞呈碱性，并逐渐分解。其10%水溶液室温的 pH 值 11.6。mp 94～102℃；uv max（乙醇中）：257nm，290nm（ε 1200，13000)。LD_{50} 大鼠，小鼠急性经口：2830mg/kg，1870mg/kg；小鼠静脉注射：>1g/kg。

注意事项 该品口服有害。对皮肤有刺激性。对眼睛有严重损伤的危险。使用时应戴防护镜或面罩。万一接触到眼睛，应立即用大量水冲洗后请医生诊治。
主要用途 铜的灵敏试剂，亦可用于锌、钴、铂、钯等的测定。
参考规格 HG/T 4016—2008 分析纯

含量 [$(C_2H_5)_2NCS_2Na \cdot 3H_2O$] /%≥	99.0
对铜适用性试验	合格
水溶解试验	合格
灼烧残渣（以硫酸盐计）/%	30.5～32.5

Diethyldithiocarbamic acid zinc salt
二乙基二硫代氨基甲酸锌盐 03372
[14324-55-1] $C_{10}H_{20}N_2S_4Zn$ 361.91
成分 C 33.19%，H 5.57%，N 7.74%，S 35.45%，Zn 18.07%。
别名 Zinc diethyldithiocarbamate
性状 白色结晶。溶于乙醚、苯、氯仿，微溶于乙醇，不溶于水。mp 178～181℃。一般试剂含量≥99.0%。
注意事项 该品口服有害。具有刺激性。使用时应避免吸入本品的粉尘，避免与眼睛及皮肤接触。
主要用途 比色测定铜、镉、钒、镍、钴等试剂。

Diethylene glycol 一缩二乙二醇 03373
[111-46-6] $C_4H_{10}O_3$ 106.12
成分 C 45.27%，H 9.50%，O 45.23%。
别名 二乙二醇醚；二甘醇；二羟二乙醚；双甘醇；二（羟乙基）醚；DEG；Diglycol；β,β′-Dihydroxydiethyl ether；2,2′-Oxybisethanol；2,2′-Oxydiethanol；Bis(2-hydroxyethyl) ether；2-Hydroxy ethyl ether
M. I. 15，3131
性状 无色黏稠状液体。无气味，味辛辣并微甜。有吸湿性。能与水、乙醇、乙醚、丙酮、乙二醇相混溶，几乎不溶于苯、四氯化碳。mp −6.5℃；bp 244～245℃；Fp 290℉（143℃，开杯）；d_{20}^{20} 1.118；n_D^{20} 1.4475；LD_{50} 大鼠，豚鼠急性经口：20.76g/kg，13.21g/kg。生化试剂含量≥99.0%（GC）。
注意事项 该品口服有害。使用时应避免与眼睛及皮肤接触。如误服本品，应立即请医生检查，并出示本品的容器或标签。应充氩气密封干燥保存。
主要用途 溶剂。气体脱水剂。萃取剂。软水剂。气相色谱固定液。

Diethylene glycol dibutyl ether 二乙二醇二丁醚 03374
[112-73-2] $C_{12}H_{26}O_3$ 218.33
成分 C 66.01%，H 12.00%，O 21.98%。
别名 双（2-丁氧基乙基）醚；2-Butoxyethyl ether；Dibutyl carbitol；Bis(2-butoxyethyl) ether；Dibutyldiglycol
性状 无色透明液体。有微香味。溶于乙醇。mp −60℃；bp 256℃；bp_{11} 125 ～ 130℃/1.087kPa；Fp 243℉（117℃）；d_4^{20} 0.885；n_D^{20} 1.4240。一般试剂含量≥98.0%（GC）。
注意事项 该品对眼睛、呼吸系统及皮肤有刺激性。使用时应避免吸入本品的蒸气，避免与眼睛及皮肤接触。
主要用途 溶剂。香料合成。制药工业。

Diethylene glycol monolaurate
二乙二醇一月桂酸酯 03375
[141-20-8] $C_{16}H_{32}O_4$ 288.43
成分 C 66.63%，H 11.18%，O 22.19%。
别名 二甘酸一月桂酸酯；Dodecanoic acid 2-(2-hydroxyethoxy) ethyl ester；Diethylene glycol laurate；Diglycol laurate；Glaurin
M. I. 15，3135
性状 无色油状液体。溶于甲醇、乙醇、苯、甲苯、烃类、丙酮、乙酸乙酯、棉籽油，微溶于石油萘，几乎不溶于水。mp 17～18℃。bp 约 270℃（部分分解）；d_4^{25} 0.9572；d_{20}^{20} 0.963～0.968。加热至250℃仍可能不分解。
主要用途 分散剂，乳化剂，增塑剂。

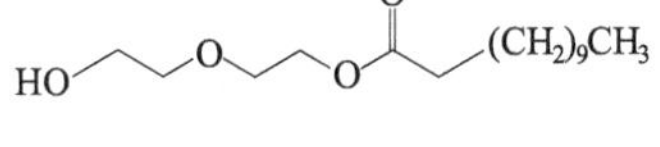

Diethylenetriamine 二亚乙基三胺 03376
[111-40-0] $C_4H_{13}N_3$ 103.17
成分 C 46.57%，H 12.70%，N 40.73%。
别名 二乙烯三胺；2,2′-二氨基二乙基胺；2,2′-亚胺基双（乙胺）；二乙三胺；Bis(2-aminoethyl) amine；DETA；2,2′-Diaminodiethylamine；DETA；DTA；2,2′-Iminobis(ethylamine)；2,2′-Iminodiethylamine
GW 2015-636
性状 无色或浅黄色黏稠状液体。呈强碱性。易吸收空气中的水分和二氧化碳。能与水、乙醇相混溶，不溶于乙醚。mp −35℃；bp 200～205℃；Fp 215.6℉（102℃）；d_4^{20} 0.955；n_D^{20} 1.4826。一般试剂含量≥97.0%（GC）。
注意事项 该品口服或与皮肤接触有害。具有腐蚀性，能引起烧伤。接触皮肤能引起过敏。使用时应穿适当的防护服，戴手套和防护镜或面罩。万一接触到眼睛，应立即用大量水冲洗后请医生诊治。使用时如有事故发生或有不适之感，应请医生诊治。
主要用途 氨羧络合试剂。气体净化剂。树脂固化剂。橡胶合成。合成二亚乙基三胺五乙酸的重要原料。

Diethylenetriaminepentaacetic acid
二亚乙基三胺五乙酸 03377
[67-43-6] $C_{14}H_{23}N_3O_{10}$ 393.35
成分 C 42.75%，H 5.89%，N 10.68%，O 40.67%。
别名 二乙烯三胺五乙酸；二乙烯三胺五醋酸；二乙三胺五乙酸；Complexone(Ⅴ)；DETAPAC；DTP7；*N*,*N*-Bis[2-[bis(carboxymethyl)amino]ethyl]glycine；Diethylenetriamine pentaacetic acid；Penta(carboxymethyl) diethylenetriamine；Pentetic acid
M. I. 15，7237
性状 白色结晶或结晶性粉末。具吸湿性。易溶于热水、碱溶液，微溶于冷水，不溶于乙醇、乙醚等有机溶剂。mp 约 220℃（分解）；Fp 392℉（200℃）。一般试剂含量≥99.0%（KT）。
注意事项 该品对眼睛有刺激性。对水生物有毒。能对水环境引起不利的结果。使用时应穿适当的防护服。万一接触到眼睛，应立即用大量水冲洗后请医生诊治。应防止将本品释放于环境中。应密封干燥保存。
主要用途 络合剂。测定铜，滴定钼、硫酸盐及稀土金属。

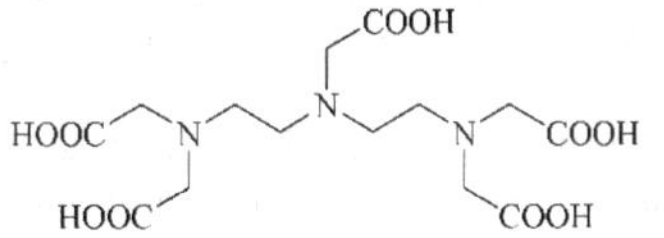

Diethylenetriaminepentaacetic acid dianhydride
二亚乙基三胺五乙酸二酐 03378
[23911-26-4] $C_{14}H_{19}N_3O_8$ 357.32
成分 C 47.06%，H 5.36%，N 11.76%，O 35.82%。
别名 二乙三胺五乙酸酐；二乙烯三胺五乙酸酐；DTP7 dianhydride
性状 白色结晶性粉末。溶于水，易吸潮。mp 182～184℃。一般试剂含量≥98.0%（CHN）。
注意事项 该品对眼睛、呼吸系统及皮肤有刺激性。使用时应穿适当的防护服。万一接触到眼睛，应立即用大量水冲洗后请医生诊治。应充氩气密封干燥保存。
主要用途 一种简单、高效的蛋白质金属放射性抗素标记物。

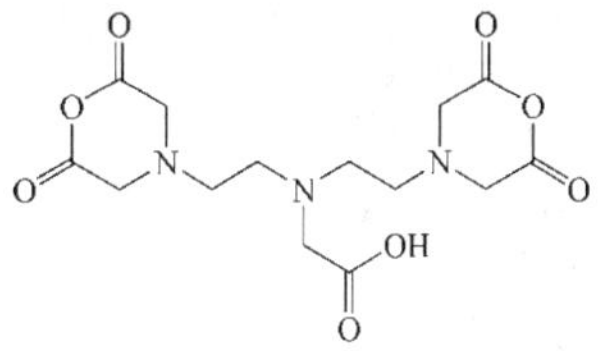

Diethylenetriaminepentakis (methylphosphonic acid) solution

二乙三胺五亚甲基磷酸溶液 03379

[15827-60-8] $C_9H_{28}N_3O_{15}P_5$ 573.20

成分 C 18.86%，H 4.92%，N 7.33%，O 41.87%，P 27.02%。

别名 Dequest 2060®

性状 浅黄色液体。一般试剂含量≥50.0%（T）；磷酸约15.0%；水约35.0%。d_4^{20} 1.42。

注意事项 该品对眼睛、呼吸系统及皮肤有刺激性。万一接触到眼睛，应立即用大量水冲洗后请医生诊治。

主要用途 金属螯合剂。水质稳定剂。农药及医药的合成。

N, N-Diethylethylenediamine

N,N-二乙基乙二胺 03380

[100-36-7] $C_6H_{16}N_2$ 116.20

成分 C 62.01%，H 13.88%，N 24.11%。

别名 （2-二乙基氨基）乙胺；*N*, *N*-二乙基乙烯二胺；2-Diethylaminoethylamine

GW 2015-699

性状 无色透明液体。bp 145～147℃；Fp 89.6℉（32℃）；*d* 0.827；n_D^{20} 1.4360。一般试剂含量≥98.0%（GC）。

注意事项 该品易燃。吸入、口服或与皮肤接触有害。具有强腐蚀性，能引起严重烧伤。使用时应穿适当的防护服，戴手套和防护镜或面罩。万一接触到眼睛，应立即用大量水冲洗后请医生诊治。使用时如有事故发生或有不适之感，应请医生诊治。应远离火种密封保存。

主要用途 有机合成。

Diethyl ethylmalonate 乙基丙二酸二乙酯 03381

[133-13-1] $C_9H_{16}O_4$ 188.23

成分 C 57.43%，H 8.57%，O 34.00%。

别名 Ethyl ethylmalonate；Ethyl malonic ester；Ethylmalonic acid diethyl ester

性状 无色液体。溶于乙醇，不溶于水。bp 209～212℃；bp_5 75～77℃/666.6Pa；Fp 197.6℉（92℃）；d_4^{20} 1.002；n_D^{20} 1.416。一般试剂含量≥98.0%。

主要用途 有机合成。

N, N-Diethylformamide N,N-二乙基甲酰胺 03382

[617-84-5] $C_5H_{11}NO$ 101.15

成分 C 59.37%，H 10.96%，N 13.85%，O 15.82%。

别名 *N*-甲酰二乙胺；DEF；*N*-Formdiethylamide；Formyldiethylamine

性状 无色液体。能与水、乙醇、乙醚相混溶。bp 176～177℃；bp_{10} 61～63℃/1.333kPa；Fp 141℉（60℃）；d_4^{20} 0.906；n_D^{20} 1.434。一般试剂含量≥99.0%(GC)。

注意事项 该品对眼睛、呼吸系统及皮肤有刺激性。使用时应穿适当的防护服，戴手套和防护镜或面罩。万一接触到眼睛，应立即用大量水冲洗后请医生诊治。

主要用途 溶剂。气相色谱固定液。

Diethyl fumarate 反丁烯二酸二乙酯 03383

[623-91-6] $C_8H_{12}O_4$ 172.18

成分 C 55.81%，H 7.02%，O 37.17%。

别名 反丁烯二酸乙酯；延胡索酸二乙酯；富马酸乙酯；富马酸二乙酯；DEF；Ethyl fumarate；Fumaric acid diethyl ester

性状 无色液体。能与乙醇、乙醚相混溶，微溶于水。mp 1～2℃；bp 218～219℃；Fp 197℉（91℃）；d_4^{20} 1.052；n_D^{20} 1.4400。

注意事项 该品口服有害。使用时应避免吸入本品的蒸气，避免与眼睛及皮肤接触。

主要用途 溶剂。有机合成。

Diethyl glutarate 戊二酸二乙酯 03384

[818-38-2] $C_9H_{16}O_4$ 188.22

成分 C 57.43%，H 8.57%，O 34.00%。

别名 胶酸二乙酯；Diethyl pentanedioate；Ethyl glutarate

性状 无色浆状液体。能与乙醇、乙醚相混溶，微溶于水。bp 237℃；Fp 205℉（96℃）；*d* 1.022；n_D^{20} 1.4230。一般试剂含量≥99.0%。

主要用途 有机合成。

Di(2-ethylhexyl)amine 二(2-乙基己基)胺 03385

[106-20-7] $C_{16}H_{35}N$ 241.46

成分 C 79.59%，H 14.61%，N 5.80%。

别名 2，2'-二乙基二己胺；二异辛胺；双（2-乙基己基）胺；Bis（2-ethylhexyl）amine；Di-*iso*-octylamine；2，2'-Diethyldihexylamine

性状 无色液体。微具氨的气味。溶于烃类，微溶于水。mp <－60℃；bp_{20} 160℃/2.666kPa；bp_5 123℃/666.61Pa；Fp 250℉（121℃）；*d* 0.805；n_D^{20} 1.4425。一般试剂含量≥99.0%（GC）。

注意事项 该品口服或与皮肤接触有害。具有腐蚀性，引起烧伤。使用时应穿适当的防护服，戴手套和防护镜或面罩。万一接触到眼睛，应立即用大量水冲洗后请医生诊治。使用时如有事故发生或有不适之感，应请医生诊治。

主要用途 有机合成。杀虫剂。乳化剂。

Di(2-ethylhexyl) maleate

顺丁烯二酸二(2-乙基己)酯 03386

[142-16-5] $C_{20}H_{36}O_4$ 340.49

成分 C 70.55%，H 10.66%，O 18.79%。

别名 失水苹果酸二（2-乙基己）酯；异丁烯二酸二（2-乙基己）酯；顺丁烯二酸二异辛酯；Diisooctyl maleate；Di-*iso*-octyl maleate；DOM；Maleic acid bis(2-ethylhexyl) ester

性状 无色透明液体。有特殊气味。能与有机溶剂相混溶，不溶于水。Fp>230℉（110℃）；*d* 0.944；n_D^{20} 1.4550。一般试剂含量≥90.0%。

注意事项 该品具有刺激性。使用时应避免吸入本品的蒸气，避免与眼睛及皮肤接触。

主要用途 有机合成。气相色谱固定液。分离烃类及含氧化合物。

Di(2-ethylhexyl) phosphate

磷酸二(2-乙基己)酯 03387

[298-07-7] $C_{16}H_{35}O_4P$ 322.42

成分 C 59.60%，H 10.94%，O 19.85%，P 9.61%。

别名 磷酸二异辛酯；DEHP；D_2EHPA；DHPA；Di-*iso*-octyl phosphate；HDEHP；Phosphoric acid bis(2-ethylhexyl) ester；Bis（2-ethylhexyl）hydrogenphosphate；Bis（2-ethylhexyl）phosphate；HOEHP；P-204

GW 2015-286

性状 无色黏稠的油状液体。能与乙醇、苯、己烷等有机溶剂相混溶。mp －60℃；d^{25} 0.965；Fp 235.4℉（113℃）；n_D^{20} 1.444。一般试剂含量≥95.0%（T）。

注意事项 该品与皮肤接触有害。具有腐蚀性，能引起烧伤。使用时应穿适当的防护服，戴手套和防护镜或面罩。万一接触到眼睛，应立即用大量水冲洗后请医生诊治。使用时如有事故发生或有不适之感，应请医生诊治。

主要用途 色谱固定液。镍、钴及稀土金属及铀、铍的萃取分离。

Di(2-ethylhexyl) o-phthalate

邻苯二甲酸二(2-乙基己)酯 03388

[117-81-7] $C_{24}H_{38}O_4$ 390.56

成分 C 73.81%，H 9.81%，O 16.39%。

别名 邻苯二甲酸二异辛酯；苯二甲酸二异辛酯；邻酞酸二（2-乙基己酯）；1,2-Benzenedicarboxylic acid bis(2-ethylhexyl)ester；Bis(2-ethyhexyl) phthalate；Di-*iso*-octyl phthalate；Diisooctyl phthalate；Dioctylphthalate；DOP；DEHP；Octoil；Phthalic acid bis (2-ethylhexyl)ester

M. I. 15，2868

性状 无色至微黄色高沸点的油状液体。能与乙醇、乙醚相混溶，不溶于水。mp －47℃；bp_5 231℃/666.61Pa；Fp 403℉（206℃，闭杯）；d_{20}^{20} 0.986；n_D^{20} 1.486。

注意事项 该品损伤生育力及有危害胎儿的危险。使用前应得到专门的指导，避免曝露。使用时如有事故发生或有不适之感，应请医生诊治。

主要用途 气相色谱固定液。增塑剂。

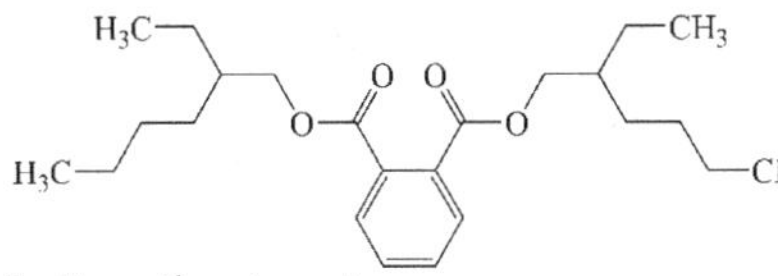

Di(2-ethylhexyl) sebacate
癸二酸二（2-乙基己）酯 03389

[122-62-3] $C_{26}H_{50}O_4$ 426.68

成分 C 73.19%，H 11.81%，O 15.00%。

别名 二（2-乙基己基）癸二酸酯；双（2-乙基己基）癸二酸酯；皮脂酸二（2-乙基己）酯；皮脂酸异辛酯；癸二酸二异辛酯；癸二酸双（2-乙基己）酯；Bis(2-ethylhexyl) sebacate；Decanedioic acid bis(2-ethylhexyl) ester；DEHS；Diisooctyl sebacate；Di-*iso*-octyl sebacate；Octoil S；Dioctyl sebacate；Plexol 201

M. I. 15，1255

性状 无色至微黄色油状液体。能与乙醇、乙醚、丙酮、三氯甲烷相混溶，不溶于水。$bp_{0.01}$ 170～172℃/1.333Pa；Fp 410℉(210℃)；d_{25}^{25} 0.9119；n_D^{25} 1.4496。一般试剂含量≥97.0%(GC)。

主要用途 塑料胶韧化剂。气相色谱固定液。

N,*N*-Diethylhydroxylamine *N*,*N*-二乙基羟胺 03390

[3710-84-7] $C_4H_{11}NO$ 89.14

成分 C 53.90%，H 12.44%，N 15.71%，O 17.95%。

性状 微黄色液体。具吸湿性。能与水及多种有机溶剂相混溶。mp －26～－25℃；bp 125～130℃；Fp 113℉(45℃)；d_4^{20} 0.870；n_D^{20} 1.4200。一般试剂含量≥97.0%(GC)。

注意事项 该品易燃。与皮肤接触有害。对皮肤有刺激性。使用时应穿适当的防护服和戴手套。应密封干燥保存。

Diethyl β-ketoglutarate β-酮戊二酸二乙酯 03391

[105-50-0] $C_9H_{14}O_5$ 202.21

成分 C 53.46%，H 6.98%，O 39.56%。

别名 二碳酰酸乙基丙酮；丙酮二甲酸二乙酯；1,3-丙酮二羧酸二乙酯；3-戊酮二酸二乙酯；Diethyl 1,3-acetonedicarboxylate；Diethyl 3-oxoglutarate；Ethyl acetonedicarboxylate

性状 无色油状液体。能与乙醇、乙醚、苯相混溶，不溶于水。bp_{12} 135～137℃/1.6kPa；Fp 159.8℉（71℃）；d_4^{20} 1.114；n_D^{20} 1.440。一般试剂含量≥97.0%（GC）。

注意事项 使用时应避免吸入本品的蒸气，避免与眼睛及皮肤接触。

Diethyl maleate 顺丁烯二酸二乙酯 03392

[141-05-9] $C_8H_{12}O_4$ 172.18

成分 C 55.81%，H 7.02%，O 37.17%。

别名 失水苹果酸乙酯；异丁烯二酸二乙酯；(2*Z*)-2-Butenedioic acid diethyl ester；DEM；Ethyl maleate；Maleic acid diethyl ester

M. I. 15，3139

性状 无色油状液体。溶于乙醇、乙醚，不溶于水。在碱性溶液中极易分解。mp －10℃；bp_{758} 219.5℃/101.058kPa；Fp 200℉(93℃)；d_4^{20} 1.0674；n_D^{20} 1.4402。LD_{50}大鼠急性经口：300mg/kg。一般试剂含量≥97.0%(GC)。

注意事项 该品对眼睛、有刺激性。使用时应穿适当的防护服和戴手套。万一接触到眼睛，应立即用大量水冲洗后请医生诊治。

主要用途 有机合成。

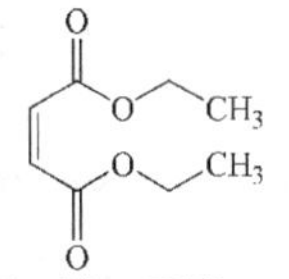

Diethyl malonate 丙二酸二乙酯 03393

[105-53-3] $C_7H_{12}O_4$ 160.17

成分 C 52.49%，H 7.55%，O 39.96%。

别名 丙二酸乙酯；胡萝卜酸乙酯；胡萝卜酸二乙酯；Ethyl malonate；Malonic ester；Propanedioic acid diethyl ester

M. I. 15，3878

性状 无色透明液体。微有香味。能与乙醇、乙醚相混溶。1g该品溶于约50mL水。mp －50℃；bp 198～199℃；bp_{20} 95℃/2.666kPa；Fp 212℉(100℃)；*d* 1.055；n_D^{20} 1.4143。一般试剂含量≥99.0%(GC)。

主要用途 测定氨、氟、钾的试剂。气相色谱固定液。有机合成。

Diethylmalonic acid 二乙基丙二酸 03394

[510-20-3] $C_7H_{12}O_4$ 160.17

成分 C 52.49%，H 7.55%，O 39.96%。

别名 3,3-戊烷二羧酸；Diethylpropanedioic acid；3,3-Pentanedicarboxylic acid

M. I. 15，3140

性状 无色结晶。极易溶于水，易溶于乙醇、乙醚，微溶于氯仿。mp 127℃；170～180℃分解，释放出二氧化碳及生成二乙基乙酸。Fp 142℉（61℃）。一般试剂含量≥98.0%。

注意事项 该品对眼睛、呼吸系统及皮肤有刺激性。使用时应穿适当的防护服。万一接触到眼睛，应立即用大量水冲洗后请医生诊治。

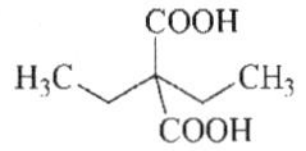

Diethylmercury 二乙基汞 03395

[624-44-1] $C_4H_{10}Hg$ 258.71

成分 C 18.57%，H 3.90%，Hg 77.53%。

别名 Mercury diethyl

GW 2015-692

性状 无色液体。常温下微挥发。能与乙醚相混溶，微溶于乙醇，不溶于水。遇光或久置变浑浊。bp 159℃；d_4^{20} 2.466；n_D^{20} 1.545。一般试剂含量≥96.0%。

注意事项 该品有毒。应密封避光保存。

主要用途 分析试剂。有机合成。合成纤维。

Diethyl methylmalonate 甲基丙二酸二乙酯 03396

[609-08-5] $C_8H_{14}O_4$ 174.19

成分 C 55.16%，H 8.10%，O 36.74%。

性状 无色液体。bp 198～199℃；bp_{10} 78～80℃/1.333kPa；Fp 179.6℉（82℃）；d_4^{20} 1.022；n_D^{20} 1.414。一般试剂含量≥99.0%（GC）。

注意事项 使用时应避免吸入本品的蒸气，避免与眼睛及皮肤接触。

Diethylmethylsilane 二乙基甲基硅烷 03397

[760-32-7] $C_5H_{14}Si$ 102.25

成分 C 58.73%，H 13.80%，Si 27.47%。

别名 甲基二乙基硅烷；Methyldiethylsilane

性状 无色液体。bp 77～79℃；Fp －11.2℉（－24℃）；d_4^{20} 0.705；n_D^{20} 1.398。一般试剂含量≥95.0%（GC）。

注意事项 该品高度易燃。对眼睛、呼吸系统及皮肤有刺激性。使用时应穿适当的防护服，戴手套和防护镜或面罩。使用现场禁止吸烟。万一接触到眼睛，应立即用大量水冲洗后请医生诊治。应远离火种密封保存。

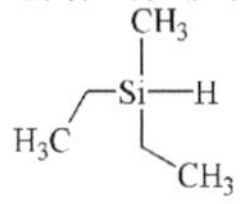

N,*N*-Diethylnicotinamide *N*,*N*-二乙基烟酰胺 03398

[59-26-7] $C_{10}H_{14}N_2O$ 178.24

成分 C 67.39%，H 7.92%，N 15.72%，O 8.98%。

别名 烟酸二乙胺；*N*,*N*-二乙基菸酰胺；nacardone；Astrocar；Carbamidal；Cardamine；Cardiamid；Cardimon；Coracon；Coractiv N；Coramine；Cordiamin；Corediol；Cormed；Cormid；Corvitol；Corvotone；*N*, *N*-Diethyl-3-pyridinecarboxamide；Dynacoryl；Eucoran；Inicardio；Niamine；Nicamide；Nicor；Nicorine；Nicotinic acid diethylamide；Nikardin；Nikethamide；Pyricardyl；Pyridine-3-carboxylic acid diethylamide；Salvacard；Stimulin；Ventramine

M. I. 15，6627

性状 无色微黏液体。低温时为结晶性固体。能与水、乙醚、氯仿、丙酮、乙醇相混溶。mp 24～26℃；bp_{760} 296～300℃（部分分解）/101.325kPa；bp_{10} 158～159℃/1.333kPa；bp_3 128～129℃/399.966Pa；$bp_{0.4}$ 115℃/4.133Pa；Fp 235.4℉（113℃）；d_4^{25} 1.058～1.066（液体）；n_D^{20} 1.525～1.526；n_D^{25} 1.522～1.524。LD_{50}大鼠腹膜内注射：272mg/kg。一般试剂含量≥98.0%（GC）。

注意事项 该品口服有毒。对眼睛、呼吸系统及皮肤有刺激性。使用时应穿适当的防护服，戴手套和防护镜或面罩。万一接触到眼睛，应立即用大量水冲洗后请医生诊治。使用时如有事故发生或有不适之感，应请医生诊治。

主要用途 医用中枢神经系统呼吸稳定剂。

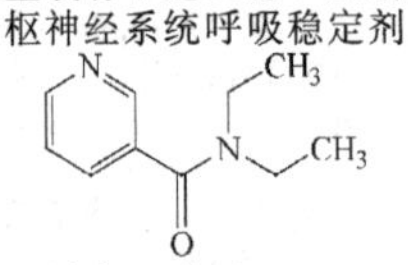

Diethyl *p*-nitrophenylphosphate

对硝基苯磷酸二乙酯 03399

[311-45-5] $C_{10}H_{14}NO_6P$ 275.20

成分 C 43.64%，H 5.13%，N 5.09%，O 34.88%，P 11.26%。

别名 *O*，*O*-Diethyl *O*-（4-nitrophenyl）phosphate；E-600；Ester 25；Eticol；Fosfakol；Mintacol；Miotisal A；Paraoxon；Phosphoric acid diethyl *p*-nitrophenyl ester；Phosphacol；Soluglaucit

M.I.15，7134

性状 无色油状液体。略微有味。易溶于乙醚及其他有机溶剂，溶于水（25℃，2400μg/mL）。水溶液在 pH＝7 时最稳定。$bp_{1.0}$ 169～170℃/133.32Pa；d_4^{25} 1.2683；n_D^{20} 1.50959；uv max：274nm（ε 8.9×10³）。LD_{50}大鼠急性经口：1.8mg/kg。一般试剂含量≥97.0%（HPLC）。

注意事项 该品吸入、口服或与皮肤接触极毒。使用时应穿适当的防护服，戴手套和防护镜或面罩。使用时如有事故发生或有不适之感，应请医生诊治。应密封于 2～8℃保存。

主要用途 杀虫剂。制药工业。分析用标准物质。

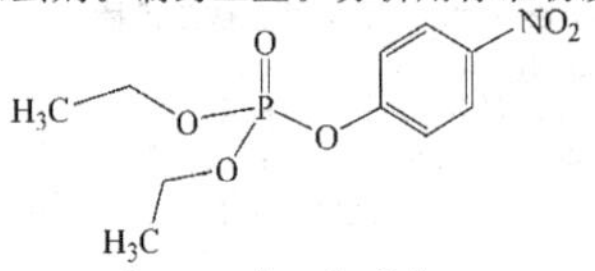

3,3′-Diethyloxacarbocyanine iodide

碘化 3,3′-二乙基氧杂羰花青 03400

[57441-62-0] $C_{21}H_{21}IN_2O_2$ 460.31

成分 C 54.80%，H 4.60%，I 27.57%，N 6.09%，O 6.95%。

别名 $DiOC_2$（3）；DOC iodide；3-Ethyl-2-［3-（3-ethyl-2（3*H*）-benzoxazolylidene）-1-propenyl］benzoxazolium iodide

性状 带有金属光泽的玫瑰红色结晶。溶于乙醇、甲醇、二甲基亚砜、吡啶。mp 278℃（分解）。一般试剂含量≥98.0%（TLC）。

注意事项 该品对眼睛、呼吸系统及皮肤有刺激性。使用时应穿适当的防护服和戴手套。万一接触到眼睛，应立即用大量水冲洗后请医生诊治。应充氩气密封避光保存。

主要用途 生化研究。增感剂。

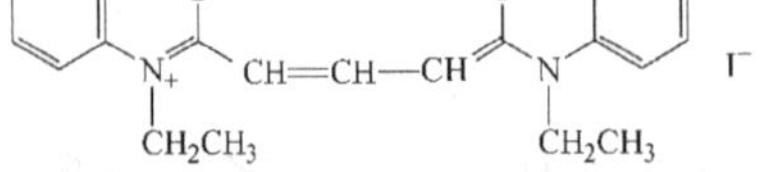

3,3′-Diethyloxadicarbocyanine iodide

碘化 3,3′-二乙基氧杂二羰花青 03401

[14806-50-9] $C_{23}H_{23}IN_2O_2$ 486.35

成分 C 56.80%，H 4.77%，I 26.09%，N 5.76%，O 6.58%。

别名 $DiOC_2$（5）；DODCI；DODC iodide

性状 白色粉末。有恶臭。溶于甲醇、二甲基甲酰胺。mp 232℃（分解）；$λ_{max}$ 582nm。生化试剂含量≥99.0%（TLC）。

注意事项 对眼睛、呼吸系统及皮肤有刺激性。使用时应穿适当的防护服。万一接触到眼睛，应立即用大量水冲洗后请医生诊治。该品应密封避光保存。

主要用途 生化研究。

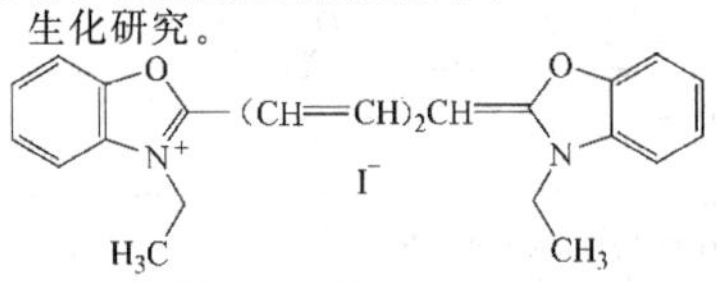

Diethyl oxalate 草酸二乙酯 03402

[95-92-1] $C_6H_{10}O_4$ 146.14

成分 C 49.31%，H 6.90%，O 43.79%。

别名 乙二酸二乙酯；草酸乙酯；Diethyl ethanedioate；Ethanedioic acid diethyl ester；Ethyl oxalate；Oxalic acid diethyl ester

GW 2015-2579 M.I.15，3142

性状 无色液体。能与乙醇、乙醚等有机溶剂相混溶，略微溶于水。mp －40.6℃；bp_{760} 185.7℃/101.325kPa；bp_{100} 130.8℃/13.332kPa；bp_{20} 96.8℃/2.666kPa；bp_1 47℃/133.32kPa；Fp 168℉（75℃，开杯）；d_4^{20} 1.0785；n_D^{20} 1.41011。一般试剂含量≥99.5%。

注意事项 该品口服有害。对眼睛有刺激性。使用时应避免吸入本品的蒸气。应密封保存。

主要用途 纤维酯及醚的溶剂。萃取剂。能从乙二酸盐均匀溶液中析出稀土及其他元素。有机合成。

Diethyl oxalpropionate 草丙酸二乙酯 03403

[759-65-9] $C_9H_{14}O_5$ 202.21

成分 C 53.46%，H 6.98%，O 39.56%。

别名 Diethyl 2-methyl-3-oxosuccinate；Diethyl 2-methyl-2′-oxosuccinate

性状 无色液体。bp 198～202℃；bp_{23} 138℃/3.06kPa；Fp 206.6℉（97℃）；d^{25} 1.073；n_D^{20} 1.433。一般试剂含量≥97.0%（GC）。

注意事项 使用时应避免吸入本品的蒸气，避免与眼睛及皮肤接触。

3,3′-Diethyloxatricarbocyanine iodide

碘化 3,3′-二乙基氧杂三羰花青 03404

[15185-43-0] $C_{25}H_{25}IN_2O_2$ 512.39

成分 C 58.60%，H 4.92%，I 24.77%，N 5.47%，O 6.24%。

别名 DOTCI

性状 白色粉末。生化试剂含量≥99.0%（AT）。

注意事项 使用时应避免吸入本品的粉尘，避免与眼睛及皮肤接触。应密封避光保存。

主要用途 生化研究。生物染色剂。

Diethyl 3-oxopimelate 3-氧庚二酸二乙酯 03405

[40420-22-2] $C_{11}H_{18}O_5$ 230.26

成分 C 57.38%，H 7.88%，O 34.74%。

别名 Diethyl 3-oxoheptanedioate

性状 无色液体。$bp_{0.5}$ 130～132℃/66.661Pa；Fp ＞230℉（110℃）；d_4^{20} 1.08；n_D^{20} 1.447。一般试剂含量≥95.0%（T）。

Diethyl 4-oxopimelate 4-氧庚二酸二乙酯 03406

[6317-49-3] $C_{11}H_{18}O_5$ 230.26

成分 C 57.38%，H 7.88%，O 34.74%。

别名 Diethyl 4-oxoheptanedioate

性状 无色液体。$bp_{0.6}$ 144℃/79.993Pa；Fp＞230℉（110℃）；d_4^{20} 1.082；n_D^{20} 1.4410。一般试剂含量≥98.0%（GC）。

注意事项 使用时应避免吸入本品的蒸气，避免与眼睛及皮肤接触。应充氮气密封避光保存。

Diethyl phenylphosphonite 苯基亚膦酸二乙酯 03407

[1638-86-4] $C_{10}H_{15}O_2P$ 198.20

成分 C 60.60%，H 7.63%，O 16.14%，P 15.63%。

别名 苯基亚磷酸二乙酯；二乙氧基苯膦；Diethyl phenylphosphite；Diethoxyphenylphosphine

性状 无色液体。Fp ＞230℉（110℃）；*d* 1.032；n_D^{20} 1.5100。一般试剂含量≥97.0%。

Diethyl phosphite　亚磷酸二乙酯　03408
[762-04-9]　$C_4H_{11}O_3P$　138.10
成分　C 34.79%，H 8.03%，O 34.76%，P 22.43%。
性状　无色油状液体。对湿度敏感。能与乙醇、乙醚等有机溶剂相混溶，不溶于水。有恶臭。bp_2 51～52℃/266.64Pa；Fp 179.6℉（82℃）；d_4^{20} 1.073；n_D^{20} 1.407。一般试剂含量 99.0%～100.2%。
注意事项　该品对眼睛、呼吸系统及皮肤有刺激性。使用时应穿适当的防护服，戴手套和防护镜或面罩。万一接触到眼睛，应立即用大量水冲洗后请医生诊治。应充氩气密封干燥保存。
主要用途　萃取剂。制取磷酸酯的中间体。

Diethyl *o*-phthalate　邻苯二甲酸二乙酯　03409
[84-66-2]　$C_{12}H_{14}O_4$　222.24
成分　C 64.85%，H 6.35%，O 28.80%。
别名　邻酞酸二乙酯；苯二甲酸二乙酯；DEP；Ethyl phthaate；Neantine；Palatinol A；Phthalic acid diethyl ester
M.I.15，7483
性状　无色至微黄色油状液体。微有苦味。能与乙醇、乙醚、石油醚、丙酮等有机溶剂相混溶，不溶于水。mp －3℃；bp 295℃；Fp 284℉（140℃）；d_4^{14} 1.232；n_D^{14} 1.5049。LD_{50} 大鼠腹膜内注射：5.06mL/kg。一般试剂含量≥96.0%（GC）。
主要用途　气相色谱固定液，用于烃、酮、醇、酸、酯等有机化合物的分析。纤维素和酯类的溶剂。增塑剂。润滑剂。

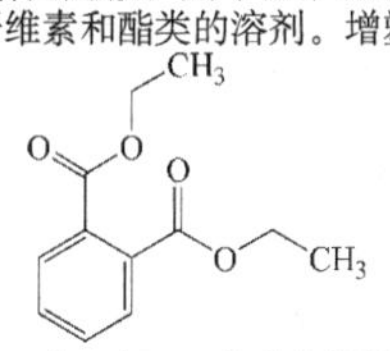

1,1-Diethylpropargylamine　1,1-二乙基炔丙基胺　03410
[4079-68-9]　$C_7H_{13}N$　111.18
成分　C 75.62%，H 11.78%，N 12.60%。
别名　1,1-二乙基-2-丙炔胺；*N*,*N*-二乙基炔丙基胺；3-二乙基氨基-1-丙炔；3-Diethylamino-1-propyne；*N*,*N*-Diethylpropargylamine；1,1-Diethyl-2-propynylamine
性状　无色液体。对空气敏感。有恶臭。bp 118～120℃；bp_{90} 71～72℃/11.999 kPa；Fp 70℉（21℃）；d^{20} 0.80；n_D^{20} 1.4409。一般试剂含量≥95.0%（GC）。
注意事项　该品高度易燃。吸入、口服或与皮肤接触有害。对眼睛有刺激性，并有严重损伤的危险。使用时应穿适当的防护服，戴手套和防护镜或面罩。万一接触到眼睛，应立即用大量水冲洗后请医生诊治。使用现场禁止吸烟。应远离火种，充氩气密封避光保存。

Diethylpropion hydrochloride
二乙胺苯丙酮 盐酸盐　03411
[134-80-5]　$C_{13}H_{20}ClNO$　241.76
成分　C 64.59%，H 8.34%，Cl 14.66%，N 5.79% O 6.62%。
别名　盐酸二乙胺苯丙酮；Anorex；Dobesin；Moderatan；Prefamone；Regenon；Tenuate；Tepanil；2-Diethylamino-1-phenyl-1-propanone hydrochloride；2-Diethylaminopropiophenonne hydrochloride；α-Benzoyltriethylamine hydrochloride；Amfepramone hydrochloride
M.I.15，3145
性状　无色结晶。易溶于水、氯仿，几乎不溶于乙醚。168℃分解。
主要用途　医用食欲抑制剂。

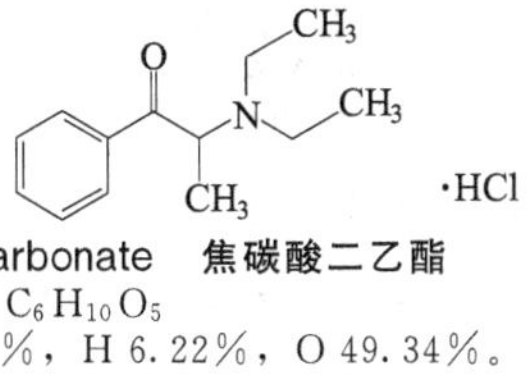

·HCl

Diethyl pyrocarbonate　焦碳酸二乙酯　03412
[1609-47-8]　$C_6H_{10}O_5$　162.14
成分　C 44.45%，H 6.22%，O 49.34%。
别名　Baycovin；DEP；DEPC；Dicarbonic acid diethy l ester；Diethyl oxydiformate；Ethoxyformic acid anhydride；Oxydiformic acid diethyl ester；Pyrocarbonic acid diethyl ester；Ue-5908
M.I.15，3146
性状　无色液体。具有酯类香味。对湿度敏感。溶于醇类、酯类、酮类、烃类，遇水逐渐分解。bp 160～163℃；Fp 156.2℉（69℃）；d_4^{20} 1.12；n_D^{20} 1.398。一般试剂含量≥97.0%（NT）。
注意事项　该品吸入或口服有害。对眼睛、呼吸系统及皮肤有刺激性。使用时应穿适当的防护服。万一接触到眼睛，应立即用大量水冲洗后请医生诊治。应充氮气密封于 2～8℃干燥保存。
主要用途　食物发酵抑制剂。缓和酯化剂。酒类、软饮料及果汁的防腐剂。有机合成。

Diethyl sebacate　癸二酸二乙酯　03413
[110-40-7]　$C_{14}H_{26}O_4$　258.36
成分　C 65.09%，H 10.14%，O 24.77%。
别名　皮脂酸乙酯；皮脂酸二乙酯；癸二酸乙酯；Decanedioic acid diethyl ester；Ethyl sebacate；Sebacic acid diethyl ester
M.I.15,8552
性状　无色至浅黄色油状液体。遇冷结晶。能与乙醇、乙醚、丙酮等有机溶剂相混溶，溶于约 700 份冷水、50 份沸水。mp 1～2℃；bp 约 307℃（部分分解）；Fp ＞230℉（110℃）；d_4^{20} 0.965；n_D^{20} 1.4369。LD_{50} 大鼠急性经口：14.47g/kg。一般试剂含量约 98.0%（GC）。

主要用途　溶剂。塑料制备。有机合成。

Diethylsilane　二乙基硅烷　03414
[542-91-6]　$C_4H_{12}Si$　88.23
成分　C 54.45%，H 13.71%，Si 31.83%。
M.I.15,3147
性状　无色液体。在纯净空气中稳定。能被氧化银、氧化汞快速氧化。能缓慢被石油醚氧化。bp_{741} 56℃/98.792kPa；Fp －20℉（－28℃）；d_4^{20} 0.6843；n_D^{20} 1.3921。一般试剂含量≥99.0%（GC）。
注意事项　该品高度易燃。使用时应避免吸入本品的蒸气，避免与眼睛及皮肤接触。使用现场禁止吸烟。应远离火种密封保存。

Diethyl suberate　辛二酸二乙酯　03415
[2050-23-9]　$C_{12}H_{22}O_4$　230.30
成分　C 62.58%，H 9.63%，O 27.79%。
别名　栓皮酸二乙酯；栓酸二乙酯
性状　无色液体。溶于乙醇、乙醚，不溶于水。mp 7～9℃；bp 282℃；$bp_{0.1}$ 110℃/13.332Pa；Fp＞230℉（110℃）；d_4^{20} 0.982；n_D^{20} 1.432。一般试剂含量≥99.0%（GC）。
注意事项　使用时应避免吸入本品的粉尘，避免与眼睛及皮肤接触。
主要用途　有机合成。色谱标准物。

Diethyl succinate　丁二酸二乙酯　03416
[123-25-1]　$C_8H_{14}O_4$　174.19
成分　C 55.16%，H 8.10%，O 36.74%。
别名　丁二酸乙酯；琥珀酸乙酯；琥珀酸二乙酯；Butanedioic acid diethyl ester；Ethyl succinate
性状　无色液体。能与乙醇、乙醚相混溶，不溶于水。mp －20℃；bp 218℃；bp_{10} 97～99℃/1.333kPa；Fp 204.8℉（96℃）；d_4^{20} 1.047；n_D^{20} 1.420。一般试剂含量≥99.0%（GC）。
注意事项　见 03415 辛二酸二乙酯。
主要用途　气相色谱固定液。塑料工业。

Diethyl sulfate　硫酸二乙酯　03417
[64-67-5]　$C_4H_{10}O_4S$　154.18
成分　C 31.16%，H 6.54%，O 41.50%，S 20.80%。
别名　硫酸乙酯；DES；Ethyl sulfate；Sulfuric acid diethyl ester
GW 2015-1311　M.I.15，3149
性状　无色油状液体。具有薄荷味。久置色变黑。能与乙醇、乙醚相混溶，几乎不溶于水。在热水中迅速分解成乙醇和硫酸乙酯。mp －25℃；bp 209.5℃（分解）；bp_{15}

96℃/2kPa；bp_5 75℃/666.61Pa；Fp 219.2℉（104℃）；d_4^{23} 1.1774；n_D^{20} 1.40037。LD_{50} 大鼠急性经口：0.88g/kg。一般试剂含量≥99.0%（GC）。

注意事项 该品具有腐蚀性，能引起烧伤。吸入、口服或与皮肤接触有害。能引起遗传基因的损伤。能致癌。使用前应得到专门的指导，避免曝露。使用时如有事故发生或有不适之感，应请医生诊治。

主要用途 有机合成。用于酚类的乙氧基化反应及乙烯磺化的促进剂。

Diethyl sulfone 二乙砜 03418

[597-35-3] $C_4H_{10}O_2S$ 122.19

成分 C 39.32%，H 8.25%，O 26.19%，S 26.24%。

别名 乙基砜；二乙基砜；Ethyl sulfone

性状 无色菱形结晶。微溶于水。mp 73～74℃；bp_{755} 246℃/20.665kPa。一般试剂含量≥97.0%。

主要用途 有机合成。

Diethyl D-tartrate D-酒石酸二乙酯 03419

[13811-71-7] $C_8H_{14}O_6$ 206.19

成分 C 46.60%，H 6.84%，O 46.56%。

别名 D-α,β-二羟基丁二酸二乙酯；D-α,β-二羟基琥珀酸乙酯；D-酒石酸乙酯；Ethyl D-tartrate；D-(−)-Tartaric acid diethyl ester

性状 无色固体或油状液体。易溶于乙醇、乙醚，微溶于水。bp 270～274℃；bp_{19} 162℃/2.53kPa；Fp 200℉（93℃）；d_4^{20} 1.205；n_D^{20} 1.447；$[\alpha]_D^{20}$ −26.5°±1°（c=1，于水中）。一般试剂含量≥99.0%（GC）。

主要用途 溶剂。

COOC$_2$H$_5$
HO—H
H—OH
COOC$_2$H$_5$

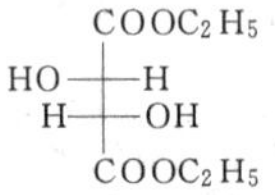

Diethyl L-tartrate L-酒石酸二乙酯 03420

[87-91-2] $C_8H_{14}O_6$ 206.19

成分 C 46.60%，H 6.84%，O 46.56%。

别名 L-α,β-二羟基丁二酸二乙酯；L-α,β-二羟基琥珀酸二乙酯；L-酒石酸乙酯；(2R，3R)-2，3-Dihydroxybutanedioic acid diethyl ester；Ethyl L-tartrate；L-(+)-Tartaric acid diethyl ester

M. I. 15，3150

性状 无色浓稠油状液体。低温时凝固。能与乙醇、乙醚相混溶，微溶于水。mp 17℃；bp 280℃；bp_{11} 150℃/1.467kPa；Fp 200℉（93℃）；d_4^{20} 1.204；n_D^{20} 1.4476；$[\alpha]_D^{20}$ +7.5°（c=1，于水中）。一般试剂含量≥99.0%（GC）。

主要用途 溶剂。增塑剂。

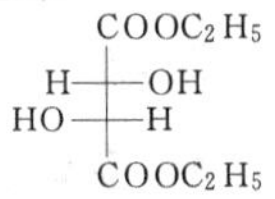

COOC$_2$H$_5$
H—OH
HO—H
COOC$_2$H$_5$

3,3′-Diethylthiadicarbocyanine iodide 碘化3,3′-二乙基硫杂二羰花青 03421

[514-73-8] $C_{23}H_{23}IN_2S_2$ 518.48

成分 C 53.28%，H 4.47%，I 24.48%，N 5.40%，S 12.37%。

别名 Abminthic；Anelmid；Anguifugan；Delvex；Dejo；$DiSC_2$（5）；Dilombrin；Dithiazanine iodide；Dizan；DT-DCI；3-Ethyl-2-[5-(3-ethyl-2(3H)-benzothiazolylidene)-1，3-pentadienyl] benzothiazolium iodide；Nectocyd；Partel；Telmicid；Telmid

M. I. 15，3412

性状 来自甲醇中的绿色针状结晶。对光敏感。249℃分解。能被聚乙烯吡咯烷酮溶解，几乎不溶于水。生化试剂含量≥99.0%（HPCE）。

注意事项 该品口服极毒。使用时应穿适当的防护服，戴手套和防护镜或面罩。使用时如有事故发生或有不适之感，应请医生诊治。应密封避光保存。

主要用途 生化研究。医用驱虫剂。

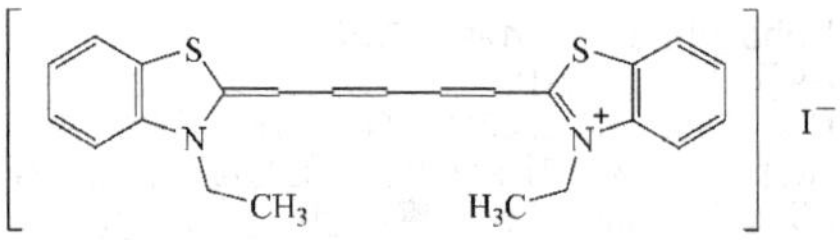

3,3′-Diethylthiatricarbocyanine iodide 碘化3,3′-二乙基硫杂三羰花青 03422

[3071-70-3] $C_{25}H_{25}IN_2S_2$ 544.51

成分 C 55.14%，H 4.63%，I 23.31%，N 5.14%，S 11.78%。

别名 $DiSC_2$（7）；DTTCI

性状 白色粉末。生化试剂含量≥97.0%（AT）。

注意事项 该品吸入、口服或与皮肤接触有害。对眼睛、呼吸系统及皮肤有刺激性。使用时应穿适当的防护服和戴手套。万一接触到眼睛，应立即用大量水冲洗后请医生诊治。应密封避光保存。

主要用途 生化研究。生物染色剂。

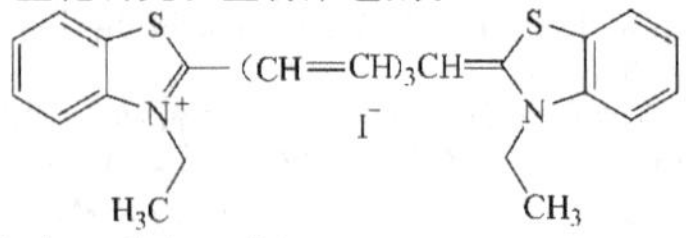

N,*N*-Diethyl-*m*-toluamide *N*,*N*-二乙基间甲苯甲酰胺 03423

[134-62-3] $C_{12}H_{17}NO$ 191.27

成分 C 75.36%，H 8.96%，N 7.32%，O 8.36%。

别名 间甲苯甲酸二乙酰胺；Autan；*m*-Delphene；Detamide；Dieltamid；Flypel；Metadelphene；Off；Repel；Deet；*m*-DETA；*N*,*N*-Dimethyl-3-methylbenzamide；ENT-20218；M-Det；*m*-Toluic acid diethylamide

M. I. 15，2859

性状 无色液体。能与乙醇、乙醚、苯、氯仿、二硫化碳、异丙醇相混溶，略微溶于石油醚，几乎不溶于甘油。溶于水（25℃，9.9mg/mL）。bp_{19} 160℃/2.533kPa；$bp_{1.0}$ 111℃/133.32Pa；Fp311℉（115℃，开杯）；d_4^{20} 0.996；n_D^{25} 1.5206。雄、雌大鼠急性经口：2.43mL/kg，1.78mL/kg；兔皮肤接触：≥3.18mL/kg。LD_{50} 大鼠吸入：5.95mg/L。生化试剂含量≥97.5%（GC）。

注意事项 该品口服有害。对眼睛及皮肤有刺激性。对水生物有害。能对水环境产生长期有害的结果。应防止将本品释放于环境中。

主要用途 昆虫拒斥剂。

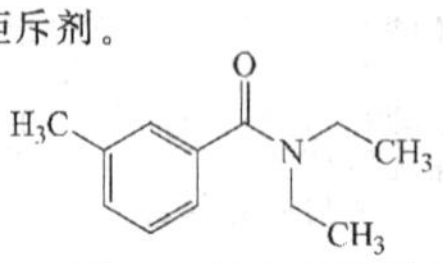

N,*N*-Diethyl-*m*-toluidine *N*,*N*-二乙基间甲苯胺 03424

[91-67-8] $C_{11}H_{17}N$ 163.26

成分 C 80.93%，H 10.50%，N 8.58%。

别名 *N*，*N*-二乙基-3-甲基苯胺；3-(二乙氨基)甲苯；*N*，*N*-Diethyl-3-methylaniline；3-(Diethylamino)toluene

性状 无色或浅黄色液体。能与乙醇、乙醚相混溶。bp 231～232℃；Fp 212℉（100℃）；d 0.922；n_D^{20} 1.5360。一般试剂含量≥99.0%。

注意事项 该品有毒。对眼睛、呼吸系统及皮肤有刺激性。使用时应避免吸入本品的蒸气，避免与眼睛及皮肤接触。应密封避光保存。

主要用途 有机合成。染料合成。

N,*N*-Diethyl-*o*-toluidine *N*,*N*-二乙基邻甲苯胺 03425

[606-46-2] $C_{11}H_{17}N$ 163.26

成分 C 80.93%，H 10.50%，N 8.58%。

别名 *N*,*N*-二乙基-2-甲基苯胺；2-(二乙氨基)甲苯；*N*,*N*-Diethyl-2-methylaniline；2-(Diethylamino)toluene

GW 2015-694

性状 无色或浅黄色液体。能与乙醇、乙醚等相混溶。bp 208～210℃。

注意事项 见03424 *N*,*N*-二乙基间甲苯胺。

主要用途 有机合成。

N,*N*-Diethyltrimethylsilylamine

N,N-二乙基三甲基甲硅烷基胺 03426
[996-50-9] $C_7H_{19}NSi$ 145.32
成分 C 57.85%，H 13.18%，N 9.64%，Si 19.33%。
别名 二乙氨基三甲基硅烷；N-（三甲基硅烷基）二乙胺；(Diethylamino)trimethylsilane；TMSDEA；N-(Trimethylsilyl)diethylamine
性状 无色液体。对湿度敏感。bp 125～126℃；Fp 48.2℉(9℃)；d_4^{20} 0.767；n_D^{20} 1.412。一般试剂含量≥95.0%（GC）。
注意事项 该品高度易燃。具有腐蚀性，能引起烧伤。使用时应穿适当的防护服，戴手套和防护镜或面罩。万一接触到眼睛，应立即用大量水冲洗后请医生诊治。使用时如有事故发生或有不适之感，应请医生诊治。应充氩气密封干燥保存。
主要用途 甲硅烷基化剂。

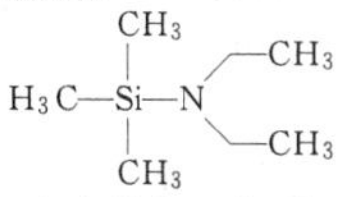

N,N-Diethyl (trimethylsilylmethyl) amine
N,N-二乙基(三甲基甲硅烷基甲基)胺 03427
[10545-36-5] $C_8H_{21}NSi$ 159.35
成分 C 60.30%，H 13.28%，N 8.79%，Si 17.63%。
别名 （二乙基氨基甲基）三甲基硅烷；N-（三甲基甲硅烷基甲基）二乙胺；(Diethylaminomethyl)trimethylsilane；N-(Trimethylsilylmethyl)diethylamine
性状 无色液体。Fp 75.2℉(24℃)；d_4^{20} 0.769；n_D^{20} 1.423。一般试剂含量≥97.0%(GC)。
注意事项 该品易燃。对眼睛、呼吸系统及皮肤有刺激性。使用时应穿适当的防护服。万一接触到眼睛，应立即用大量水冲洗后请医生诊治。应充氩气密封干燥保存。

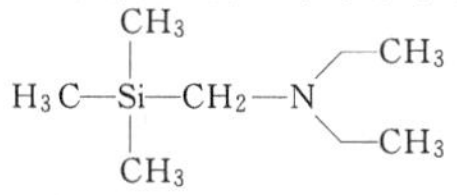

Diethylzinc 二乙基锌 03428
[557-20-0] $C_4H_{10}Zn$ 123.53
成分 C 38.89%，H 8.16%，Zn 52.95%。
别名 Zinc diethyl
GW 2015-698 M.I.15，3151
性状 无色流动液体。对湿度敏感。在充二氧化碳的密封瓶中稳定。能与乙醚、石油醚、苯及多数烃类相混溶。mp −28℃；bp_{760} 118℃/101.325kPa；bp_{30} 27℃/3.999kPa；Fp −1℉（−18℃）；d_4^{20}1.2065；$d_4^8$1.245；$n_{H\alpha}^{20}$1.4936。
注意事项 该品在空气中能自燃。与水反应激烈，具有腐蚀性，能引起烧伤。对水生物极毒。能对水环境引起不利的结果。使用时如有事故发生或有不适之感，应请医生诊治。使用现场禁止吸烟。万一着火，应使用干砂灭火，不能用水。应防止将本品释放于环境中。其包装物应按危险品处理。应充氩气密封保存，避免接触空气。
主要用途 有机合成。用于档案纸的（防腐）保存。

Difemerine 双苯美林 03429
[80387-96-8] $C_{20}H_{25}NO_3$ 327.42
成分 C 73.37%，H 7.70%，N 4.28%，O 14.66%。
别名 α-Hydroxy-α-phenylbenzeneacetic acid 2-dimethylamino-2-methylpropyl ester；2-Dimethylamino-1,1-dimethylethyl benzilate
M.I.15，3152
性状 无色固体。mp 78～78.3℃。
主要用途 医用解痉剂。

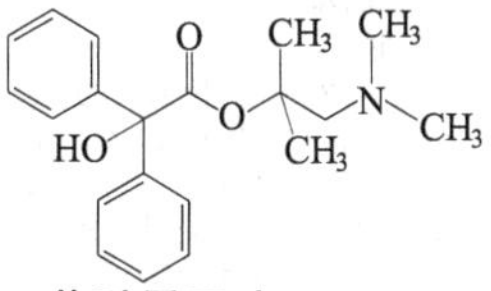

Difenoconazole 苯醚甲环唑 03430
[119446-68-3] $C_{19}H_{17}Cl_2N_3O_3$ 406.26
成分 C 56.17%，H 4.22%，Cl 17.45%，N 10.34%，O 11.81%。
别名 顺，反式-3-氯-4-[4-甲基-2-(1H-1,2,4-三唑-1-基甲基)-1,3-二氧戊环-2-基]苯基 4-氯苯基醚；1-[2-[2-氯-4-(4-氯苯氧基)苯基]-4-甲基-1,3-二氧戊环-2-基]甲基-1H-1,2,4-三唑；1-[2-[2-Chloro-4-(4-chlorophenoxy)phenyl]-4-methyl-1,3-dioxolan-2-yl]methyl-1H-1,2,4-triazole；*cis*，*trans*-3-Chloro-4-[4-methyl-2-(1H-1,2,4-triazol-1-ylmethyl)-1,3-dioxolan-2-yl]phenyl 4-chlorophenyl ether；GGA-169374；Dividend；Plandom；Score；Spectro
M.I.15，3154
性状 白色结晶性固体。易溶于多数有机溶剂，微溶于水（20℃，5mg/L）。mp 76℃。LD_{50} 大鼠急性经口：1453mg/kg；兔皮肤接触＞2010mg/kg。
注意事项 该品口服有害。对眼睛有严重损伤的危险。使用时应穿适当的防护服，戴手套和防护镜或面罩。万一接触到眼睛，应立即用大量水冲洗后请医生诊治。
主要用途 农用杀菌剂。分析用标准物质。

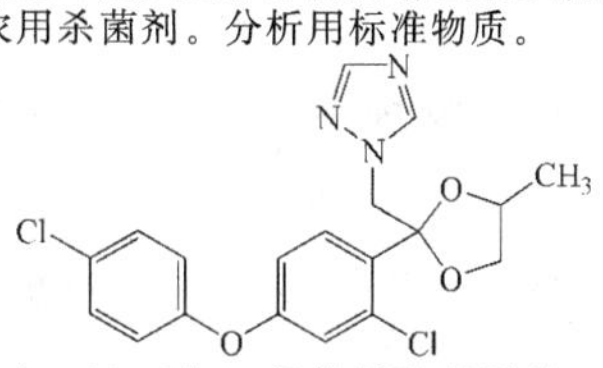

Difenoxin hydrochloride 氰苯哌酸 盐酸盐 03431
[28782-42-5] $C_{28}H_{29}ClN_2O_2$ 461.00
成分 C 72.95%，H 6.34%，Cl 7.69%，N 6.08%，O 6.94%。
别名 盐酸氰苯哌酸；1-（3-氰基-3，3-二苯基丙基）-4 苯基-4-哌啶羧酸 盐酸盐；盐酸 1-（3-氰基-3，3-二苯基丙基）-4-苯基-4-哌啶羧酸；R-15403；1-(3-Cyano-3,3-diphenylpropyl)-4-phenyl-4-piperidinecarboxylic acid hydrochloride；1-(3-Cyano-3,3-diphenylpropyl)-4-phenylisonipecotic acid hydrochloride；Difenoxilic acid hydrochloride；Difenoxylic acid hydrochloride；McN-JR-15403-11-HCl；Lyspafen-HCl
M.I.15，3155
性状 白色无定形粉末。略微溶于氯仿、四氢呋喃、二甲基乙酰胺、二甲基亚砜，极微溶于水（0.023%）。性稳定。不吸潮，不受光的影响，能储存数年。mp 290℃。LD_{50} 大鼠急性经口：149mg/kg。
主要用途 医用止泻剂。抗颤动剂。

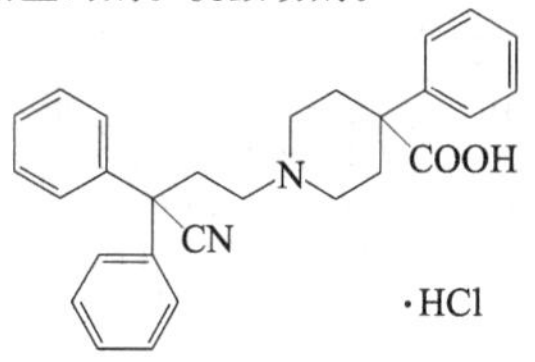

Difenpiramide
N-2-吡啶 基-（1,1′-联苯基）-4-乙酰胺 03432
[51484-40-3] $C_{19}H_{16}N_2O$ 288.35
成分 C 79.14%，H 5.59%，N 9.72%，O 5.55%。
别名 联苯吡胺；地芬吡胺；N-2-Pyridinyl-(1，1′-biphenyl)-4-acetamide；Diphenpyramide；Z-876；Difenax
M.I.15，3156
性状 无色结晶。mp 122～124℃。LD_{50}雄小鼠，大鼠急性经口：2590mg/kg，2075mg/kg；腹膜内注射：1421mg/kg，1396mg/kg。
主要用途 医用抗炎剂。

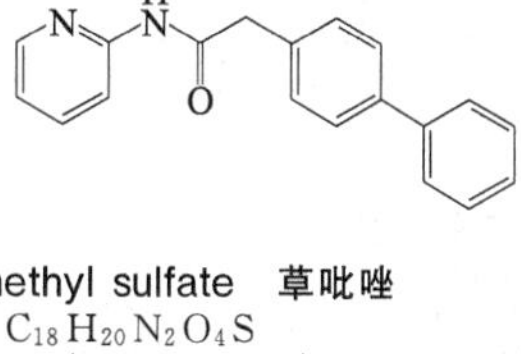

Difenzoquat methyl sulfate 草吡唑 03433
[43222-48-6] $C_{18}H_{20}N_2O_4S$ 360.43
成分 C 59.98%，H 5.59%，N 7.77%，O 17.76%，S 8.90%。
别名 1,2-二甲基-3,5-二苯基-1H-吡唑 甲基硫酸盐；甲基硫酸 1,2-二甲基-3,5-二苯基-1H-吡唑；野燕枯；燕麦枯；AC-84777；Avenge；CL-84777；1,2-Dimethyl-3,5-diphenyl-1H-pyrazolium methyl sulfate；Finaven
M.I.15,3157
性状 来自丙酮中的无色或白色结晶。溶于水(25℃，约

70%),相对不溶于非极性溶液。mp 146～148℃。LD_{50}大鼠急性经口:470mg/kg;兔皮肤接触:3540mg/kg。

注意事项 该品口服有害。对水生生物极毒。能对水环境引起不利的结果。应防止将本品释放于环境中。其包装物应按危险品处理。应密封于 2～8℃保存。

主要用途 除草剂。农业用杀菌剂。分析用标准物质。

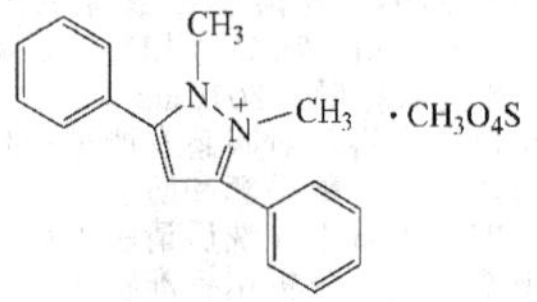

Difloxacin monohydrochloride 二氟沙星 盐酸盐 03434

[91296-86-5] $C_{21}H_{20}ClF_2N_3O_3$ 435.86

成分 C 57.87%, H 4.63%, Cl 8.13%, F 8.72%, N 9.64%, O 11.01%。

别名 双氟沙星 盐酸盐;盐酸二氟沙星;盐酸双氟沙星;Abbott 56619; A-56619; Dicural; 6-Fluoro-1-(4-fluorophenyl)-1,4-dihydro-7-(4-methyl-1-piperazinyl)-4-oxo-3-quinolinecarboxylic acid monohydrochloride

M. I. 15, 3160

性状 无色结晶。mp >275℃。

主要用途 医用、兽用抗菌剂。

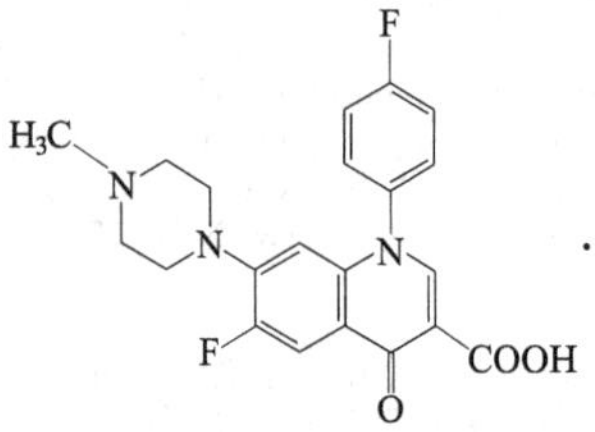

Diflubenzuron 除虫脲 03435

[35367-38-5] $C_{14}H_9ClF_2N_2O_2$ 310.68

成分 C 54.12%, H 2.92%, Cl 11.41%, F 12.23%, N 9.02%, O 10.30%。

别名 1-(4-氯苯基)-3-(2,6-二氟苯甲酰基)脲;N-[(4-氯苯基)氨基]羰基-2,6-二氟苯甲酰胺;N-[(4-Chlorophenyl) amino] carbonyl-2,6-difluorobenzamide; 1-(4-Chlorophenyl)-3-(2,6-difluorobenzoyl) urea; Difluron; DU-112307; PH-6040; TH6040; ENT-29054; OMS-1804; Dimilin; Duphacid; Micromite

M. I. 15, 3161

性状 白色至黄棕色结晶性固体。中等溶于极性至强极性溶剂,极微溶于水(20℃,约 0.2×10^{-6})。mp 239℃。LD_{50}小鼠,大鼠急性经口(50%高岭土配方):4.64g/kg,>10g/kg。

注意事项 该品对水生物极毒。能对水环境引起不利的结果。应防止将本品释放于环境中。其包装物应按危险品处理。使用时应避免吸入本品的粉尘,避免对眼睛及皮肤接触。

主要用途 杀虫剂。分析用标准物质。

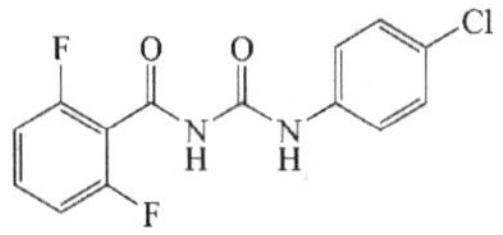

Diflucortolne 二氟米松 03436

[2607-06-9] $C_{22}H_{28}F_2O_4$ 394.46

成分 C 66.99%, H 7.16%, F 9.63%, O 16.22%。

别名 6-氟-17-去羟地塞米松;(6α,11β,16α)-6,9-Difluoro-11,21-dihydroxy-16-methylpregna-1,4-diene-3,20-dione; 6α,9α-Difluoro-16α-methyl-1,4-pregnadiene-11β,21-diol-3,20-dione; 6α,9α-Difluoro-16α-methyl-1-dehydrocorticosterone

M. I. 15, 3162

性状 来自乙酸乙酯-乙醚中的无色结晶。mp 240～244℃;$[\alpha]_D^{22}$ +111°(于甲醇中);uv max: 237nm (ε 16600)。

主要用途 医用抗炎剂。

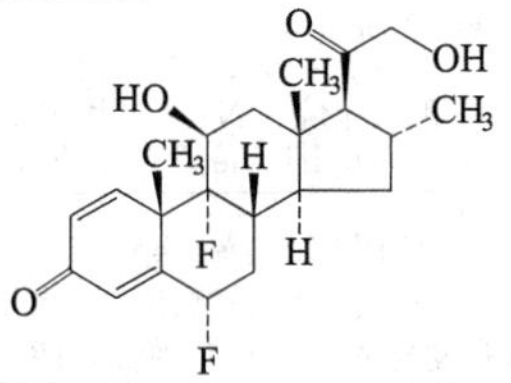

Diflufenican 吡氟草胺 03437

[83164-33-4] $C_{19}H_{11}F_5N_2O_2$ 394.30

成分 C 57.88%, H 2.81%, F 24.09%, N 7.10%, O 8.12%。

别名 吡氟酰草胺;氟虫腈;N-(2,4-Difluorophenyl)-2-[3-(trifluoromethyl) phenoxy]-3-pyridinecarboxamide; N-(2,4-Difluorophenyl)-2-(3-trifluoromethylphenoxy) nicotinamide; 2′,4′-Difluoro-2-(α,α,α-trifluoro-*m*-tolyloxy) nicotinanilide; M & B 38544; Fenican

M. I. 15, 3163

性状 来自甲苯中的白色结晶性固体。无气味。20℃时该品于下列物质中的溶解度:丙酮 10%;苯乙酮 5%;环己烷 1%;二甲基甲酸胺 10%;乙基溶纤剂 1%;异福尔酮 3.5%;煤油 1%;二甲苯 2%;水 0.05mg/L。蒸气压(25℃):4.25×10^{-6}Pa;mp 161～162℃。LD_{50}小鼠,大鼠急性经口:>1000mg/kg,>2000mg/kg;大鼠皮肤接触:>2000mg/kg。

注意事项 该品对水生物有害。能对水环境产生长期有害的结果。应防止将本品释放于环境中。

主要用途 除草剂。

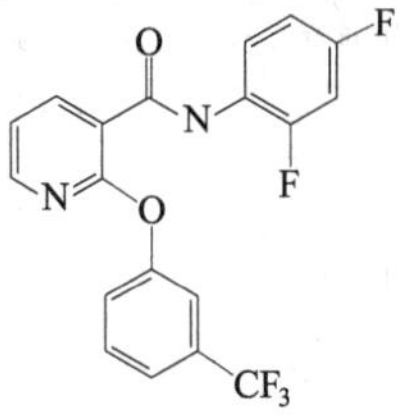

Diflufenzopyr 氟吡草腙 03438

[109293-97-2] $C_{15}H_{12}F_2N_4O_3$ 334.28

成分 C 53.90%, H 3.62%, F 11.37%, N 16.76%, O 14.36%。

别名 二氟吡隆;2-[1-[[[(3,5-Difluorophenyl) amino] carbonyl] hydrazono] ethyl]-3-pyridinecarboxylic acid; 2-[1-[4-(3,5-Difluorophenyl) semicarbazono] ethyl] nicotinic acid; SAN-835H

M. I. 15, 3164

性状 近白色固体。微溶于水(63mg/L)。蒸气压(20℃):<1.3×10^{-5} Pa。mp 155℃。LD_{50}大鼠急性经口:>5000mg/kg;皮肤接触>5000mg/kg。LD_{50}大鼠吸入:2.93mg/L;虹鳟鱼,翻车鱼:106mg/L,135mg/L。

主要用途 除草剂。

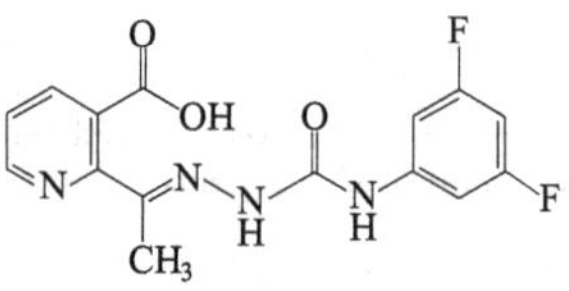

Diflunisal 二氟苯水杨酸 03439

[22494-42-4] $C_{13}H_8F_2O_3$ 250.20

成分 C 62.41%, H 3.22%, F 15.19%, O 19.18%。

别名 5-(2,4-二氟苯基)水杨酸;2′,4′-二氟-4-羟基(1,1′-联苯基)-3-羧酸;2-羟基-5-(2,4-二氟苯基)苯甲酸;2′,4′-Difluoro-4-hydroxy-(1,1′-biphenyl)-3-carboxylic acid; 2′,4′-Difluoro-4-hydroxy-3-biphenylcarboxylic acid; 2-Hydroxy-5-(2,4-difluorophenyl) benzoic acid; 5-(2,4-Difluorophenyl) salicylic acid; MK-647; Adomal; Difludol; Dolisal; Dolobid; Dolobis; Flovacil; Fluniget; Fluodonil; Flustar

M. I. 15, 3165

性状 来自甲苯中的白色结晶。易溶于乙醇、甲醇,溶于乙酸、乙酯、丙酮等多数有机溶剂,微溶于氯仿、四氯化碳、二氯甲烷,几乎不溶于水,不溶于己烷。mp 211～213℃。

LD_{50}雌小鼠急性经口:439mg/kg。
注意事项 该品口服有害。能危害胎儿。该品对眼睛、呼吸系统及皮肤有刺激性。使用时应穿适当的防护服,应避免吸入本品的粉尘。万一接触到眼睛,应立即用大量水冲洗后请医生诊治。
主要用途 生化研究。医用止痛剂,抗炎剂。

2′,4′-Difluoroacetophenone 2′,4′-二氟苯乙酮 03440
[364-83-0] $C_8H_6F_2O$ 156.13
成分 C 61.54%,H 3.87%,F 24.34%,O 10.25%。
性状 无色液体。bp_{25} 80~81℃/3.333kPa;Fp 151℉(66℃);d 1.234;n_D^{20} 1.4880。一般试剂含量≥97.0%(GC)。
注意事项 该品对眼睛、呼吸系统及皮肤有刺激性。使用时应穿适当的防护服。万一接触到眼睛,应立即用大量水冲洗后请医生诊治。应密封避光保存。

2,4-Difluoroaniline 2,4-二氟苯胺 03441
[367-25-9] $C_6H_5F_2N$ 129.11
成分 C 55.82%,H 3.90%,F 29.43%,N 10.85%。
别名 2,4-Difluorobenzenamine
M. I. 15,3166
性状 无色液体。mp −7.5℃;bp_{753} 169.5℃/100.391kPa;Fp 158℉(70℃);d_4^{20} 1.282;n_D^{20} 1.5043。一般试剂含量≥99.0%(GC)。
注意事项 该品吸入、口服或与皮肤接触有害。使用时应穿适当的防护服,戴手套和防护镜或面罩。接触皮肤后应用大量水冲洗。应充氮气密封避光保存。
主要用途 有机合成。

2,5-Difluoroaniline 2,5-二氟苯胺 03442
[367-30-6] $C_6H_5F_2N$ 129.11
成分 C 55.82%,H 3.90%,F 29.43%,N 10.85%。
性状 无色液体。mp 13~14℃;bp 176~178℃;Fp 156℉(68℃);d 1.288;n_D^{20} 1.5130。一般试剂含量≥98.0%(GC)。
注意事项 见 03441 2,4-二氟苯胺。

2,6-Difluoroaniline 2,6-二氟苯胺 03443
[5509-65-9] $C_6H_5F_2N$ 129.11
成分 C 55.82%,H 3.90%,F 29.43%,N 10.85%。
性状 无色液体。bp 152~154℃;bp_{15} 51~52℃/1.99kPa;Fp 109.4℉(43℃);d_4^{20} 1.277;n_D^{20} 1.508。一般试剂含量≥97.0%(GC)。
注意事项 见 03441 2,4-二氟苯胺。

3,4-Difluoroaniline 3,4-二氟苯胺 03444
[3863-11-4] $C_6H_5F_2N$ 129.11
成分 C 55.82%,H 3.90%,F 29.43%,N 10.85%。
性状 无色液体。bp_7 77℃/933.25Pa;Fp 185℉(85℃);d 1.302;n_D^{20} 1.5130。一般试剂含量≥99.0%(GC)。
注意事项 该品有毒。吸入、口服或与皮肤接触有害。使用时应穿适当的防护服,戴手套和防护镜或面罩。应用暗棕色瓶充氩气密封避光保存。

3,5-Difluoroaniline 3,5-二氟苯胺 03445
[372-39-4] $C_6H_5F_2N$ 129.11
成分 C 55.82%,H 3.90%,F 29.43%,N 10.85%。
性状 无色结晶。高温为液体。mp 37~41℃;Fp 167℉(75℃)。一般试剂含量≥98.0%(GC)。
注意事项 见 03441 2,5-二氟苯胺。

1,2-Difluorobenzene 1,2-二氟苯 03446
[367-11-3] $C_6H_4F_2$ 114.09
成分 C 63.16%,H 3.53%,F 33.30%。
别名 邻二氟苯;*o*-Difluorobenzene
GW 2015-337
性状 无色液体。mp −34℃;bp 92℃;Fp 33.8℉(1℃);d_4^{20} 1.158;n_D^{20} 1.445。一般试剂含量≥98.0%(GC)。
注意事项 该品高度易燃。其蒸气吸入有害。使用现场禁止吸烟。切勿排入下水道。应远离火种,采取抗放静电措施密封保存。

1,3-Difluorobenzene 1,3-二氟苯 03447
[372-18-9] $C_6H_4F_2$ 114.09
成分 C 63.16%,H 3.53%,F 33.30%。
别名 间二氟苯;*m*-Difluorobenzene
GW 2015-336
性状 无色液体。bp 81~83℃;Fp 32℉(0℃);d_4^{20} 1.157;n_D^{20} 1.438。一般试剂含量≥99.0%(GC)。
注意事项 见 03441 1,2-二氟苯。

1,4-Difluorobenzene 1,4-二氟苯 03448
[540-36-3] $C_6H_4F_2$ 114.09
成分 C 63.16%,H 3.53%,F 33.30%。
别名 对二氟苯;*p*-Difluorobenzene
GW 2015-333 M. I. 15,3167
性状 无色液体。有刺激性芳香气味。mp −23.7℃;bp 88.82℃;Fp 36℉(2℃);d^{20} 1.17006;$n_D^{18.9}$ 1.44219。一般试剂含量≥98.0%(GC)。
注意事项 该品高度易燃。切勿排入下水道。使用现场禁止吸烟。应远离火种,采取抗放静电措失密封保存。

2,6-Difluorobenzoic acid 2,6-二氟苯甲酸 03449
[385-00-2] $C_7H_4F_2O_2$ 158.11
成分 C 53.18%,H 2.55%,F 24.03%,O 20.24%。
性状 白色结晶性粉末。mp 158~160℃。一般试剂含量≥98.0%(HPLC)。
注意事项 该品对眼睛、呼吸系统及皮肤有刺激性。使用时应穿适当的防护服。万一接触到眼睛,应立即用大量水冲洗后请医生诊治。

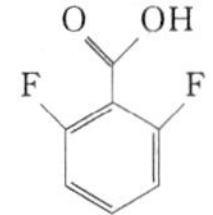

2,6-Difluorobenzonitrile 2,6-二氟苯甲腈 03450
[1897-52-5] $C_7H_3F_2N$ 139.11
成分 C 60.44%,H 2.17%,F 27.31%,N 10.07%。
性状 白色粉末。高温时为无色液体。mp 25~28℃;bp 197~198℃;Fp 194℉(90℃);d 1.246;n_D^{20}1.4875。一般试剂含量≥98.0%(GC)。
注意事项 该品吸入、口服或与皮肤接触有害。对眼睛、呼吸系统及皮肤有刺激性。使用时应穿适当的防护服。万一接触到眼睛,应立即用大量水冲洗后请医生诊治。

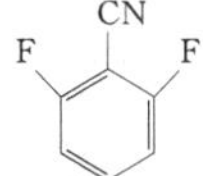

4,4′-Difluorobenzophenone 4,4′-二氟二苯甲酮 03451
[345-92-6] $C_{13}H_8F_2O$ 218.20
成分 C 71.56%,H 3.70%,F 17.41%,O 7.33%。
性状 无色结晶或白色粉末。mp 102~105℃。一般试剂含量≥99.0%(GC)。

注意事项 见 03449 2,6-二氟苯甲酸。

2,6-Difluorobenzoyl chloride 2,6-二氟苯甲酰氯 03452

[18063-02-0] $C_7H_3ClF_2O$ 176.55

成分 C 47.62%，H 1.71%，Cl 20.08%，F 21.52%，O 9.06%。

性状 无色液体。bp 189～191℃；bp_{13} 72～77℃/1.733kPa；Fp 121℉（49℃）；d 1.404；n_D^{20} 1.4980。一般试剂含量≥99.0%。

注意事项 该品易燃。具有腐蚀性，能引起烧伤。对呼吸系统有刺激性。使用时应穿适当的防护服，戴手套和防护镜或面罩。万一接触到眼睛，应立即用大量水冲洗后请医生诊治。使用时如有事故发生或有不适之感，应请医生诊治。应密封于 2～8℃干燥保存。

4,4′-Difluorobiphenyl 4,4′-二氟联苯 03453

[398-23-2] $C_{12}H_8F_2$ 190.19

成分 C 75.78%，H 4.24%，F 19.98%。

别名 4，4′-Difluoro-1，1′-biphenyl；4，4′-Difluorodiphenyl

M. I. 15，3168

性状 无色或白色结晶性粉末。有芳香气味。易溶于乙醇、氯仿、乙醚、油类，不溶于水。mp 92～95℃；bp 254～255℃；d 1.04。一般试剂含量≥99.0%。

注意事项 该品对眼睛、呼吸系统及皮肤有刺激性。使用时应穿适当的防护服。万一接触到眼睛，应立即用大量水冲洗后请医生诊治。

1,5-Difluoro-2,4-dinitrobenzene

1,5-二氟-2,4-二硝基苯 03454

[327-92-4] $C_6H_2F_2N_2O_4$ 204.09

成分 C 35.31%，H 0.99%，F 18.62%，N 13.73%，O 31.36%。

别名 1，3-二氟-4，6-二硝基苯；DFDNB；1，3-Difluoro-4，6-dinitrobenzene

性状 白色结晶。对湿度敏感。mp 74～75℃。生化试剂含量≥98.0%（HPLC）。

注意事项 该品吸入、口服或接触皮肤有毒，并具有蓄积性危害。使用时应穿适当的防护服，戴手套和防护镜或面罩。使用时如有事故发生或有不适之感，应请医生诊治。应充氩气密封干燥保存。

主要用途 蛋白类交联剂。

4,5-Difluoro-2-nitroaniline 4,5-二氟-2-硝基苯胺 03455

[78056-39-0] $C_6H_4F_2N_2O_2$ 174.10

成分 C 41.39%，H 2.32%，F 21.82%，N 16.09%，O 18.38%。

别名 2-硝基-4，5-二氟苯胺；2-Nitro-4,5-difluoroaniline

性状 白色粉末。mp 107～108℃。一般试剂含量≥98.0%（GC）。

注意事项 该品对眼睛、呼吸系统及皮肤有刺激性。万一接触到眼睛，应立即用大量水冲洗后请医生诊治。应充氩气密封保存。

Diflupred nate 乙酸丁酸二氟强的松龙 03456

[23674-86-4] $C_{27}H_{34}F_2O_7$ 508.56

成分 C 63.77%，H 6.74%，F 7.47%，O 22.02%。

别名 (6α,11β)-21-Acetyloxy-6,9-difluoro-11-hydroxy-17-(1-oxobutoxy) pregna-1,4-diene-3,20-dione；6α，9-Difluoro-11β，17，21-trihydroxypregna-1,4-dienc-3,20-dione 21-acetate 17-butyrate；6α，9α-Difluoroprednisolone-21-acetate-17-butyrate；CM-9155；W-6309；Epitopic；Myser

M. I. 15，3171

性状 来自二氯甲烷/乙醚/石油醚中的无色结晶。不溶于水。mp 191～194℃；$[\alpha]_D^{22}$ +31.7℃（c=0.5，于二氧六环中）；uv max（乙醇中）：237～238nm（$E_{1cm}^{1\%}$ 320）。

主要用途 医用抗炎剂。

Digallic acid 二棓酸 03457

[536-08-3] $C_{14}H_{10}O_9$ 322.23

成分 C 52.18%，H 3.13%，O 44.69%。

别名 双没食子酸酯；棓酸 5,6-二羟基-3-羟基苯酯；3,4-二羟基-5-[(3,4,5-三羟基苯甲酰)氧化]苯甲酸；3,4-Dihydroxy-5-[(3,4,5-trihydroxybenzoyl) oxy] benzoic acid；Gallic acid 5,6-dihydroxy-3-carboxyphenyl ester；4,5-Dihydroxybenzoic acid monogallate；Gallic acid 3-monogallate；m-Digallic acid；m-Galloylgallic acid

M. I. 15，3172

性状 来自乙醇+水中的无色水合针状结晶。110℃成为无水物。溶于 1900 份水（25℃）、50～60 份沸水。溶于甲醇、乙醇、丙酮，略微溶于乙醚、冰乙酸。280℃分解。遇氰化钾于水溶液中能呈短时间的桃红色，经摇动后恢复原状。

Digalogenin 地益诺皂苷元 03458

[6877-35-6] $C_{27}H_{44}O_4$ 432.65

成分 C 74.96%，H 10.25%，O 14.79%。

别名 (3β,5α,15β,25R)-Spirostan-3,15-diol

M. I. 15，3173

性状 来自甲醇中的无色结晶。溶于氯仿。mp 218.5～220.5℃；$[\alpha]_D^{21}$ −75°（于氯仿中）。

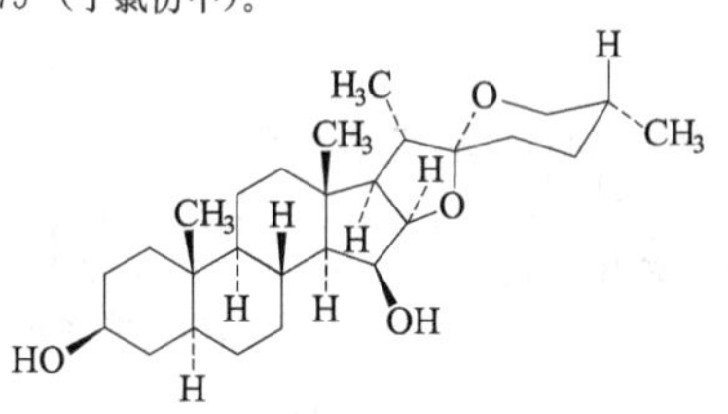

Diginatigenin 双羟洋地黄毒苷元 03459

[559-57-9] $C_{23}H_{34}O_6$ 406.52

成分 C 67.96%，H 8.43%，O 23.61%。

别名 (3β，5β，12β，16β)-3，12，14，16-Tetrahydroxycard-20(22)-enolide；12-Hydroxygitoxigenin；16-Hydroxydigoxigenin

M. I. 15，3174

性状 来自水中的无色针状结晶。mp 157℃；$[\alpha]_D^{20}$ +34°（于甲醇中）；最大吸收值（乙醇中）：318nm（lg ε 4.18），（98%硫酸中，质量分数）：230nm，310nm，390nm，490nm（$E_{1cm}^{1\%}$ 160，130，210，85）。

Diginin 毛地黄宁 03460

[467-53-8]　$C_{28}H_{40}O_7$　488.62

成分　C 68.83%，H 8.25%，O 22.92%。

别名　地芰宁苷；狄吉宁；(3β,12α,14β,17α,20S)-3-(2,6-Dideoxy-3-*O*-methyl-D-lyxohexopyranosyl) oxy-12, 20-epoxypregn-5-ene-11, 15-dione; 3-β-Diginosyloxy-12α, 20α-epoxy-14β, 17α-pregn-5-ene-11,15-dione

M. I. 15，3176

性状　来自稀乙醇中的粗大棱柱体结晶。易溶于氯仿，微溶于乙醚、丙酮、乙酸乙酯、四氯化碳，几乎不溶于水。溶点范围155～183℃；$[\alpha]_D^{14}-223°$（$c=2.3$，于氯仿中）；uv max（乙醇中）：309nm（lg ε 1.94）。

Digitalin　洋地黄苷　03461

[752-61-4]　$C_{36}H_{56}O_{14}$　712.83

成分　C 60.66%，H 7.92%，O 31.42%。

别名　毛地黄苷；狄吉他林；(3β,5β,16β)-3-(6-Deoxy-4-*O*-β-D-glucopyranosyl-3-*O*-methyl-β-D-galactopyranosyl) oxy-14, 16-dihydroxycard-20(22)-enolide; Digitalinum verum; Digitalinum true; Schmiedebrg's digitalin; Diginorgin

M. I. 15，3177

性状　来自甲醇＋乙醚或甲醇＋水中的无色结晶。溶于乙醇，微溶于水、氯仿、乙醚。mp 240～243℃；$[\alpha]_D^{20}-1.1°$（$c=0.894$，于甲醇中）。

主要用途　医用强心剂。

Digitonin　毛地黄皂苷　03462

[11024-24-1]　$C_{56}H_{92}O_{29}$　1229.32

成分　C 54.71%，H 7.54%，O 37.74%。

别名　毛地黄叶苷；地芰脱皂苷；洋地黄皂苷；Digitin

M. I. 15，3180

性状　来自乙醇中的无色结晶。易吸潮。1g 该品溶于 57mL 无水乙醇、220mL 95%乙醇，几乎不溶于水、乙醚、氯仿。mp 235～240℃；$[\alpha]_D^{20}-54°$（0.45g 溶于 15.8mL 甲醇中）。

注意事项　该品吸入、口服或与皮肤接触有毒。使用时应穿适当的防护服和戴手套。使用时应避免吸入本品的粉尘。接触皮肤后应用大量水冲洗。使用时如有事故发生或有不适之感，应请医生诊治。应充氩气密封干燥保存。

主要用途　用于血浆、胆汁和组织中胆甾醇的测定。

R=毛地黄皂苷配基

Digitoxigenin　毛地黄毒苷配基　03463

[143-62-4]　$C_{23}H_{34}O_4$　374.52

成分　C 73.76%，H 9.15%，O 17.09%。

别名　β-丁烯酸内酯-14-羟基甾醇；(3β,5β)-3,14-Dihydroxycard-20(22)-enolide; $\Delta^{20:22}$-3, 14, 21-Trihydroxynorcholenic acid lactone; Cerberigenin; Echujetin; Evonogenin; Thevetigenin

M. I. 15，3181

性状　来自 4.0%乙醇中的坚硬的棱柱体结晶。溶于乙醇、氯仿、丙酮，微溶于乙酸乙酯，极微溶于水、乙醚。mp 253℃；$[\alpha]_D^{17}+19.1°$（$c=1.36$，于甲醇中）。一般试剂含量≥99.0%（HPLC）。

注意事项　该品口服有毒。使用时如有事故发生或有不适之感，应请医生诊治。

Digitoxin　毛地黄毒苷　03464

[71-63-6]　$C_{41}H_{64}O_{13}$　764.95

成分　C 64.38%，H 8.43%，O 27.19%。

别名　毛地黄毒素；洋地黄毒苷；Cardigin; Carditoxin; Coramedan; Cristapurat; Crystalline; Crystodigin; Digicor; Digimed; Digimerck; Digipural; Digisidin; Digitophyllin; Digitaline nativelle; Ditaven; Lanatoxin; Myodigin; Nativelle; Purodigin; Pururid; Tardigal; Unidigin

M. I. 15，3182

性状　来自稀乙醇中的极小细长矩形无色或白色片状结晶。味苦。有吸湿性。1g 该品溶于约 40mL 氯仿、约 60mL 乙醇、约 400mL 乙酸乙酯，溶于丙酮、戊醇、吡啶，微溶于乙醚、石油醚，几乎不溶于水（20℃，1g/100L）。mp 256～257℃；$[\alpha]_D^{20}+4.8°$（$c=1.2$，于二氧六环中）。LD_{50} 豚鼠，猫急性经口：60.0mg/kg，0.18mg/kg。生化试剂含量≥98.0%（HPLC）。

注意事项　该品吸入或口服有毒，并具有蓄积性危害。使用时如有事故发生或有不适之感，应主动请医生诊治。应充氩气密封干燥保存。

主要用途　胆甾醇试剂。医用强心剂。

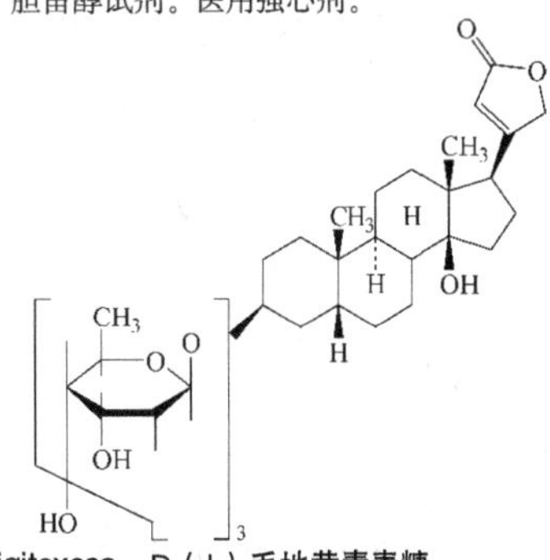

D-(＋)-Digitoxose　D-(＋)-毛地黄毒素糖　03465

[527-52-6]　$C_6H_{12}O_4$　148.16

成分　C 48.64%，H 8.16%，O 43.19%。

别名　毛地黄叶糖；洋地黄毒素糖；地芰毒糖；2-Desoxy-D-altromethylose; 2,6-Dideoxy-D-*ribo*-hexose; 2,6-Didesoxy-D-allose

M. I. 15，3183

性状　来自甲醇＋乙醚、乙酸乙酯或丙酮＋乙醚中的无色结晶或白色粉末。易溶于水，溶于丙酮、乙醇，几乎不溶于乙醚。mp 112℃；$[\alpha]_D^{17}+46.3°$（于水中）；$[\alpha]_D^{20}+39.1°$（于甲醇中）；$[\alpha]_D^{18}\ 27.9°\xrightarrow{24h}43.3°$（于吡啶中）。生化试剂含量≥99.0%（TLC）。

注意事项　使用时应避免吸入本品的粉尘，避免与眼睛及皮肤接触。应充氩气密封干燥保存。

主要用途 生化研究。

Diglycerol 一缩二丙三醇 03466
[627-82-7] $C_6H_{14}O_5$ 166.17
成分 C 43.37%，H 8.49%，O 48.14%。
别名 一缩二甘油；α，α′-一缩二丙三醇；二甘油；双甘油；Bis（2，3-dihydroxypropyl）ether；α，α′-Diglycerol；3，3′-Oxydi（1,2-propanediol）
性状 无色至黄色黏稠状液体。易吸水。能与水、乙醇相混溶。bp₂ 225～230℃/0.267kPa；d_4^{20} 1.280；n_D^{20} 1.489。
注意事项 该品对眼睛、呼吸系统及皮肤有刺激性。使用时应穿适当的防护服。万一接触到眼睛，应立即用大量水冲洗后请医生诊治。应密封保存。
主要用途 气相色谱固定液。其选择性与聚乙二醇相似。适用于含氧化合物（特别是醇）、苯胺、脂肪胺、吡啶，喹啉的分析。

Diglycolic acid 一缩二甘醇酸 03467
[110-99-6] $C_4H_6O_5$ 134.09
成分 C 35.83%，H 4.51%，O 59.66%。
别名 氧代二乙酸；缩水乙醇二酸；一缩二乙醇酸；Anhydroglycollic acid;Dicarboxymethyl ether;Dimethyl ether dicarboxylic acid;2,2′-Oxydiacetic acid;Oxydiethanoic acid
性状 无色单斜棱柱状结晶。易风化。溶于水、乙醇，水溶液呈酸性。mp 140～144℃。一般试剂含量≥97.0%（T）。
注意事项 该品口服有害。对眼睛、呼吸系统及皮肤有刺激性。使用时应穿适当的防护服。万一接触到眼睛，应立即用大量水冲洗后请医生诊治。
主要用途 络合剂。增塑剂。树脂合成、有机合成。

Digoxigenin 洋地黄毒苷 03468
[1672-46-4] $C_{23}H_{34}O_5$ 390.52
成分 C 70.74%，H 8.78%，O 20.48%。
别名 地谷新配基；(3β,5β,12β)-3,12,14-Trihydroxycard-20(22)-enolide；$\Delta^{20:22}$-3β，12β，14，21-Tetrahydroxynorcholenic acid lactone；Lanadigenin
M. I. 15，3185
性状 来自乙酸乙酯中的无色坚固的棱柱体结晶。mp 222℃；$[\alpha]_{546}^{20}$ +27.0°（c=1.77，于甲醇中）。一般试剂含量≥99.0%（HPLC）。
注意事项 该品吸入、口服或与皮肤接触极毒。使用时应穿适当的防护服，戴手套和防护镜或面罩。使用时如有事故发生或有不适之感，应请医生诊治。

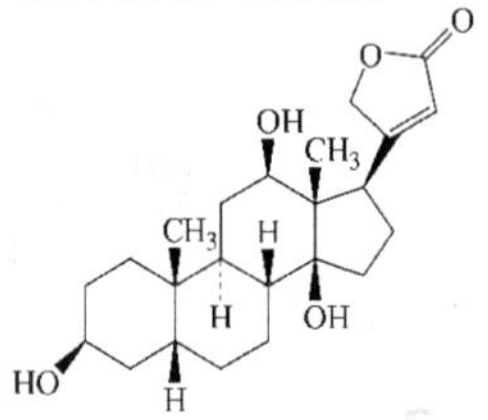

Digoxin 地谷新 03469
[20830-75-5] $C_{41}H_{64}O_{14}$ 780.95
成分 C 63.06%，H 8.26%，O 28.68%。
别名 毛地黄叶毒苷；异羟基洋地黄毒苷；狄戈辛；Cordioxil；Davoxin;Digacin;Dilanacin;Dixina;Dokim;Dynamos;Eudigox;Lanacordin；Lanicor；Lanoxicaps；Lanoxin；Lenoxicaps；Lenoxin；Longdigox;Neo-Dioxanin;Rougoxin;Stillacor;Vanoxin
GW 2015-177 M. I. 15，3186
性状 来自稀乙醇或稀吡啶中的无色结晶或白色结晶性粉末。味苦。溶于稀乙醇、吡啶、氯仿及醇的混合物，较多地溶于热乙醇，几乎不溶于水、乙醚、丙酮、乙酸乙酯、氯仿。230～265℃分解；$[\alpha]_{Hg}^{25}$ +13.4°～+13.8°（c=10，于吡啶中）；uv max（乙醇中）：220nm（ε 12800）。
注意事项 该品口服有毒。使用时应穿适当的防护服，戴手套和防护镜或面罩。使用时应避免吸入本品的粉尘。使用时如有事故发生或有不适之感，应请医生诊治。
主要用途 生化研究。医用强心剂。

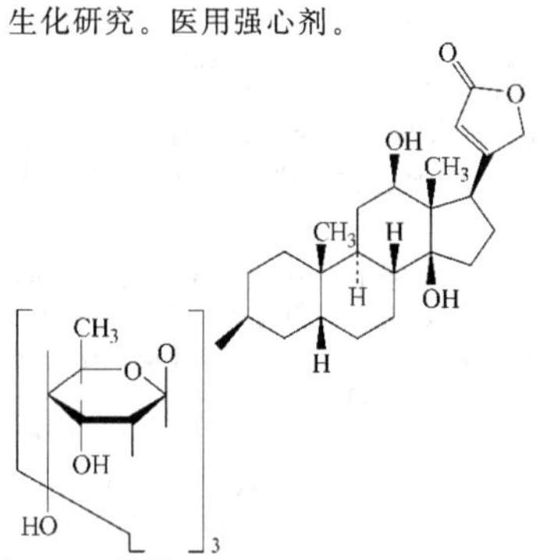

Dihexylamine 二己胺 03470
[143-16-8] $C_{12}H_{27}N$ 185.35
成分 C 77.76%，H 14.68%，N 7.56%。
别名 二正己胺
性状 无色液体。bp 192～195℃；Fp 203℉（95℃）；d_4^{20} 0.786；n_D^{20} 1.433。一般试剂含量≥97.0%（GC）。
注意事项 该品口服有害。与皮肤接触有毒。具有腐蚀性，能引起烧伤。使用时应穿适当的防护服，戴手套和防护镜或面罩。万一接触到眼睛，应立即用大量水冲洗后请医生诊治。使用时如有事故发生或有不适之感，应请医生诊治。
主要用途 溶剂。有机合成。制药工业。

3,3′-Dihexyloxacarbocyanine iodide
碘化 3,3′-二己基氧杂羰花青 03471
[53213-82-4] $C_{29}H_{37}IN_2O_2$ 572.52
成分 C 60.84%，H 6.51%，I 22.17%，N 4.89%，O 5.59%。
别名 DiOC₆(3)；3-Hexyl-2-[3-(3-hexyl-2（3*H*）benzoxazolylidene)-1-propenyl]benzoxazolium iodide
性状 无色结晶。mp 219～221℃。一般试剂含量≥98.0%（AT）。
注意事项 该品对眼睛、呼吸系统及皮肤有刺激性。使用时应穿适当的防护服。万一接触到眼睛，应立即用大量水冲洗后请医生诊治。应密封避光保存。

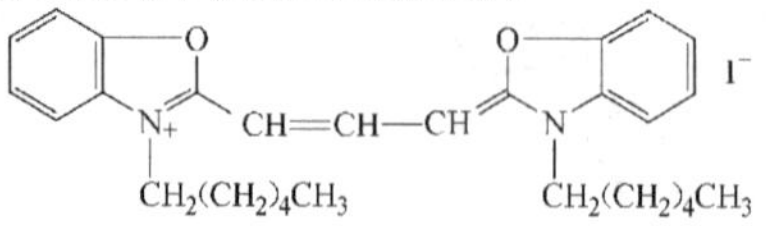

Dihydralazine 二肼苯哒嗪 03472
[484-23-1] $C_8H_{10}N_6$ 190.21
成分 C 50.52%，H 5.30%，N 44.18%。
别名 双肼酞嗪；血压哒嗪；2,3-Dihydro-1,4-phthalazinedione dihydrazone;1,4-Dihydrazinophthalazine
M. I. 15，3187
性状 来自水中的橙色针状结晶。约 180℃分解。LD_{50}大鼠腹膜内注射：1084μmol/kg。
主要用途 医用降血压剂。

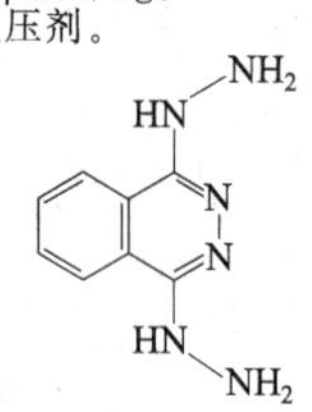

Dihydrocholesterol 二氢胆甾醇 03473
[80-97-7] $C_{27}H_{48}O$ 388.68
成分 C 83.44%，H 12.45%，O 4.12%。
别名 二氢胆固醇；5α-Cholestane-3β-ol；(3β，5α)-Chloestan-3-ol；Cholestanol；β-Cholesanol；3β-Hydroxy cholestane
M. I. 15，2207
性状 来自乙醇中的无色结晶。1g 该品溶于约 100mL 乙醇、200mL 无水甲醇。易溶于热乙醇、乙醚、氯仿。能被毛地黄皂苷沉淀。mp 141.5～142℃；$[\alpha]_D^{22}$ +24.2°（c

=1.3，于氯仿中)。生化试剂含量≥90.0%(GC)。

注意事项 使用时应避免吸入本品的粉尘，避免与眼睛及皮肤接触。

主要用途 生化研究。

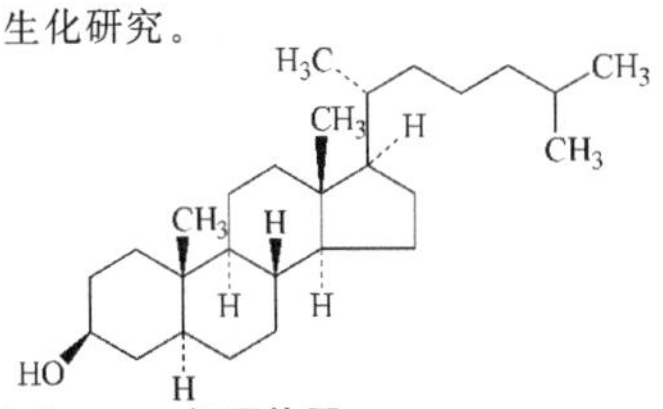

Dihydrocodeine 二氢可待因 03474

[125-28-0] $C_{18}H_{23}NO_3$ 301.38

成分 C 71.73%，H 7.69%，N 4.6%，O 15.93%。

别名 双氨可待因；(5α，6α)-4，5-Epoxy-3-methoxy-17-methylmorphinan-6-ol；6-Hydroxy-3-methoxy-*N*-methyl-4，5-epoxymorphinan；Dihydroneopine；Drocode

M. I. 15，3189

性状 来自甲醇+水中的无色结晶。mp 112～113℃；bp_{15} 248℃/2kPa。

主要用途 医用麻醉止痛剂，镇咳剂。

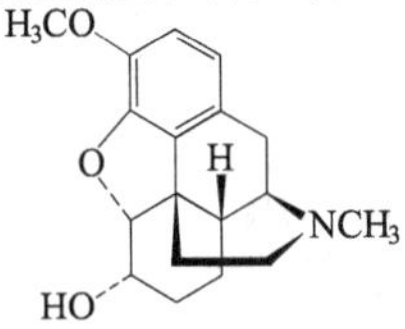

Dihydrocytochalasin B 二氢松胞素 B 03475

[39156-67-7] $C_{29}H_{39}NO_5$ 481.62

成分 C 72.32%，H 8.16%，N 2.91%，O 16.61%。

性状 无色结晶或白色粉末。

注意事项 该品吸入、口服或与皮肤接触极毒。对机体有不可逆损伤的可能性。使用时应穿适当的防护服，戴手套和防护镜或面罩。使用时应避免吸入本品的粉尘。使用时如有事故发生或有不适之感，应请医生诊治。应密封于−20℃保存。

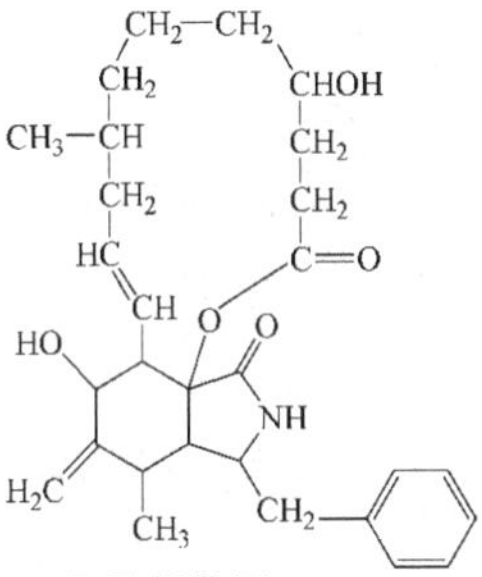

Dihydroequilin 二氢马烯雌酮 03476

[3563-27-7] $C_{18}H_{22}O_2$ 270.37

成分 C 79.96%，H 8.20%，O 11.84%。

别名 (17β)-Estra-1,3,5(10),7-teraene-3,17-diol

M. I. 15. 3190

性状 来自丙酮中的无色结晶。mp 174.5～174.6℃；$[\alpha]_D^{20}$ +220℃(于二氧六环中)。

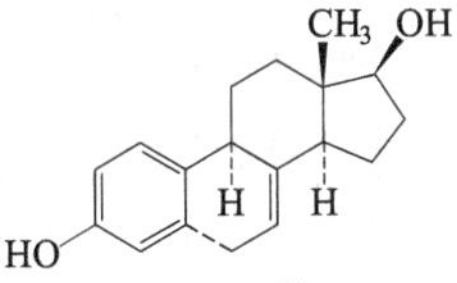

β-型

Dihydro-β-erythroidine 二氢-β-刺桐丁 03477

[23255-54-1] $C_{16}H_{11}NO_3$ 275.35

成分 C 69.79%，H 7.69%，N 5.09%，O 17.43%。

别名 (3β)-1，6-Didehydro-14，17-dihydro-3-methoxy-16(15*H*)-oxaerythrinan-15-one；12，13-Didehydro-2，7，13，14-tetrahydro-α-erythroidine

M. I. 15，3192

性状 来自无水乙醚中的无色结晶。溶于乙醇。85～86℃分解；$[\alpha]_D^{25}$ +102.5°。

注意事项 使用时应穿适当的防护服。应避免吸入本品的粉尘。

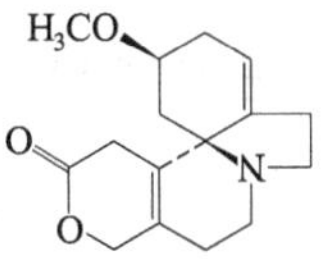

2,3-Dihydrofuran 2,3-二氢呋喃 03478

[1191-99-7] C_4H_6O 70.09

成分 C 68.55%，H 8.63%，O 22.82%。

性状 无色液体。bp 54～55℃；Fp −4℉(−20℃)；d_4^{20} 0.926；n_D^{20} 1.423。一般试剂含量≥99.0%(GC)。

注意事项 该品能形成爆炸性过氧化物。口服有害。对眼睛有刺激性。使用时应穿适当的防护服。使用现场禁止吸烟。万一接触到眼睛，应立即用大量水冲洗后请医生诊治。应远离火种，于通风良好处采取抗放静电措施于2～8℃密封保存。

Dihydromorphine 二氢吗啡 03479

[509-60-4] $C_{17}H_{21}NO_3$ 287.35

成分 C 71.06%，H 7.37%，N 4.87%，O 16.70%。

别名 (5α,6α)-4,5-Epoxy-17-methylmorphinan-3,6-diol

M. I. 15，3194

性状 一水合物为来自乙醇中的白色棱柱体结晶。溶于丙酮、乙醇、氯仿、烯酸，不溶于水。mp 155～157℃。

主要用途 医用麻醉止痛剂。

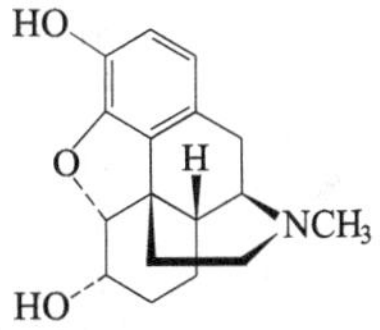

3,4-Dihydro-5-[4-(1-piperidinyl)butoxy]-1(2*H*)-isoquinolinone 3,4-二氢-5-[4-(1-哌啶基)丁氧基]-1(2*H*)-异喹啉酮 03480

[129075-73-6] $C_{18}H_{25}N_2O_2$ 302.42

成分 C 71.49%，H 8.67%，N 9.26%，O 10.58%。

别名 DPQ

M. I. 15，3491

性状 来自水中的无色结晶。溶于水。mp 107～109℃。一般试剂含量≥98%(HPLC，TLC)。

注意事项 该品对眼睛、呼吸系统及皮肤有刺激性。使用时应穿适当的防护服。万一接触到眼睛，应立即用大量水冲洗后请医生诊治。应密封于2～8℃保存。

3,4-Dihydro-2*H*-pyran 3,4-二氢-2*H*-吡喃 03481

[110-87-2] C_5H_8O 84.12

成分 C 71.39%，H 9.59%，O 19.02%。

别名 2,3-二氢-4*H*-吡喃；2,3-二氢吡喃；2,3-Dihydro-4*H*-pyran;3,4-Dihydro-2*H*-pyran

GW 2015-569

性状 无色液体。能与乙醇相混溶。mp −70℃；bp 86℃；Fp 4℉(−15℃)；d_4^{20} 0.922；n_D^{20} 1.4410。一般试剂含量≥95.0%(GC)。

注意事项 该品高度易燃。对眼睛、呼吸系统及皮肤有刺激性。使用时应穿适当的防护服。使用现场禁止吸烟。万一接触到眼睛，应立即用大量水冲洗后请医生诊治。应远离火种，采取抗放静电措施于阴凉通风良好处密封保存。

主要用途 溶剂。有机合成。

Dihydrostreptomycin sesquisulfate
二氢链霉素 倍半硫酸盐 03482

[5490-27-7] $C_{42}H_{88}N_{14}O_{36}S_3$ 1461.41

成分 C 34.52%，H 6.07%，N 13.42%，O 39.41%，S 6.58%。

别名 双氢链霉素 倍半硫酸盐；倍半硫酸二氢链霉素；倍半硫酸双氢链霉素；Didromycine；Double-mycin；Sol-Mycin；Streptomagma；*O*-2-Deoxy-2-methylamino-*α*-L-glucopyranosyl-(1→2)-*O*-5-deoxy-3-*C*-hydroxymethyl-*α*-L-lyxofuranosyl-(1→4)-*N*，*N′*-bis(aminoiminomethyl)-D-streptamine sesquisulfate；DHSM sesquisulfate；DST sesquisulfate；Abiocine sesquisulfate；Vibriomycin sesquisulfate

M. I. 13，3201

性状 无色或微黄色无定形固体或来自水＋甲醇(或丁酮)中的无色结晶。溶于水(28℃，＞20mg/mL)、甲醇(0.35mg/mL)、乙醇(0.1mg/mL)，亦溶于50%甲醇水溶液(0.8mg/mL)。255～256℃分解。$[\alpha]_D^{25}-88.5°$(1%水溶液中)。生化试剂含量≥98.0%(TLC)。

注意事项 该品应密封于2～8℃保存。

主要用途 生化研究。抑菌剂。

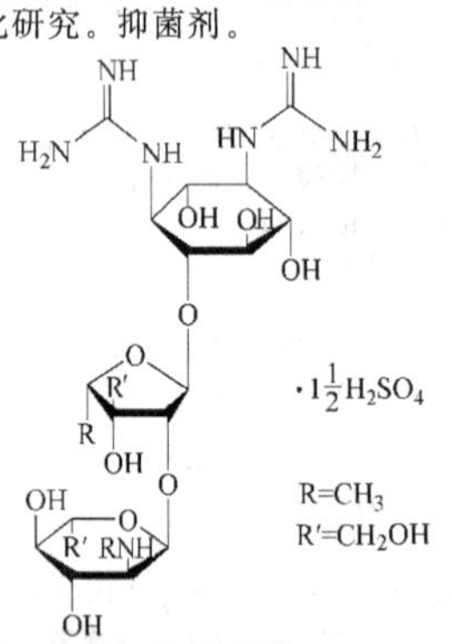

·$1\frac{1}{2}H_2SO_4$

R=CH_3
R′=CH_2OH

Dihydrotachysterol 二氢速甾醇
03483

[67-96-9] $C_{28}H_{46}O$ 398.68

成分 C 84.36%，H 11.63%，O 4.01%。

别名 (3*β*，5*E*，7*E*，10*α*，22*E*)-9，10-Secoergosta-5，7，22-trien-3-ol；Dichystrolum；Antitetany substance 10；AT 10；Antitanil；Calcamine；Dygratyl；Dihydral；Hytakerol；Parterol；Tachyrol

M. I. 15，3198

性状 来自90%甲醇中的无色针状结晶。易溶于乙醚、氯仿及有机溶剂，溶于乙醇，略微溶于植物油，不溶于水。mp 125～127℃；$[\alpha]_D^{22}+97.5°$(于氯仿中)；uv max：242nm，251nm，261nm($E_{1cm}^{1\%}$ 870，1010，650)。

注意事项 该品口服有害。使用时应穿适当的防护服。应密封于2～8℃保存。

主要用途 生化研究。医用钙调节剂。

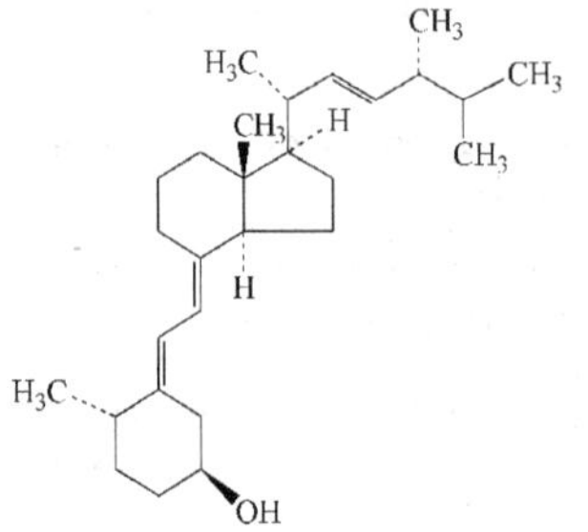

Dihydrothebaine 二氢蒂巴因
03484

[561-25-1] $C_{19}H_{23}NO_3$ 313.40

成分 C 72.82%，H 7.40%，N 4.447%，O 15.32%。

别名 二氢二甲基吗啡；(5*α*)-6，7-Didehydro-4，5-epoxy-3，6-dimethoxy-17-methylmorphinan

M. I. 15，3199

性状 来自乙酸乙酯中的无色棱柱体结晶。溶于乙醇、苯、乙酸乙酯，不溶于水、碱。mp162～163℃；$[\alpha]_D^{20}-267°$(c=1.02，于苯中)。

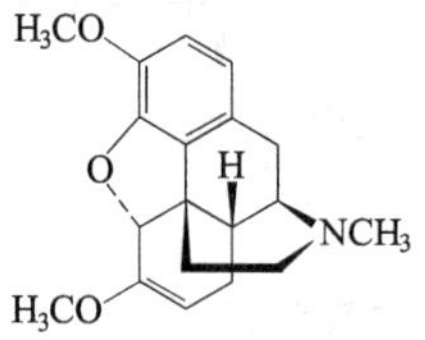

Dihydrothymine 二氢胸腺嘧啶
03485

[696-04-8] $C_5H_8N_2O_2$ 128.11

成分 C 46.88%，H 6.29%，N 21.86%，O 24.98%。

别名 5-甲基氢化尿嘧啶；5，6-二氢-5-甲基呻嘻；5，6-Dihydro-5-methyl-2，4-dihydroxy pyrimidine；2，4-Dioxo-5-methylhexahydropyrimidine；Hydrothymine；5-Methylhydrouracil；5，6-Dihydro-5-methyluracil

性状 白色至微黄色结晶性粉末。溶于热水，难溶于乙醇。mp＞264℃。生化试剂含量≥98.0%。

注意事项 该品应密封于－20℃保存。

主要用途 生化研究。

Dihydrouracil 二氢尿嘧啶
03486

[504-07-4] $C_4H_6N_2O_2$ 114.10

成分 C 42.11%，H 5.30%，N 24.55%，O 28.04%。

别名 二氢呻嘻；5，6-二氢-2，4-二羟基嘧啶；5，6-Dihydrouracil；2，4-Dioxohexahydropyrimidine；Hydrouracil；5，6-Dihydro-2，4-dihydroxypyrimidine

性状 白色或浅黄色结晶性粉末。溶于热水，微溶于乙醇。mp 279～281℃。

主要用途 生化研究。

1，3-Dihydroxyacetone dimer
1，3-二羟基丙酮 二聚体 03487

[62147-49-3] $C_6H_{12}O_6$ 180.16

成分 C 40.00%，H 6.71%，O 53.28%。

别名 1，3-二羟基二甲基酮；1，3-Dihydroxydimethyl ketone；2，5-Dihydroxydioxane-2，5-dimethanol；DHA；Protosol；1，3-Dihydroxy-2-propanone；Ketochromin

M. I. 15，3200

性状 白色结晶性粉末。有特殊气味。易吸潮并分解。单体易溶于水、乙醇、丙酮、乙醚，mp约75～80℃。一般试剂为二聚体，能缓慢溶于1份水、15份乙醇。含量≥98.0%。

注意事项 该品对眼睛、呼吸系统及皮肤有刺激性。使用时应穿适当的防护服。万一接触到眼睛，应立即用大量水冲洗后请医生诊治。应密封于2～8℃保存。

主要用途 生化研究。有机合成。

2′，4′-Dihydroxyacetophenone
2′，4′-二羟基苯乙酮 03488

[89-84-9] $C_8H_8O_3$ 152.15

成分 C 63.15%，H 5.30%，O 31.55%。

别名 4-乙酰间苯二酚；间苯二酚乙酮；雷锁辛乙酮；1-乙酰-2，4-二羟基苯；1-Acetyl-2，4-dihydroxybenzene；4-Acetylresorcinol；2′，4′-Dihydroxyacetophenone；1-(2，4-Dihydroxyphenyl)ethanone；Resacetophenone

M. I. 15，8260

性状 无色针状或叶状结晶。溶于热乙醇、吡啶、冰乙酸，几乎不溶于乙醚、氯仿、苯。在弱酸溶液中与三价铁离子能产生红色。mp 145～147℃；*d* 1.18。一般试剂含量≥97.0%(NT)。

注意事项 见03487 1，3二羟基丙酮 二聚体。于常温下保存。

主要用途 检测三价铁。

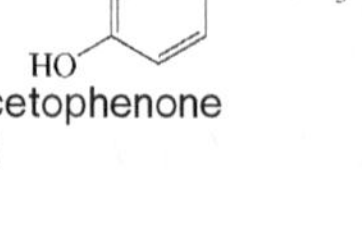

2′，6′-Dihydroxyacetophenone
2′，6′-二羟基苯乙酮 03489

[699-83-2]　$C_8H_8O_3$　152.15
成分　C 63.15%，H 5.30%，O 31.55%。
别名　2-乙酰-1,3-二羟基苯；2-乙酰间苯二酚；2-Acetyl-1,3-dihydroxybenzene；2-Acetylresorcinol
性状　黄色结晶。溶于水、乙醇。mp 155～158℃。一般试剂含量≥97.0%（HPLC）。
注意事项　见 03487 1,3-二羟基丙酮 二聚体。应密封保存。
主要用途　铁试剂。有机合成。

1,4-Dihydroxyanthraquinone　1,4-二羟基蒽醌　03490

[81-64-1]　$C_{14}H_8O_4$　240.21
成分　C 70.00%，H 3.36%，O 26.64%。
别名　1,4-蒽醌二酚；1,4-二羟基-9，10-蒽二酮；1,4-Dihydroxy-9,10-anthracenedione；Quinizarin
M. I. 15，8180　C. I. 58050
性状　来自乙酸中的橙黄色结晶或来自乙醚中的橙色片状物以及来自乙醇、苯、甲苯、二甲苯中的深红色针状结晶。1g 该品能溶于约 13g 沸冰乙酸。中等程度溶于乙醇（显红色）、乙醚（呈棕色）并有黄色荧光，溶于碱的水溶液及铵水呈紫色。与二氧化碳反应能产生黑色沉淀。pK（18℃）9.51；mp 196℃。一般试剂含量≥96.0%（HPLC）。
注意事项　使用时应避免吸入本品的粉尘，避免与眼睛及皮肤接触。应密封保存。
主要用途　染料中间体。

O　OH

O　OH

1,5-Dihydroxyanthraquinone　1,5-二羟基蒽醌　03491

[117-12-4]　$C_{14}H_8O_4$　240.21
成分　C 70.00%，H 3.36%，O 26.64%。
别名　1,5-蒽醌二酚；Anthrarufin；1,5-Dihydroxy-9,10-anthracenedione
M. I. 15，680
性状　来自乙酸中的绿色至黄绿色片状结晶。溶于浓硫酸、氢氧化钾水溶液（呈浅红色），中等程度溶于乙醇，微溶于水，不溶于碳酸钠水溶液、氨水等。120℃升华。mp 280。
注意事项　该品对眼睛、呼吸系统及皮肤有刺激性。使用时应戴适当的手套和防护镜或面罩。万一接触到眼睛，应立即用大量水冲洗后请医生诊治。
主要用途　测定硝酸盐及钙的试剂。

1,8-Dihydroxyanthraquinone　1,8-二羟基蒽醌　03492

[117-10-2]　$C_{14}H_8O_4$　240.21
成分　C 70.00%，H 3.36%，O 26.64%。
别名　以斯替净；1,8-蒽醌二酚；Altan；Antrapurol；1,8-Dihydroxy-9，10-anthracenedione；Dorbane；Istin；Istizin；Chrysazin；Danthron；Dantron；Diaquone；Modane
M. I. 15，2814
性状　来自乙醇中的橙色针状结晶。能升华。该品能溶于 10 份热冰乙酸，中等程度溶于乙醚（1∶500）、氯仿，极微溶于碱水溶液，几乎不溶于水（6.5×10^{-6} mol/L，25℃）、乙醇（1∶2000）。mp 193～197℃。LD_{50}小鼠急性经口：<7g/kg。一般试剂含量≥95.0%（HPLC）。
注意事项　该品对机体有不可逆损伤的可能性。使用时应穿适当的防护服和戴手套。
主要用途　测定铍的试剂。

2,4-Dihydroxybenzaldehyde　2,4-二羟基苯甲醛　03493

[95-01-2]　$C_7H_6O_3$　138.12
成分　C 60.87%，H 4.38%，O 34.75%。
别名　2,4-Dihydroxybenzenecarbonal；β-Resorcylaldehyde
M. I. 15，8277
性状　来自水或乙醚+石油醚中的无色、浅黄色或黄色针状结晶。在潮湿空气中易变为不溶于乙醚的棕色无定形粉末。易溶于水、乙醇、乙醚、三氯甲烷、冰乙酸，难溶于苯。易被酸、碱所分解。mp 135～136℃；bp_{22} 226℃/2.933kPa。一般试剂含量≥98.0%（HPLC）。
注意事项　该品口服有害。对眼睛、呼吸系统及皮肤有刺激性。使用时应穿适当的防护服。万一接触到眼睛，应立即用大量水冲洗后请医生诊治。
主要用途　有机合成。

HC=O　OH

OH

3,4-Dihydroxybenzaldehyde　3,4-二羟基苯甲醛　03494

[139-85-5]　$C_7H_6O_3$　138.12
成分　C 60.87%，H 4.38%，O 34.75%。
别名　原儿茶醛；3,4-Dihydroxybenzenecarbonal；Protocatechualdehyde；Protocatechuic aldehyde；Rancinamycin Ⅳ
M. I. 15,8002
性状　来自水或甲苯中的无色至浅黄色片状双晶型结晶。易溶于乙醚，溶于水（20℃，5g/100mL；99℃，33g/100mL）、乙醇（78℃，79g/100mL）。pK（25℃）7.55；153～154℃分解。一般试剂含量≥98.0%。
注意事项　该品对眼睛、呼吸系统及皮肤有刺激性。使用时应穿适当的防护服。万一接触到眼睛，应立即用大量水冲洗后请医生诊治。应充氮气密封保存。
主要用途　有机合成。

2,3-Dihydroxybenzoic acid　2,3-二羟基苯甲酸　03495

[303-38-8]　$C_7H_6O_4$　154.12
成分　C 54.55%，H 3.92%，O 41.52%。
别名　焦儿茶酸；o-Pyrocatechuic acid
性状　无色结晶。微溶于水。mp 204～206℃。一般试剂含量≥97.0%（T）。
注意事项　见 03493 2,4-二羟基苯甲醛。
主要用途　有机合成。

O　OH

OH

OH

2,4-Dihydroxybenzoic acid　2,4-二羟基苯甲酸　03496

[89-86-1]　$C_7H_6O_4$　154.12
成分　C 54.55%，H 3.92%，O 41.52%。
别名　间苯二酚甲酸；树脂酚甲酸；雷锁辛甲酸；4-羟基水杨酸；β-雷锁酸；BRA；4-Carboxyresorcinol；β-Resorcylic acid；2,4-Dihydroxybenzenecarboxylic acid；4-Hydroxysalicylic acid
M. I. 15，8278
性状　来自水中的无色水合结晶。溶于热水、乙醇、乙醚、橄榄油。在沸水、酸中分解并释放出二氧化碳。pK（25℃）3.30；mp 213℃（快速加热）。一般试剂含量≥98.0%（T）。
注意事项　见 03493 2,4-二羟基苯甲醛。
主要用途　检测铁的试剂。染料和药物的中间体。

2,5-Dihydroxybenzoic acid　2,5-二羟基苯甲酸　03497

[490-79-9]　$C_7H_6O_4$　154.12
成分　C 54.55%，H 3.92%，O 41.52%。
别名　龙胆酸；5-羟基水杨酸；氢醌羧酸；Hydroquinonecarboxylic acid；5-Hydroxysalicylic acid；Gentisic acid
M. I. 15，4433
性状　来自水中的无色至浅黄色针状、单斜片状结晶。溶于水（5℃，1 份溶于 200 份水；较多地溶于热水）、乙醇、乙醚，几乎不溶于二硫化碳、苯、三氯甲烷。pK（25℃）：2.93；mp 199～200℃。一般试剂含量≥98.0%（T）。
注意事项　该品口服有害。对眼睛、呼吸系统及皮肤有刺激性。使用时应穿适当的防护服。万一接触到眼睛，应立即用大量水冲洗后请医生诊治。
主要用途　医用止痛剂，抗炎剂。有机合成。

2,6-Dihydroxybenzoic acid　2,6-二羟基苯甲酸　03498

[303-07-1]　$C_7H_6O_4$　154.12
成分　C 54.55%，H 3.92%，O 41.52%。
别名　γ-雷锁辛甲酸；间苯二酚-2-羧酸；γ-雷锁酸；Resorci nol-2-carboxylic acid；γ-Resorcylic acid
性状　白色针状结晶。溶于乙醇、乙醚、热水，遇三氯化铁呈紫至蓝色。mp165℃（分解）。一般试剂含量≥95%（T）。
注意事项　见 03497 2,5-二羟基苯甲酸。
主要用途　有机合成。

3,4-Dihydroxybenzoic acid 3,4-二羟基苯甲酸 03499
[99-50-3] $C_7H_6O_4$ 154.12
成分 C 54.55%，H 3.92%，O 41.52%。
别名 原儿茶酸；邻苯二酚-4-羧酸；Catechol-4-carboxylic acid；Protocatechuic acid
M.I.15，8003
性状 白色至浅棕色结晶或结晶性粉末。露置空气中色变暗。溶于50份水，溶于乙醇、乙醚。mp 约200℃（分解）；*d* 1.54。一般试剂含量≥97%（T）。
注意事项 见03497 2,5-二羟基苯甲酸。
主要用途 测定铁的试剂。

3,5-Dihydroxybenzoic acid 3,5-二羟基苯甲酸 03500
[99-10-5] $C_7H_6O_4$ 154.12
成分 C 54.55%，H 3.92%，O 41.52%。
别名 α-雷锁辛甲酸；α-Resorcylic acid
性状 白色或浅粉红色针状结晶。溶于乙醇、乙醚、丙酮、热水。与发烟硫酸或热的浓硫酸作用则生成紫红色的化合物。mp 236～240℃。一般试剂含量≥97.0%（T）。
注意事项 见03497 2,5-二羟基苯甲酸。
主要用途 有机合成。

2,2′-Dihydroxybenzophenone
2,2′-二羟基二苯甲酮 03501
[835-11-0] $C_{13}H_{10}O_3$ 214.22
成分 C 72.89%，H 4.71%，O 22.41%。
别名 2,2′-二羟基苯酮
性状 柠檬黄色结晶。易溶于乙醇、乙醚、三氯甲烷，不溶于水。mp 61～62.5℃。
注意事项 该品对眼睛、呼吸系统及皮肤有刺激性。应密封保存。
主要用途 有机合成。

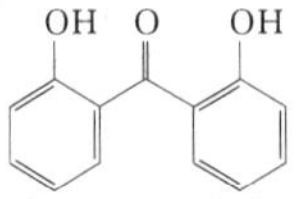

OH O OH

2,4-Dihydroxybenzophenone 2,4-二羟基二苯甲酮 03502
[131-56-6] $C_{13}H_{10}O_3$ 214.22
成分 C 72.89%，H 4.70%，O 22.41%。
别名 2,4-二羟基苯酮；Benzophenone-1；Benzoresorcinol；4-Benzoylresorcinol；(2,4-Dihydroxyphenyl) phenylmethanone；Resbenzophenone；Uvinul 400
M.I.15,1109
性状 来自热水中的无色至橙黄色针状结晶。易溶于乙醚、乙醇、冰乙酸，几乎不溶于冷苯、冷水。mp 144～145℃。一般试剂含量≥99.0%(NT)。
注意事项 该品对眼睛有刺激性。万一接触到眼睛，应立即用大量水冲洗后请医生诊治。
主要用途 聚合物的紫外线吸收剂。有机合成。

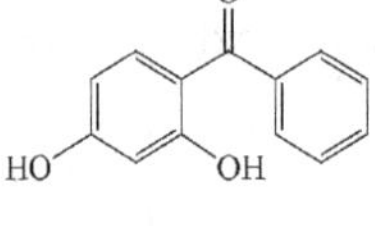

O
HO OH

2,2′-Dihydroxybiphenyl 2,2′-二羟基联苯 03503
[1806-29-7] $C_{12}H_{10}O_2$ 186.21
成分 C 77.40%，H 5.41%，O 17.18%。
别名 2,2′-联苯酚；2,2′-Biphenol；2,2′-Biphenyldiol；2,2′-Dihydroxydiphenyl；2,2′-Diphenol；*o*,*o*′-Diphenol
性状 无色片状或菱形结晶。对光及空气敏感。溶于热水。mp 108～110℃；bp 315℃。一般试剂含量≥98.0%(HPLC)。
注意事项 该品对呼吸系统及皮肤有刺激性。对眼睛有严重损伤的危险。使用时应戴防护镜或面罩。万一接触到眼睛，应立即用大量水冲洗后请医生诊治。应充氮气密封避光保存。
主要用途 有机合成。

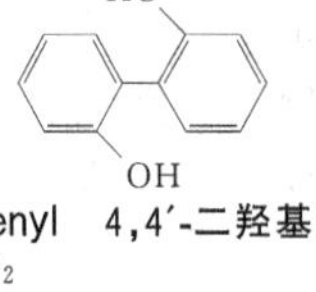

HO
OH

4,4′-Dihydroxybiphenyl 4,4′-二羟基联苯 03504
[92-88-6] $C_{12}H_{10}O_2$ 186.21
成分 C 77.40%，H 5.41%，O 17.18%。
别名 4,4′-联苯酚；4,4′-Biphenol；4,4′-Biphenyldiol；4,4′-Dihydroxydiphenyl；4,4′-Diphenol；*p*,*p*′-Diphenol
性状 白色针状或片状结晶。溶于乙醇、乙醚，微溶于水。mp 280～285℃。一般试剂含量≥98.0%（HPLC）。
注意事项 该品与皮肤接触有害。对眼睛、呼吸系统及皮肤有刺激性。使用时应穿适当的防护服。万一接触到眼睛，应立即用大量水冲洗后请医生诊治。

Dihydroxymaleic acid 二羟基顺丁烯二酸 03505
[526-84-1] $C_4H_4O_6$ 148.07
成分 C 32.45%，H 2.72%，O 64.83%。
别名 二羟基失水苹果酸；二羟基马来酸；1,2-二羟基乙烯二羧酸；二羟基异丁烯二酸；(*Z*)-2,3-Dihydroxy-2-butenedioic acid；1,2-Dihydroxyethylenedicarboxylic acid
M.I.15，3203
性状 来自水中的白色或浅黄色片状结晶。溶于乙醇，微溶于乙醚、冷水、乙酸，在无水乙醇、苯中稳定，在水中不稳定。mp 155℃（分解）。一般试剂含量≥98.0%。
注意事项 该品应密封于干燥处保存。
主要用途 检测钛、氟的试剂。

2,2′-Dihydroxy-4-methoxybenzophenone
2,2′-二羟基-4-甲氧基二苯（甲）酮 03506
[131-53-3] $C_{14}H_{12}O_4$ 244.25
成分 C 68.85%，H 4.95%，O 26.20%。
别名 Dioxybenzone；(2-Hydroxy-4-methoxyphenyl) (2-hydroxyphenyl) methanone；4-Methoxy-2,2′-dihydroxybenzophenone；Benzophenone-8；Cyasorb UV 24 (obsolete)；Spectra-Sorb UV 24
M.I.15，3332
性状 黄色粉末。该品在下列物质中溶解度（25℃，g/100mL）：乙醇21.8；异丙醇17；丙二醇6.2；乙二醇3.0；正己烷1.5。易溶于乙醇、甲苯，不溶于水。mp 68℃；bp_1 170～175℃/133.32Pa。一般试剂含量≥98.0%。
注意事项 该品对眼睛、呼吸系统及皮肤有刺激性。
主要用途 医用紫外线屏蔽剂。

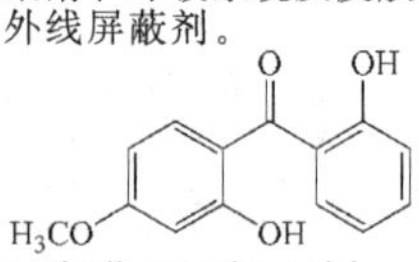

O OH
H_3CO OH

2,4-Dihydroxy-6methylbenzoic acid
2,4-二羟基-6-甲基苯甲酸 03507
[480-64-8] $C_8H_8O_4$ 168.15
成分 C 57.14%，H 4.80%，O 38.06%。
别名 2-甲基-4，6-二羟基苯甲酸；*o*-Orsellinic acid；6-Methyl-β-resorcylic acid；4,6-Dinydroxy *o*-toluic acid；2,4-Dihydroxy-6-methylbenzenecarboxylic acid；Orcinolcaboxylic acid
M.I.15，6977
性状 来自丙酮中的无色针状结晶。溶于水、乙醇、甘油，溶于乙醚（20℃，15.7%），微溶于苯。p*K*（25℃）3.90；mp 176℃；uv max（0.1mol/L盐酸中）：214nm，260nm，296nm；（0.1mol/L氢氧化钠溶液中）：272nm。

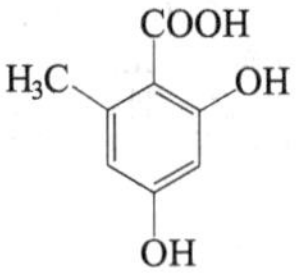

COOH
H_3C OH
OH

1,3-Dihydroxynaphthalene 1,3-二羟基萘 03508
[132-86-5] $C_{10}H_8O_2$ 160.17
成分 C 74.99%，H 5.03%，O 19.98%。
别名 1,3-萘二酚；萘间二酚；1,3-Dioxynaphthalene；1,3-Naphthalenediol；Naphthoresorcinol
M.I.15，6481
性状 无色至浅粉红色小片状结晶。对光及空气敏感。易溶于水、乙醇、乙醚。mp 124～125℃。一般试剂含量≥97.0%（HPLC）。
注意事项 该品对眼睛、呼吸系统及皮肤有刺激性。万一接触到眼睛，应立即用大量水冲洗后请医生诊治。应充氮气密封避光保存。
主要用途 测定尿中的葡萄糖醛酸。糖及油类的分析。

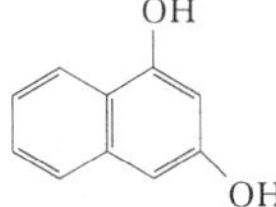

1,5-Dihydroxynaphthalene　1,5-二羟基萘 03509

[83-56-7]　$C_{10}H_8O_2$ 160.17

成分　C 74.99%，H 5.03%，O 19.98%。

别名　1,5-萘二酚；1,5-Naphthalenediol

性状　白色针状结晶。易溶于乙醇、乙酸，溶于乙醚、丙酮，微溶于水，不溶于苯、石油醚。其碱性溶液在空气中能变为棕色。可使中性硝酸银水溶液被还原。mp 259～261℃。一般试剂含量≥95%（HPLC）。

注意事项　该品口服有害。使用时应避免吸入本品的粉尘，避免与眼睛及皮肤接触。应密封避光干燥保存。

主要用途　有机合成。染料中间体。

1,6-Dihydroxynaphthalene　1,6-二羟基萘 03510

[575-44-0]　$C_{10}H_8O_2$ 160.17

成分　C 74.99%，H 5.03%，O 19.98%。

别名　1,6-萘二酚；1,6-Naphthalenediol

性状　纯品为白色结晶，逐渐变为灰棕色。mp 136～140℃。一般试剂含量≥97.0%（HPLC）。

注意事项　该品对眼睛、呼吸系统及皮肤有刺激性。使用时应穿适当的防护服。万一接触到眼睛，应立即用大量水冲洗后请医生诊治。

2,3-Dihydroxynaphthalene　2,3-二羟基萘 03511

[92-44-4]　$C_{10}H_8O_2$ 160.17

成分　C 74.99%，H 5.03%，O 19.98%。

别名　2,3-萘二酚；2,3-Naphthalenediol

性状　白色结晶。对空气敏感。mp 162～164℃。一般试剂含量≥98.0%（HPLC）。

注意事项　该品对眼睛、呼吸系统及皮肤有刺激性。万一接触到眼睛，应立即用大量水冲洗后请医生诊治。应充氩气密封保存。

2,7-Dihydroxynaphthalene　2,7-二羟基萘 03512

[582-17-2]　$C_{10}H_8O_2$ 160.17

成分　C 74.99%，H 5.03%，O 19.98%。

别名　2,7-萘二酚；2,7-Dioxynaphthalene；2,7-Naphthalenediol

性状　白色针状或片状结晶。溶于热水、乙醇、乙醚。微溶于苯、三氯甲烷，不溶于二硫化碳、轻油。mp 185～189℃（分解）。一般试剂含量≥98.0%（HPLC）。

注意事项　该品对眼睛、呼吸系统及皮肤有刺激性。使用时应适当的穿防护服。万一接触到眼睛，应立即用大量水冲洗后请医生诊治。

主要用途　比色测定草酸、镱的试剂。

4,7-Dihydroxy-1,10-phenanthroline

4,7-二羟基-1,10-菲啰啉 03513

[3922-40-5]　$C_{12}H_8N_2O_2$ 212.21

成分　C 67.92%，H 3.80%，N 13.20%，O 15.08%。

别名　4,7-二羟基邻菲啰啉；4,7-二羟基-1，10-菲啰啉；1，10-菲啰啉-4,7-二醇；邻菲啰啉-4,7-二醇；1，10-Phenanthroline-4,7-diol

性状　白色结晶性粉末。易吸潮。mp>300℃（分解）。

注意事项　该品对眼睛及皮肤有刺激性。万一接触到眼睛，应立即用大量水冲洗后请医生诊治。应密封干燥保存。

D-3-(3,4-Dihydroxyphenyl)alanine

D-3-(3,4-二羟基苯基)丙氨酸 03514

[5796-17-8]　$C_9H_{11}NO_4$ 197.19

成分　C 54.82%，H 5.62%，N 7.10%，O 32.45%。

别名　D-3-（3，4-二羟基苯）丙氨酸；D-多巴；D-2-Amino-3-(3,4-dihydroxyphenyl) propanoic acid；D-β-(3,4-Dihydroxyphenyl)-α-alanine；D-3-Hydroxytyrosine；3-(3,4-Dihydroxyphenyl)-D-alanine；D-DOPA

M. I. 15，3469

性状　来自水中的无色针状结晶。对空气敏感。溶于水（66mg/40mL）。276～278℃分解；$[\alpha]_D^{11}+13.0°$（c=5.27，于1mol/L盐酸中）。生化试剂含量≥98.0%（NT）。

注意事项　该品应充氩气密封保存。

主要用途　生化研究。

DL-3-(3,4-Dihydroxyphenyl)alanine

DL-3-(3,4-二羟基苯基)丙氨酸 03515

[63-84-3]　$C_9H_{11}NO_4$ 197.19

成分　C 54.82%，H 5.62%，N 7.10%，O 32.45%。

别名　DL-3-（3,4-二羟基苯）丙氨酸；DL-多巴；3-(3,4-Dihydroxyphenyl)-DL-alanine；DL-3-Hydroxyrosine；DL-β-（3，5-Dihydroxyphenyl）-α-alanine；DL-DOPA；DL-3-Hydroxytyrosine

M. I. 15,3469

性状　来自水或亚硫酸氢钠水溶液中的无色棱柱体结晶。易氧化。溶于水（144mg/40mL），易溶于稀酸、稀碱溶液，微溶于苯、二硫化碳，几乎不溶于无水乙醇、乙醚、冰乙酸、三氯甲烷、石油醚。270～272℃分解。生化试剂含量≥96.0%（NT）。

注意事项　该品对眼睛、呼吸系统及皮肤有刺激性。使用时应穿适当的防护服。万一接触到眼睛，应立即用大量水冲洗后请医生诊治。

主要用途　生化研究。有机合成。

L-3-(3,4-Dihydroxyphenyl)alanine

L-3-(3,4-二羟基苯基)丙氨酸 03516

[59-92-7]　$C_9H_{11}NO_4$ 197.19

成分　C 54.82%，H 5.62%，N 7.10%，O 32.45%。

别名　L-3-(3,4-二羟基苯)丙氨酸；L-β-(3,4-二羟基苯)初油氨基酸；3-羟基酪氨酸；L-多巴；(−)-2-Amino-3-(3,4-dihydroxyphenyl)propanoic acid；Bendopa；L-Dopa；Deadopa；Cidandopa；β-(3,4-Dihydroxyphenyl)-L-alanine；Dopaflex；Dopal；Dopidan；Dopalina；Dopar；Doparkine；Doparl；Dopasol；Dopaston；Dopaston；Dopastral；Doprin；Eldopal；Eldopar；Eldopatec；Eurodopa；3-Hydroxy-L-tyrosine；L-DOPA；Levodopa；Larodopa；Ledopa；Levopa；Maipedopa；Parda；Veldopa(formerly Weldopa)

M. I. 15，5516

性状　来自水中的无色至白色针状结晶或粉末。无味、无臭。溶于稀盐酸、甲酸，微溶于冷水（66mg/40mL），不溶于乙醇、苯、氯仿、乙酸乙酯。mp 276～278℃（分解）；$[\alpha]_D^{13}-13.1°$（c=5.12，于1mol/L盐酸中）；uv max（0.001mol/L盐酸中）：200.5nm，280nm（lg ε 3.79，3.42）。LD_{50}小鼠急性经口：（3650±327）mg/kg；腹膜内注射：（1140±66）mg/kg；静脉注射：（450±42）mg/kg；皮下注射：>400mg/kg。雄，雌大鼠急性经口：>3000mg/kg，>3000mg/kg；腹膜内注射：624mg/kg，663mg/kg；皮下注射：>1500mg/kg，1500mg/kg。生化试剂含量≥99.0%（NT）。

注意事项　该品口服有害。对眼睛、呼吸系统及皮肤有刺激性。使用时应穿适当的防护服。万一接触到眼睛，应立即用大量水冲洗后请医生诊治。应充氩气密封保存。

主要用途　生化研究。有机合成。

2,2-Di(4-hydroxyphenyl)propane

2,2-二(4-羟基苯基)丙烷 03517
[80-05-7] $C_{15}H_{16}O_2$ 228.29
成分 C 78.92%，H 7.06%，O 14.02%。
别名 二苯酚丙烷；4,4′-二羟基二苯丙烷；2,2-二（4-羟基苯）丙烷；双酚A；2,2-双（4-羟基苯基）丙烷；2,2-Bis(4-hydroxyphenyl) propane；Bisphenol A；(4,4′-Dihydroxydiphenyl) dimethylmethane；2，2-(4-4′-Dihydroxydiphenyl) propane；Diphenylolpropane；4,4-Isopropylidenediphenol；*p*,*p*′-*iso*-Propylidenediphenol
性状 白色结晶。微有酚味。溶于乙醇、乙醚、乙酸、碱溶液，微溶于四氯化碳。mp 153～156℃；bp 220℃。
注意事项 见03516 L-3-(3,4-二羟基苯基)丙氨酸。
主要用途 有机合成。制造环氧树脂及聚碳酸树脂的原料。

DL-*threo*-β-(3,4-Dihydroxyphenyl)serine
DL-苏-β-(3,4-二羟基苯基)丝氨酸 03518
[3916-18-5] $C_9H_{11}NO_4$ 213.19
成分 C 50.71%，H 5.20%，N 6.57%，O 37.52%。
别名 DL-*threo*-DOPS；DL-*Threo*-DOPS；Droxidopa
性状 无色结晶。生化试剂含量≥99.0%（TLC）。
主要用途 生化研究。

3,6-Dihydroxy-*o*-phthalonitrile
3,6-二羟基邻苯二甲腈 03519
[4733-50-0] $C_8H_4N_2O_2$ 160.13
成分 C 60.01%，H 2.52%，N 17.49%，O 19.98%。
别名 3,6-二羟基苯二甲腈；2,3-二氰基对苯二酚；2,3-二氰基氢醌；2,3-Dicyanohydroquinone；3,6-Dihydroxyphthalonitrile
GW 2015-567
性状 黄色针状结晶。溶于乙醇、乙醚、乙酸。mp 约230℃（分解）；pH 值 6～9（由蓝至绿色）。一般试剂含量≥98.0%(HPLC)。
注意事项 该品对眼睛、呼吸系统及皮肤有刺激性。使用时应戴手套和防护镜或面罩。万一接触到眼睛，应立即用大量水冲洗后请医生诊治。
主要用途 荧光指示剂。

2,8-Dihydroxyquinoline 2,8-二羟基喹啉 03520
[15450-76-7] $C_9H_7NO_2$ 161.16
成分 C 67.08%，H 4.38%，N 8.69%，O 19.85%。
别名 2,8-喹啉二醇；2,8-Quinolinediol
性状 白色结晶性粉末。mp 约290℃（分解）。一般试剂含量≥98.0%（GC）
注意事项 该品对眼睛、呼吸系统及皮肤有刺激性。使用时应穿适当的防护服。万一接触到眼睛，应立即用大量水冲洗后请医生诊治。

9,10-Dihydroxystearic acid 9,10-二羟基硬脂酸 03521
[120-87-6] $C_{18}H_{36}O_4$ 316.48
成分 C 68.31%，H 11.47%，O 20.22%。
别名 9，10-二羟基十八酸；9,10-Dihydroxyoctadecanoic acid
M. I. 15，3204
性状 白色有光泽的结晶。无臭、无味。有滑腻感。易溶于热乙醇、丙酮，微溶于乙醚，不溶于水。mp 132～136℃。
主要用途 分析试剂。有机合成。制造化妆品。

5,7-Dihydroxytryptamine creatinine sulfate
硫酸5,7-二羟基色胺肌酐 03522
[39929-27-6] $C_{14}H_{21}N_5O_7S$ 403.41
成分 C 41.68%，H 5.25%，N 17.36%，O 27.76%，S 7.95%。
别名 5，7-二羟基色胺硫酸肌酐；5，7-二羟基色胺肌酐 硫酸盐；5，7-DHT
性状 无色结晶。生化试剂含量≥97.0%（HPLC）。
注意事项 该品吸入、口服或与皮肤接触有害。使用时应穿适当的防护服和戴手套。应充氩气密封于－20℃保存。
主要用途 生化研究。

2,4-Diiodoaniline 2,4-二碘苯胺 03523
[533-70-0] $C_6H_5I_2N$ 344.92
成分 C 20.89%，H 1.46%，I 73.58%，N 4.06%。
别名 2,4-Diiodobenznamine
M. I. 15，3206
性状 无色针状或棱柱体结晶。易溶于氯仿、乙醚、丙酮、二硫化碳、沸乙醇，中等程度溶于热水、乙醇，微溶于冷水。mp 95～96℃；*d* 2.75。

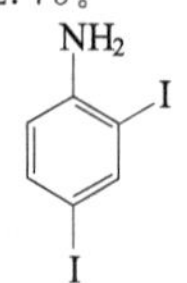

1,2-Diiodobenzene 1,2-二碘苯 03524
[615-42-9] $C_6H_4I_2$ 329.91
成分 C 21.84%，H 1.22%，I 76.93%。
别名 邻二碘苯；*o*-Diiodobenzene
性状 白色结晶。bp_{15} 152℃/2kPa；Fp ＞230℉（110℃）；*d* 2.524；n_D^{20} 1.7180。一般试剂含量≥98.0%。
注意事项 该品对眼睛、呼吸系统及皮肤有刺激性。使用时应戴适当的手套。万一接触到眼睛，应立即用大量水冲洗后请医生诊治。应密封保存。

1,4-Diiodobenzene 1,4-二碘苯 03525
[624-38-4] $C_6H_4I_2$ 329.91
成分 C 21.84%，H 1.22%，I 76.93%。
别名 对二碘苯；*p*-Diiodobenzene
性状 无色片状结晶。溶于乙醇、乙醚，不溶于水。能升华。mp 131～133℃；bp 285℃。一般试剂含量≥98.0%(GC)。
注意事项 使用时应避免吸入本品的粉尘，避免与眼睛及皮肤接触。应密封避光保存。
主要用途 有机合成。

1,2-Diiodoethane 1,2-二碘乙烷 03526
[624-73-7] $C_2H_4I_2$ 281.86
成分 C 8.52%，H 1.43%，I 90.05%。
别名 二碘化乙烯；Ethylene diiodide；Ethylene iodide；Glycol diiodide
性状 黄色结晶。对光及空气敏感。溶于乙醇和乙醚，微溶于水。mp 80～82℃；*d* 2.132。一般试剂含量≥97.0%(AT)。
注意事项 该品对眼睛、呼吸系统及皮肤有刺激性。使用时应穿适当的防护服。万一接触到眼睛，应立即用大量水冲洗后请医生诊治。应充氮气密封避光于2～8℃保存。
主要用途 有机合成。

4′,5′-Diiodofluorescein 4′,5′-二碘荧光素 03527
[38577-97-8] $C_{20}H_{10}I_2O_5$ 584.10
成分 C 41.13%，H 1.73%，I 43.45%，O 13.70%。
别名 酸性红95；藻红Y；Acid red 95；D&C Orange No. 10；3′,6′-Dihydroxy-4′,5′-diiodospiro[isobenzofuran-1(3*H*),9′(9*H*)-xanthen]-3-one；Erythrosin Y；Erythrosin yellowish；Hydroxydiiodo-*o*-carboxyphenylfluorone；Pyrosin J；Solvent red 73
M. I. 15，3207 C. I. 45425.1
性状 橙红色粉末。溶于乙醇、碱溶液，微溶于水。mp 240℃（分解）；λ_{max} 522nm。
注意事项 使用时应避免吸入本品的粉尘，避免与眼睛及皮

肤接触。

主要用途 吸附指示剂。在有氯化物、溴化物存在时检测碘化物。

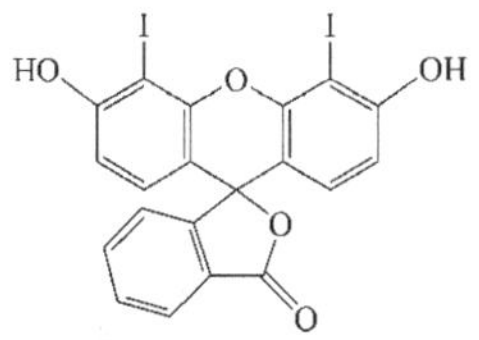

Diiodomethane 二碘甲烷 03528

[75-11-6] CH_2I_2 267.84

成分 C 4.48%，H 0.75%，I 94.76%。

别名 碘化亚甲基；Methyl biiodide；Methylene iodide

GW 2015-329 M. I. 15，6137

性状 无色或浅黄色有强折光性的液体。遇光、空气和潮气色变暗。能与乙醇、乙醚、三氯甲烷、丙醇、异丙醇、已烷、环己烷、苯等有机溶剂相混溶，溶于约 70 份水。能溶解硫、磷。mp 6.0℃；bp_{760} 181℃/101.325kPa；bp_{70} 107℃/9.333kPa；bp_{11} 68℃/1.467kPa；Fp 230℉(110℃)；d_4^{20} 3.32537；$n_D^{10.5}$ 1.7559；n_D^{15} 1.7425。一般试剂含量≥98.0%(GC)。

注意事项 该品对眼睛、呼吸系统及皮肤有刺激性。万一接触到眼睛，应立即用大量水冲洗后请医生诊治。应密封避光保存。

主要用途 吡啶、折射率、矿物比重的测定。矿石分离。

2,6-Diiodo-4-nitrophenol 2,6-二碘-4-硝基酚 03529

[305-85-1] $C_6H_3I_2NO_3$ 390.90

成分 C 18.44%，H 0.77%，I 64.93%，N 3.58%，O 12.28%。

别名 Ancylol；Disophenol；DNP

M. I. 15，3401

性状 来自冰乙酸中的浅黄色羽毛状结晶。对光敏感。易溶于乙醇，极微溶于水。mp 157℃。LD_{50} 大鼠，小鼠急性经口：170mg/kg，212mg/kg；静脉注射：105mg/kg，88mg/kg；腹膜内注射：105mg/kg，107mg/kg；皮下注射：122mg/kg，110mg/kg(Kaiser)。

注意事项 该品有毒。对眼睛、呼吸系统及皮肤有刺激性。

主要用途 生化研究。医用驱肠虫剂(钩虫)。

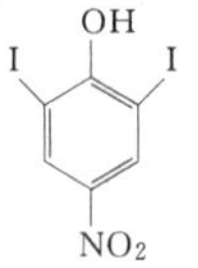

3,5-Diiodosalicylic acid 3,5-二碘水杨酸 03530

[133-91-5] $C_7H_4I_2O_3$ 389.91

成分 C 21.56%，H 1.03%，I 65.09%，O 12.31%。

别名 3,5-二碘-2-羟基苯甲酸；2-羟基-3,5-二碘苯甲酸；3,5-Diiodo-2-hydroxybenzoic acid；2-Hydroxy-3,5-diiodobenzoic acid

M. I. 15，3208

性状 无色针状结晶或微黄色结晶性粉末。味苦。溶于5200 份水（25℃），易溶于乙醇、乙醚及多数有机溶剂，几乎不溶于氯仿、苯。mp 235～236℃（分解）。一般试剂含量≥99.0%。

注意事项 该品吸入、口服或与皮肤接触有害。对眼睛、呼吸系统及皮肤有刺激性。使用应穿适当的防护服。万一接触到眼睛，应立即用大量水冲洗后请医生诊治。应密封避光保存。

主要用途 食品碘源添加剂。

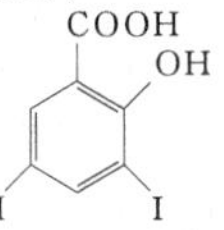

3,5-Diiodo-L-thyronine 3,5-二碘-L-甲腺氨酸 03531

[1041-01-6] $C_{15}H_{13}I_2NO_4$ 525.08

成分 C 34.31%，H 2.50%，I 48.34%，N 2.67%，O 12.19%。

别名 L-3-［4-（4-羟基苯氧基）-3,5-二碘苯基］氨基丙酸；3,5-Diiodo-4-(4-hydroxyphenoxy)-L-phenylalanine；*O*-(4-Hydroxyphenyl)-3,5-diiodo-L-tyrosine；3,5-T_2

M. I. 15，3209

性状 无色或片状结晶。mp 256℃（分解）；$[\alpha]_D^{22}$ +26°（*c*=1.06，于 1：2 的 0.1mol/L 盐酸+乙醇中）。生化试剂含量≥96.0%（NT）。

注意事项 该品口服有害。应密封避光于 2～8℃保存。

主要用途 生化研究。制造甲状腺素的中间体。

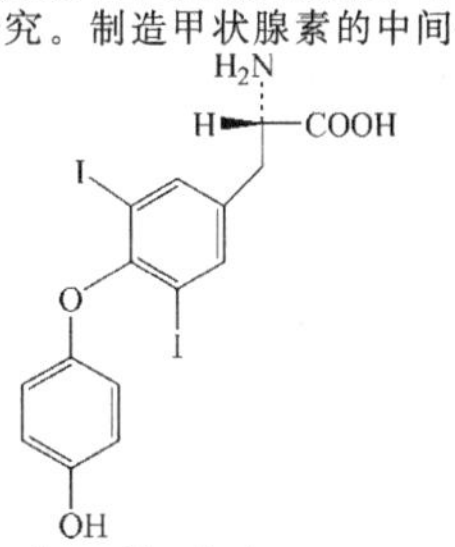

3,5-Diiodo-L-tyrosine dihydrate
3,5-二碘-L-酪氨酸 二水 03532

[18835-59-1] $C_9H_9I_2NO_3 \cdot 2H_2O$ 469.02

成分（以无水物计） C 24.97%，H 2.10%，I 58.62%，N 3.23%，O 11.09%。

别名 L-β-(3,5-二碘-4-羟基苯基)-α-氨基丙酸；L-碘珊氨酸；L-3,5-Diiodo-4-hydroxy-β-phenylalanine；L-Iodogorgoic acid

M. I. 15，3210

性状 来自水或 70%乙醇中的无色集束针状结晶。于水中溶解度（g/L）：0℃，0.204；25℃，0.617；50℃，1.862；75℃，5.62；100℃ 17.00。pK_1 2.12；pK_2 6.48；pK_3 7.82。213℃分解；$[\alpha]_D^{20}$ +2.89°（0.246g 于 5g 4%盐酸中）；$[\alpha]_D^{20}$ +2.27°（0.227g 于 5g 25%氨水中）。生化试剂含量≥98.0%（NT）。

注意事项 该品对眼睛、呼吸系统及皮肤有刺激性。使用时应戴适当的手套和防护镜或面罩。万一接触到眼睛，应立即用大量水冲洗后请医生诊治。应密封避光于 2～8℃保存。

主要用途 生化研究。医用甲状腺抑制剂。

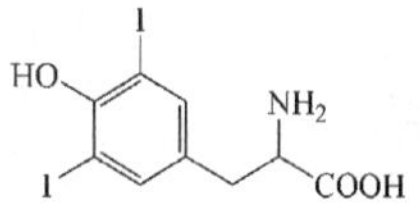

Diiron nonacarbonyl 九羰基二铁 03533

[15321-51-4] $C_9Fe_2O_9$ 363.78

成分 C 29.71%，Fe 30.70%，O 39.58%。

别名 九羰酰二铁；Nonacarbonyl diiron；di-Iron nonacarbonyl

性状 棕色粉末。一般试剂含量≥97.0%（Fe）。

注意事项 该品高度易燃。吸入或口服有毒。使用时应穿适当的防护服，戴手套和防护镜或面罩。使用现场禁止吸烟。接触皮肤后应用大量水冲洗。使用时如有事故发生或有不适之感，应请医生诊治。应远离火种，密封避光于80℃以下（2～8℃）于一氧化碳中保存。

Diisoamylamine 二异戊胺 03534

[544-00-3] $C_{10}H_{23}N$ 157.30

成分 C 76.36%，H 14.74%，N 8.90%。

别名 Di-*iso*-amylamine；Diisopentylamine；Isodiamylamine；3-Methyl-*N*-（3-methylbutyl）-1-butanamine

M. I. 15，3211

性状 无色液体。溶于乙醇、乙醚、氯仿，微溶于水。mp −44℃；bp 188℃；Fp 136℉（58℃）；d_4^{20} 0.767；n_D^{21} 1.4229。一般试剂含量≥98.0%。

注意事项 该品具有腐蚀性，能引起烧伤。使用时应穿适当的防护服，戴手套和防护镜或面罩。万一接触到眼睛，应立即用大量水冲洗后请医生诊治。使用时如有事故发生或有不适之感，应请医生诊治。

主要用途 萃取剂。

Diisoamyl phthalate 苯二甲酸二异戊酯 03535

[605-50-5] $C_{18}H_{26}O_4$ 306.40

成分 C 70.56%，H 8.55%，O 20.89%。

别名 邻苯二甲酸二异戊酯；Amyl phthalate；1,2-Benzenedicar-

boxylic acid bis (3-methylbutyl) ester; Di-*iso*-amyl *o*-phthalate; Diisoamyl *o*-phthalate; Isoamyl phthalate
M. I. 15, 5169
性状 无色液体。无味。溶于乙醇等有机溶剂，不溶于水。bp_{40} 225℃/5.33 kPa; *d* 1.028。
主要用途 气相色谱固定液。增塑剂。

Diisobutylaluminium hydride 二异丁基氢化铝 03536

[1191-15-7] $C_8H_{19}Al$ 142.22
成分 C 67.56%，H 13.47%，Al 18.97%。
别名 氢化二异丁基铝; Di-*iso*-butylaluminium hydride DIBAL-H; Hydro-di-*iso*-butylaluminium
性状 无色液体。对湿度敏感。能与碳氢化合物溶剂混溶。sp −80℃; bp_1 116～118℃/133.3Pa; Fp −0.4℉ (−18℃); *d* 0.709。
注意事项 该品遇水激烈反应并放出高度易燃气体。在空气中能自燃。具有强腐蚀性，能引起严重烧伤。使用时应穿适当的防护服，戴手套和防护镜或面罩。使用现场禁止吸烟。万一接触到眼睛，应立即用大量水冲洗后请医生诊治。使用时如有事故发生或有不适之感，应请医生诊治。万一着火，应用干化学剂灭火，而不能用水。应远离火种充氮气密封保存。
主要用途 还原剂。

Diisobutylamine 二异丁胺 03537

[110-96-3] $C_8H_{19}N$ 129.25
成分 C 74.34%，H 14.82%，N 10.84%。
别名 二 (*β*-甲基丙基) 胺; Bis(*β*-methylpropyl) amine; *iso*-Dibutylamine; Di-*iso*-butylamine
GW 2015-712
性状 无色液体。有氨味。对二氧化碳敏感。能与乙醇、乙醚相混溶，微溶于水。mp −77℃; bp 137～139℃; Fp 85℉ (29℃); d^{25} 0.740; n_D^{20} 1.409。一般试剂含量≥98.0% (GC)。
注意事项 该品易燃。口服有害。具有腐蚀性，能引起烧伤。使用时应穿适当的防护服，戴手套和防护镜或面罩。万一接触到眼睛，应立即用大量水冲洗后请医生诊治。使用时如有事故发生或有不适之感，应请医生诊治。应远离火种密封保存。
主要用途 有机合成。

Diisobutyl phthalate 苯二甲酸二异丁酯 03538

[84-69-5] $C_{16}H_{22}O_4$ 278.34
成分 C 69.04%，H 7.97%，O 22.99%。
别名 邻苯二甲酸二异丁酯; 酞酸二异丁酯; DIBP; Di-*iso*-butyl phthalate; Diisobutyl *o*-phthalate
GW 2015-1251
性状 无色或淡黄色液体。溶于乙醇、乙醚。bp 327℃; Fp 228.2℉ (109℃); d^{25} 1.039; n_D^{20} 1.490。一般试剂含量≥98.0% (GC)。
注意事项 该品对水生物极毒。能对水环境引起不利的结果。应防止将本品释放于环境中。其包装物应按危险品处理。
主要用途 气相色谱固定液。

Diisobutyl sodium sulfosuccinate 磺基丁二酸钠二异丁酯 03539

[127-39-9] $C_{12}H_{21}NaO_7S$ 332.34
成分 C 43.37%，H 6.37%，Na 6.92%，O 33.70%，S 9.65%。
别名 二异丁基磺基丁二酸钠; 磺基丁二酸二异丁酯 *S*-钠盐; 2-Sulfobutanedio ic acid 1,4-bis(2-methylpropyl)ester sodium salt(1∶1); Sulfosuccinic acid diisobutyl ester *S*-sodium salt; Aerosol IB; Alphasol IB
M. I. 15, 3213
性状 该品为三种酯的混合物，为白色粉末状物。易溶于水 (25℃, 760g/L; 60℃, 804g/L)，溶于甘油、松木油、油酸，不溶于丙酮、煤油、液体石蜡、四氯化碳、乙醇、苯、橄榄油。于酸及中性溶液中稳定，能被碱溶液水解。一般试剂含量≥97.0%。
注意事项 该品对眼睛、呼吸系统及皮肤有刺激性。使用应穿适当的防护服。万一接触到眼睛，应立即用大量水冲洗后请医生诊治。应充氩气密封干燥保存。
主要用途 湿润剂。

Diisodecyl phthalate 苯二甲酸二异癸酯 03540

[26761-40-0] $C_{28}H_{46}O_4$ 446.67
成分 C 75.29%，H 10.38%，O 14.33%。
别名 邻酞酸二异癸酯; 邻苯二甲酸二异癸酯; Di-*iso*-decyl *o*-phthalate; DIDP; Diisodecyl *o*-phthalate
性状 浅黄色透明液体。能与有机溶剂相混溶，不溶于水。bp_4 250～257℃/0.533kPa; Fp 527℉ (275℃); d_4^{20} 0.965; n_D^{25} 1.483。
主要用途 气相色谱固定液。空气中二氧化硫的分离。增塑剂。

Diisononyl phthalate 苯二甲酸二异壬酯 03541

[28553-12-0] $C_{26}H_{42}O_4$ 418.62
成分 C 74.60%，H 10.11%，O 15.29%。
别名 邻酞酸二异壬酯; 1,2-苯二甲酸二异壬酯; 邻苯二甲酸二异壬酯; 1,2-Benzenedicarboxylic acid diisononyl ester; DINP
M. I. 15, 3318
性状 无色液体。蒸气压 (100℃): 0.0018mmHg/0.24Pa; (200℃): 0.50mmHg/66.7Pa; (300℃): 40mmHg/5.329kPa。黏度 78～82mPa·s (20℃); 分配系数 (辛醇/水): 9.37。mp −48℃; pb_5 252℃/666.6Pa; Fp 415℉ (213℃, 闭杯); d_{20}^{20} 0.972; n_D^{20} 1.486。
主要用途 通用 PVC 塑料的增塑剂。

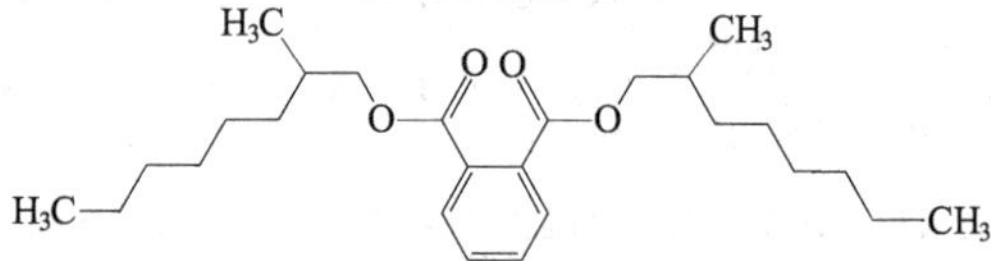

N,*N*-Diisopropanolamine *N*,*N*-二异丙醇胺 03542

[110-97-4] $C_6H_{15}NO_2$ 133.19
成分 C 54.11%，H 11.35%，N 10.52%，O 24.02%。
别名 双 (2-羟基丙基) 胺; 1,1′-亚氨基二-2-丙醇; 2,2′-二羟基二丙胺; Bis (2-hydroxypropyl) amine; 1, 1′-Iminodi-2-propanol; 2, 2′-Dihydroxydipropylamine; *N*, *N*-Di-*iso*-propanolamine
GW 2015-707 M. I. 15, 3214
性状 白色或近似白色蜡状固体。易吸潮。对二氧化碳敏感。溶于水及乙醇等。其5%水溶液 pH 值 11.5。微溶于甲苯，不溶于烃类。mp 32～42℃; bp_{745} 249～250℃/99.325kPa; Fp 260℉ (126℃); d_{20}^{45} 0.9890; $n_D{}^{60}$ 14450～14550。一般试剂含量≥98.0% (T)。
注意事项 该品具有腐蚀性，能引起烧伤。对眼睛有刺激性。万一接触到眼睛，应立即用大量水冲洗后请医生诊治。应密封干燥保存。
主要用途 乳化剂。

Diisopropylamine 二异丙胺 03543

[108-18-9] $C_6H_{15}N$ 101.19
成分 C 71.22%，H 14.94%，N 13.84%。
别名 异二丙胺; DIPA; Di-*iso*-propylamine; Isodipropylamine; *N*-(1-Methylethyl)-2-propanamine; *N*-(1-Methylethyl)-2-propylamine
GW 2015-706 M. I. 15, 3215
性状 无色液体。易挥发。有特殊气味。呈强碱性。溶于水、乙醇。sp −96℃; bp 84℃; Fp 21℉ (−6℃, 开杯); d^{22} 0.722。LD_{50} 大鼠急性经口: 0.77g/kg。一般试剂含量≥99.0% (GC)。
注意事项 该品高度易燃。吸入或口服有害。具有腐蚀性，能引起烧伤。使用时应穿适当的防护服，戴手套和防护镜或面罩。使用现场禁止吸烟。万一接触到眼睛，应立即用大量水冲洗后请医生诊治。使用时如有事故发生或有不适之感，应请医生诊治。应远离火种密封保存。
主要用途 催化剂。有机合成。

Diisopropylamine dichloroacetate
二异丙胺 二氯乙酸盐 03544
[660-27-5] $C_8H_{17}Cl_2NO_2$ 230.13
成分 C 41.75%，H 7.45%，Cl 30.81%；N 6.09%，O 13.90%。
别名 二氯乙酸二异丙胺；Dichloroacetic acid compd with *N*-(1-methylethyl)-2-propanamine(1∶1)；Dichloroacetic acid diisopropylammonium salt；Diisopropylammonium dichloroacetate；Diisopropylamine dichloroethanoate；DADA；DIPA-DCA；DIEDI；IS-401；Disotat；Kalodil；Oxypangam
M.I.15，3216
性状 无色结晶。溶于水（>50%）。mp 119～121℃。LD_{50}小鼠急性经口：1700mg/kg。
主要用途 医用血管缓张剂。低血压。

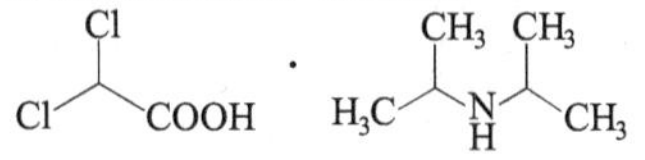

1,3-Diisopropylbenzene 1,3-二异丙苯 03545
[99-62-7] $C_{12}H_{18}$ 162.28
成分 C 88.82%，H 11.18%。
别名 间二异丙苯；1,3-二异丙基苯；*m*-Di-*iso*-propylbenzene；1,3-Di-*iso*-propylbenzene；3-Isopropylcumene；3-*iso*-Propylcumene
性状 无色液体。mp －63℃；bp 203℃；Fp 170℉（76℃）；*d* 0.856；n_D^{20} 1.4890。一般试剂含量≥95%（GC）。
注意事项 使用时应避免吸入其蒸气、飞沫，避免与眼睛及皮肤接触。

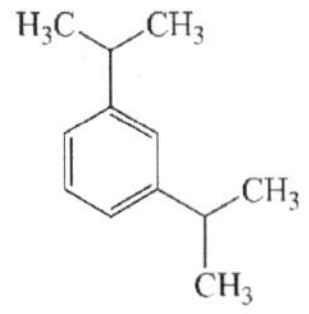

1,4-Diisopropylbenzene 1,4-二异丙苯 03546
[100-18-5] $C_{12}H_{18}$ 162.28
成分 C 88.82%，H 11.18%。
别名 对二异丙苯；1,4-二异丙基苯；*p*-Di-*iso*-propylbenzene；1,4-Di-*iso*-propylbenzene
性状 无色液体。mp －17℃；bp 210℃；Fp 170℉（76℃）；d_4^{20} 0.857；n_D^{20} 1.490。一般试剂含量≥97.0%（GC）。
注意事项 该品对眼睛、呼吸系统及皮肤有刺激性。使用时应时穿适当的防护服。万一接触到眼睛，应立即用大量水冲洗后请医生诊治。

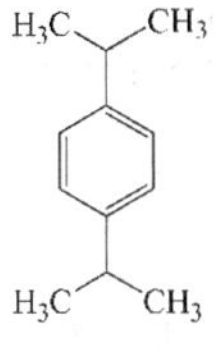

***N,N'*-Diisopropylcarbodiimide**
***N,N'*-二异丙基碳二亚胺** 03547
[693-13-0] $C_7H_{14}N_2$ 126.20
成分 C 66.62%，H 11.18%，N 22.20%。
别名 1,3-二异丙基碳二亚胺；DIC；*N,N'*-Di-*iso*-propylcarbodiimide；1,3-Di-*iso*-propylcarbodiimide
性状 无色液体。对湿度敏感。bp 145～148℃；Fp 93℉（33℃）；*d* 0.806；n_D^{20} 1.4330。一般试剂含量≥98.0%（GC）。
注意事项 该品易燃。吸入有毒。对眼睛、呼吸系统及皮肤有刺激性。有对眼睛损伤的危险性。吸入或与皮肤接触可引起过敏。使用时应穿适当的防护服，戴手套和防护镜或面罩。万一接触到眼睛，应立即用大量水冲洗后请医生诊治。使用时如有事故发生或有不适之感，应请医生诊治。应充氩气密封干燥保存。

Diisopropyl fluorophosphate 氟磷酸二异丙酯 03548
[55-91-4] $C_6H_{14}FO_3P$ 184.15
成分 C 39.13%，H 7.66%，F 10.32%，O 26.06%，P 16.82%。
别名 二异丙基氟磷酸酯；DFP；Diflupyl；DIFP；Dyflos；Di-*iso*-propyl fluorophosphonate；Diisopropyl phosphorofluoridate；DIP；DPFP；Dyflos；Floropryl；Fluropryl；Fluostigmine；Isoflurophate；Isopropyl fluorophosphate；Phosphoric acid diisopropyl ester fluoride；Phosphorofluoridic acid diisopropyl ester；Diisopropyl fluorophosphate；Isopropyl fluophosphate
GW 2015-1998 M.I.15，5222
性状 无色液体。25℃时水中溶解度（质量分数）1.54%（分解，pH值约2.5）；不易溶于矿物油。mp －82℃；bp_5 46℃/666.61Pa；bp_9 62℃/1.200kPa；bp_{760} 183℃/101.325kPa；*d* 1.055；n_D^{25} 1.3830。LD_{50}小鼠急性经口：36.8mg/kg；皮下注射：3.71mg/kg。生化试剂含量≥97.0%（GC）。
注意事项 该品吸入、口服或与皮肤接触极毒。使用时应穿适当的防护服，戴手套和防护镜或面罩。使用时如有事故发生或有不适之感，应请医生诊治。应充氩气密封于2～8℃干燥保存。
主要用途 酶的抑制剂。医用胆碱功能剂。

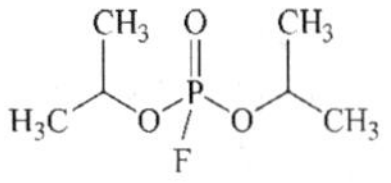

2,6-Diisopropylphenol 2,6-二异丙基酚 03549
[2078-54-8] $C_{12}H_{18}O$ 178.27
成分 C 80.85%，H 10.18%，O 8.97%。
别名 2,6-双（1-甲基乙基）酚；2,6-Bis(1-methylethyl)phenol；Disoprofol；ICI-35868；Ansiven；Diprivan；Disoprivan；Propofol Rapinovet
M.I.15，7947
性状 无色结晶或白色粉末。高温时为无色至微黄色液体。mp 19℃；bp_{30} 136℃/4kP；bp_{17} 126℃/2.27kPa；Fp 235℉（113℃）；d_{20} 0.955；n_D^{20} 1.5134；n_D^{25} 1.5111。一般试剂含量≥97.0%。
注意事项 该品口服有害。对眼睛、呼吸系统及皮肤有刺激性。使用时应穿适当的防护服，戴手套和防护镜或面罩。万一接触到眼睛，应立即用大量水冲洗后请医生诊治。
主要用途 生化研究。医用静脉注射麻醉剂。

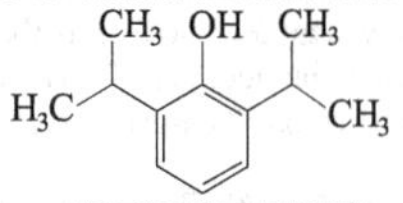

Diisopropyl phthalate 苯二甲酸二异丙酯 03550
[605-45-8] $C_{14}H_{18}O_4$ 250.29
成分 C 67.18%，H 7.25%，O 25.57%。
别名 邻酞酸二异丙酯；邻苯二甲酸二异丙酯；Di-*iso*-propyl *o*-phthalate；Diisopropyl *o*-phthalate
性状 无色或浅黄色油状液体。能与乙醇、乙醚、苯等相混溶，不溶于水。bp 302℃；d_4^{20} 1.0626。一般试剂含量≥98.0%（GC）。
注意事项 该品对眼睛、呼吸系统及皮肤有刺激性。对机体有不可逆损伤的可能性。使用时应穿适当的防护服和戴手套。万一接触到眼睛，应立即用大量水冲洗后请医生诊治。
主要用途 增塑剂。有机合成。

Dikegulac sodium 敌草克钠 03551
[52508-35-7] $C_{12}H_{17}NaO_7$ 296.25
成分 C 48.65%，H 5.78%，Na 7.76%，O 37.80%。
别名 二丙酮-2-酮基古洛糖酸钠；二氧异丙二烯-2-酮-L-古洛糖酸钠；2，3∶4，6-双氧（甲基亚乙基）-*α*-L-木己呋喃糖酸钠；呋状素钠；调呋酸钠；Atrinal；Dikegulac-sodium；Ro-7-6145；Sodium dikegulac；2，3∶4，6-Bis-*O*-methylethylidene-*α*-L-*xylo*-2-hexulofuranosonic acid sodium salt；Di-*O*-isopropylidene-2-keto-L-gulonic acid sodium salt；Diacetone-2-ketogulonic acid sodium salt；Diacetone-2-oxo-L-gulonic acid sodium salt；Oxogulonic acid diacetonide sodium salt
M.I.15，3220
性状 白色粉末。20℃时于下列物质中的溶解度(g/L)：水590；甲醇390；乙醇230；氯仿60；丙酮<10；己烷<10；环己酮<10。mp >300℃。LD_{50}小鼠，雄大鼠，雌大鼠急性经口：19500mg/kg，31000mg/kg，18000mg/kg；LC_{50}（96h）翻车鱼，虹鳟鱼：>10000mg/kg，>5000mg/kg。

主要用途 植物生长调节剂。除草剂。分析用标准物质。

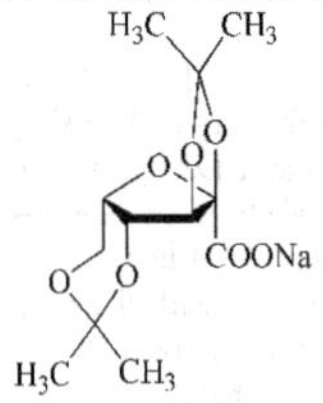

Diketene 双烯酮 03552
[674-82-8] $C_4H_4O_2$ 84.07
成分 C 57.15%,H 4.80%,O 38.06%。
别名 乙烯乙酸-β-内酯;乙烯基乙烯酮;二乙烯酮;双乙烯酮;Acetylketene;Vinyl aceto-β-lactone
GW 2015-2677 M.T.15, 3221
性状 无色液体。溶于有机溶剂,不溶于水。具有催泪性。有刺激性气味。室温以上会逐渐变为浅棕黄色。mp −7.5℃; bp_{100} 69~71℃/1.333 kPa; Fp 94℉ (34℃); d_4^{18} 1.0939; d_4^{23} 1.0905; n_D^{23} 1.4342。一般试剂含量≥95.0% (GC)。
注意事项 该品易燃。其蒸气吸入有害。具有腐蚀性,能引起烧伤。使用开启前应冷却。使用时应穿适当的防护服,戴手套和防护镜或面罩。使用现场禁止吸烟。万一接触到眼睛,应立即用大量水冲洗后请医生诊治。使用时如有事故发生或有不适之感,应请医生诊治。应密封于 2~8℃干燥保存,并不得与酸、碱混存。
主要用途 有机合成。

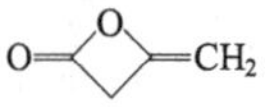

Dilazep dihydrochloride 地拉卓 二盐酸盐 03553
[20153-98-4] $C_{31}H_{46}Cl_2N_2O_{10}$ 677.61
成分 C 54.95%, H 6.84%, Cl 10.46%; N 4.13%, O 23.61%。
别名 二盐酸地拉卓;克冠卓,克冠二氮;地拉;Asta C4898; Comelian; Cormelian; Labitan; 3, 4, 5-Trimethoxybenzoic acid [tetrahydro-1*H*-1,4-diazepine-1,4(5*H*)-diyl]di-3,1-propanediyl ester dihydrochloride; 3, 4, 5-Trimethoxybenzoic acid diester with tetrahydro-1*H*-1,4-diazepine-1,4(5*H*)-dipropanot dihydrochloride; 1,4-Bis[3-(3,4,5-trimethoxybenzoyloxy)propyl]perhydro-1,4-diazepine dihydrochloride; *N*,*N*′-Bis[3-(3,4,5-trimethoxybenzoyloxy)propyl] homopiperazine dihydrochloride; *N*,*N*′-(Bis-ω -hydroxypropyl)homopiperazine 3,4,5-trimethoxybenzoate (diester) dihydrochloride
M.I.15, 3222
性状 来自乙醇中的无色结晶。mp 194~198℃ (一水合物)。LD_{50} 雄小鼠,雄大鼠静脉注射: 26.6mg/kg, 19.1mg/kg; 腹膜内注射: 161mg/kg, 90mg/kg; 急性经口: 3740mg/kg, >2150mg/kg。
注意事项 该品对眼睛、呼吸系统及皮肤有刺激性。使用时应穿适当的防护服。万一接触到眼睛,应立即用大量水冲洗后请医生诊治。应密封于 2~8℃保存。
主要用途 医用冠状血管舒张剂。

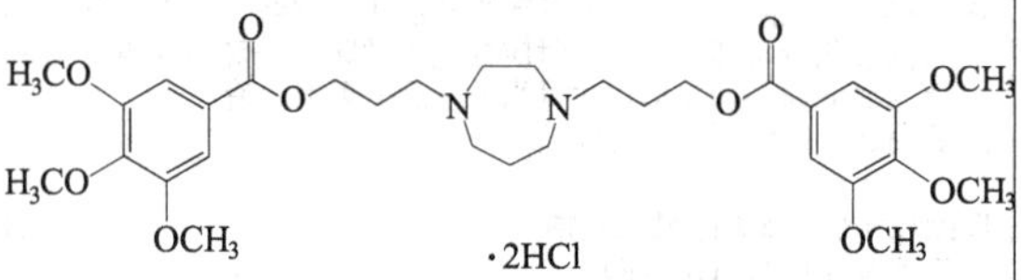

·2HCl

Diloxanide furoate 糠酸二氯尼特 03554
[3736-81-0] $C_{14}H_{11}Cl_2NO_4$ 328.15
成分 C 51.24%, H 3.38%, Cl 21.61%, N 4.27%, O 19.50%。
别名 二氯尼特糠酸酯;二氯散糠酸酯;糠酯酰按;Diloxanide 2-furoic acid ester; Furamide; 2, 2-Dichloro-*N*-(4-hydroxyphenyl)-*N*-methylacetamide furoate; 2,2-Dichloro-4-hydroxy-*N*-methylacetanilide furoate; *N*-Dichloroacet-4-hydroxy-*N*-methylanilide furoate; 4-Hydroxy-*N*-methyldichloroacetanilide furoate; Entamide furoate
M.I.15, 3223
性状 白色或近白色结晶性粉末。易溶于氯仿。微溶于乙醇、乙醚,极微溶于水。
注意事项 该品口服有害。使用时应穿适当的防护服。
主要用途 医用抗阿米巴剂。

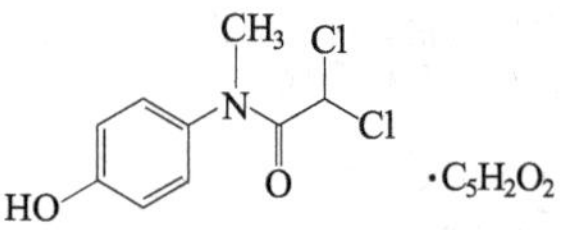

·$C_5H_2O_2$

Diltiazem hydrochloride 地尔硫卓 盐酸盐 03555
[33286-22-5] $C_{22}H_{27}ClN_2O_4S$ 450.98
成分 C 58.59%, H 6.03%, Cl 7.86%, N 6.21%, O 14.19%, S 7.11%。
别名 (2*S*-顺式)-3-乙酰氧基-5-[2-(二甲基氨基)乙基]-2,3-二氢-2-(4-甲氧基苯基)-1,5-苯并硫氮杂蓢-4(5*H*)-酮盐酸盐;(+)-顺式-5-[2-(二甲基氨基)乙基]-2,3-二氢-3-羟基-2-对甲氧基苯基-1,5-苯并硫氮杂䓬-4(5*H*)-酮乙酸盐 盐酸盐;迪尔松;恬尔心;盐酸地尔硫卓;盐酸硫氮卓酮;蒂尔丁;CRD-401; Adizem; Altiazem; Anginyl; Angizem; Britiazim; Bruzem; Calcicard; Cardizem; Citizem; Cormax; Deltazen; Diladel; Dilacor XR; Dilpral; Dilrene; Dilzem; Dilzene; Herbesser; Masdil; Tiazac; Tildiem; (+)-*cis*-5-[2-(Dimethylamino)ethyl]-2,3-dihydro-3-hydroxy-2-(*p*-methoxyphenyl)-1,5-benzothiazepin-4-(5*H*)-one acetate(ester)hydrochloride; Zilden
M.I.15, 3224
性状 来自乙醇-异丙醇中的无色细小针状细晶。易溶于水、甲醇、氯仿、甲酸,微溶于无水乙醇,不溶于苯、乙醚。mp 207.5~212℃; $[\alpha]_D^{24}$ +98.3°±1.4° (*c*=1.002,于甲醇中)。LD_{50}雄、雌小鼠,雄、雌大鼠静脉注射(mg/kg): 61、58,38、39; 急性经口(mg/kg): 740、640,560、610; 皮下注射(mg/kg): 260、280,520、550。
注意事项 该品口服有害。使用时应穿适当的防护服。应充氩气密封避光于 2~8℃保存。
主要用途 生化研究。抗心绞痛、高血压、心律失常剂。

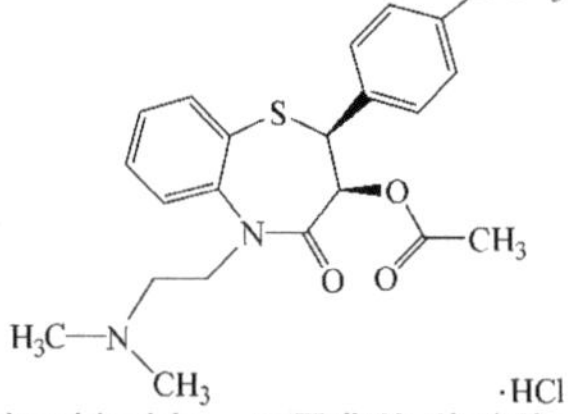

·HCl

Dimefline hydrochloride 二甲弗林 盐酸盐 03556
[2740-04-7] $C_{20}H_{22}ClNO_3$ 359.85
成分 C 66.76%, H 6.16%, Cl 9.85%, N 3.89%, O 13.3%。
别名 回苏灵 盐酸盐;盐酸回苏灵;盐酸二甲弗林;回苏林盐酸盐;盐酸回苏林;得米弗林 盐酸盐;Rec-7-0267; Remeflin; 8-(Dimethylamino)methyl-7-methoxy-3-methyl-2-phenyl-4*H*-1-benzopyran-4-one hydrochloride; 8-(Dimethylamino)methyl-7-methoxy-3-methylflavone hydrochloride; 8-Dimethylaminomethyl-7-methoxy-3-methyl-2-phenylchromone hydrochloride
M.I.15, 3227
性状 来自乙醇+乙醚中的无色结晶。213~214℃分解。
主要用途 医用呼吸作用的兴奋剂。

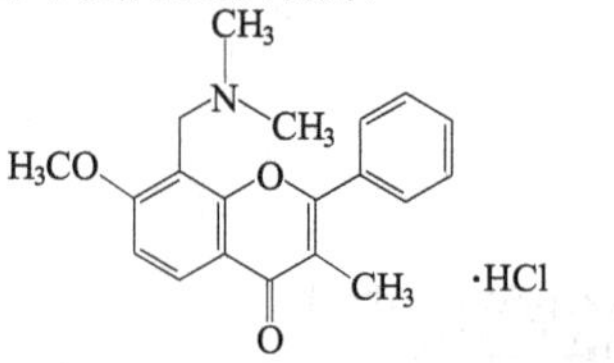

·HCl

Dimefox 甲氟磷 03557
[115-26-4] $C_4H_{12}FN_2OP$ 154.13
成分 C 31.17%, H 7.85%, F 12.33%, N 18.18%, O 10.38%, P 20.10%。
别名 四甲氟; Tetramethylphosphorodiamidic fluoride; Tetramethyldiamidophosphoric fluoride; Bis(dimethylamido)phosphoryl fluoride; Fluophosphoric acid di(dimethylamide); Bisdimethylaminofluorophosphine oxide; Bis(dimethylamido)fluorophosphate; Pestox XIV (obsolete); Terrasytam
GW 2015-2005 M.I.15, 3228
性状 无色液体。有鱼腥味。易溶于水、乙醚、苯,其水溶液稳定。bp_{15} 86℃/2kPa; $bp_{4.0}$ 67℃/533.288Pa; d_4^{20}

1.1151；n_D^{20} 1.4267。LD_{50}大鼠腹膜内注射：5.0mg/kg；急性经口：7.5mg/kg。一般试剂含量≥99.0%(GC)。

注意事项 该品口服或与皮肤接触极毒。使用时应穿适当的防护服和戴手套。应避免吸入本品的蒸气。接触皮肤后，应立即用大量水冲洗。在通风不好的情况下，应戴适当的呼吸装置。使用时如有事故发生或有不适之感，应请医生诊治。应密封于2～8℃保存。

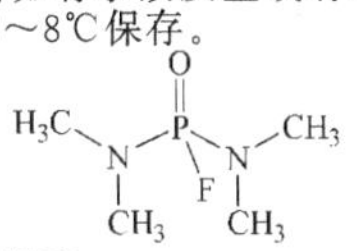

Dimemorfan 二甲吗喃 03558

[36309-01-1] $C_{18}H_{25}N$ 255.41

成分 C 84.65%，H 9.87%，N 5.48%。

别名 二甲啡烷；(9α，13α，14α)-3，17-Dimethylmorphinan；*d*-3-Methyl-*N*-methylmorphinan；AT-17

M.I.15，3229

性状 浅黄色油状液体，$bp_{0.3}$ 130～136℃/40Pa；或来自丙酮中的白色结晶，mp 90～93℃。

主要用途 医用镇咳剂。

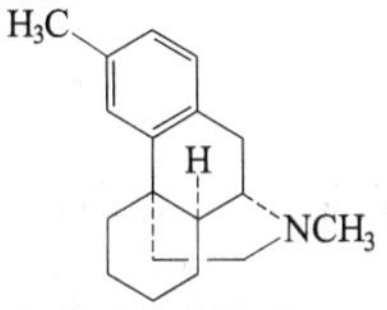

Dimenhydrinate 氯茶碱苯海拉明 03559

[523-87-5] $C_{24}H_{28}ClN_5O_3$ 469.97

成分 C 61.34%，H 6.01%，Cl 7.54%，N 14.90%，O 10.21%。

别名 茶苯海明；晕海宁；2-Benzhydryloxy-*N*，*N*-dimethylethylamine 8-chlorotheophyllinate；*β*-Dimethylaminoethyl benzhydryl ether 1，3-dimethyl-8-chloroxanthine；Diphenhydramine 8-chlorotheophyllinate；*N*，*N*-Dimethyl-2-diphenylmethoxyethylamine 8-chlorotheophyllinate；*O*-Benzhydryldimethylaminoethanol 8-chlorotheophyllinate；Chloranautine；Amosyt；Anautine；Andramine；Antemin；Diamarin；Dimate；Dramamine；Dramarin；Dramocen；Dramyl；Emedyl；Emes；Epha；Gravol；Menhydrinate；Travel-Gum；Travelin；Travelmin；Vomex A；Xamamina；Faston

M.I.15，3230

性状 来自热乙醇中的无色结晶。易溶于乙醇、氯仿，溶于苯、水（约3mg/mL），几乎不溶于乙醚。其饱和水溶液pH值6.8～7.3。mp 103～104℃。

注意事项 口服有害。

主要用途 生化研究。医用止吐剂。医用抗组胺剂。

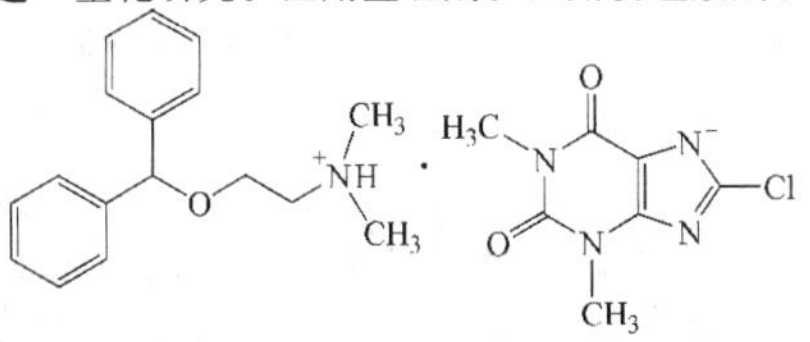

2,3-Dimercapto-1-propanesulfonic acid sodium salt monohydrate

2,3-二巯基-1-丙烷磺酸钠盐 一水 03560

[4076-02-2] $C_3H_7NaO_3S_3 \cdot H_2O$ 228.26

成分（以无水物计） C 17.14%，H 3.36%，Na 10.93%，O 22.83%，S 45.75%。

别名 Dimaval；2,3-Dithiolpropanesulfonic acid sodium salt monohydrate；DMPS；Sodium 2,3-dimercaptopropanesulfonate monohydrate；Unitiol

M.I.15，3232

性状 无色或白色小叶状结晶。mp 235℃。LD_{50} 小鼠腹膜内注射：5.22mmol/kg。一般试剂含量≥97.0%（T）。

注意事项 使用时应避免吸入本品的粉尘，避免与眼睛及皮肤接触。应充氩气密封于2～8℃保存。

主要用途 生化研究。医用解毒剂（重金属阴离子）。

2,3-Dimercapto-1-propanol 2,3-二巯基-1-丙醇 03561

[59-52-9] $C_3H_8OS_2$ 124.22

成分 C 29.01%，H 6.49%，O 12.88%，S 51.62%。

别名 2,3-二硫代丙醇；巴尔；3-羟基-1,2-丙二硫醇；BAL；British anti-lewisite；Dicaptol；Dimercaprol；1，2-Dithioglycerol；Sulfactin

M.I.15，3231

性状 无色或近无色的黏稠油状液体。有恶臭。溶于甲醇、乙醇、苯甲酸苄酯、植物油。该品8.7g溶于100g水。bp_{40} 140℃/5.333kPa；bp_{25} 130℃/3.333kPa；bp_{15} 120℃/2kPa；$bp_{5.6}$ 100℃/746.6kPa；$bp_{0.2}$ 60℃/26.66kPa；Fp 233.6℉（112℃）；d_4^{25} 1.2385；n_D^{25} 1.5720。LD_{50}大鼠肌肉注射：86.7mg/kg。一般试剂含量≥98.0%。

注意事项 该品口服有害。对眼睛、呼吸系统及皮肤有刺激性。使用时应穿适当的防护服。万一接触到眼睛，应立即用大量水冲洗后请医生诊治。应充氮气密封避光于2～8℃保存。

主要用途 多种金属离子的掩蔽剂，铁的螯合剂。医用解毒剂（对砷、镉、锑、金、铋、汞等的中毒有缓解作用）。

3,4-Dimercaptotoluene 3,4-二巯基甲苯 03562

[496-74-2] $C_7H_8S_2$ 156.26

成分 C 53.81%，H 5.16%，S 41.03%。

别名 3,4-二硫酚甲苯；4-甲苯-1,2-二硫酚；锡试剂；甲苯-3,4-二硫酚；Toluene-3,4-dithiol；1,2-Dimercapto-4-methylbenzene；Dithiol；4-Methyl-1，2-benzenedithiol；Stanon；TDT

GW 2015-1018 M.I.15，9690

性状 无色或白色结晶。易潮解。有恶臭。溶于苯、碱溶液。mp 31℃；bp_{84} 185～187℃/11.19kPa；Fp 235.4℉（113℃）。

注意事项 该品口服有害。对呼吸系统及皮肤有刺激性。对眼睛有严重损伤的危险。使用时应穿适当防护服，戴手套和防护镜或面罩。万一接触到眼睛，应立即用大量水冲洗后请医生诊治。应密封于2～8℃干燥保存。

主要用途 测定锡的灵敏试剂。亦可用于钨、铋、铼、钼等的检定。

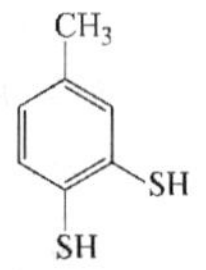

Dimestrol 二甲己烯雌酚 03563

[130-79-0] $C_{20}H_{24}O_2$ 296.41

成分 C 81.04%，H 8.16%，O 10.80%。

别名 甲基己烯雌酚；1，1′-[(1*E*)-1，2-Diethyl-1，2-ethenediyl]bis[4-methoxybenzene]；(*E*)-*α*，*α*′-Diethyl-4，4′-dimethyoxystilbene；stilbestrol dimethyl ether；(*E*)-3,4-Bis（*p*-methyoxyphenyl）-3-hexene；（*E*）-3，4-Dianisyl-3-hexene

M.I.15，3234

性状 来自石油醚中的无色结晶。易溶于丙酮、乙醚，溶于乙醇、稀乙醇水溶液、碱溶液、植物油，较少地溶于丙醚，几乎不溶于水。mp 124℃。

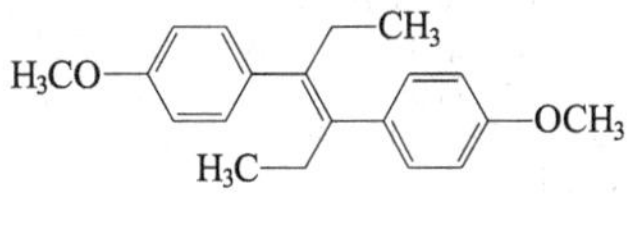

Dimethadione 二甲甲唑烷二酮 03564

[695-53-4] $C_5H_7NO_3$ 129.12

成分 C 46.51%，H 5.46%，N 10.85%，O 37.18%。

别名 5，5-Dimethyl-2，4-oxazolidinedione；DMO；AC-1198；BAX-1400Z；NSC-30152；Eupractone

M.I.15，3235

性状 无色结晶。为弱有机酸，pK_a（37℃）6.13。mp 76～77℃。LD_{50}小鼠静脉注射：450mg/kg。

注意事项 该品吸入、口服或与皮肤接触有害。可能致癌。使用时应穿适当的防护服。应避免吸入本品的粉尘。应密封于2～8℃保存。

主要用途 生化研究。用测量细胞内的pH值。医用抗惊厥剂。

Dimethenamid　二甲吩草胺　03565

［87674-68-8］　$C_{12}H_{18}ClNO_2S$　275.79

成分　C 52.26%，H 6.58%，Cl 12.85%，N 5.08%，O 11.60%，S 11.62%。

别名　二甲酚草胺；二甲噻草胺；噻吩草胺；2-Chloro-*N*-(2,4-dimethyl-3-thieny)-*N*-(2-methoxy-1-methylcthyl) acetamide；SAN-582H；Frontier

M. I. 15，3236

性状　浅黄至棕色有黏性的液体。由 4 种立体异构体组成的混合物。无味至微弱的气味。该品于下列物质中的溶解度（25℃）：水 1174mg/L；庚烷 28.2g/100g；异辛烷 22.0g/100g；乙醚、煤油、乙醇＞50%。蒸气压（25℃）：36.7mPa；bp $_{0.2}$127℃/26.7Pa；d^{25} 1.187。LD_{50}大鼠急性经口：1570mg/kg；皮肤接触：＞2000mg/kg；LD_{50}翻车鱼，虹鳟鱼：6.4mg/L，2.6mg/L。

注意事项　该品口服有害。

主要用途　除草剂。分析用标准物质。

Dimethindene maleate　二甲茚定 马来酸盐　03566

［3614-69-5］　$C_{24}H_{28}N_2O_4$　408.50

成分　C 70.57%，H 6.91%，N 6.86%，O 15.67%。

别名　马来酸二甲茚定，马来酸吡啶茚胺；Fenistil；*N*,*N*-Dimethyl-3-［1-(2-pyridinyl) ethyl］-1*H*-indene-2-ethanamine maleate；2-［1-［2-［2-(Dimethylamino) ethyl］inden-3-yl］ethyl］pyridine maleate；3-［*α*-(2′-Pyridyl) ethyl］-2-(*β*-dimethylaminoethyl) indene maleate；Dimethpyrindene maleate

M. I. 15，3238

性状　无色结晶。mp 159～161℃。LD_{50}大鼠静脉注射：26.8mg/kg；急性经口：618.2mg/kg。

主要用途　医用抗组胺剂。

$\cdot C_4H_4O_4$

Dimethirimol　二甲嘧酚　03567

［5221-53-4］　$C_{11}H_{19}N_3O$　209.29

成分　C 63.13%，H 9.15%，N 20.08%，O 7.64%。

别名　甲菌定；5-Butyl-2-dimethylamino-6-methyl-4(1*H*)-pyrimidinone；5-Butyl-2-dimethylamino-6-methtl-4-pyrimidinol；2-Dimethylamino-4-methyl-5-*n*-butyl-6-hydroxypyrimidine；PP-675；Milcurb

M. I. 15，3239

性状　来自乙醇中的无色针状结晶。该品于下列物质中的溶解度（25℃，g/L）：水 1.2；丙酮 45，氯仿 1200；乙醇 65；二甲苯 360。蒸气压（30℃）：1.1×10^{-5} mmHg/146.7×10^{-5}Pa；mp 102℃；uv max（甲醇中）：229nm，304nm（ε 15500，7700）。LD_{50}雌大鼠腹膜内注射：200～400mg/kg；急性经口：＞4000mg/kg。

主要用途　杀菌剂。

Dimethisterone　二甲炔酮　03568

［79-64-1］　$C_{23}H_{32}O_2$　340.51

成分　C 81.13%，H 9.47%，O 9.40%。

别名　二甲炔睾酮；德密龙；地美炔酮；(6*α*,17*β*)-17-Hydroxy-6-methyl-17-(1-propynyl) androst-4-en-3-one；6*α*-Methyl-17-(1-propynyl) testosterone；6*α*,21-Dimethyl-17*β*-hydroxy-17*α*-pregn-4-en-20-yn-3-one；6*α*，21-Dimethylethisterone；17*α*-Ethynyl-6*α*，21-dimethyltestosterone；17*α*-Ethynyl-17-hydroxy-6*α*，21-dimethylandrost-4-en-3-one；Secrosteron (obsolete)

M. I. 15，3240

性状　无色结晶。溶于乙醇，微溶于丙酮、氯仿，几乎不溶于水。mp 102℃；$[\alpha]_D^{20}+10°$（$c=1$，于氯仿中）；uv max（异丙醇中）：240nm（$E_{1cm}^{1\%}$450）。

主要用途　医用孕激素。

Dimethoate　乐果　03569

［60-51-5］　$C_5H_{12}NO_3PS_2$　229.25

成分　C 26.20%，H 5.28%，N 6.11%，O 20.94%，P 13.51%，S 27.97%。

别名　*O*，*O*-二甲基-*S*-（*N*-甲基氨基甲酰甲基）二硫代磷酸酯；二硫代磷酸二甲酯（甲基乙酰胺）；乐戈；Am. Cyanamid 12880；American cyanamide 12880；CL 12880；Cygon；Cygon systemic 25；Dantox；Daphene；De-Fend；Demos L40；*O*，*O*-Dimethyl-*S*-（*N*-methylcarbamoylmethyl）phosphorodithioate；Experimental insecticide 12880；Fosfamid；Fostion MM；Perfekthion；Rogor；Roxion

M. I. 15，3241

性状　无色或白色结晶。易溶于乙醇、乙醚、酯类、苯、甲苯等有机溶剂，极微溶于水，其溶液稳定。能被碱的水溶液水解。mp 52～52.5℃；Fp 224.6℉（107℃）；d^{65} 1.277；n_D^{65} 1.5334。LD_{50}大鼠急性经口：250mg/kg。

注意事项　该品吸入、口服或与皮肤接触有害。使用时应穿适当防护服和戴手套。应密封于 2～8℃保存。

主要用途　杀虫剂。农药分析标样。

Dimethocaine hydrochloride　二甲卡因 盐酸盐　03570

［553-63-9］　$C_{16}H_{27}ClN_2O_2$　314.85

成分　C 61.04%，H 8.64%，Cl 11.26%，N 8.90%，O 10.16%。

别名　盐酸二甲卡因；地美卡因 盐酸盐；盐酸地美卡因；拉罗卡因 盐酸盐；盐酸拉罗卡因；3-二乙氨基-2,2-二甲基-1-丙醇对氨基苯甲酸酯 盐酸盐；3-Diethylamino-2,2-dimethyl-1-propanol *p*-aminobenzoate hydrochloride；3-DiethylaminO-2,2-dimcthylpropyl *p*-aminobenzoate hydrochloride；1-Aminobenzoyl-2,2-dimethyl-3-biethylaminopropanol hydrochloride；*p*-Aminobenzoate of diethylaminoeopentyl alcoholhydrochloride；Larocaine hydrochloride

M. I. 15，3242

性状　无色微小结晶或粉末，或细小的小叶状结晶。味苦。1 份该品溶于 3 份 20℃的水，更多地溶于热水。1 份该品溶于 10 份冷乙醇、5 份沸乙醇。几乎不溶于乙醚、油类、酯肪。其水溶液对石蕊呈微酸性。热至 105℃ 10min 即可灭菌。mp 196～197℃。MLD 小鼠，兔皮下注射：300mg/kg，150mg/kg；静脉注射：40mg/kg，15mg/kg。生化试剂含量≥98.0%（TLC）。

主要用途　医用局部麻醉剂。

$\cdot HCl$

Dimethomorph　烯酰吗啉　03571
[110488-70-5]　$C_{21}H_{22}ClNO_4$　387.86
成分　C 65.03%，H 5.72%，Cl 9.14%，N 3.61%，O 16.50%。
别名　3-(4-氯苯基)-3-(3，4-二甲氧基苯基) 丙烯酸酰吗啉；4-[3-(4-氯苯基)-3-(3，4-二甲氧基苯基)-1-氧-2-丙烯基] 吗啉；4-[3-(4-Chlorophenyl)-3-(3，4-dimethoxyphenyl)-1-oxo-2-propenyl] morpholine；3-(4-Chlorophenyl)-3-(3，4-dimethoxyphenyl) acrylic acid morpholide；CME-151；Acrobat；Forum
M. I. 15，3243
性状　无色结晶性固体。无味。该品 25℃时于下列物质中的溶解度 (g/L)：水<0.05；丙酮 50；甲苯 20；甲醇 20；二氯甲烷 500。mp 127～148℃。LD_{50}大鼠腹膜内注射：321mg/kg；急性经口：3900mg/kg；皮肤接触：>5000mg/kg。LC_{50} (4h 吸入)：>4.2mg/mL。
注意事项　该品对水生物有毒，能对水环境引起长期不利的结果。应防止将本品释放于环境中。
主要用途　农业用杀菌剂。分析用标准物质。

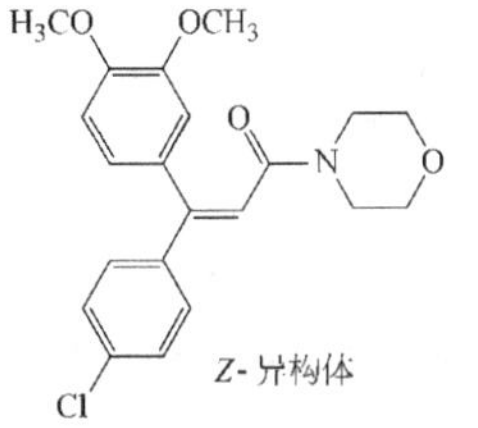

Z-异构体

Dimethoxane　乙酸 2,6-二甲基-1,3-二噁烷-4-醇酯　03572
[828-00-2]　$C_8H_{14}O_4$　174.20
成分　C 55.16%，H 8.10%，O 36.74%。
别名　2,6-二甲基-1,3-二噁烷-4-醇乙酸酯；2,6-Dimethyl-1，3-dioxan-4-ol acetate；6-Acetoxy-2,4-dimethyl-*m*-dioxane；2，6-Dimethyl-*m*-dioxan-4-yl acetate；Acetomethoxane；Dioxin (obsolete)；Giv-Gard DXN
M. I. 15，3244
性状　无色液体。有芥子气味。对湿度敏感。能与水及多数有机溶剂相混溶。bp_6 74～75℃/799.932Pa；d_4^{20} 1.0655；n_D^{20} 1.4310。
注意事项　该品对眼睛、呼吸系统及皮肤有刺激性。应密封干燥保存。

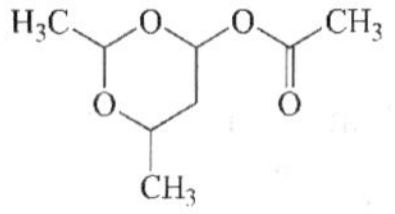

2,5-Dimethoxyaniline　2,5-二甲氧基苯胺　03573
[102-56-7]　$C_8H_{11}NO_2$　153.18
成分　C 62.73%，H 7.24%，N 9.14%，O 20.89%。
别名　2-氨基-1,4-二甲氧基苯；氨基对苯二酚二甲醚；2-Amino-1,4-dimethoxybenzene；2-Aminohydroquinone dimethyl ether
性状　鳞片状结晶。对空气敏感。易溶于热乙醇、石油醚，溶于水。mp 80～82℃；bp 270℃ (微分解)；Fp 266℉ (130℃)。一般试剂含量≥97.0% (GC)。
注意事项　该品口服有毒。使用时如有事故发生或有不适之感，应请医生诊治。应充氩气密封避光保存。
主要用途　杀虫剂。抗氧剂。染料合成。

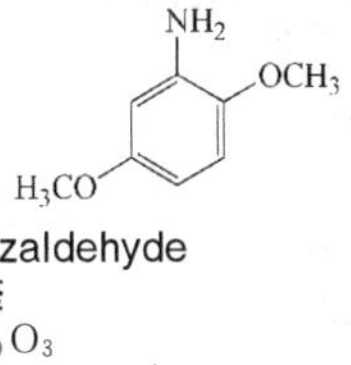

2,4-Dimethoxybenzaldehyde
2,4-二甲氧基苯甲醛　03574
[613-45-6]　$C_9H_{10}O_3$　166.17
成分　C 65.05%，H 6.07%，O 28.88%。
别名　2-甲氧基茴香醛；2-Methoxyanisaldehyde
性状　白色针状结晶。溶于乙醇、乙醚、苯，不溶于水。mp 67～69℃；bp_{10} 165℃/1.333kPa。一般试剂含量≥97.0% (T)。
注意事项　该品对眼睛、呼吸系统及皮肤有刺激性。使用时应穿适当的防护服。万一接触到眼睛，应立即用大量水冲洗后请医生诊治。
主要用途　有机合成。

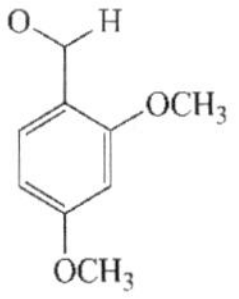

1,2-Dimethoxybenzene　1,2-二甲氧基苯　03575
[91-16-7]　$C_8H_{10}O_2$　138.17
成分　C 69.54%，H 7.30%，O 23.16%。
别名　邻二甲氧基苯；白藜芦素；邻苯二酚二甲醚；Catechol dime-thyl ether；*o*-Dimethoxybenzene；Pyrocatechol dimethyl ether；Veratrole
M. I. 15，10150
性状　无色结晶，温度较高时为透明液体。溶于乙醇、乙醚、脂肪油类，微溶于水。mp 22～23℃；bp 206～207℃；Fp 189℉ (87℃)；d_{25}^{25} 1.084；n_D^{20} 1.5330。LD_{50}大鼠，小鼠急性经口：1360mg/kg，2020mg/kg。一般试剂含量≥98.0% (GC)。
注意事项　该品口服有害。使用时应穿适当的防护服。使用时应避免吸入本品的蒸气，避免与眼睛及皮肤接触。
主要用途　防腐剂。检测甘油，检定血液中乳酸含量的试剂。

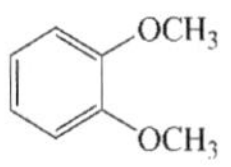

1,3-Dimethoxybenzene　1,3-二甲氧基苯　03576
[151-10-0]　$C_8H_{10}O_2$　138.16
成分　C 69.55%，H 7.30%，O 23.16%。
别名　间二甲氧基苯；间苯二酚二甲醚；*m*-Dimethoxybenzene；Dimethylresorcinol；Resorcinol dimethyl ether
性状　无色透明液体。能与乙醇、苯、乙醚、三氯甲烷相混溶，不溶于水。bp 212.5～217.5℃ (95%)；bp_7 85～87℃/933.25Pa；Fp 190°F (87℃)；d 1.055；n_D^{20} 1.5240。一般试剂含量≥96.0% (GC)。
注意事项　该品对眼睛及皮肤有刺激性。使用时应穿适当的防护服。万一接触到眼睛，应立即用大量水冲洗后请医生诊治。
主要用途　折射率的测定。有机合成。

1,4-Dimethoxybenzene　1,4-二甲氧基苯　03577
[150-78-7]　$C_8H_{10}O_2$　138.16
成分　C 69.55%，H 7.30%，O 23.16%。
别名　对二甲氧基苯；对苯二酚二甲醚；氢醌二甲醚；[MZ(6H] *p*-Dimethoxy benzene；Dimethylhydroquinone；CMB；Hydroquinone dimethyl ether
性状　无色片状结晶。溶于乙醇、苯、乙醚，不溶于水。mp 56～60℃；bp 213℃；Fp 257°F (125℃)；d 1.053。一般试剂含量≥99.0% (HPLC)。
注意事项　该品对眼睛、呼吸系统及皮肤有刺激性。使用时应穿防护服。万一接触到眼睛，应立即用大量水冲洗后请医生诊治。
主要用途　有机合成。香料的合成。

3,3′-Dimethoxybenzidine　3,3′-二甲氧基联苯胺　03578
[119-90-4]　$C_{14}H_{16}N_2O_2$　244.29
成分　C 68.83%，H 6.60%，N 11.47%，O 13.10%。
别名　3，3′-二甲氧基-4,4′-二氨基联苯；邻二甲氧基联苯胺；邻联二茴香胺；邻联大茴香胺；联大茴香胺；*o*-DA；Di-*p*-aminodimethoxydiphenyl；Dianisidine；3，3′-Dimethoxy (1，1′- biphenyl)-4，4′-diamine；*o*-Dianisidine；Fast blue B free base
GW 2015-485　M. I. 15，2992
性状　无色或白色结晶 (逐渐转化为紫色)。溶于乙醇、苯、乙醚，几乎不溶于水。mp 137～138℃；Fp 403℉ (206℃)。
注意事项　该品吸入、口服或与皮肤接触时极毒。能致癌。使用前应得到专门的指导，避免曝露。使用时应穿适当的防护服和戴手套。使用时如有事故发生或有不适之感，应请医生诊治。应密封避光于 20℃以下保存。

主要用途 亚铁氰化物滴定锌盐时用作氧化还原指示剂。显色反应检验铜、金、钒钴及硫氰酸盐。吸附指示剂。检验铁的络合指示剂。

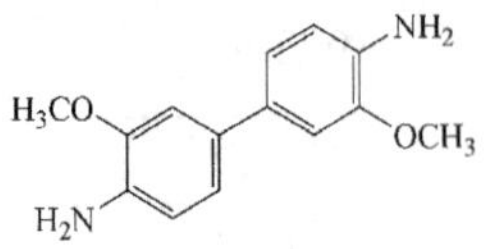

3,3′-Dimethoxybenzidine dihydrochloride
3,3′-二甲氧基联苯胺 二盐酸盐 03579
[20325-40-0] $C_{14}H_{18}Cl_2N_2O_2$ 317.22
成分 C 53.01%，H 5.72%，Cl 22.35%，N 8.83%，O 10.09%。
别名 二盐酸 3，3′-二甲氧基联苯胺；3，3′-二甲氧基-4，4′-二氨基联苯 盐酸盐；邻二甲氧基联苯胺 盐酸盐；邻联大茴香胺 盐酸盐；盐酸 3，3′-二甲氧基联苯胺；邻联二茴香胺 二盐酸盐；联大茴香胺 盐酸盐；联甲氧基苯胺 盐酸盐；Di-*p*-aminodimethoxydiphenyl hydrochloride；*o*-Dianisidine dihydrochloride；3，3′-Dimethoxy-4，4′-diaminodiphenyl hydrochloride
GW 2015-2514
性状 白色针状结晶。溶于水，微溶于乙醇，不溶于乙醚。其 10mg 溶于 100mL 水的 pH 值（25℃）：2.8～3.2。一般试剂含量≥98.0%。
注意事项 该品口服有害。能致癌。使用前应得到专门的指导，避免曝露。使用时如有事故发生或有不适之感，应请医生诊治。
主要用途 测定金、亚硝酸盐的试剂。染料中间体。有机合成。

2,3-Dimethoxybenzoic acid 2,3-二甲氧基苯甲酸 03580
[1521-38-6] $C_9H_{10}O_4$ 182.17
成分 C 59.34%，H 5.53%，O 35.13%。
别名 邻二甲氧基苯甲酸；*o*-Veratric acid
性状 无色或白色结晶。mp 122～124℃。一般试剂含量≥99.0%（T）。
注意事项 该品对眼睛、呼吸系统及皮肤有刺激性。使用时应戴适当的手套和防护镜或面罩。万一接触到眼睛，应立即用大量水冲洗后请医生诊治。

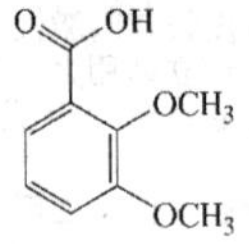

2,6-Dimethoxybenzoic acid 2,6-二甲氧基苯甲酸 03581
[1466-76-8] $C_9H_{10}O_4$ 182.17
成分 C 59.34%，H 5.53%，O 35.13%。
别名 γ-二羟基苯酸二甲醚；雷锁酸二甲醚；γ-Resorcylic acid dimethyl ether
性状 白色结晶性粉末。溶于乙醇、乙醚，微溶于水。mp 186～187℃（分解）。一般试剂含量≥98.0%（T）。
注意事项 该品对眼睛、呼吸系统及皮肤有刺激性。使用时应戴适当的手套和防护镜或面罩。万一接触到眼睛，应立即用大量水冲洗后请医生诊治。

6,7-Dimethoxycoumarin 6,7-二甲氧基香豆素 03582
[120-08-1] $C_{11}H_{10}O_4$ 206.20
成分 C 64.07%，H 4.89%，O 31.04%。
别名 6，7-二甲氧基-2*H*-1-苯并吡喃-2-酮；七叶亭二甲醚；6，7-Dimethoxy-2*H*-1-benzopyran-2-one；Esculetin dimethyl ether；Scoparone
M. I. 15，8541
性状 无色结晶。mp 145～146℃。一般试剂含量≥98.0%。

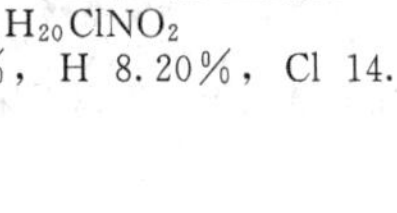

2,5-Dimethoxy-α,4-dimethylbenzeneethanamine hydrochloride
2,5-二甲氧基-α,4-二甲基苯乙胺 盐酸盐 03583
[15589-00-1] $C_{12}H_{20}ClNO_2$ 245.75
成分 C 58.65%，H 8.20%，Cl 14.43%，N 5.70%，O 13.02%。
别名 1-(2,5-二甲氧基-4-甲基苯基)-2-氨基丙烷 盐酸盐；2，5-Dimethoxy-α，4-dimethylphenethylamine hydrochloride；1-(2,5-Dimethoxy-4-methylphenyl)-2-aminopropane hydrochloride；(±)-2,5-Dimethoxy-4-methylamphetamine hydrochloride；DOM hydrochloride；STP-HCl
M. I. 15，3461
性状 来自异丙醇/乙醚中的白色结晶。mp 189～189.5℃。LD_{50}小鼠腹膜内注射：(89±4.2) mg/kg。

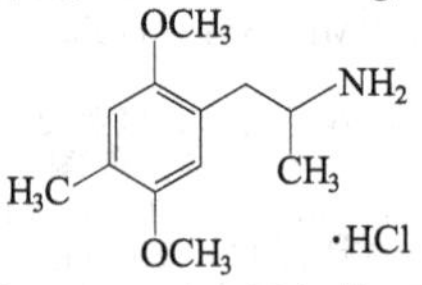

1,1-Dimethoxyethane 1,1-二甲氧基乙烷 03584
[534-15-6] $C_4H_{10}O_2$ 90.12
成分 C 53.31%，H 11.18%，O 35.51%。
别名 Acetaldehyde dimethyl acetal；Dimethylacetal；Ethylidene dimethyl ether
GW 2015-487 M. I. 15，3247
性状 无色液体。对湿度敏感。能与水、乙醇、氯仿、乙醚相混溶。bp 64.5℃；Fp 1.4℉（−17℃）；d_4^{20} 0.8516；n_D^{20} 1.3665。LD_{50}大鼠急性经口：6.5g/kg；LC 大鼠空气中吸入：16000×10^{-6}。一般试剂含量≥98.0%（GC）。
注意事项 该品高度易燃。使用现场禁止吸烟。应远离火种，采取抗放静电措施，充氩气密封于通风、干燥处保存。

2,6-Dimethoxynaphthalene 2,6-二甲氧基萘 03585
[5486-55-5] $C_{12}H_{12}O_2$ 188.23
成分 C 76.57%，H 6.43%，O 13.00%
性状 白色结晶或粉末。mp 152.5～153.5℃。一般试剂含量≥99%。

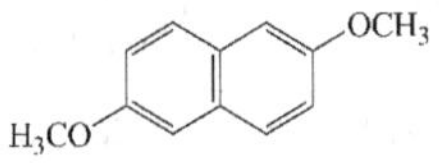

2,7-Dimethoxynaphthalene 2,7-二甲氧基萘 03586
[3469-26-9] $C_{12}H_{12}O_2$ 188.23
成分 C 76.57%，H 6.43%，O 13.00%。
性状 白色结晶或粉末。mp 137～139℃。一般试剂含量≥98.0%。

(2,5-Dimethoxyphenyl) acetic acid
(2,5-二甲氧基苯基) 乙酸 03587
[1758-25-4] $C_{10}H_{12}O_4$ 196.20
成分 C 61.22%，H 6.16%，O 32.62%。
性状 白色针状结晶。易溶于热水、乙醇、乙醚、三氯甲烷，难溶于冷水。mp 123～125℃。一般试剂含量≥99.0%。
主要用途 有机合成。

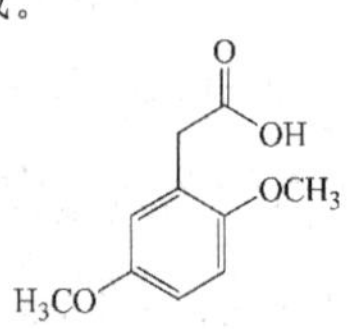

(3,4-Dimethoxyphenyl)acetic acid
(3,4-二甲氧基苯基)乙酸 03588
[93-40-3] $C_{10}H_{12}O_4$ 196.20
成分 C 61.22%，H 6.16%，O 32.62%。
别名 高藜芦酸；Homoveratric acid
性状 无色或白色针状结晶。溶于水、乙醇、乙醚。mp 97～99℃。一般试剂含量≥98.0%（T）。
注意事项 使用时应避免吸入本品的粉尘，避免与眼睛及皮肤接触。

2,2-Dimethoxypropane 2,2-二甲氧基丙烷 03589
[77-76-9] $C_5H_{12}O_2$ 104.15
成分 C 57.66%，H 11.61%，O 30.72%。
别名 Acetone dimethyl acetal；DMP；MS-80

GW 2015-483
性状 无色液体。bp 83℃；Fp 12℉（−11℃）；d_4^{20} 0.847；n_D^{20} 1.378。一般试剂标准物含量≥99.6%（GC）。
注意事项 该品高度易燃。对眼睛有刺激性。使用现场禁止吸烟。万一接触到眼睛，应立即用大量水冲洗后请医生诊治。应远离火种密封保存。

2,6-Dimethoxyguinone 2,6-二甲氧基醌 03590
[530-55-2] $C_8H_8O_4$ 168.15
成分 C 57.14%，H 4.80%，O 38.06%。
别名 2,6-二甲氧基对苯醌；2,6-Dimethoxy-2,5-cyclohexadiene-1,4-dione；2,6-Dimethoxybenzoquinone
M.I. 15，3246
性状 来自乙酸中的金黄色单斜棱柱体结晶。易升华。能随水蒸气挥发。易溶于热冰乙酸、碱溶液，溶于乙醚、乙醇，微溶于热水。mp 256℃。

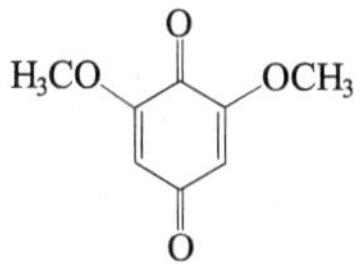

2,5-Dimethoxytetrahydrofuran 2,5-二甲氧基四氢呋喃 03591
[696-59-3] $C_6H_{12}O_3$ 132.16
成分 C 54.53%，H 9.15%，O 36.32%。
别名 四氢-2,5-二甲氧基呋喃；Tetrahydro-2,5-dimethoxyfuran
性状 无色液体。系顺、反式的混合体。能与水、乙醇、乙醚相混溶。受热易分解。bp 145～147；Fp 100.4 ℉（38℃）；d^{20}1.023；n_D^{20} 1.418。一般试剂含量≥97.0%（GC）。
注意事项 该品易燃。对眼睛、呼吸系统及皮肤有刺激性。使用时应穿适当的防护服。万一接触到眼睛，应立即用大量水冲洗后请医生诊治。应密封于阴凉处保存。
主要用途 照相用坚膜剂。

N,*N*-Dimethylacetamide *N*,*N*-二甲基乙酰胺 03592
[127-19-5] C_4H_9NO 87.12
成分 C 55.15%，H 10.41%，N 16.08%，O 18.36%。
别名 *N*-乙酰二甲胺；Acetic acid dimethylamide；ADA；DMA；DMAA；DMAC；*N*-Acetyl dimethylamine；Acetdimethylamide
M.I. 15，3248
性状 无色透明液体。能与水及乙醇、乙醚、苯、三氯甲烷等有机溶剂任意混溶。bp_{760} 163～165℃/101.325kPa；bp_{80} 96℃/10.666kPa；bp_{33} 85～87℃/3.466kPa；bp_{26} 74～74.5℃/3.466kPa；bp_{15} 66～67℃/2kPa；bp_{12} 62～63℃/1.6kPa；Fp 151℉（66℃）；d_4^{25} 0.9366；d_4^{20} 0.9429；d_4^{0} 0.9599；n_D^{20} 1.4373。LD_{50}大鼠急性经口：5.4mL/kg。一般试剂含量≥99.0%（GC）。
注意事项 该品吸入或与皮肤接触有害。能危害胎儿。使用前应得到专门的指导，避免曝露。使用时如有事故发生或有不适之感，应请医生诊治。
主要用途 溶剂。有机合成。催化剂。去漆剂。

N-(2,6-Dimethylacetanilide) iminodiacetic acid *N*-(2,6-二甲基乙酰苯胺) 亚氨基二乙酸 03593
[59160-29-1] $C_{14}H_{18}N_2O_5$ 294.31
成分 C 57.14%，H 6.16%，N 9.52%，O 27.18%。
别名 *N*-Carboxymethyl-*N*-[2-[(2,6-dimethylphenyl) amino]-2-oxoethyl] glycine；*N*-(2,6-Dimethylphenylcarbamoylmethyl) iminodiacetic acid；Lidofenin
M.I. 15，5536
性状 来自水中的无色结晶。难溶于冷水。易与部分金属生成络合物。mp 201～202℃。LD_{50}雄小鼠静脉注射：168mg/kg。
主要用途 离子对载体。医用肝、胆系统癌变早期诊断。X光扫描用跟踪显示剂。

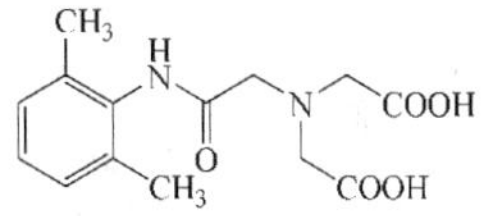

2′,4′-Dimethylacetophenone 2′,4′-二甲基苯乙酮 03594
[89-74-7] $C_{10}H_{12}O$ 148.21
成分 C 81.04%，H 8.16%，O 10.80%。
别名 2,4-二甲基乙酰苯
性状 无色液体。能与乙醇、乙醚、二硫化碳相混溶，不溶于水。bp_{10} 120℃/1.333kPa；Fp 212°F（100℃）；d_4^{20} 0.998；n_D^{20} 1.543。一般试剂含量约97.0%（GC）。
主要用途 有机合成。

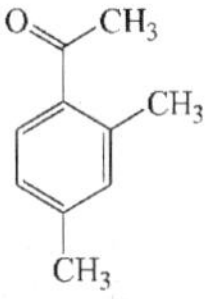

Dimethyl adipate 己二酸二甲酯 03595
[627-93-0] $C_8H_{14}O_4$ 174.19
成分 C 55.16%，H 8.10%，O 36.74%。
别名 肥酸二甲酯；Dimethyl hexanedionate；Methyl adipate
性状 无色透明液体。能与多种有机溶剂相混溶，不溶于水。mp 8℃；bp_{10} 112℃/1.333kPa；Fp 225°F（107℃）；d_4^{20} 1.063；n_D^{20} 1.4280。一般试剂含量≥98.0%（GC）。
注意事项 使用时应避免与眼睛及皮肤接触。
主要用途 有机合成。增塑剂。色谱分析标准物。

6-(γ,γ-Dimethylallylamino) purineriboside semihydrate 6-(γ,γ-二甲基烯丙基氨基)嘌呤核苷 半水 03596
[7724-76-7] $C_{15}H_{21}N_5O_4 \cdot \frac{1}{2}H_2O$ 345.37
成分（以无水物计） C 53.72%，H 6.31%，N 20.88%，O 19.08%。
别名 N^6-（Δ^2-异戊烯基）腺苷；6-γ,γ-二甲基烯丙基腺苷；N^6-（Δ^2-*iso*-Pentenyl）adenosine hemihydrate；N^6-（2-Isopentenyl）adenosine；N^6-（γ，γ-Dimethylallyl）adenosine；6-（3，3-Dimethylallylamino）purineriboside；iPA
性状 无色结晶。mp 143～146℃。一般试剂含量≥98.0%。
注意事项 该品应密封于−20℃保存。

Dimethylamine 33% water solution 二甲胺 33%水溶液 03597
[124-40-3] C_2H_7N 45.09
成分 C 53.29%，H 15.65%，N 31.06%。
别名 氨基二甲烷 33%水溶液；*N*-Methylmethanamine 33% water solution
GW 2015-354 M.I. 15，3250
性状 无色或浅黄色液体（纯品二甲胺为气体）。对二氧化碳敏感。有氨味。能与乙醇、乙醚相混溶。Fp 60°F（15℃）；d_4^{20} 0.89；n_D^{20} 1.370。
注意事项 该品高度易燃。其蒸气吸入有害。对呼吸系统及皮肤有刺激性。对眼睛有严重损伤的危险。使用时应戴防护镜或面罩。切勿排入下水道。应远离火种充氩气于通风良好处密封保存。
主要用途 溶剂。检验氯化苦及空气中二硫化碳。测定镁、锌。沉淀氢氧化锌、氢氧化锰。酸性气体吸收剂。有机合成中间体等。

Dimethylamine hydrochloride 二甲胺 盐酸盐 03598
[506-59-2] C_2H_8ClN 81.55
成分 C 29.46%，H 9.89%，Cl 43.47%，N 17.18%。
别名 盐酸氨基二甲烷；盐酸二甲胺；Dimethylammonium chloride
M.I. 15，3250
性状 无色或白色小叶状结晶。易潮解。易溶于水，溶于乙醇、三氯甲烷，几乎不溶于乙醚。mp 171℃。LD_{50}小鼠静脉注射：1.21g/kg；皮下注射：2.00g/kg。LC_{50}小鼠（48h）：7650×10^{-6}；（14天）：4725×10^{-6}；大鼠（6h）：4540×10^{-6}。一般试剂含量≥99.0%。

注意事项 该品口服有害。对眼睛、呼吸系统及皮肤有刺激性。使用时应穿适当的防护服和戴手套。万一接触到眼睛，应立即用大量水冲洗后请医生诊治。应充氮气密封干燥保存。

主要用途 测定镁的试剂。乙酰化分析时作催化剂。有机合成。二甲胺水溶液的制备。

4-(Dimethylamino)benzaldehyde

4-(二甲氨基)苯甲醛 03599

[100-10-7] $C_9H_{11}NO$ 149.19

成分 C 72.46%，H 7.43%，N 9.39%，O 10.72%。

别名 对二甲氨基苯甲醛；*p*-Dimethylaminobenzaldehyde；4-Dimethylaminobenzenecarbonal；DMAB；Ehrlich's reagent；PDMAB

M.I. 15，3252

性状 来自乙醇+水中的无色、白色或浅黄色微细颗粒或小叶状结晶。见光色变红。溶于乙醇、乙醚、氯仿、乙酸及多种有机溶剂，微溶于水。mp 74℃；bp_{17} 176～177℃/2.266kPa；Fp 327.2℉（164℃）。一般试剂含量≥99.0%（HPLC）。

注意事项 该品对眼睛、呼吸系统及皮肤有刺激性。使用时应穿适当的防护服。万一接触到眼睛，应立即用大量水冲洗后请医生诊治。应密封避光保存。

主要用途 测定吲哚、色氨酸、类臭素、尿胆素、生物碱等的试剂。

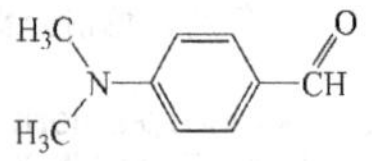

4-(Dimethylamino)benzoic acid

4-(二甲氨基)苯甲酸 03600

[619-84-1] $C_9H_{11}NO_2$ 165.19

成分 C 65.44%，H 6.71%，N 8.48%，O 19.37%。

别名 对二甲氨基苯甲酸

M.I. 15，3254

性状 来自水中的无色结晶。溶于乙醇、盐酸、氢氧化钾溶液，略微溶于乙醚，几乎不溶于乙酸。pK_a 6.027；pK_b 11.488。mp 242.5～243.5℃。一般试剂含量≥96.0%（T）。

注意事项 见03599 4-（二甲氨基）苯甲酸。

4-(Dimethylamino)benzophenone

4-(二甲氨基)二苯甲酮 03601

[530-44-9] $C_{15}H_{15}NO$ 225.29

成分 C 79.97%，H 6.71%，N 6.22%，O 7.10%。

别名 对二甲氨基二苯甲酮；*p*-Dimethylaminobenzophenone；[4-(Dimethylamino)phenyl]phenylmethanone

M.I. 15，3255

性状 来自乙醇中的无色小叶状结晶。易溶于热乙醇、乙醚，微溶于冷乙醇，不溶于水。mp 92～93℃。

注意事项 该品对眼睛、呼吸系统及皮肤有刺激性。

p-Dimethylaminobenzalrhodanine

对二甲氨基亚苄基罗丹宁 03602

[536-17-4] $C_{12}H_{12}N_2OS_2$ 264.36

成分 C 54.52%，H 4.58%，N 10.60%，O 6.05%，S 24.25%。

别名 对二甲氨基亚苄基玫瑰红；玫瑰红银试剂；对二甲氨基苯甲罗丹宁；5-（4-二甲氨基亚苄基）罗丹宁；5-[*p*-(Dimethylamino) bezylidene] rhodanine；5-[4-(Dimethylamino) phenyl] methylene-2-thioxo-4-thiazolidinone；5-(4-Dimethylaminobenzylidene)rhodanine

M.I. 15，3253

性状 来自二甲苯中的深红色针状结晶。溶于强酸呈黄色，中等程度溶于丙酮，微溶于沸乙醇，极微溶于乙醚、氯仿、苯，几乎不溶于水。270℃分解。

主要用途 显色反应检验微量银、汞、铜、金、铂、钯的试剂。

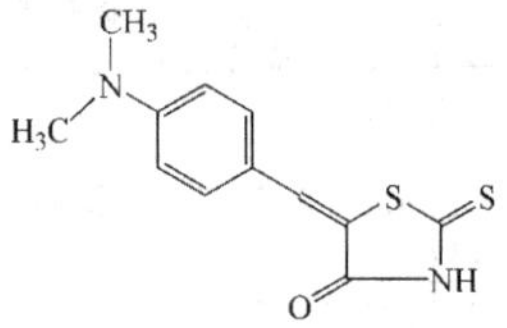

2-Dimethylaminoethanethiol hydrochloride

2-二甲氨基乙硫醇 盐酸盐 03603

[13242-44-9] $C_4H_{12}ClNS$ 141.66

成分 C 33.91%，H 8.54%，Cl 25.02%，N 9.89%，S 22.64%。

别名 2-盐酸（二甲氨基）硫代乙醇；盐酸2-二甲氨基乙硫醇；2-二甲氨基硫代乙醇 盐酸盐；2-(Dimethylamino) thioethanol hydrochloride

性状 白色结晶。具有吸湿性。有恶臭。对空气敏感。mp 158～160℃。一般试剂含量≥97.0%（AT）。

注意事项 该品对眼睛、呼吸系统及皮肤有刺激性。使用时应穿适当的防护服。万一接触到眼睛，应立即用大量水冲洗后请医生诊治。应充氩气密封于干燥处保存。

2-Dimethylaminoethyl chloride hydrochloride

2-二甲氨基氯乙烷 盐酸盐 03604

[4584-46-7] $C_4H_{11}Cl_2N$ 144.04

成分 C 33.35%，H 7.70%，Cl 49.22%，N 9.72%。

别名 盐酸-*N*,*N*-二甲基-2-氯乙胺；2-氯-*N*,*N*-二甲基乙胺 盐酸盐；盐酸2-二甲氨基氯乙烷；*N*-(2-氯乙基)二甲胺 盐酸盐；1-氯-2-二甲氨基乙烷 盐酸盐；1-Chloro-2-dimethylaminoethane hydrochloride；*N*,*N*-Dimethyl (2-chloroethyl) amine hydrochloride；2-Chloro-*N*,*N*-dimethylethylamine hydrochloride；*N*-(2-Chloroethyl) dimethylamine hydrochloride；*β*-(Dimethylamino) ethyl chloride hydrochloride；DMC

性状 白色结晶。溶于水、乙醇。mp 201～204℃。一般试剂含量≥98.0%（AT）。

注意事项 该品口服有害。与皮肤接触有毒。对眼睛、呼吸系统及皮肤有刺激性。使用时应穿适当的防护服和戴手套。万一接触到眼睛，应立即用大量水冲洗后请医生诊治。使用时如有事故发生或有不适之感，应请医生诊治。应密封保存。

主要用途 有机合成。

Dimethyl 5-aminoisophthalate

5-氨基异苯二甲酸二甲酯 03605

[99-27-4] $C_{10}H_{11}NO_4$ 209.20

成分 C 57.41%，H 5.30%，N 6.70%，O 30.59%。

别名 Dimethyl 5-aminobenzene-1,3-dicarboxylate

性状 无色结晶。mp 179～182℃。一般试剂含量≥98.0%（NT）。

注意事项 该品对眼睛、呼吸系统及皮肤有刺激性。

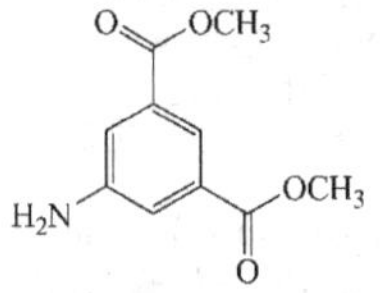

3-(Dimethylamino)phenol 3-二甲氨基酚

03606

[99-07-0] $C_8H_{11}NO$ 137.18

成分 C 70.05%，H 8.08%，N 10.21%，O 11.66%。

别名 *N*,*N*-二甲基-3-氨基酚；间二甲氨基酚；*N*,*N*-Dimethyl-3-aminophenol

性状 无色结晶。mp 82～84℃；Fp 298.4℉（148℃）。一般试剂含量≥95.0%（NT）。

注意事项 该品对眼睛、呼吸系统及皮肤有刺激性。使用时应穿适当的防护服。万一接触到眼睛，应立即用大量水冲洗后请医生诊治。

OH N CH_3 CH_3

1-Dimethylamino-2-propanol 1-二甲氨基-2-丙醇 03607
[108-16-7] $C_5H_{13}NO$ 103.16
成分 C 58.21%，H 12.70%，N 13.58%，O 15.51%。
别名 N,N-二甲基异丙醇胺；β-（二甲氨基）异丙醇；N,N-Dimethylisopropanolamine；β-Dimethylamino-*iso*-propyl alcohol
GW 2015-478
性状 无色液体。有氨味。对二氧化碳敏感。溶于水、乙醇。bp 123～126℃；Fp 78℉（25℃）；d_4^{20} 0.837；n_D^{20} 1.4190。一般试剂含量≥98.0%（GC）。
注意事项 该品易燃。口服有害。具有腐蚀性，能引起烧伤。使用时应穿适当的防护服。使用时应避免吸入本品的蒸气和烟雾。万一接触到眼睛，应立即用大量水冲洗后请医生诊治。使用时如有事故发生或有不适之感，应请医生诊治。应远离火种充氩气密封保存。
主要用途 制药工业。有机合成。

3-Dimethylamino-1-propanol 3-二甲氨基-1-丙醇 03608
[3179-63-3] $C_5H_{13}NO$ 103.16
成分 C 58.21%，H 12.70%，N 13.58%，O 15.51%。
别名 γ-（二甲氨基）丙醇；N，N-二甲基丙醇胺；N,N-Dimethyl propanolamine；γ-（Dimethylamino）propyl alochol
GW 2015-427
性状 无色液体。易溶于水。对二氧化碳敏感。bp 161～164℃；Fp 105.8℉（41℃）；d_4^{20} 0.882；n_D^{20} 1.436。一般试剂含量≥98.0%（GC）。
注意事项 该品易燃。对眼睛有严重损伤的危险。使用时应戴防护镜或面罩。万一接触到眼睛，应立即用大量水冲洗后请医生诊治。使用时如有事故发生或有不适之感，应请医生诊治。应密封保存。
主要用途 有机合成。

3-（Dimethylamino）propionitrile 3-二甲氨基丙腈 03609
[1738-25-6] $C_5H_{10}N_2$ 98.15
成分 C 61.19%，H 10.27%，N 28.54%。
别名 2-（二甲氨基）乙基氰；β-（二甲氨基）丙腈；2-（Dimethyl amino）ethyl cyanide；β-（Dimethylamino）propionitrile；DMA PN；DMPN
GW 2015-349
性状 无色透明液体。露置空气中色易变黄。能与乙醇、乙醚、苯相混溶，难溶于水。mp －43℃；bp_{750} 171℃/100kPa；bp_{10} 60～61℃/1.333kPa；Fp 145℉（62℃）；d_4^{20} 0.869；n_D^{20} 1.4260。一般试剂含量≥97.0%（GC）。
注意事项 该品口服有害。对眼睛有刺激性。使用时应穿适当的防护服和戴手套。万一接触到眼睛，应立即用大量水冲洗后请医生诊治。应密封避光保存。
主要用途 用于固氮酶细胞分析中蛋白质、酶、核酸分子量的圆盘电泳法的测定。

1-Dimethylamino-2-propylamine
1-二甲氨基-2-丙胺 03610
[62689-51-4] $C_5H_{14}N_2$ 102.18
成分 C 58.77%，H 13.81%，N 27.42%。
别名 N,N-Dimethylpropylenediamine
性状 无色液体。溶于水。bp 113℃；Fp 95℉(35℃)；d_4^{20} 0.791；n_D^{20} 1.421。一般试剂含量≥97.0%（GC）。
注意事项 该品易燃。具有腐蚀性，能引起烧伤。接触皮肤能引起过敏。使用时应穿适当的防护服，戴手套和防护镜或面罩。万一接触到眼睛，应立即用大量水冲洗后请医生诊治。使用时如有事故发生或有不适之感，应请医生诊治。

3-Dimethylamino-1-propylamine
3-二甲氨基-1-丙胺 03611
[109-55-7] $C_5H_{14}N_2$ 102.18
成分 C 58.77%，H 13.81%，N 27.42%。
别名 N,N-二甲基-1,3-二氨基丙烷；N,N-二甲基-1,3-丙二胺；N,N-二甲基三亚甲基二胺；1-氨基-3-（二甲氨基）丙烷；1-Amino-3-（dimethylamino）propane；N,N-Dimethyl-1，3-diaminopropane；N,N- Dimethyl-1，3-propanediamine；N,N-Dimethyltrimethylenediamine
GW 2015-368
性状 无色透明油状液体。在空气中发烟并变黑，有强烈刺激性气味。bp 133℃；Fp 87.8℉（31℃）；d_4^{20} 0.812；n_D^{20} 1.436。一般试剂含量≥98.0%（GC）。
注意事项 该品易燃。口服有害。具有腐蚀性，能引起烧伤。接触皮肤能引起过敏。使用时应穿适当的防护服，戴手套和防护镜或面罩。万一接触到眼睛，应立即用大量水冲洗后请医生诊治。使用时如有事故发生或有不适之感，应请医生诊治。
主要用途 制药工业。有机合成。环氧树脂固化剂。

6-(Dimethylamino)purine 6-二甲氨基嘌呤 03612
[938-55-6] $C_7H_9N_5$ 163.19
成分 C 51.52%，H 5.56%，N 42.92%。
别名 N^6，N^6-二甲基腺嘌呤；N^6，N^6-Dimethyladenine
性状 白色结晶性粉末。mp 262～264℃。生化试剂含量≥98.0%。
注意事项 使用时应避免吸入本品的粉尘，避免与眼睛及皮肤接触。应密封于－20℃保存。
主要用途 生化研究。

2-Dimethylaminopyridine 2-二甲氨基吡啶 03613
[5683-33-0] $C_7H_{10}N_2$ 122.17
成分 C 68.82%，H 8.25%，N 22.93%。
性状 无色液体。bp 191℃；Fp 116.6℉（47℃）；d^{25} 0.984；n_D^{20} 1.559。一般试剂含量≥98.0%（GC）。
注意事项 该品易燃。对眼睛、呼吸系统及皮肤有刺激性。使用时应穿适当的防护服，避免吸入本品的蒸气。万一接触到眼睛，应立即用大量水冲洗后请医生诊治。应充氩气密封保存。

N N CH_3 CH_3

4-Dimethylamino pyridine 4-二甲氨基吡啶 03614
[1122-58-3] $C_7H_{10}N_2$ 122.17
成分 C 68.82%，H 8.25%，N 22.93%。
别名 DMAP
性状 无色或白色结晶。溶于甲醇、水。mp 111～114℃；Fp 230℉（110℃）。一般试剂含量≥99.0%（NT）。
注意事项 该品口有毒。与皮肤接触极毒。对眼睛、呼吸系统及皮肤有刺激性。使用时应穿适当的防护服，戴手套和防护镜或面罩。万一接触到眼睛，应立即用大量水冲洗后请医生诊治。接触皮肤后，应立即用聚乙二醇 400 冲洗。使用时如有事故发生或有不适之感，应请医生诊治。
主要用途 超亲核的酰化作用催化剂。

***N*,*N*-Dimethylaniline *N*,*N*-二甲基苯胺** 03615
[121-69-7] $C_8H_{11}N$ 121.18
成分 C 79.29%，H 9.15%，N 11.56%。
别名 N,N-Dimethylbenzenamine；Dimethylphenylamine
GW 2015-417 M.I.15，3256
性状 无色至浅黄色油状液体。有特殊气味。初馏品为无色，久置变成红棕色。易溶于乙醇、乙醚、三氯甲烷。能随水蒸气挥发，但不溶于水。mp 2℃；bp 192～194℃；Fp 141.8℉(61℃)；d_4^{20} 0.956；n_D^{20} 1.5582。LD_{50}大鼠急性经口：1.41mL/kg。一般试剂含量≥99.5%（GC）。
注意事项 该品吸入、口服或与皮肤接触有毒。对机体有不可逆损伤的可能性。对水生物有毒。能对水环境引起不利的结果。使用时应穿适当的防护服和戴手套。接触皮肤后应立即用大量水冲洗。使用时如有事故发生或有不适之感，应请医生诊治。应防止将本品释放于环境中。应密封避光保存。

主要用途 用于甲醇、过氧化氢、硫酸盐、乙醇、甲醛的检定和硝酸盐、亚硝酸盐的比色测定。

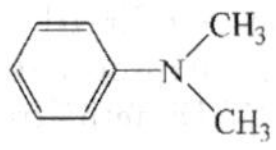

2,3-Dimethylaniline 2,3-二甲基苯胺 03616
[87-59-2] $C_8H_{11}N$ 121.18
成分 C 79.29%，H 9.15%，N 11.56%。
别名 1-氨基-2,3-二甲苯；连（位）邻二甲苯胺；1-Amino-2,3-dimethylbenzene；3-Amino-*o*-xylene；CN-Cbl；2,3-Dimethylbenzamine；*vic-o*-Xylidine；1，2,3-Xylidine；*o*,3-Xyli-dine；2,3-Xylidine
GW 2015-411 M.I.15，10282
性状 浅黄色液体。有特殊气味。初馏品为无色，久置变成红棕色。能与乙醇、乙醚相混溶，微溶于水。mp 2.5℃；bp 221～222℃；bp_{25} 118～119℃/3.33kPa；bp_{11} 98～100℃/1.46kPa；Fp 205°F（96℃闭杯）；d_4^{20} 0.993；n_D^{20} 1.569。一般试剂含量≥98.0%（GC）。
注意事项 该品吸入、口服或与皮肤接触有毒。具有蓄积性危害。对水生物有毒。能对水环境引起不利的结果。使用时应穿适当的防护服和戴手套。接触皮肤后，应用聚乙二醇400液体冲洗。使用时如有事故发生或有不适之感，应请医生诊治。应防止将本品释放于环境中。应密封避光保存。
主要用途 有机合成。染料制造。

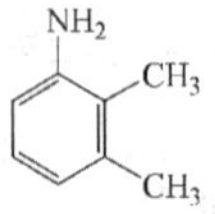

2,4-Dimethylaniline 2,4-二甲基苯胺 03617
[95-68-1] $C_8H_{11}N$ 121.18
成分 C 79.29%，H 9.15%，N 11.56%。
别名 1-氨基-2,4-二甲苯；4-氨基间二甲苯；4-氨基-1,3-二甲基苯；4-Amino-1,3-dimethylbenzene；4-Amino-*m*-xylene；2,4-Dimethylbenzenamine；2,4-Xylidine；*asym-m*-Xylidine；1，3,4-Xylidine；1-Amino-2,4-dimethylbenzene
GW 2015-412 M.I.15，10282
性状 无色油状液体。能与乙醇、苯、乙醚等相混溶，微溶于水。能随水蒸气挥发。见光或露置空气中变色。mp 16℃；bp 214.3℃；bp_3 76～78℃/400Pa；Fp 208.4°F（98℃，闭杯）；d^{25} 0.9723；n_D^{20} 1.558。一般试剂含量≥98.0%（GC）。
注意事项 该品吸入有毒。口服有害。对眼睛、呼吸系统及皮肤有刺激性。使用时应穿适当的防护服。万一接触到眼睛，应立即用大量水冲洗后请医生诊治。使用时如有事故发生或有不适之感，应请医生诊治。应密封避光于通风良好处保存。
主要用途 测定金、铱、锇、镧和亚硝酸的试剂。矿物折射率的测定。用于锆、铁、镧与镨的分离。

2,5-Dimethylaniline 2,5-二甲基苯胺 03618
[95-78-3] $C_8H_{11}N$ 121.18
成分 C 79.29%，H 9.15%，N 11.56%。
别名 对二甲苯胺；1-氨基-2,5-二甲基苯；2-氨基-1,4-二甲苯；2-Amino-1,4-dimethylbenzene；2-Amino-*p*-xylene；2,5-Dimethyl benzenamine；2,5-Xylidine；*p*-Xylidine；1,4,5-Xylidine
GW 2015-413 M.I.15，10282
性状 无色或浅黄色液体。低温时能形成结晶。溶于乙醇、乙醚，不溶于水。mp 11.5℃；bp_{760} 217℃/101.32kPa；bp_{11} 98℃/1.467kPa；Fp 205°F（96℃，闭杯）；*d* 0.973；n_D^{20} 1.5590。一般试剂含量≥98%。
注意事项 该品口服极毒。与皮肤接触有毒。对水生物极毒。可能对水环境引起不利的结果。使用时应穿防护服和戴手套。应避免吸入本品的粉尘。使用时如有事故发生或有不适之感，应请医生诊治。应防止将本品释放于环境中。其包装物应按危险品处理。
主要用途 有机合成。染料制造。

2,6-Dimethylaniline 2,6-二甲基苯胺 03619
[87-62-7] $C_8H_{11}N$ 121.18
成分 C 79.29%，H 9.15%，N 11.56%。
别名 1-氨基-2,6-二甲基苯；2-氨基-1,3-二甲苯；2-氨基间二甲苯；2-Amino-1,3-dimethylbenzene；2-Amino-*m*-xylene；2,6-Dimethyl benzenamine；*m*-2-Xylidine；1,3,2-Xylidine；2,6-Xylidine
GW 2015-414 M.I.15,10282
性状 无色液体。氧化后能生成间二甲苯醌。mp 11.2℃；bp_{735} 216℃/98.525kPa；Fp 196 °F（91℃，闭杯）；d^{15} 0.980；n_D^{20} 1.560。一般试剂含量≥98.0%(GC)。
注意事项 该品吸入、口服或与皮肤接触有害。对呼吸系统及皮肤有刺激性。对机体有不可逆损伤的可能性。对水生物极毒。能对水环境引起不利的结果。使用时应穿适当的防护服和戴手套。应避免吸入本品的蒸气。避免与眼睛接触。应防止将本品释放于环境中。
主要用途 有机合成。染料制造。

3,4-Dimethylaniline 3,4-二甲基苯胺 03620
[95-64-7] $C_8H_{11}N$ 121.18
成分 C 79.29%，H 9.15%，N 11.56%。
别名 1-氨基-3,4-二甲苯；4-氨基邻二甲苯；1,2,4-二甲苯胺；1-Amino-3,4-dimethylbenzene；*asym-o*-Xylidine；4-Amino-*o*-xylene；3,4-Xylidine；4-Amino-1,2-dimethylbenzene；1,2,4-Xylidine
GW 2015-415 M.I.15,10282
性状 片状或柱状结晶。易溶于石油醚，微溶于水。mp 50～51℃；bp 226℃；bp_{45} 132～134℃/6kPa；Fp 225°F（107℃，闭杯）。一般试剂含量≥98.0%。
注意事项 见 03619 2,6-二甲基苯胺。
主要用途 有机合成。染料制造。

9,10-Dimethylanthracene 9,10-二甲基蒽 03621
[781-43-1] $C_{16}H_{14}$ 206.28
成分 C 93.16%，H 6.84%。
性状 浅黄色结晶。溶于乙醇和苯，不溶于水。mp 182～184℃。一般试剂含量≥95.0%(HPLC)。
注意事项 该品吸入或与皮肤接触有害，并能引起过敏。对机体有不可逆损伤的可能性。使用时应穿适当的防护服，戴手套和防护镜或面罩。
主要用途 染料制造。分析用标准物质。

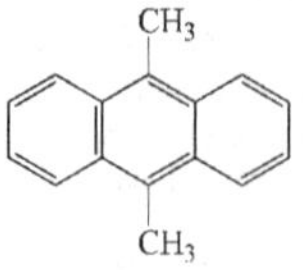

5,5-Dimethylbarbituric acid 5,5-二甲基巴比土酸 03622
[24448-94-0] $C_6H_8N_2O_3$ 156.14
成分 C 46.15%，H 5.16%，N 17.94%，O 30.74%。
别名 5,5-二甲基丙二酰脲；5,5-Dimethyl-2,4,6(1*H*,3*H*,5*H*)-pyrimidinetrione
性状 白色结晶性粉末。mp 278～279℃。一般试剂含量≥98.0%（T）。
注意事项 使用时应避免吸入本品的粉尘，避免与眼睛及皮肤接触。

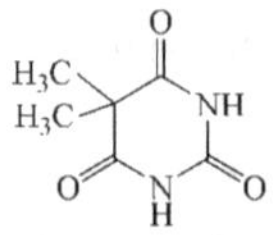

***N*,*N*-Dimethylbenzamide *N*,*N*-二甲基苯甲酰胺** 03623
[611-74-5] $C_9H_{11}NO$ 149.19
成分 C 72.46%，H 7.43%，N 9.39%，O 10.72%。
别名 *N*,*N*-Dimethylbenzoylamide
性状 白色结晶。易溶于苯、乙醚，不溶于水。mp 43～45℃；bp_{15} 132～133℃/2kPa；Fp >230°F（110℃）。一般试剂含量≥98.0%。
注意事项 该品口服有害。对眼睛、呼吸系统及皮肤有刺激性。使用时应穿适当的防护服和戴手套。万一接触到眼睛，应立即用大量水冲洗后请医生诊治。
主要用途 染料制造。制药工业。

9,10-Dimethyl-1,2-benzanthracene
9,10-二甲基-1,2-苯并蒽 03624
[57-97-6] $C_{20}H_{16}$ 256.35
成分 C 93.71%，H 6.29%。
别名 1,4-二甲基-2,3-苯并菲；7,12-二甲基[*a*]苯并蒽；7,12-Dimethylbenz[*a*]anthracene；1,4-Dimethyl-2,3-benzphenanthrene；DMBA
M.I.15,3257
性状 略带黄绿色叶片状、小叶状结晶。易溶于苯，中等程度溶于丙酮，微溶于乙醇，不溶于水。mp 122～123℃。一般试剂含量≥95.0%(TLC)。
注意事项 该品口服有害。能致癌。使用前应得到专门的指导，避免曝露。使用时应穿适当的防护服和戴手套。使用时如有事故发生或有不适之感，应请医生诊治。
主要用途 染料制造。癌症研究。

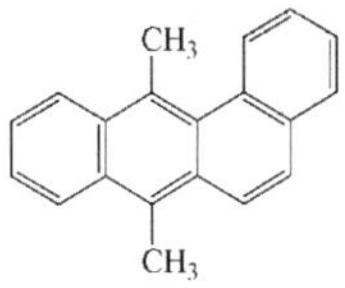

5,6-Dimethylbenzimidazole 5,6-二甲基苯并咪唑 03625
[582-60-5] $C_9H_{10}N_2$ 146.19
成分 C 73.94%，H 6.90%，N 19.16%。
M. I. 15,3258
性状 来自乙醚中的无色结晶。易溶于稀酸，溶于水、氯仿、乙醚。对石蕊呈碱性。mp 205～206℃；uv max(95%乙醇加盐酸至 0.01mol/L)：274.5nm，284nm。一般试剂含量≥99.0%(NT)。
主要用途 生化研究。合成维生素 B_{12}。

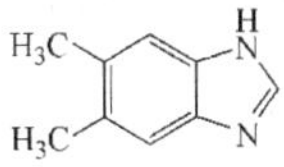

2,3-Dimethylbenzoic acid 2,3-二甲基苯甲酸 03626
[603-79-2] $C_9H_{10}O_2$ 150.17
成分 C 71.98%，H 6.71%，O 21.31%。
别名 *vic-o*-Xylylic acid
性状 无色结晶。mp 145～147℃。一般试剂含量≥98.0%(T)。
注意事项 该品对眼睛、呼吸系统及皮肤有刺激性。使用时应穿适当的防护服。万一接触到眼睛，应立即用大量水冲洗后请医生诊治。

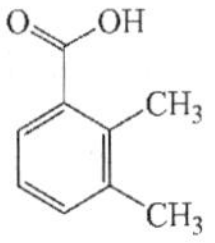

2,4-Dimethylbenzoic acid 2,4-二甲基苯甲酸 03627
[611-01-8] $C_9H_{10}O_2$ 150.17
成分 C 71.98%，H 6.71%，O 21.31%。
别名 *asym-m*-Xylyic acid
性状 无色结晶。mp 124～126℃；bp_{727} 267℃/96.925kPa。一般试剂含量≥98.0%(T)。
注意事项 见 03626 2,3-二甲基苯甲酸。

2,5-Dimethylbenzoic acid 2,5-二甲基苯甲酸 03628
[610-72-0] $C_9H_{10}O_2$ 150.18
成分 C 71.98%，H 6.71%，O 21.31%。
别名 *p*-Xylylic acid
性状 无色结晶。mp 132～135℃；bp 268℃。一般试剂含量约 97%(HPLC)。
注意事项 见 03626 2,3-二甲基苯甲酸。

2,6-Dimethylbenzoic acid 2,6-二甲基苯甲酸 03629
[632-46-2] $C_9H_{10}O_2$ 150.12
成分 C 71.98%，H 6.71%，O 21.31%。
别名 *vic-m*-Xylylic acid
性状 无色结晶。mp 114～117℃。一般试剂含量≥98.0%(T)。
注意事项 见 03626 2,3-二甲基苯甲酸。

3,4-Dimethylbenzoic acid 3,4-二甲基苯甲酸 03630
[619-04-5] $C_9H_{10}O_2$ 150.17
成分 C 71.98%，H 6.71%，O 21.31%。
别名 *asym-o*-Xylylic acid
性状 无色结晶。mp 165～167℃。一般试剂含量≥95.0%(HPLC)。
注意事项 使用时应避免吸入本品的粉尘，避免与眼睛及皮肤接触。

3,5-Dimethylbenzoic acid 3,5-二甲基苯甲酸 03631
[499-06-9] $C_9H_{10}O_2$ 150.17
成分 C 71.98%，H 6.71%，O 21.31%。
别名 Mesitylenic acid；*sym-m*-Xylylic acid
性状 无色结晶。mp 172～174℃。一般试剂含量≥99.0%(HPLC)。
注意事项 见 03626 2,3-二甲基苯甲酸。

***p*,α-Dimethylbenzyl alcohol *p*,α-二甲基苄醇** 03632
[536-50-5] $C_9H_{12}O$ 136.19
成分 C 79.37%，H 8.88%，O 11.75%。
别名 *p*,α-二甲基苯甲醇；1-对甲苯基-1-乙醇；α,4-Dimethylbenzenemethanol；*p*-Tolylmethylcarbinol；Methyl-*p*-tolyicarbinol；4-(α-Hbroxyethyl)toluene；4-Methyl-α-phenethylalcohol；1-*p*-Tolyl-1-ethanol
M. I. 15，3259
性状 无色有黏性的液体。微有类似薄荷醇的气味。天然产物多半为左旋的。能与无水乙醇、乙醚相混溶，溶于异丙醇、液体石蜡，极微溶于水。合成 *dL*-型：bp_{756} 219℃/100.714kPa；bp_{14} 134℃/1.865kPa；bp_{11} 115～116℃/1.465kPa；$d_4^{15.5}$ 0.9668。
主要用途 医用心脏保护剂。

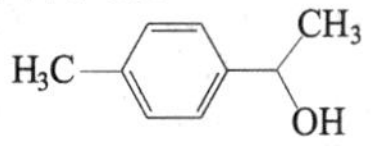

***N*,*N*-Dimethylbenzylamine *N*,*N*-二甲基苄胺** 03633
[103-83-3] $C_9H_{13}N$ 135.21
成分 C 79.95%，H 9.69%，N 10.36%。
别名 *N*-苄基二甲胺；BDMA；*N*-Benzyldimethylamine；DMBA；M-135
GW 2015-425
性状 无色液体。对空气敏感。有恶臭。能与热水、乙醇、乙醚相混溶。mp －75℃；bp_{765} 183～184℃；Fp 127.4℉(53℃)；*d* 0.900；n_D^{20} 1.502。一般试剂含量≥98.0%(GC)。
注意事项 该品易燃。吸入、口服或与皮肤接触有害。具有腐蚀性，能引起烧伤。对水生物有害。对水环境能产生长期有害的结果。使用时应穿适当的防护服。万一接触到眼睛，应立即用大量水冲洗后请医生诊治。使用时如有事故发生或有不适之感，应请医生诊治。应防止将本品释放于环境中。应充氩气密封保存。
主要用途 有机合成。

3,3′-Dimethylbiphenyl 3,3′-二甲基联苯 03634
[612-75-9] $C_{14}H_{14}$ 182.27
成分 C 92.26%，H 7.74%。
别名 3，3′-联甲苯；3，3′-Dimethyldiphenyl；*m*，*m*′-Bitoluene；*m*，*m*′-Bitolyl；*m*，*m*′-Ditolyl
性状 无色液体。mp 5～7℃；bp_{713} 286℃/95.059kPa；Fp ＞230℉(110℃)；*d* 0.999；n_D^{20} 1.5940。一般试剂含量≥99.0%。

4,4′-Dimethylbiphenyl 4,4′-二甲基联苯 03635
[613-33-2] $C_{14}H_{14}$ 182.27
成分 C 92.26%，H 7.74%。
别名 4,4′-联甲苯；4,4′-Dimethyldiphenyl；*p*，*p*′-Bitoluene；*p*，*p*′-Ditolyl；*p*，*p*′-Bitolyl
性状 柱状结晶。溶于乙醚、丙酮、苯、二硫化碳，微溶于乙醇，不溶于水。mp 118～120℃；bp 295℃。一般试剂含量≥97.0%。
主要用途 测定亚铁及氰化物的试剂。

1,1′-Dimethyl-4,4′-bipyridinium dichloride
二氯化 1,1′-二甲基-4,4′-联吡啶 03636
[1910-42-5] $C_{12}H_{14}Cl_2N_2$ 257.16
成分 C 56.05%,H 5.49%,Cl 27.57%,N 10.89%。
别名 Gramoxone;Methylviologen dichloride;Paraquat dichloride;PP-148
M.I. 15,7135
性状 无色结晶。易溶于水,微溶于低级醇,不溶于烃类。能被碱水解。无挥发性。mp 300℃(分解)。LD_{50}大鼠急性经口:125mg/kg。一般试剂含量≥98.0%。
主要用途 氧化还原指示剂。
注意事项 该品口服或与皮肤接触有毒。对眼睛、呼吸系统及皮肤有刺激性。使用时应穿适当的防护服,戴手套和防护镜或面罩。使用时应避免吸入本品的粉尘。使用时如有事故发生或有不适之感,应请医生诊治。

CH_3 Cl^- H_3C Cl^-

2,3-Dimethyl-1,3-butadiene
2,3-二甲基-1,3-丁二烯 03637
[513-81-5] C_6H_{10} 82.15
成分 C 87.73%,H 12.27%。
别名 Diisopropenyl;β,γ-Dimethyl-Δ-α,γ-butadiene;Di-*iso*-propenyl
M.I. 15,3260
性状 无色透明液体。mp −76℃;bp_{760} 68.8℃/101.32kPa;bp_{769} 69.2℃/102.525kPa;Fp 30.2℉(−1℃);d_{20}^{20} 0.7273;d_4^{20} 0.7267;d_4^{25} 0.7222;n_D^{25} 1.4362。一般试剂含量≥97.0%(GC);常加入约 0.01%的 2,6-二叔丁基对甲酚作为稳定剂。
注意事项 该品高度易燃。使用现场禁止吸烟。应避免吸入本品的蒸气。应远离火种密封于 2～8℃保存。
主要用途 制造合成橡胶、高分子聚合物。

H_2C CH_3 H_3C CH_2

2,2-Dimethylbutane 2,2-二甲基丁烷 03638
[75-83-2] C_6H_{14} 86.18
成分 C 83.62%,H 16.37%。
别名 新己烷;Neohexane
GW 2015-432
性状 无色透明液体。能与乙醇、乙醚、丙酮、苯、石油醚等相混溶,不溶于水。mp −100℃;bp 49～50℃;Fp −20℉(−29℃);d_4^{20} 0.649;n_D^{20} 1.369。一般试剂含量≥99.0%(GC)。
注意事项 该品高度易燃。对皮肤有刺激性。对水生物有毒。能对水环境引起不利的结果。口服可使肺脏受损。其蒸气可造成头晕和瞌睡。使用时应穿适当的防护服。如误服本品不能吐出,应立即请医生诊治,并出示瓶签或包装物。使用现场禁止吸烟。切勿排入下水道。应防止将本品释放于环境中。应远离火种,采取抗放静电措施密封于通风良好处保存。
主要用途 色谱分析标准物质。合成农药。

2,3-Dimethylbutane 2,3-二甲基丁烷 03639
[79-29-8] C_6H_{14} 86.18
成分 C 83.62%,H 16.37%。
别名 双异丙基;异丙基二甲基甲烷;四甲基乙烷;Diisopropyl;Isopropyldimethylmethane;*sym*-Tetramethylethane
GW 2015-433
性状 无色透明液体。能与乙醇、乙醚、三氯甲烷相混溶,不溶于水。mp −129℃;bp 58℃;Fp −20℉(−29℃);d_4^{20} 0.662;n_D^{20} 1.3750。一般试剂含量≥97.0%(GC)。
注意事项 该品高度易燃。口服能损伤肺脏。使用时应避免吸入本品的蒸气。使用现场禁止吸烟。如误服本品不能吐出,应立即请医生诊治,并出示瓶签或包装物。应远离火种,采取抗放静电措施密封保存。
主要用途 色谱分析标准物质。有机合成。

2,3-Dimethyl-2-butanol 2,3-二甲基-2-丁醇 03640
[594-60-5] $C_6H_{14}O$ 102.18
成分 C 70.53%,H 13.81%,O 15.66%。
别名 异丙基二甲基甲醇;二甲基异丙基甲醇;Isopropyl dimethyl carbinol;Dimethyl-*iso*-propyl carbinol
性状 无色油状液体。有樟脑味。能与水、乙醇、乙醚相混溶。mp −14℃;bp 120～121℃;Fp 85℉(29℃);d_4^{20} 0.823;n_D^{20} 1.4170。一般试剂含量≥99.0%。
注意事项 该品易燃。对眼睛、呼吸系统及皮肤有刺激性。使用时应戴手套。万一接触到眼睛,应立即用大量水冲洗后请医生诊治。万一着火,应用指定的灭火设备而不能用水。其包装物应按危险品处理。应远离火种采取抗放静电措施密封保存。
主要用途 橡胶和树脂合成。

3,3-Dimethyl-2-butanol 3,3-二甲基-2-丁醇 03641
[464-07-3] $C_6H_{14}O$ 102.18
成分 C 70.53%,H 13.81%,O 15.66%。
别名 2,2-二甲基-3-丁醇;甲基叔丁基甲醇;3-羟基-2,2-二甲基丁烷;2,2-Dimethyl-3-butanol;3-Hydroxy-2,2-dimethylbutane;Pinacolyl alcohol;Methyl-*tert*-butyl carbinol;Pinacolin alcohol
性状 无色液体。能与乙醇、乙醚和苯等相混溶,微溶于水。mp 4.8℃;bp 119～121℃;Fp 84℉(28℃);d_4^{20} 0.812;n_D^{20} 1.4150。一般试剂含量≥99%。
注意事项 见 03640 2,3-二甲基-2-丁醇。
主要用途 萃取剂。有机溶剂。有机合成。

3,3-Dimethyl-2-butanone 3,3-二甲基-2-丁酮 03642
[75-97-8] $C_6H_{12}O$ 100.16
成分 C 71.95%,H 12.08%,O 15.97%。
别名 2,2-二甲基-3-丁酮;1,1,1-三甲基丙酮;甲基叔丁基甲酮;频哪酮;*tert*-Butyl methyl ketone;2,2-Dimethyl-3-butanone;Pinacolin;Pinacolone
GW 2015-1147 M.I. 15,7551
性状 无色液体。有薄荷或类似樟脑的气味。能随水蒸气挥发。溶于乙醇、乙醚、丙酮,中等程度溶于水(15℃,2.44%)。mp −52.5℃;bp_{760} 106.2℃/101.325kPa;Fp 41℉(5℃);d_{25}^{25} 0.7250;n_D^{25} 1.3939。一般试剂含量≥98.0%(GC)。
注意事项 该品高度易燃。吸入或口服有害。使用时应避免吸入本品的蒸气,避免与眼睛与皮肤接触。使用现场禁止吸烟。切勿排入下水道。应远离火种于通风良好处密封保存。
主要用途 溶剂。萃取剂。有机合成。

O H_3C $C(CH_3)_3$

2,3-Dimethyl-1-butene 2,3-二甲基-1-丁烯 03643
[563-78-0] C_6H_{12} 84.16
成分 C 85.63%,H 14.37%。
GW 2015-373
性状 无色液体。溶于乙醇、乙醚、二硫化碳。常加入2,6-二叔丁基对甲酚约 0.05%作为稳定剂。mp −158℃;bp 56℃;Fp −1℉(−18℃);d_4^{20} 0.6779;n_D^{20} 1.3890。一般试剂含量≥98.0%(GC)。
注意事项 该品高度易燃。口服能损害肺脏。具有刺激性。使用现场禁止吸烟。如误服本品不能吐出,应立即请医生诊治,并出示瓶签或包装物。应远离火种,采取抗放静电措施密封保存。
主要用途 气相色谱标准物。

2,3-Dimethyl-2-butene 2,3-二甲基-2-丁烯 03644
[563-79-1] C_6H_{12} 84.16
成分 C 85.63%,H 14.37%。
别名 四甲基乙烯;Tetramethylethylene
GW 2015-381

性状 无色液体。对空气敏感。mp −75℃；bp 73℃；Fp 17.6℉（−8℃）；d_4^{20} 0.708；n_D^{20} 1.413。一般试剂含量≥99.0%（GC）。
注意事项 该品高度易燃。口服有害，并能损伤肺脏。使用现场禁止吸烟。如误服本品不能吐出，应立即请医生诊治，并出示瓶签或包装物。应远离火种，采取抗放静电措施充氩气密封于2～8℃保存。万一着火，应用干粉灭火，而不能用水。
主要用途 气相色谱标准物。

1,3-Dimethylbutylamine 1,3-二甲基丁胺 03645
[108-09-8] $C_6H_{15}N$ 101.19
成分 C 71.22%，H 14.94%，N 13.84%。
别名 2-甲基-4-氨基戊烷；2-氨基-4-甲基戊烷；4-氨基-2-甲基戊烷；2-Amino-4-methylpentane；4-Amino-2-methylpentane
GW 2015-430
性状 无色液体。bp 108～110℃；Fp 55℉（12℃）；d 0.717；n_D^{20} 1.4080。一般试剂含量≥98.0%。
注意事项 该品易燃。具有腐蚀性。使用时应避免吸入本品的蒸气，避免与眼睛及皮肤接触。应密封保存。

***N*-[(3,3-Dimethylbutyl)dimethylsilyl]dimethylamine**
***N*-[(3,3-二甲基丁基)二甲基甲硅烷基]二甲胺** 03646
[87810-61-5] $C_{10}H_{25}NSi$ 187.38
成分 C 64.10%，H 13.45%，N 7.47%，Si 14.99%。
别名 *N*,*N*-二甲基（3,3-二甲基丁基）二甲基甲硅烷胺；*N*,*N*-Dimethyl(3,3-dimetylbutyl)dimethylsilylamine
性状 无色液体。Fp 102℉（39℃）；d_4^{20} 0.79。一般试剂含量≥99.0%（T）。
主要用途 使玻璃硅烷化。
注意事项 该品易燃。对眼睛、呼吸系统及皮肤有刺激性。使用应穿适当的防护服。万一接触到眼睛，应立即用大量水冲洗后请医生诊治。应充氩气密封干燥保存。

***N*,*N*-Dimethylcarbamoyl chloride**
***N*,*N*-二甲基氨基甲酰氯** 03647
[79-44-7] C_3H_6ClNO 107.54
成分 C 33.51%，H 5.62%，Cl 32.97%，N 13.02%，O 14.88%。
别名 二甲基氨基甲酰氯；氯甲酸二甲基酰胺；*N*,*N*-Dimethylcarbamyl chloride；Dimethylcarbamyl chloride；Dimethylcarbamoyl chloride；Chloroformic acid dimethylamide
GW 2015-352
性状 无色液体。mp −33℃；bp_{775} 167～168℃/103.325kPa；bp_{11} 55～57℃/1.467kPa；Fp 155℉（68℃）；d_4^{20} 1.172；n_D^{20} 1.453。一般试剂含量≥98.0%（AT）。
注意事项 该品吸入有毒。口服有害。能致癌。对眼睛、呼吸系统及皮肤有刺激性。使用前应得到专门的指导，避免曝露。使用时如有事故发生或有不适之感，应请医生诊治。应充氮气密封保存。

Dimethyl carbate 卡百酸二甲酯 03648
[39589-98-5] $C_{11}H_{14}O_4$ 210.23
成分 C 62.84%，H 6.71%，O 30.44%。
别名 驱蚊灵；*rel*-(1*R*,2*R*,3*R*,4*S*)-Bicyclo[2.2.1]hept-5-ene-2,3-dicarboxylic acid dimethyl ester；*cis*-3,6-Endomethylene-Δ^4-tetrahydrophthalic acid dimethyl ester；*cis*-5-Norbprnene-2,3-dicarboxylic acid dimethyl ester；Dimalone
M. I. 15，3262
性状 极纯品为无色结晶。一般产品为有黏性的糖浆状液体。溶于通常的有机溶剂，溶于煤油、矿物油约6%，几乎不溶于水。mp 38℃；$bp_{12.5}$ 137℃/1.667kPa；bp_9 130℃/1.2kPa；$bp_{1.5}$ 115℃/200kPa；d_4^{21} 1.164；n_D^{20} 1.4852。LD_{50} 小鼠，大鼠急性经口：1.4mL/kg，1.0mL/kg；大鼠皮肤接触：10.0mL/kg。
主要用途 昆虫排斥剂。

Dimethyl carbonate 碳酸二甲酯 03649
[616-38-6] $C_3H_6O_3$ 90.08
成分 C 40.00%，H 6.71%，O 53.28%。
GW 2015-2110 M. I. 15，3263
性状 无色液体。能与乙醇、乙醚相混溶，不溶于水。mp 4.6℃；bp 90.3℃；Fp 71.1℉（21.7℃，开杯）；d_4^{20} 1.07；n_D^{20} 1.3680。LD_{50}大鼠急性经口：13.8g/kg；皮肤接触：2.5g/kg。LD_{50}大鼠吸入（4h）：140mg/L。一般试剂含量≥99.0%（GC）。
注意事项 该品高度易燃。使用现场禁止吸烟。应远离火种，于通风良好处密封保存。
主要用途 溶剂。有机合成。

1,1-Dimethylcyclohexane 1,1-二甲基环己烷 03650
[590-66-9] C_8H_{16} 112.22
成分 C 85.62%，H 14.37%。
GW 2015-448
性状 无色液体。溶于乙醇、乙醚、丙酮、苯，不溶于水。sp −33.5℃；bp 118～120℃；Fp 45℉（7℃）；d_4^{20} 0.777；n_D^{20} 1.4280。一般试剂含量≥99.0%（GC）。
注意事项 该品高度易燃。口服有害，并能损伤肺脏。使用时应避免吸入本品的蒸气，避免与眼睛及皮肤接触。使用现场禁止吸烟。如误服本品不能吐出，应立即请医生诊治，并出示瓶签或包装物。应远离火种，于通风良好处密封保存。
主要用途 气相色谱标准物。

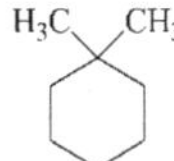

***cis*-1,2-Dimethylcyclohexane**
顺式-1,2-二甲基环己烷 03651
[2207-01-4] C_8H_{16} 112.22
成分 C 85.62%，H 14.37%。
别名 1,2-二甲基环己烷 顺式；cis-Hexahydro-*o*-xylene
GW 2015-449
性状 无色透明液体。能与乙醇、乙醚、苯、丙酮等相混溶，不溶于水。bp 129～130℃；Fp 54℉（12℃）；d_4^{20} 0.796；n_D^{20} 1.4360。一般试剂含量≥98.0%（GC）。
注意事项 该品高度易燃。口服有害，并能损伤肺脏。使用现场禁止吸烟。如误服本品不能吐出，应立即请医生诊治，并出示瓶签或包装物。应远离火种，采取抗放静电措施于通风良好处密封保存。
主要用途 气相色谱分析标准物质。

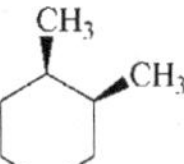

***trans*-1,2-Dimethylcyclohexane**
反式-1,2-二甲基环己烷 03652
[6876-23-9] C_8H_{16} 112.22
成分 C 85.62%，H 14.37%。
别名 1,2-二甲基环己烷 反式；*trans*-Hexahydro-*o*-xylene
GW 2015-449
性状 无色透明液体。能与丙酮、苯等相混溶，不溶于水。bp 120～124℃；d_4^{20} 0.7760；n_D^{20} 1.427。一般试剂含量≥99.0%（GC）。

注意事项 见 03651 顺式-1,2-二甲基环己烷。
主要用途 溶剂。色谱分析标准物质。有机合成。

1,3-Dimethylcyclohexane 1,3-二甲基环己烷 03653
[591-21-9] C_8H_{16} 112.22
成分 C 85.62%，H 14.37%。
别名 间二甲基环己烷；六氢间二甲苯；顺、反式-1,3-二甲基环己烷；*m*-Dimethylcyclohexane；*cis*，*trans*-1，3-Dimethylcyclohexane；Hexahydro-*m*-xylene
GW 2015-450
性状 无色透明液体。能与乙醇、乙醚、苯等相混溶，不溶于水。bp 121～124℃；Fp 49℉（9℃）；*d* 0.767；n_D^{20} 1.4260。一般试剂含量≥99.0%。
注意事项 该品高度易燃。对眼睛、呼吸系统及皮肤有刺激性。使用现场禁止吸烟。应远离火种，采取抗放静电措施于通风良好处密封保存。
主要用途 溶剂。有机合成。

1,4-Dimethylcyclohexane 1,4-二甲基环己烷 03654
[589-90-2] C_8H_{16} 112.22
成分 C 85.62%，H 14.37%。
别名 顺、反式-1,4-二甲基环己烷；对二甲基环己烷；*p*-Dimethylcyclohexane；*cis*，*trans*-1，4-Dimethylcyclohexane
GW 2015-451
性状 无色液体。为顺、反式的混合物。易溶于乙醇、乙醚、丙酮、苯、四氯化碳，不溶于水。mp －87℃；bp 120℃；Fp 60℉（15℃）；*d* 0.773；n_D^{20} 1.4260。一般试剂含量≥99.0%。
注意事项 见 03653 1,3-二甲基环己烷。
主要用途 有机合成。

5,5-Dimethyl-1,3-cyclohexanedione
5,5-二甲基-1,3-环己二酮 03655
[126-81-8] $C_8H_{12}O_2$ 140.18
成分 C 68.54%，H 8.63%，O 22.83%。
别名 醛试剂；5,5-二甲基二氢化间苯二酚；1,1-二甲基环己二酮；达米东；Dimedone；1,1-Dimethyl-3,5-cyclohexanedione；Dimethyldihydroresorcinol；1，1-Dimethyl-3，5-diketocyclohexane；Methone
M.I. 15，3264
性状 来自水中的黄绿色针状结晶或来自乙醇＋乙醚中的棱柱体结晶。溶于乙醇、甲醇、三氯甲烷、苯、乙酸、50%乙酸水溶液，微溶于水（100mL 水中溶解度：19℃，0.401g；25℃，0.416g；50℃，1.185g；80℃，3.020g；90℃，3.837g）。148～150℃分解。p*K*（25℃）：5.15。一般试剂含量≥99.0%（GC）。
注意事项 使用时应避免吸入本品的粉尘，避免与眼睛及皮肤接触。应充氮气密封避光保存。
主要用途 醛试剂，与醛可形成熔点不同的各种衍生物，借以检定醛类。

2,5-Dimethylcyclohexanol 2,5-二甲基环己醇 03656
[3809-32-3] $C_8H_{16}O$ 128.22
成分 C 74.94%，H 12.58%，O 12.48%。
性状 无色浓稠液体。Fp 156.2℉（69℃）；d^{20} 0.908；n_D^{20} 1.458。一般试剂含量≥98.0%（GC）。
注意事项 使用时应避免吸入本品的蒸气，避免与眼睛及皮肤接触。

2,6-Dimethylcyclohexanol 2,6-二甲基环己醇 03657
[5337-72-4] $C_8H_{16}O$ 128.22
成分 C 74.94%，H 12.58%，O 12.48%。
性状 无色液体。为异构体的混合物。bp 174.5℃；Fp 131℉（55℃）；*d* 0.944；n_D^{20} 1.4600。一般试剂含量≥70.0%。
注意事项 见 03656 2,5-二甲基环己醇。

3,5-Dimethylcyclohexanol 3,5-二甲基环己醇 03658
[5441-52-1] $C_8H_{16}O$ 128.22
成分 C 74.94%，H 12.58%，O 12.48%。
性状 无色液体。为异构体的混合物。mp 11～12℃；bp 185～186℃；Fp 164℉（73℃）；*d* 0.892；n_D^{20} 1.4550。一般试剂含量约 97.0%（GC）。
注意事项 见 03656 2,5-二甲基环己醇。

2,6-Dimethylcyclohexanone（*cis*＋*trans*）
2,6-二甲基环己酮（顺、反式） 03659
[2816-57-1] $C_8H_{14}O$ 126.20
成分 C 76.14%，H 11.18%，O 12.68%。
别名 顺、反式-2,5-二甲基环己酮（混合体）；*cis*，*trans*-2，5-Dimethylcyclohexanone(mixture)
性状 无色液体。为异构体的混合物。溶于乙醇、乙醚，不溶于水。bp 174～176℃；bp_{18} 90～91℃/2.4kPa；Fp 123.8℉（51℃）；*d* 0.925；n_D^{20} 1.447。一般试剂含量≥98.0%。

2,2-Dimethyl-1,3-dioxane-4,6-dione
2,2-二甲基-1,3-二噁烷-4，6-二酮 03660
[2033-24-1] $C_6H_8O_4$ 144.13
成分 C 50.00%，H 5.59%，O 44.40%。
别名 环异亚丙基丙二酸酯；丙二酸环异亚丙基酯；2,2-Dimethyl-4，6-diketo-1，3-dioxane；2，2-Dimethyl-1，3-dioxane-4,6-dione；Isopropylidene malonate；Malonic acid cyclic isopropylidene ester；Meldrum's acid；*iso*-Propylidene malonate；cycl-Isopropylidene malonate
M.I. 15，5885
性状 来自丙酮＋水中的无色结晶。对湿度敏感。pK_a 5.1。94～95℃分解。一般试剂含量≥97.0%（NT）。
注意事项 该品应充氩气密封干燥保存。

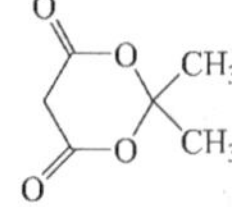

2,2-Dimethyl-1,3-dioxolane
2,2-二甲基-1,3-二氧五环 03661
[2916-31-6] $C_5H_{10}O_2$ 102.14
成分 C 58.80%，H 9.87%，O 31.33%。
别名 Acetone ethylene acetal；Acetone ethylene ketal
性状 无色液体。bp 92～93℃；Fp 42.8℉(6℃)；d^{25} 0.926；n_D^{20} 1.398。一般试剂含量≥98.0%(GC)。
注意事项 该品高度易燃。使用现场禁止吸烟。应远离火种密封保存。

2,9-Dimethyl-4,7-diphenyl-1,10-phenanthroline 03662
2,9-二甲基-4,7-二苯基-1,10-菲啰啉
[4733-39-5] $C_{26}H_{20}N_2$ 360.45
成分 C 86.64%，H 5.59%，N 7.77%。
别名 4,7-二苯基-2,9-二甲基邻啡啰啉；浴铜灵；Bathocuproine；4,7-Diphenyl-2,9-dimethyl-*o*-phenanthroline
性状 无色或浅黄色结晶。微溶于乙醇、热苯、三氯甲烷、四氯化碳，不溶于水。mp 282～285℃；λ_{max} 278nm（lg ε4.62）。一般试剂含量≥97.0%(UV)。
注意事项 该品口服有害。

主要用途 检验亚铜的灵敏试剂。

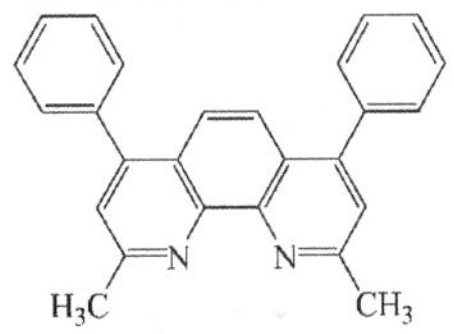

4,4′-Dimethy1-2,2′-dipyridyl
4,4′-二甲基-2,2′-联吡啶 03663

[1134-35-6] $C_{12}H_{12}N_2$ 184.24

成分 C 78.23%,H 6.56%,N 15.20%。

别名 2,2′-Bi-4-picoline;4,4′-Dimethy1-2,2′-bipyridyl;2,2′-Bi(γ-picoline);4,4′-Dimethyl-2,2′-bipyridine

性状 白色结晶。溶于乙醇，不溶于水。mp 171～173℃。一般试剂含量≥99.0%（NT）。

注意事项 该品对眼睛、呼吸系统及皮肤有刺激性。使用时应穿适当的防护服。万一接触到眼睛，应立即用大量水冲洗后请医生诊治。

主要用途 比色用试剂。测定亚铁和氰化物的试剂。

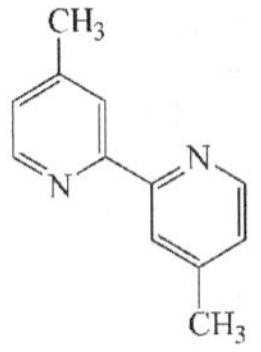

N,*N*-Dimethylethanolamine *N*,*N*-二甲基乙醇胺 03664

[108-01-0] $C_4H_{11}NO$ 89.14

成分 C 53.90%，H 12.44%，N 15.71%，O 17.95%。

别名 *N*,*N*-二甲基-2-羟基乙胺;2-二甲基氨基乙醇;Deanol;2-(Dimethylamino) ethanol;β-Dimethylaminoethyl alcohol;*N*,*N*-Dimethylethylaminoethanol;*N*,*N*-Dimethyl-2-hydroxyethylamine;DMAE;DMEA;S-1

GW 2015-476 M.I. 15,2845

性状 无色液体。有鱼腥味。具催泪性。能与水、乙醇、乙醚相混溶。mp －70℃；bp_{758} 135℃/101.058kPa；Fp 102℉（39℃，闭杯）；d_4^{20} 0.8866；n_D^{20} 1.43。一般试剂含量≥99.5%。

注意事项 该品易燃。吸入、口服或与皮肤接触有害。具有腐蚀性，能引起烧伤。使用时应穿适当的防护服，戴手套和防护镜或面罩。使用时应避免与眼睛接触。万一接触到眼睛，应立即用大量水冲洗后请医生诊治。使用时如有事故发生或有不适之感，应请医生诊治。应远离火种密封保存。

主要用途 医用中枢神经兴奋剂。染料中间体。织物的助染剂。防腐剂。

Dimethylethylchlorosilane 二甲基乙基氯硅烷 03665

[6917-76-6] $C_4H_{11}ClSi$ 122.67

成分 C 39.17%，H 9.04%，Cl 28.90%，Si 22.89%。

别名 氯化二甲基乙基硅烷；Chlorodimethylethylsilane；Chloro(ethyl)dimethylsilane

性状 无色液体。Fp 17.6℉（－8℃），d_4^{20} 0.876；n_D^{20} 1.407。一般试剂含量≥97.0%（GC）。

注意事项 该品高度易燃。具有腐蚀性，能引起烧伤。使用时应穿适当的防护服，戴手套和防护镜或面罩。万一接触到眼睛，应立即用大量水冲洗后请医生诊治。接触皮肤后，应用大量水冲洗。使用现场禁止吸烟。使用时如有事故发生或有不适之感，应请医生诊治。应远离火种，充氩气密封干燥保存。

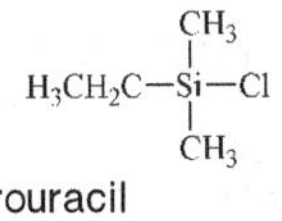

1,3-Dimethyl-5-fluorouracil
1,3-二甲基-5-氟尿嘧啶 03666

[3013-92-1] $C_6H_7FN_2O_2$ 158.13

成分 C 45.57%，H 4.46%，F 12.01%，N 17.72%，O 20.24%。

别名 1,3-二甲基-5-氟呐嚅；2,4-二羟基-1,3-二甲基-5-氟嘧啶；5-氟-1,3-二甲基尿嘧啶；2,4-Dihydroxy-1,3-dimethyl-5-fluoropyrimidine；5-Fluoro-1,3-dimethyluracil

性状 白色结晶性粉末。mp 132～134℃。一般试剂含量≥97.0%（CHN）。

注意事项 使用时应避免吸入本品的粉尘，避免与眼睛及皮肤接触。

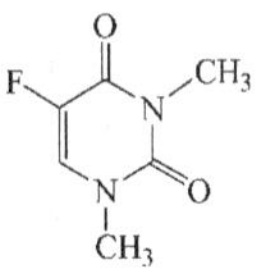

N,*N*-Dimethylformamide *N*,*N*-二甲基甲酰胺 03667

[68-12-2] C_3H_7NO 73.10

成分 C 49.30%，H 9.65%，N 19.16%，O 21.89%。

别名 甲酰二甲胺；DMF；DMFA；Formdimethylamide；Formyl dime-thylamine

GW 2015-460 M.I. 15，3267

性状 无色至微黄色透明液体。微有氨味。能吸湿。能与水、乙醇、甲醇、乙醚、三氯甲烷等通常的有机溶剂任意混溶。其 0.5mol/L 水溶液 pH 值 6.7。mp －61℃；bp_{760} 153℃/101.325kPa；bp_{39} 76℃/5.2kPa；$bp_{3.7}$ 25℃/493.29Pa；Fp 153℉（67℃，开杯）；d_4^{25} 0.9445；n_D^{25} 1.42803。LD_{50} 小鼠，大鼠急性经口：6.8mL/kg，7.6mL/kg；腹膜内注射：6.2mL/kg，4.7mL/kg。

注意事项 该品吸入或与皮肤接触有害。对眼睛有刺激性。能危害胎儿。使用前应得到专门的指导，避免曝露。使用时如有事故发生或有不适之感，应请医生诊治。应充氩气密封干燥保存。

主要用途 气相色谱固定液（主要用于气体烃的分析）。非水溶液滴定溶剂。薄层色谱分析用萃取剂和展开剂。乙烯树脂和乙炔的溶剂。

参考规格 GB/T 17521—1998

	分析纯	化学纯
含量[$HCON(CH_3)_2$]/%≥	99.5	99.0
色度/黑曾单位≤	10	20
密度(20℃)/(g/mL)	0.945～0.950	0.945～0.950
蒸发残渣/%≤	0.005	0.01
酸度(以 H^+ 计)/(mmol/100g)≤	0.1	0.2
碱度(以 OH^- 计)/(mmol/100g)≤	0.1	0.2
铁(Fe)/%≤	0.0005	0.001
水分(H_2O)/%≤	0.1	0.2

N,*N*-Dimethylformamide diethyl acetal
***N*,*N*-二甲基甲酰胺二乙缩醛** 03668

[1188-33-6] $C_7H_{17}NO_2$ 147.22

成分 C 57.11%，H 11.64%，N 9.51%，O 21.74%。

别名 1,1-二乙氧基-*N*,*N*-二甲基甲胺；1,1-二乙氧基三甲胺；*N*,*N*-二甲基甲酰胺二乙基缩醛；1,1-Diethoxy-*N*,*N*-dimethylmethylamine；1,1-Diethoxytrimethylamine

性状 无色液体。bp 130～133℃；Fp 82℉（28℃）；d^{25} 0.859；n_D^{20} 1.400。一般试剂含量≥95.0%(GC)。

注意事项 该品易燃。对眼睛、呼吸系统及皮肤有刺激性。使用时应穿适当的防护服。万一接触到眼睛，应立即用大量水冲洗后请医生诊治。

N,*N*-Dimethylformamide dimethyl acetal
***N*,*N*-二甲基甲酰胺二甲缩醛** 03669

[4637-24-5] $C_5H_{13}NO_2$ 119.16

成分 C 50.39%，H 11.00%，N 11.75%，O 26.85%。

别名 1,1-二甲氧基-*N*,*N*-二甲基甲胺；1,1-二甲氧基三甲胺；*N*,*N*-二甲基甲酰胺二甲基缩醛；1,1-Dimethoxy-*N*,*N*-dimethylmethylamine；1,1-Dimethoxytrimethylamine

性状 无色液体。对湿度敏感。bp_{720} 102～103℃/96kPa；Fp 41℉（5℃）；d^{25} 0.897；n_D^{20} 1.396。一般试剂含量≥95.0%(GC)。

注意事项 该品高度易燃。口服有害。对眼睛、呼吸系统及皮肤有刺激性。使用时应穿适当的防护服和戴手套。万一接触到眼睛，应立即用大量水冲洗后请医生诊治。使用现场禁止吸烟。应远离火种密封干燥保存。

Dimethyl fumarate 丁烯二酸二甲酯 03670

[624-49-7] $C_6H_8O_4$ 144.13

成分 C 50.00%，H 5.59%，O 44.40%。

别名 反丁烯二酸二甲酯；延胡索酸二甲酯；富马酸二甲酯；Fumaric acid dimethyl ester；*trans*-Butenedioic acid dimethyl ester

性状 无色或白色结晶。溶于乙醇、乙醚、苯、三氯甲烷，不溶于水。mp 102～106℃；bp 192～193℃。一般试剂含量≥97.0%（GC）。

注意事项 该品对皮肤有刺激性。与皮肤接触有害。接触皮肤能引起过敏。对眼睛有严重损伤的危险。使用时应穿适当的防护服，戴手套和防护镜或面罩。万一接触到眼睛，应立即用大量水冲洗后请医生诊治。

2,5-Dimethylfuran 2,5-二甲基呋喃 03671

[625-86-5] C_6H_8O 96.13

成分 C 74.97%，H 8.39%，O 16.64%。

别名 2,5-二甲基氧杂茂；DMF

GW 2015-438

性状 无色液体。溶于乙醇、乙醚、氯仿、苯，不溶于水。mp −62℃；bp 92～94℃；Fp 44.6℉（7℃）；d^{25} 0.903；n_D^{20} 1.443。一般试剂含量≥97.0%(GC)。

注意事项 该品高度易燃。口服有害。使用现场禁止吸烟。应远离火种密封避光保存。

主要用途 溶剂。

H₃C—[呋喃环]—CH₃

Dimethyl glutarate 戊二酸二甲酯 03672

[1119-40-0] $C_7H_{12}O_4$ 160.17

成分 C 52.49%，H 7.55%，O 39.96%。

性状 无色液体。溶于乙醇、乙醚，不溶于水。bp_{13} 93～95℃/1.733kPa；Fp 206.6℉(97℃)；d 1.087；n_D^{20} 1.4240。一般试剂含量≥97.0%(GC)。

主要用途 气相色谱标准物。

N,*N*-Dimethylglycine hydrochloride *N*,*N*-二甲基甘氨酸 盐酸盐 03673

[2491-06-7] $C_4H_{10}ClNO_2$ 139.58

成分 C 34.42%，H 7.22%，Cl 25.40%，N 10.03%，O 22.93%。

别名 盐酸 *N*,*N*-二甲基甘氨酸；*N*,*N*-二甲基氨基乙酸 盐酸盐；盐酸 *N*,*N*-二甲基氨基乙酸；*N*,*N*-Dimethylaminoacetic acid hydrochloride

M. I. 15，3269

性状 近白色结晶。溶于水、乙醇，不溶于氯仿、丙酮。mp 189～190℃。一般试剂含量≥99.0%（AT）。

注意事项 使用时应避免吸入本品的粉尘，避免与眼睛及皮肤接触。

主要用途 生化研究。

Dimethylglycol phthalate 苯二甲酸二甲基乙二醇酯 03674

[117-82-8] $C_{14}H_{18}O_6$ 282.29

成分 C 59.57%，H 6.43%，O 34.00%。

别名 邻苯二甲酸二甲基乙二醇酯；邻苯二甲酸双（2-甲氧基乙酯）；Bis(2-methoxyethyl) *o*-phthalate；Bis(2-methylglycol)phthalate；Dimethylglycol *o*-phthalate

性状 无色液体。bp_{10} 230℃/1.333kPa；Fp 249.8℉(121℃)；d^{20} 1.173；n_D^{20} 1.503。一般试剂含量≥90.0%(GC)。

注意事项 该品能危害胎儿。能损伤生育力。使用前应得到专门的指导，避免曝露。使用时如有事故发生或有不适之感，应请医生诊治。

主要用途 有机合成。分析用标准物质。

Dimethylglyoxime 二甲基乙二醛肟 03675

[95-45-4] $C_4H_8N_2O_2$ 116.12

成分 C 41.37%，H 6.94%，N 24.13%，O 27.56%。

别名 二乙二肟；二乙酰二肟；丁二肟；丁二酮肟；丁二酮二肟；二甲基乙酰肟；双乙酮肟；镍试剂；2,3-Butanedionedioxime；Diacetyldioxime；Biacetyl dioxime；Chugaev's reagent；DMG

M. I. 15，3270

性状 来自乙醇＋水中的无色三斜结晶或白色粉末。溶于乙醇、乙醚、吡啶、丙酮，几乎不溶于水。mp 238～240℃。

注意事项 使用时应避免吸入本品的粉尘，避免与眼睛及皮肤接触。应充氩气密封保存。

主要用途 分析镍、钴、钯、铋、铁、铜、锡、钌、钒、铼的试剂。氧化还原指示剂。

参考规格 HG/T 3450—1999

	分析纯
含量（$C_4H_8N_2O_2$）/%≥	98.0
熔点/℃	238.0～242.0
乙醇溶解试验	合格
灼烧残渣（以硫酸盐计）/%≤	0.05

2,6-Dimethyl-4-heptanol 2,6-二甲基-4-庚醇 03676

[108-82-7] $C_9H_{20}O$ 144.26

成分 C 74.93%，H 13.97%，O 11.09%。

别名 二异丁基甲醇；DIBC；Di-*iso*-butyl carbinol；Diisobutyl carbinol

性状 无色液体。溶于乙醇、乙醚，不溶于水。bp 178℃；Fp 158℉（70℃）；d 0.809；n_D^{20} 1.4240。一般试剂含量≥80.0%。

主要用途 表面活性剂。织物抗沫剂。

2,6-Dimethyl-4-heptanone 2,6-二甲基-4-庚酮 03677

[108-83-8] $C_9H_{18}O$ 142.24

成分 C 76.00%，H 12.76%，O 11.25%。

别名 二异丁基甲酮；二异丙基丙酮；DIBK；Di-*iso*-butyl ketone；Diisobutyl ketone；Diisopropylacetone；Di-*iso*-propylacetone；Isovalerone；*iso*-Valerone

GW 2015-713

性状 无色油状液体。能与多数有机溶剂混溶，不溶于水。bp 169℃；d^{25} 0.808；n_D^{20} 1.4130。一般试剂含量约 70.0%(GC)，含约 25%的 2,4-二甲基-6-庚酮。

注意事项 该品易燃。对呼吸系统有刺激性。使用时应避免与皮肤接触。

主要用途 溶剂。有机合成。

2,2-Dimethylhexane 2,2-二甲基己烷 03678

[590-73-8] C_8H_{18} 114.23

成分 C 84.12%，H 15.88%。

别名 三甲基正丁基甲烷；正丁基三甲基甲烷；*n*-Butyltrimethyl methane

GW 2015-455

性状 无色液体。易溶于乙醇、乙醚、苯、丙酮、氯仿，不溶于水。bp 107℃；Fp 26℉(−3℃)；d^{25} 0.693；n_D^{20} 1.395。一般试剂含量≥96.0%(GC)。

注意事项 该品高度易燃。对皮肤有刺激性。对水生物极毒。能对水环境引起不利的结果。口服有害，并可能损伤肺脏。其蒸气能引起眩晕和瞌睡。如误服本品不能吐出，应立即请医生诊治，并出示瓶签或包装物。应防止将本品释放于环境中。使用现场禁止吸烟。切勿排入下水道。其包装物应按危险品处理。应远离火种，采取抗放静电措施，密封于通风良好处保存。
主要用途 气相色谱标准物。

2,4-Dimethylhexane 2,4-二甲基己烷 03679
[589-43-5] C_8H_{18} 114.23
成分 C 84.12%,H 15.88%。
别名 乙基异丁基甲基甲烷;甲基乙基异丁基甲烷;Ethylisobutyl methylmethane
GW 2015-457
性状 无色透明液体。能与乙醇、乙醚、苯、丙酮相混溶,不溶于水。bp 108～109℃; Fp 37.4℉ (3℃); d_4^{20} 0.701; n_D^{20} 1.395。一般试剂含量≥99.0% (GC)。
注意事项 见 03678 2,2-二甲基己烷。
主要用途 色谱分析标准物质。

3,4-Dimethylhexane 3,4-二甲基己烷 03680
[583-48-2] C_8H_{18} 114.23
成分 C 84.12%, H 15.88%。
GW 2015-459
性状 无色液体。溶于乙醚,微溶于乙醇,不溶于水。bp 119℃; Fp 44℉ (6℃); d_4^{20} 0.7192; n_D^{20} 1.405。一般试剂含量≥99.0% (GC)。
注意事项 该品高度易燃。对眼睛、呼吸系统及皮肤有刺激性。口服有害,并能损伤肺脏。使用时应穿适当的防护服。万一接触到眼睛,应立即用大量水冲洗后请医生诊治。如误服本品不能吐出,应立即请医生诊治,并出示瓶签或包装物。使用现场禁止吸烟。应远离火种,于通风良好处密封保存。
主要用途 气相色谱标准物。

2,5-Dimethyl-3-hexyne-2,5-diol
2,5-二甲基-3-己炔-2,5-二醇 03681
[142-30-3] $C_8H_{14}O_2$ 142.20
成分 C 67.57%, H 9.92%, O 22.50%。
性状 白色结晶。溶于水、乙醇、丙酮,不溶于苯。mp 90～94℃; bp_7 121～123℃/0.933kPa。一般试剂含量≥98.0%。

3,5-Dimethyl-1-hexyn-3-ol 3,5-二甲基-1-己炔-3-醇 03682
[107-54-0] $C_8H_{14}O$ 126.20
成分 C 76.14%, H 11.18%, O 12.68%。
性状 无色液体。有樟脑气味。微溶于水。bp 150～151℃; Fp 112℉ (44℃); *d* 0.859; n_D^{20} 1.4340。一般试剂含量≥99.0%。
注意事项 该品易燃。有毒。具有刺激性。应远离火种密封保存。

1,1-Dimethylhydrazine 1,1-二甲基肼 03683
[57-14-7] $C_2H_8N_2$ 60.10
成分 C 39.97%, H 13.42%, N 46.61%。
别名 *N*,*N*-二甲基肼; Dimazine; *asym*-Dimethylhydrazine; *unsym*-Dimethylhydrazine; *N*, *N*-Dimethylhydrazine; UDMH
GW 2015-461 M.I. 15,3271
性状 浅黄色液体。能吸潮。有氨味。能与水、乙醇、乙醚、二甲基甲酰胺、烃类相混溶。mp －58℃; bp_{760} 63.9℃/101.32kPa; Fp 14℉(－10℃); d_4^{22} 0.791; d_{25}^{25} 0.782; $n_D^{22.3}$ 1.40753。LD_{50}小鼠,大鼠急性经口:2.65mg/kg,122mg/kg;静脉注射:250mg/kg,119mg/kg。一般试剂(无水物)含量≥98.0%(GC)。
注意事项 该品高度易燃。吸入或口服有毒。能致癌。具有腐蚀性,能引起烧伤。对水生物有毒。可能对水环境引起不利的结果。使用前应得到专门的指导,避免曝露。使用时如有事故发生或有不适之感,应请医生诊治。应防止将本品释放于环境中。应远离火种密封于2～8℃保存。
主要用途 有机合成。酸性气体吸收剂。

2,3-Dimethylhydroquinone 2,3-二甲基氢醌 03684
[608-43-5] $C_8H_{10}O_2$ 138.17
成分 C 69.54%,H 7.29%,O 23.16%。
别名 2,3-二甲基对苯二酚;2,3-二甲基对氢醌;2,3-Dimethylhydro quinel;2,3-Dimethylquinol
性状 白色粉末。mp 223～225℃。一般试剂含量≥99.0%。
注意事项 该品对眼睛、呼吸系统及皮肤有刺激性。使用时应穿适当的防护服。万一接触到眼睛,应立即用大量水冲洗后请医生诊治。应充氮气密封避光保存。

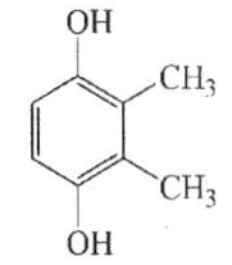

3,5-Dimethyl-4-hydroxybenzaldehyde
3,5-二甲基-4-羟基苯甲醛 03685
[2233-18-3] $C_9H_{10}O_2$ 150.18
成分 C 71.98%, H 6.71%, O 21.31%。
别名 4-羟基-3,5-二甲基苯甲醛; 4-Hydroxy-3,5-dimethylbenzaldehyde
性状 白色粉末。mp 112～114℃。一般试剂含量≥95.0% (GC)。
注意事项 使用时应避免吸入本品的粉尘,避免与眼睛及皮肤接触。

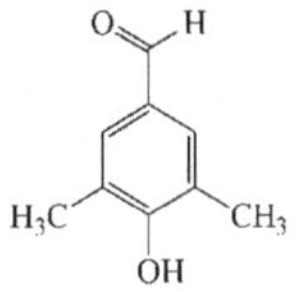

5,7-Dimethyl-8-hydroxyquinoline
5,7-二甲基-8-羟基喹啉 03686
[37873-29-3] $C_{11}H_{11}NO$ 173.21
成分 C 76.28%, H 6.40%, N 8.09%, O 9.23%。
别名 5,7-二甲基-8-喹啉醇; 5,7-Dimethyl-8-quinolinol
性状 白色结晶粉末。mp 95～98℃。一般试剂含量≥98.0%(GC)。
注意事项 该品对眼睛、呼吸系统及皮肤有刺激性。使用时应穿适当的防护服。万一接触到眼睛,应立即用大量水冲洗后请医生诊治。

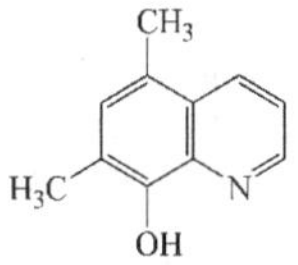

1,3-Dimethyl-2-imidazolidinone
1,3-二甲基-2-咪唑啉酮 03687
[80-73-9] $C_5H_{10}N_2O_2$ 114.15
成分 C 52.61%, H 8.83%, N 24.54%, O 14.02%。
别名 *N*, *N'*-二甲基亚乙基脲; *N*, *N'*-Dimethylethyleneurea; DMEU; DMI
M.I. 15, 3273
性状 无色液体。低温凝固。能吸湿。溶于甲苯 (>5%)。mp 8.2℃; bp_{754} 220℃/100.525kPa; bp_{17} 106～108℃/2.266kPa; bp_2 67～68℃/266.644Pa; Fp 215.6℉ (102℃); d^{25} 1.0519; n_D^{20} 1.4720。LD_{50}小鼠腹膜内注射: 2840mg/kg。一般试剂含量≥99.0% (GC)。
注意事项 该品口服或与皮肤接触有害。对皮肤有刺激性。对眼睛有严重损伤的危险。使用时应穿适当的防护服,万一接触到眼睛,应立即用大量的水冲洗后请医生诊治。应密封干燥保存。

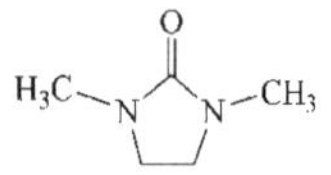

Dimethyl itaconate 衣康酸二甲酯 03688
[617-52-7] $C_7H_{10}O_4$ 158.15
成分 C 53.16%, H 6.37%, O 40.46%。
别名 亚甲基丁二酸二甲酯

性状 无色或白色块状体。高温为无色液体。易吸潮。mp 37～40℃；bp 208℃；Fp 212℉（100℃）；d^{25} 1.124。一般试剂含量≥97.0%（GC）。
主要用途 有机合成。
注意事项 该品应密封干燥保存。

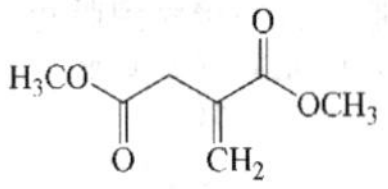

Dimethyl maleate 顺丁烯二酸二甲酯 03689

[624-48-6] $C_6H_8O_4$ 144.13
成分 C 50.00%，H 5.59%，O 44.40%。
别名 马来酸二甲酯；Maleic acid dimethyl ester
性状 无色液体。能与乙醇混溶。bp 204～205℃；bp_{12} 86～89℃/1.6kPa；Fp 203℉（95℃）；d_4^{20} 1.152；n_D^{20} 1.442。一般试剂含量≥90.0%（HPLC）。
注意事项 该品口服或与皮肤接触有害。使用时应穿适当的防护服和戴手套。应避免吸入本品的蒸气、飞沫。
主要用途 溶剂。杀虫剂。

Dimethylmaleic anhydride 二甲基顺丁烯二酸酐 03690

[766-39-2] $C_6H_6O_3$ 126.11
成分 C 57.15%，H 4.80%，O 38.06%。
性状 白色结晶。溶于水。对湿度敏感。mp 93～95℃；bp 223℃。一般试剂含量≥95.0%（T）。
注意事项 该品口服有害。应充氮气密封干燥保存。
主要用途 生化研究。用于核蛋白的解离。

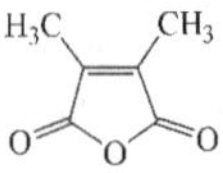

Dimethyl malonate 丙二酸二甲酯 03691

[108-59-8] $C_5H_8O_4$ 132.12
成分 C 45.46%，H 6.10%，O 48.44%。
别名 胡萝卜酸二甲酯；Dimethyl propanedioate；Methyl malonate；Malonic aciddimethyl ester；Propanedioic acid dimethyl ester
M.I. 15，6168
性状 无色液体。能与乙醇、乙醚、油类相混溶，微溶于水。mp －62℃；bp 180～181℃；Fp 194℉（90℃）；d_4^{20} 1.154；n_D^{17} 1.4149。一般试剂含量≥96.0%（GC）。
注意事项 该品对眼睛、呼吸系统及皮肤有刺激性。使用时应穿适当的防护服。万一接触到眼睛，应立即用大量水冲洗后请医生诊治。
主要用途 有机合成。气相色谱标准物。

Dimethylmercury 二甲基汞 03692

[593-74-8] C_2H_6Hg 230.66
成分 C 10.41%，H 2.63%，Hg 86.96%。
别名 甲基汞；Mercury dimethyl；Methyl mercury
M.I. 15，3274
性状 无色液体。易挥发。易溶于乙醇、乙醚，不溶于水。mp －43℃；bp_{740} 92℃/98.658kPa；Fp 42℉（5℃）；d^{20} 3.1874；n_D^{20} 1.5452。
注意事项 该品有毒。易燃。使用时应避免吸入本品的蒸气，应远离火种密封保存。
主要用途 无机试剂。

Dimethyl methylphosphonate 甲基膦酸二甲酯 03693

[756-79-6] $C_3H_9O_3P$ 124.08
成分 C 29.04%，H 7.31%，O 38.68%，P 24.96%。
别名 DMMP；*P*-Methylphosphonic acid dimethyl ester
M.I. 15，3435
性状 无色液体。能与乙醇、乙醚、苯、丙酮、四氯化碳相混溶，溶于水，不溶于重矿物油。蒸气压（20℃）：＜0.1mmHg/13.33Pa；（25℃）：2.4mmHg/320Pa；（65℃）：20mmHg/2.666kPa。pK_a（20℃）：2.37（于水中）。分配系数（辛醇/水）：－1.88。mp ＜ 50℃；bp_{754} 181℃/100.525kPa；*d* 1.45。*n*1.411。LD_{50}大鼠，小鼠急性经口：10190mg/kg，＞6810mg/kg。一般试剂含量≥99.0%。
主要用途 生化用细胞探针。阻燃剂。

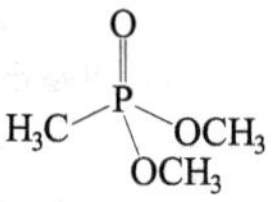

2,6-Dimethylmorpholine 2,6-二甲基吗啉 03694

[141-91-3] $C_6H_{13}NO$ 115.18
成分 C 62.57%，H 11.38%，N 12.16%，O 13.89%。
GW 2015-465
性状 无色液体。mp －85℃；bp 147℃；Fp 118.4℉(48℃)；d_4^{20} 0.935；n_D^{20} 1.446。一般试剂含量≥95.0%(GC)。
注意事项 该品易燃。与皮肤接触有害。对眼睛有严重损伤的危险。使用时应穿适当的防护服，戴手套和防护镜或面罩。使用现场禁止吸烟。万一接触到眼睛，应立即用大量水冲洗后请医生诊治。使用时如有事故发生或有不适之感，应请医生诊治。应远离火种密封保存。

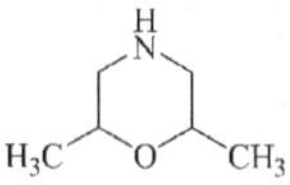

1,2-Dimethylnaphthalene 1,2-二甲基萘 03695

[573-98-8] $C_{12}H_{12}$ 156.23
成分 C 92.26%，H 7.74%。
性状 无色液体。mp －2～－1℃；bp 266～267℃；Fp 235.4℉(113℃)；*d* 1.013；n_D^{20} 1.6160。一般试剂含量约95.0%(GC)。
注意事项 使用时应避免吸入本品的蒸气，避免与眼睛及皮肤接触。

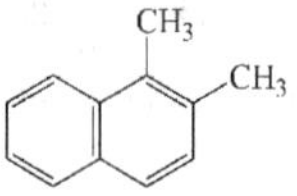

1,3-Dimethylnaphthalene 1,3-二甲基萘 03696

[575-41-7] $C_{12}H_{12}$ 156.23
成分 C 92.26%，H 7.74%。
别名 Benzo[5,6]-*m*-xylene
性状 无色液体。mp －6～－3℃；bp 263℃；Fp 228.2℉(109℃)；d_4^{20} 0.982；n_D^{20} 1.609。一般试剂含量约97.0%(GC)。
注意事项 见 03695 1,2-二甲基萘。

1,4-Dimethylnaphthalene 1,4-二甲基萘 03697

[571-58-4] $C_{12}H_{12}$ 156.23
成分 C 92.26%，H 7.74%。
性状 无色液体。能和乙醚混溶，溶于乙醇，不溶于水。mp －18℃；bp 264～266℃；Fp ＞230℉(110℃)；*d* 1.016；n_D^{20} 1.613。一般试剂含量≥95.0%(GC)；含1,2-二甲基萘、1,3-二甲基萘各≤2%。
注意事项 见 03695 1,2-二甲基萘。

1,5-Dimethylnaphthalene 1,5-二甲基萘 03698

[571-61-9] $C_{12}H_{12}$ 156.23
成分 C 92.26%，H 7.74%。
性状 白色结晶性粉末。mp 80～83℃；bp 265～266℃。一般试剂含量≥98.0%(GC)。
注意事项 见 03695 1,2-二甲基萘。

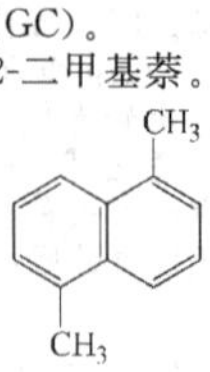

1,6-Dimethylnaphthalene 1,6-二甲基萘 03699

[575-43-9] $C_{12}H_{12}$ 156.23

成分 C 92.26%,H 7.74%。
性状 无色液体。mp −17～−16℃;bp 263～264℃;Fp 233.6℉(112℃);d_4^{20} 1.002;n_D^{20} 1.608。一般试剂含量≥98.0%(GC)。
注意事项 见 03695 1,2-二甲基萘。

1,7-Dimethylnaphthalene 1,7-二甲基萘 03700
[575-37-1] $C_{12}H_{12}$ 156.23
成分 C 92.26%,H 7.74%。
性状 无色液体。低温凝固。mp 13.9℃;bp 263℃;Fp 235.4℉(113°);d_4^{20} 1.002;n_D^{20} 1.605。一般试剂含量≥99.0%(GC)。
注意事项 见 03695 1,2-二甲基萘。

1,8-Dimethylnaphthalene 1,8-二甲基萘 03701
[569-41-5] $C_{12}H_{12}$ 156.23
成分 C 92.26%,H 7.74%。
性状 白色结晶性粉末。mp 59～61℃;bp 270℃。一般试剂含量≥95.0%。
注意事项 见 03695 1,2-二甲基萘。

2,3-Dimethylnaphthalene 2,3-二甲基萘 03702
[581-40-8] $C_{12}H_{12}$ 156.23
成分 C 92.26%,H 7.74%。
别名 Guaiene
性状 白色结晶或粉末。mp 103～104℃;bp 269℃。一般试剂含量≥95.0%(GC)。
注意事项 见 03695 1,2-二甲基萘。

2,6-Dimethylnaphthalene 2,6-二甲基萘 03703
[581-42-0] $C_{12}H_{12}$ 156.23
成分 C 92.26%,H 7.74%。
性状 白色片状结晶。微溶于乙醇,不溶于水。mp 106～110℃;bp 262℃。一般试剂含量≥98.0%(GC)。
注意事项 使用时应避免吸入本品的粉尘,避免与眼睛及皮肤接触。

2,7-Dimethylnaphthalene 2,7-二甲基萘 03704
[582-16-1] $C_{12}H_{12}$ 156.23
成分 C 92.26%,H 7.74%。
性状 白色结晶。mp 96～98℃;bp 263℃。一般试剂含量≥99.0%(GC)。
注意事项 见 03703 2,6-二甲基萘。

3,3′-Dimethylnaphthidine 3,3′-二甲基联萘胺 03705
[13138-48-2] $C_{22}H_{20}N_2$ 312.41
成分 C 84.58%,H 6.45%,N 8.97%。
别名 4,4′-二氨基-3,3′-二甲基-1,1′-联萘;4,4′-Diamino-3,3′-dimethyl-1,1′-dinaphthyl;DMN
性状 白色结晶。溶于乙醇、无机酸,不溶于水。mp 213℃。
注意事项 该品对眼睛、呼吸系统及皮肤有刺激性。使用时应戴适当的手套和防护镜或面罩。万一接触到眼睛,应立即用大量水冲洗后请医生诊治。
主要用途 配位滴定法中用于氧化还原指示剂。络合指示剂。用于测定 V^{5+} 和 Zn^{2+}。

N,N-Dimethyl-1-naphthylamine
N,N-二甲基-1-萘胺 03706
[86-56-6] $C_{12}H_{13}N$ 171.24
成分 C 84.17%, H 7.65%, N 8.18%。
别名 1-二甲氨基萘;N,N-二甲基甲萘胺;1-Dimethylaminonaphthalene;*N*,*N*-Dimethyl-1-naphthalenamine;*N*,*N*-Dimethyl α-naphthylamine
M. I. 15, 3276
性状 无色至浅褐色油状液体。有微弱的紫色荧光和芳香气味。易溶于乙醇、乙醚,不溶于水。bp_{711} 274.5℃/94.79kPa; bp_{90} 193℃/12kPa; bp_{69} 184.5℃/9.2kPa; bp_{13} 139～140℃/1.733kPa; Fp 235.4℉ (113℃); d_4^4 1.0522; d_{15}^{15} 1.0466; d_{25}^{25} 1.0391; n_D^{20} 1.622。一般试剂含量≥98.0% (GC)。
注意事项 该品口服有害。对眼睛、呼吸系统及皮肤有刺激性。对水生物有毒。能对水环境引起不利的结果。使用时应穿适当的防护服。万一接触到眼睛,应立即用大量水冲洗后请医生诊治。应防止将本品释放于环境中。应充氮气密封避光保存。
主要用途 亚硝酸盐的定性和定量分析。有机合成。染料中间体。

Dimethyloctadecylchlorosilane
二甲基十八烷基氯硅烷 03707
[18643-08-8] $C_{20}H_{43}ClSi$ 347.10
成分 C 69.21%, H 12.49%, Cl 10.21%, Si 8.09%。
别名 十八烷基二甲基氯硅烷;氯化二甲基十八烷基硅烷;Chlorodimethyloctadecylsilane;Octadecyldimethylchlorosilane
性状 白色固体。高温时为液体。mp 28～31℃; Fp 392℉ (200℃)。一般试剂含量约 95.0% (GC)。
注意事项 该品具有腐蚀性,能引起烧伤。使用时应穿适当的防护服,戴手套和防护镜或面罩。使用时禁止进餐、饮水。万一接触到眼睛,应立即用大量水冲洗后请医生诊治。使用时如有事故发生或有不适之感,应请医生诊治。应充氩气密封干燥保存。

$H_3C(CH_2)_{16}CH_2$—Si(CH_3)₂—Cl

Dimethyloctadecylmethoxysilane
二甲基十八烷基甲氧基硅烷 03708
[71808-65-6] $C_{21}H_{46}OSi$ 342.67
成分 C 73.60%, H 13.53%, O 4.67%, Si 8.20%。
别名 二甲基甲氧基十八烷基硅烷;十八烷基二甲基甲氧基硅烷;甲氧基二甲基十八烷基硅烷;Dimethylmethoxyoctadecylsilane;Methoxydimethyloctadecylsilane;Octadecyldimethylmethoxysilane
性状 无色液体。对湿度敏感。Fp 192℉ (89℃); d_4^{20} 0.830; n_D^{20} 1.444。一般试剂含量≥90.0% (GC)。含 C_{18} 异构体 5%～10%。
注意事项 该品对眼睛、呼吸系统及皮肤有刺激性。使用时应穿适当的防护服。万一接触到眼睛,应立即用大量水冲洗后请医生诊治。应密封干燥保存。

Dimethyloctadecylsilane 二甲基十八烷基硅烷 03709
[32395-58-7] $C_{20}H_{44}Si$ 312.66
成分 C 76.83%, H 14.18%, Si 8.98%。
别名 十八烷基二甲基硅烷;Octadecyldimethylsilane
性状 无色液体。Fp>230℉ (110℃); d_4^{20} 0.789; n_D^{20} 1.447。一般试剂含量≥97.0% (GC)。
注意事项 见 03708 二甲基十八烷基甲氧基硅烷。

Dimethyloctylchlorosilane 二甲基辛基氯硅烷 03710

[18162-84-0]　$C_{10}H_{23}ClSi$　206.83

成分　C 58.07%，H 11.21%，Cl 17.14%，Si 13.58%。

别名　辛基二甲基氯硅烷；氯化二甲基辛基硅烷；Chlorodimethyloctylsilane；Octyldimethylchlorosilane

性状　无色液体。对湿度敏感。bp 222～225℃；Fp 198℉ (92℃)；d_4^{20} 0.868；n_D^{20} 1.435。一般试剂含量≥95.0% (GC)。

注意事项　该品具有腐蚀性，能引起烧伤。使用时应穿适当的防护服，戴手套和防护镜或面罩。万一接触到眼睛，应立即用大量水冲洗后请医生诊治。接触皮肤后应立即用大量水冲洗。使用时如有事故发生或有不适之感，应请医生诊治。使用完毕后，应立即脱掉受污染的衣服。应充氩气密封干燥保存。

$H_3C(CH_2)_6CH_2—Si(CH_3)_2—Cl$

Dimethylolpropionic acid　二羟甲基丙酸　03711

[4767-03-7]　$C_5H_{10}O_4$　134.13

成分　C 44.77%，H 7.52%，O 47.71%。

别名　二羟基新戊酸；2,2-双（羟甲基）丙酸；3-羟基-2-羟甲基-2-甲基丙酸；3-Hydroxy-2-hydroxymethyl-2-methylpropanoic acid；2,2-Bis(hydroxymethyl)propionic acid；Dihydroxypivalic acid；DMPA

M.I. 15，3277

性状　无色或白色自由流动的颗粒或粉末。易吸潮。溶于水、甲醇，微溶于丙酮，不溶于苯。mp 181～185℃。一般试剂含量≥97.0%（T）。

注意事项　见 03708 二甲基十八烷基甲氧基硅烷。

COOH; HO, OH, CH_3

Dimethyl oxalate　草酸二甲酯　03712

[553-90-2]　$C_4H_6O_4$　118.09

成分　C 40.68%，H 5.12%，O 54.19%。

别名　乙二酸二甲酯；草酸甲酯；Dimethyl ethanedioate；Ethanedioic acid dimethyl ester；Methyl oxalate；Oxalic acid dimethyl ester

GW 2015-2578　M.I. 15，6179

性状　无色单斜结晶。溶于乙醇、乙醚，溶于 17 份水。mp 54℃；bp 163～164℃；Fp 167℉（75℃）；d^{54} 1.148；$n_D^{82.1}$ 1.379。一般试剂含量≥99.0%（GC）。

注意事项　该品对眼睛及皮肤有刺激性。使用时应穿适当的防护服和戴手套。万一接触到眼睛，应立即用大量水冲洗后请医生诊治。

主要用途　纯甲醇的制备。

2,4-Dimethyl-1,3-pentadiene 2,4-二甲基-1,3-戊二烯　03713

[1000-86-8]　C_7H_{12}　96.17

成分　C 87.43%，H 12.58%。

性状　无色液体。bp 94℃；Fp 50℉（10℃）；d 0.744；n_D^{20} 1.4410。一般试剂含量≥98.0%。

注意事项　该品易燃。对眼睛、呼吸系统及皮肤有刺激性。

2,2-Dimethylpentane　2,2-二甲基戊烷　03714

[590-35-2]　C_7H_{16}　100.21

成分　C 83.90%，H 16.09%。

别名　1,1，1-三甲基丁烷；1,1,1-Trimethylbutane

GW 2015-470

性状　无色液体。mp －123℃；bp 79℃；Fp 15℉(－9℃)；d_4^{20} 0.673；n_D^{20} 1.3820。一般试剂含量≥99.0%(GC)。

注意事项　该品高度易燃。口服有害，并能损害肺脏。对皮肤有刺激性。其蒸气能引起眩晕和瞌睡。对水生物极毒。能对水环境引起不利的结果。如误服本品不能吐出，应立即请医生诊治，并出示瓶签或包装物。使用现场禁止吸烟。应防止将本品释放于环境中。切勿排入下水道。应远离火种，采取抗放静电措施，密封于通风良好处保存。其包装物应按危险品处理。

主要用途　气相色谱标准物。

2,3-Dimethylpentane　2,3-二甲基戊烷　03715

[565-59-3]　C_7H_{16}　100.21

成分　C 83.90%，H 16.09%。

GW 2015-471

性状　无色透明液体。能与乙醇、乙醚、苯等相混溶，不溶于水。bp 89～90℃；Fp 20℉(－6℃)；d_4^{20} 0.695；n_D^{20} 1.392。一般试剂含量≥99.5%(GC)。

主要用途　色谱分析标准物质。

2,4-Dimethylpentane　2,4-二甲基戊烷　03716

[108-08-7]　C_7H_{16}　100.21

成分　C 83.90%，H 16.09%。

别名　二异丙基甲烷；异丙基异丁烷；Diisopropylmethane；2,4-Dimethylamylane；Isopropylisobutane

GW 2015-472

性状　无色透明液体。能与乙醇、乙醚、丙酮相混溶。mp －123℃；bp 80℃；Fp 19.4℉（－7℃）；d^{25} 0.673；n_D^{20} 1.381。一般试剂含量≥99.0%（GC）。

注意事项　见 03714 2,2-二甲基戊烷。

主要用途　色谱分析标准物质。

3,3-Dimethylpentane　3,3-二甲基戊烷　03717

[562-49-2]　C_7H_{16}　100.21

成分　C 83.90%，H 16.09%。

别名　二乙基二甲基甲烷；2,2-二乙基丙烷；Diethyldimethylmethane；2,2-Diethylpropane

GW 2015-473

性状　无色液体。易溶于丙酮、苯、氯仿、庚烷，溶于乙醇、乙醚，不溶于水。mp －135℃；bp 86℃；Fp 20℉(－6℃)；d_4^{20} 0.693；n_D^{20} 1.390。一般试剂含量≥98.0%（GC）。

注意事项　见 03714 2,2-二甲基戊烷。

主要用途　气相色谱标准物。

2,3-Dimethyl-3-pentanol　2,3-二甲基-3-戊醇　03718

[595-41-5]　$C_7H_{16}O$　116.20

成分　C 72.36%，H 13.88%，O 13.77%。

别名　甲基乙基异丙基甲醇；乙基异丙基甲基甲醇；Methylethyli-sopropyl carbinol；Methylethyl-*iso*-propyl carbinol；Ethyl-*iso*-propylmethyl carbinol

性状　无色液体。能与乙醇、乙醚、苯、三氯甲烷相混溶，不溶于水。bp 140℃；Fp 105℉（40℃）；d 0.833；n_D^{20} 1.4280。

注意事项　该品对眼睛、呼吸系统及皮肤有刺激性。

主要用途　塑料制造。染料制备。

2,4-Dimethyl-3-pentanone　2,4-二甲基-3-戊酮　03719

[565-80-0]　$C_7H_{14}O$　114.19

成分　C 73.63%，H 12.36%，O 14.01%。

别名　二异丙基甲酮；四甲基丙酮；*iso*-Butyrone；Isobutyrone；Diisopropyl ketone；Di-*iso*-propyl ketone；Tetramethylacetone

GW 2015-384

性状　无色液体。能与乙醇、乙醚相混溶，不溶于水。mp －80℃；bp 124℃；Fp 60℉（15℃）；d 0.806；n_D^{20} 1.400。一般试剂含量≥97.0%（GC）。

注意事项　该品高度易燃。其蒸气吸入有害。使用时应避免吸入本品的蒸气，避免与眼睛及皮肤接触。使用现场禁止吸烟。应远离火种于通风良好处密封保存。

主要用途　溶剂。萃取剂。

2,9-Dimethyl-1,10-phenanthroline hemihydrate 2,9-二甲基-1,10-菲啰啉 半水　03720

[34302-69-7]　[484-11-7]　$C_{14}H_{12}N_2 \cdot \frac{1}{2}H_2O$　217.27

成分（以无水物计）　C 80.74%，H 5.81%，N 13.45%。

别名　2,9-二甲基邻啡啰啉；新铜试剂；2,9-Dimethyl-*o*-phenanthroline；NCP；Neocuproine

M.I. 15，6534

性状　来自水或石油醚中的白色针状结晶。易溶于乙醇、甲醇，溶于乙醚、苯、热水、稀酸，微溶于冷水。mp 159～164℃。

注意事项 该品对眼睛、呼吸系统及皮肤有刺激性。万一接触到眼睛，应立即用大量水冲洗后请医生诊治。

主要用途 测定亚铜的试剂。

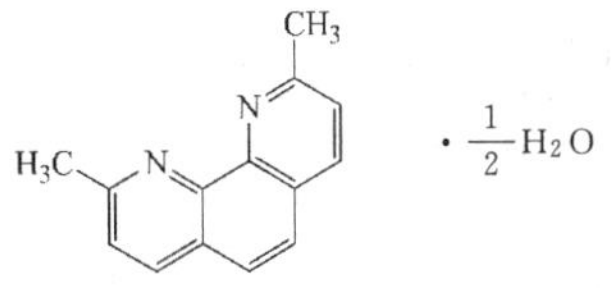

5,6-Dimethyl-1,10-phenanthroline

5,6-二甲基-1,10-菲啰啉 03721

[3002-81-1] $C_{14}H_{12}N_2$ 208.26

成分 C 80.74%，H 5.81%，N 13.45%。

别名 5，6-二甲基邻菲啰啉

性状 无色或白色结晶。mp 266～269℃。一般试剂含量≥97.0%（UV）。

注意事项 使用时应避免吸入本品的粉尘，避免与眼睛及皮肤接触。

主要用途 分光光度法测定 Fe(Ⅱ)、Cu(Ⅰ)、Co、Ni。

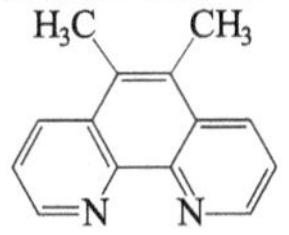

2,3-Dimethylphenol 2,3-二甲基酚 03722

[526-75-0] $C_8H_{10}O$ 122.17

成分 C 78.66%，H 8.25%，O 13.10%。

别名 2,3-二甲酚；2,3-二甲基苯酚；3-羟基邻二甲苯；连二甲苯酚；1,2-二甲苯-3-酚；3-Hydroxy-*o*-xylene；1,2,3-Xylenol；1,2-Xylen-3-ol

GW 2015-359 M.I. 15，10279

性状 来自水或稀乙醇中的无色或近白色针状结晶。溶于乙醇、乙醚，能升华。能随水蒸气蒸发。mp 75℃；bp 218℃；Fp 203℉（95℃）。一般试剂含量≥99.0%。

注意事项 该品具有腐蚀性，能引起烧伤。口服或与皮肤接触有毒。对水生物有毒。能对水环境引起不利的结果。使用时应穿适当的防护服，戴手套和防护镜或面罩。万一接触到眼睛，应立即用大量水冲洗后请医生诊治。使用时如有事故发生或有不适之感，应请医生诊治。应防止将本品释放于环境中。

主要用途 有机合成。

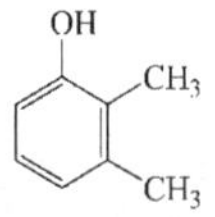

2,4-Dimethylphenol 2,4-二甲基酚 03723

[105-67-9] C_8H_9O 122.17

成分 C 78.66%，H 8.25%，O 13.10%。

别名 2,4-二甲酚；2,4-二甲基苯酚；4-羟基间二甲苯；1-羟基-2,4-二甲苯；4-Hydroxy-2,4-dimethylbenzene；4-Hydroxy-*m*-xylene；2,4-Xylenol；1,3-Xylen-4-ol；2,4-Xylen-1-ol；*asym*-Xylenol；*asymm*-Xylenol

GW 2015-360 M.I. 15，10279

性状 无色针状结晶。能与乙醇及乙醚混合，微溶于水。mp 25.4～26℃；bp_{766} 211.5℃/102.12kPa；Fp 201℉（94℃）；d_4^{20} 1.018；n_D^{20} 1.539。一般试剂含量≥97.0%（GC）。

注意事项 见 03722 2,3-二甲基酚。

主要用途 检测硝酸盐。有机合成。

2,5-Dimethylphenol 2,5-二甲基酚 03724

[95-87-4] $C_8H_{10}O$ 122.17

成分 C 78.66%，H 8.25%，O 13.10%。

别名 对蒈-2-酚；1-羟基-2,5-二甲基苯；2,5-Xylenol；1,4-Xylen-2-ol；1-Hydroxy-2,5-dimethylbenzene；1,4,2-Xyleneol；2-Hydroxy-*p*-xylene；*p*-Xylenol

GW 2015-361 M.I. 15，10279

性状 来自乙醇＋乙醚中的无色柱状结晶。易溶于乙醚，溶于水、乙醇。能升华。能随水蒸气蒸发。mp 74.5℃；bp_{762} 211.5℃/101.59kPa。一般试剂含量≥97.0%（GC）。

注意事项 见 03722 2,3-二甲基酚。

主要用途 有机合成。树脂合成。色谱分析标准物。

2,6-Dimethylphenol 2,6-二甲基酚 03725

[576-26-1] $C_8H_{10}O$ 122.17

成分 C 78.66%，H 8.25%，O 13.10%。

别名 2,6-二甲酚；2,6-二甲基苯酚；2-羟基间二甲基；间-2-二甲基苯酚；2-Hydroxy-*m*-xylene；*m*-2-Xylenol；*vic-m*-Xylenol；1,3-Xylen-2-ol；1,3,2-Xylenol

GW 2015-362 M.I. 15，10279

性状 无色针状结晶。易溶于乙醇、乙醚、氯仿、苯和氢氧化钠溶液，微溶于水。mp 49℃；bp 203℃。一般试剂含量≥99.0%（GC）。

注意事项 见 03722 2,3-二甲基酚。

主要用途 色谱分析标准物。防腐消毒剂。有机合成。

3,4-Dimethylphenol 3,4-二甲基酚 03726

[95-65-8] $C_8H_{10}O$ 122.17

成分 C 78.66%，H 8.25%，O 13.10%。

别名 3,4-二甲酚；3,4-二甲基苯酚；4-羟基邻二甲苯；邻-4-二甲基苯酚；4-Hydroxy-*o*-xylene；3,4-Xylenol；*as-o*-Xylenol；*asym-o*-Xylenol；1,2-Xylen-4-ol；1,2,4-Xylenol；*o*，4-Xylenoln

GW 2015-363 M.I. 15，10279

性状 来自水中的无色针状结晶。溶于水、乙醇、乙醚。mp 62.5℃；bp 225℃；Fp 230℉（110℃）。一般试剂含量≥98.0%（GC）。

注意事项 见 03722 2,3-二甲基酚。

主要用途 溶剂。增塑剂。有机合成。色谱分析标准物。

3,5-Dimethylphenol 3,5-二甲基酚 03727

[108-68-9] $C_8H_{10}O$ 122.17

成分 C 78.66%，H 8.25%，O 13.10%。

别名 3,5-二甲酚；3,5-二甲基苯酚；5-羟基间二甲苯；间5-二甲基苯酚；5-Hydroxy-*m*-xylene；1,3-Xylen-5-ol；3,5-Xylenol；*m*-Xylenol；*sym-m*-Xylenol；1,3,5-Xylenol

GW 2015-364 M.I. 15，10279

性状 来自水中的无色针状结晶。能升华。溶于乙醇等有机溶剂，微溶于水。mp 64℃；bp 219.5℃。LD_{50}小鼠急性经口：620mg/kg。

注意事项 该品具有腐蚀性，能引起烧伤。口服或与皮肤接触有毒。使用时应穿适当的防护服，戴手套和防护镜或面罩。万一接触到眼睛，应立即用大量水冲洗后请医生诊治。接触皮肤后应立即用大量水冲洗。使用时如有事故发生或有不适之感，应请医生诊治。

主要用途 色谱分析标准物。

***N*,*N*-Dimethyl-L-phenylalanine**

***N*,*N*-二甲基-L-苯丙氨酸** 03728

[17469-89-5] $C_{11}H_{15}NO_2$ 193.25

成分 C 68.37%，H 7.82%，N 7.25%，O 16.56%。

性状 无色或白色结晶。溶于水。mp 225～228℃；$[\alpha]_D^{20}$ +76°±1°（c=1.3，于水中）。一般试剂含量≥99.0%（HPLC）。

注意事项 使用时应避免吸入本品的粉尘，避免与眼睛及皮肤的接触。

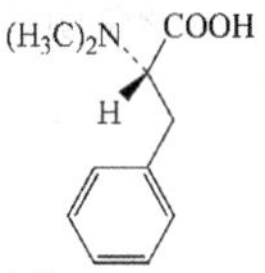

Dimethylphenylethoyxsilane

二甲基苯基乙氧基硅烷 03729

[1825-58-7] $C_{10}H_{16}OSi$ 180.32

成分 C 66.61%，H 8.94%，O 8.87%，Si 15.58%。

别名 乙氧基二甲基苯基硅烷；二甲基乙氧基苯基硅烷；

Dimethylethoxyphenylsilane; Ethoxydimethylphenylsilane

性状 无色液体。bp_{25} 93℃/3.333kPa；Fp 156.2（69℃）；d^{20} 0.924；n_D^{20} 1.479。一般试剂含量≥97.0%（GC）。

注意事项 该品对眼睛、呼吸系统及皮肤有刺激性。使用时应穿适当的防护服。万一接触到眼睛，应立即用大量水冲洗后请医生诊治。应充氩气密封干燥保存。

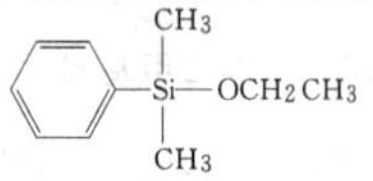

2,6-Dimethylphenyl isocyanate

异氰酸2,6-二甲基苯酯 03730

[28556-81-2] C_9H_9NO 147.18

成分 C 73.45%，H 6.16%，N 9.52%，O 10.87%。

别名 2,6-二甲基苯异氰酸酯；Isocyanic acid 2,6-dimethylphenyl ester

性状 无色浓稠液体。具催泪性。对湿度敏感。bp_{12} 87～89℃/1.6kPa；Fp 188 ℉（86℃）；d 1.057；n_D^{20} 1.5350。一般试剂含量≥99.0%。

注意事项 该品吸入、口服或与皮肤接触有害。使用时应避免与眼睛及皮肤接触。应密封保存。

2,6-Dimethylphenyl isocyanide

异氰酸2,6-二甲基苯酯 03731

[2769-71-3] C_9H_9N 131.18

成分 C 82.41%，H 6.92%，N 10.68%。

别名 *vic-m*-Xylyl isocyanide

性状 白色固体或粉末。mp 72～75℃。一般试剂含量≥98.0%（GC）。

注意事项 该品吸入、口服或与皮肤接触有害。使用时应穿适当的防护服。使用时应避免吸入本品的粉尘。应密封于2～8℃保存。

主要用途 有机合成。

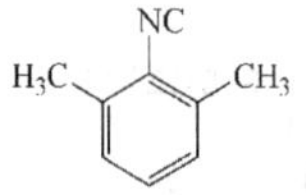

Dimethylphenylsilane 二甲基苯基硅烷 03732

[766-77-8] $C_8H_{12}Si$ 136.27

成分 C 70.51%，H 8.88%，Si 20.61%。

别名 苯基二甲基硅烷；Phenyldimethylsilane

性状 无色液体。bp_{744} 157℃/99.2kPa；Fp 100.4℉(38℃)；d^{25} 0.889；n_D^{20} 1.499。一般试剂含量≥98.0%(GC)。

注意事项 该品易燃。对眼睛有刺激性。使用时应穿适当的防护服，戴防护镜或面罩。万一接触到眼睛，应立即用大量水冲洗后请医生诊治。

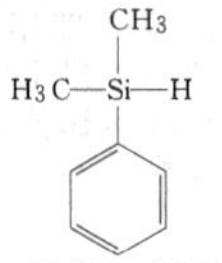

Dimethyl *m*-phthalate 间苯二甲酸二甲酯 03733

[1459-93-4] $C_{10}H_{10}O_4$ 194.19

成分 C 61.85%，H 5.19%，O 32.96%。

别名 异苯二甲酸二甲酯；间酞酸二甲酯；Dimethyl *iso*-phthalate；Dimethyl isophthalate；DMI；Methyl *iso*-phthalate

性状 白色结晶。溶于二氧六环。mp 68～71℃；Fp 343.4℉(173℃)。一般试剂含量≥99.0%。

注意事项 该品对眼睛有刺激性。使用时应穿适当的防护服。万一接触到眼睛，应立即用大量水冲洗后请医生诊治。使用时应避免吸入本品的粉尘，避免与眼睛及皮肤接触。

主要用途 气相色谱固定液。

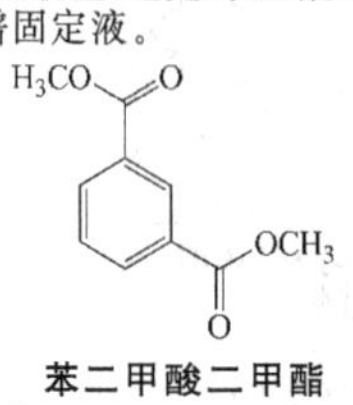

Dimethyl phthalate 苯二甲酸二甲酯 03734

[131-11-3] $C_{10}H_{10}O_4$ 194.19

成分 C 61.85%，H 5.19%，O 32.96%。

别名 邻苯二甲酸二甲酯；邻酞酸二甲酯；Avolin；1,2-Benzenedicarboxylic acid dimethyl ester；DMP；Dimethyl *o*-phthalate；Fermine；Mipax；Methyl phthalate；Palatinol M；Phthalic acid dimethyl ester

M.I. 15，3279

性状 无色油状液体。性稳定。微有芳香气味。能与乙醇、乙醚、氯仿相混溶，微溶于水（0.43g/100mL）、石油醚、烷烃及矿物油（20℃，0.34g/100g）。mp 5.5℃；bp_{760} 283.7℃/101.325kPa；bp_{400} 257.8℃/53.33kPa；bp_{200} 232.7℃/26.66kPa；bp_{100} 210.0℃/13.33kPa；bp_{60} 194.0℃/8kPa；bp_{40} 182.8℃/5.33kPa；bp_{20} 164.0℃/2.67kPa；bp_{10} 147.6℃/1.33kPa；bp_5 131.8℃/670Pa；$bp_{1.0}$ 100.3℃/133.32Pa；Fp 295℉(146℃)；$d_{15.6}^{15.6}$ 1.196；d_{20}^{20} 1.1940；d_{25}^{25} 1.189；n_D^{20} 1.5168。uv max（乙醇中）：277nm($E_{1cm}^{1\%}$ 57.7)。LD_{50} 小鼠，大鼠，豚鼠急性经口：7.2mL/kg，6.9mL/kg，2.4mL/kg。一般试剂含量≥98.0%(GC)。

注意事项 该品对眼睛、呼吸系统及皮肤有刺激性。使用时应穿适当的防护服和戴手套。万一接触到眼睛，应立即用大量水冲洗后请医生诊治。

主要用途 硝化纤维素、树脂、橡胶的韧化剂。溶剂。气相色谱固定液。

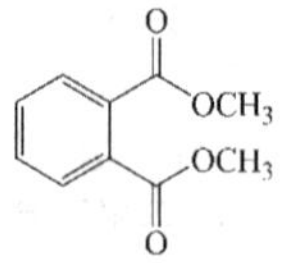

Dimethyl *p*-phthalate 对苯二甲酸二甲酯 03735

[120-61-6] $C_{10}H_{10}O_4$ 194.19

成分 C 61.85%，H 5.19%，O 32.96%。

别名 对酞酸二甲酯；Dimethyl terephthalate；DMT

性状 无色白色粉末或固体。能与乙醇、乙醚、丙酮、三氯甲烷相混溶，不溶于水。mp 140.6℃；bp 288℃；Fp 286℉(141℃)；d_4^{20} 1.1905。一般试剂含量≥99.0%（GC）。

注意事项 使用时应避免吸入本品的粉尘，避免与眼睛及皮肤接触。

主要用途 香料制备。防虫剂。树脂的溶剂。韧化剂。气相色谱固定液。有机合成。

1,4-Dimethylpiperazine 1,4-二甲基哌哔嗪 03736

[106-58-1] $C_6H_{14}N_2$ 114.19

成分 C 63.11%，H 12.36%，N 24.53%。

别名 *N*,*N'*-二甲基哌哔嗪；*N*,*N'*-Dimethyl piperazine

性状 无色液体。mp －1℃；bp_{750} 131～132℃/99.992kPa；Fp 65℉（18℃）；d 0.844；n_D^{20} 1.4460。一般试剂含量≥98.0%。

注意事项 该品高度易燃。具有腐蚀性，能引起烧伤。使用时应穿适当的防护服，戴手套和防护镜或面罩。使用现场禁止吸烟。使用时禁止进餐、饮水。万一接触到眼睛，应立即用大量水冲洗后请医生诊治。使用时如有事故发生或有不适之感，应请医生诊治。其包装物应按危险品处理。应采取抗放静电措施，远离火种，于通风良好处密封保存。

主要用途 有机合成。

trans-2,5-Dimethylpiperazine

反式-2,5-二甲基哌哔嗪 03737

[2815-34-1] $C_6H_{14}N_2$ 114.19

成分 C 63.11%，H 12.36%，N 24.53%。

别名 反式2,5-二甲基六氢哌嗪；2,5-二甲基二乙烯二胺；2,5-二甲基哌哔嗪 反式；*trans*-2,5-Dimethylhexahydropyrazine；2,5-Dimethyldiethylenediamine

性状 针状或菱形结晶。易溶于水、乙醇、氯仿，微溶于乙醚、苯。mp 115～118℃；bp 162～165℃；Fp 137℉(58℃)。一般试剂含量≥98.0%。

注意事项 该品高度易燃。与皮肤接触有害。使用时应穿适当的防护服和戴手套。应远离火种，采取抗放静电措施，密封保存。其包装物应按危险品处理。

主要用途 有机合成。

2,6-Dimethylpiperidine 2,6-二甲基哌啶 03738

[504-03-0]　$C_7H_{15}N$　113.20

成分　C 74.27%，H 13.36%，N 12.37%。

别名　2,6-二甲基六氢吡啶；2,6-Dimethylhexahydropyridine；2,6-Lupetidine

性状　无色液体。溶于水、乙醇、乙醚。bp 127～129℃；Fp 60.8℉（16℃）；d^{20} 0.822；n_D^{20} 1.440。一般试剂含量≥97.0%（GC）。

注意事项　该品高度易燃。对眼睛、呼吸系统及皮肤有刺激性。万一接触到眼睛，应立即用大量水冲洗后请医生诊治。使用现场禁止吸烟。应远离火种密封保存。

主要用途　有机合成。

2,2-Dimethyl-1,3-propanediol
2,2-二甲基-1,3-丙二醇　03739

[126-30-7]　$C_5H_{12}O_2$　104.15

成分　C 57.66%，H 11.61%，O 30.72%。

别名　新戊二醇；二甲基三亚甲基二醇；Dimethyltrimethylene glycol；Neopentyl glycol；2,2-Dimethylolpropane

M.I. 15，6543

性状　来自苯中的无色或白色针状结晶。易吸湿。易溶于乙醇、乙醚。水中溶解度（质量分数）约65%。mp 127℃；bp_{760} 208℃/101.32kPa；Fp 217.4℉（103℃）。一般试剂含量≥98.0%（GC）。

注意事项　该品对眼睛、呼吸系统及皮肤有刺激性。使用时应穿适当的防护服。万一接触到眼睛，应立即用大量水冲洗后请医生诊治。应密封干燥保存。

主要用途　增塑剂。有机合成。

Dimethylpropylchlorosilane　二甲基丙基氯硅烷　03740

[17477-29-1]　$C_5H_{13}ClSi$　136.70

成分　C 43.93%，H 9.59%，Cl 25.93%，Si 20.55%。

别名　氯化二甲基丙基硅烷；Chlorodimethylpropylsilane

性状　无色液体。bp 113℃；Fp 53.6℉（12℃）；d_4^{20} 0.872；n_D^{20} 1.413。一般试剂含量≥97.0%（GC）。

注意事项　该品高度易燃。具有腐蚀性，能引起烧伤。使用时应穿适当的防护服，戴手套和防护镜或面罩。万一接触到眼睛，应立即用大量水冲洗后请医生诊治。接触皮肤后应用大量水冲洗。使用时如有事故发生或有不适之感，应请医生诊治。使用现场禁止吸烟。应远离火种，充氩气密封干燥保存。

2,5-Dimethylpyrazine　2,5-二甲基吡嗪　03741

[123-32-0]　$C_6H_8N_2$　108.14

成分　C 66.64%，H 7.46%，N 25.90%。

性状　无色液体。易吸湿。bp 152～154℃；Fp 147.2℉（64℃）；d_4^{20} 0.990；n_D^{20} 1.502。一般试剂含量≥98.0%（GC）。

注意事项　该品口服有害。对眼睛、呼吸系统及皮肤有刺激性。使用时应穿适当的防护服。万一接触到眼睛，应立即用大量水冲洗后应请医生诊治。应密封干燥保存。

3,5-Dimethylpyrazole　3,5-二甲基吡唑　03742

[67-51-6]　$C_5H_8N_2$　96.13

成分　C 62.47%，H 8.39%，N 29.14%。

性状　白色结晶性粉末。溶于甲醇、乙醇。mp 106～108℃；bp 218℃。生化试剂含量≥99.0%（GC）。

注意事项　该品口服有害。对眼睛、呼吸系统及皮肤有刺激性。使用时应穿适当的防护服。万一接触到眼睛，应立即用大量水冲洗后应请医生诊治。

2,4-Dimethylpyridine　2,4-二甲基吡啶　03743

[108-47-4]　C_7H_9N　107.16

成分　C 78.46%，H 8.47%，N 13.07%。

别名　2,4-卢剔啶；2,4-Lutidine

GW 2015-420

性状　无色透明液体。能与乙醇、乙醚相混溶，微溶于热水。mp －60℃；bp 159℃；Fp 116.6℉（47℃）；d 0.927；n_D^{20} 1.4990。一般试剂含量≥97.0%（GC）。

注意事项　该品易燃。吸入、口服或与皮肤接触有毒。对眼睛、呼吸系统及皮肤有刺激性。使用时应穿适当的防护服，戴手套和防护镜或面罩。使用现场禁止吸烟。万一接触到眼睛，应立即用大量水冲洗后请医生诊治。使用时如有事故发生或有不适之感，应请医生诊治。应远离火种密封避光保存。

主要用途　溶剂。橡胶促进剂。杀虫剂。

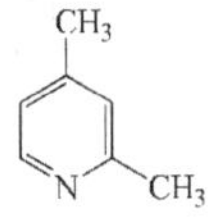

2,5-Dimethylpyridine　2,5-二甲基吡啶　03744

[589-93-5]　C_7H_9N　107.16

成分　C 78.46%，H 8.47%，N 13.07%。

别名　2,5-卢剔啶；2,5-Lutidine

GW 2015-421

性状　无色液体。溶于乙醇、乙醚，微溶于热水。mp －15℃；bp 157℃；Fp 118℉（47℃）；d 0.926；n_D^{20} 1.4990。一般试剂含量≥95.0%。

注意事项　该品易燃。对眼睛、呼吸系统及皮肤有刺激性。使用现场禁止吸烟。应远离火种密封于干燥处保存。

主要用途　有机合成。

2,6-Dimethylpyridine　2,6-二甲基吡啶　03745

[108-48-5]　C_7H_9N　107.16

成分　C 78.46%，H 8.47%，N 13.07%。

别名　2,6-二甲基氮杂苯；2,6-卢剔啶；甲基啶；2,6-Lutidine；α,α′-Lutidine；Nanofin

GW 2015-422　M.I. 15，5677

性状　无色油状液体。有薄荷香味。能与二甲基甲酰胺、四氢呋喃混溶。溶于乙醇、乙醚。在水中的溶解度（质量分数）：45.3℃，27.2%；48.1℃，18.1%；57.5℃，12.1%；74.5℃，9.5%。mp －5.8℃；bp_{760} 144℃/101.32kPa；bp_{87} 79℃/11.6kPa；Fp 92℉（33℃）；d_4^{20} 0.9252；n_D^{20} 1.49797。一般试剂含量≥99.0%。

注意事项　该品易燃。口服有害。对眼睛、呼吸系统及皮肤有刺激性。使用时应穿适当的防护服和戴手套。使用现场禁止吸烟。万一接触到眼睛，应立即用大量水冲洗后请医生诊治。应远离火种充氩气密封避光保存。

主要用途　溶剂。杀虫剂、树脂的合成。制药工业。橡胶促进剂。染料制造。

3,4-Dimethylpyridine　3,4-二甲基吡啶　03746

[583-58-4]　C_7H_9N　107.16

成分　C 78.46%，H 8.47%，N 13.07%。

别名　3,4-卢剔啶；3,4-Lutidine

GW 2015-423

性状　无色至黄色液体。有吸湿性。溶于乙醇和乙醚，微溶于水。mp －12℃；bp 178～180℃；Fp 116.6℉（47℃）；d_4^{20} 0.956；n_D^{20} 1.512。一般试剂含量≥98.0%（GC）。

注意事项　该品易燃。吸入、口服或与皮肤接触有毒。对眼睛、呼吸系统及皮肤有刺激性。使用时应穿适当的防护服，戴手套和防护镜或面罩。使用现场禁止吸烟。万一接触到眼睛，应立即用大量水冲洗后请医生诊治。使用时如有事故发生或有不适之感，应请医生诊治。应远离火种密封保存。

主要用途 有机合成。

3,5-Dimethylpyridine 3,5-二甲基吡啶 03747
[591-22-0] C_7H_9N 107.16
成分 C 78.46%，H 8.47%，N 13.07%。
别名 3,5-卢剔啶；3,5-Lutidine
GW 2015-424
性状 无色液体。溶于乙醇、乙醚，微溶于冷水。mp－9℃；bp 169～170℃；Fp 116.6℉(47℃)；d^{25} 0.939；n_D^{20} 1.505。一般试剂含量≥97.0%(GC)。
注意事项 该品易燃。吸入、口服或与皮肤接触有害。对眼睛、呼吸系统及皮肤有刺激性。对眼睛有严重损伤的危险。使用时应穿适当的防护服。万一接触到眼睛，应立即用大量水冲洗后请医生诊治。应远离火种密封避光保存。
主要用途 有机合成。

4,6-Dimethylpyrimidine 4,6-二甲基嘧啶 03748
[1558-17-4] $C_6H_8N_2$ 108.14
成分 C 66.64%，H 7.46%，N 25.90%。
性状 无色液体。bp 154℃；Fp 114.8℉(46℃)；d_4^{20} 0.980；n_D^{20} 1.490。一般试剂含量约 95.0%(GC)。
注意事项 该品易燃。使用时应避免吸入本品的蒸气，避免与眼睛及皮肤接触。

2,6-Dimethyl-γ-pyrone 2,6-二甲基-γ-哌喃 03749
[1004-36-0] $C_7H_8O_2$ 124.14
成分 C 67.73%，H 6.50%，O 25.78%。
别名 2,6-二甲基对氧(杂)芑酮；2,6-二甲基-γ-吡喃酮；2,6-Dimethyl-4*H*-pyran-4-one
性状 针状结晶。溶于水、乙醇、乙醚。mp 133～135℃；bp 248～250℃。一般试剂含量≥99.0% (GC)。
注意事项 该品口服有害。使用时应穿适当的防护服和戴手套。

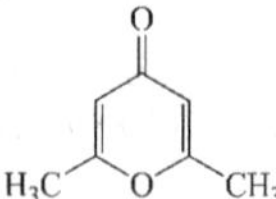

5,5-Dimethyl-1-pyrroline *N*-oxide
N-氧化-5,5-二甲基-1-吡咯啉 03750
[3317-61-1] $C_6H_{11}NO$ 113.16
成分 C 63.68%，H 9.80%，N 12.38%，O 14.14%。
别名 3,4-Dihydro-2,2-dimethyl-2*H*-pyrrole 1-oxide；5,5-Dimethyl-1-pyrroline 1-oxide；DMPO
M.I. 15，3437
性状 白色结晶或固体。易吸潮。溶于水。$bp_{1.4}$ 78℃/186.65Pa；Fp 204℉ (95℃)；*d* 1.015；n_D^{20} 1.4960；uv max (环己烷中)：246nm (ε 9000)；(乙醇中)：234nm (ε 7700)；(水中)：226nm (ε 8600)；(乙醚中)：246nm (ε 9000)。生化试剂含量≥96.0% (GC)。
注意事项 使用时应避免与眼睛及皮肤接触。应充氩气密封避光于－20℃保存。

2,4-Dimethylquinoline 2,4-二甲基喹啉 03751
[1198-37-4] $C_{11}H_{11}N$ 157.22
成分 C 84.04%，H 7.05%，N 8.91%。
别名 4-甲基喹哪啶；2,4-二甲基[5,6]苯并吡啶；2,4-二甲基-1-氮杂萘；4-Methylquinaldine；2,4-Dimethyl[5,6]benzopyridine
性状 浅黄色油状液体。能与乙醇、乙醚相混溶，微溶于水。bp 264～265℃；Fp ＞230 ℉ (110℃)；*d* 1.061；n_D^{20} 1.606～1.609。一般试剂含量≥97.0%。
注意事项 该品对眼睛、呼吸系统及皮肤有刺激性。使用时应戴适当的手套。万一接触到眼睛，应立即用大量水冲洗后请医生诊治。
主要用途 有机合成。染料中间体。

2,6-Dimethylquinoline 2,6-二甲基喹啉 03752
[877-43-0] $C_{11}H_{11}N$ 157.22
成分 C 84.04%，H 7.05%，N 8.91%。
别名 6-甲基喹哪啶；6-Methylquinaldine；*p*-Toluquinaldine
性状 无色结晶。易溶于乙醇、乙醚，微溶于热水。mp 57～59℃。一般试剂含量≥98.0%。
注意事项 见 03751 2,4-二甲基喹啉。
主要用途 有机合成。染料中间体。

2,7-Dimethylquinoline 2,7-二甲基喹啉 03753
[93-37-8] $C_{11}H_{11}N$ 157.22
成分 C 84.04%，H 7.05%，N 8.91%。
别名 7-甲基喹哪啶；7-Methylquinaldine
性状 白色结晶。mp 58～60℃。一般试剂含量≥99.0%。
注意事项 见 03751 2,4-二甲基喹啉
主要用途 有机合成。染料中间体。

2, 8-Dimethylquinoline 2, 8-二甲基喹啉 03754
[1463-17-8] $C_{11}H_{11}N$ 157.22
成分 C 84.04%，H 7.05%，N 8.91%。
别名 8-甲基喹哪啶；8-Methylquinaldine；*o*-Toluquinaldine
性状 无色油状液体。能与乙醇、乙醚相混溶，微溶于水。bp_5 103～104℃/0.667kPa；Fp ＞230 ℉ (110℃)；d_4^{20} 1.051；n_D^{20} 1.6020。
注意事项 见 03751 2,4-二甲基喹啉。
主要用途 有机合成。染料中间体。

Dimethyl sebacate 癸二酸二甲酯 03755
[106-79-6] $C_{12}H_{22}O_4$ 230.30
成分 C 62.58%，H 9.63%，O 27.79%。
别名 皮脂酸二甲酯；Dimethyl decanedioate；DMS
性状 无色或浅黄色针状或菱形结晶。溶于乙醚，不溶于水。mp 29～31℃；bp 288℃；bp_{10} 158℃/1.33kPa；Fp 293℉ (145℃)；d^{25} 0.988。一般试剂含量≥97.0% (GC)。
主要用途 硝化纤维素、乙烯树脂等的溶剂或韧化剂。增塑剂。
注意事项 使用时应避免与眼睛及皮肤接触。

1,1-Dimethyl-2-selenourea 1,1-二甲基硒脲 03756
[5117-16-8] $C_3H_8N_2Se$ 151.07
成分 C 23.85%，H 5.34%，N 18.54%，Se 52.27%。
别名 *N*,*N*-二甲基硒脲；不对称二甲基硒脲；*N*,*N*-Dimethylselenium urea
GW 2015-474
性状 无色结晶。对湿度敏感。溶于乙醇、苯，不溶于水。mp 172～174℃。一般试剂含量≥97.0%。
注意事项 该品有毒。应密封干燥保存。
主要用途 有机合成。

Dimethyl succinate 丁二酸二甲酯 03757
[106-65-0] $C_6H_{10}O_4$ 146.14
成分 C 49.31%，H 6.90%，O 43.79%。
别名 琥珀酸二甲酯；琥珀酸甲酯；Methyl succinate；Succinic acid dimethyl ester
性状 无色透明液体。能与乙醚相混溶，微溶于水、乙醇。mp 16～19℃；bp 200℃；Fp 194℉ (90℃)；d^{25} 1.117；n_D^{20} 1.419。一般试剂含量≥98.0% (GC)。
注意事项 该品对眼睛有刺激性。万一接触到眼睛，应立即用大量水冲洗后请医生诊治。
主要用途 香料合成。制药工业。气相色谱标准物。

Dimethyl sulfate 硫酸二甲酯 03758

[77-78-1] $C_2H_6O_4S$ 126.13

成分 C 19.05%，H 4.80%，O 50.74%，S 25.42%。

别名 硫酸甲酯；DMS；Methyl sulfate；Sulfuric acid dimethyl ester；Sulfuric acid methyl ester

GW 2015-1311 M. I. 15，3280

性状 无色油状液体。对湿度敏感。久置色变黄，且酸度增加。溶于乙醚、二氧六环、丙酮、芳香烃，略微溶于二硫化碳、脂肪烃，微溶于水（18℃，2.8g/100mL），能被水和强碱逐渐分解。mp −27℃；bp 约 188℃（分解）；bp_{15} 76℃/2kPa；Fp 182℉（83℃）；bp_{15} 76℃/2kPa；d_4^{20} 1.3322；n_D^{20} 1.3874。LD_{50}大鼠急性经口：440mg/kg。一般试剂含量≥99.0%（GC）。

注意事项 该品吸入、口服有毒。能致癌。具有腐蚀性，能引起烧伤。接触皮肤能引起过敏。有能造成不可逆结果的危险。使用前应得到专门的指导，避免曝露。使用时如有事故发生或有不适之感，应请医生诊治。应密封干燥保存。

主要用途 芳香烃的溶剂。测定煤焦油类的试剂。在有机合成中用作甲基化试剂。有机合成。

2,4-Dimethylsulfolane 2,4-二甲基环丁砜 03759

[1003-78-7] $C_6H_{12}SO_2$ 148.22

成分 C 48.62%，H 8.16%，O 21.59%，S 21.63%。

别名 2,4-二甲基四氢噻吩-1,1-二氧化物；2,4-二甲基四亚甲基砜；二甲基环丁硫砜；二甲基噻吩烷砜；2,4-Dimethyl tetrahydrothiophene 1,1-dioxide；2,4-Dimethylthiacyclopentane 1,1-dioxide；2,4-Dimethyltetramethylene sulfone；2,4-Dimethylcyclotetramethylene sulfone；DMS；Tetrahydro-2,4-di-methylthiophene 1,1-dioxide

M. I. 15，3282

性状 无色至微黄色液体。能与低碳芳烃相混溶，溶于乙醚、丙酮、甲醇，能与环烷、烯烃和石蜡部分混溶，难溶于水。bp 280～281℃（部分分解）；bp_5 123.3℃/670Pa；Fp 289.4℉（143℃）；d_4^{20} 1.1362；n_D^{20} 1.4733。一般试剂含量≥95.0%（GC）。

注意事项 该品口服有毒。对眼睛、呼吸系统及皮肤有刺激性。使用时应穿适当的防护服，戴手套和防护镜或面罩。万一接触到眼睛，应立即用大量水冲洗后请医生诊治。使用时如有事故发生或有不适之感，应请医生诊治。

主要用途 气相色谱固定液。

O O S CH3 H3C

Dimethyl sulfone 二甲砜 03760

[67-71-0] $C_2H_6O_2S$ 94.13

成分 C 25.52%，H 6.43%，O 33.99%，S 34.06%。

别名 二甲基砜；$DMSO_2$；Methyl sulfone；Methylsulfonylmethane；Sulfonylbismethane

M. I. 15，3283

性状 白色结晶或固体。易溶于水、乙醇、甲醇、丙酮、苯，略微溶于乙醚。mp 109℃；bp_{760} 238℃/101.325kPa；Fp 289.4℉（143℃）。一般试剂含量≥98.0%（GC）。

注意事项 使用时应避免吸入本品的粉尘，避免与眼睛及皮肤接触。

主要用途 气相色谱固定液（适用于低级烃的分析）。

Dimethyl sulfoxide 二甲亚砜 03761

[67-68-5] C_2H_6OS 78.13

成分 C 30.75%，H 7.74%，O 20.48%，S 41.04%。

别名 二甲基亚砜；DMSO；Methyl sulfoxide；Rheumabene；Rimso-50；Sclerosol；Somipront；SQ-9453；Sulfinylbismethane；Syntexan；Deltan；Demeso；DMS-70；Demasorb；Demavet；DMS-90；Dolicur；Domoso；Dromisol；Gamasol qo；Hyadur；Kemsol

M. I. 15，3285

性状 无色黏稠液体。极易吸潮。无味。溶于水，几乎不溶于乙醇、乙醚、丙酮、苯、氯仿。mp 18.55℃；bp 189℃；bp_{16} 79.83℃/2.133kPa；bp_{12} 72.5℃/1.6kPa；Fp 203℉（95℃，开杯）；d_4^{20} 1.100；n_D^{20} 1.4783。LD_{50}大鼠急性经口：17.9mL/kg。一般试剂含量≥99.0%（GC）。

注意事项 使用时应避免与眼睛及皮肤接触。应密封干燥保存。

主要用途 分析试剂。气相色谱固定液。紫外光谱分析、核磁共振用溶剂。用于纸层析和气体层析。也用于测定分子量、黏度。渗透剂。机体组织的保存。射线烧伤的防护。农药配制等。

Dimethyl 2,3,5,6-tetrachloroterephthalate 四氯对苯二甲酸二甲酯 03762

[1861-32-1] $C_{10}H_6Cl_4O_4$ 331.95

成分 C 36.18%，H 1.82%，Cl 42.72%，O 19.28%。

别名 敌草素；DCPA；2,3,5,6-Tetrachloro-1,4-benzenedicarboxylic acid 1,4-dimethyl ester；2,3,5,6-Tetrachloroterephthalic acid dimethyl ester；Chlorthal-dimethyl；Chlorthal-methyl；Dacthal；Rid

M. I. 15，2199

性状 来自甲醇中的无色结晶。其溶解度：溶于水＜5%；丙酮、环己酮、二甲苯＞5%。mp 155～156℃。LD_{50}大鼠急性经口：＞3000mg/kg。一般试剂含量≥97.0%。

注意事项 使用时应避免吸入本品的粉尘，避免与眼睛及皮肤接触。

主要用途 萌前除草剂。

Cl O Cl OCH3 H3CO Cl O Cl

Dimethylthiocarbamoyl chloride 二甲基硫代氨基甲酰氯 03763

[16420-13-6] C_3H_6ClNS 123.60

成分 C 29.16%，H 4.90%，Cl 28.68%，N 11.33%，S 25.94%。

别名 氯化二甲基硫代氨基甲酰

性状 白色结晶。易吸潮。具有催泪性。mp 39～43℃；$bp_{0.2}$ 63～65℃/26.664Pa；Fp 209℉（98℃）。一般试剂含量≥97.0%（AT）。

注意事项 该品口服有害。具有腐蚀性，能引起烧伤。使用时应穿适当的防护服，戴手套和防护镜或面罩。万一接触到眼睛，应立即用大量水冲洗后请医生诊治。使用时如有事故发生或有不适之感，应请医生诊治。应充氩气密封干燥保存。

2,5-Dimethylthiophene 2,5-二甲基噻吩 03764

[638-02-8] C_6H_8S 112.19

成分 C 64.23%，H 7.19%，S 28.58%。

别名 2,5-二甲基硫（杂）茂；*α*,*α*′-Thioxene；2,5-Thioxene

性状 无色至微黄色液体。溶于乙醇、乙醚。bp_{740} 134℃/98.65kPa；Fp 75℉（23℃）；d_4^{20} 0.985；n_D^{20} 1.5120。一般试剂含量≥98.0%（GC）。

注意事项 该品易燃。使用时应避免吸入本品的蒸气，避免与眼睛及皮肤接触。

主要用途 有机合成。

H3C S CH3

N,*N*′-Dimethylthiourea *N*,*N*′-二甲基硫脲 03765

[534-13-4] $C_3H_8N_2S$ 104.17

成分 C 34.59%，H 7.74%，N 26.89%，S 30.78%。

别名 1,3-二甲基-2-硫脲；Dimethylthiocarbamide；1,3-Dimethyl-2-thiourea

M. I. 15，3287

性状 无色结晶。极易吸潮。易溶于水、乙醇、丙酮，略微溶于苯、乙醚、二硫化碳，极微溶于石油醚。mp 60～62℃。一般试剂含量≥99.0%。

注意事项 该品口服有害。使用时应避免吸入本品的粉尘，避免与眼睛及皮肤接触。应充氩气密封干燥保存。

N,*N*-Dimethyl-*p*-toluidine *N*,*N*-二甲基对甲苯胺 03766

[99-97-8] $C_9H_{13}N$ 135.21

成分 C 79.94%，H 9.70%，N 10.36%。
别名 4-二甲氨基甲苯；4-N,N-三甲基苯胺；对二甲氨基甲苯；4-Dimethylaminotoluene；4,N,N-Trimethylaniline
性状 浅黄色油状液体。溶于一般有机溶剂和稀的无机酸。bp 211℃；bp_{10} 90～92℃/1.333kPa；Fp 182℉（83℃）；d^{25} 0.937；n_D^{20} 1.547。一般试剂含量≥99.0%（GC）。
注意事项 该品吸入、口服或与皮肤接触有毒，并有蓄积性危害。对水生物有害。对水环境能产生长期有害的结果。使用时应穿适当的防护服和戴手套。接触皮肤后应立即用大量水冲洗。使用时如有事故发生或有不适之感，应请医生诊治。应防止将本品释放于环境中。应充二氧化碳气或氩气密封避光保存。
主要用途 有机合成。固化剂。

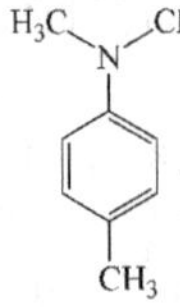

N,N-Dimethyltrimethylsilylamine
N,N-二甲基三甲基硅胺 03767
[2083-91-2] $C_5H_{15}NSi$ 117.26
成分 C 51.21%，H 12.90%，N 11.94%，Si 23.95%。
别名 N,N-二甲氨基三甲基硅烷；N-三甲基硅烷基二甲胺；（二甲基氨基）三甲基硅烷；N,N-Dimethylaminotrimethylsilane；N-(Trimethylsilyl)dimethylamine；TMSDMA；(Dimethyl amino)trimethylsilane
性状 无色液体。对空气和湿度敏感。bp 84℃；Fp －10.4℉（－12℃）；d^{25} 0.732；n_D^{20} 1.397。一般试剂含量约97.0%(GC)。
注意事项 该品高度易燃。具有腐蚀性，能引起烧伤。使用时应穿适当的防护服，戴手套和防护镜或面罩。万一接触到眼睛，应立即用大量水冲洗后请医生诊治。使用时如有事故发生或有不适之感，应请医生诊治。使用现场禁止吸烟。应远离火种充氩气密封干燥保存。
主要用途 甲硅烷基化剂。

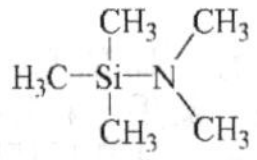

N,N-Dimethyltryptamine N,N-二甲基色胺 03768
[61-50-7] $C_{12}H_{16}N_2$ 188.27
成分 C 76.55%，H 8.57%，N 14.88%。
别名 N,N-Dimethyl-1H-indole-3-ethanamine；3-[2-(Dimethylamino)ethyl]indole；DMT
M. I. 15，3288
性状 无色结晶。易溶于稀乙酸及稀矿物酸。pK_a 8.68（于乙醇-水中）。mp 44.6～46.8℃（亦有报告为来自乙醇或轻石油中的片状结晶，mp 46℃）。

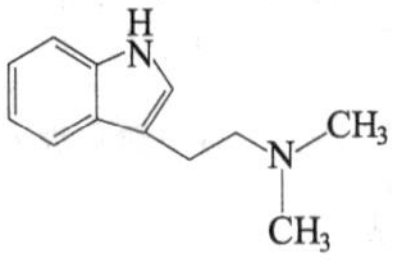

N,N′-Dimethylurea N,N′-二甲基脲 03769
[96-31-1] $C_3H_8N_2O$ 88.11
成分 C 40.90%，H 9.15%，N 31.79%，O 18.16%。
别名 1,3-二甲基脲；二甲基脲 对称；对称二甲基脲；1,3-Dimethylurea；sym-Dimethylurea
性状 无色结晶。溶于水。mp 101～104℃；bp 268～270℃；Fp 314.6℉（157℃）。一般试剂含量≥99.0%（N）。
注意事项 使用时应避免吸入本品的粉尘，避免与眼睛及皮肤接触。

Dimethyl yellow 二甲基黄 03770
[60-11-7] $C_{14}H_{15}N_3$ 225.30
成分 C 74.64%，H 6.71%，N 18.65%。
别名 对二甲氨基偶氮苯；甲基黄；对（苯偶氮）-N,N-二甲基苯胺；N,N-二甲基对（苯偶氮）苯胺；品黄；溶剂黄 2；Butter yellow；DAB；p-Dimethylaminoazobenzene；N,N-Dimethyl-4-(phenylazo)benzenamine；Methyl yellow；Oil yellow；N,N-Dimethyl-p-(phenylazo)aniline；p-Phenylazo-N,N-dimethylaniline；Solvent yellow 2
M. I. 15，3251 C. I. 11020
性状 金黄色的小叶片状结晶或粉末。溶于乙醇、乙醚、苯、三氯甲烷、石油醚、无机酸、油类，不溶于水。pH值2.9～4.0（由红至黄色）。mp 114～117℃。
注意事项 该品口服有毒。对机体有不可逆损伤的可能性。使用时应穿适当的防护服和戴手套。应避免吸入本品的粉尘，避免与眼睛及皮肤接触。使用时如有事故发生或有不适之感，应请医生诊治。
主要用途 酸碱指示剂。非水溶液滴定用指示剂。胃液中游离盐酸的测定。

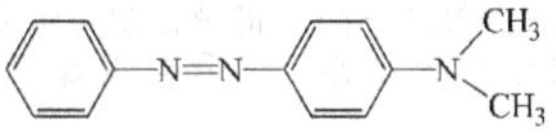

Dimetilan 敌蝇威 03771
[644-64-4] $C_{10}H_{16}N_4O_3$ 240.26
成分 C 49.99%，H 6.71%，N 23.32%，O 19.98%。
别名 二甲基氨基甲酸 1-（二甲基氨基）羰基-5-甲基-1H-吡唑-3-基酯；3-羟基-N,N，5-三甲基吡唑-1-羰胺二甲基氨基甲酸酯；Dimethylcarbamic acid 1-(dimethylamino)carbonyl-5-methyl-1H-pyrazol-3-yl ester；Dimethylcarbamic acid ester with 3-hydroxy-N,N,5-trimethylpyrazole-1-carboxamide；2-Dimethylcarbamoyl-3-methyl-5-pyrazolyl dimethylcarbamate；G-22870；GS-13332；Snip
性状 纯品为无色固体，工业品为黄至红棕色固体。溶于水、氯仿、二甲基甲酰胺、乙醇、丙酮、二甲苯及多数有机溶剂。能被酸或碱水解。mp 68～71℃；bp_{13} 200～210℃/1.733kPa。LD_{50}大鼠急性经口：25mg/kg；皮肤接触：600～700mg/kg。
注意事项 该品口服有毒，与皮肤接触有害。对水生物极毒。能对水环境引起长期不利的结果。使用时应穿适当的防护服和戴手套。使用时如有事故发生或有不适之感，请医生诊治。应防止将本品释放于环境中。其包装物应按危险品处理。
主要用途 杀虫剂。分析用标准物质。

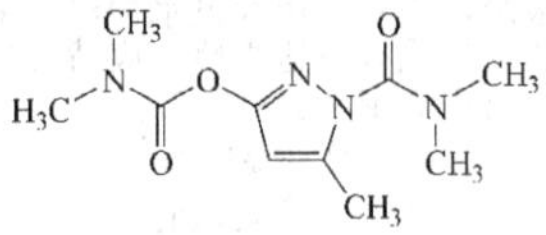

Dimetridazole 1,2-二甲基-5-硝基-1H-咪唑 03772
[551-92-8] $C_5H_7N_3O_2$ 141.13
成分 C 42.55%，H 5.00%，N 29.77%，O 22.67%。
别名 1,2-Dimethyl-5-nitro-1H-imidazole；RP-8595；Emtryl；Unizole
M. I. 15，3290
性状 来自水中的无色针状结晶。易溶于乙醇，略微溶于冷水、乙醚。mp 138～139℃。一般试剂含量≥99.0%（HPLC）。
注意事项 该品对眼睛、呼吸系统及皮肤有刺激性。使用时应穿适当的防护服。万一接触到眼睛，应立即用大量水冲洗后请医生诊治。应密封于2～8℃保存。
主要用途 医用抗原生动物剂。分析用标准物质。

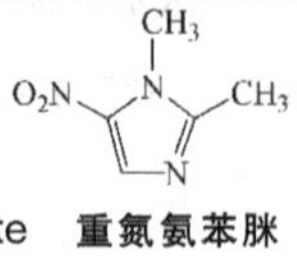

Diminazene aceturate 重氮氨苯脒 乙酰甘氨酸盐 03773
[908-54-3] $C_{22}H_{29}N_9O_6$ 515.53
成分 C 51.26%，H 5.67%，N 24.45%，O 18.62%。
别名 乙酰甘氨酸重氮氨苯脒；二脒那秦；三氮脒；N-Acetylglycine compd with 4,4′-(1-triazene-1,3-diyl)bis(benzenecarboximidamide)(2∶1)；N-Acetylglycine compd with 4,4′-(diazoamino)dibenzamidine；Diminazene diaceturate；4,4′-(Diazoamino)-dibenzamidine diaceturate；1,3-Bis(p-amidinophenyl)triazenebis(N-acetylglycinate)；1,3-Bis(4-guanylphenyl)triazene diaceturate；4,4′-Diamidinodiazoaminobenzene diaceturate；p,p′-Diguanyldiazoaminobenzene diaceturate；Azidn；Ganasag；Berenil

M. I. 15, 3291
性状 黄色固体。溶于 14 份水（20℃），微溶于乙醇，极微溶于乙醚、氯仿。217℃分解。
主要用途 兽用抗原生动物剂（锥虫、巴贝虫）。

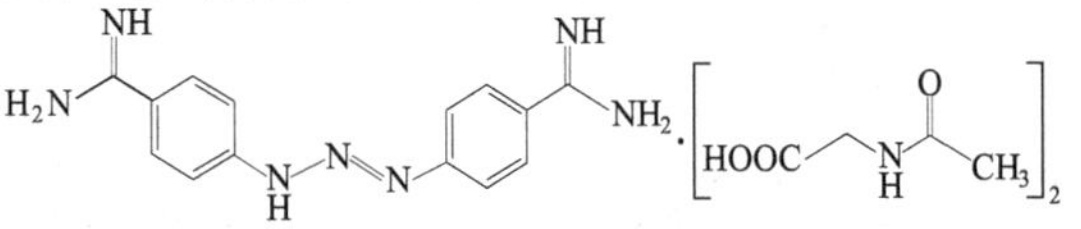

L-β,γ-Dimyristoyl-α-lecithin monohydrate
L-β,γ-二肉豆寇酰-α-卵磷脂 一水 03774
[18194-24-6] $C_{36}H_{72}NO_8P \cdot H_2O$ 695.96
成分（以无水物计） C 63.78%，H 10.70%；N 2.07%，O 18.89%，P 4.57%。
别名 L-α-二肉豆蔻酰磷脂酰胆碱 一水；β,γ-二肉豆蔻酰-L-α-卵磷脂 一水；L-α-Phosphatidyl choline dimyristoyl；β, γ-Dimyristoyl-L-α-lecithin monohydrate；1, 2-Dimyristoyl-*sn*-glycero-3-phosphorylcholine monohydrate；1, 2-Dimyristoyl-*sn*-glycero-3-phosphocholine monohydrate；3-*sn*-Phosphatidylcholine-1, 2-dimyristoyl monohydrate
性状 微黄色结晶。mp 235～237℃。一般试剂含量≥99.0%（TLC）。
注意事项 该品应充氩气密封于－20℃干燥保存。

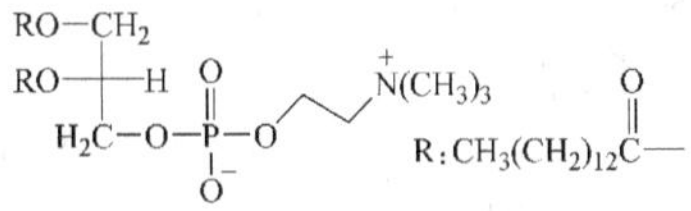

β,β′-Dinaphthylamine β,β′-二萘胺 03775
[532-18-3] $C_{20}H_{15}N$ 269.35
成分 C 89.19%，H 5.61%，N 5.20%。
别名 *N*-2-萘基-2-萘胺；*N*-2-Naphthalenyl-2-naphthalenamine
M. I. 15, 3293
性状 来自苯中的闪亮银色长叶状结晶。易溶于沸冰乙酸，微溶于沸乙醇。mp 170.5℃。
主要用途 检测亚硝酸盐、硝酸盐及氯酸盐。

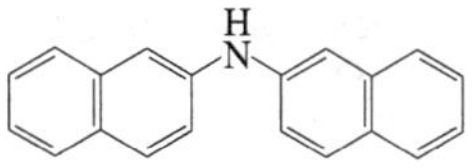

Diniconazole 烯唑醇 03776
[83657-24-3][70217-36-6] $C_{15}H_{17}Cl_2N_3O$ 326.22
成分 C 55.23%，H 5.25%，Cl 21.73%，N 12.88%，O 4.90%。
别名 (*E*)-(±)-β-(2,4-二氯苯基)亚甲基-α-(1,1-二甲基乙基)-1*H*-1,2,4-三唑-1-乙醇；速保利；(*E*)-β,β-(2,4-Dichlorophenyl) methylene-α-(1,1-dimethylethyl)-1*H*-1,2,4-triazole-1-ethanol；(*E*)-1-(2,4-Dichlorophenyl)-4,4-dimethyl-2-(1,2,4-triazol-1-yl)-1-penten-3-ol；S-3308-10；S-3308L；XE-779L；Ortho Spotless；Spotless；Sumi-8
M. I. 15, 3294
性状 来自异丙醇中的无色结晶。溶于水（25℃，%，质量浓度）：4.01。23℃时于下列物质中的溶解度（%，质量浓度）：丙酮 9.5；甲醇 9.5；二甲苯 1.4。于阳光、潮湿、热中稳定。mp 148～149℃；Fp 302℉（150℃）。LD_{50}雄，雌大鼠急性经口：639mg/kg，474mg/kg；皮肤接触：＞5000mg/kg。
注意事项 该品口服有害。对水生物极毒。可能对水环境引起不利的结果。应防止将本品释放于环境中。其包装物应按危险品处理。应密封保存。
主要用途 农业用杀菌剂。分析用标准物质。

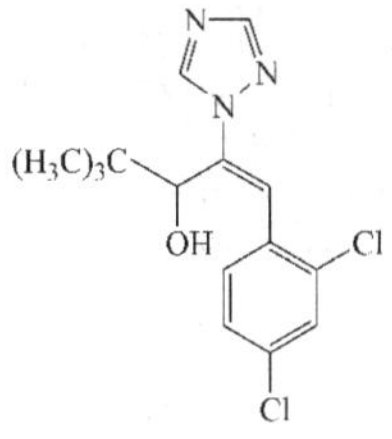

Dinitolmide 二硝托胺 03777
[148-01-6] $C_8H_7N_3O_5$ 225.16
成分 C 42.68%，H 3.13%，N 18.66%，O 35.53%。
别名 球痢灵；2-甲基-3,5-二硝基苯甲酰胺；2-Methyl-3,5-dinitrobenzamide；3,5-Dinitro-*o*-toluamide；3,5-Dinitro-2-methylbenzamide；Zoalene；Zoamix
M. I. 15, 3295
性状 来自稀乙醇中的无色结晶。mp 181℃。
主要用途 兽用抑球虫剂。

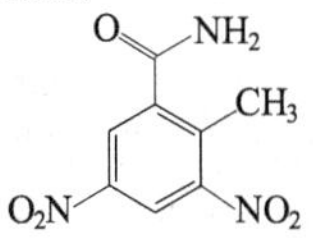

2,4-Dinitroaniline 2,4-二硝基苯胺 03778
[97-02-9] $C_6H_4N_3O_4$ 183.12
成分 C 39.35%，H 2.75%，N 22.95%，O 34.95%。
别名 2,4-Dinitrobenzenamine；2,4-Dinitrophenylamine
GW 2015-589 M. I. 15, 3296
性状 来自稀丙酮中的黄色针状结晶或来自乙醇中的绿黄色片状物。微溶于乙醇（1 份该品 21℃溶于 132.6 份 88%乙醇；5.8 份该品 18℃溶于 1000 份 88%乙醇），极微溶于沸水，几乎不溶于冷水。pK_a 18.46。mp 187.5～188℃；Fp 435.2℉（224℃）。一般试剂干燥含量≥99.0%；常加入 15%的水。
注意事项 该品吸入、口服或与皮肤接触极毒。具有蓄积性危害。对水生物有毒。能对水环境引起不利的结果。使用时应穿适当的防护服和戴手套。接触皮肤后应用大量水冲洗。使用时如有事故发生或有不适之感，应请医生诊治。应防止将该品释放于环境中。
主要用途 制备偶氮染料。检验酚和某些不饱和烃。

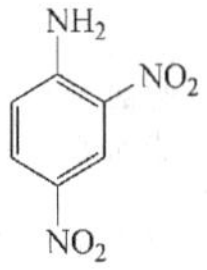

2,6-Dinitroaniline 2,6-二硝基苯胺 03779
[606-22-4] $C_6H_5N_3O_4$ 183.12
成分 C 39.35%，H 2.75%，N 22.95%，O 34.95%。
别名 1-氨基-2,6-二硝基苯；1-Amino-2,6-dinitrobenzene；2,6-Dinitrobenzenamine
GW 2015-590 M. I. 15, 3297
性状 来自乙醇中的黄色或浅橙色针状结晶。溶于热苯、乙醚，微溶于 95%乙醇（约 0.4g/100mL），几乎不溶于水、石油醚。mp 139～140℃。一般试剂含量≥98.0%（HPLC）。含 2,4-二硝基苯胺≤2%。
注意事项 [JP2] 该品吸入、口服或与皮肤接触有毒。具有蓄积性危害。使用时应戴适当的手套。接触皮肤后应立即用大量水冲洗。使用时如有事故发生或有不适之感，应请医生诊治。
主要用途 有机合成。测定酚和某些不饱和烃。分析用标准物质。

3,5-Dinitroaniline 3,5-二硝基苯胺 03780
[618-87-1] $C_6H_5N_3O_4$ 183.12
成分 C 39.35%，H 2.75%，N 22.95%，O 34.95%。
GW 2015-591
性状 黄色针状结晶。溶于乙醇、乙醚，微溶于苯。mp 160～162℃。
注意事项 见 03779 2,6-二硝基苯胺。应密封避光保存。
主要用途 有机合成。染料中间体。

2,4-Dinitroanisole 2,4-二硝基苯甲醚 03781
[119-27-7] $C_7H_6N_2O_5$ 198.14
成分 C 42.43%，H 3.05%，N 14.14%，O 40.37%。
别名 2,4-二硝基茴香醚；1-甲氧基-2,4-二硝基苯；α-Dinitroanisole；2,4-Pinitrophenyl methyl ether；1-Methoxy-2,4-dinitrobenzene
GW 2015-599
性状 浅黄色针状结晶。溶于乙醇、乙醚等有机溶剂。mp 94～96℃；*d* 1.340。
注意事项 该品易燃。使用时应避免吸入本品的粉尘。使用现场禁止吸烟。应远离火种保存。
主要用途 杀虫卵剂。

2,4-Dinitrobenzaldehyde 2,4-二硝基苯甲醛 03782
[528-75-6] $C_7H_4N_2O_5$ 196.12
成分 C 42.87%，H 2.06%，N 14.28%，O 40.79%。
别名 间二硝基苯甲醛；*m*-Dinitrobenzaldehyde
M.I.15，3298
性状 黄色或浅棕色结晶。易溶于乙醇、乙醚、苯，溶于冰乙酸，微溶于石油醚、水。mp 72℃；bp_{10} 190℃/1.333kPa。一般试剂含量≥98.0%。
注意事项 该品对眼睛、呼吸系统及皮肤有刺激性。使用时应戴适当的手套。万一接触到眼睛，应立即用大量水冲洗后请医生诊治。
主要用途 有机合成。制备席夫碱。

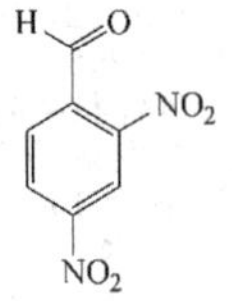

1,2-Dinitrobenzene 1,2-二硝基苯 03783
[528-29-0] $C_6H_4N_2O_4$ 168.11
成分 C 42.87%，H 2.40%，N 16.66%，O 38.07%。
别名 邻二硝基苯；*o*-Dinitrobenzene
GW 2015-580 M.I.15，3299
性状 白色结晶。有挥发性。能随水蒸气同时挥发。1g 该品溶于 6600mL 冷水、2700mL 沸水、约 60mL 乙醇、3mL 沸乙醇、20mL 苯。易溶于三氯甲烷、乙酸乙酯。mp 118℃；bp 319℃；Fp 302℉（150℃）；*d* 1.57。
注意事项 该品吸入、口服或与皮肤接触极毒。具有蓄积性危害。对水生物极毒。能对水环境引起不利的结果。使用时应穿适当的防护服和戴手套。接触皮肤后应立即用大量水冲洗。如有事故发生或有不适之感，应请医生诊治。应防止将本品释放于环境中。其包装物应按危险品处理。应密封保存。
主要用途 有机合成。

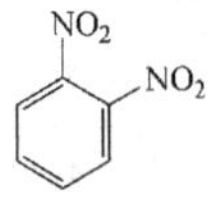

1,3-Dinitrobenzene 1,3-二硝基苯 03784
[99-65-0] $C_6H_4N_2O_4$ 168.11
成分 C 42.87%，H 2.40%，N 16.66%，O 38.07%。
别名 间二硝基苯；*m*-Dinitrobenzene
GW 2015-587 M.I.15，3299
性状 浅黄色结晶。能随水蒸气挥发。1g 该品溶于 2000mL 冷水、320mL 沸水、37mL 乙醇、20mL 沸乙醇。易溶于苯、三氯甲烷、乙酸乙酯。mp 89～90℃；bp 300～303℃；Fp 302℉（150℃）；*d* 1.368。LD_{50} 雄，雌大鼠急性经口：91mg/kg，81mg/kg。一般试剂含量≥99.0%（HPLC）。
注意事项 见 03783 1,2-二硝基苯。
主要用途 比色测定 17-甾醇和强心苷；用作有机元素氮（N）定量分析的标样。有机合成。

1,4-Dinitrobenzene 1,4-二硝基苯 03785
[100-25-4] $C_6H_4N_2O_4$ 168.11
成分 C 42.87%，H 2.40%，N 16.66%，O 38.07%。
别名 对二硝基苯；*p*-Dinitrobenzene
GW 2015-588 M.I.15，3299
性状 白色结晶。能升华。1g 该品溶于 12500mL 冷水、555mL 沸水、300mL 乙醇。略微溶于苯、三氯甲烷、乙酸乙酯。能随水蒸气同时挥发。mp 173～174℃；bp 299℃；Fp 302℉（150℃）；*d* 1.63。一般试剂含量≥97.0%。
注意事项 见 03783 1,2-二硝基苯。
主要用途 有机合成。染料制备。

2,4-Dinitrobenzenesulfenyl chloride
2,4-二硝基苯亚磺酰氯 03786
[528-76-7] $C_6H_3ClN_2O_4S$ 234.61
成分 C 30.72%，H 1.29%，Cl 15.11%，N 11.94%，O 27.28%，S 13.67%。
别名 氯化 2,4-二硝基苯亚磺酰；Kharasch reagent
M.I. 15，3300
性状 来自四氯化碳中的黄色结晶。溶于冰乙酸、二氯甲烷、二氯乙烷、三氯乙烯、苯、二甲苯，微溶于四氯化碳，不溶于乙醚。mp 96℃。一般试剂含量≥96.0%（AT）。
注意事项 该品口服有害。具有腐蚀性，能引起烧伤。使用时应穿适当的防护服，戴手套和防护镜或面罩。万一接触到眼睛，应立即用大量水冲洗后请医生诊治。使用时如有事故发生或有不适之感，应请医生诊治。应充氩气密封干燥保存。

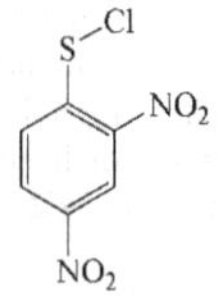

2,4-Dinitrobenzenesulfonyl chloride
2,4-二硝基苯磺酰氯 03787
[1656-44-6] $C_6H_3ClN_2O_6S$ 266.62
成分 C 27.03%，H 1.13%，Cl 13.30%，N 10.51%，O 36.00%，S 12.03%。
别名 氯化 2,4-二硝基苯磺酰；2,4-二硝基苯氯化砜；2,4-二硝基氯化苯磺酰；2,4-Dinitrophenylsulfonyl chloride
GW 2015-598
性状 浅黄色结晶。溶于苯，微溶于石油醚。遇水易分解。mp 101～103℃。一般试剂含量≥98.0%（AT）。
注意事项 见 03786 2,4-二硝基苯亚磺酰氯。
主要用途 制药工业。染料中间体。有机合成。

3,4-Dinitrobenzoic acid 3,4-二硝基苯甲酸 03788
[528-45-0] $C_7H_4N_2O_6$ 212.12
成分 C 39.64%，H 1.90%，N 13.21%，O 45.26%。
M.I. 15，3301
性状 来自水＋乙醇中的无色针状结晶。味苦。能升华。易溶于乙醇、乙醚、热水，微溶于冷水（25℃，0.673g 该品溶于 100 份水）。mp 166℃。一般试剂含量≥99.0%。
注意事项 该品对眼睛、呼吸系统及皮肤有刺激性。使用时应穿适当的防护服，戴防护镜或面罩。万一接触到眼睛，应立即用大量水冲洗后请医生诊治。
主要用途 糖的定量分析。分析用标准物质。

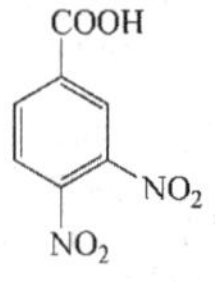

3,5-Dinitrobenzoic acid 3,5-二硝基苯甲酸 03789
[99-34-3] $C_7H_4N_2O_6$ 212.12
成分 C 39.64%，H 1.90%，N 13.21%，O 45.26%。
M.I. 15，3302
性状 来自乙醇中的浅黄色单斜棱柱体结晶。能升华。易溶于乙醇、冰乙酸，略溶于乙醚、二硫化碳、苯，微溶于水（1g 该品溶于 53 份沸水，较少地溶于冷水）。mp 205～207℃。一般试剂含量≥98.0%（HPLC）。
注意事项 该品口服有害。对眼睛、呼吸系统及皮肤有刺激性。使用时应穿适当的防护服。万一接触到眼睛，应立即用大量水冲洗后请医生诊治。
主要用途 用于肌酐的比色测定。脂肪族醚、酯和芳香族胺的检定。

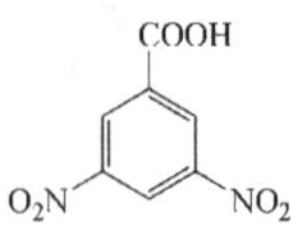

3,5-Dinitrobenzoyl chloride　3,5-二硝基苯甲酰氯 03790

[99-33-2]　$C_7H_3ClN_2O_5$　230.56

成分　C 36.47%，H 1.31%，Cl 15.38%，N 12.15%，O 34.70%。

别名　氯化 3，5-二硝基苯甲酰；3，5-二硝基氯化苯甲酰；DNBC

GW 2015-600　M. I. 15，3303

性状　来自石油醚（bp 40～60℃）中的浅黄色针状结晶。溶于乙醇、氢氧化钠溶液，遇水易分解。mp 69.5℃；$bp_{10\sim12}$ 196℃/1.467kPa。一般试剂含量≥98.0%（AT）。

注意事项　该品具有腐蚀性，能引起烧伤。使用时应穿适当的防护服，戴手套和防护镜或面罩。万一接触到眼睛，应立即用大量水冲洗后请医生诊治。使用时如有事故发生或有不适之感，应请医生诊治。应密封于 2～8℃ 干燥处保存。

主要用途　测定各种醇、酚、氨基酸的试剂。有机合成。

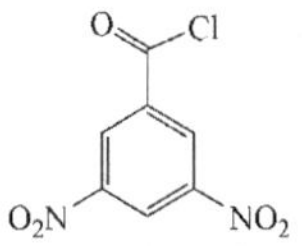

4,6-Dinitro-*o*-cresol　4,6-二硝基邻甲酚 03791

[534-52-1]　$C_7H_6N_2O_5$　198.13

成分　C 42.43%，H 3.05%，N 14.14%，O 40.38%。

别名　2,4-二硝基邻甲酚；3,5-二硝基-2-羟基甲苯；2-甲基-4，6-二硝基酚；Antinonin；Dekrysil；Detal；Dinitrocresol；3,5-Dinitro-*o*-cresol；Dinitrol；Ditrosol；4,6-Dinitro-2-methylphenol；DN；DNC；DNOC；Effusan；Elgetol；KⅢ；KⅣ；Lipan；2-Methyl-4,6-dinitrophenol；Prokarbol；Selinon；Sinox

GW 2015-1071　M. I. 15，3305

性状　来自乙醇中的黄色片状结晶。溶于乙醚、丙酮、乙醇、碱溶液，略微溶于水、石油醚。mp 87.5℃。LD_{50} 大鼠急性经口：25～40mg/kg；皮肤接触：200～600mg/kg。

注意事项　该品吸入、口服或与皮肤接触极毒。对皮肤有刺激性。对眼睛有严重损伤的危险。接触皮肤能引起过敏。对水生物极毒。能对水环境引起长期不良的结果。对机体有不可逆损伤的可能性。在密闭条件下加热有爆炸的危险。使用时应穿适当的防护服和戴手套。使用时如有事故发生或有不适之感，应请医生诊治。应防止将本品释放于环境中。其包装物应按危险品处理。

主要用途　杀虫剂、杀菌剂、除草剂。

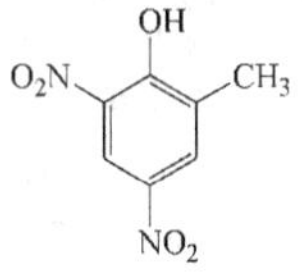

2,4-Dinitrodiphenylamine　2,4-二硝基二苯胺 03792

[961-68-2]　$C_{12}H_9N_3O_4$　259.22

成分　C 55.60%，H 3.50%，N 16.21%，O 24.69%。

GW 2015-604

性状　橙红色针状结晶。溶于乙酸、三氯甲烷，微溶于乙醇，不溶于水。mp 159～161℃。一般试剂含量≥98.0%。

注意事项　该品对眼睛、呼吸系统及皮肤有刺激性。万一接触到眼睛，应立即用大量水冲洗后请医生诊治。具有蓄积性危害。使用时应戴手套。接触皮肤后，应用大量水冲洗。使用时如有事故发生或有不适之感，应请医生诊治。避免与眼睛及皮肤接触。

主要用途　有机合成。

3,7-Dinitrodiphenylamine sulfoxide
3,7-二硝基二苯胺亚砜 03793

[574-81-2]　$C_{12}H_7N_3O_5S$　305.27

成分　C 47.21%，H 2.31%，N 13.76%，O 26.21%，S 10.50%。

别名　α-二硝基-5-氧化吩噻嗪；3,7-Dinitro-5-oxophenothiazine；3,7-Dinitro-10*H*-phenothiazine 5-oxide

性状　来自冰乙酸中的淡黄色叶片状结晶。溶于氨水、碱溶液中呈蓝红色，不溶于水及一般的有机溶剂。260℃分解。

主要用途　测定锡。

注意事项　该品应密封保存。

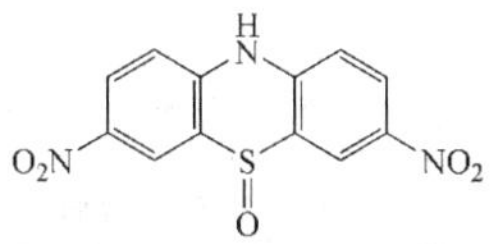

2,4-Dinitrofluorobenzene　2,4-二硝基氟苯 03794

[70-34-8]　$C_6H_3FN_2O_4$　186.10

成分　C 38.72%，H 1.62%，F 10.21%，N 15.05%，O 34.39%。

别名　1-氟-2，4-二硝基苯；1-Fluoro-2，4-dinitrobenzene；DNFB；DNPF；FDNB；Sanger's reagent

GW 2015-733　M. I. 15，4204

性状　来自乙醚中的浅黄色结晶，受热至熔点以上为浅黄色澄明液体。溶于苯、乙醚、丙二醇，不溶于水。mp 26℃；$bp_{2.0}$ 137℃/266.644Pa；Fp＞230℉（110℃）；*d* 1.482；n_D^{20} 1.5690。生化试剂含量≥99.0%（GC）。

注意事项　该品口服有害。具有腐蚀性，能引起烧伤。吸入或与皮肤接触能引起过敏。使用时应穿适当的防护服，戴手套和防护镜或面罩。使用时应避免吸入本品的粉尘。万一接触到眼睛，应立即用大量水冲洗后请医生诊治。使用时如有事故发生或有不适之感，应请医生诊治。应密封于 2～8℃ 保存。

主要用途　测定酚、吗啡、氨基酸的试剂。蛋白质的分析。

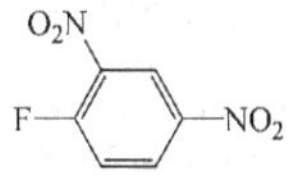

2,4-Dinitro-4′-hydroxydiphenylamine
2,4-二硝基-4′-羟基二苯胺 03795

[119-15-3]　$C_{12}H_9N_3O_5$　275.22

成分　C 52.37%，H 3.30%，N 15.27%，O 29.07%。

别名　4-(2,4-二硝基苯胺基)酚；4-(2,4-Dinitroanilino)phenol

性状　黄色固体。能吸收约 30% 的水。但不溶于水。mp 191℃（分解）。一般试剂含量 70%。

注意事项　该品易燃。对眼睛、呼吸系统及皮肤有刺激性。

1,3-Dinitronaphthalene　1,3-二硝基萘 03796

[606-37-1]　$C_{10}H_6N_2O_4$　218.17

成分　C 55.05%，H 2.77%，N 12.84%，O 29.33%。

性状　黄色针状结晶。溶于乙醇。能升华。mp 146～148℃。

注意事项　该品吸入、口服或与皮肤接触有害。对机体有不可逆损伤的可能性。使用时应穿适当的防护服，戴手套和防护镜或面罩。使用时如有事故发生或有不适之感，应请医生诊治。

主要用途　有机合成。

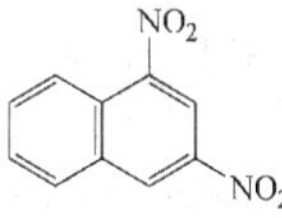

1,5-Dinitronaphthalene　1,5-二硝基萘 03797

[605-71-0]　$C_{10}H_6N_2O_4$　218.17

成分　C 55.05%，H 2.77%，N 12.84%，O 29.33%。

GW 2015-616

性状　无色结晶。溶于水。mp 214～217℃。一般试剂含量≥97.0%（HPLC）。

注意事项　该品对眼睛有严重损伤的危险。接触皮肤能引起过敏。对水生物有害。能对水环境产生长期有害的结果。使用时应穿适当的防护服，戴手套和防护镜或面罩。万一接触到眼睛，应立即用大量水冲洗后请医生诊治。

1,8-Dinitronaphthalene　1,8-二硝基萘 03798

[602-38-0]　$C_{10}H_6N_2O_4$　218.17

成分　C 55.05%，H 2.77%，N 12.84%，O 29.33%。

GW 2015-617

性状　白色固体。mp 171～172℃。一般试剂含量≥97.0%。

注意事项　该品对眼睛、呼吸系统及皮肤有刺激性。

2,4-Dinitro-1-naphthol　2,4-二硝基-1-萘酚 03799

[605-69-6]　$C_{10}H_6N_2O_5$　234.17

成分　C 51.29%，H 2.58%，N 11.96%，O 34.16%。

别名 Martius yellow

GW 2015-618　C. I. 10315

性状 浅黄色结晶。本品通常为钠盐、铵盐、钙盐。钠盐、铵盐为橙黄色粉末或结晶，钙盐为橙黄色结晶。溶于水。铵盐溶于乙醇。mp 130～132℃（分解）。

注意事项 该品对眼睛、呼吸系统及皮肤有刺激性。使用时应穿适当的防护服和戴手套。万一接触到眼睛，应立即用大量水冲洗后请医生诊治。

主要用途 检定钴、铊的试剂。

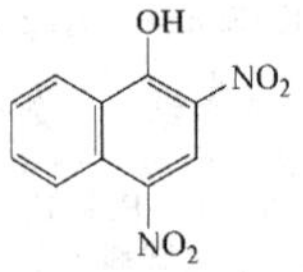

OH NO2 NO2

2,4-Dinitrophenol　2,4-二硝基酚　03800

[51-28-5]　$C_6H_4N_2O_5$　184.11

成分 C 39.14%，H 2.19%，N 15.22%，O 43.45%。

别名 α-二硝基酚；Aldifen；α-Dinitrophenol；DNP

GW 2015-593　M. I. 15，3308

性状 浅黄至黄色正交结晶。溶于热水（g/100g：54.5℃，0.137；75.8℃，0.301；87.4℃，0.587；96.2℃，1.22）。溶于下列物质的溶解度（15℃，g/100g）：乙酸乙酯 15.55、丙酮 35.90、氯仿 5.39、吡啶 20.08、四氯化碳 0.423、甲苯 6.36。亦溶于乙醇、苯、碱溶液，极微溶于冷水。mp 112～114℃；*d* 1.683；pH 值 2.4～4.4（由无色至黄色）。LD_{50}大鼠急性经口：30mg/kg。一般试剂含量≥97.0%（HPLC）。

注意事项 该品吸入、口服或与皮肤接触有毒。具有蓄积性危害。对水生物极毒。使用时应戴适当的手套。接触皮肤后应立即用大量水冲洗。使用时如有事故发生或有不适之感，应请医生诊治。应防止将本品释放于环境中。

主要用途 酸碱指示剂。测定钾、铵、铷、铊、铈和镁的试剂。

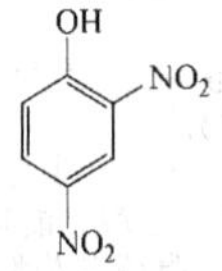

OH NO2 NO2

2,5-Dinitrophenol　2,5-二硝基酚　03801

[329-71-5]　$C_6H_4N_2O_5$　184.11

成分 C 39.14%，H 2.19%，N 15.22%，O 43.45%。

别名 γ-二硝基酚；γ-Dinitrophenol

GW 2015-590　M. I. 15，3309

性状 黄色针状结晶。溶于热乙醇、乙醚、碱溶液，微溶于水、冷乙醇。能随水蒸气挥发。mp 108℃；pH 值 4.0～5.4（由无色至黄色）。

注意事项 该品吸入、口服或与皮肤接触有毒。具有蓄积性危害。对水生物有毒。能对水环境引起不利的结果。使用时应戴适当的手套。接触皮肤后应立即用大量水冲洗。使用时如有事故发生或有不适之感，应请医生诊治。应防止将本品释放于环境中。

主要用途 酸碱指示剂。有机合成。

2,6-Dinitrophenol　2,6-二硝基酚　03802

[573-56-8]　$C_6H_4N_2O_5$　184.11

成分 C 39.14%，H 2.19%，N 15.22%，O 43.45%。

别名 β-二硝基酚；β-Dinitrophenol

GW 2015-595　M. I. 15，3310

性状 浅黄色针状结晶。易溶于沸乙醇、乙醚、三氯甲烷、碱溶液，微溶于冷水、冷乙醇。mp 63～64℃；pH 值 2.0～4.0（由无色至黄色）。

注意事项 见 03801 2,5-二硝基酚。

主要用途 酸碱指示剂。测定铵、钾、钠的试剂。有机合成。

2,4-Dinitrophenylhydrazine　2,4-二硝基苯肼　03803

[119-26-6]　$C_6H_6N_4O_4$　198.14

成分 C 36.37%，H 3.05%，N 28.28%，O 32.30%。

别名 DNP；DNPH

GW 2015-601　M. I. 15，3311

性状 红色结晶性粉末。易溶于二甘醇二甲醚，中等程度溶于稀无机酸，微溶于乙醇、水。mp 约 200℃。

注意事项 该品干燥时经碰撞、摩擦、遇火及其他火种有爆炸的危险。高度易燃。口服有害。使用时应穿适当的防护服，戴手套和防护镜或面罩。使用时如有事故发生或有不适之感，应请医生诊治。使用完毕本品及其容器应妥善清除。应密封避光保存。

主要用途 检验醛、酮的试剂。测定转氨酶和肝功能。合成樟脑。

参考规格 HG/T 3452—2000　分析纯

项目	分析纯
含量［$(NO_2)_2C_6H_3NHNH_2$］/%≥	99.0
熔点（分解）/℃	196.0～199.0
对羰基灵敏度试验	合格
硫酸溶解试验	合格
灼烧残渣（以硫酸盐计）/%≤	0.1

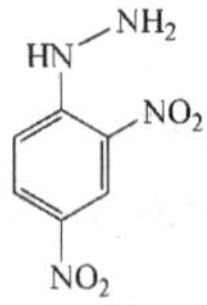

HN NH2 NO2 NO2

2,4-Dinitroresorcinol　2,4-二硝基间苯二酚　03804

[519-44-8]　$C_6H_4N_2O_6$　200.11

成分 C 36.01%，H 2.01%，N 14.00%，O 47.97%。

别名 2,4-二硝基-1,3-苯二酚；2,4-Dinitro-1,3-benzenediol

GW 2015-609　M. I. 15，3312

性状 黄色结晶。升华并部分分解。溶于不挥发的碱溶液，极微溶于水、冷乙醇。mp 146～148℃。

注意事项 该品加强热可爆炸。

主要用途 钴试剂（10^{-7}，棕红色），铁试剂（橄榄绿色）。

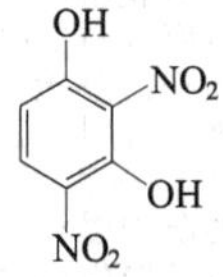

OH NO2 OH NO2

3,5-Dinitrosalicylic acid　3,5-二硝基水杨酸　03805

[609-99-4]　$C_7H_4N_2O_7$　228.12

成分 C 36.86%，H 1.77%，N 12.28%，O 49.10%。

别名 3,5-二硝基邻羟基苯甲酸；3,5-二硝基-4-羟基苯甲酸；2-羟基-3,5-二硝基苯甲酸；DNS；2-Hydroxy-3,5-dinitrobenzoic acid

性状 浅黄色结晶或结晶性粉末。易溶于热水，溶于乙醇、苯，微溶于冷水。mp 168～172℃。一般试剂含量≥98.0%（T）

注意事项 该品口服有害。对呼吸系统及皮肤有刺激性。使用时应避免吸入本品的粉尘，避免与眼睛及皮肤接触。

主要用途 测定葡萄糖的试剂。

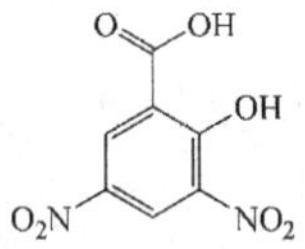

O OH OH O2N NO2

2,4-Dinitrotoluene　2,4-二硝基甲苯　03806

[121-14-2]　$C_7H_6N_2O_4$　182.14

成分 C 46.16%，H 3.32%，N 15.38%，O 35.14%。

别名 2,4-Dinitrotoluol

GW 2015-607

性状 黄色针状结晶。溶于苯、二硫化碳，微溶于乙醚、乙醇。mp 69～70℃；Fp 311℃（155℃）。一般试剂含量≥97.0%。

注意事项 该品吸入、口服或与皮肤接触有毒。能致癌。长期曝露或口服有害，并有严重损害健康的危险。对水生物有毒。能对水环境引起不利的结果。能损伤生育力。有能造成不可逆危险的结果。使用前应得到专门的指导，避免曝露。使用时如有事故发生或有不适之感，应请医生诊治。应防止将本品释放于环境中。

主要用途 有机合成。染料制备。炸药制造。色谱分析标准物。

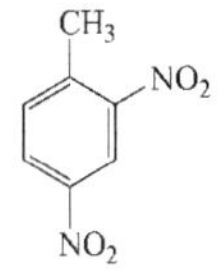

2,6-Dinitrotoluene　2,6-二硝基甲苯　03807

[606-20-2]　$C_7H_6N_2O_4$　182.14

成分　C 46.16%，H 3.32%，N 15.38%，O 35.14%。

GW 2015-608

性状　黄色针状结晶。溶于乙醇。mp 64～66℃。一般试剂含量≥97.0%（HPLC）。

注意事项　见 03806 2,4-二硝基甲苯。

主要用途　有机合成。分析用标准物质。

Dinobuton　敌螨通　03808

[973-21-7]　$C_{14}H_{18}N_2O_7$　326.30

成分　C 51.53%，H 5.56%，N 8.59%，O 34.32%。

别名　消螨通；碳酸 1-甲基乙基 2-（1-甲基丙基）-4,6-二硝基苯酯；碳酸 2-仲丁基-4,6-二硝基苯基异丙酯；碳酸异丙基 2,4-二硝基-6-仲丁基苯酯；Carbonic acid 1-methylethyl 2-(1-methylpropyl)-4, 6-dinitrophenyl ester; Carbonic acid 2-*sec*-butyl-4, 6-dinitrophenyl isopropyl ester; 2-*sec*-Butyl-4,6-dinitrophenyl isopropyl carbonate; Isopropyl 2,4-dinitro-6-*sec*-butylphenyl carbonate; Acrex; Dessin; Sytasol

M. I. 15，3313

性状　来自甲醇或石油醚中的无色结晶。mp 56～57℃。LD_{50}雄，雌大鼠急性经口：59mg/kg，71mg/kg。

注意事项　该品口服有毒。对水生物极毒。能对水环境引起长期不良的结果。使用时应戴适当的手套。使用时如有事故发生或有不适之感，应请医生诊治。应防止将本品释放于环境中。其包装物应按危险品处理。

主要用途　杀螨剂。分析用标准物质。

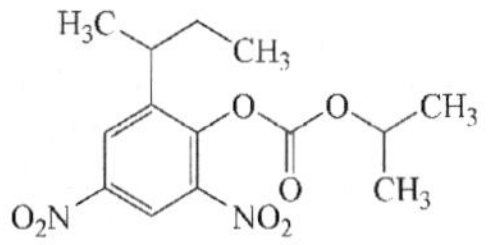

Dinocap　敌螨普　03809

[39300-45-3]　$C_{18}H_{24}N_2O_6$　364.40

成分　C 59.33%，H 6.64%，N 7.69%，O 26.34%。

别名　二硝基巴豆酚酯；阿东丹；肖螨普；DNOCP；CR-1639；ENT-24727；Karathane；Arathane；Mildex；Isocothane；Crotothane

M. I. 15，3314

性状　深棕色液体。与油类排斥，不相容。$bp_{0.05}$ 138～140℃/6.67Pa。LD_{50}雄大鼠静脉注射：23mg/kg；急性经口：980mg/kg。

注意事项　该品能危害胎儿。吸入或口服有害。对皮肤有刺激性。吸入能引起过敏。长期曝露或口服有严重损伤健康的危险。对水生物极毒。能对水环境引起不利的结果。使用前应得到专门的指导，避免曝露。使用时如有事故发生或有不适之感，应请医生诊治。应防止将本品释放于环境中。其包装物应按危险品处理。

主要用途　杀螨剂，杀菌剂。

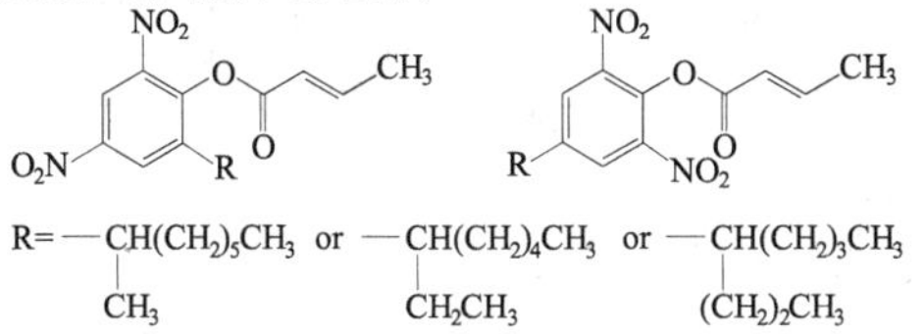

R= —CH(CH₂)₅CH₃ (CH₃) or —CH(CH₂)₄CH₃ (CH₂CH₃) or —CH(CH₂)₃CH₃ ((CH₂)₂CH₃)

Dinonyl phthalate　苯二甲酸二壬酯　03810

[84-76-4]　$C_{26}H_{42}O_4$　418.62

成分　C 74.60%，H 10.11%，O 15.29%。

别名　邻酞酸二壬酯；邻苯二甲酸壬酯；DNP；Nonyl *o*-phthalate

性状　浅黄色液体。能与丙酮等有机溶剂相混溶，不溶于水。bp 279～287℃；Fp 421℉（216℃）；d^{20} 0.98；n_D^{20} 1.487。一般试剂含量≥98.0%。

主要用途　气相色谱固定液（适用于烃、醇、酮、酸、酯等有机化合物的分析）。增塑剂。韧化剂。溶剂。

Dinosterol　黑海甾醇　03811

[58670-63-6]　$C_{30}H_{52}O$　428.75

成分　C 84.04%，H 12.23%，O 3.73%。

别名　甲藻甾醇；(3β,4α,5α,22*E*)-4,23-Dimethylergost-22-en-3-ol; 4α-Methyl-5α(*H*)-Δ^{22}-23,24-dimethylcholesten-3β-ol; Black Sea sterol

M. I. 15，3316

性状　来自甲醇-氯仿中的无色针状结晶。mp 220～222℃；亦有报告为 mp 211～214℃；$[\alpha]_D^{20}$ −2.2°（于氯仿中）。

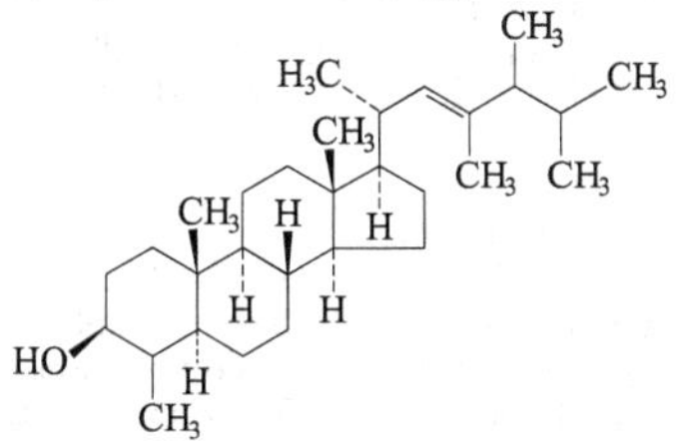

1,1′-Dioctadecyl-4,4′-bipyridinium dibromide　二溴化 1,1′-二（十八烷基-4,4′-联吡啶）　03812

[90179-58-1]　$C_{46}H_{82}Br_2N_2$　822.98

成分　C 67.13%，H 10.04%，Br 19.42%，N 3.40%。

性状　白色粉末。易吸潮。mp 215℃（分解）。一般试剂含量≥97.0%（AT）。

注意事项　该品对眼睛、呼吸系统及皮肤有刺激性。使用时应穿适当的防护服。万一接触到眼睛，应立即用大量水冲洗后请医生诊治。应充氩气密封保存。

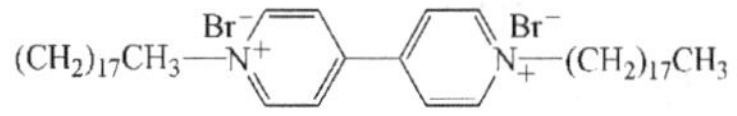

Dioctylamine　二辛胺　03813

[1120-48-5]　$C_{16}H_{35}N$　241.46

成分　C 79.59%，H 14.61%，N 5.80%。

别名　二正辛胺；Di-*n*-octylamine

性状　浅黄色液体。能与乙醇、乙醚相混溶。mp 13～16℃；bp 297～298℃；Fp 230℉（110℃）；d_4^{20} 0.799；n_D^{20} 1.4432。一般试剂含量≥97.0%（GC）。

注意事项　该品口服有害。具有腐蚀性，能引起烧伤。对水生物极毒。能对水环境引起不利的结果。使用时应穿适当的防护服，戴手套和防护镜或面罩。万一接触到眼睛，应立即用大量水冲洗后请医生诊治。使用时如有事故发生或有不适之感，应请医生诊治。应防止将本品释放于环境中。其包装物应按危险品处理。应密封保存。

主要用途　萃取剂。

Dioctyl phenylphosphonate　苯基膦酸二辛酯　03814

[1754-47-8]　$C_{22}H_{39}O_3P$　382.53

成分　C 69.08%，H 10.28%，O 12.55%，P 8.10%。

别名　苯基膦酸二正辛酯；磷酸二正辛基苯基酯；Di-*n*-octyl phenylphosphonate; DOPP

性状　无色液体。溶于一般有机溶剂，微溶于水。bp_4 207℃/533.29Pa；Fp 235.4℉（113℃）；d^{25} 0.967；n_D^{20} 1.478。一般试剂含量≥95.0%。

主要用途　增塑剂。

Dioctyl phthalate　苯二甲酸二辛酯　03815

[117-84-0]　$C_{24}H_{38}O_4$　390.56

成分　C 73.81%，H 9.81%，O 16.39%。

别名　苯二甲酸二辛酯；邻苯二甲酸二正辛酯；邻酞酸二正辛酯；Dioctyl *o*-phthalate; DOP

性状　无色液体。能与有机溶剂相混溶。bp_5 231℃/0.667kPa；Fp 228℉（109℃）；d^{20} 0.980；n_D^{20} 1.485。一般试剂含量≥98.0%（GC）。

注意事项　该品对眼睛、呼吸系统及皮肤有刺激性。使用时应避免吸入本品的蒸气，避免与眼睛及皮肤接触。

主要用途　气相色谱固定液（用于选择性保留和分离芳香族化

合物、不饱和烃及各种含氧化合物，如醇、醛、酮、酯等)。

Di-*n*-octyl sebacate　癸二酸二正辛酯　03816
[2432-87-3]　$C_{26}H_{50}O_4$　426.68
成分　C 73.19%，H 11.81%，O 15.00%。
别名　皮脂酸二正辛酯；皮脂酸二辛酯；癸二酸二辛酯；Sebacic acid di-*n*-octyl ester
性状　无色或浅黄色油状液体。能溶解乙基纤维素、聚苯乙烯、乙酰氯、乙酸。能与乙醇、乙醚、苯等有机溶剂相混溶，不溶于水。mp －55℃；bp_4 248℃/0.533kPa；Fp 415.4℉ (214℃)；d_4^{20} 0.907～0.913；n_D^{20} 1.449～1.451。一般试剂含量≥99.0% (GC)。
注意事项　该品口服有害。
主要用途　气相色谱固定液（适用于烃类和各种含氧化合物的分析）。塑料的韧化剂。低温增塑剂。润滑剂合成。

Dioscin　薯蓣皂苷　03817
[19057-60-4]　$C_{45}H_{72}O_{16}$　869.06
成分　C 62.19%，H 8.35%，O 29.46%。
别名　地奥素；薯蓣素；(25*R*)-Spirost-5-en-3*β*-yl *O*-6-deoxy-*α*-L-mannopyranosyl-(1→2)-*O*-[6-deoxy-*α*-L-mannopyranosyl-(1→4)]-*β*-D-glucopyranoside；Diosgenin bis-*α*-L-rhamnopyranosyl-(1→2 and 1→4)-*β*-D-glucopyranoside
M. I. 15，3320
性状　无色结晶。275～277℃分解；$[\alpha]_D^{13}$ －115° (*c*＝0.373，于乙醇中)。

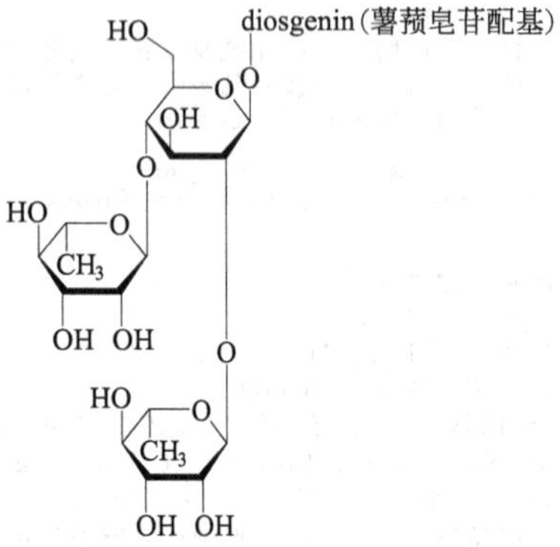

diosgenin(薯蓣皂苷配基)

Dioscorine　薯蓣碱　03818
[3329-91-7]　$C_{13}H_{19}NO_2$　221.30
成分　C 70.56%，H 8.65%，N 6.33%，O 14.46%。
别名　(1*R*,2′*S*,4*R*)-2,4′-Dimethylspiro[2-azabicyclo[2.2.2]octane-5′,2[2*H*]pyran]-6′(3′*H*)-one；[1*R*-(1α,4α,5α)]-2,4′-Dimethylspiro[2-azabicyclo[2.2.2]octane-5，2′-[2*H*]pyran]-6′(3′*H*)-one
M. I. 15，3322
性状　来自乙醚中的浅绿黄色棱柱体结晶。溶于水、乙醇、丙酮、氯仿，微溶于乙醚、苯、石油醚。mp 54～55℃；$[\alpha]_D^{18}$－35.0° (*c*＝3.4，于氯仿中)；uv max (甲醇中)：215nm (ε 10160)。

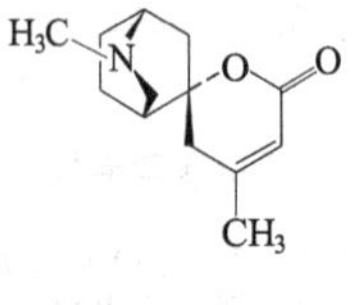

Diosgenin　薯蓣皂苷配基　03819
[512-04-9]　$C_{27}H_{42}O_3$　414.63
成分　C 78.21%，H 10.21%，O 11.58%。
别名　Nitogenin；(3*β*,25*R*)-Spirost-5-en-3-ol
M. I. 15，3323
性状　来自丙酮中的无色至微黄色结晶。溶于氯仿等一般的有机溶剂。溶于乙酸。mp 204～207℃；$[\alpha]_D^{25}$－129° (*c*＝1.4，于氯仿中)。生化试剂含量≥99.0% (TLC)。
主要用途　生化研究。用于转变为丙烯醇酮和黄体酮。

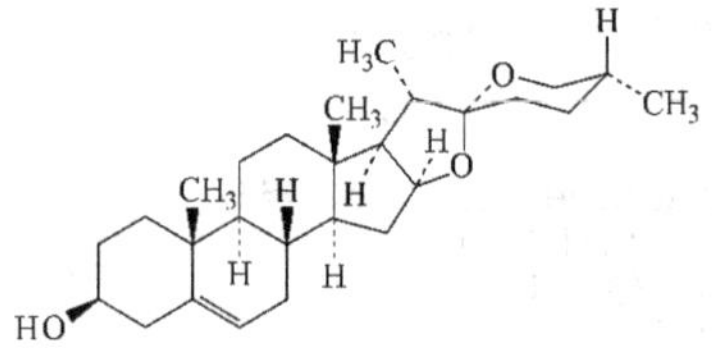

Diosmetin hemimethanolate　地奥亭 半甲醇盐　03820
[520-34-3(无半甲醇)]　$C_{33}H_{28}O_{13}$　632.58
成分　C 62.66%，H 4.46%，O 32.88%。
别名　洋芫荽黄素 半甲醇盐；5,7-Dihydroxy-2-(3-hydroxy-4-methoxyphenyl)-4*H*-1-benzopyran-4-one；3′,5,7-Trihydroxy-4′-methoxyflavone；Cyanidenon-4′-methyl ether 1479；Luteolin-4′-methyl ether
M. I. 15，3324
性状　来自乙醇/乙酸乙酯中的黄色针状结晶，248℃结块，mp 253～254℃；或来自甲醇中的细小黄色针状结晶，mp 258～259℃。uv max：345nm，268nm，253nm (lgε 4.32,4.25，4.28)。

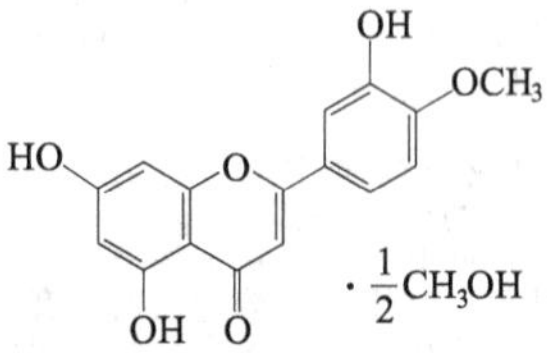

Diosmin　薯蓣皂苷　03821
[520-27-4]　$C_{28}H_{32}O_{15}$　608.55
成分　C 55.26%，H 5.30%，O 39.44%。
别名　地奥素；薯蓣素；3′,5,7-Trihydroxy-4′-methoxyflavone-7-rutinoside；5-Hydroxy-2-(3-hydroxy-4-methoxyphenyl)-7-(O^6-*α*-L-rhamnopyranosyl-*β*-D-glucopyranosyloxy)chromen-4-one；5-Hydroxy-2-(3-hydroxy-4-methoxyphenyl) 7-*β*-rutinosyloxy-4*H*-chromen-4-one；Diosmetin 7-*β*-rutinoside；Barosmin；Buchu resin；Diosmil；Diosven；Diovenor；Flebosmil；Flebosten；Hemerven；Insuven；Litosmil；Tovene；Varinon；Ven-Detrex；Venosmine
M. I. 15，3325
性状　来自吡啶或二甲基甲酰胺水中的无色细小针状结晶。几乎不溶于水、乙醇。mp 283℃ (分解)；uv max (乙醇中)：255nm，268nm，345nm (lg ε 4.28，4.25，4.30)。一般生化试剂含量约 95.0%。
注意事项　该品对眼睛、呼吸系统及皮肤有刺激性。使用时应穿适当的防护服。万一接触到眼睛，应立即用大量水冲洗后请医生诊治。应密封于 2～8℃保存。
主要用途　生化研究。医用毛发保护剂。

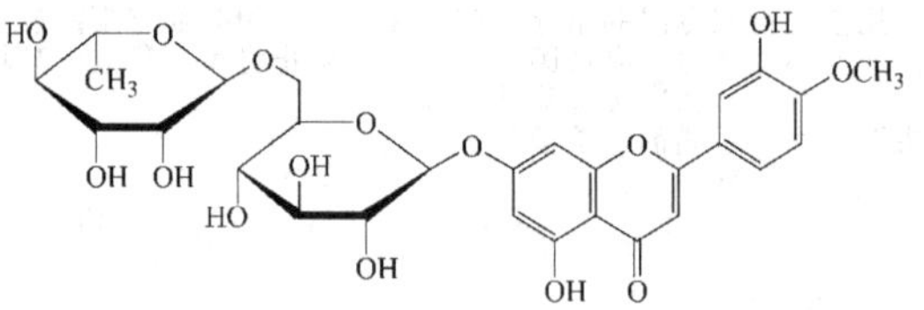

Diosphenol　布枯酚　03822
[490-03-9]　$C_{10}H_{16}O_2$　168.24
成分　C 71.39%，H 9.59%，O 19.02%。
别名　布枯脑；2-Hydroxy-3-methyl-6-(1-methylethyl)-2-cyclohexen-1-one；1-Methyl-4-isopropyl-1-cyclohexen-2-ol-3-one；2-Hydroxypiperitone；1-*p*-Menthen-2-ol-3-one；Buchu camphor；Barosma camphor
M. I. 15，3326
性状　无色结晶。能升华。溶于乙醚、氯仿、二硫化碳，中等程度溶于乙醇，略微溶于水。mp 83℃；bp_{760} 233℃/101.247kPa (分解)；bp_{10} 109℃/1.333kPa；$d_4^{99.2}$ 0.9542；

$n_D^{99.8}$ 1.4607。

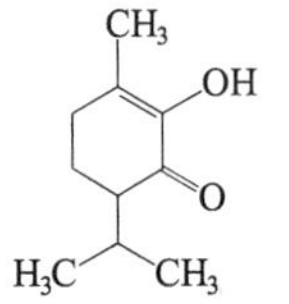

Dioxadrol hydrochloride　二苯哌啶 二噁烷 盐酸盐 03823
[3666-69-1]　$C_{20}H_{24}ClNO_2$　345.87
成分　C 69.45%，H 6.99%，Cl 10.25%，N 4.05%，O 9.25%。
别名　盐酸二苯哌啶 二噁烷；Rydar；2-(2,2-Diphenyl-1,3-dioxolan-4-yl)piperidine hydrochloride；2,2-Diphenyl-4-(2-piperidyl)-1,3-dioxolane hydrochloride
M.I.15，3327
性状　来自甲醇中的无色结晶。mp 256～260℃。LD_{50}小鼠急性经口：240mg/kg。
主要用途　医用抗抑郁剂。

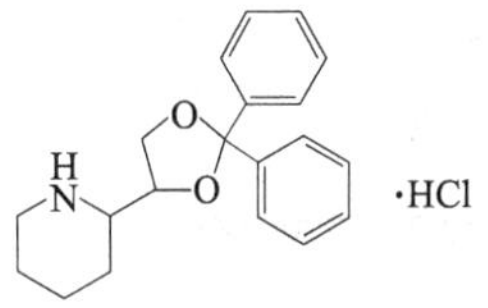

1,3-Dioxane　1,3-二氧六环 03824
[505-22-6]　$C_4H_8O_2$　88.11
成分　C 54.53%，H 9.15%，O 36.32%。
别名　1,3-二噁烷；Formaldehyde trimethylene acetal
性状　无色液体。mp －45℃；bp 105～106℃；Fp 41℉(5℃)；d_4^{20} 1.032；n_D^{20} 1.4180。一般试剂含量≥98.0%(GC)。
注意事项　该品高度易燃，吸入、口服或与皮肤接触有害。使用现场禁止吸烟。应远离火种密封保存。
主要用途　溶剂。

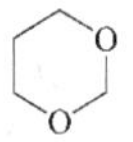

1,4-Dioxane　1,4-二氧六环 03825
[123-91-1]　$C_4H_8O_2$　88.11
成分　C 54.53%，H 9.15%，O 36.32%。
别名　乙二醇二醚；二氧六环；1,4-二噁烷；双乙酐；环二氧二乙烯；环氧二乙烷；Diethyl dioxide；1,4-Diethylene dioxide；Diethylene ether；Dioxane；Dioxyethylene ether；Ethyleneglycolethylene ether；1,4-Dioxacyclohexane
GW 2015-647　M.I.15，3328
性状　无色液体。具有清香的酯味。能与水及多种有机溶剂相混溶。mp 11.8℃；bp_{760} 101.1℃/101.325kPa；bp_{400} 81.8℃/53.328kPa；bp_{200} 62.3℃/26.664kPa；bp_{100} 45.1℃/13.332kPa；bp_{60} 33.8℃/7.999kPa；bp_{40} 25.2℃/5.333kPa；bp_{20} 12℃/2.666kPa；Fp 52℉（11℃）；d_4^{20} 1.0329；n_D^{20} 1.4175。LD_{50}小鼠，大鼠急性经口：5.7mL/kg，5.2mL/kg。
注意事项　该品高度易燃，能形成爆炸性过氧化物。对眼睛及呼吸系统有刺激性。对机体有不可逆损伤的可能性。反复曝露可造成皮肤干燥或开裂。使用时应穿适当的防护服和戴手套。使用现场禁止吸烟。如误服本品，应立即请医生检查，并出示本品包装物或标签。应远离火种密封于通风良好处保存。
主要用途　非水滴定常用溶剂，还是乙酸纤维素及其衍生物的溶剂。色层分析用溶剂。脱氧剂。

参考规格　HG/T 3499—2004	分析纯	化学纯
含量[$(C_2H_4)_2O_2$]/%≥	99.0	98.5
色度/　黑曾单位	10	
密度(20℃)/(g/mL)	1.030～1.035	
结晶点/℃≥	11.0	9.5
铁(Fe)/%≤	0.0001	
蒸发残渣物/%≤	0.005	0.01
水分(H_2O)/%≤	0.1	0.4
酸度(以H^+计)/mmol/100g≤	0.2	0.3
过氧化物(以H_2O_2计)/%≤	0.005	

Dioxathion　二噁磷 03826
[78-34-2]　$C_{12}H_{26}O_6P_2S_4$　456.52
成分　C 31.57%，H 5.74%，O 21.03%，P 13.57%，S 28.09%。
别名　二噁硫磷；敌杀磷；phosphorodithioic acid *S*,*S*′-1,4-dioxane-2,3-diyl *O*,*O*,*O*′,*O*′-tetraethyl ester；2,3-*p*-Dioxanedithiol *S*,*S*-bis(*O*,*O*-diethyl phosphorodithioate)；AC-528；ENT-22879；Hercules 528；Delnav；Navadel
M.I.15，3320
性状　褐色液体。部分溶于己烷，不溶于水。能被碱和被加热而水解。mp －20℃；d_4^{26} 1.257；n_D^{20} 1.5420。LD_{50}雌，雄大鼠急性经口：23mg/kg，43mg/kg；皮肤接触：63mg/kg，235mg/kg。
注意事项　该品与皮肤接触有毒。吸入或口服极毒。对水生物极毒。能对水环境引起不利的结果。接触皮肤应用大量肥皂水冲洗。使用时应穿适当的防护服和戴手套。使用时如有事故发生或有不适之感，应请医生诊治。应防止将本品释放于环境中。其包装物应按危险品处理。
主要用途　杀虫剂，杀螨剂。

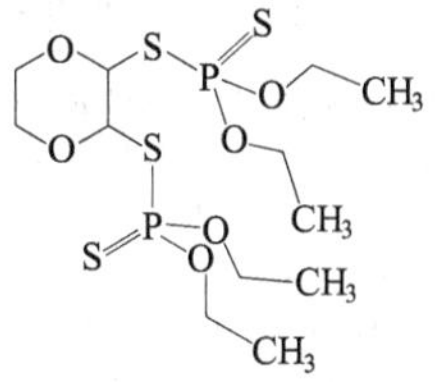

Dioxethedrine hydrochloride　对羟乙麻黄碱 盐酸盐 03827
[22930-85-4]　$C_{11}H_{18}ClNO_3$　247.72
成分　C 53.33%，H 7.32%，Cl 14.31%，N 5.65%，O 19.38%。
别名　盐酸对羟乙麻黄碱；4-(2-Ethylamino-1-hydroxypropyl)-1,2-benzenediol hydrochloride；*N*-Ethyl-3,4-dihydroxynorephedrine hydrochloride；α-(1-Ethylaminoethyl)protocatechuyl alcohol hydrochloride；2-Ehylamino-1-(3′,4′-dihydroxyphenyl)-1-propanol；1-(3′,4′-Dihydroxyphenyl)-2-ethylamino-1-propanol hydrochloride；C 247-HCl
M.I.15，3331
性状　来自甲醇＋乙醚中的无色结晶。mp 212～214℃。
主要用途　医用支气管扩张剂。

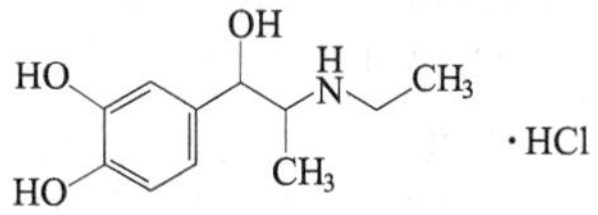

1,3-Dioxolane　1,3-二氧五环 03828
[646-06-0]　$C_3H_6O_2$　74.08
成分　C 48.64%，H 8.16%，O 43.19%。
别名　乙二醇亚甲基醚；乙二醇次甲基醚；二氧戊环；乙二醇缩甲醛；1,3-Dioxacyclopentane；Ethylene glycol methylene ether；Formaldehyde ethylene acetal；Glycol formal；Glycol methylene ether
GW 2015-646
性状　无色透明液体。溶于水、乙醇、乙醚、苯。mp －95℃；bp 74～75℃；Fp 26.6℉（－3℃）；d_4^{20} 1.060；n_D^{20} 1.4000。一般试剂含量≥99.0%（GC）。
注意事项　该品高度易燃。使用现场禁止吸烟。应远离火种密封保存。
主要用途　溶剂。萃取剂。

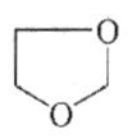

DL-β,γ-Dipalmitoyl-α-cephalin
DL-β,γ-二棕榈酰-α-脑磷脂 03829
[5681-36-7]　$C_{37}H_{74}NO_8P$　691.96
成分　C 64.22%，H 10.78%，N 2.02%，O 18.50%，P 4.48%。
别名　DL-α-二棕榈酰磷脂酰乙醇胺；β,γ-二棕榈酰 DL-α-

脑磷脂；1,2-Dihexadecanoyl-rac-glycero-3-phosphoethanolamine；DL-α-Phosphatidyl ethanolamine dipalmitoyl；β,γ-Dipalmitoyl-DL-α-cephalin；*rac*-1,2-Dipalmitoyl glycero-3-phosphoryl ethanolamine；*rac*-1,2-Dipalmitoyl-glycero-3-phosphoethanolamine；*rac*-Phosphatidylethanolamine-1，2-dipalmitoyl

性状　白色结晶。对湿度敏感。生化试剂含量≥99.0%（TLC）。

注意事项　使用时应避免吸入本品的粉尘，避免与眼睛及皮肤接触。应充氩气密封于－20℃干燥保存。

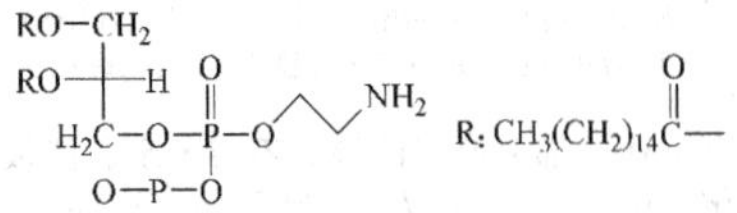

R: $CH_3(CH_2)_{14}C(=O)$—

1,2-Dipalmitoyl-*sn*-glycerol　1,2-二棕榈酰甘油　03830

[30334-71-5]　$C_{35}H_{68}O_5$　568.91

成分　C 73.89%，H 12.05%，O 14.06%。

别名　α,β-二棕榈精；1，2-二棕榈精；甘油-α,β-二棕榈酸酯；α,β-二棕榈酸甘油酯；(*S*)-1,2-Dipalmitin；(*S*)-Glycerol 1，2-dipalmitate；α，β-Glycerol dipalmitate；α，β-Dipalmitin；1,2-Dihexadecanoyl-*sn*-glycerol

性状　无色结晶。mp 66～69℃。生化试剂含量≥99.0%（TLC）。

注意事项　使用时应避免吸入本品的粉尘，避免与眼睛及皮肤接触。应充氩气密封于－20℃保存。

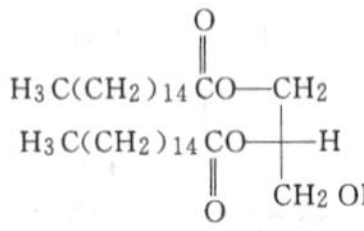

$H_3C(CH_2)_{14}CO—CH_2$
$H_3C(CH_2)_{14}CO—C—H$
CH_2OH

L-β,γ-Dipalmitoyl-α-lecithin monohydrate
L-β,γ-二棕榈酰-α-卵磷脂 一水　03831

[63-89-8]　$C_{40}H_{80}NO_8P \cdot H_2O$　752.05

成分（以无水物计）　C 65.45%，H 10.98%，N 1.91%，O 17.44%，P 4.22%。

别名　L-α-二棕榈酰磷脂酰胆碱；β,γ-二棕榈酰-L-α-卵磷脂；Exosurf neonatal；(7*R*)-4-Hydroxy-*N*,*N*,*N*-trimethyl-10-oxo-7-(1-oxohexadecyl)oxy-3,5,9-trioxa-4-phosphapentacosan-1-aminium innersalt 4-oxide；L-α-Phosphatidylcholine dipalmitoyl；β,γ-Dipalmitoyl-L-α-lecithin；1，2-Dipalmitoyl-*sn*-glycero-3-phosphorylcholine monohydrate；1，2-Dipalmitoyl monohydrate；3-*sn*-Phosphatidylcholine 1,2-dipalmitoyl

M. I. 15，2461

性状　来自热二异丁基甲酮的无色结晶。易溶于氯仿、热二异丁基甲酮、热二氧六环。在水中易乳化。22～23℃时于下列物质中的溶解度（g/100mL）：乙醇 1.5，乙醚 0.02，丙酮 0.02，吡啶 1.1，乙酸 4.0，甲醇 1.4。75～79℃变软。mp 234～235℃；$[\alpha]_D^{23}+6.6°$（$c=4.2$，于 1：1 氯仿-甲醇中）。生化试剂含量≥99.0%（TLC）。

注意事项　该品应充氩气密封于－20℃干燥保存。

主要用途　医用肺部的表面活性剂。辅助诊断胎儿肺成熟期。

Dipentene　双戊烯　03832

[138-86-3]　$C_{10}H_{16}$　136.24

成分　C 88.16%，H 11.84%。

别名　二烯萜；二聚戊烯；柠檬油精；苧烯；1,8-萜二烯；Cajeputene；Cinene；Kautschin；Limonene；*p*-Mentha-1，8-diene；1-Methyl-4-(1-methylethenyl) cyclohexene；DL-4-*iso*-Propenyl-1-methylcyclohexane

GW 2015-2010　M. I. 15，5546

性状　无色或浅黄色液体。有柠檬味。能与乙醇相混溶，不溶于水。bp_{763} 175.5～176.5℃/101.725kPa；Fp 108℉（42℃）；$d_4^{20.85}$ 0.8402；n_D 1.4744。

注意事项　该品易燃。对皮肤有刺激性。接触皮肤能引起过敏。对水生物极毒。能对水环境引起不利的结果。使用时应戴适当的手套，应避免与皮肤接触。应防止将本品释放于环境中。其包装物应按危险品处理。应远离火种密封保存。

主要用途　溶剂。分散剂。润湿剂。香料合成。农药生产。

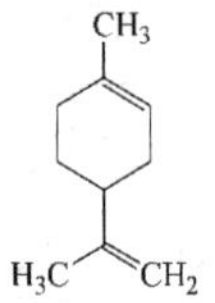

Dipentylamine　二戊胺　03833

[2050-92-2]　$C_{10}H_{23}N$　157.30

成分　C 76.36%，H 14.74%，N 8.90%。

别名　二正戊胺；Di-*n*-amylamine；Diamylamine

GW 2015-721

性状　无色液体。为异构体的混合物。能与乙醇、乙醚任意混溶，微溶于水。bp 202～203℃；Fp 126℉（52℃）；d_4^{20} 0.777；n_D^{20} 1.4270。一般试剂含量≥99.0%。

注意事项　该品口服有害。与皮肤接触有毒。对呼吸系统和皮肤有刺激性。使用时应穿适当的防护服和戴手套。万一接触到眼睛，应立即用大量水冲洗后请医生诊治。使用时如有事故发生或有不适之感，应请医生诊治。应密封保存。

主要用途　有机合成。

2,5-Di-*tert*-pentylhydroguinone
2,5-二叔戊基氢醌　03834

[79-74-3]　$C_{16}H_{26}O_2$　250.38

成分　C 76.75%，H 10.47%，O 12.78%。

别名　2,5-二叔戊基对苯二酚；2,5-Bis(1,1-dimethylpropyl)-1,4-benzenediol；2,5-Di-*tert*-amylhydroquinone；2,5-Bis(1,1-dimethylpropyl)hydroquinone；Santovar A

M. I. 15，3334

性状　无色结晶。mp 179.4～180.4℃。

主要用途　橡胶着色、保护剂。

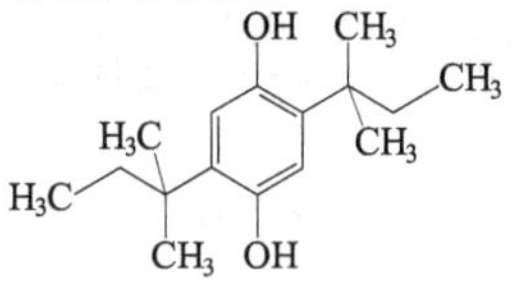

Diphemanil methylsulfate　二苯甲哌 甲基磺酸盐　03835

[62-97-5]　$C_{21}H_{27}NO_4S$　389.51

成分　C 64.75%，H 6.99%，N 3.60%，O 16.43%，S 8.23%。

别名　4-二苯基亚甲基-1,1-二甲基哌啶 甲基磺酸盐；甲基磺酸二苯甲哌；4-Diphenylmethylene-1,1-dimethylpiperidinium methyl sulfate；*p*-(α-Phenylbenzylidene)-1,1-dimethylpiperidinium methylsulfate；*N*，*N*-Dimethyl-4-piperidylidene-1,1-diphenylmethane methylsulfate；Prantal

M. I. 15，3336

性状　无色结晶。溶于水。mp 194～195℃；LD_{50}大鼠，小鼠，豚鼠急性经口：1107mg/kg，64mg/kg，404mg/kg。

主要用途　医用多汗症的治疗。

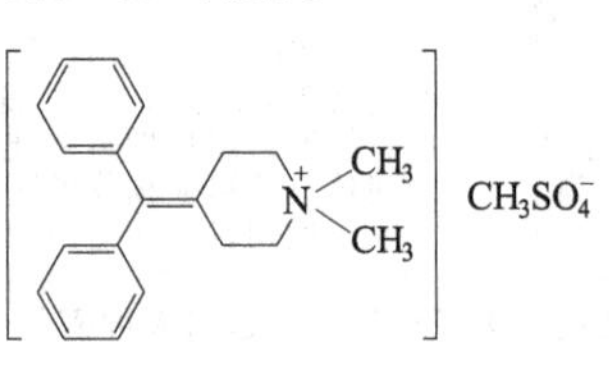

Diphenadione　敌鼠　03836

[82-66-6]　$C_{23}H_{16}O_3$　340.38

成分　C 81.16%，H 4.74%，O 14.10%。

别名　2-Diphenylacetyl-1*H*-indene-1,3(2*H*)-dione；2-Diphenylacetyl-1，3-diketohydrindene；Diphacinone；U-1363；Dipaxin；Oragulant；Solvan；Didandin；Diphacin

M. I. 15，3335

性状　来自乙醇中的浅黄色结晶。呈酸性反应。溶于丙酮、乙酸，微溶于苯、热乙醇，几乎不溶于水。mp 146～147℃。LD_{50}大鼠，小鼠，兔急性经口：3mg/kg，340mg/kg，35mg/kg。

主要用途 杀鼠剂。医用抗凝剂。

Diphenamide 双苯酰草胺 03837

[957-51-7] $C_{16}H_{17}NO$ 239.32

成分 C 80.30%，H 7.16%，N 5.85%，O 6.69%。

别名 *N*,*N*-Dimethyl-*α*-phenylbenzeneacetamide; *N*,*N*-Dimethyl-2,2-diphenylacetamide; *N*,*N*-Dimethyl-*α*,*α*-diphenyl acetamide; 2,2-Diphenyl-*N*,*N*-dimethylacetamide; L-34314; Dymid; Emide

M. I. 15，3337

性状 来自乙酸乙酯中的结晶。溶于水、丙酮、二甲基甲酰胺、二甲苯、苯基溶纤剂。mp 134.5～135.5℃；LD_{50}大鼠急性经口：700mg/kg。

注意事项 该品口服有害。对水生物有害。能对水环境产生长期有害的结果。应防止将本品释放于环境中。

Diphencyprone 二苯莎莫酮 03838

[886-38-4] $C_{15}H_{10}O$ 206.24

成分 C 87.36%，H 4.89%，O 7.76%。

别名 二苯环丙烯酮；1,2-二苯环丙烯-3-酮；2,3-二苯基-2-环丙烯-1-酮；2,3-Diphenyl-2-cyclopropen-1-one；1,2-Diphenylcyclopropenone; DPC

M. I. 15，3338

性状 来自环己烷中的无色结晶为一水合物。mp 87～90℃；*d* 1.202；uv max（乙腈中）：297nm，282nm，226nm，220nm（lg ε 4.3，4.25，4.13，4.16）。mp（无水物）118～120℃

主要用途 医用抗脱毛剂。

Diphenhydramine hydrochloride
苯海拉明 盐酸盐 03839

[147-24-0] $C_{17}H_{22}ClNO$ 291.82

成分 C 69.97%，H 7.60%，Cl 12.15%，N 4.80%，O 5.48%。

别名 盐酸苯海拉明；可他敏；Alledryl; Allergina; Amidryl; Bagodryl; Bax; Benadryl; Benocten; Benzantin; Dibondrin; Dihydral; Diphantine; Dolestan; Fenylhist; Halbmond; Histacyl; Noctomin; S 8; Sedopretten; Sekundal-D; Syntedril; Wehydryl; 2-Benzhydryloxy-*N*, *N*-dimethylethylamine hydrochloride; *β*-Dimethylaminoethyl benzhydryl ether hydrochloride; *O*-Benzhydryldimethylaminoethanol hydrochloride; *α*-(2-Dimethylaminoethoxy) diphenylmethane hydrochloride; Benzhydramine hydrochloride

M. I. 15，3339

性状 来自无水乙醇＋乙醚中的无色结晶。味苦。1g该品溶于1mL水、2mL乙醇、2mL氯仿、50mL丙酮。极微溶于苯、乙醚。其1%水溶液pH值约5.5。mp 166～170℃。LD_{50}大鼠急性经口：500mg/kg。一般试剂含量≥98.0%（TLC）。

注意事项 该品口服有害。使用时应穿适当的防护服。

主要用途 生化研究。医用抗组胺剂。

Diphenic acid 联苯甲酸 03840

[482-05-3] $C_{14}H_{10}O_4$ 242.23

成分 C 69.42%，H 4.16%，O 26.42%。

别名 邻联苯二羧酸；2,2′-联苯二羧酸；联苯-2,2′-二羧酸；联苯酸；*o*,*o*′-Bibenzoic acid; (1,1′-Biphenyl)-2,2′-dicarboxylic acid; Biphenyl-2,2′-dicarboxylic acid; 2,2′-Biphenyl dicarboxylic acid

M. I. 15，3340

性状 该品由凉水中缓慢生成的为单斜晶的菱形棒，在热水中生成的为叶状体，精制升华的为针状体结晶。溶于多数有机溶剂。mp 228～229℃。一般试剂含量≥95.0%（T）。

注意事项 该品对眼睛、呼吸系统及皮肤有刺激性。使用时应戴适当的手套和防护镜或面罩。万一接触到眼睛，应立即用大量水冲洗后请医生诊治。

Diphenidol hydrochloride 二苯哌啶丁醇 盐酸盐 03841

[3254-89-5] $C_{21}H_{28}ClNO$ 345.91

成分 C 72.92%，H 8.16%，Cl 10.25%，N 4.05%，O 4.63%。

别名 1,1-二苯基-4-哌啶基-1-丁醇；盐酸二苯哌啶丁醇；SKF-478-A; Ansmin; Cefadol; Celmidol; Difenidolin; Maniol; Mecalmin; Pineroro; Satanolon; Tenesdol; Vontrol; Wansar; 1,1-Diphenyl-4-piperidino-1-butanol hydrochloride; diphenyl-[3-(1-piperidyl) propyl] carbinol hydrochloride; defenidol-HCl; SKF-478-HCl

M. I. 15，3341

性状 来自氯仿＋乙酸乙酯中的无色结晶。易溶于甲醇，溶于水、氯仿，几乎不溶于乙醚、苯、石油醚。mp 212～214℃。

注意事项 该品吸入、口服或与皮肤接触有害。使用时应穿适当的防护服。

主要用途 生化研究。医用止吐剂。

Diphenolic acid 双酚酸 03842

[126-00-1] $C_{17}H_{18}O_4$ 286.33

成分 C 71.31%，H 6.34%，O 22.35%。

别名 *γ*,*γ*-双（对羟基苯基）戊酸；4,4-双（4-羟基苯基）戊酸；4-羟基-*γ*-（4-羟基苯基）-*γ*-甲基苯丁酸；4,4-Bis(4-hydroxyphenyl) valeric acid; 4,4-Bis(4′-hydroxyphenyl) Pentanoic acid; *γ*,*γ*-Bis(*p*-hydroxyphenyl) valeric acid; DPA

M. I. 15，3342

性状 来自热水中的无色结晶。易溶于热水，溶于丙酮、乙酸、乙醇、异丙醇、甲基乙基甲酮。mp 171～172℃。

注意事项 该品对眼睛、呼吸系统及皮肤有刺激性。

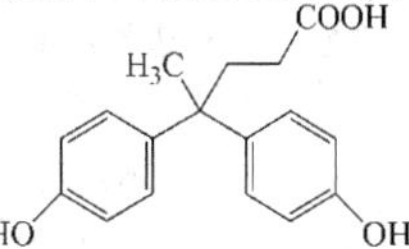

1,2-Diphenoxyethane 1,2-二苯氧基乙烷 03843

[104-66-5] $C_{14}H_{14}O_2$ 214.26

成分 C 78.48%，H 6.59%，O 14.93%。

别名 乙二醇二苯醚；Ethylene glycol diphenyl ether

性状 无色结晶。mp 95～99℃。一般试剂含量≥99.0%（GC）。

注意事项 使用时应避免吸入本品的粉尘，避免与眼睛及皮

肤接触。

Diphenoxylate hydrochloride 氰苯哌酯 盐酸盐 03844

[3810-80-8] $C_{30}H_{33}ClN_2O_2$ 489.06

成分 C 73.68%，H 6.80%，Cl 7.25%，N 5.73%，O 6.54%。

别名 地芬诺酯 盐酸盐；盐酸地芬诺酯；盐酸氰苯哌酯；氰苯哌酸乙酯 盐酸盐；1-(3-Cyano-3,3-diphenylpropyl)-4-phenyl-4-piperidinecarboxylic acid ethyl ester hydrochloride；1-(3-Cyano-3,3-diphenylpropyl)-4-phenylisonipecotic acid ethylester hydrochloride；Ethyl 1-(3-cyano-3,3-diphenylpropyl)-4-phenylisonipecotate hydrochloride；Ethyl 1-(3-cyano-3,3-diphenylpropyl)-4-phenyl-4-piperidinecarboxylate hydrochloride；2,2-Diphenyl-4-(4-carbethoxy-4-phenylpiperidino)butyronitrile hydrochloride；R-1132-HCl

M. I. 15，3343

性状 无色或白色结晶。该品于下列物质中的溶解度(25℃，mg/mL)：乙酸 500；二甲基甲酰胺 500；氯仿 360；甲醇>50；乙醇 3，水 0.8；己烷 0.5。略溶于丙酮，微溶于异丙醇，几乎不溶于乙醚。mp200.5～222℃；uv max（甲醇中）：252nm，258nm，264nm。

主要用途 医用止泻剂。

CN ·HCl N O O CH_3

Diphenyl 联苯 03845

[92-52-4] $C_{12}H_{10}$ 154.21

成分 C 93.46%，H 6.54%。

别名 苯基苯；1,1′-联苯；Benbenzene；Bibenzene；1,1′-Biphenyl；Phenylbenzene；Xenene

GW 2015-1245 M. I. 15，3344

性状 无色至微黄色小叶状结晶。有独特愉快气味。溶于乙醇、乙醚，不溶于水。mp 69～71℃；bp 254～255℃；d 1.041；n_D^{77} 1.588。LD_{50}大鼠急性经口：3280mg/kg。一般试剂含量≥98.0%（GC）。

注意事项 该品对眼睛、呼吸系统及皮肤有刺激性。对水生物极毒。能对水环境引起不利的结果。使用时应避免吸入本品的蒸气。避免将本品释放于环境中。其包装物应按危险品处理。

主要用途 溶剂。测有机化合物分子量。传热剂。果实防霉。

Diphenylacetaldehyde 二苯基乙醛 03846

[947-91-1] $C_{14}H_{12}O$ 196.24

成分 C 85.68%，H 6.16%，O 8.15%。

性状 无色液体。bp 315℃；bp_{27} 191～193℃/3.6kPa；Fp >230℉（110℃）；d_4^{20} 1.106；n_D^{20} 1.5890。一般试剂含量≥90.0%（GC）。

注意事项 使用时应避免吸入本品的蒸气，避免与眼睛及皮肤接触。

Diphenylacetic acid 二苯基乙酸 03847

[117-34-0] $C_{14}H_{12}O_2$ 212.25

成分 C 79.22%，H 5.70%，O 15.08%。

别名 二苯甲烷-α-羧酸；α-苯基苯乙酸；Diphenylmethane-α-carboxylic acid；α-Phenylbenzeneacetic acid

M. I. 15，3346

性状 来自乙醇中的无色、白色小片状结晶或来自水中的无色针状结晶。能升华。溶于甲醇、乙醇、乙醚、三氯甲烷、热水。mp 148℃。一般试剂含量≥99.0%（T）。

主要用途 有机合成。

1,3-Diphenylacetone 1,3-二苯基丙酮 03848

[102-04-5] $C_{15}H_{14}O$ 210.27

成分 C 85.68%，H 6.71%，O 7.61%。

别名 二苄基甲酮；对称二苯基丙酮；Dibenzyl ketone；*sym*-Diphenylacetone；1,3-Diphenyl-2-propanone；2-Oxo-1,3-diphenylpropane

性状 黄色结晶。见光或露置空气中逐渐分解。溶于乙醇、苯，不溶于水。mp 32～34℃；bp 330℃；Fp 235.4℉（113℃）。一般试剂含量≥98.0%（GC）。

注意事项 该品应密封于 2～8℃保存。

主要用途 有机合成。

Diphenylacetonitrile 二苯乙腈 03849

[86-29-3] $C_{14}H_{11}N$ 193.24

成分 C 87.02%，H 5.74%，N 7.25%。

别名 α-氰二苯基甲烷；α-Cyanodiphenylmethane；Diphenatrile；Dipan

性状 无色结晶。溶于乙醇、乙醚、丙二醇。mp 76℃；bp_{12} 181℃/1.6kPa。LD_{50}大鼠急性经口：3500mg/kg。一般试剂含量≥97.0%(GC)。

注意事项 该品对眼睛、呼吸系统及皮肤有刺激性。使用时应穿适当的防护服。万一接触到眼睛，应立即用大量水冲洗后请医生诊治。

Diphenylacetylene 二苯乙炔 03850

[501-65-5] $C_{14}H_{10}$ 178.23

成分 C 94.34%，H 5.66%。

别名 1,2-二苯乙炔；二苯乙炔 对称；对称二苯乙炔；*sym*-Diphenylacetylene；Diphenylethyne；1,1′-(1,2-Ethynediyl)bisbenzene；Tolan

M. I. 15，9664

性状 来自 95%乙醇中的无色单斜的类似菱形的棒状或长针状结晶。易溶于热乙醇、乙醚，不溶于水。mp 60～61℃；bp_{760} 300℃/101.325kPa；bp_{19} 170℃/2.533kPa；uv max：216nm，221nm，269nm，272nm，279nm，288nm，297nm（ε 20600，20300，23450，25200，33000，23250，29400）。一般试剂含量≥97.0%(UV)。

注意事项 该品应密封于 2～8℃保存。

主要用途 有机合成。

Diphenylamine 二苯胺 03851

[122-39-4] $C_{12}H_{11}N$ 169.23

成分 C 85.17%，H 6.55%，N 8.28%。

别名 氨基二苯；Anilinobenzene；*N*-Phenylaniline；*N*-Phenylbenzeneamine

GW 2015-311 M. I. 15，3347

性状 白色单斜叶状结晶。具有弱碱性。有芳香味。见光逐渐变色。对空气敏感。1g 该品能溶于 2.2mL 乙醇、4.5mL 丙醇，易溶于乙醚、苯、冰乙酸、二硫化碳，不溶于水。mp 53～54℃；bp 302℃；Fp 307.4℉（153℃）；d 1.16。

注意事项 该品吸入、口服或与皮肤接触有毒。并具有蓄积性危害。对水生物极毒。能对水环境引起不利的结果。使用时应穿适当的防护服和戴手套。接触皮肤后，应用大量冲洗。使用时如有事故发生或有不适之感，应请医生诊治。应防止将本品释放于环境中。其包装物应按危险品处理。应充氩气密封避光保存。

主要用途 硝酸盐、亚硝酸盐、氯酸盐、镁的比色测定。检验或测定氧化物。氧化还原指示剂。有机合成。液体干燥剂。

参考规格 HG/T 681—1994

	分析纯
含量[$(C_6H_5)_2NH$]/%≥	99.0
熔点/℃	52.5～54.0(1)
对硝酸盐灵敏度试验	合格
乙醇溶解试验	合格
灼烧残渣(以硫酸盐计)/%≤	0.01
硝酸盐(NO_3)	合格
苯胺($C_6H_5NH_2$)	合格

Diphenylamine-2,2′-dicarboxylic acid 03852
二苯胺-2,2′二羧酸

[579-92-0] $C_{14}H_{11}NO_4$ 257.25

成分 C 65.37%，H 4.31%，N 5.44%，N 5.44%，O 24.88%。

别名 2,2′-二羧基二苯胺；钒试剂；2,2′-亚氨基二苯甲酸；2,2′-Iminobis(benzoic acid)；2,2′-Iminodibenzoic acid

M. I. 15，3348

性状 来自醇中的浅黄色结晶。极微溶于乙醇、乙醚、冰乙酸、三氯甲烷，不溶于水。mp 296～297℃（分解）。

注意事项 该品对眼睛、呼吸系统及皮肤有刺激性。

主要用途 在强酸性介质中，用于三氧化二钨中微量钒的分光光度测定和钢中微量钒的比色测定。

Diphenylamine hydrochloride 二苯胺 盐酸盐 03853

[537-67-7] $C_{12}H_{12}ClN$ 205.69

成分 C 70.07%，H 5.88%，Cl 17.24%，N 6.81%。

别名 盐酸二苯胺；*N*-Phenylbenzeneamine hydrochloride

M.I. 15，3347

性状 无色或白色结晶。露置空气中逐渐变蓝。易溶于水、乙醇。

注意事项 该品应密封避光保存。

主要用途 硝酸盐、亚硝酸盐、铁的比色测定；薄层色谱分析用显色剂，土壤分析测定氮的含量。有机合成。液体干燥剂。

Diphenylamine-4-sulfonic acid sodium salt
二苯胺-4-磺酸钠盐 03854

[6152-67-6] $C_{12}H_{10}NNaO_3S$ 271.27

成分 C 53.13%，H 3.72%，N 5.16%，Na 8.47%，O 17.69%，S 11.82%。

别名 二苯胺对磺酸钠；4-苯胺基苯磺酸钠；4-Anilinobenzenesulfonic acid sodium salt；4-Diphenylaminesulfonic acid sodium salt；*N*-Phenylsulfanilic acid sodium salt；Sodium diphenylamine-*p*-sulfonate；4-(Phenylamino) benzenesulfonic acid sodium salt

性状 白色结晶性粉末。露置空气中变色，遇酸变蓝。溶于水、热乙醇，不溶于乙醚、苯、甲苯、二硫化碳。一般试剂含量≥98.0%。

注意事项 该品对眼睛、呼吸系统及皮肤有刺激性。使用时应戴适当的手套。万一接触到眼睛，应立即用大量水冲洗后请医生诊治。使用时应避免吸入本品的粉尘，避免与眼睛及皮肤接触。应密封干燥保存。

主要用途 分析试剂，如硝酸盐的检验、氮肥的分析。氧化还原指示剂。尿素合成中的脱硫剂。

9,10-Diphenylanthracene 9,10-二苯基蒽 03855

[1499-10-1] $C_{26}H_{18}$ 330.42

成分 C 94.51%，H 5.49%。

别名 9,10-Dibenzanthracene；DPA

性状 无色结晶。mp 245～248℃。一般试剂含量≥98.0%（HPLC）。

注意事项 使用时应避免吸入本品的粉尘，避免与眼睛及皮肤接触。

主要用途 闪烁体试剂。染料制备。

1,2-Diphenylbenzene 1,2-二苯基苯 03856

[84-15-1] $C_{18}H_{14}$ 230.31

成分 C 93.87%，H 6.13%。

别名 邻二苯基苯；2-苯基联苯；*o*-Diphenylbenzene；*o*-Terphenyl

性状 白色棱柱状结晶。微黄。溶于丙酮、氯仿、苯。mp 58～59℃；bp 337℃；Fp 235.4℉（113℃）。一般试剂含量≥99.0%（GC）。

注意事项 该品口服有害。使用时应避免吸入本品的粉尘，避免与眼睛及皮肤接触。

主要用途 闪烁试剂。分析用标准物质。

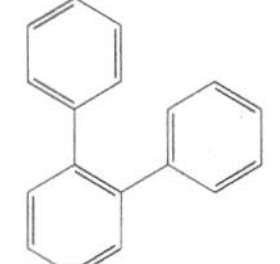

1,3-Diphenylbenzene 1,3-二苯基苯 03857

[92-06-8] $C_{18}H_{14}$ 230.31

成分 C 93.87%，H 6.13%。

别名 异二苯基苯；间二苯基苯；3-苯基联苯；*iso*-Diphenylbenzene；Isodiphenylbenzene；*m*-Diphenylbenzene；*m*-Terphenyl；3-Phenyldiphenyl

性状 黄色针状结晶。溶于乙醇、乙醚、乙酸、苯。mp 86～87℃；bp 379℃。一般试剂含量≥99.0%（GC）。

注意事项 该品对眼睛、呼吸系统及皮肤有刺激性。使用时应穿适当的防护服。万一接触到眼睛，应立即用大量水冲洗后请医生诊治。

主要用途 闪烁试剂。分析用标准物质。

1,4-Diphenylbenzene 1,4-二苯基苯 03858

[92-94-4] $C_{18}H_{14}$ 230.31

成分 C 93.87%，H 6.13%。

别名 对二苯基苯；对三联苯；*p*-Diphenylbenzene；*p*-T；PTP；*p*-Terphenyl；TP；*p*-Triphenyl

性状 白色针状或片状结晶。溶于水、热苯，微溶于乙醚，不溶于乙醇。407℃时能升华。mp 212～213℃；bp 389℃；bp_{45} 250℃/5.999kPa；Fp 405℉（206℃）；d^0 1.234；λ_{max} 277nm (lgε 4.50)。一般试剂含量≥99.0%（UV）。

注意事项 该品对眼睛、呼吸系统及皮肤有刺激性。万一接触到眼睛，应立即用大量水冲洗后请医生诊治。

主要用途 闪烁试剂。有机合成。

***N*,*N*′-Diphenylbenzidine *N*,*N*′-二苯基联苯胺** 03859

[531-91-9] $C_{24}H_{20}N_2$ 336.44

成分 C 85.68%，H 5.99%，N 8.33%。

别名 二苯基二氨基联苯；对称二苯基联苯胺；*N*,*N*′-Diphenyl-(1,1′-biphenyl)-4,4′-diamine

M.I. 15，3349

性状 白色或近白色小叶状或片状结晶。见光颜色逐渐变暗。易溶于沸甲苯、乙酸乙酯，微溶于乙醇、丙酮，不溶于水。mp 242℃。一般试剂含量≥97.0%（N）。

注意事项 使用时应避免吸入本品的粉尘，避免与眼睛及皮肤接触。应密封避光保存。

主要用途 分析试剂，用于硝酸根、钒、锌的测定。

***trans*, *tranrs*-1,4 Diphenyl-1,3-butadiene**
反,反-1,4-二苯基-1,3-丁二烯 03860

[538-81-8] C_6H_{14} 206.29

成分 C 93.16%，H 6.84%。

别名 β,β′-Bistyryl；*trans*,*trans*-1,1′-(1,3-Butadienebisbenzene；*trans*,*trans*- Distyryl；*trans*,*trans*- Bistyryl；*trans*,*trans*-1,4-Diphenylerythrene；*trans*,*trans*-DPB

M.I. 15，3350

性状 无色或白色结晶。对空气敏感。溶于乙醇，微溶于乙醚。mp 149.7℃；bp_{720} 350℃/95.992kPa。一般试剂含量≥99.0%（HPLC）。

注意事项 该品对眼睛、呼吸系统及皮肤有刺激性。使用时应穿适当的防护服。万一接触到眼睛，应立即用大量水冲洗后，请医生诊治。应充氩气密封保存。

Diphenylcarbamyl chloride 二苯基氨基甲酰氯 03861
[83-01-2] $C_{13}H_{10}ClNO$ 231.68
成分 C 67.40%,H 4.35%,Cl 15.30%,N 6.05%,O 6.91%。
别名 氯化二苯氨基甲酰;Chloroformic acid diphenylamide;Diphenyl carbamoyl chloride;Diphenylcarbamine chloride
性状 白色或淡黄色叶片状结晶。溶于乙醇。对湿度敏感。mp 83~85℃。一般试剂含量≥98.0%(AT)。
注意事项 该品对呼吸系统有刺激性。具有腐蚀性,能引起烧伤。使用时应穿适当的防护服,戴手套和防护镜或面罩。万一接触到眼睛,应立即用大量水冲洗后请医生诊治。使用时如有事故发生或有不适之感,应请医生诊治。应密封干燥保存。
主要用途 测定酚类的试剂。

1,5-Diphenylcarbazide 1,5-二苯基卡巴肼 03862
[140-22-7] $C_{13}H_{14}N_4O$ 242.28
成分 C 64.45%,H 5.82%,N 23.12%,O 6.60%。
别名 1,5-二苯卡巴肼;二苯氨基脲;二苯基碳酰二肼;二苯偕肼;对称二苯氨基脲;羰代双苯肼;对称二苯基卡巴肼;对称二苯基羰二肼;均二苯卡巴肼;1,5-二苯基羰酰二肼;羰代双苯肼;*sym*-Diphenylcarbazide;1,5-Diphenylcarbohydrazide;2,2′-Diphenylcarbonic dihydrazide;DPC
M.I. 15,3352
性状 白色结晶性粉末。见光逐渐变至微浅粉红色。溶于热乙醇、丙酮、冰乙酸,极微溶于水。mp 168~171℃。一般试剂含量≥98.0%(HPLC)。
注意事项 该品对眼睛、呼吸系统及皮肤有刺激性。使用时应穿适当的防护服。使用时应避免吸入本品的粉尘,避免与眼睛及皮肤接触。万一接触到眼睛,应立即用大量水冲洗后请医生诊治。应密封避光保存。
主要用途 检验铬、汞、铅、镉、镁、铜、铁、钼、钒的试剂。氧化还原指示剂。吸附指示剂。配位指示剂。

***sym*-Diphenylcarbazone 对称二苯基偶氮羰酰肼** 03863
[538-62-5] $C_{13}H_{12}N_4O$ 240.27
成分 C 64.99%,H 5.03%,N 23.32%,O 6.66%。
别名 二苯卡巴松;二苯卡巴腙;1,5-二苯基卡巴腙;二苯基缩(对称)二氨基脲;二苯偶氮碳酰肼;对称二苯基偶氮羰肼;对称苯肼羰偶氮苯;均二苯基卡巴腙;苯偶氮甲酸-2-苯酰肼;Phenyldiazenecarboxylic acid 2-phenylhydrazide;(Phenylazo)formic acid 2-phenylhydrazide
M.I. 15,3353
性状 橙红色针状结晶。溶于乙醇、三氯甲烷、苯,不溶于水。mp 约 157℃(分解)。一般试剂含量≥95.0%(HPLC)。
注意事项 使用时应避免吸入本品的粉尘,避免与眼睛及皮肤接触。
主要用途 比色测定汞、银、铅的灵敏试剂。汞量法测定卤化物时用作吸附指示剂。色谱分析试剂。络合指示剂。

Diphenylcarbinol 二苯基甲醇 03864
[91-01-0] $C_{13}H_{12}O$ 184.24
成分 C 84.75%,H 6.57%,O 8.68%。
别名 二苯甲醇;Benzhydrol;Benzohydrol;Diphenylmethanol;*α*-Phenylbenzenemethanol
M.I. 15,1092
性状 来自石油醚中的无色针状结晶。易溶于乙醇、乙醚、三氯甲烷、二硫化碳。1g 该品 20℃溶于 2L 水,几乎不溶于冷石油醚。mp 69℃;bp_{748} 298℃/99.72kPa;bp_{20} 180℃/2.666kPa;bp_{13} 176℃/1.733kPa。一般试剂含量≥99.0%(GC)。
注意事项 该品对眼睛、呼吸系统及皮肤有刺激性。使用时应穿适当的防护服。万一接触到眼睛,应立即用大量水冲洗后请医生诊治。
主要用途 有机合成。

Diphenylchlorosilane 二苯基氯硅烷 03865
[1631-83-0] $C_{12}H_{11}ClSi$ 218.76
成分 C 65.89%,H 5.07%,Cl 16.21%,Si 12.84%。
别名 氯二苯基硅烷;Chlordiphenylsilane
性状 无色液体。bp_{10} 143℃/1.333kPa;Fp 221℉(105℃);d_4^{20} 1.118;n_D^{20} 1.5790。一般试剂含量≥95.0%(GC)。
注意事项 该品具有腐蚀性,能引起烧伤。使用时应穿适当的防护服,戴手套和防护镜或面罩。万一接触到眼睛,应立即用大量水冲洗后请医生诊治。使用时如有事故发生或有不适之感,应请医生诊治,应密封于干燥处保存。

(±)-1,2-Diphenylethanediol 03866
(±)-1,2-二苯基乙二醇
[655-48-1] [492-70-6] $C_{14}H_{14}O_2$ 214.26
成分 C 78.48%,H 6.59%,O 14.93%。
别名 氢化苯偶因;对称二苯基乙二醇;二苯二羟乙烷;1,2-Diphenylethyleneglycol;Hydrobenzoin;1,2-Diphenyl-1,2-ethanediol;Diphenylethyleneglycol
M.I. 15,4815
性状 来自乙醚+石油醚中的无色结晶。溶于乙醇。mp 120℃。一般试剂含量≥99.0%。
注意事项 使用时应避免吸入本品的粉尘,避免与眼睛及皮肤接触。应充氩气密封于 2~8℃保存。

***(R,R)*-(+)-1,2-Diphenylethanediol**
***(R,R)*-(+)-1,2-二苯基乙二醇** 03867
[52340-78-0] $C_{14}H_{14}O_2$ 214.26
成分 C 78.48%,H 6.59%,O 14.93%。
别名 (*R*,*R*)-(+)-氢化苯偶因;(*R*,*R*)-(+)-对称二苯基乙二醇;(*R*,*R*)-(+)-1,2-Diphenyl-1,2-ethanediol;(*R*,*R*)-(+)-1,2-Diphenylethyleneglycol;(*R*,*R*)-(+)-Hydrobenzoin
M.I. 15,4815
性状 无色结晶。mp 148~150℃;$[\alpha]_D^{20}$ +97.6°(于氯仿中)。
注意事项 见 03866(±)-1,2-二苯基乙二醇。

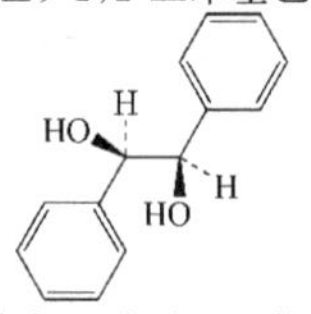

***(S,S)*-(−)-1,2-Diphenylethanediol**
***(S,S)*-(−)-1,2-二苯基乙二醇** 03868
[2325-10-2] $C_{14}H_{14}O_2$ 214.26
成分 C 78.48%,H 6.59%,O 14.93%。
别名 (*S*,*S*)-(−)-1,2-二苯基-1,2-乙二醇;(*S*,*S*)-(−)-氢化苯偶因;(*S*,*S*)-(−)-对称二苯基乙二醇;(*S*,*S*)-(−)-1,2-Diphenyl-1,2-ethanediol;(*S*,*S*)-(−)-1,2-Hydrobenzoin
M.I. 15,4815
性状 无色结晶。mp 148~150℃;$[\alpha]_D^{20}$ −97.6°(于氯仿中)。一般试剂含量≥98.0%。
注意事项 见 03866(±)-1,2-二苯基乙二醇。

1,1-Diphenylethene 1,1-二苯乙烯 03869
[530-48-3] $C_{14}H_{12}$ 180.25
成分 C 93.29%,H 6.71%。
别名 1,1′-Diphenylethylene;1,1′-Ethenylidenebis(benzene);*unsym*-Diphenylethylene;*α*,*α*-Diphenylethylene;*α*-Methylenediphenylmethane
M.I. 15,3356
性状 无色液体。mp 8.2℃;bp_{760} 277.0℃/101.325kPa;

bp_{400} 249.8℃/53.32kPa；bp_{200} 222.8℃/26.66kPa；bp_{100} 198.6℃/13.332kPa；bp_{60} 183.4℃/7.999kPa；bp_{40} 170.8℃/5.332kPa；bp_{20} 151.8℃/2.666kPa；bp_{10} 135.0℃/1.333kPa；bp_{5} 119.6℃/666.61Pa；$bp_{1.0}$ 87.4℃/133.32Pa；Fp 235.4℉(113℃)；d_4^{20} 1.0232；n_D^{20} 1.60849。一般试剂含量≥95.0%(GC)。

注意事项 使用时应避免吸入本品的蒸气，避免与眼睛及皮肤接触。

主要用途 有机合成。

N,N′-Diphenylethylenediamine 03870
N,N′-二苯基乙二胺
[150-61-8] $C_{14}H_{16}N_2$ 212.30

成分 C 79.21%，H 7.60%，N 13.20%。

别名 1,2-二苯氨基乙烷；1,2-二苯胺基乙烷；1,2-Dianilinoethane；*N*,*N*′-Diphenyl-*α*,*ω*-diaminoethane；*N*,*N*′-Diphenyl-1,2-ethanediamine；*sym*-Diphenylethylenediamine；DPE

M.I. 15，2990

性状 来自稀乙醇中的无色至微黄色结晶。对二氧化碳敏感。易溶于乙醇、乙醚。mp 67.5℃；bp_{12} 228～230℃/1.6kPa；*d* 1.14。一般试剂含量≥97.0%(NT)。

注意事项 该品对眼睛、呼吸系统及皮肤有刺激性。使用时应穿适当的防护服。万一接触到眼睛，应立即用大量水冲洗后请医生诊治。应密封保存。

主要用途 检定醛类。合成橡胶的抗氧剂。

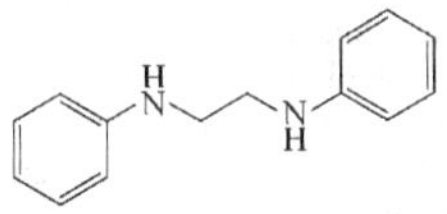

N,N-Diphenylformamide N,N-二苯基甲酰胺 03871
[607-00-1] $C_{13}H_{11}NO$ 197.23

成分 C 79.16%，H 5.62%，N 7.11%，O 8.11%。

别名 *N*-甲酰基二苯胺；DPF；*N*-Formyldiphenylamine

性状 无色或白色结晶。溶于乙醚、甲醇、苯，不溶于水。mp 71～72℃，bp_{762} 337℃/101.514kPa。一般试剂含量≥99.0%(GC)。

主要用途 气相色谱固定液（适于烷烃、环烷烃和烯烃的分离）。

2,2-Diphenylglycine 2,2-二苯基甘氨酸 03872
[3060-50-2] $C_{14}H_{13}NO_2$ 227.26

成分 C 73.99%，H 5.77%，N 6.16%，O 14.08%。

别名 *α*,*α*-二苯基甘氨酸；*α*,*α*-Diphenylglycine

性状 无色结晶。mp 245～247℃（分解）。一般试剂含量≥98.0%。

1,3-Diphenylguanidine 1,3-二苯胍 03873
[102-06-7] $C_{13}H_{13}N_3$ 211.27

成分 C 73.91%，H 6.20%，N 19.89%。

别名 对称二苯胍；*N*,*N*′-Diphenylguanidine；*sym*-Diphenylguanidine；DPG；Melaniline；Vulkazit

M.I.15，3358

性状 来自乙醚中的无色结晶。溶于稀无机酸、乙醇、三氯甲烷、热苯、热甲苯，略微溶于水，其溶液呈碱性。mp 150℃，加热至约170℃分解；*d* 1.13。MLD 豚鼠皮下注射：200mg/kg；狗静脉注射：25mg/kg。一般试剂含量≥99.5%(HPLC)。

注意事项 该品口服有害。能损伤生育力。对眼睛、呼吸系统及皮肤有刺激性。对水生物有毒。能对水环境引起不利的结果。使用时应穿适当的防护服，戴手套和防护镜或面罩。万一接触到眼睛，应立即用大量水冲洗后请医生诊治。应防止将本品释放于环境中。

主要用途 标定酸的基准物。橡胶硫化促进剂。石油分离萃取剂。

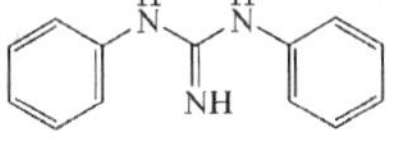

1,6-Diphenyl-1,3,5-hexatriene
1,6-二苯基-1,3,5-己三烯 03874
[1720-32-7] $C_{18}H_{16}$ 232.32

成分 C 93.06%，H 6.94%。

别名 DPH；Dicinnamyl；DHT

性状 黄色片状结晶。易溶于乙酸、乙醇、石油醚、热二氧六环，难溶于乙醚。mp 201～202℃。一般试剂含量≥97.5%(HPLC)。

注意事项 该品对眼睛、呼吸系统及皮肤有刺激性。使用时应穿适当的防护服。万一接触到眼睛，应立即用大量水冲洗后请医生诊治。应密封避光保存。

主要用途 闪烁体试剂。有机合成。

5,5-Diphenylhydantoin 5,5-二苯基乙内酰脲 03875
[57-41-0] $C_{15}H_{12}N_2O_2$ 252.27

成分 C 71.42%，H 4.79%，N 11.10%，O 12.68%。

别名 5,5-二苯基海因；5,5-二苯基脲基乙酸内酰胺；Phenytoin；5,5-Diphenyl-2,4-imidazolidinedione；Diphenylhydantoin；Difhydan，Dihycon；Di-Hydan；Di-Lan；Dilabid；Dilantin；Ekko；Hydantin；Hydantol；Lehydan；Lepitoin；Phenhydan；Zentropil

M.I. 15，7433

性状 白色粉末。1g该品约溶于约60mL乙醇、约30mL丙酮，溶于碱溶液、热乙醇，微溶于冷乙醇、氯仿、乙醚，几乎不溶于水。mp 295～298℃。LD_{50}小鼠静脉注射：92mg/kg；皮下注射：110mg/kg。一般试剂含量≥96.0%(N)。

注意事项 该品口服有害。能致癌。能危害胎儿。使用前应得到专门的指导，避免曝露。使用时应穿适当的防护服，戴手套和防护镜或面罩。使用时如有事故发生或有不适之感，应请医生诊治。

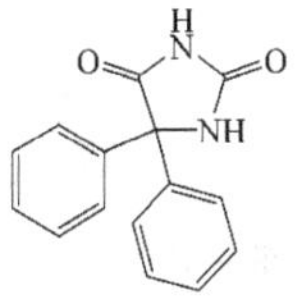

1,2-Diphenylhydrazine 1,2-二苯肼 03876
[122-66-7] $C_{12}H_{12}N_2$ 184.24

成分 C 78.23%，H 6.56%，N 15.20%。

别名 1,2-二苯基联胺；对称二苯肼；氢化偶氮苯；*N*,*N*′-Diphenyl hydrazine；*sym*-Diphenylhydrazine；Hydrazobenzene；Hydrazodibenzene

GW 2015-324

性状 无色片状结晶。溶于乙醇、苯，微溶于水，不溶于乙酸。mp 123～126℃。一般试剂含量≥98.0%。

注意事项 该品口服有害。能致癌。对水生物极毒。能对水环境引起长期不利的结果。使用前应得到专门的指导，避免曝露。使用时如有事故发生或有不适之感，应请医生诊治。应防止将本品释放于环境中。其包装物应按危险品处理。应充氩气密封保存。

主要用途 阿拉伯糖和乳糖的测定。

1,1-Diphenylhydrazine hydrochloride
1,1-二苯肼 盐酸盐 03877
[530-47-2] $C_{12}H_{13}ClN_2$ 220.70

成分 C 65.31%，H 5.94%，Cl 16.06%，N 12.69%。

别名 1,1-二苯基联胺 盐酸盐；不对称二苯肼 盐酸盐；盐酸1,1-二苯肼；*N*,*N*-Diphenylhydrazine hydrochloride；*asym*-Hydrazobenzene hydrochloride

M.I.15，3359

性状 白色至灰白色结晶性粉末。易溶于乙醇，微溶于水。mp 217℃。一般试剂含量≥97.0%(AT)。

注意事项 该品吸入、口服或与皮肤接触有害。具有腐蚀性，能引起烧伤。使用时应穿适当的防护服，戴手套和防护镜或面罩。万一接触到眼睛，应立即用大量水冲洗后请医生诊治。使用时如有事故发生或有不适之感，应请医生诊治。应密封避光保存。

主要用途 用检测醛、酮的试剂。有机合成。

4,5-Diphenylimidazol 4,5-二苯基咪唑 03878

[668-94-0]　$C_{15}H_{12}N_2$　220.28

成分　C 81.79%，H 5.49%，N 12.72%。

别名　4，5-二苯基咁嚜啉；4,5-Diphenylglyoxaline

性状　白色结晶。溶于乙醇、苯、乙醚、三氯甲烷，不溶于水。mp 228～230℃。一般试剂含量≥98.0%。

注意事项　该品对眼睛、呼吸系统及皮肤有刺激性。使用时应戴手套。万一接触到眼睛，应立即用大量水冲洗后请医生诊治。

主要用途　有机合成。制药工业。

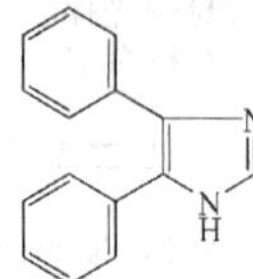

1,3-Diphenylisobenzofuran　1,3-二苯基异苯并呋喃　03879

[5471-63-6]　$C_{20}H_{14}O$　270.32

成分　C 88.86%，H 5.22%，O 5.92%。

别名　2,5-二苯基-3,4-苯并呋喃；1,3-Diphenyl-2-benzofuran；2,5-Diphenyl-3,4-benzofuran；1,3-Diphenyl-*iso*-benzofuran

性状　无色结晶。mp 130～132℃。一般试剂含量≥95.0(HPLC)。

注意事项　使用时应避免吸入本品的粉尘，避免与眼睛及皮肤接触。应密封避光保存。

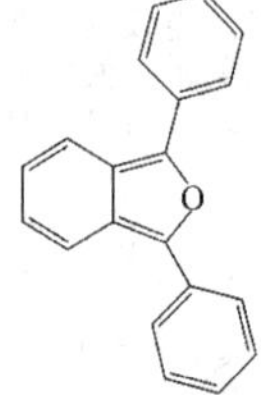

Diphenyl ketone　二苯甲酮　03880

[119-61-9]　$C_{13}H_{10}O$　182.22

成分　C 85.69%，H 5.53%，O 8.78%。

别名　二苯酮；苯酮；苯酰苯，Benzoylbenzene；Benzophenone；Diphenylmethanone；α-Oxodiphenylmethane

M. I. 15，1100

性状　来自乙醇或乙醚中的无色或白色有光泽的斜方双梱棱柱体结晶。有玫瑰香味。1g 该品溶于 7.5mL 乙醇、6mL 乙醚，溶于三氯甲烷，不溶于水。能升华。mp 48.5℃；bp_{760}　305.4℃/101.325kPa；bp_{400}　276.8℃/53.33kPa；bp_{200}　249.8℃/26.664kPa；bp_{100}　224.4℃/13.332kPa；bp_{60}　208.2℃/7.999kPa；bp_{40}　195.7℃/5.333kPa；bp_{20}　175.8℃/2.666kPa；bp_{10}　157.6℃/1.333kPa；bp_{5}　141.7℃/666.66Pa；$bp_{1.0}$ 108.2℃/133.32Pa；d_4^{18} 1.1108；d_4^{50} 1.0869；$n_D^{45.2}$ 1.5975。一般试剂含量≥99.0%(GC)。

注意事项　该品对眼睛、呼吸系统及皮肤有刺激性。对水生物极毒。能对水环境引起不利的结果。使用时应穿适当的防护服。万一接触到眼睛，应立即用大量水冲洗后请医生诊治。应防止将本品释放于环境中。应充氩气密封保存。

主要用途　香料制造。有机合成。气相色谱固定液。

Diphenylmercury　二苯汞　03881

[587-85-9]　$C_{12}H_{10}Hg$　354.80

成分　C 40.62%，H 2.84%，Hg 56.54%。

别名　二苯基汞；Mercurydiphenyl

GW 2015-316

性状　白色针状结晶或粉末。溶于三氯甲烷、二硫化碳、苯，微溶于热乙醇、乙醚，不溶于水。mp 124～125℃；bp>306℃(分解)；d^{25} 2.320。

注意事项　该品吸入、口服或与皮肤接触极毒，并具有蓄积性危害。对水生物极毒。能对水环境引起长期不利的结果。使用时应穿适当的防护服。接触皮肤后应立即用大量水冲洗。使用时如有事故发生或有不适之感，应请医生诊治。应远离食品和饲料存放。应避免将本品释放于环境中。其包装物应按危险品处理。应密封避光保存。

主要用途　杀虫剂的制备。分析用标准物质。

Diphenylmethane　二苯甲烷　03882

[101-81-5]　$C_{13}H_{12}$　168.24

成分　C 92.81%，H 7.19%。

别名　二苯基甲烷；苄基苯；Benzylbenzene；Ditan；1，1'-Methylenebisbenzene；Methylenedibenzene

M. I. 15，3362

性状　无色正交针状结晶，超过 26℃时为液体。有橙味。易溶于乙醇、乙醚、三氯甲烷、己烷、苯，不溶于氨水。mp 25.9℃；bp_{760}　264.5℃/101.325kPa；bp_{400}　237.5℃/53.33kPa；bp_{200}　210.7℃/26.664kPa；bp_{100}　186.3℃/13.332kPa；bp_{60} 170.2℃/7.999kPa；bp_{40} 157.8℃/5.333kPa；bp_{20} 139.8℃/2.666kPa；bp_{10} 122.8℃/1.333kPa；bp_{5} 107.4℃/666.6Pa；$bp_{1.0}$ 76.0℃/133.32Pa；Fp 266℉(130℃)；d_4^{10} 1.3421(固体)；d_4^{26} 1.0008(液体)；n_D^{20} 1.57683。

注意事项　使用时应避免吸入本品的粉尘，避免与眼睛及皮肤接触。

主要用途　测定汞的试剂。芳香族化合物分析用的气相色谱固定液。有机合成。

4-Diphenylmethoxy-1-methylpiperidine hydrochloride

4-二苯基甲氧基-1-甲基哌啶 盐酸盐　03883

[132-18-3]　$C_{19}H_{24}ClNO$　317.86

成分　C 71.80%，H 7.61%，Cl 11.15%，N 4.41%，O 5.03%。

别名　盐酸 4-二苯基甲氧基-1-甲基哌啶；Diphenylpyraline hydrochloride；Anginosan；Belfene；Dayfen；Diafen；Hispril；Histryl；Histyn：Kolton；Lergoban；Lergobine；Diphenylpyrilene hydrochloride；4-Benzhydryloxy-*N*-methylpiperidine hydrochloride；1-Methyl-4-piperidyl benzhydryl ether hydrochloride；P-253 hydrochloride

M. I. 15，3370

性状　来自异丙醇＋乙醚中的无色结晶。溶于水、乙醇、异丙醇，几乎不溶于乙醚、苯。mp 206℃。一般试剂含量≥97.0%。

注意事项　该品有毒。对眼睛、呼吸系统及皮肤有刺激性。

主要用途　生化研究。医用抗组胺剂。

Diphenylmethylchlorosilane　二苯基甲基氯硅烷　03884

[144-79-6]　$C_{13}H_{13}ClSi$　232.79

成分　C 67.07%，H 5.63%，Cl 15.23%，Si 12.06%。

别名　甲基二苯基氯硅烷；氯二苯基甲基硅烷；Chlorodiphenylmethylsilane；DPMSCl；Methyldiphenylchlorosilane

性状　无色液体。bp 295℃；Fp 285℉(141℃)；d_4^{20} 1.104；n_D^{20} 1.574。一般试剂含量≥98.0%(GC)。

注意事项　该品具有腐蚀性，能引起烧伤。使用时应穿适当的防护服，戴手套和防护镜或面罩。万一接触到眼睛，应立即用大量水冲洗后请医生诊治。使用时如有事故发生或有不适之感，应请医生诊治。应充氩气密封干燥保存。

Diphenylmethylethoxysilane

二苯基甲基乙氧基硅烷　03885

[1825-59-8]　$C_{15}H_{18}OSi$　242.39

成分　C 74.33%，H 7.49%，O 6.60%，Si 11.59%。

别名　二苯基乙氧基甲基硅烷；Diphenylethoxymethylsilane；Ethoxy methyldiphenyl silane

性状　无色液体。$bp_{0.3}$ 100～102℃/39.997 Pa；Fp 329℉(165℃)；d_4^{20} 1.105；n_D^{20} 1.544。一般试剂含量≥97.0%(GC)。

注意事项　该品对眼睛、呼吸系统及皮肤有刺激性。使用时应穿适当的防护服。万一接触到眼睛，应立即用大量水冲洗后请医生诊治。应充氩气密封干燥保存。

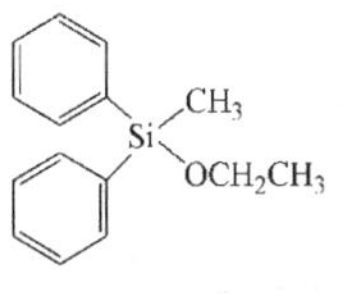

Diphenylmethylsilane 二苯基甲基硅烷 03886

[776-76-1] $C_{13}H_{14}Si$ 198.34

成分 C 78.72%，H 7.11%，Si 14.16%。

别名 甲基二苯基硅烷；Methyldiphenylsilane

性状 无色液体。bp_1 93～94℃/133.32Pa；Fp＞230℉(110℃)；d_4^{20} 0.995；n_D^{20} 1.5720。一般试剂含量≥98.0%（GC）。

注意事项 见 03885 二苯基甲基乙氧基硅烷。

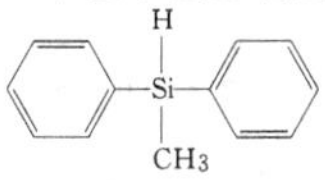

2,5-Diphenyl-1,3,4-oxadiazole

2,5-二苯基-1,3,4-噁二唑 03887

[725-12-2] $C_{14}H_{10}N_2O$ 222.25

成分 C 75.66%，H 4.54%，N 12.60%，O 7.20%。

别名 PPD

性状 无色结晶性粉末。易溶于苯、氯仿、二甲苯。mp 138～140℃；bp_{13} 231℃/1.732kPa。一般试剂含量≥97.0%。

注意事项 该品口服有害。使用时应避免吸入本品的粉尘，避免与眼睛及皮肤接触。

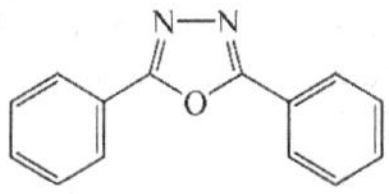

2,5-Diphenyloxazole 2,5-二苯基噁唑 03888

[92-71-7] $C_{15}H_{11}NO$ 221.26

成分 C 81.43%，H 5.01%，N 6.33%，O 7.23%。

别名 2,5-二苯基-1,3-氧氮杂茂；DPO；PPO

性状 无色结晶。mp 72～73℃；bp 360℃；λ_{max} 303nm (lgε 4.44)。一般试剂含量≥99.0%（TLC）。

主要用途 闪烁试剂。有机合成。染料合成。制药工业。

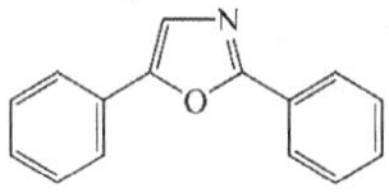

4,7-Diphenyl-1,10-phenanthroline

4,7-二苯基-1,10-菲啰啉 03889

[1662-01-7] $C_{24}H_{16}N_2$ 332.40

成分 C 86.72%，H 4.85%，N 8.43%。

别名 4,7-二苯基-1,10-二氮杂菲；4,7-二苯基邻菲啰啉；Bathophenanthroline

性状 无色或白色结晶。溶于苯、戊醇，不溶于水。mp 218～220℃。一般试剂含量≥99.0%(NT)。

注意事项 使用时应避免吸入本品的粉尘，避免与眼睛及皮肤接触。应密封避光保存。

主要用途 测定亚铁的试剂。

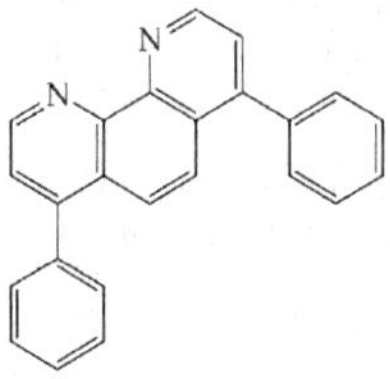

4,7-Diphenyl-1,10-phenanthrolinedisulfonic acid disodium salt trihydrate

4,7-二苯基-1,10-菲啰啉二磺酸二钠盐 三水 03890

[53744-42-6] $C_{24}H_{14}N_2Na_2O_6S_2 \cdot 3H_2O$ 590.53

成分(以无水物计) C 53.73%，H 2.63%，N 5.22%，Na 8.57%，O 17.89%，S 11.95%。

别名 4,7-二苯基邻菲啰啉二磺酸二钠盐；Bathophenanthrolinedisulfonic acid disodium salt

性状 无色或白色结晶。一般试剂含量≥99.0%（NT）。

注意事项 使用时应避免吸入本品的粉尘，避免与眼睛及皮肤接触。应充氩气密封避光保存。

主要用途 测定铁的试剂。

***N*,*N'*-Diphenyl-1,4-phenylenediamine**

***N*,*N'*-二苯基-1,4-苯二胺** 03891

[74-31-7] $C_{18}H_{16}N_2$ 260.34

成分 C 83.05%，H 6.19%，N 10.76%。

别名 *N*,*N'*-二苯基对苯二胺；1,4-二苯胺基苯；*N*,*N'*-对苯基二苯胺；*N*,*N'*-Diphenyl-1,4-benzenediamine；*N*,*N'*-Diphenyl-*p*-phenylenediamine；1,4-Dianilinobenzene；DPPD

M.I. 15，3363

性状 来自乙醇中的无色小叶状结晶。一般商品为绿色至棕色。溶于氯苯、苯、乙醚、氯仿、丙酮、乙酸乙酯、乙酸异丙酯、冰乙酸、二甲基甲酰胺，微溶于乙醇，几乎不溶于水、石油醚。mp 150～151℃；$bp_{0.5}$ 220～225℃/66.661Pa；*d* 1.20。一般试剂含量≥95.0%（HPLC）。

注意事项 该品接触皮肤能引起过敏。对水生物有害。对水环境能产生长期有害的结果。使用时应戴适当的手套，应避免与皮肤接触。应防止将本品释放于环境中。应密封于2～8℃保存。

主要用途 阻聚剂。在食品、石油橡胶工业中用作抗氧剂。

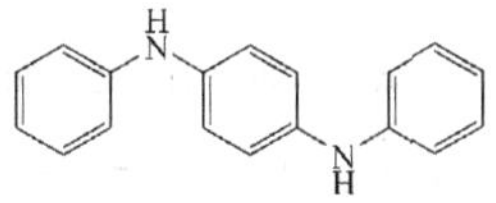

Diphenylphosphinic acid 二苯次膦酸 03892

[1707-03-5] $C_{12}H_{11}O_2P$ 218.19

成分 C 66.06%，H 5.07%，O 14.67%，P 14.20%。

性状 无色结晶。mp 193～196℃。一般试剂含量≥98.0%（T）。

注意事项 使用时应避免吸入本品的粉尘，避免与眼睛及皮肤接触。

Diphenyl phthalate 苯二甲酸二苯酯 03893

[84-62-8] $C_{20}H_{14}O_4$ 318.33

成分 C 75.46%，H 4.43%，O 20.10%。

别名 邻苯二甲酸二苯酯；邻酞酸二苯酯；1,2-Benzenedicarboxylic acid diphenyl ester；Phenyl *o*-phthalate

M.I. 15，3368

性状 白色无味结晶。溶于丙酮、酮类、液体酯类、氯化烃类，不溶于水。mp 70～73℃；bp_{14} 约 225℃/1.867kPa；d^{74} 1.572。一般试剂含量≥99.0%。

注意事项 该品对眼睛、呼吸系统及皮肤有刺激性。使用时应避免吸入本品的粉尘，避免与眼睛及皮肤接触。

主要用途 增塑剂。分析用标准物质。

1,1-Diphenyl-2-picrylhydrazine

1,1-二苯基-2-苦基肼 03894

[1707-75-1] $C_{18}H_{13}N_5O_6$ 395.33

成分 C 54.69%，H 3.31%，N 17.71%，O 24.28%。

性状 白色结晶性粉末。mp 约 174℃（分解）。一般试剂含量≥96.0%（HPLC）。

注意事项 该品吸入、口服或与皮肤接触有害。使用时应穿适当的防护服和戴手套。

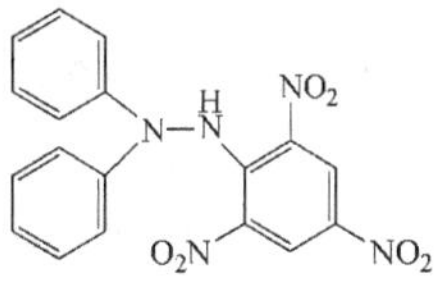

1,1-Diphenyl-2-picrylhydrazyl

1,1-二苯基-2-苦肼基 03895

[1898-66-4] $C_{18}H_{12}N_5O_6$ 395.32

成分 C 54.83%，H 3.07%，N 17.76%，O 24.34%。

别名 1,1-二苯基-2-三硝基苯亚肼；1,2-二苯基-2-苦肼基；2,2-二苯基-1-苦肼基；2,2-Diphenyl-1-picrylhydrazyl；2,2-Diphenyl-1-(2,4,6-trinitrophenyl)hydrazinyl；2,2-Diphenyl-1-(2,4,6-trinitrophenyl)hydrazyl；DPPH

M.I. 15，3369

性状 来自苯＋石油醚中的暗紫色大棱柱形结晶。mp 127～129℃（分解）。一般试剂含量≥98.0%（CHN）。

注意事项 该品吸入或与皮肤接触可引起过敏。使用时应穿适当的防护服和戴手套。应避免吸入本品的粉尘。使用时如有事故发生或有不适之感，应请医生诊治。应密封于2～8℃保存。

主要用途 阻聚剂。分光光度法测定生育酚。

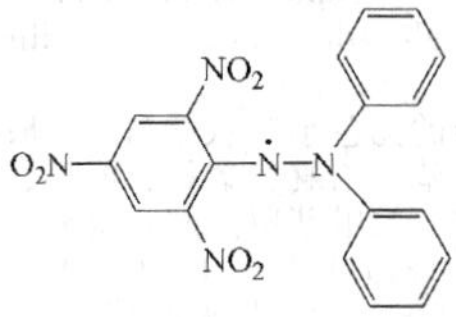

1,4-Diphenylsemicarbazide 1,4-二苯氨基脲 03896

[621-12-5] $C_{13}H_{13}N_3O$ 227.27

成分 C 68.71%，H 5.77%，N 18.49%，O 7.04%。

别名 1,4-二苯氨脲；*N*-2-Diphenylhydrazinecarboxamide

性状 无色针状结晶。溶于乙醇、苯，难溶于水。mp 174～177℃。

主要用途 络合显色试剂，如铬的比色测定。有机合成。

4,4-Diphenylsemicarbazide 4,4-二苯氨基脲 03897

[603-51-0] $C_{13}H_{13}N_3O$ 227.27

成分 C 68.70%，H 5.77%，N 18.49%，O 7.04%。

性状 白色结晶。mp 151～152℃。一般试剂含量≥98.0%。

主要用途 络合显色剂，如铬的比色测定。有机合成。

Diphenylsilane 二苯基硅烷 03898

[775-12-2] $C_{12}H_{12}Si$ 184.31

成分 C 78.20%，H 6.56%，Si 15.24%。

性状 无色液体。bp_{13} 95～97℃/1.73kPa；Fp 208.4℉（98℃）；d^{25} 0.993；n_D^{20} 1.5790。一般试剂含量≥97.0%（GC）。

主要用途 自羟基化合物中高效选择性提取氢化硅烷化合物。

注意事项 该品对皮肤有刺激性。应充氩气密封干燥保存。

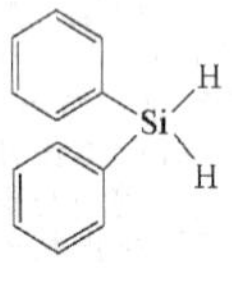

Diphenylsilanediol 二苯基硅烷二醇 03899

[947-42-2] $C_{12}H_{12}O_2Si$ 216.31

成分 C 66.63%，H 5.59%，O 14.79%，Si 12.98%。

别名 二苯基二羟基硅烷；二苯基硅二醇；二羟基二苯基硅烷；Diphenyldihydroxysilane；Dihydroxydiphenylsilane

性状 白色颗粒或粉末。不溶于水和一般有机溶剂。mp 144～147℃；Fp 129℉（53℃）。一般试剂含量≥97.0%（CH）。

注意事项 该品高度易燃。使用时应避免吸入本品的粉尘，避免与眼睛及皮肤接触。使用现场禁止吸烟。应远离火种密封于干燥处保存。

主要用途 环状二苯基硅醚单体的制备。

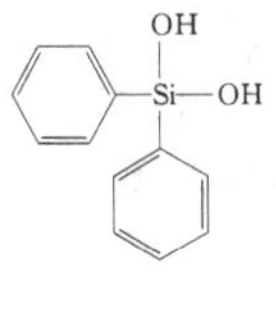

Diphenyl sulfone 二苯砜 03990

[127-63-9] $C_{12}H_{10}O_2S$ 218.27

成分 C 66.03%，H 4.62%，O 14.66%，S 14.69%。

别名 杀螨砜；苯砜；Benzene sulfone；Phenyl sulfone；Sulfobenzide；1,1′-Sulfonylbisbenzene

M.I. 15，3372

性状 白色单斜棱柱体或小叶状结晶。溶于热乙醇、苯，微溶于沸水，不溶于冷水。mp 128～129℃；bp 378～379℃。LD_{50}大鼠急性经口：>2g/kg。

注意事项 该品对眼睛、呼吸系统及皮肤有刺激性。使用时应穿适当的防护服。万一接触到眼睛，应立即用大量水冲洗后请医生诊治。

主要用途 杀螨剂。杀卵剂。增韧剂。分析用标准物质。

Diphenyl sulfoxide 二苯基亚砜 03901

[945-51-7] $C_{12}H_{10}OS$ 202.27

成分 C 71.25%，H 4.98%，O 7.91%，S 15.85%。

别名 Diphenyl sulphoxide；Phenyl sulfoxide；Benzene sulfoxide

性状 白色结晶。易溶于乙醇、乙醚、乙酸、苯，难溶于冷石油醚。mp 70～72℃；bp_{13} 206～208℃/1.733kPa。一般试剂含量≥98.0%（GC）。

注意事项 使用时应避免吸入本品的粉尘，避免与眼睛及皮肤接触。

主要用途 有机合成。分析用标准物质。

1,3-Diphenyl-1,1,3,3-tetramethyldisiloxane 1,3-二苯基-1,1,3,3-四甲基二硅氧烷 03902

[56-33-7] $C_{16}H_{22}OSi_2$ 286.52

成分 C 67.07%，H 7.74%，O 5.58%，Si 19.60%。

别名 1,1,3,3-四甲基-1,3-二苯基二硅氧烷；1,1,3,3-Tetramethyl-1,3-diphenyldisiloxane

性状 无色液体。Fp 312.8℉（156℃）；d_4^{20} 0.980；n_D^{20} 1.518。一般试剂含量≥97.0%（GC）。

注意事项 该品对眼睛、呼吸系统及皮肤有刺激性。使用时应穿适当的防护服。万一接触到眼睛，应立即用大量水冲洗后请医生诊治。

sym-Diphenylthiourea 对称二苯基硫脲 03903

[102-08-9] $C_{13}H_{12}N_2S$ 228.31

成分 C 68.39%，H 5.30%，N 12.27%，S 14.04%

别名 二苯胺基甲硫酮；二苯胺基甲硫酰；1,3-二苯基-2-硫脲；*N*,*N*′-二苯基硫脲；对称二苯硫脲；均二苯硫脲；*N*,*N*′-Diphenylthiourea；Sulfocarbanilide；Thiocarbanilide；1,3-Diphenyl-2-thiourea

M.I. 15,3373

性状 白色结晶性固体。溶于乙醇、乙醚、氯仿，不溶于水。mp 153～154℃；*d* 1.32。LMD 兔急性经口：1.5g/kg。一般试剂含量≥98.5%。

注意事项 该品口服有毒。使用时应穿适当的防护服，戴手套和防护镜或面罩。使用时如有事故发生或有不适之感，应请医生诊治。

主要用途 测定锇、钌的试剂。染料工业。硫化促进剂。

N,*N*′-Diphenylurea *N*,*N*′-二苯基脲 03904

[102-07-8] $C_{13}H_{12}N_2O$ 212.25

成分 C 73.56%，H 5.70%，N 13.20%，O 7.54%。

别名 1,3-二苯基脲；均二苯脲；碳酰二苯胺；羧酰化双氨基苯；对称二苯基脲；Carbanilide；1,3-Diphenylurea；Diphenylcarbamide；*sym*-Diphenylurea

M.I. 15，1786

性状 来自乙醇中的无色正交棱柱体结晶。溶于乙醚、冰乙酸，中等程度溶于吡啶（69.0g/L），略微溶于水（0.15g/L）、丙酮、乙醇、三氯甲烷。mp 238℃；bp 260℃（分解）；*d* 1.239。一般试剂含量≥97.0%（HPLC）。

注意事项 使用时应避免吸入本品的粉尘。避免与眼睛及皮肤接触。

Dipipanone hydrochloride 地匹哌酮 盐酸盐 03905

[75783-06-1] $C_{24}H_{32}ClNO$ 385.98

成分 C 74.68%，H 8.36%，Cl 9.18%，N 3.63%，O 4.15%。

别名 二苯哌己酮 盐酸盐；盐酸二苯哌己酮；盐酸地匹哌酮；4，4-Diphenyl-6-(1-piperidinyl)-3-heptanone hydrochloride；*dl*-4，4-Diphenyl-6-pipeiridinheptan-3-one hydrochloride；6-Piperidino-4，4-diphenylheptan-3-one hydrochloride；2-(1-Piperidino)-4，4-diphenyl-5-heptanone hydrochloride；Phenylpiperone hydrochloride；Hoechst10805 hydrochloride；Pipenridyl amidone hydrochloride

M. I. 15，3377

性状 来自乙醇-乙醚中的含水微小棱粒体结晶。mp 123～126℃。

主要用途 医用麻醉止痛剂。

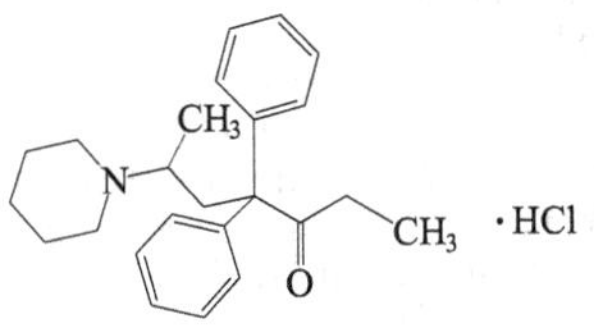

Dipivefrin 地匹福林 03906

[52365-63-6] $C_{19}H_{29}NO_5$ 351.44

成分 C 64.94%，H 8.32%，N 3.99%，O 22.76%。

别名 二叔戊酰肾上腺素；2，2-Dimethylpropanoic acid 4-[1-hydroxy-2-(methylamino)ethyl]-1，2-phenylene ester；(±)-3，4-Dihydroxy-α-[(methylamino)methyl]benzyl alcohol 3，4-dipivalate；1-(3′，4′-Dipivaloyloxyphenyl)-2-methylamino-1-ethanol；Dipivalyl epinephrine；DPE

M. I. 15，3378

性状 来自乙醚中的无色结晶。mp 146～147℃。

主要用途 医用眼的肾上腺素功能剂，抗青光眼剂。

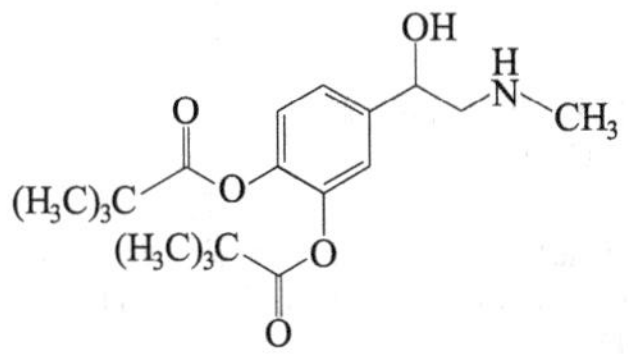

Diploicin 抗双球菌素 03907

[527-93-5] $C_{16}H_{10}Cl_4O_5$ 424.05

成分 C 45.32%，H 2.38%，Cl 33.44%，O 18.86%。

别名 双球标氏衣素；2，4，7，9-Tetrachloro-3-hydroxy-8-methoxy-1，6-dimethyl-11*H*-dibenzo[*b*，*e*]-[1，4]dioxepin-11-one；3，5-Dichloro-6-(3，5-dichloro-6-hydroxy-4-methoxy-*o*-tolyl)oxy-4，2-cresotic acid ε-lactone；5，6′-Dimethyl-2′，3-dihydroxy-4′-methoxy-2，3′，4，5′-tetrachloro-6-carboxydiphenyl ether 2′，6-lactone

M. I. 15，3379

性状 来自甲醇中的白色针状结晶。mp 233～234℃；uv max：270nm (lg ε 3.79)。

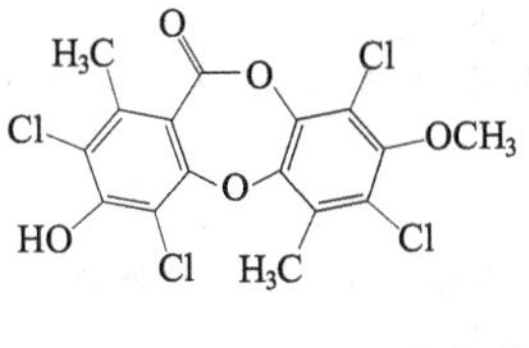

Diprenorphine hydrochloride 丁丙诺非 盐酸盐 03908

[16808-86-9] $C_{26}H_{36}ClNO_4$ 462.03

成分 C 67.59%，H 7.85%，Cl 7.67%，N 3.03%，O 13.85%。

别名 盐酸丁丙诺非；Revivon；(5α，7α)-17-Cyclopropylmethyl-4，5-epoxy-18，19-dihydro-3-hydrocy-6-methoxy-α，α-dimethyl-6，14-ehthenomorphinan-7-methanol hydrochloride；21-Cyclopropyl-6，7，8，14-tetrahydro-7α-(1-hydroxy-1-methylethyl)-6，14-*endo*-ethanooripavine hydrochloride；*N*-Cyclopropylmethyl-19-methylnororvinol hydrochloride；M-5050-HCl；RX-5050M-HCl

M. I. 15，3380

性状 无色结晶。LD_{50}小鼠皮下注射：(316.0±20) mg/kg。

主要用途 兽用麻醉剂对抗剂。

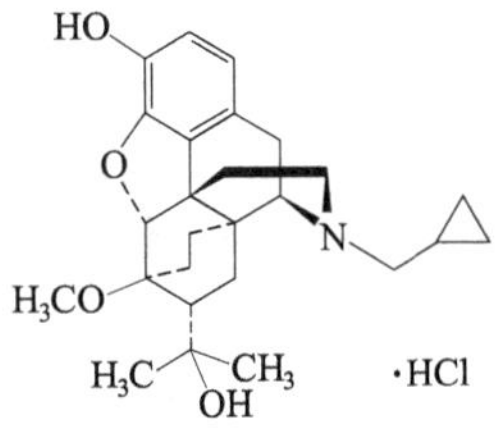

Dipropalin 胺乐果 03909

[1918-08-7] $C_{13}H_{19}N_3O_4$ 281.31

成分 C 55.51%，H 6.81%，N 14.94%，O 22.75%。

别名 4-Methyl-2，6-dinitro-*N*，*N*-dipropylbenzenamine；2，6-Dinitro-*N*，*N*-dipropyl-*p*-toluidine；*N*，*N*-Dipropyl-2，6-dinitro-4-methylaniline；2，6-Dinitro-*N*，*N*-dipropyl-4-methylaniline；3，5-Dinitro-4-dipropylaminotolurne；L-35355

M. I. 15，3381

性状 黄色结晶。mp 80℃。

主要用途 除草剂。

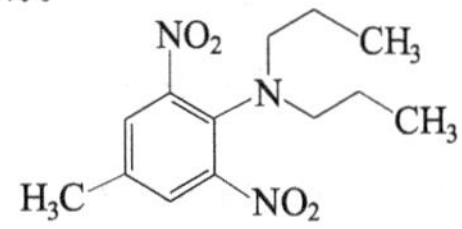

Dipropetryn 杀草净 03910

[4147-51-7] $C_{11}H_{21}N_5S$ 255.38

成分 C 51.74%，H 8.29%，N 27.42%，S 12.55%。

别名 6-乙基硫-*N*，*N*′-双(1-甲基乙基)-1，3，5-三嗪-2，4-二胺；2-乙基硫-4，6-双(异丙基氨基)-5-三嗪；6-Ethylthio-*N*，*N*′-bis(1-methyl ethyl)-1，3，5-triazine-2，4-diamine；2-Ethylthio-4，6-bis(isopropylamino)-*s*-triazine；GS-16068；Cotofor；Sancap

M. I. 15，3382

性状 无色或白色粉末。溶于有机溶剂，微溶于水（20℃，16mg/L)。mp 104～106℃。蒸气压（20℃)：7.3×10^{-7} mmHg/973.3×10^{-7}Pa。

注意事项 该品对水生物有毒。能对水环境引起不利的结果。其包装物应按危险品处理。

主要用途 除草剂。分析用标准物质。

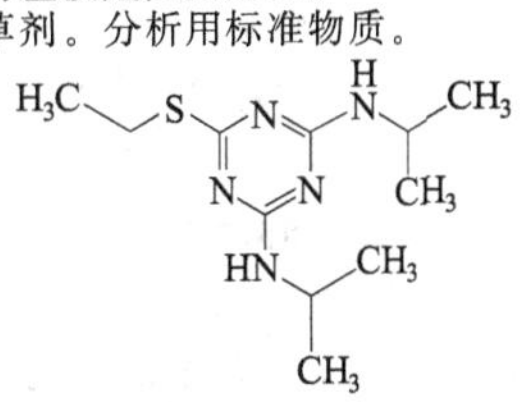

Dipropylamine 二丙胺 03911

[142-84-7] $C_6H_{15}N$ 101.19

成分 C 71.22%，H 14.94%，N 13.84%。

别名 二正丙胺；正二丙胺；*n*-Dipropylamine；*N*-Propyl-1-propanamine

GW 2015-716 M. I. 15，3383

性状 无色液体。有氨味。易溶于水、乙醇。mp －63℃；bp 110℃；Fp 45℉ (7℃)；d_4^{20} 0.738；n_D^{20} 1.40455。LD_{50}大鼠急性经口：0.93g/kg。一般试剂 含量≥99.0%(GC)。

注意事项 该品高度易燃。吸入、口服或与皮肤接触有害。具有强腐蚀性，能引起严重烧伤。使用时应穿适当的防护服，戴手套和防护镜或面罩。万一接触到眼睛，应立即用大量水冲洗后请医生诊治。使用时如有事故发生或有不适之感，应请医生诊治。使用现场禁止吸烟。应远离火种于通风良好处密封保存。

主要用途 溶剂。有机合成。

Dipropyl carbonate 碳酸二丙酯 03912

[623-96-1] $C_7H_{14}O_3$ 146.19

成分 C 57.51%，H 9.65%，O 32.83%。

别名 碳酸二正丙酯；Di-*n*-propyl carbonate
GW 2015-2109
性状 无色液体。对湿度敏感。能与水、乙醇相混溶。bp 167～168℃；Fp 131℉（55℃）；d_4^{20} 0.944；n_D^{20} 1.4010。一般试剂含量≥99.0%。
注意事项 该品易燃。对眼睛、呼吸系统及皮肤有刺激性。使用现场禁止吸烟。应远离火种密封保存。
主要用途 溶剂。

Dipropylene glycol 一缩二丙二醇 03913
[25265-71-8] $C_6H_{14}O_3$ 134.17
成分 C 53.71%，H 10.52%，O 35.77%。
别名 二(2-羟丙基)醚；二羟基代二丙醚；1,2-丙二醇醚；缩水二丙二醇；双（2-羟丙基）醚；Bis(2-hydroxypropyl)ether；*β*,*β*′-Dihydroxy-di-*n*-propyl ether；DPG；1,1′-Oxy-di-2-propanol
性状 无色黏稠状液体。易吸潮。能与水、乙醇相混溶。bp_1 90～95℃/133.322Pa；Fp 280.4℉（138℃）；d_4^{20} 1.022；n_D^{20} 1.441。一般试剂含量≥99.0%（GC）。
注意事项 该品对眼睛、呼吸系统及皮肤有刺激性。使用时应避免吸入本品的蒸气，避免与眼睛及皮肤接触。应密封干燥保存。
主要用途 硝酸纤维溶剂。有机合成。

Dipropylene glycol monomethyl ether 二丙二醇一甲醚 03914
[34590-94-8] $C_7H_{16}O_3$ 148.20
成分 C 56.73%，H 10.88%，O 32.39%。
别名 1(or 2)-(2-Methoxymethylethoxy) propanol；DPGME；DPM；Arcosolv DPM；Dowanol DPM；Poly-Solv DPM
M.I. 15，3384
性状 无色液体。能与水、苯相混溶。mp －80℃；bp_{760} 189.6℃/101.325kPa；Fp 185℉（85℃，开杯）；d_4^{25} 0.948；n_D^{25} 1.419。LD_{50} 大鼠急性经口，兔皮肤接触：5.66mL/kg，10.0mL/kg。一般试剂含量≥95.0%（GC）。
注意事项 使用时应避免吸入本品的蒸气，避免与眼睛及皮肤接触。

H_3CO–CH(CH_3)–O–CH(CH_3)... (structure: H_3CO, CH_3, O, CH_3, OH)

Dipropyl phthalate 苯二甲酸二丙酯 03915
[131-16-8] $C_{14}H_{18}O_4$ 250.29
成分 C 67.18%，H 7.25%，O 25.57%。
别名 邻苯二甲酸二丙酯；邻酞酸二丙酯；Di-*n*-propyl *o*-phthalate
性状 无色透明液体。溶于乙醇、乙醚，不溶于水。bp 317.5℃；Fp 228.2℉（109℃）；*d* 1.078；n_D^{20} 1.4970。一般试剂 含量≥99.0%（HPLC）。
注意事项 该品对水生物有毒。能对水环境引起不利的结果。应防止将本品释放于环境中。
主要用途 气相色谱固定液。

Dipropyl sulfide 二丙硫醚 03916
[111-47-7] $C_6H_{14}S$ 118.24
成分 C 60.95%，H 11.94%，S 27.12%。
别名 一硫化二正丙基；二正丙基硫醚；二丙基硫；正丙硫醚；丙硫醚；硫化二正丙基；Di-*n*-propyl sulfide；*n*-Propyl sulfide；1-Propylthiopropane；1,1′-Thiobispropane
GW 2015-326 M.I. 15，3387
性状 无色至微黄色液体。有恶臭。溶于乙醇、乙醚，不溶于水。mp 约 －102℃；bp 142℃；Fp 89.6℉（32℃）；d^{17} 0.814；n_D^{20} 1.447～1.450。一般试剂含量≥90.0%（GC）。
注意事项 该品易燃。对眼睛、呼吸系统及皮肤有刺激性。使用时应穿适当的防护服。万一接触到眼睛，应立即用大量水冲洗后请医生诊治。使用现场禁止吸烟。应远离火种密封保存。
主要用途 有机合成。

Dipyridamole 潘生丁 03917
[58-32-2] $C_{24}H_{40}N_8O_4$ 504.64
成分 C 57.12%，H 7.99%，N 22.21%，O 12.68%。
别名 双嘧啶氨醇；2,2′,2″,2‴-[4,8-Di-1-piperidinylpyrimido[5,4-*d*]pyrimidine-2,6-diyl dinitrilo]terakisethanol；2,6-Bis(diethanolamino)-4,8-dipiperidinopyrimido[5,4-*d*]pyrimidine；NSC-515776；RA-8；Anginal；Cardoxin；Cleridium；Coridil；Coronarine；Curantyl；Dipyridan；Gulliostin；Natyl；Peridamol；Persantine；Piroan；Prandiol；Protangix.
M.I. 15，3388
性状 来自乙酸乙酯中的深黄色针状结晶或粉末。味苦。易溶于甲醇、乙醇、氯仿、二甲基亚砜。不太好溶于丙酮、苯、乙酸乙酯，溶于稀酸 pH 值 3.3 或更低，微溶于水。其溶液呈黄色，并有蓝～绿色荧光。mp 163℃。LD_{50} 大鼠急性经口：8.4g/kg；静脉注射：208mg/kg。一般试剂含量≥98.0%（TLC）。
注意事项 该品对眼睛、呼吸系统及皮肤有刺激性。使用时应穿 适当的防护服。万一接触到眼睛，应立即用大量水冲洗后请医生诊治。应密封于－20℃保存。
主要用途 生化研究。医用血管舒张剂。

(structure: N, N, N, N, N, N, OH, OH, HO, HO)

2,2′-Dipyridyl 2,2′-联吡啶 03918
[366-18-7] $C_{10}H_8N_2$ 156.19
成分 C 76.90%，H 5.16%，N 17.94%。
别名 *α*,*α*′-联吡啶；*α*,*α*′-联氮杂苯；2,2′-Bipyridine；*α*,*α*′-Bipyridyl；CI-588；*α*,*α*′-Dipyridyl；2,2′-Dipyridyl
M.I. 15，1241
性状 来自石油醚中的无色至浅粉色结晶性粉末。易溶于乙醇、乙醚、苯、三氯甲烷、石油醚，溶于水（6.4mg/mL），溶于 0.1mol/L 盐酸（25.7mg/mL），其溶液遇亚铁盐则显红色。mp70～71℃；bp 272～273℃；*d* 1.28；uv max（水中）：233nm，280nm（*ε* 10200，13300）。LD_{50}小鼠腹膜内注射：200mg/kg。
注意事项 该品口服有毒。对眼睛、呼吸系统及皮肤有刺激性。使用应穿适当的防护服和戴手套。使用时如有事故发生或有不适之感，应请医生诊治。应密封避光保存。
主要用途 氧化还原指示剂。测定亚铁、镉和钼的试剂。
参考规格 HG/T 4013—2008

	分析纯
含量（$C_{10}H_8N_2$）/%≥	99.5
熔点范围/℃	69.0～72.0
乙醇溶解试验	合格
灼烧残渣（以硫酸盐计）/%≤	0.2
铁配位合物摩尔吸收系数 *ε*/［L/(cm·mol)］≥	9.0×10^3

(structure: N, N)

4,4′-Dipyridyl dihydrate 4,4′-联吡啶 03919
[553-26-4] $C_{10}H_8N_2$ 156.19
成分 C 76.90%，H 5.16%，N 17.94%。
别名 *γ*,*γ*′-联吡啶；4,4′-Bipyridine；4,4′-Dipyridine；4,4′-Dipyridyl；*γ*,*γ*′-Dipyridyl
M.I. 15，3389
性状 来自水中的无色至浅黄色结晶。味苦。易溶于乙醇、苯、乙醚、三氯甲烷，微溶于水。mp 111～112℃；bp_{760} 304.8℃/101.325kPa。一般试剂含量≥99.0%（NT）。
注意事项 该品口服有毒。对眼睛、呼吸系统及皮肤有刺激性。使用时应穿适当的防护服，戴手套和防护镜或面罩。万一接触到眼睛，应立即用大量水冲洗后请医生诊治。使用时如有事故发生或有不适之感，应请医生诊治。

主要用途 氧化还原指示剂。测定铁的试剂。有机合成。

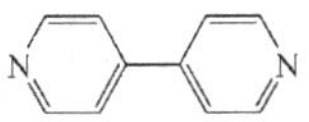

4,4′-Dipyridyl dihydrochloride
4,4′-联吡啶 二盐酸盐 03920

[27926-72-3] $C_{10}H_{10}Cl_2N_2$ 229.11

成分 C 52.42%，H 4.40%，Cl 30.95%，N 12.22%。

别名 盐酸 4,4′-联吡啶；二盐酸 4,4′-联吡啶；4,4′-Bipyridine dihydrochloride；γ,γ′-Dipyridyl dihydrochloride

M. I. 15，3389

性状 来自水中的无色棱柱体结晶或白色结晶性粉末。溶于水，几乎不溶于乙醚。mp>300℃。

主要用途 测定铁的试剂。

Dipyrone monohydrate
安乃近 一水 03921

[5907-38-0] $C_{13}H_{16}N_3NaO_4S \cdot H_2O$ 351.35

成分 C 44.44%，H 5.16%，N 11.96%，Na 6.54%，O 22.77%，S 9.13%。

别名 4-甲基氨基-1,5-二甲基-2-苯基-3-吡唑啉酮甲烷磺酸钠 一水；甲基氨基安替比林甲烷磺酸钠 一水；1-苯基-2,3-二甲基-5-吡唑啉酮-4-甲基氨基甲烷磺酸钠一水；（安替比林基甲基氨基）甲烷磺酸钠盐 一水；(Antipyrinylmethylamino)methanesulfonic acid sodium salt；Noraminopyrine methanesulfonate sodium；4-Methylamino-1，5-dimethyl-2-phenyl-3-pyrazolone sodium methanesulfonate；Sodium methylaminoantipyrine methanesulfonate；Methylmelubrin；Methampyrone；Metamizol；Analgin；Sulpyrin；Alginodia；Algocalmin；Bonpyrin；Conmel；Divarine；Dolazon；D-Pron；Dya-Tron；Espyre；Farmolisina；Feverall；Fevonil；Keypyrone；Metilon；Minalgin；Narone；Nartate；Nevralgina；Nolotil；Novacid；Novaldin；Novalgin；Novemina；Novil；Paralgin；Pyralgin；Pyril；Pyrilgin；Pyrojec；Tega-Pyrone；Unagen

M. I. 15，3390

性状 来自乙醇中的微小结晶。溶于水（1g/1.5mL）、甲醇，较少地溶于乙醇，不溶于乙醚、丙酮、苯、氯仿。其水溶液呈中性。一般试剂含量≥99.0%（HPLC）。

注意事项 该品能危害胎儿。使用时应穿适当的防护服。应密封于 2～8℃保存。

主要用途 医用抗发烧、解热、止痛、抗痉挛剂。分析用标准物质。

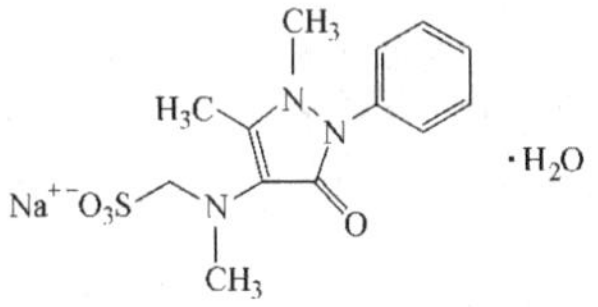

Diguat dibromide monohydrate
死草炔 一水 03922

[6385-62-2] $C_{12}H_{12}Br_2N_2 \cdot H_2O$ 362.07

成分 （以无水物计）C 41.89%，H 3.52%，Br46.45%，N 8.14%。

别名 杀草炔 一水；Deiquat monohyolrate；6,7-Dihydrodipytido[1,2-*a*：2′,1′-*c*]pyrazinediium dibromide；1,1′-Ethlene-2,2′-dipyridylium dibromide；FB/2；Reglone

M. I. 15，3392

性状 来自水中的浅黄色结晶。溶于水（20℃，70%），微溶于乙醇，不溶于其他有机溶剂。在酸性或中性溶液中稳定。mp>320℃（分解）；uv max：308.31nm（ε 18000）。LD_{50}雄，雌大鼠急性经口：147mg/kg，121mg/kg；雄大鼠皮肤接触：433mg/kg。

注意事项 该品口服有毒。与皮肤接触有害。使用时应穿适当的防护服和戴手套。使用时如有事故发生或有不适之感，应请医生诊治。

主要用途 接触除草剂。分析用标准物质。

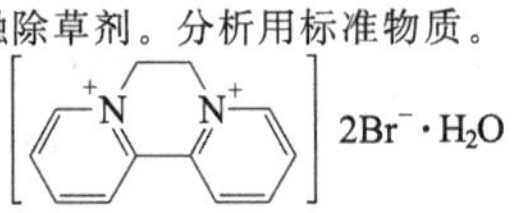

1,3-Di-6-quinolylurea
1,3-二-6-喹啉脲 03923

[532-05-8] $C_{19}H_{14}N_4O$ 314.35

成分 C 72.60%，H4.49%，N17.82%，O5.09%。

别名 *N*,*N*′-Di-6-quinolinylurea；*sym*-Di-(6-quinolyl)urea；Bis(6-quinolyl)urea；6,6′-Diquinolylurea；Babesan

M. I. 15，3393

性状 来自吡啶中的无色结晶。溶于稀酸。mp 262℃。

主要用途 兽用抗原生物剂。

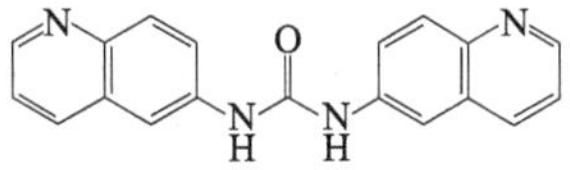

Dirithromycin
地红霉素 03924

[62013-04-1] $C_{42}H_{78}N_2O_{14}$ 835.09

成分 C 60.41%，H 9.42%，N 3.35%，O 26.82%。

别名 (1*R*,2*R*,3*R*,6*R*,7*R*,8*S*,9*R*,10*R*,12*R*,13*S*,15*R*,17*S*)-7-(2，6-Dideoxy-3-*C*-methyl-3-*O*-methyl-α-L-*ribo*-hexopyranosyl)oxy-3-ethyl-2，10-dihydroxy-15-(2-methoxyethoxy)methyl-2,6,8,10,12,17-hexamethyl-9-(3,4,6-trideoxy-3-dimethylamino-β-D-*xylo*-hexopyranosyl)oxy-4,16-dioxa-14-azabicyclo[11.3.1]heptadecan-5-one；[9*S*(*R*)]-9-Deoxo-11-deoxy-9,11-[imino[2-(2-methoxyethoxy)ethylidene]ocy]erythromycin；LY-237216；AS-E 136；Dynabac；Noriclan；Nortron；Valodin

M. I. 15，3394

性状 来自乙醇/水中的无色结晶。易溶于甲醇、氯化乙烯，极微溶于水。mp 186～189℃（分解）。LD_{50}小鼠皮下注射：>1g/kg；急性经口：>1g/kg。

注意事项 该品吸入或与皮肤接触可引起过敏。使用时应穿适当的防护服。

主要用途 医用抗菌剂。

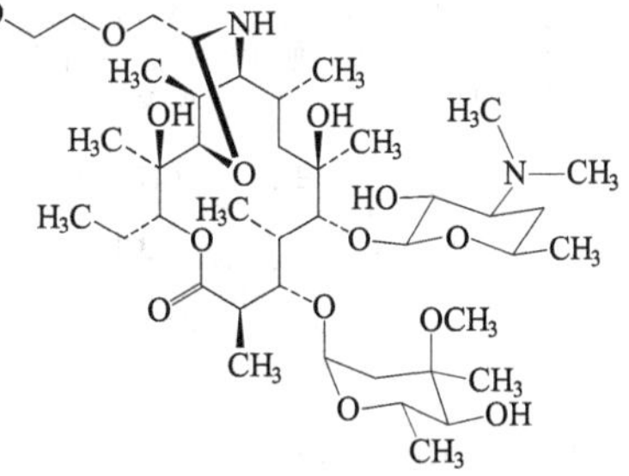

Discodermolide
园皮海绵内酯 03925

[127943-53-7] $C_{33}H_{55}NO_8$ 593.80

成分 C 66.75%，H 9.34%，N 2.36%，O 21.55%。

别名 (3*R*,4*S*,5*R*,6*S*)-6-[(2*S*,3*Z*,5*S*,6*S*,7*S*,8*Z*,11*S*,12*R*,13*S*,14*S*,15*S*,16*Z*)-14-(Aminocarbonyl)oxy-2,6,12-trihydroxy-5,7,9,11,13,15-hexamethyl-3,8,16,18-nonadecatetaenyl]tetrahydro-4-hydroxy-3,5-dimethyl-2*H*-pyran-2-one；YM-19020

M. I. 15，3397

性状 白色单斜结晶。mp 115～116℃；$[\alpha]_D^{20}$+14.0°（*c*=0.6，于甲醇中）；uv max（甲醇中）：210nm，226nm，235nm（ε 35400，19500，12500）。一水合物$[\alpha]_D$+20.1°（*c*=1，于甲醇中）。

主要用途 用于有丝分裂的研究。

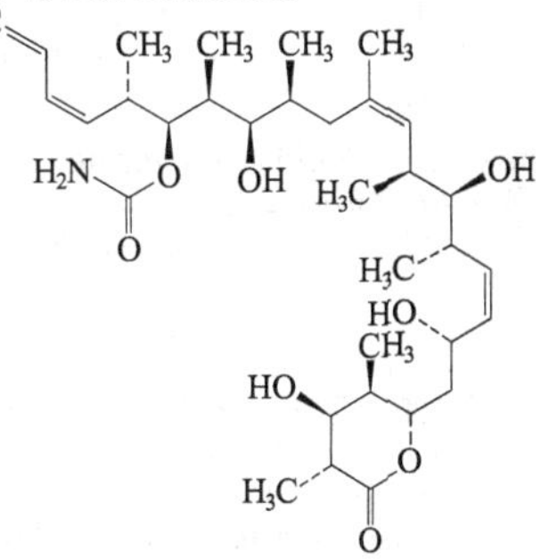

Disofenin
地索苯宁 03926

[65717-97-7] $C_{18}H_{26}N_2O_5$ 350.42

成分 C 61.70%，H 7.48%，N 7.99%，O 22.83%。

别名 2,6-二异丙基苯基氨基甲酰甲基亚氨基二乙酸；*N*-

[2-[2,6-Bis(1-methylethyl)phenyl]amino-2-oxoethyl]-*N*-(carboxymethyl)glycine; [[[(2,6-Diisopropylphenyl)carbamoyl]methyl]imino]diacetic acid; (2,6-Diisopropylacetanilido)iminodiacetic acid; *N*-Carboxymethyl-*N*-[2-(2,6-diisopropylphenyl)amino]-2-oxoethylglycine; DISIDA

M. I. 15, 3400

性状 无色结晶。不溶于水。mp 191～192.5℃。

主要用途 医用放射性成像诊断的辅助剂。

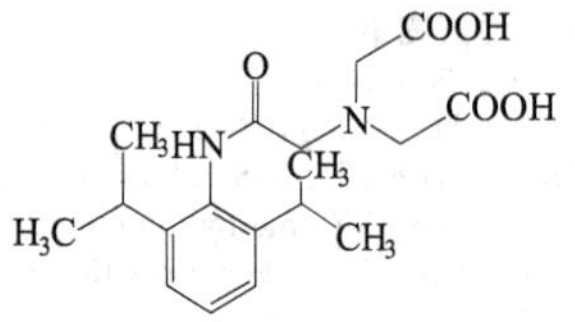

Disopyramide 丙吡胺 03927

[3737-09-5] $C_{21}H_{29}N_3O$ 339.48

成分 C 74.30%，H 8.61%，N 12.38%，O 4.71%。

别名 双异丙吡胺；达舒平；吡二丙胺；*α*-[2-[Bis(1-methylethyl)amino]ethyl]-*α*-phenyl-2-pyridinencetamide；*α*-[2-(Diisopropylamino)ethyl]-*α*-phenyl-2-pyridinencetamide；4-Diisopropylamino-2-phenyl-2-(2-pyridyl)butyramide；H-3292；SC-7031；Dicorantil；Isorythm；Lispine；Ritmodan；Rythmodan

M. I. 15, 3402

性状 来自己烷中的无色结晶。pK_a 10.2。mp 94.5～95.0℃。LD_{50}小鼠腹膜内注射：517μmol/kg。

注意事项 该品口服有害。使用时应穿适当的防护服。

主要用途 医用抗心律失常剂（ⅠA类）。

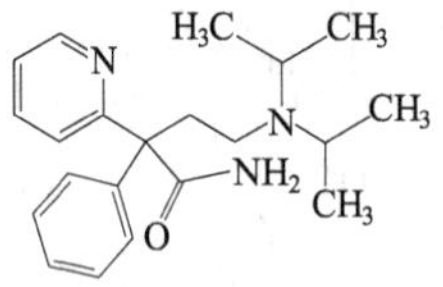

L-*β*,*γ*-Distearoyl-*α*-cephalin

L-*β*,*γ*-二硬脂酰-*α*-脑磷脂 03928

[1069-79-0] $C_{41}H_{82}NO_8P$ 748.07

成分 C 65.83%，H 11.05%，N 1.87%，O 17.11%，P 4.14%。

别名 L-*α*-二硬脂酰磷脂酰乙醇胺；*β*,*γ*-二硬脂酰-L-*α*-脑磷脂；L-*α*-Phosphatidylethanolamine distearoyl；L-*β*,*γ*-Distearoyl-*α*-cephalin；1,2-Distearoyl-*sn*-glycero-3-phosphoryl ethanolamine；1,2-Distearoyl-*sn*-glycero-3-phosphoethanolamine；3-*sn*-Phosphatidylethanolamine-1,2-distearoyl

性状 无色或白色结晶。易吸潮。$[\alpha]_D^{20}$ +5.4°±0.5°（*c*=1，于氯仿中）。生化试剂含量≥99.0%（TLC）。

注意事项 使用时应避免吸入本品的粉尘，避免与眼睛及皮肤接触。应充氩气密封于−20℃干燥保存。

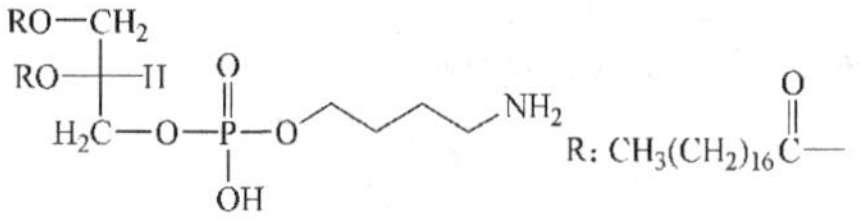

R: $CH_3(CH_2)_{16}C(=O)-$

L-*β*,*γ*-Distearoyl-*α*-lecithin dihydrate

L-*β*,*γ*-二硬脂酰-*α*-卵磷脂 二水 03929

[18603-43-5][无水物 816-94-4] $C_{44}H_{88}NO_8P \cdot 2H_2O$ 826.21

成分（以无水物计） C 66.88%，H 11.23%，N 1.77%，O 16.20%，P 3.92%。

别名 L-*α*-二硬脂酰磷脂酰胆碱 二水；*β*，*γ*-二硬脂酰-L-*α*-卵磷脂 二水；L-*α*-Phosphatidyl choline distearoyl；L-*β*,*γ*-Distearoyl-*α*-lecithin；1,2-Distearoyl-*sn*-glycero-3-phosphorylcholine；1,2-Distearoyl-*sn*-glycero-3-phosphocholine dihydrate；3-*sn*-Phosphatidyl choline 1,2-distearoyl

性状 无色或白色结晶。mp 240～243℃。生化试剂含量≥99.0%（TLC）。

注意事项 见 03928 L-*β*,*γ*-二硬脂酰-*α*-脑磷脂。

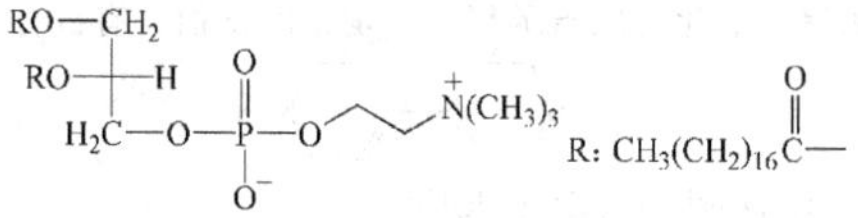

R: $CH_3(CH_2)_{16}C(=O)-$

Distigmine bromide 溴化地斯的明 03930

[15876-67-2] $C_{22}H_{32}Br_2N_4O_4$ 576.33

成分 C 45.85%，H 5.60%，Br 27.73%，N 9.72%，O 11.10%。

别名 溴化双吡已胺；溴地斯的明；溴双吡已胺；3,3′-[1,6-Hexanediylbis[(methylimino)carbonyl]oxy]bis(1-methylpyridinium) dibromide；3-Hydroxy-1-methylpyridinium bromide hexamrthylenebis(methylcarbamate)；Hexamethylenebis(methylcarbamic acid) ester of 3-hybroxy-1-methylpyridinum bromide；Hexamethylenebis(*N*-methylcarbaminoyl-1-methyl-3-hydroxypyridinium bromide)；Hexamarium；BC-51；Ubretid

M. I. 15, 3405

性状 无色结晶。149℃分解。

主要用途 医用胆碱酯酶抑制剂。

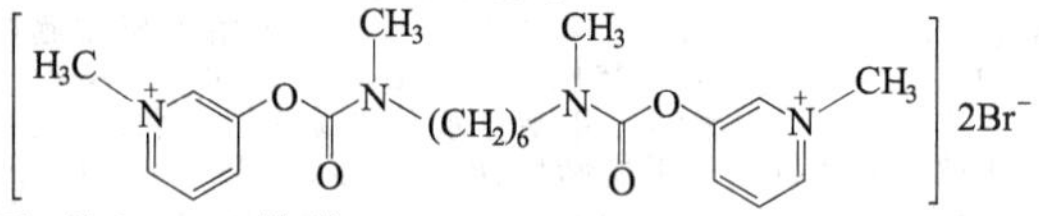

Disulfoton 乙拌磷 03931

[298-04-4] $C_8H_{19}O_2PS_3$ 274.39

成分 C 35.02%，H 6.98%，O 11.66%，P 11.29%，S 35.05%。

别名 *O*,*O*-二乙基-*S*-2-(乙硫基)乙基二硫代磷酸酯；二硫代磷酸-*O*,*O*-二乙基硫[2-(乙硫基)乙基]酯；Bayer 19639；Baysiston；*O*,*O*-Diethyl-*S*-ethylmercaptoethyl dithiophosphale；Dithiodemeton；Disyston；Dithiosystox；Ekatin TD；ENT-23347；Ethylometon；Ethylthiometon；Frumin G；Frumin AL；Solvirex；Phosphorodithioic acid *O*,*O*-diethyl *S*-[2-(ethylthio)ethyl] ester；Thiodemeton

GW 2015-672 M. I. 15, 3408

性状 无色油状液体。不溶于水。蒸气压（20℃）：1.8×10^{-4} mmHg/0.013Pa。$bp_{1.5}$ 132～133℃/199.983Pa；$bp_{0.01}$ 108℃/1.33Pa；Fp 271.4℉（133℃）；d_4^{20} 1.144；n_D^{20} 1.5348。LD_{50} 雌，雄大鼠急性经口：2.3mg/kg，6.8mg/kg；皮肤接触：6mg/kg，15mg/kg。

注意事项 该品口服或与皮肤接触极毒。对水生物极毒。使用时应穿适当的防护服和戴手套。接触皮肤后，应立即用大量水冲洗。使用时如有事故发生或有不适之感，应请医生诊治。应防止将本品释放于环境中。其包装物应按危险品处理。应密封于2～8℃保存。

主要用途 杀螨剂。杀虫剂。分析用标准物质。

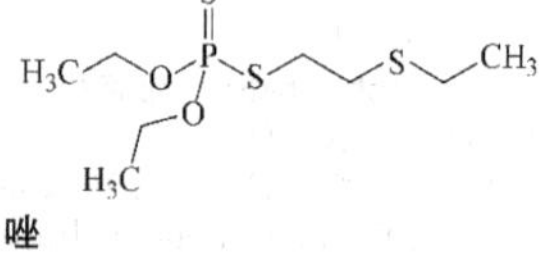

Ditazol 地他唑 03932

[18471-20-0] $C_{19}H_{20}N_2O_3$ 324.38

成分 C 70.35%，H 6.21%，N 8.64%，O 14.80%。

别名 双苯吡醇；2,2′-[(4,5-Diphenyl-2-oxazloyl)imino]bisethanol；*N*-(4,5-Dphenyloxanol-2-yl)diethanolamine；2-Bis(*β*-hydroxyethyl)amino-4,5-diphenyloxazole；2,2′-Dihydroxy-*N*-(4,5-diphenyloxazol-2-yl)diethylamine；Diethamphenazol；S-222；Ageroplas

M. I. 15, 3410

性状 一水合物为来自乙醚-石油醚中的无色结晶。mp 96～98℃；LD_{50}小鼠，大鼠急性经口：9621mg/kg，11380mg/kg；腹膜内注射：3390mg/kg，7770mg/kg。

主要用途 医用抗炎剂

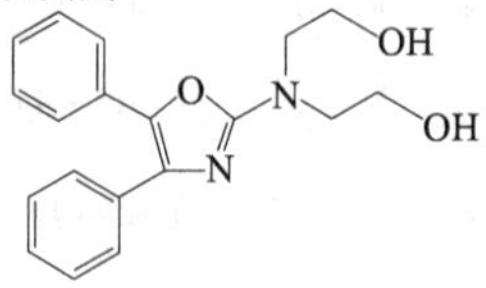

1,3-Dithiane 1,3-二噻烷 03933

[505-23-7]　$C_4H_8S_2$　120.24

成分　C 39.96%，H 6.71%，S 53.34%。

性状　无色结晶。有恶臭。具有吸湿性。mp 52～54℃；Fp 195 ℉（90℃）。一般试剂含量≥97.0%（GC）。

注意事项　使用时应避免吸入本品的粉尘，避免与眼睛及皮肤接触。应密封于干燥处保存。

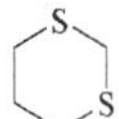

Dithianon　二噻农　03934

[3347-22-6]　$C_{14}H_{14}N_2O_2S_2$　296.32

成分　C 56.75%，H 1.36%，N 9.45%，O 10.80%，S 21.64%。

别名　2,3-二氰基-1,4-二硫代蒽醌；1,4-二硫代蒽醌-2,3-二腈；5,10-Dihydro-5,10-dioxonaphtho[2,3-*b*]-1,4-dithiin-2,3-dicarbonitrile；1,4-Dithiaanthraquinone-2,3-dicarbonitrile；2,3-Dicyano-1,4-dithiaanthraquinone；IT-931；MV-119A；Delan

M. I. 15，3411

性状　棕色结晶。无味。溶于二氧六环、氯苯、氯仿，几乎不溶于水。mp 225℃；d^{18} 1.55。LD_{50}大鼠，豚鼠急性经口：638mg/kg，110mg/kg。

注意事项　该品口服有害。对水生物极毒。能对水环境引起不利的结果。使用时应避免与皮肤接触。应防止将本品释放于环境中。其包装物应按危险品处理。

主要用途　杀菌剂。分析用标准物质。

2,2′-Dithiobis (benzothiazole)
2,2′-二硫代双（苯并噻唑）　03935

[120-78-5]　$C_{14}H_8N_2S_4$　332.47

成分　C 50.57%，H 2.43%，N 8.43%，S 38.58%。

别名　MBTS；2,2′-Dibenzothiazyl disulfide；Benzothiazyl disulfide；Dibenzthiazyl disulfide；Mercaptobenzthiazyl ether；Thiofide

M. I. 15，3413

性状　来自苯中的浅黄色针状结晶。该品 25℃时溶于下列溶剂中溶解度(g/100mL)：乙醇＜0.2；丙酮＜0.5；苯＜0.5；四氯化碳＜0.2；乙醚＜0.2；汽油＜0.5。不溶于水。mp 180℃；*d* 1.50。

主要用途　生产橡胶的一种催化剂。

2,2′-Dithiobis(4-methylthiazole)
2,2′-二硫代双(4-甲基噻唑)　03936

[23826-98-4]　$C_8H_8N_2S_4$　260.42

成分　C 36.90%，H 3.10%，N 10.76%，S 49.25%。

别名　Bis(4-methylthiazol-2-yl)disulfide

性状　白色结晶性粉末。一般试剂含量≥97.0%（CHN）。

注意事项　使用时应避免吸入本品的粉尘，避免与眼睛及皮肤接触。应充氩气密封于 2～8℃保存。

主要用途　生化研究。

5,5′-Dithiobis(2-nitrobenzoic acid)
5,5′-二硫代双(2-硝基苯甲酸)　03937

[69-78-3]　$C_{14}H_8N_2O_8S_2$　396.36

成分　C 42.42%，H 2.03%，N 7.07%，O 32.29%，S 16.18%。

别名　Bis(3-carboxy-4-nitrophenyl) disulfide；DTBN；DTBNA；Ellman's reagent；Bis(*p*-nitrophenyl)disulfide-3,3′-dicarboxylic acid；3-Carboxy-4-nitrophenyl disulfide；3,3′-Dithio bis(6-nitrobenzoic acid)；DNTB；DTNB

性状　黄色粉末。微溶于乙酸。mp 约 240℃。一般试剂含量≥97.5%（HPLC）。

注意事项　该品对眼睛、呼吸系统及皮肤有刺激性。使用时应穿适当的防护服。万一接触到眼睛，应立即用大量水冲洗后请医生诊治。应充氩气密封保存。

主要用途　分析试剂，用于测定巯基、胆碱酯酶。

2,2′-Dithiobis(5-nitropyridine)
2,2′-二硫代双(5-硝基吡啶)　03938

[2127-10-8]　$C_{10}H_6N_4O_4S_2$　310.31

成分　C 38.71%，H 1.95%，N 18.06%，O 20.62%，S 20.67%。

别名　二硫化双（5-硝基吡啶）；Bis(5-nitro-2-pyridyl)disulfide；DTNP

性状　白色粉末。mp 152～154℃。一般试剂含量≥97.0%（HPLC）。

注意事项　该品对眼睛、呼吸系统及皮肤有刺激性。使用时应穿适当的防护服，戴手套和防护镜或面罩。

主要用途　生化研究。检测硫醇用选择性提取试剂。

2,2′-Dithiodianiline　2,2′-二硫代二苯胺　03939

[1141-88-4]　$C_{12}H_{12}N_2S_2$　248.36

成分　C 58.03%，H 4.87%，N 11.28%，S 25.82%。

别名　二硫化 2,2′-二氨基二苯；二硫化双（2-氨基苯）；Bis(2-aminophenyl) disulfide；2,2′-Diaminodiphenyl disulfide

性状　白色粉末。对空气敏感。mp 90～92℃。一般试剂含量≥95%（HPLC）。

注意事项　该品对眼睛有严重损伤的危险。使用时应戴防护镜或面罩。万一接触到眼睛，应立即用大量水冲洗后请医生诊治。应充氩气密封保存。

4,4′-Dithiodimorpholine　4,4′-二硫二代吗啉　03940

[103-34-4]　$C_8H_{16}N_2O_2S_2$　236.35

成分　C 40.65%，H 6.82%，N 11.85%，O 13.54%，S 27.13%。

别名　4,4′-二硫吗啡啉；4,4′-Dithiobismorpholine；Mofphofine *N*,*N*′-disulfide；Dimopholine *N*,*N*′-disulflde；DTDM

M. I. 15，3415

性状　无色针状结晶。有鱼腥臭味。mp 124～125℃。一般试剂含量≥98.0%。

主要用途　橡胶着色保护剂。橡胶硬化剂。

2,2′-Dithiodipyridine　2,2′-二硫联吡啶　03941

[2127-03-9]　$C_{10}H_8N_2S_2$　220.32

成分　C 54.52%，H 3.66%，N 12.71%，S 29.11%。

别名　二硫化二（2-吡啶基）；二（2-吡啶基）二硫；Di-(2-pyridyl) disulfide；2,2′-Dipyridyl disulfide；2-Aldrithiol；2-PDS

性状　无色结晶。对空气敏感。mp 57～58℃。一般试剂含量≥99.0%（GC）。

注意事项　该品对眼睛、呼吸系统及皮肤有刺激性。使用时应穿适当的防护服，戴手套和防护镜或面罩。使用时应避免吸入本品的粉尘，避免与眼睛及皮肤接触。应充氩气密封于 2～8℃干燥保存。

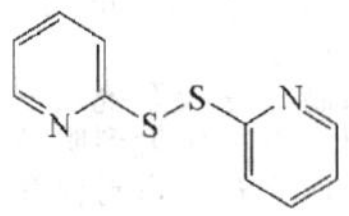

3,3-Dithiodipyridine dihydrochloride

3,3-二硫联吡啶 二盐酸盐 03942

[538-45-4] $C_{10}H_{10}Cl_2N_2S_2$ 293.22

成分 C 40.96%，H 3.44%，Cl 24.18%，N 9.54%，S 21.87%。

别名 二盐酸 3,3-二硫联吡啶 ；3,3′-Dithiobispyridinedihydrochloride；3,3-Dipyridyl disulflde dihydrochloride

M.I.15，3416

性状 来自无水乙醇中的无色结晶。溶于水。mp 183℃。

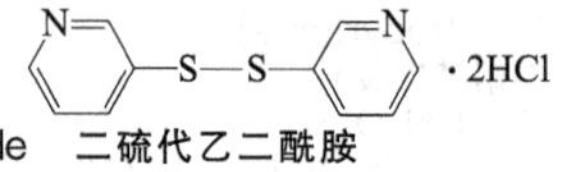

·2HCl

Dithiooxamide 二硫代乙二酰胺

03943

[79-40-3] $C_2H_4N_2S_2$ 120.19

成分 C 19.99%，H 3.35%，N 23.31%，S 53.35%。

别名 乙二硫二胺；二硫乙二胺；二硫代草酰胺；鲁必胺酸；红氨酸；Ethanedithioamide；Rubeanic acid

M.I.15，8412

性状 红色、橙红色、橙黄色结晶或结晶性粉末。溶于醇类，微溶于水，不溶于乙醚。约 200℃分解。一般试剂含量≥98.5%（N）。

注意事项 该品口服有害。对眼睛、呼吸系统及皮肤有刺激性。使用时应穿适当的防护服和戴手套。

主要用途 检测铋、铜、钴、镍、锇、铂、铷的试剂。

Dithiopyr 氟硫草定

03944

[97886-45-8] $C_{15}H_{16}F_5NO_2S_2$ 401.41

成分 C 44.88%，H 4.02%，F 23.66%，N 3.49%，O 7.97%，S 15.97%。

别名 S,S′-二甲基-2-三氟甲基-4-异丁基-6-三氟甲基吡啶-3,5-二硫代甲酸酯；氟硫草；2-Difluoromethyl-4-(2-methylpropyl)-6-trifluoromethyl-3,5-pyridinedicarbothioic acid *S*,*S*-dimethyl ester；*S*,*S*-Dimethyl 2-difluoromethyl-4-isobutyl-6-trifluoromethyl-3, 5-pyridinedicarbothioate；MON-15100；MON-7200；Dimension

M.I.15，3417

性状 无色结晶性固体。微有气味。溶于水（20℃，1.38×10^{-6}）。蒸气压（25℃）：4×10^{-6} mmHg/533.3Pa；mp 65℃。LD_{50}大鼠急性经口：>5000mg/kg。一般试剂含量≥99.0%。

主要用途 除草剂。

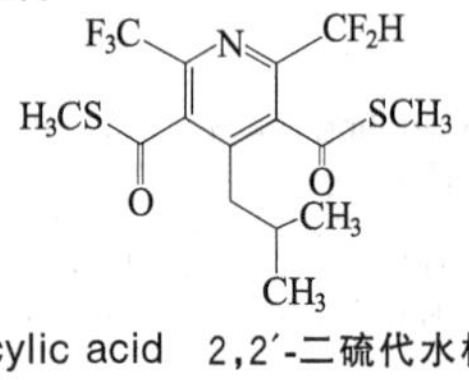

2,2′-Dithiosalicylic acid 2,2′-二硫代水杨酸

03945

[119-80-2] $C_{14}H_{10}O_4S_2$ 306.36

成分 C 54.89%，H 3.29%，O 20.89%，S 20.93%。

别名 2,2-二硫代二苯甲酸；2,2′-二硫代二水杨酸；2,2′-Dithio dibenzoic acid；Bis(2-carboxyphenyl)disulfide；2-Carboxyphenyl disulfide

性状 浅棕黄色粉末。溶于氨水，微溶于乙醇、乙醚，不溶于水。mp 288～293℃。一般试剂含量≥95.0%（NT）。

注意事项 该品对眼睛、呼吸系统及皮肤有刺激性。使用时应穿适当的防护服。万一接触到眼睛，应立即用大量水冲洗后请医生诊治。

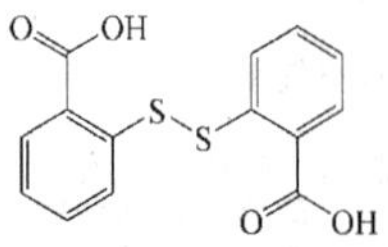

1,4-Dithiothreitol 1,4-二硫代苏糖醇

03946

[3483-12-3] $C_4H_{10}O_2S_2$ 154.24

成分 C 31.15%，H 6.53%，O 20.74%，S 41.58%。

别名 1,4-二硫代丁四醇；二硫代苏糖醇；苏-1,4-二巯基-2,3-丁二醇；苏-2,3-二羟基-1,4-二硫代丁烷；Cleland's reagent；*threo*-2,3-Dihydroxy-1,4-dithiobutane；(2*R*,3*R*)-*rel*-1,4-Di-mercapto-2,3-butanediol；DTT；DL-Threo-1,4-dimercapto-2,3-butandiol；Threo-2,3-dihydroxy-1,4-dithiobutane

M.I.15，3419

性状 来自乙醚中的无色或白色针状结晶。对空气敏感。微吸潮。易溶于水、乙醇、甲醇、丙酮、乙酸乙酯、乙醚、氯仿。有恶臭。易分解。mp 42～43℃；bp_2 125～130℃/266.644 Pa。生化试剂含量≥99.0%（RT）。

注意事项 该品口服有害。对眼睛、呼吸系统及皮肤有刺激性。使用时应穿适当的防护服。使用时应避免吸入本品的粉尘，避免与眼睛及皮肤接触。万一接触到眼睛，应立即用大量水冲洗后请医生诊治。应充氩气密封于 2～8℃干燥保存。

主要用途 生化研究。巯基的保护剂。

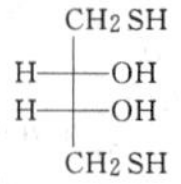

Dithiouracil 二硫尿嘧啶

03947

[2001-93-6] $C_4H_4N_2S_2$ 144.22

成分 C 33.31%，H 2.80%，N 19.42%，S 44.47%。

别名 2,4-二巯基嘧啶；二硫呻嘈；2,4(1*H*,3*H*)-Pyrimidinedithione；2,4-Dimercaptopyrimidine

性状 浅黄至黄色针状结晶或粉末。溶于氨水，难溶于水。mp 279～281℃（分解）。生化试剂含量≥98.0%。

主要用途 生化研究。

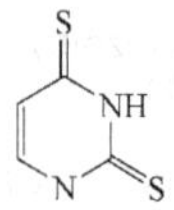

Dithizone 双硫腙

03948

[60-10-6] $C_{13}H_{12}N_4S$ 256.33

成分 C 60.91%，H 4.72%，N 21.86%，S 12.51%。

别名 二苯硫巴腙；二苯硫代卡贝松；二苯基硫代卡巴腙；二苯硫代偶氮碳酰肼；二苯硫代缩（对称）二氨基脲；二苯磺卡巴松；打萨宗；苯肼硫羰偶氮苯；铅试剂；Diphenylthiocarbazone；(Phenylazo) thioformic acid 2-phenylhydrazide；Phenyldiazenecarbothioic acid 2-phenylhydrazide

M.I. 15，3420

性状 蓝黑色结晶性粉末。易溶于三氯甲烷、四氯化碳，略微溶于乙醇，不溶于水。mp 168℃（分解）。一般试剂含量≥99.0%（CHN）。

注意事项 该品对眼睛、呼吸系统及皮肤有刺激性。使用时应穿适当的防护服。万一接触到眼睛，应立即用大量水冲洗后请医生诊治。

主要用途 测定铅、锌、铋、镉、钴、铜、汞、银等的试剂。

(+)-Di-*O*,*O*′-*p*-toluoyl-D-tartaric acid

(+)-二对甲苯基-D-酒石酸 03949

[32634-68-7] $C_{20}H_{18}O_8$ 386.35

成分 C 62.18%，H 4.70%，O 33.13%。

别名 (+)-Di-*O*,*O*′-*p*-toluyl-D-tartaric acid

性状 无色结晶。易吸潮。mp 165～167℃；$[\alpha]_{546}^{20}+171°\pm2°$；$[\alpha]_D^{20}+139°\pm2°$（$c=1$，于乙醇中）。一般试剂含量≥98.0%（T）。

注意事项 使用时应避免吸入本品的粉尘，避免与眼睛及皮肤接触。应充氩气密封干燥保存。

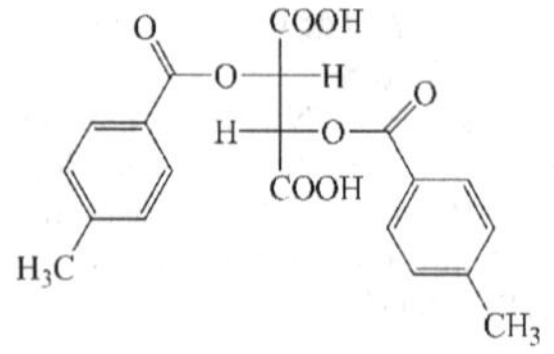

(－)-Di-*O*,*O*-*p*-toluoyl-L-tartaric acid
(－)-二对甲苯基-L-酒石酸 03950
[32634-66-5] $C_{20}H_{18}O_8$ 386.35
成分 C 62.18%，H 4.20%，O 33.13%。
别名 (－)-Di-*O*,*O'*-*p*-toluyl-L-tartaric acid；Di-*p*-toluoyl-L-tartaric acid
性状 无色结晶。mp 166～168℃；$[\alpha]_D^{20}$ －139°±2°（c＝1，于乙醇中）。一般试剂含量≥98.0%（T）。
注意事项 见 03949 (＋)-二对甲苯基-D-酒石酸。

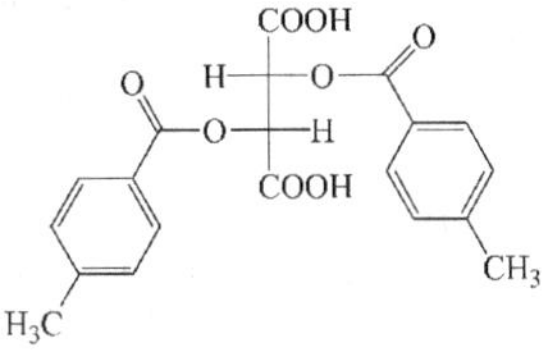

1,1-Di-*p*-tolylethane 1,1-二对甲苯基乙烷 03951
[530-45-0] $C_{16}H_{18}$ 210.32
成分 C 91.37%，H 8.63%。
别名 1,1'-Ethylidenebis[4-methylbenzene]；α,α-Di-*p*-tolylehane；*asym*-Di-*p*-tolylethane；4,4'-α-Trimethyldiphenylmethane
M. I. 15，3422
性状 无色油状液体。具强折射性，有芳香气味。溶于乙酸。－20℃不凝固。bp 295～300℃；bp_{12} 155～157℃/1.6kPa；d_4^{20} 0.974。

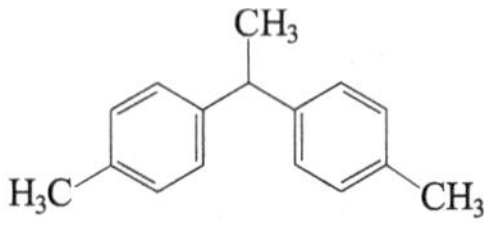

1,2-Di-*p*-tolylethane 1,2-二对甲苯基乙烷 03952
[538-39-6] $C_{16}H_{18}$ 210.32
成分 C 91.37%，H 8.63%。
别名 1,1'-(1,2-Ethanediyl) bis[4-methylbenzene]；α,β-Di-*p*-tolylethane；*sym*-Di-*p*- tolylethane；4,4'-Dimethyldibenzyl
M. I. 15，3423
性状 来自甲醇中的无色小叶状结晶。或来自轻石油中的片状结晶。溶于苯，中等程度溶于乙醇、石油醚。mp 82℃；bp_{730} 296～298℃/97.325kPa。bp_{18}178℃/2.4kPa。

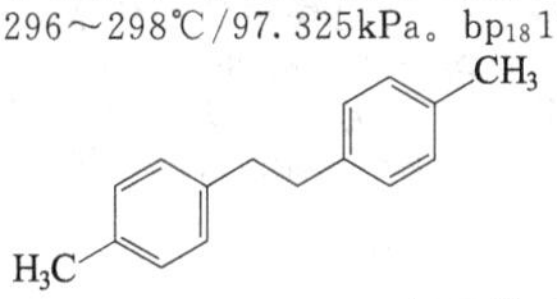

***N*,*N'*-Di-*o*-tolylthiourea *N*,*N'*-二邻甲苯硫脲** 03953
[137-97-3] $C_{15}H_{16}N_2S$ 256.37
成分 C 70.28%，H 6.29%，N 10.93%，S 12.51%。
别名 2,2'-二甲基二苯硫脲；*N*,*N'*-二邻甲苯基硫脲；锇试剂；2,2'-Dimethylthiocarbanilide；1,3-Di-*o*-tolyl-2-thiourea；DOTT；2-Thio-1,3-di-*o*-tolyl-urea
性状 无色薄片状结晶。有刺激性气味。溶于乙醇、乙醚、苯，不溶于水。mp 157～158℃。一般试剂含量≥97.0%。
主要用途 测定锇的试剂。

Diuron 敌草隆 03954
[330-54-1] $C_9H_{10}CCl_2N_2O$ 233.09
成分 C 46.38%，H 4.32%，Cl 30.42%，N 12.02%，O 6.86%。
别名 3-(3,4-二氯苯基)-1,1-二甲基脲；1,1-二甲基-3-(3,4-二氯苯基)脲；DCMU；3-(3,4-Dichlorophenyl)-1,1-dimethylurea；*N'*-(3,4-Dichlorophenyl)-*N*,*N*-dimethylurea；1,1-Dimethyl-3-(3,4-dichlorophenyl)urea；Diurex；Karmex；Urox D
M. I. 15，3425
性状 无色结晶。极微溶于水（25℃，42×10^{-6}）。mp 158～159℃。LD_{50}大鼠急性经口：1690mg/kg。一般试剂含量≥98.0%（T）。
注意事项 该品长期曝露或口服有害，并有严重损害健康的危险。对机体有不可逆损伤的可能性。对水生物极毒。能对水环境引起不利的结果。使用时应适当的戴手套。应避免吸入本品的粉尘、蒸气。如误服本品，应立即请医生检查，并出示瓶签或包装物。应防止将本品释放于环境中。其包装物应按危险品处理。远离食品、饮料、饲料存放。
主要用途 除草剂。分析用标准物质。

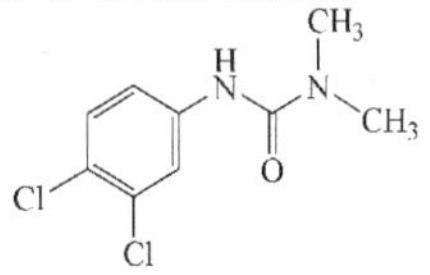

Divicine 蚕豆嘧啶 03955
[32267-39-3] $C_4H_6N_4O_2$ 142.12
成分 C 33.81%，H 4.26%，N 39.42%，O 22.51%。
别名 香豌豆嘧啶；2,6-Diamino-1,6-dihydro-4,5-pyrimidinedione；2,6-Diamino-4,5-pyrimidinediol；2,6-Diamine-5-hydroxy-4(3*H*)-pyrimidinone；2,4-Diamino-5,6-dihydroxypyrimidine
M. I. 15，3426
性状 浅棕色针状结晶。1g 该品溶于 100mL 沸水、约 350mL 冷水，溶于10%氢氧化钾溶液。约 280℃分解。

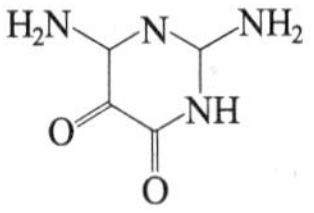

Divinylbenzene mixture 二乙烯苯 混合体 03956
[1321-74-0] $C_{10}H_{10}$ 130.19
成分 C 92.26%，H 7.74%。
别名 DVB
性状 无色液体。bp 87℃；Fp 156.2℉（69℃）；d_4^{20} 0.914；n_D^{20} 1.5740。一般试剂含量≥80.0%（GC）。
注意事项 该品对眼睛、呼吸系统及皮肤有刺激性。接触皮肤能引起过敏。使用时应穿适当的防护服。使用时应避免吸入本品的蒸气。万一接触到眼睛，应立即用大量水冲洗后请医生诊治。使用时如有事故发生或有不适之感，应请医生诊治。应密封于 2～8℃保存。

Dixanthogen 二黄原酸 03957
[502-55-6] $C_6H_{10}O_2S_4$ 242.38
成分 C 29.73%，H 4.16%，O 13.20%，S 52.91%。
别名 二黄原酸乙酯；双黄药；Thioperoxydicarbonic acid diethyl ester；Dithiobis[thioformic acid]*O*,*O*-diethyl ester；*O*,*O*-Diethyl dithiobis[thioformate]；Disethylxanthogen；Diethylxanthogenate；Ethylxanthic disulfide；Preparation K；EXD；Auligen；Aulinogen；Bexide；Herbisan；Lenisarin；Sulfasan
M. I. 15，3428
性状 黄色针状结晶。有洋葱状气味。易溶于苯、乙醚、石油醚、油类，溶于乙醇（2g/100mL），几乎不溶于水。mp 28～32℃；LD_{50}大鼠急性经口：480mg/kg。
主要用途 杀虫剂的组成。除草剂。医用除体外寄生物。

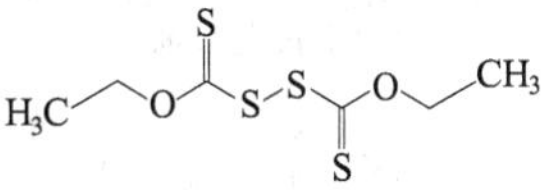

Dixyrazine dihydrochloride 羟乙氧拉嗪 二盐酸盐 03958
[60539-20-0] $C_{24}H_{35}Cl_2N_3O_2S$ 500.52
成分 C 57.59%，H 7.05%，Cl 14.17%，N 8.40%，O 6.39%，S 6.41%。
别名 2-[2-[4-[2-Methyl-3-(10*H*-phenothiazin-10-yl) propyl]-1-piperazinyl]ethoxy] ethanol dihydrochloride；10-[2-Methyl-3-(4-hydroxyethoxyethyl-1-piperazinyl) propyl] phrnothiazine dihydrochloride；1-[2-(2-Hydroxyethoxy) ethyl]-4-[2-methyl-3-(10-phenothiazinyl) propyl] piperazine dihydrochloride；UCB-3412-2HCl；Esocalm-2HCl；Esucos-2HCl
M. I. 15，3429
性状 来自异丙醇中的无色结晶。mp 192℃。
主要用途 医用精神抑制剂，止吐剂，局部麻醉剂。

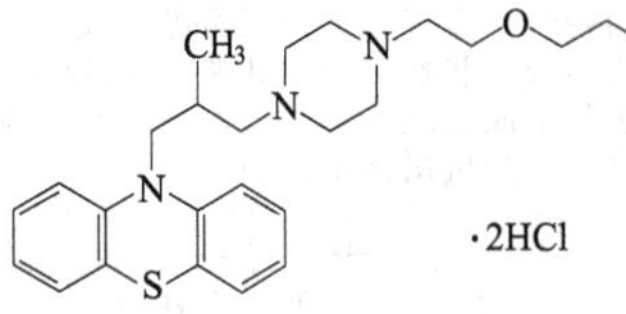

CH3 ·2HCl

Dizocilpine 地佐环平 03959

[77086-21-6] $C_{16}H_{15}N$ 221.30

成分 C 86.84%,H 6.83%,N 6.33%。

别名 10,11-Dihydro-5-methyl-5*H*-dibenzo[*a*,*d*]cyclohepten-5,10-imine;(+)-5-Methyl-10,11-dihydro-5*H*-dibenzo[*a*,*d*]cyclohepten-5,10-imine

M. I. 15, 3430

性状 来自环己烷中的白色固体。mp 68.5～69℃;$[\alpha]^{20}_{589}$ +161.4°(c=0.038g/2mL,于乙醇中)。

主要用途 用于NMDA受体的生物探针。

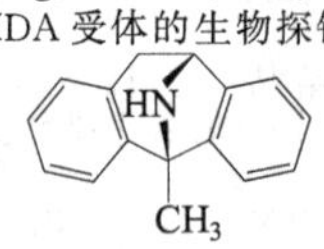

Djenkolic acid 黎豆氨酸 03960

[498-59-9] $C_7H_{14}N_2O_4S_2$ 254.32

成分 C 33.06%, H 5.55%, N 11.01%, O 25.16%, S 25.22%。

别名 L-今可豆氨酸;L-亚甲基硫代二初油氨基酸;L-*S*-亚甲基胱氨酸;L-甲烯胱氨酸;L-甲烯化双巯丙氨酸;L-黎豆氨酸;L-Cysteine thioacetal of formaldehyde;Jenkolic acid;*S*,*S*′-Methylenebis-L-cysteine;*S*,*S*′-Methylene di-L-cysteine;3,3′-Methylenedithiobis(2-aminopropanoic acid);3,3′-(Methylenedithio)dialanine;*β*,*β*′-Methylenedithiodialanine

M. I. 15, 3431

性状 无色不同长度的玫瑰花形针状结晶或白色结晶性粉末。较多地溶于酸或碱溶液,溶于沸水(约1/200),极微溶于冷水。300～350℃逐渐分解。$[\alpha]^{20.5}_{D}$ −65.0°(于1.0mol/L盐酸中);$[\alpha]^{25}_{D}$ −47.5°(c=2,于1.0mol/L盐酸中)。生化试剂含量≥98.0%。

主要用途 生化研究。

DMPA 草特磷 03961

[299-85-4] $C_{10}H_{14}Cl_2NO_2PS$ 314.16

成分 C 38.23%, H 4.49%, Cl 22.57%, N 4.46%, O 10.19%, P 9.86%, S 10.20%。

别名 (1-Methylethyl)phosphoramidothioic acid *O*-(2,4-dichlorophenyl)*O*-methyl ester;Isopropylphosphoramidothioic acid *O*-2,4-dichlorophenyl *O*-methyl ester;*O*-(2,4-Dichlorophenyl)*O*-methyl isopropylphosphoramidothioate;K-22023;Dow 1329;ENT-25647;OMS-115;Dowco 118;Zytron

M. I. 15, 3436

性状 无色或白色固体。易溶于丙酮、苯、四氯化碳,微溶于水(5×10^{-6})。蒸气压(150℃):2mmHg/266.6Pa;mp 51.4℃。LD_{50}大鼠急性经口:270～360mg/kg。

主要用途 除草剂。植物生长调节剂。

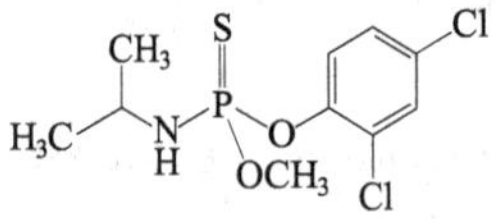

Dobesilate calcium 2,5-二羟基苯磺酸钙 03962

[20123-80-2] $C_{12}H_{10}CaO_{10}S_2$ 418.40

成分 C 34.45%,H 2.41%,Ca 9.58%,O 38.24%,S 15.33%。

别名 2,5-Dihydroxybenzenesulfonic acid calcium salt;Calcium dobesilate;Hydroquinone calcium sulfonate;Dexium;Doxium

M. I. 15, 3439

性状 来自水中的白色结晶性粉末。曝露于空气中颜色即变深至桃红色。易溶于水、乙醇,几乎不溶于乙醚、苯、氯仿。mp > 300℃(分解)。LD_{50}小鼠急性经口:700mg/kg。

主要用途 医用血管营养剂。

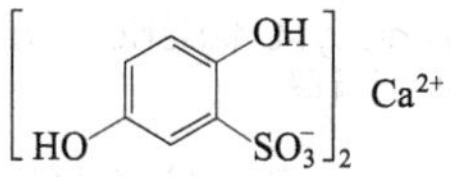

Dobutamine hydrochloride 多巴酚丁胺 盐酸盐 03963

[49745-95-1] $C_{18}H_{24}ClNO_3$ 337.84

成分 C 63.99%,H 7.16%,Cl 10.49%,N 4.15%,O 14.21%。

别名 盐酸多巴酚丁胺;Inotrex(obsolete);Dobuject;Dobutrex;4-[2-[3-(4-Hydroxyphenyl)-1-methylpropyl]aminol]ethyl-1,2-benzenediol hydrochloride;(±)-3,4-Dihydroxy-*N*-[3-(4-hydroxyphenyl)-1-methylpropyl]-*β*-phenylethylamine hydrochloride;Compound 81929 hydrochloride

M. I. 15, 3440

性状 白色结晶。pK_a 9.45。pH值11～11时可快速氧化。mp 184～186℃;uv max(甲醇中):281nm,223nm(ε 4768,14400)。LD_{50}小鼠静脉注射:约73mg/kg。生化试剂含量≥98.0%。

注意事项 该品吸入、口服或与皮肤接触有害。能危害胎儿。使用时应穿适当的防护服,戴手套和防护镜或面罩。使用时应避免吸入本品的粉尘。万一接触到眼睛,应立即用大量水冲洗后请医生诊治。应密封于2～8℃保存。

主要用途 生化研究。医用强心剂。

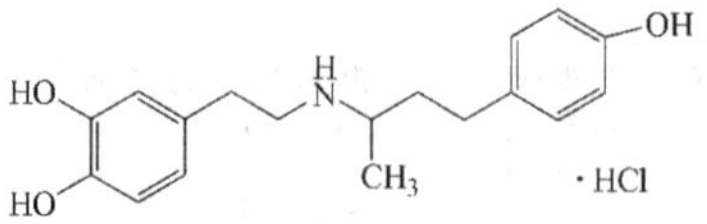

Docarpamine 多卡巴胺 03964

[74639-40-0] $C_{21}H_{30}N_2O_8S$ 470.54

成分 C 53.60%,H 6.43%,N 5.95%,O 27.20%,S 6.81%。

别名 朵卡派明;*C*,*C*′-[4-[2-[[(2*S*)-2-Acetylamino-4-methylthio-1-oxobutyl]amino]ethyl]-1,2-phenylene]carbonic acid *C*,*C*′-diethyl ester;(−)-(*S*)-2-Acetamido-*N*-(3,4-dihydroxyphenethyl)-4-(methylthio)butyramide bis(ethylcarbonate)(ester);*N*-(*N*-Acetyl-L-methionyl)-*O*,*O*-bis(ethoxycarbonyl)bopamine;*N*-(*N*-Acetyl-L-methionyl)-3,4-diethoxycarboxyphe4nethylamine;TA-870;Tanabopa

M. I. 15, 3441

性状 来自乙酸乙酯/正己烷中的无色结晶或结晶性粉末。易溶于乙醇,微溶于水。mp 85～90℃;$[\alpha]^{20}_{D}$ −15.6°(c=2,于甲醇中)。LD_{50}雄,雌大鼠皮下注射:1000～1400mg/kg,约1000mg/kg;大鼠,狗急性经口:>2000mg/kg。

主要用途 医用强心利尿剂。

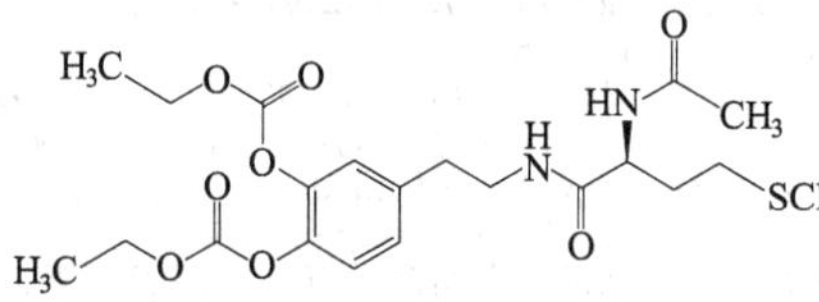

Docetaxel 多西他赛 03965

[114977-28-5][148408-66-6](三水合物) $C_{43}H_{53}NO_{14}$ 807.89

成分 C 63.93%,H 6.61%,N 1.73%,O 27.72%。

别名 多烯紫杉醇;泰索帝;(*αR*,*βS*)-*β*-[(1,1-Dimethylethoxy)carbonyl]amino-*α*-hydroxybenzenepropanoic acid (2a*R*,4*S*,4a*S*,6*R*,9*S*,11*S*,12*S*,12a*R*,12b*S*)-12b-acetloxy-12-benzoyloxy-2a,3,4,4a,5,6,9,10,11,12,12a,12b-dodecahydro-4,6,11-trihydroxy-4a,8,13,13-tetramethyl-5-oxo-7,11-methano-1*H*-cyclodeca[3,4]benz[1,2-*b*]oxet-9-yl ester;*N*-Debenzoyl-*N*-(*tert*-butoxycarbonyl)-10-deacetyltaxol;NSC-628503;RP-56976;Taxotere

M. I. 15, 3442

性状 无色或白色固体或粉末。mp 232℃;$[\alpha]_D$ −36°(c=0.74,于乙醇中);uv max:230nm,275nm,283nm(ε 14800,1730,1670)。生化试剂含量≥97.0%(HPLC)。

注意事项 使用时应避免吸入本品的粉尘,避免与眼睛及皮肤接触。

主要用途 医用抗肿瘤剂。

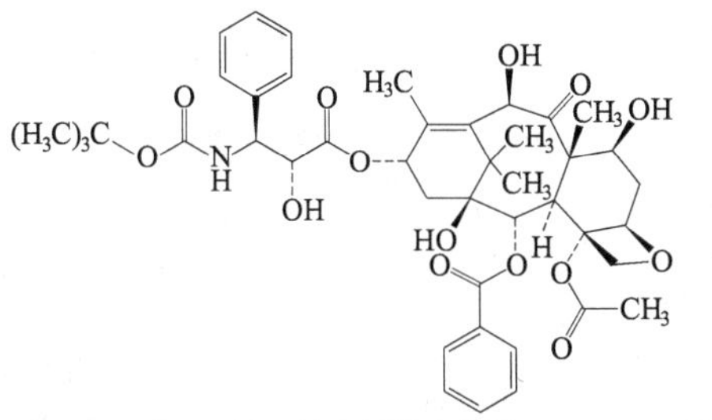

Docosahexaenoic acid　二十二碳六烯酸　03966

[6217-54-5]　$C_{22}H_{32}O_2$　328.50

成分　C 80.44%，H 9.82%，O 9.74%。

别名　(4*Z*,7*Z*,10*Z*,13*Z*,16*Z*,19*Z*)-4,7,10,13,16,19-Docosahexaenoic acid；Cervonic acid；Doconexent；DHA

M. I. 15，3443

性状　淡黄色澄清油状液体。mp −44.7～−44.5℃；Fp 143.6℉（62℃）；n_D^{25}1.5017。生化试剂含量≥98.0%(GC)。

注意事项　使用时应避免吸入本品的蒸气和飞沫。应避免与眼睛及皮肤接触。应充氩气密封避光保存。

主要用途　营养添加剂。

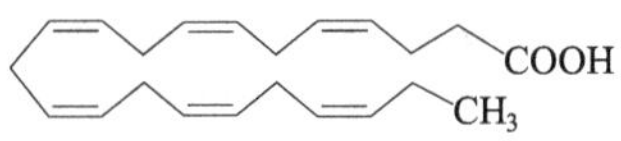

Docosane　二十二烷　03967

[629-97-0]　$C_{22}H_{46}$　310.60

成分　C 85.07%，H 14.93%。

别名　Alkane C_{22}

性状　无色或白色结晶。溶于乙醚，不溶于水。mp 42～45℃；bp 369℃；bp_{15} 224℃/2kPa；Fp 235.4℉（113℃）；d^{25}0.778。一般试剂含量≥99.5%（GC）。

注意事项　该品对眼睛、呼吸系统及皮肤有刺激性。使用时应穿适当的防护服。万一接触到眼睛，应立即用大量水冲洗后请医生诊治。

主要用途　气相色谱标准物。有机合成。

Docusate sodium　多库酯钠　03968

[557-11-7]　$C_{20}H_{37}NaO_7S$　444.56

成分　C 54.04%，H 8.39%，Na 5.17%，O 25.19%，S 7.21%。

别名　Colace；Comfolax；Coprola；Dioctylal；Diotilan；Disonate；Doxinate；Doxol；Dulcivac；DSS；Aerosol OT；2-Sulfobutanedioic acid 1,4-bis(2-ethylhexyl) ester sodium salt；Bis[2-ethylhexyl] sodium sulfosuccinate；sodium dioctyl sulfosuccinate；Dioctylsodium sulfosccinate；Molatoc；Soliwax；Velmol；Waxsol；Yal；Molcer；Nevax；Regutol

M. I. 15，3446

性状　白色蜡状固体。溶于水（25℃，15g/L；40℃，23g/L；50℃，30g/L；70℃，55g/L）。溶于乙醇水溶液。溶于四氯化碳、石油醚、二甲苯、丙酮、乙醇。生化试剂含量≥99.0（TLC）。

注意事项　该品口服有害。对皮肤有刺激性。对眼睛有严重损伤的危险。使用时应戴防护镜或面罩。万一接触到眼睛，应立即用大量水冲洗后请医生诊治。

主要用途　医用粪便软化剂。

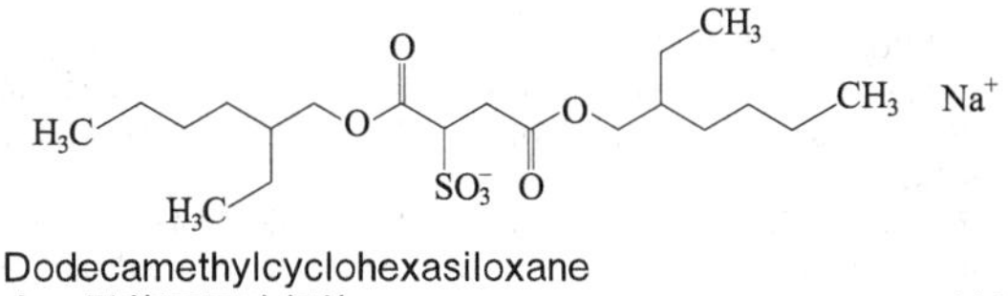

Dodecamethylcyclohexasiloxane
十二甲基环己硅氧烷　03969

[540-97-6]　$C_{12}H_{36}O_6Si_6$　444.92

成分　C 32.40%，H 8.16%，O 21.58%，Si 37.87%。

别名　2,2,4,4,6,6,8,8,10,10,12,12-Dodecamethylcyclohexasiloxane

M. I. 15，3449

性状　无色油状液体。mp −3℃；bp 245℃，bp_{20} 128℃/2.666kPa；*d* 0.9762；n_D^{20}1.4015。

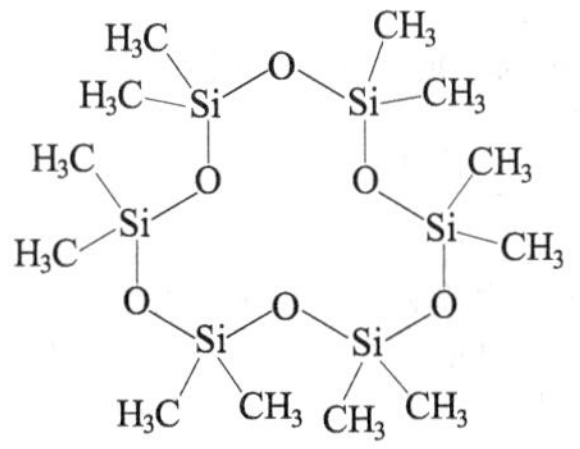

Dodecamethylpentasiloxane　十二甲基戊硅氧烷　03970

[141-63-9]　$C_{12}H_{36}O_4Si_5$　384.84

成分　C 37.45%，H 9.43%，O 16.63%，Si 36.49%。

别名　1,1,1,3,3,5,5,7,7,9,9,9-Dodecamethylpentasiloxane

M. I. 15，3450

性状　无色液体。性稳定。溶于苯及轻烃类，微溶于乙醇及重烃类。mp 约 −80℃；bp_{710} 229℃/94.659kPa；*d* 0.8755；n_D^{20} 1.3925。一般试剂含量≥97.0%。

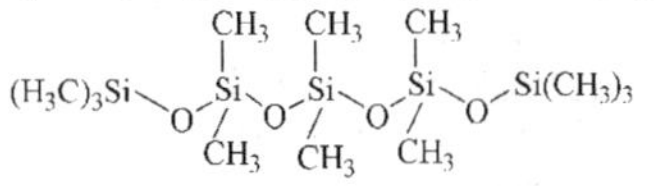

Dodecane　十二烷　03971

[112-40-3]　$C_{12}H_{26}$　170.33

成分　C 84.61%，H 15.38%。

别名　月桂烷；AlKane C_{12}；*n*-Bihexyl；Dihexyl；NDD

性状　无色透明液体。能与乙醇、乙醚、苯和丙酮等相混溶，不溶于水。mp −9.6℃；bp 215～217℃；Fp 181.4℉（83℃）；d_4^{20} 0.748；n_D^{20} 1.421。一般试剂含量≥99.8%（GC）。

注意事项　该品口服有害。能使肺脏受损。应防止将本品释放于环境中。

主要用途　溶剂。有机合成。色谱分析标准物。

1-Dodecanethiol　1-十二硫醇　03972

[112-55-0]　$C_{12}H_{26}S$　202.40

成分　C 71.21%，H 12.95%，S 15.84%。

别名　月桂硫醇；1-巯基代十二烷；正十二硫醇；*n*-Dodecyl mercaptan；DDM；*n*-Dodecanethiol；Lauryl mercaptan；1-Mercaptododecane；Mercaptan C_{12}；Thiododecyl alcohol

GW 2015-1953

性状　无色液体。有特殊气味。见光或在空气中易氧化变浊。溶于乙醇和乙醚，不溶于水。bp 266～283℃；$bp_{0.1}$ 92～95℃/13.33Pa；Fp 240℉（120℃）；d_4^{20} 0.844；n_D^{20} 1.458。一般试剂含量≥97.0（GC）。

注意事项　该品对呼吸系统及皮肤有刺激性。吸入或接触皮肤能引起过敏。对眼睛有严重损伤的危险。使用时应穿适当的防护服，戴手套和防护镜或面罩。应避免吸入本品的蒸气。万一接触到眼睛，应立即用大量水冲洗后请医生诊治。使用时如有事故发生或有不适之感，应请医生诊治。应密封保存。

主要用途　橡胶和塑料合成。制药工业。

1-Dodecanol　1-十二醇　03973

[112-53-8]　$C_{12}H_{26}O$　186.34

成分　C 77.35%，H 14.06%，O 8.59%。

别名　月桂醇；正十二醇；Alcohol C_{12}；Dodecyl alcohol；Lauryl alcohol

M. I. 15，3451

性状　来自稀乙醇中的无色或白色小叶片状结晶。有香气。溶于乙醇、乙醚，不溶于水。mp 24℃；bp_{760} 259℃/101.325kPa；bp_{400} 235.7℃/53.33kPa；bp_{200} 213℃/26.664kPa；bp_{100} 192℃/13.332kPa；bp_{60} 177.8℃/7.999kPa；bp_{40} 167.2℃/5.333kPa；bp_{20} 150℃/2.666kPa；bp_{10} 134.7℃/1.333kPa；bp_5 120.2℃/666.61Pa；bp_1 91.0℃/133.32Pa；Fp 250℉(121℃)；d_4^{24} 0.8309(液体)；d_4^{40} 0.8201；d_4^{99} 0.7781；n_D^{20} 1.444。一般试剂含量≥98.5%（GC）。

注意事项 该品对皮肤有刺激性。对水生物极毒。应防止将本品释放于环境中。

主要用途 润湿剂。清洁剂。香料合成。气相色谱固定液。

1-Dodecene 1-十二烯 03974

[112-41-4] $C_{12}H_{24}$ 168.32

成分 C 85.63%，H 14.37%。

性状 无色液体。能与乙醇、乙醚、丙酮、石油、煤焦油相混溶，不溶于水。mp －35℃；bp 214～216℃；Fp 163.4 ℉（73℃）；d_4^{20} 0.758；n_D^{20} 1.430。一般试剂含量≥99.0%（GC）。

注意事项 该品接触皮肤能引起过敏。使用时应穿适当的防护服和戴手套。

主要用途 有机合成。

2-Dodecen-1-ylsuccinic anhydride
2-十二烯-1-基丁二酸酐 03975

[19780-11-1] $C_{16}H_{26}O_3$ 266.38

成分 C 72.14%，H 9.84%，O 18.02%。

别名 十二烯基丁二酸酐；十二烯基琥珀酸酐；DDSA；Epon hardener DDSA

性状 淡黄色澄明黏稠油状液体。溶于油类。mp 41～43℃；bp_5 180～182℃/666.61Pa；Fp 352 ℉（177℃）。一般试剂含量≥95.0%。

注意事项 该品对眼睛、呼吸系统及皮肤有刺激性。使用时应穿适当的防护服。万一接触到眼睛，应立即用大量水冲洗后请医生诊治。应密封于干燥处保存。

主要用途 电子显微镜用。

Dodecyl aldehyde 十二醛 03976

[112-54-9] $C_{12}H_{24}O$ 184.32

成分 C 78.20%，H 13.12%，O 8.68%。

别名 月桂醛；Aldehyde C_{12}；Dodecanal；Lauraldehyde；Lauryl aldehyde

性状 室温为无色固体。溶于乙醇。mp 44℃；bp_{100} 185℃/13.332kPa；Fp 215℉（101℃）；*d* 0.835；n_D^{20} 1.4344。一般试剂含量≥92.0%。

注意事项 该品对眼睛、呼吸系统及皮肤有刺激性。

主要用途 有机合成。香料制造。

Dodecylamine 十二胺 03977

[124-22-1] $C_{12}H_{27}N$ 185.35

成分 C 77.76%，H 14.68%，N 7.56%。

别名 十二烷胺；月桂胺；1-氨基十二烷；Amine C_{12}；1-Aminododecane；Laurylamine

性状 白色蜡状固体。对二氧化碳敏感。溶于乙醇和乙醚，难溶于水。mp 27～29℃；bp 247～249℃；bp_8 120～121℃/1.067kPa；Fp 239℉（115℃）；*d* 0.806。一般试剂含量≥99.0%。

注意事项 该品口服有害。具有腐蚀性，能引起烧伤。对水生物极毒。能对水环境引起不利的结果。使用时应穿适当的防护服，戴手套和防护镜或面罩。万一接触到眼睛，应立即用大量水冲洗后请医生诊治。使用时如有事故发生时或有不适之感，应请医生诊治。应防止将本品释放于环境中。其包装物应按危险品处理。应充氩气密封保存。

主要用途 在地质分析中作活性剂。浮选剂。制药工业。有机合成。

***tert*-Dodecylmercaptan 叔十二硫醇** 03978

[25103-58-6] $C_{12}H_{26}S$ 202.40

成分 C 71.21%，H 12.95%，S 15.84%。

别名 *tert*-Dodecanethiol

GW 2015-1953

性状 白色至淡黄色液体。溶于甲醇、乙醚、丙酮、苯、乙酸乙酯。mp 23～24℃；bp 227～248℃；Fp 206.6 ℉（97℃）；*d* 0.859；n_D^{20} 1.45886。一般试剂含量≥97.0%（RT）。

注意事项 该品对眼睛及皮肤有刺激性。对水生物极毒。能对水环境引起不利的结果。使用时应穿适当的防护服。万一接触到眼睛，应立即用大量水冲洗后请医生诊治。应防止将本品释放于环境中。应密封保存。

主要用途 塑料乳液聚合反应调节剂。有机合成。

Dodecyltrichlorosilane 十二烷基三氯硅烷 03979

[4484-72-4] $C_{12}H_{25}Cl_3Si$ 303.77

成分 C 47.45%，H 8.29%，Cl 35.01%，Si 9.25%。

别名 三氯十二烷基硅烷；十二烷基三氯化硅；Dodecylsilane trichloride；Trichlorododecylsilane

GW 2015-1954

性状 无色至浅黄色液体。易水解而游离出盐酸。bp 294℃；Fp 230℉（110℃）；d_4^{20} 1.024；n_D^{20} 1.454。一般试剂含量≥99.0（GC）。

注意事项 该品具有腐蚀性，能引起烧伤。对呼吸系统有刺激性。使用时应穿适当的防护服，戴手套和防护镜或面罩。万一接触到眼睛，应立即用大量水冲洗后请医生诊治。使用时如有事故发生时或有不适之感，应请医生诊治。应充氩气密封干燥保存。

主要用途 有机硅合成。

$H_3C(CH_2)_{10}CH_2—SiCl_3$

Dodemorph 吗菌灵 03980

[1593-77-7] $C_{18}H_{35}NO$ 281.48

成分 C 76.81%，H 12.53%，N 4.98%，O 5.68%。

别名 4-Cyclododecyl-2,6-dimethylmorpholine

M.I.15，3454

性状 无色至黄色油状液体。$bp_{1.5}$ 161～162℃/199.983Pa；n_D^{25} 1.4907。

注意事项 该品对眼睛、呼吸系统及皮肤有刺激性。对水生物有毒。能对水环境引起不利的结果。万一接触到眼睛，应立即用大量水冲洗后请医生诊治。应防止将本品释放于环境中。

主要用途 杀菌剂。分析用标准物质。

Dodine 多果定 03981

[2439-10-3] $C_{15}H_{33}N_3O_2$ 287.45

成分 C 62.68%，H 11.57%，N 14.62%，O 11.13%。

别名 乙酸十二烷基胍；十二烷基胍乙酸盐；Dodin；1-Dodecylguanidinium acetate；Dodecylguanidine monoacetate；AC-5223；Carpene；Cyprex；Melprex

M.I.15，3455

性状 类似蜡状固体。溶于乙醇、热水，不溶于多数有机溶剂。mp 132～135℃；Fp 212℉（100℃）。LC_{50}小丑鱼：0.6mg/L。

注意事项 该品口服有害。对眼睛及皮肤有刺激性。对水生物有毒。能对水环境引起不利的结果。万一接触到眼睛，应立即用大量水冲洗后请医生诊治。应防止将本品释放于环境中。其包装物应按危险品处理。

主要用途 农业用杀菌剂。分析用标准物质。

$H_3C(CH_2)_{11}NH—C(=NH)NH_2 \cdot CH_3COOH$

Dofetilide 多非利特 03982

[115256-11-6] $C_{19}H_{27}N_3O_5S_2$ 441.56

成分 C 51.68%，H 6.16%，N 9.52%，O 18.12%，S 14.52%。

别名 多非来德；多非利德；*N*-[4-[2-Methyl-[2-[4-[(methylsulfonyl)amino]phenocy]ethyl]aminoethyl]phenyl]methanesulfonamide；1-(4-Methanesulfonamidophenoxy)-2-[*N*-(4-methanesulfonamidophenethyl)-*N*-methylamino]ethane；UK-68798；Tikosyn

M.I.15，3456

性状 来自乙酸乙酯/甲醇（10∶1）中的无色结晶，mp 147～149℃；或来自己烷/乙酸乙酯中的结晶，mp 151～152℃；或白色结晶性固体，mp 161℃。pK_a 7.0，9.0，

9.6。分配系数（pH 值 7.4）：0.96。溶于 0.1mol/L 氢氧化钠溶液、0.1mol/L 盐酸，极微溶于水、2-丙醇。

注意事项 该品能危害胎儿。口服有害。长期接触有严重损伤健康的危险。对水生物极毒。使用前应得到专门的指导，避免曝露。使用时应避免吸入本品的粉尘。使用时应穿适当的防护服。所使用的器具应避免污染环境。

主要用途 医用抗Ⅲ类心律失常剂。

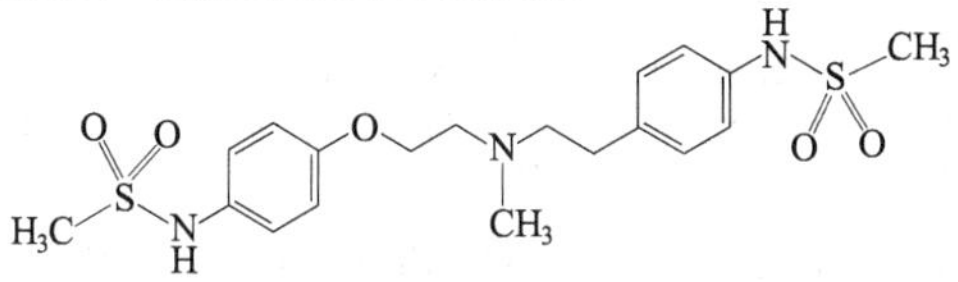

Dolasetron methanesulfonate 多拉司琼 甲磺酸盐 03983

[115956-13-3] $C_{20}H_{24}N_2O_6S$ 420.48

成分 C 57.13%，H 5.75%，N 6.66%，O 22.83%，S 7.62%。

别名 甲磺酸多拉司琼；Dolasetron mesylate；MDL-7314EF；Anzemet；1*H*-Indole-3-carboxylic acid（2α，6α，8α，9aβ）-octahydro-3-oxo-2，6-methano-2*H*-quinolizin-8-yl ester methanesulfonate；*endo*-Hexahydro-8-（3-indolylcarbonyloxy）-2，6-methano-2*H*-quinolizin-3（4*H*）-one methanesulfonate；MDL-73147 methanesulfonate

M.I.15，3458

性状 无色结晶性固体。易溶于水、丙二醇，微溶于乙醇、含 TS 盐。mp 278℃。

注意事项 该品应密封于 2～8℃保存。

主要用途 医用止吐剂。

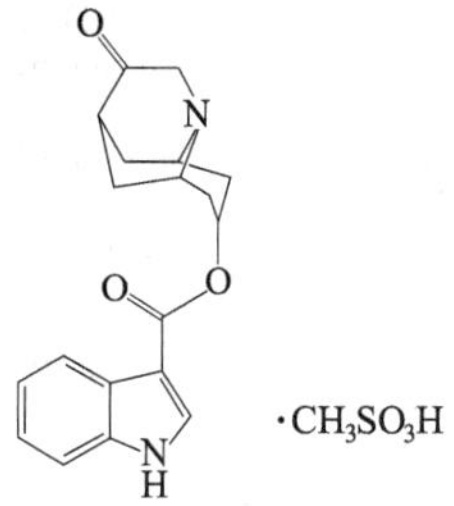

·CH_3SO_3H

Domesticine 南天竹素 03984

[476-71-1] $C_{19}H_{19}NO_4$ 325.36

成分 C 70.14%，H 5.89%，N 4.31%，O 19.67%。

别名 （6aS）-5，6，6a，7-Tetrahydro-2-methoxy-6-methyl-4*H*-benzo[*de*][1，3]benzodioxolo[5，6-*g*]quinolin-1-ol；2-Methoxy-9，10-methylenedioxy-6aα-aporphin-1-ol；1-Hydroxy-2-methoxy-9，10-methylenedioxyaporphine

M.I.15，3462

性状 来自甲醇＋水中的无色结晶，mp 115～116℃；来自甲醇或苯中的无色结晶，mp 84～85℃。于空气中易氧化。易溶于氯仿，溶于热乙醇、乙酸乙酯、乙酸、碱类，微溶于乙醚，几乎不溶于水。uv max（乙醇中）：221nm，283nm，310nm（lg ε 4.56，4.01，4.17）。

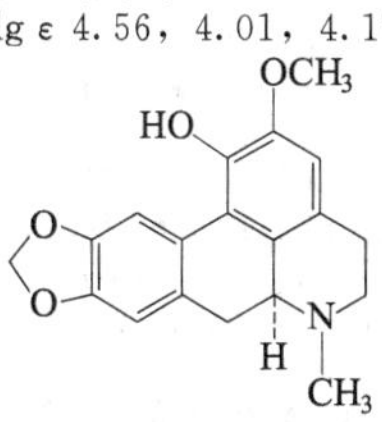

Domiphen bromide 溴化杜灭芬 03985

[538-71-6] $C_{22}H_{40}BrNO$ 414.47

成分 C 63.75%，H 9.73%，Br 19.28%，N 3.38%，O 3.86%。

别名 溴化十二烷基二甲基（2-苯氧基乙基）铵；*N*，*N*-Dimethyl-*N*-（2-phenoxyethyl）-1-dodecanaminium bromide；（β-Phenoxyethyl）dimethyldodecylammonium bromide；PDDB；Phenododecinium bromide；NSC-39415；Bradosol bromide；Oradol；Modicare；Neo-Bradoral

M.I.15，3464

性状 无色结晶。有微弱的特殊气味。味苦。易溶于水（100g/100mL），其溶液澄清，无色。10%水溶液 pH 值 6.42。溶于乙醇、丙酮、乙酸乙酯、氯仿，极微溶于苯。mp 112～113℃。一般试剂含量≥98.0%。

注意事项 该品口服有害。使用时应避免吸入本品的粉尘，避免与眼睛及皮肤接触。

主要用途 生化研究。医用抗感染剂

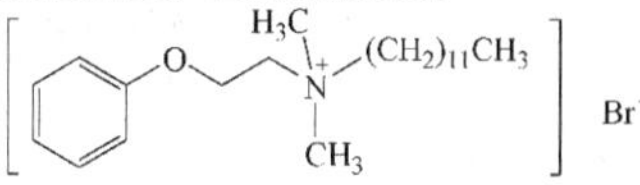

Br^-

Domitroban 多米曲班 03986

[112966-96-8] $C_{20}H_{27}NO_4S$ 377.50

成分 C 63.63%，H 7.21%，N 3.71%，O 16.95%，S 8.49%。

别名 （5*Z*）-7-[（1*R*，2*S*，3*S*，4*S*）-3-[（phenylsulfonyl）maino]bicyclo[2.2.1]hept-2-yl]-5-heptenoic acid；（＋）-（5*Z*）-7-[3-*endo*-[（Phenylsulfonyl）amino]bicyclo[2.2.1]hept-2-*exo*-yl]-5-heptenoic acid；（＋）-S-145

M.I.15，3465

性状 [JP2] 来自甲苯＋己烷中的无色结晶。mp 60～62℃；$[\alpha]_{589}$ ＋28.7°（*c*＝1，于甲醇中）；uv max（乙醇中）：225nm（ε 5270）。生化试剂含量≥98.0%。

主要用途 医用止喘剂。抗血栓剂。

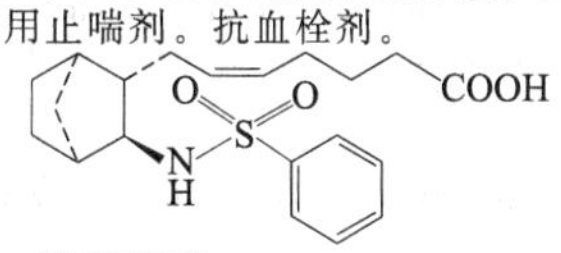

Domoic acid 软骨藻酸 03987

[14277-97-5] $C_{15}H_{21}NO_6$ 311.33

成分 C 57.87%，H 6.80%，N 4.50%，O 30.83%。

别名 （2*S*，3*S*，4*S*）-2-Carboxy-4-[（1*Z*，3*E*，5*R*）-（5-carboxy-1-methyl-1，3-hexadienyl）-3-pyrrolidineacetic acid]

M.I.15，3466

性状 二水合物为无色结晶。溶于水、乙酸，不溶于甲醇、乙醇、氯仿、丙酮、苯。pK_a（水中）：2.10，3.72，4.93，9.82；mp 217℃（分解）；$[\alpha]_D^{12}$ －109.6°（*c*＝1.314，于水中）；uv max：242nm（lg ε 4.24）。一般试剂含量≥97.0%（HPLC）。

注意事项 该品吸入、口服或与皮肤接触有害。使用时应穿适当的防护服和戴手套。应密封于－20℃保存。

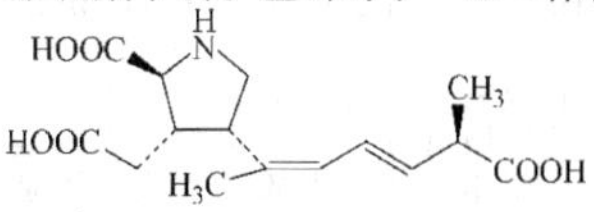

Domperidone 多潘立酮 03988

[57808-66-9] $C_{22}H_{24}ClN_5O_2$ 425.92

成分 C 62.04%，H 5.68%，Cl 8.32%，N 16.44%，O 7.51%。

别名 吗丁啉；胃得灵；5-Chloro-1-[1-[3-（2，3-dihydro-2-oxo-1*H*-benzimidazol-1-yl）propyl]-4-piperidinyl]-1，3-dihydro-2*H*-benzimidazol-2-one；5-Chloro-1-[1-[3-（2-oxo-1-benzimidazolinyl）propyl]-4-piperidyl]-2-benzimidazolinone；R-33812；Euciton；Evoxin；Gastronorm；Mod；Motilium；Nauzelin；Peridon；Peridys

M.I.15，3467

性状 来自二甲基甲酰胺/水中的无色结晶。几乎不溶于水。pK_a 7.89。mp 242.5℃。

注意事项 该品能损伤生育力。能危害胎儿。使用时应穿适当的防护服。万一接触到眼睛，应立即用大量水冲洗后请医生诊治。

主要用途 医用止吐剂。

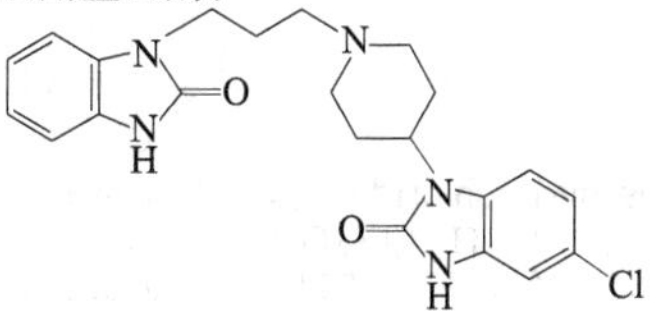

Donepezil hydrochloride 多奈哌齐 盐酸盐 03989

[120011-70-3] $C_{24}H_{30}ClNO_3$ 415.96

成分 C 69.30%，H 7.27%，Cl 8.52%，N 3.37%，O 11.54%。

别名 盐酸多奈哌齐；E-2020；Aricept；2，3-Dihydro-5，6-dimethoxy-2-（1-phenylmethyl-4-piperidinyl）methyl-1*H*-inden-1-one hydrochloride；5，6-Dimethoxy-2-（1-phenylmethyl-4-piperidinyl）methyl-2，3-dihydro-1*H*-inden-1-one hydrochloride；1-Benzyl-4-[（5，6-dimethoxy-1-indanon-2-yl）methyl]piperidine hydrochloride

M.I.15，3468

性状 白色结晶性粉末。易溶于氯仿，溶于水、冰乙酸，微溶于乙醇、乙腈，几乎不溶于乙酸乙酯、正己烷。mp 211～212℃（分解）。
注意事项 该品对眼睛、呼吸系统及皮肤有刺激性。使用时应穿适当的防护服。万一接触到眼睛，应立即用大量水冲洗后请医生诊治。
主要用途 医用镇吐剂。

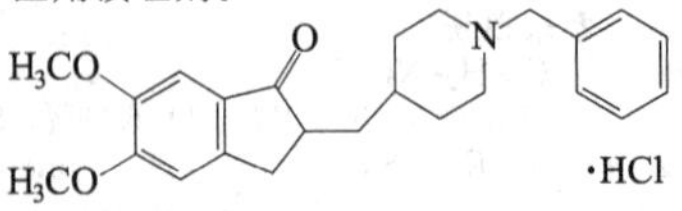

Dopan 多潘 03990
[520-09-2] $C_9H_{13}Cl_2N_3O_2$ 266.12
成分 C 40.62%，H 4.92%，Cl 26.64%，N 15.79%，O 12.02%。
别名 甲基尿嘧啶氮芥；5-Bis(2-chloroethyl)amino-6-methyl-2,4(1*H*,3*H*)-pyrimidinedione；5-Bis(2-chloroethyl)amino-6-methyluracil；6-Methyl-5-[bis(2-chloroethyl)amino]uracil；4-Methyl-5-[bis(β-chloroethyl)amino]uracil；2,6-Bihydroxy-4-methyl-5-bis[2-chloroethyl]aminopyrimidine；Elderfleld pyrimidine mustard；NSC-23436
M. I. 15，3471
性状 雪白色结晶。微溶于乙醇，几乎不溶于冷水、丙酮、苯。178～179℃分解。
主要用途 用于抗癌的研究。

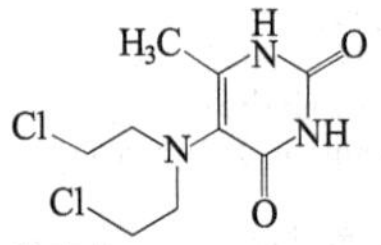

Doramectin 多拉菌素 03991
[117704-25-3] $C_{50}H_{74}O_{14}$ 899.13
成分 C 66.79%，H 8.30%，O 24.91%。
别名 多拉克丁；多拉克汀；多拉霉素；25-Cyclohexyl-5-*O*-demethyl-25-de(1-methylpropyl)avermectin A_{1a}；25-Cyclohexylavermectin B_1；UK-67994；Dectomax
M. I. 15，3473
性状 无色结晶或粉末。mp 116～119℃。
注意事项 该品口服有毒。对水生物极毒。能对水环境引起不利的结果。使用时如有事故发生或有不适之感，应请医生诊治。应防止将本品释放于环境中。应充氩气采取抗放静电措施密封保存。
主要用途 兽用抗寄生虫剂。分析用标准物质。

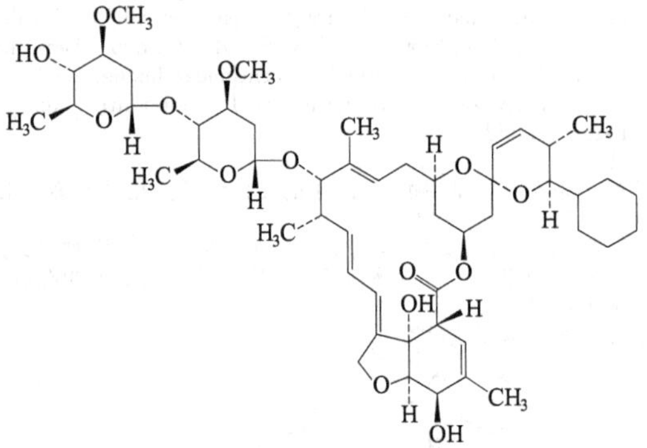

Dorzolamide hydrochloride 多佐胺 盐酸盐 03992
[130693-82-2] $C_{10}H_{17}ClN_2O_4S_3$ 360.89
成分 C 33.28%，H 4.75%，Cl 9.82%，N 7.76%，O17.73 %，S 26.65%。
别名 盐酸多佐胺；杜塞酰胺 盐酸盐；盐酸杜塞酰胺；MK-507；Trusopt；(4*S*,6*S*)-4-Ethylamino-5,6-dihydro-6-methyl-4*H*-thieno[2,3-*b*]thiopyran-2-sulfonamide7,7-dioxide hydrochloride
M. I. 15，3475
性状 白色或近白色结晶或粉末。溶于水，微溶于甲醇、乙醇。mp 283～285℃；$[\alpha]_{405}^{25}$ 约 −17°（c=1，于水中）；$[\alpha]_D^{24}$ −8.34°（c=1，于甲醇中）。
主要用途 医用抗青光眼剂。

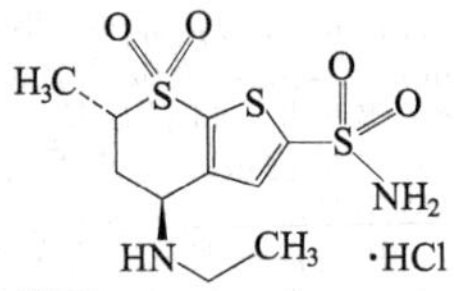

Dotarizine 多他利嗪 03993
[84625-59-2] $C_{29}H_{34}N_2O_2$ 442.60
成分 C 78.70%，H 7.74%，N 6.33%，O 7.23%。
别名 1-Diphenylmethyl-4-[3-(2-phenyl-1,3-dioxolan-2-yl)propyl]piperazine；FI-6026
M. I. 15，3477
性状 来自甲醇中的白色结晶性固体。mp 100～101℃。
主要用途 医用抗偏头痛剂。

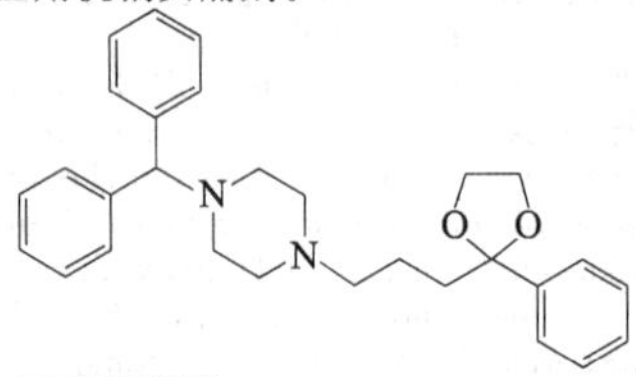

Dothiepin 二苯噻庚英 03994
[113-53-1] $C_{19}H_{21}NS$ 295.44
成分 C 77.24%，H 7.16%，N 4.74%，S 10.85%。
别名 3-Dibenzo[*b*,*e*]thiepin-11(6*H*)-ylidene-*N*,*N*-dimethyl-1-propanamine；*N*,*N*-Dimethyldibenzo[*b*,*e*]thiepin-$\Delta^{11(6H),\gamma}$-propylamine；11-(3-Dimethylaminopropylidene)-6,11-dihydrodibenzo[*b*,*e*]thiepin；Dosulepin
M. I. 15，3478
性状 无色结晶。mp 55～57℃；$bp_{0.05}$ 171～172℃/6.7Pa。
主要用途 医用抗抑郁剂。

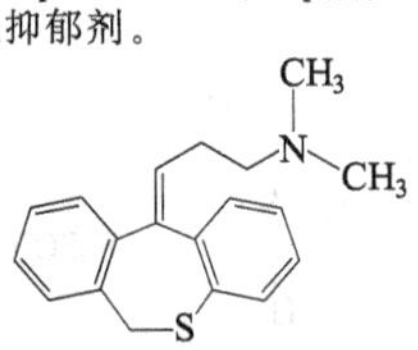

Dotriacontane 三十二烷 03995
[544-85-4] $C_{32}H_{66}$ 450.88
成分 C 85.24%，H 14.75%。
别名 正三十二烷；Dicetyl；Alkane C_{32}；*n*-Dotriacontane；Lacceran
性状 白色鳞片状结晶。易溶于乙醚，溶于苯、冰乙酸。mp 69～71℃；bp 467℃；bp_{10} 281℃/1.333kPa。一般试剂含量≥99.0%。
主要用途 色谱固定液。

Doxapram hydrochloride monohydrate
多沙普仑 盐酸盐一水 03996
[7081-53-0] $C_{24}H_{31}ClN_2O_2 \cdot H_2O$ 432.99
成分(以无水物计) C 69.46%，H 7.53%，Cl 8.54%，N 6.75%，O 7.71%。
别名 1-乙基-4-[2-(4-吗啉基)乙基]-3,3-二苯基-2-吡咯酮盐酸盐；盐酸多沙普仑；盐酸多沙普化；AHR-619；Dopram；Respiram；1-Ethyl-4-[2-(4-morpholinyl)ethyl]-3,3-diphenyl-2-pyrrolidinone hydrochloride
M. I. 15，3481
性状 来自异丙醚中的无色结晶。味苦。溶于水，略溶于乙醇，微溶于氯仿，几乎不溶于乙醚。mp 217～219℃。LD_{50}大鼠急性经口：261mg/kg。生化试剂含量≥98.0%。
主要用途 医用、兽用呼吸作用的兴奋剂。

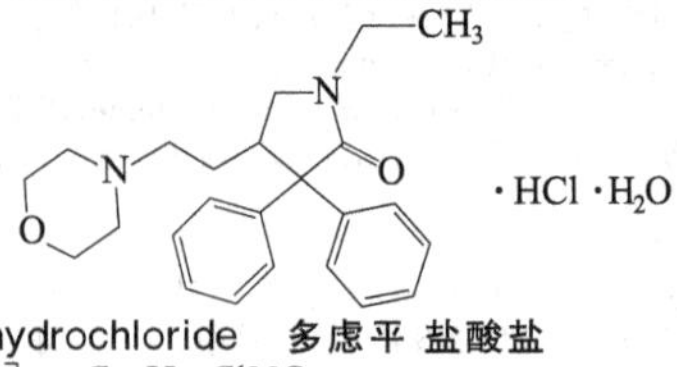

Doxepin hydrochloride 多虑平 盐酸盐 03997
[1229-29-4] $C_{19}H_{22}ClNO$ 315.84
成分 C 72.25%，H 7.02%，Cl 11.22%，N 4.43%，O 5.07%。

别名 凯舒 盐酸盐；盐酸多虑平；盐酸凯舒；Adapin；Aponal；Curatin；Quitaxon；Sinequan；3-Dibenz[*b*，*e*]oxepin-11(6*H*)-ylidene-*N*，*N*-dimethyl-1-propanamine hydrochloride；11-(3-Dimethylaminopropylidene)-6，11-dihydrodibenz[*b*，*e*]oxepin hydrochloride；P-3693A-HCl

M. I. 15，3483

性状 无色结晶。易溶于乙醇。mp 184～186℃或188～189℃。生化试剂含量≥98.0%（GC）。

注意事项 该品口服有毒。使用时应穿适当的防护服，戴手套和防护镜或面罩。使用时如有事故发生或有不适之感，应请医生诊治。

主要用途 生化研究。医用抗抑郁剂，兽用止痒剂。

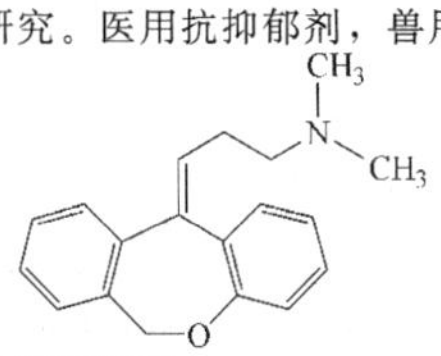

Doxifluridine 去氧氟尿苷 03998

[3094-09-5] $C_9H_{11}FN_2O_5$ 246.19

成分 C 43.91%，H 4.50%，F 7.72%，N 11.38%，O 32.49%。

别名 5′-去氧-5-氟尿苷；5-脱氧-5-氟尿苷；脱氧氟尿苷；多西氟尿啶；氟铁龙；5′-Deoxy-5-fluorouridine；1-(*β*-D-5′-Deoxyribofuranosyl)-5-fluorouracil；5′-DRFUR；5′-dFUrd；Ro-21-9738；Fiutron；Furtulon

M. I. 15，3485

性状 来自乙酸乙酯中的无色结晶，mp 189～190；或来自2-丙醇中的无色结晶，mp 186～188；或来自甲醇＋乙酸乙酯中的无色针状结晶，mp 192～193℃。pK_a7.4；$[\alpha]_D^{25}$＋18.4°（*c*＝0.419，于水中）；uv max（于甲醇中）：268～269nm（ε 8550）。LD_{50}14天小鼠或大鼠静脉注射：＞1000mg/kg；皮下注射：＞2000mg/kg；雄、雌小鼠，雄、雌大鼠急性经口（mg/kg）：＞5000、＞5000、3471、3390。

注意事项 该品应密封于－20℃保存。

主要用途 医用抗肿瘤剂。

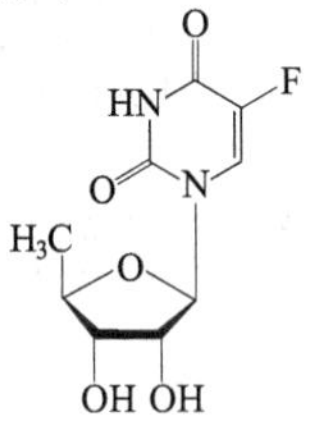

Doxofylline 多索茶碱 03999

[69975-86-6] $C_{11}H_{14}N_4O_4$ 266.26

成分 C 49.62%，H 5.30%，N 21.04%，O 24.04%。

别名 多沙茶碱；多沙碱；7-(1,3-Dioxolan-2-ylmethyl)-3,7-dihydro-1,3-dimethyl-1*H*-purine-2,6-dione；7-(1,3-Dioxolan-2-ylmethyl) theophylline；2-(7′-Theophyllinemethyl)-1,3-dioxolane；Doxophylline；Dioxyflline；ABC-12/3；Ansimar；Maxivent；Ventax

M. I. 15，3486

性状 无色结晶。溶于水、丙酮、乙酸、乙酯、苯、氯仿、二氧六环、热甲醇、热乙醇，几乎不溶于乙醚、石油醚。mp 144～145.5℃。LD_{50}小鼠急性经口：841mg/kg，静脉注射：215.6mg/kg；大鼠急性经口：1022.4mg/kg，腹膜内注射：445mg/kg。生化试剂含量≥98.0%（HPLC）。

注意事项 该品应密封避光保存。

主要用途 医用支气管扩张剂。

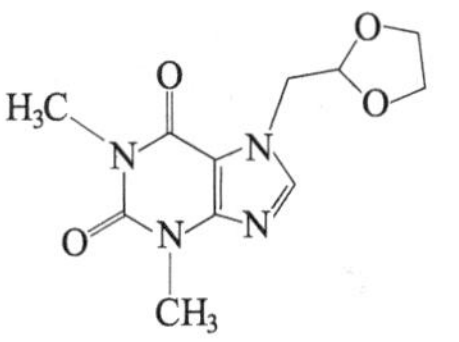

Doxorubicin hydrochloride 阿霉素 盐酸盐 04000

[25316-40-9] $C_{27}H_{30}ClNO_{11}$ 579.98

成分 C 55.91%，H 5.22%，Cl 6.11%，N 2.41%，O 30.34%。

别名 亚德里亚霉素 盐酸盐；盐酸阿霉素；盐酸亚德里亚霉素；Adriacin；Adriblastina；Adriamycin；(8*S*-*cis*)-10-(3-Amino-2，3，6-trideoxy-*α*-L-lyxo-hexopyranosyl) oxy-7，8，9，10-tetrahydro-6，8，11-trihydroxy-8-hydroxyacetyl-1-methoxy-5，12-naphthacenedione hydrochloride；Caelyx；DOX；14-Hydroxydaunomycin hydrochloride；NSC-123127 hydrochgloride；Hydroxydaunorubicin hyolrochloride；FI-106 hydrochloride

M. I. 15，3487

性状 橙红色针状结晶。溶于水、甲醇、乙醇水溶液，不溶于丙酮、苯、氯仿、乙醚、石油醚。其水溶液酸性时呈黄至橙色，中性时呈橙红色，pH＞9时呈紫蓝色。mp 205℃（分解）；$[\alpha]_D^{20}$＋248°（*c*＝0.1，于甲醇中）；uv max（甲醇中）：233nm、253nm、290nm、477nm、495nm、530nm（ε 38150，25500，8400，13050，13000，7200）。LD_{50}小鼠静脉注射：21.1mg/kg。生化试剂含量≥98.0%（TLC）。

注意事项 该品口服有害。能致癌。使用前应得到专门的指导，避免曝露。使用时如有事故发生或有不适之感，应请医生诊治。应充氩气密封于2～8℃干燥保存。

主要用途 生化研究。医用抗肿瘤剂。

Doxycycline hydrochloride 强力霉素 盐酸盐 04001

[10592-13-9] $C_{22}H_{25}ClN_2O_8$ 480.90

成分 C 54.95%，H 5.24%，Cl 7.37%，N 5.83%，O 26.62%。

别名 去氧土霉素 盐酸盐；盐酸去氧土霉素；盐酸强力霉素；*α*-6-Deoxy-5-hydroxytetracycline hydrochloride；*α*-6-Deoxyoxytetracycline hydrochloride；GS-3065 hydrochloride；5-Hydroxy-*α*-6-deoxytetracycline hydrochloride；Vibramycin hydrochloride

M. I. 15，3488

性状 浅黄色结晶性粉末。溶于水。生化试剂含量≥99.0%（TLC）。

注意事项 该品吸入、口服或与皮肤接触有毒。对眼睛、呼吸系统及皮肤有刺激性。可能危害胎儿。使用时应穿适当的防护服，应避免吸入本品的粉尘。万一接触到眼睛，应立即用大量水冲洗后请医生诊治。应密封于2～8℃保存。

主要用途 生化研究。医用抗菌剂。

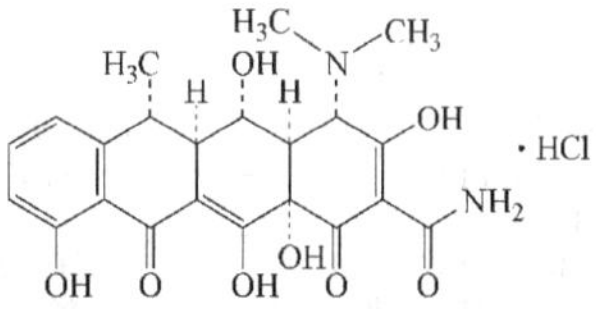

Doxylamine suceinate 多西拉敏 琥珀酸盐 04002

[562-10-7] $C_{21}H_{28}N_2O_5$ 472.51

成分 C 53.38%，H 5.97%，N 23.72%，O 16.93%。

别名 丁二酸多西拉敏；多西拉敏丁二酸盐；琥珀酸多西拉敏；Decapryn；Gittalun；Hoggar N；Mereprine；Unisom；*N*，*N*-Dimethyl-2-[1-phenyl-1-(2-pyridinyl) ethoxy] ethanamine succinate；2-[*α*-(2-Dimethylaminoethoxy)-*α*-methylbenzyl] pyridine succinate；Phenyl-2-pyridylmethyl-*β*-*N*，*N*-dimethylaminoethyl ether succinate；2-Dimethylaminoethoxyphenylmethyl-2-picoline succinate

M. I. 15，3489

性状 无色结晶。溶于水，微溶于苯、乙醚。1g该品溶于1mL水、2mL乙醇、2mL氯仿。其1%水溶液pH值4.9～5.1。mp 100～104℃。LD_{50}小鼠，兔急性经口：470mg/kg，250mg/kg，静脉注射：62mg/kg，49mg/kg；小鼠，雄大鼠，雌大鼠皮下注射：460mg/kg，440mg/kg，445mg/kg。

注意事项 该品口服有害。对眼睛、呼吸系统及皮肤有刺激性。使用时应穿适当的防护服和戴手套。万一接触到眼睛，应立即用大量水冲洗后请医生诊治。

主要用途 医用抗组胺剂。镇静剂，安眠剂。兽用抗组胺剂。

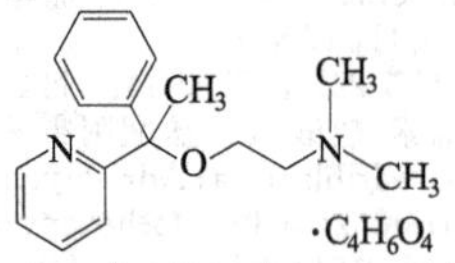

DPX mountant　DPX 包埋剂　04003

别名　DPX 封固剂；DPX 涂盖剂

性状　本品为稳定的透明液体。不易变酸，也不易使标本退色。系由聚苯乙烯制成（苯二甲酸二丁酯 5mL、1，4-二苯基-1，3-丁二烯 10g 及二甲苯 25mL。其中苯二甲酸二丁酯起柔韧作用）。Fp 82.4 ℉（28℃）；d_4^{20} 0.92；n_D^{20} 1.52。

注意事项　该品易燃。吸入或与皮肤接触有害。能危害胎儿。能损伤生育力。对皮肤有刺激性。使用前应得到专门的指导，避免曝露。使用时应穿适当的防护服和戴手套。使用时如有事故发生或有不适之感，应请医生诊治。

主要用途　组织学用包埋剂。

Drazoxolon　敌菌酮　04004

[5707-69-7]　$C_{10}H_8ClN_3O_2$　237.65

成分　C 50.54%，H 3.39%，Cl 14.92%，N 17.68%，O 13.46%。

别名　腙菌酮；3-Methyl-4-(2-chlorophenyl) hydrazone-4,5-isoxazoledione; 4-(2-Chlorophenylhydrazono)-3-methyl-5(4*H*)-isoxazolone; 3-Methyl-4-(*o*-chlorophenylhydrazono)-5-isoxazolone; PP-781; Ganocide; Mil-Col

性状　来自甲醇-苯中的黄色结晶。溶于碱、芳香烃（4%）、氯仿（约 10%）、乙醇（1%）、酮类（5%），不溶于水、酸类、脂肪烃。在稀酸及碱式盐中稳定。mp 168℃；Fp 212℉（100℃）。LD_{50} 雌大鼠，小鼠急性经口：126mg/kg，129mg/kg。

注意事项　该品口服有毒。对水生物极毒。能对水环境引起不利的结果。使用时应穿适当的防护服和戴手套。使用时应避免吸入本品的粉尘，避免与皮肤接触。使用时如有事故发生或有不适之感，应请医生诊治。应防止将本品释放于环境中。其包装物应按危险品处理。

主要用途　医用杀菌剂。分析用标准物质。

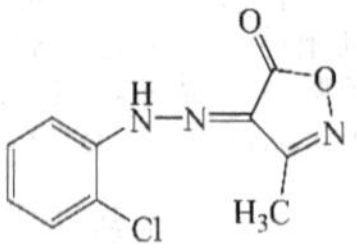

Drimenin　十氢三甲萘并呋喃酮　04005

[2326-89-8]　$C_{15}H_{22}O_2$　234.33

成分　C 76.88%，H 9.46%，O 13.66%。

别名　(5a*S*,9a*S*,9b*R*)-5,5a,6,7,8,9,9a,9b-Octahydro-6,6,9a-trimethylnaphtho[1,2-*c*]-furan-1(3*H*)-one

M. I. 15，3493

性状　来自甲醇及升华（110℃，0.1mmHg/13.3Pa）而得的无色结晶。溶于有机溶剂，几乎不溶于水、酸及碱。mp 133℃；$[\alpha]_D$ −42°（c＝0.76，于苯中）；$[\alpha]_D^{25}$ −35.8°（于氯仿中）。

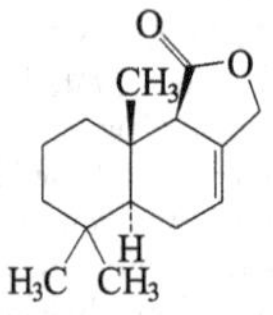

Driselase from basidiomycetes sp 崩溃酶（担子菌）　04006

[85186-71-6]

性状　浅棕色轻体粉末。生化试剂蛋白质含量约 15.0%。

注意事项　该品应充氩气密封于−20℃干燥保存。

主要用途　生化研究。

Drofenine hydrochloride　六氢解痉素 盐酸盐　04007

[548-66-3]　$C_{20}H_{32}ClNO_2$　353.93

成分　C 67.87%，H 9.11%，Cl 10.02%，N 3.96%，O 9.04%。

别名　盐酸六氢解痉素；Trasentine-A; Trasentine 6-*H*; α-Cyclohexylbenzeneacetic acid 2-(diethylamino)ethyl ester hydrochloride; α-Phenylcyclohexaneacetic acid 2-(diethylamino) ethyl ester hydrochloride; 2-Diethylaminoethyl α-phenylcyclohexaneacetate hydrochloride; Hexahydroadiphenine hydrochloride

M. I. 15，3494

性状　来自乙醇＋石油醚中的无色结晶。易溶于水，略微溶于乙醇、乙醚。其 5%水溶液对石蕊呈中性。mp 145～147℃。LD_{50}小鼠静脉注射：65.5mg/kg。

注意事项　该品应密封于 2～8℃保存。

主要用途　生化研究。医用抗痉挛剂。

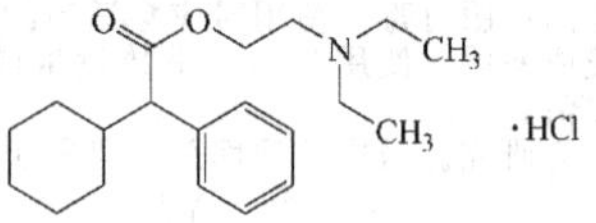

Droloxifene　屈洛昔芬　04008

[82413-20-5]　$C_{26}H_{29}NO_2$　387.52

成分　C 80.59%，H 7.54%，N 3.61%，O 8.26%。

别名　3-[(1*E*)-1-[4-[2-(Dimethylamino) ethoxy]phenyl]-2-phenyl-1-butenyl]phenol; (*E*)-α-[*p*-[2-(Dimethylamino) ethoxy]phenyl]-α′-ethyl-3-stilbenol; (*E*)-1-[4′-(2-Dimethylaminoeghoxy) phenyl]-1-(3-hydroxyphenyl)-2-phenylbut-1-ene; 3-Hydroxytamoxifen

M. I. 15，3495

性状　来自乙醚中的无色结晶，mp 162～163℃；或来自苯-己烷中的白色结晶，mp 160～162℃。生化试剂含量≥98.0%。

主要用途　医用（激素）抗肿瘤剂。

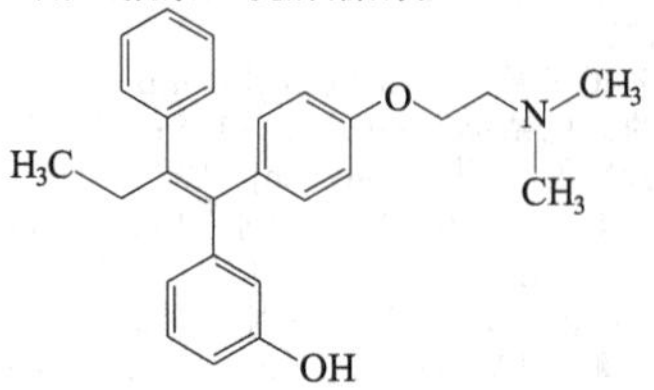

Drometrizole　2-苯并三唑基-4-甲基酚　04009

[2440-22-4]　$C_{13}H_{11}N_3O$　225.25

成分　C 69.32%，H 4.92%，N 18.66%，O 7.10%。

别名　2-(2*H*-Benzotriazol-2-yl)-4-methylphenol; 2-(2*H*-Benzotriazol-2-yl)-*p*-cresol; 2-(2′-Hydroxy-5′-methylphenyl) benzotriazole; Tinuvin P

M. I. 15，3496

性状　无色微小的结晶。溶于乙酸乙酯、丙酮、己内酰胺溶液、苯二甲酸二辛酯、油醇、热石蜡。mp 131～133℃；bp_{10} 225℃。

主要用途　医用紫外线的屏蔽。

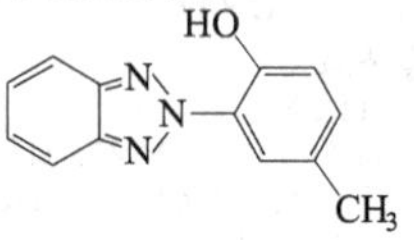

Dromostanolone　2α-甲基雄烷-17β-醇-3-酮　04010

[58-19-5]　$C_{20}H_{32}O_2$　304.47

成分　C 78.90%，H 10.59%，O 10.51%。

别名　(2α,5α,17β)-17-Hydroxy-2-methyl-androstan-3-one; 17β-Hydroxy-2α-methyl-5α-androstan-3-one; 2α-Methylandrostan-17β-ol-3-one; 2α-Methyldihydrotestosterone; Drostanolone

M. I. 15，3497

性状　来自丙酮/己烷中的无色结晶。mp 149～153℃；$[\alpha]_D$ +32°（于乙醇中）。

主要用途　医用抗肿瘤剂。

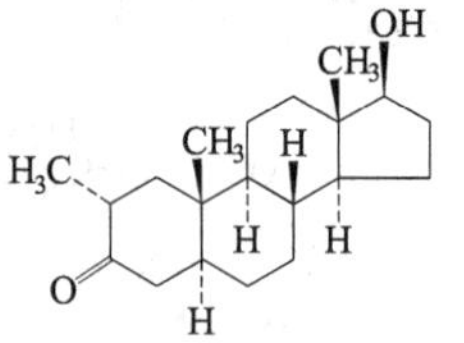

Droperidol　达哌啶醇　04011

[548-73-2]　$C_{22}H_{22}FN_3O_2$　379.44

成分　C 69.64%，H 5.84%，F 5.01%，N 11.07%，O 8.43%。

别名 达罗哌丁醇；达哌丁苯；1-[1-[3-(*p*-Fluorobenzoyl) propyl]-1,2,3,6-tetrahydro-4-pyridyl]-2-benzimidazolinone；1-[1-[4-(*p*-Fluorophenyl)-4-oxobutyl]-1,2,3,6-tetrahydro-4-pyridyl]-2-benzimidazolinone；R-4749；Dehydrobenzperidol；Dridol；Droleptan；Inapsine

M. I. 15，3498

性状 白色至浅褐色无定形结晶或粉末。易溶于氯仿，微溶于乙醇、乙醚，几乎不溶于水。对热、光敏感。一水合物于下列物质中的溶解度（25℃，g/100mL）：氯仿 40；二甲基甲酰胺 17；苯 0.55；甲醇 0.41；乙醇 0.34；乙醚 0.24；0.1mol/L 盐酸 0.15；水<0.001。pK_a 7.64。mp 145～146.5℃；uv max（9∶1，0.1mol/L 盐酸∶甲醇中）：245nm，280nm（ε 15600，7500）。LD_{50}小鼠皮下注射：125mg/kg；静脉注射：43mg/kg。

注意事项 该品口服有害。使用时应穿适当的防护服。应密封于2～8℃保存。

主要用途 生化研究。医用精神抑制剂。兽用镇定剂。

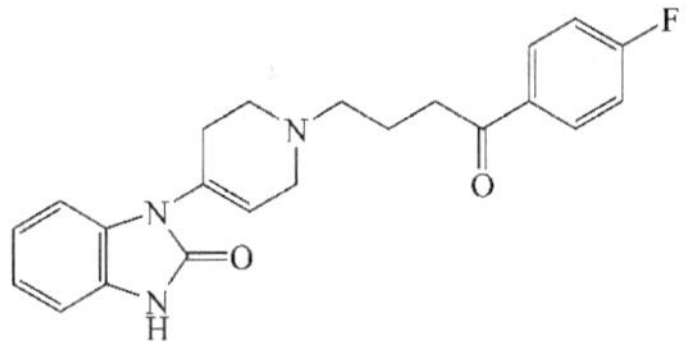

Dropropizine 羟苯哌嗪 04012

[17692-31-8] $C_{13}H_{20}N_2O_2$ 236.32

成分 C 66.07%，H 8.53%，N 11.85%，O 13.54%。

别名 3-(4-苯基-1-哌嗪基)-1,2-丙二醇；1-苯基-4-(2,3-二羟基丙基)哌嗪；1-(2,3-二羟基丙基)-4-苯基哌嗪；3-(4-Phenyl-1-piperazinyl)-1，2-propanediol；1-Phenyl-4-(2，3-dihydroxypropyl)-piperazine；1-(2，3-Dihydroxypropyl)-4-phenylpiperazine；1-Phenyl-4-(2,3-dihydroxypropyl) diethylenediamine；UCB-1967；Ribex

M. I. 15，3500

性状 来自苯中的无色结晶。mp 105℃。LD_{50}大鼠静脉注射：200mg/kg；急性经口：750mg/kg。

注意事项 该品口服有害。使用时应穿适当的防护服。

主要用途 生化研究。医用镇咳剂。

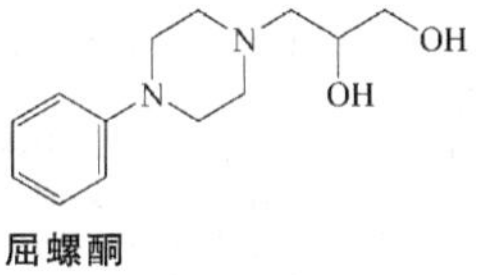

Drospirenone 屈螺酮 04013

[67392-87-4] $C_{24}H_{30}O_3$ 366.50

成分 C 78.65%，H 8.25%，O 13.10%。

别名 曲螺酮；屈螺酮；曲罗酮；(2′*S*,6*R*,7*R*,8*R*,9*S*,10*R*,13*S*,14*S*,15*S*,16*S*)-1,3′,4′,6,7,8,9,10,11,12,13,14,15,16,20,21-Hexadecaydro-10,13-dimethylspiro[17*H*-dicyclopropa[6,7∶15,16]cyclopenta[*a*]phenanthrene-17,2′(5′*H*)-furan]-3,5′(2*H*)-dione；6β,7β,15β,16β-Dimethylene-3-oxo-4-androstene[17(β-1′)-spiro-5′]perhyldrofuran-2′-one；6β,7β,15β,16β-Dimethylen-3-oxo-17α-pregn-4-ene-21,17-carbolactone；Dihydrospirorneone；ZK-30595

M. I. 15，3502

性状 无色、白色结晶或粉末。易溶于二氯甲烷，溶于丙酮、甲醇，略溶于乙酸乙酯、乙醇，几乎不溶于己烷、水。mp 201.3℃；$[\alpha]_D^{22}$ −182°（*c*=0.5，于氯仿中）；uv max（甲醇中）：265nm（ε 19000）。

注意事项 该品能损伤生育力。使用时应穿适当的防护服和戴手套。

主要用途 医用孕激素。

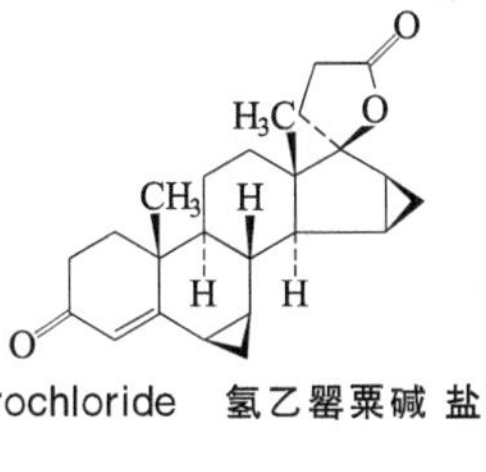

Drotaverine hydrochloride 氢乙罂粟碱 盐酸盐 04014

[985-12-6] $C_{24}H_{32}ClNO_4$ 433.97

成分 C 66.42%，H 7.43%，Cl 8.17%，N 3.23%，O 14.75%。

别名 盐酸氢乙罂粟碱；No-Spa；1-(3，4-Diethoxyphenyl) methylene-6,7-diethoxy-1,2,3,4-tetrahydroisoquinoline hydrochloride；1-(3，4-Diethoxybenzylidene)-6，7-diethoxy-1，2，3，4-tetrahydroisoquinoline hydrochloride；Isodihydroperparine hydrochloride

M. I. 15，3503

性状 来自乙醇中的浅黄色结晶。mp 197～200℃。

主要用途 医用解痉剂。

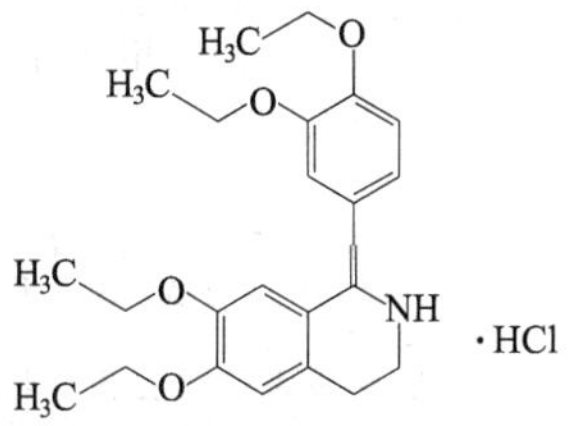

Droxidopa 屈昔多巴 04015

[23651-95-8] $C_9H_{11}NO_5$ 213.19

成分 C 50.71%，H 5.20%，N 6.57%，O 37.52%。

别名 屈昔多巴；βR-β,3-Dihydroxy-L-tyrosine；L-*threo*-3-(3,4-Dihydroxyphenyl) serine；(−)-(2*S*，3*R*)-2-Amino-3-hydroxy-3-(3,4-dihydroxyphenyl) propionic acid；*threo*-Dopaserine；L-*threo*-DOPS；L-DOPS；SM-5688；Dops

M. I. 15，3504

性状 来自乙醇及乙醚中的无色结晶，mp 232～235℃（分解），$[\alpha]_D^{20}$ −39°（*c*=1，于 1mol/L 盐酸中）。或来自水及 L-抗坏血酸中的无色结晶，mp 229～232℃（分解），$[\alpha]_D^{20}$ −42.0°（*c*=1，于 1mol/L 盐酸中）。生化试剂含量≥98.0%。

主要用途 医用抗震颤剂。

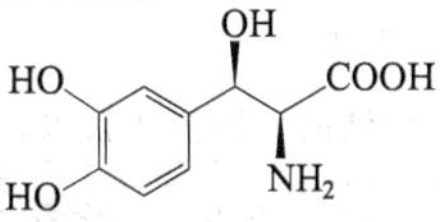

Dulcitol 甜醇 04016

[608-66-2] $C_6H_{14}O_6$ 182.17

成分 C 39.56%，H 7.75%，O 52.69%。

别名 己六醇；卫茅醇；半乳糖醇；Dulcite；Dulcose；Euonymit；Galactitol；Melamp yrin；Melamp yrite；Melamp yrum；1,2,3,4,5,6-Hexanhexol

M. I. 15，4362

性状 来自甲醇+水中的无色单斜柱状结晶。味微甜。微溶于乙醇，1g 该品溶于 30mL 水、2mL 沸水。内消旋，无旋光性。K_a（18℃）：3.5×10^{-14}。mp 188～189℃；bp_1 275～280℃/133.32Pa；d^{20} 1.47。生化试剂含量≥99.0%（HPLC）。

注意事项 该品应充氩气密封干燥保存。

主要用途 生化研究。

$$CH_2OH-CH(OH)-CH(OH)-CH(OH)-CH(OH)-CH_2OH$$

Duloxetine hydrochloride 度洛西汀 盐酸盐 04017

[136434-34-9] $C_{18}H_{20}ClNOS$ 333.87

成分 C 64.76%，H 6.04%，Cl 10.62%，N 4.20%，O 4.79%，S 9.60%。

别名 盐酸度洛西汀；Ariclaim；Cymbalta；Yentreve；(γ*S*)-*N*-Methyl-γ-(1-naphthalenyloxy)-2-thiophenepropanamine hydrochloride；(+)-(*S*)-*N*-Methyl-γ-(1-naphthyloxy)-2-thiophenepropylamine hydrochloride；(+)-*N*-Methyl-3-(1-naphthalenyloxy)-3-(2-thienyl) propanamine hydrochloride；LY-248686-HCl

M. I. 15，3512

性状 白色至微棕白色固体。微溶于水。pK_a 于二甲基甲酰胺-水中（66∶34）：9.6。生化试剂含量≥99.0%（HPLC）。

主要用途 医用抗抑郁剂。

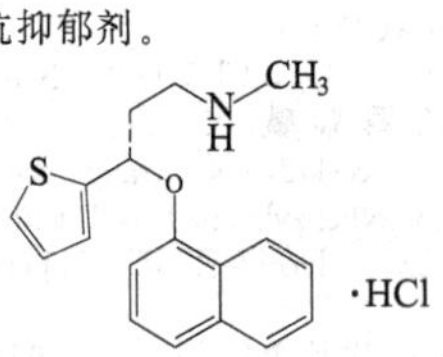

Duroquinone 杜醌 04018

[527-17-3] $C_{10}H_{12}O_2$ 164.20

成分 C 73.15%，H 7.37%，O 19.49%。

别名 2,3,5,6-四甲基-1,4-苯醌；四甲基对苯醌；2,3,5,6-Tetramethyl-1,4-benzoquinone；2,3,5,6-Tetramethyl-2,5-cyclohexadiene-1,4-dione

M. I. 15,3517

性状 来自乙醇中的黄色针状结晶。能升华。能随水蒸气挥发。溶于乙醇、苯、乙醚、热石油醚，不溶于水。mp 111～112℃。一般试剂含量≥97.0%。

注意事项 该品对眼睛、呼吸系统及皮肤有刺激性。使用时应穿适当的防护服。万一接触到眼睛，应立即用大量水冲洗后请医生诊治。

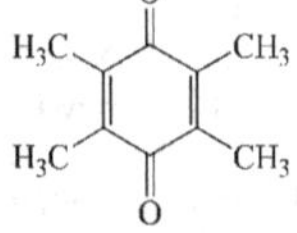

Dutasteride 度他雄胺 04019

[164656-23-9] $C_{27}H_{30}F_6N_2O_2$ 528.54

成分 C 61.36%，H 5.72%，F 21.57%，N 5.30%，O 6.05%。

别名 (4a*R*,4b*S*,6a*S*,7*S*,9a*S*,9b*S*,11a*R*)-*N*-[2,5-Bis(trifluoromethyl)phenyl]-2,4a,4b,5,6,6a,7,8,9,9a,9b,10,11,11a-tetradecahydro-4a,6a-dimethyl-2-oxo-1*H*-indeno[5,4-*f*]quinoline-7-carboxamide；17*β*-*N*-[2,5-Bis(trifluoromethyl)phenyl]carbamoyl-4-aza-5*α*-androst-1-en-3-one；GG-745；GI-198745；Avodart；Avolve

M. I. 15,3518

性状 白色至淡黄色结晶性固体或粉末。溶于乙醇(44mg/mL)、甲醇(64mg/mL)、聚乙二醇 400(4mg/mL)，不溶于水。mp 245～245.5℃。生化试剂含量≥99.0%。

主要用途 医用良性前列腺增生的治疗。

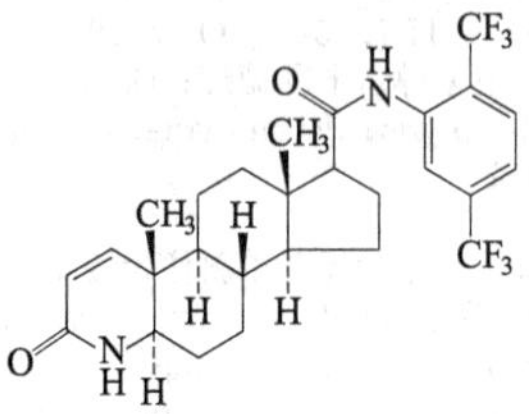

Dydrogesterone 去氢孕酮 04020

[152-62-5] $C_{21}H_{28}O_2$ 312.45

成分 C 80.73%，H 9.03%，O 10.24%。

别名 脱氢孕酮；去氢孕酮；去氢黄体酮；地屈孕酮；达芙酮；(9*β*,10*α*)-Prgna-4,6-diene-3,20-dione；10*α*-Pregna-4,6-diene-3,20-dione；6-Dehydro-*retro*-progesterone；10*α*-Isopregnenone；Dufaston；Duphaston；Gynorest；Prodel；Retrone

M. I. 15，3521

性状 来自丙酮＋己烷中的无色结晶。mp 169～170℃；$[\alpha]_D^{25}$ −484.5°（于氯仿中）；uv max：286.5nm（ε 26400）。

主要用途 医用孕激素。

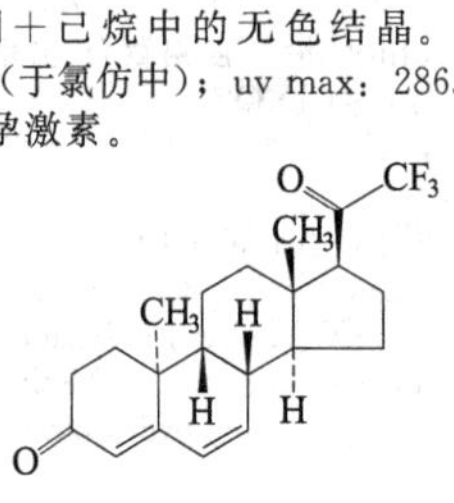

Dyphylline 二羟丙基茶碱 04021

[479-18-5] $C_{10}H_{14}N_4O_4$ 254.25

成分 C 47.24%，H 5.55%，N 22.04%，O 25.17%。

别名 喘定；7-(2,3-Dihydroxypropyl)-3,7-dihydro-1,3-dimethyl-1*H*-purine-2,6-dione；（1，2-Dihydroxy-3-propyl）theophylline；Glyphylline；Glyfyllin；Diprophylline；AFI-phyllin；Astmamasit；Asthmolysin；Astrophyllin；Circair；Coronarin；Cor-Theophyllin；Dilor；Hiphyllin；Hyphylline；Lufyllin；Neostenovasan；Neothylline；Neotilina；Neo-Vasophylline；Neutrafil；Neutraphylline；Prophyllen；Silbephylline；Solufilin；Solufyllin；Theal amp ules；Thefylan

M. I. 15，3526

性状 来自乙醇中的无色结晶。味极苦。易溶于水（25℃，1g 溶于 3mL 水）。几乎不溶于乙醚。于下列物质中的溶解度（25℃，g/100mL）：乙醇 2；氯仿 1。其 1%水溶液 pH 值 6.6～7.3。mp 158℃；uv max（0.001%水溶液）：273nm（$A_{1cm}^{1\%}$ 361）。LD_{50}小鼠急性经口：3400mg/kg；皮下注射：1430mg/kg。生化试剂含量≥99.0%。

注意事项 使用时应避免吸入本品的粉尘，避免与眼睛及皮肤接触。

主要用途 生化研究。医用支气管扩张剂。

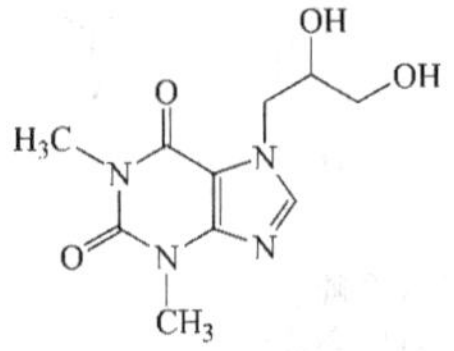

Dyclonine hydrochloride 达克罗宁 盐酸盐 04022

[536-43-6] $C_{18}H_{28}ClNO_2$ 325.88

成分 C 66.34%，H 8.66%，Cl 10.88%，N 4.30%，O 9.82%。

别名 丁氧苯哌啶丙酮 盐酸盐；1-（4-丁氧基苯基）-3-（1-哌啶基）-1-丙酮 盐酸盐；盐酸丁氧苯哌啶丙酮；盐酸达克罗宁；Dyclone；Tanaclone；1-（4-Butoxyphenyl）-3-（1-piperidinyl）-1-propanone hydrochloride；3-Piperidino-4′-butoxypropiphenone；*β*-piperidinoethyl-4-butoxyphenyl ketone hydrochloride；4-Butoxy-*β*-piperidinopropiophenone hydrochloride；4-Butoxyphenyl piperidineethyl ketone hydrochloride；2-(1-Piperidyl) ethyl *p*-butoxyphenyl ketone hydrochloride

M. I. 15，3520

性状 白色结晶或结晶性粉末。溶于水、乙醇、丙酮。酚系数 3.6。mp 175～176℃。

注意事项 该品口服有害。对眼睛有严重损伤的危险。对呼吸系统及皮肤有刺激性。使用时应穿适当的防护服。万一接触到眼睛，应立即用大量水冲洗后请医生诊治。

主要用途 生化研究。医用局部麻醉剂。

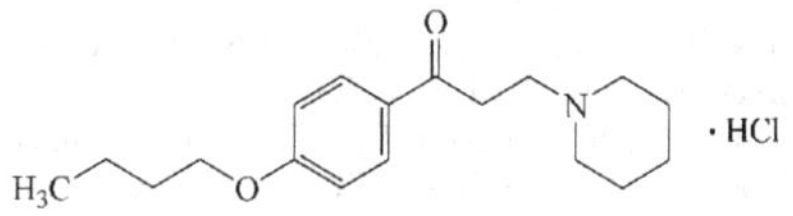

Dypnone 缩二苯乙酮 04023

[495-45-4] $C_{16}H_{14}O$ 222.29

成分 C 86.45%，H 6.35%，O 7.20%。

别名 1，3 二苯基-2-丁烯-1-酮；甲基-7-苄叉苯乙酮；1,3-Diphenyl-2-buten-1-one；*β*-Methylchalcone

M. I. 15，3527

性状 无色液体。溶于乙醇、乙醚，不溶于水。bp_{760} 340～345℃（部分分解）/101.325kPa；bp_{22} 225℃/2.933kPa；bp_1 150～155℃/133.3Pa；d_4^{15} 1.1080；n_D^{20} 1.6343。LD_{50}大鼠急性经口：3.6g/kg。

主要用途 医用遮光剂。

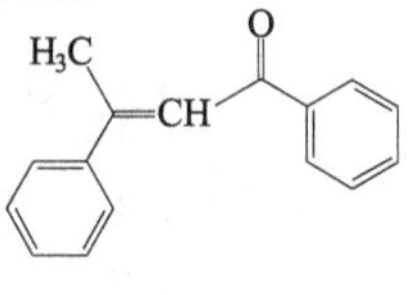

Dysprosium 镝 04024

[7429-91-6] Dy 162.50

M. I. 15，3529

性状 银白色金属。在潮湿空气中变暗。其盐类为绿黄色。mp 1412℃；bp 2567℃；*d* 8.550。一般试剂含量≥99.9%。

注意事项 使用时应避免吸入本品的粉尘，避免与眼睛及皮肤接触。应充氩气密封于干燥处保存。

主要用途 测量中子流量。磷的荧光活化剂。原子反应堆燃料。

Dysprosium chloride hexahydrate 氯化镝 六水 04025

[15059-52-6] $Cl_3Dy \cdot 6H_2O$ 376.95

成分（以无水物计） Cl 39.56%，Dy 60.44%。

别名 三氯化镝；六水合氯化镝

M. I. 15，3529

性状 无水物为黄色片状结晶。易吸潮。溶于水。mp 680℃；bp 1500℃；*d* 3.67。LD_{50} 小鼠腹膜内注射：585mg/kg；急性经口：7.65g/kg。一般试剂含量≥99.9%。

注意事项 该品对眼睛有刺激性。万一接触到眼睛，应立即用大量水冲洗后请医生诊治。应密封干燥保存。

Dysprosium nitrate pentahydrate 硝酸镝 五水 04026

[10031-49-9] $DyN_3O_9 \cdot 5H_2O$ 438.59

成分（以无水物计） Dy 46.63%，N 12.06%，O 41.32%。

别名 五水合硝酸镝

GW 2015-2292 M. I. 15，3529

性状 黄色结晶。溶于水。mp 88.6℃。LD_{50}（六水合物）大鼠腹膜内注射：295mg/kg；急性经口：3.1g/kg。一般试剂含量≥99.9%。

注意事项 该品对眼睛、呼吸系统及皮肤有刺激性。万一接触到眼睛，应立即用大量水冲洗后请医生诊治。应远离易燃品密封干燥保存。

Dysprosium oxide 氧化镝 04027

[1308-87-8] Dy_2O_3 373.00

成分 Dy 87.13%，O 12.87%。

别名 三氧化二镝；Dysprosia

M. I. 15，3529

性状 白色结晶性粉末。具有吸湿性。溶于酸。d^{27} 7.81。一般试剂含量 99.9%～99.99%。

注意事项 该品对眼睛、呼吸系统及皮肤有刺激性。使用时应穿防护服。万一接触到眼睛，立即用大量水冲洗后请医生诊治。应密封干燥保存。

E

Ebastine fumarate 依巴斯汀 富马酸盐 04028

[90729-43-4] $C_{36}H_{43}NO_6$ 585.71

成分 C 73.82%，H 7.40%，N 2.39%，O 16.39%。

别名 富马酸依巴斯汀；1-[4-(1,1-Dimethylethyl)phenyl]-4-(4-diphenylmethoxy-1-piperidinyl)-1-butanone fumarate；4′-*tert*-Butyl-4-[4-(diphenylmethoxy) piperidino] butyrophenone fumarate；4-Diphenylmethoxy-1-[3-(4-*tert*-butylbenzoyl)propyl] piperidine fumarate；LAS-W-090 fumarate；Ebastel fumarate；Evastel fumarate；Kestine fumarate

M. I. 15，3531

性状 来自乙醇中的无色结晶。mp 197～198℃。

主要用途 医用抗组胺剂。

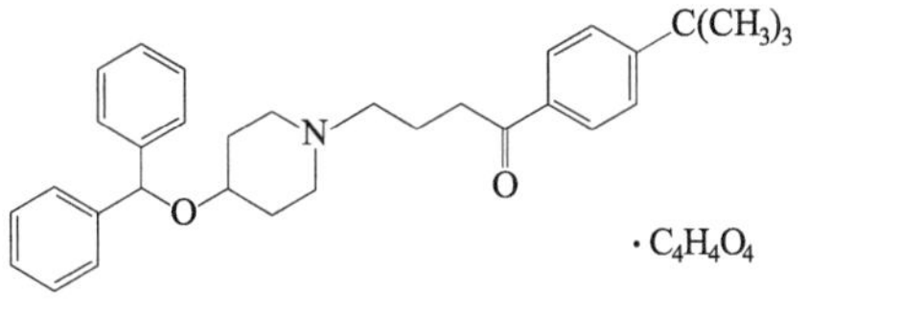

$C(CH_3)_3$ … O … $\cdot C_4H_4O_4$

Ebrotidine 乙溴替丁 04029

[100981-43-9] $C_{14}H_{17}BrN_6O_2S_3$ 477.41

成分 C 35.22%，H 3.59%，Br 16.74%，N 17.60%，O 6.70%，S 20.15%。

别名 *N*-[[2-[[[2-(Aminoiminomethyl)amino-4-thiazolyl]methyl]thio]ethyl]amino]methylene-4-bromobenzenesulfonamide；*N*-*p*-Bromobenzenesulfonyl-*N*′-[2-[[[2-(aminoiminomethyl)amino-4-thiazolyl]methyl]thio]ethyl]formamidine；*p*-Bromo-*N*-[[[2-[[[2-(diaminomethylene)amino-4-thiazolyl]methyl]thio]ethyl]amino]methylene]benzenesulfonamide；FI-3542；Ebrocit；Ebrodin；Ulsanie

M. I. 15，3532

性状 来自乙酸乙酯中的无色结晶。mp 142.5～146℃。

主要用途 医用抗溃疡剂。

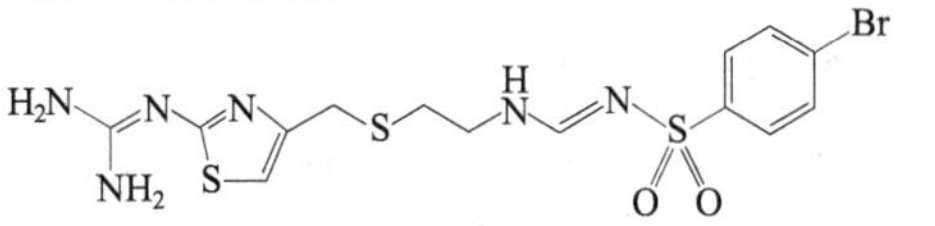

Ebselen 依布硒 04030

[60940-34-3] $C_{13}H_9NOSe$ 274.18

成分 C 56.95%，H 3.31%，N 5.11%，O 5.84%，Se 28.80%。

别名 依布硒啉；苯并异唑酮；2-苯基-1,2-苯并异硒唑-3(2*H*)-酮；2-Phenyl-1,2-benzisoselenazol-3(2*H*)-one；PZ-51

M. I. 15，3533

性状 来自乙醇中的无色结晶。mp 180～181℃。

注意事项 该品吸入或口服有毒。具有蓄积性危害。对水生物极毒。能对水环境引起不利的结果。使用现场不得进餐或吸烟。接触皮肤后，应立即用大量水冲洗。使用时如有事故发生或有不适之感，应请医生诊治。应防止将本品释放于环境中。其包装物应按危险品处理。应密封于 2～8℃保存。

主要用途 医用神经蛋白的活化剂。

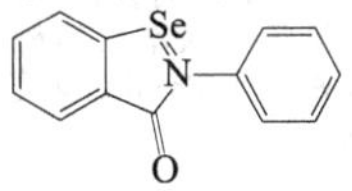

(－)-Eburnamonine 象牙酮宁 04031

[4880-88-0] $C_{19}H_{22}N_2O$ 294.40

成分 C 77.52%，H 7.53%，N 9.52%，O 5.43%。

别名 象牙洪达木酮宁；(3α,16α)-Eburnamenin-14(15*H*)-one；16-Oxoeburnane；Vincamone；CH-846；Cervoxan

M. I. 15，3534

性状 无色结晶或固体。mp 168～170℃；$[\alpha]_D^{25}$ −102°（于氯仿中）。uv max：205nm，240nm，265nm，290nm，300nm（lg ε 4.28，4.16，3.90，3.59，3.57）。一般试剂含量≥98.0%。

注意事项 使用时应避免吸入本品的粉尘，避免与眼睛及皮肤接触。应充氩气密封避光保存。

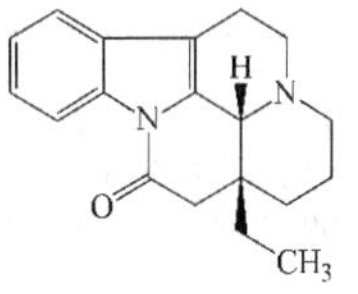

Ecadet sodium salt 依卡倍特钠盐 04032

[86408-72-2] $C_{20}H_{27}NaO_5S$ 402.48

成分 C 59.68%，H 6.76%，Na 5.71%，O 19.88%，S 7.97%。

别名 伊卡培特钠；TA-2711；Gastron；(1*R*,4a*S*,10a*R*)-1,2,3,4,4a,9,10,10a-Octahydro-1,4a-dimethyl-7-(1-methylethyl)-6-sulpho-1-phenanthrenecarboxylic acid sodium salt；Dehydro-6-sulfoabietic acid sodium salt；12-Sulfodehydroabietic acid sodium salt

M. I. 15，3535

性状 一般试剂为五水合物。mp >300℃；$[\alpha]_D^{20}$ +59.4°(*c*=0.5)。

主要用途 医用抗溃疡剂。

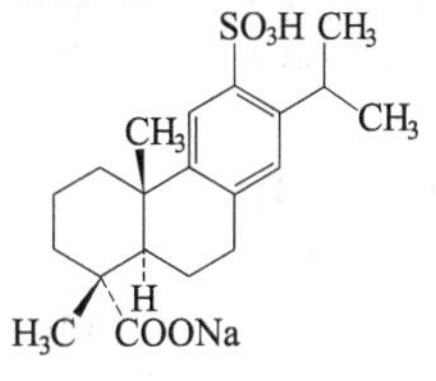

Ecamsule　依莰舒 04033

[92761-26-7]　$C_{28}H_{34}O_8S_2$　562.69

成分　C 59.77%，H 6.09%，O 22.75%，S 11.40%。

别名　3,3′-(1,4-Phenylenedimethylidyne) bis[7,7-dimethyl-2-oxo-bicyclo[2.2.1]heptane-1-methanesulfonic acid]；Terephthalylidene-3,3′-dicamp hor -10,10′-disulfonic acid；Mexoryl SX

M. I. 15，3537

性状　无色或白色固体。mp 255℃（分解）；uv max（乙醇中）：345nm（ε 47000）；uv max（水中）：342nm（ε 42300）。

主要用途　紫外线屏蔽剂。

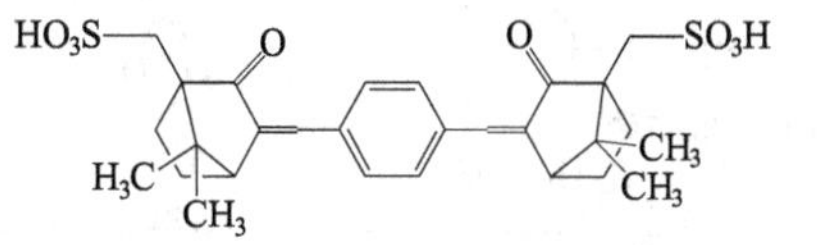

Ecdysone　蜕皮素 04034

[3604-87-3]　$C_{27}H_{44}O_6$　464.64

成分　C 69.80%，H 9.54%，O 20.66%。

别名　蜕化素；蜕皮激素；α-蜕皮素；α-Ecdysone；(2β,3β,5β,22*R*)-2,3,14,22,25-Pentahydroxycholest-7-en-6-one；α-Ecdysone

M. I. 15，3538

性状　无色结晶。mp 238～239℃；$[\alpha]_{578}^{20}+62°$；uv max：243nm（ε 11600）。生化试剂含量≥99.0%（UV）。

注意事项　使用时应避免吸入本品的粉尘，避免与眼睛及皮肤接触。应充氩气密封于2～8℃保存。

主要用途　生化研究。

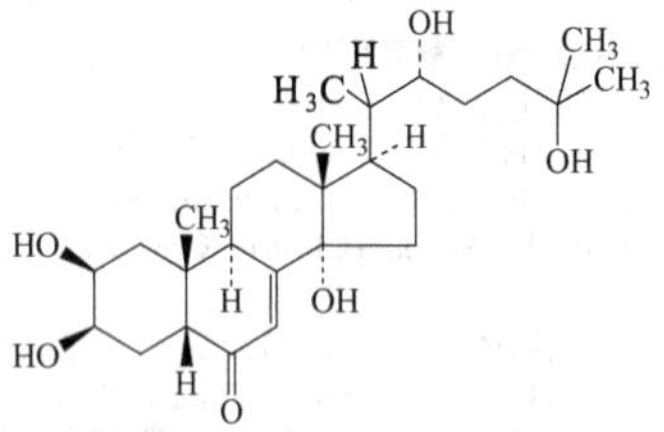

Ecgonidine　爱康尼丁 04035

[484-93-5]　$C_9H_{13}NO_2$　167.21

成分　C 64.65%，H 7.84%，N 8.38%，O 19.14%。

别名　(1*R*)-8-Methyl-8-azabicyclo[3.2.1]oct-2-ene-2-carboxylic acid；2-Tropidinecarboxylic acid；Anhydroecgonin

M. I. 15，3539

性状　来自无水乙醇中的无色结晶。溶于水。略微溶于乙醇。mp 235℃；$[\alpha]_D^{14}-84.6°$（c=1.7）。

主要用途　医用局部麻醉剂。可卡因的生物测光标示物。

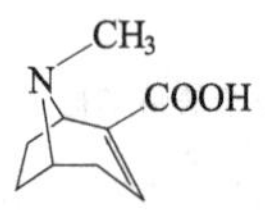

Echinenone　海胆紫酮 04036

[432-68-8]　$C_{40}H_{54}O$　550.87

成分　C 87.21%，H 9.88%，O 2.90%。

别名　海胆烯酮；海胆酮；β,β-Caroten-4-one；4-Oxo-β-carotene；4-Keto-β-carotene；Aphanin；Myoxanthin

M. I. 15，3542

性状　来自苯+甲醇中的橙红色结晶。易溶于二硫化碳、氯仿、苯，微溶于吡啶、乙醚，几乎不溶于甲醇。mp 178～180℃；最大吸收值（氯仿中）：472～478nm。

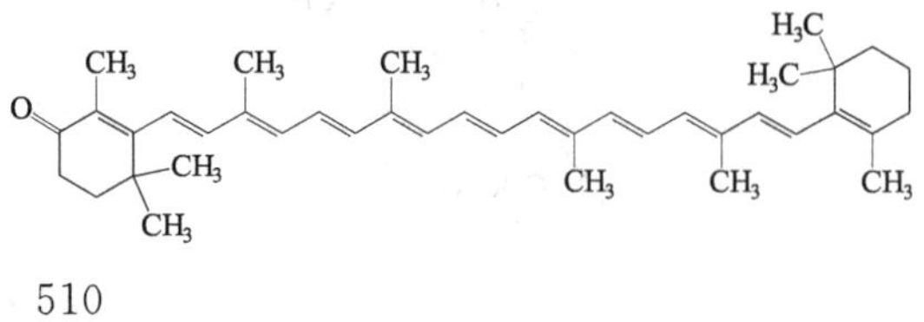

Echinochrome A　海胆色素 A 04037

[517-82-8]　$C_{12}H_{10}O_7$　266.21

成分　C 54.14%，H 3.79%，O 42.07%。

别名　2-Ethyl-3,5,6,7,8-pentahydroxy-1,4-naphalene-dione；2-Ethyl-3,5,6,7,8-pentahydroxy-1,4-naphthoquinone

M. I. 15，3543

性状　来自二氧六环-水中的深红色针状结晶。易溶于二硫化碳、乙醚、氯仿、苯、浓硫酸，极微溶于冷水。mp 220℃（部分分解）；120℃（10^{-4}mmHg/133.3×10^{-4}Pa）升华；最大吸收值（氯仿中）：533nm，497nm，462nm。

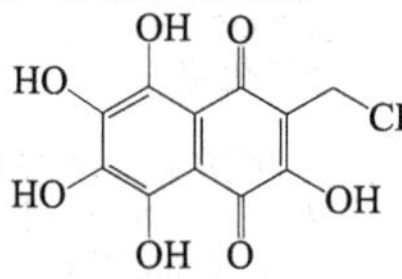

Echinomycin　棘霉素 04038

[512-64-1]　$C_{51}H_{64}N_{12}O_{12}S_2$　1101.27

成分　C 55.62%，H 5.86%，N 15.26%，O 17.43%，S 5.82%。

别名　QuinomycinA

M. I. 15，3544

性状　无色结晶。微吸潮。易溶于氯仿、二氧六环，不溶于水、石油醚、己烷。mp 217～218℃；$[\alpha]_D^{20}-310°$（c=0.86，于氯仿中）；uv max（甲醇中）：243nm，320nm（$E_{1cm}^{1\%}$ 622，100）。生化试剂含量 90.0%～95.0%（HPLC）。

注意事项　该品吸入、口服或与皮肤接触有毒。能引起遗传基因的损伤。使用前应得到专门的指导，避免曝露。使用时应穿适当的防护服，戴手套和防护镜或面罩。使用时如有事故发生或有不适之感，应请医生诊治。应充氩气密封于2～8℃保存。

主要用途　生化研究。

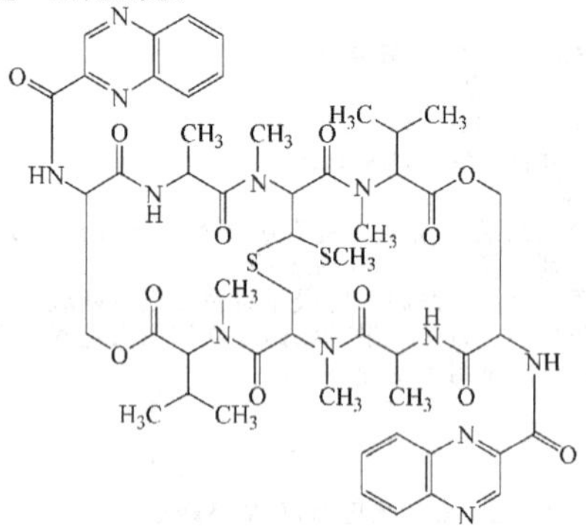

Echinopsine　刺头素 04039

[83-54-5]　$C_{10}H_9NO$　159.19

成分　C 75.45%，H 5.70%，N 8.80%，O 10.05%。

别名　蓝刺头碱；1-甲基-4（1*H*）-喹啉酮；1,4-二氢-1-甲基-4-氧喹啉；1-Methyl-4(1*H*)-quinolinone；1-methyl-4(1*H*)-quinolone；1，4-Dihydro-1-methyl-4-oxo-quinoline；*N*-Methyl-4-quinolone

M. I. 15，3545

性状　来自苯中的无色针状结晶。1g 该品溶于约 60mL 水、6mL 沸水、溶于乙醇、氯仿、热苯，微溶于乙醚。mp 152℃。LD_{100}小鼠皮下注射：600mg/kg。

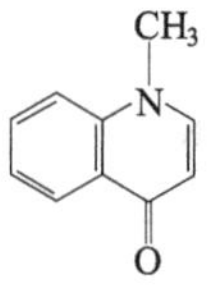

Echinuline　海胆灵 04040

[1859-87-6]　$C_{29}H_{39}N_3O_2$　461.65

成分　C 75.44%，H 8.52%，N 9.10%，O 6.93%。

别名　灰绿曲毒素；刺孢曲霉碱；(3*S*，6*S*)-3-[2-(1,

1-Dimethyl-2-propen-1-yl) -5, 7-bis (3-methyl-2-buten-1-yl) -1*H*-indol-3-ylmethyl] -6-methyl-2, 5-piperazinedione

M. I. 15, 3546

性状 来自丁醇中的无色针状结晶。溶于冰乙酸、氯仿、吡啶、二氧六环，较少地溶于热乙醇、热丁醇，微溶于苯、乙醚、石油醚、四氯化碳、丙酮、冷乙醇。mp 242～243℃；$[\alpha]_D^{20}$ −26.0°（氯仿中）；uv max（乙醇中）：230nm，279nm，286nm（lg ε 4.60，3.98，3.96）。

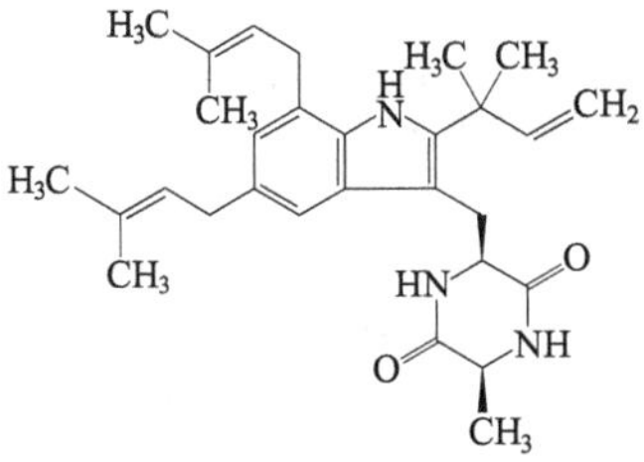

Echitamine chloride 氯化鸡骨常山毒碱 04041

[6878-36-0] $C_{22}H_{29}ClN_2O_4$ 420.93

成分 C 62.78%，H 6.94%，Cl 8.42%，N 6.66%，O 15.20%。

别名 氯化艾其他明；(1*S*, 3*S*, 4*E*, 8a*S*, 13a*R*, 14*R*)-4-Ethylidene-2,3,4,5,7,8-hexahydro-1-hydroxy-14-hydroxymethyl-14-methoxycarbonyl-6-methyl-13*H*-3,8a-methano-1*H*-azepino[1′,2′:1,2]pyrrolo[2,3-*b*]indoliumehloride;(3β,16*R*)-3,17-Dihydroxy-16-methoxycarbonyl-4-methyl-2,4(1*H*)-cyclo-3,4-secoakuammilanium chloride;Ditaine chloride

M. I. 15, 3547

性状 来自水中的长针状无色结晶。mp 295℃；$[\alpha]_D^{15}$ −58°；uv max（乙醇中）：235nm，295nm（lg ε 3.93，3.55）。

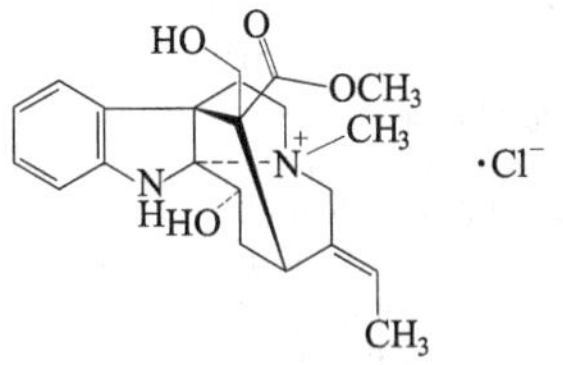

Echothiophate iodide 碘化依可碘酯 04042

[513-10-0] $C_9H_{23}INO_3PS$ 383.23

成分 C 28.21%，H 6.05%，I 33.11%，N 3.65%，O 12.52%，P 8.08%，S 8.37%。

别名 依可碘酯碘；2-(Diethoxyphosphinyl)thio-*N*,*N*,*N*-trimethylethananminium iodide;(2-Mercaptoethyl)trimethylammonium iodide *O*,*O*-diethyl phosphorothioate; Diethoxyphosphinylthiocholine iodide; 2-Diethoxyphosphinythioethyltrimethylammonium iodide; *O*,*O*-diethyl *S*-(2-trimethylammoniumethyl) phosphorothioate iodide; *S*,β-Dimethylaminoethyl-*O*,*O*-diethylthionophosphate methiodide; Ecothiopate iodide; 217-MI;Phospholine Iodide

M. I. 15, 3548

性状 白色结晶或潮解性固体。易溶于水、甲醇，溶于无水乙醇、氯仿，几乎不溶于其他有机溶剂。mp 138℃。

主要用途 医用眼的胆碱功能剂。

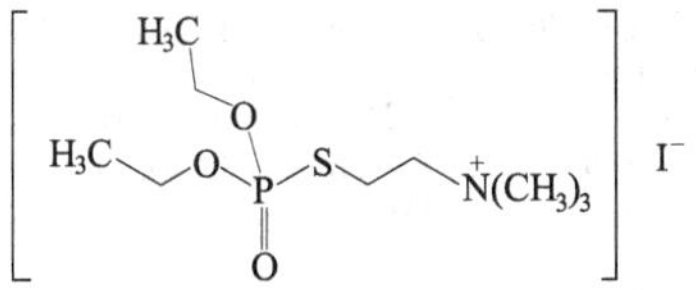

Econazole nitrate 氯苯甲氧咪唑 硝酸盐 04043

[24169-02-6] $C_{18}H_{16}Cl_3N_3O_4$ 444.69

成分 C 48.62%，H 3.63%，Cl 23.92%，N 9.45%，O 14.39%。

别名 1-[2-(4-氯苯基)甲氧基-2-(2,4-二氯苯基)乙基]-1*H*-咪唑硝酸盐；硝酸氯苯甲氧咪唑；R-14827; Epi-Pevaryl; Gyno-Pevaryl; Ifenec; Micofugal; Micogin; Palavale; Pargin; Pevaryl; Spectazole; 1-[2-(4-Chlorophenyl) methoxy-2-(2,4-dichlorophenyl) ethyl]-1*H*-imidazole nitrate; 1-[2, 4-Dichloro-β-[(*p*-chlorobenzyl)oxy]phenethyl]imidazole nitrate;SQ-13050 nitrate

M. I. 15, 3549

性状 来自2-丙醇、甲醇、二异丙醚混合物中的白色结晶。无味。溶于甲醇，略溶于氯仿，极微溶于乙醚。该品于下列物质中的溶解度（20℃，g/100mL）：水<0.1；乙醇（96%）2.0；丙酮 1.5。mp 162℃；uv max（甲醇中）：202nm，225nm。uv max（甲醇中）：265nm，271nm，280nm（$A_{1cm}^{1\%}$ 9.4，9.7，4.9）。LD_{50}小鼠，大鼠急性经口：462.7mg/kg，667.7mg/kg。

注意事项 该品口服有害。对眼睛及皮肤有刺激性。使用时应穿防护服。万一接触到眼睛，应立即用大量水冲洗后请医生诊治。

主要用途 生化研究。医用抗真菌剂。

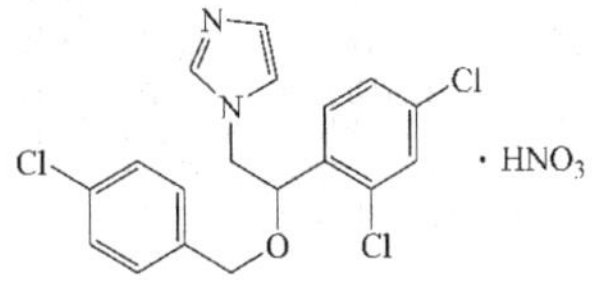

Ecteinascidin 743 海鞘素 04044

[114899-77-3] $C_{39}H_{43}N_3O_{11}S$ 761.84

成分 C 61.49%，H 5.69%，N 5.52%，O 23.10%，S 4.21%。

别名 海鞘素；Trabectedin;(1′*R*,6*R*,6a*R*,7*R*,13*S*,14*S*,16*R*)-5-Acetyloxy-3′,4′,6,6a,7,13,14,16-octahydro-6′,8,14-trihydroxy-7′,9-dimethoxy-4,10,23-trimethylspiro[6,16-epithiopropanoxymethano-7,13-imino-12*H*-1,3-dioxolo[7,8]isoquino[3,2-*b*][3]benzazocine-20,1′(2′*H*)-isoquinolin]-19-one;ET 743;Yondelis

M. I. 15, 3550

性状 来自海蛸中的提取物。$[\alpha]_D^{25}$ +114°（*c*=0.1，于甲醇中）。

主要用途 医用抗肿瘤剂。

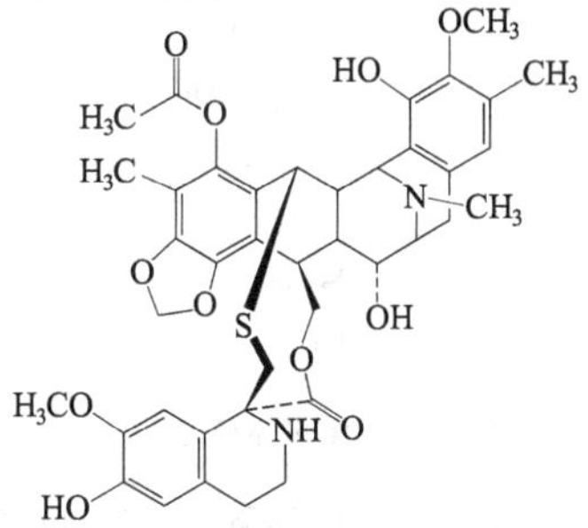

Edatrexate 依达曲沙 04045

[80576-83-6] $C_{22}H_{25}N_7O_5$ 467.49

成分 C 56.52%，H 5.39%，N 20.97%，O 17.11%。

别名 *N*-[4-[1-[(2,4-Diamino-6-pteridinyl)methyl]propyl]benzoyl]-L-glutamic acid; 10-Ethyl-10-deazaaminopterin; 10-EdAM;10-EDAAM;CGP-30694

M. I. 15, 3554

性状 一般试剂为 1.75 结晶水的结晶。uv max（pH 值 13）：255nm，370nm（ε 30731，7582）。

主要用途 医用抗肿瘤剂。

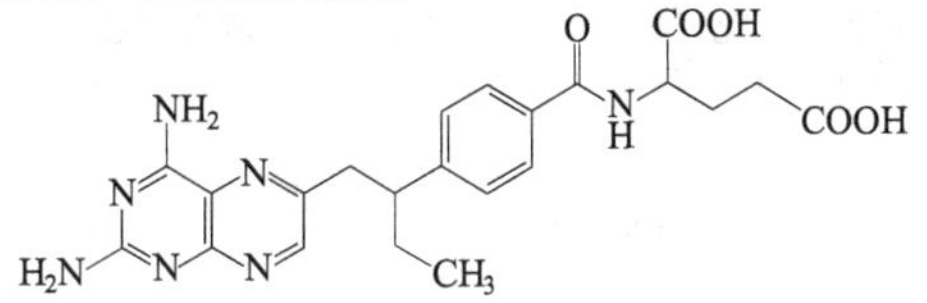

Edestin from hemp seed 麻仁球蛋白（大麻子） 04046

[9007-57-2]
M. I. 15，3557
别名 大麻蛋白；麻仁蛋白；麻仁球朊
性状 八面体结晶、白色或浅棕色粉末。溶于稀无机酸。
注意事项 使用时应避免吸入本品的粉尘，避免与眼睛及皮肤接触。应充氩气密封于2～8℃干燥保存。
主要用途 检定胃蛋白酶。

Edifenphos 克瘟散 04047
[17109-49-8] $C_{14}H_{15}O_2PS_2$ 310.37
成分 C 54.18%，H 4.87%，O 10.31%，P 9.98%，S 20.66%。
别名 西双散；稻瘟光；Phosphorodithioic acid *O*-ethyl *S*,*S*-diphenyl ester；*O*-Ethyl *S*,*S*-diphenyl phosphorodithioate；EDDP；Ediphenphos；Bayer 78418；Hinosan
M. I. 15，3558
性状 黄至浅棕色透明液体。溶于丙酮、二甲苯，几乎不溶于水。$bp_{0.01}$ 154℃/1.333Pa；d_4^{20} 1.23；n_D^{22} 1.61。LD_{50} 雌，雄大鼠腹膜内注射：25mg/kg. 5，66.5mg/kg。
注意事项 该品吸入或口服有毒。与皮肤接触有害。接触皮肤能引起过敏。对水生物极毒。能对水环境引起不利的结果。使用时应穿适当的防护服和戴手套。使用时如有事故发生或有不适之感，应请医生诊治。应防止将本品释放于环境中。其包装物应按危险品处理。
主要用途 杀菌剂。分析用标准物质。

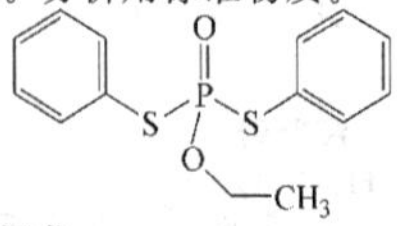

Edoxudine 依度尿苷 04048
[15176-29-1] $C_{11}H_{16}N_2O_5$ 256.26
成分 C 51.56%，H 6.29%，N 10.93%，O 31.22%。
别名 5-乙基-2′-脱氧尿苷；2′-脱氧-5-乙基尿苷；2′-Deoxy-5-ethyluridine；5-Ethyl-2′-deoxyuridine；5-Ethyl-3-(2′-deoxyribosyl)uracil；EDU；EUDR；ORF-15817；Aedurid；Edueid
M. I. 15，3563
性状 来自丙酮中的澄明长针状结晶。pK_a 9.98。mp 152～153℃；uv max：267nm（ε 9610），pH 值 2；267nm（ε 7280），pH 值 1。
主要用途 医用抗病毒剂（单纯疱疹）。

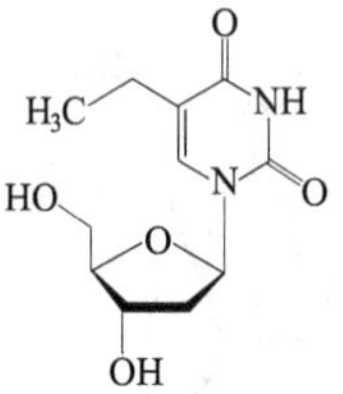

Edrophonium chloride 氯化滕西龙 04049
[116-38-1] $C_{10}H_{16}ClNO$ 201.69
成分 C 59.55%，H 8.00%，Cl 17.58%，N 6.94%，O 7.93%。
别名 氯化滕喜龙；氯化滕西隆；氯化 *N*-乙基-3-羟基-*N*，*N*-二甲基苯胺；氯化（3-羟基苯基）二甲基乙基铵；*N*-Ethyl-3-hydroxy-*N*,*N*-dimethylbenzenaminium chloride；Ethyl(*m*-hydroxyphenyl) dimethylammonium chloride；(3-Hydroxyphenyl) dimethylethylammonium chloride；3-Hydroxy-*N*，*N*-dimethyl-*N*-ethylanilinium chloride；Antirex；Enlon；Reversol；Tensilon
M. I. 15，3564
性状 来自异丙醇中的无色结晶。易溶于水、乙醇，不溶于氯仿、乙醚。其1%水溶液 pH 值 4～5。162～163℃分解。
主要用途 生化研究。医用胆碱功能剂，箭毒解毒剂，辅助诊断重症肌无力。

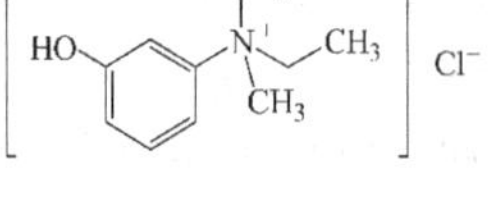

Efavirenz 依法韦仑 04050
[154598-52-4] $C_{14}H_9ClF_3NO_2$ 315.68
成分 C 53.27%，H 2.87%，Cl 11.23%，F 18.05%，N 4.44%，O 10.14%。
别名 茚地那韦；(4*S*)-6-Chloro-4-cyclopropylethynyl-1，4-dihydro-4-trifluoromethyl-2*H*-3，1-benzoxazin-2-one；DMP-266；L-743726；Sustiva
M. I. 15，3569
性状 来自甲苯/庚烷中的无色结晶。pK_a10.2。mp 139～141℃；$[\alpha]_D^{20}-84.7°$（$c=0.005$g/mL，于氯仿中）；$[\alpha]_D^{25}-94.1°$（$c=0.300$，于甲醇中）。
主要用途 医用抗病毒剂。

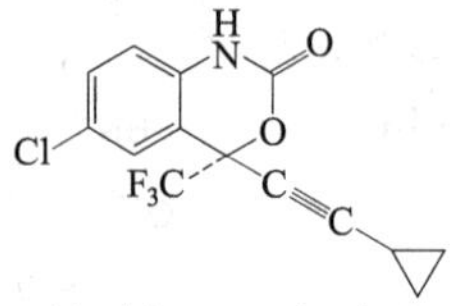

Eflornithine hydrochloride monohydrate
依氟乌氨酸 盐酸盐 一水 04051
[96020-91-6] 68278-23-9(无水物) $C_6H_{13}ClF_2N_2O_2 \cdot H_2O$ 236.65
成分 （以无水物计） C 32.96%，H 5.99%，Cl 16.21%，F 17.38%，N 12.81%，O 14.64%。
别名 盐酸依氟乌氨酸 一水 Ornidyl；2-Difluoromethyl-DL-ornithine hydrochloride monohydrate；α-Difluoromethylornithine hydrochloride monohydrate；DFMO-HCl；RMI-71782-HCl
M. I. 15，3570
性状 来自乙醇/水中的无色结晶。易溶于水，略溶于乙醇。mp 183℃。
主要用途 医用抗肿瘤剂，抗肺囊虫剂，抗原生物剂(锥虫)。

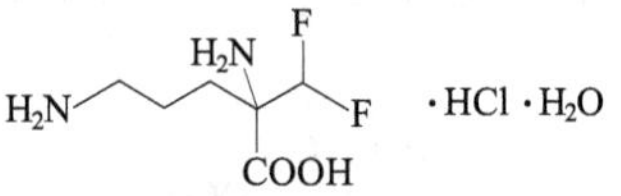

Efonidipine 依福地平 04052
[111011-63-3] $C_{34}H_{38}N_3O_7P$ 631.67
成分 C 64.65%，H 6.06%，N 6.65%，O 17.73%，P 4.90%。
别名 5-(5，5-Dimethyl-2-oxido-1，3，2-dioxaphosphorinan-2-yl)-1，4-dihydro-2，6-dimethyl -4-(3-nitrophenyl)-3-pyridinecarboxylic acid 2-[phenyl(phenylmethyl)amino]ethyl ester；5-(5，5Dimethyl-1，3，2-dioxaphosphorinan-2-yl)-1，4-dihydro-2，6-dimethyl-4-(3-nitrophenyl)-3-pyridinecarboxylic acid 2-[phenyl(phenylmethyl)aminoethyl ester，*P*-oxide；2-(*N*-Benzylanilino)ethyl (±)-1，4-dihydro-2，6-dimethyl-4-(*m*-nitrophenyl)-5-phosphoniconinate. cyclic 2，2-dimethyltrimethylene ester
M. I. 15，3571
性状 来自乙酸乙酯中的无色结晶。mp 169～170℃。
主要用途 医用抗高血压剂。

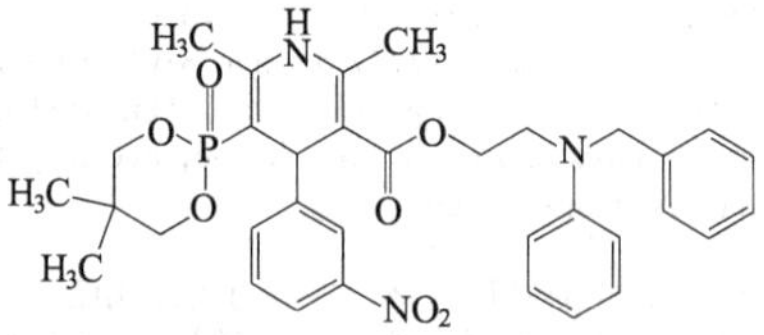

Efrotomycin 依罗霉素 04053
[56592-32-6] $C_{59}H_{88}N_2O_{20}$ 1145.35
成分 C 61.87%，H 7.74%，N 2.45%，O 27.94%。
别名 31-*O*-[6-Deoxy-4-*O*-(6-deoxy-2，4-di-*O*-methyl-α-L-mannopyranosyl)-3-*O*-methyl-β-D-allopyranosyl]-1-methylmocimycin；31-*O*-[6-Deoxy-4-*O*-(6-deoxy-2，4-di-*O*-methylhexopyranosyl)-3-*O*-methylhexopyranosyl]-1-methylmocimycin；FR-02A；MK-621
M. I. 15，3572
性状 浅黄色固体。uv max（pH 值 7）：232nm，327nm（$E_{1cm}^{1\%}$464，216）；LD_{50}小鼠急性经口：>4g/kg；皮下注射：>2g/kg。
主要用途 兽用生长激活剂。

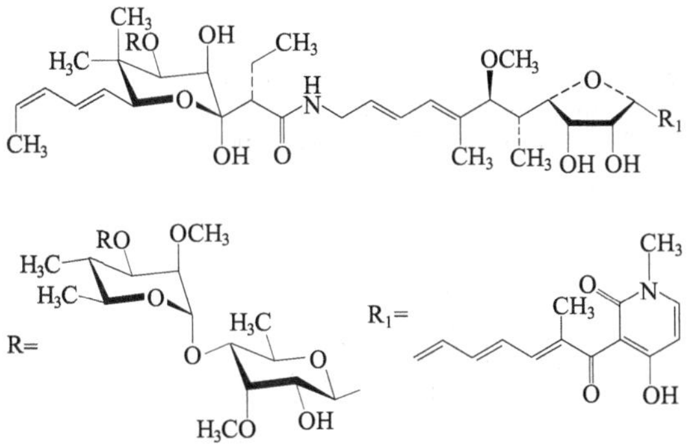

R=

EGCG　表没食子儿茶素没食子酸酯　04054

[989-51-5]　$C_{22}H_{18}O_{11}$　458.38

成分　C 57.65%，H 3.96%，O 38.39%。

别名　绿茶儿茶素；3,4,5-Trihydroxybenzoic acid(2*R*,3*R*)-3,4-dihydro-5,7-dihydroxy-2-(3,4,5-trihydroxyphenyl)-2*H*-1-benzopyran-3-yl ester；(—)-Epigallocatechin 3-*O*-gallate；(—)-Epigallocatechol gallate

M. I. 13，3573

性状　来自水中的白色结晶。mp 218℃；$[\alpha]_D$ −185°±2°（乙醇中）；uv max（乙醇中）：275nm（ε 11500）。一般试剂含量≥95.0%。

注意事项　该品应密封于2～8℃保存。

主要用途　保健食品。

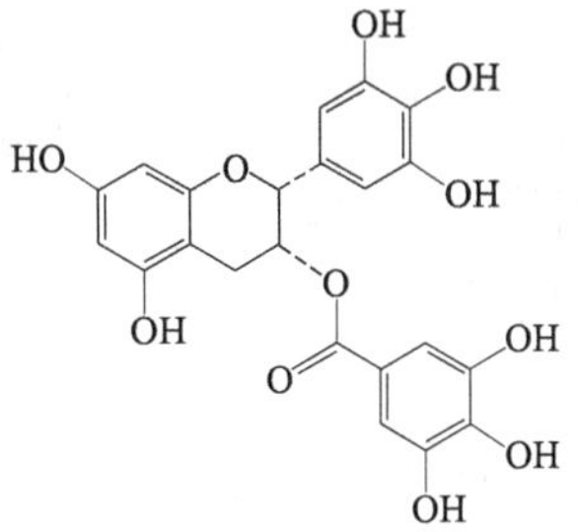

Egg yolk tellurite emulsion

亚碲酸盐卵黄增菌液（冻干粉）　04055

性状　微黄色粉末。

注意事项　该品应充氩气密封于2～8℃干燥保存。

主要用途　生化研究，加入 Baird-Parker 琼脂基础。

Eicosamethylnonasiloxane　二十甲基壬硅氧烷　04056

[2652-13-3]　$C_{20}H_{60}O_8Si_9$　681.46

成分　C 35.25%，H 8.88%，O 18.78%，Si 37.09%。

别名　1,1,1,3,3,5,5,7,7,9,9,11,11,13,13,15,15,17,17,17-Eicosamethyl nonasiloxane

M. I. 15，3577

性状　无色液体。性稳定。对多数化学试剂及橡胶呈惰性。在较大的温度范围能保持一定的黏度。溶于苯及轻烃类，微溶于乙醇及重烃类。$bp_{4.9}$ 173℃/653.3Pa；*d* 0.918；n_D^{20} 1.3980。

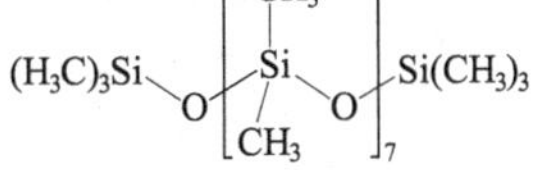

Eicosane　二十烷　04057

[112-95-8]　$C_{20}H_{42}$　282.55

成分　C 85.02%，H 14.98%。

别名　正二十烷；Didecyl；Alkane C_{20}

性状　无色或白色固体。易溶于丙酮，溶于乙醇、乙醚、苯，不溶于水。mp 37～40℃；bp 343℃；bp_{30} 220℃/29.86kPa；Fp 348.8°F（176℃）；n_D^{20} 1.433～1.435。一般试剂含量≥99.8%（GC）。

主要用途　色谱分析标准物。气相色谱固定液。

1-Eicosanol　1-二十醇　04058

[629-96-9]　$C_{20}H_{42}O$　298.55

成分　C 80.46%，H 14.18%，O 5.36%。

别名　花生醇；Arachidic alcohol；Arachinyl alcohol；*pri-n*-Eicosyl alcohol；Alcohol C_{20}

性状　蜡状物。溶于乙醚、丙酮、热苯，不溶于水。mp 63～66℃。一般试剂含量≥97.0%（GC）。

注意事项　使用时应避免吸入本品的粉尘，避免与眼睛及皮肤接触。

主要用途　气相色谱固定液。

Eicosapentaenoic acid

十二碳五烯酸　04059

[10417-94-4]　$C_{20}H_{30}O_2$　302.46

成分　C 79.42%，H 10.00%，O 10.58%。

别名　*all*-反式-5,8,11,14,17-十二碳五烯酸；*all-cis*-5,8,11,14,17-Eicosapentaenoic acid；*all-cis*-Fatty acid 20：5 omega-3；EPA；Icosapent；Timnodonic acid

M. I. 15，3578

性状　无色油状液体。mp −54～−53℃；Fp199.4°F（93℃）；d^{25} 0.943；n_D^{20} 1.49865。一般试剂含量≥98.5%（GC）。

注意事项　该品具有腐蚀性，能引起烧伤。使用时应穿适当的防护服，戴手套和防护镜或面罩。万一接触到眼睛，应立即用大量水冲洗后请医生诊治。使用时如有事故发生或有不适之感，应请医生诊治。应充氩气密封避光于−20℃保存。

主要用途　生化研究。医用抗高血脂剂。

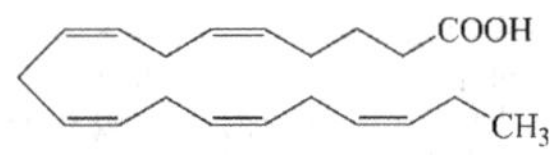

***cis*-8,11,14-Eicosatrienoic aicd**

顺式-8,11,14-二十碳三烯酸　04060

[1783-84-2]　$C_{20}H_{34}O_2$　306.49

成分　C 78.38%，H 11.18%，O 10.44%。

别名　8,11,14-二十碳三烯酸 顺式

性状　白色粉末。对空气敏感。溶于氯仿。Fp 144°F（62℃）；n_D^{20} 1.4780。一般试剂含量≥99.0%（GC）。

注意事项　使用时应避免吸入本品的蒸气，避免与眼睛及皮肤接触。应充氩气密封避光于−20℃保存。

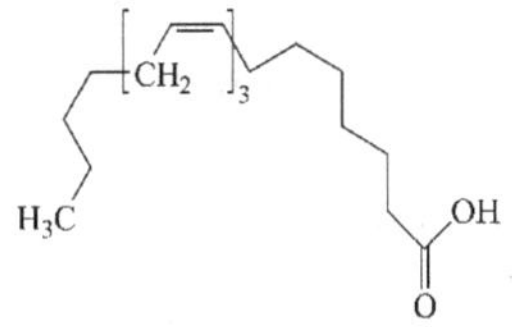

1-Eicosene　1-二十烯　04061

[3452-07-1]　$C_{20}H_{40}$　280.54

成分　C 85.63%，H 14.37%。

性状　室温为固体。溶于苯、石油醚，不溶于水。mp 27～29℃；$bp_{1.5}$ 151℃/0.2kPa；Fp 230°F（110℃）。一般试剂含量约90.0%（GC）。

主要用途　气相色谱标准物。

Elaidic acid　反油酸　04062

[112-79-8]　$C_{18}H_{34}O_2$　282.47

成分　C 76.54%，H 12.13%，O 11.33%。

别名　洋橄榄油酸；反式9-十八（碳）烯酸；凝油酸；(*E*)-9-Octadecenoic acid；*trans*-9-Octadecenoic acid；*trans*-Oleic acid

M. I. 15，3581

性状　白色小叶片状结晶。溶于乙醇、乙醚，不溶于水。mp 44～45℃；bp_{100} 288℃/13.332kPa；bp_{15} 234℃/2kPa；d^{79} 0.851；n_D^{100} 1.4308。一般试剂含量≥99.0%（GC）。

注意事项　使用时应避免吸入本品的粉尘，避免与眼睛及皮

肤接触。应充氮气密封于 2～8℃保存。

主要用途 制造反油酸酯类和盐类。

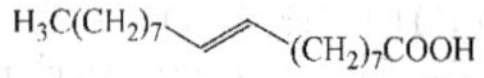

Elaiomycin 油霉素 04063

[23315-05-1] $C_{13}H_{26}N_2O_3$ 258.36

成分 C 60.43%，H 10.14%，N 10.84%，O 18.58%。

别名 伊霉素；油洋橄榄霉素；4-Methoxy-3-[(1*E*)-2-[(1*Z*)-1-octenyl]-2-oxidodiazenyl]-2-butanol；4-Methoxy-3-(1-octenyl-*ONN*-azoxy)-2-butanol；(2*S*，3*S*)-4-Methoxy-3-(1′-*cis*-octenyl-*cis*-azoxy)-2-butanol；D-*threo*-4-Methoxy-3-(1-octenylazoxy)-2-butanol；(*E*，*Z*)-(2*S*，3*S*)-4-Methoxy-3-(1-octenyl-*ONN*-azoxy)-2-butanol

M. I. 15，3582

性状 浅黄色油状液体。空气中稳定。溶于几乎所有的有机溶剂，略微溶于水。于中性或微酸性水溶液中稳定。于 0.1mol/L 氢氧化钠溶液中分解，其产物使溶液呈黄色。n_D^{25}1.4798；$[\alpha]_D^{26}$+38.4°（c=2.8，于无水乙醇中）；uv max：237.5nm（$E_{1cm}^{1\%}$428）。

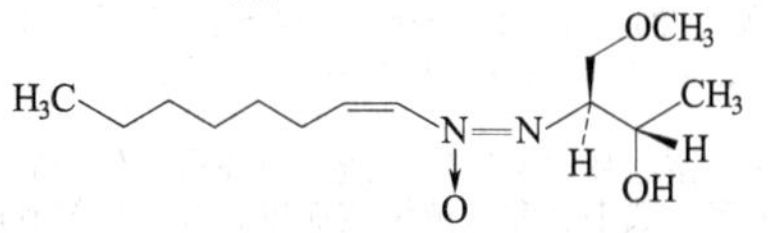

Elastase pancreatic from porcine pancrease 胰弹性蛋白酶（猪胰） 04064

[39445-21-1] 约 25000

别名 胰肽酶 E（猪胰）；Pancreatopeptidase E

EC 3.4.21.36

性状 微细结晶或白色粉末。

注意事项 该品对眼睛、呼吸系统及皮肤有刺激性。吸入能引起过敏。使用时应穿适当的防护服和戴手套。使用时应避免吸入本品的粉尘，避免与皮肤接触，万一接触到眼睛，应立即用大量水冲洗后请医生诊治。应充氩气密封于 −20℃保存。

主要用途 生化研究。

Elastin from bovine neck ligament 弹性蛋白（牛颈韧带） 04065

[9007-58-3]

别名 弹性硬朊；弹性硬蛋白

M. I. 15，3584

性状 淡黄色纤维状粉末。不溶于水、稀酸、乙醇、盐溶液、碱溶液。

注意事项 应密封于 2～8℃干燥保存。

主要用途 生化研究。

Elenolied 洋橄榄内酯 04066

[24582-91-0] $C_{11}H_{12}O_5$ 224.21

成分 C 58.93%，H 5.39%，O 35.68%。

别名 (4*S*)-4-[(1*E*)-1-Formyl-1-propenyl]-3,4-dihydro-2-oxo-2*H*-pyran-5-carboxylic acid methyl ester

M. I. 15，3595

性状 来自乙醇中的无色针状结晶。mp 155.5℃；$[\alpha]_D^{20}$+369°（氯仿中）；uv max（乙醇中）：225nm，317nm（lg ε 4.29，1.75）。

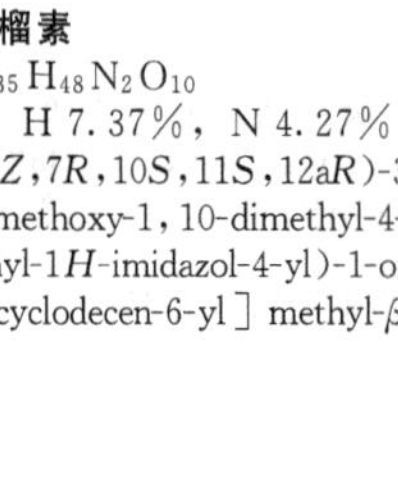

Eleutherobin 艾榴素 04067

[174545-76-7] $C_{35}H_{48}N_2O_{10}$ 656.77

成分 C 64.01%，H 7.37%，N 4.27%，O 24.36%。

别名 [(4*R*，4a*S*，5*Z*，7*R*，10*S*，11*S*，12a*R*)-3，4，4a，7，10，11，12，12a-Octahydro-7-methoxy-1，10-dimethyl-4-(1-methylethyl)-11-[(2*E*)-3-(1-methyl-1*H*-imidazol-4-yl)-1-oxo-2-*p*-ropenyl]oxy-7，10-epoxybenzocyclodecen-6-yl] methyl-*β*-D-arabinopyranoside 2-acetate

M. I. 15，3598

性状 白色非晶型固体。$[\alpha]_D^{25}$−49.3°（c=3，于甲醇中）；uv max（甲醇中）：290nm(lg ε 3.824)。

主要用途 用于微管蛋白研究的生化试剂。

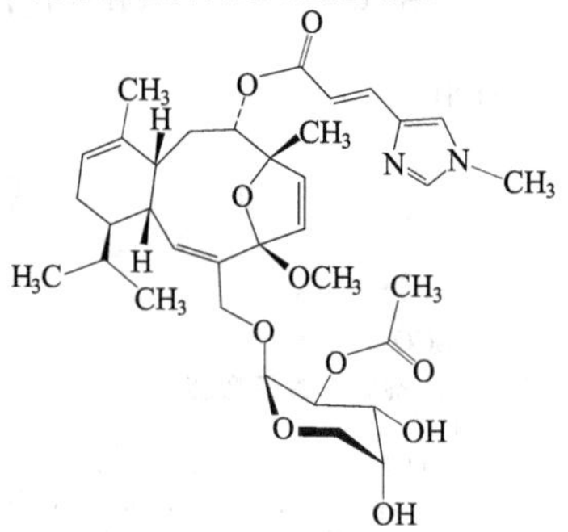

Ellagic acid 鞣花酸 04068

[476-66-4] $C_{14}H_6O_8$ 302.19

成分 C 55.65%，H 2.00%，O 42.35%。

别名 二缩双(三羟基苯甲酸)；棓原；Benzoaric acid；Gallogen；4，4′，5，5′，6，6′-Hexahydrodiphenic acid 2，6，2′，6′-dilactone；Lagistase；2，3，7，8-Tetrahydroxy[1]benzopyrano[5，4，3-*cde*][1]benzopyran-5，10-dione

M. I. 15，3602

性状 来自吡啶中的奶油色针状结晶。对空气敏感。溶于碱溶液、吡啶，微溶于水、乙醇，不溶于乙醚。mp >360℃；uv max（乙醇中）：366nm，255nm（lg ε 3.93，4.60）。生化试剂含量约 96.0%（HPCE）。

注意事项 该品对眼睛、呼吸系统及皮肤有刺激性。使用时应穿适当的防护服。万一接触到眼睛，应立即用大量水冲洗后请医生诊治。应充氩气密封避光保存。

主要用途 生化研究。止血剂。

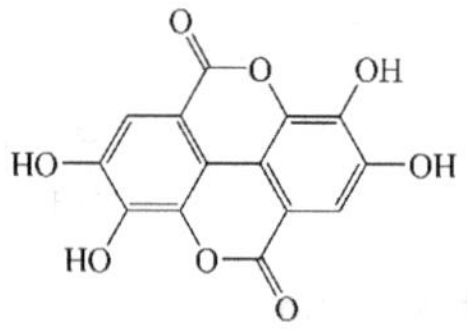

Ellipticine 玫瑰树碱 04069

[519-23-3] $C_{17}H_{14}N_2$ 246.31

成分 C 82.90%，H 5.73%，N 11.37%。

别名 5，11-Dimethyl-6*H*-pyrido[4，3-*b*]carbazole

M. I. 15，3603

性状 来自乙酸乙酯中的亮黄色针状结晶性粉末。mp 311～315℃（分解）；uv max：239nm，277nm，286nm，294nm，332nm，382nm，400nm（lg ε 4.23，4.61，4.76，4.74，3.65，3.61，3.53）。LD_{50}小鼠静脉注射：19.5～22.4mg/kg；急性经口：178～204mg/kg。生化试剂含量≥99.0%（HPLC）。

注意事项 该品口服有毒。使用时如有事故发生或有不适之感，应请医生诊治。

主要用途 生化研究。医用抗肿瘤药。

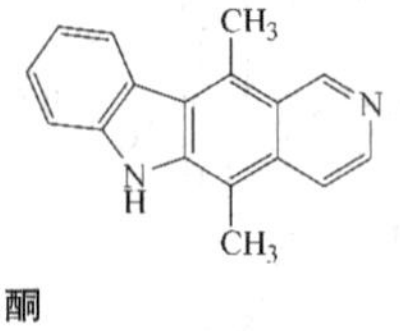

Elliptone 毛鱼藤酮 04070

[478-10-4] $C_{20}H_{16}O_6$ 352.34

成分 C 68.18%，H 4.58%，O 27.24%。

别名 (6aS，12aS)-12，12a-Dihydro-8，9-dimethoxy[1]benzopyrano[3，4-*b*]furo[2，3-*h*][1]benzopyran-6(6a*H*)-one；Derride

M. I. 15，3605

性状 来自乙醇中的无色针状结晶。mp 160℃；$[\alpha]_D^{20}$−18°（苯中）；$[\alpha]_D^{20}$+55°（丙酮中）。

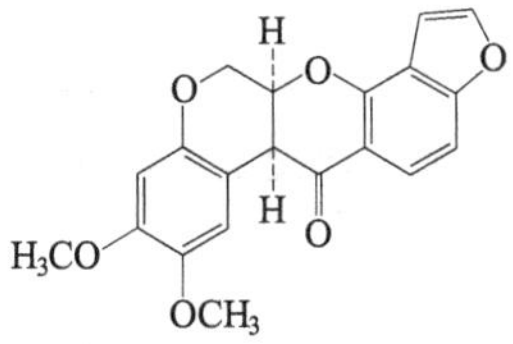

Eltoprazine hydrochloride 依托拉嗪 盐酸盐 04071

[98206-09-8] $C_{12}H_{17}ClN_2O_2$ 256.73

成分 C 56.14%，H 6.67%，Cl 13.81%，N 10.91%，O 12.46%。

别名 盐酸依托拉嗪；Du-28853；1-(2,3-Dihydro-1,4-benzodioxin-5-yl)piperazine hydrochloride；1-(1,4-Benzodioxan5-yl)piperazine hydrochloride

M. I. 15，3608

性状 来自乙醇中的无色结晶。溶于水（19g/100mL）。mp 256～258℃。

主要用途 医用抗精神病剂。

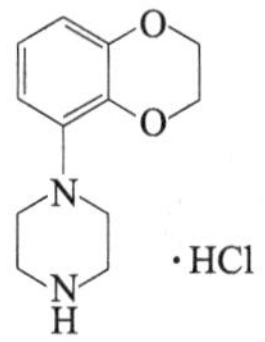

Elymoclavine 野麦角碱 04072

[548-43-6] $C_{16}H_{18}N_2O$ 254.33

成分 C 75.56%，H 7.13%，N 11.01%，O 6.29%。

别名 8,9-Didehydro-6-methylergoline-8-methanol

M. I. 15，3611

性状 来自甲醇中的无色单斜棱柱体结晶。易溶于水，呈碱性反应。溶于吡啶，极微溶于有机溶剂。248～252℃分解；$[\alpha]_D^{20}-59°$（c=0.1，于乙醇中）；$[\alpha]_D^{20}-152°$（c=0.9，于吡啶中）；uv max：227nm，283nm，293nm（lg ε 4.31nm，3.84nm，3.76）。

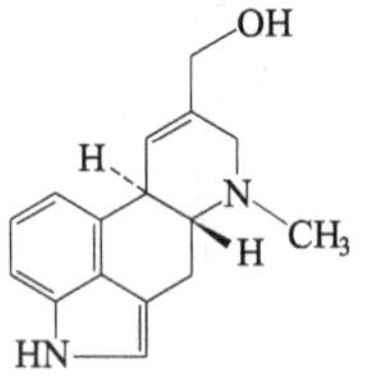

Emedastine difumarate 依美斯汀 二富马酸盐 04073

[87233-62-3] $C_{25}H_{34}N_4O_9$ 534.57

成分 C 56.17%，H 6.41%，N 10.48%，O 26.94%。

别名 依米斯汀；依美司汀；富马酸依美斯汀；KB-2413；LY-188695；Emadine；1-（2-Ethoxyethyl）-2-（hexahydro-4-methyl-1*H*-1，4-diazepin-1-yl）-1*H*-benzimidazole difumarate；1-[2-（Ethoxy）ethyl]-2-（4-methyl-1-homopiperazinyl）benzimidazole difumarate

M. I. 15，3614

性状 来自乙醇中的白色至暗黄色结晶。溶于水。mp 148～151℃。LD_{50}豚鼠急性经口：744mg/kg。

主要用途 医用抗组胺剂。

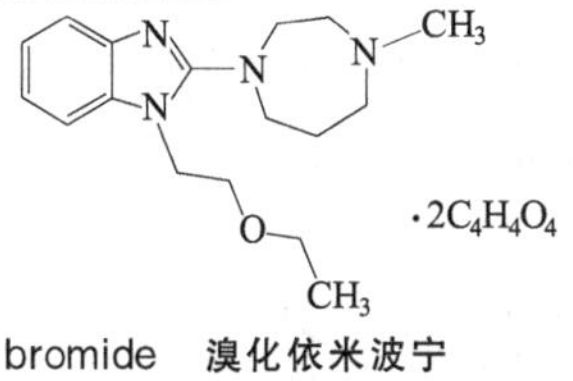

Emepronium bromide 溴化依米波宁 04074

[3614-30-0] $C_{20}H_{28}BrN$ 362.36

成分 C 66.29%，H 7.79%，Br22.05%；N3.87%。

别名 *N*-Ethyl-*N*,*N*,-α-trimethyl-γ-phenylbenzenepropanaminium bromide；Ethyldimethyl；(1-methyl-3,3-diphenylpropyl)ammonium bromide；Ethyl(3,3-diphenyl-1-methylpropyl)dimethylammonium bromide；(1-Methyl-3,3-diphenylpropyl) dimethylethylammonium bromide；Cetiprin；Restenacht；Ripirin；Uro-Ripirin

M. I. 15，3615

性状 无色结晶。mp 204℃。

主要用途 医用抗痉挛剂，用于治疗尿路失禁。

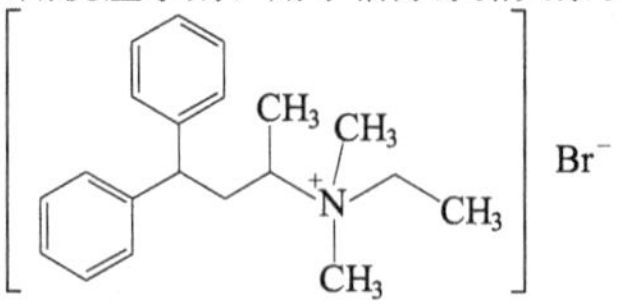

Emetine dihydrochloride hydrate
吐根碱 二盐酸盐 水合 04075

[316-42-7] $C_{29}H_{42}Cl_2N_2O_4$ 553.57

成分 C 62.92%，H 7.65%，Cl 12.81%，N 5.06%，O 11.56%。

别名 二盐酸吐根碱 水合；盐酸吐根碱；Cephaeline methyl ether dihydrochloride；Emetine hydrochloride；Hemometina；6′,7′,10,11-Tetramethoxyemetan dihydrochlorate

M. I. 15，3616

性状 针状结晶或白色结晶性粉末。1g 该品溶于约 7mL 水，溶于乙醇。mp 235～255℃（分解）；$[\alpha]_D+11°$（c=1）～$[\alpha]_D+21°$（c=8）；LD_{50}小鼠皮下注射：32mg/kg；急性经口：30mg/kg。生化试剂含量≥99.0%（HPLC）。

主要用途 生化研究。医用抗阿米巴剂。

注意事项 该品口服极毒。对眼睛、呼吸系统及皮肤有刺激性。使用时应穿适当的防护服，戴手套和防护镜或面罩。万一接触到眼睛，应立即用大量水冲洗后请医生诊治。接触皮肤应用大量水冲洗。使用时如有事故发生或有不适之感，应请医生诊治。应充氩气密封避光于 2～8℃干燥保存。

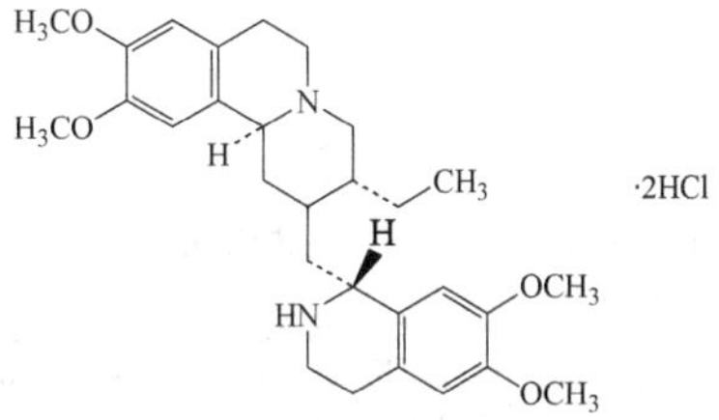

Emodin from frangula bark
大黄素（泻鼠李树皮） 04076

[518-82-1] $C_{15}H_{10}O_5$ 270.24

成分 C 66.67%，H 3.73%，O 29.60%。

别名 6-甲基-1，3，8-三羟基蒽醌；泻素；6-Methyl-1,3,8-trihydroxyanthraquinone；1,3,8-Trihydroxy-6-methyl-9,10-anthracenedione；1,3,8-Trihydroxy-6-methylanthraquinone；4,5,7-Trihydroxy-2-methylanthraquinone；Frangula emodin；Rheum emodin；Archin；Frangulic acid

M. I. 15，3618

性状 来自乙醇中的橙色针状结晶。对空气敏感。溶于乙醇、碱溶液、碳酸钠溶液、氨水。该品在下列物质中溶解度（25℃，g/100mL）：乙醚 0.140、氯仿 0.071、四氯化碳 0.010、二硫化碳 0.009、苯 0.041。几乎不溶于水。mp 256～257℃；最大吸收峰（乙醇中）：222nm，252nm，265nm，289nm，437nm（lg ε 4.55，4.26，4.27，4.34，4.10）。生化试剂含量≥90.0%（HPLC）。

注意事项 该品对眼睛、呼吸系统及皮肤有刺激性。使用时应穿适当的防护服。万一接触到眼睛，应立即用大量水冲洗后请医生诊治。应充氩气密封避光于 2～8℃保存。

主要用途 生化研究。医用泻剂。

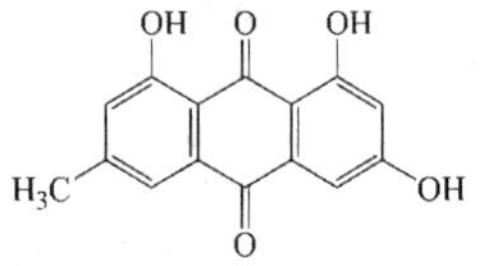

Emorfazone 依莫法宗 04077

[38957-41-4] $C_{11}H_{17}N_3O_3$ 239.29

成分 C 55.22%，H 7.16%，N 17.56%，O 20.06%。

别名 4-Ethoxy-2-methyl-5-(4-morpholinyl)-3(2*H*)-pyridazinone; M-73101; Nandron; Pentoyl

M. I. 15, 3619

性状 来自甲醇/异丙醚中的无色结晶。mp 89～91℃。LD_{50}小鼠腹膜内注射：700mg/kg。

主要用途 医用抗炎剂，止痛剂。

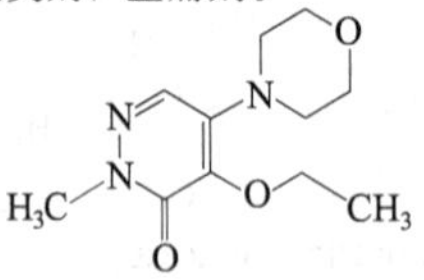

Emtricitabine 恩曲他滨 04078

[143491-57-0] $C_8H_{10}FN_3O_3S$ 247.24

成分 C 38.86%，H 4.08%，F 7.68%，N 17.00%，O 19.41%，S 12.97%。

别名 4-Amino-5-fluoro-1-[(2*R*,5*S*)-2-hydroxymethyl-1,3-oxathiolan-5-yl]-2(1*H*)-pyrimidinone; (−)-*cis*-4-Amino-5-fluoro-1-(2-hydroxymethyl-1,3-oxathiolan-5-yl)-(1*H*)-pyrimidin-2-one; (−)-(2*R*, 5*S*)-5-Fluoro-1-(2-hydroxymethyl-1, 3-oxathiolan-5-yl) cytosine; (−)-*β*-2′,3′-Dideoxy-5-fluoro-3′-thiacytidine; (−)-FTC; 524W91; BW-524W91; Coviracil; Emtriva

M. I. 15, 3622

性状 来自乙醚和甲醇中的白色固体。溶于水（25℃）：约112mg/mL。pK_a 2.65。mp 136～140℃；$[\alpha]_D^{25}$ −133.60°（*c*=0.23，于甲醇中）；uv max（水中）：287.8nm（pH值2），280.0nm（pH值7），279.8nm（pH值11）（ε 14210，11090，11810）。

主要用途 医用抗病毒剂。苷类逆转录酶抑制剂。

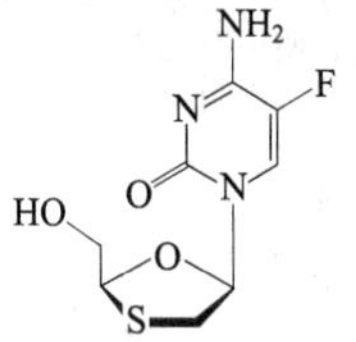

Enalapril maleate 依那普利 马来酸盐 04079

[76095-16-4] $C_{24}H_{32}N_2O_9$ 492.53

成分 C 58.53%，H 6.55%，N 5.69%，O 29.24%。

别名 马来酸依那普利；MK-421; Amp race; Bitensil; Cardiovet; Enacard; Enaloc; Enapren; Glioten; Hipoartel; Innovace; Lotrial; Naprilene; Olivin; Pres; Renitec; Reniten; Renivace; Vasotec; Xanef; *N*-[(1*S*)-1-Ethoxycarbonyl-3-phenylpropyl]-L-saanyl-L-proline maleate; 1-[*N*-[(*S*)-1-Carboxy-3-phenylpropyl]-L-alanyl]-L-proline 1′-ethyl ester maleate

M. I. 15, 3623

性状 白色至近白色结晶性粉末。易溶于二甲基甲酰胺，微溶于半极性有机溶剂，几乎不溶于非极性有机溶剂。该品于下列物质中的溶解度（g/mL）：水 0.025；乙醇 0.08；甲醇 0.20。其1%水溶液 pH 值 2.6。pK_{a1}3.0；pK_{a2}（25℃）5.4。mp 143～144.5℃；$[\alpha]_D^{25}$ −42.2°（*c*=1，于甲醇中）。

注意事项 使用时应避免吸入本品的粉尘，避免与眼睛及皮肤接触。

主要用途 医用抗高血压剂。

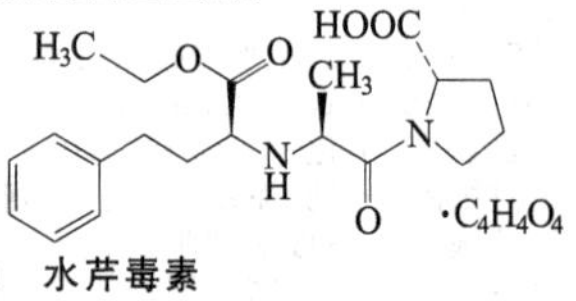

Enanthotoxin 水芹毒素 04080

[20311-78-8] $C_{17}H_{22}O_2$ 258.36

成分 C 79.03%，H 8.58%，O 12.39%。

别名 (2*E*,8*E*,10*E*)-2,8,10-Heptadecatriene-4,6-diyne-1,14-diol; Oenanthotoxin

M. I. 15, 3624

性状 无色长棱柱体结晶（天然的）或星形的结晶（合成的）。性不稳定，能被光、空气分解为棕色不溶的树脂状物。易溶于氯仿、乙醇、甲醇、乙醚、苯，几乎不溶于水、石油醚、碱类及烯矿物酸。mp 87℃（天然的），68℃（合成的）；$[\alpha]_D^{15}$ +30.5°（*c*=2.0，于甲醇中）；uv max：213nm，252nm，267nm，281nm，296nm，315.5nm，337.5（ε ×10^{-3} 17.5，33，29，17.5，30.5，40，297）。LD_{50}大鼠，小鼠腹膜内注射：2.94mg/kg，0.83mg/kg。

注意事项 该品极毒。可能造成痉挛或死亡。

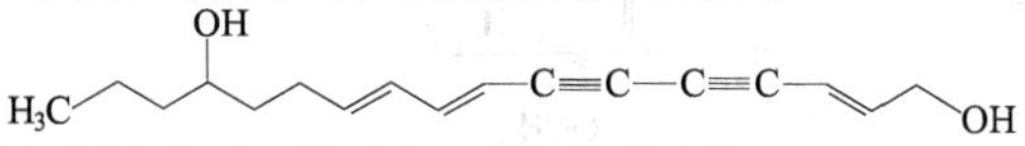

Encainide hydrochloride 恩卡胺 盐酸盐 04081

[66794-74-9] $C_{22}H_{29}ClN_2O_2$ 388.94

成分 C 67.94%，H 7.52%，Cl 9.11%，N 7.20%，O 8.23%。

别名 英卡胺 盐酸盐；盐酸恩卡胺；MJ-9067; Enkaid; 4-Methoxy-*N*-[2-[2-(1-methyl-2-piperidinyl)ethyl]phenyl]benzamide hydrochloride; (±)-2′-[2-(1-Methyl-2-piperidyl)ethyl]-*p*-anisanilide hydrochloride; 4-Methoxy-2′-[2-(1-methyl-2-piperidyl)ethyl]benzanilide hydrochloride

M. I. 15, 3625

性状 无色结晶。易溶于水，微溶于乙醇，不溶于庚烷。mp 131.5～132.5℃。LD_{50}小鼠，狗急性经口：86mg/kg，43mg/kg；静脉注射：16mg/kg，17mg/kg。

主要用途 医用抗心律失常剂（IC 型）。

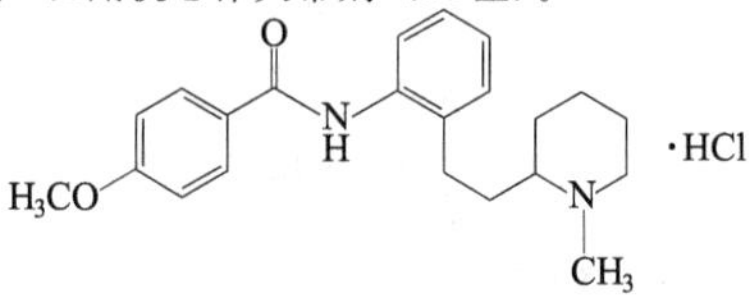

Endiandric acid A 土楠酸 A 04082

[74591-03-0] $C_{21}H_{22}O_2$ 306.41

成分 C 82.32%，H 7.24%，O 10.44%。

别名 (1*R*,1a*R*,2a*R*,5*S*,5a*S*,7a*S*,7b*R*,7c*R*)-*rel*-1a,2,2a,5,5a，7a，7b，7c-Octahydro-5-phenyl-1*H*-cyclobut[*bc*]acenaphthylene-1-acetic acid; 2-(6′-Phenyltetracyclo[5.4.2.0,^{3,13}.$0^{10,12}$]trideca-4′,8′-dien-11′-yl)acetic acid

M. I. 15, 3626

性状 来自乙醇水溶液中的棒状结晶。遇四硝基甲烷产生黄色。pK_a 5.1，5.0。mp 147～149℃；uv max（96%乙醇中）：242nm，255nm，261nm，268nm，286nm（lg ε 2.19，2.36，2.45，2.32，1.45）。

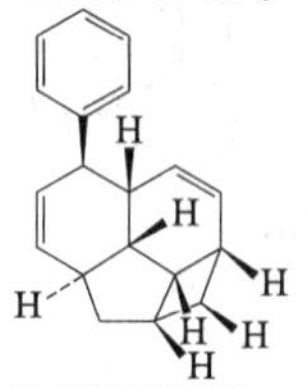

R=CH_2COOH

Endiandric acid C 土楠酸 C 04083

[76060-34-9] $C_{23}H_{24}O_2$ 332.44

成分 C 83.10%，H 7.28%，O 9.63%。

别名 *rel*-(1*R*,1a*R*,3*S*,3a*R*,6*S*,6a*S*,6b*R*,7*S*)-*rel*-1,1a,2,3,3a,6,6a,6b-Octahydro-1-[(2*E*,4*E*)-5-phenyl-2,4-pentadienyl]-3,6-methanocyclobut[*cd*]indene-7-carboxylic acid; 4-[(*E*,*E*)-5′-Phenylpenta-2′,4′-dien-1′-yl]tetracyclo[5.4.0.$0^{2,5}$.$0^{3,9}$]undec-10-ene-8-carboxylic acid

M. I. 15, 3626

性状 来自乙醇和甲醇中的无色结晶。mp 125～132℃（易变及分解）；uv max（95%乙醇中）：222nm，228nm，236nm，280nm，288nm（lg ε 4.10，4.05，3.89，4.51，4.53）。

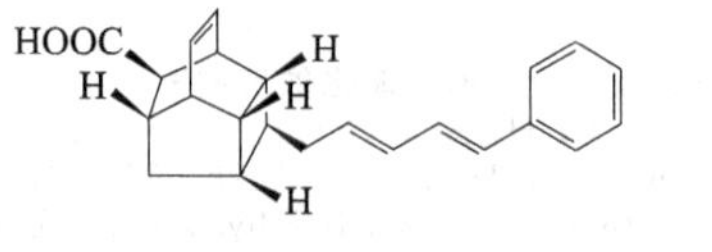

α-Endorphin from human α-内啡肽（人） 04084

[59004-96-5] $C_{77}H_{120}N_{18}O_{26}S$ 1745.95

成分 C 52.97%，H 6.93%，N 14.44%，O 23.82%，S 1.84%。

别名 β-Lipotropin (61-76) human；LPH (61-76)
M. I. 15，3627
性状 无色结晶。一般试剂含量≥97.0%（HPLC）。
注意事项 使用时应避免吸入本品的粉尘，避免与眼睛及皮肤接触。应充氩气密封于－20℃保存。

β-Endorphin from human β-内啡肽（人） 04085

[61214-51-5] $C_{158}H_{251}N_{39}O_{46}S$ 3464.98
成分 C 54.77%，H 7.30%，N 15.77%，O 21.24%，S 0.92%。
别名 LPH (61-91)；β-Lipotropin *C*-fragment human；β-Lipotropin (61-91) human
M. I. 15，3627
性状 无色结晶。生化试剂含量≥96.0%（HPLC）。
注意事项 见 04084 α-内啡肽（人）。

γ-Endorphin γ-内啡肽 04086

[61512-77-4] $C_{83}H_{131}N_{19}O_{27}S$ 1859.10
别名 β-Lipotropin (61-77)
M. I. 15，3627
性状 无色结晶。生化试剂含量≥95.0%（HPLC）。
注意事项 该品应密封于－20℃保存。

Endosulfan 硫丹 04087

[115-29-7] $C_9H_6Cl_6O_3S$ 406.90
成分 C 26.57%，H 1.49%，Cl 52.27%，O 11.80%，S 7.88%。
别名 6,7,8,9,10,10-六氯-1,5,5*a*,6,9,9*a*-六氢-6,9-亚甲基-2,4,3-苯并[*e*]二噁噻频-3-氧化物；Chlorthiepin；Eriodosulfan；6,7,8,9,10,10-Hexachloro-1,5,5*a*,6,9,9*a*-hexahydro-6,9-methano-2,4,3-benzodioxathiepin 3-oxide；1,4,5,6,7,7-Hexachloro-5-norbornene-2,3-dimethanol cyclic sulfite；Malix；Thiodan；Thionex
GW 2015-1355 M. I. 15，3629
性状 棕色结晶。溶于一般的有机溶剂，不溶于水。能被碱很快水解。mp 106℃（α-异构体 108～110℃；β-异构体 208～210℃）。LD_{50} 雌，雄大鼠急性经口：43mg/kg，18mg/kg。
注意事项 该品口服或与皮肤接触有毒。对眼睛有刺激性。对水生物极毒。能对水环境引起不利的结果。使用时应穿适当的防护服和戴手套。接触皮肤后，应立即用大量水冲洗。使用时如有事故发生或有不适之感，应请医生诊治。应防止将本品释放于环境中。其包装物应按危险品处理。
主要用途 杀虫剂。分析用标准物质。

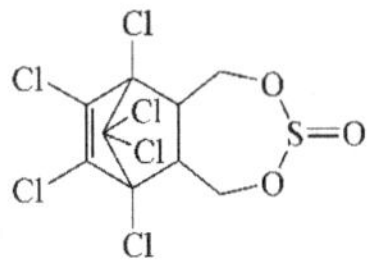

Cl Cl Cl Cl Cl Cl O O S=O

Endothall monohydrate 桥氧酞酸 一水 04088

[62059-43-2][145-73-3]（无水物） $C_8H_{10}O_5 \cdot H_2O$ 204.18
成分（以无水物计） C 51.62%，H 5.41%，O 42.97%。
别名 一水合桥氧酞酸；3,6-环氧环己烷-1,2-二羧酸 一水；3,6-桥氧六氢邻苯二甲酸 一水；3,6-桥氧六氢酞酸 一水；7-Oxabicyclo[2.2.1]heptane-2,3-dicarboxylic acid monohydrate；3,6-Endoxohexahydrophthalic acid monohydrate；Endothal monohydrate；3,6-Epoxy-cyclohexan-1,2-dicarboxylic acid monohydrate
M. I. 15，3630
性状 无色结晶。无水物 20℃于下列物质中的溶解度（g/100g）：水 10；丙酮 7；苯 0.01；甲醇 28。加热至 90℃为酸酐。LD_{50}（无水物）成熟雄，雌大鼠急性经口：57mg/kg，46mg/kg。
注意事项 该品口服有毒，与皮肤接触有害。对眼睛、呼吸系统及皮肤有刺激性。使用时应穿适当的防护服，戴手套和防护镜或面罩。使用时如有事故发生或有不适之感，应请医生诊治。
主要用途 除草剂。脱叶剂。分析用标准物质。

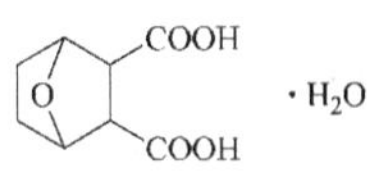

COOH O COOH $\cdot H_2O$

Endralazine 恩屈嗪 04089

[39715-02-1] $C_{14}H_{15}N_5O$ 269.31
成分 C 62.44%，H 5.61%，N 26.01%，O 5.94%。
别名 6-Benzoyl-5,6,7,8-tetrahydropyrido[4,3-*c*]pyridazin-3(2*H*)-one hydrazone；6-Benzoyl-3-hydrazino-5,6,7,8-tetrahydropyrido[4,3-*c*]pyridazine；[3-Hydrazinyl-7,8-dihydropyrido[4,3-*c*]pyridazin-6(5*H*)-yl]phenylmethanone
M. I. 15，3622
性状 来自乙腈/水中的无色结晶。mp 220～223℃（分解）。
主要用途 医用抗高血压剂。

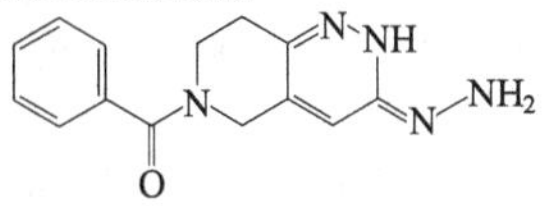

N NH N N NH_2 O

Endrin 异狄氏剂 04090

[72-20-8] $C_{12}H_8Cl_6O$ 380.90
成分 C 37.84%，H 2.12%，Cl 55.84%，O 4.20%。
别名 Comp d 269；Endo-1,4：5,8-dimethanonaphthalene；ENT-17251；Experimental insecticide no.269；(1aα,2β,2aβ,3α,6α,6aβ,7β,7aα)-3,4,5,6,9,9-Hexachloro-1a,2,2*a*,3,6,6a,7,7a-octahydro-2,7：3,6-dimethanonaphth[2,3-*b*]oxirene；Hexadrin；Comp ound 269；Mendrin；Nendrin
GW 2015-1352 M. I. 15，3633
性状 无色结晶。该品在下列物质中溶解度（25℃，g/100mL）：丙酮 17，苯 13.8，四氯化碳 3.3，己烷 7.1，二甲苯 18.3。mp 245℃分解。LD_{50} 雌，雄大鼠急性经口：7.5mg/kg，18 mg/kg。
注意事项 该品口服极毒。与皮肤接触有毒。对水生物极毒。能对水环境引起不利的结果。使用时应穿适当的防护服和戴手套。应避免吸入本品的粉尘。使用时如有事故发生或有不适之感，应请医生诊治。应防止将本品释放于环境中。其包装物应按危险品处理。
主要用途 过去用于杀虫剂。分析用标准物质。

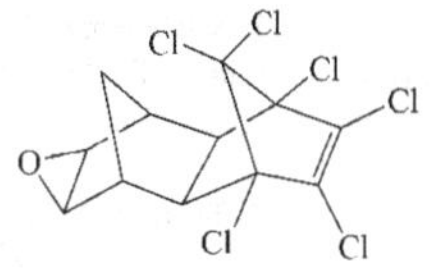

Cl Cl Cl Cl O Cl Cl

Eniluracil 乙炔尿嘧啶 04091

[59989-18-3] $C_6H_4N_2O_2$ 136.11
成分 C 52.95%，H 2.96%，N 20.58%，O 23.51%。
别名 5-Ethynyl-2,4(1*H*,3*H*)-pyrimidinedione；5-Ethynyluracil；5-EU；776C85
M. I. 15，3638
性状 来自甲醇-水中的奶油色固体。mp 320℃（分解）；*d*1.527；uv max（甲醇中）：284nm，225nm（ε 9450，10330）。
主要用途 医用抗肿瘤附加物。

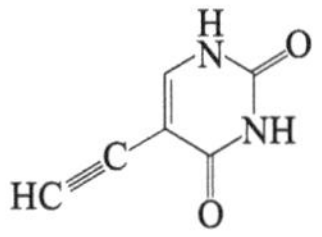

H N O NH HC O

Enniatin A 恩镰孢菌素 A 04092

[2503-13-1] $C_{36}H_{63}N_3O_9$ 681.91
成分 C 63.41%，H 9.31%，N 6.16%，O 21.12%。
M. I. 15，3639
性状 来自乙醇＋水中的无色长针状结晶。溶于乙醚、苯、乙酸乙酯，略微溶于水。其溶液对热稳定，能被碱钝化。在 10^{-4}mmHg/1.333×10^{-4}kPa、127～128℃能缓慢地升华（油浸泡）。mp 122～122.5℃；$[\alpha]_D^{18}$－91.9°（*c*＝0.926，于氯仿中）。

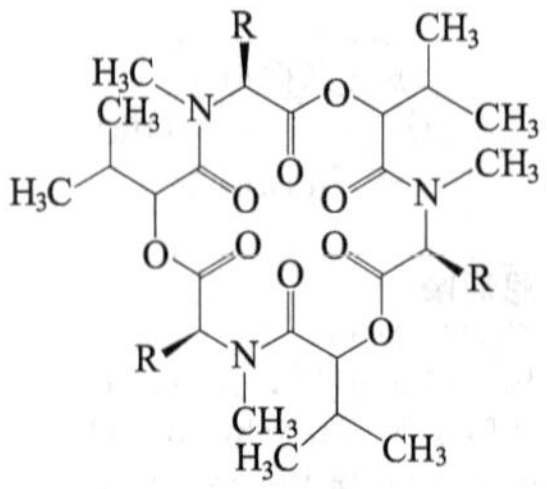

$R=CH(CH_3)CH_2CH_3$

Enocitabine　依诺他滨 04093

[55726-47-1]　$C_{31}H_{55}N_3O_6$ 565.80

成分　C 65.81%，H 9.80%，N 7.43%，O 16.97%。

别名　*N*-(1-*β*-D-Arabinofuranosyl-1,2-dihydro-2-oxo-4-pyrimidinyl) docosanamide; *N*(4)-Behenoyl-1-*β*-D-arabinofuranosylcytosine; Behenoylcytosine arabinoside; BH-AC; NSC-239336; Sunrabin

M. I. 15，3640

性状　来自二甲基亚砜中的无色结晶。mp 141～142℃；$[\alpha]_D$+70°（*c*=1，于四氢呋喃中，22℃）；uv max（异丙醇中）：216nm，248nm，303nm（ε 16400，15200，8200）。

主要用途　医用抗肿瘤剂。

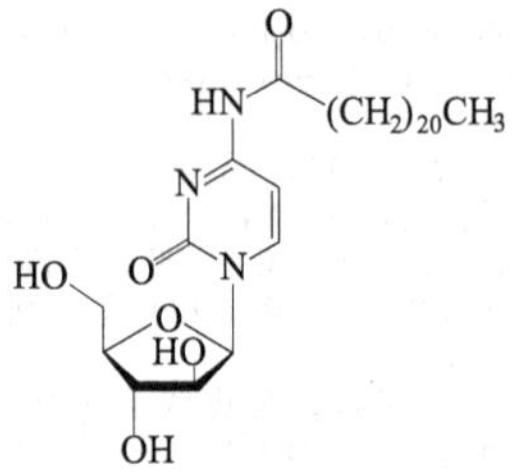

Enoxacin　依诺沙星 04094

[74011-58-8]　$C_{15}H_{17}FN_4O_3$ 320.32

成分　C 56.25%，H 5.35%，F 5.93%，N 17.49%，O 14.98%。

别名　1-Ethyl-6-fluoro-1,4-dihydro-4-oxo-7-(1-piperazinyl)-1,8-naphthyridine-3-carboxylic acid; AT-2266; CI-919; PD-107779; Abenox; Bactidan; Comp recin; Flumark

M. I. 15，3641

性状　来自乙醇/二氯甲烷中的无色结晶。mp 220～224℃。LD_{50}雄、雌小鼠，雄、雌大鼠静脉注射（mg/kg）：327，391，236，294；皮下注射（mg/kg）：1237，1320，>2000，>2000；急性经口：全部>5000mg/kg。

注意事项　该品应密封于2～8℃保存。

主要用途　医用抗菌剂。

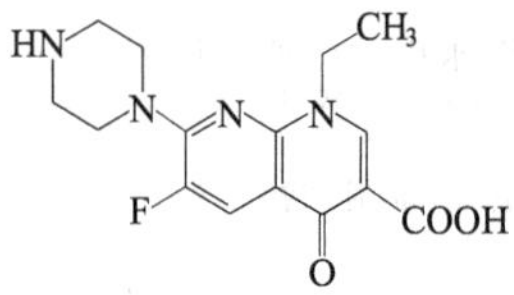

Enoximone　依诺昔酮 04095

[77671-31-9]　$C_{12}H_{12}N_2O_2S$ 248.30

成分　C 58.05%，H 4.87%，N 11.28%，O 12.89%，S 12.91%。

别名　1,3-二氢-4-甲基-5-[4-(甲基硫代)苯甲酰基]-2*H*-咪唑-2-酮；1,3-Dihydro-4-methyl-5-[4-(methylthio) benzoyl]-2*H*-imidazol-2-one; 4-Methyl-5-[*p*-(methylthio)benzoyl]-4-imidazolin-2-one; Fenoximone; MDL-17043; RMI-17043; Perfane; Perfan

M. I. 15，3643

性状　来自异丙醇+水中的无色结晶。mp 255～258℃(分解)。

主要用途　医用强心剂。

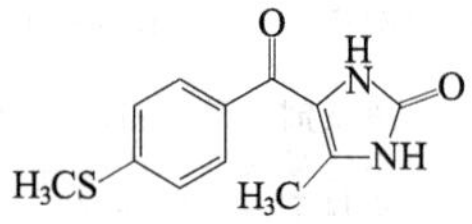

Enoxolone　甘草次酸 04096

[471-53-4]　$C_{30}H_{46}O_4$ 470.69

成分　C 76.55%，H 9.85%，O 13.60%。

别名　(3*β*,20*β*)-3-Hydroxy-11-oxoolean-12-en-29-oic acid; 3*β*-Hydroxy-11-oxoolean-12-en-30-oic acid; Glycyrrhetic acid; 18*β*-Glycyrrhetinic acid; Uralenic acid; Arthrodont; Biosone; P. O. 12

M. I. 15，3644

性状　来自乙醇+石油醚中的无色针状结晶。易溶于氯仿、二氧六环，溶于乙醇、吡啶、乙酸，不溶于石油醚。mp 296℃；$[\alpha]_D^{21}$+86°（乙醇中）；$[\alpha]_D^{20}$+145.5°（二氧六环中）；$[\alpha]_D^{20}$+163°（氯仿中）。一般试剂含量≥97.0%（T）。

注意事项　该品口服有毒。对眼睛有刺激性。使用时应避免吸入本品的粉尘，避免与眼睛及皮肤接触

主要用途　医用局部抗炎剂。

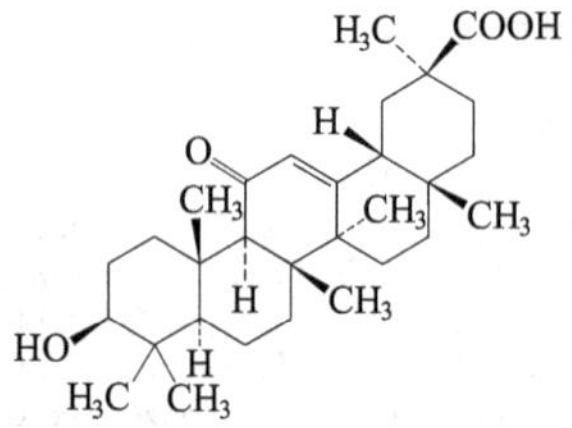

Enprostil　恩前列素 04097

[73121-56-9]　$C_{23}H_{28}O_6$ 400.47

成分　C 68.98%，H 7.05%，O 23.97%。

别名　*rel*-7-[(1*R*,2*R*,3*R*)-3-Hydroxy-2-[(1*E*,3*R*)-3-hydroxy-4-phenoxy-1-butenyl]-5-oxocyclopentyl]-4,5-heptadienoic acid methyl ester; (*dl*)-9-Keto-11*α*,15*α*-dihydroxy-16-phenoxy-17,18,19,20-tetranorprosta-4,5,13-*trans*-trienoic acid methyl ester; RS-84135; Camleed; Gardrin(e)

M. I. 15，3645

性状　白色至近白色蜡状固体。30℃软化，46℃即成液体。溶于乙醇、丙二醇、碳酸丙烯酯，极微溶于水。uv max（甲醇中）：220nm，265nm，271nm，277nm（lg ε 4.01，3.14，3.24，3.16）。

注意事项　该品口服极毒。使用时应穿适当的防护服和戴手套。接触皮肤后，应立即用大量乙醇冲洗。使用时如有事故发生或有不适之感，应请医生诊治。

主要用途　医用抗溃疡剂。

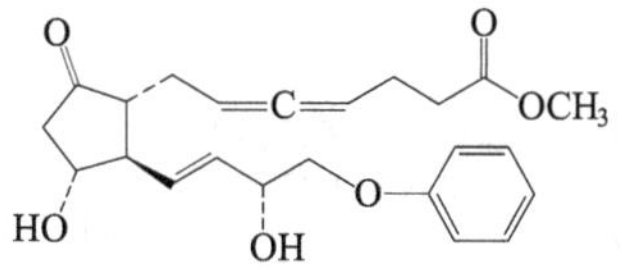

Enrofloxacin　恩诺沙星 04098

[93106-60-6]　$C_{19}H_{22}FN_3O_3$ 359.40

成分　C 63.50%，H 6.17%，F 5.29%，N 11.69%，O 13.35%。

别名　1-Cyclopropyl-7-(4-ethyl-1-piperazinyl)-6-fluoro-1,4-dihydro-4-oxo-3-quinolinecarboxylic acid; CFPQ; Bay Vp2674; Baytril; Quinoex

M. I. 15，3646

性状　浅黄色结晶。微溶于水，pH值7。mp 219～221℃。LD_{50}雄、雌小鼠急性经口：>5000mg/kg，4336mg/kg；静脉注射：约200mg/kg，约200mg/kg。雄大鼠，雄兔急性经口：>5000mg/kg，500～800mg/kg。生化试剂含量≥98.0%（HPLC）。

主要用途　医用抗菌剂。

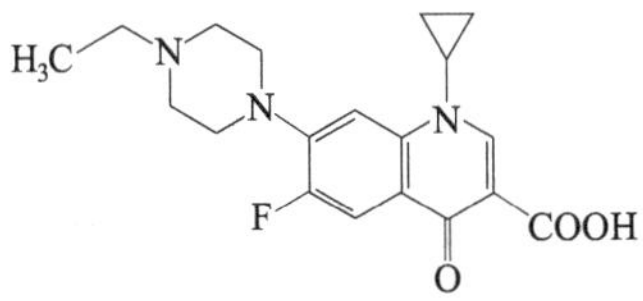

Entacapone 安托卡朋 04099

[130929-57-6] $C_{14}H_{15}N_3O_5$ 305.29

成分 C 55.08%，H 4.95%，N 13.76%，O 26.20%。

别名 (2*E*)-2-Cyano-3-(3,4-dihydroxy-5-nitrophenyl)-*N*,*N*-diethyl-2-propenamide;(*E*)-*α*-Cyano-*N*,*N*-diethyl-3,4-dihydroxy-5-nitrocinnamamide; (*E*)-2-Cyano-*N*, *N*-diethyl-3-(3, 4-dihydroxy-5-nitrophenyl)acrylamide;OR-611;Comtan;Comtess

M.I.15，3648

性状 来自乙酸+盐酸中的无色结晶。pK_a约4.5。mp 162～163℃。

主要用途 医用抗震颤剂。

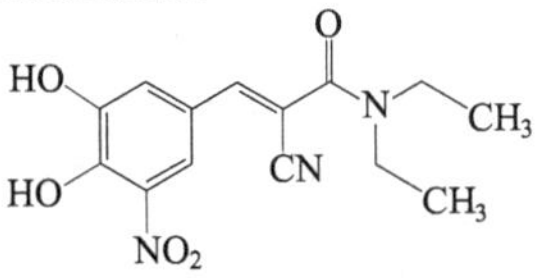

Enterobactin 肠菌铁素 04100

[28384-96-5] $C_{30}H_{27}N_3O_{15}$ 669.55

成分 C 53.82%，H 4.06%，N 6.28%，O 35.84%。

别名 *N*,*N'*,*N''*-(2,6,10-Trioxo-1,5,9-trioxacyclododecane-3,7,11-triyl) tris[2,3-dihydroxy] benzamide; *N*, *N'*, *N''*-(2, 6, 10-Trioxo-1,5,9-trioxacyclododecane-3,7,11-triyl) tris-*o*-pyrocatechuamide;Enterochelin

M.I.15，3650

性状 来自乙醇/水中的无色结晶。溶于丙酮、二氧六环、二甲基亚砜、甲醇，几乎不溶于水。mp 202～203℃；$[\alpha]_D^{25}$+7.40°（乙醇中）；uv max（乙酸乙酯中）：316nm（ε 9390）。

主要用途 多种生物的生长促进剂。

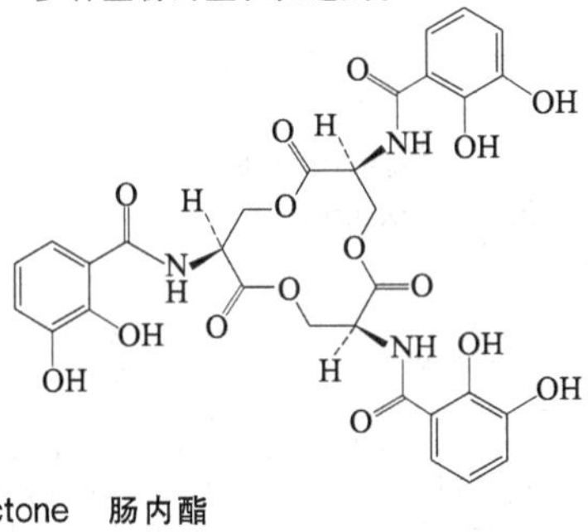

Enterolactone 肠内酯 04101

[78473-71-9] $C_{18}H_{18}O_4$ 298.34

成分 C 72.47%，H 6.08%，O 21.45%。

别名 血清低浓度肠内酯；(3*R*,4*R*)-*rel*-Dihydro-3,4-bis[(3-hydroxyphenyl)methyl]-2(3*H*)-furanone;*trans*-(±)-2, 3-Bis (3'-hydroxybenzyl)-*γ*-butyrolactone; HPMF; HBBL;Comp d 180/442

M.I.15，3652

性状 树脂状物。mp 141～143℃；uv max(乙醇中)：227nm,261nm(lg ε 4.66,4.64)。生化试剂含量约95.0%(HPLC)。

注意事项 该品对眼睛、呼吸系统及皮肤有刺激性。使用时应穿适当的防护服。万一接触到眼睛，应立即用大量水冲洗后请医生诊治。应密封于2～8℃保存。

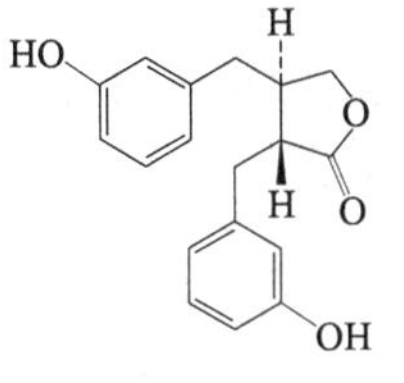

Enviomycin hydrochloride 恩维霉素 盐酸盐 04102

[33103-22-9(无 HCl)] $C_{25}H_{46}Cl_3N_{13}O_{10}$ 795.07

成分 C 37.77%，H 5.83%，Cl 13.38%，N 22.90%，O 20.12%。

别名 盐酸恩维霉素；Tuberactinomycin N;(*R*)-1-[(3*R*,4*R*)-4-hydroxy-3,6-diaminohexanoic acid]6-[L-2-(2-amino-1,4,5,6-tetrahydro-4-pyrimidinyl)glycine]viomycin

M.I.15，3654

性状 白色结晶性粉末。易溶于水，微溶于甲醇、乙醇，不溶于一般的有机溶剂。mp >245℃（分解）；$[\alpha]_D^{21}$ −19.1°；uv max（水中，0.1mol/L 盐酸）：268nm（$E_{1cm}^{1\%}$ 342）；uv max（0.1mol/L 氢氧化钠溶液中）：288nm（$E_{1cm}^{1\%}$ 215）。

主要用途 医用抗菌剂（结核菌抑制剂）。

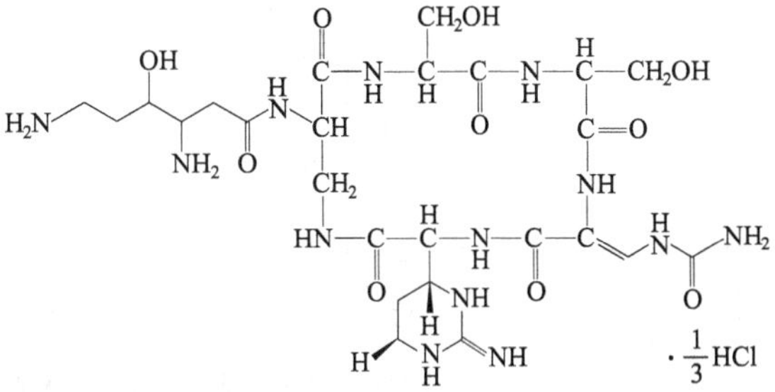

Enviroxime 恩韦肟 04103

[72301-79-2] $C_{17}H_{18}N_4O_3S$ 358.42

成分 C 56.97%，H 5.06%，N 15.63%，O 13.39%，S 8.94%。

别名 (1*E*)-[2-Amino-1-(1-methylethyl)sulfonyl]-1*H*-benzimidazol-6-yl phenyl methanone oxime;6-[(*E*)-(Hydroxyimino)phenylmethyl]-1-[(1-methylethyl)sulfonyl]-1*H*-benzimidazol-2-amine;(*E*) 2-Amino-6-benzoyl-1-(isopropylsulfonyl) benzimidazole oxime; *anti*-2-Amino-1-isopropylsulfonyl-6-(*α*-hydroxyiminobenzyl) benzimidazole;LY-122772

M.I.15，3655

性状 来自乙腈中的无色结晶。mp 198～199℃；uv max（甲醇中）：218nm，290nm（ε 45600，27100）。

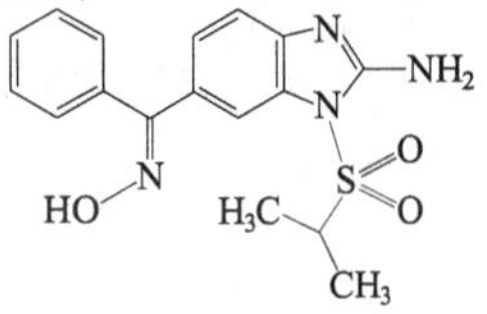

Eosin B 曙红 B 04104

[548-24-3] $C_{20}H_6Br_2N_2Na_2O_9$ 624.06

成分 C 38.49%，H 0.97%，Br 25.61%，N 4.49%，Na 7.37%，O 23.07%。

别名 伊红B；蓝光曙红；4',5'-二溴 2',7'-二硝基荧光素二钠；猩红J，JJ，V；酸性红91；Acid red 91;4',5'-Dibromo-2',7'-dinitrofluorescein disodium salt; Caesar red; Eosin bluish; Eosin scarlet; Eosin I bluish; Hydroxydibromodinitro-*o*-carboxyphenylfluorone sodium; Nophalin G; Saffrosine;Scarlet J,JJ,V

M.I.15，3657 C.I. 45400

性状 红色粉末。易溶于水，其溶液有绿色荧光。溶于乙醇。

注意事项 使用时应避免吸入本品的粉尘，避免与眼睛及皮肤接触。

主要用途 生物染色剂，如上皮细胞、肌肉纤维和细胞核的染色。

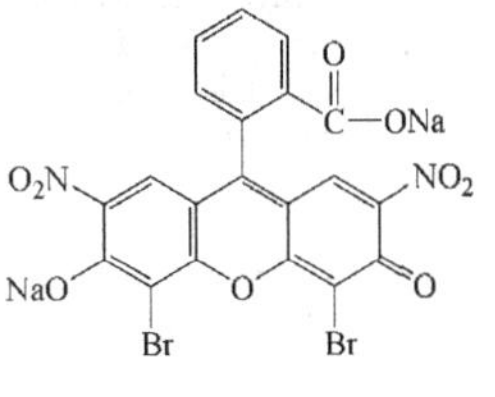

Eosin Y alcohol solution　曙红 Y 醇溶　04105

[15086-94-9]　$C_{20}H_8Br_4O_5$　647.92

成分　C 37.08%，H 1.24%，Br 49.33%，O 12.35%。

别名　2′,4′,5′,7′-四溴荧光素；伊红 Y（醇溶）；溶剂红 43；Solvent red 43；TBF；2′,4′,5′,7′-Tetrabromofluorescein

C.I. 45380.2

性状　橙黄色结晶性粉末。溶于乙醇、油类，不溶于水。λ_{max} 524nm。一般试剂（干燥）含量约 99.0%。

主要用途　生物染色剂。吸附指示剂。检定氟离子，定量分析滴定溴离子和碘离子。

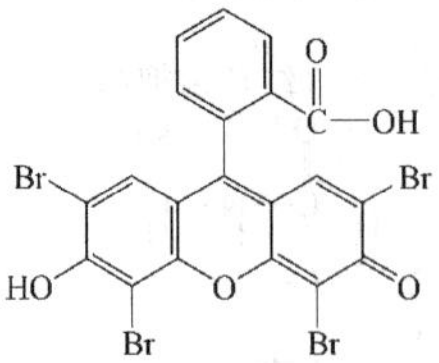

Eosin Y water solution　曙红 Y 水溶　04106

[17372-87-1]　$C_{20}H_6Br_4Na_2O_5$　691.86

成分　C 34.72%，H 0.87%，Br 46.20%，Na 6.65%，O 11.56%。

别名　水溶伊红；四溴荧光素钠；四溴荧光黄；朝红；黄光曙红；曙红 Y 二钠盐；酸性红 87；曙红水溶性；Acid red 87；Bromoeosin；Bromofluoresceic acid；Bronce bromo B；Bronze bromo ES；9-(*o*-Carboxyphenyl)-6-hydroxy-3*H*-xanthene-3-one disodium salt；D & C Red No.22；Eosin YS；Eosin sodium salt；Eosin water soluble；Tetrabromofluorescein sol；Eosin yellowish；Tetrabromo(*R*)fluorescein sodium salt；2′,4′,5′,7′-Tetrabromo-3′,6′-dihydroxyspiro[isobenzofuran-1(3*H*),9′-[9*H*]xanthen]-3-one sodinm salt(1∶2)；2′,4′,5′,7′-Tetrabromofluorescein disodium salt

M.I. 15，3658　C.I. 45380

性状　红色结晶或棕红色粉末。易溶于水，微溶于乙醇，不溶于乙醚。水溶液呈玫瑰色并带有荧光。

注意事项　该品对眼睛有刺激性。万一接触到眼睛，应立即用大量水冲洗后请医生诊治。

主要用途　生物染色剂。碱性磷酸酶的染色。吸附指示剂。检定氟、溴、碘离子。

参考规格　HG/T 3495—1999

项目	指示剂
最大吸收波长/nm	510～518
质量吸收系数/[L/(cm·g)]≥	115
灵敏度试验	合格
水溶解试验	合格
干燥失重/%≤	9.0
卤化物（以 Br 计）/%≤	2.0

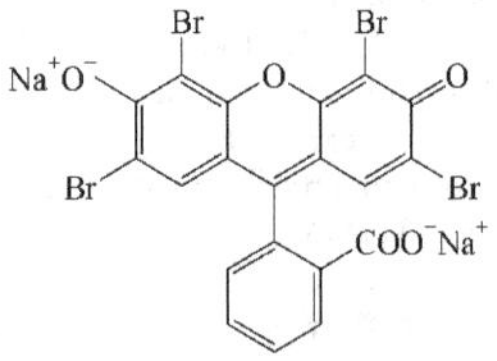

Epalrestat　依帕司他　04107

[82159-09-9]　$C_{15}H_{13}NO_3S_2$　319.39

成分　C 56.41%，H 4.10%，N 4.39%，O 15.03%，S 20.08%。

别名　(5*Z*)-5-[(2*E*)-2-Methyl-3-phenyl-2-propenylidene]-4-oxo-2-thioxo-3-thiazolidineacetic acid；5-[(*E*,*E*)-*β*-Methylcinnamylidene]-4-oxo-2-thioxo-3-thiazolidineacetic acid；3-Carboxymethyl-5-(2-methylcinnamylidene)rhodanine；ONO-2235；Kinedak；Sorbistat

M.I. 15，3660

性状　来自乙醇-水中的无色结晶。mp 210～217℃。

主要用途　医疗用于糖尿病，神经病的治疗。

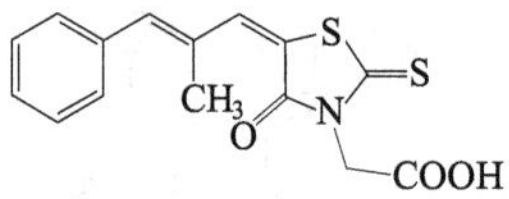

Eperisone hydrochloride　乙哌立松 盐酸盐　04108

[56839-43-1]　$C_{17}H_{26}ClNO$　295.85

成分　C 69.02%，H 8.86%，Cl 11.98%，N 4.73%，O 5.41%。

别名　盐酸乙哌立松；EMP P；E-646；Mional；Myona；1-4-Ethylphenyl-2-methyl-3-(1-piperidinyl)-1-propanone hydrochloride；4′-Ethyl-2-methyl-3-piperidinopropiophenone hydrochloride

M.I. 15，3661

性状　来自异丙醇中的无色针状结晶。mp 170～172℃。LD_{50}雄 S.D. 大鼠，Wistar 大鼠，小鼠急性经口（mg/kg）：1300，1850，1024。

主要用途　医用骨架肌肉松弛剂。

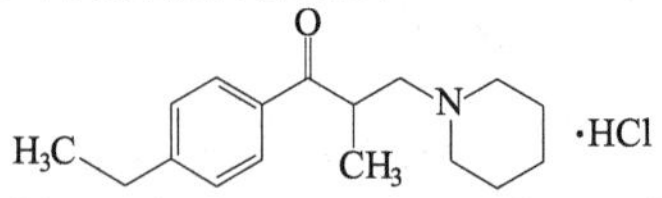

(－)-Ephedrine anhydrous　(－)-麻黄碱 无水　04109

[299-42-3]　$C_{10}H_{15}NO$　165.24

成分　C 72.69%，H 9.15%，N 8.48%，O 9.68%。

别名　无水麻黄碱；(*αR*)-*α*-[(1*S*)-1-(Methylamino)ethyl]benzeneme thanol；(1*R*,2*S*)-2-Methylamino-1-phenylpropan-1-ol；*l*-Ephedrine；L-*erythro*-2-Methylamino-1-phenylpropan-1-ol

M.I. 15，3663

性状　无色或白色蜡状固体。无色、白色结晶或颗粒。易吸潮。1g 该品溶于约 20mL 水、0.2mL 乙醇，溶于氯仿、乙醚、油类。mp 38.1℃；bp_{745} 260℃/99.325kPa。Fp 186.8℉（86℃）；$[\alpha]_D^{20}$ −42°±1°（*c*=4.5，于 2%盐酸中）。生化试剂含量≥98.0%（NT）。

注意事项　该品口服有害。使用时应避免吸入本品的粉尘，避免与眼睛接触。应充氩气密封干燥保存。

主要用途　生化研究。

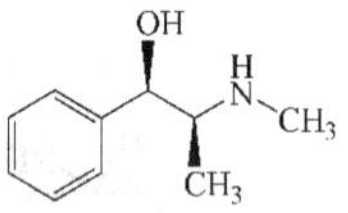

(＋)-Ephedrine hydrochloride
(＋)-麻黄碱 盐酸盐　04110

[50-98-6] [24221-86-1]　$C_{10}H_{16}ClNO$　201.69

成分　C 59.55%，H 8.00%，Cl 17.58%，N 6.94%，O 7.93%。

别名　(＋)-盐酸麻黄碱；(＋)-盐酸麻黄素；Galpseud；*α*-Hydroxy-*β*-methylaminopropylbenzene hydrochloride；*α*-[1-(Methylamino)ethyl]benzenemethanol hydrochloride；D-*α*-(1-Methylaminoethyl) benzyl alcohol hydrochloride；(1*S*，2*R*)-2-Methylamino-1-phenyl-1-propanol hydrochloride；Novafed；Otrinol；1-Phenyl-1-hydroxy-2-methylaminopropane hydrochloride；Rhinalair；Sinufed；Sudafed；Symp tom 2

M.I. 15，3663

性状　细小白色针状结晶或粉末。无味。易溶于水，溶于乙醇，不溶于乙醚。mp 217～220℃；$[\alpha]_D^{25}$ −33～−35.5℃（*c*=5）。一般试剂含量≥99.0%（AT）。

注意事项　见 04109 (－)-麻黄碱 无水。

Epibatidine　蛙皮素　04111

[140111-52-0]　$C_{11}H_{13}ClN_2$　208.69

成分　C 63.31%，H 6.28%，Cl 16.99%，N 13.42%。

别名　(1*R*,2*R*,4*S*)-2-(6-Chloro-3-pyridinyl)-7-azabicyclo[2.2.1]heptane

M.I. 15，3665

性状　无色油状液体。呈碱性。相对极性。uv max（甲醇中）：217nm，肩峰 250～280nm。

主要用途　医用镇痛剂。

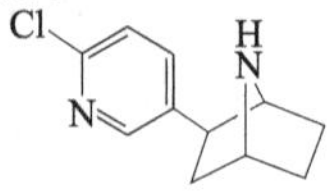

Epibromohydrin　环氧溴丙烷　04112

[3132-64-7]　C_3H_5BrO　136.98

成分　C 26.31%，H 3.68%，Br 58.33%，O 11.68%。

别名　1-溴-2，3-环氧丙烷；3-溴代氧化丙烯；2-Bromomethyloxi-rane；3-Bromopropylene oxide；α-Epibromohydrin；Glycerinepibromohydrin；1-Bromo-2，3-epoxypropane

性状　无色或浅黄色透明液体。易挥发。能与乙醇、乙醚、三氯甲烷相混溶，不溶于水。bp 135～138℃；Fp 138.2℉（59℃）；d_4^{20} 1.664；n_D^{20} 1.484。一般试剂含量≥97.5%（GC）。

注意事项　该品口服有害。对机体有不可逆损伤的可能性。对眼睛、呼吸系统及皮肤有刺激性。使用时应穿适当的防护服，戴手套。万一接触到眼睛，应立即用大量水冲洗后请医生诊治。应密封于阴凉通风处保存。

主要用途　溶剂。纤维素的溶剂。

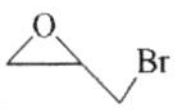

L-Epicatechin　L-表儿茶素　04113

[490-46-0]　$C_{15}H_{14}O_6$　290.28

成分　C 62.07%，H 4.86%，O 33.07%。

别名　L-表儿茶酸；3，5，7，3′，4′-五羟基黄烷；(2R，3R)-2-(3，4-Dihydroxypheryl)-3，4-dihydroxy-1(2H)-benzopyran-3，5，7-triol；(−)-Epicatechin；cis-3，3′，4′，5，7-Pentahydroxyflavane；3，5，7，3′，4′-Pentahydroxyflavane

性状　无色针状结晶。对空气敏感。溶于乙醇和丙酮，微溶于水和乙醚。mp 240～245℃（分解）；$[\alpha]_D^{20}$ −56°±3°（c=1，于丙酮和水 1∶1 的溶液中）。生化试剂含量≥95.0%（HPLC）。

注意事项　该品对眼睛、呼吸系统及皮肤有刺激性。使用时应穿适当的防护服。万一接触到眼睛，应立即用大量水冲洗后请医生诊治。应充氩气密封于 2～8℃保存。

主要用途　生化研究。

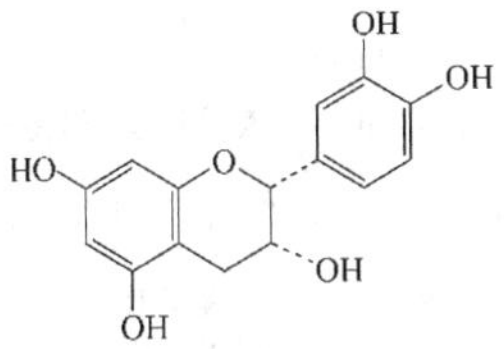

Epichlorohydrin　环氧氯丙烷　04114

[106-89-8]　C_3H_5ClO　92.52

成分　C 38.94%，H 5.45%，Cl 38.32%，O 17.29%。

别名　表氯醇；氯甲代氧丙环；1-氯-2，3-环氧丙烷；1-Chloro-2，3-epoxypropane；1-Chloromethyloxirane；γ-Chloropropylene oxide；ECH；dl-α-Epichlorohydrin

GW 2015-1391　M.I. 15，3666

性状　无色液体。易挥发。有与三氯甲烷类似的气味。不稳定。能与乙醇、乙醚、氯仿、三氯乙烯、四氯化碳相混溶，不与石油烃类混溶，不溶于水。mp −25.6℃；bp_{760} 117.9℃/101.325kPa；bp_{400} 98.0℃/53.328kPa；bp_{200} 79.3℃/26.664kPa；bp_{100} 62.0℃/13.332kPa；bp_{40} 42.0℃/5.333kPa；bp_{10} 16.6℃/1.333kPa；$bp_{1.0}$ −16.5℃/133.32kPa；Fp 105℉（40℃，开杯）；d_4^{20} 1.1812；d_4^{25} 1.1750；d_4^{50} 1.1436；d_4^{75} 1.1101；$n_D^{11.6}$ 1.44195。n_D^{16} 1.43969。n_D^{25} 1.43585。LD_{50} 大鼠急性经口：90mg/kg。一般试剂含量≥99.5%（GC）。

注意事项　该品易燃。吸入、口服或与皮肤接触有毒。具有腐蚀性，能引起烧伤。能致癌。接触皮肤能引起过敏。使用前应得到专门的指导，避免曝露。使用时如有事故发生或有不适之感，应请医生诊治。应于通风处密封保存。

主要用途　纤维素酯、纤维素醚、树脂、树胶等的溶剂。有机合成。分析用标准物质。

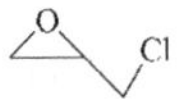

Epicholestanol　表胆甾烷醇　04115

[516-95-0]　$C_{27}H_{48}O$　388.68

成分　C 83.44%，H 12.45%，O 4.12%。

别名　表二氢胆固醇；表二氢胆甾醇；(3α，5α)-Cholestan-3-ol；3α-Hydroxycholestane；ε-Cholestanol

M.I. 15，3667

性状　来自乙醇中的无色针状结晶。不被毛地黄皂苷沉淀，比胆甾烷醇较少地溶解。mp 185～186℃；$[\alpha]_D^{20}$ +34°（c=1.7，于氯仿中）。

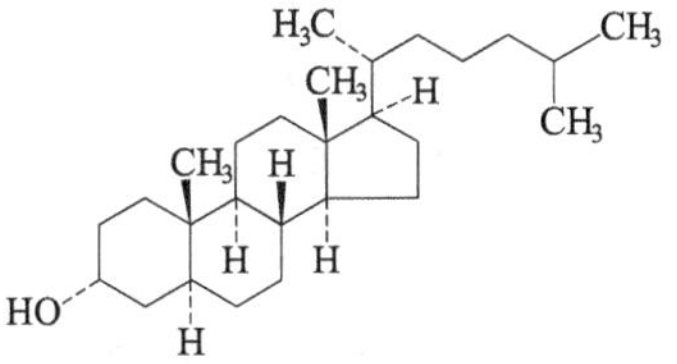

Epicholesterol　表胆固醇　04116

[474-77-1]　$C_{27}H_{46}O$　386.66

成分　C 83.87%，H 11.99%，O 4.14%。

别名　表胆甾醇；(3α)-Cholest-5-en-3-ol

M.I. 15，3668

性状　来自乙醇中的无色结晶。不被毛地黄皂苷沉淀。mp 141.5℃；$[\alpha]_D^{30}$ −35°（c=1，于乙醇中）。

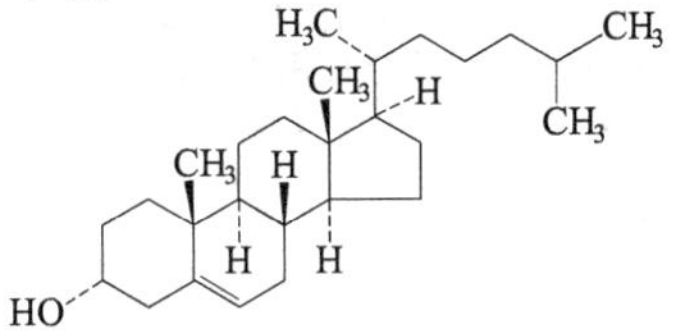

Epicillin　依比青霉素　04117

[26774-90-3]　$C_{16}H_{21}N_3O_4S$　351.42

成分　C 54.69%，H 6.02%，N 11.96%，O 18.21%，S 9.12%。

别名　双氢氨苄青霉素；环烯氨甲青霉素；(2S，5R，6R)-6-[(2R)-Amino-1，4-cyclohexadien-1-ylacetyl]amino-3，3-dimethyl-7-oxo-4-thia-1-azabicyclo[3.2.0]heptane-2-carboxylic acid；6-[D-α-Amino-2-(1，4-cyclohexadien-1-yl) acetamido] penicillanic acid；D-α-Amino-(1，4-cyclohexadien-1-yl) methylpenicillin；SQ-11302；Dexacilina；Dexacillin；Spectacillin

M.I. 15，3669

性状　无色结晶。202℃分解（半水合物）。

主要用途　医用抗菌剂。

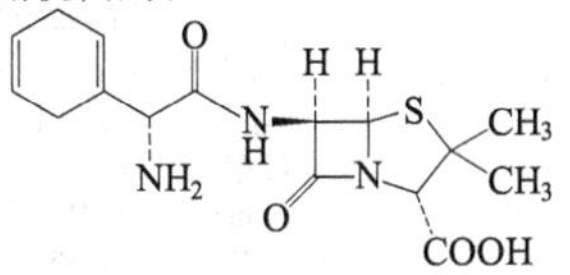

16-Epiestriol　表雌三醇　04118

[547-81-9]　$C_{18}H_{24}O_3$　288.39

成分　C 74.97%，H 8.39%，O 16.64%。

别名　(16β，17β)-Estra-1，3，5(10)-triene-3，16，17-triol；$\Delta^{1,3,5}$-estratriene-3，16β，17β-triol；16-Epioestriol；Actriol；16β-Hydroxy-17β-estradiol；3，16β，17β-Trihydroxy-1，3，5(10)-estratriene

M.I. 15，3671

性状　来自甲醇+苯中的无色结晶。mp 289～291℃；$[\alpha]_D^{15}$ +76°（c=0.297，于乙醇中）。生化试剂含量≥97.0%（HPLC）。

主要用途　生化研究。

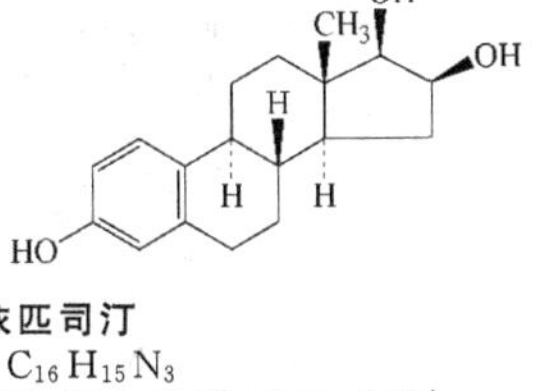

Epinastine　依匹司汀　04119

[80012-43-7]　$C_{16}H_{15}N_3$　249.32

成分　C 77.08%，H 6.06%，N 16.85%。

别名　9，13b-Dihydro-1H-dibenz[c，f]imidazo[1，5-a]azepin-3-amine；3-amino-9，13b-dihydro-1H-dibenz[c，f]imidazo[1，5-a]azepine；WAL-801

M.I. 15，3673

性状　来自乙腈中的无色结晶。pK_a 11.2。mp 205～208℃。

主要用途　医用抗组胺剂。

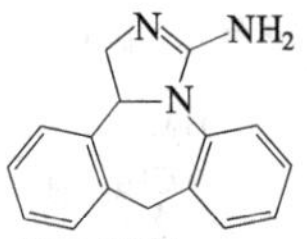

DL-Epinephrine DL-肾上腺素 04120

[329-65-7] $C_9H_{13}NO_3$ 183.21

成分 C 59.00%，H 7.15%，N 7.65%，O 26.20%。

别名 DL-副肾碱；DL-1-（3，4-二羟基苯）-2-甲基乙醇胺；DL-3,4-Dihydroxy-α-(methylaminomethyl) benzyl alcohol；DL-1-(3,4-Dihydroxyphenyl)-2-methylaminoethanol；DL-Adrenaline；4-[1-Hydroxy-2-(methylamino) ethyl]-1,2-benzene ctol；Racepinephrine

M. I. 15,3674

性状 白色结晶。溶于乙酸、无机酸及碱溶液，略微溶于水、乙醇。mp 230℃(分解)。生化试剂含量≥98.0%。

注意事项 该品接触皮肤有毒。对眼睛、呼吸系统及皮肤有刺激性。使用时应穿适当的防护服，戴手套和护目镜或面罩。万一接触到眼睛，应立即用大量水冲洗后请医生诊治。使用时如有事故发生或有不适之感，应请医生诊治。应密封于 2～8℃保存。

主要用途 生化研究。

L-Epinephrine L-肾上腺素 04121

[51-43-4] $C_9H_{13}NO_3$ 183.21

成分 C 59.00%，H 7.15%，N 7.65%，O 26.20%。

别名 L-副肾素；3,4-二羟基-1-[1-羟基-2-(甲氨基)乙基]苯；L-副肾碱；Adnephrine；Adrenaline；Bronkaid Mist；*l*-3,4-Dihydroxy-1-[1-hydroxy-2-(methylamino) ethyl] benzene；(−)-3,4-Dihydroxy-α-[(methylamino) methyl] benzyl alcohol；Epiglaufrin；Eppy；Glauposine；Hemisine；4-[(1*R*)-1-Hydroxy-2-(methylamino) ethyl]-1,2-benzenediol；Levorenin；*l*-Methylaminoethanolcatechol；Nephridine；L-Methylaminoethanolcatechol；Primatene Mist；Simp lene；Sus-phrine；Suprarenaline；L-Adrenaline

M. I. 15，3674

性状 白色细微的结晶性粉末。味苦。易溶于无机酸及氢氧化钠、氢氧化钾溶液，极微溶于水、乙醇，不溶于氯仿、乙醚、丙酮、油类，不溶于氨水、碳酸碱溶液。mp 211～212℃；约 215℃分解；$[\alpha]_D^{25}$ −50.0°～−53.5°（于 0.6mol/L 盐酸中）。LD_{50}小鼠腹膜内注射：4mg/kg。

注意事项 该品吸入、口服或接触皮肤有毒。使用时应穿适当的防护服，戴手套和防护镜或面罩。使用时如有事故发生或有不适之感，应请医生诊治。应充氩气密封避光于 2～8℃保存。

主要用途 生化研究。

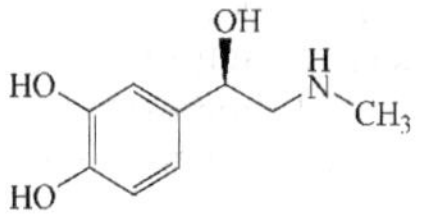

Epiquinidine 表奎尼丁 04122

[572-59-8] $C_{20}H_{24}N_2O_2$ 324.42

成分 C 74.05%，H 7.46%，N 8.64%，O 9.86%。

别名 (9*R*)-6′-Methoxycinchonan-9-ol

M. I. 15，3675

性状 来自乙醚中的无色闪光小叶状结晶。易溶于乙醇，中等程度溶于乙醚。于硫酸中比喹尼丁或奎宁显更多的蓝色荧光。与表奎宁能形成一种双硫酸盐。mp 111～113℃；$[\alpha]_D^{25}$+107.8°（*c*=1.02，于乙醇中）。

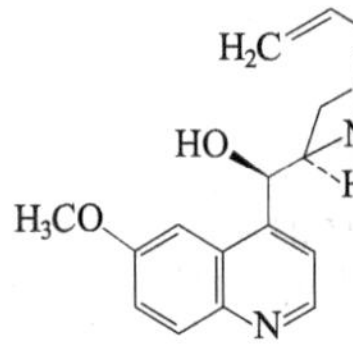

Epiquinine 表奎宁 04123

[572-60-1] $C_{20}H_{24}N_2O_2$ 324.42

成分 C 74.05%，H 7.46%，N 8.64%，O 9.86%。

别名 (8α,9*S*)-6′-Methoxycinchonan-9-ol

M. I. 15，3676

性状 无色具有黏性的油状液体。易溶于有机溶剂。于硫酸中比奎宁显示更多的蓝色荧光。与表奎尼丁能形成一种双硫酸盐。$[\alpha]_D^{22}$+43°（*c*=0.95，于 99%乙醇中）。

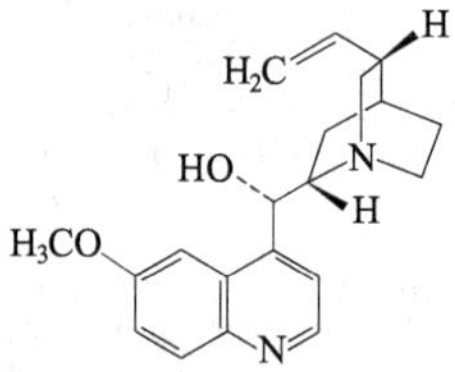

Epirizole 甲嘧啶唑 04124

[18694-40-1] $C_{11}H_{14}N_4O_2$ 234.26

成分 C 56.40%，H 6.02%，N 23.92%，O 13.66%。

别名 4-Methoxy-2-(5-methoxy-3-methyl-1*H*-pyrazol-1-yl)-6-methylpyrimidine；2-(3-Methyl-5-methoxy-1-pyrazolyl)-4-methoxy-6-methylpyrimidine；2-(3-Methoxy-5-methylpyrazol-2-yl)-4-methoxy-6-methylpyrimidine；1-(4-Methoxy-6-methyl-2-pyrimidinyl)-3-methyl-5-methoxypyrazole；Mepirizole；DA-398；Mebron

M. I. 15，3677

性状 来自异丙醚中的白色或奶油色微小的结晶。味苦。有特殊气味。易溶于乙醇、苯、二氯乙烷，溶于稀酸，亦溶于乙醚、丙酮，微溶于水。mp 90～92℃。LD_{50}小鼠急性经口：820mg/kg。

主要用途 医用止痛剂，抗发热剂，抗炎剂。

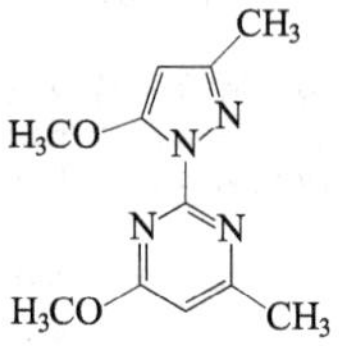

Epirubicin hydrochloride 表柔比星 盐酸盐 04125

[56390-09-1] $C_{27}H_{30}ClNO_{11}$ 579.98

成分 C 55.92%，H 5.21%，Cl 6.11%，N 2.42%，O 30.34%。

别名 表阿霉素 盐酸盐；盐酸表柔比星；Ellence；Farmorubicina；(8*S*,10*S*)-10-(3-Amino-2,3,6-trideoxy-α-L-*arabino*-hexopyranosyl) oxy-7，8，9，10-tetrahydro-6，8，11-trihydroxy-8-hydroxyacetyl-1-methoxy-5,12-naphthacenedione hydrochloride；3-Glycoloyl-1,2,3,4,6,11-hexahydro-3,5,12-trihydroxy-10-methoxy-6，11-dioxo-1-naphthacenyl-3-amino-2，3，6-tridioxy-α-L-arabinohexopyranoside hydrochloride；4′-Epidoxorubicin hydrochloride；4′-Epiadriamycin hydrochloride；Pidorubicin hydrochloride；4′-epi-DX-HCl；IMI-28-HCl

M. I. 15，3678

性状 红橙色结晶。mp 185℃（分解）；$[\alpha]_D^{20}$+274°（*c*=0.01，于甲醇中）。

注意事项 该品应密封避光保存。

主要用途 医用抗肿瘤剂。

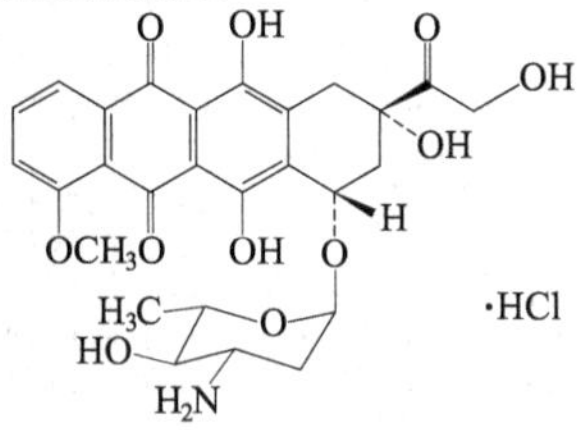

Epitiostanol 环硫雄醇 04126

[2363-58-8] $C_{19}H_{30}OS$ 306.51

成分 C 74.45%，H 9.87%，O 5.22%，S 10.46%。

别名 (2α,3α,5α,17β)-2,3-Epithioandrostan-17-ol；10275-S；Thiodrol

M. I. 15，3680

性状 来自丙酮中的无色结晶。mp 127～128℃；$[\alpha]_D^{27.5}$+24.4°（*c*=1.054，于氯仿中）；uv max（乙醇中）：262nm。LD_{50}小鼠、大鼠腹膜内注射：1.5mg/kg。

主要用途 医用抗肿瘤剂。

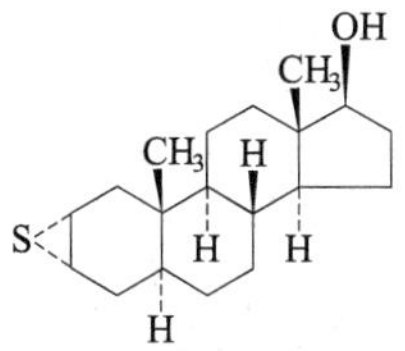

EPN 苯基磷硫酸 *O*-乙基 *O*-(4-硝基苯基)酯 04127

[2104-64-5] $C_{14}H_{14}NO_4PS$ 323.30

成分 C 52.01%，H 4.36%，N 4.33%，O 19.79%，P 9.58%，S 9.92%。

别名 *O*-乙基-*O*-(4-硝基苯基)苯基磷硫酸酯；伊皮恩；Phenylphosphonothioic acid *O*-ethyl *O*-(4-nitrophenyl) ester; Ethyl *p*-nitrophenyl benzenethiophosphonate; *O*-Ethyl *O*-*p*-nitrophenyl phenylphosphonothioate; *O*-Ethyl *O*-(4-nitrophenyl)phenylphosphonothioate

M. I. 15，3682

性状 浅黄色油状液体。有芳香气味。能与苯、甲苯、二甲苯、丙酮、异丙醇、甲醇相混溶，几乎不溶于水。d^{25} 1.268；n_D^{25} 1.6021。LD_{50} 雌，雄大鼠急性经口：7.7mg/kg，36mg/kg；皮肤接触：25mg/kg，230mg/kg。

注意事项 该品口服或与皮肤接触极毒。对水生物极毒。能对水环境引起不利的结果。使用时应穿适当的防护服和戴手套。使用时应避免吸入本品的粉尘。使用时如有事故发生或有不适之感，应请医生诊治。应防止将本品释放于环境中。其包装物应按危险品处理。应密封于 2～8℃保存。

主要用途 杀虫剂。杀螨剂。分析用标准物质。

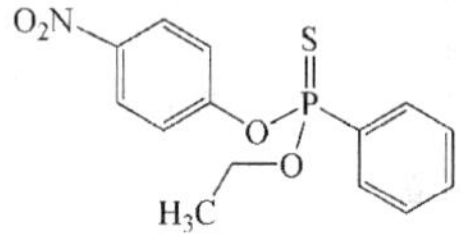

Epon® 812 环氧树脂 812 04128

别名 甘油环氧树脂；Epikote® 812；Epon® 562；Epoxideresin 812；Epoxyresin 812

性状 淡黄色油状液体。溶于乙醇、乙醚及水，不溶于苯。黏度 0.15～0.21Pa·s (25℃)；d_4^{20} 1.24。

注意事项 该品受热能引起爆炸。对眼睛呼吸系统及皮肤有刺激性。吸入或与皮肤接触可引起过敏。使用时应穿适当的防护服和戴手套。应避免吸入本品的蒸气。万一接触到眼睛，应立即用大量水冲洗后请医生诊治。使用时如有事故发生或有不适之感，应请医生诊治。使用现场禁止吸烟。应远离火种密封保存。

主要用途 气相色谱固定液。电子显微镜用包埋剂。

Epostane 环氧司坦 04129

[80471-63-2] $C_{22}H_{31}NO_3$ 357.49

成分 C 73.92%，H 8.74%，N 3.92%，O 13.43%。

别名 爱波司坦；(4*α*,5*α*,17*β*)-4,5-Epoxy-3,17-dihydroxy-4,17-dimethylandrost-2-ene-2-carbonitrile；(2*α*,4*α*,5*α*,17*β*)-4,5-Epoxy-17-hydroxy-4,17-dimethyl-3-oxoandrostane-2-carbonitrile；Win-32729

M. I. 15，3683

性状 无色结晶。mp 191～194℃（来自二甲基甲酰胺/水中）；$[\alpha]_D^{25}$ +67.4°（*c*=1，于吡啶中）。

注意事项 该品应密封避光保存。

主要用途 医用抗早孕剂。

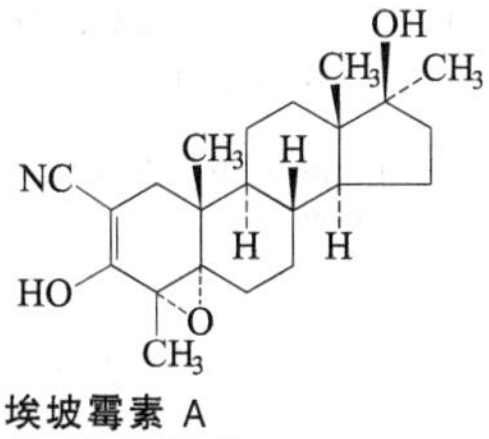

Epothilone A 埃坡霉素 A 04130

[152044-53-6] $C_{26}H_{39}NO_6S$ 493.66

成分 C 63.26%，H 7.96%，N 2.84%，O 19.45%，S 6.49%。

别名 (1*S*,3*S*,7*S*,10*R*,11*S*,12*S*,16*R*)-7,11-Dihydroxy-8,8,10,12-tetramethyl-3-[(1*E*)-1-methyl-2-(2-methyl-4-thiazolyl)ethenyl]-4,17-dioxabicyclo[14.1.0]heptadecane-5,9-dione

M. I. 15，3684

性状 来自乙酸乙酯/甲苯中的无色结晶。溶于水（20℃，0.7g/L）。mp 95℃；$[\alpha]_D^{21}$ −47.1°（*c*=1.0，于甲醇中）；uv max（甲醇中）：211nm，249nm（ε 17800，12500）。

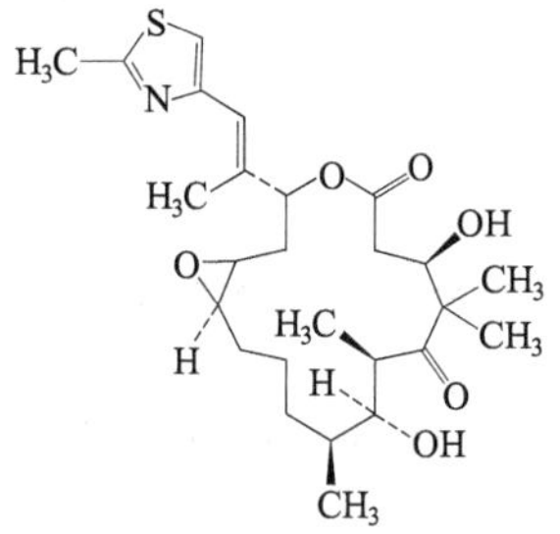

Epoxiconazole 依普座 04131

[133855-98-8] $C_{17}H_{13}ClFN_3O$ 329.76

成分 C 61.92%，H 3.97%，Cl 10.75%，F 5.76%，N 12.74%，O 4.85%。

别名 *rel*-1-[(2*R*,3*S*)-3-(2-Chlorophenyl)-2-(4-fluorophenyl)oxiranyl]methyl-1*H*-1,2,4-triazole；(2*RS*,3*RS*)-1-[3-(2-Chlorophenyl)-2,3-epoxy-2-(4-fluorophenyl) propyl]-1*H*-1,2,4-triazole；BAS-480-F；Opus

M. I. 15，3685

性状 来自异丙醚中的无色结晶。该品于下列物质中的溶解度（20℃，g/mL）：水 6.63×10⁻⁴；丙酮 18；二氯甲烷 14；正庚烷＜0.1。分配系数（正辛醇/水，pH 值 7）3.44。mp 136.2℃。LD_{50} 大鼠急性经口：＞5000mg；皮肤接触：＞2000mg/kg。LD_{50} 大鼠（4h）：＞5.3mg/L（悬浮于空气中微粒）。

注意事项 该品能损伤生育力。能危害胎儿。对机体有不可逆损伤的可能性。对水生物有毒。能对水环境引起不利的结果。使用时应穿适当的防护服和戴手套。如误服本品，应立即请医生检查，并出示包装容器或标签。应防止将本品释放于环境中

主要用途 农用杀菌剂。分析用标准物质。

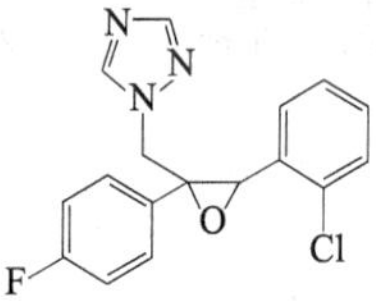

1，2-Epoxybutane 1，2-环氧丁烷 04132

[106-88-7] C_4H_8O 72.11

成分 C 66.63%，H 11.18%，O 22.19%。

别名 氧化丁烯；1,2-Butylene oxide；*α*-Butylene oxide；Ethyloxirane

GW 2015-980

性状 无色液体。溶于水及多数有机溶剂。bp 63℃；Fp 10℉（−12℃）；d_4^{20} 0.837；n_D^{20} 1.3840。

注意事项 该品高度易燃。吸入、口服或与皮肤接触有毒。能致癌。对眼睛，呼吸系统及皮肤有刺激性。使用前应得到专门的指导，避免曝露。使用时应穿适当的防护服，戴手套和防护镜或面罩。使用现场禁止吸烟。万一接触到眼睛，应立即用大量水冲洗后请医生诊治。使用时如有事故发生或有不适之感，应请医生诊治。应远离火种密封保存。万一着火时，应使用指定的灭火设备而不能用水。

主要用途 有机合成。制造高分子聚合物。

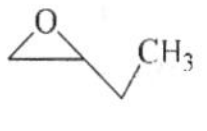

1,2-Epoxycyclododecane 1,2-环氧环十二烷 04133

[286-99-7] $C_{12}H_{22}O$ 182.31

成分 C 79.06%，H 12.16%，O 8.78%。

别名 氧化环十二烯；Cyclodode cane epoxide；Cyclododecene oxide

性状 无色液体。为异构体的混合物。bp 274～276℃；Fp 235.4℉（113℃）；d_4^{20} 0.939；n_D^{20} 1.4800。一般试剂含量约95.0%（GC）。

注意事项 该品对眼睛有刺激性。使用时应避免吸入本品的蒸气，避免与眼睛及皮肤接触。应密封于干燥处保存

主要用途 有机合成。

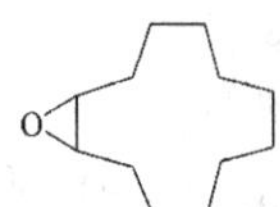

1,2-Epoxycyclohexane 1,2-环氧环己烷 04134

[286-20-4] $C_6H_{10}O$ 98.15

成分 C 73.42%，H 10.27%，O 16.30%。

别名 氧化环已烯；Cyclohexene oxide；7-Oxabicylo[4.1.0]heptane

GW 2015-2534

性状 无色液体。不溶于水。mp －27℃；bp 129～130℃；Fp 57.8℉（24℃）；d^{25} 0.97；n_D^{20} 1.452。LD_{50}大鼠急性经口：1090mg/kg。一般试剂含量≥98.0%（GC）。

注意事项 该品易燃。吸入、口服或与皮肤接触有害。具有腐蚀性，能引起烧伤。使用时应穿适当的防护服、戴手套和防护镜或面罩。万一接触到眼睛，应立即用大量水冲洗后请医生诊治。使用时如有事故发生或有不适之感，应请医生诊治。

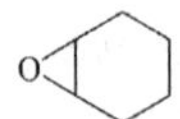

Epoxycyclooctane 环氧环辛烷 04135

[286-62-4] $C_8H_{14}O$ 126.20

成分 C 76.14%，H 11.18%，O 12.68%。

别名 氧化环辛烯；Cyclooctene oxide；9-Oxabicyclo[6.1.0]nonane

性状 无色或白色固体。不溶于水。mp 53～56℃；bp 188～190℃；bp_5 55℃/666.6Pa；Fp 132.8℉（56℃）。一般试剂含量≥99.0%。

注意事项 该品易燃。口服有害。对眼睛及皮肤有刺激性。使用时应戴手套和防护镜或面罩。万一接触到眼睛，应立即用大量水冲洗后请医生诊治。应充氩气密封于2～8℃干燥保存。

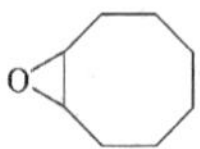

Epoxyethane 环氧乙烷 04136

[75-21-8] C_2H_4O 44.05

成分 C 54.53%，H 9.15%，O 36.32%。

别名 一氧三环；1,2-环氧乙烷；氧化乙烯；Anprolene；Ethylene oxide；Oxirane

GW 2015-981 M.I. 15，3856

性状 室温为无色气味。当温度低于12℃时，为无色液体。溶于水、乙醇、乙醚。mp －111℃；bp 10.7℃；Fp －4℉（－20℃）；d_{10}^{10} 0.882；d_7^7 0.887；d_4^4 0.891；d_D^7 1.3597。一般试剂含量≥99.8%。

注意事项 该品极易燃。吸入有毒。能致癌。能引起遗传基因的损伤。对眼睛、呼吸系统及皮肤有刺激性。使用前应得到专门的指导，避免曝露。使用现场禁止吸烟。使用时如有事故发生或有不适之感，应请医生诊治。应远离火种，采取抗放静电措施于通风良好处密封保存。

主要用途 有机合成。

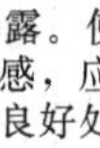

1,2-Epoxy-3-phenoxypropane 1,2-环氧-3-苯氧基丙烷 04137

[122-60-1] $C_9H_{10}O_2$ 150.17

成分 C 71.98%，H 6.71%，O 21.31%。

别名 2，3-环氧丙基苯基醚；缩水甘油苯基醚；2,3-Epoxypropylphenyl ether；Glycidyl phenyl ether；Phenyl 2,3-epoxypropyl ether；Phenyl glycidyl ether

GW2015-978

性状 无色透明黏稠液体。能与有机溶剂(石油醚除外)相混溶，不溶于水。能随水蒸气挥发。mp 3.5℃；bp 245℃；Fp 237.2℉(114℃)；d_4^{20} 1.1109；n_D^{20} 1.5300；$[\alpha]^{25}$ 0°(c＝1，于氯仿中)。LD_{50}大鼠急性经口：2.15g/kg。LC_{50}鱼(24h)：69mg/L。一般试剂含量≥85.0%(GC)。

注意事项 该品其蒸气吸入有害。接触皮肤能引起过敏。能致癌。对呼吸系统及皮肤有刺激性。能引起遗传基因损伤，有能造成不可逆结果的危险。对水生物有害。能对水环境产生长期有害的结果。使用前应得到专门的指导，避免曝露。使用时如有事故发生或有不适之感，应请医生诊治。应防止将本品释放于环境中。

主要用途 有机合成。

1,2-Epoxypropane 1,2-环氧丙烷 04138

[75-56-9] C_3H_6O 58.08

成分 C 62.04%，H 10.41%，O 27.55%。

别名 氧化丙烯；甲基环氧乙烷；Propene oxide；Methyloxirane；Propylene oxide

GW 2015-979 M.I. 15，7969

性状 无色液体。有乙醚气味。易挥发。能与乙醇、乙醚相混溶，溶于水（20℃，40.5%质量分数）。mp －112.13℃；bp 34.23℃；Fp －31℉（－35℃，闭杯）；d_4^0 0.859；n_D^{20} 1.366。LD_{50}大鼠急性经口：1.14g/kg。一般试剂含量≥99.5%（GC）。

注意事项 该品极易燃。吸入、口服或接触皮肤有害。能引起遗传基因的损伤。能致癌。对眼睛、呼吸系统及皮肤有刺激性。使用前应得到专门的指导，避免曝露。使用时如有事故发生或有不适之感，应请医生诊治。应远离火种于通风处密封保存。

主要用途 塑料制造。溶剂。有机合成。

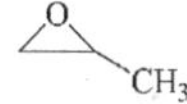

2,3-Epoxy-1-propanol 2,3-环氧-1-丙醇 04139

[556-52-5] $C_3H_6O_2$ 74.08

成分 C 48.64%，H 8.16%，O 43.19%。

别名 2,3-Epoxypropyl alcohol；Glycide；Glycidol；3-Hydroxypropylene oxide；(±)-Oxirane-2-methanol

M.I. 15，4525

性状 无色液体。对湿度敏感。溶于水，能与水相混溶。mp －54℃；$bp_{2.5}$ 66℃/333.31Pa；$bp_{0.9}$ 25℃/119.99Pa 167℃；Fp 159.8℉（71℃）；d_4^{25} 1.1143；n_D^{20} 1.4315。LD_{50}雌大鼠急性经口：420mg/kg；腹膜内注射：200mg/kg。一般试剂含量≥95.0%（GC/T）。

注意事项 该品吸入有毒，口服或皮肤接触有害。对眼睛、呼吸系统及皮肤有刺激性。能损伤生育力。能致癌。能造成不可逆的危险结果。使用前应得到专门的指导，避免曝露。使用时如有事故发生或有不适之感，应请医生诊治。应充氩气密封于2～8℃干燥保存。

[3-(2,3-Epoxypropoxy)propyl]trimethoxysilane [3-(2,3-环氧丙氧基)丙基]三甲氧基硅烷 04140

[2530-83-8] $C_9H_{20}O_5Si$ 236.34

成分 C 45.74%，H 8.53%，O 33.85%，Si 11.88%。

别名 (3-Glycidyloxypropyl)trimethoxysilane；Glycidyl -3-(trimethoxysilyl)propyl ether

性状 无色液体。bp 260～262℃；bp_2 120℃/266.6Pa；Fp275℉（135℃）；d_4^{20} 1.070；n_D^{20} 1.429。一般试剂含量≥97.0%（GC）。

注意事项 该品对眼睛、呼吸系统及皮肤有刺激性。使用时应穿适当的防护服，戴防护镜或面罩。万一接触到眼睛，应立即用大量水冲洗后请医生诊治。应充氩气密封干燥保存。

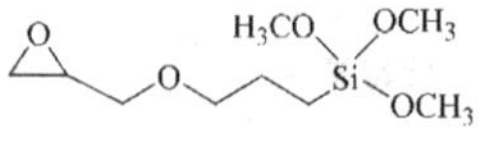

2,3-Epoxypropyl isopropyl ether

2,3-环氧丙基异丙基醚 04141

[4016-14-2] $C_6H_{12}O_2$ 116.16

成分 C 62.04%，H 10.41%，O 27.55%。

别名 Glycidyl isopropyl ether; Isopropoxy me thyloxirane; Isopropyl glycidyl ether

性状 无色液体。溶于水（19℃，188g/L），其溶液 pH 值为 7。bp 131～132℃；Fp 95℉（35℃）；d^{25} 0.924；n_D^{20} 1.4101。LD_{50}大鼠急性经口：4.2g/kg。一般试剂含量≥98.0%（GC）。

注意事项 该品易燃。吸入、口服或与皮肤接触有害。能形成爆炸性过氧化物。与皮肤接触可引起过敏。使用时应穿适当的防护服和戴手套。使用现场禁止吸烟。万一接触到眼睛，应立即用大量水冲洗后请医生诊治。应远离火种密封保存。

2,3-Epoxypropyl methacrylate

甲基丙烯酸 2,3-环氧丙酯 04142

[106-91-2] $C_7H_{10}O_3$ 142.15

成分 C 59.14%，H 7.09%，O 33.76%。

别名 Glycidyl methacrylate; Methacrylic acid 2,3-epoxypropyl ester; Methacrylic acid glycidyl ester

性状 无色液体。mp ＜－60℃；bp 189℃；bp_{15} 85℃/2kPa；Fp 170.6℉（77℃）；d^{25} 1.042；n_D^{20} 1.4506。LD_{50} 大鼠急性经口：597mg/kg。一般试剂含量≥97.0%（GC）。

注意事项 该品吸入、口服或与皮肤接触有害。对眼睛及皮肤有刺激性。接触皮肤能引起过敏。接触皮肤后，应用大量肥皂泡沫冲洗。万一接触到眼睛，应立即用大量水冲洗后请医生诊治。

Eprazinone dihydrochloride 依普子酮 二盐酸盐 04143

[10402-53-6] $C_{24}H_{34}Cl_2N_2O_2$ 453.45

成分 C 63.57%，H 7.56%，Cl 15.64%，N 6.18%，O 7.06%。

别名 依普拉酮 二盐酸盐；二盐酸依普子酮；746-CE; EfaTP7n; Mucitux; 3-[4-(2-Ethoxy-2-phenylethyl)-1-piperazinyl]-2-methyl-1-phenyl-1-propanone dihydrochloride; 3-[4-(β-Ethoxyphenethyl)-1-piperazinyl]-2-methylpropiophenone dihydrochloride

M. I. 15，3688

性状 白色结晶性粉末。味苦。mp 201℃。LD_{50}小鼠急性经口：729mg/kg；静脉注射：38mg/kg。

主要用途 医用镇咳剂。

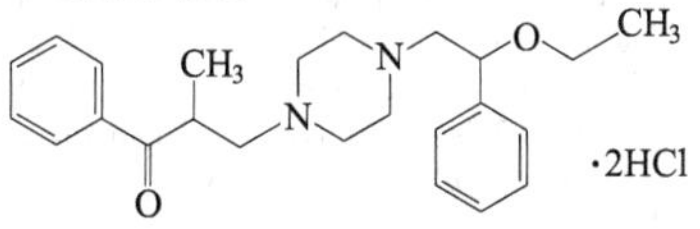

CH_3 CH_3 N O N O ·2HCl

Epristeride 爱普列特 04144

[119169-78-7] $C_{25}H_{37}NO_3$ 399.58

成分 C 75.15%，H 9.33%，N 3.51%，O 12.01%。

别名 (17β)-17-[[(1,1-Dimethylethyl)amino]carbonyl]androsta-3,5-diene-3-carboxylic acid; 17β-(*N-tert*-Butylcarboxamido) androsta-3,5-diene-3-carboxylic acid; SKF-105657

M. I. 15，3690

性状 来自乙酸乙酯中的白色结晶。pK_a 4.8。mp 242～249℃。

主要用途 医用治疗良性前列腺肥大。

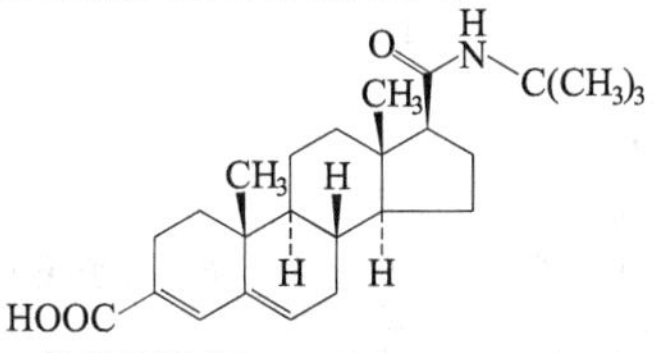

O H N $C(CH_3)_3$ CH_3 CH_3 H H H HOOC

Eprosartan 依普罗沙坦 04145

[133040-01-4] $C_{23}H_{24}N_2O_4S$ 424.52

成分 C 65.07%，H 5.70%，N 6.60%，O 15.07%，S 7.55%。

别名 (αE)-α-[2-Butyl-1-[(4-carboxyphenyl)methyl]-1*H*-imidazol-5-yl]methylene-2-thiophenepropanoic acid; (*E*)-3-[2-Butyl-1-[(4-carboxyphenyl)methyl]imidazol-5-yl]-2-propenoic acid; SKF-108566

M. I. 15，3691

性状 来自甲醇中的无色结晶。mp 260～261℃。

主要用途 医用抗高血压剂。

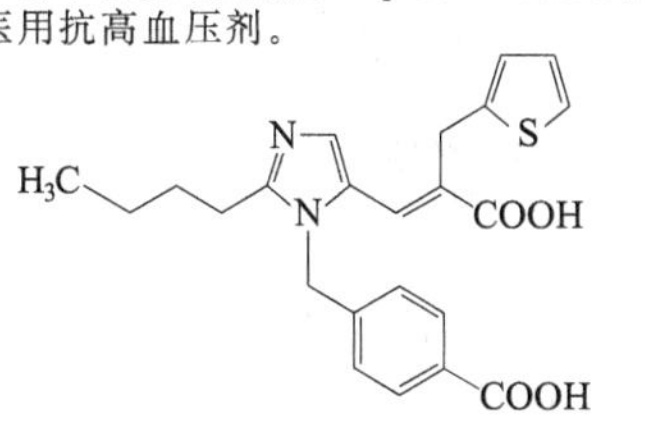

S N H_3C COOH N COOH

(R)-(－)-2,3-Eproxypropyl tolene-4-sulfonate

(R)-(－)-甲苯-4-磺酸-2,3-环氧丙酯 04146

[113826-06-5] $C_{10}H_{12}O_4S$ 228.26

成分 C 52.62%，H 5.30%，O 28.04%，S 14.05%。

别名 (*R*)-(－)-Glycidyl *p*-toluenesulfonate; (*R*)-(－)-Totuene-4-sulfonic acid 2,3-epoxypropyl ester; (*R*)-(－)-Glycidyl tosylate; (*R*)-(－)-Oxirane-2-methanol *p*-toluenesulfonate

性状 无色结晶。溶于水则分解。mp 46～47℃；Fp235.4℉（113℃）。一般试剂含量≥99.0%（GC）。

注意事项 该品对眼睛有严重损伤的危险。接触皮肤能引起过敏。能致癌。对水生物有毒。能对水环境引起不利的结果。有能造成不可逆危险的结果。使用前应得到专门的指导，避免曝露。使用时应穿适当的防护服。，戴手套和防护镜或面罩。万一接触到眼睛，应立即用大量水冲洗后请医生诊治。使用时如有事故发生或有不适之感，应请医生诊治。应防止将本品释放于环境中。应充氩气密封于 2～8℃干燥保存。

主要用途 有机合成。

(S)-(＋)-2,3-Epoxypropyl toluene-4-sulfonate

(S)-(＋)-甲苯-4-磺酸-2,3-环氧丙酯 04147

[70987-78-9] $C_{10}H_{12}O_4S$ 228.26

成分 C 52.62%，H 5.30%，O 28.04%，S 14.05%。

别名 (*S*)-(＋)-Glycidyl *p*-toluenesulfonate; (*S*)-(＋)-Glycidyl tosylate; (*S*)-(＋)-Oxirane-2-methanol *p*-toluenesulfonate

性状 无色结晶。溶于水则分解。mp 45～47℃；Fp235.4℉（113℃）。

注意事项 见 04146 (*R*)-(－)-甲苯-4-磺酸-2,3-环氧丙酯。

主要用途 有机合成。

Eprozinol dihydrochloride 双苯哌丙醇 二盐酸盐 04148

[27588-43-8] $C_{22}H_{32}Cl_3N_2O_2$ 427.41

成分 C 61.82%，H 7.55%，Cl 16.59%，N 6.55%，O 7.49%。

别名 二盐酸双苯哌丙醇；Alecor; Brovel; Eupnéron; 4-(2-Methoxy-2-phenylethyl)-α-phenyl-1-piperazinepropanol dihydrochloride; 1-(2-Methoxy-2-phenylethyl)-4-(3-hydroxy-3-phenylpropyl)piperazine dihydrochloride

M. I. 15，3693

性状 白色结晶性粉末。溶于水、乙醇。mp 164℃。LD_{50}小鼠急性经口：500mg/kg。

主要用途 医用支气管扩张剂。

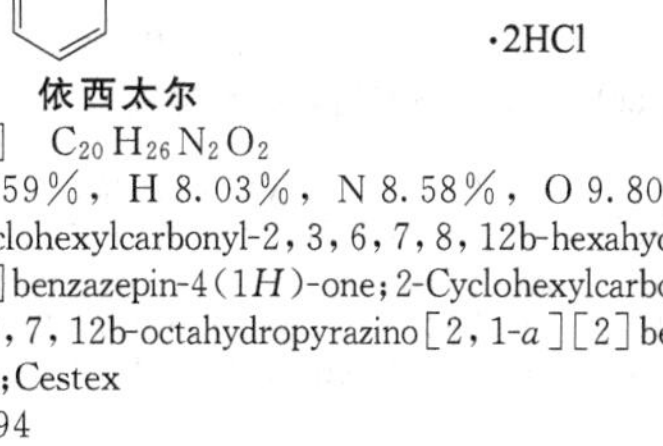

OH OCH_3 N N ·2HCl

Epsiprantel 依西太尔 04149

[98123-83-2] $C_{20}H_{26}N_2O_2$ 326.44

成分 C 73.59%，H 8.03%，N 8.58%，O 9.80%。

别名 2-Cyclohexylcarbonyl-2,3,6,7,8,12b-hexahydropyrazino[2,1-*a*][2]benzazepin-4(1*H*)-one; 2-Cyclohexylcarbonyl-4-oxo-1,2,3,4,6,7,12b-octahydropyrazino[2,1-*a*][2]benzazepine; BRL-38705; Cestex

M. I. 15，3694

性状 来自氯仿/石油醚中的白色结晶。mp 189～190℃。

主要用途 兽用驱肠绦虫剂。

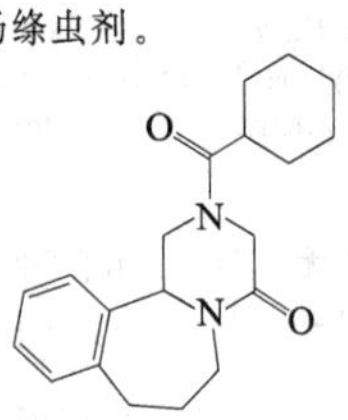

Eptastigmine 依斯的明 04150

[101246-68-8] $C_{21}H_{33}N_3O_2$ 359.51

成分 C 70.16%，H 9.25%，N 11.69%，O 8.90%。

别名 庚基毒扁豆碱；*N*-Heptylcarbamic acid(3a*S*,8a*R*)-1,2,3,3a,8,8a-hexahydro-1,3a,8-trimethylpyrrolo[2,3-*b*]indol-5-yl ester；(3a*S*,8a*R*)-1,2,3,3a,8,8a-Hexahydro-1,3a,8-trimethylpyrrolo[2,3-*b*]indol-5-yl heptylcarbamic acid ester；*N*-Demethyl-*N*-heptylphysostigmine；Heptylphysostigmine；Heptylstigmine

M.I. 15，3695

性状 来自庚烷中的无色结晶。mp 60～64℃；uv max（甲醇中）：303nm，253nm（ε 3300，14200）。

主要用途 医用胆碱功能剂。

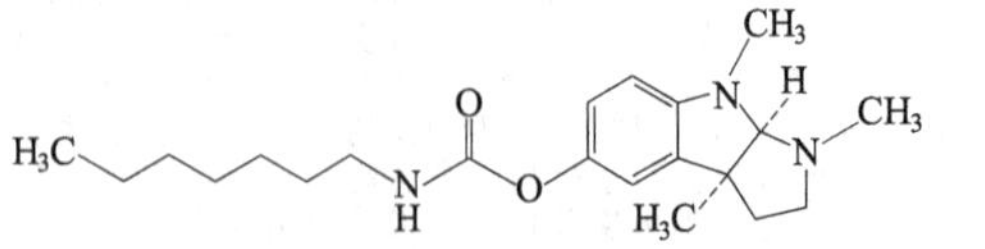

Eptazocine hydrobromide 依他佐辛 氢溴酸盐 04151

[72522-13-5] $C_{15}H_{22}BrNO$ 312.25

成分 C 57.70%，H 7.10%，Br 25.59%，N 4.49%，O 5.12%。

别名 氢溴酸依他佐辛；(1*S*)-2,3,4,5,6,7-Hexahydro-1,4-dimethyl-1,6-methano-1*H*-4-benzazonin-10-ol；(1*S*)-1,4-Dimethyl-10-hydroxy-2,3,4,5,6,7-hexahydro-1,6-methano-1*H*-4-benzazonine hydrobromide；ST-2121HBr；Sedapain-HBr

M.I. 15，3696

性状 无色结晶。mp 207～210℃。

主要用途 医用麻醉止痛剂。

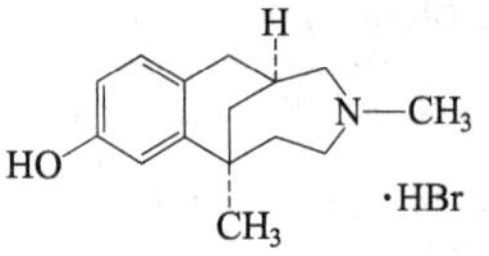

EPTC 二丙基硫代氨基甲酸硫乙酯 04152

[759-94-4] $C_9H_{19}NOS$ 189.32

成分 C 57.10%，H 10.12%，N 7.40%，O 8.45%，S 16.94%。

别名 二丙基硫代氨基甲酸 *S*-乙酯；Dipropylcarbamothioic acid *S*-ethyl ester；Dipropylthiocarbamic acid *S*-ethyl ester；*S*-Ethyl dipropylthiocarbamate；R-1608；FDA-1541；Eptam

M.I. 15，3697

性状 无色液体。溶于水（20℃，365mg/L）。能与苯、乙醇、甲苯、二甲苯混溶。bp_{20} 127℃/2.666kPa；Fp 212℉（100℃）；d^{30} 0.9546；n_D^{30} 1.4750。LD_{50}大鼠急性经口：1631mg/kg。

注意事项 该品口服有害。使用时应避免吸入本品的蒸气。

主要用途 除草剂。分析用标准物质。

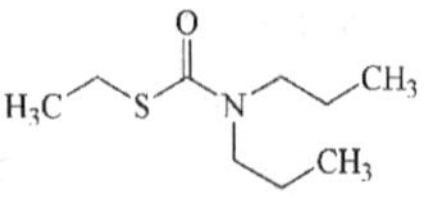

Equilenin solution 去氢马烯雌酮溶液 04153

[517-09-9] $C_{18}H_{18}O_2$ 266.34

成分 C 81.17%，H 6.81%，O 12.01%。

别名 马萘雌甾酮；马萘雌酮；3-Hydroxy-1,3,5(10),6,8-estrapentaen-17-one；3-Hydroxyestra-1,3,5,7,9-pentaen-17-one；11,12,13,14,15,16-Hexahydro-3-hydroxy-13-methyl-17*H*-cyclopenta[*a*]phenanthren-17-one；1,3,5：10,6,8-Estrapentaen-3-ol-17-one

GW 2015-2622（乙腈） M.I. 15，3699

性状 来自稀乙醇中的无色针状结晶。溶于乙醇（18℃，0.63g/100mL）、沸乙醇（2.5g/100mL）。mp 258～259℃；$[\alpha]_D^{16}$+87°（12.8mg 溶于 1.8mL 二氧六环）；uv max（乙醇中）：231nm，270nm，282nm，292nm，325nm，340nm。一般生化试剂为 100ng/μL 于乙腈中的溶液。

注意事项 该品高度易燃。吸入、口服或与皮肤接触有害。对眼睛有刺激性。使用时应穿适当的防护服。使用现场禁止吸烟。万一接触到眼睛，应立即用大量水冲洗后请医生诊治。应远离火种密封保存。

主要用途 生化研究。雌激素。分析用标准物质。

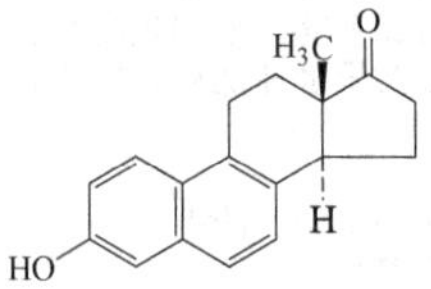

Equilin 马烯雌酮 04154

[474-86-2] $C_{18}H_{20}O_2$ 268.36

成分 C 80.56%，H 7.51%，O 11.92%。

别名 马烯雌甾酮；3-Hydroxyestra-1,3,5(10),7-tetraen-17-one；1,3,5,7-Estratetraen-3-ol-17-one

M.I. 15，3700

性状 来自乙酸乙酯中的斜方半晶形片状体。溶于乙醇、二氧六环、丙酮、乙酸乙酯及多数有机溶剂，略微溶于水。mp 238～240℃；$[\alpha]_D^{25}$+308°（*c*=2，于二氧六环中），$[\alpha]_D^{25}$+325°（*c*=2，于乙醇中）；uv max：283～285nm。

注意事项 该品对机体有不可逆损伤的可能性。长期接触对健康有严重危害。使用时应避免吸入本品的粉尘，避免与眼睛及皮肤接触。

主要用途 生化研究。雌激素。分析用标准物质。

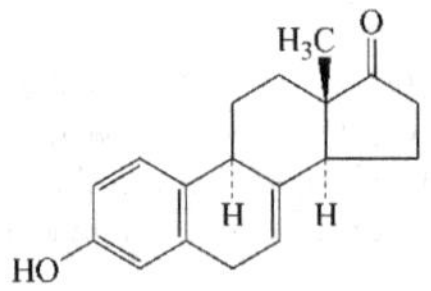

Equol 雌马酚 04155

[531-95-3] [94105-90-5] $C_{15}H_{14}O_3$ 242.27

成分 C 74.36%，H 5.82%，O 19.81%。

别名 3,4-二氢-3-(4-羟基苯基)-2*H*-1-苯并吡喃-7-醇；4′,7-二羟基异黄烷；4′,7-异黄烷二醇；7-羟基-3-(4′-羟基苯基)苯并二氢吡喃；3,4-Dihydro-3-(4-hydroxyphenyl)-2*H*-1-benzopyran-7-ol；4′,7-Isoflavandiol；4′,7-Dihydroxyisoflavan；7-Hydroxy-3-(4′-hydroxyphenyl)chroman

M.I. 15，3701

性状 来自乙醇水溶液中的白色固体。易吸湿。易溶于乙醇、甲醇、乙酸乙酯、丙酮。mp 192～193℃。$[\alpha]_D^{24}$ −23.5°（乙醇中）。生化试剂含量≥99.0%(TLC)。

注意事项 使用时应避免吸入本品的粉尘，避免与眼睛及皮肤接触。应充氩气密封保存。

主要用途 生化研究。

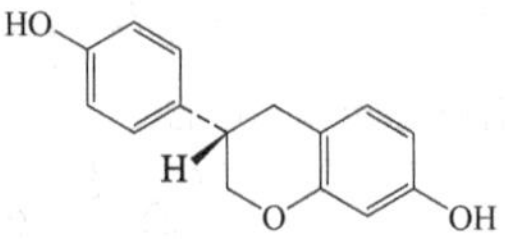

Erbium 铒 04156

[7440-52-0] Er 167.26

M.I. 15，3703

性状 深灰色金属粉末。有金属光泽。溶于酸类，不溶于水。mp 1529℃；bp 2868℃；*d* 9.066。

注意事项 该品易燃。与水接触能释放出高度易燃气体。万一着火时，应使用指定的灭火设备（如干粉、干砂）而不能用水。应充氩气密封保存。

主要用途 制特种合金。

Erbium carbonate hydrate　碳酸铒 水合 04157
[22992-83-2]　$C_3Er_2O_9 \cdot xH_2O$　514.55+18.02x
成分(以无水物计)　C 7.00%,Er 65.01%,O 27.99%。
性状　白色结晶。易吸潮。一般试剂含量≥99.9%。
注意事项　该品对眼睛、呼吸系统及皮肤有刺激性。应密封于阴凉干燥处保存。

Erbium chloride hexahydrate　氯化铒 六水 04158
[10025-75-9]　$ErCl_3 \cdot 6H_2O$　381.71
成分(以无水物计)　Er 61.13%,Cl 38.87%。
别名　六水合三氯化铒;六水合氯化铒
M. I. 15，3703
性状　粉红色结晶。易潮解。溶于水，微溶于乙醇。无水物 mp 774℃；bp 1500℃；d 4.1。LD_{50} 小鼠腹膜内注射：535 mg/kg；急性经口：6.2mg/kg。一般试剂含量≥99.9%。
注意事项　该品对眼睛、呼吸系统及皮肤有刺激性。应密封于干燥处保存。

Erbium nitrate pentahydrate　硝酸铒 五水 04159
[10031-51-3]　$ErN_3O_9 \cdot 5H_2O$　443.35
成分（以无水物计）　Er 47.35%，N 11.89%，O 40.76%。
别名　五水合硝酸铒
GW 2015-2293　M. I. 15，3703
性状　淡红色结晶。溶于乙醇、乙醚、丙酮。LD_{50}（六水）雌大鼠腹膜内注射：230mg/kg；静脉注射：35.8mg/kg。
注意事项　该品与易燃品接触能引起燃烧。对呼吸系统及皮肤有刺激性。应密封于干燥处保存。

Erbium oxide　氧化铒 04160
[12061-16-4]　Er_2O_3　382.52
成分　Er 87.45%，O 12.55%。
别名　三氧化二铒；Erbia
M. I. 15，3703
性状　粉红色粉末。易吸潮。易溶于酸，极微溶于水（29℃，1.28×10^{-5}g mol/L）。易吸收空气中的二氧化碳和水分。d 8.64。一般试剂含量≥99.8%。
注意事项　该品对眼睛、呼吸系统及皮肤有刺激性。使用时应穿适当的防护服。使用时应避免吸入本品的粉尘，避免与眼睛及皮肤接触。应密封于干燥处保存。
主要用途　荧光体活化剂。吸收红外线玻璃的添加剂。

Erdosteine　厄多司坦 04161
[84611-23-4]　$C_8H_{11}NO_4S_2$　249.30
成分　C 38.54%，H 4.45%，N 5.62%，O 25.67%，S 25.72%。
别名　[[2-Oxo-2-[(tetrahydro-2-oxo-3-thienyl)amino]ethyl]thio]acetic acid;(±)-[[[(Tetrahydro-2-oxo-3-thienyl)carbamoyl]methyl]thio]acetic acid;DL-S-[2-[N-3-(2-Oxotetrahydrothienyl)acetamido]]thioglycolic acid;N-(Carboxymethylthioacetyl)homocysteine thiolactone;Dithiosteine;RV-144;Secresolv;Erdotin;Vectrine
M. I. 15，3704
性状　来自乙醇中的无色结晶。pK_a 3.71；mp 156～158℃。LD_{50}小鼠及大鼠急性经口：>10g/kg；静脉注射：>3.5g/kg。
主要用途　医用黏液溶解剂。

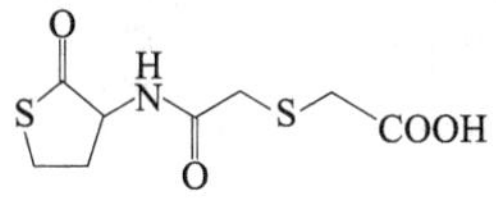

Ergocornine　麦角柯宁碱 04162
[564-36-3]　$C_{31}H_{39}N_5O_5$　561.68
成分　C 66.29%，H 7.00%，N 12.47%，O 14.24%。
别名　(5α′)-12′-Hydroxy-2′,5′-bis(1-methylethyl)ergotaman-3′,6′,18-trione
M. I. 15，3705
性状　来自甲醇中的多面体结晶。溶于丙酮、氯仿、乙酸乙酯，微溶于乙醇、甲醇，近乎不溶于水。181℃分解（包括 1mol/L 甲醇）；$[\alpha]_D^{20}$ −110°（吡啶中），−175°（氯仿中）；uv max（甲醇中）：311nm（lg ε 3.91）。一般试剂含量≥95.0%。
主要用途　医用血管收缩剂（偏头痛特效药）。

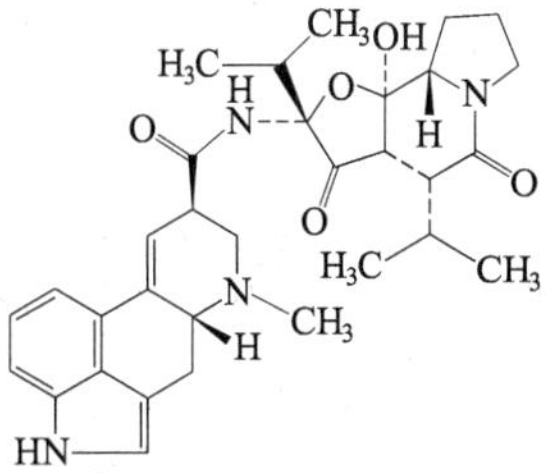

Ergocristine　麦角克碱 04163
[511-08-0]　$C_{35}H_{39}N_5O_5$　609.73
成分　C 68.95%，H 6.45%，N 11.49%，O 13.12%。
别名　麦角归亭；12′-Hydroxy-2′-(1-methylethyl)-5′-(phenylmethyl)ergotaman-3′,6′,18-trione
M. I. 15，3706
性状　来自苯中的无色斜方结晶（与二苯）。易溶于乙醇、甲醇、丙酮、氯仿、乙酸乙酯，微溶于乙醚，几乎不溶于水、石油醚。mp 155～157℃（分解，无溶剂溶解的碱）；$[\alpha]_D^{20}$ −183°（氯仿中）。
注意事项　该品吸入、口服或与皮肤接触有毒。使用时应穿适当的防护服，戴手套和防护镜或面罩。使用时应避免吸入本品的粉尘。使用时如有事故发生或有不适之感，应请医生诊治。
主要用途　生化研究。

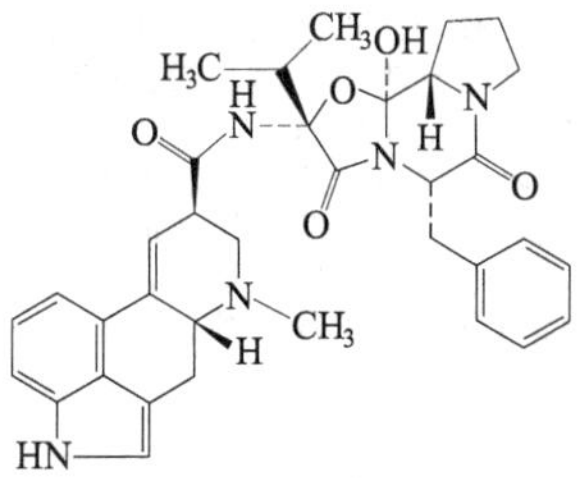

α-Ergocryptine　α-麦角环肽 04164
[511-09-1]　$C_{32}H_{41}N_5O_5$　575.71
成分　C 66.76%，H 7.18%，N 12.16%，O 13.90%。
别名　α-Ergokryptine;(5′α)-12′-Hydroxy-2′-(1-methylethyl)-5′-(2-methylpropyl)ergotaman-3′,6′,18-trione
M. I. 15，3707
性状　来自丙酮、苯或甲醇中的棱柱体结晶。易溶于乙醇、氯仿，几乎不溶于水。mp 212℃（分解）；$[\alpha]_D^{20}$ −120°（吡啶中），−198°（氯仿中）；uv max（甲醇中）：241nm，312.5 nm（lg ε 4.31，3.95）
注意事项　该品吸入、口服或与皮肤接触有毒。能损伤生育力。使用时应穿适当的防护服，戴手套和防护镜或面罩。使用时如有事故发生或有不适之感，应请医生诊治。应密封于−20℃保存。
主要用途　生化研究。医用血管收缩剂。

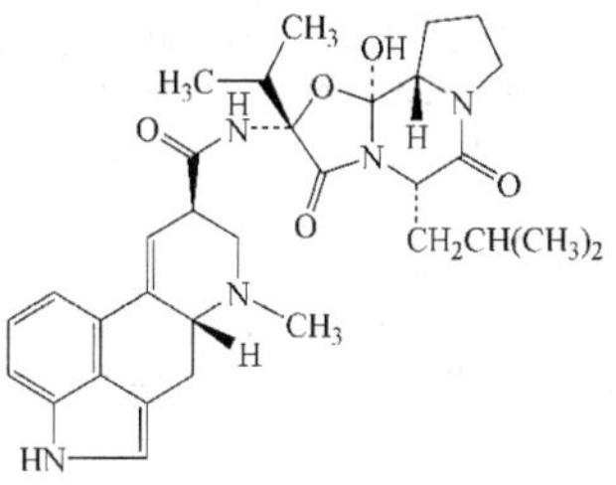

Ergoflavin　麦角黄素* 04165

[3101-51-7]　$C_{30}H_{26}O_{14}$　610.52

成分　C 59.02%，H 4.29%，O 36.69%。

别名　[1S-[1α,3β,4β,4aα,7(1′,2*,3′R*,4′R*,4′aR*,9′aS*),9aβ]]-1,1′,3,3′,4,4′,9a,9′a-Octahydro-4,4′,8,8′,9a,9′a-hexahydroxy-3,3′-dimethyl-(7,7′-bi-1,4a-epoxymethano-4aH-xanthene)-9,9′,11,11′(2H,2′H)-tetrone; Ergochrome CC (2,2′)

M. I. 15，3709

性状　来自甲醇中的黄色针状结晶。溶于丙酮、吡啶，中等程度溶于甲醇、乙醇、乙酸乙酯、二氧六环，略溶于乙醚、苯，几乎不溶于碳酸氢钠 2mol/L 水溶液。mp 350℃（分解）；$[\alpha]_D^{21}+37.5°$（c=1.236，于丙酮中）；uv max：240nm，260nm，381nm（$E_{1cm}^{1\%}$350，346，130）。

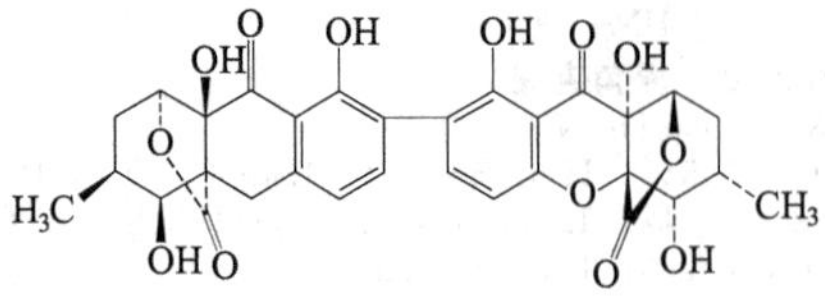

Ergonovine　麦角新碱　04166

[60-79-7]　$C_{19}H_{23}N_3O_2$　325.41

成分　C 70.13%，H 7.12%，N 12.91%，O 9.83%。

别名　麦角袂春；爱各米特令碱；[8β(S)]-9,10-Didehydro-N-(2-hydroxy-1-methylethyl)-6-methylergoline-8-carboxamide; Ergometrine; Ergobasine; Ergoklinine; Ergotocine; Ergostetrine; Ergotrate; N-[α-(Hydroxymethyl) ethyl]-D-lysergamide; D-Lysergic acid L-2-propanolamide; Syntometrine; D-Lysergic acid L-2-propano lamide

M. I. 15，3712

性状　来自乙酸乙酯中的白色四面体或来自苯中的无色针状结晶。易溶于低级醇类、乙酸乙酯、丙酮，溶于水，微溶于氯仿。pK 6.8。mp 162℃；$[\alpha]_D^{20}+90°$（于水中）。

注意事项　该品吸入、口服或与皮肤接触有毒。使用时应穿适当的防护服，戴手套和防护镜或面罩。使用时如有事故发生或有不适之感，应请医生诊治。

主要用途　生化研究。医用催产剂。

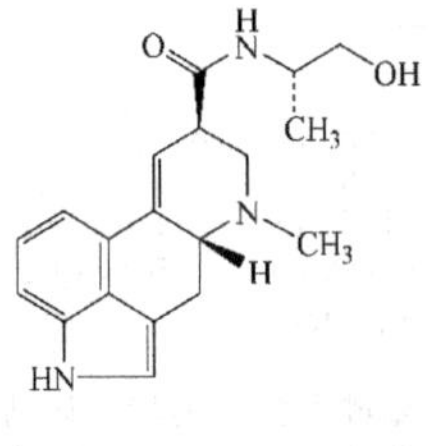

Ergonovine maleate salt　麦角新碱 顺丁烯二酸盐　04167

[129-51-1]　$C_{23}H_{27}N_3O_6$　441.48

成分　C 62.57%，H 6.16%，N 9.52%，O 21.74%。

别名　马来酸麦角袂春；马来酸麦角新碱；麦角新碱 马来酸盐；顺丁烯二酸麦角新碱；Cornocentin; Ergometrine maleate; Ergotrate maleate; Ermetrine

M. I. 15，3712

性状　白色或微黄色细微结晶性粉末。1g 该品溶于 36mL 水、120mL 乙醇，几乎不溶于乙醚、氯仿。167℃分解；$[\alpha]_D^{25}+48°\sim+57°$。$LD_{50}$　小鼠静脉注射：8.26mg/kg。

注意事项　见 04166 麦角新碱。应密封于−20℃保存。

主要用途　生化研究。

Ergosine　麦角生碱　04168

[561-94-4]　$C_{30}H_{37}N_5O_5$　547.66

成分　C 65.79%，H 6.81%，N 12.79%，O 14.61%。

别名　麦角僧；12′-Hydroxy-2′-methyl-5′α-(2-methylpropyl) ergotaman-3′,6′,18-trione

M. I. 15,3713

性状　来自乙酸乙酯中的无色棱柱体结晶。颇溶于甲醇、丙酮，溶于氯仿，略微溶于乙酸乙酯、苯。228℃分解；$[\alpha]_D^{20}$ −161°(氯仿中)。

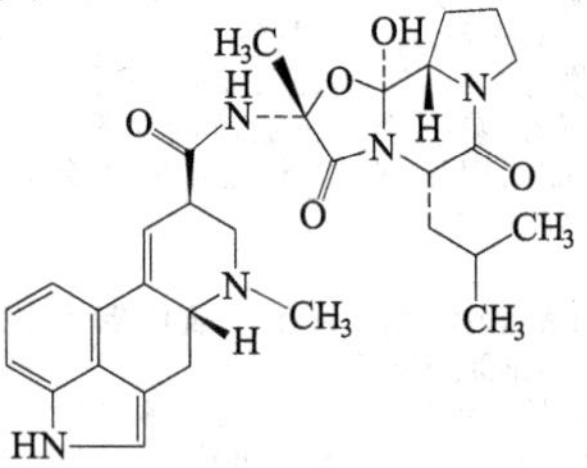

Ergostane　麦角甾烷　04169

[511-20-6]　$C_{28}H_{50}$　386.71

成分　C 86.97%，H 13.03%。

别名　(5α)-Ergostane

M. I. 15，3714

性状　来自乙醚＋甲醇中的鳞状或片状结晶。mp 85℃；$[\alpha]_D^{20}+17°$（c=2，于氯仿中）。

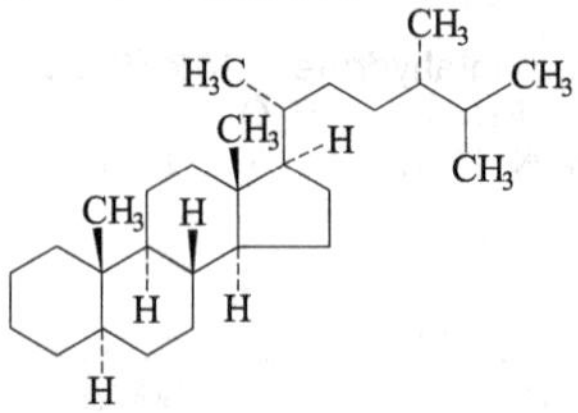

Ergostanol　麦角甾烷醇　04170

[6538-02-9]　$C_{28}H_{50}O$　402.71

成分　C 83.51%，H 12.52%，O 3.97%。

别名　(3β,5α)-Ergostan-3-ol

M. I. 15，3715

性状　无色结晶。能被毛地黄皂苷沉淀。mp 144～145℃；$[\alpha]_D^{20}+15.9°$（c=1.8，于氯仿中）。

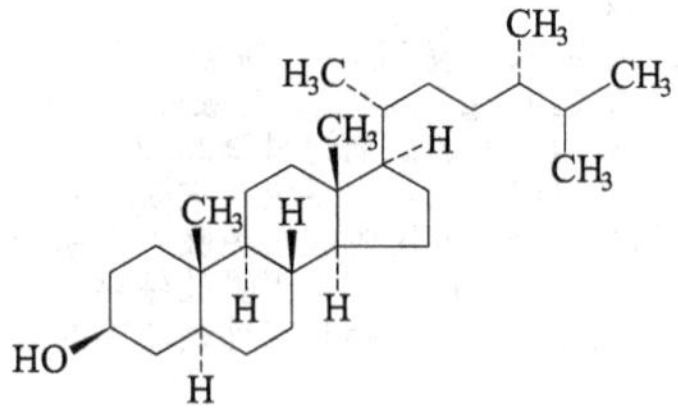

Ergosterol　麦角甾醇　04171

[57-87-4]　$C_{28}H_{44}O$　396.66

成分　C 84.78%，H 11.18%，O 4.03%。

别名　麦角固醇；(3β,22E)-Ergosta-5,7,22-trien-3-ol; Ergosta-5∶6,7∶8,22∶23-trien-3-ol; Ergosterin; Provitamin D_2; Ergosterin

M. I. 15，3716

性状　无色针状或片状结晶。易吸潮。对空气和湿度敏感。1g 该品溶于 660mL 乙醇、45mL 沸乙醇、70mL 乙醚、39mL 沸乙醚、31mL 三氯甲烷，几乎不溶于水。mp 168℃；$bp_{0.01}$ 250℃/1.33Pa；$[\alpha]_{546}^{20}-171°$（于氯仿中）；$[\alpha]_D^{20}-135°$（c=1.2，于氯仿中）；uv max（乙醇中）：262nm，271nm，282nm，293nm。生化试剂含量≥95.0%（HPLC）。

注意事项　该品口服极毒。使用时应穿适当的防护服和戴手套。使用时如有事故发生或有不适之感，应请医生诊治。应充氩气密封避光于 2～8℃干燥保存。

主要用途　生化研究。有维生素 D_2 的作用。

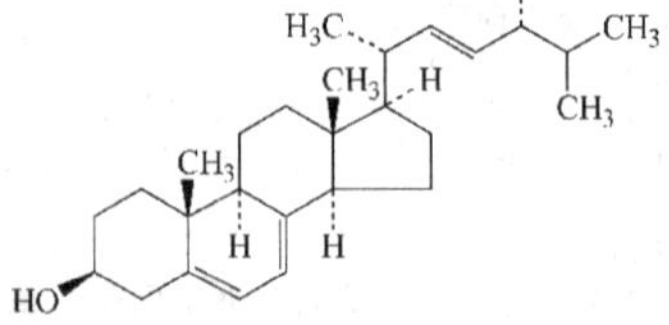

Ergotamine D-tartrate　D-酒石酸麦角胺　04172

[379-79-3]　$C_{70}H_{76}N_{10}O_{16}$　1313.43

成分　C 64.01%，H 5.83%，N 10.66%，O 19.49%。

别名　麦角胺酒石酸盐；Ergate；Ergomar；Ergostat；Ergotartrat；Ergoton-A；Femergin；Gynergen；12′-Hydroxy-2′-methyl-5′α-(phenylmethyl)ergotaman-3′,6′,18-trione tartrate；Lingraine；Lingran

M. I. 15，3718

性状　白色或微黄白色结晶性粉末。易吸湿。1g 该品溶于 3200mL 水，微溶于乙醇。mp 约 180℃（分解）；$[\alpha]_D^{25}$ −125°～−155°(c=0.4，于氯仿中)。LD_{50}小鼠，大鼠静脉注射：62mg/kg，80mg/kg。

注意事项　该品吸入、口服或与皮肤接触有毒。能损伤生育力。能危害胎儿。使用时应穿适当的防护服和戴手套。使用时如有事故发生或有不适之感，应请医生诊治。应充氩气密封避光于 2～8℃干燥保存。

主要用途　生化研究。

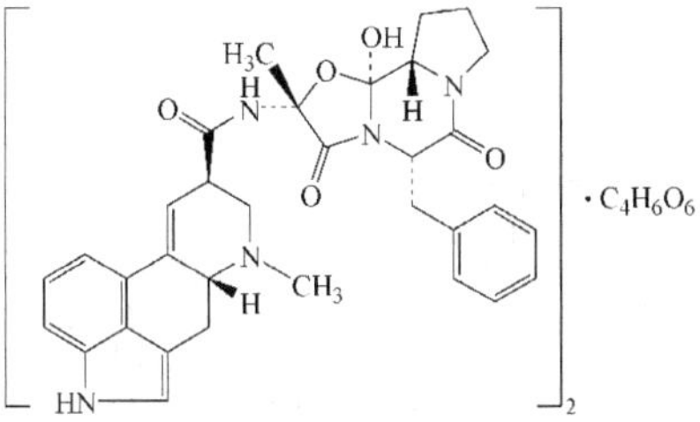

Ergothioneine　麦角硫因　04173

[497-30-3]　[58511-63-0]（二水物）　$C_9H_{15}N_3O_2O$　229.30

成分　C 47.14%，H 6.59%，N 18.33%，O 13.95%，S 13.98%。

别名　(αS)-α-Carboxy-2,3-dihydro-*N*,*N*,*N*-trimethyl-2-thioxo-1*H*-imidazole-4-ethanaminium inner salt；[1-Carboxy-2-[2-mercaptoimidazol-4-yl] ethyl] trimethylammonium hydroxide inner salt；L-(+)-Ergothioneine；Thioneine；thiolhistidine-betaine；Thiasine；Symp ectothion

M. I. 15，3720

性状　二水合物为来自稀乙醇中的无色针状或小叶状结晶。1g 该品溶于 25℃水 5mL，更多地溶于热水。微溶于热甲醇、热乙醇、丙酮，几乎不溶于乙醚、氯仿、苯。256～257℃分解；$[\alpha]_D^{20}$ +116.5°；$[\alpha]_D^{27}$ +115°（水中）；uv max（水中）：258nm（ε 16000）。

注意事项　该品应密封于−20℃保存。

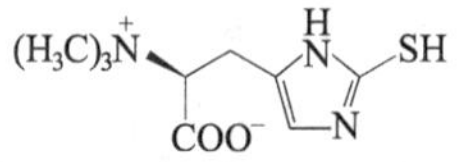

Eriochrome black T　依来铬黑 T　04174

[1787-61-7]　$C_{20}H_{12}NaO_7S$　461.38

成分　C 52.06%，H 2.62%，N 9.11%，Na 4.98%，O 24.27%，S 6.95%。

别名　羊毛铬黑 T；沙洛克罗黑；铬黑 T；1-(1-羟基-2-萘偶氮)-6-硝基-2-萘酚-4-磺酸钠盐；BT；EBT；3-Hydroxy-4-(1-hydroxy-2-naphthalenyl) azo-7-nitro-1-naphthalenesulfoic acid monosodium salt；1-(1-Hydroxy-2-naphthylazo)-6-nitro-2-naphthol-4-sulfonic acid sodium salt；Mordant black 11；Solochrome black

M. I. 15，3725　C. I. 14645

性状　棕黑色粉末。溶于水呈红棕色，在过量盐酸中有紫棕色沉淀，溶于氢氧化钠水溶液呈深蓝色，然后变为红色。

注意事项　使用时应避免吸入本品的粉尘，避免与眼睛及皮肤接触。

主要用途　测定钡、镉、铟、镁、锰、钙、铅、钪、锶、锌、锆等的络合指示剂。酸碱指示剂。

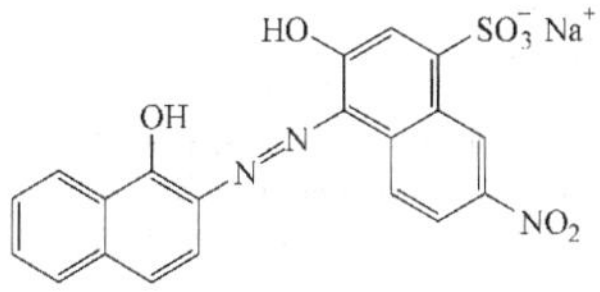

Eriochrome blue black B　依来铬蓝黑 B　04175

[3564-14-5]　$C_{20}H_{13}N_2NaO_5S$　416.38

成分　C 57.69%，H 3.15%，N 6.73%，Na 5.52%，O 19.21%，S 7.70%。

别名　铬蓝黑 B；沙罗克罗黑 6B；媒染剂黑 3；1-(1-Hydroxy-2-naphthylazo)-2-naphthol-4-sulfonic acid sodium salt；Mordant black 3；Solo-chrome black B

C. I. 14640

性状　深紫色粉末。溶于乙醇。一般试剂干燥含量约 60.0%。

注意事项　该品对眼睛有刺激性。万一接触到眼睛，应立即用大量水冲洗后请医生诊治。

主要用途　测定铝、镓、水硬度的络合指示剂。测定糖液中的钙和镁。

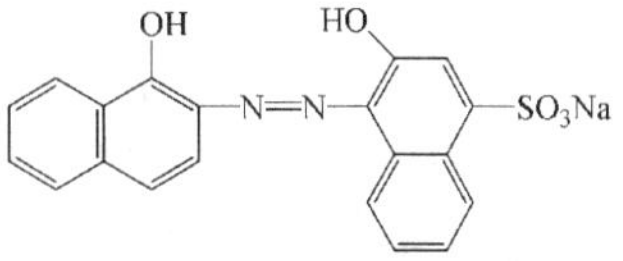

Eriochrome blue black R　依来铬蓝黑 R　04176

[2538-85-4]　$C_{20}H_{13}N_2NaO_5S$　416.39

成分　C 57.69%，H 3.15%，N 6.73%，Na 5.52%，O 19.21%，S 7.70%。

别名　钙试剂；钙试剂Ⅰ；钙紫红素；茜素蓝黑；媒染剂黑 17；酸性铬蓝黑；铬蓝黑 R；Acid chrome blue black；Anthracene blue black；Calcon®；Calcon Ⅰ；Chrome blue black R；1-(2-Hydroxy-1-naphthylazo)-2-naphthol-4-sulfonic acid sodium salt；Mordant black 17；Palatine chrome black 6BN；Solochrome dark blue

C. I. 15705

性状　棕黑色粉末。溶于水、乙醇。一般试剂干燥含量≥50.0%。

注意事项　该品对眼睛、呼吸系统及皮肤有刺激性。使用时应穿适当的防护服。万一接触到眼睛，应立即用大量水冲洗后请医生诊治。

主要用途　测定铝、铁、锆、钙、镁、镉、锰、锌等的络合指示剂。

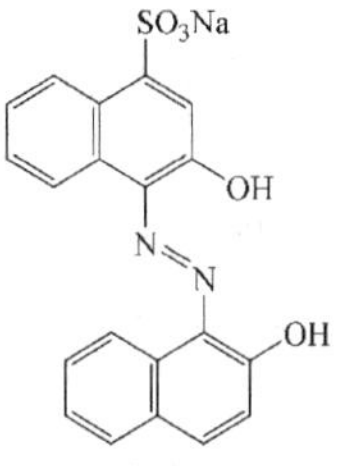

Eriochrome blue SE　依来铬蓝 SE　04177

[1058-92-0]　$C_{16}H_9ClN_2Na_2O_9S_2$　518.82

成分　C 37.04%，H 1.75%，Cl 6.83%，N 5.40%，Na 8.86%，O 27.75%，S 12.36%。

别名　2-(5-氯-2-羟基苯偶氮)-1,8-二羟基萘-3,6-二磺酸二钠；2-(4-氯-1-羟基苯-2-偶氮)-1,8-二羟基萘-3,6-二磺酸二钠盐；铬蓝 SE；2-(4-chloro-1-hydroxyphenyl-2-azo)-1,8-dihydroxynaphthalene-3,6-disulfonic acid disodium salt；2-(5-Cholor-2-hydroxyphenylazo)-1,8-dihydroxy-naphthalene-3, 6-disulfonic acid disodium salt；Fast mordant blue B；Mordant blue 13；Plasmocorinth B

C. I. 16680

性状　暗紫色粉末。溶于水（20℃，约 30g/L）为玫瑰红色，其水溶液（20℃，10g/L）pH 值约 6.1。溶于氢氧化钠溶液为蓝紫色，微溶于乙醇。λ_{max} 527nm。LD_{50}大鼠急性经口：8.9g/kg。一般试剂干燥含量约 60.0%。

主要用途　测定铍的灵敏试剂。络合指示剂。

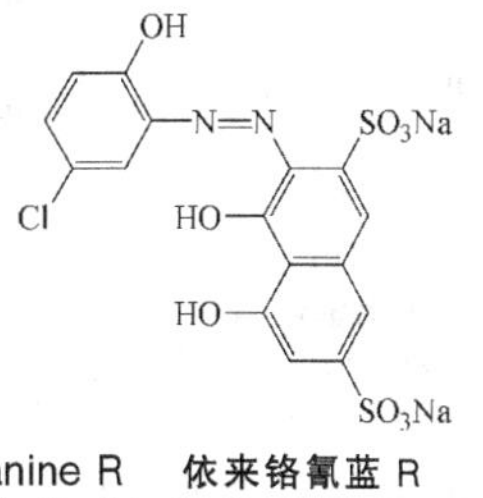

Eriochrome cyanine R　依来铬氰蓝 R　04178

[3564-18-9]　$C_{23}H_{15}Na_3O_9S$　529.41

成分 C 52.18%，H 2.86%，Na 11.71%，O 27.20%，S 6.06%。

别名 羊毛铬青；铬花青 R；蓝光酸性铬花青；Chrome cyanine R；Chromoxane cyanine R；Cyanine R；ECR；Eriochrome cyanine RC；Mordant blue 3；Solochrome cyanine R

C. I. 43820

性状 深红棕色粉末。易溶于水，不溶于乙醇。

注意事项 见 04174 依来铬蓝黑 R。

主要用途 检测铝的试剂。

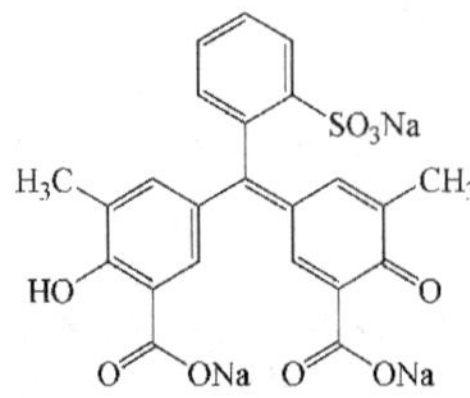

Eriochrome red B 依来铬红 B 04179

[3618-63-1] $C_{20}H_{15}N_4NaO_5S$ 446.42

成分 C 53.81%，H 3.39%，N 12.56%，Na 5.15%，O 17.92%，S 7.18%。

别名 酸性铬红 B；Acid chrome red B；4-Sulfo-2-naphthol-1-azo-1′-phenyl-3′-methyl-5′-hydroxypyrazol sodium salt

C. I. 18760

性状 棕红色粉末。溶于热水呈橘红色。在盐酸溶液中有鲜艳的猩红色沉淀。在苛性钠溶液中呈橙黄色。在硫酸溶液中呈品红色，用水稀释则呈猩红色沉淀。

注意事项 见 04174 依来铬黑 T。

主要用途 络合指示剂，如钙、铜、锰、镍、铅、锌的检验等。荧光测定氟。比色测定钴、镓。

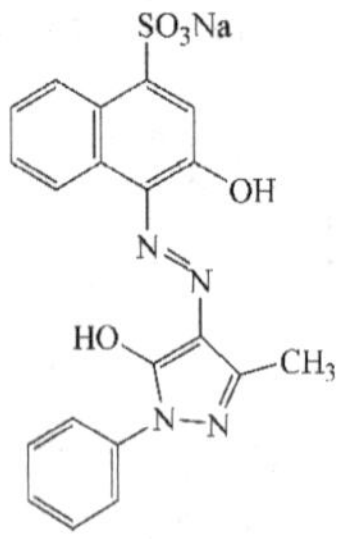

Eriodictyol 毛纲草酚 04180

[552-58-9] $C_{15}H_{12}O_6$ 288.26

成分 C 62.50%，H 4.20%，O 33.30%。

别名 圣草素；圣草酚；3′，4′，5，7-四羟基二氢黄素；2-(3，4-Dihydroxyphenyl)-2，3-dihydro-5，7-dihydroxy-4*H*-1-benzopyran-4-one；3′，4′，5，7-tetrahydroxyflavanone

M. I. 15，3726

性状 来自稀乙醇中的无色针状结晶含 1½水。257℃分解(快速加热)。溶于稀碱，略微溶于沸水、热乙醇、乙醚、冰乙酸。于真空中干燥 6h 可得无水物。267℃分解；uv max (乙醇中)：290nm，326nm (lg ε 2.54，2.16)。生化试剂含量≥95.0% (HPLC)。

注意事项 该品对眼睛、呼吸系统及皮肤有刺激性。使用时应戴适当的手套和防护镜或面罩。万一接触到眼睛，应立即用大量水冲洗后请医生诊治。

主要用途 医用祛痰剂。

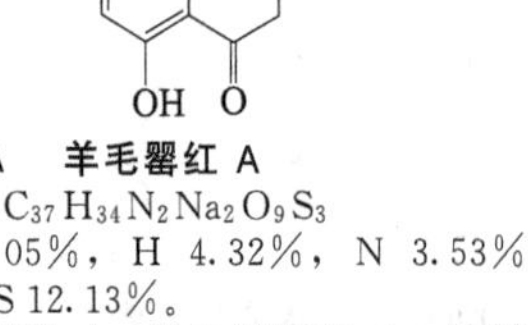

Erioglaucine A 羊毛罂红 A 04181

[3844-45-9] $C_{37}H_{34}N_2Na_2O_9S_3$ 792.84

成分 C 56.05%，H 4.32%，N 3.53%，Na 5.80%，O 18.16%，S 12.13%。

别名 依里加努新 A；羊毛罂粟蓝 A；灿烂蓝 FCF；罂红 A；酸性蓝 9；Acid blue 9；Alphazurine FG；Brilliant blue FCF；Erioglaucine BB；Erioglaucine disodiumsalt；Erioglaucine E；Erioglaucine G；FD & C Blue No.1；Food blue 2

M. I. 15，1379　C. I. 42090

性状 红紫色粉末或颗粒。具有金属光泽。溶于水、乙醇，几乎不溶于植物油。mp 283℃ (分解)；λ_{max} 625 (406) nm。LD_{50}小鼠皮下注射：4.6g/kg。

注意事项 使用时应穿适当的防护服和戴手套。

主要用途 氧化还原指示剂。生物染色剂。

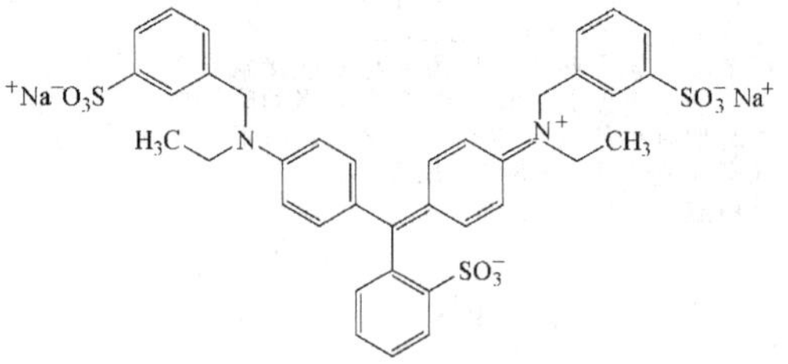

Eritadenine 香菇嘌呤 04182

[23918-98-1] $C_9H_{11}N_5O_4$ 253.22

成分 C 42.69%，H 4.38%，N 27.66%，O 25.27%。

别名 (*αR*，*βR*)-6-Amino-*α*，*β*-dihydroxy-9*H*-purine-9-butanoic acid；2(*R*)，3(*R*)-Dihydroxy-4-(9-adenyl) butyric acid (D-*erythro*-form)；Lentinacin；Lentysine

M. I. 15，3728

性状 来自 10%乙酸中的无色结晶。mp 278～279℃ (分解)；$[\alpha]_D$+51.4° (1.6mol/L 氢氧化钠溶液中)；uv max (水中)：261.5nm (ε 14508)。

主要用途 医用抗胆甾醇剂。

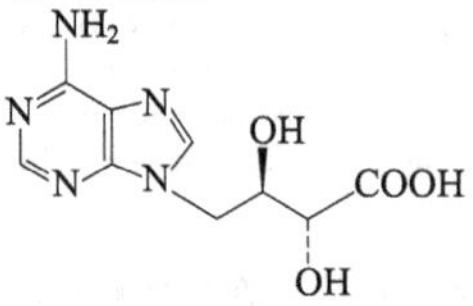

Erucic acid 芥酸 04183

[112-86-7] $C_{22}H_{42}O_2$ 338.58

成分 C 78.04%，H 12.50%，O 9.45%。

别名 芥子酸；芜酸；顺二十二碳烯 [13] 酸；瓢儿菜酸；顺(式)-13-二十二(碳)烯酸；*cis*-13-Docosenoic acid；(*Z*)-13-Docosenoic acid；Δ^{13}-*cis*-Docosenoic acid；Prifac 2990

M. I. 15，3732

性状 来自乙醇中的无色针状结晶。易溶于乙醚，约 175g 该品能溶于 100mL 乙醇，约 160g 该品溶于 100mL 甲醇，不溶于水。mp 33.8℃；bp_{760} 381.5℃/101.325kPa (分解)；bp_{400} 358.8℃/53.33kPa；bp_{100} 314.4℃/13.33kPa；bp_{60} 300.2℃/8kPa；bp_{20} 270.6℃/2.67kPa；bp_5 239.7℃/670Pa；$bp_{1.0}$ 206.7℃/133.32Pa；Fp 235.4℉ (113℃)；d_4^{55} 0.860；n_D^{45} 1.4534；n_D^{65} 1.44794。一般试剂含量≥99.0% (GC)。

注意事项 该品对眼睛、呼吸系统及皮肤有刺激性。使用时应穿适当的防护服。万一接触到眼睛，应立即用大量水冲洗后请医生诊治。应充氩气密封于 2～8℃保存。

主要用途 生化研究。表面活性剂。有机合成。二元酸的制备。

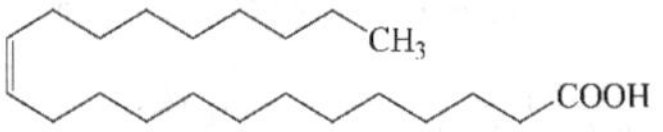

Erythritol 赤藓醇 04184

[149-32-6] $C_4H_{10}O_4$ 122.12

成分 C 39.34%，H 8.25%，O 52.41%。

别名 1,2,3,4-丁四醇；赤丝草醇；原藻醇；Antierythrite；(*R**，*S**)-1，2，3，4-Butanetetrol；Erythrite；*meso*-Erythritol；Erythroglucin；Erythrol；Phycite；Tetrahydroxybutane

M. I. 15，3733

性状 无色四方菱形结晶或白色结晶性粉末。易吸湿。有甜味。易溶于水 (约 61%质量分数)，溶于吡啶 (约 2.5%质量分数)，微溶于冷乙醇，几乎不溶于乙醚。pK_a (18℃)：13.903。mp 121.5℃；bp 329～331℃；*d* 1.45。

LD_{50}雄，雌大鼠静脉注射：6.6g/kg，9.6g/kg；皮下注射：＞16g/kg，＞16g/kg；急性经口：13.1g/kg，13.5g/kg。生化试剂含量≥99.0%（HPLC）。

注意事项 该品对眼睛、呼吸系统及皮肤有刺激性。使用时应穿适当的防护服。万一接触到眼睛，应立即用大量水冲洗后请医生诊治。应充氩气密封干燥保存。

主要用途 生化研究。病理病毒的研究。

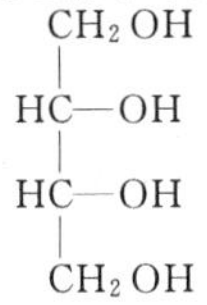

CH_2OH—HC(OH)—HC(OH)—CH_2OH

Erythrocentaurin 红百金花内酯 04185

[50276-98-7] $C_{10}H_8O_3$ 176.17

成分 C 68.18%，H 4.58%，O 27.24%。

别名 3,4-Dihydro-1-oxo-1*H*-2-benzopyran-5-carboxaldehyde；5-Formyl-3，4-dihydroisocoumarin；5-Formyl-3，4-dihydro-1*H*-2-benzopyran-1-one

M. I. 15，3736

性状 无色长针状结晶。曝露于阳光下色变红。mp 140～141℃；uv max：223nm，290nm（lgε 4.30，3.13）。

主要用途 医用苦味健胃剂。

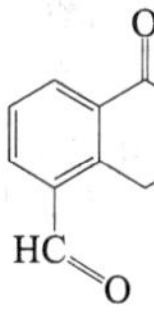

α-Erythroidine α-刺桐碱 04186

[466-80-8] $C_{16}H_{19}NO_3$ 273.33

成分 C 70.31%，H 7.01%，N 5.12%，O 17.56%。

别名 α-刺桐定；(2*R*,9a*S*,13b*S*)-2,6,8,9,9a,10-Hexahydro-2-methoxy-1*H*,12*H*-benzo[*i*]pyrano[3,4*g*]indolizin-12-one；(3β,12β)-1,2,6,7-Tetradehydro-12,17-dihydro-3-methoxy-16(15*H*)-oxaerythrinan-15-one

M. I. 15，3737

性状 来自戊烷中的无色针状结晶。曝露于空气中不稳定。mp 58～60℃；$[\alpha]_D^{27}$ +136°（*c*=0.5，于水中）。

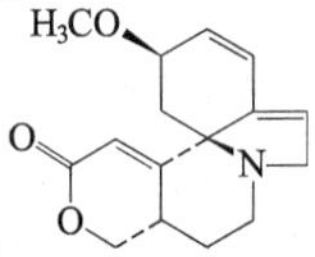

β-Erythroidine β-刺桐碱 04187

[466-81-9] $C_{16}H_{19}NO_3$ 273.33

成分 C 70.31%，H 7.01%，N 5.12%，O 17.56%。

别名 β-刺桐定；(2*R*,13b*S*)-2,6,8,9,10,13-Hexahydro-2-methoxy-1*H*,12*H*-pyrano[4′,3′:3,4]pyrido[2,1-*i*]indol-12-one；(3β)-1，2，6，7-Tetradehydro-14，17-dihydro-3-methoxy-16(15*H*)-oxaerythrinan-15-one；12，13-Didehydro-13，14-dihydro-α-erythroidine

M. I. 15，3738

性状 来自无水乙醇中的无色结晶。溶于水、苯、氯仿、甲醇、乙醇，中等程度溶于乙醚。与氢氧化钠反应生成刺桐酸钠。mp 99.5～100℃；$[\alpha]_D^{25}$ +88.8°。LD_{50}小鼠腹膜内注射：24.0mg/kg。

主要用途 医用骨骼肌松弛剂。

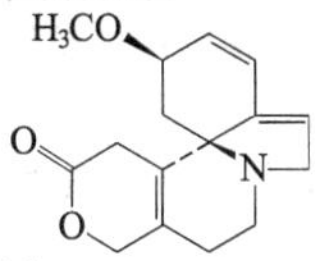

Erythromycin 红霉素 04188

[114-07-8] $C_{37}H_{67}NO_{13}$ 733.94

成分 C 60.55%，H 9.20%，N 1.91%，O 28.34%。

别名 红霉素 A；Abomacetin；Ak-Mycin；Aknin；E-Base；Ellotycin；EMU；E-Mycin；Eritrocina；Erycin；Erycinum；Ery-Derm；Erymax；Ery-Tab；Erythrocin；Erythromast 36；Erythromid；Ermysin；ERYC；Erycen；Erycinum；Erythromycin A；Ilotycin；Inderm；Retcin；Staticin；Stiemycin；Torlamicina

M. I. 15，3739

性状 来自水中的水合无色或白色结晶。易吸湿。易溶于乙醇、丙酮、乙腈、氯仿、乙酸乙酯，中等程度溶于乙醚、二氯乙烯、乙酸戊酯，微溶于水（约 2mg/mL）。pK_{a1} 8.8。mp 135～140℃；$[\alpha]_D^{25}$ −78°（*c*=1.99，于乙醇中）；uv max（pH 值 6.3）：280nm（ε 50）。生化试剂含量≥95.0%（NT）。

注意事项 该品应充氩气密封干燥保存。

主要用途 生化研究。医用抗菌剂。

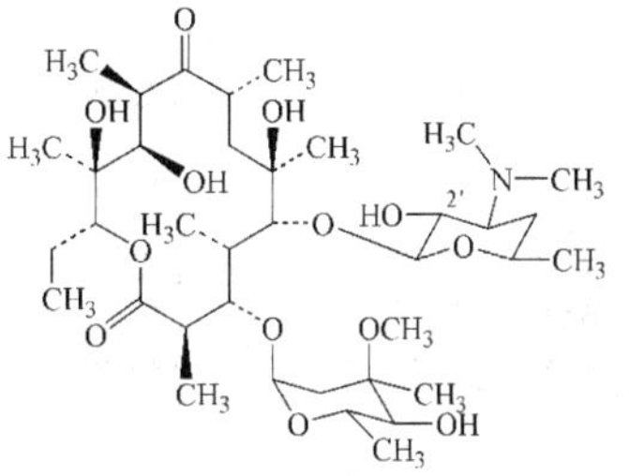

D-Erythronic acid γ-lactone D-赤糖酸 γ-内酯 04189

[15667-21-7] $C_4H_6O_4$ 118.09

成分 C 40.68%，H 5.12%，O 54.19%。

别名 (3*R-cis*)-(−)-Dihydro-3,4-dihydroxy-2(3*H*)-furanone；D-Erythronolactone

性状 白色结晶。溶于水。mp 100～102℃；$[\alpha]_D^{20}$ −72°±3°（*c*=4.5，于水中）。一般试剂含量≥99.0%(T)。

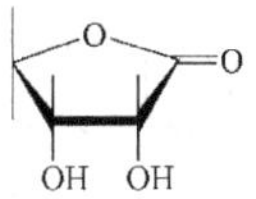

Erythropterin 红蝶呤 04190

[7449-03-8] $C_9H_7N_5O_5$ 265.19

成分 C 40.76%，H 2.66%，N 26.41%，O 30.17%。

别名 3-[2-Amino-4,5,6,8-tetrahydro-4,6-dioxo-7(3*H*)-pteridinylidene]-2-oxopropanoic acid；2-Amino-3,4,5,6-tetrahydro-4,6-dioxo-7-pteridinepyruvic acid

M. I. 15，3745

性状 红色微细结晶(一水合物)。最大吸光值(pH 值 1.0)：450nm(lg ε 4.02)。于 254～365nm 呈橙色荧光。

主要用途 生化研究。

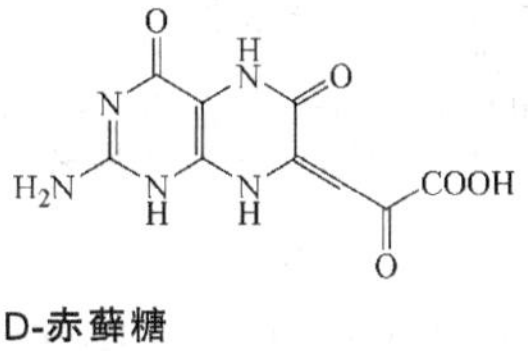

D-Erythrose D-赤藓糖 04191

[583-50-6] $C_4H_8O_4$ 120.10

成分 C 40.00%，H 6.71%，O 53.29%。

别名 1,2,3-三羟基丁醛；D-赤丝草醚；D-赤丝藻糖；(2*R*,3*R*)-2,3,4-Trihydroxybutanal；1,2,3-Trihydroxybutyl aldehyde

M. I. 15，3746

性状 无色透明浆状液体。易吸湿。溶于水、乙醇。能还原费林溶液。n_D^{20} 1.4980；$[\alpha]_D^{20}$ +1°→−14.5°（*c*=11，3 天）。生化试剂含量≥75.0%（TLC）。

注意事项 该品应充氩气密封干燥保存。

主要用途 生化研究。糖的比色测定。

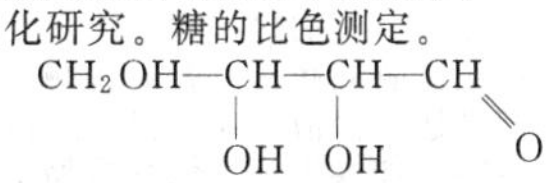

CH_2OH—CH(OH)—CH(OH)—CH=O

L-Erythrose L-赤藓糖 04192

[533-49-3] $C_4H_8O_4$ 120.10

成分 C 40.00%，H 6.71%，O 53.29%。

别名 (2*S*,3*S*)-2,3,4-Trihy droxybutanal

M. I. 15, 3747

性状 浅黄色，糖浆状物。味甜。旋光改变，$[\alpha]_D^{24}$ +11.5°(8min)→+15.2°(120min)→+30.5°(最终值，c=3)。溶于水。一般试剂含量 40.0%。

注意事项 见 04191 D-赤藓糖。

主要用途 生化研究。

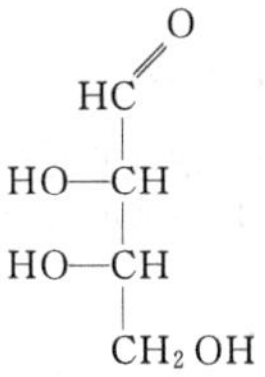

Erythrosin B disodium salt 藻红 B 二钠盐 04193

[16423-68-0] $C_{20}H_6I_4Na_2O_5$ 879.86

成分 C 27.30%，H 0.69%，I 57.69%，Na 5.23%，O 9.09%。

别名 四碘荧光素二钠盐；四碘荧光黄 二钠盐；赤藓红；真曙红；酸性红 51；藻红 B 钠盐；Acid red 51；Erythrosine BS；FD & C Red No.3；Food red 14；Iodoeosine sodium salt；2′,4′,5′,7′-Tetraiodofluorescein disodium salt；Erythrosin extra bluish

M. I. 15, 3749 C. I. 45430

性状 红棕色粉末。易溶于水、热乙醇，微溶于冷乙醇。LD_{50}雄，雌小鼠；雄，雌大鼠急性经口 (g/kg)：6.7，6.9；7.4，6.8。雄，雌小鼠；雄，雌大鼠静脉注射 (g/kg)：0.40，0.32；0.34，0.37。

注意事项 该品口服有害。使用时应穿适当的防护服。应避免吸入本品的粉尘，避免与眼睛及皮肤接触。

主要用途 生物染色剂。吸附指示剂。荧光指示剂。

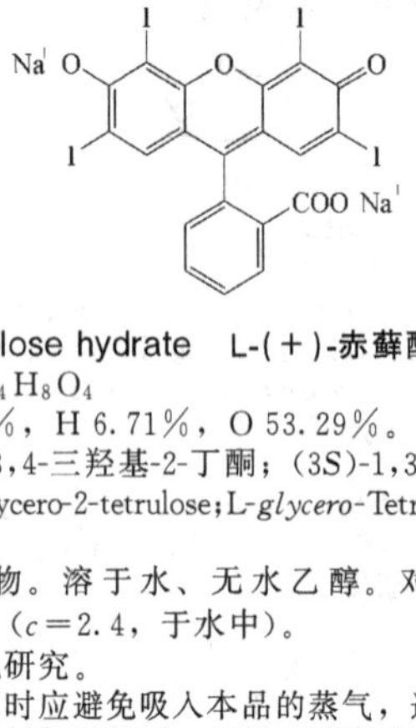

L-(+)-Erythrulose hydrate L-(+)-赤藓酮糖 水合 04194

[533-50-6] $C_4H_8O_4$ 120.10

成分 C 40.00%，H 6.71%，O 53.29%。

别名 (3S)-1,3,4-三羟基-2-丁酮；(3S)-1,3,4-Trihydroxy-2-butanone；L-Glycero-2-tetrulose；L-*glycero*-Tetrulose

M. I. 15, 3750

性状 糖浆状物。溶于水、无水乙醇。对碱十分敏感。$[\alpha]_D^{18}$ +11.4° (c=2.4，于水中)。

主要用途 生化研究。

注意事项 使用时应避免吸入本品的蒸气，避免与眼睛及皮肤接触。应充氩气密封于 2～8℃干燥保存。

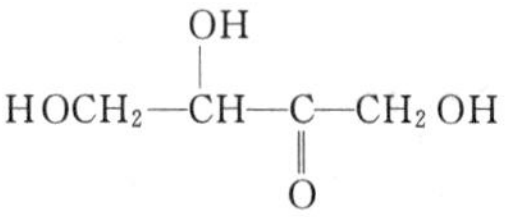

$HOCH_2-CH(OH)-C(=O)-CH_2OH$

Eschka's mixture 依斯卡合剂 04195

[8007-09-8] $2MgO \cdot Na_2CO_3$

别名 埃斯卡测硫混合剂；氧化镁碳酸钠合剂；Eschka's reagent；Magnesium oxide sodium carbonate anhydrous 2∶1

性状 细而轻的白色粉末。为无水碳酸钠和氧化镁的 2∶1 混合物。部分溶于水，全部溶于酸。

注意事项 该品对眼睛有刺激性。万一接触到眼睛，应立即用大量水冲洗后请医生诊治。应密封干燥保存。

主要用途 分析试剂，如煤炭及其他有机物中硫的测定。

Escin 七叶素 04196

[6805-41-0] $C_{54}H_{84}O_{23}$ 1101.23

成分 C 58.90%，H 7.69%，O 33.41%。

别名 Aescin；Aescusan；Flogencyl；Reparil

M. I. 15, 3751

性状 无色小叶片状结晶或白色结晶性粉末。一般为 α-型和 β-型的混合物。α-型 [66795-86-6] 为无定形粉末。易溶于水。mp 225～227℃；$[\alpha]_D^{25}$ −13.5℃ (c=5，于甲醇中)。LD_{50}小鼠，大鼠，豚鼠静脉注射 (mg/kg)：3.2，5.4，15.2；急性经口 (mg/kg)：320，720，475。β-型 [11072-93-8] 为来自稀乙醇中的无色小叶状结晶，几乎不溶于水。mp 222～223℃；$[\alpha]_D^{27}$ −23.7° (c=5，于甲醇中)。LD_{50}小鼠，大鼠，豚鼠静脉注射 (mg/kg)：1.4，2.0，7.2。急性经口 (mg/kg)：134，400，188。一般试剂含量≥96.0%。

注意事项 该品口服有毒。使用时应避免吸入本品的粉尘，应避免与眼睛及皮肤接触。应密封保存。

Esculetin 七叶亭 04197

[305-01-1] $C_9H_6O_4$ 178.14

成分 C 60.68%，H 3.39%，O 35.93%。

别名 6,7-二羟基香豆素；Cichorigenin；6,7-Dihydroxy-2*H*-1-benzopyran-2-one；6,7-Dihydroxycoumarin

M. I. 15, 3752

性状 来自冰乙酸中的无色三棱形结晶。该品溶于稀碱呈蓝色荧光，中等程度溶于热乙醇、冰乙酸，几乎不溶于乙醚、沸水。mp 268～270℃。一般试剂含量≥98.0% (HPLC)。

注意事项 该品对眼睛、呼吸系统及皮肤有刺激性。使用时应穿适当的防护服。万一接触到眼睛，应立即用大量水冲洗后请医生诊治。

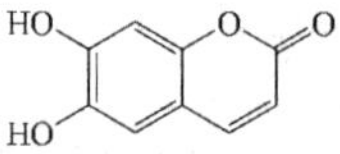

Eserine 毒扁豆碱 04198

[57-47-6] $C_{15}H_{21}N_3O_2$ 275.35

成分 C 65.43%，H 7.69%，N 15.26%，O 11.62%。

别名 依色林；Cogmine；(3a*S*-*cis*)-1,2,3,3a,8,8a-Hexahydro-1,3a,8-trimethylpyrrolo [2,3-*b*] indol-5-ol methylcarbamate (ester)；Physostigmine；Synapton

M. I. 15, 7496

性状 白色或浅粉红色结晶或粉末。溶于乙醇、三氯甲烷、苯及油类，微溶于水。pK_{a1} 16.12；pK_{a2} 212.24。mp 105～106℃；$[\alpha]_D^{17}$ −76° (c=1.3，于氯仿中)；$[\alpha]_D^{25}$ −120° (于苯中)。LD_{50}小鼠急性经口：4.5mg/kg。一般试剂含量≥98.0% (N)。

注意事项 该品吸入或口服极毒。使用时应避免吸入本品的粉尘和蒸气。使用时如有事故发生或有不适之感，应请医生诊治。应充氩气密封避光于 2～8℃保存。

主要用途 生化研究。医用胆碱功能剂，缩瞳剂。

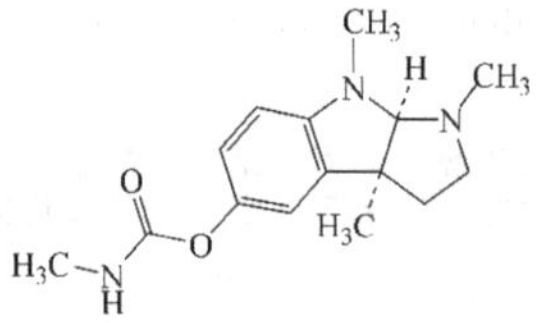

Eserine hemisulfate 毒扁豆碱 硫酸盐 04199

[64-47-1] $C_{30}H_{44}N_6O_8S$ 648.80

成分 C 55.54%，H 6.84%，N 12.95%，O 19.73%，S 4.94%。

别名 硫酸毒扁豆碱；依色林 硫酸盐；硫酸依色林；Physostigmine sulfate

M. I. 15, 7496

性状 白色微细结晶或粉末。味苦。1g 该品溶于 4mL 水、0.4mL 乙醇、1200mL 乙醚。mp 140℃ (干燥品)。一般试剂含量 ≥98.0% (TLC)。

注意事项 该品口服极毒。使用时如有事故发生或有不适之感，应立即请医生诊治。应密封于 2～8℃避光干燥保存。

Eserine salicylate　毒扁豆碱 水杨酸盐 04200

[57-64-7]　$C_{22}H_{27}N_3O_5$ 413.47

成分 C 63.91%，H 6.58%，N 10.16%，O 19.35%。

别名 水杨酸依色林；水杨酸毒扁豆碱；Antiliriun；Physostigmine salicylate

M.I. 15，7496

性状 无色针状结晶。味苦。1g 该品溶于 6mL 氯仿、16mL 乙醇、5mL 沸乙醇、250mL 乙醚、75mL 25℃水、16mL 80℃水。mp 185～187℃；$[\alpha]_D^{20}$ −77°±2°（c=1，于乙醇中）；uv max（甲醇中）：239nm，252nm，303nm（lgε 4.09，4.04，3.78）。LD_{50} 小鼠腹膜内注射：0.64mg/kg。生化试剂含量≥97.0%（N）。

注意事项 该品吸入或口服极毒。使用时应避免与眼睛接触。使用时如有事故发生或有不适之感，应请医生诊治。

主要用途 生化研究。血清及肌肉中胆碱酯酶的抑制剂。

Esmolol　艾司洛尔 04201

[81147-92-4]　$C_{16}H_{25}NO_4$ 295.38

成分 C 65.06%，H 8.53%，N 4.74%，O 21.67%。

别名 4-[2-Hydroxy-3-[(1-methylethyl) amino] propoxy] benzenepropanoic acid methyl ester；(±)-Methyl 3-[4-[2-hydroxy-3-(isopropylamino) propoxy] phenyl] propionate；Methyl *p*-[2-hydroxy-3-(isopropylamino) propoxy] hydrocinnamate

M.I. 15，3755

性状 无色油状液体。室温中能缓慢形成玫瑰花形结晶。mp 48～50℃。

主要用途 医用抗心律失常剂。

Estazolam　三唑氮草 04202

[29975-16-4]　$C_{16}H_{11}ClN_4$ 294.74

成分 C 65.20%，H 3.76%，Cl 12.03%，N 19.01%。

别名 8-Chloro-6-phenyl-4*H*-[1,2,4]triazolo[4,3-*a*][1,4]benzodiazepine；8-Chloro-6-phenyl-4*H*-*s*-triazolo[4,3-*a*][1,4]benzodiazepine；D-40TA；Cannoc；Esilgan；Eurodin；Julodin；Nemurel；Nuctalon；ProSom；Somnatrol

M.I. 15，3757

性状 来自乙酸乙酯-己烷中的无色结晶。mp 228～229℃。LD_{50} 雄小鼠，大鼠，兔急性经口（mg/kg）：740，3200，300。

注意事项 该品对眼睛、呼吸系统及皮肤有刺激性。使用时应穿适当的防护服，戴手套和防护镜或面罩。

主要用途 生化研究。医用镇静剂，安眠剂。

α-Estradiol　α-雌二醇 04203

[57-91-0]　$C_{18}H_{24}O_2$ 272.39

成分 C 79.37%，H 8.88%，O 11.75%。

别名 半水合 α-雌二醇；3，17α-Dihydroxy-1，3，5（10）-estratriene；Epiestradiol；1，3，5（10）-Estratriene-3，17α-diol；(17α)-Estra-1，3，5（10）-triene-3，17-diol；1，3，5-Estratriene-3，17α-diol；3，17-Dihydroxyestratriene

M.I. 15，3759

性状 含 1/2 水的为来自 80%乙醇中的无色针状结晶。1g 该品溶于 100mL 以上沸苯。溶于乙醇、丙酮、碱水溶液，微溶于乙醚、氯仿，不溶于水、稀酸水溶液。mp 220～223℃；$[\alpha]_D^{20}$ +53°～+56°（c=0.9，于二氧六环中）。

注意事项 该品对机体有不可逆损伤的可能性。长期接触能严重危害健康。使用时应穿适当的防护服。使用时应避免吸入本品的粉尘，避免与眼睛及皮肤接触。

主要用途 分析用标准物质。

β-Estradiol　β-雌二醇 04204

[50-28-2]　$C_{18}H_{24}O_2$ 272.39

成分 C 79.37%，H 8.88%，O 11.75%。

别名 雌二醇；雌甾二醇；β-雌激素；Dihydrofollicular hormone；Dihydrofolliculin；Dihydrotheclin；Dimenformon；Diogin；Dihydroxyoestrin；β-Estradiol；Estrace；Estraderm；α-Estradiol (obsolete)；cis-Estradiol；3，7-Epidihydroxyestratriene；ETDL；Evorel；Gynoestryl；Macrodiol；Menorest；Oestradiol；Oestrogel；Ovocyclin；Perlatanol；Profoliol B；Progynon；1，3，5（10）-Estratriene-3，17β-diol；Systen；Vagifem；Zumenon

M.I. 15，3758

性状 来自 80%乙醇中的无色棱柱体结晶或白色结晶性粉末。易溶于乙醇，溶于丙酮、氯仿、二氧六环等多数有机溶剂和碱溶液，几乎不溶于水。mp 173～179℃；$[\alpha]_D^{25}$ +76°～+83°（于二氧六环中）；uv max：225nm，280nm。生化试剂含量≥97.0%（HPLC）。

注意事项 该品能致癌。使用前应得到专门的指导，避免曝露。使用时如有事故发生或有不适之感，应请医生诊治。应充氩气密封避光保存。

主要用途 生化研究。

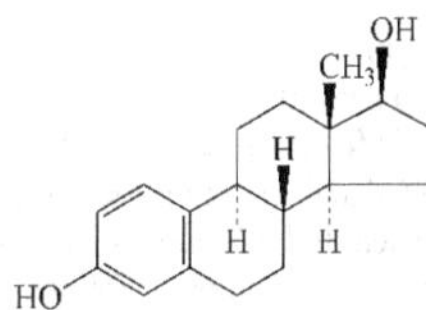

β-Estradiol 3-benzoate　3-苯甲酸 β-雌二醇酯 04205

[50-50-0]　$C_{25}H_{28}O_3$ 376.50

成分 C 79.76%，H 7.50%，O 12.75%。

别名 β-雌二醇-3-苯甲酸酯；3-Benzoyloxy-17β-estrol；Estradiol benzoate；Agofollin；Benzo-gynoestryl；Benztrone；Pelanin benzoate；Progynon B；Ovahormon benzoate

M.I. 15，3758

性状 来自乙醇中的无色结晶。溶于乙醇、丙酮、二氧六环，微溶于乙醚、植物油。在空气中稳定。mp 191～196℃；$[\alpha]_D^{25}$ +58°～+63°（c=2，于二氧六环中）。

注意事项 该品能损伤生育力。能危害胎儿。对机体有不可逆损伤的可能性。使用前应得到专门的指导，避免曝露。使用时应穿适当的防护服，戴手套和防护镜或面罩。使用时应避免与吸入本品的粉尘。使用时如有事故发生或有不适之感，应请医生诊治。应密封避光保存。

主要用途 生化研究。

Estramustiue　雌二醇氮芥 04206

[2998-57-4]　$C_{23}H_{31}Cl_2NO_3$ 440.41

成分 C 62.73%，H 7.10%，Cl 16.10%，N 3.18%，O 10.90%。

别名 (17β)-Estra-1，3，5（10）-triene-3，17-diol 3-[bis（2-chloroethyl）carbamate]；Estradiol 3-bis（2-chloroethyl）carbamate；Estra-1，3，5（10）-triene-3，17β-diol 3-[*N*，*N*-bis(2-chloroethyl) carbamate]；Ro-21-8837

M.I. 15，3761

性状 来自苯-石油醚中的无色结晶。mp 104～105℃；$[\alpha]_D^{20}$ + 50°（二氧六环中）；uv max（乙醇中）：

270.7nm，276.5nm。
主要用途 医用抗肿瘤剂。

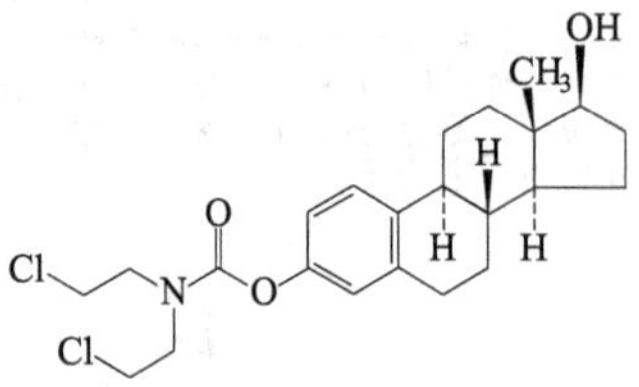

Estriol 雌三醇 04207
[50-27-1] $C_{18}H_{24}O_3$ 288.39
成分 C 74.97%，H 8.39%，O 16.64%。
别名 雌甾三醇；雌激素三醇；Aacifemine；Colpogyn；Destriol；E_3；Follicular hormone hydrate；Gynäsan；Hormomed；Klimax E；Klimoral；Oekolp；Oestriol；(16α，17β)-Estra-1，3，5(10)-triene-3，16，17-triol；1，3，5-Estratriene-3β，16α，17β-triol；Hormomed；16α-Hydroxyestradiol；Ortho-gynest；Ovesterin；Ovestin；Ovo-vinces；Theelol；Tridestrin；3，16α，17β-Trihydroxy-$\Delta^{1,3,5}$-estratriene；Trihydroxyestrin；Triovex；Trophicreme
M.I. 15，3762
性状 来自稀乙醇中的白色微细单斜结晶。易溶于吡啶和碱溶液，溶于丙酮、乙醚、氯仿、二氧六环及植物油中，略微溶于乙醇，几乎不溶于水。mp 282℃；*d* 1.27；$[\alpha]_D^{25}$ +58°±5°（0.04g 溶于 1mL 二氧六环中）；uv max：280nm。生化试剂含量≥97.0%（HPLC）。
注意事项 见 04205 3-苯甲酸 β-雌二醇酯。
主要用途 生化研究。医用雌激素。

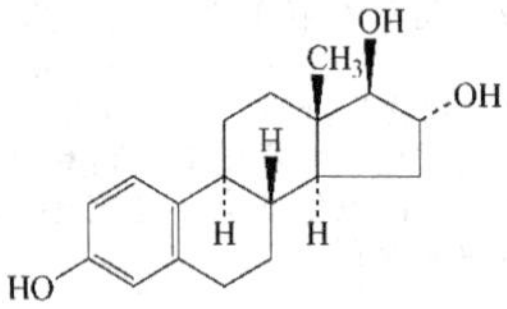

Estrone 雌酮 04208
[53-16-7] $C_{18}H_{22}O_2$ 270.37
成分 C 79.96%，H 8.20%，O 11.84%。
别名 α-卵泡激素；氧化甾酚；雌（三烯酚）酮；雌甾酮；雌激素酮；Crinovaryl；Cristallovar；Destrone；Disynformon；Endofolliculina；1，3，5-Estratrien-3-ol-17-one；Estrol；Estrugenone；Estrusol；Femestrone Inj；Femidyn；Folikrin；Folipex；Folisan；Follestrine；Follicular hormone；Folliculin；Follicunodis；Follidrin；(tablets) Glandubolin；Hiestrone；Hormofollin；Hormovarine；3-Hydroxyestra-1，3，5(10)-trien-17-one；Kestrone；Ketodestrin；Ketohydroxyestrin；Kolpon；Menformon；Oestrin；Oestroform；Oestrone；Oestroperos；Ovifollin；Perlatan；Theelin；Thelestrin；Thelykinin；Tokokin；Unden；Wynestron
M.I. 15，3763
性状 来自丙酮中的无色或白色结晶。1g 该品溶于 250mL 96%乙醇（15℃）、50mL 沸乙醇、50mL 丙酮（15℃）、145mL 沸苯、110mL 氯仿（15℃），溶于二氧六环、吡啶，微溶于乙醚、植物油，极微溶于水（25℃，0.003g/100mL）。mp 254.5～256℃；$[\alpha]_D^{22}$ +152°（*c*=0.995，于氯仿中）；uv max（于二氧六环中）：282nm，296nm（ε 2300，2130）；（于 0.1mol/L 氢氧化钠溶液中）：239nm，293nm；（于浓硫酸中）：300nm，450nm。生化试剂含量≥97.0%（HPLC）。
注意事项 该品能损伤生育力。能危害胎儿。能致癌。使用前应得到专门的指导，避免曝露。使用时如有事故发生或有不适之感，应请医生诊治。
主要用途 生化研究。

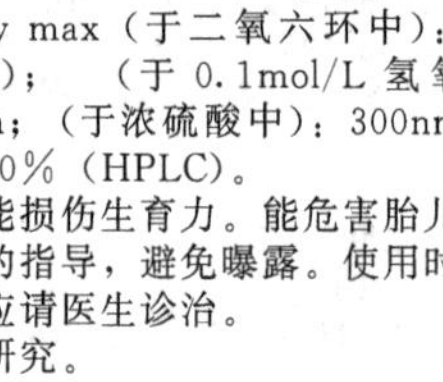

Etafedrine hydrochloride 乙基麻黄素 盐酸盐 04209
[5591-29-7] $C_{12}H_{20}ClNO$ 229.75
成分 C 62.73%，H 8.77%，Cl 15.43%，N 6.10%，O 6.96%。
别名 左旋 *N*-乙基麻黄素 盐酸盐；盐酸乙基麻黄素；Nethamine；α-[1-(Ethylmethylamino) ethyl] benzenemethanol hydrochloride；*l*-*N*-Ethylephedrine hydrochloride；*l*-α-[1-(Ethylmethylamino)ethyl]benzyl alcohol hydrochloride；2-methylethylamino-1-phenyl-1-propanol hydrochloride；Menetryl hydrochloride；Novedrin hydrochloride
M.I. 15，3764
性状 来自丙酮+乙醇中的无色结晶。1g 该品溶于 1.5mL 水、8.0mL 乙醇。其水溶液极稳定。mp 183～184℃。
主要用途 医用支气管扩张剂。

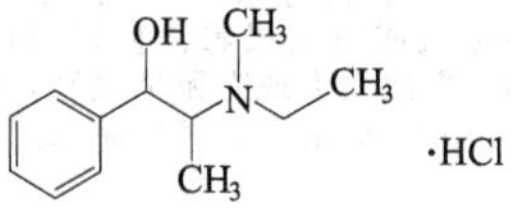

Etafenone hydrochloride 依他苯酮 盐酸盐 04210
[90-54-0]（无 HCl） $C_{21}H_{28}ClNO_2$ 361.91
成分 C 69.69%，H 7.80%，Cl 9.80%，N 3.87%，O 8.84%。
别名 乙胺苯丙酮 盐酸盐；盐酸依他苯酮；Hetaphenone；Asamedoi；Baxacor；Corodilan；Dialicor；Pagano-Cor；Relicor；1-[2-[2-(Diethylamino) ethoxy] phenyl]-3-phenyl-1-propanone hydrochloride；2′-[2-(Diethylamino) ethoxy]-3-phenylpropiophenone hydrochloride；*o*-Diethylaminoethoxy-β-phenylpropiophenone hydrochforide；2′-(β-Diethylaminoethoxy)-3-phenylpropiophenone hydrochloride；β-phenyl-*o*-(diethylaminoethoxy) propiophenone hydrochloride；LG-11457-HCl
M.I. 15，3765
性状 无色结晶。mp 129～130℃。LD_{50} 大鼠急性经口：716mg/kg；静脉注射：20.8mg/kg。
主要用途 医用冠状血管舒张剂。

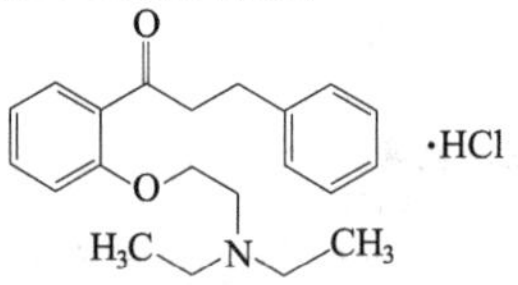

Etamiphyllin 依他茶碱 04211
[314-35-2] $C_{13}H_{21}N_5O_2$ 279.34
成分 C 55.90%，H 7.58%，N 25.07%，O 11.46%。
别名 7-(2-二乙基氨基乙基)茶碱；二乙氨乙茶碱；7-[2-(Diethylamino) ethyl]-3，7-dihydro-1，3-dimethyl-1*H*-purine-2，6-dione；7-(2-Diethylaminoethyl) theophylline；7-(2-Diethylaminoethyl)-1，3-dimethylxanthine；1，3-Dimethyl-7-(2-diethylaminoethyl) xanthine；Dietamiphylline；Etamiphylline
M.I. 15，3766
性状 蜡状固体。易溶于水、丙酮，微溶于乙醇、乙醚。mp 75℃。
主要用途 医用支气管扩张剂。强心剂。利尿剂。

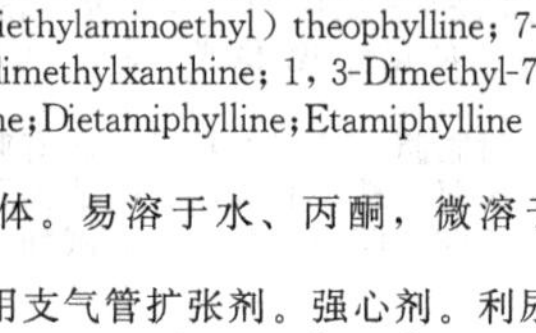

Etanidazole 依他硝唑 04212
[22668-01-5] $C_7H_{10}N_4O_4$ 214.18
成分 C 39.26%，H 4.71%，N 26.16%，O 29.88%。
别名 *N*-(2-Hydroxyethyl)-2-nitro-1*H*-imidazole-1-acetamide；DUP-453；NSC-301467；SR-2508；Radinyl
M.I. 15，3768
性状 来自乙醇中的无色结晶。溶于等渗合盐溶液：200mg/mL。mp 162～163℃；uv max（异丙醇中）：313nm（ε 7800）。
注意事项 该品对眼睛、呼吸系统及皮肤有刺激性。使用时应穿适当的防护服。万一接触到眼睛，应立即用大量水冲洗后请医生诊治。应密封于 2～8℃保存。
主要用途 医用抗肿瘤附加剂。

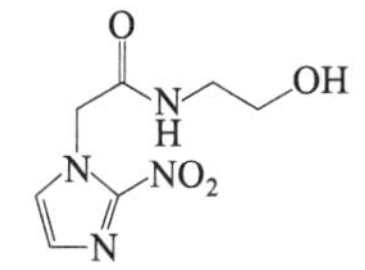

Etagualone 依他喹酮 04213

[7432-25-9] $C_{17}H_{16}N_2O$ 264.33

成分 C 77.25%，H 6.10%，N 10.60%，O 6.05%。

别名 乙苯甲喹唑啉酮；2-(3-乙基苯基)-2-甲基-4(3*H*)-喹唑啉酮；3-(2-Ethylphenyl)-2-methyl-4(3*H*)-quinazolinoe；2-Methyl-3-(*o*-ethylphenyl)-4-quinazolone；Ethinazone；Aolan

M. I. 15，3769

性状 无色结晶。mp 81℃。

主要用途 医用镇静剂，安眠剂。

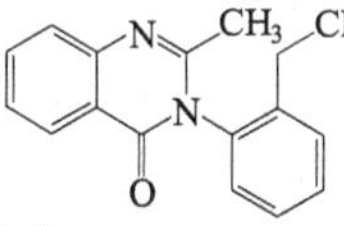

Eterobarb 依特比妥 04214

[27511-99-5] $C_{16}H_{20}N_2O_5$ 320.35

成分 C 59.99%，H 6.29%，N 8.74%，O 24.97%。

别名 双甲醚苯比妥；1，3-双（甲氧甲基）苯巴比妥；5-Ethyl-1，3-bis（methoxymethyl）-5-phenyl-2，4，6（1*H*，3*H*，5*H*）-pyrimidinetrione；5-Ethyl-1，3-bis（methoxymethyl）-5-phenylbarbituric acid；*N*，*N'*-Dimethoxymethylphenobarbital；Eterobarbital；Ex-12-095；Antilon

M. I. 15，3770

性状 来自乙醇中的无色结晶。mp 116～118℃。LD_{50}小鼠急性经口：470mg/kg。

主要用途 医用抗惊厥剂。

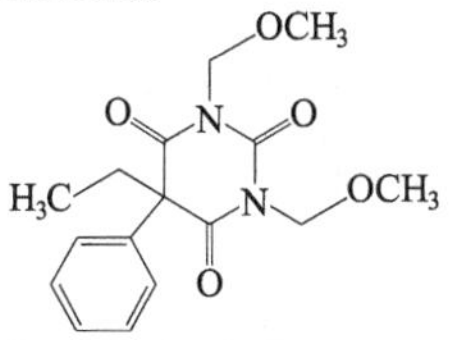

Ethacridine lactate monohydrate

依沙吖啶 乳酸盐 一水 04215

[6402-23-9] $C_{18}H_{21}N_3O_4 \cdot H_2O$ 361.40

成分(以无水物计) C62.96%，H 6.16%，N 12.24%，O 18.64%。

别名 2-乙氧基-6，9-二氨基吖啶；6，9-二氨基-2-乙氧基吖啶；7-Ethoxy-3，9-acridinediamine；6，9-Diamino-2-ethoxyacridine；2，5-Diamino-7-ethoxyacridine；2-Ethoxy-6，9-diaminoacridine；Etakridin

M. I. 15，3771

性状 来自90%乙醇＋乙醚中的亮黄色结晶。溶于15份水、9份沸水、110份乙醇（22℃）、100份沸乙醇。溶液呈黄色。200℃变暗；mp 235℃。LD_{50}小鼠皮下注射：120mg/kg。一般试剂含量≥99.0%。

注意事项 该品对眼睛、呼吸系统及皮肤有刺激性。使用时应穿适当的防护服。万一接触到眼睛，应立即用大量水冲洗后请医生诊治。

主要用途 用于血清试验和蛋白质化学的试剂。医用消毒剂，堕胎剂。

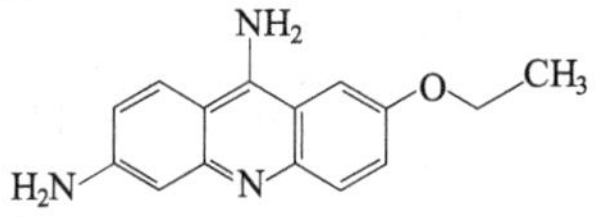

Ethacrynic acid 利尿酸 04216

[58-54-8] $C_{13}H_{12}Cl_2O_4$ 303.14

成分 C 51.51%，H 3.99%，Cl 23.39%，O 21.11%。

别名 2，3-二氯-4-（2-亚甲基丁酰）苯氧乙酸；依他尼酸；[2，3-Dichloro-4-(2-methylene-1-oxobutyl) phenoxy] acetic acid；2，3-Dichloro-4-(2-methylenebutyryl) phenoxy acetic acid；(4-Methylenebutyryl-2，3-dichlorophenoxy) acetic acid；MK-595；Crinuryl；Edecril；Edecrin；Endecril；Hydromedin；Reomax；Taladren；Uregit

M. I. 15，3772

性状 白色或近白色结晶性粉末。溶于氯仿、苯及醇类等有机溶剂，极微溶于水。pK_a3.50。mp 121～122℃。LD_{50}小鼠静脉注射：176mg/kg；急性经口：627mg/kg。

注意事项 该品吸入、口服或与皮肤接触有害。对眼睛、呼吸系统及皮肤有刺激性。使用时应穿适当的防护服。万一接触到眼睛，应立即用大量水冲洗后请医生诊治。

主要用途 生化研究。医用、兽用利尿剂。

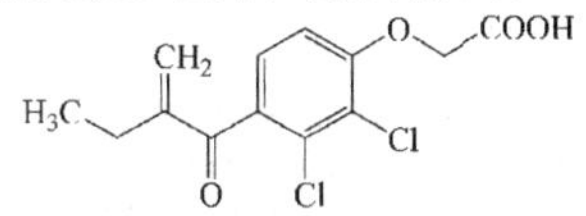

Ethsdione 依沙双酮 04217

[520-77-4] $C_7H_{11}NO_3$ 157.17

成分 C 53.49%，H 7.05%，N 8.91%，O 30.54%。

别名 乙噁二酮；3-乙基-5，5-二甲基-2，4-噁唑二酮；3-Ethyl-5，5-dimethyl-2，4-oxazolidinedione；3-Ethyl-5，5-dimethyl-2，4-diketooxazolidine；Petidiol；Didione；Petidion；Epinyl；Etydion；Petisan；Neo-Absentol

M. I. 15，3773

性状 来自乙醚中的无光泽玻璃状棱柱体结晶。mp 76～77℃。

主要用途 医用抗惊厥剂。

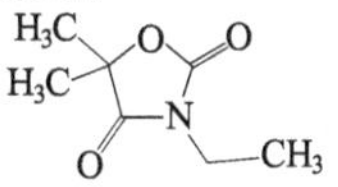

Ethalfluralin 乙丁烯氟灵 04218

[55283-68-6] $C_{13}H_{14}F_3N_3O_4$ 333.27

成分 C 46.85%，H 4.23%，F 17.10%，N 12.61%，O 19.20%。

别名 *N*-Ethyl-*N*-(2-methyl-2-propenyl)-2，6-dinitro-4-(trifluoromethyl) benzenamine；*N*-Ethyl-*N*-*α*，*α*，*α*-trfluoro-*N*-(2-methylallyl)-2，6-dinitro-p-toluidne；*N*-Ethyl-*N*-methallyl-4-trifluoromethyl-2，6-dinitroaniline；EL-161；Sonalna；Sonalen

M. I. 15，3774

性状 来自石油醚中的黄色结晶。易溶于丙酮、乙腈、苯、氯仿、已烷、甲醇、二甲苯，极微溶于水（25℃，0.3×10^{-6}）。蒸气压（25℃）：8.2×10^{-5}mmHg/1.093×10^{-5}kPa；mp 54～57℃；uv max（甲醇中）：374nm，267nm。LD_{50}小鼠，大鼠急性经口：＞10g/kg；LD_{50}翻车鱼，虹鳟鱼，金鱼（1d，mg/kg）：22，37，260。

注意事项 该品对水生物极毒。能对水环境引起不利的结果。应防止将本品释放于环境中。其包装物应按危险品处理。

主要用途 辅助除草剂。分析用标准物质。

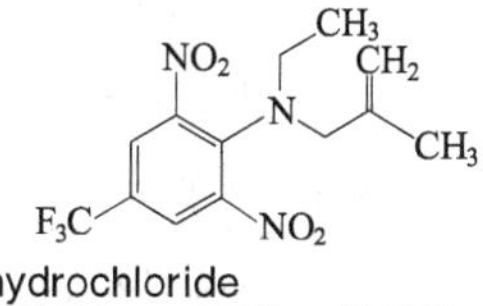

Ethambutol dihydrochloride

(＋)-2，2'-(乙二胺基)二-1-丁醇 二盐酸盐 04219

[1070-11-7] $C_{10}H_{26}Cl_2N_2O_2$ 277.23

成分 C 43.32%，H 9.45%，Cl 25.58%，N 10.10%，O 11.54%。

别名 *d*-*N*，*N*-双(1-羟基甲基丙基)乙二胺 二盐酸盐；Dexambutol；Ebutol；Etibi；Etapiam；Myambutol；Mycobutol；Sural；Tibutol；2，2'-(1，2-Ethanediyldiimino) bis-1-butanol dihydrochloride；(＋)-2，2'-(Ethylenediimino) di-1-butanol dihydrochloride；*d*-*N*，*N'*-Bis(1-hydroxymethylpropyl) ethylenediamine dihydrochloride；EMB-2HCl

M. I. 15，3775

性状 无色或白色结晶性粉末。易溶于水，溶于乙醇、甲醇、二甲基亚砜，微溶于乙醚、丙酮、氯仿。mp 198.5～200.3℃；$[\alpha]_D^{25}+7.6°$（$c=2$，于水中）。

注意事项 该品能危害胎儿。使用前应得到专门的指导，避免曝露。使用时应穿适当的防护服，戴手套和防护镜或面罩。使用时应避免吸入本品的粉尘。使用时如有事故发生或有不适之感，应请医生诊治。

主要用途 生化研究。医用抗菌剂（结核菌抑制剂）。

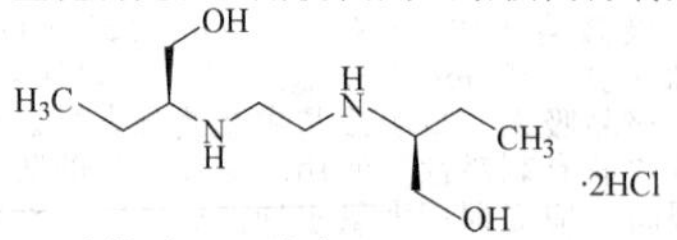

Ethamivan 香草酸二乙酰胺 04220

[304-84-7] $C_{12}H_{17}NO_3$ 223.27

成分 C 64.56%，H 7.68%，N 6.27%，O 21.50%。

别名 *N*,*N*-二乙基-4-羟基-3-甲氧基苯甲酰胺；*N*,*N*-Diethyl-4-hydroxy-3-methoxybenzamide；*N*，*N*-Diethylvanillamide；Vanillic acid diethylamide；Vanillic diethylamide；Vandid；Cardiovanil；Emivan

M. I. 15，3776

性状 来自石油醚中的无色针状结晶。mp 95～95.5℃。LD_{50}大鼠腹膜内注射：28mg/kg。

注意事项 该品口服有毒。使用时应穿适当的防护服，戴手套和防护镜或面罩。使用时如有事故发生或有不适之感，应请医生诊治。

主要用途 生化研究。医用中枢神经兴奋剂，呼吸兴奋剂。

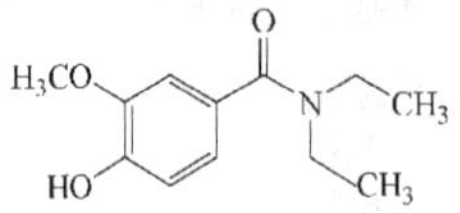

Ethamsylate 止血敏 04221

[2624-44-4] $C_{10}H_{17}NO_5S$ 263.31

成分 C 45.62%，H 6.51%，N 5.32%，O 30.38%，S 12.18%。

别名 2,5-二羟基苯磺酸二乙胺盐；2,5-Dihydroxybenzenesulfonic acid comp d with *N*-ethylethanamine；Diethylammonium 2,5-dihydroxybenzenesulfonate；1-Hydroxy-4-oxo-2,5-cyclohexadiene-1-sulfonic acid comp d with diethylamine；Diethylammonium cyclohexadien-4-ol-1-one-4-sulfonate；Cyclonamine；Etamsylate；MD-141；E-141；Aglumin；Altodor；Biosinon；Dicynene；Dicynone

M. I. 15，3777

性状 来自乙醇中的无色结晶。mp 125℃。LD_{50}小鼠，大鼠静脉注射：800mg/kg，1350mg/kg。

主要用途 医用止血剂。

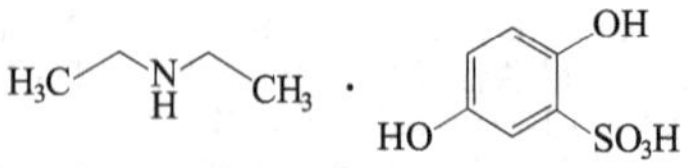

Ethane-1,2-disulfonic acid disodium salt

乙烷-1,2-二磺酸二钠盐 04222

[5325-43-9] $C_2H_4Na_2O_6S_2$ 234.16

成分 C 10.26%，H 1.72%，Na 19.64%，O 41.00%，S 27.39%。

别名 Disodium 1,2-ethanedisulfonate；Sodium 1,2-ethanedisulfonate

性状 无色结晶或白色粉末。溶于水。其10%水溶液pH值6.0～7.5。一般试剂含量≥99.0%（T）。

注意事项 使用时应避免吸入本品的粉尘，避免与眼睛及皮肤接触。

主要用途 液相色谱分析试剂，离子对色谱法。

1,2-Ethanedithiol 1,2-乙二硫醇 04223

[540-63-6] $C_2H_6S_2$ 94.19

成分 C 25.50%，H 6.42%，S 68.08%。

别名 二硫代乙二醇；1,2-二巯基乙烷；1,2-Dimercaptoethane；Dithioethyleneglycol；Dithioglycol；Ethylenedimercaptan；Ethylenemercaptan

M. I. 15，3780

性状 无色液体。对空气敏感。易溶于乙醇、氨水及碱类。有恶臭。bp_{760} 146℃/101.325kPa；bp_{150} 76～81℃/20kPa；bp_{46} 63℃/6.13kPa；bp_{24} 51～52℃/3.2kPa；Fp 112℉（44℃）；$d^{23.5}$ 1.123；n_D^{20} 1.5589。一般试剂含量≥98.0%（GC）。

注意事项 该品易燃。吸入有害。口服或与皮肤接触有害。对眼睛有刺激性。使用时应穿适当的防护服和戴手套。使用时如有事故发生或有不适之感，应请医生诊治。应远离火种充氩气密封保存。

主要用途 金属络合剂。生化研究。

Ethanethiol 乙硫醇 04224

[75-08-1] C_2H_6S 62.13

成分 C 38.66%，H 9.73%，S 51.60%。

别名 硫氢乙烷；巯基乙烷；Ethyl mercaptan；Ethyl sulfohydrate；Mercaptoethane；Thioethyl alcohol

GW 2015-2623 M. I. 15，3781

性状 无色液体。有大蒜恶臭味。溶于乙醇、乙醚，微溶于水（20℃）6.76g/L或0.112mol/L。mp －147.97～－144.4℃；bp 34.7～35.04℃；bp_{400} 17.7℃/53.33kPa；bp_{200} 1.5℃/26.66kPa；bp_{100} －13℃/13.33kPa；bp_{10} －50.2℃/1.333kPa；bp_1 －76.1℃/133Pa；Fp 1℉（－17℃）；d_4^{25} 0.83147；d_4^0 0.8617；n_D^{20} 1.431；n_D^{25} 1.420。一般试剂含量≥97.0%（GC）。

注意事项 该品高度易燃。其蒸气吸入有害。对水生物极毒。能对水环境引起不利的结果。使用时应避免与眼睛接触。使用现场禁止吸烟。应防止将本品释放于环境中。其包装物应按危险品处理。应远离火种密封保存。

主要用途 抗氧剂。天然气及石油气警告剂。制药工业。

Ethanol 95% 乙醇 95% 04225

[64-17-5] C_2H_6O 46.07

成分（按无水物计） C 52.14%，H 13.13%，O 34.73%。

别名 酒精；Ethyl alcohol 95%

GW 2015-2568 M. I. 15，3814

性状 无色透明液体。是在78.10℃馏出的与水共沸的混合物。易挥发。能与水及丙三醇、三氯甲烷、苯、乙醚等有机溶剂相混溶。bp 约80℃；d_4^{20} 0.81。

注意事项 该品高度易燃。其蒸气能与空气形成爆炸性混合物。使用现场禁止吸烟。应远离火种密封保存。

主要用途 分析试剂。溶剂。制药工业。

参考规格 GB/T 679—2002

	分析纯	化学纯
含量（CH_3CH_2OH）（体积分数）/%≥	95	95
色度/黑曾单位≤	10	
与水混合试验	合格	合格
蒸发残渣/%≤	0.001	0.002
酸度（以H^+计）/（mmol/100g）≤	0.05	0.1
碱度（以OH^-计）/（mmol/100g）≤	0.01	0.02
甲醇（CH_3OH）/%≤	0.05	0.2
丙酮及异丙醇（以CH_3COCH_3计）/%≤	0.0005	0.001
杂醇油	合格	合格
还原高锰酸钾物质（以O计）/%≤	0.0004	0.0004
易碳化物质	合格	合格

Ethanol absolute 无水乙醇 04226

[64-17-5] C_2H_6O 46.07

成分 C 52.14%，H 13.13%，O 34.73%。

别名 无水酒精；绝对酒精；Absolute alcohol；Alcohol absolute；Alcohol anhydrous；Anhydrous alcohol；Dehydrate alcohol；Ethanol；Ethyl alcohol；Ethyl hydrate；Ethyl hydroxide；Grain alcohol；Spirit of wine

GW 2015-2568 M. I. 15，3814

性状 无色透明易挥发性液体。醇香味浓厚。易吸湿。能与水、乙醚、三氯甲烷等多种有机溶剂任意混溶。mp －114.1℃；bp 78.5℃；Fp 48℉（13℃，闭杯）；d_4^{20} 0.789；n_D^{20} 1.361。LD_{50}幼龄，老龄大鼠急性经口：10.6mg/kg，7.06g/kg。

注意事项 见04225乙醇95%。

主要用途 分析试剂。分析镍、钾、镁及脂肪的酸价。溶剂。清洗剂。医药工业。电子工业用。

参考规格 GB/T 678—2002

	优级纯	分析纯	化学纯
含量（CH_3CH_2OH）/%≥	99.8	99.7	99.5
密度（20℃）/（g/mL）	0.789～0.791	0.789～0.791	0.789～0.791

与水混合试验	合格	合格	合格
蒸发残渣/%≤	0.0005	0.001	0.001
水分(H_2O)/%≤	0.2	0.3	0.5
酸度(以 H^+ 计)/(mmol/100g)≤	0.02	0.04	0.1
碱度(以 OH^- 计)/mmol/100g≤	0.005	0.01	0.03
甲醇(CH_3OH)/%≤	0.02	0.05	0.2
异丙醇[$(CH_3)_2CHOH$]/%≤	0.003	0.01	0.05
羰基化合物(以 CO 计)/%≤	0.003	0.003	0.005
铁(Fe)/%≤	0.00001		
锌(Zn)/%≤	0.00001		
还原高锰酸钾物质(以 O 计)/%≤	0.00025	0.00025	0.0006
易碳化物质	合格	合格	合格

Ethanolamine 乙醇胺 04227

[141-43-5] C_2H_7NO 61.08

成分 C 39.33%,H 11.55%,N 22.93%,O 26.19%。

别名 2-氨基乙醇;2-羟基乙胺;2-Aminoethanol;2-Aminoethyl alcohol;β-Aminoethyl alcohol;EMA;Ethylolamine;2-Hydroxyethylamine;β-Hydroxyethylamine;Monoethanolamine;Colamine

GW 2015-33 M. I. 15, 3782

性状 无色黏稠的油状液体。对空气敏感。有氨味。呈强碱性。易吸潮。能吸收二氧化碳。能与水、甲醇、丙酮相混溶,微溶于苯(25℃,1.4%)、乙醚(35℃,2.1%)、四氯化碳(0.2%)、正庚烷(<0.1%)。mp 10.3℃;bp_{760} 170.8℃/101.325kPa;bp_{12} 70～72℃/1.6kPa;Fp 195℉(90.6℃);d_4^{25} 1.0117;d_4^{40} 0.9998;d_4^{60} 0.9844;n_D^{20} 1.4539。LD_{50}大鼠急性经口:10.20g/kg。一般试剂含量≥99.0%(GC/NT)。

注意事项 该品吸入、口服或与皮肤接触有害。具有腐蚀性,能引起烧伤。使用时应穿适当的防护服,戴手套和防护镜或面罩。万一接触到眼睛,应立即用大量水冲洗后请医生诊治。使用时如有事故发生或有不适之感,应请医生诊治。应充氩气密封避光干燥保存。

主要用途 气相色谱固定液(适用于含氧、含氮化合物,如吡啶、硫醇等的分析)。定量分析铝盐和定性分析氰化氢的试剂。溶剂。

Ethanolamine hydrochloride 乙醇胺 盐酸盐 04228

[2002-24-6] C_2H_8ClNO 97.54

成分 C 24.63%,H 8.27%,Cl 36.34%,N 14.36%,O 16.40%。

别名 2-氨基乙醇 盐酸盐;盐酸 2-氨基乙酸;盐酸乙醇胺;2-Aminoethanol hydrochloride;Monoethanol amine hydrochloride;β-Aminoethyl alcohol hydrochloride;2-Hydroxyethylamine hydrochloride;β-Hydroxyethylamine hydrochloride;Ethylolamine hydrochloride;Colamine hydrochloride

M. I. 15, 3782

性状 来自乙醇中的无色结晶。易吸潮。mp 75～77℃。一般试剂含量≥98.0%(AT)。

注意事项 该品对眼睛、呼吸系统及皮肤有刺激性。使用时应穿适当的防护服、戴手套和防护镜或面罩。万一接触到眼睛,应立即用大量水冲洗后请医生诊治。应充氩气密封干燥保存。

Ethchlorvynol 乙氯维诺 04229

[113-18-8] C_7H_9ClO 144.60

成分 C 58.14%,H 6.27%,Gl 24.52%,O 11.06%。

别名 1-Chloro-3-ethyl-1-penten-4-yl-3-ol;5-Chloro-3-ethylpent-1-yn-4-en-3-ol;Ethyl β-chlorovinyl ethynyl carbinol;Ethclorvynol;Placidyl;Arvynol;Serenesil;Roeridorm;Normoson

M. I. 15, 3784

性状 无色液体。有刺鼻的芳香气味。曝露于光及空气中颜色缓慢变深。能与多数有机溶剂相混溶,不与水相混溶。bp_{760} 173～174℃/101.325kPa;$bp_{0.1}$ 28.5～30℃/13.3Pa;d_4^{25} 1.065～1.070;n_D^{25} 1.4675～1.4800。LD_{50}小鼠急性经口:290mg/kg;皮下注射:240mg/kg。

主要用途 医用镇静剂,安眠剂。

3-Ethenylpyridine 3-乙烯基吡啶 04230

[1121-55-7] C_7H_7N 105.14

成分 C 79.96%,H 6.71%,N 13.32%。

别名 β-Vinylpyridine 3-EP

M. I. 15, 3785

性状 亮黄色液体。室温即可聚合。溶于乙醚、乙醇,极微溶于水。uv max(环己烷中):278nm,239nm(ε 3320,3920);uv max(甲醇中):279nm,238nm(ε 3322,3930)。

主要用途 吸烟环境化合物的示踪剂。

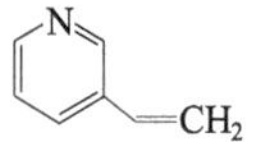

Ether 乙醚 04231

[60-29-7] $C_4H_{10}O$ 74.12

成分 C 64.82%,H 13.60%,O 21.59%。

别名 二乙醚;醚;Anesthetic ether;Diethyl ether;Diethyl oxide;Ethoxyethane;Ethyl ether;Ethyl oxide;1,1′-Oxybisethane

GW 2015-2625 M. I. 15, 3861

性状 无色透明易挥发的液体。能与乙醇、苯、三氯甲烷、石油醚等任意混溶。微溶于水。见光或久置空气中,逐渐被氧化成过氧化物。一般加入 0.0005%的 2,6-二叔丁基对甲酚作稳定剂。mp −116.3℃;bp_{760} 34.6℃/101.325kPa;bp_{400} 17.9℃/53.33kPa;bp_{200} 2.2℃/26.66kPa;bp_{100} −11.5℃/13.33kPa;bp_{10} −48.1℃/1.333kPa;$bp_{1.0}$ −74.3℃/133.325Pa;Fp −49℉(−45℃,闭杯);d_4^0 0.7364;d_4^{10} 0.7249;d_4^{20} 0.7134;d_4^{30} 0.7019;n_D^{15} 1.3555。

注意事项 该品极易燃。能形成爆炸性过氧化物。口服有害。反复曝露能造成皮肤干燥或破裂。其蒸气能引起瞌睡和眩晕。使用现场禁止吸烟。切勿排入下水道。应远离火种,采取抗放静电措施,于通风处密封避光保存。

主要用途 分析试剂。分析磷。检测尿 17 酮。溶剂。浸出剂。麻醉剂。

参考规格 GB/T 12591—2002

	分析纯	化学纯
含量[$(CH_3CH_2)_2O$]/%≥	99.5	98.5
色度/黑曾单位≤	10	20
密度(20℃)/(g/mL)	0.713～0.715	0.713～0.717
蒸发残渣/%≤	0.001	0.001
水分(H_2O)/≤	0.2	0.3
酸度(以 H^+ 计)/(mmol/100g)≤	0.02	0.05
甲醇(CH_3OH)/%≤	0.02	0.05
乙醇(CH_3CH_2OH)/%≤	0.3	0.5
羰基化合物(以 CO 计)/%≤	0.001	0.002
过氧化物(以 H_2O_2 计)/%≤	0.00003	0.0001
易碳化物质	合格	合格

Ether absolute 无水乙醚 04232

[60-29-7] $C_4H_{10}O$ 74.12

成分 C 64.82%,H 13.60%,O 21.59%。

别名 乙醚 无水;无水二乙醚;无水醚;Diethyl ether anhydrous;Ether anhydrous

GW 2015-2625 M. I. 15, 3861

性状 无色透明易挥发的液体。能与乙醇、苯、三氯甲烷、石油醚等任意混溶。微溶于水。见光或久置空气中,逐渐被氧化成过氧化物。一般加入 0.0005%的 2,6-二叔丁基对甲酚作稳定剂。mp −116.3℃;bp_{760} 34.6℃/101.32kPa;bp_{400} 17.9℃/53.33kPa;bp_{200} 2.2℃/26.66kPa;bp_{100} −11.5℃/13.33kPa;bp_{10} −48.1℃/1.333kPa;$bp_{1.0}$ −74.3℃/

133.32kPa；Fp －49℉（－45℃，闭杯）；d_4^0 0.7364；d_4^{10} 0.7249；d_4^{20} 0.7134；d_4^{30} 0.7019；n_D^{15} 1.3555。

注意事项 该品极易燃。能形成爆炸性过氧化物。口服有害。反复曝露能造成皮肤干燥或破裂。其蒸气能引起瞌睡和眩晕。使用现场禁止吸烟。切勿排入下水道。应远离火种，采取抗放静电措施，于通风处密封避光保存。

主要用途 分析试剂，分析油脂和氨基酸。溶剂。萃取剂。有机合成。

Ethidium bromide 溴化乙啶 04233

[1239-45-8] $C_{21}H_{20}BrN_3$ 394.32

成分 C 63.97%，H 5.11%，Br 20.26%，N 10.66%。

别名 2，7-二氨基-9-苯基氮杂菲-10-乙基溴；菲啶溴红；溴化3,8-二氨基-5-乙基-6-苯菲啶；溴化3,8-二氨基-5-乙基-6-苯基菲啶鎓；Babidium bromide；2,7-Diamino-10-ethyl-9-phenylphenanthridinium bromide；Homidium bromide；3,8-Diamino-5-ethyl-6-phenylphenanthridinium bromide；2,7-Diamino-9-phenyl-10-ethylphenanthridinium bromide；Dromilac；EB；Novidium bromide；RD-1572 bromide

M. I. 15，4769

性状 来自乙醇中的深红色结晶或粉末。该品20℃时溶于20份水、750份氯仿。mp 238～240℃；uv max（水中）：210nm，285nm，316nm，343nm（ε 200～500，5000～10000，50000，40000）。生化试剂（干燥）含量≥98.0%。

注意事项 该品吸入有毒。口服有害。对眼睛、呼吸系统及皮肤有刺激性。有能造成不可逆危险的结果。使用时应穿适当的防护服和戴手套。万一接触到眼睛，应立即用大量水冲洗后请医生诊治。接触皮肤后，应立即用大量水冲洗。使用时如有事故发生或有不适之感，应请医生诊治。应充氩气密封避光干燥保存。

主要用途 合成核糖核酸及脱氧核糖核酸的抑制剂及诱变剂。分离和测定核酸结构。

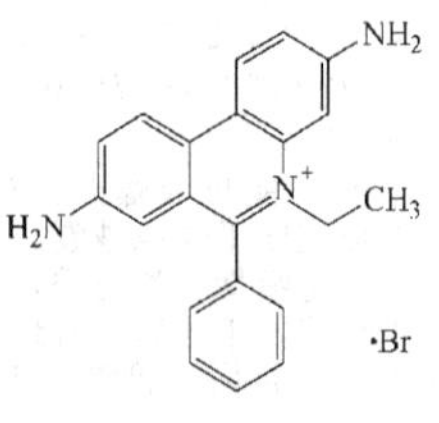

NH_2 N^+ CH_3 H_2N ·Br

Ethion 乙硫磷 04234

[563-12-2] $C_9H_{22}O_4P_2S_4$ 384.46

成分 C 28.12%，H 5.77%，O 16.64%，P 16.11%，S 33.36%。

别名 双[S-(二乙氧基膦基硫)硫醇]甲烷；双(O,O-二乙基二硫代磷酸基)甲烷；Bis[S-(diethoxyphosphinothioyl) mercapto] methane；Commando；Diethion；ENT-24105；FMC-1240；Niagara1240；Nialate；Ethyl methylene phosphorodithioate；Phosphorodithioic acid *S*，*S'*-methylene *O*，*O*，*O'*，*O'*-tetraethyl ester；Rhodocide

GW 2015-2090 M. I. 15，3790

性状 无色液体。溶于二甲苯、氯仿、丙酮、苯、甲基萘，微溶于水。mp －13～－12℃；d_4^{20} 1.220；n_D^{20} 1.5490。LD_{50}雌，雄大鼠急性经口：27mg/kg，65mg/kg；皮肤接触：62mg/kg，245mg/kg。

注意事项 该品口服有毒。与皮肤接触有害。对水生物极毒。能对水环境引起不利的结果。使用时应穿适当的防护服和戴手套。使用时应避免吸入本品的烟雾。使用时如有事故发生或有不适之感，应请医生诊治。应防止将本品释放于环境中。其包装物应按危险品处理。应密封于2～8℃保存。

主要用途 分析用标准物质。

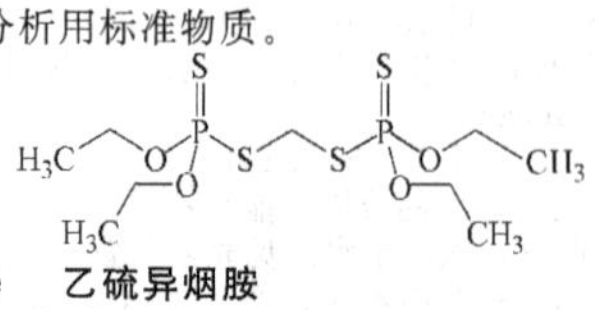

S S H_3C O P S S P O CH_3 O O H_3C CH_3

Ethionamide 乙硫异烟胺 04235

[536-33-4] $C_8H_{10}N_2S$ 166.24

成分 C 57.80%，H 6.06%，N 16.85%，S 19.29%。

别名 2-乙基硫代异烟胺；3-乙基异硫代烟酰胺；2-乙基-4-硫代氨基甲酰吡啶；2-Ethyl-4-pyridinecarbothioamide；2-Ethylthioisonicotinamide；3-Ethylisothionicotinamide；2-Ethylisothionicotinamide；2-Ethyl-4-thiocarbamoylpyridine；α-Ethylisonicotinoylthioamide；Amidazine；Ethioniamide；Bayer 5312；1314-Th；Nisotin；Trescatyl；Aetina；Ethimide；Iridocin；Tio-Mid

M. I. 15，3791

性状 来自乙醇中的微小的黄色结晶。易溶于吡啶，溶于甲醇、热丙酮、二氯乙烷，略微溶于乙醇、丙二醇，微溶于水，乙醚、氯仿。164～166℃分解。

注意事项 该品能危害胎儿。吸入、口服或与皮肤接触有害。使用前应得到专门的指导，避免曝露。使用时应穿适当的防护服，戴手套和防护镜或面罩。使用时应避免吸入本品的粉尘。使用时如有事故发生或有不适之感，应请医生诊治。应密封于2～8℃保存。

主要用途 生化研究。医用抗菌剂（结核菌抑制剂）。

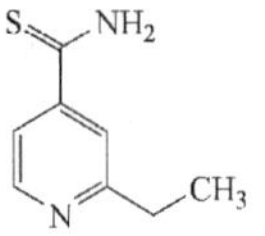

S NH_2 N CH_3

DL-Ethionine DL-乙硫氨酸 04236

[67-21-0] $C_6H_{13}NO_2S$ 163.24

成分 C 44.15%，H 8.03%，N 8.58%，O 19.60%，S 19.64%。

别名 DL-乙硫氨基丁酸；DL-乙硫氨基酪酸；DL-α-Amino-γ-(ethylmercapto) butyric acid；DL-2-Amino-4-(ethylthio) butyric acid

M. I. 15，3792

性状 无色或白色片状结晶。溶于稀酸和稀碱溶液，不溶于乙醚。257～260℃分解。一般试剂含量≥95.0%（NT）。

注意事项 该品对眼睛、呼吸系统及皮肤有刺激性。使用时应穿适当的防护服。万一接触到眼睛，应立即用大量水冲洗后请医生诊治。应密封于－20℃保存。

主要用途 生化研究。

L-Ethionine L-乙硫氨酸 04237

[13073-35-3] $C_6H_{13}NO_2S$ 163.24

成分 C 44.15%，H 8.03%，N 8.58%，O 19.60%，S 19.64%。

别名 L-乙硫氨基丁酸；L-乙硫氨基酪酸；L-α-Amino-γ-(ethylmercapto) butyric acid；L-2-Amino-4-(ethylthio) butyric acid；*S*-Ethyl-L-homocyteine；Homocysteine *S*-ethyl ether

M. I. 15，3792

性状 无色或白色片状结晶。溶于水。272～274℃分解；$[\alpha]_D^{24}$ +25.1°。一般试剂含量约99.0%（TLC）。

注意事项 该品吸入、口服或与皮肤接触有害。能致癌。能引起遗传基因的损伤。使用前应得到专门的指导，避免曝露。使用时应穿适当的防护服，戴手套和防护镜或面罩。应避免吸入本品的粉尘。使用时如有事故发生或有不适之感，应请医生诊治。应密封保存。

主要用途 生化研究。

Ethirimol 乙菌定 04238

[23947-60-6] $C_{11}H_{19}N_3O$ 209.29

成分 C 63.13%，H 9.15%，N 20.08%，O 7.64%。

别名 乙嘧酚；5-Butyl-2-ethylamino-6-methyl-4(1*H*)-pyrimidinone；2-Ethylamino-4-methyl-5-*n*-butyl-6-hydroxypyrimidine；PP-149；Milstem；Milgo；Milcurb Super

M. I. 15,3794

性状 无色结晶性固体。溶于水(25℃,200mg/L)、氯仿、三氯乙烯、强酸及强碱水溶液，微溶于乙醇，略微溶于丙酮。mp 159～160℃。LD_{50}大鼠急性经口：4g/kg。

注意事项 该品与皮肤接触有害。使用时应穿适当的防护服和戴手套。

主要用途 杀菌剂。分析用标准物质。

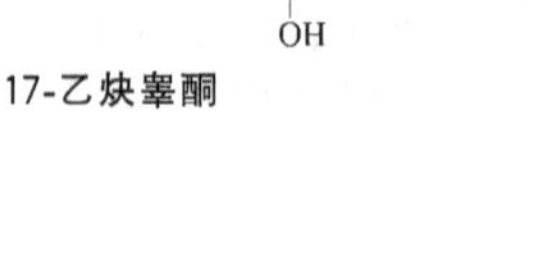

H_3C N H N CH_3 H_3C N OH

Ethisterone 17-乙炔睾酮 04239

[434-03-7]　$C_{21}H_{28}O_2$　312.45

成分　C 80.73％，H 9.03％，O 10.24％。

别名　17-乙炔睾甾酮；17α-Hydroxypregn-4-en-20-yn-3-one；17α-Ethynyltestosterone Anhydrohydroxyprogesterone；Pregneninolone；Lutocyclin；Lutocylol；Ora-Lutin；Progestoral；Pranone；Syngestrotabs；Trosinone；17α-Ethinyltestosterone；17α-Ethynyl-4-androsten-17β-ol-3-one

M. I. 15，3795

性状　来自乙酸乙酯中的无色结晶。微溶于乙醇、丙酮、乙醚、氯仿、植物油，几乎不溶于水。于高真空状态 190～195℃升华。mp 269～275℃；$[\alpha]_D^{25}$ －32.0°（于吡啶中）；$[\alpha]_D^{23}$ ＋23.8°（于二氧六环中）；uv max（甲醇中）：241nm（$E_{1cm}^{1\%}$ 513）。

注意事项　长期接触该品能严重损害健康，对机体有不可逆损伤的可能性。使用时应避免吸入本品的粉尘，避免与眼睛及皮肤接触。

主要用途　生化研究。医用孕激素。

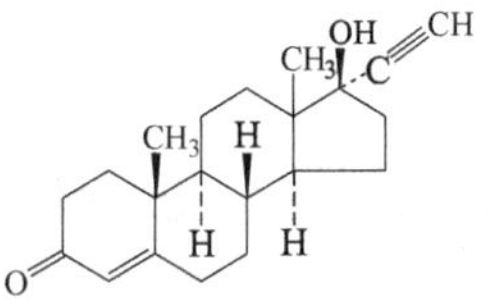

Ethofumesate　唑啶草　04240

[26225-79-6]　$C_{13}H_{18}O_5S$　286.34

成分　C 54.53％，H 6.34％，O 27.94％，S 11.20％。

别名　乙氧呋草黄；2-乙氧基-2,3-二氢-3,3-二甲基-5-苯并呋喃醇甲烷磺酸酯；甲基磺酸 2-乙氧基-2,3-二氢-3,3-二甲基-5-苯并呋喃醇酯；甲烷磺酸 2-乙氧基-2,3-二氢-3,3-二甲基-5-苯并呋喃醇酯；灭草呋喃；2-Ethoxy-2,3-dihydro-3, 3-dimethyl-5-benzofuranol methanesulfonate；NC-8438；Nortron；Tramat

M. I. 15，3796

性状　白色结晶性固体。该品于下列物质中的溶解度（mg/kg）：乙醇 100；丙酮 400；已烷 4。微溶于水（25℃，110mg/kg）。在 pH 值 7 的水中稳定至水解。mp 70～72℃；Fp 212℉（100℃）。LD_{50} 大鼠急性经口：1130mg/kg。

注意事项　该品对水生物有毒。能对水环境引起不利的结果。应防止将本品释放于环境中。

主要用途　除草剂。分析用标准物质。

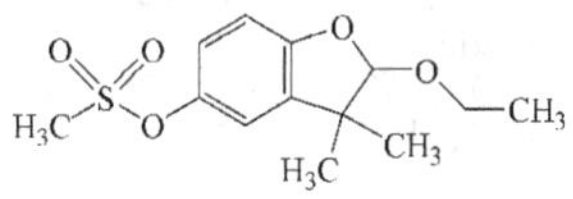

Ethopabate　衣索巴　04241

[59-06-3]　$C_{12}H_{15}NO_4$　237.26

成分　C 60.75％，H 6.37％，N 5.90％，O 26.97％。

别名　乙氧酰胺苯甲酯；4-Acetamido-2-ethoxybenzoic acid methyl ester；Methyl 4-acetamido-2-ethoxybenzoate；2-Ethoxy-4-acetamidobenzoic acid methyl ester；Ethyl pabate

M. I. 15，3798

性状　来自甲醇或水中的白色到浅粉白色几乎无味的结晶。溶于甲醇、乙醇、丙酮、乙腈，略微溶于异丙醇、二氧六环、乙酸乙酯、二氯甲烷，极微溶于水、异辛烷。mp 148～149℃；uv max（甲醇中）：298nm，267nm（$A_{1cm}^{1\%}$ 805，365）。

注意事项　该品口服有害。

主要用途　兽用驱球虫剂合剂。分析用标准物质。

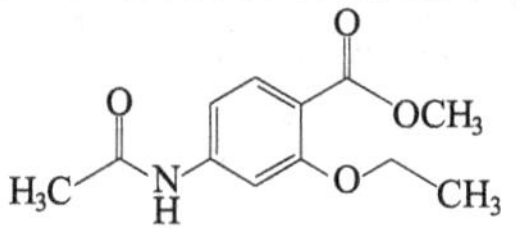

Ethoprop　灭克磷　04242

[13194-48-4]　$C_8H_{19}O_2PS_2$　242.33

成分　C 39.65％，H 7.90％，O 13.20％，P 12.78％，S 26.46％。

别名　Ethoprophos；Phosphorodithioic acid *O*-ethyl *S*，*S*-dipropyl ester；*O*-Ethyl *S*，*S*-dipropylphosphorodithioate；VC9-104；Mocap

M. I. 15，3799

性状　浅黄色油状液体。溶于多数有机溶剂，微溶于水（750mg/L）。蒸气压（26℃）：3.5×10^{-4} mmHg/466.6×10^{-4}Pa；$bp_{0.2}$86～91℃/26.7Pa；d_4^{20}1.094。

注意事项　该品口服有毒。吸入或与皮肤接触极毒。接触皮肤能引起过敏。对水生物极毒。能对水环境引起不利的结果。使用时应穿适当的防护服，戴手套和防护镜或面罩。接触皮肤后，应立即用大量水冲洗。使用完毕应立即脱掉所有受污染的衣服。使用时如有事故发生或有不适之感，应请医生诊治。应防止将本品释放于环境中。其包装物应按危险品处量。应密封于 2～8℃保存。

主要用途　杀虫剂，杀线虫剂。分析用标准物质。

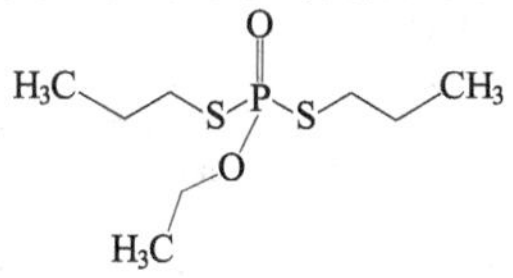

Ethopropazine hydrochloride　爱普杷嗪 盐酸盐　04243

[1094-08-2]　$C_{19}H_{25}ClN_2S$　348.93

成分　C 65.40％，H 7.22％，Cl 10.16％，N 8.03％，S 9.19％。

别名　10-[2-(二乙氨基)丙基]吩噻嗪 盐酸盐；盐酸爱普杷嗪；Dibutil；Lysivane；Pardisol；Parphezein；Parphezin；Parsidol；Parsitan；Parsotil；Rodipal；10-(2-Diethylaminopropyl) phenothiazine hydrochloride；2-Diethylamino-1-propyl-*N*-dibenzoparathiazine hydrochloride；Phenopropazine hydrochloride；Profenamine hydrochloride；RP-3356 hydrochloride；W-483 hydrochloride；Isothazine hydrochloride；Isothiazine hydrochloride；Parkin hydrochloride

M. I. 15，3800

性状　来自二氯乙烯中的无色结晶。1g 该品溶于 20℃ 400mL、40℃ 20mL 水。溶于乙醇、氯仿，溶于无水乙醇（25℃，1.0g/30mL），略微溶于丙酮，几乎不溶于乙醚、苯。其 5％水溶液 pH 值约 5.8。mp 223～225℃（部分分解）。LD_{50}小鼠皮下注射：670mg/kg。

注意事项　该品口服有害。使用时应穿适当的防护服。

主要用途　生化研究。医用抗胆碱、抗震颤麻醉剂。

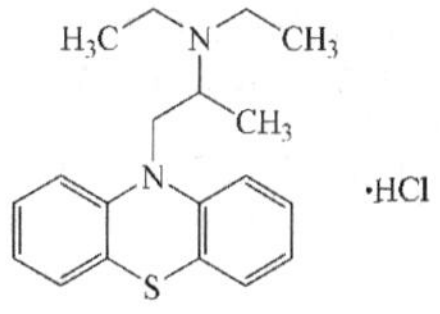

Ethosuximide　乙琥胺　04244

[77-67-8]　$C_7H_{11}NO_2$　141.17

成分　C 59.56％，H 7.85％，N 9.92％，O 22.67％。

别名　3-乙基-3-甲基-2，5-吡咯烷二酮；2-乙基-2-甲基琥珀酰亚胺；3-甲基-3-乙基-2，5-吡咯烷二酮；3-Ethyl-3-methyl-2，5-pyrrolidinedione；2-Ethyl-2-methylsuccinimide；α-Ethyl-α-methylsuccinimide；3-Methyl-3-ethylpyrrolidine-2，5-dione；Atysmal；Capitus；Emeside；Epileo Petitmal；Ethymal；Mesentol；Pemal；Peptinimid；Petinimid；Petnidan；Pyknolepsinum；Simatin；Succimal；Suxilep；Suximal；Zarontin

M. I. 15，3801

性状　来自丙酮＋乙醚中的无色结晶。易溶于水、氯仿，溶于乙醇、乙醚，极微溶于已烷。mp 64～65℃。LD_{50}小鼠静脉注射：1.65g/kg；急性经口：1.75g/kg。

注意事项　该品口服有害。使用时应穿适当的防护服。

主要用途　生化研究。医用抗癫痫剂，抗惊厥剂。

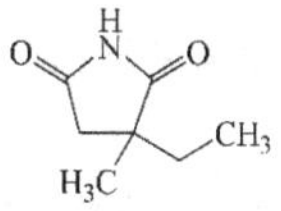

Ethotoin　乙妥英　04245

[86-35-1]　$C_{11}H_{12}N_2O_2$　204.23

成分　C 64.69％，H 5.92％，N 13.72％，O 15.67％。

别名 乙苯妥英；乙基苯妥英；皮加隆；3-Ethyl-5-phenyl-2，4-imidazolidinedione；3-Ethyl-5-phenylhydantoin；1-Ethyl-2，5-dioxo-4-phenylimidazolidine；Peganone
M. I. 15，3802
性状 来自水中的无色粗大棱柱体结晶。易溶于乙醇、苯、稀碱水溶液，溶于乙醚，不溶于水。mp 94℃。
注意事项 使用时应避免吸入该品的粉尘。
主要用途 医用抗惊厥剂。

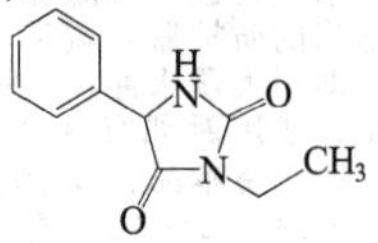

Ethoxyacetic acid 乙氧基乙酸 04246
[627-03-2] $C_4H_8O_3$ 104.10
成分 C 46.15%，H 7.75%，O 46.10%。
别名 乙氧基醋酸；乙醇酸乙醚；羟基乙酸乙醚；甘醇酸乙醚；Ethoxyethanoic acid；Ethylglycolic acid；*O*-Ethylglycolic acid；Glycollic acid ethyl ether
性状 无色或浅黄色液体。能与水、乙醇、乙醚、酸类相混溶。bp 210～212℃；bp_{11} 97～100℃/1.46kPa；Fp 208℉（97℃）；d_4^{20} 1.10；n_D^{20} 1.419。一般试剂含量≥98.0%（GC）。
注意事项 该品具有腐蚀性，能引起烧伤。使用时应穿适当的防护服，戴手套和防护镜或面罩。万一接触到眼睛，应立即用大量水冲洗后请医生诊治。使用时如有事故发生或有不适之感，应请医生诊治。
主要用途 有机合成。

4′-Ethoxyacetophenone 4′-乙氧基苯乙酮 04247
[1676-63-7] $C_{10}H_{12}O_2$ 164.20
成分 C 73.15%，H 7.37%，O 19.49%。
别名 对乙氧基苯乙酮；*p*-Ethoxyacetophenone
性状 无色片状结晶。易溶于乙醇、热乙醚。mp 37～39℃；bp_{58} 268～269℃/7.733kPa；bp_{13} 145～146℃/1.73kPa；Fp 273℉（34℃）。一般试剂含量≥98.0%。
主要用途 有机合成。制药工业。

2-Ethoxybenzaldethyde 2-乙氧基苯甲醛 04248
[613-69-4] $C_9H_{10}O_2$ 150.18
成分 C 71.98%，H 6.71%，O 21.31%。
别名 邻乙氧基苯甲醛；水杨醛乙醚；Salicylaldehyde ethyl ether；*o*-Ethoxybenzaldehyde
性状 室温为黄色液体，低温下为黄色结晶。能与乙醇、乙醚相混溶，不溶于水。mp 20～22℃；bp 247～249℃；bp_{24} 136～138℃/3.2kPa；Fp 197℉（91℃）；d_4^{20} 1.080～1.084；n_D^{20} 1.543～1.545。一般试剂含量≥97.0%。
注意事项 该品对眼睛、呼吸系统及皮肤有刺激性。使用时应戴适当的手套。万一接触到眼睛，应立即用大量水冲洗后请医生诊治。
主要用途 有机合成。

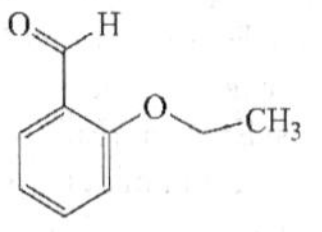

3-Ethoxybenzaldehyde 3-乙氧基苯甲醛 04249
[22924-15-8] $C_9H_{10}O_2$ 150.18
成分 C 71.98%，H 6.71%，O 21.31%。
别名 间乙氧基苯甲醛；*m*-Ethoxybenzaldehyde
性状 浅黄色液体。溶于乙醇、乙醚、苯。bp 245.5℃；d_4^{20} 1.074～1.078℃；n_D^{20} 1.542。一般试剂含量≥97.0%。
注意事项 见04248 2-乙氧基苯甲醛。
主要用途 香料合成。

4-Ethoxybenzaldehyde 4-乙氧基苯甲醛 04250
[10031-82-0] $C_9H_{10}O_2$ 150.18
成分 C 71.98%，H 6.71%，O 21.31%。
别名 对乙氧基苯甲醛；*p*-Ethoxybenzaldehyde
性状 室温为液体。低温下可结晶。mp 13～14℃；bp 255℃；Fp 167℉（75℃）；*d* 1.080；n_D^{20} 1.5584。一般试剂含量≥97.0%（GC）。
注意事项 见04248 2-乙氧基苯甲醛。
主要用途 有机合成。

2-Ethoxybenzamide 2-乙氧基苯甲酰胺 04251
[938-73-8] $C_9H_{11}NO_2$ 165.19
成分 C 65.44%，H 6.71%，N 8.48%，O 19.37%。
别名 Ethenamide；*O*-Ethylsalicylamide；Ethbenzamide；2-Ethoxybenzene carbonamide；Lucamide；Protopyrine；Salicylamide *o*-ethyl ether；Trancalgyl
M. I. 15，3786
性状 来自乙酸乙酯＋己烷中的无色结晶。微溶于水。mp 132～134℃；Fp 370.4℉（188℃）。LD_{50} 小鼠急性经口：1160mg/kg。一般试剂含量≥97.0%。
主要用途 医用止痛剂。有机合成。

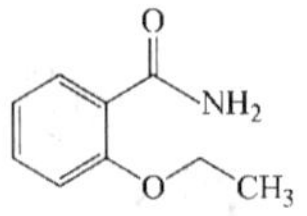

2-Ethoxybenzoic acid 2-乙氧基苯甲酸 04252
[134-11-2] $C_9H_{10}O_3$ 166.18
成分 C 65.05%，H 6.07%，O 28.88%。
别名 氧乙基水杨酸；邻乙氧基苯甲酸；水杨酸乙醚；*o*-Ethoxybenzoic acid；*O*-Ethylsalicylic acid；Salicylic acid ethyl ether
性状 无色透明油状液体。低温可凝固。能与热水、乙醇相混溶，难溶于冷水。能随水蒸气挥发。mp 19.3～19.5℃；bp_{15} 174～176℃/2kPa；Fp 235℉（113℃）；*d*1.105；n_D^{20} 1.5400。一般试剂含量≥98.0%。
主要用途 有机合成。
注意事项 使用时应避免吸入本品的蒸气，避免与眼睛及皮肤接触。

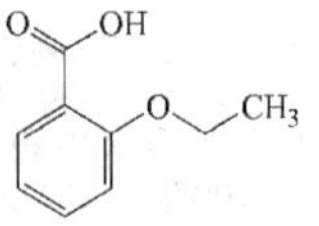

4-Ethoxybenzoic acid 4-乙氧基苯甲酸 04253
[619-86-3] $C_9H_{10}O_3$ 166.18
成分 C 65.05%，H 6.07%，O 28.88%。
别名 对乙氧基苯甲酸；4-羧基苯乙醚；4-Carboxyphenetole；*p*-Ethoxybenzoic acid
性状 白色针状结晶。溶于乙醇、乙醚、碳酸钠溶液，微溶于热水，不溶于冷水。mp 197～199℃。一般试剂含量≥98.0%。
注意事项 该品对眼睛、呼吸系统及皮肤有刺激性。使用时应戴适当的手套。万一接触到眼睛，应立即用大量水冲洗后请医生诊治。
主要用途 有机合成。食品防腐剂。

6-Ethoxy-2-benzothiazolesulfonamide 6-乙氧基-2-苯并噻唑磺酰胺 04254
[452-35-7] $C_9H_{10}N_2O_3S_2$ 258.31
成分 C 41.85%，H 3.90%，N 10.85%，O 18.58%，S 24.82%。
别名 Ethoxzolamide；Ethoxyzolamide；Cardrase；Ethamide；Glaucotensil；Redupresin
M. I. 15，3809
性状 来自乙酸乙酯＋溶剂石油B中的无色结晶。mp 188～190.5℃。一般试剂含量≥97.0%。
注意事项 该品对眼睛、呼吸系统及皮肤有刺激性。
主要用途 生化研究。医用利尿剂。

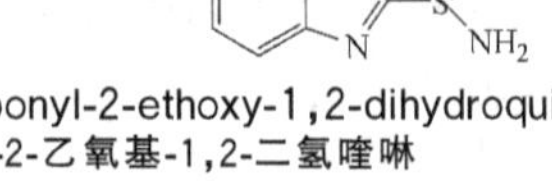

N-Ethoxycarbonyl-2-ethoxy-1,2-dihydroquinoline *N*-乙氧基羰基-2-乙氧基-1,2-二氢喹啉 04255
[16357-59-8] $C_{14}H_{17}NO_3$ 247.29
成分 C 68.00%，H 6.93%，N 5.66%，O 19.41%。

别名 BC-681；EEDQ；BC-681；2-Ethoxy-1(*2H*)-quinolinecarboxylic acid ethyl ester；*N*-Carbethoxy-2-ethoxy-1，2-dihydroquinoline

M. I. 15，3566

性状 无色结晶。mp 56～57℃；$bp_{0.1}$ 125～128℃/13.332Pa。一般试剂含量≥99.0%（NT）。

注意事项 该品对皮肤有刺激性。使用时应避免吸入本品的粉尘，避免与眼睛及皮肤接触。应充氮气密封干燥保存。

主要用途 生化研究，肽的合成。

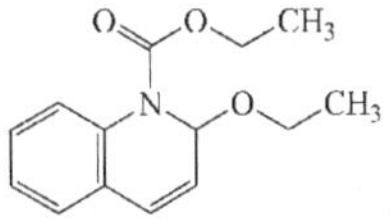

1-Ethoxycarbonylpiperazine 1-乙氧基羰基哌嗪 04256

[120-43-4] $C_7H_{14}N_2O_2$ 158.20

成分 C 53.15%，H 8.92%，N 17.71%，O 20.23%。

别名 哌嗪-1-羧酸乙酯；Ethyl 1-piperazinecarboxylate；Piperazine-1-carboxylic acid ethyl ester

性状 无色液体。易溶于水。mp 120℃；bp 237℃；Fp >230℉（110℃）；d^{25} 1.08；n_D^{20} 1.478。一般试剂含量≥98.0%（GC）。

注意事项 该品口服有害。对眼睛、呼吸系统及皮肤有刺激性。使用时应戴手套。使用时应避免吸入本品的蒸气，避免与眼睛及皮肤接触。万一接触到眼睛，应立即用大量水冲洗后请医生诊治。

主要用途 有机合成。

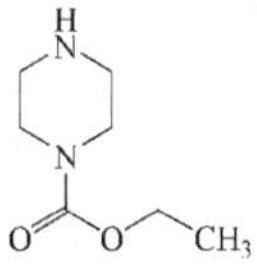

2-Ethoxyethanol 2-乙氧基乙醇 04257

[110-80-5] $C_4H_{10}O_2$ 90.12

成分 C 53.31%，H 11.18%，O 35.51%。

别名 乙二醇单乙醚；乙氧基乙醇；乙基溶纤剂；乙二醇一乙醚；乙二醇乙醚；赛罗沙夫；Ethylene glycol monoethyl ether；Cellosolve；Ethyl cellosolve ；Ethylene glycol ethyl ether；Oxitol

GW 2015-2575 M. I. 15，3803

性状 无色液体。几乎无气味。能与水、乙醇、乙醚、丙酮和液体酯类相混溶。能溶解多种油类树脂。mp －70℃；bp 135℃；Fp 120℉（49℃，开杯）；Fp 112℉（44℃，闭杯）；d_{20}^{20} 0.931；n_D^{25} 1.406。LD_{50}大鼠急性经口：3g/kg。一般试剂含量 99.0%（GC）。

注意事项 该品易燃。吸入、口服或与皮肤接触有害。能损伤生育力。能危害胎儿。使用前应得到专门的指导，避免曝露。使用时如有事故发生或有不适之感，应请医生诊治。

主要用途 硝基赛璐珞、假漆等的溶剂。皮革着色剂。乳化液稳定剂。

2-(2-Ethoxyethoxy)ethanol
2-(2-乙氧基乙氧基)乙醇 04258

[111-90-0] $C_6H_{14}O_3$ 134.18

成分 C 53.71%，H 10.52%，O 35.77%。

别名 二甘醇乙醚；乙氧基二乙二醇醚；二乙二醇一乙醚；二乙二醇单乙醚；Carbitol®；Ethylene diglycol；Ethyl digol；Diethylene glycol monoethyl ether

M. I. 15，3134

性状 浅黄色液体。易吸潮。有特殊香味。能与水、丙酮、苯、氯仿、吡啶、乙醇、乙醚相混溶。bp 201℃；Fp 216℉（102℃，闭杯）；d_4^{25} 0.9855；d_{20}^{20} 0.990；n_D^{20} 1.4273。LD_{50}大鼠急性经口：8.69g/kg。一般试剂含量≥98.0%（GC）。

注意事项 使用时应避免吸入本品的蒸气，避免与眼睛及皮肤接触。

主要用途 纤维素酯类的溶剂。

2-(2-Ethoxyethoxy)ethyl acetate
乙酸 2-(2-乙氧基乙氧基)乙酯 04259

[112-15-2] $C_8H_{16}O_4$ 176.21

成分 C 54.53%，H 9.15%，O 36.32%。

别名 二乙二醇一乙醚乙酸酯；Carbitol acetate；Diethylene glycol monoethyl ether acetate；Ethyl carbitol acetate；Ethyldiglycol acetate

性状 无色液体。溶于水，其溶液呈中性。mp 25℃；bp 217～218℃；Fp 212℉（100℃）；d^{20} 1.01。LD_{50}大鼠急性经口：11g/kg。一般试剂含量≥99.0%（GC）。

注意事项 该品能形成爆炸性过氧化物。对眼睛、呼吸系统及皮肤有刺激性。使用时应穿适当的防护服。万一接触到眼睛，应立即用大量水冲洗后请医生诊治。

主要用途 有机合成。

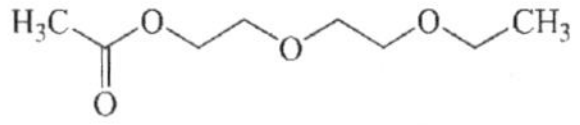

2-Ethyloxyethyl acetate 乙酸 2-乙氧基乙酯 04260

[111-15-9] $C_6H_{12}O_3$ 132.16

成分 C 54.53%，H 9.15%，O 36.32%。

别名 乙酸乙二醇一乙醚；乙酸乙基溶纤剂；乙酸赛罗沙夫；醋酸乙二醇乙醚；乙二醇一乙醚乙酸酯；乙二醇乙醚乙酸酯；2-乙氧基乙酸乙酯；2-Ethoxyethanol acetate；Ethylene glycol monoethyl ether acetate；Cellosolve acetate；Ethylglycol acetate；Acetic acid(2-ethoxyethyl)ester

GW 2015-2648 M. I. 15，3804

性状 无色液体。有特异气味。溶于约 6 份水，能与乙醇、乙醚、丙酮等混溶。mp －61℃；bp 156℃；Fp 134℉（56℃，开杯）；d_{20}^{20} 0.975；n_D^{20} 1.4055。LD_{50}大鼠急性经口：5.1g/kg。一般试剂含量≥96.0%（GC）。

注意事项 该品吸入、口服或与皮肤接触有害。能损伤生育力，能危害胎儿。使用前应得到专门的指导，避免曝露。使用时如有事故发生或有不适之感，应请医生诊治。应密封保存。

主要用途 溶剂。

2-Ethoxyethyl chloride 2-乙氧基乙基氯 04261

[628-34-2] C_4H_9ClO 108.57

成分 C 44.25%，H 8.36%，Cl 32.65%，O 14.74%。

别名 2-氯乙基乙基醚；2-Chloroethyl ethyl ether

性状 无色液体。能与水混溶。bp 108～109℃；Fp 42.8℉（6℃）；d^{20} 0.99；n_D^{20} 1.4118。一般试剂含量≥98.0%（GC）。

注意事项 该品高度易燃。吸入或口服有害。使用时应穿适当的防护服或戴手套。应远离火种充氮气密封保存。

主要用途 有机合成。

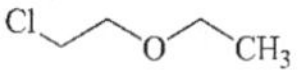

2-Ethoxyethyl ether 2-乙氧基乙基醚 04262

[112-36-7] $C_8H_{18}O_3$ 162.23

成分 C 59.23%，H 11.18%，O 29.59%。

别名 双（2-乙氧基乙基）醚；二乙二醇二乙醚；Diethyleneglycol diethyl ether；Diethyl carbitol®；Diethyldigol；Ethylcarbitol；Diethyl diglycol；Bis(2-ethoxyethyl) ether；1，1′-Oxybis(2-ethoxy)ethane

M. I. 15，3132

性状 无色透明液体。易溶于水、乙醇及一般有机溶剂。bp 188℃；Fp 130℉（54℃）；d_4^{20} 0.907；n_D^{20} 1.412。LD_{50}大鼠急性经口：4.97g/kg。一般试剂含量≥99.0%（GC）。

注意事项 该品对眼睛有刺激性。使用时应穿适当的防护服。万一接触到眼睛，应立即用大量水冲洗后请医生诊治。应密封保存。

主要用途 溶剂。高沸点反应介质。

3-Ethoxy-4-hydroxybenzaldehyde
3-乙氧基-4-羟基苯甲醛 04263

[121-32-4] $C_9H_{10}O_3$ 166.18

成分 C 65.05%，H 6.07%，O 28.88%。

别名 乙基香兰素；Ethyl vanillin；Ethylprotocatechuic aldehyde；

Bourbonal; Ethylprotal; Ethavan; Ethovan; Vanillal

M. I. 15, 3908

性状 无色薄片状结晶。在95%乙醇中溶解度:约1g/2mL。易溶于乙醇、氯仿、乙醚及碱溶液,溶于甘油、丙二醇,微溶于水。mp 77~78℃。Fp 约293℉(145℃);LD_{50}大鼠急性经口:>2g/kg。一般试剂含量≥96.0%(T)。

注意事项 该品口服有害。对眼睛、呼吸系统及皮肤有刺激性。万一接触到眼睛,应立即用大量水冲洗后请医生诊治。

主要用途 香料。调味品。

4-Ethoxy-3-methoxybenzaldehyde

4-乙氧基-3-甲氧基苯甲醛 04264

[120-25-2] $C_{10}H_{12}O_3$ 180.20

成分 C 66.65%, H 6.71%, O 26.63%。

别名 3-甲氧基-4-乙氧基苯甲醛;4-乙氧基间茴香醛;3-Methoxy-4-ethoxybenzaldehyde; 4-Ethoxy-*m*-anisaldehyde

性状 白色至淡棕色结晶。mp 59~60℃。一般试剂含量≥98.0%。

主要用途 有机合成。

(4-Ethoxyphenyl) urea (4-乙氧基苯基)脲 04265

[150-69-6] $C_9H_{12}N_2O_2$ 180.21

成分 C 59.99%, H 6.71%, N 15.55%, O 17.76。

别名 甘素; Dulcin; *p*-Phenetolcarbamide; *p*-Phenetylurea; Sucrol; Valzin

M. I. 15, 3511

性状 无色有光泽的针状结晶。味甜。该品1份溶于25份乙醇、800份冷水、50份沸水。mp 173~174℃。

主要用途 生化研究。非营养脱硫。

Ethoxyquin 乙氧喹 04266

[91-53-2] $C_{14}H_{19}NO$ 217.31

成分 C 77.38%, H 8.81%, N 6.45%, O 7.36%。

别名 乙氧基喹;促长啉;6-乙氧基-1,2-二氢-2,2,4-三甲基喹啉;1,2-二氢-6-乙氧基-2,2,4-三甲基喹啉;6-Ethoxy-1,2-dihydro-2,2,4-trimethylquinoline; 1,2-Dihydro-6-ethoxy-2,2,4-trimethylquinoline; EMQ; Santoflex; Santoquin

M. I. 15, 3807

性状 黄色液体。对空气及二氧化碳敏感。bp_2 123~125℃/266.64Pa; d_{25}^{25} 1.029~1.031; n_D^{25} 1.569~1.672。LD_{50}大鼠,小鼠急性经口:1920mg/kg,1730mg/kg。生化试剂含量≥75.0%(GC)。

注意事项 该品口服有害。使用时应避免与皮肤接触。应充氩气密封避光保存。

主要用途 生化研究。食品抗氧化剂,苹果、梨的抗氧剂。

8-Ethoxyquinoline-5-sulfonic acid

8-乙氧基喹啉-5-磺酸 04267

[15301-40-3] $C_{11}H_{11}NO_4S$ 253.28

成分 C 52.16%, H 4.38%, N 5.53%, O 25.27%, S 12.66%。

别名 Actinoquinol; 8-Ethoxyquinoline-5-sulfonic acid

性状 来自水中的棕色针状结晶。溶于稀碳酸氢钠溶液。mp 286~288℃(分解)。一般试剂含量≥99.0%(T)。

注意事项 该品对眼睛、呼吸系统及皮肤有刺激性。使用时应戴适当的手套。万一接触到眼睛,应立即用大量水冲洗后请医生诊治。

8-Ethoxyquinoline-5-sulfonic acid sodium salt monohydrate

8-乙氧基喹啉-5-磺酸钠盐 一水 04268

[80789-76-0] $C_{11}H_{10}NNaO_4S \cdot H_2O$ 293.27

成分(以无水物计) C 48.00%, H 3.66%, N 5.09%, Na 8.35%, O 23.25%, S 11.65%。

别名 Corodenin; Etoquinol sodium; Sodium 8-ethoxyquinoline-5-sulfonate; Sodium etoquinol; Uviban

性状 棕色结晶。溶于水。一般试剂含量≥97.0%(NT)。

注意事项 使用时应避免吸入本品的粉尘,避免与眼睛及皮肤接触。

主要用途 用于紫外线屏蔽。

Ethybenztropine hydrochloride 乙苄托品 盐酸盐 04269

[26598-44-7] $C_{22}H_{28}ClNO$ 357.92

成分 C 73.83%, H 7.89%, Cl 9.90%, N 3.91%, O 4.47%。

别名 盐酸乙苄托品; Ponalide; (3-*endo*)-3-Diphenylmethoxy-8-ethyl-8-azabicyclo[3.2.1]octane; 3α-Diphenylmethoxy-8-ethyl-1α*H*,5α*H*-nortropane; *N*-Ethylnortropine benzhydryl ether; Tropethydrylin; *N*-Ethyl-8-aza-3-bicyclo[3.2.1]octyl benzhydryl ether; *N*-Ethylbenztropine; Ethylbenzatropine; Etybenzatropine

M. I. 15, 3810

性状 来自丙酮中的无色结晶。mp 190~191℃。

主要用途 医用抗震颤剂。

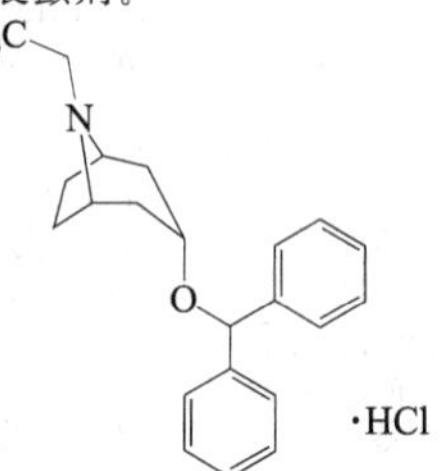

***N*-Ethylacetamide *N*-乙基乙酰胺** 04270

[625-50-3] C_4H_9NO 87.12

成分 C 55.15%, H 10.41%, N 16.08%, O 18.36%。

别名 *N*-乙酰乙胺; Acetethylamide; *N*-Acetylethylamine

性状 无色或浅黄色油状液体。溶于水、酸、乙醇,不溶于碱溶液。mp -32℃。bp 205℃; bp_8 90~92℃/1.067kPa; Fp 224℉(106℃,闭杯); d_4^{20} 0.924; n_D^{20} 1.4330。一般试剂含量≥99.0%。

注意事项 使用时应避免与眼睛及皮肤接触。

主要用途 有机合成。韧化剂。表面活性剂。溶剂。

Ethyl acetamidocyanoacetate

乙酰氨基氰基乙酸乙酯 04271

[4977-62-2] $C_7H_{10}N_2O_3$ 170.17

成分 C 49.41%, H 5.92%, N 16.46%, O 28.21%。

别名 *N*-乙酰-2-氰基甘氨酸乙酯; *N*-Acetyl-2-cyanoglycine ethyl ester

性状 无色或白色结晶。mp 128~130℃。一般试剂含量≥97.0%(CHN)。

注意事项 使用时应避免吸入本品的粉尘,避免与眼睛及皮肤接触。应充氩气密封保存。

Ethyl acetate　乙酸乙酯　04272

[141-78-6]　$C_4H_8O_2$　88.11

成分 C 54.53%，H 9.15%，O 36.32%。

别名 醋酸乙酯；Acetic acid ethyl ester；Acetic ester；Ethyl ethanoate；Vinegar naphtha

GW 2015-2651　M. I. 15，3811

性状 无色透明液体。具有挥发性。易燃。有水果香味。水分能使其缓解分解而呈酸性反应。能与三氯甲烷、乙醇、丙酮、乙醚相混溶，1mL 该品 25℃ 溶于 10mL 水。mp −83℃；bp 77℃；Fp 45℉（7.2℃，开杯）；d_{25}^{25} 0.898；d_4^{20} 0.902；n_D^{20} 1.3719。LD_{50} 大鼠急性经口：11.3mL/kg。

注意事项 该品高度易燃。对眼睛有刺激性。反复曝露可能造成皮肤干燥或破裂。其蒸气可引起瞌睡和眩晕。使用现场禁止吸烟。万一接触到眼睛，应立即用大量水冲洗后请医生诊治。应远离火种，采取抗放静电措施，于阴凉处密封保存。

主要用途 分析试剂。检定铋、硼、金、铁、钼、铂、钾、铊。色谱分析标准物。溶剂。洗涤剂。

参考规格 GB/T 12589—2007

	分析纯	化学纯
含量（$CH_3COOC_2H_5$）/%≥	99.5	98.5
密度（20℃）/（g/mL）	0.899～0.901	0.897～0.901
色度/黑曾单位≤	10	20
蒸发残渣/%≤	0.0005	0.002
水分（H_2O）/%≤	0.1	0.4
酸度（以 H^+ 计）/（mmol/g）/%≤	0.0008	0.0008
甲醇（CH_3OH）/%≤	0.1	0.2
乙醇（CH_3CH_2OH）/%≤	0.1	0.5
乙酸甲酯（CH_3COOCH_3）/%≤	0.1	0.3
易碳化物质	合格	合格

Ethyl acetoacetate　乙酰乙酸乙酯　04273

[141-97-9]　$C_6H_{10}O_3$　130.14

成分 C 55.38%，H 7.75%，O 36.88%。

别名 乙酰醋酸乙酯；丁酮酸乙酯；Acetoacetic acid ethyl ester；Acetoacetic ester；Diacetic ester；Ethyl 3-oxobutanoate；3-Oxobutanoate；3-Oxobutanoic acid ethyl ester

M. I. 15，3812

性状 无色透明液体。有香味。能与多种有机溶剂相混溶，溶于约 35 份水。mp −45℃；bp_{760} 180.8℃/101.325kPa；bp_{400} 158.2℃/53.33kPa；bp_{200} 138.0℃/26.664kPa；bp_{60} 106℃/7.999kPa；bp_{20} 81.1℃/2.666kPa；bp_5 54.0℃/666.61Pa；$bp_{1.0}$ 28.5℃/133.32Pa；Fp 184℉（84℃，闭杯）；d_4^{10} 1.0357；d_4^{17} 1.0288；d_4^{25} 1.0213；d_4^{54} 0.9924；d_4^{75} 0.9703；n_D^{20} 1.41937。LD_{50} 大鼠急性经口：3.98g/kg。一般试剂含量≥99.0%（GC）。

注意事项 该品对眼睛有刺激性。万一接触到眼睛，应立即用大量水冲洗后请医生诊治。应密封保存。

主要用途 气相色谱固定液（适用于低级烃异构物的分析）。检定铊和测定水泥中氧化钙的试剂。电解法测定铜时作附加剂。测定高铁的络合指示剂。

Ethyl acetylenecarboxylate　丙炔酸乙酯　04274

[623-47-2]　$C_5H_6O_2$　98.10

成分 C 61.22%，H 6.16%，O 32.62%。

别名 乙炔基羧酸乙酯；Ethyl propiolate

性状 无色液体。不溶于水。mp 9℃；bp 120℃；bp_{50} 92℃/6.7kPa；Fp 77℉（25℃）；d^{20} 0.968；n_D^{20} 1.4120。一般试剂含量≥98.0%（GC）。

注意事项 该品易燃。对眼睛、呼吸系统及皮肤有刺激性。大量使用应穿适当的防护服。万一接触到眼睛，应立即用大量水冲洗后请医生诊治。

Ethyl acrylate monomer　丙烯酸乙酯 单体　04275

[140-88-5]　$C_5H_8O_2$　100.12

成分 C 59.98%，H 8.05%，O 31.96%。

别名 败脂酸乙酯；Acrylic acid ethyl ester；Ethyl propenoate；2-Propenoic acid ethyl ester

GW 2015-150　M. I. 15，3813

性状 无色液体。有挥发性。溶于乙醇、乙醚，20℃时溶于水中为 2g/100mL。久置能聚合成树脂状物。常加入氢醌一甲醚约 0.002% 为稳定剂。mp −71℃；bp_{760} 99.4℃/101.325kPa；$bp_{39.2}$ 20℃/5.226kPa；Fp 60℉（15℃，开杯）；d_4^{20} 0.9405；n_D^{20} 1.404。一般试剂含量≥99.0%（GC）。

注意事项 该品高度易燃。吸入、口服或与皮肤接触有害。对眼睛、呼吸系统及皮肤有刺激性。接触皮肤能引起过敏。使用时应穿适当的防护服和戴手套。使用现场禁止吸烟。应远离火种，采取抗放静电措施，充氩气密封避光于通风良好处保存。

主要用途 塑料、树脂的合成。

Ethylaluminum sesquichloride　倍半氯化乙基铝　04276

[12075-68-2]　$C_6H_{15}Al_2Cl_3$　247.51

成分 C 29.12%，H 6.11%，Al 21.80%，Cl 42.97%。

别名 乙基三氯化（二）铝；三乙基三氯化二铝；三氯化二乙基铝；氯化乙基铝

性状 无色液体。mp −50℃；bp 204℃；Fp −0.4℉（−18℃）；d 1.092。一般试剂含量 ≥97.0%。

注意事项 该品遇水激烈反应，并放出高度易燃气体。在空气中能自燃。具有腐蚀性，能引起烧伤。使用时应穿适当的防护服，戴手套和防护镜或面罩。使用现场禁止吸烟。万一接触到眼睛，应立即用大量水冲洗后请医生诊治。使用时如有事故发生或有不适之感，应请医生诊治，使用完毕应立即脱掉受污染的衣服。万一着火，用干粉化学剂灭火，而不能用水。应远离火种密封保存。

Ethylamine alcohol solution　乙胺 醇溶液　04277

[75-04-7]　C_2H_7N　45.08

成分 C 53.29%，H 15.65%，N 31.07%。

GW 2015-2565

性状 无色液体。有氨味。为含有 30%乙胺的乙醇溶液。

注意事项 该品极易燃。对眼睛和呼吸系统有刺激性。使用现场禁止吸烟。万一接触到眼睛，用大量水冲洗后请医生诊治。切勿排入下水道。应远离火种密封保存。

主要用途 定量分析铝盐和定性分析氰化氢的试剂。

Ethylamine anhydrous　无水乙胺　04278

[75-04-7]　C_2H_7N　45.09

成分 C 53.28%，H 15.65%，N 31.06%。

别名 乙胺 无水；无水氨基乙烷；Aminoethane anhydrous；Ethanamine；Monoethylamine

GW 2015-2565　M. I. 15，3817

性状 无色液体。有氨味。有挥发性。呈强碱性反应。能与水、乙醇、乙醚相混溶。sp −80℃；bp 16.6℃；Fp −0.4℉（−18℃）；d_{15}^{15} 0.689。LD_{50} 大鼠急性经口：0.40g/kg。一般试剂含量≥99.0%。

注意事项 应于 5℃以下保存。

主要用途 有机合成。染料中间体。树脂、橡胶的稳定剂。萃取剂。乳化剂。

Ethylamine water solution　乙胺 水溶液　04279

[75-04-7]　C_2H_7N　45.08

成分 C 53.29%，H 15.65%，N 31.07%。

GW 2015-2565

性状 无色液体。有氨味。为乙胺的水溶液。有含量 32%～34% 的和 65%～70% 的两种。Fp 1.4℉（−17℃）。一般试剂含量 32.0%～34.0%。

注意事项 该品高度易燃。使用现场禁止吸烟。万一接触到眼睛，应用大量水冲洗后请医生诊治。应远离火种，于阴凉通风处密封保存。

主要用途 有机合成。树脂和染料合成。

Ethylamine hydrochloride　乙胺 盐酸盐 04280
[551-66-4]　C_2H_8ClN 81.55
成分 C 29.46%，H 9.89%，Cl 43.47%，N 17.18%。
别名 盐酸乙胺；氯化乙基铵；Ethylammonia chloride
M.I. 15，3817
性状 来自乙醇＋水中的无色结晶。对空气敏感。有潮解性。溶于0.4份水，易溶于乙醇，微溶于三氯甲烷、丙酮，几乎不溶于乙醚。mp 110℃；*d* 1.22。一般试剂含量≥99.0%（AT）。
注意事项 该品对眼睛、呼吸系统及皮肤有刺激性。使用时应穿适当的防护服。万一接触到眼睛，应立即用大量水冲洗后请医生诊治。应充氩气密封干燥保存。
主要用途 生化研究。病毒的提纯。有机合成。

Ethyl 2-aminobenzoate　2-氨基苯甲酸乙酯 04281
[87-25-2]　$C_9H_{11}NO_2$ 165.19
成分 C 65.44%，H 6.71%，N 8.48%，O 19.37%。
别名 邻氨基苯甲酸乙酯；氨茴酸乙酯；Ethyl anthranilate；Ethyl *o*-aminobenzoate；Anthranilic acid ethyl ester；*o*-Aminobenzoic acid ethyl ester
性状 无色或浅黄色的油状液体。能与乙醚、乙醇相混溶，微溶于水。mp 13～15℃；bp 264～268℃；bp_9 129～130℃/1.2kPa；Fp ＞ 235.4℉（113℃）；d_4^{20} 1.117；n_D^{20} 1.5640。一般试剂含量≥98.0%（GC）。
注意事项 该品对眼睛及皮肤有刺激性。使用时应穿适当的防护服。万一接触到眼睛，应立即用大量水冲洗后请医生诊治。
主要用途 防腐剂。香料。

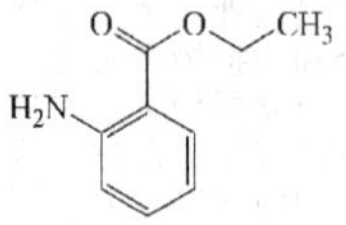

Ethyl 3-aminobenzoate　3-氨基苯甲酸乙酯 04282
[582-33-2]　$C_9H_{11}NO_2$ 165.19
成分 C 65.44%，H 6.71%，N 8.48%，O 19.37%。
别名 间氨基苯甲酸乙酯；*m*-Aminobenzoic acid ethyl ester；Ethyl *m*-aminobenzoate
性状 无色油状液体。能与乙醇、乙醚相混溶，难溶于水。mp 88～90℃；bp_{13} 172～175℃/1.733kPa；Fp＞230℉（110℃）；*d* 1.107；n_D^{20} 1.5610。一般试剂含量≥97.0%。
注意事项 见04281 2-氨基苯甲酸乙酯。
主要用途 香料配制。有机合成。

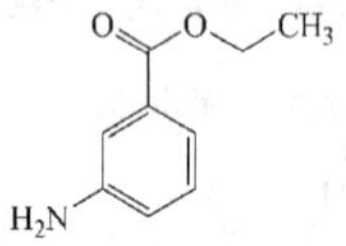

Ethyl 4-aminobenzoate　4-氨基苯甲酸乙酯 04283
[94-09-7]　$C_9H_{11}NO_2$ 165.19
成分 C 65.44%，H 6.71%，N 8.48%，O 19.37%。
别名 对氨基苯甲酸乙酯；Aethoform；Americaine；4-Aminobenzoic acid ethyl ester；Anesthesin；Anesthone；Benzocaine；Ethyl *p*-aminobenzoate；Orthesin；Parathesin
M.I. 15，1088
性状 无色菱面体结晶。在空气中稳定。1g该品溶于5mL乙醇、2500mL水、2mL三氯甲烷、约4mL乙醚，亦溶于稀酸。pK_a 2.5；mp 88～90℃。一般试剂含量≥98.0%。
注意事项 见04281 2-氨基苯甲酸乙酯。
主要用途 医用局部麻醉剂。

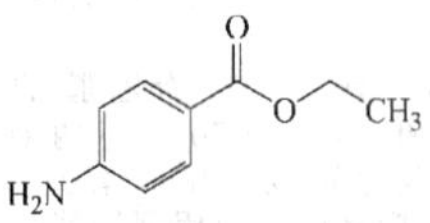

3-Ethylamino-*p*-cresol　3-乙氨基对甲酚 04284
[120-37-6]　$C_9H_{13}NO$ 151.21
成分 C 71.49%，H 8.67%，N 9.26%，O 10.58%。
别名 3-乙氨基-4-甲基苯酚；间乙氨基对甲酚；*m*-Ethylamino-*p*-cresol；3-Ethylamino-4-methylphenol
性状 白色固体。溶于碱溶液、热苯、甲苯。mp 85～87℃；bp_3 135～140℃/400Pa。一般试剂含量≥95.0%。
注意事项 该品对眼睛、呼吸系统及皮肤有刺激性。使用时应戴适当的手套。万一接触到眼睛，应立即用大量水冲洗后请医生诊治。
主要用途 有机合成。

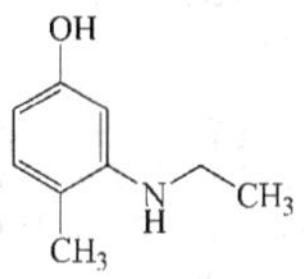

2-(Ethylamino)ethanol　2-(乙基氨基)乙醇 04285
[110-73-6]　$C_4H_{11}NO$ 89.14
成分 C 53.90%，H 12.44%，N 15.71%，O 17.95%。
别名 *N*-乙基乙醇胺；*N*-Ethylethanolamine
性状 无色液体。溶于水，其溶液（20℃，0.1g/mL）pH值12.3。mp －90℃；bp 169～170℃；Fp 160℉（71℃）；d^{20} 0.914；n_D^{20} 1.442。LD_{50}大鼠急性经口：1g/kg。一般试剂含量≥98.0%（T）。
注意事项 该品口服有害。与皮肤接触有毒。对眼睛有严重损伤的危险。使用时应穿适当的防护服，戴手套和防护镜或面罩。万一接触到眼睛，应立即用大量水冲洗后请医生诊治。使用时如有事故发生或有不适之感，应请医生诊治。

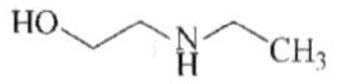

Ethyl 3-aminopyrazol-4-carbexylate
3-氨基吡唑-4-羧酸乙酯 04286
[6994-25-8]　$C_6H_9N_3O_2$ 155.16
成分 C 46.45%，H 5.85%，N 27.08%，O 20.62%。
别名 3-氨基-4-乙氧羰基吡唑；3-Amino-4-carbethoxypyrazole；3-Aminopyrazole-4-carboxylic acid ethyl ester
性状 无色结晶或白色粉末。不溶于水。mp 105～106℃。一般试剂含量≥98.0%。
注意事项 该品具有腐蚀性，能引起烧伤。使用时应避免与眼睛及皮肤接触。

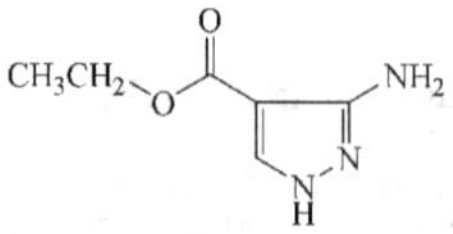

***N*-Ethylaniline　*N*-乙基苯胺** 04287
[103-69-5]　$C_8H_{11}N$ 121.18
成分 C 79.29%，H 9.15%，N 11.56%。
别名 乙苯胺；*N*-Ethylbenzenamine；*N*-Ethylphenylamine；Monoethylaniline
GW 2015-2595　M.I. 15，3819
性状 无色液体。有强折光性。有苯胺气味。见光或露置空气中迅速变成棕色。能与乙醇、乙醚及多数有机溶剂相混溶，不溶于水。mp －63.5℃；bp 204.5℃；d_{25}^{25} 0.958；n_D^{20} 1.5559。LD_{50}大鼠急性经口：0.28g/kg；腹膜内注射：0.18g/kg；皮下注射：4.7g/kg。一般试剂含量≥98.0%。
注意事项 该品吸入、口服或与皮肤接触有毒，并具有蓄积性危害。使用时应戴手套。接触皮肤后应立即用大量肥皂泡沫冲洗。使用时如有事故发生或有不适之感，应请医生诊治。应密封避光保存。
主要用途 有机合成。

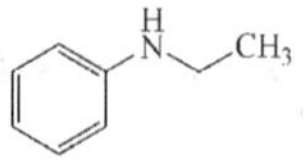

2-Ethylaniline　2-乙基苯胺 04288
[578-54-1]　$C_8H_{11}N$ 121.18
成分 C 79.29%，H 9.15%，N 11.56%。
别名 邻乙基苯胺
GW 2015-2594
性状 无色液体。mp －44℃；bp 211～215℃；Fp 199.4℉

(93℃)；d_4^{20} 0.98；n_D^{20} 1.560。一般试剂含量 ≥98.0%（GC）。

注意事项 该品吸入，口服或与皮肤接触有毒。具有蓄积性危害。使用时应穿适当的防护服，戴手套和防护镜或面罩。使用时如有事故发生或有不适之感，应请医生诊治。应密封避光保存。

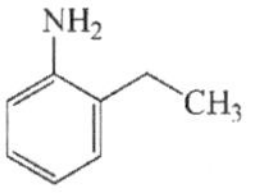

3-Ethylaniline 3-乙基苯胺 04289

[587-02-0] $C_8H_{11}N$ 121.18

成分 C 79.29%，H 9.15%，N 11.56%。

别名 间乙基苯胺

性状 无色液体。mp −8℃；bp 215～220℃；Fp 185℉（85℃）；d_4^{20} 0.972；n_D^{20} 1.556。一般试剂含量 ≥97.0%（GC）。

注意事项 见 04288 2-乙基苯胺。

4-Ethylaniline 4-乙基苯胺 04290

[589-16-2] $C_8H_{11}N$ 121.18

成分 C 79.29%，H 9.15%，N 11.56%。

别名 对乙基苯胺

性状 无色液体。mp −5℃；bp 216℃；Fp 183.2℉（84℃）；d_4^{20} 0.968；n_D^{20} 1.554。一般试剂含量 ≥98.0%（GC）。

注意事项 见 04288 2-乙基苯胺。

Ethylbenzene 乙基苯 04291

[100-41-4] C_8H_{10} 106.17

成分 C 90.51%，H 9.49%。

别名 乙基代苯；苯乙烷；苯基乙烷；Ethylbenzole；Phenylethane

GW 2015-2566 M.I. 15，3820

性状 无色液体。能与有机溶剂相混溶。溶于乙醇、乙醚，几乎不溶于水。mp −95.01℃；bp 136.25℃；Fp 64℉（18℃，闭杯）；d_{25}^{25} 0.866；n_D^{25} 1.4932。LD_{50}大鼠急性经口：5.46g/kg。一般试剂含量≥99.0%（GC）。

注意事项 该品高度易燃。其蒸气吸入有害。使用现场禁止吸烟。使用时应避免与眼睛及皮肤接触。切勿排入下水道。应远离火种密封保存。

主要用途 色谱分析标准物。有机合成。溶剂。

4-Ethylbenzenesulfonic acid 4-乙基苯磺酸 04292

[98-69-1] $C_8H_{10}O_3S$ 186.23

成分 C 51.60%，H 5.41%，O 25.77%，S 17.22%。

别名 对乙基苯磺酸；*p*-Ethylbenzenesulphonic acid

性状 无色或浅黄色针状结晶。溶于水、乙醇、苯。Fp ＞230℉（110℃）；d 1.229；n_D^{20} 1.5331。

注意事项 该品具有腐蚀性，能引起烧伤。

主要用途 染料制备。有机合成。

Ethyl benzoate 苯甲酸乙酯 04293

[93-89-0] $C_9H_{10}O_2$ 150.18

成分 C 71.98%，H 6.71%，O 21.31%。

别名 安息香酸乙酯；Benzoic acid ethyl ester

M.I. 15，3821

性状 无色透明液体。有香味。能与乙醇、乙醚、三氯甲烷、石油醚相混溶，几乎不溶于水。mp −34℃；bp 211～213℃；Fp 199.4℉（93℃）；d_4^{25} 1.050；n_D^{20} 1.506。LD_{50}大鼠急性经口：6.48g/kg。一般试剂含量≥99.5%。

主要用途 溶剂。香料辅助剂。有机合成。

4-Ethylbenzoic acid 4-乙基苯甲酸 04294

[619-64-7] $C_9H_{10}O_2$ 150.18

成分 C 71.98%，H 6.71%，O 21.31%。

别名 对乙基苯甲酸

性状 白色结晶性粉末。mp 112～113℃。一般试剂含量≥99.0%。

注意事项 该品对眼睛、呼吸系统及皮肤有刺激性。使用时应戴适当的手套。万一接触到眼睛，应立即用大量水冲洗后请医生诊治。

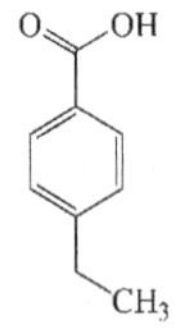

Ethyl benzoylacetate 苯甲酰基乙酸乙酯 04295

[94-02-0] $C_{11}H_{12}O_3$ 192.21

成分 C 68.74%，H 6.29%，O 24.97%。

别名 *β*-Oxobenzenepropanoic acid ethyl ester

M.I. 15，3822

性状 无色液体。有愉快的气味。曝露于空气或阳光下能分解变黄。能与乙醇、乙醚相混溶，不溶于水。bp 265～270℃（分解）；Fp 147℉（63℃）；d^{15} 1.122；n_D^{20} 1.5338。一般试剂含量≥97.0%（HPLC）。

注意事项 该品应密封避光保存。

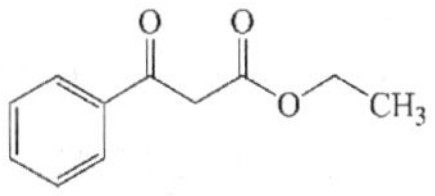

Ethyl biscoumacetate 双香豆酸乙酯 04296

[548-00-5] $C_{22}H_{16}O_8$ 408.36

成分 C 64.71%，H 3.95%，O 31.34%。

别名 4-Hydroxy-*α*-(4-hydroxy-2-oxo-2*H*-1-benzopyran-3-yl)-2-oxo-2*H*-1-benzopyran-3-acetic acid ethyl ester；Bis(4-hydroxy-2-oxo-2*H*-1-benzopyran-3-yl)acetic acid ethyl ester；Ethyl bis(4-hydroxycoumarinyl)acetate；ethyldicoumarol acetate；Bis-3,3′-(4-hydroxycumarinyl)acetic acid ethyl ester；3,3′-Carboxymethylene bis(4-hydroxycoumarin)ethyl ester；Ethyl 4,4′-dihydroxydicoumarinyl-3, 3′-acetate；B.O.E.A.；Dicumacyl；Pelentan；Stabilene；Tromexan

M.I. 15，3825

性状 双晶形无色结晶。有味道持久的苦味。溶于20份丙酮，亦溶于苯，微溶于乙醇、乙醚，几乎不溶于水。mp 177～182℃（或154～157℃）。LD_{50}小鼠，大鼠急性经口：880mg/kg，260mg/kg；腹膜内注射：320mg/kg，1100mg/kg。

主要用途 医用抗凝血剂。

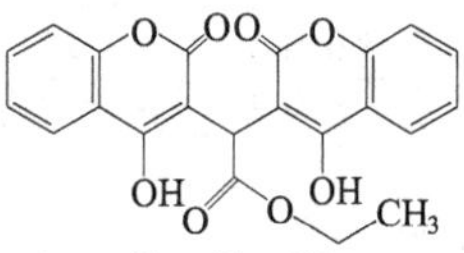

Ethyl bromoacetate 溴乙酸乙酯 04297

[105-36-2] $C_4H_7BrO_2$ 167.01

成分 C 28.77%，H 4.22%，Br 47.84%，O 19.16%。

别名 溴醋酸乙酯；Ethyl bromoethanoate；Bromoacetic acid ethyl ester

GW 2015-2432

性状 无色或浅黄色液体。具有催泪性。能与乙醇、乙醚、苯相混溶。遇水逐渐分解。mp −13.8℃；bp 159℃；Fp 116.6℉（47℃）；d_4^{20} 1.506；n_D^{20} 1.4510。一般试剂含量≥97.0%（GC）。

注意事项 该品吸入、口服或与皮肤接触极毒。万一接触到眼睛，应立即用大量水冲洗后请医生诊治。使用时如有事故发生或有不适之感，应请医生诊治。应密封于通风处保存。

主要用途 有机合成。

Ethyl 4-bromobutyrate 4-溴丁酸乙酯 04298

[2969-81-5] $C_6H_{11}BrO_2$ 195.06

成分 C 36.95%，H 5.68%，Br 40.96%，O 16.40%。

别名 *γ*-溴代正丁酸乙酯；Ethyl *γ*-bromo-*n*-butyrate

性状 无色液体。具有催泪性。bp_8 58℃/1.067kPa；Fp 136.4℉（58℃）；d_4^{20} 1.35；n_D^{20} 1.456。一般试剂含量≥97.0%（GC）。

注意事项 该品对眼睛、呼吸系统及皮肤有刺激性。使用时应穿适当的防护服。万一接触到眼睛，应立即用大量水冲洗后请医生诊治，应密封避光保存。

Ethyl 2-bromoisobutyrate 2-溴异丁酸乙酯 04299
[600-00-0] $C_6H_{11}BrO_2$ 195.06
成分 C 36.95%，H 5.68%，Br 40.96%，O 16.40%。
别名 2-溴-2-甲基丙酸乙酯；2-溴代异酪酸乙酯；α-溴异丁酸乙酯；Ethyl 2-bromo-2-methylpropionate；Ethyl α-bromo-*iso*-butyrate
GW 2015-2367
性状 无色液体。具有催泪性。易溶于乙醚，溶于乙醇。bp 约 160℃；bp_{11} 65～67℃/1.467kPa；Fp 134.6℉ (57℃)；d_4^{20} 1.314；n_D^{20} 1.445。一般试剂含量≥97.0% (GC)。
注意事项 该品具有腐蚀性，能引起烧伤。对眼睛、呼吸系统及皮肤有刺激性。使用时应穿适当的防护服。万一接触到眼睛，应立即用大量水冲洗后请医生诊治。

Ethyl 2-bromopropionate 2-溴丙酸乙酯 04300
[535-11-5] $C_5H_9BrO_2$ 181.03
成分 C 33.17%，H 5.01%，Br 44.14%，O 17.68%。
别名 α-溴丙酸乙酯；2-Bromopropanoic acid ethyl ester；Ethyl α-bromopropionate；2-Bromopropinic acid ethyl ester
M. I. 15，3827
性状 无色液体。有很强的刺激性气味。具有催泪性。见光色变黄。能与乙醇、乙醚相混溶，不溶于水。bp 159～160℃；Fp 125℉ (51℃)；d_{20}^{20} 1.447；n_D^{20} 1.4469。一般试剂含量≥98.0% (GC)。
注意事项 该品易燃。具有腐蚀性，能引起烧伤。使用时应穿适当的防护服，戴手套和防护镜或面罩。使用现场禁止吸烟。万一接触到眼睛，应立即用大量水冲洗后请医生诊治。使用时如有事故发生或有不适之感，应请医生诊治。应远离火种密封避光保存。
主要用途 溶剂。有机合成。

Ethyl 3-bromopropionate 3-溴丙酸乙酯 04301
[539-74-2] $C_5H_9BrO_2$ 181.03
成分 C 33.17%，H 5.01%，Br 44.14%，O 17.67%。
别名 β-溴丙酸乙酯；Ethyl β-bromopropionate；3-Bromopropionic acid ethyl ester
性状 无色液体。有刺激性气味。见光色变黄。能与乙醇、乙醚相混溶。bp_{50} 135～136℃/6.666 kPa；bp_{10} 69～71℃/1.333 kPa；Fp 158℉ (70℃)；d_4^{20} 1.412；n_D^{20} 1.4520。一般试剂含量≥98.0% (GC)。
注意事项 该品对眼睛、呼吸系统及皮肤有刺激性。使用时应穿适当的防护服。万一接触到眼睛，应立即用大量水冲洗后请医生诊治。
主要用途 有机合成。

Ethyl bromopyruvate 溴丙酮酸乙酯 04302
[70-23-5] $C_5H_7BrO_3$ 195.02
成分 C 30.79%，H 3.62%，Br 40.97%，O 24.61%。
性状 无色液体。bp_{10} 98～100℃/1.333kPa；Fp 210℉ (98℃)；d 1.56；n_D^{20} 1.4690。一般试剂含量≥90.0% (GC)。
注意事项 见 04300 3-溴丙酸乙酯。应充氮气密封避光于2～8℃保存。

Ethyl 2-bromovalerate 2-溴戊酸乙酯 04303
[615-83-8] $C_7H_{13}BrO_2$ 209.09
成分 C 40.21%，H 6.27%，Br 38.22%，O 15.30%。
别名 2-Bromovaleric acid ethyl ester
性状 无色液体。不溶于水。具有催泪性。bp 190～192℃；bp_{28} 92～94℃/3.7kPa；Fp 170.6℉ (77℃)；d 1.226；n_D^{20} 1.4480。一般试剂含量≥97.0%。
注意事项 见 04301 3-溴丙酸乙酯。

H_3C O CH_3 Br O

2-Ethyl-1-butanol 2-乙基-1-丁醇 04304
[97-95-0] $C_6H_{14}O$ 102.18
成分 C 70.53%，H 13.81%，O 15.66%。
别名 二乙基乙醇；异己醇；Diethyl ethanol；*iso*-Hexyl alcohol；Isohexyl alcohol；Pseudohexanol
GW 2015-2582
性状 无色液体。能与乙醇、乙醚相混溶，微溶于水。mp −15℃；bp 146℃；Fp 137℉ (58℃)；d_4^{20} 0.832；n_D^{20} 1.4220。一般试剂含量≥98.0% (GC)。
注意事项 该品口服或与皮肤接触有害。使用时应穿适当的防护服。
主要用途 溶剂。有机合成。

Ethyl 2-butynoate 2-丁炔酸乙酯 04305
[4341-76-8] $C_6H_8O_2$ 112.13
成分 C 64.27%；H 7.19%，O 28.54%。
别名 丁(邻)炔酸乙酯；Ethyl tetrolate；Tetrolic acid ethyl ester
性状 无色液体。bp 163℃；Fp 143.6℉ (62℃)；d 0.97。一般试剂含量≥99.0% (GC)。
注意事项 见 04301 3-溴丙酸乙酯。应充氩气密封保存。

Ethyl butyrate 丁酸乙酯 04306
[105-54-4] $C_6H_{12}O_2$ 116.16
成分 C 62.04%，H 10.41%，O 27.55%。
别名 正丁酸乙酯；Butanoic acid ethyl ester；Butyric acid ethyl ester；Ethyl *n*-butanoate；Ethyl *n*-butyrate
GW 2015-2774 M. I. 15，3830
性状 无色挥发性液体。有水果香味。能与乙醇、乙醚相混溶，溶于约 150 份水。mp −93℃；bp 120～121℃；Fp 78℉ (25℃，闭杯)；Fp 85℉ (29℃，开杯)；d_4^{20} 0.879；n_D^{20} 1.400。LD_{50} 大鼠急性经口：13050mg/kg。一般试剂含量≥99.0%。
注意事项 该品易燃。对眼睛、呼吸系统及皮肤有刺激性。使用时应穿适当的防护服。使用现场禁止吸烟。万一接触到眼睛，应立即用大量水冲洗后请医生诊治。
主要用途 溶剂。香料制造。

Ethyl butyrylacetate 丁酰乙酸乙酯 04307
[3249-68-1] $C_8H_{14}O_3$ 158.20
成分 C 60.74%，H 8.92%，O 30.34%。
别名 3-氧己酸乙酯；Butyrylacetic acid ethyl ester；Ethyl 3-xoohexanoate
性状 无色液体。不溶于水。mp −44℃；bp 210～220℃；bp_{22} 104℃/2.93kPa；Fp 201.2℉ (94℃)；d_4^{20} 0.989；n_D^{20} 1.4295。一般试剂含量≥98.0%。
注意事项 使用时应避免吸入本品的蒸气，避免与眼睛及皮肤接触。
主要用途 有机合成。

H_3C O CH_3 O O

Ethyl caprate 癸酸乙酯 04308
[110-38-3] $C_{12}H_{24}O_2$ 200.32
成分 C 71.95%，H 12.08%，O 15.97%。
别名 正癸酸乙酯；Capric acid ethyl ester；Ethyl *n*-caprate；Decanoic acid ethyl ester；Ethyl decanoate
M. I. 15，3831
性状 无色液体。可与乙醇、氯仿、乙醚相混溶，不溶于水。mp −20℃；bp 243～245℃；Fp 219.2℉ (104℃)；d^{20} 0.862；n_D^{20} 1.425。LD_{50} 大鼠急性经口：75g/kg。一般试剂含量≥99.0% (GC)。
注意事项 使用时应避免吸入本品的蒸气，避免与眼睛及皮肤接触。

Ethyl caproate 己酸乙酯 04309
[123-66-0] $C_8H_{16}O_2$ 144.21
成分 C 66.63%，H 11.18%，O 22.19%。
别名 Ethyl capronate；Hexanoic acid ethyl ester；Ethyl hexanoate
M. I. 15，3832
性状 无色至微黄色液体。具有愉快的香味。能与乙醇、乙醚混溶，不溶于水。bp 166～167℃；Fp 121℉ (49℃)；d^{20} 0.873；n_D^{20} 1.407。一般试剂含量≥98.0% (NT)。
注意事项 见 04306 丁酸乙酯。

主要用途 香料制造。有机合成。

Ethyl caprylate 辛酸乙酯 04310

[106-32-1] $C_{10}H_{20}O_2$ 172.27

成分 C 69.72%，H 11.70%，O 18.58%。

别名 正辛酸乙酯；Ethyl octanoate；Ethyl *n*-octoate；Ethyl octylate；Octanoic acid ethyl ester

M. I. 15，3833

性状 无色、澄清、极易流动的液体。能与乙醇、乙醚相混溶，不溶于水。mp −48～−47℃；bp 207～209℃；Fp 177.8℉（81℃）；d^{17} 0.878；n_D^{20} 1.418。LD_{50}大鼠急性经口：25960mg/kg。一般试剂含量≥98.0%（GC）。

注意事项 该品对皮肤有刺激性。使用时应穿适当的防护服。万一接触到眼睛，应立即用大量水冲洗后请医生诊治。

主要用途 香料制造。

Ethyl carbamate 氨基甲酸乙酯 04311

[51-79-6] $C_3H_7NO_2$ 89.09

成分 C 40.45%，H 7.92%，N 15.72%，O 35.92%。

别名 乌来坦；尿烷；乌来糖；Aminoformic acid ethyl ester；Carbamic acid ethyl ether；Ethyl urethan；Ethylurethane；Urethan

M. I. 15，10059

性状 无色或白色结晶。具清凉味。1g 该品溶于 0.5mL 水（水溶液呈中性）、0.8mL 乙醇、1.5mL 乙醚、2.5mL 甘油、0.9mL 三氯甲烷、32mL 橄榄油。mp 48～50℃；bp 182～184℃；Fp 198℉（92℃）；*d* 1.1。MLD 小鼠腹膜内注射：2.1～2.2g/kg。一般试剂含量≥99.0%（GC）。

注意事项 该品能致癌。使用前应得到专门的指导，避免曝露。使用时如有事故发生或有不适之感，应请医生诊治。应密封保存。

主要用途 溶剂。生化研究。医用抗肿瘤剂。兽用麻醉剂。

Ethyl carbazate 肼基甲酸乙酯 04312

[4114-31-2] $C_3H_8N_2O_2$ 104.11

成分 C 34.61%，H 7.74%，N 26.91%，O 30.74%。

别名 Hydrazinocarboxylic acid ethyl ester

性状 无色结晶。mp 44～45℃；bp_{22} 108～110℃/2.933kPa；Fp 187℉（86℃）。一般试剂含量≥97.0%（GC），水≤3%。

注意事项 该品对眼睛、呼吸系统及皮肤有刺激性。使用时应穿适当的防护服。万一接触到眼睛，应立即用大量水冲洗后请医生诊治。

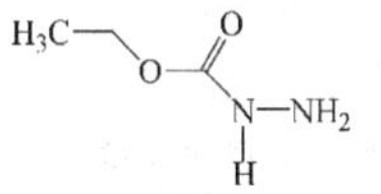

N-Ethylcarbazole N-乙基咔唑 04313

[86-28-2] $C_{14}H_{13}N$ 195.27

成分 C 86.11%，H 6.71%，N 7.17%。

别名 乙基氮芴；9-乙基咔唑；9-Ethylcarbazole

性状 白色针状结晶。溶于热乙醇、乙醚，不溶于水。mp 68～70℃。一般试剂含量≥99.0%。

注意事项 该品对眼睛、呼吸系统及皮肤有刺激性。使用时应戴适当的手套。万一接触到眼睛，应立即用大量水冲洗后请医生诊治。

主要用途 硝酸盐的测定。有机合成。染料合成。

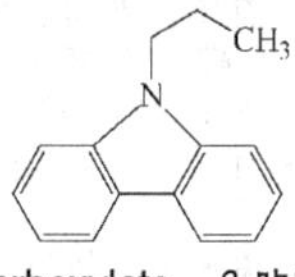

Ethyl β-carboline-3-carboxylate β-咔啉-3-羧酸乙酯 04314

[74214-62-3] $C_{14}H_{12}N_2O_2$ 240.26

成分 C 69.99%，H 5.03%，N 11.66%，O 13.32%。

别名 9*H*-Pyrido[3,4-*b*]indole-3-carboxylic acid ethyl ester；Ethyl norharmancarboxylate；β-CCE

M. I. 15，3834

性状 无色结晶。mp 229～233℃；uv max（pH 值 7）：215nm，242nm，279nm。

主要用途 苯并二氮杂䓬受体的研究工具。

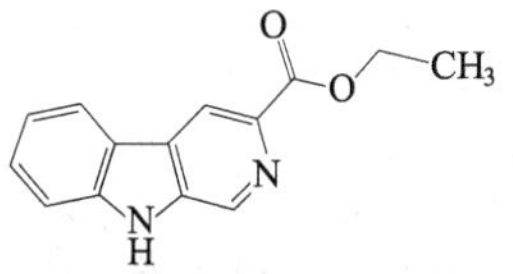

Ethyl cellulose 乙基纤维素 04315

[9004-57-3]

别名 纤维素乙醚；Cellulose ethyl ether；EC；Ethocel

M. I. 15，3836

性状 白色颗粒状物。易吸潮。耐酸、碱。能与树脂、油、蜡和增塑剂等混合生成坚韧的薄膜。溶于乙酸乙酯、二氯乙烯、苯、甲苯、二甲苯、丙酮、甲醇、乙醇、丁醇、四氯化碳。*d* 1.14；n_D^{20} 1.47。

注意事项 该品对眼睛、呼吸系统及皮肤有刺激性。使用时应穿适当的防护服。万一接触到眼睛，应立即用大量水冲洗后请医生诊治。应密封干燥保存。

主要用途 热熔黏合剂。塑料韧化剂。织物整理剂。

Ethyl chloroacetate 氯乙酸乙酯 04316

[105-39-5] $C_4H_7ClO_2$ 122.55

成分 C 39.20%，H 5.76%，Cl 28.93%，O 26.11%。

别名 氯醋酸乙酯；一氯乙酸乙酯；Chloroacetic acid ethyl ester；Ethyl monochloroacetate

GW 2015-1558 M. I. 15，3838

性状 无色液体。有刺激性气味。能与乙醇、乙醚相混溶，不溶于水。mp −26℃；bp 144～146℃；Fp 129.2℉（54℃）；d_4^{20} 1.1498；n_D^{20} 1.4227。一般试剂含量 99.0%～100.5%。

注意事项 该品吸入、口服或与皮肤接触有害。对水生物极毒。使用时如有事故发生或有不适之感，应请医生诊治。应防止将本品释放于环境中。应密封于阴凉干燥通风处保存。

主要用途 溶剂。有机合成。

Ethyl 2-chloroacetoacetate 2-氯乙酰乙酸乙酯 04317

[609-15-4] $C_6H_9ClO_3$ 164.59

成分 C 43.79%，H 5.51%，Cl 21.54%，O 29.16%。

别名 2-Chloroacetoacetic acid ethyl ester

性状 无色液体。具有催泪性。溶于水（20℃，17g/L），其溶液（20℃，17g/L）pH 值 3。mp <−80℃；bp_{11} 75～77℃/1.5kPa；Fp 179.6℉（82℃）；d^{20} 1.18；n_D^{20} 1.442。一般试剂 含量≥96.0%（GC）。

注意事项 该品易燃。口服有害。具有腐蚀性，能引起烧伤。对水生物有害。对水环境能产生长期有害的结果。使用时应穿适当的防护服，戴手套和防护镜或面罩。使用现场禁止吸烟。万一接触到眼睛，应立即用大量水冲洗后请医生诊治。使用时如有事故发生或有不适之感，应请医生诊治。应防止将本品释放于环境中。应远离火种，密封保存。

主要用途 有机合成。

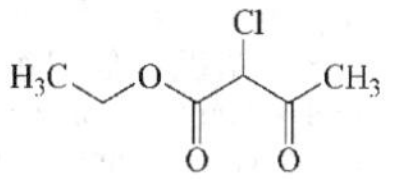

Ethyl 4-chloroacetoacetate 4-氯乙酰乙酸乙酯 04318

[638-07-3] $C_6H_9ClO_3$ 164.59

成分 C 43.79%，H 5.51%，Cl 21.54%，O 29.16%。

别名 4-Chloroacetoacetic acid ethyl ester

性状 无色液体。具有催泪性。对湿度敏感。溶于水（20℃，40.5g/L），其溶液（20℃，40 g/L）pH 值 2.9。mp −8℃；bp_{12} 103℃/1.6kPa；Fp 222.8℉（106℃）；d^{20} 1.209；n_D^{17} 1.4546。一般试剂含量≥95.0%（GC）。

注意事项 该品口服有毒。具有腐蚀性，能引起烧伤。使用时应穿适当的防护服。万一接触到眼睛，应立即用大量水冲洗后请医生诊治。使用时如有事故发生或有不适之感，应请医生诊治。应充氩气密封避光于 2～8℃干燥保存。

主要用途 有机合成。

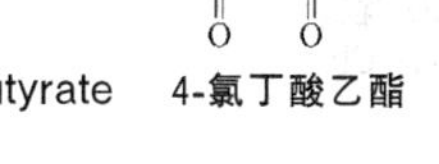

Ethyl 4-chlorobutyrate 4-氯丁酸乙酯 04319

[3153-36-4]　$C_6H_{11}ClO_2$　150.61

成分　C 47.85%，H 7.36%，Cl 23.54%，O 21.25%。

别名　4-Chlorobutyric acid ethyl ester

GW 2015-1564

性状　无色液体。不溶于水。mp 186℃；Fp125℉（51℃）；d^{20} 1.075；n_D^{20} 1.4320。一般试剂含量≥98.0%。

注意事项　该品对眼睛、呼吸系统及皮肤有刺激性。使用时应穿适当的防护服。万一接触到眼睛，应立即用大量水冲洗后请医生诊治。应密封干燥保存。

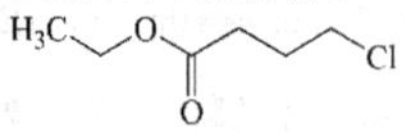

Ethyl chloroformate　氯甲酸乙酯　04320

[541-41-3]　$C_3H_5ClO_2$　108.52

成分　C 33.20%，H 4.64%，Cl 32.67%，O 29.49%。

别名　氯蚁酸乙酯；氯碳酸乙酯；Carbonochloridic acid ethyl ester；Chloroformic acid ethyl ester；Ethyl chlorocarbonate

GW 2015-1513　M.I. 15，3839

性状　无色液体。具有催泪性。对湿度敏感。能与乙醇、乙醚、苯、三氯甲烷相混溶，不溶于水，但能被水逐渐分解。mp −81℃；bp 95℃；Fp 57℉（13℃）；d_4^{20} 1.1403；n_D^{20} 1.3947。一般试剂含量≥98.0%（GC）。

注意事项　该品高度易燃。具有腐蚀性，能引起烧伤。吸入有毒。口服有害。使用时应穿适当的防护服，戴手套和防护镜或面罩。使用现场禁止吸烟。万一接触到眼睛，应立即用大量水冲洗后请医生诊治。接触皮肤应立即用大量肥皂泡沫冲洗。使用时如有事故发生或有不适之感，应请医生诊治。应远离火种，采取抗放静电措施，充氩气密封于2～8℃通风良好处干燥保存。

主要用途　浮选剂。有机合成。

Ethyl (chloroformyl) acetate　氯甲酰乙酸乙酯　04321

[36239-09-5]　$C_5H_7ClO_3$　150.56

成分　C 39.89%，H 4.69%，Cl 23.55%，O 31.88%。

别名　3-氯-3-氧丙酸乙酯；Ethyl 3-chloro-3-oxopropionate；Ethyl malonyl chloride

性状　无色液体。bp 约 150℃；Fp 147.2℉（64℃）；d^{20} 1.189；n_D^{20} 1.430。一般试剂含量≥95.0%（HPLC）。

注意事项　该品与水反应激烈。具有腐蚀性，能引起烧伤。使用时应穿适当的防护服，戴手套和防护镜或面罩。万一接触到眼睛，应立即用大量水冲洗后请医生诊治。使用时如有事故发生或有不适之感，应请医生诊治。应充氮气密封于 2～8℃干燥保存。

主要用途　有机合成。

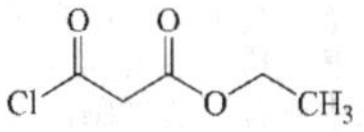

Ethyl chloroglyoxylate　氯乙醛酸乙酯　04322

[4755-77-5]　$C_4H_5ClO_3$　136.53

成分　C 35.19%，H 3.69%，Cl 25.97%，O 35.15%。

别名　乙草酰氯；氯化乙草酰；氯甲酰甲酸乙酯；Chloroformylformic acid ethyl ester；Chloroglyoxylic acid ethyl ester；Ethoxalyl chloride；Ethyl chloroformylformate；Ethyl chlorooxoacetate；Ethyl oxalyl chloride

性状　无色液体。溶于水中即分解。bp 135℃；bp_{37} 52～53℃/4.9kPa；Fp 107℉（41℃）；d^{20} 1.23；n_D^{20} 1.417。一般试剂含量≥97.0%（AT）。

注意事项　该品易燃。具有腐蚀性，能引起烧伤。对呼吸系统有刺激性。使用时应穿适当的防护服，戴手套和防护镜或面罩。万一接触到眼睛，应立即用大量水冲洗后请医生诊治。使用时如有事故发生或有不适之感，应请医生诊治。

主要用途　有机合成。

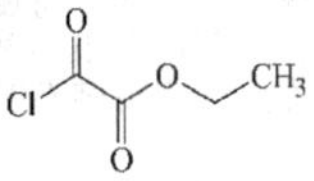

Ethyl 2-(4-chlorophenoxy)-2-methylpropionate (2-4-氯苯氧基)-2-甲基丙酸乙酯　04323

[637-07-0]　$C_{12}H_{15}ClO_3$　242.70

成分　C 59.39%，H 6.23%，Cl 14.61%，O 19.78%。

别名　2-对氯苯氧基-2-甲基丙酸乙酯；2-(4-Chlorophenoxy)-2-methylpropanoic acid ethyl ester；Clofibrate；Ethyl 2-(*p*-chlorophenoxy)-2-methylpropionate；Ethyl *p*-chlorophenoxyisobutyrate；Amotril；Anparton；Apolan；Artevil；Ateculon；Ateriosan；Atheropront；Atromidin；Atromid-S；Bioscleran；Claripex；Clobren-SF；Clofinit；CPIB；Hyclorate；Liprinal；Neoatromid；Normet；Normolipol；Recolip；Regelan；Serotinex；Sklerolip；Skleromexe；Sklero-tablinen；Ticolbran；Xyduril

M.I. 15，2370

性状　无色油状液体。能与乙醇、丙酮、氯仿、乙醚相混溶，几乎不溶于水。bp_{20} 148～150℃/266.64Pa。LD_{50} 小鼠，大鼠急性经口：1.28g/kg，1.65g/kg。

注意事项　该品口服有害。对机体有不可逆损伤的可能性。使用时应穿适当的防护服和戴手套。

主要用途　生化研究。抗高血脂药。

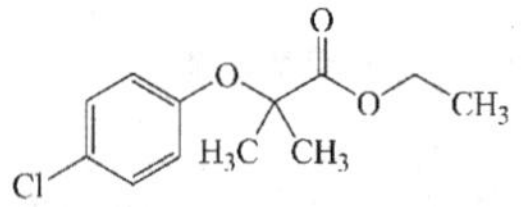

Ethyl 2-chloropropionate　2-氯丙酸乙酯　04324

[535-13-7]　$C_5H_9ClO_2$　136.58

成分　C 43.97%，H 6.64%，Cl 25.96%，O 23.43%。

别名　α-氯丙酸乙酯；2-Chloropropionic acid ethyl ester；Ethyl α-chloropropionate

GW 2015-1434　M.I. 15，3840

性状　无色液体。有香味。能与乙醇、乙醚相混溶，不溶于水。bp 147～148℃；Fp 107.6（42℃）；d_4^{20} 1.087；n_D^{20} 1.4185。一般试剂含量≥98.5%。

注意事项　该品易燃。具有腐蚀性，能引起烧伤。使用时应穿适当的防护服，戴手套和防护镜或面罩。万一接触到眼睛，应立即用大量水冲洗后请医生诊治。使用时如有事故发生或有不适之感，应请医生诊治。

主要用途　溶剂。有机合成。

Ethyl 3-chloropropionate　3-氯丙酸乙酯　04325

[623-71-2]　$C_5H_9ClO_2$　136.58

成分　C 43.97%，H 6.64%，Cl 25.96%，O 23.43%。

别名　β-氯丙酸乙酯；3-Chloropropionic acid ethyl ester

GW 2015-1435

性状　无色液体。有香味。能与乙醇、乙醚相混溶，不溶于水。bp 162～163℃；bp_{12} 50～51℃/1.6 kPa；Fp 141.8℉（61℃）；d_4^{20} 1.101；n_D^{20} 1.4250。一般试剂含量≥98.0%。

注意事项　该品对眼睛、呼吸系统及皮肤有刺激性。使用时应戴适当的手套。万一接触到眼睛，应立即用大量水冲洗后请医生诊治。

主要用途　溶剂。有机合成。

Ethyl cinnamate　肉桂酸乙酯　04326

[103-36-6]　$C_{11}H_{12}O_2$　176.22

成分　C 74.98%，H 6.86%，O 18.16%。

别名　桂皮酸乙酯；苯丙烯酸乙酯；Cinnamic acid ethyl ester；Ethyl phenylacrylate

M.I. 15，2299

性状　几乎无色的油状液体。能与乙醇、乙醚、苯相混溶，溶于 3 体积的 70%乙醇，不溶于水。mp 6～10℃；bp 271℃；Fp 275℉（135℃）；d_{25}^{25} 1.045～1.048；d_4^{20} 1.049；n_D^{20} 1.559～1.561。一般试剂含量≥98.0%（GC）。

注意事项　使用时应避免吸入本品的蒸气，避免与眼睛及皮肤接触。

主要用途　香料定香剂。

Ethyl crotonate　丁烯酸乙酯　04327

[623-70-1]　$C_6H_{10}O_2$　114.14

成分　C 63.13%，H 8.83%，O 28.03%。

别名　巴豆油酸乙酯；2-Butenoic acid ethyl ester

GW 2015-248

性状 近无色的液体。能与乙醇、乙醚相混溶，不溶于水。bp 134 ～ 137℃；Fp 35.6℉（2℃）；d_4^{20} 0.916；n_D^{20} 1.425。一般试剂含量≥95.0%（GC）。

注意事项 该品高度易燃。具有腐蚀性，能引起烧伤。使用时应穿适当的防护服，戴防护镜或面罩。使用现场禁止吸烟。万一接触到眼睛，应立即用大量水冲洗后请医生诊治。使用时如有事故发生或有不适之感，应请医生诊治。应远离火种密封保存。

主要用途 溶剂。油漆软化剂。有机合成。

Ethyl cyanoacetate 氰乙酸乙酯 04328

[105-56-6] $C_5H_7NO_2$ 113.12

成分 C 53.09%，H 6.24%，N 12.38%，O 28.29%。

别名 Cyanoacetic ester; Ethyl cyanoethanoate; Cyanoacetic acid ethyl ester; Malonic acid ethyl ester nitrile

GW 2015-1708 M. I. 15，3841

性状 无色液体。能与乙醇、乙醚相混溶，溶于氨水（呈碱性），不溶于水。mp －22℃；bp_{760} 206.0℃/101.32kPa；bp_{100} 152.8℃/13.332kPa；bp_{40} 133.8℃/5.333kPa；bp_{20} 119.8℃/2.666kPa；bp_{10} 106.0℃/1.333kPa；bp_5 93.5℃/666.61Pa；$bp_{1.0}$ 67.8℃/133.32Pa；Fp 228.2℉（109℃）；d_4^{25} 1.0560；d_4^{50} 1.0306；d_4^{70} 1.0110；$n_D^{20.5}$ 1.41793。一般试剂含量≥99.0%（GC）。

注意事项 该品吸入、口服或与皮肤接触有害。使用时应穿适当的防护服和戴手套。

主要用途 制药工业。有机合成。气相色谱固定液。

Ethyl 2-cyano-3-ethoxyacrylate
2-氰基-3-乙氧基丙烯酸乙酯 04329

[94-05-3] $C_8H_{11}NO_3$ 169.18

成分 C 56.80%，H 6.55%，N 8.28%，O 28.37%。

别名 Ethoxymethylenecyanoic acid ethyl ester; Ethyl(ethoxymethylene)cyanoacetate

性状 无色结晶或白色粉末。不溶于水。mp 51～53℃；bp_{30} 190～191℃/4kPa；Fp 266℉（130℃）；n_D^{20} 1.4605。一般试剂含量≥97.0%（GC）。

注意事项 该品吸入、口服或与皮肤接触有害。对眼睛、呼吸系统及皮肤有刺激性。吸入或与皮肤接触可引起过敏。使用时应穿适当的防护服和戴手套。使用时应避免吸入本品的粉尘。万一接触到眼睛，应立即用大量水冲洗后请医生诊治。使用时如有事故发生或有不适之感，应请医生诊治。应密封于通风良好处保存。

Ethyl cyanoformate 氰基甲酸乙酯 04330

[623-49-4] $C_4H_5NO_2$ 99.09

成分 C 48.49%，H 5.09%，N 14.13%，O 32.29%。

别名 Cyanoformic acid ethyl ester

性状 无色液体。具有催泪性。对湿度敏感。不溶于水。bp 115 ～ 116℃；Fp 75.2℉（24℃）；d^{25} 1.003；n_D^{20} 1.381。一般试剂含量≥98.0%（GC）。

注意事项 该品易燃。吸入、口服或与皮肤接触有毒。具有腐蚀性，能引起烧伤。使用时应穿适当的防护服，戴手套和防护镜或面罩。万一接触到眼睛，应立即用大量水冲洗后请医生诊治。使用时如有事故发生或有不适之感，应请医生诊治。应充氩气密封干燥保存。

Ethylcyclohexane 乙基环己烷 04331

[1678-91-7] C_8H_{16} 112.22

成分 C 85.62%，H 14.37%。

GW 2015-2606

性状 无色透明液体。能与乙醇、乙醚、丙酮、苯相混溶，不溶于水。mp －111℃；bp 130～132℃；Fp 66℉（18℃）；d_4^{20} 0.788；n_D^{20} 1.433。一般试剂含量 ≥99.0%（GC）。

注意事项 该品高度易燃。口服有害，并可能损伤肺脏。使用现场禁止吸烟。切勿排入下水道。如误服本品不能吐出，应立即请医生诊治，并出示瓶签或包装物。应采取抗放静电措施，远离火种，充氮气密封于通风良好处保存。

主要用途 色谱分析标准物。有机合成。

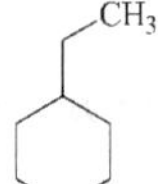

4-Ethyleyclohexanone 4-乙基环己酮 04332

[5441-51-0] $C_8H_{14}O$ 126.20

成分 C 76.14%，H 11.18%，O 12.68%。

性状 无色液体。不溶于水。bp 192～194℃；Fp 145.4℉（63℃）；d_4^{20} 0.895；n_D^{20} 1.4520。一般试剂含量≥99.0%。

注意事项 使用时应避免吸入本品的蒸气，避免与眼睛及皮肤接触。

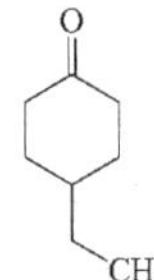

Ethylcyclopentane 乙基环戊烷 04333

[1640-89-7] C_7H_{14} 98.19

成分 C 85.63%，H 14.37%。

GW 2015-2607

性状 无色透明液体。能与乙醇、乙醚、丙酮等相混溶，不溶于水。mp －138.4℃；bp 103.5℃；Fp 60℉（15℃）；d_4^{20} 0.763；n_D^{20} 1.4190。

注意事项 该品易燃。使用现场禁止吸烟。应远离火种密封保存。

主要用途 色谱分析标准物质。

Ethyl cyclopentanone-2-carboxylate
环戊酮-2-羧酸乙酯 04334

[611-10-9] $C_8H_{12}O_3$ 156.18

成分 C 61.52%，H 7.74%，O 30.73%。

性状 无色液体。bp 224～228℃；bp_{11} 102～104℃/1.467kPa；Fp 170.6℉（77℃）；d^{20} 1.054；n_D^{20} 1.453。一般试剂含量≥97.0%（GC）。

注意事项 使用时应避免吸入本品的蒸气，避免与眼睛及皮肤接触。应充氩气密封于 2～8℃保存。

Ethyl cyclopropanecarboxylate 环丙烷羧酸乙酯 04335

[4606-07-9] $C_6H_{10}O_2$ 114.15

成分 C 63.13%，H 8.83%，O 28.03%。

别名 Cyclopropanecarboxylic acid ethyl ester

性状 无色液体。不溶于水。bp 129～133℃；Fp 64.4℉（18℃）；d^{20} 0.960；n_D^{20} 1.4200。一般试剂含量≥98.0%。

注意事项 该品高度易燃。使用现场禁止吸烟。使用时应戴适当的手套。万一接触到眼睛，应立即用大量水冲洗后请医生诊治。应远离火种，采取抗放静电措施，密封于通风良好处保存。

主要用途 有机合成。

Ethyl diazoacetate 重氮乙酸乙酯 04336

[623-73-4] $C_4H_6N_2O_2$ 114.10

成分 C 42.11%，H 5.30%，N 24.55%，O 28.04%。

别名 重氮醋酸乙酯；Diazoacetic ester; Diazoacetic acid ethyl ester; Ethyl diazoethanoate

GW 2015-2814 M. I. 15，3000

性状 黄色油状液体。有辛辣气味。易挥发。能与乙醇、苯、乙醚、石油醚混溶，微溶于水。mp －22℃；bp_{720} 140 ～ 141℃/95.982 kPa；bp_{88} 85 ～ 86℃/11.732kPa；bp_{12} 45℃/1.6kPa；bp_5 42℃/666.61Pa；Fp 116.6℉（47℃）；$d_4^{17.6}$ 1.0852；$n_D^{17.6}$ 1.4588。

注意事项 该品易燃。受热能引起爆炸。口服有害。对机体有不可逆损伤的可能性。使用时应穿适当的防护服和戴手套。应密封于 2～8℃保存。

Ethyl dibunate　3,6-二叔丁基-1-萘磺酸乙酯 04337

[5560-69-0]　$C_{20}H_{28}O_3S$ 348.50

成分　C 68.93%，H 8.10%，O 13.77%，S 9.20%。

别名　双丁萘磺乙酯；3,6-Bis(1,1-dimethylethyl)-1-naphthalenesulfonic acid ethyl ester；3,6-Di-*tert*-butyl-1-naphthalenesulfonic acid ethyl ester；Ethyl 3,6-Di-*tert*-butyl-1-naphthalenesulfonate；2,7-Di-*tert*-butylnaphthalene-4-sulfonic acid ethyl ester；Ethyl 2，7-di-*tert*-butylnaphthalene-4-sulfonate；Dibunate ethyl；NDR-304；Neodyne

M. I. 15，3843

性状　来自乙醇中的无色结晶。mp 138～139℃。

主要用途　医用镇咳剂。

Ethyl dichloroacetate　二氯乙酸乙酯 04338

[535-15-9]　$C_4H_6Cl_2O_2$ 157.00

成分　C 30.60%，H 3.85%，Cl 45.16%，O 20.38%。

别名　Dichloroacetic acid ethyl ester；Ethyl dichloroethanoate

GW 2015-555

性状　无色液体。能与乙醇、乙醚混溶，微溶于水。bp_{11} 54～55℃/1.467 kPa；Fp 143.6℉（62℃）；d^{20} 1.28；n_D^{20} 1.438。一般试剂含量≥99.0%（GC）

注意事项　该品吸入或与皮肤接触有害。对眼睛及呼吸系统有刺激性。使用时应穿适当的防护服。使用时应避免吸入本品的蒸气。万一接触到眼睛，应立即用大量水冲洗后请医生诊治。

主要用途　溶剂。有机合成。

***N*-Ethyl-*N′*-[3-(dimethylamino)propyl]carbodiimide hydrochloride**

***N*-乙基-*N′*-[3-(二甲氨基)丙基]碳二亚胺 盐酸盐** 04339

[25952-53-8]　$C_8H_{18}ClN_3$ 191.71

成分　C 50.12%，H 9.46%，Cl 18.49%，N 21.92%。

别名　盐酸 *N*-乙基-*N′*-[3-(二甲氨基)丙基]碳二亚胺；乙基(3-二甲氨基)丙基碳化二亚胺盐酸盐；*N*-[3-(Dimethylamino)propyl]-*N′*-ethylcarbodiimide hydrochloride；*N*-(3-Dimethylaminopropyl)-*N′*-ethylcarbodiimide hydrochloride；ECD；ECDI；EDAC；EDC；WSC・HCl

性状　白色结晶或粉末。极易吸湿，溶于水。mp 114～116℃。一般试剂含量≥99.0%（AT）。

注意事项　该品口服有害。对眼睛、呼吸系统及皮肤有刺激性。吸入或与皮肤接触可引起过敏。使用时应穿适当的防护服。避免吸入本品的粉尘。万一接触到眼睛，应立即用大量水冲洗后请医生诊治。应充氩气密封于－20℃干燥保存。

主要用途　生化研究。测定游离羧基。合成肽的水溶性偶合剂。

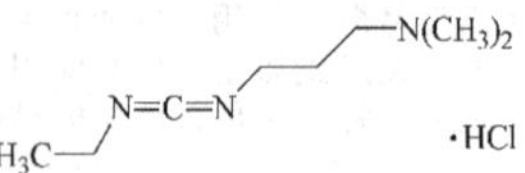

Ethyl *N*，*N*-diphenylcarbamate

***N*,*N*-二苯基氨基甲酸乙酯** 04340

[603-52-1]　$C_{15}H_{15}NO_2$ 241.29

成分　C 74.67%，H 6.27%，N 5.80%，O 13.26%。

别名　二苯基乌来糖；二苯基乌拉坦；二苯基尿烷；二苯氨基甲酸乙酯；*N*,*N*-Diphenylurethane；Ethyl *N*,*N*-diphenylamine-*N*-carboxylate；Ethyl *N*,*N*-diphenylaminoformate；Ethyl *N*-phenylcarbanilate

性状　白色粉末或菱形结晶。易溶于乙醇、乙醚，溶于水、苯、石油醚。mp 70～72℃；bp ＞360℃。一般试剂含量≥99.0%。

Ethylene carbonate　碳酸亚乙酯 04341

[96-49-1]　$C_3H_4O_3$ 88.06

成分　C 40.92%，H 4.58%，O 54.50%。

别名　碳酸乙烯酯；1,3-Dioxolan-2-one

性状　白色固体，温度较高时为无色液体。mp 35～37℃；bp_{740} 243～244℃/98.658kPa；Fp 320℉（160℃）；*d* 1.321。一般试剂含量≥99.0%（GC）。

注意事项　该品对眼睛、呼吸系统及皮肤有刺激性。使用时应穿适当的防护服、戴手套和防护镜或面罩。万一接触到眼睛，应立即用大量水冲洗后请医生诊治。

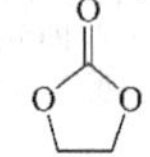

Ethylene diacrylate　二丙烯酸乙烯酯 04342

[2274-11-5]　$C_8H_{10}O_4$ 170.16

成分　C 56.47%，H 5.92%，O 37.61%。

别名　Ethylene glycol dipropenoate

性状　无色液体。具有催泪性。bp_2 66～68℃/266.644Pa；Fp 213℉（100℃）；*d* 1.090；n_D^{20} 1.4610。一般试剂含量≥70.0%。

注意事项　该品吸入、口服或与皮肤接触有毒。对呼吸系统及皮肤有刺激性。对眼睛有严重损伤的危险。能有损伤生育力的危险。能有危害胎儿的危险。使用前应得到专门的指导，避免曝露。使用时应穿适当的防护服，戴手套和防护镜或面罩。万一接触到眼睛，应立即用大量水冲洗后请医生诊治。使用时如有事故发生或有不适之感，应请医生诊治。应密封保存。

Ethylenediamine anhydrous　无水乙二胺 04343

[107-15-3]　$C_2H_8N_2$ 60.10

成分　C 39.97%，H 13.42%，N 46.61%。

别名　乙二胺 无水；二氨基乙烷 无水；无水二氨基乙烷；1,2-Diaminoethane anhydrous；1，2-Ethanediamine anhydrous；EDA

GW 2015-2572　M. I. 15,3849

性状　无色强碱性的挥发性黏稠液体。有氨味。对二氧化碳敏感。在空气中发烟。能与水、乙醇任意混溶，生成水合物。微溶于乙醚，不溶于苯。mp 8.5℃；bp 116～117℃；Fp 110℉(43℃，闭杯)；d_4^{25} 0.898；n_D^{26} 1.4540。LD_{50}大鼠急性经口：1.16g/kg。

注意事项　该品易燃。具有腐蚀性，能引起烧伤。口服或与皮肤接触有害。吸入或与皮肤接触能引起过敏。使用时应穿适当的防护服，戴手套和防护镜或面罩。使用时应避免吸入本品的蒸气。飞沫。万一接触到眼睛，应立即用大量水冲洗后请医生诊治。使用时如有事故发生或有不适之感，应请医生诊治。应充氩气密封于通风良好处保存。

主要用途　非水溶液滴定。氨羧络合剂。检定铍、铈、镧、镁、镍、钍、钛及铀，测定锑、铋、镉、钴、铜、汞、银及铀。环氧树脂的固化剂。蛋白质、纤维蛋白的溶剂。制药工业。有机合成。

参考规格　HG/T 3486—2000

	分析纯
含量($H_2NCH_2CH_2NH_2$)/%≥	99.0
色度/黑曾单位≤	10
结晶点/℃≥	10
蒸气残渣含量/%≤	0.03
重金属(以 Pb 计)/%≤	0.0002

Ethylenediamine monohydrate　乙二胺 一水 04344

[6780-13-8]　[107-15-3]　$C_2H_8N_2 \cdot H_2O$ 78.12

成分(以无水物计)　C 39.97%，H 13.42%，N 46.61%。

别名　一水合乙二胺；一水合 1,2-二氨基乙烷；一水合二氨基乙烯；乙二胺合一水；水合乙二胺；1，2-Diaminoethane hydrate

GW 2015-2572　M. I. 15，3849

性状　无色透明的强碱性液体。有氨味。对二氧化碳敏感。能与水和乙醇任意混溶，微溶于乙醚，不溶于苯。mp 10℃；bp 118℃；d_4^{20} 0.899；n_D^{20} 1.452。

注意事项　见 04343 无水乙二胺。

主要用途　分析试剂。在定性分析中检验铈、镁、镍等，在定量分析中测定锑、铋、镉、钴、汞、铜、镍、银。有机溶剂。抗冻剂。乳化剂。

Ethylenediamine hydrochloride　乙二胺 盐酸盐 04345

[333-18-6]　$C_2H_{10}Cl_2N_2$ 133.02

成分　C 18.06%，H 7.58%，Cl 53.30%，N 21.06%。

别名　乙二胺 二盐酸盐；盐酸乙二胺；二盐酸乙二胺；

Ethylenediamine dihydrochloride
M. I. 15，3849
性状 白色结晶。易溶于水，溶液呈中性。几乎不溶于乙醇。能升华。mp >300℃。一般试剂含量≥99.0%（AT）。
注意事项 该品口服有害。能损伤生育力，能危害胎儿。长期接触能严重危害健康。使用时应穿适当的防护服和戴手套。万一接触到眼睛，应立即用大量水冲洗后请医生诊治。其包装物应按危险品处理。应密封保存。
主要用途 分析试剂。有机合成。蛋白质、漆片、硫黄的溶剂。乳化剂。固化剂。染料合成。制药工业等。

Ethylenediamine tetraacetic acid 乙二胺四乙酸 04346

[60-00-4] $C_{10}H_{16}N_2O_8$ 292.24
成分 C 41.10%，H 5.52%，N 9.59%，O 43.80%。
别名 四乙酸二氨基乙烯；托立龙；Calsol；Chelaton Ⅱ；Complexon Ⅱ；EDTA；Edathamil；Edetic acid；*N*,*N'*-1,2-Ethanediylbis[*N*-(carboxymethyl) glycine]；Ethylene-bis-iminoacetic acid；(Ethylenedinitrilo) tetraacetic acid；Havidote；Idranal Ⅱ；Sequestric acid；Titriplex Ⅱ；Trilon；Trilon C；Versene acid
M. I. 15，3565
性状 来自水中的白色结晶或粉末。易吸湿。溶于氢氧化钠、碳酸钠水溶液和氨水，不溶于一般有机溶剂。20℃时水中溶解度为 0.2g/100g。mp 240～241℃（分解）；Fp 212℉（100℃）。
注意事项 该品对眼睛有刺激性。万一接触到眼睛，应立即用大量水冲洗后请医生诊治。应密封干燥保存。
主要用途 络合试剂。金属离子络合剂和分离用的掩蔽剂。洗涤剂。血液抗凝剂。农业化学喷雾剂。
参考规格 HG/T 3457—2003

	分析纯	化学纯
含量 [$CH_2N(CH_2COOH)_2$] /%≥	99.5	98.5
碳酸钠溶液溶解试验	合格	合格
灼烧残渣（以硫酸盐计）/%≤	0.1	0.3
氯化物（Cl）/%≤	0.05	0.1
硫酸盐（SO_4）/%≤	0.05	0.1
铁（Fe）/%≤	0.001	0.001
重金属（以 Pb 计）/%≤	0.001	0.001

Ethylenediaminetetraacetic acid dipotassium salt dihydrate 乙二胺四乙酸二钾盐 二水 04347

[25102-12-9] $C_{10}H_{14}K_2N_2O_8 \cdot 2H_2O$ 404.46
成分（以无水物计） C 32.60%，H 3.83%，K 21.22%，N 7.60%，O 34.74%。
别名 二水合乙二胺四乙酸二钾盐；Edetate dipotassium；EDTA-dipotassium salt dihydrate
性状 白色结晶。易溶于水，不溶于乙醇、乙醚。一般试剂含量≥99.0%（KT）。
注意事项 该品口服有害。对眼睛、呼吸系统及皮肤有刺激性。使用时应穿适当的防护服。万一接触到眼睛应立即用大量水冲洗后请医生诊治。
主要用途 氨羧络合剂。

Ethylenediaminetetraacetic acid disodium salt dihydrate 乙二胺四乙酸二钠盐 二水 04348

[6381-92-6[139-33-3](无水物) $C_{10}H_{14}N_2Na_2O_8 \cdot 2H_2O$ 372.24
成分（以无水物计） C 35.72%，H 4.20%，N 8.33%，Na 13.68%，O 38.07%。
别名 二水合乙二胺四乙酸二钠盐；四乙酸二氨基乙烯二钠盐 二水；托立龙 B；络合酮Ⅲ；氨羧络合剂Ⅲ；螯合剂Ⅲ；Chelaplex Ⅲ；Chelaton Ⅲ；Comp lexone Ⅲ；Disodium edetate；Disodium edathamil；Disodium edetate；Disodium ethylenediaminetetraacetate；Edathamil disodium；Edetate disodium；EDTA-disodium salt；EDTA-Naz；Endrate disodium；Ethylenebis (iminodiacetic acid) disodium salt；Sequestrene NA2；Sequestric acid disodium salt；Tetracemate disodium；Titriplex Ⅲ；Trilon B；Versene disodium salt
M. I. 15，3565
性状 白色结晶性粉末。溶于水，溶液呈酸性，pH 值约 5.3。水中溶解度（20℃）：10.8g/100mL。难溶于乙醇。mp 252℃（分解）；LD_{50}大鼠急性经口：2g/kg。
注意事项 该品对机体能造成不可逆危险的结果。使用时应穿适当的防护服和戴手套。
主要用途 氨羧络合剂。检验钙、镁等。制药工业。彩色显影。稀有金属的冶炼。
参考规格 GB/T 12593—2007

	工作基准试剂
含量（$C_{10}H_{14}N_2O_8Na_2 \cdot 2H_2O$）/%	99.95～100.5
pH 值（50g/L 溶液，25℃）	4.0～5.0
络合力试验	合格
澄清度试验/号≤	3
氯化物（Cl）/%≤	0.004
硫酸盐（SO_4）/%≤	0.01
氨基三乙酸（$C_6H_9NO_6$）/%≤	0.05
铁（Fe）/%≤	0.0005
铜（Cu）/%≤	0.00025
重金属（以 Pb 计）/%≤	0.001

GB/T 1401—1998	优级纯	分析纯	化学纯
含量（$C_{10}H_{14}N_2O_8$-$Na_2 \cdot 2H_2O$）/%≥	99.5	99.0	98.0
pH 值（50g/L，25℃）	4.0～5.0	4.0～5.0	4.0～5.0
澄清度试验	合格	合格	合格
氯化物（Cl）/%≤	0.004	0.005	0.02
硫酸盐（SO_4）/%≤	0.01	0.02	0.1
氨基三乙酸（$C_6H_9NO_6$）/%≤	0.05		
铁（Fe）/%≤	0.0005	0.001	0.005
铜（Cu）/%≤	0.00025		
重金属（以 Pb 计）/%≤	0.001	0.001	0.005

Ethylenediaminetetraacetic acid disodium calcium salt 乙二胺四乙酸二钠钙盐 04349

[62-33-9] $C_{10}H_{12}CaN_2Na_2O_8$ 374.27
成分 C 32.09%，H 3.23%，Ca 10.71%，N 7.48%，Na 12.29%，O 34.20%。
别名 乙二胺四乙酸钙二钠盐；EDTA-calcium disodium salt Edetate calcium disodium Ethylenediaminetetraacetic acid calcium disodium chelate；Calcium disodium ethylenediaminetetraacetate；Edathamil calcium disodium；Calcium disodium edetate；Calcium disodium versenate；Ledclair；Mosatil；Antallin；Sormetal；Versene CA；EDTA disodium calcim salt tetrahydrate；Edetate calcium disodium；Ethylenediaminetetraacetic acid calcium disodium chelate；Calcium disodium ethylenediamine；Edathamil calcium disodium；Calcium disodium edetate；Edtic acid calcium disodium；Sodium calcium edetate；Calcitetracemate disodium；Calcium disodium versenate；Ledclair；Mosatil；Antallin；Sormetal；Versene CA
M. I. 15，3565
性状 白色结晶或结晶性粉末。溶于水（30℃，0.1mol/L 溶液 pH 值约 7），不溶于乙醇、乙醚、三氯甲烷等有机溶剂。
主要用途 络合剂。临床上用于铅、汞及放射性元素分裂产物的中毒治疗。

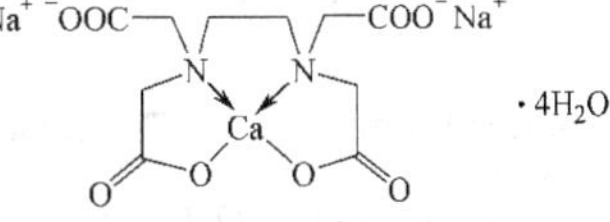

Ethylenediaminetetraacetic acid disodium magnesium salt hydrate 乙二胺四乙酸二钠镁盐 水合 04350

[14402-88-1] $C_{10}H_{12}MgN_2Na_2O_8 \cdot xH_2O$ 358.50+18.02x
成分（以无水物计） C 33.50%，H 3.37%，Mg 6.78%，N 7.81%，Na 12.83%，O 35.70%。
别名 乙二胺四乙酸镁二钠盐 水合；水合乙二胺四乙酸二钠镁盐；EDTA-disodium magnesium salt hydrate；EDTA-magnesium disodium salt；Magnesium disodium ethylenediaminetetraacetate hydrate
M. I. 15，3565
性状 白色结晶性粉末。易溶于水、酸，微溶于乙醚。
注意事项 使用时应避免吸入本品的粉尘，避免与眼睛及皮肤接触。
主要用途 络合滴定试剂。钢铁分析中测定镍、铬、锰的络合剂。

Ethylenediaminetetraacetic acid tetrasodium salt dihydrate
乙二胺四乙酸四钠盐 二水 04351
[10378-23-1][64-02-8](无水物) $C_{10}H_{12}N_2Na_4O_8 \cdot 2H_2O$ 416.20
成分（以无水物计） C 32.80%，H 3.30%，N 7.65%，Na 21.29%，O 34.95%。
别名 二水合乙二胺四乙酸四钠盐；Aquamollin Calsol；Calsol tetrasodium salt；Comp lexone；Distol 8；Edetate sodium；Edetic acid tetrasodium；(Ethylenedinitrilo) tetraacetic acid tetrasodium salt；Sodium edetate；Tetrasodium ethylenediamine tetraacetate；Ethylenebis(iminoacetci acid) tetrasodium salt，Tetrasodium ethylenebis(iminodiacetate)；Tetrasodium edetrate；Versene；Sequestrene；Tetrine；Kalex；Trilon B；Komp lexon；Nullapon；Irgalon；Syntes 12a；Tyclarosol；Nervanaid B；EDTA-tetrasodium salt dihydrate；Versene tetrasodium salt
M. I. 15，3565
性状 白色结晶性粉末。易溶于水（约 103g/L），不溶于乙醇、苯、三氯甲烷。mp >300℃。一般试剂含量≥98.0%（KT）。
注意事项 使用时应避免吸入本品的粉尘，避免与眼睛及皮肤接触。
主要用途 氨羧络合剂。生化研究中用于消除微量重金属对酶催化反应的抑制作用。纤维精炼、漂白和染色工艺中作软水剂。合成橡胶的催化剂。

Ethylenediaminetetraacetic acid trisodium salt dihydrate
乙二胺四乙酸三钠盐 二水 04352
[150-38-9] $C_{10}H_{13}N_2Na_3O_8 \cdot 2H_2O$ 387.22
成分（以无水物计） C 34.20%，H 3.73%，N 7.98%，Na 17.65%，O 36.45%。
别名 二水合乙二胺四乙酸三钠盐；Edetate trisodium；*N*,*N*′-1,2-Ethanediylbis[*N*-(carboxymethyl) glycine] trisodium salt；(Ethylenedinitrilo) tetraacetic acid trisodium salt；EDTA-trisodium salt；Trisodium ethylenediaminetetraacetate；Trisodium edetate；Edetic acid trisodium salt；Limclair；Versene-9；Sequestrene NA3
M. I. 15，3565
性状 无色结晶或白色结晶性粉末。mp >300℃；1%水溶液的 pH 值为 9.3。一般试剂含量 ≥98.0%（KT）。
注意事项 该品对眼睛、呼吸系统及皮肤有刺激性。使用时应避免吸入本品的粉尘，避免与眼睛及皮肤接触。
主要用途 络合剂。

Ethylenediaminetetrapropionic acid 乙二胺四丙酸 04353
[13311-39-2] $C_{14}H_{24}N_2O_8$ 348.35
成分 C 48.27%，H 6.94%，N 8.04%，O 36.74%。
别名 乙二胺四正丙酸；Ethylenediamine tetrapropionate；Ethylenediamine tetra-*n*-propionic acid
性状 无色结晶或粉末。溶于水。mp 178～181℃（分解）。
注意事项 该品对眼睛、呼吸系统及皮肤有刺激性。使用时应穿适当的防护服。万一接触到眼睛，应立即用大量水冲洗后请医生诊治。
主要用途 络合剂。在定量分析中于 Ca^{2+} 存在下测 Cu^{2+} 不受干扰。

1,2-Ethylenedioxybenzene 1,2-亚乙二氧基苯 04354
[493-09-4] $C_8H_8O_2$ 136.15
成分 C 70.58%，H 5.92%，O 23.50%。
别名 苯并-1,4-二噁烷；苯并-1,4-二氧六环；Benzo-1,4-dioxane；2,3-Dihydro-1,4-benzodioxin
性状 无色液体。bp 209～211℃；bp_{16} 102～104℃/2.13kPa；Fp 188℉（87℃）；d_4^{20} 1.17；n_D^{20} 1.549。一般试剂含量≥97.0%。
注意事项 使用时应避免吸入本品的蒸气，避免与眼睛及皮肤接触。

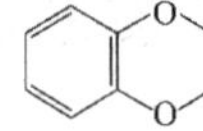

Ethylene glycol 乙二醇 04355
[107-21-1] $C_2H_6O_2$ 62.07
成分 C 38.70%，H 9.74%，O 51.55%。
别名 甘醇；1,2-Ethanediol；Ethylene alcohol；Glycol
M. I. 15，3852
性状 无色透明微有黏稠性液体。味微甜。易吸潮。能与水、甘油、丙酮、乙酸、醛类、吡啶、乙醇相混溶，微溶于乙醚（1：200），几乎不溶于苯、石油醚、油类。mp −13℃；bp_{760} 197.6℃/101.32kPa；bp_{97} 140℃/12.932kPa；bp_{18} 100℃/2.4kPa；bp_3 70℃/399.97Pa；$bp_{0.06}$ 20℃/7.999Pa；Fp 240℉（115℃，开杯）；d_4^0 1.1274；d_4^{10} 1.1204；d_4^{20} 1.1135；d_4^{30} 1.1065；n_D^{15} 1.43312；n_D^{25} 1.43063。LD_{50} 大鼠，豚鼠急性经口：8.54g/kg，6.61g/kg；小鼠急性经口：13.79 mL/kg。一般试剂含量≥99.5%（GC）。
注意事项 该品口服有害。应充氩气密封干燥保存。
主要用途 测定水中氧化钙的试剂。气相色谱分析试剂。电容介质。抗冻剂。

Ethylene glycol bis(2-aminoethyl)-*N*,*N*,*N*′,*N*′-tetraacetic acid
乙二醇双(2-氨基乙基)-*N*,*N*,*N*′,*N*′-四乙酸 04356
[67-42-5] $C_{14}H_{24}N_2O_{10}$ 380.35
成分 C 44.21%，H 6.36%，N 7.37%，O 42.06%。
别名 乙二醇双(2-氨基乙醚)四醋酸；乙二醇二乙醚二氨基四乙酸；乙二醇二乙醚二胺四乙酸；AEGT；3，12-Bis(carboxymethyl)-6,9-dioxa-3,12-diazatetradecanedioic acid；[Ethylenebis(oxyethylenenitrilo)]tetraacetic acid；Ethylene glycol bis(*β*-aminoethylether)-*N*,*N*,*N*′,*N*′-tetraacetic acid；1,2-Di(2-aminoethoxy)ethane-*N*,*N*,*N*′,*N*′-tetraacetic acid；EGTA；Ethyleneglycol-*O*，*O*′-bis(2-aminoethylether)-*N*，*N*，*N*′，*N*′-tetraacetic acid；Ethyleneglycoldiethyletherdiamino-tetraacetic acid；GEDTA；GIAeDTE；Glycol bis(2-aminoethylether)-*N*,*N*,*N*′,*N*′-tetraacetic acid；Glycol ether diamine-*N*,*N*,*N*′,*N*′-tetraacetic acid；Chel®-DE
M. I. 15，3576
性状 白色结晶性粉末。溶于碱溶液，不溶于水。mp 约 242℃（分解）。一般试剂含量≥97.0%。
主要用途 容量分析及光度分析中测定微量金属的络合剂。测定钙、镁、钡、锶、铜的络合剂。金属掩蔽剂。

Ethylene glycol diacetate 二乙酸乙二醇酯 04357
[111-55-7] $C_6H_{10}O_4$ 146.14
成分 C 49.31%，H 6.90%，O 43.79%。
别名 乙二醇二乙酸酯；1,2-Diacetoxyethane；1,2-Ethanediol diacetate；Ethylene diacetate；Glycol diacetate
M. I. 15，3853
性状 无色液体。能与乙醇、乙醚相混溶，溶于 7 份水。mp −31℃；bp 190～191℃；Fp 205℉（96℃，开杯）；d 1.104；n_D^{20} 1.415。LD_{50}大鼠急性经口：6.86g/kg。一般试剂含量 ≥98.0%（GC）。
注意事项 该品对眼睛、呼吸系统及皮肤有刺激性。使用时应穿适当的防护服。万一接触到眼睛，应立即用大量水冲洗后请医生诊治。
主要用途 油类的溶剂。制造纤维素酯。

Ethylene glycol diethyl ether 乙二醇二乙醚 04358
[629-14-1] $C_6H_{14}O_2$ 118.18
成分 C 60.98%，H 11.94%，O 27.08%。
别名 1,2-二乙氧基乙烷；二乙基溶纤剂；1,2-Diethoxyethane；Diethyl cellosolve；Diethylglycol
GW 2015-2574
性状 无色液体。有乙醚味。能与水及有机溶剂相混溶。mp −74℃；bp 120～121℃；Fp 71.6℉（22℃）；d_4^{20} 0.840；n_D^{20} 1.3923。一般试剂含量≥99.0%（GC）。
注意事项 该品易燃。对呼吸系统及皮肤有刺激性。对眼睛有严重损伤的危险。使用时应穿适当的防护服。使用现场禁止吸烟。万一接触到眼睛，应立即用大量水冲洗后请医生诊治。应远离火种，密封保存。
主要用途 溶剂。清洁剂。稀释剂。

Ethylene glycol dimethacrylate
二甲基丙烯酸乙二醇酯 04359

[97-90-5]　$C_{10}H_{14}O_4$　198.22

成分　C 60.59%，H 7.12%，O 32.29%。

别名　乙二醇二甲基丙烯酸酯；EGDMA；Ethylene dimethacrylate；Glycol di-methacrylate；1,2-Ethanediol dimethacrylate

性状　无色液体。具有催泪性。微溶于水。bp_5 98～100℃/666.61Pa；bp_2 66～68℃/266.644 Pa；Fp ＞230℉（110℃）；d_4^{20} 1.051；n_D^{20} 1.4540。一般试剂含量≥97.0%（GC）；含约0.01%氢醌一甲醚为稳定剂。

注意事项　该品呼吸系统有刺激性。接触皮肤能引起过敏。使用时应戴适当的手套，避免与皮肤接触。应密封避光于2～8℃保存。

主要用途　有机合成。

Ethylene glycol dimethyl ether　乙二醇二甲醚　04360

[110-71-4]　$C_4H_{10}O_2$　90.12

成分　C 53.31%，H 11.18%，O 35.51%。

别名　1,2-二甲氧基乙烷；二甲基溶纤剂；1,2-Dimethoxyethane；α,β-Dimethoxyethane；Dimethylglycol；DME；GDE；GDME；Monoglyme；Glycoldimethyl ether；Glyme；Dimethyl cellosolve；mono-Glyme

GW 2015-488　M.I. 15，3245

性状　无色透明液体。有乙醚味。对空气敏感。能与水、乙醇相混溶，溶于烃类溶剂。mp －58℃；bp_{760} 82～83℃/101.325 kPa；$bp_{61.2}$ 20℃/8.159kPa；bp_{50} 16℃/6.666 kPa；bp_{10} －14℃/1.333 kPa；Fp 40℉（4.5℃）；d_4^{15} 0.86877；d_4^{20} 0.86285；d_4^{23} 0.8602；d_{20}^{20} 0.8692；n_D^{20} 1.3813；n_D^{24} 1.3739。一般试剂含量≥99%（GC）；常加入约0.01%的2,6-二叔丁基对甲酚作为稳定剂。

注意事项　该品高度易燃。能形成爆炸性过氧化物。其蒸气吸入有害。能损伤生育力。能危害胎儿。使用前应得到专门的指导，避免曝露。使用时如有事故发生或有不适之感，应请医生诊治。应密封保存。

主要用途　溶剂。

N,*N*′-Ethylenethiourea　*N*,*N*′-亚乙基硫脲　04361

[96-45-7]　$C_3H_6N_2S$　102.16

成分　C 35.27%，H 5.92%，N 27.42%，S 31.39%。

别名　亚乙环硫脲；四氢咪唑-2-硫酮；次乙环硫脲；乙烯硫脲；促进剂 NA-22；2-硫醇基咪唑啉；2-巯基咪唑啉；Akrochem ETU-22；ETU；2-Imidazolidinethione；Imidazoline-2-thiol；2-Mercaptoimidazoline；NA-22；Robac 22；Sanceller 22；2-Thioxoimidazolidine；Vulkacit NPV/C

M.I. 15，3858

性状　来自乙醇或戊醇中的无色针状或棱柱体结晶。于100mL水中溶解度为：30℃，2g；60℃，9g；90℃，44g。中等程度溶于甲醇、乙醇、乙二醇、吡啶，不溶于乙醚、三氯甲烷、丙酮、苯、石油醚。mp 203～204℃。LD_{50}大鼠急性经口：1832mg/kg。一般试剂含量≥98.0%（HPLC）。

注意事项　该品口服有害。能危害胎儿。使用前应得到专门的指导，避免曝露。使用时如有事故发生或有不适之感，应请医生诊治。

主要用途　橡胶合成的促进剂。

Ethyl eosin　乙基曙红　04362

[6359-05-3]　$C_{22}H_{11}Br_4KO_5$　714.07

成分　C 37.01%，H 1.55%，Br 44.76%，K 5.48%，O 11.20%。

别名　四溴荧光素乙酯钾盐；2′,4′,5′,7′-四溴曙红乙酯钾盐；溶剂红44；曙红醇溶；醇溶曙红；Eosine alcohol soluble；Eosin ethyl ester；9-(2-Ethoxycarbonylphenyl)-6-hydroxy-3*H*-xanthene-3-one potassium salt；Ethyl eosin potassium salt；2′,4′,5′,7′-Tetrabromoeosin ethyl ester potassiam salt；Solvent red 45；2′,4′,5′,7′-Tetrabromofluorescein ethyl ester

C.I. 45386

性状　猩红色粉末。溶于乙醇，呈红色并带棕黄色荧光。微溶于热水，呈樱桃红色并带淡绿色荧光。λ_{max}532nm。一般试剂干燥含量约95.0%。

注意事项　使用时应避免吸入本品的粉尘，避免与眼睛及皮肤接触。

主要用途　分光光度法测定铂。生物染色剂，如上皮细胞、肌肉纤维和细胞核的染色。

Ethylestrenol　乙基雌烯醇　04363

[965-90-2]　$C_{20}H_{32}O$　288.48

成分　C 83.27%，H 11.18%，O 5.55%。

别名　17α-乙基雌-4-烯-17β-醇；(17α)-19-Norpregn-4-en-17-ol；17α-Ethylestr-4-en-17β-ol；17α-Ethyl-17β-hydroxy4-estrene；17β-Hydroxy-17α-ethyl-19-nor-4-androstene；Oraboiin；Durabolin-O；Orgaboral；Maxibolin；Orgabolin (obsolete)

M.I. 15，3860

性状　无色结晶。mp 76～78℃；$[\alpha]_D$＋31°（氯仿中）。

主要用途　医用促新陈代谢剂。

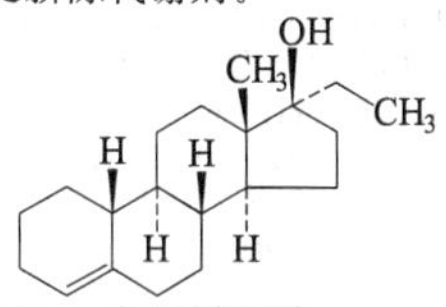

Ethyl fluoroacetate　氟乙酸乙酯　04364

[459-72-3]　$C_4H_7FO_2$　106.10

成分　C 45.28%，H 6.65%，F 17.91%，O 30.16%。

别名　一氟乙酸乙酯。Ethyl monofluoroacetate；Fluoroacetic acid ethyl ester；Fluoroethyl acetate

GW 2015-785　M.I. 15，4199

性状　无色液体。对湿度敏感。溶于水。bp_{758} 121.6℃（101.058kPa）；Fp 86℉（30℃）；$d^{20.5}$ 1.0926；$n_D^{20.5}$ 1.3767。一般试剂含量≥98.0%（GC）。

注意事项　该品易燃。吸入、口服或与皮肤接触时极毒。使用时应穿适当的防护服，戴手套和防护镜或面罩。使用时如有事故发生或有不适之感，应请医生诊治。应远离食品、饮料和动物饲料，密封干燥保存。

主要用途　有机合成。

Ethyl 4-flurobenzoate　4-氟苯甲酸乙酯　04365

[451-46-7]　$C_9H_9FO_2$　168.17

成分　C 64.28%，H 5.39%，F 11.30%，O 19.03%。

别名　对氟苯甲酸乙酯；4-Fluorobenzoic acid ethyl ester

M.I. 15，4203

性状　无色结晶，温度高时为无色液体。mp 26℃；bp 210℃；Fp 177.8℉（81℃）；d_4^{20} 1.146；n_D^{20}1.489。一般试剂含量≥99.0%（GC）。

注意事项　使用时应避免吸入本品的蒸气，避免与眼睛及皮肤接触。

Ethyl formate　甲酸乙酯　04366

[109-94-4]　$C_3H_6O_2$　74.08

成分　C 48.64%，H 8.16%，O 43.19%。

别名　蚁酸乙酯；Ethylformic ester；Ethyl methanoate；Formic acid ethyl ester

GW 2015-1180　M.I. 15，3862

性状　无色透明液体。有香味。能与乙醇、乙醚相混溶，溶于约10份水，并逐渐分解为酸和醇。mp －80℃；bp 53～54℃；Fp －4℉（－20℃，闭杯）；d_4^{20} 0.917；n_D^{20} 1.3597。LD_{50}大鼠急性经口：4.29g/kg。一般试剂含量≥97.0%。

注意事项　该品高度易燃。吸入或口服有害。对眼睛及呼吸系统有刺激性。使用现场禁止吸烟。使用时应避免与皮肤接触。万一接触到眼睛，应立即用大量水冲洗后请医生诊治。应远离火种，采取抗放静电措施，密封于通风良好处保存。

主要用途　溶剂。香精的配制。果汁及酒类的制造。丙酮代用品。烟草及干鲜果物等的杀虫剂、杀菌剂。

Ethyl 2-furoate　2-糠酸乙酯　04367

[614-99-3]　$C_7H_8O_3$　140.14

成分　C 60.00%，H 5.75%，O 34.25%。

别名 2-呋喃甲酸乙酯；Ethyl furfurate；Ethyl furoate；Ethyl pyromucate；2-Furoic acid ethyl ester

M. I. 15，4336

性状 无色结晶或白色块状物，受热至熔点以上为淡黄色液体。溶于乙醇，不溶于水。mp 34～36℃；bp_{706} 196℃/94.125kPa；Fp 158℉（70℃）；d_4^{20} 1.117。一般试剂含量≥97.0%。

注意事项 该品使用时应避免吸入本品的粉尘，避免与眼睛及皮肤接触。应密封于2～8℃保存。

主要用途 有机合成。溶剂。香料合成。

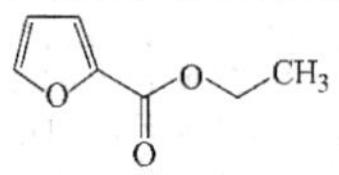

Ethyl gallate 棓酸乙酯 04368

[831-61-8] $C_9H_{10}O_5$ 198.18

成分 C 54.55%，H 5.09%，O 40.37%。

别名 3，4，5-三羟基苯甲酸乙酯；没食子酸乙酯；Ethyl 3,4,5-trihydroxybenzoate；Gallic acid ethyl ester

性状 白色粉末或块状物。微溶于水。mp 150～152℃。一般试剂含量≥98.0%（HPLC）。

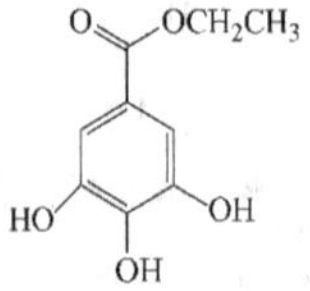

Ethyl glycollate 乙醇酸乙酯 04369

[623-50-7] $C_4H_8O_3$ 104.11

成分 C 46.15%，H 7.75%，O 46.10%。

别名 甘醇酸乙酯；羟基乙酸乙酯；Ethyl hydroxyethanoate；Glycollic acid ethyl ester

性状 无色液体。极易溶于乙醇、乙醚。bp 158～159℃；Fp 143℉（61℃）；d_4^{23} 1.100；n_D^{20} 1.4190。一般试剂含量≥95.0%。

注意事项 该品对眼睛、呼吸系统及皮肤有刺激性。万一接触到眼睛，应立即用大量水冲洗后请医生诊治。

主要用途 有机合成。

Ethyl heptanoate 庚酸乙酯 04370

[106-30-9] $C_9H_{18}O_2$ 158.24

成分 C 68.31%，H 11.47%，O 20.22%。

别名 正庚酸乙酯；Aether oenanthicus；Ethyl enanthate；Ethyl *n*-heptanoate；Ethyl *n*-heptoate；Cognac oil，synthetic；Ethyl oenanthate；Oenanthic ether；Heptanoic acid ethyl ester；Oil of grapes；Oleum vitisviniferae

M. I. 15，3889

性状 无色透明液体。有水果香味。能与乙醇、乙醚、三氯甲烷相混溶，不溶于水。mp －66℃；bp_{760} 189℃/101.325kPa；bp_{35} 95℃/4.666kPa；bp_8 68℃/1.067kPa；Fp 151℉（66℃）；d_4^{15} 0.8723；d_4^{25} 0.8630；n_D^{20} 1.4120。LD_{50}大鼠急性经口：＞34640mg/kg。一般试剂含量≥98.0%。

注意事项 该品对眼睛、呼吸系统及皮肤有刺激性。使用时应戴适当的手套。万一接触到眼睛，应立即用大量水冲洗后请医生诊治。

主要用途 有机合成。人造香料的配制。制酒业。

2-Ethyl-1,3-hexanediol 2-乙基-1,3-己二醇 04371

[94-96-2] $C_8H_{18}O_2$ 146.23

成分 C 65.71%，H 12.41%，O 21.88%。

别名 2-乙基-3-丙基-1,3-丙二醇；Ethohexadiol；Ethylhexylene glycol；2-Ethyl-3-propyl-1，3-propanediol；Octylene glycol；Rutgers 6-12

M. I. 15，3797

性状 无色油状液体。溶于乙醇、异丙醇、丙二醇、蓖麻油，微溶于水（0.6%质量分数）。bp_{760} 244.2℃/101.325kPa；bp_{50} 163℃/6.666kPa；bp_{10} 129℃/1.333kPa；bp_3 102℃/399.97Pa；$bp_{0.5}$ 94～96℃/66.66Pa；Fp 248℉（120℃）；d_{20}^{20} 0.9422；d_4^{22} 0.9325；n_D^{22} 1.4530。LD_{50}雄，雌大鼠急性经口：9.85mL/kg，4.92mL/kg。一般试剂含量≥98.0%（GC）。

注意事项 该品对眼睛有严重损伤的危险。使用时应戴防护镜或面罩。应避免接触眼睛。万一接触到眼睛，应立即用大量水冲洗后请医生诊治。如误服本品不能吐出，应立即请医生检查，并出示瓶签或包装物。

主要用途 昆虫排斥剂。溶剂。

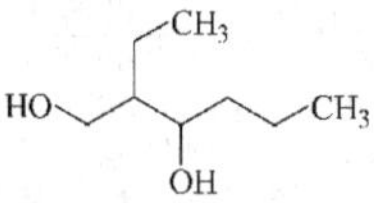

2-Ethylhexanoic acid 2-乙基己酸 04372

[149-57-5] $C_8H_{16}O_2$ 144.21

成分 C 66.63%，H 11.18%，O 22.19%。

别名 2-乙基次羊脂酸；异辛酸；丁基乙基乙酸；Butylethylacetic acid；Isocaprylic acid；2-Ethylcaproic acid；2-Ethylhexanoic acid；3-Heptanecarboxylic acid

性状 无色油状液体。有恶臭。能与水、氢氧化钠溶液、碳酸钠溶液、氨水相混溶，不溶于乙醇、乙醚、苯。mp －59℃；bp 226～228℃；Fp 237.2℉（114℃）；d 0.903；n_D^{20} 1.4250。一般试剂含量≥99.0%（GC）。

注意事项 该品能危害胎儿。使用时应穿适当的防护服和戴手套。应密封保存。

主要用途 溶剂。有机合成。

2-Ethyl-1-hexanol 2-乙基-1-己醇 04373

[104-76-7] $C_8H_{18}O$ 130.23

成分 C 73.78%，H 13.93%，O 12.29%。

别名 异辛醇；2-Ethyl-1-hexanol；2-Ethylhexyl alcohol；Isooctyl alcohol；*iso*-Octanol；*iso*-Octyl alcohol

M. I. 15，3863

性状 无色液体。能与多数有机溶剂相混溶，溶于约720份水。mp －76℃；bp 184～185℃；Fp 177.8℉（81℃）；d_{20}^{20} 0.8344；n_D^{20} 1.4300。LD_{50}大鼠急性经口：12.46mL/kg。一般试剂含量≥99.0%（GC）。

注意事项 该品对呼吸系统及皮肤有刺激性。对眼睛有严重损伤的危险。使用时应穿适当的防护服，戴防护镜或面罩。万一接触到眼睛，应立即用大量水冲洗后请医生诊治。

主要用途 测定锂的试剂。溶剂。织物的上光剂。染料、树脂工业。

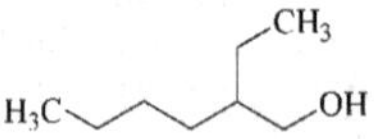

2-Ethylhexylacetate 乙酸2-乙基己酯 04374

[103-09-3] $C_{10}H_{20}O_2$ 172.27

成分 C 69.72%，H 11.70%，O 18.57%。

别名 乙酸异辛酯；α-乙酸辛酯；醋酸异辛酯；Acetic acid 2-ethylhexyl ester；Isooctyl acetate；*iso*-Octyl acetate

M. I. 15，6852

性状 无色液体。能与乙醇、油类及多数有机溶剂相混溶，极微溶于水。mp 约－80℃；bp 199℃；Fp 190℉（88℃，开杯）；Fp 56℉（13℃，闭杯）；d_{20}^{20} 0.873；n_D^{20} 1.4204。LD_{50}大鼠急性经口：3.0g/kg。一般试剂含量≥99.0%。

注意事项 该品对眼睛、呼吸系统及皮肤有刺激性。使用时应戴适当的手套。万一接触到眼睛，应立即用大量水冲洗后请医生诊治。

主要用途 树脂等的溶剂。

2-Ethylhexyl acrylate 丙烯酸2-乙基己酯 04375

[103-11-7] $C_{11}H_{20}O_2$ 184.28

成分 C 71.70%，H 10.94%，O 17.36%。

别名 丙烯酸异辛酯；败脂酸异辛酯；Isooctyl acrylate

性状 无色透明液体。能与乙醇、乙醚相混溶。一般常加入约0.01%的氢醌一甲醚作为稳定剂。bp 213～215℃；Fp 175℉（79℃）；d 0.884；n_D^{20} 1.435。一般试剂含量≥98.0%（GC）。

注意事项 该品对呼吸系统及皮肤有刺激性。接触皮肤能引起过敏。使用时应穿适当的防护服和戴手套。如误服本品，应立即请医生检查，并出示本品的容器或瓶签。

主要用途 溶剂。有机合成。

2-Ethyl-1-hexylamine 2-乙基-1-己胺 04376

[104-75-6] $C_8H_{19}N$ 129.25

成分 C 74.34%，H 14.82%，N 10.84%。

别名 3-（氨基甲基）庚烷；3-(Aminomethyl)heptane

GW 2015-2608

性状 无色液体。溶于水。mp －76℃；bp 166～168℃；Fp 122℉（50℃）；d_4^{20} 0.789；n_D^{20} 1.431。一般试剂含量≥98.0%（GC）。

注意事项 该品易燃。吸入有毒。口服或与皮肤接触有害。具有腐蚀性，能引起烧伤。使用时应穿适当的防护服，戴手套和防护镜或面罩。万一接触到眼睛，应立即用大量水冲洗后请医生诊治。使用时如有事故发生或有不适之感，应请医生诊治。应密封保存。其包装物应按危险品处理。

2-Ethylhexyl methacrylate

甲基丙烯酸 2-乙基己酯 04377

[688-84-6] $C_{12}H_{22}O_2$ 198.31

成分 C 72.68%，H 11.18%，O 16.14%。

别名 甲基丙烯酸异辛酯；Isooctyl methacrylate

性状 无色液体。具有催泪性。常加入约 0.005%的氢醌一甲醚作为稳定剂。bp_{18} 120℃/2.4kPa；Fp 197.6℉（92℃）；d_4^{20} 0.885；n_D^{20} 1.438。一般试剂含量≥98.0%（GC）。

注意事项 该品对眼睛、呼吸系统及皮肤有刺激性。使用时应穿适当的防护服。万一接触到眼睛，应用大量水冲洗后请医生诊治。接触皮肤后应用大量水冲洗。应密封保存。

N-(2-Ethylhexyl)-2-picolylamine dihydrochloride

***N*-(2-乙基己基)-2-吡啶甲胺 二盐酸盐** 04378

[142937-33-5] $C_{14}H_{26}Cl_2N_2$ 293.28

成分 C 57.34%，H 8.94%，Cl 24.18%，N 9.55%。

别名 2-（2-乙基己基氨基甲基）吡啶二盐酸盐；二盐酸 2-（2-乙基己基氨基甲基）吡啶；EHAP；2-(2-Ethylhexylaminomethyl)pyridine dihydrochloride

性状 白色结晶性粉末。mp 178～182℃。一般试剂含量≥99.0%（HPLC）。

注意事项 见 04377 甲基丙烯酸 2-乙基己酯。

主要用途 自酸性溶液中选择性提取钯、铷、铂的配位剂。

·2HCl

Ethylhydrocupreine hydrochloride

乙基氢化铜色树碱 盐酸盐 04379

[3413-58-9] $C_{21}H_{29}ClN_2O_2$ 376.92

成分 C 66.92%，H 7.75%，Cl 9.41%，N 7.43%，O 8.49%。

别名 盐酸乙基氢化铜色树碱；乙基氢化叩卜林 盐酸盐；盐酸乙基氢化叩卜林；氢化叩卜林乙酯 盐酸盐；盐酸乙基脱甲奎宁；盐酸奥普托欣；(8α,9*R*)-6′-Ethoxy-10,11-dihydrocinchonan-9-ol hydrochloride；Hydrocupreine ethyl ester hydrochloride；Neumolisina；Numoquin hydrochloride；Optochin hydrochloride；Optoquine hydrochloride；Op

性状 无色菱形结晶。1g 该品溶于 2mL 水、5mL 乙醇、2.5mL 氯仿，略微溶于无水丙酮，不溶于乙醚、石油醚。mp 252～254℃；$[\alpha]_D^{21}$ －123.6°（于水中）。生化试剂含量≥97.0%（Cl）。

主要用途 鉴定肺炎链球菌。

注意事项 该品使用时应避免吸入本品的粉尘，避免与眼睛及皮肤接触。应密封避光于 2～8℃保存。

·HCl

Ethyl 4-hydroxybenzoate **4-羟基苯甲酸乙酯** 04380

[120-47-8] $C_9H_{10}O_3$ 166.18

成分 C 65.05%，H 6.07%，O 28.88%。

别名 对羟基苯甲酸乙酯；尼泊金 A；尼泊金乙酯；Ethyl *p*-hydroxy benzoate；Ethyl chemosept；Ethylparaben；Ethyl parasept；4-Hydroxybenzoic acid ethyl ester；Nipagin A；Oxyben E；Solbrol A；Tegosept E

M.I. 15，3890

性状 无色结晶或白色结晶性粉末。有特殊香味。易溶于乙醇、乙醚、丙酮、丙二醇，微溶于甘油、三氯甲烷、二硫化碳、石油醚。在水中溶解度：20℃，0.070%（质量分数）；25℃，0.075%（质量分数）。mp 116℃；bp 297～298℃（分解）。一般试剂含量≥99.0%（GC）。

注意事项 该品对眼睛、呼吸系统及皮肤有刺激性。使用时应穿适当的防护服。万一接触到眼睛，应立即用大量水冲洗后请医生诊治。

主要用途 测定羟基卤化物的试剂。食品防腐剂、抑菌剂。

Ethyl 3-hydroxybutyrate **3-羟基丁酸乙酯** 04381

[5405-41-4] $C_6H_{12}O_3$ 132.16

成分 C 54.53%，H 9.15%，O 36.32%。

性状 无色液体。bp 170℃；bp_{10} 72～74℃/1.333kPa；Fp 148℉（64℃）；*d* 1.016；n_D^{20} 1.4200。一般试剂含量≥98.0%（GC）。

注意事项 使用时应避免吸入本品的蒸气，避免与眼睛及皮肤接触。

主要用途 有机合成。

Ethyl 2-hydroxyisobutyrate **2-羟基异丁酸乙酯** 04382

[80-55-7] $C_6H_{12}O_3$ 132.16

成分 C 54.53%，H 9.15%，O 36.32%。

别名 2-羟基-2-甲基丙酸乙酯；α-羟基异丁酸乙酯；Ethyl α-hydroxyisobutyrate；Ethyl 2-hydroxy-2-methylpropionate；Ethyl oxybutyrate；α-Hydroxy-*iso*-butyric acid ethyl ester

GW 2015-1645

性状 浅黄色液体。能与乙醇、乙醚相混溶，不溶于水。bp 149～150℃；bp_{13} 45～46℃/1.733 kPa；Fp 111℉（44℃）；d_4^{20} 0.982；n_D^{20} 1.4080。一般试剂含量≥98.0%。

注意事项 该品易燃。应采取抗放静电措施密封保存。其包装物应按危险品处理。

主要用途 乙酸纤维、硝酸纤维等的溶剂。有机合成。

Ethylidene dicoumarol **亚乙基双香豆素** 04383

[1821-16-5] $C_{20}H_{14}O_6$ 350.33

成分 C 68.57%，H 4.03%，O 27.40%。

别名 乙叉双香豆素；3,3′-Ethylidenebis[4-hydroxy-2*H*-1-benzopyran-2-one]；3,3′-Ethylidenebis(4-hydroxycoumarin)；3,3-Ethylidenebis(4-oxycoumarin)；Pertrombon

M.I. 15，3867

性状 来自乙醇＋二氧六环中的无色结晶。mp 178℃。

主要用途 医用抗凝血剂。

2-Ethylimidazole **2-乙基咪唑** 04384

[1072-62-4] $C_5H_8N_2$ 96.13

成分 C 62.47%，H 8.39%，N 29.14%。

别名 2-Ethyliminazole；*N*,*N*-Vinylenepropionamidine；Ethyliminazole

性状 白色或淡黄色结晶。溶于水、乙醇、丙酮、苯。mp 85～86；bp 267～269℃；Fp 318.2℉（159℃）。一般试剂含量≥98.0%（NT）。

注意事项 该品对眼睛、呼吸系统及皮肤有刺激性。使用时应戴适当的手套。万一接触到眼睛，应立即用大量水冲洗后请医生诊治。应密封保存。

主要用途 仪器、仪表、各种电器部件、化学机械、车辆以及国防工业方面用于黏接、包封、涂压和层压。

Ethyl iodide **碘乙烷** 04385

[75-03-6] C_2H_5I 155.97

成分 C 15.40%，H 3.23%，I 81.36%。

别名 乙基碘；Iodoethane
GW 2015-213　　M. I. 15，3868
性状 有强折光性的无色液体。见光或久置色变红。对空气和湿度敏感。能与乙醇、乙醚及多数有机溶剂相混溶，溶于 250 份水并逐渐分解。mp －108℃；bp 72℃；d_{20}^{20} 1.950；n_D^{15} 1.5168。一般试剂含量≥98.0%（GC）。
注意事项 该品吸入或口服有害。对眼睛、呼吸系统及皮肤有刺激性。吸入或与皮肤接触可引起过敏。使用时应穿适当的防护服和戴手套。使用时应避免吸入本品的蒸气。万一接触到眼睛，应立即用大量水冲洗后请医生诊治。使用时如有事故发生或有不适之感，应请医生诊治。应密封避光干燥保存。
主要用途 分析试剂。折射率的测定。有机合成。

Ethyl iodoacetate　碘乙酸乙酯　04386
[623-48-3]　$C_4H_7IO_2$　214.00
成分 C 22.45%，H 3.30%，I 59.30%，O 14.95%。
GW 2015-212
性状 无色油状液体。见光及接触空气逐渐变黄。具有催泪性。能与乙醇、乙醚、苯相混溶，微溶于水。bp 179～180℃；Fp 170℉（76℃）；d 1.808；n_D^{20} 1.505。一般试剂含量≥98.0%（GC）。
注意事项 该品口服有毒。具有腐蚀性，能引起烧伤。使用时应穿适当的防护服，戴手套和防护镜或面罩。万一接触到眼睛，应立即用大量水冲洗后请医生诊治。使用时如有事故发生或有不适之感，应请医生诊治。应密封避光于 2～8℃保存。
主要用途 有机合成。

Ethyl isobutyrate　异丁酸乙酯　04387
[97-62-1]　$C_6H_{12}O_2$　116.16
成分 C 62.04%，H 10.41%，O 27.55%。
别名 2-甲基丙酸乙酯；Ethyl 2-methylpropionate；Ethyl *iso*-butyrate；2-Methylpropanoic acid ethyl ester
GW 2015-2703　　M. I. 15，3869
性状 无色挥发性液体。有芳香味。能与乙醇、乙醚相混溶，微溶于水。mp －88℃；bp 110～111℃；d_{20}^{20} 0.870；n_D^{20} 1.3903。一般试剂含量≥98.0%（GC）。
注意事项 该品高度易燃。对眼睛、呼吸系统及皮肤有刺激性。使用时应穿适当的防护服。使用现场禁止吸烟。万一接触到眼睛，应立即用大量水冲洗后请医生诊治。应远离火种密封保存。
主要用途 溶剂。有机合成。香精制造。

Ethyl isocyanate　异氰酸乙酯　04388
[109-90-0]　C_3H_5NO　71.08
成分 C 50.69%，H 7.09%，N 19.71%，O 22.51%。
别名 Ethyl *iso*-cyanate
GW 2015-2727
性状 无色液体。对湿度敏感。具有催泪性。一般加入约 0.2%的乙酰氯作为稳定剂。bp 59～61℃；Fp 14℉（－10℃）；d_4^{20} 0.989；n_D^{20} 1.381。一般试剂含量≥95.0%（GC）。
注意事项 该品高度易燃。口服有毒。吸入或接触皮肤有害。对眼睛、呼吸系统及皮肤有刺激性。吸入可引起过敏。使用时应穿适当的防护服，戴手套和防护镜或面罩。使用现场禁止吸烟。万一接触到眼睛，应立即用大量水冲洗后请医生诊治。使用时如有事故发生或有不适之感，应请医生诊治。切勿往该品中加水。应远离火种，充氩气密封于 2～8℃干燥保存。

Ethyl isonicotinate　异烟酸乙酯　04389
[1570-45-2]　$C_8H_9NO_2$　151.17
成分 C 63.56%，H 6.00%，N 9.27%，O 21.17%。
别名 异菸酸乙酯
M. I. 15，5233
性状 无色液体。溶于乙醇、乙醚、氯仿、苯，几乎不溶于水。mp 23℃；bp_{760} 220℃/101.32kPa；bp_5 78.5℃/666.6Pa；Fp 190.4℉（88℃）；d_4^{20} 1.0091；n_D^{20} 1.501。一般试剂含量≥99.0%（GC）。
注意事项 该品对眼睛、呼吸系统及皮肤有刺激性。使用时应穿适当的防护服。万一接触到眼睛，应立即用大量水冲洗后请医生诊治。

Ethyl isothiocyanate　异硫氰酸乙酯　04390
[542-85-8]　C_3H_5NS　87.14
成分 C 41.35%，H 5.78%，N 16.07%，S 36.79%。
别名 Isothiocyanatoethane；Ethyl mustard oil
M. I. 15，3870
性状 无色至微黄色液体。有刺激性气味。能与乙醇、乙醚相混溶，不溶于水。mp －6℃；bp 130～132℃；Fp 75.2℉（24℃）；d_{14}^{18} 1.003；n_D^{18} 1.5142。一般试剂含量≥97.0%（GC）。
注意事项 该品易燃。吸入、口服或与皮肤接触有毒。具有腐蚀性，能引起烧伤。对眼睛、呼吸系统及皮肤有刺激性。吸入或与皮肤接触能引起过敏。对水生物极毒。使用时应穿适当的防护服，戴手套和防护镜或面罩。使用时应避免吸入本品的蒸气。万一接触到眼睛，应立即用大量水冲洗后请医生诊治。使用时如有事故发生或有不适之感，应请医生诊治。应防止将本品释放于环境中。应密封保存。

Ethyl isovalerate　异戊酸乙酯　04391
[108-64-5]　$C_7H_{14}O_2$　130.19
成分 C 64.58%，H 10.84%，O 24.58%。
别名 3-甲基丁酸乙酯；异穿心排草酸乙酯；异缬草酸乙酯；3-Methylbutanoic acid ethyl ester；3-Methylbutyric acid ethyl ester
GW 2015-2737　　M. I. 15，3871
性状 无色油状液体。有恶臭。能与乙醇、苯、乙醚相混溶，溶于约 350 份水。mp －99℃；bp 135℃；Fp 80℉（26℃）；d_{20}^{20} 0.868；n_D^{20} 1.4009。一般试剂含量≥97.0%（GC）。
注意事项 该品易燃。使用现场禁止吸烟。应远离火种密封保存。
主要用途 溶剂。香料工业。

(－)-Ethyl L-lactate　(－)-L-乳酸乙酯　04392
[687-47-8]　$C_5H_{10}O_3$　118.13
成分 C 50.84%，H 8.53%，O 40.63%。
别名 (－)-Ethyl (*S*)-2-hydroxypropionate；*S*-(－)-2-Hydroxypropionic acid ethyl ester；L-Lactic acid ethyl ester
性状 无色液体。mp －25℃；bp 152～155℃；Fp140℉（46℃）；d^{20} 1.036；n_D^{20} 1.413；$[\alpha]_D^{20}$ －11°。一般试剂含量≥99.0%。
注意事项 该品易燃。对呼吸系统有刺激性。对眼睛有严重损伤的危险，使用时应戴防护镜或面罩。应避免与皮肤接触。万一接触到眼睛，应立即用大量水冲洗后请医生诊治。应密封干燥保存。

Ethyl laurate　月桂酸乙酯　04393
[106-33-2]　$C_{14}H_{28}O_2$　228.38
成分 C 73.63%，H 12.36%，O 14.01%。
别名 十二酸乙酯；Dodecanoic acid ethyl estetr；Ethyl dodecylate；Ethyl dodecanoate
M. I. 15，3873
性状 无色油状液体。易溶于乙醇、乙醚，不溶于水。mp －10℃；bp 269℃；bp_{25} 163℃/3.333kPa；d_{19}^{19} 0.867；n_D 1.4321。一般试剂含量≥98.0%（GC）。
注意事项 使用时应避免吸入本品的蒸气，避免与眼睛及皮肤接触。
主要用途 气相色谱固定液。香精。有机合成。

Ethyl levulinate　乙酰丙酸乙酯　04394
[539-88-8]　$C_7H_{12}O_3$　144.17
成分 C 58.32%，H 8.39%，O 33.29%。
别名 4-Oxopentanoic acid ethyl ester；Ethyl 4-oxopentanoate；4-Ketovalenic acid ethyl ester；Levulinic acid ethyl ester

M. I. 15, 3874

性状 无色液体。易溶于水，能与乙醇混溶。bp 205～206℃；Fp 201.2℉（94℃）；d_{20}^{20} 1.012；n_D^{20} 1.4229。一般试剂含量≥99.0%（GC）。

注意事项 该品对眼睛、呼吸系统及皮肤有刺激性。使用时应戴适当的手套。使用时避免吸入本品的蒸气和飞沫，避免与眼睛及皮肤接触。万一接触到眼睛，应立即用大量水冲洗后请医生诊治。

Ethyl linoleate 亚油酸乙酯 04395

[544-35-4] $C_{20}H_{36}O_2$ 308.51

成分 C 77.87%，H 11.76%，O 10.37%。

别名 9，12-十八烯酸乙酯；Linoleic acid ethyl ester；(*Z*,*Z*)-9,12-Octadecadienoic acid ethyl ester；Mandenol

M. I. 15, 3875

性状 无色油状液体。被空气氧化较亚油酸稳定。能与二甲基甲酰胺、脂肪溶剂、油类相混剂。bp_6 193℃/800Pa；$bp_{2.5}$ 175℃/333.3Pa；$bp_{0.001}$ 133℃/0.133Pa；Fp 235.4℉（113℃）；d^{20} 0.8919；$d_4^{15.5}$ 0.8846；n_D^{48} 1.4489。n_D^{20} 1.46753。碘值 162.5。一般试剂含量≥99.0%（GC）。

注意事项 该品具有刺激性。使用时应避免吸入本品的蒸气，避免与眼睛及皮肤接触。应充氩气密封避光于 2～8℃保存。

主要用途 生化研究。维生素生产。

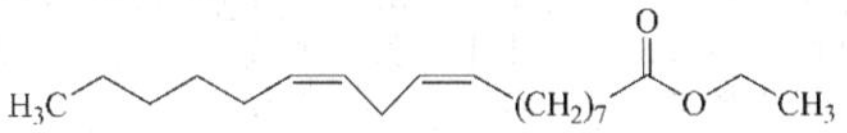

H_3C—⋯—$(CH_2)_7$—C(=O)—O—CH_3

N-Ethylmaleimide *N*-乙基顺丁烯二酰亚胺 04396

[128-53-0] $C_6H_7NO_2$ 125.13

成分 C 57.59%，H 5.64%，N 11.19%，O 25.57%。

别名 *N*-乙基失水苹果酰亚胺；乙基马来酰亚胺；1-Ethyl-1*H*-pyrrole-2,5-dione；NEM；NEMI

M. I. 15, 3877

性状 无色结晶。具有催泪性。溶于乙醇、苯、三氯甲烷，不溶于水。mp 45℃；Fp 164℉（73℃）。生化试剂含量≥99.0%。

注意事项 该品口服极毒。具有腐蚀性，能引起烧伤。与皮肤接触有害。接触皮肤能引起过敏。使用时应穿适当的防护服，戴手套和防护镜或面罩。万一接触到眼睛，应立即用大量水冲洗后请医生诊治。接触皮肤后应立即用大量水冲洗。使用时如有事故发生或有不适之感，应请医生诊治。应密封于 2～8℃保存。

主要用途 癌症研究。生物学测定 SH 基丝状分裂的抑制剂。

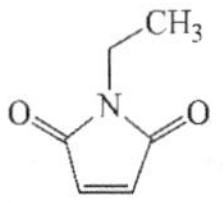

Ethyl maltol 乙基麦芽酚 04397

[4940-11-8] $C_7H_8O_3$ 140.14

成分 C 60.00%，H 5.75%，O 34.25%。

别名 2-乙基-3-羟基-4*H*-吡喃-4-酮；2-Ethyl-3-hydroxy-4*H*-pyran-4-one

性状 白色粉末。易吸潮。溶于水。mp 85～95℃。一般试剂含量≥99.0%。

注意事项 该品应密封于干燥处保存。

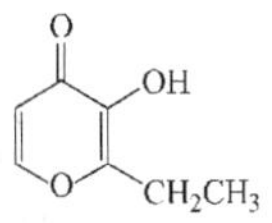

Ethyl mandelate 扁桃酸乙酯 04398

[4358-88-7] [774-40-3] $C_{10}H_{12}O_3$ 180.20

成分 C 66.65%，H 6.71%，O 26.63%。

别名 苯乙醇酸乙酯；苦杏仁酸乙酯；羟基苯基乙酸乙酯；Hydroxyphenylacetic acid ethyl ester；Mandelic acid ethyl ester

性状 针状结晶或无色液体。溶于乙醇、乙醚。mp 25～28℃；bp 253～255℃；bp_{15} 139～141℃/1.99kPa；Fp > 230℉（110℃）；d_4^{20} 1.115；n_D^{20} 1.5120；$[\alpha]^{25}$ 0°（*c*=1，于氯仿中）。一般试剂含量≥97.0%。

主要用途 有机合成。

注意事项 该品具有刺激性。使用时应避免吸入本品的粉尘与蒸气，避免与眼睛及皮肤接触。应密封干燥保存。

Ethyl menthane carboxamide 乙基薄荷酰胺 04399

[39711-79-0] $C_{13}H_{25}NO$ 211.35

成分 C 73.88%，H 11.92%，N 6.63%，O 7.57%。

别名 *N*-Ethyl -5-methyl-2-(1-methylethyl) cyclohexanecarboxamide；*N*-Ethyl -4-menthane-3-carboxamide；WS3

M. I. 15,3880

性状 白色至近白色粉末。溶于多数有机溶剂,不溶于水。mp 88℃；$[\alpha]_D$ −49°～−54°。LD_{50} 小鼠，大鼠急性经口：5.3g/kg，2.9g/kg。

主要用途 用于食品、饮料、化妆品、药物的生理冷却剂。

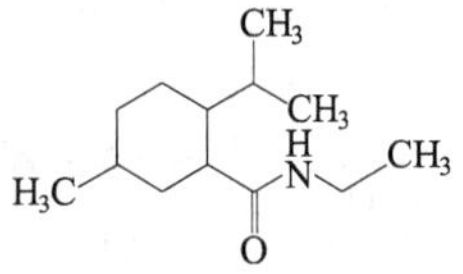

Ethylmercuric chloride 氯化乙基汞 04400

[107-27-7] C_2H_5ClHg 265.10

成分 C 9.06%，H 1.90%，Cl 13.37%，Hg 75.67%。

别名 氯化汞乙酯；Chloroethylmercury；Granosan

GW 2015-1496 M. I. 15, 3881

性状 来自乙醇中的白色小叶状结晶。水中溶解度：18℃，1.4×10^{-4}g/100mL；100℃，2.5×10^{-4}g/100mL。乙醇中溶解度：18℃，0.75g/100g；78℃，3.5g/100g。氯仿中溶解度：18℃，2.6g/100g。微溶于乙醚。mp 192℃。一般试剂含量≥97.0%（T）。

注意事项 该品吸入、口服或与皮肤接触极毒。具有蓄积性危害。对水生生物极毒。能对水环境引起不利的结果。使用时应避免吸入本品的粉尘，避免与眼睛及皮肤接触。接触皮肤后应立即用大量聚乙二醇 400 冲洗。使用时如有事故发生或有不适之感，应立即请医生诊治。应防止将本品释放于环境中。应远离食品、饮料及饲料存放。其包装物应按危险品处理。

Ethyl methacrylate 甲基丙烯酸乙酯 04401

[97-63-2] $C_6H_{10}O_2$ 114.15

成分 C 63.13%，H 8.83%，O 28.03%。

别名 异丁烯酸乙酯；Ethyl methylacrylate；Methacrylic acid ethyl ester

GW 2015-1108

性状 无色液体。极易聚合。能与乙醇、苯、丙酮、二硫化碳等多种有机溶剂相混溶，不溶于水。一般常加约 0.0015%的氢醌一甲醚作为稳定剂。mp −60℃；bp 116～118℃；Fp 60℉（15℃）；d_4^{20} 0.915；n_D^{20} 1.414。一般试剂含量≥99.0%（GC）。

注意事项 该品高度易燃。对眼睛、呼吸系统及皮肤有刺激性。接触皮肤能引起过敏。使用现场禁止吸烟。切勿排入下水道。应远离火种，采取抗放静电措施，密封于通风良好处保存。

主要用途 有机合成。有机玻璃、塑料、树脂、涂料的配制。

Ethyl methanesulfonate 甲烷磺酸乙酯 04402

[62-50-0] $C_3H_8O_3S$ 124.15

成分 C 29.02%，H 6.50%，O 38.66%，S 25.82%。

别名 甲基磺酸乙酯；EMS；Ethyl mesylate；Ethyl methanesulfonic acid；Ethyl methylsulfonate；Methanesulfonic acid ethyl ester；NSC-26805

M. I. 15, 3882

性状 无色透明油状液体。对湿度敏感。能与乙醇相混溶。bp_{761} 213～213.5℃/101.33kPa；bp_{10} 85～86℃/1.333kPa；Fp 212℉（100℃）；d_4^{22} 1.1452；n_D^{20} 1.417～1.419。一般试剂含量≥99.0%。

注意事项 该品口服有害。对肌体有不可逆损伤的可能性。能引起遗传基因的损伤。使用前应得到专门的指导，避免曝露。使用时应穿适当的防护服，戴手套和防护镜或面罩。使用时应避免吸入本品的蒸气。使用时如有事故发生或有不适之感，应请医生诊治。应充氩气密封干燥保存。
主要用途 农业上用作化学诱变剂。

2-Ethyl-6-methylaniline 2-乙基-6-甲基苯胺 04403
[24549-06-2] $C_9H_{13}N$ 135.21
成分 C 79.95%, H 9.69%, N 10.36%。
别名 6-乙基邻甲苯胺；6-Ethyl-*o*-toluidine
性状 无色液体。对空气敏感。mp −33℃；bp 231℃；Fp 192.2℉ (89℃)；d_4^{20} 0.968；n_D^{20} 1.552。一般试剂含量≥97.0% (GC)。
注意事项 该品口服有害。应密封避光保存。

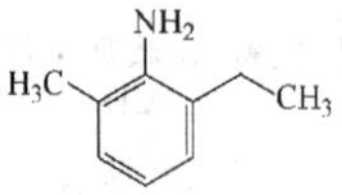

Ethyl 2-methylbutyrate 2-甲基丁酸乙酯 04404
[7452-79-1] $C_7H_{14}O_2$ 130.19
成分 C 64.58%，H 10.84%，O 24.58%。
性状 无色液体。bp 132～133℃；Fp 78.8℉ (26℃)；d_4^{20} 0.869；n_D^{20} 1.3970。一般试剂含量≥98.0% (GC)。
注意事项 该品易燃。使用现场禁止吸烟应远离火种密封保存。

Ethylmethyldichlorosilane 乙基甲基二氯硅烷 04405
[4525-44-4] $C_3H_8Cl_2Si$ 143.09
成分 C 25.18%，H 5.64%，Cl 49.55%，Si 19.63%。
别名 二氯乙基甲基硅烷；Dichloroethylmethylsilane；Methylethyldi chlorosilane
性状 无色液体。mp 8℃；bp 100℃；Fp 35.6 ℉ (2℃)；*d* 1.061；n_D^{20} 1.419。一般试剂含量 ≥97.0% (GC)。
注意事项 该品高度易燃。具有腐蚀性。能引起烧伤。使用时应穿适当的防护服，戴手套和防护镜或面罩。使用现场禁止吸烟。万一接触到眼睛，应立即用大量水冲洗后请医生诊治。接触皮肤后，应用大量肥皂泡沫冲洗。使用时如有事故发生或有不适之感，应请医生诊治。应远离火种，充氩气密封干燥保存。

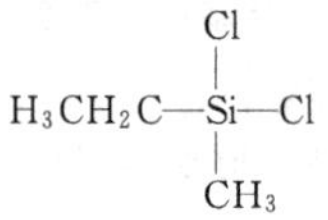

2-Ethyl-2-methyl-1,3-dioxolane
2-乙基-2-甲基-1,3-二氧戊环 04406
[126-39-6] $C_6H_{12}O_2$ 116.16
成分 C 62.04%，H 10.41%，O 27.55%。
别名 2-甲基-2-乙基-1,3-二氧噁茂烷；2-乙基-2-甲基-1,3-氧噁茂烷；2-Methyl-2-ethyl-1,3-dioxolane
性状 无色液体。bp 116～117℃；Fp 55℉ (12℃)；*d* 0.929；n_D^{20} 1.0490。一般试剂含量≥99.0%。
注意事项 该品易燃。具有刺激性。应远离火种于通风良好处密封保存。

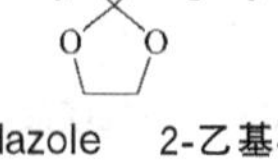

2-Ethyl-4-methylimidazole 2-乙基-4-甲基咪唑 04407
[931-36-2] $C_6H_{10}N_2$ 110.16
成分 C 65.42%，H 9.15%，N 25.43%。
别名 4-甲基-2-乙基咪唑；4-Methyl-2-ethylimidazole
性状 浅黄色油状液体，低温下为固体。mp −50℃；bp 292～295℃；Fp 280℉ (137℃)；*d* 0.975；n_D^{20} 1.5000。一般试剂含量≥98.0%。
注意事项 该品口服有害。对眼睛有严重损伤的危险。使用时应戴防护镜或面罩。万一接触到眼睛，应立即用大量水冲洗后请医生诊治。应充氩气密封保存。使用时应避免吸入本品的粉尘和蒸气，避免与眼睛及皮肤接触。
主要用途 环氧树脂固化剂。

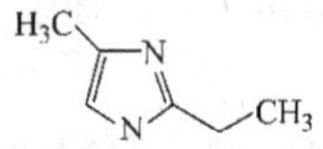

Ethyl methyl sulfide 乙基甲硫醚 04408
[624-89-5] C_3H_8S 76.16
成分 C 47.31%，H 10.59%，S 42.10%。
别名 甲基乙基硫；甲乙硫醚；Methyl ethyl sulfide
性状 无色液体。具有恶臭。mp −106℃；bp 66～67℃；Fp 5℉ (−15℃)；d_4^{20} 0.843；n_D^{20} 1.440。一般试剂含量≥95.0% (GC)。
注意事项 该品高度易燃。使用现场禁止吸烟。使用时应避免吸入本品的蒸气，避免与眼睛及皮肤接触。应远离火种密封保存。

Ethylmorphine 乙基吗啡 04409
[76-58-4] $C_{19}H_{23}NO_3$ 313.40
成分 C 72.82%，H 7.40%，N 4.47%，O 15.31%。
别名 (5α,6α)-7,8-Didehydro-4,5-epoxy-3-ethoxy-17-methylmorphinan-6-ol；Morphine 3-ethyl ether
M. I. 15，3884
性状 来自乙醇中的无色结晶。mp 199～201℃。
注意事项 该品口服有害。使用时应穿适当的防护服，戴手套和防护镜或面罩。使用时如有事故发生或有不适之感，应请医生诊治。应密封于 2～8℃保存。
主要用途 生化研究。医用麻醉止痛剂，镇咳剂。

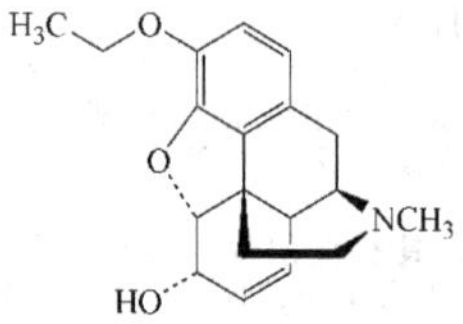

***N*-Ethylmorpholine *N*-乙基吗啉** 04410
[100-74-3] $C_6H_{13}NO$ 115.18
成分 C 62.57%，H 11.38%，N 12.16%，O 13.89%。
别名 乙基对氧氮六环；*N*-乙基吗啡啉；乙基对氧氮杂苯烷；*N*-乙基四氢-1,4-噁嗪；4-乙基吗啉；*N*-Ethyldiethylenimide oxide；*N*-Ethyltetrahydro-1,4-oxazine；4-Ethylmorpholine
GW 2015-2613
性状 无色液体。对空气敏感。能与水、乙醇、乙醚相混溶。mp −63℃；bp 139℃；Fp 82℉ (27℃)；*d* 0.908；n_D^{20} 1.4415。一般试剂含量≥98.0%。
注意事项 该品易燃。口服或与皮肤接触有害。具有腐蚀性，能引起烧伤。对眼睛、呼吸系统及皮肤有刺激性。使用时应穿适当的防护服，戴手套和防护镜或面罩。万一接触到眼睛，应立即用大量水冲洗后请医生诊治。使用时如有事故发生或有不适之感，应请医生诊治。应充氩气密封避光保存。
主要用途 油类、树脂类的溶剂。有机合成。染料合成。

Ethyl myristate 十四酸乙酯 04411
[124-06-1] $C_{16}H_{32}O_2$ 256.43
成分 C 74.94%，H 12.58%，O 12.48%。
别名 肉豆蔻酸乙酯；Ethyl tetradecanoate；Myristic acid ethyl ester
M. I. 15，6419
性状 微黄色油状液体。溶于乙醇，微溶于乙醚，不溶于水。mp 12℃；bp 295℃；bp_{30} 195℃/4kPa；Fp 332℉ (167℃)；d_4^{20} 0.856；n_D^{20} 1.4360。一般试剂含量≥99.0% (GC)。
主要用途 润滑剂。

1-Ethylnaphthalene 1-乙基萘 04412
[1127-76-0] $C_{12}H_{12}$ 156.22
成分 C 92.26%，H 7.74%。
别名 α-乙基萘；α-Ethylnaphthalene

性状 无色液体。mp −15～−14℃；bp 258～260℃；$bp_{0.1}$ 75℃/13.322Pa；Fp 231.8℉（111℃）；d_4^{20} 1.008；n_D^{20} 1.606。一般试剂含量≥98.0%（GC）。

注意事项 使用时应避免吸入本品的蒸气，避免与眼睛及皮肤接触。

2-Ethylnaphthalene　2-乙基萘　04413

[939-27-5]　$C_{12}H_{12}$　156.22

成分 C 92.26%，H 7.74%。

别名 β-乙基萘；β-Ethylnaphthalene

性状 无色液体。mp −70℃；bp 251～252℃；Fp 219.2℉（104℃）；d_4^{20} 0.992；n_D^{20} 1.5990。一般试剂含量≥99.0%（GC）。

N-Ethyl-1-naphthylamine　*N*-乙基-1-萘胺　04414

[118-44-5]　$C_{12}H_{13}N$　171.25

成分 C 84.17%，H 7.65%，N 8.18%。

别名 α-乙基氨基萘；*N*-乙基-α-萘胺；α-Ethylaminonaphthalene；*N*-Ethyl-α-naphthylamine

GW 2015-2584

性状 无色油状液体。对空气敏感。溶于乙醇、乙醚。bp_{15} 175～176℃/2kPa；$bp_{0.1}$ 113～115℃/13.332Pa；Fp 262.4℉（128℃）；d_4^{20} 1.065；n_D^{20} 1.6440。一般试剂含量≥98.0%（GC）。

注意事项 该品吸入、口服或与皮肤接触有害。使用时应穿适当的防护服和戴手套。应避免吸入本品的蒸气。应充氩气密封避光于2～8℃保存。

主要用途 有机合成。

Ethyl nicotinate　烟酸乙酯　04415

[614-18-6]　C_8H_9NO　151.17

成分 C 63.56%，H 6.00%，N 9.27%，O 21.17%。

别名 尼古丁酸乙酯；Nicotinic acid ethyl ester

性状 无色液体。对空气敏感。mp 8～10℃；bp 223～224℃；Fp 200℉（93℃）；d_4^{20} 1.107；n_D^{20} 1.5040。一般试剂含量≥98.0%（GC）。

注意事项 该品对眼睛、呼吸系统及皮肤有刺激性。使用时应穿适当的防护服和戴手套。万一接触到眼睛，应立即用大量水冲洗后请医生诊治。应充氮气密封避光保存。

Ethyl nitrite 20% ethanol solution 亚硝酸乙酯 20%乙醇溶液　04416

[109-95-5]　$C_2H_5NO_2$　75.07

成分（纯品） C 32.00%，H 6.71%，N 18.66%，O 42.63%。

别名 Hyponitrous ether 20% alcohol solution；Nitrous acid ethyl ester；Nitrous ether 20% alcohol solution

GW 2015-2496　M.I. 15，3885

性状 无色至浅黄色易挥发性液体。有特殊气味。见光或久置易分解成酸和氮的氧化物。能与乙醇、乙醚相混溶，溶于水并被分解。纯品 bp 17℃；Fp 59℉（15℃）；*d* 0.792；n_D^{20} 1.3600。

注意事项 该品极易燃。应远离火种密封避光保存。

主要用途 有机合成。

1-Ethyl-2-nitrobenzene　1-乙基-2-硝基苯　04417

[612-22-6]　$C_8H_9NO_2$　151.16

成分 C 63.56%，H 6.00%，N 9.27%，O 21.17%。

别名 2-硝基乙基苯；2-Nitroethylbenzene

性状 无色液体。mp −13～−10℃；bp 234～236℃；bp_{18} 172～174℃/2.39kPa；Fp 228.2℉（109℃）；d_4^{20} 1.127；n_D^{20} 1.537。一般试剂含量≥99.0%（GC）。

注意事项 该品对眼睛、呼吸系统及皮肤有刺激性。使用时应穿适当的防护服。万一接触到眼睛，应立即用大量水冲洗后请医生诊治。

1-Ethyl-4-nitrobenzene　1-乙基-4-硝基苯　04418

[100-12-9]　$C_8H_9NO_2$　151.16

成分 C 63.56%，H 6.00%，N 9.27%，O 21.17%。

别名 4-硝基乙基苯；4-Nitroethylbenzene

性状 无色液体。mp −11～−8℃；bp 250～253℃；Fp 242.6℉（117℃）；d_4^{20} 1.118；n_D^{20} 1.545。一般试剂含量≥99.0%（GC）。

注意事项 见 04417 1-乙基-2-硝基苯。

Ethyl 4-nitrobenzoate　4-硝基苯甲酸乙酯　04419

[99-77-4]　$C_9H_9NO_4$　195.17

成分 C 55.38%，H 4.65%，N 7.18%，O 32.79%。

别名 对硝基苯甲酸乙酯；Ethyl *p*-nitrobenzoate

M.I. 15，3886

性状 无色或浅黄色针状结晶。溶于乙醇、乙醚，不溶于水。mp 57℃。一般试剂含量≥98.0%（GC）。

注意事项 使用时应避免吸入本品的粉尘，避免与眼睛及皮肤接触。

主要用途 有机合成。

1-Ethyl-3-nitro-1-nitrosoguanidine 1-乙基-3-硝基-1-亚硝基胍　04420

[4245-77-6]　$C_3H_7N_5O_3$　161.12

成分 C 22.36%，H 4.38%，N 43.47%，O 29.79%。

别名 *N*-乙基-*N′*-硝基-*N*-亚硝基胍；*N*-Ethyl-*N′*-nitro-*N*-nitroso guanidine

性状 白色结晶。mp 118～120℃（分解）。

注意事项 该品易燃。可能致癌。

Ethyl nonanoate　壬酸乙酯　04421

[123-29-5]　$C_{11}H_{22}O_2$　186.30

成分 C 70.92%，H 11.90%，O 17.18%。

别名 正壬酸乙酯；Ethyl pelargonate；Nonanoic acid ethyl ester；Ethyl *n*-nonanoate；Wine ether

M.I. 15，3891

性状 无色液体。能与乙醇、乙醚相混溶，不溶于水。mp −44℃；bp 约 220℃；bp_{10} 100～103℃/1.33kPa；Fp 202℉（94℃）；d_4^{18} 0.866；n_D^{20} 1.4220。LD_{50} 大鼠急性经口：＞43g/kg。一般试剂含量≥96.0%。

注意事项 该品对眼睛、呼吸系统及皮肤有刺激性。使用时应戴适当的手套。万一接触到眼睛，应立即用大量水冲洗后请医生诊治。

Ethylnorepinephrine hydrochloride 乙基去甲肾上腺素 盐酸盐　04422

[3198-07-0]　$C_{10}H_{16}ClNO_3$　233.69

成分 C 51.40%，H 6.90%，Cl 15.17%；N 5.99%，O 20.54%。
别名 丁肾素 盐酸盐；盐酸丁肾素；盐酸乙基去甲肾上腺素；Bronkephrine；4-(2-Amino-1-hydroxybutyl)-1，2-benzenediol hydrochloride；α-(1-Aminopropyl)-3，4-dihydroxybenzyl alcohol hydrochloride；α-(1-Aminopropyl) protocaetechuyl alcohol hydrochloride；1-(3，4-Dihydroxyphenyl)-2-aminobutanol hydrochloride；1-(3，4-Dihydroxyphenyl)-1-hydroxy-2-aminobutane hydrochloride；Ethylnoradrenaline hydrochloride；Ethylnorsuprarenin hydrochloride；E. N. E-HCl；E. N. S-HCl
M. I. 15，3888
性状 无色结晶。溶于水。199～200℃分解。一般市售试剂为0.2%水溶液。
主要用途 医用支气管扩张剂。

OH HO CH3 NH2 ·HCl HO

Ethyl oleate 油酸乙酯 04423
[111-62-6] $C_{20}H_{38}O_2$ 310.52
成分 C 77.36%，H 12.33%，O 10.30%。
别名 十八烯酸乙酯；(*Z*)-9-Octadecenoic acid ethyl ester；Oleic acid ethyl ester
M. I. 15，6921
性状 浅黄色油状液体。能与乙醇、甲醇、乙醚相混溶，不溶于水。mp －32℃；bp 205～208℃（部分分解）；Fp 235.4℉（113℃）；*d* 0.87；n_D^{20} 1.4518。
注意事项 使用时应避免吸入本品的蒸气，避免与眼睛及皮肤接触。应充氩气密封保存。
主要用途 气相色谱固定液。溶剂。润滑剂。树脂的韧化剂。

Ethyl orange sodium salt 乙基橙钠盐 04424
[62758-12-7] $C_{16}H_{18}N_3NaO_3S$ 355.39
成分 C 54.07%，H 5.11%，N 11.82%，Na 6.47%，O 13.51%，S 9.02%。
别名 乙基橙钠盐；二乙氨基偶氮苯磺酸钠盐；Diethylaminoazobenzenesulfonic acid sodium salt；4-(4-Diethylaminophenylazobenz-enesulfonic acid sodium salt；Ethyl orange sodium salt)
性状 橙红色粉末。溶于水，不溶于酸。λ_{max}474nm。pH值 3.0～4.8（由红至黄色）。一般试剂干燥含量约90.0%。
注意事项 该品对眼睛、呼吸系统及皮肤有刺激性。使用时应穿适当的防护服。万一接触到眼睛，应立即用大量水冲洗后请医生诊治。
主要用途 酸碱指示剂。

SO3Na N N CH3 N CH3

Ethyl palmitate 十六酸乙酯 04425
[628-97-7] $C_{18}H_{36}O_2$ 284.48
成分 C 75.99%，H 12.75%，O 11.25%。
别名 棕榈酸乙酯；软脂酸乙酯；Ethyl cetylate；Ethyl hexadecanoate；Ethyl hexadecylate
性状 无色针状结晶或液体。溶于乙醇、乙醚、丙酮、苯、氯仿。mp 21～24℃；bp_{10} 192～193℃/1.333kPa；Fp 235.4℉（113℃）；d_4^{20} 0.857；n_D^{20} 1.4400。一般试剂含量≥97.0%。
注意事项 使用时应避免吸入本品的蒸气，避免与眼睛及皮肤接触。
主要用途 有机合成。

Ethyl pentadecanoate 十五酸乙酯 04426
[41114-00-5] $C_{17}H_{34}O_2$ 270.46
成分 C 75.50%，H 12.67%，O 11.83%。
别名 正十五酸乙酯；Ethyl *n*-pentadecanoate
性状 无色液体。mp 12～14℃；d_4^{20} 0.859；n_D^{20} 1.439。一般试剂含量≥98.0%（GC）。
注意事项 使用时应避免与眼睛及皮肤接触。

3-Ethyl-3-pentanol 3-乙基-3-戊醇 04427
[597-49-9] $C_7H_{16}O$ 116.20
成分 C 72.36%，H 13.88%，O 13.77%。
别名 三乙基甲醇；Triethylcarbinol
性状 无色液体。能与乙醇、苯、乙醚等相混溶，不溶于水。bp 140～143℃；Fp 104℉（40℃）；d_4^{20} 0.846；n_D^{20} 1.4300。一般试剂含量≥97.0%（GC）。
注意事项 该品易燃。使用时应避免吸入本品的蒸气，避免与眼睛及皮肤接触。
主要用途 溶剂。有机合成。

2-Ethylphenol 2-乙基酚 04428
[90-00-6] $C_8H_{10}O$ 122.17
成分 C 78.65%，H 8.25%，O 13.10%。
别名 邻乙基酚；*o*-Ethylphenol；Phlorol
M. I. 15，3892
性状 无色液体。有酚的气味。易溶于乙醇、苯、冰乙酸，不溶于水。mp 约－28℃；bp_{760} 204.52℃/101.325kPa；Fp 173℉（78℃）；d_{20} 1.01885；d_{25} 1.01459；d_{30} 1.01033；n_D^{20} 1.5360。一般试剂含量≥98.0%。
注意事项 该品口服或与皮肤接触有害。对呼吸系统及皮肤有刺激性。对眼睛有严重损伤的危险。使用时应穿适当的防护服，戴手套和防护镜或面罩。使用时应避免吸入本品的蒸气。万一接触到眼睛，应立即用大量水冲洗后请医生诊治。使用时如有事故发生或有不适之感，应请医生诊治。应密封避光保存。
主要用途 气相色谱分析标准物。有机合成。

OH CH3

3-Ethylphenol 3-乙基酚 04429
[620-17-7] $C_8H_{10}O$ 122.17
成分 C 78.66%，H 8.25%，O 13.10%。
别名 间乙基酚；3-乙基苯酚；*m*-Ethylphenol
性状 无色液体。能与乙醇、乙醚混溶，微溶于水。mp －4℃；bp_{15} 108～110℃/2kPa；Fp 202℉（94℃）；d_4^{20} 1.012；n_D^{20} 1.535。一般试剂含量≥95.0%（GC）。
注意事项 该品吸入、口服或与皮肤接触有害。对眼睛、呼吸系统及皮肤有刺激性。使用时应穿适当的防护服和戴手套。万一接触到眼睛，应立即用大量水冲洗后请医生诊治。
主要用途 有机合成。

4-Ethylphenol 4-乙基酚 04430
[123-07-9] $C_8H_{10}O$ 122.17
成分 C 78.66%，H 8.25%，O 13.10%。
别名 对乙基酚；*p*-Ethylphenol
性状 无色结晶。溶于乙醇、乙醚、苯、二硫化碳，微溶于水。mp 41～43℃；bp 218～219℃。一般试剂含量≥97.0%（GC）。
注意事项 该品口服或与皮肤接触有害。具有腐蚀性，能引起烧伤。对眼睛、呼吸系统及皮肤有刺激性。使用时应穿适当的防护服和戴手套。万一接触到眼睛，应立即用大量水冲洗后请医生诊治。使用时如有事故发生或有不适之感，应请医生诊治。
主要用途 气相色谱标准物。有机合成。

Ethyl phenylacetate 苯乙酸乙酯 04431
[101-97-3] $C_{10}H_{12}O_2$ 164.20
成分 C 73.15%，H 7.37%，O 19.49%。
别名 Benzeneacetic acid ethyl ester；α-Toluic acid ethyl ether
M. I. 15，3893
性状 无色液体。具有蜂蜜味。能与乙醇、乙醚、苯、三氯甲烷相混溶，不溶于水。mp －29℃；bp_{760} 226℃/101.325kPa；bp_{32} 135℃/4.266kPa；bp_{20} 121℃/2.666kPa；

Fp 172℉ (77℃)；d_4^{20} 1.0333；$n_D^{18.5}$ 1.49921。一般试剂含量≥99.0%(GC)。

注意事项 使用时应避免吸入本品的蒸气、飞沫，避免与眼睛及皮肤接触。

主要用途 溶剂。香料制造。有机合成。

2-Ethyl-5-phenylisoxazolium-3′-sulfonic acid 2-乙基-5-苯基异噁唑-3′-磺酸 04432

[4156-16-5] $C_{11}H_{11}NO_4S$ 253.27

成分 C 52.16%，H 4.38%，N 5.53%，O 25.27%，S 12.66%。

别名 3-(2-乙基-5-异噁唑)苯磺酸；伍德沃德氏试剂 K；3-(2-Ethyl-5-isoxazolio)benzolsulfonate；*N*-Ethyl-5-phenylisoxazolium-3′-sulfonate；2-Ethyl-5-(3-sulfophenyl) isoxazolium inner salt；NEPIS；Woodward's reagent K；3-(2-Ethyl-5-*iso*-xazolio)benzolsulfonate

M. I. 15，10248

性状 无色结晶。性稳定。不吸潮。207～208℃分解。一般试剂含量≥97.0%(T)。

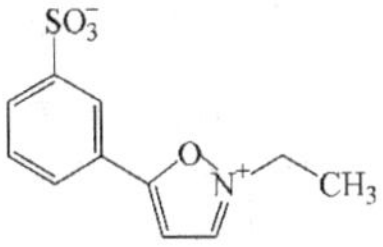

Ethyl 2-picolinate 2-吡啶甲酸乙酯 04433

[2524-52-9] $C_8H_9NO_2$ 151.17

成分 C 63.56%，H 6.00%，N 9.27%，O 21.17%。

别名 吡啶-2-羧酸乙酯；Ethyl pyridine-2-carboxylate

性状 无色液体。mp 1～3℃；bp 245～248℃；bp_{11} 120～122℃/1.46kPa；Fp 224.6℉ (107℃)；d_4^{20} 1.120；n_D^{20} 1.511。一般试剂含量≥99.0%(GC)。

注意事项 该品易燃。对眼睛、呼吸系统及皮肤有刺激性。使用时应穿适当的防护服。万一接触到眼睛，应立即用大量水冲洗后请医生诊治。

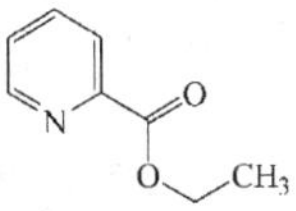

3-Ethyl-4-picoline 3-乙基-4-吡啰啉 04434

[529-21-5] $C_8H_{11}N$ 121.18

成分 C 79.29%，H 9.15%，N 11.56%。

别名 3-乙基-4-甲基吡啶；3-乙基-γ-吡啰啉；β-乙基-γ-甲基吡啶；3-Ethyl-4-methylpyridine；β-Collidine；3-Ethyl-γ-picoline；β-Ethyl-γ-methylpyridine

M. I. 15，3894

性状 无色液体。有芳香气味。能随水蒸气挥发。溶于乙醇、乙醚、氯仿、稀酸，略微溶于水。bp_{753} 195～196℃/100.391kPa；bp_{23} 88～90℃/3.066kPa；bp_{12} 76℃/1.6kPa；d_4^{17} 0.9286。

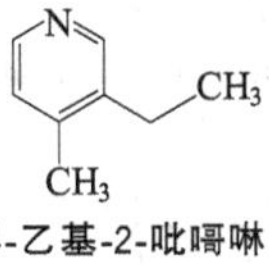

4-Ethyl-2-picoline 4-乙基-2-吡啰啉 04435

[536-88-9] $C_8H_{11}N$ 121.18

成分 C 79.29%，H 9.15%，N 11.56%。

别名 4-乙基-2-甲基吡啶；α-甲基-γ-乙基吡啶；4-乙基-α-吡啰啉；4-Ethyl-2-methylpyridine；α-Methyl-γ-ethylpyridine；4-Ethyl-α-picoline；α-Collidine

M. I. 15，3895

性状 无色液体。能随水蒸气挥发。溶于乙醇、乙醚、苯、稀酸，略微溶于水。bp_{751} 179℃/100.125kPa；d_4^{16} 0.9268；d_4^{0} 0.9291。

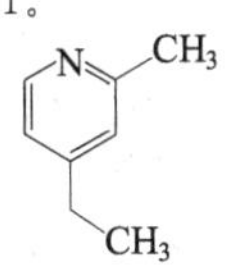

1-Ethylpiperidine 1-乙基哌啶 04436

[766-09-6] $C_7H_{15}N$ 113.20

成分 C 74.27%，H 13.36%，N 12.37%。

别名 *N*-乙基六氢吡啶；*N*-乙基哌啶；*N*-乙基哌啶啶；乙基氮己环；乙基氮杂环己烷；1-Ethylpiperidine

GW 2015-2614

性状 无色透明液体。具强碱性。对空气敏感。有特殊的臭味。能与水、乙醇、乙醚、汽油相混溶。bp 131℃；Fp 64℉ (18℃)；d_4^{20} 0.823～0.825；n_D^{20} 1.444～1.445。生化试剂含量≥98.5%。

注意事项 该品高度易燃。吸入或口服有害。具有腐蚀性，能引起烧伤。对眼睛、呼吸系统及皮肤有刺激性。使用时应穿适当的防护服，戴手套和防护镜或面罩。使用现场禁止吸烟。万一接触到眼睛，应立即用大量水冲洗后请医生诊治。应远离火种充氩气密封保存。

主要用途 青霉素 G 的测定。生化研究。

2-Ethylpiperidine 2-乙基哌啶 04437

[1484-80-6] $C_7H_{15}N$ 113.20

成分 C 74.27%，H 13.36%，N 12.37%。

性状 无色液体。bp 143℃；Fp 88℉ (31℃)；d_4^{20} 0.846；n_D^{20} 1.4510。一般试剂含量≥97.0%(GC)。

注意事项 见 04436 1-乙基哌啶。

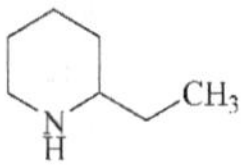

1-Ethyl-3-piperidinol 1-乙基-3-哌啶醇 04438

[13444-24-1] $C_7H_{15}NO$ 129.20

成分 C 65.08%，H 11.70%，N 10.84%，O 12.38%。

别名 1-乙基-3-羟基哌啶；*N*-乙基-3-羟基哌啶；1-Ethyl-3-hydroxypiperidine；*N*-Ethyl-3-hydroxypiperidine；Dactilake

M. I. 15，3897

性状 无色液体。bp_{15} 93～95℃/2kPa；Fp 117℉ (47℃)；d 0.967；n_D^{14} 1.4777。一般试剂含量≥98.0%(GC)。

注意事项 该品口服有害。对皮肤有刺激性。使用时应避免吸入本品的蒸气。接触皮肤后，应立即用大量肥皂泡沫冲洗。应充氮气密封避光保存。

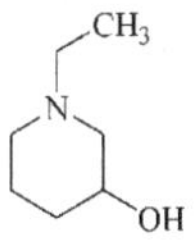

Ethyl propionate 丙酸乙酯 04439

[105-37-3] $C_5H_{10}O_2$ 102.13

成分 C 58.50%，H 9.87%，O 31.33%。

别名 初油酸乙酯；Propanoic acid ethyl ester；Propionic acid ethyl ester

GW 2015-130 M. I. 15，3899

性状 无色液体。有芳香味。溶于约 60 份水，能与乙醇、乙醚相混溶。mp −73℃；bp 99℃；Fp 54℉ (12℃，闭杯)；d_4^{20} 0.891；n_D^{20} 1.3844。一般试剂含量≥99.0%(GC)。

注意事项 该品高度易燃。使用时应避免吸入本品的蒸气，避免与皮肤接触。使用现场禁止吸烟。切勿排入下水道。应远离火种，采取抗放静电措施密封保存。

主要用途 酯类的溶剂。有机合成。

Ethyl propionylacetate 丙酰乙酸乙酯 04440

[4949-44-4] $C_7H_{12}O_3$ 144.17

成分 C 58.32%，H 8.39%，O 33.29%。

别名 3-氧戊酸乙酯；Ethyl 3-oxovalerate

性状 无色结晶或液体。bp190～192℃；bp_{12} 78～80℃/1.6kPa；Fp 172℉ (77℃)；d 1.012；n_D^{20} 1.4220。一般试剂含量≥95.0%(GC)。

注意事项 该品对眼睛、呼吸系统及皮肤有刺激性。使用时应戴适当的手套。万一接触到眼睛，应立即用大量水冲洗后请医生诊治。

2-Ethylpyridine 2-乙基吡啶 04441
[100-71-0] C_7H_9N 107.16
成分 C 78.46%，H 8.47%，N 13.07%。
别名 α-乙基吡啶
GW 2015-2597
性状 微黄色液体。易溶于乙醇、乙醚。mp −63℃；bp 149℃；Fp 102.2℉（39℃）；d_4^{20} 0.937；n_D^{20} 1.498。一般试剂含量≥98.0%（GC）。
注意事项 该品易燃。对眼睛、呼吸系统及皮肤有刺激性。使用时应穿适当的防护服。使用时应避免吸入本品的蒸气。万一接触到眼睛，应立即用大量水冲洗后请医生诊治。应密封避光保存。
主要用途 有机合成。

3-Ethylpyridine 3-乙基吡啶 04442
[536-78-7] C_7H_9N 107.16
成分 C 78.46%，H 8.47%，N 13.07%。
别名 β-乙基吡啶；β-Ethylpyridine；"β-Lutidine"
GW 2015-2598 M.I. 15，3900
性状 无色至浅棕色液体。有恶臭。易溶于乙醇、乙醚，微溶于水。bp 162～165℃；Fp 120℉（48℃）；d^{23} 0.940；n_D^{22} 1.5021。一般试剂含量≥98.0%。
注意事项 该品易燃。对眼睛、呼吸系统及皮肤有刺激性。使用时应穿适当的防护服和戴手套。使用时应避免吸入本品的蒸气，避免与眼睛及皮肤接触。万一接触到眼睛，应立即用大量水冲洗后请医生诊治。
主要用途 有机合成。

4-Ethylpyridine 4-乙基吡啶 04443
[536-75-4] C_7H_9N 107.16
成分 C 78.46%，H 8.47%，N 13.07%。
别名 γ-乙基吡啶；γ-Ethylpyridine
GW 2015-2599 M.I. 15，3901。
性状 黄色油状液体。有恶臭。溶于乙醇、乙醚，略微溶于水。bp_{750} 169.6～170℃/99.991kPa；Fp 118℉（47℃）；d_4^{22} 0.9404；n_D^{18} 1.5029。一般试剂含量≥98.0%。
注意事项 见 04441 2-乙基吡啶。
主要用途 制药工业。杀虫剂的制备。有机合成。

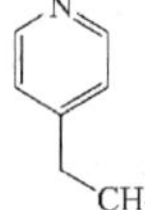

1-Ethyl-2-pyrrolidone 1-乙基-2-吡咯烷酮 04444
[2687-91-4] $C_6H_{11}NO$ 113.16
成分 C 63.69%，H 9.80%，N 12.38%，O 14.14%。
性状 无色液体。bp 208～210℃；bp_{20} 97℃/2.66kPa；Fp 199.4℉（93℃）；d^{25} 0.992；n_D^{20} 1.466。一般试剂含量≥98.0%（GC）。
注意事项 该品口服有害。对眼睛有刺激性。使用时应穿适当的防护服。万一接触到眼睛，应立即用大量水冲洗后请医生诊治。

Ethyl red 乙基红 04445
[76058-33-8] $C_{17}H_{19}N_3O_2$ 297.36
成分 C 68.67%，H 6.44%，N 14.13%，O 10.76%。
别名 二乙基红；对二乙氨基偶氮苯邻羧酸；4-Diethylaminoazobenzene-2′-carboxylic acid；p-Diethylaminoazobenzene-o-carboxylic acid；2-[4-(Diethylamino) phenylazo] benzoic acid；Diethyl red
性状 猩红色有光泽的粉末。溶于乙醇，不溶于水。mp 135℃（分解）；λ_{max} 447nm；pH 值 4.4～6.2（由粉红至黄色）。一般试剂含量≥97.0%。
注意事项 该品对眼睛、呼吸系统及皮肤有刺激性。使用时应戴适当的手套。使用时应避免吸入本品的粉尘，避免与眼睛及皮肤接触。万一接触到眼睛，应立即用大量水冲洗后请医生诊治。
主要用途 酸碱指示剂。生物染色剂。

Ethyl salicylate 水杨酸乙酯 04446
[118-61-6] $C_9H_{10}O_3$ 166.18
成分 C 65.05%，H 6.07%，O 28.88%。
别名 柳酸乙酯；邻羟基苯甲酸乙酯；2-羟基苯甲酸乙酯；Ethyl 2-hydroxybenzoate；2-Hydroxybenzoic acid ethyl ester；Sal ethyl；Salicylic acid ethyl ester；Salicylic ether
M.I. 15，3902
性状 无色液体。有强折射性。见光或久置变成浅棕黄色。微有香味。能与乙醇、乙醚相混溶，微溶于水。mp 1℃；bp 231～234℃；Fp ＞212℉（＞100℃，闭杯）；d_4^{20} 1.131；n_D^{25} 1.52022。LD_{50}大鼠急性经口：1.32g/kg。一般试剂含量≥99.0%（GC）。
注意事项 该品口服有害。对眼睛及皮肤有刺激性。使用时应穿适当的防护服。万一接触到眼睛，应立即用大量水冲洗后请医生诊治。
主要用途 硝基纤维素的溶剂。香料酸制。有机合成。

Ethyl silicate 硅酸乙酯 04447
[78-10-4] $C_8H_{20}O_4Si$ 208.33
成分 C 46.12%，H 9.68%，O 30.72%，Si 13.48%。
别名 正硅酸乙酯；正硅酸四乙酯；四乙氧基硅烷；原硅酸乙酯；原硅酸四乙酯；硅酸四乙酯；Tetraethyl silicate；Ethyl orthosilicate；Silicic acid tetraethyl ester；Tetraethoxy silane
GW 2015-845 M.I. 15，3903
性状 无色透明液体。有酯香味。能与乙醇相混溶，几乎不溶于水。能被水缓慢分解。mp −77℃；bp 165～166℃；Fp 125℉（52℃）；d_4^{20} 0.933；n_D^{25} 1.3818。一般试剂含量≥99.0%。
注意事项 该品易燃。其蒸气吸入有害。对眼睛及呼吸系统有刺激性。应远离火种密封干燥保存。
主要用途 抗热漆的制备。精密制造脱模。电子工业用作绝缘材料、涂料。光学玻璃处理剂。凝结剂。有机合成。

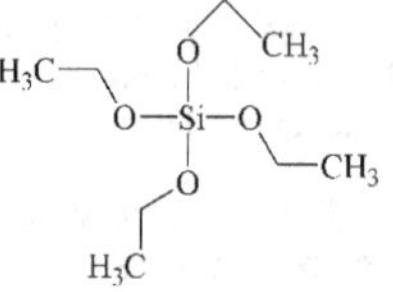

Ethyl stearate 十八酸乙酯 04448
[111-61-5] $C_{20}H_{40}O_2$ 312.54
成分 C 76.86%，H 12.90%，O 10.24%。
别名 硬脂酸乙酯；Ethyl octadecanoate；Octadecanoic acid ethyl ester；Stearic acid ethyl ester
M.I. 15，8930
性状 白色结晶或固体。受热至熔点以上为液体。溶于乙醇、乙醚，不溶于水。mp 33～35℃；bp 224℃；bp_4 180℃/533.29Pa；Fp 235.4℉（113℃）。一般试剂含量≥99.0%（GC）。
注意事项 该品对眼睛、呼吸系统及皮肤有刺激性。使用时应穿适当的防护服。万一接触到眼睛，应立即用大量水冲洗后请医生诊治。
主要用途 润滑剂。抗水剂。乳化剂。软化剂。

Ethyl sulfide 乙硫醚 04449
[352-93-2] $C_4H_{10}S$ 90.18
成分 C 53.27%，H 11.18%，S 35.55%。
别名 二乙硫醚；二乙硫；硫二乙烷；硫代乙醚；硫化二乙基；Diethyl sulfide；1,1′-Thiobisethane；Thioethyl ether
GW 2015-701 M.I. 15，3905
性状 无色油状液体。具有大蒜味。能与乙醇、乙醚相混溶，不溶于水。mp −100℃；bp 92℃；Fp 15℉(−9℃)；d_4^{20} 0.837；n_D^{20} 1.44233。一般试剂含量≥98.0%（GC）。

注意事项 该品高度易燃。对皮肤有刺激性。使用时应穿适当的防护服。使用现场禁止吸烟。万一接触到眼睛，应立即用大量水冲洗后请医生诊治。应远离火种，采取抗放静电措施，于通风良好处密封保存。

2-(Ethylthio)ethanol　2-(乙基硫代)乙醇　04450

[110-77-0]　$C_4H_{10}OS$　106.18

成分 C 45.25%，H 9.49%，O 15.07%，S 30.19%。

别名 2-羟乙基硫化乙酯；硫化乙基 2-羟乙基酯；硫化 β-羟基二乙酯；Ethyl 2-hydroxyethyl sulfide；β-Hydroxydiethyl sulfide；β-Hydroxydiethyl sulfide

M. I. 15，3906

性状 无色至微黄色液体。有恶臭。溶于乙醚及多数有机溶剂。bp_{760} 184.5℃/101.325kPa；bp_{28} 99℃/3.733kPa；Fp ＞230℉（110℃）；d_{20}^{20} 1.015～1.025，n_D^{20} 1.4896。一般试剂含量≥97.0%。

注意事项 该品具有腐蚀性，能引起烧伤。使用时应穿适当的防护服，戴手套和防护镜或面罩。使用时禁止进餐、饮水。万一接触到眼睛，应立即用大量水冲洗后请医生诊治。使用时如有事故发生或有不适之感，应请医生诊治。

Ethyl thioglycollate　硫代乙醇酸乙酯　04451

[623-51-8]　$C_4H_8O_2S$　120.17

成分 C 39.98%，H 6.71%，O 26.62%，S 26.68%。

别名 2-巯基乙酸乙酯；巯基醋酸乙酯；Ethyl 2-mercaptoacetate；Ethyl thioglycolate；Mercaptoacetic acid ethyl ester；Thioglycollic acid ethyl ester

性状 无色液体。能在空气中氧化。mp −80℃；bp 156～158℃；bp_{12} 54℃/1.6kPa；Fp 134℉（57℃）；d_4^{20} 1.096；n_D^{20} 1.4580。一般试剂含量 99.0%～100.5%。

注意事项 该品易燃。口服有毒。对眼睛、呼吸系统及皮肤有刺激性。使用时应穿适当的防护服，戴手套和防护镜或面罩。使用时禁止用餐、饮水。万一接触到眼睛，应立即用大量水冲洗后请医生诊治。使用时如有事故发生或有不适之感，应请医生诊治。应采取抗放静电措施密封保存。万一着火，应用指定灭火器灭火而不能用水。其包装物应按危险品处理。

主要用途 测定铁的试剂。

2-Ethylthiophene　2-乙基噻吩　04452

[872-55-9]　C_6H_8S　112.19

成分 C 64.23%，H 7.19%，S 28.58%。

性状 黄绿色液体。对空气敏感。有恶臭。bp 135～140℃；Fp 80.6℉（27℃）；d_4^{20} 0.991；n_D^{20} 1.512。一般试剂含量≥97.0%（GC）。

注意事项 该品易燃。对眼睛、呼吸系统及皮肤有刺激性。使用时应戴适当的手套。应避免吸入本品的蒸气，避免与眼睛及皮肤接触。万一接触到眼睛，应立即用大量水冲洗后请医生诊治。应采取抗放静电措施，充氩气密封避光保存。其包装物应按危险品处理。

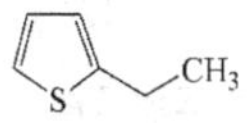

Ethyl *o*-toluate　邻甲苯甲酸乙酯　04453

[87-24-1]　$C_{10}H_{12}O_2$　164.21

成分 C 73.14%，H 7.37%，O 19.49%。

别名 2-甲基苯甲酸乙酯；Ethyl 2-methylbenzoate

性状 无色液体。bp 225～227℃；bp_{13} 102～103℃/1.73kPa；Fp 195.8℉（91℃）；d_4^{20} 1.033；n_D^{20} 1.5070。一般试剂含量≥98.0%（GC）。

注意事项 使用时应避免吸入本品的蒸气，避免与眼睛及皮肤接触。

Ethyl *p*-toluate　对甲苯甲酸乙酯　04454

[94-08-6]　$C_{10}H_{12}O_2$　164.21

成分 C 73.14%，H 7.37%，O 19.49%。

别名 4-甲基苯甲酸乙酯；对甲基苯甲酸乙酯；Ethyl 4-methylbenzoate；Ethyl *p*-methyl benzoate；4-Methyl benzoic acid ethyl ester

性状 无色至浅黄色液体。能与乙醇、乙醚相混溶，不溶于水。bp 232℃；Fp 210℉（99℃）；d_4^{20} 1.025；n_D^{20} 1.5080。一般试剂含量≥98.0%（GC）。

注意事项 使用时应避免吸入本品的蒸气，避免与眼睛及皮肤接触。

主要用途 气相色谱标准物。

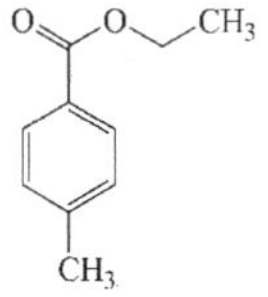

2-Ethyltoluene　2-乙基甲苯　04455

[611-14-3]　C_9H_{12}　120.20

成分 C 89.94%，H 10.06%。

别名 邻乙苯甲苯

性状 无色液体。mp −17℃；bp 164～165℃；Fp 127.4℉（53℃）；d_4^{20} 0.884；n_D^{20} 1.505。一般试剂含量≥98.0%（GC）。

注意事项 该品易燃。口服有害，并能损伤肺脏。使用时避免吸入本品的蒸气，避免与眼睛及皮肤接触。如误服不能吐出，应立即请医生诊治，并出示瓶签或包装物。应远离火种密封保存。

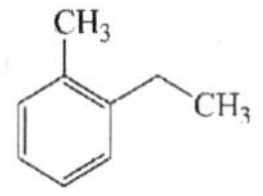

3-Ethyltoluene　3-乙基甲苯　04456

[620-14-4]　C_9H_{12}　120.20

成分 C 89.94%，H 10.06%。

别名 间乙基甲苯

性状 无色液体。mp −96℃；bp 158～159℃；Fp 101℉（38℃）；d_4^{20} 0.865；n_D^{20} 1.4960。一般试剂含量≥98.0%（GC）。

注意事项 见 04455 2-乙基甲苯。

4-Ethyltoluene　4-乙基甲苯　04457

[622-96-8]　C_9H_{12}　120.20

成分 C 89.94%，H 10.06%。

别名 对乙基甲苯；*p*-Ethyltoluene

性状 无色液体。mp −62℃；bp 161～163℃；Fp 109.4℉（43℃）；d_4^{20} 0.861；n_D^{20} 1.4950。一般试剂含量≥97%（GC）。

注意事项 见 04455 2-乙基甲苯。

N-Ethyl-*p*-toluenesulfonamide　*N*-乙基对甲苯磺酰胺　04458

[80-39-7]　$C_9H_{13}NO_2S$　199.27

成分 C 54.25%，H 6.58%，N 7.03%，O 16.06%，S 16.09%。

别名 4-甲苯砜乙基胺；4-Toluenesulfoethylamide

性状 白色透明块状物或粉末。溶于一般有机溶剂，不溶于水。mp 63～65℃；bp_{745} 208℃/99.325kPa。

注意事项 该品对眼睛、呼吸系统及皮肤有刺激性。使用时应避免吸入本品的粉尘，避免与眼睛及皮肤接触。

主要用途 分析试剂。有机合成。增塑剂。

Ethyl *p*-toluenesulfonate　对甲苯磺酸乙酯　04459

[80-40-0]　$C_9H_{12}O_3S$　200.25

成分 C 53.98%，H 6.04%，O 23.97%，S 16.01%。

别名 4-甲基苯磺酸乙酯；Ethyl 4-toluenesulfonate；4-Methylbenzenesulfonic acid ethyl ester；*p*-Toluenesulfonic acid ethyl ester

M. I. 15，3907

性状 无色单斜结晶。对湿度敏感。性不稳定。溶于多数有机溶剂，不溶于水。mp 33℃；bp_{15} 173℃/2kPa；Fp 316.4℉（158℃）；*d* 1.17；n_D^{20} 1.5110。一般试剂含量≥99.0%（GC）。

注意事项 该品对眼睛、呼吸系统及皮肤有刺激性。口服、吸入或与皮肤接触有害。口服或使肺脏受损。对机体有不可逆损伤的可能性。使用时应穿适当的防护服，戴手套和防护镜或面罩。万一接触到眼睛，应立即用大量水冲洗后请医生诊治。使用完毕应立即脱掉受污染的衣服。应密封干燥保存。

主要用途 乙基化用的原料。乙酸纤维素的韧化剂。

$SO_2OCH_2CH_3$

CH_3

N-Ethyl-*m*-toluidine *N*-乙基间甲苯胺 04460

[102-27-2] $C_9H_{13}N$ 135.21

成分 C 79.95%，H 9.69%，N 10.36%。

别名 乙基间菂胺；*N*-乙基（3-甲基苯胺）；3-乙基氨基甲苯；1-乙基氨基-3-甲基苯；间乙氨基甲苯；1-Ethylamino-3-methylbenzene；3-Ethylaminotoluene；*N*-Ethyl（3-methylaniline）

GW 2015-2611

性状 无色液体。bp 221℃；Fp 62.6℉（17℃）；d^{25} 0.957；n_D^{20} 1.546。一般试剂含量≥98.0%(GC)。

注意事项 该品高度易燃。使用现场禁止吸烟。切勿排入下水道。应采取抗放静电措施，远离火种密封保存。

主要用途 有机合成。

HN CH3

CH3

N-Ethyl-*o*-toluidine *N*-乙基邻甲苯胺 04461

[94-68-8] $C_9H_{13}N$ 135.21

成分 C 79.95%，H 9.69%，N 10.36%。

别名 乙基邻菂胺；1-乙基氨基-2-甲基苯；*N*-乙基(2-甲基苯胺)；邻乙氨基甲苯；1-Ethylamino-2-methylbenzene；2-Ethyl aminotoluene；*N*-Ethyl(2-methylaniline)

性状 无色至淡黄色油状液体。溶于乙醇、乙醚、盐酸，不溶于水。bp 218℃；Fp 208℉（98℃）；d_4^{20} 0.938；n_D^{20} 1.5470。一般试剂含量≥98.0%。

注意事项 该品吸入、口服或接触皮肤有毒。并具有蓄积性危害。使用时应穿适当的防护服和戴手套。使用本品时禁止进餐及饮水。使用时如有事故发生或有不适之感，应请医生诊治。使用完毕应立即脱掉受污染的衣服。应远离生活区，于通风良好处密封保存。

主要用途 有机合成。

Ethyl *p*-tolylacetate 对甲苯乙酸乙酯 04462

[14062-19-2] $C_{11}H_{14}O_2$ 178.23

成分 C 74.13%，H 7.92%，O 17.95%。

别名 4-甲基苯乙酸乙酯；Ethyl *p*-methylphenylacetate；4-Methylphenylacetic acid ethyl ester

性状 无色液体。bp 240～241℃；bp_{13} 116～118℃/1.733kPa；Fp 228.2℉（109℃）；*d* 1.010；n_D^{20} 1.4970。一般试剂含量≥98.0%。

注意事项 该品对眼睛、呼吸系统及皮肤有刺激性。使用时应穿适当的防护服。万一接触到眼睛，应立即用大量水冲洗后请医生诊治。

主要用途 有机合成。

O

O CH3

CH3

Ethyltriacetoxysilane 乙基三乙酰氧基硅烷 04463

[17689-77-9] $C_8H_{14}O_6Si$ 234.28

成分 C 41.01%，H 6.02%，O 40.98%，Si 11.99%。

别名 三乙酰氧基乙基硅烷；Triacetoxyethylsilane

性状 无色液体。bp_8 107℃/1.067kPa；Fp 222.8℉（106℃）；d_4^{20} 1.142；n_D^{20} 1.411。一般试剂含量≥95.0%（GC）。

注意事项 该品具有腐蚀性，能引起烧伤。使用时应穿适当的防护服，戴手套和防护镜或面罩。万一接触到眼睛，应立即用大量水冲洗后请医生诊治。使用时如有事故发生或有不适之感，应请医生诊治。应充氩气密封干燥保存。

O

O CH3

H3C Si—O

O O CH3

O

CH3

Ethyl trichloroacetate 三氯乙酸乙酯 04464

[515-84-4] $C_4H_5Cl_3O_2$ 191.44

成分 C 25.10%，H 2.63%，Cl 55.56%，O 16.71%。

别名 Trichloroacetic acid ethyl ester

M.I. 15，9792

性状 无色液体。能与乙醇、乙醚相混溶，不溶于水。bp 168℃；Fp 163.4℉（73℃）；d_4^{20} 1.383；n_D^{20} 1.4507。一般试剂含量≥98.0%（GC）。

注意事项 该品口服有害。对眼睛、呼吸系统及皮肤有刺激性。万一接触到眼睛，应立即用大量水冲洗后请医生诊治。应密封保存。

主要用途 有机合成。

Ethyltrichlorosilane 乙基三氯硅烷 04465

[115-21-9] $C_2H_5Cl_3Si$ 163.51

成分 C 14.69%，H 3.08%，Cl 65.05%，Si 17.18%。

别名 乙基三氯化硅；三氯乙基硅烷；Trichloroethylsilane

GW 2015-2616

性状 无色透明液体。具有催泪性。能与乙醚混溶，遇水或乙醇即分解并放出氯化氢。mp －106℃；bp 99℃；Fp 57℉（13℃）；d_4^{20} 1.238；n_D^{20} 1.4250。一般试剂含量≥99.0%。

注意事项 该品易燃。口服有毒。具有腐蚀性，能引起烧伤。使用时应穿适当的防护服，戴手套和防护镜或面罩。使用现场禁止吸烟。万一接触到眼睛，应立即用大量水冲洗后请医生诊治。使用时如有事故发生或有不适之感，应请医生诊治。应远离火种密封干燥保存。

主要用途 合成高分子有机硅化合物的重要原料。

Cl

H3C Si—Cl

Cl

Ethyl tridecanoate 十三酸乙酯 04466

[28267-29-0] $C_{15}H_{30}O_2$ 242.40

成分 C 74.33%，H 12.47%，O 13.20%。

别名 正十三酸乙酯；Ethyl *n*-tridecanoate

性状 无色液体。$bp_{2.2}$ 121～123℃/293 Pa；Fp ＞230℉（110℃）；*d* 0.839；n_D^{20} 1.4340。一般试剂含量≥99.0%。

Ethyltriethoxysilane 乙基三乙氧基硅烷 04467

[78-07-9] $C_8H_{20}O_3Si$ 192.33

成分 C 49.96%，H 10.48%，O 24.96%，Si 14.60%。

别名 三乙氧基乙基硅烷；Triethoxyethylsilane

GW 2015-2617

性状 无色透明液体。对湿度敏感。有特异气味。能与乙醇、乙醚相混溶，不溶于水。mp －78℃；bp 158～159℃；Fp 84.2℉（29℃）；d_4^{20} 0.895；n_D^{20} 1.3920。一般试剂含量≥97.0%（GC）。

注意事项 该品易燃。使用时应避免吸入本品的蒸气，避免与眼睛及皮肤接触。应密封于通风良好干燥处保存。
主要用途 合成高分子有机硅化合物的原料。

Ethyl trifluoroacetate 三氟乙酸乙酯 04468

[383-63-1] $C_4H_5F_3O_2$ 142.08
成分 C 33.81%，H 3.55%，F 40.11%，O 22.52%。
别名 FTFA
GW 2015-1792
性状 无色液体。bp 60～62℃；Fp 30℉（－1℃）；d^{25} 1.194；n_D^{20} 1.308。一般试剂含量≥99.0%（GC）。
注意事项 该品高度易燃。口服有害。对眼睛有严重损伤的危险。对呼吸系统及皮肤有刺激性。使用时应穿适当的防护服，戴防护镜或面罩。使用现场禁止吸烟。切勿排入下水道。万一接触到眼睛，应立即用大量水冲洗后请医生诊治。使用时如有事故发生或有不适之感，应请医生诊治。应采取抗放静电措施密封于2～8℃通风处保存。其包装物应按危险品处理。
主要用途 有机合成，制造氟有机化合物。

Ethyl valerate 戊酸乙酯 04469

[539-82-2] $C_7H_{14}O_2$ 130.19
成分 C 64.58%，H 10.84%，O 24.58%。
别名 缬草酸乙酯；正戊酸乙酯；Ethyl *n*-valerate；Ethyl *n*-valerianate；Ethyl *n*-pentanoate；Valeric acid ethyl ester
GW 2015-2794 M.I. 15，10090
性状 无色澄明液体。能与乙醇、乙醚相混溶，不溶于水。mp －92～90℃；bp 145～146℃；Fp 93.2℉（34℃）；d_4^{20} 0.877；n_D^{20}1.3732。一般试剂含量≥99.7%（GC）。
注意事项 该品易燃。应远离火种密封保存。万一着火，只能用指定设备灭火而不能用水。
主要用途 色谱分析试剂。溶剂。有机合成。合成香精。

Ethyl vinyl ether 乙基乙烯醚 04470

[109-92-2] C_4H_8O 72.11
成分 C 66.63%，H 11.18%，O 22.19%。
别名 乙氧基乙烯；乙基乙烯基醚；Ethoxyethylene
GW 2015-2672
性状 无色液体。易聚合。一般常加入约 0.1%的二乙基苯胺作为稳定剂。mp －116℃；bp 33～34℃；Fp －50℉（－45℃）；d_4^{20} 0.753；n_D^{20} 1.376。一般试剂含量≥98.0%（GC）。
注意事项 该品极易燃。能形成爆炸性过氧化物。对眼睛、呼吸系统及皮肤有刺激性。使用时应穿适当的防护服。使用时应避免吸入本品的蒸气。使用现场禁止吸烟。切勿排入下水道。万一接触到眼睛，应立即用大量水冲洗后请医生诊治。应采取抗放静电措施，远离火种，于阴凉、通风良好处密封保存。其包装物应按危险品处理。
主要用途 有机合成。

Ethyl violet 乙基紫 04471

[2390-59-2] $C_{31}H_{42}ClN_3$ 492.14
成分 C 75.66%，H 8.60%，Cl 7.20%，N 8.54%。
别名 Ethyl purple 6B；Hexaethylpararosaniline hydrochloride；Hydrochloride of hexaethylpararosaniline；Basic violet 4
C.I. 42600
性状 绿色结晶性粉末。易溶于乙醇，溶于水，溶液呈紫蓝色。pH 值 0.15～2.4（由黄至蓝色）。一般试剂含量约 80.0%（N）。
注意事项 使用时应避免吸入本品的粉尘，避免与眼睛及皮肤接触。
主要用途 生物染色剂，主要用于神经组织和血液中螺旋体的染色。指示剂。

Ethynodiol diacetate 双醋炔诺醇 04472

[297-76-7] $C_{24}H_{32}O_4$ 384.52
成分 C 75%，H 8%，O 17%。
别名 3β，17β-Diacetoxy-17α-ethynyl-4-estrene；SC-11800；Femulen；Luteonorm；Luto-Metrodiol；Metrodiol；(3β，17α)-19-Norpregn-4-en-20-yne-3，17-diol diacetate；17α-ethynyl-19-norandrost-4-ene-3β，17β-diol diacetate；17α-ethynyl-4-estrene-3β，17β-diol diacetate；ED diacetate
性状 来自甲醇＋水中的无色结晶。易溶于氯仿、乙醚，溶于乙醇，略微溶于非挥发性油类，不溶于水。mp 约 126～127℃；$[\alpha]_D$ －72.5°（氯仿中）。
注意事项 该品吸入、口服或与皮肤接触有害。对机体有不可逆损伤的可能性。使用时应穿适当的防护服。应避免吸入本品的粉尘。
主要用途 医用孕激素。与雌激素结合的口服避孕药。

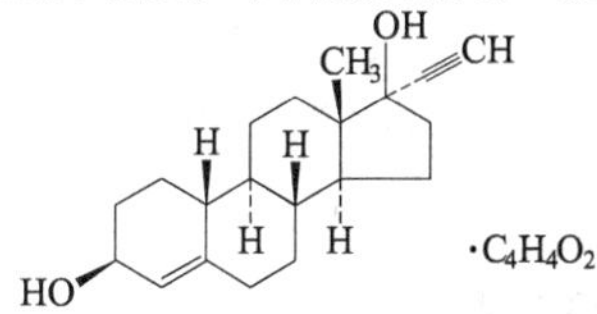

17α-Ethynyl estradiol 17α-乙炔基雌二醇 04473

[57-63-6] $C_{20}H_{24}O_2$ 296.41
成分 C 81.04%，H 8.16%，O 10.80%。
别名 (17α)-19-Norpregna-1，3，5(10)-trien-20-yne-3，17-diol；17α-Ethynyl-1，3，5(10)-estratriene-3，17β-diol；17-Ethinylestradiol；Ethynyl estradiol；Diogyn E；Estigyn；Estinyl；Ethy 11；Eticylol；Eticyclin；Etivex；Feminone；Gynolett；Kolpolyn；Linoral；Oradiol；Orestralyn；Primogyn C；Progynon M
M.I. 15，3788
性状 白色至米色的结晶性粉末。无味。溶于乙醇、乙醚、氯仿，溶于植物油及碱溶液，不溶于水。半水合物 mp 141～146℃；$[\alpha]_D^{25}$ 0°±1°（于二氧六环中）；uv max（乙醇中）：281nm（ε 2040±60）。LD_{50} 大鼠，小鼠急性经口：2952mg/kg，1737mg/kg。生化试剂含量≥98.0%（HPLC）。
注意事项 该品口服有害。能致癌。使用前应得到专门的指导，避免曝露。使用时应穿适当的防护服，戴手套和防护镜或面罩。使用时如有事故发生或有不适之感，应请医生诊治。应密封避光保存。
主要用途 生化研究。

Etidocaine hydrochloride 衣铁卡因 盐酸盐 04474

[36637-19-1] $C_{17}H_{29}ClN_2O$ 312.88
成分 C 65.26%，H 9.34%，Cl 11.33%，N 8.95%，O 5.11%。
别名 *N*-(2，6-二甲基苯基)-2-(乙基丙基氨基)丁酰胺盐酸盐；盐酸衣铁卡因；W-19053；Duranest；*N*-(2，6-Dimethylphen-yl)-2-(ethylpropylamino) butanamide hydrochloride；2-Ethylpropylamino-2′，6′-butyroxylidide hydrochloride
M.I. 15，3911
性状 来自无水乙醇-乙醚或异丙醇-异丙醚中的无色结晶。mp 203～203.5℃；LD_{50} 雌小鼠静脉注射：6.7mg/kg；

皮下注射：99mg/kg。

主要用途　医用局部麻醉剂。

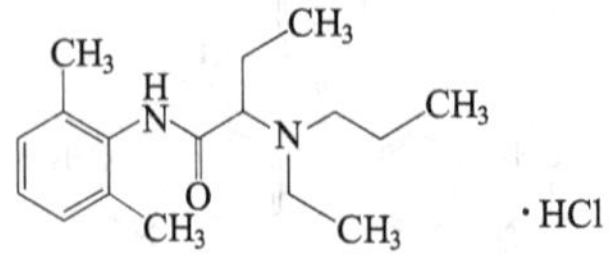

Etidronic acid　羟乙二磷酸　04475

［2809-21-4］　$C_2H_8O_7P_2$　206.03

成分　C 11.66％，H 3.91％，O 54.36％，P 30.07％。

别名　(1-Hydroxyethylidene) bisphosphonic acid；(1-Hydroxyethylidene) diphosphonic acid；Ethane-1-hydroxy-1，1-diphosphonic acid；Dequest 2010；Fostex P

M. I. 15，3912

性状　来自水中的一水合物为无色结晶。易溶于水（69％，20℃），不溶于乙酸。p$K_1$1.35±0.08；p$K_2$2.87±0.01；p$K_3$7.03±0.01；p$K_4$11.3。mp 约 199℃（分解）。生化试剂含量≥97.0％（T）。

注意事项　该品对呼吸系统及皮肤有刺激性。对眼睛有严重损伤的危险。使用时应戴防护镜或面罩。万一接触到眼睛，应立即用大量水冲洗后请医生诊治。

主要用途　医用骨吸收抑制剂。

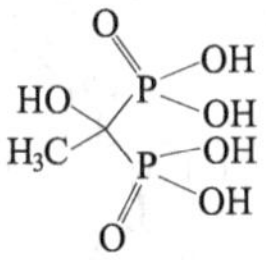

Etifoxine　依替非明　04476

［21715-46-8］　$C_{17}H_{17}ClN_2O$　300.79

成分　C 67.88％，H 5.70％，Cl 11.79％，N 9.31％，O 5.32％。

别名　6-Chloro-*N*-ethyl-4-methyl-4-phenyl-4*H*-3，1-benzoxazin-2-amine；6-Chloro-2-(ethylamino)-4-methyl-4-phenyl-4*H*-3，1-benzoxazine；HOE-36801

M. I. 15，3913

性状　来自石油醚中的无色结晶。mp 90～92℃；uv max（乙醇中）：273nm（ε 21200）。LD_{50}小鼠急性经口：12g/kg。

主要用途　医用抗焦虑剂。

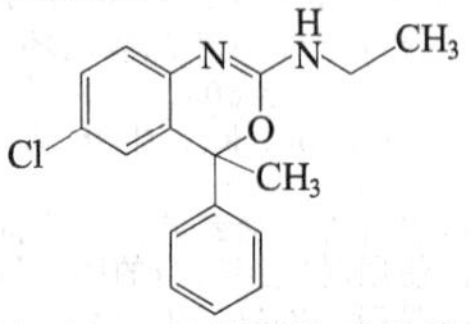

Etilefrin hydrochloride　乙苯福林 盐酸盐　04477

［534-87-2］　$C_{10}H_{16}ClNO_2$　217.69

成分　C 55.17％，H 7.41％，Cl 16.28％，N 6.43％，O 14.70％。

别名　盐酸乙苯福林；Cardanat；Circupon；Effontil；Effortil；Efortil；Ketasin；Thomasin；α-(Ethylamino) methyl-3-hydroxybenzenemethanol hydrochloride；α-(Ethylamino) methyl-*m*-hydroxybenzyl alcohol hydrochloride；*m*-Hydroxy-α-(ethylaminomethyl) benzyl alcohol hydrochloride；α-(*m*-Hydroxyphenyl)-β-(ethylamino) ethanol hydrochloride；ethylphenylephrine hydrochloride；Etiladrianol hydrochloride

M. I. 15，3914

性状　无色结晶。味苦。易溶于水，溶于乙醇，几乎不溶于氯仿。mp 121℃。

主要用途　医用、兽用抗低血压剂。

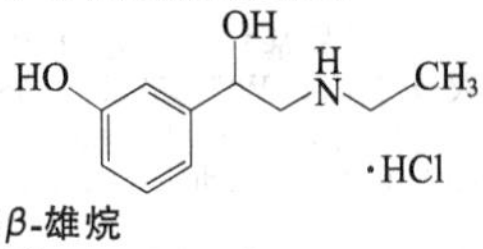

Etiocholane　5β-雄烷　04478

［438-23-3］　$C_{19}H_{32}$　260.47

成分　C 87.61％，H 12.38％。

别名　本胆烷；5-表雄烷；(5β)-Androstane；5-Epiandrostane

M. I. 15，3915

性状　来自丙酮中的无色针状结晶。mp 78～80℃。

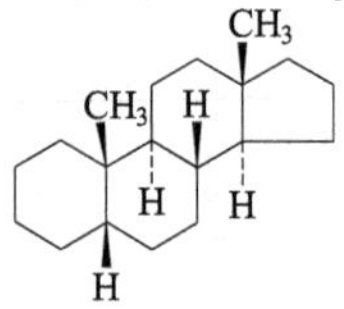

Etiocholanic acid　5β-雄烷甲酸　04479

［438-08-4］　$C_{20}H_{32}O_2$　304.47

成分　C 78.90％，H 10.59％，O 10.51％。

别名　(5β，17β)-雄烷-17-羧酸；5β-雄烷-17-甲酸；(5β，17β)-Androstane-17-carboxylic acid；Aetiocholanic acid；Etianic acid；Etiocholane-17β-carboxylic acid

M. I. 15，3916

性状　来自冰乙酸中的无色针状结晶。或来自乙酸中的无色长小叶状结晶。溶于戊烷，不溶于水。mp 228～229℃。160℃升华（0.002mmHg/0.3Pa）。

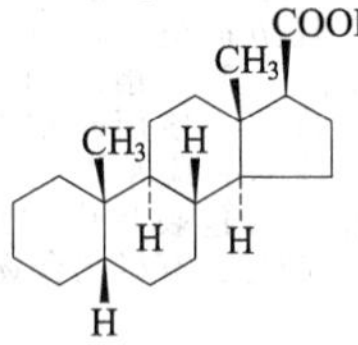

Etiocholan-3α-ol-17-one　本胆烷-3α-醇-17-酮　04480

［53-42-9］　$C_{19}H_{30}O_2$　290.44

成分　C 78.57％，H 10.41％，O 11.02％。

别名　5β-雄甾酮；3α-羟基-5β-雄甾烷-17-酮；5β-雄甾烷-3α-醇-17-酮；3α-Hydroxy-5β-androstan-17-one；5β-Androstan-3α-ol-17-one；5β-Androsterone

性状　无色结晶。

注意事项　长期接触该品能严重危害健康。使用时应避免吸入本品的粉尘，避免与眼睛及皮肤接触。

主要用途　生化研究。分析用标准物质。

Etioporphyrin　初卟啉　04481

［26608-34-4］　$C_{32}H_{38}N_4$　478.68

成分　C 80.29％，H 8.00％，N 11.70％。

别名　本卟啉；2，7，12，18-Tetraethyl-3，8，13，17-tetramethyl-21*H*，23*H*-porphine；1，3，5，8-Tetramethyl-2，4，6，7-tetraethylporphine；Etiorpophyrin Ⅲ；Mesoetioporphyrin

M. I. 15，3917

性状　来自吡啶或氯仿-石油醚中的无色长三棱形针状结晶或蝶形结晶 pK_a 18。最大吸收值（nm）：246，269，396，497，532，566，620，645（lg ε 3.90，3.89，5.22，4.13，3.99，3.81，3.65，2.62）。mp 360～363℃。

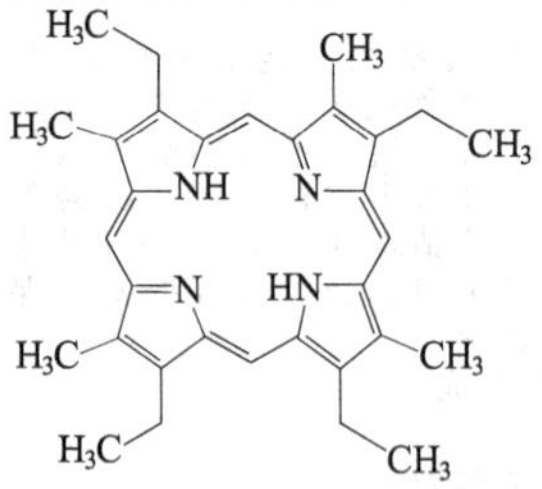

Etizolam　乙噻二氮卓　04482

［40054-69-1］　$C_{17}H_{15}ClN_4S$　342.85

成分　C 59.56％，H 4.41％，Cl 10.34％，N 16.34％，S 9.35％。

别名　依替唑仑；4-(2-Chlorophenyl)-2-ethyl-9-methyl-6*H*-thieno[3，2-*f*][1，2，4]triazolo[4，3-*a*][1，4]diazepine；1-Methyl-6-*o*-chlorophenyl-8-ethyl-4*H*-*s*-triazolo[3，4-*c*]thieno[2，3-*e*]-1，4-diazepine；Y-7131；Depas

M. I. 15，3919

性状　来自甲苯中的无色结晶。mp 147～148℃。LD_{50}雄、雌大鼠，雄、雌小鼠急性经口（mg/kg）：3619、3509、4358、4258；腹膜内注射（mg/kg）：865、825、830、

783；皮下注射：＞5000mg/kg。

主要用途 医用抗焦虑剂。

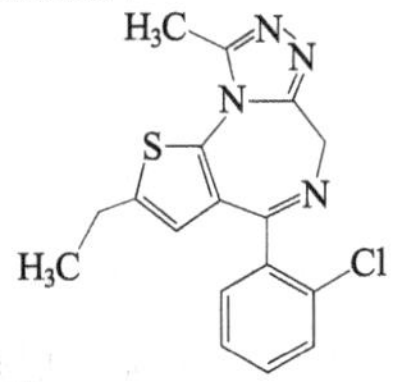

Etodolac 依托度酸 04483

[41340-25-4] $C_{17}H_{21}NO_3$ 287.36

成分 C 71.06%，H 7.37%，N 4.87%，O 16.70%。

别名 1,8-Diethyl-1,3,4,9-tetrahydropyrano[3,4-*b*]indole-1-acetic acid; Etodolic acid; AY-24236; Etogesic; Lodine; Tedolan; Ultradol

M. I. 15，3920

性状 来自乙烷/氯仿中的无色结晶。溶于醇类、氯仿、二甲基亚砜、含水聚乙二醇，不溶于水。pK_a 4.65。mp 145～148℃。

注意事项 该品吸入、口服或与皮肤接触有毒。对眼睛有刺激性。对机体有不可逆损伤的可能性。使用时应穿适当的防护服。应避免吸入本品的粉尘。万一接触到眼睛，应立即用大量水冲洗后请医生诊治。使用时如有事故发生或有不适之感，应请医生诊治。应密封于2～8℃保存。

主要用途 医用抗炎剂、止痛剂。

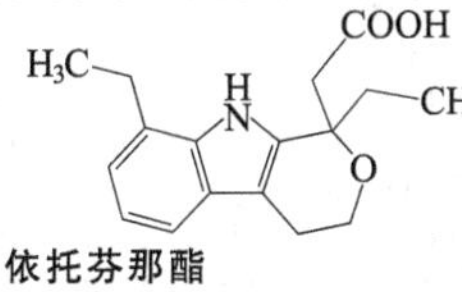

Etofenamate 依托芬那酯 04484

[30544-47-9] $C_{18}H_{18}F_3NO_4$ 369.34

成分 C 58.54%，H 4.91%，F 15.43%，N 3.79%，O 17.33%。

别名 2-[[3-(三氟甲基)苯基]氨基]苯甲酸 2-(2-羟基乙氧基)乙酯；2-[[3-(Trifluoromethyl)phenyl]amino]benzoic acid 2-(2-hydroxyethoxy)ethyl ester; *N*-(α,α,α-Trifluoro-*m*-tolyl)anthranilic acid 2-(2-hydroxyethoxy)ethyl ester; B-577; TV-485; Bayrogel; Glasel; Rheumon gel; Traumon Gel

M. I. 15，3921

性状 浅黄色具有黏性的油状液体。溶于低级醇类、乙酸乙酯、丙酮、氯仿、乙醚、苯，极微溶于水（22℃，0.16mg/100mL）。不耐热，180℃即分解。$bp_{0.001}$ 130～135℃/0.13Pa；n_D^{25} 1.564；uv max（甲醇中）：286nm（$E_{1cm}^{1\%}$ 423）。LD_{50} 雄、雌大鼠急性经口：292mg/kg，470mg/kg；静脉注射：140mg/kg，226mg/kg；腹膜内注射：373mg/kg，397mg/kg；皮下注射：643mg/kg，568mg/kg。

主要用途 医用抗炎剂。

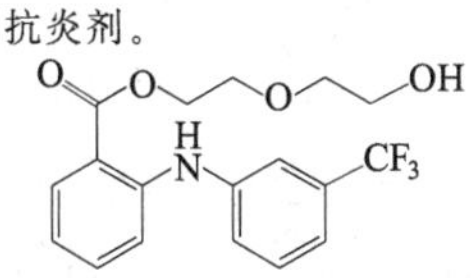

Etofenprox 依芬宁 04485

[80844-07-1] $C_{25}H_{28}O_3$ 376.50

成分 C 79.75%，H 7.50%，O 12.75%。

别名 1-[2-(4-乙氧基苯基)-2-甲基丙氧基]甲基-3-苯氧基苯；2-(4-乙氧基苯基)-2-甲基丙基-3-苯氧基苯甲醚；醚菊酯；1-[2-(4-Ethoxyphenyl)-2-methylpropoxy]methyl-3-phenoxybenzene; 2-(4-Ethoxyphenyl)-2-methylpropyl-3-phenoxybenzyl ether; Ethofenprox; Ethoproxyfen; MTI-500; OMS-3002; Vectron

M. I. 15，3922

性状 白色结晶性固体。水中溶解度：25℃，＜0.1mg/kg。蒸气压（100℃）：2.4×10^{-4} mmHg/320×10^{-4} Pa。mp 36.4～38.0℃；$n_D^{20.2}$ 1.5732。LD_{50} 大鼠，小鼠急性经口：＞2800mg/kg，＞107200mg/kg；皮肤接触：＞2140mg/kg，＞2140mg/kg。

主要用途 杀虫剂。分析用标准物质。

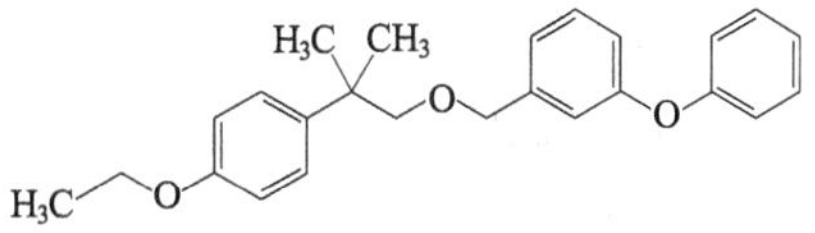

Etofibrate 依托贝特 04486

[31637-97-5] $C_{18}H_{18}ClNO_5$ 363.79

成分 C 59.43%，H 4.99%，Cl 9.74%，N 3.85%，O 21.99%。

别名 3-Pyridinecarboxylic acid; 2-[2-(4-chlorophenoxy)-2-methyl-1-oxopropoxy]ethyl ester; nicotinie acid 2-hydroxyethyl ester 2-(*p*-chlorophenoxy)-2-methylpropionate(ester); Ethylene glycol 1-[2-(*p*-chlorophenoxy)-2-methylpropionate]-2-nicotinate; α-(*p*-Chlorophenoxy) isobutyroyl-β-(nicotinoyl) glycol; Ethofibrate; Lipo-Merz

M. I. 15，3923

性状 无色或白色结晶性粉末。mp 100℃。

主要用途 医用抗青光眼剂。

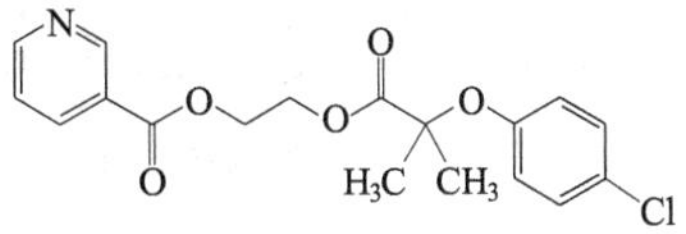

Etofylline 羟乙茶碱 04487

[519-37-9] $C_9H_{12}N_4O_3$ 224.22

成分 C 48.21%，H 5.39%，N 24.99%，O 21.41%。

别名 乙羟茶碱；益多酯；3,7-Dihydro-7-(2-hydroxyethyl)-1,3-dimethyl-1*H*-purine-2,6-dione; 7-(2-Hydroxyethyl) theophylline; Oxyethyltheophylline; Oxytheonyl; Oxphylline; Phyllocormin *N*

M. I. 15，3924

性状 来自无水乙醇中的无色结晶。易溶于水，中等程度溶于乙醇。其5%水溶液pH值6.5～7.0。其溶液可加热灭菌。mp 158℃。

主要用途 医用支气管扩张剂。

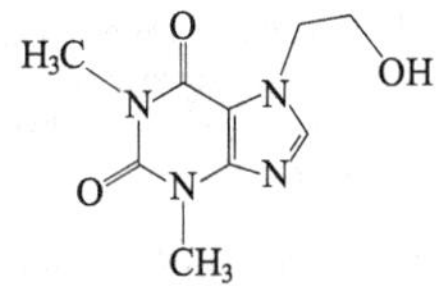

Etofylline nicotinate 烟酸羟乙茶碱酯 04488

[13425-39-3] $C_{15}H_{15}N_5O_4$ 329.32

成分 C 54.71%，H 4.56%，N 21.27%，O 19.43%。

别名 可达岭烟酸酯；羟乙茶碱烟酸酯；3-Pyridinecarboxylic acid 2-(1,2,3,6-tetrahydro-1,3-dimethyl-2,6-dioxo-7*H*-purin-7-yl)ethyl ester; Nicotinic acid ester with 7-(2-hydroxyethyl)theophylline; 7-(2-Hydroxyethyl)theophylline nicotinate; Hesotanol; Hesotin

M. I. 15，3924

性状 来自无水乙醇中的无色细小树枝针状结晶，或来自水中的水合结晶。1g该品溶于50mL沸水，中等程度溶于乙醇。mp 151～152℃。

主要用途 医用血管扩张剂。

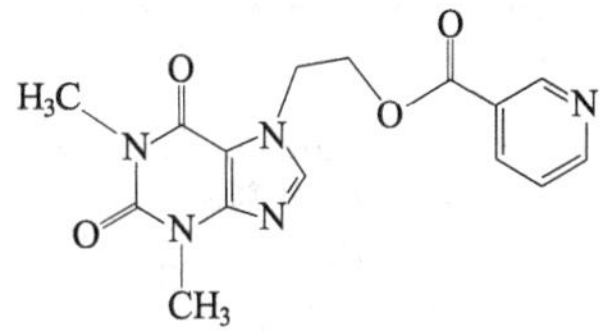

Etoglucid 乙环氧定 04489

[1954-28-5] $C_{12}H_{22}O_6$ 262.30

成分 C 54.95%，H 8.45%，O 36.60%。

别名 2,2′-(2,5,8,11-Tetraoxadodecane-1,12-diyl)bisoxirane; 1,2:15,16-Diepoxy-4,7,10,13-tetraoxahexadecane; 1,2-Dis[2-(2,3-epoxypropoxy)ethoxy]ethane; Triethylene glycol diglycidyl ether; TDE; ethoglucid; ICI-32865; Epodyl

M. I. 15，3925

性状 无色液体。mp －15～－11℃；bp_2 195～197℃/

266.6Pa；$bp_{0.1}$ 133 ～ 149℃/13.3Pa；$bp_{0.005}$ 140℃/0.7Pa；d^{20}1.1312；n_D^{20}1.4584。

主要用途 医用抗肿瘤剂。

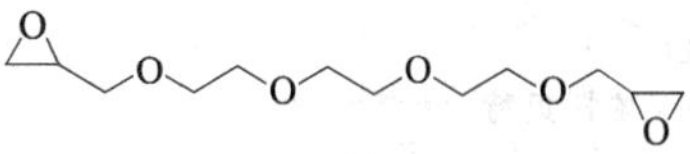

Etomidate 甲苄咪酯 04490

[33125-97-2] $C_{14}H_{16}N_2O_2$ 244.29

成分 C 68.83%，H 6.60%，N 11.47%，O 13.10%。

别名 （*R*）-（+）-1-（α-甲基苄基）咪唑-5-羧酸乙酯；1-[(1*R*)-1-Phenylethyl]-1*H*-imidazole-5-carboxylic acid ethyl ester；(*R*)-(+)-1-(α-Methylbenzyl) imidazole-5-carboxylic acid ethyl ester；R-16659；Amidate；Hypnomidate

M. I. 15，3926

性状 来自异丙醚中的无色结晶。溶于氯仿、甲醇、乙醇、丙二醇、丙酮，极微溶于水（25℃，0.0045mg/100mL）。mp 67℃；$[\alpha]_D^{20}$+66°（*c*=1，于乙醇中）；uv max（异丙醇中）：240nm（ε 12200）。LD_{50}小鼠，大鼠静脉注射：29.5mg/kg，14.8～24.3mg/kg。生化试剂含量≥98.0%（HPLC）。

注意事项 该品口服有害。使用时应穿适当的防护服。应密封于 2～8℃保存。

主要用途 医用安眠剂。

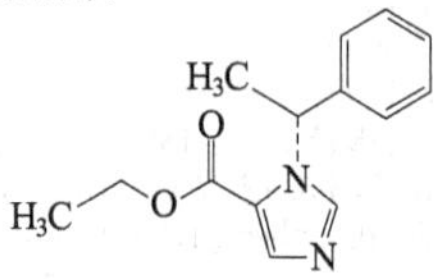

Etonitazene hydrochloride 依托尼秦 盐酸盐 04491

[2053-25-0] $C_{22}H_{29}ClN_4O_3$ 432.95

成分 C 61.03%，H 6.75%，Cl 8.19%，N 12.94%，O 11.09%。

别名 盐酸依托尼秦；2-(4-Ethoxyphenyl) methyl-*N*，*N*-diethyl-5-nitro-1*H*-benzimidazole-1-ethanamine hydrochloride；1-(2-Diethylamino) ethyl-21-(*p*-ethoxybenzyl)-5-nitrobenzimidazole hydrochloride；2-*p*-Ethoxybenzyl-1-(2-diethylaminoethyl)-5-nitrobenzimidazole hydrochloride

M. I. 15，3297

性状 来自乙醇中的无色或白色结晶性粉末。mp 163～164.5℃。

主要用途 医用麻醉止痛剂。

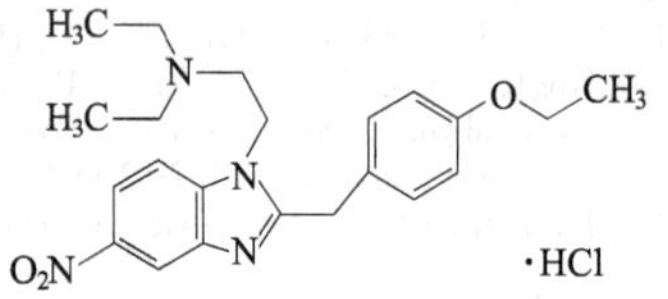

Etonogestrel 依托孕烯 04492

[54048-10-1] $C_{22}H_{28}O_2$ 324.46

成分 C 81.44%，H 8.70%，O 9.86%。

别名 (17α)-13-Ethyl-17-hydroxy-11-methylene-18，19-dinorpregn-4-en-20-yn-3-one；17-Ethynyl-17β-hydroxy-18-methyl-11-methyleneestr-4-en-3-One；3-Ketodesogestrel；3-oxodesogestrel；Org-3236；Imp lanon；Nexplanon

M. I. 15，3928

性状 无色结晶。mp 199～201℃。$[\alpha]_D$+87.6°。

主要用途 医用孕激素；植入片剂避孕药。

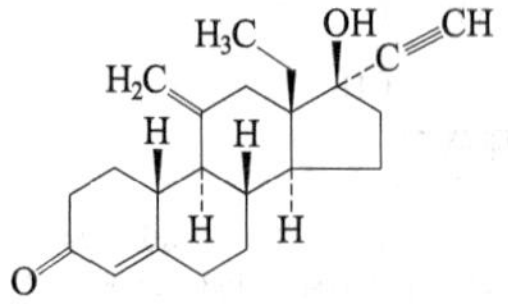

Etoposide 依托泊苷 04493

[33419-42-0] $C_{29}H_{32}O_{13}$ 588.56

成分 C 59.18%，H 5.48%，O 35.34%。

别名 足叶乙苷；9-(4，6-*O*-Ethylidene-β-D-glucopyranosyl) oxy-5，8，8a，9-tetrahydro-5-(4-hydroxy-3，5-dimethoxyphenyl) furo[3′，4′：6，7]naphtho[2，3-*d*]-1，3-dioxol-6(5a*H*)-one；4′-Demethylepipodophyllotoxin-9-[4，6-*O*-ethylidene-β-D-glucopyranoside]；EPEG；NSC-141540；VP-16-213；Lastet；Vepesic

M. I. 15，3929

性状 来自甲醇中的无色结晶。略微溶于甲醇，微溶于乙醇、氯仿、乙酸乙酯、二氯甲烷，极微溶于水。pK_a 9.8。mp 236～251℃；$[\alpha]_D^{20}$−110.5°（*c*=0.6，于氯仿中）；uv max（无水甲醇中）：283nm（ε 4245）。生化试剂含量≥98.0%。

注意事项 该品能致癌。口服有害。使用前应得到专门的指导，避免曝露。使用时如有事故发生或有不适之感，应请医生诊治。

主要用途 医用抗肿瘤剂。

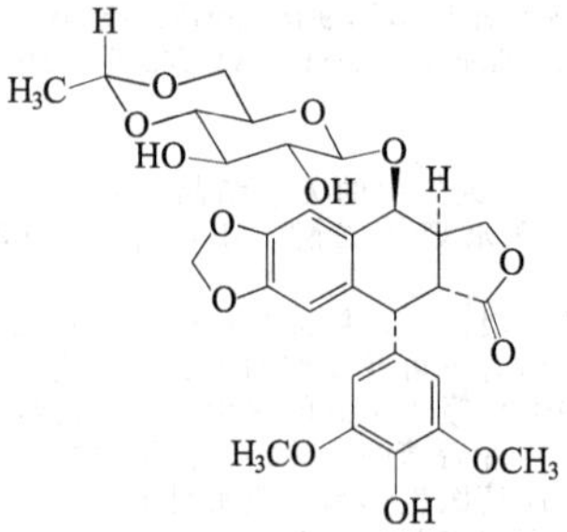

Etorphine 羟戊甲吗啡 04494

[14521-96-1] $C_{25}H_{33}NO_4$ 411.54

成分 C 72.96%，H 8.08%，N 3.40%，O 15.55%。

别名 [5α，7α(*R*)]-4，5-Epoxy-3-hydroxy-6-methoxy-α，17-dimethyl-α-propyl-6，14-ethenomorphinan-7-methanol；Tetrahydro-7α-(1-hydroxy-1-methylbutyl)-6，14-*endo*-ethenooripavine；7，8-Dihydro-7α-[1(*R*)-hydroxy-1-methylbutyl]-O^6-methyl-6，14-*endo*-ethenomorphine；7α-[1(*R*)-Hydroxy-1-methylbutyl]-6，14-*endo*-ethenotetrahydrooripavine；19-Propylorvinol；Tetrahydro-7α-(2-hydroxy-2-pentyl)-6，14-*endo*-ethenooripavine

M. I. 15，3931

性状 来自含水乙氧基乙醇中的无色结晶。mp 214～217℃。

主要用途 兽用制动大型动物。

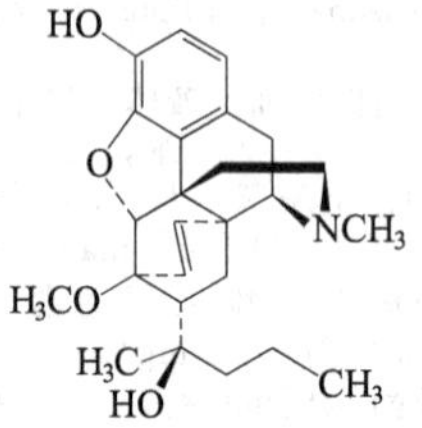

(+)-Etoxadrol hydrochloride (+)-乙苯二噁哌啶 04495

[23239-37-4] $C_{16}H_{24}ClNO_2$ 297.82

成分 C 64.53%，H 8.12%，Cl 11.90%，N 4.70%，O 10.74%。

别名 CL-1848C；Thoxan；[2*S*-[2α，4β(*R**)]]-2-(2-Ethyl-2-phenyl-1，3-dioxolan-4-yl) piperidine；(+)-2-(2-Ethyl-2-phenyl-1，3-dioxolan-4-yl) piperidine hydrochloride；2-Ethyl-2-phenyl-4-(2-piperidyl)-1，3-dioxolane hydrochloride

M. I. 15，3932

性状 来自异丙醇中的无色结晶。mp 221.5～222℃；$[\alpha]_D^{25}$+16.63°。

主要用途 医用静脉注射麻醉剂。

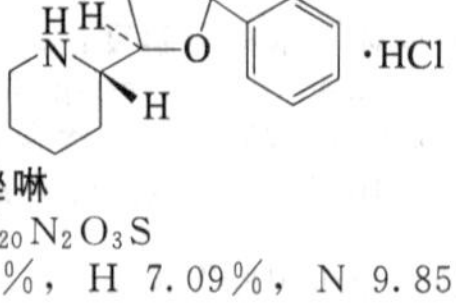

Etozolin 乙氧唑啉 04496

[73-09-6] $C_{13}H_{20}N_2O_3S$ 284.37

成分 C 54.91%，H 7.09%，N 9.85%，O 16.88%，S 11.27%。

别名 2-[3-Methyl-4-oxo-5-(1-piperidinyl)-2-thiazolidinylidene] acetic acid ethyl ester; 2-Carbethoxymethylene-3-methyl-5-piperidino-4-thiazolidone; 3-Methyl-4-oxo-5-piperidino-$\Delta^{2,\alpha}$-thiazolidineacetic acid ethyl ester; Gö-687; W-2900A; Elkapin

M. I. 15, 3934

性状 来自甲醇中的无色结晶。mp 140℃; uv max (甲醇中): 283nm, 243nm (lg ε 4.32, 4.0)。LD_{50}雄小鼠, 大鼠腹膜内注射 (mg/kg): 1210, 1575; 雄, 雌小鼠, 大鼠急性经口 (mg/kg): 8670, 9360, 11040, 10250。

主要用途 医用利尿剂。

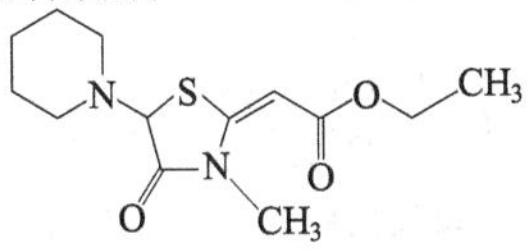

Etretinate 阿维 A 酯 04497

[54350-48-0] $C_{23}H_{30}O_3$ 354.49

成分 C 77.93%, H 8.53%, O 13.54%。

别名 艾迪特; 银屑灵; 维甲灵; 依曲替酯; (2*E*,4*E*,6*E*,8*E*)-9-(4-Methoxy-2,3,6-trimethylphenyl)-3,7-dimethyl-2,4,6,8-nonatetraenoic acid ethyl ester; Ro-10-9359; Tigason

M. I. 15, 3936

性状 无色结晶。mp 104~105℃; LD_{50}小鼠 (1日) 腹膜内注射: >4000mg/kg; LD_{50} (20日) 小鼠, 大鼠腹膜内注射: 1176mg/kg, >2000mg/kg; 急性经口: >2000mg/kg, >4000mg/kg。

主要用途 医用治牛皮癣剂。

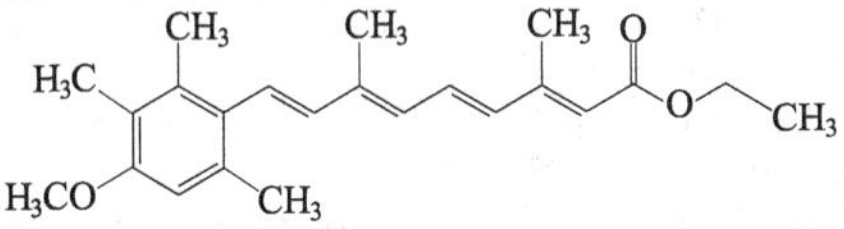

Etrimfos 益多松 04498

[38260-54-7] $C_{10}H_{17}N_2O_4PS$ 292.29

成分 C 41.09%, H 5.86%, N 9.58%, O 21.90%, P 10.60%, S 10.97%。

别名 乙嘧硫磷; *O*-(6-Ethoxy-2-ethyl-4-pyrimidinyl) phosphorothioic acid *O*,*O*-dimethyl ester; *O*,*O*-Dimethyl *O*-(2-ethyl-4-ethoxypyrimidinyl)-6-thionophosphate; SAN-197; Ekamet; Satisfar

M. I. 15, 3893

性状 无色油状液体。微有特殊气味。能与乙醇、二甲基亚砜、乙酸乙酯、丙酮、乙醚、氯仿、二甲苯、己烷相混溶, 极微溶于水 (23~24℃, 40mg/kg)。蒸气压 (20℃): 6.5×10^{-5}mmHg/867×10^{-5}Pa。mp −3.35℃; d1.195; n_D^{20}1.5068。LD_{50}雄大鼠, 小鼠急性经口: 1800mg/kg, 437mg/kg; LD_{50}鲤鱼 (48h): 13.6mg/L; (96h): 13.3mg/L。

注意事项 该品口服有害。对水生物极毒。能对水环境引起不利的结果。应防止将本品释放于环境中。其包装物应按危险品处理。应密封于2~8℃保存。

主要用途 农用杀虫剂。分析用标准物质。

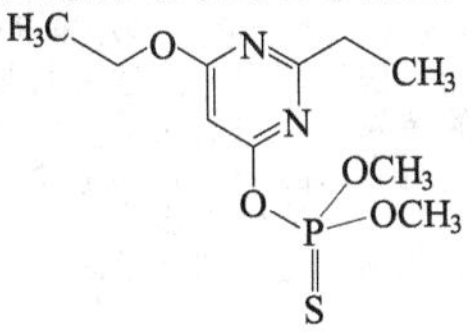

β-Eucaine β-优卡因 04499

[500-34-5] $C_{15}H_{21}NO_2$ 247.34

成分 C 72.84%, H 8.56%, N 5.66%, O 12.94%。

别名 2,2,6-Trimethyl-4-piperidinol benzoate(ester); α-4-Benzoyloxy-2, 2, 6-trimethylpiperidine; α-Vinyldiacetonalkamine benzoate; Benzamine; Betacaine; Eucaine B

M. I. 15, 3937

性状 来自石油醚中的无色结晶。mp 70~71℃。MLD 蛙, 兔皮下注射: 1300mg/kg, 400~500mg/kg; 大鼠, 猫静脉注射: 15~25mg/kg, 10.0~12.5mg/kg; 豚鼠皮下注射: 310mg/kg; 腹膜内注射: 180mg/kg; 静脉注射: 30mg/kg。

主要用途 医用、兽用局部麻醉剂。

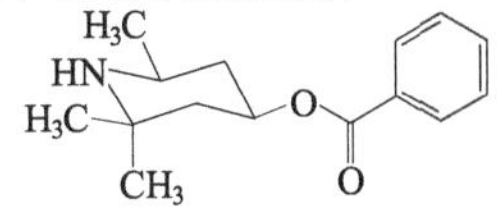

Eucalyptol 桉叶油醇 04500

[470-82-6] $C_{10}H_{18}O$ 154.25

成分 C 77.87%, H 11.76%, O 10.37%。

别名 1, 8-环氧对孟烷; 桉叶油素; 桉叶油酚; 桉树脑; Cajeputol; Cineole; 1, 8-Epoxy-*p*-menthane; 1,3,3-Trimethyl-2-oxabicyclo[2.2.2]octane

GW 2015-983　M. I. 156, 3938

性状 无色液体。有樟脑味。能与乙醇、氯仿、乙醚、冰乙酸及油类混溶, 几乎不溶于水。mp 1.5℃; bp 176~177℃; Fp 118°F (48℃, 闭杯); d_{25}^{25} 0.921~0.923; n_D^{20} 1.455~1.460。LD_{50}大鼠急性经口: 2480mg/kg。一般试剂含量≥98.0% (GC), 标准物含量≥99.7% (GC)。

注意事项 该品易燃。对呼吸系统及皮肤有刺激性。对眼睛有严重损伤的危险。使用时应戴防护镜或面罩。万一接触到眼睛, 应立即用大量水冲洗后请医生诊治。应远离火种密封于2~8℃保存。

主要用途 用于邻甲酚的测定。制药用香料。

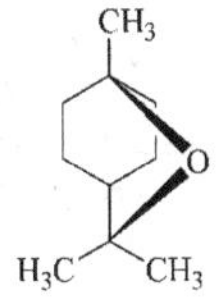

Eugenol 丁香油酚 04501

[97-53-0] $C_{10}H_{12}O_2$ 164.20

成分 C 73.15%, H 7.37%, O 19.49%。

别名 丁子香酚; 丁子香酸; 2-甲氧基-4-烯丙基酚; 4-烯丙基-2-甲氧基酚; Allylguaiacol; 4-Allyl-2-methoxyphenol; Caryophyllic acid; Eugenic acid; 2-Methoxy-4-allylphenol; 2-Methoxy-4-(2-propenyl)phenol; *p*-Oxy-*m*-methoxyallylbenzene

M. I. 15, 3940

性状 无色或浅黄色液体。有丁香气味。对空气敏感。能与乙醇、乙醚、三氯甲烷及油类相混溶, 1mL 该品溶于 2mL 70%乙醇, 溶于冰乙酸、碱溶液, 几乎不溶于水。mp −9.2~−9.1℃; bp 255℃; Fp>233.6°F (112℃); d_4^{20} 1.0664; n_D^{20} 1.5410。LD_{50}大鼠, 小鼠急性经口: 2680mg/kg, 3000mg/kg。一般试剂含量≥99.0% (GC)。

注意事项 该品口服有害。对眼睛、呼吸系统及皮肤有刺激性。吸入或与皮肤接触可引起过敏。使用时应穿适当的防护服。万一接触到眼睛, 应立即用大量水冲洗后请医生诊治。应充氩气密封保存。

主要用途 香料, 制造香草醛。制药工业、杀虫剂的原料。

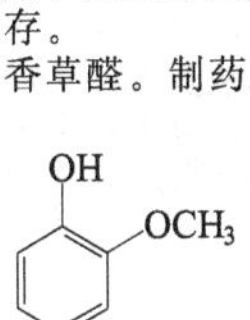

Eugenol methyl ether 丁香油酚甲醚 04502

[93-15-2] $C_{11}H_{14}O_2$ 178.23

成分 C 74.13%, H 7.92%, O 17.95%。

别名 丁子香酚甲醚; 4-烯丙基-1,2-二甲氧基苯; 4-Allyl-1,2-dimethoxybenzene

性状 无色液体。mp −4℃; bp 254~255℃; bp_{10} 128~130℃/1.333kPa; Fp 230°F (110℃); d^{25} 1.036; n_D^{20} 1.534。一般试剂含量≥96.0% (GC)。

注意事项 该品口服有害。对眼睛、呼吸系统及皮肤有刺激性。对机体有不可逆损伤的可能性。使用时应穿适当的防护服, 戴手套和防护镜或面罩。万一接触到眼睛, 应立即用大量水冲洗后请医生诊治。

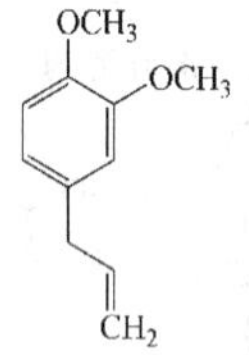

Euparin 泽兰素 04503

[532-48-9] $C_{13}H_{12}O_3$ 216.24

成分 C 72.21%，H 5.59%，O 22.20%。

别名 兰草素；1-[6-Hydroxy-2-(1-methylethenyl)-5-benzofuranyl] ethanone；6-Hydroxy-2-isopropenyl-5-benzofuranyl methyl ketone；5-Acetyl-6-hydroxy-2-isopropenylbenzofuran

M. I. 15，3942

性状 来自乙醇中的黄色针状结晶。溶于乙醇、苯、氯仿、乙醚，几乎不溶于水及碱类。mp 121～122℃；uv max（乙醇中）：263nm，358nm（ε 34400，5900）。

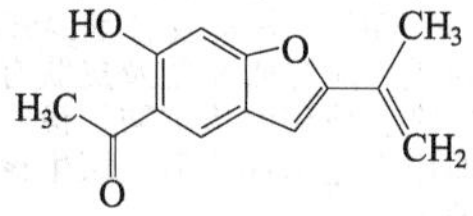

Eupatorin 泽兰黄素 04504

[855-96-9] $C_{18}H_{16}O_7$ 344.32

成分 C 62.79%，H 4.68%，O 32.53%。

别名 半齿泽兰素；佩兰素；5-羟基-2-(3-羟基-4-甲氧基苯基)-6,7-二甲氧基-4*H*-1-苯并吡喃-4-酮；3′,5-二羟基-4′,6,7-三甲氧基黄酮；5-Hydroxy-2-(3-hydroxy-4-methoxyphenyl)-6,7-dimethoxy-4*H*-1-benzopyran-4-one；3′-5-Dihydroxy-4′,6,7-trimethoxyflavone

M. I. 15，3943

性状 来自二氧六环+水中的无色结晶。mp 196～198℃；uv max（乙醇中）：243nm，254nm，274nm，342nm（ε 17400，19300，19800，27700）。

主要用途 医用催吐剂。

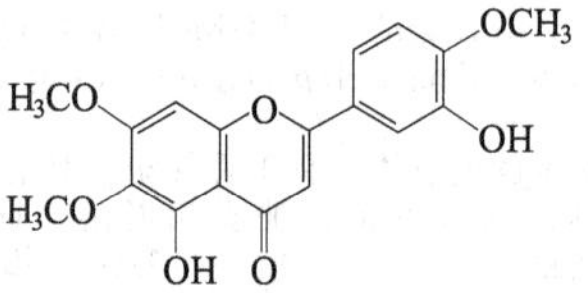

Europium 铕 04505

[7440-53-1] Eu 151.964

M. I. 15，3946

性状 钢灰色立方体金属。有延展性。在空气中能很快氧化，能强烈燃烧。溶于氨水。mp 826℃；bp 1429℃；*d* 5.244。一般试剂含量≥99.9%。

注意事项 该品遇水激烈反应，并放出大量高度易燃气体。在空气中能自燃。使用时应穿适当的防护服，戴手套和防护镜或面罩。万一接触到眼睛，应立即用大量水冲洗后请医生诊治。万一着火。应用指定的灭火设备而不能用水。应充氩气密封于液体石蜡或煤油中浸泡保存，避免直接接触空气。

主要用途 原子化学。

Europium chloride 氯化铕 04506

[10025-76-0] Cl_3Eu 258.32

成分 Cl 41.17%，Eu 58.83%。

别名 三氯化铕；氯化高铕；Europic chloride

M. I. 15，3946

性状 淡绿黄色针状结晶。溶于水。mp 623℃；d^{35} 4.471。LD_{50}小鼠急性经口：5g/kg；腹膜内注射：550mg/kg。一般试剂含量≥99.9%。

注意事项 使用时应避免吸入本品的粉尘，避免与眼睛及皮肤接触。应充氮密封保存。

Europium nitrate hexahydrate 硝酸铕 六水 04507

[10031-53-5] $EuN_3O_9 \cdot 6H_2O$ 446.06

成分（以无水物计） Eu 44.96%，N 12.43%，O 42.60%。

别名 六水合硝酸铕；Europic nitrate hexahydrate

M. I. 15，3946

性状 无色结晶。溶于水。易吸潮。mp 85℃。LD_{50}大鼠腹膜内注射：210mg/kg；急性经口：>5000mg/kg。一般试剂含量≥99.0%。

注意事项 该品与易燃物品接触能引起燃烧。对眼睛、呼吸系统及皮肤有刺激性。使用时应穿适当的防护服。万一接触到眼睛，应立即用大量水冲洗后请医生诊治。应远离易燃品充氩气密封干燥保存。

Europium oxide 氧化铕 04508

[1308-96-9] Eu_2O_3 351.92

成分 Eu 86.36%，O 13.64%。

别名 三氧化二铕；铕氧；Europia；Europium sesquioxide

M. I. 15，3946

性状 白色或浅玫瑰红色粉末。易吸潮。能吸收空气中二氧化碳，不溶于水。mp 2020～2080℃；*d* 7.42。一般试剂含量≥99.9%。

注意事项 该品对眼睛、呼吸系统及皮肤有刺激性。使用时应穿适当的防护服。万一接触到眼睛，应立即用大量水冲洗后请医生诊治。应密封干燥保存。

主要用途 制造红色荧光粉的材料。原子核反应堆的控制棒。

Europium(Ⅲ) tris(3-heptafluoropropylhydroxymethylene-*d*-camp horate)铕三(3-七氟丙基羟基亚甲基-*d*-茨酮) 04509

[34788-82-4] $C_{42}H_{42}EuF_{21}O_6$ 1193.73

成分 C 42.26%，H 3.55%，Eu 12.73%，F 33.42%，O 8.04%。

别名 Eu(HFC)$_3$；Tris(3-heptafluoropropylhydroxymethylene-*d*-camp horato)europium(Ⅲ)

性状 无色结晶。mp 156～158℃；$[\alpha]_D^{20}$ +158.0°（*c*=1，于氯仿中）。一般试剂含量≥99.0%（CH）。

注意事项 使用时应避免吸入本品的粉尘，避免与眼睛及皮肤接触。应充氩气密封于 2～8℃干燥保存。

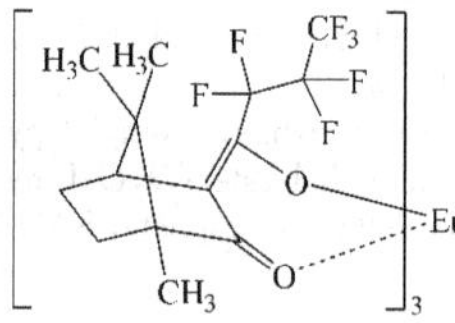

Evan's blue 伊文思蓝 04510

[314-13-6] $C_{34}H_{24}N_6Na_4O_{14}S_4$ 960.79

成分 C 42.50%，H 2.52%，N 8.75%，Na 9.57%，O 23.31%，S 13.35%。

别名 Azovan blue；4,4′-Bis[7-(1-amino-8-hydroxy-2,4-disulfo)naphthylazo]-3,3′-bitolyl tetrasodium salt；6,6′-[(3,3′-Dimethyl[1,1′-biphenyl]-(4,4′-diyl)bis(azo)]bis[4-amino-5-hydroxy-1,3-naphthalenedisulfonic acid]tetrasodium salt；T-1824；Direct blue 53；EB；Geigy blue 536

M. I. 15，3948 C. I. 23860

性状 有绿色金属光泽的蓝色结晶。有吸湿性。溶于水、乙醇、酸、碱溶液。在pH值近于10时变色。一般试剂干燥含量约85.0%。

注意事项 该品能损伤生育力，能危害胎儿，能致癌。有造成不可逆危险的结果。使用前应得到专门的指导，避免曝露。使用时应穿适当的防护服和戴手套。使用时如有事故发生或有不适之感，应请医生诊治。

主要用途 生物染色剂。血液的定量测定。

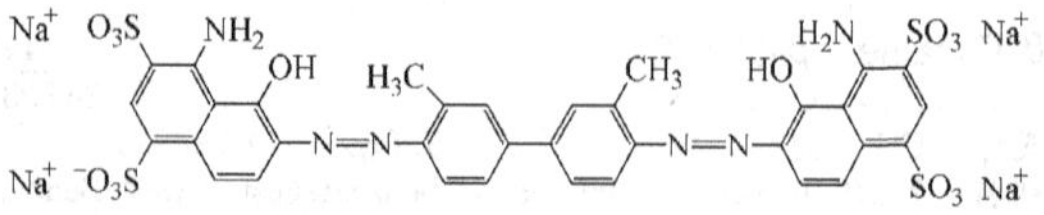

Evodiamine 吴茱萸碱 04511

[518-17-2] $C_{19}H_{17}N_3O$ 303.37

成分 C 75.22%，H 5.65%，N 13.85%，O 5.27%。

别名 13b*S*-8,13,13b,14-Tetrahydro-14-methylindolo[2′,3′:3,4]pyrido[2,1-*b*]quinazolin-5(7*H*)-one

M. I. 15，3951

性状 来自乙醇中的黄色片状结晶。溶于丙酮，微溶于乙醇、乙醚、氯仿，几乎不溶于水、石油醚、苯。mp 278℃；$[\alpha]_D^{15}$ +352°（丙酮中）；$[\alpha]_D$ +440°（氯仿中）；uv max（乙腈中）：272nm，280nm，291nm，335nm（lgε 4.06，4.02，3.90，3.30）。

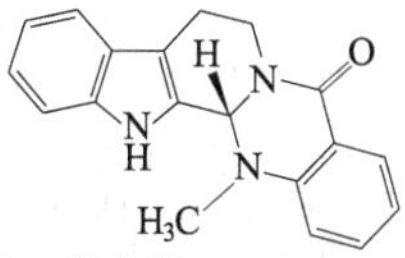

Exaltolide®　环十五烷内酯 04512

[106-02-5]　$C_{15}H_{28}O_2$ 240.39

成分　C 74.95%，H 11.74%，O 13.31%。

别名　Oxacyclohexadecan-2-one；15-Hydroxypentadecanoic acid ε-lactone

M. I. 15，3952

性状　琥珀色稠的油状液体。有麝香气味。溶于乙醇。bp_{15} 176℃/2kPa；$bp_{0.25}$ 110℃/33.3Pa；d_4^{20} 0.9549；n_D^{20} 1.4708。该品于真空中升华，可得针状结晶。mp 32℃。

主要用途　用香料定型剂。

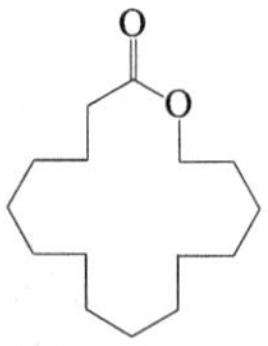

Exametazime　依沙美肟 04513

[105613-48-7]　$C_{13}H_{28}N_4O_2$ 272.39

成分　C 57.32%，H 10.36%，N 20.57%，O 11.75%。

别名　*rel*-(2*E*,2′*E*,3*R*,3′*R*)-*rel*-3,3′-[(2,2-Dimethyl-1,3-propanediyl)diimino]bis-2-butanone dioxime；(*RR*,*SS*)-4,8-Diaza-3,6,6,9-tetramethylundecane-2,10-dione bisoxime；(±)-(3*RS*,3′*RS*)-3,3′-[(2,2-Dimethyltrimethylene)diimino]di-2-butanone dioxime；*d*,*l*-Hexamethylpropyleneamine oxime；*d*,*l*-HM-PAO；Hexametazine；Ceretec

M. I. 15，3953

性状　来自乙酸乙酯中的无色结晶。mp 128～130℃。

主要用途　医用辅助诊断剂。射线成像剂。

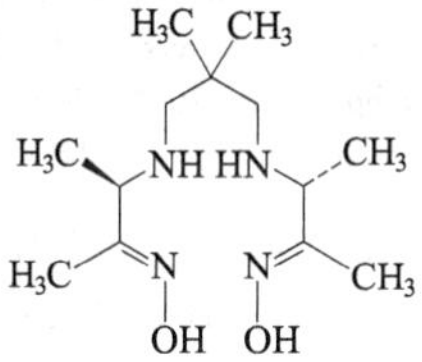

Exemestane　阿西美坦 04514

[107868-30-4]　$C_{20}H_{24}O_2$ 296.41

成分　C 81.04%，H 8.16%，O 10.80%。

别名　阿诺新；6-Methyleneandrosta-1,4-diene-3,17-dione；FCE-24304；Aromasin

M. I. 15，3954

性状　白色至微黄色结晶或粉末。易溶于二甲基甲酰胺，溶于甲醇，几乎不溶于水。mp 188～191℃；uv max：247nm（ε 13750）。

主要用途　医用抗肿瘤剂（激素）。

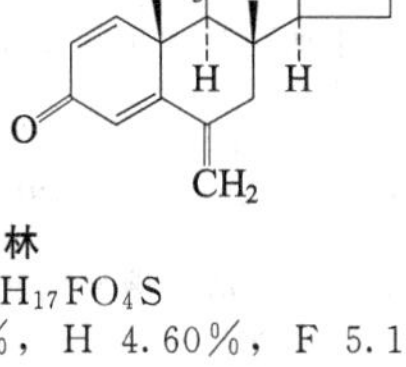

Exisulind　依昔舒林 04515

[59973-80-7]　$C_{20}H_{17}FO_4S$ 372.41

成分　C 64.50%，H 4.60%，F 5.10%，O 17.18%，S 8.61%。

别名　(1Z)-5-Fluoro-2-methyl-1-[4-(methylsulfonyl)phenyl]methylene-1*H*-indene-3-acetic acid；*cis*-5-Fluoro-2-methyl-1-(*p*-methylsulfonylbenzylidene)-3-acetic acid；Sulindac sulfone；FGN-1；Aptosyn

M. I. 15，3956

性状　无色结晶。mp 194～196℃；$[\alpha]_D$ −62°（c=1，于氯仿中）。

主要用途　医用治疗结肠直肠息肉。

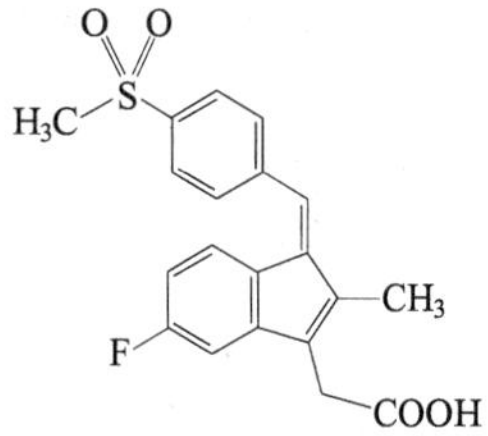

Ezetimibe　依泽替米贝 04516

[163222-33-1]　$C_{24}H_{21}F_2NO_3$ 409.43

成分　C 70.41%，H 5.17%，F 9.28%，N 3.42%，O 11.72%。

别名　(3*R*,4*S*)-2-(4-Fluorophenyl)-3-[(3*S*)-3-(4-fluorophenyl)-3-hydroxypropyl]-4-(4-hydroxyphenyl)-2-azetidinone；Sch-58235；Ezetrol；Zetia

M. I. 15，3958

性状　白色固体。mp 164～166℃；$[\alpha]_D^{22}$ −33.9°（c=3，于甲醇中）。

主要用途　医用抗青光眼剂。

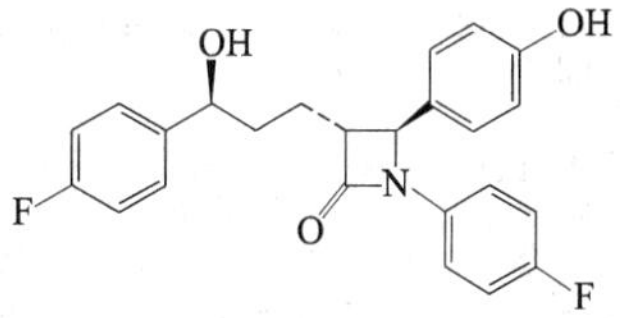

F

Fadrozole hydrochloride　法倔唑 盐酸盐 04517

[102676-31-3]　$C_{14}H_{14}ClN_3$ 259.74

成分　C 64.74%，H 5.43%，Cl 13.65%，N 16.18%。

别名　盐酸法倔唑；CGS-16949A；Afema；4-(5,6,7,8-Tetrahydroimidazo[1,5-*c*]pyridin-5-yl)benzonitrile hydrochloride；5-*p*-Cyanophenyl-5,6,7,8-tetrahydroimidazo[1,5-*a*]pyridine hydrochloride

M. I. 15，3968

性状　来自2-丙醇中的无色结晶。溶于水。mp 231～233℃。

主要用途　医用抗肿瘤剂。

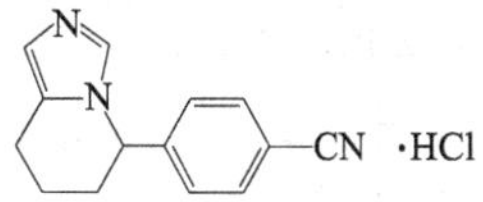

Fagarine　崖椒碱 04518

[524-15-2]　$C_{13}H_{11}NO_3$ 229.24

成分　C 68.11%，H 4.84%，N 6.11%，O 20.94%。

别名　花椒碱；4,8-Dimethoxyyfuro[2,3-*b*]quinoline；γ-fagarine；8-Methoxydictamnine

M. I. 15，3969

性状　来自乙醇中的无色棱柱体结晶。溶于氯仿、苯、乙醚，微溶于水、石油醚。mp 142℃；uv max：238nm，332nm，370nm（lgε 4.76，3.88，3.89）。

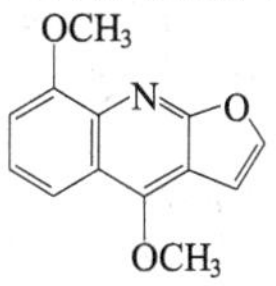

Famciclovir　泛昔洛韦 04519

[104227-87-4]　$C_{14}H_{19}N_5O_4$ 321.34

成分　C 52.33%，H 5.96%，N 21.79%，O 19.92%。

别名　泛维尔；2-[2-(2-Amino-9*H*-purin-9-yl)ethyl]-1,3-propanediol diacetate(ester)；9-[4-Acetoxy-3-(acetoxymethyl)but-1-

yl]-2-aminopurine；FCV；BRL-42810；Oravir；Famvir

M. I. 15，3970

性状 来自乙酸乙酯-己烷中的白色有光泽的片状结晶。易溶于丙酮、甲醇，略微溶于乙醇、异丙醇。溶于水（25℃）初始＞25%（质量浓度），略溶一水合物（2%～3%，质量浓度）很快沉淀。mp 102～104℃；uv max（甲醇中）：222nm，244nm，309nm（ε 27500，4890，7160）。

主要用途 医用抗病毒剂。

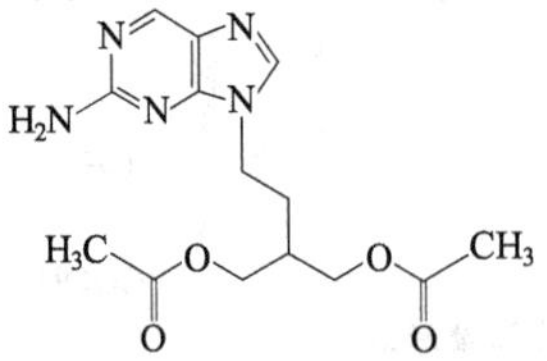

Famotidine 法莫替丁 04520

[76824-35-6] $C_8H_{15}N_7O_2S_3$ 337.44

成分 C 28.48%，H 4.48%，N 29.06%，O 9.48%，S 28.50%。

别名 3-[[2-(Aminoiminomethyl)amino-4-thiazolyl]methyl]thio-*N*-(aminosulfonyl)propanimidamide；[1-Amino-3-[[[2-[(diaminomethylene)amino-4-thiazolyl]methyl]thio]propylidene]sulfamide；*N*-Sulfamoyl-3-[(2-guanidinothiazol-4-yl)methylthio]propionamide；YM-11170；MK-208；Amfamox；Fadul；Famodil；Famodine；Famosan；Famoxal；Ganor；Gaster；Gastridin；Gastropen；Lecedil；Motiax；Muclox；Pepcid；Pepcidac；Pepcidine；Pepcidine；Pepdine；Pepdul；Peptan；Ulfamid

M. I. 15，3971

性状 白色至浅黄色结晶性粉末。该品于下列物质中的溶解度（20℃，质量浓度）：二甲基甲酰胺 80；乙酸 50；甲醇 0.3；水 0.1；氯仿、乙醇＜0.01。几乎不溶于丙酮、乙醚、乙酸乙酯。mp 163～164℃。LD_{50} 小鼠静脉注射：244.4mg/kg。

注意事项 使用时应避免吸入本品的粉尘，避免与眼睛及皮肤接触。

主要用途 医用抗溃疡剂。

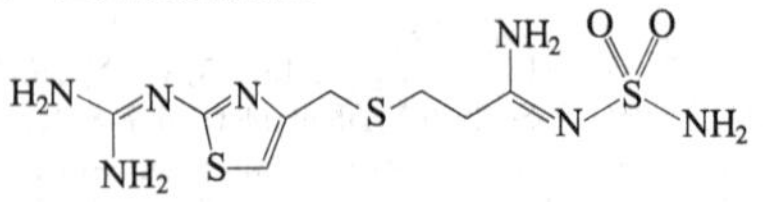

Famoxadone 凡杀同 04521

[131807-57-3] $C_{22}H_{18}N_2O_4$ 374.40

成分 C 70.58%，H 4.85%，N 7.48%，O 17.09%。

别名 5-Methyl-5-(4-phenoxyphenyl)-3-phenylamino-2,4-oxazolidinedione；3-Anilino-5-methyl-5-(4-phenoxyphenyl)-1,3-oxazolidine-2,4-dione；DPX-JE874；Famoxate

M. I. 15，3972

性状 无色结晶。极微溶于水（52μg/L）。mp 140.3～141.8℃；Fp 35.6℉（2℃）。LD_{50} 大鼠急性经口：＞5000mg/kg；皮肤接触：＞2000mg/kg。一般商品为其乙腈溶液（100ng/μL）。

注意事项 乙腈溶液高度易燃。吸入、口服或与皮肤接触有害。对眼睛有刺激性。使用时应穿适当的防护服。万一接触到眼睛，应立即用大量水冲洗后请医生诊治。使用现场禁止吸烟。应远离火种密封保存。

主要用途 农用杀菌剂。分析用标准物质。

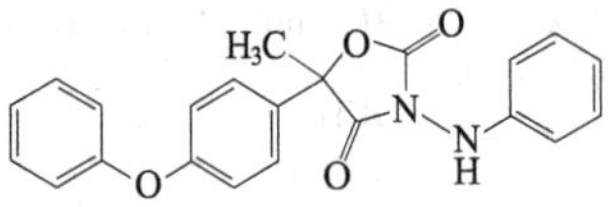

Famp hur 氨黄磷 04522

[52-85-7] $C_{16}H_{16}NO_5PS_2$ 325.34

成分 C 36.92%，H 4.96%，N 4.31%，O 24.59%，P 9.52%，S 19.71%。

别名 伐灭磷；Phosphorothioic acid *O*-[4-[(dimethylamino)sulfonyl]phenyl]*O*,*O*-dimethyl ester；Phosphorothioic acid *O*,*O*-dimethyl ester,*O*-ester with *p*-hydroxy-*N*,*N*-dimethylbenzenesulfonamide；*O*,*O*-Dimethyl-*O*，*p*-(dimethylsulfamoyl)phenyl phosphorothioate；*p*-Hydroxy-*N*,*N*-dimethylbenzenesulfonamide ester with phosphorothioic acid *O*,*O*-dimethyl ester；Famophos；American Cyanamid 38023；ENT-25644；Warbex

GW 2015-350

性状 无色结晶。mp 52.5～53.5℃；Fp212℉（100℃）。LD_{50} 大鼠急性经口：35mg/kg。一般试剂含量≥98.0%（HPLC）。

注意事项 该品口服或与皮肤接触有毒，对眼睛及皮肤有刺激性。使用时应避免吸入本品的粉尘，避免与眼睛及皮肤接触。使用时如有事故发生或有不适之感，应请医生诊治。

主要用途 医用杀虫剂。分析用标准物质。

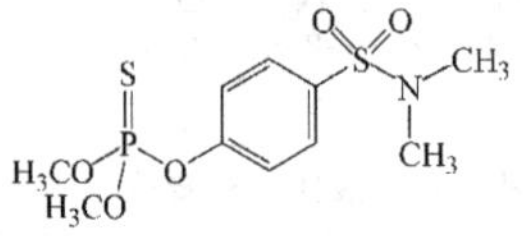

α-Farnesene α-法呢烯 04523

[502-61-4] $C_{15}H_{24}$ 204.36

成分 C 88.16%，H 11.84 %。

别名 金合欢烯；麋子油烯；(3*E*,6*E*)-3,7,11-Trimethyl-1,3,6,10-dodecatetraene；2,6,10-Trimethyl-2,6,9,11-dodecatetraene；Farnesene

M. I. 15，3973

性状 无色稀油状液体。能与烃类溶剂相混溶，几乎不溶于水。bp_{12} 约 125℃/1.6kPa；d_4^{20} 0.8410；n_D^{20} 1.4836；uv max[(*E*,*E*)-型,乙醇中]：233nm（ε 27000）；[(*Z*,*E*)-型,乙醇中]：238nm（ε 11300）。

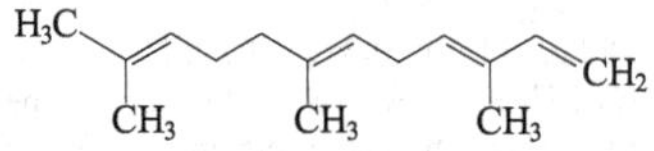

(*E*,*E*)-α-型

β-Farnesene β-法呢烯 04524

[18794-84-8] $C_{15}H_{24}$ 204.36

成分 C 88.16%，H 11.84 %。

别名 7,11-Dimethyl-3-methylene-1,6,10-dodecatriene

M. I. 15，3974

性状 油状液体。（*E*）-型 bp124℃；Fp 230℉（110℃）；d_4^{20} 0.8310；n_D^{20} 1.4870；uv max（己烷中）：224nm（ε 14000）。（*Z*）-型 $bp_{3\sim4}$ 95～107℃/400～533Pa；n_D^{32} 1.4780；uv max（己烷中）：224nm（ε 17300）。生化试剂 含量≥90.0%（GC）。

注意事项 该品应充氩气密封于－20℃保存。

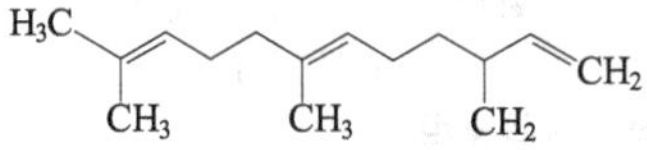

(*E*)-β-型

Farnesol 法尼醇 04525

[4602-84-0] $C_{15}H_{26}O$ 222.37

成分 C 81.02%，H 11.79%，O 7.19%。

别名 3，7，11-三甲基-2，6，10-十二烷基三烯-1-醇；金合欢醇；麝子油醇；3，7，11-Trimethyl-2，6，10-dodecatrien-1-ol

M. I. 15，3975

性状 无色液体。$bp_{0.2}$ 110～113℃/13.332Pa；Fp 311℉（155℃）；d_4^{20} 0.8871；n_D^{20} 1.4870。一般试剂 含量（异构体总和）≥90.0%（GC）。

注意事项 该品应密封避光保存。

主要用途 香料。用于加强类似丁香及仙客来花香味。

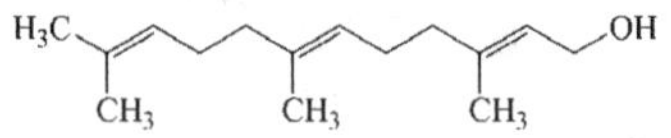

Faropenem sodium salt 法罗培南钠盐 04526

[122547-49-3] $C_{12}H_{15}NNaO_5S$ 308.30

成分 C 46.75%，H 4.90%，N4.54 %，Na 7.46%，O 25.95%，S 10.40%。

别名 呋罗培南钠盐；法洛培南钠盐；Furopenem；ALP-201；

SUN-5555; SY-5555; WY-49605; Farpm; (5*R*, 6*S*)-6-[(1*R*)-1-Hydroxyethyl]-7-oxo-3-[(2*R*)-tetrahydro-2-furanyl]-4-thia-1-azabicyclo[3.2.0]hept-2-ene-2-carboxylic acid sodium salt; Faropenem sodium salt; (5*R*, 6*S*, 8*R*, 2′*R*)-2-(2′-Tetrahydrofuryl)-6-hydroxyethylpenem-3-carboxylate sodium salt

M. I. 15, 3976

性状 无色结晶或白色粉末。$[\alpha]_D^{22}+60°$ (c=0.10)。

主要用途 医用抗菌剂。

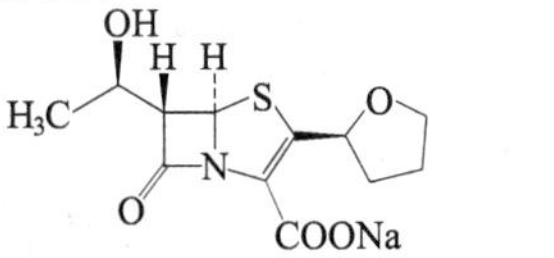

Fast blue B salt 固蓝 B 盐 04527

[14263-94-6] $C_{14}H_{12}Cl_4N_4OZn$ 475.47

成分 C 35.37%, H 2.54%, Cl 29.83%, N 11.78%, O 6.73%, Zn 13.75%。

别名 米铬蓝 250 盐;坚牢蓝 B 盐;蓝光重氮色盐;重氮蓝 B;氯化四氮化邻二甲氧基苯胺;蓝光重氯色盐蓝;蓝色 BNS 盐;Blue BNS salt; Diazo fast blue B salt; Azoic diazo No. 48; Tetrazotized-*o*-dianisidine chloride; Diazo blue B salt; Naphthanil-diazo blue B salt; Di-*o*-anisidinediazotate zinc double salt; FB; Michrome blue 250 salt

C. I. 37235

性状 深绿色粉末。溶于水。mp >300℃;λ_{max}371nm。一般试剂干燥含量约 90.0%。

注意事项 能致癌。使用前应得到专门的指导,避免曝露。使用时如有事故发生或有不适之感,应请医生诊治。应密封避光保存。

主要用途 检定磷酸酶。纸色谱测定黄酮、胺、酚。薄层色谱测定黄曲霉素。

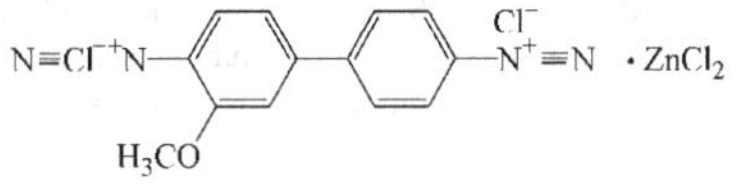

Fast blue BB salt 固蓝 BB 盐 04528

[5486-84-0] $C_{34}H_{16}Cl_4N_6O_6Zn$ 831.89

成分 C 49.09%, H 4.36%, Cl 17.05%, N 10.10%, O 11.54%, Zn 7.86%。

别名 氯化-4-重氮-2,5-二乙氧基-*N*-苯甲酰基苯胺氯化锌盐;4-Amino-2,5-diethoxybenzanilide diazotate zinc double salt; Azoic diazo No. 20; Diazo fast blue BB; 4-Diazo-2,5-diethoxy-*N*-benzoylaniline chloride $ZnCl_2$ salt

C. I. 37175

性状 浅米至粉红色粉末。mp 157℃(分解)。

注意事项 该品口服有害。对机体有不可逆损伤的可能性。使用时应穿适当的防护服和戴手套。应避免吸入本品的粉尘。应密封避光保存。

主要用途 测定脂酶、碱性磷酸酶。

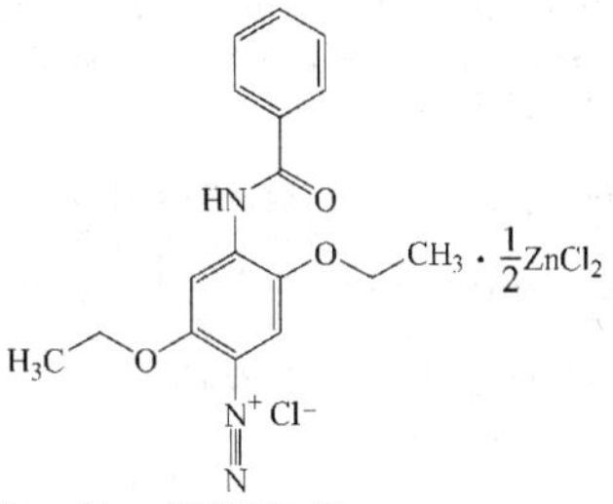

Fast blue RR salt 固蓝 RR 盐 04529

[14726-29-5] $C_{30}H_{28}Cl_4N_6O_6Zn$ 775.78

成分 C 46.45%, H 3.64%, Cl 18.28%, N 10.83%, O 12.37%, Zn 8.43%。

别名 重氮坚牢蓝;重氮固蓝 RR;4-Benzoylamino-2,5-dimethoxybenzene diazonium chloride hemi(zinc chloride) salt; Diazo fast blue RR; Diazotate-4-amino-2,5-dimethoxybenzanilide zinc double salt; Azoic diazo No. 24

C. I. 37155

性状 橄榄绿色粉末。溶于水。λ_{max}329nm。

注意事项 使用时应避免吸入本品的粉尘,避免与眼睛及皮肤接触。应密封保存。

主要用途 生化研究,组织化学用。

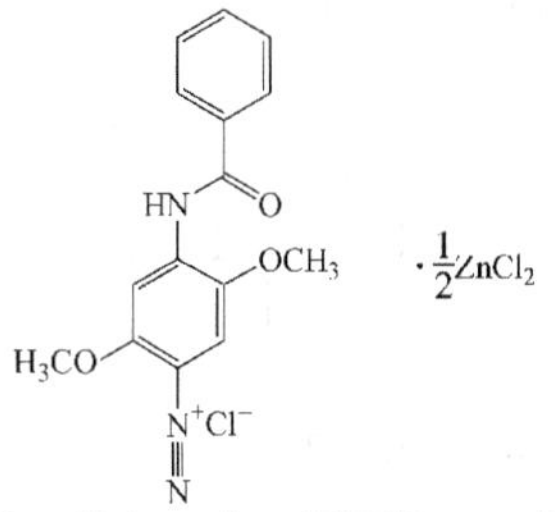

Fast garnet GBC sulfate salt 固紫酱 GBC 硫酸盐 04530

[101-89-3] $C_{14}H_{14}N_4O_4S$ 334.35

成分 C 50.29%, H 4.22%, N 16.76%, O 19.14%, S 9.59%。

别名 枣红盐Ⅱ;坚牢紫酱 GBC 盐;荧光重氮色盐紫酱;重氮色盐紫酱;溶剂黄 3;4-Amino-2′,3-dimethylazobenzene diazotate; Azo diazo No. 4; Bordeaux salt Ⅱ; Diazo garnet GBC salt; Azoic diazo No. 4; FG-GBC; GBC salt; 2-Methyl-4-[(2-methylphenyl)azo]benzenediazonium salt; Solvent yellow 3; 4-(*o*-Tolylazo)-*o*-toluidine diazotate

C. I. 37210

性状 紫色粉末。λ_{max} 360nm。一般试剂干燥含量 ≥90.0%。

注意事项 该品能致癌。应密封于-20℃保存。

主要用途 测定酸性磷酸酶、脂酶、氨基肽酶。

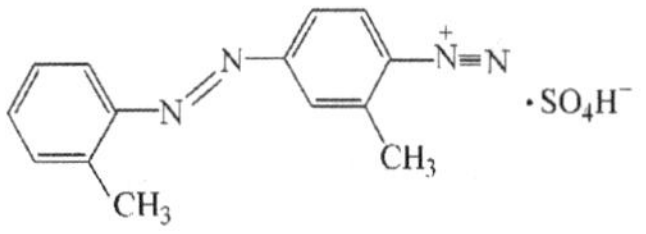

Fast green FCF 固绿 FCF 04531

[2353-45-9] $C_{37}H_{34}N_2Na_2O_{10}S_3$ 808.84

成分 C 54.94%, H 4.24%, N 3.46%, Na 5.68%, O 19.78%, S 11.89%。

别名 坚牢绿 FCF;食品绿 3;C-Green No.3; *N*-Ethyl-*N*-[4-[4-[ethyl[(3-sulfophenyl)methyl]amino]phenyl](4-hydroxy-2-sulfophenyl)methylene]-2,5-cyclohexadien-1-ylidene-3-sulfobenzenemethanaminium inner salt, disodium salt; FD & C Green No.3; Food green 3

M. I. 15, 3978 C. I. 42053

性状 深绿色粉末或颗粒。易吸潮。易溶于水呈蓝绿色,溶于乙醇也呈蓝绿色。在浓硝酸或浓盐酸中呈橙色。在氢氧化钠 10%水溶液中呈亮蓝色。LD_{50}大鼠急性经口:>2g/kg。一般试剂干燥含量约 90.0%。

注意事项 该品对机体有不可逆损伤的可能性。使用时应穿适当的防护服和戴手套。应密封干燥保存。

主要用途 生物染色剂,用于植物组织及细胞的染色。

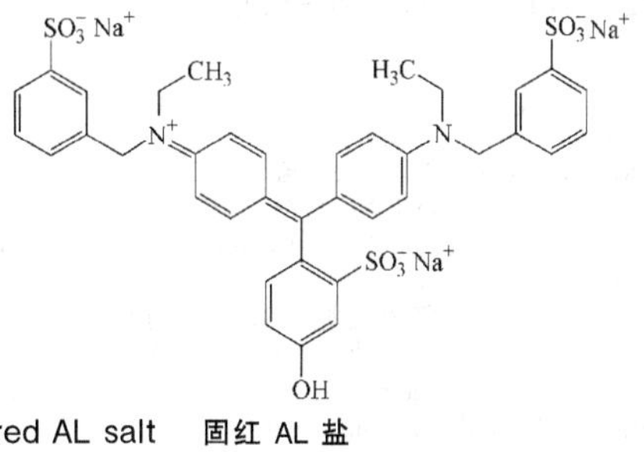

Fast red AL salt 固红 AL 盐 04532

[16048-40-1] $C_{14}H_7ClN_2O_2$ 270.68

成分 C 62.12%, H 2.61%, Cl 13.10%, N 10.35%, O 11.82%。

别名 氯化重氮蒽醌;Fast red ALS salt; Anthraquinone-1-diazonium chloride; Naphthanildiazo red AL; Red AL, ALS; Azoic diazo No. 36

C. I. 37275

性状 淡灰红色粉末。商品通常为氯化重氮盐或氯化锌复盐。λ_{max}247nm。一般试剂干燥含量约 25.0%。

注意事项 该品应密封避光于阴凉干燥处保存。

主要用途 测定酸性磷酸酶。

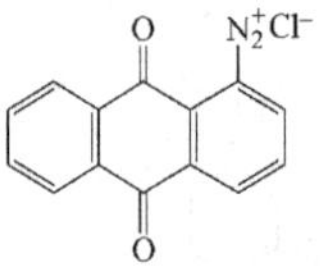

Fast red B salt 固红 B 盐 04533

[49735-71-9] $C_{17}H_{13}N_3O_9S_2$ 467.44

成分 C 43.68%，H 2.80%，N 8.99%，O 30.81%，S 13.72%。

别名 电溶 B；B 红盐；标准重氮色盐玫瑰红；Brentamine fast red salt；Azoic diazo No. 5；Electrosals B；5-Nitro-2-amino anisole diazonium salt；5-Nitro anisole-2-diazoniumnaphthalene 1，5-disulfonate；1-Amino-2-methoxy-4-nitrobenzene diazotate；Electrosals B

C. I. 37125

性状 鲜黄色粉末。

注意事项 该品对眼睛、呼吸系统及皮肤有刺激性。使用时应戴适当的手套。使用时应避免吸入本品的粉尘，避免与眼睛及皮肤接触。万一接触到眼睛，应立即用大量水冲洗后请医生诊治。应密封避光于阴凉干燥处保存。

主要用途 测定磷酸酶、脂酶。

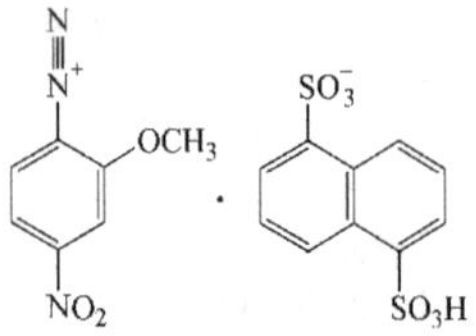

Fast red GG salt 固红 GG 盐 04534

[456-27-9] $C_6H_4BF_4N_3O_2$ 236.92

成分 C 30.42%，H 1.70%，B 4.56%，F 32.08%，N 17.74%，O 13.51%。

别名 四氟硼酸对硝基苯重氮盐；坚牢红盐；对硝基苯重氮氟硼酸盐；Diazo fast red GG；Fast red 2G salt；Azoic diazo comp onent 37；*p*-Nitroaniline diazonium salt；*p*-Nitrophenyldiazonium fluoborate

C. I. 37035

性状 淡黄色或灰红色粉末。一般试剂干燥含量>90.0%。

注意事项 该品吸入、口服或与皮肤接触有害。对眼睛、呼吸系统及皮肤有刺激性。使用时应穿适当的防护服，戴防护镜或面罩。使用时应避免吸入本品的粉尘，避免与眼睛及皮肤接触 。应密封避光于 2～8℃以下保存。

主要用途 测定微量酚类。组织染色。

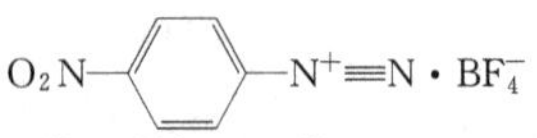

$O_2N-C_6H_4-N^+\equiv N \cdot BF_4^-$

Fast red 3GL salt 固红 3GL 盐 04535

[14263-89-9] $C_{12}H_6Cl_6N_6O_4Zn$ 576.33

成分 C 25.01%，H 1.05%，Cl 36.91%，N 14.58%，O 11.10%，Zn 11.35%。

别名 快红 3GL 盐；坚牢红盐 3GL；邻硝基对氯苯胺重氮氯化锌复盐；4-氯-2-硝基苯胺重氮盐；4-Chloro-2-nitroaniline diazotate zinc double salt；*p*-Chloro-*o*-nitroaniline diazonium salt；Azoic diazo comp onent 9

C. I. 37040

性状 浅棕色粉末。易溶于水。

注意事项 该品口服有害。对眼睛、呼吸系统及皮肤有刺激性。使用时应穿适当的防护服。使用时应避免吸入本品的粉尘，避免与眼睛及皮肤接触。万一接触到眼睛，应立即用大量水冲洗后请医生诊治。应密封于 2～8℃保存。

主要用途 用于测定磷酸酶。

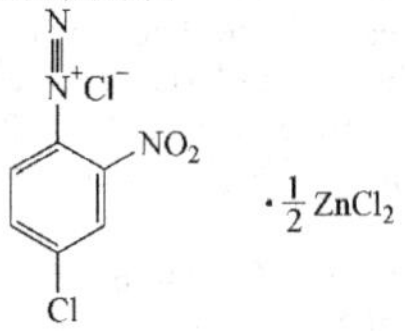

Fast red ITR salt 固红 ITR 盐 04536

[97-35-8] [27580-14-9] $C_{22}H_{32}Cl_4N_6O_6S_2Zn$ 747.84

成分 C 35.33%，H 4.31%，Cl 18.96%，N 11.24%，O 12.84%，S 8.58%，Zn 8.74%。

别名 4-二乙氨基磺基苯甲醚苯甲醚氯化重氮盐；4-Diethylamino sulfonyl anisole-2-diazonium chloride；Fast red salt LTRN；Azoic diazo No. 42；Diazo fast red LTR

C. I. 37150

性状 红色粉末。mp 102～105℃；λ_{max} 226nm。

注意事项 该品对眼睛、呼吸系统及皮肤有刺激性。万一接触到眼睛，应立即用大量水冲洗后请医生诊治。使用时应戴适当的手套。应避免吸入本品的粉尘。应密封保存。

主要用途 用于测定磷酸酶。

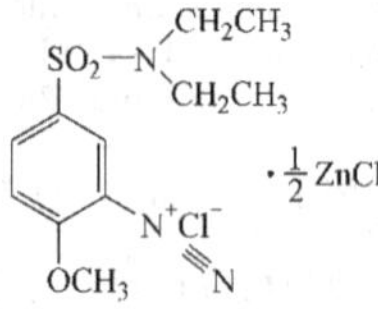

Fast red RC salt 固红 RC 盐 04537

[68025-25-2] [85252-22-8] $C_{14}H_{12}Cl_6N_4O_2Zn$ 546.40

成分 C 30.77%，H 2.21%，Cl 38.93%，N 10.25%，O 5.86%，Zn 11.97%。

别名 4-氯-2-氨基苯甲醚重氮盐；2-Amino-4-chloroanisole diazotated zinc double salt；4-Chloro-2-aminoanisole diazonium salt；Diazotiaed -4-chloro-*o*-anisidine；Diazo red RC；Azoic diazo No. 10

C. I. 37120

性状 米灰色粉末。λ_{max} 372nm。一般试剂干燥含量约 97.0%。

注意事项 该品口服有毒。使用时应避免吸入本品的粉尘，避免与眼睛及皮肤接触。应密封避光于阴凉干燥处保存。

主要用途 组织染色，磷酸酶染色。

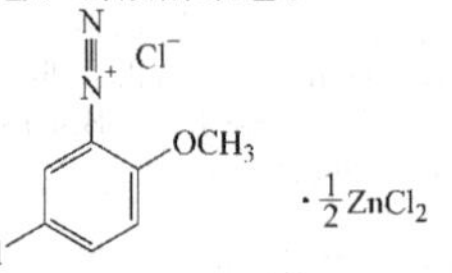

Fast red TR salt 固红 TR 盐 04538

[89453-69-0] $C_{14}H_{12}Cl_6N_4Zn$ 514.36

成分 C 32.69%，H 2.35%，Cl 41.36%，N 10.89%，Zn 12.71%。

别名 固红 5CT；固红 TRN；固红 TR 重氮盐；Azoic diazo No. 11；Fast red 5CT；Fast red TRN；Fast red TR diazo salt；Red TA；Red TR；Red TRS；Red Ⅸ

C. I. 37085

性状 红色粉末。溶于水。一般试剂干燥含量>90.0%。

注意事项 该品吸入、口服或与皮肤接触有害。对机体有不可逆损伤的可能性。使用时应穿适当的防护服。应避免吸入本品的粉尘，应密封于－20℃保存。

主要用途 生物染色剂。测定磷酸酶。

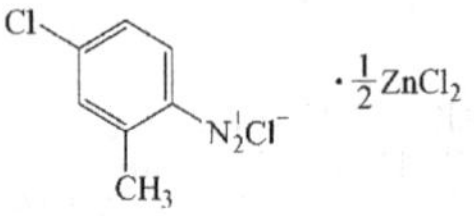

Fast red violet LB salt 固红紫 LB 盐 04539

[32348-81-5] $C_{28}H_{22}Cl_4N_6O_2Zn$ 752.62

成分 C 44.68%，H 2.95%，Cl 28.26%，N 11.17%，O 4.25%，Zn 8.69%。

别名 红紫 LB 盐；氯化-5-苯甲酰胺-4-氯邻甲苯胺重氮盐；5-Benzamido-4-chloro-2-aminotoluene hydrochloride hemi（zinc chloride) salt; 5-Chloro-4-benzamido-2-methylbenzenediazonium chloride hemi(zinc chloride) salt; Red violet LB salt

性状 红色粉末。λ_{max} 342nm。一般试剂干燥含量>85.0%。

注意事项 见 04536 固红 TR 盐。

主要用途 测定酸性及碱性磷酸酶。

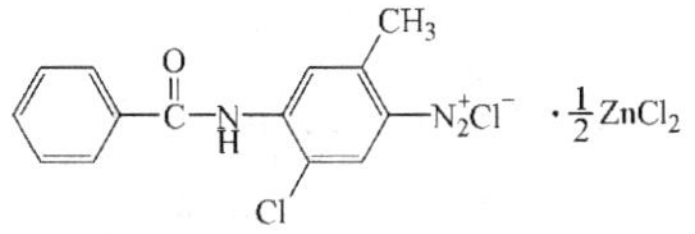

Fast scarlet GG salt 固猩红 GG 盐 04540

[14239-23-7] $C_{12}H_6Cl_8N_4Zn$ 555.24

成分 C 25.96%，H 1.09%，Cl 51.08%，N 10.09%，Zn 11.78%。

别名 坚牢猩红 GG 盐；苯红紫 GG 盐；2,5-二氯苯胺氯化锌重氮盐；耐晒大红 GG 盐；Diazo fast scarlet GG; Scarlet 2G salt; 2,5-Dichloroanilinediazonium zinc chloride

C. I. 37010

性状 米色或浅棕色粉末。

注意事项 该品应密封于 2～8℃保存。

Fast violet B salt 固紫 B 盐 04541

[14726-28-4] $C_{30}H_{28}Cl_4N_6O_4Zn$ 743.78

成分 C 48.45%，H 3.79%，Cl 19.07%，N 11.30%，O 8.60%，Zn 8.79%。

别名 坚牢紫 B 盐；重氮坚牢紫 B；4-Amino-5-methoxy-2-methylbenzanilide diazotated zinc double salt; 4-Benzoylamino-2-methoxy-5-methyl benzenediazonium chloride zinc double salt; 6-Benzoylamino-4-methoxy-*m*-touidine diazoninm salt; Diazo fast violet B; Fast violet base B; Azoinc diazo No. 41

C. I. 37165

性状 暗紫褐色粉末。λ_{max} 326nm。一般试剂干燥含量约 97.0%。

注意事项 使用时应避免吸入本品的粉尘，避免与眼睛及皮肤接触。

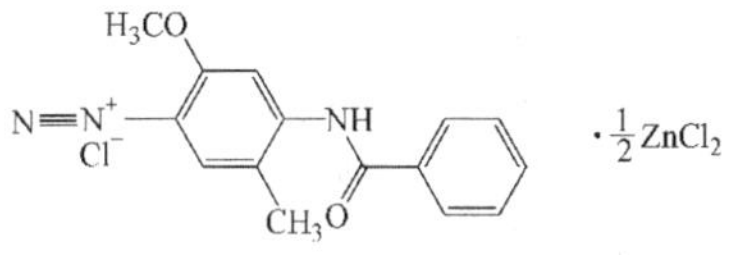

Fasudil hydrochloride 法舒地尔 盐酸盐 04542

[105628-07-7] $C_{14}H_{18}ClN_3O_2S$ 327.83

成分 C 51%，H 6%，Cl 11%，N 13%，O 10%，S 10%。

别名 川威 盐酸盐；六氢-1-(5-磺酰基异喹啉)-1*H*-1，4-二氮杂卓 盐酸盐；盐酸法舒地尔；AT-877; HA-1077; Eril; Hexahydro-1-(5-isoquinolinylsulfonyl)-1*H*-1,4-diazepine hydrochloride; *N*-(5-Isoquinolinesulfonyl)-1, 4-perhydrodiazepine hydrochloride; 1-(5-Isoquinolinesulfonyl) homopiperazine hydrochloride

M. I. 15, 3979

性状 来自水中的无色结晶，mp 220.5℃。或白色结晶性粉末，mp 219.3℃。溶于水（pH 值 5.0～7.0）、乙醇。LD_{50}小鼠，大鼠静脉注射：67.5mg/kg，59.9mg/kg；皮下注射：124.5mg/kg，123.2mg/kg；急性经口：273.9mg/kg，335.0mg/kg。

主要用途 生化研究。医用大脑血管舒张剂。

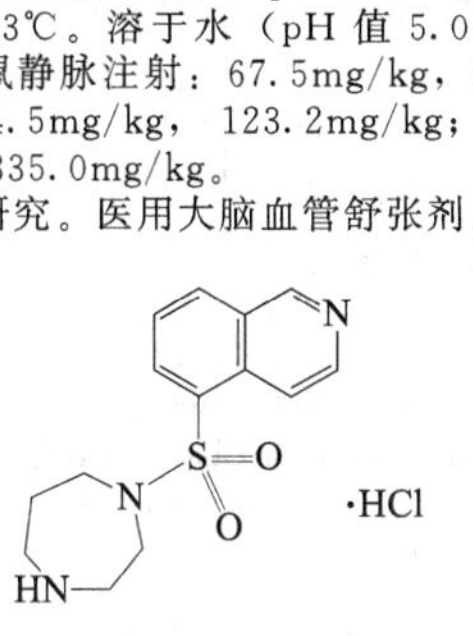

Fazadinium bromide 法扎溴铵 04543

[49564-56-9] $C_{28}H_{24}Br_2N_6$ 604.35

成分 C 55.65%，H 4.00%，Br 26.44%，N 13.91%。

别名 1,1′-(1,2-Diazenediyl) bis[3-methyl-2-phenylimidazo[1,2-*a*]pyridinium]bromide(1∶2); 1,1′-Azobis-[3-methyl-2-phenylimidazo[1,2-*a*]pyridinium]didromide; AH-8165; Fazadon

M. I. 15, 3980

性状 二水合物为来自水中的黄色结晶，mp 215～219℃。或来自甲醇/乙酸乙酯中的黄色固体，mp 218～220℃。uv max（水中）：285nm，279nm（lgε 4.04，4.34）。LD_{50}大鼠静脉注射：1.5μmol/kg。

主要用途 医用神经肌肉麻醉剂。

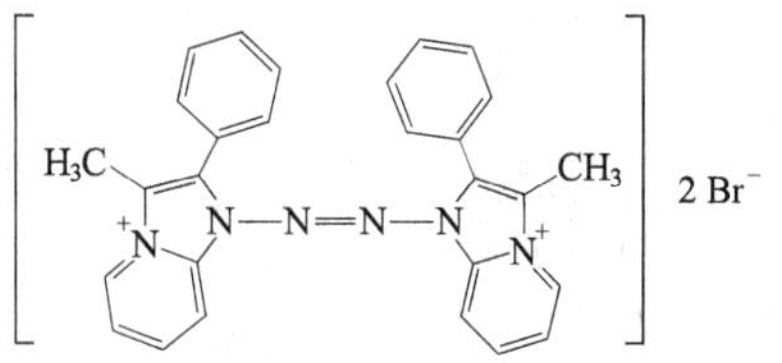

Febantel 非班太尔 04544

[58306-30-2] $C_{20}H_{22}N_4O_6S$ 446.48

成分 C 53.80%，H 4.97%，N 12.55%，O 21.50%，S 7.18%。

别名 [[2-(Methoxyacetyl) amino-4-(phenylthio) phenyl] carbonimidoyl] biscarbamic acid dimethyl ester; Dimethyl [[2-(2-methoxyacetamido)-4-(phenylthio) phenyl] imidocarbonyl] dicarbamate; Bay Vh 5757; Bay h 5757; Rintal

M. I. 15, 3981

性状 无色结晶。mp 129～130℃。

注意事项 该品口服有害。应充氩气密封避光保存。

主要用途 兽用驱肠虫剂。分析用标准物质。

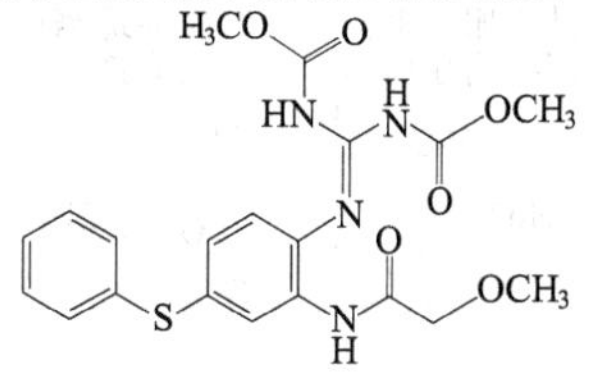

Febrifugine 退热碱 04545

[24159-07-7] $C_{16}H_{19}N_3O_3$ 301.35

成分 C 63.77%，H 6.36%，N 13.94%，O 15.93%。

别名 黄常山碱 β；3-[3-[(2*R*,3*S*)-3-Hydroxy-2-piperidinyl]-2-oxopropyl]-4(3*H*)-quinazolinone; 3-[3-(3-Hydroxy-2-piperidyl) acetonyl]-4(3*H*)-quinazolinone; 3-[β-Keto-γ-(3-hydroxy-2-piperidyl) propyl]-4-quinazolone; β-dichroine

M. I. 15, 3982

性状 来自乙醇中的双晶型针状结晶，mp 139～140℃。或来自氯仿中的结晶，mp 154～156℃。易溶于甲醇+氯仿、水+乙醇，微溶于水、乙醇、丙酮、氯仿，几乎不溶于乙醚、苯、石油醚。$[\alpha]_D^{25}+6°$（$c=0.5$，于氯仿中）；$[\alpha]_D^{25}+28°$（$c=0.5$，于乙醇中）。LD_{50}小鼠急性经口：2.5～3.0mg/kg。

主要用途 兽用抑球虫剂。

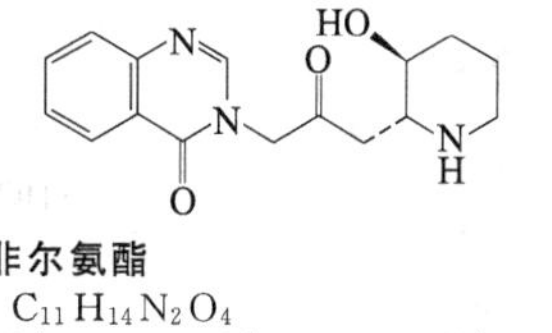

Felbamate 非尔氨酯 04546

[25451-15-4] $C_{11}H_{14}N_2O_4$ 238.24

成分 C 55.46%，H 5.92%，N 11.76%，O 26.86%。

别名 非氨酯；2-Phenyl-1,3-Propanediol dicarbamate; Carbamic acid 2-phenyltrimethylene ester; ADD-03055; W-554; Felbamyl; Felbatol; Taloxa

M. I. 15, 3984

性状 白色粉末。无味。易溶于二甲基亚砜、1-甲基-2-吡咯酮、二甲基甲酰胺，略微溶于水、甲醇、乙醇、丙酮、氯仿。mp 151～152℃。LD_{50} 小鼠腹膜内注射：

4000mg/kg。

主要用途 医用抗惊厥剂。

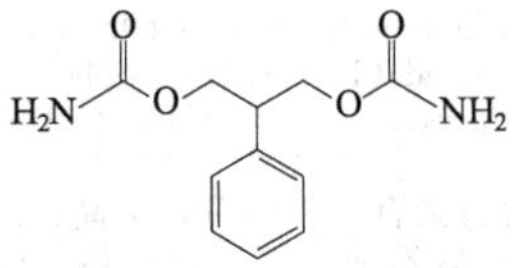

Felbinac 联苯乙酸 04547

[5728-52-9] $C_{14}H_{12}O_2$ 212.25

成分 C 79.22%，H 5.70%，O 15.08%。

别名 联苯-4-乙酸；(1,1'-Biphenyl)-4-acetic acid; 4-Biphenylacetic acid; 4-Carboxymethylbiphenyl; BPAA; LY-61017; L-141; LJC-10141; Napageln; Trazam

M. I. 15，3985

性状 来自乙醚中的白色针状结晶或粉末。mp 164～165℃。LD_{50}大鼠急性经口：164mg/kg。

注意事项 该品应密封于2～8℃保存。

主要用途 医用抗炎剂，止痛剂。

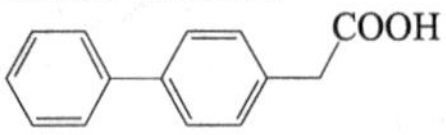

Felodipine 非洛地平 04548

[72509-76-3] $C_{18}H_{19}Cl_2NO_4$ 384.25

成分 C 56.26%，H 4.98%，Cl 18.45%，N 3.65%，O 16.65%。

别名 4-(2,3-Dichlorophenyl)-1,4-dihydro-2,6-dimethyl-3,5-pyridinedicarboxylic acid ethylmethyl ester; H-154/82; Agon; Feloday; Flodil; Hydac; Munobal; Plandil; Prevex; Splendil

M. I. 15，3987

性状 来自异丙醚中的无色至微黄色结晶。易溶于丙酮、甲醇，溶于二甲基亚砜（28mg/mL），极微溶于庚烷，不溶于水。mp 145℃。

注意事项 该品口服有害。使用时应穿适当的防护服。

主要用途 医用抗高血压剂，抗心绞痛剂。

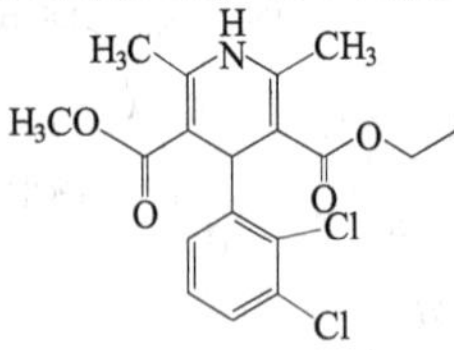

Femoxetine hydrochloride 非莫西汀 盐酸盐 04549

[56222-04-9] $C_{20}H_{26}ClNO_2$ 347.88

成分 C 69.05%，H 7.53%，Cl 10.19%，N 4.03%，O 9.20%。

别名 盐酸非莫西汀；FG-4963; Malexil; (3*R*,4*S*)-3-(4-Methoxyphenoxy) methyl-1-methyl-4-phenylpiperidine hydrochloride; (+)-*trans*-1-Methyl-3-[*p*-(methoxy) phenoxymethyl]-4-phenylpiperidine hydrochloride

M. I. 15，3989

性状 无色结晶或白色粉末。LD_{50}雌，雄小鼠静脉注射：48mg/kg，45mg/kg；皮下注射：941mg/kg，723mg/kg；急性经口：1408mg/kg，1687mg/kg。

主要用途 医用抗抑郁剂。

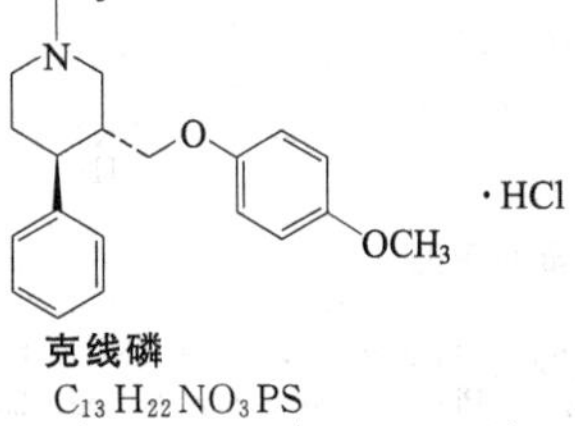

Fenamiphos 克线磷 04550

[22224-92-6] $C_{13}H_{22}NO_3PS$ 303.36

成分 C 51.47%，H 7.31%，N 4.62%，O 15.82%，P 10.21%，S 10.57%。

别名 灭线磷；异丙基氨基磷酸乙基 4-（甲基硫代）间甲苯酯；异丙基氨基磷酸 4-（甲基硫代）间甲苯基乙基酯；苯线磷；(1-Methylethyl)phosphoramidic acid ethyl 3-methyl-4-(methylthio)phenyl ester; Isopropylphosphoramidic acid ethyl 4-methylthio-*m*-tolyl ester; Ethyl 4-methylthio-*m*-tolyl isopropylphosphoramidate; Ethyl 3-methyl-4-(methylthio) phenyl (1-methylethyl) phosphoramidate; Phenamiphos; Bay 68138; SRA-3886; B-68138; Bayer 68138; Nemacur

M. I. 15，3991

性状 无色结晶。溶于水（20℃，700×10^{-6}）。mp 49℃；Fp 212℉（100℃）；d_4^{49} 1.14。LD_{50}雄，雌大鼠急性经口：15.3mg/kg，19.4mg/kg。

注意事项 该品口服极毒，与皮肤接触有毒。对水生物极毒。能对水环境引起不利的结果。使用时应穿适当的防护服和戴手套。使用时应避免吸入本品的蒸气。接触皮肤后应用大量水冲洗。使用时如有事故发生或有不适之感，应请医生诊治。应防止将本品释放于环境中。其包装物应按危险品处理。应密封于2～8℃保存。

主要用途 杀线虫剂。分析用标准物质。

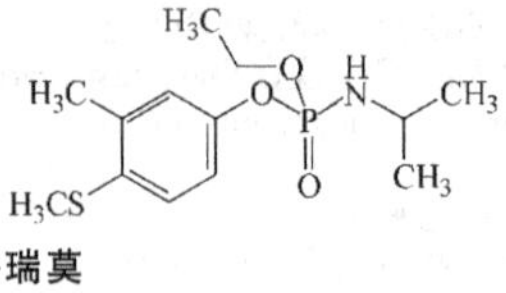

Fenarimol 芬瑞莫 04551

[60168-88-9] $C_{17}H_{12}Cl_2N_2O$ 331.20

成分 C 61.65%，H 3.65%，Cl 21.41%，N 8.46%，O 4.83%。

别名 2,4'-二氯-α-(嘧啶-5-基)二苯甲醇；α-(2-氯苯基)-α-(4-氯苯基)-5-嘧啶甲醇；氯苯嘧啶醇；α-(2-Chlorophenyl)-α-(4-chlorophenyl)-5-pyrimidinemethanol; 2,4'-Dichloro-α-(pyrimidin-5-yl)-benzhydryl alcohol; EL-222; Bloc; Rimidin(e); Rubigan

M. I. 15，3992

性状 白色结晶。无味。溶于多数有机溶剂，几乎不溶于水（pH 值 7，13.7mg/kg）。mp 117～119℃。LD_{50}小鼠，大鼠急性经口：4500mg/kg，2500mg/kg。一般试剂含量≥98.0%（HPLC）。

注意事项 该品能损伤生育力。能危害胎儿及哺乳婴儿。对水生物有毒。能对水环境引起不利的结果。使用时应穿适当的防护服和戴手套。应防止将本品释放于环境中。

主要用途 植物杀菌剂。分析用标准物质。

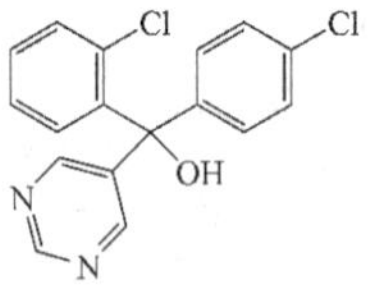

Fenbendazole 苯硫哒唑 04552

[43210-67-9] $C_{15}H_{13}N_3O_2S$ 299.35

成分 C 60.19%，H 4.38%，N 14.04%，O 10.69%，S 10.71%。

别名 5-苯硫基-2-苯并咪唑氨甲酸甲酯；[5-Phenylthio-1*H*-benzimidazol-2-yl] carbamic acid methyl ester; 5-Phenylthio-2-benzimidazolecarbamic acid methyl ester; Methyl 5-phenylthio-2-benzimidazolecarbamate; HOE-881v; Panacur; Safe-Gard

M. I. 15，3994

性状 浅棕灰色结晶性粉末。无臭，无味。易溶于二甲亚砜，略溶于二甲基甲酰胺，极微溶于甲醇，几乎不溶于水。mp 233℃（分解）。一般试剂含量≥99.0%（HPLC）。

主要用途 兽用驱虫剂（杀线虫）。分析用标准物质。

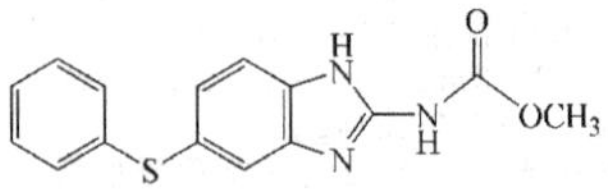

Fenbuconazole 腈苯唑 04553

[114369-43-6] $C_{19}H_{17}ClN_4$ 336.82

成分 C 67.75%，H 5.09%，Cl 10.52%，N 16.63%。

别名 α-[2-(4-Chlorophenyl)ethyl]-α-phenyl-1*H*-1,2,4-triazole-1-propanenitrile; (*RS*)-4-(4-Chlorophenyl)-2-phenyl-2-[(1*H*-1,2,4-triazol-1-yl) methyl] butyronitrile; fenethanil; RH-7592; Enable; Govern; Indar

M. I. 15，3995

性状 白色结晶性固体。溶于多数有机溶剂，极微溶于水（25℃，0.2mg/kg），不溶于脂肪烃类。蒸气压（20℃）：

0.37×10^{-7} mmHg/49.33×10^{-7} Pa。mp 124～126℃；LD_{50}大鼠急性经口>2000mg/kg；皮肤接触>5000mg/kg。

注意事项 该品对水生物极毒。能对水环境引起不利的结果。应防止将本品释放于环境中。其包装物应按危险品处理。

主要用途 农用杀菌剂。分析用标准物质。

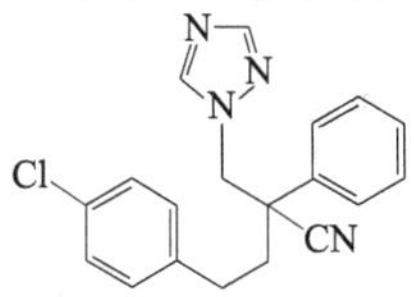

Fenbufen 联苯丁酮酸 04554

[36330-85-5] $C_{16}H_{14}O_3$ 254.29

成分 C 75.57%，H 5.55%，O 18.88%。

别名 γ-氧-(1，1'-联苯基)-4-丁酸；4-(4-联苯基)-4-氧丁酸；γ-Oxo-[1,1'-biphenyl]-4-butanoic acid；3-(4-Biphenylylcarbonyl) propionic acid；β-p-Phenylbenzoylpropionic acid；Diphenyl-4-γ-oxo-γ-butyric acid；4-(4-Biphenylyl)-4-oxobutyric acid；CL-82204；Bufemid；Cinopal；Cinopol；Lederfen

M. I. 15，3996

性状 来自乙醇中的无色结晶。mp 185～187℃。LD_{50}不同变性的小鼠，大鼠急性经口：795～1673mg/kg，200～720mg/kg；腹膜内注射：506～811mg/kg，265～575mg/kg。

注意事项 该品口服有毒。接触皮肤后，应立即用大量水冲洗。使用时如有事故发生或有不适之感，应请医生诊治。

主要用途 生化研究。医用抗炎剂。

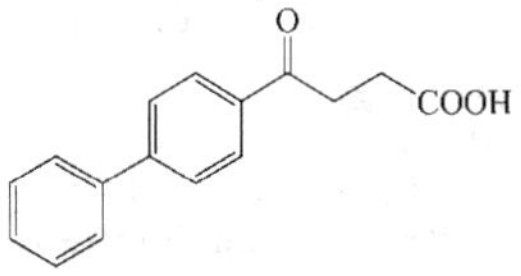

Fenbutatin oxide 氧化六苯丁锡 04555

[13356-08-6] $C_{60}H_{78}OSn_2$ 1052.70

成分 C 68.46%，H 7.47%，O 1.53%，Sn 22.55%。

别名 六苯丁锡氧；Hexakis(2-methyl-2-phenylpropyl) distannoxane；Di[tri-(2-methyl-2-phenylpropyl) tin] oxide；Hexakis(β,β-dimethylphenethyl) distannoxane；SD-14114；Torque；Vendex

M. I. 15，3997

性状 白色结晶性粉末。该品于下列物质中溶解度(23℃，g/L)：丙酮 6；苯 143；二甲苯 53；辛醇 33；二氯甲烷 377；氯甲烷 380。极微溶于水(<5μg/L)。该品对蜜蜂无毒，对鱼有毒。mp 145℃；Fp 212℉(100℃)。LD_{50}大鼠、兔急性经口>2000mg/kg；皮肤接触>2000mg/kg。

注意事项 该品与皮肤接触有害。对眼睛及皮肤有刺激性。对水生物极毒。能对水环境引起不利的结果。使用时应穿适当的防护服和戴手套。接触皮肤后，应立即用大量水冲洗。使用时如有事故发生或有不适之感，应请医生诊治。应防止将本品释放于环境中。其包装物应按危险品处理。

主要用途 杀螨剂。分析用标准物质。

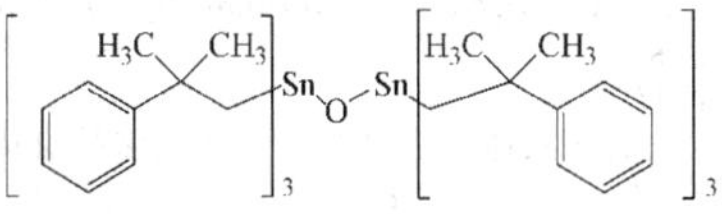

Fencamfamine hydrochloride
苯乙胺去甲樟烷 盐酸盐 04556

[2240-14-4] $C_{15}H_{22}ClN$ 251.80

成分 C 71.55%，H 8.81%，Cl 14.08%，N 5.56%。

别名 盐酸苯乙胺去甲樟烷；H-610；N-Ethyl-3-phenylbicyclo[2.2.1]heptan-2-amine hydrochloride；N-Ethyl-3-phenyl-2-norbornanamine hydrochloride；2-Ethylamino-3-phenylnorcamp hane hydrochloride；2-Phenyl-3-ethylaminonorbornane hydrochloride；2-Ethylamino-3-phenylnorbornane hydrochloride；2-ethylamino-3-phenylbicyclo[2.2.1] heptane hydrochloride；Euvitol hydrochloride

M. I. 15，3998

性状 来自丙酮中的无色结晶。易溶于水、乙醇、甲醇、氯仿，微溶于苯，几乎不溶于乙醚。mp 192℃。LD_{50}小鼠，大鼠急性经口：135.0mg/kg，113.0mg/kg；皮下注射：85.5，68.5mg/kg；静脉注射：15.7mg/kg，23.5mg/kg。

主要用途 医用中枢神经系统兴奋剂。

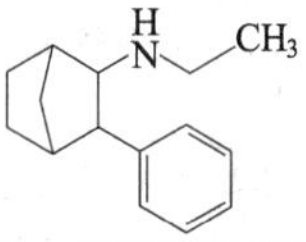

Fencamine hydrochloride 苯双胺咖啡碱 盐酸盐 04557

[63918-50-3] $C_{20}H_{29}ClN_6O_2$ 420.94

成分 C 57.07%，H 6.94%，Cl 8.42%，N 19.97%，O 7.60%。

别名 盐酸苯双胺咖啡碱；Altimina；Sicoclor；3,7-Dihydro-1,3,7-trimethyl-8-[2-[methyl(1-methyl-2-phenylethyl) amino] ethyl] amino-1H-purine-2,6-dione hydrochloride；8-[[2-[Methyl(α-methylphenethyl) amino] ethyl] amino] caffeine hydrochloride；8-[2-(N,α-Dimethyl-β-phenyl) ethylamino]-1,3,7-trimethyl-2,6-dioxopurine hydrochloride；N^1-(1，3，7-Trimethyl-2，6-dioxopurin-8-yl)-N^2-(1-methyl) phenethyl-N^2-methylethylenediamine hydrochloride；N-8-Caffeyl-N'-methyl-N'-(α-methylphenethyl) ethylenediamine hydrochloride；Phencamine hydrochloride；ST-374-HCl

M. I. 15，3999

性状 无色结晶。味苦。微吸潮。溶于水，微溶于多数有机溶剂。mp 278～279℃(分解)；uv max(水中)：296nm($E_{1cm}^{1\%}$ 398)。LD_{50}大鼠，小鼠腹膜内注射：93mg/kg，82mg/kg；急性经口：508mg/kg，418mg/kg。

主要用途 医用兴奋剂。

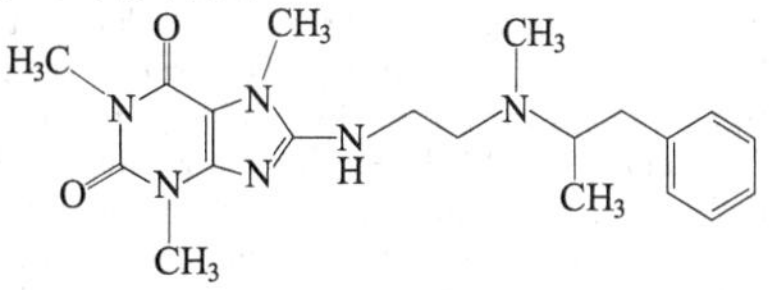

(+)-Fenchone (+)-茴香酮 04558

[4695-62-9] $C_{10}H_{16}O$ 152.23

成分 C 78.90%，H 10.59%，O 10.51%。

别名 d-Fenchone；(1S)-1,3,3-Trimethylbicyclo[2.2.1]heptan-2-one；d-1,3,3-Trimethyl-2-norbornanone；d-1,3,3-Trimethyl-2-norcamp hanone

M. I. 15，4000

性状 无色油状液体。有类似樟脑的气味。易溶于无水乙醇、乙醚，几乎不溶于水。mp 6.1℃；bp_{760} 193.5℃/101.32kPa；bp_{100} 122℃/133.32 kPa；bp_{20} 82℃/2.666kPa；bp_{15} 66℃/2 kPa；Fp 106℉(66℃)；d_4^{18} 0.948；n_D^{18} 1.4636；$[\alpha]_D^{20}$ +66.9°。LD_{50}大鼠急性经口：6.16g/kg。一般试剂含量≥98.0%(GC)。

注意事项 使用时应避免吸入本品的蒸气，避免与眼睛及皮肤接触。

主要用途 香料。食品调味剂。医用抗刺激剂。

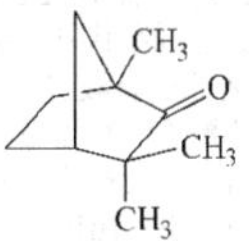

Fenclozic acid 氯苯噻唑乙酸 04559

[17969-20-9] $C_{11}H_8ClNO_2S$ 253.70

成分 C 52.08%，H 3.18%，Cl 13.97%，N 5.52%，O 12.61%，S 12.64%。

别名 2-(4-Chlorophenyl)-4-thiazoleacetic acid；2-(p-Chlorophenyl) thiazol-4-ylacetic acid；Acidum fenclozicum；ICI-54450；Myalex

M. I. 15，4001

性状 来自乙酸乙酯中的无色结晶性固体。溶于多数有机溶剂，略微溶于水。mp 155～156℃。LD_{50}大鼠，小鼠急性经口：850mg/kg，1000mg/kg；静脉注射：250mg/kg，300mg/kg。

主要用途 医用抗炎剂。

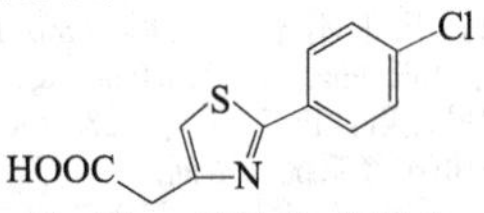

Fendiline hydrochloride 芬地林 盐酸盐 04560

[13636-18-5] $C_{23}H_{26}ClN$ 351.92

成分 C 78.50%，H 7.45%，Cl 10.07%，N 3.98%。

别名 盐酸芬地林；γ-苯基-*N*-(1-苯乙基)苯丙胺 盐酸盐；*N*-(3,3-二苯基丙基)-α-甲基苄胺 盐酸盐；*N*-(1-苯乙基)-3,3-二苯基丙胺 盐酸盐；HK-137；Cordan；Fendilar；Sensit；γ-Phenyl-*N*-(1-phenylethyl) benzenepropanamine hydrochloride；*N*-(3,3-Diphenylpropyl)-α-methylbenzylamine hydrochloride；*N*-(1-Phenylethyl)-3,3-diphenylpropylamine hydrochloride

M. I. 15，4002

性状 几乎白色或微带粉红色的粉末。易溶于甲醇、乙醇、氯仿，极微溶于水。mp 204～205℃。LD_{50}小鼠静脉注射：14.5mg/kg；急性经口：950mg/kg。

注意事项 该品口服有害。使用时应穿适当的防护服。

主要用途 医用冠状血管舒张剂。

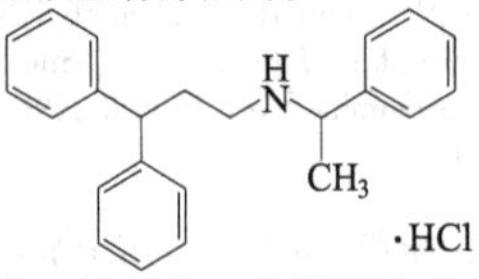

Fenethylline hydrochloride 苯甲锡林 盐酸盐 04561

[1892-80-4] $C_{18}H_{24}ClN_5O_2$ 377.87

成分 C 57.21%，H 6.40%，Cl 9.38%，N 18.53%，O 8.47%。

别名 盐酸苯甲锡林；苯丙氨乙茶碱 盐酸盐；盐酸苯丙氨乙茶碱；H-814；Captagon；3,7-Dihydro-1,3-dimethyl-7-[2-[(1-methyl-2-phenylethyl)amino]ethyl]-1*H*-purine-2,6-dione hydrochloride；7-[2-[(α-Methylphenethyl) amino] ethyl] theophylline hydrochloride；7-[β-(α-Methyl-β-phenylethylamino) ethyl] theophylline；7-(Phenylisopropylaminoethyl) theophylline hydrochloride；7-(3-Phenyl-2-propylaminoethyl) theophylline hydrochloride；Theophyllineethylamp hetamine hydrochloride

M. I. 15，4003

性状 无色结晶。有两种不同的晶型，mp 227～229℃或mp 237～239℃。

主要用途 医用中枢神经系统兴奋剂。

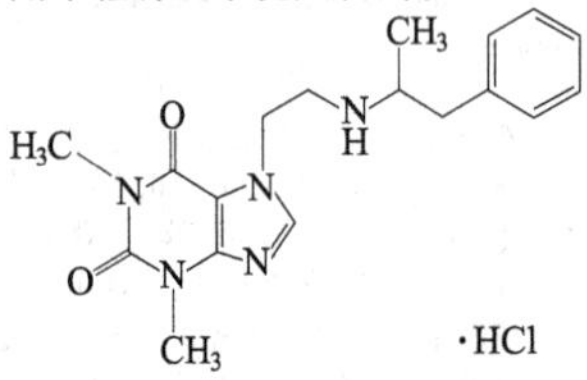

(+)-Fenfluramine hydrochloride (+)-氟苯丙胺 盐酸盐 04562

[3239-45-0] $C_{12}H_{17}ClF_3N$ 267.72

成分 C 53.84%，H 6.40%，Cl 13.24%，F 21.29%，N 5.23%。

别名 *N*-乙基-α-甲基-3-(三氟甲基)苯乙胺 盐酸盐；*N*-乙基-α-甲基-间三氟甲基苯乙胺 盐酸盐；2-乙氨基-1-(3-三氟甲基苯基)丙烷 盐酸盐；盐酸(+)-氟苯丙胺；Acino；Adifax；Adipomin；Dexfenfluramine hydrochloride；Glypolix；Isomeride；Redux；*N*-Ethyl-α-methyl-3-(trifluoromethyl) benzeneethanamine hydrochloride；*N*-Ethyl-α-methyl-*m*-(trifluoromethyl) phenethylamine hydrochloride；2-Ethylamino-1-(3-trifluoromethylphenyl) propane hydrochloride；S-768-HCl；Obedrex；Pesos；Ponderal；Ponderex；Pondimin；Rotondin

M. I. 15，4004

性状 来自乙酸乙酯或乙醇+乙醚中的无色结晶。mp 166℃。

注意事项 该品吸入、口服或与皮肤接触有毒。使用时应穿适当的防护服，戴手套和防护镜或面罩。使用时应避免吸入本品的粉尘。使用时如有事故发生或有不适之感，应请医生诊治。

主要用途 生化研究。医用食欲抑制剂。

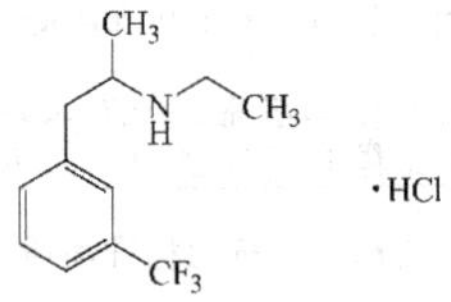

Fenhexamid 环酰菌胺 04563

[126833-17-8] $C_{14}H_{17}Cl_2NO_2$ 302.20

成分 C 55.64%，H 5.67%，Cl 23.46%，N 4.64%，O 10.59%。

别名 菌剂嘧；*N*-(2,3-Dichloro-4-hydroxyphenyl)-1-methylcyclohexanecarboxamide；1-Methylcyclohexanecarboxylic acid (2,3-dichloro-4-hydroxy-phenyl) amide；KBR-2738；Elevate；Password Teldor

M. I. 15，4005

性状 无色结晶或粉末。溶于水（20℃，20mg/L，pH 值 5～7）。蒸气压（20℃）：4×10^{-7} Pa；mp 141℃；Fp 302℉（150℃）。LD_{50}大鼠急性经口＞5000mg/kg；皮肤接触＞5000mg/kg（24h）。LD_{50}（4h）大鼠吸入＞5057mg/m³。

注意事项 该品对水生物有毒。能对水环境引起不利的结果。应防止将本品释放于环境中。

主要用途 杀菌剂。分析用标准物质。

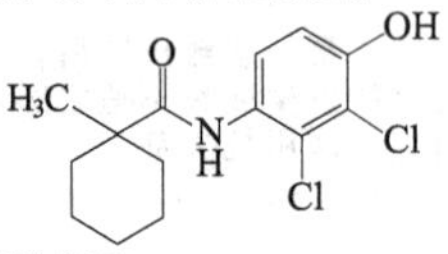

Fenipentol 1-苯基戊醇 04564

[583-03-9] $C_{11}H_{16}O$ 164.25

成分 C 80.44%，H 9.82%，O 9.74%。

别名 苯戊醇；α-Butylbenzenemethanol；α-Butylbenzyl alcohol；Phenylbutylcarbinol；1-Phenyl-1-hydroxypentane；Phenylpentanol；PC 1；Ph BC；Pancoral

M. I. 15，4006

性状 无色或微黄色液体。能与有机液体相混溶，几乎不溶于水。bp_{12} 123～124℃/1.6kPa；n_D^{20} 1.5112。

主要用途 医用利胆剂。用于治疗慢性胰腺炎。

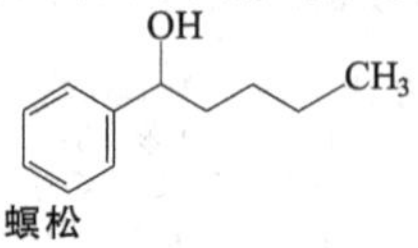

Fenitrothion 杀螟松 04565

[122-14-5] $C_{19}H_{12}NO_5PS$ 277.23

成分 C 38.99%，H 4.36%，N 5.05%，O 28.86%，P 11.17%，S 11.57%。

别名 杀螟硫磷；速灭虫；*O*,*O*-二甲基-*O*-(3-甲基-4-硝基苯基)硫代膦酸酯；AC-47300；Accothion；Bayer 41831；Bayer S-5660；Cyfen；Cyten；ENT-25715；Folithion；Sumithion；*O*,*O*-Dimethyl *O*-(3-methyl-4-nitrophenyl) monophosphorothioate；*O*,*O*-Dimethyl *O*-4-nitro-*m*-tolylthiophosphate；MEP；Metathion；OMS-45；Phosphorothioic acid *O*,*O*-dimethyl *O*-(3-methyl-4-nitrophenyl) ester

M. I. 15，4007

性状 浅黄色油状液体。有微臭。溶于大多数有机溶剂，几乎不溶于水。$bp_{0.05}$ 118℃/6.666Pa；d_4^{25} 1.3227；n^{25} 1.5528；uv max：269.5nm（ε 6756）。LD_{50}大鼠急性经口：250mg/kg。

注意事项 该品口服有害。对水生物极毒。能对水环境引起不利的结果。应防止将本品释放于环境中。其包装物应按危险品处理。应密封于2～8℃保存。

主要用途 杀虫剂标样。

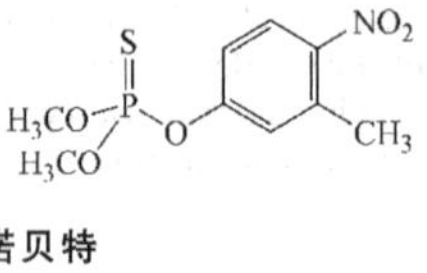

Fenofibrate 非诺贝特 04566

[49562-28-9] $C_{20}H_{21}ClO_4$ 360.83

成分 C 66.57%，H 5.87%，Cl 9.82%，O 17.74%。

别名 2-[4-(4-Chlorobenzoyl)phenoxy]-2-methylpropanoic acid 1-methylethyl ester; Isopropyl[4′-(*p*-chlorobenzoyl)-2-phenoxy-2-methyl] propionate; Procetofen; Procetofene; LF-178; Ankebin; Elasterin; Fenobrate; Fenotard; Lipanthyl; Lipantil; Lipidil; Lipoclar; Lipofene; Liposit; Lipsin; Nolipax; Procetoken; Protolipan; Secalip; Tricor

M. I. 15,4009

性状 来自异丙醇中的白色结晶或粉末。易溶于二氯甲烷，溶于丙酮、乙醚、苯、氯仿，微溶于甲醇、乙醇，几乎不溶于水。mp 80～81℃。LD_{50}小鼠急性经口：1600mg/kg。一般试剂含量≥99.0%。

注意事项 该品口服有害。使用时应穿适当的防护服。

主要用途 医用抗高血脂剂。

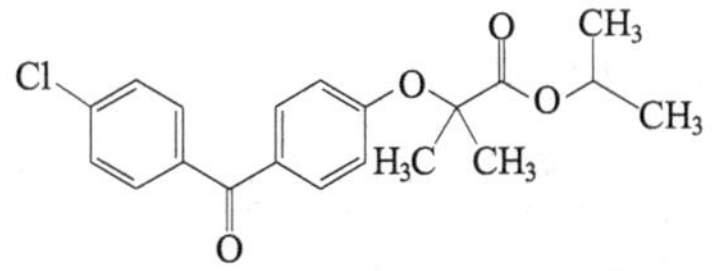

Fenoldopam hydrobromide 非诺多泮 氢溴酸盐 04567

[67227-56-9] $C_{16}H_{17}BrClNO_3$ 386.67

成分 C 50%，H 4%，Br 2.1%，Cl 9%，N 4%，O 12%。

别名 6-氯-2,3,4,5-四氢-1-(4-羟基苯基)-1*H*-3-苯并杂卓-7,8-二醇；氢溴 酸非诺多泮；6-Chloro-2,3,4,5-tetrahydro-1-(4-hydroxyphenyl)-1*H*-3-benzazepine-7,8-diok hydrobromide; 6-Chloro-7,8-dihydroxy-1-*p*-hydroxyphenyl-2,3,4,5-tetrahydro-1*H*-3-benzazepine hydrobromide; SKF-82526

M. I. 15, 4010

性状 无色结晶或白色粉末。溶于二甲基亚砜（>12mg/mL）、水（4.75mg/mL）、mp 277℃（分解）。一般试剂含量≥98.0%。

注意事项 该品口服有害。对眼睛有刺激性。吸入或与皮肤接触可引起过敏。使用时应穿适当的防护服，戴手套和防护镜或面罩。应避免吸入本品的粉尘。万一接触到眼睛，应立即用大量水冲洗后请医生诊治。应密封于2～8℃保存。

主要用途 医用抗高血压剂。

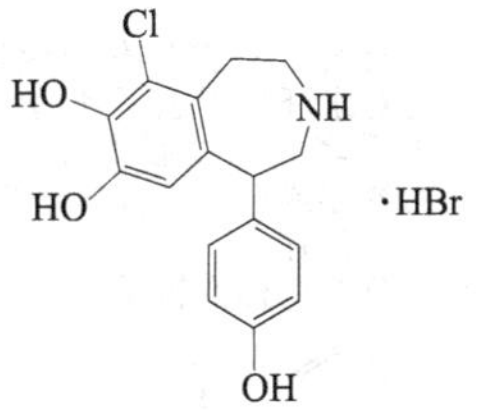

Fenoprofen calcium salt dihydrate
苯氧苯丙酸钙盐 二水 04568

[53746-45-5] $C_{30}H_{26}CaO_6 \cdot 2H_2O$ 558.64

成分（以无水物计） C 68.95%，H 5.01%，Ca 7.67%，O 18.37%。

别名 3-苯氧基苯丙酸钙盐 二水；二苯醚-3-丙酸钙盐 二水；Lilly 69323; Fenopron; Fepron; Feprona; Nalfon; Nalgesic; Progesic

M. I. 15,4011

性状 白色结晶性粉末。该品于下列物质中的溶解度(37℃，mg/mL)：正己醇 11；甲醇 8；水 2.5；氯仿 0.01。其水溶液对紫外线敏感。pK_a 4.5。LD_{50}小鼠急性经口：800mg/kg。

注意事项 该品吸入、口服或与皮肤接触有害。使用时应穿适当的防护服。

主要用途 生化研究。医用抗炎剂，止痛剂。

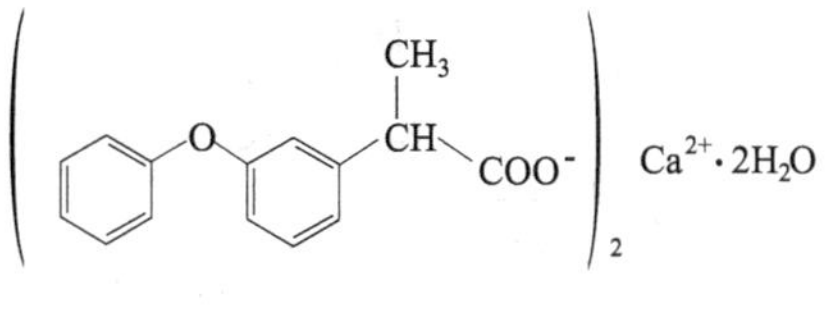

Fenoterol hydrobromide 芬忒醇 氢溴酸盐 04569

[1944-12-3] $C_{17}H_{22}BrNO_4$ 384.27

成分 C 53.14%，H 5.77%，Br 20.79%，N 3.65%，O 16.65%。

别名 氢溴酸芬忒醇；5-[1-羟基-2-[2-(4-羟基苯基)-1-甲基乙基]氨基]乙基-1,3-苯二醇 氢溴酸盐；TH-1165a; Airum; Berotec; Dosberotec; Partusisten; 5-[1-Hydroxy-2-[2-(4-hydroxyphenyl)-1-methylethyl]amino]ethyl-1, 3-benzenediol hydrobromide; 1-(3, 5-Dihydroxyphenyl)-1-hydroxy-2-[(4-hydroxyphenyl)isopropylamino]ethane hydrobromide; 2-(3,5-Dihydroxyphenyl)-2-hydroxy-2′-(4-hydroxyphenyl)-1′-methyldiethylaminehydrochloride; 1-(*p*-Hydroxyphenyl)-2-[[*β*-hydroxy-*β*-(3′,5′-dihydroxyphenyl)]ethyl]aminopropane hydrobromide; TH-1165-HBr

M. I. 15, 4012

性状 来自甲醇-乙醚中的无色结晶。mp 222～223℃。LD_{50} 小鼠皮下注射：1100mg/kg；急性经口：1990mg/kg。

注意事项 该品口服有害。使用时应穿适当的防护服。

主要用途 生化研究。医用支气管扩张剂。

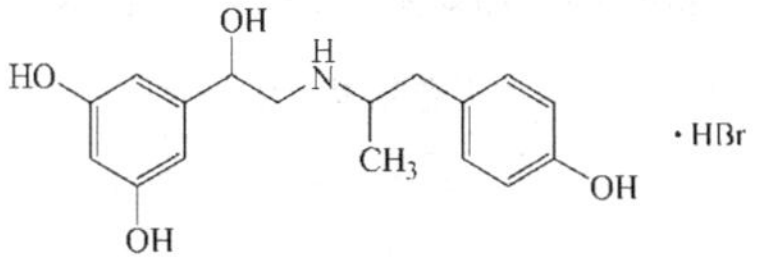

Fenoverine 非诺维林 04570

[37561-27-6] $C_{26}H_{25}N_3O_3S$ 459.56

成分 C 67.95%，H 5.48%，N 9.14%，O 10.44%，S 6.98%。

别名 2-[4-(1,3-Benzodioxol-5-ylmethyl)-1-piperazinyl]-1-(10*H*-phenothiazin-10-yl) ethanone; 10-[4-(1, 3-Benzodioxol-5-ylmethyl)-1-piperazinyl]acetyl-10*H*-phenothiazine; 10-[4-(3, 4-Dioxymethylenebenzyl)-1-piperazinylacetyl] phenothiazine; 10-[(4-Piperonyl-1-piperazinyl)acetyl]phenothiazine; Spasmopriv

M. I. 15, 4013

性状 来自异丙醚中的无色结晶。mp 141～142℃；LD_{50}小鼠急性经口：约 1.59g/kg；腹膜内注射：约 2.5g/kg。

主要用途 医用抗痉挛剂。平滑肌松弛剂。

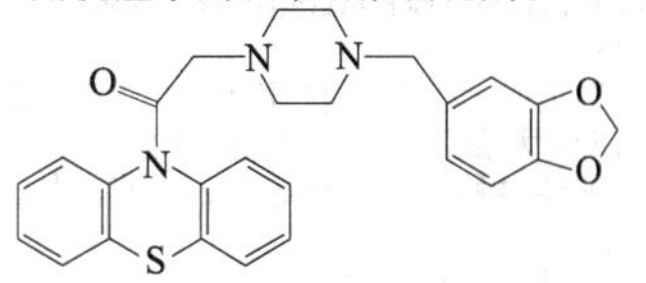

Fenoxaprop-ethyl 噁唑禾草灵 04571

[66441-23-4] $C_{18}H_{16}ClNO_5$ 361.78

成分 C 59.76%，H 4.46%，Cl 9.80%，N 3.87%，O 22.11%。

别名 2-{4-[(6-氯-2-苯并噁唑基)氧化]苯氧基} 丙酸乙酯；2-[4-[(6-Chloro-2-benzoxazolyl)oxy]phenoxy]propanoic acid ethyl ester; HOE-33171; Acclaim; Furore; Puma; Whip

M. I. 15, 4015

性状 无色结晶性粉末。该品于下列物质中的溶解度(20℃)：己烷>0.5%；环己烷、乙醇、1-辛醇>1%；乙酸乙酯>20%；甲苯>30%；丙酮>50%。极微溶于水(25℃)：0.9mg/L。mp 84～85℃；$bp_{0.75}$ 200℃/100Pa。LD_{50}雄，雌大鼠急性经口：2357mg/kg，2500mg/kg；腹膜内注射：739mg/kg，864mg/kg。

注意事项 该品接触皮肤能引起过敏。对水生物极毒。能对水环境引起不利的结果。使用时应戴适当的手套。应避免与皮肤接触。应防止将本品释放于环境中。其包装物应按危险品处理。

主要用途 除草剂。分析用标准物质。

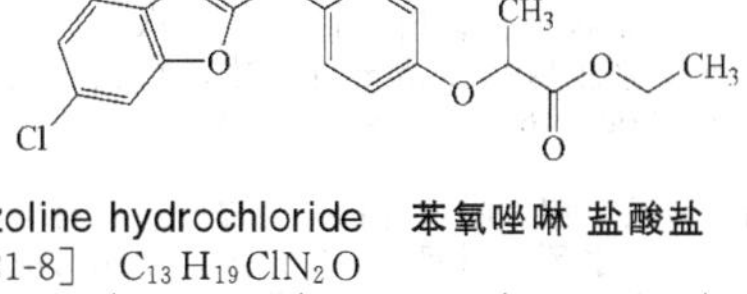

Fenoxazoline hydrochloride 苯氧唑啉 盐酸盐 04572

[21370-21-8] $C_{13}H_{19}ClN_2O$ 254.76

成分 C 61.29%，H 7.52%，Cl 13.92%，N 11.00%，O 6.28%。

别名 2-邻异丙基苯氧甲基-2-咪唑啉 盐酸盐；盐酸苯氧唑啉；Aturgyl; Nasofelin; Nebulicina; 4,5-Dihydro-2-[2-(1-methylethyl)phenoxy]methyl-1*H*-imidazole hydrochloride; 2-(*o*-Cumenyloxy)methyl-2-imidazoline hydrochloride; 2-(*o*-Isopropylphenoxymethyl)-2-imidazoline hydrochloride; Pheoxyazoline hydrochloride

M. I. 15, 4016

性状 无色结晶。溶于水、乙醇。mp 174℃。

主要用途 医用拟交感神经剂。

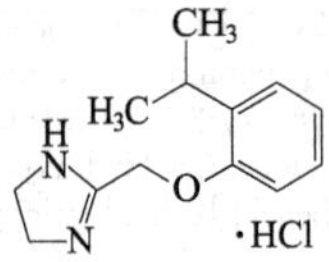

Fenoxycarb 苯氧威 04573

[72490-01-8] $C_{17}H_{19}NO_4$ 301.34

成分 C 67.76%，H 6.35%，N 4.65%，O 21.24%。

别名 双氧威；[2-(4-苯氧基苯氧基)乙基]氨基甲酸乙酯；苯醚威；[2-(4-Phenoxyphenoxy) ethyl] carbamic acid ethyl ester; Ethyl [2-(4-phenoxyphenoxy) ethyl] carbamate; Ro-13-5233; Award; Comp ly; Insegar; Logic; Pyctyl; Torus; Varikill

M. I. 15, 4017

性状 来自石油醚中的无色结晶。溶于水（23℃）：5.76×10^{-6}。mp 53～54℃；Fp 435.2℉（224℃）。LD_{50}大鼠腹膜内注射：9220mg/kg；急性经口：16800mg/kg。

主要用途 杀虫剂。分析用标准物质。

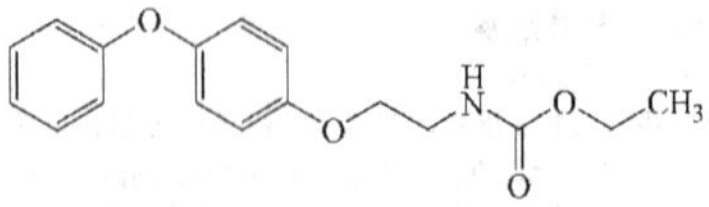

Fenpiclonil 拌种咯 04574

[74738-17-3] $C_{11}H_6Cl_2N_2$ 237.08

成分 C 55.73%，H 2.55%，Cl 29.91%，N 11.82%。

别名 4-（2，3-二氯苯基）-1*H*-吡咯-3-腈；3-（2，3-二氯苯基）-4-氰基吡咯；4-氰基-3-（2，3-二氯苯基）吡咯；4-(2, 3-Dichlorophenyl)-1*H*-pyrrole-3-carbonitrile; 3-(2, 3-Dichlorophenyl)-4-cyanopyrrole; 4-Cyano-3-(2, 3-dichlorophenyl) pyrrole; CGA-142705; Beret; Galbas; Gambit

M. I. 15, 4018

性状 无色结晶。无味。溶于水（20℃，2mg/kg）。mp 152.9℃。LD_{50}大鼠，小鼠，兔急性经口：>5000mg/kg；LD_{50}大鼠皮肤接触：>2000mg/kg；LC_{50}大鼠吸入（4h）：>1502mg/m³。

注意事项 该品蒸气吸入有害。

主要用途 农用杀菌剂。分析用标准物质。

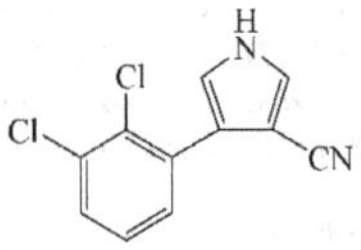

Fenpropathrin 甲氰菊酯 04575

[39515-41-8] $C_{22}H_{23}NO_3$ 349.43

成分 C 75.62%，H 6.63%，N 4.01%，O 13.74%。

别名 分朴菊酯；2,3,3,3-四甲基环丙烷羧酸 α-氰苯-3-苯氧基苄酯；2,2,3,3-四甲基环丙烷羧酸氰基(3-苯氧基苯基)甲酯；2,2,3,3- Tetramethylcyclopropanecarboxylic acid cyano(3-phenoxyphenyl) methyl ester; α-Cyano-3-phenoxybenzyl 2, 2, 3, 3-tetramethylcycloproanecarboxylate; Fenpropanate; S-3206; SD-41706; WL-41706; Danitol; Meothrin; Rody

M. I. 15, 4019

性状 浅黄色油状液体。Fp 212℉（100℃）；n_D^{26} 1.5283。LD_{50}大鼠静脉注射：2.5mg/kg；雄，雌大鼠急性经口：24～36mg/kg，18～24mg/kg。LC_{50}（24h）虹鳟鱼：76.7μg/kg。

注意事项 该品口服、吸入有毒，与皮肤接触有害。对水生物极毒。能对水环境引起不利的结果。使用时应穿适当的防护服和戴手套。使用时在通风不好的情况下，应戴适当的呼吸装置。接触皮肤后，应立即用大量水冲洗。使用时如有事故发生或有不适之感，应请医生诊治。应防止将本品释放于环境中，其包装物应按危险品处理。

主要用途 杀虫剂。杀螨剂。分析用标准物质。

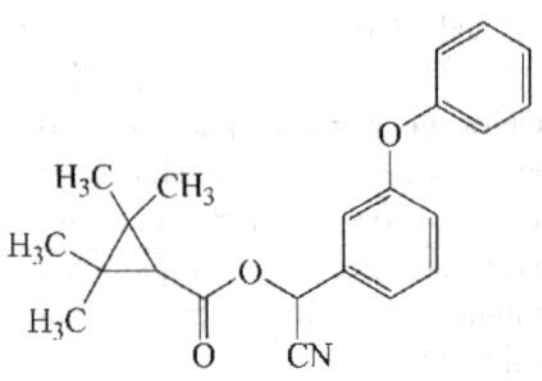

Fenpropidin 苯锈啶 04576

[67306-00-7] $C_{19}H_{31}N$ 273.46

成分 C 83.45%，H 11.43%，N 5.12%。

别名 1-{3-[4(1,1-二甲基乙基)苯基]-2-甲基丙基}哌啶；(*RS*)-1-[3-(4-叔丁基苯基)-2-甲基丙基]哌啶；1-[3-[4-(1, 1-Dimethylethyl) phenyl]-2-methylpropyl] piperidine; (*RS*)-1-[3-(4-*tert*-butylphenyl) 2-methylpropyl] piperidine; Patrol

M. I. 15, 4020

性状 无色油状液体。$bp_{0.2}$ 117℃/26.664Pa；$bp_{0.045}$ 125℃/6Pa；$bp_{0.032}$ 104℃/4.266Pa。

注意事项 该品口服或与皮肤接触有害，对眼睛有刺激性。使用时应穿适当的防护服和戴手套。万一接触到眼睛，应立即用大量水冲洗后请医生诊治。

主要用途 农用杀菌剂。分析用标准物质。

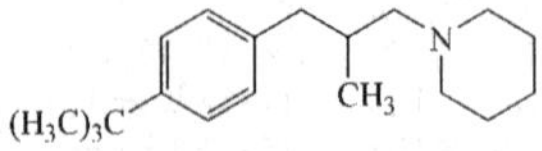

***cis*-Fenpropimorph 顺式-丁苯吗啉** 04577

[67564-91-4] $C_{20}H_{33}NO$ 303.49

成分 C 79.15%，H 10.96%，N 4.62%，O 5.27%。

别名 顺式-4-{3-[4-(1,1-二甲基乙基)苯基]-2-甲基丙基}-2,6-二甲基吗啉；4-[3-[4-(1,1-Dimethylethyl) phenyl]-2-methylpropyl]-2, 6-dimethylmorpholine; BAS-42100F; Ro-14-3169/000; Corbel; Mistral

M. I. 15, 4021

性状 无色液体。溶于水（1g/L）及多数有机溶剂。$bp_{0.05}$ 120℃/6.666Pa；Fp 212℉（100℃）。LD_{50}雄，雌大鼠急性经口：3650mg/kg，3420mg/kg；皮肤接触：4200mg/kg，4380mg/kg。雄，雌小鼠腹膜内注射：1180mg/kg，1270mg/kg。

注意事项 该品口服有害。对皮肤有刺激性。能危害胎儿。对水生物有毒。能对水环境引起不利的结果。使用时应穿适当的防护服和戴手套。如误服本品，应立即请医生检查，并出示本品的容器或标签。应防止将本品释放于环境中。应密封于－20℃保存。

主要用途 杀菌剂。分析用标准物质。

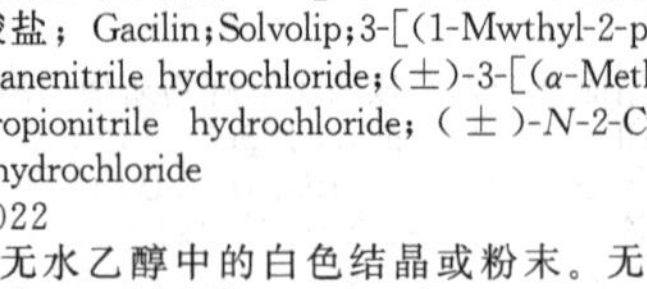

cis-(−)-*S*-型

Fenproporex hydrochloride 氰乙苯丙胺 盐酸盐 04578

[18305-29-8] $C_{12}H_{17}ClN_2$ 224.73

成分 C 64.14%，H 7.63%，Cl 15.77%，N 12.47%。

别名 盐酸氰乙苯丙胺；3-[（1-甲基-2-苯基乙基）氨基]丙腈 盐酸盐；Gacilin; Solvolip; 3-[(1-Mwthyl-2-phenylethyl)amino] propanenitrile hydrochloride; (±)-3-[(α-Methylphenethyl) amino] propionitrile hydrochloride; (±)-*N*-2-Cyanoethylamphetamine hydrochloride

M. I. 15, 4022

性状 来自无水乙醇中的白色结晶或粉末。无气味。味道苦。溶于水、95%乙醇。mp 146℃。

主要用途 医用抑制食欲剂。

Fenpyroximate 唑螨酯 04579

[134098-61-6] [111812-58-9] $C_{24}H_{27}N_3O_4$ 421.50

成分 C 68.39%，H 6.46%，N 9.97%，O 15.18%。

别名 (*E*)-4-[[[[(1,3-二甲基-5-苯氧基-1*H*-吡唑-4-基)亚甲基]氨基]氧化]甲基]苯甲酸 1,1-二甲基乙基酯；叔丁基(*E*)-α-(1,3-二甲基-5-苯氧吡唑-4-基亚甲基氨基氧)对甲苯甲酸酯；霸螨灵；4-[[[(*E*)-[(1,3-Dimethyl-5-phenoxy-1*H*-pyrazol-4-yl)methylene]amino]oxy]methyl]benzoic acid 1,1-dimethylethyl ester；*tert*-Butyl (*E*)-α-(1,3-dimethyl-5-phenoxypyrazol-4-yl methyleneaminooxy)-*p*-toluate；NNI-850；HOE-555-02A；Sequel

M. I. 15，4024

性状 白色结晶性粉末。该品于下列物质中的溶解度(25℃，g/L)：甲醇 15；正己烷 4；二甲苯 175。极微溶于水（20℃，0.015×10^{-3} g/L）。mp 101.1～102.4℃；Fp 212℉（100℃）。LD_{50}雄，雌大鼠急性经口：480mg/kg，245mg/kg；皮肤接触：＞200mg/kg，＞2000mg/kg。LC_{50}鲤鱼（48h）：6.1μg/L；水蚤（3h）：85μg/L。

注意事项 该品蒸气吸入有害。对水生物极毒。能对水环境引起不利的结果。使用时应避免吸入本品的粉尘。应防止将本品释放于环境中。其包装物应按危险品处理。应密封于 20℃以下保存。

主要用途 杀螨剂。分析用标准物质。

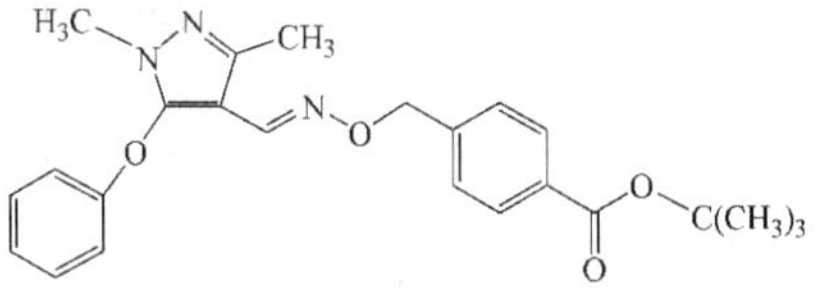

Fenretinide 芬维 A 胺 04580

[65646-68-6] $C_{26}H_{33}NO_2$ 391.56

成分 C 79.75%，H 8.50%，N 3.58%，O 8.17%。

别名 *N*-(4-Hydroxyphenyl) retinamide；4-HPR；*all-trans*-*N*-4′-Hydroxyretinanilide；4-(*all-trans*-retinoyl) aminophenol；McN-R-1967

M. I. 15，4025

性状 来自溶剂中的一般为多晶型。来自乙醇/水中的无色结晶，mp 173～175℃。来自氯仿/己烷中的结晶，mp 162～163℃。uv max（氯仿中）：370nm（ε 44500）；uv max（甲醇中）：362nm（ε 47900）。生化试剂含量≥98.0%。

主要用途 医用抗肿瘤剂。

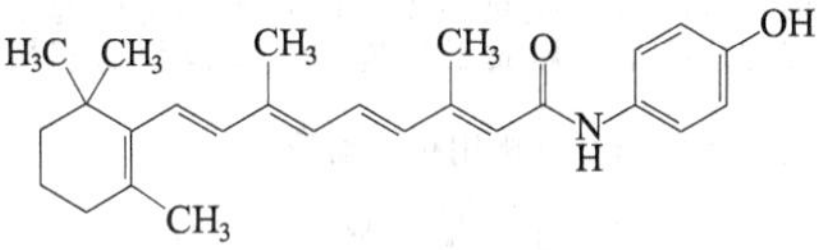

Fenspiride hydrochloride 苯螺旋酮 盐酸盐 04581

[5053-08-7] $C_{15}H_{21}ClN_2O_2$ 296.79

成分 C 60.70%，H 7.13%，Cl 11.95%，N 9.44%，O 10.78%。

别名 盐酸苯螺旋酮；NAT-333；NDR-5998A；Decaspir；Fluiden；Pneumorel；Respiride；Tegencia；Viarespan；8-(2-Phenylethyl)-1-oxa-3,8-diazaspiro[4.5]decan-2-one hydrochloride；Decaspiride hydrochloride；DESP-HCl

性状 无色结晶或粉末，溶于水。mp 232～233℃（分解）。LD_{50}小鼠静脉注射：106mg/kg；大鼠急性经口：437mg/kg。生化试剂含量≥99.0%（TLC）。

注意事项 该品吸入、口服或与皮肤接触有害。使用时应穿适当的防护服。

主要用途 生化研究。医用支气管扩张剂。

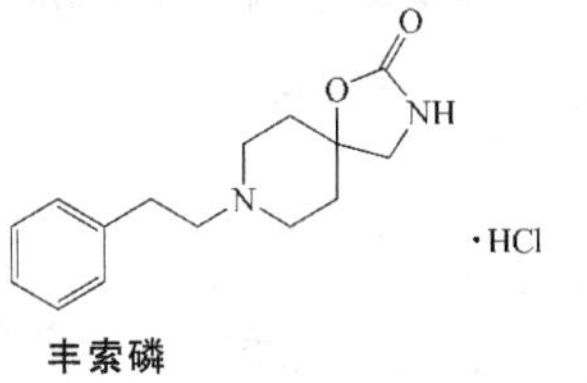

Fensulfothion 丰索磷 04582

[115-90-2] $C_{11}H_{17}O_4PS_2$ 308.35

成分 C 42.85%，H 5.56%，O 20.75%，P 10.05%，S 20.79%。

别名 Phosphorothioic acid *O*,*O*-diethyl *O*-[4-(methylsulfinyl) phenyl]ester；*O*,*O*-Diethyl *O*-[*p*-(methylsulfinyl) phenyl] phosphorothioate；Bay 25141；Dasanit；Terracur P

GW 2015-673 M. I. 15，4027

性状 无色液体。$bp_{0.01}$ 138～141℃/1.333Pa。LD_{50}雄，雌大鼠急性经口：10.5mg/kg，2.2mg/kg；腹膜内注射：5.5mg/kg，1.5mg/kg；皮肤接触：30.0mg/kg，3.5mg/kg。雄，雌小鼠腹膜内注射：10.5mg/kg，7.0mg/kg。雄豚鼠腹膜内注射：9.0mg/kg；急性经口：9.0mg/kg。

注意事项 该品口服或与皮肤接触极毒。对水生物极毒。能对水环境引起不利的结果。使用时应穿适当的防护服和戴手套。使用时应避免吸入本品的蒸气。接触皮肤后，应立即用大量水冲洗。使用时如有事故发生或有不适之感，应请医生诊治。应防止将本品释放于环境中。其包装物应按危险品处理。密封于 2～8℃保存。

主要用途 杀虫剂。杀线虫剂。分析用标准物质。

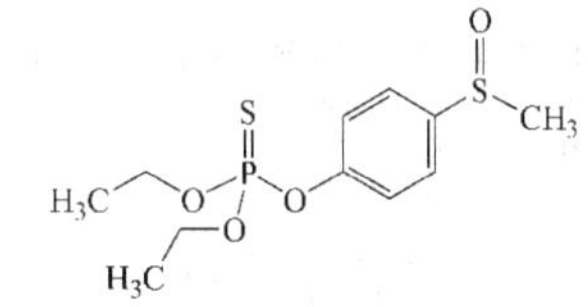

Fentanyl citrate salt 芬太尼 柠檬酸盐 04583

[900-73-8] $C_{28}H_{36}N_2O_8$ 528.60

成分 C 63.62%，H 6.86%，N 5.30%，O 24.21%。

别名 柠檬酸芬太尼；枸橼酸芬太尼；Abstral；Actiq；Duragesic；Fentanest；Leptanal；Pentanyl；Sublimaze；*N*-Phenyl-*N*-[1-(2-phenylethyl)-4-piperidinyl]propanamide；citrate；*N*-(1-Phenethyl-4-piperidyl)-propionanilide；*N*-(1-Phenethyl-4-piperidinyl)-*N*-phenylpropionamide citrate；Phentanyl citrate；R-4263 citrate

GW 2015-92 M. I. 15，4028

性状 白色结晶性粉末。味苦。1g 该品溶于约 40mL 水。溶于甲醇，略溶于氯仿。mp 149～151℃。LD_{50}小鼠静脉注射：11.2mg/kg；皮下注射：62mg/kg。

注意事项 该品吸入、口服或与皮肤接触极毒。吸入或与皮肤接触可引起过敏。使用时应穿适当的防护服，戴手套和防护镜或面罩。使用时如有事故发生或有不适之感，应请医生诊治。

主要用途 生化研究。医用麻醉止痛剂。

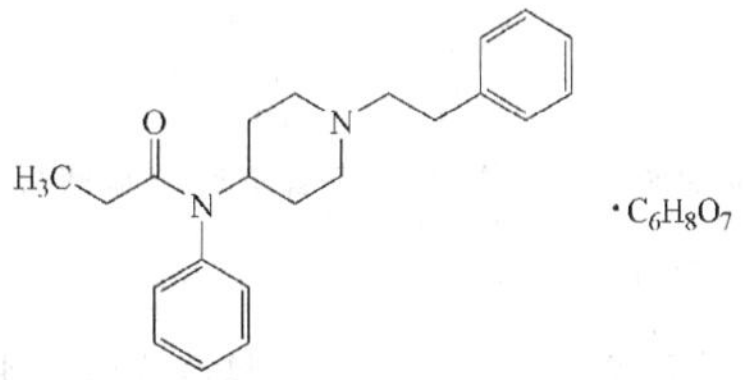

$\cdot C_6H_8O_7$

Fenthion 倍硫磷 04584

[55-38-9] $C_{10}H_{15}O_3PS_2$ 278.32

成分 C 43.15%，H 5.43%，O 17.24%，P 11.13%，S 23.04%。

别名 百治屠；肟硫磷；蕃硫磷；Phosphorothioic acid *O*,*O*-dimethyl *O*-[3-methyl-4-(methylthio)phenyl]ester；*O*,*O*-Dimethyl *O*-(4-methylmercapto-3-methylphenyl) thionophosphate；*O*,*O*-Dimethyl *O*-(3-methyl-4-methylthiophenyl) thiophosphate；*O*,*O*-Dimethyl *O*-[4-methylthio-*m*-tolyl] phosphorothioate；4-Methylmercapto-3-methylphenyl dimethyl thiophosphate；Bayer 29493；ENT-25540；S-1752；Baycid；Baytex；Lebaycid；Mercaptophos；Queletox；Talodex；Tiguvon

GW 2015-390 M. I. 15，4029

性状 无色液体。微有大蒜气味。易溶于甲醇、乙醇、乙醚、丙酮及多数有机溶剂，尤其是氯化烃类。几乎不溶于水（55mg/L）。在碱溶液中（pH 值 9）稳定。热至 201℃以上仍稳定。$bp_{0.01}$ 105℃/1.333Pa；d_4^{20} 1.250；n_D^{20} 1.5698。LD_{50} 雄，雌大鼠急性经口：215mg/kg，245mg/kg。

注意事项 该品吸入有毒，口服或与皮肤接触有害。对机体有不可逆损伤的可能性。吸入或长期曝露对机体有严重损伤的危险。对水生物极毒。能对水环境引起不利的结果。使用时应穿适当的防护服和戴手套。使用时如有事故发生或有不适之感，应请医生诊治。应防止将本品释放于环境中。其包装物应按危险品处理。应密封于 2～8℃保存。

主要用途 杀虫剂。杀螨剂。分析用标准物质。

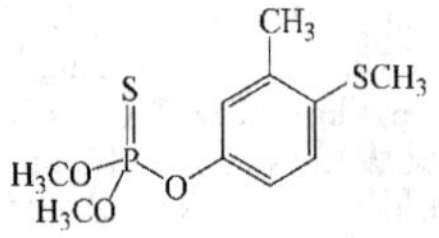

Fentiazac 双苯噻酸 04585

[18046-21-4] $C_{17}H_{12}ClNO_2S$ 329.80

成分 C 61.91%，H 3.67%，Cl 10.75%，N 4.25%，O 9.70%，S 9.72%。

别名 4-(4-Chlorophenyl)-2-phenyl-5-thiazoleacetic acid；BR-700；CH-800；Donorest；Flogene；Norvedan

M. I. 15，4030

性状 来自苯中的无色针状结晶。mp 161～162℃。LD_{50}大鼠，小鼠急性经口：661mg/kg，692mg/kg。

主要用途 医用抗炎剂。

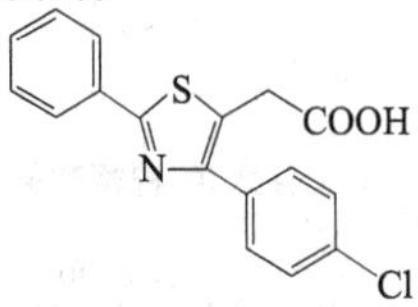

Fenticlor 硫双对氯酚 04586

[97-24-5] $C_{12}H_8Cl_2O_2S$ 287.15

成分 C 50.19%，H 2.81%，Cl 24.69%，O 11.14%，S 11.16%。

别名 2,2′-硫代双(4-氯酚)；双(2-羟基-5-氯苯基)硫；硫代2,2′-二羟基-5,5′-二氯二苯基；2,2′-Thiobis[4-chlorophenol]；Bis[2-hydroxy-5-chlorophenyl] sulfide；2,2′-Bihydroxy-5,5′-dichlorodiphenyl sulfide；S-7；Novex

M. I. 15，4031

性状 来自甲苯中的无色细小针状结晶。溶于氢氧化钠水溶液、乙醇、热苯。mp 175℃。

主要用途 医用抗感染剂。杀菌剂。

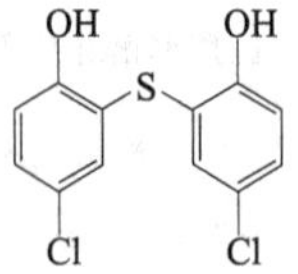

Fenticonazole mononitrate 芬替康唑 一硝酸盐 04587

[73151-29-8] $C_{24}H_{21}Cl_2N_2O_3S$ 488.40

成分 C 59.02%，H 4.33%，Cl 14.52%，N 5.74%，O 9.83%，S 6.56%。

别名 硝酸芬替康唑；1-[2-(2,4-二氯苯基)-2-[[4-(苯基硫代)苯基]甲氧基]乙基]-1*H*-咪唑一硝酸盐；Rec-15-1476；Falvin；Fenizolan；Fenliderm；Fentigyn；Gynoxin；Lomexin；1-[2-(2,4-Dichlorophenyl)-2-[[4-(phenylthio)phenyl] methoxy] ethyl]-1*H*-imidazole monoritrate；1-[2,4-Dichloro-*β*-[[*p*-(phenylthio)benzyl]oxy]phenethyl]imidazole monoritrate；1-(2,4-Dichlorophenyl)-2-(*N*-imidazolyl) ethyl-4-phenylthiobenzyl ether monoritrate；2,4-Dichloro-4′-phenylthio-(*N*-imidazolylmethyl) didenzyl ether monoritrate

M. I. 15，4032

性状 白色结晶性粉末。无气味。该品于下列物质中的溶解度（20℃，mg/mL）：水<0.1；乙醚<0.1；乙醇 30；甲醇 100；氯仿 300；二甲基甲酰胺 600。pK_a 6.54；mp 136℃；uv max（甲醇中）：252nm（ε 13894）。LD_{50}小鼠，雄大鼠，雌大鼠腹膜内注射：1191mg/kg，440mg/kg，309mg/kg；急性经口：全部>3000mg/kg。

主要用途 医用局部抗真菌剂。

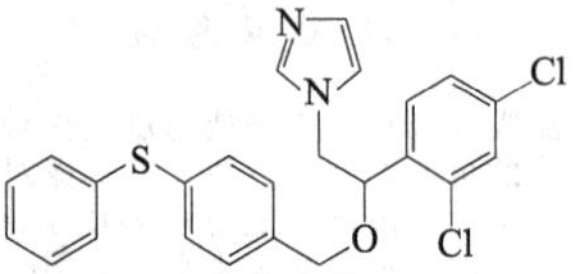

Fentonium bromide 溴化芬士宁 04588

[5868-06-4] $C_{31}H_{34}BrNO_4$ 564.52

成分 C 65.96%，H 6.07%，Br 14.15%，N 2.48%，O 11.34%。

别名 (3-*endo*,8-*anti*)-8-(2-[1,1′-Biphenyl]-4-yl-2-oxoethyl)-3-(3-hydroxy-1-oxo-2-phenylpropoxy)-8-methyl-8-azoniabicyclo[3.2.1]octane bromide；3*α*-Hydroxy-8-(*p*-phenylphenacyl)-1*αH*，5*αH*-tropanium bromide (−)-tropate；*N*-(4-Phenylphenacyl)-1-hyoscyaminium bromide；Phentonium bromide；FA-402；Z-326；Ketoscilium；Ulcesium

M. I. 15，4033

性状 无色结晶。mp 203～205℃（分解）；$[\alpha]_D^{23}-5.68°$（$c=5$，于二甲基甲酰胺中）。亦有报告为：mp 193～194℃；$[\alpha]_D^{25}-4.7°$（$c=5$，于二甲基甲酰胺中）。LD_{50}小鼠静脉注射：12.1mg/kg；急性经口或皮下注射：>400mg/kg。

主要用途 医用抗胆碱剂，解痉剂。

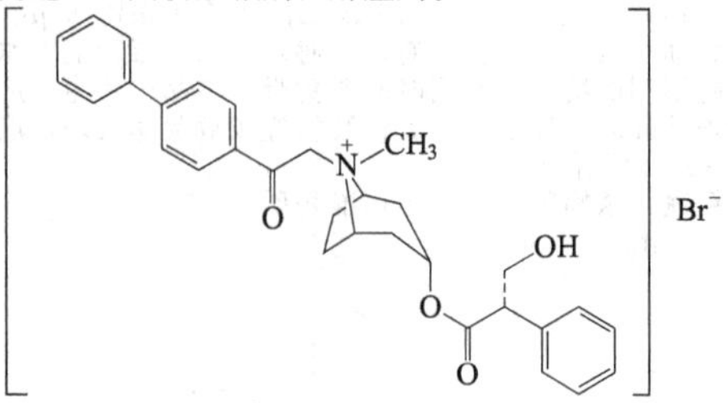

Fentrazamide 四唑草胺 04589

[158237-07-1] $C_{16}H_{20}ClN_5O_2$ 349.82

成分 C 54.94%，H 5.76%，Cl 10.13%，N 20.02%，O 9.15%。

别名 4-(2-Chlorophenyl)-*N*-cyclohexyl-*N*-ethyl-4,5-dihydro-5-oxo-1*H*-tetrazole-1-carboxamide；1-(2-Chlorophenyl)-4-(*N*-cyclohexyl-*N*-ethylcarbamoyl)-5(4*H*)-tetrazolinone；BAY-YRC-2388；NBA-061

M. I. 15，4034

性状 无色结晶。该品于下列物质中的溶解度（20℃）：水 2.3mg/L；2-丙醇 32g/L；二甲苯>250g/L。蒸气压（20℃）：7×10^{-6}kPa。mp 79℃。LD_{50}大鼠急性经口：>5000mg/kg；皮肤接触：>5000mg/kg。LD_{50}大鼠吸入：>5000mg/kg。LD_{50}（48h）鲤鱼，虹鳟鱼：3.2mg/L，3.4mg/L。

注意事项 该品对水生物极毒。能对水环境引起不利的结果。应防止将本品释放于环境中。其包装物应按危险品处理。

主要用途 除草剂。分析用标准物质。

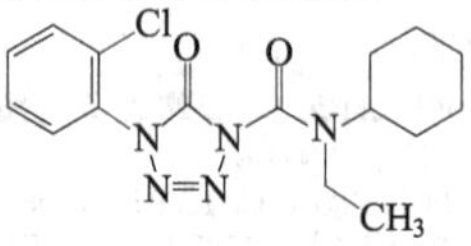

Fenuron 非草隆 04590

[101-42-8] $C_9H_{12}N_2O$ 164.21

成分 C 65.83%，H 7.37%，N 17.06%，O 9.74%。

别名 1,1-Dimethyl-3-phenylurea；*N*,*N*-Dimethyl-*N*-phenylurea；*N*-Phenyl-*N*′,*N*′-dimethylurea；Dybar

M. I. 15，4036

性状 无色结晶。溶于烃类，略微溶于水（24℃，0.29%）。mp 131～133℃。LD_{50}大鼠急性经口：7500mg/kg。

注意事项 该品对眼睛及呼吸系统有刺激性。使用时应避免与皮肤接触。万一接触到眼睛，应立即用大量水冲洗后请医生诊治。

主要用途 除草剂。分析用标准物质。

Fenvalerate 氰戊菊酯 04591

[51630-58-1] $C_{25}H_{22}ClNO_3$ 419.91

成分 C 71.51%，H 5.28%，Cl 8.44%，N 3.34%，O 11.43%。

别名 杀灭菊酯；4-氯-*α*-(1-甲基乙基)苯乙酸氰基(3-苯氧基苯基)甲酯；*α*-(4-氯苯基)异戊酸 *α*-氰基-3-苯氧基苄酯；*α*-氰基-3-苯氧基苄基-2-(4-氯苯基)-3-甲基丁酸酯；2-(4-氯苯基)-3-甲基丁酸 *α*-氰基-3-苯氧基苄酯；4-Chloro-*α*-(1-methylethyl) benzeneacetic acid cyano(3-phenoxyphenyl) methyl ester；*α*-Cyano-3-phenoxybenzyl *α*-(4-chlorophenyl) isovalerate；*α*-Cyano-3-phenoxybenzyl-2-(4-chlorophenyl)-3-methylbutyrate；Phenvalerate；S-5602；SD-43775；WL-43775；Belmark；Pydrin；Pyridin；

Sumicidin; Tirade

M. I. 15，4037

性状 澄明黄色有黏性液体（23℃以上，低温凝固）。于下列物质中溶解度（20℃，g/L）：丙酮＞450；氯仿＞450；甲醇＞450；己烷 77。不溶于水。于酸、碱溶液中稳定。于 150～300℃逐渐分解。d^{23} 1.17。n_D^{20} 1.5533。LD_{50}大鼠急性经口：451mg/kg。

注意事项 该品口服有毒。对眼睛、呼吸系统及皮肤有刺激性。对水生物极毒。能对水环境引起不利的结果。对蜜蜂有毒。使用时应避免吸入本品的粉尘，避免与眼睛及皮肤接触。万一接触到眼睛，应立即用大量水冲洗后请医生诊治。使用时如有事故发生或有不适之感，应请医生诊治。应防止将本品释放于环境中。其包装物应按危险品处理。

主要用途 杀虫剂，杀体外寄生虫剂。分析用标准物质。

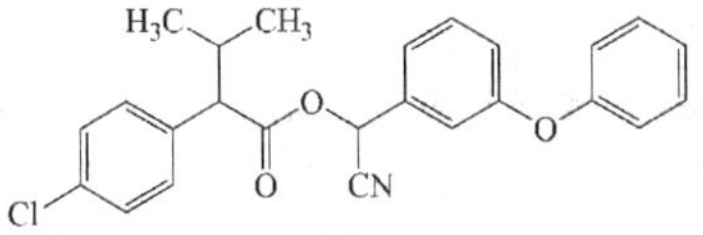

Ferrichrome iron-free 铁色素 04592

［25312-33-8］ $C_{27}H_{42}FeN_9O_{12}$ 740.53

成分 C 44%，H 6%，Fe 8%，N 17%，O 26%。

M. I. 15，4051

性状 来自无水甲醇中的黄色长针状结晶。溶于水、热甲醇，略微溶于乙醇、丙酮、乙醚、氯仿。240～242℃收缩并变黑，但没熔化。$[\alpha]_D$＋300°（c＝0.04）；最大吸收值（甲醇中）：425nm（$E_{1cm}^{1\%}$ 39.4）。

注意事项 该品应密封于 2～8℃保存。

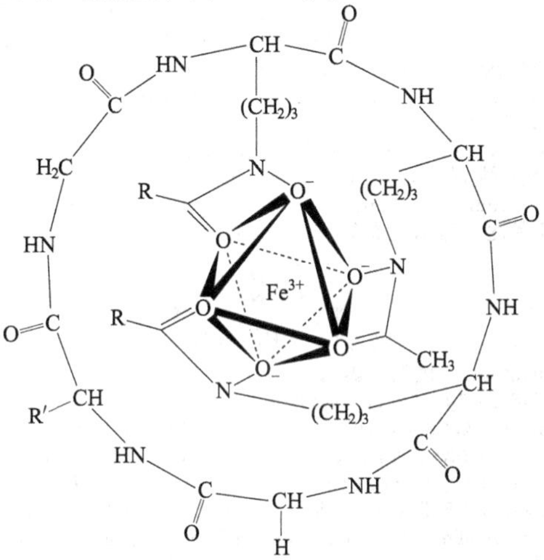

Ferritin from horse spleen 铁蛋白（马脾） 04593

［9007-73-2］ Mr 约 900000

别名 铁朊；Epadora; Ferrofolin; Ferrol; Ferrosprint; Ferrostar; Sanifer; Sideros; Unifer

M. I. 15，4063

性状 红棕色立方或斜方结晶。系水溶性蛋白。对温度敏感。

注意事项 该品应充氩气密封于 2～8℃干燥保存。

主要用途 生化研究。医用补血剂。

Ferrocene 二茂铁 04594

［102-54-5］ $C_{10}H_{10}Fe$ 186.04

成分 C 64.56%，H 5.42%，Fe 30.02%。

别名 二环戊二烯基铁；环戊二烯铁；铁二茂；Bis(cyclopentadienyl) iron; Di-2,4-cyclopentadien-1-yl iron

M. I. 15，4064

性状 来自甲醇或乙醇中的橙色针状结晶。有樟脑味。溶于稀硝酸、浓硫酸、乙醇、乙醚、苯、丙酮，不溶于水、10%氢氧化钠溶液、沸浓盐酸。mp 173～174℃；bp 249℃。一般试剂含量≥98.0%（Fe）。

注意事项 该品高度易燃。口服有害。使用现场禁止吸烟。应远离火种密封保存。

主要用途 催化剂。紫外光吸收剂。高温润滑剂。汽油抗爆添加剂。

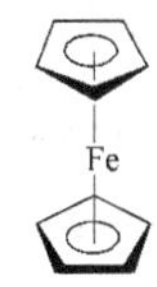

Ferrocholinate 柠檬酸铁胆碱 04595

［1336-80-7］ $C_{11}H_{24}FeNO_{11}$ 402.15

成分 C 32.85%，H 6.02%，Fe 13.89%，N 3.48%，O 43.76%。

别名 2-Hydroxy-*N*,*N*,*N*-trimethylethanaminium(*OC*-6-44)triaqua[2-hydroxy-1,2,3-propanetricarboxylato(4－)]ferrate(1－); [Hydrogen citrato(3－)]triaquoiron, choline salt; Iron choline citrate comp lex

M. I. 15，4065

性状 浅绿棕色、浅红棕色或棕色表面闪光并破裂的无定形固体。易溶于水，并生成稳定的溶液。溶于酸及碱类。1g 溶品（药品级）含 120mg 铁离子及 360mg 胆碱。

主要用途 医用补血剂。

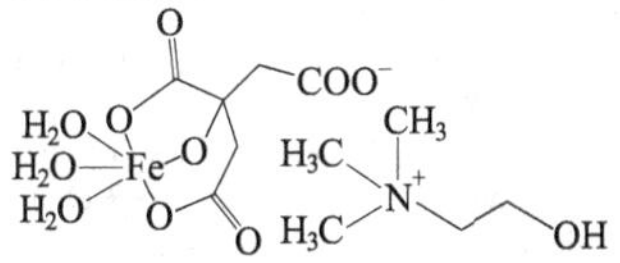

Ferulic acid 阿魏酸 04596

［1135-24-6］ ［537-98-4］ $C_{10}H_{10}O_4$ 194.19

成分 C 61.85%，H 5.19%，O 32.96%。

别名 3-甲氧基-4-羟苯肉桂酸；3-甲氧基-4-羟基桂皮酸；4-羟基-3-甲氧基肉桂酸；4-羟基-3-甲氧基桂皮酸；Caffeic acid 3-methyl ether; 4-Hydroxy-3-methoxycinnamic acid; 3-(4-Hydroxy-3-methoxyphenyl)-2-propenoic acid; 3-Methoxy-4-hydroxycinnamic acid

M. I. 15，4089

性状 反式结构为来自水中的近白色结晶。溶于热水、乙醇、乙酸乙酯，中等程度溶于乙醚，略微溶于石油醚、苯。mp 174℃；uv max（乙醇中）：236nm，322nm。一般试剂含量≥98.0%。顺式结构为黄色油状液体。uv max（乙醇中）：316nm。一般试剂含量≥99.0%（HPLC）。

注意事项 该品对眼睛、呼吸系统及皮肤有刺激性。使用时应穿适当的防护服。万一接触到眼睛，应立即用大量水冲洗后请医生诊治。应密封保存。

主要用途 食品防腐剂。

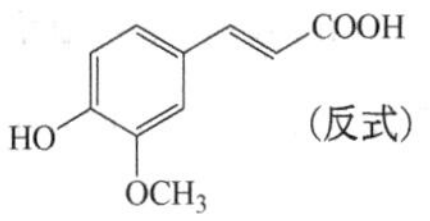

（反式）

Fervenulin 热诚菌素 04597

［483-57-8］ $C_7H_7N_5O_2$ 193.17

成分 C 43.53%，H 3.65%，N 36.26%，O 16.56%。

别名 6,8-Dimethylpyrimido[5,4-*e*]-1,2,4-triazine-5,7(6*H*,8*H*)-dione; 6,8-Dimethyl-5,7-dioxo-5,6,7,8-tetrahydropyrimido[5,4-*e*]-*as*-triaine; 1,3-Dimethylazalumazine; Planomycin

M. I. 15，4094

性状 黄色斜方结晶。溶于几乎所有的一般有机溶剂，溶于冷水（约 2mg/mL），较多地溶于热水（约 40mg/mL），几乎不溶于烃类。对碱活泼，对酸稳定。mp 178～179℃；uv max（乙醇中）：238nm，275nm，340nm（ε 18500，1600，4200）。

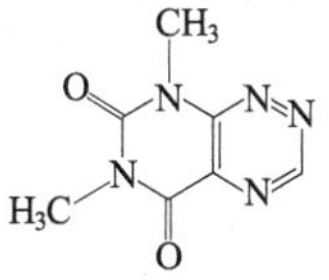

Fexofenadine hydrochloride 非索非那定 盐酸盐 04598

[153439-40-8] $C_{32}H_{40}ClNO_4$ 538.13
成分 C 71%，H 7%，Cl 7%，N 3%，O 12%。
别名 盐酸非索非那定；Allegra Telfasti*α*, *α*-Dimethyl-4-[1-hydroxy-4-[4-(hydroxydiphenylmethyl)-1-piperidinyl]butyl]benzeneacetic acid hydrochloride; Carboxyterfenadine hydrochloride; Terfenadine carboxylate hydrochloride; MDL-16455-HCl
M. I. 15，4097
性状 白色固体。溶于二甲基亚砜（32mg/mL）。生化试剂含量≥98.0%（HPLC）。
注意事项 该品应密封于−20℃保存。
主要用途 医用抗组胺剂。治疗过敏性鼻炎。

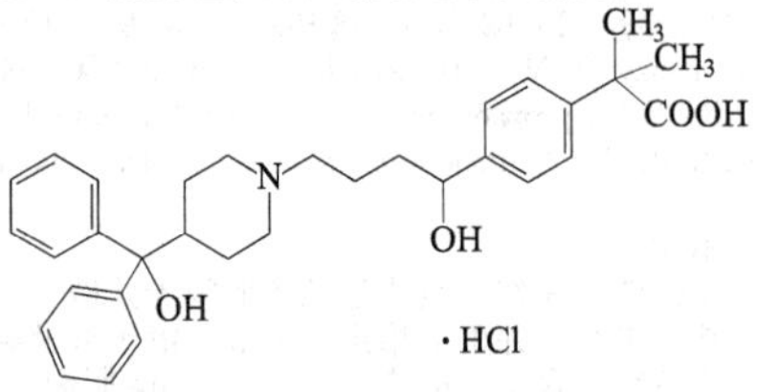

Fialuridine 非阿尿苷 04599
[69123-98-4] $C_9H_{10}FIN_2O_5$ 372.09
成分 C 29.05%，H 2.71%，F 5.11%，I 34.11%，N 7.53%，O 21.50%。
别名 1-(2-Deoxy-2-fluoro-*β*-D-arabinofuranosyl)-5-iodo-2,4(1*H*,3*H*)-pyrimidinedione; 1-(2-Deoxy-2-fiuoro-*β*-D-arabinofuranosyl)-5-iodouracil; 5-Iodo-2′-fluoroarauracil; FIAU
M. I. 15，4098
性状 来自乙醇中的无色结晶。mp 216～217℃。
主要用途 医用抗病毒剂。

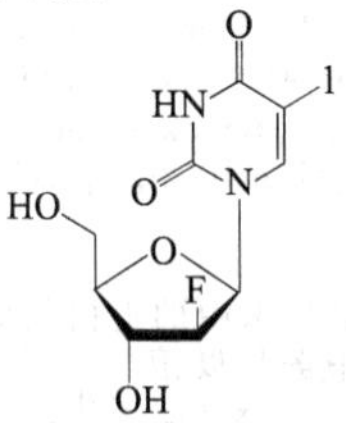

Fibrin 血纤维蛋白 04600
[9001-31-4]
别名 血纤朊；血纤维朊；纤维蛋白
M. I. 15，4099
性状 一般试剂为1mol/L氢氧化钠溶液，为红棕色浑浊液体。
注意事项 该品应密封于2～8℃保存（防冻结）。

Fibrinogen (bovine plasma) 牛血浆纤维蛋白原 04601
[9001-32-5]
别名 纤维蛋白原 牛血浆；Factor Ⅰ(bovine plasma); Parenogen (bovine plasma)
M. I. 15，4100
性状 白色粉末。
注意事项 使用时应避免吸入本品的粉尘，避免与眼睛及皮肤接触。应充氩气密封于−20℃干燥保存。
主要用途 生化研究。凝固剂。

Fibrinogen (human plasma) 人血浆纤维蛋白原 04602
[9001-32-5] Mr 约 341000
别名 纤维蛋白原 人血浆；Factor Ⅰ(human plasma); Parenogen(human plasma)
M. I. 15，4100
性状 白色结晶性粉末。
注意事项 使用时应避免吸入本品的粉尘，避免与眼睛及皮肤接触。应充氩气密封于−20℃干燥保存。

Fichtelite 朽松木烷 04603
[2221-95-6] $C_{19}H_{34}$ 262.48
成分 C 86.94%，H 13.06%。
别名 斐希德尔石；[1*S*-(1*α*,4a*α*,4b*β*,7*β*,8a*α*,10a*β*)]-Tetradecahydro-1,4a-dimethyl-7-(1-methylethyl)phenanthrene; 18-Norabietane
M. I. 15，4105
性状 来自甲醇中的无色结晶。mp 45～46℃；bp_{43} 235～236℃/5.733kPa；d_4^{22} 0.9380；n_D^{20} 1.5052；$[\alpha]_D$+19°。

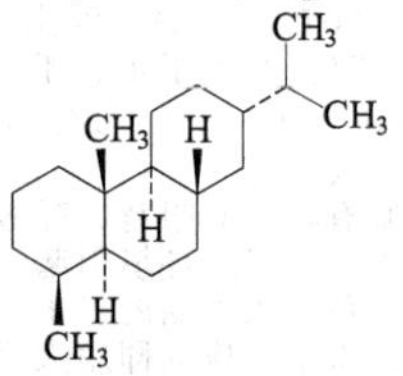

Ficin 无花果蛋白酶 04604
[9001-33-6]
别名 无花果朊酶；Debricin; Ficus protease; Ficus proteinase; Higueroxyl delabarre
M. I. 15，4106 EC 3.4.22.3
性状 淡灰色至奶黄色吸湿性粉末。有辛辣气味。微溶于水，不溶于一般有机溶剂。LD_{50}大鼠，小鼠急性经口：约10g/kg；兔，豚鼠急性经口：约5g/kg。
注意事项 该品对眼睛、呼吸系统及皮肤有刺激性。吸入能引起过敏。使用时应穿适当的防护服和戴手套。使用时应避免吸入本品的粉尘，避免与皮肤接触。万一接触到眼睛，应立即用大量水冲洗后请医生诊治。应密封于−20℃干燥保存。
主要用途 检定 Rh 因子。

Fepradinol 非普地醇 04605
[36981-91-6] $C_{12}H_{19}NO_2$ 209.29
成分 C 68.87%，H 9.15%，N 6.69%，O 15.29%。
别名 1-苯基-2-（*α*，*α*-二甲基乙醇氨基）乙醇；*α*-[[(2-羟基-1，1-二甲基乙基）氨基]甲基]苯甲醇；*α*-[[(2-Hydroxy-1,1-dimethylethyl)amino]methyl]benzenemethanol; 1-Phenyl-2-(*α*,*α*-dimethylethanolamino)ethanol
M. I. 15，4038
性状 来自乙醇中的白色结晶，mp 142～143℃。来自苯甲的无色结晶，mp 139℃。uv max（0.1mol/L 盐酸中）：250.5nm，256.4nm，262.0nm（lg ε 2.17，2.28，2.25）。
主要用途 医用抗炎剂。

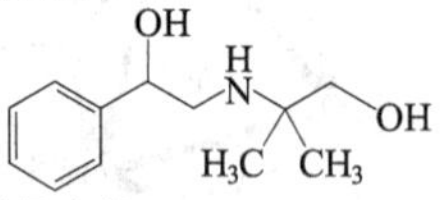

Feprazone 戊烯保泰松 04606
[30748-29-9] $C_{20}H_{20}N_2O_2$ 320.39
成分 C 74.98%，H 6.29%，N 8.74%，O 9.99%。
别名 4-(3-Methyl-2-butenyl)-1,2-diphenyl-3,5-pyrazolidinedione; 4-Prenyl-1, 2-diphenyl-3, 5-pyrazolidinedione; 4-Prenyl-1, 2-diphenyl-3,5-dioxopyrazolidine; 4-(*β*-Isoamylenyl)-1,2-diphenyl-3,5-pyrazolidinedione; 4-(2-Isopentenyl)-1, 2-diphenyl-3, 5-pyrazolidinedione; Phenylprenazone; Prenazone; DA-2370; Analud; Methrazone; Zepelin
M. I. 15，4039
性状 细小的无色或白色结晶性粉末，无嗅，无味。易溶于丙酮、氯仿、二甲基甲酰胺，略微溶于乙腈、苯、10%氢氧化钠溶液，微溶于乙醚、甲醇、乙醇、环己烷，几乎不溶于10%盐酸、10%乙酸、水。pK_a 5.09。mp 156.5℃；uv max（乙醇中）：246nm（lg ε 4.19）；（pH值9～12缓冲液中）：264nm（lg ε 4.322～4.326）。LD_{50}雄小鼠，大鼠腹膜内注射：408.8mg/kg，386.4mg/kg；急性经口：1067mg/kg，>2000mg/kg。
主要用途 医用抗炎剂。

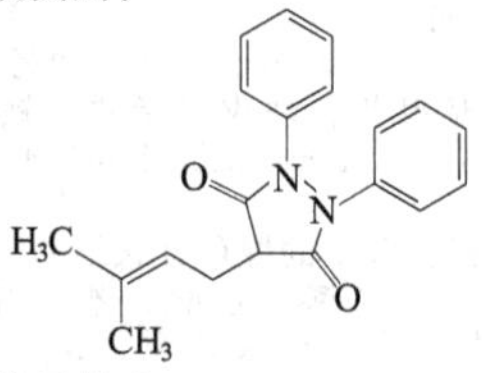

Filicinic acid 绵马精酸 04607
[2065-00-1] $C_8H_{10}O_3$ 154.17

成分 C 62.33%，H 6.54%，O 31.14%。

别名 3,5-二羟基-4,4-二甲基-2,5-环己二烯-1-酮；1,1-二甲基环己烷-2,4,6-三酮；3,5-Dihydroxy-4,4-dimethyl-2,5-cyclohexadien-1-one；1,1-Dimethylcyclohexane-2,4,6-trione；*gem*-Dimethylphloroglucinol；Filicinsäure(German)

M. I. 15，4109

性状 来自水或苯中的无色棱柱体结晶。溶于20份沸水、10份沸乙醇，略微溶于乙醚、苯、冰乙酸，几乎不溶于冷水、石油醚。可还原土伦试剂。p*K* 5.8。mp 214～215℃（分解）。

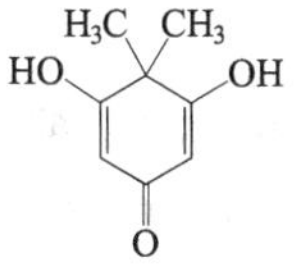

Filipin Ⅲ 非律平 Ⅲ 04608

[480-49-9] $C_{35}H_{58}O_{11}$ 654.84

成分 C 64%，H 9%，O 27%。

别名 4,6,8,10,12,14,16,27-Octahydroxy-3-(1-hydroxyhexyl)-17,28-dimethyloxacyclooctacosa-17,19,21,23,25-pentaen-2-one；15-Deoxylagosin

M. I. 15，4110

性状 来自丙醇中的无色结晶。mp 163～180℃；$[\alpha]_D^{25}$ −245°（*c*＝0.8，于二甲基甲酰胺中）；uv max（甲醇中）：243nm，308nm，321nm，337nm，354nm（$E_{1cm}^{1\%}$ 62，413，851，1368，1343）。生化试剂含量≥85.0%(HPLC)。

注意事项 该品对眼睛、呼吸系统及皮肤有刺激性。使用时应穿 适当的防护服。万一接触到眼睛，应立即用大量水冲洗后请医生诊治。应密封于−20℃保存。

主要用途 生化研究。医用抗真菌剂。

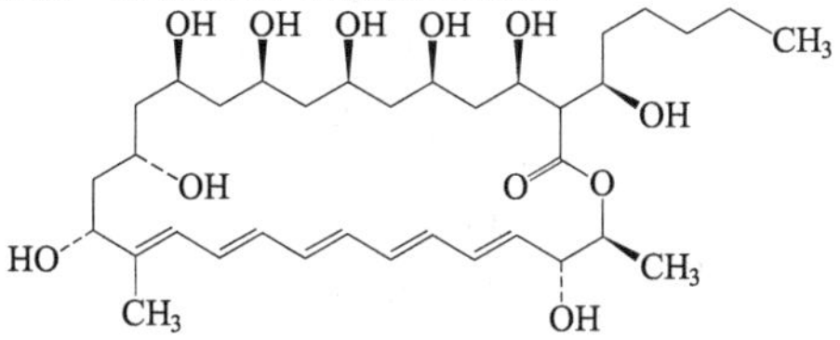

Finasteride 非那甾胺 04609

[98319-26-7] $C_{23}H_{36}N_2O_2$ 372.55

成分 C 74.15%，H 9.74%，N 7.52%，O 8.59%。

别名 保利治；非那利得；非那雄胺；(5α,17β)-*N*-(1,1-Dimethylethyl)-3-oxo-4-azaandrost-1-ene-17-carboxamide；17β-(*N*-*tert*-Butylcarbamoyl)-4-aza-5α-androst-1-en-3-one；MK-906；Chibro-Proscar；Finastid；Propecia；Proscar；Prostide

M. I. 15，4113

性状 白色至近白色结晶性固体。易溶于氯仿、二甲基亚砜(32mg/mL)、乙醇、甲醇、正丙醇，略微溶于丙二醇、聚丙二醇400，极微溶于0.1mol/L盐酸、0.1mol/L氢氧化钠溶液、水。mp 约257℃；$[\alpha]_{405}$ −59°（*c*＝1，于甲醇中）。生化试剂含量≥97.0%（HPLC）。

注意事项 该品口服有害。能损伤生育力。能危害胎儿。使用前应得到专门的指导，避免曝露。使用时应穿适当的防护服，戴手套和防护镜或面罩。使用时如有事故发生或有不适之感，应请医生诊治。

主要用途 医用抗脱毛剂；治疗良性前列腺肥大。分析用标准物质。

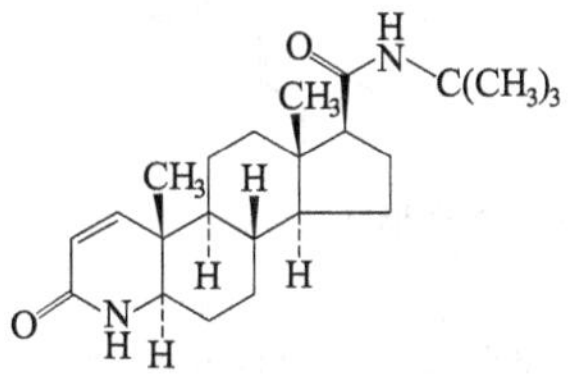

Fipexide hydrochloride 非派西特 盐酸盐 04610

[34161-23-4] $C_{20}H_{22}Cl_2N_2O_4$ 425.31

成分 C 56%，H 5%，Cl 17%，N 7%，O 15%。

别名 盐酸非派西特；1-(1,3-Benzodioxol-5-ylmethyl)-4-[(4-chlorophenoxy)acetyl]piperazine hydrochloride；1-(*p*-Chlorophenoxy)acetyl-4-piperonylpiperazine hydrochloride；1-[2-(4-Chlorophenoxy)acetyl]-4-(3,4-methylenedioxybenzyl)piperazine hydrochloride

M. I. 15，4115

性状 来自乙醇中的无色结晶。mp 230～232℃。LD_{50} 瑞士小鼠，斯普拉格-达乌利大鼠，维斯他大鼠急性经口：4150mg/kg，4482mg/kg，7000mg/kg；腹膜内注射：499mg/kg，437mg/kg，450mg/kg。

主要用途 医用止吐剂。

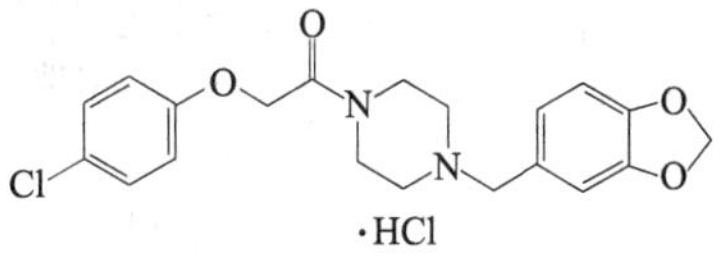

Fipronil 芬普尼 04611

[120068-37-3] $C_{12}H_4Cl_2F_6N_4OS$ 437.14

成分 C 32.97%，H 0.92%，Cl 16.22%，F 26.08%，N 12.82%，O 3.66%，S 7.33%。

别名 锐劲特；5-Amino-1-[2,6-dichloro-4-(trfluoromethyl)phenyl]-4-(trifluoromethyl)sulfinyl-1*H*-pyrazole-3-carbonitrile；5-Amino-3-cyano-1-(2,6-dichloro-4-trifluoromethylphenyl)-4-trfluoromethylsulfinylpyrazole；(±)-5-Amino-1-(2,6-dichloro-α,α,α-trifluoro-*p*-tolyl)-4-trifluoromethylsulfinylpyrazole-3-carbonitrile；MB-46030；Frontline；Termidor

M. I. 15，4116

性状 白色固体。于下列物质中溶解度：水 2mg/L；丙酮＞50%；玉米油＞10g/L。蒸气压（20℃）：2.8×10^{-9} mmHg/373.3×10^{-9}Pa。mp 200.5～201℃。LD_{50} 大鼠急性经口：100mg/kg，皮肤接触：＞2000mg/kg；小鼠腹膜内注射：32mg/kg。

注意事项 该品吸入、口服或与皮肤接触有毒。长期曝露时健康有严重损伤的危险。对水生物极毒。能对水环境引起不利的结果。对动物及蜜蜂有毒。使用时应穿适当的防护服，戴手套和防护镜或面罩。万一接触到眼睛，应立即用大量水冲洗后请医生诊治。使用时如有事故发生或有不适之感，应请医生诊治。应防止将本品释放于环境中。其包装物应按危险品处理。

主要用途 农药。兽用杀体外寄生物。分析用标准物质。

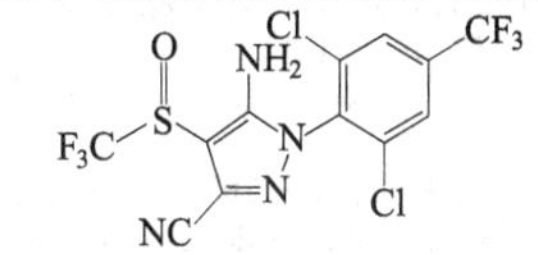

Firefly luciferin 萤火虫荧光素 04612

[2591-17-5] $C_{11}H_8N_2O_3S_2$ 280.32

成分 C 47.13%，H 2.88%，N 9.99%，O 17.12%，S 22.87%。

别名 (4S)-4,5-二氢-2-(6-羟基-2-苯并噻唑基)-4-噻唑甲酸；(4*S*)-4,5-Dihydro-2-(6-hydroxy-2-benzothiazolyl)-4-thiazolecarboxylic acid；2-(6-Hydroxybenzothiazol-2-yl)-2-thiazoline-4-carboxylic acid；D-(−)-Luciferin

M. I. 15,4117

性状 来自甲醇中的浅黄色针状结晶。溶于碱的水溶液、甲醇、丙酮、乙酸乙酯、二甲基甲酰胺，微溶于水(pH值6.5)。189.5～190℃分解；$[\alpha]_D^{22}$ −36°(*c*＝1.2，于二甲基甲酰胺中)；uv max(水中)：268nm，327nm(lg ε 3.88，4.27)。

注意事项 该品对眼睛、呼吸系统及皮肤有刺激性。使用时应穿适当的防护服，戴手套和防护镜或面罩。应避免吸入本品的粉尘。万一接触到眼睛，应立即用大量水冲洗后请医生诊治。应密封于−20℃保存。

主要用途 生化研究。用于分析ATP(三磷酸腺苷)。

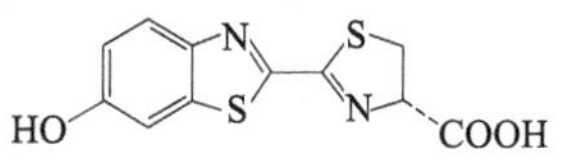

Fisetin 非瑟酮 04613

[528-48-3] [345909-34-4] $C_{15}H_{10}O_6$ 286.24

成分 C 62.94%，H 3.52%，O 33.54%。

别名 3,3′,4′,7-四羟基黄酮；漆树黄酮；3,7,3′,4-四羟基黄酮；5-Desoxyquercetin；2-(3,4-Dihydroxyphenyl)-3,7-dihydroxy-4*H*-1-benzopyran-4-one；Fisidenolon 1521；Natural brown 1；3,3′,4′,7- Tetrahydroxyflavone；3′，4′，7-Trihydroxyflav onol

M.I. 15，4119　C.I. 75620

性状　来自稀乙醇中的黄色针状结晶。溶于乙醇、丙酮、乙酸、氢氧化钠溶液并呈深绿色荧光，几乎不溶于水、乙醚、苯、氯仿、石油醚。330℃分解；uv max（乙醇中）：252nm，320nm，360nm（lg $E_{1cm}^{1\%}$ 2.62，2.51，2.73）。生化试剂含量≥99.0%（HPLC）。

注意事项　该品对眼睛、呼吸系统及皮肤有刺激性。使用时应穿适当的防护服。使用时应避免吸入本品的粉尘，避免与眼睛及皮肤接触。万一接触到眼睛，应立即用大量水冲洗后请医生诊治。应充氩气密封保存。

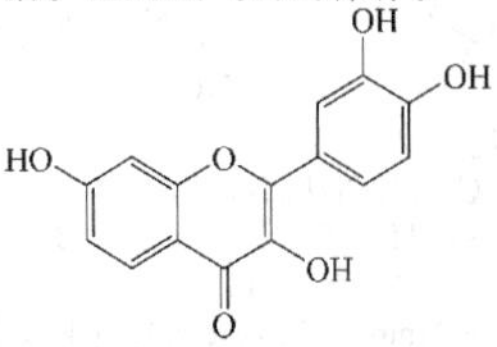

Flavaspidic acid　黄绵马酸　04614

[114-42-1]　$C_{24}H_{30}O_8$　446.50

成分　C 64.56%，H 6.77%，O 28.67%。

别名　3,5-Dihydroxy-4,4-dimethyl-2-(1-oxobutyl)-6-[2,4,6-trihydroxy-3-methyl-5-(1-oxobutyl) phenyl] methyl-2,5-cyclohexadien-1-one；3′-(5-Butyryl-2,4-dihydroxy-3,3-dimethyl-6-oxo-1,4-cyclohexadien-1-yl) methyl-5′-methylphlorobutyrophenone；Polystichocitrin；Toxifren

M.I. 15，4121

性状　其 α-型为来自甲醇或乙醇中的正交无色结晶。mp 92℃；LD_{50}小鼠急性经口：690mg/kg。β-型为来自苯、二甲苯或乙酸中的无色单斜结晶。mp 156℃。

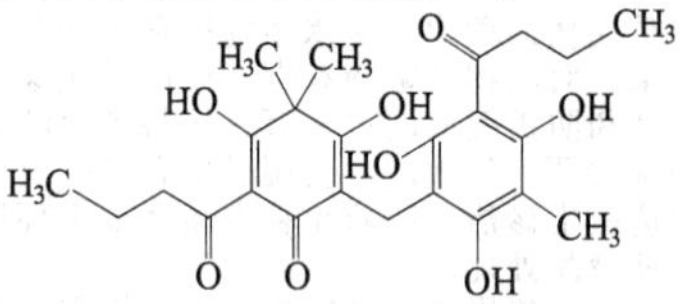

Flavin-adenine dinucleotide　黄素腺嘌呤二核苷酸　04615

[146-14-5]　$C_{27}H_{33}N_9O_{15}P_2$　785.56

成分　C 41.28%，H 4.23%，N 16.05%，O 30.55%，P 7.89%。

别名　二核苷酸核黄素腺苷；二核苷酸黄素腺嘌呤；腺嘌呤黄素；Adenineflavin dinucleotide；Adenosine 5′-(trihydrogen diphosphate) 5′→5′-ester with riboflavine；*iso*-Alloxazineadenine dinucleotide；Fademin；Flamitajin；Flanin F；Flavitan；FAD；Isoalloxazineadenine dinucleotide；Riboflavin-5-adenosine diphosphoric acid；Riboflavine 5′-adenosine diphosphate；Riboflavine 5′-(trihydrogen diphosphate) 5′→5′-ester with adenosine

M.I. 15，4122

性状　橙色粉末。极易溶于水，溶于吡啶、苯酚。

注意事项　该品应密封避光于 2～8℃干燥保存。

主要用途　生化研究。

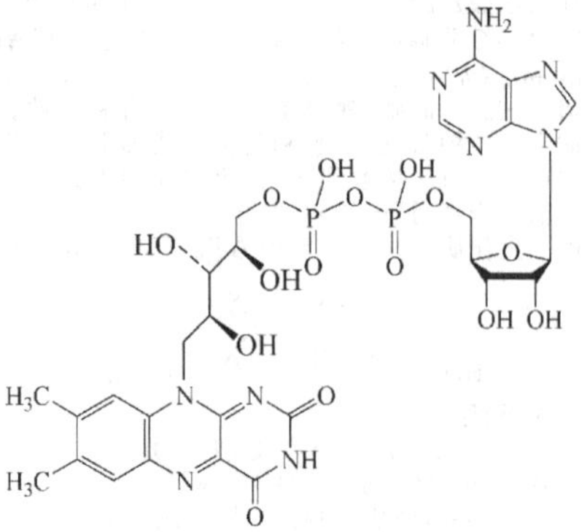

Flavin-adenine dinucleotide disodium salt hydrate

黄素腺嘌呤二核苷酸二钠盐 水合　04616

[84366-81-4]　$C_{27}H_{31}N_9Na_2O_{15}P_2 \cdot H_2O$（无水物）829.51

成分　（以无水物计）C 39.10%，H 3.77%，N 15.20%，Na 5.54%，O 28.93%，P 7.47%。

别名　二核苷酸核黄素腺苷二钠盐；二核苷酸黄素腺嘌呤二钠盐；腺嘌呤黄素二钠盐；Adenine flavin dinucleotide disodium salt；FAD-Na_2 salt；Flavitan Na_2 salt；Riboflavin-5′-adenosine diphosphoric acid disodium salt

性状　橙色粉末。生化试剂含量≥95.0%（HPLC）。

注意事项　该品应充氩气密封避光于－20℃干燥保存。

主要用途　生化研究。

Flavin mononucleotide sodium salt dihydrate

黄素一核苷酸钠盐 二水　04617

[6184-17-4]　[130-40-5]（无水物）　$C_{17}H_{20}N_4NaO_9P \cdot 2H_2O$　（无水物）478.33

成分（以无水物计）　C 42.69%，H 4.21%，N 11.71%，Na 4.81%，O 30.10%，P 6.48%。

别名　5′-一磷酸核黄素钠盐；核黄素-5′-一磷酸钠盐；核黄素-5′-磷酸钠盐；维生素 B_2 磷酸钠盐；5′-磷酸核黄素钠；Riboflavin-5′-monophosphate Na salt；Alloxazine mononucleotide；Coflavinase；Flavin mononucleotide；AMN；FMN；FMN-Na；VB_2-$NaHPO_4$；Vitamin B_2 phosphate sodium salt

M.I. 15，4123

性状　橙黄色结晶性粉末。无气味，几乎无味。微有吸潮性。溶于水、冰乙酸、吡啶、苯酚，不溶于丙酮、乙醚、氯仿。生化试剂含量约 95.0%（HPLC）。

注意事项　使用时应避免吸入本品的粉尘，避免与眼睛及皮肤接触。应密封避光于－20℃保存。

主要用途　生化研究。

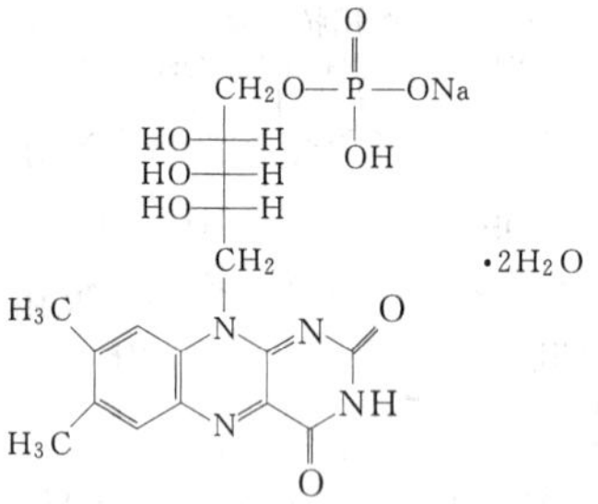

·$2H_2O$

Flavone　黄酮　04618

[525-82-6]　$C_{15}H_{10}O_2$　222.24

成分　C 81.07%，H 4.54%，O 14.40%。

别名　2-苯基苯并对氧杂苣酮；黄色素母酮；2-苯基苯并对吡喃酮；2-Phenyl-4*H*-1-benzopyran-4-one；2-Phenyl-1，4-benzopyrone；2-Phenylchromone；2-Phenyl-γ-benzopyrone

M.I. 15，4124

性状　来自石油醚中的无色或白色针状结晶。溶于乙醇、苯、三氯甲烷等多数有机溶剂，微溶于乙醚，几乎不溶于水。mp 99～100℃；最大吸光值：350nm，405nm。生化试剂含量≥99.0%。

注意事项　该品对眼睛、呼吸系统及皮肤有刺激性。使用时应穿适当的防护服。万一接触到眼睛。应立即用大量水冲洗后请医生诊治。

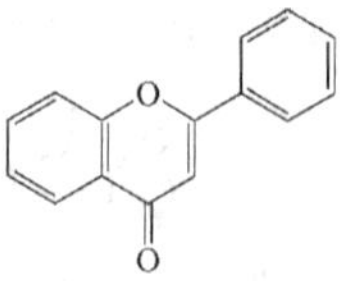

Flavopereirine　黄佩瑞任　04619

[486-18-0]　$C_{17}H_{14}N_2$　246.31

成分　C 82.90%，H 5.73%，N 11.37%。

别名　3-Ethylindolo[2,3-*a*]quinolizin-5-ium inner salt；Melinonine G

M.I. 15，4125

性状　来自丙酮中的橙色结晶。mp 233～235℃；uv max（乙醇中）：230nm，238nm，248nm，294nm，351nm，

390nm (lg ε 4.40, 4.43, 4.39, 4.14, 4.25, 4.14)。

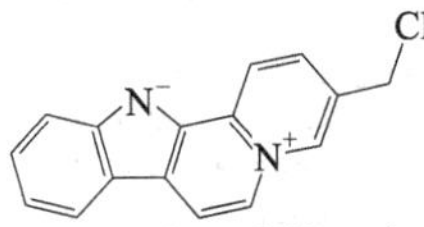

Flavopiridol hydrochloride 夫拉平度 盐酸盐 04620

[131740-09-5] $C_{21}H_{21}Cl_2NO_5$ 438.30

成分 C 57.55%, H 4.83%, Cl 16.18%, N 3.20%, O 18.25%。

别名 盐酸夫拉平度；L86-8275；HMR-1275；NSC-649890；*rel*-(−)-2-(2-Chlorophenyl)-5,7-dihydroxy-8-[(3*R*,4*S*)-3-hydroxy-1-methyl-4-piperidinyl]-4*H*-1-benzopyran-4-one hydrochloride；*cis*-(−)-2-(2-Chlorophenyl)-5,7-dihydroxy-8-[4′-(3′-hydroxy-1′-methyl)-piperidinyl]-4*H*-1-benzopyran-4-one hydrochloride

M. I. 15, 4126

性状 黄色结晶性粉末。含4.73%～6.2%的水。溶于水及中性盐全部<5mg/mL，pH值4。溶于乙醇（10.1mg/mL）、聚乙二醇400（>73.8mg/mL）、丙二醇（>88.1mg/kg）。pK_a 5.68±0.06。mp 188℃；$[\alpha]_D^{24}$ −1.73°～−3.9°。生化试剂 含量≥98.0%（HPLC）。

注意事项 该品应密封于−20℃保存。

主要用途 医用抗肿瘤剂。

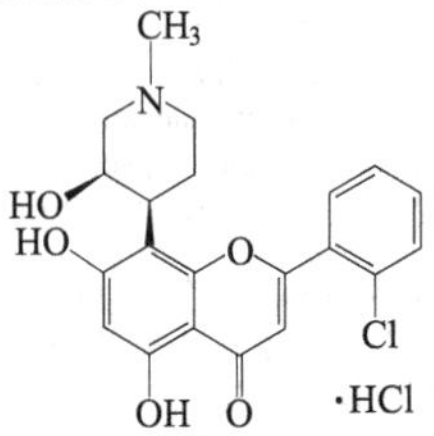

Flavoxanthin 毛茛黄素 04621

[512-29-8] $C_{40}H_{56}O_3$ 584.89

成分 C 82.14%, H 9.65%, O 8.21%。

别名 叶黄呋喃素；(3*S*,3′*R*,5*R*,6′*R*,8*R*)-5,8-Epoxy-5,8-dihydro-*β*,*ε*-carotene-3,3′-diol

M. I. 15, 4127

性状 金黄色的棱柱体的集束结晶。易溶于氯仿、苯、丙酮，较少地溶于甲醇、乙醇，几乎不溶于石油醚。mp 184℃；$[\alpha]_{Cd}^{20}$ +190°（*c*=0.04，于苯中）；最大吸收值（氯仿中）：430nm，459nm。

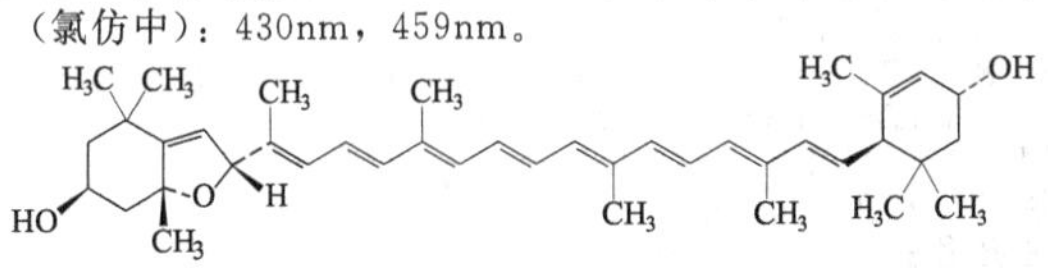

Flavoxate 黄酮哌酯 04622

[15301-69-6] $C_{24}H_{25}NO_4$ 391.47

成分 C 73.64%, H 6.44%, N 3.58%, O 16.35%。

别名 3-羟基黄酮-8-羧酸-2-哌啶乙酯；3-Methyl-4-oxo-2-phenyl-4*H*-1-benzopyran-8-carboxylic acid 2-(1-piperidinyl)ethyl ester；3-Methylflavone-8-carboxylic acid *β*-piperidinoethyl ester；2-Piperidinoethyl 3-methyl-4-oxo-2-phenyl-4*H*-1-benzopyran-8-carboxylate；2-Piperidinoethyl 3-methylflavone-8-carboxylate

M. I. 15, 4128

性状 无色结晶。溶于乙醇、氯仿，微溶于水（37℃，0.001%质量浓度）。p*K* 7.3。LD_{50} 大鼠急性经口：1110mg/kg；静脉注射：20.8mg/kg。

主要用途 医用抗痉挛剂；用于尿路失禁的治疗。

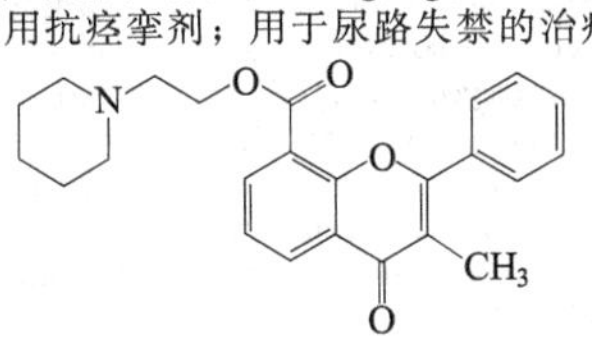

Flazasulfuron 伏速隆 04623

[104040-78-0] $C_{13}H_{12}F_3N_5O_5S$ 407.32

成分 C 38.33%, H 2.97%, F 13.99%, N 17.19%, O 19.64%, S 7.87%。

别名 *N*-[(4,6-Dimethoxy-2-pyrimidinyl)amino]carbonyl-3-trifluoromethyl-2-pyridinesulfonamide；1-(4,6-Dimethoxypyrimidin-2-yl)-3-(3-trifluoromethyl-2-pyridylsulfonyl)urea；OK-1166；SL-160；Katana；Shibagen

M. I. 15, 4129

性状 白色结晶性固体。无味。该品于下列物质中的溶解度（20℃，质量分数）：丙酮1.2%，甲苯0.06%，乙酸（质量浓度）0.67。极微溶于水（4.1×10^{-6}，pH值1）。pK_a（24℃）：4.6。蒸气压：3.1×10^{-8}mmHg/413.3×10^{-8}Pa。mp 164～166℃。LD_{50}小鼠，大鼠急性经口：>5000mg/kg，>5000mg/kg；大鼠皮肤接触：>2000mg/kg。

注意事项 该品对水生物极毒。能对水环境引起不利的结果。其包装物应按危险品处理。应密封于2～8℃保存。

主要用途 除草剂。分析用标准物质。

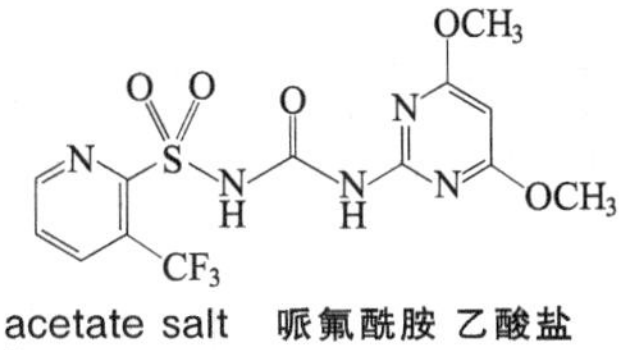

Flecainide acetate salt 哌氟酰胺 乙酸盐 04624

[54143-56-5] $C_{19}H_{24}F_6N_2O_5$ 474.40

成分 C 48.11%, H 5.10%F 24.03%, N 5.91%, O 16.86%。

别名 乙酸哌氟酰胺；乙酸氟卡尼；氟卡尼乙酸盐；R-818；Almarytm；Apocard；Ecrinal；Elécaine；Tambocor；*N*-(2-Piperidinylmethyl)-2,5-bis(2,2,2-trifluoroethoxy)benzamide acetate salt

M. I. 15, 4130

性状 来自异丙醇/异丙醚中的白色颗粒或固体。37℃时溶于水48.4mg/mL、乙醇300mg/mL。mp 145～147℃。

注意事项 该品口服有害。对眼睛、呼吸系统及皮肤有刺激性。能危害胎儿。使用时应穿适当的防护服，戴手套和防护镜或面罩。应避免吸入本品的粉尘。万一接触到眼睛，应立即用大量水冲洗后请医生诊治。使用时如有事故发生或有不适之感，应请医生诊治。应密封于2～8℃保存。

主要用途 医用抗心律失常剂（IC类）。

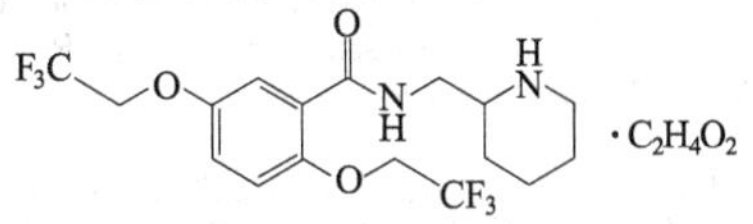

Fleroxacin 氟罗沙星 04625

[79660-72-3] $C_{17}H_{18}F_3N_3O_3$ 369.34

成分 C 55.28%, H 4.91%, F 15.43%, N 11.38%, O 13.00%。

别名 多氟哌酸；多氟哌酸；6,8-Difluoro-1-(2-fluoroethyl)-1,4-dihydro-7-(4-methyl-1-piperazinyl)-4-oxo-3-quinolinecarboxylic acid；AM-833；Ro-23-6240；Megalocin；Megalone；Quinodis

M. I. 15, 4131

性状 来自水中的无色结晶。

注意事项 该品应密封于2～8℃保存。

主要用途 医用抗菌剂。分析用标准物质。

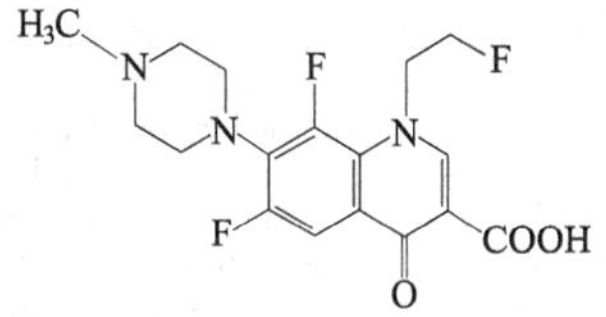

Flindersine 弗林辛 04626

[523-64-8] $C_{14}H_{13}NO_2$ 227.26

成分 C 73.99%, H 5.77%, N 6.16%, O 14.08%。

别名 2,2′-二甲基-*α*-吡喃并(5′,6′,3,4)-2(1*H*)-喹啉酮；巨盘木辛；芳香碱；2,6-Dihydro-2,2-dimethyl-5*H*-pyrano[3,2-*c*]quinolin-5-one；2,2′-Dimethyl-*α*-pyrano(5′,6′,3,4)-2(1*H*)-quinolone

M. I. 15, 4133

性状 来自甲醇中的无色结晶。溶于乙醇、苯、氯仿、冰乙酸、煤油、脂肪油、碱溶液，微溶于石油醚，几乎不溶于水。185～186℃分解；uv max（甲醇中）：235nm，333nm，350nm，365nm（lg ε 4.42，4.00，4.10，3.93）。

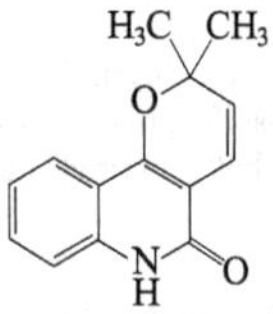

Flocoumafen　氟灭鼠　04627
[90035-08-8]　$C_{33}H_{25}F_3O_4$　542.55
成分　C 73.06%，H 4.64%，F 10.51%，O 11.80%。
别名　氟鼠灵；氟鼠酮；4-Hydroxy-3-[1,2,3,4-tetrahydro-3-[4-[[4-(trifluoromethyl) phenyl] methoxy] phenyl-1-naphthalenyl]-2*H*-1-benzopyran-2-one；4-Hydroxy-3-[1,2,3,4-tetrahydro-3-[4-(4-trifluoromethylbenzyloxy)phenyl]-1-naphthyl]；WL-108366；Storm
M. I. 15，4134
性状　白色粉末。溶于丙酮、乙醇、氯仿、二氯甲烷（均>10g/L)，极微溶于水（1.1mg/L)。蒸气压（25℃)：约 1×10^{-13} mmHg/约 133.3×10^{-13} Pa。LD_{50} 大鼠，小鼠，兔急性经口：0.25mg/kg，0.8mg/kg，0.2mg/kg。
主要用途　杀鼠剂。

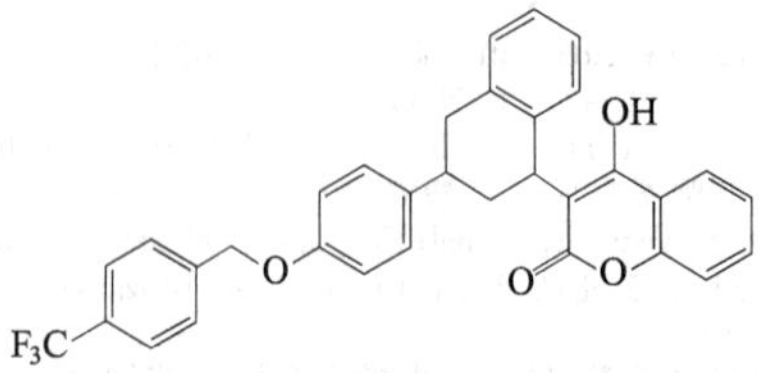

Floctafenine　氟喹氨苯酯　04628
[23779-99-9]　$C_{20}H_{17}F_3N_2O_4$　406.36
成分　C 59.12%，H 4.22%，F 14.03%，N 6.89%，O 15.75%。
别名　2-[[8-(三氟甲基)-4-喹啉基]氨基]苯甲酸-2,3-二羟基丙酯；2-[(8-Trifluoromethyl-4-quinolinyl) amino] benzoic acid 2,3-dihydroxypropyl ester；*N*-(8-Trifluoromethyl-4-quinolyl) anthranilic acid 2，3-dihydroxypropyl ester；4-[*o*-(2′，3′-Dihydroxypropyloxycarbonyl) phenyl] amino-8-trifluoromethylquinoline；8-Trifluoromethyl-7-deschloroglafenine；R-4318；RU-15750；Idalon；Idarac；Novodolan
M. I. 15，4135
性状　来自甲醇中的无色结晶。溶于乙醇、丙酮，极微溶于乙醚、氯仿、二氯甲烷，不溶于水。mp 179～180℃。LD_{50} 雄小鼠，大鼠急性经口：3400mg/kg，960mg/kg；静脉注射：180mg/kg，160mg/kg。
主要用途　医用止痛剂。

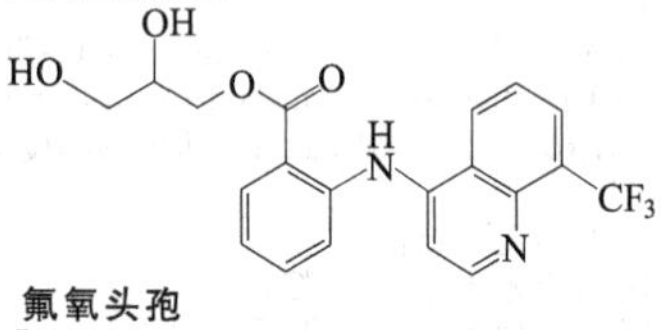

Flomoxef　氟氧头孢　04629
[99665-00-6]　$C_{15}H_{18}F_2N_6O_7S_2$　496.46
成分　C 36.29%，H 3.65%，F 7.65%，N 16.93%，O 22.56%，S 12.92%。
别名　(6*R*,7*R*)-7-[[2-(Difluoromethyl) thio] acetyl] amino-3-[[1-(2-hydroxyethyl)-1*H*-tetrazol-5-yl] thio] methyl-7-methoxy-8-oxo-5-oxa-1-azabicyclo[4.2.0]oct-2-ene-2-carboxylic acid；7-*β*-Difluoromethylthioacetamido-7*α*-methoxy-3-[1-(2-hydroxyethyl)-1*H*-tetrazol-5-yl]thiomethyl-1-oxa-3-cephem-4-carboxylic acid
M. I. 15，4136
性状　来自丙酮＋二氯甲烷中的无色结晶。mp 82.5～87.5℃。
主要用途　医用抗菌剂。

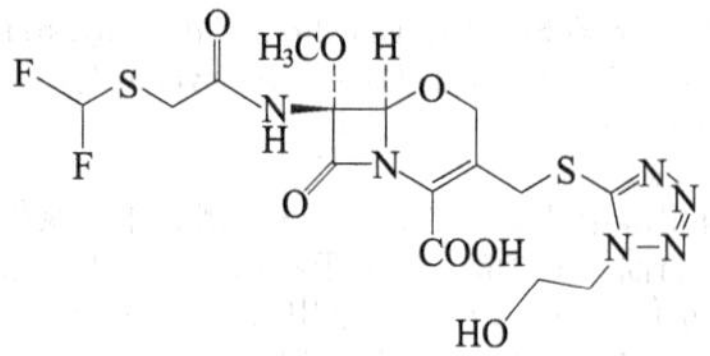

Flopropione　2,4,6-三羟基苯基-1-丙酮　04630
[2295-58-1]　$C_9H_{10}O_4$　182.18
成分　C 59.34%，H 5.53%，O 35.13%。
别名　羟苯丙酮；1-(2,4,6-三羟基苯基)-1-丙酮；1-(2,4,6-Trihydroxyphenyl)-1-propanone；2′，4′，6，Trihydroxypropiophenone；Phloropropiophenone；RP-13907；Argobyl；Cospanon；Flopion；Gallepronin；Gasstenon；Labroda；Labrodax；Pasmus；Profenon；Spamorin；Spasmoril；Supanate；Supazlun
M. I. 15，4138
性状　一水合物为来自水中的无色针状结晶。无水物 mp 175～176℃。溶于乙醇、乙醚、乙酸乙酯、热水，极微溶于冷水。
主要用途　医用解痉剂。

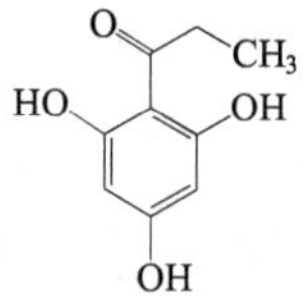

Florfenicol　氟苯尼考　04631
[73231-34-2]　$C_{12}H_{14}Cl_2FNO_4S$　358.21
成分　C 40.24%，H 3.94%，Cl 19.79%，F 5.30%，N 3.91%，O 17.87%，S 8.95%。
别名　2,2-Dichloro-*N*-[(1*S*,2*R*)-1-fluoromethyl-2-hydroxy-2-[4-(methylsulfonyl) phenyl] ethyl] acetamide；D-*threo*-1-*p*-Methylsulfonylphenyl-2-amino-3-fluoro-1-propanol；fluorothiamp henicol；Sch-25298；Aquafen；Aquaflor；Florocol；Nuflor
M. I. 15，4141
性状　来自 2-丙醇/水中的无色结晶。溶于水。mp 152～154℃；$[\alpha]^{26}$ +17.9°（于二甲基甲酰胺中)。
主要用途　兽用抗菌剂。

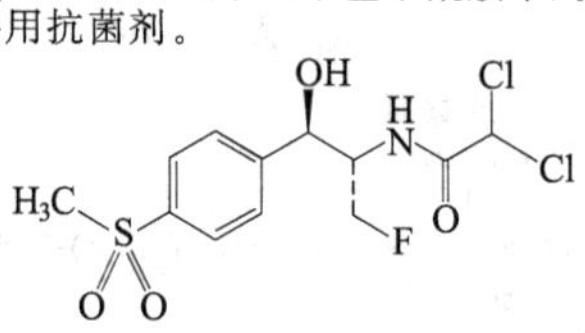

Flosequinan　氟司喹喃　04632
[76568-02-0]　$C_{11}H_{10}FNO_2S$　239.26
成分　C 55.22%，H 4.21%，F 7.94%，N 5.85%，O 13.37%，S 13.40%。
别名　7-Fluoro-1-methyl-3-methylsulfinyl-4(1*H*)-quinolinone；Flosequinon；BTS-49465；Manoplax
M. I. 15，4142
性状　无色结晶。mp 226～228℃。
主要用途　医用抗高血压剂。

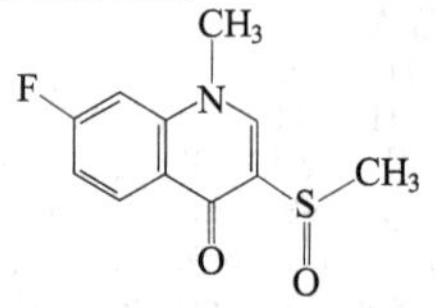

Floxacillin sodium monohydrate　氟氧西林钠 一水　04633
[34214-51-2]　$C_{19}H_{16}ClFN_3NaO_5S\cdot H_2O$　493.87
成分（以无水物计）　C 47.96%，H 3.39%，Cl 7.45%，F 3.99%，N 8.83%，Na 4.83%，O 16.81%，S 6.73%。
别名　Abboflox；Culpen；Floxapen；Ladropen；Stafoxil；Staphcil；Staphlipen；Staphylex；(2*S*，5*R*，6*R*)-6-[[3-(2-Chloro-6-fluorophenyl)-5-methyl-4-isoxazolyl] carbonyl] amino-3，3-dimethyl-7-oxo-4-thia-1-azabicyclo[3.2.0] heptane-2-carboxylic acid sodium monohydrate；3-(2-Chloro-6-fluorophenyl)-5-methyl-4-isoxazolylpenicillin sodium monohydrate；6-[3-(2-Chloro-6-fluorophenyl)-5-methyl-4-isoxazolecarboxamido] penicillanic acid sodium monohydrate；Flucioxacillin sodium monohydrate；BRL-2039 Na
M. I. 15，4143
性状　无色结晶或粉末。易溶于水。LD_{50} 小鼠皮下注射：2.2g/kg；急性经口：3.8g/kg。
主要用途　医用抗菌剂。

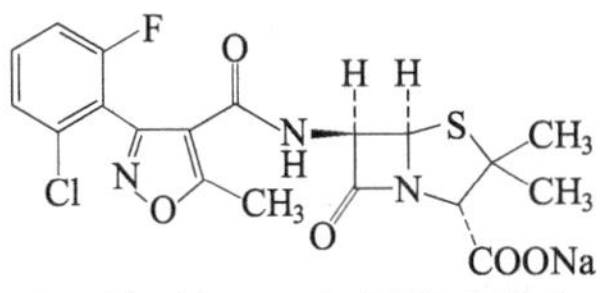

Fluacizine hydrochloride　三氟丙嗪 盐酸盐 04634

[30223-48-4](无 HCl)　$C_{20}H_{22}ClF_3N_2OS$ 430.91

成分　C 55.75%，H 5.15%，Cl 8.23%，F 13.23%，N 6.50%，O 3.71%，S 7.44%。

别名　盐酸三氟丙嗪；Fluoracyzine；Toracizin；10-(3-Diethylamino-1-oxopropyl)-2-trifluoromethyl-10*H*-phenothiazine hydrochloride；10-(*N*,*N*-Diethyl-*β*-alanyl)-2-(trfluoromethyl) phenothiazine hydrochloride；Fluoracisine hydrochloride；Fluoracizine hydrochloride；Ftoracizine hydrochloride；Phtorazisin hydrochloride

M. I. 15，4145

性状　白色结晶性粉末。溶于水、热醇类。mp 163～165℃。

主要用途　医用抗抑郁剂。

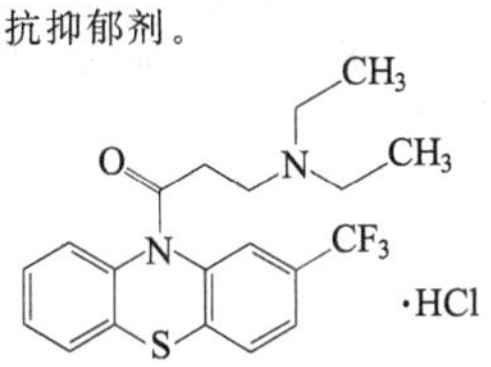

Fluanisone　氟丁酰酮 04635

[1480-19-9]　$C_{21}H_{25}FN_2O_2$ 356.44

成分　C 70.76%，H 7.07%，F 5.33%，N 7.86%，O 8.98%。

别名　1-(4-Fluorophenyl)-4-[4-(2-methoxyphenyl)-1-piperazinyl]-1-butanone；4′-Fluoro-4-[4-(*o*-methoxyphenyl)-1-piperazinyl]butyrophenone；Haloanisone；R-2028；Sedalande

M. I. 15，4146

性状　无色结晶。溶于氯仿，略溶于甲醇，微溶于乙醚，几乎不溶于水。mp 67.5～68.5℃。LD_{50}小鼠腹膜内注射：200mg/kg。

主要用途　医用抗精神病剂。

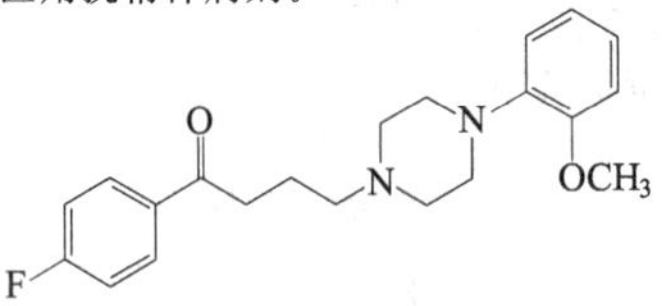

Fluazifop-butyl

2-[4-(5-三氟甲基-2-吡啶基氧)苯氧基]丙酸丁酯 04636

[69806-50-4]　$C_{19}H_{20}F_3NO_4$ 383.37

成分　C 59.53%，H 5.26%，F 14.87%，N 3.65%，O 16.69%。

别名　吡氟禾草灵；氟草灵；氟草除；氟甲吡啶氧酚丙酸丁酯；2-[4-[(5-Trifluoromethyl-2-pyridinyl) oxy] phenoxy] propanoic acid butyl ester；Butyl 2-[4-(5-trifluoromethyl-2-pyridyloxy) phenoxy] propionate；PP-OO9；TF-1169；Fusilade

M. I. 15，4147

性状　无色液体。$bp_{0.05}$ 167℃/6.666Pa。

注意事项　该品能危害胎儿。对水生物极毒。能对水环境引起不利的结果。使用前应得到专门的指导，避免曝露。使用时如有事故发生或有不适之感，应请医生诊治。应防止将本品释放于环境中。其包装物应按危险品处理。

主要用途　除草剂。分析用标准物质。

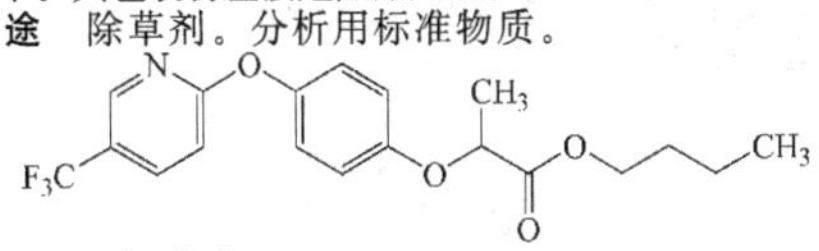

Fluazinam　氟啶胺 04637

[79622-59-6]　$C_{13}H_4Cl_2F_6N_4O_4$ 465.09

成分　C 33.57%，H 0.87%，Cl 15.25%，F 24.51%，N 12.05%，O 13.76%。

别名　扶吉胺；3-Chloro-*N*-[3-chloro-2,6-dinitro-4-(trifluoromethyl) phenyl]-5-trifluoromethyl-2-pyridinamine；3-Chloro-*N*-(3-chloro-5-trifluoromethyl-2-pyridinyl)-*α*，*α*，*α*-trifluoro-2，6-dinitro-*p*-toluidine；*N*-(3-Chloro-5-trifluoromethyl-2-pyridyl)-2，6-dinitro-3-chloro-4-trifluoromethylaniline；IKF-1216；ICIA-192；PP-192；Frowncide；Shirlan

M. I. 15，4148

性状　无色结晶或粉末。pK_a 7.11；mp 100～102℃。

注意事项　该品吸入有毒。对眼睛有严重损伤的危险。接触皮肤能引起过敏。对水生物极毒。能对水环境引起不利的结果。使用时应穿适当的防护服，戴手套和防护镜或面罩。万一接触到眼睛，应立即用大量水冲洗后请医生诊治。使用时如有事故发生或有不适之感，应请医生诊治。应防止将本品释放于环境中。其包装物应按危险品处理。

主要用途　农用杀菌剂。分析用标准物质。

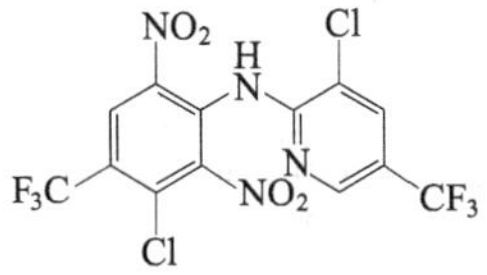

Flubendazole　氟苯哒唑 04638

[31430-15-6]　$C_{16}H_{12}FN_3O_3$ 313.29

成分　C 61.34%，H 3.86%，F 6.06%，N 13.41%，O 15.32%。

别名　[5-(4-Fluorobenzoyl)-1*H*-benzimidazol-2-yl]carbamic acid methyl ester；5-(*p*-Fluorobenzoyl)-2-benzimidazolecarbamic acid methyl ester；R-17889；Flubenol；Flumoxal；Flumoxane；Fluvermal

M. I. 15，4149

性状　无色结晶。mp 260℃。LD_{50}小鼠，大鼠，豚鼠急性经口：>2560mg/kg。

主要用途　兽用抗原生物剂。分析用标准物质。

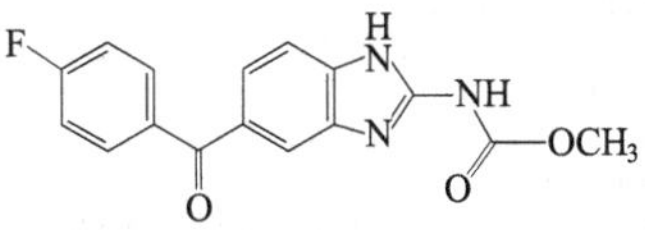

Flubenzimine　氟苯亚胺噻唑 04639

[37893-02-0]　$C_{17}H_{10}F_6N_4S$ 416.35

成分　C 49.04%，H 2.42%，F 27.38%，N 13.46%，S 7.70%。

别名　*N*-{3-苯基-4，5-双[(三氟甲基)亚氨基]-2-异噻唑烷基}苯胺；氟螨噻；*N*-[3-Phenyl-4，5-bis[(trifluoromethyl) imino]-2-thiazolidinylidene] benzenamine；N^2，3-Diphenyl-N^4，N^5-bis (trifluoromethyl) thiazolidine-2，4，5-triylidene triamine；SLJ-312；Cropotex

性状　来自甲醇中的黄色结晶。溶于水（20℃，30mg/L）。mp 118～119℃。LD_{50}大鼠急性经口：3750mg/kg。

注意事项　该品对眼睛有刺激性。对水生物极毒。能对水环境引起不利的结果。使用时应避免与眼睛及皮肤接触。万一接触到眼睛，应立即用大量水冲洗后请医生诊治。应防止将本品释放于环境中。其包装物应按危险品处理。

主要用途　杀螨剂。分析用标准物质。

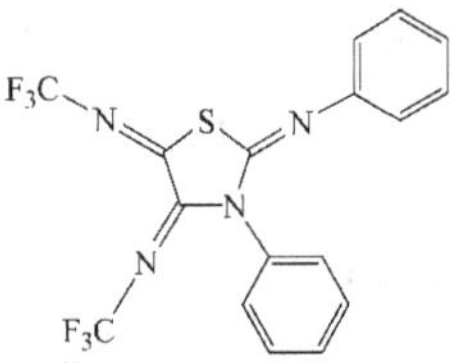

Fluchloralin　氟消草 04640

[33245-39-5]　$C_{12}H_{13}ClF_3N_3O_4$ 355.70

成分　C 40.52%，H 3.68%，Cl 9.97%，F 16.02%，N 11.81%，O 17.99%。

别名　*N*-(2-Chloroethyl)-2，6-dinitro-*N*-propyl-4-(trifluoromethyl) benzenamine；*N*-(2-Chloroethyl)-*α*，*α*，*α*-trifluoro-2，6-dinitro-*N*-propyl-*p*-toluidine；BAS-392H；Basalin

M. I. 15，4153

性状　橙黄色结晶性固体。微溶于水（10mg/kg）。mp 42～43℃。一般试剂含量≥95.0%（GC）。

注意事项　该品对水生物极毒。能对水环境引起不利的结果。应防止将本品释放于环境中。其包装物应按危险品处理。

主要用途　除草剂。分析用标准物质。

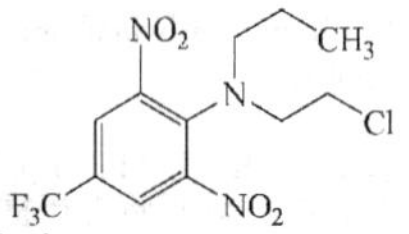

NO₂ CH₃ N Cl F₃C NO₂

Fluconazole 氟康唑 04641

[86386-73-4] $C_{13}H_{12}F_2N_6O$ 306.28

成分 C 50.98%，H 3.95%，F 12.41%，N 27.44%，O 5.22%。

别名 α-(2,4-Difluorophenyl)-α-(1*H*-1,2,4-triazol-1-ylmethyl)-1*H*-1,2,4-triazole-1-ethanol；2,4-Difluoro-α,α-bis(1*H*-1,2,4-triazol-1-ylmethyl)benzylalcohol；2-(2,4-Difluorophenyl)-1,3-bis(1*H*-1,2,4-triazol-1-yl)propan-2-ol；UK-49858；Biozolene；Diflucan；Elazor；Triflucan

M. I. 15，4153

性状 来自乙酸乙酯/己烷中的无色结晶。易溶于甲醇，溶于乙醇、丙酮，略微于异丙醇、氯仿，微溶于水、盐，极微溶于甲苯。mp 138～140℃。

注意事项 该品口服有害。对眼睛、呼吸系统及皮肤有刺激性。使用时应穿适当的防护服。万一接触到眼睛，应立即用大量水冲洗后请医生诊治。

主要用途 医用抗真菌剂。

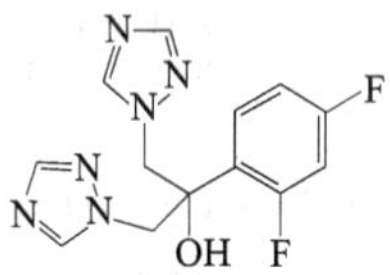

Flucycloxuron 氟环脲 04642

[113036-88-7][94050-52-9](E-型)[94050-53-0](Z-型)

$C_{25}H_{20}ClF_2N_3O_3$ 483.90

成分 C 62.05%，H 4.17%，Cl 7.33%，F 7.85%，N 8.68%，O 9.92%。

别名 *N*-[[4-[[[[(4-Chlorophenyl)cyclopropylmethylene]amino]oxy]methyl]phenyl]amino]carbonyl-2,6-difluorobenzamide；1-[α-(4-Chloro-α-cyciopropylbenzylideneaminooxy)-*p*-tolyl]-3-(2,6-difluorobenzoyl)urea；DU-319722；PH-70-23；UBI-A1335；Andalin

M. I. 15，4154

性状 无色结晶性粉末，无味。一般产品为 50%～80%*E* 型异构体及 50%～20%*Z* 型异构体组成。该品于下列物质中的溶解度（20℃）：水＜1μg/L；二甲苯 0.2g/L；环己烷 3.3g/L；乙醇 3.9g/L。蒸气压（20℃）：＜4.4mp a。mp 143.6℃。LD_{50}大鼠急性经口：＞5g/kg；皮肤接触：＞2g/kg。LC（4h）大鼠：3.3mg/L；LD_{50}（96h）虹鳟鱼，翻车鱼：＞100mg/L。

主要用途 杀虫剂。

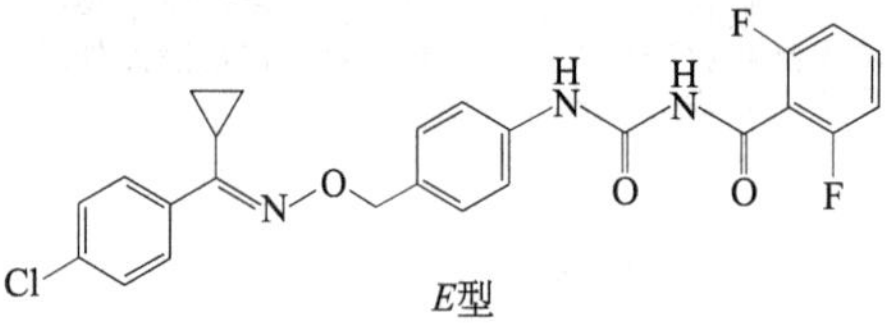

*E*型

Flucythrinate

氟氰戊菊酯 04643

[70124-77-5] $C_{26}H_{23}F_2NO_4$ 451.47

成分 C 69.17%，H 5.13%，F 8.42%，N 3.10%，O 14.18%。

别名 4-二氟甲氧基-α-(1-甲基乙基)苯乙酸氰基(3-苯氧基苯基)甲酯；4-Difluoromethoxy-α-(1-methylethyl) benzeneacetic acid cyano(3-phenoxyphenyl) methyl ester；(±) Cyano(3-phenoxyphenyl) methyl (+)-4-difluoromethoxy-α-(1-methylethyl) benzeneacetate；AC-222705；Cybolt；Guardian；Pay-Off；Stock Guard

M. I. 15，4155

性状 无色有黏性透明液体。溶于丙酮、二甲苯、2-丙醇。一般商品为其环己烷的 10ng/μL 溶液。

注意事项 该品口服有毒。吸入或与皮肤接触有害。对水生物极毒。能对水环境引起不利的结果。使用时应穿适当的防护服和戴手套。使用时如有事故发生或有不适之感，应请医生诊治。应防止将本品释放于环境中。其包装物应按危险品处理。应密封于 2～8℃保存。

主要用途 杀虫剂。兽用杀体外寄生虫。分析用标准物质。

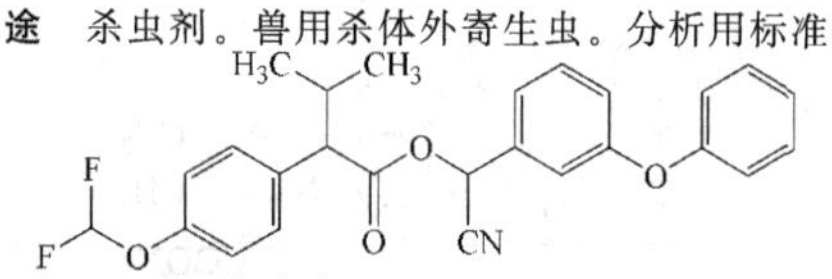

Flucytosine 5-氟胞嘧啶 04644

[2022-85-7] $C_4H_4FN_3O$ 129.09

成分 C 37.22%，H 3.12%，F 14.72%，N 32.55%，O 12.39%。

别名 氟胞嘧啶；4-Amino-5-fluoro-2(1*H*)-pyrimidinone；5-Fluorocytosine；5-FC；Ro-2-9915；Alcobon；Ancobon；Ancotil

M. I. 15，4156

性状 白色结晶性固体。无味。溶于水（25℃，1.5g/100mL）。mp 295～297℃（分解）；uv max（0.1mol/L 盐酸中）：285nm（ε 8900）。LD_{50}小鼠急性经口及皮下注射：＞2000mg/kg；腹膜内注射：1190mg/kg；静脉注射：500mg/kg。生化试剂含量≥98.0%。

注意事项 该品对机体有不可逆损伤的可能性。使用时应穿适当的防护服和戴手套。使用时应避免吸入本品的粉尘，避免与眼睛及皮肤接触。应密封于 2～8℃保存。

主要用途 医用抗真菌剂。

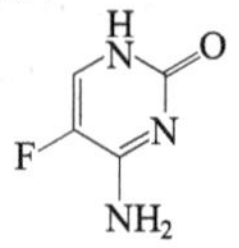

Fludarabine 膜衣锭 04645

[21679-14-1] $C_{10}H_{12}FN_5O_4$ 285.24

成分 C 42.11%，H 4.24%，F 6.66%，N 24.55%，O 22.44%。

别名 氟达拉滨；9-β-D-Arabinofuranosyl-2-fluoro-9*H*-purin-6-amine；9-β-D-Arabinofuranosyl-2-fluoroadenine；2-Fluorovidarabine；2-Fluoro-9-β-D-arabinofuranosyladenine；2-F-araA；NSC-118218；NSC-118218-H

M. I. 15，4157

性状 来自甲醇＋水中的无色结晶。略微溶于水及有机溶剂。mp 260℃；$[\alpha]_D^{25}+17°\pm2.5°$（$c=0.1$，于乙醇中）；uv max（pH 值 1，pH 值 7，pH 值 13）：262nm，261nm，262nm（ε ×10^{-3}13.2，14.8，15.0）。

主要用途 抗肿瘤剂。

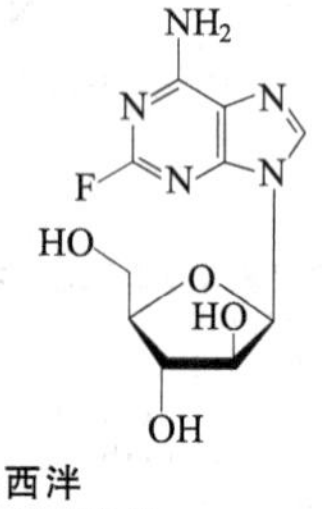

Fludiazepam 氟地西泮 04646

[3900-31-0] $C_{16}H_{12}ClFN_2O$ 302.73

成分 C 63.48%，H 4.00%，Cl 11.71%，F 6.28%，N 9.25%，O 5.28%。

别名 7-Chloro-5-(2-fluorophenyl)-1,3-dihydro-1-methyl-2*H*-1,4-benzodiazepin-2-one；ID-540；Ro-5-3438；Erispan

M. I. 15，4159

性状 来自正己烷/异丙醇中的无色棱柱体结晶。mp 88～92℃。LD_{50}小鼠急性经口：910mg/kg；腹膜内注射：360mg/kg；皮下注射：1150mg/kg。

主要用途 医用抗焦虑剂。

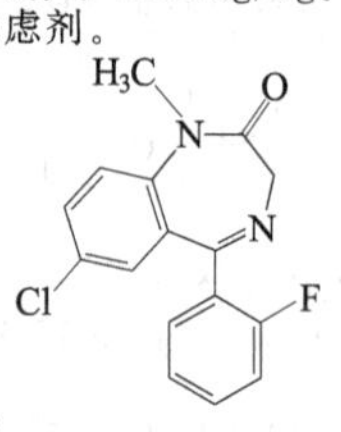

Fludioxonil 咯菌腈 04647

[131341-86-1] $C_{12}H_6F_2N_2O_2$ 248.19

成分 C 58.07%，H 2.44%，F 15.31%，N 11.29%，O 12.89%。

别名 4-(2,2-二氟-1,3-苯并间二氧杂环戊-4-基)-1*H*-吡咯-

3-腈；3-(2,2-二氟苯并间二氧杂环戊-4-基)-4-氰基吡咯；氟咯菌腈；4-(2,2-Difluoro-1,3-benzodioxol-4-yl)-1*H*-pyrrole-3-carbonitrile；3-(2,2-Difluorobenzodioxol-4-yl)-4-cyanopyrrole；CGA-173506；Celest；Maxim；Medallion

M. I. 15，4160

性状 无色结晶。无味。微溶于水（20℃，1.8mg/mL）。mp 199.4℃。LD_{50}大鼠急性经口：＞2000mg/kg；皮肤接触：＞2000mg/kg。LC_{50}大鼠（4h）：＞2600mg/m^3。一般试剂含量≥97.0%（HPLC）。

注意事项 该品对水中有机物极毒。能对水环境引起不利的结果。应防止将本品释放于环境中。其包装应按危险品处理。应密封于20℃以下保存。

主要用途 农用杀菌剂。分析用标准物质。

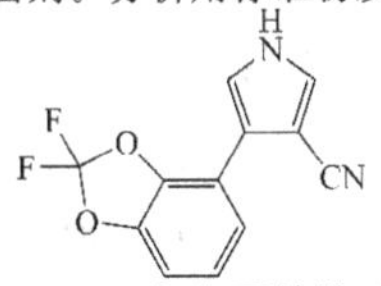

Fludrocortisone acetate 氟氢可的松 乙酸盐 04648

[514-36-3] $C_{23}H_{31}FO_6$ 422.49

成分 C 65%，H 7%，F 4%，O 23%。

别名 9-*α*-氟氢可的松 乙酸盐；9-氟皮质甾醇 乙酸盐；乙酸氟氢可的松；Florinef；(11*β*)-9-Fluoro-11,17,21-trihydroxypregn-4-ene-3,20-dione acetate；9*α*-Fluorohydrocortisone acetate；9*α*-Fluoro-17-hydroxycorticosterone acetate；9*α*-Fluorocortisol acetate；Fludrocortisone acetate；Fluohydrisone acetate；Fluohydrocortisone acetate；Astonin H acetate

M. I. 15，4161

性状 白色至浅黄色结晶。mp 233～234℃。溶于水(0.04mg/mL)、丙酮(56mg/mL)、乙醇(20mg/mL)、氯仿(20mg/mL)、乙醚(4mg/mL)。260～262℃分解；$[\alpha]_D^{23}$ +123°(*c*＝0.64，于氯仿中)；uv max(乙醇中)：238nm(ε 16800)。生化试剂含量≥98.0%。

注意事项 该品可能危害胎儿。使用时应穿适当的防护服。应避免吸入本品的粉尘。万一接触到眼睛，应立即用大量水冲洗后请医生诊治。

主要用途 医用盐(肾上腺)皮质素。

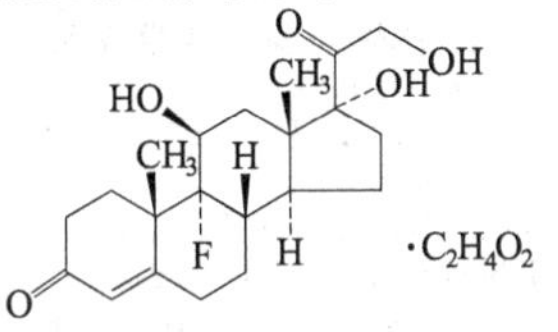

$\cdot C_2H_4O_2$

Flufenacet 氟噻草胺 04649

[142459-58-3] $C_{14}H_{13}F_4N_3O_2S$ 363.33

成分 C 46.28%，H 3.61%，F 20.92%，N 11.57%，O 8.81%，S 8.83%。

别名 *N*-(4-Fluorophenyl)-*N*-(1-methylethyl)-2-[[5-(trifluoromethyl)-1,3,4-thiadiazol-2-yl]oxy]acetamide；*N*-Isopropyl-(5-trifluoromethyl-1,3,4-thiadiazol-2-yl)-(4′-fluorooxyacetanilide)；BAY FOE-5043；FOE-5043

M. I. 15，4162

性状 白色至褐色固体。溶于水（25℃）：pH值4，56mg/L；pH值9，54mg/L。蒸气压（20℃）：9.0×10^{-5}Pa。mp 75～77℃。LD_{50}大鼠急性经口：589～1617mg/kg；皮肤接触：＞2000mg/kg。LD_{50}小鼠，北美鹌鹑，雄野鸭急性经口：1331～1756mg/kg，1608mg/kg，＞2000mg/kg。LD_{50}翻车鱼，鲑鱼，羊头鲦鱼：2.1～2.4mg/L，3.5～5.8mg/L，3.3mg/L。

注意事项 该品口服有害。接触皮肤能引起过敏。长期曝露有严重损伤健康的危险。使用时应戴适当的手套。避免与皮肤接触。应远离食品、饮料及饲料存放。其包装物应按危险品处理。

主要用途 除草剂辅剂。分析用标准物质。

Flufenamic acid 氟灭酸 04650

[530-78-9] $C_{14}H_{10}F_3NO_2$ 281.23

成分 C 59.79%，H 3.58%，F 20.27%，N 4.98%，O 11.38%。

别名 2-[[3-(三氟甲基)苯基]氨基]苯甲酸；3′-三氟甲基二苯胺-2-羧酸；*N*-(*α*,*α*,*α*-三氟间甲苯基)氨茴酸；*N*-(*α*,*α*,*α*-三氟间甲苯基)邻氨基苯甲酸；*N*-(*α*,*α*,*α*-Trifluoro-*m*-tolyl) anthranilic acid；3′-Trifluoromethyldiphenylamine-2-carboxylic acid；CI-440；INF-1837；Achless；Ansatin；Arlef；Fullsafe；Meralen；Paraflu；Parlef；Ristogen；Sastridex；Surika；Tecramine

M. I. 15，4163

性状 来自50%乙醇中的浅黄色针状结晶。mp 125℃。LD_{50}小鼠急性经口：715mg/kg。生化试剂含量≥97.0%。

注意事项 该品口服有害。对眼睛及皮肤有刺激性。使用时应穿适当的防护服。万一接触到眼睛，应立即用大量水冲洗后请医生诊治。

主要用途 生化研究。医用抗炎剂，止痛剂。

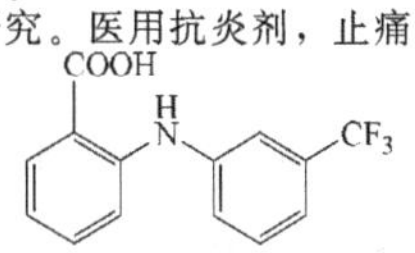

Flufenoxuron 氟虫脲 04651

[101463-69-8] $C_{21}H_{11}ClF_6N_2O_3$ 488.77

成分 C 51.61%，H 2.27%，Cl 7.25%，F 23.32%，N 5.73%%，O 9.82%。

别名 氟芬隆；*N*-[[4-[2-Chloro-4-(trifluoromethyl)phenoxy]-2-fluorophenyl]amino]carbonyl-2,6-difluorobenzamide；1-[4-(2-Chloro-*α*,*α*,*α*-trifluoro-*p*-tolyloxy)-2-fluorophenyl]-3-(2,6-difluorobenzoyl)urea；*N*-(2,6-Difluorobenzoyl)-*N*′-(2-fluoro-4-[2-chloro-4-(trifluoromethyl)phenoxy]phenylurea)；WL115110；DPX EY-059；Cascade

M. I. 15，4164

性状 无色结晶。无味。该品于下列物质中的溶解度（25℃，g/L）：水4×10^{-6}；丙酮82；二甲苯6；二氯甲烷24。mp 169～172℃（分解）。LD_{50}大鼠急性经口：＞3000mg/kg；皮肤接触：＞2000mg/kg。

注意事项 该品蒸气吸入有害。使用时应避免吸入本品的粉尘。

主要用途 杀虫剂。杀螨剂。分析用标准物质。

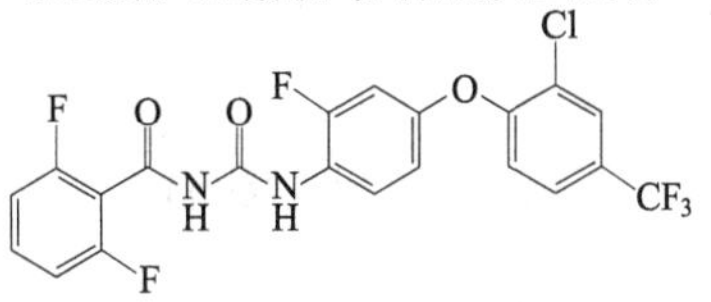

Fluindione 氟茚二酮 04652

[957-56-2] $C_{15}H_9FO_2$ 240.23

成分 C 75.00%，H 3.78%，F 7.91%，O 13.32%。

别名 2-(4-Fluorophenyl)-1*H*-indene-1,3(2*H*)-dione；2-(*p*-Fluorophenyl)-1,3-indandione；LM-123；Previscan

M. I. 15，4165

性状 来自乙酸中的无色结晶。mp 120℃。LD_{50}小鼠急性经口：240mg/kg。

主要用途 医用抗凝剂。

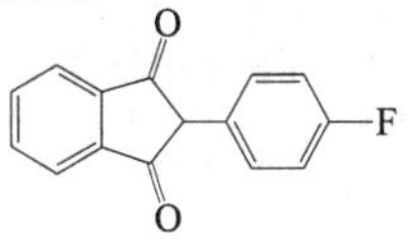

Flumazenil 氟马西尼 04653

[78755-81-4] $C_{15}H_{14}FN_3O_3$ 303.29

成分 C 59.40%，H 4.65%，F 6.26%，N 13.86%，O 15.83%。

别名 8-Fluoro-5,6-dihydro-5-methyl-6-oxo-4*H*-imidazo[1,5-*a*][1,4]benzodiazepine-3-carboxylic acid ethyl ester；Ethyl-8-fluoro-5,6-dihydro-5-methyl-6-oxo-4*H*-imidazo[1,5-*a*][1,4]benzodiazepine-3-carboxylate；Flumazepil；Ro-15-1788；Anexate；Lanexat；Romazicon

M. I. 15，4166

性状 来自乙醇中的白色结晶。mp 201～203℃。LD_{50}小鼠，大鼠腹膜内注射：4000mg/kg，1360mg/kg；急性经口：4300mg/kg，6000mg/kg。生化试剂含量≥99.0%

（HPLC）。

注意事项 该品应密封于 2～8℃保存。

主要用途 医用苯并二氮杂䓬对抗剂。

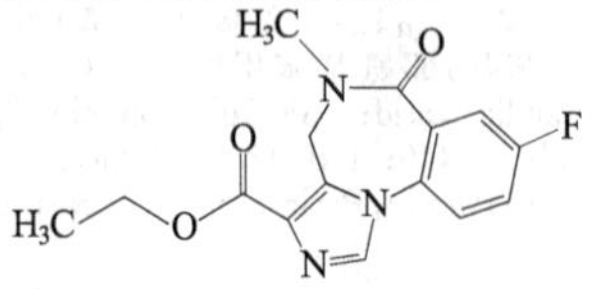

Flumecinol 氟美西诺 04654

[56430-99-0] $C_{16}H_{15}F_3O$ 280.29

成分 C 68.56%，H 5.39%，F 20.33%，O 5.71%。

别名 α-Ethyl-α-phenyl-3-(trifluoromethyl) benzenemethanol; α-Ethyl-3-(trifluoromethyl) benzhydrol; RGH-3332; Zixoryn; Zyxorin

M. I. 15，4167

性状 无色油状液体。$bp_{0.03}$ 106～108℃/4Pa；uv max（乙醇中）：259nm，265nm，271nm。LD_{50} 成熟大鼠急性经口：2235mg/kg。

主要用途 医用肝脏酶诱因剂。

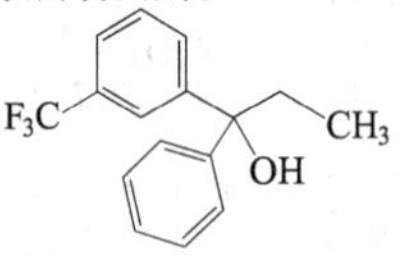

Flumequine 氟甲喹 04655

[42835-25-6] $C_{14}H_{12}FNO_3$ 261.25

成分 C 64.37%，H 4.63%，F 7.27%，N 5.36%，O 18.37%。

别名 9-Fluoro-6，7-dihydro-5-methyl-1-oxo-1*H*，5*H*-benzo[*ij*]quinolizine-2-carboxylic acid; R-802; Apurone; Fantacin

M. I. 15，4168

性状 白色微晶型粉末。溶于碱溶液、乙醇，不溶于水。mp 253～255℃。

注意事项 使用时应避免吸入本品的粉尘，避免与眼睛及皮肤接触。

主要用途 生化研究。医用抗菌剂。

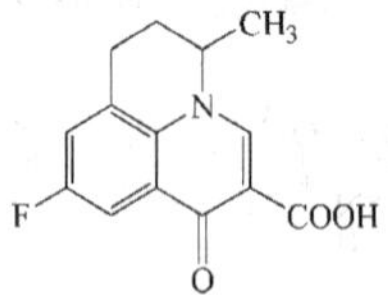

Flumethiazide 三氟甲噻 04656

[148-56-1] $C_8H_6F_3N_3O_4S_2$ 329.27

成分 C 29.18%，H 1.84%，F 17.31%，N 12.76%，O 19.44%，S 19.48%。

别名 氢氟噻嗪；6-Trifluoromethyl-2*H*-1，2，4-benzothiadiazine-7-sulfonamide 1，1-dioxide; 6-Trifluoromethyl-7-sulfamoyl-4*H*-1，2，4-benzothiadiazine 1，1-dioxide; 6-Trifluoromethyl-7-sulfamyl-1，2，4-benzothiadiazine 1，1-dioxide; Trifluoromethylthiazide; Ademol; Fludemil

M. I. 15，4170

性状 无色结晶。溶于甲醇 、乙醇、二甲基甲酰胺，略微溶于水（50mg/mL，于沸水中分解），几乎不溶于乙酸乙酯、甲基乙基甲酮、苯、甲苯。于碱溶液中不稳定。305.4～307.8℃分解；uv max：278nm（$E_{1cm}^{1\%}$ 335）（于50%二乙二醇二甲醚+50% 0.1mol/L 盐酸中）。

主要用途 医用碳酸酐酶抑制剂。医用利尿降压剂。

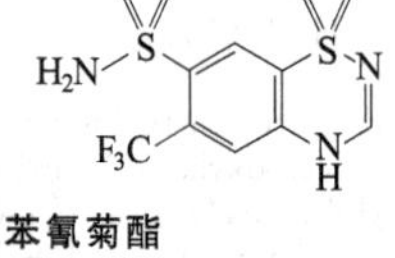

Flumethrin 氟氯苯氰菊酯 04657

[69770-45-2] $C_{28}H_{22}ClFNO_3$ 510.39

成分 C 65.89%，H 4.34%，Cl 13.89%，F 3.72%，N 2.74%，O 9.40%。

别名 3-[2-Chloro-2-(4-chlorophenyl) ethenyl]-2，2-dimethylcyclopropanecarboxylic acid cyano(4-fluoro-3-phenoxyphenyl) methyl ester; 3′-Phenoxy-4′-fluoro-α-cyanobenzyl 2，2-dimethyl-3-[2-(4-chlorophenyl)-2-chlorovinyl] cyclopropane carboxylate; Bayticol; Bayvarol

M. I. 15，4171

性状 无色油状液体。Fp 219.2℉（104℃）；n_D^{25} 1.5831。

注意事项 该品吸入、口服或与皮肤接触有毒。对眼睛及皮肤有刺激性。接触皮肤能引起过敏。使用时应穿适当的防护服和戴手套。接触皮肤后应用大量水冲洗。使用时如有事故发生或有不适之感，应请医生诊治。

主要用途 杀虫剂。杀螨剂。兽用杀体外寄生物剂。分析用标准物质。

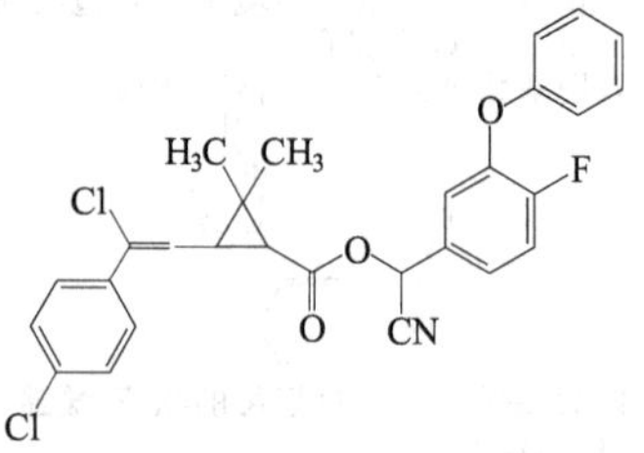

Flumetsulam 唑嘧磺草胺 04658

[98967-40-9] $C_{12}H_9F_2N_5O_2S$ 325.29

成分 C 44.31%，H 2.79%，F 11.68%，N 21.53%，O 9.84%，S 9.86%。

别名 润草清；*N*-(2，6-Difluorophenyl)-5-methyl[1，2，4]triazolo[1，5-*a*]pyrimidine-2-sulfonamide; DE-498; Broadstrike; Python

M. I. 15，4172

性状 白色粉末。溶于水（pH 值 2.5，0.049g/L；pH 值 7，5.65g/L）。pK_a 4.6。mp 250～251℃。LD_{50} 大鼠急性经口：>5000mg/kg；兔皮肤接触：>2000mg/kg。

主要用途 除草剂。

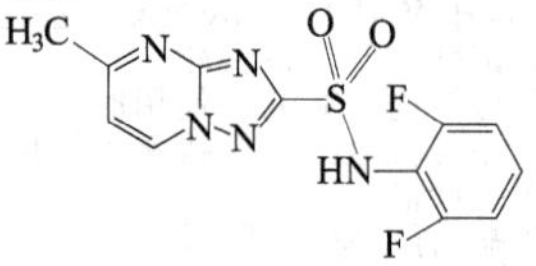

Flumiclorac pentyl esfer 氟烯草酸戊酯 04659

[87546-18-7] $C_{21}H_{23}ClFNO_5$ 423.87

成分 C 59.51%，H 5.47%，Cl 8.36%，F 4.48%，N 3.30%，O 18.87%。

别名 利收；V-23031; S-23031; Resource; [2-Chloro-4-fluoro-5-(1，3，4，5，6，7-hexahydro-1，3-dioxo-2*H*-isoindol-2-yl) phenoxy] acetic acid pentyl ester; 2-Chloro-4-fluoro-5-[(3，4，5，6-tetrahydro) phthalimido] phenoxyacetic acid pentyl ester; [2-Chloro-5-(cyclohex-1-ene-1，2-dicarboximido)-4-fluorophenoxy] acetic acid pentyl ester

M. I. 15，4173

性状 无色结晶或粉末。该品于下列物质中的溶解度（25℃）：甲醇 47.8g/L；己烷 3.28g/L；丙酮 590g/L；乙腈 589g/L；水 0.189mg/L。蒸气压（22.4℃）：<1.0×10^{-7}mmHg/133.3×10^{-7} Pa。mp 88.87～90.13℃；d^{20} 1.3316。LD_{50} 急性大鼠经口：>5000mg/kg；皮肤接触：>2000mg/kg。

主要用途 除草剂。

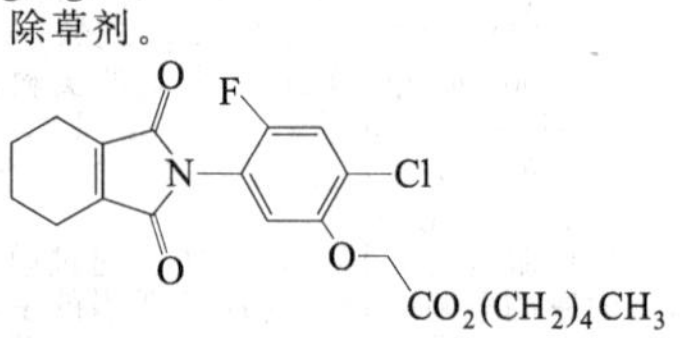

Flumioxazin 丙炔氟草胺 04660

[103361-09-7] $C_{19}H_{15}FN_2O_4$ 354.34

成分 C 64.40%，H 4.27%，F 5.36%，N 7.91%，O 18.06%。

别名 速收；2-[7-Fluoro-3，4-dihydro-3-oxo-4-(2-propynyl)-2*H*-1，4-benzoxazin-6-yl]-4，5，6，7-tetrahydro-1*H*-isoindole-1，3(2*H*)-dione; *N*-(7-Fluoro-3，4-dihydro-3-oxo-4-prop-2-ynyl-2*H*-1，4-benzoxazin-6-yl) cyclohex-1-ene-1，2-dicarboximide; S-53482; V-53482; Sumisoya; Valor

M. I. 15，4174

性状 浅黄棕色粉末。无味。溶于多数有机溶剂，极微溶于水（25℃，1.79mg/L）。蒸气压（22℃）：2.41×10^{-6} mmHg/321.3×10^{-6} Pa。mp 201.83～203.83℃；d^{20} 1.5132。LD_{50}大鼠急性经口：＞5000mg/kg；皮肤接触：＞2000mg/kg。LD_{50}（4h）大鼠吸入：＞3930mg/m³。LC_{50}（96h）翻车鱼，虹鳟鱼（mg/L）：＞21，2.3。

主要用途 除草剂。

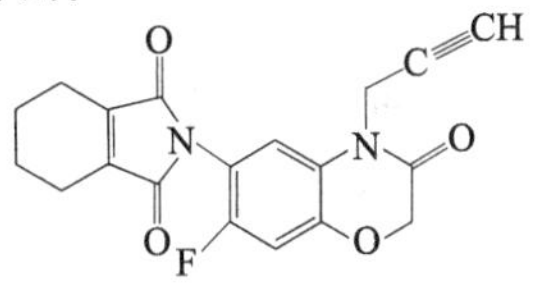

Flunarizine dihydrochloride 氟苯桂嗪 二盐酸盐 04661

[30484-77-6] $C_{26}H_{28}Cl_2F_2N_2$ 477.42

成分 C 65.41%，H 5.91%，Cl 14.85%，F 7.96%，N 5.87%。

别名 二盐酸 氟苯桂嗪；Dinaplex；Flugeral；Flunagen；Flunarl；Fluxarten；Gradient；Issium；Mondus；Sibelium；(*E*)-1-Bis(4-fluorophenyl)methyl-4-(3-phenyl-2-propenyl)piperazine dihydrochloride；(*E*)-1-Bis(*p*-fluorophenyl) methyl-4-cinnamylpiperazine dihydrochloride；1-Cinnamyl-4-(di-*p*-fluorobenzhydryl)piperazine dihydrochloride

M. I. 15，4175

性状 来自2-丙醇及乙醇混合物中的无色结晶。mp 251.5℃。

注意事项 该品口服有害。使用时应避免吸入本品的粉尘，避免与眼睛皮肤接触。

主要用途 生化研究。医用血管舒张剂。

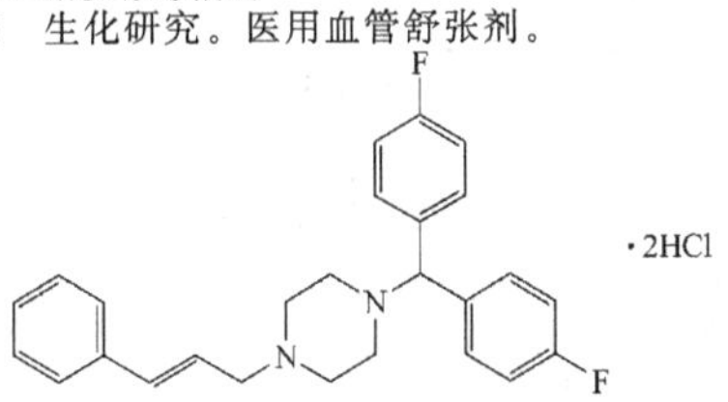

·2HCl

Flunisolide 氟尼缩松 04662

[3385-03-3] [77326-96-6](1/2水) $C_{24}H_{31}FO_6$ 434.50

成分 C 66.34%，H 7.19%，F 4.37%，O 22.09%。

别名 9-去氟肤轻松；(6α,11β,16α)-6-Fluoro-11,21-dihydroxy-16,17-[(1-methylethylidene)bis(oxy)]pregna-1,4-diene-3,20-dione；6α-Fluoro-11β,16α,17,21-tetrahydroxypregna-1,4-diene-3,20-dione cyclic 16,17-acetal with acetone；6α-Fluoro-11β,21-dihydroxy-16α, 17-isopropylidenedioxy-$\Delta^{1,4}$-pregnadiene-3, 20-dione；RS-3999；Aerobid；Bronalide；Lunis；Nasalide；Rhinalar；Synaclyn；Syntaris

M. I. 15，4176

性状 白色至奶油白色结晶性粉末。溶于丙酮，略溶于氯仿，微溶于甲醇，几乎不溶于水。mp 245℃。生化试剂含量≥98.0%。

主要用途 医用糖皮质激素；止喘剂。

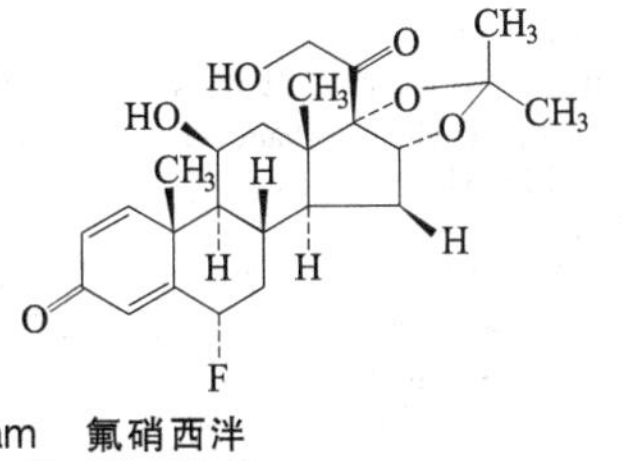

Flunitrazepam 氟硝西泮 04663

[1622-62-4] $C_{16}H_{12}FN_3O_3$ 313.29

成分 C 61.34%，H 3.86%，F 6.06%N 13.41%，O 15.32%。

别名 5-(2-Fluorophenyl)-1,3-dihydro-1-methyl-7-nitro-2*H*-1,4-benzodiazepin-2-one；1-Methyl-7-nitro-5-(2-fluorophenyl)-3*H*-1,4-benzodiazepin-2(1*H*)-one；Ro-5-4200；Narcozep；Rohypnol；Roipnol

M. I. 15，4177

性状 来自二氯甲烷-己烷中的浅黄色针状结晶，mp 166～167℃。亦有报告为来自乙腈和甲醇中的结晶，mp 170～172℃。溶于二甲基甲酰胺、乙醇。

注意事项 该品口服有害。对眼睛有刺激性。使用时应穿适当的防护服。万一接触到眼睛，应立即用大量水冲洗后请医生诊治。

主要用途 医用安眠剂。

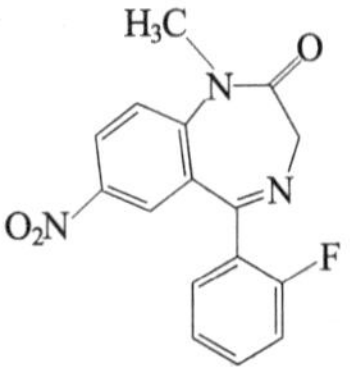

Flumixin meglumine salt 氟尼辛葡胺 04664

[42461-84-7] $C_{21}H_{28}F_3N_3O_7$ 491.46

成分 C 51.3%，H 5.7%，F 11.6%；N 8.6%，O 22.8%。

别名 氟尼辛葡甲胺；氟胺烟酸葡胺；Banamine；Binixin；Finadyne；2-[2-Methyl-3-(trifluoromethyl)phenyl]amino-3-pyridinecarboxylic acid meglumine salt；2-(2-Methyl-3-trifluoromethylanilino)nicotinic acid meglumine salt；2-($\alpha^3,\alpha^3,\alpha^3$-Trifluoro-2,3-xylidino)nicotinic acid meglumine saly；Sch-14714 meglumine saly

M. I. 15，4178

性状 来自乙醇/乙醚中的近白色结晶，mp 135～137℃；来自乙腈中的结晶，mp 136～139℃。溶于水、乙醇、甲醇，几乎不溶于乙酸乙酯。生化试剂含量＞99.0%(HPLC)。

注意事项 该品对眼睛、呼吸系统及皮肤有刺激性。使用时应穿适当的防护服。万一接触到眼睛，应立即用大量水冲洗后请医生诊治。

主要用途 兽用抗炎、止痛剂。抗发热剂。

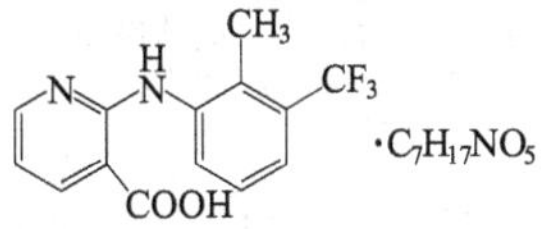

·$C_7H_{17}NO_5$

Flunoxaprofen 氟诺洛芬 04665

[66934-18-7] $C_{16}H_{12}FNO_3$ 285.27

成分 C 67.37%，H 4.24%，F 6.66% N 4.91%，O 16.83%。

别名 (αS)-2-(4-Fluorophenyl)-α-methyl-5-benzoxazoleacetic acid；RV-12424；Priaxim

M. I. 15，4179

性状 来自丙酮-水或乙酸中的无色结晶。mp 162～164℃；$[\alpha]_D^{20}+50°$（$c=2\%$，于二甲基甲酰胺中）。LD_{50}小鼠急性经口：约1200mg/kg。

主要用途 医用抗炎剂。

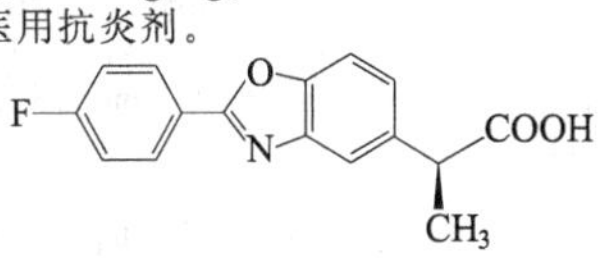

Fluocinolone acetonide 肤轻松 04666

[67-73-2] $C_{24}H_{30}F_2O_6$ 452.49

成分 C 63.71%，H 6.68%，F 8.40%，O 21.21%。

别名 氟新诺龙丙酮；二氟羟泼尼松龙丙酮；(6α,11β,16α)-6,9-Difluoro-11,21-dihydroxy-16,17-[(1-methylethylidene)bis(oxy)] pregna-1, 4-diene-3, 20-dione；6α, 9α-Difluoro-16α-hydroxyprednisolone 16,17-acetonide；6α,9α-Difluoro-16α,17α-isopropylidenedioxy-1,4-pregnadiene-3,20-dione；Coriphate；Cortiplastol；Dermalar；Fluonid；Fluovitef；Fluvean；Fluzon；Jellin；Localyn；Synalar；Synamol；Synandone；Synemol；Synotic；Synsac

M. I. 15，4181

性状 来自丙酮+己烷中的白色结晶。无味。溶于甲醇，微溶于乙醚、氯仿，不溶于水。mp 265～266℃； $[\alpha]_D$ +95°（于氯仿中）；uv max：238nm（lg ε 4.21）。生物试剂含量≥98.0%。

注意事项 该品吸入、口服或与皮肤接触有害。对眼睛、呼吸系统及皮肤有刺激性。对机体有不可逆损伤的可能性。使用时应穿适当的防护服。避免吸入本品的粉尘。万一接触到眼睛，应立即用大量水冲洗后请医生诊治。

主要用途 生化研究。医用抗炎剂。

Fluocinonide　乙酸氟轻松　04667

[356-12-7]　$C_{26}H_{32}F_2O_7$　494.53

成分　C 63.15%，H 6.52%，F 7.68%，O 22.65%。

别名　乙酸肤轻松；(6α,11β,16α)-21-Acetyloxy-6,9-difluoro-11-hydroxy-16,17-[(1-methylethylidene) bis(oxy)] pregna-1,4-diene-3, 20-dione; 6α, 9-Difluoro-11β, 16α, 17, 21-tetrahydroxypregna-1,4-diene-3,20-dione,cyclic 16,17-acetal with acetone, 21-acetate; 21-Acetoxy-6α, 9α-difluoro-11β-hydroxy-16α, 17α-isopropylidenedioxy-1,4-pregnadiene-3, 20-dione; 16α, 17α-Isopropylidene-6α-fluorotriamcinolone 21-acetate; Fluocinolide (obsolete); Fluocinolide acetate(obsolete); Fluocinolone acetonide acetate; Biscosal; Dermaplus; Lidex; Metosyn; Synalate (rescinded); Straderm; Topsym; Topsymin; Topsyne; Topsyn

M. I. 15, 4182

性状　来自甲醇中的白色至奶油色结晶。略溶于丙酮、氯仿略溶于甲醇、乙醇、二氧六环，极微溶于乙醚，几乎不溶于水。mp 308～311℃；$[\alpha]_D$ +83°（于氯仿中）；uv max：237nm（lg ε 4.18）。

注意事项　该品口服极毒。可能危害胎儿。使用时应穿适当的防护服，戴手套和防护镜或面罩。应避免吸入本品的粉尘，避免接触眼睛。接触皮肤后应用大量水冲洗。使用时如有事故发生或有不适之感，应请医生诊治。

主要用途　医用抗炎剂。糖皮质激素。

Fluocortin butyl　氟考丁酯　04668

[41767-29-7]　$C_{26}H_{35}FO_5$　446.56

成分　C 69.93%，H 7.90%，F 4.25%，O 17.91%。

别名　(6α,11β,16α)-6-Fluoro-11-hydroxy-16-methyl-3,20-dioxopregna-1,4-dien-21-oic acid butyl ester; Butyl 6α-fluoro-11β-hydroxy-16α-methyl-3,20-dioxopregna-1,4-dien-21-oate; SH K203; Varlane; Vaspit

M. I. 15, 4183

性状　来自丙酮/己烷中的无色结晶。略溶于氯仿、乙醇，稀薄地溶于乙醚，不溶于水。mp 195.1℃；$[\alpha]_D^{25}$ +136°（c=0.5，于氯仿中）；uv max（甲醇中）：242nm（ε 16800）。LD_{50}小鼠，大鼠急性经口及皮下注射：全部＞4g/kg。

主要用途　医用抗炎剂。

Fluocortolone　氟考龙　04669

[152-97-6]　$C_{22}H_{29}FO_4$　376.47

成分　C 70.19%，H 7.76%，F 5.05%，O 17.00%。

别名　6-氟-16-甲基去氢皮甾酮；(6α,11β,16α)-6-Fluoro-11, 12-dihydroxy-16-methylpregna-1,4-diene-3,20-dione; 6α-Fluoro-16α-methyl-1-dehydrocorticosterone; 6α-Fluoro-16α-methyl-$\Delta^{1,4}$-pregnadiene-11β,21-diol-3,20-dione; Ultralan oral

M. I. 15, 4184

性状　无色结晶。该品于下列物质中的溶解度：水 37℃，295mg/L；乙醇 20℃，120mg/L；甲苯 20℃，440mg/kg。mp 188～190.5℃；$[\alpha]_D^{20}$ +100°（二氧六环中）；uv max（甲醇中）：242nm（ε 16300）。

主要用途　医用糖皮质激素。

Fluometuron　伏草隆　04670

[2164-17-2]　$C_{10}H_{11}F_3N_2O$　232.21

成分　C 51.72%，H 4.77%，F 24.54%，N 12.06%，O 6.89%。

别名　*N*,*N*-Dimethyl-*N'*-[3-(trifluoromethyl) phenyl] urea; 1,1-Dimethyl-3-(α,α,α-trifluoro-*m*-tolyl) urea; *N*-(3-Trifluoromethylphenyl)-*N'*,*N'*-dimethylurea; Ciba 2059; Cotoran; Cottonex

M. I. 15, 4185

性状　无色结晶。溶于丙酮、乙醇、异丙醇、二甲基甲酰胺及多数有机溶剂，极微溶于水（25℃，80mg/kg）。mp 163～164.5℃。LD_{50}大鼠急性经口：8900mg/kg；兔皮肤接触：＞10000mg/kg。

注意事项　该品口服有害。

主要用途　除草剂。分析用标准物质。

Fluoranthene　荧蒽　04671

[206-44-0]　$C_{16}H_{10}$　202.25

成分　C 95.01%，H 4.98%。

别名　1,2-Benzacenaphthene; Benzo[*j*,*k*]fluorene; FA; Fluoranthracene; Idryl

GW 2015-2742

性状　白色针状结晶。溶于乙醇、苯、氯仿，不溶于水。mp 109～110℃；bp 384℃；Fp 388℉（198℃）。一般试剂含量≥98.5%（HPLC）。

注意事项　该品口服有害。

主要用途　指示剂。有机合成。分析用标准物。

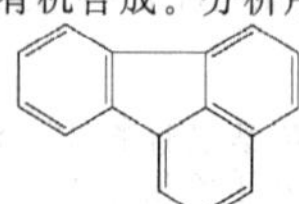

Fluorene　芴　04672

[86-73-7]　$C_{13}C_{10}$　166.22

成分　C 93.94%，H 6.06%。

别名　二苯并五环；二亚苯基甲烷；亚甲基联苯；2,3-Benzindene; *o*-Biphenylenemethane; Diphenylenemethane; 9*H*-Fluorene; 2,2'-Methylenebiphenyl

M. I. 15, 4187

性状　来自乙醇中的闪光的白色叶状或小片状结晶。易溶于冰乙酸，溶于二硫化碳、苯、乙醚、热乙醇，不溶于水。mp 116～117℃；bp 295℃；Fp 303.8℉（151℃）；d 1.202；λ_{max}（庚烷中）：261nm（lg ε 4.28）。一般试剂含量≥99.0%（HPLC）。

注意事项　使用时应避免吸入本品的粉尘，避免与眼睛及皮肤接触。

主要用途　染料。杀虫剂。

Fluorenol　芴醇　04673

[1689-64-1]　$C_{13}H_{10}O$　182.22

成分　C 85.69%，H 5.53%，O 8.78%。

别名　9-羟基芴；9-Hydroxyfluorene

性状　无色结晶。mp 155～157℃。一般试剂含量≥98.0％。

注意事项　使用时应避免吸入本品的粉尘，避免与眼睛及皮肤接触。

9-Fluorenone　芴酮　04674

[486-25-9]　$C_{13}H_8O$　180.21

成分　C 86.65％，H 4.47％，O 8.88％。

别名　亚联苯甲酮；次联苯甲酮；Diphenylene ketone；Fluorene ketone；Ketofluorene；9-Oxofluorene

性状　黄色结晶。易溶于乙醇、乙醚，不溶于水。mp 80～83℃；bp 342℃；Fp 325℉（163℃）。λ_{max}（乙醇中）：257nm（lgε 4.9）。一般试剂含量≥99.0％（HPLC）。

注意事项　该品应密封保存。

主要用途　有机合成。

Fluorescamine　荧光胺　04675

[38183-12-9]　$C_{17}H_{10}O_4$　278.26

成分　C 73.38％，H 3.62％，O 23.00％。

别名　苐路兰；Fluram®；4-Phenylspiro[furan-2(3*H*),1′(3′*H*)-isobenzofuran]-3,3′-dione；4-Phenylspiro[furan-2(3*H*),1′-phthalan]-3,3′-dione；Ro-20-7234

M.I. 15，4191

性状　无色结晶。mp 154～155℃；uv max（乙醚中）：235nm，276nm，284nm，306nm（ε 25900，3950，4100，3800）。一般试剂含量≥99.0％（UV）。

注意事项　该品对眼睛及呼吸系统有刺激性。使用时应避免吸入本品的粉尘，避免与眼睛及皮肤接触。万一接触到眼睛，应立即用大量水冲洗后请医生诊治。应充氩气密封干燥保存。

主要用途　分析试剂。

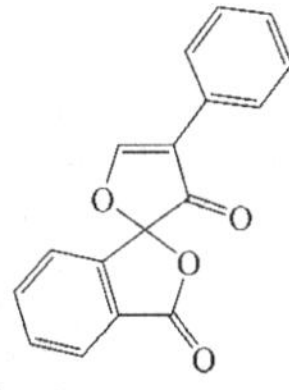

Fluorescein　荧光素　04676

[2321-07-5]　$C_{20}H_{12}O_5$　332.31

成分　C 72.29％，H 3.64％，O 24.07％。

别名　荧光红；二羟基荧烷；荧光黄；荧光橙红；酸性黄 73；9-(*o*-Carboxyphenyl)-6-hydroxy-3-isoxanthenone；9-(*o*-Carboxyphenyl)-6-hydroxy-3*H*-xanthen-3-one；D & C yellow No. 7；3′,6′-Dihydroxyfluoran；3,6-Dihydroxyspiro[isobenzofuran-1(3*H*),9′(9*H*)-xanthen]-3-one；Diresorcinolphthalein；3′,6′-Fluorandiol；Resorcinolphthalein；Acid yellow 73；Solvent yellow 94

M.I, 15，4192　C.I. 45350：1

性状　橙黄色、橙红色至红色结晶性粉末。溶于热乙醇、冰乙酸、氢氧化钠或碳酸钠溶液，不溶于水、苯、氯仿、乙醚。mp 314～316℃（分解）；最大吸收值：439.5nm，460nm。

注意事项　使用时应穿适当的防护服。应避免吸入本品的粉尘，避免与眼睛及皮肤接触。万一接触到眼睛，应立即用大量水冲洗后请医生诊治。

主要用途　荧光指示剂。吸附指示剂。溴的检定。

参考规格　HG/T 3494—1999	指示剂
最大吸收波长 λ(pH 8.0)/nm	490～493
质量吸收系数(pH 8.0)/[L/(cm·g)]≥	200
灵敏度试验	合格
乙醇溶解试验	合格
灼烧残渣(以硫酸盐计)/％≤	0.3
干燥失重/％≤	5.0

Fluorescein chloride　氯化荧光素　04677

[630-88-6]　$C_{20}H_{10}Cl_2O_3$　369.21

成分　C 65.06％，H 2.73％，Cl 19.20％，O 13.00％。

别名　3,6-二氯荧光红；3,6-二氯荧光素；3,6-二氯荧光黄；3,6-二氯荧光橙红；胺试剂；3′,6′-二氯荧烷；3′,6′-Dichlorospiro(phthalan-1,9-xanthen)-3-one；Fluorescein 3,6-dichloride；3′,6′-Dichlorofluoran

性状　结晶。溶于热苯、氯仿，极微溶于乙醇，不溶于水。mp 253～255℃。一般试剂含量≥95.0％。

注意事项　该品应密封保存。

Fluorescein diacetate　二乙酸荧光素　04678

[596-09-8]　$C_{24}H_{16}O_7$　416.39

成分　C 69.23％，H 3.87％，O 26.90％。

别名　荧光素二乙酸酯；3,6-Diacetoxyfluoran；Di-*O*-acetylfluorescein；FDA

性状　无色结晶。mp 203～206℃；λ_{max} 498nm。一般试剂含量≥98.0％(HPLC)。

注意事项　使用时应避免吸入本品的粉尘，避免与眼睛及皮肤接触。

主要用途　荧光染料。

Fluorescein isothiocyanate　异硫氰酸荧光素　04679

[3326-32-7]　$C_{21}H_{11}NO_5S$　389.39

成分　C 64.78％，H 2.85％，N 3.60％，O 20.54％，S 8.23％。

别名　异硫氰酸荧光红；异硫氰酸荧光黄；异硫氰酸荧光橙红；Fluorescein *iso*-thiocyanate；FITC

性状　橘黄色粉末。溶于水，在水中分解。mp ＞360℃；λ_{max} 499nm。一般试剂含量≥97.5％(HPLC)。

注意事项　该品对眼睛、呼吸系统及皮肤有刺激性。吸入或与皮肤接触可引起过敏。使用时应穿适当的防护服和戴手套。使用时应避免吸入本品的粉尘，避免与眼睛及皮肤接触。使用时如有事故发生或有不适之感，应请医生诊治。应充氩气密封于2～8℃保存。

主要用途　生化研究。抗体研究中，用硅藻土吸附后，将荧光素加到蛋白质分子上作荧光抗体。

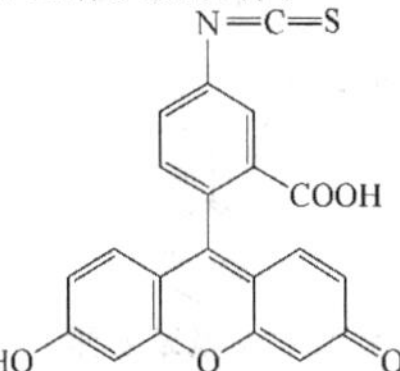

Fluorescein sodium salt　荧光素钠盐　04680

[518-47-8]　$C_{20}H_{10}Na_2O_5$　376.27

成分　C 63.84％，H 2.68％，Na 12.22％，O 21.26％。

别名　水溶荧光素；荧光素 水溶；荧光素二钠盐；荧光黄二钠盐；荧光黄钠；荧光橙红二钠盐；荧光橙红钠；Acid yellow 73；Ak-Fluor；D&C yellow No. 8；Fluorescite；Fluorets；Fluor-*i*-strip；Ful-Glo，Funduscein；Irescein；Resorcinol phthalein sodium；Soluble fluorescein；Uranine；Uranine yellow

M.I. 15，4193　C.I. 45350

性状　橙红色粉末。有潮解性。易溶于水，溶液呈黄至红色并带黄绿色荧光，微溶于乙醇。λ_{max} 493.5nm。LD_{50} 小鼠，大鼠急性经口：4738mg/kg，6721mg/kg。一般试剂干燥含量约 70.0％。

注意事项　使用时应避免吸入本品的粉尘，避免与眼睛及皮肤接触。应密封于干燥处保存。

主要用途　吸附指示剂。荧光指示剂。

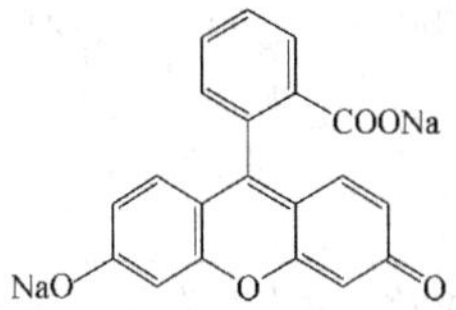

Fluorescin 荧光生 04681

[518-44-5] $C_{20}H_{14}O_5$ 334.33

成分 C 71.85%，H 4.22%，O 23.93%。

别名 二氢荧光黄；还原荧光黄；间苯二酚酞灵；二氢荧光素；2-(3，6-Dihydroxy-9*H*-xanthen-9-yl) benzoic acid；Resorcinolphthalin；Dihydrofluorescein

M.I. 15，4193

性状 淡黄色粉末。溶于氢氧化钠溶液、碳酸碱钠溶液、乙醇、乙醚，几乎不溶于水。mp 125～127℃。

注意事项 该品应密封于干燥处保存。

主要用途 检验氧化酶及过氧化物。分析测定溴、铍的指示剂。锅炉中水质分析吸附指示剂。

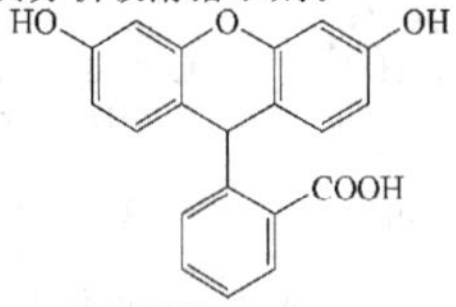

Fluoroacetamide 氟乙酰胺 04682

[640-19-7] C_2H_4FNO 77.06

成分 C 31.17%，H 5.23%，F 24.65%，N 18.18%，O 20.76%。

别名 Fluorakil 100；Fluoroacetic acid amide；Fussol；Monofluoroacetamide

GW 2015-788 M.I. 15，4198

性状 无色结晶或粉末。易溶于水，溶于丙酮，略微溶于氯仿。mp 107～108℃。LD_{50}小鼠腹膜内注射：85mg/kg。

注意事项 该品口服极毒，与皮肤接触有毒。对机体有不可逆损伤的可能性。使用时应穿适当的防护服和戴手套。使用时如有事故发生或有不适之感时，应立即请医生诊治。

主要用途 杀虫剂。橡胶工业。分析用标准物质。

2-Fluoroacetophenone 2-氟苯乙酮 04683

[445-27-2] C_8H_7FO 138.14

成分 C 69.56%，H 5.11%，F 13.75%，O 11.58%。

别名 邻氟苯乙酮

性状 无色液体。bp 187～189℃；bp_{10} 82～83℃/1.333kPa；Fp 141℉ (61℃)；d_4^{20} 1.137；n_D^{20} 1.5075。一般试剂含量≥97.0% (GC)。

注意事项 该品对眼睛、呼吸系统及皮肤有刺激性。使用时应戴适当的手套。万一接触到眼睛，应立即用大量水冲洗后，请医生诊治。

主要用途 有机合成。

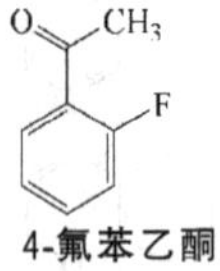

4-Fluoroacetophenone 4-氟苯乙酮 04684

[403-42-9] C_8H_7FO 138.14

成分 C 69.56%，H 5.11%，F 13.75%，O 11.58%。

别名 对氟苯乙酮

性状 无色液体。mp 4℃；bp194～196℃；bp_{10} 77～78℃/1.333kPa；Fp 156℉ (71℃)；d_4^{20} 1.141；n_D^{20} 1.5110。一般试剂含量≥99.0% (GC)。

注意事项 见 04683 2-氟苯乙酮。

主要用途 有机合成。

2-Fluoroaniline 2-氟苯胺 04685

[348-54-9] C_6H_6FN 111.12

成分 C 64.85%，H 5.44%，F 17.10%，N 12.61%。

别名 邻氟苯胺；1-氨基-2-氟苯；1-Amino-2-fluorobenzene；*o*-Fluoroaniline

GW 2015-734

性状 无色液体。mp −29℃；bp 182～183℃；Fp 140℉ (60℃)；d_4^{20} 1.152；n_D^{20} 1.5420。一般试剂含量≥99.0% (GC)。

注意事项 该品口服有毒。对眼睛呼吸系统及皮肤有刺激性。有蓄积性危害。使用时应穿适当的防护服，戴手套和防护镜或面罩。使用时禁止进餐、饮水。万一接触到眼睛，应立即用大量水冲洗后请医生诊治。使用时如有事故发生或有不适之感，应请医生诊治。其包装物应按危险品处理。应密封保存。

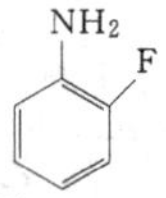

3-Fluoroaniline 3-氟苯胺 04686

[372-19-0] C_6H_6FN 111.12

成分 C 64.85%，H 5.44%，F 17.10%，N 12.61%。

别名 间氟苯胺；1-氨基-3-氟苯；1-Amino-3-fluorobenzene；*m*-Fluoroaniline

GW 2015-735

性状 无色液体。mp −2℃；bp 186～187℃；Fp 170.6℉ (77℃)；d_4^{20} 1.156；n_D^{20} 1.5440。一般试剂含量≥98.0% (GC)。

注意事项 见 04685 2-氟苯胺。

4-Fluoroaniline 4-氟苯胺 04687

[371-40-4] C_6H_6FN 111.12

成分 C 64.85%，H 5.44%，F 17.10%，N 12.61%。

别名 对氟苯胺；1-氨基-4-氟化苯；*p*-Fluoroaniline；1-Amino-4-fluorobenzene；4-Fluorobenzenamine

GW 2015-736 M.I. 15，4200

性状 无色液体。极微溶于水。mp −1.9℃；bp 188℃；bp_{20} 86℃/2.666kPa；Fp 163℉ (73℃)；d_4^{20} 1.1725；d_4^{25} 1.1690；n_D^{20} 1.51954。一般试剂含量≥99.0%。

注意事项 该品口服或与皮肤接触有害。具有腐蚀性，能引起烧伤。使用时应穿适当的防护服，戴手套和防护镜或面罩。万一接触到眼睛，应立即用大量水冲洗后请医生诊治。使用时如有事故发生或有不适之感，应请医生诊治。应密封保存。

主要用途 植物生长调节剂。除莠剂的中间体。

2-Fluorobenzaldehyde 2-氟苯甲醛 04688

[446-52-6] C_7H_5FO 124.11

成分 C 67.74%，H 4.06%，F 15.31%，O 12.89%。

别名 邻氟苯甲醛；*o*-Fluorobenzaldehyde

性状 浅黄色液体。对空气敏感。mp 44.5℃；bp 172～174℃；bp_{46} 90～91℃/6.13kPa；Fp 131℉ (55℃)；d_4^{20} 1.178；n_D^{20} 1.178。一般试剂含量≥98.0% (GC)。

注意事项 该品易燃。对眼睛、呼吸系统及皮肤有刺激性。使用时应穿适当的防护服。万一接触到眼睛，应立即用大量水冲洗后请医生诊治。使用现场禁止吸烟。应充氩气远离火种密封保存。

主要用途 有机合成。

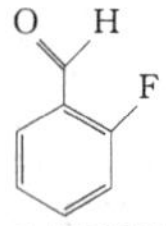

3-Fluorobenzaldehyde 3-氟苯甲醛 04689

[456-48-4] C_7H_5FO 124.11

成分 C 67.74%，H 4.06%，F 15.31%，O 12.89%。

别名 间氟苯甲醛；*m*-Fluorobenzaldehyde

性状 浅黄色液体。bp 169～174℃；bp_{20} 66～68℃/2.666kPa；Fp 132.8℉ (56℃)；d_4^{20} 1.174；n_D^{20} 1.5200。一般试剂含量≥97.0% (GC)。

注意事项 该品对呼吸系统及皮肤有刺激性。使用时应避免与眼睛及皮肤接触。应密封保存。

主要用途 有机合成。

4-Fluorobenzaldehyde 4-氟苯甲醛 04690

[459-57-4] C_7H_5FO 124.11

成分 C 67.74%，H 4.06%，F 15.31%，O 12.89%。

别名 对氟苯甲醛；*p*-Fluorobenzaldehyde

性状 无色液体。对空气敏感。能与乙醇相混溶。mp −10℃；bp 180～181℃；Fp 132℉ (56℃)；d_4^{20} 1.175；

n_D^{20} 1.521。一般试剂含量≥98.0%。
注意事项 该品易燃。对眼睛、呼吸系统及皮肤有刺激性。使用时应避免与眼睛及皮肤接触。万一接触到眼睛，应立即用大量水冲洗后请医生诊治。应充氮气密封保存。
主要用途 有机合成。

Fluorobenzene 氟苯 04691
[462-06-6] C_6H_5F 96.10
成分 C 74.99%，H 5.24%，F 19.77%。
别名 氟代苯；Phenyl fluoride
GW 2015-737 M.I. 15，4201
性状 无色液体。有苯的气味。能与乙醇、乙醚相混溶，溶于水（30℃，1.54g/kg）。mp －40℃；bp_{760} 84.73℃/101.32kPa；Fp 5℉（－15℃）；d_4^{20} 1.024；n_D^{20} 1.4677。一般试剂含量≥99.0%。
注意事项 该品高度易燃。对眼睛、呼吸系统及皮肤有刺激性。使用时应穿适当的防护服。万一接触到眼睛，应立即用大量水冲洗后请医生诊治。使用现场禁止吸烟。切勿排入下水道。应远离火种，采取抗放静电措施，于通风处密封保存。
主要用途 有机合成。

2-Fluorobenzoic acid 2-氟苯甲酸 04692
[445-29-4] $C_7H_5FO_2$ 140.11
成分 C 60.01%，H 3.60%，F 13.56%，O 20.84%。
别名 邻氟苯甲酸；邻氟安息香酸；*o*-Fluorobenzoic acid
性状 无色针状结晶。溶于热水、乙醇、乙醚。mp 123～125℃。一般试剂含量≥97.0%。
注意事项 该品对眼睛、呼吸系统及皮肤有刺激性。使用时应戴适当的手套。万一接触到眼睛，应立即用大量水冲洗后请医生诊治。接触皮肤后，应立即用大量肥皂泡沫冲洗。应密封保存。
主要用途 测定高铁的试剂。有机合成。

O OH
F

3-Fluorobenzoic acid 3-氟苯甲酸 04693
[455-38-9] $C_7H_5FO_2$ 140.11
成分 C 60.01%，H 3.60%，F 13.56%，O 22.84%。
别名 间氟苯甲酸；间氟安息香酸；*m*-Fluorobenzoic acid
性状 无色叶状结晶。微溶于热水。mp 122～124℃。一般试剂含量≥98.0%（HPLC）。
注意事项 该品对呼吸系统及皮肤有刺激性。使用时应避免吸入本品的粉尘。接触皮肤后，应立即用大量水冲洗。应密封保存。
主要用途 有机合成。

4-Fluorobenzoic acid 4-氟苯甲酸 04694
[456-22-4] $C_7H_5FO_2$ 140.11
成分 C 60.01%，H 3.60%，F 13.56%，O 22.84%。
别名 对氟苯甲酸；对氟安息香酸；*p*-Fluorobenzoic acid
M.I. 15，4203
性状 来自水中的无色单斜菱形结晶或白色结晶性粉末。溶于乙醇、乙醚、热水（32℃，1.1g/L）。微溶于冷水。p*K*（25℃）：3.85；mp 182.6℃。一般试剂含量≥98.0%（HPLC）。
注意事项 该品口服有害。对眼睛有严重损伤的危险。使用时应戴防护镜或面罩。万一接触到眼睛，应立即用大量水冲洗后请医生诊治。
主要用途 有机分析试剂。

2-Fluorobenzonitrile 2-氟苯甲腈 04695
[394-47-8] C_7H_4FN 121.11
成分 C 69.42%，H 3.33%，F 15.69%，N 11.56%。
别名 2-氟苄腈；2-氟苯基氰；邻氟苯甲腈
性状 无色液体。bp 196～198℃；bp_{21} 90℃/2.79kPa；Fp 165.2℉（74℃）；d_4^{20} 1.138；n_D^{20} 1.5070。一般试剂含量≥99.0%（GC）。
注意事项 该品口服有害。对呼吸系统及皮肤有刺激性，对眼睛有严重损伤的危险。使用时应戴防护镜或面罩。万一接触到眼睛，应立即用大量水冲洗后请医生诊治。应避免吸入本品的蒸气。

CN
F

4-Fluorobenzonitrile 4-氟苯甲腈 04696
[1194-02-1] C_7H_4FN 121.11
成分 C 69.42%，H 3.33%，F 15.69%，N 11.56%。
别名 4-氟苄腈；4-氟苯基氰；对氟苯甲腈
性状 白色固体，高温为液体。mp 35～37℃；bp 186～188℃；Fp 149℉（65℃）。一般试剂含量≥99.0%（GC）。
注意事项 该品吸入、口服或与皮肤接触有害。使用时应穿适当的防护服和戴手套。万一接触到眼睛，应立即用大量水冲洗后请医生诊治。

2-Fluorobenzoyl chloride 2-氟苯甲酰氯 04697
[393-52-2] C_7H_4ClFO 158.56
成分 C 53.03%，H 2.54%，Cl 22.36%，F 11.98%，O 10.09%。
别名 氯化-2-氟苯甲酰；邻氟苯甲酰氯
性状 无色液体。具有催泪性。mp 4℃；bp_{15} 90～92℃/1.99kPa；Fp 252℉（122℃）；d_4^{20} 1.331；n_D^{20} 1.536。一般试剂含量≥98.0%（GC）。
注意事项 该品与水反应激烈。具有腐蚀性，能引起烧伤。对呼吸系统有刺激性。使用时应穿适当的防护服，戴手套和防护镜或面罩。万一接触到眼睛，应立即用大量水冲洗后请医生诊治。使用时应保持容器干燥。如有事故发生或有不适之感，应请医生诊治。应充氩气密封干燥保存。

2-Fluorobiphenyl 2-氟联苯 04698
[321-60-8] $C_{12}H_9F$ 172.20
成分 C 83.70%，H 5.07%，F 11.03%。
别名 邻氟联苯；*o*-Fluorobiphenyl；2-Fluorodiphenyl
性状 白色固体。mp 73～74.5℃；bp 248℃。一般试剂含量≥98.0%（GC）。
注意事项 使用时应避免吸入本品的粉尘，避免与眼睛及皮肤接触。
主要用途 有机合成。

Fluoroboric acid 40% water solution 氟硼酸 40%水溶液 04699
[16872-11-0] HBF_4 87.81
成分（纯品） B 12.31%，H 1.15%，F 86.54%。
别名 氢氟硼酸 40%水溶液；Borofluoric acid 40% water solution；Fluoboric acid 40% water solution；Hydrogen tetrafluoroborate40% water solution；Tetrafluoroboric acid 40% water solution
GW 2015-771
性状 无色透明液体。能与水、乙醇相混溶，但在水中能被水解。加热至 130℃分解。d_4^{20} 1.41。一般试剂含量≥40.0%。
注意事项 该品口服有害。具有腐蚀性，能引起烧伤。使用时应穿适当的防护服，戴手套和防护镜或面罩。万一接触到眼睛，应立即用大量水冲洗后请医生诊治。使用时如有事故发生或有不适之感，应请医生诊治。使用完毕应立即脱掉受污染的衣服。应使用塑料容器密封于阴凉处保存。
主要用途 重氮盐类的稳定剂。海绵钛及其合金的溶解。电解工业。

5-Fluoro-2′-deoxyuridine 5-氟-2′-脱氧尿苷 04700
[50-91-9] $C_9H_{11}FN_2O_5$ 246.19
成分 C 43.91%，H 4.50%，F 7.72%，N 11.38%，O 32.49%。
别名 5-氟-2′-脱氧尿嘧啶核苷；2′-脱氧-5-氟尿核苷；2′-脱氧-5-氟尿啶；2′-Deoxy-5-fluorouridine；1-(2′-Deoxy-*β*-D-ribofuranosyl)-5-fluorouracil；5-FDU；Floxuridine；5-Fluoro-2′-deoxy-*β*-uridine；FUDR；NSC-27640
M.I. 15，4144
性状 来自乙酸丁酯中的无色结晶。对空气敏感。溶于水。mp 150～151℃；$[\alpha]_D$ +37°（于水中）；+48.6°（于二甲基甲酰胺中）；uv max（pH 值 7.2）：268nm（ε 7570）；

(pH 值 14)：270nm (ε 6480)。一般试剂含量≥98.0%(HPLC)。

注意事项 该品口服有害。使用时应穿适当的防护服。应避免吸入本品的粉尘。应充氩气密封于2～8℃保存。

主要用途 生化研究。DNA 合成的抑制剂。医用抗病毒剂，抗肿瘤剂。

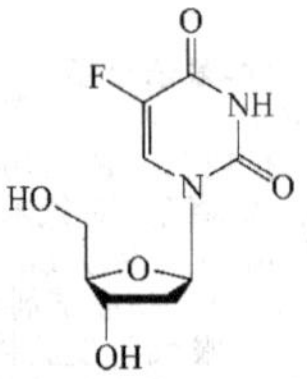

1-Fluoro-4-iodobenzene 1-氟-4-碘苯 04701

[352-34-1] C_6H_4FI 222.00

成分 C 32.46%，H 1.82%，F 8.56%，I 57.16%。

别名 对氟碘苯；4-氟碘苯；对碘氟苯；*p*-Fluoroiodobenzene

性状 浅黄色液体。见光或露置于空气中色易变深。mp −20℃；bp 182～184℃；Fp 154.4 °F (68℃)；*d* 1.925；n_D^{20} 1.5830。一般试剂含量≥99.0%。

注意事项 该品对眼睛、呼吸系统及皮肤有刺激性。使用时应戴适当的手套。万一接触到眼睛，应立即用大量水冲洗后请医生诊治。应密封避光保存。

主要用途 有机合成。

Fluorometholone 氟甲松龙 04702

[426-13-1] $C_{22}H_{29}FO_4$ 376.47

成分 C 70.19%，H 7.76%，F 5.05%，O 17.00%。

别名 (6α，11β)-9-Fluoro-11，17-dihydroxy-6-methylpregna-1，4-diene-3，20-dione；21-Desoxy-9α-fluoro-6α-methylprednisolone；21-Desoxy-6α-methyl-9α-fluoroprednisolone；Fluormetholon；Cortilet；Delmeson；Efflumidex；Fluaton；Flumetholon；FML；Loticort；Oxylone；Ursnon

M. I. 15，4207

性状 来自丙酮中的无色或白至微黄色结晶。微溶于乙醇，极微溶于氯仿、乙醚，几乎不溶于水。mp 292～303℃。生化试剂含量≥98.0%。

注意事项 该品吸入、口服或与皮肤接触有害。使用时应穿适当的防护服。

主要用途 生化研究。医用糖皮质激素，抗炎剂。

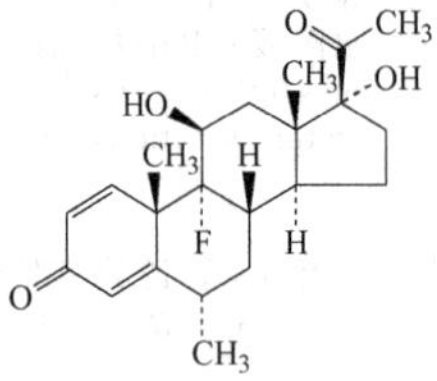

5-Fluoroorotic acid monohydrate 5-氟乳清酸 一水 04703

[703-95-7] $C_5H_3FN_2O_4 \cdot H_2O$ 192.11

成分（以无水物计） C 34.50%，H 1.74%，F 10.91%，N 16.09%，O 36.76%。

别名 5-氟咁嗐-4-甲酸 一水；5-氟-4-羧基尿嘧啶 一水；5-Fluoro-1，2，3，6-tetrahydrofluoro-6-dioxo-4-pyrimidinecarboxylic acid monohydrate；5-Fluoroorotate；5-Fluoro-6-carboxyuracil monohydrate；5-FOA；ENT-26398；NSC-31712；Ro-2-9945；WR-152520

JO

M. I. 15，4208

性状 无色结晶。部分溶于水。mp 255℃（分解）；uv max (0.1mol/L 盐酸中)：284～285nm (ε 7100)。LD_{50} 雄小鼠腹膜内注射：300mg/kg。

注意事项 该品口服有害。对眼睛、呼吸系统及皮肤有刺激性。使用时应穿适当的防护服。万一接触到眼睛，应立即用大量水冲洗后请医生诊治。应充氩气密封于−20℃保存。

主要用途 生化研究。分子遗传研究。

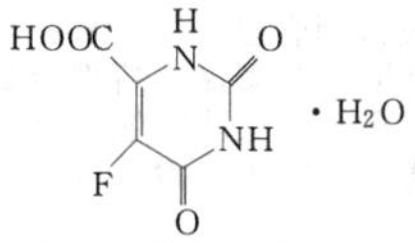

4-Fluorophenylacetic acid 4-氟苯乙酸 04704

[405-50-5] $C_8H_7FO_2$ 154.14

成分 C 62.34%，H 4.58%，F 12.33%，O 20.76%。

别名 对氟苯乙酸；4-Fluorobenzeneacetic acid；*p*-Fluorophenylacetic acid

M. I. 15，4209

性状 来自氯仿中的无色结晶。mp 86℃；bp_2 164℃/266.64 Pa。一般试剂含量≥98.0% (T)。

注意事项 该品对皮肤有刺激性。使用时应避免吸入本品的粉尘，避免与眼睛及皮肤接触。

主要用途 制造氟化麻醉剂的中间体。

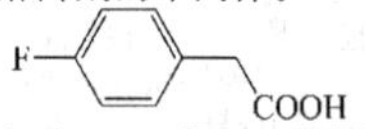

4-Fluoro-DL-phenylalanine 4-氟-DL-苯丙氨酸 04705

[51-65-0] $C_9H_{10}FNO_2$ 183.18

成分 C 59.01%，H 5.50%，F 10.37%，N 7.65%，O 17.47%。

别名 对氟-DL-苯丙氨酸；*p*-Fluoro-DL-phenylalanine

性状 白色结晶。溶于乙酸。mp 254℃（分解）。生化试剂含量≥98.0%。

注意事项 该品口服有害。使用时应穿适当的防护服和戴手套。使用时应避免吸入本品的粉尘，避免与眼睛及皮肤接触。应密封保存。

主要用途 生化研究。

Fluorosilicic acid 氟硅酸 04706

[16961-83-4] H_2F_6Si 144.09

成分 F 79.11%，H 1.40%，Si 19.49%。

别名 六氟硅酸；氢氟硅酸；硅氟酸；Fluosilicic acid；Hexafluorosilicic acid；Hydrofluorosilicic acid；Hydrogen hexafluorosilicate；Hydrosilicofluoric acid；Dihydrogen hexafluorosilicate；Silicolfluoric acid

GW 2015-740 M. I. 15，4214

性状 无色透明的发烟液体。呈强酸性。能与水混溶。$d_{17.5}^{17.5}$ 1.2742。一般试剂含量 30.0%～32.0%。

注意事项 该品具有腐蚀性，能引起烧伤。使用时应穿适当的防护服，戴手套和防护镜或面罩。万一接触到眼睛，应立即用大量水冲洗后请医生诊治。使用时如有事故发生或有不适之感，应请医生诊治。

主要用途 测定钡和分离钡、锶的试剂。铅、锡的电解精制。硅氟酸盐的合成。

2-Fluorotoluene 2-氟甲苯 04707

[95-52-3] C_7H_7F 110.13

成分 C 76.34%，H 6.41%，F 17.25%。

别名 邻氟甲苯；邻氟代苭；1-氟-2-甲基苯；1-Fluoro-2-methylbenzene；*o*-Fluorotoluene

GW 2015-766 M. I. 15，4212

性状 无色液体。能与乙醇、乙醚任意混溶，不溶于水。mp 约−80℃；bp 114℃；Fp 46.4°F (8℃)；d^{13} 1.004；n_D^{20} 1.4704。一般试剂含量≥99.0% (GC)。

注意事项 该品高度易燃。口服有害。对眼睛、呼吸系统及皮肤有刺激性。使用时应穿适当的防护服。使用现场禁止吸烟。切勿排入下水道。万一接触到眼睛，应立即用大量水冲洗后请医生诊治。应远离火种，采取抗放静电措施密封保存。

主要用途 有机合成。

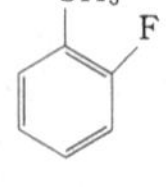

3-Fluorotoluene 3-氟甲苯 04708

[352-70-5] C_7H_7F 110.13

成分 C 76.34%，H 6.41%，F 17.25%。

别名 间氟甲苯；间氟代苭；1-氟-3-甲基苯；1-Fluoro-3-methylbenzene；*m*-Fluorotoluene

GW 2015-767　　M. I. 15，4212

性状 无色液体。能与乙醇、乙醚混溶，不溶于水。mp −111℃；bp 116℃；Fp 53.6℉（12℃）；d^{13} 0.997；n_D^{20} 1.4691。一般试剂含量≥99.0%。

注意事项 该品高度易燃。对眼睛、呼吸系统及皮肤有刺激性。使用时应穿适当的防护服。万一接触到眼睛，应立即用大量水冲洗后请医生诊治。使用现场禁止吸烟。切勿排入下水道。应远离火种，采取抗放静电措施密封保存。

主要用途 有机合成。

4-Fluorotoluene　4-氟甲苯　04709

[352-32-9]　C_7H_7F　110.13

成分 C 76.34%，H 6.41%，F 17.25%。

别名 对氟甲苯；对氟代苭；1-氟-4-甲基苯；1-Fluoro-4-methylbenzene；*p*-Fluorotoluene

GW 2015-768　　M. I. 15，4212

性状 无色液体。能与乙醇、乙醚任意混溶，不溶于水。mp −56℃；bp 116℃；Fp 50℉（10℃）；d^{16} 1.001；n_D^{20} 1.470。一般试剂含量≥99.0%。

注意事项 该品高度易燃。对眼睛、呼吸系统及皮肤有刺激性。使用时应戴适当的手套。使用现场禁止吸烟。切勿排入下水道。万一接触到眼睛，应立即用大量水冲洗后请医生诊治。应远离火种，采取抗放静电措施密封保存。其包装物应按危险品处理。

主要用途 有机合成。

2-Fluoro-5-(trifluoromethyl)aniline
2-氟-5-(三氟甲基)苯胺　04710

[535-52-4]　$C_7H_5F_4N$　179.12

成分 C 46.94%，H 2.81%，F 42.43%，N 7.82%。

别名 3-Amino-4-fluorobenzotrifluoride；α，α，α，6-Tetrafluoro-*m*-toluidine

性状 无色液体。bp 155℃；bp_{20} 80～81℃/2.666kPa；Fp 158℉（70℃）；d^{20} 1.378；n_D^{20} 1.4610。一般试剂含量≥97.0%（GC）。

注意事项 该品口服有害。对眼睛及呼吸系统及皮肤有刺激性。使用时应穿适当的防护服和戴手套。万一接触到眼睛，应立即用大量水冲洗后请医生诊治。

4-Fluoro-3-（trifluoromethyl）aniline
4-氟-3-（三氟甲基）苯胺　04711

[2357-47-3]　$C_7H_5F_4N$　179.12

成分 C 46.94%，H 2.81%，F 42.43%，N 7.82%。

别名 5-Amino-2-fluorobenzotrifluoride；α，α，α，4-Tetrafluoro-*m*-toluidine

性状 无色液体。bp 207～208℃；bp_{10} 74～75℃/1.333kPa；Fp 197℉（91℃）；*d* 1.393；n_D^{20} 1.4660。一般试剂含量≥99.0%。

注意事项 见 04710 2-氟-5-（三氟甲基）苯胺。

5-Fluorouracil　5-氟尿嘧啶　04712

[51-21-8]　$C_4H_3FN_2O_2$　130.08

成分 C 36.93%，H 2.32%，F 14.61%，N 21.54%，O 24.60%。

别名 5-氟呥嚘；2，4-二羟基-5-氟嘧啶；Adrucil；Arumel；2，4-Dioxo-5-fluoropyrimidine；Efudex；Efudix；Fluoroplex；5-Fluoropyrimidine-2，4-dione；5-Fluoro-2，4（1*H*，3*H*）-pyrimidinedione；Fluorouracil；Fluracil；Fluril；Fluroblastin；Fluro uracil；5-FU；NSC-19893；Ro-2-9757；Timazin

M. I. 15，4213

性状 来自水中或甲醇-乙醚中的无色结晶。略微溶于水，微溶于乙醇，几乎不溶于氯仿、乙醚。于（1mmHg/133Pa）190～200℃升华。mp 282～283℃（分解）；uv max（0.1mol/L 盐酸中）：265～266nm（ε 7070）。一般试剂含量≥99.0%（HPLC）。

注意事项 该品口服有毒。能损伤生育力。能危害胎儿。能造成不可逆危险的结果。使用时应穿适当的防护服和戴手套。使用时如有事故发生或有不适之感，应请医生诊治。应充氩气密封干燥保存。

主要用途 生化研究。医用抗菌剂。

Fluoxetine hydrochloride　氟苯氧丙胺 盐酸盐　04713

[59333-67-4]　$C_{17}H_{19}ClF_3NO$　345.79

成分 C 59.05%，H 5.54%，Cl 10.25%，F 16.48%，N 4.05%，O 4.63%。

别名 盐酸氟苯氧丙胺；*N*-甲基-3-苯基-3-[(α，α，α-三氟对甲苯基)氧]丙胺 盐酸盐；*N*-甲基-3-对三氟甲基苯氧基-3-苯基丙胺 盐酸盐；LY-110140；Adofen；Fluctin；Fluoxeren；Fontex；Foxetin；Lovan；Prozac；Reneuron；Sarafem；*N*-Methyl-γ-[4-(trifluoromethyl)phenoxy]benzenepropanamine hydrochloride；*dl*-*N*-Methyl-3-(*p*-trifluoromethylphenoxy)-3-phenylpropylamine hydrochloride

M. I. 15，4217

性状 白色至灰白色结晶性粉末。该品于下列物质中的溶解度（mg/mL）：甲醇，乙醇＞100；丙酮，乙腈，氯仿 33～100；二氯甲烷 5～10；乙酸乙酯 2～2.5；甲苯，环己烷，己烷0.5～0.67。水中溶解度：14mg/mL。几乎不溶于乙醚。mp 158.4～158.9℃；uv max（甲醇中）：227nm，264nm，268nm，275nm（$E_{1cm}^{1\%}$ 372.0，29.2，29.3，21.5）。LD_{50} 小鼠，大鼠急性经口：248mg/kg，252mg/kg。

注意事项 该品口服有害。对皮肤有刺激性。对眼睛有严重损伤的危险。使用时应穿适当的防护服，戴手套和防护镜或面罩。万一接触到眼睛，应立即用大量水冲洗后请医生诊治。

主要用途 生化研究。医用抗抑郁剂。分析用标准物质。

Fluoxymesterone　氟羟甲睾酮　04714

[76-43-7]　$C_{20}H_{29}FO_3$　336.45

成分 C 71.40%，H 8.69%，F 5.65%，O 14.27%。

别名 氟羟甲基睾丸素；(11β，17β)-9-氟-11，17-二羟基-17-甲基雄甾-4-烯-3-酮；11β，13β-二羟基-9α-氟-17α-甲基-4-雄甾烯-3-酮；9α-氟-11β-羟基-17α-甲基睾酮；(11β，17β)-9-Fluoro-11，17-dihydroxy-17-methylandrost-4-en-3-one；11β，17β-Dihydroxy-9α-fluoro-17α-methyl-4-androsten-3-one；9α-Fluoro-11β-hydroxy-17α-methyltestosterone；Androfluorene；Androfluorone；Halotestin；Ora-testin；Ora-Testryl；Testoral；Ultandren

M. I. 15，4218

性状 白色结晶。溶于吡啶，微溶于丙酮、氯仿，略溶于甲醇、乙醇，几乎不溶于水、乙醚、苯、己烷。270℃分解；$[\alpha]_D$ +109°（乙醇中）；uv max（乙醇中）：240nm（ε 16700）。

注意事项 该品能危害胎儿。使用时应穿适当的防护服。使用时应避免吸入本品的粉尘。

主要用途 生化研究。医用雄性激素。

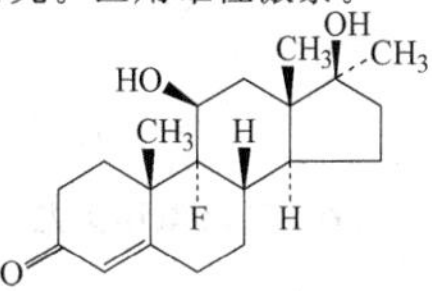

Flupentixol dihydrochloride　三氟噻吨 二盐酸盐　04715

[2413-38-9]　$C_{23}H_{27}Cl_2F_3N_2OS$　507.44

成分 C 54.4%，H 5.4%，Cl 14%，F 11.2%，N 5.5%，O 3.2%，S 6.3%。

别名 二盐酸三氟噻吨；羟哌氟丙硫蒽 二盐酸盐；Emergil；Fluanxol；Siplarol；Metamin；4-[3-(2-Trifluoromethyl-9*H*-thioxanthen-9-ylidene)propyl]-1-piperazineethanol dihydrochloride；2-Trifluoromethyl-9-[3-(4-β-hydroxyethyl-1-piperazinyl) propylidene] thioxanthene dihydrochloride；Flupenthixol dihydrochloride；N-7009·2HCl；LC-44·2HCl

M. I. 15，4187

性状 无色、白色结晶或粉末。生化试剂含量≥98.0%。

注意事项 该品吸入、口服或与皮肤接触有害。使用时应穿

适当的防护服，戴手套和防护镜或面罩。

主要用途 医用精神抑制剂。

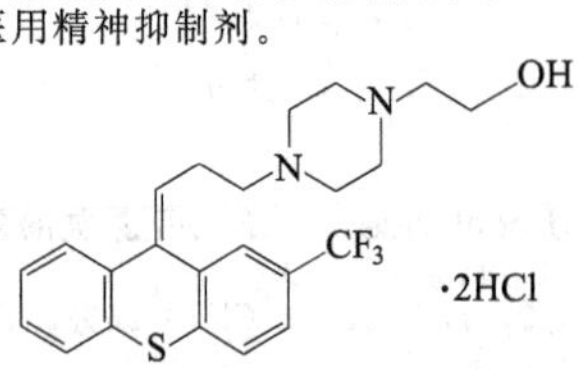

Fluphenazine dihydrochloride 氟奋乃静 二盐酸盐 04716

[146-56-5] $C_{22}H_{28}Cl_2F_3N_3OS$ 510.44

成分 C 51.77%，H 5.53%，Cl 13.89%，F 11.17%，N 8.23%，O 3.13%，S 6.28%。

别名 二盐酸氟奋乃静；羟哌氟丙嗪 二盐酸盐；二盐酸羟哌氟丙嗪；Anatensol；Dapotum；Lyogen；Moditen；Omca；Pacinol；Permitil；Prolixin；Siqualone；Tensofin；Valamina；4-[3-(2-Trifluoromethyl-10*H*-phenothiazin-10-yl) propyl]-1-piperazineethanol dihydrochloride；1-(2-Hydroxyethyl)-4-[3-(trifluoromethyl-10-phenothiazinyl) propyl] piperazine dihydrochloride；2-Trifluoromethyl-10-[3-[1-(*β*-hydroxyethyl)-4-piperazinyl]propyl]phenothiazine dihydrochloride；S-94 • 2HCl；SQ-4918-2HCl

M. I. 15，4220

性状 来自无水乙醇中的无色结晶。易溶于水，微溶于丙酮、乙醇、氯仿，几乎不溶于苯、乙醚。mp 235～237℃。生化试剂含量≥98.0%。

注意事项 该品口服有害。使用时应穿适当的防护服。

主要用途 生化研究。医用精神抑制剂。

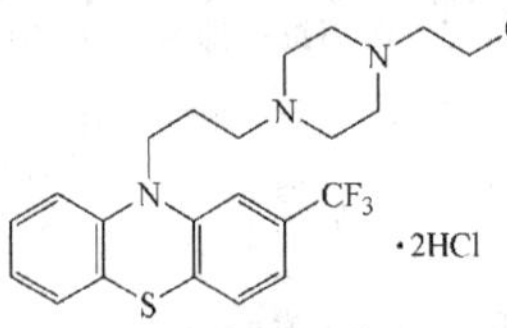

·2HCl

Flupirtine maleate 氟吡啶 马来酸盐 04717

[75507-68-5] $C_{19}H_{21}FN_4O_6$ 420.40

成分 C 54.3%，H 5%，F 4.5%，N 13.3%，O 22.8%。

别名 马来酸氟吡啶；氟吡汀 马来酸盐；[2-Amino-6-[(4-fluorophenyl) methyl] amino-3-pyridinyl] carbamic acid ethyl ester maleate；2-Amino-6-(*p*-fluorobenzyl) amino-3-pyridinecarbamic acid ethyl ester maleate；D-9998 maleate；kaladolon

M. I. 15，4221

性状 来自异丙醇中的白色结晶。溶于二甲基亚砜（24mg/mL），不溶于水。mp 175.5～176℃。生化试剂含量≥98.0%（HPLC）。

注意事项 使用时应避免吸入本品的粉尘，避免与眼睛及皮肤接触。应密封于 2～8℃保存。

主要用途 生化研究。医用止痛剂。

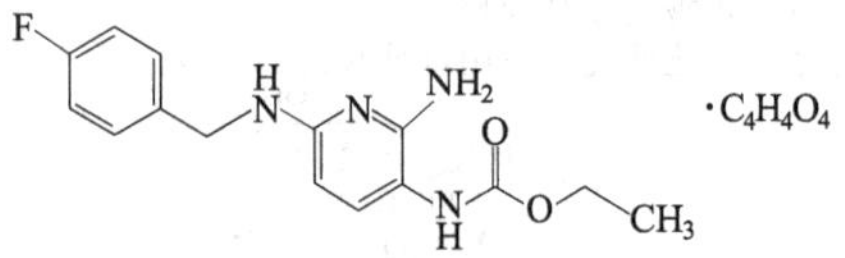

$\cdot C_4H_4O_4$

Fluprednidene acetate 乙酸氟甲叉龙 04718

[1255-35-2] $C_{24}H_{29}FO_6$ 432.49

成分 C 66.65%，H 6.76%，F 4.39%，O 22.20%。

别名 21-乙酸-9*α*-氟-16-亚甲基强的松龙；(11*β*)-21-Acetyloxy-9-fluoro-11，17-dihydroxy-16-methylenepregna-1，4-diene-3，20-dione；9*α*-fluoro-11*β*，17，21-trihydroxy-16-methylenepregna-1，4-diene-3，20-dione 21-acetate；9*α*-fluoro-16-methylene-$\Delta^{1,4}$-pregnadiene-11*β*，17，21-triol-3，20-dione 21-acetate；16-Methylene-9*α*-fluoroprednisolone 21-acetate；9*α*-fluoro-16-methyleneprednisolone 21-acetare；fluprednylidene 21-acetate；StL-1106；Etacortin；Decoderm

M. I. 15，4222

性状 无色结晶。mp 231℃～234℃；$[\alpha]_D+43°$（于氯仿中）；$[\alpha]_D+32°$（于二氧六环中）；uv max（甲醇中）：238nm（ε 15700）。

主要用途 医用局部抗炎剂。

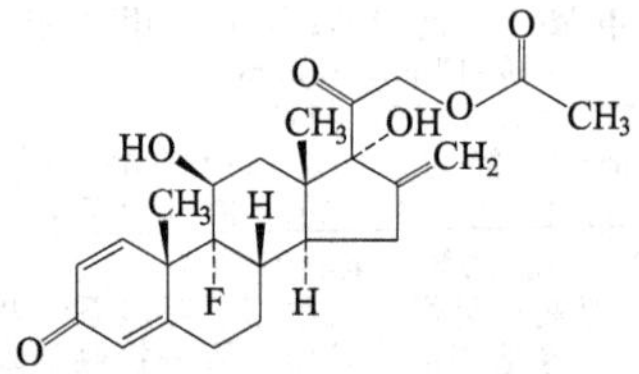

Fluprednisolone 氟强的松龙 04719

[53-34-9] $C_{21}H_{27}FO_5$ 378.44

成分 C 66.65%，H 7.19%，F 5.02%，O 21.14%。

别名 氟泼尼松龙；(6*α*，11*β*)-6-Fluoro-11，17，21-trhydroxypregna-1，4-diene-3，20-dione；6*α*-Fluoroprednisolone；6*α*-Fluoro-1，4-pregnadiene-11*β*，17*α*，21-triol-3，20-dione；6*α*-Fluoro-1-dehydrohydrocortisone；U-7800；NSC-47439；Alphadrol；Etadrol

M. I. 15，4223

性状 无色结晶。mp 208～213℃；$[\alpha]_D+92°$。

主要用途 医用糖皮质激素，抗炎剂。兽用抗炎剂。

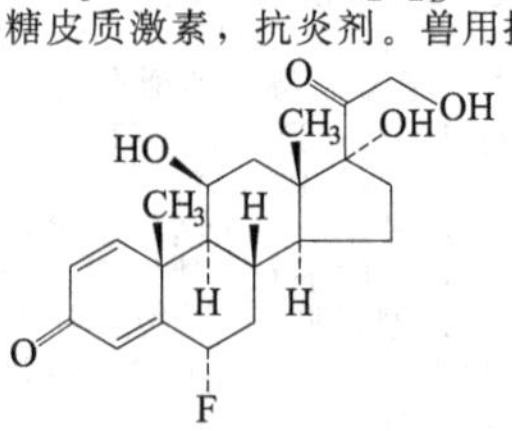

Fluprostenol 氟前列烯醇 04720

[40666-16-8] $C_{23}H_{29}F_3O_6$ 458.47

成分 C 60.26%，H 6.38%，F 12.43%，O 20.94%。

别名 ICI-80008；(5*Z*)-*rel*-7-[(1*R*，2*R*，3*R*，5*S*)-3，5-Dihydroxy-2-[(1*E*，3*R*)-3-hydroxy-4-[3-(trifluoromethyl) phenoxy]-1-butenyl]cyclopentyl]-5-heptenoic acid；ICI-81008；Equimate

GW 2015-2568（乙醇） M. I. 15，4224

性状 一般试剂为 10mg/mL 的乙醇溶液。含量≥98.0%。

注意事项 该品高度易燃。使用现场禁止吸烟。应远离火种，密封于−20℃保存。

主要用途 兽用不育症的治疗。

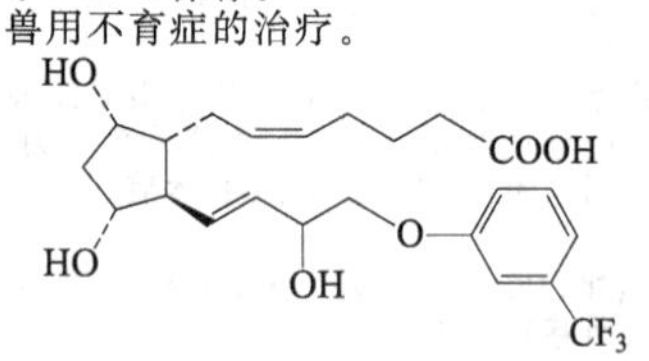

Fluquinconazole 氟喹唑 04721

[136426-54-5] $C_{16}H_8Cl_2FN_5O$ 376.17

成分 C 51.09%，H 2.14%，Cl 18.85%，F 5.05%，N 18.62%，O 4.25%。

别名 3-(2，4-Dichlorophenyl)-6-fluoro-2-(1*H*-1，2，4-triazol-1-yl)-4(3*H*)-quinazolinone；SN-597265；Castellan；Jockey；Vista

M. I. 15，4226

性状 近白色微粒。该品于下列物质中的溶解度（20℃，g/L）：水 0.001；丙酮 44；二甲苯 10；乙醇 3；二甲基亚砜 150。蒸气压（20℃）：6.4×10^{-9}Pa。mp 191.5～193℃。LD_{50}雄、雌小鼠，雄、雌大鼠急性经口（mg/kg）：325、180，112、112；雄、雌大鼠皮肤接触（mg/kg）：2679，625。

主要用途 最初用于农用谷物作物的杀菌剂。

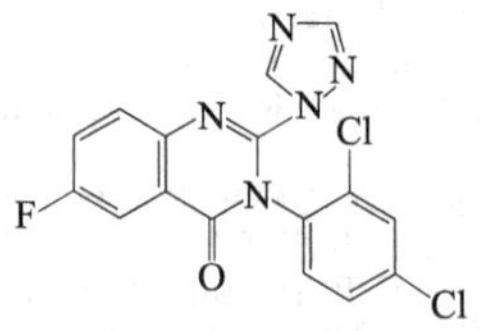

Flurandrenolide 丙酮缩氟氢羟龙 04722

[1524-88-5] $C_{24}H_{33}FO_6$ 436.52

成分 C 66.04%，H 7.62%，F 4.35%，O 21.99%。

别名 16，17-丙酮缩-1，2-二氢-6-氟-16-羟基强的松龙；(6*α*，11*β*，16*α*)-6-Fluoro-11，21-dihydroxy-16，17-(1-methylethylidene) bis(oxy)-pregn-4-ene-3，20-dione；6*α*-Fluoro-16*α*，17*α*-isopropylidenedioxy-4-pregnene-11*β*，21-diol-3，20- dione；6*α*-Fluoro-11*β*，

16α,17,21-tetrahydroxyprogesterone cyclic 16,17-acetal with acetone; Fludroxycortide; Fluorandrenolone; Flurandrenolone; Flurandrenolone acetonide (obsolete); Cordran; Drenison; Drocort; Haelan; Sermaka

M. I. 15，4227

性状 来自丙酮＋己烷中的无色结晶。易溶于氯仿，溶于甲醇，略微溶于乙醇，几乎不溶于水、乙醚。mp 247～255℃；$[\alpha]_D$＋140°～150°（氯仿中）；uv max：236nm (lg ε 4.17)。

主要用途 生化研究。医用糖皮质激素，抗炎剂。

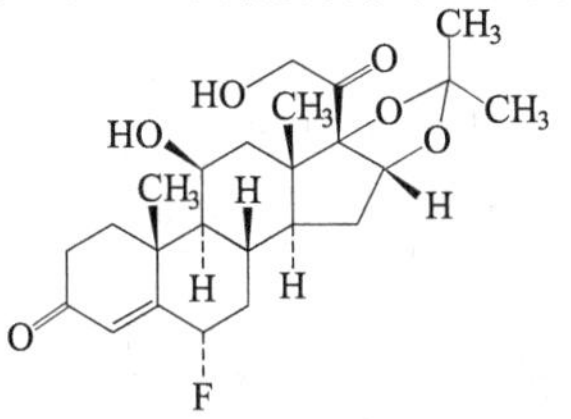

Flurazepam dihydrochloride 氟胺安定 二盐酸盐 04723

[1172-18-5] $C_{21}H_{25}Cl_3FN_3O$ 460.80

成分 C 54.7%，H 5.5%，Cl 23.1%，F 4.1%，N 9.1%，O 3.5%。

别名 二盐酸氟二乙氨乙基安定；二盐酸氨胺安定；氟二乙氨乙基安定 二盐酸盐；盐酸氟胺安定；氟西泮二盐酸盐；Flurazepam hydrochloride; Ro-5-6901; Benozil; Dalmadorm; Dalmate; Dalmate; Dormodor; Felison; Insumin; Lunipax; Somlan; 7-Chloro-1-[2-(diethylamino) ethyl]-5-(2-fluorophenyl)-1, 3-dihydro-2*H*-1, 4-benzodiazepin-2-one dihydrochloride; Felmane dihydrochloride; Noctosom dihydrochloride; Stauroderm dihydrochloride

M. I. 15，4228

性状 来自甲醇＋乙醚中的浅黄色结晶。易溶于水、乙醇，微溶于异丙醇、氯仿。mp 190～220℃。LD_{50}小鼠腹膜内注射：290mg/kg；急性经口：870mg/kg；静脉注射：84mg/kg。

注意事项 该品吸入、口服有害。具有蓄积性危害。使用时应穿适当的防护服，戴手套和防护镜或面罩。避免吸入本品的粉尘。应上锁保管并避免儿童接触。

主要用途 医用安眠剂。

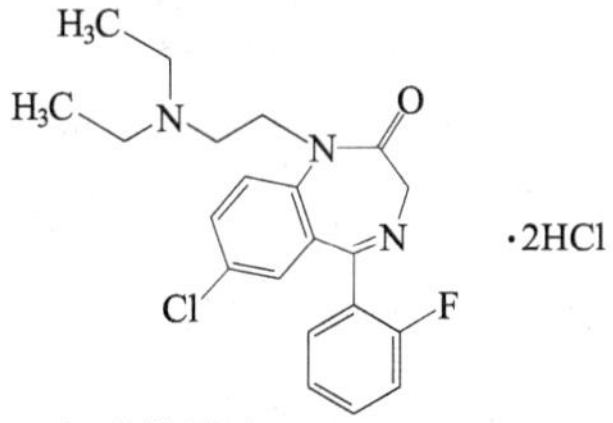

Flurbiprofen 氟联苯丙酸 04724

[5104-49-4] $C_{15}H_{13}FO_2$ 244.27

成分 C 73.76%，H 5.36%，F 7.78%，O 13.10%。

别名 2-氟-α-甲基-(1, 1'-联苯基)-4-乙酸；2-Fluoro-α-methyl-[1,1'-biphenyl]-4-acetic acid; 2-Fluoro-α-methyl-4-biphenylacetic acid; 2-(2-Fluoro-4-biphenylyl) propionic acid; 3-Fluoro-4-phenylhydratropic acid; BTS-18322; U-27182; Adfeed; Ansaid; Antadys; Cebutid; Froben; Flurofen; Ocufen; Stayban; Zepolas

M. I. 15，4229

性状 来自石油醚中的无色结晶。易溶于丙酮、无水乙醇、乙醚、甲醇及多数极性溶剂，溶于乙腈，几乎不溶于水。mp 110～111℃。

注意事项 该品口服有毒。使用时应穿适当的防护服，戴手套和防护镜或面罩。使用时如有事故发生或有不适之感，应请医生诊治。

主要用途 生化研究。医用抗炎剂，止痛剂。

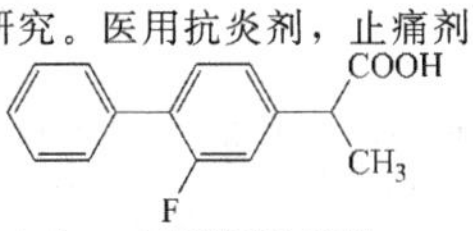

Flurogestone acetate 氟孕酮乙酸盐 04725

[2529-45-5] $C_{23}H_{31}FO_5$ 406.49

成分 C 67.96%，H 7.69%，F 4.67%，O 19.68%。

别名 乙酸氟孕酮；(11β)-17-Acetyloxy-9-fluoro-11-hydroxypregn-4-ene-3, 20-dione; 9-Fluoro-11β, 17-dihydroxypregn-4-ene-3, 20-dione-17-acetate; 17α-Acetoxy-9α-fluoro-11β-hydroxyprogesterone; 9-Fluoro-11β,17-dihydroxyprogesterone 17-acetate; Flugestone acetate; SC-9880; Chronogest; Cronolone; Synchronate

M. I. 15，4230

性状 来自苯＋石油醚或乙酸乙酯＋石油醚中的无色结晶。mp 266～269℃；$[\alpha]_D$＋77.6°（于氯仿中）；uv max（甲醇中）：238nm (ε 17500)。

主要用途 医用孕激素。兽用孕激素，动情期调节剂。

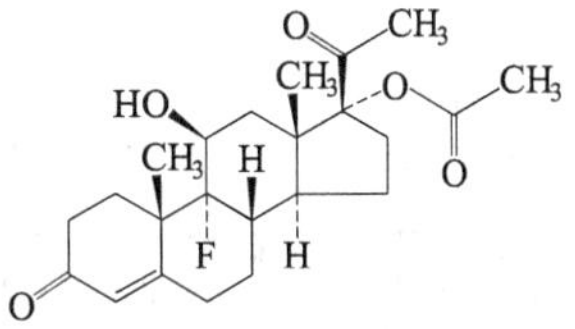

Fluroxypyr 氟草定 04726

[69377-81-7] $C_7H_5Cl_2FN_2O_3$ 255.03

成分 C 32.97%，H 1.98%，Cl 27.80%，F 7.45%，N 10.98%，O 18.82%。

别名 氟草烟；使它隆；氯氟吡氧乙酸；[(4-氨基-3,5-二氯-6-氟-2-吡啶基)氧化]乙酸；[(4-Amino-3, 5-dichloro-6-fluoro-2-pyridinyl)oxy]acetic acid

M. I. 15，4233

性状 白色结晶性固体。溶于丙酮（20℃，41.6g/L），微溶于水（20℃，0.091g/L）。mp 232～233℃。LD_{50}大鼠急性经口：2405mg/kg；雄，雌大鼠腹膜内注射：458mg/kg，519mg/kg；兔皮肤接触：＞5000mg/kg。

注意事项 该品对水生物有害。对水环境能产生长期有害的结果。应防止将本品释放于环境中。

主要用途 除草剂。分析用标准物质。

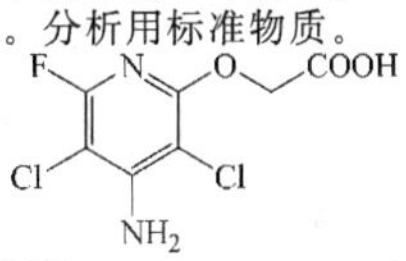

Flurprimidol 呋嘧醇 04727

[56425-91-3] $C_{15}H_{15}F_3N_2O_2$ 312.29

成分 C 57.69%，H 4.84%，F 18.25%，N 8.97%，O 10.25%。

别名 α-(1-Methylethyl)-α-[4-(trifluoromethoxy)phenyl]-5-pyrimidinemethanol; α-Isopropyl-α-[*p*-(trifluoromethoxy)phenyl]-5-pyrimidinemethanol; Comp d 72500; EL-500; Cutless

M. I. 15，4234

性状 白色结晶。不挥发。溶于丙酮、乙醇、甲醇、二甲基亚砜、乙醚。mp 94～96℃。LD_{50}兔皮肤接触：＞2000mg/kg。

主要用途 牧草生长的阻化剂。

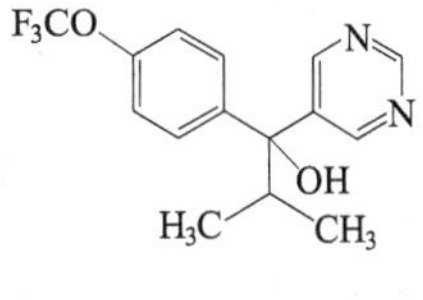

Flurtamone 呋草酮 04728

[96525-23-4] $C_{18}H_{14}F_3NO_2$ 333.31

成分 C 64.86%，H 4.23%，F 17.10%，N 4.20%，O 9.60%。

别名 5-甲基氨基-2-苯基-4-[3-(三氟甲基)苯基]-3(2*H*)-呋喃酮；5-甲基氨基-2-苯基-4-(α,α,α-三氟间甲苯基)呋喃-3(2*H*)-酮；5-Methylamino-2-phenyl-4-[3-(trifluoromethyl)phenyl]-3(2*H*)-furanone; 5-Methylamino-2-phenyl-4-(α, α, α-trifluoro-*m*-tolyl)furan-3(2*H*)-one; RE-40885; Baccara

M. I. 15，4235

性状 象牙色粉末。溶于水（20℃，35mg/L）、乙醇（25℃，9.92g/g），溶于丙酮、甲醇、二氯甲烷，微溶于异丙醇。mp 152～155℃；*d*1.38。LD_{50}大鼠急性经口：500mg/kg；兔皮肤接触：500mg/kg。

注意事项 该品对水生物极毒。能对水环境引起不利的结果。其包装应按危险品处理。
主要用途 除草剂。分析用标准物质。

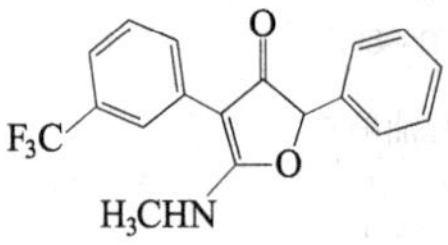

Flusilazole
氟硅唑 04729
[85509-19-9] $C_{16}H_{15}F_2N_3Si$ 315.40
成分 C 60.93%，H 4.79%，F 12.05%，N 13.32%，Si 8.91%。
别名 1-{[双(4-氟苯基)甲基硅烷基]甲基}-1*H*-1，2，4-三唑；1-[Bis(4-fluorophenyl)methylsilyl]methyl-1*H*-1，2，4-triazole；Bis(4-fluorophenyl)methyl(1*H*-1，2，4-triazol-1-ylmethyl)silane；Fluzilazol；DPX-H6573；Nustar；Olymp；Punch
M. I. 14，4236
性状 无色或白色结晶性固体。溶于多数有机溶剂（>2g/mL）。mp 55℃。LD_{50}雄，雌大鼠急性经口：1110mg/kg，674mg/kg；兔皮肤接触：>2000mg/kg。
注意事项 该品口服有害。能危害胎儿。对机体有不可逆损伤的可能性。对水生物有毒。能对水环境引起不利的结果。使用前应得到专门的指导，避免曝露。使用时如有事故发生或有不适之感，应请医生诊治。应防止将本品释放于环境中。
主要用途 农用杀菌剂。分析用标准物质。

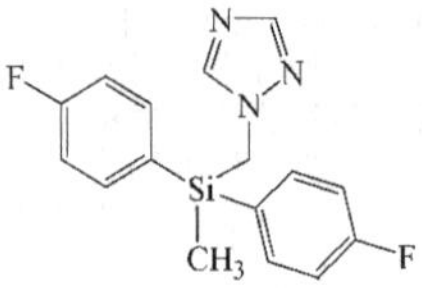

Fluspirilene **氟斯必灵** 04730
[1841-19-6] $C_{29}H_{31}F_2N_3O$ 475.58
成分 C 73.24%，H 6.57%，F 7.99%，N 8.84%，O 3.36%。
别名 8-[4，4-Bis(4-fluorophenyl)butyl]-1-phenyl-1，3，8-triazaspiro[4，5]decan-4-one；R-6128；Imap；Redeptin
M. I. 15，4237
性状 白色至浅黄色无定形或结晶性固体。溶于乙醇、二甲基亚砜，几乎不溶于水（0.015～0.020mg/mL）。mp 187.5～190℃；LD_{50}大鼠肌肉注射：(146±14) mg/kg。
主要用途 医用安定剂，精神抑制剂。

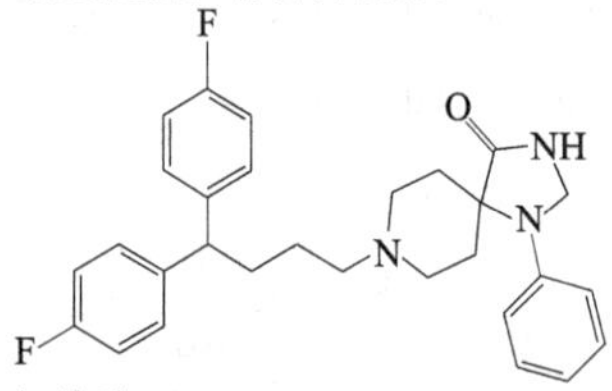

Flutamide **氟他胺** 04731
[13311-84-7] $C_{11}H_{11}F_3N_2O_3$ 276.22
成分 C 47.83%，H 4.01%，F 20.63%，N 10.14%，O 17.38%。
别名 氟硝丁酰胺；2-Methyl-*N*-[4-nitro-3-(trifluoromethyl)phenyl]propanamide；α，α，α-Trifluoro-2-methyl-4′-nitro-*m*-propionotoluidide；4′-Nitro-3′-trifluoromethylisobutyranilide；Niftolid；Sch-13521；Drogenil；Eulexin；Euflex；Flucinom；Flutamin；Fugerel
M. I. 15，4238
性状 来自苯中的无色结晶。易溶于丙酮、乙酸乙酯、甲醇，溶于氯仿、乙醚，几乎不溶于矿物油、石油醚、水。mp 111.5～112.5℃。
注意事项 该品吸入、口服或与皮肤接触有害。能危害胎儿。使用时应穿适当的防护服，应避免吸入本品的粉尘。
主要用途 医用抗雄激素剂，抗肿瘤剂(激素)。兽用抗雄激素剂。

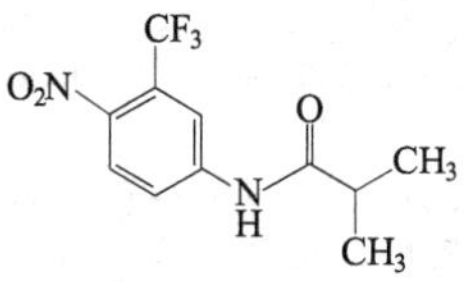

Fluthiacet-methyl **氟噻甲草酯** 04732
[117337-19-6] $C_{15}H_{15}ClFN_3O_3S_2$ 403.87
成分 C 44.61%，H 3.74%，Cl 8.78%，F 4.70%，N 10.40%，O 11.88%，S 15.88%。
别名 [[2-Chloro-4-fluoro-5-[(tetrahydro-3-oxo-1*H*，3*H*-[1，3，4]thiadiazolo[3，4-*a*]pyridazin-1-ylidene)amino]phenyl]thio]acetic acid methyl ester；9-(4-Chloro-2-fluoro-5-methoxycarbonylmethylthiophenylimino)-8-thia-1，6-diazabicyclo[4.3.0]nonane-7-one；KIH-9201；CGA-248757；Action
M. I. 15，4239
性状 白色粉末。溶于水（29℃，0.64mg/L）。蒸气压：9.2×10^{-6} Pa；lg 分配系数（辛醇/水）：3.55；mp 104.6℃。LD_{50}大鼠急性经口：>5000mg/kg；皮肤接触：>2000mg/kg。
主要用途 除草剂。

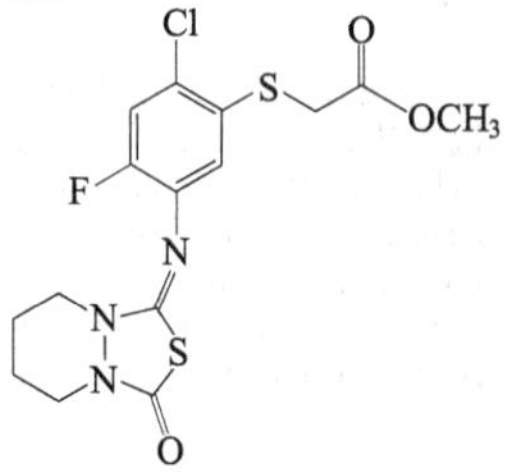

Fluticasone propionate **丙酸氟替卡松酯** 04733
[80474-14-2] $C_{25}H_{31}F_3O_5S$ 500.57
成分 C 59.99%，H 6.24% F 11.39%，O 15.98%，S 6.40%。
别名 氟替卡松丙酸酯；(6α，11β，16α，17α)-6，9-Difluoro-11-hydroxy-16-methyl-3-oxo-17-(1-oxo-propoxy) androsta-1，4-diene-17-carbothioic acid *S*-(fluoromethyl)ester；*S*-Fluoromethyl 6α，9α-difluoro-11β-hydroxy-16α-methyl-17α-propionyloxy-3-oxoandrosta-1，4-diene-17β-carbothioate；CCI-18781；Cutivate；Flixonase；Flixotide；Flonase；Flovent；Flunas
M. I. 15，4240
性状 无色结晶。易溶于二甲基亚砜、二甲基甲酰胺，微溶于甲醇、95%乙醇，几乎不溶于水。mp 272～273℃（分解）；$[\alpha]_D+30°$（$c=0.35$）。生化试剂含量≥98.0%（HPLC）。
注意事项 使用时应避免吸入本品的粉尘，避免与眼睛及皮肤接触。
主要用途 医用抗过敏剂，抗炎剂。

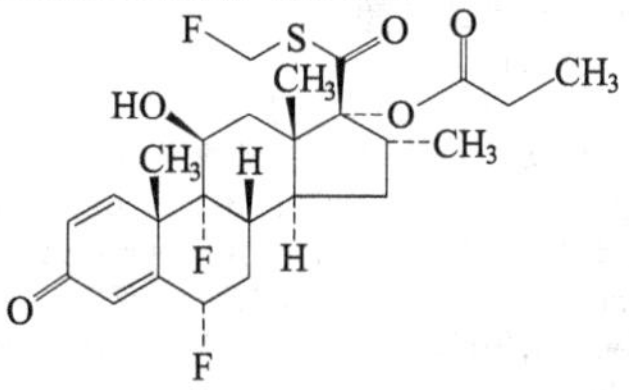

Flutolanil **福多宁** 04734
[66332-96-5] $C_{17}H_{16}F_3NO_2$ 323.32
成分 C 63.15%，H 4.99%，F 17.63%，N 4.33%，O 9.90%。
别名 氟纹胺；*N*-[3-(1-Methylethoxy)phenyl]-2-(trifluoromethyl)benzamide；*o*-Trifluoromethyl-*m*′-isopropoxybenzoic anilide；α，α，α-Trifluoro-3′-isopropoxy-*o*-toluanilide；NNF-136；Prostar；Moncut
M. I. 15，4241
性状 白色结晶性固体。无味。于酸或碱溶液中稳定。该品于下列物质中的溶解度（20℃，g/L）：水 0.0096；氯仿 341；甲醇 480；苯 131；二甲苯 290。蒸气压（20℃）：1.33×10^{-5} mmHg/177.32×10^{-5} Pa。mp 108℃。LD_{50}雄、雌大鼠，雄、雌小鼠急性经口：>10000mg/kg，>

10000mg/kg；雄、雌大鼠皮肤接触：>5000mg/kg。

主要用途　农用杀菌剂。

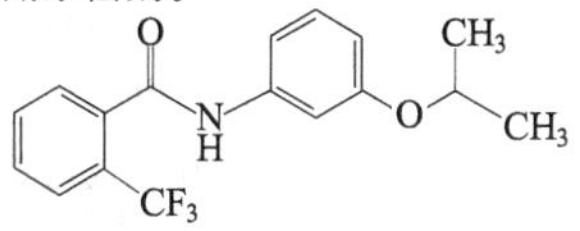

Flutriafol

α-(2-氟苯基)-α-(4-氟苯基)-1*H*-1,2,4-三唑-1-乙醇　04735

[76674-21-0]　$C_{16}H_{13}F_2N_3O$　301.30

成分　C 63.78%，H 4.35%，F 12.61%，N 13.95%，O 5.31%。

别名　(*RS*)-2,4′-二氟-α-(1*H*-1,2,4-三唑-1-基甲基)二苯甲醇；α-(2-Fluorophenyl)-α-(4-fluorophenyl)-1*H*-1,2,4-triazole-1-ethanol；(*RS*)-2,4′-Difluoro-α-(1*H*-1,2,4-triazol-1-ylmethyl) benzhydryl alcohol；Flutriafen；R-152450；PP-450；Imp act

M. I.　15，4242

性状　白色结晶性固体。该品于下列物质中的溶解度(20℃，g/L)：丙酮 190；二氯甲烷 150；己烷 0.30；甲醇 69；二甲苯 12；水（pH 值 7.0）0.13。mp 130℃。LD_{50}雄，雌大鼠急性经口：1140mg/kg，1480mg/kg；大鼠，兔皮肤接触：>1000mg/kg，>2000mg/kg。

注意事项　该品口服有害。使用时应避免吸入本品的粉尘，避免与眼睛及皮肤接触。

主要用途　农业杀菌剂。分析用标准物质。

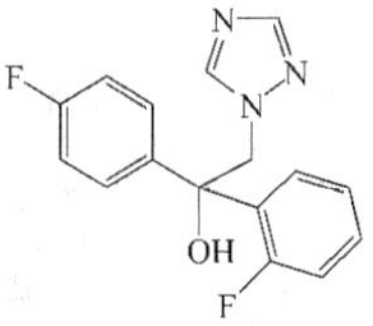

Fluvalinate　氟胺氰菊酯　04736

[69409-94-5]　$C_{26}H_{22}ClF_3N_2O_3$　502.92

成分　C 62.09%，H 4.41%，Cl 7.05%，F 11.33%，N 5.57%，O 9.54%。

别名　*N*-[2-Chloro-4-(trifluoromethyl)phenyl]-DL-valine cyano (3-phenoxyphenyl)methyl ester；ZR-3210；Mavrik

M. I. 15，4244

性状　琥珀黄色液体。溶于有机溶剂，极微溶于水(0.2mg/kg)。蒸气压（25℃）：1×10^{-7} mmHg/133.3×10^{-7}Pa。

主要用途　杀虫剂。

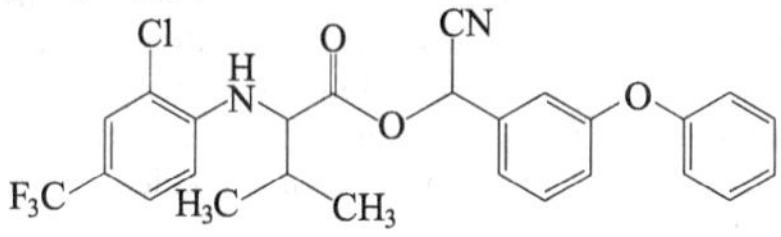

Fluvastatin sodinm salt　氟伐他汀钠盐　04737

[93957-55-2]　$C_{24}H_{25}FNNaO_4$　433.46

成分　C 66.50%，H 5.81%，F 4.38%，N 3.23%，Na 5.30%，O 14.76%。

别名　*rel*-(3*R*,5*S*,6*E*)-7-[3-(4-氟苯基)-1-(1-甲基乙基)-1*H*-吲哚-2-基]-3,5-二羟基-6-庚烯酸钠；(±)-(3*R**,5*S**,6*E*)-7-(3-对氟苯基-1-异丙基吲哚-2-基)-3,5-二羟基-6-庚烯酸钠；Fluindostatin；XU62-320；Lescol；Lipaxan；Primexin；*rel*-(3*R*,5*S*,6*E*)-7-[3-(4-Fluorophenyl)-1-(1-methylethyl)-1*H*-indol-2-yl]-3,5-dihydroxy-6-heptenoic acid sodium salt；(±)-(3*R**,5*S**,6*E*)-7-[3-(*p*-fluorophenyl)-1-isopropylindol-2-yl]-3,5-dihydroxy-6-heptenoate sodium salt

M. I. 15，4245

性状　白色至浅黄色结晶或粉末。易吸潮。溶于水、乙醇、甲醇。mp 194～197℃。

主要用途　医用抗青光眼剂。

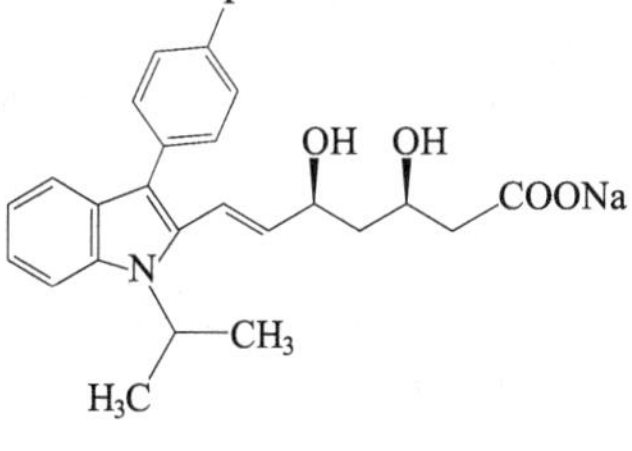

Fluvoxamine maleate　氟伏沙明 马来酸盐　04738

[61718-82-9]　$C_{19}H_{25}F_3N_2O_6$　434.41

成分　C 52.5%，H 5.8%，F 13.1%，N 6.4%，O 22.1%。

别名　马来酸乐服克；马来酸氟伏沙明；乐服克 马来酸盐；DU-23000；MK-264；Dumirox；Faverin；Fevarin；Floxyfral；Luvox；Maveral；(*E*)-5-Methoxy-1-[4-(trifluoromethyl)phenyl]-1-pentanone *O*-(2-aminoethyl) oxime maleate；5-Methoxy-4′-(trifluoromethyl) valerophenone (*E*)-*O*-(2-aminoethyl) oxime maleate

M. I. 15，4246

性状　来自乙腈中的无色结晶。易溶于乙醇、氯仿，略微溶于水，几乎不溶于乙醚。mp 120～121.5℃。

注意事项　该品口服有害。使用时应穿适当的防护服。应密封于 2～8℃保存。

主要用途　医用抗抑制剂。

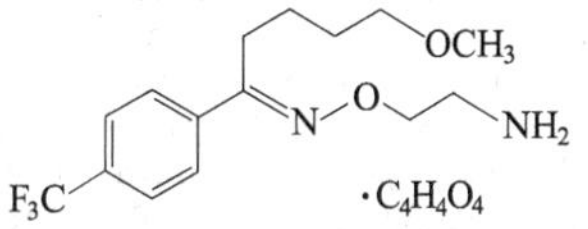

Folic acid　叶酸　04739

[59-30-3] [75708-92-8](二水合物)　$C_{19}H_{19}N_7O_6$　441.40

成分　C 51.70%，H 4.34%，N 22.21%，O 21.75%。

别名　蝶翅酸酰谷氨酸；蝶酰谷氨酸；维生素 Bc；维生素 M；*N*-[*p*-[[(2-Amino-4-hydroxy-6-pteridinyl)methyl]amino] benzoyl]glutamic acid；*N*-(*p*-[(2-Amino-4-hydroxypyrimido[4,5-*b*]pyrazin-6-yl)methylamino]benzoyl)glutamic acid；Cytofol；Folacin；Foldine；Foliamin；Folicet；Floipac；Folettes；Folsan；Folvite；Incafolic；Millafol；PGA；Pteroyl-L-glutamic acid；Vitamin Bc；Vitamin M；Pte Glu

M. I. 15，4248

性状　橙黄色结晶或黄色结晶性粉末。溶于沸水（约 1%）、苯酚、吡啶、乙酸、稀盐酸、硫酸、氢氧化钠、碳酸钠溶液，微溶于甲醇、乙醇、丁醇，极微溶于冷水（25℃，0.0016mg/mL），不溶于乙醚、苯、三氯甲烷、丙酮。$[\alpha]_D^{25}+23°$（c=0.5，于 0.1mol/L 氢氧化钠溶液中）；uv max（pH 值 13）：256nm，283nm，368nm（lgε 4.43，4.40，3.96）。生化试剂含量≥97.0%（HPLC）。

注意事项　使用时应避免吸入本品的粉尘，避免与眼睛及皮肤接触。应密封避光于 2～8℃保存。

主要用途　生化研究。农业科研用于杂交和良种培育。制备 199 培养基。医用维生素（营养增补剂）。

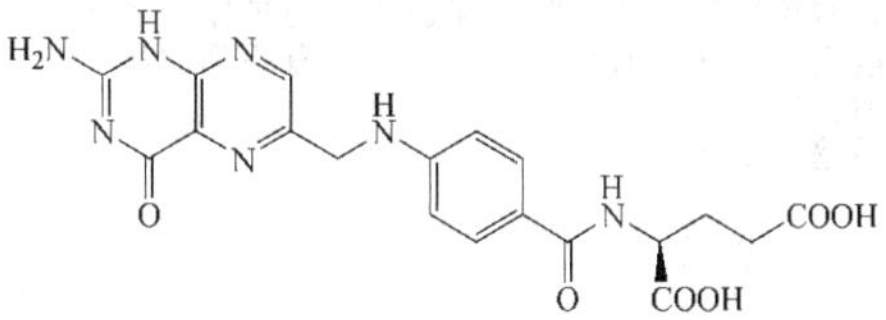

Folinic acid　亚叶酸　04740

[58-05-9]　$C_{20}H_{23}N_7O_7$　473.45

成分　C 50.74%，H 4.90%，N 20.71%，O 23.65%。

别名　甲酰四氢叶酸；柠胶因素；噬橙菌因子；*N*-[4-[(2-Amino-5-formyl-1,4,5,6,7,8-hexahydro-4-oxo-6-pteridinyl) methyl]amino]benzoyl-L-glutamic acid；*N*-[*p*-[[(2-Amino-5-formyl-5,6,7,8-tetrahydro-4-hydroxy-6-pteridinyl) methyl] amino] benzoyl] glutamic acid；5-Formyl-5,6,7,8-tetrahydropteroyl-L-glutamic acid；5-Formyl-5,6,7,8-tetrahydrofolic acid；CF；Citrovorum factor；Leucovorin

M. I. 15，4249

性状　无色结晶。于中性或弱碱性中稳定。略微溶于水。240～250℃分解；$[\alpha]_D^{20}+14.26°$（$c=3.42$，如无水钙盐）；uv max（0.1mol/L 氢氧化钠溶液中）：282nm（%T=27.0，相当于 10mg/L）。

注意事项　该品对眼睛、呼吸系统及皮肤有刺激性。吸入或与皮肤接触可引起过敏。使用时应穿适当的防护服。万一接触到眼睛，应立即用大量水冲洗后请医生诊治。

主要用途　医用解毒剂——叶酸对抗剂；抗贫血症剂。

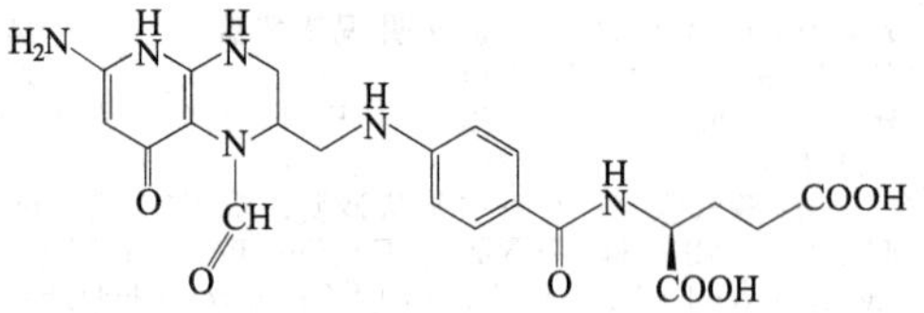

Folinic acid calcium salt pentahydrate
亚叶酸钙盐 五水 04741
[1492-18-8] [6035-45-6] $C_{20}H_{21}CaN_7O_7 \cdot 5H_2O$ 601.58

成分（以无水物计） C 46.96%，H 4.14%，Ca 7.83%，N 19.17%，O 21.89%。

别名 五水合亚叶酸钙盐；甲酰基-5,6,7,8-四氢叶酸钙盐；Calcium folinate；NSC-3590；Folaren；Foliben；Lederfolat；Lederfolin；Leucovorin；Leucosar；Rescufolin；Rescuvolin；Tonofolin；Wellcovorin；*N*-[4-[(2-Amino-5-formyl-1，4，5，6，7，8-hexahydro-4-oxo-6-pteridinyl)methyl]amino]benzoyl-L-glutamic acid calcium salt；*N*-[*p*-[[(2-Amino-5-formyl-5，6，7，8-tetrahydro-4-hydroxy-6-pteridinyl) methyl] amino] benzoyl] glutamic acid calcium salt；5-Formyl-5,6,7,8-tetrahydropteroyl-L-glutamic acid calcium salt；5-Formyl-5,6,7,8-tetrahydrofolic acid calcium salt；CF calcium salt；Citrovorum factor calcium salt；Leucovorin calcium salt

M. I. 15，4249

性状 近白色无定形粉末。无气味。易溶于水，几乎不溶于乙醇。$[\alpha]_D^{21}$ +14.9°（*c*=1，于水中）。生化试剂含量≥99.0%（HPLC）。

注意事项 该品对眼睛、呼吸系统及皮肤有刺激性。吸入或与皮肤接触可引起过敏。使用时应穿适当的防护服。万一接触到眼睛，应立即用大量水冲洗后请医生诊治。应充氩气密封避光干燥保存。

主要用途 生化研究。叶酸的对抗剂。医用抗贫血剂。

Follicle stimulating hormone from porcine pituitary
促卵泡激素（猪脑） 04742
[9002-68-0] Mr 约 36000

别名 Fertinorm；Follitropin；FSH；Luteoantine；Metrodin；Thylakentrin；Urofollitrophin

M. I. 15，4250

性状 白色至微黄色粉末。溶于水，其溶液为无色至黄色。生化试剂含量约 75.0%。

注意事项 该品可能损伤生育力。使用前应得到专门的指导，避免曝露。使用时应穿适当的防护服，戴手套和防护镜或面罩。使用时如有事故发生或有不适之感，应请医生诊治。应充氩气密封于 2～8℃保存。

主要用途 生化研究。

Folpet 灭菌丹 04743
[133-07-3] $C_9H_4Cl_3NO_2S$ 296.55

成分 C 36.45%，H 1.36%，Cl 35.86%，N 4.72%，O 10.79%，S 10.81%。

别名 2-(Trichloromethyl)thio-1*H*-isoindole-1,3(2*H*)-dione；*N*-(Trichloromethylthio)phthalimide；*N*-(Trichloromethylmercapto)phthalimide；Phaltan

M. I. 15，4251

性状 来自苯中的无色结晶。mp 177℃。LD_{50}成熟雄，雌大鼠急性经口：>5000mg/kg。一般试剂含量≥98.0%（HPLC）。

注意事项 该品蒸气吸入有害。对眼睛有刺激性，接触皮肤能引起过敏。对机体有不可逆损伤的可能性。对水生物极毒。使用时应穿适当的防护服和戴手套。如误服本品，应立即请医生检查，并出示本品的容器或瓶签。应防止将本品释放于环境中。应密封保存。

主要用途 农业用杀菌剂。分析用标准物质。

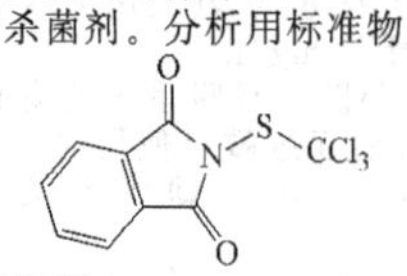

Fomecin A 层孔菌素 A 04744
$C_8H_8O_5$ 184.15

成分 C 52.18%，H 4.38%，O 43.44%。

别名 杜松菌素；火绒担子菌素；2,3,4-三羟基-6-(羟甲基)苯甲醛；2,3,4-Trihydroxy-6-(hydroxymethyl)benzdldehyde

M. I. 15，4252

性状 来自乙醇-水、乙醇-苯、丙酮-苯或乙酸乙酯中地奶油色至橙色结晶。呈弱酸性。略微溶于水（1mg/mL），更多地溶于乙醇、丙酮、乙酸乙酯，较少地溶于氯仿、苯。其水溶液呈中性或酸性并稳定。pH 值 8 左右即失去活性。约 160℃没有熔化即分解。uv max（乙醇中）：241nm，304nm（ε 10800，15300）。

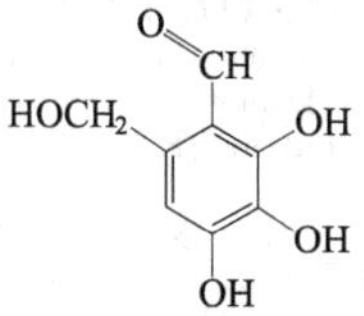

Fomepizole hydrochloride 甲吡唑 盐酸盐 04745
[56010-88-9] $C_4H_7ClN_2$ 118.56

成分 C 40.52%，H 5.95%，Cl 29.90%，N 23.63%。

别名 盐酸甲吡唑；4-Methyl-1*H*-pyrazole hydrochloride；4-mp-HCl；Antizol hydrochloride

M. I. 15，4253

性状 无色结晶或白色粉末。溶于水、乙醇。LD_{50}（无 HCl）：小鼠，大鼠（7 天）急性经口：7.8mmol/kg，6.5mmol/kg；静脉注射：3.8mmol/kg，3.8mmol/kg。

注意事项 该品对眼睛、呼吸系统及皮肤有刺激性。使用时应穿适当的防护服。万一接触到眼睛，应立即用大量水冲洗后请医生诊治。应密封于 2～8℃保存。

主要用途 生化研究。医用甲醇或乙二醇中毒的解毒剂。

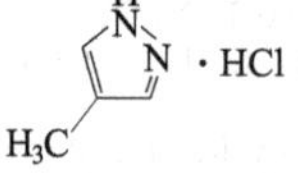

Fominoben hydrochloride 福米诺苯 盐酸盐 04746
[24600-36-0] $C_{21}H_{25}Cl_2N_3O_3$ 438.35

成分 C 57.54%，H 5.75%，Cl 16.17%，N 9.59%，O 10.95%。

别名 盐酸福米诺苯；PB-89；Finaten；Noleptan；Oleptan；Terion；Tussirama；*N*-[3-Chloro-2-[[methyl-[2-(4-morpholinyl)-2-oxoethyl]amino]methyl]phenyl]benzamide hydrochloride；3′-Chloro-α-methyl[(morpholinocarbonyl)methyl]amino-*o*-benzotoluidide hydrochloride；3′-Chloro-β-[*N*-methyl-*N*-[(morpholinocarbonyl)methyl]aminomethyl]benzanilide hydrochloride

M. I. 15，4255

性状 无色结晶。溶于水（0.1mg/100mL）、0.05mol/L 酒石酸水溶液（5g/100mL）。mp 206～208℃（分解）。LD_{50}小鼠，大鼠腹膜内注射：630mg/kg，1201mg/kg；急性经口：2200mg/kg，1250mg/kg。

主要用途 医用镇咳剂；呼吸兴奋剂。

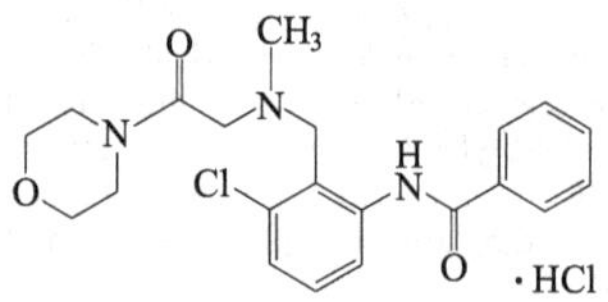

Fomocaine 福莫卡因 04747
[17692-39-6] $C_{20}H_{25}NO_2$ 311.43

成分 C 77.13%，H 8.09%，N 4.50%，O 10.27%。

别名 福吗卡因；4-[3-[4-(Phenoxymethyl)phenyl]propyl]morpholine；4-[3-(α-Phenoxy-*p*-tolyl)propyl]morpholine；P-652；Erbocain

M. I. 15，4257

性状 来自石油醚中的无色结晶。mp 52～53℃；$bp_{1.1}$ 238～240℃/146.65Pa；uv max（乙醇中）：220nm，269nm（ε 15820，1373）。LD_{50}小鼠静脉注射：175mg/kg。

主要用途 医用局部麻醉剂。

Fondaparinux sodium　磺达肝素钠 04748

[114870-03-0]　$C_{31}H_{43}N_3Na_{10}O_{49}S_8$　1728.03

成分　C 21.55%，H 2.51%，N 2.43%，Na 13.30%，O 45.37%，S 14.84%。

别名　磺达肝癸钠；Methyl *O*-2-deoxy-6-*O*-sulfo-2-sulfoamino-*α*-D-glucopyranosyl-(1→4)-*O*-*β*-D-glucopyranuronosyl-(1→4)-*O*-2-deoxy-3，6-di-*O*-sulfo-2-sulfoamino-*α*-D-glucopyranosyl-(1→4)-*O*-2-*O*-sulfo-*α*-L-idopyranuronosyl-(1→4)-2-deoxy-2-sulfoamino-*α*-D-glucopyranoside 6-(hydrogen sulfate) decasodium salt；Fondaparin sodium；SR-90107A；Org-31540；IC-851589；Arixtra

M. I. 15，4259

性状　冷冻干燥脱水后的白色粉末。$[\alpha]_D^{23}+48°$（*c*=0.61，于水中）。生化试剂含量≥99.0%。

主要用途　医用抗血栓形成剂。

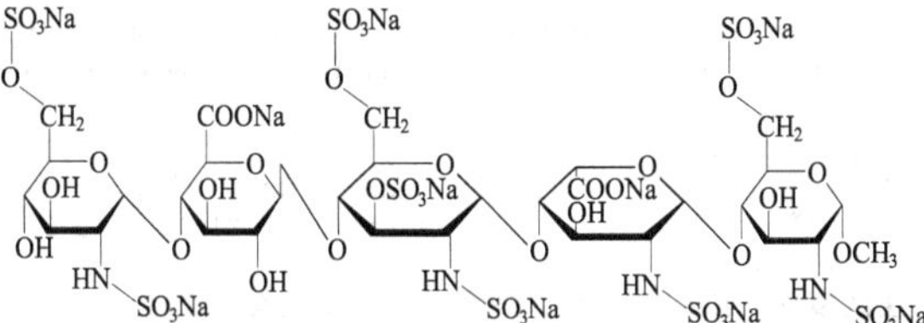

Fonofos　地虫磷 04749

[944-22-9]　$C_{10}H_{15}OPS_2$　246.32

成分　C 48.76%，H 6.14%，O 6.50% P 12.57%，S 26.03%。

别名　Ethylphosphonodithioic acid *O*-ethyl *S*-phenyl ester；*O*-Ethyl *S*-phenyl ethylphosphonothiolothionate；N-2790；Dyfonate

M. I. 15，4260

性状　亮黄色液体。能与有机溶剂相混溶，几乎不溶于水。$bp_{0.1}$ 130℃/13.3Pa；d_{25}^{25} 1.16；n_D^{30} 1.5883。LD_{50} 小鼠急性经口：14.0mg/kg；腹膜内注射：4.8mg/kg。大鼠急性经口：3～17mg/kg；皮肤接触：147mg/kg。

注意事项　该品口服或与皮肤接触极毒。对水生物极毒。能对水环境引起不利的结果。使用时应穿适当的防护服和戴手套。接触皮肤后，应立即用大量乙醇冲洗。使用时如有事故发生或有不适之感，应立即请医生诊治。应防止将本品释放于环境中。其包装物应按危险品处理。应密封于 2～8℃保存。

主要用途　土壤杀虫剂。分析用标准物质。

Formaldehyde solution　甲醛溶液 04750

[50-00-0]　CH_2O　30.03

成分（纯品）　C 40.00%，H 6.71%，O 53.28%。

别名　蚁醛溶液；福尔马林；Aldehyde C_1；Formalin；Formic aldehyde；Formol；Methanal solution；Methyl aldehyde；Methylene oxide；Morbicid；Oxomethane；Oxymethylene；Veracur

GW 2015-1173　M. I. 15，4263

性状　无色透明液体。遇冷聚合变浑浊。能与水、乙醇、丙酮任意混溶。在空气中能逐渐被氧化为甲酸，是强还原剂。在一般商品中，都加入 10%～12%的甲醇以防止聚合。bp_{760} 96℃/101.325kPa；Fp 140℉（60℃）；d_{25}^{25} 1.081～1.085；n_D^{20} 1.3746。LD_{50} 大鼠急性经口：0.80g/kg。

注意事项　该品具有腐蚀性，能引起烧伤。吸入、口服或接触皮肤时有毒，能引起皮肤过敏。对机体有不可逆损伤的可能性。使用时应穿适当的防护服，戴手套和防护镜或面罩。万一接触到眼睛时，应立即用大量水冲洗后请医生诊治。使用时如有事故发生或有不适之感，应请医生诊治。只能在通风良好处使用。应密封避光于 15℃以上保存（15℃以下可能聚合）。

主要用途　测定铵盐和氨基酸用的试剂。杀菌消毒剂。生物标本浸制。有机合成。

参考规格　GB/T 685—1993	分析纯	化学纯
含量（HCHO）/%	37.0～40.0	36.0～40.0
色度/黑曾单位≤	15	20
灼烧残渣/%≤	0.003	0.005
酸度（以 H^+ 计）/（mmol/100g）	0.5	0.5
氯化物（Cl）/%≤	0.0001	0.0003
硫酸盐（SO_4）/%≤	0.0004	0.001
铁（Fe）/%≤	0.0001	0.0003
铅（Pb）/%≤	0.0002	0.0005

Formaldoxime hydrochloride　盐酸甲醛肟 04751

[3473-11-8]　[62479-72-5]　$C_3H_{10}ClN_3O_3$　171.58

成分　C 21.00%，H 5.87%，Cl 20.66%，N 24.49%，O 27.97%。

别名　甲醛肟 盐酸盐；Triformoxime hydrochloride

性状　白色菱形结晶。一般商品为黄色。易溶于水、甲醇，不溶于乙醚。mp 136℃。

注意事项　该品对眼睛、呼吸系统及皮肤有刺激性。使用时应穿适当的防护服。万一接触到眼睛，应立即用大量水冲洗后请医生诊治。

主要用途　用于检定锰、铜、镍、钴等金属离子的比色法测定。

Formamide　甲酰胺 04752

[75-12-7]　CH_3NO　45.04

成分　C 26.67%，H 6.71%，N 31.10%，O 35.52%。

别名　Carbamaldehyde；Methanamide

M. I. 15，4265

性状　无色透明微有黏性的液体。微有氨味。易吸水。能与水、乙醇、甲醇、丙酮、乙酸、二氧六环、乙二醇、甘油、苯酚相混溶，极微溶于苯、乙醚。mp 2.55℃；bp_{760} 210.5℃/101.32kPa（分解）；bp_{400} 193.5℃/53.329kPa；bp_{200} 175.5℃/26.664kPa；bp_{60} 147.0℃/7.999kPa；bp_{20} 122.5℃/2.666kPa；bp_{10} 109.5℃/1.333kPa；$bp_{1.0}$ 70.5℃/133.32Pa；Fp 310℉（154℃，开杯）；d_4^{15} 1.13756；d_4^{20} 1.13340；d_4^{30} 1.12483；n_D^{15} 1.44911；n_D^{20} 1.44754；n_D^{110} 1.4170；n_D^{130} 1.4095。LD_{50} 小鼠，大鼠腹膜内注射：4.6g/kg，5.7g/kg。一般试剂含量≥99.0%（T）。

注意事项　该品对眼睛、呼吸系统及皮肤有刺激性。能危害胎儿。使用前应得到专门的指导，避免曝露。使用时应穿适当的防护服，戴手套和防护镜或面罩。万一接触到眼睛，应立即用大量水冲洗后请医生诊治。使用时如有事故发生或有不适之感，应请医生诊治。

主要用途　色谱分析试剂。农业分析中作纸色谱的展开剂，用于大米中氨基酸含量的分析。溶剂。软化剂。有机合成。

Formanilide　甲酰苯胺 04753

[103-70-8]　C_7H_7NO　121.14

成分　C 69.40%，H 5.82%，N 11.56%，O 13.21%。

别名　*N*-苯基甲酰胺；Formylaniline；*N*-Phenylformamide

M. I. 15，4266

性状　来自乙醚＋石油醚中的无色或浅黄色结晶。溶于水（20℃，25.4g/L；25℃，28.6g/L）、乙醇、乙醚。mp 46.6～47.5℃；bp 271℃；bp_{120} 216℃/15.999kPa；bp_{14} 166℃/1.867kPa；uv max（96%乙醇中）：242～243nm（ε 13700）；于水中：239～240nm（ε 11200）；于环己烷中：240nm（ε 12600）。一般试剂含量≥98.0%。

注意事项　该品口服有害。使用时应穿适当的防护服。使用时应避免吸入本品的粉尘，避免与眼睛及皮肤接触。应密封避光保存。
主要用途 有机合成。

Formebolone 甲酰勃龙 04754
[2454-11-7] $C_{21}H_{28}O_4$ 344.45
成分 C 73.23%，H 8.19%，O 18.58%。
别名 醛甲宝龙；(11α,17β)-11,17-Dihydroxy-17-methyl-3-oxoandrosta-1,4-diene-2-carboxaldehyde; 2-Formyl-17α-methylandrosta-1,4-diene-11α,17β-diol-3-one; 2-Formyl-11α-hydroxy-Δ^1-methyltestosterone; Formyldienolone; Esiclene
M.I. 15，4267
性状 来自乙酸乙酯中的无色结晶。溶于水。mp 209～212℃；$[\alpha]_D^{25}$ −105°（氯仿中）。LD_{50}大鼠，小鼠腹膜内注射：104mg/kg，187mg/kg；皮下注射：270mg/kg，293mg/kg。大鼠急性经口：>1000mg/kg。
主要用途 医用促代谢剂。

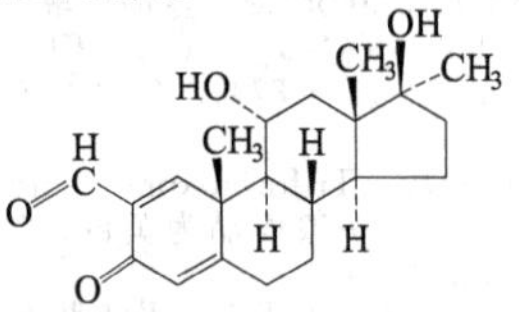

Formestane 福美斯坦 04755
[566-48-3] $C_{19}H_{26}O_3$ 302.41
成分 C 75.46%，H 8.67%，O 15.87%。
别名 福美坦；兰他隆；4-Hydroxyandrost-4-ene-3,17-dione; 4-OHA; CGP-32349; Lentaron
M.I. 15，4268
性状 来自甲醇-水中的无色针状结晶，mp 199～202℃。或来自乙酸乙酯中的无色结晶，mp 203.5～206℃。$[\alpha]_D^{20}$ +181°（c=7.7，于氯仿中）；uv max（99.5%乙醇中）：278nm（ε 11030）。
注意事项 该品能损伤生育能力。使用前应得到专门的指导，避免曝露。使用时应穿适当的防护服，戴手套和防护镜或面罩。使用时如有事故发生或有不适之感，应请医生诊治。
主要用途 医用抗肿瘤剂（激素）。

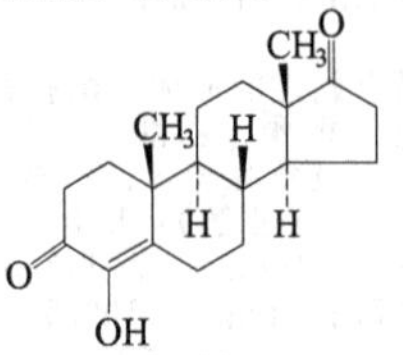

Formic acid 98% 甲酸 98% 04756
[64-18-6] CH_2O_2 46.03
成分（纯品） C 26.09%，H 4.38%，O 69.52%。
别名 无水甲酸；蚁酸 98%；Carboxylic acid C_1；Formylic acid 98%；Hydrogencarboxylic acid；Methanoic acid
GW 2015-1175 M.I. 15，4269
性状 无色液体。呈强酸性。能与水、乙醇、乙醚、丙酮、乙酸乙酯、甲醇相混溶，部分溶于苯、甲苯、二甲苯。pK_a（20℃）3.75。mp 8.4℃；bp_{760} 100.8℃/101.325kPa；Fp 138.2℉（59℃，开杯）；d^{20} 1.220；n_D^{20} 1.3714。LD_{50}小鼠急性经口：1100mg/kg；静脉注射：145mg/kg。
注意事项 本品具有强腐蚀性，能引起严重烧伤。使用时应避免吸入本品的蒸气、飞沫。万一接触到眼睛，应立即用大量水冲洗后请医生诊治。使用时如有事故发生或有不适之感，应请医生诊治。应密封于阴凉处保存。
主要用途 还原剂。缓冲剂。纯一氧化碳的制取。农药制备。

Formic acid 85% 甲酸 85% 04757
[64-18-6] CH_2O_2 46.03
成分（纯品） C 26.09%，H 4.38%，O 69.52%。
别名 蚁酸 85%；Carboxylic acid; Formylic acid; Hydrogen carboxylic acid; Methanoic acid
GW 2015-1175 M.I. 15，4269
性状 无色液体。具有刺激性气味。能与水、乙醇、乙醚、丙酮、乙酸乙酯、甲醇相混溶。mp >4℃；bp 99～101℃；d_4^{20} 1.19；n_D^{20} 1.370。
注意事项 见 04754 甲酸 98%。
主要用途 测定砷、铋、铝、铜、金、铟、铁、铅、锰、汞、钼、银、锌，检定铈、铼、钨。有机分析中用于芳香族伯胺和仲胺的检验。
参考规格 GB/T 15896—1995

	分析纯	化学纯
含量（HCOOH）/%≥	88.0	85.0
与水混合试验	合格	合格
蒸发残渣/%≤	0.002	0.002
氯化物（Cl）/%≤	0.0005	0.001
硫酸盐（SO_4）/%≤	0.001	0.002
亚硫酸盐（SO_3）	合格	合格
铁（Fe）/%≤	0.0003	0.0005
重金属（以 Pb 计）/%≤	0.0003	0.0005

Formononetin 7-羟基-4′-甲氧基异黄酮 04758
[485-72-3] $C_{16}H_{12}O_4$ 268.27
成分 C 71.64%，H 4.51%，O 23.86%。
别名 7-羟基-3-(4-甲氧基苯基)-4*H*-1-苯并吡喃-4-酮；7-Hydroxy-3-(4-methoxyphenyl)-4*H*-1-benzopyran-4-one; 7-Hydroxy-4′-methoxyisoflavone; Biochanin B; Formononetol; Neochanin
M.I. 15，4271
性状 来自乙醇中的无色针状结晶。mp 258℃；uv max（乙醇中）：250nm，300nm（ε 27440，11240）。一般试剂含量≥99.0%（TLC）。
注意事项 该品对眼睛、呼吸系统及皮肤有刺激性。使用时应穿适当的防护服。万一接触到眼睛，应立即用大量水冲洗后请医生诊治。应充氩气密封保存。

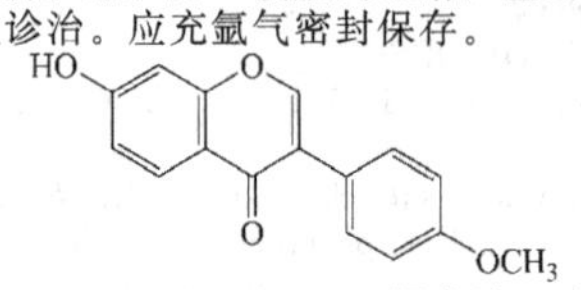

Formoterol fumarate dihydrate 福莫特罗 富马酸盐 二水 04759
[43229-80-7] $C_{42}H_{52}N_4O_{12}\cdot 2H_2O$ 840.92
成分（以无水物计）C 62.67%，H 6.51%，N 6.96%，O 23.85%。
别名 富马酸福莫特罗；Atock; BD-40A; Foradil; Oxeze; *rel*-*N*-[2-Hydroxy-5-[(1*R*)-1-hydroxy-2-[[(1*R*)-2-(4-methoxyphenyl)-1-methylethyl]amino]ethyl]phenyl]formamide fumarate dihydrate; 3-Formylamino-4-hydroxy-α-[*N*-[1-methyl-2-(*p*-methoxyphenyl)ethyl]aminomethyl]benzyl alcobol fumarate dihydrate; (±)-2′-Hydroxy-5′-[(*RS*)-1-hydroxy-2-[[(*RS*)-*p*-methoxy-α-methylphenethyl]amino]ethyl]formanilide fumarate dihydrate
M.I. 15,4272
性状 来自95%异丙醇中的无色结晶或近白色固体。易溶于生理 pH 值水中，溶于二甲基亚砜(20mg/mL)。pK_a 17.9，pKa_2 9.2。mp 138～140℃。LD_{50}雄、雌大鼠，雄、雌小鼠急性经口(mg/kg)：3130、5580、6700、8310；静脉注射(mg/kg)：98、100、72、71；皮下注射(mg/kg)：1000、1100、640、670；腹膜内注射(mg/kg)：170、210、240、210。生化试剂含量≥98.0%(HPLC)。
主要用途 医用止喘剂。

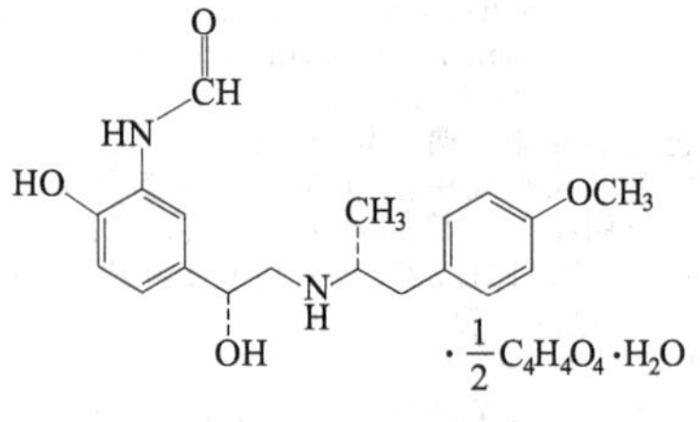

$\cdot\frac{1}{2}C_4H_4O_4\cdot H_2O$

Formothion 安果 04760
[2540-82-1] $C_6H_{12}NO_4PS_2$ 257.26
成分 C 28.01%，H 4.70%，N 5.44%，O 24.88%，P 12.04，S 24.92%。

别名 Phosphorodithioic acid *S*-(2-formylmethylamino-2-oxoethyl) *O*,*O*-dimethyl ester; Phosphorodithioic acid *O*,*O*-dimethyl ester *S*-ester with *N*-formyl-2-mercapto-*N*-methylacetamide; *S*-(*N*-Iormyl-*N*-methylcarbamoylmethyl) *O*,*O*-dimethyl phosphorodithioate; J-38; OMS-968; Aflix; Anthio

M. I. 15，4273

性状 浅黄色液体。能与醇类、乙醚、氯仿、苯相混溶，不溶于水。mp 约 25℃；Fp 77℉（25℃）。LD_{50}大鼠，兔急性经口：350mg/kg，410mg/kg。一般商品为该品的二甲苯溶液。

注意事项 二甲苯溶液易燃。吸入、口服或与皮肤接触有害。对眼睛及皮肤有刺激性。使用时应穿适当的防护服。万一接触到眼睛，应立即用大量水冲洗后请医生诊治。

主要用途 杀螨剂。内吸收杀虫剂。分析用标准物质。

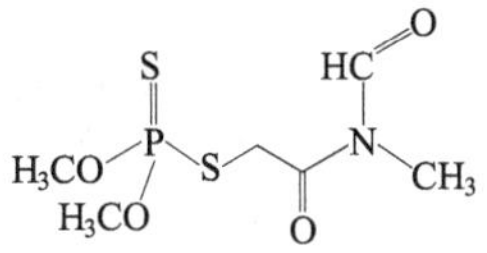

Formycin A 间型霉素 A 04761

[6742-12-7] $C_{10}H_{13}N_5O_4$ 267.25

成分 C 44.94%，H 4.90%，N 26.21%，O 23.95%。

别名 7-Amino-3-(*β*-D-ribofuranosyl)-1*H*-pyrazolo [4, 3-*d*] pyrimidine

性状 白色微细结晶。溶于水。一般试剂含量≥99.0%（TLC）。

注意事项 该品口服有害。使用时应避免吸入本品的粉尘，避免与眼睛及皮肤接触。应充氩气密封于－20℃保存。

主要用途 生化研究。

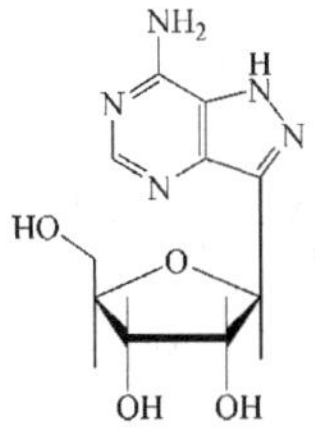

N-Formylmorpholine *N*-甲酰基吗啉 04762

[4394-85-8] $C_5H_9NO_2$ 115.13

成分 C 52.16%，H 7.88%，N 12.17%，O 27.79%。

别名 甲酰吗啉；甲酰吗啡啉；4-甲酰基吗啉；Morpholine-4-carboxaldehyde；4-Formylmorpholine；NFM

性状 无色液体。能与乙醇、乙醚相混溶，不溶于水。mp 20～23℃；bp 239～241℃；Fp 244℉（118℃）；d_4^{20} 1.150；n_D^{20} 1.482～1.484。一般试剂含量≥99.0%（GC）。

注意事项 该品对眼睛、呼吸系统及皮肤有刺激性。使用时应避免吸入本品的蒸气、飞沫，避免与眼睛及皮肤接触。万一接触到眼睛，应立即用大量水冲洗后请医生诊治。

主要用途 气相色谱固定液（适用于极性化合物的分析）。

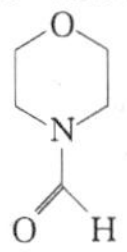

Fortimicin A 福提霉素 A 04763

[55779-06-1] $C_{17}H_{35}N_5O_6$ 405.50

成分 C 50.35%，H 8.70%，N 17.27%，O 23.67%。

别名 阿司霉素 A；福提米星；强壮霉素；武夷霉素；阿司米星；4-Amino-1-(aminoacetyl) methylamino-1,4-dideoxy-3-*O*-(2,6-diamino-2,3,4,6,7-pentadeoxy-*β*-*L*-lyxo-*heptopyranosyl*)-6-*O*-*methyl-L*-chiro-*inositol*; *astromicin*; *Abbott* 44747

M. I. 15，4275

性状 无色无定形粉末。溶于水、低级醇，不溶于有机溶剂。mp ＞200℃（分解）；$[\alpha]_D^{25}$ +87.5°（*c*=0.1，于水中）。LD_{50}（其硫酸盐）小鼠静脉注射：380mg/kg；皮下注射：400mg/kg。

主要用途 医用抗菌剂。

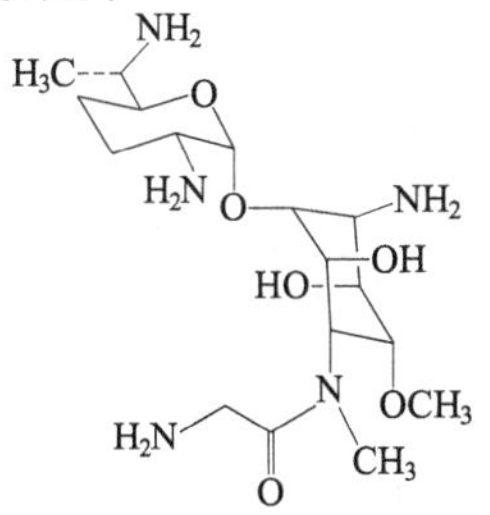

Foscarnet sodium hexahydrate 膦甲酸钠六水 04764

[34156-56-4] $CNa_3O_5P \cdot 6H_2O$ 300.04

成分 （以无水物计） C 6.26%，Na 35.93%，O 41.68%，P 16.14%。

别名 Dihydroxyphosphinecarboxyic acid oxide trisodium salt hexahydrate; Trisodium phosphonoformate hexahydrate; Trisodium carboxyphosphate hexahydrate; A-29622 hexahydrate; Foscavir

M. I. 15，4278

性状 白色或近白色结晶性粉末。溶于水，几乎不溶于乙醇。mp ＞ 250℃。LD_{50} 小鼠腹膜内注射：2000～4000μmol/kg。

注意事项 该品对眼睛、呼吸系统及皮肤有刺激性。使用时应穿适当的防护服。万一接触到眼睛，应立即用大量水冲洗后请医生诊治。

主要用途 生化研究。医用抗病毒剂。

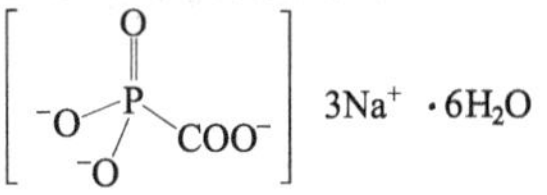

Fosetyl Al 福赛得 Al 04765

[39148-24-8] $C_6H_{18}AlO_9P_3$ 354.10

成分 C 20.35%，H 5.12%，Al 7.62%，O 40.66%，P 26.24%。

别名 Phosphonic acid monoethyl ester aluminum salt; Aluminum tris(ethyl phosphite); Aluminum tris(*O*-ethylphosphonate); Efosite Al; Phosethyl Al; LS-74-783; Aliette

M. I. 15，4279

性状 白色结晶。无味。溶于水（20℃，120g/L），几乎不溶于乙腈、丙二醇（＜80g/L）。mp ＞300℃。LD_{50}大鼠，小鼠，日本鹌鹑，兔急性经口（mg/kg）：5800，3700，4997，2680；大鼠腹膜内注射：550mg/kg。

主要用途 农用杀菌剂。

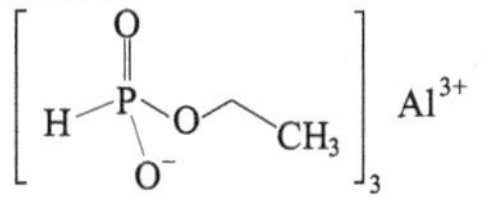

Fosfestrol 已烯雌酚二磷酸酯 04766

[522-40-7] $C_{18}H_{22}O_8P_2$ 428.31

成分 C 50.48%，H 5.18%，O 29.88%，P 14.46%。

别名 二磷酸已烯雌酚酯；4,4′-[(1*E*)-1,2-Diethyl-1,2-ethenediyl]bisphenol bis(dihydrogen phosphate); *α*,*α*′-Diethyl-4,4′-stilbenediol diphosphoric acid ester; Diethylstilbestrol diphosphate; Diethylstilbestryl diphosphate; Diethyldihydroxystilbene diphosphate; Stilbestrol diphosphate; Stilphostrol

M. I. 15,4280

性状 来自稀盐酸中的大容积白色结晶性粉末。溶于乙醇、稀碱，略微溶于水。204～206℃分解。

主要用途 医用抗肿瘤剂(激素)。

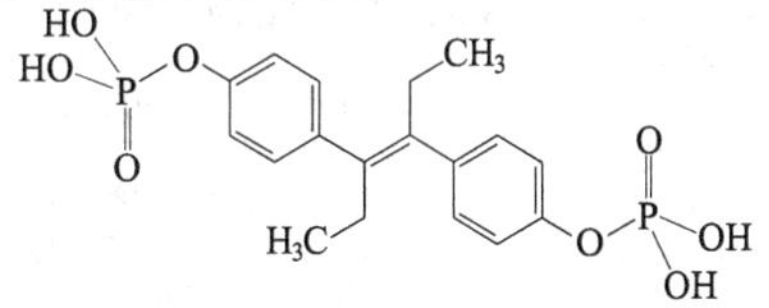

Fosfomycin 磷霉素 04767

[23155-02-4] $C_3H_7O_4P$ 138.06

成分 C 26.10%，H 5.11%，O 46.35%，P 22.44%。

别名 *P*-[(2*R*,3*S*)-(3-Methyloxiranyl)]phosphonic acid; (−)-(1*R*,

2S)-(1,2-Epoxypropyl)phosphonic acid;Fosfonomycin;Phosphonomycin;MK-955
M. I. 15，4281
性状 无色结晶。溶于水。mp 约 94℃。
主要用途 医用抗菌剂。

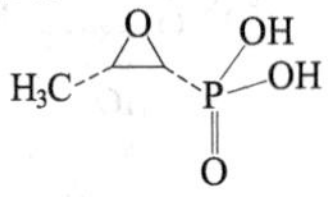

Fosfosal 磷柳酸 04768
[6064-83-1] $C_7H_7O_6P$ 218.10
成分 C 38.55%，H 3.24%，O 44.01%，P 14.20%。
别名 2-(Phosphonooxy)benzoic acid; Salicylic acid dihydrogen phosphate; *o*-Carboxyphenyl phosphate; Salicyl phosphate; UR-1521;Disdolen
M. I. 15，4282
性状 白色固体。溶于水、乙醇、丙酮，不溶于非极性有机溶剂。于水溶液中水解。mp 168～170℃。LD_{50}雄、雌小鼠，雄、雌大鼠于 pH 值 1.0 水溶液静脉注射 (mg/kg)：94、105，153、257；腹膜内注射 (mg/kg)：352、253，338、360；急性经口 (mg/kg)：1455、1539，1104、1213。于 pH 值 3.5 时静脉注射 (mg/kg)：117、118，207、215；腹膜内注射 (mg/kg)：1592、1483，1085、1128，急性经口 (mg/kg)：1702、2007，1685、2225。
注意事项 该品口服有害。对眼睛、呼吸系统及皮肤有刺激性。使用时应穿适当的防护服。万一接触到眼睛，应立即用大量水冲洗后请医生诊治。应密封于−20℃保存。
主要用途 生化研究。医用解热镇痛剂。

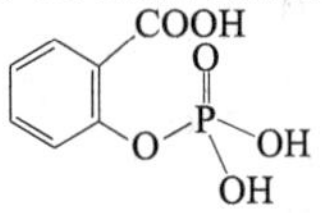

Fosphenytoin disodium salt 磷苯妥英二钠盐 04769
[92134-98-0] $C_{16}H_{13}N_2Na_2O_6P$ 406.24
成分 C 47.31%，H 3.23%，N 6.90%，Na 11.32%，O 23.63%，P 7.62%。
别名 Fosphenytoin sodium;ACC-9653;Cerebyx;Pro-Epanutin;5,5-Diphenyl-3-(phosphonooxy)methyl-2,4-imidazolidinedione disodium salt; 3-Hydroxymethyl-5,5-diphenylhydantoin phosphate ester disodium salt;(3-Phosphoryloxymethyl)phenytoin disodium salt;Prophenytoin disodium salt
M. I. 15，4285
性状 来自水-乙醇-丙酮中的白色结晶（为二水合物）。溶于水（25℃，142mg/mL）。其饱和水溶液 pH 值约 9。mp 220℃（软化）。LD_{50}小鼠，大鼠静脉注射：234mg/kg，363mg/kg。
主要用途 医用抗惊厥剂。

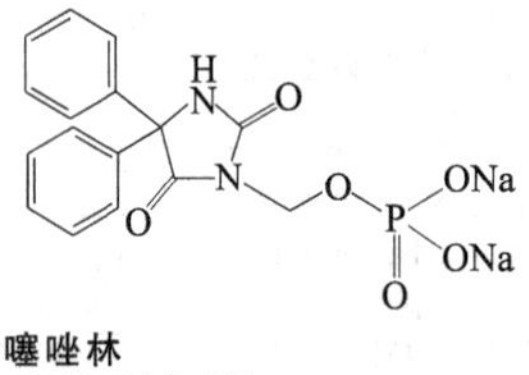

Fosthiazate 噻唑林 04770
[98886-44-3] $C_9H_{18}NO_3PS_2$ 283.34
成分 C 38.15%，H 6.40%，N 4.94%，O 16.94%，P 10.93%，S 22.63%。
别名 福死螨磷；(2-Oxo-3-thiazolidinyl)phosphonothioic acid *O*-ethyl *S*-(1-methylpropyl)ester;*S-sec*-Butyl-*O*-ethyl(2-oxo-3-thiazolidinyl)phosphonothioate;IKI-1145;ASC-66824;Nemathorin
M. I. 15，4288
性状 浅黄色油状液体。溶于水（20℃，9.85g/L）。$bp_{0.5}$ 198℃/66.7Pa；$n_D^{19.6}$1.5334。蒸气压（25℃）：4.2×10^{-6}mmHg/0.6kPa。LD_{50}雄、雌小鼠，雄、雌大鼠急性经口 (mg/kg)：104、91，73、57；雄、雌大鼠皮肤接触 (mg/kg)：2396，861。LC_{50}雄、雌大鼠吸入 (mg/L)：0.832，0.558。
注意事项 该品吸入或口服有毒。与皮肤接触有害。对机体有不可逆损伤的危险。对眼睛有严重损伤的危险。接触皮肤能引起过敏。对水生物极毒。能对水环境引起不利的结果。使用前应得到专门的指导，避免曝露。使用时应戴防护镜或面罩。应避免与眼睛接触。万一接触到眼睛，应立即用大量水冲洗后请医生诊治。使用时如有事故发生或有不适之感，应请医生诊治。其包装物应按危险品处理。
主要用途 杀线虫剂。分析用标准物质。

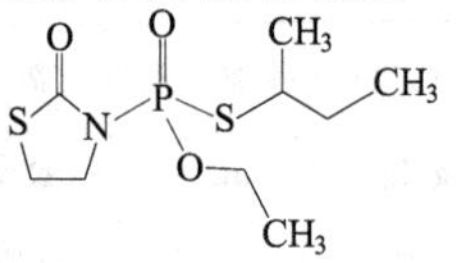

Frangulin A 浮鼠李皮苷 A 04771
[521-62-0] $C_{21}H_{20}O_9$ 416.38
成分 C 60.58%，H 4.84%，O 34.58%。
别名 1,3,8-Trihydroxy-6-methylanthraquinone-*l*-rhamnoside;Emodin-*l*-rhamnoside;Rhamnoxanthin
M. I. 15,4292
性状 无色结晶。mp 228℃。最大吸收值(nm)：225,264,282,300,430(lg ε 4.52,4.28,4.15,3.97,4.05)。
主要用途 医用泻剂。

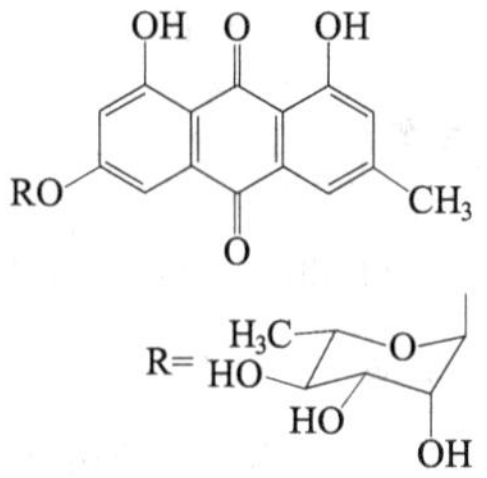

Fraxetin 美榜苦苷 04772
[574-84-5] $C_{10}H_8O_5$ 208.17
成分 C 57.50%,H 3.87%,O 38.43%。
别名 白蜡树内酯;7,8-二羟基-6-甲氧基-2*H*-1-苯并吡喃-2-酮;7,8-Dihydroxy-6-methoxy-2*H*-1-benzopyran-2-one; 7,8-Dihydroxy-6-methoxycoumarin
M. I. 15，4294
性状 来自乙醇中的无色片状结晶。150℃变黄至棕色并熔化。1g 该品溶于 10L 冷水、300mL 沸水，稍微多地溶于乙醇，几乎不溶于乙醚。mp 228℃。

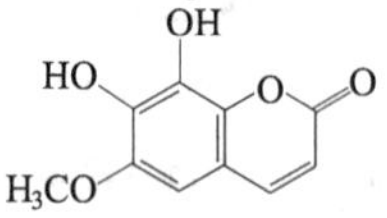

Frenolicin 富伦菌素 04773
[10023-07-1] $C_{18}H_{18}O_7$ 346.34
成分 C 62.42%，H 5.24 %，O 32.34%。
别名 [1*R*-(1α,3β,4aβ,10aβ)]-3,4,5,10-Tetrahydro-9-hydroxy-5,10-dioxo-1-propyl-4a,10a-epoxy-1*H*-naphtho[2,3-*c*]pyran-3-acetic acid
M. I. 15，4298
性状 来自苯中的浅黄色针状结晶。溶于甲醇、乙醇、乙酸乙酯、丙酮、冰乙酸、四氯化碳，微溶于苯，几乎不溶于水、环己烷、石油醚。mp 160～161℃；$[\alpha]_D^{25}$ −37.7°（*c*=1.5，于甲醇中）；uv max（甲醇中）：234nm，362nm（ε 18300，5200）。

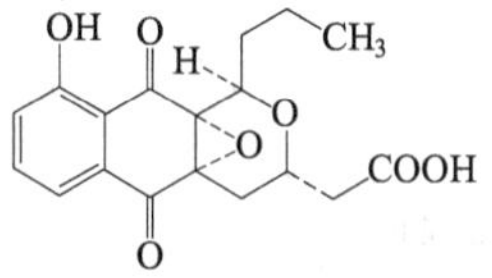

Frequentin 频青霉菌素 04774
[29119-03-7] $C_{14}H_{20}O_4$ 252.31
成分 C 66.65%，H 7.99%，O 25.36%。
别名 6-(1,3-Heptadienyl)-3,4-dihydroxy-2-oxocyclohexanecarboxaldehyde
M. I. 15，4299
性状 来自沸水中的无色针状结晶。溶于丙酮、二氧六环，较少地溶于氯仿、乙醇、苯，微溶于四氯化碳、水。mp 134.5℃；$[\alpha]_D^{22}$ +65°（*c*=0.95，于氯仿中）；$[\alpha]_D^{22}$ +61°（*c*=0.96，于甲醇中）；uv max（二氧六环中）：

290nm，232nm（lg ε 3.74，4.52）。

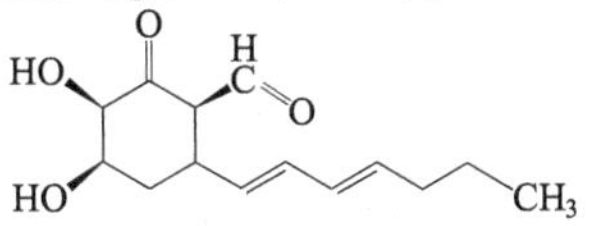

Freund's adjuvant comp lete　弗罗因德氏完全佐剂 04775
[9007-81-2]
别名　弗氏完全佐剂；Adjuvant comp lete（Freund's）
注意事项　使用时应避免吸入本品的蒸气，避免与眼睛及皮肤接触。应密封于 2～8℃保存。

Friedelin　无羁萜 04776
[559-74-0]　$C_{30}H_{50}O$　426.73
成分　C 84.44%，H 11.81%，O 3.75%。
别名　软木三酮萜；D：A-Friedooleanan-3-one；Friedelan-3-one
M. I. 15，4300
性状　来自乙酸乙酯或乙醇中的无色针状结晶。1g 该品溶于 8.6mL 氯仿、264mL 99%乙醇。mp 263～263.5℃；$[\alpha]_D$ −27.8°（于氯仿中）。一般试剂含量≥98.0%（HPLC）。

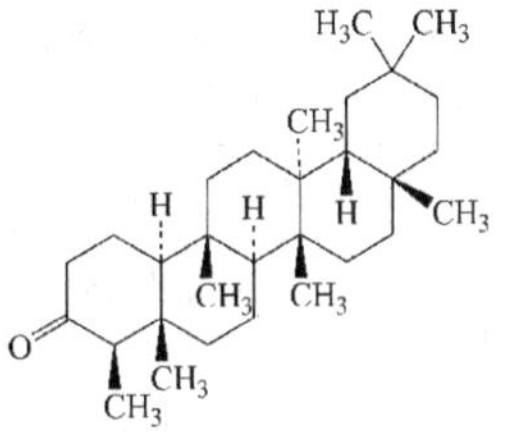

Fructose　果糖 04777
[57-48-7]　$C_6H_{12}O_6$　180.16
成分　C 40.00%，H 6.71%，O 53.28%。
别名　左旋糖；D-果糖；D-Fructose；β-D-Fructose；Fructosteril；Fruit sugar；Laevoral；Levugen；Laevosan；D-Levulose；Levulose
M. I. 15，4302
性状　无色斜方柱状结晶或白色粉末。易溶于水、热丙酮，1g 该品溶于 14mL 甲醇、15mL 乙醇，溶于甲胺、乙胺、吡啶，微溶于冷丙酮。pK_a（18℃）12.06。mp 103～105℃（分解）；$[\alpha]_D^{20}$ −132° $\xrightarrow{1h}$ −92°（c=2，于水中）。生化试剂含量≥99.0%（HPLC）。
注意事项　使用时应避免吸入本品的粉尘，避免与眼睛及皮肤接触。应密封干燥保存。
主要用途　生化研究。测定硼酸的试剂。食品用营养型甜味剂。赋形剂。

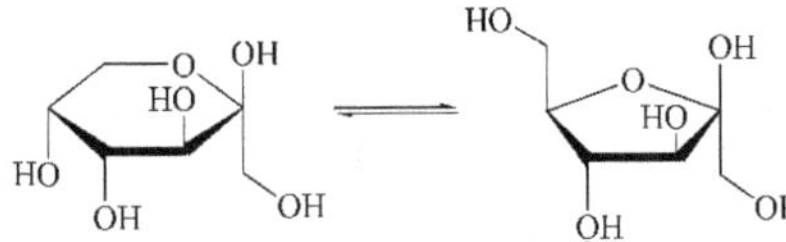

Fructose 1,6-diphosphate trisodium salt
1,6-二磷酸果糖三钠盐 04778
[81028-91-3]　$C_6H_{11}Na_3O_{12}P_2$　406.06
成分　C 18.06%，H 2.78%，Na 15.53%，O 48.11%，P 15.52%。
别名　果糖-1,6-二磷酸三钠盐；Fructose-1，6-diphosphoric acid Na_3 salt；HDP-Na_3；FDP-Na_3；FDP-trisodium salt；Hexose diphosphate trisodium salt
性状　白色粉末。极易吸潮。易溶于水。生化试剂含量≥98.0%（enzymatic）。
注意事项　该品应充氩气密封于−20℃干燥保存。
主要用途　生化研究。测定醛缩酶的底物。

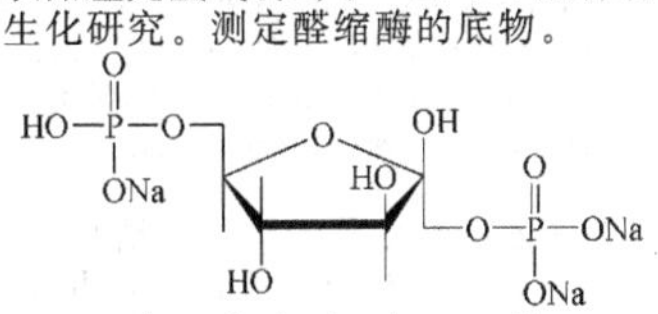

Fructose 1-monophosphate barium salt
1-一磷酸果糖钡盐 04779
[53823-70-4]　$C_6H_{11}BaO_9P$　395.46
成分　C 18.22%，H 2.80%，Ba 34.73%，O 36.41%，P 7.83%。
别名　1-磷酸果糖钡盐；果糖-1-一磷酸钡盐；F-1-P-Ba；Fructose-1-monophosphoric acid Ba salt；D-Fructose 1-phosphate barium salt
性状　无色结晶或白色结晶性粉末。易潮解。易溶于水。生化试剂含量 97.0%～99.0%。
注意事项　该品吸入或口服有害。接触皮肤后，应立即用大量肥皂泡沫冲洗。应密封于−20℃干燥保存。
主要用途　生化研究。

Fructose 6-monophosphate barium salt
6-一磷酸果糖钡盐 04780
[6035-54-7]　$C_6H_{11}BaO_9P$　395.45
成分　C 18.22%，H 2.80%，Ba 34.73%，O 36.41%，P 7.83%。
别名　6-一磷酸-D-果糖钡盐；6-磷酸左旋糖钡盐；果糖-6-一磷酸钡盐；F-6-P-Ba；Fructose-6-monophosphoric acid Ba salt monohydrate；D-Fructose 6-phosphate barium salt
性状　白色粉末。溶于稀酸，难溶于水。生化试剂含量≥72.0%。
注意事项　该品吸入或口服有害。接触皮肤后，应立即用大量肥皂泡沫冲洗。应密封于−20℃保存。
主要用途　生化研究。

Fructose 1-monophosphate disodium salt
1-一磷酸果糖二钠盐 04781
[103213-46-3]　$C_6H_{11}Na_2O_9P$　304.10
成分　C 23.70%，H 3.65%，Na 15.12%，O 47.35%，P 10.19%。
别名　1-磷酸-D-果糖二钠盐；果糖-1-磷酸二钠盐；Fructose-1-monophosphoric acid Na_2 salt；D-Fructose 1-phosphate disodium salt
性状　白色粉末。溶于水。$[\alpha]_D^{20}$−41°±2°。
注意事项　该品对眼睛、呼吸系统及皮肤有刺激性。使用时应穿防护服。万一接触到眼睛，应立即用大量水冲洗后请医生诊治。应密封于−20℃保存。
主要用途　生化研究。

Fructose 6-monophosphate disodium salt
6- 一磷酸果糖二钠盐 04782
[26177-86-6]　$C_6H_{11}Na_2O_9P$　304.10
成分　C 23.70%，H 3.65%，Na 15.12%，O 47.35%，P 10.18%。
别名　6-磷酸果糖二钠盐；果糖-6-一磷酸二钠盐；F-6-P-Na_3；Fructose-6-monophosphoric acid Na_2 salt；D-Fructose 6-phosphate disodium salt
性状　白色粉末。易溶于水，不溶于乙醇。
注意事项　见 04776 1,6-二磷酸果糖三钠盐。
主要用途　生化研究。

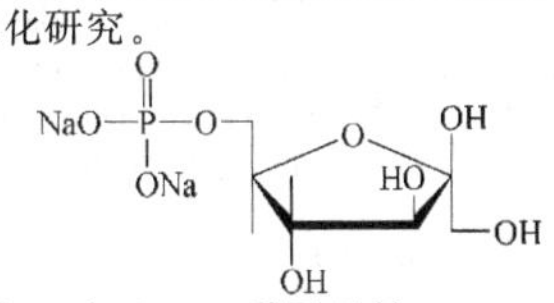

Fructose-6-phosphate　6-磷酸果糖 04783
[643-13-0]　$C_6H_{13}O_9P$　260.13
成分　C 27.70%，H 5.04%，O 55.35%，P 11.91%。
别名　6-一磷酸果糖；D-Fructose 6-(dihydrogen phosphate)；D-Fructose-6-phosphoric acid；Fructose monophosphate；Hexose phosphate；Hexose monophosphate；Neuberg ester
M. I. 15，4305
性状　白色粉末。易溶于水。$[\alpha]_D^{21}$+2.5°（c=3）。

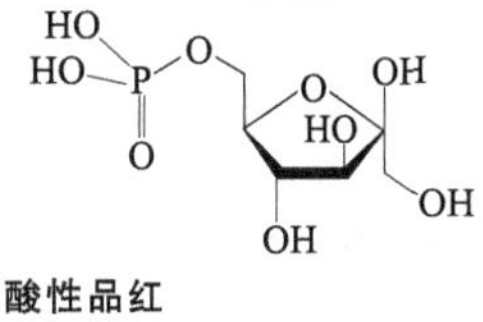

Fuchsin acid　酸性品红 04784
[3244-88-0]　$C_{20}H_{17}N_3Na_2O_9S_3$　585.53
成分　C 41.03%，H 2.93%，N 7.18%，Na 7.85%，O 24.58%，S 16.43%。
别名　复红；Acid fuchsin；Acid magenta；Acid rubin；Acid violet 19；

Acid roseine; 2-Amino-5-(4-amino-3-sulfophenyl)(4-imino-3-sulfo-2, 5-cyclohexadien-1-ylidene) methyl-3-methylbenzenesulfonic acid disodium salt; 2-Amino-α^5-(4-amino-3-sulfophenyl)-α^5-(4-imino-3-sulfo-2, 5-cyclohexadien-1-ylidene)-3, 5-xylenesulfonic acid disodium salt; Andrade indicator; Fuchsin S; Rubin S; Acid violet 19; Rosanilinetrisulfonic acid sodium salt

M. I. 15,99　　C. I. 42685

性状　橄榄至深橄榄绿色有金属光泽的颗粒或粗粉末。易溶于水,极微或不溶于乙醇。稀水溶液呈紫红色。其 pH 值变色范围:12～14(由红色至无色)。最大吸收值:540～545nm(10mg/L 于 0.01%盐酸中)。一般试剂干燥含量约 70.0%。

注意事项　该品对眼睛、呼吸系统及皮肤有刺激性。使用时应穿适当的防护服。万一接触到眼睛,应立即用大量水冲洗后请医生诊治。使用时应避免吸入本品的粉尘,避免与眼睛及皮肤接触。应密封保存。

主要用途　游离氯的检定。生物染色剂,如结缔组织、细菌鞭毛的染色。

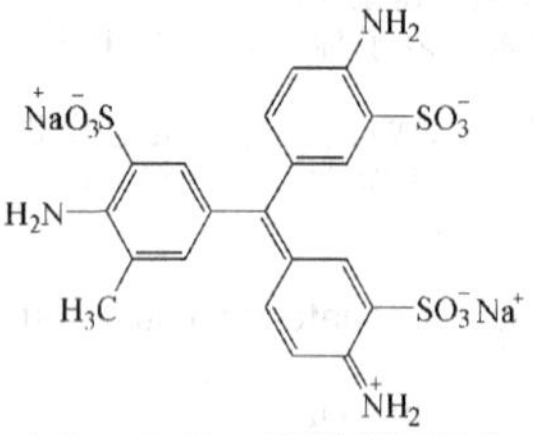

Fuchsin acid calcium salt　酸性品红钙盐　04785

[123334-10-1]　$C_{20}H_{17}CaN_3O_9S_3$　579.64

成分　C 41.44%,H 2.96%,Ca 6.91%,N 7.25%,O 24.84%,S 16.60%。

别名　Acid fuchsin calcium salt

性状　暗红色粉末。溶于水。λ_{max} 545nm。一般试剂干燥含量≥55.0%。

注意事项　使用时应避免吸入本品的粉尘,避免与眼睛及皮肤接触。

主要用途　生物染色剂。

Fuchsin basic　碱性品红　04786

[632-99-5]　$C_{20}H_{20}ClN_3$　337.85

成分　C 71.10%,H 5.97%,Cl 10.49%,N 12.44%。

别名　盐基品红;金刚品红;灿烂品红;亮品红;溶剂红 41;碱性新品红;碱性紫 14;苯胺红;蔷薇苯胺;玫苯胺;品红(碱);4-(4-Aminophenyl)(4-imino-2,5-cyclohexadien-1-ylidene) methyl-2-methylbenzenamine monohydrochloride; α^4-(*p*-Aminophenyl)-α^4-(4-imino-2, 5-cyclohexadien-1-ylidene)-2, 4-xylidine hydrochloride; Aniline red; Basic rubin; Basic magenta; Basic violet 14; Diamond fuchsin; Brilliant fuchsin; Fuchsine; Fuchsin RFN; Magenta; Magenta Ⅰ; Rosaniline hydrochloride; Roseine Solvent red 41

M. I. 15, 5715　　C. I. 42510

性状　有金属光泽的深绿色结晶。该品 2.65 份溶于 1000 份水,溶于乙醇呈胭脂红色,几乎不溶于乙醚。约 200℃分解。最大吸收值(乙醇中):543nm (ε 93000)。

注意事项　该品对机体有不可逆损伤的可能性。使用时应穿适当的防护服和戴手套。应密封保存。

主要用途　生物染色剂。为最强的一类细胞核染料,能使黏蛋白、弹性组织和嗜品红的颗粒染色。细菌学中用以鉴别结核杆菌。醛、溴及某些氧化剂的检验。医用抗霉剂。

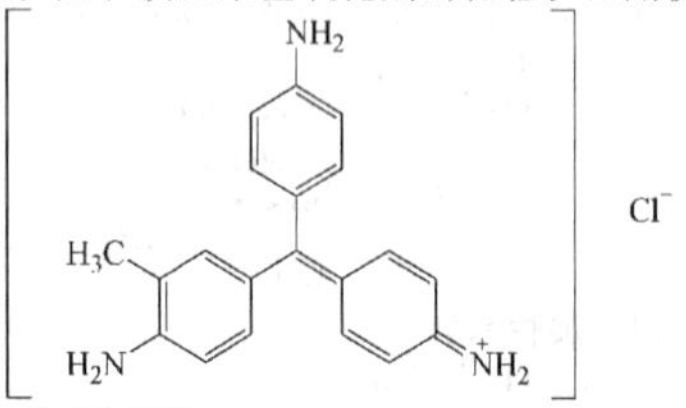

D-Fucose　D-岩藻糖　04787

[3615-37-0]　$C_6H_{12}O_5$　164.16

成分　C 43.90%, H 7.37%, O 48.73%。

别名　D-呋糖; D-去氧水解乳糖; D-脱氧半乳糖; 6-Deoxy-D-galactose; D-Galactomethylose; Rhodeose

M. I. 15, 4307

性状　来自乙醇中的无色针状结晶。味甜。易吸湿。溶于水,中等程度溶于乙醇。mp 144℃; $[\alpha]_D^{19}$ +127° (7min) →89.4° (31min) →+77.2° (71min) →+76° (最终值, 146min。*c* = 10, 于水中)。生化试剂含量≥99.0% (HPLC)。

注意事项　该品应充氩气密封干燥保存。

主要用途　生化研究。

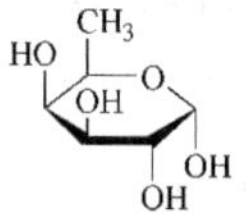

L-Fucose　L-岩藻糖　04788

[2438-80-4]　$C_6H_{12}O_5$　164.16

成分　C 43.90%, H 7.37%, O 48.73%。

别名　L-呋糖; L-去氧水解乳糖; L-脱氧半乳糖; 6-Deoxy-L-galactose; L-Galactomethylose

M. I. 15, 4308

性状　来自无水乙醇中的无色或微黄色微小针状结晶或粉末。溶于水、乙醇。mp 140℃; $[\alpha]_D^{20}$ −124.1° (10min) → −108.0° (20min) → −91.5° (36min) → 78.6° (70min) →−75.6° (最终值, 24h。*c* = 9, 于水中)。生化试剂含量≥99.0% (HPLC)。

注意事项　该品应充氩气密封干燥保存。

主要用途　生化研究。

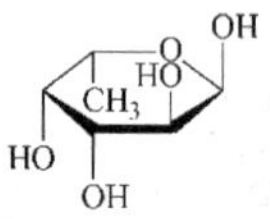

Fucosterol　岩藻固醇　04789

[17605-67-3]　$C_{29}H_{48}O$　412.70

成分　C 84.40%, H 11.72%, O 3.88%。

别名　岩藻甾醇; 墨角藻甾醇; 24-Ethylidenecholest-5-en-3*β*-ol

M. I. 15, 4309

性状　来自甲醇中的无色结晶。溶于多数有机溶剂。mp 124℃; $[\alpha]_D^{20}$ − 38.4° (氯仿中)。生化试剂含量≥95.0%。

注意事项　该品应密封于 2～8℃保存。

主要用途　生化研究。

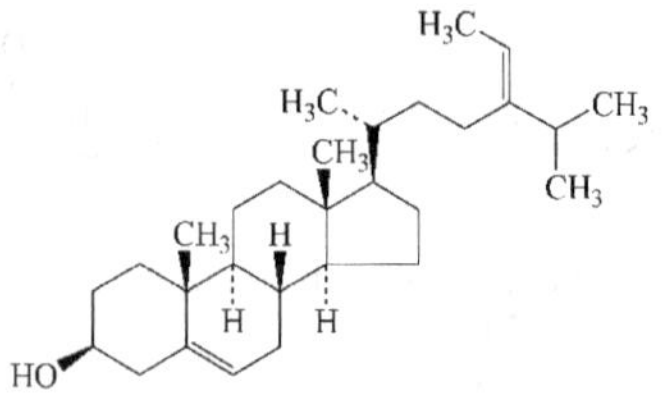

Fucoxanthin　岩藻黄素　04790

[3351-86-8]　$C_{42}H_{58}O_6$　658.92

成分　C 76.56%, H 8.87%, O 14.57%。

别名　岩藻黄质; 墨角藻黄素; (3*S*,3′*S*,5*R*,5′*R*,6*S*,6′*R*)-6′, 7′-Didehydro-5, 6-epoxy-4′, 5′, 6, 7-tetrahydro-3, 3′, 5′-trihydroxy-*β*,*β*-caroten-8(5*H*)-one; (3*S*,3′*S*,5*R*,5′*R*,6*S*,6′*R*)-3′-Acetyloxy-6′, 7′-didehydro-5, 6-epoxy-5, 5′, 6, 6′, 7, 8-hexahydro-3, 5′-dihydroxy-8-oxo-*β*, *β*-carotene; 6′, 7′-Didehydro-5, 6-epoxy-4′, 5, 5′, 6, 7, 8-hexahydro-3, 3′, 5′-trihydroxy-8-oxo-*α*-carotene 3′-acetate; *all-trans*-Fucoxanthin

M. I. 15, 4310

性状　来自乙醚+石油醚中的无色针状结晶。易溶于乙醇。较少地溶于二硫化碳,略微溶于乙醚,几乎不溶于石油醚。1.66g 该品溶于 100g 沸甲醇。mp 160℃; $[\alpha]_D^{18}$ +72.5°±9° (于氯仿中); 最大吸收值 (氯仿中): 492nm, 457nm, (乙醇中): 450nm ($E_{1cm}^{1\%}$ 1140)。

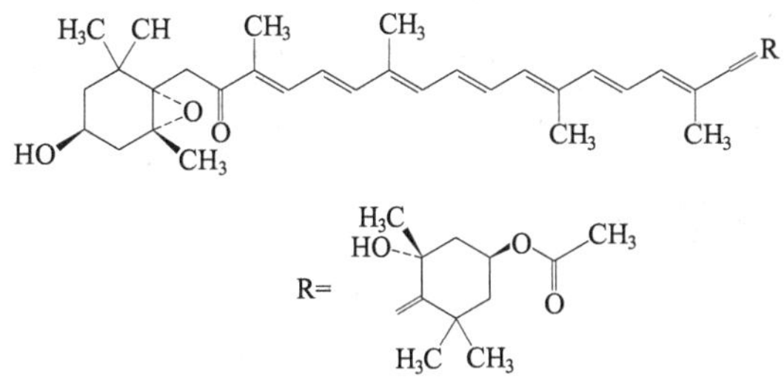

R=

Fulvoplumierin 褐鸡蛋花素 04791

[20867-01-0] $C_{14}H_{12}O_4$ 244.25

成分 C 68.85%，H 4.95%，O 26.20%。

别名 黄花杏素；黄鸡蛋花素；(7*E*)-7(2*E*)-Butenylidene-1，7-dihydro-1-oxocyclopenta[*c*]pyran-4-carboxylic acid methyl ester；3-(2-Butenylidene)-2-carboxy-α-hydroxymethylene-1，4-cyclopentadiene-1-acetic acid δ-lactone methyl ester；Methyl 7-crotonylidenecyclopenta[*c*]pyran-1(7*H*)-one-4-carboxylate

M. I. 15，4314

性状 来自氯仿＋石油醚、乙酸乙酯或乙醇中的橙色针状结晶。于高真空状态下升华。溶于氯仿、热乙酸乙酯、苯、乙醇，较少地溶于吡啶、丙酮，几乎不溶于水、石油醚。151～152℃分解；uv max（乙醇中）：272nm，365nm（ε 7000，33700）。

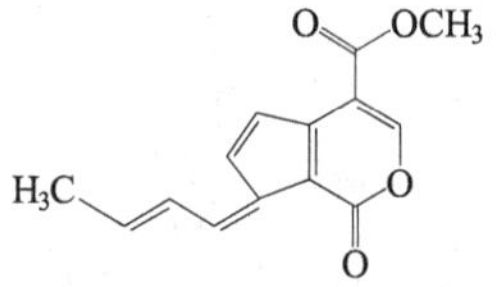

Fumagillin 烟曲霉素 04792

[23110-15-8] $C_{26}H_{34}O_7$ 458.55

成分 C 68.10%，H 7.47%，O 24.42%。

别名 2,4,6,8-Decatetraenedioic acid mono[4-(1,2-epoxy-1,5-dimethyl-4-hexenyl)-5-methoxy-1-oxaspiro[2.5]oct-6-yl]ester；Amebacilin；Fugillin；Fumadil B；Fumidil

M. I. 15，4315

性状 来自甲醇中的黄色针状结晶或粉末。溶于乙醇（1mg/mL）及多数有机溶剂，几乎不溶于水、稀酸、饱和烃类。mp 194～195℃；$[\alpha]_D^{25}$ －26.6°（*c*＝1，于95%乙醇中）。LD_{50} 小鼠皮下注射：约800mg/kg。生化试剂含量≥90.0%。

注意事项 该品口服有害。使用时应穿适当的防护服。应密封于－20℃保存。

主要用途 生化研究。过去医用于抗阿米巴剂。

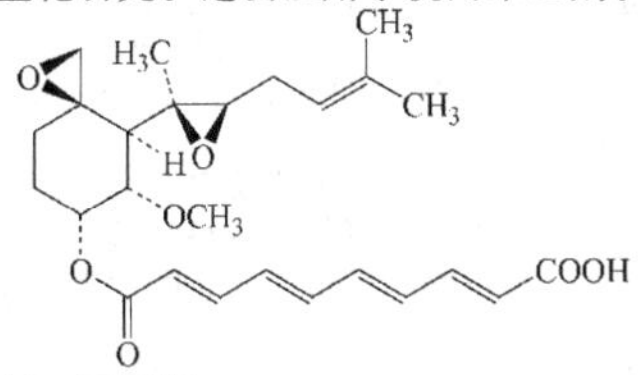

Fumaric acid 富马酸 04793

[110-17-8] $C_4H_4O_4$ 116.07

成分 C 41.39%，H 3.47%，O 55.14%。

别名 反丁烯二酸；延胡索酸；紫堇酸；1,2-乙烯二羧酸；Allomaleic acid；Boletic acid；(*E*)-2-Butenedioic acid；*trans*-2-Butenedioic acid；*trans*-1,2-Ethylenedicarboxylic acid

M. I. 15，4316

性状 来自水中的无色单斜三棱形针状或小叶状结晶或白色结晶性粉末。该品在100g水中溶解度：25℃，0.63g；40℃，1.07g；60℃，2.4g；100℃，9.8g。在100g 95%乙醇中溶解度：30℃，5.76g。在100g丙酮中溶解度：30℃，1.72g。在100g乙醚中溶解度：25℃，0.72g。在200℃升华成酸酐。pK_1（25℃）：3.03；pK_2：4.54。mp 298～300℃（封管中）；Fp 446℉（230℃）；*d* 1.625。一般试剂含量≥99.0%（T）。

注意事项 该品对眼睛有刺激性。万一接触到眼睛，应立即用大量水冲洗后请医生诊治。

主要用途 从锌、镧、镨、铷中分离钍。碱溶液的标定。媒染剂。

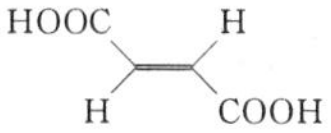

Fumaronitrile 反丁烯二腈 04794

[764-42-1] $C_4H_2N_2$ 78.07

成分 C 61.54%，H 2.58%，N 35.88%。

别名 1，2-二氰基乙烯 反式；反式1，2-二氰基乙烯；*trans*-1，2-Dicyanoethylene

性状 无色针状结晶。溶于乙醇、乙醚、苯。mp 95～97℃；bp 186℃。一般试剂含量≥98.0%（GC）。

注意事项 该品吸入、口服或与皮肤接触有毒。使用时应穿适当的防护服，戴手套和防护镜或面罩。使用时应避免吸入本品的粉尘。使用时如有事故发生或有不适之感，应请医生诊治。

主要用途 有机合成。

Fumigatin 烟曲霉醌 04795

[484-89-9] $C_8H_8O_4$ 168.15

成分 C 57.14%，H 4.80%，O 38.06%。

别名 烟色第状菌醌；栗色烟曲霉素；3-Hydroxy-2-methoxy-5-methyl-2，5-cyclohexadiene-1，4-dione；3-Hydroxy-2-methoxy-5-methyl-*p*-benzoquinone；6-Hydroxy-5-methoxy-*p*-toluquinone；3-Hydroxy-4-methoxy-2，5-toluquinone

M. I. 15，4317

性状 来自石油醚中的褐红色针状结晶或六方形片状结晶。易溶于丙酮、乙醚、氯仿、苯、乙酸乙酯、乙醇，略微溶于水、石油醚。能随水蒸气挥发。于真空中能升华。mp 116℃。

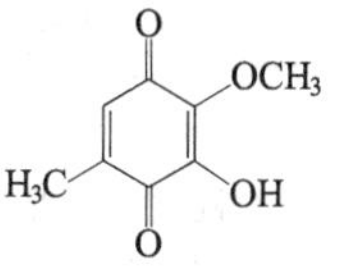

Fumonisin B_1 链孢菌霉素 B_1 04796

[116355-83-0] $C_{34}H_{59}NO_{15}$ 721.84

成分 C 56.57%，H 8.24%，N 1.94%，O 33.25%。

别名 1,2,3-Propanetricarboxylic acid 1,1′-[1-(12amino-4,9,11-trihydroxy-2-methyltridecyl)-2-(1-methylpentyl)-1，2-ethanediyl] ester；Macrofusine；FB_1

M. I. 15，4318

性状 无色或白色结晶性粉末。生化试剂含量≥98.0%（TLC）。

注意事项 该品吸入、口服或与皮肤接触有毒。对眼睛、呼吸系统及皮肤有刺激性。对机体有不可逆损伤的可能性。可能致癌。使用时应穿适当的防护服，戴手套和防护镜或面罩。使用时应避免吸入本品的粉尘。使用时如有事故发生或有不适之感，应请医生诊治。应密封于2～8℃保存。

主要用途 生化研究。医用抗菌剂。

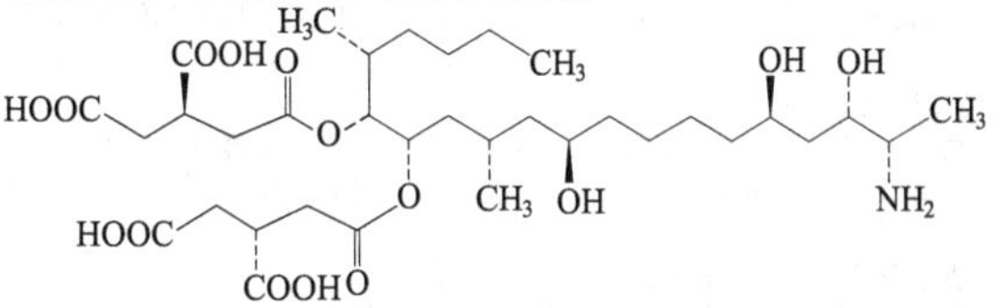

Fungichromin 抗真菌色素 04797

[6834-98-6] $C_{35}H_{58}O_{12}$ 670.84

成分 C 62.67%，H 8.72%，O 28.62%。

别名 制霉菌色素；(3*R*,4*S*,6*S*,8*S*,10*R*,12*R*,14*R*,15*R*,16*R*,17*E*,19*E*,21*E*,23*E*,27*S*,28*R*)-4,6,8,10,12,14,15,16,27-Nonahydroxy-3-[(1*R*)-1-hydroxyhexyl]-17,28-dimethyloxacyclooctacosa-17,19,21,23,25-pentaen-2-one；Antibiotic A 246；Cogomycin；Lagosin；Pentamycin；Femi Fect；Pruriex

M. I. 15，4319

性状 亮黄色结晶。mp 157～162℃（分解）；$[\alpha]_D^{20}$ －227.7°（*c*＝0.53，于二甲基甲酰胺中）；uv max（甲醇中）：357nm，338nm，322nm（$E_{1cm}^{1\%}$ 1231，1250，786）。

LD_{50} 小鼠急性经口：1624mg/kg；腹膜内注射：33.3mg/kg。

主要用途 医用局部抗真菌剂。

Fungisterol 霉甾醇 04798

[516-78-9] $C_{28}H_{48}O$ 400.69

成分 C 83.93%，H 12.08%，O 3.99%。

别名 麦角脂酮；霉菌甾醇；霉菌固醇；霉固醇；(3*β*,5*α*,22*E*)-Ergosta 6,8,22-trien-3-ol

M. I. 15，4320

性状 来自乙醇＋乙醚＋乙酸乙酯中的无色结晶。mp 147.5℃；$[\alpha]_D^{15}$ −21.9°（氯仿中）。

Funtumine 丝胶树明 04799

[474-45-3] $C_{21}H_{35}NO$ 317.52

成分 C 79.44%，H 11.11%，N 4.41%，O 5.04%。

别名 (3*α*,5*α*)-3-Aminopregnen 20-one；3*α*-Amino-20-oxo-5*α*-pregnane

M. I. 15，4321

性状 来自乙酸乙酯中的棱柱体结晶。溶于一般的有机溶剂。p*K* 9.18。mp 126℃；$[\alpha]_D$＋95°（*c*＝1.7，于氯仿中）。LD_{50}小鼠静脉注射：30mg/kg。

Furaltadone 呋喃它酮 04800

[139-91-3] $C_{13}H_{16}N_4O_6$ 324.29

成分 C 48.15%，H 4.97%，N 17.28%，O 29.60%。

别名 呋吗唑酮；5-Morpholinomethyl-3-(5-nitrofurfurylideneamino)-2-oxazolidinone；3-(5-Nitro-2-furfurylideneamino)-5-(4-morpholinomethyl)-2-oxazolidone；Furmethonol；Nitrofurmethone；NF-260；Altafur；Altabactina；Furazolin；Ibifur；Medifuran；Nitraldone；Otifuril；Sepsinol；Ultrafur；Unifur；Valsyn

M. I. 15，4323

性状 来自95%乙醇中的黄色结晶。略微溶于水（25℃，约75mg/100mL）。206℃分解。一般试剂含量≥99.0%(HPLC)。

注意事项 该品口服有害。应密封2～8℃保存。

主要用途 医用抗菌剂。分析用标准物质。

Furametpyr 福拉比 04801

[123572-88-3] $C_{17}H_{20}ClN_3O_2$ 333.82

成分 C 61.17%，H 6.04%，Cl 10.62%，N 12.59%，O 9.59%。

别名 5-Chloro-*N*-(1,3-dihydro-1,1,3-trimethyl-4-isobenzofuranyl)-1,3-dimethyl-1*H*-pyrazole-4-carboxamide；*N*-(1,1,3-Trimethyl-2-oxa-4-indanyl)-5-chloro-1,3-dimethylpyrazole-4-carboxamide；S-658；Limber

M. I. 15，4324

性状 无色或亮浅棕色结晶。溶于大多数有机溶剂，微溶于水（25℃，225mg/L）。蒸气压（25℃）：4.7×10^{-6} Pa；mp 150.2℃。LD_{50}雄、雌大鼠，雄、雌小鼠急性经口(mg/kg)：640、590、660、730；大鼠皮肤接触：＞2000mg/kg。

主要用途 杀菌剂。

Furan 呋喃 04802

[110-00-9] C_4H_4O 68.08

成分 C 70.58%，H 5.92%，O 23.50%。

别名 一氧二烯五环；氧杂茂；Divinylene oxide；Furfuran；Oxole；Tetrole

GW 2015-729 M. I. 15，4325

性状 无色至浅黄色液体。对空气敏感。易溶于乙醇、乙醚，不溶于水。bp_{760} 31.36℃/101.325kPa；bp_{758} 32℃/101.058kPa；Fp −32℉（−35℃，闭杯）；$d_4^{19.4}$ 0.9371；n_D^{20} 1.4216。LC（空气中）：大鼠30400mg/kg。

注意事项 该品极易燃。能形成爆炸性过氧化物。吸入或与皮肤接触有害。对皮肤有刺激性。长期曝露或口服有害，并有严重损伤健康的危险。对水生物有害。能对水环境产生长期有害的结果。有能造成不可逆危险的结果。对机体有不可逆损伤的可能性。使用前应得到专门的指导，避免曝露。使用现场禁止吸烟。使用时应穿适当的防护服，戴手套和防护镜或面罩。使用时如有事故发生或有不适之感，应请医生诊治。应防止将本品释放于环境中。应远离火种，采取抗放静电措施，于通风良好处充氮气密封避光保存。

主要用途 溶剂。有机合成。

Furan-2-acrylic acid 呋喃-2-丙烯酸 04803

[539-47-9] $C_7H_6O_3$ 138.12

成分 C 60.87%，H 4.38%，O 34.75%。

别名 *β*-2-呋喃丙烯酸；*β*-2-呋喃基败脂酸；Furacrylic acid；2-Furalacetic acid；3-(2-Furanyl)-2-propenoic acid；Furfuralacetic acid；Furfurylidene acetic acid；3-(2-Furyl)acrylic acid；*β*-2-Furylacrylic acid

M. I. 15，4326

性状 来自水中的无色针状结晶或白色结晶性粉末。1g该品溶于500mL水（15℃），1.14g该品溶于100mL苯（19℃）。溶于乙醇、乙醚、冰乙酸。pK_a（乙醇中，25℃）：6.49。mp 141℃；bp_{760} 226℃/101.325kPa；bp_8 117℃/1.067kPa。一般试剂含量≥99.0%。

注意事项 该品对眼睛、呼吸系统及皮肤有刺激性。使用时应戴适当的手套。使用时应避免吸入本品的粉尘，避免与眼睛及皮肤接触。万一接触到眼睛，应立即用大量水冲洗后请医生诊治。

主要用途 有机合成。

2-Furanacrylonitrile 2-呋喃丙烯腈 04804

[7187-01-1] C_7H_5NO 119.12

成分 C 70.58%，H 4.23%，N 11.76%，O 13.43%。

别名 3-(2-呋喃基)-2-丙烯腈；3-(2-Furanyl)-2-propenenitrile；3-(2-Furyl)acrylonitrile

M. I. 15，4327

性状 无色液体。为顺、反式的混合体。能与甲苯、二甲基甲酰胺相混溶。bp_{760} 95～97℃/101.325kPa；Fp 189℉（87℃）；*d* 1.086；n_D^{25} 1.5824。一般试剂含量≥97.0%。

注意事项 该品对眼睛、呼吸系统及皮肤有刺激性。

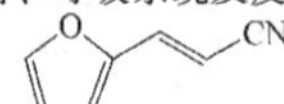

Furazabol 去脂舒 04805

[1239-29-8] $C_{20}H_{30}N_2O_2$ 330.47

成分 C 72.69%，H 9.15%，N 8.48%，O 9.68%。

别名 呋咱甲氢龙；(5α,17β)-17-Methyland rostano[2,3-*c*][1,2,5]oxadiazol-17-ol；17β-Hydroxy-17α-methyl-5α-androstano[2,3-*c*]furazan；Androfurazanol；Furazlon；DH-245；Miotolon

M. I. 15，4329

性状 来自甲醇中的无色针状结晶。mp 152～153℃；$[\alpha]_D$ +39.4°（*c* = 1.42，于氯仿中）；uv max（乙醇中）：217nm（ε 4300）。LD_{50}小鼠急性经口：2330mg/kg；皮下注射：>4000mg/kg；腹膜内注射：494mg/kg。

主要用途 医用降胆固醇剂。

Furazolidone 呋喃唑酮 04806

[67-45-8] $C_8H_7N_3O_5$ 225.16

成分 C 42.68%，H 3.13%，N 18.66%，O 35.53%。

别名 痢特灵；3-[(5-Nitro-2-furanyl)methylene]amino-2-oxazolidinone；3-(5-Nitrofurfurylideneamino)-2-oxazolidinone；*N*-(5-Nitro-2-furfurylidene)-3-amino-2-oxazolidone；NF-180；Furovag；Furoxane；Furoxone；Giarlam；Giardil；Medaron；Neftin；Nicolen；Nifulidone；Ortazol；Roptazol；Tikofuran；Topazone

M. I. 15，4330

性状 来自二甲基甲酰胺中的黄色结晶。在强光下色变深。极微溶于水（pH 值 6，约 40mg/L）。几乎不溶于乙醇、四氯化碳。能被碱分解。mp 256～257℃。生化试剂含量≥98.0%（HPLC）。

注意事项 该品能损伤生育力。使用时应穿适当的防护服。使用时应避免吸入本品的粉尘，避免与眼睛及皮肤接触。应密封避光于 20℃以下保存。

主要用途 抗菌剂。局部抗感染剂。抗原生动物剂。分析用标准物质。

Furethidine 呋乙啶 04807

[2385-81-1] $C_{21}H_{31}NO_4$ 361.48

成分 C 69.78%，H 8.64%，N 3.87%，O 17.70%。

别名 4-Phenyl-1-[2-[(tetrahydro-2-furanyl)methoxy]ethyl]-4-piperidinecarboxylic acid ethyl ester；4-Phenyl-1-[2-(tetrahydrofurfuryloxy)ethyl]isonipecotic acid ethyl ester；Ethyl 1-tetrahydrofurfuryloxyethyl-4-phenyl piperidine-4-carboxylate；1-(2′-Tetrahydrofurfuryloxyethyl)nor pethidine

M. I. 15，4332

性状 无色结晶或白色粉末。pK_a 7.48。mp 约 28℃；$bp_{0.5}$ 210℃/66.7Pa；$bp_{0.3}$ 175～183℃/40Pa；n_D^{20} 1.5219。

主要用途 医用止痛剂。

Furfural 糠醛 04808

[98-01-1] $C_5H_4O_2$ 96.09

成分 C 62.50%，H 4.20%，O 33.30%。

别名 呋喃甲醛；人造蚁油；麸醛；Artificial oil of ants；2-Furaldehyde；2-Furancarboxaldehyde；Furfurylidene；Furan-2-aldehyde；Pyromucic aldehyde；Furfurol

GW 2015-1235 M. I. 15，4333

性状 无色至浅黄色油状液体。有特殊气味。对空气及湿度敏感。露置空气中或见光变棕色。溶于 11 份水，易溶于乙醇、乙醚。mp −36.5℃；bp_{760} 161.8℃/101.325kPa；bp_{100} 103℃/13.332kPa；bp_{20} 67.8℃/2.666kPa；bp_1 18.5℃/133.32Pa；Fp 140℉（60℃，闭杯）；Fp 155℉（68℃，开杯）；d_4^{25} 1.1563；n_D^{20} 1.5261。LD_{50}大鼠急性经口：127mg/kg。一般试剂含量≥99.0%（GC）。

注意事项 该品吸入或口服有毒。与皮肤接触有害。对眼睛及呼吸系统有刺激性。对机体有不可逆损伤的可能性。使用时应穿适当的防护服，戴手套和防护镜或面罩。万一接触到眼睛，应立即用大量水冲洗后请医生诊治。使用时如有事故发生或有不适之感，应请医生诊治。应充氩气密封避光干燥保存。

主要用途 检定钴，测定硫酸盐。测定芳香族胺、丙酮、生物碱、植物油和胆甾醇的试剂。测定戊糖和多戊糖作标准。

Furfuryl acetate 乙酸糠酯 04809

[623-17-6] $C_7H_8O_3$ 140.14

成分 C 60.00%，H 5.75%，O 34.25%。

别名 乙酸呋喃甲酯；醋酸糠酯；乙酸呋喃酰；Acetic acid furfuryl ester

性状 无色液体。溶于乙醇、乙醚，不溶于水。bp 175～177℃；Fp 150℉（65℃）；d_4^{20} 1.1175；n_D^{20} 1.4620。一般试剂含量≥99.0%。

注意事项 该品应密封避光保存。

主要用途 溶剂。染料、香料、树脂的合成。

Furfuryl alcohol 糠醇 04810

[98-00-0] $C_5H_6O_2$ 98.10

成分 C 61.22%，H 6.16%，O 32.62%。

别名 呋喃甲醇；麸醇；2-Furancarbinol；2-Furanmethanol；Furfuralcohol；2-Furylcarbinol；α-Furylcarbinol；2-Hydroxymethylfuran

GW 2015-730 M. I. 15,4334

性状 无色至浅黄色液体。易溶于乙醚，溶于乙醇、三氯甲烷、苯。能与水混溶，但在水中不稳定。在酸中易树脂化。其蒸气与空气能形成爆炸性的混合物。bp_{760} 170℃/101.325kPa；bp_{400} 151.8℃/53.34 kPa；bp_{200} 133.1℃/26.664 kPa；bp_{100} 115.9℃/13.332kPa；bp_{60} 104.0℃/7.999 kPa；bp_{40} 95.7℃/5.333kPa；bp_{20} 81.0℃/2.666kPa；bp_{10} 68℃/1.333kPa；bp_5 56.0℃/666.61kPa；bp_1 31.8℃/133.32Pa；Fp 167℉（75℃）；d_4^{23} 1.1282；n_D^{23} 1.48515。LC_{50}(4h)大鼠：233×10^{-6}。一般试剂含量≥99.0%(GC)。

注意事项 该品吸入、口服或与皮肤接触有害。应密封避光保存。

主要用途 合成蒽、树脂。染料、树脂的溶剂。防腐剂。

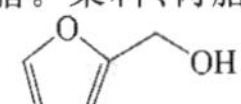

Furfurylamine 糠胺 04811

[617-89-0] C_5H_7NO 97.13

成分 C 61.84%，H 7.27%，N 14.42%，O 16.48%。

别名 α-呋喃甲胺；麸胺；2-氨基甲基呋喃；2-Aminomethylfuran；α-Aminomethylfuran；2-Furanmethylamine；2-Furylmethylamine

GW 2015-1234

性状 无色油状液体。有刺激性气味。能与水、乙醇、乙醚相混溶。mp −70℃；bp 145～146℃；Fp 98.6℉（37℃）；d_4^{20} 1.051；n_D^{20} 1.490。一般试剂含量≥99.0%。

注意事项 该品易燃。口服或与皮肤接触有害。具有腐蚀性，能引起烧伤。使用时应穿适当的防护服，戴手套和防护镜或面罩。万一接触到眼睛，应立即用大量水冲洗后请医生诊治。使用时如有事故发生或有不适之感，应请医生诊治。应密封保存。

主要用途 有机合成。抗腐蚀剂。

6-Furfurylaminopurine 6-糠氨基嘌呤 04812

[525-79-1] $C_{10}H_9N_5O$ 215.22

成分 C 55.81%，H 4.22%，N 32.54%，O 7.43%。

别名 动力精；N^6-呋喃甲基腺嘌呤；激动素；*N*-(2-Furanylmethyl)-1*H*-purine-6-amine；N^6-Furfuryladenine；6-Fur-

furlaminopurine; Ki; KIN; Kinetin; KT
M. I. 15，5359
性状 来自无水乙醇中的无色片状结晶。为两性化合物。易溶于稀盐酸或稀氢氧化钠溶液，微溶于冷水、乙醇、甲醇、乙醚、丙酮。pK_{a1} 2.7；pK_{a2} 9.9。mp 266～267℃（封闭试管中）；uv max（乙醇中）：268nm（ε 18650）。生化试剂含量≥99.0%（HPLC）。
注意事项 该品有造成不可逆危险的结果。使用时应穿适当的防护服和戴手套。使用时应避免吸入本品的粉尘，避免与眼睛及皮肤接触。应密封于 2～8℃保存。
主要用途 生化研究。促进卵、髓细胞、肿瘤细胞核的分裂。细胞分裂刺激素、植物激素等。农业研究中单倍体育种。

2-Furfuryl mercaptan 2-糠硫醇 04813
[98-02-2] C_5H_6OS 114.17
成分 C 52.60%，H 5.30%，O 14.01%，S 28.09%。
别名 2-硫代呋喃甲醇；2-Furanmethanethiol；2-Furylmethanethiol
GW 2015-1276
性状 无色油状液体。对空气敏感。有恶臭。不溶于水。bp_{10} 49～50℃/1.333kPa；Fp 113℉（45℃）；d_4^{20} 1.125；n_D^{20} 1.531。一般试剂含量≥98.0%（GC）。
注意事项 该品易燃。对眼睛、呼吸系统及皮肤有刺激性。使用时应戴适当的手套。使用时应避免吸入本品的蒸气、飞沫，避免与眼睛及皮肤接触。万一接触到眼睛，应立即用大量水冲洗后请医生诊治。应充氩气密封保存。
主要用途 有机合成。抑制硝酸的腐蚀性。

Furil 联呋酰 04814
[492-94-4] $C_{10}H_6O_4$ 190.15
成分 C 63.17%，H 3.18%，O 33.65%。
别名 二呋喃基乙二酮；双呋喃甲酰；联呋喃甲酰；2,2′-联呋酰；联糠酰；糠偶酰；Bipyromucyl；Di-α-furoyl；Di-α-furylglyoxal；Di-α-furyldiketone；α，α′-Difurfuroyl；2，2′-Furil
性状 黄色针状结晶。溶于甲醇、苯、三氯甲烷，不溶于水。mp 163～165℃。一般试剂含量≥98.0%。
主要用途 有机合成。

α-Furildioxime α-联糠酰二肟 04815
[522-27-0] $C_{10}H_8N_2O_4$ 220.18
成分 C 54.55%，H 3.66%，N 12.72%，O 29.07%。
别名 α，α′-联呋喃甲酰二肟；α-联呋酰二肟；α-联糠肟；2,2′-联糠酰二肟；α-联糠醛肟；α-糠偶酰二肟；2,2′-联麸酰基二肟；2,2′-Furildioxime；Di-2-Furanylethanedione dioxime；Di-2-furylglyoxaldioxime
M. I. 15，4335
性状 白色针状结晶。易溶于乙醇、乙醚，微溶于苯、石油醚。mp 185℃（分解）。一般商品通常含有 1 分子结晶水。一水合物 mp 166～168℃。一般试剂含量≥97.0%。
注意事项 使用时应避免吸入本品的粉尘，避免与眼睛及皮肤接触。
主要用途 测定镍、铂、钯的试剂。

Furoic acid 糠酸 04816
[88-14-2] $C_5H_4O_3$ 112.08
成分 C 53.58%，H 3.60%，O 42.82%。
别名 呋喃甲酸；2-呋喃羧酸；麸酸；焦黏液酸；β-呋喃甲酸；2-糠酸；2-Furan carboxylic acid；2-Furoic acid；α-Furoic acid；Pyromucic acid
M. I. 15，4336
性状 无色或浅黄色棱柱状结晶或结晶性粉末。易溶于乙醚，溶于乙醇。1g 该品溶于 26mL 水（15℃），溶于 4mL 沸水。加热至 130℃开始升华。pK（25℃）3.12。mp 133～134℃；bp_{760} 230～232℃/101.325kPa；bp_{20} 141～144℃/2.666kPa；Fp 278℉（137℃）。一般试剂含量≥99.0%（T）。
注意事项 该品对眼睛、呼吸系统及皮肤有刺激性。使用时应穿适当的防护服和戴手套。万一接触到眼睛，应立即用大量水冲洗后请医生诊治。
主要用途 防腐剂。熏蒸剂。有机合成。

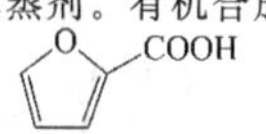

Furoin 糠偶姻 04817
[552-86-3] $C_{10}H_8O_4$ 192.17
成分 C 62.50%，H 4.20%，O 33.30%。
别名 呋喃；双糠醛；α-呋喃甲酰甲醇；2，2′-Furoin；1-Hydroxy-2-keto-1，2-difurylethane；Furylfuroyl carbinol；2-Furyl（α-hydroxyfurfuryl）ketone
性状 亮棕色针状结晶。溶于甲醇、热乙醇、乙醚，不溶于水。mp 137～139℃。一般试剂含量≥98.0%。
主要用途 还原剂（使芳香族硝基化合物转变成氧化偶氮化合物）。

Furonazide 呋烟腙 04818
[3460-67-1] $C_{12}H_{11}N_3O_2$ 229.24
成分 C 62.87%，H 4.84%，N 18.33%，O 13.96%。
别名 4-Pyridinecarboxylic acid [1-(2-furanyl)ethylidene]hydrazide；Isonicotinic acid α-methylfurfurylidenehydrazide；2-Furyl methyl ketone isonico tinoylhydrazone；α-Methylfurfurylidenehydrazide of isonico tinic acid；INF；Furilazone；Clitizina；Menazone
M. I. 15，4337
性状 无色结晶。mp 199～201.5℃。
主要用途 医用抗菌剂（结核菌抑制剂）。

Furosemide 速尿灵 04819
[54-31-9] $C_{12}H_{11}ClN_2O_5S$ 330.74
成分 C 43.58%，H 3.35%，Cl 10.72%，N 8.47%，O 24.19%，S 9.69%。
别名 速尿；4-氯-*N*-糠基-5-氨磺酰基氨茴酸；5-Aminosulfonyl-4-chloro-2-[(2-furanylmethyl)amino] benzoic acid；4-Chloro-*N*-(2-furylmethyl)-5-sulfamoylanthranilic acid；Frusemide；Fursemide；LB-502；Aisemide；Beronald；Desdemin；Discoid；Diural；Dryptal；Durafurid；Errolon；Eutensin；Frusetic；Frusid；Fulsix；Fuluvamide；Furesis；FuroPuren；Furosedon；Hydro-rapid；Imp ugan；Katlex；Lasilix；Lasix；Lowpston；Macasirool；Mirfat；Nicorol；Oedemex；Profemin；Rosemide；Rusyde；Trofurit；Urex
M.I.15,4338
性状 来自乙醇水溶液中的无色结晶。溶于丙酮、甲醇、二甲基甲酰胺，较少地溶于乙醇，微溶于水、氯仿、乙醚。其水溶液 pH 值约 8.0。mp 206℃；uv max（95%乙醇中）：288nm，276nm，336nm（$E_{1cm}^{1\%}$ 945，588，144）；（0.1mol/L 氢氧化钠溶液中）：226nm，273nm，336nm（$E_{1cm}^{1\%}$ 1147，557，133）。LD_{50} 雌，雄大鼠急性经口：2600mg/kg，2820mg/kg。
注意事项 该品能危害胎儿。使用前应得到专门的指导，避免曝露。使用时应穿适当的防护服，戴手套和防护镜或面罩。使用时应避免吸入本品的粉尘。使用时如有事故发生或有不适之感，应请医生诊治。应密封干燥保存。
主要用途 生化研究。医用利尿剂，抗高血压剂。

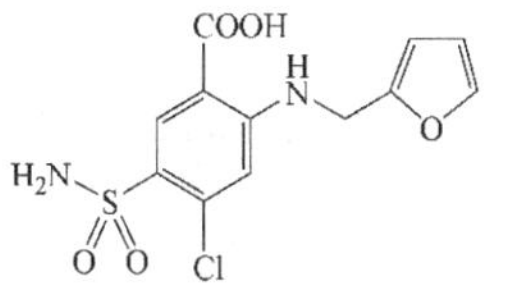

2-Furoyl chloride　2-糠酰氯 04820
[527-69-5]　$C_5H_3ClO_2$　130.53
成分　C 46.01%,H 2.32%,Cl 27.16%,O 24.51%。
别名　呋喃甲酰氯;氯化糠酰;Furan-2-carbonyl chloride;Furoic acid chloride;Furoyl chloride;Pyromucyl chloride
GW 2015-731　M. I. 15,4339
性状　无色至微黄色液体。对湿度敏感。具有催泪性。溶于乙醚,能被乙醇、水或水蒸气分解并产生有毒气体。其蒸气有催泪性。mp －2℃;bp 170℃;bp_{10} 66℃/1.333kPa;Fp 185°F (85℃闭杯);d_4^{20} 1.326;n_D^{20} 1.531。一般试剂含量≥98.0%(GC)。
注意事项　该品具有腐蚀性,能引起烧伤。对眼睛及呼吸系统有刺激性。使用时应穿适当的防护服,戴手套和防护镜或面罩。万一接触到眼睛,应立即用大量水冲洗后请医生诊治。使用时如有事故发生或有不适之感,应请医生诊治。应充氩气密封干燥保存。
主要用途　有机合成。

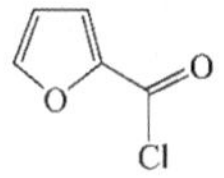

Fursultiamine　呋喃硫胺 04821
[804-30-8]　$C_{17}H_{26}N_4O_3S_2$　398.54
成分　C 51.23%,H 6.58%,N 14.06%,O 12.04%,S 16.09%。
别名　*N*-(4-Amino-2-methyl-5-pyrimidinyl)methyl-*N*-[4-hydroxy-1-methyl-2-[[(tetrahydro-2-furanyl)methyl]dithio]-1-butenyl]formamide; Thiamine tetra hydrofurfuryl disulfide; Alinamin F; Diteftin;Judolor;TTFD
M. I. 15,4340
性状　来自乙酸乙酯中的无色棱柱体结晶。溶于有机溶剂、稀无机酸,略微溶于水。mp 132℃(分解);*d* 1.29。LD_{50}大鼠急性经口:2200mg/kg;腹膜内注射:540mg/kg。
主要用途　医用维生素(酶辅因子)。

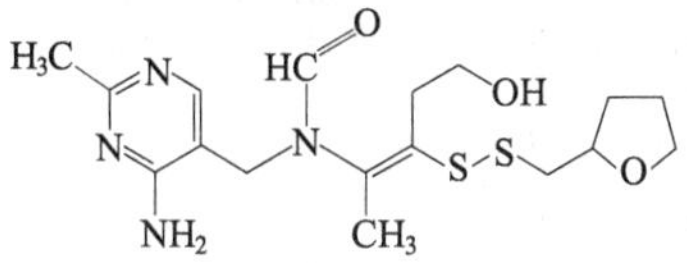

E-型

Furtrethonium iodide　碘化糠三甲胺 04822
[541-64-0]　$C_8H_{14}INO$　267.11
成分　C 35.97%,H 5.28%,I 47.51%,N 5.24%,O 5.99%。
别名　碘化三甲糠胺;碘化 *N*,*N*,*N*-三甲基-2-呋喃甲胺;Furamon;Furanol;*N*,*N*,*N*-Trimethyl-2-furanmethanaminium iodide;Furfuryltrimethylammonium iodide;Trimethyl furfurylammonium iodide;Furtrimethonium iodide;Furmethide iodide
M. I. 15,4341
性状　来自乙醇＋乙酸乙酯中的无色结晶。溶于水、乙醇,几乎不溶于苯。其1%水溶液 pH 值 5.3～6.0。mp 116～117℃。
主要用途　医用胆碱功能剂。

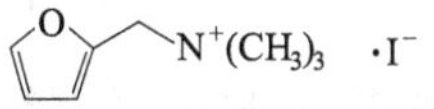

2-Furyl methyl ketone　2-呋喃基甲基甲酮 04823
[1192-62-7]　$C_6H_6O_2$　110.11
成分　C 65.45%,H 5.49%,O 29.06%。
别名　2-乙酰呋喃;2-Acetylfuran
性状　黄棕色结晶。mp 26～28℃;bp 171～173℃;bp_{12} 65～67℃/1.6kPa;Fp 160 °F(71℃);*d* 1.098;n_D^{20} 1.5070。一般试剂含量≥99.0%(GC)。
注意事项　该品口服有毒。吸入或与皮肤接触有害。对眼睛有严重损伤的危险。使用时应穿适当的防护服,戴手套和防护镜或面罩。万一接触到眼睛,应立即用大量水冲洗后请医生诊治。使用时如有事故发生或有不适之感,应请医生诊治。应密封于2～8℃保存。

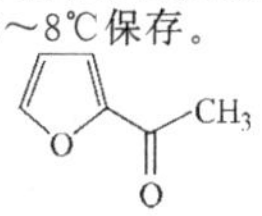

Fusaric acid　镰孢菌酸 04824
[536-69-6]　$C_{10}H_{13}NO_2$　179.22
成分　C 67.02%,H 7.31%,N 7.82%,O 17.85%。
别名　5-丁基-2-吡啶甲酸;5-丁基-2-吡啶羧酸;萎蔫酸;镰刀菌酸;5-Butylpicolinic acid;5-Butyl-2-pyridinecarboxylic acid
M. I. 15,4343
性状　无色结晶。溶于乙醇。mp 96～98℃。LD_{50}小鼠急性经口:230mg/kg。
注意事项　该品口服有害。使用时应避免吸入本品的粉尘,避免与眼睛及皮肤接触。应充氩气密封于－20℃保存。
主要用途　生化研究。

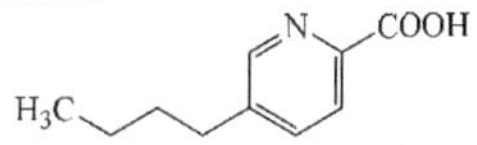

Fusarubin　新月菌红素 04825
[1702-77-8]　$C_{15}H_{14}O_4$　306.27
成分　C 58.83%,H 4.61%,O 36.57%。
别名　氧爪哇菌素;镰刀菌红素;镰孢红素;3,4-Dihydro-3,6,9-trihy droxy-7-methoxy-3-methyl-1*H*-naphtho[2,3-*c*]pyran-5,10-dione;5,8-Dihydroxy-2-hydroxymethyl-6-methoxy-3-(2-oxo propyl)-1,4-naphthalenedione;3-Acetonyl-5,8-dihydroxy-2-hydroxymethyl-6-methoxy-1,4-naphthoquinone;Oxyjavanicin
M. I. 15,4344
性状　来自苯中的红色棱柱体结晶。溶于冰乙酸、四氢呋喃、丙酮、二氧六环、吡啶,微溶于冷氯仿、冷乙醇、乙醚,几乎不溶于二硫化碳、环己烷、冷苯、重碳酸盐溶液。溶于稀氢氧化钠溶液呈紫色。218℃分解;最大吸收值(乙醚中):535nm,499nm。

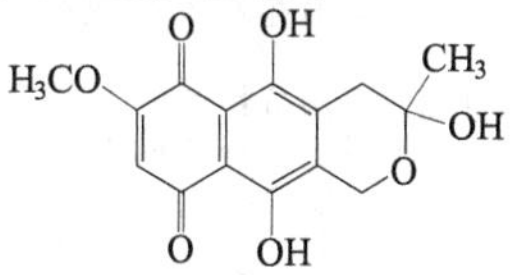

Fusidic acid sodium salt　梭链孢酸钠盐 04826
[751-94-0]　$C_{31}H_{47}NaO_6$　538.70
成分　C 69.12%,H 8.79%,Na 4.27%,O 17.82%。
别名　Sodium fusidate;ZN-6;Fucidin;Fucidina;Fucidine;Fucidin Intertulle;(3*α*,4*α*,8*α*,9*β*,11*α*,13*α*,14*β*,16*β*,17*Z*)-16-Acetyloxy-3,11-dihydroxy-29-nordammara-17(20),24-dien-21-oic acid sodium salt;3*α*,11*α*,16*β*-Trihydroxy-4*α*,8,14-trimethyl-18-nor-5*α*,8*α*,9*β*,13*α*,14*β*-cholesta-17(20),24-dien-21-oic acid 16-acetate sodium salt;3,11,16-Trihydroxy-4,8,10,14-tetramethyl-17-(1′-carboxyisohept-4′-enylidene) cyclopentanoperhydrophenanthrene 16-acetate sodium salt;Ramycin sodium salt;Fucithalmic sodium salt
M. I. 15,4346
性状　无色结晶。溶于水。$[\alpha]_D^{20}$ ＋14°(*c*＝0.6,于乙醇中)。LD_{50}小鼠静脉注射:0.2g/kg。生化试剂含量≥99.0%(HPLC)。
注意事项　该品口服有害。应密封于2～8℃保存。
主要用途　生化研究。医用抑菌剂。

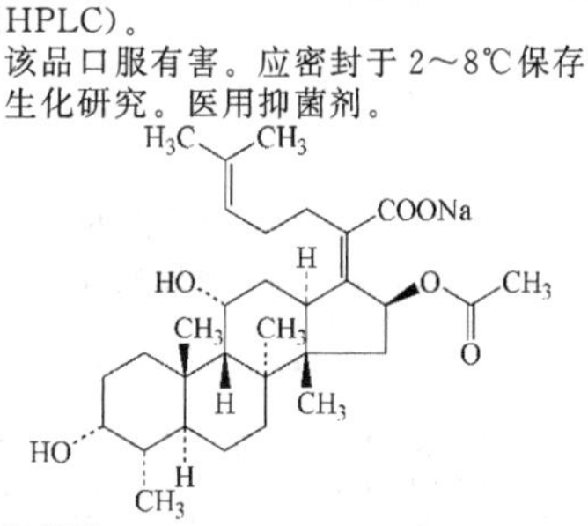

Fustin　黄栌色素 04827
[20725-03-5]　$C_{15}H_{12}O_6$　288.26
成分　C 62.50%,H 4.20%,O 33.30%。
别名　*rel*-(2*R*,3*R*)-*rel*-2-(3,4-Dihydroxyphenyl)-2,3-dihydro-3,

7-dihydroxy-4*H*-1-benzopyran-4-one; 3, 3′, 4′, 7-Tetrahydroxyflavanone; Dihydrofsetin

M. I. 15, 4347

性状 (±)-型为无色结晶，mp 226～228℃，$[\alpha]_D^{21}$ −2.4°。(−)-型为无色结晶，mp 216～218℃，$[\alpha]_D^{25}$ −26° (c = 2，于 1∶1 丙酮，水中)，(+)-型为来自水中的无色针状结晶，mp 228～229℃，$[\alpha]_D^{23}$ +28.3° (c = 0.9，于 1∶1丙酮，水中)。

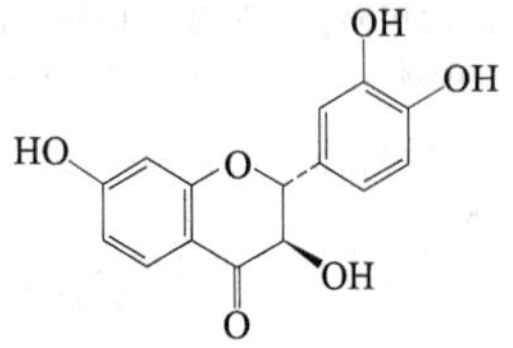

G

Gabapentin 加巴喷丁 04828

[60142-96-3] $C_9H_{17}NO_2$ 171.24

成分 C 63.13%，H 10.01%，N 8.18%，O 18.69%。

别名 加巴潘汀；1-（氨基甲基）环己烷乙酸；1-(Aminomethyl) cyclohexaneacetic acid; CI-945; Gö-3450; GOE-3450; Neurontm

M. I. 15, 4348

性状 来自乙醇/乙醚中的无色结晶。溶于水，超过 10% pH 值 7.4。溶于酸、碱溶液。pK_{a1} (25℃) 3.68，pK_{a2} 10.70。mp 162～166℃。

注意事项 该品能危害胎儿。对眼睛、呼吸系统及皮肤有刺激性。使用前应得到专门的指导，避免曝露。使用时应穿适当的防护服，戴手套和防护镜或面罩。使用时应避免吸入本品的粉尘。万一接触到眼睛，应立即用大量水冲洗后请医生诊治。使用时如有事故发生或有不适之感，应请医生诊治。

主要用途 生化研究。医用抗惊厥剂。

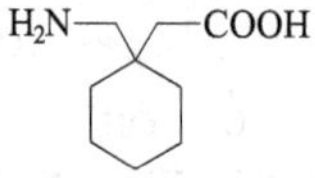

Gabexate methane sulfonate 加贝酯 甲烷磺酸盐 04829

[56974-61-9] $C_{17}H_{27}N_3O_7S$ 417.48

成分 C 48.91%，H 6.52%，N 10.07%，O 26.83%，S 7.68%。

别名 Gabexate mesylate; FOY; Megacert; 4-[6-[(Aminoimino methyl) amino-1-oxohexyl]oxy]benzoic acid ethyl ester methanesufonate; *p*-Hydroxybenzoic acid ethyl ester 6-guanidinohexanoate; *p*-Carbethoxyphenyl ε -guanidinocaproate methanesufonate

M. I. 15, 4350

性状 白色结晶。溶于水、乙醇、氯仿，微溶于丙酮，几乎不溶于乙醚。其 1%水溶液 pH 值 4.0～5.0。LD_{50}小鼠急性经口：8000mg/kg；皮下注射：4700mg/kg；静脉注射：25mg/kg。

主要用途 医用蛋白酶抑制剂。

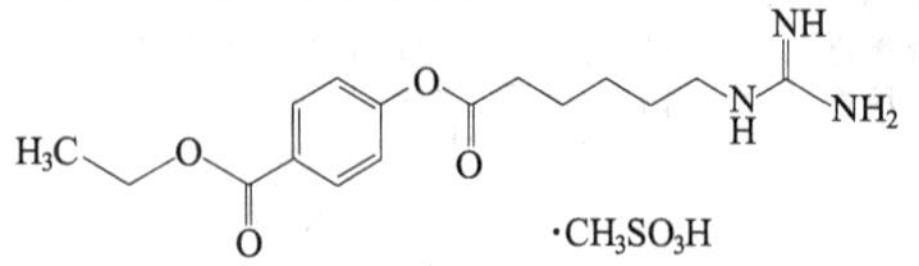

Gaboxadol hydrochloride 加波沙朵 盐酸盐 04830

[85118-33-8] $C_6H_9ClN_2O_2$ 176.60

成分 C 40.81%，H 5.14%，Cl 20.07%，N 15.86%，O 18.12%。

别名 四氢异噁唑吡啶酮 盐酸盐；盐酸加波沙朵；Lu-O2-O3O-HCl; MK-0928-HCl; 4, 5, 6, 7-Tetrahydroisoxazolo [5, 4-*c*] pyridin-3(2*H*)-one hydrochloride; 4, 5, 6, 7-Tetrahydroisoxazolo [5, 4-*c*]pyridin-3-ol hydrochloride; THIP-HCl

M. I. 15, 4351

性状 白色固体。溶于水 (20mg/mL)、乙醇 (0.91mg/mL)。

注意事项 使用时应避免吸入本品的粉尘，避免与眼睛及皮肤接触。

主要用途 生化研究。医用镇静剂，安眠剂。

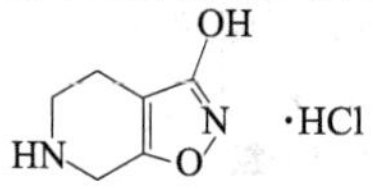

Gadobenate dimeglumine 钆贝葡胺 04831

[127000-20-8] $C_{36}H_{62}GdN_5O_{21}$ 1058.16

成分 C 40.86%，H 5.91%，Gd 14.86%，N 6.62%，O 31.75%。

别名 莫迪司；1-D eoxy-1-methylamino-D-glucitol[4-(carboxy-κ*O*)-5, 8, 11-tris[(carbexy-κ*O*) methyl]-1-phenyl-2-oxa-5, 8, 11-triazatridecan-13-oato(5−)-κN^5, κN^8, κN^{11}, κO^{13}]gadolinate(2−)(2∶1); Gado linium benzyloxypropionictetraacetate dimeglumine; Gd BOPTA/Dimeg; B-19036/7; MultiHance

M. I. 15, 4352

性状 吸潮性粉末。易溶于水，溶于甲醇，几乎不溶于正丁醇、正辛醇、氯仿。mp 124℃；d^{20} 1.22；$[\alpha]_{365}^{20}$ −26.9°(c = 1.45，于水中)；最大吸收值：257.8nm(ε 203)。黏度(mPa·s)：9.2(20℃)，5.3(37℃)。LD_{50}小鼠静脉注射(mmol/kg)：5.7(1mL/min)，7.9(0.2mL/min)；大鼠静脉注射(mmol/kg)：6.6(6mL/min)，9.2(1mL/min)。

主要用途 医用辅助诊断剂(MKI 对比剂)。

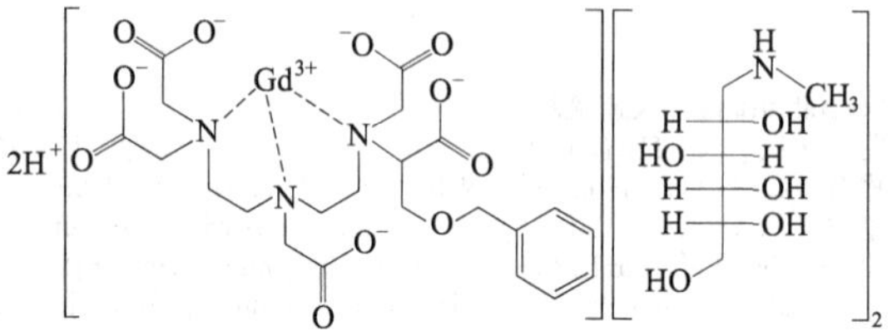

Gadobutrol 钆布醇 04832

[138071-82-6] $C_{18}H_{31}GdN_4O_9$ 604.72

成分 C 35.75%，H 5.17%，Gd 26.00%，N 9.27%，O 23.81%。

别名 [10-[2, 3-Dihydroxy-1-(hydroxymethyl) propyl]-1, 4, 7, 10-tetraazacyclododecane-1, 4, 7-triacetato(3−)-N^1, N^4, N^7, N^{10}, O^1, O^4, O^7]gadolinium; Gd DO3A-butrol; Gadovist

M. I. 15, 4353

性状 亲水性物。黏度 (mPa·s)：1.43 (0.5mol/L)；3.7 (1mol/L)。分配系数 (丁醇/水)：0.006。LD_{50}小鼠静脉注射：23mmol/kg。

主要用途 医用辅助诊断剂 (MRI 对比剂)。

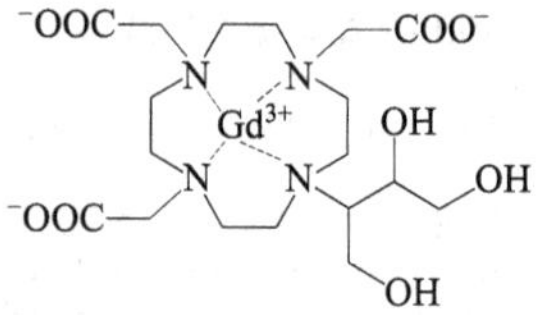

Gadolinium 钆 04833

[7440-54-2] Gd 157.25

M. I. 15, 4356

性状 无色或微带金黄色的金属。溶于酸。mp 1312℃；bp 3273℃；d 7.886。

注意事项 该品应密封于干燥处保存。

主要用途 原子反应堆中吸收中子的材料。制造镁合金。

Gadolinium carbonate hydrate 碳酸钆 水合 04834

[38245-36-2] $C_3Gd_2O_9 \cdot xH_2O$ 494.53

成分(以无水物计) C 7.29%，Gd 63.60%，O 29.11%。

性状 白色结晶。一般试剂含量≥99.0%。

注意事项 该品对眼睛、呼吸系统及皮肤有刺激性。应密封干燥保存。

Gadolinium chloride hexahydrate 氯化钆 六水 04835

[13450-84-5] $Cl_3Gd \cdot 6H_2O$ 371.70

成分(以无水物计) Cl 40.35%，Gd 59.65%。

别名 三氯化钆 六水；六水合氯化钆

M. I. 15，4356
性状 白色柱状结晶。易吸潮。溶于水。mp 约 609℃（无水物）；d 2.424。LD_{50}小鼠急性经口：＞2g/kg；腹膜内注射：550mg/kg。一般试剂含量≥99.9%。
注意事项 该品对眼睛及皮肤有刺激性。万一接触到眼睛，应立即用大量水冲洗后请医生诊治。

Gadolinium hydroxide 氢氧化钆 水合 04836
[100634-91-1] $GdH_3O_3 \cdot xH_2O$ 208.27
成分(以无水物计) Gd 75.50%，H 1.45%，O 23.05%。
别名 水合氢氧化钆
M. I. 15，4356
性状 白色粉末。溶于酸。能吸收空气中二氧化碳。
注意事项 该品对眼睛、呼吸系统及皮肤有刺激性。使用时应戴适当手套。万一接触到眼睛，应立即用大量水冲洗后请医生诊治。应密封保存。

Gadolinium nitrate hexahydrate 硝酸钆 六水 04837
[19598-90-4] $GdN_3O_9 \cdot 6H_2O$ 451.34
成分（以无水物计） Gd 45.81%，N 12.24%，O 41.95%。
别名 六水合硝酸钆
M. I. 15，4356
性状 无色三斜结晶。易吸潮。溶于水、乙醇。mp 91℃；d 2.332。LD_{50}大鼠腹膜内注射：230mg/kg；急性经口：＞5000mg/kg。
注意事项 该品为氧化剂，与易燃物品接触能引起燃烧。对眼睛、呼吸系统及皮肤有刺激性。万一接触到眼睛，应立即用大量水冲洗后请医生诊治。应远离易燃品密封干燥保存。
主要用途 光谱分析用试剂。

Gadolinium oxide 氧化钆 04838
[12064-62-9] Gd_2O_3 362.50
成分 Gd 86.75%，O 13.24%。
别名 三氧化二钆；Gadolinia
M. I. 15，4356
性状 无色至乳白色粉末。易吸潮。溶于酸，不溶于水。能吸收空气中二氧化碳。mp 2330℃±20℃；d^{15} 7.407。一般试剂含量≥99.9%。
注意事项 使用时应避免吸入本品的粉尘，避免与眼睛及皮肤接触。应密封保存。
主要用途 磷光激活剂。中子屏蔽。

Gadolinium sulfate octahydrate 硫酸钆 八水 04839
[13450-87-8] $Gd_2O_{12}S_3 \cdot 8H_2O$ 746.81
成分（以无水物计） Gd 52.18%，O 31.86%，S 15.96%。
别名 八水合硫酸钆
M. I. 15，4356
性状 无色单斜结晶。400℃以上为无水物。500℃分解；d 4.139。一般试剂含量≥99.9%。
注意事项 该品对眼睛、呼吸系统及皮肤有刺激性。万一接触到眼睛，应立即用大量水冲洗后请医生诊治。应密封干燥保存。
主要用途 低温实验研究。

Gadopentetic acid dimeglumine salt 钆喷酸葡胺 04840
[86050-77-3] $C_{28}H_{54}GdN_5O_{20}$ 938.01
成分 C 35.85%，H 5.80%，Gd 16.76%，N 7.47%，O 34.11%。
别名 钆喷酸二（甲基葡胺）盐；SHL-451A；ZK-93035；Magnevist；[N,N-Bis[2-[bis(carboxymethyl)amino]ethyl]glycinato(5－)]gadolinate(2－)dihydrogen dimeglumine salt；N,N-Bis[2-[bis(carboxymethyl)amino]ethyl]glycine gadolinium comp lex dimeglumine salt；Gadolinium diethylenetriamine pentaacetic acid dimeglumine salt；Gd-DTP7 dimeglumine salt
M. I. 15，4357
性状 无色结晶或白色粉末。易溶于水。LD_{50}大鼠静脉注射：10mmol/kg。
主要用途 医用辅助诊断剂（MRI 对比剂）。

$^-$OOC, Gd^{3+}, COO$^-$, HOOC, N, N, N, COOH, COO$^-$ $\cdot 2C_7H_{17}NO_5$

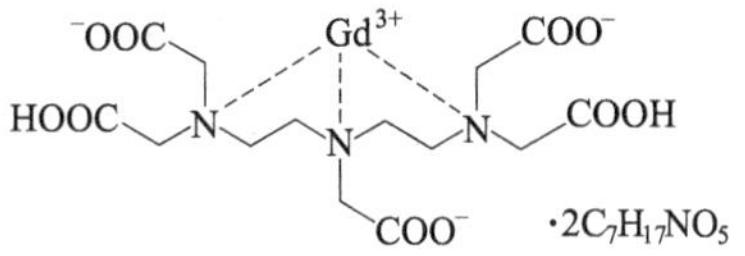

Gadoteridol 钆特醇 04841
[120066-54-8] $C_{17}H_{29}GdN_4O_7$ 558.69
成分 C 36.55%，H 5.23%，Gd 28.15%，N 10.03%，O 20.05%。
别名 [10-(2-Hydroxypropyl)-1,4,7,10-tetraazacyclododecane-1,4,7-triacetato(3－)-N^1,N^4,N^7,N^{10},O^1,O^4,O^7,O^{10}]gadolinium；10-(2-Hydroxypropyl)-1,4,7,10-tetraazacyclododecane-1,4,7-triacetic acid gadolinium complex；Gadolinium(Ⅲ)1,4,7-tris(carboxymethyl)-10-(2′-hydroxypropyl)-1,4,7,10-tetraazacyclododecane；Gd(HP-DO3A)；SQ-32692
M. I. 15，4358
性状 来自甲醇/丙酮中的白色固体块或细小针状结晶。具亲水性。该品于下列物质中的溶解度（mg/mL）：水 737，甲醇 119，异丙醇 41，二甲基甲酰胺 10.1，乙腈 6.1，二氯甲烷 5.2，乙酸乙酯 0.5，丙酮 0.4，己烷 0.2，甲苯 0.3。mp ＞225℃；uv max（水中）：274nm（a_m 2.5）。
主要用途 医用辅助诊断剂（MRI 对比剂）。

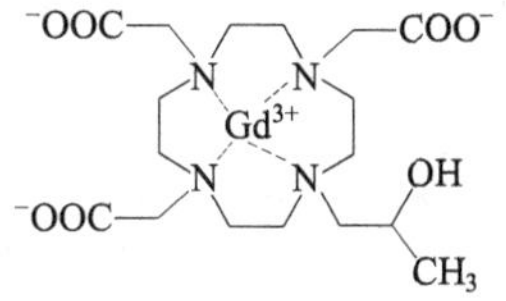

$^-$OOC, COO$^-$, N, N, Gd^{3+}, N, N, OH, $^-$OOC, CH_3

Gadoversetamide 钆弗塞胺 04842
[131069-91-5] $C_{20}H_{34}GdN_5O_{10}$ 661.84
成分 C 36.29%，H 5.19%，Gd 23.76%，N 10.58%，O 24.18%。
别名 [6,9-Bis(carboxy-κO)methyl]-3-[2-[(2-methoxyethyl)amino]-2-(oxo-κO)-15-oxa-3,6,9,12-tetraazahexadecanoato(3－)-κN^3,κN^6,κN^9,κO^1]gadolinium；[8,11-Bis(carboxymethyl)-14-[2-[(2-methoxyethyl)amino]-2-oxoethyl]6-oxo-2-oxa-5,8,11,14-tetraazahexadecan-16-oato(3－)]gadolinium；[N,N''-Bis[N-(2-methoxyethyl)carbamoylmethyl]diethylenetriamine-N,N',N''-triaceto]gadolinium(Ⅲ)；Gadolinium diethylenetriamine pentaacetic acid bis(methyoxyethylamide)；Gd-DTP7-BMEA；mp -1177；OptiMARK
M. I. 15，4359
性状 黏度（mPa·s）：3.1（20℃），2.0（37℃）。易溶于水。d^{25} 1.160。LD_{50}小鼠静脉注射：30.3mmol/kg。
主要用途 医用辅助诊断剂（MRI 对比剂）。

Gd^{3+}, $^-$OOC, COO$^-$, O, O, H_3CO, N, N, N, N, N, OCH_3, H, H, COO$^-$

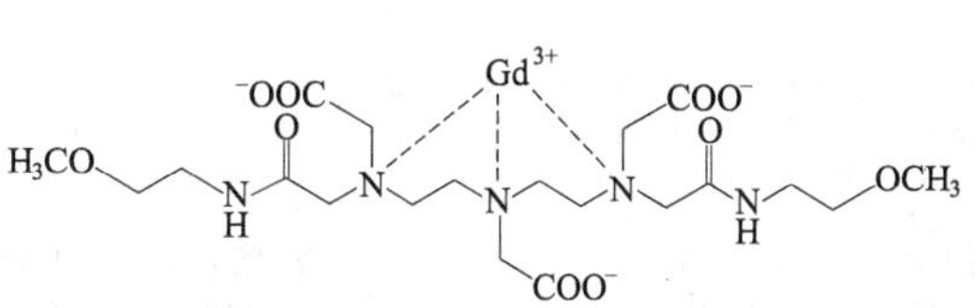

Gadoxetic acid sodium salt 钆塞酸钠盐 04843
[135326-22-6] $C_{23}H_{28}GdN_3Na_2O_{11}$ 725.72
成分 C 38.07%，H 3.89%，Gd 21.67%，N 5.79%，Na 6.34%，O 24.25%。
别名 Gadoxetate；SHL-569B；Eovist；(SA-8-11252634)-[N-[(2S)-2-[bis[(carboxy-κO)methyl]amino-κN]-3-(4-ethoxyphenyl)propyl]-N-[2-[bis[(carboxy-κO)methyl]amino-κN]ethyl]glycinato(5－)-κN,κO]gadolinate(2－) dihydrogen sodium salt；3,6,9-Triaza-3,6,9-tris(carboxymethyl)-4-(4-ethoxybenzyl)undecanedioic acid gadolinium comp lex sodium salt；Gadolinium ethoxybenzyldiethylenetriaminepentaacetic acid sodium salt；Gd-EOB-DTP7-Na
M. I. 15，4360
性状 黏度（37℃）：2.32mPa·s。具两款性。LD_{50}小鼠静脉注射：7.5mmol/kg。
主要用途 医用辅助诊断剂（MRI 对比剂）。

Galactocerebrosides from bovine brain

半乳糖脑苷脂（牛脑） 04844

[85305-88-0]

性状 无色结晶。生化试剂含量约 99%（TLC）。

注意事项 使用时应避免吸入本品的粉尘，避免与眼睛及皮肤接触。应密封于−20℃保存。

主要用途 生化研究。

Galactoflavin 半乳糖黄素

04845

[5735-19-3] $C_{18}H_{22}N_4O_7$ 406.40

成分 C 53.20%，H 5.46%，N 13.79%，O 27.56%。

别名 1-Deoxy-1-(3,4-dihydro-7,8-dimethyl-2,4-dioxobenzo[g] pteridin-10(2*H*)-yl)-D-galactitol；7,8-Dimethyl-10-(D-*galacto*-2,3,4,5,6-pentahydroxyhexyl) benzo[g] pteridine-2,4 (3*H*,10*H*)-dione；7,8-Dimethyl-10-(D-*galacto*-2,3,4,5,6-pentahydroxyhexyl) isoalloxazine；7,8-Dimethyl-10-(*d*-1′-dulcityl) isoalloxazine；6,7-Dimethyl-9-(*d*-1′-dulcityl) isoalloxazine；6,7-Dimethyl-9-(1-deoxy-D-galactitol-1-yl) isoalloxazine

M. I. 15，4363

性状 黄色结晶。260℃分解。最大吸收值：223nm，267nm，370nm，445nm（ε 2730，28100，9100，10800）。其化合物于水中有黄绿色荧光。

主要用途 核黄素对抗剂。

D-(−)-Galactonic acid γ-lactone

D-(−)-半乳糖酸-γ-内酯 04846

[2782-07-2] $C_6H_{10}O_6$ 178.14

成分 C 40.45%，H 5.66%，O 53.89%。

别名 D-水解乳糖酸-γ-内酯；D-半乳糖酸-1,4-内酯；D-(−)-Galactonic acid-1,4-lactone；D-Galactono-α,γ-lactone

性状 白色或浅黄色结晶性粉末。溶于水。mp 133～136℃；$[\alpha]_D^{20} \xrightarrow{1h} -77° \pm 2°$（c=5，于水中）。

注意事项 使用时应避免吸入本品的粉尘，避免与眼睛及皮肤接触。应密封干燥保存。

主要用途 生化研究。

L-(+)-Galactonic acid-γ-lactone

L-(+)-半乳糖酸-γ-内酯 04847

[1668-08-2] $C_6H_{10}O_6$ 178.14

成分 C 40.45，H 5.66%，O 53.89%。

别名 L-(+)-水解乳糖酸-γ-内酯；L-(+)-Galactono-1,4-lactone

性状 白色结晶性粉末。mp 134～136℃；$[\alpha]_D^{20}$ +79°±2°（c=5，于水中。旋光改变时间：30min。

注意事项 使用时应避免吸入本品的粉尘，避免与眼睛及皮肤接触。

主要用途 生化研究。

D-Galactosamine hydrochloride

D-半乳糖胺 盐酸盐 04848

[1772-03-8] $C_6H_{14}ClNO_5$ 215.64

成分 C 33.42%，H 6.54%，Cl 16.44%，N 6.50%，O 37.10%。

别名 盐酸 D-半乳糖胺；盐酸 D-水解乳糖胺；2-氨基-2-脱氧-D-水解乳糖 盐酸盐；2-Amino-2-deoxy-D-galactose hydrochloride；D-Chondrosamine hydrochloride；D-Chondrosine hydrochloride

M. I. 15，4364

性状 白色结晶性粉末。易吸湿。溶于水。mp 180℃（分解）；α 型 $[\alpha]_D^{23}$ +124° ⟶ 93°（于水中）；β 型 $[\alpha]_D^{23}$ +47° ⟶ 93°（于水中）。

注意事项 使用时应避免吸入本品的粉尘，避免与眼及皮肤接触。应充氩气密封干燥保存。

D-(+)-Galactose D-(+)-半乳糖

04849

[59-23-4] $C_6H_{12}O_6$ 180.16

成分 C 40.00%，H 6.71%，O 53.28%。

别名 水解乳糖；分解乳糖；Brain sugar；Cerebose；Dextro-galactose；Lactoglucose

M. I. 15，4365

性状 来自水或乙醇中的无色棱柱体结晶或粉末。易溶于热水，溶于吡啶，微溶于乙醇。α 型 mp 167℃；$[\alpha]_D$ +150.7° ⟶ +80.2°（于水中）。β 型 mp 167℃；$[\alpha]_D$ +52.8° ⟶ +80.2°（于水中）。

注意事项 该品应密封于干燥处保存。

主要用途 生化研究。如生物培养基的制备、肝功能试验。

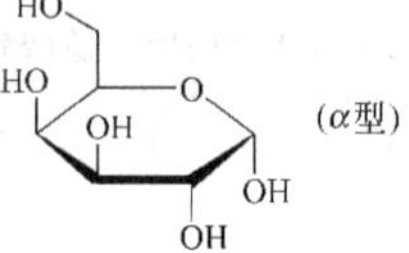

L-(−)-Galactose L-(−)-半乳糖

04850

[15572-79-9] $C_6H_{12}O_6$ 180.16

成分 C 40.00%，H 6.71%，O 53.28%。

别名 L-(−)-水解乳糖

性状 白色结晶性粉末。易吸湿。mp 166～167℃。生化试剂含量≥99.0%（HPLC）。

注意事项 该品应充氩气密封干燥保存。

主要用途 生化研究。

Galactose oxidase from dactylium dendroides

半乳糖氧化酶（神经细胞并指树突） 04851

[9028-79-9] Mr 约 68000

别名 水解乳糖氧化酶；D-Galactose：oxygen 6-oxidoreductase

EC 1.1.3.9

性状 冻干白色粉末。

注意事项 使用时应避免吸入本品的粉尘，避免与眼睛及皮肤接触。应充氩气密封于−20℃干燥保存。

主要用途 生化研究。

β-D-Galactose pentaacetate β-D-半乳糖 五乙酸盐

04852

[4163-60-4] $C_6H_{12}O_6 \cdot 5H_2O$ 390.34

成分（以无水物计） C 40.00%，H 6.71%，O 53.28%。
别名 五水合β-D-半乳糖；β-D-水解乳糖 五水；1,2,3,4,6-Penta-*O*-acetyl-β-D-galactopyranose
性状 无色结晶。mp 139～142℃；$[\alpha]_D^{20}$+23°±1°（*c*=1，于氯仿中）。生化试剂含量≥99.0%（TLC）。
注意事项 使用时应避免吸入本品的粉尘，避免与眼睛及皮肤接触。
主要用途 生化研究。

α-Galactosidase from escherichia coli
α-半乳糖苷酶（大肠杆菌） 04853
[9025-35-8]
别名 α-水解乳糖苷酶；α-D-Galactoside galactohydrolase；Melibiase
EC 3.2.1.22
性状 冻干白色粉末。
注意事项 该品对眼睛、呼吸系统及皮肤有刺激性。使用时应穿适当的防护服。万一接触到眼睛，应立即用大量水冲洗后请医生诊治。应密封于2～8℃保存。
主要用途 生化研究。

β-Galactosidase from bovine liver
β-半乳糖苷酶（牛肝） 04854
[9031-11-2] Mr 135000
别名 β-水解乳糖苷酶；β-D-Galactoside galactohydrolase
EC 3.2.1.23
性状 近白色冷冻干燥粉末或结晶悬浮液。
注意事项 该品对眼睛、呼吸系统及皮肤有刺激性。使用时应穿适当的防护服。万一接触到眼睛，应立即用大量水冲洗后请医生诊治。冻干粉应密封于-20℃保存，悬浮液应密封于2～8℃保存。
主要用途 生化研究。

D-(+)-Galacturonic acid D-(+)-半乳糖醛酸 04855
[685-73-4][一水合物 91510-62-2] $C_6H_{10}O_7$ 194.14
成分 C 37.12%，H 5.19%，O 57.69%。
别名 D-水解乳糖醛酸
M.I. 15，4367
性状 白色针状结晶。溶于水，微溶于热乙醇，几乎不溶于乙醚。α 型 mp 159℃；$[\alpha]_D^{20}$+98.0°⟶+50.9°（于水中）。β 型mp 166℃；$[\alpha]_D$+27°⟶+55.6°（于水中）。生化试剂含量≥97.0%（T）。
主要用途 生化研究。

(α型)

Galangin 高良姜精 04856
[548-83-4] $C_{15}H_{10}O_5$ 270.24
成分 C 66.67%，H 3.73%，O 29.60%。
别名 3,5,7-三羟基-2-苯基-4*H*-1-苯并吡喃-4-酮；3,5,7-三羟基黄酮；3,5,7-Trihydroxy-2-phenyl-4*H*-1-benzopyran-4-one；3,5,7-Trihydroxyflavone；Norizalpinin
M.I. 15，4369
性状 来自乙醇中的浅黄色针状结晶。易溶于氯仿、苯，中等程度溶于乙醇、乙醚，不溶于水。mp 214～215℃。一般试剂含量≥95.0%（HPLC）。
注意事项 该品对眼睛、呼吸系统及皮肤有刺激性。使用时应穿适当的防护服，戴手套和防护镜或面罩。万一接触到眼睛，应立即用大量水冲洗后请医生诊治。应充氩气密封保存。

Galantamine hydrobromide 加兰他敏 氢溴酸盐 04857
[1953-04-4] $C_{17}H_{22}BrNO_3$ 368.27
成分 C 55.44%，H 6.02%，Br 21.70%，N 3.80%，O 13.03%。
别名 尼瓦林 氢溴酸盐；雪花胺 氢溴酸盐；Nivalin；(4a*S*,6*R*,8a*S*)-4a,5,9,10,11,12-Hexahydro-3-methoxy-11-methyl-6*H*-benzofuro-[3a,3,2-*ef*][2]benzazepin-6-ol hydrobromide；Galantamine hydrobromide；Lycoremine hydrobromide；Reminyl hydrobromide
M.I. 15，4370
性状 来自水中的无色结晶。溶于0.1mol/L氢氧化钠溶液，略微溶于水，极微溶于乙醇，不溶于正丙醇。$[\alpha]_D^{20}$ -93.1°（*c*=0.1015，于15mL水中）。LD_{50}小鼠静脉注射：（5.2±0.2）mg/kg。生化试剂含量≥94.0%（TLC）。
注意事项 该品口服有毒。使用时应穿适当的防护服，戴手套和防护镜或面罩。使用时应避免吸入本品的粉尘。使用时如有事故发生或有不适之感，应请医生诊治。应密封于-20℃保存。
主要用途 生化研究。医用胆碱酯酶抑制剂。

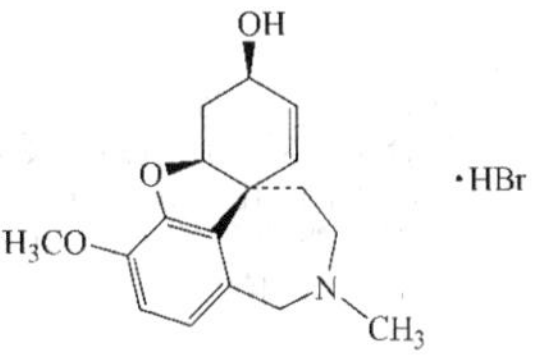

Galegine 山羊豆碱 04858
[543-83-9] $C_6H_{13}N_3$ 127.19
成分 C 56.66%，H 10.30%，N 33.44%。
别名 *N*-(3-Methyl-2-buten-1-yl)guanidine；*N*-3,3-Dimethylallylguanidine；Isoamyleneguanidine
M.I. 15，4371
性状 无色结晶。易吸潮。味苦。易溶于水、乙醇，微溶于乙醚。mp 60～65℃。
注意事项 该品应密封干燥保存。

Gallamine triethiodide 三碘季铵酚 04859
[65-29-2] $C_{30}H_{60}I_3N_3O_3$ 891.54
成分 C 40.42%，H 6.78%，I 42.70%，N 4.71%，O 5.38%。
别名 弛肌碘；Benzcurine iodide；2,2′,2″-[1,2,3-Benzenetriyltris(oxy)]tris(*N*,*N*,*N*-triethylethanaminium) triiodide；F-2559；Flaxedil；υ-Pheneyltris(oxyethylene)tris[triethylammonium triiodide]；Retensin；Relaxan；Retensin；RP-3697；Tricuran；Tri(β-diethylaminoethoxy)-1,2,3-benzene triiodoethylate；1,2,3-Tris(2-diethylaminoethoxy)benzene tris(ethyl iodide)；1,2,3-Tris(2-triethylammoniumethoxy)benzene triiodide；Ethanaminium
M.I. 15，4373
性状 来自丙酮/水中的白色结晶或粉末。易溶于水、稀丙酮，略微溶于无水丙酮、乙醚、苯、乙醇，极微溶于三氯甲烷。mp 152～153℃。生化试剂含量≥98.0%（TLC）。
注意事项 该品口服有害。对眼睛、呼吸系统及皮肤有刺激性。使用时应穿适当的防护服。万一接触到眼睛，应立即用大量水冲洗后请医生诊治。使用时如有事故发生或有不适之感，应请医生诊治。应密封于2～8℃保存。
主要用途 神经肌肉麻醉剂。生化研究。

Gallic acid monohydrate 棓酸 一水 04860
[5995-86-8] $C_7H_6O_5 \cdot H_2O$ 188.14
成分（以无水物计） C 49.42%，H 3.55%，O 47.02%。

别名 一水合棓酸；没食子酸；3,4,5-三羟基苯甲酸；五倍子酸；3,4,5-Trihydroxybenzoic acid

M. I. 15，4375

性状 无水物为来自无水乙醇或氯仿中的白色或浅褐色针状结晶或粉末。一水物热至 100～120℃失去结晶水。1g 无水品溶于 87mL 水、3mL 沸水、6mL 乙醇、100mL 乙醚、10mL 甘油、5mL 丙酮。不溶于苯、石油醚、三氯甲烷。mp 220℃；258～265℃分解。Fp 482℉（250℃）。LD_{50} 兔急性经口：5.0g/kg。一般试剂含量≥99.0%。

注意事项 该品对眼睛、呼吸系统及皮肤有刺激性。使用时应穿适当的防护服。万一接触到眼睛，应立即用大量水冲洗后请医生诊治。应密封避光保存。

主要用途 测定钼、钙、锶、钡、铈、铀、银、钍、钛、铋、铜、亚硝酸盐等的试剂。磷钼酸的还原。去极剂。

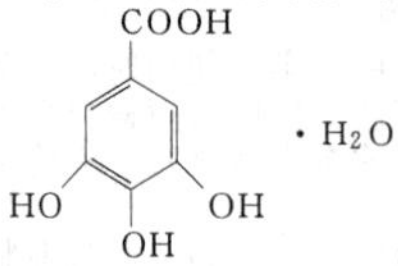

COOH · H_2O HO OH OH

Gallium 镓 04861

[7440-55-3] Ga 69.723

GW 2015-1313 M. I. 15，4376

性状 银白色至灰色金属。对湿度敏感。受热至熔点以上变为液体。冷却至 0℃而不固化。在干燥空气中稳定，在潮湿空气中易氧化。溶于酸或碱溶液。mp 29.78℃；bp 约 2400℃；$d^{29.65}$ 5.9037（固体）；$d^{29.8}$ 6.0947（液体）。

注意事项 该品应密封干燥保存。

主要用途 半导体材料。低熔点合金制备。镓盐制备。在核反应堆中作热交换介质。

Gallium chloride 氯化镓 04862

[13450-90-3] Cl_3Ga 176.07

成分 Cl 60.40%，Ga 39.60%。

别名 三氯化镓；Gallium trichloride

M. I. 15，4378

性状 无色针状结晶或固体。易潮解。易溶于水、乙醇，溶于氨水、烃类、醚类溶剂，微溶于石油醚。mp 78℃；bp_{760} 200℃/101.32kPa；*d* 2.47。

注意事项 该品与水反应激烈。具有腐蚀性，能引起烧伤。接触皮肤后，应立即用大量肥皂泡沫冲洗。应密封于干燥处保存。

主要用途 有机反应催化剂。

Gallium nitrate hydrate 硝酸镓 水合 04863

[69365-72-6] [13494-90-1](无水物) $GaN_3O_9 \cdot xH_2O$ 255.74

成分(以无水物计) Ga 27.26%，N 16.43%，O 56.31%。

别名 水合硝酸镓；Ganite；NSC-15200

GW 2015-2301 M. I. 15，4380

性状 白色结晶性粉末。有潮解性。易溶于水，溶于无水乙醇、乙醚。加热至 100℃分解，200℃转化为三氧化二镓。mp 110℃。LD_{50}（无水物）小鼠，大鼠，兔静脉注射：55mg/kg，46mg/kg，43mg/kg。

注意事项 该品为强氧化剂。与易燃物品接触能引起燃烧。对眼睛及皮肤有刺激性。应密封于 2～8℃干燥保存。

主要用途 高纯镓化合物的制备。氧化剂。光谱分析。

Gallium oxide 氧化镓 04864

[12024-21-4] Ga_2O_3 187.44

成分 Ga 74.40%，O 25.61%。

别名 三氧化二镓；Gallium sesquioxide

M. I. 15，4382

性状 白色三角形的结晶颗粒。有 α 型与 β 型之分。微溶于热酸或碱溶液，不溶于水。mp 1725℃±15℃（在 600℃转化为 β 型）；*d* 5.94。

主要用途 半导体材料。分析试剂。

Gallium sulfate octadecahydrate 硫酸镓 十八水 04865

[13780-42-2] $Ga_2O_{12}S_3 \cdot 18H_2O$ 751.98

成分（以无水物计） Ga 32.61%，O 44.89%，S 22.49%。

别名 十八水合硫酸镓

性状 无色八面体结晶。溶于水、60%乙醇，不溶于乙醚。热至 600℃以上分解。mp 105～110℃；*d* 3.860。标准物含量 99.999%。

注意事项 该品应密封保存。

主要用途 分析上用作镓的标准物。

Gallocyanine 棓花青 04866

[1562-85-2] $C_{15}H_{13}ClN_2O_5$ 336.73

成分 C 53.50%，H 3.89%，Cl 10.53%，N 8.32%，O 23.76%。

别名 没食子蓝；没食子酸噁嗪蓝；茜素海军蓝 AF，ZWS，ZZR；棓酸青蓝；媒染棓酸青天蓝；媒染棓酸青蓝；Alizarin blue RBN；Alizarinnavy blue AF，ZWS，ZZR；Blue P；1-Carboxy-7-dimethylami no-3，4-dihydroxyphenoxazin-5-ium chloride；Chrome blue GCB；Chrome blue P；7-Dimethylamino-4-hydroxy-3-oxo-3*H*-phenoxazine-1-carboxylic acid；Fast violet；Mordant blue 10

M. I. 15，4385 C. I. 51030

性状 绿色结晶。溶于乙醇、冰乙酸、碳酸碱呈红色，微溶于热水，不溶于冷水。

注意事项 该品口服有害。对眼睛、呼吸系统及皮肤有刺激性。使用时应戴适当的手套。万一接触到眼睛，应立即用大量水冲洗后请医生诊治。

主要用途 检测钯、铅的灵敏试剂。测定镓、钍的络合指示剂。生物染色剂。

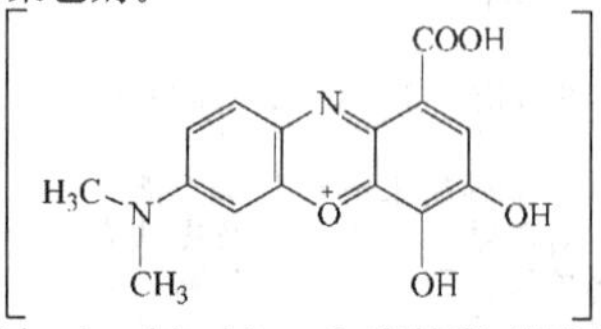

COOH N H_3C N O^+ OH CH_3 OH ·Cl^-

Gallopamil hydrochloride 加洛帕米 盐酸盐 04867

[16662-46-7] $C_{28}H_{40}N_2O_5 \cdot HCl$ $C_{28}H_{41}ClN_2O_5$ 521.10

成分 C 64.54%，H 7.93%，Cl 6.80，N 5.38%，O 15.35%。

别名 戈洛帕米 盐酸盐；盐酸戈洛帕米；盐酸加洛帕米；Algocor；Procorum；α-[3-[[2-(3，4-Dimethoxyphenyl) ethyl] methylamino] propyl]-3，4，5-trimethoxy-α-(1-methylethyl) benzeneacetonitrile；5-(3，4-Dimethoxyphenethyl) methylamino-2-isopropyl-2-(3，4，5-trimethoxyphenyl) valeronitrile；α-Isopropyl-α-[(*N*-methyl-*N*-homoveretryl)-γ-aminopropyl]-3，4，5-trimethoxyphenylacetonitrile；Methoxyverapamil；D600

M. I. 15，4386

性状 无色或白色结晶或粉末。mp 145～148℃。生化试剂含量≥98.0%。

主要用途 医用抗心绞痛剂。

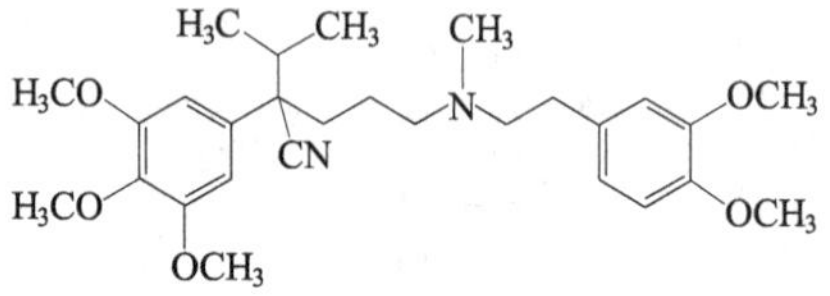

H_3C CH_3 CH_3 H_3CO N OCH_3 CN H_3CO OCH_3 OCH_3

Gamabufotalin 和蟾蜍他灵 04868

[464-11-2] $C_{24}H_{34}O_5$ 402.53

成分 C 71.61%，H 8.51%，O 19.87%。

别名 (3β，5β，11α)-3，11，14-Trihydroxybufa-20，22-dienolide；Gamabufogenin；Gamabufagin

M. I. 15，4388

性状 来自乙醇＋乙醚中的无色棱柱体结晶。味苦。能使舌头麻木。极微溶于氯仿、丙酮、水，略多溶于甲醇。mp 254℃；262～263℃失水并分解；$[\alpha]_D^{18}$ +1.26°（*c*＝0.793，于甲醇中）；uv max：约 300nm。

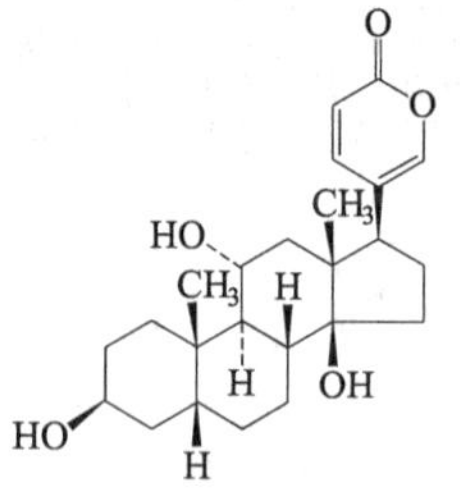

O O CH_3 HO CH_3 H H OH HO H

Gambogic acid　藤黄酸　04869

[2752-65-0]　$C_{38}H_{44}O_8$　628.76

成分　C 72.59%，H 7.05%，O 20.36%。

别名　(2-*Z*)-2-Methyl-4-[(1*R*,3a*S*,5*S*,11*R*,14a*S*)-3a,4,5,7-tetrahydro-8-hydroxy-3,3,11-trimethyl-13-(3-methyl-2-buten-1-yl)-11-(4-methyl-3-penten-1-yl)-7,15-dioxo-1,5-methano-1*H*,3*H*,11*H*-furo[3,4-*g*]pyrano[3,2-*b*]xanthen-1-yl]-2-butenoic acid;β-Guttiferin

M.I.15，4391

性状　黄至橙色的易碎块状物。溶于二甲基亚砜、乙醇。$[\alpha]_D^{20}$ −685°（甲醇中）；uv max（乙醇中）：217nm，280nm，291nm，362nm（ε 26000，16700，17000，14900）。LD_{50}小鼠腹膜内注射：45.9mg/kg。

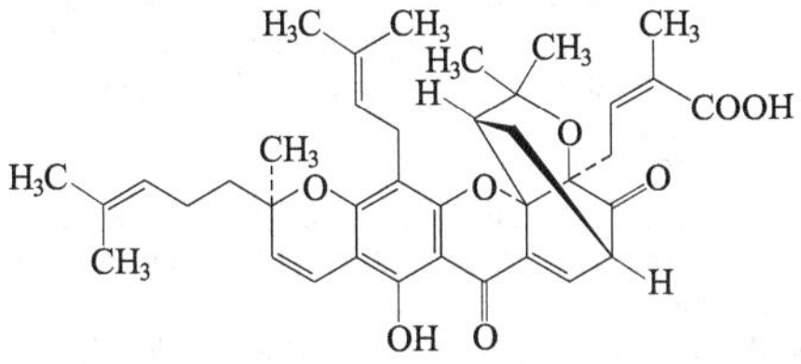

Ganaxolone　加奈索酮　04870

[38398-32-2]　$C_{22}H_{36}O_2$　332.53

成分　C 79.46%，H 10.91%，O 9.62%。

别名　(3α,5α)-3-Hydroxy-3-methylpregnan-20-one;CCD-1042

M.I.15，4392

性状　来自甲醇中的白色结晶。不溶于含水介质。mp 190～192℃；$[\alpha]_D$+103°。

主要用途　医用抗惊厥剂。抗偏头痛剂。

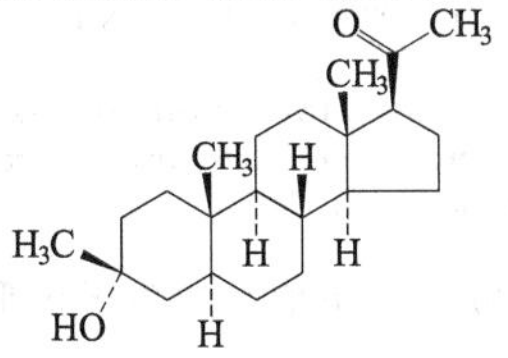

Ganciclovir　更昔洛韦　04871

[82410-32-0]　$C_9H_{13}N_5O_4$　255.23

成分　C 42.35%，H 5.13%，N 27.44%，O 25.07%。

别名　甘昔洛韦；2-Amino-1,9[2-hydroxy-1-(hydroxymethyl)ethoxy]methyl-6*H*-purin-6-one；9-[(1,3-Dihydroxy-2-propoxy)methyl]guanine；2′-Nor-2′-deoxyguanosine；DHPG；2′ NDG；BIOLF-62；BW-B759U；BW-759；BW-759U；RS-21592；Virgan；Vitrasert；Zirgan

M.I.15，4393

性状　来自甲醇中的无色结晶。溶于水（25℃，4.3mg/mL，其pH值7）。mp 250℃（分解）；uv max（甲醇中）：254nm（ε 12880）。LD_{50}小鼠腹膜内注射：1～2g/kg。

注意事项　该品可能引起遗传基因的损伤。可能损伤生育力。能危害胎儿。使用前应得到专门的指导，避免曝露。使用时应穿适当的防护服，戴手套和防护镜或面罩。使用时如有事故发生或有不适之感，应请医生诊治。

主要用途　医用抗病毒剂。

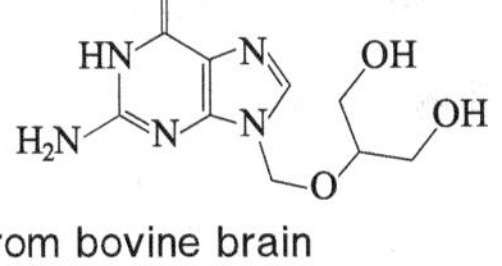

Gangliosides from bovine brain

神经节苷脂（牛脑）　04872

$C_{73}H_{131}N_3O_{31}$　1546.84

成分　C 56.68%，H 8.54%，N 2.72%，O 32.06%。

别名　Sialogangliosides;Monosialoganglioside GM_1;Ganglioside GM_1

M.I.15,4394

性状　无色至浅黄色微细结晶。

注意事项　使用时应避免吸入本品的粉尘，避免与眼睛及皮肤接触。应充氩气密封于−20℃干燥保存。

主要用途　生化研究。

Gardenin A　栀子素 A　04873

[21187-73-5]　$C_{21}H_{22}O_9$　418.40

成分　C 60.28%，H 5.30%，O 34.41%。

别名　栀子黄素A;栀子色素A;栀子宁A;5-Hydroxy-6,7,8-trimethoxy-2-(3,4,5-trimethoxyphenyl)-4*H*-1-benzopyran-4-one

M.I.15，4399

性状　来自乙醇中的金黄色针状结晶。溶于乙醇、氯仿。mp 162～163℃。所有栀子素与醇类、氯化高铁都生成绿色。

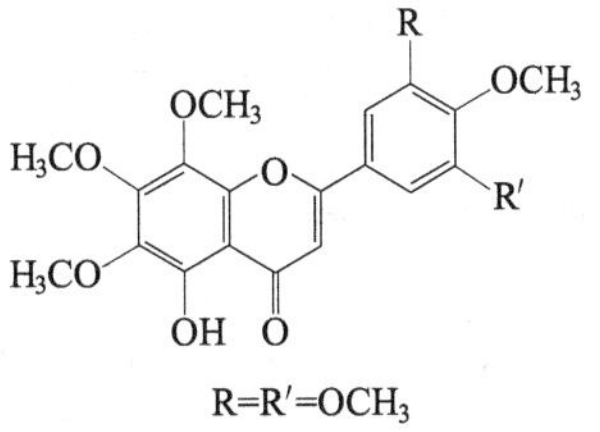

R=R′=OCH_3

Gastrin I human

催胃液素 I（人）　04874

[10047-33-3]　$C_{97}H_{124}N_{20}O_{31}S$　2098.20

成分　C 55.53%，H 5.96%，N 13.35%，O 23.64%，S1.53%。

别名　胃泌素

M.I.15，4406

性状　无色或白色结晶性粉末。生化试剂含量≥90.0%(HPLC)。

注意事项　该品使用时避免吸入其粉尘，避免与眼睛及皮肤接触。应充氩气密封于−20℃干燥保存。

主要用途　生化研究。

Gatifloxacin　加替沙星　04875

[112811-59-3]　$C_{19}H_{22}FN_3O_4$　375.40

成分　C 60.79%，H 5.91%，F 5.06%，N 11.19%，O 17.05%。

别名　1-Cyclopropyl-6-fluoro-1,4-dihydro-8-methoxy-7-(3-methyl-1-piperazinyl)-4-oxo-3-quinolinecarboxylic acid;Tequin;Zymar

M.I.15，4409

性状　来自甲醇中的半水合物为浅黄色棱柱体结晶。mp 162℃。

主要用途　医用抗菌剂。

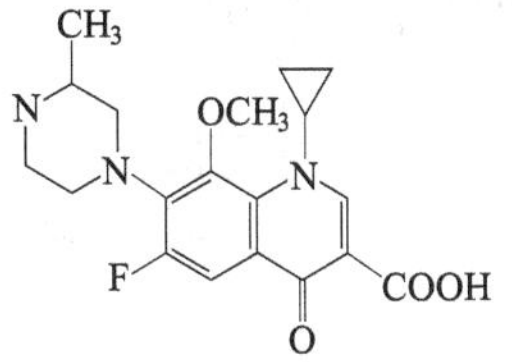

Gefarnate　吉法酯　04876

[51-77-4]　$C_{27}H_{44}O_2$　400.65

成分　C 80.94%，H 11.07%，O 7.99%。

别名　合欢香叶酯；(4*E*,8*E*)-5,9,13-Trimethyl-4,8,12-tetradecatrienoic acid (2*E*)-3,7-dimethyl-2,6-octadieny ester;Geranyl farnesylacetate; DA-688; Alsanate; Arsanyl; Dixnalate; Gefanil; Gefarnil;Gefarnyl;Gefulcer;Osteol;Salanil;Zackal

M.I.15，4411

性状　微黄色液体。有微弱的萜烯类气味。溶于乙醇、乙醚、二甲基甲酰胺、丙酮、脂肪油类，几乎不溶于水、甲酰胺、乙二醇、丙二醇、甘油。$bp_{0.05}$ 165～168℃/6.7Pa；n_D^{20} 1.4900；uv max：204nm（$E_{1cm}^{1\%}$486）。

主要用途　医用抗溃疡剂。

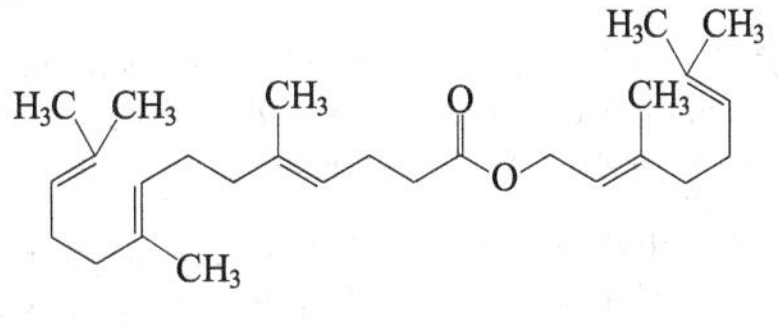

Geissoschizoline　缝籽木早灵　04877

[18397-07-4]　$C_{19}H_{26}N_2O$　298.43

成分 C 76.47%，H 8.78%，N 9.39%，O 5.36%。
别名 (16α)-Curan-17-ol;Pereirine
M. I. 15，4413
性状 来自无水乙醇中的无色粗大结晶。溶于乙醇、氯仿、乙醚，几乎不溶于水。mp 142.5～143℃；$[\alpha]_D^{21}+32°$（乙醇中）；uv max（乙醇中）：245nm，300nm（lg ε 3.93，3.47）。

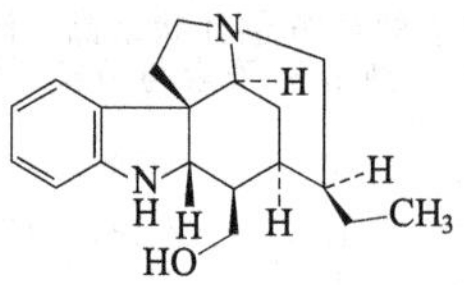

Geissospermine 夹竹桃毒碱 04878
[427-01-0] $C_{40}H_{48}N_4O_3$ 632.85
成分 C 75.92%，H 7.65%，N 8.85%，O 7.58%。
别名 缝籽碱；(αR,1S,3aR,9S,11aS,11bS,12S,13aS,14S)-14-Ethyl-α-[(2S,3E,12bS)-3-ethylidene-1,2,3,4,6,7,12,12b-octahydroindolo[2,3-a]quinolizin]-2,3,11a,11b,13,13a-hexahydro-12H-1,12-ethano-9H,11H-[1,3]oxazino[3,4,5lm]pyrrolo[2,3-d]carbazole-9-acetic acid methyl ester;(16R,19E)-19,20-Didehydro-16-[(10β,13β,21β)-23-deoxy-21,22-dihydro-11-oxa-12,14-secostrychnidin-10-yl]corynan-17-oic acid methyl ester；19，20-Didehydro-16-(15-ethyl-3a，5，5a，7，8，13a-hexahydro-4H-4,6-ethano-1H,3H-[1,3]oxazino[3,4,5-lm]pyrrolo[2,3-d]carbazol-1-yl)corynan-17-oic acid methyl ester;β,17-Epoxy-α-(3-ethylidene-1,2,3,4,6,7,12,12b-octahydroindole[2,3-a]quinolizin-2-yl)curan-1-propanoic acid methyl ester
M. I. 15，4414
性状 来自无水丙酮中的无色结晶。溶于乙醇，微溶于水、乙醚。mp 213～214℃（分解）；$[\alpha]_D^{20}-101°$（乙醇中）；uv max（甲醇中）：251nm，285nm，293nm（lg ε 4.10，3.91，3.90）。

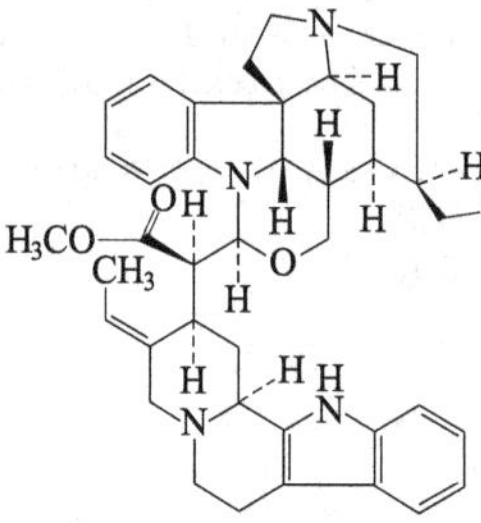

Gelatin 明胶 04879
[9000-70-8]
别名 白明胶；动物胶；筋胶；牛皮胶；鱼鳔胶;Gelfoam；Puragel
M. I. 15，4415
性状 无色至微黄色片状或块状物，或白色粉末。能吸湿。质脆。溶于热水、甘油、乙酸，不溶于乙醇、乙醚、三氯甲烷等有机溶剂。
主要用途 极谱法测铜。比浊或比色测定中的保护胶体。碱性镀锌发光剂。照相制版。培养基的制备。

Gemcitabine 二氟胞嘧啶 04880
[95058-81-4] $C_9H_{11}F_2N_3O_4$ 263.20
成分 C 41.07%，H 4.21%，F 14.44%，N 15.97%，O 24.31%。
别名 健泽；吉西他宾；2′-Deoxy-2′,2′-difluorocytidine;1-(2-Oxo-4-amino-1,2-dihydropyrimidin-1-yl)-2deoxy-2,2-difluororidose;dFdC;dFdCyd;LY-188011;Gemzar
M. I. 15，4420
性状 来自水中的无色结晶。pH 值 8.5。$[\alpha]_{365}+425.36°$；$[\alpha]_D+71.51°$（c=0.96，于甲醇中）；uv max（乙醇中）：234nm，268nm（ε 7810，8560）。
主要用途 医用抗肿瘤剂。

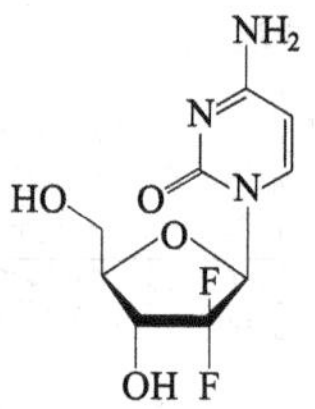

Gemfibrozil 吉非罗齐 04881
[25812-30-0] $C_{15}H_{22}O_3$ 250.34
成分 C 71.97%，H 8.86%，O 19.17%。
别名 5-(2,5-二甲基苯氧基)-2,2-二甲基戊酸;2,2-二甲基-5-(2,5-二甲苯基氧)戊酸；诺衡；二甲苯氧庚酸；5-(2,5-Dimethylphenoxy)-2,2-dimethylpentanoic acid;2,2-Dimethyl-5-(2,5-xylyloxy)valeric acid;CI-719;Decrelip;Genlip;Gevilon;Lipozid;Lipur;Lopid
M. I. 15，4422
性状 来自己烷中的无色结晶。mp 61～63℃；$bp_{0.02}$ 158～159℃/2.7Pa。LD_{50} 小鼠，大鼠急性经口：3162mg/kg，4786mg/kg。
注意事项 该品口服有害。使用时应穿适当的防护服。
主要用途 医用抗高血脂剂。

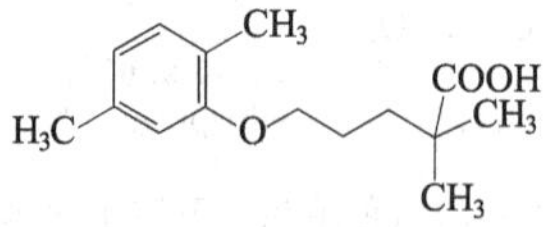

Gemifloxacin 吉米沙星 04882
[175463-14-6] $C_{18}H_{20}FN_5O_4$ 389.39
成分 C 55.52%，H 5.18%，F 4.88%，N 17.99%，O 16.44%。
别名 7-[(4Z)-3-Aminomethyl-4-methoxyimino-1-pyrrolidinyl]-1-cyclopropyl-6-fluoro-1,4-dihydro-4-oxo-1,8-naphthyridine-3-carboxylic acid;SB265805;LB-20304
M. I. 15，4423
性状 来自氯仿-乙醇中的近白色无定形固体。mp 235～237℃。
主要用途 医用抗菌剂。

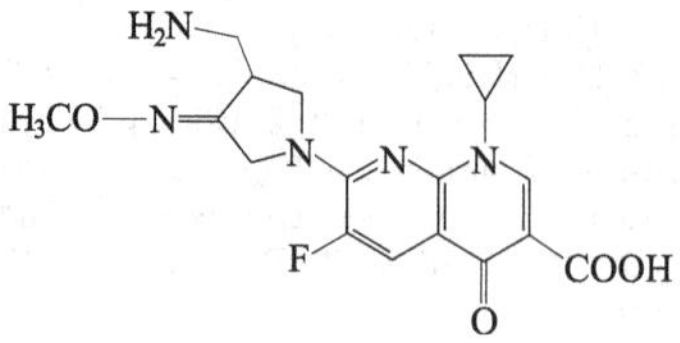

Geneserine 依色林丁 04883
[25573-43-7] $C_{15}H_{21}N_3O_3$ 291.35
成分 C 61.84%，H 7.27%，N 14.42%，O 16.47%。
别名 金丝碱；氧化毒扁豆碱；Eseridine;(4aS,9aS)-2,3,4,4a,9,9a-Hexahydro-2,4a,9-trimethyl-1,2-oxazino[6,5-b]indol-6-ol 6-(N-methyl)carbamate;Physostigmine aminoxide;Eserine aminoxide;Eserine oxide
M. I. 15，4425
性状 来自乙醚中的无色长方形棱柱体结晶。呈弱碱性，对石蕊呈碱性。溶于乙醇、氯仿、苯、乙醚、石油醚、丙酮、稀酸，几乎不溶于水。mp 129℃；$[\alpha]_D^{15}-175°$（乙醇中）。
主要用途 医用胆碱功能剂。

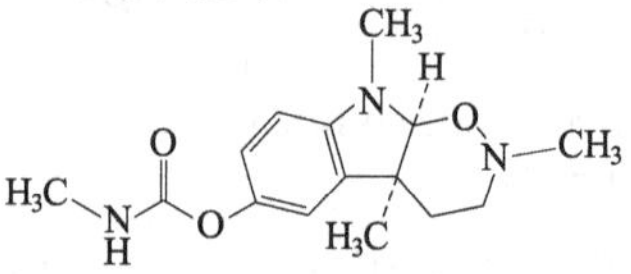

Genistein 染料木黄酮 04884
[446-72-0] $C_{15}H_{10}O_5$ 270.24
成分 C 66.67%，H 3.73%，O 29.60%。
别名 5,7,4′-三羟基异黄酮；5,7-Dihydroxy-3-(4-hydroxyphenyl)-4H-1-benzopyran-4-one；4′，5，7-Trihydroxyisoflavone；Prunetol;Genisteol

M. I. 15，4426

性状 来自 60%乙醇中的长方形、六边形棒状结晶，或来自乙醚中的树枝针状结晶。溶于一般的有机溶剂、稀碱中呈黄色，略微溶于冷乙醇、乙酸，几乎不溶于水。mp 297～298℃（微分解）；uv max：262.5nm（ε 138）。生化试剂含量≥98.0%（HPLC）。

注意事项 该品对眼睛、呼吸系统及皮肤有刺激性。使用时应戴适当的手套。使用时应避免吸入本品的粉尘，避免与眼睛及皮肤接触。万一接触到眼睛，应立即用大量水冲洗后请医生诊治。应密封于－20℃保存。

主要用途 生化研究。测试传感途径的化学探针。

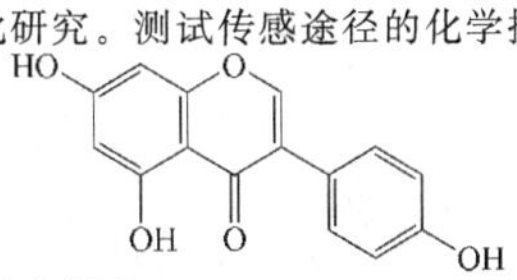

Gentamicin 庆大霉素 04885

［1403-66-3］

别名 正大霉素；Gentamycin

M. I. 15，4427

性状 白色无定形粉末。易溶于水，溶于吡啶、二甲基甲酰胺，中等程度溶于甲醇、乙醇、丙酮，几乎不溶于苯、卤化烃。mp 102～108℃；$[\alpha]_D^{25}+146°$。

注意事项 该品吸入或与皮肤接触可引起过敏。使用时应穿适当的防护服和戴手套。应避免吸入本品的蒸气、飞沫。使用时如有事故发生或有不适之感，应请医生诊治。应密封于 2～8℃保存。

主要用途 医用、兽用抗菌剂。

Gentianine 龙胆碱 04886

［439-89-4］ $C_{10}H_9NO_2$ 175.19

成分 C 68.56%，H 5.18%，N 8.00%，O 18.26%。

别名 龙胆宁；5-Ethenyl-3，4-dihydro-1*H*-pyrano［3，4-*c*］pyridin-1-one；4-(2-Hydroxyethyl)-5-vinylnicotinic acid δ-lactone；Erythricine

M. I. 15，4429

性状 来自乙醚或石油醚中的无色针状结晶。溶于碱。mp 82～83℃；uv max：220nm（lg ε 4.38）。

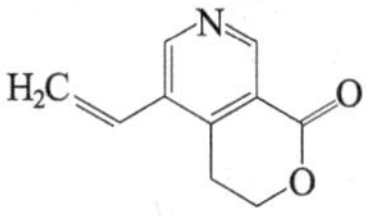

α-Gentiobiose α-龙胆二糖 04887

［554-91-6］ $C_{12}H_{22}O_{11}$ 342.30

成分 C 42.11%，H 6.48%，O 51.41%。

别名 6-*O*-β-D-Glucopyranosyl-D-glucose；6-(β-D-Glucosido)-D-glucose；Amygdalose

M. I. 15，4431

性状 来自甲醇中的小扁豆状结晶合二甲醇。味苦。易吸潮。溶于水、热甲醇、热 90%乙醇。mp 86℃；显示旋光改变。$[\alpha]_D^{22}+16°$（3min）→8.3°（*c*＝4，3.5h）。生化试剂含量≥85.0%。

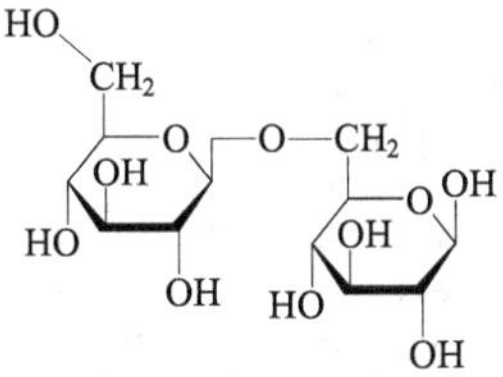

β-Gentiobiose β-龙胆二糖 04888

［554-91-6］ $C_{12}H_{22}O_{11}$ 342.30

成分 C 42.11%，H 6.48%，O 51.41%。

别名 Amygdalose；6-（β-D-Glucosido）-D-glucose；6-*O*-β-D-Glucopyranosyl-D-glucose

M. I. 15，4431

性状 来自乙醇中的无色结晶。易潮解。溶于水、热甲醇、热 90%乙醇。mp 190～195℃；$[\alpha]_D^{22}-5.9° \xrightarrow{6min} +9.6°$（*c*＝3，6h）。生化试剂含量≥85.0%。

注意事项 该品应充氩气密封于阴凉干燥处保存。

主要用途 生化研究。测定β-1，6-葡糖苷酶的底物。

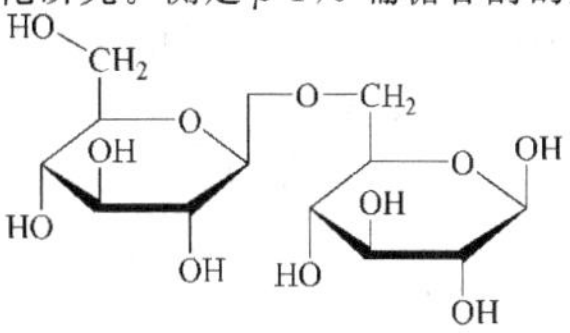

Gentiopicrin 龙胆苦苷 04889

［20831-76-9］ $C_{16}H_{20}O_9$

成分 C 53.93%，H 5.66%，O 40.41%。

别名 （5*R*，6*S*）-5-Ethenyl-6-(β-D-glucopyranosyloxy)-5，6-dihydro-1*H*，3*H*-pyano［3，4-*c*］pyran-1-one；Gentiopicroside

M. I. 15，4432

性状 来自无水乙酸乙酯或无水乙醇中的无色结晶。mp 191℃；$[\alpha]_D^{20}-199°$（于乙醇中）；uv max（*c*＝0.0285g/L 甲醇中）：270nm（lg ε 3.96）。

主要用途 医用抗疟剂。

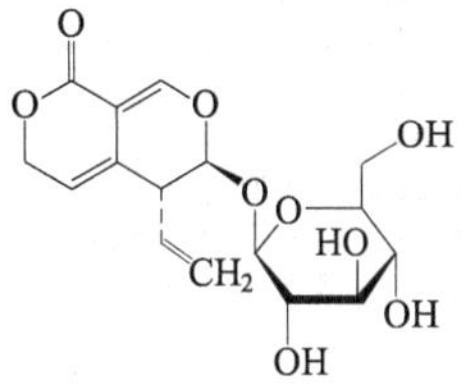

Gentisin 龙胆黄素 04890

［437-50-3］ $C_{14}H_{10}O_5$ 258.23

成分 C 65.12%，H 3.90%，O 30.98%。

别名 龙胆根黄素；1，7-二羟基-3-甲氧基-9*H*-呫吨-9-酮；4，7-二羟基-2-甲氧基呫吨酮；1，7-Dihydroxy-3-methoxyl-9*H*-xanthen-9-one；4，7-Dihydroxy-2-methoxyxanthone；Gentianic acid；Gentianin；Gentiin

M. I. 15，4434

性状 来自乙醇中的黄色针状结晶。极微溶于水或有机溶剂。mp 266～267℃；最大吸入值（甲醇中）：260nm，275nm，315nm，410nm（lg ε 4.35，4.30，4.10，3.70）。

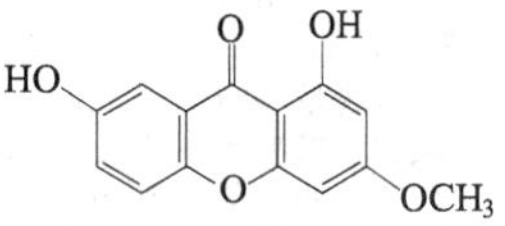

(±)-Geosmin (±)-土味素 04891

［16423-19-1］［19700-21-1］ $C_{12}H_{22}O$ 182.31

成分 C 79.06%，H 12.16%，O 8.78%。

别名 （±）-土臭素；［4*S*-(4α，4aα，8aβ)］-Octahydro-4，8a-dimethyl-4a（2*H*）-naphthalenol；Octahydro-4α，8aβ-dimethyl-4aα(2*H*)-naphthol；1，10-*trans*-Dimethyl-*trans*-(9)-decalol

M. I. 15，4435

性状 无色中性油状液体。最低气味浓度：0.1×10^{-6}。于酸中分解为无味的化合物。bp 270℃；Fp 52℉（11℃）；$[\alpha]_D^{25}-16.5°$。生化试剂为 2mg/mL 甲醇溶液，含量≥98.0%。

注意事项 该品高度易燃。吸入、口服或与皮肤接触有毒，并有产生十分严重的不可逆结果的危险。对眼睛及皮肤有刺激性。使用时应穿适当的防护服和戴手套。应避免吸入本品的蒸气、飞沫。使用现场禁止吸烟。使用时如有事故发生或有不适之感，应请医生诊治。应远离火种，密封于－20℃保存。

主要用途 生化研究。

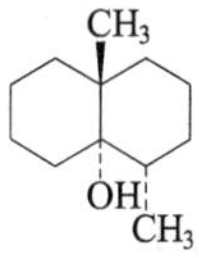

Gephyrotoxin 桥虫毒素 04892

［55893-12-4］ $C_{19}H_{29}NO$ 287.45

成分 C 79.39%，H 10.17%，N 4.87%，O 5.57%。

别名 (1*R*，3a*R*，5a*R*，6*R*，9a*R*)-Dodecahydro-6-(2*Z*)-2-penten-4-ynyl-pyrrolo［1，2-*a*］-quinoline-1-ethanol；HTX D；Histrionicotoxin D

M. I. 15，4436

性状 无色结晶。mp 231～232℃（分解）；$[\alpha]_D^{25}$ −51.5°（c=1,于乙醇中）；uv max（乙醇中）：225nm（ε 8400）。

Geraniol 栊牛儿醇 04893

[106-24-1] $C_{10}H_{18}O$ 154.25

成分 C 77.87%，H 11.76%，O 10.37%。

别名 反式 3,7-二甲基-2,6-辛二烯-8-醇；(*E*)-3,7-二甲基-2,6-辛二烯-1-醇；香叶醇；*trans*-3,7-Dimethyl-2,6-octadien-8-ol；(*E*)-3,7-Dimethyl-2,6-octadien-1-ol；Lemonol

M. I. 15，4437

性状 油状液体。有玫瑰花的香味。能与乙醇、乙醚相混溶，几乎不溶于水。bp_{757} 229～230℃/100.932kPa；bp_{12} 114～115℃/146.65Pa；Fp ＞230℉（110℃）；d_4^{20} 0.8894；n_D^{20} 1.4766；uv max：190～195nm（ε 18000）。一般试剂含量≥99.0%（GC）。

注意事项 该品对眼睛、呼吸系统及皮肤有刺激性。使用时应穿适当的防护服。万一接触到眼睛，应立即用大量水冲洗后请医生诊治。应密封于 2～8℃保存。

主要用途 香料。

Geranylacetate 乙酸栊牛儿醇酯 04894

[105-87-3] [16409-44-2] $C_{12}H_{20}O_2$ 196.29

成分 C 73.43%，H 10.27%，O 16.30%。

别名 栊牛儿醇乙酸酯；香叶基乙酸酯；香叶醇乙酸酯；乙酸香叶醇酯；反式 3，7-二甲基-2，6-辛二烯-1-基乙酸酯；*trans*-3，7-Dimethyl-2，6-octadien-1-yl acetate；Geranio acetate

M. I. 15，4437

性状 无色澄清液体。味甜，有芳香气味。易溶于乙醇，能与乙醚相混溶，几乎不溶于水。bp 约 242℃（分解）；bp_{25} 137～139℃/3.33kPa；Fp 219.2℉（104℃）；d_{15}^{15} 0.9174；n_D^{15} 1.4628。一般试剂含量≥99.0%（GC）。

注意事项 该品对眼睛、呼吸系统及皮肤有刺激性。使用时应戴手套和防护镜或面罩。万一接触到眼睛，应立即用大量水冲洗后请医生诊治。应充氩气密封于 2～8℃保存。

主要用途 香料。

Geranylhydroquinone 香叶基氢醌 04895

[10457-66-6] $C_{16}H_{22}O_2$ 246.35

成分 C 78.01%，H 9.00%，O 12.99%。

别名 2-[(2*E*)-3，7-Dimethyl-2，6-octadienyl]-1，4-benzenediol；*trans*-(3，7-Dimethyl-2，6-octadienyl)hydroquinone；*trans*-1，4-Dihydroxy-2-(3，7-dimethyl-2，6-octadienyl)benzene；Geranyl-1，4-benzenediol；Geroquinol；Béradia

M. I. 15，4439

性状 来自正己烷/乙酸乙酯中的无色针状结晶。mp 61～62℃。

主要用途 实验用放射性保护剂。

Germaniumpowder 锗粉 04896

[7440-56-4] Ge 72.63

M. I. 15，4441

性状 灰白色有光泽脆性金属粉末。不溶于水、盐酸及稀碱溶液，溶于王水、浓硝酸、浓硫酸。mp 937.4℃；bp2700℃；d_4^{25} 5.323。一般试剂含量≥99.0%。

注意事项 该品高度易燃。使用现场禁止吸烟。应远离火种密封保存。

主要用途 制造专透红外光的锗窗、棱镜或透镜，低温温度计。

Germaniumchloride 氯化锗 04897

[10038-98-9] Cl_4Ge 214.43

成分 Cl 66.13%，Ge 33.87%。

别名 四氯化锗；Germaniumtetrachloride

GW2015-2060 M. I. 15，4444

性状 无色液体。在空气中发烟。溶于苯、乙醚及其他有机溶剂。遇水分解。mp −49.5℃；bp_{760} 83.1℃/101.325kPa；d_{20}^{20} 1.879；n_D^{20} 1.463。一般试剂含量≥99.9%（AT）。

注意事项 该品能与水激烈反应。具有腐蚀性，能引起烧伤。对呼吸系统有刺激性。使用时应穿适当的防护服，戴手套和防护镜或面罩。切勿向该物品中加水。使用时应保持容器中干燥。万一接触到眼睛，应立即用大量水冲洗后请医生诊治。使用时如有事故发生或有不适之感，应请医生诊治。应密封于干燥处保存。

主要用途 半导体材料。

Germaniumoxide 氧化锗 04898

[1310-53-8] GeO_2 104.63

成分 Ge 69.42%，O 30.58%。

别名 二氧化锗；Germaniumdioxide；Germanicacid

M. I. 15，4443

性状 白色粉末。溶于约 250 份冷水、100 份沸水，溶于酸或碱溶液。mp 1115℃；*d* 6.239。LD_{50}大鼠腹膜内注射：750mg/kg。

注意事项 该品口服有害。使用时应穿适当的防护服。

主要用途 半导体材料。光谱分析用试剂。

Germine 胚芽碱 04899

[508-65-6] $C_{27}H_{43}NO_8$ 509.64

成分 C 63.63%，H 8.50%，N 2.75%，O 25.11%。

别名 计明胺；(3*β*,4*α*,7*α*,15*α*,16*β*)-4,9-Epoxycevane-3,4,7,14,15,16,20-heptol

M. I. 15，4446

性状 来自甲醇中的无色结晶。溶于氯仿、甲醇、乙醇、丙酮、水，微溶于乙醚。mp 221.5～223℃；$[\alpha]_D^{25}$ +4.5°（95%乙醇中）；$[\alpha]_D^{16}$ +23.1°（c=1.13，于 10%乙酸中）。LD_{50}小鼠静脉注射：139.0mg/kg。

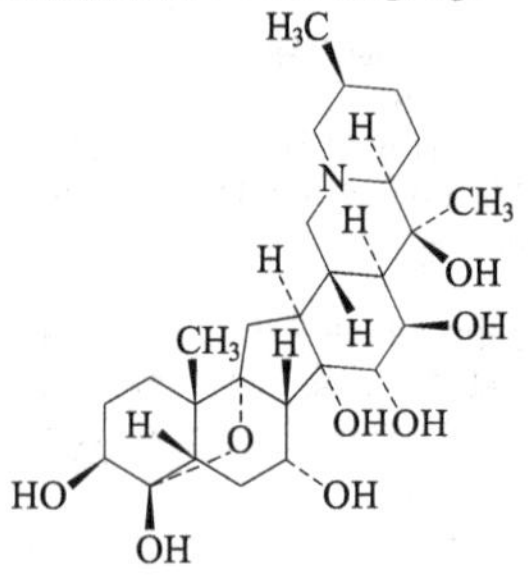

Gestodene 甲地妊娠素 04900

[60282-87-3] $C_{21}H_{26}O_2$ 310.44

成分 C 81.25%，H 8.44%，O 10.31%。

别名 乙基羟基二降孕二烯炔酮；(17*α*)-13-Ethyl-17-hydroxy-18，19-dinorpregna-4，15-dien-20-yn-3-one；17*α*-Ethynyl-17*β*-hydroxy-18-methyl-4，15-estradien-3-one；17*α*-Ethynyl-13-ethyl-17*β*-hydroxy-4，15-gonadien-3-one；SH B 331

M. I. 15，4447

性状 来自丙酮-己烷中的无色结晶。mp 197.9℃。

主要用途 医用孕激素。用于与雌激素结合的口服避孕剂。

Gestonorone caproate 己酸孕诺酮 04901
[1253-28-7] $C_{26}H_{38}O_4$ 414.59
成分 C 75.32%，H 9.24%，O 15.44%。
别名 17-(1-Oxohexyl)oxy-19-norpregn-4-ene-3，20-dione；17-Hydroxy-19-norpregn-4-ene-3，20-dione hexanoate；17α-Hydroxy-19-norprogesterone caproate；17β-Acetyl-17-hydroxyestr-4-ene-3-one hexanoate；Gestronol caproate；SH-582；Depostat；Primostat
M. I. 15，4448
性状 无色结晶。mp 123～124℃；$[\alpha]_D$+13°（氯仿中）；uv max：239nm（ε 17540）。
主要用途 医用孕激素。用于前列腺肥大的治疗。

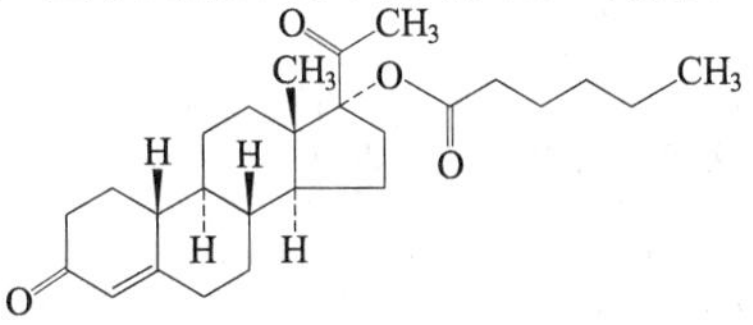

Gestrinone 丙孕三烯酮 04902
[16320-04-0] $C_{21}H_{24}O_2$ 308.42
成分 C 81.78%，H 7.84%，O 10.37%。
别名 乙基羟基二降孕三烯炔酮；(17α)-13-Ethyl-17-hydroxy-18，19-dinorpregna-4，9，11-trien-20-yn-3-one；13β-Ethyl-17α-ethynyl-17β-hydroxy-4，9，11-gonatrien-3-one；13β-Ethyl-17α-ethynyl-$\Delta^{4,9,11}$-gonatriene-17β-ol-3-one；Ethylnorgestrienone；A-46754；R-2323；RU-2323；Dimetriose；Dimetrose；Nemestran；Tridomose
M. I. 15，4449
性状 来自乙酸乙酯或苯-环己烷（1∶1）中的无色结晶。mp 154℃；$[\alpha]_D^{20}$+84.6°（c=0.41，于甲醇中）。
主要用途 医用抗促性腺激素。

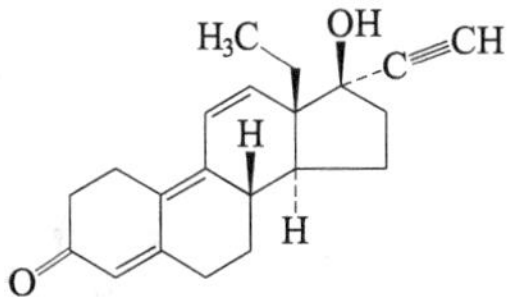

Gibberellic acid 赤霉酸 04903
[77-06-5] $C_{19}H_{22}O_6$ 346.38
成分 C 65.88%，H 6.40%，O 27.71%。
别名 九二零；赤霉素 X；赤霉素 A_3；Activol；CA；GA_3；Gibberellin X；GibberellinA_3；Gibrel；(1α，2β，4aα，4bβ，10β)-2，4a，7-Trihydroxy-1-methyl-8-methylenegibb-3-ene-1，10-dicarboxylic acid 1，4a-lactone
M. I. 15，4454
性状 来自乙酸乙酯中的无色结晶。易溶于甲醇、乙醇、丙酮，溶于碳酸氢钠、乙酸钠的水溶液，中等程度溶于乙酸乙酯，微溶于水、乙醚。pK 4.0。mp 233～235℃（泡腾）；$[\alpha]_D^{19}$+86.0°（c=2.12）。一般试剂含量（赤霉素 A_3）≥90.0%（HPLC）。
注意事项 该品对眼睛有刺激性。有造成不可逆危险的结果。使用时应穿适当的防护服和戴手套。使用时应避免吸入本品的粉尘，避免与眼睛及皮肤接触。万一接触到眼睛，应立即用大量水冲洗后请医生诊治。应充氩气密封保存。
主要用途 植物生长激素。

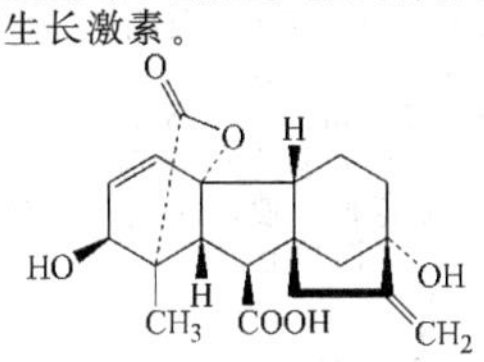

Gibberellins 赤霉素 04904
[60-318] $C_{19}H_{22}O_6$ 346.38
成分 C 65.88%，H 6.40%，O 27.71%。
别名 赤霉酸；九二零；GAs
M. I. 15，4455
性状 白色结晶。易溶于乙醇、甲醇、丙酮。水溶液呈酸性，遇碱易分解。$[\alpha]_D^{20}$+77°±3°（c=1，于甲醇中）。一般试剂含量（赤霉素 A_3）≥80.0%（TLC）；赤霉素 A 约 20.0%（TLC）。
注意事项 该品应充氩气密封于 2～8℃保存。
主要用途 植物生长激素。

Giemsastain 姬姆氏色素 04905
[51811-82-6]
别名 吉氏色素；姬姆萨色素；Giemsa' s stain
性状 本品是由Ⅱ号天青（0.8g）和Ⅱ号天青曙红（0.3g）混合而成的蓝紫色粉末，其中含有不同量的亚甲蓝、Ⅰ号天青和曙红。mp 300℃。溶于甲醇和甘油（1∶1）溶液呈蓝色。配制后的溶液易燃。
注意事项 对眼睛有严重损伤的危险。使用时应戴防护镜或面罩。万一接触到眼睛，应立即用大量水冲洗后请医生诊治。应密封避光保存。
主要用途 原生质的染色，特别适用于血液与血液原虫，如疟原虫等的染色。

Giemsastain solution 姬姆氏色素溶液 04906
[51811-82-6]
别名 天青伊红亚甲蓝溶液；天青曙红亚甲蓝溶液；姬姆萨色素溶液；Azure eosin methyleneblue solution Giemsa's solution
性状 用姬姆氏色素溶于等量的甲醇和甘油，溶液呈蓝色。使用前应摇动。Fp 57.2°F（14℃）；d_4^{20} 0.89。
注意事项 该品高度易燃。吸入、口服或与皮肤接触有毒，并有产生十分严重不可逆结果的危险。使用时应穿适当的防护服和戴手套。万一接触到眼睛，应立即用大量水冲洗后请医生诊治。使用现场禁止吸烟。使用时如有事故发生或有不适之感，应请医生诊治。应远离火种密封避光保存。
主要用途 血液涂膜法检查疟原虫及锥虫，也可作致病性螺旋体的染色、血球及过氧化物酶的染色。

[6]-Gingerol [6]-姜辣素 04907
[23513-14-6] $C_{17}H_{26}O_4$ 294.39
成分 C 69.36%，H 8.90%，O 21.74%。
别名 6-姜酚；(5S)-5-Hydroxy-1-(4-hydroxy-3-methoxyphenyl)-3-decanone
M. I. 15，4459
性状 黄色中性油状液体。有刺鼻气味。n_D^{25}1.5224；uv max（乙醇中）：282nm（ε 2560）。或结晶体。mp 30～32℃；$[\alpha]_D$+27.8°（c=1，于氯仿中）；uv max（乙醇中）：284nm（ε 2700）。溶于 50%乙醇、乙醚、氯仿、苯，中等程度溶于热石油醚。

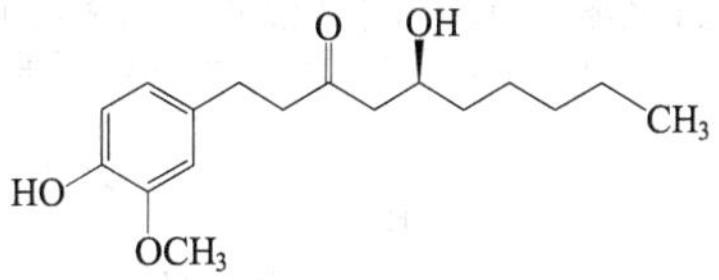

Ginkgolide B 银杏苦内酯 B 04908
[15291-77-7] $C_{20}H_{24}O_{10}$ 424.40
成分 C 56.60%，H 5.70%，O 37.70%。
别名 (1β)-1-羟基银杏苦内酯 A；(1β)-1-Hydroxyginkgolide A；BN-52021
M. I. 15，4461
性状 来自乙醇中的无色结晶。味苦。对湿度敏感。mp 约 300℃（分解）；$[\alpha]_D^{24}$−52.6°（c=1，于乙醇中）；uv max（乙醇中）：219nm（lg ε 2.37）。生化试剂含量≥95.0%（GC）。
注意事项 该品应充氩气密封于 2～8℃干燥保存。
主要用途 生化研究。医用治疗急性脓毒症。

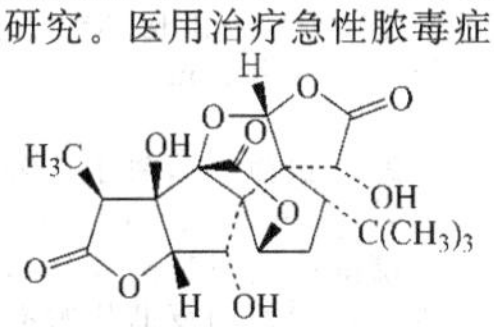

Girardreagent P 吉拉尔特试剂 P 04909
[1126-58-5] $C_7H_{10}ClN_3O$ 187.63
成分 C 44.81%，H 5.37%，Cl 18.90%，N 22.40%，O 8.53%。

别名 氯化吡啶乙酰肼；Acethydrazidepyridinium chloride；Girard's reagent P；Pyridiniumacetohydrazide chloride；1-(Carboxymethyl)pyridinium chloride hydrazide；1-(Hydrazinocarbonylmethyl)pyridinium chloride；1-(2-Hydrazino-2-oxoethyl)pyridinium chloride

M. I. 15，4465

性状 来自甲醇中的无色至浅粉红色结晶。易溶于水，微溶于乙醇。200℃分解。

注意事项 该品应密封保存。

主要用途 生物化学中分离酮-甾族化合物。脂肪或油类中醛、酮的分离。生物激素的浸取剂。

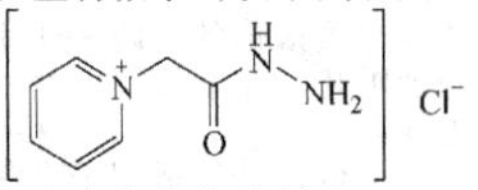

Girard reagent T 吉拉尔特试剂 T 04910

[123-46-6] $C_5H_{14}ClN_3O$ 167.64

成分 C 35.82%，H 8.42%，Cl 21.15%，N 25.07%，O 9.54%。

别名 氯化三甲基胺乙酰肼；乙酰肼三甲基氯化铵；Acethydrazide trimethylammonium chloride；Betaine hydrazide hydrochloride；Girard's reagent T；Trimethylacethydrazideammonium chloride；(Carboxymethyl)trimethylammoniumchloridehydrazide；2-Hydrazino-*N*，*N*，*N*-trimethyl-2-oxoethanaminium chloride

M. I. 15，4465

性状 白色针状结晶。易潮解。极易溶于水、乙酸、甘油、乙二醇，较多地溶于甲醇，溶于约150份无水乙醇，微溶于乙酸、甘油、乙二醇。mp 192℃（微分解）。生化试剂含量99.0%。

注意事项 该品使用时应避免吸入本品的粉尘，避免与眼睛及皮肤接触。应密封干燥保存。

主要用途 生物化学中分离雌酮及其他17-甾酮化合物脂肪或油类中醛、酮的分离。生物激素的浸取剂。

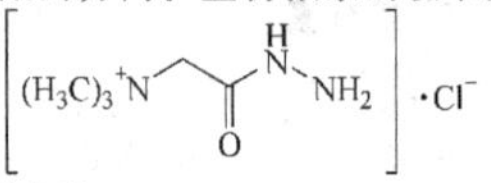

Gitogenin 吉托吉宁 04911

[511-96-6] $C_{27}H_{44}O_4$ 432.65

成分 C 74.96%，H 10.25%，O 14.79%。

别名 吉托皂苷元；吉皂配基；(2α,3β,5α,25*R*)-Spirostan-2,3-diol；Digin

M. I. 15，4466

性状 来自苯中的无色小叶状结晶。溶于氯仿、热乙醇，略微溶于冷乙酸乙酯、乙醚，几乎不溶于水。不被毛地黄皂苷沉淀。271.5～275℃分解；$[\alpha]_D^{20}$ −75°（*c*=1.02，于氯仿中）。

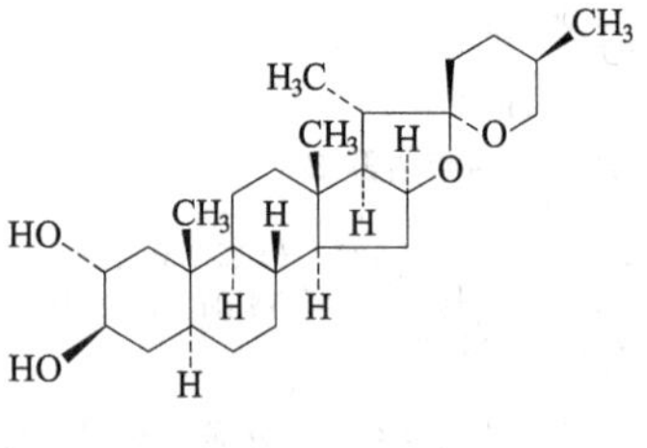

Gitoxigenin 羟基洋地黄毒苷配基 04912

[545-26-6] $C_{23}H_{34}O_5$ 390.52

成分 C 70.74%，H 8.78%，O 20.48%。

别名 芰皂配基；羟基洋地黄毒苷元；(3β,5β,16β)-3,14,16-Trihydroxycard-20(22)-enolide；$\Delta^{20,22}$-3,14,16,21-Tetrahydroxynorcholenic acid lactone

M. I. 15，4468

性状 来自稀乙醇中的片状物。微溶于乙醇、丙酮、乙酸乙酯。mp 234℃；$[\alpha]_{545}^{20}$ +38.5°（*c*=0.68，于甲醇中）；最大吸收值（96%硫酸中）：310nm，485nm，520nm。

注意事项 该品吸入、口服或与皮肤接触有毒。使用时应穿适当的防护服，戴手套和防护镜或面罩。使用时如有事故发生或有不适之感，当请医生诊治。应充氩气于密封于−20℃保存。

主要用途 生化研究。

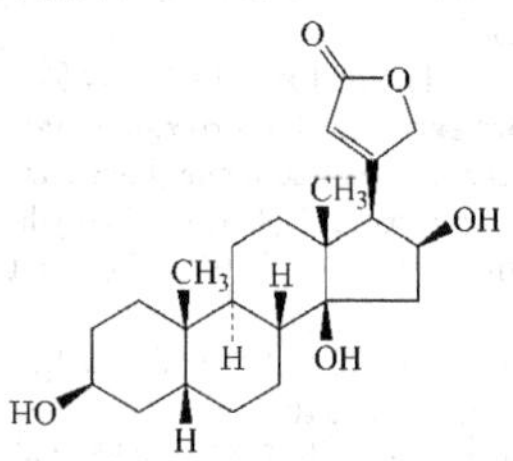

Gitoxin 芰皂素 04913

[4562-36-1] $C_{41}H_{64}O_{14}$ 780.95

成分 C 63.06%，H 8.26%，O 28.68%。

别名 吉妥辛；羟基洋地黄毒苷；(3β,5β,16β)-3-[(*O*-2,6-Dideoxy-β-D-*ribo*-hexopyranosyl-(1→4)-*O*-2,6-dideoxy-β-D-*ribo*-hexopyranosyl-(1→4)-2,6-dideoxy-β-D-*ribo*-hexopyranosyl)oxy]-14,16-dihydroxycard-20(22)-enolide；Anhydrogitalin；Bigitalin；Pseudodigitoxin

M. I. 15，4469

性状 来自氯仿+甲醇中的粗大的棱柱体结晶。溶于氯仿及乙醇的混合物，吡啶、稀乙醇，几乎不溶于氯仿、乙酸乙酯、丙酮。285℃分解（快速加热）；$[\alpha]_{546}^{20}$ +3.5°（*c*=1.02，于吡啶中）；最大吸收值（98%硫酸中）：315nm，415nm，495nm，530nm（$E_{1cm}^{1\%}$ 275，185，430，505）。生化试剂含量≥95.0%。

注意事项 该品吸入、口服或与皮肤接触极毒。使用时应穿适当的防护服，戴手套和防护镜或面罩。使用时如有事故发生或有不适之感，应请医生诊治。

主要用途 生化研究。医用强心剂。

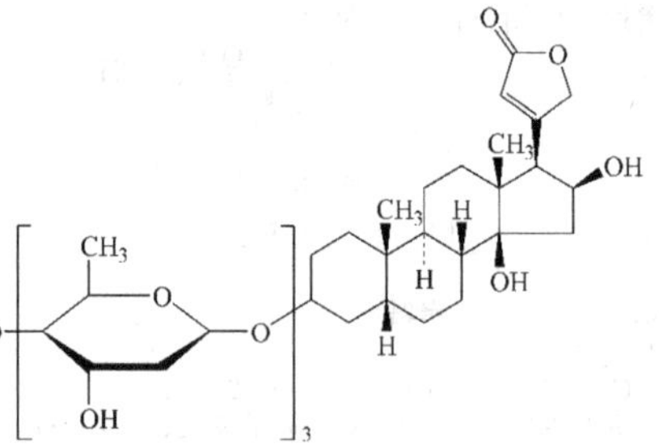

Glafenine 甘氨苯喹 04914

[3820-67-5] $C_{19}H_{17}ClN_2O_4$ 372.81

成分 C 61.21%，H 4.60%，Cl 9.51%，N 7.51%，O 17.17%。

别名 2-[(7-氯-4-喹啉基)氨基]苯甲酸2,3-二羟基丙酯；2-[(7-Chloro-4-quinolinyl)amino]benzoic acid 2,3-dihydroxypropyl ester；*N*-(7-Chloro-4-quinolyl)anthranilic acid 2,3-dihydroxypropyl ester；4-(2-Carboxyphenyl)amino-7-chloroquinoline α-monoglyceride；2,3-Dihydroxypropyl *N*-(7-chloro-4-quinolyl)anthranilate；Glycerylaminophenaquine；Glaphenine；R-1707；Glifan；Glifanan；Privadol

性状 浅黄色棱柱体结晶。该品于下列物质中的溶解度(30℃,g/100mL)：己烷<0.001，水0.001，氯仿0.260，丙酮0.297，乙醇0.700，0.1mol/L盐酸1.295。溶于稀酸或碱的水溶液，微溶于无水乙醇、丙酮、乙醚、苯、氯仿，不溶于水。pK_a(20℃)7.2。mp 169～170℃；uv max(甲醇中)：356nm，225nm，255nm；(0.1mol/L 盐酸中)：342nm，223nm，252nm。LD_{50}小鼠急性经口：>2g/kg。

注意事项 该品口服有害。使用时应穿适当的防护服。

主要用途 生化研究。医用止痛剂。

Glaucine 海罂粟碱 04915

[475-81-0] $C_{21}H_{25}NO_4$ 355.43

成分 C 70.97%，H 7.09%，N 3.94%，O 18.01%。

别名 (6aS)-5,6,6a,7-四氢-1,2,9,10-四甲氧基-6-甲基-

4*H*-二苯并[*de*,*g*]喹啉；(6aS)-5,6,6a,7-Tetrahydro-1,2,9,10-tetramethoxy-6-methyl-4*H*-dibenzo[*de*,*g*]quinoline；1,2,9,10-Tetramethoxyaporphine；Boldine dimethyl ether；Bromcholitin；Glauvent

M. I. 15，4471

性状 来自乙酸乙酯或乙醚中的无色斜方片状或棱柱体结晶。溶于丙酮、乙醇、氯仿、乙酸乙酯，中等程度溶于乙醚、石油醚，几乎不溶于水、苯。mp 120℃； $[\alpha]_D^{20}$ +115°（*c*=3，于乙醇中）。

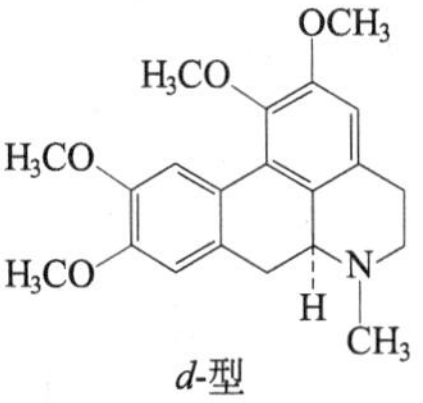

d-型

Glibornuride 甲磺冰片脲 04916

[26944-48-9] $C_{18}H_{26}N_2O_4S$ 366.48

成分 C 58.99%，H 7.15%，N 7.64%，O 17.46%，S 8.75%。

别名 *N*-[(1S,2S,3*R*,4*R*)-3-Hydroxy-4,7,7-trimethylbicyclo[2.2.1]hept-2-yl]amino]carbonyl-4-methylbenzenesulfonamide；(1*R*,2*R*,3*S*,4*S*)-1-(2-Hydroxy-3-bornyl)-3-(*p*-tolylsulfonyl)urea；D-3-*endo*-*p*-Tosylureidoborneol；1-(*p*-Tolylsulfonyl)-3-(2-*endo*-hydroxy-3-*endo*-D-bornyl)urea；Ro-6-4563；Gluborid；Glutril

M. I. 15，4473

性状 无色结晶。mp 192～195℃（乙醇-水），或 195～198℃。$[\alpha]_D$+63.8°（乙醇中）。

主要用途 医用抗糖尿病剂，口服降血糖剂。

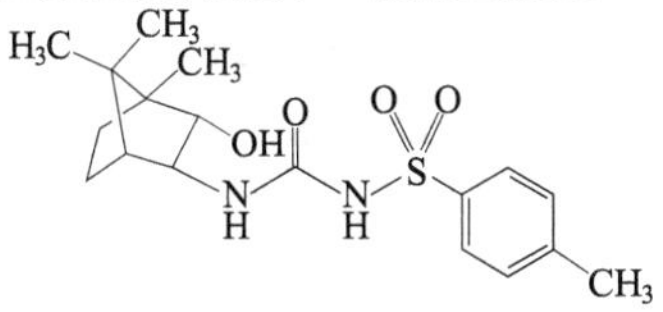

Gliclazide 甲磺吡脲 04917

[21187-98-4] $C_{15}H_{21}N_3O_3S$ 323.41

成分 C 55.71%，H 6.55%，N 12.99%，O 14.84%，S 9.91%。

别名 *N*-[(Hexahydrocylopenta[*c*]pyrrol-2(1*H*)-yl)amino]carbonyl-4-methylbenzenesulfonamide；1-Hexahydrocyclopenta[*c*]pyrrol-2(1*H*)-yl)-3-(*p*-tolylsulfonyl)urea；*N*-(4-Methylbenzenesulfonyl)-*N'*-(3-azabicyclo[3.3.0]oct-3-yl)urea；1-(3-Azabicyclo[3.3.0]oct-3-yl)-3-(*p*-tolylsulfonyl)urea；S-1702；Diamicron；Glimicron；Nordialex

M. I. 15，4474

性状 来自无水乙醇中的无色结晶。mp 180～182℃；LD_{50} 小鼠急性经口：>3g/kg。

主要用途 生化研究。医用抗糖尿病剂，口服降血糖剂。

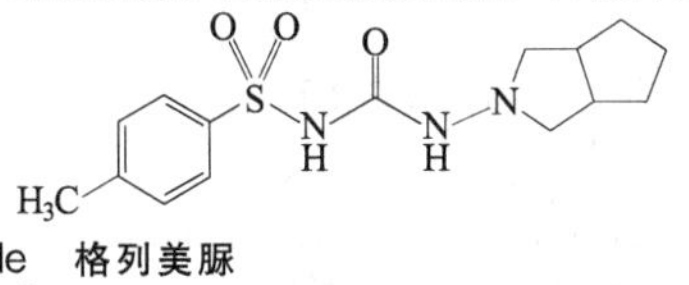

Glimepiride 格列美脲 04918

[93479-97-1] $C_{24}H_{34}N_4O_5S$ 490.62

成分 C 58.76%，H 6.99%，N 11.42%，O 16.30%，S 6.53%。

别名 马尔胰；格列美吡拉；3-Ethyl-2,5-dihydro-4-methyl-*N*-[2-[4-[[[[(*trans*-4-methylcyclohexyl)amino]carbonyl]amino]sulfonyl]phenyl]ethyl]-2-oxo-1*H*-pyrrole-1-carboxamide；*N*-[4-[2-(3-Ethyl-4-methyl-2-oxo-3-pyrroline-1-carboxamido)ethyl]benzenesulfonyl]-*N'*-4-methylcyclohexylurea；1-[4-[2-(3-Ethyl-4-methyl-2-oxo-3-pyrroline-1-carboxamido)ethyl]phenylsulfonyl]-3-(4-methylcyclohexyl)urea；HOE-490；Amaryl

M. I. 15，4475

性状 白色或浅黄白色结晶性粉末。溶于二甲基亚砜(25mg/mL)、二甲基甲酰胺，极微溶于乙腈，几乎不溶于水。mp 207℃。生化试剂含量≥98.0%（HPLC）。

主要用途 医用降血糖剂。

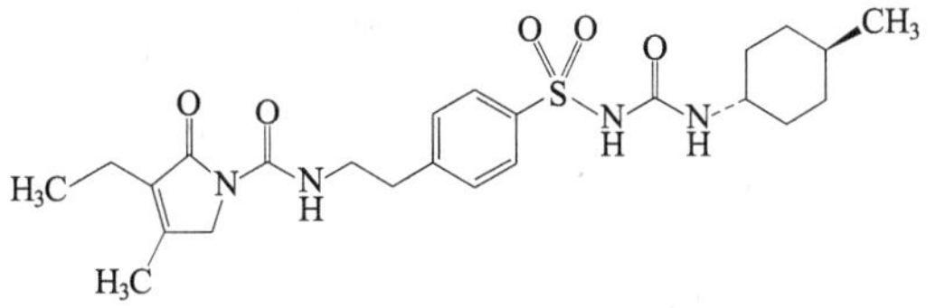

Gliotoxin 胶霉毒素 04919

[67-99-2] $C_{13}H_{14}N_2O_4S_2$ 326.39

成分 C 47.84%，H 4.32%，N 8.58%，O 19.61%，S 19.65%。

别名 (3*R*,5*aS*,6*S*,10*aR*)-2,3,5*a*,6-Tetrahydro-6-hydroxy-3-hydroxymethyl-2-methyl-10*H*-3,10*a*-epidithiopyrazino[1,2-*a*]indole-1,4-dione

M. I. 15，4476

性状 来自甲醇或苯中的单斜针状结晶。对氧和热敏感。该品于下列物质中的溶解度（7℃，mg/mL）：乙酸 12；丙酮 9.0；乙腈 10.2；苯 5.5；四氯化碳 0.8；氯仿 20；二氧六环 73（分解）；二甲基甲酰胺 17；乙酸乙酯 8.5；乙醇 4.7；甲醇 1.4；吡啶 77。于水中溶解度（30℃）：0.07mg/1mL。加热至 100℃，10min 可被钝化。221℃分解； $[\alpha]_D^{25}$ −290°（*c*=0.08，于乙醇中）；uv max：270nm（ε 4500）。生化试剂含量≥98.0%（TLC）。

注意事项 该品口服有毒。使用时应穿适当的防护服，戴手套和防护镜或面罩。使用时如有事故发生或有不适之感，应请医生诊治。应充氩气密封于 2～8℃以下保存。

主要用途 生化研究。医用抗菌剂。

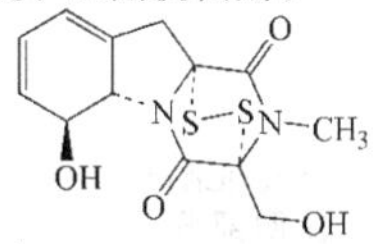

Glipizide 格列吡嗪 04920

[29094-61-9] $C_{21}H_{27}N_5O_4S$ 445.54

成分 C 56.61%，H 6.11%，N 15.72%，O 14.36%，S 7.20%。

别名 吡磺毒素；格列甲嗪；*N*-[2-[4-[[[(Cyclohexylamino)carbonyl]amino]sulfonyl]phenyl]ethyl]-5-methylpyrazinecarboxamide；1-Cyclohexyl-3-[[*p*-[2-(5-methylpyrazinecarboxamido)ethyl]phenyl]sulfonyl]urea；Glydiazinamide；K-4024；Glibenese；Glucotrol；Mindiab；Minidiab；Ozidia

M. I. 15，4477

性状 来自乙醇中的无色结晶。mp 208～209℃，亦有报告为 200～203℃。易溶于二甲基甲酰胺，溶于甲醇(1.9mg/mL)、二甲基亚砜（48mg/mL），微溶于二氯甲烷，不溶于水及醇类。LD_{50} 小鼠，大鼠腹膜内注射：>3g/kg，1.2g/kg。

主要用途 生化研究。医用抗糖尿病剂。

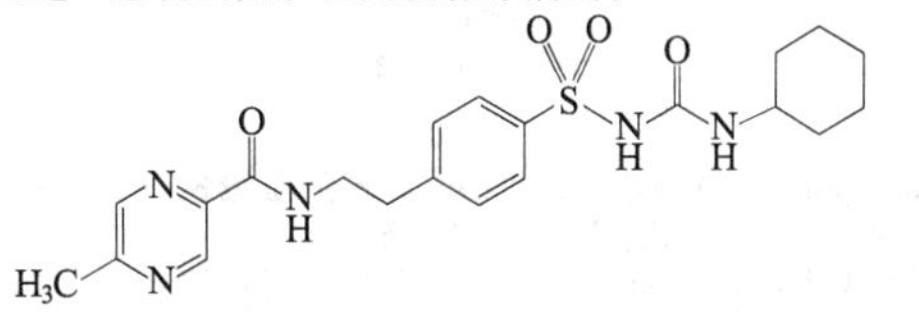

Gliquidone 格列喹酮 04921

[33342-05-1] $C_{27}H_{33}N_3O_6S$ 527.64

成分 C 61.46%，H 6.30%，N 7.96%，O 18.19%，S 6.08%。

别名 *N*-(Cyclohexylamino)carbonyl-4-[2-(3,4-dihydro-7-methoxy-4,4-dimethyl-1,3-dioxo-2(1*H*)-isoquinolinyl)ethyl]benzenesulfonamide；1-Cyclohexyl-3-[[*p*-[2-(3,4-dihydro-7-methoxy-4,4-dimethyl-1,3-dioxo-2(1*H*)-isoquinolyl)ethyl]phenyl]sulfonyl]urea；1,2,3,4-Tetrahydro-2-[*p*-(*N'*-cyclohexylureido-*N*-sulfonyl)phenethyl]-4,4-dimethyl-7-methoxyisoquinoline-1,3-dione；AR-DF 26；Glurenorm

M. I. 15，4478

性状 来自沸甲醇中的无色结晶。mp 180～182℃。其钠盐 160℃结块。LD_{50} 小鼠急性经口：>2g/kg；静脉注射：234mg/kg。

主要用途 医用抗糖尿病剂。

Glisoxepid 唑磺䓬脲 04922

[25046-79-1] $C_{20}H_{27}N_5O_5S$ 449.53

成分 C 53.44%，H 6.05%，N 15.58%，O 17.80%，S 7.13%。

别名 *N*-[2-[4-[[[[(Hexahydro-1*H*-azepin-1-yl) amino] carbonyl]amino]sulfonyl]phenyl]ethyl]-5-methyl-3-isoxazolecarboxamide; 1-(Hexahydro-1*H*-azepin-1-yl)-3-[[*p*-[2-(5-methyl-3-isoxazolecarboxamido)ethyl]phenyl]sulfonyl]urea; 4-[4-[*β*-(5-Methylisoxazole-3-carboxamido)ethyl]phenylsulfonyl]-1,1-hexamethylenesemicarbazide; BS-4231; RP-22410; Pro-Diaban

M. I. 15，4479

性状 来自乙醇中的无色结晶。mp 189℃。LD_{50}小鼠，大鼠，猫，狗急性经口 (g/kg)：>10.0，>10.0，>4.0，>2.0。小鼠，大鼠静脉注射 (mg/kg)：283，196。

主要用途 医用抗糖尿病剂，口服降血糖剂。

Globulin human CohnfractionⅣ 人血清球蛋白 Cohn 氏第四部分 04923

[68476-36-8]

别名 人球朊 Cohn 氏第四部分

性状 白色冷冻干燥粉末。

注意事项 该品应充氩气密封于 2～8℃保存。

主要用途 生化研究。

(−)-Globulol (−)-蓝桉醇 04924

[489-41-8] $C_{15}H_{26}O$ 222.37

成分 C 81.02%，H 11.78%，O 7.19%。

性状 无色结晶。mp 87～88℃；$[\alpha]_D^{20}$ −44°±1° (c=1，于乙醚中)。生化试剂含量≥98.5% (GC)。

主要用途 生化研究。

Glucagon from hog pancreas 胰高血糖素（猪胰） 04925

[16941-32-5] $C_{153}H_{225}N_{43}O_{49}S$ 3482.80

成分 C 52.76%，H 6.51%，N 17.29%，O 22.51%，S 0.92%。

别名 升血糖素；高血糖素；葡萄朊；胰增血糖素；Glukagon; HG factor; HGF; Hyperglycemic-glycogenolytic factor

M. I. 15，4481

性状 白色或微蓝色结晶性粉末。溶于酸性或碱性溶液，不溶于水及多数有机溶剂。生化试剂含量约 95.0% (HPLC)。

注意事项 使用时应避免吸入本品的粉尘，避免与眼睛及皮肤接触。应充氩气密封于−20℃干燥保存。

主要用途 生化研究。

H—His—Ser—Gln—Gly—Thr—Phe—Thr—Ser—Asp—Tyr—Ser—Lys—Tyr—Leu—Asp—Ser—Arg—Arg—Ala—Gln—Asp—Phe—Val—Gln—Trp—Leu—Met—Asn—Thr—OH·*x*HCl

Glucametacin monohydrate 葡美辛 一水 04926

[52443-21-7] $C_{25}H_{27}ClN_2O_8 \cdot H_2O$ 536.96

成分（以无水物计） C 57.86%，H 5.24%，Cl 6.83%，N 5.40%，O 24.66%。

别名 一水合葡美辛；Euminex; Teorema; Teoremac; 2-[[1-(4-Chlorobenzoyl)-5-methoxy-2-methyl-1*H*-imdol-3-yl] acetyl] amino-2-deoxy-D-glucose; 2-[2-[1-(*p*-Chlorobenzoyl)-5-methoxy-2-methylindol-3-yl]acetamido]-2-deoxy-D-glucose; Glucametacine; Glucamethacin; Indomethacin glucosamide

M. I. 15，4483

性状 无色或白色结晶或粉末。

主要用途 医用消炎镇痛剂。

Glucamine 还原葡糖胺 04927

[488-43-7] $C_6H_{15}NO_5$ 181.19

成分 C 39.77%，H 8.34%，N 7.73%，O 44.15%。

别名 1-Amino-1-deoxy-D-glucitol; 1-Amino-1-deoxysorbitol; Glycamine; D-Glucamine

M. I. 15，4484

性状 来自甲醇中的无色结晶。味道微甜。易溶于水，微溶于乙醇，几乎不溶于乙醚。mp 127℃；$[\alpha]_D^{15}$ −7.95° (c=10，于水中)。

CH_2NH_2—HC(OH)—HO—CH—HC(OH)—HC(OH)—CH_2OH

D-Glucaric acid D-葡萄糖二酸 04928

[87-73-0] $C_6H_{10}O_8$ 210.14

成分 C 34.29%，H 4.80%，O 60.91%。

别名 Saccharic acid; D-Glucosaccharic acid; D-Tetrahydroxyadipic acid

M. I. 15，4485

性状 来自 95%乙醇中的无色针状结晶。有旋光变异作用。溶于水、乙醇，略微溶于乙醚。K_{a1} = 1.0 × 10^{-5} (25℃)；mp 125～126℃；$[\alpha]_D^{19}$ +6.86°→+20.60°（于水中）。

α-Glucogallin α-葡糖没食子酸 04929

[53318-36-8] $C_{13}H_{16}O_{10}$ 332.26

成分 C 46.99%，H 4.85%，O 48.15%。

别名 *α*-D-Glucopyranose-1-(3,4,5-trihydroxybenzoate); *α*-D-Glucopyranose-1-gallate; 1-Galloyl-*α*-D-glucose

M. I. 15，4489

性状 二水合物为来自水中的无色棱柱体结晶。易溶于水、甲醇、乙醇、二氧六环、乙酸，略微溶于乙酸乙酯、乙醚、丙酮。mp 171～173℃；无水物 179～181℃分解；$[\alpha]_D^{20}$ +83° (c=3，于甲醇中)；$[\alpha]_D^{25}$ +79.1°（于水中）。

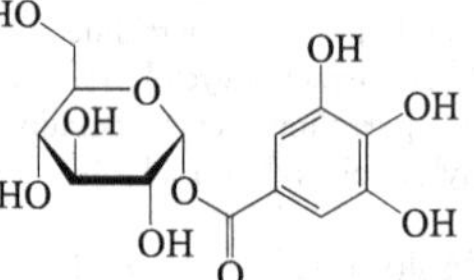

β-Glucogallin β-葡糖没食子酸 04930

[13405-60-2] $C_{13}H_{16}O_{10}$ 332.26

成分 C 46.99%，H 4.85%，O 48.15%。

别名 β-D-Glucopyranose 1-(3，4，5-trihydroxybenzoate)；β-D-Glucopyranose-1-gallate；Glucogallic acid；1-Galloyl-β-D-glucose

M. I. 15，4490

性状 来自水、甲醇或80%乙醇中的极细的棱柱体结晶。味苦。易溶于热水，略微溶于冷水、甲醇、乙醇、丙酮、乙酸乙酯，几乎不溶于乙醚、苯、氯仿、石油醚。mp 207℃；$[\alpha]_D^{25}-24.5°$（c=1.75，于水中）。

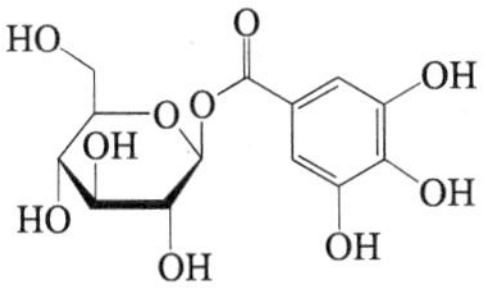

Glucoheptanic acid 葡庚糖酸 04931

[87-74-1] $C_7H_{14}O_8$ 226.18

成分 C 37.17%，H 6.24%，O 56.59%。

别名 D-*glycero*-D-*gulo*- Heptonic acid；α-Glucoheptonic acid；Glucosemonocarbxylic acid；Glucomonocarbonic acid

M. I. 15，4491

性状 无色粗大结晶。有甜味。溶于水。mp 145～148℃；$[\alpha]_D^{20}-56.0°$（显示旋光改变）。

主要用途 医用诊断辅助剂。

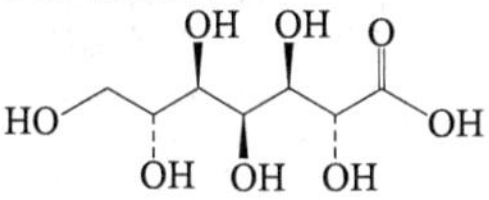

α-D-Glucoheptonicacidcalciumsalt α-D-葡庚糖酸 钙盐 04932

[17140-60-2] $C_{14}H_{26}CaO_{16}$ 490.42

成分 C 34.29%，H 5.34%，Ca 8.17%，O 52.20%。

别名 Calciforte；Calcium α-D-heptagluconate；Calcium glucoheptonate；Calcium glucosemonocarbonate；Calcium glucomonocarbonate；Calheptose；Gluceptate calcium；α-Glucoheptonic acid calcium salt；Glucomonocarbonic acid calcium salt；Glucosemonocarboxylic acid Ca salt；D-Glycero-D-gulo-heptonic acid calcium salt

M. I. 15，4491

性状 无色结晶。易潮解。溶于水。200℃分解。

注意事项 使用时应避免吸入本品的粉尘，避免与眼睛及皮肤接触。应密封于−0℃保存。

主要用途 生化研究。

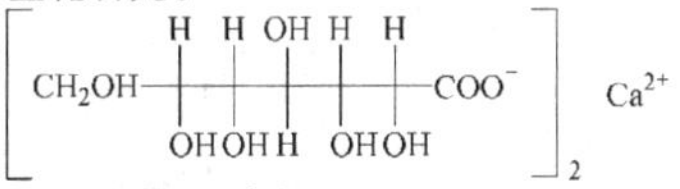

D-Glucoheptose D-葡庚糖 04933

[62475-58-5] $C_7H_{14}O_7$ 210.18

成分 C 40.00%，H 6.71%，O 53.29%。

别名 D-葡萄庚糖；D-Gluco-D-guloheptose；D-Glycero-D-glucoheptose

性状 白色结晶性粉末。溶于水，微溶于乙醇。mp 193℃。$[\alpha]_D^{20}$ −20°～−17°。生化试剂含量≥99.0%。

主要用途 生化研究。

Gluconicacid 葡糖酸 04934

[526-95-4] $C_6H_{12}O_7$ 196.16

成分 C 36.74%，H 6.17%，O 57.09%。

别名 五羟基己酸；D-葡萄糖酸；D-葡糖酸；Dextronic acid；D-Gluconic acid；Maltonic acid；Glycogenic acid；Glyconic acid；Pentahydroxycaproic acid

M. I. 15，4492

性状 无色针状结晶或白色结晶性粉末。易溶于水，微溶于乙醇，不溶于乙醚及多数有机溶剂。pK（25℃）3.60。mp 131℃。d_4^{25} 1.24；$[\alpha]_D^{20}-6.7°$（c=1，于水中）。生化试剂含量≥99.0%。

注意事项 该品具有腐蚀性，能引起烧伤。使用时应穿适当的防护服，戴手套和防护镜或面罩。使用时禁止进餐、饮水。万一接触到眼睛，应立即用大量水冲洗后请医生诊治。使用时如有事故发生或有不适之感，应请医生诊治。其包装物应按危险品处理。

主要用途 生化研究。

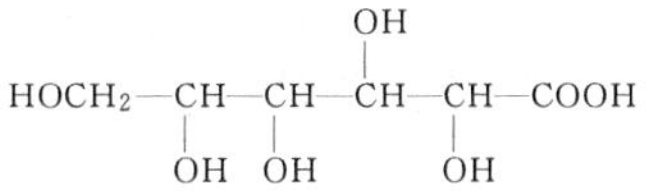

D-(+)-Gluconic acid δ-lactone D-(+)-葡糖酸 δ-内酯 04935

[90-80-2] $C_6H_{10}O_6$ 178.14

成分 C 40.45%，H 5.66%，O 53.89%。

别名 1，5-葡萄糖酸内酯；Delta-gluconolactone；D-(+)-Dextronic acid δ-lactone；Fujiglucon；1，5-Gluconicacidlactone；Gluconolactone；D-Gluconic acid δ-lactone；Glucono deltalactone；D-(+)-Glucono-1，5-lactone；α，β，γ，ε-Tetrahydroxy-δ-caprolactone

M. I. 15，4493

性状 无色结晶或白色结晶性粉末。对湿度敏感。易溶于水（59g/100mL），微溶于乙醇（约1g/100g），不溶于乙醚。153℃（分解）；$[\alpha]_D^{20}+61.7°$（c=1，于水中）。生化试剂含量≥99.0%（T）。

注意事项 使用时应避免与眼睛及皮肤接触。应密封于阴凉干燥处保存。

主要用途 生化研究。酸败延缓剂。金属浸渍及洗净剂。

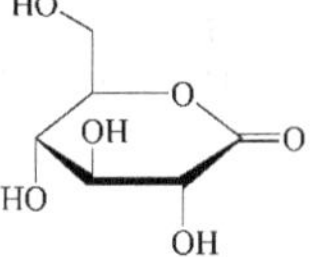

Glucosamine 葡萄糖胺 04936

[3416-24-8] $C_6H_{13}NO_5$ 179.17

成分 C 40.22%，H 7.31%，N 7.82%，O 44.65%。

别名 氨基葡萄糖；2-Amino-2-deoxy-D-glucose；Chitosamine

M. I. 15，4494

性状 一般试剂为α-型与β-型的混合物。α-型[28905-11-5]为无色结晶。mp 88℃；$[\alpha]_D^{20}+100°\xrightarrow{30min}+47.5°$（水中）。β-型[28905-10-4]为来自甲醇中的无色针状结晶。易溶于水，溶于约38份沸甲醇，略溶于冷甲醇或乙醇，几乎不溶于乙醚、氯仿。110℃分解；$[\alpha]_D^{20}+28°\xrightarrow{30min}47.5°$（于水中）。

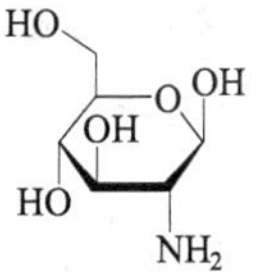

D-(+)-Glucosamine hydroc hloride D-(+)-葡萄糖胺 盐酸盐 04937

[66-84-2] $C_6H_{14}ClNO_5$ 215.64

成分 C 33.42%，H 6.54%，Cl 16.44%，N 6.50%，O 37.10%。

别名 盐酸甲壳质；盐酸D-氨基葡糖；D-(+)-氨基葡糖 盐酸盐；葡萄糖胺盐酸盐；α-Amino-2-deoxy-D-glucoseHCl；Chitosaminehydrochloride；α-D-Glucosamine hydrochloride

性状 白色结晶。微有甜味。易吸湿。易溶于水，微溶于乙醇。mp≥300℃；；$[\alpha]_D^{20}\xrightarrow{24h}+72.5°\pm1°$（$c$=2，于水中）。生化试剂含量≥99.0%（HPLC）。

注意事项 该品应充氩气密封于阴凉干燥处保存。

主要用途 生化研究。

D-Glucosaminic acid D-氨基葡糖酸 04938

[3646-68-2] $C_6H_{13}NO_6$ 195.17

成分 C 36.92%，H 6.71%，N 7.18%，O 49.19%。

别名 2-氨基-3，4，5，6-四羟基己酸；D-氨基葡萄糖酸；2-Amino-2-deoxy-D-gluconic acid；2-Amino-3，4，5，6-tetrahydroxyhexanoicacid; Chitosaminicacid

性状 白色或浅黄色结晶或粉末。溶于水，微溶于乙醇。mp 约 235～245℃；$[\alpha]_D^{20}$ −15°±1°（c=1，于 1mol/L 盐酸中）。生化试剂含量≥99.0%（T）。

注意事项 该品应充氩气密封于 2～8℃干燥保存。

主要用途 生化研究。

β-D-Glucose β-D-葡萄糖 04939

[492-61-5] $C_6H_{12}O_6$ 180.16

成分 C 40.00%，H 6.71%，O 53.28%。

M. I. 15，4495

性状 来自热水＋乙醇、稀乙酸或吡啶中的无色结晶或结晶性粉末。溶于水，微溶于乙醇、乙醚、丙酮。mp 148～155℃；$[\alpha]_D$ +18.7°⟶+52.7°（c=10，于水中）。生化试剂含量≥97.0%。

主要用途 生化研究。

Glucoseanhydrouse 无水葡萄糖 04940

[492-62-6] $C_6H_{12}O_6$ 180.16

成分 C 40.00%，H 6.71%，O 53.28%。

别名 葡萄糖无水；α-D-葡萄糖 无水；Blood sugar；Corn sugar；Dextropur；Dextrose；Dextrosol；Glucolin；D-Glucose

M. I. 15，4495

性状 来自热乙醇或水中的无色或白色结晶性粉末。1g 该品溶于水：25℃，1.1mL；30℃，0.8mL；50℃，0.41mL；70℃，0.28mL；90℃，0.18mL。20℃ 溶于 120mL 甲醇，溶于热冰乙酸、吡啶、苯胺，极微溶于无水乙醇、丙酮、乙醚。mp 146℃；$[\alpha]_D$ +112.2°⟶+52.7°（c=10，于水中）。一般试剂含量≥99.0%。

主要用途 生物培养基制备。制药工业。还原剂。

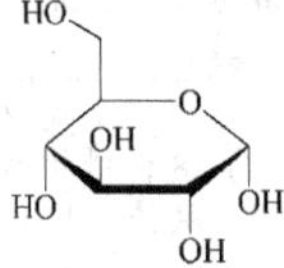

α-D-Glucose 1,6-diphosphatetetracyclohexylamine salt

1,6-二磷酸-α-D-葡萄糖 四环己胺盐 04941

[71662-13-0] $C_{30}H_{62}N_4O_{12}P_2$ 732.78

成分 C 48.90%，H 9.03%，N 7.60%，O 26.06%，P 8.41%。

别名 α-D-葡萄糖-1,6-二磷酸 四环己胺盐；Glc-1,6-pp；4CHA；Glucose-1,6-diphosphoric acid tetrakis (cyclohexylammonium) salt

性状 白色至微黄色结晶性粉末。对湿度敏感。生化试剂含量 95.0%～100.0%。

注意事项 该品对眼睛及皮肤有刺激性。使用时应穿适当的防护服。万一接触到眼睛，应立即用大量水冲洗后请医生诊治。应充氩气密封于−20℃干燥保存。

主要用途 生化研究。

Glucosemonohydrate 葡萄糖 一水 04942

[14431-43-7] $C_6H_{12}O_6 \cdot H_2O$ 198.17

成分（以无水物计） C 40.00%，H 6.71%，O 53.28%。

别名 一水合葡萄糖；右旋糖；α-D-葡萄糖 一水；Bloodsugar；Cornsugar；Grapesugar；Dextrose；Dextropur；Dextrosol

M. I. 15，4445

性状 来自水中的无色结晶或白色结晶性粉末。有甜味。1g 该品溶于约 1mL 水、约 60mL 乙醇，不溶于乙醚。mp 83℃；$[\alpha]_D$+102.0°⟶+47.9°（于水中）。一般试剂含量≥99.0%（HPLC）。

主要用途 制备生物培养基。制药工业。还原剂。微量分析试剂。食品用甜味剂。组织改进剂。

参考规格 HG/T 3475—1999

	分析纯	化学纯
比旋光度 $[\alpha]_D^{20}$	+52.5°～+53.0°	+52.5°～+53.0°
澄清度试验	合格	合格
干燥失重/%	7.5～9.1	7.0～9.1
灼烧残渣（以硫酸盐计）/%≤	0.05	0.05
酸度（以 H^+ 计）/(mmol/100g) ≤	0.12	0.12
氯化物（Cl）/%≤	0.002	0.006
硫酸盐（SO_4）/%≤	0.002	0.004
铁（Fe）/%≤	0.0005	0.001
重金属（以 Pb 计）/%≤	0.0005	0.0005
糊精及淀粉	合格	合格

Glucose 1-monophosphate dipotassium salt dihydrate

1-一磷酸葡糖二钾盐 二水 04943

[5996-14-5] $C_6H_{11}K_2O_9P \cdot 2H_2O$ 372.36

成分（以无水物计） C 21.43%，H 3.30%，K 23.25%，O 42.81%，P 9.21%。

别名 1-一磷-α-D-葡糖二钾盐 二水；二水合 1-一磷酸葡糖二钾盐；葡糖-1-磷酸二钾盐；1-磷酸葡萄糖二钾盐；α-D-Glucopyranose 1-dihydrogenphosphate dipotassium salt；α-D-Glucopyranose 1-phospsate dipotassium salt；Glucose 1-phosphate dipotassium salt；G-1-P-K_2 salt；Glucose 1-monophosphoric acid K_2 salt；α-D-Glucose-1-phosphoric acid dipotassium salt

M. I. 15，4497

性状 来自乙醇中的无色结晶或白色结晶性粉末。易吸潮。易溶于水，微溶于乙醇。$[\alpha]_D^{20}$ +78°，（c=4，于水中）。生化试剂含量≥99.0%（NT）。

注意事项 该品应充氩气密封于 2～8℃干燥保存。

主要用途 生化研究。

α-D-Glucose 1-monophosphate disodium salt tetrahydrate

1-一磷酸-α-D-葡糖二钠盐 四水 04944

[150399-99-8] $C_6H_{11}Na_2O_9P \cdot 4H_2O$ 376.16

成分（以无水物计） C 23.70%，H 3.65%，Na 15.12%，O 47.35%，P 10.19%。

别名 四水合 1-一磷酸-α-D-葡糖二钠盐；α-D-葡糖-1-磷酸二钠盐；1-磷酸葡萄糖二钠盐；α-D-Glucose 1-monophosphoric acid Na_2 salt；G-1-P-Na_2 salt；Coriester disodium salt

性状 白色粉末。易吸湿。溶于水，微溶于乙醇。$[\alpha]_D^{20}$ 80°±2°（c=1，于水中）。生化试剂含量≥98.0%。

注意事项 该品应充氩气密封于 2～8℃干燥保存。

主要用途 生化研究。

Glucose 6-monophosphate 6-一磷酸葡糖 04945

[56-73-5] $C_6H_{13}O_9P$ 260.13

成分 C 27.70%，H 5.04%，O 55.35%，P 11.91%。

别名 6-一磷酸葡萄糖；罗比森酯；葡糖-6-一磷酸；葡糖-6-磷酸；6-磷酸葡萄糖；D-Glucose 6-dihydrogenphosphate；Glucose-6-monophosphoric acid；Glucose 6-phosphate；Glucose-6-phosphoric acid；G-6-P；6-PG；Robisone ster

M. I. 15，4498

性状 白色结晶或冷冻干燥无定形粉末。

注意事项 该品具有腐蚀性，能引起烧伤。使用时应穿适当的防护服，戴手套和防护镜或面罩。万一接触到眼睛，应立即用大量水冲洗后请医生诊治。使用时如有事故发生或有不适之感，应请医生诊治。使用完毕应立即脱掉受污染的衣服。应密封于－20℃保存。
主要用途 生化研究。

Glucose 6-monophosphate barium salt heptahydrate

6-一磷酸葡糖钡盐 七水 04946
[58823-95-3] $C_6H_{11}BaO_9P \cdot 7H_2O$ 521.57
成分（以无水物计） C 18.22%，H 2.80%，Ba 34.73%，O 36.41%，P 7.83%。
别名 七水合 6-一磷酸葡糖钡盐；葡糖-6-磷酸钡盐；6-磷酸葡萄糖钡盐；Glucose 6-monophosphoric acid Ba salt；Glucose 6-phosphate bariumsalt；G-6-P-Ba
M. I. 15，4498
性状 白色粉末。性稳定，不吸潮。易溶于水。$[\alpha]_D^{24}$ ＋17.9°（c＝1，于水中）。
注意事项 该品吸入或口服有害。接触皮肤后，应立即用大量肥皂泡沫冲洗。应密封于－20℃保存。
主要用途 生化研究。

Glucose 6-monophosphate dehydrogenase from yeast

6-一磷酸葡糖脱氢酶（酵母） 04947
[9001-40-5] Mr 约 102000
别名 6-一磷酸葡萄糖脱氢酶；葡糖-6-一磷酸脱氢酶；葡糖-6-磷酸脱氢酶；Glucose-6-monophosphoricaciddehydrogenasefromyeast；G-6-P-DH
EC 1.1.1.49
性状 该品系从酵母中提取得到的悬浮在 3.2mol/L 硫酸铵溶液的悬浮液。1mL 含 700 单位，即相当于 1mg 含 140 单位。
注意事项 使用时应避免与眼睛及皮肤接触。应充氩气密封于 2～8℃保存。
主要用途 生化研究。

Glucose 6-monophosphate disodium salt dihydrate

6-一磷酸葡糖二钠盐 二水 04948
[3671-99-6] $C_6H_{11}Na_2O_9P \cdot 2H_2O$ 340.13
成分（以无水物计） C 23.70%，H 3.65%，Na 15.12%，O 47.34%，P 10.19%。
别名 6-一磷酸葡萄糖二钠盐；二水合 6-一磷酸葡糖二钠盐；葡糖-6-磷酸二钠盐；6-磷酸葡萄糖二钠盐；Glucose-6-monophosphoricacid Na_2 salt；Glucose 6-phosphatedisodium salt；G-6-P-Na_2
性状 白色结晶性粉末。有潮解性。易溶于水，不溶于乙醇。$[\alpha]_D^{20}$ ＋23°±3°（c＝1，于水中）。生化试剂含量≥99.0%。
注意事项 该品应充氩气密封于 2～8℃干燥保存。
主要用途 生化研究。测定 6-磷酸葡萄糖脱氢酶的底物。

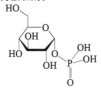

β-D-Glucose 6-monophosphatemonosodiumsalt

6-一磷酸-β-D-葡糖一钠盐 04949
[54010-71-8] $C_6H_{12}NaO_9P$ 282.12
成分 C 25.54%，H 4.29%，Na 8.15%，O 51.04%，P 10.98%。
别名 β-D-葡糖-6-磷酸一钠盐；6-磷酸-β-D-葡萄糖一钠盐；罗比森酯一钠盐；β-D-(＋)-吡喃葡萄糖-6-磷酸一钠盐；D-Glucose 6-phosphate monosodium salt；β-D-Glucose 6-monophosphoric acid monosodium salt；β-D-（＋）-Glucopyranose 6-phosphatemonosodium salt；G-6-P-Na；Robison ester monosodiumsalt
性状 无色结晶。溶于水。mp 204℃（分解）；$[\alpha]_D^{20}$ ＋34°±1°（c＝10，于水中）。生化试剂含量≥98.0%。
注意事项 该品应充氩气密封于 2～8℃干燥保存。

Glucose oxidase from aspergillus niger

葡糖氧化酶（黑曲霉） 04950
[9001-37-0] Mr 约 186000
别名 Corylophyline；P-FAD；GOD；β-D-Glucopyranose-aerodehydrogenase；Microcide；Mikrotsid；Notatin
M. I. 15，4496 EC 1.1.3.4
性状 淡黄或灰黄色粉末。溶于水成绿黄色溶液，不溶于乙醚、氯仿、吡啶、甘油。能被 50%丙酮所沉淀。酸、碱或高温均能使酶受到破坏。
注意事项 该品吸入可引起过敏。使用时应避免吸入本品的粉尘。使用时如有事故发生或有不适之感，应请医生诊治。应密封于 2～8℃保存（溶液应防止冻结）。
主要用途 生化研究。蛋白质的脱糖。制尿糖、血糖试纸。罐头、酒类的贮藏。制药工业。

α-D-Glucose pentaacetate α-D-五乙酸葡糖

04951
[604-68-2] $C_{16}H_{22}O_4$ 390.34
成分 C 49.23%，H 5.68%，O 45.09%。
别名 α-D-五乙酰葡萄糖；1,2,3,4,6-Penta-O-acetyl-α-D-glucopyranose；Pentaacetyl-α-D-glucose
性状 白色结晶性粉末。溶于乙醇和三氯甲烷，不溶于水。mp 111～113℃；$[\alpha]_D^{20}$ ＋100°（c＝5，于氯仿中）。生化试剂含量≥99.0%(GC)。
主要用途 生化研究。有机微量分析测定邻位乙酰基的标准物。

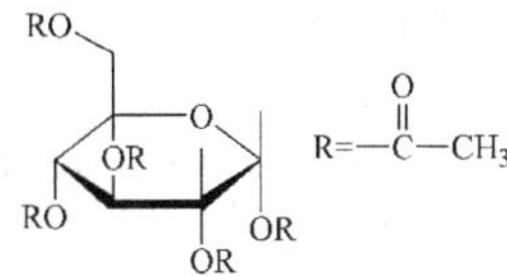

β-D-Glucose pentaacetate β-D-五乙酸葡糖

04952
[604-69-3] $C_{16}H_{22}O_4$ 390.34
成分 C 49.23%，H 5.68%，O 45.09%。
别名 β-D-五乙酰葡萄糖；1,2,3,4,6-Penta-O-acetyl-β-D-glucopyranose；Pentaacetyl-β-D-glucose
性状 白色结晶性粉末。溶于氯仿，不溶于水。mp 130～132℃。$[\alpha]_D^{20}$ ＋4.5°（c＝5，于氯仿中）。生化试剂含量≥99.0%(GC)。
注意事项 使用时应避免吸入本品的粉尘，避免与眼睛及皮肤接触。
主要用途 生化研究。有机微量分析测定邻位乙酰基的标准物。

α-Glucose-1-phosphate 1-磷酸 α-葡萄糖

04953
[59-56-3] $C_6H_{13}O_9P$ 260.13
成分 C 27.70%，H 5.04%，O 55.35%，P 11.91%。
别名 1-一磷酸-α-葡萄糖；α-D-Glucopyranose 1-dihydrogenphosphate；α-Glucose-1-phosphoric acid；α-D-Glucopyranose-1-phosphate；Cori ester
M. I. 15，4497
性状 无色结晶或白色粉末。极易溶于水。比磷酸的酸性强。pK_1 1.11，pK_2 6.13。$[\alpha]_D^{25}$ ＋120°。
主要用途 其钙盐为强壮剂。

β-Glucosidase from almonds β-葡糖苷酶（苦扁桃）

04954
[9001-22-3] Mr 约 135000

别名 Emulsin；Amygdalase
EC 3.2.1.21
性状 冷冻干燥近白色至浅棕色粉末。溶于水，不溶于乙醇、乙醚。
注意事项 该品吸入可引起过敏。使用时应穿适当的防护服和戴手套。使用时应避免吸入本品的粉尘，避免与皮肤接触。应充氩气密封于2～8℃干燥保存。
主要用途 生化研究。

Glucosulfone sodium 葡萄糖砜钠 04955
[554-18-7] $C_{24}H_{34}N_2Na_2O_{18}S_3$ 780.69
成分 C 36.92%，H 4.39%，N 3.59%，Na 5.89%，O 36.89%，S 12.32%。
别名 1,1'-[Sulfonylbis(4,1-phenyleneimino)]bis[1-deoxy-1-sulfo-D-glucitol]disodium salt；*p*,*p*'-Sulfonyldianiline -*N*,*N*'-diglucoside disodium disulfonate；*p*,*p*'-Sulfonyldianilne-*N*,*N*'-di-D-glucose sodium bisulfite comp d；*p*，*p*'-Diaminodiphenylsulfone-*N*，*N*'-di(dextrose sodiumsulfonate)；Disodium *p*，*p*'-diaminodiphenylsulfone -*N*，*N*'-diglucose sulfonate；501-P；Protomin；Promin；Promanide
M. I. 15，4499
性状 白色无定形粉末。溶于水，微溶于乙醇，不溶于乙醚、苯、甲醇、乙酸乙酯、吡啶。其水溶液能被高压灭菌。LD_{50} 大鼠急性经口：3～4g/kg；静脉注射：3～3.5g/kg。
主要用途 医用抗菌剂(抑制麻风菌)。

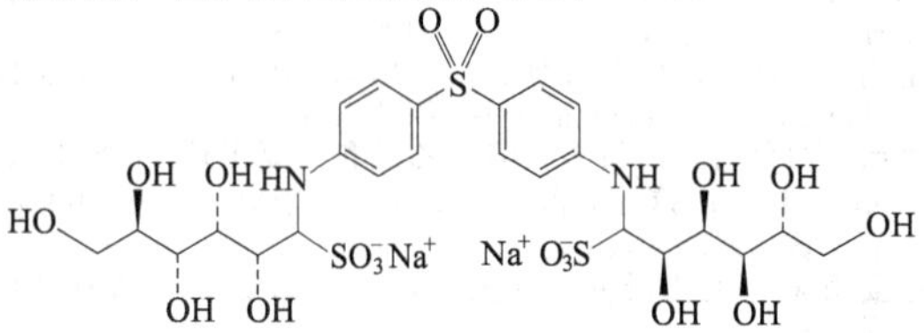

Glucovanillin 葡萄糖香草醛 04956
[494-08-6] $C_{14}H_{18}O_8$ 314.29
成分 C 53.50%，H 5.77%，O 40.72%。
别名 葡糖香荚兰醛；4-(*β*-D-Glucopyranosyloxy)-3-methoxybenzaldehyde；Vanillin-D-glucoside；Avenein；Vanilloside
M. I. 15，4500
性状 来自甲醇中的无色针状结晶。味苦。溶于热水、乙醇，几乎不溶于乙醚。mp 189～190℃；$[\alpha]_D^{20}$ −89.9°(于水中)。
主要用途 药用香料辅剂。

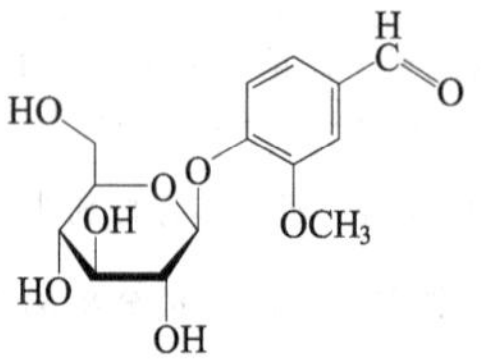

D-Glucuronicacid D-葡糖醛酸 04957
[6556-12-3] $C_6H_{10}O_7$ 194.14
成分 C 37.12%，H 5.19%，O 57.69%。
别名 D-葡萄糖醛酸；Glycuronicacid
M. I. 15，4501
性状 来自乙醇或乙酸乙酯中的无色针状结晶或白色结晶性粉末。溶于水、乙醇。mp 158℃（分解）；$[\alpha]_D^{24}$ +11.7° $\xrightarrow{2h}$ +36.3°（*c*=6，于水中）。生化试剂含量≥98.0%。
注意事项 使用时应避免与眼睛及皮肤接触。应密封保存。
主要用途 生化研究。

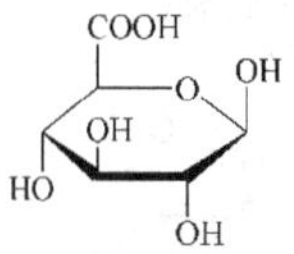

***β*-Glucuronidase frombovine liver**
***β*-葡糖苷酸酶（牛肝）** 04958
[9001-45-0] Mr 约 290000
别名 *β*-葡萄糖醛酸苷酶；*β*-D-Glucuronideglucuronosohydrolase；Glusulase；*β*-GU
M. I. 15，4502 EC3.2.1.31
性状 白色粉末。溶于水。生化试剂为黄棕色，活性含量≥1000U/mg、约3000U/mg、约10000U/mg等多种。
注意事项 使用时应避免吸入本品的粉尘，避免与眼睛及皮肤接触。应充氩气密封于−20℃干燥保存。
主要用途 生化研究。检定尿甾体及血中甾体轭合物。

D-Glucuronolactone D-葡糖醛酸内酯 04959
[32449-92-6] $C_6H_8O_6$ 176.12
成分 C 40.92%，H 4.58%，O 54.50%。
别名 葡醛酯；Dicurone；Glucoxy；D-Glucurone；D-Glucofuranurono-6，3-lactone；Glucurolactone；D-(＋)-Glucuronicacid *γ*-lactone；Guronsan
M. I. 15，4503
性状 来自乙醇中的无色结晶或白色结晶性粉末。味微苦。见光色渐变深。溶于水(26.9g/100mL)，水溶液不稳定。微溶于乙醇(2.8g/100mL)，极微溶于无水乙醇(0.7g/100mL)、冰乙酸(0.3g/100mL)。mp 176～178℃(分解)；d_4^{30} 1.76；$[\alpha]_D^{25}$ +19.8°(*c*=5.19，于水中)。生化试剂含量≥99.0%。
注意事项 该品应密封避光保存。
主要用途 生化研究。医用解毒剂。

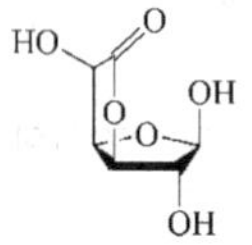

Glutamate-dehydrogenase from bovine liver
谷氨酸脱氢酶(牛肝) 04960
[9029-12-3] Mr 约 330000
别名 Glutamic acid dehydrogenase；GlDH；L-GLDH
EC 1.4.1.3
性状 白色结晶性粉末。生化试剂含量>30U/mg。
注意事项 使用时应避免吸入本品的粉尘，避免与眼睛及皮肤接触。应充氩气密封于−20℃干燥保存。
主要用途 生化研究。

D-Glutamicacid D-谷氨酸 04961
[6893-26-1] $C_5H_9NO_4$ 147.13
成分 C 40.82%，H 6.17%，N 9.52%，O 43.50%。
别名 D-麸氨酸；D-麸质酸；D-2-氨基戊二酸；(*R*)-2-Aminoglutaric acid；D-*α*-Aminoglutaricacid；D-Glutaminicacid；D-2-Aminopentanedioicacid；D-1-Aminopropane-1，3-dicarboxylic acid
M. I. 15，4505
性状 来自水中的无色有光泽的小叶状结晶。溶于水，微溶于乙醇，不溶于乙醚。mp 约 200℃（分解）；$[\alpha]_D^{20}$ −30.5°（*c*＝1，于 6mol/L 盐酸中）。生化试剂含量≥99.0%（NT）。
注意事项 该品应充氩气密封保存。
主要用途 生化试剂。

L-Glutamicacid L-谷氨酸 04962
[56-86-6] $C_5H_9NO_4$ 147.13
成分 C 40.82%，H 6.17%，N 9.52%，O 43.50%。
别名 L-氨基戊二酸；L-麸氨酸；L-麸质酸；*α*-Aminoglutaric acid；(*S*)-2-Aminopentanedioic acid；1-Aminopropane-1，3-dicarboxylic acid；E；Glu；Glutacid；Glutamic acid；Glutaminic acid；Glutaminol；Glutaton
M. I. 15，4505
性状 来自乙醇水溶液中的白色正交双楔结晶或粉末。溶于水（25℃，8.64g/L；50℃，21.86g/L；75℃，55.32g/L；100℃，140.0g/L），不溶于甲醇、乙醇、乙醚、丙酮、冷冰乙酸。pK_1 2.19；pK_2 4.25；pK_3 9.67。d_4^{20} 1.538（真空中）；$[\alpha]_D^{22.4}$ +31.4°（于 6mol/L 盐酸中）。生化试剂含量≥99.0%（NT）。
主要用途 生化研究。食品用代盐剂、鲜味剂。

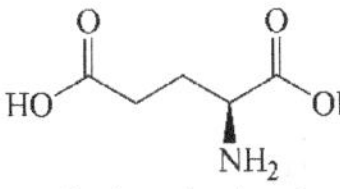

L-Glutamic acid dimethyl esterhydr ochloride
L-谷氨酸二甲酯盐酸盐 04963
[23150-65-4] $C_7H_{14}ClNO_4$ 211.65
成分 C 39.72%，H 6.67%，Cl 16.75%，N 6.62%，O 30.24%。
别名 盐酸 L-谷氨酸二甲酯
性状 无色结晶。mp 89～90℃；$[\alpha]_D^{20}$ +26.0°±1°（c=5，于水中）。一般试剂含量≥99.0%（AT）。
注意事项 使用时应避免吸入本品的粉尘，避免与眼睛及皮肤接触。

L-Glutamic acid 5-ethyl ester **L-谷氨酸-5-乙酯** 04964
[1119-33-1] $C_7H_{13}NO_4$ 175.18
成分 C 47.99%，H 7.48%，N 8.00%，O 36.53%。
别名 L-谷氨酸-γ-乙酯；麸质酸-5-乙酯；L-麸氨酸-5-乙酯；γ-Ethyl L-glutamata；L-Glutamic acid γ-ethyl ester；Glutestere
M. I. 15，4506
性状 白色结晶性粉末。易溶于水。mp 约 178℃（分解）；$[\alpha]_D^{20}$ +13.0°±0.5°（c=6，于水中）。生化试剂含量≥99.0%（T）。
注意事项 该品应密封于 2～8℃保存。
主要用途 生化研究。有机合成。

L-Glutamicacidhydrochloride **L-谷氨酸盐酸盐** 04965
[138-15-8] $C_5H_9NO_4 \cdot HCl$ 183.59
成分 C 32.71%，H 5.49%，Cl 19.31%，N 7.63%，O 34.86%。
别名 盐酸 L-谷氨酸；盐酸 L-麸质酸；L-麸质酸盐酸盐；Acidogen；Acidoride；Acidulin；Aciglumin；Aclor；Antalka；Gastuloric；Glutamidin；Glutan-HCl；Glutasin；Hydrionic；Hypochylin；Muriamic；Pepsdol
M. I. 15，4505
性状 白色斜方形颗粒状结晶。溶于水。214℃分解；$[\alpha]_D^{20}$ +23°（c=6，于水中）。生化试剂含量≥99.0%。
注意事项 该品对呼吸系统及皮肤有刺激性。对眼睛有严重损伤的危险。使用时应戴手套和防护镜或面罩。万一接触到眼睛，应立即用大量水冲洗后请医生诊治。应充氩气密封于干燥处保存。
主要用途 生化研究。食品用代盐剂、增香剂、营养剂。

DL-Glutamic acid monohydrate **DL-谷氨酸一水** 04966
[19285-83-7] $C_5H_9NO_4 \cdot H_2O$ 165.15
成分（以无水物计） C 40.82%，H 6.17%，N 9.52%，O 43.50%。
别名 一水合 DL-麸质酸；一水合 DL-谷氨酸；DL-麸质酸一水
性状 无色无定形结晶。溶于水，微溶于乙醇、乙醚。mp 180～185℃（分解）。生化试剂含量≥99.0%（NT）。
注意事项 该品应密封避光保存。
主要用途 生化研究。

L-Glutamicacidmonosodiumsalt monohydrate
L-谷氨酸一钠盐 一水 04967
[6106-04-3] [142-47-2]（无水物） $C_5H_8NNaO_4 \cdot H_2O$ 187.11
成分（不含 H_2O） C 35.51%，H 4.77%，N 8.28%，Na 13.59%，O 37.84%。
别名 一水合 L-谷氨酸一钠盐；麸氨酸钠 一水；L-谷氨酸钠盐 一水；L-麸氨酸钠盐 一水；L-氨基戊二酸钠盐 一水；味精；L-麸质酸钠盐 一水；Accent；Ajinomoto；Chinese seasoning；Glutacyl；Glutavene；Monosodium glutamate monohydrate；MSG；RL-50；Sodium L-glutamate；Vetsin
M. I. 15，6342
性状 无色松散流动的结晶或白色结晶性粉末。无味。易溶于水，略微溶于乙醇。mp 232℃（分解）；$[\alpha]_D^{25}$ +25.5°（c=8，于 1mol/L 盐酸中）。LD_{50}（无水物）小鼠腹膜内注射：19.9g/kg。生化试剂含量≥99.0%（TLC）。
注意事项 该品应密封保存。
主要用途 生化研究。食品用调味剂。

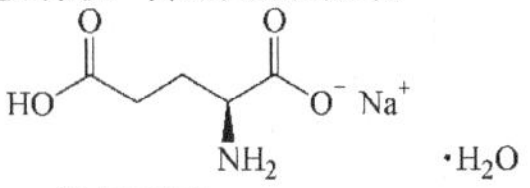

D-Glutamine **D-谷氨酰胺** 04968
[5959-95-5] $C_5H_{10}N_2O_3$ 146.15
成分 C 41.09%，H 6.90%，N 19.17%，O 32.84%。
别名 D-2-Aminoglutaramic acid；D-Glutamic acid 5-amide
性状 白色粉末。$[\alpha]_D^{20}$ −34°±2°（c=5，于 5 mol/L 盐酸中）。生化试剂含量≥98.5%（NT）。
注意事项 该品应密封保存。
主要用途 生化研究。

DL-Glutamine **DL-谷氨酰胺** 04969
[585-21-7] $C_5H_{10}N_2O_3$ 146.15
成分 C 41.09%，H 6.90%，N 19.17%，O 32.84%。
别名 DL-2-Aminoglutaramicacid
M. I. 15，4507
性状 来自稀丙酮中的白色棱柱体结晶。1g 该品溶于 38.5mL 水（18℃），不溶于乙醚。mp 185～186℃。
注意事项 该品应密封避光保存。
主要用途 生化研究。

L-Glutamine **L-谷氨酰胺** 04970
[56-85-9] $C_5H_{10}N_2O_3$ 146.15
成分 C 41.09%，H 6.90%，N 19.17%，O 32.84%。
别名 左旋麸氨酰胺；L-谷氨酰胺；L-麸氨酰胺；L-氨羰基丁氨酸；L-2-Aminoglutaramicacid；Cebrogen；(*S*)-2,5-Diamino-5-oxopentanoic acid；Gln；Glumin；L-Glutamicacid 5-amide；Levoglutamina；Q；Stimulina
M. I. 15，4507
性状 来自水或稀乙醇中的细小不透明的针状结晶。1g 该品 30℃溶于 20.8mL 水、18℃溶于 38.5mL 水、0℃溶于 57.6mL 水，极微溶于乙醇（23℃，0.46mg/100mL）、甲醇（25℃，3.5mg/100mL），几乎不溶于乙醚、苯、丙酮、三氯甲烷、乙酸乙酯。pK_1 2.17；pK_2 9.13。185～186℃分解；$[\alpha]_D^{23}$ +6.1°（c=3.6，于水中）。生化试剂含量≥99.0%（NT）。
注意事项 该品对眼睛、呼吸系统及皮肤有刺激性。使用时应避免吸入本品的粉尘，避免与眼睛及皮肤接触。万一接触到眼睛，应立即用大量水冲洗后请医生诊治。应密封保存。
主要用途 生化研究。细菌培养基的制备。营养增补剂。

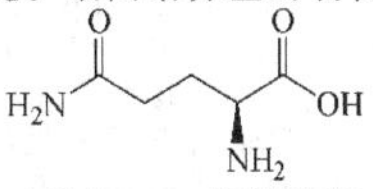

L-Glutamyl-4-nitroanilide **L-谷氨酰基-4-硝基苯胺** 04971
[7300-59-6] $C_{11}H_{13}N_3O_5 \cdot H_2O$ 285.26
成分（以无水物计） C 49.44%，H 4.90%，N 15.72%，O 29.93%。
别名 L-谷氨酰对硝基苯胺；L-2-Amino-4′-nitroglutaranilic acid；L-Glutamic acid 5-*p*-nitroanilide
性状 白色结晶。溶于水。mp 186～188℃；$[\alpha]_D^{20}$ +27°±2°（c=1，于 5mol/L 盐酸中）。生化试剂含量≥99.0%（NT）。
注意事项 使用时应避免吸入本品的粉尘，避免与眼睛及皮肤接触。应密封避光于 2～8℃保存。
主要用途 生化研究。肽酶的底物。麦酰转肽酶活力的测定。

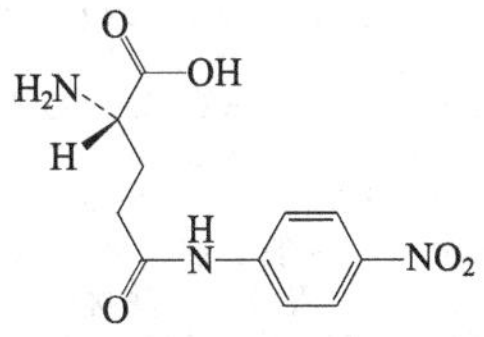

Glutaraldehyde 25% water solution

戊二醛 25%水溶液 04972

[111-30-8] $C_5H_8O_2$ 100.12

成分 C 59.98%，H 8.05%，O 31.96%。

别名 Cidex；1,3-Diformylpropane；GD；Glutaric dialdehyde 25% water solution；Glutarol；Novaruca；1,3-Pentanedial 25% water solution；Verucasep

GW 2015-2169 M.I. 15，4508

性状 无色透明油状液体。为戊二醛 25%的水溶液。有芳香味。易挥发、聚合和氧化。能与水、乙醇、乙醚相混溶。mp −6℃；bp 101℃；d 1.062；n_D^{20} 1.3755。LD_{50}大鼠急性经口：2.38mL/kg；兔皮肤渗透：2.56mL/kg (Smyth)。

注意事项 该品吸入有毒，口服有害。具有腐蚀性，能引起烧伤。吸入或与皮肤接触可引起过敏。使用时应穿适当的防护服，戴手套和防护镜或面罩。应避免吸入本品的蒸气。万一接触到眼睛，应立即用大量水冲洗后请医生诊治。使用时如有事故发生或有不适之感，应请医生诊治。应充氩气密封避光保存（勿冻结）。

主要用途 它能使蛋白质凝固，可作显微镜检验用的固化剂。

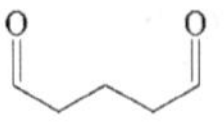

Glutaric acid 戊二酸 04973

[110-94-1] $C_5H_8O_4$ 132.12

成分 C 45.46%，H 6.10%，O 48.44%。

别名 胶酸；Pentanedioic acid；1,3-Propanedicarboxylic acid；*n*-Pyrotartaric acid

M.I. 15，4509

性状 无色长单斜棱柱体结晶。易溶于无水乙醇、乙醚，溶于苯、三氯甲烷，微溶于石油醚。于水中溶解度：0℃，429g/L；20℃，639g/L；50℃，957g/L；65℃，1118g/L。pK_1 (25℃)：4.34；pK_2：5.22。mp 97.5～98℃；bp_{760} 302～304℃/101.325kPa；bp_{20} 200℃/2.666kPa；bp_{10} 195～198℃/1.333kPa；d_4^{15} 1.429；n_D^{106} 1.41878。一般试剂含量≥99.0%(T)。

注意事项 该品对眼睛、呼吸系统及皮肤有刺激性。使用时应穿适当的防护服。万一接触到眼睛，应立即用大量水冲洗后请医生诊治。

主要用途 显微分析。有机合成。

Glutaricanhydride 戊二酸酐 04974

[108-55-4] $C_5H_6O_3$ 114.10

成分 C 52.63%，H 5.30%，O 42.07%。

性状 无色结晶。对湿度、空气和二氧化碳敏感。mp 52～55℃；bp_{10} 150℃/1.333kPa；Fp 352°F (178℃)；d 1.411。一般试剂含量≥98.0%(NT)。

注意事项 该品口服或与皮肤接触有害。对眼睛、呼吸系统及皮肤有刺激性。对眼睛有严重损伤的危险。使用时应穿适当的防护服，戴防护镜或面罩。万一接触到眼睛，应立即用大量水冲洗后请医生诊治。应密封干燥保存。

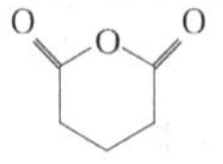

Glutaronitrile 戊二腈 04975

[544-13-8] $C_5H_6N_2$ 94.12

成分 C 63.81%，H 6.43%，N 29.76%。

别名 1,3-二氰丙烷；1,3-Dicyanopropane；Glutaric acid dinitrile；Pentanedinitrile；Trimethylene cyanide；Trimethylene dicyanide

GW2015-2168 M.I. 15，4510

性状 无色或浅黄色有黏性的液体。易吸湿。溶于水、乙醇、三氯甲烷，不溶于乙醚、二硫化碳。mp −29℃；bp_{760} 286℃/101.32kPa；bp_{100} 206℃/13.332kPa；bp_{60} 190℃/7.999kPa；bp_{40} 176℃/5.333kPa；bp_{20} 157℃/2.666kPa；bp_{10} 140℃/1.333kPa；bp_5 124℃/666.61Pa；bp_1 91.3℃/133.32Pa；Fp >230℉ (110℃)；d^{23} 0.9888；n_D^{23} 1.4365。一般试剂含量≥98.0%(GC)。

注意事项 该品吸入、口服或与皮肤接触有害。使用时应穿适当的防护服和戴手套。应充氩气密封干燥保存。

主要用途 有机合成。气相色谱固定液。

Glutathione 谷胱甘肽 04976

[70-18-8] $C_{10}H_{17}N_3O_6S$ 307.32

成分 C 39.08%，H 5.58%，N 13.67%，O 31.24%，S 10.43%。

别名 三缩氨基酸；谷胱甘肽还原型；谷胱甘胜；硫糠质；Agifutol S；Copren；Delthathione；γ-L-Glutamyl-L-cysteinylglycine；Glutamed；*N*-(*N*-L-γ-Glutamyl-L-cysteinyl)glycine；Glutasan；Glutathin；Glutathiol reduced；Glutathione reduced；Glutinal；GR；GSH；L-Glutathione；Glutathione-SH；Isethion；Neuthion；Tathiclon；Tathion；Tationil；Triptide

M.I. 15，4511

性状 来自 50%乙醇中的无色结晶或白色至浅黄色颗粒或粉末。对空气敏感。易溶于水、稀乙醇、氨水、二甲基甲酰胺，不溶于乙醇、乙醚、丙酮。$pK_{1'}$ 2.12；$pK_{2'}$ 3.53；$pK_{3'}$ 8.66；$pK_{4'}$ 9.12。mp 195℃；$[\alpha]_D^{25}$ −18.9° (c=4.653，于水中)；$[\alpha]_D^{27}$ −21° (c=2.74，于水中)。生化试剂含量≥97.0%(HPLC)。

注意事项 该品有能造成不可逆危险的结果。使用时应穿适当的防护服和戴手套。应充氮气密封于 2～8℃保存。

主要用途 生化研究。

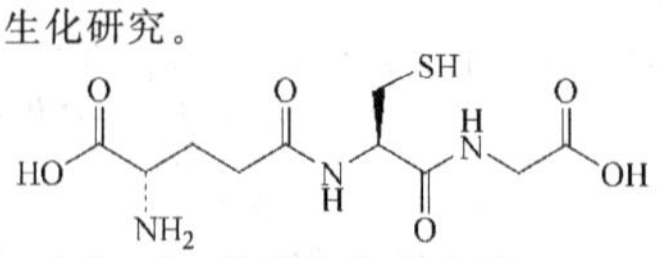

Glutathioneoxidized 谷胱甘肽 氧化型 04977

[27025-41-8] $C_{20}H_{32}N_6O_{12}S_2$ 612.64

成分 C 39.21%，H 5.26%，N 13.72%，O 31.34%，S 10.47%。

别名 氧化谷胱甘肽；SS-Glutathione；*N*,*N'*-{Dithiobis[1-(carboxymethyl) carbamoyl] ethylene} diglutamine；Glutathiol oxidized；Glutathionide；GSSG

性状 白色结晶性粉末。溶于水，不溶于乙醇、乙醚。生化试剂含量≥99.0%(HPLC)。

注意事项 该品对眼睛、呼吸系统及皮肤有刺激性。使用时应穿适当的防护服。万一接触到眼睛，应立即用大量水冲洗后请医生诊治。应密封于 2～8℃保存。

主要用途 生化研究。酶法测定 NADP 和 NADPH 的氢受体。

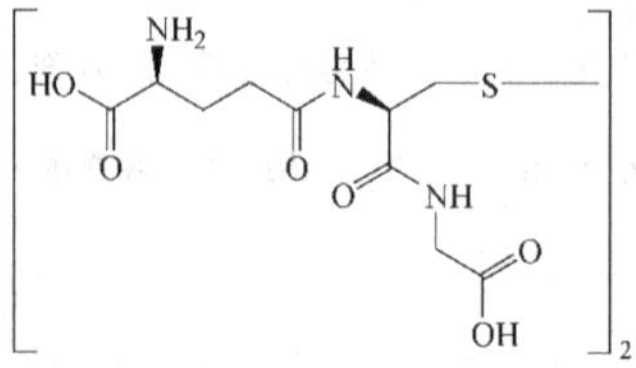

Glutathione oxidized disodium salt
谷胱甘肽 氧化型 二钠盐 04978

[103239-24-3] $C_{20}H_{30}N_6Na_2O_{12}S_2$ 656.59

成分 C 36.59%，H 4.61%，N 12.80%，Na 7.00%，O 29.24%，S 9.77%。

别名 氧化谷胱甘肽二钠盐

性状 白色粉末。溶于水。生化试剂含量≥99.0%(TLC)。

注意事项 该品应密封于−20℃保存。

Glutathione reductase from Baker'syeast
谷胱甘肽还原酶 贝克酵母 04979

[9001-48-3] Mr 约 118000

EC 1.6.4.2

性状 浅黄色液体。一般试剂为该品悬浮在 pH 值 7 的 3.6mol/L 硫酸铵水溶液中。

注意事项 使用时应避免与眼睛及皮肤接触。应充氩气密封于 2～8℃保存。

主要用途 生化研究。

Glutethimide 苯乙哌啶酮 04980

[77-21-4] $C_{13}H_{15}NO_2$ 217.27

成分 C 71.87%，H 6.96%，N 6.45%，O 14.73%。
别名 多睡丹；导眠能；3-Ethyl-3-phenyl-2,6-piperidinedione；2-Ethyl-2-phenylglutarimide；*α*-ethyl-*α*-phenyl glutarimide；3-Ethyl-3-phenyl-2,6-dioxopiperidine；3-Ethyl-3-phenyl-2,6-diketopiperidine；Elrodorm；Doriden-Sed；Doriden
M. I. 15，4513
性状 *dl*-型为来自乙醚或乙酸乙酯＋石油醚中的无色结晶。易溶于乙酸乙酯、丙酮、乙醚、氯仿，溶于乙醇、甲醇，几乎不溶于水。mp 84℃；uv max（甲醇中）：251nm，257nm，263nm。*d*-型 mp 102.5～103℃；$[\alpha]_D^{20}+176°$（甲醇中）。*l*-型 mp 102～103℃；$[\alpha]_D^{20}-181°$（甲醇中）。
注意事项 该品口服有害。使用时应穿适当的防护服。
主要用途 医用镇静剂，安眠剂。

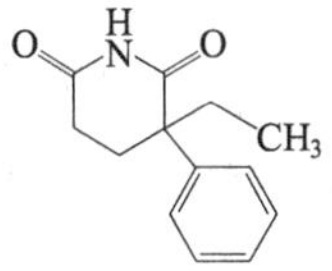

Glyburide 伏降糖 04981

[10238-21-8] $C_{23}H_{28}ClN_3O_5S$ 494.00
成分 C 55.92%，H 5.71%，Cl 7.18%，N 8.51%，O 16.19%，S 6.49%。
别名 5-Chloro-*N*-[2-[4-[[[(cyclohexylamino)carbonyl]amino]sulfonyl]phenyl]ethyl]-2-methoxybenzamide；*N*¹-[4-[*β*-(2-Methoxy-5-chlorobenzoylamino)ethyl]benzenesulfonyl]-*N*²-cyclohexylurea；Glybenzcyclamide；Glibenclamide；HB-419；U-26452；Adiab；Azuglucon；Bastiverit；Dia-basan；Diabeta；Daonil；Duraglucon；Euglucon；Gilemal；Gliben-Puren N；Glidiabet；Glimidstada；Glucoremed；Gluco-Tablinen；Glycolande；Lederglib；Libanil；Lisaglucon；Malix；Maninil；Micronase；Praeciglucon
M. I. 15，4514
性状 来自甲醇中的无色结晶。溶于一般的有机溶剂，略溶于水。pK_a 5.3。mp 169～170℃。LD_{50}大鼠，小鼠急性经口：>20g/kg，腹膜内注射：>12.5g/kg；皮下注射：>20g/kg。生化试剂含量≥99.0%（HPLC）。
注意事项 该品应密封于2～8℃保存。
主要用途 生化研究。医用降血糖剂。

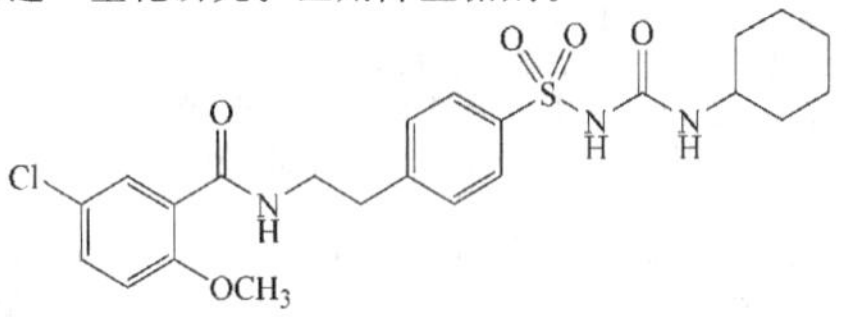

Glybuthiazole 格列噻唑 04982

[535-65-9] $C_{12}H_{16}N_4O_2S_2$ 312.41
成分 C 46.14%，H 5.16%，N 17.93%，O 10.24%，S 20.52%。
别名 4-Amino-*N*-[5-(1,1-dimethylethyl)-1,3,4-thiadiazol-2-yl]benzenesulfonamide；*N*-(5-*tert*-butyl-1,3,4-thiabiazol-2-yl)sulfanilamide；Sulfatertiobutylthiadiazole；2-(*p*-Aminobenzenesulfamido)-5-tertiobutyl-1,3,4-thiadiazole；Glybuthizol；RP-2259；Glipasol
M. I. 15，4515
性状 来自乙醇中的无色针状结晶。溶于乙醇（1.0g/65mL）、丙酮（1.0g/15mL）、二甲基甲酰胺（1.0g/3mL），不溶于水、乙醚、苯。mp 221～223℃。
主要用途 医用抗糖尿病剂。

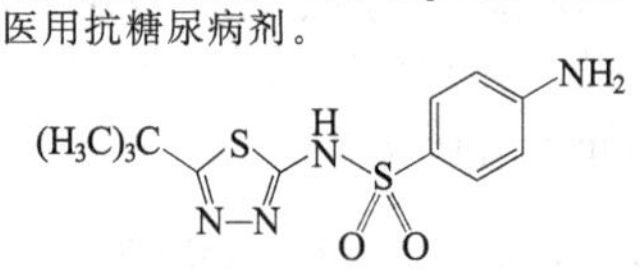

Glybuzole 磺丁噻二唑 04983

[1492-02-0] $C_{12}H_{15}N_3O_2S_2$ 297.39
成分 C 48.47%，H 5.08%，N 14.13%，O 10.76%，S 21.56%。
别名 *N*-[5-(1,1-Dimethylethyl)-1,3,4-thiadiazol-2-yl]benzenesulfonamide；*N*-(5-*tert*-Butyl-1,3,4-thiabiazol-2-yl)benzenesulfonamide；2-Benzenesulfonamido-5-*tert*-butyl-1,3,4-thiabiazole；Desaglybuzole；TH-1395；RP-7891；AN-1324；Gludiase
M. I. 15，4516
性状 无色针状结晶。mp 163℃。
主要用途 医用抗糖尿病剂。

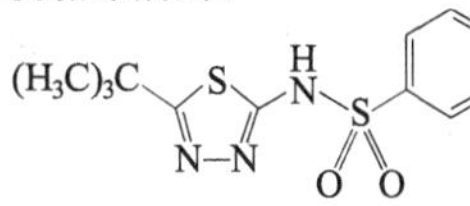

D-(＋)-Glyceraldehyde D-(＋)-甘油醛 04984

[453-17-8] $C_3H_6O_3$ 90.08
成分 C 40.00%，H 6.71%，O 53.28%。
别名 D-(＋)-2,3-二羟基丙醛；D-(＋)-2,3-Dihydroxypropanal；D-(＋)-Glyceric aldehyde；D-(＋)-*α*,*β*-Dihydroxypropionaldehyde
M. I. 15,4517
性状 无色黏稠的液体。bp_{17} 127～129℃/2.266kPa；bp_{10} 123～126℃/1.333kPa；Fp 233.6℉(112℃)；$[\alpha]_D^{25}+8.7°$（*c*＝2，于水中）。生化试剂含量≥98.0%(HPLC)；水≤10.0%。
注意事项 使用时应避免吸入本品的蒸气，避免与眼睛及皮肤接触。应充氩气密封于2～8℃保存。
主要用途 生化研究。

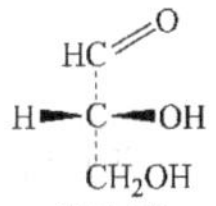

DL-Glyceraldehyde DL-甘油醛 04985

[56-82-6][dimer 26793-98-6] $C_3H_6O_3$ 90.08
成分 C 40.00%，H 6.71%，O 53.28%。
别名 2,3-二羟基丙醛；丙醛糖；2,3-Dihydroxypropanal；*α*,*β*-Dihydroxypropionaldehyde；Glyceric aldehyde
M. I. 15，4517
性状 来自乙醇＋乙醚中的无色结晶。无味。微溶于水（18℃，3g/100mL），不溶于苯、石油醚、戊烷。mp 145℃；d_{18}^{18} 1.455。生化试剂含量≥90.0%（GC）。
注意事项 使用时应避免吸入本品的粉尘，避免与眼睛及皮肤接触。
主要用途 生化研究。

DL-Glyceraldehyde 3-phosphate solution DL-3-磷酸甘油醛溶液 04986

[591-59-3] $C_3H_7O_6P$ 170.06
成分 C 21.19%，H 4.15%，O 56.45%，P 18.21%。
别名 2-Hydroxy-3-(phosphonooxy)propanal；3-Phosphoglycealdehyde
M. I. 15，4518
性状 无色液体。生化试剂为50mg/mL水溶液。应于2～8℃保存。
注意事项 该品具有腐蚀性，能引起烧伤。使用时应穿适当的防护服，戴手套和防护镜或面罩。万一接触到眼睛，应立即用大量水冲洗后请医生诊治。使用时如有事故发生或有不适之感，应请医生诊治。使用完毕应立即脱掉受污染的衣服。应密封于－20℃（干冰中）保存。
主要用途 生化研究。

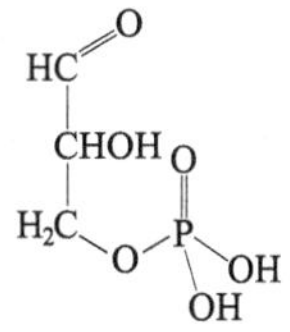

Glyceraldehyde-3-phosphate dehydrogenase from rabbit muscle 3-磷酸甘油醛脱氢酶（兔肌） 04987

[9001-50-7] Mr 约 144000
别名 甘油醛-3-磷酸脱氢酶（兔肌）；GAP DH；Phosphoglycerine aldehydedehydrogenase
EC1.2.1.12
性状 纯品应为无色结晶。生化试剂为该品悬浮在3.2mol/L硫酸铵水溶液中。
注意事项 该品应密封于2～8℃保存（勿冻结）。
主要用途 生化研究。测定ATP和3-磷酸甘油酯。合成

ATP-S。

DL-Glyceraldehyde 3-phosphate diethyl acetal monobarium salt
3-磷酸-DL-甘油醛（酯）二乙基缩乙醛 一钡盐 04988
[93965-35-6] $C_7H_{15}BaO_7P$ 379.49

成分 C 22.15%，H 3.98%，Ba 36.19%，O 29.51%，P 8.16%。
别名 DL-甘油醛-3-磷酸二乙基缩乙醛钡盐；GAP-DA-Ba salt
性状 无色结晶。生化试剂含量≥98.0%（TLC），水≤1.0%。
注意事项 使用时应避免与眼睛及皮肤接触。接触皮肤后应立即用大量肥皂泡沫冲洗。应充氩气密封于−20℃保存。
主要用途 生化研究。

DL-Glyceric acid DL-甘油酸 04989
[473-81-4] [600-19-1] $C_3H_6O_4$ 106.08

成分 C 33.97%，H 5.70%，O 60.33%。
别名 2，3-二羟基丙酸；2，3-Dihydroxypropanoic acid；α，β-Dihydroxypropionic acid
M. I. 15，4519
性状 无色黏稠状液体。能与水、乙醇、丙酮相混溶，几乎不溶于乙醚。p*K*（25℃）：3.55。
主要用途 生化研究，研究肌肉生理学。有机合成。制药工业。

Glycerol 丙三醇 04990
[56-81-5] $C_3H_8O_3$ 92.09

成分 C 39.13%，H 8.76%，O 52.12%。
别名 甘油；三羟基丙烷；Bulbold；Cristal；Glyceol；Glycerin；Glycerine；IFp；Incorporation factor；Ophthalgen；Trihydroxypropane；1,2,3-Propanetriol
M. I. 15,4520
性状 无色无臭的黏稠状液体。味甜。有强吸湿性。能吸收硫化氢、氰化氢、二氧化硫。能与水、乙醇相混溶，1份该品溶于11份乙酸乙酯、约500份乙醚，不溶于苯、二硫化碳、三氯甲烷、四氯化碳、石油醚、油类。易被脱水，失水生成双甘油和聚甘油等。氧化生成甘油醛和甘油酸等。在0℃下凝固，形成有闪光的斜方结晶。mp 17.8℃；bp_{760} 290℃/101.32kPa(分解)；bp_{400} 263℃/53.329kPa；bp_{200} 240℃/26.664kPa；bp_{100} 220.1℃/13.332kPa；bp_{60} 208℃/7.999kPa；bp_{20} 182.2℃/2.666kPa；bp_{10} 167.2℃/1.333kPa；bp_5 153.8℃/666.61Pa；bp_1 125.5℃/133.32Pa；Fp 350℉（176℃，开杯）；d_{15}^{15} 1.26557；d_{20}^{20} 1.26362；d_{25}^{25} 1.26201；n_D^{25} 1.4730；n_D^{20} 1.4746；n_D^{15} 1.4758。LD_{50}大鼠急性经口：>20mL/kg；静脉注射：4.4mL/kg。
注意事项 该品与强氧化剂，如与铬酸酐、氯酸钾、高锰酸钾等接触，能引起燃烧或爆炸。应密封于干燥处保存。
主要用途 测硼络合剂。溶剂。润滑剂。化妆品配制。制药工业。气相色谱固定液。

参考规格 GB/T 687—2011	分析纯	化学纯
含量($C_3H_8O_3$)/%≥	99.0	97.0
色度/黑曾单位≤	10	30
灼烧残渣（以硫酸盐计）/%≤	0.001	0.005
酸度(以 H^+ 计)/(mmol/g)≤	0.0005	0.001
碱度(以 OH^- 计)/(mmol/g)≤	0.0003	0.0006
氯化物(Cl)/%≤	0.0001	0.001
硫酸盐(SO_4)/%≤	0.0005	0.001
铵(NH_4)/%≤	0.0005	0.001
砷(As)/%≤	0.00005	0.0002
铁(Fe)/%≤	0.0001	.
重金属(以 Pb 计)/%≤	0.0001	0.0005
脂肪酸酯（以甘油三丁酯计）/%≤	0.05	0.1
蔗糖和葡萄糖	合格	合格
还原银的物质	合格	合格
易炭化物质	合格	合格

Glycerol diacetate 二乙酸甘油酯 04991
[25395-31-7] $C_7H_{12}O_5$ 176.17

成分 C 47.72%，H 6.87%，O 45.41%。
别名 双醋酯；二乙酸丙三醇酯；二醋精；丙三醇二乙酸酯；甘油二乙酸酯；Diacetin；Glycerol diacetate；Glyceryl diacetate；1,2,3-Propanetriol diacetate
M. I. 15,2964
性状 无色液体。为1,2-二乙酸甘油酯和1,3-二乙酸甘油酯的混合物。有吸湿性。溶于水、乙醇、乙醚、苯，几乎不溶于二硫化碳。bp 259℃；Fp 285℉（141℃）；d_4^{16} 1.184；n_D^{20} 1.44。
注意事项 使用时应避免吸入本品的蒸气，避免与眼睛及皮肤接触，应密封于干燥处保存。
主要用途 有机合成。树脂、樟脑、纤维素衍生物的溶剂。增塑剂。柔软剂。

Glycerol formal 丙三醇缩甲醛 04992
[4740-78-7] $C_4H_8O_3$ 104.11

成分 C 46.15%，H 7.75%，O 46.10%。
别名 甘油缩甲醛；Methylidinoglycerol；Glicerinformal；Sericosol N
M. I. 15,4521
性状 无色液体。易吸潮。溶于水、乙醇、氯仿。其10%水溶液pH值4～6.5。bp_{760} 191～195℃/101.325kPa；bp_{20} 95～97℃/2.333kPa；Fp 170℉（76℃）；d_4^{20} 1.215；n_D^{20} 1.451。LD_{50}大鼠急性经口：8.6mL/kg；静脉注射：3.5mL/kg。一般试剂常加入约0.02%的2,6-二叔丁基-4-甲基酚为稳定剂。含量≥98.0%(GC)。
注意事项 使用时应避免吸入本品的蒸气，避免与眼睛及皮肤接触。应密封于干燥处保存。

O–OH ⇌ O–OH

α,α-型 α,β-型

Glycerolmonoacetate 一乙酸甘油酯 04993
[26446-35-5] $C_5H_{10}O_4$ 134.13

成分 C 44.77%，H 7.51%，O 47.71%。
别名 甘油-乙酸酯；甘油单乙酸酯；醋酯；阿塞丁；乙酸甘油酯；Acetin；GMA；Monoacetin；1,2,3-Propanetriol monoacetate
性状 无色液体。极易吸潮。有特殊气味。能与水、乙醇相混溶，微溶于乙醚，不溶于苯。bp_{165} 158℃/54.981kPa；d_4^{20} 1.204～1.208。
注意事项 该品对机体有不可逆损伤的可能性。使用时应穿适当的防护服和戴手套。应密封于干燥处保存。
主要用途 鞣革。碱性染料制造。溶剂。

Glycerol monobutyrate 一丁酸甘油酯 04994
[557-25-5] $C_7H_{14}O_4$ 162.19

成分 C 51.84%，H 8.70%，O 39.46%。
别名 丁酸甘油酯；丁酸单甘油酯；甘油一丁酸酯；甘油单丁酸酯；单酪酯；Butanoic acid 2,3-dihydroxypropyl ester；1-Butyrylglycerol；Glyceryl 3-monobutyrate；α-Monobutyrin
M. I. 15，6335
性状 无色透明液体。能与水、乙醇、乙醚、丙酮相混溶。bp 269～271℃；*d* 1.114～1.119；n_D^{20} 1.450～1.453。一般试剂含量≥98.5%。
主要用途 气相色谱固定液。

Glycerol monostearate 一硬脂酸甘油酯 04995
[31566-31-1] $C_{21}H_{42}O_4$ 358.56

成分 C 70.34%，H 11.81%，O 17.85%。
别名 十八酸甘油酯；硬脂酸甘油酯；Monostearin；Glyceryl monostearate
性状 白色或浅黄色蜡状物。溶于热有机溶剂和矿物油，不溶于水，但与水能乳化。mp 56～58℃。
主要用途 生化研究。气相色谱固定液（适用于分析分离含氧化合物及挥发油）。

Glycerol triacetate 三乙酸甘油酯 04996
[102-76-1] $C_9H_{14}O_6$ 218.21
成分 C 49.54%，H 6.47%，O 43.99%。
别名 三醋酯；三醋酸甘油酯；丙三醇三乙酸酯；甘油三乙酸酯；Enzactin；Fungacetin；Glyceryl triacetate；1，2，3-Propanetriol triacetate；1，2，3-Triacetoxypropane；Triacetyl glycerine；Triacetyl glycerol；Triacetin
M. I. 15，9751
性状 无色油状液体。能与乙醇、乙醚、氯仿相混溶，溶于14 份水，微溶于二硫化碳。mp −78℃；bp 258～260℃；bp_{40} 172℃/5.333kPa；Fp 300℉(148.9℃)；d_4^{25} 1.1562；d_4^{20} 1.1596；d_{20}^{20} 1.163；n_D^{20} 1.4307。LD_{50} 小鼠静脉注射：(1600±81)mg/kg。一般试剂含量≥99.0%(GC)。
注意事项 使用时应避免吸入本品的蒸气，避免与眼睛及皮肤接触。
主要用途 色谱固定液。溶剂。增韧剂。香料固定剂。

Glycerol tributyrate 三丁酸甘油酯 04997
[60-01-5] $C_{15}H_{26}O_6$ 302.37
成分 C 59.58%，H 8.67%，O 31.75%。
别名 三丁酸丙三醇酯；甘油三丁酸酯；丙三醇三丁酸酯；Butanoic acid 1,2,3-propanetriyl ester；Glyceryl tributyrate；Tributyrin；1,2,3-Tributyrylglycerol
M. I. 15，9785
性状 无色油状液体。味苦。易溶于乙醇、乙醚，不溶于水。mp −75℃；bp_{760} 305～310℃/101.325kPa；bp_{15} 约 190℃/2kPa；Fp 345℉(173℃)；d_4^{20} 1.032；n_D^{20} 1.4358。生化试剂含量≥98.5%(GC)。
主要用途 生化研究。测定酶及脂肪酶的底物。增塑剂。

Glycerol tricapronate 三己酸甘油酯 04998
[621-70-5] $C_{21}H_{38}O_6$ 386.53
成分 C 65.26%，H 9.91%，O 24.83%。
别名 三己精；Glycerol trihexanoate；Tricaproin；1，2，3-Tricaproylglycerol；Trihexanoin；Trihexanoylglycerol
性状 无色液体。能与乙醇、乙醚、三氯甲烷相混溶。d_4^{20} 0.982；n_D^{20} 1.442。
注意事项 使用时应避免吸入本品的蒸气，避免与眼睛及皮肤接触。
主要用途 润滑剂。增塑剂。

Glycerol tricaprylate 三辛酸甘油酯 04999
[538-23-8] $C_{27}H_{50}O_6$ 470.68
成分 C 68.90%，H 10.71%，O 20.39%。
别名 三辛精；三辛酸甘油酯；甘油三辛酸酯；Glycercel tri-*n*-octanoate；Tricaprylin；1,2,3-Tricapryloylglycerol；Trioctanoin；1，2,3-Trioctanoyl glycerol；Glyceryl tricaprylate
性状 无色液体。低温凝固。mp 9～10℃；bp_1 233℃/0.133kPa；d_4^{20} 0.954；n_D^{20} 1.447。一般试剂含量≥99.0%（GC）。
注意事项 使用时应避免吸入本品的蒸气，避免与眼睛及皮肤接触。应密封保存。

Glyceroltrioleate 三油酸甘油酯 05000
[122-32-7] $C_{57}H_{104}O_6$ 885.45
成分 C 77.32%，H 11.84%，O 10.84%。
别名 甘油三油酸酯；Glyceryl trioleate；9-Octadecenoic acid 1，2，3-propanetriyl ester；Olein；Triolein
M. I. 15，9904
性状 无色至浅黄色油状液体。无臭，无味。溶于氯仿、乙醚、四氯化碳，微溶于乙醇，几乎不溶于水。mp −4～−5℃；bp_{15} 235～240℃/2kPa；d_4^{15} 0.915；n_D^{20} 1.4676；n_D^{60} 1.4561。生化试剂含量≥99.0%（GC）。
注意事项 该品应充氩气密封于 2～8℃保存。
主要用途 生化研究。测定天然脂肪成分。织物润滑剂。

Glycerol tripalmitate 三棕榈酸甘油酯 05001
[555-44-2] $C_{51}H_{98}O_6$ 807.34
成分 C 75.87%，H 12.24%，O 11.89%。
别名 三（十六酸）甘油酯；甘油三（十六酸）酯；甘油三棕榈酸酯；三软脂酸甘油酯；甘油三软脂酸酯；Glyceryl tripalmitate；Hexadecanoic acid 1，2，3-propanetriyl ester；Palmitin；Tripalmitate；Tripalmitin
M. I. 15，9908
性状 来自乙醚中的无色针状结晶或白色结晶性粉末。微有甜味。易溶于乙醚、苯、氯仿，极微溶于无水乙醇(21℃，0.0043 份该品溶于 100 份无水乙醇)，不溶于水。mp 66℃；bp 310～320℃；d_4^{70} 0.8730；d_4^{80} 0.8663；n_D^{80} 1.43807。一般试剂含量≥99.0%(GC)。
注意事项 使用时应避免吸入本品的粉尘，避免与眼睛及皮肤接触。
主要用途 有机合成。黏合剂。皮革业。制皂。

Glycerol tristearate 三硬脂酸甘油酯 05002
[555-43-1] $C_{57}H_{110}O_6$ 891.50
成分 C 76.79%，H 12.44%，O 10.77%。
别名 三(十八酸)甘油酯；三脂蜡酸甘油酯；甘油三(十八酸)酯；甘油三硬脂酸酯；Glyceryl tristearate；Octadecanoic acid 1,2,3-propanetriyl ester；Stearin；Tristearin
M. I. 15，9932
性状 白色粉末。微有甜味。溶于热乙醇、三氯甲烷、苯，几乎不溶于冷乙醇、乙醚、石油醚，不溶于水。mp 约 55℃；d_4^{80} 0.862；n_D^{80} 1.4385。一般试剂含量≥99.0%(GC)。
主要用途 有机合成。制肥皂的原料。黏合剂。接合剂。制造防水纸。

α-Glycerophosphate dehydrogenase from rabbit muscle
α-甘油磷酸脱氢酶（兔肌） 05003
[9075-65-4] Mr 约 78000
别名 GDH；sn-Glycerol-3-phosphate；NAD^+ 2-oxidoreductase
EC 1.1.1.8
性状 无色结晶。生化试剂为悬浮于 3.2mol/L 硫酸铵水溶液（pH 值 6.0）中的溶液。含量 100～300U/mg 蛋白质。
注意事项 该品应密封于 2～8℃保存。
主要用途 生化研究。用于酶的 X 线测量法检验血中的丙三醇。

Glycerophosphoric acid 甘油磷酸 05004
[57-03-4] $C_3H_9O_6P$ 172.07
成分 C 20.94%，H 5.27%，O 55.79%，P 18.00%。
别名 磷酸甘油；Glycerol phosphate；Glycerophosnhoric acid；Phosphoric acid glycerol ester
M. I. 15，4522
性状 无色或浅黄色黏稠状液体。为 α 型及 β 型的混合物。溶于水、乙醇。mp −25℃；d_4^{14} 1.59。
主要用途 甘油磷酸盐的制备。

Glyceryl *p*-aminobenzoate 对氨基苯甲酸甘油酯 05005
[136-44-7] $C_{10}H_{13}NO_4$ 211.22
成分 C 56.87%，H 6.20%，N6.63%，O30.30%。
别名 4-氨基苯甲酸甘油酯；1-(4-氨基苯甲酸-1，2，3-丙三醇酯；1，2，3-Propanetriol 1-(4-aminobenzoate)；*p*-Aminobenzoic acid mon oglycreryl ester；Monoglycerol *p*-aminobenzoate；Escalol 106
M. I. 15，4523
性状 半固态，蜡块状或糖浆状物。有弱的芳香气味。液化及凝固极缓慢。溶于甲醇、乙醇、异丙醇、甘油、丙二醇，不溶 于水、油类、脂肪。
主要用途 用于制备遮光化妆品（至 1%）。

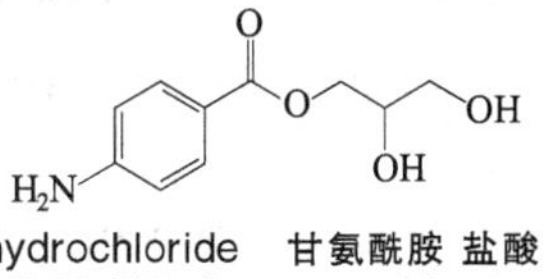

Glycinamide hydrochloride 甘氨酰胺 盐酸盐 05006
[1668-10-6] $C_2H_7ClN_2O$ 110.54

成分　C 21.73%，H 6.38%，Cl 32.07%，N 25.34%，O 14.47%。
别名　盐酸甘氨酰胺；Glycocollamide hydrochloride
性状　白色结晶。易溶于水，微溶于乙醇。pK_a（20℃）：8.20。mp 186～189℃；204℃分解。生化试剂含量≥99.0%（AT）。
注意事项　该品对眼睛、呼吸系统及皮肤有刺激性。使用时应避免吸入本品的粉尘，避免与眼睛及皮肤接触。万一接触到眼睛，应立即用大量水冲洗后请医生诊治。应充氩气密封干燥保存。
主要用途　生化研究。

Glycine　甘氨酸　05007

[56-40-6]　$C_2H_5NO_2$　75.07

成分　C 32.00%，H 6.71%，N 18.66%，O 42.63%。
别名　氨基乙酸；氨基醋酸；Aminoacetic acid；Aminoethanoic acid；G；Gly；Glycocoll；Glycoslhene；Gyn-Hydralin
M. I. 15，4526
性状　来自乙醇中的无色至微黄色单斜棱柱体结晶。味甜。溶于水（25℃，25g/100mL；50℃，39.1g/100mL；75℃，54.4g/100mL；100℃，67.2g/100mL），100g 无水乙醇可溶该品约 0.06g，溶于 164 份吡啶，几乎不溶于乙醚。pK'_1 2.34；pK'_2 9.60。其 0.2mol/L 水溶液 pH 值 4.0。mp 240℃（分解）；*d* 1.595。
注意事项　该品具有蓄积性危害。应避免与眼睛及皮肤接触。应密封避光保存。
主要用途　检验铜、金、银。制药工业。有机合成。生化研究。组织培养基的制备。营养增补剂。主要用于调味等方面。
参考规格　HG/T 3480—2000

	生化试剂
含量（H_2NCH_2COOH）/%≥	99.0
pH 值（50g/L，25℃）	5.8～6.4
层析试验	合格
水溶解试验	合格
灼烧残渣（以硫酸盐计）/%≤	0.02
氯化物（Cl）/%≤	0.003
硫酸盐（SO_4）/%≤	0.01
铵盐（NH_4）/%≤	0.02
铁（Fe）/%≤	0.001
重金属（以 Pb 计）/%≤	0.001

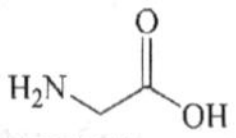

Glycine anhydride　甘氨酸酐　05008

[106-57-0]　$C_4H_6N_2O_2$　114.10

成分　C 42.11%，H 5.30%，N 24.55%，O 28.04%。
别名　2,5-二氧哌哔嗪；对二氮己环二酮；二酮六氢哌嗪；无水甘氨酸；2,5-哌嗪二酮；Cycloglycylglycine；α,γ-Diacipiperazine；Diglycolyldiamide；2,5-Diketopiperazine；2,5-Dioxopiperazine；Glycine anhydride；Glycylglycine lactam；2,5-Piperazinedione；Glycine cyclic anhydride
M. I. 15，7578
性状　来自水中的片状结晶。提纯后为针状结晶。溶于热水。311～312℃分解。生化试剂含量≥98.0%（N）。
主要用途　生化研究。

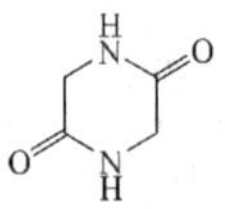

Glycine benzyl ester toluene-4-sulfonate salt 甘氨酸苄酯 甲苯-4-磺酸盐　05009

[1738-76-7]　$C_{16}H_{19}NO_5S$　337.39

成分　C 56.96%，H 5.68%，N 4.15%，O 23.71%，S 9.50%。
别名　甘氨酸苄酯 对甲苯磺酸盐；对甲苯磺酸甘氨酸苄酯；氨基乙酸苄酯 对甲苯磺酸盐；Glycine benzyl ester *p*-toluene sulfonate
性状　白色结晶。溶于甲醇。mp 132～134℃。一般试剂含量≥99.0%（T）。

Glycine *tert*-butyl ester hydrochloride 甘氨酸叔丁酯　盐酸盐　05010

[27532-96-3]　$C_6H_{14}ClNO_2$　167.64

成分　C 42.99%，H 8.42%，Cl 21.15%，N 8.36%，O 19.09%。
别名　盐酸氨基乙酸叔丁酯；盐酸甘氨酸叔丁酯；*tert*-Butylglycocoll hydrochloride；Glycocoll *tert*-butyl ester hydrochloride；*tert*-Butyl aminoacetate hydrochloride
性状　白色结晶。溶于水。mp 140℃（分解）。生化试剂含量≥99.0%（AT）。
注意事项　使用时应避免吸入本品的粉尘，避免与眼睛及皮肤接触。应充氩气密封保存。
主要用途　生化研究。

Glycine-*o*-cresol red　甘氨酸邻甲酚红　05011

[77031-64-2]　$C_{27}H_{27}N_2NaO_9S$　578.58

成分　C 56.05%，H 4.70%，N 4.84%，Na 3.97%，O 24.89%，S 5.54%。
别名　氨基乙酸邻甲酚红；邻甲酚磺酞-3,3′-双（甲基氨基乙酸）；5′,5″-Bis{[*N*-(carboxymethyl)amino]methyl}-*o*-cresolsulfonphthalein sodium salt；*o*-Cresolsulfonphthalein-3,3′-bis(methylaminoacetic acid sodium salt)；3,3′-Di(*N*-carboxymethylaminomethyl)-*o*-cresolsulfonphthalein sodium salt；GCR
性状　橙黄色粉末。易溶于水，不溶于碱溶液。在酸中不稳定。
注意事项　使用时应避免吸入本品的粉尘，避免与眼睛及皮肤接触。
主要用途　络合指示剂。能与多种阳离子生成深红色络合物。可用于弱酸性溶液中铜的测定。

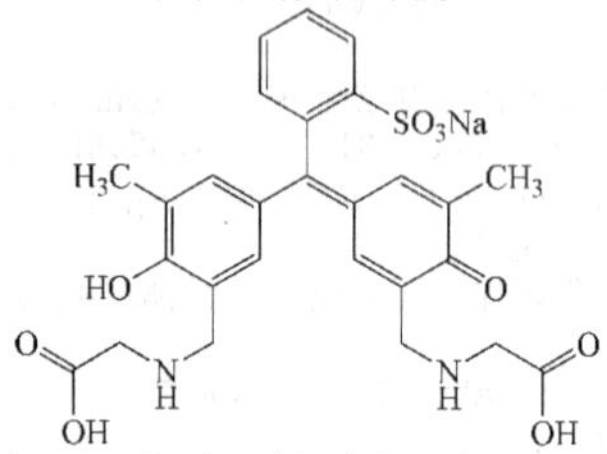

Glycine ethyl ester hydrochloride 甘氨酸乙酯 盐酸盐　05012

[623-33-6]　$C_4H_{10}ClNO_2$　139.58

成分　C 34.42%，H 7.22%，Cl 25.40%，N 10.03%，O 22.93%。
别名　盐酸甘氨酸乙酯；盐酸氨基乙酸乙酯；氨基乙酸乙酯盐酸盐；Ethyl glycinate hydrochloride；Ethyl aminoacetate HCl；Glycocoll ethyl ester HCl
性状　无色针状结晶。易溶于水、乙醇。mp 145～148℃（分解）。生化试剂含量≥99.0%（AT）。
注意事项　该品对眼睛有严重损伤的危险。使用时应戴防护镜或面罩。万一接触到眼睛，应立即用大量水冲洗后请医生诊治。应密封于干燥处保存。
主要用途　生化研究。

Glycine hydrochloride　甘氨酸 盐酸盐　05013

[6000-43-7]　$C_2H_6ClNO_2$　111.53

成分　C 21.54%，H 5.42%，Cl 31.79%，N 12.56%，O 28.69%。
别名　盐酸甘氨酸；氨基乙酸 盐酸盐；盐酸氨基乙酸；Aminoacetic acid hydrochloride；Glycocoll hydrochloride
M. I. 15，4526
性状　来自盐酸中的无色或白色棱柱体结晶。易吸潮。mp 182℃。生化试剂含量≥99.0%（TLC）。
主要用途　生化研究。

Glycine thymol blue　甘氨酸百里酚蓝　05014

[3810-63-7]　$C_{33}H_{40}N_2O_9S$　640.77

成分　C 61.86%，H 6.29%，N 4.37%，O 22.47%，S 5.00%。
别名　甘氨酸麝香草酚蓝；Thymolsulfonphthalein-3′,3″-bis(methylaminoacetic acid)
性状　深橙至棕色粉末。有吸湿性。
注意事项　该品应密封于干燥处保存。

Glycine thymol blue sodium salt 甘氨酸百里酚蓝钠盐　05015

[71185-84-7]　$C_{33}H_{39}N_2NaO_9S$　662.73

成分　C 59.81%，H 5.93%，N 4.23%，Na 3.47%，O 21.73%，

S 4.84%。

别名 甘氨酸麝香草酚蓝钠盐；3′,3″-Bis-N-(carboxymethyl) amino methylthymol sulfonphthalein sodium salt；Thymolsulfonphthalein-3′,3″-bis(methylaminoacetic acid) sodium salt

性状 棕色结晶。

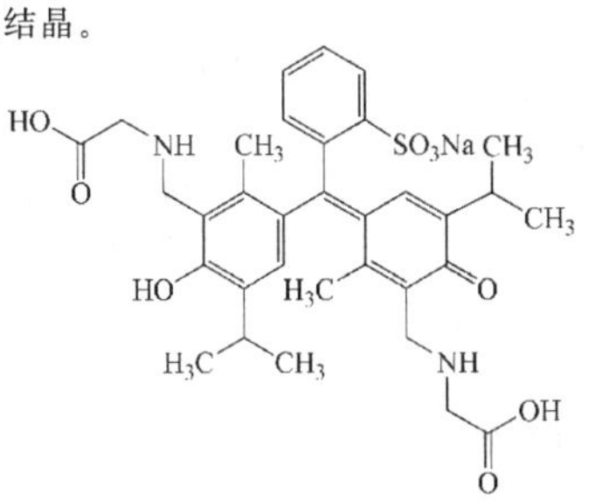

Glycochenodeoxycholic acid sodium salt

甘鹅脱氧胆酸钠盐 05016

[16564-43-5] $C_{26}H_{42}NNaO_5$ 471.61

成分 C 66.22%，H 8.98%，N 2.97%，Na 4.87%，O 16.96%。

别名 N-(3α,7α-Dihydroxy-24-oxocholan-24-yl) glycine sodium salt；3α,7α-Dihydroxy-5β-cholan-24-oic acid N-(carboxymethyl) amide sodium salt；Sodium glycochenodeoxycholate

性状 无色或白色结晶性粉末。生化试剂含量≥97.0% (TLC)。

注意事项 使用时应避免吸入本品的粉尘，避免与眼睛及皮肤接触。应充氩气密封干燥保存。

主要用途 生化研究。

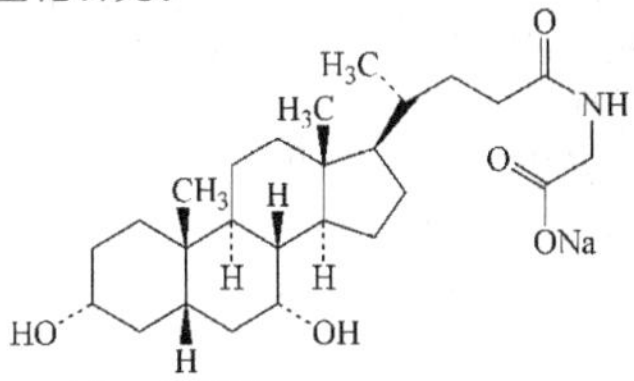

Glycocholic acid 甘胆酸 05017

[475-31-0] $C_{26}H_{43}NO_6$ 465.63

成分 C 67.07%，H 9.31%，N 3.01%，O 20.62%。

别名 甘氨胆酸；N-Cholylglycine；N-[(3α,5β,7α,12α)-3,7,12-trihydroxy-24-oxocholan-24-yl] glycine；3α,7α,12α-Trihydroxy-5β-cholan-24-oic acid N-(carboxymethyl) amide

M. I. 15，4529

性状 来自5%乙醇中的无色结晶。溶于水（15℃，0.33g/L）、沸水（8.3g/L），能被酸、碱水解为胆酸、甘油。能与硝基苯、苯胺、苯甲醇、苯甲醛、三油酸甘油酯形成加成化合物。pK 4.4。mp 165～168℃；$[\alpha]_D^{23}$ +30.8°（c=7.5，于95%乙醇中）。生化试剂含量≥98.0%（T）。

注意事项 使用时应避免吸入本品的粉尘，避免与眼睛及皮肤接触。

主要用途 生化研究。

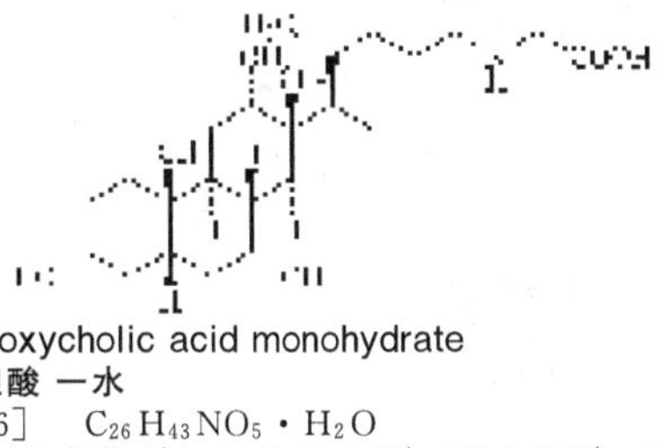

Glycodeoxycholic acid monohydrate

甘脱氧胆酸 一水 05018

[360-65-6] $C_{26}H_{43}NO_5 \cdot H_2O$ 467.64

成分（为无水物计） C 69.46%，H 9.64%，N 3.12%，O 17.79%。

别名 5β-Cholan-24-oic acid；N-(carboxymethyl) amide-3α,12α-diol；3α,12α-Dihydroxy-5β-cholan-24-oic acid N-(carboxymethyl) amide；N-(3α,12α-Dihydroxy-24-oxocholan-24-yl) glycine；Glycodesoxycholic acid；3α,12α-Dihydroxy-5β-cholanoic acid N-(carboxymethyl) amide

性状 无色结晶。溶于乙醇。生化试剂含量≥97.0% (TLC)。

注意事项 该品对眼睛、呼吸系统及皮肤有刺激性。使用时应避免吸入本品的粉尘，避免与眼睛及皮肤接触。万一接触到眼睛，应立即用大量水冲洗后请医生诊治。应充氩气密封保存。

主要用途 生化研究。

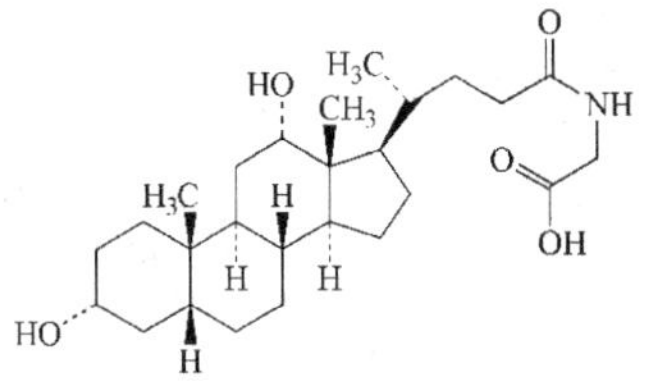

Glycogen 糖原 05019

[9005-79-2] $(C_6H_{10}O_5)_n$ Mr 约 25000～100000

别名 肝淀粉；肝糖；牲粉；动物淀粉；糖元；Animal starch；Liver starch

M. I. 15，4531

性状 白色粉末。溶于水呈乳白色，不溶于乙醇。遇碘呈棕至紫色。mp 270～280℃（分解）；$[\alpha]_D^{25}$ +196°～197°（于水中）。

注意事项 该品应充氩气密封于2～8℃干燥保存。

主要用途 测碘用指示剂。测定多糖磷酰化酶的底物。

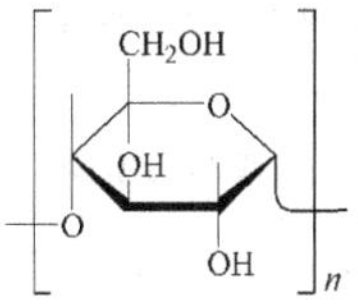

Glycolic acid 甘醇酸 05020

[79-14-1] $C_2H_4O_3$ 76.05

成分 C 31.59%，H 5.30%，O 63.11%。

别名 乙醇酸；羟基乙酸；Glycollic acid；Hydroxyacetic acid；Hydroxyethanoic acid

M. I. 15，4534

性状 无色透明结晶。易潮解。溶于水、甲醇、乙醇、丙酮、乙酸、乙醚。pK（25℃）3.83。其水溶液 pH 值：0.5%，2.5；1.0%，2.33；2.0%，2.16；5.0%，1.91；10%，1.73。mp 80℃。LD_{50} 大鼠急性经口：1.95g/kg。生化试剂含量≥99.0%（T）。

注意事项 该品口服有害。具有腐蚀性，能引起烧伤。使用时应穿适当的防护服，戴手套和防护镜或面罩。万一接触到眼睛，应立即用大量水冲洗后请医生诊治。使用时如有事故发生或有不适之感，应请医生诊治。应密封干燥保存。

主要用途 薄荷脑、奎宁的酯类的制备。

Glycopyrrolate 吡咯糖 05021

[596-51-0] $C_{19}H_{28}BrNO_3$ 398.34

成分 C 57.29%，H 7.09%，Br 20.06%，N 3.52%，O 12.05%。

别名 甘吡咯溴；甘罗溴铵；胃长宁；3-(Cyclopentylhy droxyphenylacetyl)oxy-1,1-dimethylpyrrolidinium bromide；3-Hydroxy-1,1-dimethylpyrrolidinium bromide α-cyclopentyl mandelate；α-Cyclopentylmandelic acid ester with 3-hydroxy-1,1-dimethylpyrrolidinium bromide；1-Methyl-3-pyrrolidyl α-cyclopentylmandelate methobromide；1-Methyl-3-pyrrolidyl α-phenyl-α-cyclopentylglycolate methobromide；3-(2-Phenyl-2-cyclopentylglycoloyloxy)-1,1-dimethylpyrrolidinium bromide；Glycopyrronium bromide；AHR-504；Nodapton；Robanul；Ro binul；Tarodyl；Tarodyn

M. I. 15，4537

性状 来自丁酮中的白色结晶。溶于水、乙醇，几乎不溶于氯仿、乙醚。mp 193.2～194.5℃。LD_{50}（72h）雌小鼠，雌大鼠腹膜内注射：107mg/kg，196mg/kg；雄大鼠急性经口：1150mg/kg。

主要用途 医用解痉剂。

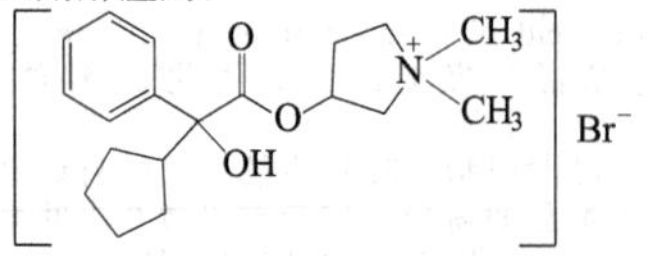

Glycosine 山小桔素 05022

[6873-15-0] $C_{16}H_{14}N_2O$ 250.30

成分 C 76.78%，H 5.64%，N 11.19%，O 6.39%。

别名 2-苄基-1-甲基-4-喹唑啉酮；1-Methyl-2-phenylmethyl-4(1*H*)-quinazolinone；2-Benzyl-1-methylquinazol-4-one；Arborine

M. I. 15，4538

性状 来自氯仿+乙酸乙酯中的无色菱面棱柱体结晶。易溶于氯仿、乙酸乙酯、苯、乙醇，略微溶于乙醚。mp 155～156℃；uv max（乙醇中）：231nm，268nm，277nm，306nm。

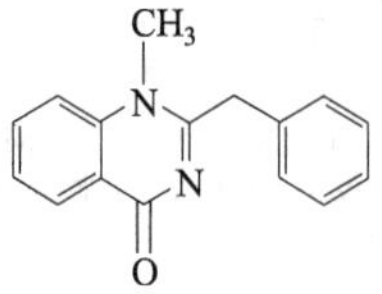

Glycyl-D-alanine 甘氨酰-D-丙氨酸 05023

[691-81-6] $C_5H_{10}N_2O_3$ 146.15

成分 C 41.09%，H 6.90%，N 19.17%，O 32.84%。

别名 D-甘氨基酸缩初油氨基醇；甘氨酰-D-氨基丙酸；Gly-D-Ala

性状 白色结晶。

注意事项 该品应密封于−20℃保存。

主要用途 生化研究。

Glycyl-L-alanine 甘氨酰-L-丙氨酸 05024

[3695-73-6] $C_5H_{10}N_2O_3$ 146.15

成分 C 41.09%，H 6.90%，N 19.17%，O 32.84%。

别名 L-甘氨基酸缩初油氨基酸；甘氨酰-L-氨基丙酸；Gly-L-Ala；Glycyl-L-*α*-amino propionic acid

性状 无色结晶。溶于水。mp 约 230℃（分解）；$[\alpha]_D^{20}$ −50°（*c*=8，于水中）。生化试剂含量≥99.0%（NT）。

注意事项 该品应密封于−20℃保存。

主要用途 生化研究。

***N*-Glycylglycine *N*-甘氨酰甘氨酸** 05025

[556-50-3] $C_4H_8N_2O_3$ 132.12

成分 C 36.36%，H 6.10%，N 21.20%，O 36.33%。

别名 一缩二氨基乙酸；双甘氨肽；甘胜

M. I. 15，4539

性状 来自稀乙醇中的无色叶状结晶。溶于热水，微溶于乙醇，几乎不溶于乙醚。pK'_{11} 3.12；pK'_{22} 8.17；262～264℃分解。生化试剂含量≥99.5%（NT）。

注意事项 该品应充氩气密封保存。

主要用途 生化研究。测定双甘氨肽二肽酶的底物。合成多肽，制备细胞色素 C 的辅料。

***N*-Glycylglycine hydrochloride monohydrate**

***N*-甘氨酰甘氨酸 盐酸盐 一水** 05026

[23273-91-8] $C_4H_9ClN_2O_3 \cdot H_2O$ 186.60

成分（以无水物计） C 28.50%，H 5.38%，Cl 21.03%，N 16.62%，O 28.47%。

别名 盐酸 *N*-甘氨酰甘氨酸 一水；双甘氨肽 盐酸盐；一缩二氨基乙酸盐酸盐；盐酸甘胜；Diglycine hydrochloride

M. I. 15，4539

性状 来自水+乙醇中的无色、白色结晶或粉末。易溶于水，难溶于乙醇、浓盐酸。

主要用途 生化研究。

Glycyl-L-leucine 甘氨酰-L-白氨酸 05027

[869-19-2] $C_8H_{16}N_2O_3$ 188.23

成分 C 51.05%，H 8.57%，N 14.88%，O 25.50%。

别名 甘氨酰闪白氨基酸；甘氨酰-L-亮氨酸；甘氨酸缩-L-闪白氨基酸；Gly-L-Leu

性状 片状结晶。易溶于水，不溶于乙醇。mp 233～235℃；$[\alpha]^{22}$ −34.5°（*c*=2，于水中）。生化试剂含量≥99.0%。

注意事项 该品应充氩气密封于−20℃干燥保存。

主要用途 生化研究。

Glycyl-L-proline 甘氨酰-L-脯氨酸 05028

[704-15-4] $C_7H_{12}N_2O_3$ 172.19

成分 C 48.83%，H 7.02%，N 16.27%，O 27.88%。

别名 甘氨酸缩-L-嗜啉；甘氨酰-L-嗜啉；*N*-氨基乙酰吡咯啶-2-羧酸；*N*-氨基乙酰-2-羧基吡咯啶；*N*-Aminoacetylpyrrolidine-2-carboxylic acid

性状 无色柱状结晶。易吸潮。易溶于水，微溶于乙醇。mp 185℃。

注意事项 该品应密封于−20℃保存。

主要用途 生化研究。

Glycyl-L-tyrosine 甘氨酰-L-酪氨酸 05029

[658-79-7] $C_{11}H_{14}N_2O_4$ 238.25

成分 C 55.45%，H 5.92%，N 11.76%，O 26.86%。

别名 甘氨酰-L-干酪氨基酸；Gly-L-tyr

性状 白色结晶。溶于水。mp 282～285℃（分解）；$[\alpha]_D^{20}$ +48°（*c*=1，于水中；干品）。生化试剂含量≥98.0%（NT）。

注意事项 该品应充氩气密封于−20℃干燥保存。

主要用途 生化研究。

Glycyl-L-valine 甘氨酰-L-缬氨酸 05030

[1963-21-9] $C_7H_{14}N_2O_3$ 174.20

成分 C 48.26%，H 8.10%，N 16.08%，O 27.55%。

别名 甘氨酰-L-穿心排草氨基酸；Gly-L-val

性状 白色结晶。

注意事项 该品应于−20℃保存。

主要用途 生化研究。

Glycyrrhizic acid ammonium salt

甘草酸铵盐 05031

[53956-04-0] $C_{42}H_{65}NO_{16}$ 839.96

成分 C 60.06%，H 7.8%，N 1.67%，O 30.43%。

别名 甘草甜素铵盐；甘草酸铵；Ammonium glycyrrhizinate

M. I. 15，4541

性状 来自 75%乙醇中溶液中的无色针状结晶。溶于氨水、冰乙酸。212～217℃分解；$[\alpha]_D^{20}$ +46.9°（*c*=1.5，于40%乙醇中）；uv max：248nm（ε 11400）。

注意事项 该品应密封于 2～8℃保存。

Glyhexamide 茚磺环己脲 05032

[451-71-8] $C_{16}H_{22}N_2O_3S$ 322.42

成分 C 59.60%，H 6.88%，N 8.69%，O 14.89%，S 9.94%。

别名 *N*-(Cyclohexylamino)carhonyl-2,3-dihydro-1*H*-indene-5-sulfonamide；1-Cyclohexyl-3-(5-indanylsulfonyl)urea；1-Cyclohexyl-3-(5-hydrindenyl sulfonyl)urea；SQ-15860；Subose

M. I. 15，4542

性状 来自 70%丙酮中的无色结晶。mp 153～155℃。

主要用途 医用抗糖尿病剂。

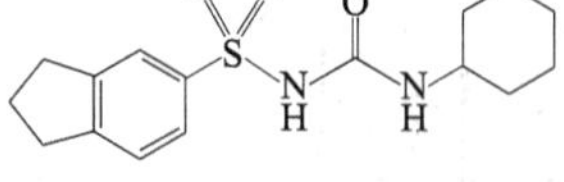

Glymidine 降糖嘧啶 05033

[339-44-6] $C_{13}H_{15}N_3O_4S$ 309.34

成分 C 50.48%，H 4.89%，N 13.58%，O 20.69%，S 10.36%。

别名 *N*-[5-(2-甲氧基乙氧基)-2-嘧啶基]苯磺酰胺；*N*-[5-(2-Methoxyethoxy)-2-pyrimidinyl] benzenesulfonamide；2-Benzenesulfonamido-5-(*β*-methoxyethoxy)pyrimidine；Glycodiazine

M. I. 15，4543

性状 无色结晶。溶于乙醇（0.91%）、甲苯（0.67%）。

mp 152～154℃。
主要用途 医用抗糖尿病剂。

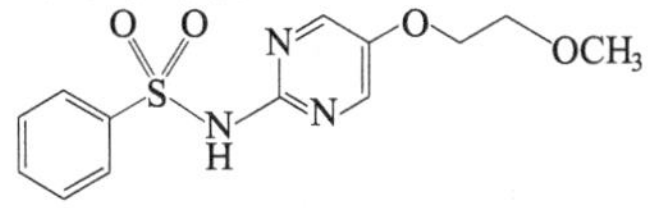

Glyoxal water solution 乙二醛水溶液 05034

[107-22-2] $C_2H_2O_2$ 58.04

成分 C 41.39%，H 3.47%，O 55.13%。
别名 Biformyl; Diformyl; Ethanedial; Oxalaldehyde; Ethandione
M.I. 15，4544
性状 无水物为无色液体，凝固后为黄色棱柱形结晶。一般试剂为40%水溶液。如急剧冷却即变为无色。能与水及多种有机溶剂混溶。d_4^{20} 1.270；$n_D^{20.5}$ 1.3826。LD_{50}大鼠，豚鼠急性经口：2020mg/kg，760mg/kg。
注意事项 该品蒸气吸入有害，对眼睛及皮肤有刺激性。接触皮肤能引起过敏。对机体有不可逆损伤的可能性。使用时应穿适当的防护服和戴手套。应密封于2～8℃保存。
主要用途 用作明胶、动物胶、聚乙烯醇等的黏合剂。人造丝的阻缩剂。有机合成。

Glyoxal bis(2-hydroxyaniline) 乙二醛缩双(2-羟基苯胺) 05035

[1149-16-2] $C_{14}H_{12}N_2O_2$ 240.26

成分 C 69.99%，H 5.03%，N 11.66%，O 13.32%。
别名 乙二醛缩双(邻氨基酚)；新钙试剂；钙红；2,2'-Bibenzoxazoline; Glyoxal bis(*o*-aminophenol); GBHA; Calcium red; Di(2-hydroxyphenylimino)ethane; GHA; Glyoxal bis(2-hydroxyanil)
性状 白色细小结晶或粉末。溶于甲醇、乙醇、丙酮，不溶于水。mp 203～211℃。一般试剂含量≥97.0% (N)。
注意事项 该品对眼睛、呼吸系统及皮肤有刺激性。使用时应穿适当的防护服。万一接触到眼睛，应立即用大量水冲洗后请医生诊治。
主要用途 络合指示剂。用于钙、镉、铝、铀的测定。光度测定钙、铒、铟、钪、钌、钇。

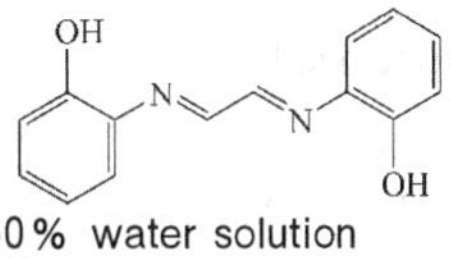

Glyoxylic acid 50% water solution 乙醛酸 50%水溶液 05036

[298-12-4] $C_2H_2O_3$ 74.04

成分 C 32.44%，H 2.72%，O 64.83%。
别名 甲醛甲酸 50%水溶液；Formylformic acid 50% water solution; Glyoxalic acid 50% water solution; Oxoethanoic acid 50% water solution; Oxoacetic acid 50% water solution
性状 浅黄色液体。d_4^{20} 1.33；n_D^{20} 1.414。
注意事项 该品具有腐蚀性，能引起烧伤。接触皮肤能引起过敏。使用时应穿适当的防护服，戴手套和防护镜或面罩。万一接触到眼睛，应立即用大量水冲洗后请医生诊治。使用时如有事故发生或有不适之感，应请医生诊治。应密封于2～8℃干燥保存。
主要用途 生化研究。

Glyoxylic acid monohydrate 乙醛酸 一水 05037

[563-96-2] $C_2H_2O_3 \cdot H_2O$ 92.05

成分（以无水物计） C 32.44%，H 2.72%，O 64.83%。
别名 一水合乙醛酸；甲醛甲酸；Formylformic acid; Glyoxalic acid; Oxoethanoic acid; Oxoacetic acid
M.I. 15，4546
性状 无色或白色结晶。极易吸潮。易溶于水，其稀释溶液为无色或浅黄色液体。mp 约 50℃；bp 100℃；Fp>230℉ (110℃)；d_4^{20} 1.336；n_D^{20} 1.415。生化试剂含量≥97.0% (T)。
注意事项 见 05036 乙醛酸 50%水溶液。
主要用途 生化研究。测定尿中蛋白质。

Glyphosate 草甘膦 05038

[1071-83-6] $C_3H_8NO_5P$ 169.07

成分 C 21.31%，H 4.77%，N 8.28%，O 47.32%，P 18.32%。
别名 镇草宁；N-(Phosphonomethyl) glycine; MON-0573
M.I. 15，4547
性状 白色固体。溶于水（25℃，12g/L），不溶于一般有机溶剂。mp 230℃（分解）。LD_{50}大鼠，小鼠急性经口：4873mg/kg，1568 mg/kg。
注意事项 该品对眼睛有严重损伤的危险。对水生物有毒。能对水环境引起不利的结果。使用时应戴防护镜或面罩。万一接触到眼睛，应立即用大量水冲洗后请医生诊治。应防止将本品释放于环境中。应密封于2～8℃保存。
主要用途 除草剂。分析用标准物质。

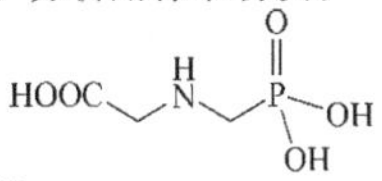

Gold powder 金粉 05039

[7440-57-5] Au 196.97

M.I. 15，4549
性状 金黄色有光泽的金属粉末。溶于王水，不溶于乙醇。可与氯、溴直接化合，而对氧、硫以及强氧化剂则无变化。mp 1064.76℃；bp 2700℃；*d* 19.3。

Gold(Ⅲ) bromide 溴化金 05040

[10294-28-7] $AuBr_3$ 436.69

成分 Au 45.11%，Br 54.89%。
别名 三溴化金；Auric bromide; Gold tribromide
性状 棕黑色粉末。溶于水呈红棕色，溶于乙醇、甘油。mp 约 160℃（分解）。一般试剂含金量约 47.0%。
注意事项 该品具有腐蚀性，能引起烧伤。使用时应穿适当的防护，戴手套和防护镜或面罩。万一接触到眼睛，应用大量水冲洗后请医生诊治。使用时如有事故发生或有不适之感，应请医生诊治。应充氩气密封避光保存。
主要用途 测定某些生物碱。

Gold(Ⅲ) chloride tetrahydrate 氯化金 四水 05041

[16903-35-8] $HAuCl_4 \cdot 4H_2O$ 411.90

成分（以无水物计） Au 64.93%，Cl 35.06%。
别名 四水合氯化金；四水合四氯络金氢酸；氯金酸；Auric chloride; Aurochlorohydric acid; Chloroauric acid; Gold trichloride acid; Hydrochloroauric acid; Hydrogen tetrachloroaurate(Ⅲ) hydrate; Tetrachloroauric(Ⅲ) acid
M.I. 15，4556
性状 金黄色或橘红色结晶。易潮解。易溶于水、乙醇，溶于乙醚，微溶于三氯甲烷。见光出现黑色斑点。*d* 约 3.9。
注意事项 该品具有腐蚀性，能引起烧伤。接触皮肤能引起过敏。使用时应穿适当的防护服，戴手套和防护镜或面罩。万一接触到眼睛，应立即用大量水冲洗后请医生诊治。使用时如有事故发生或有不适之感，应请医生诊治。应充氩气密封避光于阴凉干燥处保存。
主要用途 铷、铯的微量分析；生物碱的测定。红色玻璃的制造。镀金业。照相材料。

参考规格 HG/T 3446—2003	分析纯
含量（以 Au 计）/%≥	47.8
醇、醚混合液溶解试验	合格
总氮量 (N) /%≤	0.01
碱金属及其他金属/%≤	0.2

Gold oxide 氧化金 05042

[1303-58-8] Au_2O_3 441.93

成分 Au 89.14%，O 10.86%。
别名 三水合氧化金；三氧化二金 三水；Auric oxide; Gold sesquioxide; Gold trioxide
M.I. 15，4558
性状 棕色粉末。溶于盐酸、浓硝酸、氰化钠溶液，不溶于水。为两性氧化物。见光逐渐分解。160℃生成一氧化金 (Au_2O)，至 250℃分解为金和氧。一般试剂含量（以 Au 计）85.0%～86.0%。

注意事项 该品对眼睛和皮肤有刺激性。使用时应穿适当的防护服。万一接触到眼睛，应立即用大量水冲洗后请医生诊治。应密封避光保存。

主要用途 瓷器上釉等。

Gold potassium chloride dihydrate 氯化金钾 二水 05043

[13005-39-5] [13682-61-6] $AuCl_4K \cdot 2H_2O$ 413.96

成分 （以无水物计） Au 52.12%，Cl 37.53%，K 10.35%。

别名 二水合氯化金钾；金氯化钾；氯金酸钾；Auric potassium chloride；Potassium aurichloride；Potassium chloroaurate；Potassium gold chloride；Potassium tetrachloroaurate(Ⅲ)；Potassium gold(Ⅲ) chloride

M. I. 15，7800

性状 黄色单斜结晶。溶于水。mp 357℃（分解）。一般试剂含量≥99.99%。

注意事项 该品对眼睛、呼吸系统及皮肤有刺激性。使用时应戴手套。使用时应避免吸入本品的粉尘。万一接触到眼睛，应立即用大量水冲洗后请医生诊治。应密封避光保存。

主要用途 用于铷、铯的测定。制药工业。玻璃和瓷器着色剂。

Gold potassium cyanide 氰化金钾 05044

[13967-50-5] C_2AuKN_2 288.10

成分 C 8.34%，Au 68.37%，K 13.57%，N 9.72%。

别名 氰金酸钾；Potassium auricyanide；Potassium dicyanoaurate(Ⅰ)；Potassium gold cyanide

GW 2015-1699 M. I. 15，7749

性状 白色或微黄色粉末。溶于水，微溶于乙醇，不溶于乙醚。一般试剂含量≥99.99%。

注意事项 该品吸入、口服或与皮肤接触极毒。与酸接触能释放出极毒气体。对水生物极毒。能对水环境引起不利的结果。接触皮肤后应用大量水冲洗。切勿排入下水道。使用时如有事故发生或有不适之感，应请医生诊治。应防止将本品释放于环境中。应密封干燥保存。

主要用途 镀金。

Gossyplure 信铃酯 05045

[50933-33-0] $C_{18}H_{32}O_2$ 280.45

成分 C 77.09%，H 11.50%，O 11.41%。

别名 信优灵；乙酸7,11-十六碳二烯-1-醇酯；棉红铃虫性诱素；7,11-十六碳二烯-1-醇乙酸酯；7,11-Hexadecadienl-ol 1-acetate

M. I. 15，4563

性状 黄色液体。溶于多数有机溶剂。极易燃。(*Z*，*Z*)-型 [52207-99-5] bp 130～132℃；n_D^{21} 1.4592。[*Z*，*E*]-型 [53042-79-8] bp132～134℃；n_D^{21} 1.4591。

主要用途 棉红铃虫性诱剂。

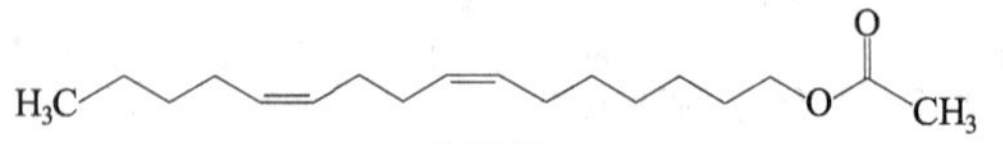

(*Z*,*Z*)-型

Gossypol 棉子酚 05046

[303-45-7] $C_{30}H_{30}O_8$ 518.56

成分 C 69.49%，H 5.83%，O 24.68%。

别名 1,1′,6,6′,7,7′-Hexahydroxy-3,3′-dimethyl-5,5′-bis(1-methylethyl)[2,2′-binaphthalene]-8,8′-dicarboxaldehyde；2,2′-Bis(1,6,7-trihydroxy-3-methyl-5-isopropyl-8-aldehydonaphthalene)；2,2′-Bis(8-formyl-1,6,7-trihydroxy-5-isopropyl-3-methylnaphthalene)

M. I. 15，4564

性状 来自乙醚中的为微小黄色结晶。易溶于稀氨水、碳酸钠溶液而逐渐分解，溶于甲醇、乙醇、乙醚、氯仿、二甲基甲酰胺，极微溶于石油醚，不溶于水。mp 184℃（来自乙醚中）；199℃（来自氯仿中）；214℃（来自石油醚中）。LD_{50}大鼠急性经口：2.57g/kg。一般试剂含量≥95.0%（HPLC）。

注意事项 该品口服有害。对机体有不可逆损伤的可能性。使用时应穿适当的防护服。应避免吸入本品的粉尘。应密封于2～8℃保存。

主要用途 橡胶抗氧剂。杀虫剂。

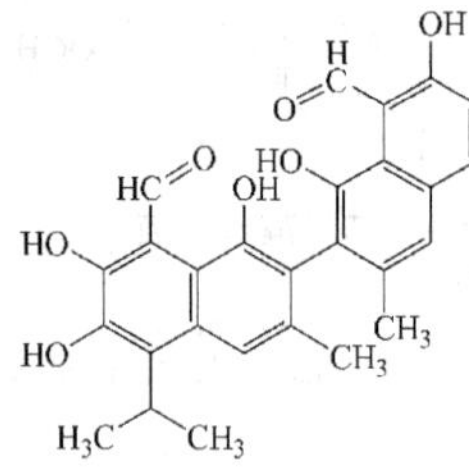

Gaugerotin 谷氏菌素 05047

[2096-42-6] $C_{16}H_{25}N_7O_8$ 443.42

成分 C 43.34%，H 5.68%，N 22.11%，O 28.86%。

别名 1-[4-Amino-2-oxo-1(2*H*)-pyrimidinyl]-1,4-dideoxy-4-[*N*-(*N*-methylglycyl)-D-seryl]amino-β-D-glucopyranuronamide；1-[4-Amino-2-oxo-1(2*H*)-pyrimidinyl]-1,4-dideoxy-4-[D-2-[2-(methylamino)acetamido]hydracrylamido]glucopyranuronamide；1-[4-Deoxy-4-(sarcosyl-D-seryl)amino-β-D-glucopyranuronamide]cytosine；Aspiculamycin；Asteromycin

M. I. 15，4565

性状 无色针状结晶。mp 211～217℃（分解）；$[\alpha]_D^{27}+53°$（*c*=0.8）。uv max（水中）：267nm，235nm（ε 9400，9300），(0.1mol/L盐酸中)：275nm（ε 13600），(0.1mol/L氢氧化钠溶液中)：267nm（ε 9800）。LD_{50}小鼠静脉注射：57mg/kg。

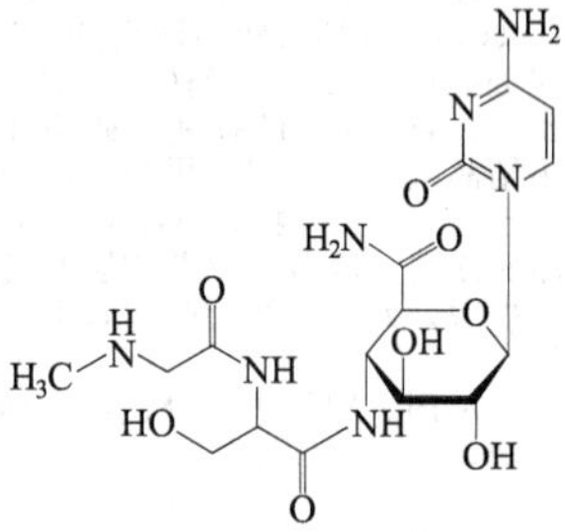

Gramicidin from bacillus brevis 短杆菌肽(短杆菌) 05048

[1393-88-0] [11029-61-1]

别名 Gramicidin D (Dubos)；Gramicidins；Linear gramicidins

M. I. 15，4568

性状 近白色结晶性粉末。为短杆菌肽A、B、C、D的混合物。溶于低级醇、乙酸、吡啶，中等程度溶于丙酮、二氧六环，极微溶于水（0.6mg/100mL），不溶于乙醚及烃类。mp 229～230℃。生化试剂含量≥90.0%（HPLC）。

注意事项 该品口服有毒。使用时应避免吸入本品的粉尘，避免与眼睛及皮肤接触。应充氩气密封于2～8℃干燥保存。

主要用途 生化研究。抑制革兰阳性菌。

Gramicidin S hydrochloride 短杆菌肽S 盐酸盐 05049

[113-73-5](无HCl) $C_{60}H_{94}Cl_2N_{12}O_{10}$ 1214.38

成分 C 59.34%，H 7.80%，Cl 5.84%，N 13.84%，O 13.17%。

别名 盐酸短杆菌肽S；Gramicidin S (Soviet)；hydrochloriide Gramicidin C (Soviet) hydrochloride

M. I. 15，4567

性状 来自乙醇+盐酸水溶液中的无色棱柱体结晶。易溶于乙醇，微溶于丙酮，几乎不溶于水、酸类、碱类。277～278℃分解；$[\alpha]_D^{24}-289°$（*c*=0.43，于70%乙醇中）。LD_{50}大鼠腹膜内注射：17mg/kg。

主要用途 医用局部抗菌剂。

Val—Om—Leu—D—Phe—Pro

Pro—D—Phe—Leu—Om—Val

Gramine 芦竹碱 05050

[87-52-5] $C_{11}H_{14}N_2$ 174.25

成分 C 75.82%，H 8.10%，N 16.08%。

别名 3-(二甲氨基甲基)吲哚；3-(Dimethylaminomethyl) indole；*N*，*N*-Dimethyl-1*H*-indole-3-methanamine；Donaxine

M. I. 15，4569

性状 来自丙酮中的无色有光泽的叶片状或针状结晶。溶于乙醇、乙醚、氯仿，微溶于冷丙酮，几乎不溶于水、石油醚。mp 138～139℃；Fp 332.6℉（167℃）。生化试剂含量≥98.0%（UV）。

注意事项 该品应于－20℃保存。

主要用途 生化研究。

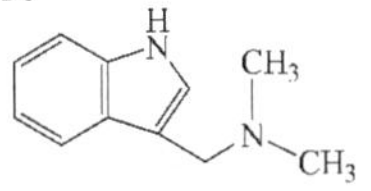

Granaticin 榴菌素 05051

［19879-06-2］ $C_{22}H_{20}O_{10}$ 444.39

成分 C 59.46%，H 4.54%，O 36.00%。

别名 ［3a*S*-(3aα，5α，8α，9α，11β，13bα，15*S*＊)］-3，3a，5，8，11，13b-Hexahydro-7，8，12，15-tetra hydroxy-5，9-dimethyl-8，11-ethanofuro［2，3-*e*］naphtho［2，3-*c*：6，7-*c*′］dipyran-2，6，13(9*H*)-trione；Antibiotic WR 141；Litmomycin

M. I. 15，4570

性状 来自丙酮中的深红色石榴子状结晶。于酸中呈红色，于碱中呈蓝色。204～206℃分解；最大吸收值（无水乙醇中）：223nm，286nm，532nm，576nm（lg ε 4.58，3.76，3.87，3.75）。

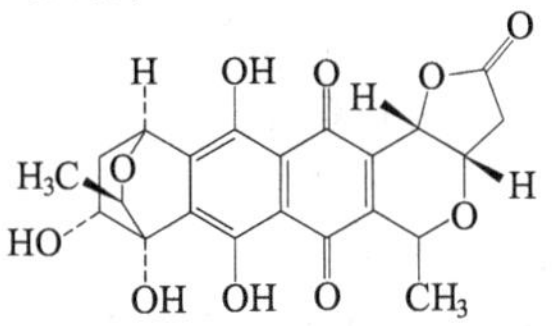

Grandisol 诱杀烯醇 05052

［26532-22-9］ $C_{10}H_{18}O$ 154.25

成分 C 77.87%，H 11.76%，O 10.37%。

别名 (1*R-cis*)-1-Methyl-2-(1-methylethenyl) cyclobutaneethanol；*cis*-(＋)-2-Isopropenyl-1-methylcyclobutaneethanol；(＋)-(1*R*，2S)-1-(2′-Hydroxyethyl)-1-methyl-2-isopropenylcyclobutane

M. I. 15，4571

性状 无色液体。bp_1 50～60℃/133.3Pa；n_D^{20} 1.4748；$[\alpha]_D^{21.5}$＋18.5°（*c*＝1，于己烷中）。

主要用途 昆虫性诱剂。

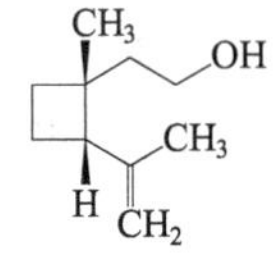

Granisctron hydrochloride 格拉司琼 盐酸盐 05053

［107007-99-8］ $C_{18}H_{25}ClN_4O$ 348.88

成分 C 61.97%，H 7.22%，Cl 10.16，N 16.06%，O 4.59%。

别名 格雷西龙 盐酸盐；盐酸格拉司琼；盐酸格雷西龙；BRL-43694A；Kytril；1-Methyl-*N*-［(3-*endo*)-9-methyl-9-azabicyclo［3.3.1］non-3-yl］-1*H*-indazole-3-carboxamide hydrochloride

M. I. 15，4572

性状 白色至近白色固体。易溶于水（20℃），溶于甲醇。mp 290～292℃。

注意事项 该品口服有害。

主要用途 医用止吐剂。

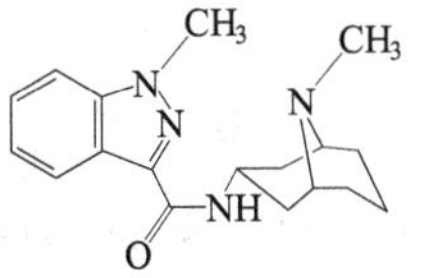

Graphite powder 石墨粉 05054

［7782-42-5］ C 12.01

别名 黑铅；笔铅；Black lead；Mineral carbon；Plumbago

M. I. 15，4575

性状 灰黑色有金属光泽的粉末。能导电。对酸、碱都有耐腐蚀性。mp 3652～3697℃；*d* 2.09～2.23。

注意事项 该品对眼睛及呼吸系统有刺激性。使用时应穿适当的防护服。应避免吸入本品的粉尘。万一接触到眼睛，应立即用大量水冲洗后请医生诊治。

主要用途 光谱试剂。用于可控硅工艺。模型上光。减磨剂等。

Grepafloxacin 格帕沙星 05055

［119914-60-2］ $C_{19}H_{22}FN_3O_3$ 359.40

成分 C 63.50%，H 6.17%，F 5.29%，N 11.69%，O 13.35%。

别名 格雷沙星；1-Gyclopropyl-6-fiuoro-1，4-dihydro-5-methyl-7-(3-methyl-1-piperazinyl)-4-oxo-3-quinolinecarboxylic acid

M. I. 15，4580

性状 二水合物为无色结晶或粉末。mp 190～192℃。

主要用途 医用抗菌剂。

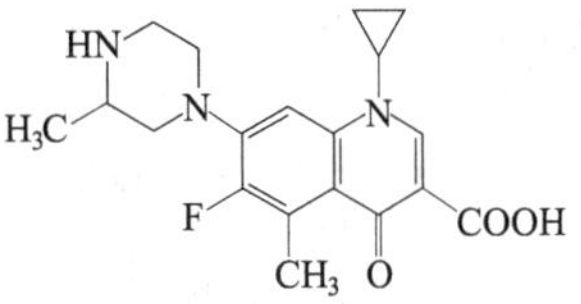

Griseofulvin 灰黄霉素 05056

［126-07-8］ $C_{17}H_{17}ClO_6$ 352.77

成分 C 57.88%，H 4.86%，Cl 10.05%，O 27.21%。

别名 (1′*S*，6′*R*)-7-Chloro-2′，4，6-trimethoxy-6′-methylspiro［benzofuran-2(3*H*)，1′-［2］cyclohexene］-3，4′-dione；7-Chloro-4，6-dimethoxycoumaran-3-one-2-spiro-1′-(2′-methoxy-6′-methylcyclohex-2′-en-4′-one)；Amudane；Curling factor；Fulcin；Fulvicin；Grifulvin；Grisactin；Griséfuline；Grisovin；Gris-PEG；Grysio；Lamoryl；Likuden；Polygris；Poncyl-FP；Spirofulvin；Sporostatin

M. I. 15，4584

性状 来自苯中的坚固的八面或菱形结晶。溶于二甲基甲酰胺（25℃，12～14g/100mL）、丙酮，微溶于甲醇、苯、氯仿、乙酸乙酯、乙酸，极微溶于水，几乎不溶于石油醚。mp 220℃；$[\alpha]_D^{17}$ ＋370°（于氯仿饱和溶液中）；uv max：286nm，325nm。

注意事项 该品能损伤生育力。能危害胎儿。对机体有不可逆损伤的可能性。接触皮肤能引起过敏。使用前应得到专门的指导，避免曝露。使用时应穿适当的防护服，戴手套和防护镜或面罩。使用时应避免吸入本品的粉尘。使用时如有事故发生或有不适之感，应请医生诊治。应密封于－20℃保存。

主要用途 抗真菌剂。分析用标准物质。

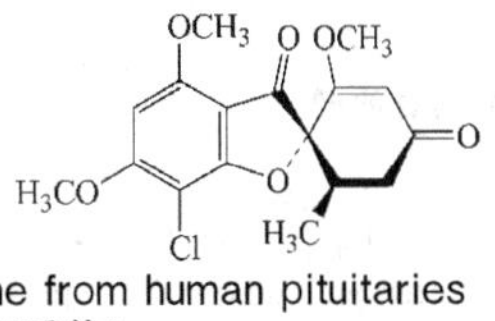

Growth hormone from human pituitaries
生长激素（人脑下垂体） 05057

［12629-01-5］［9002-72-6］ $C_{990}H_{1529}N_{263}O_{299}S_7$ 22124.08

成分 C 53.75%，H 6.97%，N 16.65%，O 21.62%，S 1.01%。

别名 人脑下激长素；(脑下)激长素(人)；Adenohypophyseal growth hormone；Anterior pituitary growth hormone；Asellacrin；CB-311；Crescormon；Genotropin；GH；Grorm；Growth hormone；HGH；Humatrope；Hypophyseal growth hormone；Nanormon；Norditropin；Nutropin；Phyone；Pituitary growth hormone；Saizen；Somatotropic hormone；Somatotropin；Somatropin；STH；Umatrope

M. I. 15，8842

性状 微细结晶。$[\alpha]^{25}$－38.7°（*c*＝0.1mol/L，于乙酸中）。

注意事项 该品应密封于－20℃保存。

主要用途 生化研究。

Growth hormone-releasing factor(human)
生长激素释放因子(人) 05058
[83930-13-6] 5039.65
别名 人生长激素释放因子；GH-RF；GH-RH；GRF；Growth hormone releasing hormone；hGRF；hpGRF；Somatocrinin；Somatoliberin
M.I. 15，8840
性状 微细结晶性粉末。生化试剂含量≥95.0%（HPLC）。
注意事项 该品应密封于−20℃保存。
主要用途 生化研究。生长激素抑制剂。

Grubbs'catalyst 古鲁布斯催化剂 05059
[172222-30-9] $C_{43}H_{72}Cl_2P_2Ru$ 822.97
成分 C 62.76%，H 8.82%，Cl 8.62%，P 7.53%，Ru12.28%。
别名 (*SP*-5-31)-Dichloro(phenylmethylene)bis(tricyclohexylphosphine) ruthe nium；Benzylidenebis (tricyclohexylphosphine) ruthenium dichloride；Grubbs'firstgeneration catalyst
M.I. 15，4585
性状 紫色微小结晶性固体。于空气中稳定。溶于二氯甲烷、甲苯、苯、1,1,2-三氯乙烷、1,2-二氯乙烷、甲醇、水。
注意事项 该品应密封避光于2～8℃保存。

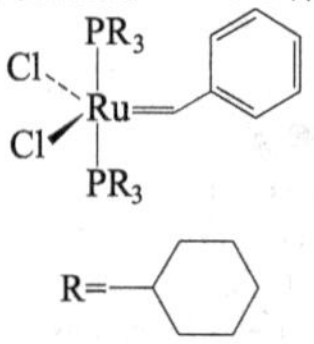

Guaiazulene 愈创薁 05060
[489-84-9] $C_{15}H_{18}$ 198.31
成分 C 90.85%，H 9.15%。
别名 [1,4-Dimethyl-7-(1-methylethyl)]azulene；7-Isopropyl-1,4-dimethylazulene；S-Guaiazulene；AZ 8；AZ 8 Beris；Eucazulen；Kessazulen；Vaumigan
M.I. 15，4590
性状 蓝色油状液体。mp 31～33℃；bp_{10} 165～170℃/1.333kPa；Fp >230℉（110℃）；*d* 0.976。生化试剂含量≥98.0%。
注意事项 该品口服有害。使用时应穿适当的防护服。应密封于0～4℃保存。
主要用途 生化研究。医用抗炎、抗溃疡剂。

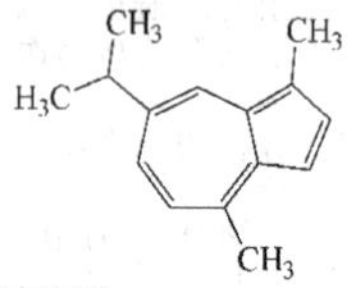

Guaifenesin 愈创甘油醚 05061
[93-14-1] $C_{10}H_{14}O_4$ 198.22
成分 C 60.59%，H 7.12%，O 32.29%。
别名 甲甘苯二醚；甲基丙三醇基邻苯二醚；愈创木酚甘油醚；3-(2-Methoxyphenoxy)-1,2-propanediol；Glycerol mono(2-methoxyphenyl) ether；Glycerol *α*-(2-methoxyphenyl) ether；Guaiacyl glyceryl ether；Glyceryl guaiacyl ether；Glycerol guaiacolate；*α*-Glyceryl guaiacol ether；*o*-Methoxyphenyl glyceryl ether；1,2-Dihydroxy-3-(2-methoxyphenoxy) propane；Guaiacol glyceryl ether；Guaiphenesin；Guaiacuran；MY-301；XL-90；Actifed-C；Caimipan；Colrex Expectorant；Equicol；Glycodex；Guaiamar；Guayanesin；Miocaina；Myocaine；Myoscain；Oresol；Oreson；Relaxil G；Reorganin；Respenyl；Resyl；Robitussin；Sirotol；Tenntuss；Tulyn；Mucinex；Relaxil G；XL-90
M.I. 15，4591
性状 来自乙醚中的微小正交棱柱体结晶。味微苦。有芳香气味。1g该品溶于20mL水（25℃），更多地溶于热水。易溶于乙醇，溶于氯仿、甘油、丙二醇、二甲基甲酸胺，中等程度溶于苯，几乎不溶于石油醚。mp 78.5～79℃；bp_{19} 215℃/2.533kPa。
注意事项 该品口服有害。对眼睛、呼吸系统及皮肤有刺激性。使用时应穿适当的防护服。万一接触到眼睛，应立即用大量水冲活后请医生诊治。
主要用途 医用祛痰剂。支气管扩张剂。

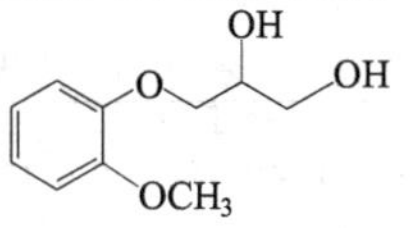

Guaiol 愈创醇 05062
[489-86-1] $C_{15}H_{26}O$ 222.37
成分 C 81.02%，H 11.79%，O 7.19%。
别名 [3*S*-(3*α*,5*α*,8*α*)]-1,2,3,4,5,6,7,8-Octahydro-*α*,*α*,3,8-tetramethyl-5-azulenemethanol；3,8-Dimethyl-5-(*α*-hydroxyisopropyl)-Δ^9-octahydroazulene；Champaca camphor；Champacol；Guaiac alcohol；Guajol
M.I. 15，4592
性状 来自乙醇中的无色三角棱锥形结晶。溶于乙醇、乙醚，不溶于水。mp 91℃；bp_{760} 288℃/101.325kPa（微分解）；bp_{17} 165℃/2.666kPa；bp_{10} 148℃/1.333kPa；d_{20}^{100} 0.9074；n_D^{100} 1.4716；$[\alpha]_D^{20}$ −30°（*c*=4，于乙醇中）。
注意事项 使用时应避免吸入本品的粉尘，避免与眼睛及皮肤接触。应密封于2～8℃保存。

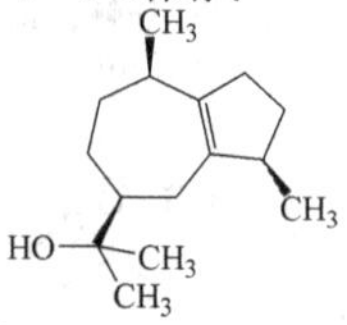

Guanabenz 氯压胍 05063
[5051-62-7] $C_8H_8Cl_2N_4$ 231.08
成分 C 41.58%，H 3.49%，Cl 30.68%，N 24.25%。
别名 胍那苄；2-[(2,6-Dichlorophenyl)methylene]hydrazinecarboximidamide；[(2,6-Dichlorobenzyli dene)amino]guanidine；*N'*-(2,6-Dichlorobenzylidene)-；*N'*-amidinohydrazine；NSC-68982
M.I. 15，4593
性状 来自乙腈中的白色固体。mp 227～229℃（分解）。
注意事项 该品吸入、口服或与皮肤接触有害。能损伤生育能力。使用时应穿适当的防护服，戴手套和防护镜或面罩。使用时应避免吸入本品的粉尘。使用时如有事故发生或有不适之感，应请医生诊治。
主要用途 生化研究。医用抗高血压剂。

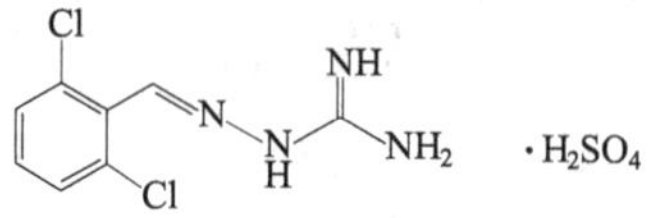

Guanadrel sulfate 胍环定 硫酸盐 05064
[22195-34-2] $C_{20}H_{40}N_6O_7S$ 508.64
成分 C 47.23%，H 7.93%，N 16.52%，O 22.02%，S 6.30%。
别名 胍那决尔 硫酸盐；胍脱 硫酸盐；胍缩酮 硫酸盐；硫酸胍那决尔；硫酸胍环炭；硫酸胍脱；硫酸胍缩酮；CL-1388R；U-28288D；Hylorel；(1,4-Dioxaspiro[4,5]dec-2-ylmethyl)guanidine sulfate
M.I. 15，4594
性状 来自甲醇/乙醇中的无色结晶。溶于水，略溶于甲醇，微溶于乙醇、丙酮。mp 213.5～215℃。
主要用途 医用抗高血压剂。

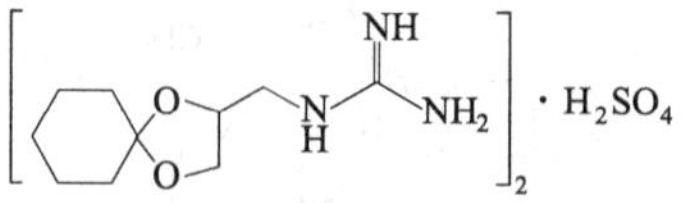

Guanfacine hydrochloride 胍法辛 盐酸盐 05065
[29110-48-3] $C_9H_{10}Cl_3N_3O$ 282.55
成分 C 38.26%，H 3.57%，Cl37.64%，N 14.87%，O 5.66%。
别名 胍法新 盐酸盐；盐酸胍法辛；*N*-(Aminoiminome thyl)-2,6-dichlorobenzeneacetamide hydro chloride；*N*-Amidino-2-(2,6-

dichlo rophenyl)acetamide hydro chloride;[(2,6-Dichlorophenyl)acetyl]guanidine hydro chloride; BS-100-141; LON-798; Estulic; Tenex

M. I. 15，4596

性状 白色针状结晶体，溶于水（60℃，12mg/mL）。mp 215～217℃。LD_{50}小鼠急性经口：165mg/kg。生化试剂含量≥98.0%（HPLC）。

主要用途 生化研究。医用抗高血压剂。

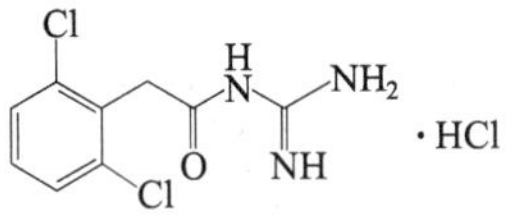

Guanidine 胍 05066

[113-00-8] CH_5N_3 59.07

成分 C 20.33%，H 8.53%，N 71.14%。

别名 亚氨基脲；Aminoformamidine；Aminomethanamidine；Carbamidine；Carbamamidine；Iminourea

M. I. 15，4597

性状 无色块状结晶。有潮解性。能吸收空气中二氧化碳。易溶于水、乙醇，溶液呈强碱性。pK_a 约 12.5；mp 约 50℃。LD_{50} 小鼠腹膜内注射：350mg/kg。

注意事项 该品应密封于干燥处保存。

主要用途 有机合成。制造磺胺类药物、染料。医用胆碱功能剂。

Guanidine acetate 胍 乙酸盐 05067

[593-87-3] $C_3H_9N_3O_2$ 119.12

成分 C 30.25%，H 7.62%，N 35.27%，O 26.86%。

别名 乙酸亚氨脲；乙酸氨基甲脒；乙酸胍；胍醋酸盐；Imino urea acetate；Carbamidine acetate

性状 无色结晶或白色粉末。易溶于水。mp 226～230℃。一般试剂含量≥99.0%（NT）。

注意事项 使用时应避免吸入本品的粉尘，避免与眼睛及皮肤接触。应密封于干燥处保存。

主要用途 有机合成。染料中间体。制药工业。

Guanidineacetic acid 胍基乙酸 05068

[352-97-6] $C_3H_7N_3O$ 117.11

成分 C 30.77%，H 6.03%，N 35.88%，O 27.32%。

别名 甘氨酸氰胺；胍乙酸；胍基醋酸；Glycocyamine；*N*-(Aminoiminomethyl) glycine；*N*-Guanylglycine；*N*-Amidinoglycine；Guanidoacetic acid

M. I. 15，4530

性状 无色叶片状或针状结晶。溶于水，极微溶于乙醇、乙醚。280～284℃分解。生化试剂含量≥97.0%（NT）。

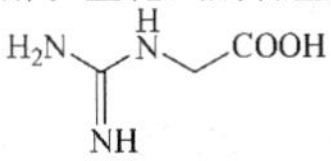

Guanidine carbonate 胍 碳酸盐 05069

[593-85-1] $C_3H_{12}N_6O_3$ 180.17

成分 C 20.00%，H 6.71%，N 46.64%，O 26.64%。

别名 碳酸亚氨脲；碳酸胍；Carbamidine carbonate；Iminourea carbonate

性状 白色结晶。易溶于水，不溶于乙醇。mp＞300℃。一般试剂含量≥99.0%（NT）。

注意事项 该品口服有害。对眼睛、呼吸系统及皮肤有刺激性。使用时应穿适当的防护服。万一接触到眼睛，应立即用大量水冲洗后请医生诊治。

主要用途 在锌、镉、锰的重量测定中作沉淀剂。碱金属中镁的分离。测定铝、铍、镉、钴、铜、镁、锰、镍、钛、锌。有机合成。

Guanidine hydrochloride 胍 盐酸盐 05070

[50-01-1] CH_6ClN_3 95.54

成分 C 12.57%，H 6.33%，Cl 37.11%，N 43.98%。

别名 亚氨脲 盐酸盐；盐酸亚氨脲；盐酸胍；Aminoformamidine hydrochloride；Iminourea hydrochloride

M. I. 15，4598

性状 白色结晶性粉末。易溶于水、乙醇，其溶液呈中性。mp 183～185℃。一般试剂含量≥99.0%（AT）。

注意事项 该品口服有害。对眼睛及皮肤有刺激性。使用时应穿适当的防护服。应避免吸入本品的粉尘。万一接触到眼睛，应立即用大量水冲洗后请医生诊治。应充氩气密封于干燥处保存。

主要用途 检定金、铱、锇、铂、钌。有机合成。染料中间体。制药工业。

Guanidine nitrate 胍 硝酸盐 05071

[506-93-4] $CH_6N_4O_3$ 122.08

成分 C 9.84%，H 4.95%，N 45.89%，O 39.32%。

别名 硝酸亚氨脲；硝酸胍；Carbamidine nitrate；Iminourea nitrate

GW 2015-2300 M. I. 15，4598

性状 白色结晶性粉末。溶于 10 份水，溶于乙醇，其水溶液呈中性。mp 214℃。一般试剂含量≥98.0%（NT）。

注意事项 该品口服有害。与易燃品接触能引起着火。对眼睛、呼吸系统及皮肤有刺激性。使用时应穿适当的防护服。万一接触到眼睛，应立即用大量水冲洗后请医生诊治。应远离易燃物品，密封避光于阴凉干燥处保存。

主要用途 检验络合酸中的胍盐。炸药的配制。照相材料。消毒剂。医用胆碱功能剂。

Guanidine sulfate 胍 硫酸盐 05072

[594-14-9] $C_2H_{12}N_6O_4S$ 216.22

成分 C 11.11%，H 5.59%，N 38.87%，O 29.60%，S 14.83%。

别名 硫酸胍；硫酸亚氨脲；Carbamidine sulfate；Iminourea sulfate

性状 白色结晶或结晶性粉末。易吸湿。易溶于水，不溶于乙醇。mp 约 300℃（分解）。一般试剂含量≥99.0%。

注意事项 使用时应避免吸入本品的粉尘，避免与眼睛及皮肤接触。应密封干燥保存。

主要用途 有机合成。制药工业。

Guanidine thiocyanate 胍 硫氰酸盐 05073

[593-84-0] $C_2H_6N_4S$ 118.16

成分 C 20.33%，H 5.12%，N 47.42%，S 27.14%。

别名 异硫氰酸胍；硫氰酸胍；硫氰酸亚氨脲；Guanidinium-*iso*-thiocyanate；Guanidine hydrothiocyanate；Guanidinium rhodanide；Guanidinium rhodanide；Guanidinium isothiocyanate；Iminourea thiocyanate

性状 无色叶状结晶。溶于乙醇、水。与酸接触能放出极毒的气体。mp 118℃。一般试剂含量≥99.0%（AT）。

注意事项 该品与酸接触能释放出极毒气体。口服、吸入或与皮肤接触有害。对水生物有害。能对水环境产生长期有害的结果。应防止将本品释放于环境中。应远离食品、饮料、动物的饲料密封保存。

主要用途 有机合成。

4-Guanidinobenzoic acid hydrochloride 4-胍基苯甲酸 盐酸盐 05074

[42823-46-1] $C_8H_{10}ClN_3O_2$ 215.64

成分 C 44.56%，H 4.67%，Cl 16.44%，N 19.49%，O 14.84%。

别名 盐酸 4-胍基苯甲酸；盐酸对胍基苯甲酸；4-Guanidobenzoic acid hydrochloride；*p*-Guamidinobenzoic acid hydrochloride

性状 白色粉末。mp 约 285℃（分解）。生化试剂含量≥98.0%(AT)。

注意事项 该品应充氩气密封于 2～8℃保存。

主要用途 生化研究。

Guanine 鸟嘌呤 05075

[73-40-5] $C_5H_5N_5O$ 151.13

成分 C 39.74%，H 3.33%，N 46.34%，O 10.59%。

别名 亚氨基二氧化嘌呤；鸟尿环；2-氨基次黄嘌呤；2-氨基-6-羟基嘌呤；海鸟粪碱；鸟粪素；2-Amino-1,7-dihydro-6*H*-purin-6-one；2-Amino-6-hydroxypurine；2-Aminohypoxanthine；2-Aminopurine-6-ol；Imidoxanthine

M. I. 15，4599

性状 无色细小菱形结晶或白色无定形粉末。易溶于稀酸、苛性钾水溶液、氨水，微溶于乙醇、乙醚，几乎不溶于水。40℃，pK_a 9.92，pK_b 3.22。约 360℃分解。生化试剂含量≥99.0%（HPLC）。

注意事项 该品对眼睛、呼吸系统及皮肤有刺激性。使用时应穿适当的防护服。万一接触到眼睛，应立即用大量水冲洗后请医生诊治。应密封于 2～8℃保存。

主要用途 生化研究。

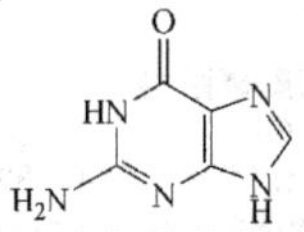

Guanine hydrochloride 鸟嘌呤 盐酸盐 05076

[635-39-2] $C_5H_6ClN_5O$ 187.59

成分 C 32.01%，H 3.22%，Cl 18.90%，N 37.33%，O 8.53%。

别名 盐酸鸟便嘌呤；盐酸鸟粪素；盐酸鸟嘌呤；盐酸 2 氨基-6-羟基嘌呤；2-Amino-6-hydroxypurine HCl

M. I. 15，4599

性状 白色结晶性粉末。微有盐酸气味。溶于稀酸水溶液，几乎不溶于水、乙醇、乙醚。加热至 100℃失去结晶水。mp＞300℃。生化试剂含量≥99.0%（HPLC）。

注意事项 见 05073 鸟嘌呤。

主要用途 生化研究

Guanine sulfate dihydrate 鸟嘌呤 硫酸盐 二水 05077

[10333-92-3] $C_{10}H_{12}N_{10}O_6S \cdot 2H_2O$ 436.26

成分(以无水物计) C 30.00%，H 3.02%，N 34.99%，O 23.98%，S 8.01%。

别名 二水合硫酸鸟嘌呤；硫酸鸟嘌呤 二水；2-氨基-6-羟基嘌呤 硫酸盐；硫酸 2-氨基-6-羟基嘌呤；2-Amino-6-hydroxypurine sulfate

性状 无色结晶或白色粉末。溶于稀酸。

注意事项 该品对眼睛、呼吸系统及皮肤有刺激性。使用时应穿适当的防护服。万一接触到眼睛，应立即用大量水冲洗后请医生诊治。应密封于阴凉处保存。

主要用途 生化研究。

Guanosine dihydrate 鸟苷 二水 05078

[118-00-3] $C_{10}H_{13}N_5O_5 \cdot 2H_2O$ 319.30

成分(以无水物计) C 42.40%，H 4.63%，N 24.73%，O 28.24%。

别名 二水合鸟苷；鸟嘌呤核苷；鸟粪苷；鸟粪素苷；鸟嘌呤呋喃核苷；2-Amino-9β-D-ribofuranosyl-9*H*-purine-6-(1*H*)-one；Guanine riboside；9β-D-Ribofuranosidoguanine；Vernine

M. I. 15，4601

性状 来自水中的无色针状结晶或白色粉末。对空气敏感。1g 该品溶于 1330mL 水（18℃）、33mL 沸水，溶于热乙酸、氨水、稀碱、稀酸溶液，不溶于乙醇、乙醚、氯仿、苯。mp 240℃（分解）；$[\alpha]_D^{20}$ −61°（水中）；$[\alpha]_D^{24}$ −72°（c=0.96，于 0.1mol/L 氢氧化钠溶液中）；uv max（pH 值 5.5）：188.3nm，252.5nm（$\varepsilon \times 10^{-3}$ 2.68，13.7）。生化试剂含量≥98.0%（HPLC）。

注意事项 该品口服有毒。使用时应避免吸入本品的粉尘，避免与眼睛及皮肤接触。使用时如有事故发生或有不适之感，应请医生诊治。应充氩气密封于阴凉处保存。

主要用途 生化研究。

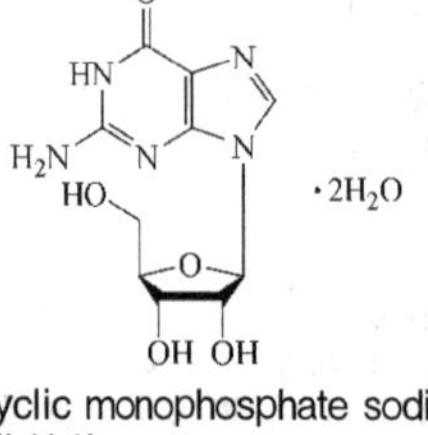

$\cdot 2H_2O$

Guanosine-2′,3′-cyclic monophosphate sodium salt
2′,3′-环一磷酸鸟苷钠盐 05079

[15718-49-7] $C_{10}H_{11}N_5NaO_7P$ 367.19

成分 C 32.71%，H 3.02%，N 19.07%，Na 6.26%，O 30.50%，P 8.44%。

别名 鸟苷-2′,3′-环磷酸钠盐；2′,3′-环磷酸鸟苷钠盐；G-2′,3′-MP-Na salt；Guanosine-2′,3′-cyclic monophosphoric acid Na salt

性状 白色结晶。溶于水。生化试剂含量≥97.0%。

注意事项 该品应密封于−20℃保存。

主要用途 生化研究。

Guanosine-3′,5′-cyclic monophosphate sodium salt
3′,5′-环一磷酸鸟苷钠盐 05080

[40732-48-7] $C_{10}H_{11}N_5NaO_7P$ 367.19

成分 C 32.71%，H 3.02%，N 19.07%，Na 6.26%，O 30.50%，P 8.44%。

别名 鸟苷-3′,5′-环磷酸钠盐；3′,5′-环磷酸鸟苷钠盐；3′,5′-CGMP；cGMP-Na；Cyclic-GMP-Na；Guanosine-3′,5′-cyclic monophosphoric acid Na salt

性状 无色结晶或粉末。生化试剂含量≥98.0%（HPLC）。

注意事项 该品应充氩气密封于−20℃保存。

主要用途 生化研究。

Guanosine 5′-diphosphate dilithium salt
5′-二磷酸鸟苷二锂盐 05081

[95648-84-3] $C_{10}H_{13}Li_2N_5O_{11}P_2$ 455.07

成分 C 26.39%，H 2.88%，Li 3.05%，N 15.39%，O 38.67%，P 13.61%。

别名 鸟苷 5′-二磷酸二锂盐；5′-GDP-Li_2

性状 白色结晶性粉末。溶于水，易吸潮。生化试剂干燥含量≥90.0%（HPLC）；GTP+GMP≤6.0%。

注意事项 该品应充氩气密封于−20℃干燥保存。

主要用途 生化研究。

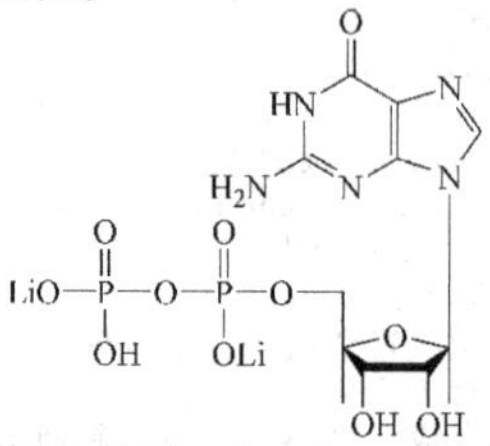

Guanosine 5′-diphosphate disodium salt from yeast
5′-二磷酸鸟苷二钠盐（酵母） 05082

[7415-69-2] $C_{10}H_{13}N_5Na_2O_{11}P_2$ 487.17

成分 C 24.65%，H 2.69%，N 14.38%，Na 9.44%，O 36.13%，P 12.72%。

别名 鸟苷-5′-二磷酸二钠盐；Guanosine-5′-diphosphoric acid disodium salt；5′-GDP-Na_2

性状 无色或白色结晶。易吸湿。生化试剂干燥含量≥90.0%（HPLC）。

注意事项 该品使用时应避免吸入本品的粉尘，避免与眼睛或皮肤接触。应充氩气密封于−20℃干燥保存。

主要用途 生化研究。

Guanosine 5′-monophosphate from yeast
5′-一磷酸鸟苷（酵母） 05083

[85-32-5] $C_{10}H_{14}N_5O_8P$ 363.22

成分 C 33.07%，H 3.88%，N 19.28%，O 35.24%，P 8.53%。

别名 GMP；Guanine riboside-5-phosphoric acid；Guanosine 5′-phosphate；5′-Guanylic acid

M. I. 15，4605

性状 白色微晶形粉末。略微溶于冷水。190～200℃分解。

注意事项 该品应充氩气密封于 2～8℃保存。

主要用途 生化研究。

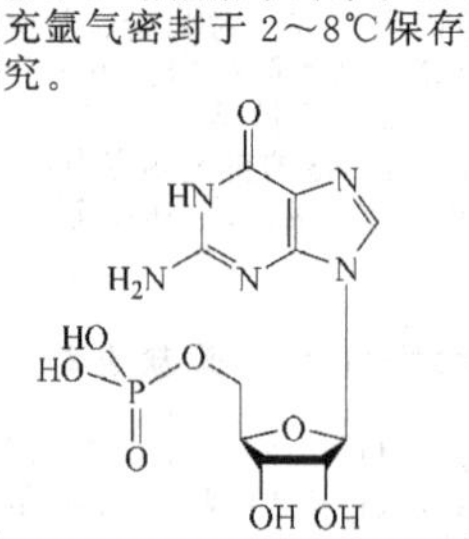

Guanosine 2′(3′)-monophosphate disodium salt
2′(3′)-一磷酸鸟苷二钠盐 05084

[6027-83-4] $C_{10}H_{12}N_5Na_2O_8P$ 407.19

成分 C 29.50%，H 2.97%，N 17.20%，Na 11.29%，O 31.43%，P 7.61%。
别名 鸟苷-2′(3′)-磷酸二钠盐；鸟苷酸钠；鸟嘌呤核苷酸钠；鸟粪酸钠；2′(3′)-磷酸鸟苷二钠盐；Guanosine-2′(3′)-monophosphoric acid Na_2 salt；Sodium guanosine 2′(3′)-monophosphate；Sodium guanylate；G-2′(3′)-MP-Na_2
性状 白色粉末。溶于水，不溶于有机溶剂。
注意事项 该品应充氩气密封于－20℃保存。
主要用途 生化研究。

Guanosine 5′-monophosphate disodium salt
5′-一磷酸鸟苷二钠盐 05085
[5550-12-9] $C_{10}H_{12}N_5Na_2O_8P$ 407.19
成分 C 29.50%，H 2.97%，N 17.20%，Na 11.29%，O 31.43%，P 7.61%。
别名 鸟苷-5′-磷酸二钠盐；5′-鸟嘌呤核苷磷酸二钠；5′-磷酸鸟苷二钠盐；5′-GMP-Na_2；Guanosine-5′-monophosphoric acid Na_2 salt；5′-Guanylic acid disodium salt
M. I. 15，4605
性状 白色或浅黄色结晶性粉末。易溶于水，几乎不溶于乙醇、丙酮、乙醚。约 250℃分解；$[\alpha]_D^{20}-33°$（$c=1$，于 0.05mol/L 磷酸氢二钠水溶液中）。生化试剂含量≥99.0%（HPLC）。
注意事项 该品应密封于 2～8℃保存。
主要用途 生化研究。食品用鲜味剂（香菇味）。

Guanosine 5′-triphosphate disodium salt hydrate
5′-三磷酸鸟苷二钠盐 水合 05086
[56001-37-7] $C_{10}H_{14}N_5Na_2O_{14}P_3$ 567.14
成分 C 21.18%，H 2.49%，N 12.35%，Na 8.11%，O 39.49%，P 16.38%。
别名 鸟苷-5′-三磷酸二钠盐；Guanosine-5′-triphosphoric acid Na_2 salt；5′-GTP-Na_2
性状 白色结晶。溶于水。对湿度敏感。$[\alpha]_D^{20}-24°\pm2°$（$c=1$，于 0.5mol/L 磷酸氢二钠水溶液中）。
注意事项 该品应充氩气密封于－20℃保存。
主要用途 生化研究。

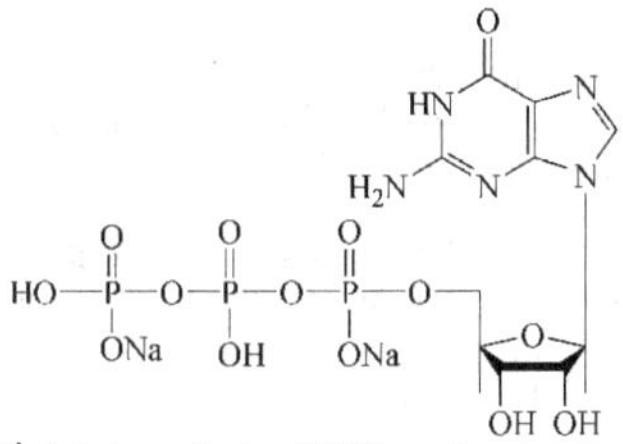

Guanosine 5′-triphosphate TRIS salt
5′-三磷酸鸟苷 TRIS 盐 05087
[103192-46-7] $C_{14}H_{27}N_6O_{17}P_3$ 644.31
成 分 C 26.10%，H 4.22%，N 13.04%，O 42.21%，P 14.42%。
别名 鸟苷-5′-三磷酸 TRIS 盐；5′-三磷酸鸟苷三（羟甲基）氨基甲烷盐；GTP-TRIS
性状 白色无定形粉末。溶于水。生化试剂含量约 95.0%（HPLC）。
注意事项 该品吸入、口服或与皮肤接触有毒。对眼睛、呼吸系统及皮肤有刺激性。使用时应穿适当的防护服。应避免吸入本品的粉尘。万一接触到眼睛，应立即用大量水冲洗后请医生诊治。使用时如有事故发生或有不适之感，应请医生诊治。应密封于－20℃保存。
主要用途 生化研究。

Guanosine 5′-triphosphate tertalithium salt
5′-三磷酸鸟苷四锂盐 05088
[85737-04-8] $C_{10}H_{13}Li_4N_5O_{14}P_3$ 547.93
成分 C 21.92%，H 2.39%，Li 5.07%，N 12.78%，O 40.88%，P 16.96%。
别名 鸟苷-5′-三磷酸四锂盐；5′-鸟嘌呤核苷三磷酸四锂盐；Guanosine-5′-triphosphoric acid Li_4 salt；GTP-Li_4
性状 白色无定形粉末。溶于水。生化试剂含量约 95.0%（HPLC）。
注意事项 该品对眼睛、呼吸系统及皮肤有刺激性。使用时应穿适当的防护服。应避免吸入本品的粉尘。万一接触到眼睛，应立即用大量水冲洗后请医生诊治。应密封于－20℃保存。
主要用途 生化研究。

Guanosine 5′-triphosphate trisodium salt monohydrate
5′-三磷酸鸟苷三钠盐 一水 05089
[36051-31-7] $C_{10}H_{13}N_5Na_3O_{14}P_3\cdot H_2O$ 600.16
成分（以无水物计） C 20.63%，H 2.25%，N 12.03%，Na 10.65%，O 38.48%，P 15.96%。
别名 一水合 5′-三磷酸鸟苷三钠盐；鸟苷-5′-三磷酸三钠盐一水；GTP
性状 白色结晶性粉末。溶于水，易吸潮。生化试剂含量≥95.0%（HPLC）。
注意事项 该品应充氩气密封于－20℃干燥保存。
主要用途 生化研究。

Guanoxabenz hydrochloride 二氯苯亚氨羟胍 盐酸盐
05090
[23256-40-8] $C_8H_9Cl_3N_4O$ 283.54
成分 C 33.89%，H 3.20%，Cl 37.51%，N 19.76%，O 5.64%。
别名 胍羟苯 盐酸盐；盐酸二氯苯亚氨羟胍；盐酸胍羟苯；Benzerial；2-(2,6-Dichloro phenyl)methylene-*N*-hydroxyhydrazinecarboximidamide hydrochloride；1-(2,6-Dichlorobenzylidene)amino-3-hydroxyguanidine hydrochloride；Compd 43 663-HCl
M. I. 15，4602
性状 来自乙醇/乙醚中的无色结晶。mp 173～75℃。
主要用途 医用抗高血压剂。

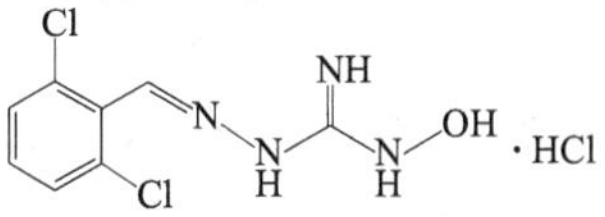

Guanoxan 胍生
05091
[2165-19-7] $C_{10}H_{13}N_3O_2$ 207.23
成分 C 57.96%，H 6.32%，N 20.28%，O 15.44%。
别名 胍噁烷；胍甲基苯并二噁烷；[(2,3-Dihydro-1,4-benzodioxin-2-yl) methyl] guanidine；(1,4-Benzodioxan-2-ylmethyl) guanidine；2-Guanidinomethyl-1,4-benzodioxan
M. I. 15，4603
性状 无色结晶。mp 164～165℃。
主要用途 医用抗高血压剂。

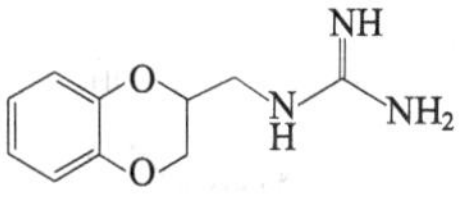

3′-Guanylic acid 3′-鸟苷酸
05092
[117-68-0] $C_{10}H_{14}N_5O_8P$ 363.22
成分 C 33.07%，H 3.89%，N 19.28%，O 35.24%，S 8.53%。
别名 鸟苷-3′-一磷酸；3′-一磷酸鸟苷；Guanosine 3′-monophosphate；Guanine riboside-3-phosphoric acid；Guanylic acid b.
M. I. 15，4604
性状 二水合物来自水中的长棱柱体结晶。无水物 180℃分解（封闭试管中）；$[\alpha]_D^{25}-8°$（$c=2$）；－65℃（$c=2$，于 5%氢氧化钠溶液中）。对石蕊呈酸性。溶于冷水，易溶于热水。在沸稀矿物酸中生成磷酸和 D-核糖。
注意事项 该品应充氩气密封于 2～8℃保存。

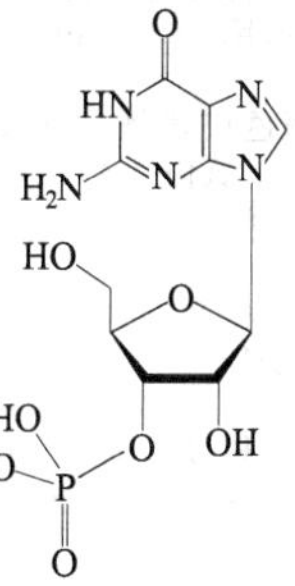

Guar gum　瓜尔豆胶 05093

[9000-30-0] 约 220000

别名　Burtonite V-7-E；Cyamopsis gum；Decorpa；Glucotard；Guarem；Guar flour；Guarina；Gum cyamopsis；Jaguar

M. I. 15，4608

性状　白色至浅黄褐色松散流动的粉末。几乎无味。能分散在水中而形成黏稠液体。1%水溶液黏度 4～5Pa·s，加入少量硼砂即变成凝胶。不溶于油类、烃类、酮类、酯类。LD_{50}小鼠，雌大鼠急性经口：7.35g/kg，6.77g/kg。

注意事项　该品应密封于阴凉干燥处保存。

主要用途　食品用增稠剂，稳定剂。

Guinea green B　基尼绿 B 05094

[4680-78-8]　$C_{37}H_{35}N_2NaO_6S_2$ 690.80

成分　C 64.33%，H 5.11%，N 4.06%，Na 3.33%，O 13.90%，S 9.28%。

别名　*N*-Ethyl-*N*-[4-[4-[ethyl[(3-sulfophenyl)methyl]amino]phenyl]phenymethylene]-2，5-cyclohexadien-1-ylidene]-3-sulfobenzenemethanaminium inner salt，sodium salt；Acid Green 3；Food Green 1；FD & C Green 1

M. I. 15，4610　　C. I. 42085

性状　深绿色粉末或有光泽的结晶性固体。性不活泼。溶于水呈绿色，微溶于乙醇。LD_{50}大鼠急性经口：>2g/kg。

主要用途　生物染色剂。食品、化妆品添色剂。

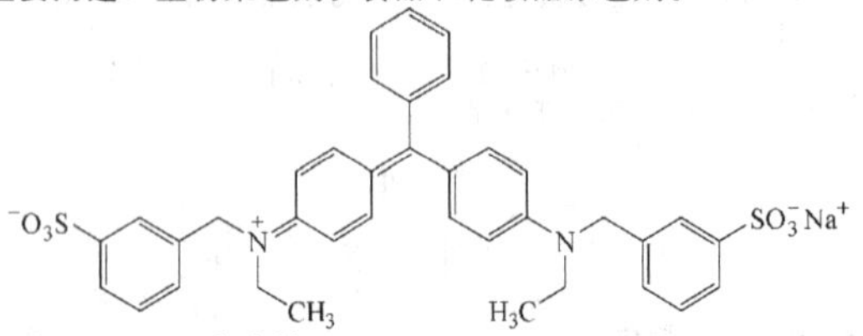

D-Gulose　D-古洛糖 05095

[4205-23-6]　$C_6H_{12}O_6$ 180.16

成分　C 40.00%，H 6.71%，O 53.28%。

M. I. 15，4613

性状　无色糖浆状物。味甜。溶于水，微溶于乙醇。不被酵母发酵。$[\alpha]_D^{20}-20.4°$。生化试剂含量约 95.0%。

注意事项　该品应密封于 2～8℃保存。

主要用途　生化研究。

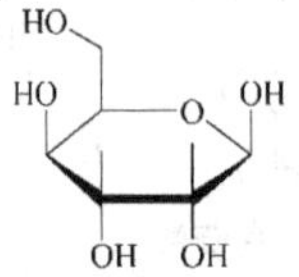

Gum arabic powder　阿拉伯树胶粉 05096

[9000-01-5] Mr 约 240000

别名　树胶粉；Acacia；Gum acacia；Arabic gum

M. I. 15，15

性状　白色、浅黄色粉末或透明细小颗粒。溶于水，溶液有黏性并微带浑浊。不溶于乙醇。

注意事项　该品对眼睛有刺激性。万一接触到眼睛，应立即用大量水冲洗后请医生诊治。

主要用途　测定铝、锑、砷、铋、镁、硒。胶黏剂。

Gum copal　柯伯胶 05097

[9000-14-0]

别名　柯柏胶；珐琲脂；矿树脂；硬树脂；Anime(soft copal)；Copal；Cowrie；Kaurie；Kaurie gum；Resin copal

M. I. 15，2502

性状　淡黄色至黄棕色块状物。硬胶几乎不溶于一般溶剂，软胶部分溶于乙醇、氯仿、冰乙酸，两者经过熔融后均溶于松节油及胡麻子油。

主要用途　测定铜。

Gum dammar　但马胶 05098

[9000-16-2]

别名　达麻脂；但马树脂；达玛树胶；Damar；Dammar；Dammara；Damar resin；Dammar resin；Resin Damar

M. I. 15，2806

性状　白色至浅黄色圆形或钟乳形半透明脆性物质。溶于乙醇、氯仿、乙醚、二硫化碳，部分溶于松节油，不溶于水。mp 约 120℃；*d* 1.04～1.12。

主要用途　制造光学树脂胶、假漆。

Gum ghatti　茄替胶 05099

[9000-28-6]

别名　印度树胶；锡兰树胶；印度胶；Ghatti gum；Indian gum

M. I. 15，4450

性状　半透明胶状物。系印度和斯里兰卡一种植物所分泌的树胶。完全溶于约 5 份冷水，不溶于 90%乙醇。$[\alpha]_D^{25}+42°$(于稀硫酸中)。

主要用途　乳化剂。

Gum guaiac　愈创木胶 05100

[9000-29-7]

别名　愈创木脂；Guaiac；Guaiac gum；Guaiacum；Resin guaiac

M. I. 15，4588

性状　棕色或淡绿棕色不规则块状物。易溶于乙醇、氯仿、乙醚、杂酚油，溶于水合氯醛、碱类，微溶于苯、二硫化碳，不溶于水。mp 85～90℃。LD_{50}大鼠急性经口：>5g/kg。

注意事项　该品口服有害。使用时应穿适当的防护服。

主要用途　检验铬、铜、铁、氰化物。医用临床试剂(检测血液或血红蛋白)。

Gum mastic　乳香胶 05101

[61789-92-2]

别名　乳香；玛瑞树胶；玛瑞脂；Balsam tree；Lentisk；Mastic；Mastic gum；Mastiche；Mastisol；Mastix；Pistachia galls

M. I. 15，5823

性状　微黄色至黄绿色透明珠状物。完全溶于乙醇，1g 该品能溶于 0.5mL 乙醚、0.5mL 氯仿，部分溶于松节油，几乎不溶于水。

主要用途　牙科用黏固剂。

Gum sandarac　山达胶 05102

别名　山达脂；非洲松香；桧胶；Gum juaniper；Juniper gum；Sandarac gum；Sandarach

M. I. 15，8491

性状　淡黄色半透明块状或粉末。溶于乙醇、乙醚、丙酮，部分溶于氯仿、二硫化碳、松节油、挥发油，不溶于水、苯、石油醚。mp 145℃。

主要用途　牙科用黏固剂。

Gum tragacanth powder　黄蓍树胶粉 05103

[9000-65-1] Mr 约 840000

别名　西黄蓍胶粉；托辣甘树胶；Tragacanth gum；Tragacanth

M. I. 15，4616

性状　白色或微黄色无定形粉末。溶于碱溶液、过氧化氢溶液，不溶于乙醇。

注意事项　使用时应避免吸入本品粉尘，避免与眼睛及皮肤接触。

主要用途　乳化剂。胶化剂。

Gusperimus frihydrochloride　胍立莫司 三盐酸盐 05104

[85468-01-5]　$C_{17}H_{40}Cl_3N_7O_3$ 496.90

成分　C 41.09%，H 8.11%，Cl21.40%，N 19.73%，O 9.66%。

别名　古派立莫 三盐酸盐；三盐酸胍立莫司；BMS-181173；NKT-01；NSC-356894；Spanidin；7-(Aminoiminomethyl)amino-*N*-[2-[[4-[(3-aminopropyl)amino]butyl]amino]-1-hydroxy-2-oxoethyl] heptanamide trihydrochloride；(±)-*N*-[[4-[(3-Aminopropyl)amino]butyl]carbamoyl]hydroxymethyl-7-guanidinoheptanamide trihydrochloride；1-Amino-19-guanidino-11-hydroxy-4，9，12-triazanonadecane-10，13-dione trihydrochloride；Deoxysperguualin trihydrochloride；(±)-15-Deoxyspergualin trihydrochloride

M. I. 15，4617

性状　白色粉末。溶于水。其 50mg/mL 溶液 pH 值约 4.9。LD_{50}小鼠腹膜内注射：25～50mg/kg。

主要用途　医用免疫抑制剂。

Guvacine hydrochloride　四氯烟酸 盐酸盐　05105

[498-96-4]　$C_6H_{10}ClNO_2$　163.60

成分　C 44.05%，H 6.16%，Cl 21.67%，N 8.56%，O 19.56%。

别名　1,2,5,6-四氢烟酸 盐酸盐；1,2,5,6-四氢-3-吡啶羧酸 盐酸盐；去甲槟榔次碱 盐酸盐；盐酸四氢烟酸；盐酸去甲槟榔次碱；1,2,5,6-Tetrahydro-3-pyridinecarboxylic acid hydrochloride；1,2,5,6-Tetrahydronicotinic acid hydrochloride

M. I. 15，4619

性状　来自水中的无色针状结晶或白色固体。溶于水，微溶于乙醇。318℃分解。一般试剂含量≥96.0%。

注意事项　该品对眼睛、呼吸系统及皮肤有刺激性。使用时应穿适当的防护服。万一接触眼睛，应立即用大量水冲洗后请医生诊治。

H

Hadacidin　杀腺癌菌素　05106

[689-13-4]　$C_3H_5NO_4$　119.08

成分　C 30.26%，H 4.23%，N 11.76%，O 53.74%。

别名　*N*-甲酰-*N*-羟基甘氨酸；*N*-羟基甲酰氨基乙酸；*N*-Formyl-*N*-hydroxygly cine；*N*-Formyl-*N*-hydroxyaminoacetic acid；*N*-Hydroxyform amidoacetic acid

M. I. 15，4622

性状　无色结晶。性不稳定。长期保存即变棕色及液化。其分解产物为甲酸和 *N*-羟基甘氨酸。溶于水、甲醇、乙醇、丙酮、乙醚。mp 119～120℃。

Hafnium granular　铪粒　05107

[7440-58-6]　Hf　178.49

GW 2015-1216　M. I. 15，4623

性状　高度光洁的金属粒状物。有延展性。六角形晶格。长期保存在空气中，表面会形成一层薄膜，能防止继续氧化。加热至 200℃时燃烧生成二氧化铪。溶于浓硫酸、王水、氢氟酸。bp 2227℃；d_4^{20} 13.3。一般试剂含量≥99.5%。

主要用途　电极。特殊玻璃。真空管消气。

Hafnium(Ⅳ) oxide　氧化铪　05108

[12055-23-1]　HfO_2　210.49

成分　Hf 84.80%，O 15.20%。

别名　二氧化铪；Hafnium dioxide

M. I. 15,4623

性状　白色粉末。不溶于水和乙醇。mp 2774℃；bp 约 5400℃；d^{20} 9.68。一般试剂含量≥99.9%。

注意事项　使用时应避免吸入本品的粉尘，避免与眼睛及皮肤接触。

主要用途　光谱分析。

Halazepam　三氟甲安定　05109

[23092-17-3]　$C_{17}H_{12}ClF_3N_2O$　352.74

成分　C 57.89%，H 3.43%，Cl 10.05%，F 16.16%，N 7.94%，O 4.54%。

别名　哈拉西泮；7-Chloro-1,3-dihydro-5-phenyl-1-(2,2,2-trfluoroethyl)-2*H*-1,4-benzodiazepin-2-one；Sch-12041；Paxipam

M. I. 15，4624

性状　来自丙酮-己烷中的无色结晶。mp 164～166℃。LD_{50}小鼠急性经口：＞4000mg/kg。

主要用途　医用抗焦虑剂。

Halazone　哈拉宗　05110

[80-13-7]　$C_7H_5Cl_2NO_4S$　270.08

成分　C 31.13%，H 1.87%，Cl 26.25%，N 5.19%，O 23.69%，S 11.87%。

别名　对二氯氨基磺酰苯甲酸；卤胺宗；4-[(Dichloroamino)sulfonyl]benzoic acid；*p*-(Dichlorosulfamoyl)benzoic acid；*p*-Sulfondichloramidobenzoic acid；*p*-Carboxybenzenesulfondichloroamide；Pantocid

M. I. 15. 4602

性状　无色结晶或白色粉末。有氯味。溶于冰乙酸、碱溶液、碳酸钠溶液而成盐，微溶于水、氯仿。约 195℃分解。生化试剂含量≥70.0%（TLC）。

主要用途　生化研究。水消毒剂。

Halcinonide　氯氟松　05111

[3093-35-4]　$C_{24}H_{32}ClFO_5$　454.96

成分　C 63.36%，H 7.09%，Cl 7.79%，F 4.18%，O 17.58%。

别名　(11*β*,16*α*)-21-Chloro-9-fluoro-11-hydroxy-16,17-[(1-methylethylidene) bis(oxy)] pregn-4-ene-3,20-dione；21-Chloro-9-fluoro-11*β*,16*α*,17-trihydroxypregn-4-ene-3,20-dione cyclic 16,17-acetal with acetone；21-Chloro-9*α*-fluoro-11*β*-hydroxy-16*α*,17*α*-isopropylidenedioxy-4-pregnene-3,20-dione；9*α*-Fluoro-21-chloro-11*β*，16*α*，17*α*-trihydroxypregn-4-ene-3，20-dione 16,17-acetonide；SQ-18566；Halciderm；Halcimat；Halog

M. I. 15，4626

性状　来自丙酮-石油醚中的无色结晶。溶于丙酮、氯仿、二甲基亚砜，微溶于苯、乙醇、乙醚、甲醇，几乎不溶于水（0.1mol/L 盐酸、0.1mol/L 氢氧化钠溶液）、己烷。mp 264～265℃（分解）；$[\alpha]_D^{25}+155°$（氯仿中）；uv max（甲醇中）：238nm（ε 16400）。LD_{50} 小鼠腹膜内注射：150mg/kg。

注意事项　该品能危害胎儿。使用时应穿适当的防护服。

主要用途　生化研究。医用局部抗炎剂。

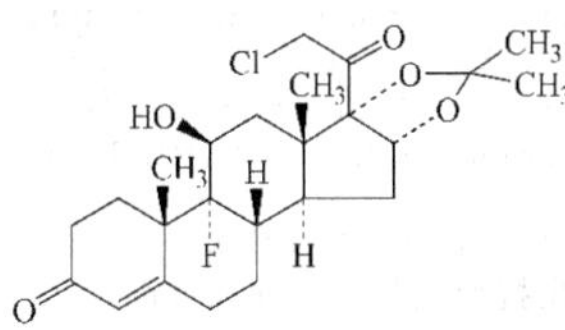

Halobetasol propionate　丙酸卤贝他索　05112

[66852-54-8]　$C_{25}H_{31}ClF_2O_5$　484.96

成分　C 61.92%，H 6.44%，Cl 7.31%，F 7.84%，O 16.50%。

别名　丙酸乌贝他索；乌贝他索丙酸酯；卤贝他索丙酸酯；(6*α*,11*β*,16*β*)-21-Chloro-6,9-difluoro-11-hydroxy-16-methyl-17-(1-oxopropoxy)pregna-1,4-diene-3,20-dione；21-Chloro-6*α*,9-difluoro-11*β*,17-dihydroxy-16*β*-methylpregna-1,4-diene-3,20-dione 17-propiomate；Ulobetasol propionate；BMY-30056；CGP14458；Ultravate

M. I. 15，4629

性状　来自二氯甲烷/乙醚中的无色结晶或白色至近白色粉末。易溶于丙酮、二氯甲烷，几乎不溶于水。mp 220～221℃。

主要用途 医用抗炎剂。治牛皮癣剂。

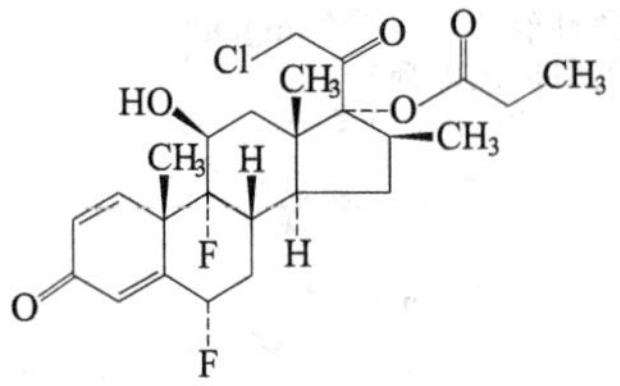

Halofantrine hydrochloride 卤泛群 盐酸盐 05113

[36167-63-2] $C_{26}H_{31}Cl_3F_3NO$ 536.89

成分 C 58.16%, H 5.82%, Cl19.81%, F 10.62%, N 2.60%, O 2.98%。

别名 盐酸卤泛群; SKF-102886; WR-171669; Halfan; 1,3-Dichloro-α-[2-(dibutylamino) ethyl]-6-trifluoromethyl-9-phenanthrenemethanol hydrochloride; 1-(1,3-Dichloro-6-trfluoromethyl-9-phenanthryl)-3-di(*n*-butyl) aminopropanol hydrochloride; γ-Dibutylamino-1,3-dichloro-6-trifluoromethyl-9-phenanthrenepropanol hydrochloride

M. I. 15, 4630

性状 无色结晶。两种品型: mp 93～96℃ 或 mp 203～204℃。

主要用途 医用抗疟剂。

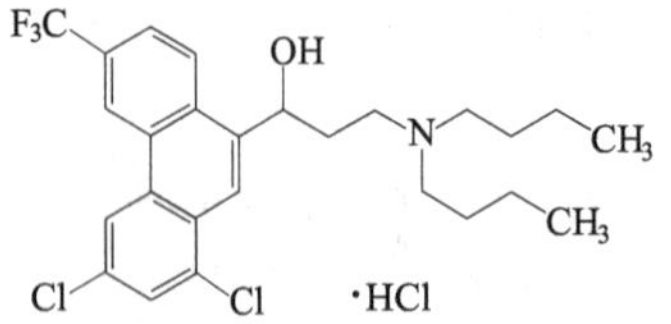

Halofenozide 氯虫酰肼 05114

[112226-61-6] $C_{18}H_{19}ClN_2O_2$ 330.81

成分 C 65.35%, H 5.79%, Cl 10.72%, N 8.47%, O 9.67%。

别名 4-Chlorobenzoic acid 2-benzoyl-2- (1, 1-dimethylethyl) hydrazide; RH-0345; Mach 2

M. I. 15, 4631

性状 无色结晶或白色粉末。mp 198.0～199.0℃。

主要用途 杀虫剂。

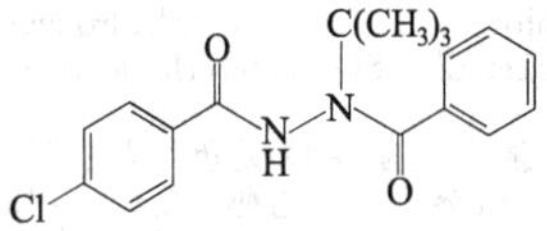

Halofuginone hydrobromide 卤夫酮 氢溴酸盐 05115

[64924-67-0] $C_{16}H_{18}Br_2ClN_3O_3$ 495.60

成分 C 38.78%, H 3.66%, Br 32.25%, Cl 7.15%, N 8.48%, O 9.68%。

别名 中海东福精 氢溴酸盐; 氢溴酸卤夫酮; *rel*-7-Bromo-6-chloro-3-[3-[(2*R*, 3*S*)-3-hydroxy-2-piperidinyl]-2-oxopropyl]-4(3*H*)-quinazolinone hydrobromide; (±)-*trans*-7-Bromo-6-chloro-3-[3-(3-hydroxy-2-piperidyl) acetonyl]-4(3*H*)-quinazolinone hydrobromide; 7-Bromo-6-chicrofebrifugine hydrobromide; HAL-HBr; RU-19110; Stenoral

M. I. 15, 4632

性状 无色结晶。mp 247℃ (分解)。

主要用途 兽用抗原生物剂 (抑球虫剂)。

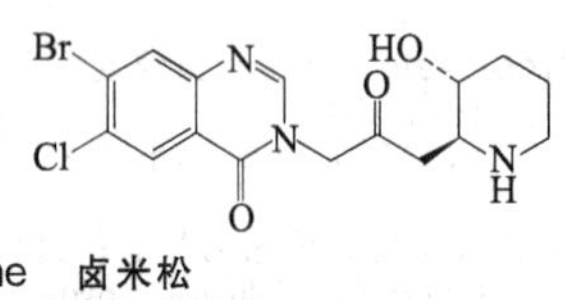

Halometasone 卤米松 05116

[50629-82-8] $C_{22}H_{27}ClF_2O_5$ 444.90

成分 C 59.39%, H 6.12%, Cl 7.97%, F 8.54%, O 17.98%。

别名 卤美他松; 氯二氟美松; 三卤米他松; 适确得; (6α, 11β, 16α)-2-Chlono-6, 9-difluoro-11, 17, 21-trihydroxy-16-methylpregna-1, 4-diene-3, 20-dione; 2-Chloroflumethasone; C-48401-Ba

M. I. 15, 4633

性状 无色结晶或粉末。mp 220～222℃ (分解); $[\alpha]_D^{20}$ +40° (c=0.97, 于二氧六环中)。

主要用途 医用局部抗炎剂。止痒剂。

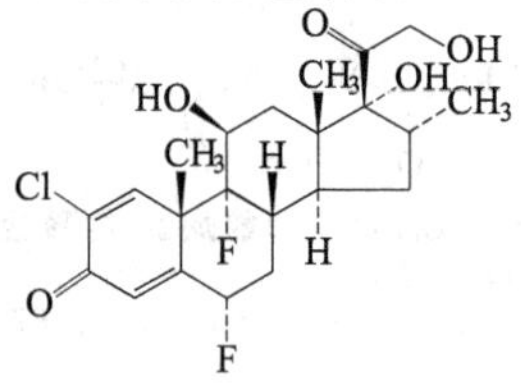

Haloperidol 氟哌啶醇 05117

[52-86-8] $C_{21}H_{23}ClFNO_2$ 375.87

成分 C 67.11%, H 6.17%, Cl 9.43%, F 5.05%, N 3.73%, O 8.51%。

别名 卤吡醇; 氟哌丁苯; 4-[4-(4-Chlorophenyl)-4-hydroxy-1-piperidinyl]-1-(4-fluorophenyl)-1-butanone; 4-[4-(*p*-Chlorophenyl)-4-hydroxypiperidino]-4′-fluorobutyrophenone; 4′-Fluoro-4-(4-hydroxy-4-*p*-chlorophenylpiperidino) butyrophenone; 1-(3-*p*-Fluorobenzoylpropyl)-4-*p*-chlorophenyl-4-hydroxypiperidine; R-1625; Aloperidin; Bioperidolo; Brotopon; Dozic; Einalon S; Eukystol; Haidol, Halosten; Keselan; Linton; Peluces; Serenace; Serenase; Sigaperidol

M. I. 15, 4634

性状 白色至淡黄色无定形结晶。易溶于甲醇、丙酮、苯、稀酸,溶于氯仿,略微于乙醇,微溶于乙醚,极微溶于水 (1.4mg/100mL)。pK_a 8.3。mp 148.0～149.4℃; uv max (9:1 0.1mol/L 盐酸:甲醇中): 247nm, 221nm (ε 13300, 15000)。LD_{50} 大鼠急性经口: 165mg/kg; 小鼠腹膜内注射: 60mg/kg。

注意事项 该品口服有毒。能损伤生育力。能危害胎儿。对眼睛、呼吸系统及皮肤有刺激性。接触皮肤能引起过敏。使用前应得到专门的指导,避免曝露。使用时应穿适当的防护服,戴手套和防护镜或面罩。万一接触到眼睛,应立即用大量水冲洗后请医生诊治。使用时如有事故发生或有不适之感,应请医生诊治。

主要用途 生化研究。医用精神抑制剂。

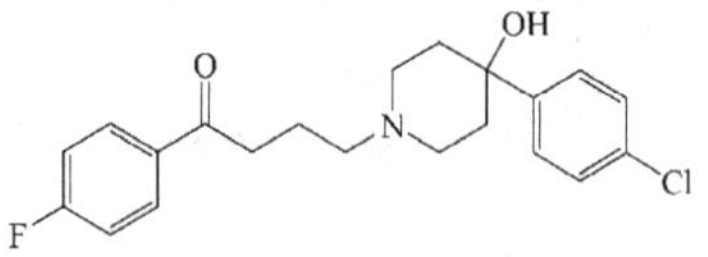

Halosulfuron-methyl 氯吡嘧磺隆 05118

[100784-20-1] $C_{13}H_{15}ClN_6O_7S$ 434.81

成分 C 35.91%, H 3.48%, Cl 8.15%, N 19.33%, O 25.76%, S 7.37%。

别名 吡氯磺隆; 3-Chloro-5-[[[(4,6-dimethoxy-2-pyrimidinyl) amino] carbonyl] amino] sulfonyl-1-methyl-1*H*-pyrazole-4-carboxylic acid methyl ester; Methyl 3-chloro-5-(4,6-dimethoxy-pyimidin-2-ylcarbamoylsulfamoyl)-1-methylpyrazole-4-carboxylate; MON-12000; MON-12037; NC-319; Manage; Permit

M. I. 15, 4636

性状 白色粉末。微溶于水 (25℃, 36mg/L)。蒸气压 (25℃): 2.8×10^{-12}mmHg/3.73×10^{-10}Pa; mp 172～173℃; LD_{50} 大鼠急性经口: 8865mg/kg; 兔皮肤接触: >2000mg/kg。LD_{50} (4h) 大鼠: >4.3mg/L。

注意事项 该品对水生物极毒。应防止将本品释放于环境中。其包装物应按危险品处理。

主要用途 除草剂。

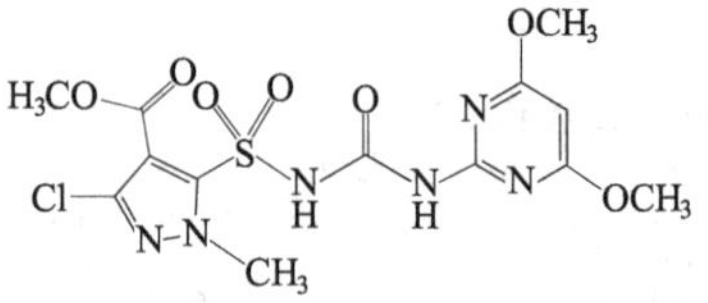

Haloxazolam 卤沙唑仑 05119

[59128-97-1] $C_{17}H_{14}BrFN_2O_2$ 377.21

成分 C 54.13%，H 3.74%，Br 21.18%，F 5.04%，N 7.43%，O 8.48%。

别名 卤噁唑仑；10-Bromo-11b-(2-fluorophenyl)-2,3,7,11b-tetrahydrooxazolo[3,2-*d*][1,4]benzodiazepin-6(5*H*)-one；CS-430；Somelin

M. I. 15，4638

性状 无色结晶。略微溶于水。mp 185℃。LD_{50}小鼠急性经口：1850mg/kg。

主要用途 医用镇静剂，安眠剂。

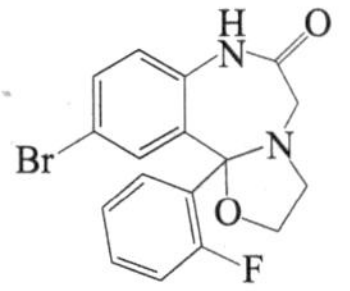

Hamamelitannin 金缕梅丹宁 05120

[469-32-9] $C_{20}H_{20}O_{14}$ 484.37

成分 C 49.59%，H 4.16%，O 46.24%。

别名 2-*C*-[(3,4,5-Trihydroxybenzoyl)oxy]methyl-D-ribofuranose 5-(3,4,5-trihydroxy benzoate)；2-*C*-Hydroxymethyl-D-ribofuranose 2′,5-digallate

M. I. 15，4640

性状 来自水中的无色棱柱体结晶。mp 145～147℃；$[\alpha]_D^{19}$ +32.6°（*c*=1.5）。一般试剂含量≥98.0%（HPLC）。

注意事项 该品应密封于 2～8℃保存。

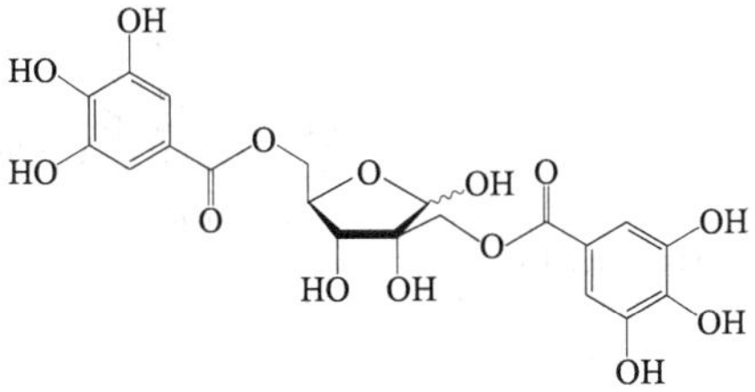

Hama melose 金缕梅糖 05121

[4573-78-8] $C_6H_{12}O_6$ 180.16

成分 C 40.00%，H 6.71%，O 53.28%。

别名 2-*C*-(Hydroxymethyl)-D-ribose

M. I. 15，4641

性状 D-型为来自无水乙醇中的无色结晶。mp 111℃；$[\alpha]_D^{21}$ −7.4°(于水中)。L-型为来自乙醇+乙酸乙酯中的无色结晶。mp 110～111℃；$[\alpha]_D^{22}$ +1.3° $\xrightarrow{3min}$ +7.3°(平衡后 17min)。

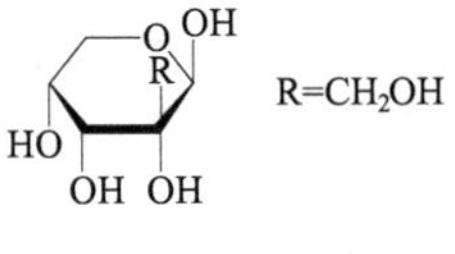

R=CH_2OH

Haplophytine 单枝夹竹桃碱 05122

[16625-20-0] $C_{37}H_{40}N_4O_7$ 652.75

成分 C 68.08%，H 6.18%，N 8.58%，O 17.16%。

别名 3,4-Didehydro-19-hydroxy-16,17-dimethoxy-1-methyl-15-(2,3,5,6-tetrahydro-11-hydroxy-4-methyl-1,13-dioxo-1*H*-3a,7-methanopyrrolo[1,2-*a*][1,3]benzodiazocin-7(4*H*)-yl)aspidospermidin-21-oic acid γ-lactone

M. I. 15，4644

性状 来自乙醇+氯仿中的无色结晶。易溶于氯仿、苯、二氧六环、乙酸乙酯，易溶于稀酸、碱，中等程度溶于丙酮、甲醇，较少地溶于乙醇，几乎不溶于水、乙醚、石油醚。mp 290～293℃（快速加热，250℃初始熔化）；$[\alpha]_D^{25}$ +109.0°（氯仿中）；uv max（乙醇中）：220nm，265nm，305nm（ε 48500，14300，4500）。

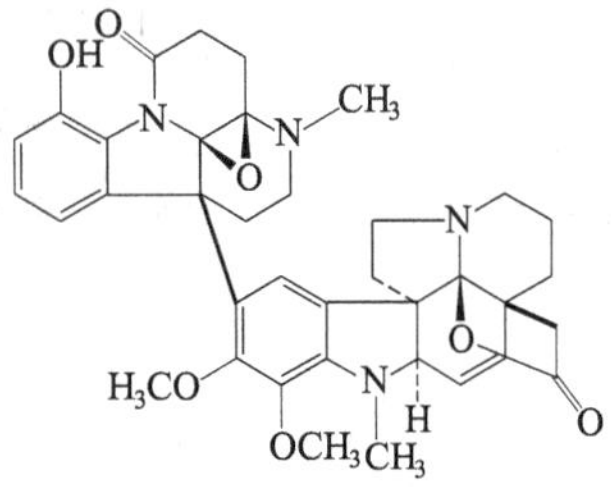

Harmaline 哈梅灵 05123

[304-21-2] $C_{13}H_{14}N_2O$ 214.27

成分 C 72.87%，H 6.59%，N 13.07%，O 7.47%。

别名 骆驼蓬灵；*O*-甲基骆驼蓬酚；氧-甲基骆驼蓬酚；4,9-Dihydro-7-methoxy-1-methyl-3*H*-pyrido[3,4-*b*]indole；1-Methyl-7-methoxy-3,4-dihydro-β-carboline；3,4-Dihydroharmine；Harmidine；Harmalol methyl ether；*O*-Methylharmalol

M. I. 15，4646

性状 菱形结晶。由甲醇中提取的为片状物，由乙醇中提取的为八面菱形结晶。完全溶于热乙醇、稀酸，微溶于水、乙醇、乙醚。溶液显蓝色荧光。p*K* 4.2。mp 229～231℃；uv max（甲醇中）：218nm，260nm，376nm（lg ε 4.27，3.90，4.02）。

注意事项 使用时应避免吸入本品的粉尘，避免与眼睛及皮肤接触。

主要用途 生化研究。胺氧化酶抑制剂。

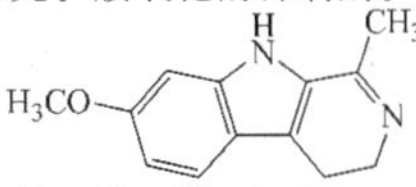

Harmaline hydrochloride dihydrate 哈梅灵 盐酸盐 二水 05124

[6027-98-1] $C_{13}H_{15}ClN_2O \cdot 2H_2O$ 286.76

成分（以无水物计） C 62.28%，H 6.03%，Cl 14.14%，N 11.17%，O 6.38%。

别名 二水合盐酸哈梅灵；盐酸哈梅灵 二水；盐酸氧甲基骆驼蓬酚；盐酸骆驼蓬灵；骆驼蓬灵 盐酸盐；Harmidine hydrochloride；Dihydroharmine hydrochloride

M. I. 15，4646

性状 黄色细长的针状结晶。中等程度溶于水、乙醇。mp 234～236℃（分解）。生化试剂含量约 95.0%（AT）。

主要用途 生化研究。

注意事项 见 05121 哈梅灵。应密封于−20℃保存。

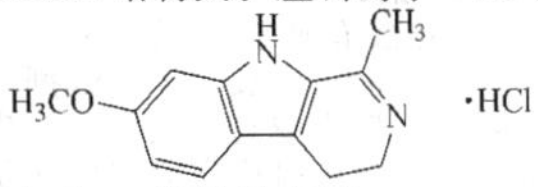

·HCl

Harmalol frihydrate 哈马洛 三水 05125

[6027-99-2] $C_{12}H_{12}N_2O \cdot 3H_2O$ 200.24

成分（以无水物计） C 71.98%，H 6.04%，N 13.99%，O 7.99%。

别名 去甲二氢骆驼蓬碱；骆驼蓬酚；4,9-Dihydro-1-methyl-3*H*-pyrido[3,4-*b*]indol-7-ol trihydrate；3,4-Dihydro-1-methyl-9*H*-pyrido[3,4*b*]indol-7-ol trihydrate

M. I. 15，4647

性状 来自水中的红色针状结晶。易溶于热水、丙酮、氯仿、碱溶液，但不溶于碳酸盐溶液。其水溶液呈黄色并有绿色荧光。212℃分解（无水物）。

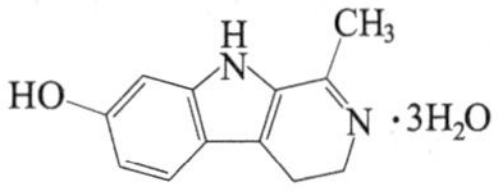

·$3H_2O$

Harman 哈尔满 05126

[486-84-0] $C_{12}H_{10}N_2$ 182.23

成分 C 79.10%，H 5.53%，N 15.37%。

别名 2-甲基-β-咔啉；3-甲基-4-咔啉；阿锐碱；牛角花碱；1-Methyl-9*H*-pyrido[3,4-*b*]indole；3-Methyl-4-carboline；2-Methyl-β-carboline；Aribine；Loturine；Passiflorin；Harmane

M. I. 15，4648

性状 来自庚烷+环己烷中的无色斜方结晶。味苦。在紫外光中显亮蓝色荧光。溶于稀酸，几乎不溶于水。pK_a 7.37，14.6。mp 237～238℃；uv max（甲醇中）：234nm，287nm，347nm（lg ε 4.57，4.21，3.66）。LD_{50}小鼠腹膜内注射：50mg/kg。一般试剂含量≥98.0%（NT）。

注意事项 使用时应避免吸入本品的粉尘，避免与眼睛及皮肤接触。

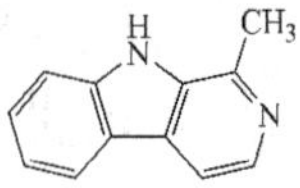

Harmine 哈尔碱 05127

[442-51-3] $C_{13}H_{12}N_2O$ 212.25

成分 C 73.56%，H 5.70%，N 13.20%，O 7.54%。

别名 哈尔明；骆驼蓬碱；7-甲氧基-1-甲基-9*H*-吡啶并[3,4-*b*]吲哚；Banisterine；Leucoharmine；7-Methoxy-1-methyl-9*H*-pyrido[3,4-*b*]indole；Telepathine；Yageine

M.I. 15，4649

性状 来自甲醇中的白色细棱柱体结晶。溶于吡啶，微溶于水、乙醇、乙醚、氯仿。pK_a 7.70。mp 261℃（分解）；uv max（甲醇中）：241nm，301nm，336nm（lg ε 4.61，4.21，3.69）。生化试剂含量≥98.0%（NT）。

注意事项 使用时应避免吸入本品的粉尘，避免与眼睛及皮肤接触。

主要用途 生化研究。

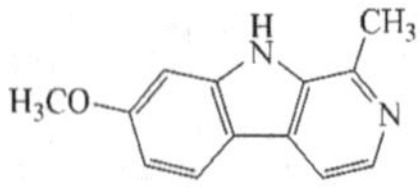

Harmine hydrochloride hydrate 哈尔碱 盐酸盐 05128

[343-27-1] $C_{13}H_{13}ClN_2O \cdot xH_2O$ 248.71

成分（以无水物计） C 62.78%，H 5.27%，Cl 14.25%，N 11.26%，O 6.43%。

别名 水合哈尔碱 盐酸盐；水合盐酸哈尔碱；盐酸哈尔碱；盐酸哈尔明；哈尔明 盐酸盐；盐酸骆驼蓬碱；骆驼蓬碱 盐酸盐；盐酸-7-甲氧基-1-甲基-9*H*-吡啶并[3,4,*b*]吲哚；7-甲氧基-1-甲基-9*H*-吡啶并[3,4-*b*]吲哚 盐酸盐；Banisterine hydrochloride；Leucoharmine hydrochloride；7-Methoxy-1-methyl-9*H*-pyrido[3,4-*b*]indole hydrochloride；Telepathine hydrochloride；Yageine hydrochloride

M.I. 15，4649

性状 白色至浅绿色结晶（含两个结晶水）。溶于40份水，易溶于热水，水溶液有蓝色荧光。mp 262℃（分解）。LD_{50}小鼠静脉注射：38mg/kg。生化试剂含量约98.0%。

注意事项 该品吸入、口服或与皮肤接触有害。对机体有不可逆损伤的可能性。使用时应穿适当的防护服。使用时应避免吸入本品的粉尘，避免与皮肤接触。

主要用途 生化研究。单胺和双胺氧化酶的抑制剂。中枢神经刺激剂。

Hasubanonine 莲花宁 05129

[1805-85-2] $C_{21}H_{27}NO_5$ 373.45

成分 C 67.54%，H 7.29%，N 3.75%，O 21.42%。

别名 莲花氏碱；7,8-Didehydro-3,4,7,8-tetramethoxy-17-methylhasubanan-6-one

M.I. 15，4652

性状 来自甲醇中的无色棱柱体结晶。mp 116℃；$[\alpha]_D$ −219°（乙醇中）。

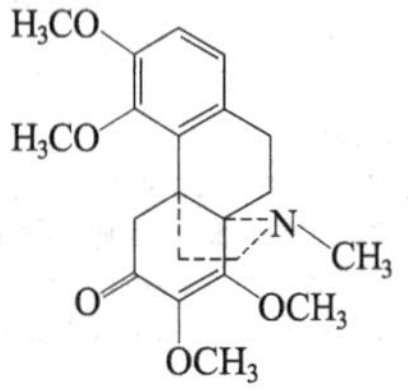

Hederagenin 常春藤苷配基 05130

[465-99-6] $C_{30}H_{48}O_4$ 472.71

成分 C 76.23%，H 10.24%，O 13.54%。

别名 常春藤宅苷；(3β,4α)-3,23-Dihydroxyolean-12-en-28-oic acid；Caulosapogenin；Melanthigenin

M.I. 15，4659

性状 来自乙醇中的无色结晶。易溶于吡啶，溶于氯仿-乙醇混合剂，缓慢地溶于乙醇，溶于烯乙醇氢氧化钠溶液，但不溶于碱水溶液，几乎不溶于水。mp 332～334℃；$[\alpha]_D^{20}$ +81°（*c*=0.7，于吡啶中）。

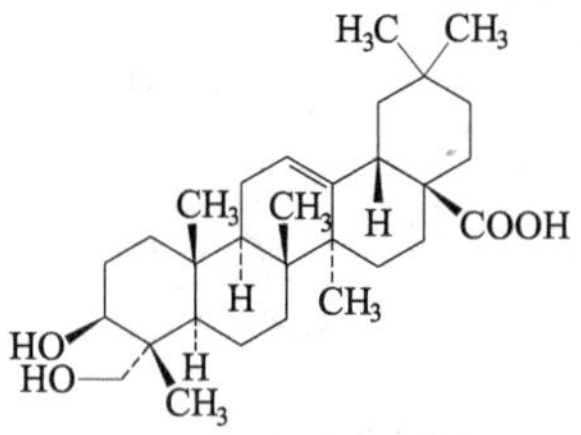

α-Hederin α-常春藤素 05131

[27013-91-8] $C_{41}H_{66}O_{12}$ 750.97

成分 C 65.58%，H 8.86%，O 25.57%。

别名 α-常春藤宅苷；(3β,4α)-3-[2-*o*-(6-Deoxy-α-L-mannopyranosyl)-α-L-arabino-pyranosyl)-α-L-arabinopyranosyl]oxy-23-hydroxyolean-12-en-28-oic acid；Helixin (the saponin)

M.I. 15，4660

性状 来自乙醇被乙醚加成中的沉淀物。mp 256～259℃；$[\alpha]_D^{20}$ +14.5°（*c*=0.92，于甲醇中）。

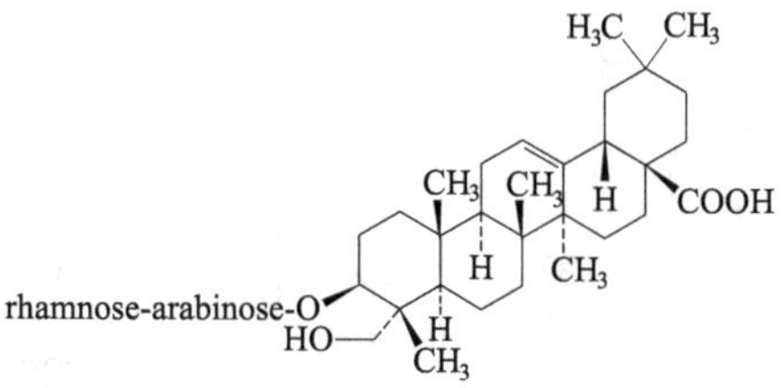

Helenalin 锦鸡菊素 05132

[6754-13-8] $C_{15}H_{18}O_4$ 262.31

成分 C 68.68%，H 6.92%，O 24.40%。

别名 堆心菊素；土木香灵；堆心菊内酯；堆心菊灵；[3aS-(3aα,4α,4aβ,7aα,8α,9aα)]-3,3a,4,4a,7a,8,9,9a-Octahydro-4-hydroxy-4a,8-dimethyl-3-methyleneazuleno[6,5-*b*]furan-2,5-dione；6α,8β-Dihydroxy-4-oxoambrosa-2,11(13)-dien-12-oic acid 12,8-lactone

M.I. 15，4461

性状 来自苯中的无色结晶。味苦，能使人发喷嚏。溶于乙醇、氯仿、热苯，微溶于水。mp 167～168℃；$[\alpha]_D^{25}$ −102.8°(*c*=3.64，于95%乙醇中)；uv max：223nm(ε 11900)。LD_{50}小鼠，大鼠急性经口：150mg/kg，125mg/kg。

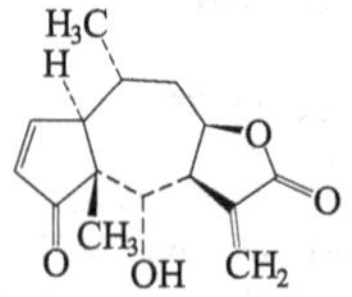

Helicin 氧化水杨苷 05133

[618-65-5] $C_{13}H_{16}O_7$ 284.26

成分 C 54.93%，H 5.67%，O 39.40%。

别名 水杨醛葡萄糖苷；2-(β-D-Glucopyranosyloxy)benzaldehyde；Salicylaldehyde β-D-glucoside

M.I. 15，4663

性状 来自水中的无色针状结晶。1g该品溶于55mL水，易溶于热水、乙醇。mg 175～176℃；$[\alpha]_D^{20}$ −60°（*c*=

1.4，于水中）。

注意事项 使用时应避免吸入本品的粉尘，避免与眼睛及皮肤接触。

HC=O
O-β-D-葡萄糖

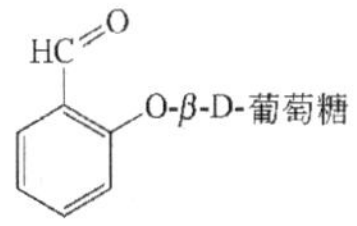

Hematein 氧化苏木精 05134

[475-25-2] $C_{16}H_{12}O_6$ 300.27

成分 C 64.00%，H 4.03%，O 31.97%。

别名 天然黑1；氧化苏木素；苏木红；苏木因；海马丹；6a,7-Dihydro-3,4,6a,10-tetrahydroxybenz[*b*]indeno[1,2-*d*]pyran-9(6*H*)-one；Haematein；Hydroxybrasilein；Hydroxybrazilein；Natural black 1

M.I. 15，4669　C.I. 75290

性状 微红棕色结晶，带黄绿色金属光泽。对空气敏感。溶于约1700份水，易溶于稀氢氧化钠溶液呈鲜红色，溶于氨水呈棕紫色，微溶于乙醇、乙醚，不溶于苯、氯仿。mp>200℃。

注意事项 该品应充氩气密封避光于干燥处保存。

主要用途 细胞核染色。指示剂。

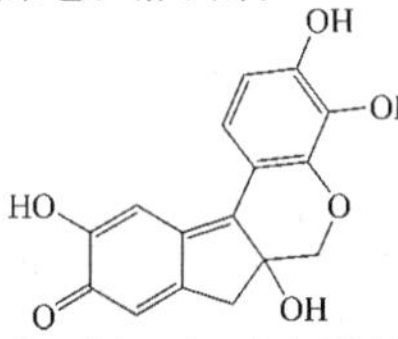

OH OH HO O O OH

Hematin from bovine blood 血红素(牛血) 05135

[15489-90-4] $C_{34}H_{33}FeN_4O_5$ 633.51

成分 C 64.46%，H 5.25%，Fe 8.82%，N 8.84%，O 12.63%。

别名 高铁血红素；羟基血红素；羟高铁血红素；(*SP*-5-13)-[7,12-Diethyl-3,8,13,17-tetramethyl-21*H*,23*H*-porphine-2,18-dipropanoato(4−)-*N*[21],*N*[22],*N*[23],*N*[24]]hydroxyferate(2−)dihydrogen；[Dihydrogen 3,7,12,17-tetramethyl-8,13-divinyl-2,18-porphinedipropionato(2−)]hydroxyiron；Ferriheme hydroxide；Ferriporphyrin hydroxide；Ferriprotoporphyrin basic；Haematin；Hydroxy[dihydrogen protoporphyrin Ⅸ-ato(2−)]iron；Hydroxyhemin；Phenodin

M.I. 15，4670

性状 来自吡啶中的溶解性结晶或蓝色至棕黑色粉末，40℃干燥、易溶于稀碱溶液，溶于热乙醇、氨水，微溶于热吡啶，不溶于水。最大吸收值（10%氢氧化钠水溶液中）：580nm。LD_{50}大鼠静脉注射：4.32mg/100g。

注意事项 该品应密封于2～8℃保存。

主要用途 生化研究。

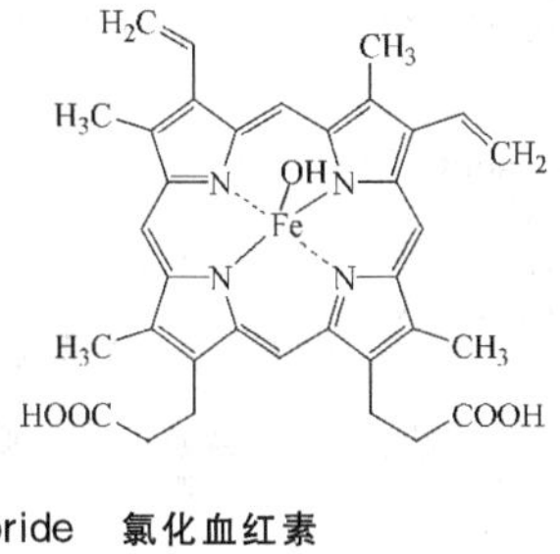

H_2C CH_3 H_3C CH_2 N OH N Fe N N H_3C CH_3 HOOC COOH

Hematin chloride 氯化血红素 05136

[16009-13-5] $C_{34}H_{32}ClFeN_4O_4$ 651.95

成分 C 62.64%，H 4.95%，Cl 5.44%，Fe 8.57%，N 8.59%，O 9.82%。

别名 血晶；血晶质；血晶素；高铁血红素；高铁原卟啉；氯高铁血红素；盐酸血红素；(*SP*-5-13)-Chloro[7,12-diethenyl-3,8,13,17-tetramethyl-21*H*,23*H*-porphine-2,18-dipropanoato(4−)-*N*[21],*N*[22],*N*[24]]ferrate(2−)dihydrogen；Chloro[dihydrogen-3,7,12,17-tetramethyl-8,13-divinyl-2,18-porphinedipropionato(2−)]iron；Chlorohemin；Hemin；Hematin hydrochloride；Teichmann's crystals；Protohemin Ⅸ；1,3,5,8-Tetramethyl-2,4-divinylporphine-6,7-dipropionic acid ferrichloride；Chloroferriprotoporphyrin；Ferriheme chloride；Ferriporphyrin chloride；Ferriprotoporphyrin chloride；Hemin (chloride)

性状 来自冰乙酸或来自氯仿-吡啶-乙酸中的细长叶片状结晶。易溶于稀氨水，溶于碱溶液，微溶于乙醇，不溶于稀酸、碳酸盐溶液，不溶于水，但在水中稳定。

注意事项 该品应密封避光于2～8℃保存。

主要用途 生化研究。血检定染色剂。有机合成。

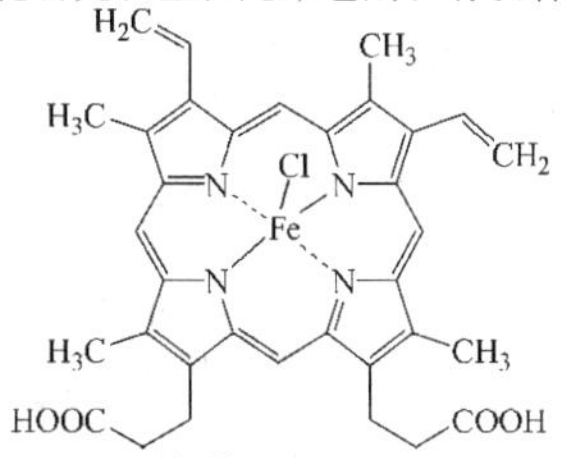

H_2C CH_3 H_3C CH_2 Cl N N Fe N N H_3C CH_3 HOOC COOH

Hematoporphyrin 血卟啉 05137

[14459-29-1] $C_{34}H_{38}N_4O_6$ 598.70

成分 C 68.21%，H 6.40%，N 9.36%，O 16.03%。

别名 血紫素；血紫质；7,12-Bis(1-hydroxyethyl)-3,8,13,17-tetramethyl-21*H*,23*H*-porphine-2,18-dipropanic acid；7,12-Bis(1-hydroxyethyl)-3,8,13,17-tetramethyl-2,18-prophinedipropionic acid；Haematoporphyrin；Hematoporphyrin Ⅸ；1,3,5,8-Tetramethyl-2,4-bis(α-hydroxyethyl)porphine-6,7-dipropionic acid；Photodyn

M.I. 15，4671

性状 深红色结晶。溶于乙醇，略微溶于乙醚、氯仿，不溶于水。最大吸收值（0.1mol/L氢氧化钾溶液中）：615.5nm，565nm，534.4nm，499.5nm。生化试剂含量≥60.0%（HPLC）。

注意事项 该品使用时应避免吸入本品的粉尘，避免与眼睛及皮肤接触。应充氩气密封避光于2～8℃干燥保存。

主要用途 生化研究。医用抗抑郁剂。

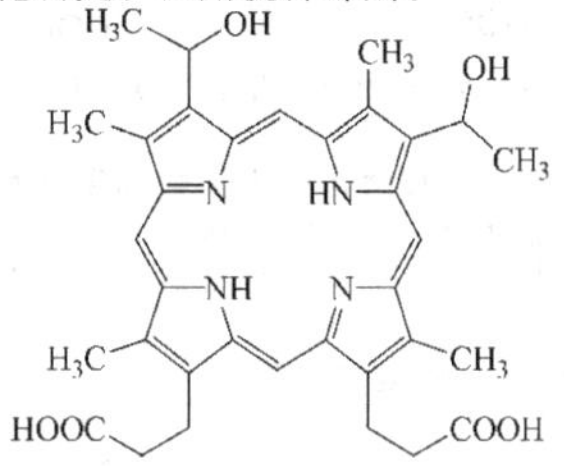

H_3C OH CH_3 OH H_3C CH_3 N HN NH N H_3C CH_3 HOOC COOH

Hematoporphyrin dihydrochloride

血卟啉 二盐酸盐 05138

[17696-69-4] $C_{34}H_{40}Cl_2N_4O_6$ 671.63

成 分 C 60.80%，H 6.00%，Cl 10.56%，N 8.34%，O 14.29%。

别名 二盐酸血卟啉；血卟啉 盐酸盐；二盐酸血紫素；盐酸血紫素；血紫素 盐酸盐；盐酸血卟啉；Sensibion

性状 深红色结晶或深绿色颗粒粉末，研细后为红色。易溶于水。生化试剂含量≥60.0%（HPLC）。

注意事项 该品应充氩气密封避光于2～80℃干燥保存。

主要用途 生化研究。能使癌组织容易接受紫外光线。

Hematoxylin trihydrate 苏木精 三水 05139

[517-28-2] $C_{16}H_{14}O_6 \cdot 3H_2O$ 356.33

成分(以无水物计) C 63.57%，H 4.67%，O 31.76%。

别名 三水合苏木精；天然黑2；苏木色精；苏木素；*cis*-(+)-7,11b-Dihydrobenz[*b*]indeno[1,2-*d*]pyran-3,4,6a,9,10(6*H*)-pentol；Haematoxylin；Hematoxiline；Hydroxybrasilin；Hydroxybrazilin；Natural black 1

M.I. 15，4672　C.I. 75290

性状 白色至浅黄色结晶。露置空气中或见光色变红。溶于热水、热乙醇、氨水、碱溶液、硼砂溶液、甘油，微溶于冷水、乙醚。pH值5.0～6.0（由黄至紫红色）；0～1.0（由粉红至绿色）。mp 100～120℃。

注意事项 该品对眼睛、呼吸系统及皮肤有刺激性。使用时应穿适当的防护服和戴手套。使用时应避免吸入本品的粉尘，避免与眼睛及皮肤接触。万一接触到眼睛，应立即用大量水冲洗后请医生诊治。应密封避光保存。

主要用途 比色测定铝、铅的试剂。酸碱指示剂。染色剂。

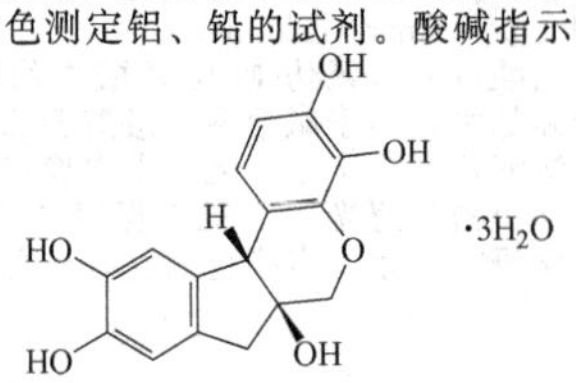

Heme 血红素 05140

[14875-96-8] $C_{34}H_{32}FeN_4O_4$ 616.50

成分 C 66.24%，H 5.23%，Fe 9.06%，N 9.09%，O 10.38%。

别名 亚铁血红素；亚铁原卟啉；正铁血红素；(*SP*-4-2)-[7,12-Diethenyl-3,8,13,17-tetramethyl-21*H*,23*H*-porphine-2,18-dipropanoato(4−)-N^{21},N^{22},N^{23},N^{24}]ferrate(2−)dihydrogen;[dihydrogen 3,7,12,17-tetramethyl-8,13-divinyl-2,18-porphinedipropionato(2−)] iron;1,3,5,8-Tetramethyl-2,4-divinylporphine-6,7-dipropionic acid ferrous complex;Ferroheme;Hem;Protoheme;Protoheme Ⅸ;Reduced hematin;Ferroprotoporphyrin

M. I. 15，4674

性状 细小的棕色针状结晶，并有暗紫色有光泽。性极不稳定。略微溶于冰乙酸。最大吸收值（于磷酸盐缓冲液，pH7)：约 550nm，575nm（E_{mM}^{572} 5.5)。

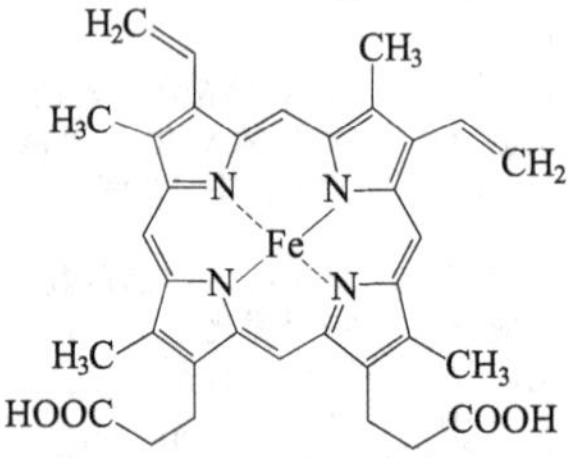

Hemicellulase from fungal 半纤维素酶（真菌） 05141

[9025-56-3]

性状 白色粉末。含有微量纤维素酶和麦芽糖酶。

注意事项 该品应密封于−20℃保存。

主要用途 工业上用于水解半纤维素。咖啡脱胶。

Hemicholinium-3 密胆碱-3 05142

[312-45-8] $C_{24}H_{34}Br_2N_2O_4$ 574.40

成分 C 50.19%，H 5.96%，Br 27.82%，N 4.88%，O 11.14%。

别名 半胆碱-3；2,2′-(1,1′-Biphenyl)-4,4′-diylbis(2-hydroxy-4,4-dimethylmorpholinium) dibromide;HC-3;Hemicholinium dibromide;2,2′-(4,4′-Biphenylylene) bis(2-hydroxy-4,4-dimethylmorpholinium bromide)

M. I. 15，4678

性状 白色结晶性粉末。溶于乙醇，中等程度溶于水。mp 226～228℃分解。LD_{50} 雌小鼠腹膜内注射：0.048～0.082mg/kg。

注意事项 该品口服、吸入或与皮肤接触有毒。对眼睛、呼吸系统及皮肤有刺激性。使用时应穿适当的防护服，戴手套和防护镜或面罩。万一接触到眼睛，应立即用大量水冲洗后请医生诊治。使用时如有事故发生或有不适之感，应请医生诊治。应密封于阴凉干燥处保存。

主要用途 生化研究。

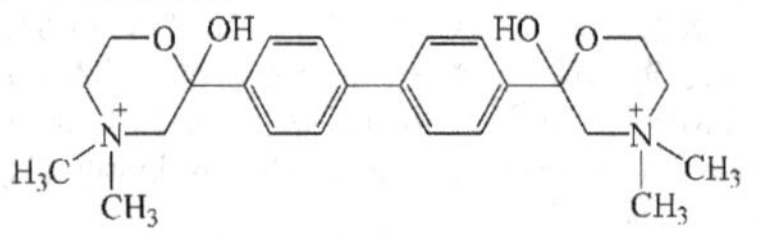

Hemipyocyanine 半绿脓菌素 05143

[528-71-2] $C_{12}H_8N_2O$ 196.21

成分 C 73.46%，H 4.11%，N 14.28%，O 8.15%。

别名 半绿脓菌蓝素；1-羟基-5,10-二氮蒽；α-羟基吩嗪；1-Phenazinol;α-hydroxyphenazine;1-Hydroxy-5,10-diazoanthracene;Pyoxanthose

M. I. 15，4680

性状 来自苯中的黄色针状结晶。于真空中易升华。易溶于除石油醚外的多数有机溶剂，微溶于热水。溶于碱水溶液呈紫至红色，中和时转变为黄色。与矿物酸形成红色盐。mp 159～160℃。

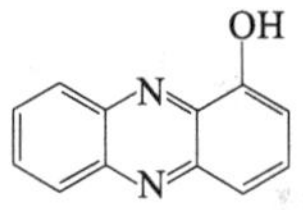

Hemocyanin 血蓝蛋白 05144

[9013-72-3]

别名 血青朊；KLH；Keyhole-limpethemocyanin

M. I. 15，4682

性状 一般商品为微蓝色冻干粉末或其溶液。

注意事项 使用时应避免与眼睛及皮肤接触。应充氩气密封于 2～8℃保存。

主要用途 生化研究。动物类的抗原。

Hemoglobin from bovine blood 血红蛋白(牛血) 05145

[9008-02-0] Mr 约 64500

别名 牛血红蛋白;血色素;血色蛋白;血红朊;血球质;血球素;Bovine hemoglobin;Ferrohemoglobin;Haemoglobin; Hb

M. I. 15，4683

性状 棕红色粉末。是一种与血红素相结合的蛋白质。溶于约 7 份水。缓慢地溶于甘油。

注意事项 使用时应避免吸入本品的粉尘，避免与眼睛及皮肤接触。应充氩气密封或安瓿熔封于 2～8℃干燥保存。

主要用途 生化研究。培养流行性感冒菌、淋球菌、兔热病杆菌、链球菌、肺炎球菌等。制药工业。色素。

Hemoglobin from horse 血红蛋白(马) 05146

[9047-09-0]

别名 马血红蛋白

M. I. 1，4683

性状 该品系二次结晶、透析、冻干的棕红色粉末。

注意事项 该品应充氩气密封或安瓿熔封于 2～8℃干燥保存。

主要用途 生化研究。培养流行性感冒菌、淋球菌、兔热病杆菌、链球菌、肺炎球菌等。

Heneicosane 二十一烷 05147

[629-94-7] $C_{21}H_{44}$ 296.58

成分 C 85.05%，H 14.95%。

别名 正二十一烷；Alkane C_{21}

性状 白色蜡状物质。溶于石油醚，微溶于乙醇，不溶于水。mp 40～41℃；bp 365.5℃；bp_2 100℃/266.64Pa；Fp 235℉(113℃)；d_4^{20} 0.7919。一般试剂含量≥99.5%(GC)。

主要用途 气相色谱标准物。

注意事项 使用时应避免吸入本品的粉尘，避免与眼睛及皮肤接触。

Heneicosanoic acid 二十一酸 05148

[2363-71-5] $C_{21}H_{42}O_2$ 326.57

成分 C 77.24%，H 12.96%，O 9.80%。

别名 Carboxylic acid C_{21}

性状 无色结晶。mp 74～76℃。一般试剂含量≥98.0%(GC)。

注意事项 该品对眼睛、呼吸系统及皮肤有刺激性。使用时应穿适当的防护服。万一接触到眼睛，应立即用大量水冲洗后请医生诊治。

Hentriacontane 三十一烷 05149

[630-04-6] $C_{31}H_{64}$ 436.85

成分 C 85.23%，H 14.77%。

别名 正三十一烷；Alkane C_{31}

性状 白色片状结晶。溶于石油醚，微溶于乙醇、苯。mp 67.9℃；bp 458℃；d_4^{20} 0.8111。一般试剂含量≥99.0%(GC)。

注意事项 使用时应避免吸入本品的粉尘，避免与眼睛及皮肤接触。

主要用途 气相色谱标准物。

Heparin sodium salt from porcine intestinal mucosa
肝素钠盐(猪肠黏膜) 05150
[9041-08-1] Mr 4000～6000
别名 肝磷脂；凝血抗素；肝素钠；Heparin sodium；Heprinar；Hepsal；Lipo-Hepin；Lipo-Hepinette；Liquemin；Liquaemin sodium；Longheparin；Minihep；Monoparin；Panheprin；Pularin；Thromboliquine；Thrombo-Hepin；Thrombophob；Unihep
M. I. 15，4688
性状 白色至灰棕色无定形微细结晶性粉末。微具潮解性。1g该品溶于20mL水，溶于盐溶液，其1%水溶液pH值6.0～7.5。几乎不溶于乙醇、苯、丙酮、氯仿、乙醚。$[\alpha]_D^{25}+47°$（$c=1.5$，于水中）。一般试剂含量约170U/mg。
注意事项 该品应充氩气密封于阴凉干燥处保存。
主要用途 生化研究。阻凝剂。

Heptabarbital 庚巴比妥 05151
[509-86-4] $C_{13}H_{18}N_2O_3$ 250.30
成分 C 62.38%，H 7.25%，N 11.19%，O 19.18%。
别名 5-(1-Cyclohepten-1-yl)-5-ethyl-2,4,6(1*H*,3*H*,5*H*)-pyrimidinetrione；5-(1-Cyclohepten-1-yl)-5-ethylbarbiuric acid；5-Ethyl-5-cycloneptenyl barbituric acid；Heptabarb；Heptadorm；Medomin
M. I. 15，4690
性状 无色结晶。味道微苦。该品25℃于下列物质中的溶解度：乙醇4.0g/100mL；丙酮5.7g/100mL；氯仿1.4g/100mL。极微溶于水。溶于碱溶液。mp 174℃；uv max (0.2mol/L氢氧化钠溶液中)：218.5nm，254mm
主要用途 医用镇静剂，安眠剂。

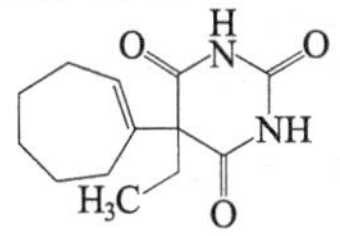

Heptachlor 七氯 05152
[76-44-8] $C_{10}H_5Cl_7$ 373.30
成分 C 32.17%，H 1.35%，Cl 66.48%。
别名 七氯化茚；Drinox H34；E-3314；Hepta；Heptachlore；Heptamul；1,4,5,6,7,8,8-Heptachloro-4,7-endomethano-3a,4,7,7a-tetrahydroindene；1*H*-1,4,5,6,7,8,8-Heptachloro-3a,4,7,7a-tetrahydro-4,7-methanolindene；Velsicol 104
GW 2015-1629 M. I. 15，4691
性状 无色或白色结晶。有轻微樟脑气味。该品27℃时在下列溶剂100mL内的溶解度为：丙酮75g、苯106g、四氯化碳112g、环己酮119g、乙醇4.5g、二甲苯102g。几乎不溶于水。mp 95～96℃。LD_{50}雄，雌大鼠急性经口：100mg/kg，162mg/kg。
注意事项 该品口服或与皮肤接触有毒。具有蓄积性危害。对机体有不可逆损伤的可能性。对水生物极毒。能对水环境引起不利的结果。使用时应穿适当的防护服和戴手套。使用时如有事故发生或有不适之感，应请医生诊治。应防止将本品释放于环境中。其包装物应按危险品处理。
主要用途 农药标样。棉花的杀虫剂。

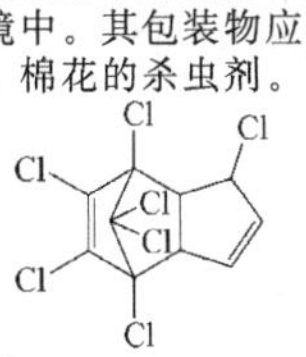

Heptadecane 十七烷 05153
[629-78-7] $C_{17}H_{36}$ 240.48
成分 C 84.91%，H 15.09%。
别名 正十七烷；Alkane C_{17}
性状 无色液体。低温时为无色六方体或小片状结晶。能与乙醚相混溶，微溶于乙醇，不溶于水。mp 20～22℃；bp 302℃；Fp 300.2℉（149℃）；d_4^{20} 0.78；n_D^{20}1.436。一般试剂含量≥99.8%（GC）。
注意事项 使用时应避免吸入本品的蒸气，避免与眼睛及皮肤接触。
主要用途 溶剂。气相色谱标准物。

Heptadecanoic acid 十七酸 05154
[506-12-7] $C_{17}H_{34}O_2$ 270.46
成分 C 75.50%，H 12.67%，O 11.83%。
别名 珠光脂酸；十七烷酸；正十七酸；Carboxylic acid C_{17}；Margaric acid；Hexadecane-1-carboxylic acid
M. I. 15，5816
性状 来自乙醇中的无色结晶。易溶于乙醚，微溶于乙醇，不溶于水。mp 61℃；bp_{100} 227℃/133.32kPa；d 0.853；n_D^{60} 1.4342。LD_{50}小鼠静脉注射：360.3mg/kg。一般试剂含量≥99.0%（GC）。
注意事项 该品对眼睛、呼吸系统及皮肤有刺激性。使用时应穿适当的防护服。万一接触到眼睛，应立即用大量水冲洗后请医生诊治。
主要用途 有机合成。

1-Heptadecanol 1-十七醇 05155
[1454-85-9] $C_{17}H_{36}O$ 256.47
成分 C 79.61%，H 14.15%，O 6.24%。
别名 正十七醇；Heptadecyl alcohol；1-Hydroxyheptadecane；Alcohol C_{17}
性状 白色片状结晶。溶于乙醇、乙醚。mp 53～54℃；bp 308～309℃；Fp 309.2℉（154℃）；d 0.8475。一般试剂含量≥97.0%（GC）。
注意事项 该品对眼睛、呼吸系统及皮肤有刺激性。使用时应戴手套。使用时应避免吸入本品的粉尘，避免与眼睛及皮肤接触。万一接触到眼睛，应立即用大量水冲洗后请医生诊治。
主要用途 有机合成。

1,6-Heptadiene 1,6-庚二烯 05156
[3070-53-9] C_7H_{12} 96.17
成分 C 86.52%，H 13.48%。
性状 无色液体。mp －129℃；bp 90℃；Fp 14℉(－10℃)；d 0.710；n_D^{20} 1.4140。一般试剂含量≥99.0%(GC)。
注意事项 该品高度易燃。对眼睛、呼吸系统及皮肤有刺激性。口服有害，可能损伤肺脏。使用时应穿适当的防护服。万一接触到眼睛，应立即用大量水冲洗后请医生诊治。使用现场禁止吸烟。如误服本品不能吐出，应立即请医生诊治，并出示瓶签或包装物。应远离火种，于通风良好处密封保存。

Heptafluorobutyric acid 七氟丁酸 05157
[375-22-4] $C_4HF_7O_2$ 214.04
成分 C 22.45%，H 0.47%，F 62.13%，O 14.95%。
别名 过氟丁酸；全氟丁酸；Edman reagent No. 3；Perfluorobutyric acid；HFBA
GW 2015-1624
性状 无色油状液体。易吸湿，呈强酸性。能与水、丙酮、乙醚混溶，溶于苯、四氯化碳。mp －18℃；bp 120～121℃；d_4^{20} 1.648；n_D^{20}1.300。一般试剂含量≥99.0%(GC)。
注意事项 该品具有腐蚀性，能引起烧伤。使用时应穿适当的防护服，戴手套和防护镜或口罩。万一接触到眼睛，应立即用大量水冲洗后请医生诊治。使用时如有事故发生或有不适之感，应请医生诊治。应充氩气密封避光干燥保存。
主要用途 酯的催化剂。有机合成中间体。活性剂。酸化剂。

Heptafluorobutyric anhydride 七氟丁酸酐 05158
[336-59-4] $C_8F_{14}O_3$ 410.06
成分 C 23.43%，F 64.86%，O 11.71%。
别名 过氟丁酸酐；全氟丁酸酐；Perfluorobutyric anhydride；HFAA；HFBA
性状 无色油状液体。mp －43℃；bp 109～111℃；d_4^{20} 1.674；n_D^{20}1.287。一般试剂含量≥99.0%(GC)。
注意事项 该品具有腐蚀性，能引起烧伤。使用时应穿适当的防护服，戴手套和防护镜或面罩。万一接触到眼睛，应立即用大量水冲洗后请医生诊治。使用时如有事故发生或有不适之感，应请医生诊治。应充氩气密封避光干燥保存。
主要用途 合成玫瑰香精原料。

1,1,1,2,2,3,3-Heptafluoro-7,7-dimethyl-4,6-octanedione 1,1,1,2,2,3,3-七氟-7,7-二甲基-4,6-辛二酮 05159
[17587-22-3] $C_{10}H_{11}F_7O_2$ 296.19
成分 C 40.55%,H 3.74%,F 44.90%,O 10.80%。
别名 2,2-二甲基-6,6,7,7,8,8,8-七氟-3,5-辛二酮;6,6,7,7,8,8,8-七氟-2,2-二甲基-3,5-辛二酮;Heptafluorobutyrylpivaloylmethane;HFOD;6,6,7,7,8,8,8-Heptafluoro-2,2-dimethyl-3,5-octanedione
性状 无色液体。bp 167～168℃;Fp 127.4℉ (53℃);d_4^{20} 1.310;n_D^{20} 1.377。一般试剂含量≥97.0% (GC)。
注意事项 该品易燃。对眼睛、呼吸系统及皮肤有刺激性。使用时应戴手套。万一接触到眼睛,应立即用大量水冲洗后请医生诊治。应采取抗放静电措施,密封保存。其包装物应按危险品处理。
主要用途 蜡类的硬化剂。

F F O O CH3 F3C F F H3C CH3

Heptaldehyde 庚醛 05160
[111-71-7] $C_7H_{14}O$ 114.19
成分 C 73.63%, H 12.36%, O 14.01%。
别名 正庚醛;水芹醛;Aldehyde C_7;Enanthal;Enanthaldehyde;Heptanal;Heptylaldehyde;Oenanthal;Oenanthaldehyde
GW 2015-2781 M.I. 15, 4693
性状 无色油状液体。具强折光性。有芳香味。能与乙醇、乙醚相混溶,溶于3体积的60%乙醇,微溶于水。一般常加入约0.1%的氢醌作为稳定剂。mp −43.3℃;bp_{760} 152.8℃/101.32kPa;bp_{30} 59.6℃/4kPa;bp_{10} 42.5℃/1.333kPa;Fp 100.4℉(38℃);d_4^0 0.83423;d_4^{15} 0.82162;d_4^{30} 0.80902;n_D^{20} 1.42571。一般试剂含量≥97.0%。
注意事项 该品易燃。对眼睛、呼吸系统及皮肤有刺激性。使用时应穿适当的防护服和戴手套。万一接触到眼睛,应立即用大量水冲洗后请医生诊治。应采取抗放静电措施,密封保存。
主要用途 有机合成。庚醇制备。

2,2,4,4,6,8,8-Heptamethylnonane
2,2,4,4,6,8,8-七甲基壬烷 05161
[4390-04-9] $C_{16}H_{34}$ 226.45
成分 C 84.86%, H 15.13%。
性状 白色固体。bp 240℃;Fp 204℉ (95℃);d 0.793;n_D^{20} 1.4390。一般试剂含量≥98.0%。

1,1,1,3,5,5,5-Heptamethyltrisiloxane
1,1,1,3,5,5,5-七甲基三硅氧烷 05162
[1873-88-7] $C_7H_{22}O_2Si_3$ 222.51
成分 C 37.79%, H 9.96%, O 14.38%, Si 37.87%。
性状 无色液体。易吸潮。bp 141～142℃;Fp 82℉(27℃);d_4^{20} 0.821;n_D^{20} 1.383。一般试剂含量≥95.0%(GC)。
注意事项 该品易燃。对眼睛、呼吸系统及皮肤有刺激性。使用时应穿适当的防护服和戴手套。万一接触到眼睛,应立即用大量水冲洗后请医生诊治。应采取抗放静电措施,密封保存。

CH_3 H CH_3 / $H_3C—Si—O—Si—O—Si—CH_3$ / CH_3 CH_3 CH_3

n-Heptane 正庚烷 05163
[142-82-5] C_7H_{16} 100.21
成分 C 83.91%, H 16.09%。
别名 庚烷;Hexylmethane;Alkane C_7
GW 2015-2787 M.I. 15, 4694
性状 无色透明液体。易挥发。溶于乙醇、乙醚、三氯甲烷,不溶于水。mp −90.7℃;bp 98.4℃;Fp 30℉(−1℃,开杯);Fp 25℉(−4℃,闭杯);d_4^{20} 0.684;n_D^{25} 1.3855。LC 小鼠(空气中 2h):75mg/L。一般试剂含量≥99.0%(GC)。
注意事项 该品高度易燃。对皮肤有刺激性。对水生物极毒。能对水环境引起不利的结果。口服能损伤肺脏。其蒸气可引起瞌睡和眩晕。使用时应避免吸入本品的蒸气和烟雾,使用现场禁止吸烟。切勿排入下水道。应防止将本品释放于环境中。其包装物应按危险品处理。如误服本品不能吐出,应立即请医生诊治,并出示瓶签或包装物。应远离火种,采取抗放静电措施,于通风良好处密封保存。
主要用途 色谱分析标准物。臭氧测定。溶剂。

1,7-Heptanediamine 1,7-庚二胺 05164
[646-19-5] $C_7H_{18}N_2$ 130.23
成分 C 64.56%,H 13.93%,N 21.51%。
别名 1,7-二氨基庚烷;庚亚甲基二胺;1,7-Diaminoheptane;Heptamethylenediamine
性状 白色固体。高温为无色液体。mp 27～29℃;bp 223～225℃;Fp 190℉ (87℃)。一般试剂含量≥98.0%(T)。
注意事项 该品具有腐蚀性,能引起烧伤。使用时应穿适当的防护服,戴手套和防护镜或面罩。万一接触到眼睛,应立即用大量水冲洗后请医生诊治。使用时如有事故发生或有不适之感,应请医生诊治。应密封于 2～8℃保存。

1-Heptanesulfonic acid sodium salt
1-庚烷磺酸钠盐 05165
[22767-50-6] $C_7H_{15}NaO_3S$ 202.24
成分 C 41.57%, H 7.47%, Na 11.37%, O 23.73%, S 15.85%。
别名 正庚基磺酸钠盐;n-Heptylsulfonic acid sodium salt;Sodium 1-heptanesulfonate
性状 白色颗粒或固体。mp>300℃;d_4^{20} 1.017。一般试剂含量≥99.0%。
注意事项 使用时应避免与眼睛及皮肤接触。应充氩气密封避光保存。

Heptanoic acid 庚酸 05166
[111-14-8] $C_7H_{14}O_2$ 130.19
成分 C 64.58%, H 10.84%, O 24.58%。
别名 正庚酸;葡萄花酸;Enanthic acid;n-Heptanoic acid;n-Heptylic acid;Oenanthic acid;Oenanthylic acid;n-Heptoic acid;Carboxylic acid C_7
GW 2015-828 M.I. 15, 4695
性状 无色透明油状液体。微有腐败脂肪味。溶于乙醇、乙醚、二甲基甲酰胺、二甲基亚砜,微溶于水(15℃, 0.2419g/100mL)。mp −7.5℃;bp_{760} 223.01℃/101.32kPa;bp_{256} 187.5℃/34.13kPa;bp_{64} 150.8℃/8.53kPa;d_4^0 0.9345;d_4^{15} 0.9222;d_4^{20} 0.9181;d_4^{30} 0.9099;n_D^{20} 1.42162。LD_{50}小鼠静脉注射:(1200±56)mg/kg。一般试剂含量≥98.0%。
注意事项 该品具有腐蚀性,能引起烧伤。使用时应穿适当的防护服,戴手套和防护镜或面罩。万一接触到眼睛,应立即用大量水冲洗后请医生诊治。接触皮肤后,应用大量水冲洗。使用时如有事故发生或有不适之感,应请医生诊治。
主要用途 有机合成。

1-Heptanol 1-庚醇 05167
[111-70-6] $C_7H_{16}O$ 116.20
成分 C 72.35%, H 13.88%, O 13.77%。
别名 正庚醇;葡萄花醇;Enanthic alcohol;1-Hydroxyheptane;n-Heptyl alcohol;Oenanthol;n-Hexyl carbinol
M.I. 15, 4696
性状 无色黏稠液体。有芳香气味。能与乙醇、乙醚相混溶,微溶于水(18℃,1g/1L;100℃,2.85g/1L;130℃,5.15g/1L)。mp −34.6℃;bp_{760} 175.8℃/101.32kPa;bp_{400} 155.6℃/53.33kPa;bp_{200} 136.6℃/26.664kPa;bp_{100} 119.5℃/13.332kPa;bp_{40} 99.8℃/5.333kPa;bp_{20} 85.8℃/2.666kPa;bp_{10} 74.7℃/1.333kPa;bp_5 64.3℃/666.61Pa;bp_1 42.4℃/133.32Pa;Fp 165℉(73℃);d_4^{25} 0.8187;n_D^{25} 1.4224。一般试剂含量≥99.5%(GC)。

注意事项 该品吸入、口服或与皮肤接触有害。对眼睛及呼吸系统有刺激性。使用时应穿适当的防护服，避免吸入本品的蒸气。万一接触到眼睛，应立即用大量水冲洗后请医生诊治。应密封于通风良好处保存。
主要用途 溶剂。香料制备。有机合成。

2-Heptanol 2-庚醇 05168

[543-49-7] $C_7H_{16}O$ 116.20
成分 C 72.35%，H 13.88%，O 13.77%。
别名 第二庚醇；2-羟基庚烷；甲基戊基甲醇；Amylmethylcarbinol；*sec*-Heptyl alcohol；2-Hydroxyheptane；Methylamyl carbinol；Alcohol C_7；Methylpentylcarbinol
M. I. 15，4697
性状 无色黏稠液体。溶于乙醇、乙醚、苯，微溶于水(3.5g/L)。bp_{760} 158～160℃/101.325kPa；Fp 138.2℉(59℃)；d^0 0.8344；d^{20} 0.8193；n_D 1.42131。LD_{50}大鼠急性经口：2.58g/kg。一般试剂含量≥99.0%(GC)。
注意事项 该品与皮肤接触有害。对眼睛有刺激性。使用时应穿适当的防护服和戴手套。万一接触到眼睛，应立即用大量水冲洗后请医生诊治。
主要用途 溶剂。有机合成。

3-Heptanol 3-庚醇 05169

[589-82-2] $C_7H_{16}O$ 116.20
成分 C 72.35%，H 13.88%，O 13.77%。
别名 乙基丁基甲醇；3-羟基庚烷；Ethylbutylcarbinol；3-Hydroxy *n*-heptane；Alcohol C_7；Butyl ethyl carbinol
性状 无色液体。溶于乙醇、乙醚，微溶于水。bp 158～161℃；Fp 140℉ (60℃)；d_4^{20} 0.818；n_D^{20} 1.4210。一般试剂含量≥98.0% (GC)。
注意事项 该品口服有害。使用时应避免吸入本品的蒸气、飞沫，避免与眼睛及皮肤接触。应密封保存。
主要用途 有机合成。溶剂。

2-Heptanone 2-庚酮 05170

[110-43-0] $C_7H_{14}O$ 114.19
成分 C 73.63%，H 12.36%，O 14.01%。
别名 甲基正戊基甲酮；正戊基甲基甲酮；正戊甲酮；*n*-Amyl methyl ketone；Methyl *n*-amyl ketone；Methyl pentyl ketone
GW 2015-829 M. I. 15，4698
性状 无色液体。有水果香味。溶于乙醇、乙醚，极微溶于水。mp －35℃；bp_{760} 151.5℃/101.32kPa；bp_{21} 111℃/2.8kPa；Fp 105.8℉ (41℃)；d_4^0 0.8324；d_4^{15} 0.8197；d_4^{30} 0.8068；n_D^{15} 1.41156；n_D^{25} 1.40729。LD_{50}大鼠急性经口：1.67g/kg。一般试剂含量≥98.0%(GC)。
注意事项 该品易燃。吸入或口服有害。使用时应避免与眼睛及皮肤接触。

3-Heptanone 3-庚酮 05171

[106-35-4] $C_7H_{14}O$ 114.19
成分 C 73.63%，H 12.36%，O 14.01%。
别名 乙基丁基甲酮；乙基正丁基甲酮；丁基乙基酮；正丁基乙基甲酮；Ethyl *n*-butyl ketone；*n*-Butyl ethyl ketone；3-Oxoheptane
GW 2015-830
性状 黄色液体。能与乙醇、乙醚相混溶，不溶于水。mp －39℃；bp 145～148℃；Fp 106℉(41℃)；d_4^{20} 0.818；n_D^{20} 1.409。一般试剂含量≥97.0%(GC)。
注意事项 该品易燃。对眼睛有刺激性。其蒸气吸入有害。使用时应避免吸入本品的蒸气，避免与皮肤接触。
主要用途 硝化纤维素的溶剂。有机合成。

4-Heptanone 4-庚酮 05172

[123-19-3] $C_7H_{14}O$ 114.19
成分 C 73.63%，H 12.36%，O 14.01%。
别名 二丙基甲酮；Butyrone；Dipropyl ketone；4-Oxoheptane
GW 2015-831 M. I. 12，3408
性状 无色液体。能与乙醇、乙醚相混溶，不溶于水。mp －32.6℃；bp 144℃；Fp 120 ℉ (48℃)；d_4^{15} 0.821；n_D^{22} 1.4073。一般试剂含量≥98.0%。
注意事项 该品易燃。其蒸气吸入有害。使用时应避免吸入本品的蒸气，避免与眼睛及皮肤接触。
主要用途 硝化纤维素的溶剂。有机合成。

1-Heptene 1-庚烯 05173

[592-76-7] C_7H_{14} 98.19
成分 C 85.63%，H 14.37%。
别名 正戊基乙烯；*n*-Amylethylene；1-Heptylene
GW 2015-832
性状 无色液体。能与乙醇、乙醚、丙酮、石油烃类溶剂相混溶，不溶于水。mp －119℃；bp 94℃；Fp 20 ℉ (－6.7℃)；d_4^{20} 0.697；n_D^{20} 1.400。一般试剂含量≥98.0%。
注意事项 该品高度易燃。对眼睛、呼吸系统及皮肤有刺激性。口服能损伤肺脏。使用时应穿适当的防护服。万一接触到眼睛，应立即用大量水冲洗后请医生诊治。如误服本品不能吐出，应立即请医生诊治，并出示瓶签或包装物。使用现场禁止吸烟。应采取抗放静电措施，充氩气密封于通风良好处保存。
主要用途 有机合成。气相色谱标准物。

3-Heptene(*cis*-＋*trans*-) 3-庚烯(顺式＋反式) 05174

[592-78-9] C_7H_{14} 98.19
成分 C 85.63%，H 14.37%。
GW 2015-834
性状 无色液体。为反式 3-庚烯和顺式 3-庚烯的混合物。溶于乙醇、乙醚、丙酮、苯、氯仿，不溶于水。mp －119.2℃；bp 95℃；Fp 21℉ (－6℃)；d_4^{20} 0.6968；n_D^{20} 1.405。一般试剂含量≥94.0%。
注意事项 该品高度易燃。口服能损伤肺脏。对眼睛、呼吸系统及皮肤有刺激性。使用时应穿适当的防护服。万一接触到眼睛，应立即用大量水冲洗后请医生诊治。如误服不能吐出，应立即请医生诊治，并出示瓶签或包装物。使用现场禁止吸烟。应远离火种，于通风良好处密封保存。
主要用途 有机合成。植物生长抑制剂。

Heptenophos 蚜螨磷 05175

[23560-59-0] $C_9H_{12}ClO_4P$ 250.61
成分 C 43.13%，H 4.83%，Cl 14.15%，O 25.54%，P 12.36%。
别名 二甲基磷酸 7-氯二环[3.2.0]-2,6-庚二烯-6-基酯；磷酸 7-氯二环[3.2.0]-2,6-庚二烯-6-基二甲酯；Phosphoric acid 7-chlorobicyclo[3.2.0]hepta-2,6-dien-6-yl dimethyl ester；7-Chlorobicyclo[3.2.0]hepta-2,6-dien-6-yl dimethyl phosphate；HOE-2982；Ragadan；Hostaquick
M. I. 15，4699
性状 浅琥珀色液体。溶于二甲苯、丙酮、甲醇。$bp_{0.001}$ 94～95℃/0.133Pa；d_4^{20} 1.294。LD_{50}大鼠急性经口：96～117mg/kg。
注意事项 该品口服有毒。对水生物极毒。能对水环境引起不利的结果。使用时应戴手套，应避免吸入本品的蒸气。接触皮肤后，应立即用大量指定的液体冲洗。使用时如有事故发生或有不适之感，应请医生诊治。应防止将本品释放于环境中。其包装物应按危险品处理。应密封于 2～8℃保存。
主要用途 杀虫剂。兽用杀体外寄生物剂。分析用标准物质。

H_3CO, H_3CO—P(=O)—O, Cl

Heptoxime 庚肟 05176

[530-97-2] $C_7H_{12}N_2O_2$ 156.19
成分 C 53.83%，H 7.74%，N 17.49%，O 20.49%。
别名 1，2-环庚二酮二肟；1，2-Cyclheptandione dioxime
M. I. 15，4700
性状 来自苯中的无色结晶。pK_1 10.65±0.2，pK_2 12.21±0.2。mp 182℃。
主要用途 镍的光量测定试剂 。

N—OH, N—OH

D-*manno*-Heptulose　D-甘露庚酮糖　05177
[3615-44-9]　$C_7H_{14}O_7$　210.18
成分　C 40.00%，H 6.71%，O 53.28%。
别名　D-*manno*-2-Heptalose；D-*manno*-Ketoheptose
M. I. 15，4701
性状　来自甲醇中的长透明棱柱体结晶。溶于水。常伴随有甘露庚糖醇。mp 151～152℃；$[\alpha]_D^{20}$ +29°（c=2，于水中）。

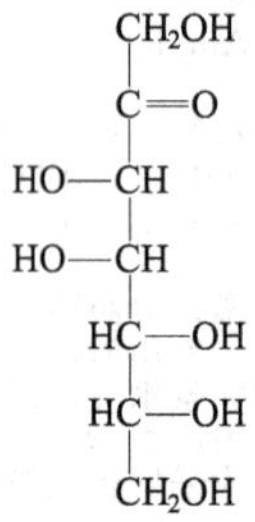

Heptylamine　庚胺　05178
[111-68-2]　$C_7H_{17}N$　115.22
成分　C 72.97%，H 14.87%，N 12.16%。
别名　正庚胺；氨基庚烷；1-氨基正庚烷；1-Amino-*n*-heptane；Amine C7
GW 2015-2780
性状　无色液体。能与乙醇、乙醚、丙酮、乙酸乙酯、苯相混溶，微溶于水。mp －23～－18℃；bp 154～156℃；Fp 95℉(35℃)；d_4^{20} 0.777；n_D^{20} 1.4243。一般试剂含量≥98.0%(GC)。
注意事项　该品易燃。具有腐蚀性，能引起烧伤。使用时应穿适当的防护服，戴手套和防护镜或面罩。万一接触到眼睛，应立即用大量水冲洗后请医生诊治。使用时如有事故发生或有不适之感，应请医生诊治。应密封保存。
主要用途　溶剂。有机合成。

Herqueinone　郝青霉素酮　05179
[26871-30-7]　$C_{20}H_{20}O_7$　372.37
成分　C 64.51%，H 5.41%，O 30.08%。
别名　(7a*S*,9*R*)-8,9-Dihyldro-4,6,7a-trihydroxy-5-methoxy-1,8,8,9-tetramethyl-3*H*-phenaleno[1,2-*b*]furan-3,7(7a*H*)-dione
M. I. 15，4703
性状　来自乙醇中的红色针状结晶。于高真空 175～190℃升华。溶于丙酮、二甲基甲酰胺、2mol/L 氢氧化钠溶液、浓盐酸、冷浓硫酸，颇溶于甲醇、乙醇、乙醚、乙酸乙酯、氯仿，微溶于苯、二硫化碳，几乎不溶于石油醚、四氯化碳、水、碳酸钠水溶液。226℃分解；最大吸收值（乙醇中）：220nm，250nm，314nm，416nm（lgε 4.29，4.09，4.47，3.66）。

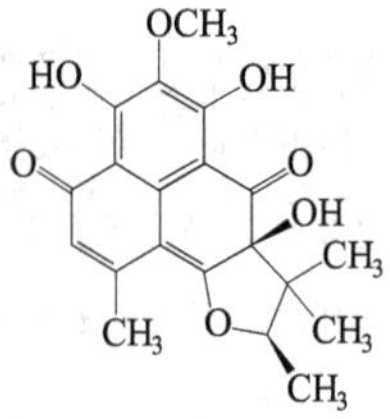

Hesperetin　橘皮素　05180
[520-33-2]　$C_{16}H_{14}O_6$　302.28
成分　C 63.58%，H 4.67%，O 31.76%。
别名　3′,5,7-三羟基-4′-甲氧基二氢黄酮；陈皮素；橙皮苷原；橙皮素；(2*S*)-2,3-Dihydro-5,7-dihydroxy-2-(3-hydroxy-4-methoxyphenyl)-4*H*-1-benzopyran-4-one；3′,5,7-Trihydroxy-4′-methoxyflavanone；Cyanidanon 4′-methyl ether 1626
M. I. 15，4705
性状　来自乙醇中的无色棱柱体结晶。易溶于乙醇，中等程度溶于乙醚，微溶于水、氯仿、苯。溶于稀碱溶液。能被碳酸盐沉淀。mp 226～228℃。生化试剂含量≥95.0%(HPLC)。
注意事项　该品应密封于 2～8℃保存。
主要用途　生化研究。

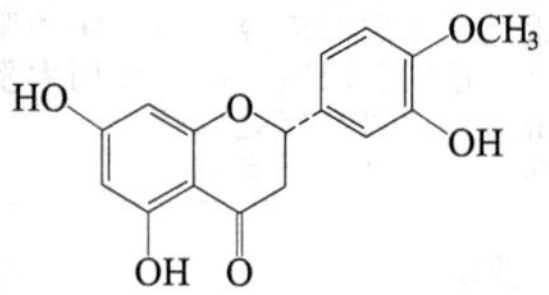

Hesperidin　橘皮苷　05181
[520-26-3]　$C_{28}H_{34}O_{15}$　610.57
成分　C 55.08%，H 5.61%，O 39.31%。
别名　柑果苷；橙皮苷；Cirantin；Citrus-hesperidin；(2*S*)-7-[6-*O*-(6-Deoxy-*α*-L-mannopyranosyl)-*β*-D-glucopyranosyl]oxy-2,3-dihydro-5-hydroxy-2-(3-hydroxy-4-methoxyphenyl)-4*H*-1-benzopyran-4-one；Hesperetin 7-rhamnoglucoside；Hesperetin-7-rutinoside
M. I. 15，4706
性状　白色或浅黄色细小树枝状或针状结晶。易溶于稀碱溶液、吡啶，溶于甲酰胺、二甲基甲酰胺（60℃），微溶于甲醇、热冰乙酸，1g 该品溶于 50L 水，几乎不溶于丙酮、苯、氯仿。mp 258～262℃（250℃软化）；$[\alpha]_D^{20}$ －76°（c=2，于吡啶中）。生化试剂含量约 90.0%（HPLC）。
注意事项　使用时应避免吸入本品的粉尘，避免与眼睛及皮肤接触。应充氩气密封于 2～8℃干燥保存。
主要用途　生化研究。食品添加剂。

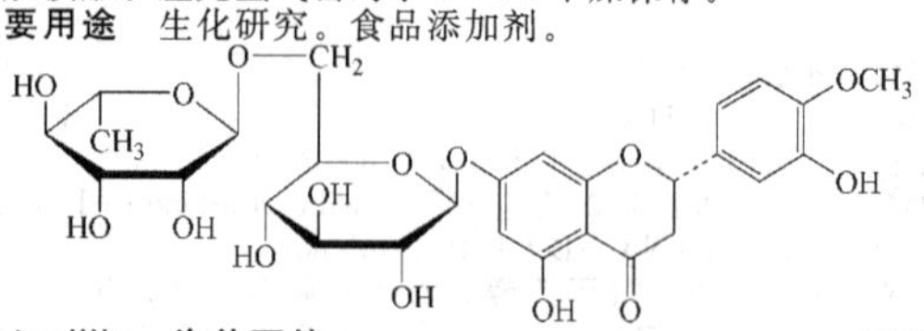

Hetacillin　海他西林　05182
[3511-16-8]　$C_{19}H_{23}N_3O_4$　389.47
成分　C 58.59%，H 5.95%，N 10.79%，O 16.43%，S 8.23%。
别名　异亚丙氨苄青霉素；海他青霉素；缩酮氨苄青霉素；(2*S*,5*R*,6*R*)-6-[(4*R*)-2,2-Dimethyl-5-oxo-4-phenyl-1-imidazolidinyl]-3,3-dimethyl-7-oxo-4-thia-1-azabicyclo[3.2.0]heptane-2-carboxylic acid；6-(2,2-Dimethyl-5-oxo-4-phenyl-1-imidazolidinyl) penicillanic acid；Hetabiotic；Phenazacillin；BRL-804；Versapen
M. I. 15，4707
性状　来自水＋甲基异丁基甲酮中的无色长方形片状结晶。溶于稀氢氧化钠水溶液（pH 值 7～8）、二甲基甲酰胺、二甲基亚砜、甲醇（分解），几乎不溶于大多数有机溶剂和水。182.8～183.9℃分解；$[\alpha]_D^{25}$ +366°（于吡啶中）。
主要用途　医用抗菌剂。

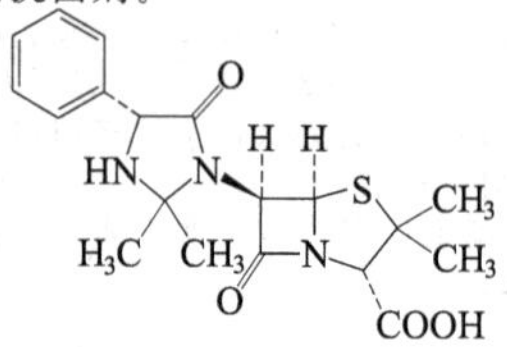

Hetastarch　羟乙基淀粉　05183
[9004-62-0]
别名　淀粉羟乙基醇；Cellulose 2-hydroxyethyl ether；Hydroxyethyl starch；6-HES；Hespan；Hespander；Hestar；Plasmasteril
M. I. 15，4708
性状　白色粉末。易溶于水，不溶于乙醇。一般试剂为 6%该品溶于 0.9%氯化钠的水溶液。
主要用途　医用血浆容积膨胀。

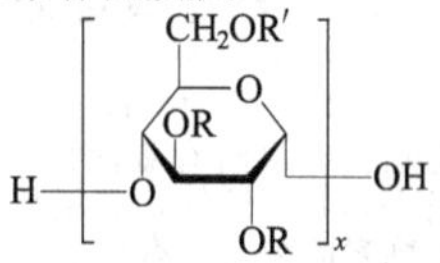

5-HETE methyl ester　5-羟基二十碳四烯酸甲酯　05184
[73279-38-6]　$C_{21}H_{34}O_3$　334.50
成分　C 75.41%，H 10.25%，O 14.35%。
别名　(5*S*,6*E*,8*Z*,11*Z*,14*Z*)-5-Hydroxy-6,8,11,14-eicosatetraenoic acid methyl ester；(*S*)-5-hydroxy-6-*trans*-8,11,14-*cis*-eicosatetraenoic acid methyl ester
M. I. 15，4709
性状　无色油状液体。Fp 57.2℉(14℃)；$[\alpha]_D^{23}$ +14.0°；

$[\alpha]_{436}^{23}$ +35.7°(c=2.02,于苯中)。
注意事项 该品高度易燃。应密封于−20℃保存。

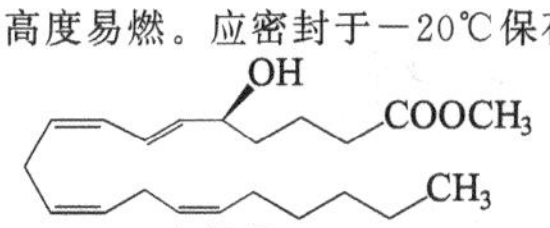

Hexachlorobenzene 六氯苯 05185

[118-74-1] C_6Cl_6 284.77
成分 C 25.31%，Cl 74.69%。
别名 六氯代苯；全氯代苯；过氯苯；Anticarie；BHC；Bunt-cure；Bunt-no-more；HCB；Julin's carbon chloride；Perchlorobenzene
GW 2015-1356 M.I. 15，4713
性状 无色或白色针状结晶。溶于苯、乙醚、三氯甲烷、二硫化碳、沸乙醇，略微溶于冷乙醇，几乎不溶于水（25℃，0.0062mg/L）。加热升华。mp 231℃；bp 323～326℃；Fp 467.6℉（242℃）；d^{23} 2.044；d^{20}1.5691。一般试剂含量≥99.0%（GC）。
注意事项 该品有毒。吸入或长期曝露对健康有严重损伤的危险。能致癌。对水生物极毒。能对水环境引起不利的结果。使用前应得到专门的指导，避免曝露。使用时如有事故发生或有不适之感，应请医生诊治。应防止将本品释放于环境中。其包装物应按危险品处理。
主要用途 有机元素微量分析时作氯的标准。有机合成。

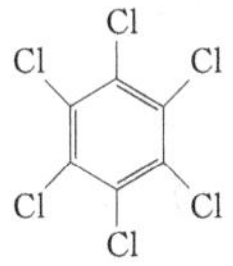

Hexachloro-1,3-butadiene 六氯-1,3-丁二烯 05186

[87-68-3] C_4Cl_6 260.76
成分 C 18.42%，Cl 81.58%。
别名 全氯丁二烯；Hexachloro-1，3-butadiene；Perchlorobutadiene
GW 2015-1350
性状 无色透明液体。有特殊气味。能与乙醇、乙醚相混溶，不溶于水。能与多数树脂和塑胶混合。mp −22～−19℃；bp 215～216℃；d_4^{20} 1.681；n_D^{20} 1.555。一般试剂含量≥97.0%（GC）。
注意事项 该品口服或与皮肤接触有毒。对机体有不可逆损伤的可能性。具有腐蚀性，能引起烧伤。使用时应穿适当的防护服，戴手套和防护镜或面罩。万一接触到眼睛，应立即用大量水冲洗后请医生诊治。使用时如有事故发生或有不适之感，应请医生诊治。应密封于1～8℃保存。
主要用途 红外和核磁共振光谱用溶剂。

α-Hexachlorocyclohexane α-六氯环己烷 05187

[319-84-6] $C_6H_6Cl_6$ 290.81
成分 C 24.78%，H 2.08%，Cl 73.14%。
别名 六六六；α-BHC；α-HCH；666；Benzene hexachloride；BHC
GW 2015-1359
性状 白色结晶。溶于苯，微溶于三氯甲烷，不溶于水。能随水蒸气挥发。mp 156～161℃。一般试剂含量≥99.0%。
注意事项 该品口服有毒。与皮肤接触有害。对机体有不可逆损伤的可能性。对水生物极毒。能对水环境引起不利的结果。使用时应穿适当的防护服和戴手套。应避免吸入本品的粉尘。使用时如有事故发生或有不适之感，应请医生诊治。应防止将本品释放于环境中。其包装物应按危险品处理。
主要用途 色谱分析标准物质。

β-Hexachlorocyclohexane β-六氯环己烷 05188

[319-85-7] $C_6H_6Cl_6$ 290.81
成分 C 24.78%，H 2.08%，Cl 73.14%。
别名 β-BHC；β-HCH
GW 2015-1360
性状 白色结晶。微溶于乙醇、苯、三氯甲烷，不溶于水。mp 312℃。温度再高即升华。
注意事项 该品口服有毒。与皮肤接触有害。对机体有不可逆损伤的可能性。对水生物极毒。能对水环境引起不利的结果。使用时应穿适当的防护服和戴手套。应避免吸入本品的粉尘。使用时如有事故发生或有不适之感，应请医生诊治。应防止将本品释放于环境中。其包装物应按危险品处理。
主要用途 色谱分析标准物质。

γ-Hexachlorocyclohexane γ-六氯环己烷 05189

[58-89-9] $C_6H_6Cl_6$ 290.81
成分 C 24.78%，H 2.08%，Cl 73.14%。
别名 高丙体六六六；林丹；Aparasin；Aphtiria；γ-BHC；γ-Benzene hexachloride；ENT-7796；Esoderm；γ-HCH；Gamaphex；Gamene；Gammabenzene hexachloride；Gamma-Col；Gammahexachlor；Gammalin；Gammexane；Gexane；(1α，2α，3β，4α，5α，6β)-1，2，3，4，5，6-Hexachlorocyclohexane；Jacutin；Kwell；Lindafor；Lindagam；Lintox；Lindane；Lindatox；Lorexane；Novigam；Quellada；Scabecid；Silvanol；Streunex；Tri-6；Viton
GW 2015-1362 M.I. 15，5556
性状 白色或微黄色结晶或粉末。微有发霉的气味。20℃时于下列溶剂100g中的溶解度为：丙酮43.5g、苯28.9g、氯仿24.0g、乙醚20.8g、乙醇6.4g。不溶于水。mp 112.5℃；n_D^{20} 1.644。LD_{50}小鼠，雌大鼠急性经口：88，91mg/kg。一般试剂含量≥97.0%。
注意事项 该品吸入、口服或与皮肤接触有毒。对眼睛及皮肤有刺激性。对水生物极毒。能对水环境引起不利的结果。使用时如有事故发生或有不适之感，应请医生诊治。应防止将本品释放于环境中。其包装物应按危险品处理。应远离食品、饮料及饲料存放。
主要用途 色谱分析标准物质。

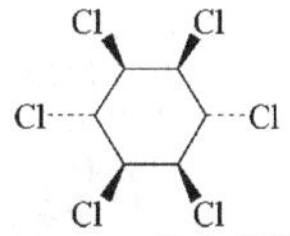

δ-Hexachlorocyclohexane δ-六氯环己烷 05190

[319-86-8] $C_6H_6Cl_6$ 290.81
成分 C 24.78%，H 2.08%，Cl 73.14%。
别名 δ-HCH；δ-1，2，3，4，5，6-Hexachlorocyclohexane
性状 白色或浅黄色结晶或粉末。易溶于乙醚、苯、丙酮，溶于乙醇、三氯甲烷，不溶于水。mp 138～139℃。
注意事项 该品口服有毒。与皮肤接触有害。对机体有不可逆损伤的可能性。对水生物极毒。能对水环境引起不利的结果。使用时应穿适当的防护服和戴手套。应避免吸入本品的粉尘。使用时如有事故发生或有不适之感，应请医生诊治。应防止将本品释放于环境中。其包装物应按危险品处理。
主要用途 色谱分析标准物质。

Hexachlorocyclopentadiene 六氯环戊二烯 05191

[77-47-4] C_5Cl_6 272.77
成分 C 22.02%，Cl 77.98%。
别名 全氯-1，3-环戊二烯；六氯-1，3-环戊二烯；Hexachloro-1，3-cyclopentadiene；Perchlorocyclopentadiene
GW 2015-1358
性状 黄绿色液体。有强烈的刺激性气味。mp −10℃；bp_{753} 239℃/100.39kPa；d_4^{20} 1.702；n_D^{20} 1.5640。
注意事项 该品有毒。具有腐蚀性。
主要用途 制药工业。橡胶合成。

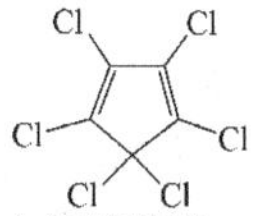

Hexachlorodisilane 六氯二硅烷 05192

[13465-77-5] Cl_6Si_2 268.89
成分 Cl 79.11%，Si 20.89%。
性状 无色液体。易吸潮。bp 144～145.5℃；d_4^{20} 1.562；n_D^{20}1.475。一般试剂含量≥98.0%(NMR)。
注意事项 该品与水反应激烈。具有腐蚀性，能引起烧伤。使用时应穿适当的防护服，戴手套和防护镜或面罩。万一接触到眼睛，应立即用大量水冲洗后请医生诊治。使用时如有事故发生或有不适之感，应请医生诊治。应充氩气密封干燥保存。

主要用途 脱氧剂。

Hexachloroethane 六氯乙烷 05193
[67-72-1] C_2Cl_6 236.72
成分 C 10.15%，Cl 89.85%。
别名 六氯化碳；过氯乙烷；全氯乙烷；Carbon hexachloride；Perchloroethane
GW 2015-1363 M. I. 15，4715
性状 白色结晶。有挥发性。有类似樟脑的气味。溶于乙醇、乙醚、苯、三氯甲烷、油类，不溶于水。mp 186.8℃（升华）；d 2.09。MLD 狗静脉注射：325mg/kg。一般试剂含量≥99.0%。
注意事项 该品对机体有不可逆损伤的可能性。对水生物有毒。能对水环境引起不利的结果。使用时应穿适当的防护服和戴手套。使用时如有事故发生或有不适之感，应请医生诊治。所用容器应避免污染环境。
主要用途 溶剂。有机合成。

Hexachlorophene 六氯双酚 05194
[70-30-4] $C_{13}H_6Cl_6O_2$ 406.89
成分 C 38.37%，H 1.49%，Cl 52.28%，O 7.86%。
别名 2,2′-Methylenebis[3,4,6-trichlorophenol]；2,2′-Dihydroxy-3,3′,5,5′,6,6′-hexachlorodiphenylmethane；Bis(3,5,6-trichloro-2-hydroxyphenyl)methane；AT-7；G-11；Bilevon；Dermadex；Exofene；Hexosan；pHisohex；Surgi-Cen；Surofene
M. I. 15，4716
性状 来自苯中的无色结晶。易溶于乙醇、丙酮、乙醚，溶于氯仿、丙二醇、聚乙二醇、橄榄油、棉子油、稀碱水溶液，不溶于水。mp 164～165℃。LD_{50}成熟雄，雌大鼠急性经口：66mg/kg，57mg/kg。
注意事项 该品口服或与皮肤接触。有毒。对水生物极毒。能对水环境引起不利的结果。使用时应戴适当的手套。使用时如有事故发生或有不适之感，应请医生诊治。应防止将本品释放于环境中。其包装物应按危险品处理。
主要用途 防腐剂。消毒剂。医用驱虫剂。

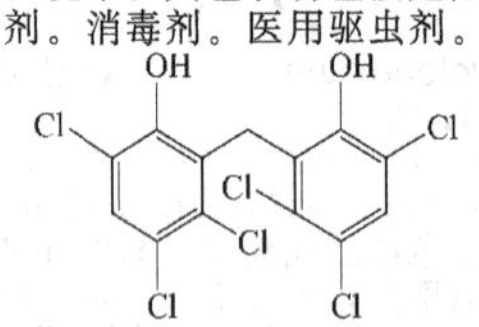

Hexaconazole 菲利克 05195
[79983-71-4] $C_{14}H_{17}Cl_2N_3O$ 314.21
成分 C 53.52%，H 5.45%，Cl 22.56%，N 13.37%，O 5.09%。
别名 己唑醇；α-Butyl-α-(2,4-dichlorophenyl)-1H-1,2,4-triazole-1-ethanol；(RS)-2-(2,4-Dichlorophenyl)-1-(1H-1,2,4-triazol-1-yl)hexan-2-ol；PP-523；ICIA-0523Anvil；Planete
M. I. 15，4717
性状 白色结晶性固体。该品于下列物质中的溶液度(20℃)：水 0.017g/L；甲醇 246g/L；丙酮 164g/L；甲苯 59g/L；己烷 0.8g/L。mp 111℃；d^{25}1.29；蒸气压（20℃）：2×10^{-8}kPa。LD_{50}雄野鸭，雄大鼠，雌大鼠急性经口（mg/kg）：＞4000，2189，6071；大鼠皮肤接触：＞2000mg/kg。LD_{50}（96h）虹鳟鱼：＞6.7mg/L。
注意事项 该品口服有害。接触皮肤能引起过敏。对水生物有毒。能对水环境引起不利的结果。使用时应戴适当的手套。避免与皮肤接触。应防止将本品释放于环境中。
主要用途 农用杀菌剂。分析用标准物质。

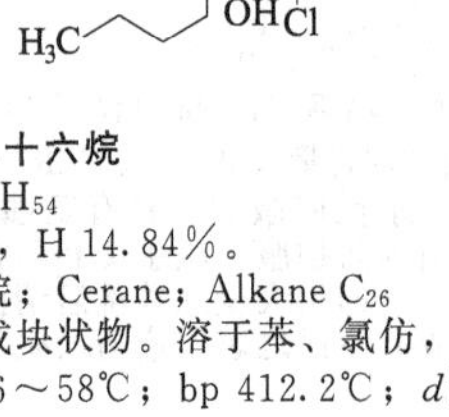

Hexacosane 二十六烷 05196
[630-01-3] $C_{26}H_{54}$ 366.72
成分 C 85.16%，H 14.84%。
别名 正二十六烷；Cerane；Alkane C_{26}
性状 无色结晶或块状物。溶于苯、氯仿，微溶于乙醇，不溶于水。mp 56～58℃；bp 412.2℃；d_4^{20} 0.8032。一般试剂含量≥99.0%（GC）。
注意事项 该品对皮肤有刺激性。使用时应避免吸入本品的粉尘，避免与眼睛及皮肤接触。
主要用途 气相色谱标准物。

Hexadecane 十六烷 05197
[544-76-3] $C_{16}H_{34}$ 226.45
成分 C 84.86%，H 15.13%。
别名 鲸蜡烷；正十六烷；Bioctyl；n-Cetane；Alkane C_{16}
性状 无色液体。低温时为无色叶状固体。能与乙醇、乙醚、丙酮相混溶，不溶于水。mp 18℃；bp 287℃；bp_{12} 151℃/1.6kPa；Fp 275℉（135℃）；d_4^{20} 0.773；n_D^{20} 1.4345。一般试剂含量≥99.0%。
注意事项 该品对眼睛及皮肤有刺激性。使用时应戴适当的手套。万一接触到眼睛，应立即用大量水冲洗后请医生诊治。应密封保存。
主要用途 气相色谱固定液（用于低馏分碳氢化合物的分析）。溶剂。有机合成。色谱分析标准物。

1-Hexadecene 1-十六烯 05198
[629-73-2] $C_{16}H_{32}$ 224.43
成分 C 85.63%，H 14.37%。
别名 1-鲸蜡烯；Cetene；Cetylene；α-Hexadecylene
性状 无色液体。能与乙醇、乙醚相混溶，不溶于水。mp 3～5℃；bp 274℃；bp_{16} 156～157℃/2.133kPa；Fp 270℉（132℃）；d_4^{20} 0.781；n_D^{20} 1.441。一般试剂含量≥99.0%（GC）。
注意事项 使用时应避免吸入本品的蒸气，避免与眼睛及皮肤接触。
主要用途 有机合成。气相色谱标准物。

Hexadecyl mercaptan 十六硫醇 05199
[2917-26-2] $C_{16}H_{34}S$ 258.51
成分 C 74.34%，H 13.26%，S 12.40%。
别名 Cetyl mercaptan；1-Hexadecanethiol；Mercaptan C_{16}
性状 无色液体。有臭味。sp 15～18℃；$bp_{0.1}$ 128～130℃/13.33kPa；Fp 215.6℉（102℃）；d_4^{20} 0.846；n_D^{20} 1.464。一般试剂含量≥97.0%。
注意事项 该品对眼睛有刺激性。万一接触到眼睛，应立即用大量水冲洗后请医生诊治。
主要用途 聚合改性剂。

Hexadecyltrichlorosilane 十六烷基三氯硅烷 05200
[5894-60-0] $C_{16}H_{33}Cl_3Si$ 359.88
成分 C 53.40%，H 9.24%，Cl 29.55%，Si 7.80%。
别名 三氯十六烷基硅烷；Trichlorohexadecylsilane
GW 2015-1956
性状 无色或黄色液体。遇潮湿水解能产生氯化氢气体。bp 269℃；Fp 309.2℉（154℃）；d_4^{20} 0.992；n_D^{20} 1.458。
注意事项 该品与水反应激烈。具有强腐蚀性，能引起严重烧伤。使用时应穿适当的防护服，戴手套和防护镜或面罩。万一接触到眼睛，应立即用大量水冲洗后请医生诊治。接触皮肤后，应用大量肥皂泡沫冲洗。使用时如有事故发生或有不适之感，应请医生诊治。应充氩气密封于干燥处保存。
主要用途 有机合成。硅化合物中间体。

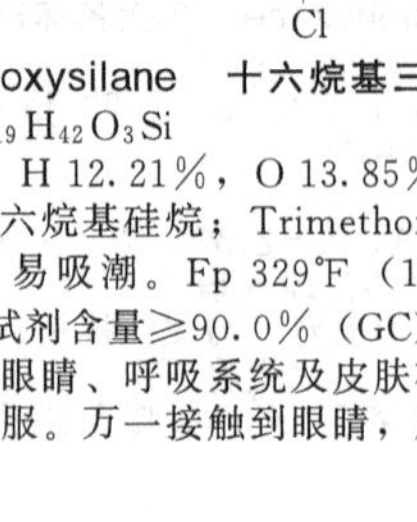

$H_3C(CH_2)_{15}$—$SiCl_3$

Hexadecyltrimethoxysilane 十六烷基三甲氧基硅烷 05201
[16415-12-6] $C_{19}H_{42}O_3Si$ 346.62
成分 C 65.84%，H 12.21%，O 13.85%，Si 8.10%。
别名 三甲氧基十六烷基硅烷；Trimethoxy-hexadecylsilane
性状 无色液体。易吸潮。Fp 329℉（165℃）；d_4^{20} 0.89；n_D^{20} 1.44。一般试剂含量≥90.0%（GC）。
注意事项 该品对眼睛、呼吸系统及皮肤有刺激性。使用时应穿适当的防护服。万一接触到眼睛，应立即用大量水冲

洗后请医生诊治。应密封于干燥处保存。

$H_3C(CH_2)_{15}-Si(OCH_3)_3$

1,5-Hexadiene　1,5-己二烯　05202

[592-42-7]　C_6H_{10}　82.15

成分　C 87.72%,H 12.27%。

别名　联烯丙基;Biallyl; Diallyl

GW 2015-994

性状　无色液体。溶于乙醇、乙醚、苯、氯仿,不溶于水。mp −141℃;bp 58～60℃;Fp −16°F(−27℃);d_4^{20} 0.692;n_D^{20} 1.4040。一般试剂含量≥98.0%(GC)。

注意事项　该品高度易燃。对眼睛、呼吸系统及皮肤有刺激性。使用时应戴适当的手套。口服能损伤肺脏。使用现场禁止吸烟。万一接触到眼睛,应立即用大量水冲洗后请医生诊治。如误服本品不能吐出,应立即请医生诊治,并出示瓶签或包装物。应远离火种,采取抗放静电措施,密封保存。

主要用途　有机合成。

$H_2C{=}CH-CH_2-CH_2-CH{=}CH_2$

Hexadimethrine bromide　溴化抗肝素灵　05203

[28728-55-4]　$(C_{13}H_{30}Br_2N_2)_x$　$(374.2)_x$

成分　C 41.73%,H 8.08%,Br 42.71%,N 7.48%。

别名　溴化己二甲铵;*N*,*N*,*N'*,*N'*-Tetramethyl-1,6-hexanediamine polymer with 1,3-dibromopropane; Polybrene; Poly(*N*,*N*,*N'*,*N'*-tetramethyl-*N*-trimethylenehexamethylenediam monium dibromide); Polymer of *N*,*N*,*N'*,*N'*-tetramethylhexamethylenediamine and trimethylene bromide

M. I. 15, 4718

性状　白色无定形粉末或块状物。易吸潮。溶于水(在10%以上),其1%含盐水溶液pH值5～9。LD_{50}小鼠静脉注射:25～40mg/kg。生化试剂含量≥94.0%(AT)。

注意事项　该品应充氩气密封于2～8℃干燥保存。

主要用途　生化研究。医用肝素拮抗剂。

$[-N^+(CH_3)_2-(CH_2)_6-N^+(CH_3)_2-(CH_2)_3-]_x\ 2Br$

Hexaethyldisiloxane　六乙基二硅氧烷　05204

[994-49-0]　$C_{12}H_{30}OSi_2$　246.54

成分　C 58.46%, H 12.26%, O 6.49%, Si 22.78%。

性状　无色液体。bp 233～236℃;bp_{16} 114～115℃/2.133 kPa;Fp 181.4°F(83℃);d_4^{20} 0.843;n_D^{20} 1.433。一般试剂含量≥99.0%(GC)。

注意事项　使用时应避免吸入本品的蒸气,避免与眼睛及皮肤接触。应充氩气密封于干燥处保存。

$(C_2H_5)_3Si-O-Si(C_2H_5)_3$

Hexaflumuron　六伏隆　05205

[86479-06-3]　$C_{16}H_8Cl_2F_6N_2O_3$　461.14

成分　C 41.67%, H 1.75%, Cl 15.37%, F 24.72%, N 6.07%, O 10.41%。

别名　氟铃脲; *N*-[[3,5-ichloro-4-(1,1,2,2-tetrafluoroethoxy)phenyl]amino]carbonyl-2,6-difluorobenzamide; 1-[3,5-Dichloro-4-(1,1,2,2-tetrafluoroethoxy)phenyl]-(2,6-difluorobenzoyl)urea; DE-473; XRD-473Consult; Recruit; Recruit Ⅱ。

M. I. 15, 4719

性状　白色固体。溶于水(23℃, 0.7mg/L)。蒸气压(298K):5.87×10^{-9}。mp 197～199℃。

注意事项　该品对水生物极毒。能对水环境引起不利的结果。应防止将本品放于环境中。其包装物应按危险品处理。

主要用途　杀虫剂。分析用标准物质。

$2,6\text{-}F_2C_6H_3-CO-NH-CO-NH-C_6H_2Cl_2-O-CF_2-CHF_2$

Hexafluorenium bromide　氟肌松　05206

[317-52-2]　$C_{36}H_{42}Br_2N_2$　662.55

成分　C 65.26%, H 6.39%, Br 24.12%, N 4.23%。

别名　溴化六亚甲基双芴二甲基铵;溴化己芴铵 N^1,N^6-Di9*H*-fluoren-9-yl-N^1,N^1,N^6,N^6-tetramethyl-1,6-hexanediaminium didromide (1∶2); Hexamethylenedis[9-fluorenyldimethylmmonium dromide]; Hexamethylenebis(dimethyl-9-fluorenylammoniumdromide); Mylaxen

M. I. 15, 4720

性状　来自正丙醇中的无色结晶。mp 188～189℃。

主要用途　医用丁二酰胆碱增效剂。横纹肌弛缓剂。

$[C_{13}H_9-N^+(CH_3)_2-(CH_2)_6-N^+(CH_3)_2-C_{13}H_9]\ 2Br^-$

Hexafluorobenzene　六氟苯　05207

[392-56-3]　C_6F_6　186.06

成分　C 38.73%, F 61.27%。

别名　全氟苯; Perfluorobenzene

M. I. 15, 4722

性状　无色透明液体。mp −13～−11℃;bp_{743} 81～82℃/99.058kPa;Fp 50°F(10℃);d_4^{25} 1.612;n_D^{20} 1.3760;n_D^{18} 1.3746。一般试剂含量≥99.0%(GC)。

注意事项　该品高度易燃。对眼睛、呼吸系统及皮肤有刺激性。万一接触到眼睛,应立即用大量水冲洗后请医生诊治。使用现场禁止吸烟。应采取抗放静电措施,充氩气密封于通风良好处保存。

Hexafluoroglutaric acid　六氟戊二酸　05208

[376-73-8]　$C_5H_2F_6O_4$　240.06

成分　C 25.02%, H 0.84%, F 47.88%, O 26.66%。

别名　六氟戊二酸;过氟戊二酸;全氟戊二酸; Perfluoroglutaric acid

性状　无色或白色结晶。有吸湿性。mp 92～97℃; bp_3 134～138℃/399.97Pa。一般试剂含量≥95.0%(T)。

注意事项　该品具有腐蚀性,能引起烧伤。对呼吸系统有刺激性。使用时应穿适当的防护服,戴手套和防护镜或面罩。万一接触到眼睛,应立即用大量水冲洗后请医生诊治。使用时如有事故发生或有不适之感,应请医生诊治。应密封干燥保存。

主要用途　有机合成。

1,1,1,5,5,5-Hexafluoro-2, 4-pentanedione
1,1,1,5,5,5-六氟-2, 4-戊二酮　05209

[1522-22-1]　$C_5H_2F_6O_2$　208.06

成分　C 28.86%, H 0.97%, F 54.79%, O 15.38%。

别名　1,1,1,5,5,5-六氟乙酰丙酮;1,1,1,5,5,5-Hexafluoroacetylacetone; HFA

性状　金黄色发烟液体。有吸湿性。bp 69～71℃;Fp 89°F(32℃);d_4^{20} 1.486;n_D^{20} 1.3320。一般试剂含量≥97.0%(GC)。

注意事项　该品易燃。口服有害。具有腐蚀性,能引起烧伤。使用时应穿适当的防护服,戴手套和防护镜或面罩。应避免吸入本品的蒸气及烟雾。万一接触到眼睛,应立即用大量水冲洗后请医生诊治。使用时如有事故发生或有不适之感,应请医生诊治。应远离火种,密封于干燥处保存。

主要用途　杀菌剂和杀真菌剂的制备。橡胶工业。

***cis*-Hexahydrophthalic anhydride**
顺式六氢苯二甲酸酐　05210

[13149-00-3] $C_8H_{10}O_3$ 154.17

成分 C 62.33%,H 6.54%,O 31.13%。

别名 六氢化邻苯二甲酸酐;六氢酞酸酐;环己烷-1,2-二羧酸酐;顺六氢苯二甲酸酐;顺式-1,2-环己烷二羧酸酐;Cyclohexane-1,2-dicarboxylic anhydride;*cis*-Cyclohexane-1,2-dicarboxylic anhydride;HHPA

性状 无色澄明黏稠液体。能与苯、甲苯、丙酮、四氯化碳、乙醇、乙酸乙酯等相混溶。遇水分解。mp 32~34℃;bp 296℃;Fp 303℉(151℃)。

注意事项 该品对眼睛有严重损伤的危险。吸入或与皮肤接触可引起过敏。使用时应戴适当的手套和防护镜或面罩。使用时应避免吸入本品的蒸气,避免与皮肤接触。万一接触到眼睛,应立即用大量水冲洗后请医生诊治。应充氩气密封于干燥处保存。

主要用途 有机合成。增塑剂、驱虫剂、防锈剂等的中间体,环氧树脂固化剂。

H O H O

Hexalure 红铃诱烯 05211

[23192-42-9] $C_{18}H_{34}O_2$ 282.47

成分 C 76.54%,H 12.13%,O 11.33%。

别名 (7*Z*)-7-Hexadecen-1-ol acctate;*cis*-7-Nexadecenyl acetate;*cis*-1-Acetoxy-7-hexadecene;Hexalene

M.I. 15,4723

性状 无色油状液体。溶于己烷、乙醚、丙酮、苯,不溶于水。$bp_{0.001}$ 100~104℃/0.13Pa;n_D^{25}1.4484。LD_{50}大鼠急性经口:>34600mg/kg;兔皮肤接触:>2025mg/kg。

主要用途 昆虫吸引剂,棉红铃虫性引诱剂。

$H_3C(H_2C)_6$ $(CH_2)_5$ O O CH_3

Hexamethylbenzene 六甲苯 05212

[87-85-4] $C_{12}H_{18}$ 162.28

成分 C 88.82%,H 11.18%。

别名 六甲基苯;Mellitene

性状 无色片状结晶。易溶于苯,不溶于水、乙醇。mp 164~166℃;bp 264℃;*d* 1.063。一般试剂含量≥99.0%(GC)。

注意事项 该品有蓄积性危害,使用时应避免吸入本品的粉尘,避免与眼睛及皮肤接触。

主要用途 有机合成。

CH_3 H_3C CH_3 H_3C CH_3 CH_3

Hexamethyldisilane 六甲基二硅烷 05213

[1450-14-2] $C_6H_{18}Si_2$ 146.38

成分 C 49.23%,H 12.39%,Si 38.37%。

GW 2015-1347

性状 无色液体。mp 9~12℃;bp 112~113℃;Fp 51.8℉(11℃);d_4^{20} 0.727;n_D^{20} 1.423。一般试剂含量≥98.0%(GC)。

注意事项 该品高度易燃。接触皮肤能引起过敏。使用时应避免吸入本品的蒸气,避免与眼睛及皮肤接触。使用现场禁止吸烟。使用时如有事故发生或有不适之感,应请医生诊治。应远离火种,于通风良好处密封保存。

H_3C CH_3 H_3C—Si—Si—CH_3 H_3C CH_3

Hexamethyldisilazane 六甲基二硅亚胺 05214

[999-97-3] $C_6H_{19}NSi_2$ 161.40

成分 C 44.65%,H 11.87%,N 8.68%,Si 34.80%。

别名 六甲基二硅胺烷;Hexamethyldisilylamine;1,1,1,3,3,3-Hexamethyldisilazane;HMDS;1,1,1-Trimethyl-*N*-(Trimethylsilyl)silanamine

GW 2015-1348 M.I. 15,4725

性状 无色透明液体。有类似氨的气味。能与多种有机溶剂相混溶,不溶于水。露置空气中分解,并生成三甲基硅醇和六甲二硅醚。pK_a 7.55。mp -78℃;bp 126.0℃;Fp 81℉(27℃,闭杯);d_4^{20} 0.7742;n_D^{20} 1.4080。LD_{50}小鼠腹膜内注射:650mg/kg。

注意事项 该品高度易燃。具有腐蚀性,能引起烧伤。吸入、口服或与皮肤接触有害。使用时应穿适当的防护服,戴手套和防护镜或面罩。使用现场禁止吸烟。万一接触到眼睛,应立即用大量水冲洗后请医生诊治。使用时如有事故发生或有不适之感,应请医生诊治。应远离火种,密封于干燥处保存。

主要用途 高分子有机硅化合物的原料。气相色谱载体扫尾剂。

CH_3 CH_3 H H_3C—Si—N—Si—CH_3 CH_3 CH_3

Hexamethyldisiloxane 六甲基二硅氧烷 05215

[107-46-0] $C_6H_{18}OSi_2$ 162.38

成分 C 44.38%,H 11.17%,O 9.85%,Si 34.59%。

别名 六甲基氧二硅烷;六甲基二硅醚;Hexamethyloxydisilane;2,2,4,4-Tetramethyl-3-oxa-2,4-disilapentane;HMDS;HMDSO

GW 2015-1346

性状 无色透明液体。能与有机溶剂相混溶。mp -59℃;bp 101℃;Fp 28.4℉(-2℃);d_4^{20} 0.764;n_D^{20} 1.378。一般试剂含量≥98.0%。

注意事项 该品高度易燃。使用现场禁止吸烟。应远离火种,采取抗放静电措施,充氩气密封保存。万一着火,应用指定的设备灭火而不能用水。

主要用途 憎水剂,用于纤维织物表面的处理或无线电零件的绝缘、防潮等。

CH_3 CH_3 H_3C—Si—O—Si—CH_3 CH_3 CH_3

Hexamethylene-1,6-bis(trimethylammonium bromide)

六亚甲基-1,6-双(三甲基溴化铵) 05216

[55-97-0] $C_{12}H_{30}Br_2N_2$ 362.19

成分 C 39.79%,H 8.35%,Br 44.12%,N 7.73%。

别名 六甲溴铵;溴化六亚甲基双三甲铵;六亚甲基-1,6-双溴化三甲铵;六次甲基双-1,6-溴化三甲铵;溴化六甲双铵;溴化六烃季铵;C-6;Bistrium bromide;Esametina;Gangliostat;Hexamethonium bromide;Hexameton brornide;*N*,*N*,*N*,*N*′,*N*′,*N*′-Hexamethylhexamethylenediammonium dibromide;*N*,*N*,*N*,*N*′,*N*′,*N*′-Hexamethyl-1,6-hexanediaminium bromide;Hexanium bromide;Simpatoblock;Vegolysen;Vegolysin

M.I. 15,4724

性状 白色结晶性粉末。味咸。有吸湿性。易溶于水、乙醇,不溶于丙酮、氯仿、乙醚。其1%溶液pH值6.2~7.0。mp 274~276℃。一般试剂含量≥97.0%(AT)。

注意事项 该品口服有害。使用时应穿适当的防护服。使用时应避免吸入本品的粉尘,避免与眼睛及皮肤接触。

主要用途 生化研究。医用抗高血压剂。

Hexamethylene-1,6-bis(trimethylammonium iodide)

六亚甲基-1,6-双(三甲基碘化铵) 05217

[870-62-2] $C_{12}H_{30}I_2N_2$ 456.19

成分 C 31.59%,H 6.63%,I 55.64%,N 6.14%。

别名 六甲碘铵;六亚甲基-1,6-双碘化三甲铵;碘化六甲季铵;碘化六甲双铵;碘化六亚甲基双三甲铵;*N*,*N*,*N*,*N*′,*N*′,*N*′-Hexamethylhexamethylene-diammonium diiodide;*N*,*N*,*N*,*N*′,*N*′,*N*′-Hexamethyl-1,6-hexanediammonium iodide;Hexane-1,6-bistrimethylammonium iodide;Hexamethonium iodide;Hexanium iodide;Hexathide

M. I. 15，4724

性状 白色结晶性粉末。易吸潮。味咸。溶于水，几乎不溶于乙醇。mp 280～282℃（分解）。

注意事项 使用时应避免吸入本品的粉尘，避免与眼睛及皮肤接触。

主要用途 生化研究。

Hexamethyleneimine 六亚甲基亚胺 05218

[111-49-9] $C_6H_{13}N$ 99.18

成分 C 72.66%，H 13.21%，N 14.12%。

别名 六次甲基亚胺；Hexahydro-1*H*-azepine；Homopiperidine

GW 2015-1376

性状 无色液体。bp 135～138℃；Fp 71.6℉（22℃）；d_4^{20} 0.879；n_D^{20} 1.467。一般试剂含量≥98.0%（GC）。

注意事项 该品易燃。口服有毒。其蒸气吸入有害。具有腐蚀性，能引起烧伤。使用时应穿适当的防护服，戴手套和防护镜或面罩。万一接触到眼睛，应立即用大量水冲洗后请医生诊治。使用时如有事故发生或有不适之感，应请医生诊治。

Hexamethylenetetramine 六亚甲基四胺 05219

[100-97-0] $C_6H_{12}N_4$ 140.19

成分 C 51.41%，H 8.63%，N 39.97%，

别名 六甲撑四胺；六次甲基四胺；乌洛托品；四氮六甲环；乌罗托品；胺仿；六胺；环六亚甲基四胺；促进剂 H；海克山明；Accelerator H；Aminoform；Ammoform；Cystamin；Cystogen；Formin；Hexamine；Hexamethylenamine；HMA；HMT；HMTA；Methenamine；1,3,5,7-Tetraazadamantane；1,3,5,7-Tetraazatricyclo[3.1.1.1[3,7]]decane；Uritone；Urotropine

GW 2015-1375 M. I. 15，6038

性状 无色结晶或白色结晶性颗粒或粉末。无味。易溶于水。该品于下列物质中的溶解度（20℃，g/100g）：氯仿 13.4；甲醇 7.25；无水乙醇 2.89；丙酮 0.65；苯 0.23；二甲苯 0.14；乙醚 0.06。几乎不溶于石油醚。约 263℃升华。其 0.2mol/L 水溶液 pH 值 8.4。d 1.331；n_D^{25}1.5911。

注意事项 该品高度易燃。吸入或与皮肤接触可引起过敏。使用时应戴适当的手套。使用现场禁止吸烟。使用时应避免吸入本品的粉尘，避免与皮肤接触。应远离火种，充氮气密封保存。

主要用途 检验锑、铋、汞、铅。掩蔽剂。硫化促进剂。医药用。

参考规格 GB/T 1400—1993	分析纯	化学纯
含量（$C_6H_{12}N_4$）/≥	99.0	98.0
pH 值（100g/L 溶液，25℃）	8.5～9.5	8.5～9.5
澄清度试验	合格	合格
水不溶物/%≤	0.002	0.005
灼烧残渣（以硫酸盐计）/%≤	0.01	0.03
氯化物（Cl）/%≤	0.001	0.005
硫酸盐（SO_4）/%≤	0.001	0.003
铵（NH_4）/%≤	0.001	0.003
铁（Fe）/%≤	0.001	0.005
重金属（以 Pb 计）/%≤	0.0005	0.001

Hexamethylolmelamine 六羟甲基密胺 05220

[531-18-0] $C_9H_{18}N_6O_6$ 306.28

成分 C 35.29%，H 5.92%，N 27.44%，O 31.34%。

别名 六羟甲基三聚氰胺 HMM；1,1′,1″,1‴,1⁗,1⁗′-(1,3,5-Triazine-2,4,6-triyltrinitrilo) hexakismethanol；(*s*-Triazine-2,4,6-triyltrinitrilo) hexamethanol；Hexakis (hydroxymethyl) melamine；Resloom M 75

M. I. 15，4729

性状 无定形结晶或白色块状物。溶于水。易形成不溶的聚合物。mp 135～139℃。

主要用途 用于棉、人造纤维的防炎、防皱。

Hexamethylphosphoramide 六甲基磷酰胺 05221

[680-31-9] $C_6H_{18}N_3OP$ 179.20

成分 C 40.22%，H 10.12%，N 23.45%，O 8.93%，P 17.28%。

别名 六甲基磷酰三胺；ENT-50882；Hempa；Hexametapol；HMPA；Hexamethylphosphoric triamide；HMPT；HPT；Phosphoric acid tris(dimethylamide)；Tris (dimethylamino) phosphate

M. I. 15，4763

性状 无色透明液体。易吸水。能与水、乙醇、乙醚、苯等有机溶剂任意混溶。mp 7.2℃；bp_{760} 235℃/101.32kPa；bp_{11} 105～107℃/1.47kPa；bp_6 97～99℃/0.8kPa；$bp_{2.5}$ 78℃/333.3Pa；Fp 291.2℉(144℃)；d^{20} 1.03；n_D^{21} 1.4572。LD_{50} 雄，雌大鼠急性经口：2650mg/kg，3360mg/kg。一般试剂含量≥98.0%(GC)。

注意事项 该品能引起遗传基因的损伤。能致癌。使用前应得到专门的指导，避免曝露。使用时如有事故发生或有不适之感，应请医生诊治。应密封避光保存。

主要用途 气相色谱固定液。抑制剂。

Hexamidine isethionate 羟乙磺酸 去氧苯比妥 05222

[659-40-5] $C_{24}H_{38}N_4O_{10}S_2$ 606.71

成分 C 47.51%，H 6.31%，N 9.23%，O 26.37%，S 10.57。

别名 RF-2535；Desomedine；Hexomedin；Ophtamedine；4,4′-[1,6-Hexanediylbis(oxy)] bisbenzenecarboximidamide isethioate；4,4′-(Hexamethylenedioxy) didenzamidine isethionate；4,4′-Diamidino-*α*,*ω*-diphenoxyhexane isethionate；primidone

M. I. 15，4730

性状 来自盐酸中的无色棱柱体结晶。mp 246～247℃（分解）。

主要用途 医用局部消毒剂。化妆品的防腐保存。

·$2C_2H_6O_4S$

Hexanal 己醛 05223

[66-25-1] $C_6H_{12}O$ 100.16

成分 C 71.95%，H 12.08%，O 15.97%。

别名 正己醛；*n*-Hexyl aldehyde；Caproaldehyde；Caproic aldehyde；Capronaldehyde；*n*-Hexaldehyde；Aldehyde C_6

GW 2015-2786 M. I. 15，1762

性状 无色液体。有恶臭。具有自行氧化和聚合作用。溶于乙醇，微溶于水。bp_{760} 131℃/101.325kPa；bp_{12} 28℃/1.6kPa；Fp 77℉（25℃）；d_4^{20} 0.8335；n_D^{20} 1.403。LD_{50} 大鼠急性口服：4.89 g/kg。一般试剂含量≥97.0%（GC）。

注意事项 该品易燃。对眼睛、呼吸系统及皮肤有刺激性。使用时应穿适当的防护服。使用时应戴手套，应避免吸入本品的蒸气。万一接触到眼睛，应立即用大量水冲洗后请医生诊治。应密封于 2～8℃保存。

主要用途 有机合成。

n-Hexane 正己烷 05224

[110-54-3] C_6H_{14} 86.18

成分 C 83.63%，H 16.38%。

别名 己烷；Alkane C_6；Hexane

GW 2015-2789 M. I. 15，4732

性状 无色透明液体。易燃。易挥发。有特殊气味。能与乙醇、乙醚、三氯甲烷相混溶，不溶于水。mp －100～

−95℃；bp 69℃；Fp −0.4℉（−18℃）；d_4^{20} 0.6591；n_D^{20} 1.375。LD_{50}大鼠急性经口：32.0g/kg。LC_{50}小鼠吸入 4h：48000×10^{-6}。一般试剂含量≥97.0%(GC)。

注意事项 该品高度易燃。对皮肤有刺激性。吸入或长期曝露有害，并有严重损害健康的危险。对水生物有毒。能对水环境引起不利的结果。能损伤生育力。能损伤肺脏。其蒸气能引起瞌睡和眩晕。使用时应穿适当的防护服和戴手套。使用现场禁止吸烟。切勿排入下水道。应防止将本品释放于环境中。其包装物应按危险品处理。应远离火种，采取抗放静电措施，于阴凉通风处密封保存。

主要用途 色谱分析标准物质。甲醇中水分的检定。折射率的测定。溶剂。有机合成。

1,6-Hexanediamine 1,6-己二胺 05225

[124-09-4] $C_6H_{16}N_2$ 116.21

成分 C 62.02%，H 13.88%，N 24.11%。

别名 1,6-二氨基己烷；六亚甲基二胺；六次甲基二胺；1,6-Diaminohexane；Hexamethylenediamine

GW 2015-990 M.I. 15，4727

性状 无色片状结晶，升华后变为针状。有吡啶味。易溶于水（30℃，960g/100g），溶于乙醇、苯。易吸收空气中的二氧化碳和水分。热至 204～205℃时升华。mp 42℃；bp 205℃；bp_{20} 100℃/2.666kPa；Fp 176℉（80℃）；d^{25} 0.854。一般试剂含量≥99.0%（GC/T）。

注意事项 该品口服或与皮肤接触有害。具有腐蚀性，能引起烧伤。对呼吸系统有刺激性。使用时应穿适当的防护服，戴手套和防护镜或面罩。使用时应避免吸入本品的粉尘。万一接触到眼睛，应立即用大量水冲洗后请医生诊治。使用时如有事故发生或有不适之感，应请医生诊治。应密封于干燥处保存。

主要用途 有机合成。尼龙制造的中间体。高分子化合物的聚合。

1,6-Hexanediol 1,6-己二醇 05226

[629-11-8] $C_6H_{14}O_2$ 118.18

成分 C 60.98%，H 11.94%，O 27.08%。

别名 1,6-二羟基己烷；六亚甲基二醇；六次甲基甘醇；1,6-Dihydroxyhexane；Hexamethylene glycol

M.I. 15，4728

性状 无色针状结晶。溶于水、乙醇，略微溶于热乙醚。mp 42.8℃；bp_{760} 208℃/101.325kPa；bp_{10} 134℃/1.333kPa；Fp 296.6℉（147℃）；n_D^{25} 1.4579。LD_{50}大鼠急性经口：3.73g/kg。一般试剂含量≥97.0%。

注意事项 该品对眼睛、呼吸系统及皮肤有刺激性。使用时应穿适当的防护服和戴手套。使用时应避免吸入本品的蒸气，避免与眼睛及皮肤接触。万一接触到眼睛，应立即用大量水冲洗后请医生诊治。

主要用途 染色用偶合剂。增塑剂。配制印刷油墨。

2,5-Hexanediol 2,5-己二醇 05227

[2935-44-6] $C_6H_{14}O_2$ 118.18

成分 C 60.98%，H 11.94%，O 27.08%。

别名 2，5-Hexyleneglycol

性状 无色液体，低于 50℃时为玻璃状固体。溶于水、乙醇、乙醚。bp 216～218℃；Fp 213.8℉（101℃）；d_4^{20} 0.961；n_D^{20} 1.4470。一般试剂含量≥97.0%（GC）。

主要用途 有机合成。

注意事项 该品口服有害。对眼睛、呼吸系统及皮肤有刺激性。使用时应穿适的防护服。万一接触到眼睛，应立即用大量水冲洗后请医生诊治。

2，5-Hexanedione 2，5-己二酮 05228

[110-13-4] $C_6H_{10}O_2$ 114.14

成分 C 63.14%，H 8.83%，O 28.03%。

别名 双丙酮；丙酮基丙酮；1,2-Diacetylethane；α,β-Diacetylethane；2,5-Diketohexane；Acetonylacetone

M.I. 15，70

性状 无色液体。久置变黄。能与水、乙醇、乙醚相混溶。mp −9℃；bp 188℃；Fp 185℉（85℃）；d_4^{20} 0.970；n_D^{20} 1.449。LD_{50}大鼠急性经口：2.7g/kg。一般试剂含量≥99.0%(GC)。

注意事项 该品对眼睛及皮肤有刺激性。长期曝露，通过吸入、口服或与皮肤接触有严重损害健康的危险。使用时应穿适当的防护服和戴手套。使用时应避免吸入本品的蒸气。万一接触到眼睛，应立即用大量水冲洗后请医生诊治。应密封避光于通风良好处保存。

主要用途 乙酸纤维素的溶剂。鞣革剂。

1-Hexanesulfonic acid sodium salt monohydrate 1-己烷磺酸钠盐 一水 05229

[2832-45-3] $C_6H_{13}NaO_3S \cdot H_2O$ 206.24

成分（以无水物计） C 38.29%，H 6.96%，Na 12.21%，O 25.50%，S 17.04%。

别名 一水合 1-己烷磺酸钠盐；正己基磺酸钠；己磺酸钠；*n*-Hexylsulfonic acid sodium salt；Sodium 1-hexanesulfonate monohydrate

性状 白色颗粒或粉末，溶于水。一般试剂含量≥99.0%（T）。

注意事项 使用时应避免吸入本品的粉尘，避免与眼睛及皮肤接触。

1-Hexanethiol 1-己硫醇 05230

[111-31-9] $C_6H_{14}S$ 118.24

成分 C 60.95%，H 11.93%，S 27.12%。

别名 硫代己醇；1-巯基己烷；1-Hexylmercaptan；Mercaptan C_6；1-Mercaptohexane

GW 2015-999

性状 无色液体。有特殊臭味。能与乙醇混溶，难溶于水。mp −80℃；bp 148～150℃；Fp 86℉（30℃）；d_4^{20} 0.840；n_D^{20} 1.449。一般试剂含量≥97.0%。

注意事项 该品易燃。吸入或口服有害。对眼睛及皮肤有刺激性。使用时应避免吸入本品的蒸气，避免与眼睛及皮肤接触。应密封保存。

主要用途 色谱分析标准物。有机合成。

1,2,6-Hexanetriol 1,2,6-己三醇 05231

[106-69-4] $C_6H_{14}O_3$ 134.17

成分 C 53.71%，H 10.52%，O 35.77%。

别名 1,2,6-三羟基己烷；1,2,6-Trihydroxyhexane

性状 无色黏稠液体。溶于水。mp −20℃；$bp_{0.1}$ 145～147℃/13.332 Pa；Fp 174.2℉（79℃）；d_4^{20} 1.105；n_D^{20} 1.476。一般试剂含量≥95.0%（GC）。

注意事项 使用时应避免吸入本品的蒸气，避免与眼睛及眼肤接触。

主要用途 高级润滑脂和聚氨酯泡沫塑料制备。增塑剂。

2-Hexanol 2-己醇 05232

[626-93-7] $C_6H_{14}O$ 102.18

成分 C 70.53%，H 13.81%，O 15.66%。

别名 丁基甲基甲醇；仲己醇；1-甲基戊醇；第二己醇；2-羟基己烷；Butyl methyl carbinol；*sec*-Hexyl alcohol；2-Hydroxyhexane；1-Methyl-*n*-amyl alcohol；1-Methylpentan-1-ol

GW 2015-1150

性状 无色液体。能与乙醇、乙醚相混溶，难溶于水。bp 136～138℃；Fp 114.8℉（46℃）；d_4^{20} 0.814；n_D^{20} 1.415。一般试剂含量≥98.0%（GC）。

注意事项 该品易燃。对眼睛、呼吸系统及皮肤有刺激性。使用现场禁止吸烟。万一接触到眼睛，应立即用大量水冲洗后请医生诊治。应远离火种密封保存。

主要用途 溶剂。有机合成。

3-Hexanol 3-己醇 05233

[623-37-0] $C_6H_{14}O$ 102.18

成分 C 70.53%，H 13.81%，O 15.66%。

别名 乙基丙基甲醇；3-羟基己烷；Ethyl propyl carbinol；3-Hydroxyhexane

GW 2015-2601

性状 无色液体。能与乙醇、乙醚相混溶，不溶于水。bp 134～135℃；Fp 113℉（45℃）；d_4^{20} 0.818；n_D^{20} 1.417。一般试剂含量≥98.0%（GC）。

注意事项 该品易燃。口服有害。使用时应避免与眼睛及皮肤接触。
主要用途 溶剂。有机合成。

2-Hexanone 2-己酮 05234
[591-78-6] $C_6H_{12}O$ 100.16
成分 C 71.95%，H 12.08%，O 15.97%。
别名 丙基代丙酮；甲基丁基甲酮；甲基正丁基甲酮；甲丁酮；丁基甲基甲酮；2-Ketohexane；Propylacetone；Butyl methyl ketone；Methyl butyl ketone
GW 2015-1004 M. I. 15，6107
性状 无色液体。溶于乙醇、乙醚，微溶于水。bp 127℃；Fp 73.4℉（23℃）；*d* 0.830；n_D^{20} 1.401。LD_{50}大鼠急性经口：2.59g/kg。一般试剂（标准物）含量≥99.5%（GC）。
注意事项 该品易燃。能损伤生育力。长期曝露、吸入对健康有严重损伤的危险。其蒸气能引起瞌睡和眩晕。使用时应穿适当的防护服和戴手套。使用时如有事故发生或有不适之感，应请医生诊治。
主要用途 溶剂。有机合成。从盐酸溶液中提取三氧化铁。

3-Hexanone 3-己酮 05235
[589-38-8] $C_6H_{12}O$ 100.16
成分 C 71.95%，H 12.08%，O 15.97%。
别名 乙基丙基酮；乙基正丙基甲酮；Ethyl-*n*-propyl ketone；3-Ketohexane；3-Oxohexane
GW 2015-1005
性状 无色或浅黄色液体。能与乙醇、乙醚相混溶，微溶于水。bp 123℃；Fp 95℉（35℃）；d_4^{20} 0.815；n_D^{20} 1.4000。一般试剂含量≥98.0%。
注意事项 该品易燃。对眼睛、呼吸系统及皮肤有刺激性。使用时应穿适当的防护服。使用现场禁止吸烟。万一接触到眼睛，应立即用大量水冲洗后请医生诊治。应远离火种，采取抗放静电措施，于通风良好处密封保存。
主要用途 溶剂。有机合成。

Hexatriacontane 三十六烷 05236
[630-06-8] $C_{36}H_{74}$ 506.97
成分 C 85.29%，H 14.71%。
别名 正三十六烷；Alkane C_{36}
性状 白色鳞片状结晶。熔化后成蜡状。溶于乙醚、苯和冰乙酸，不溶于水。mp 74～76℃；bp 497℃；bp_1 265℃/133.32Pa；*d*0.7795；n_D^{20}1.4573。一般试剂含量≥99.0%（GC）。
主要用途 气相色谱固定液（用于碳氢化合物的分析）。有机合成。

Hexazinone 环嗪酮 05237
[51235-04-2] $C_{12}H_{20}N_4O_2$ 252.32
成分 C 57.12%，H 7.99%，N 22.21%，O 12.68%。
别名 3-环己基-6-二甲基氨基-1-甲基-1，3，5-三嗪-2，4(1*H*，3*H*)-二酮；3-Cyclohexyl-6-dimethylamino-1-methyl-1，3，5-triazine-2，4(1*H*，3*H*)-dione；DPX-3674；Velpar
M. I. 15，4735
性状 白色结晶性固体。易溶于水（25℃，330g/L）。mp 97～100.5℃。LD_{50}大鼠急性经口：1690mg/kg。
注意事项 该品口服有害。对眼睛有刺激性。对水生物极毒。能对水环境引起不利的结果。使用时应避免吸入本品的粉尘。应防止将本品释放于环境中。其包装物应按危险品处理。
主要用途 除草剂。分析用标准物质。

1-Hexene 1-己烯 05238
[592-41-6] C_6H_{12} 84.16
成分 C 85.63%，H 14.37%。
别名 Butylethylene；Hexylene
GW 2015-1006
性状 无色液体。能与乙醇、乙醚相混溶，不溶于水。mp 140℃；bp 62～64℃；Fp－13℉（－25℃）；d_4^{20} 0.673；n_D^{20} 1.388。一般试剂含量≥98.0%。
注意事项 该品高度易燃。口服有害，并能损伤肺脏。使用现场禁止吸烟。使用时应避免吸入本品的蒸气。切勿排入下水道。如误服本品不能吐出，应立即请医生诊治，并出示瓶签或包装物。应远离火种，采取抗放静电措施，于通风良好处密封保存。
主要用途 有机合成。气相色谱标准物。

2-Hexene 2-己烯 05239
[592-43-8] C_6H_{12} 84.16
成分 C 85.63%，H 14.37%。
GW 2015-1007
性状 无色液体。通常为顺式和反式异构体的混合物。溶于乙醇，不溶于水。bp 67～69℃；d_4^{20} 0.680；n_D^{20} 1.396。一般试剂含量≥95.0%（GC）。
注意事项 该品高度易燃。口服有害，并能损伤肺脏。使用现场禁止吸烟。使用时应避免吸入本品的蒸气。切勿排入下水道。如误服本品不能吐出，应立即请医生诊治，并出示瓶签或包装物。应远离火种，采取抗放静电措施，于通风良好处密封保存。
主要用途 有机合成。

***trans*-2-Hexenoic acid 反式-2-己烯酸** 05240
[13419-69-7] $C_6H_{10}O_2$ 114.14
成分 C 63.13%，H 8.83%，O 28.03%。
别名 2-己烯酸 反式
性状 针状结晶。溶于甲醇、乙醇。mp 33～35℃；bp 217℃；Fp 257℉（125℃）；*d* 0.965；n_D^{20} 1.4385。一般试剂含量≥96.0%（GC）。
注意事项 该品具有腐蚀性，能引起烧伤。使用时应穿适当的防护服，戴手套和防护镜或面罩。万一接触到眼睛，应立即用大量水冲洗后请医生诊治。使用时如有事故发生或有不适之感，应请医生诊治。其包装物应按危险品处理。

***trans*-3-Hexenoic acid 反式-3-己烯酸** 05241
[1577-18-0] $C_6H_{10}O_2$ 114.14
成分 C 63.13%，H 8.83%，O 28.03%。
别名 3-己烯酸 反式；反式氢化花楸酸；β-Amylene-α-carboxylic acid；Hydrosorbic acid；3-Hexenic acid；2-Pentene-1-carboxylic acid；Propylidenepropionic acid
性状 无色液体。低温凝固。mp 11～12℃；bp 208℃；bp_{22} 118～119℃/2.933kPa；Fp 210℉(99℃)；d_4^{23} 0.963；n_D^{20} 1.4398。一般试剂含量≥97.0%。
注意事项 该品具有腐蚀性，能引起烧伤。使用时应穿适当的防护服，戴手套和防护镜或面罩。万一接触到眼睛，应立即用大量水冲洗后请医生诊治。使用时如有事故发生或有不适之感，应请医生诊治。其包装物应按危险品处理。
主要用途 有机合成。

***cis*-3-Hexen-1-ol 顺式-3-己烯-1-醇** 05242
[928-96-1] [544-17-7] $C_6H_{12}O$ 100.16
成分 C 71.95%，H 12.08%，O 15.97%。
别名 3-己烯-1-醇 顺式；叶醇 顺式；顺式叶醇；*cis*-Leaf alcohol
M. I. 15，4736
性状 无色液体。易溶于乙醇，溶于水和乙醚。bp 156～157℃；bp_9 55～56℃/1.2kPa；Fp 112℉（44℃）；d_{15}^{22} 0.846；n_D^{20} 1.4389。一般试剂含量≥98.0%（GC）。
注意事项 该品易燃。应采取抗放静电措施充氩气密封保存。万一着火，应用指定的灭火设备而不能用水。
主要用途 香料。

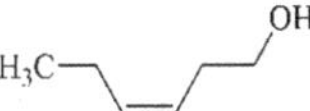

Hexestrol 己雌酚 05243
[84-16-2] $C_{18}H_{22}O_2$ 270.37
成分 C 79.96%，H 8.20%，O 11.84%。

别名 二羟二苯己烷；六羟春情素；*meso*-3,4-Bis(*p*-hydroxyphenyl)*n*-hexane; Cycloestrol; 4,4′-(1,2-Diethyl-1,2-ethanediyl) bisphenol; 4,4′-(1,2-Diethylethylene) diphenol; 4,4′-Dihydroxy-α,β-diethyldiphenylethane; Dihydrodiethylstilbestrol; 4,4′-Dihydroxy-γ,δ-diphenylhexane; Hexanoestrol; Hexoestrol; Hormoestrol; Synthovo; Syntrogène

M. I. 15，4737

性状 来自苯中的无色针状或来自稀乙醇中的无色菱形结晶。易溶于乙醚，溶于丙酮、乙醇、甲醇、稀碱溶液，微溶于苯、氯仿，几乎不溶于水、稀矿物酸。mp 185～188℃。

注意事项 该品能致癌。长期接触能严重危害健康。使用前应得到专门的指导，避免曝露。使用时应避免吸入本品的粉尘，避免与眼睛及皮肤接触。使用时如有事故发生或有不适之感，应请医生诊治。

主要用途 医用雌激素，抗肿瘤剂（激素）。

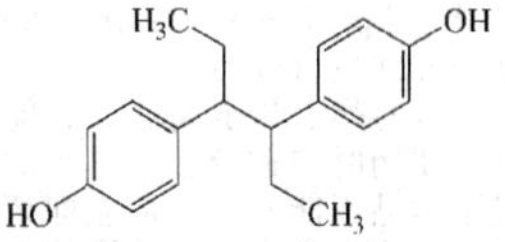

Hexestrol bis (β-diethylaminoethyl ethel) dihydrochloride 己雌酚双（β-二乙氨基乙醚）二盐酸盐 05244

[69-14-7] $C_{30}H_{50}Cl_2N_2O_2$ 541.64

成分 C 66.53%，H 9.31%，Cl 13.09%，N 5.17%，O 5.91%。

别名 盐酸己雌酚双（β-二乙氨基乙基醚）；Coralgil; Coralgina; 2,2′-[(1,2-Diethyl-1,2-ethanediyl) bis(4,1-phenyleneoxy)]bis-[*N*,*N*-diethylethanamine]dihydrochloride; 2,2‴-[(1,2-Diethylethylene) bis(*p*-phenyl-eneoxy)bis(triethylamine)] dihydrochloride; 4,4′-Dis(β-diethylaminoethoxy)-α,β-diethyldiphenylethane dihydrochloride; 3,4-Dis[*p*-(β-diethylaminoethoxy) phenyl]hexane dihydrochloride; α,α′-Diethyl-4,4′ bis (β-diethylaminoethoxy) bibenzyl dihydrochloride

M. I. 15，4738

性状 来自乙醇＋乙酸乙酯中的无色针状结晶。易溶于水、甲醇、氯仿、热乙醇。mp 226～227℃。

主要用途 医用冠状血管舒张剂。

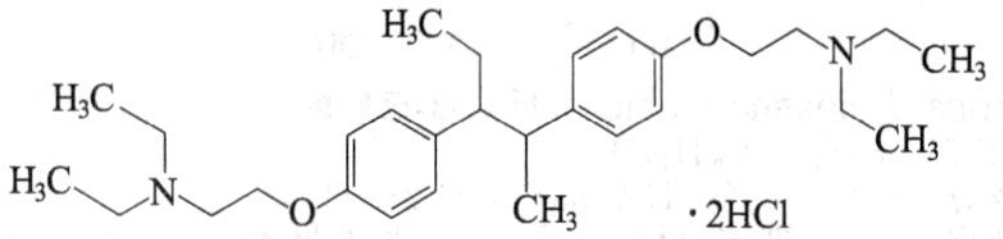

·2HCl

Hexetidine 合克替啶 05245

[141-94-6] $C_{21}H_{45}N_3$ 339.61

成分 C 74.27%，H 13.36%，N 12.37%。

别名 5-氨基-1,3-双(β-乙基己基)-5-甲基六氢嘧啶；1,3-Bis(2-ethylhexyl) hexahydro-5-methyl-5-pyrimidinamine; 5-Amino-1,3-bis(2-ethylhexyl) hexahydro-5-methylpyrimidine; 1,3-Bis(β-ethylhexyl)-5-methyl-5-aminohexahydropyrimidine; 5-Amino-1,3-di(β-ethylhexyl) hexahydro-5-methylpyrimidine; Glypesin; Hexigel; Hexocil; Hexoral; Hextril; Oraldene; Oraseptic; Sterisil; Steri/Sol

M. I. 15，4739

性状 无色液体。溶于石油醚、甲醇、苯、丙酮、正己烷、乙醇、氯仿，几乎不溶于水。pK_a 8.3；$bp_{0.4}$ 160℃/13.329 Pa；Fp 158℉(70℃)；d_{20}^{20} 0.8889；n_D^{20} 1.4668。生化试剂含量≥97.0%。

注意事项 该品对眼睛及皮肤有刺激性。使用时应穿适当的防护服。万一接触到眼睛，应立即用大量水冲洗后请医生诊治。

主要用途 医用消毒剂，防腐剂。

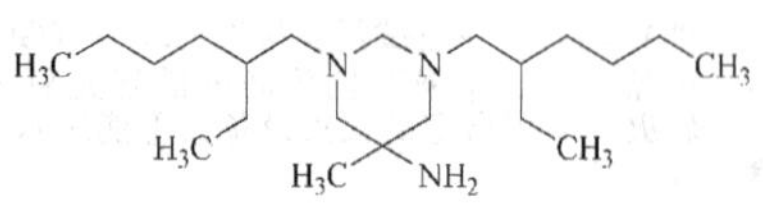

Hexobarbital 环己巴比妥 05246

[56-29-1] $C_{12}H_{16}N_2O_3$ 236.27

成分 C 61.00%，H 6.83%，N 11.86%，O 20.31%。

别名 己琐巴比妥；依维本；5-(1-Cyclohexen-1-yl)-1,5-dimethyl-2,4,6(1*H*,3*H*,5*H*)-pyrimidinetrione; 5-(1-Cyclohexen-1-yl)-1,5-dimethylbarbituric acid; 5-Cyclohexenyl-3,5-dimethylbarbituric acid; Methylhexabital; Methexenyl; Enhexymal; Hexobarbitone; Citodon; Citopan; Cyclonal; Dorico; Evipal; Evipan; Hexanastab Oral; Noctivane; Sombucaps; Sombulex; Somnalert

M. I. 15，4740

性状 无色三棱形结晶。无味。1g 该品溶于约 3L 水，溶于甲醇、热乙醇、乙醚、氯仿、丙酮、苯、碱水溶液，不溶于碳酸盐溶液。mp 145～147℃。

注意事项 该品口服有害。使用时应穿适当的防护服，戴手套和防护镜或面罩。

主要用途 生化研究。

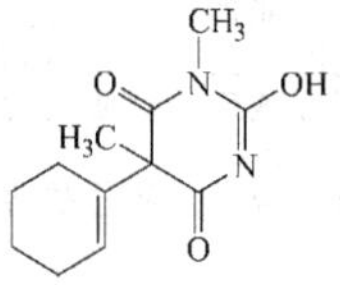

Hexobendine dihydrochloride 优心平 二盐酸盐 05247

[50-62-5] $C_{30}H_{46}Cl_2N_2O_{10}$ 665.60

成分 C 54.14%，H 6.97%，Cl 10.65%，N 4.21%，O 24.04%。

别名 克冠二胺；盐酸优心平；ST-7090; Reoxyl; Ustimon; Andiamine; 3,4,5-Trimethoxybenzoic acid 1,2-ethaneediylbis[(methylimino)-3,1-propanediyl] ester dihydrochloride; 3,4,5-Trimethoxybenzoic acid diester with 3,3′-[ethylenebis(methylimino)]di-1-propano ldihydrochloride; *N*,*N*′Dimethyl-*N*,*N*′-bis[3-(3′,4′,5′-trimethoxybenzoxy) propyl] ethylenediamine dihydrochloride; Hexabendin dihydrochloride

M. I. 15，4741

性状 无色结晶。易溶于水，较少地溶于乙醇，几乎不溶于乙醚。mp 170～174℃；uv max：267nm。

主要用途 医用长效冠状血管舒张剂。

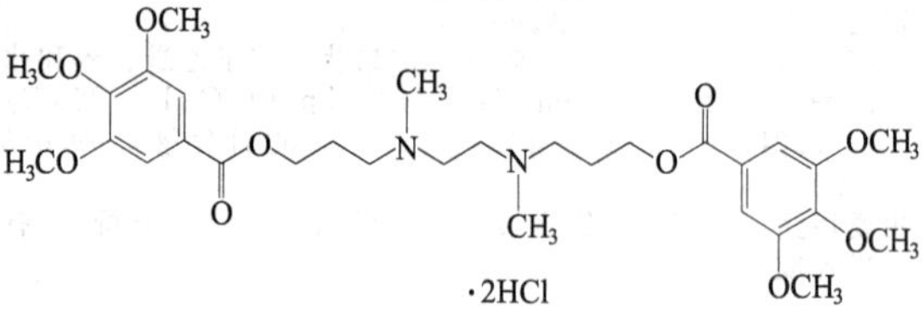

·2HCl

Hexocyclinm methyl sulfate 甲基硫酸己环铵 05248

[115-63-9] $C_{21}H_{36}N_2O_5S$ 428.59

成分 C 58.85%，H 8.47%，N 6.54%，O 18.66%，S 7.48%。

别名 4-(2-Cyelohexyl-2-hydroxy-2-phenylethyl)-1,1-dimethylpiperazinium methyl sulfate(salt); *N*-(β-Cyclohexyl-β-hydroxy-β-phenylethyl)-N^1-methylpiperazine methosulfate; *N*-(β-Cyclohexyl-β-hydroxy-β-phenylethyl)-N^1-methylpiperazine dimethylsulfate; 4-(β-Cyclohexyl-β-hydroxy-β-phenethyl)-1,1-dimethylpiperazinium methyl sulfate; Tral; Tralin

M. I. 15，4742

性状 无色结晶。溶于水（约 50%），微溶于氯仿，不溶于乙醚。mp 200～210℃；uv max（0.1mol/L 硫酸中）：252nm，257nm，263nm。

主要用途 医用抗痉挛剂。

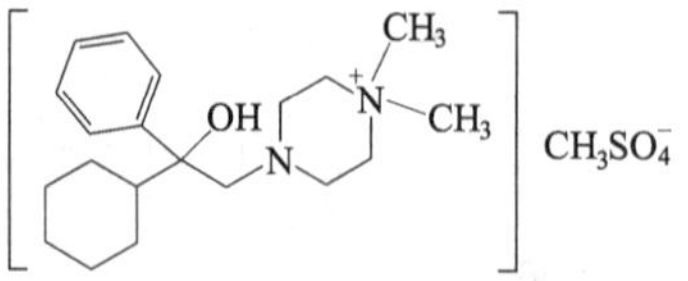

Hexokinase from yeast 己糖激酶（酵母） 05249

[9001-51-8] Mr 约 100000

别名 己糖磷酸激酶；ATP；Heterophosphatase；D-Hexose-6-phosphotransferase；HK

EC 2.7.1.1
性状 细针状结晶。对空气敏感。生化试剂为无盐冷冻干燥粉末。含量约25U/mg。
注意事项 该品应充氩气密封于−20℃保存。
主要用途 生化研究。检定生物液体中葡萄糖水准和ATP水准。

Hexoprenaline 海索那林 05250

[3215-70-1] $C_{22}H_{32}N_2O_6$ 420.51
成分 C 62.84%，H 7.67%，N 6.66%，O 22.83%。
别名 息喘酚；哮平灵；六甲双喘定；海索那尔；己双肾上腺素；4,4′-[1,6-Hexanediylbis[imino(1-hydroxy-2,1-ethanediyl)]]bis-1,2-benzenediol；α,α′-[Hexamethylenebis(iminomethylene)]bis[3,4-dihydroxybenzyl alcohol]；N，N′-Bis[2-(3，4-dihydroxyphenyl)-2-hydroxyethyl] hexamethylenediamine；BYK 1512
M. I. 15，4743
性状 无色结晶。mp 162～165℃（半水合物）。
主要用途 医用支气管扩张剂。

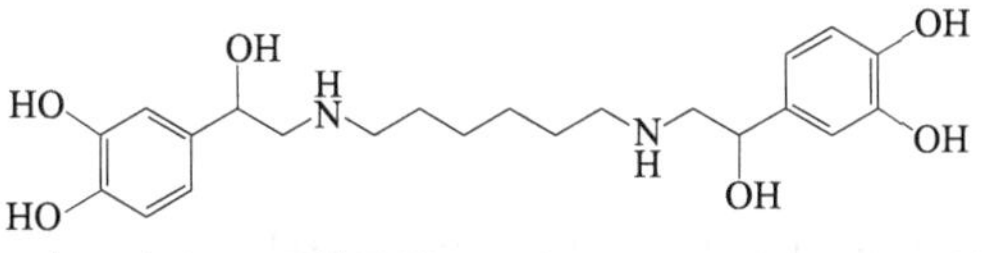

Hexyl acetate 乙酸己酯 05251

[142-92-7] $C_8H_{16}O_2$ 144.21
成分 C 66.63%，H 11.18%，O 22.19%。
别名 乙酸正己酯；醋酸己酯；醋酸正己酯；Acetic acid hexyl ester
GW 2015-2658
性状 无色透明液体。能与醇、乙醚相混溶，不溶于水。mp −80℃；bp 168～169℃；Fp 105.8℉(41℃)；d_4^{20} 0.873；n_D^{20} 1.409。一般试剂(标准物)含量≥99.7%(GC)。
注意事项 该品易燃。使用现场禁止吸烟。应远离火种密封保存。
主要用途 有机合成。纤维素、脂类和树脂等的溶剂。香料。

Hexyl alcohol 己醇 05252

[111-27-3] $C_6H_{14}O$ 102.18
成分 C 70.53%，H 13.81%，O 15.66%。
别名 正六醇；1-己醇；正己醇；Amylcarbinol；Capronic alcohol；1-Hexanol；n-Hexyl alcohol；1-Hydroxyhexane；Pentylcarbinol
M. I. 15，4734
性状 无色液体。能与乙醇、乙醚相混溶，微溶于水。mp −51.6℃；bp_{760} 157℃/101.32kPa；bp_{400} 138℃/53.33kPa；bp_{200} 119.6℃/26.66kPa；bp_{100} 102.8℃/13.33kPa；bp_{60} 92℃/8kPa；bp_{40} 83.7℃/5.333kPa；bp_{20} 70.3℃/2.666kPa；bp_{10} 58.2℃/1.333kPa；bp_5 47.2℃/666.6Pa；bp_1 24.4℃/133.32Pa；Fp 145℉(63℃，闭杯)；d_4^{25} 0.8153；d_4^{35} 0.8082；n_D^{25} 1.4162。LD_{50} 大鼠急性经口：4.59g/kg。一般试剂含量≥99.0%。
注意事项 该品口服有害。使用时应避免与眼睛及皮肤接触。
主要用途 氯化锂与氯化钾和氯化钠的分离。有机合成。

Hexylamine 己胺 05253

[111-26-2] $C_6H_{15}N$ 101.19
成分 C 71.22%，H 14.94%，N 13.84%。
别名 1-氨基己烷；1-氨基正己烷；正己胺；1-Amino-n-hexane；Amine C_6
GW 2015-2785
性状 无色液体。能与乙醇、乙醚相混溶，微溶于水。对二氧化碳敏感。mp −19℃；bp 129～131℃；Fp 80℉（27℃）；d_4^{20} 0.766；n_D^{20} 1.418。一般试剂含量≥99.5%（GC）。
注意事项 该品易燃。口服或与皮肤接触有害。具有强腐蚀性，能引起严重烧伤。使用时应穿适当的防护服，戴手套和防护镜或面罩。使用时应避免吸入本品的蒸气。万一接触到眼睛，应立即用大量水冲洗后请医生诊治。使用时如有事故发生或有不适之感，应请医生诊治。
主要用途 有机合成。

Hexylcaine hydrochloride 己卡因 盐酸盐 05254

[532-76-3] $C_{16}H_{24}ClNO_2$ 297.82
成分 C 64.53%，H 8.12%，Cl 11.90%，N 4.70%，O 10.74%。
别名 盐酸己卡因；1-Cyclohexylamino-2-propanol 2-benzoate (ester) hydrochloride (1∶1)；D-109；Cyclaine
M. I. 15，4744
性状 来自无水乙醇中的无色结晶。溶于水（到约质量分数12%）。其1%水溶液在沸腾、高压下灭菌稳定。mp 177～178.5℃。
主要用途 医用局部麻醉剂。

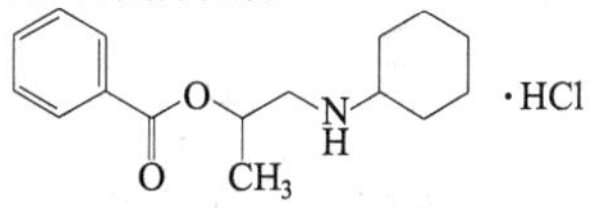

2-Hexyldecanoic acid 2-己基癸酸 05255

[25354-97-6] $C_{16}H_{32}O_2$ 256.43
成分 C 74.94%，H 12.58%，O 12.48%。
别名
M. I. 15，4745
性状 无色具有黏性的油状液体。$bp_{0.02}$ 140～150℃/2.7Pa；n_D^{24} 1.4432。
主要用途 医用硬化剂。

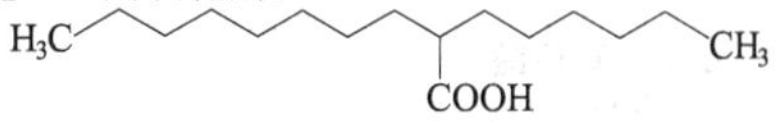

Hexyl formate 甲酸己酯 05256

[629-33-4] $C_7H_{14}O_2$ 130.19
成分 C 64.58%，H 10.84%，O 24.58%。
别名 甲酸正己酯
GW 2015-1186
性状 无色或微黄色液体。能与乙醇、乙醚相混溶，不溶于水。mp −62.65℃；bp 155.5℃；Fp 98℉（37℃）；d_4^{20} 0.8813；n_D^{20} 1.4071。一般试剂含量≥97.0%。
注意事项 该品易燃。使用时应避免吸入本品的蒸气，避免与眼睛及皮肤接触。
主要用途 有机合成。

4-Hexylresorcinol 4-己基间苯二酚 05257

[136-77-6] $C_{12}H_{18}O_2$ 194.27
成分 C 74.19%，H 9.34%，O 16.47%。
别名 1-（2,4-二羟基苯基）己烷；1,3-二羟基-4-己基苯；4-己基-1,3-二羟基苯；己基树脂酚；己基雷琐辛；Ascaryl；Caprokol；Crystoids；1，3-Dihydroxy-4-hexylbenzene；1-(2，4-Dihydroxy-phenyl)hexane；Gelovermin；4-Hexyl-1，3-benzenediol；4-Hexyl-1,3-dihydroxybenzene；ST-37；Sucrets；Worm-Agen
M. I. 15，4748
性状 无色针状结晶或白色或微黄色重质液体，久置逐渐变为固体。有刺激性气味。溶于甲醇、乙醇、丙酮、乙醚、氯仿、苯、植物油，微溶于石油醚，溶于约2000份水。mp 67.5～69℃；bp 760 333～335℃/101.325kPa；$bp_{13\sim14}$ 198～200℃/1.733～1.867kPa；$bp_{6\sim7}$ 178～180℃/0.8～0.933kPa。LD_{50} 大鼠急性经口：550mg/kg。一般试剂含量≥98.0(HPLC)。
注意事项 该品口服有害。对眼睛、呼吸系统及皮肤有刺激性。使用时应穿适当的防护服。万一接触到眼睛，应立即用大量水冲洗后请医生诊治。
主要用途 医用抗驱蠕虫剂，局部抗菌剂。

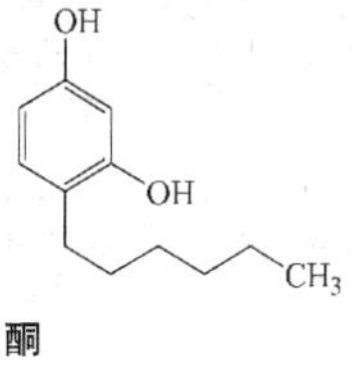

Hexythiazox 噻螨酮 05258

[78587-05-0]　$C_{17}H_{21}ClN_2O_2S$　352.88

成分　C 57.85%，H 6.00%，Cl10.05%，N 7.94%，O 9.07%，S 9.09%。

别名　合赛多；*rel*-(4*R*,5*R*)-5-(4-Chlorophenyl)-*N*-cyclohexyl-4-methyl-2-oxo-3-thiazolidinecaroxamide；*trans*-4-Methyl-5-(4-chlorophenyl)-3-cyclohexylcarbamoyl-2-thiazolidone；HTZ；NA-73；DPX-Y5893-9；Nissorun；Acariflor；Cesar；Savey；Zeldox

M. I. 15，4749

性状　白色结晶。无味。该品于下列物质中的溶解度（20℃，g/100mL）：丙酮 16，氯仿 137.9，甲醇 2.06，正己烷 0.39，二甲苯 36.2，乙腈 2.86。微溶于水（0.5mg/kg）。蒸气压（20℃）：2.54×10^{-8} mmHg/3.4×10^{-6} Pa；mp 105.5℃。LD_{50}雄、雌小鼠，雄、雌大鼠急性经口：全部＞5000mg/kg；皮肤接触：全部＞5000mg/kg。

主要用途　杀螨剂。

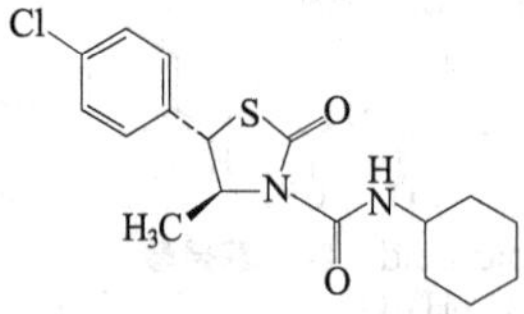

Hide powder slightly chromated　皮粉(含铬)　05259

别名　铬皮粉

性状　近白色棉絮状粉末。易吸水。吸水后能与多种金属络合物和单宁酸相结合，并使皮蛋白变成革纤维。

注意事项　该品应密封于干燥处保存。

主要用途　间接测定植物烤胶和人造单宁的含量。

Hippuric acid　马尿酸　05260

[495-69-2]　$C_9H_9NO_3$　179.18

成分　C 60.33%，H 5.06%，N 7.82%，O 26.79%。

别名　*N*-苯甲酰甘氨酸；苯甲酰氨基乙酸；Benzamidoacetic acid；Benzoylaminoacetic acid；*N*-Benzoylglycine；Benzoylglycocoll；Urobenzoic acid

M. I. 15，4753

性状　无色结晶。1g 该品溶于约 250 份冷水、1000mL 氯仿、400mL 乙醚、60mL 戊醇。易溶于热水、热乙醇，溶于磷酸钠水溶液，几乎不溶于苯、二硫化碳、石油醚。mp 187～188℃。一般试剂含量≥99.5%。

注意事项　该品口服有害。对呼吸系统及皮肤有刺激性。对眼睛有严重损伤的危险。使用时应戴防护镜或面罩。使用时应避免吸入本品的粉尘，避免与眼睛及皮肤接触。万一接触到眼睛，应立即用大量水冲洗后请医生诊治。应充氩气密封于干燥处保存。

主要用途　有机微量分析测定苯甲酰基的标准样品。制药工业。有机合成。

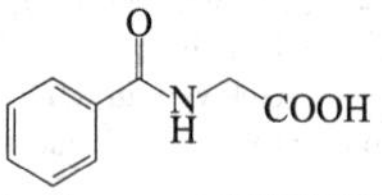

N-Hippurylglycylglycine　*N*-马尿酰甘氨酰甘氨酸　05256

[31384-90-4]　$C_{13}H_{15}N_3O_5$　293.28

成分　C 53.24%，H 5.16%，N 14.33%，O 27.28%。

别名　*N*-Benzoyl-Gly-Gly-Gly；Hippuryl-Gly-Gly

性状　白色结晶或粉末。

注意事项　该品应密封于－20℃保存。

Hirudin from leeches　水蛭素(水蛭)　05262

[8001-27-2]　Mr 7027.00

别名　蚂蟥素；Hirudex；Exhirud；Exhirudine

M. I. 15，4755

性状　白色至浅灰色的薄片或粉末。等电点：pH 值 3.9。溶于水、生理盐水、吡啶，几乎不溶于乙醇、乙醚、丙酮、苯。遇热、曝晒及遇稀酸溶液变质。一般试剂含量约 1500 单位/mg；蛋白质含量≥99.0%。

注意事项　该品吸入、口服或与皮肤接触有害。使用时应穿适当的防护服。应避免吸入本品的粉尘，避免与眼睛及皮肤接触。应密封或熔封于安瓿中于 2～8℃干燥保存。

Histamine　组胺　05263

[51-45-6]　$C_5H_9N_3$　111.15

成分　C 54.03%，H 8.16%，N 37.81%。

别名　组织胺；β-氨乙基咁噁啉；β-氨基乙基咪唑；β-Aminoethyl glyoxaline；β-Aminoethylimidazole；4-Imidazoleethylamine；1*H*-Imidazole-4-ethanamine；5-Imidazoleethylamine；2-(4-Imidazolyl) ethylamine；Histamine base

M. I. 15，4756

性状　来自氯仿中的白色针状结晶。易潮解。易溶于水、乙醇、热氯仿，几乎不溶于乙醚。mp 83～84℃；bp_{18} 209～210℃/2.4kPa。LD_{50}小鼠腹膜内注射：2020mg/kg。生化试剂含量≥97.0%。

注意事项　该品口服有害。对眼睛、呼吸系统及皮肤有刺激性。吸入或与皮肤接触可引起过敏。使用时应穿适当的防护服和戴手套。使用时应避免吸入本品的粉尘。万一接触到眼睛，应立即用大量水冲洗后请医生诊治。应密封于－20℃保存。

主要用途　生化研究。

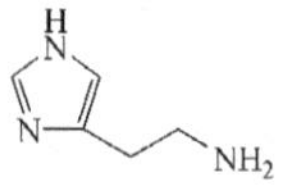

Histamine dihydrochloride　组胺 二盐酸盐　05264

[56-92-8]　$C_5H_{11}Cl_2N_3$　184.06

成分　C 32.63%，H 6.02%，Cl 38.52%，N 22.83%。

别名　二盐酸β-氨乙基咁噁啉；二盐酸组胺；组织胺 二盐酸盐；二盐酸组织胺；Amin-Glaukosan；β-Aminoethylglyoxaline dihydrochloride；β-Aminoethylimidazole dihydrochloride；Ergamine；Ergamine dihydrochloride；Ergotidine dihydrochloride；Imadyl (obsolete)；4-Imidazoleethylamine dihydrochloride；2-(4-Imidazolyl) ethylamine dihydrochloride；Imido；Peremine

M. I. 15，4756

性状　来自乙醇中的无色棱柱体结晶或粉尘。易溶于水、甲醇，溶于乙醇。mp 244～246℃。生化试剂含量≥99.0%（TLC）。

注意事项　该品对眼睛、呼吸系统及皮肤有刺激性。吸入或与皮肤接触可引起过敏。使用时应穿适当的防护服，戴手套和防护镜或面罩。应避免吸入本品的粉尘。万一接触到眼睛，应立即用大量水冲洗后请医生诊治。使用时如有事故发生或有不适之感，应请医生诊治。应充氮气密封避光于干燥处保存。

主要用途　生化研究。测定组织酶的底物。

Histamine diphosphate　组胺 二磷酸盐　05265

[23297-93-0] [51-74-1]　$C_5H_{15}N_3O_8P_2$　307.14

成分　C 19.55%，H 4.92%，N 13.68%，O 41.67%，P 20.17%。

别名　二磷酸组织胺；磷酸组织胺；组织胺 二磷酸盐；二磷酸组胺；Ergamine phosphate；Ergotidine phosphate；Histamine acid phosphate；Histamine phosphate；Histapon

M. I. 15，4756

性状　来自水中的无色棱柱体结晶。易溶于水，溶液呈酸性。mp 132～133℃。

注意事项　该品吸入、口服或与皮肤接触有害。对眼睛、呼吸系统及皮肤有刺激性。吸入或与皮肤接触可引起过敏，使用时应穿适当的防护服。万一接触到眼睛，应立即用大量水冲洗后请医生诊治。应充氩气密封于－20℃保存。

主要用途　生化研究。测定组胺酶的底物。

D-Histidine　D-组氨酸　05266

[351-50-8]　$C_6H_9N_3O_2$　155.16

成分　C 46.45%，H 5.85%，N 27.08%，O 20.62%。

别名　D-咁噁啉-5-丙氨酸；D-组织氨基酸；D-2-Amino-4(5)-imidazolepropionic acid；D-Glyoxaline-5-alanine；(*R*)-2-Amino-3-(4-imidazolyl) propioic acid

性状　白色结晶。溶于水，不溶于乙醇、乙醚。生化试剂含量≥98.0%（TLC）。

注意事项　使用时应避免吸入本品的粉尘，避免与眼睛及皮

肤接触。应密封保存。

主要用途 生化研究。

H_2N COOH H NH N

DL-Histidine DL-组氨酸 05267

[4998-57-6] $C_6H_9N_3O_2$ 155.16

成分 C 46.45%，H 5.85%，N 27.08%，O 20.62%。

别名 DL-组织氨基酸；(±)-2-Amino-3-(4-imidazolyl) propionic acid

M.I. 15，4758

性状 白色结晶。溶于水，不溶于乙醇、乙醚、丙酮、三氯甲烷。mp 285℃（分解）。

注意事项 见 05266 D-组氨酸。

主要用途 生化研究。

L-Histidine L-组氨酸 05268

[71-00-1] $C_6H_9N_3O_2$ 155.16

成分 C 46.45%，H 5.85%，N 27.08%，O 20.62%。

别名 L-组织氨基酸；(*S*)-*α*-Amino-1*H*-imidazole-4-propanoic acid；*α*-Amino-4(or 5)-imidazolepropionic acid；(*S*)-2-Amino-3-(4-imidazolyl) propionic acid；L-Glyoxaline-5-alanine；H；His；Histidine

M.I. 15，4758

性状 白色片状或针状结晶。溶于水（25℃，41.9g/L），极微溶于乙醇，不溶于乙醚及一般的中性溶剂（水除外）。pK_1 1.82；pK_2 6.00；pK_3 9.17。mp 287℃（分解）；$[\alpha]_D^{20}$ −10.9°（*c*=0.77，于 0.5mol/L 氢氧化钠溶液中）；$[\alpha]_D^{25}$ −38.95°（*c*=0.75～3.77，于水中）；$[\alpha]_D^{25}$ +13.34°（*c*=1.00～4.05，于 6.1mol/L 盐酸中）。生化试剂含量≥99.5%（NT）。

注意事项 该品应充氩气密封保存。

主要用途 生化研究。植物生长刺激素。营养增补剂。

L-Histidine dihydrochloride L-组氨酸 二盐酸盐 05269

[1007-42-7] $C_6H_{11}Cl_2N_3O_2$ 228.08

成分 C 31.60%，H 4.86%，Cl 31.09%，N 18.42%，O 14.03%。

别名 二盐酸 L-组织氨基酸；L-组织氨基酸 二盐酸盐；二盐酸 L-组氨酸

性状 白色结晶。味咸。溶于水，不溶于乙醇、乙醚、氯仿。mp 240～245℃（分解）。$[\alpha]_D^{20}$ +6.5℃（*c*=8，于水中）。生化试剂≥99.0%（AT）。

注意事项 使用时应避免吸入本品的粉尘，避免与眼睛及皮肤接触。应充氩气密封干燥保存。

D-Histidine monohydrochloride monohydrate

D-组氨酸 一盐酸盐 一水 05270

[5934-29-2] [6341-24-8] $C_6H_{10}ClN_3O_2 \cdot H_2O$ 209.63

成分(以无水物计) C 37.61%，H 5.26%，Cl 18.50%，N 21.93%，O 16.70%。

别名 一盐酸 D-组织氨基酸；D-组织氨基酸 一盐酸盐；组氨酸 一盐酸盐；盐酸 D-组氨酸

性状 斜方结晶。溶于水，不溶于乙醇、乙醚。mp 约 180℃（分解）；$[\alpha]_D^{20}$ −10°±0.5°（*c*=5，于 5mol/L 盐酸中）。生化试剂含量≥99.5%（AT）。

注意事项 使用时应避免吸入本品的粉尘，避免与眼睛及皮肤接触。应密封保存。

主要用途 生化研究。

DL-Histidine monohydrochloride monohydrate

DL-组氨酸 一盐酸盐 一水 05271

[123333-71-1] $C_6H_{10}ClN_3O_2 \cdot H_2O$ 209.63

成分(以无水物计) C 37.61%，H 5.26%，Cl 18.50%，N 21.93%，O 16.70%。

别名 一水合一盐酸 DL-组氨酸；一盐酸 DL-组氨酸 一水；DL-组织氨基酸 盐酸盐；DL-组氨酸 一盐酸盐；DL-Histidine hydrochloride monohydrate

性状 无色有闪光的结晶。味咸。1g 该品溶于 8mL 水。生化试剂含量≥99.0%（TLC）。

注意事项 见 05270 D-组氨酸 一盐酸盐 一水。

主要用途 生化研究。

L-Histidine monohydrochloride monohydrate

L-组氨酸 一盐酸盐 一水 05272

[5934-29-2] $C_6H_{10}ClN_3O_2 \cdot H_2O$ 209.63

成分 C 37.61%，H 5.26%，Cl 18.50%，N 21.93%，O 16.70%。

别名 一水合一盐酸 L-组氨酸；盐酸 L-组氨酸；L-组织氨基酸 一盐酸盐；L-组织氨基酸 盐酸盐；Ecristidine；L-Histidine hydrochloride；Laristine；Larostidine；Plexamine

M.I. 15，4758

性状 白色菱形结晶。易溶于水，不溶于乙醇、乙醚。mp 80℃；$[\alpha]_D^{26}$ +8.0°（*c*=2，于 3mol/L 盐酸中）。生化试剂含量≥99.0%（AT）。

注意事项 见 05270 D-组氨酸 一盐酸盐 一水。应充氩气密封保存。

主要用途 生化研究。

L-Histidinol dihydrochloride L-组氨醇 二盐酸盐 05273

[1596-64-1] $C_6H_{13}Cl_2N_3O$ 214.09

成分 C 33.66%，H 6.12%，Cl 33.12%，N 19.63%，O 7.47%。

别名 二盐酸 L-组氨醇；(S)-2-Amino-3-(4-imidazolyl) propanol dihydrochloride

性状 白色结晶。溶于水。生化试剂含量≥98.0%（TLC）。

注意事项 该品对眼睛、呼吸系统及皮肤有刺激性。使用时应穿适当的防护服。万一接触到眼睛，应立即用大量水冲洗后请医生诊治。

H_2N CH_2OH H ·2HCl NH N

Histone from calf thymus 组蛋白（小牛胸腺） 05274

[9064-47-5]

别名 组织蛋白；组朊

M.I. 15，4759

性状 白色至浅黄色冷冻干燥粉末。溶于水、稀酸，溶于硫酸-硫酸汞培养基。LD_{50} 大鼠静脉注射（富含赖氨酸、微含赖氨酸、富含精氨酸的组蛋白）：90mg/kg，60～70mg/kg，60mg/kg。

注意事项 该品应充氩气密封于 2～8℃干燥保存。

主要用途 生化研究。

Histrionicotoxin 新热带蛙毒素 05275

[34272-51-0] $C_{19}H_{25}NO$ 283.42

成分 C 80.52%，H 8.89%，N 4.94%，O 5.64%。

别名 (2*S*，6*R*，7*S*，8*S*)-7(1*Z*)-1-Buten-3-ynyl-2(2*Z*)-2-penten-4-ynyl-1-azaspiro[5，5] undecan-8-olHTX；(−)-HTX 1；(−)-Histrionicotoxin

M.I. 15，4761

性状 无色黏性油状液体。于−15℃逐渐结晶。mp 75～76℃；$[\alpha]_D^{20}$ −112°（*c*=0.34，于乙醇中）；uv max：224nm（ε 15500）。

主要用途 生化研究。生化探针（用于神经传导）。

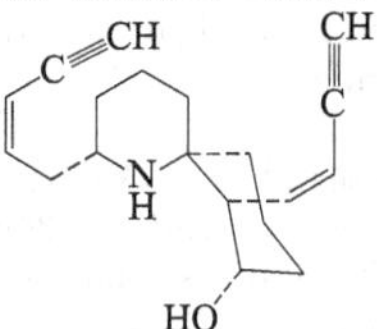

Holmium 钬 05276

[7440-60-0] Ho 164.93032
M.I. 15, 4765
性状 有光泽的六角形结晶金属。溶于稀酸。对湿度敏感，能与水缓慢地起化学反应。mp 1474℃；bp 2700℃；*d* 8.7947。
注意事项 该品可燃。应密封干燥保存。
主要用途 真空管消气。电化学研究。

Holmium chloride hexahydrate 氯化钬 六水 05277

[14914-84-2] $Cl_3Ho \cdot 6H_2O$ 379.38
成分（以无水物计） Cl 39.21%，Ho 60.79%。
别名 三氯化钬 六水；六水合三氯化钬；六水合氯化钬；Holmium trichloride hexahydrate
M.I. 15, 4765
性状 亮黄色结晶性固体。易吸潮。溶于水。mp 718℃；bp 1500℃。LD_{50}（无水物）小鼠腹膜内注射：560mg/kg；急性经口：7.2g/kg。一般试剂含量 99.9%。
注意事项 该品对眼睛、呼吸系统及皮肤有刺激性。使用时应戴适当的手套。万一接触到眼睛，应立即用大量水冲洗后请医生诊治。应密封于干燥处保存。
主要用途 光谱分析用标准物。

Holmium oxalate hydrate 草酸钬 水合 05278

[58176-70-8] $C_6Ho_2O_{12} \cdot xH_2O$ 593.92
成分（以无水物计） C 12.13%，Ho 55.54%，O 32.33%。
别名 乙二酸钬
性状 浅棕色结晶。溶于酸，不溶于水。mp>350℃。
主要用途 制造其他钬化合物。

Holmium oxide 氧化钬 05279

[12055-62-8] Ho_2O_3 377.86
成分 Ho 87.30%，O 12.70%。
别名 三氧化二钬；Holmia；Holmic oxide
M.I. 15, 4765
性状 黄色固体或粉末。溶于酸生成黄色盐。mp 2360℃。一般试剂含量 99.9%。
注意事项 该品应密封保存。
主要用途 磁性材料。新型电光源。光谱分析用试剂。特殊催化剂。

Holomycin 全霉素 05280

[488-04-0] $C_7H_6N_2O_2S_2$ 214.26
成分 C 39.24%，H 2.82%，N 13.07%，O 14.93%，S 29.93%。
别名 *N*-(4,5-Dihydro-5-oxo-1,2-dithiolo[4,3-*b*]pyrrol-6-yl)acetamide；*N*-(4,5-Dihydro-5-oxo-1,2-dithiolo[4,3-*b*]pyrrol-6-yl)-*N*-methylformamide；6-Acetamido-1,2-dithiolo[4,3-*b*]pyrrol-5(4*H*)-one；*N*-Demethylthiolutin
M.I. 15, 4766
性状 来自甲醇+乙酸乙酯中的橙至黄色鳞片状结晶。268～270℃分解；uv max：245nm，302nm，290nm（lg ε 3.78，3.51，4.05）。LD_{50}小鼠静脉注射：5～10mg/kg。

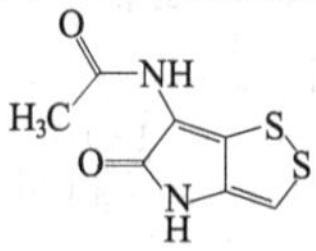

Homatropine hydrobromide 后马托品 氢溴酸盐 05281

[51-56-9] $C_{16}H_{22}BrNO_3$ 356.26
成分 C 53.94%，H 6.22%，Br 22.43%，N 3.93%，O 13.47%。
别名 氢溴酸后马托品；氢溴酸低颠茄碱；氢溴酸苯基羟乙酰托品碱；氢溴酸类阿托品碱；Bufoptohomatrocel；Homatrisol；Mandelyltropeine hydrobromide；Phenylglycollyltropine hydrobromide
M.I. 15, 4768
性状 白色斜方结晶或粉末。味极苦。1g 该品溶于 6mL 水、40mL 乙醇（60℃，12mL）、420mL 氯仿，不溶于乙醚。其 1%水溶液 pH 值 5.4。mp 约 212℃（部分分解）。生化试剂含量≥98.0%（TLC）。
注意事项 使用时应避免吸入本品的粉尘，避免与眼睛及皮肤接触。应密封保存。
主要用途 生化研究。

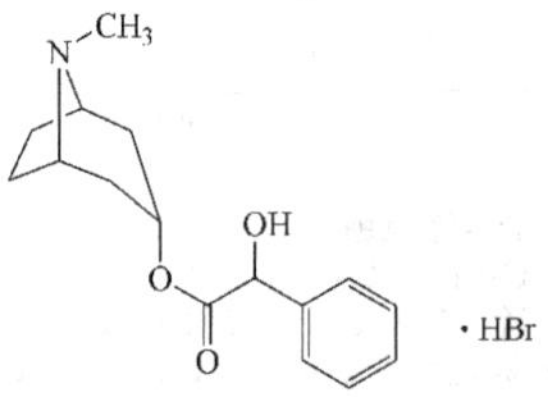

L-Homoarginine hydrochloride L-高精氨酸 盐酸盐 05282

[1483-01-8] $C_7H_{16}N_4O_2 \cdot HCl$ $C_7H_{17}ClN_4O_2$ 224.69
成分 C 37.42%，H 7.63%，Cl 15.78%，N 24.93%，O 14.24%。
别名 盐酸 L-类精氨酸；盐酸 1-氨基-5-胍基乙酸；盐酸 2-氨基-6-胍基乙酸；盐酸 L-高精氨酸；L-类精氨酸 盐酸盐；1-氨基-5-胍基己酸 盐酸盐；2-氨基-6-胍基己酸 盐酸盐；(*S*)-2-Amino-6-guanidinohexanoic acid hydrochloride
性状 白色至微黄色结晶。溶于水。mp 213～215℃；$[\alpha]^{26}$ +21°（*c*=1，于盐酸中）。生化试剂含量≥99.0%（TLC）。

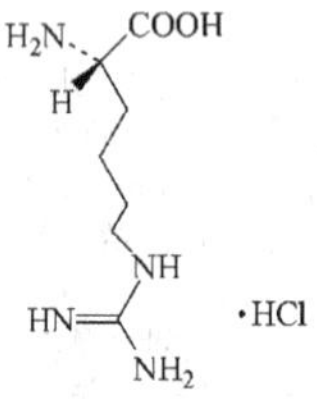

Homochelidonine 高白屈菜碱 05283

[476-33-5] $C_{21}H_{23}NO_5$ 369.42
成分 C 62.28%，H 6.28%，N 3.79%，O 21.65%。
别名 (4b*R*,5*S*11b*S*)-4b,5,6,11b,12,13-Hexahydro-1,2-dimethoxy-12-methyl[1,3]benzodioxolo[5,6-*c*]-phenanthridin-5-ol；α-Homochelidonine
M.I. 15, 4770
性状 来自乙酸乙酯中的无色正交棱柱体结晶。易溶于氯仿，溶于乙醇、乙酸、乙酸乙酯、稀无机酸，略微溶于乙醚。mp 182°；$[\alpha]_D$+118°（甲醇中）。

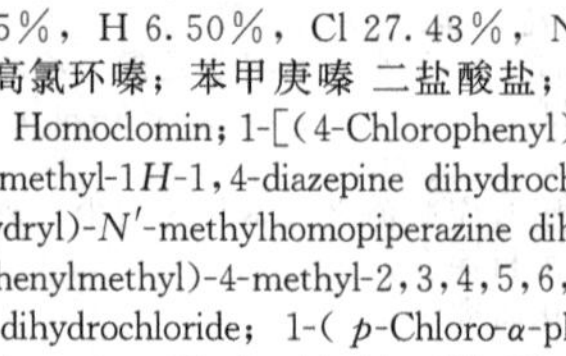

Homochlorcyclizine dihydrochloride 高氯环嗪 二盐酸盐 05284

[1982-36-1] $C_{19}H_{25}Cl_3N_2$ 387.77
成分 C 58.85%，H 6.50%，Cl 27.43%，N 7.22%。
别名 二盐酸高氯环嗪；苯甲庚嗪 二盐酸盐；好克敏；盐酸高氯环嗪；Homoclomin；1-[(4-Chlorophenyl)phenylmethyl]hexahydro-4-methyl-1*H*-1,4-diazepine dihydrochloride；*N*-(*p*-Chlorobenzhydryl)-*N'*-methylhomopiperazine dihydrochloride；1-(4-Chlorodiphenylmethyl)-4-methyl-2,3,4,5,6,7-hexahydro-1,4-diazepine dihydrochloride；1-(*p*-Chloro-α-phenylbenzyl)-4-methylhomopiperazine dihydrochloride；SA-97 dihydrochloride；Curosajin；Homorestar dihydrochloride
M.I. 15, 4771
性状 来自乙醇中的无色结晶。mp 227～228℃；$bp_{0.8}$ 177℃/106.7Pa；n_D^{25} 1.5804。
注意事项 该品吸入、口服或与皮肤接触有害，使用时应穿适当的防护服。

主要用途 医用血清素对抗剂。

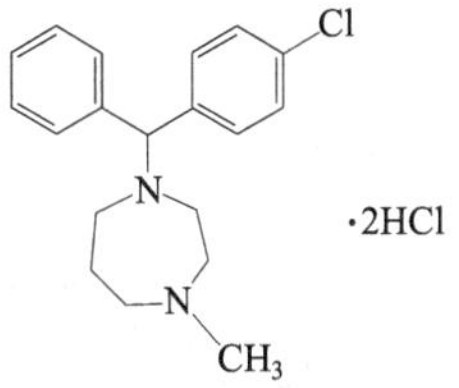

·2HCl

DL-Homocysteine DL-高半胱氨酸 05285

[454-29-5] $C_4H_9NO_2S$ 135.18

成分 C 35.54%，H 6.71%，N 10.36%，O 23.67%，S 23.72%。

别名 DL-同型半胱氨酸；DL-巯基丁氨酸；DL-类半胱氨酸；DL-2-氨基-4-巯基丁酸；DL-2-Amino-4-mercaptobutyric acid

M. I. 15，4772

性状 来自稀乙醇中的无色小片状结晶或粉末。溶于水、乙酸，微溶于乙醇。氧化后成 DL-类胱氨酸。pK_1 2.22；pK_2 8.87；pK_3 10.86。mp 232～233℃；Fp 235℉（113℃）。生化试剂含量≥95.0%（RT）。

注意事项 该品应充氩气密封于－20℃保存。

主要用途 生化研究。

DL-Homocystine DL-高胱氨酸 05286

[870-93-9] $C_8H_{16}N_2O_4S_2$ 268.35

成分 C 35.81%，H 6.01%，N 10.44%，O 23.85%，S 23.90%。

别名 DL-4，4′-二硫双（2-氨基丁酸）；同型胱氨酸；DL-类胱氨酸；DL-4,4′-Dithiobis(2-amimobutanoic acid)；DL-4,4′-Dithiobis(2-aminobutyric acid)

M. I. 15，4773

性状 来自稀乙醇中的无色或白色片状结晶。溶于无机酸、碱溶液，微溶于水（1 份溶于约 5000 份水）。pK_1 1.59；pK_2 2.54；pK_3 8.52；pK_4 9.44。mp 263～265℃（分解）。

注意事项 使用时应避免吸入本品的粉尘，避免与眼睛及皮肤接触。

主要用途 生化研究。

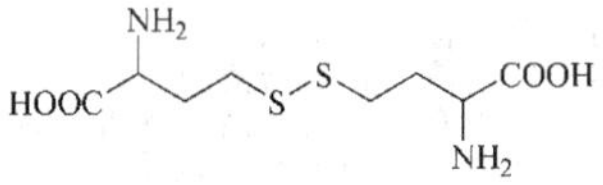

L-Homocystine L-高胱氨酸 05287

[626-72-2] $C_8H_{16}N_2O_4S_2$ 268.35

成分 C 35.81%，H 6.01%，N 10.44%，O 23.85%，S 23.90%。

别名 L-4，4′-二硫双（2-氨基丁酸）；L-类胱氨酸；L-4,4′-Dithiobis(2-aminobutyric acid)

M. I. 15，4773

性状 无色结晶。mp 281～284℃（分解）；$[\alpha]_D^{21}$ －16°（于水中）；$[\alpha]_D^{26}$ ＋79°（于 1mol/L 盐酸中）。

注意事项 使用时应避免吸入本品的粉尘，避免与眼睛及皮肤接触。

Homoeriodictyol 高圣草素 05288

[446-71-9] $C_{16}H_{14}O_6$ 302.28

成分 C 63.58%，H 4.67%，O 31.76%。

别名 高圣草酚；(2*S*)-2,3-Dihydro-5,7-dihydroxy-2-(4-hydroxy-3-methoxyphenyl)-4*H*-1-benzopyran-4-one；4′,5,7-Trihydroxy-3′-methoxyflvanone；Eriodaictyonone；Cyanidanon-3-methyl ether 1625

M. I. 15，4774

性状 来自 70%乙酸中的无色结晶。于高真空中（0.003～0.005mgHg /0.4～0.67Pa）于 190～195℃升华可得无色针状结晶。或来自稀乙醇中的无色片状结晶。中等程度溶于乙醇、乙酸，几乎不溶于水、乙酸乙酯，不溶于苯、氯仿。225℃分解；$[\alpha]_D^{20}$ －28°（乙醇中）；uv max（乙醇中）：290nm，328nm（lg ε 2.26，2.33）。

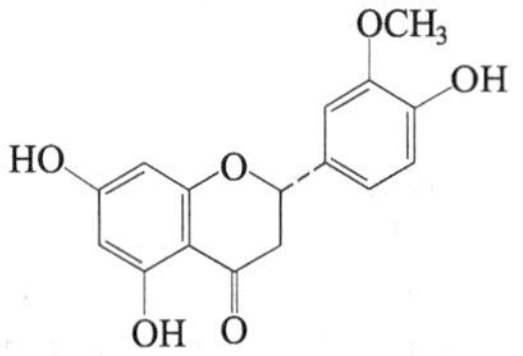

Homogentisic acid 尿黑酸 05289

[451-13-8] $C_8H_8O_4$ 168.15

成分 C 57.14%，H 4.80%，O 38.06%。

别名 2,5-二羟基苯乙酸；高龙胆酸；2,5-Dihydroxybenzeneacetic acid；2,5-Dihydroxyphenylacetic acid；2,5-Dihydroxy-α-toluic acid

M. I. 15，4775

性状 无色或近白色小叶状结晶。易溶于水、乙醇、乙醚，不溶于氯仿、苯。其水溶液稳定。mp 152℃。一般试剂含量≥99.0%（GC）。

注意事项 该品对眼睛、呼吸系统及皮肤有刺激性。使用时应穿适当的防护服。万一接触到眼睛，应立即用大量水冲洗后请医生诊治。应密封于 2～8℃保存。

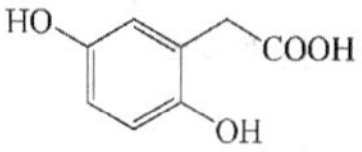

Homopyrocatechol 高儿茶酚 05290

[452-86-8] $C_7H_8O_2$ 124.14

成分 C 67.73%，H 6.50%，O 25.77%。

别名 3,4-二羟基甲苯；4-甲基邻苯二酚；4-甲基焦性儿茶酚；类儿茶酚；3,4-Dihydroxytoluene；4-Methylcatechol；4-Methylpyrocatechol

性状 无色叶状或菱形结晶。易溶于水、乙醇、乙醚等有机溶剂，微溶于石油醚。mp 64～66℃；bp_{766} 251℃/102.125kPa；Fp 284℉(140℃)；d_4^{74} 1.1287；n_D^{74} 1.5425。

注意事项 该品对眼睛、呼吸系统及皮肤有刺激性。使用时应穿适当的防护服。万一接触到眼睛，应立即用大量水冲洗后请医生诊治。应密封于 2～8℃保存。

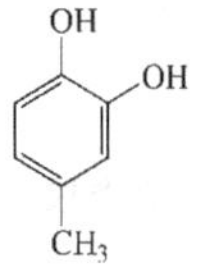

D-Homoserine D-高丝氨酸 05291

[6027-21-0] $C_4H_9NO_3$ 119.12

成分 C 40.33%，H 7.62%，N 11.76%，O 40.29%。

别名 D-类丝氨酸；D-2-氨基-4-羟基丁酸；(*R*)-2-氨基-4-羟基丁酸；(*R*)-2-Amino-4-hydroxybutyric acid；D-2-Amino-4-hydroxybutyric acid

M. I. 15，4778

性状 白色结晶。mp 203℃（分解）。$[\alpha]_D^{26}$ ＋8.8°（c＝5，于水中）。

注意事项 使用时应避免吸入本品的粉尘，避免与眼睛及皮肤接触。应充氩气密封保存。

主要用途 生化研究。

DL-Homoserine DL-高丝氨酸 05292

[927-25-9] $C_4H_9NO_3$ 119.12

成分 C 40.33%，H 7.62%，N 11.76%，O 40.29%。

别名 同型丝氨酸；DL-2-氨基-4-羟基丁酸；DL-类丝氨酸；DL-2-Amino-4-hydroxybutanoic acid；DL-2-Amino-4-hydroxybutyric acid；DL-α-Amino-γ-hydroxy-*n*-butyric acid

M. I. 15，4778

性状 来自稀乙醇中的无色结晶。易溶于水，极微溶于乙醇、乙醚。186～187℃分解。
注意事项 该品应密封保存。
主要用途 生化研究。

L-Homoserine L-高丝氨酸 05293
[672-15-1] $C_4H_9NO_3$ 119.12
成分 C 40.33%，H 7.62%，N 11.76%，O 40.29%。
别名 L-类丝氨酸；L-2-氨基-4-羟基丁酸；L-2-Amino-4-hydroxybutanoic acid；L-2-Amino-4-hydroxybutyric acid；(*S*)-2-Amino-4-hydroxybutyric acid；L-*α*-Amino-*γ*-hydroxy-*n*-butyric acid；Hse
M. I. 15，4778
性状 来自90%乙醇中的无色或白色无光泽的棱柱体结晶。溶于水，不溶于乙醇。mp 203℃（分解）；$[\alpha]_D^{26}+18.3°$（$c=2$，于2mol/L盐酸中）；$[\alpha]_D^{26}-8.8°$（$c=5$，于水中）。
注意事项 该品应充氩气密封保存。
主要用途 生化研究。

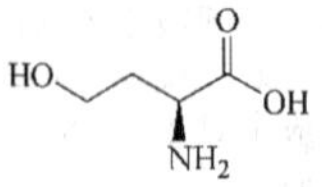

Homovanillic acid 高香草酸 05294
[306-08-1] $C_9H_{10}O_4$ 182.18
成分 C 59.34%，H 5.53%，O 35.13%。
别名 (4-羟基-3-甲氧基苯基)乙酸；Homoprotocatechuic acid-3-methyl ether；HYA；(4-Hydroxy-3-methoxyphenyl)acetic acid；4-Hydroxy-3-methoxy-*α*-toluic acid；4-Hydroxy-3-methoxybenzeneacetic acid
M. I. 15，4779
性状 白色结晶。溶于水、苯，微溶于乙醇、乙醚，不溶于环己烷。mp 143℃。一般试剂含量≥99.0%（HPLC）。
注意事项 该品对眼睛、呼吸系统及皮肤有刺激性。使用时应穿适当的防护服。万一接触到眼睛，应立即用大量水冲洗后请医生诊治。应充氩气密封保存。

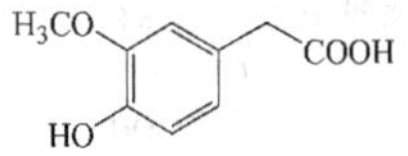

Homoveratrylamine 高藜芦胺 05295
[120-20-7] $C_{10}H_{15}NO_2$ 181.24
成分 C 66.27%，H 8.34%，N 7.73%，O 17.66%。
别名 2-(3,4-二甲氧苯基)乙胺；2-(3,4-Dimethoxyphenyl)ethylamine
性状 无色液体。$bp_{0.5}$ 87～88℃/66.66Pa；Fp 约266℉（130℃）；d_4^{20} 1.091；n_D^{20} 1.546。一般试剂含量≥98.0%（GC）。
注意事项 该品口服有害。对眼睛、呼吸系统及皮肤有刺激性。使用时应穿适当的防护服，戴手套和防护镜或面罩。万一接触到眼睛，应立即用大量水冲洗后请医生诊治。使用时如有事故发生或有不适之感，应请医生诊治。应充氩气密封保存。
主要用途 有机合成。

Honokiol 和原朴酚 05296
[35354-74-6] $C_{18}H_{18}O_2$ 266.34
成分 C 81.17%，H 6.81%，O 12.01%。
别名 3′,5-Di-2-propenyl-[1,1′-biphenyl]-2,4′-Diol；3′,5-Diallyl-2,4′-biphenyldiol；5,3′-Diallyl-2,4′-dihydroxydiphenyl
M. I. 15，4781
性状 无色针状结晶。溶于通常的有机溶剂及苛性碱溶液。mp 86～86.5℃或87.5℃；uv max（乙醇中）：294nm（ε 8200）。

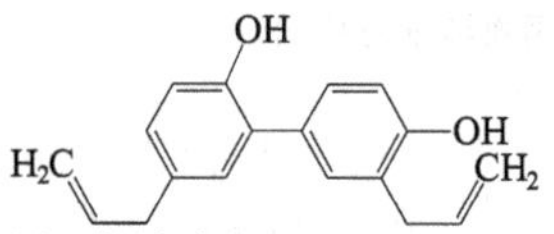

Hopantenic acid 胡泮酸 05297
[18679-90-8] $C_{10}H_{19}NO_5$ 233.26
成分 C 51.49%，H 8.21%，N 6.00%，O 34.30%。
别名 高泮酸；4-[[(2*R*)-2,4-Di-hydroxy-3,3-dimethyl-1-oxobutyl]amino]butanoic acid；D-(+)-4-(2,4-Dihydroxy-3,3-dimethylbutyramido)butyrie acid；D-Ho-mopantothenic acid
M. I. 15，4783
性状 无色结晶。溶于水。pH值5～6时稳定。pK_a（25℃）4.52。$[\alpha]_D^{20}+23.8°$。LD_{50}雄、雌小鼠，雄、雌大鼠腹膜内注射（mg/kg）：850、954，1575、1458；皮下注射（mg/kg）：2063、2495，5940、7348；急性经口（mg/kg）：6297、7935，16810、13350。
主要用途 医用大脑活化剂。

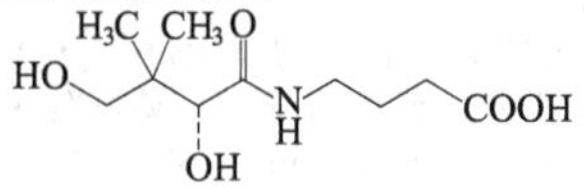

Hordenine 大麦芽碱 05298
[539-15-1] $C_{10}H_{15}NO$ 165.24
成分 C 72.69%，H 9.15%，N 8.48%，O 9.68%。
别名 4-[2-(二甲基氨基)乙基]酚；4-[2-(Dimethylamino)ethyl]phenol；*N*,*N*-Dimethyltyramine；*p*-Hydroxy-*N*,*N*-dimethylphenethylamine；Anhaline；Eremursine；Peyocactine
M. I. 15，4785
性状 来自乙醇或苯+石油醚中的无色、棱柱体结晶，来自水中的无色针状结晶。易溶于乙醇、氯仿、乙醚，略微溶于苯、甲苯、二甲苯，几乎不溶于石油醚。7g该品溶于1000mL水。mp 117～118℃；bp_{11} 173℃/1.467 kPa。140～150℃升华。

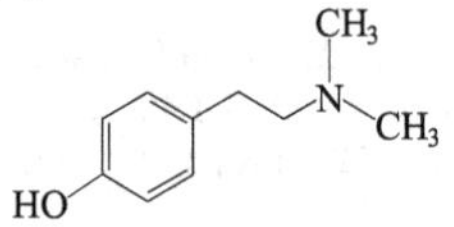

Humic acid 腐殖酸 05299
[1415-93-6] Mr 600～1000
别名 腐质酸；黑腐酸
M. I. 15，4791
性状 巧克力棕色至棕黑色灰状粉末。质轻。溶于浓硝酸呈棕红色。溶于碱溶液、碳酸盐溶液。微溶于水。
注意事项 该品口服有害。对眼睛、呼吸系统及皮肤有刺激性。使用时应穿适当的防护服，戴手套和防护镜或面罩。万一接触到眼睛，应立即用大量水冲洗后请医生诊治。使用时如有事故发生或有不适之感，应请医生诊治。应充氩气密封保存。
主要用途 生化研究。植物生长刺激素。石油钻井用作泥浆稳定剂。

α-Humulene α-葎草烯 05300
[6753-98-6] $C_{15}H_{24}$ 204.36
成分 C 88.16%，H 11.84%。
别名 α-葎草萜；(*E*,*E*,*E*)-2,6,6,9-Tetramethyl-1,4,8-cycloundecatriene；α-Caryophyllene
M. I. 15，4792
性状 无色液体。bp_5 106～107℃/666.61Pa；Fp 194℉（90℃）；d_4^{25} 0.8865；n_D^{30} 1.5004。一般试剂含量≥98.0%（GC）。
注意事项 该品对眼睛、呼吸系统及皮肤有刺激性。使用时应穿适当的防护服。万一接触到眼睛，应立即用大量水冲洗后请医生诊治。应充氩气密封于2～8℃保存。

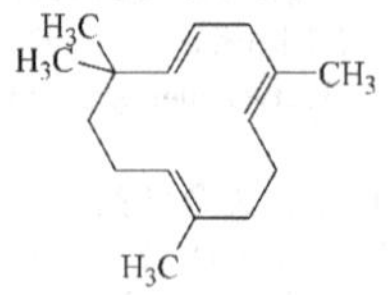

Humulon 葎草酮 05301

[26472-41-3]　$C_{21}H_{30}O_5$　362.47

成分　C 69.59%，H 8.34%，O 22.07%。

别名　酒花酮；啤酒花抑菌素；(6*R*)-3,5,6-Trihydroxy-4,6-bis(3-methyl-2-butenyl)-2-(3-methyl-1-oxobutyl)-2,4-cyclhexadien-1-one;α-Bitter acid;α-Lupulie acid;Humulone

M. I. 15，4793

性状　来自乙醚中的无色结晶。于醇溶液中味苦。对空气敏感。但于空气中比蛇床酮稳定。溶于通常的有机溶剂，微溶于沸水。mp 65～66.5℃；$[\alpha]_D^{20}$ −212°（1g 溶于 15.5g 96%乙醇中）；uv max（乙醇中）：237nm，282nm（ε 13760，8330）。生化试剂含量≥85.0%（HPLC）。

注意事项　该品应充氩气密封于−20℃保存。

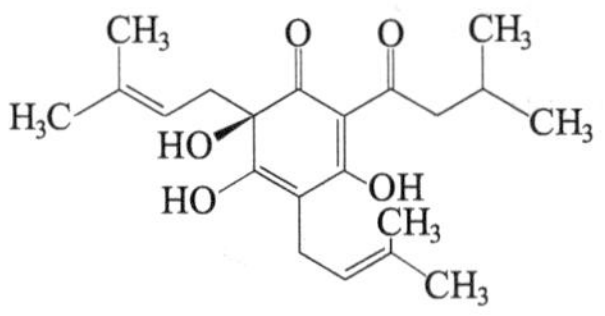

(−)-Huperzine A　哈伯因　05302

[102518-79-6]　$C_{15}H_{18}N_2O$　242.32

成分　C 74.35%，H 7.49%，N 11.56%，O 6.60%。

别名　石杉碱；[5*R*-(5α,9β,11*E*)]-5-Amino-11-ethylidene-5,6,9,10-tetrahydro-7-methyl-5,9-methanocycloocta[*b*]pyridin-2(1*H*)-one;Selagine;HUP

M. I. 15，4794

性状　来自丙酮中的无色单斜结晶。mp 214～215℃；$[\alpha]_D$ −147°（*c*=0.36，于甲醇中）；uv max（乙醇中）：231nm，313nm（lg ε 4.01，3.89）。

注意事项　该品吸入、口服或与皮肤接触极毒。对眼睛、呼吸系统及皮肤有刺激性。使用时应穿适当的防护服，戴手套和防护镜或面罩。万一接触到皮睛，应立即用大量水冲洗后请医生诊治。使用时如有事故发生或有不适之感，应请医生诊治。应密封于−20℃保存。

主要用途　医用治疗记忆障碍。

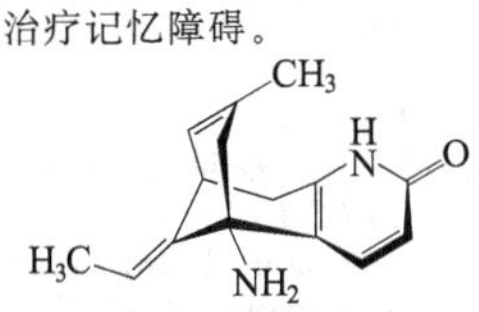

Hyalobiuronic acid　透明双糖醛酸　05303

[499-15-0]　$C_{12}H_{21}NO_{11}$　355.30

成分　C 40.57%，H 5.96%，N 3.94%，O 49.54%。

别名　2-Amino-2-deoxy-3-*O*-β-D-glueopyranuronosyl-D-glueose;3-*O*-(β-D-Glueopyranosyluronic acid)-2-amino-2-deoxy-D-glueose

M. I. 15，4795

性状　来自水中的无色长方形片状结晶。略微溶于热水、稀盐酸、稀碳酸氢钠溶液，不溶于冷水、冰乙酸、乙醇、甲醇、吡啶。pK_1 2.6，pK_2 7.1。旋光改变显示：$[\alpha]_D^{20}$ +34→+30°（*c*=1.08，于 0.1mol/L 盐酸中）。190℃色变深，但无明显的熔点及分解点。

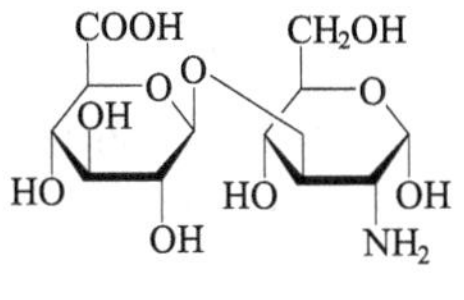

Hyaluronic acid　透明质酸　05304

[9004-61-9]　$(C_{14}H_{21}NO_{11})_n$

别名　动物糖醛酸；玻璃（糖醛）酸；HA

M. I. 15，4796

性状　近白色的纤维状物。溶于水成黏液，其黏度极大。水解时，会生成己糖胺（如葡萄糖胺）和糖醛酸（如葡萄糖醛酸）。

注意事项　使用时应避免吸入本品的粉尘，避免与眼睛及皮肤接触。应充氩气密封于−20℃干燥保存。

主要用途　生化研究。测定透明质酸的底物。

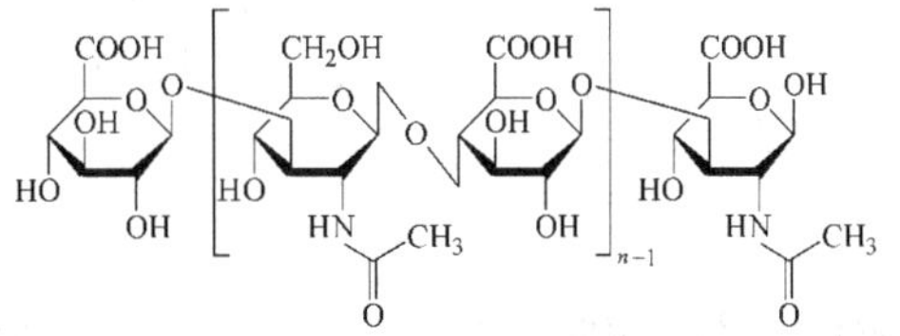

Hyaluronic acid potassium salt from human umbilical cords

透明质酸钾盐（人脐带）　05305

[31799-91-4]　$(C_{14}H_{20}KNO_{11})_n$

别名　玻璃糖醛酸钾；Potassium hyaluronate

性状　白色结晶或粉末。为高分子聚合体的冻干物。

注意事项　使用时应避免吸入本品的粉尘，避免与眼睛及皮肤接触。应充氩气密封于−20℃干燥保存。

主要用途　生化研究。

Hyaluronic acid sodium salt from bovine trachea

透明质酸钠盐（牛气管）　05306

[9067-32-7]　$(C_{14}H_{20}NNaO_{11})_n$

别名　ARTZ;Connettivina;Equron;Healon;Healonid;Hyacid;Hyalgen;Hyalovet;Hyonate;Ial;Opegan;Provisc;Sodium hyaluronate;Synacid

M. I. 15，4796

性状　白色结晶。$[\alpha]_D^{25}$ −74°（*c*=0.25，于水中）。

注意事项　使用时应避免吸入本品的粉尘，避免与眼睛及皮肤接触。应充氩气密封于−20℃干燥保存。

主要用途　生化研究。

Hyaluronidase from ovine testes

透明质酸酶（羊睾丸）　05307

[37326-33-3] [9001-54-1]

别名　动物糖醛酸酶；玻璃酸酶；黏朊酶；黏蛋白酶；Alidase;Apertase;Diffusin;Diffusing factor;Enzodase;Harodase;Hyalase;Hyalozima;Hyalidase;Hyaluronate glycanohydrolase;Hyasmonta;Hyason;Hyazyme;Infiltrase;Invasin;Jalovis;Kinaden;Kinetin;Luronase;Mucinase;Permease;Rondase;Ronidase;Spreading factor;Thiomucase;Unidase;Wydase

M. I. 15，4797　EC 3.2.1.35

性状　白色粉末。易溶于水，不溶于乙醇、乙醚、丙酮。

注意事项　使用时应避免吸入本品的粉尘，避免与眼睛及皮肤接触。应充氩气密封于−20℃干燥保存。

主要用途　生化研究。

Hyamine 10X　海胺 10X　05308

[1320-44-1] [25155-18-4]（无水物）

$C_{28}H_{44}ClNO_2 \cdot H_2O$　480.10

成分　（以无水物计）C 72.78%，H 9.60%，Cl 7.67%，N 3.03%，O 6.92%。

别名　氯化甲基苄乙氧铵；哈敏 10X；氯化（二异丁基甲苯氧基乙氧基乙基）二甲苄基铵；Benzyldimethyl[2-[2-(*p*-1,1,3,3-tetramethylbutylcresoxy)ethoxy]ethyl]ammonium chloride monohydrate;Benzyldimethyl[2-[2-[4-(1,1,3,3-tetramethylbutyl)tolyloxy]ethoxy]ethyl]ammonium chloride monohydrate;(Di-*iso*-butylcresoxyethoxyethyl)dimethylbenzylammonium chloride monohydrate;Methylbenzethonium chloride;Dipaparene;*N*,*N*-Dimethyl-*N*-[2-[2-[methyl-4-(1,1,3,3-tetramethylbutyl)phenoxy]ethoxy]ethyl]benzenemethanaminium chloride monohydrate;[2-[2-(*p*-Octylcresoxy)ethoxy]ethyl]dimethylbenzylammonium chloride monohydrate

M. I. 15，6097

性状　白色结晶。味苦。易溶于水、乙醇、乙醚、热苯、2-乙氧基乙醇，几乎不溶于氯仿。mp 161～163℃。LD_{50} 大鼠皮下注射：100mg/kg。生化试剂含量≥98.0%。

注意事项　该品吸入、口服或与皮肤接触有害。对呼吸系统及皮肤有刺激性。对眼睛有严重损伤的危险。使用时应穿适当的防护服。万一接触到眼睛，应立即用大量水冲洗后请医生诊治。应密封于干燥处保存。

主要用途 医用消毒剂，防腐剂。

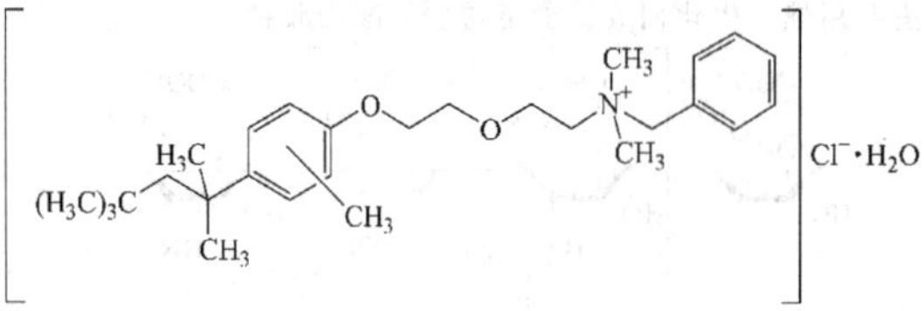

Hyamine 1622 海胺 1622 05309

[121-54-0] $C_{27}H_{42}ClNO_2$ 448.09

成分 C 72.37%，H 9.45%，Cl 7.91%，N 3.13%，O 7.14%。

别名 哈敏 1622；氯化苄乙氧铵；氯化（二异丁基苯氧基乙氧基乙基）二甲苄基铵；Benzethonium chloride；Benzyldimethyl {2-[2-(*p*-1,1,3,3-tetramethylbutylphenoxy) ethoxy]ethyl} ammonium chloride；(Di-*iso*-butylphenoxyethoxyethyl) dimethylbenzylammonium chloride monohydrate；Diisobutylphenoxyethoxyethyldimethylbenzylammonium chloride；Phemerol chloride；Phemeride；Phemithyn；Quatrachlor；Solamin；*N*，*N*-Dimethyl-*N*-[2-[2-[4-(1,1,3,3-tetramethylbutyl) phenoxy] ethoxy]ethyl]benzenemethanaminium chloride；QATS

M. I. 15，1076

性状 无色六方形片状结晶。味极苦。极易溶于水，溶于乙醇、丙酮、氯仿，微溶于乙醚。mp 160～165℃。LD_{50}小鼠静脉注射：29.5mg/kg。一般试剂含量≥99.0%(AT)。

注意事项 该品吸入、口服或与皮肤接触有毒。对眼睛、呼吸系统及皮肤有刺激性。使用时应穿适当的防护服，戴手套和防护镜或面罩。万一接触到眼睛，应立即用大量水冲洗后请医生诊治。切勿排入下水道。应远离食品和饲料，充氩气密封避光于 2～8℃保存。

主要用途 使凝胶水解的助溶剂。阳离子表面活性剂。医用消毒剂，防腐剂。

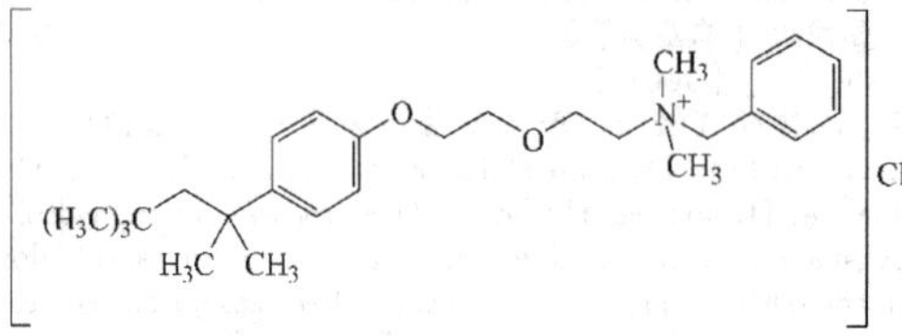

Hycanthone 羟胺硫蒽酮 05310

[3105-97-3] $C_{20}H_{24}N_2O_2S$ 356.48

成分 C 67.38%，H 6.79%，N 7.86%，O 8.98%，S 8.99%。

别名 1-[2-(二乙氨基)乙基]氨基-4-羟甲基-9*H*-硫蒽-9-酮；羟甲硫蒽酮；1-[2-(Diethylamino) ethyl] amino-4-hydroxymethyl-9*H*-thioxanthen-9-one

M. I. 15，4798

性状 无色结晶。对酸极敏感。mp 100.6～102.8℃；最大吸收值（乙醇中）：233nm，258nm，329nm，438nm（ε 19400，37000，9700，6600）。生化试剂含量约 98.0%。

注意事项 该品能引起遗传基因的损伤。能致癌。吸入、口服或与皮肤接触有害。使用前应得到专门的指导，避免曝露。使用时应穿适当的防护服，戴手套和防护镜或面罩。使用时如有事故发生或有不适之感，应请医生诊治。应密封于−20℃保存。

主要用途 生化研究。医用驱虫剂。

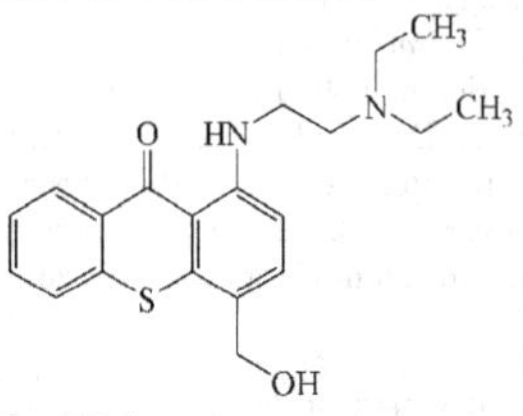

Hydantoic acid 脲基乙酸 05311

[462-60-2] $C_3H_6N_2O_3$ 118.09

成分 C 30.51%，H 5.12%，N 23.72%，O 40.65%。

别名 氨基甲酰甘氨酸；海因酸；*N*-Carbamoylglycine；Glycoluric acid；Ureidoacetic acid

性状 无色棱柱体结晶。溶于热水、乙醇，难溶于冷水。mp 180℃。

注意事项 该品对眼睛、呼吸系统及皮肤有刺激性。使用时应穿适当的防护服。万一接触到眼睛，应立即用大量水冲洗后请医生诊治。

Hydantoin 海因 05312

[461-72-3] $C_3H_4N_2O_2$ 100.08

成分 C 36.00%，H 4.03%，N 27.99%，O 31.97%。

别名 乙内酰脲；2,4-Imidazolidinedione；2,4(3*H*,5*H*)-Imidazoledione；Glycolylurea

M. I. 15，4799

性状 来自甲醇中的无色针状结晶。溶于乙醇、不挥发的碱溶液，微溶于水、乙醚。mp 220℃。一般试剂含量≥99.0%。

注意事项 使用时应避免吸入本品的粉尘，避免与眼睛及皮肤接触。

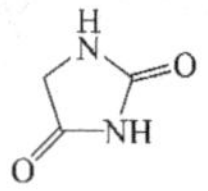

Hydnocarpic acid 大风子油酸 05313

[459-67-6] $C_{16}H_{28}O_2$ 252.40

成分 C 76.14%，H 11.18%，O 12.68%。

别名 付大风子酸；次大风子油酸；环戊烯十一酸；副大风子酸；(1*R*)-2-Cyclopentene-1-undecanoic aeid；11-(2-Cyclopenten-1-yl)undecanoic acid

M. I. 15，4800

性状 来自石油醚+乙酸乙酯中的无色具闪光的小片状结晶。溶于氯仿，略溶于通常的有机溶剂。mp 59～60℃；$[\alpha]_D$+68.3°（氯仿中）。

主要用途 医用抑麻风杆菌的抗菌剂。

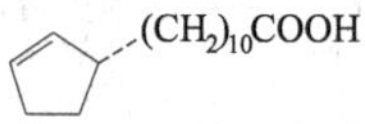

Hydralazine hydrochloride 肼酞嗪 盐酸盐 05314

[304-20-1] $C_8H_9ClN_4$ 196.64

成分 C 48.86%，H 4.61%，Cl 18.03%，N 28.49%。

别名 肼苯哒嗪 盐酸盐；盐酸肼苯哒嗪；盐酸肼酞嗪；Alphapress；Apresoline；1(2*H*)-Phthalazinone hydrazone hydrochloride；1-Hydrazinophthalazine hydrochloride；Ciba 5968 hydrochloride；Präparat 5968 hydrochloride；C-5968-HCl

M. I. 15，4802

性状 黄色结晶。溶于水（15℃，3.01g/100mL；25℃，4.42g/100mL）、95%乙醇（0.2g/100mL），极微溶于乙醚。其 2%水溶液 pH 值 3.5～4.5。273℃分解；uv max (0.001%水溶液中)：221nm，240nm，260nm，304nm，315nm。生化试剂含量≥98.0%。

注意事项 该品口服有害。对机体有不可逆损伤的可能性。能损伤生育力。可能危害胎儿。对眼睛、呼吸系统及皮肤有刺激性。使用时应穿适当的防护服，戴手套和防护镜或面罩。万一接触到眼睛，应立即用大量水冲洗后请医生诊治。使用时如有事故发生或有不适之感，应请医生诊治。

主要用途 生化研究。医用抗高血压剂。

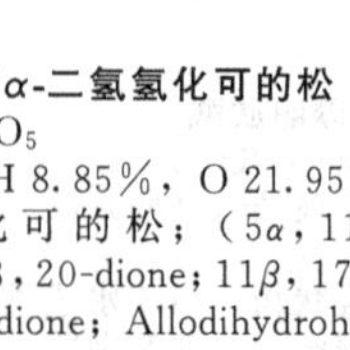

Hydrallostane 4,5α-二氢氢化可的松 05315

[516-41-6] $C_{21}H_{32}O_5$ 364.48

成分 C 69.20%，H 8.85%，O 21.95%。

别名 别二氢氢化可的松；(5α，11β)-11，17，21-Trihydroxypregnane-3，20-dione；11β，17α，21-Trihydroxyallopregnane-3，20-dione；Allodihydrohydrocortisone；Allopregnane-11β，17α-21-triol-3，20-dione；4，5α-Dihydrocortisol；Allodihvdro F

M. I. 15，4803

性状 无色结晶。溶于甲醇、丙酮、氯仿，几乎不溶于水。mp 234～240℃；$[\alpha]_D^{25}+83°$（丙酮中）。

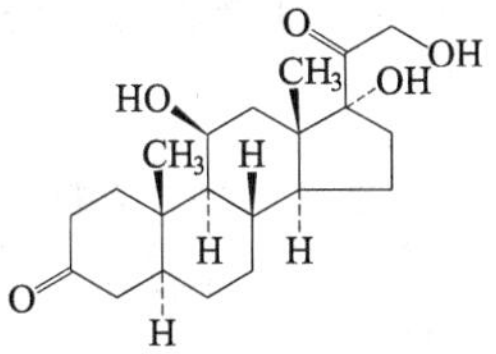

Hydramethylnon 爱美松 05316

[67485-29-4] $C_{25}H_{24}F_6N_4$ 494.49

成分 C 60.72%，H 4.89%，F 23.05%，N 11.33%。

别名 蚁爱呷；伏蚁腙；1,5-Bis[4-(trifluoromethyl)phenyl]-1,4-pentadien-3-one 2-(1,4,5,6-tetrahydro-5,5-dimethyl-2-pyrimidinyl)hydrazone; Tetrahydro-5,5-dimethyl-2(1*H*)-pyrimidinone [3-[4-(trifluoromethyl) phenyl]-1-[2-[4-(trifluoromethyl) phenyl]ethenyl]-2-propenylidene]hydrazone; 1,5-Dis(α,α,α-trifluoro-*p*-tolyl)-1,4-pentadiene-3-one (1,4,5,6-tetrahydro-5,5-dimethyl-2-pyrimidinyl) hydrazone; AC-217300; Amdro; Comdat; Maxforce

M. I. 15，4804

性状 来自异丙醇中的无色结晶。溶于乙醇、丙酮，不溶于水。mp 189～191℃。

主要用途 杀虫剂。

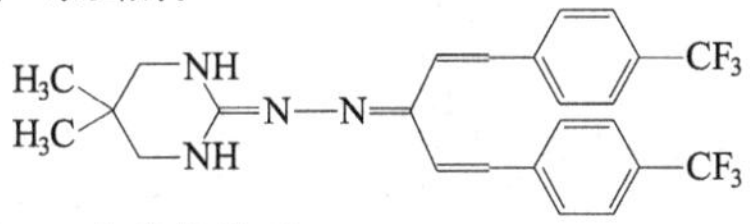

Hydrastine 北美黄连碱 05317

[118-08-1] $C_{21}H_{21}NO_6$ 383.40

成分 C 65.79%，H 5.52%，N 3.65%，O 25.04%。

别名 白毛茛碱；(3*S*)-6,7-Dimethoxy-3-[(5*R*)-5,6,7,8-tetrahydro-6-methyl-1,3-dioxolo[4,5-*g*]isoquinolin-5-yl]-1(3*H*)-isobenzofuranone; *l*-β-Hydrastine

M. I. 15，4806

性状 来自乙醇中的无色斜方棱柱体结晶。易溶于丙酮、苯，不溶于水。p*K* 7.8。mp 132℃；$[\alpha]_D^{20}-50°$ (*c*=0.3，于无水乙醇中)；uv max（乙醇中）：202nm，218nm，238nm，298nm，316nm（lg ε 4.79，4.53，4.15，3.86，3.63）。

注意事项 该品吸入、口服或与皮肤接触有害。使用时应穿适当的防护服。应密封于－20℃保存。

主要用途 生化研究。

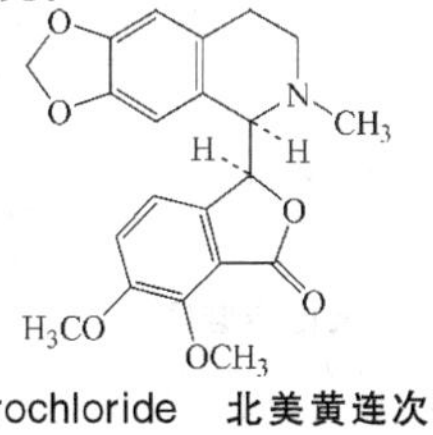

Hydrastinine hydrochloride 北美黄连次碱 盐酸盐 05318

[5936-29-8] $C_{11}H_{13}NO_3 \cdot HCl$ $C_{11}H_{14}ClNO_3$ 243.69

成分 C 54.22%，H 5.79%，Cl 14.55%，N 5.75%，O 19.70%。

别名 白毛茛分碱盐酸盐；盐酸北美黄连次碱；盐酸白毛茛分碱；5,6,7,8-Tetrahyldro-6-methyl-1,3-dioxolo[4,5-*g*]isoquinolin-5-ol hydrochloride; 1-Hydroxy-6,7-methylenedioxy-2-methyl-1,2,3,4-tetrahydroisoquinoline hydrochloride

M. I. 15，4787

性状 无色结晶或白色粉末。溶于水。

注意事项 该品应密封于－20℃保存。

主要用途 生化研究。医用于强心剂，子宫止血剂。

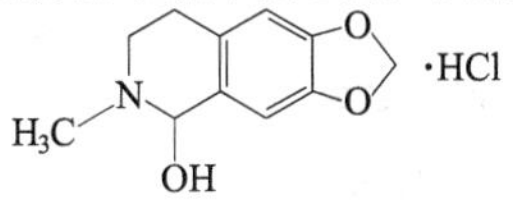

Hydrazine anhydrous 无水肼 05319

[302-01-2] H_4N_2 32.05

成分 H 12.58%，N 87.41%。

别名 无水联氨；肼 无水；Diamine

GW 2015-2134 M. I. 15，4809

性状 无色油状液体。有吸水性。在空气中发烟。能与水、乙醇、丙醇、异丙醇相混溶，不溶于三氯甲烷、乙醚。有强还原性。mp 2.0℃；bp_{760} 113.5℃/101.325kPa，bp_{71} 56℃/9.466kPa；Fp 126℉（52℃）；d_4^{-5} 1.146；d_4^0 1.0253；d_4^2 1.024；d_4^{15} 1.011；d_4^{25} 1.0036；d_4^{35} 0.9955；$n_D^{22.3}$ 1.46979；n_D^{35} 1.46444。LD_{50} 小鼠静脉注射：57mg/kg；急性经口：59mg/kg。一般试剂含量≥98.0%。

注意事项 该品易燃。具有腐蚀性，能引起烧伤。吸入、口服或与皮肤接触有毒。能致癌。接触皮肤能引起过敏。对水生物极毒。能对水环境引起不利的结果。使用前应得到专门的指导，避免曝露。使用时如有事故发生或有不适之感，应请医生诊治。应防止将本品释放于环境中。应密封避光于2～8℃干燥保存。

主要用途 强还原剂。显影剂。有机肼衍生物。

Hydrazine hydrate 水合肼 05320

[7803-57-8] [10217-52-4] H_6N_2O 50.06

成分 H 12.08%，N 55.96%，O 31.96%。

别名 水合肼；水合联氨；肼 一水；Diamine hydrate; Hydrazine monohydrate

GW 2015-2012 M. I. 15，4809

性状 无色强碱性液体。在空气中发烟。有强还原性。能与水、乙醇任意混溶，不溶于三氯甲烷、乙醚。能从空气中吸收二氧化碳。mp －51.7℃；bp_{740} 118～119℃/98.658kPa；bp_{26} 47℃/3.466kPa；Fp 205℉（96℃，闭杯）；d^{21} 1.03；n_D^{20} 1.42842。一般试剂含量≥98.0%（T）。

注意事项 该品易燃。具有腐蚀性，能引起烧伤。能致癌。吸入、口服或与皮肤接触有毒。接触皮肤能引起过敏。对水生物极毒。能对水环境引起不利的结果。使用前应得到专门的指导，避免曝露。使用时如有事故发生或有不适之感，应请医生诊治。应防止将本品释放于环境中。其包装物应按危险品处理。应密封于干燥处保存。

主要用途 还原剂。溶剂。可作为碱来沉淀某些元素。

Hydrazine hydrochloride 肼 盐酸盐 05321

[5341-61-7] $Cl_2H_6N_2$ 104.96

成分 Cl 67.55%，H 5.76%，N 26.69%。

别名 盐酸肼；盐酸联氨；二盐酸肼；二盐酸联氨；Diamine hydrochloride; Hydrazine dihydrochloride

M. I. 15，4809

性状 白色结晶性粉末。对湿度敏感。易溶于水，微溶于乙醇。有强还原性。mp 198℃；*d* 1.42。一般试剂含量≥99.0%。

注意事项 该品吸入、口服或与皮肤接触有毒。能致癌。接触皮肤能引起过敏。对水生物极毒。能对水环境引起不利的结果。使用前应得到专门的指导，避免曝露。使用时如有事故发生或有不适之感，应请医生诊治。应防止将本品释放于环境中。其包装物应按危险品处理。应充氩气密封干燥保存。

主要用途 还原剂。氯化氢气中氯的净化剂。有机合成。

Hydrazine monohydrobromide 肼 氢溴酸盐 05322

[13775-80-9] BrH_5N_2 112.96

成分 Br 70.74%，H 4.46%，N 24.80%。

别名 氢溴酸肼；氢溴酸联氨；溴氢酸联氨

性状 白色粉末，易溶于水。mp 87～92℃。一般试剂含量≥98.0%。

注意事项 该品具有腐蚀性，能引起烧伤。能致癌。

主要用途 还原剂。有机合成。

Hydrazine sulfate 肼 硫酸盐 05323

[10034-93-2] $H_6N_2O_4S$ 130.12

成分 H 4.65%，N 21.53%，O 49.18%，S 24.64%。

别名 硫酸肼；硫酸联氨；Diamidogen sulfate; Diamine sulfate; Hydrazinium sulfate; Hydrazonium sulfate

M. I. 15，4810

性状 无色或白色正交菱形结晶、玻璃状片状结晶或粉末。溶于约33份水，易溶于热水，不溶于乙醇。该品0.2mol/L水溶液pH值1.3。mp 254℃；d 1.378；d^7 2.016。一般试剂含量≥99.0%。

注意事项 该品吸入、口服或与皮肤接触有毒。能致癌。接触皮肤能引起过敏。对水生物极毒。能对水环境引起不利的结果。使用前应得到专门的指导，避免曝露。使用时如有事故发生或有不适之感，应请医生诊治。应防止将本品释放于环境中。其包装物应按危险品处理。应充氩气密封干燥保存。

主要用途 重量法测定镍、钴、镉。稀有金属的提纯。钋与碲的分离。氯酸盐、次氯酸盐的羰基化合物的沉淀。还原剂。有机合成。

Hydrazine yellow 肼黄 05324

[1934-21-0] $C_{16}H_9N_4Na_3O_9S_2$ 534.36

成分 C 35.96%，H 1.70%，N 10.48%，Na 12.91%，O 26.96%，S 12.00%。

别名 他特嗪；肼黄；酒石黄；酒磺；4-对磺基苯偶氮-1-对磺基苯-5-羟基吡唑-3-羧酸三钠盐；酸性黄23；酸性黄T；3-Carboxy-5-hydroxy-1-*p*-sulfophenyl-4-*p*-sulfophenylazo-pyrazole trisodium salt；4,5-Dihydro-5-oxo-1-4-sulfophenyl-4-(4-sulfophenyl) azo-1*H*-pyrazole-3-carboxylic acid trisodium salt；FD&C yellow No. 5；Food yellow 4；5-Hydroxy-1-(*p*-sulfophenyl)-4-[(*p*-sulfophenyl) azo] pyrazole-3-carboxylic acid trisodium salt；Tartrazine；4-(*p*-Sulfobenzeneazo)-1-(*p*-sulfophenyl)-5-hydroxypyrazole-3-carboxylic acid trisodium salt；Acid yellow 23；Tartrazine

M.I. 15，9206　C.I. 19140

性状 嫩橙黄色粉末。易溶于水，溶液呈亮黄色。其溶液遇盐酸无变化，但能被氢氧化钠分解并呈红色。

注意事项 使用时应避免吸入本品的粉尘，避免与眼睛及皮肤接触。

主要用途 生物染色剂。银量法中用作吸附指示剂。

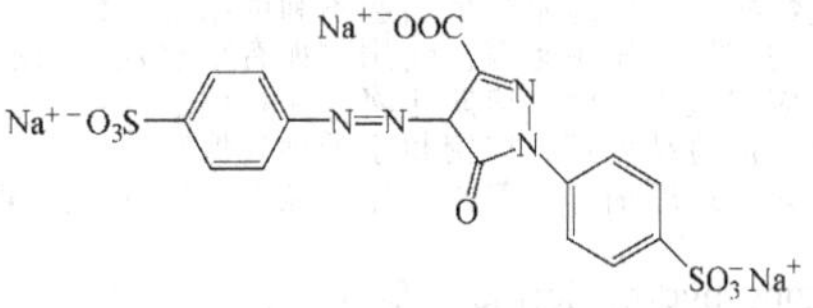

4-Hydrazinobenzenesulfonic acid 4-肼基苯磺酸 05325

[98-71-5] $C_6H_8N_2O_3S$ 188.20

成分 C 38.29%，H 4.28%，N 14.88%，O 25.50%，S 17.04%。

别名 苯肼-4-磺酸；对磺酸苯肼；苯基联氨对磺酸；对苯肼磺酸；Phenylhydrazine-4-sulfonic acid；Hydrazinobenzene-*p*-sulfonic acid；Phenylhydrazine-*p*-sulfonic acid；*p*-Sulfophenylhydrazine

M.I. 15，4811

性状 来自水中的无色针状结晶。溶于热水，微溶于水、乙醇。mp 286℃。一般试剂含量≥98.0%。

注意事项 该品口服有害。对眼睛、呼吸系统及皮肤有刺激性。使用时应穿适当的防护服和戴手套。万一接触到眼睛，应立即用大量水冲洗后请医生诊治。

主要用途 测定醛、酮。

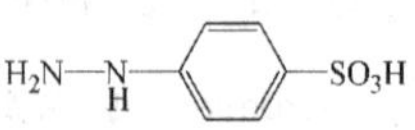

2-Hydrazinoethanol 2-肼基乙醇 05326

[109-84-2] $C_2H_8N_2O$ 76.10

成分 C 31.57%，H 10.60%，N 36.81%，O 21.02%。

别名 2-羟基乙基肼；2-羟基乙基联氨；2-Hydroxyethylhydrazine；*β*-Hydroxyethylhydrazine；Omaflora

M.I. 13，4794

性状 无色微带黏性的液体。能与水混溶，溶于低级醇，微溶于乙醚。mp −70℃；$bp_{17.5}$ 110～130℃/2.333kPa；bp_{25} 145～153℃/3.333kPa；Fp 224℉（106℃）；d 1.11；n_D^{20} 1.493。一般试剂含量≥98.0%（GC）。

注意事项 该品吸入、口服或与皮肤接触有毒，并具有蓄积性危害。对皮肤有刺激性。使用时应穿适当的防护服，戴手套和防护镜或面罩。使用时如有事故发生或有不适之感，应请医生诊治。

主要用途 生化研究。植物生长调节剂。

Hydrindantin dihydrate 还原茚三酮 二水 05327

[5950-69-6][无水物 5103-42-4]　$C_{18}H_{10}O_6 \cdot 2H_2O$ 358.30

成分(以无水物计) C 67.08%，H 3.13%，O 29.79%。

别名 二水合还原茚三酮；2,2′-二羟基[2,2-二茚满]-1,1′,3,3′-四酮；2,2′-Dihydroxy[2,2′-biindan]-1,1′,3,3′-tetrone；2,2′-Dihydroxy[2,2′-bi-1*H*-indene]-1,1′,3,3′(2*H*,2′*H*)-tetrone；Reduced ninhydrin

M.I. 15，4813

性状 来自丙酮中的棱柱体结晶。100℃变为无水物。无水物在200℃变红棕色。溶于甲基溶纤剂，微溶于热水。遇氨水变深紫色，遇氨基酸变蓝色。249～254℃分解。一般试剂含量≥98.0%。

注意事项 该品应密封避光保存。

主要用途 光度计测定氨基酸及其类似的化合物。

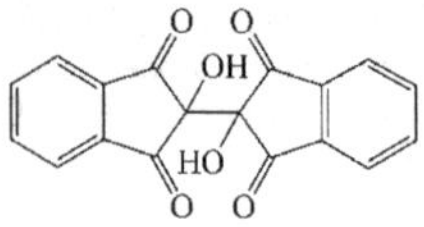

Hydrobromic acid 氢溴酸 05328

[10035-10-6] HBr BrH 80.91

成分 Br 98.77%，H 1.24%。

别名 溴氢酸；Hydrogen bromide

GW 2015-1665　M.I. 15，4816

性状 该品为溴化氢的水溶液，呈无色或浅黄色，具有强酸性液体。微发烟。有刺激性酸味。见光或久置变棕色。能与水、乙醇相混溶。d_4^{20} 1.38；n_D^{20} 1.438。一般试剂含量≥40.0%。

注意事项 该品具有强腐蚀性，能引起严重烧伤。对呼吸系统有刺激性。万一接触到眼睛，应立即用大量水冲洗后请医生诊治。使用时如有事故发生或有不适之感，应请医生诊治。应密封避光于通风处保存。

主要用途 测定硫、硒和从砷、锑中分离锡。有机和无机溴化物的合成。高纯金属的提炼。

参考规格 GB/T 621—2015

	分析纯	化学纯
含量（HBr）/%≥	40.0	40.0
灼烧残渣(以硫酸盐计),w/%≤	0.005	0.01
氯化物（Cl）/%≤	0.02	0.05
游离溴	合格	合格
碘化物（I）/%≤	0.005	0.01
硫酸盐及亚硫酸盐（以SO_4计）/%≤	0.002	0.005
磷酸盐（PO_4）/%≤	0.0005	0.001
铁（Fe）/%≤	0.0001	0.0002
重金属（以Pb计）/%≤	0.0002	0.0005
砷（As）/%≤	0.00004	0.0001

Hydrocarbostyril 氢化喹诺酮 05329

[553-03-7] C_9H_9NO 147.18

成分 C 73.45%，H 6.16%，N 9.52%，O 10.87%。

别名 3,4-Dihydro-2(1*H*)-quinolinone；3,4-Dihydrocarbostyril；3,4-Dihydro-2-quinolinol；*o*-Aminohydrocinnamic acid lactam；2-Oxo-1,2,3,4-tetrahydroquinoline；Dihydro-*α*-quinolone

M.I. 15，4817

性状 来自乙醇+水中的无色棱柱体结晶。易溶于乙醇、乙醚、二甲基甲酰胺，溶于热氢氧化钠水溶液，几乎不溶于水。mp 165～166.5℃。

注意事项 该品对眼睛、呼吸系统及皮肤有刺激性。

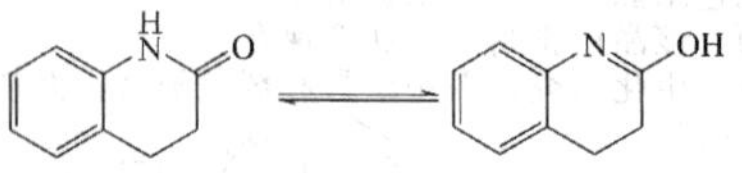

Hydrochloric acid 盐酸 05330

[7647-01-0] HCl 36.46

成分 Cl 97.24%，H 2.76%。

别名 盐镪水；氢氯酸；氯氢酸；Chlorohydric acid；Muriatic acid

GW 2015-2507　　M. I. 15，4818

性状　无色透明液体。为 HCl 的水溶液。在空气中发烟。有刺激性酸味。能与水任意混溶。d_4^{20} 1.18。

注意事项　除保存条件外，其余见 05328 氢溴酸。

主要用途　分析试剂。氯化物合成。腐蚀剂。

参考规格　GB/T 622—2006

	优级纯	分析纯	化学纯
含量(HCl)/%	36.0～38.0	36.0～38.0	36.0～38.0
外观色度/黑曾单位≤	5	10	10
灼烧残渣(以硫酸盐计)/%≤	0.0005	0.0005	0.002
游离氯(Cl_2)/%≤	0.00005	0.0001	0.0002
硫酸盐(SO_4)/%≤	0.0001	0.0002	0.0005
亚硫酸盐(SO_3)/%≤	0.0001	0.0002	0.001
铁(Fe)/%≤	0.00001	0.00005	0.0001
铜(Cu)/%≤	0.00001	0.00001	0.0001
铅(Pb)/%≤	0.00002	0.00002	0.00005
砷(As)/%≤	0.000003	0.000005	0.00001
锡(Sn)/%≤	0.0001	0.0002	0.0005

Hydrochlorothiazide　二氢氯噻　05331

[58-93-5]　$C_7H_8ClN_3O_4S_2$　297.73

成分　C 28.24%，H 2.71%，Cl 11.91%，N 14.11%，O 21.49%，S 21.54%。

别名　双氢克尿噻；6-Chloro-3，4-dihydro-2*H*-1，2，4-benzothiadiazine-7-sulfonamide 1，1-dioxide；6-Chloro-3，4-dihydro-7-sulfamoyl-2*H*-1，2，4-benzothiadiazine 1，1-dioxide；6-Chloro-7-sulfamyl-3，4-dihydro-1，2，4-benzothia-diazine 1，1-dioxide；3，4-Dihydrochlorothiazide；Chlorsulfonamidodihydrobenzothiadiazine dioxide；Chlorosulthiadil；Aquarius；Bremil；Cidrex；Dichlorosal；Dichlotride；Diclotride；Direma；Diu-melusin；Disalunil；Esidrex；Esidrix；Fluvin；Hidroronol；Hydril；Hydro-Aquil；Hydro-Diuril；Hydrosaluric；Hydrothide；Hydrozide；Hypothiazide；Ivaugan；Maschitt；Nefrix；Neo-Codema；Neoflumen；Oretic；Panurin；Thiaretic；Thiuretic；Urodiazin

M. I. 15，4819

性状　白色或近白色结晶性粉末。溶于稀氨水、氢氧化钠溶液，亦溶于甲醇、乙醇、丙酮，微溶于水。pK_a 7.9，9.2。mp 273～275℃；uv max（甲醇＋微量盐酸中）：317nm，271nm，226nm（$A_{1cm}^{1\%}$ 130，654，1280）。LD_{50} 小鼠静脉注射：590mg/kg；急性经口：＞8000mg/kg。

注意事项　该品口服有害。吸入或与皮肤接触可引起过敏。使用时应穿适当的防护服和戴手套。使用时应避免吸入本品的粉尘，避免与皮肤接触。

主要用途　生化研究。医用利尿剂。

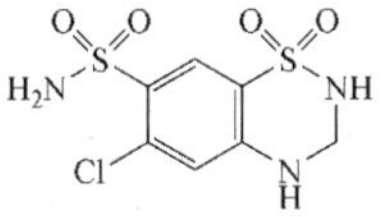

Hydrocinchonine　氢化辛可宁　05332

[485-65-4]　$C_{10}H_{24}N_2O$　296.41

成分　C 76.99%，H 8.16%，N 9.45%，O 5.40%。

别名　(9S)-10，11-Dihydrocinchonan-9-ol；Cinchotine；Cinconifine；(＋)-Dihydrocinchonine；Pseudocinchonine

M. I. 15，4821

性状　无色棱柱体结晶。溶于乙醇，几乎不溶于水、乙醚。mp 268～269°C；$[\alpha]_D^{14}$＋204°（c＝0.6，于乙醇中）。一般试剂含量≥97.0%（GC）。

注意事项　该品吸入、口服或与皮肤接触有害。使用时应穿适当的防护服和戴手套。应密封避光保存。

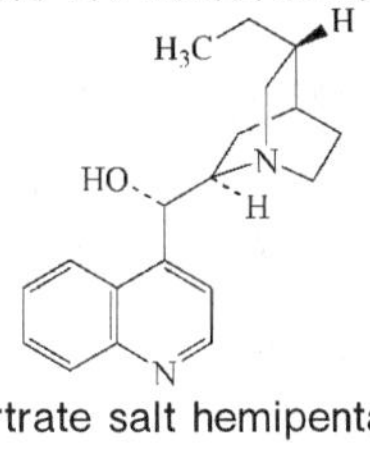

Hydrocodone bitartrate salt hemipentahydrate

氢可酮 重酒石酸盐 2½水　05333

[143-71-5]（无水物）[34195-34-1]　$C_{22}H_{27}NO_9\cdot 2\frac{1}{2}H_2O$　494.49

成分（以无水物计）　C 58.79%，H 6.05%，N 3.12%，O 32.04%。

别名　二氯可待因酮重酒石酸盐 2½水；重酒石酸氢可酮；Calmodid；Codinovo；Duodin；Kolikodal；Orthoxycol；Mercodinone；Synkonin；Norgan；Hydrokon；4，5-Epoxy-3-methoxy-17-methylmorphinan-6-one bitartrate；Dihydrocodeinone bitartrate；Bekadid bitartrate；Dicodid bitartrate

M. I. 15，4823

性状　2½水合物为无色针状结晶。1g 该品溶于 16mL 水、150g 95%乙醇，其 2%水溶液 pH 值约 3.6。几乎不溶于乙醚、氯仿。mp 118～128℃。

主要用途　生化研究。医用镇咳剂。

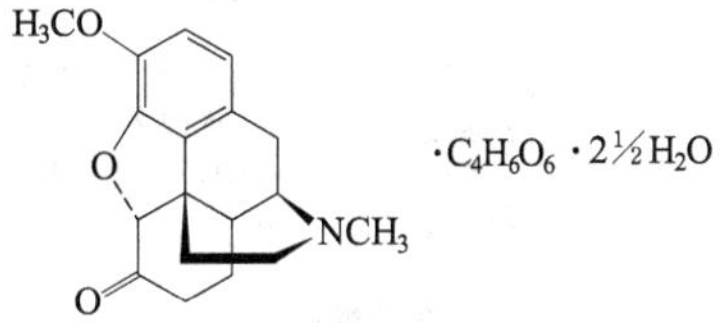

$\cdot C_4H_6O_6\cdot 2\frac{1}{2}H_2O$

Hydrocortisone　氢化可的松　05334

[50-23-7]　$C_{21}H_{30}O_5$　362.47

成分　C 69.59%，H 8.34%，O 22.07%。

别名　皮质甾醇；氢化皮质素；氢化皮质酮；氢化肾上腺皮质激素；Aeroseb-HC；Ala-Cort；Anflam；Anti-inflammatory hormone；Cetacort；Cort-Dome；Cortef；Cortenema；Cortisol；Cortril；Dermacort；Dermocortal；Dermolate；Dioderm；Efcortelan；Evacort；Ficortril；Hydracort；Hydro-Adreson；Hydrocort；Hydrocortisyl；Hydrocortone；Hytone；Kendall's comp ound F；17-Hydroxycorticosterone；Lacticare-HC；Medicort；Mildison；Nutracort；Penecort；Proctocort；Reichstein's substance M；Scheroson F；Synacort；Texacort；Timocort；(11β)-11，17，21-Trihydroxypregn-4-ene-3，20-dione；4-Pregnene-11β，17α，21-triol-3，20-dione；Zenoxone

M. I. 15，4824

性状　白色结晶性粉末。味苦。该品 25℃在下列溶剂中的溶解度（mg/mL）：水 0.28、乙醇 15.0、甲醇 6.2、丙酮 9.3、氯仿 1.6、丙二醇 12.7、乙醚约 0.35。溶于浓硫酸呈强烈的绿色荧光。mp 217～220°C（部分分解）；$[\alpha]_D^{22}$ ＋167°（于无水乙醇中）；uv max：242 nm（$E_{1cm}^{1\%}$ 445）。

注意事项　该品能危害胎儿。使用时应穿适当的防护服和戴手套。

主要用途　生化研究。

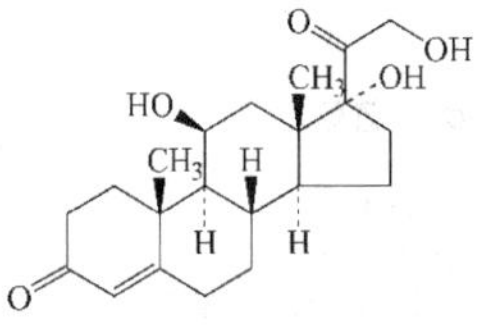

Hydrocortisone acetate　乙酸氢化可的松　05335

[50-03-3]　$C_{23}H_{32}O_6$　404.50

成分　C 68.29%，H 7.97%，O 23.73%。

别名　乙酸皮质甾醇；乙酸氢化皮质酮；乙酸氢化肾上腺皮质激素；氢化可的松 乙酸盐；氢化肾上腺皮质激素 乙酸盐；21-Acetoxy-4-pregnene-11β，17α-dione；Colifoam；Colofoam；Cortaid；Cordes；Cortifoam；Efcorlin；Hc 45；Hydrocal；Hydrocortisone 21-acetate；Hydrocortistab；Hydrocortone acetate；Lanacort；Lenirit；Sigmacort；Sintotrat；Velopural

M. I. 15，4824

性状　来自稀丙酮中的无色单斜半面晶形、片状结晶或粉末。无味。该品易溶于二甲基甲酰胺，溶于二氧六环，溶于水（1mg/100mL）、乙醇（0.45g/100mL）、甲醇（3.9mg/1mL）、丙酮（1.1mg/g）、乙醚（0.15mg/mL），1g 该品溶于约 200mL 氯仿。mp 223℃（分解）；d_4^{20} 1.289；$[\alpha]_D^{25}$＋166°（c＝0.4，于二氧六环中）；$[\alpha]_D^{25}$＋

150.7°（c=0.5，于丙酮中）；uv max（甲醇中）：242nm（$E_{1cm}^{1\%}$ 390）。生化试剂含量≥97.0%（HPLC）。

注意事项 该品能危害胎儿。使用时应穿适当的防护服和戴手套。

主要用途 生化研究。

Hydrocyanic acid 氢氰酸 05336

[74-90-8] CHN 27.03

成分 C 44.43%，H 3.73%，N 51.82%。

别名 氰化氢；HCN；Hydrogen cyanide；Prussic acid

GW 2015-1664 M.I. 15，4832

性状 为无色极易挥发液体。有苦杏仁味。见光或久置逐渐分解变成浅棕色。能与水、乙醇相混溶，微溶于乙醚。mp −13.4℃；bp 25.6℃；d 0.687。LC_{50}（mg/L）大鼠，小鼠，狗吸入：544（5min）；169（30min）；300（3min）。

注意事项 该品剧毒，不可直嗅，对人的致死量为0.06g，数秒即可死亡。应密封避光于阴凉处保存。

主要用途 有机合成（醛、腈、丙烯等）的重要原料。杀虫剂的配制。果树、苗木、仓库熏蒸等。

Hydroflumethiazide 氢氟甲噻嗪 05337

[135-09-1] $C_8H_8F_3N_3O_4S_2$ 331.28

成分 C 29.01%，H 2.43%，F 17.20%，N 12.68%，O 19.32%，S 19.36%。

别名 3,4-Dihydro-6-trifluoromethyl-2*H*-1,2,4-benzothiadiazine-7-sulfonamide 1,1-dioxide；6-Trifluoromethyl-3,4-dihydro-7-sulfamoyl-2*H*-1,2,4-benzothiadiazine 1,1-dioxide；3,4-Dihydro-7-sulfamyl-6-trifluoromethyl-1,2,4-benzothiadiazine 1,1-dioxide；Trifluoromethylhydrothiazide；Dihydroflumethiazide；Methforylthiazidine；Metflorylthiazidine；Diucardin；Elodrine；Finuret；Hydol；Hydrenox；Leodrine；NaClex；Rodiuran；Rontyl；Saluron；Sisuril；Vergonil

M.I. 15，4826

性状 无色结晶。该品于下列物质中的溶解度（25℃，mg/mL）：丙酮>100；甲醇 58；乙腈 43；水 0.3；乙醚 0.2；苯<0.1。其水溶盐呈碱性。pK_1 8.9，pK_2 10.7。mp 272～273℃；uv max（甲醇中）：272.5nm（lg ε 4.286）。LD_{50}小鼠急性经口：>8000mg/kg；静脉注射：750mg/kg；腹膜内注射：6280mg/kg。生化试剂含量≥97.0%。

注意事项 该品吸入或与皮肤接触可引起过敏。使用时应穿适当的防护服。

主要用途 生化研究。医用抗高血压剂，利尿剂。

Hydrofluoric acid 氢氟酸 05338

[7664-39-3] HF 20.01

成分 F 94.94%，H 5.04%。

别名 氟氢酸；Fluohydric acid

GW 2015-1650 M.I. 15，4827

性状 无色透明液体。具强酸性。对金属和玻璃有强烈的腐蚀性。能烧伤皮肤并有渗透至骨骼的危险。pK_a 3.19。bp 112.2℃。

注意事项 该品具有强腐蚀性，能引起严重烧伤。吸入、口服或与皮肤接触时极毒。使用时应穿适当的防护服，戴手套和防护镜或面罩。万一接触到眼睛或皮肤，应立即用大量水冲洗后请医生诊治。使用时如有事故发生或有不适之感，应请医生诊治。应密封于通风处保存。

主要用途 分析试剂，如二氧化硅的测定。高纯氟化物的制备。镀件表面处理。腐刻玻璃。

参考规格 GB/T 620—2011	优级纯	分析纯	化学纯
含量（HF）/%≥	40.0	40.0	40.0
灼烧残渣（以硫酸盐计）/%≤	0.001	0.002	0.01
氯化物（Cl）/%≤	0.0005	0.001	0.005
硫酸盐和亚硫酸盐（以 SO_4 计）/%≤	0.001	0.002	0.005
磷酸盐（PO_4）/%≤	0.0001	0.0002	0.0005
氟硅酸盐（以 SiF_6 计）/%≤	0.02	0.04	0.06
铁（Fe）/%≤	0.00005	0.0001	0.0005
重金属（以Pb计）/%≤	0.0001	0.0005	0.001

Hydrofuramide 三糠二胺 05339

[494-47-3] $C_{15}H_{12}N_2O_3$ 268.27

成分 C 67.16%，H 4.51%，N 10.44%，O 17.89%。

别名 1-(2-Furanyl)-*N*,*N'*-bis(2-furanylmethylene) methanediamine；*N*,*N'*-Difurfurylidene-2-furanmethanediamine；Furfuramide

M.I. 15，4828

性状 来自无水乙醇中的浅棕色结晶。易溶于乙醇、乙醚，几乎不溶于水。易被酸分解。mp 117℃；bp 约 250℃（分解）；uv max：259nm，215nm（lg ε 4.18，4.16）。

主要用途 硬化阻进剂。

Hydrogen peroxide 30% water solution 过氧化氢30%水溶液 05340

[7722-84-1] H_2O_2 34.01

成分（纯品） H 5.93%，O 94.08%。

别名 二氧化氢 30%；双氧水 30%；Albone；Hioxyl；Hydrogen dioxide 30% solution；Hydroperoxide；Lensan A；Mirasept；Oxysept；Pegasyl；Perhydrol 30% solution

GW 2015-903 M.I. 15，4835

性状 无色透明液体。能与水任意混溶，其水溶液呈弱酸性。溶于乙醚，不溶于石油醚。能被多种有机溶剂分解。有氧化性。mp −0.43℃；bp 152℃；d^0 1.463。

注意事项 该品有腐蚀性，能引起烧伤。口服有害。对眼睛有严重损伤的危险。使用时应穿适当的防护服，戴防护镜或面罩。万一接触到眼睛，应立即用大量水冲洗后请医生诊治。接触皮肤后应立即用大量肥皂泡沫冲洗。使用时如有事故发生或有不适之感，应请医生诊治。该品长时间放置渐渐分解为氧及水。贮存的容器不能盛满并不能密封。应避光于阴凉处保存。

主要用途 分析试剂，如钙、钴、铜、锰、钛、钒、铵、铬酸的微量分析测定。氧化剂。漂白剂。

参考规格 GB/T 6684—2002	优级纯	分析纯	化学纯
含量（H_2O_2）/%≥	30.0	30.0	30.0
蒸发残渣/%≤	0.0025	0.005	0.01
酸度（以 H^+ 计）/（mmol/100g）≤	0.06	0.1	0.2
氯化物（Cl）/%≤	0.00005	0.0001	0.0005
总氮量（N）/%≤	0.0004	0.001	0.0025
硫酸盐（SO_4）/%≤	0.0002	0.0003	0.001
磷酸盐（PO_4）/%≤	0.0002	0.0003	0.0015
铁（Fe）/%≤	0.00001	0.00002	0.0005
镍（Ni）/%≤	0.000002		
砷（As）/%≤	0.00005	0.00005	
铜（Cu）/%≤	0.000002	0.00001	0.0001
铅（Pb）/%≤	0.000002	0.00002	0.0001

Hydrohydrastinine 氢化白毛茛宁 05341

[494-55-3] $C_{11}H_{13}NO_2$ 191.23

成分 C 69.09%，H 6.85%，N 7.32%，O 16.73%。

别名 5,6,7,8-Tetrahydro-6-methyl-1,3-dioxolo[4,5-*g*]isopuinoline

M.I. 15，4839

性状 来自石油醚中的无色结晶。溶于乙醇、乙醚、丙酮、苯二硫化碳、乙酸乙酯。mp 66℃；bp_{752} 303℃/100.26kPa。

Hydroiodic acid 氢碘酸 05342

[10034-85-2] HI 127.91

成分 H 0.79%，I 99.21%。

别名 碘氢酸；Hydriodic acid
GW 2015-1649　M. I. 15，4814
性状 无色液体。为碘化氢的水溶液。见光或久置变棕色。能与水、乙醇相混溶。有强烈的刺激味。bp_{760} 127℃/101.458kPa；*d* 1.70。
注意事项 该品具有腐蚀性，能引起烧伤。万一接触到眼睛，应立即用大量水冲洗后请医生诊治。使用时如有事故发生或有不适之感，应请医生诊治。应密封避光保存。
主要用途 测定硒、甲氧基、乙氧基的试剂。溶解某些酸不能溶的无机物，如碱土金属的硫酸盐。碘化物的制备。

Hydromorphone hydrochloride 氢化吗啡酮 盐酸盐　05343
[71-68-1]　$C_{17}H_{20}ClNO_3$　321.80
成分 C 63.45%，H 6.26%，Cl 11.02%，N 4.35%，O 14.92%。
别名 二氢吗啡酮 盐酸盐；盐酸二氢吗啡酮；盐酸氢化吗啡酮；Dilaudid；Laudicon；Hymorphan；Palladone；4,5-Epoxy-3-hydroxy-17-methylmorphinan-6-one hydrochloride；Dihydromorphinone hydrochloride；Dimorphone hydrochloride；Novolaudon hydrochloride
M. I. 15，4840
性状 无色或白色结晶或粉末。溶于 3 份水，略溶于乙醇，几乎不溶于乙醚。305～315℃分解（真空管中）；$[\alpha]_D^{25}$ −133°（*c*＝1，于水中）。LD_{50} 小鼠静脉注射：61～96mg/kg。
注意事项 该品口服有害。使用时应穿适当的防护服。使用时应避免吸入本品的粉尘。
主要用途 生化研究。医用麻醉止痛剂。

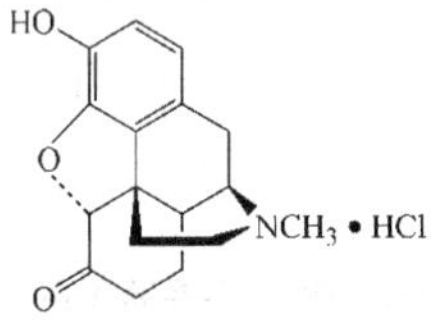

HO　O　O　NCH₃ • HCl

L-Hydroorotic acid L-氢化乳清酸　05344
[5988-19-2]　$C_5H_6N_2O_4$　158.11
成分 C 37.98%，H 3.82%，N 17.72%，O 40.48%。
别名 二氢-L-乳清酸；L-4，5-二氢乳清酸；L-2，6-二氧六氢-4-嘧啶羧酸；L-六氢-2，6-二氧-4-嘧啶羧酸；Dihydro-L-orotic acid；4，5-Dihydroorotic acid；2，6-Dioxohexahydro-4-pyrimidinecarboxylic acid；Hexahydro-2，6-dioxo-4-pyrimidinecarboxylic acid
M. I. 15，4841
性状 无色结晶。266℃分解；$[\alpha]_D^{25.3}$ +33.23°（*c*＝1.992，于 1%碳酸氢钠水溶液中）。
注意事项 该品对眼睛、呼吸系统及皮肤有刺激性。使用时应穿适当的防护服。万一接触到眼睛，应立即用大量水冲洗后请医生诊治。
主要用途 生化研究。

H　O　N　O　NH　COOH

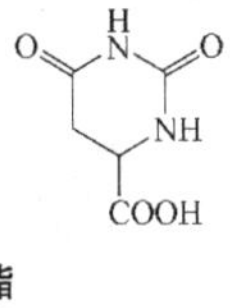

Hydroprene 烯虫乙酯　05345
[41096-46-2]　$C_{17}H_{30}O_2$　266.43
成分 C 76.64%，H 11.35%，O 12.01%。
别名 氢化保幼激素；(2*E*,4*E*)-3,7,11-Trimethyl-2,4-dodecadienoic acid ethyl ester；Ethyl (2*E*,4*E*)-3,7,11-trimethyldodeca-2,4-dienoate；OMS-1696；SHA-486300；ZR-512；Gencorr；Gentrol
M. I. 15，4842
性状 无色或白色粉末。$bp_{0.03}$ 95℃/4Pa；uv max（己烷中）：262nm（ε 28300）。LD_{50} 大鼠急性经口：＞34g/kg。
注意事项 该品对水生物极毒。能对水环境引起不利的结果。应防止将本品释放于环境中。其包装物应按危险品处理。
主要用途 昆虫生长调节剂。杀虫剂。分析用标准物质。

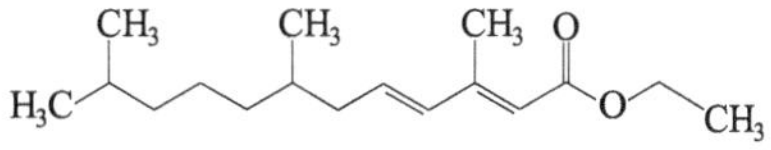

CH₃　CH₃　CH₃　O　H₃C　O　CH₃

Hydroquinidine 氢化奎尼定　05346
[1435-55-8]　$C_{20}H_{26}N_2O_2$　326.44
成分 C 73.59%，H 8.03%，N 8.58%，O 9.80%。
别名 二氢奎尼定；氢化奎尼丁；(9*S*)-10,11-Dihydro-6′-methoxycinchonan-9-ol；Dihydroquinidine；Hydroconchinine
M. I. 15，4843
性状 来自乙醚中的无色片状或来自乙醇中的无色针状结晶。易溶于热乙醇，微溶于水、乙醚。mp 169℃；$[\alpha]_D^{20}$ +231°（*c*＝2.02，于乙醇中）；$[\alpha]_D^{20}$ +299°（*c*＝0.82，于 0.1mol/L 硫酸中）。
注意事项 该品吸入、口服或与皮肤接触有害。使用时应穿适当的防护服和戴手套。
主要用途 医用抗心律失常剂。

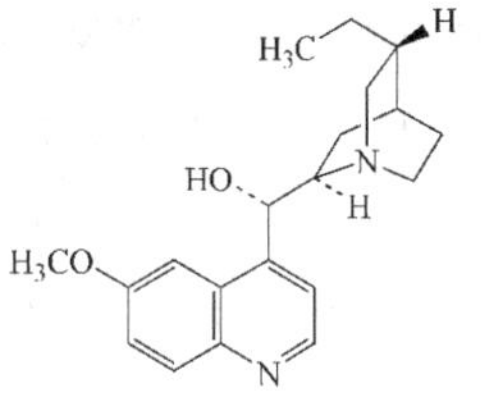

H₃C　H　HO　N　H　H₃CO　N

Hydroquinine 氢化奎宁　05347
[522-66-7]　$C_{20}H_{26}N_2O_2$　326.44
成分 C 73.59%，H 8.03%，N 8.58%，O 9.80%。
别名 二氢奎宁；(8α,9*R*)-10,11-Dihydro-6′-methoxycinchonan-9-ol；Dihydroquinine
M. I. 15，4844
性状 来自乙醚或苯中的无色针状结晶。易溶于丙酮、氯仿、石油醚、乙醚、乙醇，颇溶于氨水，几乎不溶于水（290mg/L）。pK_1 5.33。mp 172℃；$[\alpha]_D^{18}$ −142°（*c*＝1，于乙醇中）；$[\alpha]_D^{20}$ −236°（*c*＝0.82，于 0.1mol/L 硫酸中）。一般试剂含量≥98.0%（HPLC）。
注意事项 该品对眼睛、呼吸系统及皮肤有刺激性。使用时应穿适当的防护服。万一接触到眼睛，应立即用大量水冲洗后请医生诊治。
主要用途 生化研究。

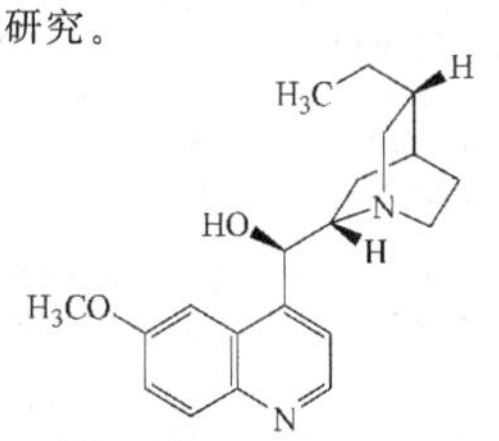

H₃C　H　HO　N　H　H₃CO　N

Hydroquinone 对苯二酚　05348
[123-31-9]　$C_6H_6O_2$　110.11
成分 C 65.45%，H 5.49%，O 29.06%。
别名 1,4-二羟基苯；几奴尼；氢醌；海得尔；对二羟基苯；对氢醌；Aida；1,4-Benzenediol；*p*-Benzenediol；Black and white bleaching cream；*p*-Dihydroxybenzene；Eldopaque；Eldoquin；HQ；Hydroquinol；Quinol；Tecquinol
GW 2015-58　M. I. 15，4845
性状 白色或浅灰色结晶。能升华。溶于 14 份水，易溶于乙醇、乙醚，微溶于苯。其溶液于空气中可氧化变为棕色。mp 170～171℃；bp 285～287℃；d_{15} 1.332。LD_{50} 大鼠急性经口：320mg/kg。一般试剂含量≥99.0%（HPLC）。
注意事项 该品口服有害。可能致癌。对机体有不可逆损伤的可能性。对眼睛有严重损伤的危险。接触皮肤能引起过敏。对水生物极毒。使用时应穿适当的防护服，戴手套和防护镜或面罩。万一接触到眼睛，应立即用大量水冲洗后请医生诊治。应防止将本品释放于环境中。应密封保存。
主要用途 磷、镁、硅、砷等的比色测定。用作杂多酸、铜、金的还原剂。钨酸盐、硝酸盐、亚硝酸盐、硒、碲等的检验。显影剂。医用脱色剂。

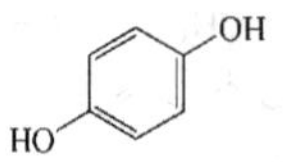

HO, OH

2′-Hydroxyacetophenone　2′-羟基苯乙酮　05349
[118-93-4]　$C_8H_8O_2$　136.15
成分　C 70.58%，H 5.92%，O 23.50%。
别名　邻羟基苯乙酮；*o*-Hydroxyacetophenone
性状　无色液体。低温为固体。mp 3～6℃；bp_{12} 90～95℃/1.6kPa；Fp 222.8℉（106℃）；d_4^{20} 1.130；n_D^{20} 1.558。一般试剂含量≥98.0%（GC）。
注意事项　见 05347 氢化奎宁。应密封避光保存。
主要用途　香料合成。

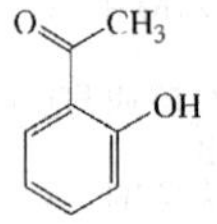

O, CH_3, OH

3′-Hydroxyacetophenone　3′-羟基苯乙酮　05350
[121-71-1]　$C_8H_8O_2$　136.15
成分　C 70.58%，H 5.92%，O 23.50%。
别名　间羟基苯乙酮；*m*-Hydroxyacetophenone
性状　无色结晶。溶于甲醇、乙醇，微溶于水。mp 90～95℃。一般试剂含量≥95.0%（HPLC）。
注意事项　该品口服有害。使用时应避免吸入本品的粉尘，避免与眼睛及皮肤接触。
主要用途　香料合成。

4′-Hydroxyacetophenone　4′-羟基苯乙酮　05351
[99-93-4]　$C_8H_8O_2$　136.15
成分　C 70.58%，H 5.92%，O 23.50%。
别名　4-乙酰苯酚；对羟基苯乙酮；4-Acethylphenol；*p*-Hydroxyacetophenone
性状　无色针状结晶。溶于乙醇、乙醚，微溶于水。mp 104～108℃；bp_{30} 148℃/4kPa。一般试剂含量≥98.0%（HPLC）。
注意事项　该品口服有害。使用时应避免吸入本品的粉尘，避免与眼睛及皮肤接触。
主要用途　香料合成。

4-Hydroxyacridine　4-羟基吖啶　05352
[18123-20-1]　$C_{13}H_9NO$　195.22
成分　C 79.98%，H 4.65%，N 7.17%，O 8.20%。
别名　4-吖啶醇；4-Acridinol；Neooxine
性状　白色结晶性粉末。mp 114～118℃。一般试剂含量≥98.0%（TLC）。
注意事项　该品吸入、口服或与皮肤接触有刺激性。使用时应穿适当的防护服和戴手套。万一接触到眼睛，应立即用大量水冲洗后请医生诊治。
主要用途　分光光度法测定钴、铜、镍、锌。

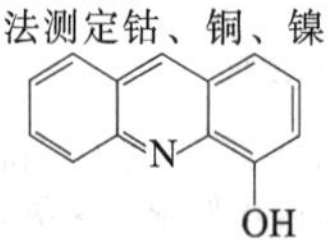

N, OH

Hydroxyamp hetamine　羟苯异丙胺　05353
[1518-86-1]　$C_9H_{13}NO$　151.21
成分　C 71.49%，H 8.67%，N 9.62%，O 10.58%。
别名　对羟基苯基异丙胺；4-(2-Aminopropyl)phenol；*dl*-*p*-Hydroxy-*α*-methylphenethylamine；*dl*-1-*p*-Hydroxyphenyl-2-propylamine；*p*-Hydroxyphenylisopropylamine；*α*-Methyltyramine；Paredrine；Paredrinex；Pulsoton
M. I. 15，4847
性状　来自苯中的无色玫瑰花形结晶。溶于水、乙醇、氯仿、乙酸乙酯。mp 125～126℃。
主要用途　医用用于眼的肾上腺素功能剂。扩瞳剂。

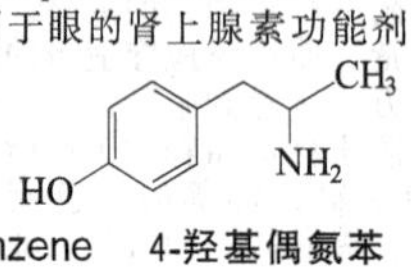

CH_3, NH_2, HO

4-Hydroxyazobenzene　4-羟基偶氮苯　05354
[1689-82-3]　$C_{12}H_{10}N_2O$　198.23
成分　C 72.71%，H 5.08%，N 14.13%，O 8.07%。
别名　对(苯偶氮)酚；对(羟基偶氮)苯；4-苯基偶氮酚；*p*-(Benzeneazo)phenol；*p*-Hydroxyazobenzene；*p*-(Phenylazo)phenol；4-Phenylazophenol；Solvent yellow T
C. I. 11800
性状　橙黄色结晶或粉末。溶于乙醇。mp 152～155℃。一般试剂含量≥90.0%（HPLC）。
注意事项　该品吸入、口服或与皮肤接触有刺激性。使用时应穿适当的防护服和戴手套。万一接触到眼睛，应立即用大量水冲洗后请医生诊治。
主要用途　非水溶液滴定指示剂。有机合成。

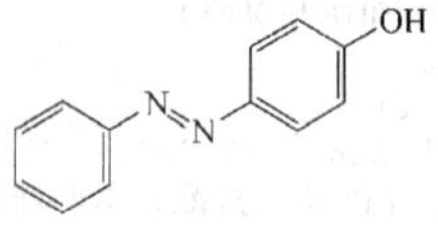

OH, N, N

4′-Hydroxyazobenzene-2-carboxylic acid　05355
4′-羟基偶氮苯-2-羧酸
[1634-82-8]　$C_{13}H_{10}N_2O_3$　242.24
成分　C 64.46%，H 4.16%，N 11.56%，O 19.81%。
别名　对羟基苯偶氮邻苯甲酸；对羟基偶氮苯邻′羧酸；2-(4-羟基苯偶氮)苯甲酸；HABA；HBBA；4′-Hydroxybenzeneazo-2-benzoic acid；2-(4-Hydroxyphenylazo)benzoic acid
性状　黄色结晶或粉末。溶于乙醇、苯、碱溶液，不溶于水。mp 204～208℃。生化试剂含量≥98.0%（T）。
注意事项　该品吸入、口服或与皮肤接触有害。使用时应穿适当的防护服和戴手套。氢化奎宁。
主要用途　比色测定总蛋白和脑脊髓液中的白蛋白。

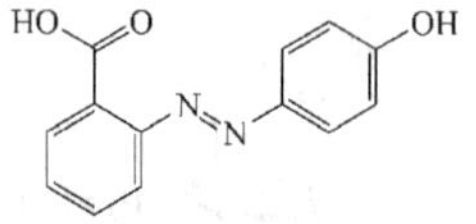

HO, O, OH, N, N

3-Hydroxybenzaldehyde　3-羟基苯甲醛　05356
[100-83-4]　$C_7H_6O_2$　122.12
成分　C 68.85%，H 4.95%，O 26.20%。
别名　间甲醛苯酚；间羟基苯甲醛；*m*-Aldehydophenol；*m*-Formylphenol；*m*-Hydroxybenzaldehyde
性状　浅黄色结晶。对光敏感。溶于热水，微溶于冷水、苯。能升华。mp 103～105℃；bp_{50} 191℃/6.666kPa。一般试剂含量≥99.0%。
注意事项　该品吸入、口服或与皮肤接触有刺激性。使用时应穿适当的防护服和戴手套。万一接触到眼睛，应立即用大量水冲洗后请医生诊治。应充氮气密封避光保存。
主要用途　杀菌剂。照相用乳化剂。染料中间体。塑料合成。

4-Hydroxybenzaldehyde　4-羟基苯甲醛　05357
[123-08-0]　$C_7H_6O_2$　122.12
成分　C 68.85%，H 4.95%，O 26.20%。
别名　对甲醛苯酚；对羟基苯甲醛；4-Formylphenol；*p*-Formylphenol；*p*-Hydroxybenzaldehyde
M. I. 15，4849
性状　来自水中的无色针状结晶。有芳香味。易溶于乙醇、乙醚，较多地溶于热水，微溶于苯（65℃ 3.68g/100mL）、水（30.5℃ 1.38g/100mL）。mp 116℃。一般试剂含量≥98.0%（HPLC）。
注意事项　该品吸入、口服或与皮肤接触有刺激性。使用时应穿适当的防护服和戴手套。万一接触到眼睛，应立即用大量水冲洗后请医生诊治。
主要用途　制药工业。有机合成。

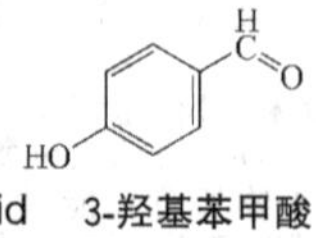

H, O, HO

3-Hydroxybenzoic acid　3-羟基苯甲酸　05358
[99-06-9]　$C_7H_6O_3$　138.12
成分　C 60.87%，H 4.38%，O 34.75%。
别名　间苯酚甲酸；间羟基苯甲酸；*m*-Hydroxybenzoic acid
性状　白色结晶。溶于乙醇、乙醚，不溶于水。mp 202～

203℃。一般试剂含量≥99.5%。

注意事项 该品口服有害。对眼睛、呼吸系统及皮肤有刺激性。使用时应穿适当的防护服。万一接触到眼睛，应立即用大量水冲洗后请医生诊治。

主要用途 偶氮染料中间体。有机合成。

4-Hydroxybenzoic acid 4-羟基苯甲酸 05359

[99-96-7] $C_7H_6O_3$ 138.12

成分 C 60.87%，H 4.38%，O 34.75%。

别名 对苯酚甲酸；对羟基苯甲酸；*p*-Hydroxybenzoic acid

M.I. 15，4850

性状 无色结晶。溶于约125份水，易溶于乙醇，溶于乙醚、丙酮，微溶于三氯甲烷，几乎不溶于二硫化碳。mp 213～214℃；*d* 1.46。一般试剂含量≥99.0%（T）。

注意事项 该品对眼睛有刺激性。使用时应穿适当的防护服。万一接触到眼睛，应立即用大量水冲洗后请医生诊治。

主要用途 染料的合成。有机合成。防霉剂的合成。

COOH
HO

2-Hydroxybenzonitrile 2-羟基苯甲腈 05360

[611-20-1] C_7H_5NO 119.12

成分 C 70.58%，H 4.23%，N 11.76%，O 13.43%。

别名 2-氰基酚；邻羟基苯甲腈；2-Cyanophenol

性状 无色结晶。溶于甲醇、乙醇，微溶于水。mp 92～95℃；bp_{14} 149℃/1.867kPa。一般试剂含量≥99.0%（NT）。

注意事项 该品口服有害。对眼睛、呼吸系统及皮肤有刺激性。使用时应穿适当的防护服。万一接触到眼睛，应立即用大量水冲洗后请医生诊治。

主要用途 有机合成。

CN
OH

3-Hydroxybenzonitrile 3-羟基苯甲腈 05361

[873-62-1] C_7H_5NO 119.12

成分 C 70.58%，H 4.23%，N 11.76%，O 13.43%。

别名 3-氰基酚；间羟基苯甲腈；3-Cyanophenol

性状 无色结晶。mp 79～81℃。一般试剂含量≥98.0%（GC）。

注意事项 该品口服有害。对眼睛、呼吸系统及皮肤有刺激性。使用时应穿适当的防护服。万一接触到眼睛，应立即用大量水冲洗后请医生诊治。

主要用途 有机合成。

4-Hydroxybenzonitrile 4-羟基苯甲腈 05362

[767-00-0] C_7H_5NO 119.12

成分 C 70.58%，H 4.23%，N 11.76%，O 13.43%。

别名 4-氰基酚；对羟基苯甲腈；4-Cyanophenol

性状 无色结晶。溶于乙醇、甲醇，微溶于水。mp 110～112℃。一般试剂含量≥97.0%（NT）。

注意事项 该品口服有害。对眼睛、呼吸系统及皮肤有刺激性。使用时应穿适当的防护服。万一接触到眼睛，应立即用大量水冲洗后请医生诊治。

主要用途 有机合成。

2-Hydroxybenzophenone 2-羟基二苯甲酮 05363

[117-99-7] $C_{13}H_{10}O_2$ 198.22

成分 C 78.77%，H 5.08%，O 16.14%。

别名 2-苯甲酰苯酚；2-羟基苯酰苯；邻羟基二苯甲酮；2-Benzoyl phenol；*o*-Hydroxybenzophenone

性状 白色结晶。mp 38～40℃；bp_{12} 171～173℃/1.6kPa；Fp>230℉（110℃）。一般试剂含量≥99.0%。

注意事项 该品对眼睛、呼吸系统及皮肤有刺激性。使用时应戴适当的手套。万一接触到眼睛，应立即用大量水冲洗后请医生诊治。

O OH

4-Hydroxybenzophenone 4-羟基二苯甲酮 05364

[1137-42-4] $C_{13}H_{10}O_2$ 198.22

成分 C 78.77%，H 5.08%，O 16.14%。

别名 对羟基二苯甲酮；*p*-Hydroxybenzophenone

性状 白色结晶。mp 132～134℃。一般试剂含量≥99.0%（HPLC）。

注意事项 该品对眼睛、呼吸系统及皮肤有刺激性。使用时应穿适当的防护服和戴手套。万一接触到眼睛，应立即用大量水冲洗后请医生诊治。

2-Hydroxybenzothiazole 2-羟基苯并噻唑 05365

[934-34-9] C_7H_5NOS 151.19

成分 C 55.61%，H 3.33%，N 9.26%，O 10.58%，S 21.21%。

别名 2(3*H*)-Benzothiazolone；SATP

性状 白色结晶。溶于乙醇、乙醚，不溶于水。mp 137～140℃。一般试剂含量≥98.0%。

注意事项 该品对眼睛、呼吸系统及皮肤有刺激性。使用时应戴适当的手套。万一接触到眼睛，应立即用大量水冲洗后请医生诊治。

主要用途 测定铜、镍、锌的试剂。有机合成。制药工业。

N
OH
S

6-Hydroxy-1,3-benzoxathiol-2-one

6-羟基-1,3-苯并氧杂硫醇-2-酮 05366

[4991-65-5] $C_7H_4O_3S$ 168.17

成分 C 50.00%，H 2.40%，O 28.54%，S 19.06%。

别名 6-羟基-2-氧-1，3-苯并氧杂硫醇；Camyna；6-Hydroxy-2-oxo-1,3-benzoxathiole；Stepin；Tioxolone

M.I. 15，9612

性状 来自水中的无色结晶。溶于乙醇、异丙醇、丙二醇、乙醚、苯、甲苯，几乎不溶于水。能被碱水解。mp 160℃。

注意事项 该品对眼睛、呼吸系统及皮肤有刺激性。

主要用途 医用抗皮脂溢性剂。

HO O
O
S

4-Hydroxybenzyl cyanide 4-羟基氰化苄 05367

[14191-95-8] C_8H_7NO 133.15

成分 C 72.17%，H 5.30%，N 10.52%，O 12.02%。

别名 4-羟基苯乙腈；4-Hydroxyphenylacetonitrile

性状 白色结晶。mp 69～71℃；bp_{756} 330℃/100.791kPa。一般试剂含量≥95.0%（NT）。

注意事项 该品吸入、口服或与皮肤接触有害。使用时应穿适当的防护服和戴手套。

主要用途 分析用标准物质。

CN
OH

3-Hydroxy-2-butanone 3-羟基-2-丁酮 05368

[513-86-0] $C_4H_8O_2$ 88.11

成分 C 54.53%，H 9.15%，O 36.32%。

别名 乙酰甲基甲醇；乙酰基乙醇；乙偶姻；甲基乙酰甲醇；醋嗡；Acetoin；Acetyl methyl carbinol；AMC；Dimethylketol；2,3-Butanolone；γ-Hydroxy-β-oxobutane

GW 2015-1635　M.I. 15，63
性状　无色至浅黄色油状液体。低温下可凝固。有愉快的气味。露置空气中逐渐氧化变色，久置则成二聚物。能与水、乙醇相混溶，略微溶于乙醚、石油醚。mp 15℃；bp_{760} 148℃/101.325kPa；Fp 123℉（50℃）；d_4^{17} 0.9972；$n_D^{17.3}$ 1.4190。一般试剂含量≥97.0%（GC）。
注意事项　该品易燃。对眼睛及皮肤有刺激性。使用时应穿适当的防护服和戴手套。万一接触到眼睛，应立即用大量水冲洗后请医生诊治。应密封于 2～8℃保存。
主要用途　食用香料。有机合成。

4′-Hydroxybutyranilide　4′-羟基丁酰苯胺　05369
[101-91-7]　$C_{10}H_{13}NO_2$　179.22
成分　C 67.02%，H 7.31%，N 7.82%，O 17.85%。
别名　*N*-(4-Hydroxyphenyl) butanamide；*p*-Hydroxybutyranilide；*N*-Butyroyl-*p*-aminophenol；Suconox-4
M.I. 15，4853
性状　来自水中的无色针状结晶。溶于乙醇，较多地溶于热水，微溶于冷水。mp 139～140℃。
主要用途　抗氧化剂。防老剂。

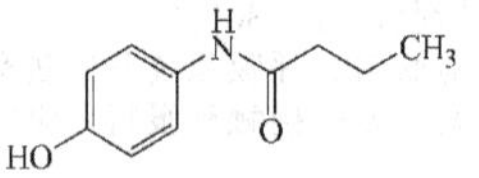

3-Hydroxybutyrate dehydrogenase from rhodopseudomonas spheroides
3-羟基丁酸脱氢酶（红假单胞球菌）　05370
[9028-38-0]　Mr 约 85000
别名　β-羟基丁酸脱氢酶；3-HBDH；β-Hydroxybutyrate dehydrogenase；3-Hydroxybutyric acid dehydrogenase
EC 1.1.1.30
性状　白色结晶。一般试剂为悬浮于 3.2mol/L 硫酸铵水溶液中，pH 值约 6.0。
注意事项　该品使用时应避免与眼睛及皮肤接触。应充氩气密封于 2～8℃保存。
主要用途　生化研究。

DL-3-Hydroxybutyric acid　DL-3-羟基丁酸　05371
[300-85-6]　$C_4H_8O_3$　104.11
成分　C 46.15%，H 7.75%，O 46.11%。
别名　DL-β-羟基丁酸；(±)-3-Hydroxybutyric acid；*dl*-β-Hydroxybutyric acid
M.I. 15，4855
性状　无色黏稠液体。易吸潮。溶于水、乙醇、乙醚。能随水蒸气挥发。bp_2 118～120℃/266.6kPa；Fp ＞230℉（110℃）；*d* 1.126；n_D^{20} 1.4430；$[\alpha]^{25}$ 0°（*c*=1，于氯仿中）。生化试剂含量≥95.0%。
注意事项　该品对眼睛、呼吸系统及皮肤有刺激性。使用时应穿适当的防护服。万一接触到眼睛，应立即用大量水冲洗后请医生诊治。应密封于 2～8℃干燥保存。
主要用途　生化研究。有机合成。

2-Hydroxybutyric acid sodium salt
2-羟基丁酸钠盐　05372
[19054-57-0]　$C_4H_7NaO_3$　126.09
成分　C 38.10%，H 5.60%，Na 18.23%，O 38.07%。
别名　DL-α-Hydroxybutyric acid sodium salt；(±)-2-Hydroxybutyric acid sodium salt；Sodium 2-hydroxybutyrate
性状　白色粉末。易吸湿。易溶于水。mp 133～135℃。
注意事项　使用时应避免吸入本品的粉尘，避免与眼睛及皮肤接触。应密封于干燥处保存。
主要用途　生化研究。

3-Hydroxy camp hor　3-羟基樟脑　05373
[10373-81-6]　$C_{10}H_{16}O_2$　168.24
成分　C 71.39%，H 9.59%，O 19.02%。
别名　3-Hydroxyl-1,7,7-trimethylbicyclo[2.2.1]heptan-2-one；Oxycamp hor；Oxaphor
M.I. 15，4856
性状　来自苯+石油醚中的无色针状结晶。易溶于乙醇、氯仿、乙醚，溶于 50 份水，较多地溶于热水。mp 205～206℃。
主要用途　医用局部止痒剂。

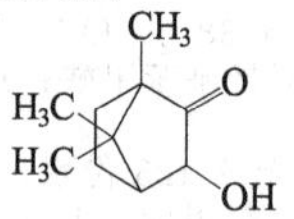

Hydroxychloroguine　羟氯奎　05374
[118-42-3]　$C_{18}H_{26}ClN_3O$　335.88
成分　C 64.37%，H 7.80%，Cl 10.55%，N 12.51%，O 4.76%。
别名　羟化氯奎；2-[[4-[(7-Chloro-4-quinolinyl) amino] pentyl] ethylamino] ethanol；7-Chloro-4-[4-[ethyl (2-hydroxyethyl) amino]-1-methylbutylamino] quinoline；7-Chloro-4-[4-(*N*-ethyl-*N*-β-hydroxyethylamino)-1-methylbutylamino] quinoline；7-Chloro-4-[5-(*N*-ethyl-*N*-2-hydroxyethylamino)-2-pentyl] aminoquinoline；Oxychioroquine；Oxichloroehine
M.I. 15，4857
性状　来自二氯乙烷及溶剂汽油中的无色结晶。mp 89～91℃。
主要用途　医用抗疟剂，抗风湿剂。

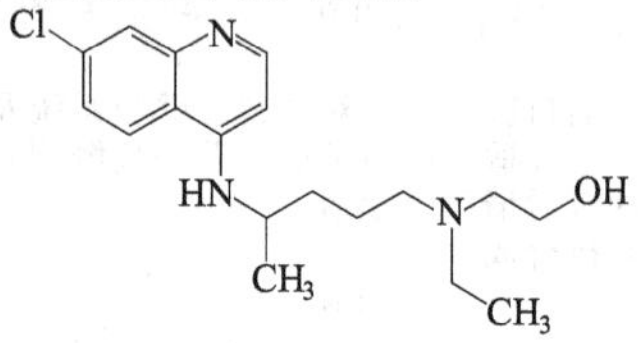

1α-Hydroxycholecalciferol　1α-羟胆骨化醇　05375
[41294-56-8]　$C_{27}H_{44}O_2$　400.65
成分　C 80.94%，H 11.07%，O 7.99%。
别名　1α-维生素 D_3；(1*R*,3*R*)-5-[(2*E*)-2-[(1*R*,3a*S*,7a*R*)-1-[(1*R*)-1,5-Dimethylhexyl]octahydro-7a-methyl-4*H*-inden-4-ylidene]ethylidene]-4-methylene-1,3-cyclohexanediol；(1α,3β,5*Z*,7*E*)-9,10-Secocholesta-5,7,10(19)-triene-1,3-diol；1α-Hydroxyvitamin D_3；1α-OH-CC；Alfacalcidol；Alfarol；Alpha D_3；Eins Alpha；Etalpha；One-Alpha；Vetalpha
M.I. 15，4858
性状　无色结晶。mp 134～136℃；$[\alpha]_D^{25}$ +28°（乙醚中）；uv max（乙醚中）：264nm（ε 18000）。
主要用途　医用、兽用维生素 D 源。

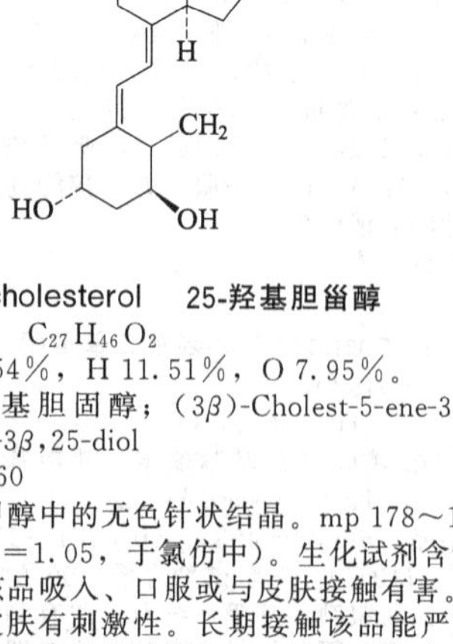

25-Hydroxycholesterol　25-羟基胆甾醇　05376
[2140-46-7]　$C_{27}H_{46}O_2$　402.66
成分　C 80.54%，H 11.51%，O 7.95%。
别名　25-羟基胆固醇；(3β)-Cholest-5-ene-3,25-diol；Δ^5-Cholestene-3β,25-diol
M.I. 15，4860
性状　来自甲醇中的无色针状结晶。mp 178～180℃；$[\alpha]_D^{25}$ −39.0°（*c*=1.05，于氯仿中）。生化试剂含量≥98.0%。
注意事项　该品吸入、口服或与皮肤接触有害。对眼睛、呼吸系统及皮肤有刺激性。长期接触该品能严重危害健康。使用时应穿适当的防护服。万一接触到眼睛，应立即用大量水冲洗后请医生诊治。使用时如有事故发生或有不适之感，应请医生诊治。

主要用途 生化研究。

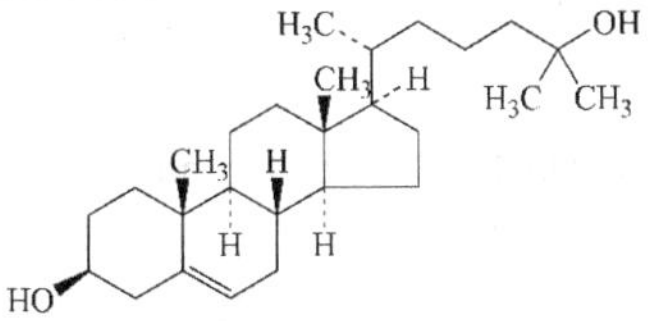

Hydroxycodeinone 羟基可待因酮 05377

[508-54-3] $C_{18}H_{19}NO_4$ 313.35

成分 C 69.00%，H 6.11%，N 4.47%，O 20.42%。

别名 14-羟基可待因酮；(5α)-7,8-Didehydro-4,5-epoxy-14-hydroxy-3-methoxy-17-methylmorphinan-6-one；14-Hydroxycodeinone

M. I. 15，4862

性状 来自96%乙醇＋微量氯仿中的无色片状结晶。易溶于氯仿、甲基溶纤剂、石油醚、乙酸乙酯，微溶于乙醇，几乎不溶于水、乙醚、碱的水溶液。275℃分解。

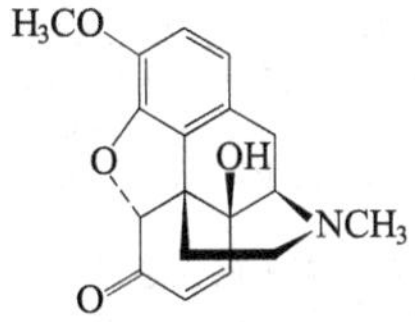

4-Hydroxycoumarin 4-羟基香豆素 05378

[1076-38-6] $C_9H_6O_3$ 162.14

成分 C 66.67%，H 3.73%，O 29.60%。

别名 对羟基香豆素；4-Hydroxy-1-benzopyran-2-one；β-Hydroxy-*o*-coumaric lactone；*p*-Hydroxycoumarin；Benzotetronic acid；Mycomycin D

性状 浅黄色结晶性粉末。易溶于乙醇、乙醚、热水。mp 216℃（分解）。一般试剂含量≥98.0%。

注意事项 该品口服有害。对眼睛、呼吸系统及皮肤具有刺激性。使用时应穿适当的防护服。万一接触到眼睛，应立即用大量水冲洗后请医生诊治。

主要用途 香料合成。杀鼠剂。

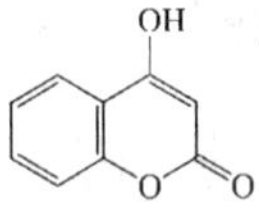

7-Hydroxy-4-coumarinyl acetic acid

7-羟基-4-香豆素基乙酸 05379

[6950-82-9] $C_{11}H_8O_5$ 220.18

成分 C 60.01%，H 3.66%，O 36.33%。

别名 4-乙酸-7-羟基香豆素；伞形酮-4-乙酸；伞形花内酯-4-乙酸；4-(Carboxymethyl) umbeltiferone；7-Hydroxycoumarin-4-aceticacid；Umbelliferone-4-acetic acid

性状 无色结晶。溶于二甲基甲酰胺、二甲基亚砜、水。mp 194～196℃（液体）。一般试剂含量≥98.0%（TLC）。

注意事项 该品对眼睛、呼吸系统及皮肤有刺激性。使用时应穿适当的防护服。万一接触到眼睛，应立即用大量水冲洗后请医生诊治。应密封避光保存。

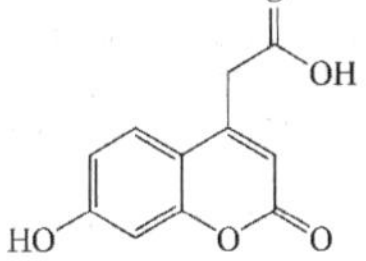

1-Hydroxy-1-cyclopropanecarboxylic acid

1-羟基-1-环丙烷羧酸 05380

[17994-25-1] $C_4H_6O_3$ 102.09

成分 C 47.06%，H 5.92%，O 47.02%。

性状 无色结晶。mp 108～110℃。一般试剂含量≥97.0%。

注意事项 该品对眼睛、呼吸系统及皮肤有刺激性。使用时应避免吸入本品的粉尘。

3-Hydroxydiphenylamine 3-羟基二苯胺 05381

[101-18-8] $C_{12}H_{11}NO$ 185.23

成分 C 77.81%，H 5.99%，N 7.56%，O 8.64%。

性状 无色结晶或白色粉末。mp 80～82℃；bp 340℃。一般试剂含量≥97.0%。

注意事项 该品对眼睛、呼吸系统及皮肤有刺激性。使用时应避免吸入本品的粉尘。

主要用途 有机合成。

12-Hydroxydodecanoic acid 12-羟基十二酸 05382

[505-95-3] $C_{12}H_{24}O_3$ 216.32

成分 C 66.63%，H 11.18%，O 22.19%。

别名 12-羟基月桂酸；12-Htydroxylauric acid

性状 无色结晶或白色结晶性粉末。mp 85～88℃。一般试剂含量≥97.0%（T）。

注意事项 使用时应避免吸入本品的粉尘，避免与眼睛及皮肤接触。

6-Hydroxydopamine hydrobromide

6-羟基多巴胺 氢溴酸盐 05383

[636-00-0] $C_8H_{12}BrNO_3$ 250.09

成分 C 38.42%，H 4.84%，Br 31.95%，N 5.60%，O 19.19%。

别名 2,5-二羟基酪胺 氢溴酸盐；氢溴酸 6-羟基多巴胺；2-(2,4,5-三羟基苯基)乙胺 氢溴酸盐；氢溴酸-2,5-二羟基酪胺；氢溴酸 2-(2,4,5-三羟基苯基)乙胺；2,4,5-三羟基苯乙胺 氢溴酸盐；2,5-Dihydroxytyramine hydrobromide；2-(2,4,5-Trihydroxyphenyl)ethylamine hydrobromide；2,4,5-Trihydroxyphenethylamine hydrobromide

性状 浅棕色结晶。易吸湿。溶于水，应澄清呈暗橙至棕色。mp 216～220℃。生化试剂含量约97.0%（HPLC/AT）。

注意事项 该品对眼睛、呼吸系统及皮肤有刺激性。使用时应穿适当的防护服。万一接触到眼睛，应立即用大量水冲洗后请医生诊治。应充氩气密封于2～8℃干燥保存。

主要用途 生化研究。

6-Hydroxydopamine hydrochloride

6-羟基多巴胺 盐酸盐 05384

[28094-15-7] $C_8H_{12}ClNO_3$ 205.64

成分 C 46.73%，H 5.88%，Cl 17.24%，N 6.81%，O 23.34%。

别名 2,5-二羟基酪胺 盐酸盐；盐酸 2,4,5-三羟基苯乙胺；盐酸 6-羟基多巴胺；2,4,5-三羟基苯乙胺 盐酸盐；盐酸 6-羟基多巴胺；2,5-Dihydroxytyramine hydrochloride；2,4,5-Trihydroxyphenylethylamine hydrochloride；2-(2,4,5-Trihydroxyphenyl)ethylamine hydrochloride

性状 白色长条状结晶。易吸湿。对空气敏感。mp 232～233℃（分解）。一般生化试剂含量≥97.0%（AT）。

注意事项 该品对眼睛、呼吸系统及皮肤有刺激性。使用时应穿适当的防护服。万一接触到眼睛，应立即用大量水冲洗后请医生诊治。应充氩气密封于避光干燥保存。

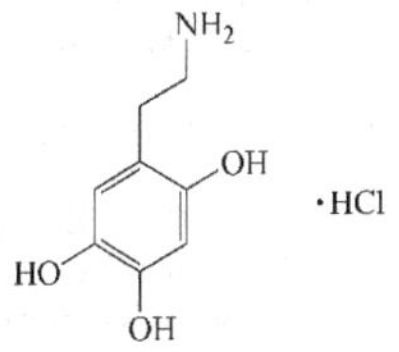

***N*-(2-Hydroxyethyl)aniline *N*-(2-羟乙基)苯胺** 05385

[122-98-5] $C_8H_{11}NO$ 137.18

成分 C 70.05%，H 8.08%，N 10.21%，O 11.66%。

别名 2-苯胺基乙醇；*N*-苯基乙醇胺；2-(苯基氨基)乙醇；2-Anilinoethanol；*N*-Phenylethanolamine；2-(Phenylamino)ethanol

性状 无色液体。bp_{11} 147～152℃/1.467kPa；Fp 307.4℉(153℃)；d_4^{20} 1.094；n_D^{20} 1.578。一般试剂含量≥98.0%（T）。

注意事项 该品与皮肤接触有毒。对眼睛有刺激性。使用时应穿适当的防护服，戴手套和防护镜或面罩。万一接触到眼睛，应立即用大量水冲洗后请医生诊治。使用时如有事故发生或有不适之感，应请医生诊治。

N-(2-Hydroxyethyl)ethylenediamine 05386
N-(2-羟乙基)乙二胺

[111-41-1]　$C_4H_{12}N_2O$　104.15

成分 C 46.13%，H 11.61%，N 26.90%，O 15.36%。

别名 *N*-（2-氨基乙基）乙醇胺；羟乙基乙二胺；AEEA；2-(2-Aminoethylamino) ethanol；*N*-(2-Aminoethyl) ethanolamine

性状 无色黏稠的油状液体。有吸湿性。呈强碱性。微有氨味。能吸收空气中二氧化碳。能与水、乙醇相混溶，微溶于乙醚。bp_7 140～145℃/933.254Pa；Fp 291.2℉(144℃)；d_4^{20} 1.029；n_D^{20} 1.485。一般试剂含量≥97.0%(NT)。

注意事项 该品具有腐蚀性，能引起烧伤。接触皮肤能引起过敏。使用时应穿适当的防护服，戴手套和防护镜或面罩。万一接触到眼睛，应立即用大量水冲洗后请医生诊治。使用时如有事故发生或有不适之感，应请医生诊治。应密封于干燥处保存。

主要用途 有机合成。浮选剂。杀虫剂。

N-(2-Hydroxyethyl)ethylenediamine-*N*,*N′*,*N′*-triacetic acid 05387
N-(2-羟乙基)乙二胺-*N*,*N′*,*N′*-三乙酸

[150-39-0]　$C_{10}H_{18}N_2O_7$　278.26

成分 C 43.16%，H 6.52%，N 10.07%，O 40.25%。

别名 *N*-羧甲基-*N′*-（2-羟乙基）-*N*，*N′*-乙烯二氨基乙酸；*N*-Carboxy methyl-*N′*-(2-hydroxyethyl)-*N*，*N′*-ethylenediglycine；HEDTA；HEEDTA；(2-Hydroxyethyl)ethylenedinitrilotriacetic acid

性状 白色结晶性粉末。易溶于热水，溶于乙醇、苛性碱溶液。mp 212℃（分解）。一般试剂含量≥98.0%（KT）。

注意事项 该品对眼睛、呼吸系统及皮肤有刺激性。使用时应穿适当的防护服，戴手套和防护镜或面罩。万一接触到眼睛，应立即用大量水冲洗后请医生诊治。

主要用途 络合滴定钙。金属掩蔽剂。纺织和制药工业。稀有元素的提炼。

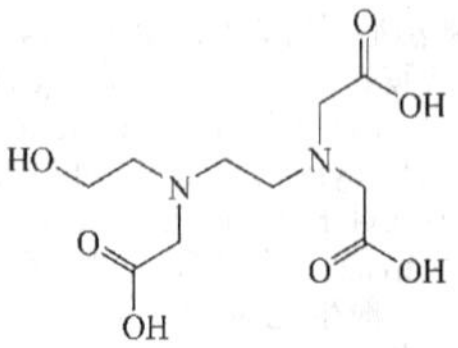

N-(2-Hydroxyethyl)ethylenediamine-*N*,*N′*,*N′*-triacetic acid trisodium salt dihydrate 05388
N-(2-羟乙基)乙二胺-*N*,*N′*,*N′*-三乙酸三钠盐 二水

[139-89-9][207386-87-6](水生物)　$C_{10}H_{15}N_2Na_3O_7 \cdot 2H_2O$　380.24

成分（以无水物计）　C 34.89%，H 4.39%，N 8.14%，Na 20.04%，O 32.54%。

别名 二水合 *N*-（2-羟乙基）乙二胺三乙酸三钠盐；*N*-[2-[Bis(carboxymethyl) amino] ethyl]-*N*-(2-hydroxyethyl) glycine trisodium salt；*N*-Carboxymethyl-*N′*-ethylenediglycine trisodium salt；*N*-Carboxymethyl-*N′*-(2-hydroxyethyl)-*N*，*N′*-ethylenediglycine trisodium salt；HEDTA-Na_3；*N*-Hydroxyethylethylenediaminetriacetic acid trisodiumsalt；Trisodium *N*-(2-hydroxyethyl)ethylenediamine-*N*,*N′*,*N′*-triacetate；Versenol®

M.I. 15，10162

性状 白色结晶性粉末。易吸湿。溶于水。一般试剂含量≥97.0%（KT）。

注意事项 该品对眼睛、呼吸系统及皮肤有刺激性。使用时应穿适当的防护服。万一接触到眼睛，应立即用大量水冲洗后请医生诊治。应密封于干燥处保存。

主要用途 氨羧络合剂。

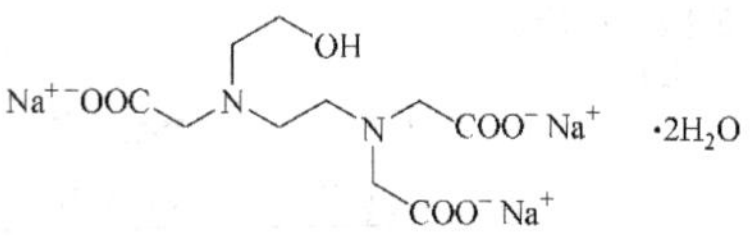

N-(2-Hydroxyethyl)iminodiacetic acid
N-(2-羟乙基)亚氨基二乙酸 05389

[93-62-9]　$C_6H_{11}NO_5$　177.16

成分 C 40.68%，H 6.26%，N 7.91%，O 45.15%。

别名 Ethanoldiglycine

性状 白色结晶或结晶性粉末。易溶于热水，微溶于冷水。mp 约 180℃（分解）。一般试剂含量≥98.0%（KT）。

注意事项 该品对眼睛、呼吸系统及皮肤有刺激性。使用时应穿适当的防护服。万一接触到眼睛，应立即用大量水冲洗后请医生诊治。

主要用途 络合剂。

3-(2-Hydroxyethyl)indole　3-(2-羟基乙基)吲哚 05390

[526-55-6]　$C_{10}H_{11}NO$　161.20

成分 C 74.51%，H 6.88%，N 8.69%，O 9.92%。

别名 3-吲哚乙醇；3-ω-Hydroxyethylindole；3-Indoleethanol；2-(3-Indolyl)ethyl alcohol；2-Indolyl(3)-ethanol；β-Indolylethyl alcohol；3-β-Hydroxyethylindole；Tryptophol

M.I. 15，9978

性状 来自乙醚＋石油醚中的无色片状结晶。溶于甲醇、乙醇、乙醚、丙酮、氯仿、乙酸乙酯、冰乙酸，中等程度溶于苯、戊醇、热二硫化碳，略微溶于石油醚，微溶于水。mp 59℃；bp_2 174℃/266.64Pa。生化试剂含量≥98.0%(GC)。

注意事项 使用时应避免吸入本品的粉尘，避免与眼睛及皮肤接触。应密封避光于 2～8℃保存。

主要用途 生化研究。

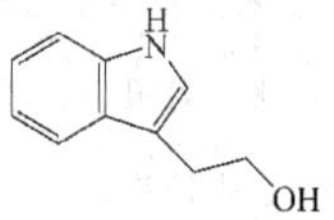

2-Hydroxyethyl methacrylate
甲基丙烯酸 2-羟基乙基酯 05391

[868-77-9]　$C_6H_{10}O_3$　130.14

成分 C 55.38%，H 7.74%，O 36.88%。

别名 甲基丙烯酸 2-羟基乙酯；乙二醇单甲基丙烯酸酯；(2-羟乙基）甲基丙烯酸酯；α-甲基丙烯酸-2-羟乙基酯；Ethylene glycol monomethacrylate；Glycol methacrylate；GMA；HEMA；2-Hydroxy-2-methyl propenoate；Methacrylic acid 2-hydroxyethyl ester

性状 无色透明液体。bp 205～208℃；d_4^{20} 1.071；n_D^{20} 1.453。一般试剂含量≥99.0%（GC）。

注意事项 该品对眼睛及皮肤有刺激性。接触皮肤能引起过敏。万一接触到眼睛，应立即用大量水冲洗后请医生诊治。接触皮肤后应立即用大量肥皂泡沫冲洗。应密封避光保存。

主要用途 电子显微镜用脱水剂及水混溶包埋剂。粘接剂，提高牙齿黏结材料与真牙之间的粘接力。

N-(2-Hydroxyethyl)piperazine *N*-(2-羟乙基)哌嗪 05392

[103-76-4]　130.19

成分 C 55.35%，H 10.84%，N 21.52%，O 12.29%。

别名 *N*-(2-羟基乙基)哌嗪；1-二乙烯二胺乙醇；*N*-(2-羟乙基）哌哔嗪；1-(2-Hydroxyethyl) piperazine；2-Piperazinoethanol

性状 无色液体。能与水混溶。mp －38.5℃；bp 242～246℃；Fp 275℉（135℃）；d_4^{20} 1.061；n_D^{20} 1.506。一般试剂含量≥97.0%（GC）。

注意事项 该品对眼睛、呼吸系统及皮肤有刺激性。使用时应穿适当的防护服，戴防护镜或面罩。万一接触到眼睛，应立即用大量水冲洗后请医生诊治。应密封保存。

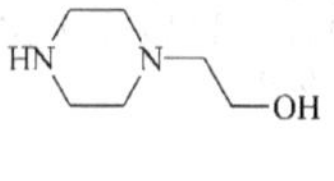

4-(2-Hydroxyethyl)-1-piperazineethanesulfonic acid
4-(2-羟乙基)-1-哌嗪乙烷磺酸 05393
[7365-45-9] $C_8H_{18}N_2O_4S$ 238.30

成分 C 40.32%，H 7.61%，N 11.76%，O 26.86%，S 13.45%。

别名 *N*-(2-羟乙基)哌嗪-*N'*-2-乙烷磺酸；2-[4-(2-羟乙基)-1-哌嗪乙烷]磺酸；*N*-(2-Hydroxyethyl)piperazine-*N'*-2-ethanesulfonic acid；2-[4-(2-Hydroxyethyl)-1-piperazineethane]sulfonic acid；HEPES

M. I. 15，4689

性状 来自乙醇＋水中的无色结晶。溶于水。pK_{a1} 约 3；pK_{a2}（20℃）7.55。mp 234℃。一般试剂含量≥99.0%（T）。

主要用途 生物缓冲剂（T）。

5-Hydroxyindole-3-acetic acid 5-羟基吲哚-3-乙酸 05394
[54-16-0] 191.19

成分 C 62.82%，H 4.74%，N 7.33%，O 25.10%。

别名 5-Hydroxy-3-indoleacetic acid；5-Hydroxyindolyl-3-acetic acid；5-Hydroxy(hetero)auxin；5-HIAA

性状 淡黄色结晶。溶于水、乙醇、乙酸乙酯，微溶于乙醚。mp 161～163℃（分解）。生化试剂含量≥99.0%（HPLC）。

注意事项 使用时应避免吸入本品的粉尘，避免与眼睛及皮肤接触。应充氩气密封于 2～8℃避光保存。

主要用途 生化研究。

8-Hydroxy-7-iodo-5-quinolinesulfonic acid
8-羟基-7-碘-5-喹啉磺酸 05395
[547-91-1] $C_9H_6INO_4S$ 351.11

成分 C 30.79%，H 1.72%，I 36.14%，N 3.99%，O 18.23%，S 9.13%。

别名 7-碘-8-羟基喹啉-5-磺酸；高铁试剂；试铁灵；Ferron；Loretin；Anayodin；7-Iodo-8-hydroxyquinoline-5-sulfonic acid；*m*-Iodo-*o*-hydroxyquinolineanasulfonic acid

M. I. 15，4865

性状 硫黄色结晶性粉末。1g 该品溶于 500mL 冷水、170mL 沸水，微溶于乙醇，几乎不溶于乙醚、油类。mp 260～270℃（分解）。一般试剂含量≥98.5%（T）

注意事项 该品具有腐蚀性，能引起烧伤。使用时应穿适当的防护服，戴手套和防护镜或面罩。万一接触到眼睛，应立即用大量水冲洗后请医生诊治。使用时如有事故发生或有不适之感，应请医生诊治。

主要用途 测定高铁的灵敏试剂，也可用于钙、钡、锶、氟、铵的测定。医用防腐剂，消毒剂。

2-Hydroxyisobutyric acid 2-羟基异丁酸 05396
[594-61-6] $C_4H_8O_3$ 104.11

成分 C 46.15%，H 7.75%，O 46.10%。

别名 2-甲基乳酸；醋酮酸；2-羟基-2-甲基丙酸；α-羟基异丁酸；α-HIBA；α-Hydroxyisobutyric acid；2-Hydroxy-2-methylpropionic acid；2-Methyllactic acid；Acetonic acid；α-Hydroxy-*iso*-butyric acid

性状 无色结晶或白色粉末。溶于水、乙醇、乙醚、石油醚。mp 78～81℃。一般试剂含量≥99.0%（HPLC）。

注意事项 该品呼吸系统及皮肤有刺激性。对眼睛有严重损伤的危险。使用时应戴防护镜或面罩。万一接触到眼睛，应立即用大量水冲洗后请医生诊治。

主要用途 生化研究。有机合成。萃取剂。

4-Hydroxyisophthalic acid 4-羟基异苯二甲酸 05397
[636-46-4] $C_8H_6O_5$ 182.13

成分 C 52.76%，H 3.32%，O 43.92%。

别名 对称羟基间苯二甲酸；4-羟基异酞酸；5-羟基间苯二甲酸；5-羟基-1,3-苯二羧酸；邻羟基间苯二甲酸；4-Hydroxy-1,3-benzenedicarboxylic acid；*sym*-Hydroxyisophthalicacid；5-Hydroxy-*iso*-phthalic acid

M. I. 15，4866

性状 来自水中的无色针状结晶或来自稀乙醇中的无色片状结晶。易溶于乙醇、乙醚，微溶于水（24℃，1g/3L；100℃，1g/160mL）。314～315℃分解。

注意事项 该品对眼睛、呼吸系统及皮肤有刺激性。

主要用途 有机合成。

5-Hydroxyisophthalic acid 5-羟基异苯二甲酸 05398
[618-83-7] $C_8H_6O_5$ 182.13

成分 C 52.76%，H 3.32%，O 43.92%。

别名 对称羟基间苯二甲酸；5-羟基-1,3-苯二甲酸；苯酚-3,5-二羧酸；5-羟基异酞酸；5-羟基间苯二甲酸；*sym*-Hydroxyisophthalic acid；*sym*-Hydroxy-*m*-phthalic acid

性状 白色针状结晶。易溶于乙醇、乙醚，微溶于水。mp 300～302℃。一般试剂含量≥97.0%。

注意事项 该品对眼睛、呼吸系统及皮肤有刺激性。

主要用途 有机合成。

Hydroxylamine hydrochloride 盐酸羟胺 05399
[5470-11-1] H_4ClNO 69.49

成分 H 5.80%，Cl 51.02%，N 20.16%，O 23.02%。

别名 氯化羟胺；盐酸胺；羟胺 盐酸盐；羟基氯化铵；Hydroxylammonium chloride；Oxammonium hydrochloride；S-55

M. I. 15，4867

性状 白色针状结晶。吸潮后能分解。1g 该品溶于约 1mL 水（17℃，83g/100mL）、19mL 乙醇、8mL 甲醇，溶于甘油、丙二醇，不溶于冷乙醚。0.2mol/L 水溶液 pH 值 3.2。mp 约 151℃；d_{17} 1.67。LD_{50} 小鼠急性经口：408 mg/kg。

注意事项 该品口服有害。对眼睛及皮肤有刺激性。接触皮肤能引起过敏。长期曝露或口服有害，并有严重损害健康的危险。对水生物极毒。使用时应戴手套。应避免吸入本品的粉尘，避免与皮肤接触。应防止将本品释放于环境中。应密封于干燥处保存。

主要用途 分析试剂，如醛类和酮类的检验。钢铁中测镁。也用于磺酸的微量分析。还原剂。去极剂。有机合成制备肟类。彩色影片的洗印。

参考规格 GB/T 6685—2007

	优级纯	分析纯	化学纯
含量（$HONH_3Cl$）/%≥	99.0	98.5	97.0
pH 值（50g/L，25℃）	2.5～3.5	2.5～3.5	2.5～3.5
澄清度试验/号≤	2	3	5
灼烧残渣（以硫酸盐计）/%≤	0.01	0.01	0.05
硫酸盐（SO_4）/%≤	0.002	0.002	0.005
铵（NH_4）/%≤	0.1	0.1	0.3
铁（Fe）/%≤	0.0003	0.0003	0.0007
砷（As）/%≤	0.0005		
重金属（以 Pb 计）/%≤	0.0003	0.0003	0.001

Hydroxylamine sulfate 硫酸羟胺 05400
[10039-54-0] $H_8N_2O_6S$ 164.13

成分 H 4.91%，N 17.07%，O 58.48%，S 19.54%。

别名 硫酸胺；羟胺 硫酸盐；Hydroxylammonium sulfate；Oxammonium sulfate

GW 2015-1322 M. I. 15，4867

性状 无色结晶。易溶于水，微溶于乙醇。mp 约 170℃。一般试剂含量≥99.0%（RT）。

注意事项 该品口服有害。对眼睛及皮肤有刺激性。接触皮肤能引起过敏。长期曝露或口服有害，并有严重损害健康的危险。对水生物极毒。使用时应戴手套。使用时应避免吸入本品的粉尘，避免与皮肤接触。应防止将本品释放于环境中。应密封于干燥处保存。

主要用途 分析试剂，如硒等的测定。有机合成，合成肟。还原剂（如使金、银、汞、化合物还原成单体，将 Fe^{3+}、Cu^{2+}、V^{5+} 还原化合物成低价化合物）。

Hydroxylamine-*O*-sulfonic acid 羟胺-*O*-磺酸 05401

[2950-43-8] H_3NO_4S 113.09

成分 H 2.67%，N 12.39%，O 56.59%，S 28.35%。

性状 无色结晶。溶于水。mp 约 225℃（分解）。一般试剂含量≥95.0%（RT）。

注意事项 该品具有腐蚀性，能引起烧伤。使用时应穿适当的防护服，戴手套和防护镜或面罩。万一接触到眼睛，应立即用大量水冲洗后请医生诊治。使用时如有事故发生或有不适之感，应请医生诊治。应充氩气密封于 2～8℃干燥保存。

Hydroxylapatite 羟基磷灰石 05402

[1306-06-5] $Ca_{10}H_2O_{26}P_6$ 1004.63

成分 Ca 39.89%，H 0.20%，O 41.41%，P 18.50%。

别名 Alveograf;Calcium orthophosphate basic;Calcium phosphate hydroxide;Durapatite; HA;HPT;Hydroxyapatite;Ossopan;Periograf

M. I. 15，3514

性状 白色六方形针状结晶或微珠粉末。为磷酸钙和氢氧化钙的复合物。几乎不溶于水。约 1100℃分解。

注意事项 该品对眼睛、呼吸系统及皮肤有刺激性。使用时应戴手套。使用时应避免吸入本品的粉尘，避免与眼睛及皮肤接触。万一接触到眼睛，应立即用大量水冲洗后请医生诊治。

主要用途 蛋白质的分离或提纯。

DL-5-Hydroxylysine hydrochloride
DL-5-羟基赖氨酸 盐酸盐 05403

[13204-98-3] $C_6H_{15}ClN_2O_3$ 198.65

成分 C 36.28%，H 7.61%，Cl 17.85%，N 14.10%，O 24.16%。

别名 盐酸 DL-5-羟基赖氨酸；2，6-二氨基-5-羟基己酸 盐酸盐；盐酸 5-羟基-2，6-二氨基己酸；2，6-Diamino-5-hydroxycaproic acid hydrochloride

性状 白色结晶。易溶于水，不溶于乙醇、甲醇、乙醚、丙酮。mp 225℃（分解）。生化试剂含量≥97.0%（AT）。

注意事项 该品应密封干燥保存。

主要用途 生化研究。

Hydroxymalonic acid 羟基丙二酸 05404

[80-69-3] $C_3H_4O_5$ 120.06

成分 C 30.01%，H 3.36%，O 66.63%。

别名 丙醇二酸；亚酒石酸；酒石裔酸；Hydroxypropanedioic acid;Tartronic acid

M. I. 15，9207

性状 无色结晶。无味。易溶于水、乙醇，溶于乙醚。pK_1 2.42；pK_2 4.54；mp 158～160℃（分解）。一般试剂含量≥98.0%。

注意事项 该品对眼睛、呼吸系统及皮肤有刺激性。使用时应穿适当的防护服和戴手套。万一接触到眼睛，应立即用大量水冲洗后请医生诊治。应密封于 2～8℃保存。

主要用途 测定铝。有机合成。

4-(Hydroxymercuri)benzoic acid sodium salt 05405
4-(羟基汞)苯甲酸钠盐

[138-85-2] $C_7H_5HgNaO_3$ 360.70

成分 C 23.31%，H 1.40%，Hg 55.61%，Na 6.37%，O 13.31%。

别名 对（羟基汞）苯甲酸钠盐；对羟基汞苯甲酸钠；Sodium *p*-hydroxymercuribenzoate;4-(Hydroxymercuri) benzoic acid sodium salt;*p*-(Hydroxymercuri)benzoic acid sodinm salt

性状 白色结晶。mp ＞300℃。生化试剂含量≥95.0%（Hg）。

注意事项 该品口服、吸入或与皮肤接触极毒，并具有蓄积性危害。对水生物极毒。能对水环境引起长期不利的影响。使用时应穿适当的防护服。如接触皮肤，应立即用大量肥皂泡沫冲洗。使用时如有事故发生或有不适之感，应请医生诊治。应防止将本品释放于环境中。应远离食品、饮料和动物饲料充氩气密封保存。其包装物应按危险品处理。

4-Hydroxy-3-methoxyacetophenone 05406
4-羟基-3-甲氧基苯乙酮

[498-02-2] $C_9H_{10}O_3$ 166.18

成分 C 65.05%，H 6.07%，O 28.88%。

别名 3-甲氧基-4-羟基苯乙酮；磁麻脂；Acetovanillon；Apocynin；1-(4-Hydroxy-3-methoxyphenyl) ethanone；3-Methoxy-4-hydroxyacetophenone

M. I. 15，728

性状 来自水中的无色细小针状结晶。微有香草气味。易溶于热水、乙醇、苯、氯仿、乙醚，微溶于冷水，几乎不溶于石油醚。mp 115℃；bp 295～300℃。一般试剂含量≥97.0%（GC）。

注意事项 该品对眼睛、呼吸系统及皮肤有刺激性。使用时应穿适当的防护服。万一接触到眼睛，应立即用大量水冲洗后请医生诊治。

O CH3 OCH3 OH

3-Hydroxy-4-methoxybenzaldehyde
3-羟基-4-甲氧基苯甲醛 05407

[621-59-0] $C_8H_8O_3$ 152.15

成分 C 63.15%，H 5.30%，O 31.55%。

别名 4-甲氧基-3-羟基苯甲醛；异香兰素；异香荚兰素；异香草醛；原儿茶醛-4-甲醚；3-羟基大茴香醛；3-Hydroxyanisaldehyde; Isovanillin; *iso*-Vanillin; Protocatechuicaldehyde 4-methyl ether

性状 浅黄至棕色结晶。溶于乙醇、乙醚、三氯甲烷、乙酸，微溶于石油醚、二硫化碳。mp 113～116℃；bp_{15} 179℃/2kPa。一般试剂含量≥98.0%（HPLC）。

注意事项 该品对眼睛、呼吸系统及皮肤有刺激性。使用时应穿适当的防护服。万一接触到眼睛，应立即用大量水冲洗后请医生诊治。

主要用途 有机合成。

O H OH OCH3

2-Hydroxy-4-methoxybenzophenone
2-羟基-4-甲氧基二苯甲酮 05408

[131-57-7] $C_{14}H_{12}O_3$ 228.25

成分 C 73.67%，H 5.30%，O 21.03%。

别名 Oxybenzone;MOB;(2-Hydroxy-4-methoxyphenyl) phenyl methanone;4-Methyoxy-2-hydroxybenzophenone;Benzophenone-3;Cyasorb UV 9;Spectra-sorb UV 9; UV-9;Uvinul M-40

M. I. 15，7053

性状 来自异丙醇中的无色结晶。易溶于乙醇、甲苯．等多数有机溶剂，几乎不溶于水。mp 66℃；bp_5 150～160℃/666.61Pa。Fp 212℉（100℃）；LD_{50} 大鼠急性经口：＞12.8g/kg。一般试剂含量≥98.0%（NT）。

注意事项 该品对眼睛、呼吸系统及皮肤有刺激性。使用时应穿适当的防护服。万一接触到眼睛，应立即用大量水冲洗后请医生诊治。

主要用途 紫外光屏蔽剂。

O H3CO OH

4-Hydroxy-3-methoxybenzyl alcohol
4-羟基-3-甲氧基苯甲醇 05409
［498-00-0］ $C_8H_{10}O_3$ 154.17
成分 C 62.33%，H 6.54%，O 31.13%。
别名 香草醇；3-甲氧基-4-羟基苄醇；Vanillinol；3-Methoxy-4-hydroxybenzyl alcohol；Vanillyl alcohol
性状 无色结晶。mp 108～112℃。一般试剂含量≥98.0%（GC）。
注意事项 该品对眼睛、呼吸系统及皮肤有刺激性。使用时应穿适当的防护服。万一接触到眼睛，应立即用大量水冲洗后请医生诊治。

DL-4-Hydroxy-3-methoxymandelic acid
DL-4-羟基-3-甲氧基扁桃酸 05410
［2394-20-9］［55-10-7］ $C_9H_{10}O_5$ 198.17
成分 C 54.55%，H 5.09%，O 40.37%。
别名 DL-3-甲氧基-4-羟基苦杏仁酸；DL-4-羟基-3-甲氧基苦杏仁酸；DL-4-羟基-3-甲氧基苯乙醇酸；DL-香草基扁桃酸；DL-α，4-Dihydroxy-3-methoxybenzeneacetic acid；DL-3-Methoxy-4-hydroxymandelic acid；DL-Vanilmandelic acid；DL-Vanillylmandelic acid；DL-VMA
M. I. 15，10121
性状 来自乙醚＋苯中的无色或白色鳞片状结晶或粉末。易溶于水、丙酮，中等程度溶于乙醚、乙腈，略微溶于苯。131～133℃分解；uv max（0.1mol/L 盐酸中）：230nm，279nm（ε 6320，2810）；（0.1mol/L 氢氧化钠溶液中）：247nm，285nm，345nm（ε 6860，3960，630）。一般试剂含量≥99.0%（T）。
注意事项 该品对眼睛、呼吸系统及皮肤有刺激性。使用时应穿适当的防护服。万一接触到眼睛，应立即用大量水冲洗后请医生诊治。

4-Hydroxy-3-methoxyphenylglycol sulfate potassium salt
4-羟基-3-甲氧基苯乙二醇 硫酸钾盐 05411
［71324-20-4］ $C_9H_{11}KO_7S$ 302.34
成分 C 35.75%，H 3.67%，K 12.93%，O 37.04%，S 10.61%。
别名 硫酸 4-羟基-3-甲氧基苯基乙二醇钾盐；MOPEG sulfate K salt；MHPG sulfate K salt；(3-Methoxy-4-sulfonyloxyphenyl)glycol potassium salt；MOPEG sulfate
性状 无色结晶。易吸湿。mp 155～160℃（分解）。生化试剂含量≥98.0%（HPLC）。
注意事项 该品应充氩气密封干燥于 2～8℃保存。

17β-Hydroxy-17-methylandrosta-1,4-dien-3-one
17β-羟基-17-甲基雄-1,4-二烯-3-酮 05412
［72-63-9］ $C_{20}H_{28}O_2$ 300.44
成分 C 79.96%，H 9.39%，O 10.65%。
别名 17α-甲基-17β-羟基雄-1,4-二烯-3-酮；(17β)-17-Hydroxy-17-methylandrosta-1，4-dien-3-one；17α-Methyl-17β-hydroxyandrosta-1，4-dien-3-one；1-Dehtydro-17α-methyltestosterone；Methandienone；Methandrostenolone；Danabol；Nerobol；Nabolin；Stenolon；Dianabol
M. I. 15，6023
性状 来自丙酮＋乙醚中的无色结晶。mp 163～164℃；$[\alpha]_D^{26}$ 0°（c＝1.15，于氯仿中）；uv max：245nm（ε 15600）。生化试剂含量≥99.0%（HPLC）。
注意事项 该品应密封避光于 2～8℃保存。
主要用途 生化研究。雄性激素。

2-Hydroxymethyl-12-crown-4 2-羟甲基-12-冠醚-4 05413
［75507-26-5］ $C_9H_{18}O_5$ 206.24
成分 C 52.41%，H 8.80%，O 38.79%。
别名 12-冠醚-4-甲醇；(12-Crown-4)-2-methanol；12-Crown-4-methanol；1,4,7,10-Tetraoxacyclododecan-2-methanol
性状 无色液体。$bp_{0.004}$ 115℃/0.53Pa；Fp 235.4℉（113℃）；d_4^{20} 1.18；n_D^{20} 1.480。一般试剂含量≥95.0%（GC）；水≤0.5%。
注意事项 该品对眼睛、呼吸系统及皮肤有刺激性。使用时应穿适当的防护服。万一接触到眼睛，应立即用大量水冲洗后请医生诊治。应充氩气密封保存。

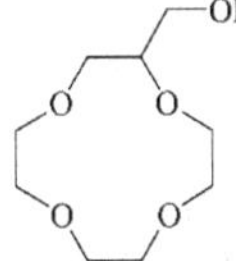

2-Hydroxymethyl-15-crown-5 2-羟甲基-15-冠醚-5 05414
［75507-25-4］ $C_{11}H_{22}O_6$ 250.29
成分 C 52.79%，H 8.86%，O 38.35%。
别名 15-冠醚-5-甲醇；15-Crown-5-methanol；1,4,7,10,13-Pentaoxacyclopentadecane-2-methanol
性状 无色黏稠的液体。$bp_{1.5}$ 135℃/0.2kPa；Fp 230℉（110℃）d^{25} 1.175；n_D^{20} 1.479。一般试剂含量≥97.0%（GC）。
注意事项 该品对眼睛，呼吸系统及皮肤有刺激性。使用时应穿适当的防护服。万一接触到眼睛，应立即用大量水冲洗后请医生诊治。应充氩气密封保存。

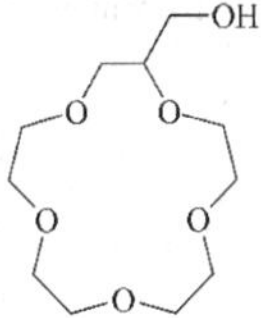

2-Hydroxymethyl-18-crown-6 2-羟甲基-18-冠醚-6 05415
［70069-04-4］ $C_{13}H_{26}O_7$ 294.34
成分 C 53.05%，H 8.90%，O 38.05%。
别名 18-冠醚-6-甲醇；18-Crown-6-methanol；1,4,7,10,13,16-Hexaoxacyclooctadecane-2-methanol
性状 无色液体。$bp_{0.5}$ 150℃/66.7Pa；Fp 235.4℉（113℃）；d_4^{20} 1.161；n_D^{20} 1.479。一般试剂含量≥97.0%（GC）。
注意事项 该品对眼睛，呼吸系统及皮肤有刺激性。使用时应穿适当的防护服。万一接触到眼睛，应立即用大量水冲洗后请医生诊治。应充氩气密封保存。

1-Hydroxymethyl-5,5-dimethylhydantoin
1-羟甲基-5,5-二甲基乙内酰脲 05416
［116-25-6］ $C_6H_{10}N_2O_3$ 158.16
成分 C 45.57%，H 6.37%，N 17.71%，O 30.35%。
别名 1-Hydroxymethyl-5，5-dimethyl-2，4-imidazolidinedione；Monomethyloldimethylhydantoin；MDMH；Methylol dimethylhydantoin
M. I. 15，4870
性状 无色结晶。易溶于水、甲醇、乙醇、丙酮，微溶于乙酸乙酯，几乎不溶于乙醚、三氯乙烯、四氯化碳。mp 100℃。
主要用途 制备化妆品的防腐。

5-Hydroxymethyl-2-furaldehyde
5-羟甲基-2-呋喃甲醛 05417
［67-47-0］ $C_6H_6O_3$ 126.11

成分 C 57.14%，H 4.80%，O 38.06%。
别名 5-羟甲基-2-糠醛；5-(羟甲基)糠醛；5-(Hydroxymethyl)furfural；HMF；5-Hydroxymethyl-2-formylfuran；5-Hydroxymethyl-2-furancarbonal；5-Hydroxymethyl-2-furancarboxaldehyde
M. I. 15，4871
性状 来自乙醚+石油醚中的无色针状结晶。易溶于甲醇、乙醇、丙酮、水、乙酸乙酯、二甲基甲酰胺，溶于苯、氯仿、乙醚，较少地溶于四氯化碳，略微溶于石油醚。mp 31.5℃；$bp_{0.02}$ 110℃/2.666Pa；Fp 174.2℉（79℃）；d_4^{25} 1.2062；n_D^{18} 1.5627；uv max：283nm。一般试剂含量≥98.0%（HPLC）。
注意事项 该品对眼睛，呼吸系统及皮肤有刺激性。使用时应穿适当的防护服。万一接触到眼睛，应立即用大量水冲洗后请医生诊治。应充氩气密封避光于2～8℃保存。
主要用途 有机合成。

3-Hydroxy-3-methylglutaric acid
3-羟基-3-甲基戊二酸 05418
[503-49-1] $C_6H_{10}O_5$ 162.14
成分 C 44.45%，H 6.22%，O 49.34%。
别名 3-甲基-3-羟基戊二酸；CB-337；Dicrotalic acid；HMG；HMGA；3-Hydroxy-3-methylpentanedioic acid；Lipoglutaren；Medroglutaric acid；Meglutol；Mevalon
M. I. 15，5877
性状 来自乙醚/石油醚中的无色结晶。溶于水。于干燥处性稳定。mp 108～109℃。LD_{50}小鼠急性经口：7.33g/kg；腹膜内注射：3.23g/kg。生化试剂含量≥98.0%(T)。
注意事项 使用时应避免吸入本品的粉尘，避免与眼睛及皮肤接触。应充氩气密封保存。
主要用途 生化研究。医用抗高血脂剂。

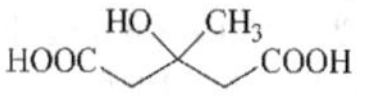

3-Hydroxy-5-methylisoxazole 3-羟基-5-甲基异噁唑 05419
[10004-44-1] $C_4H_5NO_2$ 99.09
成分 C 48.48%，H 5.09%，N 14.14%，O 32.29%。
别名 Hymexazol；F-319；5-Methyl-3(2*H*)-isoxazolone；RTY-319；Tachigaren
M. I. 15，4895
性状 来自正己烷中的白色针状结晶。易溶于甲醇、乙醇、异丙醇、丙酮、甲基异丁基甲酮、四氢呋喃、二氧六环、二甲基甲酰胺、乙二醇、氯仿，颇溶于乙醚、苯、二甲苯、三氯乙烯，微溶于正己烷、二硫化碳。溶于水（25℃，约8.5g/100mL）。mp 84～85℃。LD_{50}雄，雌小鼠，大鼠急性经口(mg/kg)：2148，1968，4678，3909；皮下注射(mg/kg)：1297，1167，1924，1884；静脉注射(mg/kg)：445，514，>1000，>1000。大鼠，兔皮肤接触(mg/kg)：>10000，>2000。生化试剂含量≥90.0%。
注意事项 该品应密封于-70℃保存。
主要用途 生化研究。农用杀菌剂，植物生长调节剂。

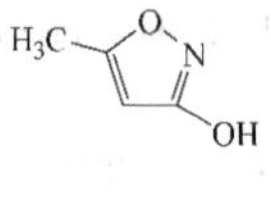

N-(Hydroxymethyl)nicotinamide
***N*-(羟甲基)烟酰胺** 05420
[3569-99-1] $C_7H_8N_2O_2$ 152.15
成分 C 55.26%，H 5.30%，N 18.41%，O 21.03%。
别名 *N*-(羟甲基)尼克酰胺；*N*-(羟甲基)维生素：pp；*N*-Hydroxymethyl-3-pyridinecarboxamide；3-Pyridinecarboxylic acid hydroxymethylamide；Pyridine-3-carboxylic acid *N*-methylolamide；Bilamid(e)；Felosan；Nikoform；Choligen
M. I. 15，4872
性状 无色结晶。易溶于热乙醇、热水，略微溶于冷乙醇、冷水。mp 141～142℃。
注意事项 该品对眼睛、呼吸系统及皮肤有刺激性。
主要用途 生化研究。医用利胆剂。

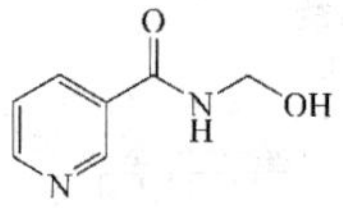

3-(Hydroxymethyl)pyridine 3-(羟甲基)吡啶 05421
[100-55-0] C_6H_7NO 109.13
成分 C 66.04%，H 6.47%，N 12.83%，O 14.66%。
别名 3-吡啶甲醇；ω-Hydroxy-3-picoline；Nicotinyl alcohol；3-Pyridineme～thanol；β-Pyridylcarbinol；Nicotinic alcohol；Nu-2121；Roniacol；Ronicol
M. I. 15，6612
性状 微黄色澄清液体。易吸潮。易溶于水、乙醚，微溶于石油醚。bp_{28} 154℃/3.733kPa；bp_{16} 144～145℃/2.133kPa；bp_{12} 114℃/1.599kPa；$bp_{0.1}$ 110℃/13.33Pa；Fp 230℉（110℃）；d_4^{20} 1.135；n_D^{20} 1.544。生化试剂含量≥98.0%（GC）。
注意事项 该品对眼睛、呼吸系统及皮肤有刺激性。使用时应穿适当的防护服。万一接触到眼睛，应立即用大量水冲洗后请医生诊治。应充氩气密封于2～8℃干燥保存。
主要用途 生化研究。血管舒张剂。溶解核黄素。

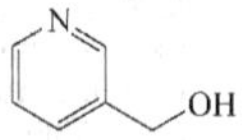

3-Hydroxy-2-methyl-4-pyrone
3-羟基-2-甲基-4-吡喃酮 05422
[118-71-8] $C_6H_6O_3$ 126.11
成分 C 57.14%，H 4.80%，O 38.06%。
别名 3-羟基-2-甲基-4*H*-吡喃-4-酮；3-羟基-2-甲基-4-氧杂苣酮；落叶松皮素；3-Hydroxy-2-methyl-4*H*-pyran-4-one；3-Hydroxy-2-methyl-γ-pyone；Larixinic acid；Maltol；Palatone；Veltol
M. I. 15，5777
性状 来自50%乙醇中的无色单斜棱柱体或斜方双锥体结晶。1g该品溶于82mL水、80mL甘油、21mL乙醇、28mL丙二醇。易溶于热水、氯仿，略微溶于苯、乙醚、石油醚。溶于碱水溶液呈黄色。其0.5%水溶液pH值5.3。mp 161～162℃；uv max（0.1mol/L盐酸中）：274nm（E_m 8400）；（0.1mol/L氢氧化钠溶液中）：317nm（E_m 7300）。一般试剂含量≥99.0%。
注意事项 该品口服有害。对皮肤有刺激性。使用时应戴适当的手套。
主要用途 调味剂。香料。

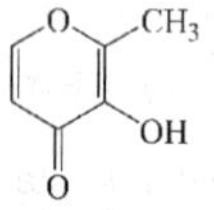

2-Hydroxy-1-naphthaldehyde 2-羟基-1-萘醛 05423
[708-06-5] $C_{11}H_8O_2$ 172.18
成分 C 76.73%，H 4.68%，O 18.58%。
别名 2-羟基-1-萘甲醛；2-Hydroxy-1-naphthalene carbonal；1-Naphthaldehyde-2-hydroxy；β-Naphthol-1-aldehyde
性状 浅棕色针状结晶。溶于乙醇、乙醚、石油醚、碱溶液。mp 77～80℃；bp_{27} 192℃/3.6kPa。一般试剂含量≥98.0%（HPLC）。
注意事项 该品对眼睛、呼吸系统及皮肤有刺激性。对水生物极毒。可能对水环境引起不利的结果。使用时应穿适当的防护服。万一接触到眼睛，应立即用大量水冲洗后请医生诊治。应防止将本品释放于环境中。其包装物应按危险品处理。
主要用途 有机合成。

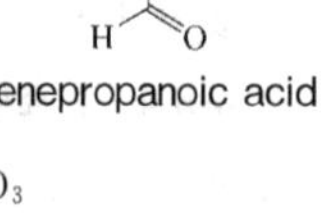

6-Hydroxy-2-naphthalenepropanoic acid
6-羟基-2-萘丙酸 05424
[553-39-9] $C_{13}H_{12}O_3$ 216.24

成分 C 72.21%，H 5.59%，O 22.20%。
别名 2-羟基-6-萘丙酸；Allenolic acid；Amp hihydroxynaphthyl-β-propionic acid；2-Hydroxy-6-naphthalenepropionic acid
M. I. 15，251
性状 来自甲醇水溶液中的无色结晶。溶于乙醇、甲醇、吡啶。mp 180～181℃。
主要用途 生化研究。

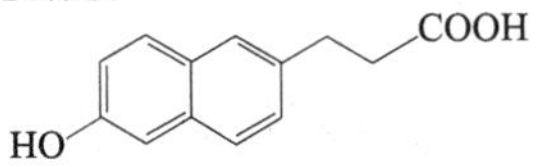

1-Hydroxy-2-naphthoic acid 1-羟基-2-萘酸 05425
[86-48-6] $C_{11}H_8O_3$ 188.18
成分 C 70.21%，H 4.89%，O 25.51%。
别名 1-羟基-2-萘甲酸；1-萘酚-2-羧酸；1，2-Acid；1-Naphthol-2-carboxylic acid；α-Hydroxy-β-naphthoic acid
M. I. 15，4823
性状 白色至浅粉红色结晶。易溶于乙醇、苯、乙醚、碱溶液，几乎不溶于水。mp 191～192℃。一般试剂含量≥98.0%。
注意事项 该品对眼睛、呼吸系统及皮肤有刺激性。使用时应穿适当的防护服和戴手套。万一接触到眼睛，应立即用大量水冲洗后请医生诊治。
主要用途 检测镁、钾、铵。染料中间体。有机合成。

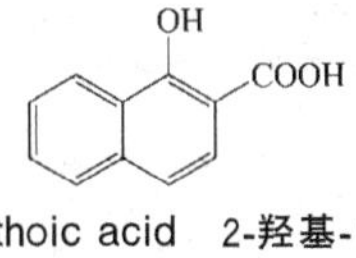

2-Hydroxy-1-naphthoic acid 2-羟基-1-萘酸 05426
[2283-08-1] $C_{11}H_8O_3$ 188.18
成分 C 70.21%，H 4.28%，O 25.51%。
别名 2-羟基-1-萘甲酸；2-萘酚-1-羧酸；2，3-Acid；2-Naphthol-1-carboxylic acid
性状 无色针状结晶。极易溶于乙醇，溶于乙醚、氯仿、苯。mp 167℃（分解）。一般试剂含量≥98.0%。
注意事项该品对眼睛、呼吸系统及皮肤有刺激性。使用时应穿适当的防护服和戴手套。万一接触到眼睛，应立即用大量水冲洗后请医生诊治。
主要用途 有机合成。

3-Hydroxy-2-naphthoic acid 3-羟基-2-萘酸 05427
[92-70-6] $C_{11}H_8O_3$ 188.18
成分 C 70.21%，H 4.28%，O 25.51%。
别名 2-羟基-3-萘甲酸；2-萘酚-3-羧酸；3-羟基-2-萘甲酸；3-Hydroxy-2-naphthalenecarboxylic acid；2-Hydroxy-3-naphthoic acid；2-Naphthol-3-carboxylic acid；3-Naphthol-2-carboxylic acid；β-Hydroxy-β-naphthoic acid
M. I. 15，4874
性状 微黄色结晶。易溶于乙醇、乙醚，溶于三氯甲烷、苯、碱溶液，微溶于热水，几乎不溶于冷水。mp 222～223℃；Fp >302℉（150℃）。一般试剂含量≥98.0%。
注意事项 该品口服有害。该品对眼睛、呼吸系统及皮肤有刺激性。使用时应穿适当的防护服和戴手套。万一接触到眼睛，应立即用大量水冲洗后请医生诊治。1-羟基-2-萘酸。使用时应避免吸入本品的粉尘，避免与眼睛及皮肤接触。
主要用途 测定锆和钍的试剂。测定铝和高铁的络合指示剂。

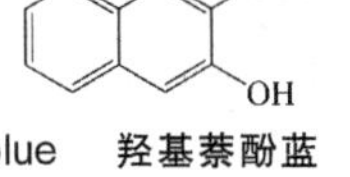

Hydroxynaphthol blue 羟基萘酚蓝 05428
[63451-35-4] $C_{20}H_{11}N_2Na_3O_{11}S_3$ 613.49
成分 C 39.16%，H 1.81%，N 4.57%，Na 10.10%，O 28.69%，S 15.68%。
别名 3-羟基-4-(2-羟基-4-磺基-1-萘偶氮)-萘-2,7-二磺酸三钠盐；1-(2-羟基-4-磺基-1-萘偶氮)-2-萘酚-3,6-二磺酸三钠盐；2,2′-Dihydroxy-1,1′-azonaphthalene-3′,4,6′-trisulfonic acid trisodium salt；3-Hydroxy-4-(2-hydroxy-4-sulfo-1-naphthylazo) naphthalene-2,7-disulfonic acid trisodium salt；1-(2-Hydroxy-4-sulfo-1-naphthylazo)-2-naphthol-3,6-disulfonic acid trisodium salt
性状 黑紫色粉末。
注意事项 该品对眼睛、呼吸系统及皮肤有刺激性。使用时应穿适当的防护服和戴手套。万一接触到眼睛，应立即用大量水冲洗后请医生诊治。
主要用途 金属离子滴定指示剂。

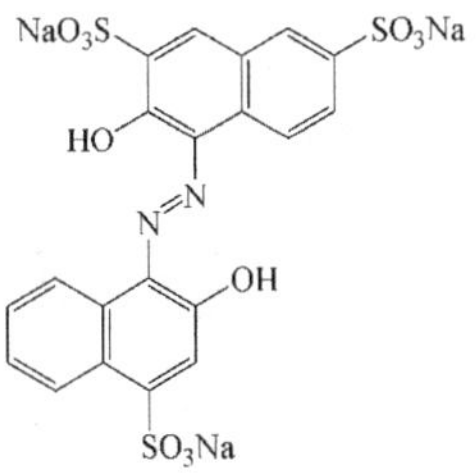

2-Hydroxy-1,4-naphthoquinone 2-羟基-1,4-萘醌 05429
[83-72-7] $C_{10}H_6O_3$ 174.16
成分 C 68.97%，H 3.47%，O 27.56%。
别名 Lawsone；Natural orange 6；2-Hydroxy-1,4-naphthalenedione
M. I. 15，5448 C. I. 75480
性状 来自乙酸中的黄色棱柱形晶体。195～196℃分解；λ_{max} 452nm。一般试剂含量≥98.0%（HPLC）。
注意事项 该品对眼睛、呼吸系统及皮肤有刺激性。使用时应避免吸入本品的粉尘，避免与眼睛及皮肤接触。
主要用途 紫外线屏蔽剂。

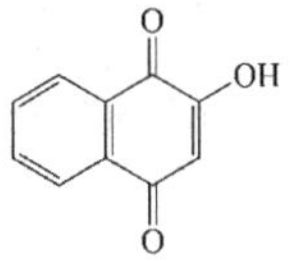

4-Hydroxy-3-nitrobenzoic acid
4-羟基-3-硝基苯甲酸 05430
[616-82-0] $C_7H_5NO_5$ 183.12
成分 C 45.91%，H 2.75%，N 7.65%，O 43.69%。
别名 3-硝基-4-羟基苯甲酸；间硝基对羟基苯甲酸；3-Nirto-4-hydroxybenzoic acid；m-Nitro-p-hydroxybenzoic acid
性状 白色结晶。mp 184～185℃。一般试剂含量≥98.0%（HPLC）。
注意事项 该品对眼睛、呼吸系统及皮肤有刺激性。使用时应穿适当的防护服和戴手套。万一接触到眼睛，应立即用大量水冲洗后请医生诊治。

4-Hydroxy-3-nitrophenylarsonic acid
4-羟基-3-硝基苯胂酸 05431
[121-19-7] $C_6H_6AsNO_6$ 263.04
成分 C 27.40%，H 2.30%，As 28.48%，N 5.32%，O 36.49%。
别名 3-硝基-4-羟基苯胂酸；对羟基间硝基苯胂酸；间硝基对羟基苯胂酸；3-Nitro-4-hydroxyphenylarsonic acid；2-Nitro-1-hydroxybenzene-4-arsonic acid；2-Nitrophenol-4-arsonic acid；NSC-2101；Ren-o-sol；Ristat；Roxarsone；4-Hydroxy-3-nitrobenzenearsonic acid
GW 2015-2224 M. I. 15，8406
性状 来自水中的白色或淡黄色针状或菱片状结晶。易溶于甲醇、乙醇、乙酸、丙酮、碱类。溶于约30份沸水，微溶于冷水。略微溶于稀无机酸，不溶于乙醚、乙酸乙酯。mp ≥300℃（液体）。LD_{50} 大鼠，鸡急性经口：155mg/kg，110～123mg/kg；腹膜内注射：66，34mg/kg。一般试剂含量≥98.0%（T）。
注意事项 该品吸入或口服有毒。对水生物极毒。能对水环境引起不利的结果。使用时应禁止进餐或吸烟。接触皮肤后，应立即用大量肥皂泡沫冲洗。使用时如有事故发生或有不适之感，应请医生诊治。应防止将本品释放于环境中。其包装物应按危险品处理。
主要用途 检测锆、锡的试剂。医用抗菌剂。

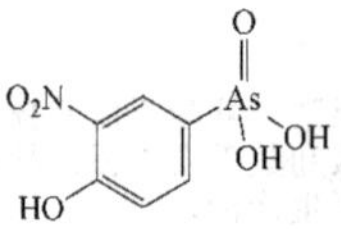

8-Hydroxy-5-nitroquinoline　8-羟基-5-硝基喹啉　05432

[4008-48-4]　$C_9H_6N_2O_3$　190.16

成分　C 56.85%，H 3.18%，N 14.73%，O 25.24%。

别名　5-硝基-8-羟基喹啉；Nitroxoline；5-Nitro-8-quinolinol；5-Nitro-8-hydroxyquinoline；Enterocol；Nibiol；Noxibiol；Uritrol；Urocoli

M.I. 15，6742

性状　来自乙醇或乙酸中的黄色针状结晶。易溶于碱、热盐酸，略微溶于乙醇、乙醚。mp 179.5～181.5℃。一般试剂含量≥96.0%。

注意事项　该品有毒。对眼睛、呼吸系统及皮肤有刺激性。

主要用途　生化研究。医用抗菌剂。

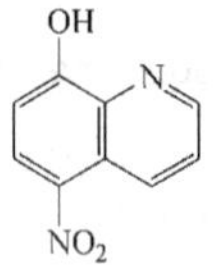

2-Hydroxyphenylacetic acid　2-羟基苯乙酸　05433

[614-75-5]　$C_8H_8O_3$　152.15

成分　C 63.15%，H 5.30%，O 31.55%。

别名　邻羟基苯乙酸

性状　无色结晶。对空气敏感。mp 145～147℃。一般试剂含量≥97.0%（T）。

注意事项　该品对眼睛、呼吸系统及皮肤有刺激性。使用时应穿适当的防护服。万一接触到眼睛，应立即用大量水冲洗后请医生诊治。应充氩气密封保存。

主要用途　有机合成。

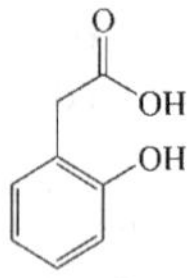

3-Hydroxyphenylacetic acid　3-羟基苯乙酸　05434

[621-37-4]　$C_8H_8O_3$　152.15

成分　C 63.15%，H 5.30%，O 31.55%。

别名　间羟基苯乙酸

性状　无色结晶。mp 129～133℃。一般试剂含量≥97.0%（T）。

注意事项　该品对眼睛、呼吸系统及皮肤有刺激性。使用时应穿适当的防护服。万一接触到眼睛，应立即用大量水冲洗后请医生诊治。应充氩气密封保存。

主要用途　有机合成。

4-Hydroxyphenylacetic acid　4-羟基苯乙酸　05435

[156-38-7]　$C_8H_8O_3$　152.15

成分　C 63.15%，H 5.30%，O 31.55%。

别名　对羟基苯乙酸；*p*-Hydroxyphenylacetic acid

性状　无色结晶。mp 148～151℃。一般试剂含量≥98.0%（T）。

注意事项　该品对眼睛、呼吸系统及皮肤有刺激性。使用时应穿适当的防护服。万一接触到眼睛，应立即用大量水冲洗后请医生诊治。应充氩气密封保存。

主要用途　有机合成。

2-(2-Hydroxyphenyl)benzoxazole　05436
2-（2-羟基苯基）苯并噁唑

[835-64-3]　$C_{13}H_9NO_2$　211.22

成分　C 73.92%，H 4.29%，N 6.63%，O 15.15%。

别名　2-（邻羟基苯）间氮杂氧茚；2-（邻羟基苯）苯并噁唑；*o*-(2-Benzoxazolyl)phenol；2-(*o*-Hydroxyphenyl)benzoxazole

性状　桃红色针状结晶。溶于有机溶剂。mp 122～124℃；bp 338℃。一般试剂含量≥98.0%。

注意事项　该品有刺激性。

主要用途　检测镉。

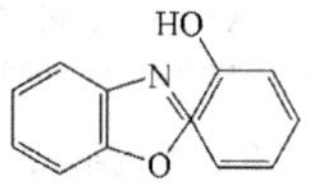

***N*-(4-Hydroxyphenyl)glycine**
***N*-(4-羟基苯基)甘氨酸**　05437

[122-87-2]　$C_8H_9NO_3$　167.16

成分　C 57.48%，H 5.43%，N 8.38%，O 28.71%。

别名　（对羟基苯）氨基乙酸；*N*-（对羟基苯基）甘氨酸；Glycin；*N*-(*p*-Hydroxyphenyl) glycine；*p*-Hydroxyanilinoacetic acid；*p*-Hydroxyphenylaminoacetic acid；Iconyl；Monazol；Photo-glycine

M.I. 15，4875

性状　来自水中的有光泽的无色小叶状结晶。易溶于热的20%盐酸，溶于碱溶液、矿物酸，略微溶于水、乙醇、丙酮、乙醚、氯仿、乙酸乙酯、冰乙酸。200℃色变棕；mp 245～247℃（分解）。一般试剂含量≥98.0%。

主要用途　测定铁、磷、硅等的试剂。照相业。

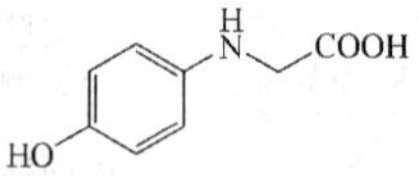

DL-5-(4-Hydroxyphenyl)-5-phenylhydantoin
DL-5-(4-羟基苯基)-5-苯基乙内酰脲　05438

[2784-27-2]　$C_{15}H_{12}N_2O_3$　268.27

成分　C 67.16%，H 4.51%，N 10.44%，O 17.89%。

别名　DL-5-对羟基苯基-5-苯基乙内酰脲；DL-5-对羟基苯基-5-苯基海因；DL-5-(4-羟基苯基)-5-苯基海因；DL-5-(*p*-Hydroxyphenyl)-5-phenylhydantoin

性状　白色结晶。mp >300℃；$[\alpha]^{25}$ 0°（$c=1$，于0.1mol/L氢氧化钠的甲醇溶液中）。一般试剂含量≥99.0%。

注意事项　该品对眼睛、呼吸系统及皮肤有刺激性。

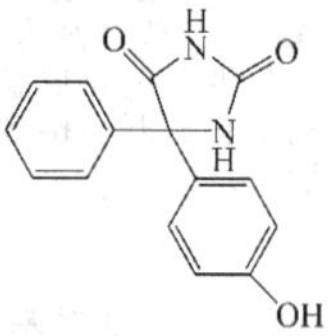

3-(4-Hydroxyphenyl)propionic acid *N*-hydroxysuccinimide ester
3-(4-羟基苯基)丙酸 *N*-羟基琥珀酰亚胺酯　05439

[34071-95-9]　$C_{13}H_{13}NO_5$　263.25

成分　C 59.31%，H 4.98%，N 5.32%，O 30.39%。

别名　Bolton-Hunter reagent；Rudinger reagent；SHPP；*N*-Succinimidyl 3-(4-hydroxyphenyl) propionate；*N*-[(4-Hydroxyhydrocinnamoyl)oxy] succinimide

性状　无色结晶。mp 136～139℃；一般试剂含量≥97.0%（CN）。

注意事项　该品对眼睛、呼吸系统及皮肤有刺激性。使用时应穿适当的防护服。万一接触到眼睛，应立即用大量水冲洗后请医生诊治。应充氩气密封于－20℃干燥保存。

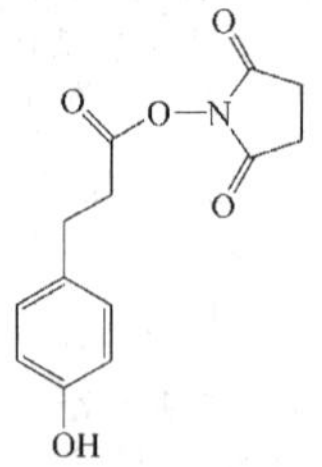

4-Hydroxyphenylpyruvic acid　4-羟基苯丙酮酸　05440

[156-39-8]　$C_9H_8O_4$　180.16

成分　C 60.00%，H 4.48%，O 35.52%。

别名　对羟基苯丙酮酸；4-*α*-二羟基肉桂酸；4-*α*-二羟基桂皮酸；*α*-羟基对香豆酸；4-*α*-Dihydroxycinnamic acid；*α*-Hydroxy-*p*-coumaric acid；*p*-Hydroxyphenylpyruvic acid

性状　白色片状结晶。溶于乙醇、乙醚、乙酸乙酯。mp 约218℃（分解）。生化试剂含量≥98.0%（T）。

注意事项 该品对眼睛、呼吸系统及皮肤有刺激性。使用时应穿适当的防护服。万一接触到眼睛，应立即用大量水冲洗后请医生诊治。应密封于2～8℃保存。

主要用途 生化研究。酶抑制剂。

N-Hydroxyphthalimide N-羟基邻苯二甲酰亚胺 05441

[524-38-9] $C_8H_5NO_3$ 163.13

成分 C 58.90%，H 3.09%，N 8.59%，O 29.42%。

别名 2-Hydroxy-1-*H*-isoindole-1,3(2*H*)-dione；NHPI

M. I. 15，4876

性状 来自水中的浅黄色针状结晶。mp 227～229℃；*d* 1.59。生化试剂含量≥98.0%（T）。

注意事项 该品对眼睛、呼吸系统及皮肤有刺激性。使用时应穿适当的防护服。万一接触到眼睛，应立即用大量水冲洗后请医生诊治。

主要用途 生化研究。用于氧化反应中的催化剂。

17α-Hydroxypregnenolone-3-acetate 17α-羟基孕烯醇酮-3-乙酸酯 05442

[41906-06-3] $C_{23}H_{34}O_4$ 374.52

成分 C 73.76%，H 9.15%，O 17.09%。

别名 乙酸17α-羟基孕烯醇酮-3-酯；3-乙酸-17α-羟基孕烯酸酮酯；17α-Acetoxypregnenolone；3β，17α-Dihydroxy-5-Pregnen-20-one-3-acetate；5-Pregnene-3β，17α-diol-20-one 3-acetate

性状 无色结晶。生化试剂含量≥98.0%。

主要用途 生化研究。

17α-Hydroxypregneolone 3,17-diacetate 17α-羟基孕烯醇酮-3,17-二乙酸酯 05443

[1176-21-2] $C_{25}H_{36}O_5$ 416.56

成分 C 72.08%，H 8.71%，O 19.20%。

别名 3,17-二乙酸-17α-羟基孕烯醇酮酯；3β,17α-Dihydroxy-5-pregnen-20-one 3,17-diacetate；5-Pregnene-3β,17α-diol-20-one-3,17-diacetate

性状 无色结晶。

主要用途 生化研究。

17α-Hydroxyprogesterone 17α-羟基孕(甾)酮 05444

[68-96-2] $C_{21}H_{30}O_3$ 330.47

成分 C 76.33%，H 9.15%，O 14.52%。

别名 17-羟基孕烯二酮；17-羟基孕激素；17α-羟基妊娠素；Gestageno；17-Hydroxypregn-4-ene-3，20-dione；4-Pregnen-17α-ol-3,20-dione；Prodox

M. I. 15，4877

性状 来自丙酮或乙醇中的无色菱形或六方形小叶状结晶。易溶于乙醇、乙醚，溶于苯，不溶于水。mp 222～223℃；$[\alpha]_D^{17}$+105.6°（*c*=1.0417，于氯仿中）。生化试剂含量≥95.0%。

注意事项 该品能危害胎儿。使用前应得到专门的指导，避免曝露。使用时应穿适当的防护服，戴手套和防护镜或面罩。使用时应避免吸入本品的粉尘。使用时如有事故发生或有不适之感，应请医生诊治。

主要用途 生化研究。医用孕激素。黄体酮衍生物的制造。

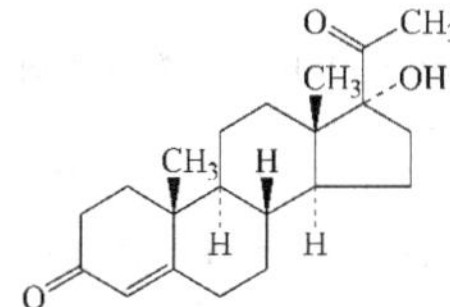

4-Hydroxy-L-proline 4-羟基-L-脯氨酸 05445

[51-35-4] $C_5H_9NO_3$ 131.13

成分 C 45.80%，H 6.92%，N 10.68%，O 36.60%。

别名 4-羟基-2-吡咯啶-2-羧酸；4-羟基吡咯烷-2-羧酸；L-4-羟基脯氨酸；4-羟基-L-噜啉；4-羟基-2-羧基吡咯啶；*trans*-4-Hydroxy-L-proline；(4*R*)-4-Hydroxy-L-proline；L_s-Hydroxyproline；(−)-(2*S*，4*R*)-4-Hydroxyproline；4(*R*)-Hydroxy-2(*S*)-pyrrolidinecarboxylic acid；(2*S*,4*R*)-4-Hydroxypyrrolidine-2-carboxylic acid；Hyp；OHPro

M. I. 15，4878

性状 来自水中的无色菱形或针状结晶。有旋光性。易溶于水（0℃，288.6g/L；25℃，361.1g/L；50℃，451.8g/L；65℃，516.7g/L），极微溶于乙醇，不溶于乙醚。与水合茚三酮反应呈黄色。pK_1' 1.82；pK_2' 9.65。mp 274℃。$[\alpha]_D$−76.5°（*c*=2.5，于水中）。生化试剂含量≥99.0%。

注意事项 该品使用时应避免吸入本品的粉尘，避免与眼睛及皮肤接触。应充氩气密封避光于干燥处保存。

主要用途 生化研究。

3-Hydroxypropionitrile 3-羟基丙腈 05446

[109-78-4] C_3H_5NO 71.08

成分 C 50.69%，H 7.09%，N 19.71%，O 22.51%。

别名 氰化乙醇；2-氰基乙醇；2-Cyanoethanol；Ethylene cyanohydrin；Hydracrylonitrile；Glycol cyanohydrin；3-Hydroxypropanenitrile

性状 浅黄色液体。能与水、乙醇、丙酮、丁酮相混溶，微溶于乙醚，不溶于苯、石油醚、二硫化碳、四氯化碳。bp_{11} 106～108℃/1.467kPa；Fp 264.2℉（129℃）；d_4^{20} 1.045；n_D^{20} 1.426。一般试剂含量≥99.0%（GC）。

注意事项 该品对眼睛、呼吸系统及皮肤有刺激性。使用时应穿适当的防护服。万一接触到眼睛，应立即用大量水冲洗后请医生诊治。应充氩气密封避光保存。

Hydroxypropyl methacrylate 甲基丙烯酸羟基丙酯 05447

[27813-02-1] $C_7H_{12}O_3$ 144.17

成分 C 58.32%，H 8.39%，O 33.29%。

别名 甲基丙烯酸2-羟基丙酯；2-Hydroxypropyl methacrylate

性状 无色液体。为其异构体的混合物。一般常加入约0.02%的氢醌-甲醚作为稳定剂。bp 205～209℃；$bp_{0.5}$ 57℃/66.661Pa；Fp 206℉（96℃）；d_4^{20} 1.026；n_D^{20} 1.448。一般试剂含量≥97.0%（GC）。

注意事项 该品对眼睛、呼吸系统及皮肤有刺激性。接触皮肤能引起过敏。使用时应穿适当的防护服和戴手套。万一接触到眼睛，应立即用大量水冲洗后请医生诊治。应密封保存。

Hydroxypropyl methylcellulose 羟丙基甲基纤维素

[9004-65-3] 05448

别名 Cellulose 2-hydroxypropyl methyl ether；Hypromellose；HPMC；Gonak；Goniosol；Lacril；Methocel；Ultra Tears

M. I. 15,4879

性状 白色粉末。能吸湿。缓慢溶于冷水,不溶于热水。溶于多数极性有机溶剂。

注意事项 该品应充氩气密封于干燥处保存。

主要用途 生化研究。

2-Hydroxypyridine 2-羟基吡啶 05449

[142-08-5] C_5H_5NO 95.10

成分 C 63.15%，H 5.30%，N 14.73%，O 16.82%。

别名 2-吡啶酚；2(1*H*)-吡啶酮；2-Pyridinol；2(1*H*)-Pyridone

性状 白色针状结晶。mp 104～108℃。一般试剂含量≥97.0%（HPLC）。

注意事项 该品对眼睛、呼吸系统及皮肤有刺激性。使用时应穿适当的防护服。万一接触到眼睛，应立即用大量水冲洗后请医生诊治。应密封避光保存。

主要用途 有机合成。

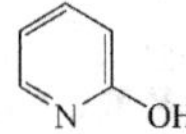

3-Hydroxypyridine　3-羟基吡啶　05450

[109-00-2]　C_5H_5NO　95.10

成分　C 63.15%，H 5.30%，N 14.73%，O 16.82%。

别名　3-吡啶酚；氮苯酮；3-吡啶酮；β-Hydroxypyridine；3-Pyridinol；3-Pyridol；3-Pyridone

性状　白色或浅粉红色针状结晶。溶于水、乙醇，不溶于苯。在空气中易分解。mp 125～128℃；bp_3 151～153℃/399.966Pa。一般试剂含量≥98.0%（NT）。

注意事项　该品对眼睛、呼吸系统及皮肤有刺激性。使用时应穿适当的防护服。万一接触到眼睛，应立即用大量水冲洗后请医生诊治。应密封避光保存。

主要用途　制药工业。有机合成。

4-Hydroxypyridine　4-羟基吡啶　05451

[626-64-2]　C_5H_5NO　95.10

成分　C 63.15%，H 5.30%，N 14.73%，O 16.82%。

别名　4-吡啶酚；4-吡啶酮；4-Pyridone；4-Pyridinol；4-Pyridol

性状　白色针状结晶。溶于乙醇、氯仿、水。mp 150～151℃。一般试剂含量≥95.0%（TLC）。

注意事项　该品对眼睛、呼吸系统及皮肤有刺激性。使用时应穿适当的防护服。万一接触到眼睛，应立即用大量水冲洗后请医生诊治。应密封避光保存。

主要用途　有机合成。

8-Hydroxyquinaldine　8-羟基喹哪啶　05452

[826-81-3]　$C_{10}H_9NO$　159.19

成分　C 75.45%，H 5.70%，N 8.80%，O 10.05%。

别名　2-甲基-8-羟基喹啉；2-甲基-8-羟基氮杂萘；2-甲基-8-喹啉醇；邻羟基喹哪啶；2-Methyl-8-hydroxyquinoline；2-Methyl-8-quinolinol；2-Methyloxine

性状　白色至浅黄色结晶或粉末。溶于乙醇，不溶于水。mp 71～73℃；Fp 282.2℉（139℃）。一般试剂含量≥99.0%（NT）。

注意事项　该品对水生物极毒。能对水环境引起不利的结果。应防止将本品释放于环境中。其包装物应按危险品处理。

主要用途　分析试剂，测定镁、镉、钼、钨、钒、锌。

2-Hydroxyquinoline　2-羟基喹啉　05453

[59-31-4] [70254-42-1]　C_9H_7NO　145.16

成分　C 74.47%，H 4.86%，N 9.65%，O 11.02%。

别名　2-喹啉醇；*o*-Aminocinnamic acid lactam；Carbostyril；2-Quinolinol；2(1*H*)-Quinolinone；2(1*H*)-Quinolone

M. I. 15，1826

性状　来自甲醇中的无色或白色棱柱形结晶。溶于乙醇、乙醚、稀盐酸，极微溶于水（1g 该品 22℃溶于 950mL 水）。mp 199～200℃。一般试剂含量≥95.0%（HPLC）。

注意事项　该品对眼睛、呼吸系统及皮肤有刺激性。使用时应穿适当的防护服。万一接触到眼睛，应立即用大量水冲洗后请医生诊治。

4-Hydroxyquinoline　4-羟基喹啉　05454

[611-36-9]　C_9H_7NO　145.16

成分　C 74.47%，H 4.86%，N 9.65%，O 11.02%。

别名　4-喹啉醇；4-Quinolinol

性状　无色结晶。mp 200～202℃。一般试剂含量≥97.0%（NT）。

注意事项　该品对眼睛、呼吸系统及皮肤有刺激性。使用时应穿适当的防护服。万一接触到眼睛，应立即用大量水冲洗后请医生诊治。

5-Hydroxyquinoline　5-羟基喹啉　05455

[578-67-6]　C_9H_7NO　145.16

成分　C 74.47%，H 4.86%，N 9.65%，O 11.02%。

别名　5-喹啉醇；5-Quinolinol

性状　无色结晶。mp 224～228℃。一般试剂含量≥97.0%（NT）。

注意事项　该品对眼睛、呼吸系统及皮肤有刺激性。使用时应穿适当的防护服。万一接触到眼睛，应立即用大量水冲洗后请医生诊治。

6-Hydroxyquinoline　6-羟基喹啉　05456

[580-16-5]　C_9H_7NO　145.16

成分　C 74.47%，H 4.86%，N 9.65%，O 11.02%。

别名　6-喹啉醇；6-Quinolinol

性状　无色结晶。mp 192～196℃。一般试剂含量≥95.0%（HPLC）。

注意事项　该品对眼睛、呼吸系统及皮肤有刺激性。使用时应穿适当的防护服。万一接触到眼睛，应立即用大量水冲洗后请医生诊治。应密封避光保存。

8-Hydroxyquinoline　8-羟基喹啉　05457

[148-24-3]　C_9H_7NO　145.16

成分　C 74.47%，H 4.86%，N 9.65%，O 11.02%。

别名　8-氢氧化喹啉；8-羟基氮（杂）萘；邻羟基氮（杂）萘；8-喹啉醇；8-HQ；Hydroxybenzopyridine；Oxine；Oxybenzopyridine；Oxychinolin；Oxyquinoline；Phenopyridine；8-Quinolinol；TMDT

M. I. 15，4881

性状　白色结晶或结晶性粉末。有酚味。见光变黑。易溶于乙醇、苯、三氯甲烷、丙酮、无机酸水溶液，几乎不溶于水、乙醚。mp 76℃；bp 约 267℃。LD_{50} 小鼠腹膜内注射：48mg/kg。

注意事项　该品对眼睛、呼吸系统及皮肤有刺激性。使用时应穿适当的防护服。万一接触到眼睛，应立即用大量水冲洗后请医生诊治。

主要用途　测定钴、铀、铝、钼、镉、钍、铁、钛、镁、铜、锌及有机氮的试剂。

参考规格　HG/T 4014—2008	分析纯	化学纯
含量（C_9H_7NO）/%≥	99.5	99.0
熔点范围/℃	73.0～74.5（1℃）	72.5～74.5（1.5℃）
对镁灵敏度试验	合格	合格
乙醇溶解试验	合格	合格
灼烧残渣（以硫酸盐计）/%≤	0.02	0.05
氯化物（Cl）/%≤	0.002	0.004
硫酸盐（SO_4）/%≤	0.01	0.02

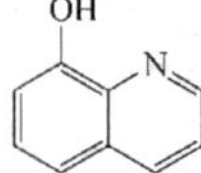

8-Hydroxyquinoline glucuronide

8-羟基喹啉葡糖苷酸　05458

[14683-61-5]　$C_{15}H_{15}NO_7$　321.29

成分　C 56.08%，H 4.71%，N 4.36%，O 34.86%。

别名　葡糖苷酸化-8-羟基喹啉；8-喹啉基-β-D-葡糖苷酸；8-Quinolyl-β-D-glucosiduronic acid

性状　淡绿色粉末。mp 130℃（分解）。生化试剂含量95.0%～100.0%。

注意事项　该品应密封保存。

主要用途　生化研究。检定β-葡萄糖苷的底物。

8-Hydroxyquinoline sulfate　8-羟基喹啉 硫酸盐　05459

[134-31-6]　$C_{18}H_{16}N_2O_6S$　388.39

成分　C 55.66%，H 4.15%，N 7.21%，O 24.72%，S 8.26%。

别名　奎诺苏；硫酸 8-羟基喹啉；硫酸氧化喹啉；Chinosol；8-HQS；Oxine sulfate；Oxyquinoline sulfate；8-Quinolinol sulfate；8-Quinophenol sulfate；Quinosol

M. I. 15，4881
性状 浅黄色结晶粉末。有特殊气味。易溶于水、甲醇，溶于约 100 份甘油，微溶于乙醇，几乎不溶于乙醚、丙酮。mp 175～178℃。一般试剂含量≥99.0%。
注意事项 该品口服有害。使用时应穿适当的防护服。应密封保存。
主要用途 防腐剂。消毒剂。

8-Hydroxyquinoline-5-sulfonic acid 05460
8-羟基喹啉-5-磺酸
[84-88-8] $C_9H_7NO_4S$ 225.22
成分 C 48.00%，H 3.13%，N 6.22%，O 28.41%，S 14.24%。
别名 8-羟基-5-喹啉磺酸；5-磺酸-8-羟基喹啉；8-Hydroxy-5-quinolinesulfonic acid
M. I. 15，4882
性状 浅黄色针状结晶或结晶性粉末。无味。易溶于水，微溶于有机溶剂。mp 322～324℃。一般试剂含量≥98.0%。
注意事项 该品口服有害。对眼睛有刺激性。使用时应穿适当的防护服。万一接触到眼睛，应立即用大量水冲洗，后请医生诊治。应密封保存。
主要用途 用于镉的荧光法测定。铋、铜、铁、银、钒、锌等的测定。

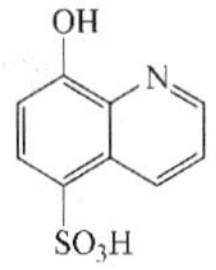

OH N SO₃H

3α-Hydroxysteroid dehydrogenase from pseudomonas testosteroni 3α-羟基类固醇脱氢酶 05461
[9028-56-2] Mr 约 47000
别名 3α-Hydrosysteroid：NAD[P]$^+$ oxidoreductase
EC 1.1.1.50
性状 白色冻干粉末。溶于 0.01mol/L 磷酸钾缓冲液，难溶于水。生化试剂含量约 9U/mg。
注意事项 使用时应避免吸入本品的粉尘，避免与眼睛及皮肤接触。应充氩气密封于－20℃干燥保存。
主要用途 生化研究。

Hydroxystilbamidine 羟芪脒 05462
[495-99-8] $C_{16}H_{16}N_4O$ 280.33
成分 C 68.55%，H 5.75%，N 19.99%，O 5.71%。
别名 羟二脒替；4-[2-[4-(Aminoiminomethyl)phenyl]ethenyl]-3-hydroxybenzenecarboximidamide；2-Hydroxy-4，4′-stilbenedicarboxamidine；2-Hydroxy-4，4′-diamidinostibene；2-Hydroxy-4，4′-diguanylstilbene；2-Hydroxystilbamide
M. I. 15，4883
性状 来自硝基苯中的黄色微小结晶。mp 235℃。LD_{50} 小鼠静脉注射：0.027mg/g；皮下注射：0.14mg/g。
主要用途 医用抗原生物剂（利什曼原虫）。

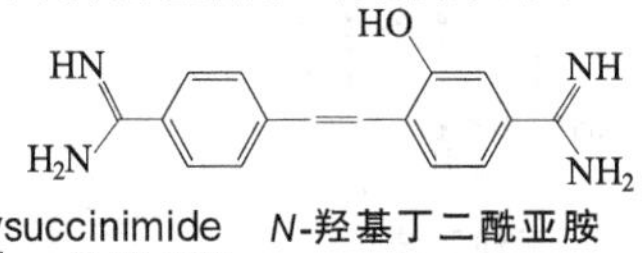

HO HN NH H₂N NH₂

N-Hydroxysuccinimide N-羟基丁二酰亚胺 05463
[6066-82-6] $C_4H_5NO_3$ 115.09
成分 C 41.74%，H 4.38%，N 12.17%，O 41.70%。
别名 N-羟基琥珀酰亚胺；HOS；NHS
性状 无色结晶。对湿度敏感。mp 95～98℃。一般试剂含量≥97.0%（T）。
注意事项 使用时应避免吸入本品的粉尘，避免与眼睛及皮肤接触。应密封于干燥处保存。
主要用途 制备肽合成的活性脂。制备亲和色谱用活性聚酰胺凝胶。

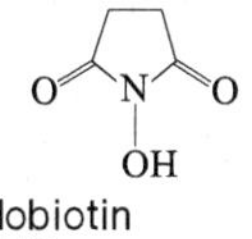

O N O OH

N-Hydroxysuccinimidobiotin
N-羟基丁二酰亚胺生物素 05464
[35013-72-0] $C_{14}H_{19}N_3O_5S$ 341.38
成分 C 49.26%，H 5.61%，N 12.31%，O 23.43%，S 9.39%。
别名 N-羟基琥珀酰亚胺生物素；α-Biotin NHS ester；NHS-d-biotin
性状 无色结晶或白色粉末。溶于二甲基甲酰胺，二甲基亚砜。生化试剂含量约 98.0%（TLC）。
注意事项 使用时应避免吸入本品的粉尘，避免与眼睛及皮肤接触。应密封于－20℃保存。
主要用途 生化研究。

Hydroxytetracaine hydrochloride
羟丁卡因 盐酸盐 05465
[490-98-2（无 HCl）] $C_{15}H_{25}ClN_2O_3$ 316.75
成分 C 56.88%，H 7.93%，Cl 11.19%，N 8.84%，O 15.15%。
别名 盐酸羟丁卡因；羟基丁卡因 盐酸盐；4-Butylanino-2-hydroxybenzoic acid 2-dimethylaminoethyl ester hydrochloride；p-Butylaminosalicylic acid 2-dimethylaminoethyl ester hydrochloride；2-Dimethylaminoeythyl p-butylaminosalicylate hydrochloride；Hydroxamethocaine hydrochloride；Rhenocain hydrochloride；Salicain hydrochloride
M. I. 15，4885
性状 来自水中的无色结晶。溶于水(20℃，约 4%)。mp 157℃。

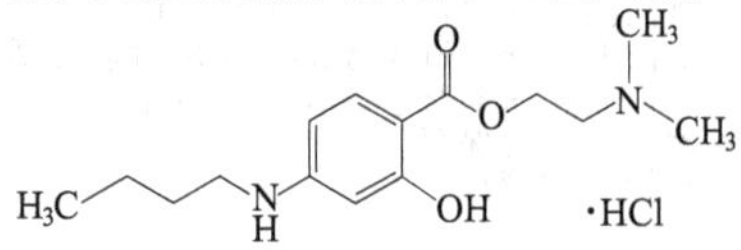

O CH₃ O N CH₃ H₃C N H OH ·HCl

DL-5-Hydroxytryptophane DL-5-羟基色氨酸 05466
[114-03-4][56-69-9] $C_{11}H_{12}N_2O_3$ 220.23
成分 C 59.99%，H 5.49%，N 12.72%，O 21.80%。
别名 DL-5-羟基胰化蛋白氨基酸；DL-2-Amino-3-(5-hydroxyindolyl)propionicacid；DL-5-HTP；Quietim
M. I. 15，4886
性状 来自乙醇中的无色小棒状或针状结晶。溶于水（5℃，1.0g/100mL；100℃，5.5g/100mL），溶于 50%沸乙醇（2.5g/100mL）。298～300℃分解；uv max（于水中，pH 值 6.0）：278nm。生化试剂含量≥99.0%。
注意事项 使用时应避免吸入本品的粉尘，避免与眼睛及皮肤接触。应充氩气密封于 2～8℃干燥保存。
主要用途 生化研究。医用抗抑郁剂，用于肌阵挛的治疗。

L-5-Hydroxytryptophane L-5-羟基色氨酸 05467
[4350-09-8] $C_{11}H_{12}N_2O_3$ 220.23
成分 C 59.99%，H 5.49%，N 12.72%，O 21.80%。
别名 L-5-羟基胰化蛋白氨基酸；Cincofarm；5-HT；L-5-HTP；Levothym；Lèvotonine；Oxitriptan；Oxyfan；Serotonyl；Telesol；Triptene；Tript-Oh
M. I. 15，4886
性状 无色结晶。在酸性溶液中稳定。mp 约 275℃（分解）；$[\alpha]_D^{20}$ +16.0°（于 4mol/L 盐酸中）；$[\alpha]_D^{20}$ −32.5°（c=1，于水中）。生化试剂含量≥99.0%（NT）。
注意事项 该品口服有害。使用时应穿适当的防护服。应充氩气密封于 2～8℃干燥保存。
主要用途 生化研究。医用抗抑郁剂。

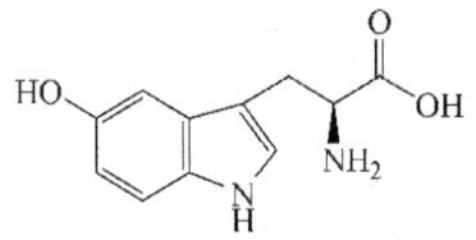

O HO OH N NH₂ H

3-Hydroxytyramine hydrochloride
3-羟基酪胺 盐酸盐 05468
[62-31-7] $C_8H_{12}ClNO_2$ 189.64
成分 C 50.67%，H 6.38%，Cl 18.69%，N 7.39%，O 16.87%。
别名 3，4-二羟基-β-苯基乙胺 盐酸盐；儿茶酚乙胺 盐酸盐；盐酸 3-羟基酪胺；多巴胺 盐酸盐；盐酸多巴胺；4-(2-Aminoethyl)-1，2-benzenediol hydrochloride；4-(2-Aminoethyl) pyrocatechol hydrochloride；ASL-279；Cardiosteril；DA；3，4-Dihydroxyphenethylamine hydrochloride；(3，4-Dihydroxyphenyl)-β-aminoethane hydrochloride；α-(3，4-Dihydroxyphenyl) ethylammonium chloride；Dopamine hydrochloride；Dopastat；Dynatra；3-Hydroxytyramine hydrochloride；2-(3，4-Dihydroxyphenyl)ethyl-

amine hydrochloride; Inovan; Inotropin

M. I. 15, 3470

性状 来自水中的无色结晶。易溶于水，溶于甲醇、热 95% 乙醇、碱水溶液，几乎不溶于乙醚、石油醚、氯仿、苯、甲苯。241℃分解。生化试剂含量≥98.5%(AT)。

注意事项 该品能引起遗传基因的损伤。能危害胎儿。使用前应得到专门的知道，避免曝露。使用时应穿适当的防护服和戴手套。使用时如有事故发生或有不适之感，应立即请医生诊治。应密封保存。

主要用途 生化研究。

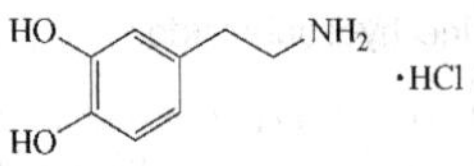

·HCl

Hydroxyurea 羟基脲 05469

[127-07-1] $CH_4N_2O_2$ 76.06

成分 C 15.79%，H 5.30%，N 36.83%，O 42.07%。

别名 *N*-羟基尿素；HU；Hydroxycarbamide；Hydrea；*N*-Carbamoylhydroxylamine；Litalir；Droxia

M. I. 15，4888

性状 来自乙醇中的无色针状结晶。易溶于水、热乙醇。mp 133～136℃。生化试剂含量≥98.0%（N）。

注意事项 该品能引起遗传基因的损伤。能危害胎儿。使用前应得到专门的指导，避免曝露。使用时应穿适当的防护服和戴手套。使用时如有事故发生或有不适之感，应立即请医生诊治。应密封保存。

主要用途 医用抗肿瘤剂。

Hydroxyzine dihyclrochloride 羟嗪二盐酸盐 05470

[2192-20-3] $C_{21}H_{29}Cl_3N_2O_2$ 447.83

成分 C 56.32%，H 6.53%，Cl 23.75%，N 6.26%，O 7.14%。

别名 二盐酸羟嗪；安太乐；盐酸羟嗪；Alamon；Atarax；Aterax；Durrax；Orgatrax；Quiess；Vistaril Parenteral；2-[2-[4-[(4-Chlorophenyl) phenylmethyl]-1-piperazinyl]ethoxy]ethanol dihydrochloride；1-(*p*-Chloro-*α*-phenylbenzyl)-4-(2-hydroxyethoxyethyl) piperazine dihydrochloride；1-(*p*-Chlorodiphenylmethyl)-4-[2-(2-hydroxyethoxy) ethyl] piperazine dihydrochloride；*N*-(4-Chlorobenzhydryl)-*N'*-(hydroxyethyloxyethyl) piperazine dihydrochloride；1-(*p*-Chlorobenzhydryl)-4-[2-(2-hydroxyethoxy)ethyl]diethylenediamine dihydrochloride；UCB-4492 dihydrochloride；Tran-Q dihydrochloride；Tranquizine dihydrochloride

M. I. 1，4889

性状 白色结晶。味苦。易溶于水，溶于氯仿，微溶于丙酮，几乎不溶于乙醚。其溶液对紫外线不稳定。mp 193℃。LD_{50}大鼠腹膜内注射：126mg/kg；急性经口：950mg/kg。

注意事项 该品口服有害。对眼睛、呼吸系统及皮肤有刺激性。使用时应穿适当的防护服。万一接触到眼睛，应立即用大量水冲洗后请医生诊治。

主要用途 生化研究。医用抗焦虑剂，抗组胺剂。

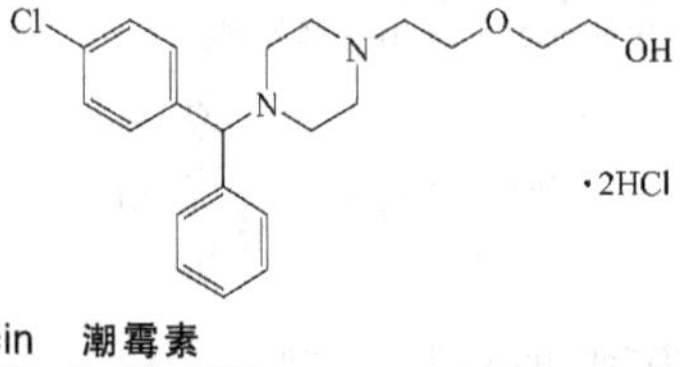

·2HCl

Hygromycin 潮霉素 05471

[6379-56-2] $C_{23}H_{29}NO_{12}$ 511.48

成分 C 54.01%，H 5.72%，N 2.74%，O 37.54%。

别名 均霉素；5-Deoxy-5-[(2*E*)-3-[4-[(6-deoxy-*β*-D-*arabino*-hexofuranos-5-ulos-1-yl) oxy]-3-hydroxyphenyl]-2-methyl-1-oxo-2-propenyl] amino-1, 2-*O*-methylene-D-*neo*-inositol；Homomycin；Hygromycin A；1703-18B；ST-4331

M. I. 15，4891

性状 无定形白色粉末。呈弱酸性。易溶于水、乙醇，几乎不溶于较少的极性溶剂。pK_a 8.9；mp 105～109℃；约160℃分解；$[\alpha]_D^{25}$ −126°（c=1，于水中）；uv max（稀盐酸中）：272nm，214nm（$E_{1cm}^{1\%}$ 306，416）。

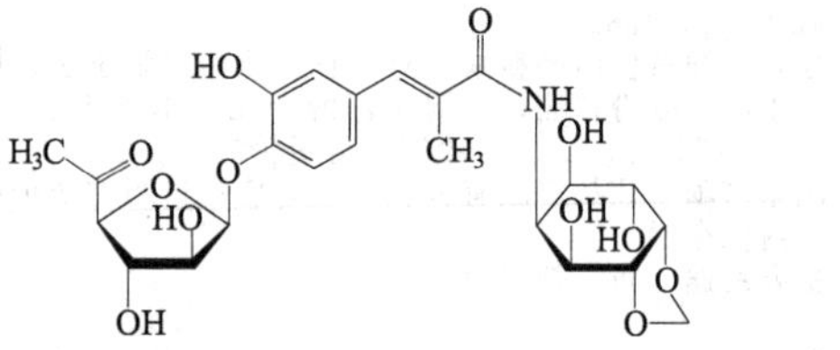

Hygromycin B from streptomyces hygroscopicus 潮霉素 B（吸水链霉菌） 05472

[31282-04-9] $C_{20}H_{37}N_3O_{13}$ 527.52

成分 C 45.54%，H 7.07%，N 7.97%，O 39.43%。

别名 *O*-6-Amino-6-deoxy-L-glycero-D-galacto-heptopyranosylidene-(1→2-3)-*O*-*β*-D-talopyranosyl-(1→5)-2-deoxy-*N*[3]-methyl-D-streptamine；Hygromix

M. I. 15，4892

性状 无定形粉末。呈弱碱性。具催泪性。易溶于水、甲醇、乙醇，几乎不溶于弱极性溶剂。pK_a 7.1，8.8。160～180℃分解；$[\alpha]_D^{20}$ +20.2°（c=1，于水中）。生化试剂含量≥90.0%（HPLC）。

注意事项 该品吸入、口服或与皮肤接触极毒，对眼睛、呼吸系统及皮肤有刺激性。吸入或与皮肤接触可引起过敏。对眼睛有严重损伤的危险。使用时应穿适当的防护服，戴手套和防护镜或面罩。使用时应避免吸入本品的粉尘。万一接触到眼睛，应立即用大量水冲洗后请医生诊治。接触皮肤后，应立即用大量聚乙二醇/乙醇（1∶1）冲洗。使用时如有事故发生或有不适之感，应请医生诊治。应密封于 2～8℃保存。

主要用途 生化研究。兽用驱虫剂（用于猪、鸡）。分析用标准物质。

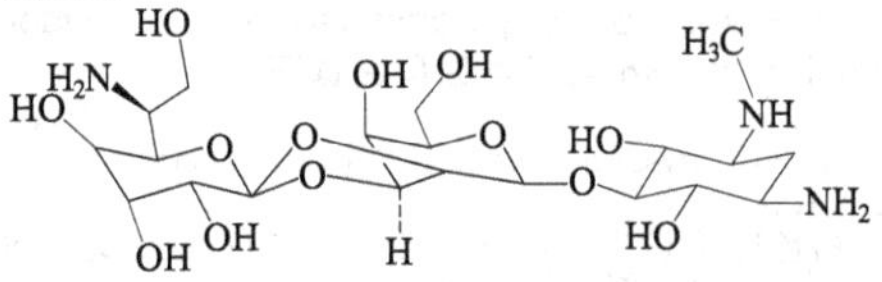

Hyodeoxycholic acid 猪脱氧胆酸 05473

[83-49-8] $C_{24}H_{40}O_4$ 392.58

成分 C 73.43%，H 10.27%，O 16.30%。

别名 (3*α*, 5*β*, 6*α*)-3, 6-Dihydroxycholan-24-oic acid；3*α*, 6*α*-Dihydroxy-5*β*-cholan-24-oic acid；3*α*, 6*α*-Dihydroxy-5*β*-cholanic acid；*α*-Hyodeoxycholic acid；Hyodesoxycholic acid

M. I. 15，4896

性状 来自乙酸乙酯中的无色结晶。中等程度溶于乙醇、冰乙酸，较少地溶于乙醚、丙酮、乙酸乙酯、苯。mp 196～197℃；$[\alpha]_D^{20}$ +8°（于乙醇中）。生化试剂含量≥98.0%。

主要用途 生化研究。

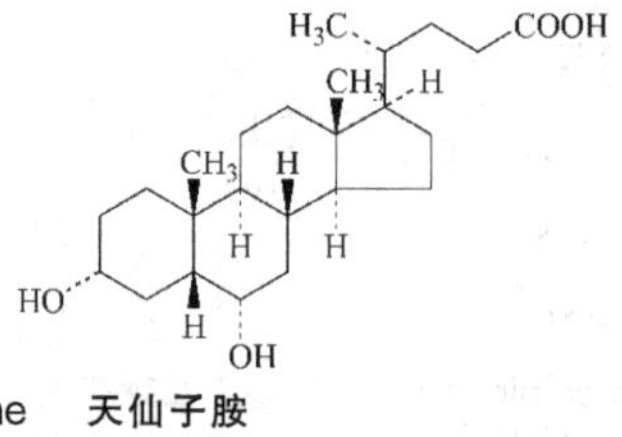

Hyoscyamine 天仙子胺 05474

[101-31-5] $C_{17}H_{23}NO_3$ 289.38

成分 C 70.56%，H 8.01%，N 4.84%，O 16.59%。

别名 杜波辛；菲沃斯碱；杜博茄碱；澳洲毒茄碱；Daturine；Duboisine；Levsin；*l*-Hyoscyamine；[3(*S*)-*endo*]-*α*-(Hydroxy methyl) benzeneacetic acid 8-methyl-8-azabicyclo[3.2.1] oct-3-ylester；1*αH*, 5*αH*-Tropan-3*α*-ol (−)-tropate (ester)；3*α*-Tropanyl *S*-(−)-tropate；*l*-Tropic acic ester with tropine；*l*-Tropine tropate；Cystospaz

M. I. 15，4897

性状 具有丝光的四方形针状白色或浅黄色结晶或粉末。易溶于乙醇、稀酸，1g 该品溶于 281mL 水（pH 值 9.5）、69mL 乙醚、150mL 苯、1mL 氯仿。pK_a（21℃）9.7。mp 108.5℃；$[\alpha]_D^{20}$ −21.0°（于乙醇中）；uv max（甲醇中）：247nm，252nm，258nm，264nm（$A_{1cm}^{1\%}$ 5.18，

5.70，6.12，5.10)。一般试剂含量≥98.0%（TLC)。

注意事项 该品吸入或口服极毒。使用时应避免与皮肤接触。使用时应避免与皮肤接触。使用时如有事故发生或有不适之感，应请医生诊治。应密封于2～8℃保存。

主要用途 金试剂。生化研究。医用抗胆碱剂。

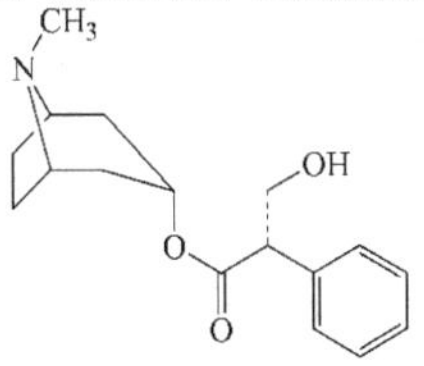

Hyoscyamine sulfate 天仙子胺 硫酸盐 05475

[620-61-1][6835-16-1]（水合物） $C_{34}H_{48}N_2O_{10}S$ 676.83

成分 C 60.34%，H 7.15%，N 4.14%，O 23.64%，S 4.74%。

别名 杜波辛 硫酸盐；菲沃斯碱 硫酸盐；澳洲毒茄碱 硫酸盐；硫酸杜波辛；硫酸菲沃斯碱；硫酸澳洲毒茄碱；硫酸天仙子胺；Duboisine sulfate; Egacene; Egazil; Duretter; Peptard

M. I. 15，4897

性状 来自乙醇中的无色或白色针状结晶。1g 该品溶于0.5mL 水、约 5mL 乙醇。极微溶于氯仿，几乎不溶于乙醚。mp 206℃；$[\alpha]_D^{15}-29°$（c=2，于水中)。

注意事项 该品吸入或口服极毒。使用时应避免与皮肤接触。使用时应避免与皮肤接触。使用时如有事故发生或有不适之感，应请医生诊治。应密封于2～8℃保存。

·H_2SO_4

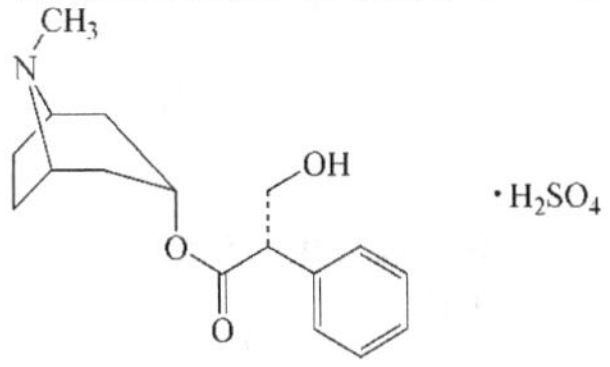

Hypaphorine 刺桐碱 05476

[487-58-1] $C_{14}H_{18}N_2O_2$ 246.31

成分 C 68.27%，H 7.37%，N 11.37%，O 12.99%。

别名 下箴酮碱；色氨酸三甲基内盐；(αS)-α-Carboxy-N,N,N-trimethyl-1H-indole-3-ethanaminium inner salt; 1-Trimethylammonio-3-(3-indoyl)propionate

M. I. 15，4900

性状 来自稀乙醇中的无色结晶。溶于 12 份水，微溶于乙醇，几乎不溶于其他的通常溶剂。237℃分解；$[\alpha]_D^{27}+113°$（c=0.52)。

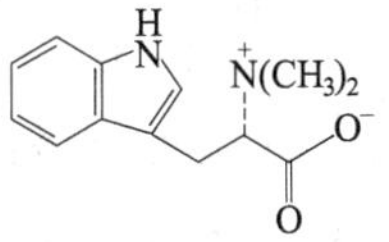

Hyperforin 贯叶金丝桃素 05477

[11079-53-1] $C_{35}H_{52}O_4$ 536.80

成分 C 78.31%，H 9.76%，O 11.92%。

别名 (1R, 5S, 6R, 7S)-4-Hydroxy-6-methyl-1, 3, 7-tris (3-methyl-2-butenyl)-5-(2-methyl-1-oxopropyl)-6-(4-methyl-3-pentenyl)bicyclo[3.3.1]non-3-ene-2,9-dione

M. I. 15，4901

性状 无色结晶或粉末。曝露于空气中或光下不稳定。pK_a 4.8（50%乙醇水溶液中)；mp 79～80℃；$[\alpha]_D^{18}+41°$（于乙醇中)；uv max（甲醇中)：275.5nm（lg ε 3.95)。一般试剂为 1mg/mL 的甲醇溶液，含量 85.0%。

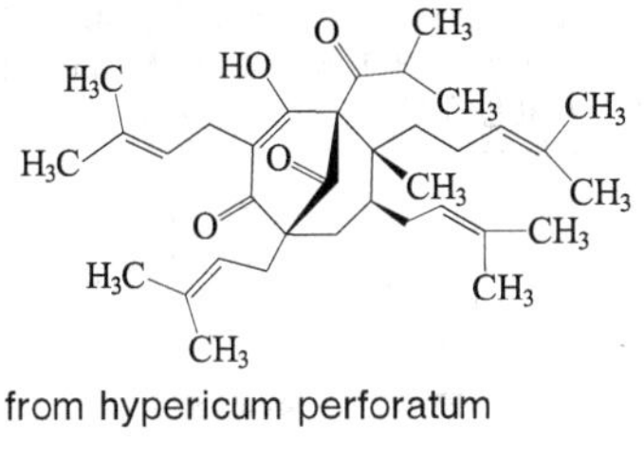

Hypericin from hypericum perforatum

金丝桃素（贯叶金丝桃） 05478

[548-04-9] $C_{30}H_{16}O_8$ 504.45

成分 C 71.43%，H 3.20%，O 25.37%。

别名 金丝桃蒽酮；1,3,4,6,8,13-Hexahydroxy-10,11-dimethylphenanthro[1,10,9,8-opqra]perylene-7,14-dione; 4,5,7,4′,5′,7′-Hexahydroxy-2,2′-dimethylnaphthodianthrone; Hypericum red

M. I. 15，4902

性状 来自吡啶＋甲醇酸盐酸中的蓝黑色针状结晶。易溶于吡啶及其他有机碱，呈樱桃红色并有红色荧光。溶于碱的水溶液，几乎不溶于多数有机溶剂。pH 值 11.5 以下溶液呈红色，约 pH 值 11.5 呈绿色，并有红色荧光。320℃分解。生化试剂含量约 95 克（HPLC)。

注意事项 该品口服有害。使用时应穿适当的防护服，避免吸入本品的粉尘。应密封避光保存。

主要用途 生化研究。医用抗抑郁剂。

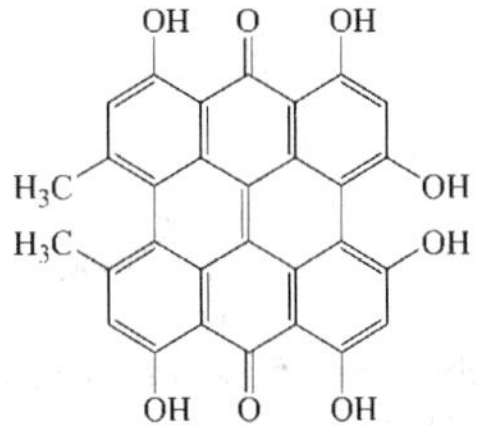

Hypoglycime A 降血糖氨酸 A 05479

[156-56-9] $C_7H_{11}NO_2$ 141.17

成分 C 59.56%，H 7.85%，N 9.92%，O 22.67%。

别名 (αS, 1R)-α-Amino-2-methylenecyclopropanepropanoic acid; 2-Methylenecyclopropanealanine; 2-Amino-4, 5-methylenehex-5-enoic acid; α-Amino-β-(2-methylenecyclopropyl) propionic acid; Hypoglycin; Hypoglycin A

M. I. 15，4905

性状 来自甲醇＋水中的黄色片状结晶。mp 280～284℃；$[\alpha]_D^{32}+9.2°$。

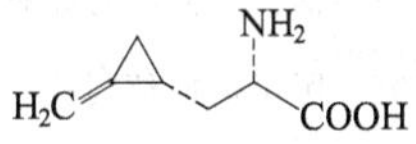

Hypophosphorous acid 50% 次亚磷酸 50% 05480

[6303-21-5] H_3O_2P 66.00

成分（纯品） H 4.58%，O 48.48%，P 46.33%。

别名 次磷酸；卑磷酸；Phosphinic acid

GW 2015-061 M. I. 15，4907

性状 无色油状液体。为 50%次亚磷酸的水溶液。溶于水、乙醇、乙醚。d1.274。

注意事项 该品具有腐蚀性，能引起烧伤。使用时应穿适当的防护服，戴手套、防护镜或面罩。万一接触到眼睛，应立即用大量水冲洗后请医生诊治。使用时如有事故发生或有不适之感，应请医生诊治。应密封保存。

主要用途 测定砷、碲、碘酸和分离钽、铌等的试剂。强还原剂。制药工业。

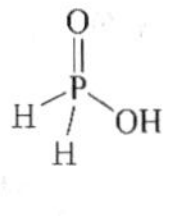

Hypoxanthine 次黄嘌呤 05481

[68-94-0] $C_5H_4N_4O$ 136.11

成分 C 44.12%，H 2.96%，N 41.16%，O 11.75%。

别名 次黄碱；6-氧嘌呤；6-羟基嘌呤；1,7-Dihydro-6H-purin-6-one; 6-Hydroxypurine; HXM; Purine-6（1H)-one; Sarcine; Sarkin

M. I. 15，4908

性状 来自水中的无色细小八面体或针状结晶。溶于稀酸、稀碱溶液，溶于 1400 份水、70 份沸水。pK_b（25℃)：8.7。150℃分解（未熔化)。生化试剂含量≥99.0%。

注意事项 该品可能损伤生育力，可能危害胎儿。使用时应穿适当的防护服和戴手套。使用时应避免吸入本品的粉尘，避免与眼睛及皮肤接触。应密封于2～8℃保存。

主要用途 生化研究。生物培养基的制备。

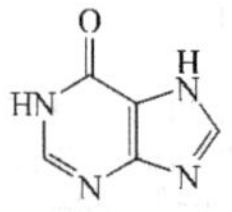

I

Ibafloxacin 依巴沙星 05482

[91618-36-9] $C_{15}H_{14}FNO_3$ 275.28

成分 C 65.45%，H 5.13%，F 6.90%，N 5.09%，O 17.44%。

别名 9-Fluoro-6,7-dihydro-5,8-dimethyl-1-oxo-1*H*,5*H*-benzo[*ij*]quinolizine-2-carboxylicacid;R-835;S-25930

M.I. 15，4911

性状 近白色固体。mp 269～272℃。

主要用途 兽用抗菌剂。

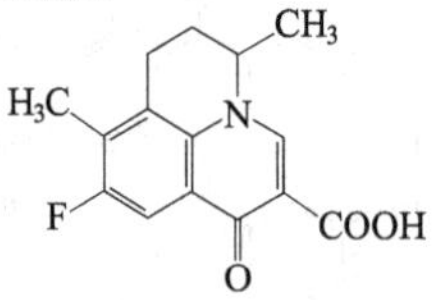

Ibogaine hydrochloride 伊菠加因 盐酸盐 05483

[5934-55-4] $C_{20}H_{27}ClN_2O$ 346.90

成分 C 69.25%，H 7.84%，Cl 10.22%，N 8.08%，O 4.61%。

别名 伊博格碱 盐酸盐；盐酸伊菠加因；盐酸伊博格碱；12-Methoxyibogamine hydrochloride

M.I. 15，4914

性状 无色结晶。溶于水、甲醇、乙醇，微溶于丙酮、氯仿，几乎不溶于乙醚。299～300℃分解。$[\alpha]_D^{25}$ −63°（于乙醇中）；$[\alpha]_D^{25}$ −49°（于水中）。

注意事项 该品口服有害。使用时应戴手套和防护镜或面罩。应避免吸入本品的粉尘。万一接触到眼睛，应立即用大量水冲洗后请医生诊治。使用时如有事故发生或有不适之感，应请医生诊治。

主要用途 生化研究。医用抗抑郁剂。

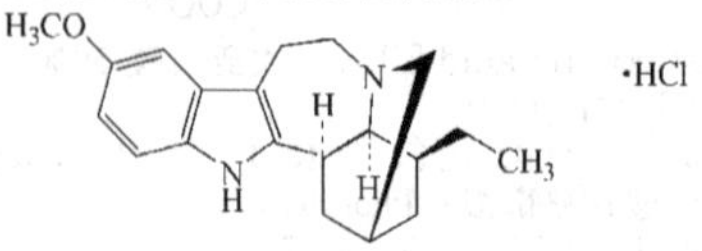

Ibopamine hydrochloride 异波帕明 盐酸盐 05484

[75011-65-3] $C_{17}H_{26}ClNO_4$ 343.85

成分 C 59.38%，H 7.62%，Cl 10.31%，N 4.07%，O 18.61%。

别名 盐酸异波帕明；Inopamil；2-Methylpropanoic acid 4-[2-(methylamino)ethyl]-1,2-phenylene ester hydrochloride；4-[2-(Methylamino)ethyl]-*o*-phenylene diisobutyrate hydrochloride；*N*-Methyldopaminediisobutyric ester hydrochloride；3,4-Di-*o*-isobutyryl epinine hydrochloride;SB-7505;Scandine;Trazyl

M.I. 15，4915

性状 来自乙酸乙酯中的无色结晶。mp 132℃。

主要用途 医用强心剂。

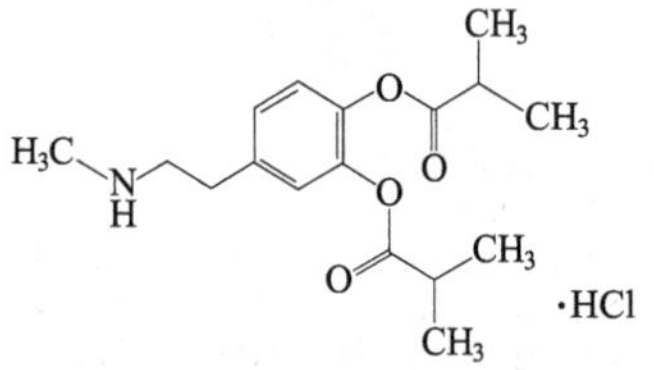

Ibotenic acid 鹅羔氨酸 05485

[2552-55-8] $C_5H_6N_2O_4$ 158.11

成分 C 37.98%，H 3.82%，N 17.72%，O 40.48%。

别名 α-氨基；2,3-二氢-3-氧-5-异镓唑乙酸；α-氨基-3-羟基-5-异镓唑乙酸；α-Amino-2,3-dihydro-3-oxo-5-isoxazoleacetic acid；α-Amino-3-hydroxy-5-isoxaoleacetic acid；Amino-(3-hydroxy-5-isoxazolyl)acetic acid;α-(3-Hydroxy-5-isoxazolyl)glycine

M.I. 15，4916

性状 来自水或甲醇中的无色结晶。mp 151～152℃。LD_{50}小鼠，大鼠静脉注射：15mg/kg，42mg/kg；急性经口：38mg/kg，129mg/kg。一般商品含量约 95.0%。

注意事项 该品口服有毒。使用时应穿适当的防护服，戴手套和防护镜或面罩。使用时应避免吸入本品的粉尘。使用时如有事故发生或有不适之感，应请医生诊治。应充氩气密封保存。

主要用途 生化研究。神经生物学工具。

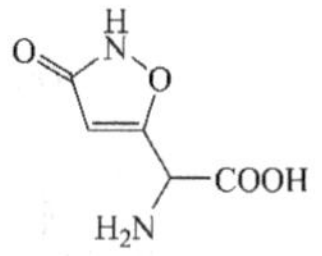

Ibudilast 异丁司特 05486

[50847-11-5] $C_{14}H_{18}N_2O$ 230.31

成分 C 73.01%，H 7.88%，N 12.16%，O 6.95%。

别名 息百克；2-Methyl-1-[2-(1-methylethyl)pyrazolo[1,5-*a*]pyridin-3-yl]-1-propanone;3-Isobutyryl-2-isopropylpyrazolo[1,5-*a*]pyridine;KC-404;Ketas

M.I. 15，4918

性状 来自已烷中的无色结晶。易溶于有机溶剂，微溶于水。mp 53.5～54℃。LD_{50}小鼠静脉注射：260mg/kg。生化试剂含量≥99.0%（HPLC）。

注意事项 该品口服有害。对眼睛、呼吸系统及皮肤有刺激性。使用时应穿适当的防护服。万一接触到眼睛，应立即用大量水冲洗后请医生诊治。应密封于 2～8℃保存。

主要用途 医用抗过敏剂，止喘剂，大脑血管舒张剂。

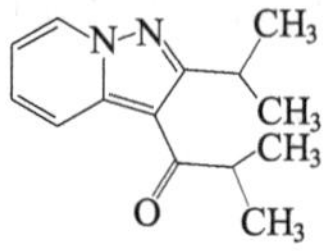

Ibuprofen 2-(对异丁基苯基)丙酸 05487

[15687-27-1] $C_{13}H_{18}O_2$ 206.29

成分 C 75.69%，H 8.79%，O 15.51%。

别名 异丁苯丙酸；α-甲基-4-(2-甲基丙基)苯乙酸；α-Methyl-4-(2-methylpropyl) benzeneacetic acid；*p*-Isobutylhydratropic acid;(±)-2-(4-Isobutylphenyl)propionic acid;RD-13621;Advil;Anco；Bluton；Brufen；Brufort；Butylenin；Dolgit；Dolocyl;Epobron；Fenbid；Gynofug；Ibumetin；Ibutop；Ipren；Liptan;Motrin；Napacetin；Novogent；Nuprin；Nurofen；Opturem;Proflex;Solufen;Tabalon;Urem

M.I. 15，4919

性状 无色结晶性固体。性稳定。易溶于乙醇、甲醇、丙酮、氯仿及多数有机溶剂，微溶于乙酸乙酯，几乎不溶于水。mp 75～77℃。LD_{50}雄小鼠，大鼠腹膜内注射：495mg/kg，626mg/kg；急性经口：1255mg/kg，1050mg/kg。一般试剂含量≥98.0%（GC）。

注意事项 该品口服有害。使用时应穿适当的防护服。应避免吸入本品的粉尘。

主要用途 医用抗炎剂，止痛剂，抗发热剂。

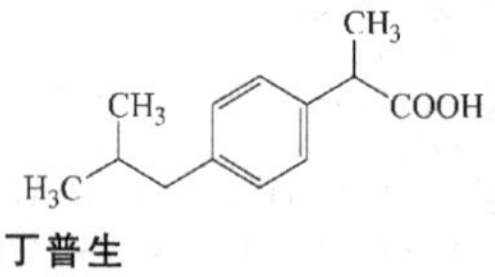

Ibuproxam 异丁普生 05488

[53648-05-8] $C_{13}H_{19}NO_2$ 221.30

成分 C 70.56%，H 8.65%，N 6.33%，O 14.46%。

别名 *N*-Hydroxy-α-methyl-4-(2-methylpropyl)benzeneacetamide;*dl*-2-(4-Isobutylphenyl)propionohydroxamic acid;G-277;Ibudros

M.I. 15，4920

性状 来自丙酮/石油醚中的无色结晶。溶于甲醇、乙醇、丙酮、乙醚，几乎不溶于水、石油醚。mp 119～121℃。LD_{50}小鼠，大鼠急性经口：72，73g/kg。

主要用途 医用抗炎剂。

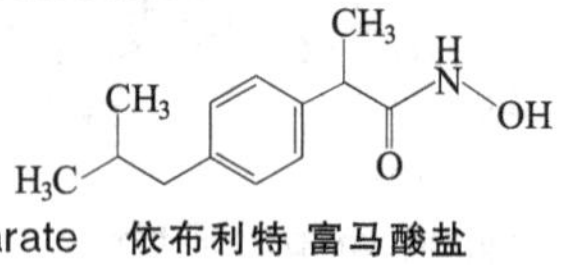

Ibutilide fumarate 依布利特 富马酸盐 05489

[122647-32-9]　$C_{44}H_{76}N_4O_{10}S_2$　885.23

成分　C 59.70%，H 8.65%，N 6.33%，O 18.07%，S 7.24%。

别名　伊布利特 富马酸盐；富马酸依布利特；Corvert；*N*-[4-(4-Ethylheptylamino-1-hydroxybutyl) phenyl] methanesulfonamide fumarate；U-70226E

M. I. 15，4921

性状　来自丙酮中的无色结晶。mp 117～119℃；uv max (95%乙醇中)：228nm，267nm (ε 16670，894)。

主要用途　医用抗心律失常剂（Ⅲ类）。

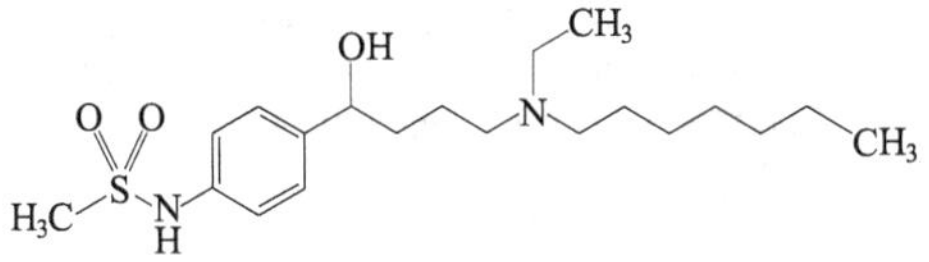

Icariin　淫羊藿苷　05490

[489-32-7]　$C_{33}H_{40}O_{15}$　676.67

成分　C 58.58%，H 5.96%，O 35.47%。

别名　3-(6-Deoxy-α-L-mannopyranosyl) oxy-7-(β-D-glucopyranosyloxy)-5-hydroxy-2-(4-methoxyphenyl)-8-(3-methyl-2-butenyl)-4*H*-1-benzopyran-4-one；4′-*O*-Methyl-8-γ，γ-dimethylallylkaemp ferol-3-rhamnoide-7-glucoside

M. I. 15，3672

性状　倍半水合物。溶于吡啶，不溶于水、乙醇、氯仿、丙酮、甲醇、乙酸乙酯。mp 231.5℃；$[\alpha]_D^{15}$ －87.09°（于吡啶中）。

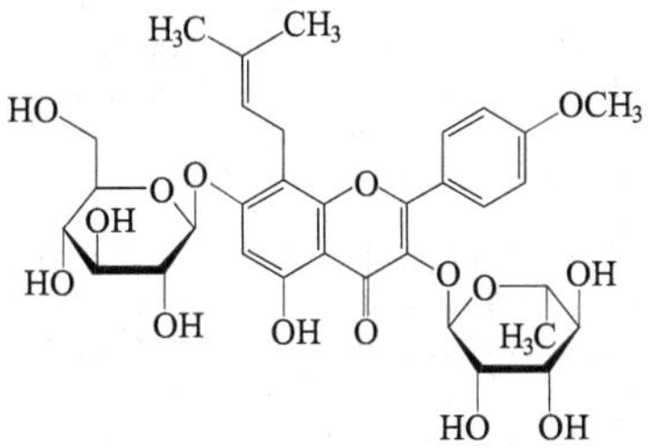

Idarubicin hydrochloride　伊达比星 盐酸盐　05491

[57852-57-0]　$C_{26}H_{27}NO_9 \cdot HCl$　$C_{26}H_{28}ClNO_9$　533.96

成分　C 58.48%，H 5.29%，Cl 6.64%，N 2.62%，O 26.97%。

别名　去甲氧柔红霉素 盐酸盐；依达比星 盐酸盐；盐酸去甲氧柔红霉素；盐酸伊达比星；盐酸伊达比星；Idamycin；Zavedos；(7*S*，9*S*)-9-Acetyl-7-(3-amino-2，3，6-trideoxy-α-1-*lyxo*-hexopyranosyl) oxy-7，8，9，10-tetrahydro-6，9，11-trihydroxy-5，12-naphthacenedione hydrochloride；(1*S*，3*S*)-3-Acetyl-1，2，3，4，6，11-hexahydro-3，5，12-trihydroxy-6，11-dioxo-1-naphthacenyl-3-amino-2，3，6-trideoxy-α-L-*lyxo*-hexopyranoside hydrochloride；4-Demethoxydaunomycin hydrochloride；4-Demethoxydaunorubicin hydrochloride；DMDR -HCl；IMI-30-HCl；NSC-256439-HCl

M. I. 15，4927

性状　橙色结晶性粉末。溶于甲醇，微溶于水，不溶于丙酮、乙醚。mp 183～185℃；$[\alpha]_D^{20}$ ＋205°（c＝0.1，于甲醇中）。

注意事项　该品口服极毒。可能损伤生育力。能危害胎儿。对机体有不可逆损伤的可能性。使用前应得到专门的指导，避免曝露。使用时如有事故发生或有不适之感，应请医生诊治。应密封于 2～8℃保存。

主要用途　医用抗肿瘤毒剂。

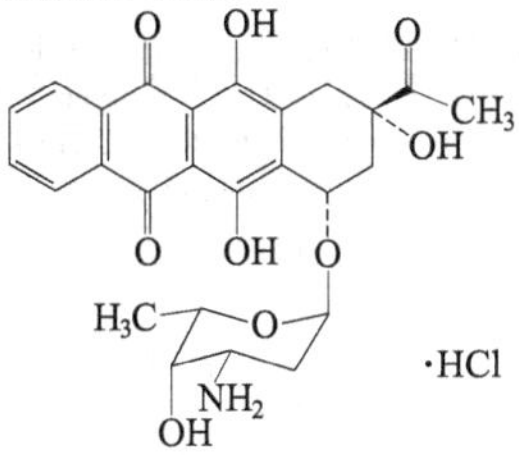

Idazoxan hydrochloride　咪唑克生 盐酸盐　05492

[79944-56-2]　$C_{11}H_{12}N_2O_2 \cdot HCl$　$C_{11}H_{13}ClN_2O_2$　240.69

成分　C 54.89%，H 5.44%，Cl 14.73%，N 11.64%，O 13.29%。

别名　亚达唑 盐酸盐；盐酸亚达唑；盐酸咪唑克生；2-(2，3-Dihydro-1，4-benzodioxin-2-yl)-4，5-dihydro-1*H*-imidazole hydrochloride；2-[2-(1，4-Denzodioxanyl)]-2-imidazoline hydrochloride；RX-781094

M. I. 15，4927

性状　来自异丙醇中的白色结晶性固体。溶于水（300mg/mL）。mp 207～208℃。

注意事项　该品口服有害。应密封保存。

主要用途　医用抗震颤剂。

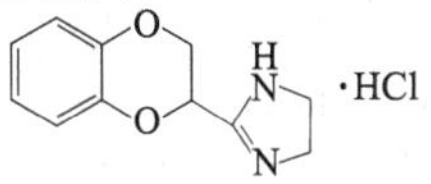

Idebenone　艾地苯醌　05493

[58186-27-9]　$C_{19}H_{30}O_5$　338.44

成分　C 67.43%，H 8.94%，O 23.64%。

别名　2-(10-Hydroxydecyl)-5，6-dimethoxy-3-methyl-2，5-cyclohexadiene-1，4-dione；6-(10-Hydroxydecyl)-2，3-dimethoxy-5-methyl-1，4-benzoquinone；2，3-Dimethoxy-5-methyl-6-(10′-hydroxydecyl)-1，4-benzoquinone；6-(10-Hydroxydecyl) ubiquinone；CV-2619；Avan；Daruma；Mnesis；Catena；Lucebanol；Prevage；Sovrima

M. I. 15，4929

性状　来自石油醚中的橙色针状结晶，mp 46～50℃；或来自己烷＋乙酸乙酯中的结晶，mp 52～53℃。溶于有机溶剂，几乎不溶于水。

主要用途　医用止吐剂。

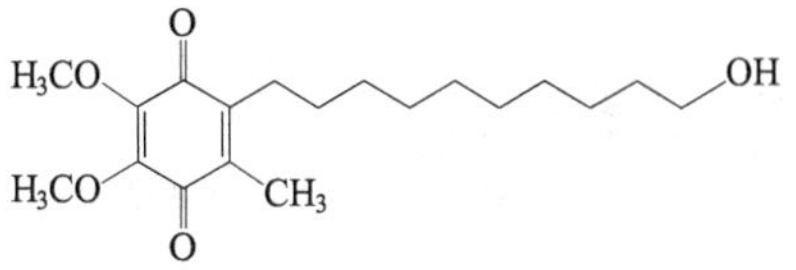

Idrocilamide　羟乙桂胺　05494

[6961-46-2]　$C_{11}H_{13}NO_2$　191.23

成分　C 69.09%，H 6.85%，N 7.32%，O 16.73%。

别名　施力柔；*N*-(2-Hydroxyethyl)-3-phenyl-2-propenamide；*N*-(2-Hydroxyethyl) cinnamamide；LCB-29；Brolitene；Srilane

M. I. 15，4933

性状　来自乙酸乙酯或丙酮中的白色结晶。溶于乙醇，微溶于水。mp 100～102℃。LD_{50} 小鼠，大鼠急性经口：＞2950mg/kg，＞3000mg/kg。

主要用途　医用骨架肌肉松驰剂。

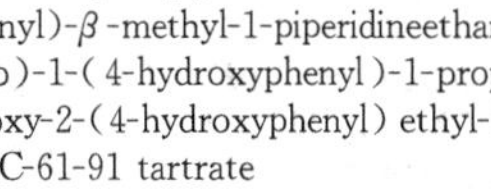

Ifenprodil tartrate　艾芬地尔 酒石酸盐　05495

[23210-58-4]　$C_{46}H_{60}N_2O_{10}$　800.99

成分　C 68.98%，H 7.55%，N 3.50%，O 19.98%。

别名　苄哌酚醇 酒石酸盐；酒石酸艾芬地尔；酒石酸苄哌酚醇；Cerocral；Dilvax；Vadilex；α-(4-Hydroxyphenyl)-β-methyl-4-phenylmethyl-1-piperidineethanol tartrate；4-Benzyl-α-(*p*-hydroxyphenyl)-β-methyl-1-piperidineethanol tartrate；2-(4-Benzylpiperidino)-1-(4-hydroxyphenyl)-1-propanol tartrate；1-Methyl-2-hydroxy-2-(4-hydroxyphenyl) ethyl-1-(4-benzylpiperidine) tartrate；RC-61-91 tartrate

M. I. 15，4936

性状　来自甲醇中的无色结晶。溶于乙醇、水，极微溶于丙酮、氯仿，几乎不溶于乙醚。mp 178～180℃。LD_{50} 雄瑞士小鼠静脉注射：17mg/kg；腹膜内注射：120mg/kg；急性经口：275mg/kg。

注意事项　该品吸入、口服或与皮肤接触有害。对眼睛、呼吸系统及皮肤有刺激性。使用时应穿适当的防护服。使用时应避免吸入本品的粉尘。万一接触到眼睛，应立即用大量水冲洗后请医生诊治。

主要用途 医用大脑及末梢血管舒张剂。

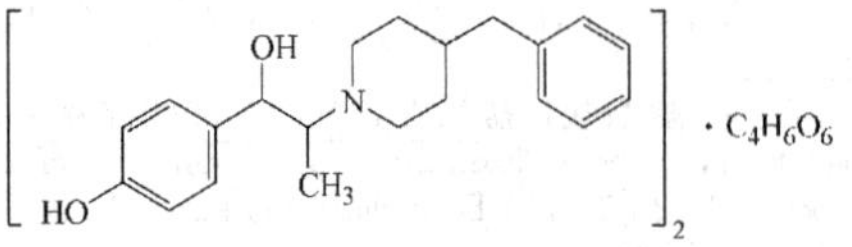

Ifosfamide 异环磷酰胺 05496

[3778-73-2] $C_7H_{15}Cl_2N_2O_2P$ 261.08

成分 C 32.20%，H 5.79%，Cl 27.16%，N 10.73%，O 12.26%，P 11.86%。

别名 *N*, 3-Bis(2-chloroethyl) tetrahydro-2*H*-1, 3, 2-oxazaphosphorin-2-amine 2-oxide; 3-(2-Chioroethyl)-2-[(2-Chloroethyl) amino] tetrshydro-2*H*-1, 3, 2-oxazaphosphorin-2-oxide; Iphosphamid(e); Isoendoxan; Isophosphamide; A-4942; Asta Z-4942; MJF-9325; NSC-109724; Z-4942; Holoxan; Ifex; Ifomide; Mitoxana

M. I. 15, 4937

性状 来自无水乙醚中的无色结晶。完全溶于乙醇、乙酸乙酯、异丙醇、甲醇、二氯甲烷，易溶于水，极微溶于己烷。mp 39～41℃。LD_{50}大鼠腹膜内注射：160mg/kg。

注意事项 该品口服有毒。对眼睛有刺激性。万一接触到眼睛，应立即用大量水冲洗后请医生诊治。使用时如有事故发生或有不适之感，应请医生诊治。

主要用途 医用抗肿瘤剂。

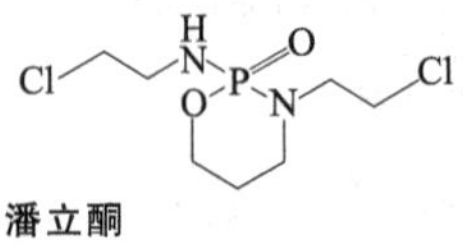

Iloperidone 伊潘立酮 05497

[133454-47-4] $C_{24}H_{27}FN_2O_4$ 426.89

成分 C 67.59%，H 6.38%，F 4.45%，N 6.57%，O 15.01%。

别名 1-[4-[3-[4-(6-Fluoro-1, 2-benzisoxazol-3-yl)-1-piperidinyl]propoxy]-3-methoxyphenyl]ethanone; HP-873; ILO-522; Fanapt

M. I. 15, 4941

性状 来自乙醇中的无色结晶。易溶于氯仿、乙醇、甲醇、乙腈，极微溶于 0.1mol/L 盐酸；几乎不溶于水。mp 118～120℃。

主要用途 医用精神抑制剂。

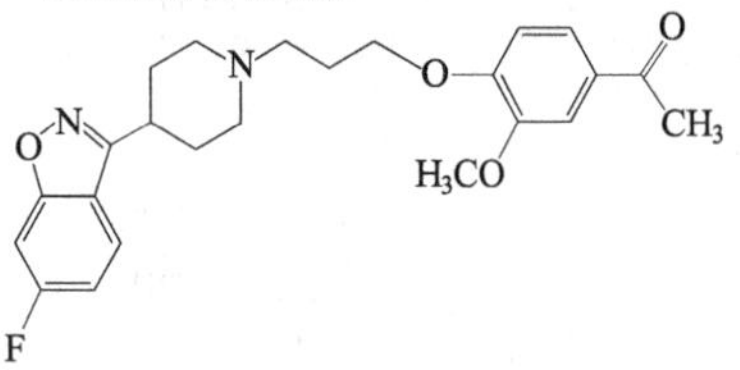

Imatinib 伊马替尼 05498

[152459-95-5] $C_{29}H_{31}N_7O$ 493.62

成分 C 70.56%，H 6.33%，N 19.86%，O 3.24%。

别名 4-(4-Methyl-1-piperazinyl) methyl-*N*-[4-methyl-3-[[4-(3-pyridinyl)-2-pyrimidinyl]amino]phenyl]benzamide; *N*-[5-[4-(4-Methylpiperazinomethyl) benzoylamido]-2-methylphenyl]-4-(3-pyridyl)-2-pyrimidineamine

M. I. 15, 4943

性状 无色结晶或粉末。pK_{a1} 8.07，pK_{a2} 3.73，pK_{a3} 2.56，pK_{a4} 1.52；mp 211～213℃。

主要用途 医用抗肿瘤剂。

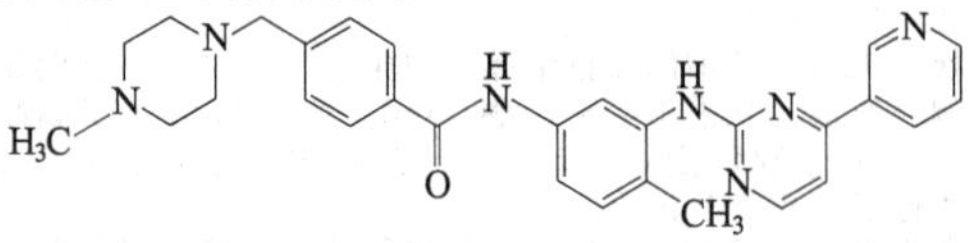

Imazamethabenz 咪草酯 05499

[81405-85-8] $C_{16}H_{20}N_2O_3$ 288.35

成分 C 66.65%，H 6.99%，N 9.72%，O 16.65%。

别名 咪草酸；2-[4, 5-Dihydro4-methyl-4-(1-methylethyl)-5-oxo-1*H*-imidazol-2-yl]-4 (and 5)-methylbenzoic acid methyl ester; Imazamethabenz methyl; Imazethabenz; AC-222293; AC-293; CL-222293; Assert; Dagger

M. I. 15, 4944

性状 近白色细微粉末。或为易粉碎的聚集体。微有发霉的气味。该品于下列物质中的溶解度（25℃，g/100mL）：丙酮 18.2；二甲基亚砜 23.8；蒸馏水 0.13（对位），0.22（间位）；正庚烷 0.04；异丙醇 14.4；甲醇 24.4；二氯甲烷 30.1；甲苯 3.9。于下列物质中的溶解度（25℃，g/100g）：二甲苯<5；二甲基甲酰胺 30。分配系数（正辛醇/水）：35（对位），66（间位）。108～117℃变软，113～122℃开始熔化，144～153℃先全分解。LD_{50}大鼠，兔急性经口：>5000mg/kg，4500mg/kg；皮肤接触：>2000mg/kg，>2000mg/kg。

主要用途 除草剂。分析用标准物质。

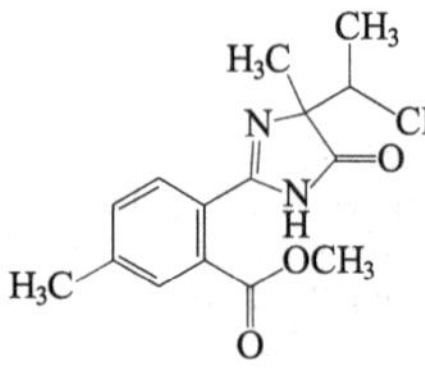

间位 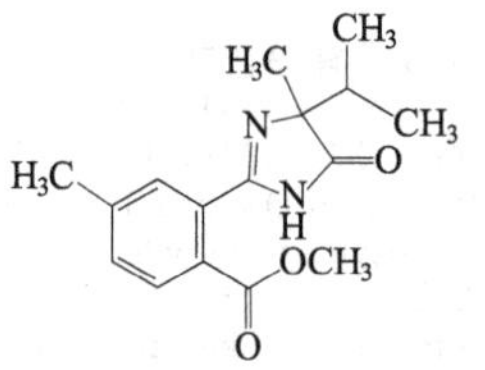　　对位

Imazamox 甲氧咪草烟 05500

[114311-32-9] $C_{15}H_{19}N_3O_4$ 305.33

成分 C 59.01%，H 6.27%，N 13.76%，O 20.96%。

别名 2-[4, 5-Dihydro-4-methyl-4-(1-methylethyl)-5-oxo-1*H*-imidazol-2-yl]-5-methoxymethyl-3-pyridinedicarboxylic acid; 2-(4-Isopropyl)-4-methyl-5-oxo-2-imidazolin-2-yl-5-(methoxymethyl) nicotinic acid; AC-299263; CL-299263; Raptor

M. I. 15, 4945

性状 无色结晶或白色粉末。该品于下列物质中的溶解度（g/100mL）：己烷 0.0006；甲醇 6.68；乙腈 1.85；甲苯 0.21；丙酮 2.93；二氯甲烷 14.3；乙酸乙酯 1.02。溶于水（4160×10^{-6}）。分配系数（辛醇/水，pH 值 7）：0.004。蒸发度：$<1.0\times10^{-7}$ mmHg/133.3×10^{-7} Pa；pK_1 2.3，pK_2 3.3；mp 166.0～166.7℃；LD_{50}大鼠急性经口：>5000mg/kg；兔皮肤接触：>4000mg/kg。LD_{50}大鼠吸入：>6.3mg/L。

主要用途 除草剂。

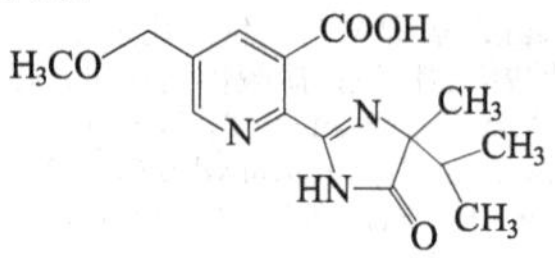

Imazapyr 灭草烟 05501

[81334-34-1] $C_{13}H_{15}N_3O_3$ 261.28

成分 C 59.76%，H 5.79%，N 16.08%，O 18.37%。

别名 2-[4, 5-二氢-4-甲基-4-(1-甲基乙基)-5-氧-1*H*-咪唑-2-基]-3-吡啶羧酸；2-(4-异丙基-4-甲基-5-氧-2-咪唑啉-2-基)烟酸；咪唑烟酸；2-[4, 5-Dihydro-4-methyl-4-(1-methylethyl)-5-oxo-1*H*-imidazol-2-yl]-3-pyridinecarboxylic acid; 2-(4-Isopropyl-4-methyl-5-oxo-2-imidazolin-2-yl)nicotinic acid

M. I. 15, 4946

性状 来自丙酮＋己烷中的无色结晶。溶于水（pH 值 7，约 1.0g/L）。pK_1 1.9；pK_2 3.6；mp 170～172.5℃。LD_{50}大鼠急性经口：>5000mg/kg；兔皮肤接触：>2000mg/kg。

注意事项 该品对眼睛有刺激性。对水生物有害。能对水环境引起长期不利的影响。应防止将本品释放于环境中。万一接触到眼睛，应立即用大量水冲洗后请医生诊治。

主要用途 除草剂。分析用标准物质。

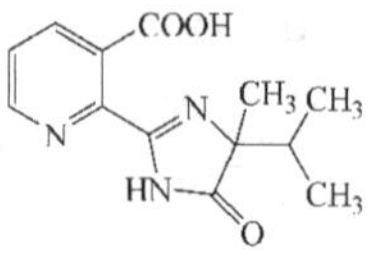

Imazaquin 灭草喹 05502

[81335-37-7] $C_{17}H_{17}N_3O_3$ 311.34

成分 C 65.58%，H 5.50%，N 13.50%，O 15.42%。

别名 2-[4,5-二氢-4-甲基-4-(1-甲基乙基)-5-氧-1*H*-咪唑-2-基]-3-喹啉羧酸；2-[4,5-Dihydro-4-methyl-4-(1-methylethyl)-5-oxo-1*H*-imidazol-2-yl]-3-quinolinecarboxylic acid；2-(5-Isopropyl-5-methyl-4-oxo-2-imidazolin-2-yl)-3-quinolinecarboxylic acid；AC-252214

M. I. 15，4947

性状 来自己烷＋乙酸乙酯中的无色结晶。溶于水（25℃，60×10⁻⁶～120×10⁻⁶），微溶于多数有机溶剂。mp 219～222℃（分解）。LD_{50}大鼠急性经口：5000mg/kg；LC_{50}(96h) 虹鳟鱼：100mg/L。

主要用途 除草剂。分析用标准物质。

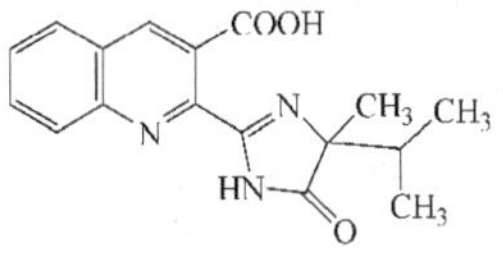

Imazethapyr 咪唑乙烟酸 05503

[81335-77-5] $C_{15}H_{19}N_3O_3$ 289.34

成分 C 62.27%，H 6.62%，N 14.52%，O 16.59%。

别名 2-[4,5-Dihydro-4-methyl-4-(1-methylethyl)-5-oxo-1*H*-imidazol-2-yl]-5-ethyl-3-pyridinecarboxylic acid；(±)-5-Ethyl-2-(4-isopropyl-4-methyl-5-oxo-1*H*-imidazolin-2-yl) nicotinic acid；AC-263499；CL-263499

M. I. 15，4948

性状 白色至近白色结晶性固体。溶于水（25℃，1415×10^{-6}）。p$K_1$2.1，p$K_2$3.9；mp 172～175℃。LD_{50}大鼠，小鼠急性经口：＞5000mg/kg，＞5000mg/kg；兔皮肤接触：＞2000mg/kg。

主要用途 除草剂。分析用标准物质。

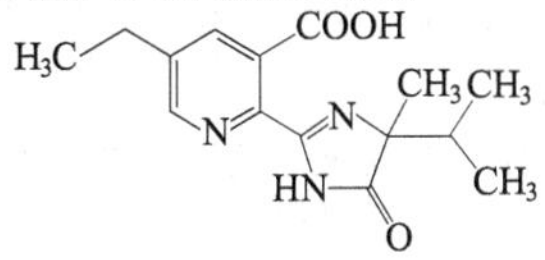

Imibenconazole 易胺座 05504

[86598-92-7] $C_{17}H_{13}Cl_3N_4S$ 411.73

成分 C 49.59%，H 3.18%，Cl 25.83%，N 13.61%，S 7.79%。

别名 易胺唑；亚胺唑；*N*-(2,4-Dichlorophenyl)-1*H*-1,2,4-triazole-1-ethanimidothioic acid(4-chlorophenyl) methyl ester；1,2,4-Triazol-1-yl-isothioacetic acid 2′,4′-dichloroanilide *S*-*p*-chlorobenzyl ether；4-Chlorobenzyl-*N*-(2,4-dichlorophenyl)-2-(1*H*-1,2,4-triazol-1-yl) thioacetimidate；HF-6305；HF-8505；Manage

M. I. 15，4950

性状 白色结晶性固体。该品于下列物质中的溶解度(25℃，g/L)：丙酮 1063；苯 580；二甲苯 250；甲醇 120。微溶于水(25℃，1.7mg/L)。mp 89.5～90℃；蒸气压(25℃)：85nPa。LD_{50}雄、雌大鼠，雄、雌小鼠急性经口(mg/kg)：2800、3000、5000、＞5000；雄、雌大鼠皮肤接触(mg/kg)：＞2000，＞2000；蜜蜂经口：＞125μg/蜜蜂。LD_{50}(48h)鲤鱼：1.02mg/kg。LD_{50}(6h)水蚤：＞102mg/kg。

主要用途 杀菌剂。

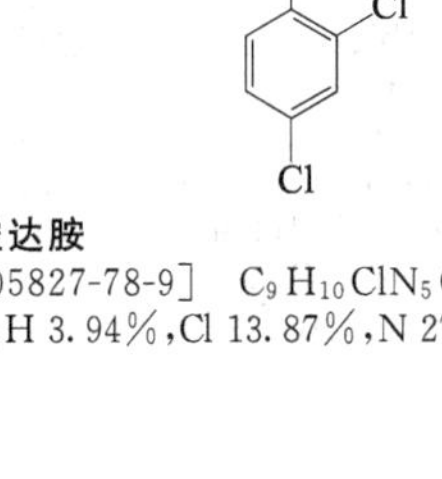

Imidacloprid 益达胺 05505

[138261-41-3][105827-78-9] $C_9H_{10}ClN_5O_2$ 255.66

成分 C 42.28%，H 3.94%，Cl 13.87%，N 27.39%，O 12.52%。

别名 1-(6-氯-3-吡啶基)甲基-4,5-二氢-*N*-硝基-1*H*-咪唑-2-胺；吡虫啉；咪蚜胺；(2*E*)-1-(6-Chloro-3-pyridinyl) methyl-*N*-nitro-2-imidazolidinimine；1-(6-Chloro-3-pyridinyl) methyl-4,5-dihydro-*N*-nitro-1*H*-imidazol-2-amine；1-(6-Chloro-3-pyridinyl) methyl-*N*-nitro-2-imidazolidinimine；1-(6-Chloro-3-pyridylmethyl)-*N*-nitroimidazolidin-2-ylideneamine；1-(2-Chloro-5-pyridylmethyl)-2-(nitroimino)imidazolidine；BAY NTN 33893；Admire；Advantage；Confidor；Gaucho；Marathon；Merit；Nuprld；Pvovado；Trimax Premier

M. I. 15，4951

性状 无色结晶。溶于水（20℃，0.51g/L）。mp 143.8℃。LD_{50}大鼠急性经口：约 450mg/kg；皮肤接触：＞5000mg/kg。

注意事项 该品口服有害。使用时应避免吸入本品的粉尘，避免与眼睛及皮肤接触。如误服本品，应立即请医生检查，并出示本品的容器或标签。

主要用途 杀虫剂。分析用标准物质。

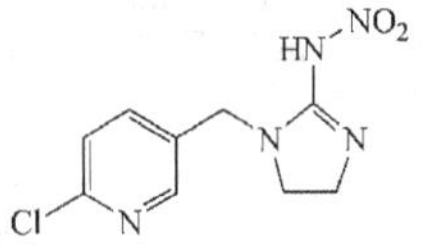

Tmidapril 咪达普利 05506

[89371-37-9] $C_{20}H_{27}N_3O_6$ 405.45

成分 C 59.25%，H 6.71%，N 10.36%，O 23.68%。

别名 达爽；(4*S*)-3-[(2*S*)-2-[(1*S*)-1-Ethoxycarbonyl-3-phenylpropyl] amino-1-oxopropyl-1-methyl-2-oxo-4-imidazolidinecarboxylic acid；(4*S*)-3-[(2*S*)-2-[*N*-[(1*S*)-1-Ethoxycarbonyl-3-phenylpropyl] amino] propionyl]-1-methyl-2-oxoimidazolidine-4-carboxylic acid

M. I. 15，4952

性状 来自乙酸乙酯＋正己烷中的无色结晶。mp 139～140℃；$[\alpha]_D^{20}$ −71.7°（*c*=0.5，于乙醇中）。

主要用途 医用抗高血压剂。

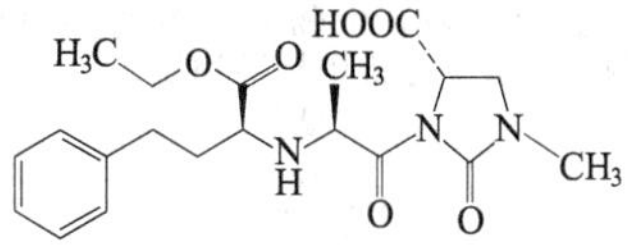

Imidazole 咪唑 05507

[288-32-4] $C_3H_4N_2$ 68.08

成分 C 52.93%，H 5.92%，N 41.15%。

别名 1,3-二氮唑；间二氮茂；Glyoxaline；1,3-Diazole；ID；Iminazole；Miazole；1，3-Diaza-2，4-cyclopentadiene；Pyrro [*b*] monazole；*N*,*N*′-Vinylene formamidine

M. I. 15，4953

性状 来自苯中的无色粗大的棱柱体结晶。易溶于水、乙醇、乙醚、氯仿、吡啶，微溶于苯，极微溶于石油醚。p*K*（25℃）：6.92。mp 90～91℃；bp_{760} 257℃/101.325kPa；bp_{20} 165～168℃/2.666kPa；bp_{12} 138.2℃/1.599kPa；Fp 293℉（145℃）。LD_{50}小鼠腹膜内注射：610mg/kg；急性经口：1880mg/kg。

注意事项 该品口服有害。具有腐蚀性，能引起烧伤。使用时应穿适当的防护服，戴手套和防护镜或面罩。万一接触到眼睛，应立即用大量水冲洗后请医生诊治。使用时如有事故发生或有不适之感，应请医生诊治。应密封保存。

主要用途 分析试剂，如钴的测定。生化研究用于抗新陈代谢、抗组织胺。杀蚍虫剂。有机合成。

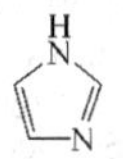

4-Imidazole acetic acid hydrochloride

4-咪唑乙酸 盐酸盐 05508

[3251-69-2] $C_5H_7ClN_2O_2$ 162.58

成分 C 36.94%，H 4.34%，Cl 21.81%，N 17.23%，O 19.68%。

别名 咪唑-4-乙酸 盐酸盐；盐酸咪唑-4-乙酸

性状 无色结晶。mp 218～222℃。一般试剂含量≥98.0%(HPLC)。

注意事项 使用时应避免吸入本品的粉尘，避免与眼睛及皮肤接触。应充氩气密封保存。

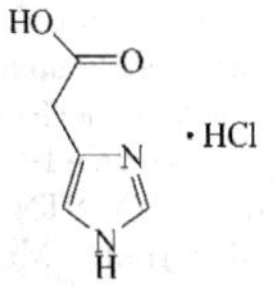

Imidazole salicylate 咪唑水杨酸盐 05509

[36364-49-5] $C_{10}H_{10}N_2O_3$ 206.20

成分 C 58.25%，H 4.89%，N 13.59%，O 23.28%。

别名 水杨酸咪唑；2-Hydroxybenzoic acid comp d with 1*H*-imidazole (1 : 1)；Mono (2-hydroxybenzoate)-1*H*-imidazole；Salizolo；ITF-182；Flogozen；Selezen

M. I. 15，4954

性状 来自甲醇-乙醚中的无色结晶。溶于水（>100mg/1mL）。mp 123～124℃；uv max：300nm（$E_{1cm}^{1\%}$ 182.5）。LD_{50}雄，雌大鼠，小鼠皮下注射（mg/kg）：763，724，595，685；静脉注射（mg/kg）：422，434，462，435；急性经口（mg/kg）：1211，1430，1034，1091。

主要用途 医用抗炎剂，抗发热剂，止痛剂。

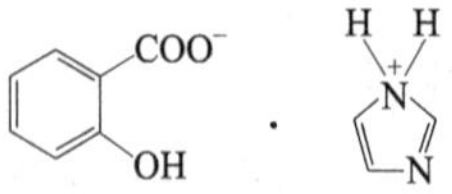

2-Imidazolidinone 2-咪唑烷酮 05510

[120-93-4] $C_3H_6N_2O$ 86.09

成分 C 41.86%，H 7.03%，N 32.54%，O 18.58%。

别名 2-Imidazolidone；Ethylene urea

M. I. 15，4955

性状 来自氯仿中的无色针状结晶。易溶于水、热乙醇，难溶于乙醚。mp 131℃。一般试剂含量≥98.0%（TLC）。

注意事项 该品对眼睛、呼吸系统及皮肤有刺激性。万一接触到眼睛，应立即用大量水冲洗后请医生诊治。

主要用途 制造高聚物，织物及皮革的整理剂。增塑剂，漆、胶黏剂的组成。分析用标准物质。

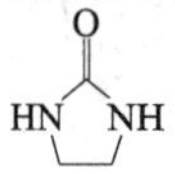

Imidocarb dihydrochloride 双咪苯脲 二盐酸盐 05511

[5318-76-3] $C_{19}H_{22}Cl_2N_6O$ 421.33

成分 C 54.16%，H 5.26%，Cl 16.83%，N 19.95%，O 3.80%。

别名 二盐酸双咪唑脲；Imizocarb；4A65；*N*,*N*′-Bis[3-(4,5-dihydro-1*H*-imidazol-2-yl)phenyl] urea dihydrochloride；3,3′-Di-2-imidazolin-2-ylcarbanilide dihydrochloride

M. I. 15，4956

性状 无色或白色固体。mp 350℃（分解）。LD_{50}小鼠，大鼠皮下注射：107mg/kg，150mg/kg。

主要用途 兽用抗原生物剂（梨浆虫）。

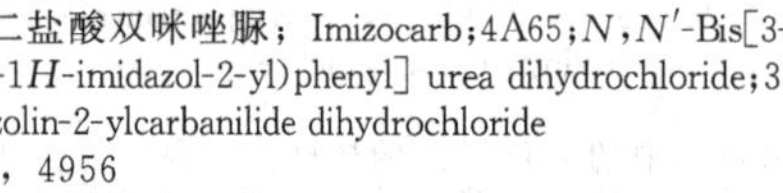

Imidurea 咪唑烷脲 05512

[39236-46-9] $C_{11}H_{16}N_8O_8$ 388.30

成分 C 34.03%，H 4.15%，N 28.86%，O 32.96%。

别名 *N*,*N*″-Methylenebis[*N*-′(3-hydroxymethyl-2,5-dioxo-4-imidazolidinyl)urea]；Methanebis[*N*,*N*′-(5-ureido-2,4-diketotetrahydroimidazole)-*N*,*N*-dimethylol] Imidazolidinyl urea；Abiol；Biopure 100；Germall 115；Sepicide CI；Tri-Stat IU；Unicide U-13

M. I. 15，4957

性状 一般产品为一水合物。白色自由流动的微细粉末。无嗅。无味。为极性、等水性物。该品于下列物质中的溶解度（g/100g）：水 200；乙二醇 150；丙二醇 120；甘油 100；甲醇 0.05；乙醇<0.05；芝麻油<0.05。不溶于多数有机溶剂。>169℃分解。

注意事项 该品对眼睛有刺激性。使用时应穿适当的防护服。万一接触到眼睛，应立即用大量水冲洗后请医生诊治。

主要用途 用于化妆品及药品制备中的灭菌，防腐。

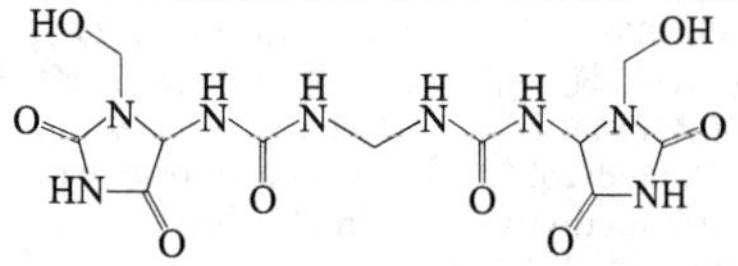

Iminodiacetic acid 亚氨基二乙酸 05513

[142-73-4] $C_4H_7NO_4$ 133.10

成分 C 36.10%，H 5.30%，N 10.52%，O 48.08%。

别名 亚氨基二醋酸；*N*-（羧甲基）甘氨酸；*N*-(Carboxymethyl)glycine；Iminodiethanoic acid；Diglycine；IDA

M. I. 15，4959

性状 无色正交结晶。微溶于水（5℃，2.43g/100mL），几乎不溶于丙酮、甲醇、乙醚、苯、四氯化碳、庚烷。pK_{a1} 2.98；pK_{a2} 9.89。247.5℃分解。一般试剂含量≥98.0%（T）。

注意事项 该品对眼睛、呼吸系统及皮肤有刺激性。使用时应穿适当的防护服。万一接触到眼睛，应立即用大量水冲洗后请医生诊治。

主要用途 表面活性剂中间体。螯合剂。有机合成。

3,3′-Iminodipropionitrile 3,3′-亚氨基二丙腈 05514

[111-94-4] $C_6H_9N_3$ 123.16

成分 C 58.51%，H 7.37%，N 34.12%。

别名 双（2-氰乙基）胺；*β*,*β*-亚氨基二丙腈；亚氨基二丙酸二腈；Bis(cyanoethyl) amine；Bis(2-cyanoethyl) amine；*β*,*β*′-Iminodipropionitrile；Iminodipropionic acid dinitrile

GW 2015-2439

性状 无色或浅黄色透明液体。对湿度敏感。能与水、有机溶剂相混溶。bp_{25} 205℃/3.333kPa；Fp > 230℉（110℃）；*d* 1.020；n_D^{20} 1.4700。

注意事项 该品对眼睛、呼吸系统及皮肤有刺激性。使用时应避免吸入本品的蒸气，避免与眼睛及皮肤接触。应密封于干燥处保存。

主要用途 气相色谱固定液（适用于硫化物的测定和硫醇、硫醚、噻吩、卤代烷的分离）。

Imipenem monohydrate 依米配能 一水 05515

[74431-23-5][无水物][64221-86-9] $C_{12}H_{17}N_3O_4S \cdot H_2O$ 317.36

成分(以无水物计) C 45.41%，H 6.03%，N 13.24%，O 25.21%，S 10.10%。

别名 亚胺培南；亚胺硫霉素；MK-787；(5*R*,6*S*)-6-[(1*R*)-(1-Hydroxyethyl)-3-[2-[(iminomethyl) amino] ethyl] thio-7-oxo-1-azabicyclo[3.2.0] hept-2-ene-2-carboxylic acid monohydrate；*N*-Formimidoylthienamycin monohydrate；Imipemide；MK-787

M. I. 15，4961

性状 来自水-乙醇中的近白色结晶。该品于下列物质中的溶解度（mg/mL）：水 10；甲醇 5；乙醇 0.2；丙酮<0.1；二甲基甲酰胺<0.1；二甲基亚砜 0.3。pK_{a1}约 3.2，pK_{a2}约 9.9。$[\alpha]_D^{25}$ +86.8°（*c*=0.05，于 0.1mol/L 磷酸盐溶液中，pH 值 7）；uv max（水中）：299nm（ε 9670）。

注意事项 使用时应避免吸入本品的粉尘，避免与眼睛及皮肤接触。

主要用途 医用抗菌剂。

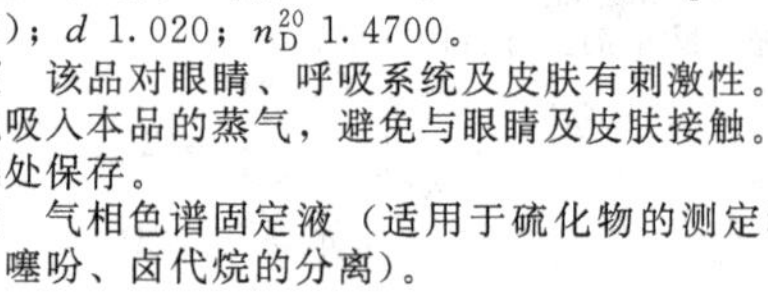

Imipramine hydrochloride 丙咪嗪 盐酸盐 05516

[113-52-0] $C_{19}H_{25}ClN_2$ 316.87

成分 C 72.02%，H 7.95%，Cl 11.19%，N 8.84%。

别名 盐酸丙咪嗪；Berkomine；Chrytemin；Deprinol；Efur-anol；Feinalmin；Imavate；Imidol；Imilanyle；Imiprin；Iramil；Janimine；Melipramine；Presamine；Pryleugan；Tofranil；10,11-Dihydro-*N*,*N*-dimethyl-5*H*-dibenz[*b*,*f*]azepine-5-propanamine hydrochloride；

5-(3-Dimethylaminopropyl)-10,11-dihydro-5*H*-dibenz[*b*,*f*]azepine hydrochloride; *N*-(γ-Dimethylaminopropyl) iminodibenzyl hydrochloride; imizin hydrochloride; G-22355 hydrochloride
M. I. 15, 4962
性状 来自丙酮中的无色或白色结晶。易溶于水（50mg/mL）、乙醇，溶于丙酮，不溶于乙醚、苯。mp 174～175℃。LD_{50}小鼠，大鼠急性经口：400mg/kg，490mg/kg；腹膜内注射：110mg/kg，90mg/kg。生化试剂含量≥98.0%（TLC）。
注意事项 该品口服有害。对眼睛、呼吸系统及皮肤有刺激性。使用时应穿适当的防护服。万一接触到眼睛，应立即用大量水冲洗后请医生诊治。
主要用途 生化研究。医用抗抑郁剂。

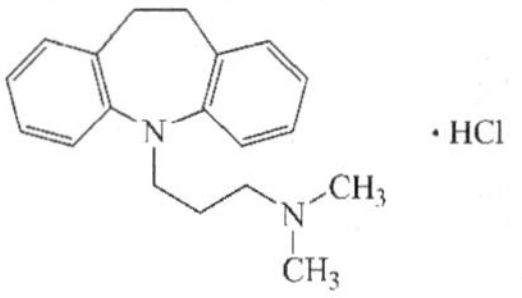

Imipramine *N*-oxide　*N*-氧化丙咪嗪　05517

[6829-98-7]　$C_{19}H_{24}N_2O$　296.41
成分 C 76.99%，H 8.61%，N 9.45%，O 5.40%。
别名 10,11-Dihydro-*N*,*N*-dimethyl-5*H*-bibenz[*b*,*f*]azepine-5-propanamine *N*-oxide; 5-[3-(Dimethylamino) propyl]-10,11-dihydro-*H*-dibenz[*b*,*f*] azepine *N*-oxide; *N*-(γ-Dimethylaminopropyl)iminodibenzyl *N*-oxide; IPNO
M. I. 15, 4963
性状 白色针状结晶。溶于甲醇、乙醚、丙酮、苯。易吸潮。mp 120～123℃（分解）。
主要用途 医用抗抑郁剂。

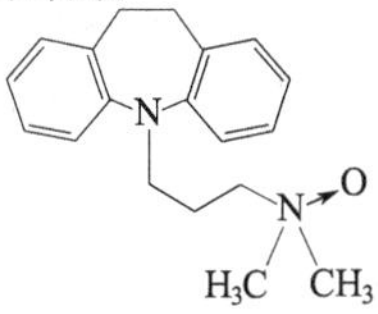

Imiguimod　咪喹莫特　05518

[99011-02-6]　$C_{14}H_{16}N_4$　240.31
成分 C 69.97%，H 6.71%，N 23.31%。
别名 疣定宁；1-(2-Methylpropyl)-1*H*-imiduzo[4,5-*c*]quinolin-4-amine; 4-Amino-1-isobutyl-1*H*-imidazo[4,5-*c*] quinoline; R-837; S-26308; Aldara; Zyclara
M. I. 15, 4964
性状 来自二甲基甲酰胺中的无色结晶。mp 292～294℃。
主要用途 医用抗病毒剂，免疫调节剂。

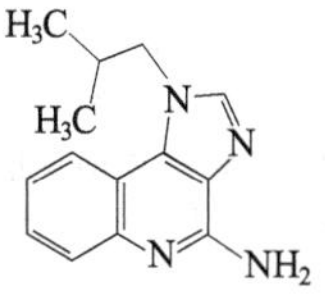

Immersion oil　浸油　05519

别名 柏木油；Cedarwood oil; EINECS
性状 无色或微黄色略有黏性液体。系蒸馏柏木而得的芳香油。溶于10～20份90%的乙醇、乙醚，不溶于水。黏度（20℃）：100～120mPa·s。Fp 356℉（180℃）；d_4^{20} 1.025；n_D^{20} 1.516。
注意事项 该品对眼睛、呼吸系统及皮肤有刺激性。使用时应穿适当的防护服。万一接触到眼睛，应立即用大量水冲洗后请医生诊治。应密封避光于阴凉处保存。
主要用途 显微镜用。

Imp eratorin　王草素　05520

[482-44-0]　$C_{16}H_{14}O_4$　270.28
成分 C 71.10%，H 5.22%，O 23.68%。
别名 9-(3-Methyl-2-butenyl) oxy-7*H*-furo[3,2-*g*][1] benzopyran-7-one; 6-Hydroxy-7-(3-methyl-2-butenyloxy)-5-benzofuranacrylic acid δ-lactone; 8-Isoamylenoxypsoralen; Marnelosin; Ammidin; Pentosalen
M. I. 15, 4967
性状 来自乙醚中的无色棱柱体结晶或来自热水中的长细针状结晶。易溶于氯仿，溶于苯、乙酸、乙醚、石油醚、碱溶液，极微溶于沸水。mp 102℃；uv max：302nm，265nm，250nm（lg ε 3.95，4.00，4.24）。

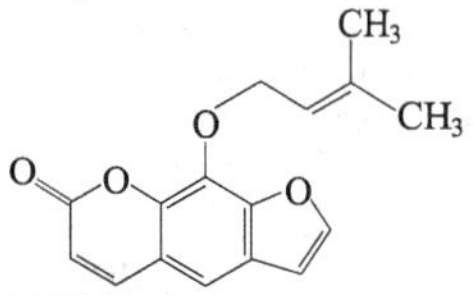

Imp erialine　状丽贝母碱　05521

[18059-10-4]　$C_{27}H_{43}NO_3$　429.65
成分 C 75.48%，H 10.09%，N 3.26%，O 11.17%。
别名 3,20-Dihydroxyeevan-6-one; Raddeamine; Sipeimine
M. I. 15, 4968
性状 来自甲醇中的棱柱体结晶。mp 267℃；$[\alpha]_D^{20}$ −38.5°（*c*=1.5，于氯仿中）。一般试剂含量≥97.0%。
注意事项 该品应密封于2～8℃保存。

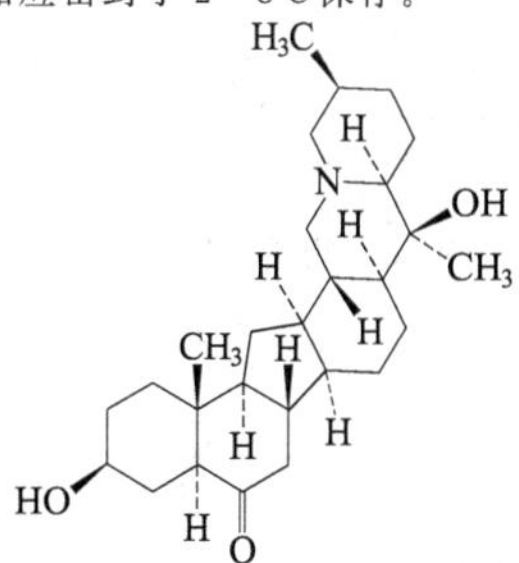

Incadronic acid　英卡膦酸　05522

[124351-85-5]　$C_8H_{19}NO_6P_2$　287.19
成分 C 33.46%，H 6.67%，N 4.88%，O 33.43%，P 21.57%。
别名 *p*,*p*′-[(Cycloheptylamino) methylene]bisphosphonie acid
M. I. 15, 4969
性状 来自甲醇-水中的无色结晶。mp 232～233℃。
主要用途 医用骨吸收抑制剂。

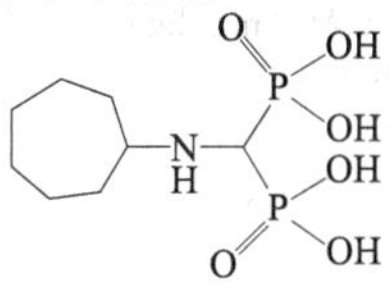

Indan　茚满　05523

[496-11-7]　C_9H_{10}　118.18
成分 C 91.47%，H 8.53%。
别名 2,3-二氢化茚；2,3-二氢茚；2,3-Dihydro-1*H*-indene; Hydrindene; 2,3-Dihydroindene
M. I. 15, 4971
性状 无色液体。溶于乙醇、乙醚等有机溶剂，不溶于水。mp −51.4℃；bp_{762} 176.5℃/101.32kPa；bp_{12} 61～64℃/1.6kPa；Fp 122℉（50℃）；d_4^{20} 0.9639；d_4^{50} 0.9378；n_D^{20} 1.5383；uv max（异辛烷中）：272nm，265nm，258nm（lg ε 3.18，3.08，2.90）。一般试剂含量≥95.0%（GC）。
注意事项 该品易燃。口服有害，并能损伤肺脏。使用时应避免吸入本品的蒸气，避免与眼睛及皮肤接触。如误服本品不能吐出，应立即请医生诊治，并出示瓶签或包装物。应远离火种密封保存。
主要用途 有机试剂。色谱分析标准物。

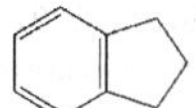

Indanazoline hydrochloride　茚唑啉 盐酸盐　05524

[40507-80-0]　$C_{12}H_{16}ClN_3$　237.73
成分 C 60.63%，H 6.78%，Cl 14.91%，N 17.68%。
别名 茚咪唑啉 盐酸盐；盐酸茚唑啉；E-VA-16; Farial; *N*-

(2,3-Dihydro-1H-inden-4-yl)-4,5-dihydro-1H-imidazol-2-amine hydrochloride; N-(2-Imidazolin-2-yl)-N-(4-indanyl) amine hydrochloride

M. I. 15, 4972

性状 来自异丙醇中的无色结晶。mp 182～184℃。LD_{50} 雄，雌小鼠急性经口（mg/kg）：179，233；静脉注射（mg/kg）：22.3，26.9。雄，雌大鼠急性经口（mg/kg）：481，542；静脉注射（mg/kg）：16.3，17.6。

主要用途 医用鼻子减轻充血剂。

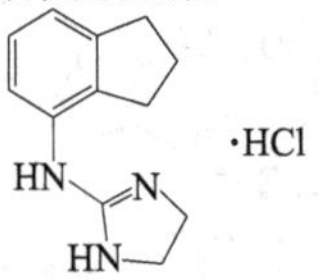

1,3-Indandione 1,3-茚二酮 05525

[606-23-5] $C_9H_6O_2$ 146.15

成分 C 73.96%，H 4.14%，O 21.89%。

别名 1,3-氢化茚二酮；1,3-二酮氢茚；1,3-Diketohydrindene; Anhydro-bis-indanedione; Bindon; 1,3-Dioxohydrindene; 1,3-Dioxoindan; Indane-1,3-dione

性状 无色针状结晶。溶于乙醇、乙醚、苯，微溶于水。在碱性溶液中呈深黄色。mp 130～132℃。

注意事项 使用时应避免吸入本品的粉尘，避免与眼睛及皮肤接触。应密封避光保存。

主要用途 有机分析标准物质。测定醛、酮、伯胺的试剂。

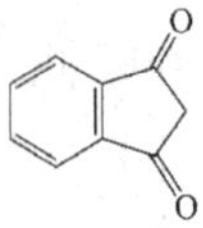

Indanofan 茚草酮 05526

[133220-30-1] $C_{20}H_{17}ClO_3$ 340.80

成分 C 70.49%，H 5.03%，Cl 10.40%，O 14.08%。

别名 2-[2-(3-Chlorophenyl)oxiranyl]methyl-2-ethyl-1H-indene-1,3(2H)-dione; MK-243; MX-70906; NH-502; Trebiace

M. I. 15, 4973

性状 来自甲醇-水中的无色或近白色结晶。微溶于水（25℃，17.1mg/L）。蒸气压（25℃）：2.8×10^{-6}Pa；mp 60.4～61.3℃。LD_{50} 雄，雌大鼠急性经口（mg/kg）：631，460，皮肤接触（mg/kg）：>2000，>2000。LC_{50} 大鼠吸入：1.57mg/L。

主要用途 除草剂。

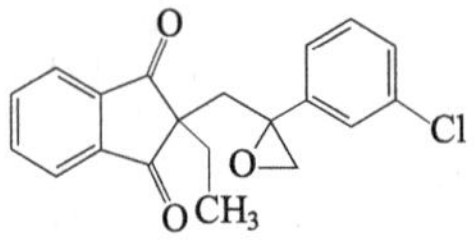

1-Indanone 1-茚满酮 05527

[83-33-0] C_9H_8O 132.16

成分 C 81.79%，H 6.10%，O 12.11%。

别名 α-Hydrindone; 1-Oxoindan

性状 无色结晶。微溶于水。mp 39～41℃；bp 243～245℃；Fp 235.4℉（113℃）；d_4^{20} 1.103。一般试剂含量≥98.0%（GC）。

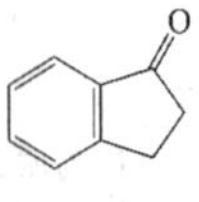

Indanthrene 阴丹士林 05528

[81-77-6] $C_{28}H_{14}N_2O_4$ 442.43

成分 C 76.01%，H 3.19%，N 6.33%，O 14.46%。

别名 因丹士林；6,15-Dihydro-5,9,14,18-anthrazinetetrone; N,N'-Dihydro-1,2,1',2'-anthraquinonazinee

M. I. 15, 4974

性状 蓝色粉末。溶于浓硫酸、稀碱溶液，几乎不溶于有机溶剂。470～500℃分解；uv max（纤维素薄膜上）：278nm。

主要用途 棉的染料。

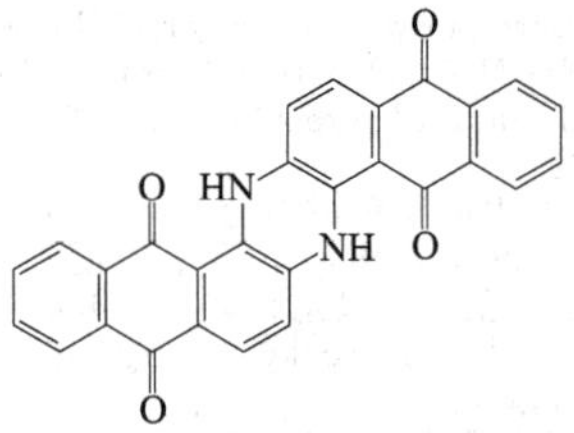

Indapamide 吲达帕胺 05529

[26807-65-8] $C_{16}H_{16}ClN_3O_3S$ 365.83

成分 C 52.53%，H 4.41%，Cl 9.69%，N 11.49%，O 13.12%，S 8.76%。

别名 引达帕胺；3-Aminosulfonyl-4-chloro-N-(2,3-dihydro-2-methyl-1H-indol-1-yl) benzamide; 4-Chloro-N-(2-methyl-1-indolinyl)-3-sulfamoylbenzamide; N-(3-Sulfamyl-4-chlorobenzamido)-2-methylindoline; S-1520; SE-1520; Bajaten; Damide; Fludex; Indaflex; Indamol; Ipamix; Lozol; Natrilix; Noranat; Tandix; Veroxil

M. I. 15, 4975

性状 来自异丙醇/水中的无色结晶。溶于甲醇、冰乙酸、乙酸乙酯、乙腈，极微溶于氯仿、乙醚，几乎不溶于水。pK_a（25℃）8.8±0.2。mp 160～162℃；uv max（甲醇中）：242nm，278nm，286nm（$A_{1cm}^{1\%}$ 630，98，100）。LD_{50}大鼠，小鼠，豚鼠腹膜内注射（mg/kg）：393～421，410～564，347～416；静脉注射（mg/kg）：394～440，577～635，272～358；急性经口：均>3000mg/kg。

主要用途 生化研究。医用抗高血压剂，利尿剂（具有钙拮抗作用）。

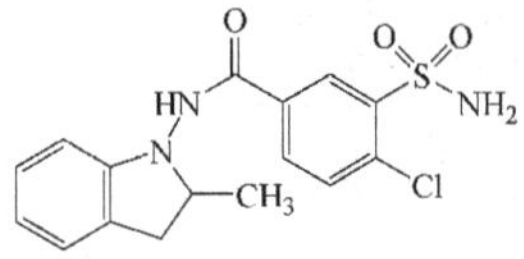

Indazole 吲唑 05530

[271-44-3] $C_7H_6N_2$ 118.14

成分 C 71.17%，H 5.12%，N 23.71%。

别名 1,2-二氮杂茚；1,2-Benzodiazole; 1,2-Benzopyrazole; 1H-Indazole; Isoindazole

M. I. 15, 4976

性状 来自热水中的无色针状结晶。溶于乙醇、乙醚、热水。mp 146.5℃；bp_{743} 267～270℃/99.058 kPa。

注意事项 使用时应避免吸入本品的粉尘，避免与眼睛及皮肤接触。

主要用途 有机合成。染料合成。制药工业。

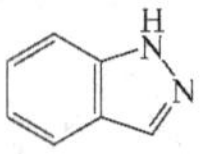

Indecainide hydrochloride 莫地卡尼 盐酸盐 05531

[73681-12-6] $C_{20}H_{25}ClN_2O$ 344.88

成分 C 69.65%，H 7.29%，Cl 10.28%，N 8.12%，O 4.64%。

别名 盐酸莫地卡尼；LY-135837; Decabid; 9-[3-[(1-Methylethyl)amino]propyl]-9H-fluorene-9-carboxamide hydrochloride; 9-Carbamoyl-9-(3-isopropylaminopropyl) fluorene hydrochloride; 9-[3-(Isopropylamino)propyl]-9-(aminocarboyl) fluorene hydrochloride; Ricainide hydrochloride

M. I. 15, 4977

性状 来自氯仿中的无色结晶，mp 216.5～217℃；或来自乙醇和乙醚中的无色结晶，mp 203～204℃。LD_{50}雄、雌小鼠，雄、雌大鼠急性经口（mg/kg）：100、96，103、82。

主要用途 医用抗心律失常剂（强心抑制剂）。

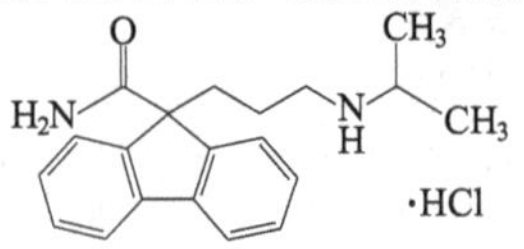

Indene 茚 05532

[95-13-6]　C_9H_8　116.16
成分　C 93.06%，H 6.94%。
别名　苯并环丙烯；Indonaphthene
M. I. 15，4978
性状　无色液体。能与多种有机溶剂相混溶，不溶于水。长期贮存能逐渐聚合和氧化。mp −1.8℃；bp_{760} 181.6℃/101.325kPa；bp_{400} 157.8℃/53.329kPa；bp_{200} 135.6℃/26.664kPa；bp_{100} 114.7℃/13.332kPa；bp_{60} 100.8℃/7.999kPa；bp_{40} 90.7℃/5.333kPa；bp_{20} 73.9℃/2.666kPa；bp_{10} 58.5℃/1.333kPa；bp_5 44.3℃/666.61Pa；bp_1 16.4℃/133.32Pa；d_4^4 1.0081；d_4^{20} 0.9968；d_4^{50} 0.9692；$n_D^{18.5}$ 1.5773。
注意事项　该品易燃。口服有害，并能损伤肺脏。使用时应避免吸入本品的蒸气，避免与眼睛及皮肤接触。如误服本品不能吐出，应立即请医生诊治，并出示瓶签或包装物。应远离火种密封避光保存。
主要用途　树脂的合成。

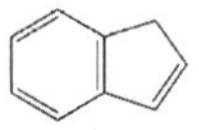

Indenolol hydrochloride　茚诺洛尔 盐酸盐　05533

[81789-85-7]　$C_{15}H_{22}ClNO_2$　283.80
成分　C 63.48%，H 7.81%，Cl 12.49%，N 4.94%，O 11.27%。
别名　茚心安 盐酸盐；盐酸茚诺洛尔；Puisan；Securpres；1-[1*H*-Inden-4(or 7)-yloxy]-3-(1-methylethyl)amino-2-propanol hydrochloride；(±)-1-[Inden-4(or 7)-yloxy]-3-isopropylamino-2-propanol hydrochloride；YB-2HCl；Sch-28316ZHCl
M. I. 15，4979
性状　来自乙醇/乙醚中的无色结晶。mp 147～148℃。LD_{50}小鼠静脉注射：26mg/kg。
主要用途　医用抗高血压剂，抗心律失常剂，抗心绞痛剂。

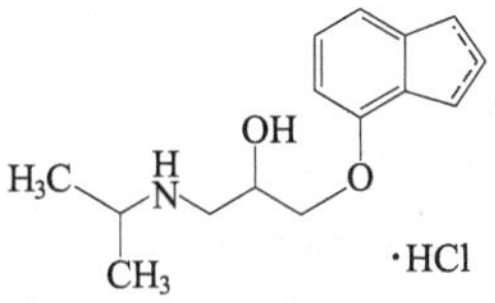

Indeno[1,2,3-*cd*]pyrene　茚并[1,2,3-*cd*]芘　05534

[193-39-5]　$C_{22}H_{12}$　276.34
成分　C 95.62%，H 4.38%。
别名　2,3-(邻亚苯基)芘；茚并[1,2,3-*cd*]嵌二萘；2,3-(*o*-Phenylene)pyrene
性状　无色结晶或粉末。
注意事项　该品对机体有不可逆损伤的可能性。使用时应穿适当的防护服和戴手套。使用时如有事故发生或有不适之感，应请医生诊治。
主要用途　分析用标准物质。

Indigo　靛蓝　05535

[64784-13-0] [482-89-3]　$C_{16}H_{10}N_2O_2$　262.27
成分　C 73.28%，H 3.84%，N 10.68%，O 12.20%。
别名　靛；纯靛；合成靛蓝；合成靛青；2，2′-双氮茚型靛；($\Delta^{2,2'}$-Biindoline)-3,3′-dione；$\Delta^{2,2'}$-Bipseudoindoxyl；D & C Blue No. 6；(2*E*)-2-(1,3-Dihydro-3-oxo-2*H*-indol-2-ylidene)-1,2-dihydro-3*H*-indol-3-one；Indigo synthetic；Indigo blue；Indigotin；2,2′-Bisindolylindigo；Pigment blue 66；Vat blue 1
M. I. 15，4981　C. I. 73000
性状　深蓝色粉末，带有铜的光泽。溶于热苯胺、热三氯甲烷、冰乙酸，几乎不溶于水、乙醇、乙醚、稀酸。约300℃升华，形成红棕色蒸气。390℃分解；*d* 1.48。
注意事项　该品对眼睛、呼吸系统及皮肤有刺激性。使用时应穿适当的防护服。万一接触到眼睛，应立即用大量水冲洗后请医生诊治。
主要用途　比色测定硝酸盐、次氯酸盐、溴酸盐的试剂。氧化还原指示剂、染料。

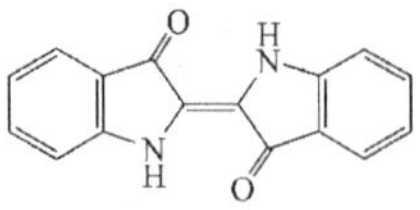

Indigo carmine　靛蓝胭脂红　05536

[860-22-0]　$C_{16}H_8N_2Na_2O_8S_2$　466.35
成分　C 41.21%，H 1.73%，N 6.01%，Na 9.86%，O 27.44%，S 13.75%。
别名　酸性蓝 74；酸性靛蓝；靛红；可溶靛；食品蓝 1；靛卡红；靛胭脂；靛蓝二磺酸钠；靛蓝洋红；靛蓝胭脂红二钠盐；Acid blue 74；Carmine blue；Indigo disulfonate；2-(1,3-Dihydro-3-oxo-5-sulfo-2*H*-indol-2-ylidene)-2,3-dihydro-3-oxo-1*H*-indole-5-sulfonic acid disodium salt；Disodium-5,5′-indigotin disulfonate；3，3′-Dioxo-($\Delta^{2,2'}$-biindoline)-5，5′-disulfonic acid disodium salt；FD & C Blue No 2；Food blue 1；Indigo soluble；Sodium indigotin disulfonate；Soluble indigo blue；Indigocarmine sodium salt；Indigo-5,5′-disulfonic acid disodium salt；Indigotine
M. I. 15，4982　C. I. 73015
性状　深蓝色有金属光泽的细小结晶或粉末。1g 该品溶于约 100mL 水（25℃），溶液呈深蓝色，久置因氧化而褪色。微溶于乙醇，几乎不溶于多数有机溶剂。pH 值 11.5～14.0（由蓝到亮黄色）。一般试剂含量≥95.0%。
注意事项　该品口服有害。使用时应避免吸入本品的粉尘，避免与眼睛及皮肤接触。
主要用途　氧化还原指示剂。检验牛奶的硝酸盐和氯酸盐的试剂。生物染色剂，如尼基氏小体、细胞核的染色。肾功能的测定等。

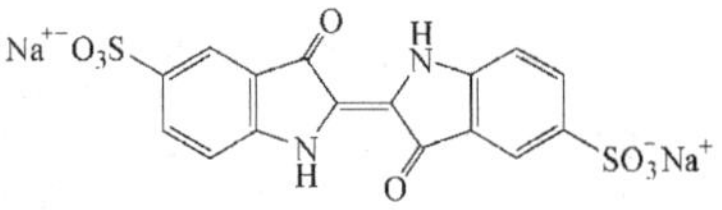

Indinavir　印地那韦　05537

[150378-17-9] [一水物 180683-37-8]　$C_{36}H_{47}N_5O_4$　613.80
成分　C 70.45%，H 7.72%，N 11.41%，O 10.43%。
别名　茚地那韦；英地那韦；茚地那维；2,3,5-Trideoxy-*N*-[(1*S*，2*R*)-2,3-dihydro-2-hydroxy-1*H*-inden-1-yl]-5-[(2*S*)-2-[(1,1-dimethylethyl)amino]carbonyl-4-(3-pyridinylmethyl)-1-piperazinyl]-2-phenylmethyl-D-*erythro*-pentonamide；(α*R*，γ*S*，2*S*)-α-Benzyl-2-(*tert*-butylcarbamoyl)-γ-hydroxy-*N*-[(1*S*，2*R*)-2-hydroxy-1-indanyl]-4-(3-pyridylmethyl)-1-piperazinevaleramide；*N*-[(2*R*)-Hybroxy-(1*S*)-indanyl]-(2*R*)-phenylmethyl-(4*S*)-hydroxy-5-[1-[4-(3-pyridylmethyl)-(2*S*)-(*N*-*tert*-butylcarbamoyl)piperazinyl]]pentanamide
M. I. 15，4983
性状　一般产品为一水合物，为来自乙酸乙酯或乙酸异丙酯中的无色结晶。溶于水 0.015mg/mL（无缓冲剂），＞1.5mg/mL（pH 值 4.0）。无水物 mp 167.5～168℃（分解）；$[\alpha]_D^{22}$ +24.1°（*c*＝0.0133，于氯仿中）。生化试剂含量≥98.0%。
主要用途　医用抗病毒剂。

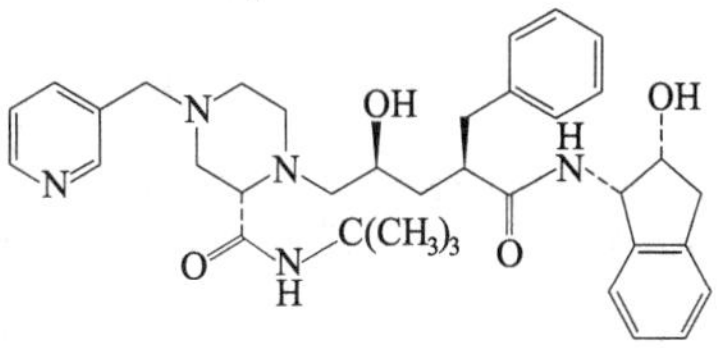

Indium　铟　05538

[7440-74-6]　In　114.818
M. I. 15，4987
性状　银白色金属。有延展性。在潮湿空气中表面生成氢氧化物的薄膜。溶于酸，不溶于水和碱溶液。mp 155℃；bp 2000℃；d^{20} 7.3。
注意事项　该品的粉末高度易燃。对眼睛、呼吸系统和皮肤有刺激性。

主要用途 用铟射线检查早期癌症。半导体掺杂源。砷化铟的原料。低熔点合金的制造。

Indium chloride tetrahydrate 氯化铟 四水 05539

[22519-64-8][10025-82-8]（水合物） $InCl_3 \cdot 4H_2O$ 293.24

成分（以无水物计） Cl 48.09%，In 51.91%。

别名 三氯化铟 四水；四水合三氯化铟；四水合氯化铟；Indium trichloride tetrahydrate; Indium(Ⅲ) chloride tetrahydrate

M. I. 15，4998

性状 无色或浅黄色结晶。易潮解。易溶于水，但加热则分解。微溶于乙醇、乙醚。mp 586℃（无水物）。MLD（无水物）大鼠皮下注射：10.2mg/kg；兔静脉注射：0.64mg/kg。

注意事项 该品口服有害。具有腐蚀性，能引起烧伤。使用时应穿适当的防护服，戴手套和防护镜或面罩。万一接触到眼睛，应立即用大量水冲洗后请医生诊治。使用时如有事故发生或有不知之感，应请医生诊治。应密封于干燥处保存。

主要用途 电镀业。铟盐的制备。

Indium iodide 碘化铟 05540

[13510-35-5] I_3In 495.53

成分 I 76.83%，In 23.17%。

别名 三碘化铟；无水碘化铟；Indium(Ⅲ) iodide anhydrous; Indium triiodide

性状 黄色结晶。易潮解。溶于水。一般试剂含量≥99.0%（AT）。

注意事项 该品吸入或与皮肤接触可引起过敏。可能危害胎儿。使用时应穿适当的防护服，戴手套和防护镜或面罩。使用时应避免吸入本品的粉尘。万一接触到眼睛，应立即用大量水冲洗后请医生诊治。应密封于干燥处保存。

主要用途 电子、仪表、冶金工业。

Indium nitrate pentahydrate 硝酸铟 五水 05541

[13770-61-6] $InN_3O_9 \cdot 5H_2O$ 390.91

成分（以无水物计） In 38.17%，N 13.97%，O 47.86%。

别名 五水合硝酸铟

GW 2015-2339

性状 白色结晶。在空气中有潮解性。易溶于水、乙醇。

注意事项 该品与易燃品接触能引起燃烧。对眼睛、呼吸系统及皮肤有刺激性。使用时应穿适当的防护服。万一接触到眼睛，应立即用大量水冲洗后请医生诊治。应远离易燃物品密封干燥保存。

主要用途 氧化剂。

Indium oxide 氧化铟 05542

[1312-42-2] In_2O_3 277.63

成分 In 82.71%，O 17.29%。

别名 三氧化二铟；Indium sesquioxide; Indium trioxide

M. I. 15，4992

性状 白色至浅黄色无定形粉末。溶于热无机酸，不溶于水。850℃升华；*d* 7.18。一般试剂含量≥98.0%。

注意事项 该品对眼睛、呼吸系统及皮肤有刺激性。使用时应穿适当的防护服，万一接触到眼睛，应立即用大量水冲洗后请医生诊治。

主要用途 铟盐和玻璃的制造。电子元件材料。

Indium sulfate pentahydrate 硫酸铟 五水 05543

[13464-82-9]（无水物）[13464-82-9] $In_2O_{12}S_3 \cdot 5H_2O$ 607.90

成分（以无水物计） In 44.35%，O 37.08%，S 18.58%。

别名 五水合硫酸铟；Indium sulfate

M. I. 15，4995

性状 白色或带灰色的结晶性粉末。易潮解。溶于水，但加热时有碱式盐沉淀。受热分解。MLD（无水物）兔急性经口：1.8g/kg；静脉注射：0.67mg/kg。

注意事项 使用时应避免吸入本品的粉尘，避免与眼睛及皮肤接触。应密封于干燥处保存。

主要用途 镀铟液的配制。

Indo-1 钙离子荧光探针 Indo-1 05544

[96314-96-4] $C_{32}H_{31}N_3O_{12}$ 649.61

成分 C 59.17%，H 4.81%，N 6.47%，O 29.55%。

别名 荧光钙离子探针 Indo-1；荧光试剂 Indo-1；2-[4-[Bis(carboxymethyl)amino]-3-[2-[2-bis(carboxymethyl)amino-5-methylphenoxy]ethoxy]phenyl]-1*H*-indole-6-carboxylic acid; 1-[2-Amino-5-(6-carboxyindol-2-yl) phenoxy]-2-(2′-amino-5-methylphenoxy)ethane-*N*,*N*,*N*′,*N*′-tetraacetic acid

M. I. 15，5000

性状 微小结晶。pK_{a1} 6.2，pK_{a2} 4.35。uv max 吸收值（100mmol/L 氯化钾溶液中）：349nm（游离染料中），331nm（Ca^{2+} 络合物）；发射畸峰：485nm（游离染料中），410nm（Ca^{2+} 络合物）。生化试剂含量≥90.0%（HPLC）。

注意事项 使用时应避免吸入本品的粉尘，避免与眼睛及皮肤接触，应充氩气密封避光于－20℃保存。

主要用途 荧光探针试剂。

HOOC HOOC N CH3 HOOC N COOH O O NH COOH

Indobufen 吲哚布芬 05545

[63610-08-2] $C_{18}H_{17}NO_3$ 295.34

成分 C 73.20%，H 5.80%，N 4.74%，O 16.25%。

别名 易抗宁；4-(1,3-Dihydro-1-oxo-2*H*-isoindol-2-yl)-α-ethylbenzeneacetic acid; (±)-2-[*p*-(1-Oxo-2-isoindolinyl) phneyl] butyric acid; 1-Oxo-2-[*p*-[(α-ethyl)earboxymethyl]phenyl]isoindoline; 2-[4-(1-Carboxypropyl) phenyl]-1-isoindolinone; K-3920; Ibustrin

M. I. 15,5001

性状 来自乙醇中的无色结晶。mp 182～184℃。

主要用途 医用抗血栓形成剂。

O COOH N CH3

Indocyanine green 靛菁绿 05546

[3599-32-4] $C_{43}H_{47}N_2NaO_6S_2$ 774.97

成分 C 66.64%，H 6.11%，N 3.61%，Na 2.97%，O 12.39%，S 8.28%。

别名 靛花青绿；2-[7-[1,3-Dihydro-1,1-dimethyl-3-(4-sulfobutyl)-2*H*-benz[*e*]indol-2-ylidene]-1,3,5-heptatrienyl]-1,1-dimethyl-3-(4-sulfobutyl)-1*H*-benz[*e*]indolium inner salt, sodium salt; Anhydro-3,3,3′,3′-tetramethyl-1,1′-bis(4-sulfobutyl)-4,5,4′,5′-dibenzoindotricarbocyanine hydroxide inner salt sodium salt; Fox green; Cardio green

M. I. 15，5002

性状 暗绿色粉末。易吸潮。溶于水、甲醇，几乎不溶于多数有机溶剂。λ_{max} 775nm。一般试剂干燥含量≥90.0%。

注意事项 见 05542 氧化铟。

主要用途 红外照相材料。制造拉顿波光片。医用诊断工具

(血容积测定，心脏流量，肝功能)。

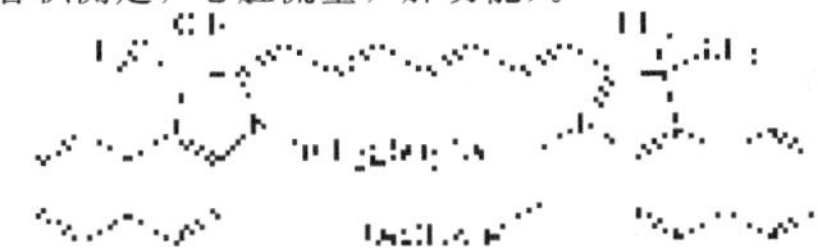

Indole 吲哚 05547

[120-72-9] C_8H_7N 117.15

成分 C 82.02%，H 6.02%，N 11.96%。

别名 苯并吡咯；氮茚 1-Azaindene；1-Benzaol；1*H*-Indol；1*H*-Benzo[*b*]pyrrole；2,3-Benzopyrrole；1-Benzazol

M. I. 15，5003

性状 无色至微黄色片状结晶。有特殊臭味。露置空气中或见光色即变红并树脂化。溶于热水、甲醇、热乙醇、乙醚、苯。能随水蒸气同时挥发。mp 52℃；bp_{762} 253℃/101.591kPa；bp_{28} 128～133℃/3.733kPa；Fp 249.8℉(121℃)。LD_{50}大鼠急性经口：1g/kg。一般试剂含量≥98.5%（GC）。

注意事项 该品口服或与皮肤接触有害。对眼睛有严重损伤的危险。对呼吸系统及皮肤有刺激性，对水生物极毒。能对水环境产生长期不利的影响。使用时应穿适当的防护服，戴手套和防护镜或面罩。万一接触到眼睛，应立即用大量水冲洗后请医生诊治。应防止将本品释放于环境中。其包装物应按危险品处理。应密封避光保存。

主要用途 检测金、钾、亚硝酸盐的试剂。香料制造。制药工业。

Indoleacetic acid 吲哚乙酸 05548

[87-51-4] $C_{10}H_9NO_2$ 175.19

成分 C 68.56%，H 5.18%，N 8.00%，O 18.26%。

别名 氮茚基乙酸；3-吲哚基乙酸；吲哚-3-乙酸；3-吲哚乙酸；IAA；Heteroauxin；1*H*-Indole-3-acetic acid；3-Indolylacetic acid；Indoleacetic acid

M. I. 15，5004

性状 来自水中的无色至浅棕色小叶状结晶或结晶性粉末。对空气敏感。易溶于乙醇，溶于乙醚、丙酮，略微溶于水、三氯甲烷。p*K* 4.75；mp 168～170℃。生化试剂含量≥98.0%（T）。

注意事项 使用时应避免吸入本品的粉尘，避免与眼睛及皮肤接触。应充氩气密封避光保存。

主要用途 植物生长刺激素。分析试剂。

3-Indoleacetonitrile 3-吲哚乙腈 05549

[771-51-7] $C_{10}H_8N_2$ 156.19

成分 C 76.90%，H 5.16%，N 17.94%。

别名 *β*-吲哚乙腈；*β*-Indole acetonitrile；3-Indolylacetonitrile

性状 无色结晶。mp 33～36℃；$bp_{0.1}$ 158～160℃/13.332Pa。一般试剂含量≥96.0%（GC）。

注意事项 该品吸入、口服或与皮肤接触有害。使用时应穿适当的防护服和戴手套。使用时应避免吸入本品的粉尘，避免与眼睛及皮肤接触。应密封于2～8℃保存。

主要用途 分析用标准物质。

Indolebutyric acid 吲哚丁酸 05550

[133-32-4] $C_{12}H_{13}NO_2$ 203.24

成分 C 70.92%，H 6.45%，N 6.89%，O 15.74%。

别名 氮茚基丁酸；吲哚-3-丁酸；3-吲哚丁酸；1*H*-Indole-3-butanoic acid；4-(3-Indole) butyric acid；4-(3-Indolyl) butyric acid；IBA；Indole-3-butyric acid；seradix

M. I. 15，5005

性状 白色或微黄色结晶。有特殊气味。溶于乙醇、乙醚、丙酮，几乎不溶于水、三氯甲烷。mp 123～125℃。LD_{50}小鼠腹膜内注射：100mg/kg。生化试剂含量≥99.0%（T）。

注意事项 该品口服有毒。对眼睛、呼吸系统及皮肤有刺激性。使用时应穿适当的防护服，戴手套和防护镜或面罩。万一接触到眼睛，应立即用大量水冲洗后请医生诊治。使用时如有事故发生或有不适之感，应请医生诊治。应充氩气密封避光保存。

主要用途 植物生长刺激素。

Indolepropionic acid 吲哚丙酸 05551

[830-96-6] $C_{11}H_{11}NO_2$ 189.21

成分 C 69.83%，H 5.86%，N 7.40%，O 16.91%。

别名 氮茚基丙酸；3-吲哚丙酸；吲哚-3-丙酸；3-(3-吲哚基)丙酸；*β*-Indolylpropionic acid；3-(3-Indolyl)propionic acid；Indole-3-propionic acid

性状 无色片状结晶。对空气敏感，露置空气中逐渐变色。易溶于热水、乙醇、乙醚，溶于苯，微溶于冷水。mp 134～135℃。生化试剂含量≥99.0%（T）。

注意事项 使用时应避免吸入本品的粉尘，避免与眼睛及皮肤接触。应充氩气密封避光保存。

主要用途 植物生长刺激素。分析用标准物质。

Indolmycin 吲哚霉素 05552

[21200-24-8] $C_{14}H_{15}N_3O_2$ 257.29

成分 C 65.36%，H 5.88%，N 16.33%，O 12.44%。

别名 (5*S*)-5-[(1*R*)-1-(1*H*-Indol-3-yl) ethyl]-2-methylamino-4(5*H*)-oxazolone；(1*R*，5*S*)-5-(1-Indol-3-ylethyl)-2-methylamino-2-oxazolin-4-one；2-Methylamino-5*α*-(*β*-inplyl) ethyl-2-oxazolin-4-one；PA-155A

M. I. 15，5007

性状 来自甲醇或乙酸乙酯中的长的长方形棱柱体结晶。呈弱碱性。对热稳定。中等程度溶于低级醇、丙酮，微溶于水、苯、乙醚。mp 209～210℃；$[\alpha]_D^{25}-214°$（$c=2$，于甲醇中）；uv max：218nm（$E_{1cm}^{1\%}$ 1960）。

3-Indolylacetone 3-吲哚基丙酮 05553

[1201-26-9] $C_{11}H_{11}NO$ 173.22

成分 C 76.28%，H 6.40%，N 8.09%，O 9.24%。

别名 吲哚-3-丙酮；1-(1*H*-Indol-3-yl)-2-propanone；3-Acetonylindole；3-(2-Oxopropyl)indole

M. I. 15，5008

性状 来自甲苯中的浅棕色菱形结晶或来自甲醇中的针状结晶。mp 115～117.5℃；uv max（乙醇中）：221nm，280nm，289nm（ε 35100，6400，5300）。一般试剂含量≥99.0%。

Indomethacin 茚甲新 05554

[53-86-1] $C_{19}H_{16}ClNO_4$ 357.79

成分 C 63.78%，H 4.51%，Cl 9.91%，N 3.91%，O 17.89%。

别名 消炎痛；1-对氯苯甲酰-5-甲氧基-2-甲基吲哚乙酸；1-(4-Chlorobenzoyl)-5-methoxy-2-methyl-1*H*-indol-3-acetic acid；1-(*p*-Chlorobenzoyl)-5-methoxy-2-methyl-3-indolylacetic acid；

Amuno; Argum; Artracin; Artrinovo; Bonidon; Catlep; Chibro-Amuno; Chrono-Indocid; Confortid; Dolcidium; Durametacin; Elmetacin; Idomethine; Imbrilon; Inacid; Indacin; Indocid; Indocin; Indomed; Indomee; Indomethine; Indomod; Indo-Phlogont; Indoptic; Indoptol; Indorektal; Indo-Tablinen; Indoxen; Inflazon; Infrocin; Inteban; Lausit; Mezolin; Mikametan; Mobilan; Rheumacin LA; Serastar; Tannex; Vonum

M. I. 15, 5009

性状 无色结晶。溶于丙酮、蓖麻油，略微溶于乙醇、氯仿、乙醚，几乎不溶于水。在中性或微酸性介质中稳定，但能被强碱分解。pK_a 4.5。mp 约 155～162℃; uv max (乙醇中): 230nm，260nm，319nm（ε 20800，16200，6290）。LD_{50}大鼠腹膜内注射：13mg/kg。生化试剂含量≥99.0%（TLC）。

注意事项 该品口服极毒。使用时应穿适当的防护服和戴手套。接触皮肤后应立即用大量水冲洗。使用时如有事故发生或有不适之感，应请医生诊治。应充氩气密封避光保存。

主要用途 生化研究。医用消炎解热、镇痛剂。

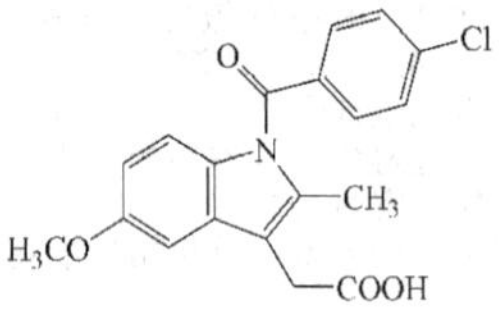

Indophenol 靛酚 05555

[500-85-6] $C_{12}H_9NO_2$ 199.21

成分 C 72.35%，H 4.55%，N 7.03%，O 16.06%。

别名 *N*-对二甲氨基苯-1,4-萘醌亚胺；蓝靛酚；靛酚蓝；*N*-(*p*-Dimethyl aminophenyl)-1,4-naphthoquinoneimine; Indophenol blue

C. I. 49700

性状 红紫色结晶。溶于水、乙醇、乙醚、苯、氯仿。mp 160℃。

注意事项 该品对眼睛、呼吸系统及皮肤有刺激性。使用时应穿适当的防护服。万一接触到眼睛，应立即用大量水冲洗后请医生诊治。

主要用途 氧化还原指示剂。酸、碱指示剂（酸性为红色，碱性为蓝色）。

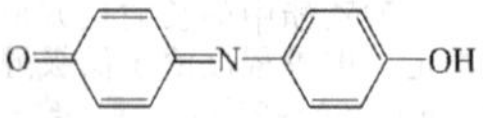

Indoprofen 茚酮苯丙酸 05556

[31842-01-0] $C_{17}H_{15}NO_3$ 281.31

成分 C 72.58%，H 5.37%，N 4.98%，O 17.06%。

别名 4-(1,3-Dihydro-1-oxo-2*H*-isoindol-2-yl)-α-methylbenzene-acetic acid; *p*-(1-Oxo-2-isoindolinyl) hydratropic acid; 2-[4-(1-Carboxyethyl)phenyl]-1-isoindolinone; 1-Oxo-2-[*p*-[(α-methyl) carboxymethyl] phenyl] isoindoline; 2-[4-(1-Oxo-2-isoindolinyl) phenyl]propionic acid; IPP; K-4277; Bor-Ind; Flosin; Flosint; Isindone; Praxis; Reumofene

性状 来自乙醇中的无色鳞片状结晶。mp 213～214℃。LD_{50} 大鼠静脉注射：58.66mg/kg；急性经口：60.83mg/kg。

注意事项 该品口服有毒。对机体有不可逆损伤的可能性。使用时应穿适当的防护服，戴手套和防护镜或面罩。应避免吸入本品的粉尘。使用时如有事故发生或有不适之感，应请医生诊治。

主要用途 医用抗炎、止痛剂。

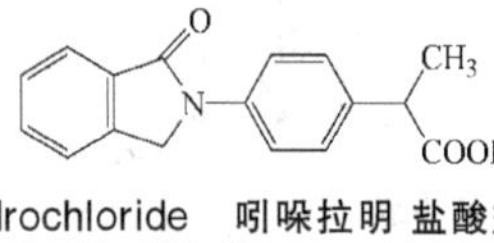

Indoramin hydrochloride 吲哚拉明 盐酸盐 05557

[38821-52-2] $C_{22}H_{26}ClN_3O$ 383.92

成分 C 68.83%，H 6.83%，Cl 9.23%，N 10.95%，O 4.17%。

别名 吲哌胺 盐酸盐；盐酸吲哚拉明；盐酸吲哌胺；Baratol; Doralese; Vidora; Wydora; Wypresin; *N*-[1-[2-(1*H*-Indol-3yl)ethyl]-4-piperidinyl]benzamide hydrochloride; 3-[2-(4-Benzamidopipendino)ethyl]indole hydrochloride; Wy-21901-HCl

M. I. 15. 5010

性状 无色结晶。mp 230～232℃。

主要用途 医用抗高血压剂。

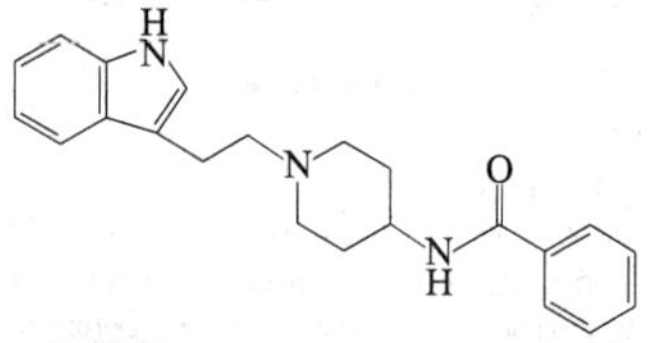

Indoxacarb 因得克 05558

[173584-44-6][144171-61-9](RS-型) $C_{22}H_{17}ClF_3N_3O_7$ 527.84

成分 C 50.06%，H 3.25%，Cl 6.72%，F 10.08%，N 7.96%，O 21.22%。

别名 茚虫威；(4a*S*)-7-Chloro-2,5-dihydro-2-[[(methoxycarbonyl)[4-(trifluoromethoxy)phenyl]amino]carbonyl]indeno[1,2-e][1,3,4]oxadiazine-4a(3*H*)-carboxylic acid methyl ester; DPX-KN128; Steward

M. I. 15, 5012

性状 无色微细结晶。溶于水（<0.5mg/L）、1-辛醇（480mg/L）、甲醇（390mg/L）、乙腈（76g/L）、丙酮（140g/L）。LD_{50}大鼠急性经口：>5g/kg；兔皮肤接触：>2g/kg。LD_{50}大鼠吸入：2mg/kg。LD_{50}（96h）：虹鳟鱼>0.5mg/L；翻车鱼>1.0mg/L。

注意事项 该品口服有害。对眼睛有刺激性。接触皮肤能引起过敏。对水生物极毒。能对水环境引起不利的结果。对蜜蜂有毒。使用时应穿适当的防护服和戴手套。万一接触到眼睛，应立即用大量水冲洗后请医生诊治。应防止将本品释放于环境中。其包装物应按危险品处理。

主要用途 杀虫剂。分析用标准物质。

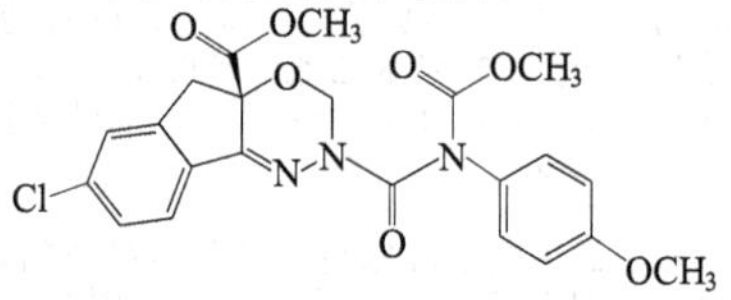

Induline B 印度林 B 05559

[8004-99-7]

别名 引杜林 B；酸性蓝 20；Acid blue 20

C. I. 50405

性状 棕色或青铜色粉末。溶于水、乙醇。

主要用途 酸碱指示剂。生物染色剂，如细菌和组织的染色。

Inorganic pyrophosphatase 无机焦磷酸酶 05560

[9024-82-2]

别名 Pyrophosphatase inorganic; Pyrophosphate phosphohydrolase

EC 3.6.1.1

性状 冻干白色粉末。生化试剂含量≥90.0%（HPLC）。

注意事项 该品应充氩气密封于−20℃保存。

Inosine 肌苷 05561

[58-63-9] $C_{10}H_{12}N_4O_5$ 268.23

成分 C 44.78%，H 4.51%，N 20.89%，O 29.82%。

别名 次黄嘌呤核苷；9-D-核糖次黄嘌呤；Hypoxanthine riboside; Hypoxanthosine; Inosie; Oxiamine; 9-β-D-Ribofuranosylhypoxanthine; Hypoxanthine-9-β-D-ribofuranoside; Ribonosine; Trophicardyl

M. I. 15, 5018

性状 来自80%乙醇中的无色针状结晶。微溶于水、稀盐酸和碱溶液。218℃分解（快速加热）；$[\alpha]_D^{18}$ −49.2°(c=0.9，于水中)；$[\alpha]_{空白}^{20}$ −73°（0.5g+2mL 1mol/L 氢氧化钠溶液+3mL 水中）；uv max（pH 值 6.0）：248.5 nm（ε 12200）。生化试剂含量≥99.0%（HPLC）。

注意事项 使用时应避免吸入本品的粉尘，避免与眼睛及皮肤接触。应充氩气密封保存。

主要用途 生化研究。活化细胞功能。

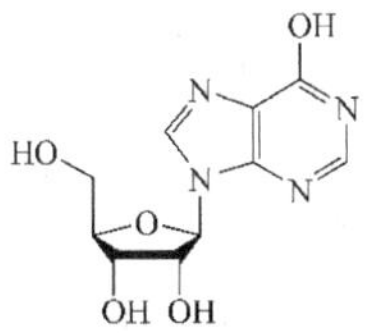

Inosine 5′-diphosphate trisodium salt

5′-二磷酸肌苷三钠盐 05562

[71672-86-1] $C_{10}H_{11}N_4Na_3O_{11}P_2$ 487.14

成分 C 24.66%，H 2.27%，N 11.50%，Na 12.72%，O 36.13%，P 12.72%。

别名 肌苷-5′-二磷酸钠盐；IDP；IDP Sodium salt；5′-IDP-Na_3

性状 白色粉末。易吸潮。生化试剂含量≥80.0%（HPLC）；Imp ≤15%；ITP ≤5%。

注意事项 使用时应避免吸入本品的粉尘，避免与眼睛及皮肤接触。应充氩气密封于－20℃干燥保存。

主要用途 生化研究。

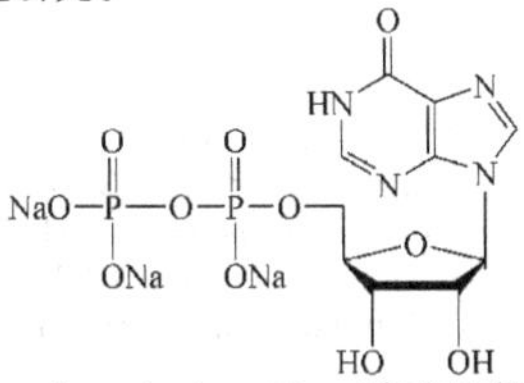

Inosine 5′-monophosphate 5′-一磷酸肌苷 05563

[131-99-7] $C_{10}H_{13}N_4O_8P$ 348.21

成分 C 34.49%，H 3.76%，N 16.09%，O 36.76%，P 8.90%。

别名 5′-肌苷酸；5′-磷酸肌苷；次黄嘌呤核苷酸；肌苷-5′-一磷酸；5′-肌苷磷酸；Imp；Hypoxanthine riboside-5′-phosphoric acid；Muscle inosinic acid；5′-Inosinic acid

M. I. 15，5020

性状 白色玻璃状物质或粉末。易溶于水，溶液呈酸性。溶于甲酸，微溶于乙醇、乙醚。

注意事项 该品应密封于－20℃保存。

主要用途 生化研究。

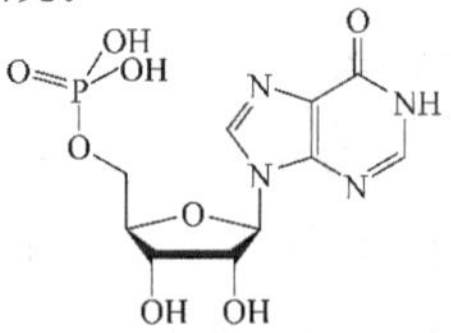

Inosine 5′-monophosphate disodium salt octahydrate

5′-一磷酸肌苷二钠盐 八水 05564

[20813-76-7] $C_{10}H_{11}N_4Na_2O_8P \cdot 8H_2O$ 536.30

成分（以无水物计） C 30.63%，H 2.83%，N 14.29%，Na 11.72%，O 32.64%，P 7.90%。

别名 肌苷-5′一磷酸二钠盐 八水；肌苷-5′-磷酸二钠盐 八水；5′-磷酸肌苷二钠盐 八水；肌苷-5′-一磷酸二钠盐 八水；5′-Imp -Na_2 octahydrate；Inosine-5′-monophosphoric acid disodium salt octahydrate

M. I. 15，5020

性状 无色结晶或粉末。易溶于水，几乎不溶于乙醇、乙醚、丙酮。$[\alpha]_D^{20}$－32°±2°（c＝1，于水中）。生化试剂含量≥99.0%（HPLC）。

注意事项 该品应充氩气密封干燥保存。

主要用途 生化研究。食品用鲜味剂。

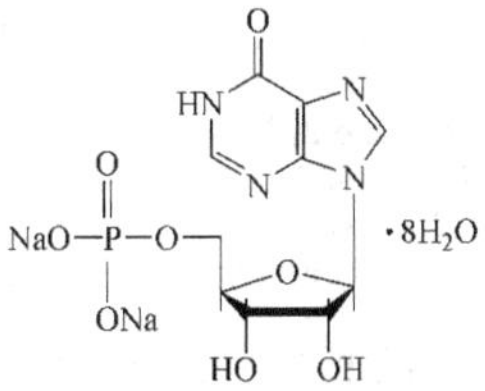

Inosine pranobex 异丙肌苷 05565

[36703-88-5] $C_{52}H_{78}N_{10}O_{17}$ 1115.23

成分 C 56.00%，H 7.05%，N 12.56%，O 24.39%。

别名 Inosine mono[4-(acetylamino) benzoate](salt) comp b with 1-dimethylamino-2-propanol (1∶3)；Inosine；dimethylaminoisopropanol acetamidobenzoate(1∶3)；Inosiplex；Methisoprinol；NP-113；NPT-10381；Aviral；Delimmun；Imunoviral；Isoprinosin；Isoprinosina；Isoprinosine；Isoviral；Modirmmunal；Pranosina；Pranosine；viruxan

M. I. 15. 5019

性状 无色或白色固体。溶于水，呈中性。LD_{50}小鼠、大鼠急性经口，腹膜内注射：全部＞4000mg/kg。

主要用途 医用免疫调节剂，抗病毒剂。

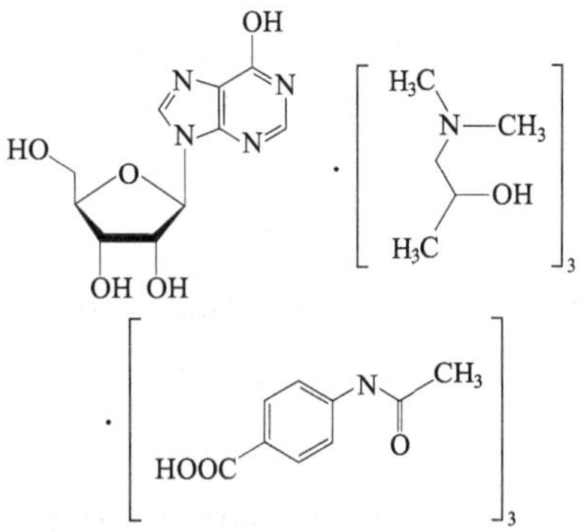

Inosine 5′-triphosphate trisodium salt 05566

5′-三磷酸肌苷三钠盐

[35908-31-7] $C_{10}H_{12}N_4Na_3O_{14}P_3$ 567.12

成分 C 21.18%，H 2.13%，N 9.88%，Na 10.93%，O 39.50%，P 16.38%。

别名 肌苷-5′-三磷酸三钠盐；ITP-Na_3 salt；Inosine-5-triphosphoric acid Na_3 salt

性状 白色粉末。生化试剂含量95.0%～97.0%。

注意事项 该品对眼睛、呼吸系统及皮肤有刺激性。使用时应穿适当的防护服。万一接触到眼睛，应立即用大量水冲洗后请医生诊治。应密封于－20℃干燥保存。

主要用途 生化研究。

Inositol 肌醇 05567

[87-89-8] $C_6H_{12}O_6$ 180.16

成分 C 40.00%，H 6.71%，O 53.28%。

别名 六羟基环己烷；肌糖；环己六醇；环六甲烷醇；Bios I；Cyclohexanehexol；Cyclohexitol；Dambose；Hexahydroxycyclohexane；Inosite；*i*-Inositol；*meso*-Inositol；*myo*-Inositol；Myoinositol；Meat sugar；Mesoinosite；Nucite；Phaseomannite

M. I. 15，5031

性状 来自水或乙酸中的无色结晶性粉末。溶于水（25℃，14g/100mL；60℃，28g/100mL），微溶于乙醇，几乎不溶于乙醚及一般的有机溶剂。其水溶液对石蕊呈中性。mp 225～227℃；d 1.752。生化试剂含量≥99.0%。

注意事项 该品使用时应避免吸入本品的粉尘，避免与眼睛及皮肤接触。应密封保存。

主要用途 生化研究。有机合成。农业研究用于育种的组织培养基的制备。气相色谱固定液。营养增补剂。医用抗脂肪肝剂，治疗肝硬化、肝炎、脂肪肝血中胆固醇过高等症。

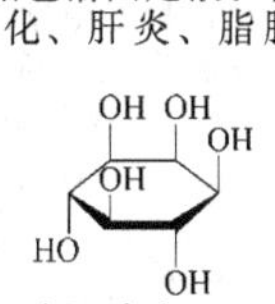

Inositol niacinate 烟酸肌醇酯 05568

[6556-11-2] $C_{42}H_{30}N_6O_{12}$ 810.73

成分 C 62.22%，H 3.73%，N 10.37%，O 23.68%。

别名 *myo*-Inositol hexa-3-pyridinecarboxyate；Hexanicotinoyl inositol；Hexanicotinyl*cis*-1，2，3，5-*trans*-4，6-cyclohexane；Inositol hexanicotinate；*meso*-Inositol hexanicotinate；Dilcit；Dilexpal；Mesotal；Esantene；Hämovannid；Hexanicit；Hexopal；Linodil；Mesonex；Palohex

M. I. 15，5022

性状 无色结晶。溶于稀酸，不溶于水。mp 254.3～254.9℃。

注意事项 该品对眼睛、呼吸系统及皮肤有刺激性。使用时应穿适当的防护服。万一接触到眼睛，应立即用大量水冲洗后请医生诊治。

主要用途 医用周围末梢血管舒张剂。

Insulin from bovine pancreas 胰岛素(牛胰) 05569

[11070-73-8] $C_{254}H_{377}N_{65}O_{75}S_6$ 5733.52

成分 C 53.21%，H 6.63%，N 15.88%，O 20.93%，S 3.35%。

别名 Hypurin

M. I. 15，5023

性状 白色结晶。易溶于酸性或碱性溶液，微溶于水。等电点 pH 值 5.3。是唯一具有灵敏熔点（233℃分解）的蛋白质。生化试剂含量≥90.0%（GE）。

注意事项 该品使用时应避免吸入本品的粉尘，避免与眼睛及皮肤接触。应充氩气密封于－20℃干燥保存。

主要用途 生化研究。具有降血糖作用的多肽激素。医用抗糖尿剂。

Insulin chain A oxidized ammonium salt from bovine insulin 胰岛素 A 链 铵盐(氧化型牛胰岛素) 05570

[77282-71-4] $C_{97}H_{151}N_{25}O_{46}S_4 \cdot (NH_3)_x$ Mr 2531.60＋17.03x

成分 C 46.02%，H 6.01%，N 13.83%，O 29.07%，S 5.07%。

别名 胰岛素 A 链 铵盐（牛胰）氧化型

性状 无色结晶或白色粉末。溶于水。生化试剂含量≥80.0%（HPLC）。

注意事项 使用时应避免吸入本品的粉尘。避免与眼睛及皮肤接触。应充氩气密封于－20℃保存。

Inulin 菊糖 05571

[9005-80-5] $(C_6H_{10}O_5)_n$ $(162.14)_n$

成分 C 44.45%，H 6.22%，O 49.34%。

别名 菊粉；旋复花粉；Dahlin；Alantin；Alant starch

M. I. 15，5048

性状 来自水中的无色细球型结晶或白色结晶性粉末。易吸潮。溶于热水，微溶于乙醇、冷水和有机溶剂。mp 178～181℃；$[\alpha]_D^{20}-40°$（c＝2，于水中）。

注意事项 该品应充氩气密封干燥保存。

主要用途 生化研究。肾脏机能诊断（采用菊糖耐量试验，检查肾小球的排泄机能）。培养基制备。

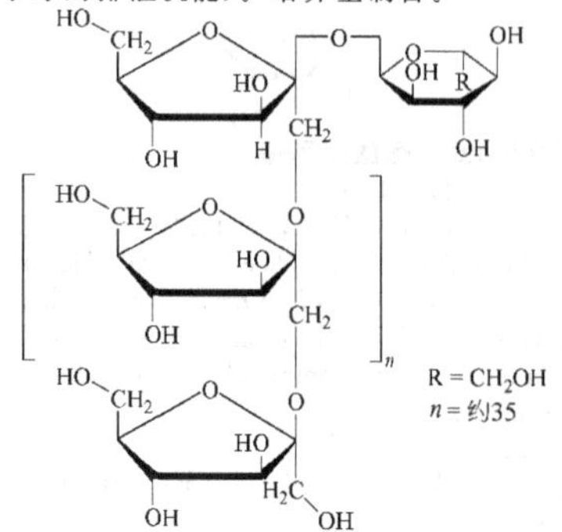

Iobenguane sulfate 碘苄胍 硫酸盐 05572

[80663-95-2]（无 H_2SO_4） $C_{16}H_{22}I_2N_6SO_4$ 648.26

成分 C 29.64%，H 3.42%，I 39.15%，N 12.96%，S 4.95%，O 9.87%。

别名 硫酸碘苄胍；[(3-Iodophenyl) methyl]guanidine；m-Iodobenzylguanidine；MIBG

M. I. 15，5051

性状 来自水＋乙醇中的无色结晶。mp 166～167℃。生化试剂含量≥98.0%。

注意事项 该品应密封于 2～8℃保存。

主要用途 放射性同位素抗肿瘤剂。辅助诊断剂（放射成像剂）。

Iobitridol 碘比醇 05573

[136949-58-1] $C_{20}H_{28}I_3N_3O_9$ 835.17

成分 C 28.76%，H 3.38%，I 45.59%，N 5.03%，O 17.24%。

别名 三代显 N^1,N^3-Bis(2,3-dihydroxypropyl)-5-(3-hydroxy-2-hydroxymethyl-1-oxopropyl) amino-2,4,6-triiodo-N,N'-dimethyl-1,3-benzenedicarboxamide；5-[3-Hydroxy-2-(hydroxymethyl) propionamido]-N,N'-dimethyl-N,N'-bis(2,3-dihydroxypropyl)-2,4,6-triiodoisophthalamide；Xenetix

M. I. 15，5052

性状 亲水性物。lg 分配系数（辛醇/水）：－2.63（37℃）。LD_{50}雄、雌小鼠静脉注射：16.8gI/kg，16.6gI/kg。

主要用途 医用辅助诊断剂（射线透不过的介质）。

Iocarmin acid 碘卡酸 05574

[10397-75-8] $C_{24}H_{20}I_6N_4O_8$ 1253.87

成分 C 22.99%，H 1.61%，I 60.73%，N 4.47%，O 10.21%。

别名 双碘酞葡胺；碘卡明葡胺；碘卡明酸；3,3'-[(1,6-Dioxo-1,6-hexanediyl)diimino]bis[2,4,6-triiodo-5-[(methylamino)carbonyl]benzoic acid]；5,5'-(Adipoyldiimino)bis[2,4,6-triiodo-N-methylisophthalamic acid]；Myelotrast

M. I. 15，5053

性状 来自二甲基甲酰胺中的无色结晶。mp 302℃（分解）。

主要用途 医用辅助诊断剂（射线透不过的介质）。

Iocetamin acid 碘西他酸 05575

[16034-77-8] $C_{12}H_{13}I_3N_2O_3$ 613.96

成分 C 23.48%，H 2.13%，I 62.01%，N 4.56%，O 7.82%。

别名 3-[Acetyl-(3-amino-2,4,6-triiodophenyl)amino]-2-methylpropanoic acid；N-Acetyl-N-(3-amino-2,4,6-triiodophenyl)-2-methyl-β-alanine；N-Acethyl-N-(2,4,6-triiodo-3-aminophenyl)-β-aminoisobutyric acid；DRC-1201；mp -620；Cholebrine；Cholimil

M. I. 15，5054

性状 白色至浅奶油色粉末。微溶于丙酮、氯仿，极微溶于乙醚、乙醇、苯，几乎不溶于水。mp 224～225℃。LD_{50}大鼠急性经口：7.1g/kg；静脉注射：0.70g/kg。

主要用途 医用辅助诊断剂（射线透不过的介质）。

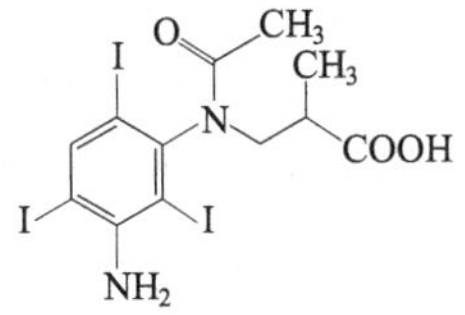

Iodamide 碘达胺 05576

[440-58-4] $C_{12}H_{11}I_3N_2O_4$ 627.94

成分 C 22.95%，H 1.77%，I 60.63%，N 4.46%，O 10.19%。

别名 3-Acetylamino-5-(acetylamino) methyl-2,4,6-thiiodobenzoie acid; α,5-Diacetamido-2,4,6-triioclo-m-toluic acid; 3-Acetamido-5-acetamidomethyl-2,4,6-triiodobenzoic acid; Ametriodinie acid; SH-926

M. I. 15，5055

性状 来自乙酸中的无色结晶。溶于水（22℃，0.38g/100mL）。mp 255～257℃。

主要用途 医用辅助诊断剂（射线透不过的介质）。

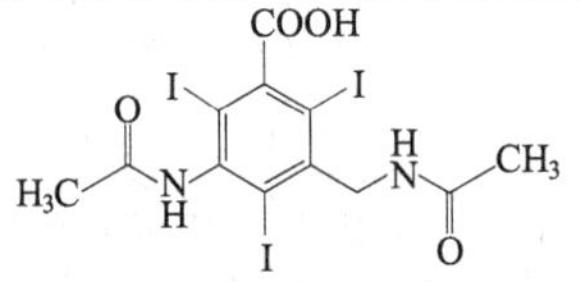

Iodic acid 碘酸 05577

[7782-68-5] HIO_3 175.91

成分 H 0.57%，I 72.14%，O 27.29%。

GW 2015-194 M. I. 15，5056

性状 正交无色结晶或白色结晶性粉末。遇光色变暗。易溶于水（20℃，269g/100mL；40℃，295g/100mL），溶于稀乙醇、硝酸，不溶于乙醚、无水乙醇、氯仿。加热至熔点以上分解为五氧化二碘和水。mp 110℃（分解）；d_4^0 4.629。一般试剂含量≥99.0%（RT）。

注意事项 该品为氧化剂，与易燃物品接触能引起燃烧。具有腐蚀性，能引起烧伤。使用时应穿适当的防护服，戴手套和防护镜或面罩。万一接触到眼睛，应立即用大量水冲洗后请医生诊治。使用时如有事故发生或有不适之感，应请医生诊治。应远离易燃品密封避光保存。

主要用途 分析试剂。医用收敛剂，消毒剂。有机合成。

Iodine 碘 05578

[7553-56-2] I_2 253.809

别名 碘片

M. I. 15，5057

性状 灰黑色具金属光泽的鳞片状或颗粒状结晶。有辛辣的刺激味。能升华，常温下即挥发出紫色具有腐蚀性的蒸气。易溶于乙醇、乙醚、三氯甲烷、二硫化碳和碱金属的碘化物溶液；溶于液体石蜡、四氯化碳，其溶液呈紫色；亦溶于芳香烃和浓盐酸中，呈红色；微溶于水。mp 113.6℃；bp 185.24℃；d^{25} 4.93；d^{120} 3.960。

注意事项 该品吸入或与皮肤接触有害。对水生物极毒。使用时应避免吸入本品的蒸气，避免与眼睛接触。应防止将本品释放于环境中。应密封保存。

主要用途 容量分析试剂。检定硫代硫酸钠的标准溶液制备。测定油脂的碘值。镁及其乙酸盐的显色反应，制造碘烷及碘化物等。淀粉的比色测定。测定血清中非蛋白氮、淀粉酶，制备固紫和甲苯胺蓝碘溶液等。消毒剂。照相制版中碘剂和减薄液的配制。医用抗甲状腺机能亢进剂，局部抗感染剂。

参考规格 GB/T 675—2011	分析纯	化学纯
含量（I_2）/%≥	99.8	99.5
蒸发残渣/%≤	0.005	0.02
氯及溴（以 Cl 计）/%≤	0.005	0.01

Iodine monobromide 一溴化碘 05579

[7789-33-5] BrI 206.81

成分 Br 38.64%，I 61.36%。

别名 溴化碘

GW 2015-2558 M. I. 15，5059

性状 棕黑色结晶或极硬的固体。有强烈的刺激味。溶于水、乙醇、乙醚、三氯甲烷、冰乙酸、二硫化碳。mp 40℃；bp 116℃（分解）；*d* 4.416。一般试剂含量≥98.0%。

注意事项 该品具有腐蚀性，能引起烧伤。使用时应穿适当的防护服，戴手套和防护镜或面罩。万一接触到眼睛，应立即用大量水冲洗后请医生诊治。使用时如有事故发生或有不适之感，应请医生诊治。应密封避免干燥保存。

主要用途 有机合成。

Iodine monochloride 一氯化碘 05580

[7790-99-0] ClI 162.35

成分 Cl 21.84%，I 78.16%。

别名 氯化碘；Chloroiodide; Iodine chloride; Wijs' chloride

GW 2015-2553 M. I. 15，5060

性状 棕红色油状液体或暗红至黑色结晶。有氯、碘的气味。对空气、湿度、光敏感。溶于水、乙醇、乙醚、二硫化碳、乙酸。α 型 mp 27.2℃；β 型 mp 13.9℃；bp 97℃（分解）；d_4^{29} 3.10。一般试剂含量≥98.0%。

注意事项 该品具有腐蚀性，能引起烧伤。使用时应穿适当的防护服，戴手套和防护镜或面罩。万一接触到眼睛，应立即用大量水冲洗后请医生诊治。使用时如有事故发生或有不适之感，应请医生诊治。该品吸入能引起过敏。应充氩气密封避光干燥于 2～8℃保存。

主要用途 碘值测定。有机合成。强氧化剂。医用局部抗感染剂。

Iodine pentoxide 五氧化二碘 05581

[12029-98-0] I_2O_5 333.80

成分 I 76.04%，O 23.96%。

别名 五氧化碘；碘酐；碘酸酐；Iodic acid anhydride; Iodic anhydride; Iodine(Ⅴ) oxide; Iodo pentoxide

GW 2015-2160 M. I. 15，5062

性状 无色针状结晶或白色结晶性粉末。易吸潮。易溶于水（13℃，187.4g/100mL）而形成碘酸，不溶于无水乙醇、三氯甲烷、乙醚、二硫化碳。mp 约 300℃（分解）；d^{25} 5.08。一般试剂含量≥99.0%。

注意事项 该品为强氧化剂，与易燃品接触能引起燃烧。具有腐蚀性，能引起烧伤。使用时应穿适当的防护服，戴手套和防护镜或面罩。万一接触到眼睛或皮肤，应立即用大量水冲洗后请医生诊治。使用时如有事故发生或有不适之感，应请医生诊治。应远离易燃物品密封保存。

主要用途 气体分析中用以测定一氧化碳，使其氧化为二氧化碳。

Iodine trichloride 三氯化碘 05582

[865-44-1] Cl_3I 233.25

成分 Cl 45.59%，I 54.41%。

GW 2015-1839 M. I. 15，5063

性状 黄色或浅棕色针状结晶或松软粉末。有催泪性和刺激性。易潮解。溶于乙醇、乙醚、苯、四氯化碳，遇水分解。mp 约 33℃；77℃ 分解为一氯化碘和氯气。d^{-4} 3.203。

注意事项 该品为氧化剂。具有腐蚀性，能引起烧伤。使用时应穿适当的防护服，戴手套和防护镜或面罩。万一接触到眼睛，应立即用大量水冲洗后请医生诊治。使用时如有事故发生或有不适之感，应立即请医生诊治。应密封保存。

主要用途 油脂碘价的测定。氯化和氧化剂。医用局部抗感染剂，消毒剂。

Iodipamide 碘肥胺 05583

[606-17-7] $C_{20}H_{14}I_6N_2O_6$ 1139.77

成分 C 21.08%，H 1.24%，I 66.81%，N 2.46%，O 8.42%。

别名 己乌洛康；胆影酸；3,3′-[(1,6-Dioxo-1,6-hexanediyl) diimino]bis(2,4,6-triiodobenzoic acid); 3,3′-Adipoyldiiminobis(2,4,6-triiodobenzoic acid); *N*,*N*′-Adipylbis(3-amino-2,4,6-triiodobenzoic acid); Adipic acid di(3-carboxy-2,4,6-triiodoanilide); adipiodone; Cholografin; Cholospect

M. I. 15，5065

性状 白色结晶性粉末。该品20℃时于下列物质中的溶解度：甲醇0.8%；乙醇0.3%；丙酮0.2%；乙醚0.1%。极微溶于水、氯仿、几乎不溶于苯。306～308℃分解；$n_D^{21.5}$ 1.3294（c=0.445，于甲醇中）。LD_{50}小鼠，大鼠静脉注射（mg/kg）：2380±290；4430±310。
主要用途 医用辅助诊断剂（射线透不过的介质）。

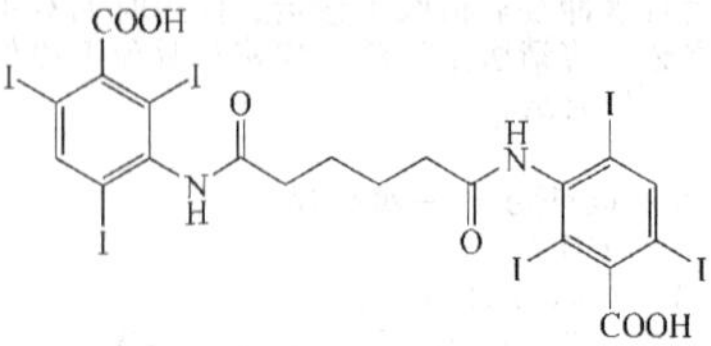

Iodixanol 碘克沙醇 05584
[92339-11-2] $C_{35}H_{44}I_6N_6O_{15}$ 1550.19
成分 C 27.12%，H 2.86%，I 49.12%，N 5.42%，O 15.48%。
别名 威势派克；5,5'-[(2-Hydroxy-1,3-propanediyl)bis(acetylimino)]bis[*N*,*N'*-bis(2,3-bihydroxypropyl)-2,4,6-triiodo-1,3-benzenedicarboxamide]；5，5'-[(2-Hydroxytrimethylene) bis (acetylimino)]bis[*N*,*N'*-bis(2,3-dihydroxypropyl)-2,4,6-triiodoisophthalamide]；1,3-Bis(acetylamino)-*N*,*N'*-bis[3,5-bis(2,3-dihydroxypropylaminocarbonyl)2,4,6-triiodophenyl]-2-hydroxypropane；2-5410-3A；Acupaque；Visipaque
M. I. 15，5066
性状 白色至近白色非晶形粉末。易潮解。易溶于水。黏度(37℃) 11.1mP a·s；50%（质量浓度）水溶液黏度8.3mPa·s。*d*1.266±0.003；*n*1.4128±0.003。LD_{50}小鼠静脉注射：21g I/kg。
主要用途 医用辅助诊断剂（射线透不过的介质）。

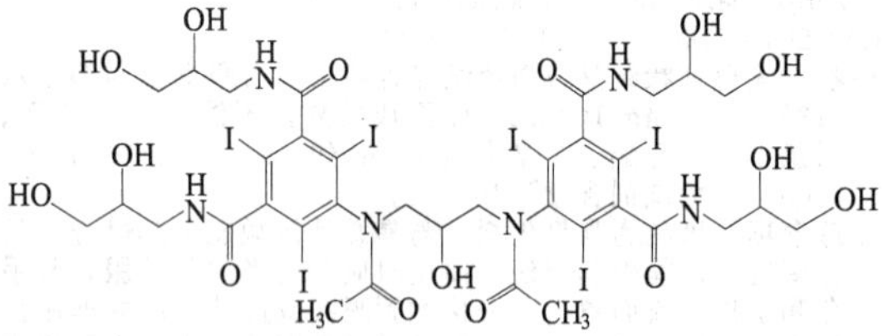

Iodoacetamide 碘乙酰胺 05585
[144-48-9] C_2H_4INO 184.96
成分 C 12.99%，H 2.18%，I 68.61%，N 7.57%，O 8.65%。
别名 碘代乙酰胺
性状 无色或浅黄色结晶。对湿度敏感。溶于乙醇。mp 92～95℃。一般试剂含量≥98.0%（AT）。
注意事项 该品口服有毒。对机体有不可逆损伤的可能性。吸入或与皮肤接触可引起过敏。使用时应穿适当的防护服和戴手套。使用时应避免吸入本品的粉尘。使用时如有事故发生或有不适之感，应立即请医生诊治。应充氩气密封避光于2～8℃干燥保存。
主要用途 测定巯基及二巯基。酶抑制剂。有机合成。

Iodoacetic acid 碘乙酸 05586
[64-69-7] $C_2H_3IO_2$ 185.95
成分 C 12.92%，H 1.63%，I 68.25%，O 17.21%。
别名 碘代醋酸；IAA
GW 2015-211 M. I. 15，5068
性状 无色或白色结晶。溶于水、乙醇，极微溶于乙醚。mp 82～83℃。一般商品含量≥99.5%（T）。
注意事项 该品口服有毒。具有强腐蚀性，能引起严重烧伤。使用时应穿适当的防护服，戴手套和防护镜或面罩。使用时避免吸入本品的粉尘。使用时如有事故发生或有不适之感，应立即请医生诊治。应充氮气密封避光于2～8℃保存。
主要用途 测定巯基。酶的抑制剂。染料制备。有机合成。

Iodoalphionic acid 碘阿芬酸 05587
[577-91-3] $C_{15}H_{12}I_2O_3$ 494.07
成分 C 36.47%，H 2.45%，I 51.37%，O 9.71%。
别名 4-Hydroxy-3,5-diiodo-α-phenylbenzenepropanoic acid；β-(4-Hydroxy-3,5-diiodophenyl)-α-phenylpropionic acid；3,5-Diiodo-α-phenylphioretic acid；Coietrast；Priodax；Pheniodo；Dikol；Iodobil；jodobil；Biliognost；Tenicid；Biliselectan
M. I. 15，5069
性状 *dl*-型为晴黄色粉末，157～162℃分解。或来自乙酸中的结晶，mp 163.5～163.8℃。溶于乙醇、乙醚、碳酸钠或氢氧化钠溶液，微溶于苯、氯仿，不溶于水。LD_{50}小鼠急性经口：3.8g/kg。
主要用途 医用辅助诊断剂（胆囊造影射线透不过的介质）。

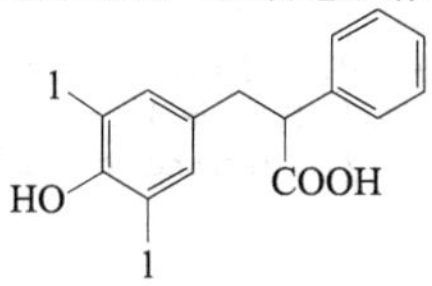

2-Iodoaniline 2-碘苯胺 05588
[615-43-0] C_6H_6IN 219.03
成分 C 32.90%，H 2.76%，I 57.54%，N 6.40%。
别名 邻氨基碘苯；邻碘苯胺；*o*-Aminoiodobenzene；*o*-Iodoaniline
性状 浅黄色结晶。易溶于乙醇。mp 55～57℃；Fp 235.4℉（113℃）。一般试剂含量≥98.0%（GC）。
注意事项 该品吸入、口服或与皮肤接触有害。对呼吸系统及皮肤有刺激性。使用时应穿适当的防护服和戴手套。应密封避光保存。
主要用途 杀虫剂。染料合成。

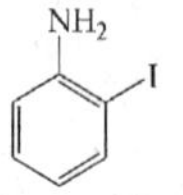

3-Iodoaniline 3-碘苯胺 05589
[626-01-7] C_6H_6IN 219.03
成分 C 32.90%，H 2.76%，I 57.54%，N 6.40%。
别名 间氨基碘苯；间碘苯胺；*m*-Aminoiodobenzene；*m*-Iodoani-line
性状 黄色结晶。易溶于乙醇。mp 21～24℃；bp_{15} 145～146℃/2kPa；Fp 235.4℉（113℃）；d^{25} 1.821；n_D^{20}1.682。一般试剂含量≥97.0%（NT）。
注意事项 该品吸入、口服或与皮肤接触有毒。对呼吸系统及皮肤有刺激性。使用时应穿适当的防护服和戴手套。应密封避光于2～8℃保存。
主要用途 杀虫剂。染料合成。

4-Iodoaniline 4-碘苯胺 05590
[540-37-4] C_6H_6IN 219.03
成分 C 32.90%，H 2.76%，I 57.94%，N 6.40%。
别名 对氨基碘苯；对碘苯胺；*p*-Aminoiodobenzene；*p*-Iodoaniline
M. I. 15，5070
性状 白色至微黄色结晶。易溶于乙醇、乙醚、三氯甲烷，微溶于水。mp 67～68℃。一般试剂含量≥97.0%（NT）。
注意事项 该品口服有害。对眼睛、呼吸系统及皮肤有刺激性。使用时应穿适当的防护服和戴手套。万一接触到眼睛，应立即用大量水冲洗后请医生诊治。应密封避光保存。
主要用途 杀虫剂。有机合成。染料合成。

2-Iodoanisole 2-碘苯甲醚 05591
[529-28-2] C_7H_7IO 234.04
成分 C 35.92%，H 3.01%，I 54.23%，O 6.84%。
别名 邻碘苯甲醚；*o*-Iodoanisole；2-Iodophenyl methyl ether；2-Methoxyiodobenzene
M. I. 15，5071
性状 黄色液体。在空气中长期曝露色变深。能与乙醇、氯仿、乙醚相混溶，不溶于水。bp_{730} 238～240℃/97.325kPa；d^{20} 1.80。
注意事项 该品对眼睛、呼吸系统及皮肤有刺激性。使用时应穿适当的防护服。万一接触到眼睛，应立即用大量水冲洗后请医生诊治。应密封避光保存。

4-Iodoanisole　4-碘苯甲醚 05592

［696-62-8］　C_7H_7IO 234.04

成分　C 35.92%，H 3.01%，I 54.23%，O 6.84%。

别名　4-甲氧基碘苯；对碘苯甲醚；对碘茴香醚；4-碘茴香醚；*p*-Iodoanisole；4-Iodophenyl methyl ether；4-Methoxyiodobenzene

性状　白色针状结晶。溶于热稀甲醇。mp 50～52℃；bp_{726} 237℃/96.792kPa；Fp 233.6℉（112℃）。一般试剂含量≥96.0%（GT）。

注意事项　该品对眼睛、呼吸系统及皮肤有刺激性。使用时应穿适当的防护服。万一接触到眼睛，应立即用大量水冲洗后请医生诊治。应密封避光保存。

主要用途　有机合成。

Iodobenzene　碘苯 05593

［591-50-4］　C_6H_5I 204.01

成分　C 35.32%，H 2.47%，I 62.21%。

别名　碘代苯；Phenyl iodide

M. I. 15，5072

性状　无色重质液体。有特殊气味。见光色变黄。能与乙醇、乙醚、氯仿相混溶，不溶于水。mp －30℃；bp 188～189℃；Fp 166℉（74℃）；d_4^{15} 1.8384；n_D^{18} 1.621。一般试剂含量≥99.0%（GC）。

注意事项　该品吸入或口服有害。对眼睛有刺激性。使用时应穿适当的防护服。万一接触到眼睛，应立即用大量水冲洗后请医生诊治。应密封避光保存。

主要用途　测折射率标准液。有机合成。

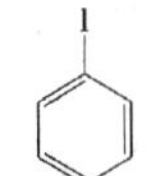

2-Iodobenzoic acid　2-碘苯甲酸 05594

［88-67-5］　$C_7H_5IO_2$ 248.02

成分　C 33.90%，H 2.03%，I 51.17%，O 12.90%。

别名　邻碘代苯甲酸；*o*-Iodobenzoic acid

M. I. 15，5074

性状　白色针状结晶。溶于乙醇、乙醚，略微溶于水。mp 162℃；*d* 2.25。一般试剂含量≥95.0%（GC）。

注意事项　该品口服有害。对呼吸系统及皮肤有刺激性。对眼睛有严重损伤的危险。使用时应戴防护镜或面罩。万一接触到眼睛，应立即用大量水冲洗后请医生诊治。

主要用途　测定微量碘的试剂。用作元素碘定量分析的标样。

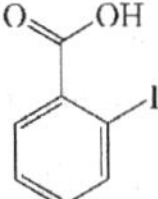

3-Iodobenzoic acid　3-碘苯甲酸 05595

［618-51-9］　$C_7H_5IO_2$ 248.02

成分　C 33.90%，H 2.03%，I 51.17%，O 12.90%。

别名　间碘苯甲酸；*m*-Iodobenzoic acid

性状　浅黄色针状结晶。溶于乙醇、乙醚，微溶于水。能升华。mp 187～188℃。一般试剂含量≥98.0%（HPLC）。

注意事项　使用时应避免吸入本品的粉尘，避免与眼睛及皮肤接触。

主要用途　测定微量碘的试剂。有机合成。

4-Iodobenzoic acid　4-碘苯甲酸 05596

［619-58-9］　$C_7H_5IO_2$ 248.02

成分　C 33.90%，H 2.03%，I 51.17%，O 12.90%。

别名　对碘苯甲酸；*p*-Iodobenzoic acid

性状　白色或浅黄色有光泽的结晶。溶于乙醇、乙醚，难溶于水。加热至熔点以上能升华并分解。mp 270～273℃。一般试剂含量≥97.0%（HPLC）。

注意事项　该品对眼睛、呼吸系统及皮肤有刺激性。使用时应穿适当的防护服。万一接触到眼睛，应立即用大量水冲洗后请医生诊治。

主要用途　有机合成。

1-Iodobutane　1-碘丁烷 05597

［542-69-8］　C_4H_9I 184.02

成分　C 26.11%，H 4.93%，I 68.96%。

别名　丁基碘；碘化正丁基；1-碘代丁烷；碘代正丁烷；*n*-Butyl iodide

GW 2015-186　　M. I. 15，1576

性状　无色液体。见光或久置色变黄。溶于乙醇、乙醚，几乎不溶于水。mp －103℃；bp 130.4℃；Fp 92℉（33℃）；d_4^{20} 1.616；n_D^{20} 1.4998。

注意事项　该品高度易燃。其蒸气吸入有害。使用时应穿适当的防护服。使用现场禁止吸烟。切勿排入下水道。应远离火种密封避光保存。

主要用途　溶剂。有机合成。

2-Iodobutane　2-碘丁烷 05598

［513-48-4］　C_4H_9I 184.02

成分　C 26.11%，H 4.93%，I 68.96%。

别名　碘代仲丁烷；仲丁基碘；碘代第二丁烷；*sec*-Butyl iodide

GW 2015-187　　M. I. 15，1577

性状　无色液体。见光色变红。溶于乙醇、乙醚，几乎不溶于水。mp －104℃；bp 120℃；Fp 75.2℉（24℃）；d_4^{20} 1.592；n_D^{20} 1.4991。一般试剂含量≥98.0%（GC）

注意事项　该品易燃。对眼睛、呼吸系统及皮肤有刺激性。使用时应穿适当的防护服。万一接触到眼睛，应立即用大量水冲洗后请医生诊治。应远离火种密封避光保存。

主要用途　溶剂。有机合成。

5-Iodo-2′-deoxyuridine　5-碘-2′-脱氧尿苷 05599

［54-42-2］　$C_9H_{11}IN_2O_5$ 354.10

成分　C 30.53%，H 3.13%，I 35.84%，N 7.91%，O 22.59%。

别名　2′-脱氧-5-碘尿核苷；5-碘-2′-去氧尿核苷；碘脱氧尿啶；5-碘-2′-脱氧尿嘧啶核苷；5-碘-2′-脱氧尿核苷；2′-Deoxy-5-iodouridine；1-(2-Deoxy-β-D-ribofuranosyl)-5-iodouracil；Dendrid；Emanil；Herpes-Gel；Herplex；Idexur；Idoxene；Idoxuridine；IDU；Idulea；Iduridin；IDUR；IRDU；IUDR；Kerecid；Ophthalmadine；Stoxil；Virudox

M. I. 15，4931

性状　来自水中的无色三斜结晶。溶于水（25℃，2.0mg/mL）、甲醇（4.4mg/mL）、乙醇（2.6mg/mL）、乙醚（0.014mg/mL）、氯仿（0.003mg/mL）、丙酮（1.6mg/mL）、乙酸乙酯（1.8mg/mL）、二氧六环（5.7mg/mL）、盐酸[(2.0mg)/(0.2mol/L)]、氢氧化钠溶液[(74.0mg)/(0.2mol/L)]。pK_a 8.25。其 0.1% 水溶液 pH 值约 6。160℃分解；$[\alpha]_D^{25}$ +7.4°（*c*=0.108，于水中）；$[\alpha]_D^{20}$ +29°（*c*=1，于 1mol/L 氢氧化钠溶液中）；uv max（于水中）：288nm（lg ε 3.87）。LD_{50} 小鼠腹膜内注射：2.5g/kg。生化试剂含量≥98.0%（NT）。

注意事项　该品能引起遗传基因的损伤。能致癌。能危害胎儿。使用前应得到专门的指导，避免曝露。使用时如有事故发生或有不适之感，应请医生诊治。应密封避光于 2～8℃保存。

主要用途　生化研究。医用抗病毒剂。

2-Iodoethanol　2-碘乙醇 05600

［624-76-0］　C_2H_5IO 171.97

成分 C 13.97%，H 2.93%，I 73.79%，O 9.30%。
别名 Iodoethyl alcohol
性状 无色液体。能与水、乙醇相混溶。bp 170～175℃；bp_{25} 85℃/3.333kPa；Fp 149℉（65℃）；d_4^{20} 2.205；n_D^{20} 1.5720。一般试剂含量≥99.0%（GC）。
注意事项 该品试剂口服有毒。使用时如有事故发生或有不适之感，应请医生诊治。应充氩气密封避光于2～8℃保存。
主要用途 溶剂。有机合成。

Iodoform 碘仿 05601

[75-47-8] CHI_3 393.73
成分 C 3.05%，H 0.26%，I 96.69%。
别名 三碘甲烷；海碘仿；黄碘；Triiodomethane
GW 2015-1752 M.I. 15，5076
性状 有光泽的黄色结晶或粉末。有特殊臭味。高温可析出碘。1g 该品溶于60mL冷乙醇、16mL沸乙醇、10mL氯仿、7.5mL乙醚、80mL甘油、3mL二硫化碳、34mL橄榄油，易溶于苯、丙酮，微溶于甘油，几乎溶于水。mp 约120℃；bp 210℃（分解）；d 4.1。LD_{50} 小鼠皮下注射：1.6mmol/kg。一般试剂含量≥99.0%（AT）。
注意事项 该品吸入、口服或与皮肤接触有害。对眼睛、呼吸系统及皮肤有刺激性。使用时应穿适当的防护服和戴手套。万一接触到眼睛，应立即用大量水冲洗后请医生诊治。应密封避光保存。
主要用途 乙醇、丙酮的检定。医用局部抗感染剂，消毒剂。防腐剂。

1-Iodohexadecane 1-碘十六烷 05602

[544-77-4] $C_{16}H_{33}I$ 352.34
成分 C 54.54%，H 9.44%，I 36.02%。
别名 十六烷基碘；碘化鲸蜡烷；鲸蜡基碘；碘代十六烷；Cetyl iodide；*n*-Hexadecyl iodide
性状 无色或浅黄色小叶片状结晶，超过室温为液体。溶于乙醇、乙醚，不溶于水。mp 21～23℃；bp_{10} 206～207℃/1.333kPa；Fp＞230℉（110℃）；d 1.121；n_D^{20} 1.4806。一般试剂含量≥95.0%。
注意事项 该品对眼睛、呼吸系统及皮肤有刺激性。应密封避光保存。
主要用途 有机合成。去污剂合成。

1-Iodo-3-methylbutane 1-碘-3-甲基丁烷 05603

[541-28-6] $C_5H_{11}I$ 198.05
成分 C 30.32%，H 5.60%，I 64.08%。
别名 异戊基碘；碘代异戊烷；*iso*-Amyl iodide；Isoamyl iodide；Isopentyl iodide；3-Methylbutyl iodide；*iso*-Pentyl iodide
GW 2015-182 M.I. 15，5165
性状 无色液体。见光或露置空气中色易变棕。能与乙醇、乙醚相混溶，微溶于水。bp 147℃；Fp 115℉（46℃）；d_{15}^{18} 1.515；n_D^{20} 1.495。
注意事项 该品易燃。应密封避光保存。
主要用途 溶剂。有机合成。

1-Iodo-2-methylpropane 1-碘-2-甲基丙烷 05604

[513-38-2] C_4H_9I 184.02
成分 C 26.11%，H 4.93%，I 68.96%。
别名 异丁基碘；碘化异丁烷；碘代异丁烷；1-碘异丁烷；1-Iodo-*iso*-butane；*iso*-Butyl iodide；Isobutyl iodide
GW 2015-180 M.I. 15，5189
性状 无色或淡黄色液体。见光逐渐色变棕。能与乙醇、乙醚相混溶，不溶于水。mp －93℃；bp 120℃；Fp 55℉（12℃）；d^{20} 1.605；n_D^{20} 1.4960。
注意事项 该品高度易燃。对眼睛、呼吸系统及皮肤有刺激性。使用时应穿适当的防护服。使用现场禁止吸烟。万一接触到眼睛，应立即用大量水冲洗后请医生诊治。应远离火种，充氩气密封避光保存。
主要用途 溶剂。有机合成。

2-Iodo-2-methylpropane 2-碘-2-甲基丙烷 05605

[558-17-8] C_4H_9I 184.02
成分 C 26.11%，H 4.93%，I 68.96%。
别名 三甲基碘甲烷；碘代叔丁烷；叔丁基碘；碘代第三丁烷；*tert*-Butyl iodide；2-Iodo-*iso*-butane；Trimethyliodomethane
GW 2015-181
性状 浅黄色液体。遇光很快变为棕色。mp －38℃；bp 99～100℃；bp_{120} 40℃/16kPa；Fp 46℉（7℃）；d_4^{20} 1.544；n_D^{20} 1.491。一般试剂含量约96.0%（GC）。
注意事项 该品高度易燃。对眼睛、呼吸系统及皮肤有刺激性。使用时应穿适当的防护服。万一接触到眼睛，应立即用大量水冲洗后请医生诊治。使用现场禁止吸烟。应远离火种，充氩气密封避光于2～8℃保存。
主要用途 溶剂。有机合成。

(Iodomethyl)trimethylsilane (碘甲基)三甲基硅烷 05606

[4206-67-1] $C_4H_{11}ISi$ 214.12
成分 C 22.44%，H 5.18%，I 59.27%，Si 13.12%。
别名 三甲基硅烷基碘甲烷；(Trimethylsilyl)methyl iodide
性状 无色至微黄液体。bp 139～141℃；Fp 84.2℉（29℃）；d^{25} 1.443；n_D^{20} 1.491。一般试剂含量≥99.0%（GC）。
注意事项 该品易燃。对眼睛、呼吸系统及皮肤有刺激性。使用时应穿适当的防护服。万一接触到眼睛，应立即用大量水冲洗后请医生诊治。应充氩气密封避光于干燥处保存。

```
       CH3
       |
H3C—Si—CH2I
       |
       CH3
```

1-Iodonaphthalene 1-碘代萘 05607

[90-14-2] $C_{10}H_7I$ 254.07
成分 C 47.27%，H 2.78%，I 49.95%。
别名 α-碘萘；α-Iodonaphthalene；1-Naphthyl iodide
性状 浅黄色至暗棕色油状液体。见光渐变褐色。能与乙醇、乙醚、苯、二硫化碳相混溶，不溶于水。bp_5 163～165℃/0.667kPa；Fp 235.4℉（113℃）；d_4^{20} 1.737；n_D^{20} 1.701。一般试剂含量≥96.0%（GC）。
注意事项 该品对眼睛、呼吸系统及皮肤有刺激性。使用时应穿适当的防护服。万一接触到眼睛，应立即用大量水冲洗后请医生诊治。应密封避光保存。
主要用途 有机合成。

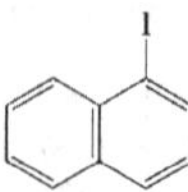

2-Iodonitrobenzene 2-碘硝基苯 05608

[609-73-4] $C_6H_4INO_2$ 249.01
成分 C 28.94%，H 1.62%，I 50.96%，N 5.62%，O 12.85%。
别名 邻硝基碘苯；1-碘-2-硝基苯；邻碘硝基苯；*o*-Iodonitrobenzene；1-Iodo-2-nitrobenzene；*o*-Nitroiodobenzene
GW 2015-2257
性状 黄色针状结晶。溶于乙醇、乙醚。能升华。mp 49～51℃；bp_{729} 288～289℃/97.192kPa；Fp＞230℉（110℃）。
注意事项 该品吸入或口服有毒。对眼睛、呼吸系统及皮肤有刺激性。应密封避光保存。
主要用途 有机合成。

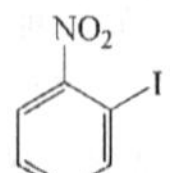

3-Iodonitrobenzene 3-碘硝基苯 05609

[645-00-1] $C_6H_4INO_2$ 249.01
成分 C 28.94%，H 1.62%，I 50.96%，N 5.62%，O 12.85%。
别名 间碘硝基苯；1-碘-3-硝基苯；间硝基碘苯；1-Iodo-3-nitro benzene；*m*-Iodonitrobenzene；*m*-Nitroiodobenzene
GW 2015-2258

性状　黄色或橙黄色固体。溶于乙醇、乙醚，不溶于水。mp 36～38℃；bp 280℃；Fp 161℉（71℃）。一般试剂含量≥99.0%。
注意事项　该品吸入或口服有毒。对眼睛、呼吸系统及皮肤有刺激性。应密封避光保存。
主要用途　有机合成。

4-Iodonitrobenzene　4-碘硝基苯　05610
[636-98-6]　$C_6H_4INO_2$　249.01
成分　C 28.94%，H 1.62%，I 50.96%，N 5.62%，O 12.85%。
别名　1-碘-4-硝基苯；对硝基碘苯；对碘硝基苯；1-Iodo-4-nitrobenzene；*p*-Iodonitrobenzene；*p*-Nitroiodobenzene
GW 2015-2259
性状　黄色针状结晶。溶于乙酸，不溶于水。mp 175～177℃；bp_{77} 289℃/10.266kPa。一般试剂含量≥98.0%。
注意事项　该品吸入或口服有毒。对眼睛、呼吸系统及皮肤有刺激性。应密封避光保存。
主要用途　有机合成。

Iodonitrotetrazolium chloride
氯化碘硝基四氮唑　05611
[146-68-9]　$C_{19}H_{13}ClIN_5O_2$　505.70
成分　C 45.13%，H 2.59%，Cl 7.01%，I 25.09%，N 13.85%，O 6.33%。
别名　2-对碘代苯-3-对硝基苯-5-苯基氯化四氮唑；对碘硝基四氮唑紫；碘硝基四氮唑紫；碘硝基氯化四氮唑；INT；4-Iodonitrotetrazolium violet；2-(4-Indophenyl)-3-(4-nitrophenyl)-5-phenyl-2*H*-tetrazolium chloride；2-(4-Iodophenyl)-3-(4-nitrophenyl)-5-phenyl-2*H*-tetrazolium chloride
性状　浅黄色结晶性粉末。溶于乙醇，不溶于乙醚。mp 约 245℃（分解）。生化试剂含量≥97.0%（AT）。
注意事项　该品吸入、口服或与皮肤接触有害，并可造成不可逆的结果。对眼睛、呼吸系统及皮肤有刺激性。使用时应穿适当的防护服。万一接触到眼睛，应立即用大量水冲洗后请医生诊治。应充氩气密封避光于 2～8℃保存。
主要用途　生化研究。氧化还原酶（如乳酸、琥珀酸脱氢酶）的定量分析。细菌染色剂。

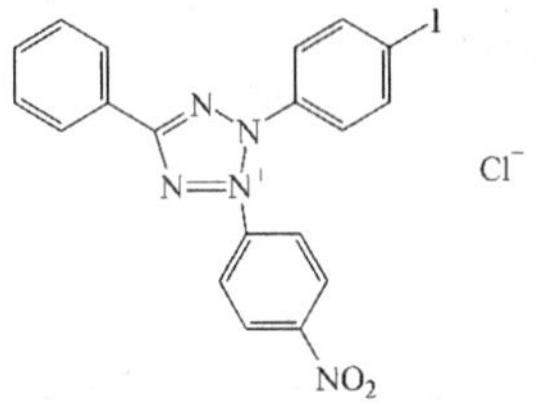

1-Iodooctadecane　1-碘十八烷　05612
[629-93-6]　$C_{18}H_{37}I$　380.40
成分　C 56.83%，H 9.80%，I 33.36%。
别名　碘代十八烷；硬脂基碘；*n*-Octadecyl iodide
性状　无色叶片状结晶。微溶于乙醇、乙醚，不溶于水。mp 33～35℃；bp_2 194～197℃/266.644Pa；Fp>230℉（110℃）。
注意事项　该品对眼睛、呼吸系统及皮肤有刺激性。使用时应穿适当的防护服。万一接触到眼睛，应立即用大量水冲洗后请医生诊治。应充氩气密封避光保存。
主要用途　有机合成。

1-Iodooctane　1-碘辛烷　05613
[629-27-6]　$C_8H_{17}I$　240.13
成分　C 40.01%，H 7.14%，I 52.85%。
别名　碘代正辛烷；正辛基碘；*n*-Octyl iodide
性状　无色至微黄色油状液体。溶于乙醇、乙醚，不溶于水。mp −46～−45℃；bp 225～226℃；Fp 188.6℉（87℃）；d_4^{20} 1.330；n_D^{20} 1.4878。一般试剂含量≥97.0%（GC）。
注意事项　该品对眼睛、呼吸系统及皮肤有刺激性。使用时应穿适当的防护服。万一接触到眼睛，应立即用大量水冲洗后请医生诊治。应密封避光保存。
主要用途　有机合成。

5-Iodoorotic acid　5-碘乳清酸　05614
[17687-22-8]　$C_5H_3IN_2O_4$　282.00
成分　C 21.30%，H 1.07%，I 45.00%，N 9.93%，O 22.69%。
别名　5-碘化乳清酸；6-羧基-2，4-二羟基-5-碘嘧啶；6-Carboxy-2,4-dihydroxy-5-iodopyrimidine
性状　浅黄色结晶或粉末。溶于水，极微溶于乙醇。
主要用途　生化研究。

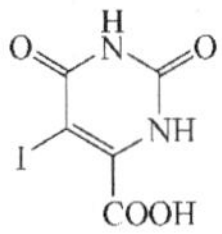

1-Iodopentane　1-碘戊烷　05615
[628-17-1]　$C_5H_{11}I$　198.05
成分　C 30.32%，H 5.60%，I 64.08%。
别名　碘代正戊烷；正戊基碘；碘代戊烷；*n*-Amyl iodide；Pentyl iodide
GW 2015-210
性状　无色液体。能与乙醇、乙醚相混溶，不溶于水。bp 154～155℃；Fp 124℉（51℃）；d_4^{20} 1.513；n_D^{20} 1.4950。
注意事项　该品易燃。对眼睛、呼吸系统及皮肤有刺激性。使用时应穿适当的防护服。万一接触到眼睛，应立即用大量水冲洗 后请医生诊治。应密封避光保存。
主要用途　溶剂。有机合成。

2-Iodophenol　2-碘酚　05616
[533-58-4]　C_6H_5IO　220.01
成分　C 32.75%，H 2.29%，I 57.68%，O 7.27%。
别名　邻碘酚；*o*-Iodophenol
M.I. 15，5078
性状　来自石油醚中的无色至微黄片状结晶。易溶于热水，溶于乙醇、乙醚、氯仿、二硫化碳、苯。mp 43℃；bp_{160} 186～187℃/21.332kPa；Fp >230℉（110℃）；d^{80} 1.8757。一般试剂含量≥98.0%。
注意事项　该品对眼睛、呼吸系统及皮肤有刺激性。
主要用途　有机合成。

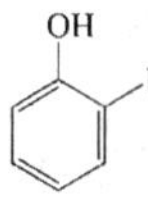

3-Iodophenol　3-碘酚　05617
[626-02-8]　C_6H_5IO　220.01
成分　C 32.75%，H 2.29%，I 57.68%，O 7.27%，
别名　间碘酚；*m*-Iodophenol
性状　无色至微黄结晶。微溶于水。mp 42～44℃；Fp>230℉（110℃）。一般试剂含量≥98.0%。
注意事项　该品对眼睛呼吸系统及皮肤有刺激性。
主要用途　有机合成。

4-Iodophenol　4-碘酚　05618
[540-38-5]　C_6H_5IO　220.01
成分　C 32.75%，H 2.29%，I 57.68%，O 7.27%。
别名　对碘酚；*p*-Iodophenol
GW 2015-183　M.I. 15，5079
性状　白色或微带粉红色针状结晶。有特殊气味。易溶于乙醇、乙醚，微溶于水。mp 92～94℃；bp_5 138℃/667Pa。一般试剂含量≥98.0%（T）。
注意事项　该品具有腐蚀性，能引起烧伤。口服或与皮肤接触有害。使用时应穿适当的防护服、戴手套和防护镜面罩。万一接触到眼睛，应立即用大量水冲洗后请医生诊治。使用时如有事故发生或有不适之感，应请医生诊治。
主要用途　有机合成。

Iodophthalein sodium　碘酚酞钠　05619

[2217-44-9]　$C_{20}H_8I_4Na_2O_4$　865.87

成分　C 27.74%，H 0.93%，I 58.63%，Na 5.31%，O 7.39%。

别名　四碘酚酞钠；Soluble iodophthalein; Tetraiodophenolphthalein sodium; T. I. P. S.; Tetraiodophthalein sodium; Tetiothalein sodium; Iodeikon; Cholepulvis; Keraphen; Shadocol; Bilitrast; Iodognost; Stipolac; Tetraiode; Foriod; Iodtetragnost; Antinosin; Cholumbrin; Iodorayoral; Opacin; Photobiline; Piliophen; Videophel; Radiotetrane; Nosophene sodium; Iodophene sodium

M. I. 15，5081

性状　三水合物商品为浅蓝色至紫色结晶。有咸味。微潮解。1g 该品溶于约 7mL 水，生成澄清的深蓝色二色性溶液。微溶于乙醇。LD_{50}小鼠静脉注射：360mg/kg；急性经口：3800mg/kg。

主要用途　医用辅助诊断剂（用于胆囊造影的射线透不过的介质）。

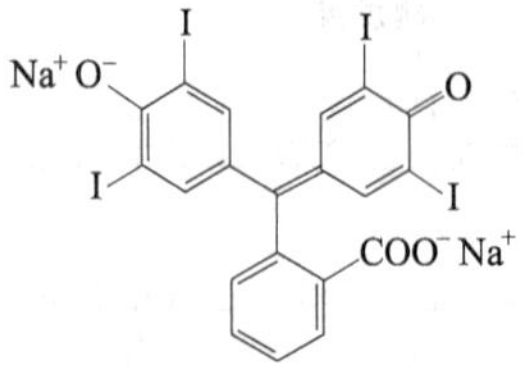

1-Iodopropane　1-碘丙烷　05620

[107-08-4]　C_3H_7I　169.99

成分　C 21.20%，H 4.15%，I 74.65%。

别名　碘代丙烷；碘代正丙烷；正丙基碘；1-碘正丙烷；*n*-Propyl iodide; 1-Iodo-*n*-propane

GW 2015-184　M. I. 15，7974

性状　无色或浅黄色液体。见光色变深。能与乙醇、乙醚相混溶，微溶于水（溶于 575 份水）。mp 约 −98℃；bp 102～103℃；Fp 112℉（44℃）；d_4^{20} 1.747；n_D^{20} 1.5051。一般试剂含量≥98.0%（GC）。

注意事项　该品易燃。其蒸气吸入有害。对眼睛、呼吸系统及皮肤有刺激性。使用时应穿适当的防护服和戴手套。使用时应避免吸入本品的蒸气。使用现场禁止吸烟。万一接触到眼睛，应立即用大量水冲洗后请医生诊治。应远离火种密封避光保存。

主要用途　溶剂。有机合成。

2-Iodopropane　2-碘丙烷　05621

[75-30-9]　C_3H_7I　169.99

成分　C 21.20%，H 4.15%，I 74.65%。

别名　碘代异丙烷；异丙基碘；Isopropyl iodide; *iso*-Propyl iodide

GW 2015-185　M. I. 15，5260

性状　无色液体。接触空气、光易变色。能与乙醇、乙醚、苯、三氯甲烷相混溶，微溶于水（溶于 720 份水）。mp −90℃；bp 89～90℃；Fp 107.6℉（42℃）；d_4^{20} 1.703；n_D^{20} 1.5026。一般试剂含量≥97.0%（GC）。

注意事项　该品高度易燃。对眼睛、呼吸系统及皮肤有刺激性。使用时应穿适当的防护服和戴手套。使用现场禁止吸烟。万一接触到眼睛，应立即用大量水冲洗后请医生诊治。应远离火种密封避光保存。

主要用途　溶剂。有机合成。制药工业。

Iodopyracet　碘吡啦啥　05622

[300-37-8]　$C_{11}H_{16}I_2N_2O_5$　510.07

成分　C 25.90%，H 3.16%，I 49.76%，N 5.49%，O 15.68%。

别名　3,5-Diiodo-4-oxo-1(4*H*)-pyridineacetic acid comp ound with 2,2′-iminobis[ethanol](1∶1)bis(hydroxyethyl)ammonium 3,5-diiodo-4-pyridone-*N*-acetate; Diethanolamine 3,5-diiodo-4-pyridone-*N*-acetate; 3,5-Diiodo-4-pyridone-*N*-acetic acid diethanolamine salt; Diodone; RP-3203; Diatrast; Diodrast; Iopyracil; Nosylan; Neo-Methiodal; Neo-Skiodan; Neo-Tenebyl; Nosydrast; Oparenol; per-Abrodil; Per-Radiographol; Pyelosil; Pylumbrin; Savae; Umbradil; Uriodone; Vasiodone; Xumbradil

M. I. 15，5083

性状　无味粉末。溶于水（约 36%）、甲醇（约 12g），微溶于冰冷的甲醇，几乎不溶于丙酮、乙醚、氯仿。其水溶液 pH 值 5～8。155～157℃分解。

主要用途　医用辅助诊断剂（血管尿路造影剂，射线适不过的介质）。

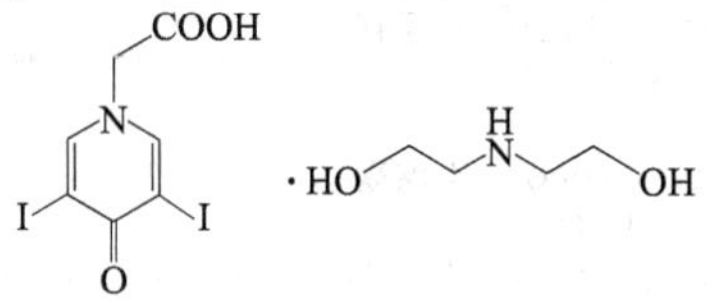

Iodopyrrole　碘吡咯　05623

[87-58-1]　C_4HI_4N　570.68

成分　C 8.42%，H 0.18%，I 88.95%，N 2.45%。

别名　2,3,4,5-四碘-1*H*-吡咯；碘咯；2,3,4,5-Tetraiodo-1*H*-pyrrole; Iodol

M. I. 15，5084

性状　来自乙醇中的无色针状结晶。1g 该品溶于 4900mL 水、9mL 乙醇、1.5mL 乙醚、105mL 氯仿、155mL 甘油，溶于不挥发油类。162～164℃分解（亦有报告为 150～160℃或 140～150℃分解）。

主要用途　医用局部消毒剂。

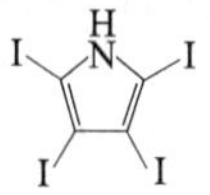

Iodoquinol　艾多嗪诺　05624

[83-73-8]　$C_9H_5I_2NO$　396.95

成分　C 27.23%，H 1.27%，I 63.94%，N 3.53%，O 4.03%。

别名　双碘羟基喹啉；5,7-Diiodo-8-quinolinol; Diiodohydroxyquin; Diiodo-oxyquinoline; 5,7-Diiodo-8-hydroxyquinoline; SS-578; Diodoquin; Disoquin; Floraquin; Dyodin; Dinoleine; Searlequin; Diodoxylin; Rafamebin; Ioquin; Direxiode; Stanquinate; Yodoxin; Zoaquin; Enterosept; Embequin

M. I. 15，5085

性状　来自二甲苯中的结晶。药用的为浅黄至棕色粉末。溶于热吡啶、热二氧六环，略溶于乙醇、乙醚、丙酮，几乎不溶于水。mp 200～215℃（大部分分解）。

主要用途　医用抗阿米巴剂。

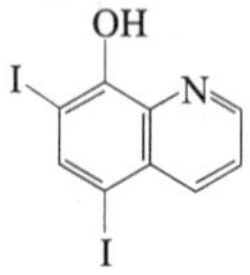

2-Iodosobenzoic acid　2-亚碘酰基苯甲酸　05625

[304-91-6]　$C_7H_5IO_3$　264.02

成分　C 31.84%，H 1.91%，I 48.07%，O 18.18%。

别名　邻亚碘酰基苯甲酸；*o*-Iodosobenzoic acid

性状　白色或微带浅黄色的针状结晶或结晶性粉末。溶于乙醇、乙醚，微溶于水。mp 约 235℃（分解）；*d* 2.25。

注意事项　该品对眼睛、呼吸系统及皮肤有刺激性。使用时应穿适当的防护服。万一接触到眼睛，应立即用大量水冲洗后请医生诊治。应密封避光保存。

主要用途　生化研究。酶抑制剂。测定巯基用试剂。

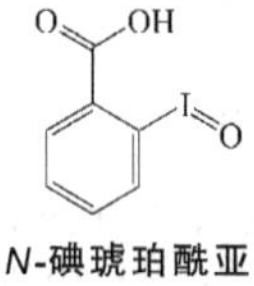

N-Iodosuccinimide　*N*-碘琥珀酰亚胺　05626

[516-12-1]　$C_4H_4INO_2$　224.99

成分　C 21.35%，H 1.79%，I 56.41%，N 6.23%，O 14.22%。

别名　*N*-碘丁二酰亚胺；Succiniodimide; NIS

M. I. 15，5088

性状　来自二氧六环+四氯化碳中的无色针状结晶。溶于丙酮、甲醇，中等程度溶于二氧六环，几乎不溶于四氯化碳、乙醚。能被水分解。mp 200～201℃。一般试剂含量

≥97.0 (RT)。

注意事项 该品口服有害。对眼睛、呼吸系统及皮肤有刺激性。使用时应穿适当的防护服。万一接触到眼睛，应立即用大量水冲洗后请医生诊治。应充氮气密封避光于 2～8℃保存。

主要用途 有机合成，用于酮类、醛类的碘化。

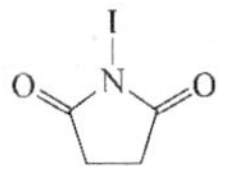

3-Iodo-L-tyrosine 3-碘-L-酪氨酸 05627

[70-78-0] $C_9H_{10}INO_3$ 307.09

成分 C 35.20%，H 3.28%，I 41.33%，N 4.56%，O 15.63%。

别名 3-碘-L-苯酚氨基丙酸；3-Monoiodo-L-tyrosine

M. I. 15，5090

性状 来自水中的无色结晶。溶于 15 份沸水。204～206℃分解；$[\alpha]_D^{20}-4.4°$ ($c=5$，于 1mol/L 盐酸中)。生化试剂含量≥99.0% (HPLC)。

注意事项 该品应充氩气密封避光于 2～8℃保存。

主要用途 生化研究。酪氨酸羟基酶抑制剂。

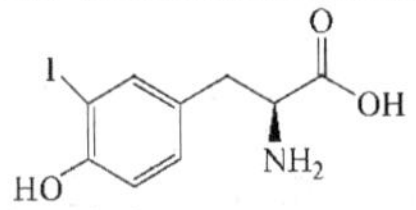

5-Iodouracil 5-碘尿嘧啶 05628

[696-07-1] $C_4H_3IN_2O_2$ 237.98

成分 C 20.19%，H 1.27%，I 53.32%，N 11.77%，O 13.45%。

别名 5-碘呻嘈；2，4-二羟基-5-碘嘧啶；2,4-Dihydroxy-5-iodopyrimidine

性状 无色有光泽的片状结晶。微溶于沸水，几乎不溶于冷水、乙醇。bp 274～276℃。生化试剂含量≥98.0%。

注意事项 该品吸入、口服或与皮肤接触有害。对眼睛、呼吸系统及皮肤有刺激性。能引起遗传基因的损伤。使用前应得到专门的指导，避免曝露。使用时应穿适当的防护服，戴手套和防护镜或面罩。应避免吸入本品的粉尘。万一接触到眼睛，应立即用大量水冲洗后请医生诊治。使用时如有事故发生或有不适之感，应请医生诊治。应密封保存。

主要用途 生化研究。

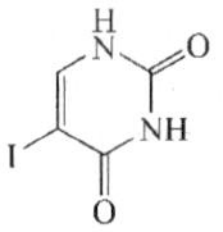

Ioglycamic acid 碘甘卡酸 05629

[2618-25-9] $C_{18}H_{10}I_6N_2O_7$ 1127.71

成分 C 19.17%，H 0.89%，I 67.52%，N 2.48%，O 9.93%。

别名 3,3′-Oxybis[(1-oxo-2,1-ethanediyl)imino]bis[2,4,6-triiododenzoic acid];3,3′-Oxybis(methylenecarbonylimino)bis[2,4,6-triiodobenzoic acid];3,3′-Diglycoloyldiiminobis(2,4,6-triiodobenzoic acid);Diglycolic acid bis(2,4,6-triiodo-3-carboxanilide);*N*,*N*-Oxydiacetylbis[3-amino-2,4,6-triiodobenzoic acid]

M. I. 15，5094

性状 该品有 3 种晶型变体。222℃干燥，227℃烧结，245℃有碘析出，281℃分解。

主要用途 医用辅助诊断剂（胆囊造影射线透不过的介质）。

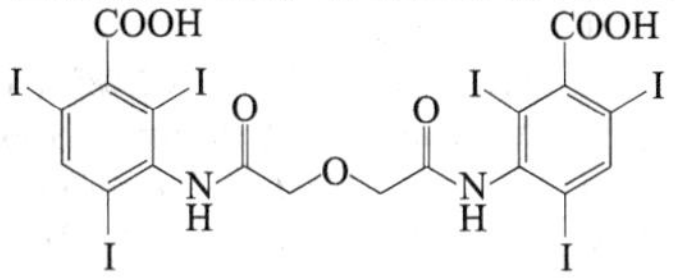

Iomegl amie acid 碘美拉酸 05630

[25827-76-3] $C_{12}H_{13}I_3N_2O_3$ 613.96

成分 C 23.48%，H 2.13%，I 62.01%，N 4.56%，O 7.82%。

别名 5-(3-Amino-2,4,6-triiodophenyl)methylamino-5-oxopentanoic acid;3′-Amino-2′,4′,6′-triiodo-*N*-methylglutaranilic acid;*N*-Methyl-*N*-(3-amino-2,4,6-triiodophenyl)glutaramic acid;*N*-Methyl-*N*-(2,4,6-triiodo-3-aminophenyl)glutaramidic acid;RG-270;Falignost

M. I. 15，5096

性状 来自乙酸中的黄色至棕色结晶。易溶于二甲基甲酰胺，微溶于乙酸、氯仿，几乎不溶于水。mp 169℃。LD_{50}小鼠静脉注射：500mg/kg。

主要用途 医用辅助诊断剂（胆囊造影射线透不过的介质）。

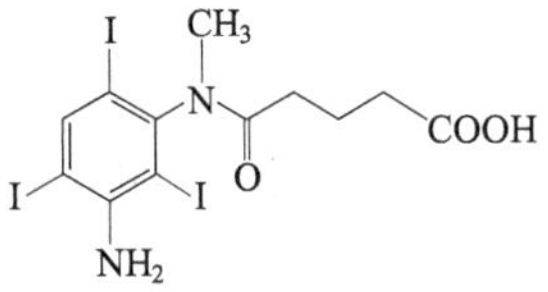

Iomeprol 碘美普尔 05631

[78649-41-9] $C_{17}H_{22}I_3N_3O_8$ 777.09

成分 C 26.28%，H 2.85%，I 48.99%，N 5.41%，O 16.47%。

别名 *N*,*N*′-Bis(2,3-dihydroxypropyl)-5-(hydroxyacetyl)methylamino-2,4,6-triiodo-1,3-benzenedicarboxamide;*N*,*N*′-Bis(2,3-dihydroxypropyl)-2,4,6-triiodo-5-(*N*-methylglycolamido)isophthalamide;B-16880;Imeron;Iomeron

M. I. 15,5097

性状 无色或白色结晶性粉末。极易溶于水，易溶于甲醇，不易溶于乙醇，几乎不溶于氯仿。mp 285～291℃(分解)。其含水溶液(150mg I/mL)：黏度(20℃)1.9mp a·s，(37℃)1.3mp a·s；d_4^{20}1.166；d_4^{37}1.161；n_D^{20}1.3828。含水溶液(300mg I/mL)：黏度(20℃)8.4mp a·s，(37℃)4.8mp a·s；d_4^{20}1.334；d_4^{37}1.329；n_D^{20}1.4327。含水溶液(4000mg I/mL)：黏度(20℃)28.9mp a·s，(37℃)13.9mp a·s；d_4^{20}1.446；d_4^{37}1.441；n_D^{20}1.4660。LD_{50}(400mg(I)/mL 溶液)小鼠，大鼠静脉注射：19.9g(I)/kg，14.5g(I)/kg。LD_{50}(370mgI/mL 溶液)狗静脉注射：>12.5g I/kg。

主要用途 医用辅助诊断剂(射线透不过的介质)。

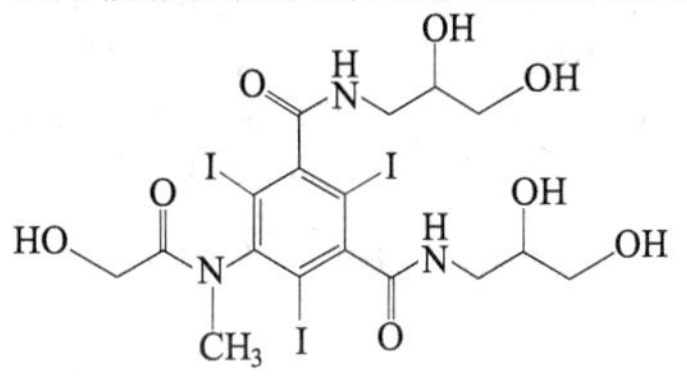

α-Ionone α-紫罗酮 05632

[127-41-3] $C_{13}H_{20}O$ 192.30

成分 C 81.20%，H 10.48%，O 8.32%。

别名 α-芷香酮；α-呫噸酮；α-紫罗兰香酮；α-紫罗兰酮；Citrylidene acetone；Irisone；(3*E*)-4-(2，6，6-Trimethyl-2-cyclohexen-1-yl)-3-buten-2-one

M. I. 15，5099

性状 无色至亮微色透明液体。能与无水乙醇相混溶，溶于乙醇、丙二醇及多数不挥发油类，不溶于甘油、水。bp_{11} 123～124℃/1.467kPa；Fp 244.4℉ (118℃)；d_4^{20} 0.9319；n_D^{20} 1.4982；uv max (乙醇中)：228.5nm (ε 14300)。一般试剂含量 75.0%～90.0% (GC)，约含 5%～15%的β-紫罗酮。

注意事项 该品吸入能引起过敏。使用时应穿适当的防护服。使用时应避免吸入本品的蒸气。

主要用途 制造香料。合成维生素 A。

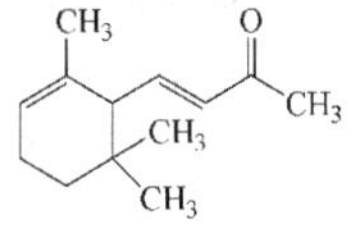

β-Ionone β-紫罗酮 05633

[79-77-6] $C_{13}H_{20}O$ 192.30

成分 C 81.20%，H 10.48%，O 8.32%。

别名 4-(2，6，6-三甲基-1-环己烯基)-3-丁烯-2-酮；β-芷香酮；β-呫噸酮；β-紫罗兰酮；β-紫罗兰香酮；β-Irisone；(3*E*)- 4-(2，6，6-Trimethyl-1-cyclohexenyl)-3-buten-

2-one
M. I. 15，5099
性状 无色液体。溶于乙醇、丙二醇及多数不挥发油类，不溶于水、甘油。bp_{10} 127～128.5℃/1.6kPa；Fp 233.6℉(112℃)；d_4^{20} 0.9461；n_D^{20} 1.5202；uv max（乙醇中）：293.5 nm（ε 8700）。一般试剂含量≥95.0%（GC）。
注意事项 该品对皮肤有刺激性。对水生物有毒。能对水环境引起长期不利的结果。使用时应穿适当的防护服和戴手套。使用时应避免吸入本品的蒸气。应防止将本品释放于环境中。

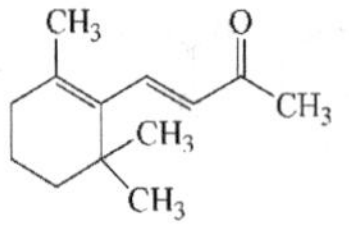

Iopamidol 碘帕醇 05634

[60166-93-0] $C_{17}H_{22}I_3N_3O_8$ 777.09
成分 C 26.28%，H 2.85%，I 48.99%，N 5.41%，O 16.47%。
别名 碘异酞醇，碘必乐；N^1,N^3-Bis[2-hydroxy-1-(hydroxymethyl)ethyl]-5-[(2S)-2-hydroxy-1-oxopropyl]amino-2,4,6-triiodo-1,3-benzenedicarboxamide；(S)-N,N′-Bis[2-hydroxy-1-(hydroxymethyl) ethyl]-2,4,6-triiodo-5-lactamidoisophthalamide；5-(α-Hydroxypropionylamino)-2,4,6-triiodoisophthalic acid di(1,3-dihydroxyisopropylamide)；Iomapidol；B-15000；SQ-13396；Iopamiro；Iopamiron；Isovue；Jopamiro；Niopam；Solutrast
M. I. 15，5100
性状 白色粉末。无味。能与沸乙醇相混溶，易溶于水，略溶于甲醇，几乎不溶于乙醇、氯仿。pK_a（25℃）10.70。约300℃没熔化而分解；$[\alpha]_D^{20}$ −2.01°（c=10，于水中）。LD_{50}小鼠，大鼠，兔，狗静脉注射（g/kg）：44.5，28.2，19.6，34.7。
主要用途 医用辅助诊断剂（射线透不过的介质）。

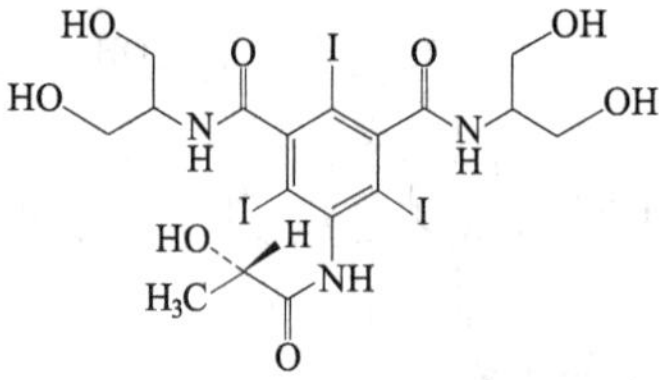

Iopentol 碘喷托 05635

[89797-00-2] $C_{20}H_{28}I_3N_3O_9$ 835.17
成分 C 28.76%，H 3.38%，I 45.59%，N 5.03%，O 17.24%。
别名 5-Acetyl(2-hydroxy-3-methoxypropyl)amino-N,N′-Bis(2,3-dihydroxypropyl)-2,4,6-triiodo-1,3-benzenedicarboxamide；N^1,N^3-Bis(2,3-dihydroxypropyl)-5-[N-(2-hydroxy-3-methoxypropyl) acetamido]-2,4,6-triiodoisophthalamide；Imagopaque
M. I. 15，5102
性状 黏度[20℃，300mg(I)/mL]：13.2mPa·s。分配系数（1-辛醇/水）：0.007。
主要用途 医用辅助诊断剂（射线透不过的介质）。

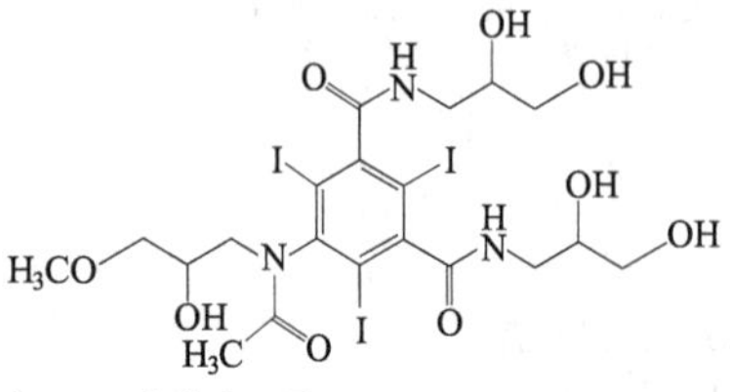

Iophendylate 碘苯十一酯 05636

[99-79-6] $C_{19}H_{29}IO_2$ 416.34
成分 C 54.81%，H 7.02%，I 30.48%，O 7.69%。
别名 碘苯酯；碘酚酯；4-Iodoiotamethylbenzenedecanoic acid ethyl ester；Ethyl 10-(p-iodophenyl) undecylate；Ethyl 10-(p-iodophenyl) hendecanoate
M. I. 15，5103
性状 无色至浅黄色透明液体。具黏性。在空气中逐渐色变暗。易溶于乙醇、苯、氯仿、乙醚，极微溶于水。d_{20}^{20} 1.240～1.263；n_D^{25} 1.5230～1.5280。LD_{50}小鼠，大鼠腹膜内注射（g/kg）：4.6，19。
主要用途 医用辅助诊断剂（射线透不过的介质）。

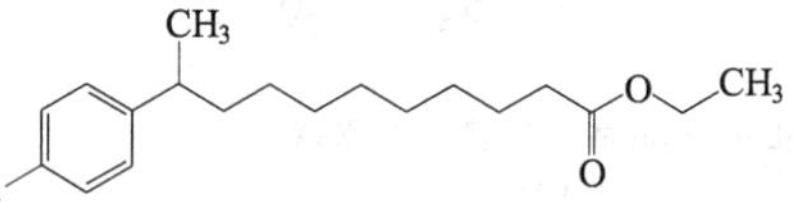

Iophenoxic acid 碘芬酸 05637

[96-84-4] $C_{11}H_{11}I_3O_3$ 571.92
成分 C 23.10%，H 1.94%，I 66.57%，O 8.39%。
别名 α-Ethyl-3-hydroxy-2,4,6-triiodobenzenepropanoic acid；α-Ethyl-3-hydroxy-2,4,6-triiodohydrocinnamic acid；α-(2,4,6-Triiodo-3-hydroxybenzyl)butyric acid；α-Ethyl-β-(3-hydroxy-2,4,6-triiodophenyl) propionic acid；α-Ethyl-β-(2,4,6-triiodo-3-hydroxyphenyl) propionic acid；Triiodoethionic acid；Teridax
M. I. 15，5104
性状 来自苯＋石油醚中的无色结晶。mp 143～144℃。LD_{50}小鼠静脉注射：374mg/kg。
主要用途 医用辅助诊断剂（胆囊造影的射线透不过的介质）。

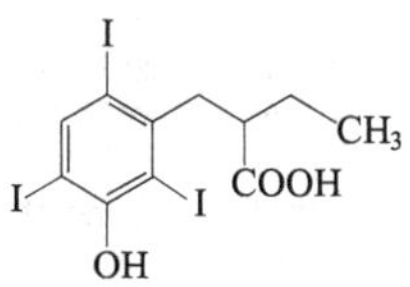

Iopromide 碘普罗胺 05638

[73334-07-3] $C_{18}H_{24}I_3N_3O_8$ 791.12
成分 C 27.33%，H 3.06%，I 48.12%，N 5.31%，O 16.18%。
别名 优微显；碘普胺；N^1,N^3-Bis(2,3-dihydroxypropyl)-2,4,6-triiodo-5-(methoxyacetyl) amino-N-methyl-1,3-benzenedicarboxamide；N,N′-Bis(2,3-dihydroxypropyl)-2,4,6-triiodo-5-(2-methoxyacetamido)-N-methylisophthalamide；5-Methoxyacetylamino-2,4,6-triiodoisophthalic acid [(2,3-dihydroxy-N-methylpropyl)(2,3-dihydroxypropyl)]diamide；Ultravist
M. I. 15，5105
性状 无色固体。其水溶液稳定。黏度（mPa·s）：37℃，4.8；20℃，10.2 [c=300mg (I) /mL]。LD_{50}小鼠，大鼠静脉注射[g (I) /kg]：16.5，11.4。
主要用途 医用辅助诊断剂（射线透不过的介质）。

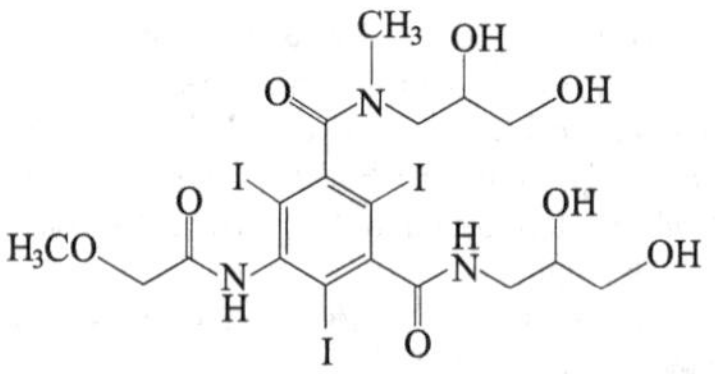

Iopronic acid 碘普罗酸 05639

[37723-78-7] $C_{15}H_{18}I_3NO_5$ 673.02
成分 C 26.77%，H 2.70%，I 56.57%，N 2.08%，O 11.89%。
别名 2-[[2-(3-Acetylamino-2,4,6-triiodophenoxy) ethoxy] methyl] butanoic acid；(±)-2-[[2-(3-Acetamido-2,4,6-triiodophenoxy)ethoxy]methyl]butyric acid；3-[2-(3-Acetylamino-2,4,6-triiodophenoxy) ethoxy]-2-ethylpropionic acid；B-11420；SQ-21983；Bilimiro；Bilimiron；Oravue；Videobil
M. I. 15，5106
性状 来自50%乙醇中的无色结晶。mp 130℃。LD_{50}小鼠，大鼠，狗急性经口（mg/kg）：1950，5650，>3000；静

脉注射（mg/kg）：1090，1000，835。

主要用途 医用辅助诊断剂（射线透不过的介质）。

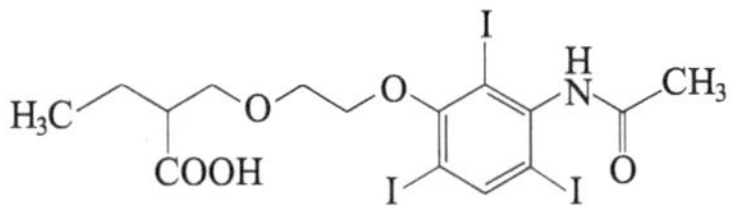

Iotrolan 碘曲仑 05640

[79770-24-4] $C_{37}H_{48}I_6N_6O_{18}$ 1626.24

成分 C 27.33%，H 2.98%，I 46.82%，N 5.17%，O 17.71%。

别名 伊索显；碘十醇；5,5′-[(1,3-Dioxo-1,3-propanediyl) bis(methylimino)] bis [N, N′-bis [2, 3-dihydroxy-1-(hydroxymethyl) propyl]-2, 4, 6-triiodo-1, 3-denzenedicarboxamide]; 5,5′-[Malonylbis(methylimino)]bis[N, N′-bis [2, 3-dihydroxy-1-(hydroxymethyl) propyl]-2, 4, 6-triiodoisophthalamide]; Iotyol; DL-3117; SH-437; ZK-39482; Isovist

M.I.15，5108

性状 无色玻璃状固体。溶于水 [20℃，>400mg (I) /mL]。LD_{50}小鼠，大鼠静脉注射 [g (I) /kg]：>26，12.7。

主要用途 医用辅助诊断剂（射线透不过的介质）。

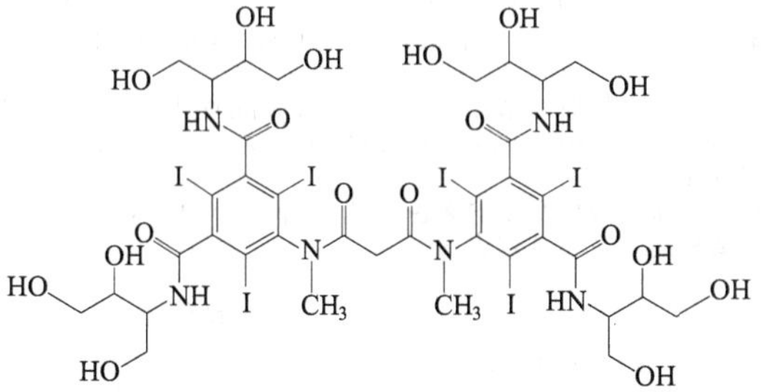

Ioversol 碘佛醇 05641

[87771-40-2] $C_{18}H_{24}I_3N_3O_9$ 807.12

成分 C 26.79%，H 3.00%，I 47.17%，N 5.21%，O 17.84%。

别名 安射力；碘维索尔；N^1, N^3-Bis(2,3-dihydroxypropyl)-5-(hydroxyacetyl)(2-hydroxyethyl) amino-2, 4, 6-triiodo-1, 3-benzenedicarboxamide; N, N′-Bis(2,3-dihydroxypropyl)-5-[N′-(2-hydroxyethyl)glycolamido]-2,4,6-triiodoisophthalamide; mp -328; Optiray

M.I.15，5109

性状 无色固体。溶于水（>125%，质量浓度）。黏度 (mPa·s)：20℃ 11.6，25℃ 9.9，37℃ 5.8 [c=320mg (I) /kg]。mp 186～198℃；d^{37} 1.371 (c=320mg (I) /mL)。LD_{50}小鼠，大鼠，兔，狗静脉注射 [g (I) /kg]：17，15，>25，>12；雄，雌大鼠皮肤接触 [mg (I) /kg]：1000，>1200。

主要用途 医用辅助诊断剂（射线透不过的介质）。

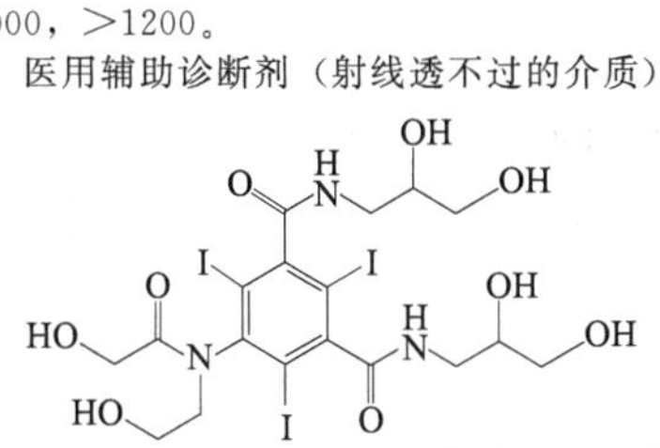

Ioxilan 碘昔兰 05642

[107793-72-6] $C_{18}H_{24}I_3N_3O_8$ 791.12

成分 C 27.33%，H 3.06%，I 48.12%，N 5.31%，O 16.18%。

别名 碘昔仑；5-Acetyl(2,3-dihydroxypropyl)amino-N-(2,3-dihydroxypropyl)-N′-(2-hydroxyethyl)-2,4,6-triiodo-1,3-denzenedicarboxamide; N-(2,3-Dihydroxypropyl)-5-[N-(2,3-Dihydroxypropyl) acetamido]-N′-(2-hydroxyethyl)-2,4,6-triiodoisophthalamide; Ioxitol; Oxilan

M.I.15，5111

性状 白色至近白色粉末。溶于水、甲醇。黏度（37℃）4.6～4.7cps（c=300mgI/kg）。。

主要用途 医用辅助诊断剂（射线透不过的介质）。

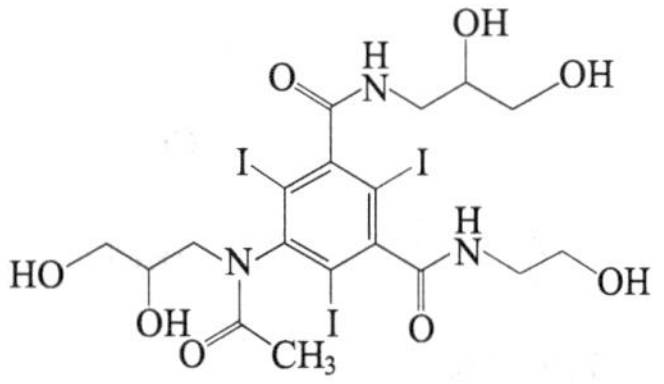

Ipratropium bromide 溴化异丙托品 05643

[22254-24-6] $C_{20}H_{30}BrNO_3$ 412.37

成分 C 58.25%，H 7.33%，Br 19.38%，N 3.40%，O 11.64%。

别名 (3-*endo*, 8-*syn*)-3-(3-Hydroxy-1-oxo-2-phenylpropoxy)-8-methyl-8-(1-methylethyl)-8-azoniabicyclo[3.2.1]octane bromide; 3α-Hydroxy-8-isopropyl-1αH, 5αH-tropanium bromide (±)-tropate; 8-Isopropylnoratropine methobromide; N-Isopropylnoratropinium bromomethylate; Sch-1000; Atem; Atrovent; Bitrop; Itrop; Narilet; Rinatec

M.I. 15，5117

性状 来自正丙醇中的白色结晶或粉末。易溶于水及低级醇类，溶于水，微溶于乙醇，不溶于乙醚、氯仿、氟化烃类。在中性或酸性溶液中颇稳定；在碱性溶液中则很快被水解。mp 230～232℃。LD_{50}雄，雌小鼠急性经口（mg/kg）：1001，1083；静脉注射（mg/kg）：12.29，14.97；皮下注射（mg/kg）：300，340。LD_{50}雄，雌大鼠急性经口（mg/kg）：1663，1779（mg/kg）；静脉注射（mg/kg）：15.89，15.70。生化试剂含量≥99.0%（TLC）。

注意事项 该品吸入或口服有害。对眼睛有刺激性。使用时应穿适当的防护服。万一接触到眼睛，应立即用大量水冲洗后请医生诊治。

主要用途 生化研究。医用支气管扩张剂，抗心律失常剂。

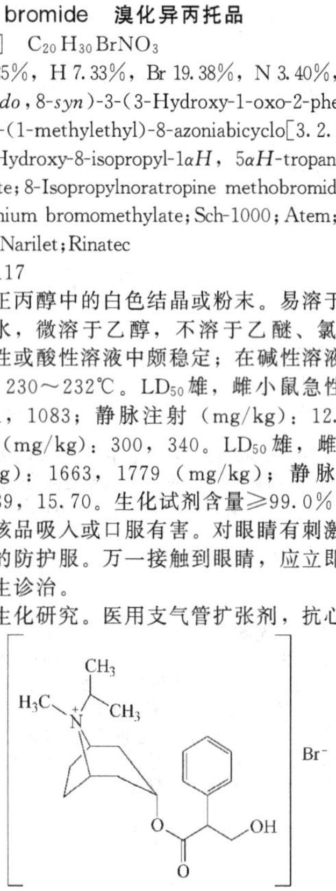

Ipriflavone 依普黄酮 05644

[35212-22-7] $C_{18}H_{16}O_3$ 280.32

成分 C 77.13%，H 5.75%，O 17.12%。

别名 依普栓封；异丙黄酮；7-(1-Methylethoxy)-3-phenyl-4H-1-benzopyran-4-one; 7-Isopropoxy-3-phenyl-4H-1-benzopyran-4-one; 7-Isopropoxy-3-phenylchromone; 7-Isopropoxyisoflavone; FL-113; TC-80; Iprosten; Osten; Osteofix; Yambolap

M.I.15，5118

性状 来自丙酮中的无色结晶。mp 115～117℃。

主要用途 医用钙调节剂。

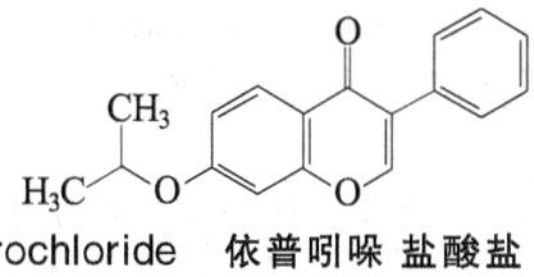

Iprindole hydrochloride 依普吲哚 盐酸盐 05645

[20432-64-8] $C_{19}H_{29}ClN_2$ 320.91

成分 C 71.11%，H 9.11%，Cl 11.05%，N 8.73%。

别名 盐酸依普吲哚；Wy-3263; Prondol; Galatur; 6,7,8,9,10,11-Hexahydro-N,N-dimethyl-5H-cyclooct[b]indole-5-propanamine hydrochloride; 5-[3-(Dimethylamino)propyl]-6,7,8,9,10,11-hexahydro-5H-cyclooct[b]indole hydrochloride; 1-(3-Dimethylaminopropyl)-2, 3-hexamethyleneindole hydrochloride; Pramindole (obsolete) hydrochloride; Tertran hydrochloride

M. I. 15, 5119

性状 来自甲醇＋丙酮中的无色结晶。mp 146～147℃。

主要用途 医用抗抑郁剂。

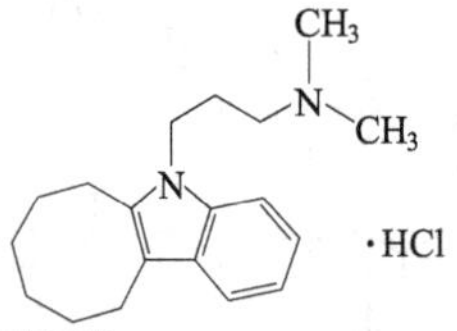

·HCl

Iproclozide 异丙氯肼 05646

[3544-35-2] $C_{11}H_{15}ClN_2O_2$ 242.70

成分 C 54.44%，H 60.23%，Cl 14.61%，N 11.54%，O 13.18%。

别名 2-(4-Chlorophenoxy) acetic acid 2-(1-methylethyl) hydrazide

M. I. 15, 5120

性状 无色结晶。mp 93～94℃。

主要用途 医用抗抑郁剂。

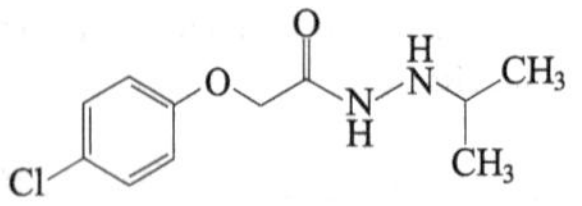

Iprodione 异菌脲 05647

[36734-19-7] $C_{13}H_{13}Cl_2N_3O_3$ 330.17

成分 C 47.29%，H 3.97%，Cl 21.47%，N 12.73%，O 14.54%。

别名 3-(3，5-二氯苯基)-*N*-(1-甲基乙基)-2，4-二氧-1-咪唑烷羧酰胺；二氯苯基甲乙基二氧咪唑烷羧酰胺；扑海因；咪唑霉；3-(3,5-Dichlorophenyl)-*N*-(1-methylethyl)-2,4-dioxo-1-imidazolidinecarboxamide; Glycophene; Promidione; RP-26019; ROP-500F; NRC-910; LFA-2043; FA-2071; Rovral; CHIPCO-26019

M. I. 15, 5121

性状 无色结晶。无味。溶于水（20℃，13mg/L）。于下列物质中的溶解度（20℃，g/L）：乙醇 25；甲醇 25；丙酮 300；二氯甲烷 500；二甲基甲酰胺 500。mp 约 136℃。LD_{50}小鼠，大鼠急性经口：35g/kg。

注意事项 该品对机体有不可逆损伤的危险。对水生物极毒，并对水环境引起不利的结果。使用时应穿适当的防护服和戴手套。应防止将本品释放于环境中。其包装物应按危险品处理。

主要用途 杀菌剂。分析用标准物质。

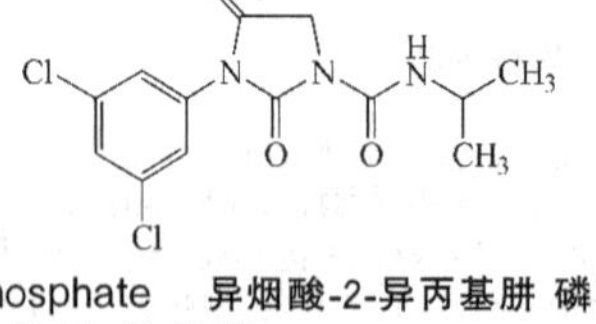

Iproniazid phosphate 异烟酸-2-异丙基肼 磷酸盐 05648

[305-33-9] $C_9H_{16}N_3O_5P$ 277.22

成分 C 39.00%，H 5.82%，N 15.16%，O 28.86%，P 11.17%。

别名 磷酸异烟酸-2-异丙基肼；1-Isonicotinoyl-2-isopropylhydrazine phosphate; Marsilid; *iso*-Nicotinic acid 2-*iso*-propylhydrazide phosphate; 4-Pyridinecarboxylic acid 2-(1-methylethyl) hydrazide phosphate

M. I. 15, 5122

性状 白色至微黄色粉末。该品 25℃时于下列物质中的溶解度（mg/mL）：水约 188、甲醇约 21、氯仿约 0.6、96%乙醇约 9、己烷<0.1、乙醚<0.1。mp 175～184℃；uv max（甲醇中）：265nm。

注意事项 该品吸入、口服或与皮肤接触有毒。使用时应穿适当的防护服，戴手套和防护镜或面罩。使用时如有事故发生或有不适之感，应请医生诊治。应密封于 2～8℃保存。

主要用途 生化研究。单胺氧化酶的抑制剂。医用抗抑郁剂。

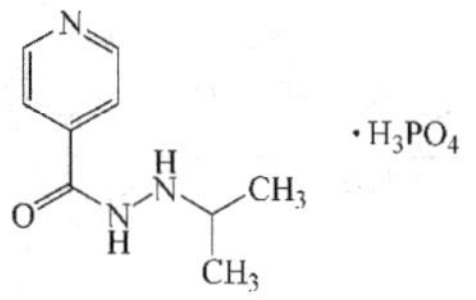

$\cdot H_3PO_4$

Ipronidazole 异丙硝唑 05649

[14885-29-1] $C_7H_{11}N_3O_2$ 169.18

成分 C 49.70%，H 6.55%，N 24.84%，O 18.91%。

别名 1-Methyl-2-(1-methylethyl)-5-nitro-1*H*-imidazole; 2-Isopropyl-1-methyl-5-nitroimidazole; Ro-7-1554; Ipropran

M. I. 15, 5123

性状 白色片状结晶。mp 60℃。LD_{50}家禽急性经口：(640±25) mg/kg。

主要用途 兽用抗原生物剂（组织滴虫）。

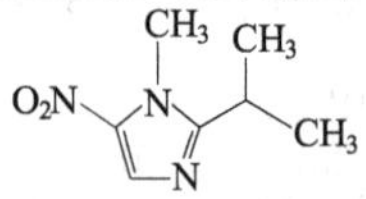

Ipsapirone 依沙匹隆 05650

[95847-70-4] $C_{19}H_{23}N_5O_3S$ 401.49

成分 C 56.84%，H 5.77%，N 17.44%，O 11.95%，S 7.99%。

别名 异卜斯吡酮；2-[4-[4-(2-Pyrimidinyl)-1-piperazinyl]butyl]-1,2-benzisothiazolin-3(2*H*)-one 1,1-dioxide; Isapirone

M. I. 15, 5125

性状 来自异丙醇中的无色结晶。mp 137～138℃。

主要用途 医用抗焦虑剂。

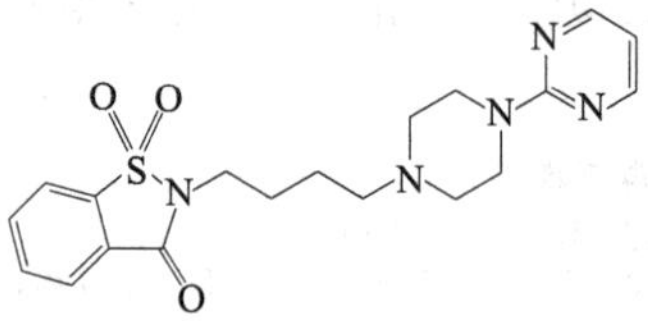

Irbesartan 依贝沙坦 05651

[138402-11-6] $C_{25}H_{28}N_6O$ 428.54

成分 C 70.07%，H 6.59%，N 19.61%，O 3.73%。

别名 厄贝沙坦；2-Butyl-3-[2′-(1*H*-tetrazol-5-yl)[1,1′-biphenyl]-4-yl]methyl-1,3-diazaspiro[4.4]non-1-en-4-one; 2-Butyl-3-[*p*-(*o*-1*H*-tetrazol-5-ylphenyl) benzyl]-1,3-diazaspiro[4.4]non-1-en-4-one; 2-*n*-Butyl-4-spirocyclopentane-1-[[2′-(tetrazol-5-yl) biphenyl-4-yl] methyl]-2-imidazolin-5-one; BMS-186259; SR-47436; Aprovel; Avapro

M. I. 15,5127

性状 来自 96%乙醇中的无色结晶。微溶于乙醇、二氯甲烷，几乎不溶于水。mp 180～181℃。

主要用途 医用抗高血压剂。

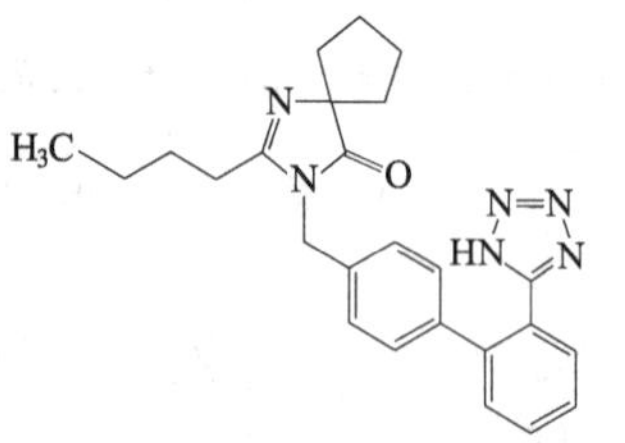

Iridium powder 铱粉 05652

[7439-88-5] Ir 192.217

M. I. 15,5129

性状 银白色极硬金属粉末。mp 2450℃；bp 约 4500℃；d_4^{20} 22.65。一般试剂含量 99.9%。

注意事项 该品高度易燃。对眼睛有刺激性。使用时应穿适当的防护服。使用现场禁止吸烟。万一接触到眼睛，应立即用大量水冲洗后请医生诊治。

主要用途 合金。增加铂的硬度。制造坩埚。

Iridium oxide　氧化铱 05653

[12030-79-8]　IrO_2 224.20

成分　Ir 85.73%，O 14.27%。

别名　二氧化铱；Iridium dioxide

性状　蓝黑色粉末。缓溶于沸盐酸及硫酸，不溶于水。

Iridomymecin　虹蚁素 05654

[485-43-8]　$C_{10}H_{16}O_2$ 168.24

成分　C 71.39%，H 9.59%，O 19.02%。

别名　[4*S*-(4*α*,4a*β*,7*β*,7a*β*)]-Hexahydro-4,7-dimethylcyclopenta[*c*]pyran-3(1*H*)-one；2-Hydroxymethyl-*α*,3-dimethylcyclopentaneacetic acid *δ*-lactone；Iridomyrmexin；Iridomirmecina

M. I. 15，5133

性状　来自石油醚中的无色棱柱体结晶。有类似樟脑草的芳香气味。有辛辣的味道。易溶于乙醚，溶于脂肪和脂肪溶剂，略微溶于水（25℃，0.2g/100mL）。mp 60～61℃；$bp_{1.5}$ 104～108℃/200Pa；n_D^{65} 1.4607；$[\alpha]_D^{20}$ +210°（*c*=4，于乙醇中）；$[\alpha]_D^{17}$ +205°（*c*=0.223，于四氯化碳中）。50～55°升华（0.01mmHg/1.333Pa）。

主要用途　杀虫剂。医用抗菌剂。

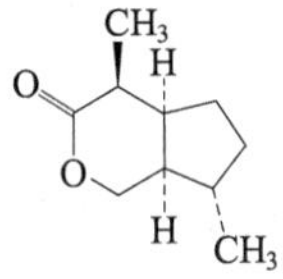

Irigenin　射干甲素 05655

[548-76-5]　$C_{18}H_{16}O_8$ 360.32

成分　C 60.00%，H 4.48%，O 35.52%。

别名　野鸢尾黄素；5,7-Dihydroxy-3-(3-hydroxy-4,5-dimethoxyphenyl)-6-methoxy-4*H*-1-benzopyran-4-one；3′,5,7-Trihydroxy-4′,5′,6-trimethoxyisoflavone

M. I. 15，5134

性状　来自稀乙醇中的黄色片状或针状结晶。溶于热乙醇、苯、氯仿，几乎不溶于水、乙醚、石油醚。mp 185℃；uv max（无水乙醇中）：267nm。

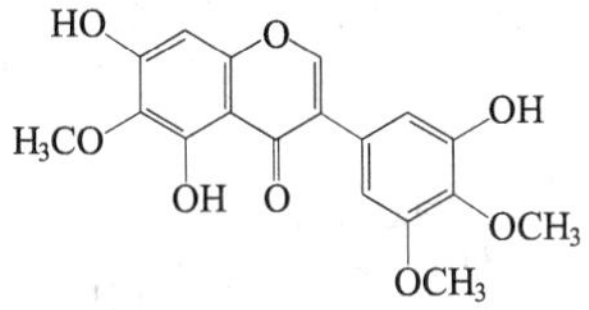

Irinotecan　依立替康 05656

[97682-44-5]　$C_{33}H_{38}N_4O_6$ 586.69

成分　C 67.56%，H 6.53%，N 9.55%，O 16.36%。

别名　抗癌妥；[1,4′-Bipiperidine]-1′-carboxylic acid (4*S*)-4,11-diethyl-3,4,12,14-tetrahydro-4-hydroxy-3,14-dioxo-1*H*-pyrano[3′,4′;6,7]indolizino[1,2-*b*]quinolin-9-yl ester；7-Ethyl-10-[4-(1-piperidino)-1-piperidino]carbonyloxycamp tothecin；(+)-7-Ethyl-10-hydroxycamp tothecine-10-[1,4′-bipiperidine]-1′-carboxylate；(+)-(4*S*)-4,11-Diethyl-4-hydroxy-9-(4-piperidinopiperidino) carbonyloxy-1*H*-pyrano[3′,4′;6,7]indolizino[1,2*b*]quinoline-3,14-(4*H*,12*H*)-dione

M. I. 15，5135

性状　浅黄色粉末。mp 222～223℃。

主要用途　医用抗肿瘤剂。

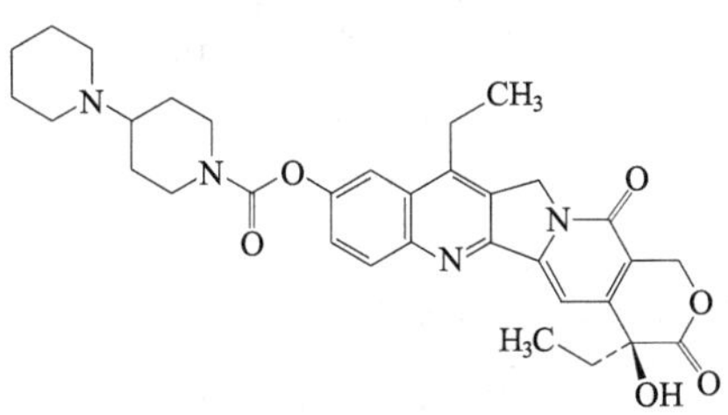

Iron powder　铁粉 05657

[7439-89-6]　Fe 55.845

M. I. 15，5137

性状　灰黑色无定形粉末。溶于稀酸，不溶于浓酸、稀碱溶液、乙醚。露置潮湿空气中或遇水则易氧化。mp 1535℃；bp 3000℃；*d* 7.86。

注意事项　该品应密封于干燥处保存。

主要用途　测定重铬酸钾的基准物。制备铁盐。

Iron powder reduced　还原铁粉 05658

[7439-89-6]　Fe 55.845

别名　Iron by hydrogen；Quevenne's iron

M. I. 15，5137

性状　灰黑色无定形粉末。溶于稀酸，不溶于浓酸、稀碱溶液、乙醚。露置潮湿空气中或遇水则易氧化。mp 1535℃；*d* 7.86。

注意事项　该品应密封于干燥处保存。

主要用途　还原剂。铁盐制造。电子工业。

参考规格　HG/T 3473—2003	分析纯	化学纯
含量（Fe）/%≥	98.0	97.0
水溶物/%≤	0.03	0.1
硫酸不溶物/%≤	0.1	0.5
总氮量（N）/%≤	0.005	0.01
硫化合物（以 SO_4 计）/%≤	0.06	0.15
铜（Cu）/%≤	0.005	0.02

Iron(Ⅲ)acetylacetonate　三乙酰丙酮铁 05659

[14024-18-1]　$C_{15}H_{21}FeO_6$ 353.18

成分　C 51.01%，H 5.99%，Fe 15.81%，O 27.18%。

别名　乙酰丙酮铁；Fe(Ⅲ)-AA；Tris-(2,4-pentandionato)iron(Ⅲ)；Ferric acetylacetonate；Ferric triacetylacetonate

性状　红棕色有光泽的结晶或玫瑰色结晶性粉末。对湿度敏感。溶于乙醇、乙醚、三氯甲烷、苯，微溶于水并能扩散。mp 180～182℃（分解）。一般试剂含量≥97.0%（RT）。

注意事项　该品口服有害。对眼睛有刺激性。万一接触到眼睛，应立即用大量水冲洗后请医生诊治。应密封于干燥处保存。

主要用途　催化剂。

Iron(Ⅱ)chloride anhydrous　氯化亚铁 无水 05660

[7758-94-3]　Cl_2Fe 126.75

成分　Cl 55.94%，Fe 44.06%。

别名　二氯化铁 无水；无水二氯化铁；无水氯化亚铁；Ferrous chloride anhydrous

M. I. 15，4070

性状　白色菱形结晶或浅灰绿色鳞片状粉末。易潮解。在空气中易氧化成碱式氯化高铁。易溶于水、乙醇、丙酮，微溶于苯，几乎不溶于乙醚。mp 674℃；bp 1023℃；d^{25} 3.16。一般试剂含量≥99.0%（RT）。

注意事项　该品口服有害。对眼睛及皮肤有刺激性。使用时应穿适当的防护服。万一接触到眼睛，应立即用大量水冲洗后请医生诊治。应密封于干燥处保存。

主要用途　检测硒。还原剂。污水处理剂。用于电子、仪表、冶金工业。

Iron(Ⅱ)chloride tetrahydrate　氯化亚铁 四水 05661

[13478-10-9]　$Cl_2Fe\cdot4H_2O$ 198.81

成分（以无水物计）　Cl 55.94%，Fe 44.06%。

别名　二氯化铁；四水合二氯化铁；四水合氯化亚铁；氯化低铁四水；Ferrous chloride；Iron dichloride；Iron protochloride；Ferrous chloride tetrahydrate

M. I. 15，4069

性状　浅绿至蓝绿色结晶或结晶性粉末。易潮解。在空气中易被氧化成碱式氯化高铁。溶于水、乙醇和乙酸，微溶于丙酮，不溶于乙醚。受热至约 105～115℃变为二水盐。*d* 1.93。

注意事项　该品口服有害。对眼睛有严重损伤的危险。对皮肤有刺激性。使用时应穿适当的防护服，戴手套和防护镜或面罩。万一接触到眼睛，应立即用大量水冲洗后请医生诊治。使用时如有事故发生或有不适之感，应请医生诊治。应密封于阴凉干燥处保存。

主要用途 分析试剂，检测硒。还原剂。媒染剂。冶金工业。

Iron(Ⅲ)chloride anhydrous 氯化高铁 无水 05662

[7705-08-0] Cl_3Fe 162.20

成分 Cl 65.57%，Fe 34.43%。

别名 三氯化铁 无水；无水三氯化铁；氯化铁 无水；Ferric perchloride anhydrous；Ferric trichloride anhydrous；Flores martis anhydrous；Iron trichloride anhydrous；Molysite anhydrous

GW 2015-1850 M.I. 15，4046

性状 黑棕色有金属光泽的小叶状或片状结晶。易潮解。易溶于水、丙酮、乙醇、乙醚，微溶于二硫化碳，几乎不溶于乙酸乙酯。mp 约 300℃；bp 约 316℃；d^{25} 2.90。一般试剂含量≥98.0%。

注意事项 该品口服有害。具有腐蚀性，能引起烧伤。对水生物有害，对水环境能产生长期有害的结果。对皮肤有刺激性。对眼睛有严重损伤的危险。使用时应穿适当的防护服，戴手套和防护镜或面罩。使用时应保持容器的密闭和干燥。万一接触到眼睛，应立即用大量水冲洗后请医生诊治。使用时如有事故发生或有不适之感，应请医生诊治。应防止将本品释放于环境中。应密封于干燥处保存。

主要用途 砷、锂、硒(Ⅳ)、锡(Ⅱ,Ⅳ)、钒(Ⅴ)、硫氰酸根，铁氰酸根的微量分析。有机硫化物总硫量的测定。测定酚、胆固醇、胆碱时作指示剂。薄层色谱显色剂。

Iron(Ⅲ)chloride hexahydrate 氯化高铁 六水 05663

[10025-77-1] $Cl_3Fe \cdot 6H_2O$ 270.29

成分（以无水物计） Cl 65.57%，Fe 34.43%。

别名 三氯化铁 六水；六水合三氯化铁；六水合氯化高铁；结晶氯化铁；氯化铁 六水；Ferric chloride crystal；Ferric chloride hydrated；Ferric sesquichloride；Ferric trichloride；Flores martis；Iron perchloride；Iron trichloride；Molysite；Ferric chloride hexahydrate

M.I. 15，4046

性状 棕黄色或橙黄色结晶性块状物。极易潮解。稍具盐酸气味。易溶于水（250g/100mL）、乙醇、丙酮、乙醚，其水溶液呈酸性（0.1mol/L 水溶液 pH 值 2.0），能使蛋白质凝固。mp 约 37℃；d 1.82。LD_{50} 小鼠静脉注射：0.049mg Fe/g。

注意事项 该品口服有害。对皮肤有刺激性。对眼睛有严重损伤的危险。使用时应穿适当的防护服，戴防护镜或面罩。万一接触到眼睛，应立即用大量水冲洗后请医生诊治。应密封于阴凉干燥处保存。

主要用途 分析试剂，微量分析测定钾、锂、锡、硒、钒、硫氰酸根、铁氰酸根等。电子器件腐蚀剂。食品用铁质强化剂。

参考规格 HG/T 3474—2000	分析纯	化学纯
含量（$FeCl_3 \cdot 6H_2O$）/%≥	99.0	98.0
水不溶物/%≤	0.01	0.05
游离酸（以 HCl 计）/%≤	0.1	0.1
硝酸盐（NO_3）/%≤	0.01	0.03
硫酸盐（SO_4）/%≤	0.01	0.03
磷酸盐（PO_4）/%≤	0.01	0.03
亚铁（Fe^{2+}）/%≤	0.002	0.005
铜（Cu）/%≤	0.005	0.01
锌（Zn）/%≤	0.003	0.01
砷（As）/%≤	0.002	0.01
氨水不沉淀物（硫酸盐）/%≤	0.1	0.5
锰（Mn）/%≤	0.02	

Iron(Ⅲ)citrate pentahydrate 柠檬酸铁 五水 05664

[2338-05-8] $C_6H_5FeO_7 \cdot 5H_2O$ 335.02

成分（以无水物计） C 29.42%，H 2.06%，Fe 22.80%，O 45.72%。

别名 五水合柠檬酸铁；五水合枸橼酸铁；枸橼酸铁 五水；Ferric citrate pentahydrate

M.I. 15，4048

性状 暗红色或棕色片状结晶或粉末。易溶于热水、稀酸、氨水，几乎不溶于乙醇。一般试剂含量（以 Fe 计）16.5%～18.5%。

注意事项 使用时应避免吸入本品的粉尘，避免与眼睛及皮肤接触。应密封避光保存。

主要用途 医用补血剂。柠檬酸铁铵的制备。食品用铁质强化剂。

α-Irone α-鸢尾酮 05665

[79-69-6] $C_{14}H_{22}O$ 206.33

成分 C 81.50%，H 10.75%，O 7.75%。

别名 α-甲基芷香酮；4-(2,5,6,6-Tetramethyl-2-cyclohexen-1-yl)-3-butene-2-one

M.I. 15，5140

性状 无色液体。有特殊气味。一般试剂为顺、反式的混合物。纯品 *dl*-顺式结构体：d_4^{20} 0.9360；n_D^{20} 1.50098；uv max（乙醇中）：227nm（ε 15400）。*dl*-反式结构体：d_4^{20} 0.9347；n_D^{20} 1.50119；uv max（乙醇中）：229nm（ε 15450）。一般试剂含量≥90.0%（GC）。

注意事项 使用时应避免吸入本品的蒸气，避免与眼睛及皮肤接触。

主要用途 香料。

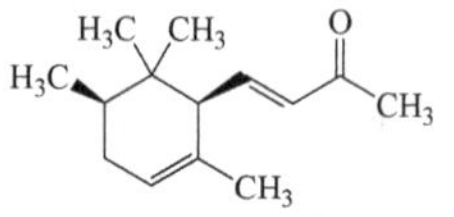

(+)顺式 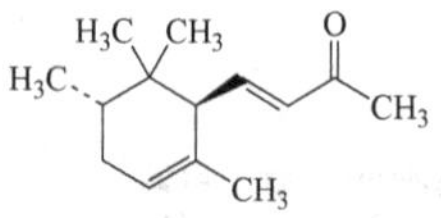　(+)反式

β-Irone β-鸢尾酮 05666

[79-70-9] $C_{14}H_{22}O$ 206.33

成分 C 81.50%，H 10.75%，O 7.75%。

别名 4-(2,5,6,6-Tetramethyl-4-cyclohexen-1-yl)-3-buten-2-one

M.I. 15，5141

性状 油状液体，有类似 β 紫罗酮的气味。bp_{11} 125℃/1.467kPa；$bp_{0.7}$ 99～104℃/93.33Pa；$bp_{0.1}$ 85～90℃/13.33Pa；d_4^{21} 0.9434；n_D^{25} 1.5162；n_D^{21} 1.5178；n_D^{25} 1.5162；$[\alpha]_D^{20}$ +59°（于二氯甲烷中）；uv max：295nm（lg ε 4.05）。

主要用途 香料。

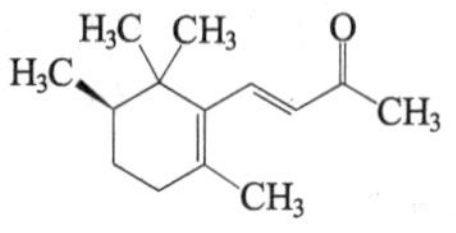

(+)-β-鸢尾酮

γ-Irone γ-鸢尾酮 05667

[79-68-5] $C_{14}H_{22}O$ 206.33

成分 C 81.50%，H 10.75%，O 7.75%。

别名 4-(2,2,3-Trimethyl-6-methylenecyclohexyl)-3-buten-2-one

M.I. 15，5142

性状 油状液体。bp_2 114～116℃/266.64Pa；$bp_{0.06}$ 85～88℃/8Pa；d_4^{15} 0.939；n_D^{15} 1.505；$[\alpha]_D^{20}$ +2°（于二氯甲烷中）；uv max：230nm（lg ε 4.2）。

主要用途 香料。

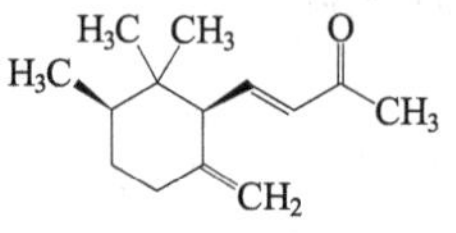

(+)-顺式

Iron(Ⅲ)hydroxide 氢氧化铁 05668

[20344-49-4] $FeHO_2$ 88.85

成分 Fe 62.85%，H 1.13%，O 36.01%。

别名 三氢氧化铁；含水氧化铁；Ferric hydroxide oxide；

Hydrated ferric oxide
M. I. 15, 4052
性状 红色至棕色丛毛状物、无定形结晶或粉末。新制品易溶于无机酸，久置后较难溶。几乎不溶于水、乙醇。*d* 3.4～3.9。
主要用途 净水剂。催化剂。颜料制造。

Iron(Ⅲ)hypophosphite 次亚磷酸铁 05669
[7783-84-8] $FeH_6O_6P_3$ 250.81
成分 Fe 22.27%，H 2.41%，O 38.27%，P 37.05%。
别名 Ferric hypophosphite
M. I. 15, 4053
性状 白色或灰白色粉末。无臭，无味。溶于热的浓柠檬酸碱溶液，溶于2300份冷水、1200份沸水。

Iron(Ⅱ)iodide 碘化亚铁 05670
[7783-86-0] FeI_2 309.65
成分 Fe 18.03%，I 81.97%。
别名 二碘化铁 无水；无水碘化亚铁；Ferrous iodide
M. I. 15, 4076
性状 红紫色或黑色叶状结晶。极易吸湿。溶于水、乙醇、乙醚。其水溶液易被空气氧化。mp 90～98℃（分解）；*d* 2.873。
注意事项 该品吸入、口服或与皮肤接触有害。对眼睛、呼吸系统及皮肤有刺激性。使用时应穿适当的防护服，戴手套和防护镜或面罩。使用时应避免吸入本品的粉尘。万一接触到眼睛，应立即用大量水冲洗后请医生诊治。应密封于干燥处保存。
主要用途 有机反应催化剂。

Iron(Ⅲ)nitrate nonahydrate 硝酸铁 九水 05671
[7782-61-8] $Fe_3N_3O_9 \cdot 9H_2O$ 515.68
成分(以无水物计) Fe 23.09%，N 17.37%，O 59.53%。
别名 九水合硝酸铁；硝酸高铁 九水；Ferric nitrate nonahydrate
GW 2015-2329 M. I. 15, 4054
性状 浅紫色或灰白色结晶。易潮解。易溶于水、乙醇、丙酮，微溶于冷硝酸。其水溶液能被紫外线分解成为硝酸亚铁和氧。mp 47℃；热至100℃时分解；d^{21} 1.68。LD_{50} 大鼠急性经口：3.25g/kg。一般试剂含量≥98.5%。
注意事项 该品与易燃物品接触能引起燃烧。对眼睛、呼吸系统及皮肤有刺激性。使用时应穿适当的防护服。万一接触到眼睛，应立即用大量水冲洗后请医生诊治。应远离易燃物品，充氮气密封于干燥处保存。
主要用途 催化剂。媒染剂。铜的着色剂。

Iron(Ⅱ)oxalate dihydrate 草酸亚铁 二水 05672
[6047-25-2] $C_2FeO_4 \cdot 2H_2O$ 179.90
成分(以无水物计) C 16.70%，Fe 38.82%，O 44.48%。
别名 乙二酸亚铁 二水；二水合乙二酸亚铁；二水合草酸亚铁；草酸低铁 二水；Ferrous oxalate dihydrate; Iron protoxalate dihydrate
M. I. 15, 4078
性状 浅黄色片状结晶或粉末。无味。溶于稀无机酸，微溶于水。mp 150～160℃（分解）；*d* 2.28。一般试剂含量≥98.0%（RT)。
注意事项 该品口服或与皮肤接触有害。使用时应避免与眼睛及皮肤接触。
主要用途 分析试剂。催化剂。调色剂。照相显影剂。

Iron(Ⅲ)oxalate pentahydrate 草酸铁 五水 05673
[1309-37-1] $C_6Fe_2O_{12} \cdot 5H_2O$ 465.84
成分(以无水物计) C 19.18%，Fe 29.72%，O 51.09%。
别名 乙二酸铁 五水；五水合乙二酸铁；五水合草酸铁；草酸高铁 五水；Ferric oxalate pentahydrate
性状 浅黄绿色片状结晶或粉末。溶于水和酸，不溶于乙醇。热至100℃时分解。一般试剂含量≥95.0%。
注意事项 该品口服有害。使用时应避免吸入本品的粉尘，避免与眼睛及皮肤接触。应密封避光保存。
主要用途 分析试剂。制氧用催化剂。调色剂。

Iron(Ⅱ,Ⅲ)oxide 四氧化三铁 05674
[1317-61-9] Fe_3O_4 231.53
成分 Fe 72.36%，O 27.64%。
别名 氧化铁 黑色；黑色氧化铁；磁性氧化铁；Black iron oxide; Ferric ferrous oxide; Ethiopsiron; Ferric oxide magnetic; Ferrosoferric oxide; Iron ethiops; Iron oxide black; Iron oxide magnetic; Magnetite; Triiron tetraoxide
M. I. 15, 4067
性状 黑色立方体结晶或无定形粉末。溶于酸，几乎不溶于水、乙醇、乙醚。mp 1538℃；*d* 5.2。
注意事项 该品对眼睛、呼吸系统及皮肤有刺激性。
主要用途 分析试剂。催化剂。制药工业。颜料配制。电子工业。铁探伤剂。

Iron(Ⅲ)oxide 氧化铁 05675
[1309-37-1] Fe_2O_3 159.69
成分 Fe 69.94%，O 30.06%。
别名 三氧化二铁；三氧化铁；赤色氧化铁；氧化铁红；氧化高铁；红氧化铁；Caput mortuum; Colcothar; Ferric oxide; Crocus martis; Adstringens; Ferrugo; Ferric sesquioxide; Jeweler's rouge; Rouge; Red iron trioxide; Rubigo; Vitriol red; Venetian; Stone red
M. I. 15, 4055
性状 深红色粉末或块状物。缓慢溶于酸（受剧热难溶），不溶于水、有机溶剂。灼烧时放氧，能被氢和一氧化碳还原成铁。mp 1560℃（分解）。一般试剂含量（以Fe计）69.8%～70.1%。
注意事项 该品对眼睛、呼吸系统及皮肤有刺激性。万一接触到眼睛，应立即用大量水冲洗后请医生诊治。
主要用途 分析试剂。催化剂。抛光剂。颜料配制。

Iron pentacarbonyl 五羰基铁 05676
[13463-40-6] C_5FeO_5 195.90
成分 C 30.66%，Fe 28.51%，O 40.83%。
别名 Pentacarbonyliron; Iron carbonyl
GW2015-2157 M. I. 15, 5143
性状 无色至浅黄色油状液体。在空气中能燃烧，燃烧生成三氧化二铁。能被光分解为九羰基二铁和一氧化碳。易溶于多数有机溶剂，如乙醚、苯、石油醚、丙酮、乙酸乙酯、四氯化碳、二硫化碳，微溶于乙醇，几乎不溶于氨水、水。mp −20℃；bp 103℃；Fp 5℉（−15℃）；d_4^{20} 1.46～1.52；n_D^{22} 1.453。LD_{50} 小鼠，大鼠曝露吸入30min（mg/L)：2.19，0.91。一般试剂含量≥97.0%（Fe）。
注意事项 该品高度易燃。口服或吸入极毒。与皮肤接触有毒。使用时应穿适当的防护服，戴手套和防护镜或面罩。使用现场禁止吸烟。万一接触到眼睛，应立即用大量水冲洗后请医生诊治。接触皮肤后，应立即用大量水冲洗。使用时如有事故发生或有不适之感，应立即请医生诊治。应远离火种密封保存。

Iron(Ⅲ)perchlorate nonahydrate 高氯酸铁 九水 05677
[13537-24-1] $Cl_3FeO_{12} \cdot 9H_2O$ 516.34
成分（以无水物计） Cl 30.03%，Fe 15.77%，O 54.20%。
别名 九水合过氯酸铁；九水合高氯酸铁；过氯酸铁 九水；Ferric perchlorate nonahydrate
性状 黄色或浅棕色结晶性粉末。有吸湿性。易溶于水。
注意事项 该品与易燃品接触能引起燃烧。应远离易燃品，密封于干燥处保存。
主要用途 氧化剂。

Iron(Ⅲ)phosphate dihydrate 磷酸铁 二水 05678
[13463-10-0] $FeO_4P \cdot 2H_2O$ 186.82
成分（以无水物计） Fe 37.03%，O 42.43%，P 20.54%。
别名 二水合磷酸铁；二水合磷酸高铁；正磷酸铁；磷酸高铁 二水；Ferric orthophosphate dihydrate; Ferric phosphate dihydrate; Ferric phosphateinsoluble dihydrate
M. I. 15, 4056
性状 白色、灰白色或淡粉红色斜方或单斜结晶或无定形粉末。易溶于盐酸，缓慢溶于硝酸，几乎不溶于水、乙酸。*d*2.87。

注意事项 该品对眼睛、呼吸系统及皮肤有刺激性。应密封于干燥处保存。

主要用途 食品用铁质强化剂。

Iron(Ⅲ)pyrophosphate nonahydrate 焦磷酸铁 九水 05679

[10049-18-0][10058-44-3](无水物) $Fe_4O_{21}P_6 \cdot 9H_2O$ 907.36

成分(以无水物计) Fe 29.98%,O 45.09%,P 24.94%。

别名 九水合焦磷酸铁;Ferric diphosphate nonahydrate;Ferric pyrophosphate nonahydrate

M.I. 15,4057

性状 白色至微黄色粉末。溶于无机酸,几乎不溶于水或乙酸。

注意事项 该品对眼睛、呼吸系统及皮肤有刺激性。

主要用途 食品用铁质强化剂。医用补铁剂。

Iron(Ⅱ)sulfate heptahydrate 硫酸亚铁 七水 HT6SS 05680

[7782-63-0] $FeO_4S \cdot 7H_2O$ 278.01

成分(以无水物计) Fe 36.76%,O 42.13%,S 21.11%。

别名 七水合硫酸亚铁;铁矾;绿矾;青矾;黑矾;皂矾;Copperas;Feosol;Feospan;Fer-in-sol;Fero-Gradumet;Ferrous sulfate heptahydrate;Fesofor;Fesotyme;Green copperas;Green vitriol;Haemofort;Ironate;Irosul;Iron vitriol;Mol-Iron;Presfersul;Sulferrous;Ferrous sulfate heptahydrate

M.I. 15,4084

性状 淡蓝绿色结晶或颗粒。在干燥空气中风化,在潮湿空气中氧化成棕黄色的碱式硫酸铁。溶于沸水。溶于水(25℃,1g/1.5mL),几乎不溶于乙醇。加热至56.6℃时为四水合物,加热至65℃时为一水合物。在氢气流中加热至300℃时成为无水物。*d* 1.897。LD_{50}小鼠静脉注射:65mg/kg;急性经口:1.52g/kg。

注意事项 该品口服有害。对眼睛、呼吸系统及皮肤有刺激性。使用时应穿适当的防护服,戴手套和防护镜或面罩。万一接触到眼睛,应立即用大量水冲洗后请医生诊治。应充氩气密封保存。

主要用途 分析试剂,点滴分析测定铂、硒、硝酸盐、亚硝酸盐。照相制版。制铁氧体原料。食品用铁质强化剂。果蔬发色剂。医用补铁剂。

参考规格 GB/T 664—2011

	分析纯	化学纯
含量($FeSO_4 \cdot 7H_2O$)/%	99.0~101.0	98.0~101.0
水不溶物/%≤	0.005	0.02
氯化物(Cl)/%≤	0.001	0.005
总氮量(N)/%≤	0.001	
磷酸盐(PO_4)/%≤	0.0005	0.002
锰(Mn)/%≤	0.05	
高铁(Fe)/%≤	0.02	0.10
铜(Cu)/%≤	0.002	0.01
锌(Zn)/%≤	0.005	0.02
铅(Pb)/%≤	0.002	0.005
砷(As)/%≤	0.0002	0.0002
氨水不沉淀物(以硫酸盐计)/%≤	0.05	0.2

Iron(Ⅲ)sulfate 硫酸铁 05681

[10028-22-5] $Fe_2O_{12}S_3$ 399.86

成分 Fe 27.93%,O 48.01%,S 24.06%。

别名 硫酸高铁;Ferric sesquisulfate;Ferric sulfate;Iron persulfate;Iron sesquisulfate;Iron tersulfate

M.I. 15,4059

性状 灰白色粉末或正交、菱形结晶。易潮解。缓慢溶于水,略微溶于乙醇,几乎不溶于丙酮、乙酸乙酯。加热至480℃时分解,放出三氧化硫成为三氧化二铁。d^{18} 3.097。

注意事项 该品口服有害。对眼睛、呼吸系统及皮肤有刺激性。使用时应穿适当的防护服。万一接触到眼睛,应立即用大量水冲洗后请医生诊治。应密封于干燥处保存。

主要用途 分析试剂,测定碳。糖的定量测定。铁催化剂。媒染剂。净水剂。

Iron(Ⅱ)sulfide 硫化亚铁 05682

[1317-37-9] FeS 87.91

成分 Fe 63.53%,S 36.47%。

别名 一硫化铁;硫化铁;Ferrous sulfide;Iron monosulfide;Iron protosulfide;Iron sulfuret

M.I. 15,4085

性状 纯品为无色六方形结晶,一般试剂为暗褐色或灰黑色片状或粒状物。在潮湿空气中逐渐氧化而分解成硫和四氧化三铁。溶于酸,能放出硫化氢气体。几乎不溶于水。mp 1194℃;*d* 4.84。

注意事项 该品对眼睛、呼吸系统及皮肤有刺激性。与酸接触能释放出极毒的气体。对水生物极毒。使用时应穿适当的防护服。万一接触到眼睛,应立即用大量水冲洗后请医生诊治。应防止将本品释放于环境中。其包装物应按危险品处理。应密封于干燥处保存。

主要用途 分析试剂。硫化氢和其他硫化物的制备。

Irsogladine 依索拉定 05683

[57381-26-7] $C_9H_7Cl_2N_5$ 256.09

成分 C 42.21%,H 2.76%,Cl 27.69%,N 27.35%。

别名 6-(2,5-Dichlorophenyl)-1,3,5-triazine-2,4-diamine;2,4-Diamino-6-(2,5-dichlorophenyl)-*s*-triazine;Dicloguamine

M.I. 15,5146

性状 来自二氧六环中的无色结晶。mp 268~269℃。

主要用途 医用抗溃疡剂。

Isatin 吲哚醌 05684

[91-56-6] $C_8H_5NO_2$ 147.13

成分 C 65.31%,H 3.43%,N 9.52%,O 21.75%。

别名 2,3-二酮茚;吲哚满二酮;氧化靛精;菘蓝;氮茚满二酮;靛红;2,3-Diketoindoline;Indole-2,3-dione;2,3-Indolinedione;Isatic acid anhydride;Isatic acid lactam

M.I. 15,5148

性状 橙色单斜棱柱体结晶。易溶于沸乙醇,溶于沸水、乙醚呈红棕色;溶于碱溶液呈紫色,最终为黄色。mp 203.5℃。加热升华。一般试剂含量≥99.0%(NT)。

注意事项 该品对眼睛、呼吸系统及皮肤有刺激性。使用时应穿适当的防护服。万一接触到眼睛,应立即用大量水冲洗后请医生诊治。

主要用途 测定亚铜、噻吩的试剂。

Isazofos 依杀松 05685

[42509-80-8] $C_9H_{17}ClN_3O_3PS$ 313.75

成分 C 34.45%,H 5.46%,Cl 11.30%,N 13.39%,O 15.30%,P 9.87%,S 10.22%。

别名 氯唑磷;Phosphorothioic acid *O*-[5-chloro-1-(1-methylethyl)-1*H*-1,2,4-triazol-3-yl]*O*,*O*-diethyl ester;*O*-(5-Chloro-1-isopropyl-1*H*-1,2,4-triazol-3-yl)*O*,*O*-diethylphosphorothioate;Isazophos;GCA-12223;Brace;Miral;Triump h

M.I. 13,5121

性状 琥珀色液体。能与甲醇、氯仿、苯、已烷相混溶,微溶于水(20℃,150mg/kg)。bp_{760} 170℃/101.325kPa;$bp_{0.001}$ 100℃/0.13Pa;d^{20} 1.22;n_D^{20} 1.4867。LD_{50}大鼠急性经口:60mg/kg;皮肤接触:250~700mg/kg。

注意事项 该品吸入、口服或与皮肤接触有毒。接触皮肤能引起过敏。吸入或长期曝露有害,并有严重损害健康的危险。对水生物极毒。能对水环境引起不利的结果。使用时应穿适当的防护服和戴手套。在通风不好的情况下,应戴适当的呼吸装置。接触皮肤后，应用大量水冲洗。使用时如有事故发生或有不适之感，应请医生诊治。应防止将本品释放于环境中。

主要用途 杀线虫剂，草地皮杀虫剂。分析用标准物质。

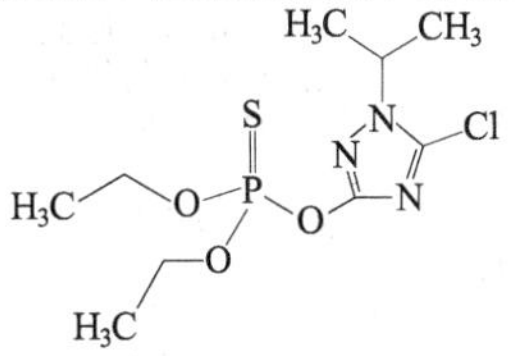

Isoaminile citrate 异米尼尔 柠檬酸盐 05686

[28416-66-2] $C_{22}H_{32}N_2O_7$ 436.51

成分 C 60.54%，H 7.39%，N 6.42%，O 25.66%。

别名 异丙苯戊腈 柠檬酸盐；咳得平 柠檬酸盐；异米苯丙戊脂 柠檬酸盐；柠檬酸异米尼尔；Perocan；α-[2-(Dimethylamino)propyl]-α-(1-methylethyl) benzeneacetonitrtle citrate；4-Dimethylamino-2-isopropyl-2-phenylvaieronitrile citrate；3-Cyano-5-dimethylamino-3-phenyl-2-methylhexane citrate；α-(β-Dimethylaminopropyl)-α-isopropylphenylacetonitrile citrate；Aprecon citrate；Dimyril citrate；Nullatuss citrate

M. I. 15，5155

性状 来自乙醇＋乙醚中的无色结晶。mp 63～64℃。

主要用途 医用抗镇咳剂。

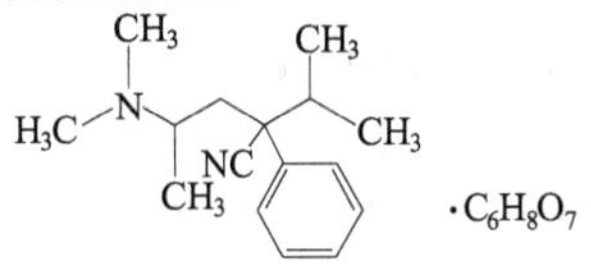

D-(－)-Isoascorbic acid D-(－)-异抗坏血酸 05687

[89-65-6] $C_6H_8O_6$ 176.12

成分 C 40.92%，H 4.58%，O 54.50%。

别名 D-异维生素 C；D-*iso*-Ascorbic acid；D-Araboascorbic acid；Erycorbin；Erythorbic acid；Glucosaccharonic acid；D-*erythro*-Hex-2-enonic acid *r*-lactone；Isovitamin C；D-*ery thro*-3-Ketohexonic acid lactone；Mercate 5；Neo-Cebicure；D-*erythro*-3-Oxohexonic acid lactone；Saccharosonic acid；*iso*-Vitamin C

M. I. 15，5171

性状 来自水或二氧六环中的无色或白色有光泽小颗粒结晶。1g 该品溶于 2～5mL 水、约 20mL 乙醇。溶于吡啶，中等程度溶于丙酮，微溶于甘油。mp 164～171℃；174℃分解；$[\alpha]_D^{16.5}-17°$（c＝1.8，于 0.01mol/L 盐酸中）；$[\alpha]_D^{20}-16.6°$（c＝1，于水中）。生化试剂含量≥99.0%（RT）。

注意事项 该品对眼睛、呼吸系统及皮肤有刺激性。使用时应穿适当的防护服。万一接触到眼睛，应立即用大量水冲洗后请医生诊治。

主要用途 生化研究。

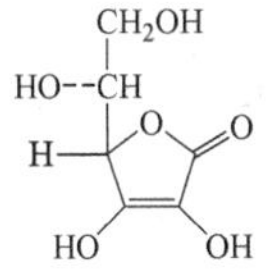

Isoascorbic acid sodium salt monohydrate 异抗坏血酸钠盐 一水 05688

[63524-04-9] $C_6H_7NaO_6 \cdot H_2O$ 216.13

成分（以无水物计） C 36.38%，H 3.56%，Na 11.60%，O 48.46%。

别名 一水合异抗坏血酸钠；异维生素 C 钠盐；Sodium *iso*-ascorbate；Erythorbic acid sodium salt；*iso*-Ascorbinic acid sodium salt；Mercate 20；Neo-Cebitate；Sodium erythorbate

M. I. 15，5171

性状 无色或白色结晶。溶于水（16g/100mL）。其水溶液 pH 值 5～6。一般试剂 10%水溶液 pH 值 7.2～7.9。mp 165℃（分解）。生化试剂含量≥97.0%。

注意事项 该品应密封避光保存。

主要用途 生化研究。

Isobenzan 碳氯灵 05689

[297-78-9] $C_9H_4Cl_8O$ 411.73

成分 C 26.25%，H 0.98%，Cl 68.88%，O 3.89%。

别名 克百威；呋喃丹；卡巴呋喃；虫螨威；1,3,4,5,6,7,8,8-Octachloro-1,3,3a,4,7,7a-hexahydro-4,7-methanoisobenzofuran；1,3,4,5,6,7,10,10-Octachloro-4,7-endomethylene-4,7,8,9-tetrahydrophthalan；SD-4402；R-6700；Telodrin

M. I. 15，5172

性状 来自庚烷中的无色结晶。溶于丙酮、苯、甲苯、乙醚、二甲苯、重芳烃油。mp 120～122℃。LD_{50}雄、雌大鼠、小鼠急性经口（mg/kg）：11.1、8.9，10、10。

主要用途 杀虫剂。

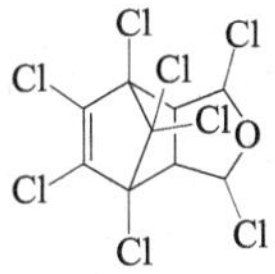

Isoborneol 异冰片 05690

[124-76-5] $C_{10}H_{17}OH$ 154.25

成分 C 77.87%，H 11.76%，O 10.37%。

别名 异龙脑；3-莰醇；*exo*-2-Bornanol；*exo*-2-Camp hanol；2-Hydroxy bornane；*exo*-1,7,7-Trimethylbicyclo[2.2.1]heptan-2-ol；*rel*-(1*R*,2*R*,4*R*)-1,7,7-Trimethylbicyclo[2.2.1]heptan-2-ol

M. I. 15，5173

性状 来自石油醚中的无色结晶。有类似樟脑气味。易溶于乙醇、乙醚、氯仿，几乎不溶于水。加热升华。mp 212℃（于封闭的毛细管中）。

主要用途 香料。

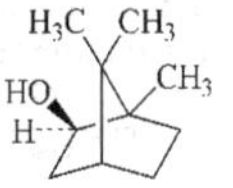

Isobornyl thiocyanoacetate 硫氰乙酸异龙脑酯 05691

[115-31-1] $C_{13}H_{19}NO_2S$ 253.36

成分 C 61.63%，H 7.56%，N 5.53%，O 12.63%，S 12.65%。

别名 杀虫酯；；Thiocyanatoacetic acid *exo*-1,7,7-trmethylbicyclo[2.2.1]hept-2-yl ester；Terpinyl thiocyanoacetate；Thanite

M. I. 15,5174

性状 一般工业品为黄色油状液体，有萜烯类的气味。易溶于乙醇、苯、氯仿、乙醚，几乎不溶于水。酸值 1.19。$bp_{0.06}$ 95℃/8Pa；Fp 82℃(180℉)；d_4^{25} 1.1465；n_D^{25} 1.512。

主要用途 杀虫剂。尤其用于中喷雾剂。

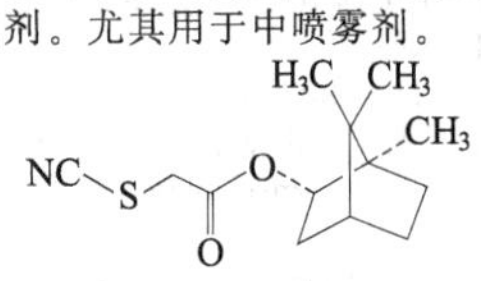

Isobutane 异丁烷 05692

[75-28-5] C_4H_{10} 58.12

成分 C 82.66%，H 17.34%。

别名 2-甲基丙烷；*iso*-Butane；2-Methylpropane

GW 2015-2707

性状 无色气体。微溶于水。mp －145℃；bp －11.73℃；Fp －117.4℉（－83℃）。

注意事项 该品为极易燃液化气体。与空气能形成爆炸性的混合物，爆炸极限 1.9%～8.4%（体积）。使用现场禁止吸烟。不能穿孔。应远离火种，采取抗放静电措施，密封于通风处保存（低于 50℃）。

主要用途 有机合成。冷却剂。气相色谱标准物。

Isobutene 异丁烯 05693

[115-11-7] C_4H_8 56.11

成分 C 85.62%，H 14.37%。

别名 1,1-二甲基乙烯；2-甲基丙烯；*iso*-Butene；*iso*-Butyl-

ene；1，1-Dimethylethylene；Isobutylene；2-Methylpropene
GW 2015-2708　　M. I. 15，5186
性状　无色气体，一般试剂为液化气体。易聚合，易与大多数物质起反应。易溶于乙醇、乙醚、硫酸，几乎不溶于水。mp －139℃；bp_{760} －6.9℃/101.32kPa；bp_{100} －49.309℃/13.33kPa；bp_{30} －67.9℃/4kPa；bp_{10} －81.95℃/1.333kPa；bp_{1} －105.06℃/133.32kPa。Fp －169℉(76℃)；d_4^{20} 0.5942；d_4^{25} 0.5879；d_4^{30} 0.5815。
注意事项　该品极易燃。与空气能形成爆炸性的混合物。使用现场禁止吸烟。应远离火种，采取抗放静电措施，于通风良好处密封保存。
主要用途　气相色谱标准物。

Isobutyl acetate　乙酸异丁酯　05694
[110-19-0]　$C_6H_{12}O_2$　116.16
成分　C 62.04%，H 10.41%，O 27.55%。
别名　醋酸异丁酯；β-Methylpropyl ethanoate；*iso*-Butyl acetate
GW 2015-2654　　M. I. 15，5179
性状　无色液体。有芳香味。易溶于乙醇，溶于 180 份水。mp －99℃；bp 118℃；Fp 64.4℉ (18℃，闭杯)；d_4^{20} 0.871；n_D^{19} 1.3907。一般试剂含量≥98.5% (GC)。
注意事项　该品高度易燃。反复曝露能造成皮肤干燥或破裂。使用时应避免吸入本品蒸气和烟雾，避免与眼睛接触。切勿排入下水道。使用现场禁止吸烟。应采取抗放静电措施密封保存。
主要用途　硝化纤维和漆的溶剂。稀释剂。

Isobutylamine　异丁胺　05695
[78-81-9]　$C_4H_{11}N$　73.14
成分　C 65.69%，H 15.16%，N 19.15%。
别名　2-甲基丙胺；1-氨基-2-甲基丙烷；1-氨基异丁烷；*iso*-Butyl amine；1-Amino-*iso*-butane；1-Amino-2-methylpropane；2-Methyl-1-propanamine；2-Methylpropylamine
GW 2015-2694　　M. I. 15，5177
性状　无色液体。有氨味。呈强碱性。能与水、乙醇、乙醚相混溶。mp －85℃；bp 68～69℃；Fp <20℉ (－6℃)；d_4^{25} 0.724；n_D^{17} 1.3988。LD_{50} (14 天) 雄，雌大鼠急性经口 (mg/kg)：224.4，231.8。一般试剂含量≥98.0% (GC)。
注意事项　该品高度易燃。口服有害。具有强腐蚀性，能引起严重烧伤。使用时应穿适当的防护服，戴手套和防护镜或面罩。万一接触到眼睛，应立即用大量水冲洗后请医生诊治。使用时如有事故发生或有不适之感，应请医生诊治。应密封保存。
主要用途　有机合成。杀虫剂。

Isobutyl *p*-aminobenzoate　对氨基苯甲酸异丁酯　05696
[94-14-4]　$C_{11}H_{15}NO_2$　193.25
成分　C 68.37%，H 7.82%，N 7.25%，O 16.56%。
别名　4-氨基苯甲酸 2-甲基丙酯；4-Aminobenzoic acid 2-methylpropyl ester；Cycloform；Isobutyl Keloform；Isocaine
M. I. 15，5178
性状　来自苯中的无色结晶。溶于乙醇、苯、乙醚、丙酮、橄榄油，微溶于水。mp 65℃。
主要用途　避光剂。医用局部麻醉剂。

Isobutylbenzene　异丁基苯　05697
[538-93-2]　$C_{10}H_{14}$　134.22
成分　C 89.49%，H 10.51%。
别名　2-甲基-1-苯基丙烷；异丁苯；*iso*-Butylbenzene；IBB；2-Methyl-1-phenylpropane；(2-Methylpropyl) benzene
GW 2015-2695　　M. I. 15，5179
性状　无色透明液体。溶于苯、乙醚等有机溶剂，不溶于水。mp －51℃；bp_{760} 170.5℃/101.325kPa；bp_{400} 145.2℃/53.329kPa；bp_{200} 120.7℃/26.664kPa；bp_{100} 99℃/13.332kPa；bp_{60} 84.1℃/7.999kPa；bp_{40} 73.2℃/5.333kPa；bp_{20} 54.7℃/2.666kPa；bp_{10} 37.3℃/1.333kPa；bp_{5} 21.1℃/666.61Pa；bp_{1} －9.8℃/133.32Pa；Fp 131℉ (55℃)；d_4^{20} 0.8673；n_D^{20} 1.4928。一般试剂 (GC 标准物) 含量≥99.5% (GC)。
注意事项　该品易燃。对眼睛、呼吸系统及皮肤有刺激性。使用时应穿适当的防护服。万一接触到眼睛，应立即用大量水冲洗后请医生诊治。应远离火种密封保存。
主要用途　气相色谱标准物。有机合成。

Isobutyl chloroformate　氯甲酸异丁酯　05698
[543-27-1]　$C_5H_9ClO_2$　136.58
成分　C 43.97%，H 6.64%，Cl 25.96%，O 23.43%。
别名　*iso*-Butyl chlorocarbonate；*iso*-Butyl chloroformate；Carbonochloridic acid 2-methylpropyl ester；Isobutyl chlorocarbonate
GW 2015-1515　　M. I. 15，5184
性状　无色液体。能与氯仿、乙醚、苯等有机溶剂相混溶，能被乙醇、水逐渐分解。具有催泪性。bp 130℃；Fp 82℉ (27℃)；d 1.040；n_D^{20} 1.407。一般试剂含量≥96.0% (GC)。
注意事项　该品易燃。吸入有毒。口服有害。具有腐蚀性，能引起烧伤。使用应穿适当的防护服，戴防护手套和防护镜或面罩。万一接触到眼睛，应立即用大量水冲洗后请医生诊治。使用时如有事故发生或有不适之感，应请医生诊治。应充氩气密封于2～8℃保存。
主要用途　有机合成。

Isobutyl formate　甲酸异丁酯　05699
[542-55-2]　$C_5H_{10}O_2$　102.13
成分　C 58.80%，H 9.87%，O 31.33%。
别名　蚁酸异丁酯；*iso*-Butyl formate；Tetryl formate
GW 2015-1182　　M. I. 15，5188
性状　无色液体。能与乙醇、乙醚相混溶；溶于 100 份水。mp －95℃；bp 98℃；Fp 50℉ (10℃)；d_4^{20} 0.885；n_D^{20} 1.3858。
注意事项　该品易燃。具有腐蚀性，能引起烧伤。使用现场禁止吸烟，应远离火种密封保存。
主要用途　溶剂。有机合成。

Isobutyl isobutyrate　异丁酸异丁酯　05700
[97-85-8]　$C_8H_{16}O_2$　144.21
成分　C 66.63%，H 11.18%，O 22.19%。
别名　2-Methylpropanoic acid 2-methylpropyl ester
GC2015-2705　　M. I. 15，5190
性状　无色液体。溶于乙醇、乙醚及有机溶剂，不溶于水。mp －81℃；bp 147℃；Fp 104℉ (40℃)；d_4^0 0.875；n_D^{20} 1.3999。
注意事项　该品易燃。对眼睛、呼吸系统及皮肤有刺激性。使用时应穿适当的防护服。万一接触到眼睛，应当即用大量水冲洗后请医生诊治。

Isobutyl isovalerate　异戊酸异丁酯　05701
[589-59-3]　$C_9H_{18}O_2$　158.24
成分　C 68.31%，H 11.47%，O 20.22%。
别名　*iso*-Butyl *iso*-valerate；Isobutyl valerate；Isovaleric acid isobutyl ester
M. I. 15，5191
性状　无色液体。有类似乙醚的气味。能与乙醇、乙醚相混溶，不溶于水。bp 170～172℃；d^{20} 0.853；n_D^{20} 1.4064。一般试剂含量≥98.0% (GC)。
注意事项　该品对眼睛、呼吸系统及皮肤有刺激性。使用时应穿适当的防护服。万一接触到眼睛，应立即用大量水冲洗后请医生诊治。

Isobutyl methacrylate　甲基丙烯酸异丁酯　05702
[97-86-9]　$C_8H_{14}O_2$　142.20
成分　C 67.57%，H 9.92%，O 22.50%。
别名　*iso*-Butyl methacrylate；Methacrylic acid *iso*-butyl ester
GW 2015-1109
性状　无色液体。能与乙醇、乙醚等有机溶剂相混溶，不溶于水。该品易聚合，常加入约 0.0025% 的氢醌一甲醚作为稳定剂。bp 155℃；Fp 114.8℉（46℃）；d_4^{20} 0.886；n_D^{20} 1.420。一般试剂含量≥99.0%（GC）。

注意事项 该品易燃。对眼睛、呼吸系统及皮肤有刺激性。接触皮肤能引起过敏。对水生物极毒。使用时应戴手套，避免与皮肤接触。应防止将本品释放于环境中。

主要用途 塑料合成。有机合成。

2-Isobutyl-3-methoxypyrazine 05703

2-异丁基-3-甲氧基吡嗪

[24683-00-9] $C_9H_{14}N_2O$ 166.22

成分 C 65.03%，H 8.49%，N 16.85%，O 9.63%。

别名 2-*iso*-Butyl-3-methoxypyrazine

性状 无色液体。Fp 176℉（80℃）；*d*0.990；n_D^{20} 1.4922。一般试剂含量≥99.0%。

注意事项 该品对眼睛、呼吸系统及皮肤有刺激性。

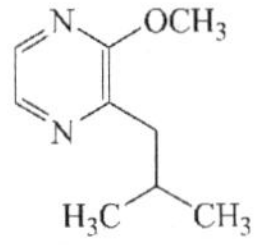

3-Isobutyl-1-methylxanthine

3-异丁基-1-甲基黄嘌呤 05704

[28822-58-4] $C_{10}H_{14}N_4O_2$ 222.25

成分 C 54.04%，H 6.35%，N 25.21%，O 14.40%。

别名 3-*iso*-Butyl-1-methylxanthine; IBMX; 3-*iso*-Butyl-1-methyl-2, 6（1*H*，3*H*）-purinedione；3-Isobutyl-1-methyl-2, 6（1*H*，3*H*）-purinedione

性状 无色结晶。mp 201～203℃。一般试剂含量≥98.0%（HPLC）。

注意事项 该品口服有害。使用时应避免吸入本品的粉尘，避免与眼睛及皮肤接触。

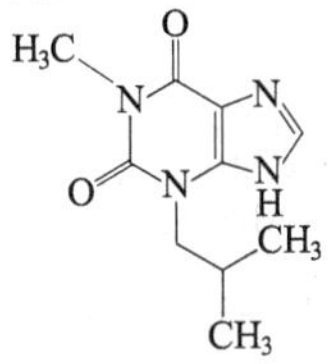

Isobutyl nitrate 硝酸异丁酯 05705

[543-29-3] $C_4H_9NO_3$ 119.12

成分 C 40.33%，H 7.62%，N 11.76%，O 40.29%。

M.I. 15，5193

性状 无色液体。能与乙醇、乙醚相混溶，不溶于水。bp 123～125℃；Fp 70℉（21℃）；d_4^{20} 1.015；n_D^{20} 1.4028。

注意事项 该品易燃，加热可爆炸。

Isobutyl nitrite 亚硝酸异丁酯 05706

[542-56-3] $C_4H_9NO_2$ 103.12

成分 C 46.59%，H 8.80%，N 13.58%，O 31.03%。

别名 *iso*-Butyl nitrite

GW 2015-2498 M.I. 15，5194

性状 无色液体。能与乙醇相混溶。微溶于水，并逐渐分解。bp 67℃；Fp －6℉（－21℃）；d_4^{22} 0.870；n_D^{22} 1.3715。

注意事项 该品为氧化剂。高度易燃。其蒸气吸入有毒。应远离火种，于通风良好处密封保存。

Isobutyl propionate 丙酸异丁酯 05707

[540-42-1] $C_7H_{14}O_2$ 130.19

成分 C 64.58%，H 10.84%，O 24.58%。

别名 *iso*-Butyl propionate

GW 2015-132 M.I. 15，5195

性状 无色液体。有果香味。能与乙醇相混溶，不溶于水。mp －71℃；bp 137℃；Fp 79℉（26℃）；d_4^0 0.888；n_D^{20} 1.3975。

注意事项 该品易燃。对眼睛、呼吸系统及皮肤有刺激性。应远离火种密封保存。

2-Isobutylthiazole 2-异丁基噻唑 05708

[18640-74-9] $C_7H_{11}NS$ 141.24

成分 C 59.53%，H 7.85%，N 9.92%，S 22.70%。

别名 2-*iso*-Butylthiazole

性状 无色液体。bp 180℃；Fp 136℉（57℃）；*d*0.995；n_D^{20} 1.4960。一般试剂含量≥99.0%。

注意事项 该品易燃。对眼睛、呼吸系统及皮肤有刺激性。

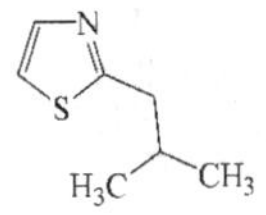

Isobutyltriethoxysilane 异丁基三乙氧基硅烷 05709

[17980-47-1] $C_{10}H_{24}O_3Si$ 220.38

成分 C 54.50%，H 10.98%，O 21.78%，Si 12.74%。

别名 三乙氧基异丁基硅烷；Triethoxyisobutylsilane

性状 无色液体。对湿度敏感。bp_{400} 165℃/53.33kPa；Fp 145.4℉（63℃）；d_4^{20} 0.882；n_D^{20} 1.401。一般试剂含量≥98.0%（GC）。

注意事项 该品对皮肤有刺激性。使用时应避免与皮肤接触。应密封于干燥处保存。

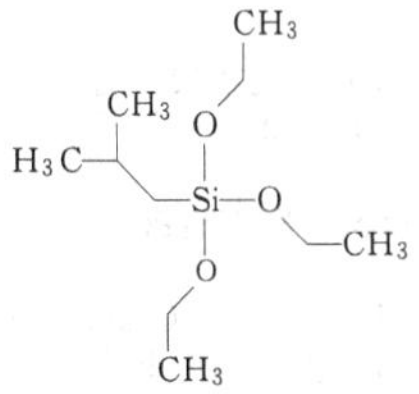

Isobutyltrimethoxysilane 异丁基三甲氧基硅烷 05710

[18395-30-7] $C_7H_{18}O_3Si$ 178.30

成分 C 47.15%，H 10.18%，O 26.92%，Si 15.75%。

别名 三甲氧基异丁基硅烷；Trimethoxyisobutylsilane

性状 无色液体。bp 137℃；Fp 103℉（39℃）；d_4^{20} 0.925；n_D^{20} 1.3960。一般试剂含量≥95.0%（GC）。

注意事项 该品易燃。吸入或口服有害。对眼睛、呼吸系统及皮肤有刺激性。使用现场禁止吸烟。使用时应避免与皮肤接触。万一接触到眼睛，应立即用大量水冲洗后请医生诊治。使用时如有事故发生或有不适之感，应请医生诊治。应远离火种密封于干燥处保存。

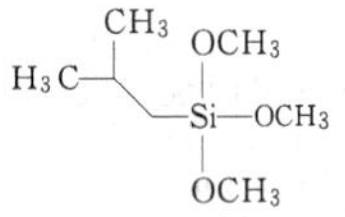

Isobutyl vinyl ether 异丁基乙烯基醚 05711

[109-53-5] $C_6H_{12}O$ 100.16

成分 C 71.95%，H 12.08%，O 15.97%。

别名 乙烯异丁醚；乙烯基异丁基醚；异丁氧基乙烯；IVE; Vinyl *iso*-butyl ether; *iso*-Butyl vinyle ther; Vinyl isobutyl ether

GW 2015-2697

性状 无色透明液体。能与乙醇、乙醚相混溶，微溶于水。mp －112℃；bp 82～83℃；Fp 8℉（－13℃）；d_4^{20} 0.768；n_D^{20} 1.3950。一般试剂含量≥99.0%（GC）。

注意事项 该品高度易燃。对皮肤有刺激性。使用时应避免吸入本品的蒸气，避免与眼睛及皮肤接触。使用现场禁止吸烟。应远离火种，采取抗放静电措施，于通风良好处充氮气密封保存。

主要用途 有机合成。

Isobutyraldehyde 异丁醛 05712

[78-84-2] C_4H_8O 72.11

成分 C 66.63%，H 11.18%，O 22.19%。

别名 *iso*-Butyraldehyde; *iso*-Butyl aldehyde; *iso*-Butyric aldehyde; Isobutyl aldehyde; Isobutyric aldehyole; 2-Methylpropanal; 2-Methylrpropionaldehyde

GW 2015-2669 M.I. 15，5199

性状 无色透明液体。有强刺激性气味。能在空气中氧化。溶于水（20℃，11g/100mL）。能与乙醇、乙醚、二硫化碳、丙酮、苯、甲苯、氯仿相混溶。mp −65.9℃；bp_{760} 64℃/101.325kPa；Fp ＞20℉（−6.6℃，开杯）；d_4^{20} 0.7938；n_D^{20} 1.3730。LD_{50}大鼠急性经口：3.7g/kg。一般试剂含量≥98.5%。

注意事项 该品高度易燃。吸入或口服有害。对眼睛、呼吸系统及皮肤有刺激性。使用时应穿适当的防护服。使用现场禁止吸烟。万一接触到眼睛，应立即用大量水冲洗后请医生诊治。应远离火种，密封避光于2～8℃保存。

主要用途 合成泛酸、缬氨酸、亮氨酸。

Isobutyric acid 异丁酸 05713

[79-31-2] $C_4H_8O_2$ 88.11

成分 C 54.53%，H 9.15%，O 36.32%。

别名 二甲基乙酸；2-甲基（代）丙酸；异丙基甲酸；*iso*-Butyric acid；Dimethylacetic acid；Isopropylformic acid；2-Methylpropionic acid；*iso*-Propylformic acid

GW 2015-2700 M.I. 15，5200

性状 无色透明液体。有特殊臭味。能与乙醇、乙醚、三氯甲烷相混溶，溶于6份水。mp −47℃；bp_{760} 152～155℃/101.325kPa；Fp 170℉（77℃，开杯）；d_4^{20} 0.950；n_D^{20} 1.3930。

注意事项 该品口服或与皮肤接触有害。

主要用途 溶剂。有机合成。脱钙剂。

Isobutyric anhydride 异丁酸酐 05714

[97-72-3] $C_8H_{14}O_3$ 158.20

成分 C 60.74%，H 8.92%，O 30.34%。

别名 异丁酐；*iso*-Butyric anhydride

GW 2015-2701

性状 无色液体。有恶臭。对湿度敏感。易溶于乙醚，遇水及乙醇分解，mp −56℃；bp 179～182℃；Fp 154.4℉（68℃）；d_4^{20} 0.953；n_D^{20} 1.406。一般试剂含量≥98.0%（GC）。

注意事项 该品具有腐蚀性，能引起烧伤。使用时应穿适当的防护服，戴手套和防护镜或成罩。万一接触到眼睛，应立即用大量水冲洗。使用时如有事故发生或有不适之感，应请医生诊治。应于通风良好处密封保存。

主要用途 有机合成。

Isobutyronitrile 异丁腈 05715

[78-82-0] C_4H_7N 69.11

成分 C 69.52%，H 10.21%，N 20.27%。

别名 异丙基氰；氰化异丙烷；*iso*-Butane nitrile；*iso*-Butyronitrile；Isopropyl cyanide；2-Methylpropionitrile；2-Cyanopropane；*iso*-Propyl cyanide

GW 2015-2698 M.I. 15，5201

性状 无色透明液体。能与乙醇、乙醚相混溶，微溶于水。bp_{740} 99～102℃/98.658kPa；Fp 46.4℉（8℃）；$d_0^{16.25}$ 0.7731；n_D^{25} 1.3713。LD_{50}小鼠腹膜内注射：25mg/kg；大鼠急性经口：200mg/kg；雄小鼠急性经口：0.3652mmol/kg。

注意事项 该品高度易燃。吸入、口服或与皮肤接触有毒。对眼睛、呼吸系统及皮肤有刺激性。使用时应穿适当的防护服，戴手套和防护镜或面罩。使用现场禁止吸烟。使用时如有事故发生或有不适之感，应请医生诊治。应远离火种，于通风处密封保存。

主要用途 色谱分析标准物。溶剂。

Isobutyryl chloride 异丁酰氯 05716

[79-30-1] C_4H_7ClO 106.55

成分 C 45.09%，H 6.62%，Cl 33.27%，O 15.02%。

别名 氯化异丁酰；2-甲基丙酰氯；*iso*-Butyryl chloride；2-Methylpropionyl chloride

GW 2015-2709

性状 无色液体。有刺激性臭味。能与乙醚相混溶，遇水及乙醇分解。mp −90℃；bp 91～93℃；Fp 46.4℉（8℃）；d_4^{20} 1.017；n_D^{20} 1.4070。一般试剂含量≥98.0%（GC）。

注意事项 该品高度易燃。具有强腐蚀性，能引起严重烧伤。使用时应穿适当的防护服。应避免吸入本品的蒸气。使用现场禁止吸烟。万一接触到眼睛，应立即用大量水冲洗。使用时如有事故发生或有不适之感，应请医生诊治。应远离火种，于通风处密封保存。

主要用途 有机合成。

Isocaproic acid 异己酸 05717

[646-07-1] $C_6H_{12}O_2$ 116.16

成分 C 62.04%，H 10.41%，O 27.55%。

别名 异次羊脂酸；4-甲基戊酸；*iso*-Caproic acid；*iso*-Hexoic acid；Isohexoic acid；4-Methylpentanoic acid；4-Methylvaleric acid

性状 黄色油状液体。有恶臭。能与乙醇、乙醚相混溶，微溶于水。bp 199～201℃；Fp 207℉（97℃）；d_4^{20} 0.926；n_D^{20} 1.4146。一般试剂含量≥97.0%（T）。

注意事项 该品与皮肤接触有害。对皮肤有刺激性。使用应穿适当的防护服和戴手套。应密封保存。

主要用途 有机合成。染料中间体。

Isocapronitrile 异己腈 05718

[542-54-1] $C_6H_{11}N$ 97.16

成分 C 74.17%，H 11.41%，N 14.42%。

别名 异戊基氰；氰化异戊烷；4-甲基戊腈；*iso*-Amyl cyanide；Isoamyl cyanide；Isopentyl cyanide；4-Methylpentanenitrile；4-Methylvaleronitrile；*iso*-Pentyl cyanide；*iso*-Capronitrile

GW 2015-1152 M.I. 15，5163

性状 无色液体。有非常不愉快的气味。能与乙醇、乙醚相混溶，不溶于水。mp −51℃；bp 155～156℃；d_4^{20}0.806；n_D^{20} 1.406。

注意事项 该品有毒。对眼睛、呼吸系统及皮肤有刺激性。应密封保存。

主要用途 有机合成。

Isochondrodendrine 异粒枝碱 05719

[477-62-3] $C_{36}H_{38}N_2O_6$ 594.71

成分 C 72.71%，H 6.44%，N 4.71%，O 16.14%。

别名 (12a*R*,24a*R*)-2,3,12a,13,14,15,24,24a-Octahydro-5,17-dimethoxy-1,13-dimethyl-8,11：20,23-dietheno-1*H*,12*H*-[1,10]dioxacyclooctadecino[2,3,4-*ij*：11,12,13-*i′j′*]diisoquinoline-6,18-diol；O^7,$O^{7'}$-Didemethylcycleanine；Isobebeerine

M.I. 15，5203

性状 来自甲醇中的无色针状结晶。溶于乙醇、苯、氯仿。288℃分解；$[\alpha]_D^{20}-29°$（$c=1.3$，于氯仿中）。

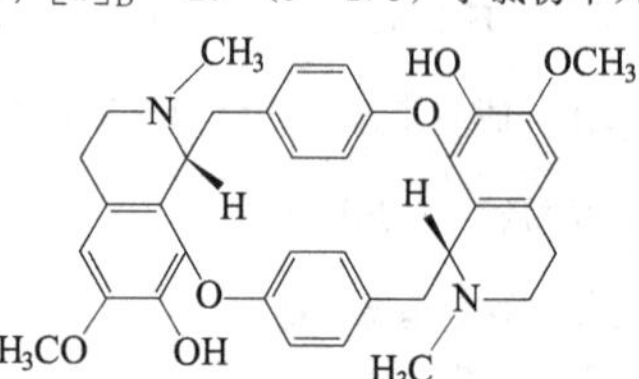

DL-Isocitric acid lactone DL-异柠檬酸内酯 05720

[4702-32-3] $C_6H_6O_6$ 174.11

成分 C 41.39%，H 3.47%，O 55.14%。

别名 DL-2-Oxotetrahydrofuran-4,5-dicarboxylic acid

性状 白色结晶性粉末。溶于水并水解生成DL-异柠檬酸。mp 159～160℃。

注意事项 该品对眼睛、呼吸系统及皮肤有刺激性。使用时应穿适当的防护服。万一接触到眼睛，应立即用大量水冲洗后请医生诊治。

主要用途 生化研究。

DL-Isocitric acid trisodium salt dihydrate DL-异柠檬酸三钠盐 二水 05721

[1637-73-6] $C_6H_5Na_3O_7 \cdot 2H_2O$ 287.11

成分（以无水物计） C 28.70%，H 2.01%，Na 24.68%，O 44.61%。

别名 二水合DL异柠檬酸三钠盐；DL-异枸橼酸三钠 二水；DL-异柠檬酸钠 二水；DL-Sodium *iso*-citrate dihydrate；DL-*iso*-Citric acid trisodium salt dihydrate

性状 白色粉末。有潮解性。易溶于水。生化试剂含量

≥93.0%。
注意事项 该品应密封干燥保存。
主要用途 生化研究。

Isoconazole nitrate 异康唑 硝酸盐 05722
[24168-96-5] $C_{18}H_{15}Cl_4N_3O_4$ 479.14
成分 C 45.12%，H 3.16%，Cl 29.60%，N 8.77%，O 13.36%。
别名 硝酸异康唑；Fazol；Gyno-Travgen；R-15454；Travogen；Travogyn；1-[2-(2,4-Dichlorophenyl)-2-[(2,6-dichlorophenyl)methoxy]ethyl]-1*H*-imidazole；nitrate；1-[2,4-Dichloro-*β*-[(2,6-dichlorobenzyl)oxy]phenethyl]imidazole nitrate
M. I. 15，5205
性状 无色或白色固体。mp 182～183℃。
主要用途 医用抗菌剂，抗真菌剂。

Isocorybulbine 异紫堇鳞茎碱 05723
[22762-74-8] $C_{21}H_{25}NO_4$ 355.43
成分 C 70.97%，H 7.09%，N 3.94%，O 18.01%。
别名 异紫堇球碱；(13*S*,13a*R*)-5,8,13,13a-Tetrahydro-3,9,10-trimethoxy-1,3-dimethyl-6*H*-dibenzo[*a*,*g*]quinolizin-2-ol；(13*S*-*trans*)-5,8,13,13a-Tetrahydro-3,9,10-trimethoxy-13-methyl-6*H*-dibenzo[*a*,*g*]quinolizin-2-ol；3,9,10-Trimethoxy-13*α*-methyl-13a*β*-berbin-2-ol；2-Hydroxy-13-methyl-3,9,10-trimethoxyberdine
M. I. 15，5206
性状 无色小叶状结晶。溶于乙醇、稀酸。mp 179～180℃或187～188℃。$[\alpha]_D^{15}+301°$（于氯仿中）。

Isocorydine 异紫堇定 05724
[475-67-2] $C_{20}H_{23}NO_4$ 341.41
成分 C 70.36%，H 6.79%，N 4.10%，O 18.74%。
别名 异补骨脂黄酮；异紫堇啡碱；(6a*S*)-5,6,6a,7-Tetrahydro-1,2,10-trimethoxy-6-methyl-4*H*-dibenzo[*de*,*g*]quinolin-11-ol；1,2,10-Trimethoxy-6a*α*-aporphin-11-ol；11-Hydroxy-1,2,10-trmethoxyaporphine；Artabotrine；Luteanine
M. I. 15，5027
性状 来自乙醇或丙酮中的无色片状结晶。溶于乙醚、氯仿、乙醇、丙酮、碱溶液，几乎不溶于水、碳酸钠溶液。mp 185℃；$[\alpha]_D^{20}+195°$（于氯仿中）。

Isocorypalmine 异紫堇杷明 05725
[53447-14-6] $C_{20}H_{23}NO_4$ 341.41
成分 C 70.36%，H 6.79%，N 4.10%，O 18.74%。
别名 异紫堇杷明碱；异紫堇明碱；(*R*)-5,6,13,13a-Tetrahydro-3,9,10-thimethoxy-6*H*-dibenzo[*a*,*g*]quinolizin-2-ol；3,9,10-Trimethoxy-13a*α*-berbin-2-ol；*d*-Tetrahydrocolumbamine
M. I. 15，5208
性状 无色结晶。溶于乙醇，乙醚。mp 239～241℃；$[\alpha]_D^{20}+30.3°$（$c=0.4$，于氯仿中）。

Isocytosine 异胞嘧啶 05726
[108-53-2] $C_4H_5N_3O$ 111.10
成分 C 43.24%，H 4.54%，N 37.82%，O 14.40%。
别名 异细胞碱；异胞嗪；4-羟基-2-氨基嘧啶；2-氨基-4-羟基嘧啶；*iso*-Cytosine；2-Amino-4-hydroxypyrimidine；4-Hydroxy-2-aminopyrimidine
性状 无色透明结晶或白色结晶性粉末。微溶于热水，不溶于冷水和酸。生化试剂含量≥99.0%。
注意事项 该品口服有害。对眼睛有刺激性。万一接触到眼睛，应立即用大量水冲洗后请医生诊治。
主要用途 生化研究。

Isoestradiol 异雌二醇 05727
[517-04-4] $C_{18}H_{24}O_2$ 272.39
成分 C 79.37%，H 8.88%，O 11.75%。
别名 (8*α*,17*β*)-Estra-1,3,5(10)-triene-3,17-diol；$\Delta^{1,3,5}$-8*α*-Epiestratriene-3，17*β*-diol；8*α*-Estradiol；8-Epiestradiol；8-Isoestradiol-17*β*
M. I. 15，5212
性状 *dl*-型为来自稀甲醇中的无色针状结晶。mp 213.5～214℃。*d*-型为来自稀甲醇＋氯仿中的无色结晶。mp 180℃；$[\alpha]_D^{20}+18°$（16mg溶于2mL二氧六环）。

8-Isoestrone 8-异雌酮 05728
[517-06-6] $C_{18}H_{22}O_2$ 270.37
成分 C 79.96%，H 8.20%，O 11.83%。
别名 (8*α*)-3-Hydroxyestra-1,3,5(10)-trien-17-one；$\Delta^{1,3,5}$-8-Epiestratrien3-ol-17-one；8*α*-Estrone；8-Epiestrone
M. I. 15，5213
性状 *dl*-型为来自甲醇中的无色棱柱体结晶。mp 254～255℃。

Isoethairne hydrochloride
异丙乙基肾上腺素 盐酸盐 05729
[2576-92-3] $C_{13}H_{22}ClNO_3$ 275.77
成分 C 56.62%，H 8.04%，Cl 12.85%，N 5.08%，O 17.40%。
别名 盐酸异丙乙基肾上腺素；Numotac；4-[1-Hydroxy-2-[(1-methylethyl)amino]butyl]-1,2-benzenedio hydrochloride；3,4-Dihydroxy-*α*-[1-(isopropylamino)propyl]benzyl alcohol hydrochloride；*α*-(1-Isopropylaminopropyl) protocatechuyl alcohol hydrochloride；*N*-Isopropylethylnorepinephrine hydrochloride；1-(3,4-Dihydroxyphenyl)-2-isopropylamino-1-butanol hydrochloride；Etyprenaline hydrochloride；Isoetarine hydrochloride；Win-3046 hydrochloride；Dilabron hydrochloride；Ne-

oisuprel hydrochloride;Numotac
M. I. 15，5215
性状 来自甲醇+乙醚中的无色结晶。溶于水，略溶于乙醇，几乎不溶于乙醚。mp 212～213℃（分解）。
主要用途 医用支气管扩张剂。

Isoeugenol(*cis*+*trans*) 异丁香油酚(顺式+反式)
05730
[97-54-1] $C_{10}H_{12}O_2$ 164.20
成分 C 73.15%，H 7.37%，O 19.49%。
别名 2-甲氧基-4-丙烯基苯酚；对丙烯基邻甲氧基苯酚；顺、反式-异丁香油酚；4-羟基-3-甲氧基丙烯苯；*iso*-Eugenol；4-Hydroxy-3-methoxy-1-propenylbenzene；2-Methoxy-4-propenylphenol；2-Methoxy-4-(1-propenyl) phenol；4-Propenylguaiacol
M. I. 15，5216
性状 无色油状液体。易变为微黄色。能与乙醇、乙醚相混溶，微溶于水。mp −10℃；bp 266℃；bp_8 128～130℃/1.066kPa；d_4^{25} 1.080；Fp 234℉ (112℃)；n_D^{19} 1.5739。LD_{50}大鼠急性经口：1560mg/kg。一般试剂含量≥98.0%(GC)。
注意事项 该品口服有害。对眼睛、呼吸系统及皮肤有刺激性。使用时应穿适当的防护服。万一接触到眼睛，应立即用大量水冲洗后请医生诊治。
主要用途 制造香兰素。

(反式)

Isofenphos 异柳磷
05731
[25311-71-1] $C_{15}H_{24}NO_4PS$ 345.39
成分 C 52.16%，H 7.00%，N 4.06%，O 18.53%，P 8.97%，S 9.28%。
别名 2-[[Ethoxy[(1-methylethyl) amino] phosphinothioyl] oxy] benzoic acid 1-methylethyl ester；Salicylic acid isopropyl ester *O*-ester with *O*-ethyl isopropyl phosphoramidothioate；1-Methylethyl 2-[[ethoxy[(1-methylethyl)amino]phosphinothioyl] oxy]benzoate；*O*-Ethyl *O*-2-isopropoxycarbonylphenyl isopropylphosphoramidothioate；Isophenphos；Amaze；Bay 92114；SRA-12869；Lighter；Oftanol
M. I. 15，5218
性状 无色油状液体。溶于二氯甲烷、环己酮、丙酮、乙醇、乙醚、苯，极微溶于水（20℃，23.8mg/kg）。蒸气压：20℃，3×10^{-6} mm Hg/4×10^{-4} Pa；40℃，3.8×10^{-5} mm Hg/5.07×10^{-3} Pa。$bp_{0.01}$ 120℃/1.3Pa；d_4^{20}1.339。LD_{50}大鼠，小鼠急性经口（mg/kg)：30～40，90～130。
注意事项 该品口服或与皮肤接触有毒。对水生物极毒。能对水环境引起不利的结果。使用时应穿适当的防护服和戴手套。使用时如有事故发生或有不适之感，应请医生诊治。应防止将本品释放于环境中。其包装物应按危险品处理。应密封于2～8℃保存。
主要用途 杀虫剂。分析用标准物质。

Isoflupredone 异氟泼尼松
05732
[338-95-4] $C_{21}H_{27}FO_5$ 378.44
成分 C 66.65%，H 7.19%，F 5.02%，O 21.14%。
别名 异氟泼尼龙；异氢泼尼松；(11*β*)-9-Fluoro-11,17,21-trihydroxypregna-1，4-diene-3，20-dione；1-Dehydro-9*α*-fluorohydrocortisone；9-fluoroprednisolone
M. I. 15，5220
性状 来自丙酮中的无色结晶。mp 263～266℃（分解）；$[\alpha]_D^{23}+108°$（$c=0.611$，于乙醇中）；uv max（乙醇）240nm（ε 15800）。亦有报告为 mp 274～275℃（分解）；$[\alpha]_D^{23}+94°$（乙醇中）。
主要用途 兽用抗炎剂。

L-Isoglutamine L-异谷酰胺
05733
[636-65-7] $C_5H_{10}N_2O_3$ 146.15
成分 C 41.09%，H 6.90%，N 19.17%，O 32.84%。
别名 谷氨酸-1-酰胺；(4*S*)-4,5-Diamino-5-oxopentanoic acid；4-Amino-L-glutaramic acid；Glutamic acid *α*-amide
M. I. 15，5223
性状 来自丙酮中的无色结晶。溶于水，略微溶于有机溶剂。pK_1' 3.81；pK_2' 7.88。181℃分解；$[\alpha]_D^{21}+20.5°$（$c=6.1$，于水中）。
注意事项 该品应密封于−20℃保存。
主要用途 生化研究。

Isolan 异索兰
05734
[119-38-0] $C_{10}H_{17}N_3O_2$ 211.27
成分 C 56.85%，H 8.11%，N 19.89%，O 15.15%。
别名 伊索兰；Dimethylcarbamic acid 3-methyl-1-(1-methylethyl)-1*H*-pyrazol-5-yl ester；1-Isopropyl-3-methyl-5-pyrazolyl dimethylcarbamate；G-23611
M. I. 15，5224
性状 无色液体。不同于大多数杀虫剂，异索兰对大鼠皮肤接触比口服具更多的毒性。蒸气压（20℃）：0.001mmHg/1.3Pa；$bp_{2.5}$117.5～118℃/333.3Pa；$bp_{0.7}$ 103℃/93.3Pa；d1.07。LD_{50}雄，雌大鼠急性经口（mg/kg)：23，13；皮肤接触（mg/kg)：5.6,6.2。
主要用途 杀虫剂。

D-Isoleucine D-异白氨酸
05735
[319-78-8] $C_6H_{13}NO_2$ 131.18
成分 C 54.94%，H 9.99%，N 10.68%，O 24.39%。
别名 D-异闪白氨基酸；D-异亮氨酸；D-*α*-氨基-*β*-甲基戊酸；D-2-Amino-3-methylpentanoic acid；(2*R*，3*R*)-2-Amino-3-methyl pentanoic acid；D-*α*-Amino-*β*-methylvaleric acid；D-2-Amino-3-methylvaleric acid
性状 白色有光泽的叶片状结晶。味苦。溶于水、盐酸，不溶于乙醚。mp 284℃（分解）；$[\alpha]^{28}-37.5°$（$c=4$，于6mol/L 盐酸中）。生化试剂含量≥98.0%（TLC）。
注意事项 该品应密封保存。
主要用途 生化研究。

DL-Isoleucine DL-异白氨酸
05736
[443-79-8] $C_6H_{13}NO_2$ 131.18
成分 C 54.94%，H 9.99%，N 10.68%，O 24.39%。
别名 DL-异闪白氨基酸；DL-异亮氨酸；DL-*α*-氨基-*β*-甲基戊酸；(±)-*erythro*-2-Amino-3-methylpentanoic acid；DL-2-Amino-3-methylpentanoic acid；DL-*iso*-Leucine；DL-*α*-Amino-*β*-methylvaleric acid；DL-2-Amino-3-methylvaleric acid；2-Amino-3-

methylpentanoic acid
M. I. 15，5225
性状 白色有光泽的叶片状结晶。味苦。溶于水（水中溶解度，g/L)：0℃，18.3；25℃，22.3；50℃，30.3；75℃，46.1；100℃，78.0。难溶于热乙醇、乙酸，不溶于乙醚。pK'_1 2.32；pK'_2 9.76；292℃分解。生化试剂含量≥99.0%。
注意事项 使用时应避免吸入本品的粉尘，避免与眼睛及皮肤接触。应密封保存。
主要用途 生化研究。组织培养基的制备。营养增补剂。

L-Isoleucine L-异白氨酸 05737

[73-32-5] $C_6H_{13}NO_2$ 131.18
成分 C 54.94%，H 9.99%，N 10.68%，O 24.39%。
别名 L-异闪白氨基酸；L-异亮氨酸；L-α-氨基-β-甲基戊酸；L-α-Amino-3-methylpentanoic acid；L-α-Amino-β-methylvaleric acid；2-Amino-3-methylvaleric acid；(2*S*，3*S*)-2-Amino-3-methylpentanoic acid；I；Ile
M. I. 15，5225
性状 来自乙醇中的蜡状、有光泽的无色正交小叶状结晶。味苦。溶于水（23.7℃，33.85g/kg）。略微溶于热乙醇（80℃，质量分数 0.13%），不溶于乙醚。168～170℃升华，284℃分解。$[\alpha]_D^{20}$ +11.29°（*c*=3）；+11.09°（*c*=3.3，于 0.33mol/L 氢氧化钠溶液中）；$[\alpha]_D^{20}$ +40.61°（*c*=4.6，于 6.1mol/L 盐酸中）。生化试剂含量≥99.0%（NT）。
注意事项 使用时应避免吸入本品的粉尘，避免与眼睛及皮肤接触。应密封保存。
主要用途 生化研究。组织培养基的制备。营养增补剂。

Isolysergic acid 异麦角酸 05738

[478-95-5] $C_{16}H_{16}N_2O_2$ 268.32
成分 C 71.62%，H 6.01%，N 10.44%，O 11.93%。
别名 (8α)-9,10-Didehydro-6-methylergoline-8-carboxylic acid
M. I. 15，5226
性状 来自水中的冰合物为无色结晶。比麦角酸较多地溶于水、吡啶。pK_a 3.44，pK_a 8.61。mp 218℃（分解）；$[\alpha]_D^{20}$ +281°（于吡啶中）。

Isomaltol 异麦芽酚 05739

[3420-59-5] $C_6H_6O_3$ 126.11
成分 C 57.15%，H 4.80%，O 38.06%。
别名 1-(3-Hydroxy-2-furanyl)ethanone；3-Hydroxy-2-furyl methyl ketone
M. I. 15，5227
性状 来自水或乙醚中的无色结晶。溶于醇类、丙酮、氯仿、苯、乙酸乙酯、热水，几乎不溶于冷水、石油醚。mp 98～103℃；uv max（无水甲醇中）：280nm（$E_{1cm}^{1\%}$ 1270）。

Isometamidium chloride 氯化氮氨菲啶 05740

[34301-55-8] $C_{28}H_{26}ClN_7$ 496.02
成分 C 67.80%，H 5.28%，Cl 7.15%，N 19.77%。
别名 3-Amino-8-[3-[3-(aminoiminomethyl)phenyl]-1-triazenyl]-5-ethyl-6-phenylphenanthridinium chloride；8-[3-(*m*-Amidinophenyl)-2-triazeno]-3-amino-5-ethyl-6-phenylphenanthridinium-chloride；7-*m*-Amidinophenyldiazoamino-2-amino-10-ethyl-9-phenylphenanthridinium chloride；M & B 4180 A；Samorin
M. I. 15，5229
性状 来自甲醇水中的红色结晶。244～245℃分解。
主要用途 兽用抗锥虫剂。

Isoniazid 异烟肼 05741

[54-85-3] $C_6H_7N_3O$ 137.14
成分 C 52.55%，H 5.14%，N 30.64%，O 11.67%。
别名 异烟酰肼；利抓哉；γ-吡啶甲酰肼；雷米风；Isonicotinic acid hydrazide；Cotinazin；Dinacrin；Ditubin；Hycozid；INH；Iscotin；Isobicina；Isocid；Isolyn；Isonex；FSR-3；Isonicotinoylhydrazine；Isonicotinylhydrazine；Isozid；Laniazid；Mybasan；Neoteben；Nicizina；Niconyl；Nicotibina；Pycazide；Pyricidin；*iso*-Nicotinyl hydrazine；*iso*-Niazide；*iso*-Nicotinic acid hydrazide；Nydrazid；4-Pyridinecarboxylic acid hydrazide；γ-Pyridoylhydrazine；Remifon；Rimifon；Rimitsid；Tibinide；Tubilysin；Tyvid；*iso*-Nicotinic hydrazide；*iso*-Niazid；Tubazid；RP-5015；INAH
M. I. 15，5232
性状 来自乙醇中的无色结晶。溶于水（25℃，约 14%；40℃，约 26%）、乙醇（25℃，约 2%；沸乙醇，约 10%）、氯仿（约 0.1%），几乎不溶于乙醚、苯。其 1%水溶液 pH 值 5.5～6.5。mp 171.4℃。uv max（水中）：266nm（$E_{1cm}^{1\%}$ 378）；（0.01mol/L 盐酸中）：265nm（$E_{1cm}^{1\%}$ 约 420）。LD_{50} 小鼠腹膜内注射：151mg/kg；静脉注射：149mg/kg。生化试剂含量≥99.0%（TLC）。
注意事项 该品口服有害。对皮肤有刺激性。使用时应穿适当的防护服和戴手套。万一接触到眼睛，应立即用大量水冲洗后请医生诊治。应密封保存。
主要用途 医用抗菌剂（结核菌抑制剂）。

Isonicotinic acid 异烟酸 05742

[55-22-1] $C_6H_5NO_2$ 123.11
成分 C 58.54%，H 4.09%，N 11.38%，O 25.99%。
别名 吡啶-4-甲酸；吡啶-4-羧酸；γ-吡啶甲酸；γ-Picolinic acid；4-Pyridinecarboxylic acid；γ-Pyridine carboxylic acid；*iso*-Nicotinic acid
M. I. 15，5233
性状 无色或白色片晶状结晶或粉末。较多地溶于热水，微溶于冷水（20℃，0.52g/100mL），几乎不溶于苯、乙醚、沸乙醇。p*K*（25℃）4.96。mp 319℃。一般试剂含量≥99.0%（T）。
注意事项 该品对眼睛、呼吸系统及皮肤有刺激性。使用时应穿适当的防护服。万一接触到眼睛，应立即用大量水冲洗后请医生诊治。
主要用途 有机合成。制药工业。

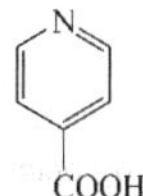

Isonicotinic acid diethylamide 异烟酸二乙胺 05743

[530-40-5] $C_{10}H_{14}N_2O$ 178.24
成分 C 67.39%，H 7.92%，N 15.72%，O 8.98%。
别名 Diethylisonicotinamide；*N*，*N*-Diethyl-4-pyridinecarboxamide；Pyridine-4-carboxylic acid diethylamide

M. I. 15，5234

性状 微有黏性的无色液体。能与水、乙醚、氯仿、丙酮、乙醇相混溶。$bp_{1.0}$119～120℃/133.3Pa；n_D^{20}1.525。

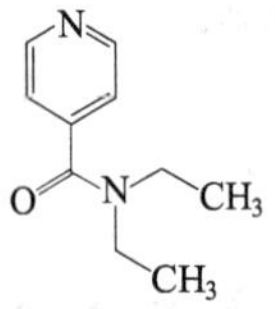

Isonicotinoyl chloride hydrochloride
异烟酰氯 盐酸盐 05744

[39178-35-3] $C_6H_5Cl_2NO$ 178.02

成分 C 40.48%，H 2.83%，Cl 39.83%，N 7.87%，O 8.99%。

别名 盐酸异烟酰氯

性状 无色结晶。易潮解。mp 159～161℃。生化试剂含量≥95.0%（T）。

注意事项 该品具有腐蚀性，能引起烧伤。应密封干燥保存。

主要用途 生化研究。

Isonitrosoacetone 异亚硝基丙酮 05745

[306-44-5] $C_3H_5NO_3$ 87.08

成分 C 41.38%，H 5.79%，N 16.08%，O 36.75%。

别名 丙酮-1-肟；2-Oxopropanal 1-oxime；Pyruvaldoxime；Propanone 1-oxime；*anti*-Pyruvic aldehyde 1-oxime

M. I. 15，5236

性状 来自乙醚＋石油醚或四氯化碳中的无色小叶状结晶。易溶于水、乙醚，中等程度溶于氯仿、苯、四氯化碳，几乎不溶于石油醚。溶于碱呈黄色。对石蕊呈弱酸性。p*K*（25℃）：8.39；mp 69℃。

注意事项 该品对眼睛、呼吸系统及皮肤有刺激性。

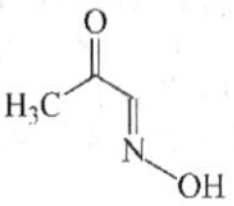

Isonitrosoacetophenone 异亚硝基苯乙酮 05746

[532-54-7] $C_8H_7NO_2$ 149.15

成分 C 64.42%，H 4.73%，N 9.39%，O 21.45%。

别名 苯甲酰醛肟；苯酰甲肟；*iso*-Nitrosoacetophenone；Benzoyl formaldoxime；*ω*-(Hydroxyimino) acetophenone；*ω*-Isonitrosoacetophenone；*α*-Oximinoacetophenone；*α*-Oxobenzeneacetaldehyde aldoxime；Phenylglyoxaldoxime

M. I. 15，5237

性状 无色片状或棱柱体结晶。溶于碱类及碳酸碱类溶液，较多地溶于热水，微溶于冷水。mp 126～128℃。一般试剂含量≥97.0%（TLC）。

注意事项 该品吸入、口服或与皮肤接触有害。使用时应穿适当的防护服和戴手套。使用时应避免吸入本品的粉尘，避免与眼睛及皮肤接触。应密封于2～8℃保存。

主要用途 检测亚铁用试剂。

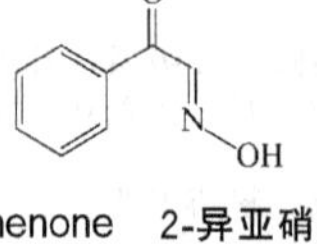

2-Isonitrosopropiophenone 2-异亚硝基苯丙酮 05747

[119-51-7] $C_9H_9NO_2$ 163.18

成分 C 66.25%，H 5.56%，N 8.58%，O 19.61%。

别名 *α*-异亚硝基苯丙酮；1-苯基-1,2-丙二酮-2-肟；乙酰苯甲酰-*β*-肟；*α*-Isonitrosopropiophenone；*α*-*iso*-Nitrosopropiophenone；Acetylbenzoyl-*β*-oxime；Methylbenzoylketoxime；*α*-Oximinopropionphenone；1-Phenyl-1,2-propandione-2-oxime

性状 白色结晶。溶于热水、苯。mp 113～115℃。一般试剂含量≥98.0%。

注意事项 该品应密封于2～8℃保存。

主要用途 有机合成。

Isonixin 异尼辛 05748

[57021-61-1] $C_{14}H_{14}N_2O_2$ 242.28

成分 C 69.40%，H 5.82%，N 11.56%，O 13.21%。

别名 *N*-(2,6-Dimethylphenyl)-1,2-dihydro-2-oxo-3-pyridinecarboxamide；2-Pyridone-3-carboxylic acid 2,6-xylidide；2-Hydroxy-2′,6′-nicotinoxylidide；Nixyn

M. I. 15，5238

性状 来自乙醇中的白色结晶性粉末。溶于氯仿、强碱溶液，几乎不溶于酸、水。mp 266～267℃。LD_{50}雄、雌小鼠，雄、雌大鼠急性经口（mg/kg）：7000、8000、>6000、>6000；腹膜内注射：全部>2000mg/kg。

主要用途 医用止痛剂，抗炎剂。

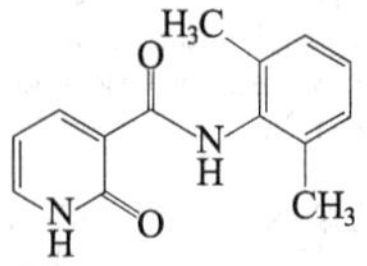

Isopaque 甲泛影钠 05749

[7225-61-8] $C_{12}H_{10}I_3N_2NaO_4$ 649.93

成分 C 22.18%，H 1.55%，I 58.58%，N 4.31%，Na 3.54%，O 9.85%。

别名 甲泛影酸钠；2,4,6-三碘-3-乙酰氨基-4-(*N*-甲乙酰氨基)苯甲酸钠；3-乙酰氨基-5-乙酰甲基-2,4,6-三碘苯甲酸钠；3-乙酰氨基-2,4,6-三碘-5-(*N*-甲基乙酰氨基)苯甲酸钠；*N*-甲基-2,5-二乙酰氨基-2,4,6-三碘苯甲酸钠；*iso*-Paque；Sodium metrizoate；Triosil；Metrizoate sodium；Metrizoic acid sodium salt；3-Acetylamino-5-acetylmethyl amino-2,4,6-triiodobenzoic acid sodium salt；3-Acetamido-2,4,6-triiodo-5-(*N*-methylacetamido)benzoic acid sodium salt；*N*-Methyl-3,5-diacetamido-2,4,6-triiodobenzoicacid sodium salt

M. I. 15，6235

性状 无色结晶。一般试剂为75%或32.8%（质量/体积）的高压灭菌水溶液。

主要用途 抗辐射培养基。

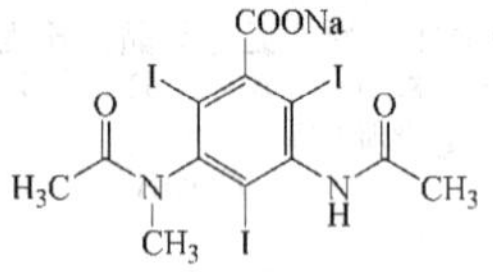

Isopelletierine hydrochloride 异石榴石碱 盐酸盐 05750

[5984-61-2] $C_8H_{16}ClNO$ 177.67

成分 C 54.08%，H 9.08%，Cl 19.95%，N 7.88%，O 9.01%。

别名 异石榴碱 盐酸盐；盐酸异石榴石碱；1-(2-哌啶基)-2-丙酮盐酸盐；盐酸异石榴皮碱；盐酸异石榴碱；盐酸 1-(2-哌啶基)-2-丙酮；1-(2-Piperidinyl)-2-propanone hydrochloride；2-Acetonylpiperidine hydrochloride；Punicine hydrochloride

M. I. 15，7181

性状 来自乙醇＋乙醚中的无色结晶。溶于水、乙醇。mp 145℃。

主要用途 医用驱绦虫剂。

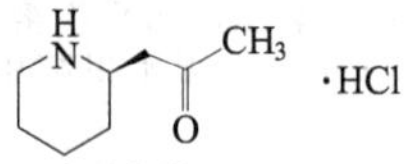

·HCl

Isopentyl acetate 乙酸异戊酯 05751

[123-92-2] $C_7H_{14}O_2$ 130.19

成分 C 64.58%，H 10.84%，O 24.58%。

别名 异戊酯；香蕉水；香蕉油；醋酸异戊酯；*iso*-Amyl acetate；Amyl acetic ester；Banana oil；Isoamyl acetate；3-Methylbutyl ethanoate；*γ*-Methylbutyl ethanoate；Pear oil

GW 2015-2655 M. I. 15，5156

性状 无色中性液体。具香蕉香气味。能与乙醇、戊醇、乙醚、苯、二硫化碳、乙酸乙酯相混溶，溶于400份水。bp 142℃；Fp 92℉（33℃，闭杯）；Fp 100℉（38℃，开杯）；d_4^{15} 0.876；n_D^{21} 1.400。

注意事项 该品易燃。反复曝露可造成皮肤干燥或破裂。使用时避免吸入本品的蒸气，避免与眼睛接触。应密封于阴凉处保存。

主要用途 色谱分析标准物。铬的测定。铁、钴、镍的萃取剂。溶剂。饮料配制。照相业。

参考规格 HG/T 3460—2003

	分析纯	化学纯
含量[$CH_3COOCH_2CH_2-CH(CH_3)_2$]/%≥	99.0～100.5	98.0～100.5
沸程/℃	138.0～143.0	138.0～143.0
与乙醇混合试验	合格	合格
蒸发残渣/%≤	0.002	0.005
水分/%≤	0.2	0.2
游离酸（以CH_3COOH计）/%≤	0.01	0.02

Isopentylamine 异戊胺 05752

[107-85-7] $C_5H_{13}N$ 87.17

成分 C 68.90%，H 15.03%，N 16.07%。

别名 1-氨基-3-甲基丁烷；3-甲基丁胺；*iso*-Amylamine；Isoamyl amine；1-Amino-3-methylbutane；*iso*-Butylcarbylamine；Isobutylcarbylamine；Isopentylamine；3-Methyl-1-butylamine；3-Methyl-1-butanamine；*iso*-Pentylamine

GW 2015-2733 M.I. 15，5157

性状 无色液体。有强烈氨味。对二氧化碳敏感。能与水、乙醇、氯仿、乙醚相混溶。bp 95℃；Fp 30.2℉（−1℃）；d^{18} 0.751；n_D^{18} 1.4096。一般试剂含量≥98.0%（GC）。

注意事项 该品高度易燃。具有腐蚀性，能引起烧伤。口服有害。使用应穿适当的防护服，戴手套和防护镜或面罩。使用现场禁止吸烟。万一接触到眼睛，应立即用大量水冲洗后请医生诊治。使用时如有事故发生或有不适之感，应请医生诊治。应远离火种密封保存。

主要用途 溶剂。有机合成。

Isopentyl butyrate 丁酸异戊酯 05753

[106-27-4] $C_9H_{18}O_2$ 158.24

成分 C 68.31%，H 11.47%，O 20.22%。

别名 正丁酸异戊酯；*iso*-Amyl *n*-butyrate；*n*-Butyric acid isopentyl ester；Isoamyl butyrate；Isopentyl *n*-butyrate；*iso*-Pentyl butanoate；Isoamyl *n*-butyrate

M.I. 15，5160

性状 无色液体。有特殊香味。能与乙醇、乙醚相混溶，微溶于水。bp 179℃；Fp 126℉（52℃）；d_{15}^{19} 0.866。

注意事项 该品易燃，应远离火种密封保存。

主要用途 溶剂。有机合成。

Isopentyl caproate 己酸异戊酯 05754

[2198-61-0] $C_{11}H_{22}O_2$ 186.29

成分 C 70.92%，H 11.90%，O 17.18%。

别名 正己酸异戊酯；*iso*-Amyl *n*-caproate；*iso*-Amyl hexanoate；*n*-Caproic acid isopentyl ester；Isoamyl caproate；Isoamyl hexanoate；Isopentyl *n*-caproate；*iso*-Pentyl hexanoate

性状 无色液体。溶于乙醇、乙醚，不溶于水。bp 224～227℃；d_4^{20} 0.861。

主要用途 溶剂。人造香精。

Isopentyl ether 异戊醚 05755

[544-01-4] $C_{10}H_{22}O$ 158.29

成分 C 75.88%，H 14.01%，O 10.11%。

别名 二异戊醚；*iso*-Amyl ether；*iso*-Amyl oxide；Di-*iso*-amyl ether；Diisoamyl ether；Isoamyl ether；Isoamyl oxide；3-Methyl-1-(γ-methylbutoxy)butane；1,1′-Oxybis(3-methylbutane)；Di-*iso*-pentyl ether

GW 2015-714 M.I. 15，5163

性状 无色液体。有愉快的水果香味。能与乙醇、氯仿、乙醚相混溶，不溶于水。bp 172℃；Fp 114℉（45℃）；d_4^{12} 0.783；n_D^{20} 1.408。

注意事项 该品易燃，应远离火种密封保存。

主要用途 生物碱、香料、脂肪等的溶剂。

Isopentyl formate 甲酸异戊酯 05756

[110-45-2] $C_6H_{12}O_2$ 116.16

成分 C 62.04%，H 10.41%，O 27.55%。

别名 蚁酸异戊酯；Isoamyl formate；3-Methylbutyl formate；*iso*-Pentyl formate；*iso*-Amyl formate

GW 2015-1183 M.I. 15，5164

性状 无色液体。有水果味。能与乙醇、乙醚相混溶，溶于300份水。mp −93.5℃；bp 123～124℃；Fp 80℉（26.7℃）；d^{20} 0.877；n_D^{20} 1.391。LD_{50}大鼠急性经口：9840mg/kg。一般试剂含量≥95.0%（GC）。

注意事项 该品易燃。对眼睛及呼吸系统有刺激性。使用时避免与皮肤接触。应密封于阴凉处保存。

主要用途 食品添加剂。人造果酱。

Isopentyl isovalerate 异戊酸异戊酯 05757

[659-70-1] $C_{10}H_{20}O_2$ 172.27

成分 C 69.72%，H 11.70%，O 18.58%。

别名 *iso*-Amyl valerate；Apple oil；*iso*-Amyl *iso*-valerate；Isoamyl isovalerate；Isoamyl valerianate

M.I. 15，5166

性状 无色液体。能与乙醇、乙醚相混溶，极微溶于水。其稀醇溶液有苹果香味。bp 191～194℃；d_4^{19} 0.858；n_D^{19} 1.413。

主要用途 溶剂。香料工业。

Isopentyl nitrate 硝酸异戊酯 05758

[543-87-3] $C_5H_{11}NO_3$ 133.15

成分 C 45.10%，H 8.33%，N 10.52%，O 36.05%。

别名 硝酸-γ-甲基丁酯；*iso*-Amyl nitrate；Isoamyl nitrate；3-Methyl-1-butanol nitrate；γ-Methylbutyl nitrate；*iso*-Pentyl nitrate

GW 2015-2337 M.I. 15，5167

性状 无色液体。能与乙醇、乙醚相混溶，微溶于水。bp 147～148℃；d_4^{22} 0.996；n_D^{22} 1.4122。

主要用途 溶剂。制药工业。

Isopentyl nitrite 亚硝酸异戊酯 05759

[110-46-3] $C_5H_{11}NO_2$ 117.15

成分 C 51.26%，H 9.46%，N 11.96%，O 27.31%。

别名 *iso*-Amyl nitrite；Isoamyl nitrite；*iso*-Pentyl nitrite

GW 2015-2499 M.I. 15，5168

性状 微黄色透明液体。微有水果香味。遇光和空气易分解。能与乙醇、氯仿、乙醚相混溶，极微溶于水。bp 97～99℃；Fp 50℉（10℃）；d_{25}^{25} 0.875；n_D^{21} 1.3871。一般试剂含量≥97.0%（GC）。常加入约2%的碳酸钠作为稳定剂。

注意事项 该品高度易燃。吸入或口服有害。使用现场禁止吸烟。使用时应避免与皮肤接触。如误服本品，应立即就医，并出示本品的容器或标签。应远离火种，充氮气密封避光于2～8℃或阴凉干燥保存。

主要用途 溶剂。香料制备。药物和重氮化合物的合成。氧化剂。

Isophorone 异佛尔酮 05760

[78-59-1] $C_9H_{14}O$ 138.21

成分 C 78.21%，H 10.21%，O 11.58%

别名 3,5,5-三甲基-2-环己烯-1-酮；异福尔酮；Isoacetophorone；Isoforon；α-Isophorone；3,5,5-Trimethyl-2-cyclohexen-1-one；1,3,3-Trimethylcyclohexen-5-one；1,5,5-Trimethyl-3-oxocyclohexene

M.I. 15，5242

性状 无色低挥发性液体。有樟脑样气味。溶于乙醚、乙醇、丙酮。于水中的溶解度：20℃，12000mg/L；25℃，14500mg/L。结冰点 −8.1℃；bp 215.3℃；Fp 184℉（84℃，开杯）；d_{20}^{20} 0.9229；d_4^{20} 0.9613；n_D^{20} 1.4778；uv max（于氢氧化钠溶液中）：235.5nm（ε 14300）。LD_{50}雄，雌大鼠，雄小鼠急性经口（mg/kg）：2700±200，

2100±200，2200±200。一般试剂含量≥97.0%（GC）。

注意事项 该品口服或与皮肤接触有害。对眼睛及呼吸系统有刺激性。对机体有不可逆损伤的可能性。使用时应穿适当的防护服，戴手套和防护镜或面罩。使用时应避免吸入本品的蒸气。如误服本品，应立即请医生检查，并出示瓶签或包装物。应远离食品及饲料密封保存。

主要用途 溶剂。

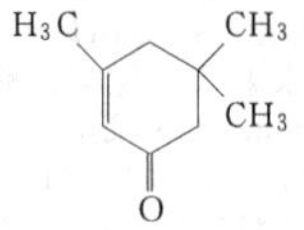

Isophytol 异植醇 05761

[505-32-8] $C_{20}H_{40}O$ 296.54

成分 C 81.01%，H 13.60%，O 5.40%。

别名 异叶绿醇；3,7,11,15-四甲基-1-十六烯-3-醇；3,7,11,15-Tetramethyl-1-hexadecen-3-ol；2,6,10,14-Tetramethylhexadec-15-en-14-ol；2,6,10-Trimethyl-14-vinylpentadecan-14-ol

M. I. 15，5244

性状 无色油状液体。溶于一般的有机溶剂，几乎不溶于水。$bp_{0.01}$ 107～110℃/1.333Pa；$bp_{0.06}$ 125～128℃/7.999Pa；Fp 347°F（175℃）；d_4^{20} 0.8519；n_D^{20} 1.4571。生化试剂含量≥97.0%（GC）。

注意事项 使用时应避免与眼睛及皮肤接触。应充氩气密封保存。

主要用途 生化研究。制备维生素 E，维生素 K_1。

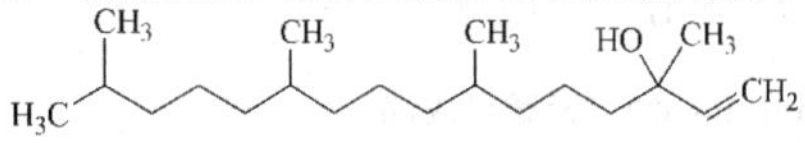

Isopilosine 异毛果芸香素 05762

[491-88-3] $C_{16}H_{18}N_2O_3$ 286.33

成分 C 67.12%，H 6.34%，N 9.78%，O 16.76%。

别名 卡匹碱；(3*S*,4*R*)-Dihyldro-3-[(*R*)-hydroxyphenylmethyl-4-(1-methyl-1*H*-imidazol-5-yl) methyl-2 (3*H*)-furanone；Carpiline；Carpidine

M. I. 15，5245

性状 来自乙醇中的无色针状结晶。mp 182～182.5℃；$[\alpha]_D^{20}$ +37.6°（乙醇中）。

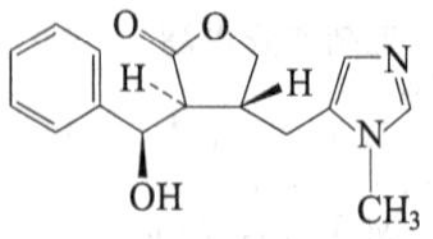

Isopimaric acid 异海松酸 05763

[5835-26-7] $C_{20}H_{30}O_2$ 302.46

成分 C 79.42%，H 10.00%，O 10.58%。

别名 [1*R*-(1α,4aβ,4bα,7α,10aα)]-7-Ethenyl-1,2,3,4,4a,4b,5,6,7,8,10,10a-dodecahydro-1,4a,7-trimethyl-1-phenanthrene-carboxylic acid；13β-Methyl-13-vinylpodocarp-7-ene-15-oic acid；Miropinic acid

M. I. 15，5246

性状 来自甲醇或乙醇中的无色或白色针状结晶。易溶于氯仿、苯，中等程度溶于乙醚、乙醇，微溶于石油醚。mp 160℃；$[\alpha]_D^{16}$ −3.6°（于乙醇、氯仿 1∶1 的 10.4%溶液中）。一般试剂含量≥98.0%（GC）。

注意事项 该品应密封于−20℃保存。

主要用途 生化研究。

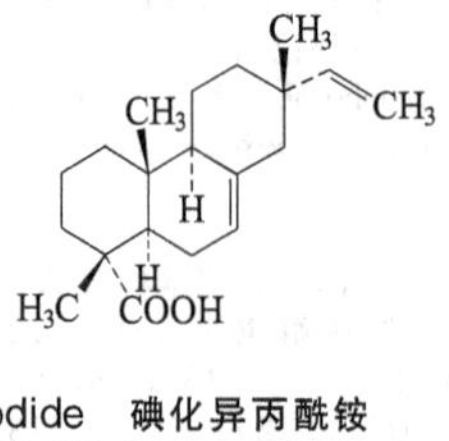

Isopropamide iodide 碘化异丙酰铵 05764

[71-81-8] $C_{23}H_{33}IN_2O$ 480.43

成分 C 57.50%，H 6.92%，I 26.42%，N 5.83%，O 3.33%。

别名 γ-Aminocarbonyl-*N*-methyl-*N*,*N*-bis(1-methylethyl)-γ-phenylbenzenepropanaminium iodide；(3-Carbamoyl-3,3-diphenylpropyl)diisopropylmethylammonium iodide；2,2-Diphenyl-4-diisopropylaminobutyramide methiodide；R-79；Darbid；Priamide；Tyrimide

M. I. 15，5248

性状 无色结晶或非定形粉末。易溶于沸水、甲醇、乙醇、氯仿，略微溶于冷水，极微溶于苯、乙醚。对光敏感。mp 198～201℃（分解）。生化试剂含量 95.0%～98.0%。

注意事项 该品对眼睛、呼吸系统及皮肤有刺激性。使用时应穿适当的防护服。使用时如有事故发生或有不适之感，应请医生诊治。

主要用途 生化研究。医用抗痉挛剂。

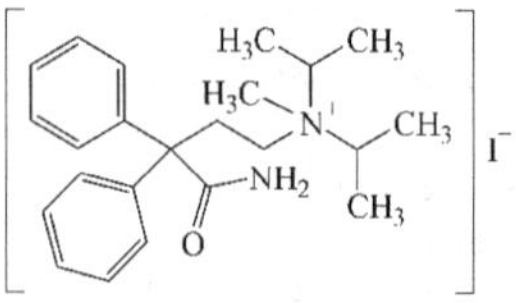

Isopropenyl acetate 乙酸异丙烯酯 05765

[108-22-5] $C_5H_8O_2$ 100.12

成分 C 59.98%，H 8.05%，O 31.96%。

别名 乙酸 1-甲基乙烯酯；异丙烯基乙酸酯；1-Methylvinyl acetate；1-Propen-2-ol acetate；1-Propen-2-yl acetate

GW 2015-4828 M. I. 15，5249

性状 无色液体。bp 97℃；bp_{200} 58～60℃/26.664kPa；Fp 39°F（4℃）；n_D^{20} 1.4001。LD_{50} 大鼠急性经口：3.0g/kg。一般试剂含量≥98.8%（GC）。

注意事项 该品高度易燃。使用现场禁止吸烟。使用时应避免吸入本品的蒸气。切勿排入下水道。应远离火种，采取抗放静电措施，于通风良好处充氩气密封保存。

主要用途 潜在烯醇酰化作用的试剂。

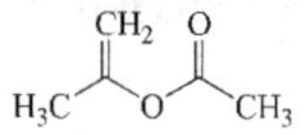

4-(5-Isopropenyl-2-methyl-1-cyclopenten-1-yl)-2-butanone

4-(5-异丙烯基-2-甲基-1-环戊烯-1-基)-2-丁酮 05766

[87-45-6] $C_{13}H_{20}O$ 192.30

成分 C 81.20%，H 10.48%，O 8.32%。

别名 4-[2-Methyl-5-(1-methylethenyl)-1-cyclopenten-1-yl]-2-butanone；4-(2-Methyl-5-isopropenyl-1-cyclopenten-1-yl)-2-butanone；Pentione

M. I. 15，5250

性状 浅黄色液体。具柠檬状的气味。易溶于苯二甲醇酸二乙酯，溶于 70%乙酸最少 10%，溶于矿物油、玉米油。$bp_{0.5}$ 72～75℃/66.7Pa；d_{25}^{25} 0.9218；n_D^{25} 1.4800。

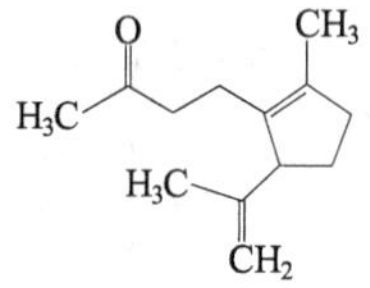

Isopropyl acetate 乙酸异丙酯 05767

[108-21-4] $C_5H_{10}O_2$ 102.13

成分 C 58.80%，H 9.87%，O 31.33%。

别名 醋酸异丙酯；*iso*-Propyl acetate

GW 2015-2653 M. I. 15，5251

性状 无色液体。能与乙醇、乙醚相混溶，溶于 23 份水（27℃）。mp −73.4℃；bp 89℃；Fp 40°F（4℃，开杯）；Fp 36°F（2℃，闭杯）；d_4^{20} 0.870；n_D^{20} 1.377。LD_{50} 大鼠急性经口：6.75g/kg。一般试剂含量≥99.5%（GC）。

注意事项 该品高度易燃。对眼睛、呼吸系统及皮肤有刺激性。使用时应穿适当的防护服。使用现场禁止吸烟。切勿排入下水道。万一接触到眼睛，应立即用大量水冲洗后请医生诊治。应远离火种，采取抗放静电措施，密封于阴凉处保存。

主要用途 色谱分析标准物。塑料、油类、树脂和纤维等的溶剂。

Isopropylamine 异丙胺 05768

[75-31-0]　C_3H_9N　59.11

成分　C 60.96%，H 15.35%，N 23.70%。

别名　2-氨基丙烷；2-Aminopropane；2-Propanamine；*iso*-Propylamine；Mono-*iso*-propylamine

GW 2015-19　M.I. 15，5255

性状　无色液体。有氨味。呈强碱性。对二氧化碳敏感。能与水、乙醇、乙醚相混溶。mp －101℃；bp 33～34℃；Fp －15℉（－26℃，开杯）；d_4^{15} 0.694；n_D^{15} 1.3770。LD_{50} 大鼠急性经口：820mg/kg。一般试剂含量≥99.0%。

注意事项　该品极易燃。对眼睛、呼吸系统及皮肤有刺激性。使用现场禁止吸烟。切勿排入下水道。万一接触到眼睛，应立即用大量水冲洗后请医生诊治。应远离火种密封保存。

主要用途　乳化剂。表面活性剂。橡胶硫化促进剂。溶剂。有机合成。

4-Isopropylaniline　4-异丙基苯胺　05769

[99-88-7]　$C_9H_{13}N$　135.21

成分　C 79.95%，H 9.69%，N 10.36%。

别名　4-氨基异丙苯；对异丙基苯胺；对氨基异丙苯；4-Aminocumene；4-Amino-1-isopropylbenzene；*β*-(4-Aminophenyl)propane；Cumidine；*p*-Isopropylaniline；4-(1-Methylethyl)benzenamine

M.I. 15，2610

性状　无色液体。不溶于水。mp －63℃；bp_{745} 226～227℃/99.32kPa；Fp 197℉（92℃）；*d*　0.9526；n_D^{20}1.5430。

注意事项　该品口服有害。对眼睛、呼吸系统及皮肤有刺激性。使用时应穿适当的防护服和戴手套。万一接触到眼睛，应立即用大量水冲洗后请医生诊治。

主要用途　分析试剂，测定钨。

Isopropyl butyrate　丁酸异丙酯　05770

[638-11-9]　$C_7H_{14}O_2$　130.19

成分　C 64.58%，H 10.84%，O 24.58%。

别名　酪酸异丙酯；正丁酸异丙酯；*iso*-Propyl *n*-butyrate

GW 2015-2775

性状　无色液体。能与乙醇、乙醚相混溶，不溶于水。bp 130～131℃；Fp 86℉（30℃）；d_4^{20} 0.859；n_D^{20} 1.3930。一般试剂含量≥98.0%。

注意事项　该品易燃。对眼睛、呼吸系统及皮肤有刺激性。

主要用途　纤维素的溶剂。有机合成。

Isopropyl ether　异丙醚　05771

[108-20-3]　$C_6H_{14}O$　102.18

成分　C 70.53%，H 13.81%，O 15.66%。

别名　二异丙醚；Diisopropoxypopane；Diisopropyl ether；Diisopropyl ether；DIPE；2-Isopropoxypropane；2,2′-Oxybispropane；*iso*-Propyl ether

GW 2015-2692　M.I. 15，5258

性状　无色透明液体。有乙醚气味。能与乙醇、乙醚、苯、三氯甲烷等有机溶剂相混溶，微溶于水。mp －85.89℃；bp_{760} 68.27℃/101.32kPa；Fp －6.7℉（－21.5℃，闭杯）；d_4^{20} 0.72813；n_D^{20} 1.36888。LD_{50} 14 天大鼠，幼年成熟大鼠，成熟大鼠急性经口（mL/kg）：6.4，16.5，16.0。一般试剂含量≥99.0%（GC）。

注意事项　该品高度易燃。能形成爆炸性过氧化物。反复曝露可造成皮肤干燥或破裂。其蒸气可引起瞌睡和眩晕。使用现场禁止吸烟。切勿排入下水道。应远离火种，采取抗放静电措施，于通风良好处密封保存。

主要用途　溶剂。萃取剂。有机合成。脱蜡。

Isopropyl formate　甲酸异丙酯　05772

[625-55-8]　$C_4H_8O_2$　88.11

成分　C 54.53%，H 9.15%，O 36.32%。

别名　蚁酸异丙酯；*iso*-Propyl formate

GW 2015-1181

性状　无色液体。能与乙醇、乙醚相混溶，微溶于水。bp 68～71℃；Fp 7℉（－13℃）；d_4^{20} 0.8728；n_D^{20} 1.3678。

注意事项　该品易燃。应密封阴凉保存。

主要用途　溶剂。色谱分析标准物。

1,2-*O*-Isopropylidene-D-glucofuranose
1,2-*O*-异亚丙基-D-呋喃葡糖　05773

[18549-40-1]　$C_9H_{16}O_6$　220.22

成分　C 49.09%，H 7.32%，O 43.59%。

别名　1,2-*O*-*iso*-Propylidene-D-glucofuranose

性状　白色结晶。易吸潮。溶于水。mp 158～160℃；$[\alpha]_D^{20}$ －11.7°±0.5°（*c*＝2，于水中）。生化试剂含量≥98.0%。

注意事项　该品应密封于 2～8℃干燥保存。

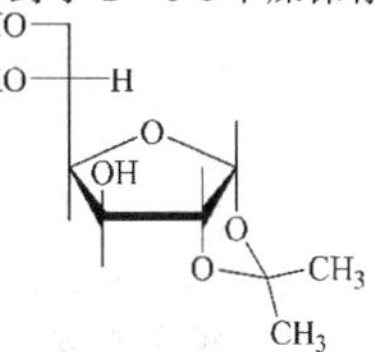

DL-*α*,*β*-Isopropylideneglycerol　05774
DL-*α*,*β*-异亚丙基丙三醇

[100-79-8]　$C_6H_{12}O_3$　132.16

成分　C 54.53%，H 9.15%，O 36.32%。

别名　1,2-氧异亚丙基外消旋丙三醇；(±)-2,2-二甲基-1,3-二噁烷-4-甲醇；DL-*α*,*β*-异亚丙基甘油；2,2-二甲基-4-羟甲基-1,3-二噁烷；2,2-二甲基-4-羟甲基-1,3-二氧戊环；丙酮缩甘油；甘油醇缩丙酮；1,2-*O*-*iso*-Propylidene-*rac*-glycerol；(±)-2,2-Dimethyl-1,3-dioxolane-4-methanol；Solketal；(±)-2,2-Dimethyl-4-hydroxy methyl-1,3-dioxolane；Acetone ketal of glycine；Glycerol dimethylketal；Acetone glycerol

M.I. 15，5259

性状　无色液体。几乎无味。能与水、醇类、醚类、酯类、芳香烃类、氯化烃类、石油醚、松节油及油类相混溶。在通常的保管温度时不燃。黏度（20℃）11mPa·s；bp_{10} 82℃/1.333kPa；Fp 194℉（90℃）；d_4^{20} 1.064；n_D^{20} 1.4383。LD_{50}大鼠急性经口：7g/kg；腹膜内注射：3g/kg。一般试剂含量≥98.0%（GC）。

注意事项　使用时应避免吸入本品的蒸气，避免与眼睛及皮肤接触。应充氩气密封保存。

主要用途　通用溶剂及增塑剂。药用助剂（溶解及悬浮剂）。

Isopropyl myristate　十四酸异丙酯　05775

[110-27-0]　$C_{17}H_{34}O_2$　270.46

成分　C 75.50%，H 12.67%，O 11.83%。

别名　肉豆蔻酸异丙酯；*iso*-Propyl myristate；Isopropyl tetradecanoate；Myristic acid isopropyl ester；Tetradecanoic acid 1-methylethyl ester

M.I. 15，5261

性状　无色液体。无味。溶于蓖麻油、棉子油、丙酮、氯仿、乙酸乙酯、乙醇、甲苯、矿物油，不溶于水、甘油、丙二醇。mp 约 3℃；208℃分解；bp_{20} 192.6℃/2.666kPa；bp_2 140.2℃/266.6Pa；Fp 306℉（152℃）；d^{20} 0.8532；d^{99}0.7942；n_D^{25} 1.432～1.434。一般试剂含量≥98.0%（GC）。

注意事项　该品对皮肤有刺激性。使用时应避免吸入本品的蒸气和飞沫，避免与眼睛及皮肤接触。

主要用途　溶剂。有机合成。香料配制。

N-Isopropyl-DL-noradrenaline hydrochloride
N-异丙基-DL-去甲肾上腺素 盐酸盐　05776

[949-36-0]　$C_{11}H_{18}ClNO_3$　247.72

成分　C 53.33%，H 7.32%，Cl 14.31%，N 5.65%，O 19.38%。

别名　盐酸 *N*-异丙基-DL-去甲肾上腺素；DL-Isoproterenol hydrochloride；Aerolone；Aerotrol；Euspiran；Isomenyl；Isovon；Mistarel；Suscardia

M. I. 15，5263

性状 来自乙醇中的无色结晶。1g 该品溶于 3mL 水、50mL 95%乙醇，微溶于无水乙醇，几乎不溶于苯，不溶于氯仿、乙醚。其 1% 水溶液 pH 值约 5。mp 170～171℃。LD_{50} 大鼠急性经口：(2221±93) mg/kg。生化试剂含量≥98.0%（AT）。

注意事项 该品对眼睛、呼吸系统及皮肤有刺激性。使用时应穿适当的防护服。万一接触到眼睛，应立即用大量水冲洗后请医生诊治。应充氩气密封避光干燥保存。

主要用途 生化研究。医用支气管扩张剂。

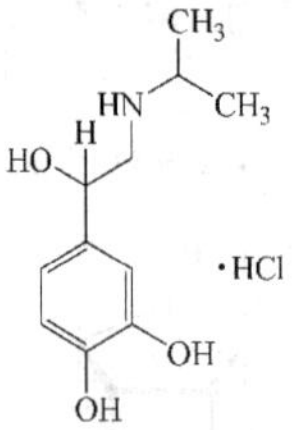

(－)-*N*-Isopropyl-L-noradrenaline hydrochloride 05777

(－)-*N*-异丙基-L-去甲肾上腺素 盐酸盐

[5984-95-2] $C_{11}H_{18}ClNO_3$ 247.72

成分 C 53.33%，H 7.32%，Cl 14.31%，N 5.65%，O 19.38%。

别名 盐酸(－)-*N*-异丙基-L-去甲肾上腺素；(*R*)-3,4-Dihydroxy-*α*-(isopropylaminomethyl) benzyl alcohol hydrochloride；(－)-Isoproterenol hydrochloride

M. I. 15，5263

性状 无色结晶。162～164℃分解；$[\alpha]_D^{20}$ －50°。

注意事项 该品对眼睛、呼吸系统及皮肤有刺激性。使用时应穿适当的防护服。万一接触到眼睛，应立即用大量水冲洗后请医生诊治。应充氩气密封于－20℃干燥保存。

主要用途 生化研究。

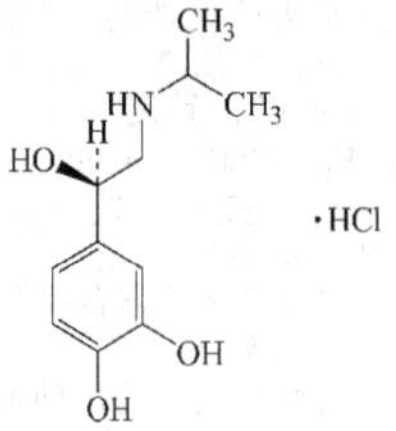

Isopropyl *N*-phenylcarbamate 05778

***N*-苯基氨基甲酸异丙酯**

[122-42-9] $C_{10}H_{13}NO_2$ 179.22

成分 C 67.02%，H 7.31%，N 7.82%，O 17.85%。

别名 异丙基苯氨基甲酸酯；苯胺灵；Carbanilic acid isopropyl ester；Isopropyl carbanilate；*O*-Isopropyl *N*-phenyl carbamate；*iso*-Propyl *N*-phenylcarbamate；Carbanilic acid *iso*-propyl ester；IPC；Phenylcarbamic acid 1-methylethyl ester；*N*-Phenyl isopropyl carbamate；*iso*-PPC；Propham；*iso*-Propyl carbanilate；INPC

M. I. 15，7930

性状 无色针状结晶或白色结晶性粉末。溶于乙醇、苯等多数有机溶剂，几乎不溶于水。mp 90℃。LD_{50} 雄，雌大鼠急性经口：3724mg/kg，4315mg/kg。

注意事项 该品口服有害。使用时应穿适当的防护服和戴手套。万一接触到眼睛，应立即用大量水冲洗后请医生诊治。

主要用途 除草剂。

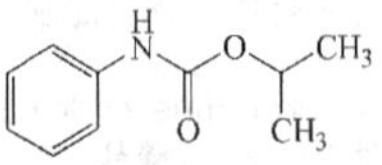

Isopropyl-*β*-D-1-thiogalactopyranoside 05779

异丙基-*β*-D-1-硫代吡喃半乳糖苷

[367-93-1] $C_9H_{18}O_5S$ 238.30

成分 C 45.36%，H 7.61%，O 33.57%，S 13.46%。

别名 异丙基-*β*-D-1-硫代半乳糖苷；*iso*-Propyl-*β*-D-thiogalactopyranoside；*iso*-Propyl-*β*-D-thiogalactoside；IPTG；ITPG

性状 无色或白色结晶。

注意事项 该品使用时应避免吸入本品的粉尘，避免与眼睛及皮肤接触。应充氩气密封于－20℃保存。

主要用途 生化研究。

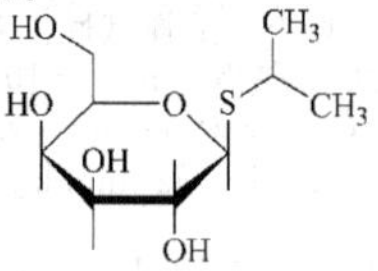

Isoproturon

***N*,*N*-二甲基-*N'*-[4-(1-甲基乙基)苯基]脲** 05780

[34123-59-6] $C_{12}H_{18}N_2O$ 206.29

成分 C 69.87%，H 8.79%，N 13.58%，O 7.76%。

别名 3-对异丙苯基-1,1-二甲基脲；*N*-(4-异丙基苯基)-*N*，*N'*-二甲基脲；*N*，*N*-Dimethyl-*N'*-[4-(1-methylethyl) phenyl] urea；3-*p*-Cumenyl-1，1-dimethylurea；*N*-(4-Isopropylphenyl)-*N'*，*N'*-dimethylurea；I. P. U.；HOE-16410；CGA-18731；Arelon；Protugan

M. I. 15.5264

性状 来自苯中的白色结晶。溶于水（22℃，70mg/L）。mp 158℃；Fp 212℉（100℃）。LD_{50} 小鼠，大鼠急性经口：3350mg/kg，3600mg/kg。

注意事项 该品对机体有不可逆损伤的可能性。对水生物极毒。能对水环境引起长期不利的结果。使用时应穿适当的防护服和戴手套。应防止将本品释放于环境中。其包装物应按危险品处理。

主要用途 除草剂。分析用标准物质。

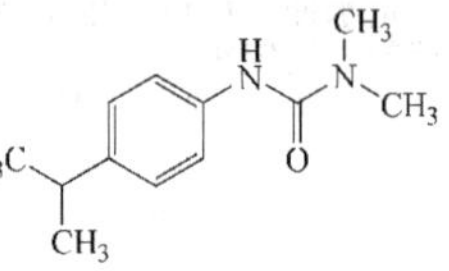

Isopyrocalciferol 异光甾醇 05781

[474-70-4] $C_{28}H_{44}O$ 396.66

成分 C 84.78%，H 11.18%，O 4.03%。

别名 (3*β*,9*β*,22*E*)-Ergosta-5,7,22-trien-3-ol；9*β*-Ergosterol

M. I. 15，5265

性状 来自乙醚-甲醇中的无色棱柱体结晶。能被洋地黄皂苷沉淀。mp 112～115℃；$[\alpha]_D^{20}$ +332°；$[\alpha]_{546}^{20}$ +415°（*c*=1.5，于氯仿中）；uv max：262nm，280nm。

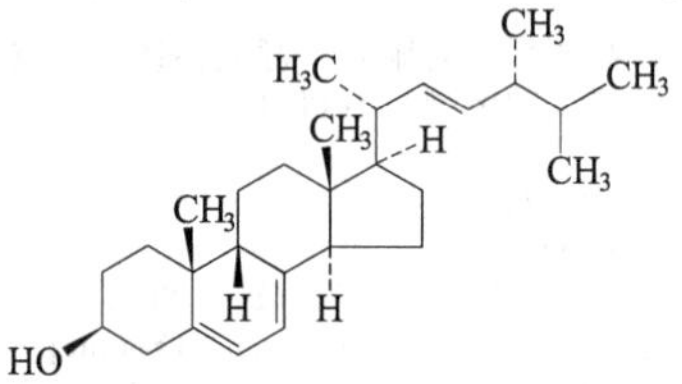

Isoquercitrin 异槲皮苷 05782

[482-35-9] $C_{21}H_{20}O_{12}$ 464.38

成分 C 54.31%，H 4.34%，O 41.34%。

别名 2-(3,4-Dihydroxyphenyl)-3-(*β*-D-glucofuranosyloxy)-5,7-dihydroxy-4*H*-1-benzopyran-4-one；3,3',4',5,7-Pentahydroxyflavone-3-glucoside；Quercetin-3-glucoside；Isotrifoliin；Trifoliin

M. I. 15，5267

性状 来自水中的黄色针状结晶。溶于碱溶液呈深黄色。略微溶于沸水，不溶于冷水。mp 225～227℃；uv max：257nm，369nm。

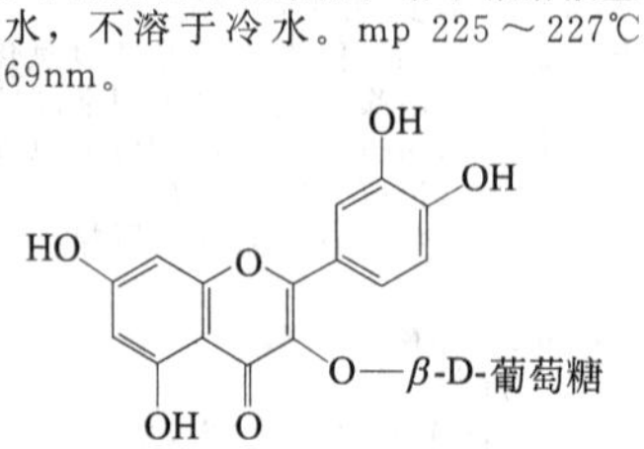

O—*β*-D-葡萄糖

Isoquinoline 异喹啉 05783

[119-65-3] C_9H_7N 129.16

成分 C 83.69%，H 5.46%，N 10.84%。
别名 苯并［c］吡啶；2-Benzazine；Benzo[c]pyridine；*iso*-Quinoline
M. I. 15，5268
性状 无色液体，低温为无色片状结晶。有吸湿性。能与乙醇、乙醚等有机溶剂相混溶，溶于稀酸，几乎不溶于水。pK_a（25℃）：8.60。mp 26.48℃；bp_{760} 343.25℃/101.325kPa；bp_{743} 242.2℃/97.592kPa；Fp 217°F（102℃）；d_4^{30} 1.09101；d_4^{80} 1.05143；n_D^{30} 1.62078。LD_{50}大鼠急性经口：360mg/kg。一般试剂含量≥97.0%（GC）。
注意事项 该品口服有害。与皮肤接触有毒，有刺激性。使用时应穿适当的防护服和戴手套。万一接触到眼睛，应立即用大量水冲洗后请医生诊治。使用时如有事故发生或有不适之感，应请医生诊治。应密封于2～8℃保存。
主要用途 气相色谱固定液，用于低级脂肪烃和芳烃的分析。制药工业。有机合成。

N

Isosafrole(*cis*-＋*trans*-) 异黄樟素(顺式＋反式) 05784

［120-58-1］ $C_{10}H_{10}O_2$ 162.19
成分 C 74.06%，H 6.21%，O 19.73%。
别名 5-丙烯基-1,3-苯并二噁茂；异黄樟油素；1,2-Methylenedioxy-4-propenylbenzene；5-(1-Propenyl)-1，3-benzodioxole；*iso*-Safrole
M. I. 15，5269
性状 无色液体。有茴香气味。能与乙醇、乙醚、苯相混溶。bp_{760} 253℃/101.325kPa；Fp 210°F（108℃，闭杯）；d 1.120；n_D^{20} 1.5760。一般试剂含量≥97.0%。
注意事项 该品口服有害。对机体有不可逆损伤的可能性。使用时应穿适当的防护服，戴防护镜或面罩。应密封避光保存。
主要用途 香料。

O O H_3C （反式）

D-Isosorbide D-异山梨醇 05785

［652-67-5］ $C_6H_{10}O_4$ 146.14
成分 C 49.31%，H 6.90%，O 43.79%。
别名 异山梨糖醇；1,4,3,6-Dianhydro-D-glucitol；1,4,3,6-Dianhydrosorbitol；AT-101；NSC-40725；Hydronol；Ismotic；Isobide
M. I. 15，5270
性状 无色结晶。mp 61～64℃；$[\alpha]_D$＋44°。生化试剂含量≥98.0%（GC）。
主要用途 生化研究。医用利尿剂。

HO H O O OH H

Isosorbide dinitrate 二硝酸异山梨醇 05786

［87-33-2］ $C_6H_8N_2O_8$ 236.14
成分 C 30.52%，H 3.41%，N 11.86%，O 54.20%。
别名 异山梨醇二硝酸盐；1,4,3,6-Dianhydro-D-glucitol dinitrate；Dinitrosorbide；1,4,3,6-Dianhydrosorbide 2,5-dinitrate；Astridine；Cardis；Carvasin；Cedocard；Corovliss；Dignonitrat；Dilatrate；Diniket；Disorlon；EureCor；Flindix；Frandol；Imtack；Isdin；ISDN；Isocard；Isoket；IsoMack；Isorbid；Isordil；Isostenase；Isotrate；Langoran；Laserdil；Maycor；Myorexon；Nitorol；Nitrol；Nitrosorbon；Nosim；Rifloc；Rigedal；Soni-slo；Sorbangil；Sorbichew；Sorbidilat；Sorbid SA；Sorbitrate；Vascardin；Vasorbate
M. I. 15，5271
性状 硬的无色结晶或白色粉末。易溶于丙酮、乙醇、乙醚等有机溶剂，微溶于水（1.089mg/mL）。mp 70℃；$[\alpha]_D^{20}$ ＋135°（于乙醇中）。
注意事项 该品经碰撞、摩擦、遇火及其他火种有爆炸的危险。口服有害。使用时应穿适当的防护服。应密封于阴凉处保存。
主要用途 生化研究。

O_2NO H H O O ONO_2 H H

Isothebaine 异蒂巴因 05787

［568-21-8］ $C_{19}H_{21}NO_3$ 311.38
成分 C 73.29%，H 6.80%，N 4.50%，O 15.41%。
别名 异二甲基吗啡；(6a*S*)-5,6,6a,7-Tetrahydro-2,11-dimethoxy-6-methyl-4*H*-dibenzo[*de*,*g*]quinolin-1-ol；2,11-Dimethoxy-6aα-aporphin-1-ol；1-Hydroxy-2，11-dimethoxyaporphine
M. I. 15，5272
性状 无色菱形结晶。对光敏感。溶于乙醇、氯仿，微溶于乙醚。mp 203～204℃；$[\alpha]_D^{18}$＋285°（于乙醇中）。

OCH_3 HO H_3CO N H CH_3

Isovaleraldehyde 异戊醛 05788

［590-86-3］ $C_5H_{10}O$ 86.13
成分 C 69.72%，H 11.70%，O 18.58%。
别名 3-甲基丁醛；异缬草醛；3-Methylbutanal；3-Methylbutyraldehyde；Isovaleral；Isovaleric aldehyde；*iso*-Valeraldehyde
GW 2015-1113 M. I. 15，5275
性状 无色液体。有刺鼻的恶臭。能与乙醇、乙醚相混溶，略微溶于水。mp －51℃；bp 92～93℃；Fp 23°F（－5℃）；d_{20}^{20} 0.785；n_D^{20} 1.3902。一般试剂含量≥98.0%（GC）。
注意事项 该品高度易燃。对眼睛有刺激性。使用时应穿适当的防护服。使用现场禁止吸烟。万一接触到眼睛，应立即用大量水冲洗后请医生诊治。应远离火种密封保存。
主要用途 有机合成。合成香料。

Isovaleric acid 异戊酸 05789

［503-74-2］ $C_5H_{10}O_2$ 102.13
成分 C 58.80%，H 9.87%，O 31.33%。
别名 3-甲基-1-丁酸；异丙基乙酸；异穿心排草酸；异缬草酸；Delphinic acid；Isopropylacetic acid；Isovalerianic acid；3-Methylbutanoic acid；*iso*-Pentanoic acid；*iso*-Propylaceticacid
M. I. 15,5277
性状 无色或微黄色油状液体。微有臭奶酪味及不愉快的酸臭味。溶于24份水，溶于乙醇、乙醚、三氯甲烷。mp －37℃；bp 175～177℃；Fp 165.2°F（74℃）；d_4^{20} 0.931；n_D^{20} 1.4043。LD_{50}小鼠静脉注射：(1120±30)mg/kg。一般试剂含量≥98.5%(GC)。
注意事项 该品具有腐蚀性，能引起烧伤。使用时应穿适当的防护服，戴手套和防护镜或面罩。万一接触到眼睛，应立即用大量水冲洗后请医生诊治。使用时如有事故发生或有不适之感，应请医生诊治。
主要用途 香料制备。有机合成。

Isovaleryl chloride 异戊酰氯 05790

［108-12-3］ C_5H_9ClO 120.58
成分 C 49.81%，H 7.52%，Cl 29.40%，O 13.27%。
别名 3-甲基丁酰氯；氯化异戊酰；3-Methylbutryl chloride
GW 2015-2739 M. I. 15，5278
性状 无色液体。对湿度敏感。能被水、乙醇分解。bp 114～116℃；Fp 70°F（21℃）；d_4^{20} 0.985；n_D^{20} 1.4156。一般试剂含量≥98.0%（HPLC）。
注意事项 该品易燃。具有腐蚀性，能引起烧伤。对呼吸系统有刺激性。使用时应穿适当的防护服，戴手套和防护镜或面罩。万一接触到眼睛，应立即用大量水冲洗后请医生诊治。使用时如有事故发生或有不适之感，应请医生诊治。应密封干燥保存。

2-Isovalerylindane-1,3-dione
2-异戊酰基-1,3-茚满二酮 05791
[83-28-3] $C_{14}H_{14}O_3$ 230.26
成分 C 73.03%，H 6.13%，O 20.84%。
别名 杀鼠酮；异杀鼠酮；2-(3-Methyl-1-oxobutyl)-1*H*-indene-1,3(2*H*)-dione;Pmp ;Valone
M. I. 15，5279
性状 来自甲醉中的黄色固体。溶于多数有机溶剂，几乎不溶于水。mp 68～69℃。
注意事项 该品应密封于2～8℃保存。
主要用途 杀虫剂，杀鼠剂。

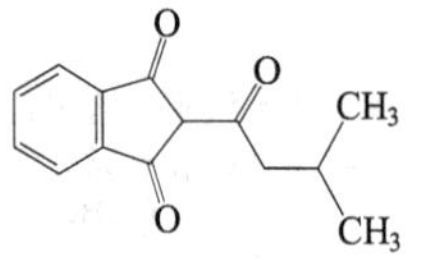

DL-Isovaline DL-异缬氨酸
05792
[595-39-1] $C_5H_{11}NO_2$ 117.15
成分 C 51.26%，H 9.46%，N 11.96%，O 27.31%。
别名 DL-2-氨基-2-甲基丁酸；α-氨基-α-甲基丁酸；DL-2-Amino-2-methylbutyric acid;α-Amino-α-methylbutyric acid;DL-*iso*-Valine
M. I. 15，5280
性状 无色单斜棱柱体结晶。溶于冷水（约39g/100mL）、热乙醇（75℃，约6.6g/100g），微溶于乙醚。约300℃升华。mp 307～308℃（密封管中）。
主要用途 生化研究。

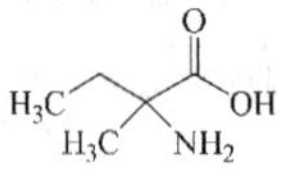

Isoxaben 异噁草胺
05793
[82558-50-7] $C_{18}H_{24}N_2O_4$ 332.40
成分 C 65.14%，H 7.28%，N 8.43%，O 19.25%。
别名 *N*-[3-(1-乙基-1-甲基丙基)-5-异噁唑基]-2,6-二甲氧基苯甲酰胺；*N*-[3-(1-Ethyl-1-methylpropyl)-5-isoxazolyl]-2,6-dimethoxybenzamide; Benzamizole; EL-107; NA-8318;Flexidor;Gallery
M. I. 15，5281
性状 白色结晶性固体。该品于下列物质中的溶解度（25℃，mg/mL）：甲醇 50～100；乙酸乙酯 50～100；乙腈 30～50；甲苯 4～5；己烷 0.07～0.08；水 0.001～0.002。mp 176～179℃。LD_{50}小鼠，大鼠急性经口：>10g/kg；LC_{50}大鼠吸入：>1.99mg/L。
注意事项 该品对机体有不可逆损伤的可能性。使用时应穿适当的防护服。
主要用途 除草剂。分析用标准物质。

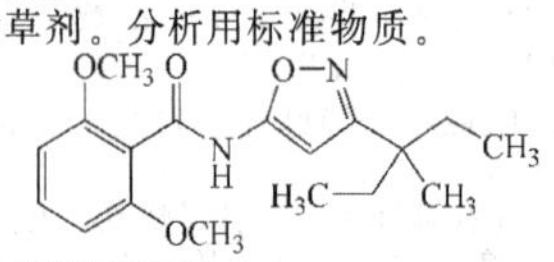

Isoxaflutole 异噁唑草酮
05794
[141112-29-0] $C_{15}H_{12}F_3NO_4S$ 359.32
成分 C 50.14%，H 3.37%，F 15.86%，N 3.90%，O 17.81%，S 8.92%。
别名 (5-Cyclopropyl-4-isoxazolyl)[2-methylsulfonyl-4-(trifluoromethyl)phenyl] methanone; 5-Cyclopropyl-1, 2-oxazol-4-yl α,α,α-trifluoro-2-mesyl-*p*-tolyl ketone; 5-Cyclopropylisoxazol-4-yl 2-mesyl-4-trifluoromethylphenyl ketone; 5-Cyclopropyl-4-(2-methanesulfonyl-4-trfluoromethylbenzoyl)isoxazole;264-EUP-99;RPA-201772;Balance;Merlin
M. I. 15，5283
性状 近白色或浅黄色固体。微溶于水（6.2mg/L）。蒸气压（25℃）：1×10^{-6} Pa；mp 138～138.5℃或140℃。LD_{50}大鼠，鹌鹑，雄野鸭急性经口（mg/kg）：>5000，>2150，>2150；兔皮肤接触：>2000mg/kg。
注意事项 该品能危害胎儿。对水生物极毒。能对水环境引起不利的结果。使用时应穿适当的防护服和戴手套。其包装物应按危险品处理。
主要用途 除草剂，分析用标准物质。

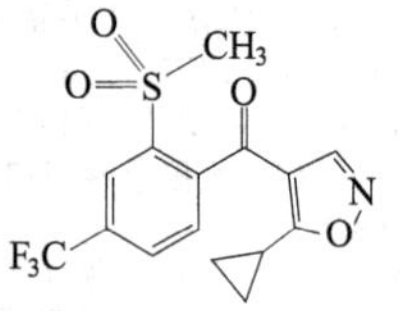

Isoxepac 伊索克酸
05795
[55453-87-7] $C_{16}H_{12}O_4$ 268.27
成分 C 71.64%，H 4.51%，O 23.86%。
别名 6,11-Dihydro-11-oxodibenz[*b*,*e*]oxepin-2-acetic acid; Oxepinac; HP-549; P-720549; Artil
M. I. 15，5284
性状 来自乙酸乙酯中的无色结晶。mp 131～132.5℃。LD_{50}大鼠急性经口：199mg/kg。
主要用途 医用抗炎剂。

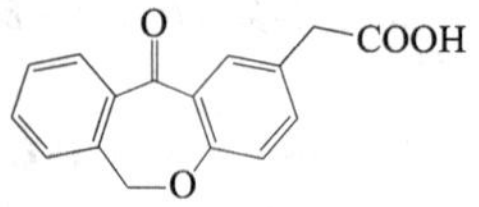

Isoxicam 异噁噻酰胺
05796
[34552-84-6] $C_{14}H_{13}N_3O_5S$ 335.34
成分 C 50.14%，H 3.91%，N 12.53%，O 23.86%，S 9.56%。
别名 伊索昔康；埃索昔康；4-Hydroxy-2-methyl-*N*-(5-methyl-3-isoxazolyl)-2*H*-1, 2-benzothiazine-3-carboxamide 1, 1-dioxide; 4-Hydroxy-3-(5-methyl-3-isoxazolocarbamyl)-2-methyl-2*H*-1,2-benzothiazine 1,1-dioxide; W-8495; Floxicam; Maxicam; Pacyl; Vectren
性状 来自二氧六环中的无色结晶。mp 265～271℃（分解）。
主要用途 生化研究。医用抗炎剂。

Isoxsuprine hydrochloride 苯氧丙酚胺 盐酸盐
05797
[579-56-6] $C_{18}H_{24}ClNO_3$ 337.84
成分 C 63.99%，H 7.16%，Cl 10.49%，N 4.15%，O 14.21%。
别名 盐酸苯氧丙酚胺; Dilavase; Duvadilan; Duviculine; Navilox; Suprilent; Vadosilan; Vasodilan; Vasotran; 4-Hydroxy-α-[1-[(1-methyl-2-phenoxyethyl)amino]ethyl]benzenemethanol hydrochloride; *p*-Hydroxy-α-[1-[(1-methyl-2-phenoxyethyl)amino]ethyl] benzyl alcohol hydrochloride; *p*-Hydroxy-*N*-(1-methyl-2-phenoxyethyl)norephedrine hydrochloride; 1-(*p*-Hydroxyphenyl)-2-(1-methyl-2-phenoxyethylamino)-1-propanol hydrochloride; 2-(3-Phenoxy-2-propylamino)-1-(*p*-hydroxyphenyl)-1-propanol-hydrochloride
M. I. 15，5285
性状 来自水中的无色结晶。味苦。溶于水，略溶于乙醇。mp 203～204℃。LD_{50}大鼠急性经口：1750mg/kg；腹膜内注射：164mg/kg。
注意事项 该品口服有害。使用时应穿适当的防护服。
主要用途 生化研究。医用血管扩张剂。

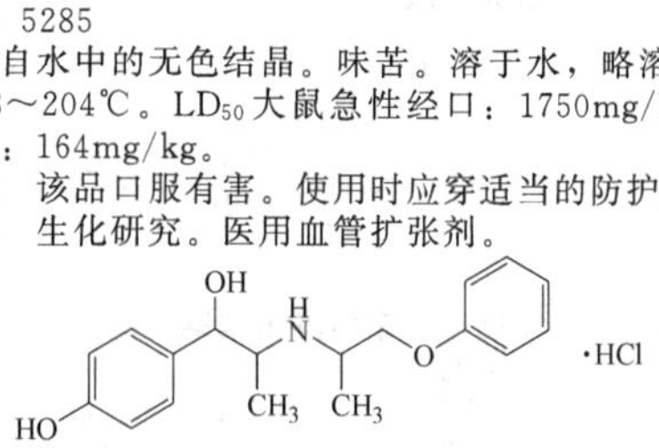

Isradipine 依拉地平
05798
[75695-93-1] $C_{19}H_{21}N_3O_5$ 371.39
成分 C 61.45%，H 5.70%，N 11.31%，O 21.54%。
别名 4-(2,1,3-Benzoxadiazol-4-yl)-1,4-dihydro-2,6-dimethyl-3,5-pyridinedicarboxylic acid 3-methyl 5-(1-methylethyl) ester; 4-(4-Benzofurazanyl)-1,4-dihydro-2,6-dimethyl-3,5-pyridinedicarboxylic acid methyl 1-methylethyl ester; Isopropyl 4-(2,1,3-benzoxadiazol-4-yl)-1, 4-dihydro-5-methoxycarbonyl-2, 6-dimethyl-3-pyridinecarboxylate; 4-(2,1,3-Benzoxadiazol-4-yl)-2,6-dimethyl-1, 4-dihydro-3-isopropyloxycarbonylpyridine-5-carboxylic acid methyl ester; Isrodipine; PN-200-110; Clivoten;

Dyna Cire; Esradin; Lomir; Prescal
M. I. 15, 5287
性状 来自乙醚＋己烷中的无色结晶。mp 168～170℃。S-(＋)-型 mp 142℃；$[\alpha]_D^{20}+6.7°$（c＝1.5，于乙醇中）。R(－)-型 mp 140℃；$[\alpha]_D^{20}-6.7°$（c＝1.67，于乙醇中）。
注意事项 使用时应避免吸入本品的粉尘，避免与眼睛及皮肤接触。
主要用途 医用抗高血压剂，抗心绞痛剂。

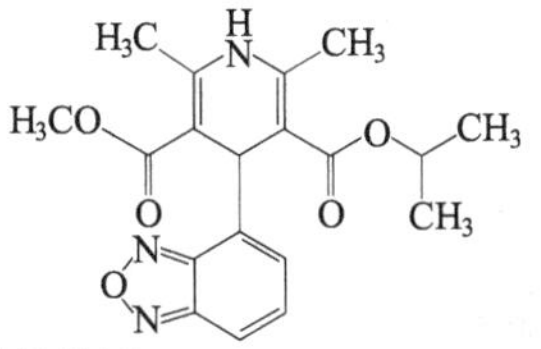

Israpafant 依拉帕泛 05799

[117279-73-9] $C_{28}H_{29}ClN_4S$ 489.08
成分 C 68.76%，H 5.98%，Cl 7.25%，N 11.46%，S 6.56%。
别名 4-(2-Chlorophenyl)-6,9-dimethyl-2-[2-[4-(2-methylpropyl)phenyl]ethyl]-6*H*-thieno[3,2-*f*][1,2,4]triazolo[4,3-*a*][1,4]diazepine; (±)-4-(*o*-Chlorophenyl)-2-(*p*-isobutylphenethyl)-6,9-dimethyl-6*H*-thieno[3,3-*f*]striazolo[4,3-*a*][1,4]diazepine; Y-24180; Pafnol
M. I. 15, 5288
性状 来自异丙醚中的无色结晶。溶于丙二醇。mp 129.5～131.5℃；d 1.26。
主要用途 血小板激活因子拮抗剂，止喘剂。

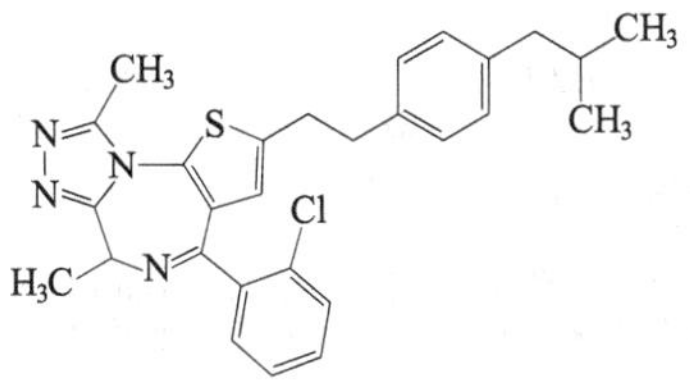

Itaconic acid 衣康酸 05800

[97-65-4] 130.10
成分 C 46.16%，H 4.65%，O 49.19%。
别名 分解乌头酸；次甲基丁二酸；2-亚甲基丁二酸；亚甲基琥珀酸；亚甲基丁二酸；3-Carboxy-3-butenoic acid; Methylenesuccinic acid; Propylenedicarboxylic acid
M. I. 15, 5290
性状 无色易吸潮结晶。有特殊气味。1g 该品溶于 12mL 水、5mL 乙醇，极微溶于乙醚、苯、三氯甲烷、石油醚、二硫化碳。mp 162～164℃（分解）；d 1.63。生化试剂含量≥99.0%（T）。
注意事项 该品对眼睛、呼吸系统及皮肤有刺激性。使用时应穿适当的防护服。万一接触到眼睛，应立即用大量水冲洗后请医生诊治。
主要用途 生化研究。树脂合成。丙烯纤维合成中用作改进剂。水溶性和油溶性涂料的配制。

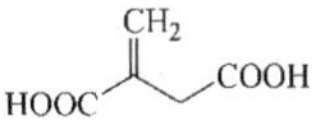

Itraconazole 伊曲康唑 05801

[84625-61-6] $C_{35}H_{38}Cl_2N_8O_4$ 705.64
成分 C 59.57%，H 5.43%，Cl 10.05%，N 15.88%，O 9.07%。
别名 伊他康唑；4-[4-[4-[4-[[2-(2,4-Dichlorophenyl)-2-(1*H*-1,2,4-triazol-1-ylmethyl)-1,3-dioxolan-4-yl]methoxy]phenyl]-1-piperazinyl]phenyl]-2,4-dihydro-2-(1-methylpropyl)-3*H*-1,2,4-triazol-3-one; (±)-1-*sec*-Butyl-4-[*p*-[4-[*p*-[[(2*R*, 4*S**)-2-(2,4-dichlorophenyl)-2(1*H*-1,2,4-triazollylmethyl)-1,3-dioxolan-4-yl]methoxy]phenyl]-1-piperazinyl]phenyl]-Δ^2-1,2,4-triazolin-5-one; Oriconazole; R-51211; Itrizole; Sporanox; Triasporin
M. I. 15, 5292
性状 来自甲苯中的无色结晶。分配系数（正辛醇/水 pH 值 8.1 缓冲液）：5.66。不溶于水、稀酸溶液。pK_a 3.7。mp 166.2℃；LD_{50}(14 天)小鼠、大鼠、狗急性经口(mg/kg)：＞320，＞320，＞200。生化试剂含量≥98.0%(TLC)。
注意事项 该品对眼睛、呼吸系统及皮肤有刺激性。使用时应穿适当的防护服。应避免吸入本品的粉尘。万一接触到眼睛，应立即用大量水冲洗后请医生诊治。应密封于 2～8℃保存。
主要用途 医用抗真菌剂。

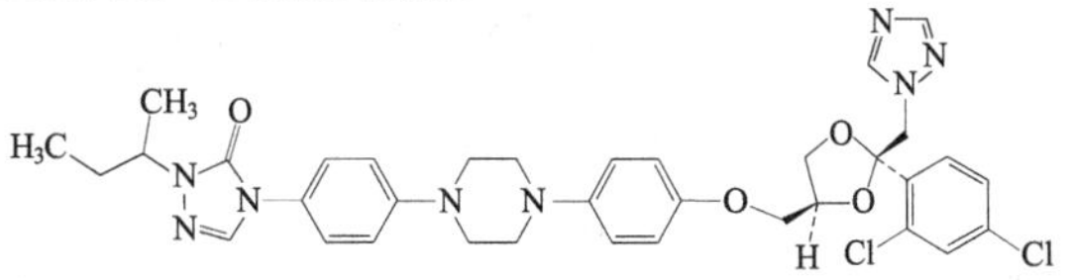

Ivermectin 伊维菌素 05802

[70288-86-7]
成分 B_{1a}[71827-03-7]$C_{48}H_{74}O_{14}$ 875.11
B_{1b}[70209-81-3]$C_{47}H_{72}O_{14}$ 861.08
别名 Acarexx; 22,23-Dihydroabamectin; 22,23-Dihydroavermectin B_1; 22,23-Dihydro C-076B_1; MK-933; Cardomec; Cardotek-30; Eqvalan; Heartgard-30; Ivomec; Mectizan; Noromectin; Stromectol
M. I. 15, 5296
性状 近白色粉末。该品由 B_{1a} 及 B_{1b} 组成。溶于丁酮、丙二醇、聚乙二醇，实际不溶于如环己烷的饱和烃，极微溶于水（约 4μg/mL）。$[\alpha]_D+71.5°±3°$（c＝0.755，于氯仿中）；uv max（甲醇中）：238nm，245nm（ε 27100，30100）。
注意事项 该品口服有毒。对眼睛有刺激性。能危害胎儿。使用时应穿适当的防护服，戴手套和防护镜或面罩。使用时如有事故发生或有不适之感，应请医生诊治。应密封于 2～8℃保存。
主要用途 医用驱肠虫剂（盘尾属丝虫）。

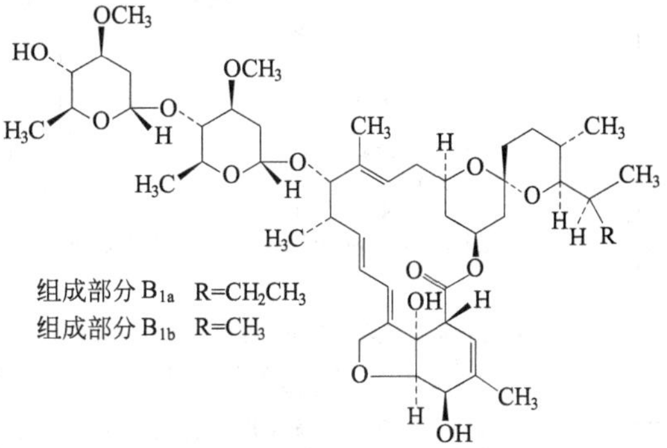

组成部分 B_{1a} R=CH_2CH_3
组成部分 B_{1b} R=CH_3

J

Jack bean powder 巨豆粉 05803

别名 刀豆粉
性状 由巨豆研成的细粉。
主要用途 生化研究。制备脲酶。
注意事项 该品对眼睛有严重损伤的危险。使用时应戴适当的手套和防护镜或面罩。

Jacobsen' catalyst 雅各布逊催化剂 05804

[149656-63-3][(*R*,*R*)-138124-32-0][(*S*,*S*)-135620-04-1] $C_{36}H_{52}ClMnN_2O_2$ 635.21
成分 C 68.07%，H 8.25%，Cl 5.58%，Mn 8.65%，N 4.41%，O 5.04%。
别名 *N*,*N*′-双(3,5-二叔丁基亚水杨基)-1,2-环己二胺氯化锰(Ⅲ)；(*SP*-5-13)-Chloro[[*rel*-2,2-[(1*R*,2*R*)-1,2-cyclohexanediylbis[(nitrilo-κ*N*)methylidyne]]bis[4,6-bis(1,1′-dimethylethyl)phenolato-κO]](2－)]manganese; (*R*,*R*)-[*N*,*N*′-Bis(3,5-di-*tert*-butylsalicylidene)-1,2-eyelohexanediamine] manganese (Ⅲ) chloride
M. I. 15, 5300
性状 棕色粉末或块状固体。(*R*,*R*)-型 mp 324～326℃；$[\alpha]_D^{23}+580°$（c＝0.01，于乙醇中）。

注意事项 该品对眼睛、呼吸系统及皮肤有刺激性，使用时应穿适当的防护服。万一接触到眼睛，应立即用大量水冲洗后请医生诊治。

主要用途 用于烯烃的环氧化作用手性催化剂。

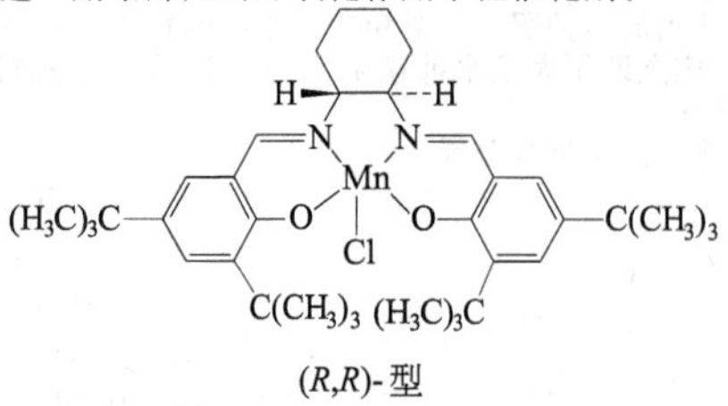

(*R*,*R*)-型

Janus green B 健那绿 B 05805

[2869-83-2] $C_{30}H_{31}ClN_6$ 511.07

成分 C 70.51%，H 6.11%，Cl 6.94%，N 16.44%。

别名 万用绿 B；双氮嗪绿；真那氏绿；健那绿；詹姆斯绿；Diazine green；Diazine green S；Janu's green；Diazine green B；3-Diethylamino-7-[4-(dimethylamino) phenyl] azo-5-phenylphenazinium chloride；Union green B

M. I. 15，5303 C. I. 11050

性状 棕色或深绿色粉末。溶于稀酸，溶于水呈蓝色。

注意事项 使用时应避免吸入本品的粉尘，避免与眼睛及皮肤接触。

主要用途 检测锡。生物染色剂，如线粒体活体的染色，真菌和原虫的染色。

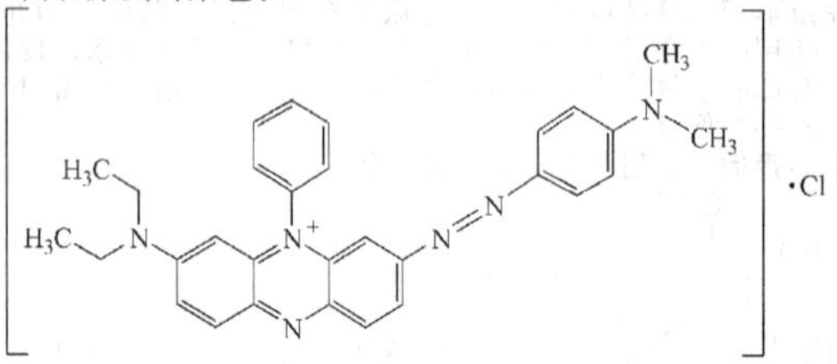

***cis*-Jasmone 顺式茉莉酮** 05806

[488-10-8] $C_{11}H_{16}O$ 164.25

成分 C 80.44%，H 9.82%，O 9.74%。

别名 茉莉酮 顺式；*cis*-3-Methyl-2-(2-pentenyl)-2-cyclopenten-1-one

M. I. 15，5307

性状 无色油状液体。有茉莉气味。bp_{27} 146℃/3.6kPa；Fp 225℉(107℃)；*d* 0.940；n_D^{20} 1.4978；uv max：235 nm (ε 12000)。一般试剂含量≥99.0%(GC)。

注意事项 该品对眼睛、呼吸系统及皮肤有刺激性。使用时应穿适当的防护服。万一接触到眼睛，应立即用大量水冲洗后请医生诊治。

主要用途 香料。

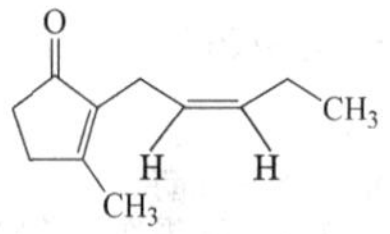

Jasmonic acid 茉莉酸 05807

[6894-38-8] $C_{12}H_{18}O_3$ 210.27

成分 C 68.55%，H 8.63%，O 22.83%。

别名 (1*R*,2*R*)-3-Oxo-2(2*Z*)-2-pentenyleyclopentaneacetic acid；(1*S*,2*S*)-3-Oxo-2-(2′-*cis*-pentenyl) cyclopentan-1-acetate；JA

M. I. 15，5308

性状 无色油状液体。n_D^{23}1.486；$[\alpha]_D^{25}$ −73° (*c*=1，于甲醇中)。

注意事项 该品应密封于 2～8℃保存。

主要用途 生化研究。其甲酯用于香料。

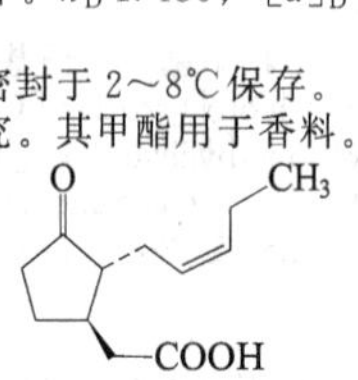

Jatrorrhizine iodide 碘化药根碱 05808

[3621-38-3] $C_{20}H_{20}INO_4$ 465.29

成分 C 51.63%，H 4.33%，I 27.27%，N 3.01%，O 13.75%。

别名 5，6-Dihydro-3-hydroxy-2，9，10-trimethoxydibenzo[*a*，*g*] quinolizinium iodide；7，8，13，13a-Tetradehydro-3-hydroxy-2，9，10-trimethoxyberbinium iodide；Jateorrhizine iodide；Neprotin iodide

M. I. 15，5309

性状 浅红黄色针状结晶。溶于水、乙醇。mp 208～210℃。

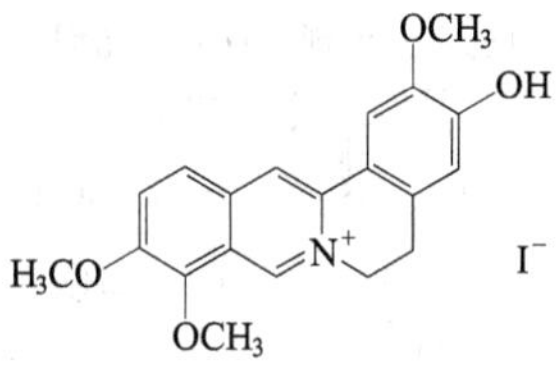

Javanicin 爪哇新月菌素 05809

[476-45-9] $C_{15}H_{14}O_6$ 290.27

成分 C 62.07%，H 4.86%，O 33.07%。

别名 爪哇镰刀菌素；5，8-Dihydroxy-6-methoxy-2-methyl-3-(2-oxopropyl)-1，4-naphthalenedione；3-Acetonyl-5，8-dihydroxy-6-methoxy-2-methyl-1，4-naphthoquinone

M. I. 15，5310

性状 来自乙醇中的具有铜的光泽的红色结晶。207.5～208℃分解；最大吸收值（乙醇中）：303nm，305nm（lg ε 3.97，3.90）；（氯仿中）：307nm，510nm（lg ε 3.99，3.86）。

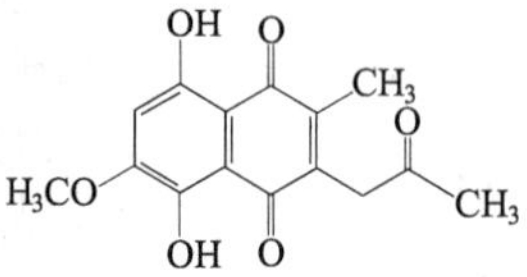

Jenner's stain 哲纳尔氏染色素 05810

[62851-42-7]

别名 詹纳尔氏染色素；耶氏染色素；Eosin-Methylene blue

性状 暗棕色粉末（该品为曙红和亚甲蓝作用后生成的化合物）。

注意事项 使用时应避免吸入本品的粉尘，避免与眼睛及皮肤接触。

主要用途 生物染色。

Jervine 白藜芦碱 05811

[469-59-0] $C_{27}H_{39}NO_3$ 425.61

成分 C 76.20%，H 9.24%，N 3.29%，O 11.28%。

别名 (2′*R*，3*S*，3′*R*，3′a*S*，6′*S*，6a*S*，6b*S*，7′a*R*，11a*S*，11b*R*)-2，3，3′a，4，4′，5′，6，6′，6a，6b，7，7′，7′a，8，11a，11b-Hexadecahydro-3-hydroxy-3′，6′，10，11b-tetramethylspiro[9*H*-benzo[*a*]fluorene-9，2′(3′*H*)-furo[3，2-*b*]pyridin]-11(1*H*)-one；(3β，23β)-17，23-Epoxy-3-hydroxyveratraman-11-one

M. I. 15，5312

性状 来自甲醇＋水中的无色针状结晶。溶于甲醇（>2mg/mL），几乎不溶于水。mp 243.5～244.5℃；$[\alpha]_D^{20}$ −150°（乙醇中）；$[\alpha]_D^{20}$ −167.6°（氯仿中）；uv max：250nm，360nm（ε 15000，60）。LD_{50} 小鼠静脉注射：9.3mg/kg；雄小鼠皮下注射：29mg/kg。生化试剂含量≥98.0%。

注意事项 该品口服有毒。应密封于−20℃保存。

主要用途 生化研究。

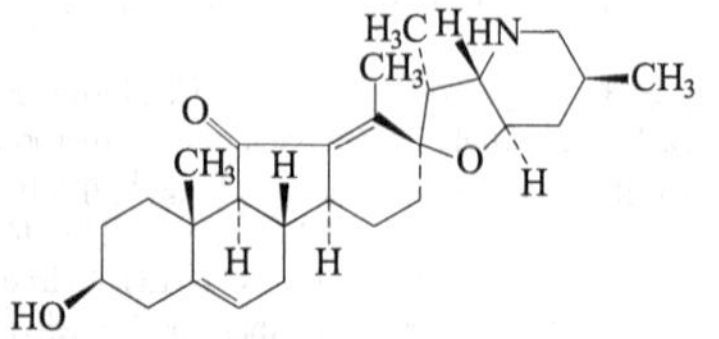

Josamycin 交沙霉素 05812

[16846-24-5] $C_{42}H_{69}NO_{15}$ 828.01

成分 C 60.92%，H 8.40%，N 1.69%，O 28.98%。

别名 Leucomycin V 3-acetate 4^B-(3-methylbutanoate)；Leuco-

mycin A_3;EN-141;Iosalide;Jomybel;Josamina
M. I. 15, 5315
性状 来自苯中的无色针状结晶。易溶于甲醇、乙醇、丙酮、氯仿、乙酸乙酯、二氧六环、酸性水，溶于丁醇、乙醚、四氯化碳、苯、甲苯，几乎不溶于水、石油醚、正己烷。pK_a 7.1（40%甲醇水溶液中）；mp 130～133℃；$[\alpha]_D^{25}-70°$ ($c=1$，于乙醇中)；uv max（0.001mol/L 盐酸中）：232nm（$E_{1cm}^{1\%}$ 325）。生化试剂含量≥98.0%（UV）
注意事项 使用时应避免吸入本品的粉尘，避免与眼睛及皮肤接触。应充氩气密封于 2～8℃保存。
主要用途 生化研究。医用抗菌剂

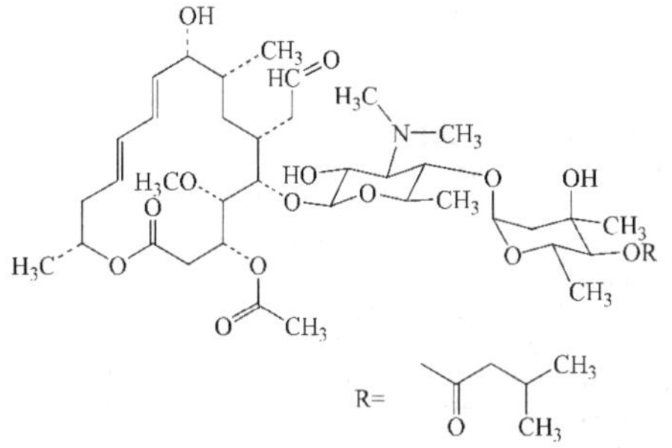

R=

Juglone 胡桃酮 05813

[481-39-0] $C_{10}H_6O_3$ 174.14
成分 C 68.97%，H 3.47%，O 27.56%。
别名 天然棕 7；黑栗素；5-羟基-1,4-萘二酮；8-羟基-1,4-萘二酮；5-羟基-1,4-萘醌；8-羟基-1,4-萘醌；5-Hydroxy-1,4-naphthalenedione；5-Hydroxy-1,4-naphthoquinone；8-Hydroxy-1,4-naphthoquinone;Natural brown 7;Nucin;Regianin
M. I. 15, 5317 C. I. 75500
性状 来自苯+石油醚中的黄色针状结晶。能升华。能随水蒸气挥发。易溶于氯仿、苯，溶于乙醇、乙醚，微溶于热水。溶于碱的水溶液，并呈紫红色。mp 155℃；最大吸收值（甲醇中）：420nm（lg ε 3.56）。一般试剂含量≥95.0%（HPLC）。
注意事项 该品口服有毒。对眼睛、呼吸系统及皮肤有刺激性。使用时应穿适当的防护服，戴手套和防护镜或面罩。使用时应避免吸入本品的粉尘。万一接触到眼睛，应立即用大量水冲洗后请医生诊治。使用时如有事故发生或有不适之感，应请医生诊治。

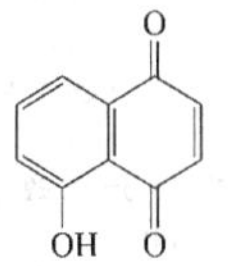

Juvenile hormone Ⅲ 幼年激素Ⅲ 05814

[22963-93-5] [24198-95-6] $C_{16}H_{26}O_3$ 266.38
成分 C 72.15%，H 9.84%，O 18.02%。
别名 返幼激素Ⅲ；[*R*-(*E*,*E*)]-9-(3,3-Dimethyloxiranyl)-3,7-dimethyl-2,6-nonadienoic acid methyl ester; Methyl (2*E*,6*E*,10*R*)-10,11-epoxy-3,7,11-trimethyl-2,6-dodecadienoate；C-16 JH;JH Ⅲ;*trans*,*trans*-10,11-Epoxy-3,7,11-trimethyl-2,6-dodecadienic acid methyl ester;Manduca hormone;C_{16}-Juvenile hormone
M. I. 15. 5321
性状 无色油状液体。对湿度敏感。n_D^{24} 1.4736；$[\alpha]_D^{24}$ +6.41° ($c=0.57$，于甲醇中)。一般试剂含量约 80.0%（HPLC）。
注意事项 使用时应避免吸入本品的蒸气，避免与眼睛及皮肤接触。应充氩气密封于 2～8℃干燥保存。

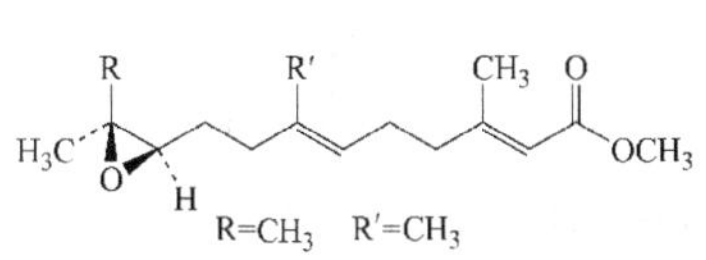

R=CH₃ R′=CH₃

K

Kaemp ferol 山奈酚 05815

[520-18-3] $C_{15}H_{10}O_6$ 286.24
成分 C 62.94%，H 3.52%，O 33.54%。
别名 3,5,7-三羟基-2-(4-羟基苯基)-4*H*-1-苯并吡喃-4-酮；3,4′,5,7-四羟基黄酮；堪非醇；3,5,7-Trihydroxy-2-(4-hydroxyphenyl)-4*H*-1-benzopyran-4-one;3,4′,5,7-Tetrahydroxylflavone;Nimbecetin;Pelargidenolon 1497;Populnetin;Rhamnolutein;Robigenin;Swartziol;Trifolitin
M. I. 15, 5322
性状 黄色针状结晶或来自乙醇-水中的浅黄色粉末。溶于热乙醇、乙醚、碱类，微溶于水。mp 276～278℃；uv max：265nm，365nm。生化试剂含量≥96.0%（HPLC）。
注意事项 该品对眼睛、呼吸系统及皮肤有刺激性。使用时应穿适当的防护服。万一接触到眼睛，应立即用大量水冲洗后请医生诊治。应充氩气密封避光于−20℃保存。
主要用途 生化研究。

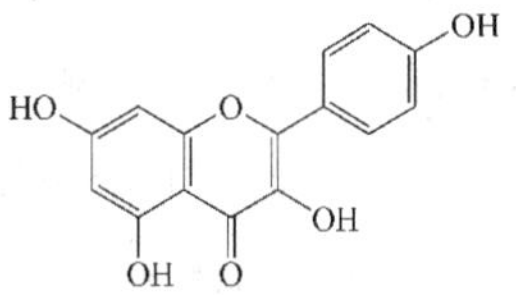

Kainic acid 卡因酸 05816

[487-79-6] [58002-62-3] $C_{10}H_{15}NO_4$ 213.23
成分 C 56.33%，H 7.09%，N 6.57%，O 30.01%。
别名 红藻氨酸；2-Carboxy-3-carboxymethyl-4-isopropenylpyrrolidine;(2*S*,3*S*,4*S*)-2-Carboxy-4-isopropenyl-3-pyrrolidineacetic acid monohydrate;[2*S*-(2α,3β,4β)]-2-Carboxy-4-(1-methylethenyl)-3-pyrrolidineacetic acid;2-Carboxy-4-*iso*-propenyl-3-pyrrolidine acetate;Digenic acid;Digenine;Helminal;α-Kainic acid;Ls-*xylo*-Kainic acid;Ls-Xylo-kainic acid
M. I. 15, 5324
性状 无色针状结晶。溶于水，不溶于乙醇。在沸水溶液中稳定。mp 251℃（分解）；$[\alpha]_D^{24}$ −14.8° ($c=1.01$，于水中)。生化试剂含量≥99.0%（TLC）。
注意事项 该品使用时应避免吸入本品的粉尘，避免与眼睛及皮肤接触。应密封于 2～8℃保存。
主要用途 神经生物学用工具。医用驱虫剂。

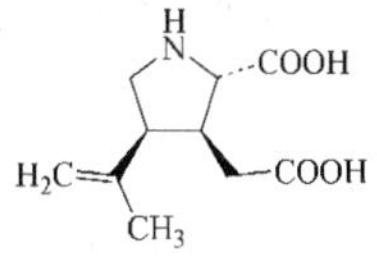

Kallikrein from human plasma 血管舒缓素（人血浆） 05817

[9001-01-8]
别名 激肽原酶；Callicrein;Circuletin;Depot-glumorin;Glumorin;Kallidinogenase;Kalirechin;Kininogenin;Kininogenase;Onokrein P;Padreatin;Padukrein;Padutin;Prokrein;Promotin
M. I. 15, 5327 EC 3.4.21.34
性状 冻干粉末。
注意事项 该品应密封于−20℃保存。
主要用途 生化研究。

Kanamycin B sulfate 卡那霉素 B 硫酸盐 05818

[29701-07-3] $C_{18}H_{39}N_5O_{14}S$ 581.59
成分 C 37.17%，H 6.76%，N 12.04%，O 38.51%，S 5.51%。
别名 硫酸卡那霉素 B；Coltericin;Kanendomycin;Kanendos
M. I. 15, 5329
注意事项 该品对皮肤有刺激性。使用时应避免吸入本品的粉尘，避免与眼睛及皮肤接触。应密封保存。

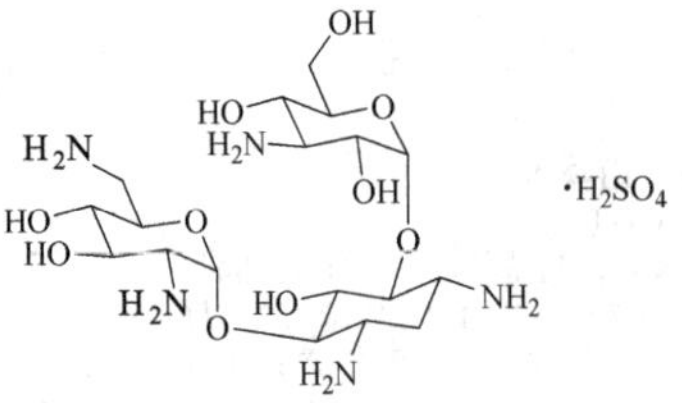

$\cdot H_2SO_4$

Kaolin 高岭土

[1332-58-7] 05819

别名 白陶土；瓷土；Argilla；Bolus alba；China clay；Porcelain clay；Terra alba；White bole；Bolus

M. I. 15，5330

性状 白色或浅黄白色细软粉末或碎块。有特殊的黏土味。不溶于水、冷酸和碱溶液。一般成分为 $H_2Al_2Si_2O_8 \cdot H_2O$。含二氧化硅约 46%；三氧化二铝约 39%。330℃以上失水。

注意事项 该品对皮肤有刺激性。使用时应避免吸入本品的粉尘，避免与眼睛及皮肤接触。应密封保存。

主要用途 干燥剂和软化剂。漂洗油类。有机合成中用作催化剂的载体。媒介颜料。液体澄清剂。医用吸附剂。

Karl-Fischer reagent 卡尔·费休试剂 05820

别名 水试剂；高菲氏试剂

性状 本品为混合溶液，其颜色与碘溶液的颜色（棕红色）相近似。Fp 91℉（33℃）；d_4^{20} 1.15。

注意事项 该品易燃。吸入、口服或与皮肤接触有害。能损伤生育力，能危害胎儿。使用前应得到专门的指导，避免曝露。对眼睛、呼吸系统有刺激性。万一接触到眼睛，应立即用大量水冲洗后请医生诊治。使用时如有事故发生或有不适之感，应请医生诊治。应密封于2～8℃保存。

主要用途 分析试剂，如醇类、饱和烃、苯、三氯甲烷、吡啶、四氯化碳等中微量水分的测定。

Karsil 克草尔 05821

[2533-89-3] $C_{12}H_{15}Cl_2NO$ 260.16

成分 C 55.40%，H 5.81%，Cl 27.25%，N 5.38%，O 6.15%。

别名 甲戊敌稗；*N*-(3,4-Dichlorophenyl)-2-methylpentanamide；3′,4′-Dichloro-2-methylvaleranilide；Niagara 4562

M. I. 15，5333

性状 无色结晶。mp 106～107℃。

主要用途 除草剂。

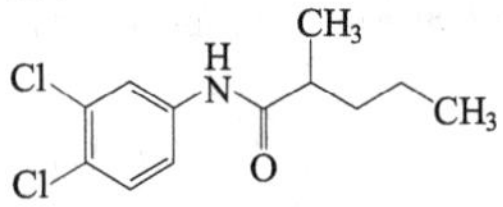

Kawain 醉椒素 05822

[500-64-1] $C_{14}H_{14}O_3$ 230.26

成分 C 73.03%，H 6.13%，O 20.85%。

别名 (6*R*)-5,6-Dihydro-4-methoxy-6-[(1*E*)-2-phenylethenyl]-2*H*-pyran-2-one；5-Hydroxy-3-methoxy-7-phenyl-2,6-heptadienoic acid δ-laetone；4-Methoxy-6-(β-phenylvinyl)-5,6-dihydro-α-pyrone；4-Methoxy-6-styryl-5,6-dihydro-α-pyrone；Kavain；Gonosan

M. I. 15，5335

性状 来自甲醇+乙醚中的棒状体。溶于丙酮、乙醚、甲醇，微溶于己烷，几乎不溶于水。mp 105～106℃；$bp_{0.1}$ 195～197℃/13.3Pa；$[\alpha]_D^{20}$ +10.05°（于无水乙醇中）；uv max（甲醇中）：210nm，245nm，282nm（lg ε 4.38，4.44，2.81）。

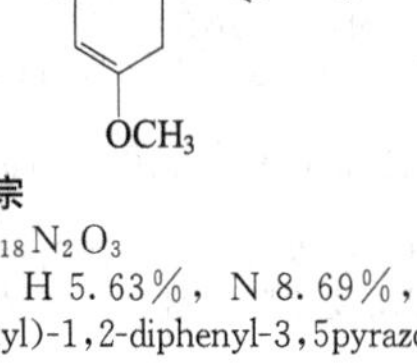

Kebuzone 凯布宗 05823

[853-34-9] $C_{19}H_{18}N_2O_3$ 322.36

成分 C 70.79%，H 5.63%，N 8.69%，O 14.89%。

别名 4-(3-Oxobutyl)-1,2-diphenyl-3,5pyrazolidinedione；1,2-Diphenyl-4-(γ-ketobutyl)-3,5-pyrazolidinedione；1,2-Diphenyl-4-(3′-oxobutyl)-3,5-dioxopyrazolidine；Ketophenylbutazone；KPB；Chebutan；Chepirol；Chetazolidin；Chetil；Copirene；Ketason；Ketazone；Pecnon；Phloguron；Recheton

M. I. 15，5336

性状 无色结晶。mp 115.5～116.5℃或127.5～128.5℃（取决于结晶的来源）。

主要用途 医用抗风湿剂。

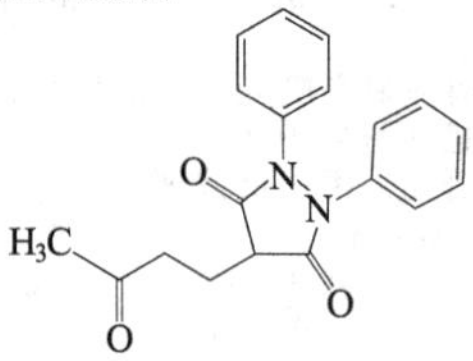

Kermesic acid 紫虫酸 05824

[18499-92-8] $C_{16}H_{10}O_8$ 330.25

成分 C 58.19%，H 3.05%，O 38.76%。

别名 9,10-Dihydro-3,5,6,8-tetrahydroxy-1-methyl-9,10-dioxo-2-anthracenecarboxylic acid；Natural Red 3

M. I. 15，5341 　G. I. 75460

性状 来自乙酸中的深红色玫瑰花形结晶。溶于热水（呈浅黄至红色），微溶于冷水。于浓硫酸中呈紫红色，于氢氧化钠水溶液中呈紫色，在硼酸中转为蓝色。mp >320℃（分解）；最大吸收值：276nm，312nm，498nm（lg ε 4.52，4.12，3.96）。

主要用途 一种亮深红色染料。

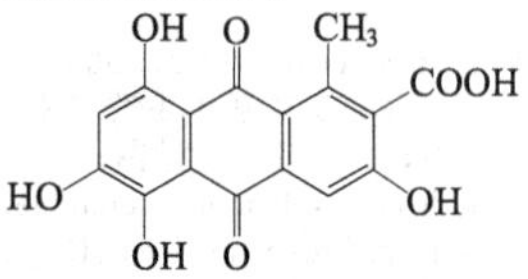

Kerosene 煤油

[8008-20-6] 05825

别名 Kerosine

GW 2015-1571 　M. I. 15，5342

性状 无色至微黄色油状液体。不溶于水。bp 175～325℃；Fp 150～185℉（65～85℃）；d_4^{20} 约 0.80；n_D^{20} 1.440。LD_{50}兔急性经口：28mL/kg。

注意事项 该品高度易燃。对皮肤有刺激性。能损伤生育力。口服可使肺脏受损。其蒸气可造成头晕或瞌睡。长期吸入、曝露有害，并有严重损伤健康的危险。对水生物有毒。能对水环境引起长期不良的影响。使用时应穿适当的防护服和戴手套。如误服本品，应立即就医，并出示瓶签或包装物。应防止将本品释放于环境中。

Ketamine hydrochloride 开他敏 盐酸盐 05826

[1867-66-9] $C_{13}H_{17}Cl_2NO$ 274.19

成分 C 56.95%，H 6.25%，Cl 25.86%，N 5.11%，O 5.84%。

别名 盐酸开他敏；盐酸克他命；盐酸 2-(2-氯苯基)-2-(甲基氨基)环己酮；盐酸氯胺酮；(±)-2-(2-氯苯基)-2-(甲基氨基)环己酮 盐酸盐；(±)-2-(2-Chlorophenyl)-2-(methylamino) cyclohexanone hydrochloride；CI-581；Ketaject；Ketalar；Ketanarkon；Ketanest；Ketaset；Ketavet；Vetalar

M. I. 15，5343

性状 白色结晶。易溶于甲醇，溶于乙醇，略微溶于氯仿。溶于水（20g/100mL）。mp 262～263℃。LD_{50}成熟小鼠，大鼠腹膜内注射：(224±4) mg/kg，(229±5) mg/kg。

注意事项 该品口服有害。对眼睛、呼吸系统及皮肤有刺激性。对机体有不可逆损伤的可能性。使用时应穿适当的防护服。万一接触到眼睛，应立即用大量水冲洗后请医生诊治。应密封于2～8℃保存。

主要用途 医用麻醉剂（静脉注入）。

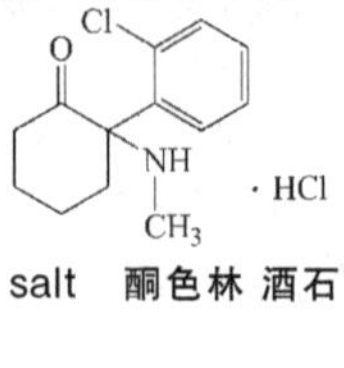

$\cdot HCl$

Ketanserin tartrate salt 酮色林 酒石酸盐 05827

[83846-83-7]　$C_{26}H_{28}FN_3O_9$　545.52

成分　C 75.25%，H 5.17%，F 3.48%，N 7.70%，O 26.40%。

别名　酒石酸酮色林；R-49945；Ket；Perketan；Serepress；Sufrexal；3-[2-[4-(4-Fluorobenzoyl)-1-piperidinyl]ethyl]-2,4[1*H*,3*H*]-quinazolinedione tartrate；R41468 tartrate；Ketensin tartrate；Serefrex tartrate；Taseron tartrate

M.I.15，5344

性状　白色结晶或固体。该品于下列物质中的溶解度（mg/mL）：二甲基亚砜 52；0.1mol/L 盐酸 6；乙醇 3。生化试剂含量≥97.0%。

注意事项　该品口服有毒。使用时应穿适当的防护服，戴手套和防护镜或面罩。使用时应避免吸入本品的粉尘。使用时如有事故发生或有不适之感，应请医生诊治。应密封于 2～8℃保存。

主要用途　医用抗高血压剂。

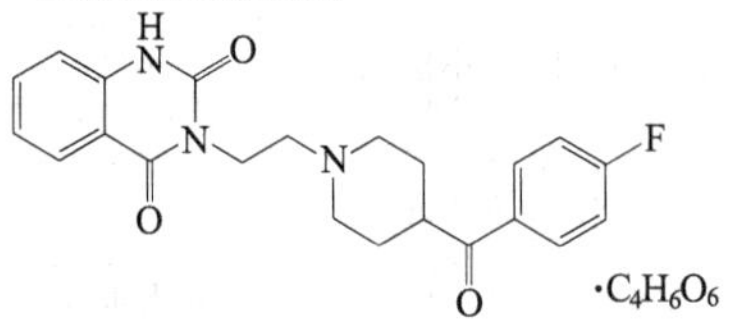

$\cdot C_4H_6O_6$

Ketazolam　凯他唑仑　05828

[27223-35-4]　$C_{20}H_{17}ClN_2O_3$　368.82

成分　C 65.13%，H 4.65%，Cl 9.61%，N 7.60%，O 13.01%。

别名　11-Chloro-8,12b-dihydro-2,8-dimethyl-12b-phenyl-4*H*-[1,3]oxazino[3,2-*d*][1,4]benzodiazepine-4,7(6*H*)-dione；U-28774；Anseren；Ansieten；Contamex；Loftran；Unakalm

M.I.15，5345

性状　来自氯仿/乙醚中的无色棱柱体结晶。mp 182～183.5℃（170℃以上结块）；uv max（乙醇中）：202nm，241nm（ε 40600，18400）。

主要用途　医用抗焦虑剂。

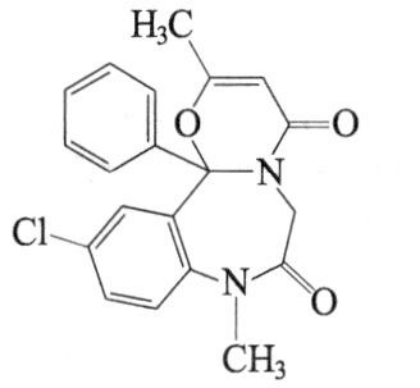

Kethoxal　乙氧二羟丁酮　05829

[27762-78-3]　$C_6H_{12}O_4$　148.16

成分　C 48.64%，H 8.16%，O 3.19%。

别名　3-Ethoxy-1,1-dihydroxy-2-butanone；*β*-Ethoxy-*α*-ketobutyraldehyde；3-Ethoxy-2-oxo-butyraldehyde hydrate；U-2032

M.I.15，5347

性状　黄色油状液体。能与乙醇相混溶。溶于苯呈黄色。1 份本品溶于 10 份水。bp_{760} 145℃/101.325kPa；bp_{11} 54～58℃/1.467kPa；$n_D^{23.7}$ 1.4348。

主要用途　医用抗病毒剂。

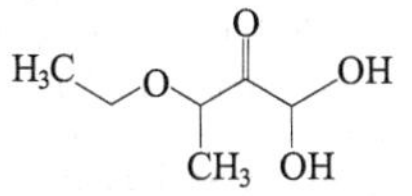

β-Ketoadipic acid　*β*-酮己二酸　05830

[689-31-6]　$C_6H_8O_5$　160.13

成分　C 45.00%，H 5.04%，O 49.96%。

别名　3-氧己二酸；3-Oxohexanedioic acid

性状　无色结晶。

注意事项　该品对眼睛、呼吸系统及皮肤有刺激性。使用时应穿适当的防护服。万一接触到眼睛，应立即用大量水冲洗后请医生诊治。应密封于－20℃保存。

Ketobemidone hydrochloride　凯托米酮 盐酸盐　05831

[5965-49-1]　$C_{15}H_{22}ClNO_2$　283.80

成分　C 63.48%，H 7.81%，Cl 12.49%，N 4.94%，O 11.27%。

别名　盐酸凯托米酮；Hoechst 10720；Win-1539；Cliradon；Ketodur；Ketogan Novwm；Ketorax；1-[4-(3-Hydroxyphenyl)-1-methyl-4-piperidyl]-1-propanone hydrochloride；4-(*m*-Hydroxyphenyl)-1-methyl-4-piperidyl ethyl ketone hydrochloride

M.I.15，5348

性状　无色结晶。溶于水，微溶于乙醇。其水溶液能在短时间沸腾灭菌。mp 201～202℃。

主要用途　医用麻醉止痛剂。

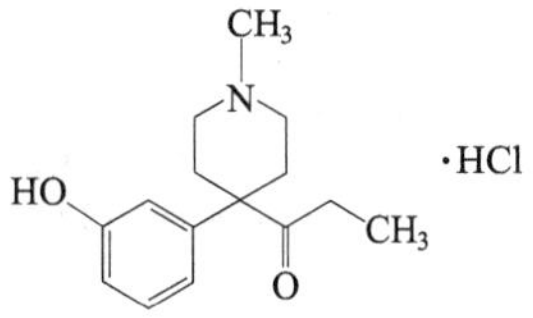

$\cdot HCl$

α-Ketobutyric acid　*α*-丁酮酸　05832

[600-18-0]　$C_4H_6O_3$　102.09

成分　C 47.06%，H 5.92%，O 47.02%。

别名　3-甲基丙酮酸；丙酰基甲酸；2-丁酮酸；丁邻酮酸；2-氧代丁酸；3-Methylpyruvic acid；2-Oxobutanoic acid；2-Oxobutyric acid；Propionylformic acid；2-Ketobutyric acid

性状　吸湿性片状结晶。有恶臭。易溶于水、乙醇，极微溶于乙醚。mp 32～34℃；bp_{25} 74～78℃/3.333kPa；Fp 179℉（81℃）；d_4^{12} 1.200；n_D^{20} 1.3973。一般试剂含量≥99.0%。

注意事项　该品对眼睛、呼吸系统及皮肤有刺激性。使用时应穿适当的防护服，戴手套和防护镜或面罩。万一接触到眼睛，应立即用大量水冲洗后请医生诊治。应密封于 2～8℃保存。

主要用途　有机合成。

α-Ketobutyric acid sodium salt　*α*-丁酮酸钠盐　05833

[2013-26-5]　$C_4H_5NaO_3$　124.07

成分　C 38.72%，H 4.06%，Na 18.53%，O 38.69%。

别名　2-丁酮酸钠盐；3-甲基丙酮酸钠；丙酰基甲酸钠；2-氧代丁酸钠盐；3-Methylpyruvic acid sodium salt；2-Oxobutyric acid sodium salt；Propionylformic acid sodium salt；2-Ketobutyric acid Na salt；Sodium *α*-ketobutyrate

性状　无色结晶或白色粉末。溶于水。一般试剂含量≥98.0%。

注意事项　该品对眼睛、呼吸系统及皮肤有刺激性。使用时应穿适当的防护服。万一接触到眼睛，应立即用大量水冲洗后请医生诊治。应密封于 2～8℃保存。

主要用途　有机合成。

Ketoconazole　克托东　05834

[65277-42-1]　$C_{26}H_{28}Cl_2N_4O_4$　531.43

成分　C 58.76%，H 5.31%，Cl 13.34%，N 10.54%，O 12.04%。

别名　酮康唑；*cis*-1-Acetyl-4-[4-[[2-(2,4-dichlorophenyl)-2-(1*H*-imidazol-1-ylmethyl)-1,3-dioxolan-4-yl]methoxy]phenyl]piperazine；R-41400；Fungarest；Fungoral；Ketoderm；Ketoisdin；Nizoral；Panfungol；R-41400；Terzolin；Triatop

M.I.15，5349

性状　来自 4-甲诺-2-戊酮中的无色结晶。mp 146℃。LD_{50} 小鼠，大鼠，豚鼠，狗静脉注射（mg/kg）：44，86，28，49；急性经口（mg/kg）：702，227，202，780。生化试剂含量≥98.0%（TLC）。

注意事项　该品口服有毒。使用时应穿适当的防护服。使用时如有事故发生或有不适之感，应请医生诊治。应密封于 2～8℃保存。

主要用途　生化研究。医用抗真菌剂。

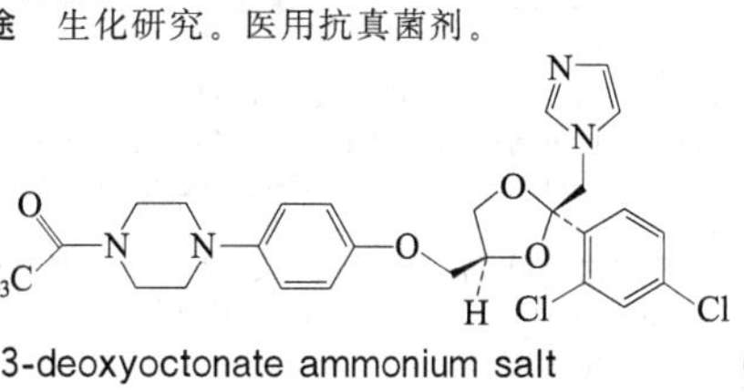

2-Keto-3-deoxyoctonate ammonium salt　05835

2-酮基-3-脱氧辛酮酸铵盐
[103404-70-2]　$C_8H_{17}NO_8$　255.22
成分　C 37.65%，H 6.71%，N 5.49%，O 50.15%。
别名　3-脱氧辛桐糖酸铵盐；Ammonium 2-keto-3-deoxyoctonate；3-Deoxyoctulosonic acid ammonium salt；KDO-NH_3
性状　无色结晶。
注意事项　该品应密封于−20℃保存。
主要用途　生化研究。

α-Ketoglutaric acid　α-酮戊二酸　05836
[328-50-7]　$C_5H_6O_5$　146.10
成分　C 41.11%，H 4.14%，O 54.75%。
别名　2-酮戊二酸；α-胶酮酸；2-Ketoglutaric acid；2-Oxoglutaric acid；2-Oxopentanedioic acid；2-Oxo-1,5-pentanedioic acid；KG
M.I. 15，5350
性状　来自丙酮-苯中的无色结晶。易潮解。易溶于水、乙醇，极微溶于乙醚。mp 113.5℃。生化试剂含量≥98.5%。
注意事项　该品对眼睛有严重损伤的危险。对呼吸系统及皮肤有刺激性。使用时应戴防护镜或面罩。万一接触到眼睛，应立即用大量水冲洗后请医生诊治。应密封于2～8℃干燥处保存。
主要用途　测定转氨酶及脱氢酶的底物。测肝功能的配套试剂。

2-Keto-L-gulonic acid　2-酮基-L-古龙酸　05837
[526-98-7]　$C_6H_{10}O_7$　194.14
成分　C 37.12%，H 5.19%，O 57.69%。
别名　L-*xylo*-2-Hexulosonic acid；2-Oxo-L-gulonic acid
M.I. 15，5351
性状　来自水（并被丙酮洗过）中的无色结晶。中等程度溶于水、强酸。能加快还原沸黄林溶液。mp 171℃（微分解）；$[\alpha]_D^{18}-48°$（$c=1$）。

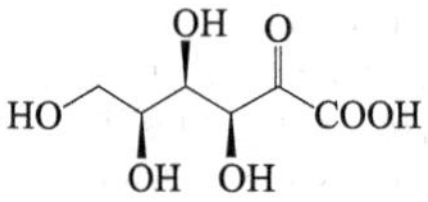

HO　OH　O　COOH　OH　OH

Ketoprofen　酮洛芬　05838
[22071-15-4]　$C_{16}H_{14}O_3$　254.29
成分　C 75.57%，H 5.55%，O 18.88%。
别名　3-Benzoyl-α-methylbenzeneacetic acid；*m*-Benzoylhyd-ratropic acid；2-(3-Benzoylphenyl)propionic acid；RP-19583；Alrheumat；Alrheumun；Capisten；Dexal；Epatec；Fastum；Iso-K；Kefenid；Ketopron；Lertus；Menamin；Meprofen；Orudis；Orugesic；Oruvail；Oscorel；Profenid；Toprec；Toprek
M.I. 15，5352
性状　来自苯与石油醚（6∶20）中的无色结晶。溶于乙醚、乙醇、丙酮、氯仿、二甲基甲酰胺、乙酸乙酯，微溶于水。mp 94℃；uv max（甲醇中）：255nm（lg ε 4.33）。LD_{50}大鼠急性经口：101mg/kg。生化试剂含量≥98.0%（TLC）。
注意事项　该品口服有毒。对眼睛、呼吸系统及皮肤有刺激性。使用时应穿适当的防护服，戴手套和防护镜或面罩。万一接触到眼睛，应立即用大量水冲洗后请医生诊治。使用时如有事故发生或有不适之感，应请医生诊治。
主要用途　生化研究。医用非类固醇类消炎止痛剂。

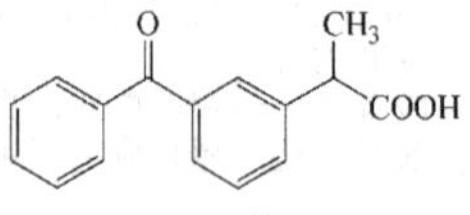

O　CH_3　COOH

11-Ketoprogesterone　11-酮基孕酮　05839
[516-15-4]　$C_{21}H_{28}O_3$　328.44
成分　C 76.79%，H 8.59%，O 14.61%。
别名　11-氧代孕酮；11-氧代黄体酮；11-酮基黄体酮；Pregn-4-ene-3,11,20-trione；11-Oxoprogesterone；U-1258；Ketogestin
性状　无色或白色结晶。溶于丙酮、氯仿，几乎不溶于水。mp 171.5～173℃；$[\alpha]_D^{25}+270°$（于氯仿中）。
主要用途　生化研究。

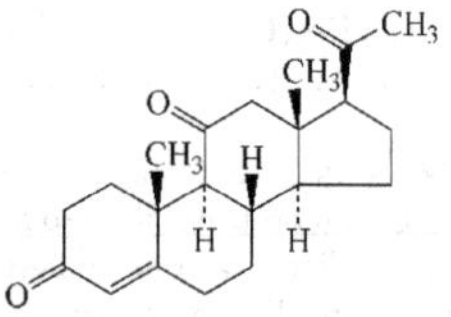

O　CH_3　CH_3　O　CH_3　H　H　H　O

Ketorolac tromethamine salt　克多炎锭　05840
[74103-07-4]　$C_{19}H_{24}N_2O_6$　376.41
成分　C 60.62%，H 6.44%，N 7.44%，O 25.50%。
别名　酮洛酸；Acwlar；Acuvail；Dolac；Lixidol；Sprix；Tarasyn；Toradol；5-Benzoyl-2,3-dihydro-1*H*-pyrrolizine-1-carboxylic acid tris salt；5-Benzoyl-1,2-dihydro-3*H*-pyrrolo[1,2-*a*]pyrrole-1-carboxylie acid tris salt；RS-37619 trissalt
M.I. 15，5353
性状　白色或近白色结晶性粉末。pK_a 3.49±0.02。mp 165～170℃；uv max（于甲醇中）：245nm，312nm（ε 7080，17400）。LD_{50}小鼠急性经口：约200mg/kg。易溶于水（15mg/mL）、甲醇，微溶于乙醇，几乎不溶于丙酮、二氯甲烷、甲苯、乙酸乙酯、二氧六环、已烷、丁醇、乙腈。生化试剂含量≥99.0%。
注意事项　该品口服有毒。对眼睛、呼吸系统及皮肤有刺激性。万一接触到眼睛，应立即用大量水冲洗后请医生诊治。使用时如有事故发生或有不适之感，应请医生诊治。
主要用途　医用止痛剂，抗炎剂。

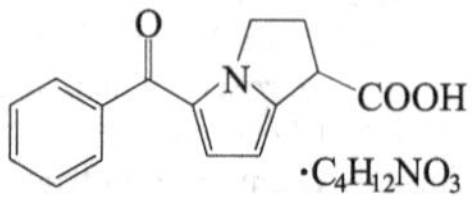

O　N　COOH　·$C_4H_{12}NO_3$

Ketotifen fumarate salt　酮替芬 反丁烯二酸盐　05841
[34580-14-8]　$C_{23}H_{23}NO_5S$　425.50
成分　C 64.92%，H 5.45%，N 3.29%，O 18.80%，S 7.54%。
别名　反丁烯二酸酮替芬；富马酸酮替芬；酮替芬富马酸盐；Allerkif；4,9-Dihydro-4-(1-methyl-4-piperidinylidene)-10*H*-benzo[4,5]cyclohepta[1,2-b]thiophen-10-one fumarate salt；HC-20511；Totifen；Zaditen；Zasten
M.I. 15，5354
性状　无色结晶。mp 192℃（分解）。
注意事项　该品口服有害。使用时应穿适当的防护服。
主要用途　生化研究。医用止喘剂。

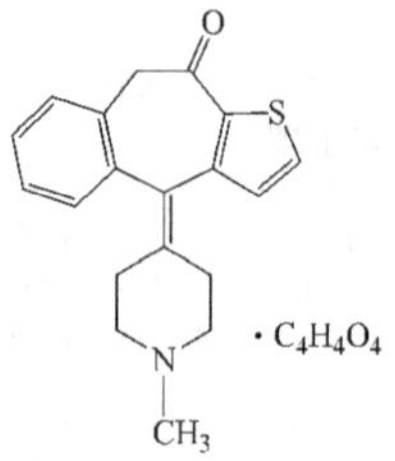

O　S　·$C_4H_4O_4$　N　CH_3

Khellin　基林　05842
[82-02-0]　$C_{14}H_{12}O_5$　260.25
成分　C 64.61%，H 4.65%，O 30.74%。
别名　2-甲基-5,8-二甲氧基呋喃并色原酮；凯林；维沙明；Amicardine；Ammipuran；Ammivin；Ammivisnagen；Benecardin；Cardiokhellin；Corafurone；Coronin；4,9-Dimethoxy-7-methyl-5*H*-furo[3,2-*g*][1]benzopyran-5-one；5,8-Dimethoxy-2-methyl-4′,5′-furo-6,7-chromone；5,8-Dimethoxy-2-methyl-6,7-furanochromone；4,9-Dimethyoxy-7-methyl-5-oxofuro[3,2-*g*]-1,2-chromene；4,9-Dimethoxy-7-methyl-5-oxofuro[3,2-*g*][1]benzopyran；4,9-Dimethoxy-7-methyl-5-oxo-1,8-dioxabenz[*f*]indene；Eskel；Gynokhellan；Kelamin；Kelicor；Kellin；keloid；kelicorin；khelfren；Skelicorin；Lynamine；Methafrone；Norkel；Simekellina；Vasokellina；Visammin；Viscardan；Visnagalin；Visnagen
M.I. 15，5356
性状　来自甲醇中的无色结晶。味苦。较多地溶于热水、热甲醇，微溶于冷水（25℃，0.025g/100mL）、丙酮（3.0g/100mL）、甲醇（2.6g/100mL）、异丙醇（1.25g/100mL）、乙醚（0.5g/100mL）。mp 154～155℃；$bp_{0.05}$ 180～200℃/6.666Pa；uv max（乙醇中）：250nm，

338nm ($E_{1cm}^{1\%}$ 1600，200)。LD_{50}小鼠，大鼠急性经口(mg/kg)：50.8，68.8；静脉注射(mg/kg)：30.6，34.4。生化试剂含量≥98.0%(TLC)。

注意事项 该品口服有毒。对皮肤有刺激性。使用时应穿适当的防护服，戴手套和防护镜或面罩。使用时如有事故发生或有不适之感，应请医生诊治。应密封于-20℃保存。

主要用途 生化研究。医用血管舒张剂。

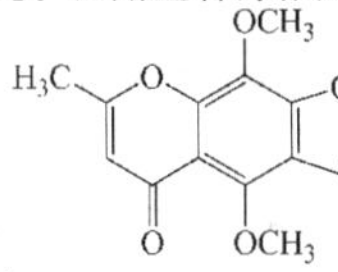

Kieselguhr 硅藻土 05843

[91053-39-3]

别名 矽藻土；Celite；Diatomaceous earth；Fossil flour；Infusorial earth；Siliceous earth；Super-Cel

M. I. 15，5015

性状 白色或浅灰色粉末。不溶于水、酸和稀碱溶液。具有一定的吸附能力和良好的过滤性。

注意事项 该品能致癌。对眼睛及皮肤有刺激性。使用前应得到专门的指导，避免曝露。使用时应避免吸入本品的粉尘。万一接触到眼睛，应立即用大量水冲洗。使用时如有事故发生或有不适之感，应请医生诊治。

主要用途 气相、液相、薄层色谱载体。澄清剂。助滤剂。

Kitol 鲸肝醇 05844

[4626-00-0] $C_{40}H_{60}O_2$ 572.92

成分 C 83.86%，H 10.56%，O 5.59%。

别名 [1α,2α,5α(1*E*,3*E*),6β(1*E*,3*E*,5*E*)]-3,6-Dimethyl-5-[2-methyl-4-(2,6,6-trimethyl-1-cyclohexen-1-yl)-1,3-butadienyl]-6-[4-methyl-6-(2,6,6-trimethyl-1-cyclohexen-1-yl)-1,3,5-hexatrienyl]-3-cyclohexene-1,2-dimethanol

M. I. 15，5363

性状 来自甲醇中的无色结晶。在光照、空气及石油醚中不稳定，没有维生素A活力。mp 88～90℃；$[\alpha]_D$ -2.6°(c=1.1，于氯仿中)；uv max：290nm ($E_{1cm}^{1\%}$ 586)。

主要用途 一种前维生素A。

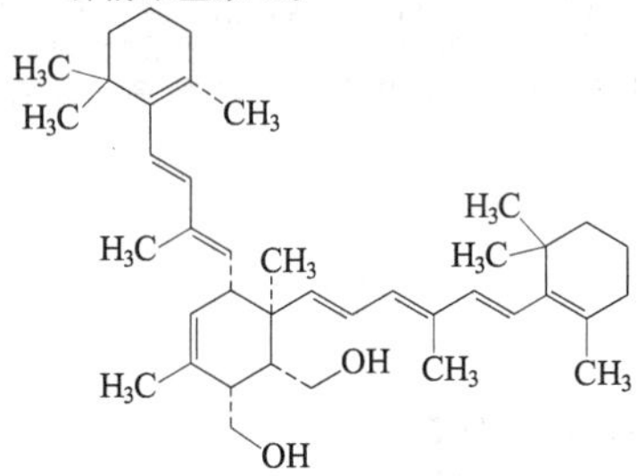

Kojic acid 曲酸 05845

[501-30-4] $C_6H_6O_4$ 142.11

成分 C 50.71%，H 4.26%，O 45.03%。

别名 5-羟基-2-羟甲基-4-吡喃酮；5-羟基-2-羟甲基-4-哌喃；曲菌酸；麴菌酸；麴酸；5-Hydroxy-2-hydroxymethyl-4*H*-pyran-4-one；5-Hydroxy-2-hydroxymethyl-4-pyrone；2-Hydroxymethyl-5-hydroxy-γ-pyrone

M. I. 15，5365

性状 来自丙酮、乙醇+乙醚或甲醇+乙酸乙酯中的无色三棱形针状结晶。易溶于水、乙醇、丙酮，略微溶于三氯甲烷、乙醚、乙酸乙酯、吡啶。pK_a 7.90，8.03；mp 153～154℃。一般试剂含量≥98.0%(HPLC)。

注意事项 该品使用时应避免吸入本品的粉尘，避免与眼睛及皮肤接触。

主要用途 用于铜、六价铀、三价铁的定量测定。

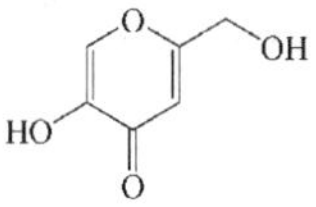

Kopsine 科普定 05846

[559-48-8] $C_{22}H_{24}N_2O_4$ 380.44

成分 C 69.46%，H 6.36%，N 7.36%，O 16.82%。

别名 科普碱；蕊木素；3-Hydroxy-22-oxokopsan-1-carboxylie acid methyl ester

M. I. 15，5368

性状 来自乙醇中的无色结晶。溶于氯仿，略溶于甲醇、乙醇、乙酸乙酯、苯、乙醚，几乎不溶于石油醚、水。217～218℃分解，$[\alpha]_D^{27}$ -14.3°±1° (c=2，于氯仿中)；uv max (乙醇中)：240nm，278nm，285～286nm (lg ε 4.08，3.37，3.35)。

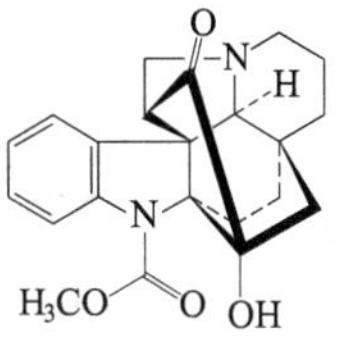

α-Kosin α-苦辛 05847

$C_{25}H_{32}O_8$ 460.52

成分 C 65.20%，H 7.00%，O 27.79%。

别名 5,5′-Methylenebis[4,6-dihydroxy-2-methoxy-3-methylisobutyrophenone]

M. I. 15，5370

性状 来自乙醇中的黄色针状结晶。溶于乙醇、苯、氯仿、乙醚、冰乙酸、碱类。mp 160～160.5℃；uv max：227nm，290nm (ε 30800，24400)。

主要用途 医用驱肠绦虫剂。

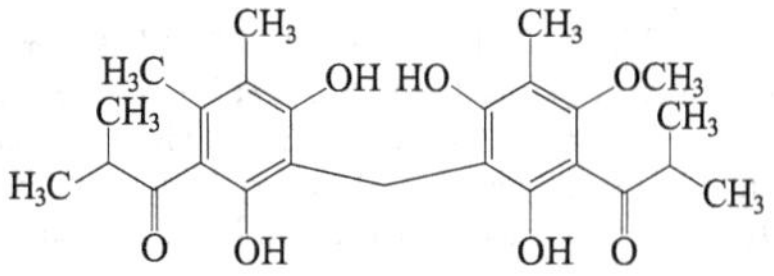

α-Kosin R=CH_3 R′=H

Kresoxim-methyl 克收欣 05848

[143390-89-0] $C_{18}H_{19}NO_4$ 313.35

成分 C 68.99%，H 6.11%，N 4.47%，O 20.42%。

别名 醚菌酯；(α*E*)-α-Methoxyimino-2-[(2-methylphenoxy)methyl]benzeneacetic acid methyl ester；Methyl(*E*)-methoxyimino[α-(*o*-tolyloxy)-*o*-tolyl]acetate；BAS-490 F；BAS-490-02F；Candit；Sovran；Stroby

M. I. 15，5372

性状 无色结晶。无味。微溶于水 (20℃，2mg/L)。蒸气压 (20℃)：2.3×10^{-5} Pa；lg P：(25℃，正辛醇/水，pH值7)：3.4；mp 97.2～101.7℃，LD_{50}大鼠急性经口：＞5000mg/kg；皮肤接触：＞2000mg/kg。

注意事项 该品对机体有不可逆损伤的可能性。对水生物极毒。能对水环境引起不利的结果。使用时应穿适当的防护服和戴手套。应防止将本品释放于环境中。其包装物应按危险品处理。

主要用途 农用杀菌剂。

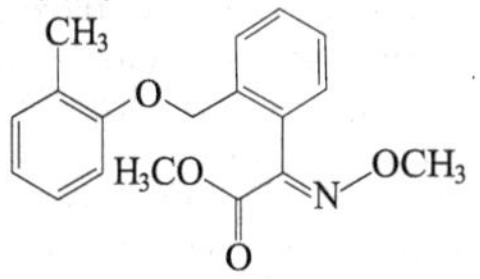

Kynurenic acid 犬尿喹啉酸 05849

[492-27-3] $C_{10}H_7NO_3$ 189.17

成分 C 63.49%，H 3.73%，N 7.40%，O 25.37%。

别名 犬尿烯酸；4-羟基喹啉-2-羧酸；4-羟基喹哪啶酸；狗尿烯酸；狗尿喹啉酸；4-羟基-2-喹啉酸；4-Hydroxyquinaldic acid；4-Hydroxy-2-quinolinecarboxylic acid

M. I. 15，5375

性状 黄色针状结晶。溶于热乙醇，微溶于水 (100℃，约0.9%)，不溶于乙醚。mp 282～283℃。生化试剂含量≥98.0% (HPLC)。

注意事项 该品对眼睛、呼吸系统及皮肤有刺激性。使用时应穿适当的防护服。万一接触到眼睛，应立即用大量水冲洗后请医生诊治。

主要用途 生化研究。临床用于缺乏维生素B的疾病。

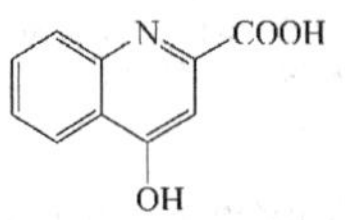

DL-Kynurenine 犬尿素 05850

[343-65-7] $C_{10}H_{12}N_2O_3$ 208.22

成分 C 57.69%，H 5.81%，N 13.45%，O 23.05%。

别名 犬尿氨酸；狗尿素；狗尿氨酸；2-Amino-3-(2-aminobenzoyl) propionic acid；DL-2-Amino-4-(2-aminophenyl)-4-oxobutanoic acid；α,2-Diamino-γ-oxobenzenebutanoic acid；3-Anthraniloylalanine

M. I. 15，5376

性状 无色结晶。溶于水，微溶于乙醇。mp 约 235℃（分解）。生化试剂含量≥95.0%（NT）。

主要用途 生化研究。

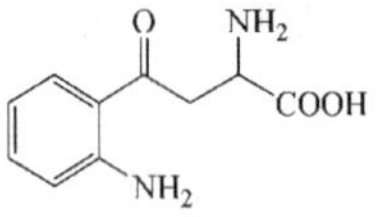

L

Labetalol hydrochloride 拉贝洛尔 盐酸盐 05851

[32780-64-6] $C_{19}H_{25}ClN_2O_3$ 364.87

成分 C 62.55%，H 6.91%，Cl 9.72%，N 7.68%，O 13.15%。

别名 盐酸拉贝洛尔；AH-5158A；Sch-15719W；Amipress；Ipolab；Labelol；Labrocol；Normodyne；Presdate；Pressalolo；Trandate；2-Hydroxy-5-[1-hydroxy-2-[(1-methyl-3-phenylpropyl)amino]ethyl]benzamide hydrochloride；5-[1-Hydroxy-2-[(1-methyl-3-phenylpropyl)amino]ethyl]salicylamide hydrochloride；Ibidomide hydrochloride

M. I. 15，5377

性状 来自乙醇-乙酸乙酯中的白色结晶性固体或粉末。溶于水、乙醇，不溶于乙醚、氯仿。mp 187～189℃。LD_{50} 雄、雌小鼠，雄、雌大鼠腹膜内注射（mg/kg）：114、120、113、107；静脉注射（mg/kg）：47、54、60、53；急性经口：1450、1800、4550、4000。生化试剂含量>99.0%（TLC）。

注意事项 该品口服有毒。使用时应穿适当的防护服。

主要用途 医用抗高血压剂。

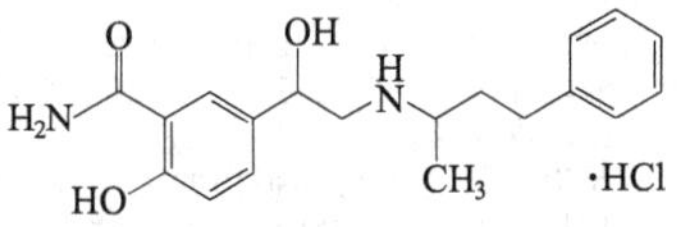

Lacidipine 拉西地平 05852

[103890-78-4] $C_{26}H_{33}NO_6$ 455.54

成分 C 68.55%，H 7.30%，N 3.07%，O 21.07%。

别名 4-[2-[(1*E*)-3-(1,1-Dimethylethoxy)-3-oxo-1-propen-1-yl]phenyl]-1,4-dihydro-2,6-dimethyl-3,5-pyridinedicarboxylic acid3,5-diethyl ester；Diethyl(*E*)-4-[2-[2-(*tert*-butoxycarbonyl)vinyl]phenyl]-2,6-dimethyl-1,4-dihydropyridine-3,5-dicarboxylate；4-[*o*-[(*E*)-2-Carboxyvinyl]phenyl]-1,4-dihydro-2,6-dimethyl-3,5-pyridinedicarboxylic acid 4-*tert*-butyl diethyl ester；GR-43659X；GX-1048；Galdine；Lacipil；Lacirex；Motens

M. I. 15，5379

性状 来自乙酸乙酯中的无色结晶性固体。mp 174～175℃。

主要用途 医用抗高血压剂。

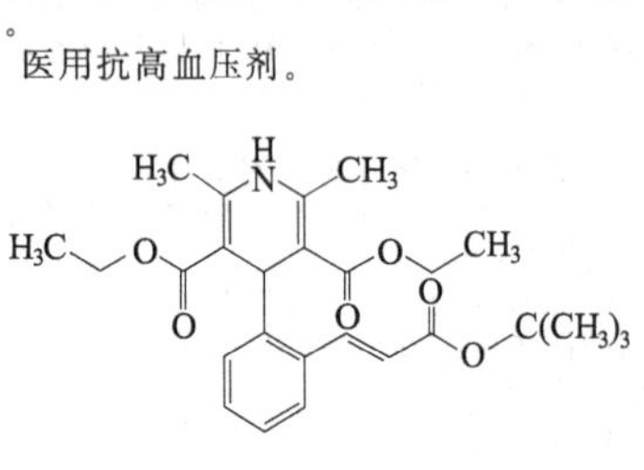

Lactalbumin hydrolysate 水解乳蛋白 05853

[68458-87-8]

别名 LH；Peptone from lactalbumin

性状 近白色固体或粉末。易吸潮。微溶于水。其 2%水溶液呈黄至棕色，pH 值 7.0±0.3。

注意事项 该品应充氩气密封于 2～8℃干燥保存。

主要用途 生化研究。

Lactate dehydrogenase from rabbit muscle 乳酸脱氢酶（兔肌） 05854

[9001-60-9] Mr 约 140000

别名 Lactic dehydrogenase；LAD；LD；LDH；L-LDH；Serum lactic dehydrogenase

EC 1.1.1.27 M. I. 15，5382

性状 近白色冻干粉末。溶于水。生化试剂活力 120～250U/mg。

注意事项 使用时应避免吸入本品的粉尘，避免与眼睛及皮肤接触。应充氩气密封于 2～8℃干燥保存。

主要用途 生化研究。检定丙酮酸盐。用于心肌梗死及白血病的诊断等。

Lactic acid 乳酸 05855

[50-21-5] [598-82-3] $C_3H_6O_3$ 90.08

成分 C 40.00%，H 6.71%，O 53.28%。

别名 α-羟基丙酸；2-Hydroxypropanoic acid；α-Hydroxypropionic acid；Lactovagan；Racemic lactic acid；Milk acid；Ordinary lactic acid；Tonsillosan

M. I. 15，5384

性状 无色或浅黄色黏稠状液体，熔点以下为结晶。有强酸味。溶于水、乙醇、糠醇，较少地溶于乙醚，几乎不溶于三氯甲烷、石油醚、二硫化碳。受热易分解。pK_a (25℃) 3.86。mp 16.8℃；$bp_{14\sim15}$ 122℃/2kPa；$bp_{0.5\sim1}$ 82～85℃/133.32Pa；Fp 235.4℉（113℃）；d_4^{20} 1.21；n_D^{20} 1.4262。LD_{50}大鼠急性经口：3.73g/kg。

注意事项 该品对眼睛有严重损伤的危险。对皮肤有刺激性。使用时应戴防护镜或面罩。万一接触到眼睛，应立即用大量水冲洗后请医生诊治。应密封干燥保存。

主要用途 配位滴定分析钙、镁、铝。测定铜、锌、焦性没食子酸、酚、尿酸和沉淀蛋白质、尿酸盐等的试剂。食用香料、防腐剂。乳酸盐制备。增塑剂。黏合剂。制药工业。

D-Lactic acid D-乳酸 05856

[10326-41-7] $C_3H_6O_3$ 90.08

成分 C 40.00%，H 6.71%，O 53.28%。

别名 (2*R*)-2-Hydroxypropanoic acid；D-(−)-Lactic acid；Levorotatory lactic acid；*l*-Lactic acid；D-Milchsäure

M. I. 15，5383

性状 来自乙醚＋异丙醚中的无色结晶。溶于水、乙醇、丙酮、乙醚、甘油，不溶于氯仿。能与多种金属成盐，其大多数盐为右旋体。p*K* 3.83。mp 52.8℃；$[\alpha]_{546}^{21.5}$ −2.6°（*c*=8）。

注意事项 该品对皮肤有刺激性。对眼睛有严重损伤的危险。使用时应戴防护镜或面罩。万一接触到眼睛，应立即用大量水冲洗后请医生诊治。应密封于−20℃保存。

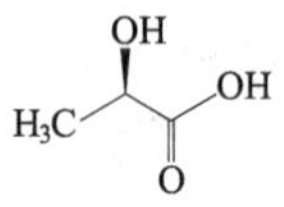

L-Lactic acid L-乳酸 05857

[79-33-4] $C_3H_6O_3$ 90.08

成分 C 40.00%，H 6.71%，O 53.28%。

别名 (2S)-2-Hydroxypropanoic acid; L-(+)-Lactic acid; Dextrorotatory lactic acid; *d*-Lactic acid; Sarcolactic acid; Paralactic acid; Fleishmilchsäure; L-Milchsäure

M. I. 15，5385

性状 来自乙酸或氯仿中的无色结晶。能与多种金属成盐。其盐大多数为左旋体。其盐比外消旋盐较多溶于水。pK (25℃) 3.79。mp 53℃；Fp 230℉ (110℃)；$[\alpha]_{546.1}^{21\sim22}$ +2.6° (c=2.5)。

注意事项 该品对皮肤有刺激性。对眼睛有严重损伤的危险。使用时应戴防护镜或面罩。万一接触到眼睛，应立即用大量水冲洗后请医生诊治。密封于2～8℃保存。

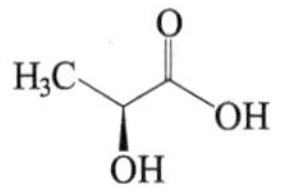

D-Lactitol monohydrate D-乳糖醇 一水 05858

[81025-04-9] $C_{12}H_{24}O_{11} \cdot H_2O$ 362.33

成分（以无水物计） C 41.86%，H 7.03%，O 51.11%。

别名 D-拉克替醇；Importal; Portolac; 4-*O*-β-D-Galactopyranosyl-D-glucitol monohydrate; β-Galactoside sorbitol; Lactit; Lactit M; Lactite; Lactobiosit; Lactosit; Lactositol

M. I. 15，5389

性状 白色结晶性固体。味甜。无气味。不吸潮。该品于下列物质中的溶解度（25℃，g/100g）：水 206；乙醇 0.75；乙醚 0.4；二甲基亚砜 233；二甲基甲酰胺 39。（50℃，g/100g）：水 512（50℃），917（75℃）；乙醇 0.88。mp 94～97℃；$[\alpha]_D^{22}$ +12.3°。生化试剂含量≥99.0%（HPLC）。

主要用途 生化研究。医用轻泻剂，治疗肝、脑病。食品、粮食的脱硫剂。

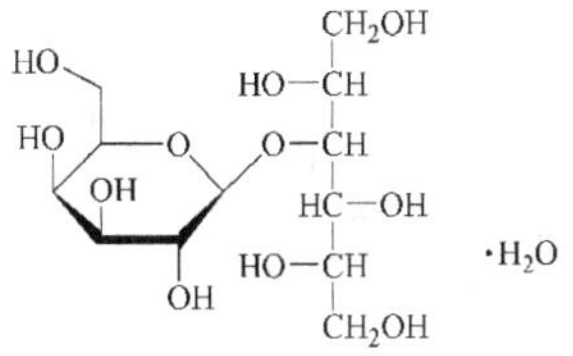

Lactobionic acid 乳糖酸 05859

[96-82-2] $C_{12}H_{22}O_{12}$ 358.30

成分 C 40.23%，H 6.19%，O 53.58%。

别名 4-*O*-β-D-Galactopyranosyl-D-gluconic acid; 4-(β-D-Galactosido)-D-gluconic acid

M. I. 15，5391

性状 浆状物。易溶于水，微溶于甲醇、乙醇、冰乙酸。195～196℃分解。$[\alpha]_D^{20}$ +53.0° $\xrightarrow{240min}$ +22.6° (c=8.8，于水中)。

主要用途 生化研究。

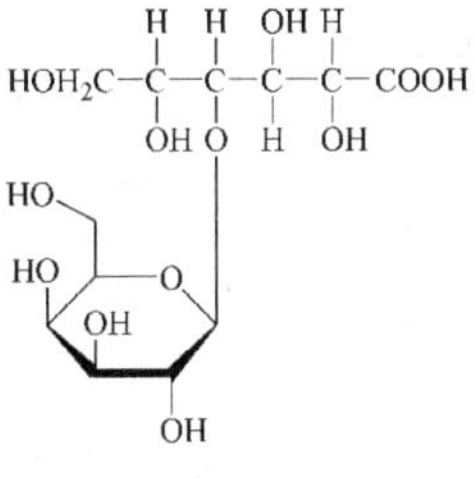

β-Lactoglobulin from bovine milk β-乳球蛋白（牛乳） 05860

[9045-23-2] Mr 约 17500

性状 白色或微黄冷冻干燥粉末。溶于水和中性氯化钠稀溶液。生化试剂含量约 80.0%（HPCE），含β-乳球蛋白A和B。

注意事项 使用时应避免吸入本品的粉尘，避免与眼睛及皮肤接触。应充氩气密封于2～8℃保存。

主要用途 生化研究。用于SDS电泳的非糖蛋白分子量标记。

Lactonitrile 乳腈 05861

[78-97-7] [42492-95-5] C_3H_5NO 71.08

成分 C 50.69%，H 7.09%，N 19.71%，O 22.51%。

别名 2-羟基丙腈；氰基乙醇；乙醛氰醇；2-Hydroxypropionitrile; Acetaldehyde cyanohydrin

GW 2015-1637

性状 无色液体。溶于水、乙醇、乙醚，不溶于石油醚。一般试剂含约1%磷酸作为稳定剂。mp −40℃；bp_{17} 90℃/2.266kPa；Fp 170℉（76℃）；d_4^{20} 0.991；n_D^{20} 1.404。一般试剂含量≥97.0%（T）。

注意事项 该品与皮肤接触极毒。吸入或口服有毒。使用时应穿适当的防护服，戴手套和防护镜或面罩。使用时如有事故发生或有不适之感，应请医生诊治。应远离食品和饲料密封保存。

主要用途 溶剂。有机合成，制备乳酸乙酯。

Lactoperoxidase from bovine milk 乳过氧化物酶（牛乳） 05862

[9003-99-0] Mr 约 77500

别名 Hydrogen peroxide oxidoreductase; Peroxidase

EC 1.11.1.7

性状 黄棕色微细结晶性粉末。对湿度敏感。生化试剂含量≥250U/mg。

注意事项 使用时应避免吸入本品的粉尘，避免与眼睛及皮肤接触。应充氩气密封于−20℃干燥保存。

主要用途 生化研究。

Lactose monohydrate 乳糖 一水 05863

[10039-26-6][63-42-3]（无水物） $C_{12}H_{22}O_{11} \cdot H_2O$ 360.32

成分（以无水物计） C 42.11%，H 6.48%，O 51.41%。

别名 一水合乳糖；D-乳糖；α-乳糖；4-*O*-β-D-Galactopyranosyl-D-glucose; 4-(β-D-Galactosido)-D-glucose; α-Lactin; Milk sugar; α-Saccharum lactis

M. I. 15，5392

性状 白色单斜晶系结晶性粉末。无臭，味甜。在空气中稳定。1g该品溶于5mL水，溶于2.6mL沸水，几乎不溶于乙醇，不溶于乙醚、氯仿。K_a（16.5℃）6.0×10^{-13}；mp 201～202℃；d^{20} 1.53；$[\alpha]_D^{20}$ +92.6° $\xrightarrow{10min}$ +83.5° $\xrightarrow{50min}$ +69° $\xrightarrow{22h}$ +52.3° (c=4.5，于水中)。

注意事项 该品应密封于干燥处保存。

主要用途 测定金的试剂。生物培养基的制备。色谱吸附剂。

参考规格 HG/T 3461—2012 分析纯

项目	分析纯
比旋光本领 α_m(20℃，D)/{[(°)·m²]/mg}	+52.2～+52.8
澄清度试验/号≤	3
水不溶物/%≤	0.005
干燥失重/%≤	0.5
燃烧残渣（以硫酸盐计）/%≤	0.05
酸度（以 H^+ 计）/(mmol/g)≤	0.004
氮化合物（N）/%≤	0.005
铁（Fe）/%≤	0.0005
重金属（以 Pb 计）/%≤	0.0005
脂肪/%≤	0.01
糊精和淀粉	合格

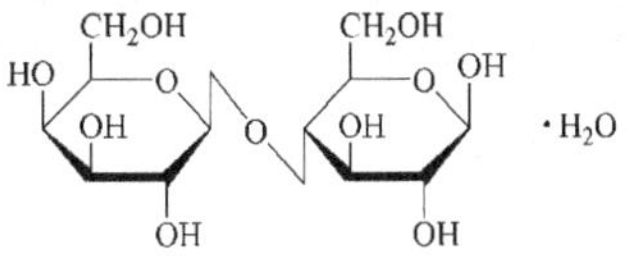

β-Lactose β-乳糖 05864

[5965-66-2] $C_{12}H_{22}O_{11}$ 342.30

成分 C 42.11%，H 6.48%，O 51.41%。

M. I. 15，5392

性状 白色结晶性粉末。味稍甜于乳糖。易溶于水（15℃，1g 溶于 2.2mL 水，溶于 1.1mL 沸水）。能还原裴林氏液。mp 253～255℃；d 1.59；$[\alpha]_D^{25}$+34°（3min）$\xrightarrow{6min}$+39°$\xrightarrow{1h}$+46°$\xrightarrow{22h}$+52.3°。一般试剂含量≥99.0%。

注意事项 该品应密封于干燥处保存。

主要用途 测定金的试剂。生物培养基的制备。

Lactose broth 乳糖复发酵培养基 05865

别名 乳糖肉汤

性状 近白色粉末。易吸潮。

注意事项 该品应密封于 2～8℃保存。

主要用途 用于大肠菌群、粪大肠菌群、大肠杆菌的测定。

Lactucin 莴苣苦素 05866

[1891-29-8] $C_{15}H_{16}O_5$ 276.29

成分 C 65.21%，H 5.84%，O 28.95%。

别名 (3a*R*,4*S*,9a*S*,9b*R*)-3,3a,4,5,9a,9b-Hexahydro-4-hydroxy-9-hydroxymethyl-6-methyl-3-methyleneazuleno[4,5*b*]furan-2,7-dione

M. I. 15，5394

性状 来自甲醇中的无色结晶。溶于水、乙醇、甲醇、乙酸乙酯、二氧六环、苯甲醚。218℃烧结成块；mp 228～233℃；$[\alpha]_D$+49°（c=0.90，于甲醇中）；$[\alpha]_D$+77.9°（c=3.44，于吡啶中）；uv max：257nm（ε 14000）。

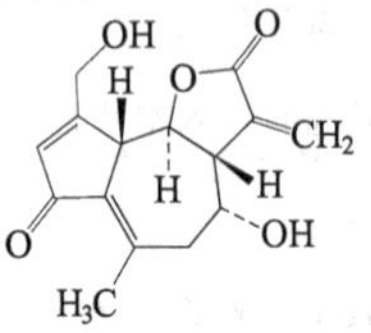

Lactulose 乳酮糖 05867

[4618-18-2] $C_{12}H_{22}O_{11}$ 342.30

成分 C 42.11%，H 6.48%，O 51.41%。

别名 4-*β*-D-半乳糖苷-D-果糖；Bifiteral；Cephulac；Duphalac；4-*O*-D-Galactopyranosyl-4-D-fructofuranose；4-*O*-*β*-D-Galactopyranosyl-D-fructose；4-*β*-D-Galactosido-D-fructose；4-*O*-*β*-D-Galactosyl-D-fructose；Generlac；Lactuflor；Laevilac；Normase

M. I. 15，5395

性状 来自甲醇中的无色六方形簇体片状结晶。溶于水（质量分数）：30℃，76.4%；60℃，81%；90℃，>86%。mp 168～171℃；$[\alpha]_D^{20}$ −51.5°（c=1；于水中，24h）。生化试剂含量 ≥98.0%（HPLC）。

主要用途 生化研究。医用缓泻剂。

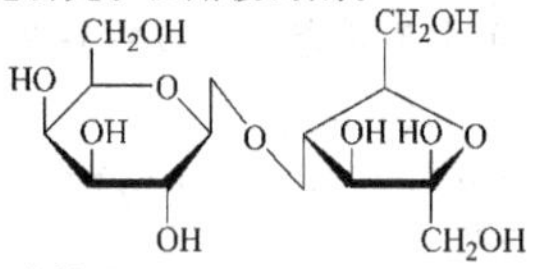

Lafutidine 拉呋替丁 05868

[118288-08-7][169899-19-8] $C_{22}H_{29}N_3O_4S$ 431.55

成分 C 61.23%，H 6.77%，N 9.74%，O 14.83%，S 7.43%。

别名 2-(2-Furanylmethyl)sulfinyl-*N*-[(2*Z*)-4-[[4-(1-piperidinylmethyl)-2-pyridinyl]oxy]-2-buten-1-yl]acetamide；2-Furfurylsulfinyl-*N*-[(*Z*)-4-[(4-piperidinomethyl-2-pyridyl)oxy]-2-butenyl]acetamide；FRG-8813；Protecadin；Stogar

M. I. 15，5396

性状 来自苯-己烷中的无色结晶。为外消旋物的混合体。味微苦。易溶于二甲基甲酰胺、冰乙酸，溶于甲醇，略微于脱水乙醇，极微溶于乙醚，几乎不溶于水。mp 92.7～94.9℃。

主要用途 医用抗溃疡剂。

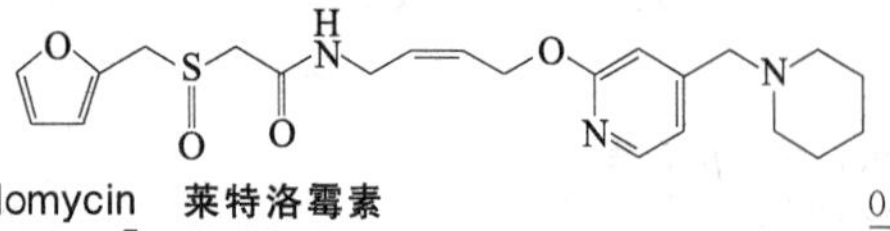

Laidlomycin 莱特洛霉素 05869

[56283-74-0] $C_{37}H_{62}O_{12}$ 698.89

成分 C 63.59%，H 8.94%，O 27.47%。

别名 阿普拉霉素；16-Deethyl-3-*O*-demethyl-16-methyl-3-*O*-(1-oxopropyl)monensin

M. I. 15，5397

性状 来自氯仿-乙酸乙酯中的无色棱柱体结晶。溶于氯仿、丙酮、醇类，不溶于水、正己烷。mp 151～153℃；$[\alpha]_D^{22}$ +51.3°（c=0.2，于氯仿中）。LD_{50} 小鼠腹膜内注射：5mg/kg；皮下注射：2.5mg/kg；静脉注射：1mg/kg。

主要用途 兽用生长促进剂。

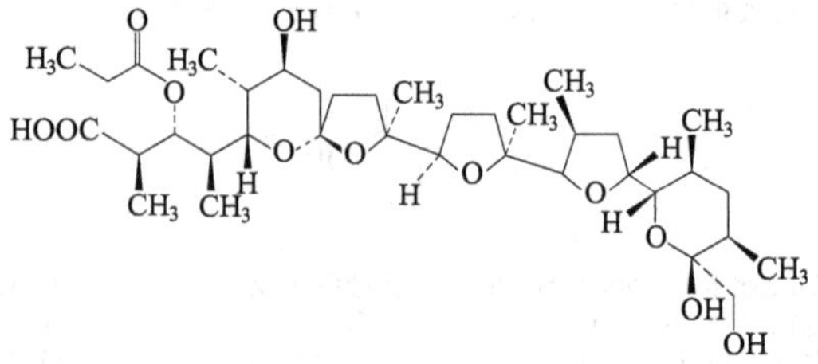

Lamifiban 拉米非班 05870

[144412-49-7] $C_{24}H_{28}N_4O_6$ 468.51

成分 C 61.53%，H 6.02%，N 11.96%，O 20.49%。

别名 2-[[1-[(2*S*)-2-[4-(Aminoiminomethyl)benzoyl]amino-3-(4-hydroxyphenyl)-1-oxopropyl]-4-piperidinyl]oxy]acetic acid；[[1-[*N*-(*p*-Amidinobenzoyl)-L-tyrosyl]-4-piperidinyl]oxy]acetic acid；Ro-44-9883

M. I. 15，5399

性状 来自水中的无色结晶（两性体）。mp 约 200℃（分解）；$[\alpha]_D^{20}$+29.8°（c=0.86，于 1mol/L 盐酸中）。

主要用途 医用抗血栓形成剂。

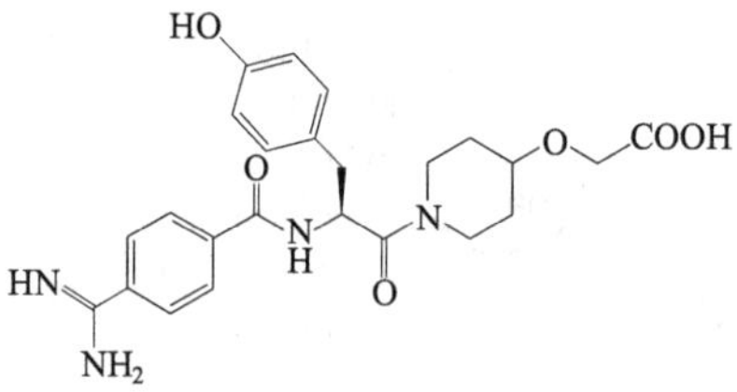

Laminarin 昆布多糖 05871

[9008-22-4]

别名 海带多糖；Laminaran

M. I. 15，5400

性状 白色至微黄色粉末。主要含量为聚葡萄糖。易吸潮。溶于水。

注意事项 使用时应避免吸入本品的粉尘，避免与眼睛及皮肤接触。应密封干燥保存。

主要用途 生化研究。血液抗凝剂。

Lamivudine 拉米夫定 05872

[134678-17-4] $C_8H_{11}N_3O_3S$ 229.25

成分 C 41.91%，H 4.84%，N 18.33%，O 20.94%，S 13.99%。

别名 4-Amino-1-[(2*R*,5*S*)-2-hydroxymethyl-1,3-oxathiolan-5-yl]-2(1*H*)-pyrimidinone；(−)-2′-Deoxy-3′-thiacytidine；(−)-1-[(2*R*,5*S*)-2-*H*ydroxymethyl-1,3-oxathiolan-5-yl]cystosine；3′-Thia-2′,3′-dideoxycytidine；3TC；(−)-BCH-189；GR-109714X；Epivir；Zeffix

M. I. 15，5402

性状 来自沸乙醇中的无色结晶。溶于水（20℃，约 70mg/mL）。mp 160～162℃；$[\alpha]_D^{21}$ −135°（c=0.38，于甲醇中）。

注意事项 该品对眼睛、呼吸系统及皮肤有刺激性。使用时应穿适当的防护服。万一接触到眼睛，应立即用大量水冲洗后请医生诊治。

主要用途 医用抗病毒剂。

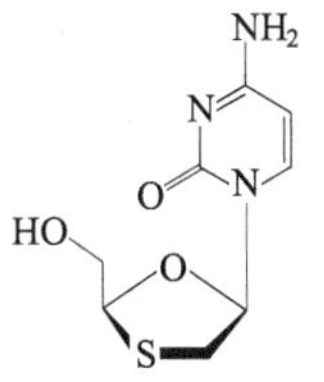

Lamotrigine　乐命达　05873

［84057-84-1］　$C_9H_7Cl_2N_5$　256.09

成分　C 42.21%，H 2.76%，Cl 27.69%，N 27.35%。

别名　拉莫三嗪；6-(2,3-二氯苯基)-1,2,4-三嗪-3,5-二胺；3,5-二氨基-6-(2,3-二氯苯基)-1,2,4-三嗪；6-(2,3-Dichlorophenyl)-1,2,4-triazine-3,5-diamine；3,5-Diamino-6-(2,3-dichlorophenyl)-1,2,4-triazine；LTG；BW-430C；Lamictal

M. I. 15，5403

性状　白色至浅奶油粉末，或来自异丙醇中的无色结晶。溶于二甲基亚砜（60℃，20mg/mL）、水（25℃，0.17mg/mL）、盐酸（0.1mol/L，4h，1mg/mL）。pK_a 5.7；mp 216～218℃（未修正的）。LD_{50}小鼠，大鼠急性经口（mg/kg）：250（mg/kg），＞640。生化试剂含量≥98.0%。

注意事项　该品口服有毒。使用时如有事故发生或有不适之感，应请医生诊治。应密封于2～8℃保存。

主要用途　医用抗惊厥剂。

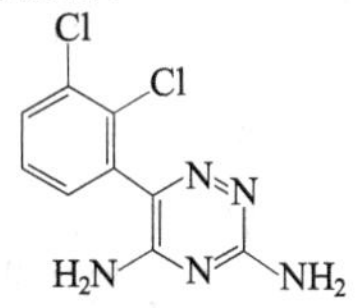

Lanatoside C　毛花洋地黄苷C　05874

［17575-22-3］　$C_{49}H_{76}O_{20}$　985.13

成分　C 59.74%，H 7.78%，O 32.48%。

别名　(3β,5β)-3-[O-β-D-Glucopyranosyl-(1→4)-O-3-O-acetyl-2,6-dideoxy-β-D-*ribo*-hexopyranosyl-(1→4)-O-2,6-dideoxy-β-D-*ribo*-hexopyranosyl-(1→4)-2,6-dideoxy-β-D-*ribo*-hexopyranosyl]oxy-14-hydroxycard-20(22)-enolide；Digilanide C；Allocor；Cedilanid；Ceglunat；Celadigal；Cetosanol；Lanimerck

M. I. 15，5404

性状　来自甲醇中的长的无色无光泽的棱柱体结晶。1g该品溶于20000mL甲醇、2000mL氯仿。易溶于吡啶、二氧六环，几乎不溶于乙醚、石油醚。248～250℃分解；$[\alpha]_D^{20}$+33.4°～+33.7°（200mg溶于10mL乙醇中）。生化试剂含量＞95.0%。

注意事项　该品吸入、口服或与皮肤接触极毒。使用时应穿适当的防护服，戴手套和防护镜或面罩。应避免吸入本品的粉尘。使用时如有事故发生或有不适之感，应立即请医生诊治。应密封于－20℃保存。

主要用途　医用强心剂。

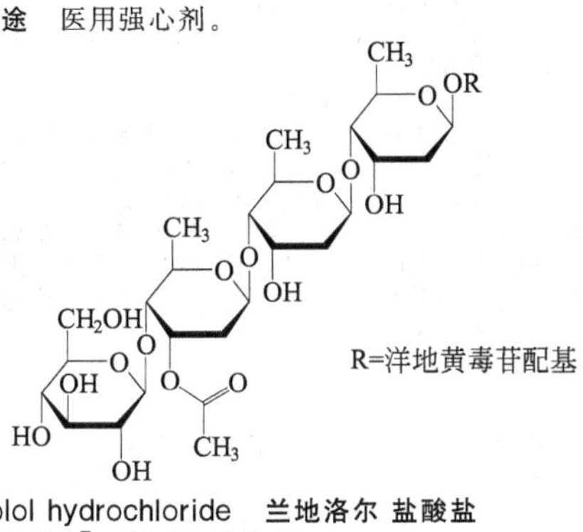

R=洋地黄毒苷配基

Landiolol hydrochloride　兰地洛尔 盐酸盐　05875

［144481-98-1］　$C_{25}H_{40}ClN_3O_8$　546.06

成分　C 54.99%，H 7.38%，Cl 6.49%，N 7.70%，O 23.44%。

别名　盐酸兰地洛尔；ONO-1101；Onoact；4-[(2S)-2-Hydroxy-3-[[2-[(4-morpholinylcarbonyl)amino]ethyl]amino]propoxy]benzenepropanoic acid [(4S)-2,2-dimethyl-1,3-dioxolan-4-yl]methyl ester hydrochloride；(−)-2,2-Dimethyl-1,3-dioxolan-4S-ylmethyl 3-[4-[3-[2-(morpholinocarbonylamino)ethylamino]-2S-hydroxypropoxy]phenyl]propionate hydrochloride

M. I. 15，5405

性状　无色结晶或白色粉末。mp 124.5℃。LD_{50}小鼠静脉注射：290mg/kg。

主要用途　医用抗心律失常剂。

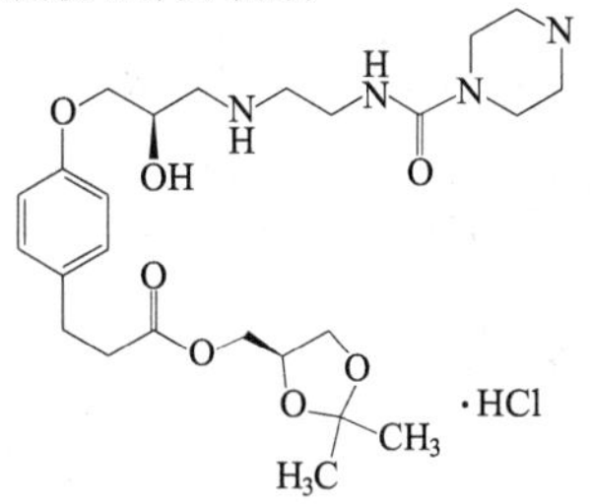

Lankamycin　兰卡霉素　05876

［30042-37-6］　$C_{42}H_{72}O_{16}$　833.02

成分　C 60.56%，H 8.71%，O 30.73%。

别名　(3R,4S,5R,6S,7S,9S,11R,12S,13S,14R)-4-(4-O-Acetyl-2,6-dideoxy-3-C-methyl-3-O-methyl-α-L-*xylo*-hexopyranosyl)oxy-12-acetyloxy-6-(4,6-dideoxy-3-O-methyl-β-D-*xylo*-hexopyranosyl)oxy-9-hydroxy-14-[(1S,2S)-2-hydroxy-1-methylpropyl]-3,5,7,9,11,13-hexamethyloxacyclotetradecane-2,10-dione；Kujimycin B

M. I. 15，5407

性状　来自乙醚＋石油醚中的无色结晶。双mp，147～150℃及181～182℃；$[\alpha]_D^{20}$－94°（c＝1.23，于乙醇中）；uv max：289nm（lg ε 1.50）。

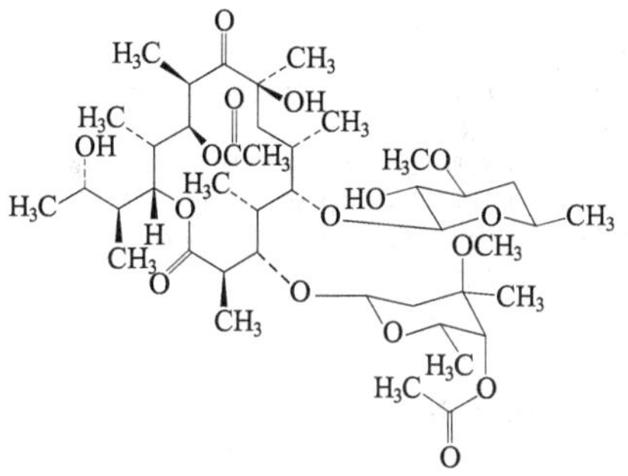

Lanoconazole　拉洛康唑　05877

［101530-10-3］　$C_{14}H_{10}ClN_3S_2$　319.83

成分　C 52.58%，H 3.15%，Cl 11.08%，N 13.14%，S 20.05%。

别名　(αE)-α-[4-(2-Chlorophenyl)-1,3-dithiolan-2-ylidene]-1H-imidazole-1-acetonitrile；Latoconazole；TJN-318；NND-318；Astat

M. I. 15，5408

性状　亮黄色结晶。mp 141.5℃。LD_{50}雄、雌小鼠，雄、雌大鼠急性经口（mg/kg）：3224、2715，993、652；腹膜内注射（mg/kg）：2158、1743、1655、2596；皮下注射：全部＞5000mg/kg。LD_{50}大鼠皮肤接触：＞5000mg/kg。

主要用途　医用抗真菌剂。

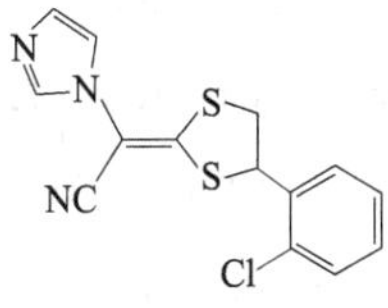

Lanolin　羊毛脂

［8006-54-0］　05878

别名　Agnolin；Agnin；Alapurin；Lanain；Lanalin；Lanesin；Lanichol；Laniol；Lanum；Oesipos；Wool fat

M. I. 15，5409

性状 浅棕黄色软膏状物。易溶于乙醚、三氯甲烷，较多地溶于热乙醇，微溶于乙醇，不溶于水。mp 38～42℃；Fp 235℉（113℃）。

主要用途 气相色谱固定液，用于非极性化合物的分析。防锈剂或缓蚀剂。化妆品制备。

Lanosterol 羊毛甾醇 05879

[79-63-0] $C_{30}H_{50}O$ 426.73

成分 C 84.44%，H 11.81%，O 3.75%。

别名 (3β)-Lanosta-8,24-dien-3-01;Kryptosterol

M. I. 15，5411

性状 无色结晶或白色粉末。mp 138～140℃；$[\alpha]_D^{20}$ +62.0°（于氯仿中）；红外线最大吸收值：6.124μm，12.22μm。生化试剂含量≥97.0%。

注意事项 该品应密封于－20℃保存。

主要用途 生化研究。

Lansoprazole 兰索拉唑 05880

[103577-45-3] $C_{16}H_{14}F_3N_3O_3S$ 369.36

成分 C 52.03%，H 3.82%，F 15.43%，N 11.38%，O 8.66%，S 8.68%。

别名 兰宋拉唑；2-[[3-Methyl-4-(2,2,2-trifluoro-ethoxy)-2-pyridinyl] methyl] sulfinyl-1*H*-benzimidazole；2-(2-Benzimidazolylsulfinylmethyl)-3-methyl-4-(2,2,2-trifiuoroethoxy) pyridine；A-65006；AG-1749；Agopton；Lansox；Lanzor；Limp idex；Ogast；Prevacid；Takepron；Zoton

M. I. 15，5413

性状 白色至浅棕白色粉末。易溶于二甲基甲酰胺，几乎不溶于水。mp 178～182℃（分解）。

注意事项 该品对眼睛、呼吸系统及皮肤有刺激性。使用时应穿适当的防护服。万一接触到眼睛，应立即用大量水冲洗后请医生诊治。应密封于 2～8℃保存。

主要用途 医用抗溃疡剂。

Lanthanum 镧 05881

[7439-91-0] La 138.90547

M. I. 15，5414

性状 白色有延展性的金属。在空气中变暗。有 3 种结晶形式：α 型为六角形结晶，常温不稳定；β 型为 α 型结晶加热到 350℃的立方晶体；γ 型则存在于 868℃以上。金属镧很活泼，与冷水作用缓慢，热水时则很快。能与无机酸很快起作用，但与冷硫酸无变化。一般试剂常浸于油中保存。d_4^{20} α 型 6.162，β 型 6.19，γ 型 5.97；mp 920℃；bp 3464℃。

注意事项 该品高度易燃。使用现场禁止吸烟。应远离火种密封保存。

主要用途 耐热合金及镧盐的制备。

Lanthanum acetate sesquihydrate 乙酸镧 1½水 05882

[25721-92-0] [917-70-4] $C_6H_9O_6La \cdot xH_2O$ 343.08

成分（以无水物计） C 22.80%，H 2.87%，O 30.37%，La 43.95%。

别名 水合乙酸镧；醋酸镧 水合

性状 白色粉末。溶于水及酸类。一般试剂含量≥97.0%（T）；水约 5%～15%。

注意事项 使用时应避免吸入本品的粉尘，避免与眼睛及皮肤接触。应充氩气密封干燥保存。

主要用途 织物防水剂。

Lanthanum carbonate octahydrate 碳酸镧 八水 05883

[6487-39-4] [54451-24-0] $C_3La_2O_9 \cdot 8H_2O$ 601.95

成分（以无水物计） C 7.87%，La 60.68%，O 31.45%。

别名 八水合碳酸镧；Arifical lanthanite

M. I. 15，5415

性状 白色结晶性粉末。易溶于稀无机酸，几乎不溶于水。

注意事项 该品具有刺激性。应密封于干燥处保存。

Lanthanum chloride heptahydrate 氯化镧 七水 05884

[10025-84-0] $Cl_3La \cdot 7H_2O$ 371.37

成分（以无水物计） Cl 43.37%，La 56.63%。

别名 七水合三氯化镧；七水合氯化镧；三氯化镧 七水；Lanthanum trichloride heptahydrate；Lanthanum chloride heptahydrate]

M. I. 15，5414

性状 无色或白色三斜结晶。有吸湿性。溶于水、乙醇。mp 91℃（分解）。LD_{50}大鼠急性经口：4.2g/kg；腹膜内注射：350mg/kg。一般试剂含量≥99.0%。

注意事项 该品对眼睛、呼吸系统及皮肤有刺激性。使用时应穿适当的防护服。万一接触到眼睛，应立即用大量水冲洗后请医生诊治。

主要用途 分析试剂。石油裂化催化剂。提炼金属镧。

Lanthanum fluoride 氟化镧 05885

[13709-38-1] F_3La 195.90

成分 F 29.09%，La 70.91%。

别名 三氟化镧；Lanthanum trifluoride

GW 2015-752

性状 白色结晶性粉末。不溶于水。mp 1493℃；*d* 5.936。一般试剂含量≥99.0%。

注意事项 该品吸入、口服或与皮肤接触有害。对眼睛、呼吸系统及皮肤有刺激性。使用时应戴手套和防护镜或面罩。万一接触到眼睛，应立即用大量水冲洗后请医生诊治。应密封于通风良好处保存。

主要用途 电弧炭棒原料。拉制氟化镧单晶。抛光材料的活性添加剂。具有色散能力，制造能透过红外线的玻璃。磷灯罩。

Lanthanum hydroxide 氢氧化镧 05886

[14507-19-8] H_3LaO_3 189.93

成分 H 1.59%，La 73.14%，O 25.27%。

M. I. 15，5414

性状 白色无定形粉末。具强碱性。能在空气中吸收二氧化碳。260℃开始失水后生成三氧化二镧。溶于酸。一般试剂含量≥99.0%

注意事项 该品对眼睛、呼吸系统及皮肤有刺激性。万一接触到眼睛，应立即用大量水冲洗后请医生诊治。应密封保存。

Lanthanum nitrate hexahydrate 硝酸镧 六水 05887

[10277-43-7] $LaN_3O_9 \cdot 6H_2O$ 433.02

成分(以无水物计) La 42.75%，N 12.93%，O 44.32%。

别名 六水合硝酸镧

GW 2015-2304 M. I. 15，5414

性状 白色三斜形结晶。有潮解性。加热至熔点成碱式盐。易溶于水、乙醇。mp 约 40℃；bp 162℃。LD_{50}大鼠急性经口：4.5g/kg；腹膜内注射：450mg/kg。

注意事项 该品与易燃物品接触能引起燃烧。对眼睛、呼吸系统及皮肤有刺激性。使用时应戴适当的手套。万一接触到眼睛，应立即用大量水冲洗后请医生诊治。应远离易燃物品密封干燥保存。

主要用途 防腐剂。

Lanthanum oxalate hydrate 草酸镧 水合 05888

$C_6La_2O_{12} \cdot xH_2O$ 541.88+18.02*x*

成分(以无水物计) C 13.30%，La 51.27%，O 35.43%。

别名 乙二酸镧 水合；水合乙二酸镧；水合草酸镧

性状 白色粉末。微溶于酸，不溶于水。

注意事项 该品口服或与皮肤接触有害。使用时应避免与眼睛皮肤接触。

主要用途 分析试剂。

Lanthanum oxide　氧化镧　05889

[1312-81-8]　La_2O_3　325.81

成分　La 85.27%，O 14.73%。

别名　三氧化二镧；Lanthana；Lanthanum sesquioxide；Lant-hanum trioxide

M. I. 15，5414

性状　近白色无定形粉末。能吸收空气中的二氧化碳。溶于稀无机酸生成盐，不溶于水。mp 2307℃；bp 4200℃；*d* 6.51。一般试剂含量≥99.5%（AAS）。

注意事项　该品对眼睛、呼吸系统及皮肤有刺激性。使用时应穿适当的防护服和戴适当的手套。万一接触到眼睛，应立即用大量水冲洗后请医生诊治。应密封保存。

主要用途　分析试剂。改进玻璃的光学性质，制造光学玻璃。耐火材料。

Lanthanum sulfate nonahydrate　硫酸镧 九水　05890

[10294-62-9][10099-60-2]（无水）　$La_2O_{12}S_3 \cdot 9H_2O$　728.14

成分（以无水物计）　La 49.08%，O 33.92%，S 17.00%。

别名　九水合硫酸镧

M. I. 15，5414

性状　白色六角棱柱体结晶。微溶于酸和水，不溶于乙醇。d_4^{20} 2.801。LD_{50}大鼠急性经口：>5g/kg；腹膜内注射：275mg/kg。

注意事项　该品应密封干燥保存。

DL-Lanthionine　DL-羊毛硫氨酸　05891

[3183-08-2] [922-55-4]　$C_6H_{12}N_2O_4S$　208.23

成分　C 34.61%，H 5.81%，N 13.45%，O 30.73%，S 15.40%。

别名　DL-羊毛硫堇；*β*，*β'*-硫代二氨基丙酸；硫化双（2-氨基丙酸）；*S*-(2-Amino-2-carboxyethyl) cysteine；Bis(2-amino-2-carboxyethyl) sulfide；*β*，*β'*-Diamino-*β*，*β'*-dicarboxydiethyl sulfide；Sulfido-*α*-alanine；*β*,*β'*-Thiodialanine

M. I. 15，5416

性状　无色结晶。溶于稀酸、碱溶液、稀氨水，水中溶解度为0.15%（25℃），不溶于乙醇、乙醚、氯仿、丙酮。286～292℃分解。一般试剂含量≥98.0%。

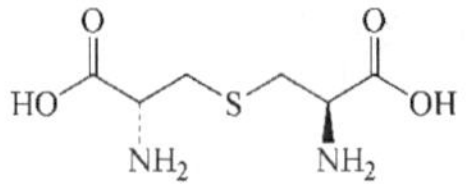

Lapachol　黄钟花醌　05892

[84-79-7]　$C_{15}H_{14}O_3$　242.27

成分　C 74.37%，H 5.82%，O 19.81%。

别名　2-羟基-3-(3-甲基-2-丁烯基)-1,4-苯醌；2-羟基-3-(3-甲基-2-丁烯基)-1,4-萘二酮；2-羟基-3-异戊烯基萘醌；2-Hydroxy-3-(3-methyl-2-Butenyl)-1,4-naphthalenedione；Lapachicacid；Taiguic acid；Tecomin；Greenhartin；NSC-11905

M. I. 156，5417

性状　来自乙醇或乙醚中的黄色棱柱体结晶。溶于乙醇、氯仿、苯、乙酸，微溶于乙醚、热水。溶于氢氧化钠水溶液产生亮红色钠盐。mp 140℃；uv max：251.5nm，278nm，331nm（lg ε 4.38，4.28，3.43）。LD_{50}雄，雌小鼠急性经口：487mg/kg，792mg/kg。

注意事项　该品有毒。对眼睛、呼吸系统及皮肤有刺激性。

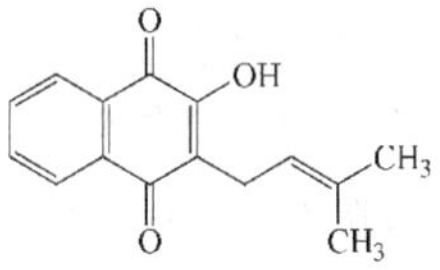

Lappaconitine　拉普躲碱　05893

[32854-75-4]　$C_{32}H_{44}N_2O_8$　584.71

成分　C 65.73%，H 7.59%，N 4.79%，O 21.89%。

别名　(1*α*，14*α*，16*β*)-20-Ethyl-1，14，16-trmethoxyaconitane-4，8，9-triol 4-[2-(acetylamino)benzoate]

M. I. 15，5420

性状　无色结晶。味苦。溶于苯，微溶于乙醇、乙醚，几乎不溶于水。mp 217～218℃；$[\alpha]_D^{18}$ +27°（于氯仿中）。LD_{50}小鼠静脉注射：6.9mg/kg；腹膜内注射：9.1mg/kg；急性经口：约 20mg/kg。

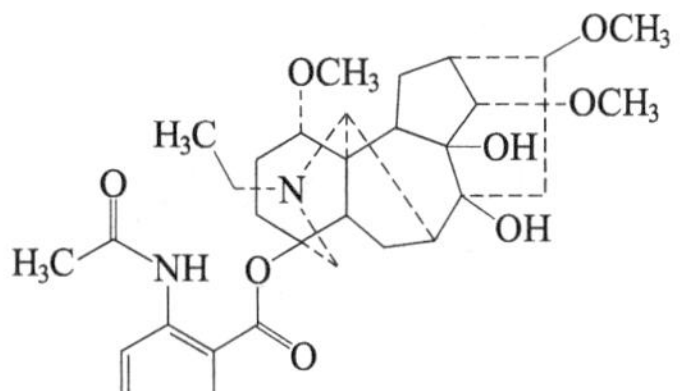

Lapyrium chloride　拉匹氯胺　05894

[6272-74-8]　$C_{21}H_{35}ClN_2O_3$　398.97

成分　C 63.22%，H 8.84%，Cl 8.89%，N 7.02%，O 12.03%。

别名　氯化拉匹胺；1-[2-Oxo-2-[[2-[(1-oxododecyl)oxy]ethyl] amino] ethyl] pyridinium chloride；1-[[(2-Hydroxyethyl) carbamoyl] methyl] pyridinium chloride laurate (ester)；*N*-(Lauroylcolaminoformylmethyl) pyridinium chloride；*N*-(Acylcolaminoformylmethyl) pyridinium chloride；Emulsept(obsolete)；E-607；Emcol E-607

M. I. 15，5421

性状　无色或白色粉末。mp 141～144℃。

主要用途　阳离子乳化剂，除臭剂，洗涤杀菌剂，抗静电剂，药品辅助剂（表面活性剂）。

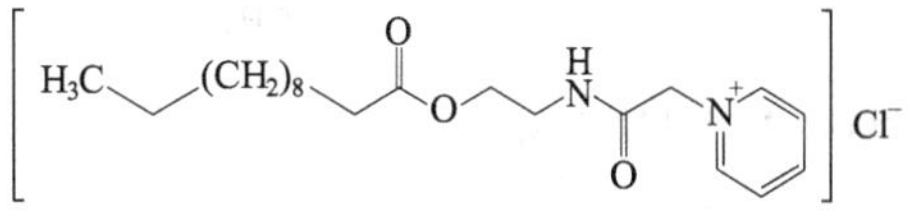

Lasalocid sodium salt　拉沙里菌素钠盐　05895

[25999-20-6]　$C_{34}H_{53}NaO_8$　612.78

成分　C 66.64%，H 8.72%，Na 3.75%，O 20.89%。

别名　Avatec

M. I. 15，5427

性状　来自苯-石油醚中的无色至微黄色结晶。溶于苯、甲醇。mp 191～192℃（分解）；$[\alpha]_D^{25}$ −30°（*c*=1，于甲醇中）；uv max（50%异丙醇中）：308nm（ε 4100）。生化试剂含量≥97.0%（NT）。

注意事项　该品口服有害。使用时应穿适当的防护服，戴手套和防护镜或面罩。使用时如有事故发生或有不适之感，应请医生诊治。

主要用途　生化研究。兽用抑球虫剂。

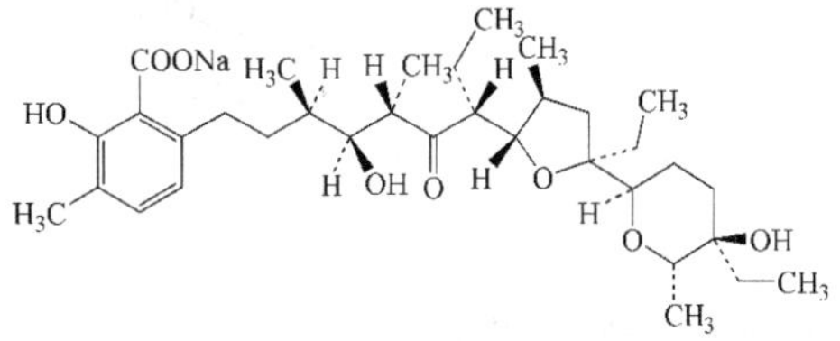

Laserpitin　中甸前胡素　05896

[7067-12-1]　$C_{25}H_{38}O_7$　450.57

成分　C 66.64%，H 8.50%，O 24.86%。

别名　(2*Z*,2′*Z*)-2-Methyl-2-butenoic acid 1,1′-[(1*R*,3a*S*,4*S*,6*R*,8*S*,8a*S*)-decahydro-1,6-dihydroxy-3a,6-dimethyl-1-(1-methylethyl)-5-oxo-4,8-azulenediyl]ester

M. I. 15,5428

性状　无色结晶。溶于乙醇、氯仿、乙醚、石油醚、油脂，几乎不溶于水。mp 118℃。
主要用途 文物的干燥及加香剂(希腊及罗马)。

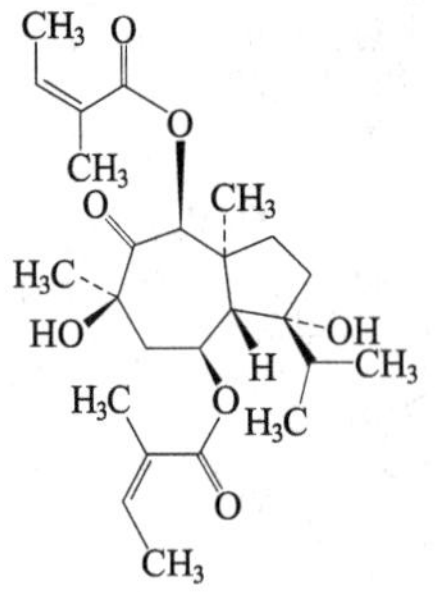

Lasiocarpine 毛果天芥菜碱 05897
[303-34-4] $C_{21}H_{33}NO_7$ 411.50
成分 C 61.30%,H 8.08%,N 3.40%,O 27.22%。
别名 (2*Z*)-2-Methyl-2-butenoic acid(1*S*,7a*R*)-7-[(2*R*)-2,3-dihydroxy-2-((1*S*)-1-methoxyethyl)-3-methyl-1-oxobutoxy]methyl-2,3,5,7a-tetrahydro-1*H*-pyrrolizin-1-yl ester
M. I. 15, 5429
性状 来自石油醚中的无色小叶状结晶。溶于乙醚、乙醇、苯，难溶于水。mp 94～95.5℃；$[\alpha]_D$ −4°(10%乙醇中)。

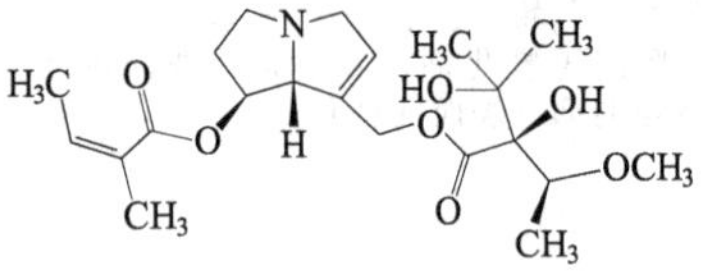

Latanoprost 拉坦前列素 05898
[130209-82-4] $C_{26}H_{40}O_5$ 432.60
成分 C 72.19%，H 9.32%，O 18.49%。
别名 (5*Z*)-7-[(1*R*,2*R*,3*R*,5*S*)-3,5-Dihydroxy-2-[(3*R*)-hydroxy-5-phenylpentyl]cyclopentyl]-5-heptenoic acid 1-methylethyl ester; Isopropyl(*Z*)-7-[(1*R*,2*R*,3*R*,5*S*)-3,5-dihydroxy-2-[(3*R*)-3-hydroxy-3-phenylpentyl]cyclopentyl]-5-heptenoate; 13,14-Dihydro-17-phenyl-18,19,20-trinor-$PGF_{2\alpha}$-isopropyl ester; PhXA-41; Xalatan
M. I. 15, 5431
性状 无色或浅黄色油状液体。易溶于二甲基亚砜，溶于甲醇。$[\alpha]_D^{20}$ +31.57° (c=0.91，于乙腈中)。生化试剂含量≥98.0%(HPLC)。
注意事项 该品应密封于−20℃保存。
主要用途 医用抗青光眼剂。

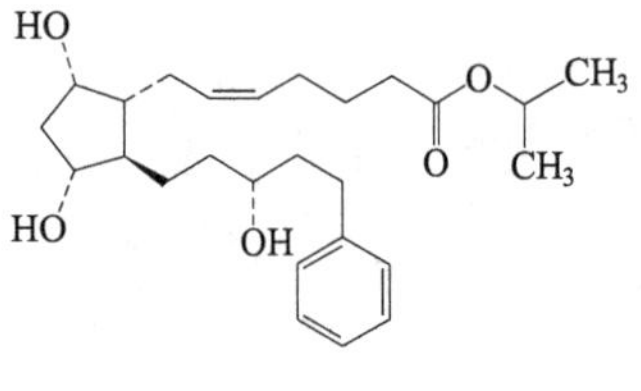

Latrunculin A 微丝解聚剂 A 05899
[76343-93-6] $C_{22}H_{31}NO_5S$ 421.56
成分 C 62.68%，H 7.41%，N 3.32%，O 19.98%，S 7.61%。
别名 (4*R*)-4-[(1*R*,4*Z*,8*E*,10*Z*,12*S*,15*R*,17*R*)-17-Hydroxy-5,12-dimethyl-3-oxo-2,16-dioxabicyclo[13.3.1]nonadeca-4,8,10-trien-17-yl]-2-thiazolidinone; LAT-A
M. I. 13,5393
性状 黄色海绵状物。溶于乙醇、二甲基亚砜。$[\alpha]_D^{24}$ +152° (c=1.2，于氯仿中)；uv max (甲醇中)：218nm (ε 23500)。生化试剂含量≥98.0%(TLC)。
注意事项 该品应密封于−20℃保存。

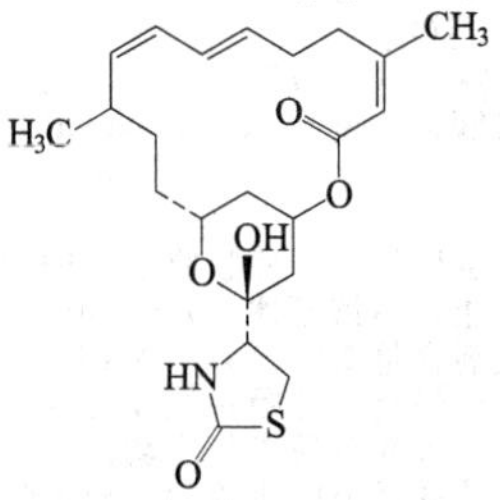

Laudanime 劳丹碱 05900
[85-64-3] $C_{20}H_{25}NO_4$ 343.42
成分 C 69.95%，H 7.34%，N 4.08%，O 18.63%。
别名 劳丹宁；2-Methoxy-5-[(1,2,3,4-tetrahydro-6,7-dimethoxy-2-methyl-1-isoquinolinyl) methyl]phenol; *dl*-Laudanidine
M. I. 15, 5435
性状 来自乙醇或氯仿中的无色正交棱柱体结晶。溶于苯、氯仿、热乙醇，略微溶于乙醚，几乎不溶于水。mp 167℃；d_4^{20} 1.26；uv max：284nm (lg ε 3.78)。

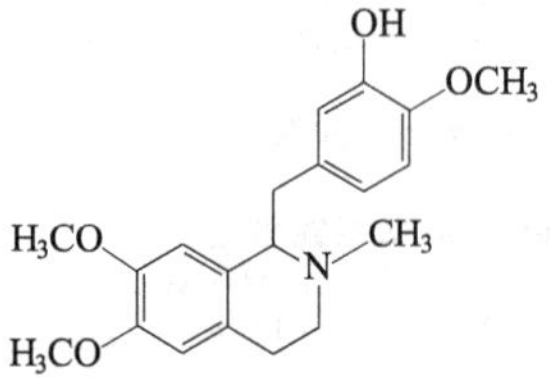

Laureline 月桂碱 05901
[81-38-9] $C_{19}H_{19}NO_3$ 309.37
成分 C 73.77%，H 6.19%，N 4.53%，O 15.51%。
别名 (7a*R*)-6,7,7a,8-Tetrahydro-11-methoxy-7-methyl-5*H*-benzo[g]-1,3-benzodioxzolo[6,5,4-*de*]quinoline; 10-Methoxy-1,2-(methylenedioxy)aporphine
M. I. 15, 5438
性状 来自石油醚中的立方体结晶。呈弱碱性，易被空气氧化。溶于乙醇、乙醚，几乎不溶于水。$[\alpha]_D^{20}$ −99.2° (c=0.736，于50%乙醇中)。
注意事项 该品应密封保存。

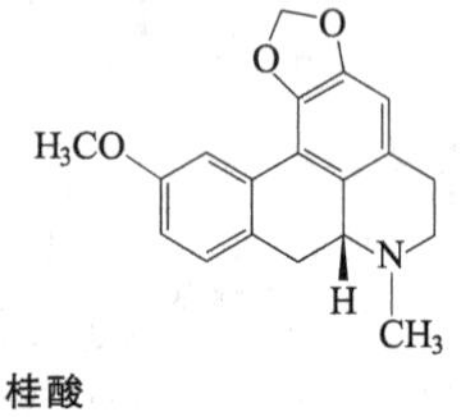

Lauric acid 月桂酸 05902
[143-07-7] $C_{12}H_{24}O_2$ 200.32
成分 C 71.95%，H 12.08%，O 15.97%。
别名 十二酸；正十二酸；Hendecane-α-carboxylic acid; Laurostearic acid; Dodecoic acid; Undecane-α-carboxylic acid; 1-Dodecanoic acid
M. I. 15, 5439
性状 白色结晶性粉末。微有特殊气味。1g 该品溶于 1mL 乙醇、2.5mL 丙醇，易溶于乙醚、苯，不溶于水。mp 44℃；bp_{100} 225℃/13.332kPa；bp_{20} 160～165℃/2.666kPa；Fp 329°F (165℃)；d_5^4 0.869；n_D^{82} 1.4183。LD_{50}小鼠静脉注射：(131±5.7) mg/kg。
注意事项 使用时应避免吸入本品的粉尘，避免与眼睛及皮肤接触。
主要用途 醇酸树脂制备。润湿剂、洗涤剂、杀虫剂的制备。

Laurolinium acetate 乙酸劳利铵 05903
[146-37-2] $C_{24}H_{38}N_2O_2$ 386.58
成分 C 74.57%，H 9.91%，N 7.25%，O 8.28%。
别名 4-Amino-1-dodecyl-2-methylquinolinium acetate; 4-Amino-

1-dodecyquinaldinium acetate; 1-Dodecyl-4-aminoquinaldinium acetate; Laurodin
M. I. 15，5442
性状 来自丙酮中的无色结晶。易溶于水（20℃，约 1g/2mL）。mp 170～171℃。LD_{50} 小鼠急性经口：（131±36.2）mg/kg；皮下注射：（30.2±5.6）mg/kg；静脉注射：（6.0±0.4）mg/kg；腹膜内注射：（2.3±0.2）mg/kg。
主要用途 医用消毒剂。

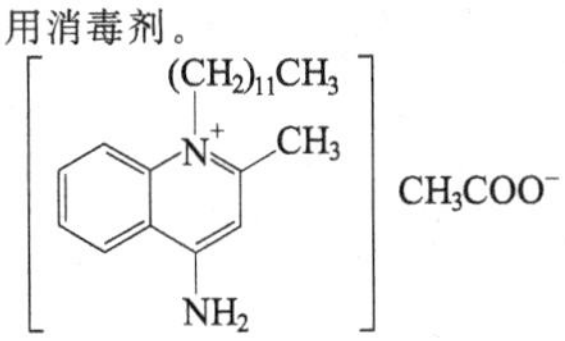

Laurotetanine 山鸡椒痉挛碱 05904
[128-76-7] $C_{19}H_{21}NO_4$ 327.38
成分 C 69.71%，H 6.47%，N 4.28%，O 19.55%。
别名 (6aS)-5,6,6a,7-Tetrahydro-1,2,10-trmethoxy-4*H*-dibenzo[*de*,*g*]quinolin-9-ol; 1,2,10-Trimethoxy-6a*α*-noraporphin-9-ol; Litsoeine
M. I. 15，5443
性状 其一水合物为无色针状结晶。易溶于乙醇、氯仿、乙酸乙酯，微溶于乙醚，几乎不溶于水。mp 125℃；$[\alpha]_D^{25}$ +98.5°。

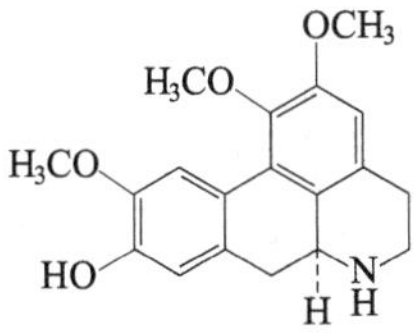

Lauroyl chloride 十二酰氯 05905
[112-16-3] $C_{12}H_{23}ClO$ 218.77
成分 C 65.88%，H 10.60%，Cl 16.21%，O 7.31%。
别名 月桂酰氯；氯化十二酰；氯化月桂酰；Dodecanoyl chloride
GW 2015-1955
性状 无色液体。能与乙醚、苯相混溶，遇水、乙醇分解。mp −13～−10℃；bp_{11} 134～137℃/1.467kPa；Fp 284℉（140℃）；d_4^{20} 0.921；n_D^{20} 1.446。一般试剂含量≥96.0%（GC）。
注意事项 该品具有腐蚀性，能引起烧伤。对呼吸系统有刺激性。使用时应穿适当的防护服，戴手套和防护镜或面罩。万一接触到眼睛，应立即用大量水冲洗后请医生诊治。使用时如有事故发生或有不适之感，应请医生诊治。应密封干燥保存。
主要用途 制药工业。有机合成。

Lauroyl peroxide 过氧化十二酰 05906
[105-74-8] $C_{24}H_{46}O_4$ 398.62
成分 C 72.31%，H 11.63%，O 16.05%。
别名 过氧化二月桂酸；过氧化月桂酰；Dodecanoyl peroxide; Alperox C; Dilauroyl peroxide; LPO
GW 2015-885
性状 白色粉末。不溶于水。干燥品遇有机物或受热易燃烧。mp 53～54℃。一般试剂含量≥95.0%（RT）。
注意事项 该品能引起燃烧。对眼睛、呼吸系统和皮肤有刺激性。使用时应穿适当的防护服，戴手套和防护镜或面罩。贮存时应用水覆盖。应远离酸、碱、重金属盐及还原物质，密封于阴凉处存放。
主要用途 引发剂。发泡剂。脂肪油类的漂白剂。

N-Lauroylsarcosine sodium salt *N*-月桂酰肌氨酸钠盐 05907
[137-16-6] $C_{15}H_{28}NNaO_3$ 293.38
成分 C 61.41%，H 9.62%，N 4.77%，Na 7.84%，O 16.36%。
别名 十二酰肌氨酸钠；加道尔；Sodium lauroylsarcosinate; *N*-Methyl-*N*-(1-oxododecyl)glycine sodium salt; Medialan-LL-99; Sarcosyl-NL-35; Sarcosyl; Sarkosyl NL; Sodium *N*-dodecanoyl-*N*-methyl glycinate; Sodium lauroyl sarcosine; Gardol®; NLS
M. I. 15，4401
性状 白色结晶。d_4^{20} 1.03。生化试剂含量≥99.0%（HPLC）。
注意事项 使用时应避免吸入本品的粉尘，避免与眼睛及皮肤接触。应充氩气密封干燥保存。
主要用途 生化研究。

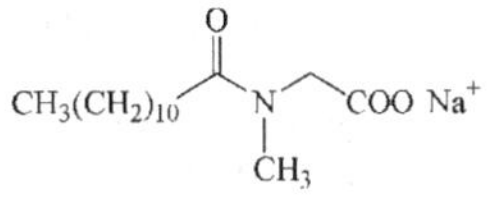

Lavender oil 薰衣草油 05908
[8000-28-0]
M. I. 15，5445
性状 无色至浅黄色液体。能与无水乙醇、二硫化碳混溶，溶于 4 倍体积的 70%乙醇，微溶于水，不溶于丙二醇。bp 204℃；Fp 149°F（65℃）；d_{25}^{25} 0.875～0.888；n_D^{20} 1.459～1.470；旋光性：−3°～−10°。
注意事项 使用时应避免吸入本品的蒸气、飞沫，避免与眼睛及皮肤接触。应密封避光于 2～8℃保存。
主要用途 香料。增香剂。

Lawesson's reagent 路易斯试剂 05909
[19172-47-5] $C_{14}H_{14}O_2P_2S_4$ 404.45
成分 C 41.58%，H 3.49%，O 7.91%，P 15.32%，S 31.71%。
别名 2,4-Bis(4-methoxyphenyl)-1,3,2,4-dithiadiphosphetane 2,4-disulfide; Anisyldithiophosphinic anhydride
M. I. 15，5446
性状 无色结晶或白色粉末或淡黄至浅棕色粉末。有恶臭。对湿度敏感。mp 229℃。一般试剂含量≥98.0%（S）。
注意事项 该品应密封干燥保存。
主要用途 硫杂化试剂。

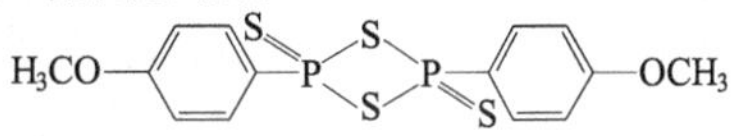

Lazabemide monohydrochloride 拉扎贝胺 一盐酸盐 05910
[103878-83-7] $C_8H_{11}Cl_2N_3O$ 236.10
成分 C 40.70%，H 4.70%，Cl 30.03%，N 17.80%，O 6.78%。
别名 盐酸拉扎贝胺；*Ro*-19-6327；*N*-(2-Aminoethyl)-5-chloro-2-pyridinecarboxamide monohydrochloride；*N*-(2-Aminoethyl)-5-chloropicolinamide monohydrochloride
M. I. 15，5449
性状 来自甲醇/乙酸中的无色结晶。pK_a 8.9；分配系数（正辛醇/水）：约 0.1；mp 193～195℃。LD_{50}小鼠急性经口：1000～2000mg/kg。
主要用途 医用抗震颤剂。

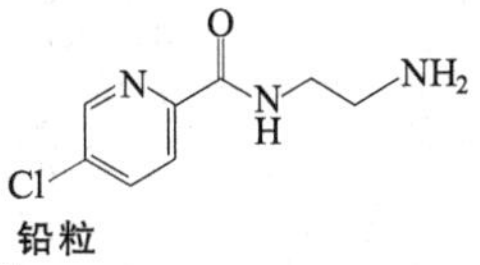

Lead granular 铅粒 05911
[7439-92-1] Pb 207.2
M. I. 15，5451
性状 银灰色金属粒。质重而软。富延展性。在空气中变暗。易溶于稀硝酸，在碱溶液中能逐渐溶解并形成亚铅酸盐。可与多种金属共熔为合金。mp 327.4℃；bp 1740℃；d_4^{20} 11.34。
注意事项 该品蒸气有毒，其粉尘吸入或口服有害，并具有蓄积性危害。能危害胎儿，能损伤生育力。使用前应得到专门的指导，避免曝露。使用时如有事故发生或有不适之感，应请医生诊治。应密封保存。

主要用途 分析试剂。测定锡的还原剂。用于铱、铂、铷的分离。蓄电池材料。X射线防护材料。合金。

Lead powder 铅粉 05912

[7439-92-1] Pb 207.2

别名 Plumbum powder

M. I. 15，5451

性状 银灰色金属粉末。mp 327.4℃；bp 1740℃；d_4^{20} 11.34。

注意事项 该品蒸气有毒，其粉尘吸入或口服有害，并具有蓄积性危害。能危害胎儿，能损伤生育力。使用前应得到专门的指导，避免曝露。使用时如有事故发生或有不适之感，应请医生诊治。应密封保存。铅粒。

Lead(Ⅱ) acetate trihydrate 乙酸铅 三水 05913

[6080-56-4] $C_4H_6O_4Pb \cdot 3H_2O$ 379.33

成分（以无水物计） C 14.76%，H 1.85%，O 19.68%，Pb 63.71%。

别名 三水合乙酸铅；铅糖；醋酸铅；Neutral lead acetate；Normal lead acetate；Plumbi acetate；Salt of saturn；Sugar of lead；Lead(Ⅱ) acetate

GW 2015-2641 M. I. 15，5452

性状 无色结晶或白色粉末、颗粒。微具乙酸味。1g 该品溶于 1.6mL 水、0.5mL 沸水、30mL 乙醇，易溶于甘油。在空气中吸收二氧化碳后变为不溶性碱式碳酸盐。在100℃时即失去乙酸，200℃时完全分解。mp 60～62℃；d 2.55。LD_{50} 大鼠腹膜内注射：15mgPb/100g（无水物）。

注意事项 该品能危害胎儿。能损伤生育力。口服有害，并具有蓄积性危害。长期接触对健康有严重危害。对水生物极毒。能对水环境引起长期不利的结果。使用前应得到专门的指导，避免曝露。使用时如有事故发生或有不适之感，应请医生诊治。应防止将本品释放于环境中。其包装物应按危险品处理。应密封干燥保存。

主要用途 分析试剂，检定硫化物、三氧化铬、三氧化钼的测定。生物染色。有机合成。

参考规格 HG/T 2630—2010

	分析纯	化学纯
含量[$Pb(CH_3COO)_2 \cdot 3H_2O$]/%≥	99.5	98.0
澄清度试验/号≤	3	5
水不溶物/%≤	0.005	0.01
氯化物（Cl）/%≤	0.0005	0.002
铁（Fe）/%≤	0.001	0.002
铜（Cu）/%≤	0.001	0.005
总氮量（N）/%≤	0.001	0.002
钠（Na）/%≤	0.005	0.02
钾（K）/%≤	0.005	0.02
钙（Ca）/%≤	0.005	0.02

Lead(Ⅳ) acetate 四乙酸铅 05914

[546-67-8] $C_8H_{12}O_8Pb$ 443.38

成分 C 21.67%，H 2.73%，O 28.87%，Pb 46.73%。

别名 乙酸高铅；Lead tetraacetate

M. I. 15，5478

性状 来自冰乙酸中的无色单斜结晶。易潮解。在空气中不稳定。溶于热冰乙酸、苯、三氯甲烷、四氯乙烷、硝基苯。在水中水解成二氧化铅和乙酸。氧化能力强。mp 175～180℃；d_4^{17} 2.228。一般试剂含量≥95.0%。

注意事项 该品与易燃物接触能引起燃烧。具有强腐蚀性，能引起烧伤。有毒。吸入或口服有害，并具有蓄积性危害。长期接触对健康有严重危害。能危害胎儿。能有损伤生育力。对水生物极毒。能对水环境引起不利的结果。使用前应得到专门的指导，避免曝露。使用时应穿适当的防护服，戴手套和防护镜或面罩。万一接触到眼睛，应立即用大量水冲洗后请医生诊治。使用时如有事故发生或有不适之感，应请医生诊治。应防止将本品释放于环境中。其包装物应按危险品处理。应远离易燃物品，充氩气密封干燥保存。

主要用途 有机合成中的选择性氧化剂。

Lead(Ⅱ) acetate basic 碱式乙酸铅 05915

[51404-69-4] $C_4H_8O_6Pb_2$ 566.50

成分 C 8.48%，H 1.42%，O 16.95%，Pb 73.15%。

别名 盐基乙酸铅；盐基性醋酸铅；碱式醋酸铅；乙酸铅碱式；Lead subacetate；Monobasic lead acetate；Plubous subacetate；Lead(Ⅱ) acetate basic anhydrous

性状 白色或近白色重质粉末。对二氧化碳敏感。溶于水，不溶于乙醇。吸收空气中的二氧化碳后难溶于水。遇乙酸即生成乙酸铅，高温则分解成为氧化铅。

注意事项 该品长期曝露或口服有害，并具有蓄积性危害。长期接触对健康有严重危害。对机体有不可逆损伤的可能性。能危害胎儿。能损伤生育力。对水生物极毒。能对水环境引起不利的结果。使用前应得到专门的指导，避免曝露。使用时如有事故发生或有不适之感，应请医生诊治。应防止将本品释放于环境中。其包装物应按危险品处理。应密封保存。

主要用途 分析试剂，蔗糖分析中除去有色物质。糖的检验。

Lead(Ⅱ) arsenate 砷酸铅 05916

[7784-40-9] $AsHO_4Pb$ 347.13

成分 As 21.58%，H 0.29%，O 18.44%，Pb 59.69%。

别名 原砷酸铅；砷酸氢铅；Lead orthoarsenate

GW 2015-1939 M. I. 15，5454

性状 白色结晶性重质粉末。溶于硝酸、氢氧化钠溶液，不溶于水。加热至 280℃ 时生成焦砷酸铅。mp 720℃（分解）；d 5.786。LD_{50} 大鼠，兔急性经口（mg/kg）：825，125。

注意事项 该品剧毒。吸入或口服有毒，并具有蓄积性危害。

主要用途 杀虫剂。

Lead(Ⅱ) arsenite 亚砷酸铅 05917

[10031-13-7] $As_2H_2O_4Pb$ 423.06

成分 As 35.42%，H 0.48%，O 15.13%，Pb 48.98%。

GW 2013-2463 M. I. 15，5455

性状 白色粉末。溶于稀硝酸，不溶于水。遇光色变暗。d 5.85。一般试剂含量≥97.0%。

注意事项 该品吸入或口服有毒，并具有蓄积性危害。应密封避光保存。

主要用途 杀虫剂。除草剂。

Lead(Ⅱ) borate monohydrate 硼酸铅 一水 05918

[10214-39-8] $B_2O_4Pb \cdot H_2O$ 310.83

成分（以无水物计） B 7.38%，O 21.86%，Pb 70.76%。

别名 一水合硼酸铅；偏硼酸铅；Lead metaborate

M. I. 15，5457

性状 白色粉末。易溶于稀硝酸，不溶于水。能被硫酸、盐酸和煮沸的氢氧化钾、氢氧化钠溶液所分解。160℃失去结晶水。

注意事项 该品有毒。应密封保存。

主要用途 分析试剂。清漆、涂料干燥剂。铅玻璃的制造。电镀。防水漆的制造。

Lead (Ⅱ) bromide 溴化铅 05919

[10031-22-8] Br_2Pb 367.01

成分 Br 43.54%，Pb 56.46%。

别名 二溴化铅；溴化亚铅；Plumbous bromide

M. I. 15，5458

性状 白色结晶性粉末。溶于 20 份沸水、约 200 份冷水，不溶于乙醇。mp 373℃；d 6.66。一般试剂含量≥99.0%。

注意事项 该品吸入或口服有害，并具有蓄积性危害。能危害胎儿。能损伤生育力。对水生物极毒。能对水环境引起不利的结果。使用前应得到专门的指导，避免曝露。使用时如有事故发生或有不适之感，应请医生诊治。应防止将本品释放于环境中。其包装物应按危险品处理。

主要用途 印染和照相业等。

Lead(Ⅱ) carbonate 碳酸铅 05920

[598-63-0] CO_3Pb 267.20

成分 C 4.50%，O 17.96%，Pb 77.54%。

性状 无色斜方结晶或白色粉末。溶于稀硝酸、乙酸、碱溶液，不溶于水、乙醇、氨水。与水共沸时，逐渐失去二氧化碳而转变为碱式盐，热至 315℃时分解。
注意事项 该品受热能引起爆炸。使用时应避免吸入本品的粉尘，避免与眼睛及皮肤接触。应远离热源，密封于干燥处保存。
主要用途 分析试剂。油漆、颜料配制、印染和照相业等。

Lead(Ⅱ) carbonate basic 碱式碳酸铅 05921

[1319-46-6] $C_2H_2O_8Pb_3$ 775.67
成分 C 3.10%，H 0.26%，O 16.50%，Pb 80.14%。
别名 次碳酸铅；盐基碳酸铅；碳酸铅 碱式；Lead hydroxide carbonate; Lead subcarbonate; Plumbous subcarbonate; White lead
性状 白色重质粉末。溶于乙酸、稀硝酸并放出二氧化碳。热至 400℃时分解，析出一氧化铅。mp 400℃（分解）；*d* 6.14。
注意事项 该品受热能引起爆炸。使用时应避免吸入本品的粉尘，避免与眼睛及皮肤接触。应远离热源，密封于干燥处保存。
主要用途 分析试剂。油漆、颜料配制。滤光着色玻璃的制造。

Lead(Ⅱ) chloride 氯化铅 05922

[7758-95-4] Cl_2Pb 278.10
成分 Cl 25.49%，Pb 74.51%。
别名 二氯化铅；Plumbous chloride
M. I. 15，5459
性状 白色结晶性粉末。溶于 93 份冷水、30 份沸水，易溶于氯化铵、硝酸铵、碱溶液，缓慢地溶于甘油。露置强光下表面变色。mp 501℃；bp 950℃；*d* 5.85。MLD 豚鼠急性经口：1.5～2.0g/kg。一般试剂含量≥99.0%。
注意事项 该品受热能引起爆炸。使用时应避免吸入本品的粉尘，避免与眼睛及皮肤接触。应远离热源，密封于干燥处保存溴化铅。
主要用途 基准试剂。分析试剂，如氰化物测定。助熔剂。

Lead (Ⅱ) chromate 铬酸铅 05923

[7758-97-6] CrO_4Pb 323.19
成分 Cr 16.09%，O 19.80%，Pb 64.11%。
别名 铬黄；Chrome yellow; Cologne yellow; King's yellow; Lead chromate(Ⅵ); Lead chromate precipitated; Leipzig yellow; Paris yellow; Pigmetnt yellow 34; Plumbous chromate
GW 2015-822 M. I. 15，5460 C. I. 77600
性状 黄色或橙黄色粉末。溶于碱溶液、稀硝酸，不溶于乙酸。加热至熔点以上，缓慢分解并放出氧。mp 844℃；*d* 6.3。一般试剂含量≥99.0%（RT）。
注意事项 该品能危害胎儿，能损伤生育力。可能致癌，并具有蓄积性危害。对水生物极毒。能对水环境引起长期不利的结果。使用前应得到专门的指导，避免曝露。使用时如有事故发生或有不适之感，应请医生诊治。应防止将本品释放于环境中。其包装物应按危险品处理。
主要用途 微量分析试剂。煤质及烃类分析。油漆颜料。

Lead(Ⅱ) fluoride 氟化铅 05924

[7783-46-2] F_2Pb 245.20
成分 F 15.50%，Pb 84.50%。
别名 二氟化铅；氟化亚铅；Plumbous fluoride; Lead difluoride
GW 2015-755 M. I. 15，5463
性状 白色至无色结晶或粉末。溶于硝酸，微溶于水（0℃，0.057g/100mL；20℃，0.065g/100mL），不溶于氢氟酸。mp 824℃；bp 1293℃；*d* 8.445。一般试剂含量≥99.0%（KT）。
注意事项 该品受热能引起爆炸。使用时应避免吸入本品的粉尘，避免与眼睛及皮肤接触。应远离热源，密封于干燥处保存。
主要用途 熔接剂。还原、除硫剂。其晶体可用作红外线分光材料（可透过红外线）。

Lead(Ⅱ) hydroxide 氢氧化铅 05925

[19783-14-3] H_2O_2Pb 241.21
成分 H 0.84%，O 13.27%，Pb 85.90%。
别名 Basic lead hydroxide; Hydrated lead oxide; Lead oxide hydrate
性状 白色结晶或粉末。在空气中吸收二氧化碳而变为碳酸盐。热至 150℃时分解。溶于稀酸和碱，微溶于热水，不溶于丙酮。mp 145℃。
注意事项 该品吸入或口服有害，并具有蓄积性危害。
主要用途 铅盐制备。

Lead(Ⅱ) iodate 碘酸铅 05926

[25659-31-8] I_2O_6Pb 557.00
成分 I 45.57%，O 17.23%，Pb 37.20%。
GW 2015-205
性状 白色结晶或粉末。微溶于硝酸，不溶于水、氨水。mp 300℃（分解）；*d* 6.50。
注意事项 该品吸入或口服有害，并具有蓄积性危害。与有机物接触、摩擦或撞击能引起燃烧。
主要用途 氧化剂。焰火配制。

Lead(Ⅱ) iodide 碘化铅 05927

[10101-63-0] I_2Pb 461.01
成分 I 55.05%，Pb 44.95%。
别名 二碘化铅
M. I. 15，5466
性状 金黄色粉末。易溶于硫代硫酸钠溶液，溶于 200 份冷苯胺、90 份热苯胺，1g 该品溶于 1350mL 冷水、230mL 沸水，溶于浓碘化钾溶液，不溶于冷盐酸、乙醇。mp 402℃；bp 954℃；*d* 6.16。一般试剂含量≥99.0%。
注意事项 该品受热能引起爆炸。使用时应避免吸入本品的粉尘，避免与眼睛及皮肤接触。应远离热源，密封于干燥处保存。
主要用途 制药工业。镀青铜。照相业。

Lead (Ⅱ) molybdate 钼酸铅 05928

[10190-55-3] MoO_4Pb 367.15
成分 Mo 26.13%，O 17.43%，Pb 56.43%。
别名 Lead molybdate(Ⅵ)
M. I. 15，5467
性状 黄色粉末。新制备者溶于硝酸、氢氧化钠溶液，不溶于水。mp 1060～1070℃；d_4^{25} 6.92。一般试剂含量≥99.0%。
注意事项 该品受热能引起爆炸。使用时应避免吸入本品的粉尘，避免与眼睛及皮肤接触。应远离热源，密封于干燥处保存。
主要用途 其单晶体用于电子工业和光学业。

Lead(Ⅱ) nitrate 硝酸铅 05929

[10099-74-8] N_2O_6Pb 331.21
成分 N 8.46%，O 28.98%，Pb 62.56%。
别名 Plumbous nitrate
GW 2013-2319 M. I. 15，5469
性状 无色或白色半透明结晶。1g 该品溶于 2mL 冷水、0.75mL 沸水，其水溶液呈微酸性，25℃时 20%水溶液 pH 值 3.0～4.0。溶于 2500mL 无水乙醇、75mL 无水甲醇，不溶于浓硝酸。加热至 470℃分解为氧化铅。*d* 4.53。
注意事项 该品与易燃物品接触能引起燃烧。吸入或口服有害，并具有蓄积性危害。能危害胎儿。能损伤生育力。对水生物极毒。能对水环境引起不利的结果。使用前应得到专门的指导，避免曝露。使用时如有事故发生或有不适之感，应请医生诊治。应防止将该品释放于环境中。其包装物应按危险品处理。应远离易燃物品密封保存。
主要用途 光谱分析试剂。氧化剂。收敛剂。照相增感剂。制版等。

参考规格 HG/T 3470—2000	分析纯	化学纯
含量 [$Pb(NO_3)_2$]/%≥	99.0	98.5
pH 值（50g/L，25℃）≥	3.5	3.5
澄清度试验	合格	合格
水不溶物/%≤	0.005	0.02
氯化物（Cl）/%≤	0.001	0.005
铁（Fe）/%≤	0.001	0.003

铜（Cu）/%≤　0.0005　0.001
硫化氢不沉淀物(以硫酸盐计)/%≤　0.05　0.1

Lead(Ⅱ) oxalate　草酸铅　05930
[814-93-7]　C_2O_4Pb　295.22
成分　C 8.14%，O 21.68%，Pb 70.18%。
别名　乙二酸铅
M.I. 15，5470
性状　白色重质粉末。溶于稀硝酸及碱溶液，略微溶于乙酸，不溶于水。mp 300℃（分解）；*d* 5.28。
注意事项　该品能危害胎儿。能损伤生育力。吸入或口服有害，并有蓄积性危害，对水生物极毒。能对水环境引起长期不利的结果。使用前应得到专门的指导，避免曝露。使用时如有事故发生或有不适之感，应请医生诊治。应防止将本品释放于环境中。其包装物应按危险品处理。
主要用途　除锈剂。

Lead(Ⅱ) oxide yellow　黄色氧化铅　05931
[1317-36-8]　PbO　223.20
成分　O 7.17%，Pb 92.83%。
别名　氧化铅 黄色；密陀僧；一氧化铅；Lead monoxide; Lead protoxide; Litharge; Massicot; Plumbous oxide
GW 2015-2562　M.I. 15，5468
性状　黄色或橙黄色重质粉末或微小片状结晶。溶于稀硝酸、乙酸、碱溶液，不溶于水、乙醇。mp 888℃；*d* 9.53。LD_{50}大鼠腹膜内注射：40mg Pb/100g。一般试剂含量≥99.0%。
注意事项　使用时应避免吸入本品的粉尘，避免与眼睛及皮肤接触。应密封于干燥处保存。
主要用途　分析试剂，如金、银的测定。硅酸盐的助熔剂。氨基酸的沉淀。玻璃和橡胶工业。

Lead (Ⅱ，Ⅳ) oxide red　红色氧化铅　05932
[1314-41-6]　Pb_3O_4　685.60
成分　O 9.33%，Pb 90.67%。
别名　红丹；四氧化三铅；红铅；铅丹；Lead tetroxide; Lead orthoplumbate; Mineral orange; Mineral red; Minium; Paris red; Pigment red 105; Red lead; Saturn red; Red lead oxide
GW 2015-2089　M.I. 15，5480　C.I. 77578
性状　橙红色重质粉末。溶于过量的冰乙酸和稀硝酸，不溶于水、乙醇。加热至500℃时分解为一氧化铅和氧气。*d* 9.1。LD_{50}大鼠腹膜内注射：45mg Pb/100g。
注意事项　使用时应避免吸入本品的粉尘，避免与眼睛及皮肤接触。应密封于干燥处保存。
主要用途　分析试剂，比色、容量分析测定锰，测定钢铁中的碳。蓄电池。油漆颜料。玻璃原料等。

Lead (Ⅳ) oxide　二氧化铅　05933
[1309-60-0]　PbO_2　239.20
成分　O 13.38%，Pb 86.62%。
别名　过氧化铅；氧化铅 棕色；棕色氧化铅；Lead dioxide; Lead oxide brown; Anhydrous plumbic acid; Lead peroxide; Lead superoxide; Plumbous peroxide
GW 2015-641　M.I. 15，5462
性状　深棕色无定形粉末。溶于冰乙酸，溶于盐酸放出氯，溶于稀硝酸（有过氧化氢、草酸、还原剂存在），不溶于水。见光分解为四氧化三铅和氧。*d* 9.38。LD_5豚鼠腹膜内注射：200mg/kg。一般试剂含量≥98.0%（RT）。
注意事项　该品吸入或口服有害，并具有蓄积性危害。能危害胎儿。能损伤生育力。对水生物极毒。对水环境能引起不利的结果。使用前应得到专门的指导，避免曝露。使用时如有事故发生或有不适之感，应请医生诊治。应防止将本品释放于环境中。其包装物应按危险品处理。应远离易燃物品密封避光保存。
主要用途　分析试剂。氧化剂。电池和制药工业等。

Lead (Ⅱ) phosphate　磷酸铅　05934
[7446-27-7]　$O_8P_2Pb_3$　811.54
成分　O 15.77%，P 7.63%，Pb 76.60%。
别名　Lead orthophosphate
M.I. 15，5471
性状　无色六角形结晶或白色粉末。溶于稀硝酸、碱溶液、热的浓盐酸，不溶于水、乙醇。mp 1014℃；*d* 6.9。
注意事项　该品吸入或口服有害，并具有蓄积性危害。
主要用途　制造颜料。

Lead selenite　亚硒酸铅　05935
[7488-51-9]　$PbSeO_3$　334.15
成分　O 14.36%，Pb 62.01%，Se 23.63%。
性状　白色粉末。极微溶于水。难被沸硫酸分解。mp 约500℃，熔化后为黄色液体。*d* 7.00。一般试剂含量≥99.9%。
注意事项　该品吸入、口服或与皮肤接触有毒，并有蓄积性危害。对水生物有害。对水环境能产生长期有害的结果。使用时应穿防护服和戴手套。接触皮肤后应立即用大量肥皂泡沫冲洗。使用时如有事故发生或有不适之感，应请医生诊治。应防止将本品释放于环境中。应密封避光保存。接触皮肤应用大量水冲洗。

Lead(Ⅱ) stearate　硬脂酸铅　05936
[1072-35-1]　$C_{36}H_{70}O_4Pb$　774.15
成分　C 55.85%，H 9.11%，O 8.27%，Pb 26.76%。
别名　十八酸铅；Lead octadecanate; Plumbous stearate; Stearic acid lead salt
M.I. 15，5473
性状　白色粉末。溶于热乙醇，不溶于水。mp 约 125℃。
注意事项　该品有害。使用时应避免吸入本品的粉尘，避免与眼睛及皮肤接触。
主要用途　油漆催干剂。耐高压润滑剂。聚乙烯稳定剂。增厚剂。

Lead(Ⅱ) sulfate　硫酸铅　05937
[7446-14-2]　O_4PbS　303.26
成分　O 21.10%，Pb 68.32%，S 10.58%。
别名　Anglesite; Lanarkite; Plumbous sulfate
GW 2015-1321　M.I. 15，5475
性状　白色重质结晶性粉末。溶于约 2225 份水，更多地溶于稀盐酸、硝酸，溶于乙酸铵、酒石酸盐、氢氧化钠溶液，溶于浓氢碘酸，微溶于稀硫酸，不溶于乙醇。mp 1170℃；*d* 6.2。一般试剂含量≥98.0%。
注意事项　该品吸入、口服或与皮肤接触有毒，并有蓄积性危害。对水生物有害。对水环境能产生长期有害的结果。使用时应穿防护服和戴手套。接触皮肤后应立即用大量肥皂泡沫冲洗。使用时如有事故发生或有不适之感，应请医生诊治。应防止将本品释放于环境中。应密封避光保存。
主要用途　分析试剂。催化剂。与锌共用于电池的制作。颜料、油漆的制造。

Lead(Ⅱ) sulfide　硫化铅　05938
[1314-87-0]　PbS　239.26
成分　Pb 86.60%，S 13.40%。
别名　Plumbous sulfide
M.I. 15，5476
性状　黑色粉末。溶于硝酸、热稀盐酸，不溶于水、乙醇、稀硫酸、硫化钠等溶液。在空气中加热氧化后，生成二氧化硫和氧化铅。mp 1114℃。LD_{50} 大鼠腹膜内注射：160mg Pb/100g。一般试剂含量≥99.9%。
注意事项　该品吸入、口服或与皮肤接触有毒，并有蓄积性危害。对水生物有害。对水环境能产生长期有害的结果。使用时应穿防护服和戴手套。接触皮肤后应立即用大量肥皂泡沫冲洗。使用时如有事故发生或有不适之感，应请医生诊治。应防止将本品释放于环境中。应密封避光保存。
主要用途　红外线辐射管的制作。金属铅制造。陶瓷业。

Lead(Ⅱ) tartrate　酒石酸铅　05939
[815-84-9]　$C_4H_4O_6Pb$　355.27
成分　C 13.52%，H 1.13%，O 27.02%，Pb 58.32%。
别名　Tartaric acid lead (Ⅱ) salt
性状　白色结晶性粉末。溶于稀硝酸、碱溶液、乙酸铵，不溶于水、乙醇。*d* 2.53。一般试剂含量≥99.0%（KT）。
注意事项　该品吸入、口服或与皮肤接触有毒，并有蓄积性危害。对水生物有害。对水环境能产生长期有害的结果。使用时应穿防护服和戴手套。接触皮肤后应立即用大量肥皂泡沫冲洗。使用时如有事故发生或有不适之感，应请医生诊治。应防止将本品释放于环境中。应密封避光保存。

Lead（Ⅱ）thiocyanate　硫氰酸铅 05940

[592-87-0]　$C_2N_2PbS_2$ 323.36

成分　C 7.43%，N 8.66%，Pb 64.08%，S 19.83%。

别名　硫氰化铅；Lead(Ⅱ) rhodanide；Lead sulfocyanate；Plumbum thiocyanate

M. I. 15，5481

性状　白色粉末。无味。溶于约 200 份冷水、50 份沸水，亦溶于碱和硫氰酸盐溶液。mp 190℃（分解）；*d* 3.82。

注意事项　该品吸入、口服或与皮肤接触有毒，并有蓄积性危害。对水生物有害。对水环境能产生长期有害的结果。使用时应穿防护服和戴手套。接触皮肤后应立即用大量肥皂泡沫冲洗。使用时如有事故发生或有不适之感，应请医生诊治。应防止将本品释放于环境中。应密封避光保存。

主要用途　分析试剂，测定油脂的硫氰值。染料、油漆工业。

Lead tungstate　钨酸铅 05941

[7759-01-5]　$PbWO_4$ 455.04

成分　O 14.06%，Pb 45.53%，W 40.40%。

别名　Lead wolframate；Plumbous tungstate

性状　白色至微黄色粉末。溶于碱溶液，不溶于水和冷硝酸。mp 1130℃；*d* 8.235。

注意事项　该品有害。使用时应避免吸入本品的粉尘，避免与眼睛及皮肤接触。

主要用途　颜料制造。

Lecithin from egg yolk　卵磷脂（蛋黄） 05942

[8002-43-5]　$C_{40}H_{82}NO_9P$ 752.08

成分　C 63.88%，H 10.99%，N 1.86%，O 19.15%，P 4.12%。

别名　蛋黄素；磷脂；磷脂酰胆碱；Granulestin；Kelecin；L-*α*-Lecithin from egg yolk；Lecithol；PC；Phosphatidylcholine；3-*sn*-Phosphatidyl cholinefrom egg yolk；Vitellin

M. I. 15，5483

性状　黄色至棕色半透明的蜡状块。具吸湿性，在空气中色渐变深。溶于无水乙醇、乙醚、氯仿、石油醚、矿物油、脂肪酸，略微溶于苯，几乎不溶于动物油、植物油，不溶于丙酮。d_4^{24} 1.0305。

注意事项　对皮肤有刺激性。应充氩气密封避光于 2～8℃干燥保存。

主要用途　生化研究。抗氧剂。乳化剂。

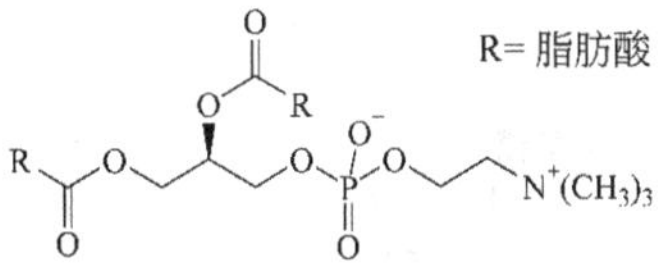

R=脂肪酸

Lecithin from soybean　卵磷脂（大豆） 05943

[8002-43-5]　$C_{40}H_{82}NO_9P$ 752.08

成分　C 63.88%，H 10.99%，N 1.86%，O 19.15%，P 4.12%。

别名　大豆卵磷酸；L-*α*-Lecithin；L-*α*-Phosphatidylcholine；3-*sn*-Phosphatidylcholine from soybean

M. I. 15，5483

性状　黄色易氧化的油脂状物。溶于乙醇、乙醚，难溶于丙酮。与镉盐等能生成不溶性的复合物。在任何 pH 值下均以两性离子状态存在，所以具有表面活性作用。

注意事项　该品对皮肤有刺激性。应充氩气密封避光于－20℃干燥保存。

主要用途　生化研究。

Lectin from arachis hypogaea　外源凝集素（花生） 05944

别名　花生凝集素；Arachis hypogaea lectin；Peanut agglutinin；PNA

M. I. 15，5484

性状　米色无盐冻干粉末。

注意事项　使用时应避免吸入本品的粉尘，避免与眼睛及皮肤接触。应充氩气密封于－20℃保存。

主要用途　生化研究。

Lectin from canavalia ensiformis 05945

外源凝集素（剑形刀豆） Mr 约 53000

别名　刀豆素；刀豆球蛋白 A；外源凝集素-刀豆蛋白 A；伴刀豆球蛋白 A；Con A；Concanavalin A from jack bean；Jack bean phytohemagglutinin

M. I. 15，5484

性状　白色冷冻干燥粉末。生化试剂含量≥50.0%（GE）。

注意事项　使用时应避免吸入本品的粉尘，避免与眼睛及皮肤接触。应充氩气密封于 2～8℃干燥保存。

主要用途　生化研究。

Lectin from phaseolus vulgaris

外源凝集素（菜豆） 05946

别名　红花菜豆凝集素；菜豆凝集素；Lectin from red kiendy bean；Phaseolus coccineus lectin；PCL；Phaseolus coccineus agglutinin；PCA；Lectin (Scarlet runner bean)

M. I. 15，5484

性状　米色冻干粉末。生化试剂含量≥80.0%（GE）。

注意事项　使用时应避免吸入本品的粉尘，避免与眼睛及皮肤接触。应充氩气密封于 2～8℃干燥保存。

主要用途　生化研究。

Lectin from phytolacca americana 05947

外源凝集素（美洲商陆）

别名　植物凝血素（美洲商陆）；美洲商陆有丝分裂素；Pokeweed mitogen；Lectin（pokeweed）；PWM；Phytolacca americana mitogen

M. I. 15，5484

性状　米色无盐冻干粉末。

注意事项　该品吸入、接触皮肤可引起过敏。使用时应穿适当的防护服。应密封于 2～8℃保存。

主要用途　生化研究。对 *N*-乙酰-*β*-D-氨基葡萄糖有专一亲和作用。可用来分离、纯化糖和鉴定糖的结构。

Lectin from soybean　外源凝集素（大豆） 05948

别名　大豆凝集素；Glycine max lectin；Glycine max agglutinin；SBA

M. I. 15，5484

性状　米色无盐冻干粉末。

注意事项　该品具有腐蚀性，能引起烧伤。使用时应穿防护服，戴手套和防护镜或面罩。万一接触到眼睛，应立即用大量水冲洗后请医生诊治。使用时如有事故发生或有不适之感，应请医生诊治。应密封于干燥处保存。

主要用途　生化研究。

Lectin from ulex europaeus　外源凝集素（荆豆） 05949

别名　荆豆凝集素；Ulex europaeus lectin；UEL；Ulex europaeus agglutinin；UEA；Lectin from Gorse or Furze

M. I. 15，5484

性状　米色无盐冻干粉末。根据荆豆凝集素（UEA）抗 H 血型的专一性，可分为两个类型：亲和 L-岩藻糖的 UEA Ⅰ与亲和 *N*，*N*′-二乙酰壳二糖的 UEA Ⅱ。

注意事项　该品具有腐蚀性，能引起烧伤。使用时应穿防护服，戴手套和防护镜或面罩。万一接触到眼睛，应立即用大量水冲洗后请医生诊治。使用时如有事故发生或有不适之感，应请医生诊治。应密封于干燥处保存。

主要用途　生化研究。

Lectin from wheat germ　外源凝集素（麦芽） 05950

别名　小麦胚凝集素；麦胚凝集素；Wheat germ agglutinin；WGA；Triticum vulgaris lectin

M. I. 15，5484

性状　米色无盐冻干粉末。

注意事项　该品具有腐蚀性，能引起烧伤。使用时应穿防护服，戴手套和防护镜或面罩。万一接触到眼睛，应立即用大量水冲洗后请医生诊治。使用时如有事故发生或有不适之感，应请医生诊治。应密封于干燥处保存外源凝集素

（菜豆）。

主要用途 生化研究。该品对血型无专一性。可与 N-乙酰-β-D-氨基葡萄糖亲和。

Ledol 喇叭醇 05951

[577-27-5] $C_{15}H_{26}O$ 222.37

成分 C 81.02%，H 11.79%，O 7.19%。

别名 (1aS,4S,4aR,7S,7aR,7bR)-Decahydro-1,1,4,7-tetramethyl-1H-cycloprop[e]azulen-4-ol;Ledum camp hor

M. I. 15，5485

性状 来自乙醇中的无色针状结晶。易升华（均匀地在熔点下升华）。溶于乙醇，溶于多数有机溶剂，几乎不溶于水。mp 104～105℃；bp$_{760}$ 292℃/101.325kPa；n_D^{110}1.4667；$[\alpha]_D^{20}$+28°（c=10，于氯仿中）。

Leflunomide 来氟米特 05952

[75706-12-6] $C_{12}H_9F_3N_2O_2$ 270.21

成分 C 53.34%，H 3.36%，F 21.09%，N 10.37%，O 11.84%。

别名 5-Methyl-N-[4-(trifluoromethyl)phenyl]-4-isoxazolecarboxamide;α,α,α-Trifluoro-5-methyl-4-isoxazolecarboxy-p-toluidide;5-Methylisoxazole-4-carboxylic acid trifluoromethylanilide;HWA-486;Arava

M. I. 15，5486

性状 来自甲苯中的无色结晶。易溶于甲醇、乙醇、丙酮、2-丙醇、乙酸乙酯、乙腈、氯仿，微溶于水（25℃，25～27mg/L）。pK_a10.8。mp 166.5℃。

注意事项 该品口服有害。对眼睛、呼吸系统及皮肤有刺激性。使用时应穿适当的防护服。万一接触到眼睛，应立即用大量水冲洗后请医生诊治。应密封于 2～8℃保存。

主要用途 医用抗风湿剂。

Leishman's stain 李斯曼染色素 05953

别名 利什曼氏染色剂；Eosin methylene blue according to Leishman;Eosin methylene blue comp ound

性状 该品系曙红水溶液与无锌亚甲基蓝作用后生成的化合物，应用时溶于甲醇（0.15g 溶于 100mL 甲醇中）。

注意事项 使用时应避免吸入本品的粉尘，避免与眼睛及皮肤接触。

主要用途 生物染色。血液染色。检验疟原虫与锥虫。

Lenacil 环草定 05954

[2164-08-1] $C_{13}H_{18}N_2O_2$ 234.30

成分 C 66.64%，H 7.74%，N 11.96%，O 13.66%。

别名 3-环己基-6,7-二氢-1H-环戊嘧啶-2,4(3H,5H)-二酮；3-环己基-5,6-三亚甲基尿嘧啶；3-环己基-5,6-三亚甲基；3-环己基-1,5,6,7-四氢-2H-环戊嘧啶-2,4(3H)-二酮；3-Cyclohexyl-6，7-dihydro-1H-cyclopentapyrimidine-2,4(3H,5H)-dione;3-Cyclohexyl-5,6-trimethyleneuracil;3-Cyclohexyl-1,5,6,7-tetrahydro-2H-cyclopentapyrimidine-2,4(3H)-dione;Du Pont 634;Venzar

M. I. 15，5489

性状 来自甲醇或二氧六环中的无色结晶，或来自二甲基甲酰胺中的浅灰色结晶。一般产品为白色至褐色的结晶性固体。溶于水（6mg/L）、二甲苯（2g/L）。mp 310～313℃；d^{20} 1.32kg/L。LD$_{50}$（80%湿粉）大鼠急性经口：>11g/kg；LC$_{50}$（96h）：翻车鱼，虹鳟鱼：100～1000mg/L，135mg/L；LC$_{50}$（8 天）：北美鹌鹑，北京鸭：2300mg/kg，>5620mg/kg。

注意事项 该品对水生物极毒，并能对水环境引起长期不利的结果。应防止将本品释放于环境中。其包装物应按危险品处理。

主要用途 除草剂。分析用标准物质。

Lenamp icillin hydrochloride 仑氨西林 盐酸盐 05955

[80734-02-7] $C_{21}H_{24}ClN_3O_7S$ 497.95

成分 C 50.65%，H 4.86%，Cl 7.12%，N 8.44%，O 22.49%，S 6.44%。

别名 利南西林 盐酸盐；盐酸仑氨西林；盐酸利南西林；KB-1585；KBT-1585；Takacillin；Varacillin；[2S-[2α，5α，6β(S*)]]-6-(Aminophenylacelyl)amino-3，3-dimethyl-7-oxo-4-thia-1-azabicyclo[3.2.0]heptane-2-carboxylic acid(5-methyl-2-oxo-1,3-dioxol-4-yl)methyl ester hydrochloride;Amp icillin (5-methyl-2-oxo-1,3-dioxolen-4-yl) methyl ester hydrochloride;6-[D-(−)-α-Aminophenylacetamido]penicillanic acid (5-methyl-2-oxo-1,3-dioxol-4-yl)methyl ester hydrochloride

M. I. 15，5491

性状 来自异丙醇-乙酸乙酯中的无色结晶。mp 145℃（分解）。LD$_{50}$雄、雌大鼠，雄、雌小鼠急性经口（mg/kg）：约 10000、约 10000，8294、8492；皮下注射（mg/kg）：4362、4471，3576、4284；静脉注射（mg/kg）：876、838，711、775。LD$_{50}$狗急性经口：>300mg/kg。

主要用途 医用抗菌剂。

Lenthionine 香菇精 05956

[292-46-6] $C_2H_4S_5$ 188.35

成分 C 12.75%，H 2.14%，S 85.11%。

别名 香菇香精；1,2,3,5,6-Pentathiepane

M. I. 15，5492

性状 来自二氯甲烷中的无色结晶。mp 60～61℃。

Lentinan 香菇多糖 05957

[37339-90-5] $(C_6H_{10}O_5)_n$ 400000～800000

成分 C 44.45%，H 6.22%，O 49.34%。

别名 Biomoduline;LC-33

M. I. 15，5493

性状 白色粉末。溶于含水碱、甲酸，微溶于热水、二甲基亚砜，不溶于冷水、乙醇、乙醚、氯仿、吡啶、六甲基磷酰胺。250℃分解；$[\alpha]_D^{20}$+13.5°～14.5°（于 2%氢氧化钠溶液中）；+19.5°～21.5°（于 10%氢氧化钠溶液中）。生化试剂含量≥98.0%。

主要用途 医用抗肿瘤剂，免疫调节剂。

Leonurine 益母草碱 05958

[24697-74-3] $C_{14}H_{21}N_3O_5$ 311.34

成分 C 54.01%，H 6.80%，N 13.50%，O 25.69%。

别名 4-Hydroxy-3,5-dimethoxybenzoic acid 4-[(aminoiminomethyl)amino]butyl ester;4-Hydroxy-3,5-dimethoxybenzoic acid δ-guanidinobutyl ester;Syringic acid δ-guanidinobutyl ester;[4-(4-Hydroxy-3,5-dimethoxybenzoyloxy)butyl]guanidine;4-Guanidino-1-butanol syringate

M. I. 15，5495

性状 其一水合盐酸盐为无色结晶。溶于水。pK_a（于水中）7.9。mp 193～194℃。

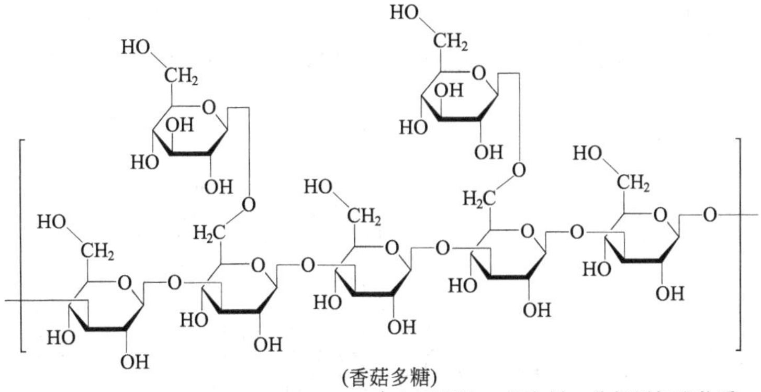

(香菇多糖)

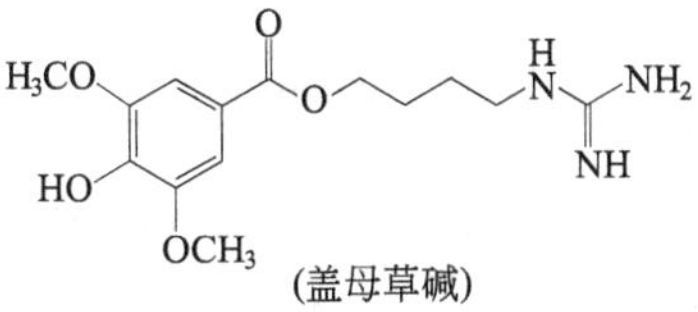

(盖母草碱)

Leptomycin B 来普霉素 B 05959

[87081-35-4] $C_{33}H_{48}O_6$ 540.74

成分 C 73.70%，H 8.95%，O 17.75%。

别名 LMB；(2*E*,5*S*,6*R*,7*S*,9*R*,10*E*,12*E*,15*R*,16*Z*,18*E*)-19-[(2*S*,3*S*)-3,6-Dihydro-3-methyl-6-oxo-2*H*-pyran-2-yl]-17-ethyl-6-hydroxy-3,5,7,9,11,15-hexamethyl-8-oxo-2,10,12,16,18-nonadecapentaenoic acid; Elactocin; CI-940; CL-1957A; NSC-364372; PD-114720

M. I. 15，5499

性状 黄色具有黏性的油状液体。经损纯可得浅黄色固体。溶于甲醇、乙醇、乙酸乙酯、乙醚，不溶于正己烷、水。mp 41～44℃（先变软）；Fp 52℉（11℃）；$[\alpha]_D^{23}-157°$（c=0.7，于氯仿中）。液体：$[\alpha]_D-24.5°$（c=0.7，于甲醇中）；uv max（乙醇中）：225nm（ε 20000）。生化试剂含量≥95.0%（HPLC）。

注意事项 该品吸入或口服有毒。对眼睛及皮肤有刺激性。使用时应穿适当的防护服和戴手套。避免与皮肤接触。使用时如有事故发生或有不适之感，应立即请医生诊治。应远离火种，采取抗放静电措施，密封于－20℃保存。

主要用途 生化研究工具。出核转运抑制剂。

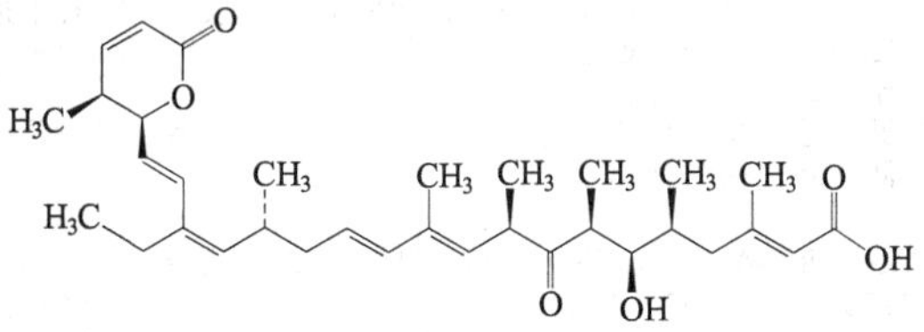

Leptophos 对溴磷 05960

[21609-90-5] $C_{13}H_{10}BrCl_2O_2PS$ 412.07

成分 C 37.89%，H 2.45%，Br 19.39%，Cl 17.21%，O 7.77%，P 7.52%，S 7.78%。

别名 溴苯磷；Phenylphosphonothioic acid *O*-(4-bromo-2,5-dichlorophenyl)*O*-methyl ester; *O*-(4-Bromo-2,5-dichlorophenyl) *O*-methyl phenylphosphonothioate; *O*-Methyl *O*-2,5-dichloro-4-bromophenyl phenylthiophosphonate; VCS-506; Abar; Phosvel

M. I. 14，5445

性状 褐色蜡状固体。该品于下列物质中的溶解度（25℃，g/100mL）：苯 133；二甲苯 73；丙酮 62；环己烷 14；庚烷 7；异丙醇 2.4，水 0.03×10^{-6}。对酸稳定，在强碱条件下逐渐水解。mp 55～67℃；Fp 212℉（100℃）。LD_{50} 成熟雄，雌大鼠急性经口（mg/kg）：19，20。

注意事项 该品口服有毒，与皮肤接触有害，并有十分严重不可逆损伤的危险。对水生物极毒，并能对水环境引起长期不利的结果。使用时应穿适当的防护服，戴手套和防护镜或面罩。使用时应避免吸入本品的蒸气。使用时如有事故发生或有不适之感，应请医生诊治。应防止将本品释放于环境中。其包装物应按危险品处理。

主要用途 杀虫剂。分析用标准物质。

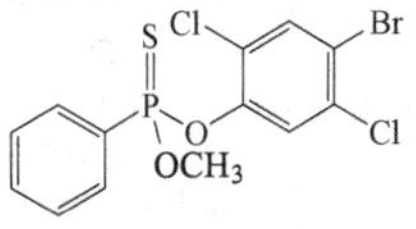

Lercanidipine hydrochloride 乐卡地平 盐酸盐 05961

[132866-11-6] $C_{36}H_{42}ClN_3O_6$ 648.20

成分 C 66.71%，H 6.53%，Cl 5.47%，N 6.48%，O 14.81%。

别名 盐酸乐卡地平；Rec-15-2375; R-75; Lerdip; Zanidip; 1,4-Dihydro-2,6-dimethyl-4-(3-nitrophenyl)-3,5-pyridinedicarboxylic acid 2-(3,3-diphenylpropyl) methylamino-1,1-dimethylethyl methyl ester hydrochloride; Methyl 1,1,*N*-trimethyl-*N*-(3,3-diphenylpropyl)-2-aminoethyl 1,4-dihydro-2,6-dimethyl-4-(3-nitrophenyl)pyridine-3,5-dicsrboxylate hydrochloride; Methyl 1,1-dimethyl-2-[*N*-(3,3-diphenylpropyl)-*N*-methylamino]ethyl 2,6-dimethyl-4-(3-nitrophenyl)-1,4-dihydropyridine-3,5-dicarboxylate hydrochloride; Masnidipine hydrochloride

M. I. 15，5500

性状 精制品为半水合物，无色或白色结晶或粉末。mp 119～123℃。LD_{50} 小鼠腹膜内注射：83mg/kg；急性经口：657mg/kg。

主要用途 医用抗高血压剂。

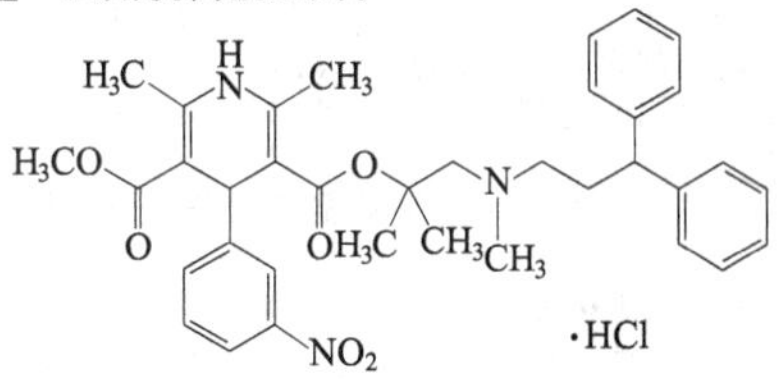

·HCl

Lesopitron dihydrochloride 来索吡琼 二盐酸盐 05962

[132449-89-9] $C_{15}H_{23}Cl_3N_6$ 393.74

成分 C 45.76%，H 5.89%，Cl 27.01%，N 21.34%。

别名 盐酸来索吡琼；E-4424; 2-[4-[4-(4-Chloro-1*H*-pyranol-1-yl)butyl]-1-piperazinyl]pyrimidine dihydrochloride

M. I. 15，5501

性状 无色结晶。mp 194～97.5℃。

主要用途 医用抗焦虑剂。

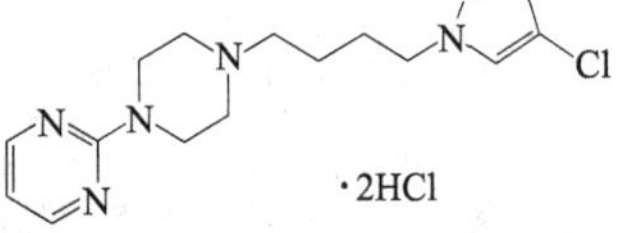

·2HCl

Letrozole 来曲唑 05963

[112809-51-5] $C_{17}H_{11}N_5$ 285.31

成分 C 71.57%，H 3.89%，N 24.55%。

别名 4,4′-(1*H*-1,2,4-Triazol-1-ylmethylene)bisbenzonitrile; 1-Bis(4-cyanophenyl)methyl-1,2,4-triazole; 4-[1-(4-Eyanophenyl)-1-(1,2,4-triazol-1-yl)methyl]benzonitrile; CGS-20267; Femara

M. I. 15，5502

性状 白色至浅黄色结晶性粉末。易溶于二氯甲醇，微溶于乙醇，几乎不溶于水。mp 181～183℃。

注意事项 该品对眼睛、呼吸系统及皮肤有刺激性。使用时应穿适当的防护服。万一接触到眼睛，应立即用大量水冲洗后请医生诊治。

主要用途 医用抗肿瘤剂。

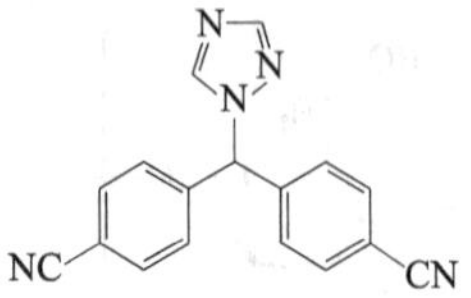

D-Leucine D-白氨酸 05964

[328-38-1] $C_6H_{13}NO_2$ 131.18

成分 C 54.94%，H 9.99%，N 10.68%，O 24.39%。

别名 D-闪白氨基酸；D-亮氨酸；D-氨基异己酸；D-α-Amino-*iso*-butylacetic acid；D-α-Amino-*iso*-caproic acid；D-α-Amino-*iso*-butylacetic acid；D-α-Aminoisocaproic acid；(*R*)-2-Amino-4-methylpentanoic acid；D-α-Amino-γ-methylvaleric acid；(*R*)-2-Amino-4-methyl-*n*-valeric acid

性状 无色或白色结晶。溶于水。mp 293℃（分解）；$[\alpha]_D^{20}$ −14.8°±1°（*c*=5，于 5mol/L 盐酸中）。生化试剂含量≥99.0%（NT）。

注意事项 使用时应避免吸入本品的粉尘，避免与眼睛及皮肤接触。

主要用途 生化研究。

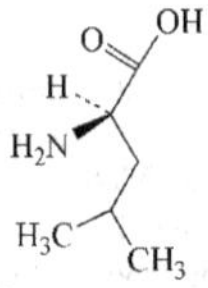

DL-Leucine DL-白氨酸 05965

[328-39-2] $C_6H_{13}NO_2$ 131.18

成分 C 54.94%，H 9.99%，N 10.68%，O 24.39%。

别名 DL-闪白氨基酸；DL-亮氨酸；DL-氨基异己酸

M.I. 15，5503

性状 来自水中的无色有光泽小叶状结晶。味甜。溶于水（0℃，7.97g/L；25℃，9.91g/L；50℃，14.06g/L；75℃，22.76g/L；100℃，42.06g/L），微溶于 90%乙醇（1.3g/L），不溶于乙醚。pK_1 2.36，pK_2 9.60。332℃分解。生化试剂含量≥99.0%（NT）。

注意事项 使用时应避免吸入本品的粉尘，避免与眼睛及皮肤接触。

主要用途 生化研究。组织培养基的制备。营养增补剂。

L-Leucine L-白氨酸 05966

[61-90-5] $C_6H_{13}NO_2$ 131.18

成分 C 54.94%，H 9.99%，N 10.68%，O 24.39%。

别名 L-闪白氨基酸；L-氨基异己酸；L-亮氨酸；L-α-Amino-*iso*-butylacetic acid；L-α-Amino-*iso*-caproic acid；L-α-Aminoisobutylacetic acid；L-α-Aminoisocaproic acid；(*S*)-2-Amino-4-methylpentanoic acid；L-α-Amino-γ-methylvaleric acid；(S)-2-Amino-4-methyl-*n*-valeric acid；L；Leu

M.I. 15，5503

性状 来自乙醇水溶液中的白色有光泽六方形片状结晶。溶于水（0℃，22.7g/L；25℃，24.26g/L；50℃，28.87g/L；75℃，38.23g/L；100℃，56.38g/L）、乙酸（10.9g/L）、99%乙醇（0.72g/L），不溶于乙醚。145～148℃升华；293～295℃分解；d_{18} 1.293；$[\alpha]_D^{26}$ +15.1°（于 6mol/L 盐酸中）。生化试剂含量≥99.0%（NT）。

主要用途 生化研究。组织培养基的制备。营养增补剂。

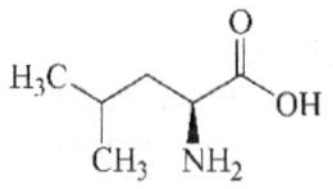

Leucine aminopeptidase from porcine kidney 05967
白氨酸氨肽酶（猪肾脏）

[9001-61-0] Mr 约 280000

别名 亮氨酸氨肽酶；LAP；L-Leucyl peptide hydrolase

EC 3.4.11.2

性状 红褐色液体或冷冻干燥粉末。加氯化镁或硫酸镁作稳定剂，最适合的 pH 值为 9.1～9.3。

注意事项 该品对眼睛、呼吸系统及皮肤有刺激性。使用时应穿适当的防护服。使用时应避免吸入本品的粉尘，避免与眼睛及皮肤接触。应密封于−20℃保存。

主要用途 竹化研究。蛋白质顺序的研究。

Leucine enkephalin acetate salt
白氨酸脑啡肽 乙酸盐 05968

[81678-16-2] $C_{28}H_{37}N_5O_7$ 555.63

成分 C 60.53%，H 6.71%，N 12.60%，O 20.16%

别名 乙酸白氨酸脑啡肽；白氨酸乙酸脑啡肽；亮氨酸脑啡肽 乙酸盐；白氨酸脑菲肽 乙酸盐

性状 微型结晶。生化试剂含量≥97.0%（HPLC）。

注意事项 该品应密封于−20℃保存。

主要用途 生化研究。

L-Leucine methyl ester hydrochloride
L-白氨酸甲酯 盐酸盐 05969

[7517-19-3] $C_7H_{16}ClNO_2$ 181.66

成分 C 46.28%，H 8.88%，Cl 19.52%，N 7.71%，O 17.61%。

别名 盐酸 L-白氨酸甲酯；盐酸 L-亮氨酸甲酯；L-亮氨酸甲酯 盐酸盐

性状 无色结晶。溶于水。mp 151～153℃（分解）；$[\alpha]_D^{20}$ +20°±1°（*c*=4.5，于甲醇中）。生化试剂含量≥98.0%（AT）。

注意事项 使用时应避免吸入本品的粉尘，避免与眼睛及皮肤接触。

主要用途 生化研究。

L-Leucine-2-naphthylamide hydrochloride
L-白氨酰-2-萘胺 盐酸盐 05970

[893-36-7] $C_{16}H_{21}ClN_2O$ 292.81

成分 C 65.63%，H 7.23%，Cl 12.11%，N 9.57%，O 5.46%。

别名 L-白氨酸-β-萘酰胺 盐酸盐；L-亮氨酸-β-萘酰胺 盐酸盐；盐酸 L-白氨酸-2-萘胺；L-Leucyl-β-naphthylamide hydrochloride

性状 无色或白色结晶。易溶于水。mp 255～260℃（分解）；$[\alpha]_D^{20}$ +86°±3°（*c*=1，于水中）。生化试剂含量≥97.0%（AT）。

注意事项 该品具有腐蚀性，能引起烧伤。使用时穿防护服，戴手套和防护镜或面罩。万一接触到眼睛，应立即用大量水冲洗后请医生诊治。使用时如有事故发生或有不适之感，应请医生诊治。应密封于阴凉干燥处保存。应密封于−20℃干燥保存。

主要用途 生化研究。比色测定白氨酸氨基肽酶和组织化学测定蛋白酶的底物。

L-Leucine-4-nitroanilide L-白氨酸-4-硝基苯胺 05971

[4178-93-2] $C_{12}H_{17}N_3O_3$ 251.29

成分 C 57.36%，H 6.82%，N 16.72%，O 19.10%。

别名 L-*N*-白氨酰-4-硝基苯胺；L-亮氨酸-4-硝基苯胺；L-*N*-亮氨酰对硝基苯胺

性状 无色结晶。mp 88～90℃；$[\alpha]_{546}^{20}$ +129°±2°；$[\alpha]_D^{20}$ +102°±2°（*c*=1，于 1mol/L 盐酸中）。生化试剂含量≥99.0%（NT）；水 ≤0.1%。

注意事项 使用时应避免吸入本品的粉尘，避免与眼睛及皮肤接触。应充氩气密封于 2～8℃保存。

主要用途 生化研究。

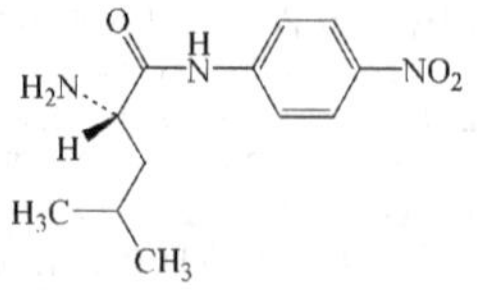

Leucocrystal violet 无色结晶紫 05972

[603-48-5] $C_{25}H_{31}N_3$ 373.55

成分 C 80.38%，H 8.36%，N 11.25%。

别名 结晶紫 无色；Crystal violet leuco；4,4′,4″-Methylidyne tris(*N*,*N*-dimethylaniline)

性状 白色至浅紫色粉末。mp 175～177℃；λ_{max} 260nm。一般试剂含量≥95.0%。
注意事项 该品对眼睛、呼吸系统及皮肤有刺激性。使用时应穿适当的防护服。万一接触到眼睛，应立即用大量水冲洗后请医生诊治。应密封避光保存。
主要用途 生物染色。

Leucocyanidin 白花青素 05973

[480-17-1] $C_{15}H_{14}O_7$ 306.27
成分 C 58.82%，H 4.61%，O 36.57%。
别名 白矢车菊色素；白花色素；白氰啶；无色氰啶；2-(3,4-Dihydroxyphenyl)-3,4-dihydro-2*H*-1-benzopyran-3,4,5,7-tetrol; Falvan; 3,3′,4,4′,5,7-Flavanhexol; Hamaméliode P; 3,3′,4,4′,5,7-Hexahydroxyflavane; Leucocyanidol; Résivit
M. I. 15，5504
性状 来自乙酸乙酯＋石油醚中的无色结晶（一水合物）。溶于水、乙醇、丙酮，几乎不溶于乙醚、氯仿、石油醚。mp 约 355℃；uv max（乙醇中）：258nm。
主要用途 医用毛发保护剂。

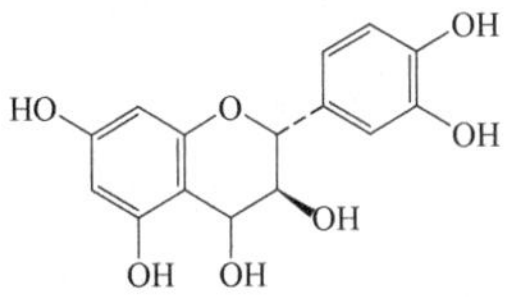

Leucomycin A₁ 北里霉素 A₁ 05974

[16846-34-7] $C_{40}H_{67}NO_{14}$ 785.97
成分 C 61.13%，H 8.59%，N 1.78%，O 28.50%。
别名 柱晶白霉素 A₁
M. I. 15，5505
性状 白色粉末。易溶于多数有机溶剂，不溶于石油酸，微溶于水。pK_a'（50%乙醇中）：6.69。$[\alpha]_D^{25}$ −66.0°（于氯仿中）；vu max（于甲醇中）：232nm（$E_{1cm}^{1\%}$ 400）。
主要用途 医用抗菌剂。

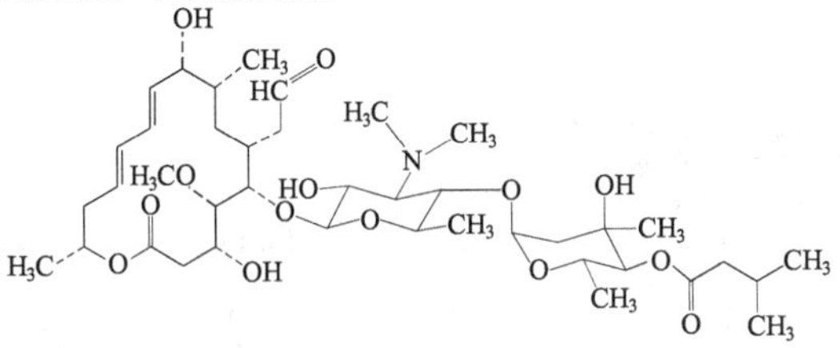

Leucopterin 白蝶呤 05975

[492-11-5] $C_6H_5N_5O_3$ 195.14
成分 C 36.93%，H 2.58%，N 35.89%，O 24.60%。
别名 白蝶翼素；白蝶翅素；2-Amino-4,6,7-pteridinetriol; 2-Amino-4,6,7-trihydroxypteridine; 2-Amino-4,6,7-trihydroxypyrimido[4,5-*b*]pyrazine; 2-Amino-5,8-dihydro-4,6,7(1*H*)-pteridinetrione
M. I. 15，5506
性状 无色细小结晶。溶于碱溶液显蓝色荧光。生化试剂含量≥96.0%（HPLC）。
注意事项 该品应充氩气密封保存。
主要用途 生化研究。有机合成。

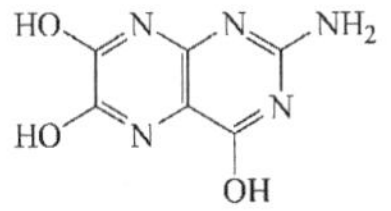

L-Leucyl-L-alanine hydrate L-白氨酰-L-丙氨酸 水合 05976

[7298-84-2] $C_9H_{18}N_2O_3 \cdot aq$ 202.25·aq
成分（以无水物计） C 53.45%，H 8.97%，N 13.85%，O 23.73%。
别名 水合 L-白氨酰-L-丙氨酸；L-白氨酰-L-丙氨酸；水合 L 白氨酰-L-丙氨酸；Leu-Ala hydrate
性状 无色结晶。bp 258～261℃；$[\alpha]_D^{20}$ +19°±3°（*c*=2，于甲醇中）。生化试剂含量≥95.0%（TLC）。
注意事项 该品应充氩气密封于 2～8℃干燥保存。
主要用途 生化研究。

D-Leucylglycine D-白氨酰甘氨酸 05977

[997-05-7] $C_8H_{16}N_2O_3$ 188.23
成分 C 51.05%，H 8.57%，N 14.88%，O 25.50%。
别名 D-白氨酰氨基乙酸；D-亮氨酰甘氨酸；D-亮氨酰氨基乙酸；D-Leu-Gly
性状 白色结晶。溶于水。
注意事项 应充氩气密封于−20℃干燥保存。
主要用途 生化研究。

DL-Leucylglycine DL-白氨酰甘氨酸 05978

[615-82-7] $C_8H_{16}N_2O_3$ 188.23
成分 C 51.05%，H 8.57%，N 14.88%，O 25.50%。
别名 DL-白氨酰氨基乙酸；DL-亮氨酰甘氨酸；DL-亮氨酰氨基乙酸；DL-Leu-Gly
性状 白色结晶。溶于水。mp 约 243℃（分解）。
注意事项 该品应充氩气密封于−20℃保存。
主要用途 生化研究。

L-Leucylglycine hydrate L-白氨酰甘氨酸 水合 05979

[686-50-0] $C_8H_{16}N_2O_3 \cdot aq$ 188.23+aq
成分（以无水物计） C 51.05%，H 8.57%，N 14.88%，O 25.50%。
别名 L-白氨酰氨基乙酸；L-亮氨酰甘氨酸；L-亮氨酰氨基乙酸；Leu-Gly hydrate
性状 无色针状结晶。味苦。溶于水，微溶于乙醇、乙醚，不溶于苯和氯仿。mp 约 245℃（分解）；$[\alpha]_D^{20}$ +89°±3°（*c*=2，于水中）。生化试剂含量≥99.0%（TLC）。
注意事项 使用时应避免吸入本品的粉尘，避免与眼睛及皮肤接触。应充氩气密封于−2℃干燥保存。
主要用途 生化研究。肽酶含量测定的底物。

L-Leucyl-L-tyrosine L-白氨酰-L-酪氨酸 05980

[968-21-8] $C_{15}H_{22}N_2O_4$ 294.36
成分 C 61.21%，H 7.53%，N 9.52%，O 21.74%。
别名 L-亮氨酰-L-酪氨酸
性状 无定形粉末。微溶于冷水，不溶于乙醇、乙醚。mp 275～277℃。
注意事项 该品应密封于−20℃保存。
主要用途 生化研究。

Levallorphan tartrate 利瓦洛凡 酒石酸盐 05981

[71-82-9] $C_{19}H_{25}NO$ 433.50
成分 C 80.52%，H 8.89%，N 4.94%，O 5.65%。
别名 酒石酸利瓦洛凡；酒石酸烯丙左吗南；*l*，*N*-烯丙基-3-羟基吗啡烷；Lorfan; 17-(2-Propenyl)morphinan-3-ol; *l*, *N*-Allyl-3-hydroxymorphinan tartrate; *l*-3-Hydroxy-*N*-allylmorphinan tartrate
M. I. 15，5510
性状 来自乙酸中的无色或白色结晶。溶于水。mp 176～177℃；$[\alpha]_D^{16}$ −39°。
注意事项 该品口服有害。使用时应穿适当的防护服。
主要用途 医用、兽用麻醉剂对抗剂。

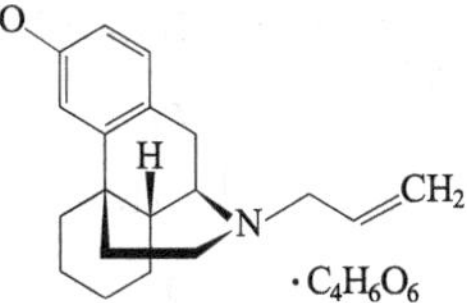

Levamisole hydrochloride 左旋四咪唑 盐酸盐 05982

[16595-80-5] $C_{11}H_{13}ClN_2S$ 240.75
成分 C 54.88%，H 5.44%，Cl 14.73%，N 11.64%，S 13.32%。
别名 (6*S*)-2,3,5,6-四氢-6-苯基咪唑并[2,1-*b*]噻唑 盐酸盐；L-(−)-2,3,5,6-四氢-6-苯基咪唑并[2,1-*b*]噻唑 盐酸盐；盐酸左旋四咪唑；(−)-四咪唑 盐酸盐；*S*-(−)-6-苯基-2,3,5,6-四氢咪唑并[2,1-*b*]噻唑 盐酸盐；左旋噻咪唑盐酸盐；盐酸(*S*)-2,3,5,6-四氢-6-苯基咪唑并[2,1-*b*]噻唑；(－)-噻咪唑 盐酸盐；Ascaridil; Decaris; Ergamisol; Levacide; Levadin; Levasole; Levovermax hydrochloride; Meglum; Nemicide; Nilverm; (－)-Tetramisole hydrochloride; (－)-6-Phenyl-2,3,5,6-tetrahydroimidazo[2,1-*b*]thiazole hydrochloride; R-12564; Ripercol; Solaskil; Spartakon; Totalon hydrochloride; Tramisol; (6*S*)-2,3,5,6-Tetrahydro-6-phenylimidazo[2,1-*b*]thiazole hydrochloride

M. I. 15，5511

性状 白色或近白色结晶性粉末。易溶于水，溶于二氯甲烷，几乎不溶于乙醚。在酸介质水溶液中稳定。mp 227～229℃；$[\alpha]_D^{20}$ －124°±2°（*c*＝0.9，于水中）。一般试剂含量≥99.0%（AT）。

注意事项 该品口服有毒。使用时应穿适当的防护服，戴手套和防护镜或面罩。使用时如有事故发生或有不适之感，应请医生诊治。应充氩气密封保存。

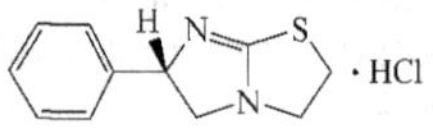

·HCl

Levcromakalim 左色满卡林 05983

[94535-50-9] $C_{16}H_{18}N_2O_3$ 286.33

成分 C 67.12%，H 6.34%，N 9.78%，O 16.76%。

别名 左克罗卡林；(3*S*-*trans*)-3,4-Dihydro-3-hydroxy-2,2-dimethyl-4-(2-oxo-1-pyrrolidinyl)-2*H*-1-benzopyran-6-carbonitrile; (3*S*,4*R*)-3-Hydroxy-2,2-dimethyl-4-(2-oxo-1-pyrrolidinyl)-6-chromancarbonitrile; (－)-6-Cyano-3,4-dihydro-2,2-dimethyl-*trans*-4-(2-oxo-1-pyrrolidinyl)-2*H*-benzo[*b*]pyran-3-ol; Lemakalim; (－)-cromakalim; BRL-38227

M. I. 15，5512

性状 来自乙酸乙酯中的无色结晶。溶于二甲基亚砜（≤10mm）。mp 242～244℃；$[\alpha]_D^{26}$－52.2°（*c*＝1，于氯仿中）。一般试剂含量≥98.0%。

注意事项 使用时应避免吸入本品的粉尘，避免与眼睛及皮肤接触。

主要用途 医用抗高血压剂。

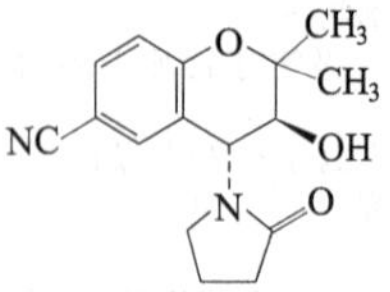

Levetiracetam 左乙拉西坦 05984

[102767-28-2] $C_8H_{14}N_2O_2$ 170.21

成分 C 56.45%，H 8.29%，N 16.46%，O 18.80%。

别名 (α*S*)-α-Ethyl-2-oxo-1-pyrrolidineacetamide; 2(*S*)-(2-Ooxpyrrolidin-1-yl)butyr amide; UCB-L059; SIB-S1; Keppra

M. I. 15，5513

性状 来自乙酸乙酯中的无色结晶。该品于下列物质中的溶解度（g/100mL）：水 104.0；氯仿 65.3；甲醇 53.6；乙醇 16.5；乙腈 5.7。几乎不溶于正己烷。mp 117℃；$[\alpha]_D^{25}$－90.0°（*c*＝1，于丙酮中）。LD_{50}雄小鼠，雄大鼠静脉注射：1081mg/kg，1038mg/kg。

注意事项 该品口服有毒。对眼睛有刺激性。万一接触到眼睛，应立即用大量水冲洗后请医生诊治。

主要用途 医用抗惊厥剂。

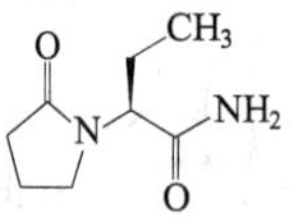

Levobunolol hydrochloride 左旋布洛诺尔 盐酸盐 05985

[27912-14-7] $C_{17}H_{26}ClNO_3$ 327.85

成分 C 62.28%，H 7.99%，Cl 10.81%，N 4.27%，O 14.64%。

别名 盐酸左旋布洛诺尔；W-7000A; Betagan; Vistagan; 5-[(2*S*)-3-(1,1-Dimethylethyl)amino-2-hydroxypropoxy]-3,4-dihydro-1(2*H*)-naphthalepone hydrochloride; (－)-5-[3-(*tert*-Butylamino)-2-hydroxypropoxy]-3,4-dihydro-1(*H*)-naphthalenone hydrochloride; *l*-Bunolo hydrochloride; W-6421A-HCl

M. I. 15，5514

性状 来自甲醇-乙醚中的无色结晶。溶于水、甲醇，微溶于乙醇、氯仿。mp 209～211℃；$[\alpha]_{589}^{24}$－19.6°±0.7°（*c*＝2.90，于甲醇中）；uv max（氢氧化钠溶液中）：221nm，253nm，310nm（ε 24700，9000，2400）。

主要用途 医用抗青光眼剂。

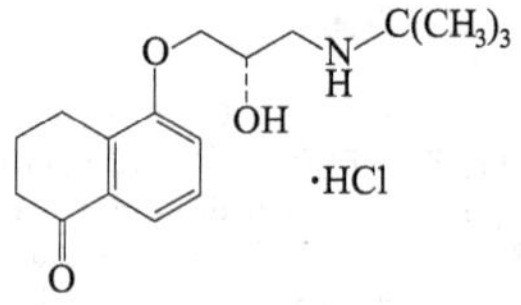

·HCl

Levomethadyl acetate hydrochloride 左乙美沙朵 盐酸盐 05986

[43033-72-3] $C_{23}H_{32}ClNO_2$ 389.96

成分 C 70.84%，H 8.27%，Cl 9.09%，N 3.59%，O 8.21%。

别名 左醋美沙朵 盐酸盐；盐酸左乙美沙朵；(α*S*)-β-[(2*S*)-2-(Dimethylamino)propyl]-α-ethyl-β-phenylbenzeneethanolacetate(ester); (－)-6-Dimethylamino-4,4-diphenyl-3-heptanol acetate(ester); α-*l*-Acetylmethadol; *levo*-α-Acetylmethadol; LAAM; ORLAAM

M. I. 15，5519

性状 来自乙醇-乙醚中的无色结晶。溶于水。mp 215℃；$[\alpha]_D^{25}$－60°（*c*＝0.2）。LD_{50}小鼠皮下注射：110.0mg/kg；急性经口：172.8mg/kg。

主要用途 医用麻醉剂嗜好的治疗。

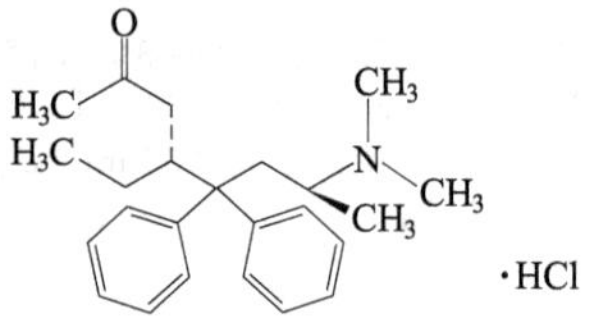

·HCl

Levophacetoperane hydrochloride 左法派酯 盐酸盐 05987

[23257-56-9] $C_{14}H_{20}ClNO_2$ 269.77

成分 C 62.33%，H 7.47%，Cl 13.14%，N 5.19%，O 11.86%。

别名 盐酸左法派酯；*rel*-(α*R*,2*R*)-(－)-α-Phenyl-2-piperidinemethanol 2-acetate hydrochloride; *threo*-1-Acetoxy-1-phenyl-1-(2-piperidyl)methane hydrochloride; Acetie acid α-phenyl-2-piperidylmethyl ester hydrochloride; 1-Phenyl-1-(2′-piperidyl)-1-acetoxymethane hydrochloride; Phacetoperane hydrochloride; RP-8228-HCl

M. I. 15，5521

性状 来自丙酮＋乙醚中的无色结晶。左旋物。mp 229～230℃。

主要用途 医用抗抑郁剂，抑制食欲剂。

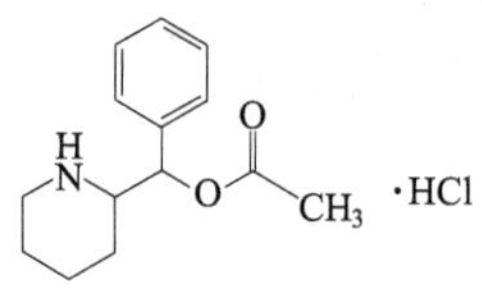

·HCl

Levopropoxyphene 左施丙氧芬 05988

[2338-37-6] $C_{22}H_{29}NO_2$ 339.48

成分 C 77.84%，H 8.61%，N 4.13%，O 9.43%。

别名 左旋扑咳芬；(α*R*)-α-[(1*S*)-2-Dimethylamino-1-methylethyl]-α-phenyldenzeneethanol propanoate(ester); α-*l*-4-Dimethylamino-3-methyl-1,2-diphenyl-2-butanolpropionate; α-*l*-4-Dimethylamino-1,2-diphenyl-3-methyl-2-butanol propionate; *l*-Propoxyphene

M. I. 15，5523

性状 来自石油醚中的无色结晶。mp 75～76℃；$[\alpha]_D^{25}$

−68.2°（c=0.6，于氯仿中）。
主要用途 医用镇咳剂。

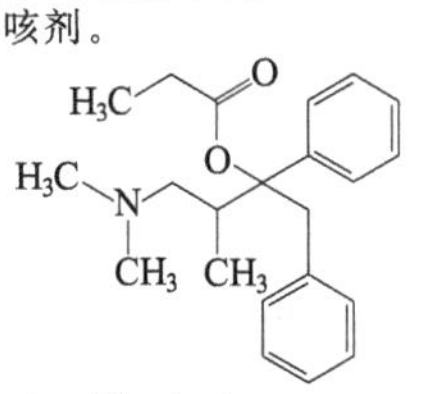

Levorphanol tartrate dihydrate
羟甲左吗喃 酒石酸盐 二水 05989
[5985-38-6] $C_{21}H_{29}NO_7 \cdot 2H_2O$ 443.49
成分（以无水物计） C 61.90%，H 7.17%，N 3.44%，O 27.49%。
别名 酒石酸羟甲左吗喃 一水；Ro-1-5431/7；Dromoran；Levo-Dromoran；17-Methylmorphinan-3-ol tartrate；(−)-3-Hydroxy-*N*-methylmorphinan tartrate；Levorphan tartrate；Lemoran tartrate；Ro-1-5431 tartrate
M. I. 15，5524
性状 无色结晶。1g 该品溶于 45mL 水、110g 乙醇、50g 乙醚，不溶于氯仿。其 0.2% 水溶液 pH 值 3.4～4.0。mp 113～115℃（无水物 mp 206～208℃）；$[\alpha]_D^{20}$ −14°（c=3，于水中）。
注意事项 该品能危害胎儿。吸入或与皮肤接触有害。吸入或与皮肤接触可引起过敏。使用药应得到专门的指导，避免曝露。使用时应穿适当的防护服和戴手套。使用时应避免吸入本品的粉尘。口服有毒。使用时如有事故发生或有不适之感，应请医生诊治。
主要用途 生化研究。医用麻醉性止痛剂。

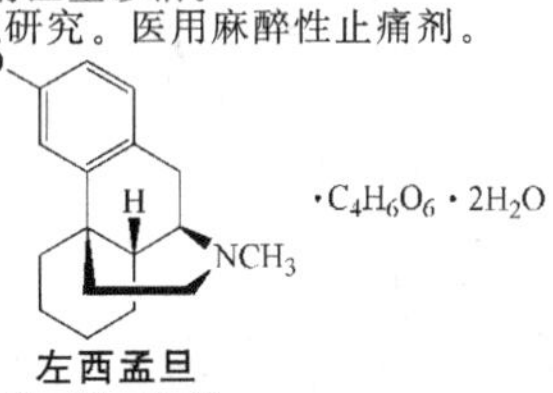

$\cdot C_4H_6O_6 \cdot 2H_2O$

Levosimendan 左西孟旦 05990
[141505-33-1] $C_{14}H_{12}N_6O$ 280.29
成分 C 59.99%，H 4.32%，N 29.98%，O 5.71%。
别名 2-[2-[4-[(4*R*)-1,4,5,6-Tetrahydro-4-methyl-6-oxo-3-pyridazinyl]phenyl]hydrazono]propanedimitrile；(−)-[*p*-[(*R*)-1,4,5,6-Tetrahydro-4-methyl-6-oxo-3-pyridazinyl]phenyl]hydrazone mesoxalonitrile；(*R*)-Simendan；OR-1259；Simdax
M. I. 15，5525
性状 黄色结晶性粉末。溶于水。pK_a 6.3；mp 210～213℃；$[\alpha]_D^{25}$ −566°（于四氢呋喃/甲醇中）。LD_{50} 雄、雌小鼠，雄雌大鼠急性经口（mg/kg）：156、152，103；静脉注射：32、50，57。
主要用途 医用强心剂。

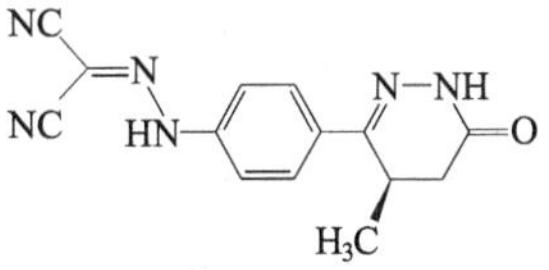

Levulinic acid 左旋糖酸 05991
[123-76-2] $C_5H_8O_3$ 116.12
成分 C 51.72%，H 6.94%，O 41.34%。
别名 果糖酸；乙酰丙酸；4-戊酮-1-酸；Acetopropinoic acid；*β*-Acetylpropinoic acid；3-Keto-*n*-valeric acid；4-Oxopentanoic acid；Laevulinic acid；Levulic acid；4-Oxovaleric acid
M. I. 15，5526
性状 无色或白色至微黄色片状结晶或小叶状结晶。有吸湿性。易溶于水、乙醇、乙醚，几乎不溶于脂肪烃。mp 33～35℃；bp 245～246℃；Fp 约 208℉（98℃）；d 1.1447；n_D^{16} 1.442。生化试剂含量≥97.0%（GC）。
注意事项 该品口服有害。对眼睛、呼吸系统及皮肤有刺激性。使用时应穿适当的防护服。万一接触到眼睛，应立即用大量水冲洗后请医生诊治。应密封于阴凉干燥处保存。
主要用途 生化研究。有机合成。塑料、尼龙工业。

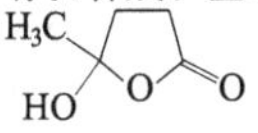

Lexipafant 来昔帕范 05992
[139133-26-9] $C_{23}H_{30}N_4O_4S$ 458.58
成分 C 60.24%，H 6.59%，N 12.22%，O 13.96%，S 6.99%。
别名 *N*-Methyl-*N*-[4-[(2-methyl-1*H*-imidazo[4,5-*c*]pyridin-1-yl)methyl]phenyl]sulfonyl-L-leucine ethyl ester；*N*-Methyl-*N*-[*α*-(2-methyl-1*H*-imidazo[4,5-*c*]pyridin-1-yl)-*p*-tolyl]sulfonyl-L-leucine ethyl ester；BB-882；Zacutex
M. I. 15，5527
性状 来自乙酸乙酯中的白色结晶性固体。mp 105℃；$[\alpha]_D^{20}$ −6.7°（c=2.0，于氯仿中）。
主要用途 医用抗炎剂。

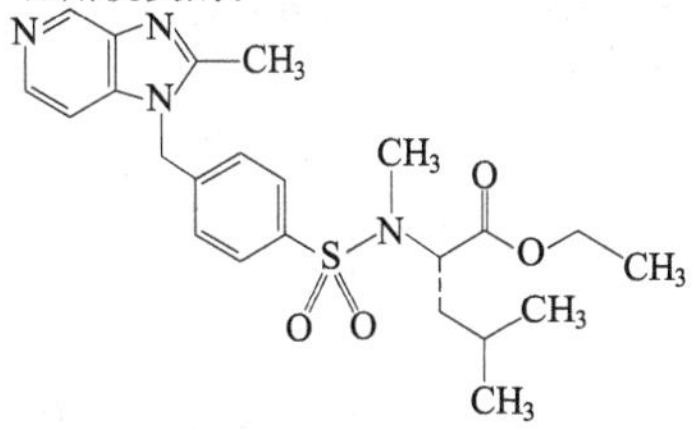

Lidamidine hydrochloride 利达脒 盐酸盐 05993
[65009-35-0] $C_{11}H_{17}ClN_4O$ 256.73
成分 C 51.46%，H 6.67%，Cl 13.81%，N 21.82%，O 6.23%。
别名 盐酸利达脒；*N*-(2,6-Dimethylphenyl)-*N′*-[imino(methylamino)methyl]urea hydrochloride；1-(2,6-Dimethylphenyl)-3-methylamidinourea hydrochloride；Lidarral；Smodin；WHR-1142A
M. I. 15，5534
性状 白色粉末。该品于下列物质中的溶解度（25℃，mg/mL）：水 153.55，甲醇 297.94，乙醇 88.55，氯仿 4.62，已烷 0.01。mp 194～197℃；uv max（水中）：262nm，271nm（ε 626，524）。LD_{50} 雄小鼠，雄、雌大鼠急性经口（mg/kg）：260，267、160；小鼠静脉注射：56mg/kg。
主要用途 医用止泻剂，减蠕动剂。

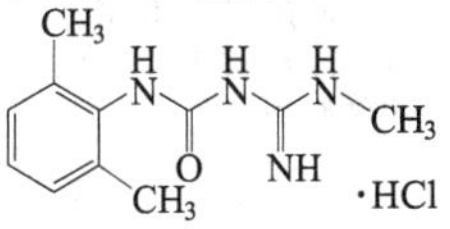

·HCl

Lidocaine 利多卡因 05994
[137-58-6] $C_{14}H_{22}N_2O$ 234.34
成分 C 71.76%，H 9.46%，N 11.95%，O 6.83%。
别名 赛罗卡因；2-Diethylamino-*N*-(2,6-dimethylphenyl) acetamide；2-Diethylamino-2′,6′-acetoxylidide；*ω*-Diethylamino-2,6-dimethylacetanilide；Lignocaine；Cuivasil；Duncaine；Leostesin；Lidothesin；Rucaina；Xylocaine；Xylocitin；Xylotox
M. I. 15，5535
性状 来自苯或乙醇中的无色针状结晶。易溶于乙醇、乙醚、苯、氯仿、油类，几乎不溶于水。mp 68～69℃；bp_4 180～182℃/533.29Pa；bp_2 159～160℃/266.64Pa。生化试剂含量≥98.0%（TLC）。
注意事项 该品口服有害。使用时应穿适当的防护服。使用时应避免吸入本品的粉尘。万一接触到眼睛，应立即用大量水冲洗后请医生诊治。
主要用途 生化研究。医用局部麻醉剂，抗心律失常剂。

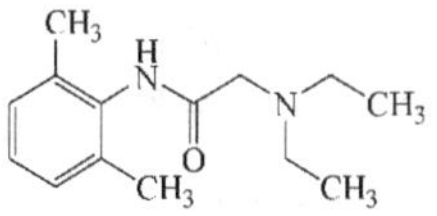

Light green SF yellowish 亮绿 SF 淡黄 05995
[5141-20-8] $C_{37}H_{34}N_2Na_2O_9S_3$ 792.84
成分 C 56.05%，H 4.32%，N 3.53%，Na 5.80%，O 18.16%，S 12.13%。
别名 亮绿 2G；黄色浅绿 SF；酸性绿；里斯沙明绿 SF；Acid green 5；*N*-Ethyl-*N*-[4-[[4-[ethyl[(3-sulfophenyl)methyl]amino]phenyl](4-sulfophenyl)methylene]-2,5-cyclohexadien-1-ylidene]-3-sulfobenzenemethanaminium inner salt, disodium salt；Ethyl[4-[*p*-[ethyl(*m*-sulfobenzyl)amino]-*α*-(*p*-sulfophenyl)-benzylidene]-2,5-cyclohexadien-1-ylidene](*m*-sulfobenzyl) ammonium hydroxide inner salt disodium salt；FD & C Green No. 2；

Light green 2G; Lissamine green SF

M. I. 15, 5538　　C. I. 42095

性状　红棕色粉末。易溶于水，溶液呈绿色，加入盐酸则变为黄棕色，逐渐褪色，加入氢氧化钠则几乎全部褪色，析出暗紫色沉淀。mp 288℃（分解）。LD_{50} 大鼠急性经口：>2g/kg。

注意事项　该品对机体有不可逆损伤的可能性。使用时应穿适当的防护服和戴手套。应避免吸入本品的粉尘，避免与眼睛及皮肤接触。

主要用途　浆质染色剂。动物组织染色，与铁苏木素或其他核染料作对比染色。

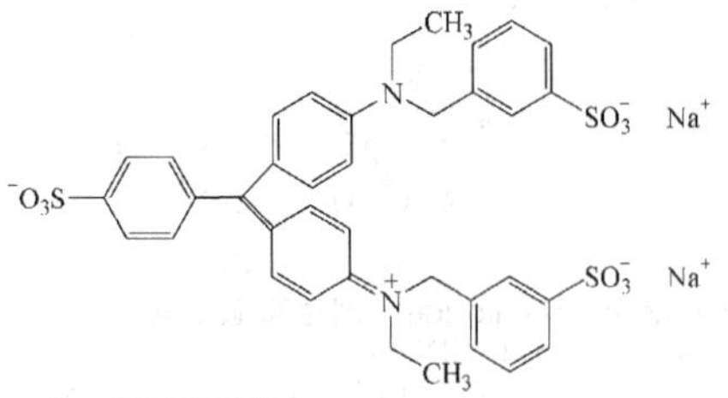

Limaprosf　利马前列素　05996

[74397-12-9]　$C_{22}H_{36}O_5$　380.53

成分　C 69.44%，H 9.54%，O 21.02%。

别名　(2*E*, 11α, 13*E*, 15*S*, 17*S*)-11, 15-Dihydroxy-17, 20-dimethyl-9-oxoprosta-2, 13-dien-1-oic acid; 17*S*, 20-Dimethyl-*trans*-2, 3-didehydro-PGE_1; 9-Oxo-11α, 15α-dihydroxy-17*S*, 20-dimethylprosta-*trans*-2, *trans*-13-dienoic acid; 17*S*-Methyl-ω-homo*trans*-Δ^2-PGE_1; ONO-1206; OP-1206; Opalmon; Prorenal

M. I. 15, 5543

性状　白色结晶。溶于乙醇、二甲基亚砜、二甲基甲酰胺。mp 97～100℃。生化试剂含量≥99.0%。

注意事项　该品口服有毒。使用时应穿适当的防护服，戴手套和防护镜可面罩。使用时如有事故发生或有不适之感，应立即请医生诊治。应密封于－20℃保存。

主要用途　医用抗心绞痛剂。

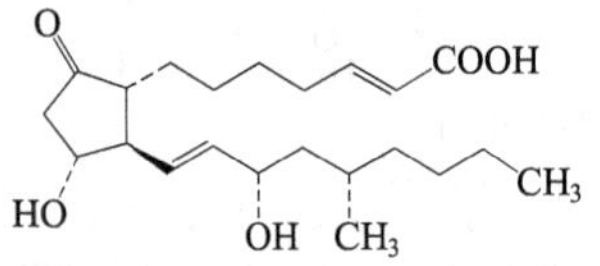

Limettin　柠檬内酯　05997

[487-06-9]　$C_{11}H_{10}O_4$　206.20

成分　C 64.07%，H 4.89%，O 31.04%。

别名　5,7-Dimethoxy-2*H*-1-benzopyran-2-one; 5,7-Dimethoxycoumarin; Citropten

M. I. 15, 5545

性状　来自甲醇中的无色针状结晶。易溶于乙醇、氯仿、丙酮，几乎不溶于沸水、乙醚、石油醚。mp 147～148℃；uv max（乙醇中）：222nm，247nm，250.5nm，324nm（lg ε 4.03，3.84，3.84，4.18）。

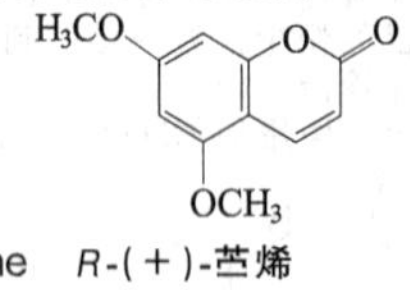

R-(＋)-Limonene　*R*-(＋)-苎烯　05998

[5989-27-5]　$C_{10}H_{16}$　136.24

成分　C 88.16%，H 11.84%。

别名　*R*-(＋)-1,8-萜二烯；*d*-苎烯；*d*-Cajeputene; (＋)-Carvene; *d*-Cinene; *d*-(*R*)-4-Isopropenyl-1-methyl-1-cyclohexene; *d*-Kautschin; (＋)-*p*-Mentha-1,8-diene; *d*-1-Methyl-4-(1-methylethenyl)cyclohexene

GW 2015-2826　　M. I. 15, 5546

性状　无色液体。bp_{763} 175.5～176℃/101.725kPa；Fp 119°F（48℃）；d_4^{21} 0.8402；n_D^{21} 1.4743；$[\alpha]_D^{19.5}$ ＋123.8°。一般试剂含量≥99.0%（GC）。

注意事项　该品易燃。对皮肤有刺激性。接触皮肤能引起过敏。对水生物极毒。能对水环境引起长期不良的结果。使用时应戴适当的手套。应避免与皮肤接触，应防止将本品释放于环境中。其包装物应按危险品处理。应充氩气密封于2～8℃保存。

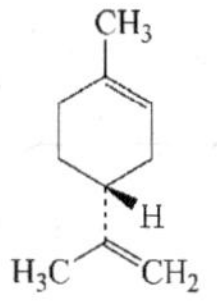

Limonin　柠檬苷　05999

[1180-71-8]　$C_{26}H_{30}O_8$　470.52

成分　C 66.37%，H 6.43%，O 27.20%。

别名　柠檬苦素；柠碱；Limonoic acid di-δ-lactone; 8-(3-Furyl)-decahydro-2,2,4a,8a-tetramethyl-11*H*,13*H*-oxireno[*d*]pyrano[4′,3′,3,3a]isobenzofuro[5,4-*f*][2]benzopyran-4,6,13(2*H*,5a*H*)-trione; Limonoic acid 3,19,16,17-dilactione

M. I. 15, 5547

性状　来自二氯甲烷＋异丙醇或乙酸中的无色结晶。味苦。溶于乙醇、冰乙酸，微溶于水、乙醚。mp 298℃；$[\alpha]_D$ －128°（*c*＝1.21，于丙酮中）；uv max：207nm，285nm（ε 7000，38）。生化试剂含量≥75.0%（HPLC）。

注意事项　该品应密封于2～8℃保存。

主要用途　生化研究。

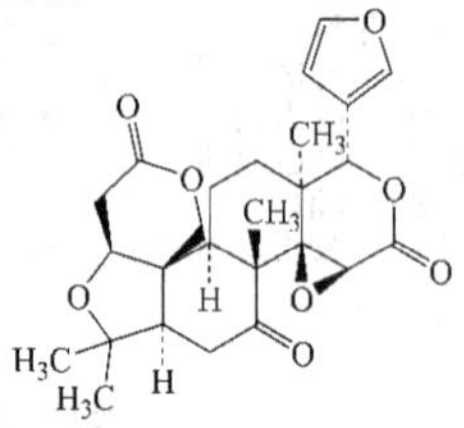

Linalool　芳樟醇　06000

[78-70-6]　$C_{10}H_{18}O$　154.25

成分　C 77.87%，H 11.76%，O 10.37%。

别名　伽罗木醇；里那醇；沉香油透醇；沉香醇；芫荽醇；胡荽醇；3,7-二甲基-1,6-辛二烯-3-醇；2,6-Dimethyl-2,7-octadien-6-ol; Linalol; 3,7-Dimethyl-1,6-octadien-3-ol

M. I. 15, 5550

性状　无色液体。溶于乙醇和乙醚，微溶于水。bp_{720} 194～197℃；bp_{14} 89～91℃/1.867kPa；Fp 172.4°F（78℃，闭杯）；d^{15} 0.865；n_D^{20} 1.462。一般试剂含量≥95.0%（GC）。

注意事项　该品对眼睛、呼吸系统及皮肤有刺激性。使用时应穿适当的防护服。万一接触到眼睛，应立即用大量水冲洗后请医生诊治。

主要用途　香料。

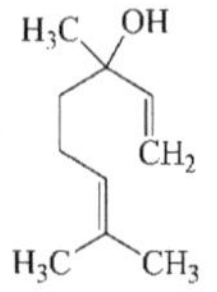

Linalyl acetate　乙酸里哪(醇)酯　06001

[115-95-7]　$C_{12}H_{20}O_2$　196.29

成分　C 73.43%，H 10.27%，O 16.30%。

别名　Bergamol; 3,7-Dimethyl-1,6-octadien-3-yl acetate

M. I. 15, 5551

性状　无色液体。能与乙醇、乙醚相混溶，不溶于水、甘油。bp 220℃；Fp 185°F（85℃，闭杯）；d_4^{20} 0.895；n_D^{25} 1.4479～1.4480。LD_{50}大鼠，小鼠急性经口：14550mg/kg，13360mg/kg。一般试剂含量≥95.0%（GC）。

注意事项　该品对眼睛、呼吸系统及皮肤有刺激性。使用时应穿适当的防护服。万一接触到眼睛，应立即用大量水冲洗后请医生诊治。

主要用途　香料。

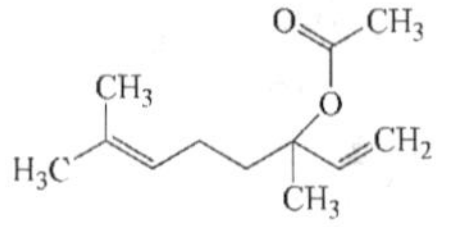

Linamarin 棉豆苷 06002
[554-35-8] $C_{10}H_{17}NO_6$ 247.25
成分 C 48.58%，H 6.93%，N 5.67%，O 38.82%。
别名 亚麻苦苷；2-(β-D-Glucopyranosyloxy)-2-methylpropanenitrile；Phaseolunatin
M. I. 15，5552
性状 无色针状结晶。味苦。易溶于水、冷乙醇、热丙酮，微溶于热乙酸乙酯、乙醚、苯、氯仿，几乎不溶于石油醚。mp 142～143℃；$[\alpha]_D^{18}-29°$。

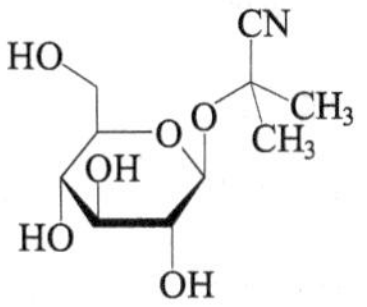

Linarin 蒙花苷 06003
[480-36-4] $C_{28}H_{32}O_{14}$ 592.55
成分 C 56.76%，H 5.44%，O 37.80%。
别名 柳穿鱼苷；7-[6-*O*-(6-Deoxy-α-L-mannopyranosyl)-β-D-glucopyranosyl] oxy-5-hydroxy-2-(4-methoxyphenyl)-4*H*-1-benzopyran-4-one；Acacetin-β-rutinoside；Iinarigenin-glucoside；5，7-Dihydroxy-4′-methoxyflavone-D-glucosido-L-rhamnoside；Buddleoflavonoloside
M. I. 15，5553
性状 一水合物为来自甲醇中的无色针状结晶。溶于硝基苯、酚、苯胺、吡啶、浓酸及碱，不溶于水及一般的有机溶剂。mp 268～270℃；$[\alpha]_D^{26}-100°$（0.07g 溶于 10mL 冰乙酸）；$[\alpha]_D^{24}-87°$（0.05g 溶于吡啶）。

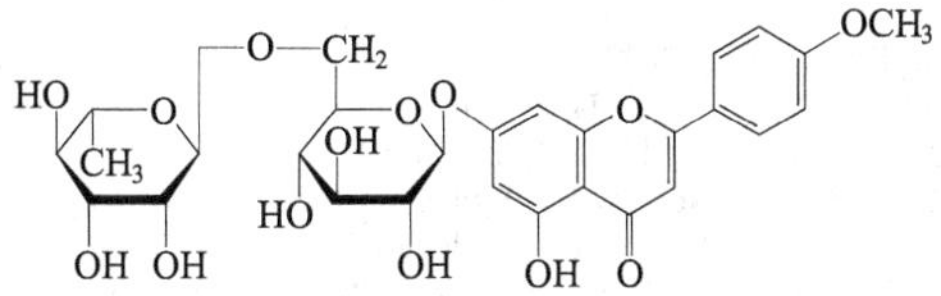

Linatine 亚麻亭 06004
[10139-06-7] $C_{10}H_{17}N_3O_5$ 259.26
成分 C 46.33%，H 6.61%，N 16.21%，O 30.86%。
别名 亚麻素；1-[(4*S*)-Amino-4-carboxy-1-oxobutyl]amino-D-proline；*N*-(D-2-Carboxy-1-pyrrolidinyl)-L-glutamine；1-[*N*-(γ-L-Glutamyl)amino]-D-proline
M. I. 15，5554
性状 非晶形粉末。易溶于水，几乎不溶于无水的有机溶剂。$[\alpha]_D^{25}+46.4°$（$c=2.8$，于水中）。

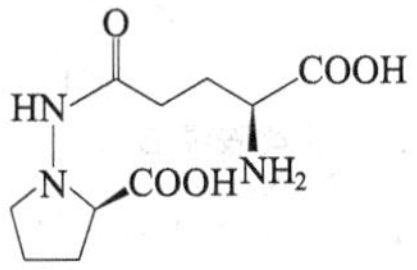

Lincomycin hydrochloride 洁霉素 盐酸盐 06005
[859-18-7][7179-49-9](一水物) $C_{18}H_{35}ClN_2O_6S$ 443.00
成分 C 48.80%，H 7.96%，Cl 8.00%，N 6.32%，O 21.67%，S 7.24%。
别名 盐酸洁霉素；林可霉素 盐酸盐；林肯霉素 盐酸盐；盐酸林可霉素；盐酸林肯霉素；Frademicina；Lincocin；Lincolcina HCl；Linconensin hydrochloride；(2*S*-*trans*)-Methyl 6,8-dideoxy-6-[(1-methyl-4-propyl-2-pyrrolidinyl) carbonyl] amino-1-thio-D-*erythro*-α-D-galactooctopyranoside hydrochloride；Mycivin；NSC-70731 HCl；U 10149 HCl；Waynecomycin
M. I. 15，5555
性状 来自丙酮中的无色结晶为半水合物。易溶于水、甲醇、乙醇，微溶于多数有机溶剂和烃类。mp 145～147℃；$[\alpha]_D^{25}+137°$（于水中）。LD_{50} 小鼠，大鼠腹膜内注射：1g/kg；急性经口：4g/kg。生化试剂含量≥95.0%（TLC）。
注意事项 该品对眼睛、呼吸系统及皮肤有刺激性。使用时应穿适当的防护服。万一接触到眼睛，应立即用大量水冲洗后请医生诊治。应密封于 2～8℃保存。
主要用途 生化研究。医用抗菌剂。

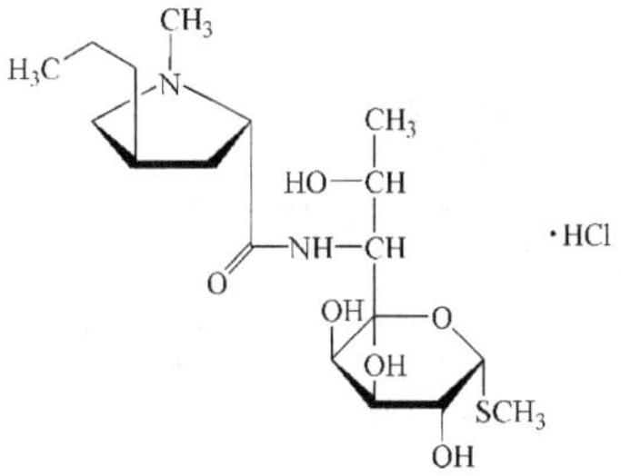

Lineatin 三甲基二氧三环壬烷 06006
[65035-34-9] $C_{10}H_{16}O_2$ 168.24
成分 C 71.39%，H 9.59%，O 19.02%。
别名 (1*R*,2*S*,5*R*,7*R*)-1,3,3-Trimethyl-4,6-dioxatricyclo[3.3.1.$0^{2,7}$]nonane；[1*R*-(1α，2β，5α，7β)]-3，3，7-Trimethyl-4，9-dioxatricyclo[3.3.1.$0^{2,7}$]nonane；3，3，7-Trimethyl-2，9-dioxatricyclo[3.3.1.$0^{4,7}$]nonane；4,6,6-Lineatin
M. I. 15，5558
性状 无色油状液体。bp_{10} 70℃/1.333 kPa；$[\alpha]_D^{24}+66.3°$（$c=3.1$，于氯仿中）。
主要用途 昆虫性吸引剂。

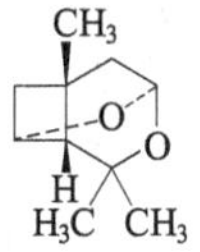

Linezolid 利奈唑按 06007
[165800-03-3] $C_{16}H_{20}FN_3O_4$ 337.35
成分 C 56.97%，H 5.98%，F 5.63%，N 12.46%，O 18.97%。
别名 *N*-[[(5*S*)-3-[3-Fluoro-4-(4-morpholinyl) phenyl]-2-oxo-5-oxazolidinyl] methyl] acetamide；PNU-100766；U-100766；Zyvox
M. I. 15，5559
性状 来自乙酸乙酯或己烷中的白色结晶。mp1 81.5～182.5℃；$[\alpha]_D^{20}-9°$（$c=0.919$，于氯仿中）。
主要用途 医用抗菌剂。

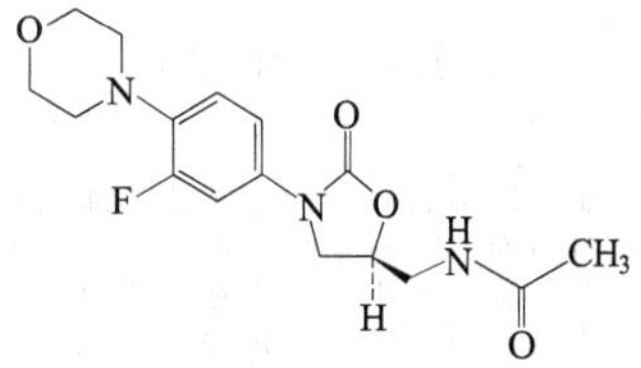

Linoleic acid 亚油酸 06008
[60-33-3] $C_{18}H_{32}O_2$ 280.45
成分 C 77.09%，H 11.50%，O 11.41%。
别名 十八碳-9,12-二烯酸；9,12-Linoleic acid；Linolic acid；(*Z*,*Z*)-9,12-Octadecadienoic acid；*cis*,*cis*-9,12-Octadecadienoic acid
M. I. 15，5560
性状 无色至微黄色油状液体。见光色变深，露置空气中易氧化变质。1mL 该品溶于 10mL 石油醚，能与二甲基甲酰胺、脂肪溶剂、油类相混溶，易溶于乙醚，溶于无水乙醇，几乎不溶于水。mp −12℃；bp_{16} 230℃/2.133kPa；$bp_{1.4}$ 202℃/186.65Pa；d_4^{22} 0.9007；d_4^{18} 0.9038；n_D^{50} 1.4588；$n_D^{21.5}$ 1.4683；n_D^{20} 1.4699；$n_D^{11.5}$ 1.4715。一般试剂含量≥99.0%（GC）。
注意事项 该品对皮肤有刺激性。使用时应穿适当的防护服。应充氩气密封避光于 2～8℃保存。
主要用途 生化研究。乳化剂。催干剂。

H_3C ... $(CH_2)_6COOH$

Linolenic acid　亚麻酸　06009

[463-40-1]　$C_{18}H_{30}O_2$　278.44

成分　C 77.65%，H 10.86%，O 11.49%。

别名　十八碳-9,12,15-三烯酸；9,12,15-三烯十八酸；次亚麻子油酸；9,12,15-十八（碳）三烯酸；次亚麻子酸；8，11，14-Heptadecatriene-1-carboxylic acid；α-Linolenic acid；（*Z*，*Z*，*Z*）-9，12，15-Octadecatrienoic acid；α-Lnn；*cis*，*cis*，*cis*-9，12，15-Octadecatrienoic acid

M. I. 15，5561

性状　无色至微黄色液体。溶于一般有机溶剂，不溶于水。mp −11～−10℃；bp_1 230～232℃/133.32Pa；Fp 235.4°F（113℃）；d_4^{18} 0.914；n_D^{20} 1.4800。一般试剂含量≥97.0%（GC）。

注意事项　该品应充氩气密封避光于−20℃保存。

主要用途　生化研究。营养素。

H_3C ... $(CH_2)_6COOH$

γ-Linolenic acid　γ-亚麻酸　06010

[506-26-3]　$C_{18}H_{30}O_2$　278.44

成分　C 77.65%，H 10.86%，O 11.49%。

别名　γ-亚麻烯酸；γ-十八碳-9,12,15-三烯酸；(6*Z*,9*Z*,12*Z*)-6,9,12-十八碳三烯酸；顺6,顺9,顺12-十八碳三烯酸；γ-次亚麻子油酸；γ-次亚麻子酸；(6*Z*,9*Z*,12*Z*)-6,9,12-Octadecatrienoic acid；*cis*-6，*cis*-9，*cis*-12-Octadecatrienoic acid；*cis*,*cis*,*cis*-6,9,12-Octadecatrienoic acid；Gamolenic acid；GLA；Viacutan

M. I. 15，5562

性状　无色液体。mp 201～202℃；Fp 230°F（110℃）。一般试剂含量≥97.0%（GC）。

注意事项　该品对眼睛、呼吸系统及皮肤有刺激性。使用时应穿适当的防护服。万一接触到眼睛，应立即用大量水冲洗后请医生诊治。应充氩气密封于−20℃保存。

主要用途　生化研究。营养素。

$H_3C(CH_2)_4$ ... $(CH_2)_4COOH$

Linuron　利谷隆　06011

[330-55-2]　$C_9H_{10}Cl_2N_2O_2$　249.09

成分　C 43.40%，H 4.05%，Cl 28.46%，N 11.25%，O 12.85%。

别名　*N*′-(3,4-二氯苯基)-*N*-甲氧基-*N*-甲基脲；*N*′-(3,4-Dichlorophenyl)-*N*-methoxy-*N*-methylurea；Methoxydiuron；Du Pont Herbicide 326；HOE-2810；Afalon；Linurex；Lorox

M. I. 15，5564

性状　白色粉末。部分溶于丙酮、乙醇、苯、甲苯、二甲苯，极微溶于水(75×10^{-6})。mp 93～94℃。LD_{50}大鼠急性经口：1500mg/kg。

注意事项　该品口服有害。能危害胎儿。能损伤生育力。可能致癌。对机体有不可逆损伤的可能性。长期曝露，有严重损害健康的危险。对水生物极毒。能对水环境引起不利的结果。使用前应得到专门的指导，避免曝露。使用时如有事故发生或有不适之感，应请医生诊治。应防止将本品释放于环境中。其包装物应按危险品处理。

主要用途　除草剂。分析用标准物质。

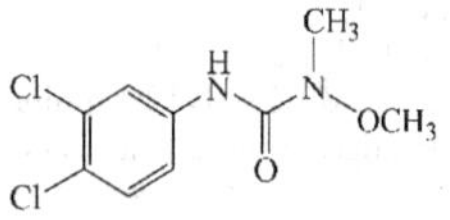

Cl, Cl, H, N, CH_3, N, OCH_3, O

Lipase from porcine pancreas　脂肪酶（猪胰）　06012

[9001-62-1]　Mr 约 50000

别名　脂肪分解酵素；Glycerol ester hydrolase；Triacylglycerol lipase；Triacylglycerol acylhydrolase；PPL

M. I. 15，5566　　EC 3.1.1.3

性状　近白色冻干粉。溶于水。对湿度敏感。

注意事项　使用时应穿适当的防护服和戴手套。使用时应避免吸入本品的粉尘，避免与眼睛及皮肤接触。应充氩气密封于−20℃干燥保存。

主要用途　生化研究。定量分析血液中甘油三酯、前列腺素脂及脂肪。

Lipoxidase from soybean　脂肪氧化酶（大豆）　06013

[9029-60-1]　Mr 约 108000

别名　脂氧合酶；Lipoxygenase

EC 1.13.11.12

性状　微型结晶性粉末或溶液。含量约 9U/mg。

注意事项　该品纯品应充氩气密封于−20℃干燥保存。悬浮液应密封于2～8℃保存。

主要用途　生化研究。促进不饱和脂肪酸双键的氧化。

Liranaftate　利拉萘酯　06014

[88678-31-3]　$C_{18}H_{20}N_2O_2S$　328.43

成分　C 65.83%，H 6.14%，N 8.53%，O 9.74%，S 9.76%。

别名　(6-Methoxy-2-pyridinyl) methylcarbamothioic acid *O*-(5,6,7,8-tetrahydro-2-naphthalenyl) ester；*O*-5,6,7,8-Tetrahydro-2-naphthyl *N*-(6-methoxy-2-pyridyl)-*N*-methylthiocarbamate；Piritetrate；M-732；Zefnart

M. I. 15，5570

性状　白色结晶性粉末。溶于苯、二甲基亚砜、*N*,*N*-二甲基甲酰胺。该品于下列物质中的溶解度（mL/g）：丙酮 10；氯仿 2；无水乙醇 152；二氯甲烷 2；乙醚 21；己烷 233；甲醇 175；水>10000；蒸馏水（mg/L）0.10；pH 值 1 缓冲液 0.07；pH 值 4 缓冲液 0.08；pH 值 7 缓冲液 0.07；pH 值 11 缓冲液 0.08。mp 98.5～99.5℃。

主要用途　医用抗真菌剂。

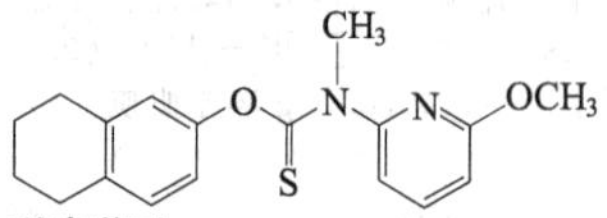

CH_3, O, N, N, OCH_3, S

Lisofylline　利索茶碱　06015

[100324-81-0]　$C_{13}H_{20}N_4O_3$　280.33

成分　C 55.70%，H 7.19%，N 19.99%，O 17.12%。

别名　己酮可可碱；3,7-Dihydro-1-[(5*R*)-5-hydroxyhexyl]-3，7-dimethyl-1*H*-purine-2，6-dione；1-[(*R*)-5-Hydroxyhexyl] theobromine；1-(5*R*-Hydroxyhexyl)-3，7-dimethylxanthine；CT-1501R；Pro Tec

M. I. 15，5573

性状　无色、白色结晶或粉末。溶于二甲基亚砜。mp 110℃；$[\alpha]_D^{20}$ −5.6°（*c*=6.7，于乙醇中）。生化试剂含量≥98.0%（TLC）。

主要用途　医用免疫调节剂。

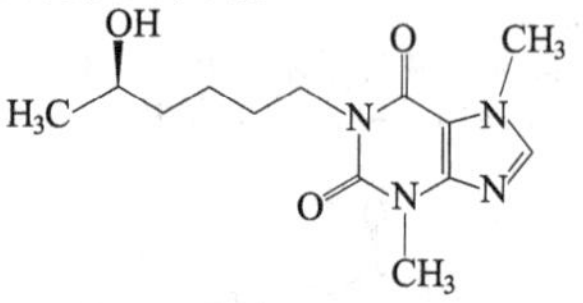

OH, H_3C, O, CH_3, N, N, N, N, O, CH_3

Lissamine green B　丽丝胺绿 B　06016

[3087-16-9]　$C_{27}H_{25}N_2NaO_7S_2$　576.63

成分　C 56.24%，H 4.37%，N 4.86%，Na 3.99%，O 19.42%，S 11.12%。

别名　羊毛绿 S；里斯沙明绿 B；酸绿 50；Acid green 50；Wool green S

C. I.　44090

性状　蓝绿色粉末。溶于乙醇、水，水溶液为蓝绿色，乙醇溶液为绿色。λ_{max} 633nm。一般试剂干燥含量约 60.0%。

注意事项　该品对眼睛、呼吸系统及皮肤有刺激性。使用时应避免吸入本品的粉尘，避免与眼睛及皮肤接触。

主要用途　氧化还原指示剂。

Lissamine rhodamine B　丽丝胺罗丹明 B　06017

[3520-42-1]　$C_{27}H_{29}N_2NaO_7S_2$　580.60

成分　C 55.86%，H 5.03%，N 4.82%，Na 3.96%，O 19.29%，S 11.05%。

别名　二甲苯红 B；里斯沙明玫瑰红 B 200；李斯曼罗丹明 B；丽丝胺若丹明 B；丽丝胺玫瑰红 B；Lissamine rhodamine；Sulforhodamine B monosodium salt；Xylene red B；Acid rhodamine B；Lissamine rhodamine B 200

C. I.　45100

性状 红色粉末。溶于水，微溶于乙醇。

注意事项 使用时应避免吸入本品的粉尘，避免与眼睛及皮肤接触。应密封避光保存。

主要用途 标记蛋白质荧光物。

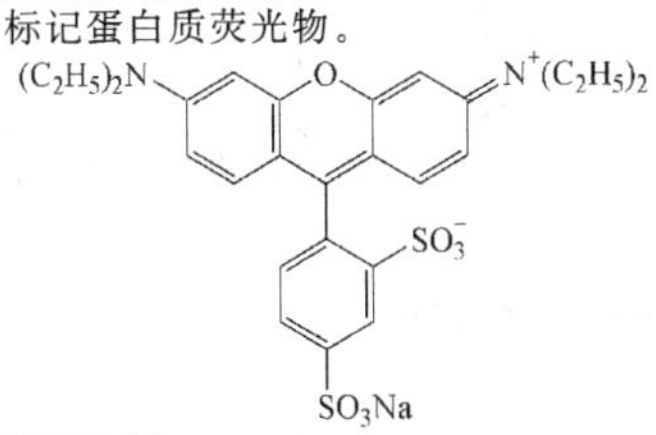

Lisuride 麦角乙脲 06018

[18016-80-3] $C_{20}H_{26}N_4O$ 338.46

成分 C 70.97%，H 7.74%，N 16.55%，O 4.73%。

别名 *N'*-[(8*α*)-9,10-didehydro-6-methylergolin-8-yl]-*N*,*N*-diethylurea；9-(3,3-Diethylureido)-4,6,6a,7,8,9-hexahydro-7-methylindolo[4,3-*f*,*g*]quinoline；1,1-Diethyl-3-(D-6-methylisoergolen-8-yl)urea；*N*-(D-6-Methyl-8-isoergolenyl)-*N*,*N*-diethylurea；Methylergol carbamide；Lysuride

M.I.15，5573

性状 来自苯中的无色结晶。mp 186℃；$[\alpha]_D^{20}+313°$ (c=0.60 于吡啶中)。

主要用途 医用抗偏头痛剂，催乳激素抑制剂，抗震颤剂。

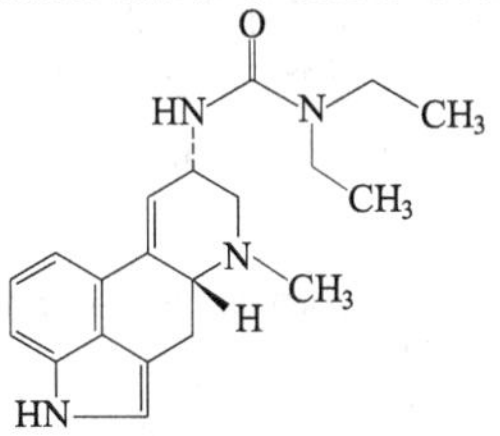

Lithium 锂 06019

[7439-93-2] Li 6.94

GW 2015-1240 M.I.15，5576

性状 银白色金属。在湿空气中渐变黄色。锂化合物燃烧时产生洋红色火焰。遇水反应生成氢氧化锂和氢。遇无机酸反应激烈。溶于液氨生成蓝色溶液。mp 180.54℃；bp 1347℃；d^{20} 0.534。

注意事项 该品遇水激烈反应并放出高度易燃气体。具有腐蚀性，能引起烧伤。使用时应保持容器干燥。万一着火，应用干粉灭火设备而不能用水。使用时如有事故发生或有不适之感，应请医生诊治。应充氩气密封于干燥处保存。

主要用途 制造锂盐、合金。

Lithium acetate dihydrate 乙酸锂 二水 06020

[6108-17-4][546-89-4](无水物) $C_2H_3LiO_2 \cdot 2H_2O$ 102.01

成分（以无水物计）C 36.40%，H 4.58%，Li 10.52%，O 48.49%。

别名 二水合乙酸锂；Quilonorm dihydrate；Quilonum dihydrate

M.I.15，5577

性状 无色菱形结晶。具有潮解性。易溶于水、乙醇，其水溶液近中性。49℃开始熔化。生化试剂含量≥99.0%（NT）。

注意事项 该品对机体有不可逆损伤的可能性。使用时应穿适当的防护服和戴手套。使用时应避免吸入本品的粉尘，避免与眼睛及皮肤接触。应密封于干燥处保存。

主要用途 饱和与不饱和的脂肪酸的分离。制药工业用以制备利尿剂。

Lithium borohydride 硼氢化锂 06021

[16949-15-8] BH_4Li 21.78

成分 B 49.63%，H 18.51%，Li 31.76%。

别名 四氢硼化锂；Lithium tetrahydroborate

GW 2015-1606 M.I.15，5581

性状 无色正交结晶或白色结晶性粉末。溶于乙醚、四氢呋喃、脂肪胺。溶于水，pH 值>7。mp 268℃；380℃分解；d 0.66。一般试剂含量≥95.0%。

注意事项 该品遇水激烈反应并释放出高度易燃气体。吸入、口服或与皮肤接触有毒。具有腐蚀性，能引起烧伤。使用时应保持容器密闭和干燥。使用时应穿适当的防护服，戴手套和防护镜或面罩。万一接触到眼睛，应立即用大量水冲洗后请医生诊治。使用时如有事故发生或有不适之感，应请医生诊治。万一着火，应用干粉灭火设备而不能用水。应充氩气密封于干燥处保存。

主要用途 有机合成，用于醛、酮、酯的还原剂。测定肽、蛋白质的游离羧基。

Lithium bromide anhydrous 无水溴化锂 06022

[7550-35-8] BrLi 86.84

成分 Br 92.01%，Li 7.99%。

别名 溴化锂 无水

M.I.15，5582

性状 无色或白色极易潮解的颗粒或粉末。味微苦。溶于0.6份水、0.4份沸水。易溶于乙醇、乙二醇，溶于乙醚、戊醇。其水溶液对石蕊呈中性或微碱性。mp 547℃；bp 1265℃；d 3.464。一般试剂含量≥99.0%（AT）。

注意事项 该品口服有害。对眼睛及皮肤有刺激性。使用时应穿适当的防护服。万一接触到眼睛，应立即用大量水冲洗后请医生诊治。应密封于干燥处保存。

主要用途 湿润剂。

Lithium bromide monohydrate 溴化锂一水 06023

[85017-82-9] $BrLi \cdot H_2O$ 104.87

成分（以无水物计） Br 92.01%，Li 7.99%。

别名 一水合溴化锂

性状 白色结晶或结晶性粉末。易潮解。易溶于水、乙醇、乙二醇，溶于戊醇、乙醚。热至44℃失去结晶水。mp 162～167℃。一般试剂含量≥98.0%。

注意事项 见 06022 无水溴化锂。

主要用途 制药工业。照相业。制冷。

Lithium carbonate 碳酸锂 06024

[554-13-2] Li_2CO_3 73.89

成分 C 16.26%，Li 18.78%，O 64.96%。

别名 Camcolit；Candamide；Carbolith；Carbolithium；Ceglution；Eskalith；Hypnorex；Limas；Liskonum；Lithane；Lithicarb；Lithobid；Lithonate；Lithotabs；Phasal；Plenur；Priadel；Quilonorm-retard；Quilonumretard；Téralithe

M.I.15，5583

性状 白色单斜结晶或粉末。具碱性。溶于稀酸。1g 该品溶于 140mL 冷水、78mL 沸水，几乎不溶于乙醇、丙酮。加高热分解为二氧化碳和氧化锂。分解温度：1310℃。mp 720℃±1℃；d 2.11。LD_{50} 大鼠急性经口：0.71g/kg。一般试剂含量≥99.0%（T）。

注意事项 该品口服有害。对眼睛有刺激性。使用时应穿适当的防护服和戴手套。万一接触到眼睛，应立即用大量水冲洗后请医生诊治。

主要用途 催化剂。锂盐制备。陶瓷制造。制药工业。

Lithium chloride anhydrous 无水氯化锂 06025

[7447-41-8] ClLi 42.39

成分 Cl 83.63%，Li 16.37%。

别名 氯化锂 无水

M.I.15，5584

性状 无色或白色立方体结晶，颗粒或结晶性粉末。易潮解。1g 该品溶于 1.3mL 冷水、0.8mL 沸水。溶于乙醇、吡啶、丙酮、戊醇。其水溶液呈中性或微碱性。mp 613℃；bp 1360℃；d 2.07。LD_{50} 小鼠腹膜内注射：990mg/kg；大鼠腹膜内注射：600mg/kg，静脉注射：4.8mg/kg。

注意事项 该品口服有害。对眼睛、呼吸系统及皮肤有刺激性。使用时应穿适当的防护服，戴手套和防护镜或面罩。万一接触到眼睛，应立即用大量水冲洗后请医生诊治。应充氩气密封干燥保存。

主要用途 气相色谱固定相，用于沸点较高的多核芳香烃的分析。烟火制造。医用抗抑郁剂。热交换载体。

Lithium chloride monohydrate 氯化锂 一水 06026

[16712-20-2] $ClLi \cdot H_2O$ 60.41

成分（以无水物计） Cl 83.64%，Li 16.37%。

别名 一水合氯化锂；Lithium chloride hydrate
性状 白色结晶。易潮解。溶于水、乙醇、酸类。热至98℃失去结晶水。
注意事项 见06025无水氯化锂。
主要用途 烟火制造。
参考规格 HG/T 3482—2003

	分析纯	化学纯
含量（$LiCl \cdot H_2O$）/%≥	97.0	97.0
pH（50g/L，25℃）	4.5～7.5	4.5～7.5
澄清度试验	合格	合格
水不溶物/%≤	0.005	0.02
硫酸盐（SO_4）/%≤	0.01	0.02
硝酸盐（NO_3）/%≤	0.002	0.005
铵（NH_4）/%≤	0.002	0.005
磷酸盐（PO_4）/%≤	0.001	0.003
钠（Na）/%≤	0.03	0.1
镁（Mg）/%≤	0.002	0.005
钾（K）/%≤	0.03	0.05
钙（Ca）/%≤	0.005	0.02
铁（Fe）/%≤	0.001	0.003
钡（Ba）/%≤	0.005	0.01
重金属（以Pb计）/%≤	0.001	0.005

Lithium chromate(Ⅵ) dihydrate 铬酸锂 二水 06027

[7789-01-7] $CrLi_2O_4 \cdot 2H_2O$ 165.90
成分 Cr 40.04%，Li 10.69%，O 49.28%。
别名 二水合铬酸锂
M.I.15，5585
性状 黄色结晶或粉末。易潮解。露置空气中易分解。易溶于水。加热至74.6℃失去结晶水。一般试剂含量≥96.0%。
注意事项 该品能致癌。应密封于阴凉处保存。
主要用途 纺织工业冷冻剂。

Lithium citrate tetrahydrate 柠檬酸锂 四水 06028

[6080-58-6][919-16-4] $C_6H_5Li_3O_7 \cdot 4H_2O$ 281.98
成分（以无水物计） C 34.33%，H 2.40%，Li 9.92%，O 53.35%。
别名 四水合柠檬酸锂；四水合枸橼酸锂；枸橼酸锂 四水；2-Hydrxy-1，2，3-propanetricarboxylic acid trilithium salt tetrahydrate；Litarex；tri-Lithium citrate；Citric acid trilithium salt tetrahydrate；Lithonate S
M.I.15，5586
性状 白色颗粒或结晶性粉末。微有碱味。暴露于潮湿空气中能分解。溶于1.5份水，微溶于乙醇。pH值约8。105℃失去结晶水。一般试剂含量≥99.0%（NT）。
注意事项 该品对眼睛、呼吸系统及皮肤有刺激性。使用时应穿适当的防护服。万一接触到眼睛，应立即用大量水冲洗后请医生诊治。

Lithium fluoride 氟化锂 06029

[7789-24-4] FLi 25.94
成分 F 73.24%，Li 26.76%。
GW 2015-753 M.I.15，5587
性状 无色立方体结晶或白色松散粉末。对湿度敏感。溶于氢氟酸和其他酸类，微溶于水（25℃，0.13g/100mL），不溶于乙醇、丙酮。mp 848℃；bp 1681℃；d^{20} 2.640。LD豚鼠急性经口：200mg/kg；皮下注射：2000mg/kg。一般试剂含量≥99.0%（F）。
注意事项 该品口服有毒。与酸接触能释放出极毒气体。对眼睛、呼吸系统及皮肤有刺激性。使用时应穿适当的防护服，戴手套和防护镜或面罩。使用时应避免吸入本品的粉尘。万一接触到眼睛，应立即用大量水冲洗后请医生诊治。使用时如有事故发生或有不适之感，应请医生诊治。应充氩气密封干燥保存。
主要用途 干燥剂。光学玻璃制造。搪瓷工业。助熔剂。

Lithium formate monohydrate 甲酸锂 一水 06030

[6108-23-2] $CHLiO_2 \cdot H_2O$ 69.97
成分（以无水物计） C 23.12%，H 1.94%，Li 13.36%，O 61.58%。
别名 一水合甲酸锂；蚁酸锂 一水
M.I.15，5588
性状 无色或白色结晶。受热易分解。溶于3份水，其溶液呈中性。mp 94℃（分解）；*d* 1.46。
注意事项 该品对眼睛、呼吸系统及皮肤有刺激性。使用时应戴适当的手套。万一接触到眼睛，应立即用大量水冲洗后请医生诊治。应密封于阴凉处保存。

Lithium hydride 氢化锂 06031

[7580-67-8] HLi 7.95
成分 H 12.68%，Li 87.31%。
GW 2015-1656 M.I.15，5589
性状 白色或浅灰色半透明立方体结晶或粉末。见光颜色迅速变暗。在常温下或干燥空气中较稳定。遇水迅速分解并生成氢氧化锂和氢气而燃烧。遇低级醇或有机酸也能分解并放出氢气。不溶于乙醚、苯、甲苯等各种溶剂。mp 668℃。*d* 0.76～0.77。一般试剂含量≥98.0%（NT）。
注意事项 该品高度易燃。与水激烈反应，并释放出高度易燃气体。吸入或口服有毒。具有腐蚀性，能引起烧伤。使用时应穿适当的防护服，戴手套和防护镜或面罩。使用时应禁止饮食。切勿向该物品中加水。万一接触到眼睛，应立即用大量水冲洗后请医生诊治。使用时应保持容器密闭和干燥。使用时如有事故发生或有不适之感，应请医生诊治。万一着火，应使用干粉灭火设备而不能用水。应远离生活区，于通风良好处采取抗放静电措施密封避光于干燥处保存。
主要用途 有机合成还原剂。酮和酯的缩合剂。干燥剂。氢气发生剂。

Lithium bydroxide anhydrous 无水氢氧化锂 06032

[1310-65-2] HLiO 23.95
成分 H 4.21%，Li 28.98%，O 66.80%。
别名 氢氧化锂 无水；Lithium hydrate
GW 2015-1668 M.I.15，5590
性状 无色结晶颗粒或白色粉末。具有强碱性（0.1mol/L水溶液pH值约14）。在空气中能吸收二氧化碳。溶于水，微溶于乙醇。mp 471℃；*d* 2.54。一般试剂含量≥98.0%。
注意事项 该品吸入或口服有害。具腐蚀性，能引起烧伤。使用时应穿适当的防护服，戴手套和防护镜或面罩。使用时禁止饮食。万一接触到眼睛，应立即用大量水冲洗后请医生诊治。使用时如有事故发生或有不适之感，应请医生诊治。其包装物应按危险品处理。应密封于通风良好处干燥保存。
主要用途 有机酸的滴定。锂化合物的制造。

Lithium hydroxide monohydrate 氢氧化锂 一水 06033

[1310-66-3] $HLiO \cdot H_2O$ 41.96
成分（以无水物计）H 4.21%，Li 28.98%，O 66.80%。
别名 一水合氢氧化锂；Lithium hydrate
GW 2015-1668 M.I.15，5590
性状 无色微小的单斜结晶或白色粉末。具有强碱性（0.1mol/L水溶液pH值约14）。在空气中吸收二氧化碳。溶于水（*W/W*）：0℃，10.7%；20℃，10.9%；100℃，14.8%。微溶于乙醇。d_4^{20} 1.51。一般试剂含量≥99.0%。
注意事项 见06032无水氢氧化锂。
主要用途 有机酸的滴定。照相显影剂。锂盐制造。碱性铁镍蓄电池的制造。

Lithium iodide trihydrate 碘化锂 三水 06034

[7790-22-9][10377-51-2] $ILi \cdot 3H_2O$ 187.89
成分（以无水物计） I 94.81%，Li 5.19%。
别名 三水合碘化锂
M.I.15，5591
性状 白色结晶。易潮解。见光或久置色变黄。溶于约0.5份水、乙醇，易溶于戊醇、丙酮。其水溶液中性或微碱性。mp 73℃，446℃为无水物。一般试剂含量≥98.0%（AT）。
注意事项 使用时应避免吸入本品的粉尘，避免与眼睛及皮

肤接触。应充氩气密封避光干燥保存。
主要用途 制药工业。照相业。

Lithium lactate 乳酸锂 06035
[867-55-0] $C_3H_5LiO_3$ 96.01
成分 C 37.53%，H 5.25%，Li 7.23%，O 49.99%。
别名 2-羟基丙酸锂；Lithium 2-hydroxypropionate；Lactic acid lithium salt
性状 白色结晶性粉末。溶于水。mp>300℃。一般试剂含量≥97.0%（NT）。
注意事项 使用时应避免吸入本品的粉尘，避免与眼睛及皮肤接触。
主要用途 生化研究。

Lithium metaborate dihydrate 偏硼酸锂 二水 06036
[15293-74-0] $BLiO_2 \cdot 2H_2O$ 85.78
成分（以无水物计） B 21.73%，Li 13.95%，O 64.32%。
别名 二水合偏硼酸锂
性状 白色三斜结晶。溶于水。一般试剂含量≥99.0%（NT）。
注意事项 该品吸入、口服或与皮肤接触有害．对眼睛有严重损伤的危险。使用时应戴防护镜或面罩。万一接触到眼睛，应立即用大量水冲洗后请医生诊治。应密封于干燥处保存。
主要用途 制药工业。耐酸搪瓷的制备。

Lithium nitrate 硝酸锂 06037
[7790-69-4] $LiNO_3$ 68.95
成分 Li 10.07%，N 20.32%，O 69.62%。
GW 2015-2306 M. I. 15，5592
性状 无色或白色结晶颗粒。易潮解。溶于约 2 份水，溶于乙醇。其水溶液呈中性。mp 约 255℃；*d* 2.38。一般试剂含量≥99.0%（T）。
注意事项 该品与易燃品接触能引起燃烧。使用时应避免吸入本品的粉尘，避免与眼睛及皮肤接触。应远离易燃品密封干燥保存。
主要用途 分析试剂。荧光体的制造。热交换载体。溶解降温剂。锂盐制造。陶瓷工业。

Lithium oxalate 草酸锂 06038
[553-91-3][30903-87-8] $C_2Li_2O_4$ 101.90
成分 C 23.57%，Li 13.62%，O 62.80%。
别名 乙二酸锂
M. I. 15，5593
性状 白色结晶。1 份该品溶于 15 份水。*d* 2.12。一般试剂含量 ≥99.0%。
注意事项 该品吸入或口服有害。使用时应避免吸入本品的粉尘，避免与眼睛及皮肤接触。
主要用途 制药工业。

Lithium perchlorate anhydrous 无水高氯酸锂 06039
[7791-03-9] $ClLiO_4$ 106.39
成分 Cl 33.32%，Li 6.52%，O 60.15%。
别名 无水过氯酸锂；过氯酸锂 无水；高氯酸锂 无水
GW 2015-804 M. I. 15，5595
性状 无色细小的结晶。易潮解。溶于水（质量分数）：0℃，29.9%；25℃，37.5%；100℃，71.5%。颇能溶于乙醇、乙醚、乙酸乙酯、丙酮。加热至约 400℃ 分解。mp 236℃；bp 400℃（分解）；d_4^{25} 2.43。一般试剂含量≥98.0%（T）。
注意事项 该品与易燃品接触能引起燃烧。口服有害。对眼睛、呼吸系统及皮肤有刺激性。使用时应穿适当的防护服。万一接触到眼睛，应立即用大量水冲洗后请医生诊治。应远离易燃物品，采取抗放静电措施密封于通风良好处保存。
主要用途 氧化剂。

Lithium perchlorate trihydrate 高氯酸锂 三水 06040
[13453-78-6] $ClLiO_4 \cdot 3H_2O$ 160.43
成分（以无水物计） Cl 33.32%，Li 6.52%，O 60.15%。
别名 三水合高氯酸锂；过氯酸锂 三水
GW 2015-804 M. I. 15，5595
性状 无色六方体结晶。溶于水、乙醇、丙酮，微溶于乙醚。热至 100℃ 失去 2 分子结晶水，145.7℃ 成无水物。mp 95℃；*d* 1.841。
注意事项 见 06039 无水高氯酸锂。
主要用途 氧化剂。火箭喷气燃料的制造。

Lithium phosphate anhydrous 无水磷酸锂 06041
[10377-52-3] Li_3O_4P 115.79
成分 Li 17.98%，O 55.27%，P 26.75%。
别名 磷酸锂 无水
性状 白色结晶性粉末。溶于稀酸，微溶于水。mp 837℃。一般试剂含量≥98.0%。
注意事项 该品口服有害。使用时应穿适当的防护服。应密封保存。

Lithium stearate 硬脂酸锂 06042
[4485-12-5] $C_{18}H_{35}LiO_2$ 290.41
成分 C 74.45%，H 12.15%，Li 2.39%，O 11.02%。
别名 十八酸锂；Lithium octadecanate
性状 白色结晶或粉末。微溶于水，不溶于乙醇、乙酸。mp 220℃。
主要用途 粉末冶金润滑剂。稳定剂。

Lithium sulfate monohydrate 硫酸锂 一水 06043
[10102-25-7][10377-48-7]（无水物） $Li_2SO_4 \cdot H_2O$ 127.95
成分（以无水物计） Li 12.63%，O 58.21%，S 29.17%。
别名 一水合硫酸锂；Lithiophor；Lithium-duriles
M. I. 15，5597
性状 无色单斜结晶。溶于 2.6 份水，其溶液呈中性。几乎不溶于乙醇、丙酮、吡啶。热至 130℃ 失去结晶水。mp 860℃（无水物）；*d* 2.06。一般试剂含量≥99.0%（T）。
注意事项 该品口服有害。对眼睛、呼吸系统及皮肤有刺激性。使用时应穿适当的防护服和戴手套。万一接触到眼睛，应立即用大量水冲洗后请医生诊治。
主要用途 分析试剂，钙、镁的分离。制药工业。

Lithium tetraborate 四硼酸锂 06044
[12007-60-2] $B_4Li_2O_7$ 169.11
成分 B 25.57%，Li 8.21%，O 66.22%。
别名 无水四硼酸锂；无水硼酸锂；焦硼酸锂；硼酸锂；Lithium biborate；di-Lithium tetraborate；Lithium borate
M. I. 15，5580
性状 白色粉末。溶于盐酸，微溶于水，不溶于有机溶剂。mp 930℃。
注意事项 该品对眼睛、呼吸系统及皮肤有刺激性。使用时应穿适当的防护服，戴手套和防护镜或面罩。使用时如有事故发生或有不适之感，应请医生诊治。万一接触到眼睛，应立即用大量水冲洗后请医生诊治。应密封于干燥处保存。
主要用途 陶瓷业。分析试剂。X 射线荧光分析。

Lithocholic acid 石胆酸 06045
[434-13-9] $C_{24}H_{40}O_3$ 376.58
成分 C 76.55%，H 10.71%，O 12.75%。
别名 3-羟基胆烷酸；石胆甾酸；胆石酸；3α-Hydroxycholanic acid；3α-Hydroxy-5β-cholan-24-oic acid；（3α，5β）-3-Hydroxy-cholan-24-oic acid；17β-（1-Methyl-3-carboxypropyl）etiocholan-3α-ol；5β-Cholan-24-oic acid-3α-ol；3α-Hydioxy-5β-cholanic acid
M. I. 15，5601
性状 来自乙醇中的无色六方形小叶状结晶或来自乙酸中的棱柱体结晶。易溶于热乙醇，更多地溶于乙醚、胆酸或脱氧胆酸，能溶于乙酸乙酯，微溶于冰乙酸（约 0.2g/3mL），不溶于石油醚、汽油、水。mp 184～186℃；$[\alpha]_D^{20}$ +33.7°（*c*=1.5，于无水乙醇中）。生化试剂含量≥99.0%（TLC）。
注意事项 该品使用时应避免吸入本品的粉尘，避免与眼睛及皮肤接触。
主要用途 生化研究。

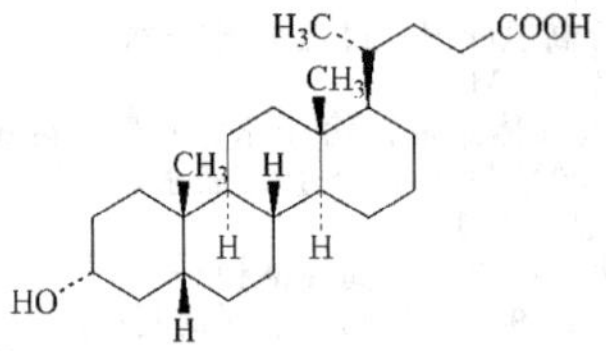

Litmus 石蕊 06046

[1393-92-6] Mr 约 3300

别名 Lacca coerulea；Lacca musica；Lacmus；Tournesol；Turn-sole

M. I. 15，5603

性状 蓝色粉末或颗粒。部分溶于水、乙醇。pH 值 4.5～8.3（由红至蓝色）。

注意事项 使用时应避免吸入本品的粉尘。

主要用途 酸碱指示剂。石蕊试纸制备。饮料染色。培养基用的指示剂。

Lobaplatin 洛铂 06047

[135558-11-1] $C_9H_{18}N_2O_3Pt$ 397.34

成分 C 27.21%，H 4.57%，N 7.05%，O 12.08%，Pt 49.10%。

别名 乐巴铂；乐铂；(*SP*-4-3)[*rel*-(1*R*,2*R*)-1,2-cyclobutanebimethanamine-*κN*,*κN′*][(2*S*)-2-(hydroxy-*κO*) propanoato (2−)-*κO*]platinum；*cis*-[*trans*-1,2-Cyclobutanebis(methylamine)][(*S*)-lactato-O^1,O^2]platinum；D-19466

M. I. 15，5607

性状 来自乙醚中的无色结晶。溶于水。mp 220℃（分解）。LD_{50}小鼠腹膜内注射：46mg/kg。

主要用途 医用抗肿瘤剂。

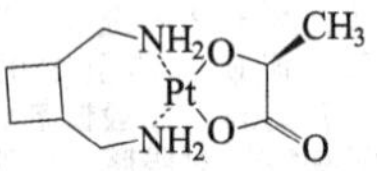

L-Lobeline hydrochloride L-山梗碱 盐酸盐 06048

[134-63-4] $C_{22}H_{28}ClNO_2$ 373.92

成分 C 70.67%，H 7.55%，Cl 9.48%，N 3.75%，O 8.56%。

别名 L-盐酸祛痰菜碱；盐酸洛贝林；山梗烷醇酮 盐酸盐；盐酸 L-山梗碱；L-祛痰菜碱 盐酸盐；2-[6-(*β*-Hydroxyphenethyl)-1-methyl-2-piperidyl] acetophenone hydrochloride；[2*R*-[2*α*,6*α*(*S**)]]-2-[6-(2-Hydroxy-2-phenylethyl)-1-methyl-2-piperidinyl]-1-phenylethanone hydrochloride；Lobeline hydrochloride；Inflatine hydrochloride；Lobron；Zoolobelin

M. I. 15，5609

性状 来自乙醇中的无色玫瑰花形细长针状结晶。味苦。易溶于氯仿，1g 能溶于 40mL 水、12mL 乙醇。其水溶液对石蕊呈微酸性（1%水溶液 pH 值 4.0～6.0），极微溶于乙醚。mp 178～180℃；$[\alpha]_D^{20}$ −43°（*c*=2，于水中）；uv max（甲醇中）：245nm，280nm（lg ε 4.08，3.05）。生化试剂含量≥98.0%（AT）。

注意事项 该品吸入或口服有毒。使用时应穿适当的防护服，戴手套和防护镜或面罩。使用时如有事故发生或有不适之感，应请医生诊治。应密封避光保存。

主要用途 生化研究。

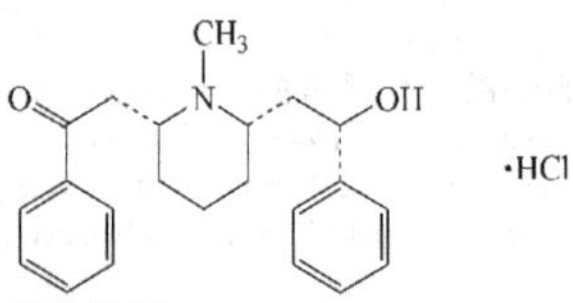

·HCl

Lobenzarit 氯苯扎利 06049

[63329-53-3] $C_{14}H_{10}ClNO_4$ 291.69

成分 C 57.65%，H 3.46%，Cl 12.15%，N 4.80%，O 21.94%。

别名 2-(2-Carboxyphenyl)-amino-4-chlorobenzoic acid；*N*-(2-Carboxyphenyl)-4-chloroanthranilic acid；4-Chloro-2,2′-iminodibenzoic acid；CCA

M. I. 15，5610

性状 无色结晶。mp＞306℃。LD_{50}雄，雌大鼠急性经口(mg/kg)：2100，2600。

主要用途 医用抗风湿剂。

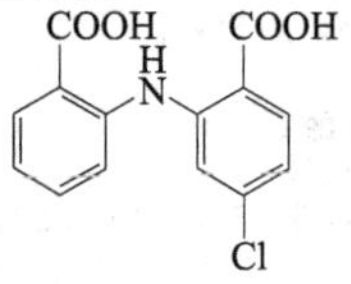

Lochnericine 洛柯辛碱 06050

[72058-36-7] $C_{21}H_{24}N_2O_3$ 352.43

成分 C 71.57%，H 6.86%，N 7.95%，O 13.62%。

别名 罗内利新；(5*α*,6*α*,7*α*,12*β*,19*α*)-2,3-Didehydro-6,7-epoxyaspidospermidine-3-carboxylic acidmethyl ester

M. I. 15，5611

性状 来自甲醇中的无色结晶。pK_a（于 66%二甲基甲酰胺中）：4.2；190～193℃分解；$[\alpha]_D^{27}$ −432°（氯仿中）；uv max（乙醇中）227nm，299nm，328nm（lg ε 4.10，4.15，4.32）。

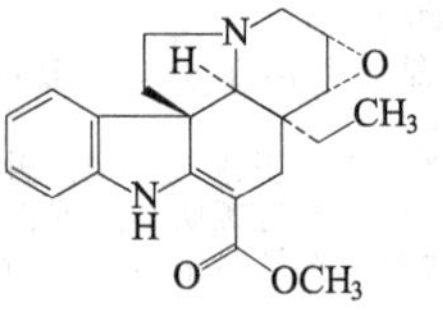

Lodoxamide 洛度沙胺 06051

[53882-12-5] $C_{11}H_6ClN_3O_6$ 311.63

成分 C 42.40%，H 1.94%，Cl 11.38%，N 13.48%，O 30.80%。

别名 诺朵腊酸；乐免敏；2,2′-[(2-Chloro-5-cyano-1,3-phenylene) diimino] bis (2-oxoacetic acid)；*N*，*N′*-(2-Chloro-5-cyano-*m*-phenylene)dioxamic acid

M. I. 15，5613

性状 无色或白色结晶粉末。mp 212℃（分解）；uv max（0.1mol/L 氢氧化钠溶液中）：239.5nm（ε 23800）。

主要用途 医用抗过敏剂，用于过敏性结膜炎的局部治疗。

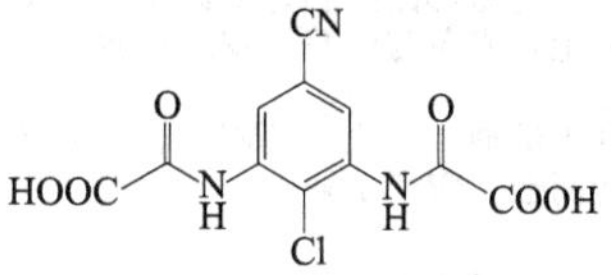

Lofepramine 洛夫帕明 06052

[23047-25-8] $C_{26}H_{27}ClN_2O$ 418.97

成分 C 74.54%，H 6.50%，Cl 8.46%，N 6.69%，O 3.82%。

别名 1-(4-Chlorophenyl)-2-[[3-(10,11-dihydro-5*H*-dibenz[*b*，*f*] azepin-5-yl) propyl] methylamino] ethanone；4′-Chloro-2-[[3-(10，11-dihydro-5*H*-dibenz-[*b*，*f*] azepin-5-yl) propyl] methylamino] acetophenone；*N*-Methyl-*N*-(4-chlorobenzoylmethyl)-3-(10,11-dihydro-5*H*-dibenzo[*b*,*f*] azepin-5-yl)propylamine；Lopramine

M. I. 15，5614

性状 来自甲醇或丙酮中的无色结晶。易被空气及其他氧化剂氧化成对氯苯甲酸和脱甲丙咪嗪。mp 104～106℃。

主要用途 医用抗抑郁剂。

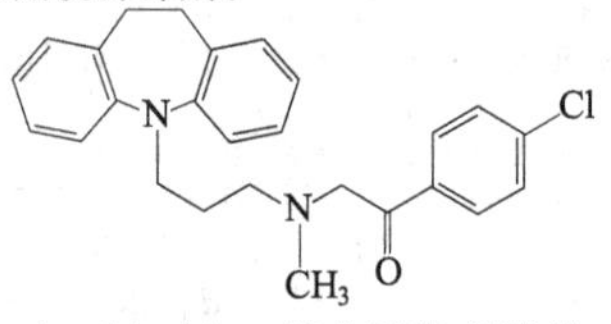

Lofexidine hydrochloride 洛非西定 盐酸盐 06053

[21498-08-8] $C_{11}H_{13}Cl_3N_2O$ 295.59

成分 C 44.70%，H 4.43%，Cl 35.98%，N 9.48%，O 5.41%。

别名 盐酸洛非西定；MDL-14042A；Ba-168；Britlofex；Lofetensin；Loxacor；2-[1-(2,6-Dichlorophenoxy)ethyl]-4,5-dihydro-1*H*-imidazole hydrochloride；2-[1-(2,6-Dichlorophenoxy)ethyl]-2-imidazoline hydrochloride

M. I. 15，5615

性状 来自乙醇/乙醚或 2-丙醇中的无色结晶。易溶于水、乙醇，微溶于 2-丙醇，几乎不溶于乙醚。mp 221～223℃，或 230～232℃。LD_{50}小鼠，大鼠，狗急性经口：

74～147mg/kg；静脉注射：8～18mg/kg。

主要用途　医用抗高血压剂。

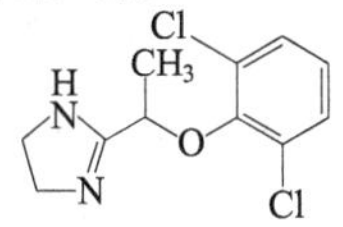

Loflucarban　氯氟卡班　06054

[790-69-2]　$C_{13}H_9Cl_2FN_2S$　315.19

成分　C 49.54%，H 2.88%，Cl 22.49%，F 6.03%，N 8.89%，S 10.17%。

别名　*N*-(3,5-Dichlorophenyl)-*N'*-(4-fluorophenyl)thiourea；3,5-Dichloro-4'-fluorothiocarbanilide；Fluonilid

M. I. 15，5616

性状　来自乙醇中的无色结晶。溶于油酸乙酯、肉豆蔻酸异丙酯。mp 148℃。

主要用途　抗真菌剂。防霉剂。

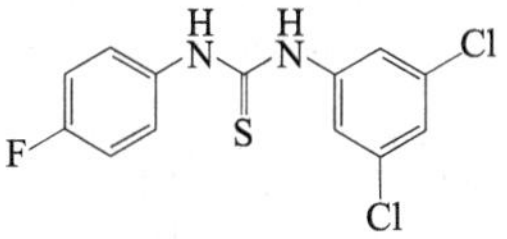

Loganin　马钱苷　06055

[18524-94-2]　$C_{17}H_{26}O_{10}$　390.39

成分　C 52.30%，H 6.71%，O 40.98%。

别名　马钱子苷；马钱素；1-(*β*-D-Glucopyranosyloxy)-1,4a,5,6,7,7a-hexahydro-6-hydroxy-7-methylcyclopenta[*c*]pyran-4-carboxylic acid methyl ester；7-Hydroxy-6-desoxyverbenalin

M. I. 15，5617

性状　无色结晶。对空气敏感。易吸湿。易溶于水，较少地溶于96%乙醇，微溶于无水乙醇，几乎不溶于乙醚、石油醚、乙酸乙酯、丙酮、氯仿。mp 222～223℃；$[\alpha]_D^{20}$ −82.1°（于水中）。一般试剂含量≥97.0%（HPLC）。

注意事项　该品应充氩气密封干燥保存。

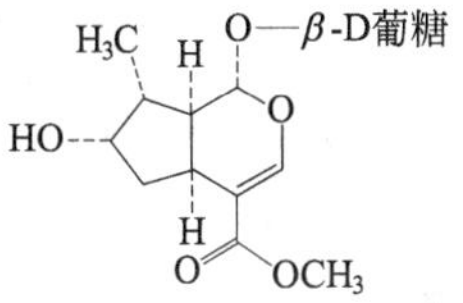

Loline dihydrochloride　黑麦草碱 二盐酸盐　06056

[25161-92-6]　$C_8H_{16}Cl_2N_2O$　227.13

成分　C 42.31%，H 7.10%，Cl 31.22%，N 12.33%，O 7.04%。

别名　盐酸黑麦草碱；[2*R*-(2*α*，3*α*，3a*β*，4*α*，6a*β*)]-Hexahydro-*N*-methyl-2，4-methano-4*H*-furo[3.2-*b*]pyrrol-3-amine；Festucine；Methyl-*N*-depropionyldecorticasine

M. I. 15，5618

性状　来自无水乙醇中的无色针状结晶。pK_a 8.25，2.5～3.0；237～242℃分解；$[\alpha]_D^{25}$ +4.6°（*c*=4.37，于水中）。

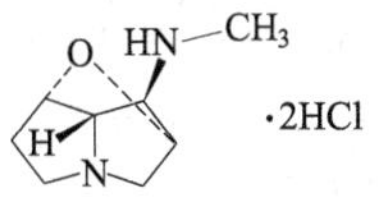

Lomefloxacin hydrochloride　洛美沙星 盐酸盐　06057

[98079-52-8]　$C_{17}H_{20}ClF_2N_3O_3$　387.81

成分　C 52.65%，H 5.20%，Cl 9.14%，F 9.80%，N 10.84%，O 12.38%。

别名　盐酸洛美沙星；NY-198；SC-47111；Bareon；Chimono；Lomebact；Maxaquin；Okacin；Okacyn；1-Ethyl-6,8-difluoro-1,4-dihydro-7-(3-methyl-1-piperazinyl)-4-oxo-3-quinolinecarboxylic acid hydrochloride

M. I. 15，5619

性状　来自水中的无色针状结晶。mp 290～300℃。

注意事项　该品口服有害。应密封于−20℃保存。

主要用途　医用抗菌剂。

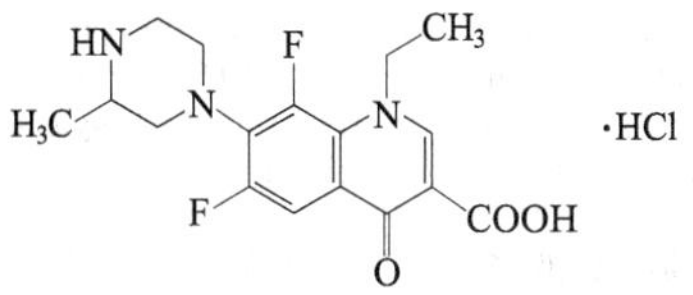

Lomerizine dihydrochloride　乐美利嗪 二盐酸盐　06058

[101477-54-7]　$C_{27}H_{32}Cl_2F_2N_2O_3$　541.46

成分　C 59.89%，H 5.96%，Cl 13.09%，F 7.02%，N 5.17%，O 8.86%。

别名　盐酸乐美利嗪；KB-2796；Terranas；1-[Bis(4-fluorophenyl)methyl]-4-[(2,3,4-trimethoxyphenyl)methyl]piperazine dihydrochloride；1-Bis(*p*-fluorophenyl)methyl-4-(2,3,4-trimethoxybenzyl)piperazine dihydrochloride；1-(2,3,4-Trimethoxybenzyl)-4-[bis(4-fluorophenyl)methyl]piperazine dihydrochloride

M. I. 15，5620

性状　来自乙腈中的无色结晶。mp 214～218℃（分解），或204～207℃（分解）。LD_{50}小鼠急性经口：300mg/kg。

主要用途　医用抗偏头痛剂。

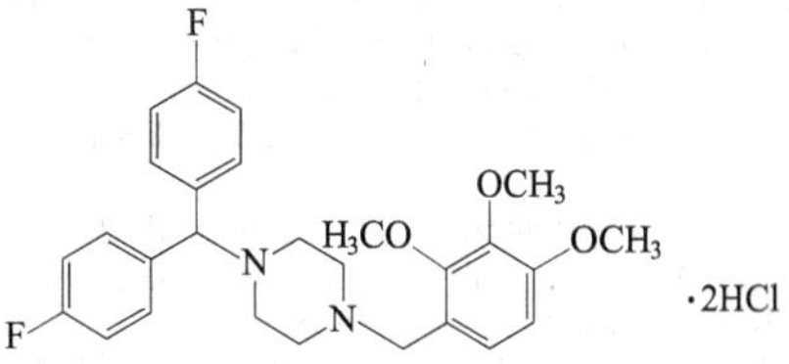

Lomustine　洛莫司汀　06059

[13010-47-4]　$C_9H_{16}ClN_3O_2$　233.70

成分　C 46.26%，H 6.90%，Cl 15.17%，N 17.98%，O 13.69%。

别名　罗氮芥；罗莫司丁；环已亚硝脲；氯乙环已亚硝脲；*N*-(2-Chloroethyl)-*N'*-cyclohexyl-*N*-nitrosourea；1-(2-Chloroethyl)-3-cyclohexyl-1-nitrosourea；NSC-79037；RB-1509；Belustine；CCNU；Cecenu；CeeNU；CiNU

M. I. 15，5621

性状　黄色粉末。易溶于氯仿，溶于乙醇、丙酮。溶于水、0.1mol/L氢氧化钠溶液、盐酸或10%乙醇：<0.05mg/mL。溶于无水乙醇：70mg/mL。mp 90℃。LD_{50}雄小鼠急性经口：51mg/kg；腹膜内注射：56mg/mL；皮下注射：61mg/kg。

注意事项　该品应密封干燥于−20℃保存。

主要用途　医用抗肿瘤剂。

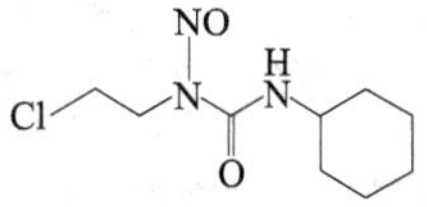

Lonazolac　氯那唑酸　06060

[53808-88-1]　$C_{17}H_{13}ClN_2O_2$　312.75

成分　C 65.29%，H 4.19%，Cl 11.33%，N 8.96%，O 10.23%。

别名　3-(4-Chlorophenyl)-1-phenyl-1*H*-pyrazole-4-acetic acid

M. I. 15，5623

性状　来自乙醇/水中的无色结晶。pK_a 4.3；mp 150～151℃；uv max（甲醇中）：281nm（ε 24800），（0.1mol/L氢氧化钠溶液中）：281nm（ε 23700）。LD_{50}雄小鼠，大鼠静脉注射（mg/kg）：195，165。

主要用途　医用抗炎剂。

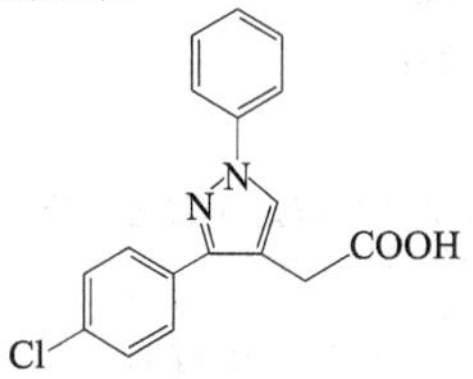

(+)-Longifolene　(+)-长叶烯　06061

[475-20-7]　$C_{15}H_{24}$　204.36

成分　C 88.16%，H 11.84%。

别名 (1*R*,2*S*,7*S*,9*S*)-3,3,7-Trimethyl-8-methylene tricyclo［5.4.0.0^{2,9}］undecane；(1*S*，3a*R*，4*S*，8a*S*)-Decahydro-4，8，8-trimethyl-9-methylene-1，4-methanoazulene；Junipene；Kuromatsuene

M. I. 15，5624

性状 黏稠油状液体。对空气敏感。溶于苯，不溶于水。bp_{706} 254～256℃/94.125kPa；bp_{15} 126～127℃/2kPa；Fp 214℉（101℃）；d_4^{18} 0.9319；n_D^{20} 1.5040；$[\alpha]_D^{18}+42.73°$（于实物中）。一般试剂含量≥99.0%（GC）。

注意事项 使用时应避免吸入本品的蒸气，避免与眼睛及皮肤接触。应充氩气密封避光于 2～8℃保存。

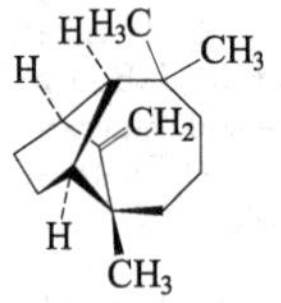

Lonidamine 氯尼达明 06062

［50264-69-2］ $C_{15}H_{10}Cl_2N_2O_2$ 321.16

成分 C 56.10%，H 3.14%，Cl 22.08%，N 8.72%，O 9.96%。

别名 1-(2,4-Dichlorophenyl) methyl-1*H*-indazole-3-carboxylic acid；1-(2,4-Dichlorobenzyl)-1*H*-indazole-3-carboxylic acid；Diclondazolic acid；DICA；AF-1890；Doridamina

M. I. 15，5625

性状 来自乙醇中的无色结晶。溶于甲醇、乙酸。mp 207℃。LD_{50}小鼠，大鼠急性经口（mg/kg）：900，1700；腹膜内注射（mg/kg）：435，525。

注意事项 该品口服有害。对机体有不可逆损伤的可能性。能损伤生育力。使用时应穿适当的防护服，戴手套和防护镜或面罩。应避免吸入本品的粉尘。使用时如有事故发生或有不适之感，应请医生诊治。

主要用途 生化研究。医用抗肿瘤剂。

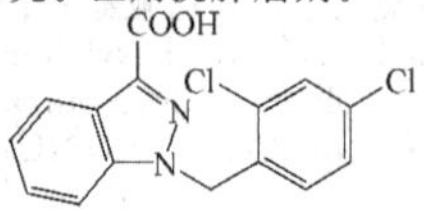

Lonomycin A sodium salt from streptomyces ribosidificus 罗奴霉素 A 钠盐（核糖苷链霉菌） 06063

［58845-80-0］ $C_{44}H_{75}NaO_{14}$ 851.06

成分 C 62.10%，H 8.88%，Na 2.70%，O 26.32%。

M. I. 15，5626

性状 来自苯-石油醚中的无色棱柱体结晶。溶于低级醇、丙酮、乙酸乙酯、苯、氯仿、乙醚，微溶于正己烷、石油醚，不溶于水。mp 173～176℃（分解）；$[\alpha]_D^{25}+49.8°$（$c=1$，于甲醇中）；$[\alpha]_D^{25}+67.0°$（$c=1$，于氯仿中）。LD_{50}小鼠急性经口：45.8mg/kg；腹膜内注射：13.0mg/kg；皮下注射：37.5mg/kg。生化试剂含量 90.0%～95.0%（TLC）。

注意事项 该品吸入、口服或与皮肤接触有害。使用时应穿适当的防护服，戴手套和防护镜或面罩。使用时如有事故发生或有不适之感，应请医生诊治。应充氩气密封于 2～8℃保存。

主要用途 生化研究。

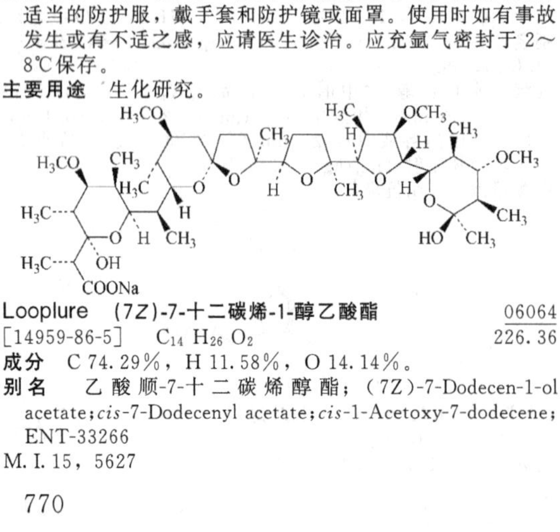

Looplure (7*Z*)-7-十二碳烯-1-醇乙酸酯 06064

［14959-86-5］ $C_{14}H_{26}O_2$ 226.36

成分 C 74.29%，H 11.58%，O 14.14%。

别名 乙酸顺-7-十二碳烯醇酯；(7Z)-7-Dodecen-1-ol acetate；*cis*-7-Dodecenyl acetate；*cis*-1-Acetoxy-7-dodecene；ENT-33266

M. I. 15，5627

性状 无色油状液体。$bp_{0.05}$ 98～100℃/6.7 Pa；n_D^{25} 1.4420。LD_{50}大鼠急性经口：＞13430mg/kg；兔皮肤接触：＞2025mg/kg。LC_{50}（24h）虹鳟鱼，翻车鱼：＞100，＞100×10^{-6}。

主要用途 昆虫（尺蠖蛾、粉纹夜蛾）性吸引剂。

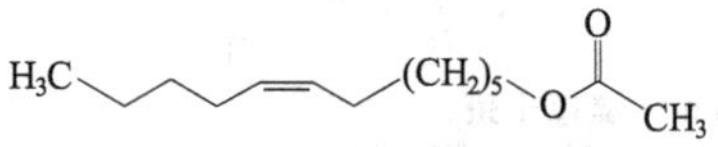

Loperamide hydrochloride 氯苯哌酰胺 盐酸盐 06065

［34552-83-5］ $C_{29}H_{34}Cl_2N_2O_2$ 513.50

成分 C 67.83%，H 6.67%，Cl 13.81%，N 5.46%，O 6.23%。

别名 4-对氯苯基-4-羟基-*N*,*N*-二甲基-α,α-二苯基-1-哌啶丁酰胺 盐酸盐；盐酸氯苯哌酰胺；PJ-185；*R*-18553；Arret；Blox；Brek；Dissenten；Fortasec；Imodium；Imosec；Imossel；Lopemid；Lopemin；Loperyl；Suprasec；Tebloc；4-(4-Chlorophenyl)-4-hydroxy-*N*，*N*-dimethyl-α，α-diphenyl-1-piperidinebutanamide hydrochloride；4-(*p*-Chlorophenyl)-4-hydroxy-*N*，*N*-dimethyl-α,α-diphenyl-1-piperidinebutyramide hydrochloride

M. I. 15，5628

性状 来自异丙醇中的无色结晶。易溶于氯仿，微溶于稀酸，极微溶于异丙醇，几乎不溶于水。该品于下列物质中的溶解度（g/100mL）：水（pH 值 1.7）0.14；柠檬酸盐-磷酸盐（pH 值 6.1）0.008，（pH 值 7.9）＜0.001；甲醇 28.6；乙醇 5.37；2-丙醇 1.11；二氯甲烷 35.1；丙酮 0.20；乙酸乙酯 0.035；乙醚＜0.001；己烷＜0.001；甲苯 0.001；*N*,*N*-二甲基甲酰胺 10.3；四氢呋喃 0.32；4-甲基-2-戊酮 0.020；丙二醇 5.64；聚乙二醇 400 1.4；二甲基亚砜 20.5；2-丁酮 0.18。pK_a 8.66。mp 222～223℃；uv max［0.1mol/L 盐酸/2-丙醇，10/90（体积分数）中］：253nm，259nm，265nm，273nm（ε 532，648，581，233）。LD_{50}小鼠皮下注射：75mg/kg；腹膜内注射：28mg/kg；急性经口：105mg/kg。大鼠急性经口：185mg/kg。

注意事项 该品口服有毒。使用时如有事故发生或有不适之感，应请医生诊治。

主要用途 生化研究。医用止泻剂。

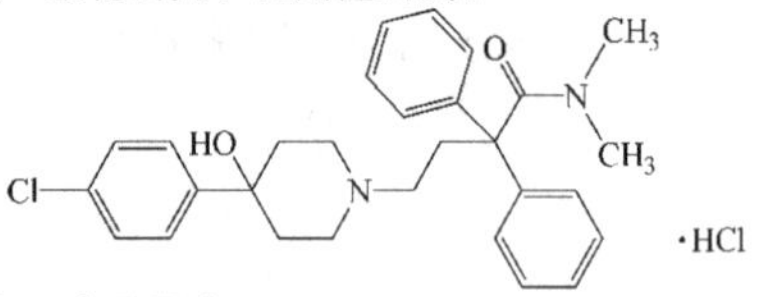

Lopinavir 洛品那韦 06066

［192725-17-0］ $C_{37}H_{48}N_4O_5$ 628.81

成分 C 70.67%，H 7.69%，N 8.91%，O 12.72%。

别名 洛匹那韦；(α*S*)-*N*-［(1*S*,3*S*,4*S*)-4-［(2,6-Dimethylphenoxy)acetyl］amino-3-hydroxy-5-phenyl-1-［(phenylmethyl)pentyl］tetrahydro-α-(1-methylethyl)-2-oxo-1(2*H*)-pyrimidineacetamide；(α*S*)-Tetrahydro-*N*-［(α*S*)-α-［(2*S*,3*S*)-2-hydroxy-4-phenyl-3-［2-(2,6-xylyloxy)acetamido］-butyl］phenethyl］-α-isopropyl-2-oxo-1（2*H*）-pyrimidineacetamide；(2*S*,3*S*,5*S*)-2-(2,6-Dimethylphenoxyacetyl)amino-3-hydroxy-5-［2*S*-(1-tetrahydropyrimid-2-onyl)-3-methylbutanoyl］amino-1,6-diphenylhexane；ABT-378；A-157378

M. I. 15，5630

性状 来自乙酸乙酯中的无色固体。mp 124～127℃。

主要用途 医用抗病毒剂。

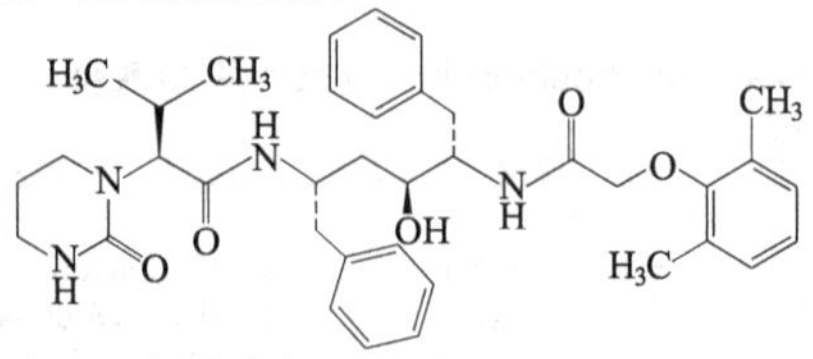

Loprazolam 氯普唑仑 06067

［61197-73-7］ $C_{23}H_{21}ClN_6O_3$ 464.91

成分 C 59.42%，H 4.55%，Cl 7.63%，N 18.08%，O 10.32%。

别名 (2*Z*)-6-(2-Chlorophenyl)-2,4-dihydro-2-(4-methyl-1-piperazinyl)methylene-8-nitro-1*H*-imidazo［1,2-α］［1,4］

benzodiazepin-1-one
M. I. 15，5631
性状 来自氯仿/乙醚中的无色结晶。mp 214～215℃。LD_{50}小鼠急性经口：>1000mg/kg。
主要用途 医用镇静剂，安眠剂。

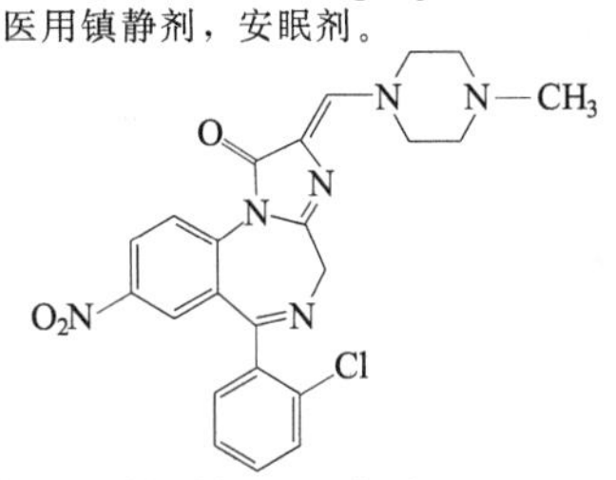

Loprinone hydrochloride monohydrate
洛普啉酮 盐酸盐 一水 06068
[106730-54-5]（无 HCl） $C_{14}H_{11}ClN_4O \cdot H_2O$ 304.73
成分 （以无水物计）C 58.65%，H 3.87%，Cl 12.36%，N 19.54%，O 5.58%。
别名 盐酸洛普啉酮；E 1020；1,2-Dihydro-5-imidazo[1,2-*a*]pyrdin-6-yl-6-methyl-2-oxo-3-pyridinecarbonitrile hydrochloride monohydrate；1,2- Dihydro-5-imidazo [1，2-a] pyridin-6-yl-6-methyl-2-oxonicotinonitrile hydrochloride monohydrate；Olprinone hydrochloride monohydrate
M. I. 15，5632
性状 白色至浅黄白色结晶性粉末。无味。溶于水（pH 值 3～5，>3mg/mL）。mp>300℃。LD_{50}雄、雌大鼠，雄、雌小鼠急性经口（mg/kg）：7804、>10000，>10000、>10000；静脉注射（mg/kg）：176、240、242，269；皮下注射（mg/kg）：2133、2890，3898、4479。
主要用途 医用强心剂。

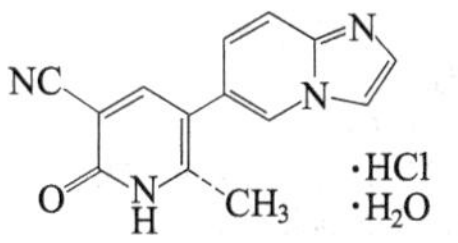

Loracarbef monohydrate 氯碳头孢 一水 06069
[121961-22-6] $C_{16}H_{16}ClN_3O_4 \cdot H_2O$ 367.79
成分（以无水物计） C 52.25%，H 4.93%，Cl 9.64%，N 11.43%，O 21.75%。
别名 洛拉卡比；Lorax；(6*R*,7*S*)-7-[(2*R*)-Aminophenylacetyl]amino-3-chloro-8-oxo-1-azabicyclo[4.2.0]oct-2-ene-2-carboxylic acid monohydrate；(6*R*,7*S*)-3-Chloro-7-[(*R*)-phenylglycinamido]-8-oxo-1-azabicyclo[4.2.0]oct-2-ene-2-carboxylic acid monohydrate；Carbacefaclor；KT-3777；LY-163892 monohydrate；Lorabid
M. I. 15，5633
性状 无色结晶性固体。mp 205～215℃（分解）；$[\alpha]_D^{21}$ +34.0°（*c*=0.35，于水中）。
主要用途 医用抗菌剂。

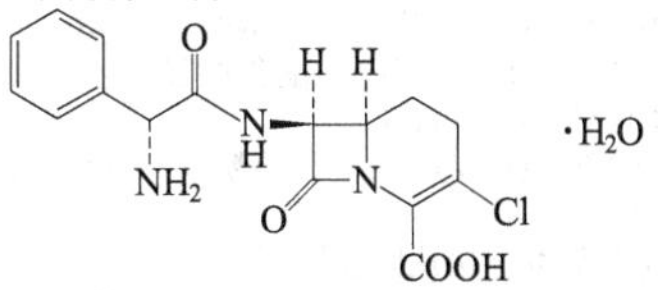

Lorajmine hydrochloride 劳拉义明 盐酸盐 06070
[40819-93-0] $C_{22}H_{28}Cl_2N_2O_3$ 439.38
成分 C 60.14%，H 6.42%，Cl 16.14%，N 6.38%，O 10.92%。
别名 阿义马林氯乙酸酯 盐酸盐；盐酸劳拉义明；Win-11831；Nevergor；Ritmos Elle；(17*R*,21*α*)-Ajmalan-17,21-diol 17-(chloroacetate) hydrochloride；17-Monochloroacetylajmaline hydrochloride；17-Chloroacetylajmaline hydrochloride；MCAA-HCl
M. I. 15，5634
性状 来自丁酮中的无色结晶。mp 243～246℃；$[\alpha]_D^{20}$ +29°（*c*=1，于乙醇中）。LD_{50}小鼠，大鼠腹膜内注射（mg/kg）：176，139；急性经口（mg/kg）：370，480。
主要用途 医用抗心律失常剂（强心剂抑制剂）。

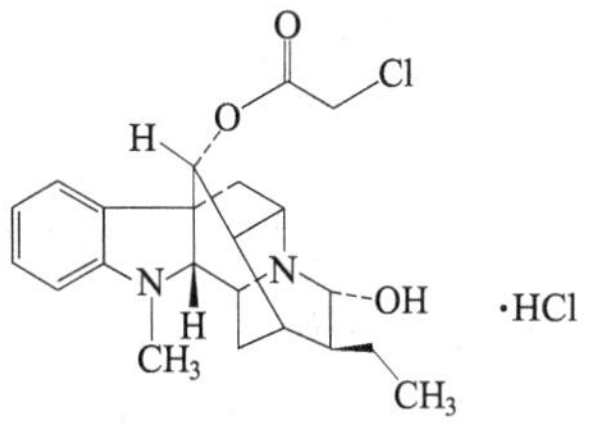

Loratadine 氯雷他定 06071
[79794-75-5] $C_{22}H_{23}ClN_2O_2$ 382.89
成分 C 69.01%，H 6.06%，Cl 9.26%，N 7.32%，O 8.36%。
别名 开瑞坦；氯雷他啶；4-(8-Chloro-5,6-dihydro-11*H*-benzo[5,6]cyclohepta[1,2-*b*]pyridin-11-ylidene)-1-piperidinecarboxylic acid ethyl ester；11-(*N*-Ethoxycarbonyl-4-piperidylidene)-8-chloro-6,11-dihydro-5*H*-benzo[5,6]cyclohepta[1,2-*b*]pyridine；Sch-29851；Claritin；Clarityn；Lisino
M. I. 15，5635
性状 来自己腈中的无色、白色结晶或粉末。易溶于丙酮、氯仿、甲醇、甲苯，溶于二甲基亚砜（26mg/mL），不溶于水。mp 134～136℃。生化试剂含量≥98.0%（HPLC）。
注意事项 使用时应避免吸入本品的粉尘，避免与眼睛及皮肤接触。应密封于2～8℃保存。
主要用途 医用抗组胺剂。

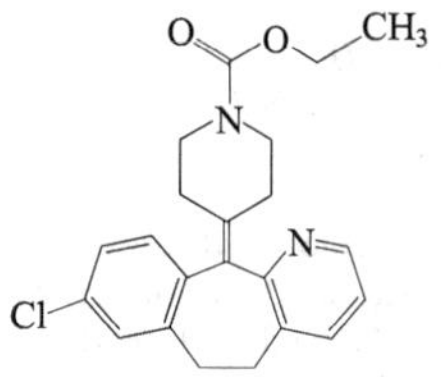

Lorazepam 氯羟安定 06072
[846-49-1] $C_{15}H_{10}Cl_2N_2O_2$ 321.16
成分 C 56.10%，H 3.14%，Cl 22.08%，N 8.72%，O 9.96%。
别名 氯羟二氮䓬；7-氯-5-(2-氯苯基)-1,3-二氢-3-羟基-2*H*-1,4-苯并二氮䓬-2-酮；7-Chloro-5-(2-chlorophenyl)-1,3-dihydro-3-hydroxy-2*H*-1,4-benzodiazepin-2-one；Wy-4036；Ativan；Emotival；Lorax；Lorsilan；Pro Dorm；Psicopax；Punktyl；Quait；Securit；Sedatival；Sedazin；Somagerol；Tavor；Temesta；Wypax
M I. 15，5636
性状 无色结晶。该品于下列物质中的溶解度（mg/mL）：水 0.08；氯仿 3；乙醇 14；丙二醇 16；乙酸乙酯 30。pK_1 1.3；pK_2 11.5。mp 166～168℃；uv max（甲醇中）：229nm；（1mol/L 氢氧化钠溶液中）：233nm；（1mol/L 盐酸中）：237nm。LD_{50}小鼠，大鼠急性经口（mg/kg）：3178，>5000。
注意事项 该品能危害胎儿，使用时应穿适当的防护服和戴手套。
主要用途 生化研究。医用抗焦虑剂，安眠剂。

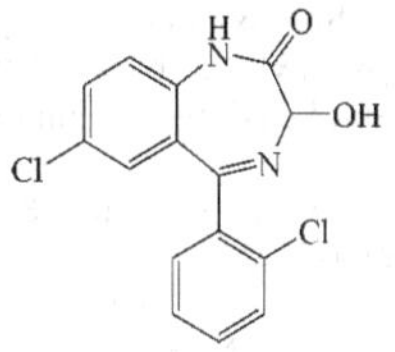

Lorcainide hydrochloride 劳卡尼 盐酸盐 06073
[58934-46-6] $C_{22}H_{28}Cl_2N_2O$ 407.38
成分 C 64.86%，H 6.93%，Cl 17.40%，N 6.88%，O 3.93%。
别名 劳卡胺盐酸盐；劳卡因盐酸盐；盐酸劳卡尼；盐酸劳卡胺；盐酸劳卡因；R-15889；RO-13-1042；Lopantrol；Lorivox；Remivox；*N*-(4-Chlorophenyl)-*N*-[1-(1-methylethyl)-4-piperidinyl] benzeneacetamide hydrochloride；4′-Chloro-*N*-(1-isopropyl-4-piperidyl)-2-phenylacetanilide hydrochloride
M. I. 15,5637
性状 来自丙酮和2-丙醇中的无色结晶。mp 263℃。

主要用途 医用抗心律失常剂（IC类）。

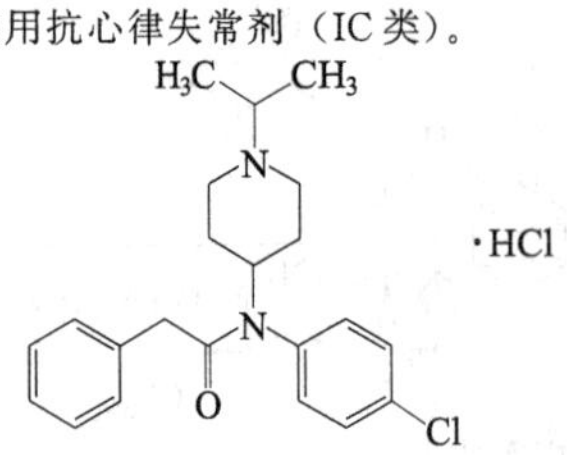

Lormetazepam 氯甲西泮 06074

[848-75-9] $C_{16}H_{12}Cl_2N_2O_2$ 335.18

成分 C 57.34%，H 3.61%，Cl 21.15%，N 8.36%，O 9.55%。

别名 7-Chloro-5-(2-chlorophenyl)-1,3-dihydro-3-hydroxy-1-methyl-2*H*-1,4-benzodiazepin-2-one; *N*-Methyllorazepam; Wy-4082; Ergocalm; Loramet; Noctamid

M.I. 15，5639

性状 来自乙醇/四氢呋喃中的无色结晶。mp 205～207℃。

主要用途 医用镇静剂，安眠剂。

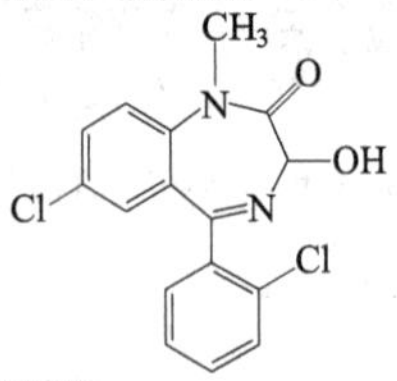

Lornoxicam 氯诺昔康 06075

[70374-39-9] $C_{13}H_{10}ClN_3O_4S_2$ 371.81

成分 C 42.00%，H 2.71%，Cl 9.53%，N 11.30%，O 17.21%，S 17.25%。

别名 可塞风；6-Chloro-4-hydroxy-2-methyl-*N*-2-pyridinyl-2*H*-thieno[2,3-*e*]-1,2-thiazine-3-carboxamide 1,1-dioxide; 6-Chloro-4-hydroxy-2-methyl-3-(2-pyridylcarbamoyl)-2*H*-thieno[2,3-*e*]1,2-thiazine 1,1-dioxide; Chlortenoxicam; Ro-13-9297; TS-110; Xefo

M.I. 15，5640

性状 橙至黄色结晶。pK_{a2} 4.7；分配系数（正辛醇/pH值7.4的缓冲液中）：1.8；mp 225～230℃（分解）；uv max：371nm。LD_{50}小鼠，大鼠，兔，狗，猴急性经口：全部>10mg/kg。

主要用途 医用抗炎剂，止痛剂。

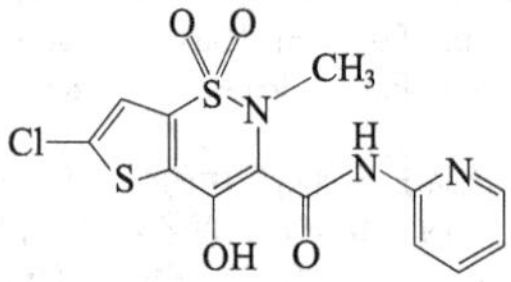

Losartan 洛沙坦 06076

[114798-26-4] $C_{22}H_{23}ClN_6O$ 422.92

成分 C 62.48%，H 5.48%，Cl 8.38%，N 19.87%，O 3.78%。

别名 科索亚；2-Butyl-4-chloro-1-[2′-(1*H*-tetrazol-5-yl)[1,1′-biphenyl]-4-yl]methyl-1*H*-imidazole-5-methanol; 2-*n*-Butyl-4-chloro-5-hydroxymethyl-1-[[2′-(1*H*-tetrazol-5-yl)biphenyl-4-yl]methyl]imidazole; 2-Butyl-4-chloro-1-[*p*-(*o*-1*H*-tetrazol-5-ylphenyl)benzyl]imidazole-5-methanol

M.I. 15，5641

性状 亮黄色固体。pK_a 5～6；mp 183.5～184.5℃。

主要用途 医用抗高血压剂。

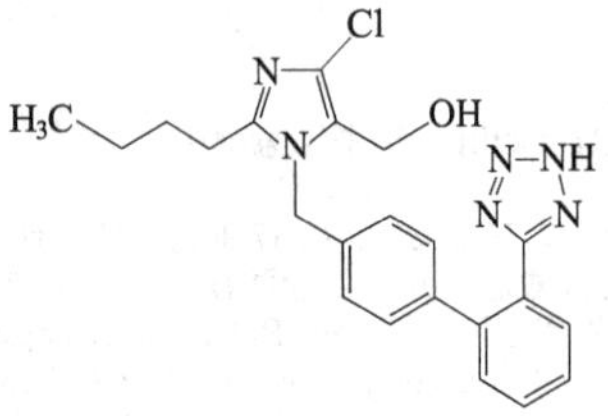

Loteprednol etabonate 氯替泼诺 06077

[82034-46-6] $C_{24}H_{31}ClO_7$ 466.96

成分 C 61.73%，H 6.69%，Cl 7.59%，O 23.98%。

别名 氯替泼诺碳酸乙酯；(11*β*,17*α*)-17-(Ethoxycarbonyl)oxy-11-hydroxy-3-oxoandrosta-1,4-diene-17-carboxylic acid chloromethyl ester; Chloromethyl 17*α*-ethoxycarbonyloxy-11*β*-hydroxyandrosta-1, 4-diene-3-one-17*β*-carboxylate; 17*α*-Ethoxycarbonyloxy-Δ′-cortinic acid chloromethyl ester; CDDD-5604; HGP-1; P-5604; Alrex; Lotemax

M.I. 15，5642

性状 来自四氢呋喃+己烷中的无色结晶。微溶于水（25℃，0.0005mg/mL）、50%丙二醇+水（0.037mg/mL）。亲油性（lg*K*）：3.04。mp 220.5～223.5℃。

主要用途 医用局部抗炎剂。

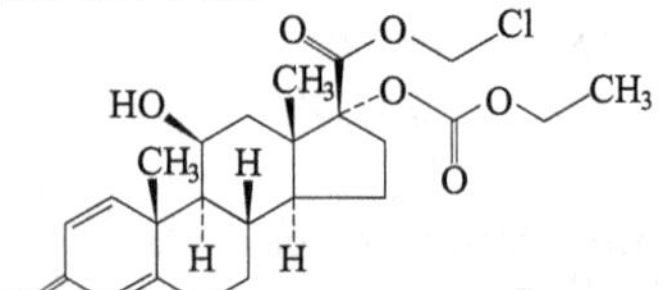

Lotrifen 氯曲芬 06078

[66535-86-2] $C_{16}H_{10}ClN_3$ 279.73

成分 C 68.70%，H 3.60%，Cl 12.67%，N 15.02%。

别名 2-(4-Chlorophenyl)-1,2,4-triazolo[5,1-*a*]isoquinoline; 2-(*p*-Chlorophenyl)-*s*-triazolo[5,1-*a*]isoquinoline; L-12717; DL-717-IL; Canocenta; Privaprol

M.I. 15，5643

性状 无色结晶。mp 238～240℃。

主要用途 兽用堕胎剂。

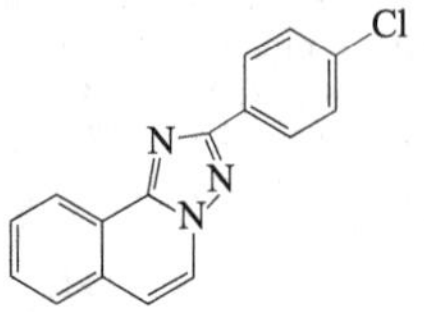

Lovastatin 洛伐他汀 06079

[75330-75-5] $C_{24}H_{36}O_5$ 404.55

成分 C 71.26%，H 8.97%，O 19.77%。

别名 (2*S*)-2-Methylbutanoic acid(1*S*,3*R*,7*S*,8*S*,8a*R*)-1,2,3,7,8,8a-hexahydro-3,7-dimethyl-8-[2-[(2*R*,4*R*)-tetrahydro-4-hydroxy-6-oxo-2*H*-pyran-2-yl]ethyl]-1-naphthalenyl ester; (1*S*,3*R*,7*S*,8*S*,8a*R*)-1,2,3,7,8,8a-Hexahydro-3,7-dimethyl-8-[2-[(2*R*,4*R*)-tetrahydro-4-hydroxy-6-oxo-2*H*-pyran-2-yl]ethyl]-1-naphthalenyl (*S*)-2-methylbutyrate; 1,2,6,7,8,8a-Hexahydro-*β*,*δ*-dihydroxy-2,6-dimethyl-8-(2-methyl-1-oxobutoxy)-1-naphthaleneheptanoic acid *δ*-lactone; 2*β*,6*α*-Dimethyl-8*α*-(2-methyl-1-oxobutoxy)mevinic acid lactone; Mevinolin; 6*α*-Methylcompactin; Monacolin K; MK-803; Lovalip; Mevacor; Mevinacor; Mevlor; Sivlor

M.I. 15，5644

性状 白色结晶。该品于室温中的溶解度（mg/mL）：丙酮47；乙腈28；正丁醇7；异丁醇14；氯仿350；*N*,*N*-二甲基甲酰胺90；乙醇16；甲醇28；正辛醇2；正丙醇11；异丙醇20；水0.4×10^{-3}。几乎不溶于己烷。mp（氮气中）174.5℃；$[\alpha]_D^{25}$ +323°（c=0.5g，于乙腈中）；uv max：231nm，238nm，247nm（$A^{1\%}$ 532，621，418）。LD_{50}小鼠急性经口：>1000mg/kg。生化试剂含量≥98.0%（HPLC）。

注意事项 使用时应避免吸入本品的粉尘，避免与眼睛及皮肤接触。应密封于2～8℃保存。

主要用途 生化研究。医用降血脂剂。

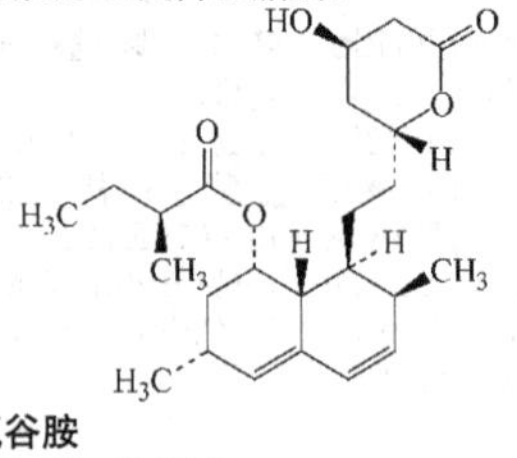

Loxiglumide 氯谷胺 06080

[107097-80-3] $C_{21}H_{30}Cl_2N_2O_5$ 461.38

成分 C 54.67%，H 6.55%，Cl 15.37%，N 6.07%，O 17.34%。

别名 4-(3,4-Dichlorobenzoyl)amino-5-(3-methoxypropyl)pentylamino-5-oxopentanoic acid; (±)-4-(3,4-Dichlorobenzamido)-*N*-(3-

methoxypropyl)-*N*-pentylglutaramic acid;CR-1505
M.I. 15，5646
性状 来自丙酮中的无色结晶。溶于水（0.01%）。pK_a约 5；mp 113～115℃。
主要用途 医用胃动力剂。

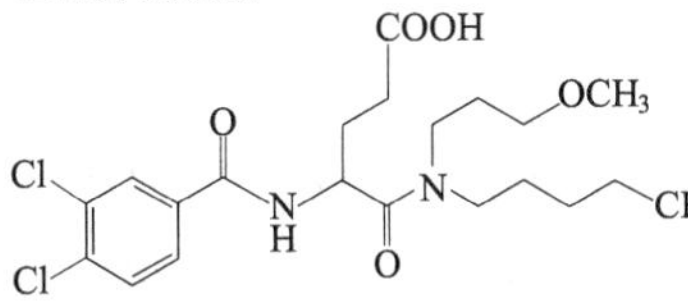

Loxoprofen 洛索洛芬 06081
[68767-14-6] $C_{15}H_{18}O_3$ 246.31
成分 C 73.15%，H 7.37%，O 19.49%。
别名 乐松；洛索洛芬；洛索洛芬酸；*α*-Methyl-4-[(2-oxocyclopentyl) methyl] benzeneacetic acid；(±)-*p*-[(2-Oxocyclopentyl) methyl]hydratropic acid
M.I. 15，5647
性状 无色油状液体。mp 108.5～111℃；$bp_{0.3}$ 190～195℃/40Pa。
注意事项 使用时应避免吸入本品的粉尘，避免与眼睛及皮肤接触。
主要用途 医用抗炎剂，止痛剂。

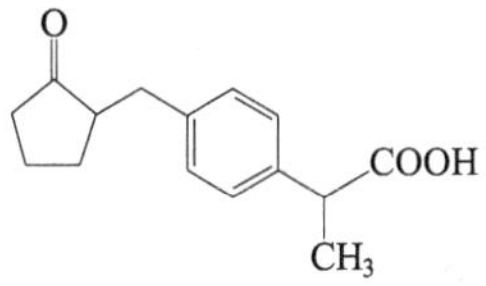

Lubeluzole 罗吡唑 06082
[144665-07-6] $C_{22}H_{25}F_2N_3O_2S$ 433.52
成分 C 60.95%，H 5.81%，F 8.76%，N 9.69%，O 7.38%，S 7.40%。
别名 (*α*S)-4-(2-Benzothiazolylmethylamino)-*α*-(3,4-difluorophenoxy)methyl-1-piperidinecthanol;R-87926;Prosynap
M.I. 15，5648
性状 来自 2,2′-氧双丙烷中的无色结晶。mp 65.8℃；$[\alpha]_D^{20}$+4.38°（*c*=1，于甲醇中）。
主要用途 医用神经蛋白酶活化剂。

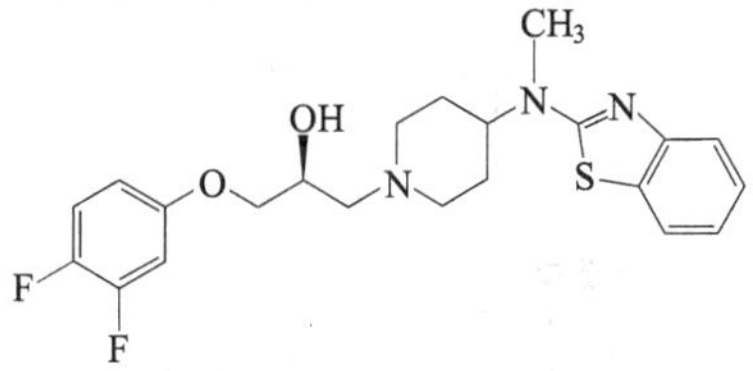

Lucanthone hydrochloride 卢甘宋 盐酸盐 06083
[548-57-2] $C_{20}H_{25}ClN_2OS$ 376.94
成分 C 63.73%，H 6.69%，Cl 9.41%，N 7.43%，O 4.24%，S 8.51%。
别名 盐酸卢甘宋；1-[2-(二乙氨基)乙基]氨基-4-甲基-9H-噻吨-9-酮 盐酸盐；1-[2-(Diethylamino) ethyl] amino]-4-methyl-9*H*-thioxanthen-9-onehydrochloride；1-(2-Diethylaminoethylamino)-4-methylthiaxan-thone hydrochloride；MS-752；RP-3735；Miracil D；Nilodin；Miracol；Tixantone
M.I. 15，5650
性状 来自乙醇中的黄色结晶。易溶于水，其水溶液为橙黄色，易中性。微溶于乙醇。mp 195～196℃。
主要用途 医用驱肠虫剂（裂体吸虫属）。

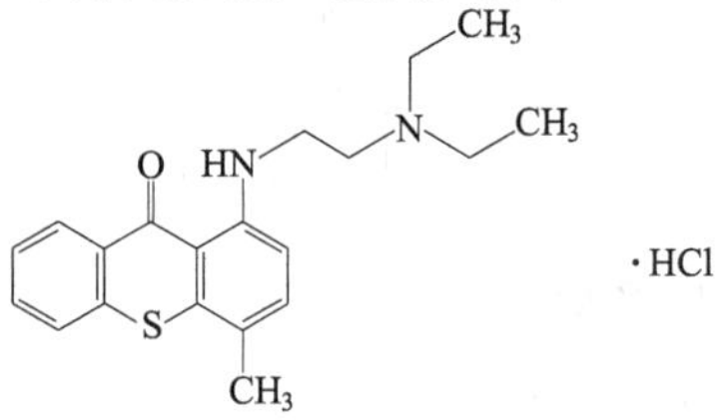

·HCl

Lucensomycin 意北霉素 06084
[13058-67-8] $C_{36}H_{53}NO_{13}$ 707.81
成分 C 61.09%，H 7.55%，N 1.98%，O 29.38%。
别名 22-(3-Amino-3,6-dideoxy-*β*-D-mannopyranosyl) oxy-12-butyl-1,3-26-trihydroxy-10-oxo-6,11,28-trioxatricyclo [22.3,1.$0^{5,7}$] octacosa-8,14,16,18,20-pentaene-25-carboxylic acid；Antibiotic FI-1163；FI-1163；Etruscomicina；Etruscomycin
M.I. 15，5651
性状 无色或白色结晶性粉末。对热、光或空气中及 pH 值 6～8 以上不稳定。溶于吡啶、二甲基甲酰胺，几乎不溶于水、无水乙醇及非极性溶剂。$[\alpha]_D^{20}$+29°（于吡啶中）；$[\alpha]_D^{20}$+50°（于甲醇的 0.1mol/L 盐酸溶液中）；uv max：218nm，278nm，290nm，303nm，318nm（$E_{1cm}^{1\%}$ 300，370，380，1170，1098）。
主要用途 医用抗真菌剂。

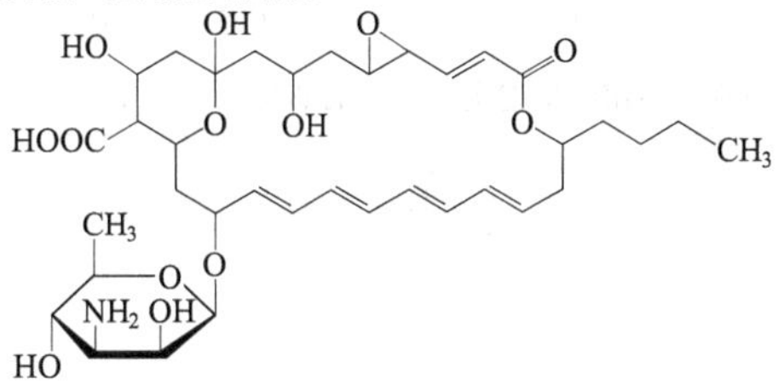

Luciferase from firefly
荧光素酶（萤火虫） 06085
[61970-00-1]
别名 虫荧光素酶（萤火虫）
EC 1.13.12.7
性状 无色结晶或冻干白色粉末。
注意事项 该品口服有害。能致癌。对眼睛、呼吸系统及皮肤有刺激性。对水生物有害。能对水环境引起长期不利的结果。使用前应得到专门的指导，避免曝露。万一接触到眼睛，应立即用大量水冲洗后请医生诊治。使用时如有事故发生或有不适之感，应请医生诊治。应充氩气密封于－20℃干燥保存。

Luciferase from photobacterium fischeri
荧光素酶（发光菌 fischeri） 06086
[9014-00-1] Mr 约 79000
别名 Bacterial luciferase
EC 1.14.14.3
性状 白色冻干粉末。
注意事项 见 06085 荧光素酶（荧火虫）。

D-Luciferin D-荧虫光素 06087
[2591-17-5] $C_{11}H_8N_2O_3S_2$ 280.32
成分 C 47.13%，H 2.88%，N 9.99%，O 17.12%，S 22.88%。
别名 D-虫荧光素；Firefly Luciferin；(*S*)-2-(6-Hydroxy-2-benzothiazolyl)-2-thiazoline-4-carboxylic acid
M.I. 15，5652
性状 白色粉末。mp 201～204℃。生化试剂含量≥96.0%（HPLC）。
注意事项 该品应充氩气密封避光于－20℃保存。
主要用途 生化研究。

Lucifer yellow CH 荧虾黄 CH 06088
[67769-47-5] $C_{13}H_9Li_2N_5O_9S_2$ 457.24
成分 C 34.15%，H 1.98%，Li 3.04%，N 15.32%，O 31.49%，S 14.03%。
别名 荧虾黄 CH 二锂盐；6-Amino-2-(hydrazinocarbonyl)amino-2,3-dihydro-1,3-dioxo-1*H*-benz[*de*]isoquinoline-5,8-disulfonic acid dilithum salt；4-Amino-*N*-(hydrazinocarbonyl) amino-2,3-naphthalimide-3,6-disulfonate；Lucifer yellow carbohydrazide；Lucifer yellow CH dilithium salt
M.I. 15，5653
性状 橙色松散粉末。易吸潮，溶于水。对二氧化碳敏感。uv max（水中）：280nm，248nm（ε 24200，11900）。生化试剂含量≥85.0%（HPLC）。

注意事项 使用时应避免吸入本品的粉尘，避免与眼睛及皮肤接触。应充氩气密封于2～8℃干燥保存。

主要用途 生化研究。生物细胞标记物。

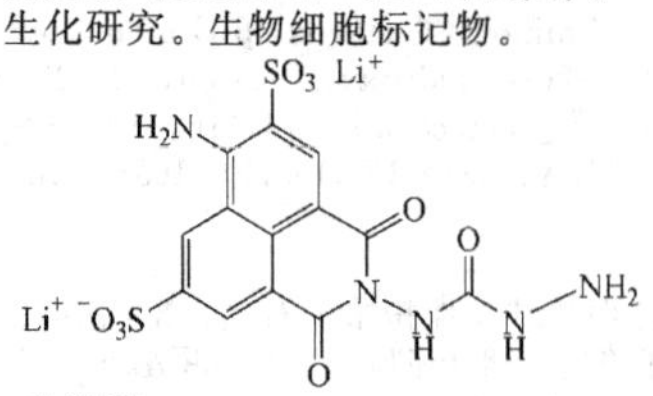

Lucigenin 光泽精 06089

[2315-97-1] $C_{28}H_{22}N_4O_6$ 510.51

成分 C 65.88%，H 4.34%，N 10.97%，O 18.80%。

别名 硝酸双-*N*-甲基吖啶；Bis (*N*-Methylacridinium nitrate)；*N*，*N'*-Dimethyl-9，9'-biacridinium dinitrate

性状 深黄色粉末。mp 约 250℃（分解）。一般试剂含量≥97.0%（N）。

注意事项 使用时应避免吸入本品的粉尘，避免与眼睛及皮肤接触。

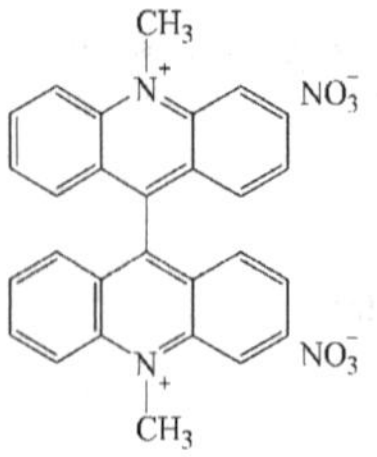

Lufenuron 06090

[103055-07-8] $C_{17}H_8Cl_2F_8N_2O_3$ 511.15

成分 C 39.95%，H 1.58%，Cl 13.87%，F 29.73%，N 5.48%，O 9.39%。

别名 1-[2,5-二氯-4-(1,1,2,3,3,3-六氟丙氧基)苯基]-3-(2,6-二氟苯甲酰)脲；*N*-[[2,5-二氯-4-(1,1,2,3,3,3-六氟丙氧基)苯基]氨基]羰基-2,6-二氟苯甲酰胺；禄芬隆；*N*-[[2, 5-Dichloro-4-(1, 1, 2, 3, 3, 3-hexafluoropropoxy) phenyl]amino]carbonyl-2,6-difluorobenzamide；1-[2,5-Dichloro-4-(1,1,2,3,3,3-hexafluoropropoxy) phenyl]-3-(2,6-difluorobenzoyl) urea；Fluphenacur；CGA-184699；Program

M. I. 15，5654

性状 无色结晶性固体。无味。该品 20℃于下列物质中的溶解度：丙酮 40%；环己酮 35%；二甲苯 5%；甲醇 4.5%；水<0.1×10^{-6}。mp 174.1℃。LD_{50}大鼠急性经口：>2000 mg/kg；LC_{50}大鼠：2350mg/m³。一般试剂含量≥97.0%（HPLC）。

注意事项 该品接触皮肤能引起过敏。对水生物极毒，能对水环境引起不利的结果。使用时应戴适当的手套。应避免与皮肤接触。应防止将本品释放于环境中。其包装物应按危险品处理。应密封于 20℃以下保存。

主要用途 兽用杀体外寄生物。

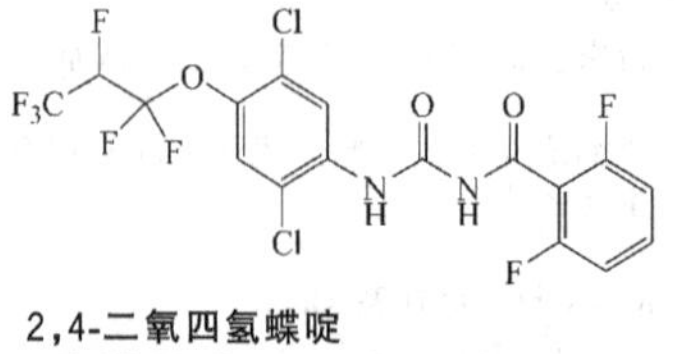

Lumazine 2,4-二氧四氢蝶啶 06091

[487-21-8] $C_6H_4N_4O_2$ 164.12

成分 C 43.91%，H 2.46%，N 34.14%，O 19.50%。

别名 2,4-Dihydroxypteridine；2,4-pteridinediol；2,4(1*H*,3*H*)-Pteridinedione

M. I. 15，5656

性状 来自水中的黄色至橙色针状结晶。溶于水（25℃，0.125%）、乙酸。其中性水溶液呈蓝绿色荧光。其碱性水溶液呈绿色荧光。酸溶液呈蓝色荧光。mp 348～349℃。生化试剂含量≥98.0%（HPLC）。

注意事项 使用时应避免吸入本品的粉尘，避免与眼睛及皮肤接触。

主要用途 生化研究。

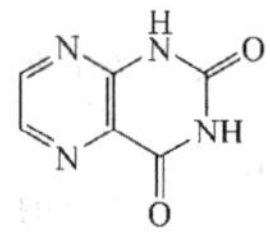

Lumefantrine 本芴醇 06092

[82186-77-4] $C_{30}H_{32}Cl_3NO$ 528.94

成分 C 68.12%，H 6.10%，Cl 20.11%，N 2.65%，O 3.02%。

别名 (9*Z*)-2,7-Diehloro-9-(4-chlorophenyl) methylene-α-(dibutylamino) methyl-9*H*-fluorene-4-methanol；2-Dibutylamino-1-[2, 7-dichloro-9-(4-chlorobenzylidene)-9, 11-fluoren-4-yl] ethanol；*dl*-Benflumelol；Benflumetol；BFL；CPG-56695

M. I. 15，5657

性状 黄色粉末。无味。溶于不饱和脂肪酸，稀薄地溶于水、油及系数有机溶剂。

主要用途 医用抗疟剂。

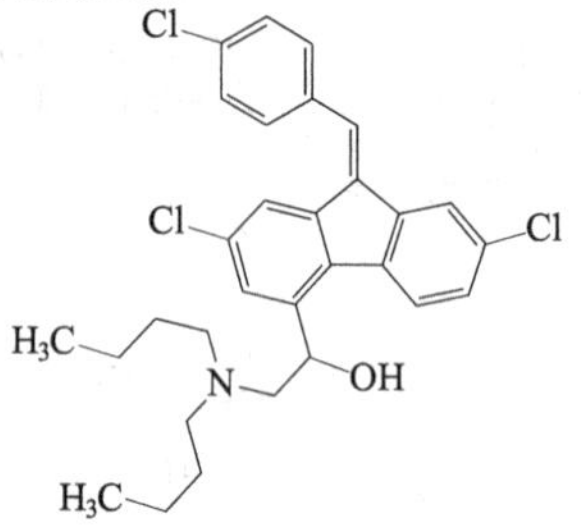

Lumichrome 光色素 06093

[1086-80-2] $C_{12}H_{10}N_4O_2$ 242.24

成分 C 59.50%，H 4.16%，N 23.13%，O 13.21%。

别名 二甲基异咯嗪；7,8-Dimethylbenzo[*g*]pteridine-2,4-(1*H*,3*H*)-dione；7,8-Dimethylalloxazine；6,7-Dimethylalloxazine

M. I. 15，5658

性状 来自吡啶或吡啶＋乙醇中的浅黄色结晶。略微溶于甲醇、90%热乙醇、水、氯仿。其水溶液、醇溶液、氯仿溶液均有蓝色荧光。mp>300℃；λ_{max} 392（350）nm。

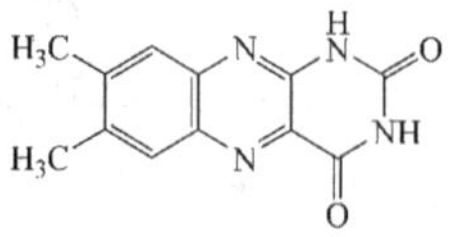

Lumiflavine 光黄素 06094

[1088-56-8] $C_{13}H_{12}N_4O_2$ 256.27

成分 C 60.93%，H 4.72%，N 21.86%，O 12.49%。

别名 7,8,10-三甲基异咯嗪；7,8,10-Trimethylbenzo[*g*]pteridine-2,4(3*H*,10*H*)-dione；7,8,10-Trimethylisoalloxazine

M. I. 15，5659

性状 来自 12%乙酸中的橙色结晶。可通过真空升华而精制。易溶于氯仿，极微溶于水及多数有机溶剂。其水及氯仿溶液有绿色荧光。mp 320℃；uv max（0.1mol/L 氢氧化钠溶液中）：269nm，355nm，445nm（ε 38，800，11，700，11，800）；uv max（0.1mol/L 盐酸中）：264nm，373nm，440nm（ε 34700，11400，10400）。一般试剂含量≥99.0%（HPLC）。

注意事项 使用时应避免吸入本品的粉尘，避免与眼睛及皮肤接触。应密封于－20℃保存。

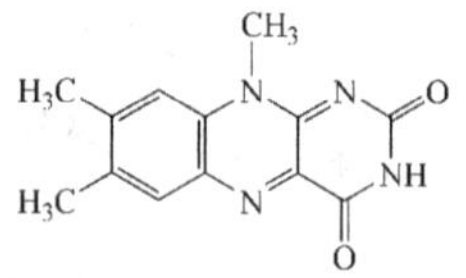

Lumisterol 光甾醇 06095

[474-69-1] $C_{28}H_{44}O$ 396.66

成分 C 84.78%，H 11.18%，O 4.03%。

别名 (3β,9β,10α,22*E*)-Ergosta-5,7,22-trien-3-ol

M. I. 15，5662

性状 来自丙酮-甲醇中的无色针状结晶。溶于有机溶剂，几乎不溶于水。mp 118℃；$[\alpha]_D^{19}$ +191.5°；$[\alpha]_{546}^{19}$ +235.4°（c=2，于丙酮中）；uv max：265nm，280nm。

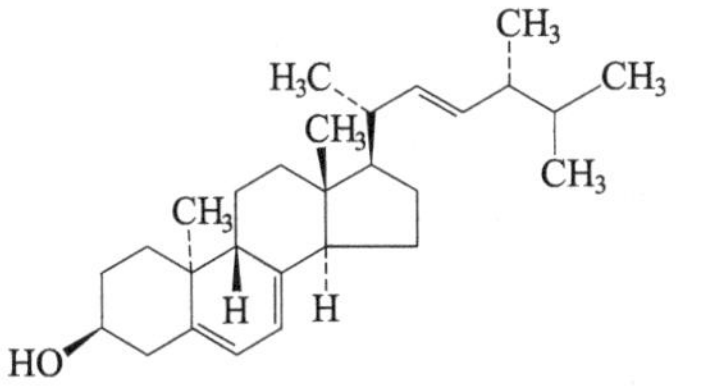

Lunularic acid 半月苔酸 06096

[23255-59-6] $C_{15}H_{14}O_4$ 258.27

成分 C 69.76%，H 5.46%，O 24.78%。

别名 2-Hydroxy-6-[2-(4-hydroxyphenyl) ethyl] benzoic acid；6-(p-Hydroxyphenethyl) salicylic acid

M. I. 15，5666

性状 来自甲醇/水中的浅黄色结晶。mp 192℃；uv max（于中性乙醇中）：280nm，287nm，308nm（ε 3300，3600，4200）；（于弱碱性乙醇中）：300nm（ε 6600）

主要用途 低级植物的生长抑制剂。

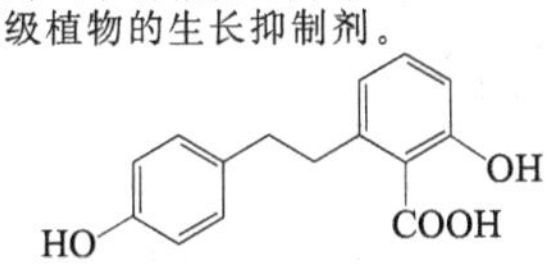

d-Lupanine d-白羽扇豆碱 06097

[550-90-3] $C_{15}H_{24}N_2O$ 248.37

成分 C 72.54%，H 9.74%，N 11.28%，O 6.44%。

别名 2-Oxosparteine；d-(7α，7aα，14α，14aβ)-Dodecahydro-7，14-methano-2H，11H-dipyrido[1，2-a：1′，2′-e][1，5]diazocin-11-one；d-Dodecahydro-7，14-methano-4H，6H-dipyrido[1，2-a：1′，2′-e][1，5]diazocin-4-one

M. I. 15，5667

性状 糖浆状结晶。易溶于水、乙醇、氯仿、乙醚，溶于石油醚。mp 40～44℃；$bp_3$190～193℃/400Pa；n_D^{24} 1.5444；$[\alpha]_D^{25}$ +84°（c=4.8，于乙醇中）。

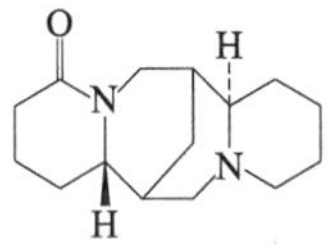

Lupeol 羽扇豆醇 06098

[545-47-1] $C_{30}H_{50}O$ 426.73

成分 C 84.44%，H 11.81%，O 3.75%。

别名 (3β)-Lup-20(29)-en-3-ol；Monogynol B；β-Viscol；Fagarasterol

M. I. 15，5668

性状 来自乙醇或丙酮中的无色针状结晶。易溶于乙醚、苯、石油醚、热乙醇，几乎不溶于水、稀酸及碱。mp 215℃；$[\alpha]_D^{20}$ +27.2°（c=4.8，于氯仿中）。生化试剂含量≥95.0%。

注意事项 该品应密封于 2～8℃保存。

主要用途 生化研究。

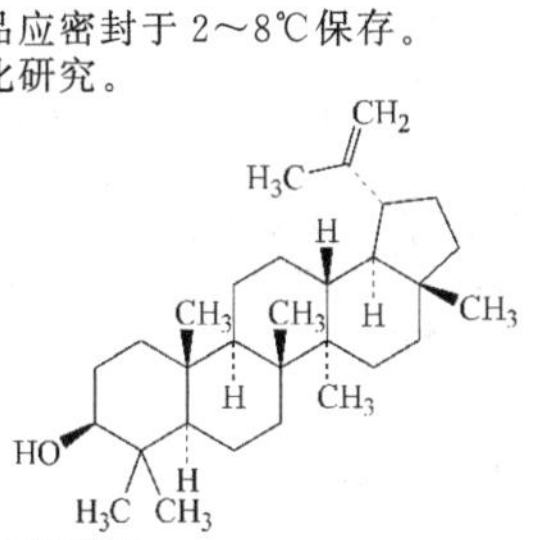

Lupinine 黄羽扇豆碱 06099

[486-70-4] $C_{10}H_{19}NO$ 169.27

成分 C 70.96%，H 11.31%，N 8.27%，O 9.45%。

别名 (1R，9aR)-Octahydro-2H-quinolizine-1-methanol；l-Lupinine；(−)-Lupinine

M. I. 15，5669

性状 来自丙酮中的粗大的斜方棱柱体结晶。是一种强碱。溶于水、乙醇、氯仿、乙醚。mp 68.5～69.2℃；bp_{755} 269～270℃/100.658kPa；$bp_4$160～164℃/533.3Pa；$[\alpha]_D^{26}$ −25.9°（c=3，于水中）；$[\alpha]_D^{28}$ −21°（c=9.5，于乙醇中）。

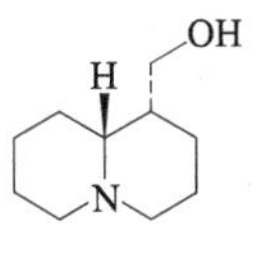

Lupulon 蛇麻酮 06100

[468-28-0] $C_{26}H_{38}O_4$ 414.59

成分 C 75.32%，H 9.24%，O 15.44%。

别名 酒花酮；忽布酮；3，5-Dihydroxy-2，6，6-tris(3-methyl-2-butenyl)-4-(3-methyl-1-oxobutyl)-2，4-cyclohexadien-1-one；β-Bitter acid；β-Lupulic acid

M. I. 15，5672

性状 来自 90%甲醇中的棱柱体结晶。对空气敏感。溶于甲醇、乙醇、石油醚、己烷、异辛烷，微溶于中性或酸性水溶液。mp 92～94℃。LD_{50} 小鼠，大鼠急性经口(mg/kg)：525，100。生化试剂含量≥85.0%(HPLC)。

注意事项 该品口服有毒。应充氩气密封保存。

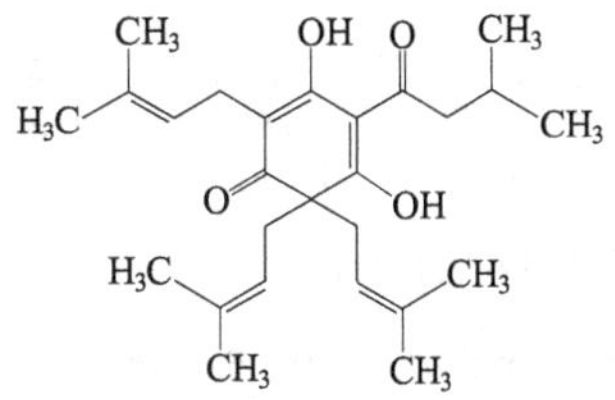

Luteinizing hormone from equine pituitary 促黄体激素(马脑下垂体) 06101

[9002-67-9] Mr 约 30000

别名 促黄体发生素(马脑下垂体)；促黄体生成激素(马脑下垂体)；LH；ICSH；Interstitial cellstimulating hormone；PLH

M. I. 15，5674

性状 白色微型结晶或粉末，附于包装瓶壁上。溶于水。

注意事项 该品能损伤生育力。使用时应穿适当的防护服，戴手套和防护镜或面罩。使用前应得到专门的指导，避免曝露。使用时应避免吸入本品的粉尘。使用时如有事故发生或有不适之感，应请医生诊治。应密封于−20℃保存。

主要用途 生化研究。

Luteinizing hormone from human pituitaries 促黄体激素(人脑下垂体) 06102

[9002-67-9]

别名 促黄体发生素(人脑下垂体)；促黄体生成激素(人脑下垂体)；LH；ICSH；PLH

M. I. 15，5674

性状 微型结晶或白色粉末，附于包装瓶壁上。溶于水。

注意事项 该品能损伤生育力。使用时应穿适当的防护服，戴手套和防护镜或面罩。使用前应得到专门的指导，避免曝露。使用时应避免吸入本品的粉尘。使用时如有事故发生或有不适之感，应请医生诊治。应密封于−20℃保存。

主要用途 生化研究。

Luteolin 黄色黄素 06103

[491-70-3] $C_{15}H_{10}O_6$ 286.24

成分 C 62.94%，H 3.52%，O 33.54%。

别名 毛地黄黄酮；3′，4′，5，7-四羟基黄酮；淡黄木樨草苷；2-(3，4-Dihydroxyphenyl)-5，7-dihydroxy-4H-1-benzopyran-4-one；3′，4′，5，7-Tetrahydroxyflavone；Digitoflavone；Cyanidenon 1470

M. I. 15，5675

性状 来自乙醇中的黄色针状结晶为一水合物。溶于碱而生成黄色溶液。略微溶于水。于高真空状态中升华。328～330℃分解。生化试剂含量≥99.0%（TLC）。

注意事项 该品对眼睛、呼吸系统及皮肤有刺激性。使用时应穿适当的防护服。万一接触到眼睛，应立即用大量水冲洗后请医生诊治。应密封于 2～8℃保存。
主要用途 生化研究。

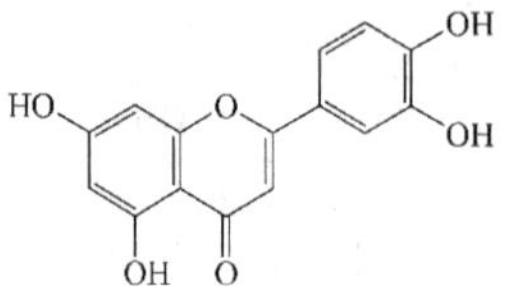

Lutetium 镥 06104

[7439-94-3] Lu 174.9668
别名 镏；Lutecium
M. I. 15，5676
性状 银白色有光泽金属。能与水缓慢作用。溶于稀酸。mp 1663℃；bp 3402℃；d 9.8404。
注意事项 该品应密封于干燥处保存。
主要用途 原子能工业。

Lutetium chloride 氯化镥 06105

[10099-66-8] Cl_3Lu 281.33
成分 Cl 37.81%，Lu 62.19%。
别名 三氯化镥；氯化镏；Lutecium chloride；Lutetium trichloride
M. I. 15，5676
性状 无色结晶或白色粉末。溶于水。热至 750℃以上升华。mp 892℃±2℃；d_4^{20} 3.98。LD_{50}小鼠腹膜内注射：315mg/kg；急性经口：7.1g/kg。
注意事项 该品应密封保存。
主要用途 光谱分析用标准物。

Lutetium nitrate hydrate 硝酸镥 水合 06106

[100641-16-5] $LuN_3O_9 \cdot xH_2O$ 360.99
成分 Lu 48.47%，N 11.64%，O 39.89%。
别名 Lutecium nitrate
GW 2015-2307
性状 无色或白色结晶。易潮解。极易溶于水。
注意事项 该品与易燃物品接触能引起燃烧。对眼睛、呼吸系统及皮肤有刺激性。万一接触到眼睛，应立即用大量水冲洗后请医生诊治。应远离易燃物品，密封干燥保存。

Lutetium oxide 氧化镥 06107

[12032-20-1] Lu_2O_3 397.94
成分 Lu 87.94%，O 12.06%。
别名 三氧化二镥；氧化镏；Lutecium oxide；Cassiopeium oxide
M. I. 15，5676
性状 白色立方体结晶或粉末。易溶于酸，不溶于水。mp 2400℃；d 9.420。一般试剂含量≥99.9%。
主要用途 磁性材料、荧光粉的添加剂。中子活化分析。光谱分析标准物。

Luxol® fast blue MBSN 罗克沙尔固蓝 06108

[1328-51-4]
别名 罗克沙尔坚牢蓝；腊克沙固蓝；溶剂蓝 38；Azosol fast blue HLR；Azosol fast blue MLB；Luxol fast blue MBSN；Solvent blue 38
性状 深蓝青色粉末。易溶于乙二醇、乙醇胺，溶于乙醇、甲醇、丙醇。λ_{max} 666nm。
注意事项 使用时应避免吸入本品的粉尘，避免与眼睛及皮肤接触。
主要用途 生物染色剂，髓鞘质的染色。

Lycoctonine 牛扁毒碱 06109

[26000-17-9] $C_{25}H_{41}NO_7$ 467.60
成分 C 64.22%，H 8.84%，N 3.00%，O 23.95%。
别名 (1α,6β,14α,16β)-20-Ethyl-4-hydroxymethyl-1,6,14,16-tetramethoxyaconitane-7,8-diol；Royline
M. I. 15，5679
性状 无色结晶。味苦。易溶于乙醇、氯仿，微溶于水、乙醚、苯。mp 143℃；$[\alpha]_D^{20}$+53°(乙醇中)。

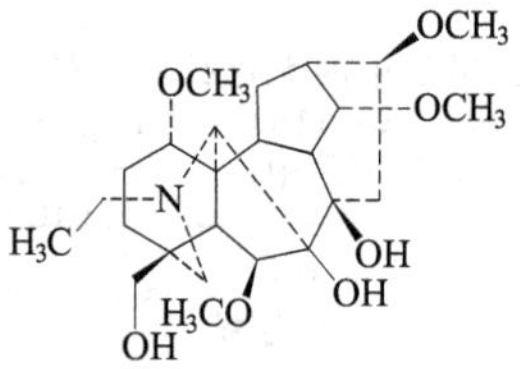

Lycodine 石松定碱 06110

[20316-18-1] $C_{16}H_{22}N_2$ 242.37
成分 C 79.29%，H 9.15%，N 11.56%。
别名 [4a*R*-(4aα,5α,10bα,12*R**)]-2,3,4,4a,5,6-Hexahydro-12-methyl-1*H*-5,10b-propano-1,7-phenanthroline
M. I. 15，5680
性状 无色或白色结晶性粉末。pK_{a1} 3.97；pK_{a2} 8.08；mp 118～119℃；$[\alpha]_D$ −10°（c=1.0，于乙醇中）。

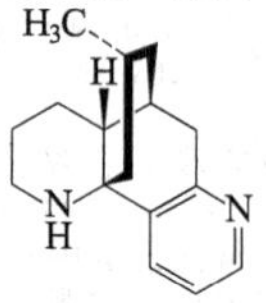

Lycopene 番茄红素 06111

[502-65-8] $C_{40}H_{56}$ 536.89
成分 C 89.49%，H 10.51%。
别名 ψ,ψ-Carotene；(*all-trans*)-Lycopene
M. I. 15，5681
性状 来自二硫化碳＋乙醇或二氯甲烷＋甲醇中的暗红色长针状结晶。1g 该品溶于 50mL 二硫化碳、3L 沸乙醚、12L 沸石油醚、14L 己烷（0℃），溶于氯仿、苯，几乎不溶于甲醇、乙醇、水。mp 172～173℃。一般试剂含量≥90.0%（HPLC）。
注意事项 该品应密封于−20℃保存。

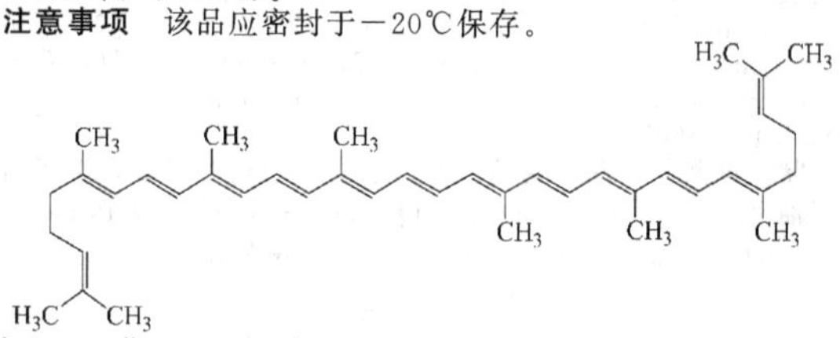

Lycopodine 石松碱 06112

[466-61-5] $C_{16}H_{25}NO$ 247.38
成分 C 77.68%，H 10.19%，N 5.66%，O 6.47%。
别名 (15*R*)-15-Methyllycopodan-5-one
M. I. 15，5683
性状 无色棱柱体结晶。味苦，溶于水、乙醇、氯仿、乙醚。mp 114～115℃；$[\alpha]_D$ −24°（乙醇中）。

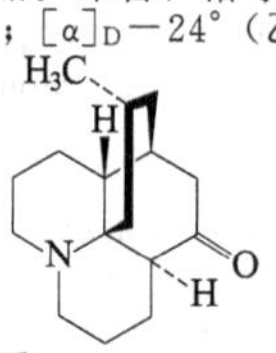

Lycoxanthin 番茄黄质 06113

[19891-74-8] $C_{40}H_{56}O$ 552.89
成分 C 86.90%，H 10.21%，O 2.89%。
别名 ψ,ψ-Carotene-16-ol；(*all-trans*)-Lycopen-16-ol
M. I. 15，5688
性状 来自二硫化碳中的紫色针状结晶，或来自苯＋石油醚中的红棕色棒状、针状的聚合物。溶于二硫化碳、苯，中等程度溶于石油醚，略溶于乙醇。mp 168℃；最大吸收值（丙酮中）：448nm，474nm（$E_{1cm}^{1\%}$ 3080），505nm。

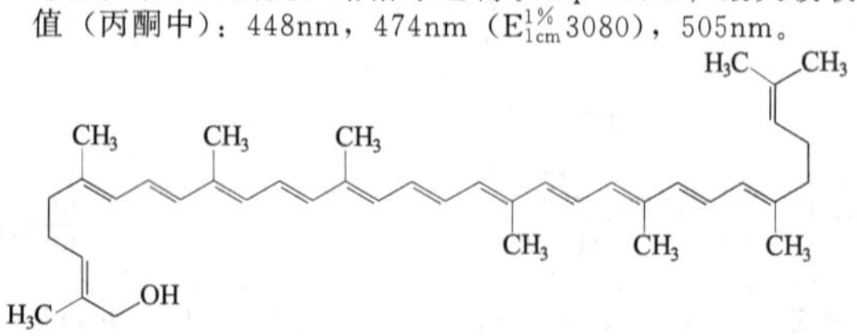

Lynestrenol 利奈孕醇 06114

[52-76-6] $C_{20}H_{28}O$ 284.44

成分 C 84.45%，H 9.92%，O 5.62%。
别名 利奈孕酮；炔雌烯醇；赖甲环素；(17α)-19-Norpregn-4-en-20-yn-17-ol；17α-Ethinyl-17β-hydroxyestr-4-ene；17α-Ethynylestr-4-en-17β-ol；3-Desoxynorlutin；Ethinylestrenol；Exluton(a)；Exlutena；Orgametril；Orgametil
M. I. 15，5690
性状 无色或白色固体。mp 158～160℃；$[\alpha]_D$ −13°（于氯仿中）。
主要用途 医用孕激素，与雌激素结合的口服避孕剂。

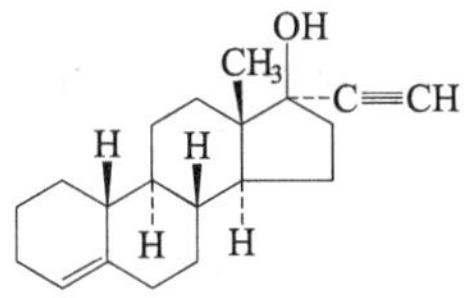

Lysergic acid 麦角酸 06115

[82-58-6] $C_{16}H_{16}N_2O_2$ 268.32
成分 C 71.62%，H 6.01%，N 10.44%，O 11.93%。
别名 (8β)-9,10-Didehydro-6-methylergoline-8-carboxylic acid
M. I. 15，5694
性状 无色六方形鳞状体，或来自水中的含 1 或 2mol/L 水的片状结晶。溶于氢氧化钠、氢氧化铵、碳酸钠、盐酸溶液，中等程度溶于吡啶，略溶于水及中性有机溶剂，微溶于稀硫酸。呈酸或碱性。pK_a 3.44，pK_b 7.68。mp 240℃（分解）；$[\alpha]_D^{20}$ +40°（c=0.5，于吡啶中）。

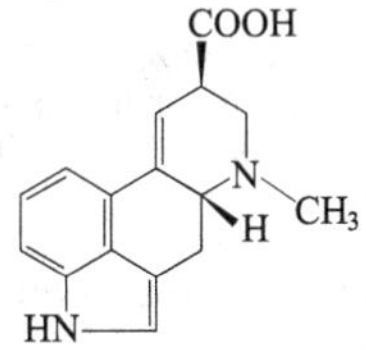

Lysergic acid diethylamide 麦角酸二乙胺 06116

[50-37-3] $C_{20}H_{25}N_3O$ 323.44
成分 C 74.27%，H 7.79%，N 12.99%，O 4.95%。
别名 *N*,*N*-Diethyl-D-lysergamide；9,10-Dihydro-*N*,*N*-diethyl-6-methylergoline-8β-carboxamide；*N*，*N*-Diethyl-D-lysergamide；Lysergide；LSD；LSD 25
M. I. 15，5695
性状 来自苯中的无色长片状结晶。mp 80～85℃；$[\alpha]_D^{20}$ +17°（c=0.5，于吡啶中）；uv max（乙醇中）：311nm（$E_{1cm}^{1\%}$ 257）。LD_{50} 小鼠，大鼠，兔静脉注射（mg/kg）：46，16.5，0.3。
注意事项 该品吸入、口服或与皮肤接触极毒。对机体有不可逆损伤的可能性。使用时应穿适当的防护服。应避免吸入本品的粉尘。接触皮肤后，应立即用大量水冲洗。使用时如有事故发生或有不适之感，应请医生诊治。应密封于 −20℃保存。

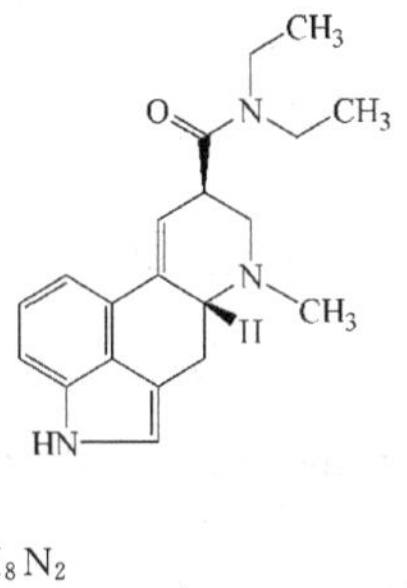

Lysidine 赖西丁 06117

[534-26-9] $C_4H_8N_2$ 84.12
成分 C 57.11%，H 9.59%，N 33.30%。
别名 2-甲基-4，5-二氢咪唑；4，5-Dihydro-2-methyl-1*H*-imidazole；2-Methyl-2-imidazoline；Methylglyoxalidine
M. I. 15，5696
性状 来自苯中的无色针状结晶，溶于水、乙醇、氯仿，较少地溶于苯、四氯化碳、石油醚，几乎不溶于乙醚。mp 105℃；bp 198～200℃。
注意事项 该品对眼睛、呼吸系统及皮肤有刺激性。使用时应戴适当的手套。万一接触到眼睛，应立即用大量水冲洗后请医生诊治。

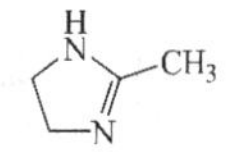

D-Lysine D-赖氨酸 06118

[923-27-3] $C_6H_{14}N_2O_2$ 164.19
成分 C 49.30%，H 9.65%，N 19.16%，O 21.89%。
别名 (*R*)-(−)-赖氨酸；D-赖氨酸；D-2,6-氨基己酸；(*S*)-2,6-Diaminocaproic acid；(*R*)-(−)-Lysine；(*R*)-2,6-Diaminohexanoic acid
性状 无色结晶。溶于水。mp 218℃（分解）；$[\alpha]_D^{20}$ −15°±2°（c=1，于水中）。生化试剂含量≥98.0%（TLC）。
注意事项 使用时应避免吸入本品的粉尘，避免与眼睛及皮肤接触。应密封于 −20℃保存。
主要用途 生化研究。

DL-Lysine DL-赖氨酸 06119

[70-54-2] $C_6H_{14}N_2O_2$ 146.19
成分 C 49.30%，H 9.65%，N 19.16%，O 21.89%。
别名 DL-2，6-二氨基己酸；(±)-2，6-Diaminocaproic acid
性状 白色结晶。极易潮解。溶于水。mp 170～172℃（分解）。生化试剂含量≥98.0%（TLC）。
注意事项 使用时应避免吸入本品的粉尘，避免与眼睛及皮肤接触。应充氩气密封干燥保存。
主要用途 生化研究。组织培养基的制备。

L-Lysine L-赖氨酸 06120

[56-87-1] [39665-12-8](二水物) $C_6H_{14}N_2O_2$ 146.19
成分 C 49.30%，H 9.65%，N 19.16%，O 21.89%。
别名 L-2,6-二氨基己酸；L-己氨酸；L-松氨酸；α,ε-Diaminocaproic acid；(*S*)-2,6-Diaminohexanoic acid；(*S*)-2,6-Diaminocaproic acid；K；Lys
M. I. 15，5697
性状 来自水中的无色针状结晶或来自稀乙醇中的六方体片状结晶。在空气中易吸收二氧化碳。极易溶于水，微溶于乙醇，不溶于通常的中性溶剂。pK_1 2.18，pK_2 8.95，pK_3 10.53。热至 210℃变暗，224.5℃分解；$[\alpha]_D^{20}$ +14.6°（c=6.5）；$[\alpha]_D^{23}$ +25.9°（c=2，于 6mol/L 盐酸中）。生化试剂含量≥98.0%（NT）。
注意事项 使用时应避免与眼睛及皮肤接触。应密封于干燥处保存。
主要用途 生化研究。组织培养基的制备。细菌培养。

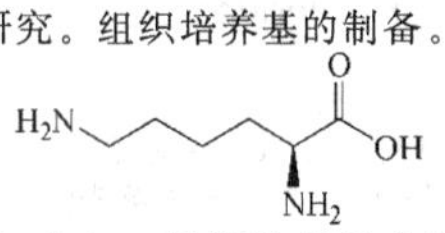

Lysine acetylsalicylate 赖氨酸乙酰水杨酸盐 06121

[62952-06-1] $C_{15}H_{22}N_2O_6$ 326.35
成分 C 55.21%，H 6.80%，N 8.58%，O 29.41%。
别名 乙酰水杨酸赖氨酸；Lysine-2-(acetyloxy)benzoate(1∶1)；DL-Lysincmono[2-(acetyloxy)benzoate]；Lysine monosalicylate acetate；Aspirin lysine salt；LAS；Aspidol；Aspisol；Delgesic；Flectadol；Lysal；Quinvet；Venopirin；Vetalgina
M. I. 15，5698
性状 来自乙醇中的无色结晶。溶于水，微溶于乙醇、不溶于甲醇、丙酮、乙醚、mp 154～156℃。
主要用途 医用、兽用止痛剂，抗发热剂，抗炎剂。

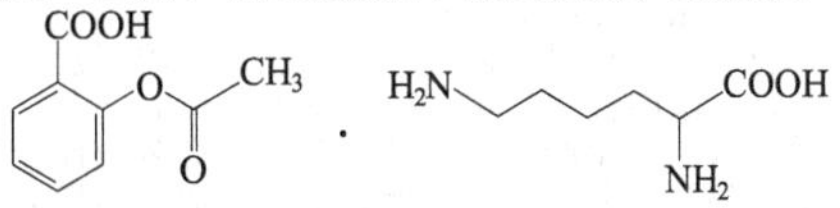

Lysine decarboxylase broth 赖氨酸脱羧酶培养基 06122

性状 近白色粉末。
注意事项 该品应密封保存。
主要用途 生化培养基。赖氨酸脱羧酶试验。

L-Lysine dihydrochloride L-赖氨酸 二盐酸盐 06123
[657-26-1] $C_6H_{16}Cl_2N_2O_2$ 219.11
成分 C 32.89%，H 7.36%，Cl 32.36%，N 12.79%，O 14.60%。
别名 二盐酸 L-赖氨酸
M. I. 15，5697
性状 来自乙醇＋乙醚中的无色结晶。极易溶于水，溶于甲醇，不溶于乙醇。mp 193℃；$[\alpha]_D^{20}$ +15.3°（c＝2，于水中）。生化试剂含量≥99.0%（AT）。
注意事项 使用时应避免吸入本品的粉尘，避免与眼睛及皮肤接触。应充氩气于干燥处密封保存。
主要用途 生化研究。

L-Lysine ethyl ester dihydrochloride
L-赖氨酸乙酯 二盐酸盐 06124
[3844-53-9] $C_8H_{20}Cl_2N_2O_2$ 247.17
成分 C 38.88%，H 8.15%，Cl 28.69%，N 11.33%，O 12.95%。
别名 二盐酸 L-赖氨酸乙酯
性状 无色结晶。易吸潮。mp 约 150℃（分解）；$[\alpha]_D^{20}$ +10°±1°（c＝2，于水中）。生化试剂含量≥99.0%（AT）。
注意事项 使用时应避免吸入本品的粉尘，避免与眼睛及皮肤接触。应充氩气于干燥处密封保存。

D-Lysine monohydrochloride
D-赖氨酸 一盐酸盐 06125
[7274-88-6] $C_6H_{15}ClN_2O_2$ 182.65
成分 C 39.46%，H 8.28%，Cl 19.41%，N 15.34%，O 17.52%。
别名 盐酸 D-赖氨酸
性状 白色结晶。对湿度敏感。mp 266℃（分解）；$[\alpha]_D^{20}$ −21°（c＝2，于 5mol/L 盐酸中）。一般试剂含量≥99.0%（AT）。
注意事项 该品应密封干燥保存。

DL-Lysine monohydrochloride
DL-赖氨酸 一盐酸盐 06126
[70-53-1] $C_6H_{15}ClN_2O_2$ 182.65
成分 C 39.46%，H 8.28%，Cl 19.41%，N 15.34%，O 17.52%。
别名 一盐酸 DL-赖氨酸；DL-2,6-二氨基己酸 一盐酸盐；Darvyl；Enisyl；Lyamine
性状 无色结晶或白色结晶性粉末。溶于水。mp 263～264℃（分解）；$[\alpha]_D^{25}$ +14.6°（c＝2，于 0.6mol/L 盐酸中）。生化试剂含量≥99.0%（AT）。
主要用途 生化研究。组织培养基的制备。

L-Lysine monohydrochloride
L-赖氨酸 一盐酸盐 06127
[657-27-2] $C_6H_{15}ClN_2O_2$ 182.65
成分 C 39.46%，H 8.28%，Cl 19.40%，N 15.34%，O 17.52%。
别名 L-2，6-二氨基己酸 一盐酸盐；一盐酸 L-赖氨酸；Darvyl；Enisyl；Lysamine；Lysortine
M. I. 15，5697
性状 来自稀乙醇中的无色结晶。易溶于水。mp 263～264℃，315℃分解；$[\alpha]_D^{25}$ +14.6°（c＝2，于 0.6mol/L 盐酸中）。生化试剂含量≥99.5%（AT）。
注意事项 该品应密封保存。
主要用途 生化研究。组织培养基的制备。营养增补剂。用于强化食品中的赖氨酸。

Lysolecithin from bovine liver 溶血卵磷脂（牛肝） 06128
[9008-30-4]
别名 脱（脂）酸卵磷脂（牛肝）；LL；L-α-Lysophosphatidylcholine；L-α-Lysolecithin
性状 白色粉末。极易吸潮，在水中乳化。溶于乙醇、冰乙酸、氯仿、吡啶。生化试剂含量≥99.0%。
注意事项 该品对眼睛、呼吸系统及皮肤有刺激性。使用时应穿适当的防护服。万一接触到眼睛，应立即用大量水冲洗后请医生诊治。应密封于−20℃干燥保存。
主要用途 生化研究。

L-α-Lysolecithin from egg yolk
L-α-溶血卵磷脂（蛋黄） 06129
[9008-30-4]
别名 脱（脂）酸卵磷脂；缩醛磷脂；溶血磷脂酰胆碱；L-α-Lysophosphatidylcholine from egg yolk；Plasmalogens；LPC；3-*sn*-Lysophosphatidylcholine from egg yolk
性状 白色粉末。极易吸潮，在水中乳化。溶于乙醇、冰乙酸、氯仿、吡啶。生化试剂含量≥99.0%（TLC）。
注意事项 该品对眼睛、呼吸系统及皮肤有刺激性。使用时应穿适当的防护服。使用时应避免吸入本品的粉尘，避免与眼睛及皮肤接触。万一接触到眼睛，应立即用大量水冲洗后请医生诊治。应充氩气密封于−20℃干燥保存。
主要用途 生化研究。

Lysostaphin from staphylococcus staphylolyticus
溶葡萄菌素（葡萄球菌属葡萄球菌溶菌素） 06130
[9011-93-2] Mr 约 25000
M. I. 15，5700
性状 浅棕色粉末。等电点 pH 值 10.4～11.4；uv max：278 nm。LD_{50}（7d）小鼠，大鼠静脉注射（mg/kg）：820，530。
注意事项 使用时应避免吸入本品的粉尘，避免与眼睛及皮肤接触。应充氩气密封于−20℃干燥保存。
主要用途 生化研究。

Lysozyme from chicken egg white
溶菌酶（鸡蛋白） 06131
[12650-88-3] Mr 约 14400±100
别名 胞壁质酶；*N*-Acetylmuramide glycanohydrolase；*N*-Acetylmuramyl hydrolase；Globulin G_1；Muramidase；Mucopeptide-*N*-acetylmuramoylhydrolase
M. I. 15，5701 EC 3.2.1.17
性状 无色结晶或白色冻干粉末。易溶于酸溶液，溶于水。等电点 pH 值 10.5～11.0。生化试剂蛋白质含量约 90%。
注意事项 该品应充氩气密封于−20℃干燥保存。
主要用途 生化研究。

Lysozyme chloride from chicken egg
氯化溶菌酶（鸡蛋白） 06132
[9066-59-5]
别名 溶菌酶盐酸盐；Acdeam；Antalzyme；Immunozima；Lanzyme；Likinozym；Lisozima；Murazyme；Neutase；Neuzyme；Toyolysom-DS
M. I. 15，5701
性状 无色结晶。
注意事项 该品应密封于−20℃干燥保存。
主要用途 抗病毒剂。黏液溶解酶。生化研究。

D-Lyxose D-来苏糖 06133
[1114-34-7] $C_5H_{10}O_5$ 150.13
成分 C 40.00%，H 6.71%，O 53.29%。
别名 D-异木糖；D-胶木糖；α-D-Lyxose；D-(−)-Lyxose
M. I. 15，5702
性状 来自乙醇＋乙醚中的无色单斜片状结晶或粉末。易溶于水，1g 该品溶于 38 份乙醇（17℃），于 90% 乙醇 100mL 中 20℃可溶 7.9g。mp 106～107℃；d^{20} 1.545；$[\alpha]_D^{20}$ +5.5° ⟶ −14.0°（c＝0.82，于水中）。生化试剂含量≥99.0%（HPLC）。
注意事项 该品应充氩气密封干燥保存。
主要用途 生化研究。

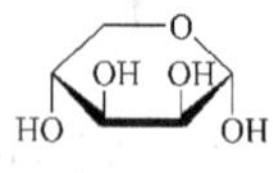

M

DL-Mabuterol hydrochloride DL-马布特罗 盐酸盐 06134
[95656-48-7] $C_{13}H_{19}Cl_2F_3N_2O$ 347.20
成分 C 44.97%，H 5.52%，Cl 20.42%，F 16.42%，N 8.07%，O 4.61%。
别名 盐酸马布特罗；1-(4′-氨基-3′-氯-5′-三氟甲基苯基)-2-叔丁基氨基乙醇 盐酸盐；KF-868；PB-868Cl；Broncholin；4-Amino-3-chloro-α-[(1，1-dimethylethyl) amino] methyl-5-(trifluoromethyl) benzenemethano hydrochloride；4-Amino-α-(*tert*-butylamino) methyl-3-chloro-5-(trifluoromethyl) benzyl alcohol

hydrochloride; 1-(4′-Amino-3′-chloro-5′-trifluoromethylphenyl)-2-*tert*-butylaminoethanol hydrochloride; Ambuterol hydrochloride
M. I. 15, 5703
性状 来自乙酸乙酯+乙醚中的无色结晶。易溶于水。mp 205～206℃。LD_{50} 雄、雌小鼠，雄、雌大鼠静脉注射(mg/kg)：41.5、51.1，26.4、28.1；腹膜内注射(mg/kg)：60.3、60.0，76.3、78.3；皮下注射(mg/kg)：113.0、125.7，117.2、123.1；急性经口(mg/kg)：220.8、199.9，319.3、305.6。
主要用途 医用支气管扩张剂，止喘剂。

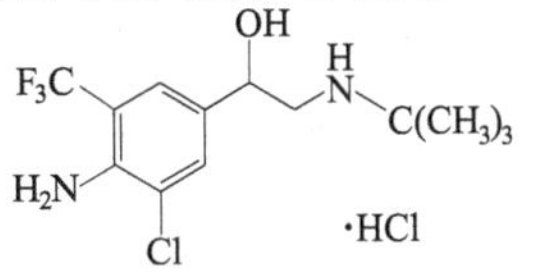

Maclurin 桑橙素 06135

[519-34-6] $C_{13}H_{10}O_6$ 262.22
成分 C 59.55%，H 3.84%，O 36.61%。
别名 桑鞣酸；(3,4-Dihydroxyphenyl)(2,4,6-trihydroxyphenyl) methanone; 2,3′,4,4′,6-Pentahydroxybenzophenone; morintannic acid; Moritannic acid; Laguncurinkinoyellow; Natural Yellow 11
M. I. 15, 5706 C. I. 75240
性状 来自乙醇中的黄色针状结晶。易溶于乙醇、乙醚，溶于190份水。mp 222～222.5℃。
主要用途 织物染色。

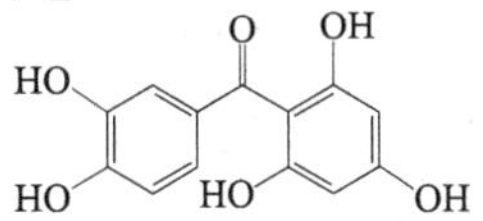

Maduramicin 马度米星 06136

[84878-61-5] $C_{47}H_{83}NO_{17}$
成分 C 60.43%，H 8.96%，N 1.50%，O 29.11%。
别名 (2*R*,3*S*,4*S*,5*R*,6*S*)-6-[(1*R*)-1-[(2*S*,5*R*,7*S*,8*R*,9*S*)-2-[(2*S*,2′*R*,3′*S*,5*R*,5′*R*)-3′-[(2,6-Dideoxy-3,4-di-*O*-methyl-β-L-*arabino*-hexopyranosyl) oxy] octahydro-2-methyl-5′-[(2*S*,3*S*,5*R*,6*S*)-tetrahydro-6-hydroxy-3,5,6-trimethyl-2*H*-pyran-2-yl][2,2′-bifuran]-5-yl]-9-hydroxy-2,8-dimethyl-1,6-dioxaspiro[4,5]dec-7-yl]ethyl] tetrahydro-2-hydroxy-4,5-dimethoxy-3-methyl-2*H*-pyran-2-acetic acidmonoammonium salt; Antibiotic X-14868A ammonium salt; CL 273703; Cygro; Maduramycin
M. I. 15, 5711
性状 其钠盐是来自乙酸乙酯+正己烷中的无色结晶。mp 193～195℃；$[\alpha]_D$+40.6°(氯仿中)；$[\alpha]_D$+23.8°(甲醇中)。
注意事项 该品口服有毒。与皮肤接触极毒。对眼睛有刺激性。使用时应穿适当的防护服和戴手套。万一接触到眼睛，接触到皮肤，应立即用大量水冲洗后请医生诊治。使用时如有事故发生或有不适之感，应请医生诊治。
主要用途 兽用抑球虫剂。分析用标准物质。

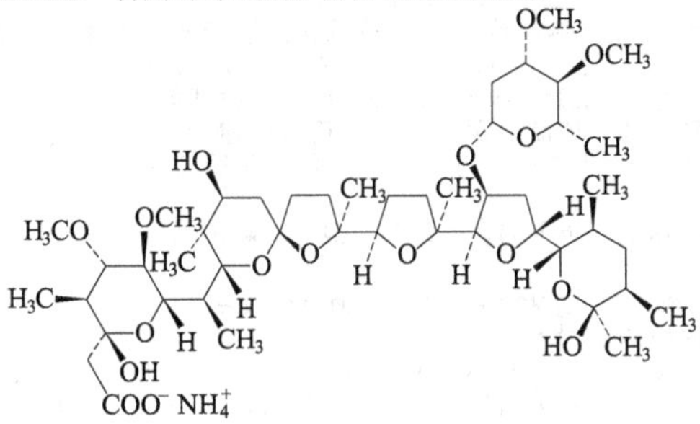

Magdala red 麦哥达拉红 06137

$C_{30}H_{21}ClN_4$ 472.99
成分 C 76.18%，H 4.48%，Cl 7.50%，N 11.84%。
别名 萘红；麦塔喇红；4-(1-萘偶氮)-1-萘胺 盐酸盐；Naphthalene pink; Naphthalene red; Naphthylamine pink; 4-(1-Naphthylazo)-1-naphthylamine hydrochloride
C. I. 50375
性状 深棕色粉末。一般为Ⅰ型和Ⅱ型的混合物。溶于乙醇，呈红色并具有棕色荧光。微溶于水，呈红色。
主要用途 测定亚硝酸盐。弹性组织和细胞核染色。

Magnesia mixture 镁合剂 06138

别名 镁剂；氧化镁-氯化钙混合剂
GW 2015-1573
性状 无色液体(含铵水)。d_4^{20} 1.002。
注意事项 该品对眼睛、呼吸系统及皮肤有刺激性。使用时应穿适当的防护服，戴手套和防护镜或面罩。万一接触到眼睛，应立即用大量水冲洗后请医生诊治。使用时如有事故发生或有不适之感，应请医生诊治。
主要用途 测定磷酸用。

Magnesium crystal 镁晶体 06139

[7439-95-4] Mg 24.3050
GW 2015-1572 M. I. 15, 5717
性状 带金属光泽的银白色晶体。带金属光泽的银白色片状物。在潮湿空气中表面被氧化而生成暗膜，燃烧时能产生眩目的白光，冒白烟，生成白色的氧化镁粉末。溶于酸，不溶于水。能与氯激烈化合，也能与其他卤素、硫、磷、砷及金属等化合。mp 651℃；bp 1100℃；d^{20} 1.738。一般试剂含量≥99.5%。
注意事项 该品高度易燃。与水接触时释放出高度易燃气体。使用时应保持容器密闭和干燥。万一着火，应使用指定特殊粉末灭火设备而决不能用水。应密封于干燥处保存。
主要用途 还原剂。制造镁盐、闪光粉、轻质合金。

Magnesium powder 镁粉 06140

[7439-95-4] Mg 24.3050
GW 2015-1572 M. I. 15, 5717
性状 带金属光泽的银白色金属粉末。其他同“镁晶体”。一般试剂含量≥99.0%(KT)。
注意事项 见06139镁晶体。
主要用途 还原剂。制造镁盐、闪光粉、轻质合金。镁晶体。

Magnesium turning 镁屑 06141

[7439-95-4] Mg 24.3050
GW 2015-1572 M. I. 15, 5717
性状 带金属光泽的银白色金属屑。其他同“镁晶体”。一般试剂含量≥99.5%。
注意事项 该品高度易燃。与水接触时释放出高度易燃气体。使用时应保持容器密闭和干燥。万一着火，应使用指定特殊粉末灭火设备而决不能用水。应密封于干燥处保存。镁晶体。
主要用途 还原剂。制造镁盐、闪光粉、轻质合金。镁晶体。

Magnesium acetate tetrahydrate 乙酸镁 四水 06142

[16674-78-5] $C_4H_6MgO_4 \cdot 4H_2O$ 214.65
成分(以无水物计) C 33.74%，H 4.25%，Mg 17.07%，O 44.94%。
别名 四水合乙酸镁；醋酸镁 四水；Cromosan tetrahydrate; Magnesium acetate
M. I. 15, 5718
性状 无色或白色结晶。易潮解。易溶于水、乙醇。水溶液呈中性或微酸性。mp 约80℃；d 1.45。一般试剂含量≥99.0%(KT)。
注意事项 该品使用时应避免吸入本品的粉尘，避免与眼睛及皮肤接触，应密封于干燥处保存。
主要用途 制备乙酸铀酰镁用以测定钠。

Magnesium borate 硼酸镁 06143

[13703-82-7] B_2MgO_4 190.92
成分 B 19.67%，Mg 22.11%，O 58.22%。
别名 偏硼酸镁；Antifungin; Magnesium metaborate
M. I. 15, 5722
性状 无色斜方结晶或白色粉末。溶于酸，微溶于水。
主要用途 医用防腐剂、消毒剂、杀菌剂。

Magnesium bromate hexahydrate 溴酸镁 六水 06144
[7789-36-8] $Br_2MgO_6 \cdot 6H_2O$ 388.22
成分（以无水物计） Br 57.05%，Mg 8.68%，O 34.27%。
别名 六水合溴酸镁
GW 2015-2420
性状 无色、白色结晶或结晶性粉末。溶于1.5份水，不溶于乙醇。约200℃失去全部结晶水，温度再高则分解。
注意事项 该品为氧化剂。
主要用途 有机合成。分析试剂。

Magnesium bromide hexahydrate 溴化镁 六水 06145
[13446-53-2] $Br_2Mg \cdot 6H_2O$ 292.20
成分（以无水物计） Br 86.80%，Mg 13.20%。
别名 六水合溴化镁
M.I.15，5723
性状 无色结晶或白色结晶颗粒。易潮解。味苦。溶于0.3份水，其溶液呈中性。溶于乙醇。微溶于氨水。mp 约165℃（分解）。一般试剂含量≥99.0%（AT）。
注意事项 该品对眼睛、呼吸系统及皮肤有刺激性。使用时应穿适当的防护服，戴手套和防护镜或面罩。万一接触到眼睛，应立即用大量水冲洗后请医生诊治。应密封干燥保存。
主要用途 各种有机溴化物的制备。制药工业。有机合成。

Magnesium carbonate basic
碱式碳酸镁 06146
[39409-82-0] $C_4H_2Mg_5O_{14}$ 395.58
成分 C 12.15%，H 0.51%，Mg 30.72%，O 56.62%。
别名 氢氧化碳酸镁；碳酸镁 碱式；Carbonic acid，magnesium salt (1∶1)，mixt with magnesium hydroxide，hydrate；Magnesium carbonate hydroxide；Magnesium carbonate light；Magnesium hydroxide carbonate；Marinco C
M.I.15，5724
性状 白色粉末。体轻而质松。溶于稀酸放出二氧化碳，难溶于水，不溶于乙醇。加热至约700℃能成为氧化镁。一般试剂含量≥99.0%。
注意事项 使用时应避免吸入本品的粉尘，避免与眼睛及皮肤接触。
主要用途 橡胶原料。镁盐制造。制药工业。高级玻璃制造。耐热绝缘材料。液体澄清过滤。

Magnesium chloride hexahydrate 氯化镁 六水 06147
[7791-18-6] $Cl_2Mg \cdot 6H_2O$ 203.30
成分（以无水物计） Cl 74.47%，Mg 25.53%。
别名 六水合氯化镁；Magnogene
M.I.15，5725
性状 无色结晶或白色结晶性粉末。味苦。易潮解。1份该品溶于0.9份水、微溶于乙醇。其溶液呈中性。加热时，生成氧氯化物。mp 约35℃；*d* 1.80。LD_{50} 大鼠急性经口：5.25g/kg。
注意事项 该品应密封于干燥处保存。
主要用途 分析试剂。砷盐、磷酸的定量分析。镁氧混合物制备。与氧化镁制成坚硬的固体。医用泻剂。

参考规格 GB/T 672—2006	优级纯	分析纯	化学纯
含量（$MgCl_2 \cdot 6H_2O$）/%≥	99.0	98.0	98.0
pH值（50g/L，25℃）	5.0~6.5	5.0~6.5	5.0~6.5
澄清度试验/号≤	2	3	5
水不溶物/%≤	0.003	0.005	0.01
总氮量（N）/%≤	0.002	0.005	0.01
硫酸盐（SO_4）/%≤	0.002	0.005	0.01
磷酸盐（PO_4）/%≤	0.0005	0.001	0.002
钠（Na）/%≤	0.005		
钾（K）/%≤	0.005		
钙（Ca）/%≤	0.01	0.05	0.10
铁（Fe）/%≤	0.0002	0.0005	0.001
重金属（以Pb计）/%≤	0.0002	0.0005	0.001
钡和锶（以Ba计）/%≤	0.002	0.005	0.005

Magnesium chromate pentahydrate 铬酸镁 五水 06148
[16569-85-0] $CrMgO_4 \cdot 5H_2O$ 230.38
成分（以无水物计） Cr 37.06%，Mg 17.32%，O 45.61%。
别名 五水合铬酸镁
性状 黄色结晶。易潮解。溶于水，不溶于乙醇。一般试剂含量≥98.0%。
注意事项 该品口服有害。具有腐蚀性，能引起烧伤。使用时应穿适当的防护服，戴手套和防护镜或面罩。使用时禁止饮食。万一接触到眼睛，应立即用大量水冲洗后请医生诊治。使用时如有事故发生或有不适之感，应请医生诊治。应密封于干燥处保存。其包装物应按危险品处理。
主要用途 玻璃、陶瓷工业。金属表面处理。

Magnesium citrate tetradecahydrate
柠檬酸镁 十四水 06149
[3344-18-1] $C_{12}H_{10}Mg_3O_{14} \cdot 14H_2O$ 703.40
成分（以无水物计） C 31.95%，H 2.23%，Mg 16.16%，O 49.65%。
别名 十四水合柠檬酸镁；枸橼酸镁；2-羟基-1，2，3-丙三羧酸镁盐；Citramag tetradecahydrate；2-Hydroxy-1，2，3-propanecarboxylic acid magnesium salt (2∶3)
M.I.15，5727
性状 无色结晶颗粒或白色结晶性粉末。易吸潮。溶于稀酸，微溶于水、乙醇。
注意事项 该品对眼睛、呼吸系统及皮肤有刺激性。使用时应穿适当的防护服。使用时应避免吸入本品的粉尘，避免与眼睛及皮肤接触。万一接触到眼睛，应立即用大量水冲洗后请医生诊治。应充氮气密封于干燥处保存。
主要用途 制药工业。分析试剂。

Magnesium fluoride 氟化镁 06150
[7783-40-6] F_2Mg 62.30
成分 F 60.99%，Mg 39.01%。
别名 二氟化镁；Afluon；Magnesium flux；Sellaite
M.I.15，5729
性状 无色结晶或白色粉末。在灯光下带有微紫色荧光。溶于硝酸，微溶于水（18℃，87mg/L）、稀乙醇。mp 1248℃；bp 2260℃；*d* 3.148。LD_{50} 豚鼠急性经口：1.0g/kg；皮下注射：3g/kg。一般试剂含量≥99.5%。
注意事项 该品对眼睛、呼吸系统及皮肤有刺激性。使用时应穿适当的防护服。万一接触到眼睛，应立即用大量水冲洗后请医生诊治。
主要用途 光谱试剂。光学透镜镀膜。制造光学玻璃和陶瓷。电子工业。

Magnesium fluorsilicate hexahydrate
氟硅酸镁 六水 06151
[18972-56-0] $F_6MgSi \cdot 6H_2O$ 274.51
成分（以无水物计） F 68.51%，Mg 14.61%，Si 16.88%。
别名 六水合氟硅酸镁；六氟矽酸镁 六水；六氟硅酸镁 六水；硅氟酸镁 六水；Magnesium hexafluorosilicate；Magnesium silicofluoride hexahydrate
GW 2015-1336 M.I.14，5732
性状 白色结晶或粉末。易风化。溶于水，不溶于乙醇。1%水溶液的pH值3.1。热至120℃分解；*d* 1.788。LD_{50}豚鼠急性经口：200mg/kg。一般试剂含量≥99.0%。
注意事项 该品口服有毒。使用时应避免与眼睛及皮肤接触。使用时如有事故发生或有不适之感，应请医生诊治。
主要用途 防水剂。防蛀剂。混凝土硬化剂。陶瓷。

Magnesium glycerophosphate hydrate
甘油磷酸镁 水合 06152
[927-20-8] $C_3H_7MgO_6P + H_2O$ 194.36+18.02
成分（以无水物计） C 18.54%，H 3.63%，Mg 12.51%，O 49.39%，P 15.94%。
别名 DL-*α*-Glycerol phosphate magnesium salt hydrate；*rac*-Glycero-3-phosphate magnesium salt hydrate
性状 白色结晶或粉末。溶于水，不溶于乙醇。生化试剂含量≥85.0%（KT）。
注意事项 使用时应避免吸入本品的粉尘，避免与眼睛及皮

肤接触。

Magnesium hydroxide 氢氧化镁 06153
[1309-42-8] H_2MgO_2 58.32
成分 H 3.46%，Mg 41.68%，O 54.87%。
别名 奶镁；Emgesan；Magnesium hydrate；Milk of magnesia；Marinco H
M. I. 15，5734
性状 白色无定形粉末。溶于稀酸和铵盐溶液，几乎不溶于水（1∶80000）、乙醇。其水浆 pH 值 9.5～10.5。mp 350℃。一般试剂含量≥99.0%（KT）。
注意事项 该品对眼睛、呼吸系统及皮肤有刺激性。使用时应穿适当的防护服。使用时应避免吸入本品的粉尘，避免与眼睛及皮肤接触。万一接触到眼睛，应立即用大量水冲洗后请医生诊治。应充氮气密封于干燥处保存。
主要用途 分析试剂。糖的精炼。医用解酸剂、泻剂。

Magnesium iodide anhydrous 碘化镁 无水 06154
[10377-58-9] I_2Mg 278.11
成分 I 91.26%，Mg 8.74%。
别名 无水碘化镁
M. I. 15，5735
性状 白色结晶或粉末。有潮解性。易溶于水，溶液呈中性或弱碱性，溶于乙醇、乙醚。mp 637℃（分解）；*d* 4.430。一般试剂含量≥99.99%。
注意事项 该品对眼睛及皮肤有刺激性。使用时应穿适当的适当的防护服。万一接触到眼睛，应立即用大量水冲洗后请医生诊治。
主要用途 制药工业。

Magnesium lactate 乳酸镁 06155
[18917-93-6] $C_6H_{10}MgO_6$ 202.45
成分 C 35.60%，H 4.98%，Mg 12.01%，O 47.42%。
别名 α-羟基丙酸镁；2-Hydroxypropanoic acid magnesium salt
M. I. 15，5736
性状 白色结晶或粉末。味苦。三水合物 1g 溶于 25mL 冷水、3.5mL 沸水，其溶液呈微酸性。微溶于乙醇。一般试剂含量≥95.0%（KT）。
注意事项 使用时应避免吸入本品的粉尘，避免与眼睛及皮肤接触。
主要用途 医用泻剂。

Magnesium methyl iodide ether solution
甲基碘化镁 乙醚溶液 06156
[917-64-6] CH_3IMg 166.25
成分 C 7.22%，H 1.82%，I 76.33%，Mg 14.62%。
别名 格氏试剂；碘化甲基镁 乙醚溶液；Grignard reagent；Methyl magnesium iodide；Methyl magnesium iodide in ether
GW 2015-2625（乙醚）
性状 棕褐色液体。一般商品为 3.0mol/L 溶液。Fp −40°F（−40℃）；d_4^{20} 1.26。
注意事项 该品极易燃（因溶剂为乙醚）。遇水激烈反应，并放出高度易燃气体。口服有毒。与皮肤接触有毒。具有腐蚀性，能引起烧伤。反复曝露可能造成皮肤干燥或破裂。其蒸气可引起瞌睡和眩晕。使用时应保持容器密闭和干燥。使用现场禁止吸烟。使用时应穿适当的防护服，戴手套和防护镜或面罩。万一接触到眼睛，应立即用大量水冲洗后请医生诊治。使用时如有事故发生或有不适之感，应请医生诊治。万一着火，应用特殊粉末灭火，而不能用水。应充氩气密封于通风干燥处保存。
主要用途 测定微量的活性氢。

Magnesium nitrate hexahydrate 硝酸镁 六水 06157
[13446-18-9] $MgN_2O_6 \cdot 6H_2O$ 256.40
成分（以无水物计）Mg 16.39%，N 18.89%，O 64.73%。
别名 六水合硝酸镁
GW 2015-2309 M. I. 15，5738
性状 无色结晶。无味。易潮解。溶于 0.8 份水，易溶于乙醇。其水溶液呈中性。mp 约 89℃；*d* 1.464。一般试剂含量≥99.0%（KT）。
注意事项 该品与易燃物品接触引起燃烧。对眼睛、呼吸系统及皮肤有刺激性。使用时应穿适当的防护服。使用时应避免吸入本品的粉尘，避免与眼睛及皮肤接触。万一接触到眼睛，应立即用大量水冲洗后请医生诊治。应远离易燃物品，充氮气密封于干燥处保存。
主要用途 镁盐制备。催化剂。强氧化剂。烟火制造。

Magnesium nitride 氮化镁 06158
[12057-71-5] Mg_3N_2 100.93
成分 Mg 72.24%，N 27.76%。
别名 二氮化三镁
GW 2015-174
性状 淡绿色粉末或黄绿色块状物。对湿度很灵敏，在空气中即分解成氢氧化镁和氨。mp 800℃（分解）；d_4^{20} 2.710。一般试剂含量≥99.5%。
注意事项 该品高度易燃。与水接触能释放出有毒气体。对眼睛、呼吸系统及皮肤有刺激性。使用时应戴适当的手套。应保持容器的密闭和干燥。万一接触到眼睛，应立即用大量水冲洗后请医生诊治。应采取抗放静电措施，密封干燥保存。其包装物应按危险品处理。
主要用途 测定含醇燃料的水分。

Magnesium oxalate dihydrate 草酸镁 二水 06159
[547-66-0] $C_2MgO_4 \cdot 2H_2O$ 148.37
成分（以无水物计）C 21.39%，Mg 21.64%，O 56.98%。
别名 乙二酸镁 二水；二水合草酸镁；Ethanedioic acid magnesium salt
M. I. 15，5740
性状 白色粉末。溶于稀无机酸，溶于约 1500 份水，不溶于乙醇。一般试剂含量≥98.5%。
注意事项 该品吸入或与皮肤接触有害。使用时应避免与眼睛及皮肤接触。
主要用途 制药工业。

Magnesium oxide 氧化镁 06160
[1309-48-4] MgO 40.30
成分 Mg 60.31%，O 39.70%。
别名 苦土；煅苦土；Calcined magnesia；Magcal；Maglite；Magnesia；Magnesia usta
M. I. 15，5741
性状 白色极细粉末。根据制法有轻质与重质之分。无味。露置空气中易吸收水分和二氧化碳，逐渐成为碱式碳酸镁。溶于稀酸，也溶于铵盐溶液，几乎不溶于纯水。其溶液呈碱性，不溶于乙醇。mp 2800℃；bp 3600℃。
注意事项 该品口服有害。对眼睛、呼吸系统及皮肤有刺激性。使用时应穿适当的防护服，应避免吸入本品的粉尘，避免与眼睛及皮肤接触。万一接触到眼睛，应立即用大量水冲洗后请医生诊治。应密封于干燥处保存。
主要用途 光谱分析试剂。煤、黄铁矿、钢中硫与砷含量的测定。助熔剂。制药工业。橡胶、油脂工业等。能与氯化镁制成坚硬的材料。

参考规格 HG/T 9857—1988	分析纯	化学纯
含量（MgO）/%≥	98.0	97.0
澄清度试验	合格	合格
盐酸不溶物/%≤	0.01	0.05
水溶物/%≤	0.5	
灼烧失重/%≤	2.0	3.0
氯化物（Cl）/%≤	0.01	0.03
硫酸盐（SO_4）/%≤	0.02	0.1
磷酸盐（PO_4）/%≤	0.003	0.01
总氮量（N）/%≤	0.001	0.003
钠（Na）/%≤	0.05	0.1
钾（K）/%≤	0.005	0.01
钙（Ca）/%≤	0.02	0.1
铁（Fe）/%≤	0.005	0.01
重金属（以 Pb 计）/%≤	0.003	0.01
锌（Zn）/%≤	0.005	0.01
钡和锶（以 Ba 计）/%≤	0.005	0.01
砷（As）/%≤	0.0001	
铜（Cu）/%≤	0.001	
碳酸盐（以 CO_3 计）/%≤	1.5	

Magnesium perchlorate anhydrous 无水高氯酸镁 06161

[10034-81-8] [64010-42-0] Cl_2MgO_8 223.20

成分 Cl 31.77%，Mg 10.89%，O 57.34%。

别名 无水过氯酸镁；过氯酸镁 无水；高氯酸镁 无水；Anhydrone；Dehydrite

GW 2015-805 M. I. 15，5742

性状 白色多孔性粒状物、片状物或粉末。易潮解。溶于水，并放热。约 250℃分解；*d* 2.210。一般试剂含量≥80.0%。

注意事项 该品与还原剂或易燃物混合或接触易引起燃烧或爆炸。对眼睛、呼吸系统及皮肤有刺激性。使用时应穿适当的防护服。使用现场禁止吸烟。使用完应立即脱掉被污染的衣服。万一接触到眼睛，应立即用大量水冲洗后请医生诊治。应远离火种和易燃品，充氩气密封于干燥处保存。

主要用途 气体干燥剂。催化剂。

Magnesium perchlorate hexahydrate

高氯酸镁 六水 06162

[13446-19-0] $Cl_2MgO_8 \cdot 6H_2O$ 331.31

成分（以无水物计） Cl 31.77%，Mg 10.89%，O 57.34%。

别名 六水合过氯酸镁；六水合高氯酸镁；过氯酸镁 六水；结晶过氯酸镁；高氯酸镁 结晶；Magnesium perchlorate crystal

GW 2015-805 M. I. 15，5742

性状 白色结晶。有潮解性。易溶于水、乙醇。受热分解。mp 185～190℃。

注意事项 见 06161 无水高氯酸镁。

主要用途 气体干燥剂。氧化剂。

Magnesium peroxide 过氧化镁 06163

[14452-57-4] $MgO_2 \cdot (MgO)_n$ 56.30

成分 Mg 43.17%，O 56.83%。

别名 二氧化镁；Magnesium dioxide；Magnesium perhydrol；Magnesium superoxol

GW 2015-897 M. I. 15，5744

性状 白色粉末。无味。溶于稀酸，生成过氧化氢，不溶于水。一般试剂含量≥25.0%。

注意事项 该品与易燃品接触能引起燃烧。具有腐蚀性，能引起烧伤。使用时应穿适当的防护服，戴手套和防护镜或面罩。万一接触到眼睛，应立即用大量水冲洗后请医生诊治。使用时如有事故发生或有不适之感，应请医生诊治。使用完毕应立即脱掉受污染的衣服。应远离易燃品存放。

主要用途 氧化剂。漂白剂。医用解酸剂，抗感染剂。

Magnesium phosphate dibasic trihydrate

磷酸氢镁 三水 06164

[7782-75-4] $HMgO_4P \cdot 3H_2O$ 174.34

成分（以无水物计） H 0.84%，Mg 20.21%，O 53.21%，P 25.75%。

别名 三水合磷酸氢镁；Magnesium hydrogen phosphate trihydrate；Secondary magnesium phosphate trihydrate

M. I. 15，5745

性状 白色结晶性粉末。溶于稀酸，微溶于水。*d* 2.13。一般试剂含量≥98.0%（T）。

注意事项 该品吸入、口服或与皮肤接触有害。使用时应穿适当的防护服。应避免吸入本品的粉尘，避免与眼睛及皮肤接触。

主要用途 塑料稳定剂。医用泻剂。

Magnesium phosphate tribasic pentahydrate

磷酸镁 五水 06165

[53408-95-0] $Mg_3O_8P_2 \cdot 5H_2O$ 352.93

成分（以无水物计）Mg 27.74%，O 48.69%，P 23.57%。

别名 五水合磷酸镁；磷酸三镁 五水；"Neural" magnesium phosphate pentahydrate；*tri*-Magnesium diphosphate pentahydrate；*tri*-Magnesium phosphate pentahydrate

M. I. 15，5747

性状 白色结晶性粉末。易溶于稀无机酸，几乎不溶于水。热至约 400℃失去全部结晶水。一般商品 P_2O_5 含量≥33.0%。

注意事项 该品对眼睛、呼吸系统及皮肤有刺激性。万一接触到眼睛，应立即用大量水冲洗后请医生诊治。

主要用途 沉淀剂。牙科研磨剂。摩擦剂。食品用营养增补剂、抗结剂。医用解酸剂。

Magnesium stearate 硬脂酸镁 06166

[557-04-0] $C_{36}H_{70}MgO_4$ 591.26

成分 C 73.13%，H 11.93%，Mg 4.11%，O 10.82%。

别名 十八酸镁；Dolomol；Octadecanoic acid magnesium salt

M. I. 15，5754

性状 白色轻质粉末。微有特殊气味。不溶于水、乙醇、乙醚，能被稀酸分解。mp 88.5℃。

注意事项 该品对眼睛、呼吸系统及皮肤有刺激性。使用时应穿适当的防护服。万一接触到眼睛，应立即用大量水冲洗后请医生诊治。

主要用途 油漆干燥剂。制香粉、化妆品、油漆和假漆的催干剂。

Magnesium sulfate anhydrous 无水硫酸镁 06167

[7487-88-9] MgO_4S 120.36

成分 Mg 20.19%，O 53.17%，S 26.64%。

别名 硫酸镁 无水

M. I. 15，5755

性状 无色结晶或白色结晶性粉末。味咸凉而微苦。溶于水、甘油，微溶于乙醇，不溶于丙酮。一般试剂含量≥98.0%（KT）。

注意事项 使用时应避免吸入本品的粉尘，避免与眼睛及皮肤接触。应充氩气密封于干燥处保存。

主要用途 分析试剂。制药工业。印染工业。干燥剂。

Magnesium sulfate heptahydrate 硫酸镁 七水 06168

[10034-99-8] $MgO_4S \cdot 7H_2O$ 246.47

成分（以无水物计） Mg 20.19%，O 53.17%，S 26.64%。

别名 七水合硫酸镁；泻利盐；泻盐；苦盐；硫盐；硫酸镁 结晶；结晶硫酸镁；Bitter salt；Epsom salt；Magnesium sulfate crystal；Mg 5-sulfat

M. I. 15，5755

性状 无色四角柱状结晶或粒状结晶。味咸凉而微苦。在干燥空气中易风化。易溶于水（g/100mL：20℃ 71；40℃ 91），其溶液近中性，pH 值 6～7。缓溶于甘油，微溶于乙醇。47℃以下较稳定。热至 68℃以上熔化，250℃成为无水物。mp 1124℃；*d* 1.67。

主要用途 分析中用以沉淀铅。食品用营养增补剂。

参考规格 GB/T 671—1998	优级纯	分析纯	化学纯
含量（$MgSO_4 \cdot 7H_2O$）/%≥	99.5	99.0	99.0
pH（50g/L，25℃）	5.0～8.0	5.0～8.0	5.0～8.0
澄清度试验	合格	合格	合格
水不溶物/%≤	0.002	0.005	0.01
氯化物（Cl）/%≤	0.0002	0.0005	0.001
硝酸盐（NO_3）/%≤	0.002		
铵（NH_4）/%≤	0.002		
钾（K）/%≤	0.005		
钠（Na）/%≤	0.005	0.005	0.05
钙（Ca）/%≤	0.01	0.02	0.05
锰（Mn）/%≤	0.0005	0.001	0.005
铁（Fe）/%≤	0.0002	0.0005	0.001
锶（Sr）/%≤	0.005		
砷（As）/%≤	0.00005	0.0001	0.0002
重金属（以 Pb 计）/%≤	0.0002	0.0005	0.001

Magnesium thiosulfate hexahydrate

硫代硫酸镁 六水 06169

[10124-53-5] $MgO_3S_2 \cdot 6H_2O$ 244.53

成分（以无水物计） Mg 17.81%，O 35.18%，S 47.01%。

别名 六水合硫代硫酸镁；Antichoc Hipmag；Magnesium hyposulfite hexahydrate；Magmosulf

M. I. 15，5758

性状 无色结晶或白色结晶及粉末。在 170℃失去 3 分子结晶水。溶于 2 份水，不溶于乙醇。其水溶液呈中性。*d* 1.82。一般试剂含量≥98.0%（RT）。

注意事项 该品对眼睛、呼吸系统及皮肤有刺激性。使用时应穿适当的防护服。万一接触到眼睛，应立即用大量水冲洗后请医生诊治。应密封保存。

主要用途 电镀工业。

Magnesium trisilicate pentahydrate 三硅酸镁 五水

06170

[14987-04-3] $Mg_2O_8Si_3 \cdot 5H_2O$ 350.90

成分（以无水物计） Mg 18.64%，O 49.07%，Si 32.30%。

别名 五水合三硅酸镁；矽酸镁 五水；硅酸镁 五水；Magnesium mesotrisilicate；Magnesium *meso*-trisilicate；Magnesium silicate；di-Magnesium trisilicate；Magnosil；Petimin；Sellagen；Trisomin

M. I. 15，5751

性状 白色粉末。无臭、无味。微有吸湿性。不溶于水、乙醇。

注意事项 使用时应避免吸入本品的粉尘，避免与眼睛及皮肤接触。

主要用途 制药工业。气味吸收剂。脱色剂。抗氧剂。玻璃、陶瓷、橡胶工业。

Magnoflorine iodide 碘化木兰花碱

06171

[2141-09-5]（无 I） $C_{20}H_{24}INO_4$ 469.32

成分 C 51.18%，H 5.15%，I 27.04%，N 2.98%，O 13.64%。

别名 玉兰碱；洋玉兰碱；荷花玉兰碱；(6a*S*)-5,6,6a,7-Tetrahydro-1,11-dihydroxy-2,10-dimethoxy-6,6-dimethyl-4*H* dibenzo[*de*,*g*]quinolinium；Thalictrine

M. I. 15，5760

性状 来自甲醇＋丙酮中的无色结晶。248～249℃分解；$[\alpha]_D^{15}$＋220.1°（甲醇中）；uv max：270nm，310nm（lg ε 3.75，3.59）。

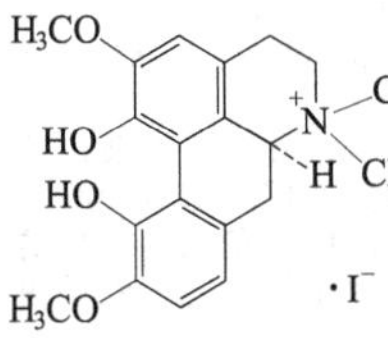

Malachite green 孔雀石绿

06172

[569-64-2] [13425-25-7] $C_{23}H_{25}ClN_2$ 364.92

成分 C 75.70%，H 6.91%，Cl 6.91%，N 7.68%。

别名 中国绿；孔雀绿；苯胺绿；固绿 O；品绿；胜利绿 B；盐基块绿；亮绿 N；亮绿 S；盐基快绿；新胜利绿；碱性孔雀绿；孔雀石绿草酸盐；Aniline green；Basic green 4；Benzaldehyde green；Bis [*p*-(dimethylamino) phenyl] phenylmethylium chloride；China green；Basic green 4；China green；Diamond green B；Diamond green Bx；Diamond green Pextra；*N*-[4-[[4-(Dimethylamino) phenyl] phenylmethylene] -2，5-cyclohexadien-1-ylidene] -*N*-methylmethanaminium chloride；Fast green；Light green；Light green N；Light green S；Malachite green chloride；New victoria green extra O；New victoria green extra Ⅰ；New victoria green extra Ⅱ；Victoria green B；Victoria green WB；Malachite green oxalate；Solid green O；*N*，*N*，*N'*，*N'*-Tetramethyl-4，4'-diaminotriphenylcarbenium oxalate

M. I. 15，5763 C. I. 42000

性状 带有金属光泽的绿色结晶。易溶于水，溶液呈蓝绿色。溶于甲醇、乙醇、戊醇。mp 164℃（分解）；pH 值 0.0～2.0（由黄色至绿色）；11.0～13.5（由绿色至无色）。LD_{50} 小鼠急性经口：80mg/kg；腹膜内注射：4.2mg/kg。LC_{50}（12℃，6h，mg/L）翻车鱼，猫鱼，虹鳟鱼，鲢鱼：2.19（pH 值 7.5），0.960（pH 值 7.5），6.8（pH 值 8.0），3.0（pH 值 7.5）。一般商品干燥含量约 90.0%。

注意事项 该品口服有害。对皮肤有刺激性，对眼睛有严重损伤的危险性。使用时应穿适当的防护服，戴防护镜或面罩。万一接触到眼睛，应立即用大量水冲洗后请医生诊治。应密封保存。

主要用途 微量分析亚硫酸盐、铈、钨等的试剂。酸碱指示剂。生物染色剂，如红细胞、蛔虫卵的染色。抑菌剂。杀虫剂。

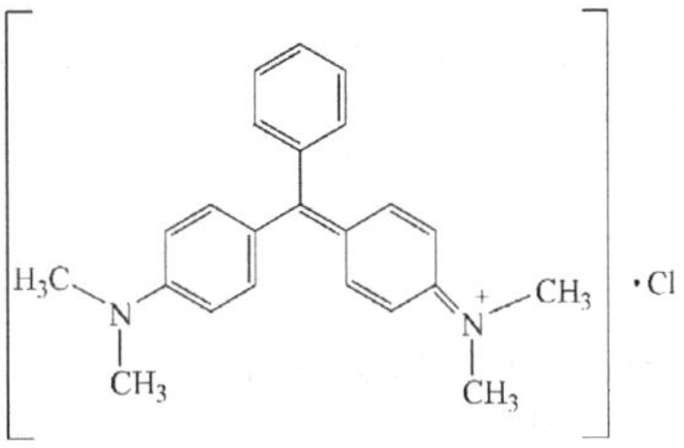

Malachite green leuco 无色孔雀石绿

06173

[129-73-7] [13425-25-7] $C_{23}H_{26}N_2$ 330.48

成分 C 83.59%，H 7.93%，N 8.48%。

别名 孔雀绿 无色母体；孔雀石绿 无色；血典型着色剂；*p*,*p'*-Benzylidene bis(*N*,*N*-dimethylaniline)；Di(*p*-dimethylaminophenyl) phenyl methane；Leucobase of malachite green；Leucomalachite green

M. I. 15，5763

性状 无色粉末。系孔雀石绿的酸性还原物，内含一定量的锌盐。易氧化。微溶于乙醇，几乎不溶于水。mp 100～102℃；λ_{max} 623nm。

注意事项 该品应密封避光保存。

主要用途 检测铈、铱、金、铁氰化物。酸碱指示剂。显色剂。

Malate dehydrogenase from porcine heart 苹果酸脱氢酶（猪心）

06174

[9001-64-3] Mr 约 67000

别名 Malic dehydrogenase；MDH

EC 1.1.1.37

性状 一般试剂为无色结晶体悬浮在 3.2mol/L 的硫酸铵溶液中。

注意事项 使用时应避免吸入本品的粉尘，避免与眼睛及皮肤接触。应密封于 2～8℃保存。

主要用途 生化研究。

Malathion 马拉硫磷

06175

[121-75-5] $C_{10}H_{19}O_6PS_2$ 330.35

成分 C 36.36%，H 5.80%，O 29.06%，P 9.38%，S 19.41%。

别名 *O*,*O*-二甲基-*S*-[1,2-双(乙氧羰基)乙基]二硫代磷酸酯；四〇四九；马拉松；马拉赛昂；马拉息昂；Carbofos；Cythion；Derbac-M；*S*-(1,2-Dicarbethoxyethyl)-*O*,*O*-dimethyldithiophosphate；Diethyl mercaptosuccinate *S*-ester mith *O*，*O*-dimethyl phosphorothioate；[(Dimethoxyphosphinothioyl) thio] butanedioic acid diethyl ester；ENT-17034；Insecticide No.4049；Malamar 50；Malaspray；Malathon (obsolete)；Mercaptothion；Organoderm；Phosphothion；Prioderm；Suleo-M

GW 2015-404 M. I. 15，5764

性状 无色或微黄色液体。能与多数极性有机溶剂相混溶，微溶于水（145mg/kg）。mp 2.9℃；$bp_{0.7}$ 156～157℃/93.325Pa；d_4^{25} 1.23；n_D^{25} 1.4985。LD_{50} 雌，雄大鼠急性经口（mg/kg）：1000，1375。

注意事项 该品口服有害。对水生物极毒。能对水环境引起长期不利的结果。使用时应避免与皮肤接触。应防止将本品释放于环境中。其包装物应按危险品处理。应密封保存。

主要用途 农药残留量分析标准物。医用除虱剂。兽用除体外寄生物剂。

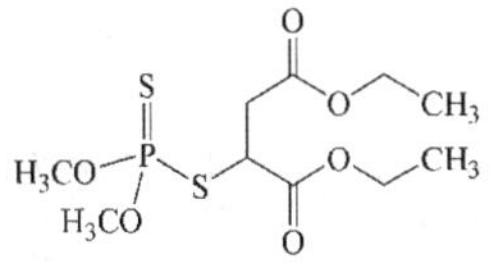

Maleamic acid 马来酰胺酸

06176

[557-24-4] $C_4H_5NO_3$ 115.09

成分 C 41.74%，H 4.38%，N 12.17%，O 41.70%。

别名 (*Z*)-4-氨基-4-氧-2-丁烯酸；(*Z*)-4-Amino-4-oxo-2-butenoic acid；Maleic acid monoamide

M. I. 15，5765

性状 来自乙醇中的无色结晶。易溶于水、热乙醇，几乎不溶于乙醚、氯仿、苯。mp 172～173℃。

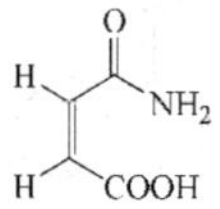

Meleanilic acid *N*-苯基马来酰胺酸 06177

[555-59-9] $C_{10}H_9NO_3$ 191.19

成分 C 62.82%，H 4.75%，N 7.33%，O 25.10%。

别名 *N*-苯基马来酸；(2*Z*)-4-Oxo-4-phenylamino-2-butenoic acid；*N*-Phenylmaleamic acid

M. I. 15，5766

性状 黄色单斜结晶。该品于下列物质中的溶解度（27℃，g/100mL）：乙腈 0.2；丙酮 0.3；苯<0.1；丁基溶纤剂 1.1；四氯化碳<0.1；氯仿<0.1；二甲基甲酰胺 12.9；二氧六环 0.9；乙醇 0.2；乙醚<0.1；甲醇 0.3；甲苯<0.1；水<0.1。于水溶液中水解。于真空中加热至约100℃分解成顺丁烯二酸酐和苯胺。192℃分解；d^{30}1.418。

主要用途 其酯类为杀菌剂。

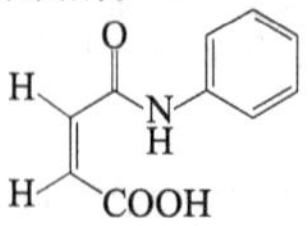

Maleic acid 马来酸 06178

[110-16-7] $C_4H_4O_4$ 116.07

成分 C 41.39%，H 3.47%，O 55.14%。

别名 顺丁烯二酸；失水苹果酸；异丁烯二酸；(*Z*)-Butenedioic acid；*cis*-1,2-Ethylenedicarboxylic acid；Toxilic acid

M. I. 15，5767

性状 来自水中的白色结晶。有酸涩味。易溶于水、乙醇，溶于丙酮、冰乙酸，微溶于乙醚，几乎不溶于苯。mp 138～139℃；*d* 1.59。

注意事项 该品口服有害。对眼睛、呼吸系统及皮肤有刺激性。使用时应戴适当的手套。万一接触到眼睛，应立即用大量水冲洗后请医生诊治。接触皮肤后，应用大量水冲洗。

主要用途 制药工业。油、油脂的防腐剂。

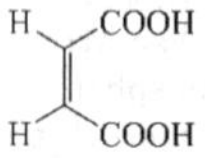

Maleic acid disodium salt 顺丁烯二酸二钠盐 06179

[371-47-1] $C_4H_2Na_2O_4$ 160.04

成分 C 30.02%，H 1.26%，Na 28.73%，O 39.99%。

别名 失水苹果酸二钠；顺丁烯二酸钠；*cis*-Butenedioic acid disodium salt；Maleic acid disodium salt anhydrous；Disodium maleate；Sodium maleate dibasic anhydrous

性状 白色结晶。溶于水。

注意事项 该品对眼睛、呼吸系统及皮肤有刺激性。使用时应穿适当的防护服。使用时应避免与眼睛及皮肤接触。万一接触到眼睛，应立即用大量水冲洗后请医生诊治。

Maleic anhydride 顺丁烯二酸酐 06180

[108-31-6] $C_4H_2O_3$ 98.06

成分 C 48.99%，H 2.06%，O 48.95%。

别名 马来酸酐；马来酐；失水苹果酸酐；异丁烯二酸酐；*cis*-Butenedioic anhydride；2,5-Furandione；MA；Toxilic anhydride

GW 2015-1565 M. I. 15，5768

性状 来自氯仿中的无色正交针状结晶或白色结晶性粉末。溶于水，生成顺丁烯二酸。该品 25℃时在下列溶剂中的溶解度（g/100g）：丙酮 227；乙酸乙酯 112；氯仿 52.5；苯 50；甲苯 23.4；邻二甲苯 19.4；四氯化碳 0.60；石油醚 0.25。溶于醇生成酯。溶于二氧六环。受热升华。mp 52.8℃；bp_{760} 202.0℃/101.32kPa；bp_{400} 179.5℃/533.28kPa；bp_{200} 155.9℃/266.64kPa；bp_{100} 135.8℃/133.32kPa；bp_{60} 122.0℃/79.992kPa；bp_{40} 111.8℃/53.328kPa；bp_{20} 95.0℃/26.664kPa；bp_{10} 78.7℃/13.332kPa；bp_5 63.4℃/6.666kPa；*d* 1.48。

注意事项 该品具有腐蚀性，能引起烧伤。口服有害。吸入或与皮肤接触能引起过敏。使用时应穿适当的防护服，戴手套和防护镜或面罩。使用时应避免吸入本品的粉尘。万一接触到眼睛，应立即用大量水冲洗后请医生诊治。使用时如有事故发生或有不适之感，应请医生诊治。应密封干燥保存。

主要用途 测定具有轭合双键有机化合物的试剂。脂肪及油脂的防腐。有机合成。合成纤维。

参考规格 HG/T 3459—2003

	分析纯	化学纯
含量（$C_4H_2O_3$）/%≥	99.5	98.5
熔点范围/℃	52.0～54.0	51.0～54.0
澄清度试验	合格	合格
水不溶物/%≤	0.005	0.01
灼烧残渣（以硫酸盐计）/%≤	0.01	0.05
氯化物（Cl）/%≤	0.01	0.05

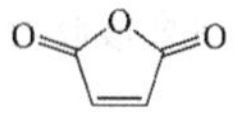

Maleic hydrazide 顺丁烯二酰肼 06181

[123-33-1] $C_4H_4N_2O_2$ 112.09

成分 C 42.86%，H 3.60%，N 24.99%，O 28.55%。

别名 3,6-二羟基哒嗪；马来酰肼；马拉酰肼；失水苹果酰肼；青鲜素；抑芽丹；3,6-Dihydroxypyridazine；1,2-Dihydro-3,6-pyridazinedione；Fazor；Malazide；Maleic acid hydrazide；MH；Pyridazine-3,6-diol；Regulox；3,6-Dihydroxypyridazine；3,6-Pyridazinediol

M. I. 15， 5769

性状 来自水中的无色结晶。较多地溶于热水，微溶于热乙醇，不溶于乙醚、三氯甲烷。约 260℃分解（或为>300℃）。LD_{50} 大鼠急性经口：3800～6800mg/kg；兔皮肤接触：>4000 mg/kg。一般试剂含量≥98.0%（HPLC）。

注意事项 该品对眼睛、呼吸系统及皮肤有刺激性。使用时应穿适当的防护服。使用时应避免吸入本品的粉尘。万一接触到眼睛，应立即用大量水冲洗后请医生诊治。

主要用途 植物生长抑制剂，能去除马唐草。

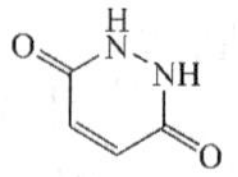

Maleimide 马来酰亚胺 06182

[541-59-3] $C_4H_3NO_2$ 97.07

成分 C 49.49%，H 3.11%，N 14.43%，O 32.96%。

别名 Maleic acid imide；2，5-Pyrroledione

性状 无色结晶或白色粉末。溶于水。mp 91～93℃。一般试剂含量≥98.0%（HPLC）。

注意事项 该品口服有毒。具有腐蚀性，能引起烧伤。吸入能引起过敏。使用时应穿适当的防护服，戴手套和防护镜或面罩。万一接触到眼睛，应立即用大量水冲洗后请医生诊治。使用时如有事故发生或有不适之感，应请医生诊治。

主要用途 有机合成。

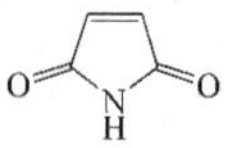

3-Maleimidobenzoic acid *N*-hydroxysuccinimide ester 3-马来酰亚胺基苯甲酸 *N*-羟基丁二酰亚胺酯 06183

[58626-38-3] $C_{15}H_{10}N_2O_6$ 314.27

成分 C 57.33%，H 3.21%，N 8.91%，O 30.55%。

别名 间马来酰亚胺基苯甲酸 *N*-羟基丁二酰亚胺酯；间马来酰亚胺基苯甲酸 *N*-羟基琥珀酰亚胺酯；3-Maleimidobenzoic acid *N*-succinimidyl ester；*N*-(3-Maleimidobenzoyloxy) succinimide；MBS；*N*-Succinimidyl 3-maleimidobenzoate

性状 无色结晶。对湿度敏感。mp 175～177℃。生化试剂含量≥97.0%（HPLC）。

注意事项 该品对眼睛、呼吸系统及皮肤有刺激性。使用时应穿适当的防护服。万一接触到眼睛，应立即用大量水冲洗后请医生诊治。应充氩气密封于－20℃干燥保存。

主要用途 生化研究。

6-Maleimidocaproic acid *N*-hydroxysuccimimide ester
6-马来酰亚胺基己酸 *N*-羟基琥珀酰亚胺酯 06184

[55750-63-5] $C_{14}H_{16}N_2O_6$ 308.29

成分 C 54.54%，H 5.23%，N 9.09%，O 31.14%。

别名 ε-马来酰亚胺基己酸 *N*-羟基丁二酰亚胺酯；EMCS；*N*-（ε-Maleimidocaproyloxy） succinimide；3-Maleimido hexanoic acid *N*-succinimidylester；*N*-Succinimidyl 6-maleimidocaproate

性状 无色结晶或白色粉末。mp 70～73℃。生化试剂含量≥98.0%（HPLC）。

注意事项 该品对眼睛、呼吸系统及皮肤有刺激性。使用时应穿适当的防护服和戴手套。万一接触到眼睛，应立即用大量水冲洗后请医生诊治。应充氩气密封避光于－20℃保存。

主要用途 生化研究。

D-Malic acid D-苹果酸 06185

[636-61-3] $C_4H_6O_5$ 134.09

成分 C 35.83%，H 4.51%，O 59.66%。

别名 D-丁醇二酸；D-羟基丁二酸；D-羟基琥珀酸；D-（＋）-Malic acid；*R*-（＋）-2-Hydroxysuccinic acid；D-Hydroxysuccinic acid；D-Apple acid；D-Common malic acid

M. I. 15，5771

性状 无色针状结晶或白色粉末。有潮解性。易溶于水、乙醇。mp 101℃；$[\alpha]_D^{20}$＋28°（*c*＝5.5，于吡啶中）。一般试剂含量≥97.0%（HPLC）。

注意事项 该品对呼吸系统及皮肤有刺激性。对眼睛有严重损伤的危险。使用时应穿适当的防护服。万一接触到眼睛，应立即用大量水冲洗后请医生诊治。应密封干燥保存。

主要用途 生化试剂。制造酯类及盐类。

DL-Malic acid DL-苹果酸 06186

[617-48-1] [6915-15-7] $C_4H_6O_5$ 134.09

成分 C 35.83%，H 4.51%，O 59.66%。

别名 DL-丁醇二酸；DL-羟基丁二酸；DL-羟基琥珀酸；DL-Apple acid；DL-Hydroxysuccinic acid；（±）-2-Hydroxysuccinic acid

M. I. 15，5771

性状 无色结晶或白色粉末。该品在下列溶剂中 20℃时的溶解度（g/100g）：水 55.8；甲醇 82.70；乙醇 45.53；丙酮 17.75；二氧六环 22.70；乙醚 0.84。几乎不溶于苯。mp 131～132℃，热至 150℃分解。Fp＞212°F（100℃）。生化试剂含量≥99.0%（T）。

注意事项 该品口服有害。对呼吸系统及皮肤有刺激性。对眼睛有严重损伤的危险。使用时应穿适当的防护服，戴防护镜或面罩。万一接触到眼睛，应立即用大量水冲洗后请医生诊治。应密封保存。

主要用途 用于碱的定量标准。食品调味剂。酯类和盐类的制造。生化研究。

L-Malic acid L-苹果酸 06187

[97-67-6] $C_4H_6O_5$ 134.09

成分 C 35.83%，H 4.51%，O 59.66%。

别名 L-丁醇二酸；L-羟基丁二酸；L-羟基琥珀酸；L-Apple acid；L-Hydroxybutanedioic acid；L-Hydroxysuccinic acid；L-（－）-Malic acid；*S*-（－）-2-Hydroxysuccinic acid

M. I. 15，5771

性状 来自丙酮中或来自丙酮＋氯仿中的无色针状结晶或白色结晶性粉末。有潮解性。该品在下列溶剂中 20℃时的溶解度（g/100g）：甲醇 197.22；乙醚 2.70；乙醇 86.60；丙酮 60.66；二氧六环 74.35；水 36.35。几乎不溶于苯。mp 100℃；约 140℃分解；$[\alpha]_D$ －2.3°（*c*＝8.5，于水中）。生化试剂含量 95.0%～100.0%。

注意事项 该品对眼睛、呼吸系统及皮肤有刺激性。使用时应穿适当的防护服。万一接触到眼睛，应立即用大量水冲洗后请医生诊治。应密封干燥保存。

主要用途 生化研究。配位剂。酯类的制造。

Malonamide 丙二酰胺 06188

[108-13-4] $C_3H_6N_2O_2$ 102.09

成分 C 35.30%，H 5.92%，N 27.44%，O 31.34%。

别名 Malonic acid diamide；Malonodiamide

性状 无色针状结晶。微溶于水，不溶于乙醇、乙醚。mp 167～171℃。一般试剂含量≥98.0%。

注意事项 使用时应避免吸入本品的粉尘，避免与眼睛及皮肤接触。

主要用途 有机合成。

Malonate broth 丙二酸盐肉汤 06189

别名 丙二酸钠培养基；丙二酸钠肉汤；Sodium malonate broth

性状 近白色粉末。使用时制成液体。1L 中含有硫酸铵 2g、磷酸氢二钾 0.6g、磷酸二氢钾 0.4g、氯化钠 2g、丙二酸钠 3g、溴百里酚蓝 0.025g。最终 pH 值（25℃）6.7±0.2。

注意事项 该品对眼睛、呼吸系统及皮肤有刺激性。使用时应穿适当的防护服。万一接触到眼睛，应立即用大量水冲洗后请医生诊治。

主要用途 用于细菌丙二酸盐利用试验。

Malonic acid 丙二酸 06190

[141-82-2] $C_3H_4O_4$ 104.06

成分 C 34.63%，H 3.87%，O 61.50%。

别名 胡萝卜酸；甜菜酸；缩苹果酸；Dicarboxylic acid C_3；Methanedicarbonic acid；Propanedioic acid；Methanedicarboxylic acid

M. I. 15，5774

性状 无色细小结晶。1g 该品溶于 0.65mL 水、1.1mL 甲醇、约 2mL 乙醇、3mL 丙醇、13mL 乙醚、7mL 吡啶。能在真空中升华。mp 约 135℃（分解）；Fp 约 341.6°F（172℃）；*d* 1.63。一般试剂含量≥99.5%。

注意事项 该品口服有害。对呼吸系统及皮肤有刺激性。对眼睛有严重损伤的危险。使用时应穿适当的防护服，戴防护镜或面罩。万一接触到眼睛，应立即用大量水冲洗后请医生诊治。

主要用途 测定铍、铜的络合剂。标准碱液的标定。巴比妥盐的制备。

Malononitrile 丙二腈 06191

[109-77-3] $C_3H_2N_2$ 66.06

成分 C 54.55%，H 3.05%，N 42.41%。

别名 二氰代甲烷；氰化亚甲基；缩苹果腈；Cyanoacetic nitrile；Cyanoacetonitrile；Dicyanomethane；Methylene cyanide；Propanedinitrile

GW 2015-115 M. I. 15，5775

性状 无色结晶或固体。易溶于乙醚、乙醇，溶于水、丙酮、苯，微溶于三氯甲烷、乙酸。mp 32℃；bp_{760} 218～219℃/101.325kPa；bp_{20} 109℃/2.666kPa；d_4^{20} 1.1910；n_D^{34} 1.4146。LD_{50} 小鼠腹膜内注射：12.9mg/kg。一般试剂含量≥98.0%（GC）。

注意事项 该品吸入、口服或与皮肤接触有毒。对水生物极毒。能对水环境引起长期不利的结果。使用时应避免吸入本品的粉尘和蒸气。使用完毕应脱掉受污染的衣服。使用时如有事故发生或有不适之感，应请医生诊治。应防止将本品释放于环境中。其包装物应按危险品处理。应密封避光于 2～8℃保存。

主要用途 金的萃取剂。有机合成。

Malonyl chloride 丙二酰氯 06192

[1663-67-8] $C_3H_2Cl_2O_2$ 140.95

成分 C 25.56%，H 1.43%，Cl 50.31%，O 22.70%。
别名 二氯化丙二酰；缩苹果酰氯；Malonyl dichloride
GW 2015-118
性状 淡黄色液体。溶于乙醚、乙酸乙酯。bp_{15} 47℃/2kPa；Fp 116.6℉（47℃）；d_4^{20} 1.45；n_D^{20} 1.466。一般试剂含量≥97.0%（AT）。
注意事项 该品与水反应激烈。具有腐蚀性，能引起烧伤。对眼睛及呼吸系统有刺激性。使用时应穿适当的防护服，戴手套和防护镜或面罩。万一接触到眼睛，应立即用大量水冲洗后请医生诊治。使用时如有事故发生或有不适之感，应请医生诊治。应充氩气密封避光于 2～8℃保存。
主要用途 有机合成。

Malotilate 马洛替酯 06193
[59937-28-9] $C_{12}H_{16}O_4S_2$ 288.38
成分 C 49.98%，H 5.59%，O 22.19%，S 22.23%。
别名 二噻茂酯；马洛硫酯；双硫茂酯；2-（1，3-Dithiol-2-ylidene）propanedioic acid bis（1-methylethyl）ester；Diisopropyl 1，3- dithiol-2-ylidenemalonate；NKK-105；Hepation；Kantec
M. I. 15，5776
性状 浅黄色结晶。溶于苯、环己烷、正己烷、乙醚。mp 60.5℃。
主要用途 医用肝脏保护剂。

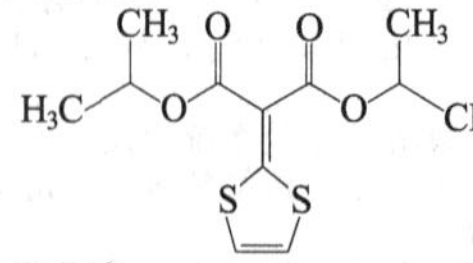

Malt extract 麦芽膏 06194
[8002-23-3]
别名 麦芽浸汁；麦精；麦芽浸膏；Maltine
性状 黄棕色或深棕色的浓厚黏稠液体。味苦。易溶于热水，在冷水中大部分溶解。久置有絮状沉淀析出。d_4^{20} 1.35～1.43。
注意事项 该品应密封于阴凉干燥处保存。
主要用途 制备细菌培养基。

Malt extract broth 麦芽浸膏肉汤 06195
性状 近白色或微黄色粉末。对湿度敏感。使用时制成液体。其中麦芽浸膏含量 17g/L；真菌学用蛋白胨 3g/L。最终 pH 值（25℃）5.4±0.2。
注意事项 该品应密封干燥保存。
主要用途 用于酸性罐头食品的无菌检验。

Maltose monohydrate 麦芽糖 一水 06196
[6363-53-7] $C_{12}H_{22}O_{11}\cdot H_2O$ 360.32
成分（以无水物计） C 42.11%，H 6.48%，O 51.41%。
别名 一水合麦芽糖；饴糖；淀粉糖；4-*O*-*α*-D-Glucopyranosyl-D-glucose；Malt sugar；4-(*α*-D-Glucosido)-D-glucose；Maltobiose；D-(+)-Maltose monohydrate
M. I. 15，5778
性状 来自水或稀乙醇中的无色或白色结晶。有甜味。易溶于水、乙醇，微溶于甲醇，几乎不溶于乙醚。pK_a（21℃）12.05。mp 102～103℃；d_4^{20} 1.54；$[\alpha]_D^{20}$ $+111.7°\xrightarrow{24h}+130.4°$（$c$=4，于水中）。生化试剂含量≥99.0%（HPLC）。
注意事项 该品应密封于干燥处保存。
主要用途 生化研究，如生物培养基的制备。多硫化物稳定剂。食品用甜味剂。吸湿剂。

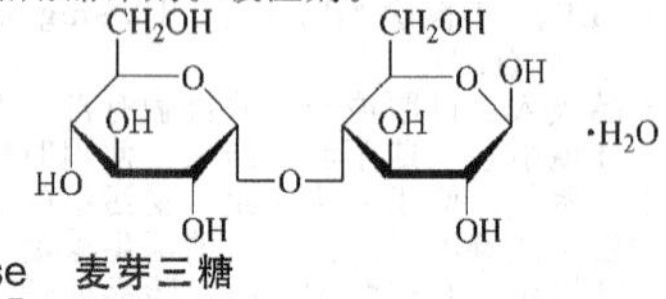

Maltotriose 麦芽三糖 06197
[1109-28-0] $C_{18}H_{32}O_{16}$ 504.45
成分 C 42.86%，H 6.39%，O 50.75%。
别名 4-*α*-Glucosylmaltose；Amylotriose；*O*-*α*-D-Glucopyrano-syl-(1→4)-*O*-*α*--D-glucopyranosyl-(1→4)-D-glucose；*α*-D-Glc-[1→4]-*α*-D-Glc-[1→4]-D-Glc
性状 白色无定形粉末。溶于水。生化试剂含量≥96.0%（HPLC）。
注意事项 该品应充氩气密封保存。
主要用途 生化研究。

Malvidin chloride 氯化二甲花翠素 06198
[643-84-5] $C_{17}H_{15}ClO_7$ 366.75
成分 C 55.67%，H 4.12%，Cl 9.67%，O 30.54%。
别名 氯化锦葵色素；3，5，7-Trihydroxy-2-(4-hydroxy-3，5-dimethoxyphenyl)-1-benzopyrylium chloride；3，4′，5，7-Tetrahydroxy-3′，5′-dimethoxyflavylium chloride；Enidin；Primulidin；Syringidin；3，4′，5，7-Tetrahydroxy-3′，5′-dimethoxy-2-phenylbenzopyrylium chloride
M. I. 15，5779
性状 棱柱体或菱形片状结晶。溶于无水乙醇呈紫红色，溶于甲醇最初呈紫色，亦溶于戊醇。略微溶于水。一般试剂含量≥95.0%（HPLC）。

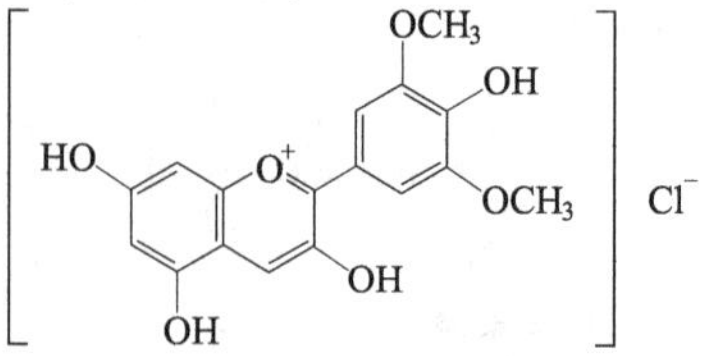

Mandelic acid 扁桃酸 06199
[90-64-2] [611-72-3] $C_8H_8O_3$ 152.15
成分 C 63.15%，H 5.30%，O 31.55%。
别名 杏仁酸；苯乙醇酸；苯羟乙酸；苦杏仁酸；羟基苯乙酸；Amygdalic acid；Amygdalinic acid；*α*-Hydroxybenzeneacetic acid；*α*-Hydroxyphenylacetic acid；*α*-Hydroxy-*α*-toluic acid；*dl*-Mandelic acid；Paramandelic acid；Phenylglycolic acid；Phenylhydroxyacetic acid；Racemic mandelic acid；Uromaline
M. I. 15，5781
性状 来自水中的无色正交片状结晶或结晶性粉末。见光变色。1g 该品溶于 6.3mL 水、1mL 乙醇，易溶于乙醚、异丙醇。pK（25℃）3.37；mp 119℃；d 1.30。一般试剂含量≥99.0%（T）。
注意事项 使用时应避免吸入本品和粉尘，避免与眼睛及皮肤接触。应密封避光保存。
主要用途 测定锆、铜的试剂。有机合成。

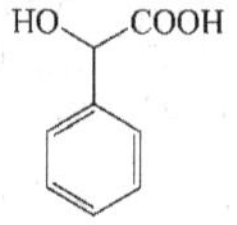

DL-Mandelic acid isoamyl ester DL-偏桃酸异戊酯 06200
[5421-04-5] $C_{13}H_{18}O_3$ 222.28
成分 C 70.25%，H 8.16%，O 21.59%。
别名 *α*-Hydroxybenzeneacetic acid 3-methylbutyl ester；Mandelic acid isopentyl ester；Isoamyl mandelate；DL-Isopentyl mandelate；Atractyl；Spasmol；Mandaverm；Vermiparin；Spasmostenyl
M. I. 15，5782
性状 无色油状液体，能与脂肪溶剂相混溶，易被酯酶水解。几乎不溶于水。bp_{12} 155℃/1.6kPa；bp_{11} 172℃/1.467kPa。
注意事项 该品对皮肤有刺激性。使用时应穿适当的防护服。万一接触到眼睛，应立即用大量水冲洗后请医生诊治。
主要用途 过去兽用的驱肠虫剂。

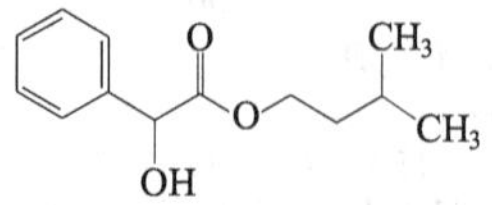

Maneb 代森锰 06201
[12427-38-2] $(C_4H_6MnN_2S_4)_n$ $(265.31)_n$
成分 C 18.11%，H 2.28%，Mn 20.71%，N 10.56%，S 48.34%。
别名 [[1，2-Ethanediylbis[carbamodithioato]](2−)]manganese；[Ethylenebis(dithiocarbamato)]manganese；Ethylenebis(dithiocarbamic acid) manganous salt；Manganous ethlenebis(dithiocarbamate)；Dithane M-22；Manes；Tri-

mangol
GW 2015-170　M. I. 15，5786

性状　来自乙醇中的黄色结晶或粉末。溶于氯仿、吡啶，中等程度溶于水。一般试剂含量≥95.0%。

注意事项　该品对呼吸系统有刺激性，接触皮肤能引起过敏。使用时应避免与眼睛及皮肤接触。应保持容器的干燥。如误服本品，应立即请医生检查，并出示容器及瓶签。应密封于2～8℃保存。

主要用途　农用杀菌剂。分析用标准物质。

Manganese electrolytic　电解锰　06202

[7439-96-5]　Mn　54.938045

别名　锰 电解

M. I. 15，5788

性状　银白色至灰色粉末。纯品为银白色，含碳时呈灰色而有光泽。质硬性脆。易溶于稀酸。能在水中被水解，在空气中易氧化。粉末如被加热，可能燃烧。mp 1244℃；bp 2095℃。

注意事项　使用时应避免与眼睛及皮肤接触。

Manganese（Ⅱ）acetate tetrahydrate

乙酸锰 四水　06203

[6156-78-1]　$C_4H_6MnO_4 \cdot 4H_2O$　245.09

成分（以无水物计）　C 27.77%，H 3.50%，Mn 31.75%，O 36.99%。

别名　乙酸亚锰 四水；四水合乙酸锰；醋酸亚锰 四水；醋酸锰 四水；Manganous acetate tetrahydrate

M. I. 15，5789

性状　浅红色透明单斜柱状结晶。溶于水、乙醇。*d* 1.59。LD_{50} 大鼠急性经口：3.73g/kg。

注意事项　该品对眼睛、呼吸系统及皮肤有刺激性。使用时应穿适当的防护服。使用时应避免吸入本品的粉尘，避免与眼睛及皮肤接触。万一接触到眼睛，应立即用大量水冲洗后请医生诊治。

主要用途　分析试剂。纺织染色氧化作用的催化剂。

Manganese（Ⅲ）acetylacetonate　乙酰丙酮锰　06204

[14284-89-0]　$C_{15}H_{21}MnO_6$　352.27

成分　C 51.14%，H 6.01%，Mn 15.60%，O 27.25%。

别名　三（2，4-戊二酮）锰；Manganic acetylacetonate；Mn(Ⅲ)-AA；Tris(2,4-pentandionato)manganese

性状　淡红色结晶或粉末。溶于乙醇、苯等有机溶剂，不溶于水。mp 159～161℃（分解）。一般试剂含量≥95.0%(KT)。

注意事项　该品口服有害。使用时应避免吸入本品的粉尘，避免与眼睛及皮肤接触。

Manganese(Ⅱ) bromide tetrahydrate

溴化锰 四水　06205

[10031-20-6]　$Br_2Mn \cdot 4H_2O$　286.81

成分（以无水物计）　Br 74.42%，Mn 25.58%。

别名　二溴化锰 四水；四水合溴化亚锰；四水合溴化锰；溴化亚锰 四水；Manganese dibromide tetrahydrate；Manganous bromide tetrahydrate

M. I. 15，5790

性状　玫瑰红至红色微潮解的结晶。易潮解。溶于0.5份水，溶于乙醇。其水溶液呈微酸性。mp 64℃（分解）。

注意事项　该品口服有害。使用时应穿适当的防护服和戴手套。使用时应避免吸入本品的粉尘，避免与眼睛及皮肤接触。应密封干燥处保存。

主要用途　催化剂。

Manganese(Ⅱ) carbonate　碳酸锰　06206

[598-62-9]　$CMnO_3$　114.95

成分　C 10.45%，Mn 47.79%，O 41.76%。

别名　碳酸亚锰；Manganous carbonate

M. I. 15，5791

性状　近白色或桃红色无定形粉末，能在干燥空气中氧化并逐渐变成浅棕色。溶于稀酸，不溶于水、乙醇。加热至100℃开始分解为二氧化碳和氧化锰（Mn^{2+}）。*d* 3.1。

注意事项　使用时应避免吸入本品的粉尘，避免与眼睛及皮肤接触。应密封干燥处保存。

主要用途　锰盐制备。电讯器材元件的材料。

Manganese(Ⅱ) chloride anhydrous

无水氯化锰　06207

[7773-01-5]　Cl_2Mn　125.84

成分　Cl 56.34%，Mn 43.66%。

别名　二氯化锰 无水；无水氯化亚锰；氯化亚锰 无水；氯化锰 无水；Manganese dichloride；Manganous chloride anhydrous

M. I. 15，5793

性状　粉红色结晶性粉末。易潮解。溶于水、乙醇，不溶于乙醚、氨水。bp 1231℃。LD_{50} 小鼠，大鼠急性经口(mg/kg)：1330.0，1470.0；腹膜内注射（mg/kg）：126.0，147.0；静脉注射（mg/kg）：171.0，92.6。

注意事项　该品口服有害。使用时应穿适当的防护服。使用时应避免吸入本品的粉尘，避免与眼睛及皮肤接触。万一接触到眼睛，应立即用大量水冲洗后请医生诊治。应密封干燥保存。

主要用途　微量分析测定镓、过碘酸盐的试剂。催化剂。

Manganese(Ⅱ) chloride tetrahydrate

氯化锰 四水　06208

[13446-34-9]　$Cl_2Mn \cdot 4H_2O$　197.90

成分（以无水物计）　Cl 56.34%，Mn 43.66%。

别名　二氯化锰 四水；四水合氯化锰；氯化亚锰 四水；Manganous chloride tetrahydrate；Manganese dichloride tetrahydrate

M. I. 15，5793

性状　淡粉红色微潮解的单斜半透明结晶。微有潮解性。溶于0.7份水，溶于乙醇，不溶于乙醚。其0.2mol/L水溶液pH值5.5。mp 58℃；*d* 2.01。LD_{50} 大鼠腹膜内注射：0.70mmol/kg；急性经口：7.5mmol/kg。

注意事项　该品口服有害。对眼睛、呼吸系统及皮肤有刺激性。对水生物有害。使用时穿适当的防护服。万一接触到眼睛，应立即用大量水冲洗后请医生诊治。应密封于干燥处保存。

主要用途　微量分析测定镓、过碘酸盐的试剂。催化剂。食品用锰强化剂。

Manganese(Ⅱ) fluoride　氟化锰　06209

[7782-64-1]　F_2Mn　92.93

成分　F 40.89%，Mn 59.12%。

别名　二氟化锰；氟化亚锰；Manganese difluoride；Manganous fluoride

M. I. 15，5794

性状　桃红色正方体棱状结晶或浅红色粉末。该品在水中的溶解度（g/100mL)：40℃，0.66；60℃，0.44；100℃，0.48。溶于稀氢氟酸、浓盐酸或硝酸，不溶于乙醇。mp 856℃；*d* 3.98。LD 豚鼠急性经口：200mg/kg；皮下注射：700mg/kg。

注意事项　该品吸入或口服有害。对眼睛、呼吸系统及皮肤有刺激性。使用时应穿适当的防护服。万一接触到眼睛，应立即用大量水冲洗后请医生诊治。应密封于通风良好处保存。

主要用途　氟化剂。有色金属焊接的原料。陶瓷工业。

Manganese(Ⅱ) formate dihydrate　甲酸锰 二水　06210

[4247-36-3]　$C_2H_2MnO_4 \cdot 2H_2O$　181.00

成分　（以无水物计）C 16.57%，H 1.39%，Mn 37.90%，O 44.15%。

别名　二水合甲酸亚锰；二水合甲酸锰；甲酸亚锰 二水；蚁酸锰 二水；Manganous formate dihydrate

性状　浅粉红而近白色的结晶性粉末。溶于水。一般试剂含量≥98.0%。

注意事项　该品口服有害。使用时应穿适当的防护服。

主要用途　催化剂。有机合成。

Manganese(Ⅱ) iodide tetrahydrate　碘化锰 四水　06211

[13446-37-2][7790-33-2]（无水物）　$I_2Mn \cdot 4H_2O$　380.83

成分 （以无水物计）I 82.21%，Mn 17.79%。
别名 四水合碘化亚锰；四水合碘化锰；碘化亚锰 四水；Manganous iodide tetrahydrate
M. I. 15，5797
性状 玫瑰红至红色结晶。露置空气中或见光变为棕色。有潮解性。易溶于水而分解，溶液呈微酸性。溶于乙醇。
注意事项 该品吸入、口服或与皮肤接触有害。使用时应穿适当的防护服。应密封避光于干燥处保存。
主要用途 制药工业。

Manganese(Ⅱ) nitrate tetrahydrate 硝酸锰 四水 06212
[20694-39-7] $MnN_2O_6 \cdot 4H_2O$ 251.01
成分 （以无水物计）Mn 30.70%，N 15.65%，O 53.64%。
别名 四水合硝酸亚锰；四水合硝酸锰；硝酸亚锰 四水；Manganous nitrate tetrahydrate
GW 2015-2310 M. I. 15，5798
性状 玫瑰红色单斜针状结晶。有潮解性。易溶于水，其溶液呈微酸性，溶于乙醇。mp 37.1℃；bp 125.9℃（缓慢分解）；*d* 2.129。一般试剂含量≥97.0%。
注意事项 该品与易燃品接触能引起燃烧。对眼睛、呼吸系统及皮肤有刺激性。使用时应穿适当的防护服。万一接触到眼睛，应立即用大量水冲洗后请医生诊治。应远离易燃物品，密封于阴凉干燥处保存。
主要用途 微量分析测定银的试剂。测定锑。稀土元素的分离。电阻制造。陶瓷工业。

Manganese(Ⅱ) nitrate 50% water solution
硝酸锰 50%水溶液 06213
[10377-66-9] MnN_2O_6 178.95
成分 Mn 30.70%，N 15.65%，O 53.64%。
别名 硝酸亚锰 50%水溶液；Manganous nitrate 50% water solution
GW 2015-2310 M. I. 15，5798
性状 浅粉红色溶液。微具酸性。能与水、乙醇相混溶。一般试剂含量 49.0%～51.0%。
注意事项 该品与易燃物接触能引起燃烧。对眼睛、呼吸系统及皮肤有刺激性。对机体有不可逆损伤的可能性。有毒。使用时应穿适当的防护服和戴手套。万一接触到眼睛，应立即用大量水冲洗后请医生诊治。应远离易燃品密封保存。
主要用途 微量分析测定银的试剂。氧化剂。电子元件用材料。

参考规格 HG/T 3467—2003	分析纯	化学纯
含量[$Mn(NO_3)_2$]/%	49.0～51.0	49.0～51.0
水不溶物/%≤	0.005	0.01
氯化物（Cl）/%≤	0.001	0.002
硫酸盐（SO_4）/%≤	0.01	0.04
铁（Fe）/%≤	0.0005	0.002
重金属（以 Pb 计）/%≤	0.001	0.002
锌（Zn）/%≤	0.02	0.05
碱金属及碱土金属（以硫酸盐计）/%≤	0.10	0.25

Manganese(Ⅱ) oxalate dihydrate 草酸锰 二水 06214
[640-67-5] $C_2MnO_4 \cdot 2H_2O$ 178.99
成分（以无水物计） C 16.80%，Mn 38.43%，O 44.76%。
别名 乙二酸锰 二水；二水合乙二酸锰；二水合草酸亚锰；二水合草酸锰；草酸亚锰 二水；Manganous oxalate dihydrate
M. I. 15，5799
性状 白色结晶性粉末。溶于酸，微溶于水。加热至 150℃分解。
注意事项 该品口服或与皮肤接触有害。使用时应避免与眼睛及皮肤接触。
主要用途 油漆工业。

Manganese(Ⅱ,Ⅲ) oxide 四氧化三锰 06215
[1317-35-9] Mn_3O_4 228.81
成分 Mn 72.03%，O 27.97%。
别名 Manganese tetroxide；Manganomanganic oxide
M. I. 15，5800
性状 棕黑色粉末。溶于盐酸并逸出氯气，不溶于水。*d* 4.7。
主要用途 光学玻璃的制造。

Manganese(Ⅳ) oxide 二氧化锰 06216
[1313-13-9] MnO_2 86.94
成分 Mn 63.19%，O 36.81%。
别名 黑色氧化锰；Manganese binoxide；Manganese dioxide；Manganese peroxide；Black manganese oxide；Manganese superoxide
M. I. 15，5795
性状 黑色四方形结晶、无定形粉末或块状物。溶于盐酸并放出氯气，不溶于水、硝酸或浓硫酸，但有过氧化氢或草酸存在时能溶于稀硫酸或硝酸。mp 535℃（分解）。LD_{50} 大鼠急性经口：>40mmol/kg。一般试剂含量≥99.0%。
注意事项 该品吸入或口服有害。使用时应避免与眼睛接触。
主要用途 锰盐制备。氧化剂。玻璃工业用。除锈剂。光谱分析用试剂。

Manganese(Ⅱ) phosphate trihydrate
磷酸锰 三水 06217
[39041-31-1] $Mn_3O_8P_2 \cdot 3H_2O$ 408.80
成分 （以无水物计）Mn 46.46%，O 36.08%，P 17.46%。
别名 三水合磷酸亚锰；三水合磷酸锰；磷酸亚锰 三水；Manganous orthophosphate trihydrate；Manganous phosphate trihydrate
性状 白色或浅粉红色无定形粉末。溶于稀无机酸，不溶于水。
注意事项 该品口服有害。对眼睛、呼吸系统及皮肤有刺激性。使用时应穿适当的防护服和戴手套。万一接触到眼睛，应立即用大量水冲洗后请医生诊治。
主要用途 制药工业。玻璃、陶瓷工业。

Manganese(Ⅱ) sulfate anhydrous 无水硫酸锰 06218
[7785-87-7] MnO_4S 150.99
成分 Mn 36.39%，O 42.38%，S 21.23%。
别名 无水硫酸亚锰；硫酸亚锰 无水；硫酸锰 无水；Manganous sulfate anhydrous
M. I. 15，5804
性状 浅红色结晶。溶于水，不溶于乙醇、乙醚。mp 700℃；bp 850℃（分解）。
主要用途 微量分析测定铵、银、碲、氯酸盐、溴酸盐、过碘酸盐的试剂。媒染剂。

Manganese(Ⅱ) sulfate monohydrate
硫酸锰 一水 06219
[10034-96-5] $MnO_4S \cdot H_2O$ 169.01
成分 （以无水物计）Mn 36.39%，O 42.38%，S 21.23%。
别名 一水合硫酸亚锰；一水合硫酸锰；硫酸亚锰 一水；Manganous sulfate monohydrate
M. I. 15，5804
性状 浅红色微风化单斜结晶。溶于约 1 份冷水、0.6 份沸水，不溶于乙醇。加热至 250℃以上脱水，1150℃分解。
注意事项 该品吸入、口服或长期曝露有害，并有严重损害健康的危险。对水生物有毒。能对水环境引起长期不利的结果。使用时应避免吸入本品的粉尘。应防止将本品释放于环境中。应密封于干燥处保存。
主要用途 微量分析测定铵、银、碲、溴化物、氯酸盐、溴酸盐、过碘酸盐的试剂。媒染剂。油漆干燥剂。食品用锰强化剂。

参考规格 GB/T 15899—1995	分析纯	化学纯
含量（$MnSO_4 \cdot H_2O$）/%≥	99.0	98.0
水不溶物/%≤	0.005	0.01
氯化物（Cl）/%≤	0.002	0.005
铁（Fe）/%≤	0.0005	0.0015
镍（Ni）/%≤	0.002	
重金属（以 Pb 计）/%≤	0.0002	0.001
锌（Zn）/%≤	0.02	0.05

硫化铵不沉淀物（以硫酸盐计）/%≤	0.25	0.5
还原高锰酸钾物质	合格	合格

Manganese(Ⅱ) sulfide　硫化锰　06220

［18820-29-6］　MnS　87.00

成分　Mn 63.15%，S 36.85%。

别名　一硫化锰；硫化亚锰；Manganese monosulfide；Manganous sulfide

M. I. 15，5805

性状　桃红色、绿色或棕绿色粉末。在空气中易氧化。溶于稀酸，几乎不溶于水。mp 1610℃（分解）。一般试剂含量≥99.9%。

注意事项　该品口服有害。长期接触能严重危害健康，使用时应穿适当的防护服。

主要用途　涂料、陶瓷业。

Mangostin　倒捻子素　06221

［6147-11-1］　$C_{24}H_{26}O_6$　410.47

成分　C 70.23%，H 6.38%，O 23.39%。

别名　倒捻子素；1,3,6-Trihydroxy-7-methoxy-2,8-bis(3-methyl-2-butenyl)-9*H*-xanthen-9-one；1,3,6-Trihydroxy-7-methoxy-2,8-di(3-methyl-2-butenyl)xanthone

M. I. 15，5807

性状　来自苯中的黄色结晶。溶于乙醇、乙醚、丙酮、氯仿、乙酸乙酯，几乎不溶于水。mp 181.6～182.6℃；uv max（乙醇中）：243nm，259nm，318nm，351nm（lg ε 4.54，4.44，4.38，3.86）。

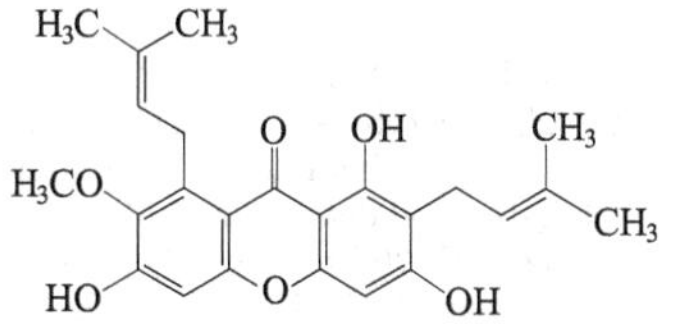

Manidipine dihydrochloride
马尼地平 二盐酸盐　06222

［89226-75-5］　$C_{35}H_{40}Cl_2N_4O_6$　683.63

成分　C 61.49%，H 5.90%，Cl 10.37%，N 8.20%，O 14.04%。

别名　盐酸马尼地平；CV-4093；Calslot；1,4-Dihydro-2,6-dimethyl-4-(3-nitrophenyl)-3,5-pyridinedicarboxylic acid 2-(4-diphenylmethyl-1-piperazinyl)ethyl methyl ester；2-(4-diphenylmethyl-1-piperazinyl)ethyl methyl (±)-1,4-dihydro-2,6-dimethyl-4-(*m*-nitrophenyl)-3,5-pyridinecarboxylate dihydrochloride；Franidipine dihydrochloride

M. I. 15，5808

性状　有两种晶型：α 型为黄色结晶，mp 157～163℃；β 型为亮黄色细小结晶，mp 174～180℃。一水合物 mp 167～170℃。LD_{50}雄，雌小鼠，雄，雌大鼠皮下注射（mg/kg）：387、340，222、199；腹膜内注射（mg/kg）：62.2、68.0，66.5、48.8；急性经口（mg/kg）：190、171，247、156。生化试剂含量≥99.0%。

主要用途　医用抗高血压剂。

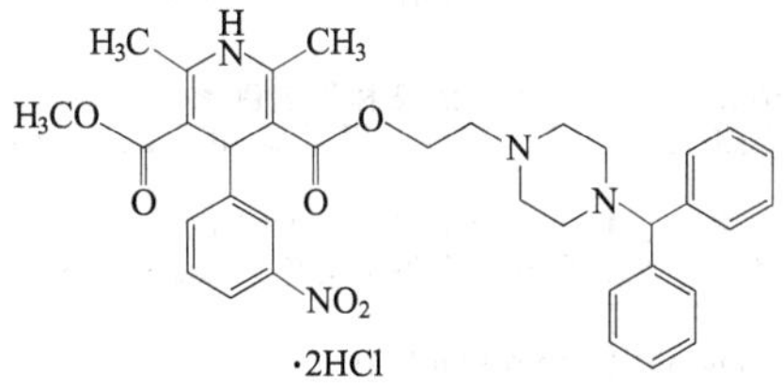

·2HCl

Mannitol　甘露醇　06223

［69-65-8］　$C_6H_{14}O_6$　182.17

成分　C 39.56%，H 7.75%，O 52.69%。

别名　槲醇；D-甘露醇；D-甘露糖醇；Cordycepic acid；Diosmol；Manicol；Manna sugar；Mannidex；Mannite；D-Mannitol；Osmitrol；Osmosal；Resectisol

M. I. 15，5810

性状　来自乙醇中的无色或白色正交针状结晶或粉末。有甜味。1g 该品溶于约 5.5mL 水（较多地溶于热水），溶于 18mL 甘油（*d* 1.24），溶于 83mL 乙醇，溶于吡啶、苯胺。其水溶液呈碱性。不溶于乙醚。pK_a（18℃）：13.50。mp 166～168℃；$bp_{3.5}$ 290～295℃/466.627Pa；d^{20} 1.52；$[\alpha]_D^{20}$ +23° $\xrightarrow{1h}$ +24°（*c*=10，于 8% 硼砂水溶液中）。一般试剂含量≥99.0%。

注意事项　该品应密封于干燥处保存。

主要用途　测定硼、锗的试剂。金属掩蔽剂。生化研究。有机元素分析标准。低热量甜味剂。

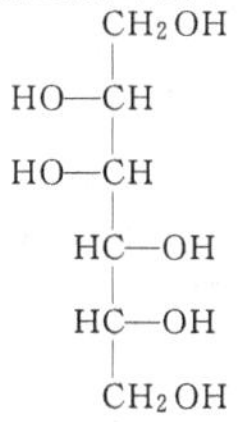

CH_2OH
HO—CH
HO—CH
HC—OH
HC—OH
CH_2OH

L-Mannonic acid-γ-lactone　L-甘露糖酸-γ-内酯　06224

［22430-23-5］　$C_6H_{10}O_6$　178.14

成分　C 40.45%，H 5.66%，O 53.89%。

别名　L-Mannono-1,4-lactone

性状　无色针状结晶。味苦甜。易溶于水，溶于热乙醇，不溶于冷乙醇。mp 153～155℃；$[\alpha]_D^{20}$ −50.8°（*c*=1，于水中）。

注意事项　该品应密封于−20℃保存。

主要用途　生化研究。

D-(+)-Mannose　D-(+)-甘露糖　06225

［3458-28-4］　$C_6H_{12}O_6$　180.16

成分　C 40.00%，H 6.71%，O 53.28%。

别名　D-(+)-Mannose；Carubinose；β-D-Mannose；Seminose

M. I. 15，5812

性状　来自甲醇中的无色结晶或粉末。α 型有甜味，β 型略有苦味。β 型 1g 该品溶于 0.4mL 水、3.5mL 吡啶、120mL 甲醇、250mL 无水乙醇，不溶于乙醚。pK_a（180℃）11.98；mp 133℃（α 型），132℃（β 型）；d^{20} 1.54（β 型）；$[\alpha]_D^{20}$ −17.0° $\xrightarrow{24h}$ +14.2°（*c*=4，于水中）。生化试剂含量≥99.0%。

注意事项　该品应密封于干燥处保存。

主要用途　生化研究。食品用甜味剂。

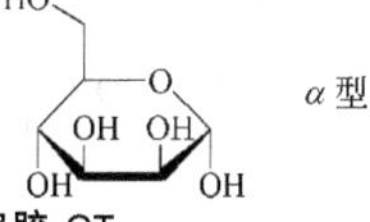

α 型

Manoxol OT　气溶胶 OT　06226

［577-11-7］　$C_{20}H_{37}NaO_7S$　444.56

成分　C 54.04%，H 8.39%，Na 5.17%，O 25.19%，S 7.21%。

别名　二（2-乙基己基）磺化琥珀酸钠；二辛基琥珀酸磺酸钠；丁二酸二辛酯磺酸钠；二辛基磺化琥珀酸钠；润湿剂 OT；Aerosol OT；Alphasol OT；AOT；Comfolax；Dioctyl ester of sodium sulfosuccinic acid；Dioctyl sodium sulfosuccinate；DSS；OT-Manoxol；Sodium di（2-ethylhexyl）sulfosuccinate

性状　白色似蜡状的固体，经加工制成棒状或薄片。能吸潮。溶于水、四氯化碳、丙酮、苯、甲醇等有机溶剂。在碱性溶液中水解。

注意事项　该品应密封干燥保存。

主要用途　磺化丁二酸酯型的湿润剂。

Maprotiline hydrochloride　麦普替林 盐酸盐　06227

［10347-81-6］　$C_{20}H_{24}ClN$　313.87

成分　C 76.53%，H 7.71%，Cl 11.30%，N 4.46%。

别名　盐酸麦普替林；Ba-34276；Deprilept；Ludiomil；Psymion；*N*-Methyl-9,10-ethanoanthracene-9(10*H*)propanamine hydrochlo-ride；9-(γ-Methylaminopropyl)-9，10-dihydro-9，10-ethanoanthracene hydrochloride；1-(3-Methylaminopropyl)-dibenzo[*b*,*e*]bicyclo[2.2.2]octadiene hydrochloride

M. I. 15，5813

性状　来自异丙醇中的无色结晶或粉末。易溶于甲醇、氯仿，微溶于水，几乎不溶于异辛烷。mp 230～232℃。LD_{50}小鼠，大鼠急性经口（mg/kg）：约750，约900。生化试剂含量≥99.0%（HPLC）。

注意事项 该品口服有害。使用时应穿适当的防护服。

主要用途 生化研究。医用抗抑郁剂。

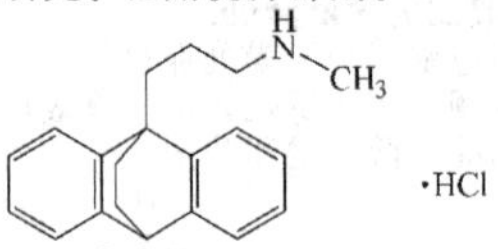

Marbofloxacin 马波沙星 06228

［115550-35-1］ $C_{17}H_{19}FN_4O_4$ 362.36

成分 C 56.35%，H 5.29%，F 5.24%，N 15.46%，O 17.66%。

别名 马保沙星；麻保沙星；麻佛微素；麻波沙星；9-Fluoro-2,3-dihydro-3-methyl-10-(4-methyl-1-piperazinyl)-7-oxo-7*H*-pyrido［3,2,1-*ij*］［4,1,2］benzoxadiazine-6-carboxylic acid；Marbocyl；Zeniquin

M. I. 15，5815

性状 来自甲醇中的无色结晶或淡黄色结晶性粉末。mp 268～269℃（分解）。生化试剂含量≥99.0%。

主要用途 兽用抗菌剂。

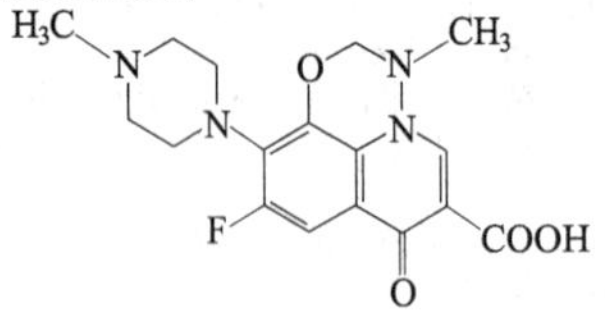

Marrubiin 夏至草素 06229

［465-92-9］ $C_{20}H_{28}O_4$ 332.44

成分 C 72.26%，H 8.49%，O 19.25%。

别名 夏至草苦素；(2a*S*,5a*S*,6*R*,7*R*,8a*R*,8b*R*)-6-［2-(3-Furanyl) ethyl］decahydro-6-hydroxy-2a，5a，7-trimethyl-2*H*-naphtho［1，8-*bc*］furan-2-one；15，16-Epoxy-6*β*，9-dihydroxy-8*βH*-labda-13(16)，14-dien-19-oic acid *γ*-lactone；5-［2-(3-Furyl) ethyl］decahydro-5，8-dihydroxy-1，4a，6-trimethyl-1-naphthoic acid *γ*-lactone

M. I. 15，5820

性状 来自乙醇中的无色结晶。1g 该品溶于 60mL 乙醇。易溶于氯仿、丙酮、热乙醇、吡啶，略微溶于乙醚、苯，几乎不溶于水。mp 160℃；$[\alpha]_D^{20}$+35.8°（c=3.1，于氯仿中）；$[\alpha]_D^{24}$+45°（丙酮中）；uv max：208nm，212nm，216nm（lg ε 3.75，3.75，3.70）。

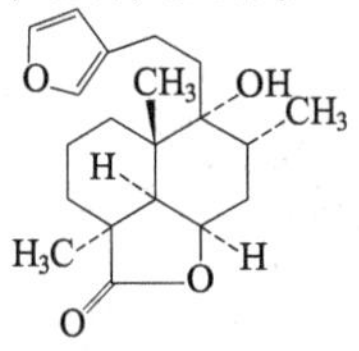

Marshall red 马歇尔红 06230

［89-83-8］

别名 Hickson purple

性状 暗红色粉末。微溶于水、无水乙醇，几乎不溶于二甲苯。一般试剂含量≥98.0%

注意事项 该品应密封避光于 2～8℃保存。

主要用途 生物染色剂，细胞核染色。

Martius yellow 马汀氏黄 06231

［605-69-6］ $C_{10}H_5N_2NaO_5 \cdot H_2O$ 274.16

成分（以无水物计） C 46.89%，H 1.97%，N 10.94%，Na 8.97%，O 31.23%。

别名 一水马汀氏黄；2,4-二硝基-1-萘酚钠；马体黄；马堤渥黄；色淀黄；萘酚黄；马汀氏黄钠盐；酸性黄 24；Acid yellow 24；2，4-Dinitro-1-naphthol sodium salt；Manchester yellow；Naphthol yellow；Naphthylamine yellow

GW 2015-619 C. I. 10315

性状 橙红色细小针状结晶。溶于水，微溶于乙醇。pH 值 2～3.2（由无色至黄色）。λ_{max} 432nm。

注意事项 该品对眼睛、呼吸系统及皮肤有刺激性。使用时应穿适当的防护服。万一接触到眼睛，应立即用大量水冲洗后请医生诊治。应密封保存。

主要用途 酸碱指示剂。生物染色剂。

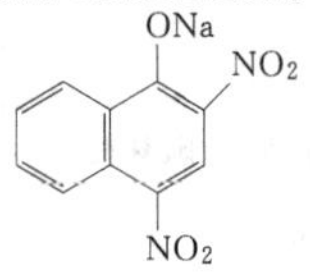

Matrine 苦参碱 06232

［519-02-8］ $C_{15}H_{24}N_2O$ 248.37

成分 C 72.54%，H 9.74%，N 11.28%，O 6.44%。

别名 (7a*S*，13a*R*，13b*R*，13c*S*)-Dodecahydro-1*H*，5*H*，10*H*-dipyrido［2,1-*f*:3′,2′,1′-*ij*］［1,6］naphthyridin-10-one；Matridin-15-one；Sophocarpidine

M. I. 15，5827

性状 以往曾获得过四种构型：*α*-型为无色针状或无光泽的棱柱体结晶，mp 76℃；*β*-型为正交棱柱体结晶，mp 87℃，$[\alpha]_D^{20}$ + 38°（乙醇中）；*γ*-型为无色液体，bp_6 223℃/800Pa，d_4^{20} 1.088，n_D^{25} 1.5287；*δ*-型为无色棱柱体结晶。mp 84℃。溶于水、苯、氯仿、乙醚、二硫化碳，微溶于石油醚。

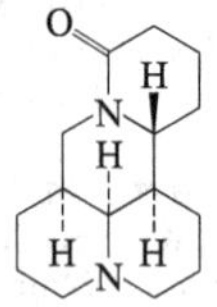

Maxacalcitol 马沙骨化醇 06233

［103909-75-7］ $C_{26}H_{42}O_4$ 418.62

成分 C 74.60%，H 10.11%，O 15.29%。

别名 (1*R*,3*S*,5*Z*)-4-Methylene-5-［(2*E*)-［(1*S*,3a*S*,7a*S*)-octahydro-1-［(1*S*)-1-(3-hydroxy-3-methylbutoxy) ethyl］-7a-methyl-4*H*-inden-4-ylidene］ethylidene］-1，3-cyclohexanediol；(+)-(5*Z*,7*E*,20*S*)-20*α*-(3-Hydroxy-3-methylbutoxy)-9，10-secopregna-5，7，10(19)-trien-1*α*，3*β*-diol-1*α*，25-hydroxy-22-oxavitamin D_3；22-Oxa-1*α*，25-dihydroxyvitamin D_3；22-Oxacalcitriol；22-Oxa-1，25(OH)$_2$$D_3$；MC-1275Sch-209579；Oxarol；Prezios

M. I. 15，5828

性状 来自己烷+乙酸乙酯中的无色结晶。mp 122℃；$[\alpha]_D^{20}$ + 49.4°（c=1，于乙醇中）；uv max（乙醇中）：262nm。生化试剂含量≥99.0%。

主要用途 医用抗甲状旁腺机能亢进，治疗牛皮癣剂。

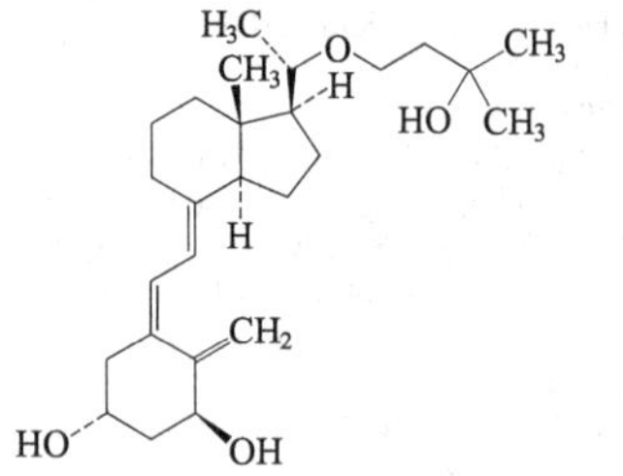

May-Grünwald's stain 迈格林华尔色素 06234

别名 美格伦华色素；曙红亚甲基蓝 Ⅱ；Eosin methylene blue Ⅱ

性状 深紫红色粉末。溶于甲醇，不溶于水。

主要用途 生物染色剂。白细胞染色。细胞学中检查血膜。

May-Grünwald's stain solution 迈格林华尔色素溶液 06235

别名 Eosin methytene bule Ⅱ solution；May-Grünwald' s solution

性状 本品由曙红亚甲基蓝 0.25%溶于纯无水甲醇中配制而成。d_4^{20} 0.80。

注意事项 该品高度易燃。吸入、口服或与皮肤接触有毒，并能产生十分严重不可逆损伤的危险。使用时应穿适当的防护服和戴手套。使用现场禁止吸烟。使用时如有事故发生或有不适之感，应请医生诊治。应远离火种密封保存。

Maytansine 美坦素 06236
[35846-53-8] $C_{34}H_{46}ClN_3O_{10}$ 692.20
成分 C 59.00%，H 6.70%，Cl 5.12%，N 6.07%，O 23.11%。
别名 美坦生；莫登素；Maitansine；NSC-153858
M. I. 15，5829
性状 无色结晶或粉末。mp 171～172℃；$[\alpha]_D^{26}$ −145°（c＝0.055，于氯仿中）；uv max（乙醇中）：233nm，254nm，282nm，290nm（ε 29800，27200，5690，5520）。LD_{50}大鼠皮下注射：0.48mg/kg。
主要用途 医用抗白血病剂。

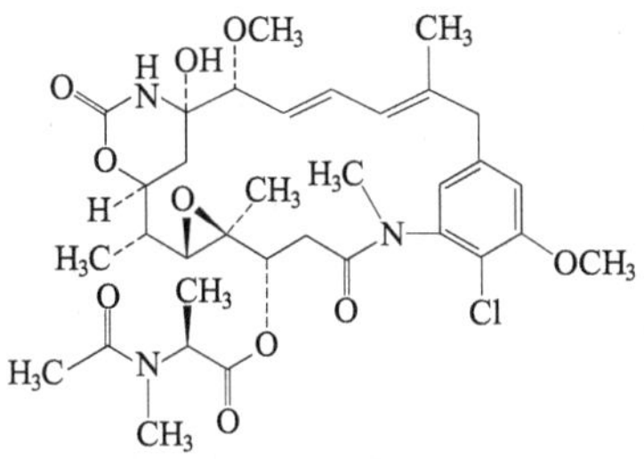

Mazindol 氯苯咪吲哚 06237
[22232-71-9] $C_{16}H_{13}ClN_2O$ 284.74
成分 C 67.49%，H 4.60%，Cl 12.45%，N 9.84%，O 5.62%。
别名 5-(4-Chlorophenyl)-2, 5-dihydro-3*H*-imidazo[2, 1-*a*]isoindol-5-ol; 5-(4-Chlorophenyl)-2, 3-dihydro-5-hydroxy-5*H*-imidazo[2, 1-*a*]isoindole; SaH-42-548; Magrilon; Mazildene; Sanorex; Teronac
M. I. 15，5831
性状 来自乙醇中的白色结晶性固体，mp 215～217℃；或来自丙酮-己烷中的结晶，mp 198～199℃。溶于乙醇，微溶于甲醇、氯仿，不溶于水。uv max（95%乙醇中）：223nm，2685nm，272nm（ε 19000，4400，4400）。
注意事项 该品吸入、口服或与皮肤接触有毒。使用时应穿适当的防护服，戴手套和防护镜或面罩。使用时如有事故发生或有不适之感，应请医生诊治。
主要用途 生化研究。医用食欲抑制剂，中枢神经系统兴奋剂。

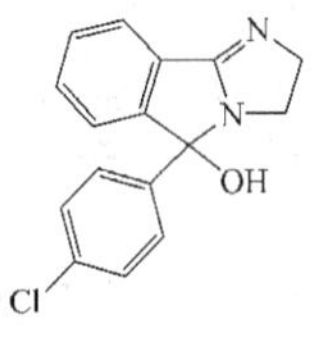

Mazipredone 马波尼酮 06238
[13085-08-0] $C_{26}H_{38}N_2O_4$ 442.60
成分 C 70.56%，H 8.65%，N 6.33%，O 14.46%。
别名 甲哌地强龙；(11β)-11, 17-Dihydroxy-21-(4-methyl-1-piperazinyl)pregna-1, 4-diene-3, 20-dione; 11β, 17α-Dihydroxy-3, 20-dioxo-21-(4-methyl-1-piperazinyl) pregna-1, 4-diene; 11β, 17-Dihydroxy-21-(4-methyl-1-piperazinyl)-Δ^1-progesterone
M. I. 15，5832
性状 来自四氢呋喃＋石油醚中的无色结晶。199℃分解。
主要用途 医用抗炎剂。

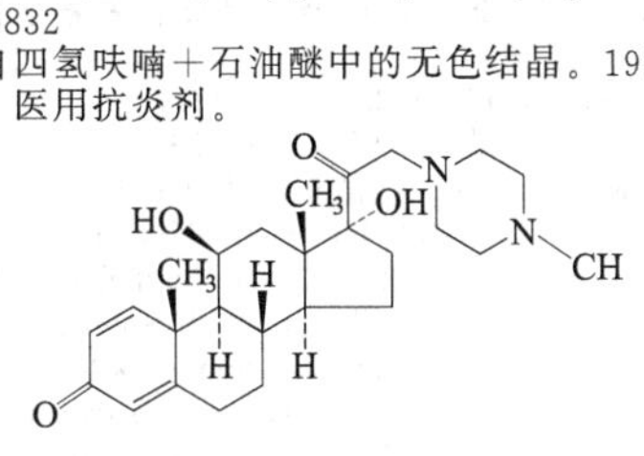

MCPA sodium salt
(4-氯-2-甲基苯氧基) 乙酸钠盐 06239
[3653-48-3] $C_9H_8ClNaO_3$ 222.60
成分 C 48.56%，H 3.62%，Cl 15.93%，Na 10.33%，O 21.56%。
别名 2-甲基-4-氯苯氧基乙酸钠盐；Chiptox; (4-Chloro-2-methylphenoxy) acetic acid sodium salt; (4-Chloro-*o*-toloxy)acetic acid sodium salt; 2-Methyl-4-chlorophenoxyacetic acid sodium salt; MCP sodium salt; Agritox sodium salt; Agroxone sodium salt; Cornox sodium salt; Methoxone sodium salt
性状 白色结晶。易溶于水。
注意事项 该品吸入、口服或与皮肤接触有害。应防止儿童接近。远离食品、饮料和饲料保存。
主要用途 除草剂。分析用标准物质。

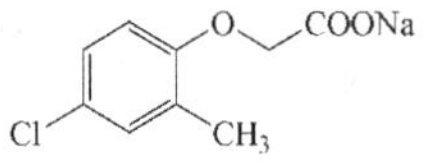

MDA hydrochloride MDA 盐酸盐 06240
[6292-91-7] $C_{10}H_{14}ClNO_2$ 215.68
成分 C 55.69%，H 6.54%，Cl 16.44%，N 6.49%，O 14.84%。
别名 α-甲基-1, 3-苯并间二氧环戊二烯-5-乙胺 盐酸盐；α-Methyl-1, 3-benzodioxole-5-ethanamine hydrochloride; 3, 4-Methylenedioxyamphetamine hydrochloride; 3, 4-Methylenedioxy-α-methyl-β-phenylethylamine hydrochloride; 3, 4-Methylenedioxyphenylisopropylamine hydrochloride; "Love"-HCl; EA-1299-HCl
M. I. 15，5834
性状 来自异丙醇/乙醚中的无色结晶。易溶于水、乙醇。mp187～188℃；或 180～181℃。LD_{50}小鼠，大鼠，豚鼠腹膜内注射（mg/kg）：68，27，28。生化试剂为含量≥98.0%。
注意事项 溶液商品高度易燃。吸入、口服或与皮肤接触有毒。并能产生十分严重不可逆的危险结果。使用时应穿适当的防护服和戴手套。使用现场禁止吸烟。使用时如有事故发生或有不适之感，应请医生诊治。应密封于 2～8℃保存。
主要用途 生化研究。

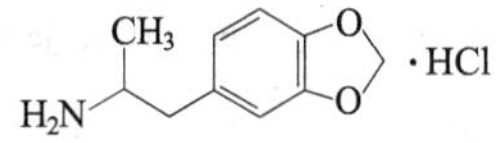

(±) -MDE hydrochloride
MDE 盐酸盐 06241
[74341-78-9] $C_{12}H_{18}ClNO_2$ 243.73
成分 C 59.14%，H 7.44%，Cl 14.54%，N 5.75%，O 13.13%。
别名 土巴酶 盐酸盐；盐酸土巴酶；N-乙基-α-甲基-1, 3-苯并二氧环戊二烯-5-乙胺 盐酸盐；*N*-Ethyl-α-methyl-1, 3-benzodioxole-5-ethanamine hydrochloride; (±)-*N*-Ethyl-3, 4-Methylenedioxyamphetamine hydrochloride; *N*-Ethyl-3, 4-methylenedioxyphenylisopropylamine hydrochloride; 3, 4-Methylenedioxyethamphetamine hydrochloride; MDEA-HCl; "Eve"-HCl
M. I. 15，5835
性状 来自乙醇-乙醚中的细小白色颗粒或固体，mp197～198℃；或来自异丙醇-乙醚中的白色固体，mp 201～202℃。LD_{50}小鼠腹膜内注射：102mg/kg。生化试剂含量≥98.0%（TLC）。
注意事项 该品吸入、口服或与皮肤接触极毒。对眼睛、呼吸系统及皮肤有刺激性。使用时应穿适当的防护服，戴手套和防护镜或面罩。使用时应避免吸入本品的粉尘。万一接触到眼睛，应立即用大量水冲洗后请医生诊治。使用时如有事故发生或有不适之感，应请医生诊治。
主要用途 生化研究。

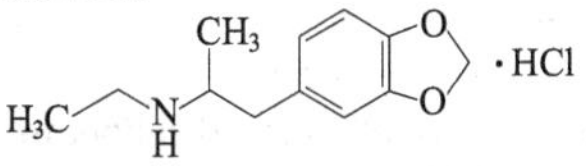

(±)-MDMA hydrochloride
3, 4-亚甲二氧甲基苯丙胺 盐酸盐 06242
[64057-70-1] $C_{11}H_{16}ClNO_2$ 229.70
成分 C 57.52%，H 7.02%，Cl 15.43%，N 6.10%，O 13.93%。
别名 N-甲基-3, 4-二亚甲基二氧苯异丙胺 盐酸盐；盐酸 3, 4-亚甲二氧甲基苯甲胺；*N*-α-Dimethyl-1, 3-benzodioxole-5-ethanamine hydrochloride; (±)-3, 4-Methylenedioxymethamphetamine hydrochloride; *N*-Methyl-3, 4-methylenedioxyphenylisopropylamine hydrochloride; "Ecstasy"-HCl; "E"-HCl; "XTC"-HCl; "Adam"-HCl
M. I. 15，5836
性状 来自异丙醇/正己烷中的结晶，mp 147～148℃；或来自异丙醇/乙醚中的无色结晶，mp 152～153℃。uv

max（乙醇中）：286nm（ε 3843）。LD_{50}小鼠，大鼠，豚鼠腹膜内注射（mg/kg）：97，49，98。

注意事项 该品口服有毒。对眼睛、呼吸系统及皮肤有刺激性。使用时应穿适当的防护服，戴手套和防护镜或面罩。万一接触到眼睛，应立即用大量水冲洗后请医生诊治。使用时如有事故发生或有不适之感，应请医生诊治。使用完毕应立即脱掉受污染的衣服。应密封保存。

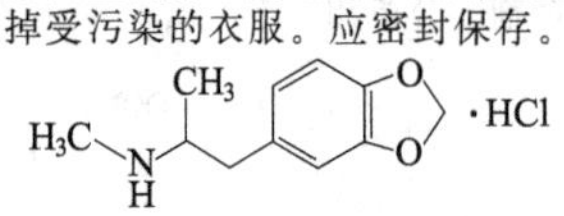

·HCl

Mebendazole 甲苯咪唑 06243

[31431-39-7] $C_{16}H_{13}N_3O_3$ 295.30

成分 C 65.08%，H 4.44%，N 14.23%，O 16.25%。

别名 (5-苯甲酰基-1*H*-苯并咪唑-2-基)氨甲酸甲酯；甲苯哒唑；(5-Benzoyl-1*H*-benzimidazol-2-yl) carbamic acid methyl ester；5-Benzoyl-2-benzimidazolecarbamic aicd methyl ester；Methyl 5-benzoyl-2-benzimidazolecabamate；R-17635；Bantenol；Equivurm Plus；Lomper；Mebenvet；Noverme；Ovitelmin；Pantelmin；Telmin；Vermicidin；Vermirax；Vermox

M. I. 15，5837

性状 来自乙酸和甲醇中的无色结晶。溶于甲酸，几乎不溶于水、乙醇、乙醚、氯仿、无机酸稀溶液。mp 288.5℃。LD_{50}羊急性经口：＞80mg/kg；小鼠，大鼠，鸡急性经口：＞40mg/kg。

注意事项 该品口服有害。使用时应穿适当的防护服。应避免吸入本品的粉尘，避免与眼睛及皮肤接触。

主要用途 医用驱虫剂。分析用标准物质。

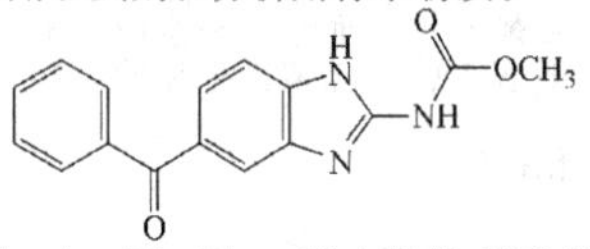

Mebeverine hydrochloride 麦皮凡林 盐酸盐 06244

[2753-45-9] $C_{25}H_{36}ClNO_5$ 466.02

成分 C 64.43%，H 7.79%，Cl 7.61%，N 3.01%，O 17.17%。

别名 盐酸麦皮凡林；Colofac；Duspatalin；Duspatal；3,4-Dimethoxybenzoic acid 4-[ethyl[2-(4-methoxyphenyl)-1-methylethyl]amino]butyl ester hydrochloride；Veratric acid 4-[ethyl(*p*-methoxy-*α*-methylphenethyl)amino]butyl ester hydrochloride；3,4-Dimethoxybenzoic acid 4-[ethyl(*p*-methoxy-*α*-methylphenethyl) amino] butyl ester hydrochloride；4-[Ethyl(*p*-methoxy-*α*-methylphenethyl)amino]butyl 3,4-dimethoxybenzoate hydrochloride；4-[*N*-[2-(*p*-Methoxyphenyl)-1-methylethyl]-*N*-ethylamino]butyl 3,4-dimethoxybenzoate hydrochloride

M. I. 15，5838

性状 来自丁酮中的无色结晶。mp 105～107℃。

注意事项 该品口服有害。使用时应穿适当的防护服。应密封于2～8℃保存。

主要用途 生化研究。医用抗痉挛剂，平滑肌松弛剂。

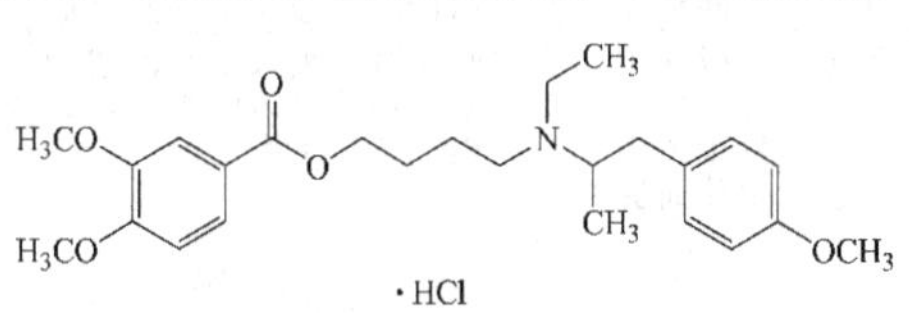

·HCl

Mebhydroline 1,5-naphthalene disulfonate salt 多海屈林 1，5-萘二磺酸盐 06245

[6153-33-9] $C_{48}H_{48}N_4O_6S_2$ 841.05

成分 C 68.55%，H 5.75%，N 6.66%，O 11.41%，S 7.63%。

别名 Diazoline；Fabahistin Omeril；2,3,4,5-Tetrahydro-2-methyl-5-phenylmethyl-1*H*-pyrido[4,3-*b*]indole 1,5-naphthalenedisulfonate salt；5-Benzyl-2,3,4,5-tetrahydro-2-methyl-1*H*-pyrido[4,3-*b*]indole 1,5-naphthalenedisulfonate salt；3-Methyl-9-benzyl-1,2,3,4-tetrahydro-*γ*-carboline 1,5-naphthalenedisulfonate salt；5-Benzyl-1,2,3,4-tetrahydro-2-methyl-*γ*-carboline 1,5-naphthalenedisulfonate salt；*N*-Methyl-9-benzyltetrahydro-*γ*-carboline 1,5-naphthalenedisulfonate salt；Incidal 1,5-naphthalenedisulfonate salt

M. I. 15，5839

性状 白色粉末。溶于热甲酰胺，溶液呈黄色。略微溶于热冰乙酸，几乎不溶于水。280℃分解。

主要用途 生化研究。医用抗组胺剂。

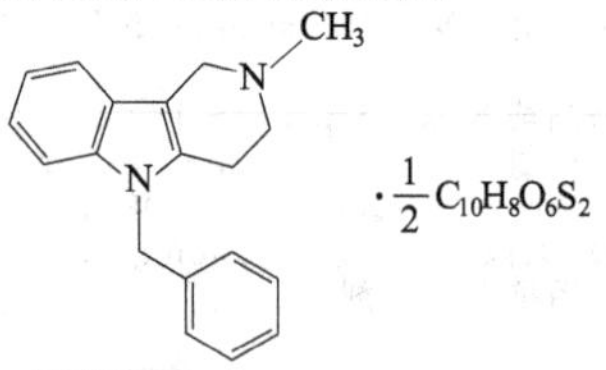

$\cdot\frac{1}{2}C_{10}H_8O_6S_2$

Mebrofenin 甲溴菲宁 06246

[78266-06-5] $C_{15}H_{19}BrN_2O_5$ 387.23

成分 C 46.53%，H 4.95%，Br 20.63%，N 7.23%，O 20.66%。

别名 甲溴苯宁；美溴非林；*N*-(3-溴-2,4,6-三甲基乙酰苯胺)亚氨基二乙酸；*N*-[2-[(3-Bromo-2,4,6-trimethylphenyl)amino]-2-oxocthyl]-*N*-(carboxymethyl) glycine；[[[(3-Bromomesityl)carbamoyl]methyl]imino]diacetic acid；*N*-(3-Bromo-2,4,6-trimethylacetanilide) iminodiacetic acid；Trimethylbromo-IDA；Choletec

M. I. 15，5841

性状 来自乙醇中的无色结晶。mp 198～200℃。LD_{50}小鼠，大鼠静脉注射（mg/kg）：213.8，226.4。

注意事项 该品对眼睛、呼吸系统及皮肤有刺激性。使用时应避免与眼睛及皮肤接触。

主要用途 医用辅助诊断剂。

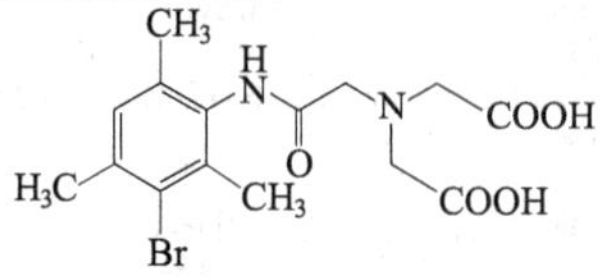

Mebutamate 美布氨酯 06247

[64-55-1] $C_{10}H_{20}N_2O_4$ 232.28

成分 C 51.71%，H 8.68%，N 12.06%，O 27.55%。

别名 甲戊氨酯；甲基眠而通；2-Methyl-2-(1-methylpropyl)-1,3-propanediol dicarbamate；2-*sec*-Butyl-2-methyl-1,3-propanediol dicarbamate；Carbamic acid 2-*sec*-butyl-2-methyltrimethylene ester；2-*sec*-Butyl-2-methyltrimethylenecarbamate；2-Methyl-2-*sec*-butyl-1,3-propanediol dicarbamate；2,2-Dicarbamoyloxymethyl-3-methylpentane；Dicamoylmethane；W-583；Capla；Butatensin；Carbuten；Dormate；Mebutina；Prean；Sigmafon；Vallene；Mega；No-Press；Axiten；Ipotensivo

M. I. 15，5842

性状 无色结晶。溶于多数有机溶剂，微溶于水（约0.1%）。与酸或碱加热或至沸腾，即水解为醇、氨及二氧化碳。mp 77～79℃。

主要用途 医用抗高血压剂。

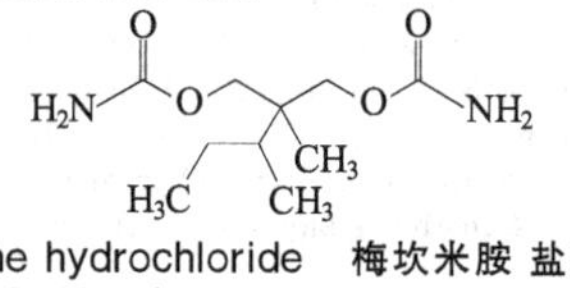

Mecamylamine hydrochloride 梅坎米胺 盐酸盐 06248

[826-39-1] $C_{11}H_{22}ClN$ 203.75

成分 C 64.84%，H 10.88%，Cl 17.40%，N 6.87%。

别名 美加明 盐酸盐；3-甲基氨基异樟脑烷 盐酸盐；盐酸3-甲基氨基异樟脑烷；盐酸梅坎米胺；盐酸美加明；Inversine；Mevasine；*N*,2,3,3-Tetramethylbicyclo[2.2.1]heptan-2-amine hydrochloride；*N*,2,3,3-Tetramethyl-2-norbornanamine hydrochloride；*N*,2,3,3-Tetramethyl-2-norcamphanamine；3-Methylaminoisocamphane hydrochloride；2-Methylaminoisocamphane hydrochloride；2-Methylamino-2,3,3-trimethylnorbornane hydrochloride；*N*-Methyl-2-isocamphanamine hydrochloride；3*β*-Methylamino-2,2,3-trimethylbicyclo[2.2.1] heptane hydrochloride；Mecamine hydrochloride

M. I. 15，5843

性状 无色结晶。该品于下列物质中的溶解度（g/100mL）：水 21.2；乙醇 8.2；甘油 10.4；异丙醇 2.1。其1%水溶液 pH 值 6.0～7.5。245.5～246.5℃分解。

注意事项 该品口服有害。对眼睛、呼吸系统及皮肤有刺激

性。使用时应穿适当的防护服，戴手套和防护镜或面罩。使用时如有事故发生或有不适之感，请医生诊治。

主要用途 生化研究。医用抗高血压剂。

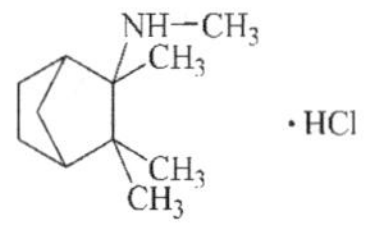

·HCl

Mechlorethamine oxide hydrochloride

氧化氮芥 盐酸盐 06249

[302-70-5] $C_5H_{12}Cl_3NO$ 208.51

成分 C 28.80%，H 5.80%，Cl 51.01%，N 6.72%，O 7.67%。

别名 盐酸氧化氮芥；2- Chloro-*N*-(2-chloroethyl)-*N*-methylethanamine *N*-oxide hydrochloride；2,2′-Dichloro-*N*-methyldiethylamine *N*-oxide hydrochloride；*N*-Methyl-2,2′-dichlorodiethylamine *N*-oxide hydrochloride；Methylbis(β-chloroethyl)amine *N*-oxide hydrochloride；Methyldi（2-chloroethyl）amine *N*-oxide hydrochloride；Nitromin；Mitomen；Mustron

M. I. 15，5847

性状 来自丙酮中的无色棱柱体结晶。溶于水。mp 109～110℃。

主要用途 医用抗肿瘤剂。

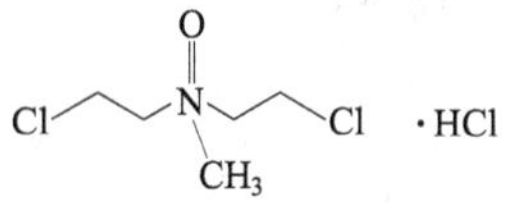

·HCl

Meclizine dihydrochloride 美其敏 二盐酸盐 06250

[1104-22-9] $C_{25}H_{29}Cl_3N$ 463.88

成分 C 64.73%，H 6.30%，Cl 22.93%，N 6.04%。

别名 二盐酸美其敏；二盐酸敏克静；敏克静二盐酸盐；UCB-5062；Ancolan；Antivert；Bonamine；Bonine；Calmonal；Peremesin；Postafen；Sea-legs 1-[(4-Chlorophenyl)phenylmethyl]-4-[(3-methylphenyl) methyl] piperazine dihydrochloride；1-(*p*-Chloro-α-phenylbenzyl)-4-(*m*-methylbenzyl) piperazine dihydrochloride；1-(*p*-Chlorobenzhydryl)-4-(*m*-methylbenzyl) piperazine dihydroohlorides 1-(*p*-Chlorobenzhydryl)-4-(*m*-methylbenzyl) diethylenediamine dihydrochloride；Meclozine dihydrochloride；Parachloramine dihydrochloride

M. I. 15，5848

性状 无色结晶。易溶于氯仿、吡啶，微溶于稀酸、乙醇，几乎不溶于水（0.1g/100mL）、乙醚。

注意事项 该品能危害胎儿。口服有害。使用时应穿适当的防护服，应避免吸入本品的粉尘。应密封于 2～8℃保存。

主要用途 生化研究。医用止吐剂。

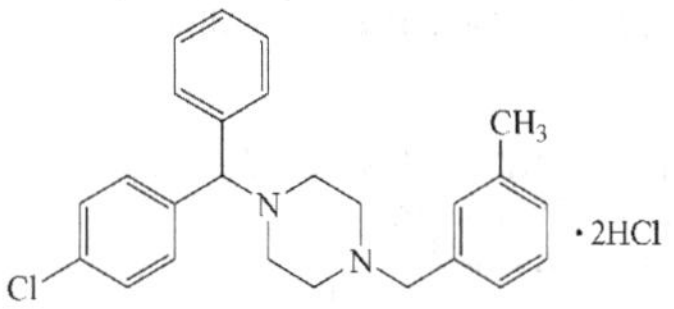

·2HCl

Meclocycline sulfosalicylate

甲基氯环素 磺基水杨酸盐 06251

[73816-42-9] $C_{29}H_{27}ClN_2O_{14}S$ 695.05

成分 C 50.11%，H 3.92%，Cl 5.10%，N 4.03%，O 32.23%，S 4.61%。

别名 去水羟基金霉素 磺基水杨酸盐；磺基水杨酸去水羟基金霉素；磺基水杨酸甲基氯环素；Meclan；Mecloderm；Meclosorb；Meclutin；Traumatociclina；[4S-(4α,4aα,5α,5aα,12aα)]-7-Chloro-4-dimethylamino-1,4,4a,5,5a,6,11,12a-octahydro-3,5,10,12,12a-pentahydroxy-6-methylene-1，11-dioxo-2-naphthacenecarboxamide sulfosalicylate；7-Chloro-6-methylene-5-hydroxytetracycline sulfosalicylate；GS-2989 sulfosalicylate；NSC-78502 sulfosalicylate

M. I. 15，5849

性状 无色或白色结晶性粉末。uv max（甲醇，0.01mol/L 盐酸中）：239nm，268nm，346nm（lg ε 4.46，4.07，4.11）。

主要用途 生化研究。医用抗菌剂。

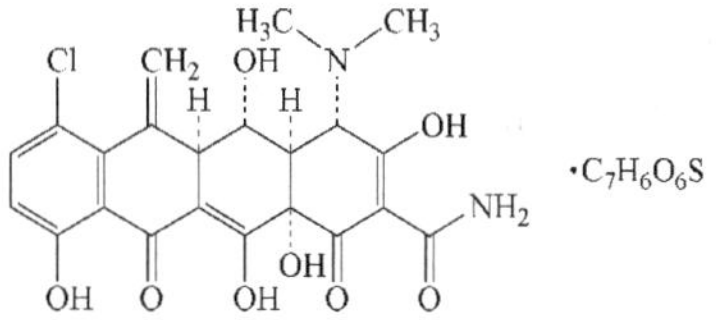

$\cdot C_7H_6O_6S$

Meclofenamic acid sodium salt hydrate

抗炎酸钠盐 一水 06252

[6385-02-0] $C_{14}H_{10}Cl_2NNaO_2 \cdot H_2O$ 336.14

成分 C 52.86%，H 3.17%，Cl 22.29%，N 4.40%，Na 7.23%，O 10.06%。

别名 甲氯灭酸钠盐；Lenidolor；Meclodol；Meclomen；Movens；2-[(2,6-Dichloro-3-methylphenyl) amino] benzoic acid sodium salt；*N*-(2,6-Dichloro-*m*-tolyl) anthranilic acid sodium salt；Meclophenamic acid sodium salt；CI-583 sodium salt；INF-4668 sodium salt；Arquel sodium salt

M. I. 15，5850

性状 无色结晶。溶于水（15mg/mL，微浑浊），pH 值 8.7。mp 289～291℃。

主要用途 生化研究。医用抗炎剂。抗发热剂。

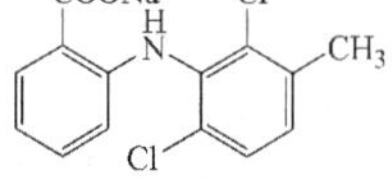

Meclofenoxate hydrochloride 氯酯醒 盐酸盐 06253

[3685-84-5] $C_{12}H_{17}ClNO_3$ 294.17

成分 C 48.99%，H 5.82%，Cl 24.10%，N 4.76%，O 16.32%。

别名 遗尿丁 盐酸盐；盐酸遗尿丁；盐酸氯酯醒；Cellative；Clocete；Lucidril；Methoxynal；Proserout；Brenal；Marucotol；Helfergin；(4-Chlorophenoxy)acetic acid 2-(dimethylamino)ethyl ester hydrochloride；Dimethylaminoethyl-*p*-chlorophenoxyacetate hydrochloride；Centrophenoxine hydrochloride；Meclofenoxane hydrochloride；Acephen hydrochloride；ANP-235 hydrochloride；Analux hydrochloride；Cetrexin hydrochloride；Proseryl hydrochloride

M. I. 15，5851

性状 来自异丙醇或丙酮中的无色结晶。溶于水，略微溶于异丙醇、丙酮，几乎不溶于苯、乙醚、氯仿。其 5%水溶液 pH 值 6。mp 135～139℃。LD_{50}小鼠静脉注射：330mg/kg；急性经口：1750mg/kg；腹膜内注射：845mg/kg。

注意事项 该品口服有害。对眼睛、呼吸系统及皮肤有刺激性。使用时应穿适当的防护服。万一接触到眼睛，应立即用大量水冲洗后请医生诊治。应密封于－20℃保存。

主要用途 生化研究。植物生长调节剂。医用大脑兴奋剂。

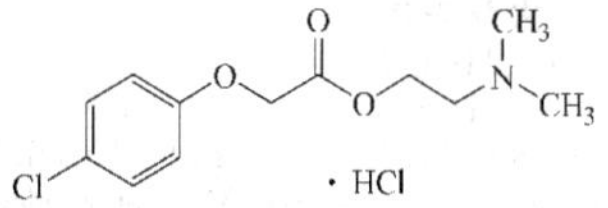

·HCl

Mecloqualone 新安眠酮 06254

[340-57-8] $C_{15}H_{11}ClN_2O$ 270.72

成分 C 66.55%，H 4.10%，Cl 13.09%，N 10.35%，O 5.91%。

别名 3-(2-Chlorophenyl)-2-methyl-4(3*H*)-quinazolinone；2-Methyl-3-(2-chlorophenyl)-4-quinazolone；Nubarene

M. I. 15，5852

性状 无色结晶。mp 126～128℃。

主要用途 医用镇静催眠剂。

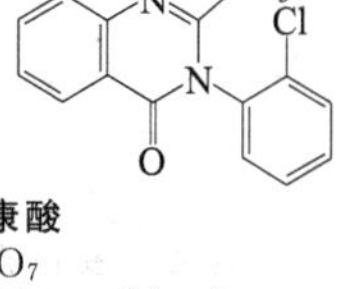

Meconic acid 袂康酸 06255

[497-59-6] $C_7H_4O_7$ 200.10

成分 C 42.02%，H 2.01%，O 55.97%。

别名 3-羟基对氧杂芑酮-2，6-二羧酸；鸦片酸；3-羟基-4-氧-1，4-哌喃-2，6-二甲酸；罂粟酸；3-Hydroxy-4-oxo-4*H*-pyran-2，6-dicarboxylic acid；Oxychelidonic acid

M. I. 15，5853

性状 白色棱晶或斜方棱锥体。1g 该品（一水合物）溶于 4mL 热水、50mL 甲醇、50mL 乙酸乙酯、100mL 丙酮，易溶于乙醇、苯。

主要用途 检定铁、氯化钒的试剂。

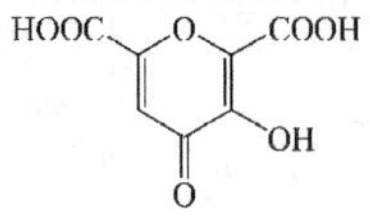

Mecoprop 2-(4-氯-2-甲基苯氧基)丙酸 06256

[93-65-2] [7085-19-0] $C_{10}H_{11}ClO_3$ 214.65

成分 C 55.96%，H 5.17%，Cl 16.52%，O 22.36%。

别名 2-(4-Chloro-2-methylphenoxy) propanoic acid; (±)-2-[(4-Chloro-*o*-tolyl) oxy] propionic acid; Mechlorprop; MCPP; CMPP; RD-4593; Astix CMPP; *Iso*-Cornox; Compitox; Compitox Plus; Proponex-Plus

M. I. 15，585

性状 无色或白色固体。mp 93～94℃；Fp 212℉（100℃）。LD_{50} 大鼠急性经口：1210mg/kg；腹膜内注射：402mg/kg。

注意事项 该品口服有害。对皮肤有刺激性，对眼睛有严重损伤的危险。对水生物极毒。能对水环境引起长期不利的结果。使用时应戴手套和防护镜或面罩。万一接触到眼睛，应立即用大量水冲洗后请医生诊治。应防止将本品释放于环境中。其包装物应按危险品处理。应远离食品、饮料和饲料保存。

主要用途 除草剂。分析用标准物质。

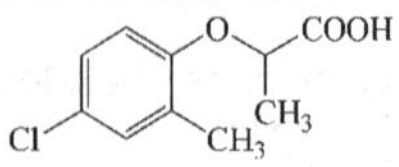

Meconin 袂康宁 06257

[569-31-3] $C_{10}H_{10}O_4$ 194.19

成分 C 61.85%，H 5.19%，O 32.96%。

别名 罂粟内酯；6,7-Dimethoxy-1(3*H*)-isobenzofuranone; 6,7-Dimethoxyphthalide; Opianyl; Meconinic acid lactons

M. I. 15，5854

性状 白色针状结晶。无旋光性。有强烈的苦味。溶于 700 份冷水、22 份沸水，溶于乙醇、苯、氯仿、乙醚、冰乙酸，能缓慢地溶于碱类而形成碱盐及袂康宁酸，其本身不稳定，快速变为其内酯。mp 102～103℃；uv max：213nm，308nm（ε 25000，3800）。

主要用途 医用安眠剂。

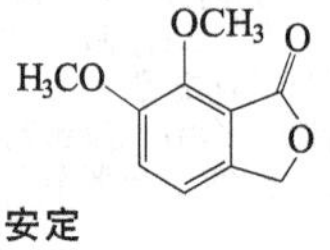

Medazepam 去氧安定 06258

[2898-12-6] $C_{16}H_{15}ClN_2$ 270.76

成分 C 70.98%，H 5.58%，Cl 13.09%，N 10.35%。

别名 去氧二氮䓬；7-Chloro-2,3-dihydro-1-methyl-5-phenyl-1*H*-1,4-benzodiazepine; Ansilan; Diepin; Medazepol; Megasedan; Narsis; Nobrium; Psiquium; Resmit; Rudotel; Tranquilax

M. I. 15,5857

性状 来自乙醚+石油醚中的无色三棱形结晶。mp 95～97℃。LD_{50} 小鼠急性经口：1070mg/kg；腹膜内注射：360mg/kg。

主要用途 医用抗焦虑剂。

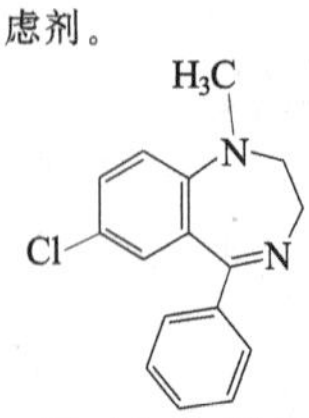

Medetomidine hydrochloride 美托咪定 盐酸盐 06259

[86347-15-1] $C_{13}H_{17}ClN_2$ 236.74

成分 C 65.96%，H 7.24%，Cl 14.97%，N 11.83%。

别名 盐酸美托咪定；MPV-785; Domitor; Sedator; 4-[1-(2,3-Dimethylphenyl) ethyl]-1*H*-imidazole hydrochloride; (±)-4-(α,2,3-Trimethylbenzyl) imidazole hydrochloride; 4-[(α-Methyl)-2,3-dimethylbenzyl] imidazole hydrochloride

M. I. 15，5858

性状 白色或近白色结晶。溶于水。

主要用途 兽用镇静剂，止痛剂。

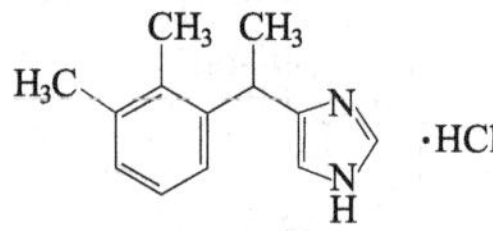

Medicagol 苜蓿内酯 06260

[1983-72-8] $C_{16}H_8O_6$ 296.23

成分 C 64.87%，H 2.72%，O 32.41%。

别名 3-Hydroxy-6*H*-[1,3]dioxolo[5,6]benzofuro[3,2-*c*][1]benzopyran-6-one; 7-Hydroxy-11,12-(methylenedioxy) coumestan; 7-Hydroxy-5′,6′-methylenedioxybenzofurano (3′,2′:3,4) coumarin

M. I. 15，5859

性状 无色结晶或粉末。mp 326～327℃；uv max（乙醇中）：245nm，270nm，297nm，310nm，348nm（lg ε 4.29，3.91，3.85，4.03，4.46）。

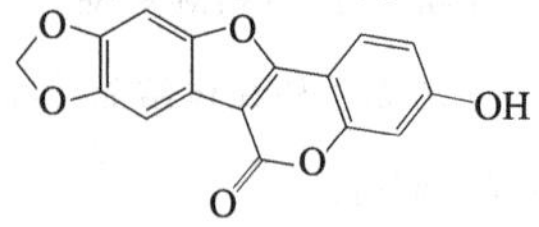

Medicarpin 美迪紫檀素 06261

[32383-76-9] $C_{16}H_{14}O_4$ 270.28

成分 C 71.10%，H 5.22%，O 23.68%。

别名 (6a*R*,11a*R*)-6a,11a-Dihydro-9-methoxy-6*H*-benzofuro[3,2-*c*][1]benzopyran-3-ol; (−)-3-Hydroxy-9-methoxypterocarpan; Demethylhomopterocarpin

M. I. 15，5860

性状 来自苯中的无色棱柱体结晶。mp 127.5～128.5℃；$[\alpha]_D^{22}$ −226°（氯仿中）；uv max：207nm，282nm，287nm，310nm（lg ε 4.86，3.97，4.01，3.38）。

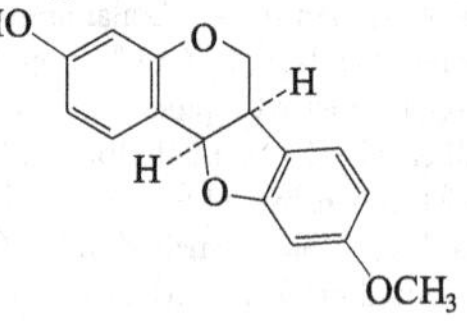

Medifoxamine fumarate

***N*,*N*-二甲基-2,2-二苯氧基乙胺 富马酸盐** 06262

[16604-45-8] $C_{20}H_{23}NO_6$ 373.41

成分 C 64.33%，H 6.21%，N 3.75%，O 25.71%。

别名 富马酸 *N*，*N*-二甲基-2，2-二苯氧基乙胺；LG-152；Clédial；Gerdaxyl；*N*，*N*-Dimethyl-2，2-diphenoxyethanamine fumarate；(Dimethylamino) acetaldehydr diphenylaceta fumarate；*N*，*N*′-Dimethyl-2，2-diphenoxyethylamine fumarate

M. I. 15，5861

性状 来自 95%乙醇中的无色结晶。mp 128.5℃；LD_{50} 大鼠急性经口：750mg/kg。

主要用途 医用抗抑郁剂。

Medium 199 199 培养基 06263

性状 由多种氨基酸、维生素、无机盐和其他化合物混合而成的米色粉状物。

注意事项 该品应密封于 2～8℃保存。

主要用途 各种组织培养。

Medium Eagle's minimum essential

伊格尔氏培养基 06264

别名 伊格尔培养基；Eagle's-MEM；Minimum essentiul medium with Earle's (powder)；MEM-Earle's (powder)

性状 含多种氨基酸、维生素、核苷、无机盐和其他化合物的粉状米色混合物。

注意事项 该品应密封于 2～8℃保存。保存期 1 年。

Medium McCoy's 5A 麦克康凯 5A 培养基 06265

别名 McCoy's 5A 培养基；McCoy's 5A medium

性状 由多种氨基酸、维生素、无机盐和其他化合物制成的粉状米色混合物。

注意事项 该品应密封于 2～8℃保存。保存期 1 年。

Medrogestone 二甲去氢孕酮 06266

[977-79-7] $C_{23}H_{32}O_2$ 340.51

成分 C 81.13%，H 9.47%，O 9.40%。

别名 6，17α-二甲基-6-去氢孕酮；6，17-Dimethylpregna-4，6-diene-3，20-dione；6，17α-dimethyl-6-dehydroprogesterone；AY-62022；Colpro；Colprone；Prothil

M. I. 15，5862

性状 来自乙醚中的无色结晶。mp 144～146℃；$[\alpha]_D^{23}$ +79°（c=1，于氯仿中）；uv max：288nm（ε 25000）。

主要用途 医用孕激素。

Medronic acid 亚甲基二膦酸 06267

[1984-15-2] $CH_6O_6P_2$ 176.00

成分 C 6.82%，H 3.44%，O 54.54%，P 35.20%。

别名 Methylenebisphosphonic acid；Methylenediphosphonic acid；Methanebisphosphonic acid；Methanediphosphonic acid；MDP

M. I. 15，5863

性状 来自乙酸中的无色结晶。易吸湿。mp 199～200℃。LD_{50}小鼠，兔静脉注射：45～50mg/kg。生化试剂含量≥99.0%（T）。

注意事项 该品具有腐蚀性，能引起烧伤。使用时应穿适当的防护服，戴手套和防护镜或面罩。万一接触到眼睛，应立即用大量水冲洗后请医生诊治。使用时如有事故发生或有不适之感，应请医生诊治。应密封于－20℃干燥保存。

主要用途 生化研究。

Medroxyprogesterone 甲羟孕酮 06268

[520-85-4] $C_{22}H_{32}O_3$ 344.50

成分 C 76.70%，H 9.36%，O 13.93%。

别名 6α-甲基-17α-羟基孕酮；(6α)-17-Hydroxy-6-methylpregn-4-ene-3，20-dione；17α-Hydroxy-6α-methylprogesterone；6α-Methyl-17α-hydroxyprogesterone；6α-Methyl-4-pregnen-17α-ol-3，20-dione

M. I. 15，5864

性状 来自氯仿中的无色结晶。mp 220～223.5℃；$[\alpha]_D^{25}$ +75°（于氯仿中）；uv max（乙醇中）：241nm（ε 16000）。

注意事项 长期接触本品对健康有严重危害，并能造成不可逆的危害。能危害胎儿。使用时应避免吸入本品的粉尘，避免与眼睛及皮肤接触。

主要用途 生化研究。医用孕激素，注入避孕剂，抗肿瘤剂（激素）。分析用标准物质。

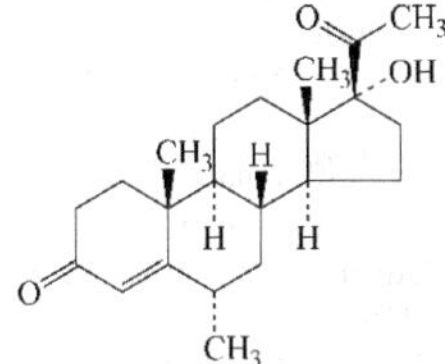

Medroxyprogesterone 17-acetate 17-乙酸甲羟孕酮 06269

[71-58-9] $C_{24}H_{34}O_4$ 386.53

成分 C 74.58%，H 8.87%，O 16.56%。

别名 安宫黄体酮；17α-Acetoxy-6α-methylprogesterone；6-α-Methyl-17α-acetoxyprogesterone；MAP；Amen；Clinovir；Curretab；Cycrin；Depo-Clinovir；Depo-Provera；Farlutal；Gestapuran；Gestoral；G-Farlutal；Hysron；Lutoral；Nadigest；Nidaxin；Oragest；Perlutex；Prodasone；Provera；Sodelut G；Veramix；(6α)-17-Hydroxy-6-methylpregn-4-ene-3，20-dione 17-acetate；17α-Hydroxy-6α-Methylprogesterone 17-acetate；6α-Methyl-17α-hydroxyprogesterone 17-acetate；6α-Methyl-4-pregnen-17α-ol-3，20-dione 17-acetate

M. I. 15，5864

性状 来自甲醇中的无色结晶。易溶于氯仿，溶于丙酮、二氧六环，略溶于乙醇、甲醇，微溶于乙醚，不溶于水。mp 207～209℃；$[\alpha]_D$ +61°（于氯仿中）；uv max（乙醇中）：240nm（ε 15900）。

注意事项 该品长期接触对健康有严重危害。对机体有不可逆损伤的可能性。使用时应穿适当的防护服，戴手套和防护镜或面罩。使用时应避免吸入本品的粉尘。使用时如有事故发生或有不适之感，应请医生诊治。

主要用途 生化研究。生物动情期调节剂。

Medrysone 6α-甲基-11β-羟基孕酮 06270

[2668-66-8] $C_{22}H_{32}O_3$ 344.50

成分 C 76.70%，H 9.36%，O 13.93%。

别名 (6α，11β)-11-羟基-6-甲基孕-4-烯-3，20-二酮；(6α，11β)-11-Hydroxy-6-methylpregn-4-ene-3，20-dione；11β-hydroxy-6α-methylprogesterone；6α-Methyl-11β-hydroxyprogesterone；Hydroxymesterone；U-8471；HMS；Medrocort；Ophtocortin；Spectamedryn

M. I. 15，5865

性状 无色结晶。mp 155～158℃；$[\alpha]_D$ +189°（于氯仿中）。

注意事项 该品应密封于 2～8℃保存。

主要用途 生化研究。医用糖皮质激素。

Mefenacet 苯噻草胺 06271

[73250-68-7] $C_{16}H_{14}N_2O_2S$ 298.36

成分 C 64.41%，H 4.73%，N 9.39%，O 10.72%，S 10.75%。

别名 苯噻酰草胺；2-Benzothiazolyloxy-*N*-methyl-*N*-phenylacetamide；2-(1，3-Benzothiazol-2-yloxy)-*N*-methylacetanilide；FOE-1976；NTN-801；Hinochloa；Rancho

M. I. 15，5868

性状 无色结晶。该品于下列物质中的溶解度（20℃，g/L）：水 0.004；正己烷 0.1～1；甲苯 20～50；二氯甲烷 >200；2-丙醇 5～10。蒸气压（20℃）：4.8×10^{-11} mmHg/6.4×10^{-9}Pa；分配系数（辛醇/水）：lg$P$ 3.23；mp 134.8℃；Fp 212℉（100℃）；LD_{50}大鼠，小鼠急性经口（mg/kg）：>5000，>5000；皮下注射（mg/kg）：>1000，>1000；皮肤接触（mg/kg）：>5000，>5000。LC_{50}（4h）大鼠：134mg/m³。

注意事项 该品对水生物有毒。能对水环境引起不利的结果。应防止将本品释放于环境中。

主要用途 除草剂。分析用标准物质。

Mefenamic acid 甲灭酸 06272

[61-68-7] $C_{15}H_{15}NO_2$ 241.29

成分 C 74.67%，H 6.27%，N 5.81%，O 13.26%。

别名 2-[(2，3-二甲基苯基)氨基]苯甲酸；2-[(2，3-Dimethyl-phenyl)amino]benzoic acid；*N*-(2，3-Xylyl)anthranilic acid; CI-473; INF-3355; Bafameritin-M; Bonabol; Coslan; Lysalgo; Mefenacid; Namphen; Parkemed; Ponalar; Ponstan; Ponstel; Ponstil; Ponstyl; Pontal; Tanston

M. I. 15, 5869

性状 白色、近白色结晶。溶于碱溶液，略溶于乙醚、氯仿，微溶于乙醇，极微溶于水（25℃，0.0041g/100mL；37℃，0.008g/100mL；pH 值 7.1）。pK_a 4.2。mp 230～231℃（沸腾）；uv max（0.1mol/L 氢氧化钠溶液中）：285nm，340nm。LD_{50} 小鼠，大鼠急性经口（mg/kg）：630，790。

注意事项 该品口服有害。

主要用途 生化研究。医用抗炎剂，止痛剂。

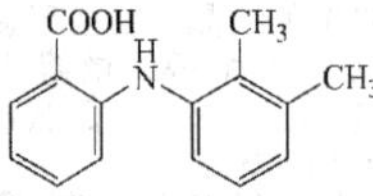

Mefenorex hydrochloride 氯丙苯丙胺 盐酸盐 06273

[5586-87-8] $C_{12}H_{19}Cl_2N$ 248.19

成分 C 58.07%，H 7.72%，Cl 28.57%，N 5.64%。

别名 *N*-(3-氯丙基)-α-甲基苯乙胺 盐酸盐；盐酸氯丙苯丙胺；Ro-4-5282; Incital; Pondinil; Pondinol; Rondimen; *N*-(3-Chloropropyl)-α-methylbenzeneethanamine hydrochloride; *N*-(3-Chloropropyl)-α-methylphenethylamine hydrochloride; 1-Phenyl-2-(3-Chloropropylamino) propane hydrochloride

M. I. 15, 5870

性状 无色或白色固体。mp 128～130℃。

主要用途 医用抑制食欲剂。

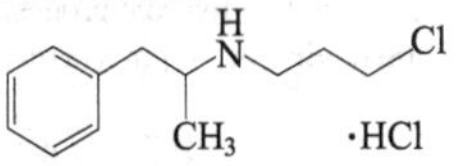

Mefexamide hydrochloride 美非沙胺 盐酸盐 06274

[1127-61-8] $C_{15}H_{24}N_2O_3 \cdot HCl$ 316.82

成分 C 56.87%，H 7.95%，Cl 11.19%，N 8.84%，O 15.15%。

别名 *N*-[2-(二乙氨基)乙基]-2-(4-甲氧基苯氧基)乙酰苯胺 盐酸盐；盐酸 *N*-[2-(二乙氨基)乙基]-2-(4-甲氧基苯氧基)乙酰苯胺；盐酸美非沙胺；*N*-[2-(Diethylamino) ethyl]-2-(4-methoxyphenoxy) acetamide hydrochloride; (*p*-Methoxyphenoxy) acetic acid *N*-[2-(diethylamino) ethyl] amide hydrochloride; Mexephenamide hydrochloride; NP-297-HCl; Mefexadyne hydrochloride; Timodyne hydrochloride

性状 无色结晶或白色粉末。mp 112℃。

注意事项 该品吸入、口服或与皮肤接触极毒。使用时应穿适当的防护服，戴手套和防护镜或面罩。使用时应避免吸入本品的粉尘。使用时如有事故发生或有不适之感，应请医生诊治。

主要用途 生化研究。医用中枢神经兴奋剂。

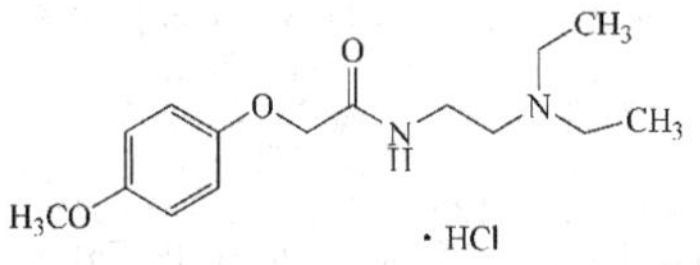

Mefloquine hydrochloride 甲氟喹 盐酸盐 06275

[51773-92-3] $C_{17}H_{17}ClF_6N_2O$ 414.78

成分 C 49.23%，H 4.13%，Cl 8.55%，F 27.48%，N 6.75%，O 3.86%。

别名 盐酸甲氟喹；*rel*-(α*S*)-α-(2*R*)-2-Piperidinyl-2,8-bis(trifluoromethyl)-4-quinolinemethanol monohydrochloride; DL-*erythro*-α-2-Piperidyl-2,8-bis(trifluoromethyl)-4-quinolinemethanol monohydrochloride; WR-142490-HCl; Ro-21-5998; Lariam

M. I. 15, 5872

性状 白色或微黄色结晶性粉末。无味。易溶于甲醇，溶于乙醇、乙酸乙酯，极微溶于水。mp 259～260℃（分解）；uv max（甲醇中）：222nm，283nm，304nm，318nm（ε 46700，6600，4000，3100）。生化试剂含量≥98.0%（HPLC）

注意事项 该品口服有害。

主要用途 医用抗疟剂。

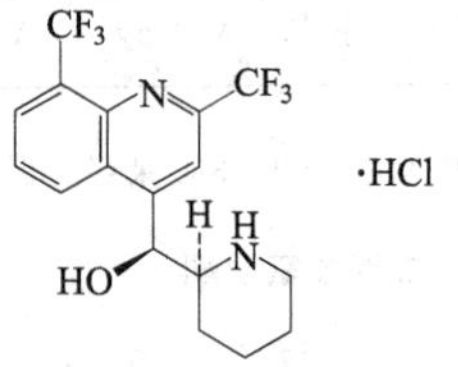

Mefluidide 氟草磺 06276

[53780-34-0] $C_{11}H_{13}F_3N_2O_3S$ 310.29

成分 C 42.58%，H 4.22%，F 18.37%，N 9.03%，O 15.47%，S 10.33%。

别名 伏草胺；抑长灵；氟磺酰草胺；矮抑安；麦夫迪；*N*-[2,4-二甲基-5-[[(三氟甲基)磺酰]氨基]苯基]乙酰胺；*N*-[2,4-Dimethyl-5-[[(trifluoromethyl) sulfonyl] amino] phenyl] acetamide; 5-Acetamido-2,4-dimethyltrifluoromethanesulfonanilide; Methafluoridamid; MBR-12325; VEL-3973; Vistar; Embark

M. I. 15, 5873

性状 无色结晶性固体。该品于下列物质中的溶解度（20℃，g/L）：水 0.18；苯 0.31；二氯甲烷 2.1；1-辛醇 17；甲醇 310；丙酮 350。其水溶液于紫外光下可分解。对金属可轻度腐蚀。pK_a 4.6；蒸气压（25℃）：$<10^{-4}$ mmHg/$<1.3\times10^{-2}$Pa；mp 183～185℃。

主要用途 植物生长调节剂，除草剂。

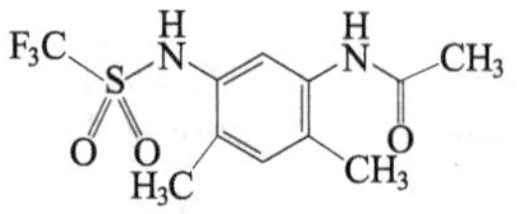

Mefruside 倍可降 06277

[7195-27-9] $C_{13}H_{19}ClN_2O_5S_2$ 382.87

成分 C 40.78%，H 5.00%，Cl 9.26%，N 7.32%，O 20.89%，S 16.75%。

别名 4-Chloro-N^1-methyl N^1-(tetrahydro-2-methyl-2-furanyl) methyl-1,3-benzenedisulfonamide; 4-Chloro-N^1-methyl-N^1-(tetrahydro-2-methylfurfuryl)-*m*-benzenedisulfonamide; 2-(4-Chloro-N^1-methyl-3-sulfamoylbenzenesulfonamido) methyl-2-methyltetrahydrofuran; *N*-(4-Chloro-3-sulfamoylbenzenesulfonyl)-*N*-methyl-2-furfurylamine; B-1500; Baycaron

M. I. 15, 5874

性状 无色结晶。*dl*-型 mp 149～150℃。*d*-型 mp 146℃；$[\alpha]_{578}^{20}$ +5.4°（*c*=2.026，于甲醇中）。*l*-型 mp 146℃；$[\alpha]_{578}^{20}$ −5.5°（*c*=2.100，于甲醇中）。

主要用途 医用利尿剂。

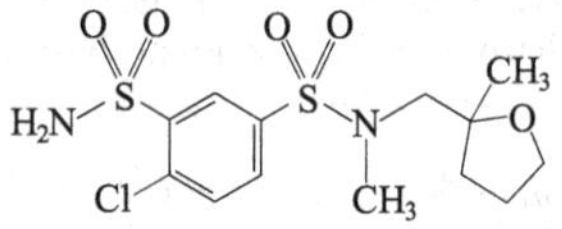

Megestrol acetate 乙酸甲地孕酮酯 06278

[595-33-5] $C_{24}H_{32}O_4$ 384.52

成分 C 74.97%，H 8.39%，O 16.64%。

别名 乙酸甲地羟孕酮酯；甲地孕酮乙酸酯；17-Hydroxy-6-methylpregna-4，6-diene-3，20-dione acetate；17α-Acetoxy-6-methylpregna-4,6-diene-3,20-dione; 6-Dehydro-6-methyl-17α-acetoxy progesterone; 6-Methyl-$\Delta^{4,6}$-pregnadien-17α-ol-3，20-dione acetate; Maygace; Megace; Megestat; Megestil; Nia; Niagestin Ovaban

M. I. 15, 5876

性状 来自甲醇中的无色结晶。溶于水（37℃，2μg/mL）、血浆（24μg/mL）。mp 214～216℃；$[\alpha]_D^{24}$ +5°（氯仿中）；uv max（乙醇中）：287nm（lg ε 4.40）。生化试剂含量≥99.0%（HPLC）。

注意事项 长期接触该品能严重危害健康。可能致癌。使用时应避免吸入本品的粉尘，应避免与眼睛及皮肤接触。

主要用途 生化研究。医用孕激素。兽用动情期调节剂。

Meglumine diatrizoate　泛影葡胺 06279

[131-49-7]　$C_{18}H_{26}I_3N_3O_9$ 809.13

成分 C 26.72%，H 3.24%，I 47.05%，N 5.19%，O 17.80%。

别名 3,5-二乙酰氨基-2,4,6-三碘苯甲酸-1-去氧-1-甲氨基-D-葡糖醇；1-去氧-1-甲氨基-D-葡糖醇 3,5-二乙酰氨基-2,4,6-三碘苯甲酸盐；3,5-Diacetamido-2,4,6-triiodobenzoic acid methylglucamine salt；Angiografin；Cardiografin；Cystografin；1-Deoxy-1-methylamino-D-glucitol 3, 5-bis (acetylamino)-2, 4, 6-triiodobenzoate salt；3,5-Diacetamido-2,4,6-triiodobenzoic acid methylglucamine salt；Diatrizoate meglumine；Diatrizoate methylglucamine；Diatrizoic acid meglumine salt；Hypaque cysto；Hypaque meglumine；Meglumine amidotrizoate；Methylglucamine diatrizoate；Renografin；Reno M；Urografic acid methylglucamine salt；Urovist

M. I. 15，2993

性状 菱形针状结晶。微有甜味。能与水任意混溶。水中溶解度（20℃）：89g/100mL。mp 189～193℃（分解）；*d* 1.20。

主要用途 配制淋巴细胞分离液。医药上用于造影剂，如静脉、肾盂、脑血管、周围血管的造影。

Melamine　三聚氰胺 06280

[108-78-1]　$C_3H_6N_6$ 126.12

成分 C 28.57%，H 4.80%，N 66.64%。

别名 2,4,6-三氨基均三嗪；三聚氰酰胺；蜜胺；Cyanuramide；Cyanuric triamide；Cyanurotriamide；2,4,6-Triamino-*s*-triazine；*sym*-Triaminotriazine；1,3,5-Triazine-2,4,6-triamine

M. I. 15，5880

性状 无色或白色单斜棱柱体结晶。呈弱碱性。溶于热水，微溶于冷水、甲醇，极微溶于热乙醇，不溶于乙醚。mp <250℃；Fp 572°F（300℃）；d^{250} 1.573。一般试剂含量≥99.0%（NT）。

注意事项 该品接触皮肤能引起过敏。使用时应穿适当的防护服和戴手套。

主要用途 有机元素分析，定氮标准试剂。有机合成。树脂合成。

Melatonin　褪黑激素 06281

[73-31-4]　$C_{13}H_{16}N_2O_2$ 232.28

成分 C 67.22%，H 6.94%，N 12.06%，O 13.78%。

别名 *N*-乙酰-5-甲氧基色胺；抗黑变激素；*N*-[2-(5-甲氧基-3-吲哚)乙基]乙酰胺；黑色紧张素；*N*-Acetyl-5-methoxytryptamine；Melalonine；*N*-[2-(5-Methoxy-1*H*-indol-3-yl) ethyl] acetamide；MLC；Regulin

M. I. 15，5884

性状 来自苯中的浅黄色小叶状结晶。mp 116～118℃；uv max：223nm，278nm（ε 27550，6300）。生化试剂含量≥99.0%（TLC）。

注意事项 该品应充氩气密封避光于－20℃保存。

主要用途 生化研究。兽医用于对动物发情期的控制。

Melengestrol acetate　乙酸甲烯雌醇 06282

[2919-66-6]　$C_{25}H_{32}O_4$ 396.53

成分 C 75.73%，H 8.13%，O 16.14%。

别名 乙酸 6-甲基-6-甲烯-17α-羟基-Δ^6-去氢孕酮；乙酸美仑孕酮；美仑孕酮乙酸酯；17α-Hydroxy-6-methyl-16-methylenepregna-4,6-diene-3,20-dione acetate；6α-Methyl-6-dehydro-16-methylene-17-acetoxyprogesterone acetate；MGA.

M. I. 15，5886

性状 来自丙酮/己烷中的无色针状结晶。易溶于氯仿、乙酸乙酯，微溶于乙醇，不溶于水。mp 224～226℃；$[\alpha]_D^{23}$ －127°（*c*＝0.31，于氯仿中）；uv max（乙醇中）：287nm（lg ε 4.35）。LD_{50}大鼠急性经口：8000mg/kg；小鼠腹膜内注射：>2500mg/kg。生化试剂含量≥97.0%（HPLC）。

注意事项 该品可能损伤生育力。使用时应穿适当的防护服。

主要用途 医用抗肿瘤剂。医用、兽用孕激素。分析用标准物质。

Melezitose dihydrate　松三糖 二水 06283

[597-12-6]　$C_{18}H_{32}O_{16}\cdot 2H_2O$ 540.47

成分（以无水物计） C 42.86%，H 6.39%，O 50.75%。

别名 二水合松三糖；二水合落叶松蜜糖；落叶松蜜糖 二水；*O*-α-D-Glucopyranosyl-(1→3)-β-D-fructofuranosyl-α-D-glucopyranoside；*O*-α-D-Glucopyranosyl-(1→3)-β-D-fructofuranosyl-α-D-glucopyranoside

M. I. 15,5887

性状 来自水中的无色或白色结晶。易吸湿。溶于水，极微溶于乙醇。mp 153～154℃；$[\alpha]_D^{20}$ ＋88°（*c*＝4，于水中）。生化试剂含量≥99.0%（HPLC）。

注意事项 该品应充氩气密封干燥保存。

主要用途 生化研究。

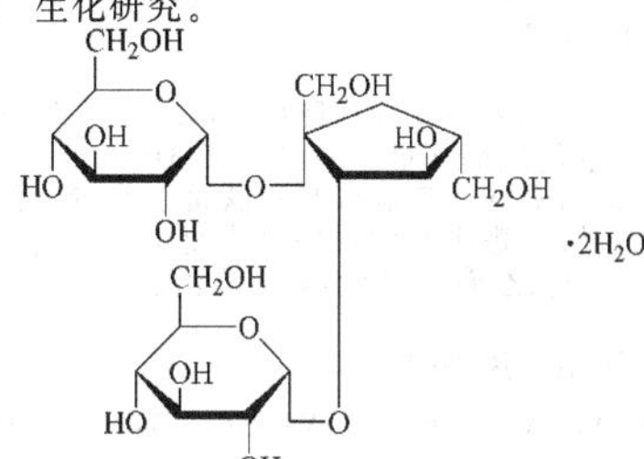

Melibiose　蜜二糖 06284

[585-99-9]　$C_{12}H_{22}O_{11}$ 342.30

成分 C 42.11%，H 6.48%，O 51.41%。

别名 α-D-蜜贰糖；6-*O*-α-D-Galactopyranosyl-D-glucose；6-(α-D-Galactosido)-D-glucosee；D-(＋)-Melibiose；6-*O*-α-D-Galactopyranosyl-D-glucose

M. I. 15，5888

性状 来自水中或稀乙醇中的无色或白色单斜结晶。1g 二水合物溶于 0.4mL 水、8.5mL 甲醇、220mL 无水乙醇，微溶于酸。mp 85℃。$[\alpha]_D^{20}$＋111.7°$\xrightarrow{10h}$129.5°（*c*＝4，于水中）。生化试剂含量≥99.0%（HPLC）。

注意事项 该品应充氩气密封于干燥处保存。

Melinamide　亚油甲苄胺 06285

[14417-88-0]　$C_{26}H_{41}NO$ 383.61

成分 C 81.41%，H 10.77%，N 3.65%，O 4.17%。

别名 *N*-(α-甲基苄基) 亚油酰胺；(9*Z*,12*Z*)-*N*-(1-phenylethyl)-9,12-octadecadienamide；*N*-(α-Methylbenzyl) linoleamide；MBLA；AC-223；Artes

M. I. 15，5890

性状 无色油状液体。皂化值 0.9；碘值 127.0。mp <4℃；$bp_{0.03}$ 200～215℃/4Pa；$bp_{0.07}$ 200～204℃/9.3Pa；n_D^{30} 1.4863；n_D^{23} 1.5050。

主要用途 医用抗青光眼剂。

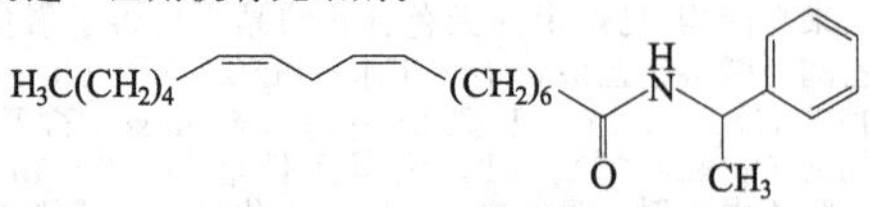

Melitracen hydrochloride 四甲蒽丙胺 盐酸盐 06286

[10563-70-9] $C_{21}H_{26}ClN$ 327.90

成分 C 76.92%，H 7.99%，Cl 10.81%，N 4.27%。

别名 盐酸四甲蒽丙胺；U-24973A；Melixeran；Trausabum；Dixeran；3-[10,10-Dimethyl-9(10*H*)-anthracenylidene]-*N*,*N*-dimethyl-1-propanamine hydrochloride；*N*,*N*-10,10-Tetramethyl-$\Delta^{9(10H),\gamma}$-anthracenepropylamine hydrochloride；9,10-Dihydro-10,10-dimethyl-9-(3-dimethylaminopropylidene) anthracene hydrochloride；9-[3-(Dimethylamino)propylidene]-10,10-dimethyl-9,10-dihydroanthracene hydrochloride；*N*,*N*-Dimethyl-3-[10,10-dimethyl-9(10*H*)-anthrylidene]propylamine hydrochloride

M. I. 15，5891

性状 来自丙酮中的无色结晶。mp 245～248℃。LD_{50}小鼠静脉注射：52mg/kg。

主要用途 医用抗抑郁剂。

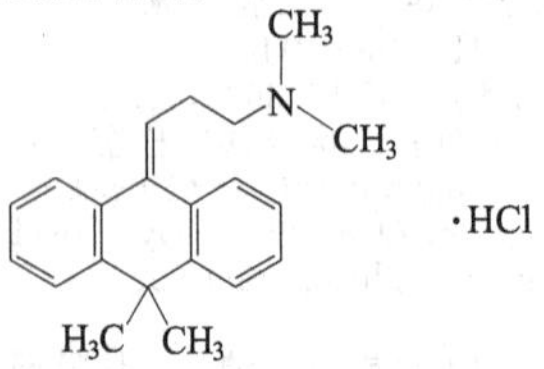

Melittin 蜂毒肽 06287

[20449-79-0] $C_{131}H_{229}N_{39}O_{31}$ 2846.52

成分 C 55.28%，H 8.11%，N 19.19%，O 17.42%。

别名 蜂毒肽素；蜂毒素；蜂毒溶血肽；Melittin I；Mellitin；Forapin

M. I. 15，5892

性状 奶油白色粉末。溶于水。$[\alpha]_D^{21}$ −89.52°（*c*=0.4097）。生化试剂含量≥97.0%（HPLC）。

注意事项 该品吸入、口服或与皮肤接触有毒。使用时应穿适当的防护服，戴手套和防护镜或面罩。使用时如有事故发生或有不适之感，应请医生诊治。应密封于−20℃保存。

主要用途 医用抗风湿剂。

Gly—Ile—Gly—Ala—Val—Leu—Lys—Val—Leu—Thr—Thr—Gly—Leu—Pro—Ala—Leu—Ile—Ser—Trp—Ile—Lys—Arg—Lys—Arg—Gln—GlnNH_2 (1…26)

Mellitic acid 苯六酸 06288

[517-60-2] $C_{12}H_6O_{12}$ 342.17

成分 C 42.12%，H 1.77%，O 56.11%。

别名 苯六羧酸；Benzenehexacarboxylic acid；Mellic acid

M. I. 15，5893

性状 无色结晶。易溶于水、乙醇，溶于热浓硫酸而不分解。mp 286～288℃。一般试剂含量≥98.0%（T）。

注意事项 该品对眼睛、呼吸系统及皮肤有刺激性。使用时应穿适当的防护服。万一接触到眼睛，应立即用大量水冲洗后请医生诊治。

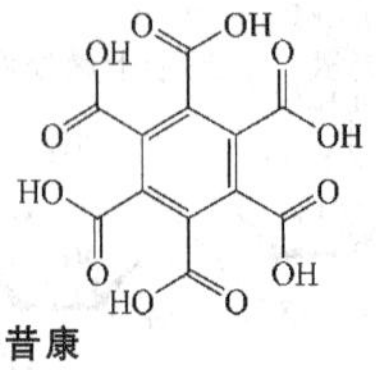

Meloxicam 美洛昔康 06289

[71125-38-7] $C_{14}H_{13}N_3O_4S_2$ 351.40

成分 C 47.85%，H 3.73%，N 11.96%，O 18.21%，S 18.25%。

别名 骨敏捷；4-Hydroxy-2-methyl-*N*-(5-methyl-2-thiazolyl)-2*H*-1,2-benzothiazine-3-carboxamide-1,1-dioxide；Metacam；Mobic；Mobec；Mobicox；Movalis；Movatec；Parocim

M. I. 15，5894

性状 来自二氯乙烯中的无色结晶。溶于二甲基甲酰胺，微溶于丙酮，极微溶于甲醇、乙醇，几乎不溶于水。pK_a 4.08（于水中）；4.24±0.01（于 1∶1 水/乙醇中）；4.63±0.03（于 1∶4 水/乙醇中）。lg*P*（辛醇/水）：3.02。mp 254℃（分解）。LD_{50}小鼠急性经口：470mg/kg。

注意事项 该品口服有害。对眼睛、呼吸系统及皮肤有刺激性。使用时应穿适当的防护服。万一接触到眼睛，应立即用大量水冲洗后请医生诊治。应充氩气密封干燥保存。

主要用途 分析用标准物质。

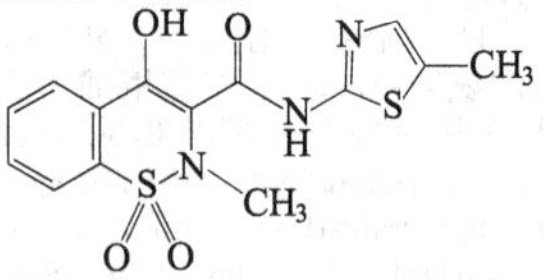

Melperone hydrochloride 美哌隆 盐酸盐 06290

[1622-79-3] $C_{16}H_{23}ClFNO$ 299.81

成分 C 64.10%，H 7.73%，Cl 11.82%，F 6.34%，N 4.67%，O 5.34%。

别名 盐酸美哌隆；FG-5111；Buronil；Eunerpan；1-(4-Fluorophenyl)-4-(4-methyl-1-piperidinyl)-1-butanone hydrochloride；4′-Fluoro-4-(4-methylpiperidino) butyrophenone hydrochloride；*γ*-(4-Methylpiperidino)-*p*-fluorobutyrophenone hydrochloride；Methylperone hydrochloride；Flubuperone hydrochloride

M. I. 15，5895

性状 无色结晶。mp 209～211℃。LD_{50}大鼠，小鼠急性经口（mg/kg）：330，230；静脉注射（mg/kg）：40，35。

主要用途 医用精神抑制剂。

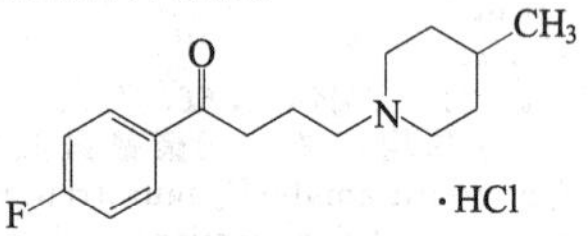

Menadiol 2-甲基-1，4-萘二酚 06291

[481-85-6] $C_{11}H_{10}O_2$ 174.20

成分 C 75.84%，H 5.79%，O 18.37%。

别名 甲萘二酚；甲萘氢醌；二氢维生素 K_3；2-Methyl-1,4-naphthalenediol；2-Methyl-1,4-naphthohydroquinone；2-Methyl-1,4-naphthoquinol；Dihydrovitamin K_3

M. I. 15，5898

性状 来自稀乙醇中的无色针状结晶。易溶于丙酮、乙醇，微溶于苯、氯仿。mp 168～170℃。

主要用途 医用维生素。

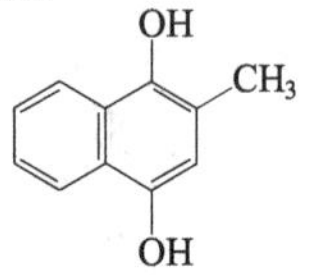

Menbutone 孟布酮 06292

[3562-99-0] $C_{15}H_{14}O_4$ 258.27

成分 C 69.76%，H 5.46%，O 24.78%。

别名 4-Methoxy-*γ*-oxo-1-naphthalenebutanoic acid；3-(4-Methoxy-1-naphthoyl) propionic acid；*β*-(1-Methoxy-4-naphthoyl) propionic acid；*γ*-oxo-4-methoxy-1-naphthalenebutyric acid；Ict éryl

M. I. 15，5902

性状 无色结晶。mp 172～173℃。

主要用途 医用利胆剂。

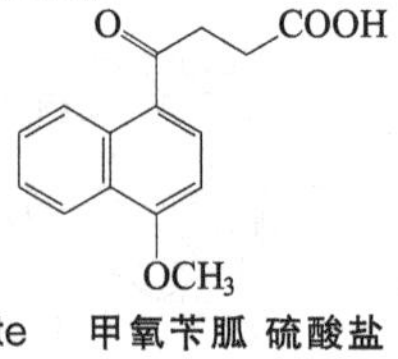

Meobentine sulfate 甲氧苄胍 硫酸盐 06293

[58503-79-0] $C_{22}H_{36}N_6O_6S$ 512.63

成分 C 51.55%，H 7.08%，N 16.39%，O 18.73%，S 6.25%。

别名 硫酸甲氧苄胍；1-对甲氧基-2,3-二甲基胍 硫酸盐；*N*-(4-Methoxyphenyl) methyl-*N*′，*N*″-dimethylguanidine sulfate; 1-(*p*-Methoxybenzyl)-2, 3-dimethylguanidine sulfate; Rythmatine

M. I. 15,5911

性状 无色结晶。mp 273～274℃。

主要用途 医用抗心律失常剂(Ⅲ类)。

Mepanipyrim 嘧菌胺 06294

[110235-47-7] $C_{14}H_{13}N_3$ 223.28

成分 C 75.31%，H 5.87%，N 18.82%。

别名 4-Methyl-*N*-phenyl-6-(1-propynyl)-2-pyrimidinamine; 2-Anilino-4-methyl-6-(1-propynyl) pyrimidine; *N*-(4-Methyl-6-prop-1-ynylpyrimidin-2-yl)aniline; KIF-3535; KUF-6201; Frupica

M. I. 15,5912

性状 白色固体。两种晶型。对空气敏感。溶于多数有机溶剂，微溶于水(20℃，5.58mg/L)。蒸气压(20℃)：1.03×10^{-5}mmHg/1.4×10^{-3}Pa；lg*P*(辛醇/水)：3.42；mp 125～126℃。LD_{50}小鼠，大鼠，北美鹌鹑，雄野鸭急性经口(mg/kg)：＞5000，＞5000，＞2250，＞2250；大鼠皮肤接触：＞2000mg/kg。LC_{50}翻车鱼，虹鳟鱼(mg/L)：3.8，3.1。

注意事项 该品对水生物有毒。能对水环境引起不利的结果。其包装物应按危险品处理。应充氩气密封保存。

主要用途 农业杀菌剂。分析用标准物质。

Melphalan 苯丙氨酸氮芥 06295

[148-82-3] $C_{13}H_{18}Cl_2N_2O_2$ 305.21

成分 C 51.16%，H 5.94%，Cl 23.23%，N 9.18%，O 10.48%。

别名 左旋溶肉瘤素；左旋苯丙氨酸氮芥；梅尔法兰；4-Bis(2-chloroethyl)amino-L-phenylalanine; *p*-Di(2-chloroethyl)amino-L-phenylalanine; L-Phenylalanine mustard; Alanine nitrogen mustard; L-PAM; Melfalan; L-Sarcolysine; NSC-8806; CB-3025; Alkeran; Sarcoclorin

GW 2015-2827 M. I. 15, 5896

性状 来自甲醇中的无色、白色至微黄色针状结晶或粉末。微溶于甲醇、乙醇，溶于稀无机酸、丙二醇，几乎不溶于水、氯仿、乙醚。mp 182～183℃（分解）；$[\alpha]_D^{25}+7.5°$（$c=1.33$，于1.0mol/L盐酸中）；$[\alpha]_D^{22}$ $-31.5°$（$c=0.67$，于甲醇中）。LD_{50} 大鼠腹膜内注射：14.7μmol/kg。

注意事项 该品吸入、口服或与皮肤接触极毒。能致癌。能引起遗传基因的损伤。能危害胎儿。使用前应得到专门的指导，避免曝露。使用时应穿适当的防护服，戴手套和防护镜或面罩。使用时应避免吸入本品的粉尘。使用时如有事故发生或有不适之感，应请医生诊治。应密封避光保存。

主要用途 生化研究。抗肿瘤剂。

Memantine hydrochloride 美金刚胺 盐酸盐 06296

[41100-52-1] $C_{12}H_{22}ClN$ 215.77

成分 C 66.80%，H 10.28%，Cl 16.43%，N 6.49%。

别名 3,5-二甲基-1-金刚烷胺 盐酸盐；盐酸3,5-二甲基-1-金刚烷胺；盐酸美金刚胺；Akatinol; 3,5-Dimethyltricyclo[3.3.1.1^{3,7}]decan-1-amine; 3,5-Dimethyl-1-adamantanamine hydrochloride; 1-Amino-3,5-dimethyladamantane hydrochloride; DMAA-HCl; D-145-HCl

M. I. 15, 5897

性状 来自乙醇/乙醚中的白色或近白色粉末。溶于水。mp 258℃。生化试剂含量≥98.0%（GC）。

主要用途 生化研究。医用抗震颤麻痹剂，抗痉挛剂。

Menadione sodium bisulfite 亚硫酸氢钠甲萘醌 06297

[57414-02-5] [130-37-0] $C_{11}H_{19}NaO_5S$ 276.24

成分 C 47.83%，H 3.28%，Na 8.32%，O 28.96%，S 11.61%。

别名 2-甲基-1,4-萘醌亚硫酸氢钠；甲萘醌合亚硫酸氢钠；Abor K; Menaquinone sodium bisulfate; 2-Methyl-1,4-naphthoquinone sodium bisulfite; Sodium-1,2,3,4-tetrahydro-2-methyl-1,4-dioxo-2-naphthalene sulfonate; Hemodal; Hykinone; Ido-K; Izokappa; Kavitan; Klotogen; K-Thrombin; 1,2,3,4-Tetrahydro-2-methyl-1,4-dioxo-2-naphthalenesulfonic acid sodium salt

M. I. 15, 5899

性状 白色结晶。易吸潮。1g该品溶于约2mL水，微溶于乙醇，几乎不溶于乙醚、苯。一般试剂含量≥95.0%(TLC)。

注意事项 该品对眼睛有刺激性。万一接触到眼睛，应立即用大量水冲洗后请医生诊治。应密封于－20℃保存。

Menthol 薄荷醇 06298

[89-78-1] [2216-51-5] $C_{10}H_{20}O$ 156.27

成分 C 76.86%，H 12.90%，O 10.24%。

别名 1-甲基-4-异丙基-3-环己醇；薄荷冰；薄荷脑；3-萜醇；Hexahydrothymol; 3-*p*-Menthanol; *l*-Menthol; (1α, 2β, 5α)-5-Methyl-2-(1-methylethyl)cyclohexanol; 1-Methyl-4-*iso*-propyl-3-cyclohexanol; Peppermint camphor

M. I. 15, 5905

性状 无色结晶或粒状。有薄荷香味。易溶于乙醇、氯仿、乙醚、石油醚、冰乙酸、液体凡士林，微溶于水。mp 41～43℃；bp 212℃；Fp 约 214℉（101℃）；*d* 0.890；n_D^{25} 1.458；$[\alpha]_D^{18}-50°$（于10%乙醇溶液中）。LD_{50}大鼠急性经口：3180mg/kg。一般试剂含量≥99.0%（GC）。

注意事项 该品对呼吸系统及皮肤有刺激性。对眼睛有严重损伤的危险。使用时应穿适当的防护服，戴防护镜或面罩。万一接触到眼睛，应立即用大量水冲洗后请医生诊治。应密封保存。

主要用途 香料。清凉剂。强心剂及抗痒剂。

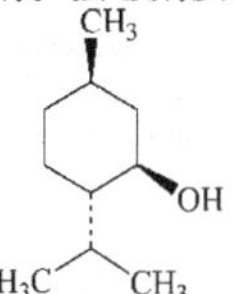

(—)-Menthone (—)-薄荷酮 06299

[14073-97-3] $C_{10}H_{18}O$ 154.25

成分 C 77.87%，H 11.76%，O 10.37%。

别名 (—)-薄荷酮；(2*S*,5*R*)-2-Isopropyl-5-methylcyclohexanone; (1*S*,4*R*)-*p*-Menthan-3-one; *l*-Menthone; (2*S*-*trans*)-5-Methyl-2-(1-methylethyl)cyclohexanone; (1*R*,4*S*)-(—)-*p*-Menthan-3-one; 1-Methyl-4-isopropylcyclohexan-3-one

M. I. 15, 5906

性状 无色液体。有苦味和薄荷味。溶于有机溶剂，微溶于水。mp －6℃；bp 207℃；bp_{41} 116～119℃/5.466kPa；Fp 161.6℉ （72℃）；d_4^{20} 0.895；n_D^{20} 1.4505；n_D^{23} 1.4490；$[\alpha]_D^{20}-24.8°$；$[\alpha]_D^{27}-28.9°$。

注意事项 使用时应避免吸入本品的蒸气，避免与眼睛及皮肤接触。应充氩气密封于2～8℃保存。

(—)-Menthyl acetate (—)-乙酸薄荷酯 06300

[89-48-5] [2623-23-6] $C_{12}H_{22}O_2$ 198.31

成分 C 72.68%，H 11.18%，O 16.14%。

别名 (—)-乙酸5-甲基-2-(1-甲基乙基)环己醇酯；(—)-乙

酸薑酯；(—)-5-甲基-2-(1-甲基乙基)环己醇乙酸酯；(—)-薄荷基乙酸酯；(—)-薑基乙酸酯；5-Methyl-2-(1-methylethyl) cyclohexanol acetate
M. I. 15，5907
性状 无色液体。有特殊气味。能与乙醇、乙醚相混溶，微溶于水。bp 227℃；d_4^{20} 0.919；n_D^{20} 1.4468。$[\alpha]_D^{20}$ −79.42°。

Mepenzolate bromide 溴化甲哌佐酯 06301
[76-90-4] $C_{21}H_{26}BrNO_3$ 420.35
成分 C 60.00%，H 6.23%，Br 19.01%，N 3.33%，O 11.42%。
别名 宁胃适；3-Hydroxy-1,1-dimethylpiperidinium bromide benzilate；3-(Hydroxydiphenylacetyl) oxy-1，1-dimethylpiperidinium bromide；*N*-Methyl-3-piperidyl benzilate methyl bromide；*N*-Methyl-3-piperidyl diphenylglycolate methobromide；Cantil；Cantril；Gastropidil；Trancolon
M. I. 15，5915
性状 无色结晶。mp 228～229℃（分解）。LD_{50}大鼠急性经口：(742±47) mg/kg。
注意事项 该品口服有害。使用时应穿适当的防护服。
主要用途 生化研究。医用抗痉挛剂。

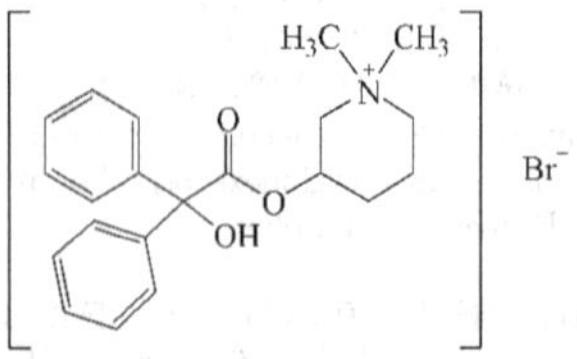

Meperidine hydrochloride 度冷丁 盐酸盐 06302
[50-13-5] $C_{15}H_{22}ClNO_2$ 283.80
成分 C 63.48%，H 7.81%，Cl 12.49%，N 4.94%，O 11.28%。
别名 甲基哌啶 盐酸盐；哌替啶 盐酸盐；唛啶 盐酸盐；盐酸甲基哌啶；盐酸度冷丁；盐酸哌替定；盐酸唛啶；盐酸麦佩里定；Algil；Alodan；Centralgin；Demerol hydrochloride；Dispadol；Dolantin；Dolestine；Dolosal；Mefedina；1-Methyl-4-phenyl-4-piperidinecarboxylic acid ethyl ester hydrochloride；1-Methyl-4-phenylisonipecotic acid ethyl ester hydrochloride；*N*-Methyl-4-phenyl-4-carbethoxypiperidine hydrochloride；Ethyl 1-methyl-4-phenylpiperidine-4-carboxylate hydrochloride；Isonipecaine hydrochloride；Pethidine hydrochloride
M. I. 15，5916
性状 白色的微小结晶。味微苦。在空气中稳定。易溶于水，溶于丙酮、乙酸乙酯，微溶于乙醇、异丙醇，不溶于苯、乙醚。mp 186～189℃。LD_{50}大鼠急性经口：170mg/kg。
注意事项 该品口服有毒。使用时应穿适当的防护服，戴手套和防护镜或面罩。万一接触到眼睛，应立即用大量水冲洗后请医生诊治。使用时如有事故发生或有不适之感，应请医生诊治。
主要用途 生化研究。医用（麻醉）止痛剂。

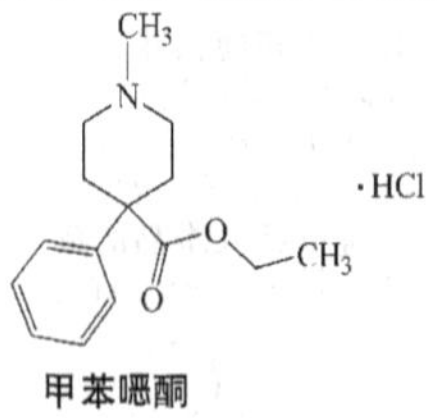

Mephenoxalone 甲苯噁酮 06303
[70-07-5] $C_{11}H_{13}NO_4$ 223.23
成分 C 59.19%，H 5.87%，N 6.27%，O 28.67%。
别名 5-(2-甲氧基苯氧基)甲基-2-噁唑啉酮；5-(2-Methoxyphenoxy) methyl-2-oxazolidinole；5-(*o*-Methoxyphenoxymethyl)-2-oxazolidinone；Metoxadone；Methoxydon(e)；Methoxadone；AHR-233；OM-518；Dorsiflex；Control-Om；Xerene
M. I. 15，5918
性状 来自95%乙醇中的无色结晶。不溶于水。mp 143～145℃。LD_{50}大鼠急性经口：(3820±17) mg/kg。
主要用途 医用骨架肌肉松弛剂。安定剂。

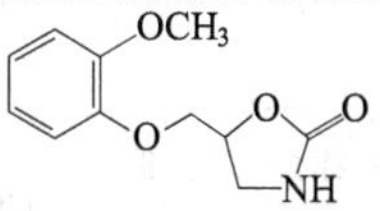

Mephentermine hemisulfate dihydrate 美芬丁胺 半硫酸盐 二水 06304
[6190-60-9] $C_{22}H_{36}N_2O_4S \cdot 2H_2O$ 460.63
成分（以无水物计） C 62.23%，H 8.55%，N 6.60%，O 15.07%，S 7.55%。
别名 甲苯叔丁胺 半硫酸盐；半硫酸美芬丁胺；*N*,*α*,*α*-Trimethylbenzeneethanamine hemisulfate；2-Methylamino-2-methyl-1-phenylpropane hemisulfate；*N*-Methyl-*ω*-phenyl-*tert*-butylamine hemisulfate；*N*,*α*,*α*-Trimethylphenethylamine hemisulfate
M. I. 15，5919
性状 无色结晶。1g该品溶于20mL水、约150mL 95%乙醇。不溶于氯仿。水溶液pH值约6。mp 215～217℃（分解）。LD_{50}（以碱计）小鼠内下腹部注射：89.4mg/kg。
注意事项 该品吸入、口服或与皮肤接触有毒。使用时应穿适当的防护服。
主要用途 医用抗低血压剂。

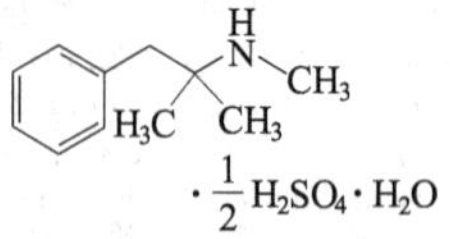

Mephenytoin 3-甲基苯乙妥因 06305
[50-12-4] $C_{12}H_{14}N_2O_2$ 218.26
成分 C 66.04%，H 6.47%，N 12.84%，O 14.66%。
别名 3-甲基-5-乙基-5-苯基妥因；美芬妥因；5-Ethyl-3-methyl-5-phenyl-2,4-imidazolidinedione；5-Ethyl-3-methyl-5-phenylhydantoin；3-Methyl-5,5-phenylethylhydantoin；Methyl hydantoin；Phenylethylmethylhydantoin；3-Ethylnirvanol；Methoin；Insulton；Mesontoin；Mesantoin；Phenantoin；Sedantoinal；Gerot-Epilan；Sacerno
M. I. 15，5920
性状 无色结晶。不溶于水。mp 136～137℃。LD_{50}小鼠腹膜内注射：300mg/kg。
注意事项 该品口服有害。对眼睛、呼吸系统及皮肤有刺激性。万一接触到眼睛，应立即用大量水冲洗后请医生诊治。应密封于2～8℃保存。
主要用途 医用抗惊厥剂。

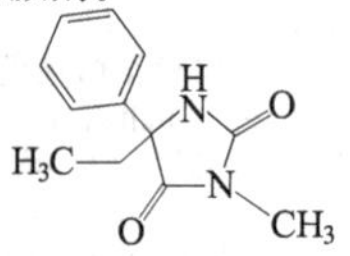

Mephobarbital 甲基苯巴比妥 06306
[115-38-8] $C_{13}H_{14}N_2O_3$ 246.27
成分 C 63.40%，H 5.73%，N 11.38%，O 19.49%。
别名 *N*-甲基乙基苯基巴比土酸；1-甲基苯巴比妥；普罗米那；5-乙基-1-甲基-5-苯基巴比土酸；5-乙基-1-甲基-5-苯基-2,4,6(1*H*,3*H*,5*H*)-嘧啶三酮；5-Ethyl-1-methyl-5-phenyl-2,4,6(1*H*,3*H*,5*H*)-pyrimidinetrione；5-Ethyl-1-methyl-5-phenylbarbituric acid；5-Phenyl-5-ethyl-3-methylbarbituric acid；*N*-Methylethylphenylbarbituric acid；Methylphenobarbital；Phemiton；Prominal；Mebaral
M. I. 15，5921
性状 白色结晶。无味。易溶于热水，溶于氯仿、碱溶液、碳酸盐。微溶于冷水、乙醇、乙醚。mp 176℃。
主要用途 医用、兽用抗惊厥剂，镇静剂，安眠剂。

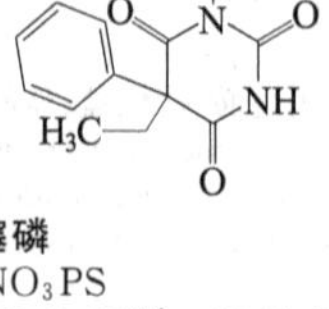

Mephosfolan 二噻磷 06307
[950-10-7] $C_8H_{16}NO_3PS$ 269.31
成分 C 35.68%，H 5.99%，N 5.20%，O 17.82%，P 11.50%，S 23.81%。
别名 地安磷；(4-Methyl-1,3-dithiolan-2-ylidene) phosphoramidic

acid diethyl ester; Phosphonodithioimidocarbonic acid cyclic propylene P,P-diethyl ester; 2-Diethoxyphosphinylimino-4-methyl-1,3-dithiolane; Cyclic propylene(diethoxyphosphinyl) dithioimidocarbonate; EI-47470; ENT-25991; Cytrolane; Diethyl (4-methyl-1,3-dithiolan-2-yli-dene)phosphoramidate

GW 2015-655　　M. I. 15，5922

性状　黄色至琥珀色液体。溶于水（25℃，57g/kg）、丙酮、乙醇、苯、1,2-二氯乙烷。在pH值中性溶液中稳定，能被酸或碱水解。$bp_{0.001}$ 120℃/13.332Pa；n_D^{26} 1.5354。

注意事项　该品口服或与皮肤接触极毒。对水生物有毒，能对水环境引起长期不利的结果。使用时应穿适当的防护服，戴手套和防护镜或面罩。使用时如有事故发生或有不适之感，应请医生诊治。应防止将本品释放于环境中。应密封于2～8℃保存。

主要用途　杀虫剂，杀螨剂。分析用标准物质。

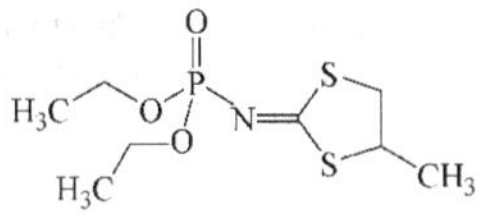

Mepindolol　甲吲哚心安　06308

[23694-81-7]　$C_{15}H_{22}N_2O_2$　262.35

成分　C 68.67%，H 8.45%，N 10.68%，O 12.20%。

别名　1-(1-Methylethyl)amino-3-(2-methyl-1H-indol-4-yl)oxy-2-propanol; 1-Isopropylamino-3-(2-methylindol-4-yl)oxy-2-propanol

M. I. 15，5923

性状　来自乙酸乙酯中的无色结晶。mp 100～102℃，或95～97℃。

主要用途　医用抗高血压剂，抗心绞痛剂。

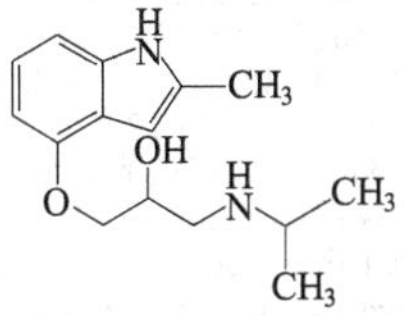

Mepiquat chloride　氯化1,1-二甲基哌啶　06309

[24307-26-4]　$C_7H_{16}ClN$　149.66

成分　C 56.17%，H 10.78%，Cl 23.69%，N 9.36%。

别名　1，1-Dimethylpiperidinium chloride; BAS-083; BAS-85559X; Pix

M. I. 15，5924

性状　白色结晶。该品于下列物质中的溶解度（20℃，g/100g)：水>50；甲醇25.0；乙醇16.2；氯仿1.1；丙酮<0.1；苯<0.1；环己酮<0.1；乙醚<0.1；橄榄油<0.1。mp 285℃。LD_{50}小鼠，大鼠急性经口：(mg/kg) 780，464；大鼠皮肤接触：>2000mg/kg。

注意事项　该品口服有害。对水生物有害。对水生物有害。能对水环境产生长期有害的结果。应防止将本品释放于环境中。

主要用途　植物生长调节剂。分析用标准物质。

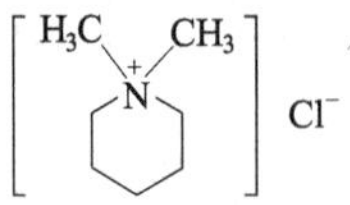

Mepitios tane　美雄烷　06310

[21362-69-6]　$C_{25}H_{40}O_2S$　404.65

成分　C 74.21%，H 9.96%，O 7.91%，S 7.92%。

别名　环戊缩环硫雄烷；美雄酮；甲雄二烯酮；(2α,3α,5α,17β)-2,3-Epithio-17-[(1-methoxycyclopentyl)oxy]androstane; Cyclopentanone 2α, 3α-epithio-5α-androstan-17β-yl methyl acetal; 10364-S; Thiodclone; Thioderon

M. I. 15，5925

性状　无色结晶。mp 98～101℃；$[\alpha]_D^{20}$ +22.5°±0.5°（c=1，于氯仿中）。

主要用途　医用抗肿瘤剂。

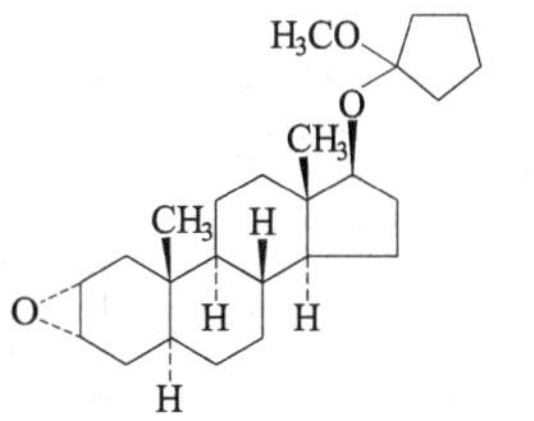

Mepivacaine hydrochloride　甲哌卡因 盐酸盐　06311

[1722-62-9]　$C_{15}H_{23}ClN_2O$　282.81

成分　C 63.71%，H 8.20%，Cl 12.53%，N 9.91%，O 5.66%。

别名　甲波卡因 盐酸盐；盐酸甲波卡因；盐酸甲哌卡因；Carbocaina; Carbocaine hydrochloride; Chlorocain; Meaverin; Mepicaton; Mepident; Mepivastesin; Optocain; Scandicain; N-(2, 6-Dimethylphenyl)-1-methyl-2-piperidinecarboxamide hydrochloride; 1-Methyl-2′,6′-pipecoloxylidide hydrochloride; dl-N-Methylpipecolic acid 2,6-dimethylanilide hydrochloride; dl-N-Methylhexahydropicolinic acid 2,6-dimethylanilide hydrochloride

M. I. 15，5926

性状　无色结晶。溶于水。mp 262～264℃。LD_{50}小鼠，大鼠皮下注射（mg/kg)：280，500。

注意事项　该品口服有害。使用时应避免吸入本品的粉尘，避免与眼睛及皮肤接触。

主要用途　医用、兽用局部麻醉剂。

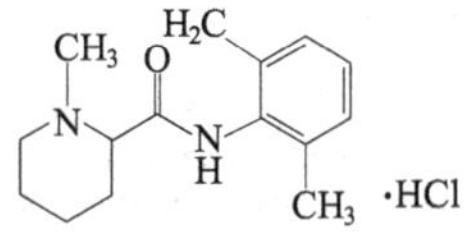

Mepixanox　甲哌占诺　06312

[17854-59-0]　$C_{20}H_{21}NO_3$　323.39

成分　C 74.28%，H 6.55%，N 4.33%，O 14.84%。

别名　甲哌诺；麦匹沙罗；3-Methoxy-4-1-piperidinylmethyl-9H-xanthen-9-one; 3-Methoxy-4-piperidinylmethyl-9-oxo-10-oxa-9,10-dihydroanthracene; Mepixanthone; Pimexone

M. I. 15，5927

性状　来自乙酸乙酯中的无色结晶性粉末。mp 159～160℃。LD_{50}小鼠腹膜内注射：70.73mg/kg。

主要用途　医用呼吸作用的兴奋剂。

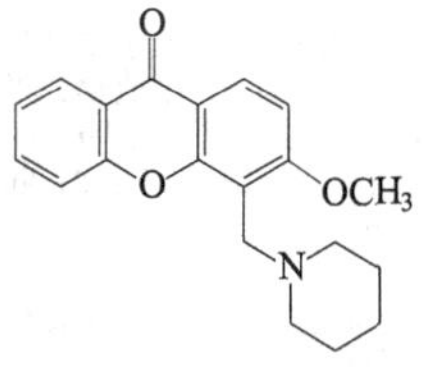

Meprednisone　甲基强的松　06313

[1247-42-3]　$C_{22}H_{28}O_5$　372.46

成分　C 70.95%，H 7.58%，O 21.48%。

别名　甲泼尼松；16β-甲基强的松；(16β)-17,21-Dihydroxy-16-methylpregna-1,4-diene-3,11,20-trione; 16β-Methylprednisone; Betapred; Betapar; Betalone; Deltisona B

M. I. 15，5928

性状　无色结晶。mp 200～205℃；$[\alpha]_D$ +200°（于二氧六环中）；uv max（甲醇中）：239nm（$E_{1cm}^{1\%}$ 416)。

主要用途　医用糖皮质激素。

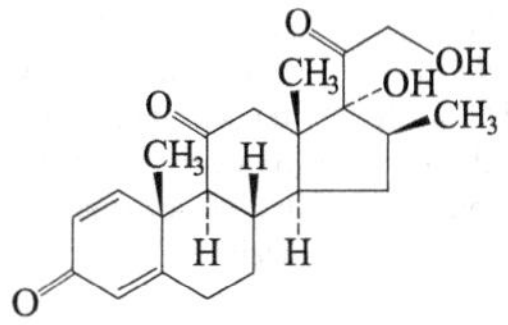

Meprobamate　安宁　06314

[57-53-4]　$C_{19}H_{18}N_2O_4$　218.25

成分　C 49.53%，H 8.31%，N 12.84%，O 29.32%。

别名　眠尔通；二氨基甲酸 2-甲基-2-丙基-1,3-丙二醇酯；2-甲基-2-丙基-1,3-丙二醇二氨基甲酸酯；2-Methyl-2-propyl-1,3-propanediol dicarbamate；Carbamic acid 2-methyl-2-propyltrimethylene ester；2,2-Di(carbamoyloxymethyl) pentane；2-Methyl-2-propyltrimethylene carbamate；Procalmadiol；Procalmidol；Andaxin；Artolon；Atraxin；Cyrpon；Ecuanil；Equanil；Mepavlon；Meprodil；Meprospan；Meprotabs；Miltaun；Miltown；Nervonus；Oasil；Perequil；Pertranquil；Probamyl；Quaname；Quanil；Restenil；Trancot；Tranquilan；Urbilat；Visano

M. I. 15，5929

性状　来自热水中的无色结晶。有特殊的苦味。易溶于丙酮、乙醇及多数有机溶剂。溶于水（质量分数）：20℃，0.34%；37℃ 0.79%。其水溶液呈中性。在稀酸、稀碱中稳定。几乎不溶于乙醚。mp 104～106℃。LD_{50}小鼠腹膜内注射：800mg/kg。

注意事项　该品口服有害。对机体有不可逆损伤的可能性。使用时应穿适当的防护服。使用时应避免吸入本品的粉尘。万一接触到眼睛，应立即用大量水冲洗后请医生诊治。

主要用途　生化研究。医用抗焦虑剂。

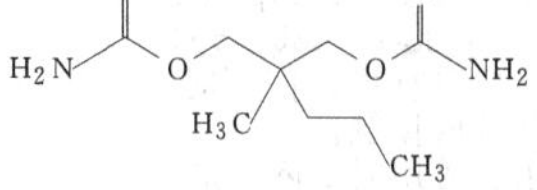

Meptazinol　美普他酚　06315

[54340-58-8]　$C_{15}H_{23}NO$　233.36

成分　C 77.20%，H 9.93%，N 6.00%，O 6.86%。

别名　甲氮草酚；消痛定；美他齐诺；3-(3-Ethylhexahydro-1-methyl-1*H*-azepin-3-yl)phenol；1-Methyl-3-ethyl-3-(*m*-hydroxyphenyl)hexahydro-1*H*-azepine

M. I. 15，5930

性状　来自乙腈中的无色结晶。mp 127.5～133℃。

主要用途　医用麻醉止痛剂。

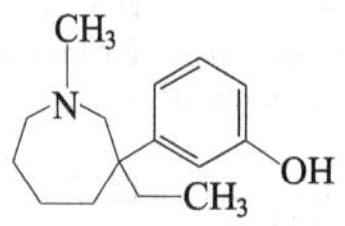

Mequitazine　甲喹吩嗪　06316

[29216-28-2]　$C_{20}H_{22}N_2S$　322.47

成分　C 74.49%，H 6.88%，N 8.69%，S 9.94%。

别名　甲奎酚嗪；美喹他嗪；甲喹他嗪；波丽玛朗；10-(1-Azabicyclo[2.2.2]oct-3-ylmethyl)-10*H*-phenounazme；10-(3-Quinuclidinylmethyl)phenothiazine；LM-209；Butix；Metaplexan；Mircol；Primalan；Zesulan

M. I. 15，5931

性状　来自乙腈中的无色结晶。mp 130～131℃。

主要用途　医用抗组胺剂。

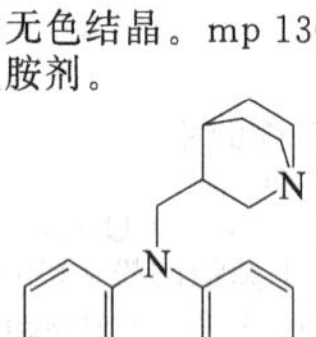

Meralein sodium　美拉林钠　06317

[4386-35-0]　$C_{19}H_9HgI_2NaO_7S$　858.72

成分　C 26.58%，H 1.06%，Hg 23.36%，I 29.56%，Na 2.68%，O 13.04%，S 3.73%。

别名　汞林钠；(3′,6′-Dihydroxy-2′,7′-diiodospiro[3*H*-2,1-benzoxanthiole-3,9′-[9*H*]xanthen]-4′-yl)hydroxymercury *S*,*S*-dioxide monosodium aslt；*o*-(6-Bydroxy-5-hydroxymercuri-2,7-diiodo-3-oxo-3*H*-xanthen-9-yl)benzenesulfonic acid sodium salt；2,7-Diiodo-4-hydroxymercuriresorcinsulfonphthalein monosodium salt；Monohydroxymercuridiiodoresorcinsulfonphthalein sodium salt；Sodium meralein；Merodicein

M. I. 15，5932

性状　绿色鳞状体，粉碎后转为暗红色。溶于水，其水溶液微有荧光。

主要用途　医用消毒剂，防腐剂。

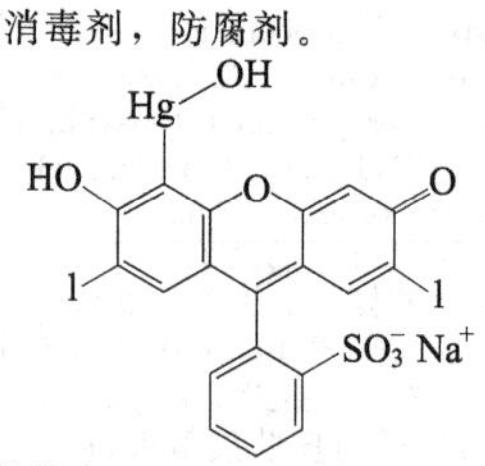

Meralluride　汞鲁来　06318

[8069-64-5]　$C_{16}H_{23}HgN_6NaO_8$　650.97

成分　C 29.52%，H 3.56%，Hg 30.81%，N 12.91%，Na 3.53%，O 19.66%。

别名　汞海群；[3-[[[(3-Carboxylato-1-oxopropyl) amino] carbonyl] amino]-2-methoxypropyl] hydroxymercurate (1 −) sodium, mixture with 3,7-dihydro-1,3-dimethyl-1*H*-purine-2,6-dione；*N*-[[2-Methoxy-3-[(1,2,3,6-tetrahydro-1,3-dimethyl-2,6-dioxopurin-7-yl)mercuri]propyl]carbamoyl]succinamic acid；Mercuhydrin；Mercuretin

M. I. 15，5933

性状　白色至浅黄色粉末。曝露于光下能逐渐分解。溶于热水、冰乙酸、碱溶液，微溶于冷水，几乎不溶于乙醇、氯仿、乙醚。其饱和溶液对石蕊呈酸性。LD_{50} 大鼠皮下注射：(28±7) mg/kg。

主要用途　医用、兽用汞利尿剂。

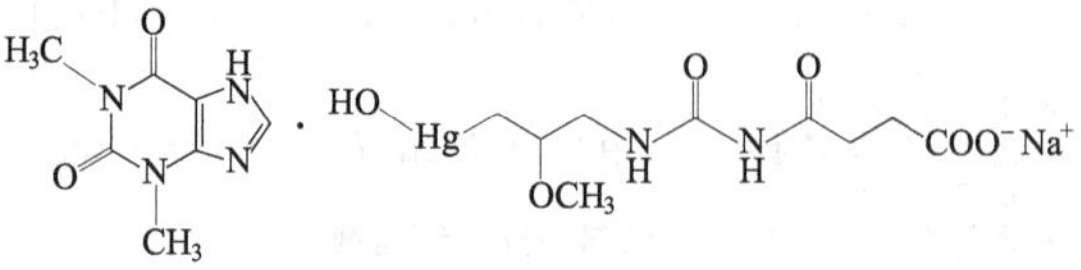

Merbromin trihydrate　汞溴红 三水　06319

[129-16-8]　$C_{20}H_8Br_2HgNa_2O_6 \cdot 3H_2O$　804.75

成分（以无水物计）　C 32.00%，H 1.08%，Br 21.29%，Hg 26.72%，Na 6.13%，O 12.79%。

别名　汞溴荧光素；红汞；二溴荧光素汞；Asceptichrome；Mercuranine；Gallochrome；Gynochrome；Mercurome；Mercurocol；Planochrome；D. O. M. F；Mercurophage；Mercurochrome-220 soluble；Flavurol；Dibromohydroxymercurifluorescein disodium salt；No. 220 sol；Chromargyre；Mercyry dibromofluorescein；2′,7′-Dibromo-4′-(hydroxy mercuric)fluorescein disodium salt；Mereurochrome；(2′,7′-Dibromo-3′,6′-dihydroxy-3-oxospiro[isobenzofuran-1(3*H*),9′-[9*H*]xanthen]-4′-yl)hydroxymercury disodium salt；[2,7-Dibromo-9-(*o*-carboxyphenyl)-6-hydroxy-3-oxo-3*H*-xanthen-4-yl] hydroxy mercury disodinm salt；Mercuri bromo fluorescein；Mercurochrome

M. I. 15，5934

性状　具有闪光的绿色鳞片或颗粒。易溶于水，其溶液呈洋红至红色。很稀的溶液（1∶2000）具有一种黄绿色的荧光。0.5%水溶液的 pH 值为 8.8。1g 该品溶于 50g 94%的乙醇，溶于 8.1g 甲醇。mp ≥300℃。一般试剂含量 约 97.0%（Hg）。

注意事项　该品口服、吸入或与皮肤接触极毒，并具有蓄积性毒害。对水生物极毒。能对水环境引起不利的结果。使用时应穿适当的防护服。接触皮肤后应立即用大量肥皂泡沫冲洗。使用时如有事故发生或有不适之感，应请医生诊治。应防止将本品释放于环境中。其包装物应按危险品处理。应远离食品、饮料和饲料密封保存。

主要用途　医用抗菌剂。

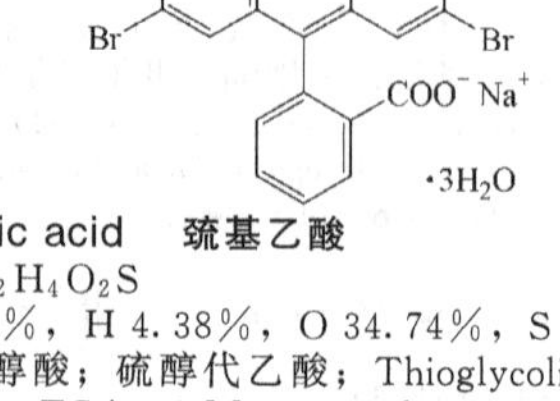

Mercaptoacetic acid　巯基乙酸　06320

[68-11-1]　$C_2H_4O_2S$　92.11

成分　C 26.08%，H 4.38%，O 34.74%，S 34.81%。

别名　硫代乙醇酸；硫醇代乙酸；Thioglycolic acid；Thioglycollic acid；TGA；2-Mercaptoethanoic acid

GW 2015-1714　M. I. 15，9489

性状　无色透明液体。有刺激性臭味。能与水、乙醇、乙醚、氯仿、苯等多数有机溶剂相混溶。易被空气氧化。mp －16.5℃；bp_{29} 123℃/3.866kPa；bp_{15} 108℃/2kPa；bp_5 96℃/666.6Pa；Fp ＞ 266℉（130℃）；d 1.325；n_D^{20} 1.504。LD_{50} 大鼠急性经口：0.15mL/kg。

注意事项　该品吸入、口服或与皮肤接触有毒。具有腐蚀性，能引起烧伤。使用时应避免与眼睛接触。接触皮肤后，应立即用大量水或肥皂泡沫冲洗。使用完毕应立即脱掉受污染的衣服。使用时如有事故发生或有不适之感，应请医生诊治。应充氩气密封于 2～8℃保存。

主要用途　用于铁、钼、银、锡的测定。有机合成。塑料、树脂合成的催化剂。

2-Mercaptobenzimidazole　2-巯基苯并咪唑　06321

[583-39-1]　$C_7H_6N_2S$　150.20

成分　C 55.98%，H 4.03%，N 18.65%，S 21.35%。

别名　苯并二氮唑-2-硫酚；2-Benzimidazolethiol；1，3-Dihydro-2*H*-benzimidazole-2-thione

M. I. 15，1084

性状　来自 95%乙醇中的白色有光泽的片状结晶。溶于乙醇、甲醇、丙酮，微溶于水，不溶于乙醚、苯。mp 303～304℃。一般试剂含量≥97.0%。

注意事项　该品口服有害。对眼睛、呼吸系统及皮肤有刺激性。使用时应穿适当的防护服和戴手套。万一接触到眼睛，应立即用大量水冲洗后请医生诊治。

主要用途　测定铋、镉、铜、金、银、汞、铅、钯的灵敏度试剂。重量分析测定银、镉、铅。橡胶防老剂。农药制备。

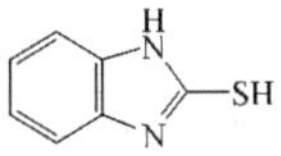

H N SH N

2-Mercaptobenzothiazole　2-巯基苯并噻唑　06322

[149-30-4]　$C_7H_5NS_2$　167.24

成分　C 50.27%，H 3.01%，N 8.38%，S 38.34%。

别名　M-快熟粉；苯并噻唑硫醇；促进剂-M；2-巯基-1，3-硫氮茚；Accelerator M；2(3*H*)-Benzothiazolethione；2-Benzothiazolethiol；Captax；Dermacid；MBT；Mertax；MPT；Thiotax

M. I. 15，5935

性状　浅黄色单斜针状或小片状结晶或粉末。有特殊气味。该品在下列物质的溶解度（25℃，g/100mL）：乙醇 2.0；乙醚 1.0；丙酮 10.0；苯 1.0；四氯化碳＜0.2；萘＜0.5。中等程度溶于冰乙酸，溶于碱类、碳酸盐溶液，几乎不溶于水。mp 180.2～181.7℃；d 1.42。一般试剂含量≥99.0%（T）。

注意事项　该品接触皮肤能引起过敏。对水生物极毒。能对水环境引起长期不利的结果。使用时应戴手套。应避免与皮肤接触。应防止将本品释放于环境中。其包装物应按危险品处理。应密封保存。

主要用途　检定金、铋、镉、钴、铜、汞、镍、铅、铊、锌的灵敏试剂。橡胶促进剂。

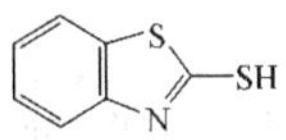

S SH N

2-Mercaptobenzoxazole　2-巯基苯并噁唑　06323

[2382-96-9]　C_7H_5NOS　151.19

成分　C 55.61%，H 3.33%，N 9.26%，O 10.58%，S 21.21%。

别名　2-苯并噁唑硫醇；2-Benzoxazolethiol

性状　无色或白色结晶。有恶臭。mp 192～195℃。一般试剂含量 ≥98.0%（T）。

注意事项　该品对眼睛、呼吸系统及皮肤有刺激性。使用时应戴手套。应避免吸入本品的粉尘，避免与眼睛及皮肤接触。万一接触到眼睛，应立即用大量水冲洗后请医生诊治。应密封保存。

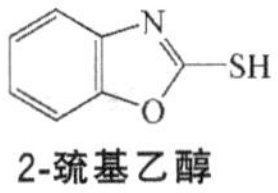

N SH O

2-Mercaptoethanol　2-巯基乙醇　06324

[60-24-2]　C_2H_6OS　78.13

成分　C 30.75%，H 7.74%，O 20.48%，S 41.03%。

别名　硫代乙二醇；硫醇基乙醇；2-羟基-1-乙硫醇；2-Hydroxy-1-ethanethiol；2-Hydroxyethyl mercaptan；2-ME；*β*-Mercaptoethanol；Thioglycol；Monothioethyleneglycol；Thioethylene glycol

GW 2015-1713　M. I. 15，5936

性状　无色至微黄色透明液体。有特殊臭味。能吸湿。能与水、乙醇、乙醚、苯等相混溶。bp_{742} 157～158℃（分解）；Fp 170.6℉（77℃）；d_4^{20} 1.1143；n_D^{20} 1.4996。LD_{50} 小鼠腹膜内注射：322.0mg/kg；急性经口：344.8mg/kg。一般试剂含量≥99.0%（GC）。

注意事项　该品吸入或口服有害。接触皮肤有毒。具有腐蚀性，能引起烧伤。对水生物有害。能对水环境引起不利的结果。使用时应穿适当的防护服，戴手套和防护镜或面罩。万一接触到眼睛，应立即用大量水冲洗后请医生诊治。使用时如有事故发生或有不适之感，应请医生诊治。应防止将本品释放于环境中。应充氩气密封避光于干燥处保存。

主要用途　研究蛋白质用作不含氮的硫氢试剂。水溶性还原剂。增塑剂。浮选剂。染料制造。杀虫剂。

Mercaptomerin sodium　巯汞钠　06325

[21259-76-7]　$C_{16}H_{25}HgNNa_2O_6S$　606.01

成分　C 31.71%，H 4.16%，Hg 33.10%，N 2.31%，Na 7.57%，O 15.84%，S 5.29%。

别名　硫汞林钠；*T*-4；[3-[[(3-Carboxylato-2，2，3-trimethylcyclopentyl)carbonyl]amino]-2-methoxypropyl][mercaptoacetato(2－)-*O*，*S*]mercurate(2－)disodium；*N*-(*γ*-Carboxymethylmercaptomercuri-*β*-methoxy)propylcamphoramic acid disodium salt；Diucardyn sodium；Thiomerin sodium

M. I. 15，5937

性状　白色粉末。易吸潮。易溶于水，溶于乙醇，几乎不溶于乙醚、苯、氯仿。150～155℃分解。

主要用途　医用、兽用利尿剂。

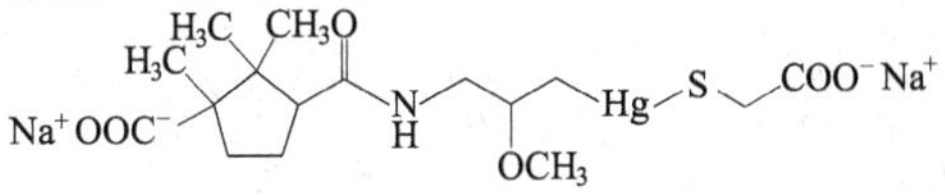

H_3C CH_3O H_3C N H Hg S COO^-Na^+ Na^+OOC^- OCH_3

1-Mercapto-2-propanol　1-巯基-2-丙醇　06326

[1068-47-9]　C_3H_8OS　92.16

成分　C 39.10%，H 8.75%，O 17.36%，S 34.79%。

别名　2-羟基-1-丙硫醇；2-Hydroxy-1-propanethiol

性状　无色液体。有恶臭。溶于水。bp_{17} 58～60℃/2.266kPa；Fp 145℉(62℃)；d 1.048；n_D^{20} 1.4860。

注意事项　该品对眼睛、呼吸系统及皮肤有刺激性。应密封保存。

主要用途　有机合成。

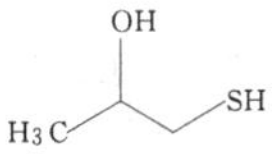

OH H_3C SH

3-Mercaptopropionic acid　3-巯基丙酸　06327

[107-96-0]　$C_3H_6O_2S$　106.14

成分　C 33.95%，H 5.70%，O 30.15%，S 30.21%。

别名　硫代丙醇酸；*β*-巯基丙酸；*β*-Mercaptopropionic acid；3-MP；3-Thiohydracrylic acid

性状　无色或浅黄色透明液体。有恶臭。能与水、乙醇、乙醚相混溶。mp 17～18℃；bp_{13} 114～115℃/1.733kPa；Fp 201℉(93℃)；d_4^{20} 1.220；n_D^{20} 1.4920。一般试剂含量≥99.0%(HPLC)。

注意事项　该品口服有毒。具有腐蚀性，能引起烧伤。使用时应穿适当的防护服，戴手套和防护镜或面罩。万一接触到眼睛，应立即用大量水冲洗后请医生诊治。使用时如有事故发生或有不适之感，应请医生诊治。应充氩气密封保存。

主要用途　生化研究。稳定剂。抗氧剂。催化剂。

N-(2-Mercaptopropionyl)glycine　*N*-(2-巯基丙酰基)甘氨酸　06328

[1953-02-2]　$C_5H_9NO_3S$　163.19

成分　C 36.80%，H 5.56%，N 8.58%，O 29.41%，S 19.65%。

别名　*N*-(2-巯基丙酰基)氨基乙酸；*N*-(2-Mercapto-1-oxopropyl)glycine；*N*-(2-Mercaptopropionyl)glycine；*α*-Mercaptopropionylglycine; Acadione; Capen; Epaliol; Mucolysin; Thiola; Thiosol; Thiopronin; Tiopronin

M. I. 15,9609

性状 来自乙酸乙酯中的无色结晶。易溶于水。mp 95～97℃。LD_{50} 小鼠静脉注射：2.1g/kg。生化试剂含量≥98.0%(RT)。

注意事项 该品口服有害。使用时应穿适当的防护服和戴手套。

主要用途 生化研究。肝脏保护剂。医用解毒剂。溶散黏液剂。

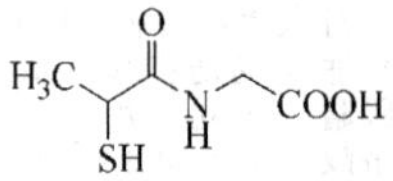

6-Mercaptopurine monohydrate 6-巯基嘌呤 一水 06329

[6112-76-1] $C_5H_4N_4S \cdot H_2O$ 170.19

成分(以无水物计) C 39.46%,H 2.65%,N 36.82%,S 21.07%。

别名 6-硫代嘌呤;嘌呤硫醇;1,7-Dihydro-6*H*-purine-6-thione; Leukerin; Mercaleukin; Puri-Nethol; Purinethol; 6-MP; Purine-6-thiol; 6-Thiohypoxanthine; 6-Thiopurine

M. I. 15,5938

性状 来自水中的黄色棱柱体结晶或粉末。1 份该品溶于 100 份沸水,溶于热乙醇,在碱溶液中能缓慢分解,不溶于水、乙醚、丙酮。pK_{a1} 7.77,pK_{a2} 11.17。140℃时成为无水物;mp 313～314℃(分解);uv max(于 0.1mol/L 氢氧化钠溶液中):230nm,312nm(ε 14000,19600);(于 0.1mol/L 盐酸中):222nm,327nm(ε 9240,21300);(于甲醇中):216nm,329nm(ε 8940,19300)。LD_{50} 小鼠,仓鼠腹膜内注射(mg/kg):157,364。生化试剂含量≥99.0%(NT)。

注意事项 该品口服有害。能危害胎儿。能损伤生育力。对眼睛、呼吸系统及皮肤有刺激性。使用时应穿适当的防护服,戴手套和防护镜或面罩。万一接触到眼睛,应立即用大量水冲洗后请医生诊治。使用时如有事故发生或有不适之感,应请医生诊治。其包装物应按危险品处理。

主要用途 生化研究。医用抗肿瘤剂,免疫抑制剂。

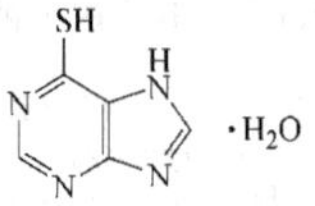

2-Mercaptopyridine-1-oxide 1-氧化-2-巯基吡啶 06330

[1121-30-8] C_5H_5NOS 127.16

成分 C 47.23%,H 3.96%,N 11.02%,O 12.58%,S 25.21%。

别名 1-氧化-2-吡啶硫醇;1-Hydroxy-2(1*H*)-pyridinethione; 2-Pyridinethiol 1-oxide; PTO; Omadine; Pyrithione

M. I. 15,8107

性状 白色粉末。有恶臭。一般试剂含量≥97.0%(T)。

注意事项 该品对眼睛、呼吸系统及皮肤有刺激性。使用时应穿适当的防护服。万一接触到眼睛,应立即用大量水冲洗后请医生诊治。应充氩气密封避光保存。

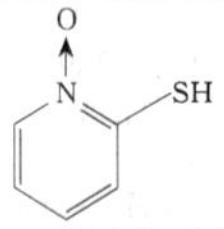

2-Mercaptopyrimidine 2-巯基嘧啶 06331

[1450-85-7] $C_4H_4N_2S$ 112.15

成分 C 42.84%,H 3.60%,N 24.98%,S 28.59%。

性状 白色粉末。有恶臭。mp 200～205℃。一般试剂含量≥98.0%(HPLC)。

注意事项 使用时应避免吸入本品的粉尘,避免与眼睛及皮肤接触。

主要用途 有机合成。

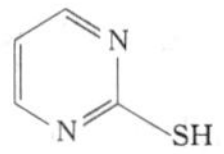

8-Mercaptoquinoline hydrochloride 8-巯基喹啉 盐酸盐 06332

[34006-16-1] C_9H_8ClNS 197.68

成分 C 54.68%,H 4.08%,Cl 17.93%,N 7.09%,S 16.22%。

别名 盐酸 8-巯基喹啉; Thiooxine hydrochloride; 8-Quinolinethiol hydrochloride

性状 亮黄色结晶。易潮解。其酸性盐酸盐的水溶液、乙醇溶液、丙酮溶液均呈浅黄色。不溶于苯。mp 170～175℃(分解)。

注意事项 该品对眼睛、呼吸系统及皮肤有刺激性。使用时应穿适当的防护服。使用时应避免吸入本品的粉尘,避免与眼睛及皮肤接触。万一接触到眼睛,应立即用大量水冲洗后请医生诊治。应充氩气密封于 2～8℃干燥保存。

主要用途 配位剂。可络合铅、锌、镍、铜等离子。有机合成。制药工业。

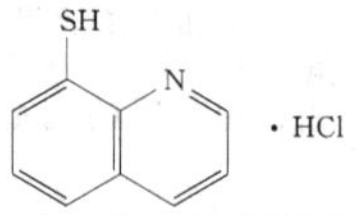

3-Mercapto-1,2,4-triazole 3-巯基-1,2,4-三唑 06333

[3179-31-5] $C_2H_3N_3S$ 101.13

成分 C 23.75%,H 2.99%,N 41.55%,S 31.71%。

别名 1*H*-1,2,4-三唑-3-硫醇;2-巯基-1,2,4,-三氮唑;1*H*-1,2,4-Triazol-3-thiol

性状 白色粉末。溶于水(20℃,85g/L),其溶液 pH 值 4。mp 217～220℃。LD_{50} 大鼠急性经口:1353mg/kg。一般试剂含量≥97.0%(T)。

注意事项 该品口服有害。对眼睛有刺激性。使用时应戴防护镜或面罩。应保持容器密闭和干燥。万一接触到眼睛,应立即用大量水冲洗后请医生诊治。应采取抗放静电措施,充氩气密封保存。

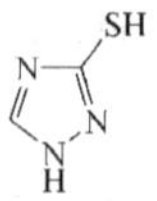

Mercumallylic acid 汞香豆酸 06334

[86-36-2] $C_{14}H_{14}HgO_6$ 478.87

成分 C 35.11%,H 2.95%,Hg 41.89%,O 20.05%。

别名 [3-(3-Carboxy-2-oxo-2*H*-1-benzopyran-8-yl)-2-methoxypropyl] hydroxymercurate(1−) hydrogen; [3-(3-Hydroxymercuri-2-methoxy propyl) salicylidene] malonic acid δ-lactone; 8-(3-Hydroxymercuri-2-methoxypropyl)-2-oxo-2*H*-1-benzopyran-3-carboxylic acid; 8-(2-Methoxy-3-hydroxymercuripropyl) coumarin-3-carboxylic acid; 8-(3-Hydroxymerecuri-2-methoxypropyl)-3-carboxycoumarin; 8-(3-Hydroxymercuri-2-methoxypropyl) coumarin-3-carboxylic acid

M. I. 15, 5939

性状 无色或白色粉末。味苦。1g 该品溶于约 4.2 份 1mol/L 氢氧化钠溶液。微溶于乙酸,极微溶于水、乙醇、氯仿,几乎不溶于乙醚。mp 155～160℃。

主要用途 医用利尿剂。

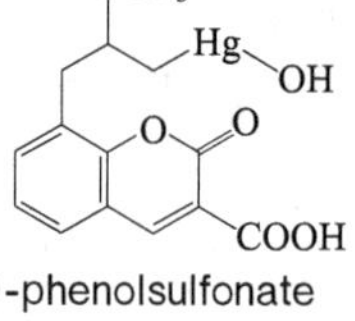

Mercuric sodium *p*-phenolsulfonate 对酚磺酸钠汞 06335

[535-55-7] $C_{12}H_8HgNa_2O_8S_2$ 590.88

成分 C 24.39%, H 1.36%, Hg 33.95%, Na 7.78%, O 21.66%, S 10.85%。

别名 对磺酸钠酚汞; 4-Hydroxybenzenesulfonic acid mercury (2+) sodium salt (2 : 1 : 2); Mercury and sodium phenolsulfonate; Mercuriphenoldisulfonate sodium; Hermophenyl

M. I. 15, 5954

性状 白色粉末。1g 该品溶于 5mL 水,其水溶液不能凝结含蛋白质的物质。

主要用途 医用局部消毒剂。

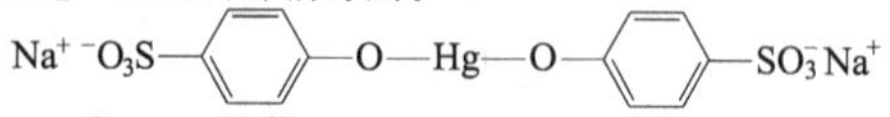

Mereurophen 汞芬 06336

[52486-78-9] $C_6H_4HgNNaO_4$ 377.69

成分 C 19.08%, H 1.07%, Hg 53.11%, N 3.71%, Na 6.09%, O 16.95%。

别名 羟汞硝酚钠；4-羟基汞-2-硝基酚钠；Hydroxy(4-hydroxy-3-nitrophenyl) mercury sodium salt (1 : 1)；Sodium 4-hydroxymercuri-2-nitrophenolate；Sodium hydroxymercuri-*o*-nitrophenolate；4-Hydroxymercuri-2-nitrophenol sodium salt
M. I. 15，5959
性状 砖红色粉末。无味。溶于热水，溶液呈深琥珀色。
注意事项 该品有毒。
主要用途 医用局部消毒剂，防腐剂，抗感染剂。

HO–Hg–(C₆H₃)(O⁻Na⁺)(NO₂)

Mercury 汞 06337
[7439-97-6] Hg 200.59
别名 水银；Hydrargyrum；Liquid silver；Mercurius；Quicksilver
GW 2015-835 M. I. 15，5966
性状 银白色有光泽的重质液态金属。溶于硝酸、热浓硫酸、氢碘酸，不溶于盐酸、水、乙醇、乙醚。常温下不氧化，但能挥发，其蒸气剧毒。mp －38.87℃；bp 356.72℃；d^{25} 13.534。
注意事项 该品蒸气吸入有毒，并具有蓄积性危害。对水生物极毒。能对水环境引起不利的结果。使用时如有事故发生或有不适之感，应请医生诊治。应防止将本品释放于环境中。其包装物应按危险品处理。应充氩气密封保存。
主要用途 汞盐、汞齐的制造，如银汞齐、钠汞齐等。有机合成。还原剂。广泛用于各种仪表、温度计工业。

参考规格 HG/T 3471—2000	分析纯
外观	合格
澄清度试验	合格
灼烧残渣/%≤	0.001
铁（Fe）/%≤	0.00005
其他重金属（以Pb计）/%≤	0.00005

Mercury（Ⅰ）acetate 乙酸亚汞 06338
[631-60-7] $C_4H_6Hg_2O_4$ 519.27
成分 C 9.25%，H 1.17%，Hg 77.26%，O 12.32%。
别名 醋酸亚汞；Mercurous acetate；Mercury protoacetate
GW 2015-2646 M. I. 15，5960
性状 白色有光泽的片状结晶或结晶性粉末。见光颜色变暗。溶于稀乙酸，溶于约100份水，几乎不溶于乙醇、乙醚。一般试剂含量≥99.0%。
注意事项 该品口服、吸入或与皮肤接触时极毒，并具有蓄积性危害。对水生物极毒。能对水环境引起长期不利的结果。使用时应穿防护服。接触皮肤后应立即用大量肥皂水冲洗。使用时如有事故发生或有不适之感，应请医生诊治。应防止将本品释放于环境中。其包装物应按危险品处理。应远离食品和饲料，密封避光保存。
主要用途 分析试剂。医用抑菌剂。梅毒性皮肤病的治疗。

Mercury(Ⅱ) acetate 乙酸汞 06339
[1600-27-7] $C_4H_6HgO_4$ 318.68
成分 Cl 5.08%，H 1.90%，Hg 62.94%，O 20.08%。
别名 乙酸高汞；醋酸汞；Mercuric acetate
GW 2015-2635 M. I. 15，5940
性状 白色结晶或细晶性粉末。有乙酸气味。感光灵敏。1g该品溶于2.5mL冷水、1mL沸水，溶于乙醇。mp 178～180℃；*d* 3.28。一般试剂含量≥98.0%。
注意事项 该品口服、吸入或与皮肤接触时极毒，并具有蓄积性危害。对水生物极毒。能对水环境引起长期不利的结果。使用时应穿防护服。接触皮肤后应立即用大量肥皂泡沫冲洗。使用时如有事故发生或有不适之感，应请医生诊治。应防止将本品释放于环境中。其包装物应按危险品处理。应远离食品和饲料，密封避光保存。
主要用途 分析试剂。测定乙烯硫脲。定氮时用作催化剂。气体分析用以吸收乙烯。有机合成。

Mercury(Ⅱ) benzoate monohydrate 06340
苯甲酸汞 一水
[583-15-3] $C_{14}H_{10}HgO_4 \cdot H_2O$ 460.85
成分（以无水物计） C 37.97%，H 2.28%，Hg 45.30%，O 14.45%。
别名 一水合安息香酸汞；一水合苯甲酸汞；安息香酸汞一水；Mercuric benzoate monohydrate
GW 2015-80 M. I. 15，5941
性状 白色结晶性粉末。无味。对光敏感。易溶于氯化钠溶液及苯甲酸铵溶液，溶于90份冷水、40份沸水，微溶于乙醇。mp 165℃。
注意事项 该品有毒。应密封避光保存。
主要用途 过去的医用抗梅毒剂。

Mercury（Ⅰ）bromide 溴化亚汞 06341
[10031-18-2] [15385-58-7] Br_2Hg_2 560.99
成分 Br 28.49%，Hg 71.51%。
别名 一溴化汞；Mercurous bromide；Mercurous monobromide
GW 2015-2404 M. I. 15，5961
性状 白色粉末。无味。见光颜色变暗。在热盐酸、溴化钾溶液中分解。不溶于水、乙醇、乙醚。mp 390℃（分解）；*d* 7.3。一般试剂含量≥99.5%。
注意事项 该品有毒。吸入或与皮肤接触时极毒，并具有蓄积性危害。接触皮肤后应立即用大量肥皂水冲洗。使用时如有事故发生或有不适之感，应请医生诊治。应上锁保管。应远离食品和饲料，密封避光。
主要用途 分析试剂。制药工业。

Mercury(Ⅱ) bromide 溴化汞 06342
[7789-47-1] Br_2Hg 360.40
成分 Br 44.34%，H 55.66%。
别名 溴化高汞；二溴化汞；Mercuric bromide；Mercury dibromide
GW 2015-2400 M. I. 15，5942
性状 白色结晶或结晶性粉末。易溶于热乙醇，溶于甲醇、盐酸、氢溴酸和溴化钾溶液，溶于约200份冷水、25份沸水，微溶于三氯甲烷。见光分解，受高热可升华。mp 237℃；bp 322℃；*d* 6.05。
注意事项 该品吸入、口服或与皮肤接触极毒，并具有蓄积性危害。对水生物极毒。能对水环境引起不利的结果。接触皮肤后，应立即用大量肥皂泡沫冲洗。使用时如有事故发生或有不适之感，应请医生诊治。应防止将本品释放于环境中。其包装物应按危险品处理。远离食品和饲料，密封避光保存。
主要用途 测定砷的试剂。

Mercury（Ⅰ）chloride 氯化亚汞 06343
[10112-91-1] Cl_2Hg_2 472.08
成分 Cl 15.02%，Hg 84.98%。
别名 一氯化汞；甘汞；轻粉；Calogreen；Calomel；Mercurous chloride；Mercury monochloride；Mercury protochloride；Mercury subchloride；Mild mercury chloride；Precipite blanc
GW 2015-1494 M. I. 15，5962
性状 白色有光泽的结晶或重质粉末。无味。溶于王水，微溶于稀硝酸、稀盐酸，不溶于水、乙醇、乙醚。遇光部分分解且颜色变暗。mp 400℃（升华）；*d* 7.15。一般试剂含量≥99.5%。
注意事项 该品口服有害。对眼睛、呼吸系统及皮肤有刺激性。对水生物极毒。能对水环境引起不利的结果。使用时应避免与眼睛及皮肤接触。如误服了本品，应立即请医生检查，并出示本品的包装容器或标签。应防止将本品释放于环境中。其包装物应按危险品处理。应远离食品、饮料和饲料密封避光保存。
主要用途 微量分析测定钯、锆、氨。甘汞电极。医用泻剂，利尿剂，抗梅毒剂，消毒剂，防腐剂。

Mercury(Ⅱ) chloride 氯化汞 06344
[7487-94-7] Cl_2Hg 271.49
成分 Cl 26.12%，Hg 73.88%。
别名 二氯化汞；升汞；氯化高汞；猛汞；Corrosive mercury chloride；Corrosive sublimate；Mercuric chloride；Mercury bichloride；Mercury dichloride；Mercury perchloride
GW 2015-1464 M. I. 15，5943

性状 无色结晶或白色颗粒或粉末。1g 该品溶于 13.5mL 水、2.1mL 沸水、3.8mL 乙醇、1.6mL 沸乙醇、22mL 乙醚、200mL 苯、12mL 甘油、40mL 乙酸，亦溶于甲醇、乙酸乙酯、丙酮，微溶于二硫化碳、吡啶。常温下微量挥发。遇光逐渐分解。mp 277℃；bp 302℃；*d* 5.4。

注意事项 该品口服极毒。具有腐蚀性，能引起烧伤。长期暴露，长期接触对健康有严重危害。对水生物极毒。能对水环境引起长期不利的结果。使用时应穿适当的防护服，戴手套和防护镜或面罩。使用时如有事故发生或有不适之感，应请医生诊治。应防止将本品释放于环境中。其包装物应按危险品处理。应远离食品、饮料和饲料，密封避光上锁保存。

主要用途 容量分析测定铁；微量分析测定砷、锡。碘价的测定。有机合成中作催化剂。防腐剂。消毒剂。医药用。

参考规格 HG/T 3468—2000

	分析纯	化学纯
含量（$HgCl_2$）/%≥	99.5	99.0
澄清度试验	合格	合格
水不溶物/%≤	0.01	0.03
灼烧残渣/%≤	0.02	0.04
铁（Fe）/%≤	0.0003	0.001

Mercury(Ⅱ) cyanide 氰化汞 06345

[592-04-1] C_2HgN_2 252.63

成分 C 9.51%，Hg 79.40%，N 11.09%。

别名 二氰化汞；氰化高汞；Cianurina；Mercuric cyanide

GW 2015-1682 M.I.15，5944

性状 无色四方形结晶或白色粉末。无味。1g 该品溶于 13mL 水、3mL 沸水、13mL 乙醇、4mL 甲醇，能缓慢地溶于甘油，微溶于乙醚，不溶于苯。遇光颜色变暗。mp 320℃（分解）；*d* 3.996。一般试剂含量≥98.0%。

注意事项 该品吸入、口服或与皮肤接触极毒，与酸接触时能放出极毒气体。对水生物极毒。能对水环境引起长期不利的结果。接触皮肤后应立即用大量水或肥皂泡沫冲洗。使用时如有事故发生或有不适之感，应请医生诊治。切勿排入下水道。应防止将本品释放于环境中。其包装物应按危险品处理。应远离食品、饮料和饲料，密封避光上锁保存。

主要用途 制药工业。消毒剂。

Mercury(Ⅱ)fluoride 氟化汞 06346

[7783-39-3] F_2Hg 238.59

成分 F 15.93%，Hg 84.07%。

别名 二氟化汞；Mercuric fluoride；Mercury difluoride

GW 2015-749 M.I.15，5945

性状 白色粉末或立方体结晶。遇水分解并呈黄色。mp 645℃；bp >650℃；d^{15} 8.95。

注意事项 该品吸入、口服或与皮肤接触极毒。具有蓄积性危害。对水生物极毒。对水环境能引起长期不利的结果。接触皮肤后，应立即用大量水冲洗。使用时如有事故发生或有不适之感，应请医生诊治。应防止将本品释放于环境中。其包装物应按危险品处理。应远离食品、饮料及饲料密封避光保存。

主要用途 合成有机氟化剂。

Mercury(Ⅱ) iodide red 红色碘化汞 06347

[7774-29-0] HgI_2 454.40

成分 Hg 44.14%，I 55.86%。

别名 二碘化汞；碘化汞；碘化高汞；碘化汞 红色；Mercuric biniodide；Mercuric iodide red

GW 2015-328 M.I. 15，5946

性状 鲜红或朱红色的细小结晶或粉末。无味。1g 该品溶于 115mL 乙醇、20mL 沸乙醇、约 120mL 乙醚、约 60mL 丙酮、910mL 氯仿、75mL 乙酸乙酯、260mL 二硫化碳、230mL 橄榄油、50mL 蓖麻油，易溶于硫代硫酸钠、碘化钾及氯化汞溶液，极微溶于水（25℃，0.006g/100g）。常温下稳定，但感光灵敏。mp 259℃；bp 约 350℃（升华）；*d* 6.28。一般试剂含量≥99.0%。

注意事项 该品吸入、口服或与皮肤接触极毒。具有蓄积性危害。对水生物极毒。对水环境能引起长期不利的结果。接触皮肤后，应立即用大量水冲洗。使用时如有事故发生或有不适之感，应请医生诊治。应防止将本品释放于环境中。其包装物应按危险品处理。应远离食品、饮料及饲料密封避光保存。

主要用途 钯的微量分析。用以配制奈氏试剂、密勒氏试剂的配制。

Mercury(Ⅰ) iodide yellow 黄色碘化汞 06348

[15385-57-6] Hg_2I_2 654.99

成分 Hg 61.25%，I 38.75%。

别名 一碘化汞；碘化亚汞；碘化亚汞 黄色；碘化汞 黄色；Mercurous iodide yellow；Mercury monoiodide；Mercury protoiodide；Yellow mercury iodide

GW 2015-190 M.I. 15，5963

性状 亮黄色无定形粉末。质重。无味。见光颜色变暗。溶于硝酸亚汞、硝酸汞溶液，不溶于水、乙醇、乙醚。在冷氨水、碘化钾等溶液中分解成汞和碘化高汞。mp 290℃；*d* 7.70。一般试剂含量≥99.0%（Hg）。

注意事项 该品吸入、口服或与皮肤接触极毒。具有蓄积性危害。对水生物极毒。对水环境能引起长期不利的结果。接触皮肤后，应立即用大量水冲洗。使用时如有事故发生或有不适之感，应请医生诊治。应防止将本品释放于环境中。其包装物应按危险品处理。应远离食品、饮料及饲料密封避光保存。

主要用途 分析试剂，如钯、氨的测定。标准电极材料。医用抗菌剂。

Mercury(Ⅰ) nitrate dihydrate 硝酸亚汞 二水 06349

[7782-86-7] $Hg_2N_2O_6 \cdot 2H_2O$ 561.22

成分（以无水物计） Hg 76.39%，N 5.34%，O 18.28%。

别名 二水合硝酸亚汞；硝酸低汞；Mercurous nitrate dihydrate；Mercury protonitrate dihydrate

GW 2015-2332 M.I. 15，5964

性状 无色结晶。微有硝酸味。在干燥空气中风化。溶于 13 份水、1%硝酸，但在大量水中则分解为碱式盐的沉淀。见光或经煮沸，自身即歧化为 Hg 和 $Hg(NO_3)_2$。mp 约 70℃（分解）。*d* 4.78。一般试剂含量≥98.0%。

注意事项 该品吸入、口服或与皮肤接触极毒。具有蓄积性危害。对水生物极毒。对水环境能引起长期不利的结果。接触皮肤后，应立即用大量水冲洗。使用时如有事故发生或有不适之感，应请医生诊治。应防止将本品释放于环境中。其包装物应按危险品处理。应远离食品、饮料及饲料密封避光保存。

主要用途 测定铬、钼、钒、钨的试剂。测定血清中氯化物。氢化物、溴化物的容量测定。氧化剂。制造雷汞。

Mercury(Ⅱ) nitrate monohydrate 硝酸汞 一水 06350

[7783-34-8] $HgN_2O_6 \cdot H_2O$ 342.62

成分（以无水物计） Hg 61.80%，N 8.63%，O 29.57%。

别名 一水合硝酸汞；一水合硝酸高汞；硝酸高汞 一水；Mercuric nitrate；Mercury pernitrate

GW 2015-2298 M.I. 15，5947

性状 白色或微黄色结晶或结晶性粉末。易潮解。有硝酸气味。溶于少量水、稀酸，遇大量水则生成碱式盐沉淀。*d* 4.3。一般试剂含量≥98.5%（T）。

注意事项 该品吸入、口服或与皮肤接触极毒。具有蓄积性危害。对水生物极毒。对水环境能引起长期不利的结果。接触皮肤后，应立即用大量水冲洗。使用时如有事故发生或有不适之感，应请医生诊治。应防止将本品释放于环境中。其包装物应按危险品处理。应远离食品、饮料及饲料密封避光保存。

主要用途 测定卤化物、氰化物。测定血清中氯化物。米隆氏试剂的配制。有机合成。制药工业。制造雷汞。

Mercury(Ⅱ) oxide red 红色氧化汞 06351

[21908-53-2] HgO 216.59

成分 Hg 92.61%，O 7.39%。

别名 三仙丹；红降汞；氧化汞 红色；Mercuric oxide red；Mercury(Ⅱ) oxide；Red precipitate

GW 2015-2533 M.I. 15，5949

性状 亮红色或橙红色的重质结晶性、鳞片状粉末。无味。溶于稀盐酸、稀硝酸、氰化钾和碘化钾溶液，不溶于水、乙醇。mp 500℃（分解为汞和氧）；*d* 11.14。一般试剂含量≥99.0%（KT）。

注意事项 该品吸入、口服或与皮肤接触极毒。具有蓄积性危害。对水生物极毒。对水环境能引起长期不利的结果。接触皮肤后，应立即用大量水冲洗。使用时如有事故发生或有不适之感，应请医生诊治。应防止将本品释放于环境中。其包装物应按危险品处理。应远离食品、饮料及饲料密封避光保存。

主要用途 凯氏法定氮。测定柠檬酸、噻吩、葡萄糖、醛、脲、丙酮的试剂。医用局部防腐剂、消毒剂。

Mercury(Ⅱ) oxide yellow 黄色氧化汞 06352

[21908-53-2] HgO 216.59

成分 Hg 92.61%，O 7.39%。

别名 黄降汞；氧化汞黄色；Mercuric oxide yellow；Yellow precipitate

GW 2015-2533 M. I. 15，5950

性状 黄色或橙黄色正交结晶性重质粉末。无味。见光缓慢地变为暗黑色。易溶于稀硫酸、稀盐酸、稀硝酸，几乎不溶于水、乙醇、丙酮、乙醚。

注意事项 该品吸入、口服或与皮肤接触极毒。具有蓄积性危害。对水生物极毒。对水环境能引起长期不利的结果。接触皮肤后，应立即用大量水冲洗。使用时如有事故发生或有不适之感，应请医生诊治。应防止将本品释放于环境中。其包装物应按危险品处理。应远离食品、饮料及饲料密封避光保存。

主要用途 测定锌、氰酸等的试剂。检定甲酸中乙酸及混合气体中的一氧化碳。医用防腐剂，眼部局部消毒剂。

参考规格 HG/T 3469—2003	分析纯	化学纯
含量(HgO)/%≥	99.5	99.0
澄清度试验	合格	合格
灼烧残渣/%≤	0.03	0.06
氯化物(Cl)/%≤	0.005	0.01
硫酸盐(SO_4)/%≤	0.005	0.01
总氮量(N)/%≤	0.0025	0.005
铁(Fe)/%≤	0.002	0.005
其他重金属(以 Pb 计)/%≤	0.001	0.003

Mercury(Ⅱ) oxycyanide 氧氰化汞 06353

[1335-31-5] $C_2Hg_2N_2O$ 469.22

成分 C 5.12%，Hg 85.50%，N 5.97%，O 3.41%。

别名 氰氧化汞；Mercuric oxycyanide；Mercury cyanide oxide

GW 2015-2545 M. I. 15，5951

性状 白色正交结晶或结晶性粉末。1g 该品溶于 80mL 冷水，较多地溶于热水。*d* 4.44。

注意事项 该品吸入、口服或与皮肤接触极毒。具有蓄积性危害。对水生物极毒。对水环境能引起长期不利的结果。接触皮肤后，应立即用大量水冲洗。使用时如有事故发生或有不适之感，应请医生诊治。应防止将本品释放于环境中。其包装物应按危险品处理。应远离食品、饮料及饲料密封避光保存。

主要用途 医用局部消毒剂。

Mercury(Ⅱ) potassium cyanide 氰化汞钾 06354

[591-89-9] $C_4HgK_2N_4$ 382.86

成分 C 12.55%，Hg 52.39%，K 20.42%，N 14.64%。

别名 氰化钾汞；Dipotassium tetrakis(cyano-*C*)mercurate(2—)；Mercuric potassium cyanide；Potassium tetracyanomercurate(Ⅱ)；Potassium mercuric cyanide

GW 2015-1683 M. I. 15，5952

性状 无色或白色结晶。溶于水、乙醇。能被酸快速分解放出氰化氢。一般试剂含量 ≥98.5%。

注意事项 该品吸入、口服或与皮肤接触极毒。具有蓄积性危害。对水生物极毒。对水环境能引起长期不利的结果。接触皮肤后，应立即用大量水冲洗。使用时如有事故发生或有不适之感，应请医生诊治。应防止将本品释放于环境中。其包装物应按危险品处理。应远离食品、饮料及饲料密封避光保存。

主要用途 制镜用。

Mercury(Ⅱ) potassium iodide 碘化汞钾 06355

[7783-33-7] HgI_4K_2 786.40

成分 Hg 25.51%，I 64.55%，K 9.94%。

别名 汞碘化钾；碘化钾汞；纳氏试剂；Mayer's reagent；Mercuric potassium iodide；Potassium mercuric iodide；Potassium tetraiodomercurate（Ⅱ）

GW 2015-188 M. I. 15，7805

性状 硫黄色片状结晶。有潮解性。易溶于水，溶于乙醇、乙醚、丙酮。

注意事项 该品吸入、口服或与皮肤接触极毒，并具有蓄积性危害。接触皮肤后应立即用大量水冲洗。使用时如有事故发生或有不适之感，应请医生诊治。应远离食品、饮料和饲料，密封避光于干燥处保存。

主要用途 分析试剂。纳氏试剂制备。医用局部杀菌剂。消毒剂。

Mercury salicylate 水杨酸汞 06356

[5970-32-1] $C_7H_4HgO_3$ 336.70

成分 C 24.97%，H 1.20%，Hg 59.58%，O 14.26%。

别名 Mercuric salicylate；Mercury subsalicylate

GW 2015-2014 M. I. 15，5953

性状 白色或微带浅黄或浅粉色的无味粉末。溶于碱性菌素的温溶液中，凝固在碱性氢氧化物和碳酸盐中。不能与碱性碘化物相容。不溶于水、乙醇。

注意事项 该品吸入、口服或与皮肤接触极毒，并具有蓄积性危害。接触皮肤后应立即用大量水冲洗。使用时如有事故发生或有不适之感，应请医生诊治。应远离食品、饮料和饲料，密封避光于干燥处保存。碘化汞钾。应远离食品、饮料和饲料，密封避光保存。

主要用途 医用局部防腐消毒剂。

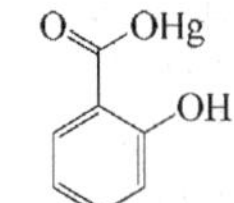

Mercury(Ⅱ) silver iodide 碘化汞银 06357

[7784-03-4] Ag_2HgI_4 923.94

成分 Ag 23.35%，Hg 21.71%，I 54.94%。

别名 碘化银汞；Mercuric silver iodide；Silver mercuric iodide；Silver tetraiodomercurate（Ⅱ）

M. I. 15，8670

性状 深黄色粉末。溶于碘化钾、氰化钾溶液，不溶于水或稀酸。d_4^{20} 6.08。

注意事项 该品吸入、口服或与皮肤接触极毒，并具有蓄积性危害。接触皮肤后应立即用大量水冲洗。使用时如有事故发生或有不适之感，应请医生诊治。应远离食品、饮料和饲料，密封避光于干燥处保存。

主要用途 测定轴承的过热温度。

Mercury（Ⅰ）sulfate 硫酸亚汞 06358

[7783-36-0] Hg_2SO_4 Hg_2O_4S 497.24

成分 Hg 80.68%，O 12.87%，S 6.45%。

别名 Mercurous sulfate

GW 2015-1329 M. I. 15，5965

性状 白色至微黄色结晶性粉末。遇光变灰色。溶于稀硝酸，微溶于水(25℃，0.06g/100g)。*d* 7.56。

注意事项 该品吸入、口服或与皮肤接触时极毒，并具有蓄积性危害。对水生物极毒。能对水环境引起不利的结果。接触皮肤后应立即用大量肥皂泡沫冲洗。使用时如有事故发生或有不适之感，应请医生诊治。应防止将本品释放于环境中。其包装物应按危险品处理。应远离食品、饮料和饲料，密封避光保存。

主要用途 标准电池的制造。

Mercury(Ⅱ)sulfate 硫酸汞 06359

[7783-35-9] $HgSO_4$ HgO_4S 296.65

成分 Hg 67.62%，O 21.57%，S 10.81%。

别名 硫酸高汞；Mercuric sulfate；Mercury bisulfate；Mercury persulfate

GW 2015-1314 M. I. 15，5955

性状 白色颗粒或结晶性粉末。无味。溶于盐酸、热的稀硫酸、浓氯化钠溶液，不溶于乙醇，遇水则分解。mp 850℃；*d* 6.47。

注意事项 该品吸入、口服或与皮肤接触时极毒，并具有蓄积性危害。对水生物极毒。能对水环境引起不利的结果。接触皮肤后应立即用大量肥皂泡沫冲洗。使用时如有事故发生或有不适之感，应请医生诊治。应防止将本品释放于环境中。其包装物应按危险品处理。应远离食品、饮料和饲料，密封避光保存。

主要用途 测定巴比妥及胱氨酸。定氮时作催化剂。

Mercury(Ⅱ)sulfide black 黑色硫化汞 06360

[1344-48-5] HgS 232.65

成分 Hg 86.22%，S 13.78%。

别名 硫化汞 黑色；Ethiops mineral；Mercuric sulfide black

GW 2015-1286 M.I.15,5956

性状 黑色或灰黑色的重质无定形粉末。溶于王水或硫化钠溶液，几乎不溶于水、乙醇、稀无机酸。446℃开始升华。*d* 7.60。

注意事项 该品吸入、口服或与皮肤接触时极毒，并具有蓄积性危害。对水生物极毒。能对水环境引起不利的结果。接触皮肤后应立即用大量肥皂泡沫冲洗。使用时如有事故发生或有不适之感，应请医生诊治。应防止将本品释放于环境中。其包装物应按危险品处理。应远离食品、饮料和饲料，密封避光保存。硫酸亚汞。

主要用途 着色剂。橡胶颜料。

Mercury(Ⅱ)sulfide red 红色硫化汞 06361

[1344-48-5] HgS 232.65

成分 Hg 86.22%，S 13.78%。

别名 银朱；硫化汞 红色；Artificial cinnabar；Chinese red；Vermili-on；Chinese vermilion；Mercuric sulfide red；Pigment red 106；Red mercury sulfuret；Quick silver vermilion

GW 2015-1286 M.I.15,5957 C.I.77766

性状 亮猩红色结晶性粉末。溶于王水、硫化钠溶液，不溶于水、乙醇、硝酸。580℃开始升华；*d* 8.1。

注意事项 该品吸入、口服或与皮肤接触时极毒，并具有蓄积性危害。对水生物极毒。能对水环境引起不利的结果。接触皮肤后应立即用大量肥皂泡沫冲洗。使用时如有事故发生或有不适之感，应请医生诊治。应防止将本品释放于环境中。其包装物应按危险品处理。应远离食品、饮料和饲料，密封避光保存。硫酸亚汞。

主要用途 制药工业。塑料着色剂。医用消毒、抗菌剂。

Mercury(Ⅱ)thiocyanate 硫氰酸汞 06362

[592-85-8] $Hg(SCN)_2$ $C_2HgN_2S_2$ 316.75

成分 C 7.58%，Hg 63.32%，N 8.85%，S 20.25%。

别名 硫氰化汞；硫氰酸高汞；Mercuric rhodanide；Mercuric sulfocyanide；Mercuric sulfocyanate；Mercuric thiocyanate；Mercury rhodanide；Mercury sulfocyanide

GW 2015-1296 M.I.15,5958

性状 白色粉末。无味。溶于稀盐酸、氰化钾和氯化物溶液，微溶于乙醇、乙醚。微溶于冷水(25℃，0.069g/100mL)，较多地溶于沸水并分解。当加热至165℃时，体积膨胀并分解成汞和氮气。一般试剂含量≥98.0%。

注意事项 该品吸入、口服或与皮肤接触极毒，并具有蓄积性危害。与酸接触能释放出极毒气体。对水生物极毒。能对水环境产生长期不利的结果。使用时应穿适当的防护服。接触皮肤后应立即用大量水冲洗。使用时如有事故发生或有不适之感，应请医生诊治。应防止将本品释放于环境中。其包装物应按危险品处理。应远离食品、饮料和饲料，密封避光保存。

主要用途 照相业。

Meropenem trihydrate 美罗培南 三水 06363

[119478-56-7][96036-03-2](无水物) $C_{17}H_{25}N_3O_5S \cdot 3H_2O$ 401.49

成分(以无水物计) C 53.25%，H 6.57%，N 10.96%，O 20.86%，S 8.36%。

别名 ICI-194660；SM-7338；Meronem；Meropen；Merrem；(4*R*,5*S*,6*S*)-3-[(3*S*,5*S*)-5-(Dimethylamino) carbonyl-3-pyrrolidinyl]thio-6-[(1*R*)-1-hydroxyethyl]-4-methyl-7-oxo-1-azabicyclo[3.2.0]hept-2-ene-2-carboxylic acid trihydrate；(1*R*,5*S*,6*S*)-2-[(3*S*,5*S*)-5-(Dimethylaminocarbonyl) pyrrolidin-3-ylthio]-6-[(*R*)-1-hydroxyethyl]-1-methylcarbapen-2-em-3-carboxylic acid trihydrate

M.I.15，5970

性状 白色至浅黄色结晶性粉末。溶于二甲基甲酰胺、5%磷酸氢二钾溶液，略微溶于水、5%磷酸二氢钾溶液，极微溶于乙醇，几乎不溶于丙酮、乙醚。

注意事项 该品对眼睛、呼吸系统及皮肤有刺激性。万一接触到眼睛，应立即用大量水冲洗后请医生诊治。

主要用途 医用抗菌剂。

OH H H CH_3 H_3C S O N O COOH N H N—CH_3 $\cdot 3H_2O$ H_3C

Mersalyl 撒利汞 06364

[492-18-2] $C_{13}H_{16}HgNNaO_6$ 505.85

成分 C 30.87%，H 3.19%，Hg 39.65%，N 2.77%，Na 4.54%，O 18.98%。

别名 汞撒利；[3-[[2-(Carboxylatomethoxy) benzoyl]amino]-2-methoxypropyl]hydroxymereurate(1—) sodium；*o*-[(3-Hydroxymercuri-2-methoxypropyl) carbamoyl]phenoxyacetic acid sodium salt；Sodium *o*-[(3-hydroxymercuri-2-methoxypropyl) carbamoyl] phenoxyacetate；*N*-(*γ*-Hydroxymercuri)-(*β*-methoxypropyl) salicylamide-*o*-acetic acid sodium salt；Mercuramide；Salyrgan

M.I.15，5971

性状 无色结晶。味苦。微潮解。能被光逐渐分解。1g 该品溶于约 1mL 水、约 3mL 95%乙醇、2mL 无水乙醇。几乎不溶于乙醚、氯仿。其水溶液对石蕊呈碱性。LD_{50} 小鼠，大鼠静脉注射 (mg/kg)：72.6，17.7。

主要用途 医用、兽用利尿剂。

O COO^-Na^+ OCH_3 H N Hg OH O

Merthiolate sodium salt 硫柳汞钠盐 06365

[54-64-8] $C_9H_9HgNaO_2S$ 404.81

成分 C 26.70%，H 2.25%，Hg 49.55%，Na 5.68%，O 7.90%，S 7.92%。

别名 乙基汞硫代水杨酸钠；[(*o*-Carboxyphenyl) thio]ethylmercury sodium salt；Ethyl[2-mercaptobenzoato(2—)-*O*,*S*]mercurate(1—) sodium；Ethylmercurythiosalicylic acid sodium salt；Mercurothiolate；Thimerosal；Thiomersalate；Sodium ethylmercurithiosalicylate；2-(Ethylmercuriomercapto) benzoic acid sodium salt；Merzonin；Vitaseptol

GW 2015-2581 M.I.15，9470

性状 乳白色结晶性粉末。在空气中稳定。遇光分解。1g 该品溶于约 1mL 水、约 8mL 乙醇，几乎不溶于苯、乙醚。其 1%水溶液 pH 值 6.7。mp 234～237℃ (分解)。LD_{50} 大鼠皮下注射：98mg/kg。

注意事项 该品吸入、口服或与皮肤接触极毒，并具有蓄积性危害。使用时应穿适当的防护服。接触皮肤后应立即用大量水冲洗。使用时如有事故发生或有不适之感，应请医生诊治。应远离食品、饮料和饲料，密封避光保存。

主要用途 分析试剂。医用消毒剂。防腐剂。

COO^-Na^+ S Hg CH_3

Mesaconic acid 中康酸 06366

[498-24-8] $C_5H_6O_4$ 130.10

成分 C 46.16%，H 4.65%，O 49.19%。

别名 甲基丁烯二酸；甲基反式丁烯二酸；甲基延胡索酸；甲基紫堇酸；甲基富马酸；(*E*)-2-Methyl-2-butenedioic acid；*trans*-2-Methylbutenedioic acid；Methylfumaric acid；*trans*-1-Propene-1,2-dicarboxylic acid

M.I.15，5973

性状 来自乙醇中的无色正交针状结晶或来自乙酸乙酯中的无色单斜片状结晶。能升华。溶于乙醚，略微溶于氯仿、二硫化碳、石油醚。微溶于水（18℃，2.7g/100g；100℃，117.9g/100g）、90%乙醇（17℃，30.6g/100g）、沸乙醇（95.7g/100g）。mp 204～205℃；bp 250℃（分解）；*d* 1.466。一般试剂含量≥99.0%（T）。

注意事项 该品对眼睛、呼吸系统及皮肤有刺激性。使用时应穿适当的防护服。万一接触到眼睛，应立即用大量水冲洗后请医生诊治。

Mescaline hydrochloride 麦司卡林 盐酸盐 06367

[832-92-8] $C_{11}H_{18}ClNO_3$ 247.72

成分 C 53.33%，H 7.32%，Cl 14.31%，N 5.65%，O 19.38%。

别名 仙人球毒碱 盐酸盐；盐酸仙人球毒碱；盐酸麦司卡林；3,4,5-Trimethoxybenzene ethanamine hydrochloride；3,4,5-Trimethoxyphenethylamine hydrochloride；Mezcaline hydrochloride

M. I. 15，5975

性状 无色针状结晶。溶于水、乙醇。mp 181℃。LD_{50} 小鼠，大鼠，豚鼠腹膜内注射(mg/kg)：212，132，328。

注意事项 该品口服有害。使用时应穿适当的防护服。使用时应避免吸入本品的粉尘。万一接触到眼睛，应立即用大量水冲洗后请医生诊治。

主要用途 生化研究。

Mesembrine 日中花碱 06368

[24880-43-1] $C_{17}H_{23}NO_3$ 289.38

成分 C 70.56%，H 8.01%，N 4.84%，O 16.59%。

别名 松叶菊碱；(3a*S*,7a*S*)-3a-(3,4-Dimethoxyphenyl)octahydro-1-methyl-6*H*-indol-6-one；3a-(3,4-Dimethoxyphenyl)tetrahydro-1-methyl-6(3a*H*)-indolinone

M. I. 15，5976

性状 浅黄色油状液体。易溶于乙醇、氯仿、丙酮，微溶于乙醚，几乎不溶于苯、石油醚、碱类。$bp_{0.3}$ 186～190℃/40Pa；$[\alpha]_D^{20}$ −55.4°（于甲醇中）。

Mesitylene 均三甲苯 06369

[108-67-8] C_9H_{12} 120.20

成分 C 89.94%，H 10.06%。

别名 1,3,5-三甲苯；1,3,5-TMB；1,3,5-Trimethylbenzene；*sym*-Trimethylbenzene

GW 2015-1801 M. I. 15，5977

性状 无色液体。有特殊气味。能与乙醇、乙醚、苯相混溶，极微溶于水（0.002g/100g）。mp −44.8℃；bp_{760} 164.7℃/101.32kPa；bp_{100} 98.9℃/13.332kPa；bp_{20} 61℃/2.666kPa；bp_{10} 47.4℃/1.333kPa；bp_1 9.6℃/133.32Pa；Fp 127.4℉（53℃）；d_4^{20} 0.8637；n_D^{18} 1.49541。一般试剂含量≥99.0%（GC）。

注意事项 该品易燃。对呼吸系统有刺激性。对水生物有毒。能对水环境引起不利的结果。应防止将本品释放于环境中。应密封保存。

主要用途 溶剂。色谱分析标准物。有机合成。

Mesityl oxide 甲基戊烯酮 06370

[141-79-7] $C_6H_{10}O$ 98.15

成分 C 73.43%，H 10.27%，O 16.30%。

别名 4-甲基-3-戊烯-2-酮镍化氧；异丙叉丙酮；异丙烯基丙酮；异亚丙基代丙酮；Methyl *iso*-butenyl ketone；4-Methyl-3-penten-2-one；Isopropylideneacetone；*iso*-Propylideneacetone

GW 2015-1069 M. I. 15，5978

性状 无色或微黄绿色油状液体。有强烈刺激味。能与多种有机溶剂相混溶，溶于约30份水。mp −41.5℃；bp_{760} 130℃/101.325kPa；bp_{100} 72.1℃/13.332kPa；bp_{20} 26℃/2.666kPa；bp_1 −8.7℃/133.32Pa；Fp 87℉（30.6℃）；d_4^{15} 0.8592；n_D^{22} 1.4425。LD_{50} 小鼠胃内给入：(710±85)mg/kg。LC_{50} 小鼠(2h)，大鼠(4h)：(10000±270)mg/m³，(9000±600)mg/m³。一般试剂含量≥90.0%(GC)。

注意事项 该品易燃。吸入、口服或与皮肤接触有害。使用时应避免与眼睛接触。应密封保存。

主要用途 溶剂。有机合成。色谱分析标准物。

Mesoxalic acid monohydrate 中草酸 一水 06371

[560-27-0] $C_3H_2O_5 \cdot H_2O$ 136.06

成分(以无水物计) C 30.53%，H 1.71%，O 67.77%。

别名 一水合中草酸；丙酮二酸 一水；一水合丙酮二酸；氧代丙二酸 一水；一水合氧代丙二酸；2-酮基丙二酸；Dihydroxy malonic acid monohydrate；Oxopropanedioic acid monohyrate；Ketomalonic acid monohydrate；Oxomalonic acid monohydrate

M. I. 15，5983

性状 无色结晶。易溶于水，溶于乙醇、乙醚。mp 113～114℃开始溶化，121℃(分解)。一般试剂含量≥99.0%。

注意事项 该品对眼睛、呼吸系统及皮肤有刺激性。使用时应穿适当的防护服。万一接触到眼睛，应立即用大量水冲洗后请医生诊治。应密封于−20℃保存。

Mestranol 乙炔雌二醇甲酯 06372

[72-33-3] $C_{21}H_{26}O_2$ 310.44

成分 C 81.25%，H 8.44%，O 10.31%。

别名 17α-乙炔基雌二醇-3-甲基酯；(17α)-3-Methoxy-19-norpregna-1,3,5(10)-trien-20-yn-17-ol；17α-Ethynyl-3-methoxy-1,3,5(10)-estratrien-17β-ol；17α-Ethynylestradiol 3-methyl ether；Menophase；Norquen；Ovastol

M. I. 15，5987

性状 来自甲醇或丙酮中的无色结晶。易溶于氯仿，溶于乙醇、乙醚、二氧六环、丙酮，微溶于甲醇，不溶于水。mp 150～151℃；uv max(甲醇中)：279nm，287.5nm($E_{1cm}^{1\%}$ 82，14.4)。

注意事项 该品对眼睛、呼吸系统及皮肤有刺激性。对机体有不可逆损伤的可能性。长期接触对健康有严重危害。使用时应穿适当的防护服，戴手套和防护镜或面罩。应避免吸入本品的粉尘。万一接触到眼睛，应立即用大量水冲洗后请医生诊治。使用时如有事故发生或有不适之感，应请医生诊治。

主要用途 雌激素。用于与孕激素结合的一种口服避孕药。分析用标准物质。

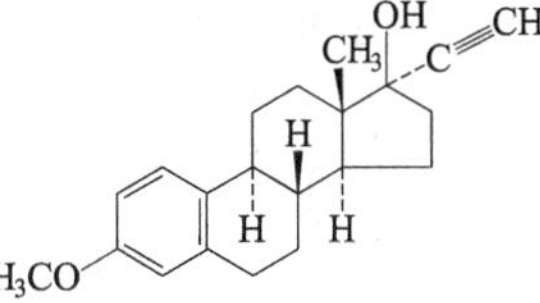

Mesulfen 2,6-二甲基二硫蒽 06373

[135-58-0] $C_{14}H_{12}S_2$ 244.37

成分 C 68.81%，H 4.95%，S 26.24%。

别名 2,7-二甲基二硫蒽；2,7-Dimethylthianthrene；2,6-dimethylthianthrene；2，6-Dimethyldiphenylene disulfide；Mesulphen；

Mitigal; Odylen; Sudermo; Peligal; Neosulfine
M. I. 15, 5988
性状 来自乙酸、乙酸乙酯或乙醇中的无色针状结晶。易溶于丙酮、氯仿、乙醚、石油醚，中等程度溶于无水乙醇、乙酸乙酯，几乎不溶于水。mp 123℃；bp_{14} 228～231℃/1.867kPa；bp_3 184℃/400Pa。
主要用途 医用、兽用杀疥螨剂，止痒剂。

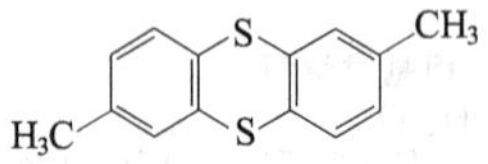

Metaclazepam hydrochloride 美他西泮 盐酸盐 06374
[61802-93-5] $C_{18}H_{19}BrCl_2N_2O$ 430.17
成分 C 50.26%，H 4.45%，Br 18.57%，Cl 16.48%，N 6.51%，O 3.72%。
别名 盐酸美他西泮；Talis；7-Bromo-5-(2-chlorophenyl)-2,3-dihydro-2-methoxymethyl-1-methyl-1*H*-1,4-benzodiazepine hydrochloride; Brometazepam hydrochloride; Metuclazepam hydrochloride; Ka-2547-HCl; KC-2547-HCl
M. I. 15, 5990
性状 来自乙醇中的无色结晶。mp 193～196℃。LD_{50}白小鼠急性经口：1578mg/kg。
主要用途 医用抗焦虑剂。

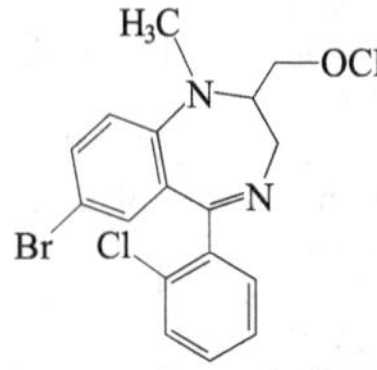

[2,2]Metacyclophane [2,2]间环芳烷 06375
[2319-97-3] $C_{16}H_{16}$ 208.30
成分 C 92.26%，H 7.74%。
别名 Tricyclo[9.3.1.1^{4,8}]hexadeca-1(15),4,6,8(16),11,13-hexaene; Di-*m*-xylylene; *m*-Dixylylene
M. I. 15, 5991
性状 来自乙醚中的无色斜方棱柱体结晶。略微溶于乙醇，更多地溶于乙醚、苯。mp 132.5℃；bp_{760} 290℃/101.325kPa；bp_{12} 170℃/1.6kPa。

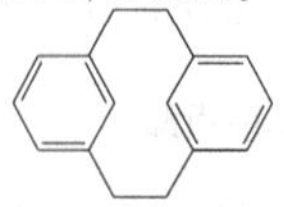

Metalaxyl 甲霜林 06376
[57837-19-1] $C_{15}H_{21}NO_4$ 279.34
成分 C 64.50%，H 7.58%，N 5.01%，O 22.91%。
别名 甲霜灵；瑞霉素；*N*-(2,6-Dimethylphenyl)-*N*-methoxyacetyl-DL-alanine methyl ester; Methyl *N*-(2-methoxyacetyl)-*N*-(2,6-xylyl)-DL-alaninate; Metaxanin; CGA-48988; Apron; Ridomil; Subdue
M. I. 15,5993
性状 微白色结晶。易溶于有机溶剂,微溶于水(20℃,7.1g/L)。蒸气压(20℃):2.2×10^{-6}mmHg/2.93×10^{-4}Pa;mp 71～72℃;Fp 212℉(100℃);LD_{50}大鼠急性经口:669mg/kg。
注意事项 该品口服有害。接触皮肤能引起过敏。对水生物有害。能对水环境产生长期有害的结果。使用时应戴适当的手套。应避免与皮肤接触。如误服本品,应立即请医生检查,并出示本品的容器或标签。应远离食品、饮料存放。其包装物应按危险品处理。
主要用途 农用杀菌剂。分析用标准物质。

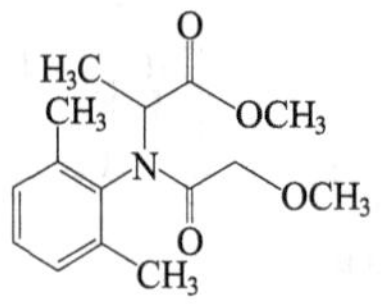

Metaldehyde 聚乙醛 06377
[9002-91-9] $(C_2H_4O)_n$ $(44.05)_n$
成分 C 54.53%,H 9.15%,O 36.32%。
别名 低聚乙醛;Metacetaldehyde
GW 2015-1230 M.I.15,5994
性状 无色棱柱体结晶。溶于苯、氯仿,略微溶于乙醇、乙醚,几乎不溶于水。mp 246℃(于密封管中)。一般试剂含量≥98.0%。
注意事项 该品易燃。口服有害。使用时应避免吸入本品的蒸气。如误服本品,应立即请医生检查,并出示包装或瓶签。应远离食品饮料及饲料存放。

Metallothionein from rabbit liver
金属硫因(兔肝) 06378
[9038-94-2]
别名 金属巯基组氨酸三甲基内盐(兔肝)
性状 白色至微黄色微细结晶。溶于水。
注意事项 该品吸入、口服或与皮肤接触有害。能致癌。使用前应得到专门的指导,避免曝露。使用时应穿适当的防护服和戴手套。使用时如有事故发生或有不适之感,应请医生诊治。应充氩气密封于2～8℃保存。

Metamitron 苯嗪草酮 06379
[41394-05-2] $C_{10}H_{10}N_4O$ 202.22
成分 C 59.40%,H 4.98%,N 27.71%,O 7.91%。
别名 3-甲基-4氨基-6-苯基-1,2,4-三嗪-5(4*H*)-酮;4-氨基-3-甲基-6-苯基-1,2,4-三嗪-5(4*H*)-酮;4-Amino-3-methyl-6-phenyl-1,2,4-triazin-5(4*H*)-one;BAY DRW 1139;Goltix
M. I. 15,5995
性状 来自异丙醇水溶液中的无色结晶。该品于下列物质中的溶解度(g/100g):水 0.18;异丙醇 0～1;二氯甲烷 1～5;甲苯 0～1;石油醚(80～110℃)0～1。于酸性介质中稳定;在 pH>10 时能快速分解。mp 169℃;uv max(甲醇中):312nm(lg ε 4.06)。LD_{50}雄、雌大鼠,雄、雌小鼠急性经口(mg/kg):3343、1832,1450、1463;大鼠皮肤接触:>500mg/kg。LC_{50}(4h)大鼠,小鼠,仓鼠吸入(mg/m³):>331,>206,>206。
注意事项 该品口服有害。对水生物极毒。应防止将本品释放于环境中。
主要用途 除草剂。分析用标准物质。

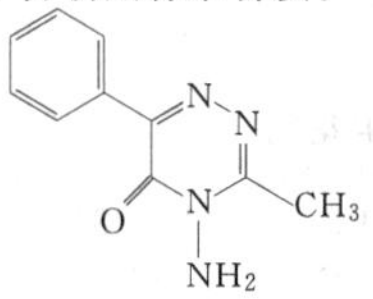

Metampicillin sodium salt
甲烯氨苄青霉素钠盐 06380
[6489-61-8] $C_{17}H_{18}N_3NaO_4S$ 383.40
成分 C 53.26%,H 4.73%,N 10.96%,Na 6.00%,O 16.69%,S 8.36%。
别名 Ocelina; Magnipen; Venzoquimpe; (2*S*,5*R*,6*R*)-3,3-Dimethyl-6-[(2*R*)-(methyleneamino)phenylacetyl]amino-7-oxo-4-thia-1-azabicyclo[3.2.0]heptane-2-carboxylic acid sodium salt; D-6-[α-(Methyleneamino)phenylacetamido]penicillanic acid sodium salt; Methampicillin sodium salt; Bonopen sodium salt; Fedacilina sodium salt; Micinovo sodium salt; Pravacilin sodium salt; Ruticina sodium salt; Suvipen sodium salt; Viderpen sodium salt
M. I. 15, 5996
性状 无色结晶。
注意事项 该品吸入或与皮肤接触可引起过敏。使用时应穿适当的防护服。应密封于2～8℃保存。
主要用途 生化研究,医用抗菌剂。

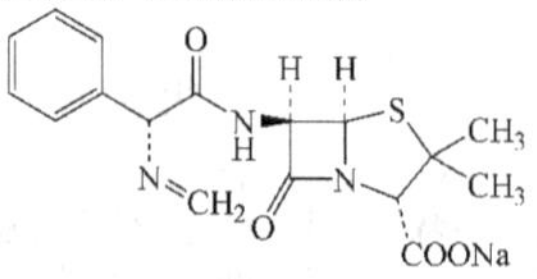

DL-Metanephrine hydrochloride
DL-3-甲氧基肾上腺素 盐酸盐 06381
[881-95-8] $C_{10}H_{16}ClNO_3$ 233.70
成分 C 51.39%,H 6.90%,Cl 15.17%,N 5.99%,O 20.54%。
别名 盐酸 DL-3-甲氧基肾上腺素;4-Hydroxy-3-methoxy-α-(methylaminomethyl)benzenemethanol hydrochloride; α-(Methylaminomethyl)vanillyol alcohl hydrochloride; 3-*O*-Methylepinephrine hydrochloride; 3-*O*-Methyladrenaline hydrochloride; 1-

(4-Hydroxy-3-methoxyphenyl)-2-methylaminoethanol hydrochloride

M. I. 15, 5997

性状 来自乙醇＋乙醚中的无色或白色棱柱体结晶或粉末。溶于水、乙醇。175℃分解；uv max(乙醇中)：231nm，280nm(ε 7600，3100)。生化试剂含量≥98.0%(TLC)。

注意事项 该品对眼睛、呼吸系统及皮肤有刺激性。使用时应穿适当的防护服。万一接触到眼睛，应立即用大量水冲洗后请医生诊治。

主要用途 生化研究。

Metanil yellow 皂黄 06382

[587-98-4] $C_{18}H_{14}N_3NaO_3S$ 375.38

成分 C 57.59%，H 3.76%，N 11.19%，Na 6.12%，O 12.79%，S 8.54%。

别名 间苯胺黄 AT；氨基苯磺酸黄；酸性间胺黄；金莲橙 G；酸性黄 R；Acid yellow 36；Ext. D&C Yellow No. 1；3-[[(4-Phenylamino)phenyl] azo]benzenesulfonic acid monosodium salt；Sodium salt of metanilylazodiphenylamine；Tropaeolin G；*m*-[(*p*-Anilinophenyl)azo]benzenesulfonic acid sodium salt

M. I. 15, 5999 C. I. 13065

性状 浅棕黄色粉末。溶于水、乙醇，较多地溶于乙醚、苯，微溶于丙酮。其水溶液 pH 值 1.2～2.3(紫红至黄色)。

注意事项 该品对眼睛、呼吸系统及皮肤有刺激性。使用时应戴手套。使用时应避免吸入本品的粉尘，避免与眼睛及皮肤接触。万一接触到眼睛，应立即用大量水冲洗后请医生诊治。

主要用途 酸碱指示剂。比色测定水的硬度，测定锌。生物染色剂。

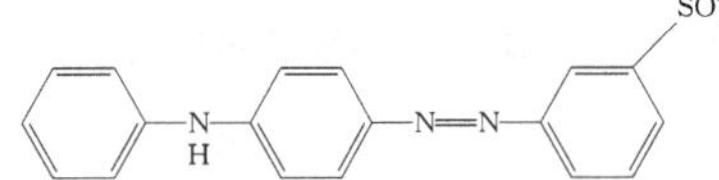

Metaphanine 间千金藤碱 06383

[1805-86-3] $C_{19}H_{25}NO_5$ 345.40

成分 C 66.07%，H 6.71%，N 4.06%，O 23.16%。

别名 (8*β*, 10*β*)-8, 10-Epoxy-8-hydroxy-3, 4-dimethoxy-17-methylhasubanan-7-one

M. I. 15, 6000

性状 无色针状结晶，mp 232℃；或无色棱柱体结晶，mp 205～206℃。溶于水、乙醇。pK_a 6.03。

Metaphosphoric acid 偏磷酸 06384

[37267-86-0] HO_3P 79.98

成分 H 1.26%，O 60.01%，P 38.73%。

别名 冰磷酸；二缩原磷酸；Glacial phosphoric acid；Phosphoric acid meta

M. I. 15, 7457

性状 无色透明玻璃状物质。易吸潮。在冷水中溶解极缓，加热则速溶并变成正磷酸。溶于乙醇。*d* 2.2。

注意事项 该品具有腐蚀性，能引起烧伤。使用时应穿适当的防护服，戴手套和防护镜或面罩。使用时禁止饮食。万一接触到眼睛，应立即用大量水冲洗后请医生诊治。使用时如有事故发生或有不适之感，应请医生诊治。应密封于干燥处保存。

主要用途 测定抗坏血酸。磷酰化剂。脱水剂。蛋白质的沉淀剂。

Metapramine hydrochloride 美他帕明 盐酸盐 06385

[21730-16-5(无 HCl)] $C_{16}H_{19}ClN_2$ 274.79

成分 C 69.94%，H 6.97%，Cl 12.90%，N 10.19%。

别名 10，11-二氢-*N*，5-二甲基-5*H*-二苯[*b*，*f*]氮杂䓬-10-胺盐酸盐；盐酸美他帕明；甲胺甲咪嗪 盐酸盐；盐酸甲胺甲咪嗪；10，11-Dihydro-*N*，5-dimethyl-5*H*-dibenz[*b*，*f*]azepin-10-amine hydrochloride；10，11-Dihydro-5-methyl-10-methylamino-5*H*-dibenz[*b*，*f*] azepine hydrochloride；RP-19560-HCl；Timaxel hydrochloride

M. I. 15, 6001

性状 来自异丙醇＋乙醚中的无色结晶。mp 238～240℃。

主要用途 医用抗抑郁剂。

Metaproterenol hemi sulfate 1-(3，5-二羟基苯基)-2-异丙氨基乙醇 半硫酸盐 06386

[5874-97-5] $C_{22}H_{36}N_2O_{10}S$ 520.59

成分 C 50.76%，H 6.97%，N 5.38%，O 30.73%，S 6.16%。

别名 硫酸 1-(3，5-二羟基苯基)-2-异丙氨基乙醇；TH-152；Alotec；Alupent；Metaprel；Novasmasol；5-[1-Hydroxy-2-[(1-methylethyl)amino]ethyl]-1，3-benzenediol sulfate；3，5-Dihydroxy-*α*-[(isopropylamino) methyl] benzyl alcohol sulfate；1-(3，5-Dihydroxyphenyl)-2-isopropylaminoethanol sulfate；1-(3，5-Dihydroxyphenyl)-1-hydroxy-2-isopropylaminoethane sulfate；Metaproterenol hemisulfate；Orciprenaline sulfate

M. I. 15, 6002

性状 来自 90%乙醇中的无色结晶。易溶于水。mp 202～203℃。LD_{50}大鼠急性经口：42mg/kg。

注意事项 该品蒸气吸入有害。使用时应穿适当的防护服。

主要用途 生化研究。医用支气管扩张剂。

Metaraminol bitartrate salt 间羟基去甲麻黄碱 酒石酸氢盐 06387

[33402-03-8] $C_{13}H_{19}NO_8$ 317.29

成分 C 49.21%，H 6.04%，N 4.41%，O 40.34%。

别名 间羟基去甲麻黄碱 重酒石酸盐；重酒石酸间羟基去甲麻黄碱；酒石酸氢间羟基去甲麻黄碱；Aramine；Icoral B；Pressorol；(*αR*)-*α*-[(1*S*)-1-Aminoethyl]-3-hydroxybenzenemethanol bitartrate；(－)-*α*-(1-Aminoethyl)-*m*-hydroxybenzyl alcohol bitartrate；*m*-Hydroxynorephedrine bitartrate；*m*-Hydroxypropadrine bitartrate；*m*-Hydroxyphenylpropanolamine bitartrate；*m*-Hydroxy-*α*-(1-aminoethyl) benzyl alcohol bitartrate；2-Amino-1-(*m*-hydroxyphenyl)-1-propanol bitartrate；1-(*m*-Hydroxyphenyl)-2-amino-1-propanol bitartrate；*α*-(*m*-Hydroxyphenyl)-*β*-aminopropanol bitartrate；Metaradrine bitartrate；Pressonex bitartrate；Araminon

M. I. 15, 6003

性状 白色结晶性粉末。易溶于水，其 1%水溶液 pH 值约 3.5。微溶于乙醇，几乎不溶于氯仿、乙醚。mp 176～177℃。

注意事项 该品吸入、口服或与皮肤接触有毒。使用时应穿适当的防护服，戴手套和防护镜或面罩。万一接触到眼睛，应立即用大量水冲洗后请医生诊治。接触皮肤后，应用大量水或肥皂泡沫冲洗。使用时如有事故发生或有不适之感，应请医生诊治。

主要用途 生化研究。医用肾上腺素功能剂。

Metazocine 美他佐辛 06388

[3734-52-9] $C_{15}H_{21}NO$ 231.34

成分 C 77.88%，H 9.15%，N 6.05%，O 6.92%。
别名 甲基镇痛新；间唑新；美他左辛；1,2,3,4,5,6-Hexahydro-3,6,11-trimethyl-2,6-methano-3-benzazocin-8-ol；2′-Hydroxy-2,5,9-trimethyl-6,7-benzomorphan；Methobenzmorphan
M. I. 15,6005
性状 来自稀甲醇中的片状结晶。mp 232～235℃。
主要用途 医用麻醉止痛剂。

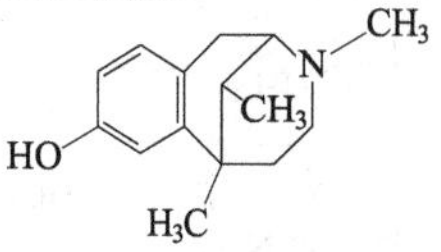

cis-Metconazole 顺式叶菌唑 06389

[115850-27-6] $C_{17}H_{22}ClN_3O$ 319.83
成分 C 63.84%，H 6.93%，Cl 11.08%，N 13.14%，O 5.00%。
别名 WL-136184；*cis*-5-[(4-Chlorophenyl)methyl]-2,2-dimethyl-1-(1*H*-1,2,4-triazol-1-ylmethyl)cyclopentanol；*cis*-(1*RS*,5*SR*；1*RS*,5*SR*)-5-(4-Chlorobenzyl)-2,2-dimethyl-1-(1*H*-1,2,4-triazol-1-ylmethyl)cyclopentanol；*cis*-Caramba
M. I. 15, 6006
性状 来自己烷-乙酸乙酯中的无色结晶。溶于水（15mg/kg）。mp 113～114℃。
注意事项 该品口服有害。对水生物极毒。能对水环境引起不利的结果。其包装物应按危险品处理。
主要用途 农用杀菌剂。分析用标准物质。

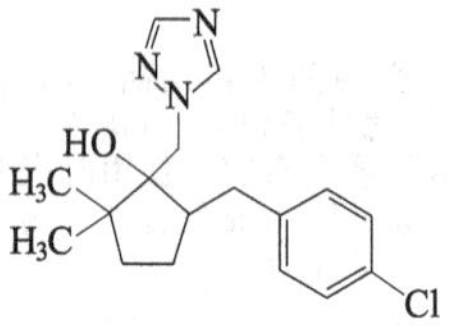

Meteloidine 曼陀罗碱 06390

[526-13-6] $C_{13}H_{21}NO_4$ 255.31
成分 C 61.16%，H 8.29%，N 5.49%，O 25.07%。
别名 陀罗碱；香曼陀罗碱；*rel*-(2*E*)-2-Methyl-2-butenoic acid (1*R*, 3-*endo*, 5*S*, 6*S*, 7*R*)-6, 7-dihydroxy-8-methyl-8-azabicycio[3.2.1]oct-3-yl ester；(*E*)-1α*H*,5α*H*-Tropane-3α,6β,7β-triol 3-(2-methylcrotonate)；3-(3,6,7-Tropanetriol) tiglate；6,7-Dihydroxytropinetiglic acid ester；6,7-Dihydroxy-3-tiglyloxytropane
M. I. 15,6007
性状 来自苯中的无光泽的无色针状结晶。易溶于乙醇、氯仿、丙酮，略微溶于水、乙醚、苯。mp 141～142℃；uv max：217nm (ε 12200)。

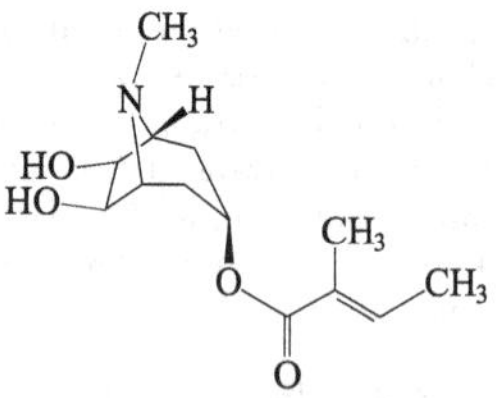

Metepa 米替派 06391

[57-39-6] $C_9H_{18}N_3OP$ 215.24
成分 C 50.22%，H 8.43%，N 19.52%，O 7.43%，P 14.39%。
别名 甲基洋巴；1,1′,1″-Phosphinylidynetris[2-methylaziridine]；Tris[2-methyl-1-aziridinyl]phosphine oxide；Tris[1-methylethylene]phosphoric tramide；methyl aphoxide；Methapoxide；MAPO
M. I. 15, 6008
性状 无色液体。$bp_{0.15\sim0.3}$ 90～92℃/20～40Pa。LD_{50}雄，雌大鼠急性经口（mg/kg）：136，213。
主要用途 化学灭菌剂，用于织物防火和防皱。

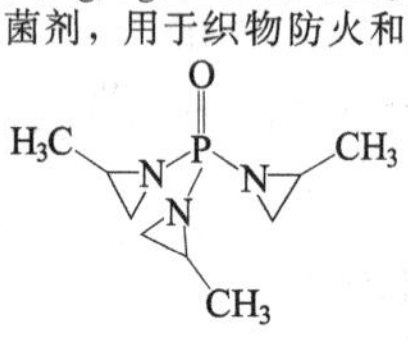

Metergoline 麦角苄酯 06392

[17692-51-2] $C_{25}H_{29}N_3O_2$ 403.53
成分 C 74.41%，H 7.24%，N 10.41%，O 7.93%。
别名 [[(8β)-1,6-Dimethylergolin-8-yl]methyl]carbamic acid phenylmethyl ester；D-8β-[(Carbobenzoxyamino)methyl]-1,6-dimethyl-10α-ergoline；D-*N*-Carbobenzoxydihydro-1-methyllysergamine I；D-8β-[(Carboxyamino) methyl]-1, 6-dimethylergoline I benzyl ester；D-*N*-Carboxydihydro-1-methyllysergamine I benzyl ester；D-[(4,6-6a,7,8,9,10,10α-Octahydro-4, 7-dimethyl-10aα-indolo[4, 3-*fg*] quinolin-9β-yl) methyl] carbamic acid benzyl ester；Methergoline；Liserdol；Contralac
M. I. 15,6009
性状 来自苯+乙醚中的无色结晶。易溶于吡啶，溶于乙醇、丙酮、氯仿，几乎不溶于苯、乙醚、水。mp 146～149℃；$[\alpha]_D^{28}$ −7°±2°；uv max：291nm ($E_{1cm}^{1\%}$ 165)。LD_{50} 小鼠急性经口（mg/kg）：430；腹膜内注射：85mg/kg。大鼠急性经口：>800mg/kg。
注意事项 该品吸入、口服或与皮肤接触有害。使用时应穿适当的防护服。应密封于−20℃保存。
主要用途 生化研究。医用催乳激素抑制剂。

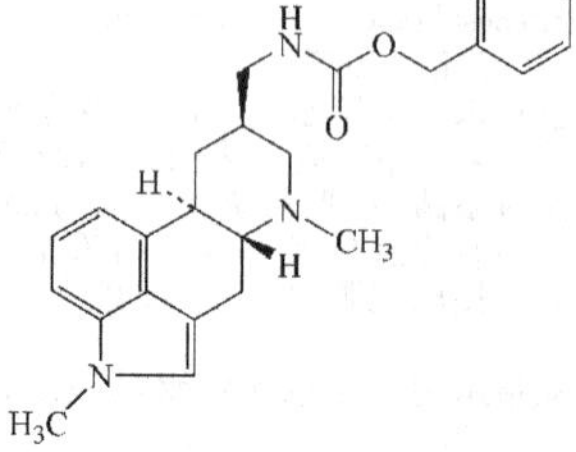

Metformin hydrochloride 二甲双胍 盐酸盐 06393

[1115-70-4] $C_4H_{12}ClN_5$ 165.63
成分 C 29.01%，H 7.30%，Cl 21.40%，N 42.28%。
别名 盐酸二甲双胍；Debeone；Diabetosan；Diabex；Glucophage；Metiguanide；*N*, *N*-Dimethylimidodicarbonimidic diamide hydrochloride；1, 1-Dimethylbiguanide hydrochloride；*N*, *N*-Dimethyldiguanide hydrochloride；*N′*-Dimethylguanylguanidine hydrochloride
M. I. 15,6010
性状 来自水中的无色棱柱体结晶（mp 232℃）或来自丙醇中的无色结晶（mp 218～220℃）。易溶于水，微溶于乙醇，几乎不溶于乙醚、氯仿、丙酮、二氯甲烷。LD_{50}大鼠急性经口：1000mg/kg；皮下注射：300mg/kg。
注意事项 该品口服有害。对眼睛及皮肤有刺激性。使用时应穿适当的防护服。万一接触到眼睛，应立即用大量水冲洗后请医生诊治。
主要用途 生化研究。医用抗糖尿病剂。

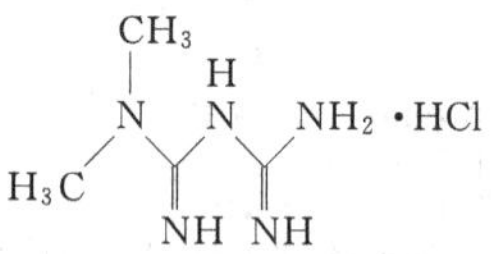

Methabenzthiazuron 噻唑隆 06394

[18691-97-9] $C_{10}H_{11}N_3OS$ 221.28
成分 C 59.28%，H 5.01%，N 18.99%，O 7.23%，S 14.49%。
别名 1-(2-苯并噻唑基)-1,3-二甲基脲；*N*-2-苯并噻唑基-*N*,*N′*-二甲基脲；*N*-2-Benzothiazolyl-*N*,*N′*-dimethylurea；1-(2-Benzothiazolyl)-1, 3-dimethylurea；Metabenzthiazuron；MBU；Bayer 5633；Bayer 74283；Tribunil
M. I. 15,6011
性状 来自苯中的白色结晶。溶于有机溶剂，极微溶于水（20℃，59×10⁻⁶）。mp 119～120.5℃。LD_{50}小鼠急性经口：>1000mg/kg；雄，雌大鼠急性经口（mg/kg）：>2500，>2500；腹膜内注射（mg/kg）：540，315。
注意事项 该品对水生物极毒。能对水环境引起长期不利的结果。应防止将本品释放于环境中。其包装物应按危险品处理。

主要用途 选择性除草剂。分析用标准物质。

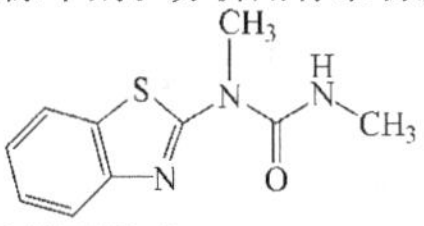

Methacrolein 甲基丙烯醛 06395

[78-85-3] C_4H_6O 70.09

成分 C 68.55%,H 8.63%,O 22.83%。

别名 异丁烯醛;2-Methylpropenal;Methacryl aldehyde

GW 2015-1102

性状 无色液体。溶于水。常加入 0.1%对苯二酚作阻聚剂。mp −81℃; bp 68 ~ 70℃; Fp 5℉ (−15℃); d_4^{20} 0.847;n_D^{20} 1.4180。一般试剂含量约 95.0%(GC)。

注意事项 该品高度易燃。具有腐蚀性,能引起烧伤。口服或与皮肤接触有毒。使用时应穿适当的防护服,戴手套和防护镜或面罩。万一接触到眼睛,应立即用大量水冲洗后请医生诊治。切勿排入下水道。使用现场禁止吸烟。使用时如有事故发生或有不适之感,应请医生诊治。应远离火种,密封避光于 2~8℃保存。

Methacrylamide 甲基丙烯酰胺 06396

[79-39-0] C_4H_7NO 85.11

成分 C 56.45%,H 8.29%,N 16.46%,O 18.80%。

别名 Methylacrylamide

性状 白色结晶。溶于水、乙醇、丙酮。mp 106~109℃。一般试剂含量≥98.0%(HPLC)。

注意事项 该品口服有害。对眼睛、呼吸系统及皮肤有刺激性。使用时应穿适当的防护服和戴手套。万一接触到眼睛,应立即用大量水冲洗后请医生诊治。应密封保存。

主要用途 有机合成。高分子化合物的合成。

Methacrylic acid 甲基丙烯酸 06397

[79-41-4] $C_4H_6O_2$ 86.09

成分 C 55.81%,H 7.03%,O 37.17%。

别名 α-甲基丙烯酸;α-甲基败酯酸;丙烯-2-羧酸;异丁烯酸;α-Methylacrylic acid;2-Methyl-2-propenoic acid;Propylene-2-carboxylic acid;2-Methacrylic acid

GW2015-1103 M. I. 15,6013

性状 无色液体,低温下为长棱柱状结晶。有令人厌恶的气味。溶于热水,能与乙醇、乙醚相混溶。有微量盐酸存在或受热极易聚合。mp 16℃;bp_{760} 163℃/101.325kPa;bp_{30} 81℃/4kPa;bp_{12} 63℃/1.6kPa;Fp 170℉(76℃,开杯);d_4^{20} 1.0153;n_D^{20} 1.43143。一般试剂含量≥98.0%(T)。

注意事项 该品具有强腐蚀性,能引起严重烧伤。口服或与皮肤接触有害。使用时应穿适当的防护服,戴手套和防护镜或面罩。万一接触到眼睛,应立即用大量水冲洗后请医生诊治。使用时如有事故发生或有不适之感,应请医生诊治。应密封避光于阴凉处保存。

主要用途 制造树脂和塑料,制造酯类、甲基丙烯酸酯和高分子聚合物。

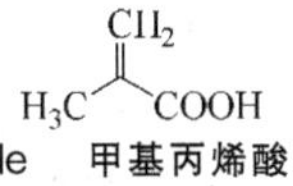

Methacrylic anhydride 甲基丙烯酸酐 06398

[760-93-0] $C_8H_{10}O_3$ 154.17

成分 C 62.33%,H 6.54%,O 31.13%。

性状 无色液体。对湿度敏感。bp_{13} 87℃/1.733 kPa;Fp 184℉(84℃);d_4^{20} 1.035;n_D^{20} 1.4530。一般试剂含量约 94.0%(T)。

注意事项 该品蒸气吸入有害。对呼吸系统及皮肤有刺激性。对眼睛有严重损伤的危险。使用时应戴手套和防护镜或面罩。万一接触眼睛,应立即用大量水冲洗后请医生诊治。使用时如有事故发生或有不适之感,应请医生诊治。应充氩气密封干燥保存。

Methacrylonitrile 甲基丙烯腈 06399

[126-98-7] C_4H_5N 67.09

成分 C 71.61%,H 7.51%,N 20.88%。

别名 Isopropene cyanide; Isopropenylnitrile; Methacrylic acid nitrile; α-Methylacrylic acid nitrile; α-Methylacrylonitrile; 2-Methyl-2-propenenitrile

GW 2015-1101 M. I. 15,6014

性状 无色液体。能与丙酮、辛烷、甲苯于 20~25℃相混溶,微溶于水[20℃,2.57%(质量分数);50℃,2.69%]。mp −35.8℃;bp_{760} 90.3℃/101.325kPa;Fp 55℉(13℃,开杯);d_4^{30} 0.7896;d_4^{20} 0.8001;n_D^{30} 1.3954;n_D^{20} 1.4007。LD_{50} 大鼠急性经口:0.25mL/kg。

注意事项 该品高度易燃。吸入、口服或与皮肤接触有毒。接触皮肤能引起过敏。使用时应轻拿轻放,小心开启容器。使用现场禁止吸烟。使用时如有事故发生或有不适之感,应请医生诊治。应防止将本品释放于环境中。切勿排入下水道。应远离火种,于通风良好处密封保存。

主要用途 有机合成。

Methacycline hydrochloride 甲烯土霉素 盐酸盐 06400

[3963-95-9] $C_{22}H_{23}ClN_2O_8$ 478.88

成分 C 55.18%,H 4.84%,Cl 7.40%,N 5.85%,O 26.73%。

别名 盐酸甲烯土霉素;Adriamicina;Ciclobiotic;Germiciclin;Metadomus;Metilenbiotic;Londomycin;Optimycin;Physiomycine;Rindex;Rondomycin;[4S-(4α,4aα,5α,5aα,12aα)]-4-Dimethylamino-1,4,4a,5,5a,6,11,12a-octahydro-3,5,10,12,12a-pentahydroxy-6-methylene-1,11-dioxo-2-naphthacenecarboxamide hydrochloride;6-Methyleneoxytetracycline hydrochloride;6-Methylene-5-hydroxytetracycline hydrochloride;Metacvcline hydrochloride;Bialatan hydrochloride

M. I. 15,6015

性状 黄色结晶性粉末。味苦。溶于水,略溶于乙醇,几乎不溶于乙醚、氯仿。约 205℃分解;uv max(甲醇+0.01mol/L 盐酸中):253nm,345nm(lg ε 4.37,4.19)。LD_{50} 大鼠,小鼠腹膜内注射(mg/kg):252,288。

主要用途 医用抗菌剂。分析用标准物质。

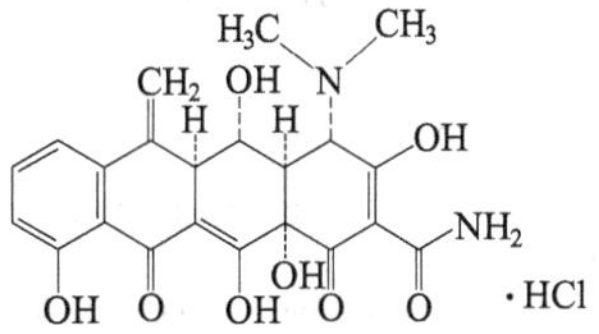

Methadone hydrochloride 美沙酮 盐酸盐 06401

[1095-90-5] $C_{21}H_{27}NO \cdot HCl$ 345.91

成分 C 72.92%,H 8.16%,Cl 10.25%,N 4.05%,O 4.62%。

别名 美散痛 盐酸盐;盐酸阿米酮;盐酸美沙酮;盐酸美散痛;AN-148;Hoechst 10820;Depridol;Dolophine;Fenadone;Heptadon;Heptanon;Ketalgin;Mephenon;Methadose;Physeptone;6-Dimethylamino-4,4-diphenyl-3-heptanone hydrochloride;1,1-Diphenyl-1-(2-dimethylaminopropyl)-2-butanone hydrochloride;4,4-Diphenyl-6-dimethylamino-3-heptanone hydrochloride

M. I. 15,6016

性状 来自乙醇+乙醚中的小片状结晶。味苦。该品于下列物质中溶解度(g/100mL):水 12;乙醇 8;异丙醇 2.4。易溶于氯仿,几乎不溶于乙醚、甘油。其 1%水溶液 pH 值 4.5~5.6。mp 235℃;uv max:292nm。LD_{50} 大鼠急性经口:95mg/kg。

注意事项 该品口服有毒。使用时如有事故发生或有不适之感,应请医生诊治。

主要用途 生化研究。医用麻醉止痛剂。

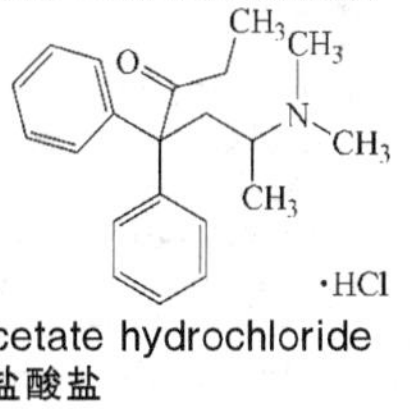

α-dl-Methadyl acetate hydrochloride
α-dl-乙酰美沙酮 盐酸盐 06402

[509-74-0](无 HCl) $C_{23}H_{32}ClNO_2$ 389.96

成分 C 70.84%, H 8.27%, Cl 9.09%, N 3.59%, O 8.21%。

别名 乙酰阿米酮 盐酸盐;盐酸 α-dl-乙酰美沙酮;β-[2-(Dimethylamino)propyl]-α-ethyl-β-phenylbenzeneethanol acetate (ester); 6-Dimethylamino-4, 4-diphenyl-3-heptanol acetate (ester); *O*-Acetyl-6-dimethylamino-4, 4-diphenyl-3-heptanol; 3-Acetoxy-6-dimethylamino-4, 4-diphenylheptane; 5-Acetoxy-2-dimethylamino-4, 4-diphenylheptane; Acetylmethadol; Acemethadone; Amidolacetate; Race-acetylmethadol

M. I. 15, 6017

性状 来自乙酸乙酯中的无色结晶。溶于水。mp 213～214℃。LD_{50} 小鼠皮下注射：61.0mg/kg；急性经口：118.3mg/kg。

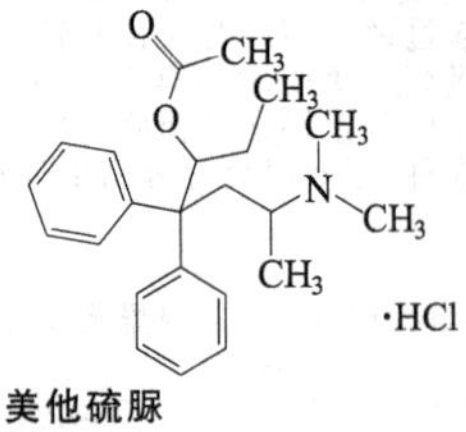

·HCl

Methallibure 美他硫脲 06403

[926-93-2] $C_7H_{14}N_4S_2$ 218.34

成分 C 38.51%，H 6.46%，N 25.66%，S 29.37%。

别名 1-甲基-6-(1-甲基烯丙基)-2，5-二硫脲；米他布尔；N^1-Methyl-N^2-(1-methyl-2-propenyl)-1,2-hydrazinedicarbothioamide; 1-Methyl-6-(1-methylallyl)-2, 5-dithiobiurea; *N*-Methylthiocarbamoyl-*N'*-[(1-methylallyl)thiocarbamoyl]hydrazine; Metallibure; ICI-33828; Aimax

M. I. 15, 6018

性状 无色结晶。198～200℃分解。

主要用途 兽用猪前重体活化剂。

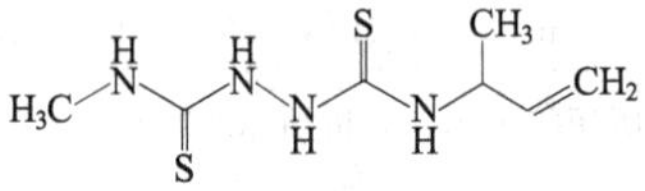

Methamidophos 甲胺磷 06404

[10265-92-6] $C_2H_8NO_2PS$ 141.12

成分 C 17.02%，H 5.71%，N 9.93%，O 22.67%，P 21.95%，S 22.72%。

别名 多灭磷；Phosphoramidothioic acid *O*，*S*-dimethyl ester；*O*，*S*-Dimethyl phosphoramidothioate；Bayer 71628；ENT-27396；Ortho 9006；SRA-5172；Monitor；Tamaron

M. I. 15，6019

性状 来自乙醚中的无色结晶。易溶于水、乙醇。蒸气压(30℃)：3×10^{-4} mmHg/4×10^{-2} Pa；mp 54℃；Fp 413.6℉(212℃)；$d^{44.5}$ 1.31；n_D^{40} 1.5092。LD_{50}成熟雄，雌大鼠急性经口(mg/kg)：25，27。

注意事项 该品吸入或口服极毒。与皮肤接触有毒。对水生物极毒。使用时应穿适当的防护服和戴手套。接触皮肤后应用大量水冲洗。使用时如有事故发生或有不适之感，应请医生诊治。应防止将本品释放于环境中。应密封于 2～8℃保存。

主要用途 杀虫剂，杀螨剂。分析用标准物质。

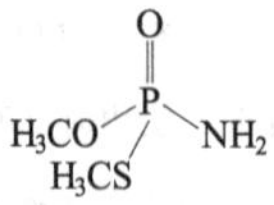

Methandriol 甲雄烯二醇 06405

[521-10-8] $C_{20}H_{32}O_2$ 304.47

成分 C 78.90%，H 10.59%，O 10.51%。

别名 (3β,17β)-17-甲基-5-雄烯-3,17-二醇；17α-甲基-5-雄烯-3β,17β-二醇；(3β,17β)-17-Methylandrost-5-ene-3,17-diol; Methylandrostenediol; MAD; Mestenediol; Masdiol; Metocryst; Metildiolo; Androdiol; Metidione; Nabadial; Neosteron; Diolandrone; Stenediol; Protandren; Neostene; Crestabolic; Diolostene; Metendiol; Metandiol; Methandiol; Methanabol; Methostan; Neutrormone; Neutrosteron; Androteston-M; Megabion(Japanese); Notandron

M. I. 15，6022

性状 来自乙酸乙酯中的无色结晶。微溶于有机溶剂，不溶于水。mp 205.5～206.5℃；$[\alpha]_D^{20}$ −73°(乙醇中)。

主要用途 医用同化剂。

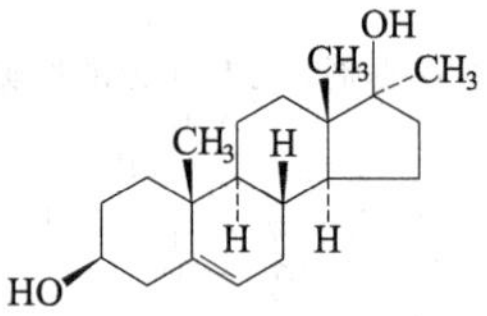

Methanesulfonic acid 甲烷磺酸 06406

[75-75-2] CH_4O_3S 96.10

成分 C 12.50%，H 4.20%，O 49.94%，S 33.36%。

别名 甲基磺酸；甲磺酸；Methylsulfonic acid

GW 2015-1125 M. I. 15,6026

性状 白色或微黄色固体，高温时为液体。该品于 26～28℃时，于下列物质中的溶解度(质量比)：苯 1.50；甲苯 0.38%；邻氯甲苯 0.23；乙二硫醇 0.47。不被热水或热碱水溶液水解。能腐蚀铁、钢、黄铜、铜、铅。mp 20℃；bp_{10} 167℃/1.333kPa；bp_1 122℃/133.32Pa；Fp 338 ℉(170℃)；d_4^{18} 1.4812；n_D^{20} 1.429。一般试剂含量≥99.0%(T)。

注意事项 该品具有腐蚀性，能引起烧伤。使用时应穿适当的防护服。万一接触到眼睛，应立即用大量水冲洗后请医生诊治。使用时如有事故发生或有不适之感，应请医生诊治。应密封于阴凉处保存。

主要用途 酯化、聚合反应的催化剂。也可用于烷基化等。

Methanesulfonyl chloride 甲烷磺酰氯 06407

[124-63-0] CH_3ClO_2S 114.54

成分 C 10.49%，H 2.64%，Cl 30.95%，O 27.93%，S 27.99%。

别名 氯化甲烷磺酰；甲磺酰氯；Mesyl chloride

GW 2015-1126 M. I. 15,6027

性状 无色液体。溶于乙醇、乙醚，几乎不溶于水。bp_{730} 161℃/97.325kPa；bp_{21} 60℃/2.8kPa；Fp >230℉(110℃)；d_4^{18} 1.4805；n_D^{23} 1.451。一般试剂含量≥99.0%(AT)。

注意事项 该品吸入极毒。口服或与皮肤接触有毒。具有腐蚀性，能引起烧伤。对呼吸系统有刺激性。使用时应穿适当的防护服，戴手套和防护镜或面罩。万一接触到眼睛，应立即用大量水冲洗后请医生诊治。接触皮肤后应立即用大量水冲洗。使用时如有事故发生或有不适之感，应请医生诊治。应密封保存。

主要用途 有机分析试剂，如伯胺的测定。

Methanol 甲醇 06408

[67-56-1] CH_4O 32.04

成分 C 37.49%，H 12.58%，O 49.93%。

别名 木醇；木酒精；木精；Carbinol；Methyl alcohol；Alcohol C_1；Carbinol；Methyl hydroxide；Wood alcohol；Wood spirit

GW 2015-1022 M. I. 15,6029

性状 无色澄明液体。能与水、乙醇、乙醚、苯、酮类等多数有机溶剂相混溶。其蒸气与空气能形成爆炸性的混合物，燃烧时生成蓝色火焰。mp −97.8℃；bp_{760} 64.7℃/101.325kPa；bp_{400} 49.9℃/53.328kPa；bp_{200} 34.8℃/26.664kPa；bp_{100} 21.2℃/13.332kPa；bp_{60} 12.1℃/8kPa；bp_{40} 5℃/5.332kPa；bp_{20} −6℃/2.666kPa；bp_{10} −16.2℃/1.333kPa；bp_5 −25.3℃/666.6Pa；bp_1 −44℃/133.32kPa；Fp 54℉(12℃，闭杯)；d_4^0 0.8100；d_4^{15} 0.7960；d_4^{20} 0.7915；d_4^{25} 0.7866；n_D^{15} 1.33066；n_D^{20} 1.3292。

注意事项 该品高度易燃。吸入、口服或与皮肤接触有毒，并有十分严重的不可逆损伤的危险。使用时应穿适当的防护服和戴手套。使用时应避免与眼睛及皮肤接触。误饮能致眼失明。使用时如有事故发生或有不适之感，应请医生诊治。使用现场禁止吸烟。应远离火种，密封于阴凉处保存。

主要用途 分离硫酸钙、硫醇镁，与异丁醇混合分离锶、钡的溴化物。检验和测定硼溶剂，防冻剂。色谱分析标准物。有机合成。仪器分析用溶剂。电子工业用。

参考规格

GB/T 683—2006	分析纯	化学纯
含量(CH_3OH)/%≥	99.5	99.5
密度(20℃)/(gmL)	0.791～0.793	0.791～0.795

水溶性试验	合格	合格
蒸发残渣/%≤	0.001	0.001
水分(H_2O)/%≤	0.1	0.3
酸度(以 H^+计)/(mmol/g)≤	0.0004	0.0008
碱度(以 OH^-计)/(mmol/g)≤	0.00008	0.00016
易碳化物质	合格	合格
羰基化合物(以 C O 计)/%≤	0.005	0.01
还原高锰酸钾物质(以 O 计)/%≤	0.0005	0.0005

Methanol anhydrous 无水甲醇 06409

[67-56-1] CH_4O 32.04

成分 C 37.49%,H 12.58%,O 49.93%。

别名 甲醇 无水;Methanol dried;Methyl alcohol dried

GW 2015-1022 M. I. 15,6029

性状 无色液体。能与水、乙醇、乙醚、苯、酮类等多数有机溶剂相混溶。其蒸气与空气能形成爆炸性的混合物,燃烧时生成蓝色火焰。mp −97.8℃;bp_{760} 64.7℃/101.325kPa;Fp 54℉(12℃,闭杯);d_4^{20} 0.7915;n_D^{20} 1.3292。一般试剂含量≥99.8%(GC)。

注意事项 见 06408 甲醇。

主要用途 用于硫酸钙、硫酸镁的分离;溴化锶、溴化钡的分离。测定硼的试剂。

Methantheline bromide 溴甲胺太林 06410

[53-46-3] $C_{21}H_{26}BrNO_3$ 420.35

成分 C 60.00%,H 6.23%,Br 19.01%,N 3.33%,O 11.42%。

别名 溴化乙胺太林;溴化班辛;溴本辛;*N*,*N*-Diethyl-*N*-methyl-2-[(9*H*-xanthen-9-ylcarbonyl)oxy]ethanaminiumbromide;Diethyl(2-hydroxyethyl)methylammonium bromidexanthene-9-carboxylate;β-Diethylaminoethyl 9-xanthenecarboxylate methobromide;MTB-51;SC-2910;Banthine Bromide;Avagal;Uldumont;Vagantin;Metaxan;Methanide;Xanteline;Gastron;Gastrosedan;Methanthine Bromide;Vagamin;Metanyl;Doladene;Asabaine

M. I. 15,6030

性状 来自异丙醇中的无色结晶。味苦。极微潮解。易溶于水、乙醇。几乎不溶于乙醚。其 2%水溶液 pH 值 5.0～5.5。mp 175～176℃;uv max(乙醇中):246nm,282nm ($E_{1cm}^{1\%}$ 135,69)。LD_{50}小鼠腹膜内注射:76mg/kg。

主要用途 医用解痉剂,用于尿路失禁的治疗。

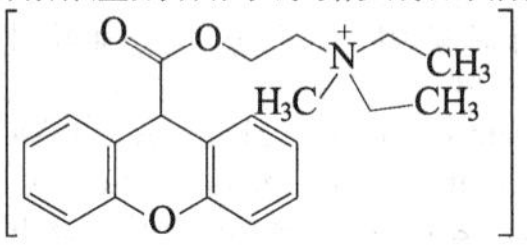

Methapyrilene hydrochloride 麦沙吡立伦 盐酸盐 06411

[135-23-9] $C_{14}H_{20}ClN_3S$ 297.85

成分 C 56.46%,H 6.77%,Cl 11.90%,N 14.11%,S 10.77%。

别名 盐酸麦沙吡立伦;*N*,*N*-Dimethyl-*N'*-2-pyridinyl-*N'*-(2-thienylmethyl)-1,2-ethanediamine hydrochloride;2-[(2-Dimethylaminoethyl)-2-thenylamino] pyridine hydrochloride;*N*,*N*-Dimethyl-*N'*-(2-pyridyl)-*N'*-(2-thenyl) ethylenediamine hydrochloride;*N*,*N*-Dimethyl-*N'*-(α-pyridyl)-*N'*-(2-methylthienyl)ethylenediamine hydrochloride;Thenylpyramine hydrochloride;AH-42 hydrochloride;Thenylene hydrochloride;Pyrathyn hydrochloride;Thionylan hydrochloride;Histadyl (formerly) hydrochloride;Restryl hydrochloride;Rest-On,Sleepwell hydrochloride;Paradormalene hydrochloride;Pyrinistab hydrochloride;Pyrinistol hydrochloride;Lullamin hydrochloride

M. I. 15,6031

性状 无色结晶。味苦。1g 该品溶于约 0.5mL 水、5mL 乙醇、3mL 氯仿,几乎不溶于乙醚、苯。mp 162℃;uv max:238nm($E_{1cm}^{1\%}$623)。

注意事项 该品口服有毒。使用时应穿适当的防护服。使用时应避免吸入本品的粉尘。使用时如有事故发生或有不适之感,应请医生诊治。

主要用途 生化研究。医用抗组胺剂。

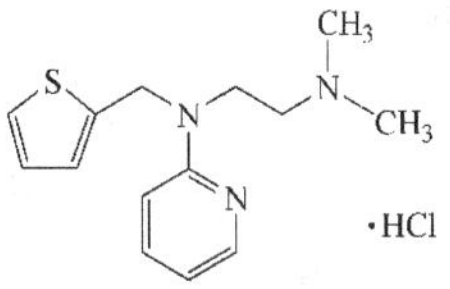

Methaqualone hydrochloride 安眠酮 盐酸盐 06412

[340-56-7] $C_{16}H_{15}ClN_2O$ 286.76

成分 C 67.02%,H 5.27%,Cl 12.36%,N 9.77%,O 5.58%。

别名 2-甲基-3-(2-甲基苯基)-4(3*H*)-喹唑啉酮 盐酸盐,盐酸 2-甲基-3-(2-甲基苯基)-4(3*H*)-喹唑啉酮;盐酸安眠酮;Meisedin;Mequelon;Metadorm;Methased;Optimil;Paxidorm;Revonal;Riporest;Sedaquin;Somnium;Toquilone;Toraflon;2-Methyl-3-(2-methylphenyl)-4(3*H*)-quinazolinone hydrochloride;2-Methyl-3-*o*-tolyl-4(3*H*)-quinazolinone;3,4-Dihydro-2-methyl-4-oxo-3-*o*-tolylquinazoline hydrochloride;Metolquizolone hydrochloride;MAOA · HCl;MTQ · HCl;Ortonal · HCl;QZ-2 · HCl;RIC-272 · HCl;Rorer 148 · HCl;TR-495 · HCl;Cateudyl · HCl;Citexal · HCl;Dormigoa · HCl;Dormogen · HCl;Dormutil · HCl;Dorsedin · HCl;Fadormir · HCl;Holodorm · HCl;Hyminal · HCl;Hypcol · HCl;Hyptor · HCl;Ipnofil · HCl;Melsomin · HCl;Mequin · HCl;Mollinox · HCl;Motolon · HCl;Nobedorm · HCl;Noctilene · HCl;Normi-Nox · HCl;Omnyl · HCl;Optinoxan · HCl;Parmina · HCl;Parest · HCl;Quaalude · HCl;Rouqualone · HCl;Sindesvel · HCl;Somnafac · HCl;Sonal · HCl;Somberol · HCl;Somnomed;Soverin · HCl;Torinal · HCl;Tuazol · HCl;Tuazolone · HCl

M. I. 15,6032

性状 无色结晶。溶于乙醚、乙醇,几乎不溶于水。mp 255～265℃。

注意事项 该品口服有害。

主要用途 生化研究。医用镇静剂,安眠剂。

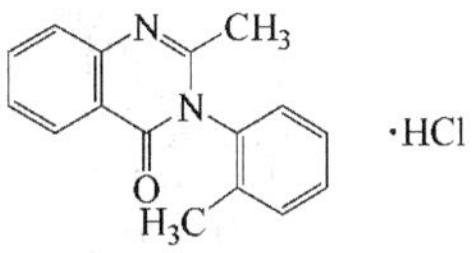

Metharbital 甲巴比妥 06413

[50-11-3] $C_9H_{14}N_2O_3$ 198.22

成分 C 54.53%,H 7.12%,N 14.13%,O 24.21%。

别名 5,5-二乙基-1-甲基巴比妥酸;5,5-二乙基-1-甲基-2,4,6(1*H*,3*H*,5*H*)-嘧啶三酮;美沙比妥;5,5-Diethyl-1-methyl-2,4,6(1*H*,3*H*,5*H*)-pyrimidinetrione;5,5-Diethyl-1-methylbarbituric acid;Gemonil

M. I. 15,6033

性状 来自苯+石油醚中的无色结晶。该品于下列物质中的溶解度(g/100mL):水 0.12;乙醇 4.3;乙醚 2.6。其饱和水溶液 pH 值 5.6～5.7。pK_a8.45;mp 155℃。

主要用途 医用抗惊厥剂。

Methazolamide 醋甲唑胺 06414

[554-57-4] $C_5H_8N_4O_3S_2$ 236.26

成分 C 25.42%,H 3.41%,N 23.71%,O 20.31%,S 27.14%。

别名 美舍唑咪;甲醋唑胺;*N*-[5-Aminosulfonyl-3-methyl-1,3,4-thiadiazol-2(3*H*)-ylidene] acetamide;*N*-(4-Methyl-2-sulfamoyl-Δ^2-1,3,4-thiadiazolin-5-ylidene) acetamide;5-Acetylamino-4-methyl-Δ^2-1,3,4-thiadiazoline-2-sulfonamide;Neptazane

M. I. 15,6034

性状 来自水中的无色结晶。溶于二甲基甲酰胺,微溶于丙酮,极微溶于水、乙醇。pK_a 7.30;mp 213～214℃;uv max (95%乙醇中):254nm(lg ε 3.66);(0.1mol/L 氢氧化钠溶液中:247nm(lg ε 3.61)。

注意事项 该品吸入、口服或与皮肤接触有害。对机体有严重的不可逆损伤的危险。使用时应穿适当的防护服,应避免吸入本品的粉尘。

主要用途 医用利尿剂。

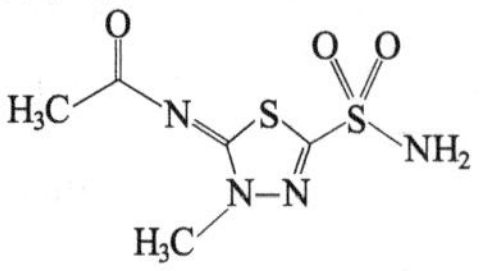

Methdilazine hydrochloride 甲吡咯嗪 盐酸盐 06415

[1229-35-2] $C_{18}H_{21}ClN_2S$ 332.89

成分 C 64.95%,H 6.36%,Cl 10.65%,N 8.42%,S 9.63%。

别名 盐酸甲吡咯嗪;10-(1-甲基-3-吡咯烷基)甲基-10*H*-吡咯嗪 盐酸盐; Dilosyn; Disyncran; Tacaryl; 10-(1-Methyl-3-pyrrolidinyl)methyl-10*H*-phenothiazine hydrochloride

M. I. 15,6036

性状 来自异丙醇中的无色结晶。易溶于水、乙醇、氯仿。mp 187.5～189℃。LD_{50}大鼠急性经口:320mg/kg。

主要用途 医用止痒剂。

Methenolone 1-甲雄烯醇酮 06416

[153-00-4] $C_{20}H_{30}O_2$ 302.46

成分 C 77.42%,H 10.00%,O 10.58%。

别名 1-甲基-1-雄烯-17*β*-醇-3-酮;(5*α*,17*β*)-17-Hydroxy-1-methylandrost-1-en-3-one; 1-Methyl-Δ^1-androsten-17*β*-ol-3-one;Méténolone

M. I. 15, 6039

性状 来自异丙醚中的无色结晶。mp 149.5～152℃, 或 160～161℃。$[\alpha]_D$+58.9°。

主要用途 医用同化剂。

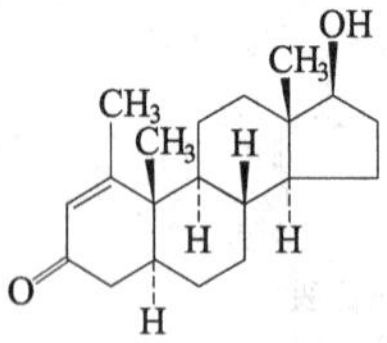

Methestrol 美雌酚 06417

[130-73-4] $C_{20}H_{26}O_2$ 298.43

成分 C 80.49%, H 8.78%, O 10.72%。

别名 4,4′-(1,2-Diethyl-1,2-ethanediyl)bis[2-methylphenol]; 4,4′-(1, 2-Diethylethylene) di-*o*-cresol; 3, 4-Bis (3-methyl-4-hydroxyphenyl) hexane; Dimethylhexestrol; Promethestrol; *γ*-Promethestrol

M. I. 15, 6040

性状 来自稀乙酸中的无色结晶。mp 145℃。

主要用途 医用雌激素。

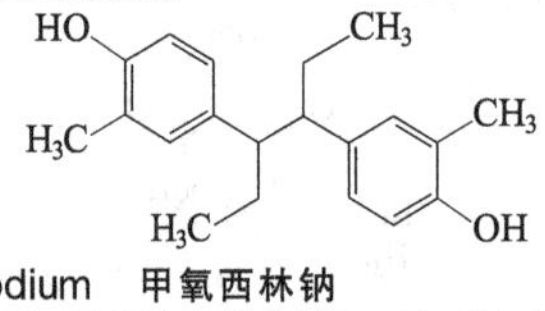

Methicillin sodium 甲氧西林钠 06418

[132-92-3][7246-14-2](一水合物) $C_{17}H_{19}N_2NaO_6S$ 402.40

成分 C 50.74%, H 4.76%, N 6.96%, Na 5.71%, O 23.86%, S 7.97%。

别名 新霉素Ⅰ; 2, 6-二甲氧基苯基青霉素钠; (2*S*,5*R*,6*R*)-6-(2, 6-Dimethoxybenzoyl) amino-3, 3-dimethyl-7-oxo-4-thia-1-azabicyclo[3.2.0]heptane-2-carboxylic acid monosodium sali; 6-(2,6-Dimethoxybenzamido) penicillanic acid sodium salt; Sodium 2, 6-dimethoxyphenylpenicillin; 2, 6-Dimethoxyphenylpenicillin sodium salt; Sodium 6-(2,6-dimethoxybenzamido) penicillinate; 2,6-Dimethoxybenzoylpenin sodium salt; Dimethoxyphenecillin sodium; Sodium methicillin; BRL-1241; X-1497; Azapen; Belfacillin; Celpillina; Celbenin; Cinopenil; Flabelline; Penistaph; Staphcillin

M. I. 15, 6041

性状 一水合物为来自丙酮中的无色结晶。该品于下列物质中的溶解度(20℃, mg/mL): 水>300; 乙醇 40; 乙醚<0.03; 丙酮 0.35; 氯仿 0.06; 异辛烷<0.03。mp 196～197℃(分解); $[\alpha]_D^{20}$+230°(c=5), +225°(c=1); uv max: 281nm ($E_{1cm}^{1\%}$ 55), 最小值 264nm。

主要用途 医用抗菌剂。兽用灭菌剂。

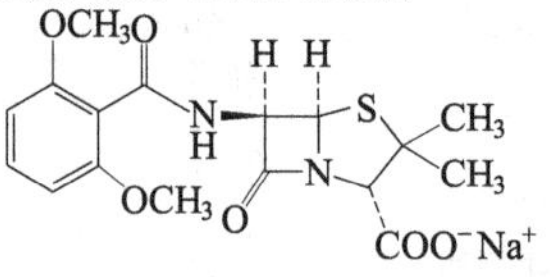

Methidathion 杀扑磷 06419

[350-37-8] $C_6H_{11}N_2O_4PS_3$ 302.32

成分 C 23.84%, H 3.67%, N 9.27%, O 21.17%, P 10.25%, S 31.81%。

别名 Phosphorodithioic acid *S*-(5-methoxy-2-oxo-1,3,4-thiadiazol-3(2*H*)-yl)methyl *O*,*O*- dimethyl ester; Phosphorodithioic acid *O*,*O*- dimethyl ester *S*-ester with 4-mercaptomethyl-2-methoxy-Δ^2-1, 3, 4-thiadiazolin-5-one; Dithiophosphoric acid *O*,*O*′-dimethyl *S*-(5-methoxy-1,3,4-thiadiazol-2(3*H*)-one-3-yl)methyl ester; *O*,*O*′-Dimethyl *S*-[2-methoxy-1,3,4-thiadiazol-5(4*H*)-one-4-yl]methyl dithiophosphate; GS-13005; Supracid(e); Ultracid(e)

M. I. 15, 6042

性状 来自甲醇中的无色结晶。易溶于苯、丙酮、甲醇、二甲苯及其他有机溶剂, 微溶于水(<1%)。mp 39～40℃。LD_{50} 成熟的雄, 雌大鼠急性经口(mg/kg): 31, 32。

注意事项 该品口服极毒。与皮肤接触有害。对水生物极毒。能对水环境引起不利的结果。使用时应穿适当的防护服和戴手套, 应避免吸入本品的粉尘。接触皮肤后, 应立即用大量水冲洗。使用时如有事故发生或有不适之感, 应请医生诊治。应防止将本品释放于环境中。其包装物应按危险品处理。应密封于 2～8℃保存。

主要用途 杀虫剂, 杀螨剂。分析用标准物质。

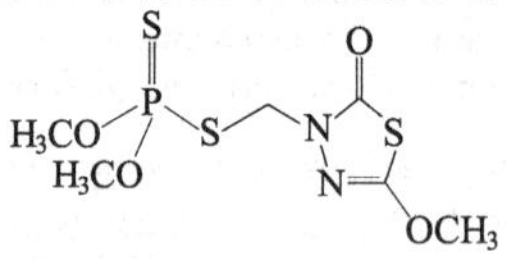

Methimazole 甲巯咪唑 06420

[60-56-0] $C_4H_6N_2S$ 114.17

成分 C 42.08%, H 5.30%, N 24.54%, S 28.08%。

别名 1-甲基-2-咪唑硫醇; 1-甲基-2-巯基咪唑、他巴唑; 2-巯基-1-甲基咪唑; 1, 3-Dihydro-1-methyl-2*H*-imidazole-2-thione; 2-Mercapto-1-methylimidazole; 1-Methylimidazole-2-thiol; 1-Methyl-2-mercaptoimidazole; Mercazolyl; Thiamazole; Basolan; Danantizol; Favistan; Frentirox; Mercazole; Metazolo; Tapazole; Thacapzol; Thycapsol; Strumazol

M. I. 15, 6043

性状 来自乙醇中的白色至米色的结晶性粉末。易溶于水(200g/L)、氯仿。溶于乙醇、氯仿, 略微溶于、石油醚、苯, 微溶于乙醚。mp 146～148℃; bp 280℃(部分分解); uv max (0.1mol/L 硫酸中): 211nm, 251.5nm ($E_{1cm}^{1\%}$ 593, 1528)。一般试剂含量≥98.0%。

注意事项 该品接触皮肤能引起过敏。能损伤生育力。能危害胎儿。使用时应穿适当的防护服。万一接触到眼睛, 应立即用大量水冲洗后请医生诊治。使用时如有事故发生或有不适之感, 应请医生诊治。应密封于 20℃以下保存。

主要用途 医用抗高血压剂。氰化法电镀银用。

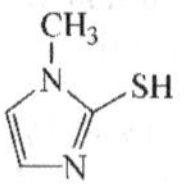

Methiocarb 灭虫威 06421

[2032-65-7] $C_{11}H_{15}NO_2S$ 225.31

成分 C 58.64%, H 6.71%, N 6.22%, O 14.20%, S 14.23%。

别名 灭梭威; 3,5-二甲基-4-(甲硫基)酚甲基氨基甲酸酯; 甲基氨基甲基 3,5-二甲基-4-(甲硫基)酚; 3,5-Dimethyl-4-

(methyl thio) phenol methylcarbamate; Methylcarbamic acid 4-methylthio-3, 5-xylyl ester; 4-Methylthio-3, 5-xylyl methylcarbamate; 4-Methylthio-3, 5-dimethylphenyl *N*-methylcarbamate; Mercaptodimethur; Metmercapturon; Bayer 37344; H-321; Draza; Mesurol

M. I. 15, 6044

性状 白色结晶性粉末。溶于有机溶剂,不溶于水。于碱性介质中不稳定。mp121.5℃。LD_{50} 雄,雌大鼠急性经口(mg/kg):70,60。

主要用途 杀虫剂。杀软体动物剂。鸟防护剂

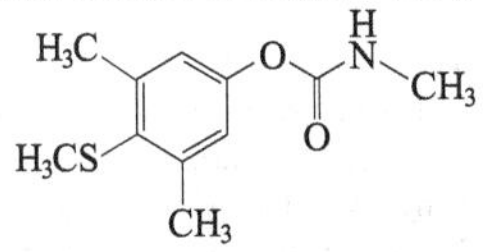

D-Methionine D-甲硫氨酸 06422

[348-67-4] $C_5H_{11}NO_2S$ 149.21

成分 C 40.25%,H 7.43%,N 9.39%,O 21.44%,S 21.49%。

别名 D-甲硫氨基酸;D-甲硫基丁氨酸;D-α-氨基-4-甲硫基丁酸;D-蛋氨酸;D-α-Amino-γ-methylmercaptobutyric acid; D-2-Amino-4-methylthiobutanoic acid; (*R*)-2-Amino-4-(methylmercapto) butyric acid

M. I. 15, 6047

性状 白色鳞片状结晶。溶于水。热至 281～283℃分解。$[\alpha]_D^{25}$ −21.18° (*c*=0.8, 于 0.2mol/L 盐酸中)。生化试剂含量≥98.0% (TLC)。

注意事项 使用时应避免吸入本品的粉尘,避免与眼睛及皮肤接触。应密封保存。

主要用途 营养学和生化研究。制药工业。

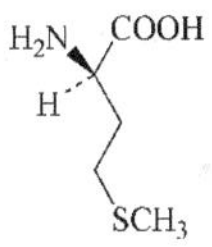

DL-Methionine DL-甲硫氨酸 06423

[59-51-8] $C_5H_{11}NO_2S$ 149.21

成分 C 40.25%, H 7.43%, N 9.39%, O 21.44%, S 21.49%。

别名 DL-甲硫氨基酸; DL-甲硫基丁氨酸; DL-α-氨基-4-甲硫基丁酸; DL-蛋氨酸; DL-α-Amino-γ-methylmercaptobutyric acid; DL-α-Amino-4-methylthiobutanoic acid; (±)-2-Amino-4-(methylmercapto) butyric acid; Amurex; Banthionine; Dyprin; Lobamine; Metione; Pedameth; Racemethionine; Urimeth

M. I. 15, 6047

性状 来自乙醇中的无色或白色片状结晶或粉末。溶于水(g/L):0℃,18.18;25℃,33.81;50℃,60.70;75℃,105.2;100℃,176.0。溶于稀酸、稀碱溶液,极微溶于 95%乙醇,不溶于乙醚。其 1%水溶液 pH 值 5.6～6.1。pK_1 2.28; pK_2 9.21。mp 281°(分解);*d* 1.340。生化试剂含量≥99.0%(TLC)。

注意事项 使用时应避免吸入本品的粉尘,避免与眼睛及皮肤接触。应密封保存。

主要用途 生化研究。组织培养基的制备营养增补剂。

L-Methionine L-甲硫氨酸 06424

[63-68-3] $C_5H_{11}NO_2S$ 149.21

成分 C 40.25%,H 7.43%,N 9.39%,O 21.44%,S 21.49%。

别名 L-甲硫氨基酸;L-甲硫基丁氨酸;L-α-氨基-4-甲硫基丁酸;L-蛋氨酸;Acimethin;L-α-Amino-γ-methylmercaptobutyric acid; L-2-Amino-4-methylthiobutanoic acid; (*S*)-2-Amino-4-(methylthio) butanoic acid; 2-Amino-4-(methylthio) butyric acid; α-Amino-γ-methylmercaptobutyric acid; (*S*)-2-Amino-4-(methylmercapto) butyric acid; Met; γ-Methylthio-α-aminobutyric acid

M. I. 15, 6047

性状 来自稀乙醇中的无色或白色六方片状结晶。溶于热水、稀乙醇、稀无机酸,不溶于无水乙醇、乙醚、石油醚、丙酮、苯。mp 280～282℃(分解);$[\alpha]_D^{25}$ −8.11° (*c*=0.8); $[\alpha]_D^{20}$ +23.40°(*c*=5,于 3mol/L 盐酸中)。生化试剂含量≥99.0%(NT)。

注意事项 使用时应避免吸入本品的粉尘,避免与眼睛及皮肤接触。应充氩气密封保存。

主要用途 生化研究。组织培养基的制备。营养增补剂。人体必需氨基酸之一。

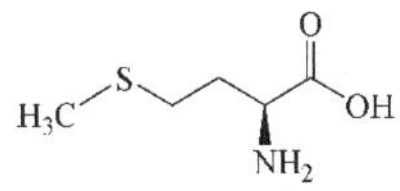

Methionine enkephalin 甲硫氨基酸脑啡肽 06425

[58569-55-4] $C_{27}H_{35}N_5O_7S$ 573.66

成分 C 56.53%,H 6.15%,N 12.21%,O 19.52%,S 5.59%。

别名 Enkephalinm; [Met^5] Enkephalin; H-Try-Gly-Gly-Phe-Met

性状 无色结晶。生化试剂含量≥97.0%(HPLC)。

注意事项 使用时应避免吸入本品的粉尘,避免与眼睛及皮肤接触。应充氩气密封于−20℃干燥保存。

DL-Methionine sulfone DL-甲硫氨酸砜 06426

[820-10-0] $C_5H_{11}NO_4S$ 181.21

成分 C 33.14%,H 6.12%,N 7.73%,O 35.32%,S 17.70%。

别名 DL-甲硫氨基酸砜;DL-2-氨基-4-甲砜丁酸;DL-2-氨基-4-(甲基磺酰)丁酸;DL-蛋氨酸砜;DL-甲硫基丁氨酸砜;DL-2-Amino-4-(methylsulfonyl) butyric acid

性状 白色结晶。见光变色。mp 约 250℃(分解)。生化试剂含量≥99.0%(NT)。

主要用途 纸色谱用试剂。生化研究。

L-Methionine sulfone L-甲硫氨酸砜 06427

[7314-32-1] $C_5H_{11}NO_4S$ 181.21

成分 C 33.14%,H 6.12%,N 7.73%,O 35.32%,S 17.70%。

别名 L-甲硫氨基酸砜;L-2-氨基-4-甲砜丁酸;L-2-氨基-4-(甲基磺酰)丁酸;L-蛋氨酸砜;L-2-Amino-4-(methylsulfonyl) butanoic acid

性状 无色结晶。mp 约 275℃(分解);$[\alpha]_D^{20}$ +13.0°±1° (*c*=2, 于水中)。生化试剂含量≥99.0% (T)。

主要用途 生化研究。

DL-Methionine sulfoxide DL-甲硫氨酸亚砜 06428

[62697-73-8] $C_5H_{11}NO_3S$ 165.21

成分 C 36.35%, H 6.71%, N 8.48%, O 29.05%, S 19.41%。

别名 DL-甲硫氨基酸亚砜; DL-2-氨基-4-甲亚砜丁酸; DL-蛋氨酸亚砜; DL-2-Amino-4-(methylsulfinyl) butyric acid; MSO

性状 白色粉末。见光变色。mp 约 240℃(分解)。生化试剂含量≥99.0%(NT)。

主要用途 纸色谱用试。生化研究。

L-Methionine sulfoxide L-甲硫氨酸亚砜 06429

[3226-65-1] $C_5H_{11}NO_3S$ 165.21

成分 C 36.35%,H 6.71%,N 8.48%,O 29.05%,S 19.41%。

别名 L-甲硫氨基酸亚砜;L-2-氨基-4-甲亚砜丁酸;L-2-氨基-4-(甲基亚磺酰)丁酸;L-蛋氨酸亚砜;L-2-Amino-4-(methylsulfinyl) butanoic acid

性状 无色结晶。mp 约 255℃(分解)。

主要用途 生化研究。纸色谱用试剂。

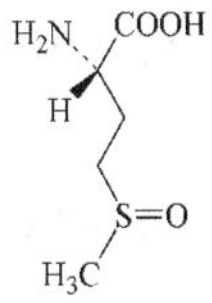

Methisazone 甲吲噻腙 06430

[1910-68-5] $C_{10}H_{10}N_4OS$ 234.28

成分 C 51.27%, H 4.30%, N 23.91%, O 6.83%, S 13.68%。

别名 2-(1, 2-Dihydro-1-methyl-2-oxo-3*H*-indol-3-ylidene) hydrazinecarbothioamide; 1-Methylindole-2, 3-dione 3-thiosemicarbazone; *N*-Methylisatin 3-thiosemicarbazone; BW-33-T-57; Marboran; Viruzona

M. I. 15, 6049

性状 来自丁醇中的无色结晶。mp 245℃。

主要用途 医用抗病毒剂。

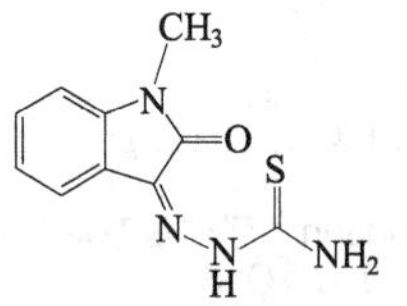

Methixene hydrochloride monohydrate

甲哌噻吨 盐酸盐 一水 06431

[7081-40-5] $C_{20}H_{24}ClNS \cdot H_2O$ 363.94

成分（以无水物计） C 69.44%，H 6.99%，Cl 10.25%，N 4.05%，S9.27 %。

别名 盐酸甲哌噻吨；Tremoquil Methixart；Trest；Tremonil；Tremaril；1-Methyl-3-(9*H*-thioxanthen-9-ylmethyl) piperidine hydrochloride monohydrate 9-(*N*-Methyl-3-piperidylmethyl) thioxanthene hydrochloride monohydrate；Tremarit；Cholinfall；Methyloxan

M. I. 15，6051

性状 来自乙醚中的鳞片状结晶。溶于水、乙醇、氯仿，不溶于乙醚。mp215～217℃；uv max（稀盐酸中）：268nm（ε 10250）

主要用途 医用抗震颤麻痹剂。

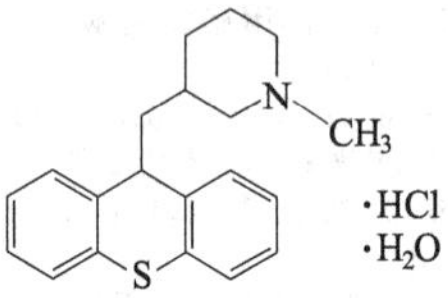

Methocarbamol 美索巴莫

06432

[532-03-6] $C_{11}H_{15}NO_5$ 241.24

成分 C 54.77%，H 6.27%，N 5.81%，O 33.16%。

别名 3-(2-甲氧基苯氧基)-1,2-丙二醇 1-氨基甲酸酯；1-氨基甲酸-3-邻甲氧基苯氧基-2-羟基丙酯；氨基甲酸愈创木酚甘油醚酯；3-(2-Methoxyphenoxy)-1,2-propanediol 1-carbamate；3-(*o*-Methoxyphenoxy)-2-hydroxypropyl 1-carbamate；2-Hydroxy-3-(*o*-methoxyphenoxy) propyl 1-carbamate；Guaiacol glyceryl ether carbamate；AHR-85；Neuraxin；Miolaxene；Lumirelax；Etroflex；Delaxin；Robamol；Traumacut；Tresortil；Relestrid；Robaxin

M. I. 15,6052

性状 来自苯中的无色结晶。溶于水(20℃,25g/100mL)、乙醇、丙二醇，略微溶于氯仿，不溶于正已烷、苯。mp 92～94℃；uv max（水中）：222nm，274nm($E^{1\%}_{1cm}$ 298,94)。

注意事项 该品口服有害。吸入或与皮肤接触可引起过敏。使用时应穿适当的防护服。

主要用途 生化研究。医用骨骼肌肉松弛剂。

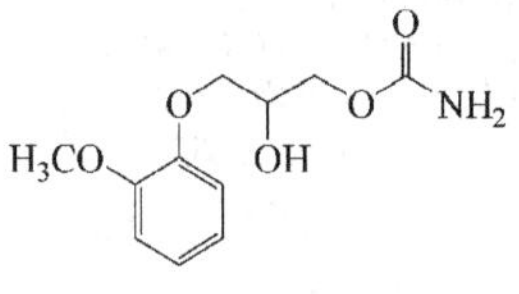

Methohexital sodium 甲己炔巴比妥钠

06433

[309-36-4] $C_{14}H_{17}N_2NaO_3$ 284.29

成分 C 59.15%，H 6.03%，N 9.85%，Na 8.09%，O 16.88%。

别名 5-烯丙基-1-甲基-5-(1-甲基-2-戊炔基)巴比妥酸钠盐；Brevital；Brevimytal；Brietal；1-Methyl-5-(1-methyl-2-pentynyl)-5-(2-propenyl)-2,4,6(1*H*,3*H*,5*H*)-pyrimidinetrione sodium salt；5-Allyl-1-methyl-5-(1-methyl-2-pentynyl) barbituric acid sodium sait；*α-dl*-1-Methyl-5-(1-methyl-2-pentynyl)-5-allylbarbituric acid sodium salt；*α-dl*-1-Methyl-5-allyl-5-(1-methyl-2-pentynyl) barbituric acid sodium salt；Methohexitone sodium；Brevital；Brevital Sodium；Brevimvtal Sodium；Brietal Sodium

M. I. 15，6053

性状 白色结晶性粉末。易潮解。易溶于水。

主要用途 医用静脉注射麻醉剂。兽用极短作用的麻醉剂。

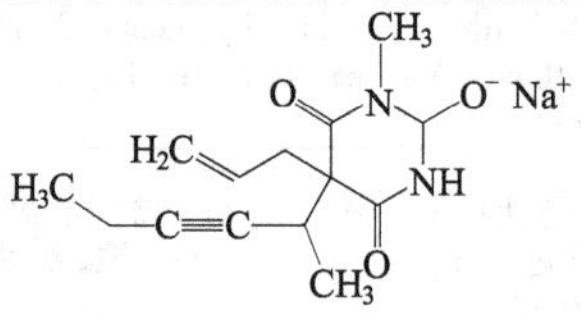

Methomyl 灭多虫

06434

[16752-77-5] $C_5H_{10}N_2O_2S$ 162.21

成分 C 37.02%，H 6.21%，N 17.27%，O 19.73%，S 19.77%。

别名 甲氨叉威；*N*-[[(Methylamino) carbonyl] oxy] ethanimidothioic acid methyl ester；*N*-[(Methylcarbamoyl) oxy] thioacetimidic acid methyl ester；*S*-Methyl *N*-[(methylcarbamoyl) oxy] thioacetimidate；Methyl *O*-(methylcarbamoyl) thiolacetohydroxamate；Insecticide 1179；Lannate；Nudrin

M. I. 15，6054

性状 无色结晶。该品于下列物质中的溶解度(25℃，质量分数)：水 5.8；甲醇 100；乙醇 42；异丙醇 22；丙酮 73。mp 78～79℃；d_4^{24} 1.2946。LD_{50}雄大鼠急性经口：17mg/kg。

注意事项 该品口服极毒。对水生物极毒。能对水环境引起长期不利的结果。使用时应穿适当的防护服和戴手套，应避免吸入本品的粉尘。使用时如有事故发生或有不适之感，应请医生诊治。应防止将本品释放于环境中。其包装物应按危险品处理。

主要用途 杀虫剂。分析用标准物质。

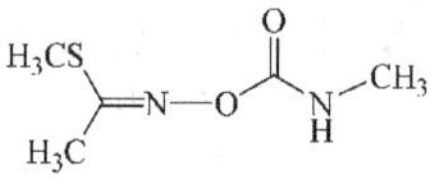

Methoprene 甲氧普烯

06435

[40596-69-8] $C_{19}H_{34}O_3$ 310.48

成分 C 73.50%，H 11.04%，O 15.46%。

别名 (*E*,*E*)-11-甲氧基-3,7,11-三甲基-2,4-十二烷基二烯酸 1-甲基乙基酯；(2*E*,4*E*)-11-甲氧基-3,7,11-三甲基-2,4-十二碳二烯酸异丙酯；烯虫酯；蒙五一五；(2*E*,4*E*)-11-Methoxy-3,7,11-trimethyl-2,4-dodecadienoic acid 1-methylethyl ester；Isopropyl (2*E*,4*E*,7*RS*)-11-methoxy-3,7,11-trimethyl-2,4-dodecadienoate；ZR-515；Altosid；Precor

M. I. 15,6055

性状 琥珀色液体。溶于有机溶剂，极微溶于水(25℃，1.39×10^{-6})。该品对水、有机溶液及酸碱存在下稳定。$bp_{0.06}$ 135～136℃/8Pa；d^{20} 0.9261(g/mL)。LD_{50}大鼠急性经口：>34.5g/kg。一般试剂含量≥96.0%(HPLC)。

注意事项 该品对眼睛、呼吸系统及皮肤有刺激性。对水生物有毒。可对水环境引起长期不利的结果。使用时应穿适当的防护服。万一接触到眼睛，应立即用大量水冲洗后请医生诊治。应防止将本品释放于环境中。其包装物应按危险品处理。

主要用途 杀虫剂，杀体外寄生物。昆虫生长调节剂。分析用标准物质。

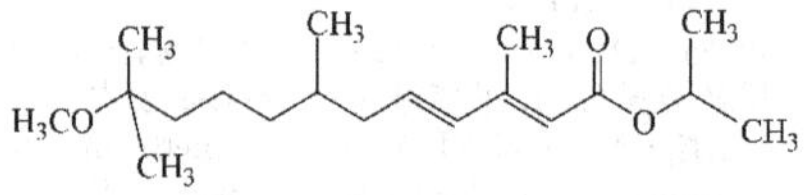

Methopterin 甲蝶呤

06436

[2410-93-7] $C_{20}H_{21}N_7O_6$ 455.43

成分 C 52.75%，H 4.65%，N 21.53%，O 21.08%。

别名 甲基叶酸；*N*-[4-[[(2-Amino-1,4-dihydro-4-oxo-6-pteridinyl) methyl] methylamino] benzoyl]-L-glutamic acid；*N*-[4-[[(2-Amino-4-hydroxy-6-pteridinyl) methyl] methylamino] benzoyl] glutamic acid；10-Methylpteroylglutamic acid；N^{10}-methylfolic acid

M. I. 15，6056

性状 一水合物为黄色球粒状晶体。uv max（0.1mol/L 氢氧化钠溶液中）：255nm，302nm，368nm（ε $\times10^{-3}$ 26,

27, 9)；(0.1mol/L 盐酸中)：307nm（ε ×10^{-3} 25)。

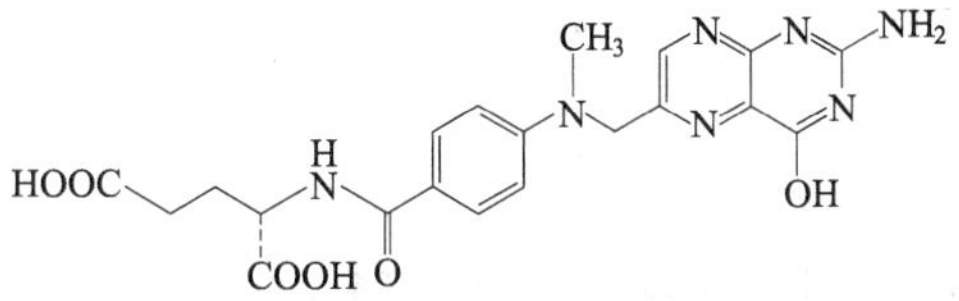

Methotrimeprazine maleate 甲氧异丁嗪 马来酸盐 06437
[7104-38-3] $C_{23}H_{28}N_2O_5S$ 444.55
成分 C 62.14%，H 6.35%，N 6.30%，O 18.00%，S 7.21%。
别名 马来酸甲氧异丁嗪；顺丁烯二酸甲氧异丁嗪；Minozinan；Milezin；Neuractil；Neurocil；Sofmin；Veractil；(β R)-2-Methoxy-*N*，*N*，β-trimethyl-10*H*-phenothiazine-10-propanamine maleate；(—) -10- (3-Dimethylamino-2-methylpropyl) -2-methoxyphenothiazine maleate；Levomepromazine maleate；2-Methoxytrimeprazine maleate；Levomeprazine maleate；RP-7044 maleate；Sinogan-Debil maleate；Tisercin maleate；Neozine maleate；Nirvan maleate；Nozinan maleate；Levoprome maleate
M. I. 15，5518
性状 无色结晶。遇光色变深。略溶于水(20℃，0.3%)、乙醇(0.4%)。其 0.3%水溶液 pH 值 4.3。约 190℃分解。生化试剂含量≥95.0%。
注意事项 该品吸入、口服或与皮肤接触有害。使用时应穿适当的防护服。
主要用途 生化研究。医用止痛剂。

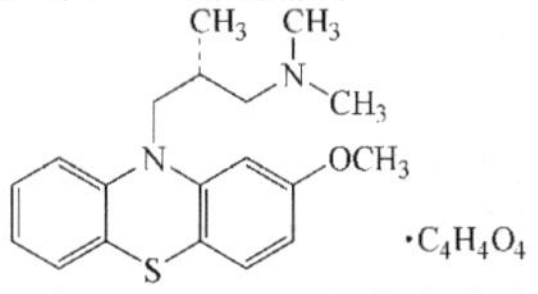

Methoxamine hydrochloride 美速胺 盐酸盐 06438
[61-16-5] $C_{11}H_{18}ClNO_3$ 247.72
成分 C 53.33%，H 7.32%，Cl 14.31%，N 5.65%，O 19.38%。
别名 2,5-二甲氧基去甲麻黄碱 盐酸盐；美沙明 盐酸盐；美速克新命；盐酸 2,5-二甲氧基去甲麻黄碱；盐酸美沙明；盐酸美速胺；Vasoxine；Vasoxyl；Vasylox；α-(1-Aminoethyl)-2,5-dimethoxybenzenemethanol hydrochloride；α-(1-Aminoethyl)-2,5-dimethoxy benzyl alcohol hydrochloride；2-Amino-1-(2,5-dimethoxyphenyl)-1-propanol hydrochloride；β-Hydroxy-β-(2,5-dimethoxyphenyl) isopropylamine hydrochloride；β-(2,5-Dimethoxyphenyl)-β-hydroxyisopropylamine hydrochloride；2,5-Dimethoxynorephedrine hydrochloride
M. I. 15，6058
性状 无色结晶。1g 该品溶于 2.5mL 水、12mL 乙醇。几乎不溶于乙醚、苯、氯仿。其 2%水溶液 pH 值 4.5～5.5。pK_a(25℃)9.2。mp 212～216℃。
注意事项 使用时应避免吸入本品的粉尘，避免与眼睛及皮肤接触。应密封于2～8℃保存。
主要用途 生化研究。医用抗低血压剂。

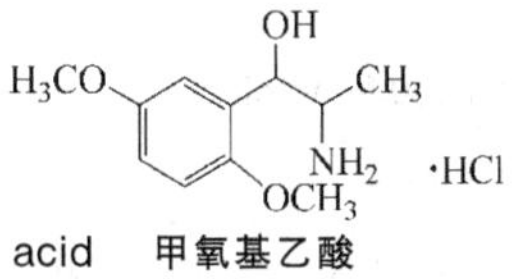

Methoxyacetic acid 甲氧基乙酸 06439
[625-45-6] $C_3H_6O_3$ 90.08
成分 C 40.00%，H 6.71%，O 53.28%。
性状 无色液体。能与水任意混溶。mp 7～9℃；bp 200～203℃；Fp 250℉(121℃)；d_4^{20} 1.175；n_D^{20} 1.4158。一般试剂含量≥97.0%(GC)。
注意事项 该品具有腐蚀性，能引起烧伤。口服有害。能损伤生育力。能危害胎儿。能对水环境产生长期不良的影响。使用时应穿适当的防护服，戴手套和防护镜或面罩。使用时如有事故发生或有不适之感，应请医生诊治。应充氩气密封干燥保存。

Methoxyacetonitrile 甲氧基乙腈 06440
[1738-36-9] C_3H_5NO 71.08
成分 C 50.69%，H 7.09%，N 19.71%，O 22.51%。
别名 Methoxymethyl cyanide
性状 无色液体。不溶于水。bp_{729} 118～119℃/97.2kPa；Fp 89.6℉(32℃)；d^{20} 0.95；n_D^{20} 1.381。一般试剂含量≥98.0%(GC)。
注意事项 该品易燃。吸入、口服或与皮肤接触有害。使用时应穿适当的防护服和戴手套。应远离酸类密封保存。

2′-Methoxyacetophenone 2′-甲氧基苯乙酮 06441
[579-74-8] $C_9H_{10}O_2$ 150.18
成分 C 71.98%，H 6.71%，O 21.31%。
别名 2-乙酰基苯甲醚；2-Autylanisole
性状 无色液体。bp 245～248℃；Fp 226.4℉(108℃)；d_4^{20} 1.089；n_D^{20} 1.540。一般试剂含量≥98.0%(GC)。
注意事项 该品口服有害。
主要用途 有机合成。

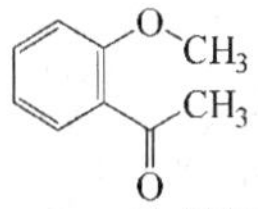

3′-Methoxyacetophenone 3′-甲氧基苯乙酮 06442
[586-37-8] $C_9H_{10}O_2$ 150.18
成分 C 71.98%，H 6.71%，O 21.31%。
别名 3-乙酰基苯甲醚；3-Acetylanisole
性状 无色液体。不溶于水。mp −8℃；bp 250～252℃；bp_{12} 125～126℃/1.6kPa；Fp 230℉(110℃)；d_4^{20} 1.094；n_4^{20} 1.5408。一般试剂含量≥95.0%(GC)。
注意事项 使用时应避免吸入本品的蒸气，避免与眼睛及皮肤接触。
主要用途 有机合成。

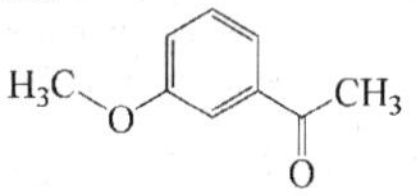

4′-Methoxyacetophenone 4′-甲氧基苯乙酮 06443
[100-06-1] $C_9H_{10}O_2$ 150.18
成分 C 71.98%，H 6.71%，O 21.31%。
别名 4-乙酰茴香醚；对甲氧基苯乙酮；*p*-Acetoanisole；4-Acetylanisole；*p*-Methoxyacetophenone
性状 白色片状结晶。具有山楂花和类似茴香醛的香气。溶于乙醇、乙醚，不溶于水。mp 37～39℃；Fp 280.4℉(138℃)。一般试剂含量≥99.0%(GC)。
注意事项 该品口服有害。对皮肤有刺激性。
主要用途 食用香料及香料合成。

Methoxyacetyl chloride 甲氧基乙酰氯 06444
[38870-89-2] $C_3H_5ClO_2$ 108.52
成分 C 33.20%，H 4.64%，Cl 32.67%，O 29.49%。
别名 氯化甲氧基乙酰；氯化甲氧基乙酸；Methoxyacetic acid chloride
性状 无色液体。具催泪性。对湿度敏感。常加入约 0.3%的轻体氧化镁作为稳定剂。bp 112～113℃；Fp 95℉(35℃)；d_4^{20} 1.187；n_D^{20} 1.4190。一般试剂含量≥97.0%(T)。
注意事项 该品易燃。具有腐蚀性，能引起烧伤。对眼睛及呼吸系统有刺激性。使用时应穿适当的防护服，戴手套和防护镜或面罩。万一接触到眼睛，应立即用大量水冲洗后请医生诊治。使用时如有事故发生或有不适之感，应请医生诊治。应充氮气密封于 2～8℃干燥保存。

Methoxyamine hydrochloride 甲氧基胺 盐酸盐 06445
[593-56-6] CH_6ClNO 83.52
成分 C 14.38%，H 7.24%，Cl 42.45%，N 16.77%，O 19.16%。
别名 盐酸甲氧基胺；*O*-甲基羟胺 盐酸盐；*O*-Methylhydroxylamine hydrochloride；Methoxylamine hydrochloride
M. I. 15，6060
性状 来自乙醇＋乙醚中的具有珍珠光泽的鳞状结晶。1g 该品能溶于 2.5mL 水、12mL 乙醇，几乎不溶于乙醚、苯、氯仿。mp 149～151℃。一般试剂含量≥98.0%(AT)。

注意事项 该品具有腐蚀性，能引起烧伤。使用时应穿适当的防护服，戴手套和防护镜或面罩。万一接触到眼睛，应立即用大量水冲洗后请医生诊治。使用时如有事故发生或有不适之感，应请医生诊治。应充氩气密封干燥保存。

2-Methoxyaniline　2-甲氧基苯胺　06446
[90-04-0]　C_7H_9ON　123.15
成分 C 68.27%，H 7.37%，N 11.37%，O 12.99%。
别名 邻甲氧基苯胺；邻茴香胺；邻氨基苯甲醚；*o*-Methoxyaniline；2-Aminoanisole；*o*-Aminophenylmethyl ether；*o*-Anisidine；*o*-Methoxyaminobenzene；2-Methoxybenzenamine
GW 2015-1192　M. I. 15,660
性状 浅黄色液体。露置空气中变棕色。能与乙醇、乙醚、丙酮、苯相混溶，几乎不溶于水。mp 5℃；bp 225℃；Fp 210℉(98℃)；d_{15}^{15} 1.098；n_D^{20} 1.575。一般试剂含量≥97.0%(GC)。
注意事项 该品吸入、口服或与皮肤接触有毒。能致癌。能造成不可逆的危害。使用前应得到专门的指导，避免曝露。使用时如有事故发生或有不适之感，应请医生诊治。应密封避光于阴凉处保存。
主要用途 显微微晶分析检验氰化物，测定汞的络合指示剂。偶氮染料中间体。杀菌剂。

3-Methoxyaniline　3-甲氧基苯胺　06447
[536-90-3]　C_7H_9ON　123.16
成分 C 68.27%，H 7.37%，N 11.37%，O 12.99%。
别名 间甲氧基苯胺；间茴香胺；间氨基苯甲醚；3-Aminoanisole；*m*-Aminophenylmethyl ether；*m*-Anisidine；*m*-Methoxyamino benzene；*m*-Methoxyaniline；3-Methoxybenzenamine
GW 2015-1193　M. I. 15,660
性状 浅黄色油状液体。见光或久置变棕色。溶于乙醇、酸类，略微溶于水。于−10℃时仍为流动液体。bp 251℃；bp_2 81 ～ 86℃/266.64Pa；Fp ＞ 258.8℉（126℃）；d_4^{20} 1.102；n_D^{20} 1.581。工业品含量≥95.0%(GC)。
注意事项 该品口服有害。对眼睛、呼吸系统及皮肤有刺激性。对水生物极毒。能对水环境引起长期不利的结果。万一接触到眼睛，应立即用大量水冲洗后请医生诊治。应防止将本品释放于环境中，其包装物应按危险品处理。应密封避光保存。
主要用途 有机合成。制造偶氮染料。

4-Methoxyaniline　4-甲氧基苯胺　06448
[104-94-9]　C_7H_9ON　123.16
成分 C 68.27%，H 7.37%，N 11.37%，O 12.99%。
别名 对甲氧基苯胺；对茴香胺；对氨基苯甲醚；*p*-Methoxyaniline；4-Aminoanisole；*p*-Aminophenylmethyl ether；*p*-Anisidine；ANS；*p*-Methoxyaminobenzene；4-Methoxybenzenamine
GW 2015-1194　M. I. 15，660
性状 无色或白色结晶。易溶于甲醇、乙醇，略微溶于水。mp 57℃；bp 246℃。一般试剂含量≥99.0%（GC）。
注意事项 该品吸入、口服或与皮肤接触时极毒，并具有蓄积性危害。能致癌。对水生物极毒。使用前应得到专门的指导，避免曝露。使用时应穿适当的防护服和戴手套。接触皮肤后，应立即用大量水冲洗。使用时如有事故发生或有不适之感，应请医生诊治。应防止将本品释放于环境中。应密封避光保存。
主要用途 测定高铁的络合指示剂。有机合成。

4-Methoxyazobenzene　4-甲氧基偶氮苯　06449
[2396-60-3]　$C_{13}H_{12}N_2O$　212.25
成分 C 73.57%，H 5.70%，N 13.20%，O 7.54%。
别名 对甲氧基偶氮苯；对（苯基偶氮）茴香醚；4-Phenylazoanisol；*p*-（Phenylazo）anisole；*p*-Methoxyazobenzene
性状 橙红色结晶。易溶于有机溶剂，不溶于水。mp 54～56℃。一般试剂含量≥99.0%（HPLC）。
注意事项 使用时应避免吸入本品的粉尘，避免与眼睛及皮肤接触。应密封保存。
主要用途 色谱分析用于氧化铝的质量鉴定。

2-Methoxybenzaldehyde　2-甲氧基苯甲醛　06450
[135-02-4]　$C_8H_8O_2$　136.15
成分 C 70.58%，H 5.92%，O 23.50%。
别名 水杨醛甲醚；邻茴香醛；邻甲氧基苯甲醛；*o*-Anisaldehyde；Salicylaldehyde methyl ether
性状 无色柱状结晶。温度高时为液体。对空气敏感。易溶于乙醚、丙酮、三氯甲烷，溶于乙醇、苯，不溶于水。mp 35～37℃；bp 238℃；Fp 244℉（117℃）；*d* 1.127。一般试剂含量≥98.0%(GC)。
注意事项 该品对眼睛、呼吸系统及皮肤有刺激性。使用时应穿适当的防护服。万一接触到眼睛，应立即用大量水冲洗后请医生诊治。应充氮气密封保存。
主要用途 有机合成。香料。

3-Methoxybenzaldehyde　3-甲氧基苯甲醛　06451
[591-31-1]　$C_8H_8O_2$　136.15
成分 C 70.58%，H 5.92%，O 23.50%。
别名 间甲氧基苯甲醛；间茴香醛；*m*-Anisaldehyde
性状 无色或浅黄色油状液体。能随水蒸气挥发。能与乙醇、乙醚相混溶，不溶于水。bp_{10} 100～103℃/1.333kPa；Fp 249.8℉(121℃)；d_4^{20} 1.117；n_D^{20} 1.553。一般试剂含量≥98.0%。
注意事项 见 06450 2-甲氧基苯甲醛。使用时应戴适当的手套。应充氮气密封保存。
主要用途 有机合成。香料。

4-Methoxybenzaldehyde　4-甲氧基苯甲醛　06452
[123-11-5]　$C_8H_8O_2$　136.15
成分 C 70.58%，H 5.92%，O 23.50%。
别名 对甲氧基苯甲醛；茴香醛；对茴香醛；Anisic aldehyde；*p*-Anisaldehyde；Aub，pine；Methyl-*p*-oxybenzaldehyde
M. I. 15,656
性状 无色油状液体。能随水蒸气挥发。能与乙醇、乙醚相混溶，极微溶于水。mp 0℃；bp 248℃；$bp_{1.5}$ 89～90℃/199.98Pa；Fp 228℉（108℃）；d_4^{15} 1.119；n_D^{13} 1.5764。LD_{50}大鼠急性经口：1510mg/kg。一般试剂含量≥98.0%(GC)。
注意事项 该品口服有害。应充氩气密封保存。其余见 06450 2-甲氧基苯甲醛。
主要用途 香料制备。有机合成。

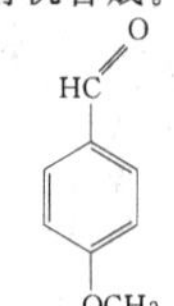

4-Methoxybenzenesulfonyl chloride
4-甲氧基苯磺酰氯　06453
[98-68-0]　$C_7H_7ClO_3S$　206.65
成分 C 40.69%，H 3.41%，Cl 17.16%，O 23.23%，S 15.52%。
别名 对甲氧基苯磺酰氯；氯化对甲氧基苯磺酰；氯化 4-甲氧基苯磺酰；*p*-Methoxybenzenesulfonyl chloride
性状 无色结晶。温度高时为液体。溶于水并分解。mp 41～44℃，bp_{14} 173℃/1.867 kPa。一般试剂含量≥98.0%(T)。
注意事项 该品具有腐蚀性，能引起烧伤。使用时应穿适当的防护服，戴手套和防护镜或面罩。万一接触到眼睛，应立即用大量水冲洗后请医生诊治。使用时如有事故发生或有不适之感，应请医生诊治。应充氩气密封干燥保存。

2-Methoxybenzoic acid　2-甲氧基苯甲酸　06454
[579-75-9]　$C_8H_8O_3$　152.15
成分 C 63.15%，H 5.30%，O 31.55%。
别名 邻茴香酸；邻甲氧基苯甲酸；水杨酸甲醚；*o*-Anisic

acid; Salicylic acid methyl ether; *o*-Methoxybenzoic acid; *O*-Methylsalicylic acid
性状 白色结晶。易溶于沸水、乙醇、乙醚。微溶于冷水。mp 98～100℃。一般试剂含量≥99.0%(T)。
注意事项 该品对眼睛、呼吸系统及皮肤有刺激性。使用时应穿适当的防护服和戴手套。万一接触到眼睛，应立即用大量水冲洗后请医生诊治。
主要用途 有机合成。防腐、消毒。

3-Methoxybenzoic acid 3-甲氧基苯甲酸 06455
[586-38-9] $C_8H_8O_3$ 152.15
成分 C 63.15%，H 5.30%，O 31.55%。
别名 间茴香酸；间甲氧基苯甲酸；*m*-Anisic acid；*m*-Methoxybenzoic acid
性状 白色结晶性粉末。溶于乙醇、乙醚、苯、热水，微溶于冷水、四氯化碳。mp 106～108℃；bp_{10} 170～172℃/1.333kPa。一般试剂含量≥99.0%(T)。
注意事项 见 06454 2-甲氧基苯甲酸。
主要用途 有机合成。

4-Methoxybenzoic acid 4-甲氧基苯甲酸 06456
[100-09-4] $C_8H_8O_3$ 152.15
成分 C 63.15%，H 5.30%，O 31.55%。
别名 大茴香酸；对甲氧基苯甲酸；*p*-Anisic acid；*p*-Methoxybenzoic acid
M. I. 15,659
性状 无色针状结晶。易溶于乙醇、乙醚、乙酸乙酯、三氯甲烷，较多地溶于热水，溶于 2500 份冷水。mp 184℃(升华)；bp 275～280℃；Fp 365℉(185℃)；*d* 1.385。一般试剂含量≥98.0%(T)。
注意事项 见 06454 2-甲氧基苯甲酸。
主要用途 香料制备。防腐剂。制药工业。

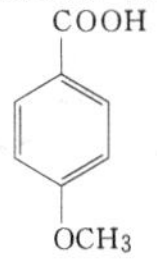

COOH

OCH3

4-Methoxybenzonitrile 4-甲氧基苯甲腈 06457
[874-90-8] C_8H_7NO 133.15
成分 C 72.17%，H 5.30%，N 10.52%，O 12.02%。
别名 对茴香腈；对甲氧基苯甲腈；*p*-Methoxybenzonitrile；Anisonitrile
性状 无色结晶。mp 57～59℃；bp_{765} 256～257℃/101.991kPa。一般试剂含量≥99.0%。
注意事项 该品口服有毒。对眼睛、呼吸系统及皮肤有刺激性。使用时应穿适当的防护服和戴手套。使用时禁止饮食。万一接触到眼睛，应立即用大量水冲洗后请医生诊治。使用时如有事故发生或有不适之感，应请医生诊治。其包装物应按危险品处理。

4-Methoxybenzophenone 4-甲氧基二苯甲酮 06458
[611-94-9] $C_{14}H_{12}O_2$ 212.25
成分 C 79.22%，H 5.70%，O 15.08%。
别名 对甲氧基二苯甲酮；4-苯甲酰基苯甲醚；4-Benzoylanisole
性状 无色结晶。不溶于水。mp 57～59℃；bp 354～356℃；$bp_{14.3}$ 201～203℃/1.9kPa。一般试剂含量≥98.0%。
注意事项 使用时应避免吸入本品的粉尘，避免与眼睛及皮肤接触。
主要用途 有机合成。

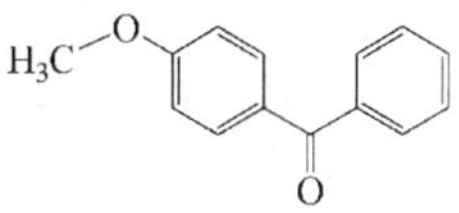

H3C O

O

2-Methoxybenzoyl chloride 2-甲氧基苯甲酰氯 06459
[21615-34-9] $C_8H_7ClO_2$ 170.60
成分 C 56.32%，H 4.14%，Cl 20.78%，O 18.76%。
别名 邻甲氧基苯甲酰氯；氯化 2-甲氧基苯甲酰；*o*-Anisoyl chloride；2-Methoxybenzoic acid chloride
性状 无色液体。溶于水即分解。具有催泪性。bp_8 128～129℃/1.067kPa；Fp 183.2℉(84℃)；d^{20} 1.146；n_D^{20} 1.572。一般试剂含量≥97.0%(T)。
注意事项 该品具有腐蚀性，能引起烧伤。对眼睛及呼吸系统有刺激性。使用时应穿适当的防护服，戴手套和防护镜或面罩。万一接触到眼睛，应立即用大量水冲洗后请医生诊治。使用时如有事故发生或有不适之感，应请医生诊治。应充氩气密封干燥保存。

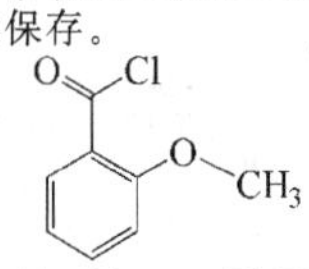

O Cl

O CH3

3-Methoxybenzoyl chloride 3-甲氧基苯甲酰氯 06460
[1171-05-3] $C_8H_7ClO_2$ 170.60
成分 C 56.32%，H 4.14%，Cl 20.78%，O 18.76%。
别名 间甲氧基苯甲酰氯；氯化 3-甲氧基苯甲酰；*m*-Anisoyl chloride；3-Methoxybenzoic acid chloride
性状 无色液体。bp_{15} 123～125℃/2kPa；Fp 197.6℉(92℃)；d_4^{20} 1.252；n_D^{20} 1.558。一般试剂含量≥98.0%(AT)。
注意事项 见 06459 2-甲氧基苯甲酰氯。

2-Methoxybenzyl alcohol 2-甲氧基苯甲醇 06461
[612-16-8] $C_8H_{10}O_2$ 138.17
成分 C 69.54%，H 7.30%，O 23.16%。
别名 2-甲氧基苄醇；邻甲氧基苄醇；邻甲氧基苯甲醇；水杨醇-2-甲醚；2-茴香醇；2-Anisyl alcohol；*o*-Methoxybenzyl alcohol；Saligenin-2-methyl ether
性状 无色液体。能与乙醚混溶，溶于乙醇，微溶于水。bp 244～248℃；Fp >230℉(110℃)；d_4^{20} 1.123；n_D^{20} 1.5505。一般试剂含量≥99.0%(GC)。
注意事项 使用时应避免吸入本品的蒸气，避免与眼睛及皮肤接触。应充氮气密封保存。
主要用途 有机合成。

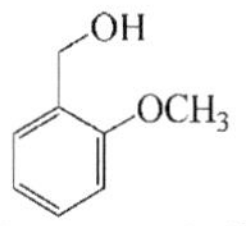

OH

OCH3

3-Methoxybenzyl alcohol 3-甲氧基苯甲醇 06462
[6971-51-3] $C_8H_{10}O_2$ 138.17
成分 C 69.54%，H 7.30%，O 23.16%。
别名 间甲氧基苯甲醇；3-甲氧基苄醇；*m*-Methoxybenzyl alcohol
性状 无色液体。溶于乙醇、乙醚，不溶于水。长时间放置能变黄色。bp_{10} 130～135℃/1.333kPa；Fp>230℉(110℃)；d_4^{20} 1.113；n_D^{20} 1.540。一般试剂含量≥98.0%(GC)。
注意事项 见 06461 2-甲氧基苯甲醇。
主要用途 有机合成。

4-Methoxybenzyl alcohol 4-甲氧基苯甲醇 06463
[105-13-5] $C_8H_{10}O_2$ 138.17
成分 C 69.54%，H 7.30%，O 23.16%。
别名 4-甲氧基苄醇；对甲氧基苄醇；对甲氧基苯甲醇；茴香醇；*p*-Anisyl alcohol；4-Anisyl alcohol；Anise alcohol；4-Methoxybenzenemethanol；*p*-Methoxybenzyl alcohol
M. I. 15,658
性状 无色液体。低温下凝固。易溶于乙醇、乙醚，几乎不溶于水。sp 17℃；mp 24～25℃；bp 259℃；Fp 233.6℉(112℃)；d_{15}^{15} 1.113；n_D^{20} 1.5440。LD_{50} 大鼠急性经口：1.2mL/kg。一般试剂含量≥98.0%(GC)。
注意事项 该品口服有害。对眼睛、呼吸系统及皮肤有刺激性。使用时应穿适当的防护服。万一接触到眼睛，应立即用大量水冲洗后请医生诊治。应密封保存。
主要用途 香料(配制香草、巧克力、可可、杏仁桃等香精)。有机合成。

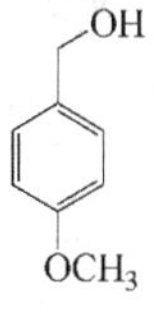

OH

OCH3

2-Methoxybenzylamine　2-甲氧基苄胺 06464
[6850-57-3]　$C_8H_{11}NO$ 137.18
成分　C 70.05%,H 8.08%,N 10.21%,O 11.66%。
别名　邻甲氧基苄胺
性状　无色液体。溶于水,其溶液 pH>7。bp 231～233℃;bp_{705} 224～226℃/94kPa;Fp 210.2℉(99);d^{20} 1.062;n_4^{20} 1.548。一般试剂含量≥98.0%。
注意事项　该品具有腐蚀性,能引起烧伤。对呼吸系统有刺激性。使用时应穿适当的防护服,戴手套和防护镜或面罩。万一接触到眼睛,应立即用大量水冲洗后请医生诊治。使用时如有事故发生或有不适之感,应请医生诊治。

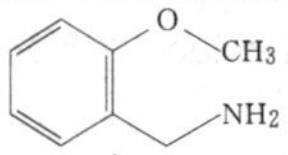

4-(4-Methoxybenzylamino)-7-nitrobenzofurazan
4-(4-甲氧基苄基氨基)-7-硝基苯并呋咱 06465
[33984-50-8]　$C_{14}H_{12}N_4O_4$ 300.28
成分　C 56.00%,H 4.03%,N 18.66%,O 21.31%。
别名　4-(4-甲氧基苄基氨基)-7-硝基-2,1,3-苯并噁二唑;4-(4-Methoxybenzylamino)-7-nitro-2,1,3-benzoxadiazole;MBD
性状　无色结晶。mp 178～182℃。一般试剂含量≥99.0%(HPLC)。
注意事项　使用时应避免吸入本品的粉尘,避免与眼睛及皮肤接触。应密封避光保存。

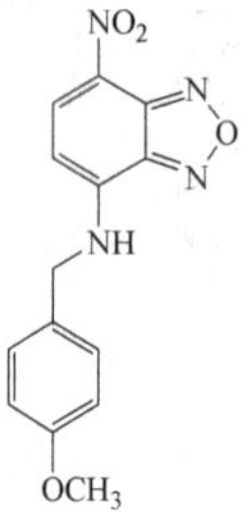

3-Methoxybenzyl chloride　氯化 3-甲氧基苄 06466
[824-98-6]　C_8H_9ClO 156.61
成分　C 61.35%,H 5.79%,Cl 22.64%,O 10.22%。
别名　3-甲氧基氯化苄
性状　无色液体。有催泪性。对湿度敏感。bp_{13} 124℃/1.733kPa;Fp 213.8℉(101℃);d_4^{20} 1.154;n_D^{20} 1.546。一般试剂含量≥97.0%(GC)。
注意事项　见 06464 2-甲氧基苄胺。

4-Methoxybenzyl mercaptan　4-甲氧基苄硫醇 06467
[6258-60-2]　$C_8H_{10}OS$ 154.23
成分　C 62.30%,H 6.54%,O 10.37%,S 20.79%。
别名　4-甲氧基-α-甲苯硫醇;4-Methoxy-α-totuenethiol
性状　无色液体。有恶臭。$bp_{0.5}$ 91～94℃/66.661Pa;Fp >230℉(110℃);d_4^{20} 1.107;n_D^{20} 1.573。一般试剂含量≥90.0%(GC)。
注意事项　使用时应避免吸入本品的蒸气,避免与眼睛及皮肤接触。应充氩气密封于 2～8℃保存。
主要用途　有机合成。

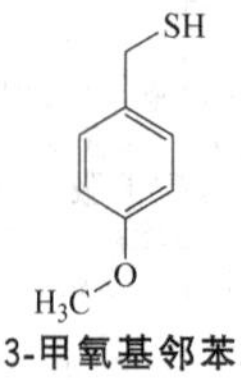

3-Methoxycatechol　3-甲氧基邻苯二酚 06468
[934-00-9]　$C_7H_8O_3$ 140.14
成分　C 60.00%,H 5.75%,O 34.25%。
别名　1,2-二羟基-3-甲氧基苯;邻苯三酚-1-甲基醚;焦棓酚-1-甲基醚;1,2-Dihydroxy-3-methoxybenzene;3-Methoxypyrocatechol;Pyrogallol-1-methyl ether
性状　无色结晶或白色粉末。mp 39～40℃;bp_{15} 146～147℃/2kPa;Fp>230℉(110℃)。一般试剂含量≥99.0%。
注意事项　该品对眼睛、呼吸系统及皮肤有刺激性。使用时应穿适当的防护服和戴手套。万一接触到眼睛,应立即用大量水冲洗后请医生诊治。

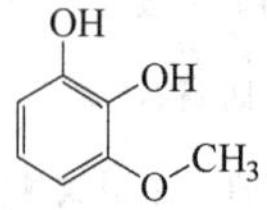

Methoxychlor　甲氧氯 06469
[72-43-5]　$C_{16}H_{15}Cl_3O_2$ 345.64
成分　C 55.60%,H 4.37%,Cl 30.77%,O 9.26%。
别名　1,1,1-三氯-2,2-双(4-甲氧基苯基)乙烷;甲氧滴滴涕;2,2-双(对甲氧基苯基)-1,1,1,-三氯乙烷;2,2-二对茴香基-1,1,1-三氯乙烷;2,2-Bis(*p*-methoxyphenyl)-1,1,1-trichloroethane;2,2-Di-*p*-anisyl-1,1,1-trichloroethane;Dimethoxy-DT;DMDT;Marlate;Methoxy-DDT;Moxie;Dianisyl-DDT;1,1,1-Trichloro-2,2-bis(*p*-methoxyphenyl)ethane;1,1′-(2,2,2-Trichloroethylidene)bis(4-methoxybenzene)
M.I.15,6061
性状　双晶形结晶。溶于乙醇,几乎不溶于水。mp 78～78.2℃或 86～88℃。LD_{50} 大鼠急性经口:5.0g/kg。一般试剂含量≥95.0%。
注意事项　该品吸入、口服或与皮肤接触有害。可能致癌。使用时应穿适当的防护服,戴手套和防护镜或面罩。避免吸入本品蒸气。使用时如有事故发生或有不适之感,应请医生诊治。应密封保存。
主要用途　杀虫剂。兽用杀体外寄生虫剂。分析用标准物质。

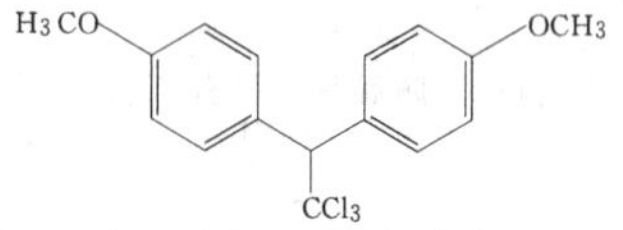

3-Methoxycinnamic acid　3-甲氧基肉桂酸 06470
[6099-04-3]　$C_{10}H_{10}O_3$ 178.19
成分　C 67.41%,H 5.66%,O 26.94%。
别名　反式 3-(3-甲氧基苯基)丙烯酸;3-甲氧基桂皮酸;3-甲氧基肉桂酸 反式;3-甲氧基桂皮酸 反式;*trans*-3-(3-Methoxyphenyl)acrylic acid
性状　无色结晶或白色粉末。mp 119～121℃。
注意事项　见 06468 3-甲氧基邻苯二酚。
主要用途　有机合成。

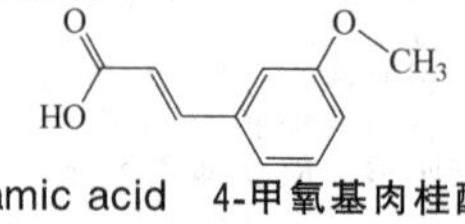

4-Methoxycinnamic acid　4-甲氧基肉桂酸 06471
[943-89-5]　$C_{10}H_{10}O_3$ 178.19
成分　C 67.41%,H 5.66%,O 26.94%。
别名　反式 3-(4-甲氧基苯基)丙烯酸;4-甲氧基桂皮酸;4-甲氧基肉桂酸 反式;4-甲氧基桂皮酸 反式;*trans*-3-(4-Methoxyphenyl)acrylic acid
性状　无色结晶或白色粉末。不溶于水。mp 170～173℃。一般试剂含量≥98.0%(GC)。
注意事项　见 06468 3-甲氧基邻苯二酚。应密封避光保存。
主要用途　有机合成。

2-Methoxyethanol　2-甲氧基乙醇 06472
[109-86-4]　$C_3H_8O_2$ 76.09
成分　C 47.35%,H 10.60%,O 42.05%。
别名　乙二醇一甲醚;甲基溶纤剂;乙二醇甲醚;甲基赛罗沙夫;Ethyleneglycol monomethyl ether;Methylcellosolve®
GW 2015-2573　M.I.15,6063
性状　无色液体。能与水、乙醇、乙醚、甘油、丙酮、二甲基甲酰胺相混溶。因有过氧化物游离,常加入约 0.0005%的 2,6-二叔丁基对甲酚作为稳定剂。mp −85℃;bp_{760} 124.43℃/101.325kPa;bp_{20} 34～41℃/2.666kPa;Fp 115℉(46℃);d_4^{20} 0.9663;n_D^{20} 1.4028。LD_{50} 大鼠,豚鼠急性经口(mg/kg):2460,950;MLC(空气中 7h)小鼠:4.6mg/L。一般试剂含量≥99.5%(GC)。

注意事项 该品易燃。吸入、口服或与皮肤接触有害。能损伤生育力。能危害胎儿。使用前应得到专门的指导，避免曝露。使用时如有事故发生或有不适之感，应请医生诊治。应充氩气密封保存。

主要用途 测定铁、硫酸盐、二硫化碳的试剂。硝化纤维、乙酸纤维、树脂等的溶剂。

2-(2-Methoxyethoxy)ethanol
2-(2-甲氧基乙氧基)乙醇 06473
[111-77-3] $C_5H_{12}O_3$ 120.15

成分 C 49.98%，H 10.07%，O 39.95%。

别名 二乙二醇单甲醚；甲基二乙二醇醚；甲基卡别妥尔；二乙二醇一甲醚；Diethylene glycol monomethyl ether；Methyl carbitol®；Methyl digol；Methyldiglycol

M. I. 15，3136

性状 无色液体。能与水、乙醇、甘油、乙醚、丙酮、二甲基甲酰胺相混溶。mp＜－84℃；bp 194.1℃；Fp 197℉(92℃ 闭杯)；d_{25}^{25} 1.020；d^{25} 1.017；n_D^{27} 1.4264。LD_{50}大鼠急性经口：9.21g/kg。一般试剂含量≥98.0%(GC)。

注意事项 该品能危害胎儿。使用时应穿适当的防护服和戴手套。

2-Methoxyethyl acetate **乙酸 2-甲氧基乙酯** 06474
[110-49-6] $C_5H_{10}O_3$ 118.13

成分 C 50.84%，H 8.53%，O 40.63%。

别名 乙二醇一甲醚乙酸酯；乙二醇独甲醚乙酸酯；1-乙酰氧基-2-甲氧基乙烷；乙酸乙二醇甲醚；乙酸甲基溶纤剂；2-甲氧基乙酸乙酯；Ethylene glycol monomethyl ether acetate；1-Acetoxy-2-methoxyethane；2-Methoxyethanol acetate；Methylcellosolve® acetate

GW 2015-1199 M. I. 13，6064

性状 无色液体。能与水、多数有机溶剂、油类、可溶性树胶、树脂相混溶。mp －65.1℃；bp 145℃；Fp 114.8℉(46℃，闭杯)；d_{20}^{20} 1.0067；n_D^{20} 1.4019。LD_{50}大鼠急性经口：3.4g/kg。

注意事项 该品易燃。能损伤生育力。能危害胎儿。吸入、口服或与皮肤接触有害。使用前应得到专门的指导，避免曝露。使用时如有事故发生或有不适之感，应请医生诊治。应密封保存。

主要用途 溶剂。有机合成。

2-Methoxyethyl acrylate **丙烯酸 2-甲氧基乙酯** 06470
[3121-61-7] $C_6H_{10}O_3$ 130.14

成分 C 55.38%，H 7.75%，O 36.88%。

别名 乙二醇甲醚甲基丙烯酸酯；Ethylene glycol methyl ether acrylate

性状 无色液体。溶于水(20℃，116g/L)。mp＜－30℃；bp 162℃；bp_{12} 56℃/1.6kPa；Fp 132.8℉(56℃)；d^{20} 1.012；n_D^{20} 1.4270。LD_{50}大鼠急性经口：810mg/kg。一般试剂含量≥98.0%。

注意事项 该品与皮肤接触有毒。吸入或口服有害。能危害胎儿。能损伤生育力。对水生物有毒。能对水环境引起长期不利的结果。对眼睛及呼吸系统有刺激性。使用前应得到专门的指导，避免曝露。使用时如有事故发生或有不适之感，应请医生诊治。应防止将本品释放于环境中。

2-Methoxyethylamine **2-甲氧基乙胺** 06476
[109-85-3] C_3H_9NO 75.11

成分 C 47.97%，H 12.08%，N 18.65%，O 21.30%。

别名 2-氨基乙基甲基醚；2-Aminoethyl methyl ether

性状 无色液体。溶于水，其 pH 值(20℃，100g/L)11.2。bp 95℃；Fp 53.6℉（12℃）；d 0.864；n_D^{20} 1.4594。LD_{50}大鼠急性经口：1570mg/kg。一般试剂含量≥98.0%(GC)。

注意事项 该品高度易燃。口服有害。具有腐蚀性，能引起烧伤。使用时应穿适当的防护服，戴手套和防护镜或面罩。使用现场禁止吸烟及饮食。万一接触到眼睛，应立即用大量水冲洗后请医生诊治。接触皮肤后，应立即用大量水冲洗。使用时如有事故发生或有不适之感，应请医生诊治。应远离火种，采取抗放静电措施密封保存。

Methoxyethylbenzeneboronic acid
甲氧基乙基苯硼酸 06477
[159752-39-3] $C_9H_{13}BO_3$ 180.01

成分 C 60.05%，H 7.28%，B 6.01%，O 26.66%。

别名 B-[2-[(1*R*)-1-Methoxyethyl]phenyl]boronic acid

M. I. 15，6065

性状 来自正己烷中的白色固体。mp72～74℃；$[\alpha]_D^{25}$＋27（c＝0.5，于二氯甲烷中）；$[\alpha]_D$＋27.2°（c＝4.6，于二氯甲烷中）。

主要用途 用于二醇类对映体分析的核磁共振转换试剂。

2-Methoxyethyl ether **2-甲氧基乙基醚** 06478
[111-96-6] $C_6H_{14}O_3$ 134.18

成分 C 53.71%，H 10.52%，O 35.77%。

别名 二乙二醇二甲醚；双（2-甲氧基乙基）醚；DEGDME；Diethyleneglycol dimethyl ether；Bis(2-methoxyethyl) ether；Diglyme；Dimethyldiglycol；1，1′-Oxybis（2-methoxyethane）

M. I. 15，3184

性状 无色透明液体。能与水、乙醇、乙醚、烃类溶剂相混溶。mp －68℃；bp_{760} 162℃/101.325kPa；bp_{200} 116℃/26.664kPa；bp_{35} 75℃/4.666kPa；bp_3 20℃/399.97Pa；Fp 158℉(70℃，开杯)；d_{20}^{20} 0.9451；n_D^{20} 1.4097。一般试剂含量≥99.5%(GC)。

注意事项 该品易燃。能形成爆炸性过氧化物。能损伤生育力。能危害胎儿。使用前应得到专门的指导，避免曝露。使用时应穿适当的防护服，戴手套和防护镜或面罩。使用时如有事故发生或有不适之感，应请医生诊治。应密封保存。

Methoxyfenozide **甲氧虫酰肼** 06479
[161050-58-4] $C_{22}H_{28}N_2O_3$ 368.48

成分 C 71.71%，H 7.66%，N 7.60%，O 13.03%。

别名 乐芬诺；3-Methoxy-2-methylbenzoic acid 2-(3，5-dimethylbenzoyl)-2-(1，1-dimethylethyl) hydrazide；*N′-tert*-Butyl-*N′*-(3，5-dimethylbenzoyl)-3-methoxy-2-methylbenzohydrazide；*N′-tert*-Butyl-*N′*-(3-methoxy-*o*-toluoyl)-3，5-xylohydrazide；RH-112485；RH-2485；Intrepid；Runner；Prodigy

M. I. 15，6066

性状 白色粉末。溶于水（3.3mg/L）、丙酮（9%）。该品于下列物质中的溶解度（g/L）：作物油＜10，环已酮 90，二甲基亚砜 110，*N*-甲基吡咯烷酮 380，二甲苯＜10。蒸气压（25℃）：＜4.0×10^{-8}mmHg/5.3×10^{-6}Pa；mp 204～205℃；LD_{50}大鼠，小鼠急性经口（mg/kg）：＞5000，＞5000；大鼠皮肤接触＞2000mg/kg。LC_{50}大鼠吸入＞4.3mg/L。LC_{50}（8天饮食）：雄野鸭，北美鹌鹑＞5620mg/kg，＞5620mg/kg。LC_{50}翻车鱼，水蚤＞4.3mg/L（96h），3.7mg/L（48h）。

主要用途 杀虫剂。

10-Methoxyharmalan **10-甲氧哈梅蓝** 06480
[3589-73-9] $C_{13}H_{14}N_2O$ 214.27

成分 C 72.87%，H 6.59%，N 13.07%，O 7.47%。

别名 4，9-Dihydro-6-methoxy-1-methyl-3*H*-pyrido[3，4-*b*]indole；1-Methyl-6-methoxy-3，4-dihydro-2-carboline；3，4-Dihydromethoxyharman

M. I. 15，6068

性状 无色结晶。mp 208～209℃。

注意事项 该品应密封于 2～8℃保存。

主要用途 生化研究。

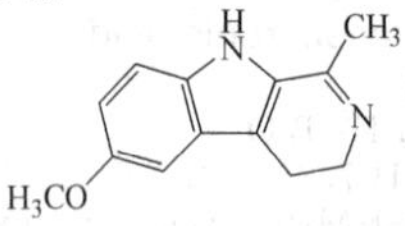

5-Methoxy-1-indanone 2-甲氧基-1-茚酮 06481
[5111-70-6] $C_{10}H_{10}O_2$ 162.19
成分 C 74.06%，H 6.21%，O 19.73%。
性状 无色结晶。mp 107～108℃。一般试剂含量≥97.0%(HPLC)。
注意事项 使用时应避免吸入本品的粉尘，避免与眼睛及皮肤接触。
主要用途 有机合成。

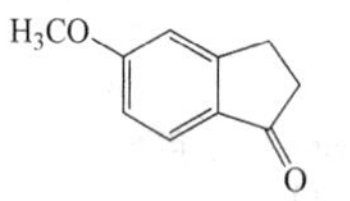

2-Methoxy-4-methylphenol 2-甲氧基-4-甲基酚 06482
[93-51-6] $C_8H_{10}O_2$ 138.17
成分 C 69.54%，H 7.30%，O 23.16%。
别名 2-甲氧基对甲酚；4-甲基愈创木酚；2-羟基-5-甲基苯甲醚；Creosol；4-Hydroxy-3-methoxy-1-methylbenzene；2-Hydroxy-5-methylanisole；2-Methoxy-*p*-cresol；3-Methoxy-4-hydroxytoluene；4-Methylguaiacol
M. I. 15，2559
性状 无色至微黄色具强折光性的有芳香气味的液体。能与乙醇、苯、氯仿、乙醚、冰乙酸相混溶，微溶于水。mp 5.5℃；bp_{760} 220℃/101.325kPa；bp_{15} 105℃/2kPa；bp_4 79℃/533Pa；Fp 185℉（85℃）；d_4^{25} 1.092。n_D^{25} 1.5353。一般试剂含量≥98.0%(GC)。
注意事项 该品口服有害。对眼睛、呼吸系统及皮肤有刺激性。使用时应穿适当的防护服。万一接触到眼睛，应立即用大量水冲洗后请医生诊治。应充氩气密封保存。
主要用途 有机合成。

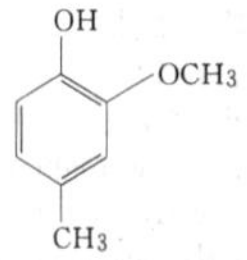

(Methoxymethyl)triphenylphosphonium chloride
氯化(甲氧基甲基)三苯鏻 06483
[4009-98-7] $C_{20}H_{20}ClOP$ 342.80
成分 C 70.08%，H 5.88%，Cl 10.34%，O 4.67%，P 9.04%。
性状 白色粉末。溶于水即分解。mp 190～200℃(分解)。LD_{50}大鼠急性经口：1140mg/kg。一般试剂含量≥98.0%。
注意事项 该品口服有害。对眼睛、呼吸系统及皮肤有刺激性。使用时应穿适当的防护服和戴手套。万一接触到眼睛，应立即用大量水冲洗后请医生诊治。应充氩气密封2～8℃干燥保存。
主要用途 有机合成。

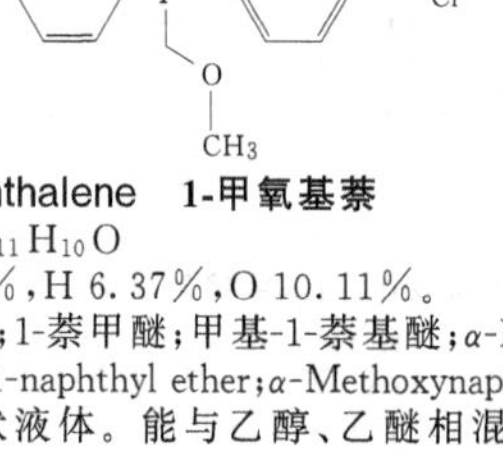

1-Methoxynaphthalene 1-甲氧基萘 06484
[2216-69-5] $C_{11}H_{10}O$ 158.20
成分 C 83.51%，H 6.37%，O 10.11%。
别名 α-萘甲醚；1-萘甲醚；甲基-1-萘基醚；α-Naphthyl methyl ether；Methyl 1-naphthyl ether；α-Methoxynaphthalene
性状 无色油状液体。能与乙醇、乙醚相混溶，不溶于水。bp 269℃；Fp ＞233.6℉(112℃)；d_4^{20} 1.094；n_D^{20} 1.621。一般试剂含量≥98.0%(GC)。
注意事项 使用时应避免吸入本品的蒸气，避免与眼睛及皮肤接触。应密封保存。
主要用途 有机合成。

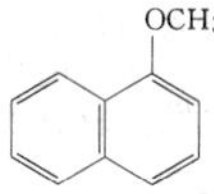

2-Methoxynaphthalene 2-甲氧基萘 06485
[93-04-9] $C_{11}H_{10}O$ 158.20
成分 C 83.52%，H 6.37%，O 10.11%。
别名 甲基-2-萘基醚；2-萘甲醚；2-萘基甲基醚；Methyl 2-naphthyl ether；Methyl β-naphthyl ether；2-Naphthyl methyl ether；β-Naphthyl methyl ether；Nerolin "old"；Yara yara
M. I. 15，6070
性状 来自乙醚中的无色或白色小叶状结晶。溶于乙醚、苯、二硫化碳，略微溶于乙醇，几乎不溶于水。mp 72℃；bp 272℃。一般试剂含量≥98.0%。
注意事项 使用时应避免吸入本品的粉尘，避免与眼睛及皮肤接触。应密封保存。
主要用途 香料制备。定香剂。

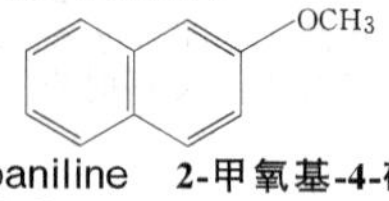

2-Methoxy-4-nitroaniline 2-甲氧基-4-硝基苯胺 06486
[97-52-9] $C_7H_8N_2O_3$ 168.15
成分 C 50.00%，H 4.80%，N 16.66%，O 28.54%。
别名 2-氨基-5-硝基苯甲醚；2-Amino-5-nitroanisole；5-Nitro-2-aminoanisole；4-Nitro-*o*-anisidine
GW 2015-2218
性状 白色粉末。微溶于水。mp 138～141℃；*d* 1.211。LD_{50}大鼠急性经口：1517mg/kg。一般试剂含量≥99.0%。
注意事项 该品口服有害。对眼睛、呼吸系统及皮肤有刺激性。使用时应穿适当的防护服和戴手套。万一接触到眼睛，应立即用大量水冲洗后请医生诊治。
主要用途 有机合成。

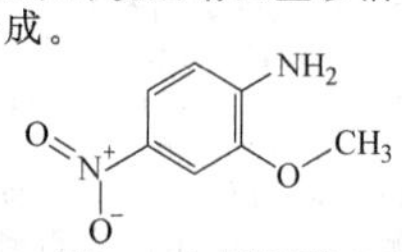

2-Methoxy-5-nitroaniline 2-甲氧基-5-硝基苯胺 06487
[99-59-2] $C_7H_8N_2O_3$ 168.15
成分 C 50.00%，H 4.80%，N 16.66%，O 28.54%。
别名 5-硝基-2-甲氧基苯胺；2-氨基-4-硝基茴香醚；4-硝基-2-氨基苯甲醚；2-氨基-4-硝基苯甲醚；5-Nitro-2-anisidine；2-Amino-4-nitroanisole；4-Nitro-2-aminoanisole；5-Nitro-2-methoxyaniline
性状 白色结晶。微溶于水。mp 117～119℃。一般试剂含量≥97.0%。
主要用途 制造染料。

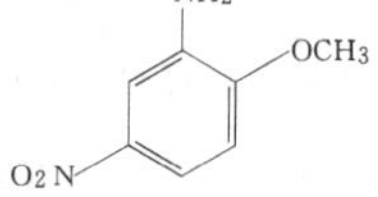

4-Methoxy-2-nitroaniline 4-甲氧基-2-硝基苯胺 06488
[96-96-8] $C_7H_8N_2O_3$ 168.15
成分 C 50.00%，H 4.80%，N 16.66%，O 28.54%。
别名 2-硝基-4-甲氧基苯胺；4-氨基-3-硝基苯甲醚；间硝基对甲氧基苯胺；3-硝基-4-氨基苯甲醚；2-Nitro-4-anisidine；4-Amino-3-nitroanisole；3-Nitro-4-aminoanisole；2-Nitro-*p*-anisidine；*m*-Nitro-*p*-anisidine
GW 2015-2222
性状 暗红色片状结晶。溶于水、乙醇，微溶于苯。能随水蒸气挥发。mp 126～128℃。一般试剂含量≥99.0%。
注意事项 该品吸入、口服或与皮肤接触极毒，并具有蓄积性危害。对水生物有害。对水环境能产生长期有害的结果。使用时应穿适当的防护服和戴手套。接触皮肤后应立即用大量水或肥皂泡沫冲洗。使用时如有事故发生或有不适之感，应请医生诊治。应防止将本品释放于环境中。应密封保存。
主要用途 有机合成。制造染料。

3-Methoxy-2-nitrobenzoic acid
3-甲氧基-2-硝基苯甲酸 06489

[4920-80-3]　$C_8H_7NO_5$　197.15

成分　C 48.74%，H 3.58%，N 7.10%，O 40.58%。

别名　2-硝基-3-甲氧基苯甲酸

性状　无色结晶或白色粉末。mp 259～262℃。

注意事项　该品对眼睛、呼吸系统及皮肤有刺激性。使用时应穿适当的防护服和戴手套。万一接触到眼睛，应立即用大量水冲洗后请医生诊治。

2-Methoxy-5-nitrophenol　2-甲氧基-5-硝基酚　06490

[636-93-1]　$C_7H_7NO_4$　169.14

成分　C 49.71%，H 4.17%，N 8.28%，O 37.84%。

别名　2-硝基-5-甲氧基酚；5-硝基愈创木酚；5-Nitroguaiacol；2-Nitro-5-methoxyphenol

性状　无色结晶或白色粉末。微溶于水。mp 103～106℃；d　1.0。一般试剂含量≥98.0%(GC)。

注意事项　该品吸入、口服或与皮肤接触有害。

Methoxyphenamine hydrochloride

甲氧那明 盐酸盐　06491

[5588-10-3]　$C_{11}H_{18}ClNO$　215.72

成分　C 61.25%，H 8.41%，Cl 16.43%，N 6.49%，O 7.42%。

别名　喘咳宁；奥索克辛；盐酸甲氧那明；2-Methoxy-*N*，*α*-dimethylbenzeneethanamime hydrochloride；*o*-Methoxy-*N*，*α*-dimethylphenethylamine hydrochloride *β*-(*o*-Methoxyphenyl) isopropylmethylamine hydrochloride；*α*-(2-Methoxyphenyl)-*β*-methylaminopropane hydrochloride；Orthoxine

M. I. 15，6071

性状　来自乙醚+乙醇中的无色结晶。味苦。易溶于水、乙醇、氯仿，微溶于乙醚、苯。其5%水溶液 pH 值 5.3～5.7。mp 129～131℃。

注意事项　该品口服有害。使用时应穿适当的防护服。

主要用途　医用支气管扩张剂。

2-Methoxyphenol　2-甲氧基酚　06492

[90-05-1]　$C_7H_8O_2$　124.14

成分　C 67.73%，H 6.50%，O 25.78%。

别名　甲基儿茶酚；邻甲氧基酚；邻羟基苯甲醚；邻羟基茴香醚；1-羟基-2-甲氧基苯；愈创木酚；Anastil；Guaiacol；*o*-Hydroxyanisole；Methylcatechol；1-Hydroxy-2-methoxybenzene；Pyrocatecholmonomethyl ether

M. I. 15，4589

性状　白色或微黄色结晶状块或无色至浅黄色液体(受热至28℃以上为油状液体)。见光或接触空气颜色逐渐变暗。1g该品能溶于60～70mL水、1mL甘油，能与乙醇、乙醚、三氯甲烷、冰乙酸、油类相混溶，溶于氢氧化钠溶液，较多地溶于氢氧化钾溶液，微溶于石油醚。mp 28℃；bp 204～206℃；bp_4 53～55℃/533.29Pa；Fp 179.6℉(82℃)；d　1.129(结晶)；d 约 1.112(液体)。LD_{50}大鼠急性经口：725mg/kg。一般试剂含量≥98.0%。

注意事项　该品口服有害。对眼睛及皮肤有刺激性。万一接触到眼睛，应立即用大量水冲洗后请医生诊治。应密封保存。

主要用途　测定铜、氢氰酸、亚硝酸盐的试剂。儿茶酚的制造。杀菌剂。制药工业。

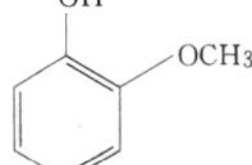

3-Methoxyphenol　3-甲氧基酚　06493

[150-19-6]　$C_7H_8O_2$　124.14

成分　C 67.73%，H 6.50%，O 25.78%。

别名　间甲氧基酚；间羟基苯甲醚；1-羟基-3-甲氧基苯；1-Hydroxy-3-methoxybenzene；3-Hydroxyanisole；*m*-Hydroxyanisole；*m*-Methoxyphenol；Resorcin monomethyl ether；Resorcinol monomethyl ether

性状　无色液体。微溶于水。bp 243～246℃；Fp 233.6℉(112℃)；d_4^{20}　1.145；n_D^{20}　1.552。一般试剂含量≥97.0%(GC)。

注意事项　该品吸入、口服或与皮肤接触有害。对眼睛及皮肤有刺激性。对眼睛有严重损伤的危险。使用时应穿适当的防护服，戴手套和防护镜或面罩。万一接触到眼睛，应立即用大量水冲洗后请医生诊治。应密封于通风良好处保存。

4-Methoxyphenol　4-甲氧基酚　06494

[150-76-5]　$C_7H_8O_2$　124.14

成分　C 67.73%，H 6.50%，O 25.78%。

别名　对甲氧基酚；对羟基苯甲醚；1-羟基-4-甲氧基苯；Hydroquinone monomethyl ether；1-Hydroxy-4-methoxybenzene；4-Hydroxyanisole；*p*-Methoxyphenol

性状　白色片状或蜡状结晶。易溶于乙醇、乙醚、丙酮、苯、乙酸乙酯，微溶于水。mp 54～56℃；bp 243℃；Fp 269.6℉(132℃)；d_4^{20}　1.55。一般试剂含量≥97.0%(HPLC)。

注意事项　该品口服有害。对眼睛有刺激性。接触皮肤能引起过敏。使用时应戴手套和防护镜或面罩。应避免与眼睛及皮肤接触。万一接触到眼睛，应立即用大量水冲洗后请医生诊治。如误服本品，应立即请医生检查，并出示包装物或瓶签。应密封保存。

主要用途　丙烯酸和丙烯腈单体阻聚剂，紫外线抑制剂。溶剂。抗氧剂。染料合成。

DL-*α*-Methoxyphenylacetic acid

DL-*α*-甲氧基苯乙酸　06495

[7021-09-2]　$C_9H_{10}O_3$　166.18

成分　C 65.05%，H 6.07%，O 28.88%。

别名　(±)-*α*-Methoxyphenylacetic acid；*O*-Methyl-DL-mandelic acid

性状　白色片状结晶。溶于乙醇、乙醚，不溶于水。mp 69～71℃。一般试剂含量≥99.0%(T)。

注意事项　该品对眼睛、呼吸系统及皮肤有刺激性。使用时应穿适当的防护服。万一接触到眼睛，应立即用大量水冲洗后请医生诊治。应密封保存。

主要用途　有机合成。

2-Methoxyphenylacetic acid　2-甲氧基苯乙酸　06496

[93-25-4]　$C_9H_{10}O_3$　166.18

成分　C 65.05%，H 6.07%，O 28.88%。

性状　无色结晶。不溶于水。mp 120～123℃。一般试剂含量≥98.0%(T)。

注意事项　该品对眼睛、呼吸系统及皮肤有刺激性。使用时应穿适当的防护服。万一接触到眼睛，应立即用大量水冲洗后请医生诊治。

3-Methoxyphenylacetic acid　3-甲氧基苯乙酸　06497

[1798-09-0]　$C_9H_{10}O_3$　166.18

成分　C 65.05%，H 6.07%，O 28.88%。

性状　无色结晶。mp 71～73℃。一般试剂含量≥98.0%(T)。

注意事项　见 06496 2-甲氧基苯乙酸。

4-Methoxyphenylacetic acid　4-甲氧基苯乙酸　06498

[104-01-8]　$C_9H_{10}O_3$　166.18

成分 C 65.05%，H 6.07%，O 28.88%。
别名 对甲氧基甲苯(甲)酸；*p*-Methoxy-*α*-toluic acid；Homo-*p*-anisic acid
性状 白色片状结晶。溶于乙醇、乙醚，微溶于水(6g/L)。mp 84～86℃；bp_3 138～140℃/400Pa；Fp 379.4℉(193℃)。LD_{50} 大鼠急性经口：1550mg/kg。一般试剂含量≥98.0%(T)。
注意事项 该品口服有害。对眼睛、呼吸系统及皮肤有刺激性。使用时应穿适当的防护服。万一接触到眼睛，应立即用大量水冲洗后请医生诊治。应密封保存。
主要用途 香料。防腐剂。

(2-Methoxyphenyl)acetone (2-甲氧基苯基)丙酮 06499

[5211-62-1] $C_{10}H_{12}O_2$ 164.20
成分 C 73.14%，H 7.37%，O 19.49%。
别名 2-甲氧基苄基甲基甲酮；1-(2-甲氧基苯基)-2-丙酮；2-Methoxybenzyl methyl ketone；1-(2-Methoxyphenyl)-2-propanone
性状 无色液体。bp_{10} 127～130℃/1.3kPa；Fp＞230℉(110℃)；*d* 1.054；n_D^{20} 1.5250。一般试剂含量≥98.0%。
主要用途 有机合成。

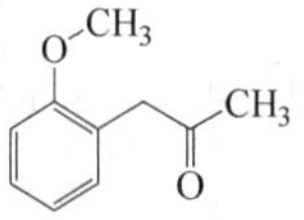

(4-Methoxyphenyl)acetone (4-甲氧基苯基)丙酮 06500

[122-84-9] $C_{10}H_{12}O_2$ 164.20
成分 C 73.14%，H 7.37%，O 19.49%。
别名 4-甲氧基苄基甲基甲酮；1-(4-甲氧基苯基)-2-丙酮；4-Methoxybenzyl methyl ketone；1-(4-Methoxyphenyl)-2-propanone
性状 无色液体。bp 266～268℃；bp_{10} 134～136℃/1.3kPa；Fp 275℉(135℃)；d_4^{20} 1.065；n_D^{20} 1.5251。LD_{50} 大鼠急性经口：3330mg/kg。一般试剂含量≥98.0%。
注意事项 该品对眼睛、呼吸系统及皮肤有刺激性。使用时应戴适当的手套。应避免吸入本品的蒸气，避免与眼睛及皮肤接触。万一接触到眼睛，应立即用大量水冲洗后请医生诊治。

(2-Methoxyphenyl)acetonitrile
(2-甲氧基苯基)乙腈 06501

[7035-03-2] C_9H_9NO 147.18
成分 C 73.45%，H 6.16%，N 9.52%，O 10.87%。
别名 2-甲氧基氰化苄；氰化 2-甲氧基苄；2-Methoxybenzyl cyanide
性状 无色结晶或白色粉末。mp 65～68℃、bp_{15} 143℃/2kPa；Fp 264℉(129℃)。一般试剂含量≥98.0%。
注意事项 该品口服有毒。对眼睛、呼吸系统及皮肤有刺激性。使用时应穿适当的防护服和戴手套。万一接触到眼睛，应立即用大量水冲洗后请医生诊治。使用时如有事故发生或有不适之感，应请医生诊治。应防止将本品释放于环境中。应密封于 2～8℃保存。

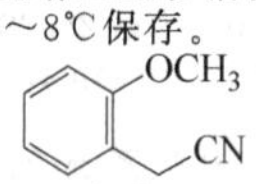

(3-Methoxyphenyl)acetonitrile
(3-甲氧基苯基)乙腈 06502

[19924-43-7] C_9H_9NO 147.18
成分 C 73.45%，H 6.16%，N 9.52%，O 10.87%。
别名 3-甲氧基氰化苄；氰化 3-甲氧基苄；3-Methoxybenzyl cyanide
性状 无色液体。不溶于水。bp 278～282℃；bp_{20} 160～165℃/2.666kPa；Fp 208.4℉(98℃)；d^{20} 1.082；n_D^{20} 1.532。一般试剂含量≥97.0%(GC)。
注意事项 该品口服有毒。对眼睛、呼吸系统及皮肤有刺激性。使用时应穿适当的防护服和戴手套。万一接触到眼睛，应立即用大量水冲洗后请医生诊治。使用时如有事故发生或有不适之感，应请医生诊治。应防止将本品释放于环境中。应密封于 2～8℃保存。

(4-Methoxyphenyl)acetonitrile
(4-甲氧基苯基)乙腈 06503

[104-47-2] C_9H_9NO 147.18
成分 C 73.45%，H 6.16%，N 9.52%，O 10.87%。
别名 4-甲氧基氰化苄；氰化 4-甲氧基苄；4-Methoxybenzyl cyanide
性状 无色液体。极微溶于水(20℃，0.01g/L)，其水溶液 pH 值 4.5。mp 8℃；bp 286～287℃；Fp 242.6℉(117℃)；d^{20} 1.085；n_D^{20} 1.5285。一般试剂含量≥95.0%(GC)。
注意事项 见 06502 (3-甲氧基苯基)乙腈。

2-(4-Methoxyphenyl)ethanol
2-(4-甲氧基苯基)乙醇 06504

[702-23-8] $C_9H_{12}O_2$ 152.19
成分 C 71.03%，H 7.95%，O 21.03%。
别名 4-Methoxyphenethyl alcohol
性状 无色结晶。温度高时为无色液体。mp 28～30℃；bp 334～336℃；bp_{10} 138～140℃/1.333kPa；n_D^{20} 1.5370。一般试剂含量≥98.0%。
注意事项 使用时应避免与眼睛及皮肤接触。应密封于 2～8℃保存。

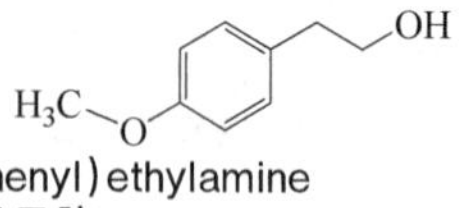

2-(4-Methoxyphenyl)ethylamine
2-(4-甲氧基苯基)乙胺 06505

[55-81-2] $C_9H_{13}NO$ 151.21
成分 C 71.49%，H 8.67%，N 9.26%，O 10.58%。
别名 2-(对甲氧基苯基)乙胺；4-Methoxyphene thylamine
性状 无色液体。溶于水(20℃，21g/L)。bp 249～251℃；bp_{12} 127～130℃/1.6kPa；Fp 161.6℉(72℃)；d_4^{20} 1.031；n_D^{20} 1.534。一般试剂含量≥95.0%(GC)。
注意事项 该品具有腐蚀性，能引起烧伤。对眼睛、呼吸系统及皮肤有刺激性。使用时应穿适当的防护服，戴手套和防护镜或面罩。万一接触到眼睛，应立即用大量水冲洗后请医生诊治。使用时如有事故发生或有不适之感，应请医生诊治。应充氩气密封于 2～8℃保存。

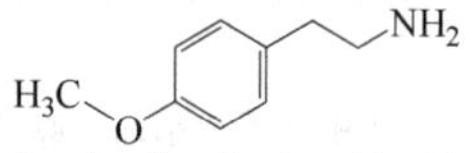

4-Methoxyphenylhydrazine hydrochloride
4-甲氧基苯肼 盐酸盐 06506

[19501-58-7] $C_7H_{11}ClN_2O$ 174.63
成分 C 48.15%，H 6.35%，Cl 20.30%，N 16.04，O 9.16%。
别名 盐酸 4-甲氧基苯肼
性状 无色结晶或白色粉末，溶于水。mp 160～162℃(分解)。一般试剂含量≥99.0%(AT)。
注意事项 该品吸入、口服或与皮肤接触有害。对眼睛、呼吸系统及皮肤有刺激性。使用时应穿适当的防护服和戴手套。万一接触到眼睛，应立即用大量水冲洗后请医生诊治。应密封于通风良好处保存。

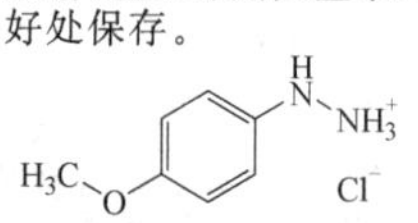

4-Methoxyphenyl isothiocyanate
异硫氰酸 4-甲氧基苯酯 06507

[2284-20-0] C_8H_7NOS 165.21
成分 C 58.16%，H 4.27%，N 8.48%，O 9.68%，S 19.41%。
性状 无色液体。低温可凝固。溶于水即分解。mp 18℃；bp 280～281℃；Fp＞228.2℉(109℃)；d_4^{20} 1.196；n_D^{20} 1.6489。一般试剂含量≥98.0%。
注意事项 该品具有腐蚀性，能引起烧伤。吸入、口服或与皮肤接触有害。使用时应穿适当的防护服，戴手套和防护镜或面罩。万一接触到眼睛，应立即用大量水冲洗后请医生诊治。使用时如有事故发生或有不适之感，应请医生诊治。应充氩气密封干燥保存。

N-(*p*-Methoxyphenyl)-*p*-phenylenediamine hydrochloride
N-(对甲氧基苯基)对苯二胺 盐酸盐 06508

[3566-44-7] $C_{13}H_{15}ClN_2O$ 250.73

成分 C 62.28%,H 6.03%,Cl 14.14%,N 11.17%,O 6.38%。
别名 *N*-(4-甲氧基苯基)对苯二胺 盐酸盐;盐酸 *N*-(对甲氧基苯基)对苯二胺;4-氨基-4′-甲氧基二苯胺 盐酸盐;盐酸-4-氨基-4′-甲氧基二苯胺;*N*-(4-Methoxyphenyl)-1,4-benzenediamine hydrochloride; 4-Amino-4′-methoxydiphenylamine hydrochloride; 4-Methoxy-4′-aminodiphenylamine; Variamine Blue base hydrochloride;
M. I. 15, 6072
性状 灰蓝色结晶性粉末或固体。溶于水
注意事项 该品吸入、口服或与皮肤接触有毒。使用时应穿适当的防护服,戴手套和防护镜或面罩。使用时如有事故发生或有不适之感,应请医生诊治。

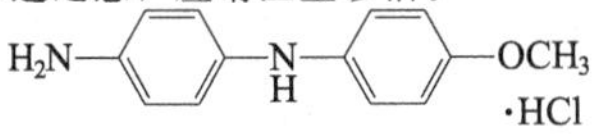

1-Methoxy-2-propanol 1-甲氧基-2-丙醇 06509
[107-98-2] $C_4H_{10}O_2$ 90.12
成分 C 53.31%, H 11.18%, O 35.51%。
别名 Dowanol® PM; Propyleneglycol monomethyl ether
性状 无色液体。能与水混溶。bp 119～121℃; Fp 93℉(33℃); d_4^{20} 0.921; n_D^{20} 1.403。一般试剂含量≥99.0%(GC)。
注意事项 该品易燃。使用时应避免与皮肤接触。

Methoxy-2-propanone 甲氧基-2-丙酮 06510
[5878-19-3] $C_4H_8O_2$ 88.11
成分 C 54.53%,H 9.15%,O 36.32%。
别名 甲氧基丙酮;Methoxyacetone
性状 无色液体。溶于水。bp 118℃; Fp 77℉(25℃); d^{25} 0.957; n_D^{20} 1.3970。LD_{50} 大鼠急性经口:8980mg/kg。一般试剂含量≥95.0%(GC)。
注意事项 该品易燃。使用现场禁止吸烟。应远离火种,采取抗放静电措施密封保存。切勿排入下水道。

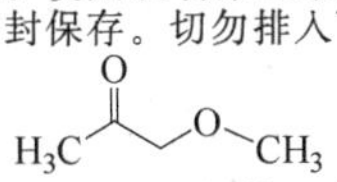

3-Methoxypropionitrile 3-甲氧基丙腈 06511
[110-67-8] C_4H_7NO 85.11
成分 C 56.45%,H 8.29%,N 16.46%,O 18.80%。
别名 *β*-甲氧基乙基氰;*β*-甲氧基氰基乙烷;*β*-Methoxyethyl cyanide
性状 无色透明液体。溶于一般的有机溶剂。bp 164～165℃; Fp 154.4℉(68℃); d_4^{20} 0.939; n_D^{20} 1.4030。一般试剂含量≥99.0%(GC)。
注意事项 该品对眼睛、呼吸系统及皮肤有刺激性。使用时应穿适当的防护服。使用时应避免吸入本品的蒸气,避免与眼睛及皮肤接触。万一接触到眼睛,应立即用大量水冲洗后请医生诊治。应密封保存。
主要用途 塑料聚合用的良好溶剂。

(1-Methoxy-2-propyl)acetate
乙酸 1-甲氧基-2-丙酯 06512
[108-65-6] $C_6H_{12}O_3$ 132.16
成分 C 54.53%,H 9.15%,O 36.32%。
别名 乙酸 1,2-丙二醇-甲醚酯;1,2-丙二醇一甲醚乙酸酯;Acetic acid 2-methoxypropyl ester; MPA; Prpylene glycol menomethyl ether acetate; 1,2-Propanediol monomethyl ether acetate
性状 无色液体。一般常加入稳定剂 2,6-二叔丁基对甲酚。溶于水(20℃,220g/L),其溶液 pH 值 4。mp −67℃; bp 148～151℃; Fp 118.4℉(48℃); d^{20} 0.97; n_D^{20} 1.4078。LD_{50} 大鼠急性经口:7964mg/kg。一般试剂含量≥99.0%。
注意事项 该品易燃。对眼睛有刺激性。应避免与眼睛接触。
主要用途 有机合成。

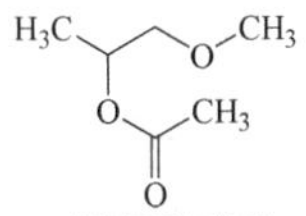

2-Methoxypyrazine 2-甲氧基吡嗪 06513
[3149-28-8] $C_5H_6N_2O$ 110.12
成分 C 54.54%,H 5.49%,N 25.44%,O 14.53%。
性状 无色液体。微溶于水,其 pH 值 7。bp 147～149℃; bp_{29} 61℃/3.866kPa; Fp 113℉(45℃); d^{20} 1.140; n_D^{20} 1.5090。一般试剂含量≥98.0%。
注意事项 该品易燃。具有腐蚀性,能引起烧伤。使用时应穿适当的防护服,戴手套和防护镜或面罩。使用时禁止饮食。万一接触到眼睛,应立即用大量水冲洗后请医生诊治。万一着火,应用指定设备灭火而不能用水。应采取抗放静电措施密封保存。
主要用途 有机合成。

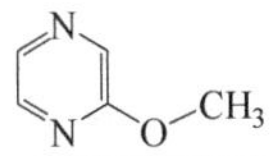

6-Methoxyquinoline 6-甲氧基喹啉 06514
[5263-87-6] $C_{10}H_9NO$ 159.18
成分 C 75.46%,H 5.70%,N 8.80%,O 10.05%。
性状 无色液体。低温凝固。mp 18～20℃; bp_{50} 193℃/6.666kPa; bp_{15} 140～146℃/2kPa; Fp > 230℉(110℃); *d* 1.154; n_4^{20} 1.6250。一般试剂含量≥98.0%。
注意事项 该品对眼睛、呼吸系统及皮肤有刺激性。使用时应戴适当的手套。应避免吸入本品的蒸气,避免与眼睛及皮肤接触。万一接触到眼睛,应立即用大量水冲洗后请医生诊治。应密封于 2～8℃保存。

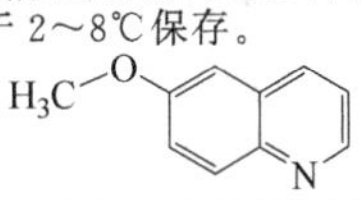

3-Methoxysalicylic acid 3-甲氧基水杨酸 06515
[877-22-5] $C_8H_8O_4$ 168.15
成分 C 57.14%,H 4.80%,O 38.06%。
别名 2-羟基-3-甲氧基苯甲酸;2-Hydroxy-3-methoxybenzoic acid
性状 无色或白色结晶。mp 150～152℃。一般试剂含量≥97.0%(HPLC)。
注意事项 该品对眼睛、呼吸系统及皮肤有刺激性。使用时应穿适当的防护服和戴手套。万一接触到眼睛,应立即用大量水冲洗后请医生诊治。

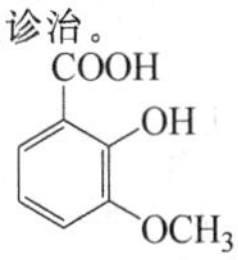

5-Methoxysalicylic acid 5-甲氧基水杨酸 06516
[2612-02-4] $C_8H_8O_4$ 168.15
成分 C 57.14%,H 4.80%,O 38.06%。
别名 2-羟基-5-甲氧基苯甲酸;2-Hydroxy-5-methoxybenzoic acid
性状 无色或白色结晶。mp 141～143℃。一般试剂含量≥98.0%(GC)。
注意事项 见 06515 3-甲氧基水杨酸。

4-Methoxystyrene 4-甲氧基苯乙烯 06517
[637-69-4] $C_9H_{10}O$ 134.18
成分 C 80.56%,H 7.51%,O 11.92%。
性状 无色液体。bp 204～205℃; $bp_{0.5}$ 41～42℃/66.66Pa; Fp 161.6℉(72℃); d^{20} 1.002; n_D^{20} 1.5620。一般试剂含量≥98.0%(GC)。
注意事项 使用时应避免吸入本品的蒸气,避免与眼睛及皮肤接触。应密封于 2～8℃保存。

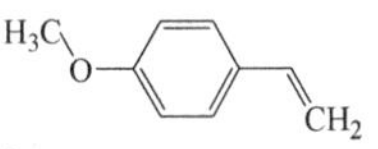

6-Methoxy-α-tetralone
6-甲基-α-萘满酮 06518
[1078-19-9] $C_{11}H_{12}O_2$ 176.22
成分 C 74.98%,H 6.86%,O 18.16%。
别名 3,4-二氢-6-甲氧基-1(2*H*)-萘酮; 6-甲氧基-3,4-二氢-1(2*H*)-萘酮; 1-氧代-6-甲氧基-1,2,3,4-四氢萘; 5-氧代-2-甲氧基-5,6,7,8-四氢萘; 3,4-Dihydro-6-methoxy-1(2*H*)-naphthalenone; 6-Methoxy-3,4-dihydro-1(2*H*)-naphthalenone; 1-Keto-6-methoxy-1,2,3,4-tetrahydronaphthalene; 5-Keto-2-methoxy-5,6,7,8-tetrahydronaphthalene
M. I. 15, 6074
性状 来自甲醇或石油醚中的无色结晶。易溶于热水、乙醇。可升华。mp 80℃; bp_{11} 171℃/1.467kPa; bp_1 135

～139℃/133.322Pa。
注意事项 使用时应避免吸入本品的粉尘，避免与眼睛及皮肤接触。
主要用途 生化研究。用于合成雌甾烷、19-降甾族化合物的衍生物。

3-Methoxythiophenol 3-甲氧基苯硫酚 06519
[15570-12-4] C_7H_8OS 140.20
成分 C 59.97%，H 5.75%，O 11.41%，S 22.87%。
别名 3-甲氧基硫代苯酚；3-甲氧基硫酚；3-甲氧基苯硫醇；3-巯基苯甲醚；3-Mercaptoanisole；3-Methoxybenzenethiol；3-Methoxyphenylmercaptan
性状 无色液体。有恶臭。bp 223～226℃；Fp 204.8℉(96℃)；d 1.130；n_D^{20} 1.5878。一般试剂含量≥95.0%(GC)。
注意事项 该品吸入、口服或与皮肤接触有害。对眼睛、呼吸系统及皮肤有刺激性。使用时应穿适当的防护服和戴手套。万一接触到眼睛，应立即用大量水冲洗后请医生诊治。应密封保存。

4-Methoxythiophenol 4-甲氧基苯硫酚 06520
[696-63-9] C_7H_8OS 140.20
成分 C 59.97%，H 5.75%，O 11.41%，S 22.87%。
别名 4-甲氧基硫代苯酚；4-甲氧基硫酚；4-甲氧基苯硫醇；4-巯基苯甲醚；4-Mercaptoanisol；4-Methoxyphenylmercaptan；4-Methoxybenzenethiol
性状 无色液体。有恶臭。对空气敏感。不溶于水。bp 227～229℃；bp_{24} 100～103℃/3.3kPa；Fp 185℉(85℃)；d_4^{20} 1.140；n_D^{25} 1.5801。一般试剂含量≥98.0%(GC)。
注意事项 该品吸入、口服或与皮肤接触有害。对眼睛、呼吸系统及皮肤有刺激性。使用时应穿适当的防护服和戴手套。万一接触到眼睛，应立即用大量水冲洗后请医生诊治。应充氩气密封保存。

***trans*-1-Methoxy-3-trimethylsilyloxy-1,3-butadiene**
反式 1-甲氧基-3-三甲基硅氧基-1,3-丁二烯 06521
[54125-02-9] $C_8H_{16}O_2Si$ 172.30
成分 C 55.77%，H 9.36%，O 18.57%，Si 16.30%。
别名 1-甲氧基-3-三甲基硅氧基-1,3-丁二烯 反式；Danishefsky's diene；*trans*-1-Methoxy-3-trimethylsiloxy-1,3-butadiene
M. I. 15，6075
性状 无色油状液体。对湿度敏感。bp_{23} 78～81℃/3.066kPa；bp_{16} 70～72℃/2.133kPa；Fp 111.2℉(44℃)；d_D^{20} 0.905；n_D^{20} 1.456。一般试剂含量≥95.0%(GC)。
注意事项 该品易燃。使用时应避免吸入本品的蒸气，避免与眼睛及皮肤接触。应充氩气密封于 2～8℃保存。
主要用途 有机合成。

5-Methoxytryptamine 5-甲氧基色胺 06522
[608-07-1] $C_{11}H_{14}N_2O$ 190.25
成分 C 69.45%，H 7.42%，N 14.72%，O 8.41%。
别名 3-(2-氨基乙基)-5-甲氧基吲哚；5-Methoxy-1*H*-indole-3-ethanamine；3-(2-Aminoethyl)-5-methoxyindole；Meksamin；Mexamin；*O*-Methylserotonin
M. I. 15，6076
性状 来自乙醇中的无色结晶。mp 121～122℃。一般试剂含量≥98.0%(NT)。
注意事项 该品口服有害。使用时应穿适当的防护服。应避免吸入本品的粉尘，避免与眼睛及皮肤接触。应充氩气密封保存。
主要用途 生化研究。

5-Methoxytryptamine hydrochloride
5-甲氧基色胺 盐酸盐 06523
[66-83-1] $C_{11}H_{15}ClN_2O$ 226.71
成分 C 58.28%，H 6.67%，Cl 15.64%，N 12.36%，O 7.06%。
别名 盐酸 5-甲氧基色胺；3-(2-Aminoethyl)-5-methoxyindole hydrochloride；*O*-Methylserotonine hydrochloride
M. I. 15，6076
性状 无色或白色结晶。易溶于水，溶于乙醇，微溶于乙醚。mp 248℃(分解)。一般试剂含量≥98.0%(AT)。
注意事项 该品口服有害。使用时应穿适当的防护服。应避免吸入本品的粉尘，避免与眼睛及皮肤接触。应密封避光于 2～8℃保存。
主要用途 生化研究。

Methscopolamine bromide
溴化甲基东莨菪碱 06524
[155-41-9] $C_{18}H_{24}BrNO_4$ 398.30
成分 C 54.28%，H 6.07%，Br 20.06%，N 3.52%，O 16.07%。
别名 甲溴东莨菪碱；溴甲化东莨菪碱；(1α,2β,4β,5α,7β)-7-[(2*S*)-3-Hydroxy-1-oxo-2-phenylpropoxy]-9,9-dimethyl-3-oxa-9-azoniatricyclo[3.3.1.0^{2,4}]nonane bromide；6β,7β-Epoxy-3α-hydroxy-8-methyl-1α*H*,5α*H*-tropanium bromide tropate (ester)；*N*-Methylscopolammonium bromide；Hyoscine methyl bromide；Scopolamine methobromide；Scopolamine methyl bromide；Epoxymethamine bromide；Holopon；Pamine
M. I. 15，6077
性状 来自乙醇中的无色结晶或粉末。易溶于水、稀乙醇，微溶于无水乙醇。214～217℃分解。一般试剂含量≥99.0%(HPLC)。
注意事项 该品吸入、口服或与皮肤接触有毒。使用时应穿适当的防护服，戴手套和防护镜或面罩。使用时如有事故发生或有不适之感，应请医生诊治。
主要用途 生化研究。医用解痉剂。

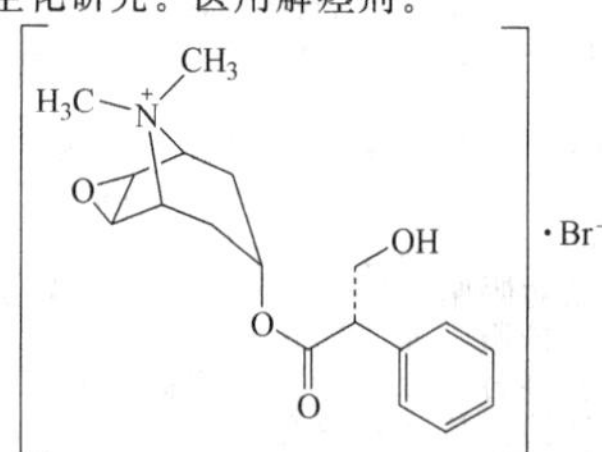

Methsuximide 甲琥胺 06525
[77-41-8] $C_{12}H_{13}NO_2$ 203.24
成分 C 70.92%，H 6.45%，N 6.89%，O 15.74%。
别名 1,3-Dimethyl-3-phenyl-2,5-pyrrolidinedione；*N*,2-Dimethyl-2-phenylsuccinimide；1,3-Dimethyl-3-phenyl-2,5-dioxopyrrolidine；Mesuximide；Celontin；Petinutin
M. I. 15，6078
性状 来自稀乙醇中的无色结晶。易溶于甲醇、乙醇、乙醚、氯仿，微溶于热水。mp 52～53℃；$bp_{0.1}$ 121～122℃/13.3Pa。LD_{50}小鼠急性经口：900mg/kg。
主要用途 医用抗惊厥剂。

***N*-Methylacetamide *N*-甲基乙酰胺** 06526
[79-16-3] C_3H_7NO 73.10
成分 C 49.29%，H 9.65%，N 19.16%，O 21.89%。
别名 乙酰基甲胺；Acetmethylamide；Acetylmethylamine
性状 白色针状结晶。易吸潮。溶于水、乙醇、乙醚、三氯甲烷、苯，不溶于石油醚。mp 26～28℃；bp 204～206℃；

Fp 239°F(115℃);d 0.957;n_D^{20} 1.4330。
注意事项 该品能危害胎儿。使用前应得到专门的指导,避免曝露。使用时如有事故发生或有不适之感,应请医生诊治。
主要用途 制药工业。有机合成。

N-Methylacetanilide **N-甲基乙酰苯胺** 06527
[579-10-2] $C_9H_{11}NO$ 149.19
成分 C 72.46%,H 7.43%,N 9.39%,O 10.72%。
别名 乙酰-N-甲基苯胺;N-甲基乙酰替苯胺;乙酰代甲基苯胺;Acet-*N*-methylanilide; Acetomethylanilide; Acetylmethylaniline; Exalgin;*N*-Methyl-*N*-phenylacetamide
M.I. 15,6081
性状 来自乙醇中的无色正交棒状或来自乙醚或石油醚中的无色片状结晶。1g 该品溶于 60mL 水、2mL 沸热水、2mL 乙醇、10mL 乙醚、1.5mL 三氯甲烷。mp 102～104℃; bp_{712} 253℃/94.925kPa。
注意事项 该品口服有害。使用时应穿适当的防护服,戴手套和防护镜或面罩。万一接触到眼睛,应立即用大量水冲洗后请医生诊治。使用时如有事故发生或有不适之感,应请医生诊治。应密封避光保存。
主要用途 制药工业。

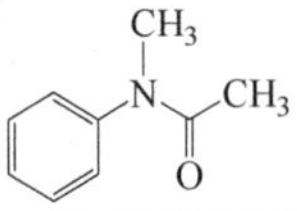

2′-Methylacetanilide **2′-甲基乙酰苯胺** 06528
[120-66-1] $C_9H_{11}NO$ 149.19
成分 C 72.46%,H 7.43%,N 9.39%,O 10.72%。
别名 N-乙酰邻甲苯胺;2-乙酰氨基甲苯;邻甲基乙酰苯胺;2-Acetamidotoluene;*o*-Acetotoluide;*N*-Acetyl-*o*-toluidine;*o*-Methylacetanilide
M.I. 15,72
性状 无色结晶。溶于乙醇、乙醚、苯、氯仿,微溶于水。mp 110℃;bp 296℃;d^{15} 1.168。
注意事项 该品口服有害。对眼睛、呼吸系统及皮肤有刺激性。使用时应穿适当的防护服和戴手套。万一接触到眼睛,应立即用大量水冲洗后请医生诊治。应密封避光保存。其包装物应按危险品处理。
主要用途 有机合成。

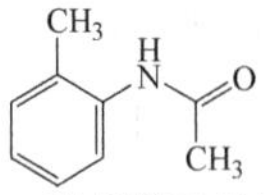

3′-Methylacetanilide **3′-甲基乙酰苯胺** 06529
[537-92-8] $C_9H_{11}NO$ 149.19
成分 C 72.46%,H 7.43%,N 9.39%,O 10.72%。
别名 N-乙酰间甲苯胺;间甲基乙酰苯胺;3-乙酰氨基甲苯;3-Acetamidotoluene;*m*-Acetotoluide; Aceto-*m*-aminotoluene; *N*-Acetyl-*m*-toluidine; *m*-Methylacetanilide; *N*-(3-Methylphenyl)acetamide;*m*-Tolylacetamide
M.I. 15,72
性状 无色针状结晶。易溶于乙醇、乙醚,微溶于水。mp 65.5℃;bp 303℃。
注意事项 该品对眼睛、呼吸系统及皮肤有刺激性。应密封避光保存。
主要用途 有机合成。制药工业。染料合成。

4′-Methylacetanilide **4′-甲基乙酰苯胺** 06530
[103-89-9] $C_9H_{11}NO$ 149.19
成分 C 72.46%,H 7.43%,N 9.39%,O 10.72%。
别名 N-乙酰对甲苯胺;4-乙酰氨基甲苯;对甲基乙酰苯胺;4-Acetamidotoluene; *p*-Acetotoluide; *N*-Acetyl-*p*-toluidine; *p*-Methylacetanilide;1-Methyl-4-acetylaminobenzene
M.I. 15,72
性状 无色或白色结晶。溶于乙醇、乙醚、乙酸乙酯、冰乙酸,极微溶于水。mp 153℃; bp 307℃。一般试剂含量≥98.0%。
注意事项 见 06528 2′-甲基乙酰苯胺。
主要用途 制药工业。染料合成。有机合成。

Methyl acetate **乙酸甲酯** 06531
[79-20-9] $C_3H_6O_2$ 74.08
成分 C 48.64%,H 8.16%,O 43.19%。
别名 醋酸甲酯
GW 2015-2638 M.I. 15,6082
性状 无色液体。有特殊气味。能与乙醇、乙醚相混溶,溶于水。与空气能形成爆炸性的混合物。mp −98℃;bp 56.9℃; Fp 14°F(−10℃,闭杯);d_4^{25} 0.9279;d_4^{20} 0.9342;n_D^{20} 1.3614。一般试剂含量≥98.0%。
注意事项 该品高度易燃。对眼睛有刺激性。反复曝露可造成皮肤干燥或破裂。其蒸气可引起瞌睡和眩晕。使用时应避免吸入本品的蒸气。使用现场禁止吸烟。万一接触到眼睛,应立即用大量水冲洗后请医生诊治。切勿排入下水道。应远离火种,采取抗放静电措施,密封于阴凉处保存。
主要用途 色谱分析标准物质。有机溶剂。由碱金属氯化物中分离氯化锂。香料合成。

Methyl acetoacetate **乙酰乙酸甲酯** 06532
[105-45-3] $C_5H_8O_3$ 116.12
成分 C 51.72%,H 6.94%,O 41.34%。
别名 3-Oxobutanoic acid methyl ester
M.I. 15,6083
性状 无色液体。能与乙醇、乙醚混溶,溶于 2 份水。遇三氯化铁呈深红色。mp −80℃;bp 169～171℃(微分解);Fp 179.6°F(82℃);d 1.078～1.080;n_D^{20} 1.418。LD_{50} 大鼠急性经口:3.0g/kg。一般试剂含量≥99.0%(GC)。
注意事项 该品对眼睛有刺激性。万一接触到眼睛,应立即用大量水冲洗后请医生诊治。应密封保存。
主要用途 有机合成。溶剂。

2′-Methylacetophenone **2′-甲基苯乙酮** 06533
[577-16-2] $C_9H_{10}O$ 134.18
成分 C 80.56%,H 7.51%,O 11.92%。
别名 邻甲苯基甲基酮;邻甲基苯乙酮;*o*-Methylacetophenone; *o*-Tolylmethylketone;Methyl-*o*-tolyl ketone
性状 无色液体。bp 209～213℃; Fp 183.2°F(84℃);d_4^{20} 1.014;n_D^{20} 1.5318。一般试剂含量≥98.0%(GC)。
注意事项 使用时应避免吸入本品的蒸气,避免与眼睛及皮肤接触。应密封保存。
主要用途 有机合成。

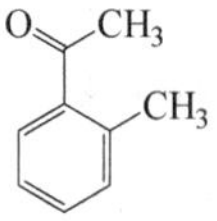

3′-Methylacetophenone **3′-甲基苯乙酮** 06534
[585-74-0] $C_9H_{10}O$ 134.18
成分 C 80.56%,H 7.51%,O 11.92%。
别名 间甲苯基甲基酮;间甲基苯乙酮;*m*-Methylacetophenone;*m*-Tolyl methyl ketone;Methyl-*m*-tolyl ketone
性状 无色液体。溶于丙酮、乙醇、乙醚。mp −9℃;bp 218～220℃;Fp 179.6°F(82℃);d 0.986;n_D^{20} 1.5290。一般试剂含量≥97.0%(GC)。
注意事项 使用时应避免吸入本品的蒸气,避免与眼睛及皮肤接触。应密封于阴凉处保存。
主要用途 有机合成。

4′-Methylacetophenone **4′-甲基苯乙酮** 06535
[122-00-9] $C_9H_{10}O$ 134.18
成分 C 80.56%,H 7.51%,O 11.92%。
别名 甲基对甲苯基甲酮;对甲基苯乙酮;*p*-Methylacetophenone;Methyl *p*-tolyl ke-tone
性状 无色针状结晶或无色至几乎无色液体。有香豆素香味。溶于乙醇、乙醚、苯、氯仿、不挥发油。mp 22～24℃; bp 220～223℃;Fp 179.6°F(82℃);d_4^{20} 1.004;n_D^{20} 1.534。一般试剂含量≥96.0%(GC)。
注意事项 该品口服有害。使用时应穿适当的防护服.应避免吸入本品的蒸气,避免与眼睛及皮肤接触。
主要用途 香料。

Methyl acetylsalicylate **乙酰水杨酸甲酯** 06536

[580-02-9]　$C_{10}H_{10}O_4$　194.19

成分　C 61.85%，H 5.19%，O 32.96%。

别名　甲基阿司匹林；2-(Acetyloxy)benzoic acid methyl ester; Acetylsalicylic acid methyl ester; Methylaspirin; Methylrodin Methylrhodine

M. I. 15，6084

性状　来自石油醚中的无色片状结晶。溶于乙醇、乙醚、氯仿、甘油、丙二醇、油类，极微溶于水。mp 51～52℃；bp_9 134～136℃/1.2kPa。

主要用途　香料定形剂。

Methyl acrylate　丙烯酸甲酯　06537

[96-33-3]　$C_4H_6O_2$　86.09

成分　C 55.81%，H 7.03%，O 37.17%。

别名　败脂酸甲酯；Acrylic acid methyl ester；2-Propenoic acid methyl ester

GW 2015-147　M. I. 15，6085

性状　无色至浅黄色液体。有挥发性。有辛辣气味。能与有机溶剂相混溶，溶于乙醇、乙醚，微溶于水(20℃，6g/100mL；40℃，5g/100mL)。久置即聚合成树脂状物质。聚合速率受光、热、过氧化物杂质的影响。常加入约0.0015%氢醌一甲醚为阻聚剂。纯净物质贮存于10℃以下半年不致聚合。mp －76.5℃；bp_{608} 70℃/81.06kPa；bp_{428} 60℃/57.06kPa；bp_{298} 50℃/39.73kPa；bp_{200} 40℃/26.66kPa；bp_{88} 20℃/11.73kPa；bp_{54} 10℃/7.2kPa；$bp_{41.5}$ 5℃/5.53kPa；bp_{32} 0℃/4.27kPa；$bp_{24.5}$ －5℃/3.27kPa；$bp_{18.5}$ －10℃/2.47kPa；Fp 44℉(6℃)；d_4^{20} 0.9561；d_{20}^{20} 0.9574；d_4^0 0.9702；d_4^{-5} 0.9868；d_4^{-10} 0.9929；n_D^{20} 1.401。LD_{50}大鼠急性经口：0.3g/kg。一般试剂含量≥99.0%(GC)。

注意事项　该品高度易燃。吸入、口服或与皮肤接触有害。对眼睛、呼吸系统和皮肤有刺激性。接触皮肤能引起过敏。使用时应穿适当的防护服和戴手套。使用现场禁止吸烟。切勿排入下水道。万一接触到眼睛，应立即用大量水冲洗后请医生诊治。万一着火，应用沙土或泡沫灭火而不能用水。应远离火种，采取抗放静电措施，于通风良好处密封避光保存。

主要用途　制造聚合体、中间体。活化剂。树脂合成。塑料涂料的配制。黏合剂。皮革、纺织品和纸张的加工等。

6-Methyladenine　6-甲基腺素　06538

[443-72-1]　$C_6H_7N_5$　149.16

成分　C 48.31%，H 4.73%，N 46.95%。

别名　6-(甲基氨基)嘌呤；6-(Methylamino)purine；N^6-Methyladenine

性状　无色结晶。水中溶解度：20℃，0.12g/100mL；100℃，2g/100mL。mp ≥ 300℃。生化试剂含量 ≥ 99.0%(HPLC)。

注意事项　使用时应避免吸入本品的粉尘，避免与眼睛及皮肤接触。应充氩气密封于阴凉处保存。

N^6-Methyladenosine　N^6-甲基腺苷　06539

[1867-73-8]　$C_{11}H_{15}N_5O_4$　281.27

成分　C 46.97%，H 5.38%，N 24.90%，O 22.75%。

别名　6-甲基氨基嘌呤核糖苷；(－)-6-Methylaminopurineriboside；6-Methylaminopurine 9-ribofuranoside

性状　白色结晶性粉末。mp 208～210℃；$[\alpha]^{22}$ －57.2°(c=0.6，于水中)。生化试剂含量≥97.0%。

注意事项　该品应密封于－20℃保存。

Methyladipoyl chloride　甲基己二酰氯　06540

[35444-44-1]　$C_7H_{11}ClO_3$　178.62

成分　C 47.07%，H 6.21%，Cl 19.85%，O 26.87%。

别名　Adipic acid monomethyl ester chloride；Methyl 5-(chloroformyl)valerate；Methyl 6-chloro-6-oxocaproate

性状　无色液体。bp_{10} 117～119℃/1.333kPa；$bp_{0.8}$ 76℃/106.7Pa；Fp 230℉(110℃)；d 1.050；n_D^{20} 1.447。一般试剂含量≥97.0%(GC)。

注意事项　该品具有腐蚀性，能引起烧伤。为催泪剂。使用时应穿适当的防护服，戴手套和防护镜或面罩。万一接触到眼睛，应立即用大量水冲洗后请医生诊治。使用时如有事故发生或有不适之感，应请医生诊治。

Methylal　甲缩醛　06541

[109-87-5]　$C_3H_8O_2$　76.10

成分　C 47.35%，H 10.60%，O 42.05%。

别名　二甲氧基甲烷；二甲醇缩甲醛；甲醇缩甲醛；Dimethoxymethane；Formal；Formaldehyde dimethyl acetal

GW 2015-484　M. I. 15，6086

性状　无色液体。易挥发。有三氯甲烷气味。溶于3份水，能与乙醇、乙醚、油类相混溶。mp －105℃；bp_{760} 41.6℃/101.325kPa；bp_{754} 41.5℃/100.52kPa；Fp 0℉(－18℃，闭杯)；d_4^{14} 0.8669；d_4^{20} 0.8593；n_D^{18} 1.3589。一般试剂含量≥99.0%(GC)。

注意事项　该品高度易燃。对眼睛有刺激性。能形成爆炸性过氧化物。使用时应穿适当的防护服和戴手套。万一接触到眼睛，应立即用大量水冲洗后请医生诊治。使用现场禁止吸烟。应远离火种，采取抗放静电措施，密封于通风良好处干燥保存。

主要用途　分析试剂，如氨的测定。溶剂。

Methylamine alcohol solution　甲胺 醇溶液　06542

[74-89-5]　CH_5N　31.06

成分　C 38.67%，H 16.23%，N 45.10%。

别名　氨基甲烷 醇溶液；Amine C_1 alcohol solution；Aminomethane S/S；Methanamine S/S；Monomethylamine S/S

GW 2015-2568(无水乙醇)　M. I. 15，6088

性状　无色透明液体。有氨味。一般试剂为25%～30%的无水乙醇溶液。Fp －9.4℉(－23℃)；d_4^{20} 0.76；n_D^{20} 1.366。

注意事项　该品高度易燃。吸入或口服有害。具有腐蚀性，能引起烧伤。使用时应穿适当的防护服，戴手套和防护镜或面罩。万一接触到眼睛，应立即用大量水冲洗后请医生诊治。使用时如有事故发生或有不适之感，应请医生诊治。使用现场禁止吸烟。切勿排入下水道。应远离火种，密封于阴凉处保存。

主要用途　表面活性剂。聚合作用的抑制剂。溶剂。有机合成。染织工业。

Methylamine water solution　甲胺 水溶液　06543

[74-89-5]　CH_5N　31.06

成分　C 38.67%，H 16.23%，N 45.10%。

别名　氨基甲烷 水溶液；Aminomethane W/S；Methanamine W/S；Monomethylamine W/S

GW 2015-2550　M. I. 15，6088

性状　无色透明液体。具有强烈氨味。能与乙醇混溶，溶液呈碱性。对高锰酸钾稳定。一般试剂为含量25%～30%的水溶液。bp 48℃；Fp 13℉(－10℃)；d 0.9；n_D^{20} 1.3700。

注意事项　该品高度易燃。其蒸气吸入及皮肤有害。具有腐蚀性，能引起烧伤。对呼吸系统有刺激性。对眼睛有严重损伤的危险。使用时应穿适当的防护服，戴手套和防护镜或面罩。万一接触到眼睛，应立即用大量水冲洗后请医生诊治。使用现场禁止吸烟。切勿排入下水道。应远离火种，密封于阴凉处保存。

主要用途　有机合成。溶剂。制冷剂。

Methylamine hydrochloride　甲胺 盐酸盐　06544

[593-51-1]　CH_6ClN　67.52

成分　C 17.79%，H 8.96%，Cl 52.51%，N 20.74%。

别名　盐酸甲胺；Methylammonium chloride

M. I. 15，6088

性状　无色四方形结晶。有潮解性。溶于水、无水乙醇，不溶于乙醚、丙酮、三氯甲烷、乙酸乙酯。mp 227～228℃；bp_{15} 225～230℃/2kPa。LD_{50}大鼠急性经口：100～200mg/kg。

LC_{50}大鼠 0.448mL/L。一般试剂含量≥98.0%(AT)。

注意事项 该品口服有害。对眼睛、呼吸系统及皮肤有刺激性。使用时应穿适当的防护服和戴手套。万一接触到眼睛,应立即用大量水冲洗后请医生诊治。应充氩气密封保存。

主要用途 分析试剂。有机合成。

Methyl 2-aminobenzoate 2-氨基苯甲酸甲酯 06545

[134-20-3] $C_8H_9NO_2$ 151.17

成分 C 63.56%,H 6.00%,N 9.27%,O 21.17%。

别名 邻氨基苯甲酸甲酯;2-Aminobenzoic acid methyl ester; Methyl *o*-aminobenzoate; Methyl anthranilate; Neroli oil(artificial)

M. I. 15, 6094。

性状 无色结晶。高温时为无色液体。有香味。易溶于乙醇、乙醚,微溶于水。mp 24～25℃; bp_{15} 135.5℃/2kPa; Fp 253.4℉(123℃); *d* 1.168; n_D^{20} 1.583。LD_{50}大鼠,小鼠急性经口(mg/kg): 2910, 3900。一般试剂含量≥98.0% (AT)。

注意事项 该品对眼睛、呼吸系统及皮肤有刺激性。使用时应穿适当的防护服。万一接触到眼睛,应立即用大量水冲洗后请医生诊治。应密封于阴凉干燥处保存。

主要用途 有机合成。

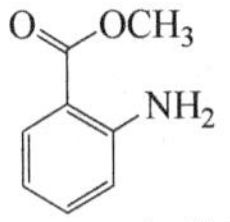

Methyl 4-aminobenzoate 4-氨基苯甲酸甲酯 06546

[619-45-4] $C_8H_9NO_3$ 151.17

成分 C 63.57%, H 6.00%, N 9.24%, O 21.17%。

别名 对氨基苯甲酸甲酯; Methyl *p*-aminobenzoate

性状 无色片状结晶。溶于乙醇、乙醚,微溶于水。mp 111～113℃。一般试剂含量≥98.0% (T)。

注意事项 该品对眼睛、呼吸系统及皮肤有刺激性。使用时应戴手套和防护镜或面罩。使用时应避免吸入本品的粉尘,避免与眼睛及皮肤接触。万一接触到眼睛,应立即用大量水冲洗后请医生诊治。应密封保存。

主要用途 香料合成。有机合成。

4-(Methylamino)benzoic acid
4-(甲基氨基)苯甲酸 06547

[10541-83-0] $C_8H_9NO_2$ 151.17

成分 C 63.56%, H 6.00%, N 9.27%, O 21.17%。

别名 对甲基氨基苯甲酸

性状 无色结晶或白色粉末。mp 158～160℃。一般试剂含量≥97.0%。

注意事项 该品对眼睛、呼吸系统及皮肤有刺激性。使用时应戴手套和防护镜或面罩。万一接触到眼睛,应立即用大量水冲洗后请医生诊治。

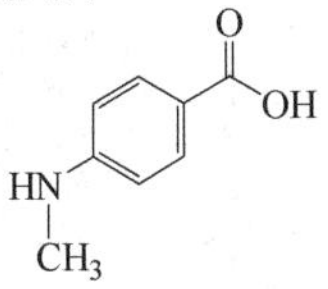

Methyl 3-aminocrotonate 3-氨基丁烯酸甲酯 06548

[14205-39-1] $C_5H_9NO_2$ 115.13

成分 C 52.16%, H 7.88%, N 12.17%, O 27.79%。

别名 3-氨基巴豆酸甲酯; 3-Aminocrotonic acid methyl ester; Methyl 3-amino-2-butenoate

性状 无色结晶。几乎不溶于水,其水溶液 pH 值 8.9。mp 81～83℃; bp_{41} 112℃/5.5kPa; Fp 195.8℉(91℃)。一般试剂含量≥97.0%(NT)。

注意事项 该品吸入、口服或与皮肤接触有害。吸入或与皮肤接触可引起过敏。使用时应穿适当的防护服,戴手套和防护镜或面罩。使用时应避免吸入本品的粉尘。万一接触到眼睛,应立即用大量水冲洗后请医生诊治。

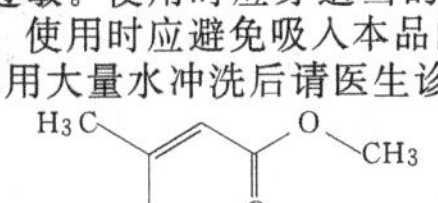

2-Methylaminoethanol 2-甲基氨基乙醇 06549

[109-83-1] C_3H_9NO 75.11

成分 C 47.97%,H 12.08%,N 18.65%,O 21.30%。

别名 *N*-甲基乙醇胺; *N*-Methylethanolamine; Methyl (β-hydroxyethyl)amine; Methylethylolamine

M. I. 15,6089

性状 无色有黏性的液体。有鱼腥气味。能与水、乙醇、乙醚相混溶。呈强碱性。对皮肤、软木塞及金属有腐蚀性。遇盐酸能生成易潮解的盐。bp_{760} 155～156℃/101.325kPa; bp_{12} 64～65℃/1.599kPa; Fp 163℉(72℃); d^{20} 0.937; n_4^{20} 1.4385。LD_{50}雄,雌大鼠急性经口(mg/kg): 1908, 1391;腹膜内注射:1.33g/kg。雄,雌兔皮肤接触(mg/kg): 1880,1006。一般试剂含量≥98.0%(GC)。

注意事项 该品口服或与皮肤接触有害。具有腐蚀性,能引起烧伤。使用时应穿适当的防护服,戴手套和防护镜或面罩。万一接触到眼睛,应立即用大量水冲洗后请医生诊治。使用时如有事故发生或有不适之感,应请医生诊治。

3-Methylamino-1,2-propanediol
3-甲氨基-1,2-丙二醇 06550

[40137-22-2] $C_4H_{11}NO_2$ 105.14

成分 C 45.70%,H 10.55%,N 13.32%,O 30.43%。

性状 无色液体。易吸湿。对二氧化碳敏感。易溶于水。水溶液(20℃, 100g/L) pH 值 11.5。bp_{746} 239～241℃/99.5kPa; Fp 305.6℉(152℃); d^{20} 1.09; n_D^{20} 1.476。LD_{50}大鼠急性经口:4714mg/kg。一般试剂含量≥98.0%(GC)。

注意事项 该品对眼睛、呼吸系统及皮肤有刺激性。使用时应穿适当的防护服。万一接触到眼睛,应立即用大量水冲洗后请医生诊治。应充氩气密封干燥保存。

2-(Methylamino)propiophenone hydrochloride
2-(甲氨基)苯基乙基甲酮 盐酸盐 06551

[49656-78-2] $C_{10}H_{14}ClNO$ 199.68

成分 C 60.15%,H 7.07%,Cl 17.75%,N 7.01%,O 8.01%。

别名 2-甲氨基-1-苯基-1-丙酮盐酸盐;盐酸 2-(甲氨基)苯基乙基甲酮;盐酸 2-甲氨基-1-苯基-1-丙酮; Methcathinone hydrochloride; 2-Methylamino-1-phenyl-1-propanone hydrochloride; α-Methylaminopropiophenone hydrochloride; Monomethylpropion hydrochloride; Ephedrone HCl; Jeff HCl; Mulka HCl; Cat HCl; Cosmos HCl; Jee cocktail HCl

M. I. 15, 6035

性状 来自乙醇-丙酮中的无色结晶。为异构体的混合物。mp 176～177℃。

注意事项 见 06550 3-甲氨基-1, 2-丙二醇。

主要用途 生化研究。

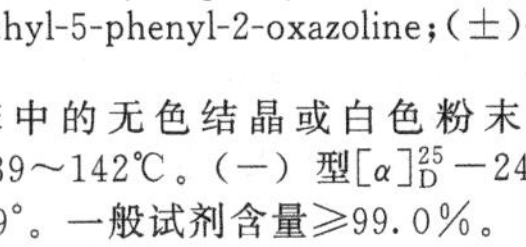

(±)-*cis*-4-Methylaminorex
(±)-顺式-4-甲米雷司 06552

[29493-77-4] $C_{10}H_{12}N_2O$ 176.21

成分 C 68.16%, H 6.86%, N 15.90%, O 9.08%。

别名 甲米雷司; EU4EA; U4Euh; Ice; McN-882; (±)-*cis*-4,5-Dihydro-4-methyl-5-phenyl-2-oxazolamine; (±)-*cis*-2-Amino-4-methyl-5-phenyl-2-oxazoline; (±)-*cis*-4-MAX

M. I. 15, 6092

性状 来自苯中的无色结晶或白色粉末。mp 154.5～156℃,或 139～142℃。(−) 型$[\alpha]_D^{25}$ −244.7°, (+) 型$[\alpha]_D^{25}$ +240.9°。一般试剂含量≥99.0%。

1α-Methyl-5α-androstan-17β-ol-3-one
1α-甲基-5α-雄烷-17β-醇-3-酮 06553

[1424-00-6] $C_{20}H_{32}O_2$ 304.47

成分 C 78.90%, H 10.59%, O 10.51%。

别名 甲二氢睾酮; (1α,5α,17β)-17-Hydroxy-1-methylandrostan-3-one; Mesterolone; 1α-Methyl-5α-dihydrotestosterone; Androviron; Proviron; Mestoranum

M. I. 15, 5986

性状 来自乙酸乙酯中的无色结晶。mp 203.5～205.0℃; $[\alpha]_D^{20}$ +17.6° (*c*=0.875, 于氯仿中)。

注意事项 该品吸入、口服或与皮肤接触有害。使用时应穿

适当的防护服，戴手套和防护镜或面罩。使用时应避免吸入本品的粉尘，避免与眼睛及皮肤接触。

主要用途 生化研究。医用雄性激素。

17α-Methylandrostan-17β-ol-3-one
17α-甲基雄烷-17β-醇-3-酮 06554
[521-11-9] $C_{20}H_{32}O_2$ 304.47

成分 C 78.90%，H 10.59%，O 10.51%。

别名 美雄诺龙；(5α，17β)-17-Hydroxy-17-methylandrostan-3-one；17β-Hydroxy-17α-methyl-3-androstanone；Mestanolone；17α-Methylandrostan-3-on-17β-ol；Anabo；Antalone；Duramin；Mechiaron；Prohormo；Protenolon；Tantarone

M. I. 15，5985

性状 来自乙酸乙酯中的无色结晶。溶于丙酮、乙醇、乙醚、乙酸乙酯，不溶于水。mp 192～193℃。

注意事项 该品对机体有不可逆损伤的可能性。使用时应穿适当的防护服。使用时应避免吸入本品的粉尘。

主要用途 生化研究。医用同化剂。

N-Methylaniline N-甲基苯胺 06555
[100-61-8] C_7H_9N 107.16

成分 C 78.46%，H 8.47%，N 13.07%。

别名 N-Methylbenzenamine；Monomethylaniline

GW 2015-1086 M. I. 15，6093

性状 无色或微黄色液体。久置于空气中变棕色。溶于乙醇、乙醚，微溶于水。mp －57℃；bp 194～196℃；Fp 174℉(78℃)；d_4^{20} 0.989；$n_D^{21.2}$ 1.5702。LD 兔急性经口：280mg/kg；兔，猫静脉注射(mg/kg)：24，24。一般试剂含量≥98.0%(GC)。

注意事项 该品吸入、口服或与皮肤接触有毒，并具有蓄积性危害。对水生物极毒。能对水环境引起长期不利的结果。使用时应穿适当的防护服和戴手套。接触皮肤后应立即用大量水或肥皂泡沫冲洗。使用时如有事故发生或有不适之感，应请医生诊治。应防止将本品释放于环境中。其包装物应按危险品处理。应密封避光于阴凉处保存。

主要用途 有机合成。溶剂。

2-Methylanisole 2-甲基苯甲醚 06556
[578-58-5] $C_8H_{10}O$ 122.17

成分 C 78.65%，H 8.25%，O 13.10%。

别名 2-甲氧基甲苯；邻甲基苯甲醚；邻甲酚甲醚；o-Cresol methyl ether；2-methoxytoluene

性状 无色液体。不溶于水。bp 170～172℃；Fp 125℉(51℃)；d 0.985；n_D^{20} 1.5160。

注意事项 该品易燃。应采取抗静电措施密封保存。应防止将本品释放于环境中。万一着火，应用指定设备灭火，而不能用水。

3-Methylanisole 3-甲基苯甲醚 06557
[100-84-5] $C_8H_{10}O$ 122.17

成分 C 78.65%，H 8.25%，O 13.10%。

别名 3-甲氧基甲苯；间甲氧基甲苯；间甲酚甲醚；间甲基苯甲醚；间甲基茴香醚；m-Cresylmethyl ether；3-Methoxytoluene；m-Methylanisol；Methyl-m-cresol；Methyl-m-tolyl ether

性状 无色液体。能与乙醚、乙醇相混溶。bp 175～180℃；Fp 125.6℉(52℃)；d_4^{20} 0.971；n_D^{20} 1.513。一般试剂含量≥98.0%(GC)。

注意事项 该品易燃。使用现场禁止吸烟。使用时应避免吸入本品的蒸气，避免与眼睛及皮肤接触。应远离火种密封于通风良好处密封保存。

4-Methylanisole 4-甲基苯甲醚 06558
[104-93-8] $C_8H_{10}O$ 122.17

成分 C 78.65%，H 8.25%，O 13.10%。

别名 4-甲氧基甲苯；对甲苯甲醚；对甲氧基甲苯；对甲基苯甲醚；对甲基茴香醚；对甲酚甲醚；p-Cresol methyl ether；p-Cresylmethyl ether；4-Methoxytoluene；p-Methylanisole；Methyl-p-cresol；Methyl-p-tolyl ether；PTMA

性状 无色液体。微有乙醚气味。能与乙醇、乙醚相混溶。bp 173～176℃；Fp 138.2℉(59℃)；d_4^{20} 0.968；n_D^{20} 1.512。一般试剂含量≥98.0%(GC)。

注意事项 该品易燃。口服有害。对眼睛、呼吸系统及皮肤有刺激性。使用时应穿适当的防护服和戴手套。使用时应避免吸入本品的蒸气，避免与眼睛及皮肤接触。万一接触到眼睛，应立即用大量水冲洗后请医生诊治。万一着火，应用指定设备灭火而不能用水。应防止将本品释放于环境中。应采取抗放静电措施密封于阴凉处保存。

主要用途 香料制备。

9-Methylanthracene 9-甲基蒽 06559
[779-02-2] $C_{15}H_{12}$ 192.26

成分 C 93.71%，H 6.29%。

性状 黄色结晶。溶于热乙醇。mp 78～79℃；bp_{12} 196～197℃/1.6kPa；d 1.066。

注意事项 该品口服有害。对眼睛有严重损伤的危险。对水生物极毒。能对水环境引起长期不利的结果。使用时应戴防护镜或面罩。万一接触到眼睛，应立即用大量水冲洗后请医生诊治。应防止将本品释放于环境中。其包装物应按危险品处理。

主要用途 染料制备。有机合成。

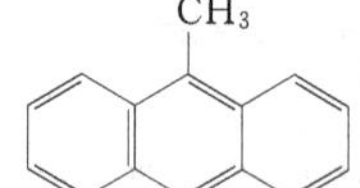

2-Methylanthraquinone 2-甲基蒽醌 06560
[84-54-8] $C_{15}H_{10}O_2$ 222.24

成分 C 81.07%，H 4.54%，O 14.40%。

别名 β-甲基蒽醌；2-Methyl-9，10-anthracenedione；β-Methylanthraquinone

M. I. 15，6095

性状 来自乙醇中的无色至微黄色针状结晶。能升华。易溶于苯、甲苯、二甲苯，溶于乙醇、乙醚、冰乙酸、浓硫酸，不溶于水。mp 177℃；bp_{10} 236～288℃/1.333kPa；Fp 408.2℉(209℃)。一般试剂含量≥97.0%。

注意事项 使用时应避免吸入本品的粉尘，避免与眼睛及皮肤接触。应密封保存。

主要用途 染料中间体。有机合成。

α-Methyl-DL-aspartic acid α-甲基-DL-天冬酸 06561
[2792-66-7] $C_5H_9NO_4$ 147.13

成分 C 40.81%，H 6.17%，N 9.52%，O 43.49%。

别名 2-氨基-2-甲基丁二酸；2-氨基-2-甲基琥珀酸；2-Amino-2-methylsuccinic acid

性状 无色或白色结晶。

N-Methyl-D-aspartic acid N-甲基-D-天冬氨酸 06562
[6384-92-5] $C_5H_9NO_4$ 147.13

成分 C 40.82%，H 6.17%，N 9.52%，O 43.50%。

别名 (*R*)-2-(甲基氨基)琥珀酸；NMDA；*N*-Methyl-D-aspartate；*N*-Methyl-D-asparaginsaure；(*R*)-2-(Methylamino)succinic acid；
M. I. 15，6749
性状 白色固体或粉末。一般试剂含量≥98.0%。
注意事项 该品使用时应避免吸入本品的粉尘，避免与眼睛及皮肤接触。

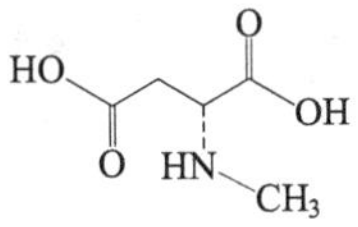

N-Methyl-DL-aspartic acid
N-甲基-DL-天冬酸 06563
[17833-53-3] $C_5H_9NO_4$ 147.13
成分 C 40.82%，H 6.17%，N 9.52%，O 43.50%。
别名 (±)-2-(甲基氨基)丁二酸；NMA；(±)-2-(Methylamino) succinic acid；DL-2-Methylaminosuccinic acid
性状 无色结晶。一般试剂含量≥99.0%(T)。
注意事项 使用时应避免吸入本品的粉尘，避免与眼睛及皮肤接触。应充氩气密封保存。

3-Methylbenzaldehyde 3-甲基苯甲醛 06564
[620-23-5] $CH_3C_6H_4CHO$ C_8H_8O 120.15
成分 C 79.97%，H 6.71%，O 13.32%。
别名 间甲基苯甲醛；*m*-Methylbenzaldehyde；*m*-Toluylaldehyde；*m*-Tolualdehyde
性状 无色至浅棕黄色液体。易溶于乙醚、乙醇，微溶于水。bp 199℃；bp_{11} 80～82℃/1.467kPa；Fp181.4℉(83℃)；d_4^{20} 1.022；n_D^{20} 1.541。常加入约0.1%的氢醌作为稳定剂。一般试剂含量≥97.0%(GC)。
注意事项 该品口服有害。对眼睛、呼吸系统及皮肤有刺激性。使用时应穿适当的防护服和戴手套。万一接触到眼睛，应立即用大量水冲洗后请医生诊治。使用时应避免吸入本品的蒸气，避免与眼睛及皮肤接触。应充氩气密封于阴凉处保存。

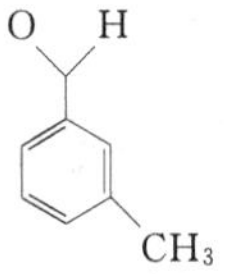

4-Methylbenzaldehyde 4-甲基苯甲醛 06565
[104-87-0] C_8H_8O 120.15
成分 C 79.97%，H 6.71%，O 13.32%。
别名 对甲基苯甲醛；*p*-Methylbenzaldehyde；*p*-Toluylaldehyde；*p*-Tolualdehyde
性状 无色液体。几乎不溶于水。bp 204～205℃；bp_{11} 82～85℃/1.467kPa；Fp 185℉(85℃)；d_4^{20} 1.016；n_D^{20} 1.545。一般试剂含量≥96.0%(GC)。
注意事项 该品口服有害。对眼睛、呼吸系统及皮肤有刺激性。使用时应穿适当的防护服和戴手套。万一接触到眼睛，应立即用大量水冲洗后请医生诊治。应充氮气密封于阴凉处保存。

Methyl benzilate 二苯羟基乙酸甲酯 06566
[76-89-1] $C_{15}H_{14}O_3$ 242.28
成分 C 74.36%，H 5.82%，O 19.81%。
别名 二苯乙醇酸甲酯；二苯羟基醋酸甲酯；Methyl diphenylglycolate
M. I. 14，1080
性状 白色结晶。溶于乙醇。mp 74～75℃；bp_{13} 187℃/1.733kPa。一般试剂含量≥98.0%。
注意事项 使用时应避免吸入本品的粉尘，避免与眼睛及皮肤接触。

2-Methylbenzimidazole 2-甲基苯并咪唑 06567
[615-15-6] $C_8H_8N_2$ 132.17
成分 C 72.70%，H 6.10%，N 21.19%。
别名 2-甲基间二氮茚；2-Methylbenziminazole；*N*，*N'*-*o*-Phenylene acetamidine
性状 针状结晶。溶于乙醇、乙醚、热水、氢氧化钠溶液。mp 176～177℃。一般试剂含量≥98.0%(NT)。
注意事项 该品对眼睛、呼吸系统及皮肤有刺激性。使用时应戴适当的手套。万一接触到眼睛，应立即用大量水冲洗后请医生诊治。
主要用途 有机合成。

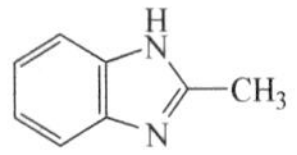

Methyl benzoate 苯甲酸甲酯 06568
[93-58-3] $C_8H_8O_2$ 136.15
成分 C 70.58%，H 5.92%，O 23.50%。
别名 尼哦油；苯酸甲酯；Benzoic acid methyl ester；Essence of Niobe；Oil of Niobe
GW 2015-81 M. I. 15，6098
性状 无色透明液体。有香味。能与乙醇、乙醚、甲醇相混溶，不溶于水。mp 约－15℃；bp 198～200℃；Fp 181℉(82℃，闭杯)；d_4^{15} 1.094；n_D^{15} 1.5205。LD_{50}大鼠急性经口：3.43g/kg。一般试剂含量≥99.0%(GC)。
注意事项 该品口服有害。使用时应穿适当的防护服。使用时应避免吸入本品的蒸气。应密封于阴凉处保存。
主要用途 香料。显微分析中用作溶剂。纤维素的溶剂。气相色谱标准物。

Methyl-*p*-benzoquinone 甲基对苯醌 06569
[553-97-9] $C_7H_6O_2$ 122.12
成分 C 68.85%，H 4.95%，O 26.20%。
别名 甲苯醌；2-甲基苯醌；甲基-1，4-苯醌；对甲苯醌；Toluquinone；Methyl-1，4-benzoquinone；*p*-Toluquinone
性状 固体。微溶于水。mp 66～67℃。一般试剂含量≥98.0%(HPLC)，升华残渣约1%。
注意事项 该品口服有害。对眼睛、呼吸系统及皮肤有刺激性。接触皮肤可引起过敏。使用时应戴适当的手套。应避免与皮肤接触，万一接触到眼睛，应立即用大量水冲洗后请医生诊治。应密封避光保存。

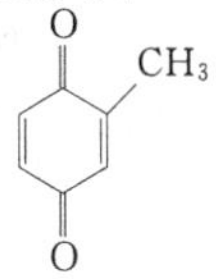

2-甲基苯并噻唑 06570
[120-75-2] C_8H_7NS 149.22
成分 C 64.39%，H 4.73%，N 9.39%，S 21.49%。
别名 2-甲基苯并硫唑
性状 无色至微黄色油状液体。有吡啶气味。溶于乙醇、盐酸。与碘化铋钾反应生成红色或橙红色沉淀，与锑生成黄色沉淀。mp 11～14℃；bp 238℃；bp_{11} 110～113℃/1.467kPa；Fp 216℉(102℃)；d_4^{20} 1.174；n_D^{20} 1.617。一般试剂含量≥98.0%(GC)。
注意事项 该品对眼睛、呼吸系统及皮肤有刺激性。使用时应戴适当的手套。使用时应避免吸入本品的蒸气，避免与眼睛及皮肤接触。万一接触到眼睛，应立即用大量水冲洗后请医生诊治。应密封于阴凉处保存。
主要用途 检定铋、锑、银的试剂。

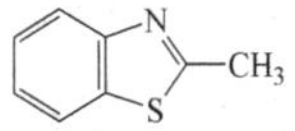

3-Methyl-2-benzothiazolinone hydrazone hydrochloride monohydrate
3-甲基-2-苯并噻唑酮腙 盐酸盐 一水 06571
[38894-11-0] $C_8H_{10}Cl\ N_3S \cdot H_2O$ 233.72
成分(以无水物计)C 44.55%，H 4.67%，Cl 16.44%，N 19.48%，S 14.87%。
别名 3-甲基-2-苯并噻唑酮腙 盐酸盐；盐酸3-甲基-2-苯并噻唑酮腙 一水；酚试剂；2-Hydrazono-3-methylbenzothiazoline hydrochloride；MBTH-HCl
性状 灰白色粉末。溶于水，微溶于无水乙醇。mp 270～274℃(分解)。一般试剂含量≥99.0%(HPLC)。
注意事项 该品对眼睛、呼吸系统及皮肤有刺激性。使用时应穿适当的防护服。万一接触到眼睛，应立即用大量水冲洗后请医生诊治。应密封保存。
主要用途 定性测定微量醛。酚类、脂肪族醛、芳香族胺类的比色测定。

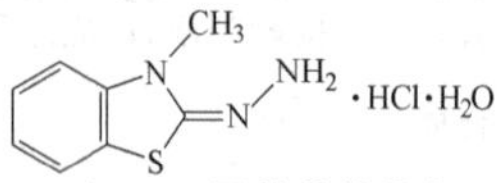

2-Methylbenzoxazole　2-甲基苯并噁唑　06572
[95-21-6]　C_8H_7NO　133.15
成分　C 72.17%,H 5.30%,N 10.52%,O 12.02%。
别名　2-甲基苯并氧氮唑
性状　无色油状液体。溶于乙醇,不溶于水。mp 8.5～10℃;bp 177～178℃;Fp 167℉(75℃);d_4^{20} 1.121;n_D^{20} 1.548～1.550。一般试剂含量≥99.0%。
注意事项　该品口服有害。对眼睛、呼吸系统及皮肤有刺激性。使用时应穿适当的防护服,戴手套和防护镜或面罩。万一接触到眼睛,应立即用大量水冲洗后请医生诊治。应密封避光保存。
主要用途　有机合成。染料合成。制药工业。

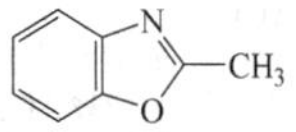

Methyl blue　甲基蓝　06573
[28983-56-4]　$C_{37}H_{27}N_3Na_2O_9S_3$　799.79
成分　C 55.57%, H 3.40%, N 5.25%, Na 5.75%, O 18.00%,S 12.03%。
别名　油脂蓝;品蓝;棉蓝;溶剂蓝 8B;酸性蓝 93;Acid blue 93;Bavarian blue;[[4-[Bis[4-[(sulfophenyl)amino]phenyl]methylene]-2,5-cyclohexadien-1-ylidene]amino]benzenesulfonic acid disodium salt;Brilliant cotton blue;Helvetia blue;Ink blue;Methyl cotton blue;Sodium triphenyl-*p*-rosanilinetrisulfonate;Soluble blue 8B;Water blue
M.I.15,6102　C.I.42780
性状　深蓝色粉末。系强酸性的染色剂。溶于水呈蓝色,不溶于乙醇。pH 值 9.4～14.0(由蓝至红至无色)。最大吸收值:约 607nm。
注意事项　使用时应避免吸入本品的粉尘,避免与眼睛及皮肤接触。应密封保存。
主要用途　生物染色剂,用于动物组织学中原生动物活体、细菌、神经细胞的染色等。医用消毒剂。

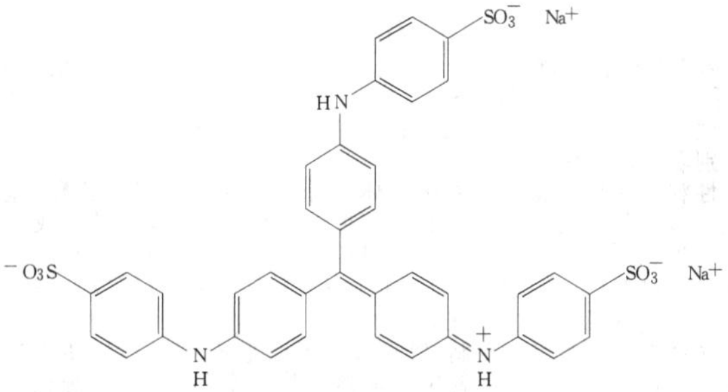

Methyl bromoacetate　溴乙酸甲酯　06574
[96-32-2]　$C_3H_5BrO_2$　152.98
成分　C 23.55%, H 3.29%, Br 52.23%, O 20.92%。
别名　溴醋酸甲酯;Bromoacetic acid methyl ester
GW 2015-2430
性状　无色或浅黄色液体。其蒸气有很强的催泪性和刺激性。能与乙醇、乙醚、苯相混溶,不溶于水。bp 144～145℃;Fp 147.2℉(64℃);d_4^{20} 1.659;n_D^{20} 1.4580。一般试剂含量≥98.0%(GC)。
注意事项　该品口服有毒。具有腐蚀性,能引起烧伤。对呼吸系统有刺激性。使用时应穿适当的防护服,戴手套和防护镜或面罩。万一接触到眼睛,应立即用大量水冲洗后请医生诊治。使用时如有事故发生或有不适之感,应请医生诊治。应密封于通风良好处保存。
主要用途　有机合成。溶剂。

Methyl 2-bromopropionate　2-溴丙酸甲酯　06575
[5445-17-0]　$C_4H_7BrO_2$　167.00
成分　C 28.77%,H 4.22%,Br 47.84%,O 19.16%。
别名　Methyl DL-2-bromopropionate
性状　无色液体。不溶于水。bp 143～145℃;bp_{19} 51℃/2.533kPa;Fp 167℉(75℃);d_4^{20} 1.498;n_D^{20} 1.451。一般试剂含量≥97.0%(GC)。
注意事项　该品易燃。易有腐蚀性,能引起烧伤。对眼睛、呼吸系统有刺激性。使用时应穿适当的防护服,戴手套和防护镜或面罩。万一接触到眼睛,应立即用大量水冲洗后请医生诊治。应密封保存。

Methyl 5-bromovalerate　5-溴戊酸甲酯　06576
[5454-83-1]　$C_6H_{11}BrO_2$　195.06
成分　C 36.95%,H 5.68%,Br 40.96%,O 16.40%。
别名　5-Bromopentanoic acid methyl ester;Methyl 5-bromopentano-ate
性状　无色液体。bp_4 79～80℃/533.29 Pa;Fp 211℉(99℃);d_4^{20} 1.363;n_D^{20} 1.4630。一般试剂含量≥97.0%(GC)。
注意事项　使用时应避免吸入本品的蒸气,避免与眼睛及皮肤接触。应密封保存。

2-Methyl-1,3-butadiene　2-甲基-1,3-丁二烯　06577
[78-79-5]　C_5H_8　68.12
成分　C 88.16%,H 11.84%。
别名　异戊二烯;异戊间二烯;Isoprene
GW 2015-1031　M.I.15,5247
性状　无色易挥发液体。能与乙醇、乙醚相混溶,几乎不溶于水。性不稳定。可被氧化。mp －145.95℃;bp_{760} 34.067℃/101.325kPa;d_4^{20} 0.681;d_{20}^{20} 0.6805;n_D^{20} 1.42160。LD_{50} 小鼠:144mg/L(空气中蒸气)。
注意事项　该品极易燃。能致癌。对水生物有害。对水环境能产生长期有害的结果。能造成不可逆的危害。使用前应得到专门的指导,避免曝露。使用现场禁止吸烟。切勿排入下水道。应防止将本品释放于环境中。应远离火种采取抗放静电措施,密封于通风良好处 2～8℃保存。

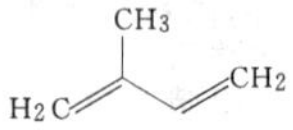

2-Methylbutane　2-甲基丁烷　06578
[78-78-4]　C_5H_{12}　72.15
成分　C 83.24%,H 16.76%。
别名　异戊烷;乙基二甲基甲烷;*iso*-Pentane;Ethyldimethyl methane;Isopentane
GW 2015-1114
性状　无色透明液体。能与乙醇、乙醚相混溶,不溶于水。bp 28～29℃;Fp －59.8℉(－51℃);d_4^{20} 0.620;n_D^{20} 1.3540。一般试剂含量≥99.0%。
注意事项　该品极易燃。对水生物有毒。能对水环境引起长期不利的结果。口服能损伤肺脏。反复曝露可造成皮肤干燥或破裂。其蒸气可引起瞌睡和眩晕。使用现场禁止吸烟。切勿排入下水道。应防止将本品释放于环境中。其包装物应按危险品处理。应远离火种,采取抗放静电措施,密封于通风良好处保存。
主要用途　有机合成。溶剂。气相色谱标准物。

(±)-2-Methyl-1-butanol　(±)-2-甲基-1-丁醇　06579
[137-32-6]　$C_5H_{12}O$　88.15
成分　C 68.13%,H 13.72%,O 18.15%。
别名　Active amyl alcohol;*sec*-Butyl carbinol;*dl*-*sec*-Butyl carbinol
GW 2015-1035　M.I.15,6104
性状　无色液体。微溶于水(30℃,3.6g 溶于 100g 水),能与乙醇、乙醚相混溶。bp 128℃;Fp 122℉(50℃,开杯);d_4^{20} 0.816;n_D^{25} 1.4104。LD_{50} 大鼠急性经口:4.92mL/kg。一般试剂含量≥98.0%(GC)。
注意事项　该品易燃。其蒸气吸入有害。对呼吸系统有刺激性。反复曝露可造成皮肤干燥或开裂。使用时应避免与眼睛及皮肤接触。如误服本品,应立即就医,并出示本品的容器或标签。应密封保存。
主要用途　溶剂。有机合成。增塑剂,润滑剂。

2-Methyl-2-butanol　2-甲基-2-丁醇　06580
[75-85-4]　$C_5H_{12}O$　88.15
成分　C 68.13%,H 13.72%,O 18.15%。

别名 叔戊醇；二甲基乙基甲醇；二甲基乙基原醇；第三戊醇；*tert*-Amyl alcohol；Amylene hydrate；Dimethyl ethyl carbinol；Ethyl dimethyl carbinol；*tert*-Pentanol；*tert*-Pentyl alcohol

GW 2015-1050　M. I. 15，7253

性状 无色挥发性液体。有特殊刺激性气味。能与乙醇、乙醚、苯、三氯甲烷、甘油、油类相混溶，溶于 8 份水。mp －9.0℃；bp_{765} 102.5℃/101.991kPa；Fp 67℉（19℃，闭杯）；Fp 70℉（21℃，开杯）；d^{20} 0.8084；n_D^{20} 1.4052。LD_{50} 大鼠急性经口：1.0g/kg。一般试剂含量≥96.0%（GC）。

注意事项 该品高度易燃。其蒸气吸入有害。对呼吸系统及皮肤有刺激性。使用现场禁止吸烟。使用时应避免与眼睛及皮肤接触。如误服本品，应立即就医，并出示本品的容器及标签。应远离火种于通风良好处密封保存。

主要用途 有机合成。溶剂。干燥剂。

3-Methyl-1-butanol　3-甲基-1-丁醇　06581

[123-51-3]　$C_5H_{12}O$　88.15

成分 C 68.13%，H 13.72%，O 18.15%。

别名 3-异丁原醇；异戊醇；*iso*-Amyl alcohol；*iso*-Butyl carbinol；Fermentation amyl alcohol；Isoamyl alcohol；Isobutyl carbinol；Isopentanol；Isopentyl alcohol；*iso*-Pentyl alcohol；*iso*-Pentanol

GW 2015-1036　M. I. 15，5241

性状 无色透明液体。有特殊不愉快气味。能与乙醇、乙醚、苯、氯仿、石油醚、冰乙酸、油类相混溶。微溶于水（14℃，2g/100mL）。mp －117.2℃；bp_{760} 130.5℃；Fp 114℉（45℃，闭杯）；Fp 132℉（55℃，开杯）；d_4^{15} 0.813；d^{25} 0.80631；n_D^{25} 1.40519；n_D^{20} 1.4075。LD_{50} 大鼠急性经口：7.07mL/kg。

注意事项 该品易燃。蒸气吸入有害。反复曝露可造成皮肤干燥或开裂。如误服，应立即就医，并出示本品的容器或标签。应远离火种密封保存。

主要用途 萃取剂，如铁、钴、铜盐、二苯碳酰二肼的络合萃取。碱金属氯化物中的氯化锂的分离。制药工业。

参考规格 HG/T 2891—2011

	分析纯	化学纯
含量[$(CH_3)_2CHCH_2CH_2OH$]/%≥	98.5	98.0
沸点/℃	130.0±1	130.0±1
蒸发残渣/%≤	0.002	0.004
酸度(以 H^+ 计)/(mmol/g)≤	0.0004	0.0008
酸与酯[以 $CH_3COO(CH_2)_4CH_3$ 计]/%≤	0.06	0.1
羰基化合物(以 CO 计)/%≤	0.1	0.2
易炭化物质	合格	合格
铁(Fe)/%≤	0.00003	0.00006
水分(H_2O)/%≤	0.2	0.4

3-Methyl-2-butanol　3-甲基-2-丁醇　06582

[598-75-4]　$C_5H_{12}O$　88.15

成分 C 68.13%，H 13.72%，O 18.15%。

别名 甲基异丙基甲醇；异丙基甲基甲醇；*dl-sec*-Isoamyl alcohol；*sec*-Isopentyl alcohol；Isopropyl methyl carbinol；Methyl isopropyl carbinol

GW 2015-1051　M. I. 15，6105

性状 无色液体。能与乙醇、乙醚相混溶，微溶于水（30℃，2.8g/100g）。bp 113～114℃；bp_{742} 109.5～110.5℃/98.925kPa；Fp 103℉（39℃，闭杯）；Fp 95℉（35℃，开杯）；d^{19} 0.819；n_D^{20} 1.4091。一般试剂含量≥98.0%（GC）。

注意事项 该品易燃。其蒸气吸入有害。对呼吸系统有刺激性。反复曝露可造成皮肤干燥或开裂。如误服，应立即就医，并出示本品的容器或标签。应密封于阴凉处保存。

主要用途 溶剂。

3-Methyl-2-butanone　3-甲基-2-丁酮　06583

[563-80-4]　$C_5H_{10}O$　86.13

成分 C 69.72%，H 11.70%，O 18.58%。

别名 1，1-二甲基丙酮；甲基异丙基甲酮；2-Acetylpropane；1，1-Dimethylacetone；Isopropyl methyl ketone；Methyl isopropyl ketone；Methyl-*iso*-propyl ketone，MIPK

GW 2015-1053　M. I. 15，6162

性状 无色液体。有类似丙酮的气味。能与乙醇、乙醚等有机溶剂相混溶，微溶于水。mp －94.4℃；bp_{760} 94.2℃/101.325kPa；Fp 43℉（6℃）；d^{20} 0.8100；d^{25} 0.8061；n_D^{20} 1.3887；n_D^{25} 1.3861。LD_{50} 雄小鼠急性经口（mmol/kg）：29.86。一般试剂含量≥98.5%（GC）。

注意事项 该品高度易燃。使用现场禁止吸烟。应远离火种，采取抗放静电措施，于通风良好处密封保存。

主要用途 溶剂。塑料合成。有机合成。

2-Methyl-1-butene　2-甲基-1-丁烯　06584

[563-46-2]　C_5H_{10}　70.14

成分 C 85.63%，H 14.37%。

GW 2015-1039

性状 无色液体。有不愉快的气味。易挥发。溶于乙醇，不溶于水。mp －137℃；bp 31～32℃；Fp －54.4℉（－48℃）；d_4^{20} 0.651；n_D^{20} 1.378。一般试剂含量≥97.0%（GC）。

注意事项 该品极易燃。口服有害，并能损伤肺脏。使用现场禁止吸烟。如误服本品不能吐出，应立即请医生检查，并出示瓶签或包装物。应远离火种，密封于通风良好处保存。

主要用途 气相色谱标准物。有机合成。

2-Methyl-2-butene　2-甲基-2-丁烯　06585

[513-35-9]　C_5H_{10}　70.14

成分 C 85.63%，H 14.37%。

别名 三甲基乙烯；*β*-异戊烯；Amylene；*β*-*iso*-Amylene；Trimethylethylene；*β*-Isoamylene；*β*-Isopentylene

GW 2015-1054　M. I. 15，601

性状 无色透明液体。有恶臭。极易聚合。能燃烧。能与乙醇、乙醚相混溶，几乎不溶于水。mp －134℃；bp 37.5～38.5℃；Fp 0℉（－17.8℃）；d_4^{15} 0.66；n_D^{20} 1.387。一般试剂含量≥99.0%。

注意事项 该品高度易燃。口服有害。使用现场禁止吸烟。使用时如有事故发生或有不适之感，应请医生诊治。应远离火种，采取抗放静电措施，密封于阴凉处保存。其包装物应按危险品处理。

3-Methyl-1-butene　3-甲基-1-丁烯　06586

[563-45-1]　C_5H_{10}　70.14

成分 C 85.63%，H 14.37%。

别名 *α*-异戊烯；异丙基乙烯；*α*-Isoamylene；Isopropylethylene

GW 2015-1040

性状 无色极易挥发液体。有不愉快的气味。易溶于乙醇、乙醚，溶于苯，不溶于水。mp －168℃；bp 20℃；Fp －70.6℉（－57℃）；d_4^{20} 0.627；n_4^{20} 1.366。一般试剂含量≥99.0%（GC）。

注意事项 该品极易燃。对眼睛、呼吸系统及皮肤有刺激性。口服有害，并能损伤肺脏。万一接触到眼睛，应立即用大量水冲洗后请医生诊治。使用现场禁止吸烟。如误服本品，应立即请医生检查，并出示瓶签或包装物。应远离火种，密封于阴凉处保存。

N-Methylbutylamine　*N*-甲基丁胺　06587

[110-68-9]　$C_5H_{13}N$　87.17

成分 C 68.89%，H 15.03%，N 16.07%。

别名 *N*-甲基正丁胺；*N*-丁基甲胺；*N*-Butylmethylamine

GW 2015-1169

性状 无色透明液体。具挥发性。有强烈的氨味。能与水、乙醇、乙醚相混溶。bp 87～90℃；Fp 30.2℉（－1℃）；d_4^{20} 0.736；n_D^{20} 1.401。一般试剂含量≥98.0%（GC）。

注意事项 该品高度易燃。具有腐蚀性，能引起烧伤。吸入、口服或与皮肤接触有害。使用时应穿适当的防护服，戴手套和防护镜或面罩。万一接触到眼睛，应立即用大量水冲洗后请医生诊治。使用时如有事故发生或有不适之感，应请医生诊治。使用现场禁止吸烟。应远离火种，密封于阴凉处保存。其包装物应按危险品处理。

主要用途 有机合成。

(*S*)-(－)-2-Methylbutylamine　(*S*)-(－)-2-甲基丁胺　06588

[34985-37-0]　$C_5H_{13}N$　87.16

成分　C 68.90%，H 15.03%，O 16.07%。

别名　(*S*)-(−)-1-氨基-2-甲基丁烷；(*S*)-(−)-1-Amino-2-methylbutane

性状　无色液体。溶于水。bp 96～97℃；Fp 38℉(3℃)；d_4^{20} 0.756；n_D^{20} 1.4120；$[\alpha]_D^{20}$ −5.9°。一般试剂含量≥98.0%(GC)。

注意事项　该品高度易燃。具有腐蚀性，能引起烧伤。对呼吸系统有刺激性。使用时应穿适当的防护服，戴手套和防护镜或面罩。万一接触到眼睛，应立即用大量水冲洗后请医生诊治。使用时如有事故发生或有不适之感，应请医生诊治。使用现场禁止吸烟。应远离火种密封保存。

Methyl butyl ether　甲基丁基醚　06589

[628-28-4]　$C_5H_{12}O$　88.15

成分　C 68.13%，H 13.72%，O 18.15%。

别名　丁基甲基醚；正丁基甲醚；1-甲氧基丁烷；甲丁醚；BME；MBE；1-Methoxy butane；*n*-Butyl methyl ether；Methyl-*n*-butyl ether

GW 2015-1170

性状　无色固体。能与乙醇、乙醚相混溶，不溶于水。mp −115℃；bp 70～71℃；Fp 14℉（−10℃）；d_4^{20} 0.744；n_D^{20} 1.375。一般试剂含量≥99.0%（GC）。

注意事项　该品高度易燃。能形成爆炸性过氧化物。使用时应避免吸入本品的蒸气。使用现场禁止吸烟。应远离火种充氩气密封保存。

主要用途　有机合成。麻醉剂制备。溶剂。

Methyl *tert*-butyl ether　甲基叔丁基醚　06590

[1634-04-4]　$C_5H_{12}O$　88.15

成分　C 68.13%，H 13.72%，O 18.15%。

别名　叔丁基甲基醚；2-甲氧基-2-甲基丙烷；*tert*-Butyl methyl ether；2-Methoxy-2-methylpropane；MTBE

GW 2015-1148　M.I.15，6106

性状　无色液体。溶于水（4.8g/100g）、甲基叔丁基醚水溶液（1.5g/100g）、在酸溶液中不稳定。mp −109℃；bp 55.2℃；Fp −18.4℉(−28℃) d_4^{20} 0.7404；n_D^{20} 1.3689。LD_{50} 小鼠，15min，标准大气压：1.6mmol/L。一般试剂含量≥99.0%(GC)。

注意事项　该品高度易燃。对皮肤有刺激性。使用时应避免与皮肤接触。使用现场禁止吸烟。切勿排入下水道。应远离火种，采取抗放静电措施，于通风良好处密封保存。

2-Methyl-3-butyn-2-ol　2-甲基-3-丁炔-2-醇　06591

[115-19-5]　C_5H_8O　84.12

成分　C 71.39%，H 9.59%，O 19.02%。

别名　2,2-二甲基乙炔甲醇；2-羟基-2-甲基-3-丁炔；2,2-Dimethyl ethynyl carbinol；2-Hydroxy-2-methyl-3-butyne；Methylbutynol；2-Methyl-*β*-ethynylethanol

GW 2015-1065　M.I.15，6108

性状　无色液体。有芳香气味。能与水、丙酮、苯、四氯化碳、乙酸乙酯、环己酮、丁酮、乙醇胺、石油醚相混溶。mp 2.6℃；bp_{760} 104～105℃/101.32kPa；bp_{80} 52℃/10.666kPa；bp_{12} 20℃/1.6kPa；Fp 77℉(25℃)；d_{20}^{20} 0.8672；n_D^{20} 1.4211。LD_{50} 小鼠急性经口：1800mg/kg；皮下注射：2340mg/kg。一般试剂含量≥99.0%(GC)。

注意事项　该品易燃。口服有害。对眼睛有严重损伤的危险。使用时应戴防护镜或面罩。万一接触到眼睛，应立即用大量水冲洗后请医生诊治。应密封于阴凉处保存。

主要用途　溶剂。含氯溶剂的稳定剂。

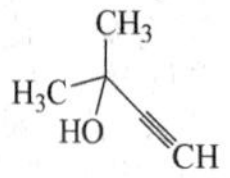

Methyl butyrate　丁酸甲酯　06592

[623-42-7]　$C_5H_{10}O_2$　102.13

成分　C 58.80%，H 9.87%，O 31.33%。

GW 2015-2772　M.I.15，6109

别名　正丁酸甲酯；Butanoic acid methyl ester；Methyl *n*-butyrate

性状　无色透明液体。具有恶臭。能与乙醇、乙醚相混溶，溶于约 60 份水。mp 约−95℃；bp 102℃；Fp 57℉(14℃，闭杯)；d_4^{20} 0.898；n_D^{20} 1.3879。一般试剂含量≥99.0%。(GC)。

注意事项　该品高度易燃。其蒸气吸入有害。对眼睛、呼吸系统及皮肤有刺激性。使用时应穿适当的防护服和戴手套。万一接触到眼睛，应立即用大量水冲洗后请医生诊治。使用现场禁止吸烟。应远离火种，采取抗放静电措施密封保存。

主要用途　色谱分析标准物。纤维素的溶剂。乙基纤维素、硝化纤维素和赛璐珞的溶剂。

Methyl calcein blue　甲基钙黄蓝　06593

[54696-41-2]　$C_{14}H_{15}NO_5$　277.28

成分　C 60.64%，H 5.45%，N 5.05%，O 28.85%。

别名　*β*-Methylumbeliferone methylene-*N*-methylglycine

性状　蓝色粉末。mp 180℃(分解)。

主要用途　荧光指示剂。

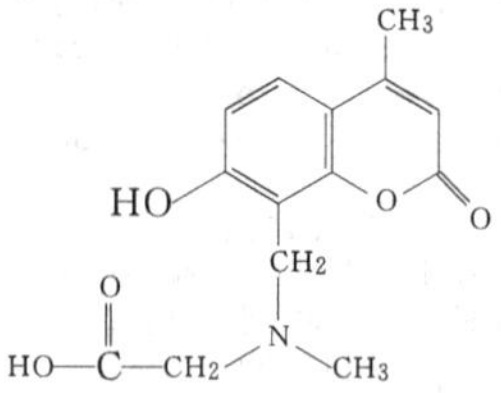

Methyl caprate　癸酸甲酯　06594

[110-42-9]　$C_{11}H_{22}O_2$　186.30

成分　C 70.92%，H 11.90%，O 17.18%。

别名　正癸酸甲酯；Decoic acid methyl ester；Methyl decanoate；Methyl caprinate

性状　无色透明油状液体。能与乙醇、乙醚相混溶，不溶于水。mp −14～−11℃；bp 224℃；bp_{10} 108℃/1.333kPa；Fp 194℉(90℃)；d_4^{20} 0.871；n_D^{20} 1.426。一般试剂含量≥97.0%(GC)。

注意事项　该品应密封保存。

主要用途　制药工业。

Methyl caproate　己酸甲酯　06595

[106-70-7]　$C_7H_{14}O_2$　130.19

成分　C 64.58%，H 10.84%，O 24.58%。

别名　正己酸甲酯；Hexanoic acid methyl ester；Methyl *n*-hexanoate；Methyl hexoate

GW 2015-2787

性状　无色液体。能与乙醇、乙醚相混溶，不溶于水。mp −71℃；bp 150～151℃；Fp 109.4℉(43℃)；d_4^{20} 0.884；n_D^{20} 1.405。

注意事项　该品易燃。应远离火种密封保存。

主要用途　有机合成。气相色谱分析标准物。

Methyl caprylate　辛酸甲酯　06596

[111-11-5]　$C_9H_{18}O_2$　158.24

成分　C 68.31%，H 11.47%，O 20.22%。

别名　羊脂酸甲酯；正辛酸甲酯；Caprylic acid methyl ester；Methyl *n*-octanoate；Methyl *n*-octoate

性状　无色至微黄色液体。能与乙醇、乙醚等有机溶剂相混溶，不溶于水。mp −40℃；bp 193～194℃；Fp 156.2℉(69℃)；d_4^{20} 0.877；n_D^{20} 1.418。气相色谱标准物含量≥99.5%(GC)

注意事项　使用时应避免吸入本品的蒸气，避免与眼睛及皮肤接触。

主要用途　气相色谱分析用标准物。

Methyl carbamate　氨基甲酸甲酯　06597

[598-55-0]　$C_2H_5NO_2$　75.07

成分　C 32.00%，H 6.71%，N 18.66%，O 42.63%。

别名　尿基烷；Urethylane；Carbamic acid methyl ester；Methylu-

rethane
M. I. 15, 6110
性状 白色结晶。易升华。易溶于水、乙醇。mp 52～54℃；bp 177℃；Fp＞212℉（110℃）；*d* 1.140。一般试剂含量≥98.0%。
注意事项 该品对眼睛、呼吸系统及皮肤有刺激性。可能致癌。使用时应穿适当的防护服和戴手套。万一接触到眼睛，应立即用大量水冲洗后请医生诊治。
主要用途 制药工业。有机合成。

Methylcellulose 甲基纤维素 06598

[9004-67-5]
别名 纤维素甲醚；Bagolax；Celevac；Cellothyl；Cellucon；Cellulose methyl ether；Cellumeth；Cologel；Hydrolose；Methocel® MC；Nicel；Syncelose；Tylose
M. I. 15，6111
性状 白色粉末或颗粒。无气味，无味。易吸湿。在300℃时对光和热仍稳定。溶于冰乙酸，缓溶于冷水并膨胀成黏性胶状溶液，不溶于乙醇、乙醚、氯仿及热水。水悬浮液对石蕊呈中性。有40000～180000分子量的不同类型，一般含甲氧基约25%～33%。
注意事项 该品应密封于干燥处保存。
主要用途 保护胶体和分散剂。增厚剂、稳定剂和乳化剂。

Methyl chloroacetate 氯乙酸甲酯 06599

[96-34-4] $C_3H_5ClO_2$ 108.52
成分 C 33.20%，H 4.64%，Cl 32.67%，O 29.49%。
别名 氯醋酸甲酯；Chloroacetic acid methyl ester
GW 2015-1554 M. I. 15，6113
性状 无色液体。有刺激性气味。具催泪性。能与乙醇、乙醚相混溶，不溶于水。mp －33℃；bp 130～132℃；Fp 122℉（50℃，开杯）；d_{20}^{20} 1.238；n_D^{20} 1.422。一般试剂含量≥99.0%（GC）。
注意事项 该品易燃。吸入或口服有毒。对呼吸系统及皮肤有刺激性。对眼睛有严重损伤的危险。使用时应戴防护镜或面罩。万一接触到眼睛，应立即用大量水冲洗后请医生诊治。使用时如有事故发生或有不适之感，应请医生诊治。应密封于通风处保存。
主要用途 溶剂。有机合成。

Methyl chloroformate 氯甲酸甲酯 06600

[79-22-1] $C_2H_3ClO_2$ 94.49
成分 C 25.42%，H 3.20%，Cl 37.52%，O 33.86%。
别名 Carbonochloridic acid methyl ester；Methyl chlorocarbonate；Methoxycarbonyl chloride
GW 2015-1509 M. I. 15，6114
性状 无色液体。有强烈刺激性气味。具催泪性。能与乙醇、乙醚、氯仿、苯相混溶，微溶于水并逐渐分解。一般常加入约0.1%的碳酸钙作为稳定剂。bp 71℃；Fp 50℉（10℃）；d_4^{20} 1.223；n_D^{20} 1.388。一般试剂含量≥98.0%（GC）。
注意事项 该品高度易燃。吸入极毒。口服或与皮肤接触有害。具有腐蚀性，能引起烧伤。使用时应穿适当的防护服，戴手套和防护镜或面罩。万一接触到眼睛，应立即用大量水冲洗后请医生诊治。接触皮肤后应用大量水或肥皂泡沫冲洗。使用时如有事故发生或有不适之感，应请医生诊治。应远离火种，采取抗放静电措施，于通风良好处充氩气密封于2～8℃保存。
主要用途 杀虫剂的配制。有机合成。

3-Methylcholanthrene 3-甲基胆蒽 06601

[56-49-5] $C_{21}H_{16}$ 268.36
成分 C 93.99%，H 6.01%。
别名 20-甲基胆蒽；甲基苯并芘；1，2-Dihydro-3-methylbenz［*j*］acetanthrylene；DMBA；3-MC；MCA；3-MECA；20-Methylcholanthrene
M. I. 15，6115
性状 来自苯＋乙醚中的淡黄色细长棱柱形结晶。溶于苯、甲苯、二甲苯，微溶于戊醇，不溶于水。mp 179～180℃；bp_{80} 280℃/10.666 kPa；d^{20} 1.28。
注意事项 该品可能致癌。使用前应得到专门的指导，避免曝露。使用时应穿适当的防护服，戴手套和防护镜或面罩。使用时如有事故发生或有不适之感，应请医生诊治。应密封保存。
主要用途 癌症研究。有机合成。染料中间体。

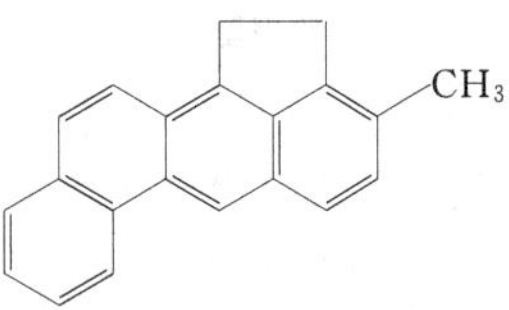

Methyl cinnamate 肉桂酸甲酯 06602

[103-26-4] $C_{10}H_{10}O_2$ 162.19
成分 C 74.06%，H 6.21%，O 19.73%。
别名 桂皮酸甲酯；Methyl 3-phenylpropenoate；Cinnamic acid methyl ester
性状 无色或白色固体。高温时为液体。不溶于水。mp 36～37℃；bp 260～262℃；bp_{20} 124℃/2.666kPa；Fp 253℉（123℃）；*d* 1.042；n_D^{20} 1.5770。一般试剂含量≥99.0%（GC）。
注意事项 使用时应避免吸入本品的粉尘，避免与眼睛及皮肤接触。

α-Methylcinnamic acid α-甲基肉桂酸 06603

[1199-77-5] $C_{10}H_{10}O_2$ 162.19
成分 C 74.06%，H 6.21%，O 19.73%。
别名 α-甲基桂皮酸；2-甲基-3-苯丙烯酸；2-Methyl-3-phenylacrylic acid
性状 无色结晶，有两种晶型。针状结晶：mp 79～81℃；bp 288℃；易溶于乙醇、乙醚、苯、二硫化碳，微溶于水。棱柱状结晶：mp 79～81℃；溶于石油醚（2.27%）。一般试剂含量≥98.0%（GC）。
注意事项 见06602肉桂酸甲酯。
主要用途 有机合成。

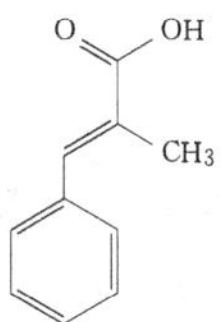

4-Methylcinnamic acid 4-甲基肉桂酸 06604

[1866-39-3] $C_{10}H_{10}O_2$ 162.19
成分 C 74.06%，H 6.21%，O 19.73%。
别名 对甲基肉桂酸；对甲基桂皮酸；3-对甲苯丙烯酸；*p*-Methyl cinnamic acid
性状 白色结晶。溶于乙醇，微溶于水。mp 196～198℃。一般试剂含量≥99.0%。
主要用途 有机合成。

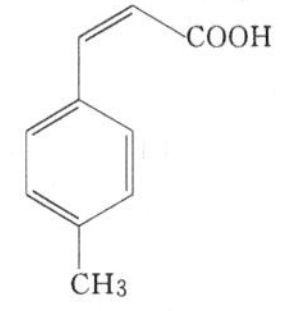

6-Methylcoumarin 6-甲基香豆素 06605

[92-48-8] $C_{10}H_8O_2$ 160.17
成分 C 74.99%，H 5.03%，O 19.98%。
别名 6-甲基苯并吡喃酮；6-甲基氧杂萘邻酮；6-Methylbenzopyrone；6-Methyl-2-oxo-2*H*-benzopyran；6-Methyl-2-oxo-chromone；Toncarin
性状 白色结晶。有香草气味。易溶于乙醇、乙醚、苯，微溶于石油醚。mp 75～76℃；bp_{725} 303℃/96.658kPa。一般试剂含量≥98.0%
注意事项 该品口服有害。对眼睛、呼吸系统及皮肤有刺激

性。使用时应穿适当的防护服和戴手套。万一接触到眼睛,应立即用大量水冲洗后请医生诊治。应密封保存。

主要用途 有机合成。香料和化妆品的配制。

Methyl crotonate 巴豆酸甲酯 06606

[623-43-8] $C_5H_8O_2$ 100.12

成分 C 59.98%,H 8.05%,O 31.96%。

别名 丁烯酸甲酯;Crotonic acid methyl ester

GW 2015-247 M.I.15,588

性状 无色液体。能与乙醇、乙醚相混溶,不溶于水。bp 121℃;Fp 40℉(4℃);d_4^{20} 0.9444;n_D^{20} 1.4242。一般试剂含量≥98.0%(GC)。

注意事项 该品高度易燃。对眼睛、呼吸系统及皮肤有刺激性。使用时应穿适当的防护服和戴手套。万一接触到眼睛,应立即用大量水冲洗后请医生诊治。使用现场禁止吸烟。应远离火种,采取抗放静电措施,密封于阴凉通风良好处保存。其包装物应按危险品处理。

主要用途 溶剂。有机合成。香料。

Methylcyclohexane 甲基环己烷 06607

[108-87-2] C_7H_{14} 98.19

成分 C 85.63%,H 14.37%。

别名 六氢甲苯;环己基甲烷;Cyclohexylmethane;Hexahydrotoluene;Toluene hexahydride

GW 2015-1122 M.I.15,6118

性状 无色透明液体。能与乙醇、乙醚、丙酮、苯相混溶,20℃时不溶于水。mp −126.3℃;bp_{760} 103℃/101.325kPa;Fp 25℉(−3℃);d_4^{20} 0.76944;n_D^{20} 1.4230。

注意事项 该品高度易燃。口服有害,并能损伤肺脏。对皮肤有刺激性。对水生物有毒。能对水环境引起不利的结果。其蒸气可引起瞌睡和眩晕。使用现场禁止吸烟。应防止将本品释放于环境中。如误服本品,应立即请医生检查,并出示瓶签或包装物。应远离火种,采取抗放静电措施,于通风良好处密封保存。

主要用途 溶剂。校正温度计的标准。有机合成。

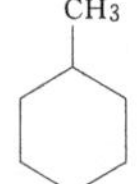

Methylcyclohexanol mixture 甲基环己醇 混合体 06608

[25639-42-3] $C_7H_{14}O$ 114.19

成分 C 73.63%,H 12.36%,O 14.01%。

别名 六氢甲酚;Hexahydrocresol;Hexahydromethylphenol;1-Methylcyclohexanol;Methylhexalin;Methyladronol;Methylanol

GW 2015-1120

性状 系甲酚六氢化合物的混合物(间、邻、对)。为无色黏稠状液体。具芳香与薄荷脑的气味。能与乙醇、乙醚相混溶,微溶于水。mp 24~26℃;bp 171~173℃;Fp 105.8℉(41℃);d_4^{20} 0.921;n_D^{20} 1.459。

注意事项 该品蒸气吸入有害。使用时应避免与眼睛及皮肤接触。

主要用途 溶剂。有机合成。

2-Methylcyclohexanol 2-甲基环己醇 06609

[583-59-5] $C_7H_{14}O$ 114.19

成分 C 73.63%,H 12.36%,O 14.01%。

别名 六氢邻甲酚;邻甲基环己醇;Hexahydro-*o*-cresol;2-Methyl hexalin

性状 无色黏稠液体。为顺、反式的混合物。有芳香气味。易溶于乙醚,能与乙醇混合,极微溶于水。bp 163~167℃;Fp 136.4℉(58℃);d_4^{20} 0.929;n_D^{20} 1.463。一般试剂含量≥98.0%(GC)。

注意事项 该品蒸气吸入有害。使用时应避免与眼睛及皮肤接触。

主要用途 纤维素酯和纤维素醚的溶剂。润滑油抗氧剂。

3-Methylcyclohexanol 3-甲基环己醇 06610

[591-23-1] $C_7H_{14}O$ 114.19

成分 C 73.63%,H 12.36%,O 14.01%。

别名 六氢间甲酚;间甲基环己醇;Hexahydro-*m*-cresol;*m*-Methyl cyclohexanol

性状 无色液体。为顺、反式的混合物。有薄荷样香味。能与乙醇、乙醚相混溶,微溶于水。mp −74℃;bp 170~172℃;Fp 143℉(62℃);d_4^{20} 0.916;n_D^{20} 1.4580。一般试剂含量≥99.0%(GC)。

注意事项 该品蒸气吸入有害。使用时应避免与眼睛及皮肤接触。

主要用途 溶剂。抗氧剂。

4-Methylcyclohexanol 4-甲基环己醇 06611

[589-91-3] $C_7H_{14}O$ 114.19

成分 C 73.63%,H 12.36%,O 14.01%。

别名 六氢对甲酚;对甲基环己醇;Hexahydro-*p*-cresol;*p*-Methyl cyclohexanol;4-Methylhexalin

性状 无色液体。为顺、反式的混合物。溶于乙醚,能与乙醇混溶,极微溶于水。mp −41℃;bp 171~173℃;Fp 132℉(56℃);d_4^{20} 0.915;n_D^{20} 1.4580。一般试剂含量≥99.0%(GC)。

主要用途 溶剂。

Methylcyclohexanone mixture 甲基环己酮 混合体 06612

[1331-22-2] $C_7H_{12}O$ 112.17

成分 C 74.95%,H 10.78%,O 14.26%。

GW 2015-1121

性状 无色或浅黄色液体。为2-,3-,4-甲基环己酮的混合物。有丙酮气味。能与乙醇、乙醚相混溶,不溶于水。bp 167~169℃;Fp 118.4℉(48℃);d_4^{20} 0.914;n_D^{20} 1.446。一般试剂含量≥98.0%(GC)。

注意事项 该品易燃。口服有害。使用时禁止吸烟。应远离火种密封保存。

主要用途 香料配制。有机溶剂。

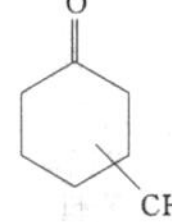

2-Methylcyclohexanone 2-甲基环己酮 06613

[583-60-8] $C_7H_{12}O$ 112.17

成分 C 74.95%,H 10.78%,O 14.26%。

别名 四氢邻甲苯酚;四氢邻甲酚;邻甲基环己酮;2-Ketohexahydrotoluene;*o*-Methylcyclohexanone;Tetrahydro-*o*-cresol

性状 无色液体。溶于乙醇、乙醚,不溶于水。bp 162~164℃;Fp 115℉(46℃);d_4^{20} 0.925;n_D^{20} 1.448。一般试剂含量≥98.0%(GC)。

注意事项 该品易燃。其蒸气吸入有害。使用时应避免与眼睛接触。

主要用途 溶剂。

4-Methyl cyclohexanone 4-甲基环己酮 06614

[589-92-4] $C_7H_{12}O$ 112.17

成分 C 74.95%,H 10.78%,O 14.26%。

别名 四氢对甲酚;对甲基环己酮;Tetrahydro-*p*-cresol;*p*-Methyl cyclohexanone

性状 无色液体。bp 169~171℃;bp_{10} 60~62℃/1.333kPa;

Fp 118.4℉(48℃)；d_4^{20} 0.914；n_D^{20} 1.4450。一般试剂含量≥97.0%(GC)。

注意事项 该品易燃。口服有害。使用时应穿适当的防护服。使用现场禁止吸烟。应远离火种密封保存。

主要用途 溶剂。

1-Methyl-1-cyclohexene 1-甲基-1-环己烯 06615

[591-49-1] C_7H_{12} 96.17

成分 C 87.43%，H 12.58%。

别名 2,3,4,5-四氢甲苯；2,3,4,5-Tetrahydrotoluene

性状 无色液体。bp 110～111℃；Fp 30.2℉(－1℃)；d_4^{20} 0.811；n_D^{20} 1.450。一般试剂含量≥95.0%(GC)。

注意事项 该品高度易燃。对眼睛、呼吸系统及皮肤有刺激性。口服有害，并能损伤肺脏。使用时应穿适当的防护服。使用时现场禁止吸烟。万一接触到眼睛，应立即用大量水冲洗后请医生诊治。如误服本品不能吐出，应立即就医，并出示瓶签或包装物。应远离火种密封保存。

主要用途 溶剂。

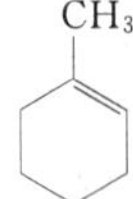

4-Methyl-1-cyclohexene 4-甲基-1-环己烯 06616

[591-47-9] C_7H_{12} 96.17

成分 C 87.43%，H 12.58%。

别名 1,2,3,6-四氢甲苯；1,2,3,6-Tetrahydrotoluol

GW 2015-1042

性状 无色透明液体。能与乙醇、乙醚相混溶，不溶于水。bp 101～102℃；Fp 33.8℉(－7℃)；d_4^{20} 0.799；n_D^{20} 1.442。一般试剂含量≥99.0%(GC)。

注意事项 该品高度易燃。对眼睛、呼吸系统及皮肤有刺激性。口服有害，并能损伤肺脏。使用时应穿适当的防护服。使用时现场禁止吸烟。切勿排入下水道。万一接触到眼睛，应立即用大量水冲洗后请医生诊治。如误服本品不能吐出，应立即请医生诊治，并出示瓶签或包装物。应远离火种，于通风良好处密封保存。

主要用途 溶剂。

Methylcyclopentadiene dimer

甲基环戊二烯 二聚体 06617

[26472-00-4] $C_{12}H_{16}$ 160.26

成分 C 89.94%，H 10.06%。

别名 二聚甲基环戊二烯；甲基-1,3-环戊二烯 二聚体

GW 2015-1123

性状 无色液体。能与乙醇、乙醚、苯等有机溶剂相混溶。常温下逐渐变为二聚物，加热至170℃以上解聚为单体。mp 约－51℃；bp 200℃；bp_{11} 70～80℃/1.467kPa；Fp 80℉(26℃)；d_4^{20} 0,938；n_D^{20} 1.499。一般试剂含量≥90.0%。

注意事项 该品易燃。能致癌。能引起遗传基因的损伤。使用前应得到专门的指导，避免曝露。使用时应穿适当的防护服，戴防护镜或面罩。使用时禁止饮食。避免吸入本品的蒸气。使用时如有事故发生或有不适之感，应请医生诊治。应远离火种密封保存。

主要用途 制药工业。橡胶合成。高能燃料。增塑剂。固化剂。

Methylcyclopentane 甲基环戊烷 06618

[96-37-7] C_6H_{12} 84.16

成分 C 85.63%，H 14.37%。

GW 2015-1124

性状 无色透明液体。能与乙醇、乙醚、丙酮、苯、四氯化碳等任意混溶。mp －142℃；bp 70～73℃；Fp －11℉(－23℃)；d_4^{20} 0.748；n_D^{20} 1.410。一般试剂含量≥95.0%(GC)。

注意事项 该品高度易燃。对眼睛、呼吸系统及皮肤有刺激性。口服有害，并能损伤肺脏。使用时应穿适当的防护服。使用现场禁止吸烟。万一接触到眼睛，应立即用大量水冲洗后请医生诊治。如误服本品不能吐出，应立即请医生诊治，并出示瓶签或包装物。应远离火种，采取抗放静电措施，于通风良好处密封保存。

主要用途 色谱分析标准物质。有机合成。

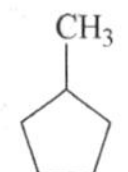

3-Methyl-2-cyclopentenone 3-甲基-2-环戊烯酮 06619

[2758-18-1] C_6H_8O 96.13

成分 C 74.97%，H 8.39%，O 16.64%。

别名 3-甲基-2-环戊烯-1-酮；3-Methyl-2-cyclopenten-1-one

性状 无色液体。mp 2～3℃；bp 185～186℃；bp_{15} 74℃/2kPa；Fp 150 ℉(65℃)；d_4^{20} 0.980；n_D^{20} 1.489。一般试剂含量≥97.0%(GC)。

注意事项 该品对眼睛、呼吸系统及皮肤有刺激性。使用时应穿适当的防护服和戴手套。万一接触到眼睛，应立即用大量水冲洗后请医生诊治。

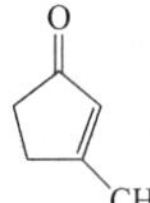

5-Methylcytosine hydrochloride

5-甲基胞嘧啶 盐酸盐 06620

[58366-64-6]$C_5H_8ClN_3O$ 161.59

成分 C 37.17%，H 4.99%，Cl 21.94%，N 26.00%，O 9.90%。

别名 盐酸5-甲基胞嘧啶；5-甲基细胞碱 盐酸盐；盐酸4-氨基-2-羟基-5-甲基嘧啶；5-甲基胞嗪 盐酸盐；盐酸5-甲基细胞碱；盐酸5-甲基胞嗪；4-氨基-2-羟基-5-甲基嘧啶 盐酸盐；4-Amino-2-hydroxy-5-methylpyrimidine hydrochloride

性状 无色结晶或白色粉末。溶于水。生化试剂含量≥99.0%。

注意事项 该品应密封保存。

主要用途 生化研究。

Methyl demeton 甲基内吸磷 06621

[8022-00-2] $C_6H_{15}O_3PS_2$ 230.28

成分 C 31.29%，H 6.57%，O 20.84%，P 13.45%，S 27.84%。

别名 甲基一〇五九；phosphorothioic acid *O*-[2-(ethylthio)ethyl] *O*,*O*-dimethyl ester mixt with *S*-[2-(ethylthio)ethyl] *O*,*O*-dimethyl phosphorothioate；Demeton-methyl；Methyl-mercaptophos；Methyl systox；Bayer 21/116；Meta Systox

M.I. 15，6123

性状 一般商品为浅黄色液体。能被碱水解。LD_{50} 大鼠急性经口：50～75mg/kg；皮肤接触：300～400mg/kg。

主要用途 杀虫剂。

Methyl dichloroacetate 二氯乙酸甲酯 06622

[116-54-1] $C_3H_4Cl_2O_2$ 142.97

成分 C 25.20%，H 2.82%，Cl 49.60%，O 22.38%。

别名 二氯醋酸甲酯

GW 2015-554

性状 无色液体。具催泪性。能与乙醇、乙醚相混溶，不溶

于水。mp －52℃；bp 143℃；Fp 176℉（80℃）；d_4^{20} 1.381；n_D^{20} 1.4420。一般试剂含量≥99.0%（GC）。

注意事项 该品蒸气吸入有害。对眼睛、呼吸系统及皮肤有刺激性。使用时应穿适当的防护服和戴手套。万一接触到眼睛，应立即用大量水冲洗后请医生诊治。应密封于通风良好处保存。其包装物应按危险品处理。

主要用途 有机合成。

N-Methyldiethanolamine *N*-甲基二乙醇胺 06623

[105-59-9] $C_5H_{13}NO_2$ 119.17

成分 C 50.39%，H 11.00%，N 11.75%，O 26.85%。

别名 *N*,*N*-二乙醇甲基胺；*N*,*N*-双(2-羟乙基)甲胺；2,2′-(甲基亚氨基)二乙醇；*N*,*N*-Bis(2-hydroxyethyl) methylamine；*N*,*N*-Diethanolmethylamine；MDEA；2,2′-(Methylimino) diethanol

性状 无色液体。能与水、乙醇相混溶，微溶于乙醚。bp 246～248℃；Fp 260℉(126℃)；d_4^{20} 1.038；n_D^{20} 1.4690。一般试剂含量≥98.5%(GC)。

注意事项 该品对眼睛有刺激性。使用时应避免与皮肤接触。

主要用途 乳化剂。酸性气体吸收剂。

N-Methyldiphenylamine *N*-甲基二苯胺 06624

[552-82-9] $C_{13}H_{13}N$ 183.25

成分 C 85.21%，H 7.15%，N 7.64%。

别名 *N*,*N*-二苯基甲胺；*N*-甲基-*N*-苯基苯胺；Diphenylmethylamine；*N*-Methyl-*N*-phenylbenzenamine

M. I. 15，6126

性状 无色至微黄色液体。溶于乙醇、乙醚，不溶于水。mp －7.6℃；bp 296～297℃；d_4^{20} 1.0476；n_D^{20} 1.6193。

注意事项 该品对眼睛、呼吸系统及皮肤有刺激性。使用时应戴适当的手套。万一接触到眼睛，应立即用大量水冲洗后请医生诊治。应密封于阴凉处保存。

主要用途 分析试剂，如硝酸盐、氯酸盐的测定。染料制造。

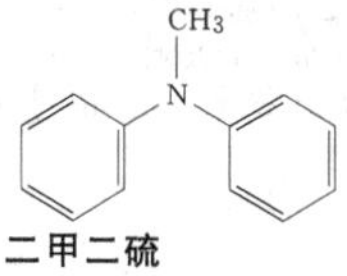

Methyl disulfide 二甲二硫 06625

[624-92-0] $C_2H_6S_2$ 94.20

成分 C 25.50%，H 6.42%，S 68.08%。

别名 二硫化二甲基；甲基化二硫；Dimethyl disulfide；DMDS

GW 2015-492

性状 无色液体。能与乙醇、乙醚相混溶，不溶于水。mp －85℃；bp 108～109℃；Fp 59℉（15℃）；d_4^{20} 1.046；n_D^{20} 1.526。一般试剂含量≥98.0%（GC）。

注意事项 该品高度易燃。吸入极毒。口服有害。对眼睛有刺激性。对水生物有毒。能对水环境引起不利的结果。使用应穿适当的防护服，戴手套和防护镜或面罩。万一接触到眼睛，应立即用大量水冲洗后请医生诊治。接触皮肤后应立即用大量水冲洗。使用时如有事故发生或有不适之感，应请医生诊治。使用现场禁止吸烟。应防止将本品释放于环境中。应远离火种，于通风良好处密封保存。

Methyl docosanoate 二十二酸甲酯 06626

[929-77-1] $C_{23}H_{46}O_2$ 354.62

成分 C 77.90%，H 13.07%，O 9.02%。

别名 山萮酸甲酯；二十二烷酸甲酯；Behenic acid methyl ester；Docosanoic acid methyl ester；Methyl behenate

性状 白色蜡状固体。溶于乙醇、乙醚，不溶于水。mp 54～55℃；Fp ＞235.4℉（113℃）。一般试剂含量≥99.0%(GC)。

注意事项 该品应密封保存。

主要用途 有机合成。气相色谱分析用标准物。

Methyldopa 甲基多巴 06627

[555-30-6][41372-08-1] $C_{10}H_{13}NO_4 \cdot 1\frac{1}{2}H_2O$ 238.24

成分（以无水物计） C 56.87%，H 6.20%，N 6.63%，O 30.30%。

别名 α-甲基二羟苯丙氨酸；3-Hydroxy-α-methyl-L-tyrosine；L-3-(3,4-dihydroxyphenyl)-2-methylalanine；L-α-Methyl-3,4-dihydroxyphe-nylalanine；L-2-Amino-2-methyl-3-(3,4-dihydroxyphenyl) propionic acid；α-Methyldopa；AMD；MK-351；Aldomet；Aldometil；Aldomine；Dopamet；Dopegyt；Elanpres；Equibar；Lederdopa；Medomet；Medopa；Medopren；Methoplain；Sembrina；Presinol

M. I. 15，6127

性状 来自水中的无色结晶。对空气敏感。溶于稀无机酸，微溶于乙醇，几乎不溶于乙醚。溶于水（25℃，约10mg/mL），其溶液 pH 值约 5.0。302～304℃分解；$[\alpha]_D^{25}$ －3°（c = 2，于 0.1mol/L 盐酸中）；uv max：281nm（ε 2780）。生化试剂含量≥99.0%（TLC）。

注意事项 使用时应避免吸入本品的粉尘，避免与眼睛及皮肤接触。应充氩气密封保存。

主要用途 生化研究。抗高血压剂。

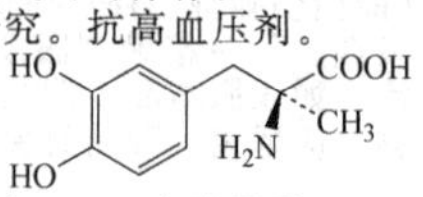

Methyl eicosanoate 二十酸甲酯 06628

[1120-28-1] $C_{21}H_{42}O_2$ 326.57

成分 C 77.24%，H 12.96%，O 9.80%。

别名 花生酸甲酯；Eicosanoic acid methyl ester；Methyl arachidate

性状 白色或微黄色片状结晶。溶于乙醇、乙醚、苯、氯仿，不溶于水。mp 45～48℃；bp_{10} 215～216℃/1.333kPa；Fp＞230℉（110℃）。一般试剂含量≥99.5%(GC)。

注意事项 该品应密封保存。

主要用途 气相色谱分析用标准物。

Methyl elaidate 反油酸甲酯 06629

[1937-62-8] $C_{19}H_{36}O_2$ 296.49

成分 C 76.97%，H 12.24%，O 10.79%。

别名 反（式）-9-十八烯酸甲酯；Elaidic acid methyl ester；Methyl *trans*-9-octadecanoate

性状 无色液体。mp 9～10℃；d_4^{20} 0.871；n_D^{20} 1.450。一般试剂含量≥99.0%（GC）。

注意事项 使用时应避免吸入本品的蒸气，避免与眼睛及皮肤接触。应密封于 2～8℃保存。

N,*N*′-Methylenebisacrylamide
N,*N*′-亚甲基双丙烯酰胺 06630

[110-26-9] $C_7H_{10}N_2O_2$ 154.17

成分 C 54.54%，H 6.54%，N 18.17%，O 20.76%。

别名 防水剂；双丙烯酰胺；BIS；Bis；MBA；*N*,*N*′-Methylenediacrylamide

性状 白色结晶性粉末。受热易聚合。溶于水、乙醇和含水丙酮。mp≥300℃。一般试剂含量≥98.0%(T)。

注意事项 该品吸入或口服有害。使用时应避免吸入本品的粉尘。应密封避光于 2～8℃保存。

主要用途 临床检验用于分离氨基酸。光敏尼龙或光敏塑料的重要原料。堤坝或地下铁路等建筑用的化学灌浆材料。照相、印刷和制版等。

4,4′-Methylenebis (2-chloroaniline)
4,4′-亚甲基双(2-氯苯胺) 06631

[101-14-4] $C_{13}H_{12}Cl_2N_2$ 267.15

成分 C 58.45%，H 4.53%，Cl 26.54%，N 10.49%。

别名 4,4′-二氨基-3,3′-二氯二苯甲烷；二(4-氨基-3-氯苯基)甲烷；4,4′-Methylenebis[2-chlorobenzenamine]；4,4′-Diamino-3，3′-dichlorodiphenylmethane；Di-(4-amino-3-chlorophenyl) methane；Methylenebis (*o*-chloroaniline)；MOCA；MBOCA；DACPM

M. I. 15,6131

性状 来自乙醇中的薄片状结晶。溶于稀酸、乙醚、乙醇，微溶于水。mp 110℃；Fp 235.4℉(113℃)。LD_{50} 小鼠急性经口：880mg/kg。一般试剂含量≥97.0%(GC)。

注意事项 该品口服有害。能致癌。对水生物极毒，可能对水环境引起长期不利的结果。使用前应得到专门的指导，避免曝露。使用时如有事故发生或有不适之感，应请医生诊治。应防止将本品释放于环境中，其包装物应按危险品处理。

主要用途 生化研究，研究致癌物用工具。环氧树脂、聚氨基甲酸乙酯固化剂。分析用标准物质。

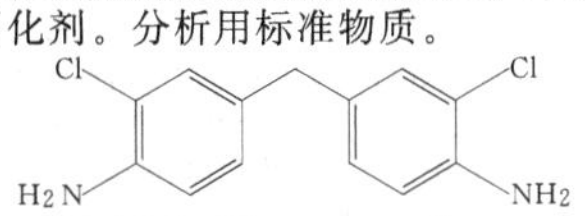

2,2′-Methylenebis（4-chlorophenol）
2,2′-亚甲基双（4-氯酚） 06632
[97-23-4] $C_{13}H_{10}Cl_2O_2$ 269.12

成分 C 58.02%，H 3.75%，Cl 26.35%，O 11.89%。

别名 2,2′-二羟基-5,5′-二氯二苯甲烷；2,2′-二羟基-5,5′-二氯联苯甲烷；5,5′-二氯-2,2′-二羟基二苯甲烷；二氯芬；双(5-氯-2-羟基苯基)甲烷；Dichlorophen；2,2′-Dihydroxy-5,5′-dichloro diphenylmethane；5,5′-Dichloro-2,2′-dihydroxydiphenylmethane；Bis(5-chloro-2-hydroxyphenyl)methane；Di(5-chloro-2-hydroxyphenyl)methane；Dichlorophene；G-4；Anthiphen；Dicestal；Didroxane；Diphenthane-70；Parabis；Plath-Lyse；Preventol G-D；Teniathane；Teniatol；Wespuril

M. I. 15，3081

性状 来自甲苯中的无色结晶。1g该品溶于1g 95%乙醇，溶于少于1g的乙醚，亦溶于甲醇、异丙醚、石油醚，溶于碱水溶液而分解，略微溶于甲苯，几乎不溶于水。mp 177～178℃。LD_{50} 成熟雄，雌大鼠急性经口（mg/kg）：1506，1683。

注意事项 该品口服有害。对眼睛有刺激性。对水生物极毒。能对水环境引起长期不利的结果。使用时应避免吸入本品的粉尘，避免与眼睛及皮肤接触。万一接触到眼睛，应立即用大量水冲洗后请医生诊治 。应防止 将本品释放于环境中。其包装物应按危险品处理。

主要用途 医用驱肠绦虫剂。

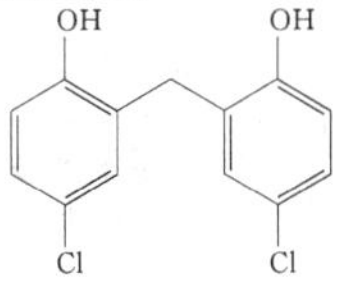

Methylene blue trihydrate 亚甲蓝 三水 06633
[7220-79-3][122965-43-9](水合物) $C_{16}H_{18}ClN_3S \cdot 3H_2O$ 373.90

成分（以无水物计） C 60.08%，H 5.67%，Cl 11.08%，N 13.14%，S 10.02%。

别名 三水合亚甲蓝；四甲基硫堇；四甲基蓝；品蓝；美蓝；盐基湖蓝；溶剂蓝8；氯化四甲基硫堇；碱性亚甲蓝；次甲基蓝；亚甲基蓝；Basic blue 9；Basic blue B；Methyl blue chloride；3,7-Bis(dimethylamino)phenazathionium chloride；3,7-Bis(dimethylamino)phenothiazin-5-ium chloride；Methyl thioninium chloride；Solvent blue 8；Swiss blue；Tetramethyldiamino diphenazathionium chloride；Tetramethylthionine cholride；Urolene blue

M. I. 15，6132 C. I. 52015

性状 有青铜光泽的深绿色结晶或深褐色结晶性粉末。在空气中稳定。1g该品溶于约25mL水、约65mL乙醇，溶于氯仿，不溶于乙醚。其水或乙醇溶液呈深蓝色。mp 110℃；最大吸收值668nm，609nm。一般试剂含量≥95.0%。

注意事项 该品口服有害。使用时应穿适当的防护服。应避免吸入本品的粉尘，避免与眼睛及皮肤接触。应密封保存。

主要用途 测定汞、锡等。生物染色剂。细菌染色、配制脱落细胞检验染色液，氧化还原指示剂。吸附指示剂。

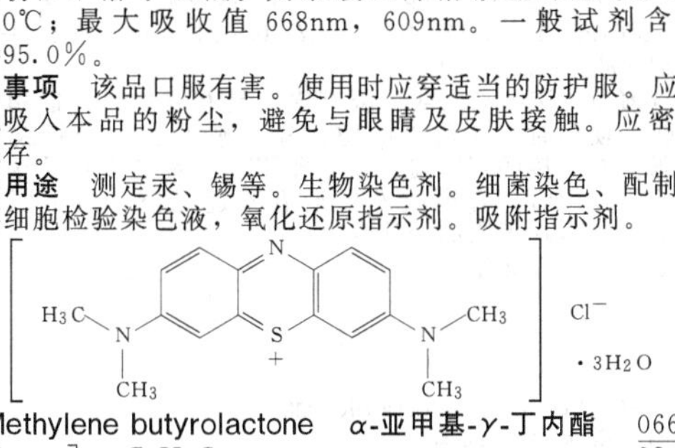

α-Methylene butyrolactone α-亚甲基-γ-丁内酯 06634
[547-65-9] $C_5H_6O_2$ 98.10

成分 C 61.22%，H 6.17%，O 32.62%。

别名 3-亚甲基二氢-2（3*H*）-呋喃酮；α-亚甲基丁内酯；4,5-Dihydro-3-methylene-2(3*H*)-furanone；α-Methylene-γ-butyrolactone；3-Methylenedihydro-2(3*H*)-furanone；Tulipane

M. I. 15，6134

性状 无色液体。约70℃时能聚合。溶于水，其150mg/mL溶液pH值4。不溶于乙醇、乙醚、乙酸乙酯、氯仿。bp_2 57～60℃/266.64Pa；d_4^{20} 1.123；n_D^{20} 1.472。一般试剂常加入约1%的2,6-二叔丁基对甲酚作为稳定剂。一般试剂含量≥95.0%(GC)。

注意事项 该品吸入或与皮肤接触可引起过敏。使用时应穿适当的防护服和戴手套。应避免吸入本品的蒸气。应充氩气密封避光于2～8℃干燥保存。

主要用途 医用皮肤刺激剂。

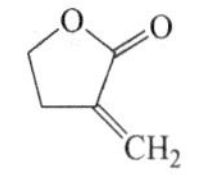

1,2-Methylenedioxybenzene 1,2-亚甲基二氧苯 06635
[274-09-9] $C_7H_6O_2$ 122.12

成分 C 68.84%，H 4.95%，O 26.20%。

别名 1,2-亚甲基二氧化苯；1,3-苯并间二氧杂戊烯；1,3-Benzodioxole

性状 无色液体。mp 173～175℃；Fp 141.8℉(61℃)；d_4^{20} 1.185；n_D^{20} 1.539。一般试剂含量≥99.0%(GC)。

注意事项 该品易燃。对眼睛、呼吸系统及皮肤有刺激性。吸入或口服有害。使用时应穿适当的防护服和戴手套。避免吸入本品的蒸气、飞沫，避免与眼睛及皮肤接触。万一接触到眼睛，应立即用大量水冲洗后请医生诊治。其包装物应按危险品处理。

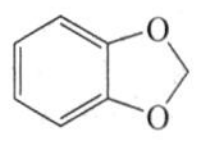

5,5′-Methylenedisalicylic acid
5,5′-亚甲基二水杨酸 06636
[122-25-8] $C_{15}H_{12}O_6$ 288.26

成分 C 62.50%，H 4.20%，O 33.30%。

别名 3,3′-亚甲基双(6-羟基苯甲酸)；4,4′-二羟基二苯甲烷-3,3′-二羧酸；3,3′-Methylenebis[6-hydroxybenzoic acid]；4,4′-Dihydroxydiphenylmethane-3,3′-dicarboxylic acid

M. I. 15，6136

性状 来自丙酮＋苯中的无色楔形结晶或浅黄色粉末。味苦。易溶于甲醇、乙醇、乙醚、丙酮、冰乙酸，极微溶于热水，几乎不溶于苯、氯仿、二硫化碳、石油醚。180℃变红并放出二氧化碳。238℃分解。一般试剂 含量≥95.0%。

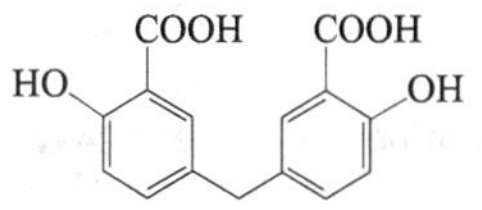

Methylene green 亚甲绿 06637
[2679-01-8] $C_{16}H_{17}ClN_4O_2S$ 364.86

成分 C 52.67%，H 4.70%，Cl 9.72%，N 15.36%，O 8.77%，S 8.79%。

别名 巴黎绿；次甲基绿；亚甲基绿B；亚甲基绿；碱绿5；Basic green 5；Methylene green B；Paris green

C. I. 52020

性状 深绿色或灰黑色粉末。溶于水、乙醇，溶液呈蓝绿色。

注意事项 使用时应避免吸入本品的粉尘，避免与眼睛及皮肤接触。

主要用途 生物染色剂，植物切片中用作木组织和固定染色质的染色及昆虫活体的染色。

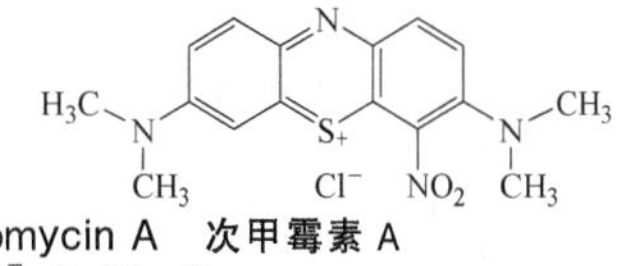

Methyl enomycin A 次甲霉素 A 06638
[52775-76-5] $C_9H_{10}O_4$ 182.18

成分 C 59.34%，H 5.53%，O 35.13%。

别名 [1*S*-(1α,2α,5α)]-1,5-Dimethyl-3-methylene-4-oxo-6-oxabicyclo[3.1.0]hexane-2-carboxylic acid

M. I. 15，6139

性状 来自氯仿/四氯化碳中的无色结晶。溶于苯、氯仿、乙酸乙酯、丙酮、甲醇、水，微溶于正己烷、四氯化碳。pK_a' 3.65；107.5～108℃升华；mp 115℃（分解）；$[\alpha]_D^{20}$ +42.3°（c=1，于氯仿中）；uv max（甲醇中）：224nm（ε 6300）。LD_{50}小鼠急性经口：1500mg/kg；腹膜内注射：75mg/kg。

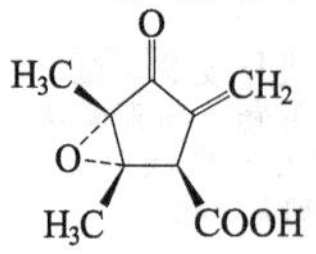

Methyl enomycin B　次甲霉素 B　06639

[52775-77-6]　$C_8H_{10}O$　122.17

成分　C 78.65%，H 8.25%，O 13.10%。

别名　2,3-Dimethyl-5-methyl ene-2-cyclopenten-1-one

M. I. 15，6139

性状　中性无色油状液体。溶于乙醚、苯、氯仿、乙酸乙酯、丙酮、醇类，微溶于正己烷、石油醚。uv max（甲醇中）：240nm（ε 7650）。LD_{50}小鼠急性经口：260mg/kg；腹膜内注射：245mg/kg。

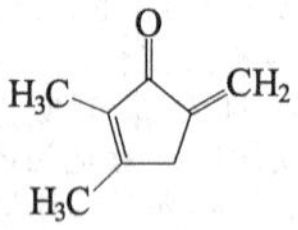

(+)-*N*-Methylephedrine　(+)-*N*-甲基麻黄碱　06640

[42151-56-4]　$C_{11}H_{17}NO$　179.26

成分　C 73.70%，H 9.56%，N 7.81%，O 8.93%。

别名　(+)-*N*-甲基麻黄素；(+)-α-[1-(Dimethylamino)ethyl]benzenemethanol；*erythro*-α-[1-(Dimethylamino)ethyl]benzyl alcohol；2-Dimethylamino-1-phenylpropanol；(1*S*，2*R*)-(+)-2-Dimethylamino-1-phenylpropanol；*N*,*N*-Dimethylnorephedrine

M. I. 15，6140

性状　无色结晶。溶于甲醇、乙醇等常用有机溶剂。易吸潮。mp 87～87.5℃；$[\alpha]_D^{20}$ +29.2°（c=4，于甲醇中）。一般试剂含量≥98.0%（NT）

注意事项　该品对眼睛、呼吸系统及皮肤有刺激性。使用时应穿适当的防护服。使用时应避免吸入本品的粉尘，避免与眼睛及皮肤接触。万一接触到眼睛，应立即用大量水冲洗后请医生诊治。应密封干燥保存。

主要用途　生化研究。医用兴奋剂。

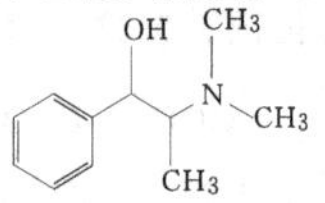

***N*-Methylepinephrine　*N*-甲基肾上腺素**　06641

[554-99-4][6032-14-0](DL-型)　$C_{10}H_{15}NO_3$　197.23

成分　C 60.90%，H 7.67%，N 7.10%，O 24.34%。

别名　4-(2-Dimethylamino-1-hydroxyethyl)-1,2-benzenediol；α-(Dimethylamino)methyl-3,4-dihydroxybenzyl alcohol；α-(3,4-Dihydroxyphenyl)-2-dimethylaminoethanol；α-(3,4-Dihydroxyphenyl)-α-hydroxy-β-dimethylaminoethane；Dimethylaminomethyl(3,4-dihydroxyphenyl)carbinol；α-(Dimethylaminomethyl)protocatechuyl alcohol；*N*-Methyladrenaline

M. I. 15,6141

性状　DL-型为来自乙醇+乙酸乙酯中的无色结晶,mp 142～143℃。D-(−)型为来自乙酸乙酯中的无色结晶,mp 149～150℃,$[\alpha]_D^{18}$ −65.1°（c=1.41，于0.5mol/L盐酸中）。L-(+)型为无色结晶，mp 149～150°，$[\alpha]_D^{18}$ +62.3°（c=1.4）。

主要用途　医用肾上腺素功能剂。

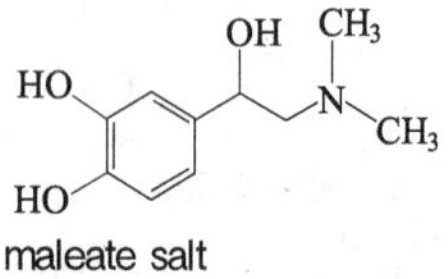

Methylergonovine maleate salt
甲基麦角新碱马来酸盐　06642

[57432-61-8]　$C_{24}H_{29}N_3O_6$　455.51

成分　C 63.29%，H 6.42%，N 9.23%，O 21.07%。

别名　马来酸甲基麦角新碱；甲基麦角新碱顺丁烯二酸盐；顺丁烯二酸甲基麦角新碱；Basofortina；Methergin；Methergine；Metenarin；Methylergobrevin；Ryegonovin；Spametrin-M；dro-*N*-[(1*S*)-1-(hydroxymethyl)propyl]-6-methylergoline-8-carboxamide maleate salt；*N*-[α-(Hydroxymethyl)propyl]-D-lysergamide；D-Lysergic acid (+)-butanolamide-(2) maleate salt；*d*-Lysergic acid-*d*-1-hy-droxybutylamide-2 maleate salt；Methylergometrine maleate salt；Methylergobasine maleate salt

M. I. 15，6142

性状　白色至粉红褐色微细结晶性粉末。无气味。味苦。微溶于水、乙醇，极微溶于氯仿、乙醚。生化试剂含量≥98.0%（TLC）。

注意事项　该品吸入、口服或与皮肤接触有毒。能损伤生育力。使用时应穿适当的防护服，戴手套和防护镜或面罩。使用时如有事故发生或有不适之感，应请医生诊治。

主要用途　生化研究。医用催产剂。

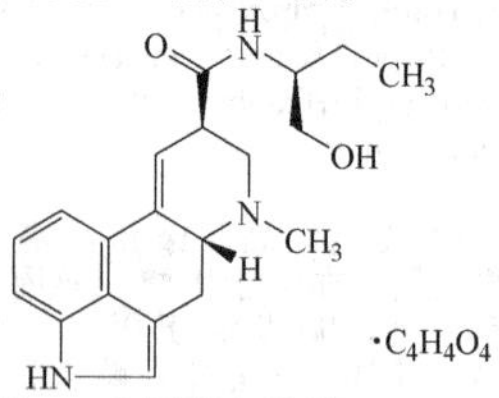

·$C_4H_4O_4$

4-Methylesculetin　4-甲基七叶亭　06643

[529-84-0]　$C_{10}H_8O_4$　192.17

成分　C 62.50%，H 4.20%，O 33.30%。

别名　6,7-二羟基-4-甲基香豆素；4-甲基-6,7-二羟基香豆素；6,7-Dihydroxy-4-methylcoumarin；4-Methyl-6,7-dihydroxycoumarin；4-Methylaesculetin

性状　白色结晶。易溶于乙醇、氨水、碱溶液，微溶于热水，不溶于冷水。pH值4.0～6.2（由橙至浅绿色），9～10（由蓝至浅绿色）。mp 274～276℃（分解）。λ_{max} 348nm。一般试剂含量≥97.0%。

注意事项　该品对眼睛、呼吸系统及皮肤有刺激性。使用时应戴适当的手套。万一接触到眼睛，应立即用大量水冲洗后请医生诊治。

主要用途　荧光指示剂，可用于氨的滴定。

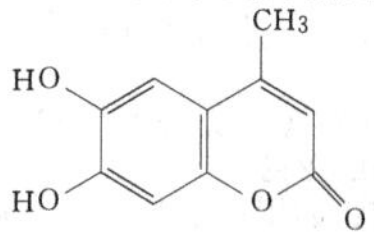

2-Methyl-5-ethylpyridine　2-甲基-5-乙基吡啶　06644

[104-90-5]　$C_8H_{11}N$　121.18

成分　C 79.29%，H 9.15%，N 11.56%。

别名　5-乙基-2-甲基吡啶；3-乙基-6-甲基吡啶；5-乙基-2-皮考啉；Aldehyde-collidine；Aldehydine；3-Ethyl-6-methylpyridine；5-Ethyl-2-picoline；5-Ethyl-α-picoline；5-Ethyl-2-methylpyridine

GW 2015-1073　M. I. 15，3896

性状　无色液体。有强烈的刺激气味。能随水蒸气挥发。溶于乙醇、苯、乙醚、稀酸和浓硫酸。几乎不溶于水。bp_{747} 177.8℃/99.592kPa；bp_{20} 74～75℃/2.666kPa；bp_{17} 65～66℃/2.266kPa；Fp 151℉（66℃）；d_4^{23} 0.9184；n_D^{20} 1.4971。一般试剂含量≥96.0%（GC）。

注意事项　该品吸入或口服有害。具有腐蚀性，能引起烧伤。使用时应穿适当的防护服，戴手套和防护镜或面罩。万一接触到眼睛，应立即用大量水冲洗后请医生诊治。使用时如有事故发生或有不适之感，应请医生诊治。应密封于阴凉处保存。

主要用途　有机合成。

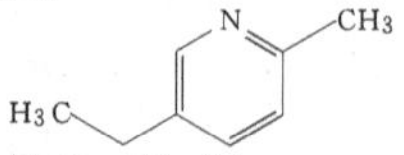

α-Methylfentanyl hydrochloride
α-甲基芬太尼 盐酸盐　06645

[1443-44-3]　$C_{23}H_{31}ClN_2O$　386.96

成分　C 71.39%，H 8.08%，Cl 9.16%，N 7.24%，O 4.13%。

别名　盐酸α-甲基芬太尼；*N*-[1-(1-Methyl-2-phenylethyl)-4-piperidinyl]-*N*-phenylpropanamide；*N*-[1-(α-Methylphenethyl)-4-piperidyl] propionanilide；1-(1-Methyl-2-phenylethyl)-4-(*N*-propanilido)piperidine

M. I. 15，6145

性状 来自异丙醇中的无色结晶。mp 272.8～273.6℃。

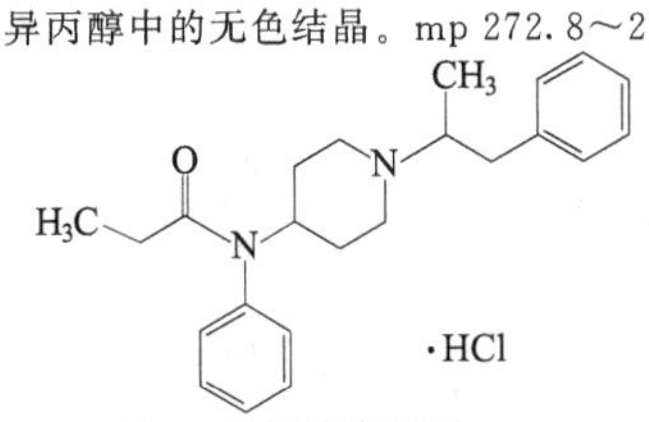

N-Methylformamide *N*-甲基甲酰胺 06646

[123-39-7] C_2H_5NO 59.07

成分 C 40.67%，H 8.53%，N 23.71%，O 27.09%。

别名 *N*-Formylmethylamine；Formic acid methylamide；*N*-Monomethylformamide；MMF；NMF；NSC-3051

M. I. 15，6147

性状 无色液体。有氨味。溶于水、乙醇、丙酮，不溶于乙醚。mp －5.4℃；bp 180～185℃；bp_{90} 131℃/11.999kPa；Fp 210℉(98℃)；d_4^{25} 0.9961；n_D^{20} 1.4320。LD_{50}小鼠急性经口：2600mg/kg；静脉注射：1580mg/kg；腹膜内注射：2300mg/kg；肌肉注射：2700mg/kg。一般试剂含量≥99.0%(GC)。

注意事项 该品能危害胎儿。与皮肤接触有害。使用前应得到专门的指导，避免曝露。使用时应穿适当的防护服，戴手套和防护镜或面罩。使用时如有事故发生或有不适之感，应请医生诊治。应密封保存。

主要用途 溶剂有机合成。

N-Methylformanilide *N*-甲基甲酰苯胺 06647

[93-61-8] C_8H_9NO 135.17

成分 C 71.09%，H 6.71%，N 10.36%，O 11.84%。

别名 *N*-甲基甲酰替苯胺；*N*-甲基-*N*-苯基甲酰胺；*N*-甲酰-*N*-甲基苯胺；*N*-Formyl-*N*-methylaniline；*N*-Methyl-*N*-phenyl formamide

性状 无色液体。不能与水混溶。mp 11～14℃；bp 243～244℃；bp_{16} 127～131℃/2.133kPa；Fp 260℉(126℃)；d_4^{20} 1.096；n_D^{20} 1.5610。一般试剂含量≥97.0%(GC)。

注意事项 该品口服有害。对眼睛、呼吸系统及皮肤有刺激性。接触皮肤能引起过敏。使用时应穿适当的防护服和戴手套。万一接触到眼睛，应立即用大量水冲洗后请医生诊治。

Methyl formate 甲酸甲酯 06648

[107-31-3] $C_2H_4O_2$ 60.05

成分 C 40.00%，H 6.71%，O 53.29%。

别名 蚁酸甲酯；Formic acid methyl ester；Methyl methanoate

GW 2015-1177 M. I. 15，6148

性状 无色透明易挥发的液体。有香味。溶于3.3份水，能与乙醇相混溶。其蒸气与空气能形成爆炸性的混合物。mp 约－100℃；bp 31.5℃；Fp －2℉(－19℃，闭杯)；d_{15}^{15} 0.987；n_D^{20} 1.3440。一般试剂含量≥98.0%(GC)。

注意事项 该品极易燃。吸入或口服有害。对眼睛及呼吸系统有刺激性。使用现场禁止吸烟。使用时应避免与皮肤接触。万一接触到眼睛，应立即用大量水冲洗后请医生诊治。应远离火种，采取抗放静电措施，于通风良好处密封保存。

主要用途 溶剂。有机合成。

2-Methylfuran 2-甲基呋喃 06649

[534-22-5] C_5H_6O 82.10

成分 C 73.15%，H 7.37%，O 19.49%。

别名 Silvan；Sylvan

GW 2015-1116

性状 无色液体。见光或露置空气中色易变黄。能与乙醇、乙醚相混溶，微溶于水。能被氢氧化钠溶液所分解。mp－89℃；bp 63～65℃；Fp －22℉(－30℃)；d 0.910；n_D^{20} 1.4330。一般试剂含量≥98.0%。

注意事项 该品高度易燃。吸入或口服有毒。对眼睛有刺激性。能造成不可逆的危害。使用时应穿适当的防护服，戴手套和防护镜或面罩。使用现场禁止吸烟，禁止饮食。万一接触到眼睛，应立即用大量水冲洗后请医生诊治。使用时如有事故发生或有不适之感，应请医生诊治。应远离火种，采取抗放静电措施，密封避光于通风良好处保存。

主要用途 有机溶剂。

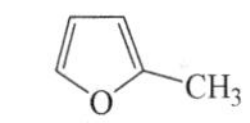

Methyl 2-furoate 2-糠酸甲酯 06650

[611-13-2] $C_6H_6O_3$ 126.11

成分 C 57.15%，H 4.80%，O 38.06%。

别名 2-呋喃甲酸甲酯；Methyl furan-2-carboxylate；Methyl furoate；Methyl pyromucate

M. I. 15，6149

性状 无色液体。有类似蘑菇的气味。见光逐渐变黄。长期储存可变为红棕色。具催泪性。溶于乙醇、乙醚，微溶于水。bp_{760} 181.8℃～182.1℃/101.325kPa；bp_{750} 180.5℃/99.992kPa；bp_{20} 76℃/2.666kPa；Fp 164℉(73℃)；d_4^{20} 1.1792；n_D^{21} 1.4875。LD_{50}兔皮肤接触：＞1.25g/kg。

注意事项 该品口服或与皮肤接触有害。对眼睛、呼吸系统及皮肤有刺激性。使用时应穿适当的防护服和戴手套。万一接触到眼睛，应立即用大量水冲洗后请医生诊治。应密封避光保存。其包装物应按危险品处理。

主要用途 溶剂。有机合成。

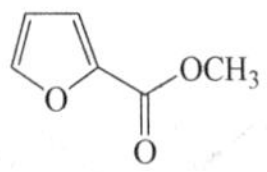

Methyl gallate 棓酸甲酯 06651

[99-24-1] $C_8H_8O_5$ 184.15

成分 C 52.18%，H 4.38%，O 43.44%。

别名 没食子酸甲酯；3，4，5-三羟基苯甲酸甲酯；五倍子酸甲酯；Methyl 3，4，5-trihydroxybenzoate；Gallic acid methyl ester；Gallicin

M. I. 15，4375

性状 来自甲醇中的无色单斜片状结晶。溶于热水、甲醇、乙醇、乙醚。mp 202℃。一般试剂含量≥98.0%(GC)。

注意事项 该品口服有害。对眼睛、呼吸系统及皮肤有刺激性。接触皮肤能引起过敏。使用时应穿适当的防护服和戴手套。万一接触到眼睛，应立即用大量水冲洗后请医生诊治。

主要用途 橡胶防老剂。

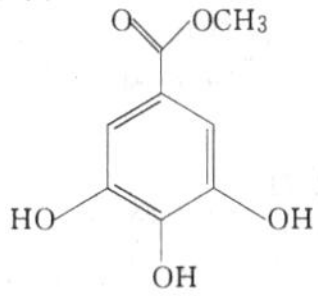

N-Methyl-D-glucamine *N*-甲基-D-葡糖胺 06652

[6284-40-8] $C_7H_{17}NO_5$ 195.22

成分 C 43.07%，H 8.77%，N 7.17%，O 40.98%。

别名 1-Deoxy-1-methylamino-D-glucitol；Meglumine；*N*-Methylglucamine

M. I. 15，6150

性状 来自甲醇中的无色结晶。易潮解。该品在下列溶剂中的溶解度(g/100mL)：水 25℃，约 100；乙醇 25℃，1.2；乙醇 70℃，21。1%水溶液 pH 值 10.5。mp 128～129℃；$[\alpha]_D^{20}$ －18.5°(c＝2，于水中)。一般试剂含量≥99.0%(T)。

注意事项 使用时应避免吸入本品的粉尘，避免与眼睛及皮肤接触。应充氩气密封干燥保存。

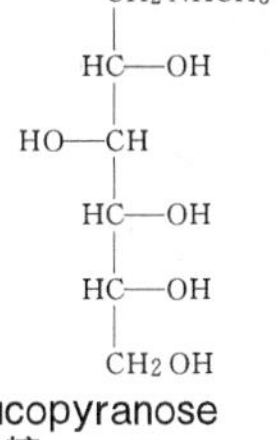

3-*O*-Methyl-α-D-glucopyranose 3-*O*-甲基-α-D-吡喃葡糖 06653

[13224-94-7] $C_7H_{14}O_6$ 194.18

成分 C 43.30%，H 7.27%，O 49.44%。

别名 3-*O*-甲基葡糖；3-氧甲基葡糖；3-*O*-Methylglucose
性状 片状结晶。mp 167～169℃；$[\alpha]_D^{20}$ +104.5°→+55.5°（*c*=1，于水中）。生化试剂含量≥98.0%。
注意事项 该品应密封保存。
主要用途 生化研究。

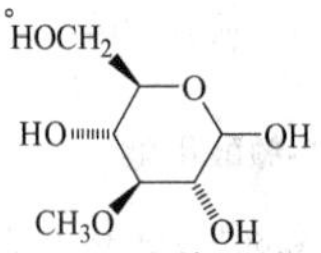

α-Methyl-D-glucoside α-甲基-D-葡糖苷 06654
[97-30-3] $C_7H_{14}O_6$ 194.18
成分 C 43.30%，H 7.27%，O 49.44%。
别名 甲基-*α*-D-吡喃葡糖苷；Methyl-*α*-D-glucopyranoside；*α*-Methylglucoside
M.I.15，6152
性状 无色正交双楔结晶或白色粉末。易吸潮。溶于水（17℃，63%质量分数）、80%乙醇（7.3%）、90%乙醇（1.6%），几乎不溶于乙醚。pK_a（25℃）：13.71。mp 168℃；$bp_{0.2}$ 200℃/26.664Pa；d_4^{30} 1.46；$[\alpha]_D^{20}$ +158.9°（*c*=10，于水中）。生化试剂含量≥99.0%（HPLC）。
注意事项 该品应充氩气密封干燥保存。
主要用途 生化研究。非离子表面活性剂。增塑剂。

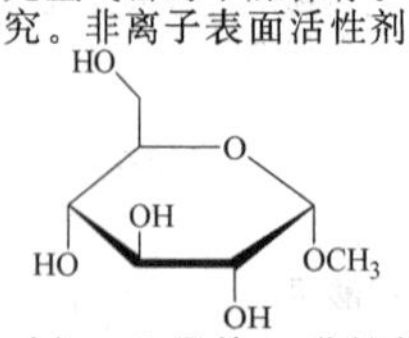

β-Methyl-D-glucoside β-甲基-D-葡糖苷 06655
[709-50-2][7000-27-3] $C_7H_{14}O_6 \cdot \frac{1}{2}H_2O$ 203.19
成分（以无水物计） C 43.30%，H 7.27%，O 49.44%。
别名 甲基-*β*-D-吡喃葡糖苷；Methyl-*β*-D-glucopyranoside；*β*-Methylglucoside
性状 无色结晶或白色粉末。溶于水、甲醇、乙醇。易吸潮。mp 107～109℃；$[\alpha]_D^{20}$ −33°±1°（*c*=10，于水中）。生化试剂含量≥99.0%（HPLC）。
注意事项 该品应充氩气密封干燥保存。
主要用途 生化研究。

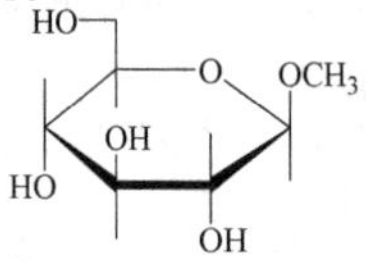

Methyl green 甲基绿 06656
[14855-76-5][7114-03-6]（氯化锌盐） $C_{27}H_{35}BrClN_3$ 516.95
成分 C 62.73%，H 6.82%，Br 15.46%，Cl 6.86%，N 8.13%。
别名 品绿；碱绿 20；Basic blue 20；4-[[4-(Dimethylamino)phenyl](4-dimethylimino-2,5-cyclohexadien-1-ylidene)methyl]-*N*-ethyl-*N*,*N*-dimethyl benzenaminium bromide chloride；Double green SF；Ethyl green；Heptamethyl-*p*-rosaniline chloride
M.I.15，6154 C.I. 42590
性状 带有金黄色光泽的绿色细小结晶或粉末。溶于水，溶液呈蓝绿色，微溶于乙醇，不溶于乙醚。氯化锌盐 pH 值 0.2～1.8（由黄至蓝色）。一般试剂含量约 85.0%（GC）。
注意事项 该品对眼睛、呼吸系统及皮肤有刺激性。使用时应穿适当的防护服。万一接触到眼睛，应立即用大量水冲洗后请医生诊治。
主要用途 生物染色剂，如细菌的染色。

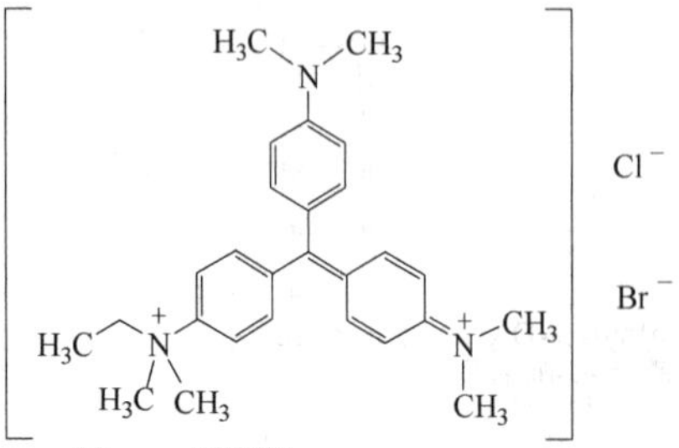

Methylguanidine 甲基胍 06657
[471-29-4] $C_2H_7N_3$ 73.10
成分 C 32.86%，H 9.65%，N 57.48%。
别名 *N*-Methylguanidine
M.I.15，6155
性状 无色强碱性块状物，易吸潮。易溶于水，溶于乙醇。能还原过锰酸盐。MLD 大鼠皮下注射：250mg/kg；LD 蛙，小鼠皮下注射（mg/kg）：170～190，550～600。

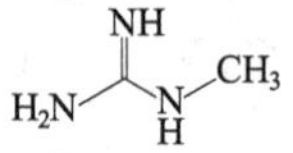

1-Methylguanidine hydrochloride
1-甲基胍 盐酸盐 06658
[22661-87-6] $C_2H_8ClN_3$ 109.56
成分 C 21.93%，H 7.36%，Cl 32.36%，N 38.35%。
别名 盐酸 1-甲基胍
性状 无色结晶。易吸潮。易溶于水，溶于乙醇。一般试剂含量≥98.0%。
注意事项 该品口服有害。对眼睛、呼吸系统及皮肤有刺激性。使用时应穿适当的防护服。万一接触到眼睛，应立即用大量水冲洗后请医生诊治。应密封于−20℃干燥保存。

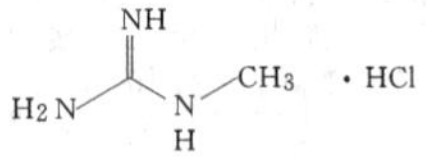

Methyl heneicosanoate 二十一酸甲酯 06659
[6064-90-0] $C_{22}H_{44}O_2$ 340.60
成分 C 77.58%，H 13.02%，O 9.39%。
别名 正二十一酸甲酯；*n*-Heneicosanoic acid methyl ester
性状 白色固体。mp 48～50℃；bp_4 207℃/533.29Pa；Fp 235.4℉（113℃）。一般试剂含量≥99.0%（GC）。
注意事项 使用时应避免吸入本品的粉尘，避免与眼睛及皮肤接触。应密封保存。

2-Methylheptane 2-甲基庚烷 06660
[592-27-8] C_8H_{18} 114.23
成分 C 84.12%，H 15.88%。
GW 2015-1117
性状 无色透明液体。能与乙醇、乙醚、丙酮、苯相混溶，不溶于水。mp −109℃；bp 116℃；Fp 40℉（4℃）；d_4^{20} 0.698；n_D^{20} 1.396。一般试剂含量≥95.0%（GC）。
注意事项 该品高度易燃。对皮肤有刺激性。对水生物极毒。能对水环境引起不利的结果。口服有害，能损伤肺脏。其蒸气可引起瞌睡和眩晕。使用现场禁止吸烟。切勿排入下水道。如误服本品不能吐出，应立即请医生诊治，并出示瓶签或包装物。应防止将本品释放于环境中。其包装物应按危险品处理。应远离火种，采取抗放静电措施，于通风良好处密封保存。
主要用途 气相色谱分析用标准物。

3-Methylheptane 3-甲基庚烷 06661
[589-81-1] C_8H_{18} 114.23
成分 C 84.12%，H 15.88%。
别名 2-乙基己烷；Butylethylmethylmethane；2-Ethylhexane
GW 2015-1118
性状 无色透明液体。能与乙醇、乙醚、丙酮、苯、三氯甲烷、石油醚等任意混溶，不溶于水。mp −120℃；bp 119～120℃；Fp −9.4℉（−23℃）；d_4^{20} 0.706；n_D^{20} 1.399。一般试剂含量≥97.0%（GC）。
注意事项 见 06660 2-甲基庚烷。
主要用途 色谱分析标准物。有机合成。

4-Methylheptane 4-甲基庚烷 06662
[589-53-7] C_8H_{18} 114.23
成分 C 84.12%，H 15.88%。
别名 甲基二丙基甲烷；Methyldipropylmethane
GW 2015-1119
性状 无色透明液体。能与乙醇、乙醚、丙酮、苯相混溶，不溶于水。mp −121℃；bp 114～117℃；Fp −9.4℉（−23℃）；d_4^{20} 0.704；n_D^{20} 1.398。一般试剂含量≥98.0%（GC）。
注意事项 见 06660 2-甲基庚烷。

主要用途 色谱分析标准物。

Methyl heptanoate 庚酸甲酯 06663
[106-73-0] $C_8H_{16}O_2$ 144.21
成分 C 66.63%,H 11.18%,O 22.19%。
别名 正庚酸甲酯;Heptanoic acid methyl ester;Methyl enanthate
M.I.15,4695
性状 无色液体。有香味。能与乙醇、乙醚、苯、三氯甲烷相混溶,不溶于水。mp －55.8℃;bp 173.8℃;Fp 127℉(52℃);d_4^{20} 0.8815;n_D^{20} 1.41152。一般试剂含量≥99.0%(GC)
注意事项 该品易燃。对眼睛、呼吸系统及皮肤有刺激性。使用时应穿适当的防护服。使用现场禁止吸烟。万一接触到眼睛,应立即用大量水冲洗后请医生诊治。应远离火种密封于阴凉处保存。
主要用途 有机合成。溶剂。香料。气相色谱分析用标准物。

4-Methyl-3-heptanol 4-甲基-3-庚醇 06664
[14979-39-6] $C_8H_{18}O$ 130.23
成分 C 73.78%,H 13.93%,O 12.29%。
性状 无色液体。能与乙醇、乙醚相混溶,不溶于水。bp_{75} 98～99℃/9.999kPa; Fp 130℉(54℃); d 0.830; n_D^{20} 1.4310。一般试剂含量≥99.0%(GC)。
注意事项 该品易燃 。对眼睛、呼吸系统及皮肤有刺激性。使用时应戴 适当的手套。万一接触到眼睛,应立即用大量水冲洗后请医生诊治。应防止将本品释放于环境中。
主要用途 溶剂。有机合成。

2-Methyl-3-heptanone 2-甲基-3-庚酮 06665
[13019-20-0] $C_8H_{16}O$ 128.22
成分 C 74.94%,H 12.58%,O 12.48%。
别名 丁基异丙基甲酮;正丁基异丙基甲酮;异丙基正丁基甲酮;异丙基丁基甲酮;Butylisopropyl ketone;*n*-Butylisopropyl ketone;Isopropyl-*n*-butyl ketone
性状 无色液体。bp 158～160℃; Fp 110℉(43℃); d 0.816; n_D^{20} 1.4110。一般试剂含量≥99.0%。
注意事项 该品对眼睛、呼吸系统及皮肤有刺激性。
主要用途 有机合成。

5-Methyl-3-heptanone 5-甲基-3-庚酮 06666
[106-68-3] $C_8H_{16}O$ 128.22
成分 C 74.94%, H 12.58%, O 12.48%。
别名 乙基戊基甲酮; 戊基乙基甲酮; Amyl ethyl ketone; EAK;Ethyl pentyl ketone
M.I.15, 6156
性状 无色液体。有柔和的水果气味。能与醇类、酮类、醚类及多数有机溶剂相容。能与水微混溶。bp_{760} 157～160℃/101.325kPa; Fp 138℉(59℃); d_{20}^{20} 0.820～0.824; n_D^{15} 1.4195。一般试剂含量≥97.0%(GC)。
注意事项 该品易燃。对眼睛、呼吸系统及皮肤有刺激性。使用时应穿适当的防护服。万一接触到眼睛,应立即用大量水冲洗后请医生诊治。
主要用途 硝基纤维素及乙烯基树脂的溶剂。分析用标准物质。

6-Methyl-5-heptene-2-one 6-甲基-5-庚烯-2 酮 06667
[110-93-0] $C_8H_{14}O$ 126.20
成分 C 76.14%, H 11.18%, O 12.68%。
别名 2-甲基-2-庚烯-6-酮; 2-Methyl-2-heptene-6-one; Natural methylheptenone
性状 无色液体。能与乙醇、乙醚相混溶,不溶于水。mp －67℃; bp_{10} 56～58℃/1.333kPa; Fp 131℉(55℃); d_4^{20} 0.855; n_D^{20} 1.439。一般试剂含量≥98.0%(GC)。
注意事项 见 06664 4-甲基-3-庚醇。
主要用途 香料。有机合成。

1-Methylheptylamine 1-甲基庚胺 06668
[693-16-3] $C_8H_{19}N$ 129.25
成分 C 74.34%, H 14.82%, N 10.84%。
别名 仲辛胺; 2-辛胺; 2-氨基辛烷; 2-Aminooctane; 2-Octylamine; *sec*-Octylamine
性状 无色液体。易溶于乙醇、乙醚,不溶于水。bp 163～165℃; Fp 122℉(50℃); d 0.770; n_D^{20} 1.4235。一般试剂含量≥97.0%。
注意事项 该品易燃。口服有毒。具有腐蚀性,能引起烧伤。使用时应穿适当的防护服,戴手套和防护镜或面罩。使用时禁止饮食。万一接触到眼睛,应立即用大量水冲洗后请医生诊治。使用时如有事故发生或有不适之感,应请医生诊治。应远离火种密封保存。

Methyl 6-*O*-(*N*-heptylcarbamoyl)-α-D-glucopyranoside 甲基 6-*O*-(*N*-庚甲酰)-α-D-葡萄糖苷 06669
[115457-83-5] $C_{15}H_{29}NO_7$ 335.39
成分 C 53.72%, H 8.71%, N 4.18%, O 33.39%。
别名 Hecameg®;Methyl-α-D-glucopyranoside 6-(heptylcarbamate); 6-*O*-(*N*-Heptylcarbamoyl)-methyl-α-D-glucopyranoside;
M.I.13, 4636
性状 正交白色针状结晶。呈中性,为非离子型物。mp 108～110℃; d 1.229; $[\alpha]_D^{22}$ 89°±2°($c=9.42\times10^{-3}$,于水中)。生化试剂含量≥99.0%(TLC)。
注意事项 该品应充氩气密封于 2～8℃保存。
主要用途 生化研究。

2-Methylhexane 2-甲基己烷 06670
[591-76-4] C_7H_{16} 100.20
成分 C 83.90%, H 16.09%。
别名 二甲基丁基甲烷; 异庚烷; Dimethylbutylmethane; *iso*-Heptane; Isoheptane
GW 2015-1159
性状 无色透明液体。能与乙醇、乙醚、丙酮、苯相混溶,不溶于水。mp －118℃; bp 89～90℃; Fp 30.2℉(－1℃); d_4^{20} 0.678; n_D^{20} 1.385。一般试剂含量≥98.0%(GC)。
注意事项 该品高度易燃。对皮肤有刺激性。对水生物极毒。能对水环境引起不利的结果。口服有害,并能损伤肺脏。其蒸气可引起瞌睡和眩晕。使用现场禁止吸烟。切勿排入下水道。如误服本品不能吐出,应立即请医生诊治,并出示瓶签或包装物。应防止将本品释放于环境中。其包装物应按危险品处理。应远离火种,采取抗放静电措施,密封于通风良好处保存。
主要用途 气象色谱分析用标准物。

3-Methylhexane 3-甲基己烷 06671
[589-34-4] C_7H_{16} 100.20
成分 C 83.90%, H 16.09%。
GW 2015-1127
性状 无色透明液体。能与乙醇、乙醚、丙酮、苯、三氯甲烷等任意混溶,不溶于水。mp －119℃; bp 90～91℃; Fp 30.2℉(－1℃); d_4^{20} 0.686; n_D^{20} 1.389。一般试剂含量≥98.0%(GC)。
注意事项 见 06670 2-甲基己烷。
主要用途 色谱分析用标准物。有机合成。

Methyl hexaneamine 甲基己胺 06672
[105-41-9] $C_7H_{17}N$ 115.22
成分 C 72.97%, H 14.87%, N 12.16%。
别名 甲基氨基己烷; 1,3-二甲基戊胺; 甲基异己胺; 4-Methyl-2-hexanamine;2-Amino-4-methylhexane;1,3-Dimethylamylamine;Forthane
M.I.15, 6157
性状 无色液体。有氨气味。易溶于乙醇、氯仿、乙醚、稀酸，极微溶于水。bp_{760} 130～135℃/101.325kPa；d 0.7620～0.7655；n_D^{25} 1.4150～1.4175。

主要用途 医用肾上腺素功能剂。

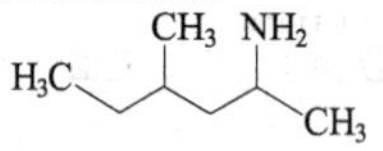

2-Methyl-3-hexanol 2-甲基-3-己醇 06673

[617-29-8] $C_7H_{16}O$ 116.20

成分 C 72.36%，H 13.88%，O 13.77%。

别名 丙基异丙基甲醇；丙基异丁醇

性状 无色液体。能与乙醇、乙醚、苯相混溶，不溶于水。bp_{765} 141～143℃/101.991kPa；Fp 105℉（40℃）；d 0.821；n_D^{20} 1.4210。

注意事项 该品易燃。

主要用途 溶剂。有机合成。

5-Methyl-2-hexanone 5-甲基-2-己酮 06674

[110-12-3] $C_7H_{14}O$ 114.19

成分 C 73.63%，H 12.36%，O 14.01%。

别名 甲基异戊基甲酮；异丁基丙酮；异戊基甲基酮；*iso*-Butylacetone；Isobutylacetone；Isopentylmethyl ketone；*iso*-Pentylmethyl ketone；Methyl-*iso*-amyl ketone

GW 2015-1055

性状 无色液体。能和大多数有机溶剂混溶，微溶于水。bp 145℃；Fp 104℉(40℃)；d 0.814；n_D^{20} 1.4070。一般试剂含量≥98.0%(GC)。

注意事项 该品易燃。其蒸气吸入有害。使用时应避免吸入本品的蒸气，避免与眼睛及皮肤接触。应密封于阴凉处保存。

1-Methylhistamine dihydrochloride 1-甲基组织胺 二盐酸盐 06675

[6481-48-7] $C_6H_{13}Cl_2N_3$ 198.10

成分 C 36.38%，H 6.61%，Cl 35.79%，N 21.21%。

别名 二盐酸 1-甲基组织胺；二盐酸 1-甲基-4-(β-氨基乙基)咪唑；1-甲基-4-(β-氨基乙基)咪唑 二盐酸盐；1-Methyl-4-(β-aminoethyl)imidazole dihydrochloride

性状 无色结晶或白色粉末。生化试剂含量≥98.0%。

注意事项 该品对眼睛、呼吸系统及皮肤有刺激性。使用时应穿适当的防护服。万一接触到眼睛，应立即用大量水冲洗后请医生诊治。应密封于 2～8℃保存。

主要用途 生化研究。

Methylhydrazine 甲基肼 06676

[60-34-4] CH_6N_2 46.07

成分 C 26.07%，H 13.13%，N 60.81%。

别名 甲基联胺；Monomethylhydrazine；MMH

GW 2015-1128 M.I.15，6158

性状 无色液体。能与水、肼、低级一元醇相混溶，溶于烃类。为强还原剂。mp −52.4℃。bp 87.5℃；Fp 68℉(20℃，闭杯)；d^{25} 0.874。LD_{50}小鼠，大鼠急性经口(mg/kg)：33.0，32.5。一般试剂含量≥98.0%(GC)。

注意事项 该品高度易燃。吸入极毒。口服或与皮肤接触有毒。具有腐蚀性，能引起烧伤。对机体有不可逆损伤的可能性。对水生物有毒。能对水环境引起不利的结果。使用时应穿适当的防护服，戴手套和防护镜或面罩。使用现场禁止吸烟。万一接触到眼睛，应立即用大量水冲洗后请医生诊治。使用时如有事故发生或有不适之感，应请医生诊治。应防止将本品释放于环境中。应远离火种密封保存。

主要用途 有机合成中间体。火箭燃料。

Methyl 4-hydroxybenzoate 4-羟基苯甲酸甲酯 06677

[99-76-3] $C_8H_8O_3$ 152.15

成分 C 63.15%，H 5.30%，O 31.55%。

别名 对羟基苯甲酸甲酯；尼泊金；对羟基安息香酸甲酯；4-Hydroxybenzoic acid methyl ester；Methyl chemosept；Methyl *p*-hydroxybenzoate；Methylparaben；Methylparasept；Nipagin；Nipagin M；Nipagin M；Oxyben M；Tegosept M

M.I.15，6180

性状 白色针状结晶。易溶于乙醇、甲醇、乙醚、丙酮，溶于水（W/W）：20℃，0.25%；25℃，0.30%。1g 该品溶于 400mL 水、40mL 热油、约 70mL 热甘油。mp 131℃；bp 270～280℃（分解）。一般试剂含量≥99.0%(GC)。

注意事项 该品对眼睛、呼吸系统及皮肤有刺激性。使用时应穿适当的防护服。万一接触到眼睛，应立即用大量水冲洗后请医生诊治。应密封保存。

主要用途 制药工业。防腐剂。有机合成。

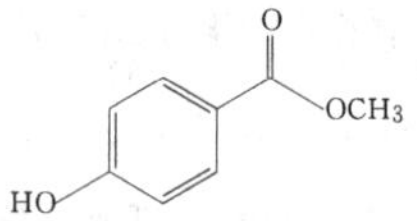

2-Methylindole 2-甲基吲哚 06678

[95-20-5] C_9H_9N 131.18

成分 C 82.41%，H 6.92%，N 10.68%。

别名 α-Methylindole；Methylketole

性状 白色或浅黄色片状结晶。有特殊臭味。对空气敏感。易溶于乙醇、乙醚、苯、甲醇，不溶于水。能随水蒸气挥发。mp 58～60℃；bp 273℃；Fp 285.8℉（141℃）。一般试剂含量≥97.5%（HPLC）。

注意事项 该品吸入、口服或与皮肤接触有害。使用时应穿适当的防护服和戴手套。应充氩气密封避光保存。

主要用途 分析试剂，如对丙二醛、乙二醛、甲基乙二醛等的分析。有机合成。香料工业的定香剂。

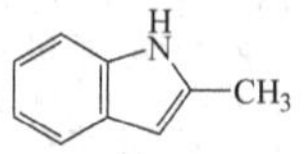

3-Methylindole 3-甲基吲哚 06679

[83-34-1] C_9H_9N 131.18

成分 C 82.41%，H 6.92%，N 10.68%。

别名 粪臭素；β-Methylindole；3-Methyl-1*H*-indole；Skatole

M.I.15，8698

性状 白色至浅棕色鳞状粉末。日久变黄褐色至棕色。具有恶臭。与铁氰化钾和硫酸产生紫色。溶于热水、乙醇、苯、乙醚、氯仿。mp 95℃；bp 265～266℃；Fp 269.6℉（132℃）。MLD 蛙皮下注射：1000mg/kg。一般试剂含量≥99.0%。

注意事项 该品具有蓄积性危害。使用时应穿适当的防护服。应密封避光保存。

主要用途 有机合成。

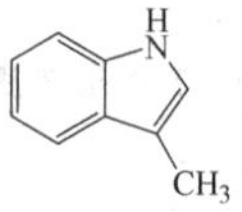

Methyl iodide 碘甲烷 06680

[74-88-4] CH_3I 141.94

成分 C 8.46%，H 2.13%，I 89.41%。

别名 甲基碘；Iodomethane

GW 2015-193 M.I.15，6159

性状 无色透明液体。见光变红棕色。能与乙醇、乙醚相混溶，溶于约 50 份水。mp −66.5℃；bp 42.5℃；270℃分解；d_4^{20} 2.28；n_D^{21} 1.5293。LD_{50}大鼠急性经口：76mg/kg；LD_{50}小鼠皮下注射：0.78 mmol/kg。一般试剂含量≥98.5%。

注意事项 该品吸入或口服时有毒。与皮肤接触有害。对呼吸系统和皮肤有刺激性。对机体有不可逆损伤的可能性。使用时应穿适当的防护服和戴手套。在通风不好的情况下，应戴适当的呼吸装置。使用时如有事故发生或有不适之感，应请医生诊治。应密封避光于阴凉处保存。

主要用途 作为包埋物质检验硅藻类；测定羟基、鉴别叔胺的试剂。试验吡啶。

Methyl isobutyrate 异丁酸甲酯 06681

[547-63-7] $C_5H_{10}O_2$ 102.13

成分 C 58.80%，H 9.87%，O 31.33%。

别名 2-甲基丙酸甲酯；Methyl 2-methylpropanoate；2-Methylpropionic acid methyl ester

GW 2015-2702 M.I.15，6160

性状 无色液体。有香味。能与乙醇、乙醚相混溶，微溶于水。mp −84～−85℃；bp 93℃；Fp 53.6℉（12℃）；d_4^{20} 0.891；n_D^{20} 1.3840。一般试剂含量≥99.0%（GC）。

注意事项 该品高度易燃。使用现场禁止吸烟。应远离火种密封保存。
主要用途 色谱分析标准物质。溶剂。有机合成。

Methyl isocyanate 异氰酸甲酯 06682
[624-83-9] C_2H_3NO 57.05
成分 C 42.11%，H 5.30%，N 24.55%，O 28.04%。
别名 甲基碳酰亚胺；Isocyanic acid methyl ester；Isocyanatomethane；Methylcarbonimide；MIC
GW 2015-2723 M.I.15，6161
性状 无色液体。有催泪性。mp −17℃；bp 39～40℃；Fp 20 ℉（−6℃）；d^{20} 0.96；n_D^{20} 1.3700。LD_{50}雄大鼠单独急性经口：140mg/kg；LC_{50}大鼠 4h 蒸气：5×10^{-6}。
注意事项 该品吸入极毒。口服或与皮肤接触有毒。极易燃。对呼吸系统及皮肤有刺激性。对眼睛有严重损伤的危险。吸入或与皮肤接触可引起过敏。能危害胎儿。使用时应穿适当的防护服，戴手套和防护镜或面罩。万一接触到眼睛，应立即用大量水冲洗后请医生诊治。接触皮肤后应立即用大量水冲洗。使用时如有事故发生或有不适之感，应请医生诊治。万一吸入该品应立即到通风处吸入新鲜空气。应密封避光保存。

1-Methylisoquinoline 1-甲基异喹啉 06683
[1721-93-3] $C_{10}H_9N$ 143.19
成分 C 83.88%，H 6.34%，N 9.78%。
别名 1-Methyl-*iso*-quinoline
GW 2015-1162
性状 无色结晶。溶于乙醚、丙酮，难溶于水。mp 10～12℃；bp_{16} 126～128℃/2.133kPa；Fp 230℉（110℃）；*d* 1.078；n_D^{20} 1.614。一般试剂含量≥97.0%。
注意事项 该品对眼睛、呼吸系统及皮肤有刺激性。使用时应穿适当的防护服。万一接触到眼睛，应立即用大量水冲洗后请医生诊治。应密封避光保存。

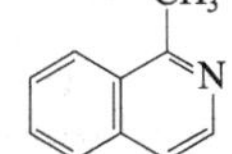

Methyl isothiocyanate 异硫氰酸甲酯 06684
[556-61-6] C_2H_3NS 73.11
成分 C 32.86%，H 4.14%，N 19.16%，S 43.85%。
别名 甲基芥子油；硫代异氰酸甲酯；Isothiocyanatomethane；Methyl mustard oil；Methyl *iso*-thiocyanate；TITC；Trapex
GW 2015-1282 M.I.15，6164
性状 无色结晶。易溶于乙醇、乙醚，微溶于水。mp 35～36℃；bp 119℃；Fp 90℉（32℃）；*d* 1.069；n_D^{37} 1.5258。LD_{50}大鼠，小鼠急性经口（mg/kg）：220，110；兔皮肤接触：33mg/kg；小鼠皮下注射：50mg/kg。
注意事项 该品吸入或口服有毒。具有腐蚀性，能引起烧伤。接触皮肤能引起过敏。对水生物极毒。能对水环境引起不利的结果。使用时应穿适当的防护服和戴手套。在通风不好的情况下，应戴适当的呼吸装置。使用时如有事故发生或有不适之感，应请医生诊治。应防止将本品释放于环境中。其包装物应按危险品处理。应密封保存。

Methyl laurate 月桂酸甲酯 06685
[111-82-0] $C_{13}H_{26}O_2$ 214.35
成分 C 72.84%，H 12.23%，O 14.93%。
别名 十二酸甲酯；Dodecanoic acid methyl ester；Methyl dodecanoate
性状 无色油状液体。能与乙醇、乙醚相混溶，不溶于水。mp 4.5～5℃；bp 261～262℃；Fp 257℉（125℃）；d_4^{20} 0.869；n_D^{20} 1.4310。
主要用途 气相色谱固定液。有机合成。

Methyl linoleate 亚油酸甲酯 06686
[112-63-0] $C_{19}H_{34}O_2$ 294.48
成分 C 77.50%，H 11.64%，O 10.87%。
别名 9,12-十八碳二烯酸甲酯；Linoleic acid methyl ester；9,12-Octadecadienoic acid methyl ester
M.I.15，6167
性状 无色至微黄色油状液体。能与二甲基甲酰胺、脂肪溶剂、油类相混溶，不溶于水。mp −35℃；bp_{16} 212℃/28.80kPa；bp_4 192℃/533.29Pa；Fp 235.4℉（113℃）；d_4^{18} 0.8886；n_D^{25} 1.4593。一般试剂含量≥98.5%（GC）。
注意事项 使用时应避免吸入本品的蒸气，避免与眼睛及皮肤接触。应充氩气密封于 2～8℃保存。
主要用途 维生素的制备。气相色谱分析用标准物质。去污剂。乳化剂。

Methyl linolenate 亚麻酸甲酯 06687
[301-00-8] $C_{19}H_{32}O_2$ 292.46
成分 C 78.03%，H 11.03%，O 10.94%。
别名 次亚麻酸甲酯；次亚麻子酸甲酯；9,12,15-十八碳三烯酸甲酯；Linolenic acid methyl ester；Methyl *cis*,*cis*,*cis*-9,12,15-octadecatrienoate；9，12，15-Octadecatrienoic acid methyl ester
性状 浅黄色油状液体。能与有机溶剂相混溶，不溶于水。bp_{14} 207℃/1.867kPa；Fp 235.4℉（113℃）；d_4^{20} 0.900；n_D^{20} 1.471。一般试剂含量≥99.0%（GC）。
注意事项 使用时应避免吸入本品的蒸气，避免与眼睛及皮肤接触。应密封于 2～8℃保存。
主要用途 有机合成。气相色谱分析用标准物质。乳化剂。生化研究。

α-Methyl-D-mannoside α-甲基-D-甘露糖苷 06688
[617-04-9] $C_7H_{14}O_6$ 194.18
成分 C 43.30%，H 7.27%，O 49.43%。
别名 Methyl-α-D-mannopyranoside
性状 无色结晶或白色粉末。易溶于水，微溶于乙醇。mp 187～193℃；$[\alpha]_D^{20}$ +79°±2°（*c*=10，于水中）。生化试剂含量≥99.0%（HPLC）。
注意事项 使用时应避免吸入本品的粉尘，避免与眼睛及皮肤接触。应充氩气密封干燥保存。
主要用途 生化研究。气相色谱法中用于离解伴刀豆球蛋白A-糖蛋白络合物的洗脱剂。

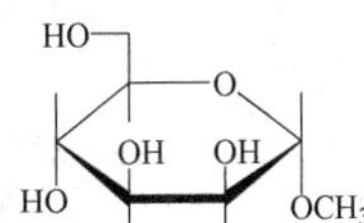

Methyl mercaptan 甲硫醇 06689
[74-93-1] CH_4S 48.10
成分 C 24.97%，H 8.38%，S 66.65%。
别名 硫氢甲烷；Mercaptomethane；Methyl sulfhydrate；Methyl thioalcohol；Methylthiol；Methanethiol；Mercaptan C_1；Thiomethyl alcohol
GW 2015-1171 M.I.15，6028
性状 无色气体或压缩液体。有恶腥的臭味。溶于乙醇、乙醚，微溶于水（20℃，20.3g/L）。mp −123℃；bp_{760} 5.95℃/101.325kPa；d_4^{20} 0.8665；d_4^{25} 0.9600。
注意事项 该品极易燃。其蒸气吸入有毒。对水生物极毒。能对水环境引起不利的结果。使用时应避免与眼睛接触。使用现场禁止吸烟。开启之前应冷却。应防止将本品释放于环境中。其包装物应按危险品处理。应远离火种密封保存。
主要用途 有机合成。

6-Methylmercaptopurine 6-甲基巯基嘌呤 06690
[50-66-8] $C_6H_6N_4S$ 166.20
成分 C 43.36%，H 3.64%，N 33.71%，S 19.29%。
别名 6-（甲基硫代）嘌呤；6-（Methylthio）purine
性状 无色结晶。mp 221～222℃。生化试剂含量≥98.0%。
注意事项 使用时应避免吸入本品的粉尘，避免与眼睛及皮肤接触。应密封于 2～8℃保存。
主要用途 生化研究。

Methylmercuric chloride 氯化甲基汞 06691
[115-09-3] CH_3ClHg 251.08
成分 C 4.78%，H 1.20%，Cl 14.12%，Hg 79.89%。
别名 甲基氯化汞；Chloromethylmercury；Methyl mercury（Ⅱ）chloride

GW 2015-1468
性状 白色固体或粉末。不溶于水。mp 170℃。
注意事项 该品吸入、口服或与皮肤接触极毒，并具有蓄积性危害。对水生物极毒。对水环境能产生长期有害的结果。使用时应穿适当的防护服。接触皮肤后应立即用大量水冲洗。使用时如有事故发生或有不适之感，应请医生诊治。应防止将本品释放于环境中。其包装物应按危险品处理。应远离食品、饮料和饲料密封保存。

Methyl methacrylate monomer
甲基丙烯酸甲酯 单体 06692
[80-62-6] $C_5H_8O_2$ 100.12
成分 C 59.98%，H 8.05%，O 31.96%。
别名 甲基败脂酸甲酯；Methyl 2-methylacrylate；MMA
GW 2015-1105 M.I.15，6013
性状 无色易挥发性液体。易聚合。能与乙醇、乙醚相混溶，溶于丁酮、四氢呋喃、芳香烃、氯化烃，微溶于水。mp −48℃；bp 98～100℃；Fp 50℉（10℃）；d_4^{20} 0.943；n_D^{20} 1.414。LD_{50}大鼠急性经口：8.4g/kg。一般试剂含量≥99.0%（GC）。
注意事项 该品高度易燃。对呼吸系统及皮肤有刺激性。接触皮肤能引起过敏。使用时应戴适当的手套。避免与皮肤接触。切勿排入下水道。如误服本品，应立即请医生检查，并出示瓶签或包装物。应远离火种，采取抗放静电措施，于通风良好处密封保存。
主要用途 聚合剂。有机合成。

Methyl methanesulfonate 甲烷磺酸甲酯 06693
[66-27-3] $C_2H_6O_3S$ 110.13
成分 C 21.81%，H 5.49%，O 43.58%，S 29.12%。
别名 甲基磺酸甲酯；Methyl methylsulfonate；Methanesulfonic acid methyl ester；Methyl mesylate；Methyl methanesulfonic acid；MMS
性状 无色液体。溶于乙醇、水（在水溶液中能逐渐水解）、二甲基甲酰胺、丙二醇，极微溶于非极性溶剂。bp 204～205℃；Fp 220℉（105℃）；d_4^{20} 1.2943；n_D^{20} 1.4140。一般试剂含量≥98.0%（GC）。
注意事项 该品能致癌。口服有害。对眼睛、呼吸系统及皮肤有刺激性。使用前应得到专门的指导，避免曝露。使用时应穿适当的防护服，戴手套和防护镜或面罩。万一接触到眼睛，应立即用大量水冲洗后请医生诊治。使用时如有事故发生或有不适之感，应请医生诊治。应密封于干燥处保存。
主要用途 化学诱变剂。酯化反应的溶剂。

DL-*S*-Methyl methionine chloride
DL-氯化 *S*-甲基甲硫氨酸 06694
[3493-12-7] $C_6H_{14}ClNO_2S$ 199.69
成分 C 36.09%，H 7.07%，Cl 17.75%，N 7.01%，O 16.02%，S 16.05%。
别名 DL-*S*-甲基蛋氨酸 盐酸盐；DL-*S*-甲基甲硫丁氨酸 盐酸盐；Methylmethioninesulfonium chloride；MMSC；Cabagin-U；Vitas-U；DL-[(3*S*)-3-Amino 3-carboxypropyl] dimethyl sulfonium inner salt chloride；DL-*S*-Methyl-L-methionine chloride；DL-MeMet chloride；DL-Vitamin U chloride
M.I.15，6170
性状 来自热乙醇中的无色结晶。有恶臭。易潮解。在碱性介质中能快速水解。mp 134℃（分解）。生化试剂含量≥99.0%（AT）。
注意事项 该品应充氩气密封干燥保存。
主要用途 医用抗溃疡剂。

CH_3 S^+ H_3C COO^- NH_2 ·HCl

Methyl 4-methylbenzoate
4-甲基苯甲酸甲酯 06695
[99-75-2] $C_9H_{10}O_2$ 150.18
成分 C 71.98%，H 6.71%，O 21.31%。
别名 对甲基苯甲酸甲酯；对茐甲酸甲酯；Methyl *p*-methylbenzoate；Methyl *p*-toluate
性状 无色结晶。溶于乙醇、乙醚，不溶于水。mp 33～35℃；bp 221～224℃；bp_{15} 103～104℃/1.995kPa；Fp 192℉（89℃）。一般试剂含量≥99.0%。
注意事项 该品对眼睛、呼吸系统及皮肤有刺激性。使用时应戴适当的手套。万一接触到眼睛，应立即用大量水冲洗后请医生诊治。
主要用途 气相色谱标准物质。

4-Methylmorpholine 4-甲基吗啉 06696
[109-02-4] $C_5H_{11}NO$ 101.15
成分 C 59.37%，H 10.96%，N 13.85%，O 15.82%。
别名 *N*-甲基吗啉；*N*-甲基吗啡啉；*N*-Methylmorpholine
GW 2015-1135 M.I.15，6362
性状 无色透明液体。有氨味。能与水、乙醇、乙醚相混溶。含水 25%时，可成恒沸混合物。mp −66℃；bp_{764} 116～117℃/101.86kPa；bp_{760} 115.4℃/101.325kPa；Fp 57℉（14℃）；d_4^{20} 0.9168；n_D^{20} 1.4332。一般试剂含量≥98.0%（GC）。
注意事项 该品高度易燃。吸入、口服或与皮肤接触有害。具有腐蚀性，能引起烧伤。使用时应穿适当的防护服，戴手套和防护镜或面罩。使用现场禁止吸烟，禁止饮食。万一接触到眼睛，应立即用大量水冲洗后请医生诊治。使用时如有事故发生或有不适之感，应请医生诊治。应远离火种密封保存。其包装物应按危险品处理。
主要用途 有机合成。制药工业。气相色谱固定液。萃取剂。溶剂。稳定剂。阻蚀剂。催化剂。

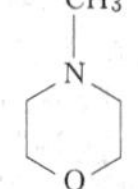

Methyl myristate 十四酸甲酯 06697
[124-10-7] $C_{15}H_{30}O_2$ 242.40
成分 C 74.33%，H 12.47%，O 13.20%。
别名 肉豆蔻酸甲酯；Methyl tetradecanoate；Myristic acid methyl ester
性状 无色油状液体。能与乙醇、乙醚相混溶，不溶于水。mp 18～20℃；bp_{751} 295℃/100.125kPa；Fp 234℉（112℃）；d_4^{20} 0.855；n_D^{20} 1.438。一般试剂含量≥99.0%（GC）。
注意事项 使用时应避免吸入本品的蒸气，避免与眼睛及皮肤接触。应密封于阴凉处保存。
主要用途 有机合成。溶剂。乳化剂。增塑剂。润湿剂。香料配制。

Methylnadic anhydride 甲基 NA 酸酐 06698
[25134-21-8] $C_{10}H_{10}O_3$ 178.19
成分 C 67.41%，H 5.66%，O 26.94%。
别名 甲基内亚甲基四氢酞酐；甲基内亚甲基邻苯二甲酸酐；甲基内次甲基四氢苯二甲酸酐；MNA 酸酐；Methyl-3，6-endomethylenetetrahydrophthalic anhydride；Methyl-NA；Methylnorbornene-2，3-dicarboxylic acid anhydride；MNA
性状 浅黄色黏稠状液体。能与苯、乙醇、乙酸乙酯等有机溶剂相混溶，不溶于石油醚。Fp 275℉（135℃）；d_4^{20} 1.233；n_D^{20} 1.506。一般试剂含量≥95%（NT）。
注意事项 该品口服有害，吸入能引起过敏。对眼睛、呼吸系统及皮肤有刺激性。吸入或与皮肤接触可能引起过敏。使用时应戴防护镜或面罩。
主要用途 环氧树脂的固化剂。

1-Methylnaphthalene 1-甲基萘 06699
[90-12-0] $C_{11}H_{10}$ 142.20
成分 C 92.91%，H 7.09%。
别名 α-甲基萘；α-Methylnaphthalene
GW 2015-1136
性状 黄色透明液体。能与乙醇、乙醚相混溶，不溶于水。mp −22℃；bp 240～243℃；Fp 172.4℉（78℃）；d_4^{20} 1.020；n_D^{20} 1.615。

注意事项 该品口服有害。对眼睛、呼吸系统及皮肤有刺激性。吸入或与皮肤接触可引起过敏。对水生物有毒。能对水环境引起不良的结果。使用时应穿适当的防护服，戴防护镜或面罩。使用时应避免吸入本品的蒸气，避免与眼睛及皮肤接触。万一接触到眼睛，应立即用大量水冲洗后请医生诊治。使用时如有事故发生或有不适之感，应请医生诊治。应防止 将本品释放于环境中。
主要用途 有机合成。溶剂。测定柴油的辛烷值。

2-Methylnaphthalene 2-甲基萘 06700
[91-57-6] $C_{11}H_{10}$ 142.20
成分 C 92.91%，H 7.09%。
别名 β-甲基萘；β-Methylnaphthalene
GW 2015-1137
性状 无色结晶。溶于乙醇、乙醚，不溶于水。mp 32～34℃；bp 241～242℃；Fp 208℉（97℃）；*d* 1.000。一般试剂含量≥95.0%（GC）。
注意事项 该品口服有害。对眼睛、呼吸系统及皮肤有刺激性。对水生物有毒。能对水环境引起长期不良的影响。使用时应穿适当的防护服。使用时应戴适当的手套和防护镜或面罩。万一接触到眼睛，应立即用大量水冲洗后请医生诊治。应防止将本品释放于环境中。
主要用途 有机合成。气相色谱标准物。制造维生素 K。

Methyl 1-naphthylacetate 1-萘乙酸甲酯 06701
[2876-78-0] $C_{13}H_{12}O_2$ 200.24
成分 C 77.98%，H 6.04%，O 15.98%。
别名 1-Naphthylacetic acid methyl ester
性状 无色液体。bp_{20} 168～170℃/2.666kPa；bp_5 160～162℃/666.6 Pa；Fp 228.2℉（109℃）；n_D^{25} 1.5985。一般试剂含量≥97.0%。
注意事项 该品口服有害。使用时应穿适当的防护服和戴手套。万一接触到眼睛，应立即用大量水冲洗后请医生诊治。应密封于阴凉处保存。
主要用途 植物生长激素。

Methyl nicotinate 烟酸甲酯 06702
[93-60-7] $C_7H_7NO_2$ 137.14
成分 C 61.31%，H 5.15%，N 10.21%，O 23.33%。
别名 菸酸甲酯；尼克酸甲酯；3-吡啶羧酸甲酯；3-Pyridine carboxylic acid methyl ester；Nicotinic acid methyl ester；Midalgan
M.I.15，6173
性状 无色结晶。溶于水、乙醇、苯。mp 39℃；bp_{760} 209℃/101.325kPa；bp_3 70～72℃/399.966Pa。一般试剂含量≥99.0%（GC）。
注意事项 该品对眼睛、呼吸系统及皮肤有刺激性。使用时应穿适当的防护服。使用时应避免吸入本品的粉尘，避免与眼睛及皮肤接触。万一接触到眼睛，应立即用大量水冲洗后请医生诊治。
主要用途 生化研究，医用发红剂。

***N*-Methyl-4-nitroaniline *N*-甲基-4-硝基苯胺** 06703
[100-15-2] $C_7H_8N_2O_2$ 152.15
成分 C 55.26%，H 5.30%，N 18.41，O 21.03%。
别名 *N*-甲基对硝基苯胺
性状 橙黄色带紫色光泽的结晶性粉末，用乙醚再结晶后为针状结晶。溶于乙醇、丙酮等有机溶剂。mp 152～154℃。一般试剂含量≥97.0%（HPLC）。
注意事项 该品吸入、口服或与皮肤接触有毒，并具有蓄积性危害。对水生物有毒。能对水环境引起长期不良的影响。使用时应穿适当的防护服，戴手套和防护镜或面罩。接触皮肤后，应用大量水或肥皂泡沫冲洗。使用时如有事故发生或有不适之感，应请医生诊治。应防止将本品释放于环境中。
主要用途 染料中间体。

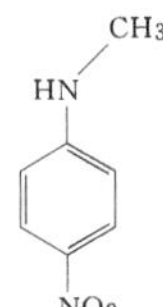

2-Methyl-3-nitroaniline 2-甲基-3-硝基苯胺 06704
[603-83-8] $C_7H_8N_2O_2$ 152.15
成分 C 55.26%，H 5.30%，N 18.41%，O 21.03%。
别名 间硝基邻甲苯胺；2-氨基-6-硝基甲苯；3-硝基邻甲苯胺；3-硝基-2-甲苯胺；2-Amino-6-nitrotoluene；*m*-Nitro-*o*-toluidine；3-Nitro-*o*-toluidine
性状 无色结晶。mp 89～92℃；bp 305℃。一般试剂含量≥98.0%（HPLC）。
注意事项 该品吸入、口服或接触皮肤有毒，并有蓄积性危害。对水生物有毒。能对水环境引起不利的结果。使用时应穿适当的防护服和戴手套。接触皮肤后应立即用大量水或肥皂泡沫冲洗。使用时如有不适之感，应请医生诊治。应防止将本品释放于环境中。应防止将本品释放于环境中。
主要用途 染料中间体。

2-Methyl-4-nitroaniline 2-甲基-4-硝基苯胺 06705
[99-52-5] $C_7H_8N_2O_2$ 152.15
成分 C 55.26%，H 5.30%，N 18.41%，O 21.03%。
别名 2-甲基-4-硝基苯胺；对硝基邻甲苯胺；2-氨基-5-硝基甲苯；4-硝基邻甲苯胺；2-Amino-5-nitrotoluene；*p*-Nitro-*o*-toluidine；4-Nitro-*o*-toluidine
GW 2015-2217 C.I.37100
性状 金黄色针状结晶。易溶于乙醇、乙醚、苯，微溶于水。mp 130～132℃。一般试剂含量≥98.0%（HPLC）。
注意事项 见 06704 2-甲基-3-硝基苯胺。
主要用途 有机合成。染料中间体。分析用标准物质。

2-Methyl-5-nitroaniline 2-甲基-5-硝基苯胺 06706
[99-55-8] $C_7H_8N_2O_2$ 152.15
成分 C 55.26%，H 5.30%，N 18.41%，O 21.03%。
别名 5-硝基邻甲苯胺；2-氨基-4-硝基甲苯；5-硝基-2-甲苯胺；对硝基邻氨基甲苯；5-Nitro-*o*-toluidine；2-Amino-4-nitrotoluene
性状 金黄色针状结晶。易溶于乙醇、乙醚、苯，微溶于水。mp 104～106℃。一般试剂含量≥98.0%。
注意事项 该品吸入、口服或接触皮肤有毒，可能致癌。对水生物有害。能对水环境引起不利的结果。使用时应穿适当的防护服和戴手套。使用时如有事故发生或有不适之感，应请医生诊治。应防止将本品释放于环境中。应密封保存。
主要用途 有机合成。染料中间体。分析用标准物质。

2-Methyl-6-nitroaniline 2-甲基-6-硝基苯胺 06707
[570-24-1] $C_7H_8N_2O_2$ 152.15
成分 C 55.26%，H 5.30%，N 18.41%，O 21.03%。
别名 6-硝基邻甲苯胺；6-硝基-2-甲基苯胺；2-氨基-3-硝基甲苯；2-硝基邻甲苯胺；6-Nitro-*o*-toluidine；2-Amino-3-nitrotoluene；2-Nitro-*o*-toluidine
性状 橙色或黄色棱柱状结晶。溶于乙醇、乙醚、苯、三氯甲烷。微溶于水。mp 93～96℃。一般试剂含量≥99.0%（GC）。
注意事项 见 06706 2-甲基-5-硝基苯胺。应充氩气密封保存。
主要用途 有机合成。染料中间体。分析用标准物质。

4-Methyl-2-nitroaniline 4-甲基-2-硝基苯胺 06708
[89-62-3] $C_7H_8N_2O_2$ 152.15

成分 C 55.26%，H 5.30%，N 18.41%，O 21.03%。
别名 邻硝基对甲基苯胺；2-硝基-4-甲基苯胺；4-氨基-3-硝基甲苯；2-硝基对甲苯胺；2-Nitro-*p*-toluidine；4-Amino-3-nitrotoluene
GW 2015-2219
性状 红色结晶。易溶于热乙醇，溶于乙醚，微溶于二硫化碳。mp 114～115℃。
注意事项 见 06706 2-甲基-5-硝基苯胺。
主要用途 有机合成。染料中间体。分析用标准物质。

4-Methyl-3-nitroaniline 4-甲基-3-硝基苯胺 06709
[119-32-4] $C_7H_8N_2O_2$ 152.15
成分 C 55.26%，H 5.30%，N 18.41%，O 21.03%。
别名 3-硝基-4-甲苯基胺；间硝基对甲苯胺；4-氨基-2-硝基甲苯；2-硝基-4-氨基甲苯；3-Nitro-*p*-toluidine；4-Amino-2-nitrotoluene；2-Nitro-4-aminotoluene
GW 2015-2220
性状 黄色或橙黄色的针状结晶。溶于乙醇、苯、乙醚、三氯甲烷，微溶于水、二硫化碳。mp 74～77℃；Fp 347℉(175℃)；*d* 1.312。一般试剂含量≥98.0%。
注意事项 见 06706 2-甲基-5-硝基苯胺。
主要用途 有机合成。染料中间体。分析用标准物质。

Methyl 4-nitrobenzenesulfonate
4-硝基苯磺酸甲酯 06710
[6214-20-6] $C_7H_7NO_5S$ 217.20
成分 C 38.71%，H 3.25%，N 6.45%，O 36.83%，S 14.76%。
别名 对硝基苯磺酸甲酯；*p*-Nitrobenzenesulfonic acid methyl ester；Methyl *p*-nitrobenzenesulfonate
M. I. 15，6175
性状 白色至奶油色的结晶。对湿度敏感。mp 89～92℃。一般试剂含量≥99.0%（GC）。
注意事项 该品对皮肤有刺激性。使用时应戴适当的手套。应充氩气密封干燥保存。
主要用途 甲基化剂。

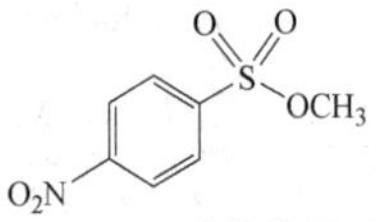

Methyl 2-nitrobenzoate 2-硝基苯甲酸甲酯 06711
[606-27-9] $C_8H_7NO_4$ 181.15
成分 C 53.04%，H 3.89%，N 7.73%，O 35.33%。
别名 邻硝基苯甲酸甲酯；Methyl *o*-nitrobenzoate；*o*-Nitrobenzoic acid methyl ester
性状 无色液体。溶于乙醇、乙醚、甲醇、氯仿、苯，不溶于石油醚。mp －13℃；bp 275℃；$bp_{0.1}$ 104～106℃/13.33Pa；Fp 235℉(113℃)；d^{20} 1.2855；n_D^{20} 1.5340。一般试剂含量≥98.0%。
注意事项 该品应密封保存。
主要用途 有机合成。

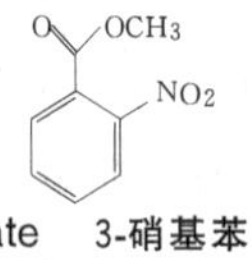

Methyl 3-nitrobenzoate 3-硝基苯甲酸甲酯 06712
[618-95-1] $C_8H_7NO_4$ 181.15
成分 C 53.04%，H 3.89%，N 7.73%，O 35.33%。
别名 间硝基苯甲酸甲酯；Methyl *m*-nitrobenzoate；*m*-Nitrobenzoic acid methyl ester
性状 白色结晶。溶于乙醇，不溶于水。mp 78～80℃；bp 279℃。
主要用途 有机合成。

Methyl 4-nitrobenzoate 4-硝基苯甲酸甲酯 06713
[619-50-1] $C_8H_7NO_4$ 181.15
成分 C 53.04%，H 3.89%，N 7.73%，O 35.33%。
别名 对硝基苯甲酸甲酯；Methyl *p*-nitrobenzoate；4-Nitrobenzoic acid methyl ester
性状 白色或浅黄色结晶。溶于热甲醇、乙醚，不溶于水。mp 94～96℃。一般试剂含量≥99.0%(GC)。
注意事项 使用时应避免吸入本品的粉尘，避免与眼睛及皮肤接触。
主要用途 有机合成。

1-Methyl-3-nitro-1-nitrosoguanidine
1-甲基-3-硝基-1-亚硝基胍 06714
[70-25-7] $C_2H_5N_5O_3$ 147.09
成分 C 16.33%，H 3.43%，N 47.61%，O 32.63%。
别名 *N*-甲基-*N*-亚硝基-*N'*-硝基胍；*N*-甲基-*N'*-硝基-*N*-亚硝基胍；MNNG；NG；*N*-Methyl-*N*-nitroso-*N'*-nitroguanidine；*N*-Methyl-*N'*-nitro-*N*-nitrosoguanidine；Diazomethaneprecusor
M. I. 15，6176
性状 来自甲醇中的黄色结晶。溶于水。mp 118℃（分解）。一般试剂含量≥97.0%（NMR）。
注意事项 该品长期贮存能逐渐分解，当分解到一定压力时，可能引起爆炸。其蒸气吸入有害。对眼睛及皮肤有刺激性。能致癌。对水生物有毒。能对水环境引起不利的结果。使用前应得到专门的指导，避免曝露。使用时应穿适当的防护服，戴手套和防护镜或面罩。使用时如有事故发生或有不适之感，应请医生诊治。应防止将本品释放于环境中。应密封于 2～8℃保存。
主要用途 化学诱变及癌症研究。

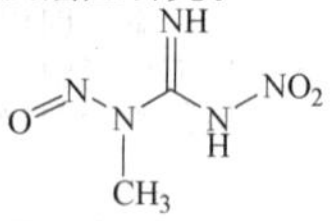

***N*-Methyl-*N*-nitroso-4-toluenesulfonamide**
***N*-甲基-*N*-亚硝基-4-甲苯磺酰胺** 06715
[80-11-5] $C_8H_{10}N_2O_3S$ 214.24
成分 C 44.85%，H 4.71%，N 13.08%，O 22.40%，S 14.96%。
别名 对甲苯磺酰甲替亚硝胺；*N*-甲基-*N*-亚硝基对甲苯磺酰胺；*N*-亚硝基-*N*-甲基对甲苯磺酰胺；Diazald；*N*,4-Dimethyl-*N*-nitrosobenzenesulfonamide；*N*-Methyl-*N*-nitroso-*p*-toluenesulfonamide；MNSA；*N*-Nitroso-*N*-methyl-4-toluenesulfonamide；*p*-Tolylsulfonylmethylnitrosamide
M. I. 15，9702
性状 来自苯＋石油醚中的黄色结晶。溶于乙醚、石油醚、苯、氯仿、四氯化碳，不溶于水。mp 62℃。
注意事项 该品对眼睛、呼吸系统及皮肤有刺激性。对机体有不可逆损伤的可能性。使用时应穿适当的防护服，戴手套和防护镜或面罩。万一接触到眼睛，应立即用大量水冲洗后请医生诊治。应密封于 2～8℃保存。

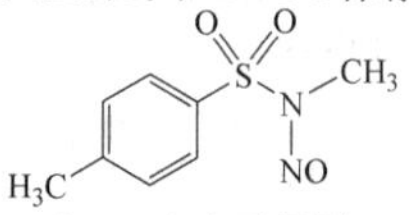

Methyl nonadecanoate 十九酸甲酯 06716
[1731-94-8] $C_{20}H_{40}O_2$ 312.54
成分 C 76.86%，H 12.90%，O 10.24%。
别名 正十九酸甲酯；*n*-Nonadecanoic acid methyl ester
性状 白色蜡状固体。溶于乙醇、乙醚，不溶于水。mp 37～41℃；$bp_{3.75}$ 190.5℃/0.5kPa；Fp 235.4℉（113℃）。一般试剂含量≥99.5%（GC）。
注意事项 使用时应避免吸入本品的粉尘，避免与眼睛及皮肤接触。应密封保存。
主要用途 气相色谱标准物质。

Methyl oleate 油酸甲酯 06717
[112-62-9] $C_{19}H_{36}O_2$ 296.50
成分 C 76.97%，H 12.24%，O 10.79%。
别名 *cis*-9-Octadecenoic acid methyl ester；Methyl *cis*-9-octadecenoate；Oleic acid methyl ester
M. I. 15，6921
性状 无色或浅黄色油状液体。能与无水乙醇、乙醚相混溶，不溶于水。bp_2 168～170℃/266.64Pa；Fp 235.4℉（113℃）；d_4^{18} 0.879；n_D^{26} 1.4510。一般试剂含量≥98.0%（GC）。
注意事项 使用时应避免吸入本品的蒸气，避免与眼睛及皮肤接触。应密封避光于 2～8℃保存。

主要用途 去垢剂，乳化剂，生化研究，气相色谱固定液，气相色谱对比样品。塑料增塑剂。抗水剂。树脂的韧化剂。有机合成。

Methyl orange 甲基橙 06718

[547-58-0] $C_{14}H_{14}N_3NaO_3S$ 327.33

成分 C 51.37%，H 4.31%，N 12.84%，Na 7.02%，O 14.66%，S 9.80%。

别名 4-[对(二甲氨基)苯偶氮]苯磺酸钠；金莲橙 D；Acid orange 52；4-[[(4-Dimethylamino) phenyl] azo] benzenesulfonie acid sodium salt；Gold orange；Helianthine B；Orange Ⅲ；Sodium *p*-dimethylaminoazobenzenesulfonate；Tropaeolin D；4-[*p*-(Dimethylamino)phenylazo]benzenesulfonic acid Na salt；MO

M. I. 15，6178 C. I. 13025

性状 橙黄色片状结晶或结晶性粉末。溶于 500 份水，较多地溶于热水，几乎不溶于乙醇。pH 值 3.1～4.4（由红至黄色）。

注意事项 该品口服有毒。使用时应穿适当的防护服和戴手套。使用时如有事故发生或有不适之感，应请医生诊治。应密封于干燥处保存。

主要用途 酸碱指示剂。容量测定锡时，Sn^{2+} 能使甲基橙退色。

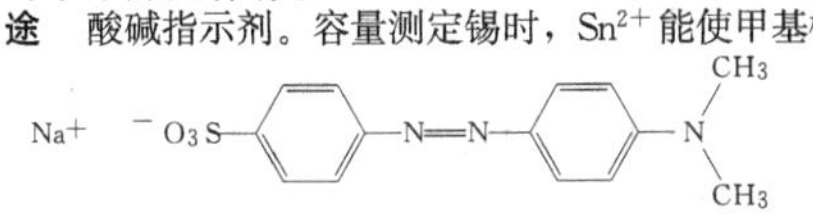

Methyl palmitate 十六酸甲酯 06719

[112-39-0] $C_{17}H_{34}O_2$ 270.46

成分 C 75.50%，H 12.67%，O 11.83%。

别名 软脂酸甲酯；棕榈酸甲酯；Methyl hexadecanoate；Palmitic acid methyl ester

性状 无色针状结晶。溶于乙醇、乙醚，不溶于水。mp 30～33℃；$bp_{0.2}$ 135～137℃/26.66Pa；Fp 235.4℉(113℃)；d^{25} 0.852；n_D^{20} 1.4512。一般试剂含量≥99.0%(GC)。

注意事项 使用时应避免吸入本品的粉尘，避免与眼睛及皮肤接触。应密封于阴凉处保存。

主要用途 乳化剂、润湿剂、稳定剂和增塑剂的中间体，气相色谱固定液。色谱分析标准物。

Methylparathion 甲基对硫磷 06720

[298-00-0] $C_8H_{10}NO_5PS$ 263.20

成分 C 36.51%，H 3.83%，N 5.32%，O 30.39%，P 11.77%，S 12.18%。

别名 *O*，*O*-二甲基-*O*-对硝基苯硫代磷酸酯；甲基一六〇五；甲基对硫酮；*O*,*O*-Dimethyl *O*-*p*-nitrophenyl phosphorothioate；*O*,*O*-Dimethyl-*O*-*p*-nitrophenyl thiophosphate；Dalf(obsolete)；Dimethyl parathion；E-601；ENT-17292；Folidol-M；Metacide；Metaphos；Methyl niran；Nitrox 80；Parathion-methyl；Partron M；Penncam M；Tekwaisa；Phosphorothioic acid *O*，*O*-dimethyl *O*-(4-nitrophenyl) ester

GW 2015-391 M. I. 15，6181

性状 来自冷甲醇中的无色或白色针状结晶。有臭味。溶于多数有机溶剂，极微溶于水（55mg/L）、石油醚，在碱性溶液中易水解。mp 37～38℃；bp_2 158℃/266.64Pa；d_4^{20} 1.358；n_D^{25} 1.5367。LD_{50}雄，雌大鼠急性经口（mg/kg）：14，24；皮肤接触（mg/kg）：67，67。

注意事项 该品与皮肤接触有毒。口服极毒。使用时应穿适当的防护服和戴手套。接触皮肤后，应立即用大量水冲洗。使用时如有事故发生或有不适之感，应请医生诊治。应密封于2～8℃干燥保存。

主要用途 杀虫剂。

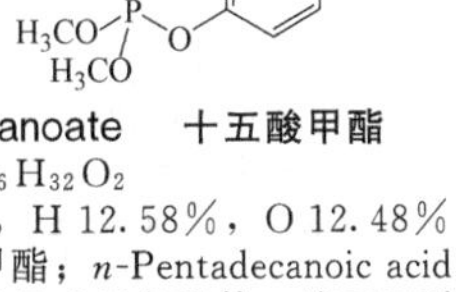

Methyl pentadecanoate 十五酸甲酯 06721

[7132-64-1] $C_{16}H_{32}O_2$ 256.43

成分 C 74.94%，H 12.58%，O 12.48%。

别名 正十五酸甲酯；*n*-Pentadecanoic acid methyl ester

性状 无色针状结晶或无色液体。溶于乙醇、乙醚等有机溶剂，不溶于水。mp 18～19℃；$bp_{0.05}$ 97℃/6.666Pa；Fp 235.4℉(113℃)；d_4^{20} 0.865；n_D^{20} 1.439。一般试剂含量≥99.5%(GC)。

注意事项 该品应密封保存。

主要用途 气相色谱分析用标准物。

4-Methyl-1,3-pentadiene 4-甲基-1,3-戊二烯 06722

[926-56-7] C_6H_{10} 82.15

成分 C 87.72%，H 12.27%。

别名 4-Propenpropylene

GW 2015-1151

性状 无色液体。bp 75～77℃；Fp －0.4℉（－18℃）；d^{20} 0.718；n_D^{20} 1.452。常加入约 0.02%的 4-叔丁基邻苯二酚作为稳定剂。一般试剂含量≥98.0%(GC)。

注意事项 该品高度易燃。口服有害，并可能损伤肺脏。使用时应穿适当的防护服。万一接触到眼睛，应立即用大量水冲洗后请医生诊治。使用现场禁止吸烟。如误服不能吐出，应立即请医生诊治，并出示瓶签或包装物。应远离火种，采取抗放静电措施，密封于2～8℃保存。

主要用途 有机合成，制造醇酸酯及其他聚合物。

2-Methylpentane 2-甲基戊烷 06723

[107-83-5] C_6H_{14} 86.18

成分 C 83.62%，H 16.37%。

别名 二甲基丙基甲烷；异己烷；Dimethyl propyl methane；Isohexane

GW 2015-1154

性状 无色透明液体。能与乙醇、乙醚、丙酮、苯等相混溶，不溶于水。mp －154℃；bp 59～60℃；Fp －10℉（－23℃）；d_4^{20} 0.653；n_D^{20} 1.371。一般试剂含量≥99.0%(GC)。

注意事项 该品高度易燃。口服有毒，并能损伤肺脏。对皮肤有刺激性。其蒸气可造成头晕或瞌睡。对水生物有毒。能对水环境引起不利的结果。使用时应穿适当的防护服。使用现场禁止吸烟。如误服本品不能吐出，应立即请医生诊治，并出示瓶签或包装物。应防止将本品释放于环境中。其包装物应按危险品处理。切勿排入下水道。应远离火种，采取抗放静电措施，密封于通风良好处保存。

主要用途 有机合成溶剂。气象色谱分析用标准物。

3-Methylpentane 3-甲基戊烷 06724

[96-14-0] C_6H_{14} 86.18

成分 C 83.62%，H 16.37%。

GW 2015-1155

性状 无色透明液体。能与乙醇、乙醚、丙酮、苯等有机溶剂相混溶，不溶于水。bp 63～64℃；Fp 20℉（－6℃）；d_4^{20} 0.663；n_D^{20} 1.376。一般试剂含量≥99.0%(GC)。

注意事项 该品高度易燃。对眼睛有刺激性。口服有害，并能损伤肺脏。对水生物有毒。能对水环境引起长期不良的影响。使用时应避免吸入本品的蒸气。使用现场禁止吸烟。如误服本品不能吐出，应立即请医生诊治，并出示瓶签或包装物。应防止将本品释放于环境中。应远离火种，采取抗放静电措施密封保存。

主要用途 有机合成。溶剂。色谱分析标准物。

2-Methyl-2,4-pentanediol 2-甲基-2,4-戊二醇 06725

[107-41-5] $C_6H_{14}O_2$ 118.17

成分 C 60.98%，H 11.94%，O 27.08%。

别名 α，α，α′-三甲基三亚甲基乙二醇；已烯二醇；Hexylene glycol；Methylamylene glycol；Pinakon；α，α，α′-Trimethyltrimethyleneglycol；MPD

M. I. 15，4746

性状 无色液体。略有甜香气味。溶于水、乙醇、乙醚、低级脂肪烃。mp －40℃；bp_{760} 198℃/101.325kPa；bp_{10} 97℃/1.333kPa；Fp 200℉（93℃，开杯）；d_{15}^{15} 0.924；n_D^{20} 1.4276。LD_{50}大鼠急性经口：4.70g/kg。一般试剂含量≥99.0%(GC)。

注意事项 该品对眼睛及皮肤有刺激性。使用时应穿适当的防护服。万一接触到眼睛，应立即用大量水冲洗后请医生诊治。应密封于干燥处保存。

主要用途 织物用透入剂。

H_3C CH_3 CH_3
HO OH

2-Methyl-1-pentanol 2-甲基-1-戊醇 06726
[105-30-6] $C_6H_{14}O$ 102.18
成分 C 70.53%，H 13.81%，O 15.66%。
别名 2-甲基-2-丙基乙醇；*sec*-Amyl carbinol；2-Methyl-2-propyl ethanol
GW 2015-1044
性状 无色液体。能与乙醇、乙醚相混溶。bp 147～148℃；Fp 127.4 ℉（53℃）；d_4^{20} 0.826；n_D^{20} 1.419。一般试剂含量≥98.5%（GC）。
注意事项 该品易燃。口服有害。使用时应避免与眼睛及皮肤接触。应密封于阴凉处保存。
主要用途 中间体，各种染料、油类、树胶、树脂、喷漆的溶剂。

2-Methyl-2-pentanol 2-甲基-2-戊醇 06727
[590-36-3] $C_6H_{14}O$ 102.18
成分 C 70.53%，H 13.81%，O 15.66%。
别名 二甲基丙基甲醇；Dimethyl propyl carbinol
GW 2015-1056
性状 无色液体。能与乙醇、乙醚相混溶。mp －103℃；bp 120～122℃；Fp 69℉（21℃）；d_4^{20} 0.810；n_D^{20} 1.4100。一般试剂含量≥99.0%。
注意事项 该品易燃。对眼睛、呼吸系统及皮肤有刺激性。使用时应穿适当的防护服和戴手套。万一接触到眼睛，应立即用大量水冲洗后请医生诊治。应采取抗静电措施密封保存。其包装物应按危险品处理。
主要用途 溶剂。有机合成中间体。

2-Methyl-3-pentanol 2-甲基-3-戊醇 06728
[565-67-3] $C_6H_{14}O$ 102.18
成分 C 70.53%，H 13.81%，O 15.66%。
别名 3-羟基异己烷；乙基异丙基甲醇；Ethylisopropyl carbinol；Ethyl-*iso*-propyl carbinol；3-Hydroxy-*iso*-hexane
GW 2015-1066
性状 无色液体。能与乙醇、乙醚、苯等相混溶，不溶于水。bp 127～127℃；Fp 114℉（46℃）；d_4^{20} 0.83；n_D^{20} 1.416～1.418。一般试剂含量≥99.0%。
注意事项 该品易燃。使用时应避免吸入本品的蒸气，避免与眼睛及皮肤接触。应密封保存。
主要用途 溶剂。有机合成，中间体。

3-Methyl-1-pentanol 3-甲基-1-戊醇 06729
[589-35-5] $C_6H_{14}O$ 102.18
成分 C 70.53%，H 13.81%，O 15.66%。
性状 无色液体。bp 151～152℃；Fp 140 ℉（60℃）；*d* 0.823；n_D^{20} 1.419。一般试剂含量≥97.0%（GC）。
注意事项 该品易燃。对眼睛、呼吸系统及皮肤有刺激性。使用时应穿适当的防护服。万一接触到眼睛，应立即用大量水冲洗后请医生诊治。应密封保存。
主要用途 有机合成中间体。

3-Methyl-3-pentanol 3-甲基-3-戊醇 06730
[77-74-7] $C_6H_{14}O$ 102.18
成分 C 70.53%，H 13.81%，O 15.66%。
别名 二乙基甲基甲醇；3-羟基-3-甲基戊烷；Diethylmethyl carbinol；3-Hydroxy-3-methylpentane
GW 2015-1067
性状 无色液体。能与乙醇、乙醚、三氯甲烷相混溶，不溶于水。mp －38℃；bp 122～125℃；Fp 75.2℉（24℃）；d_4^{20} 0.828；n_D^{20} 1.4190。一般试剂含量≥98.0%（GC）。
注意事项 该品易燃。口服有害。使用时应避免与眼睛及皮肤接触。应密封保存。
主要用途 有机合成中间体。

4-Methyl-1-pentanol 4-甲基-1-戊醇 06731
[626-89-1] $C_6H_{14}O$ 102.18
成分 C 70.53%，H 13.81%，O 15.66%。
性状 无色液体。bp 160～165℃；Fp 134.6℉（57℃）；d^{25} 0.821；n_D^{20} 1.416。一般试剂含量≥95.0%（GC）。
注意事项 该品易燃。应密封保存。
主要用途 溶剂。有机合成。

4-Methyl-2-pentanol 4-甲基-2-戊醇 06732
[108-11-2] $C_6H_{14}O$ 102.18
成分 C 70.53%，H 13.81%，O 15.66%。
别名 甲基异丁基甲醇；甲基异戊醇；2-羟基-4-甲基戊烷；Methyl-*iso*-butyl carbinol；Methylisobutyl carbinol；MIBC；Isobutylmethyl carbinol
GW 2015-1057
性状 无色液体。能与乙醇、乙醚相混溶，微溶于水。mp －90℃；bp 130～132℃；Fp105.8℉（41℃）；d_4^{20} 0.808；n_D^{20} 1.411。一般试剂含量≥97.5%（GC）。
注意事项 该品易燃。对呼吸系统有刺激性。使用时应避免与眼睛及皮肤接触。
主要用途 染料、油漆、树脂等用溶剂。有机合成。

2-Methyl-3-pentanone 2-甲基-3-戊酮 06733
[565-69-5] $C_6H_{12}O$ 100.16
成分 C 71.95%，H 12.08%，O 15.97%。
别名 乙基异丙基甲酮；Ethyl-*iso*-propyl ketone
GW 2015-1068
性状 无色或浅黄色液体。能与水、乙醇、乙醚等相混溶。bp 113℃；Fp 51.8 ℉（11℃）；d_4^{20} 0.810；n_D^{20} 1.398。一般试剂含量≥99.0%（GC）。
注意事项 该品高度易燃。使用时应避免吸入本品的蒸气。使用现场禁止吸烟。应远离火种，采取抗放静电措施，于通风良好处密封保存。
主要用途 溶剂。有机合成。

4-Methyl-2-pentanone 4-甲基-2-戊酮 06734
[108-10-1] $C_6H_{12}O$ 100.16
成分 C 71.95%，H 12.08%，O 15.97%。
别名 2-甲基-4-戊酮；甲基异丁基甲酮；异丁基甲基甲酮；2-异己酮；异丙基丙酮；Hexone；Isobutyl methyl ketone；Isopropylacetone；4-Keto-2-methylpentane；Methyl-*iso*-butyl ketone；Methyl isobutyl ketone；2-Methyl-4-pentanone；*iso*-Propylacetone；MIBK；MIK
GW 2015-1059　M. I. 15，5253
性状 无色透明液体。有芳香酮气味。能与乙醇、乙醚、丙酮、苯等相混溶，微溶于水（20℃，17g/L）。mp －84.7℃；bp 117～118℃；Fp 57.2℉（14℃，闭杯）；d_4^{20} 0.801；n_D^{20} 1.396。LD_{50}大鼠急性经口：2.08g/kg。
注意事项 该品高度易燃。其蒸气吸入有害。对眼睛及呼吸系统有刺激性。反复曝露可造成皮肤干燥或破裂。使用时应避免吸入本品的蒸气。使用现场禁止吸烟。切勿排入下水道。应远离火种，采取抗放静电措施，于通风良好处密封保存。
主要用途 硝化纤维素、酯、树胶等的溶剂。萃取剂。
参考规格 HG/T 3481—1999

	分析纯	化学纯
含量[$CH_3COCH_2CH(CH_3)_2$]/%≥	99.0	98.0
色度/黑曾单位≤	15	30
密度(20℃)/(g/mL)	0.799～0.802	0.799～0.802
蒸发残渣/%≤	0.005	0.02
游离酸(以 CH_3COOH 计)/%≤	0.02	0.03
水分(H_2O)/%≤	0.1	0.2

2-Methyl-1-pentene 2-甲基-1-戊烯 06735
[763-29-1] C_6H_{12} 84.16
成分 C 85.63%，H 14.37%。
GW 2015-1046
性状 无色液体。溶于乙醇、丙醇、乙醚、石油醚、煤焦油等溶剂，不溶于水。mp －136℃；bp 62℃；Fp －15℉（－26℃）；d_4^{20} 0.682；n_D^{20} 1.392。一般试剂含量≥99.5%（GC）。
注意事项 该品高度易燃。使用时应避免吸入本品的蒸气。切勿排入下水道。使用现场禁止吸烟。应远离火种，采取抗放静电措施，于通风良好处充氩气密封保存。

主要用途 有机合成。气相色谱标准物。

2-Methyl-2-pentene 2-甲基-2-戊烯 06736
[625-27-4] C_6H_{12} 84.16
成分 C 85.63%,H 14.37%。
GW 2015-1060
性状 无色液体。溶于乙醇、苯、氯仿、石油醚,不溶于水。mp −135℃;bp 67～68℃;Fp −15℉(−26℃);d_4^{20} 0.686;n_D^{20} 1.400。一般试剂含量≥98.0%(GC)。
注意事项 该品高度易燃。口服有害,并能损伤肺脏。使用现场禁止吸烟。切勿排入下水道。如误服本品不能吐出,应立即请医生诊治,并出示瓶签或包装物。应远离火种,采取抗放静电措施,于通风良好处密封保存。
主要用途 气相色谱标准物。

4-Methyl-1-pentene 4-甲基-1-戊烯 06737
[961-37-2] C_6H_{12} 84.16
成分 C 85.63%,H 14.37%。
GW 2015-1048
性状 无色液体。bp 53～54℃;Fp 19.4 ℉(−7℃);d_4^{20} 0.664;n_D^{20} 1.3820。一般试剂含量≥97.0%(GC)。
注意事项 见 06736 2-甲基-2-戊烯。
主要用途 有机合成。气相色谱分析用标准物质。

***cis*-4-Methyl-2-pentene 顺式-4-甲基-2-戊烯** 06738
[691-38-3] C_6H_{12} 84.16
成分 C 85.63%,H 14.37%。
别名 4-甲基-2-戊烯 顺式
GW 2015-1062
性状 无色液体。溶于丙酮、乙醚、乙醇,不溶于水。bp 57～58℃;d_4^{20} 0.670;n_D^{20} 1.388。一般试剂含量≥97.0%(GC)。
注意事项 该品高度易燃。对眼睛、呼吸系统及皮肤有刺激性。口服有害,并能损伤肺脏。使用时应穿适当的防护服。使用现场禁止吸烟。切勿排入下水道。万一接触到眼睛,应立即用大量水冲洗后请医生诊治。如误服本品不能吐出,应立即请医生诊治,并出示瓶签或包装物。应远离火种,采取抗放静电措施,于通风良好处充氮气密封保存。
主要用途 气相色谱分析用标准物。

***trans*-4-Methyl-2-pentene 反式-4-甲基-2-戊烯** 06739
[674-76-0] C_6H_{12} 84.16
成分 C 85.63%,H 14.37%。
别名 4-甲基-2-戊烯 反式
GW 2015-1062
性状 无色液体。溶于丙酮、乙醚、乙醇,不溶于水。bp 54.2～55.2℃;Fp −16.6℉(−27℃);d_4^{20} 0.686;n_D^{20} 1.392。一般试剂含量≥90.0%(GC)。
注意事项 见 06738 顺式 -4-甲基-2-戊烯。
主要用途 气相色谱分析用标准物。

3-Methyl-1-pentyn-3-ol 3-甲基-1-戊炔-3-醇 06740
[77-75-8] $C_6H_{10}O$ 98.15
成分 C 73.43%,H 10.27%,O 16.30%。
别名 乙基乙炔甲基甲醇;2-乙炔-2-丁醇;Allotropal;Anti-stress;Apridol;Atemorin;Atempol;Dalgol;Dorison;Dormalest;Dormidin;Dormigen;Dormiphen;Dormison;Dormosan;Ethyl ethynyl methyl carbinol;2-Ethynyl-2-butanol;Formison;Hesofen;Hexofen;Imnudorm;Meparfynol;Methylparafynol;Methylpentynol;Oblivon;Pentadorm;Perlopal;Riposon;Seral;Somnesin
GW 2015-1045 M.I.15, 5913
性状 无色低黏性流动液体。有辛辣气味及焦灼味。能与丙酮、苯、四氯化碳、环已酮、乙酸乙酯、丁酮、乙醇胺、石油醚等有机溶剂相混溶,溶于乙醚,溶于水(25℃, 12.8g/100mL)。mp −30.6℃ bp_{760} 121～122℃/101.325kPa; bp_{37} 50℃/4.933kPa; $bp_{6.5}$ 20℃/0.867kPa; Fp 101.3℉ (38.5℃); d_4^{20} 0.8688; d_{20}^{20} 0.8721;n_D^{20} 1.4318; LD_{50}小鼠,大鼠,豚鼠急性经口(mg/kg): 600～900。一般试剂含量≥98.0%(GC)。
注意事项 该品易燃。口服有害。使用时应穿适当的防护服。使用时应避免吸入本品的蒸气。
主要用途 溶剂。有机合成。

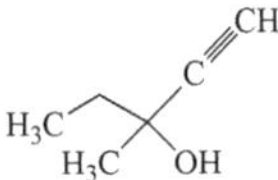

5-Methyl-1,10-phenanthroline
5-甲基-1,10-菲啰啉 06741
[3002-78-6] $C_{13}H_{10}N_2$ 194.24
成分 C 80.39%, H 5.19%, N 14.42%。
别名 5-甲基邻菲啰啉;5-甲基-1, 10-菲咯啉
性状 白色结晶。易吸潮。mp 113～114℃。一般试剂含量≥99.0%。
注意事项 该品口服有害。对眼睛、呼吸系统及皮肤有刺激性。使用时应穿适当的防护服和戴手套。万一接触到眼睛,应立即用大量水冲洗后请医生诊治。应密封干燥保存。

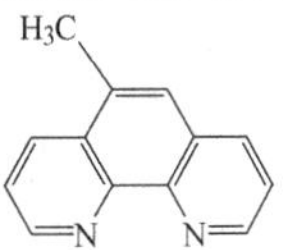

***N*-Methylphenazonium methosulfate**
甲基硫酸 *N*-甲基吩嗪 06742
[299-11-6] $C_{14}H_{14}N_2O_4S$ 306.34
成分 C 54.89%, H 4.61%, N 9.14%, O 20.89%, S 10.47%。
别名 *N*-甲基吩嗪 甲基硫酸盐;吩嗪二甲基硫酸酯;吩嗪硫酸二甲酯;吩嗪二甲酯 硫酸盐;5-Methyl phenazinium methyl sulfate;*N*-Methylphenazonium methylsulfate;*N*-MPM;Phenazine methosulfate;PMS
M.I.15, 6182
性状 来自乙醇中的黄色至棕色平行六面体结晶。易溶于水,溶于乙醇,不溶于乙醚。mp 155～157℃。生化试剂含量≥96.0%(N)。
注意事项 该品对眼睛、呼吸系统及皮肤有刺激性。万一接触到眼睛,应立即用大量水冲洗后请医生诊治。应密封避光于 2～8℃保存。
主要用途 凝胶电源中生化电子载体试剂。临床检验试剂,如肝功能的检验。

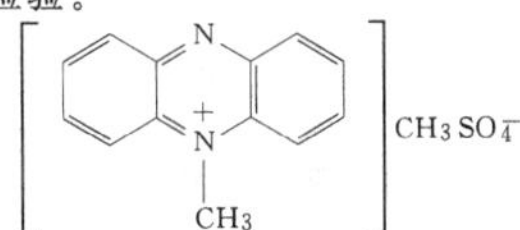

Methylphenidate hydrochloride
α-苯基-2-哌啶乙酸甲酯 盐酸盐 06743
[298-59-9] $C_{14}H_{20}ClNO_2$ 269.77
成分 C 62.33%, H 7.47%, Cl 13.14%, N 5.19%, O 11.86%。
别名 利他灵 盐酸盐;哌醋甲酯盐酸盐;盐酸利他灵;盐酸 α-苯基-2-哌啶乙酸甲酯;盐酸哌甲酯;盐酸哌醋甲酯;Ciba 4311b;Centedrin;Con certa;Metadate;Ritalin;α-Phenyl-2-piperidineacetic acid methyl ester hydrochloride;Methyl phenidylacetate hydrochloride;Methyl α-phenyl-α-(2-piperidyl) acetate hydrochloride;Methylphenidan hydrochloride
M.I.15, 6183
性状 无色结晶。易溶于水、甲醇,溶于乙醇,微溶于丙酮、氯仿。其溶液对石蕊呈酸性。pK_a 8.9。mp 224～226℃。LD_{50}小鼠急性经口:190mg/kg。
注意事项 该品口服有害。吸入或与皮肤接触可引起过敏。使用时应穿适当的防护服。应避免吸入本品的粉尘。万一接触到眼睛,应立即用大量水冲洗后请医生诊治。
主要用途 生化研究。医用中枢神经系统兴奋剂。

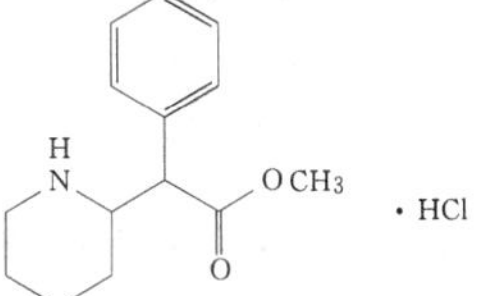

2-Methylphenoxyacetic aicd 2-甲基苯氧基乙酸 06744
[1878-49-5] $C_9H_{10}O_3$ 166.18
成分 C 65.05%, H 6.07%, O 28.88%。
别名 邻甲基苯氧乙酸

性状 无色针状结晶。易溶于苯。mp 102～105℃。

注意事项 该品对眼睛、呼吸系统及皮肤有刺激性。使用时应戴适当的手套。万一接触到眼睛，应立即用大量水冲洗后请医生诊治。

3-(2-Methylphenoxy)-1,2-propanediol
3-(2-甲基苯氧基)-1,2-丙二醇 06745

[59-47-2] $C_{10}H_{14}O_3$ 182.22

成分 C 65.91%，H 7.74%，O 26.34%。

别名 3-(邻甲基苯氧基)-1,2-丙二醇；唛酚生；Mephenesin；3-(2-Methylphenoxy)-1,2-propanediol；3-(*o*-Tolyloxy)-1,2-propanediol；1,2-Dihydroxy-3-(2-methylphenoxy) propane；*α*-(*o*-Tolyl)glyceryl ether；Glyceryl *o*-tolylether；Cresoxydiol；*α*,*β*-Dihydroxy-*γ*-(2-methylphenoxy) propane；BDH-312；Atensin；Avosyl；Avoxyl；Curythan；Daserol；Decontractyl；Dioloxol；Glyotol；Glykresin；Kinavosyl；Lissephen；Memphenesin；Mepherol；Mephesin；Mephson；Mervaldin；Myanesin；Myanol；Myodetensine；Myolysin；Myopan；Myoserol；Myoten；Oranixon；Prolax；Relaxar；Relaxil；Renarcol；Rhex；Sasdolor；Sinan；Spasmolyn；Stilalgin；Thoxidil；Tolansin；Tolcil；Tolhart；Tolosate；Toloxyn；Tolserol；Tolseron；Tolulexin；Tolulox；Tolyspaz；Walconesin

M. I. 15，5917

性状 无色结晶。有苦味。易溶于乙醇、丙二醇、氯仿。20℃时，1份该品溶于85份水、11份石油醚。其水溶液pH值约6。1份该品还可溶于60份5%、40份10%、4.5份25%乌来糖水溶液，其溶液稳定。mp 70～71℃；bp_4 153～154℃/533.3Pa；uv max（0.005%水溶液中）：270nm（ε 0.395）。LD_{50}小鼠，大鼠，仓鼠腹膜内注射（mg/kg）：471，283，322；急性经口（mg/kg）：990，945，821。

注意事项 该品吸入或与皮肤接触有害。口服有害，并能损伤肺脏。使用时应穿适当的防护服。

主要用途 生化研究。医用骨架肌肉松弛剂。

Methyl phenylacetate 苯乙酸甲酯 06746

[101-41-7] $C_9H_{10}O_2$ 150.18

成分 C 71.98%，H 6.71%，O 21.31%。

别名 苯醋酸甲酯；Phenylacetic acid methyl ester

性状 无色液体。不溶于水。bp 218～221℃；bp_{10} 93～95℃/1.33 kPa；Fp 194℉（90℃）；d_4^{20} 1.066；n_D^{20} 1.5070。一般试剂含量≥99.0%（GC）。

注意事项 该品对眼睛、呼吸系统及皮肤有刺激性。具有蓄积性危害。使用时应穿适当的防护服和戴手套。使用时应避免吸入本品的蒸气，避免与眼睛及皮肤接触。应密封保存。

2-Methyl-5-phenylbenzoxazole
2-甲基-5-苯基苯并噁唑 06747

[61931-68-8] $C_{14}H_{11}NO$ 209.25

成分 C 80.36%，H 5.30%，N 6.69%，O 7.65%。

性状 白色或浅黄色结晶。溶于苯，不溶于水。mp 62～64℃。

注意事项 该品对眼睛、呼吸系统及皮肤有刺激性。使用时应穿适当的防护服。万一接触到眼睛，应立即用大量水冲洗后请医生诊治。

主要用途 有机合成。制药工业。染料合成。

1-Methyl-1-phenylhydrazine 1-甲基-1-苯肼 06748

[618-40-6] $C_7H_{10}N_2$ 122.17

成分 C 68.82%，H 8.25%，N 22.93%。

别名 偏（位）甲基苯肼；*N*-甲基-*N*-苯肼；不对称甲基苯肼；*N*-Methyl-*N*-phenylhydrazine；*asym*-Methylphenylhydrazine；*α*-Methylphenylhydrazine

性状 无色或浅棕色液体。能与乙醇、乙醚、苯任意混溶，微溶于水。bp 224～227℃；$bp_{0.3}$ 54～55℃/40 Pa；Fp 197.6℉（92℃）；d_4^{20} 1.038；n_D^{20} 1.583。

注意事项 该品吸入、口服或接触皮肤有害。对眼睛、呼吸系统及皮肤有刺激性。使用时应穿适当的防护服，戴手套和防护镜或面罩。万一接触到眼睛，应立即用大量水冲洗后请医生诊治。使用时如有事故发生或有不适之感，应请医生诊治。应充氩气密封避光保存。

主要用途 酮、糖的测定。

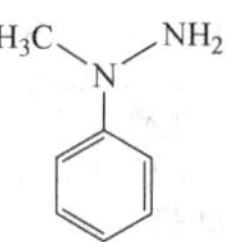

2-Methyl-1-phenyl-2-propanol
2-甲基-1-苯基-2-丙醇 06749

[100-86-7] $C_{10}H_{14}O$ 150.22

成分 C 79.96%，H 9.39%，O 10.65%。

别名 二甲基苄基甲醇；2-苄基-2-丙醇；苯二甲基原醇；1,1-二甲基-2-苯乙醇；*β*-苯基叔丁醇；Benzyldimethyl carbinol；1,1-Dimethyl-2-phenylethanol；1，1-Dimethyl-2-phenylethyl alcohol；*β*-Hydroxy-*iso*-butylbenzene；Dimethylbenzyl carbinol；*β*-Phenyl-*tert*-butyl alcohol；2-Benzyl-2-propanol

性状 无色液体。mp 23～25℃；bp_{10} 103～105℃/1.333kPa；Fp 177.8℉（81℃）；d_4^{20} 0.98。一般试剂含量≥98.0%（GC）。

注意事项 该品口服有害。使用时应穿适当的防护服和戴手套。使用时应避免吸入本品的蒸气，避免与眼睛及皮肤接触。

主要用途 香料的合成。

3-Methyl-1-phenyl-2-pyrazolin-5-one
3-甲基-1-苯基-2-吡唑啉-5-酮 06750

[89-25-8] $C_{10}H_{10}N_2O$ 174.20

成分 C 68.95%，H 5.79%，N 16.08%，O 9.18%。

别名 1-苯基-3-甲基-5-吡唑啉酮；苯基甲基-5-氮茂酮；3-甲基-1-苯基-5-吡唑啉酮；Developer 1；Developer Z；2,4-Dihydro-5-methyl-2-phenyl-3*H*-pyrazol-3-one；MCI-186；3-Methyl-1-phenyl-5-pyrazolone；Norantipyrine；Norphenazone；1-Phenyl-3-methyl-5-pyrazolone

M. I. 15，6802

性状 来自苯中的白色结晶。溶于热水、乙醇，微溶于苯，不溶于乙醚、石油醚、冷水。mp 129～130℃；bp_{265} 287℃/88.3 kPa。一般试剂含量≥98.0%（NT）。

注意事项 该品口服有害。对眼睛、呼吸系统及皮肤有刺激性。使用时应穿适当的防护服。万一接触到眼睛，应立即用大量水冲洗后请医生诊治。

主要用途 微量分析测定氰化物，测定钴、铜、铁、镍、银、维生素 B_{12}的试剂。染料合成。

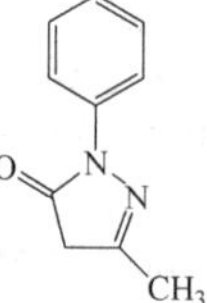

1-Methyl-4-phenyl-1,2,3,6-tetrahydropyridine
1-甲基-4-苯基-1,2,3,6-四氢吡啶 06751

[28289-54-5] $C_{12}H_{15}N$ 173.26

成分 C 83.19%，H 8.73%，N 8.08%。

别名 1,2,3,6-四氢-1-甲基-4-苯基吡啶；MPTP；1,2,3,6-Tetrahydro-1-methyl-4-phenyl pyridine

M. I. 15，6380

性状 来自庚烷中的无色结晶。mp 40～42℃；$bp_{0.8}$ 85～90℃/106.658Pa。

注意事项 该品吸入、口服或与皮肤接触有毒。对机体有不可逆损伤的可能性。使用时应穿适当的防护服，戴手套和防护镜或面罩。使用时应避免吸入本品的粉尘。使用时如有事故发生或有不适之感，应请医生诊治。

主要用途 生化研究。

1-Methylpiperazine 1-甲基哌嗪 06752

[109-01-3] $C_5H_{12}N_2$ 100.17

成分 C 59.95%，H 12.07%，N 27.97%。

别名 *N*-甲基哌嗪；*N*-Methylpiperazine

性状 无色液体。与水混溶。mp −6℃；bp 138℃；Fp 102.2℉（39℃）；d_4^{20} 0.902；n_D^{20} 1.466。一般试剂含量≥99.0%（GC）。

注意事项 该品易燃。吸入有毒。与皮肤接触有害。具有腐蚀性，能引起烧伤。使用时应穿适当的防护服，戴手套和防护镜或面罩。使用现场禁止吸烟。万一接触到眼睛，应立即用大量水冲洗后请医生诊治。使用时如有事故发生或有不适之感，应请医生诊治。应远离火种密封保存。

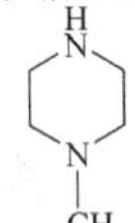

1-Methylpiperidine 1-甲基哌啶 06753

[626-67-5] $C_6H_{13}N$ 99.18

成分 C 72.66%，H 13.21%，N 14.12%。

别名 *N*-甲基六氢吡啶；甲基氮己烷；*N*-甲基哌啶；*N*-Methyl piperidine

GW 2015-1141

性状 无色液体。能与乙醇、乙醚混溶，溶于热水。mp −50℃；bp 105～107℃；Fp 37.4℉（3℃）；d_4^{20} 0.817；n_D^{20} 1.4378。一般试剂含量≥98.0%（GC）。

注意事项 该品高度易燃。具有腐蚀性，能引起烧伤。使用时应穿适当的防护服，戴手套和防护镜或面罩。使用现场禁止吸烟。万一接触到眼睛，应立即用大量水冲洗后请医生诊治。使用时如有事故发生或有不适之感，应请医生诊治。应远离火种，充氩气密封于干燥处保存。

主要用途 有机合成。

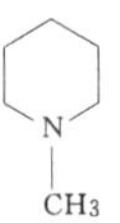

2-Methylpiperidine 2-甲基哌啶 06754

[109-05-7] $C_6H_{13}N$ 99.18

成分 C 72.66%，H 13.21%，N 14.12%。

别名 2-甲基六氢吡啶；Hexahydro-*α*-picoline；*α*-Pipecoline

GW 2015-1138

性状 无色液体。易溶于水，溶于乙醇、乙醚。mp −4℃；bp_{753} 118～119℃/100.391kPa；Fp 47℉（8℃）；*d* 0.844；n_D^{20} 1.4459。一般试剂含量≥99.0%。

注意事项 该品高度易燃。对眼睛、呼吸系统及皮肤有刺激性。使用时应穿适当的防护服，戴手套和防护镜或面罩。万一接触到眼睛，应立即用大量水冲洗后请医生诊治。使用现场禁止吸烟。应远离火种，充氩气密封保存。

主要用途 有机合成。制药工业。

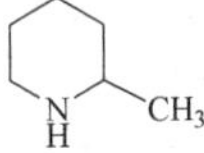

1-Methyl-4-piperidone 1-甲基-4-哌啶酮 06755

[1445-73-4] $C_6H_{11}NO$ 113.16

成分 C 63.69%，H 9.80%，N 12.38%，O 14.14%。

别名 *N*-Methyl-*γ*-piperidone

性状 无色液体。能与水混溶。bp_{11} 55～60℃/1.467kPa；Fp 140℉（60℃）；d_4^{20} 0.973；n_D^{20} 1.4610。一般试剂含量≥98.0%（GC）。

注意事项 该品对眼睛、呼吸系统及皮肤有刺激性。使用时应避免吸入本品的蒸气，避免与眼睛及皮肤接触。

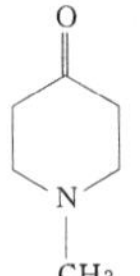

6*α*-Methylprednisolone 6*α*-甲基脱氢皮甾醇 06756

[83-43-2] $C_{22}H_{30}O_5$ 374.48

成分 C 70.56%，H 8.08%，O 21.36%。

别名 6*α*-甲基氢化泼尼松；6*α*-甲基去氢泼尼松；*α*-甲基泼尼松龙；*α*-甲基强的松龙；*α*-甲基氢强的松；*α*-甲基氢泼尼松；1-Dehydro-6*α*-methylhydrocortisone；Medrate；Medrol；Medrone；Metastab；Δ^1-6*α*-Methylhydrocortisone；6*α*-Methyl-11*β*,17*α*,21-triol-1,4-pregnadiene-3,20-dione；Metrisone；Promacortine；Suprametil；(6*α*,11*β*)-11,17,21-Trihydroxy-6-methylpregna-1,4-diene-3,20-dione；Urbason

M.I.15，6184

性状 无色结晶。略微溶于乙醇、二氧六环、甲醇，微溶于丙酮、氯仿，极微溶于乙醚，几乎不溶于水。mp 228～237℃；$[\alpha]_D^{20}$ +83°（于二氧六环中）。uv max（95%乙醇中）：243nm（α_M14875）。一般试剂含量≥98.0%（HPLC）。

注意事项 该品使用时应穿适当的防护服。使用时应避免吸入本品的粉尘。应充氩气密封避光保存。

主要用途 生化研究。

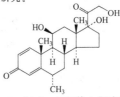

2-Methyl-1-propanethiol 2-甲基-1-丙硫醇 06757

[513-44-0] $C_4H_{10}S$ 90.18

成分 C 53.27%，H 11.18%，S 35.55%。

别名 异丁硫醇；*iso*-Butylmercaptan；*iso*-Butanethiol；Isobutanthiol；Isobutyl mercaptan

GW 2015-1034　M.I.15，5192

性状 无色液体。有臭味。易溶于乙醇、乙醚、硫化氢溶液，微溶于水。mp −79℃；bp 88℃；Fp 15℉（−9℃）；d_4^{20} 0.8357；n_D^{20} 1.43859。一般试剂含量≥90.0%（GC）。

注意事项 该品高度易燃。对眼睛、呼吸系统及皮肤有刺激性。使用时应穿适当的防护服。使用时应避免吸入本品的蒸气，避免与眼睛及皮肤接触。使用现场禁止吸烟。万一接触到眼睛，应立即用大量水冲洗后请医生诊治。应远离火种密封保存。

主要用途 石油分析用。有机合成。

2-Methyl-2-propanethiol 2-甲基-2-丙硫醇 06758

[75-66-1] $C_4H_{10}S$ 90.18

成分 C 53.27%，H 11.18%，S 35.55%。

别名 叔丁硫醇；*tert*-Butanethiol；*tert*-Butylthioalcohol；*tert*-Butyl mercaptan

GW 2015-1987　M.I.15，1582

性状 无色液体。有恶臭。易溶于乙醇、乙醚、硫化氢溶液，微溶于水。mp −0.5℃；bp_{760} 63.7～64.2℃/101.325kPa；Fp −12℉（−24℃）；d_4^{25} 0.79426；n_D^{25} 1.41984。一般试剂含量≥98.0%（GC）。

注意事项 该品高度易燃。对眼睛有严重损伤的危险。使用时应戴防护镜或面罩。避免吸入本品的蒸气。使用现场禁止吸烟。万一接触到眼睛，应立即用大量水冲洗后请医生诊治。应远离火种密封于阴凉处保存。

2-Methyl-1-propanol 2-甲基-1-丙醇 06759

[78-83-1] $C_4H_{10}O$ 74.12

成分 C 64.82%，H 13.60%，O 21.59%。

别名 异丁醇；异丙基甲醇；1-羟基-3-甲基丙烷；*iso*-Butyl alcohol；*iso*-Butanol；Fermentation butyl alcohol；1-

Hydroxymethyl propane; Isobutanol; Isobuty lalcohol; Isopropyl carbinol; *iso*-Propyl carbinol
GW 2015-1033　　M. I. 15，5176
性状　无色液体。具有强折光性。微有戊醇味。溶于约 20 份水，能与乙醇、乙醚相混溶。mp −108℃；bp 108℃；Fp 82℉（28℃，闭杯）；d^{25} 0.79761；d^{15} 0.806；n_D^{25} 1.39370；n_D^{15} 1.3976。LD_{50} 大鼠急性经口：2.46g/kg。气相色谱标准物含量≥99.5%。
注意事项　该品易燃。对呼吸系统及皮肤有刺激性。对眼睛有严重损伤的危险，其蒸气可引起瞌睡和眩晕。使用现场禁止吸烟。使用时应戴手套和防护镜或面罩。万一接触到眼睛，应立即用大量水冲洗后请医生诊治。如误服本品，应立即请医生检查，并出示瓶签或包装物。远离火种、食品、饮料及饲料。应密封于通风良好处保存。
主要用途　测定钙、钡、氯、钾、钠、银、锶、亚磷酸盐等的试剂。气相色谱分析标准物。溶剂。萃取剂。

2-Methyl-2-propanol　2-甲基-2-丙醇　06760
[75-65-0]　$C_4H_{10}O$　74.12
成分　C 64.82%，H 13.60%，O 21.59%。
别名　三甲基甲醇；第三丁醇；叔丁醇；特丁醇；*tert*-Butanol；*tert*-Butyl alcohol；Trimethyl carbinol
GW 2015-1049　　M. I. 15，1544
性状　无色结晶。高温时为液体。有樟脑样的气味。能与乙醇、乙醚相混溶，溶于水。mp 25.7℃；bp 82.41℃；Fp 52℉（11.1℃，闭杯）；d_4^{20} 0.78581；d_4^{25} 0.78086；n_D^{20} 1.38468；n_D^{25} 1.38231。LD_{50} 大鼠急性经口：3.5g/kg。一般试剂含量≥99.5%（GC）。
注意事项　该品高度易燃。其蒸气吸入有害。使用现场禁止吸烟。应远离火种，于通风良好处密封保存。
主要用途　测定分子量用的溶剂。乳选剂。香料制造。色谱分析参比物质。

Methyl propiolate　丙炔酸甲酯　06761
[922-67-8]　$C_4H_4O_2$　84.07
成分　C 57.14%，H 4.80%，O 38.06%。
别名　乙炔基羧酸甲酯；Methyl acetylenecarboxylate
性状　无色液体。不溶于水。具催泪性。bp 103～105℃；Fp 50℉(10℃)；d 0.945。一般试剂含量≥97.0%(GC)。
注意事项　该品高度易燃。对眼睛、呼吸系统及皮肤有刺激性。使用时应穿适当的防护服。万一接触到眼睛，应立即用大量水冲洗后请医生诊治。使用现场禁止吸烟。应远离火种密封保存。其包装物应按危险品处理。
主要用途　有机合成。

HC≡C—C(=O)—O—CH3

Methyl propionate　丙酸甲酯　06762
[554-12-1]　$C_4H_8O_2$　88.11
成分　C 54.53%，H 9.15%，O 36.32%。
别名　Methyl propanoate Propanoic acid methyl ester; Propionic acid methyl ester
GW 2015-128　　M. I. 15，6185
性状　无色透明油状液体。有香味。能与乙醇、乙醚相混溶，溶于 16 份水。mp −87℃；bp 79.7℃；Fp 28.4℉（−2℃）；d_4^{20} 0.915；n_D^{19} 1.3769。一般试剂含量≥99.0%(GC)。
注意事项　该品高度易燃。其蒸气吸入有害。使用时应避免吸入本品的蒸气。避免与皮肤接触。使用现场禁止吸烟。切勿排入下水道。应远离火种，采取抗放静电措施密封保存。
主要用途　有机合成。硝酸纤维的溶剂。涂料。

Methyl propyl ether　甲基丙基醚　06763
[557-17-5]　$C_4H_{10}O$　74.12
成分　C 64.82%，H 13.60%，O 21.59%。
别名　甲丙醚；甲氧基丙烷；甲基正丙基醚；正丙基甲基醚；1-Methoxypropane; Neo-thyl
GW 2015-1100　　M. I. 15，6186
性状　无色液体。能与乙醇、乙醚相混溶，微溶于水（25℃，5mL/100mL）。bp_{761} 38.8℃/101.458kPa；Fp −4℉（−20℃）；d_4^0 0.7494；d_4^{13} 0.7356；$n_D^{14.3}$ 1.36019。一般试剂含量≥95.0%(GC)。
注意事项　该品高度易燃。使用现场禁止吸烟。应远离火种密封保存。
主要用途　医用吸入麻醉剂。溶剂。

2-Methylpyridine　2-甲基吡啶　06764
[109-06-8]　C_6H_7N　93.13
成分　C 77.38%，H 7.58%，N 15.04%。
别名　α-甲基氮杂苯；2-噼啰啉；α-煤膏啶；α-皮考林；2-Picoline；α-Picoline
GW 2015-1093　M. I. 15，7512
性状　无色液体。有强烈不愉快的臭味。能与乙醇、乙醚任意混溶。易溶于水。mp −70℃；bp 128～129℃；Fp 79℉(26℃)；d_4^{15} 0.950；n_D^{20} 1.501。LD_{50} 大鼠急性经口：1.41g/kg。一般试剂含量≥98.0%(GC)。
注意事项　该品易燃。吸入、口服或与皮肤接触有害。对眼睛及呼吸系统有刺激性。使用时应穿适当的防护服。万一接触到眼睛应立即用大量水冲洗后请医生诊治。
主要用途　溶剂。有机合成。检定钴、铁、氰酸盐。

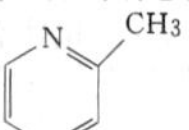

3-Methylpyridine　3-甲基吡啶　06765
[108-99-6]　C_6H_7N　93.13
成分　C 77.38%，H 7.58%，N 15.04%。
别名　β-甲基吡啶；3-噼啰啉；β-煤膏啶；β-皮考林；β-甲基氮杂苯；3-Picoline；β-Picoline
GW 2015-1094　M. I. 15，7513
性状　无色至微黄色透明液体。有不愉快的气味。能与水、乙醇、乙醚相混溶。mp −19℃；bp 143～144℃；Fp 97℉(36℃)；d_4^{15} 0.9613；n_D^{24} 1.5043。一般试剂含量≥98.0%(T)。
注意事项　该品易燃。吸入、口服或与皮肤接触有害。具有腐蚀性，能引起烧伤。使用时应穿适当的防护服，戴手套和防护镜或面罩。万一接触到眼睛，应立即用大量水冲洗后请医生诊治。使用时如有事故发生或有不适之感，应请医生诊治。应远离火种密封保存。
主要用途　溶剂。有机合成。

4-Methylpyridine　4-甲基吡啶　06766
[108-89-4]　C_6H_7N　93.13
成分　C 77.38%，H 7.58%，N 15.04%。
别名　4-噼啰啉；γ-甲基吡啶；γ-皮考林；4-甲基氮杂苯；4-Picoline；γ-Picoline
GW 2015-1095　M. I. 15，7514
性状　无色液体。溶于水、乙醇、乙醚。mp 2.4℃；bp_{760} 145℃/102.325kPa；Fp 102.2℉（39℃）；d_4^{15} 0.9571；n_D^{17} 1.5064。LD_{50} 大鼠急性经口：1.29g/kg。一般试剂含量≥98.0%(GC)。
注意事项　该品易燃。吸入或口服有害。与皮肤接触有毒。对眼睛、呼吸系统及皮肤有刺激性。使用时应穿适当的防护服。万一接触到眼睛，应立即用大量水冲洗后请医生诊治。使用时如有事故发生或有不适之感，应请医生诊治。
主要用途　溶剂。树脂合成。染料制造。有机合成。

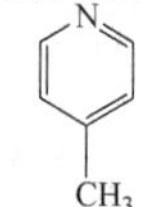

1-Methylpyrrole　1-甲基吡咯　06767
[96-54-8]　C_5H_7N　81.12
成分　C 74.04%，H 8.70%，N 17.27%。
别名　*N*-甲基吡咯；*N*-Methylpyrrole
性状　黄至棕色液体。mp −57℃；bp 110～112℃；Fp 59℉(15℃)；d_4^{20} 0.912；n_D^{20} 1.4880。一般试剂含量≥98.0%(GC)。
注意事项　该品高度易燃。对眼睛、呼吸系统及皮肤有刺激性。使用时应穿适当的防护服。使用时应避免吸入本品的蒸气。使用现场禁止吸烟。万一接触到眼睛，应立即用大量水冲洗后请医生诊治。应远离火种密封保存。

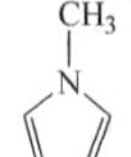

1-Methyl-2-pyrrolidone　1-甲基-2-吡咯烷酮　06768
[872-50-4]　C_5H_9NO　99.13

成分 C 60.58%，H 9.15%，N 14.13%，O 16.14%。
别名 N-甲基-2-吡咯烷酮；1-Methylazacyclopentan-2-one；N-Methyl-γ-butyrolactone；N-Methyl-2-ketopyrrolidine；1-Methyl-2-pyrrolidinone；N-Methyl-α-pyrrolidinone；1-Methylpyrrolidone；N-Methyl-2-pyrrolidone；MP；M-Pyrol；NMP
M. I. 15，6190
性状 无色液体。稍有氨的气味。易吸湿。能与水、乙醇、乙醚、丙酮、乙酸乙酯、氯仿、苯相混溶，也能与蓖麻油混溶。能随水蒸气挥发。mp −24.4℃；bp_{760} 202℃/101.325kPa；Fp 199℉（92.8℃，闭杯）；Fp 204℉（95.6℃，开杯）；d_4^{25} 1.027；n_D^{25} 1.4690。LD_{50} 小鼠，大鼠急性经口（mL/kg）：7.5，3.8；静脉注射（mL/kg）：3.5，2.2；腹膜内注射（mL/kg）：4.3，2.4。一般试剂含量≥99.0%（GC）。
注意事项 该品对眼睛及皮肤有刺激性。使用时万一着火或爆炸，应避免吸入其烟雾。应充氩气密封避光干燥保存。
主要用途 溶剂。有机合成。

CH3 N O

N-Methylpyrroline N-甲基吡咯啉 06769

[554-15-4] C_5H_9N 83.13
成分 C 72.24%，H 10.91%，N 16.85%。
别名 2,5-Dihydro-1-methyl-1H-pyrrole；N-Methyl-2,5-dihydropyrrole
M. I. 15，6191
性状 几乎无色的液体。有不愉快的类似氨的气味。在空气中冒烟。呈强碱性。能与水相混溶，溶于乙醇、乙醚、氯仿。bp 79～80℃。

CH3 N

4-Methylquinoline 4-甲基喹啉 06770

[491-35-0] $C_{10}H_9N$ 143.19
成分 C 83.89%，H 6.34%，N 9.78%。
别名 γ-甲基喹啉；4-甲基氮杂萘；勒匹丁；Cincholepidine；Lepidine；γ-Methylquinoline
GW 2015-1130 M. I. 15，5496
性状 无色油状液体。有喹啉气味。长期遇光变红棕色。能与乙醇、苯、乙醚相混溶，微溶于水。mp 0℃；bp 261～263℃；$bp_{14\sim15}$ 126～127℃/1.9kPa；$bp_{6\sim7}$ 115～120℃/0.8kPa；$bp_{1.5\sim2}$ 90～95℃/0.2kPa；Fp 235.4℉（113℃）；d_4^{20} 1.0826；n_D^{20} 1.6190。一般试剂含量≥98.0%。
注意事项 该品对眼睛、呼吸系统及皮肤有刺激性。使用时应穿适当的防护服和戴手套。万一接触到眼睛，应立即用大量水冲洗后请医生诊治。应充氩气密封避光保存。
主要用途 有机合成。

N CH3

6-Methylquinoline 6-甲基喹啉 06771

[91-62-3] $C_{10}H_9N$ 143.19
成分 C 83.88%，H 6.34%，N 9.78%。
别名 6-甲基氮杂萘；p-Toluquinoline
GW 2015-1131
性状 无色至灰黄色液体。能与乙醇、乙醚相混溶，微溶于水。mp −22℃；bp 257～259℃；Fp 230℉（110℃）；d_4^{20} 1.067；n_D^{20} 1.613。
注意事项 该品口服有害。对眼睛、呼吸系统及皮肤有刺激性。使用时应穿适当的防护服和戴手套。万一接触到眼睛，应立即用大量水冲洗后请医生诊治。应密封避光保存。
主要用途 有机合成。

7-Methylquinoline 7-甲基喹啉 06772

[612-60-2] $C_{10}H_9N$ 143.19
成分 C 83.88%，H 6.34%，N 9.78%。
别名 7-甲基氮杂萘；m-Toluquinoline
GW 2015-1132
性状 无色至微黄色结晶。温度高时为油状液体。能与乙醇、乙醚相混溶，微溶于水。mp 35～37℃；bp 251～253℃；Fp ＞230℉（110℃）；d_D^{20} 1.07；n_D^{20} 1.615。一般试剂含量≥97.0%。
注意事项 该品对眼睛、呼吸系统及皮肤有刺激性。能造成不可逆的危害。使用时应穿适当的防护服和戴手套。应避免吸入本品的蒸气和粉尘。万一接触到眼睛，应立即用大量水冲洗后请医生诊治。应密封避光保存。
主要用途 有机合成。

8-Methylquinoline 8-甲基喹啉 06773

[611-32-5] $C_{10}H_9N$ 143.19
成分 C 83.88%，H 6.34%，N 9.78%。
别名 8-甲基氮杂萘；o-Toluquinoline
GW 2015-1133
性状 无色液体。能与乙醇、乙醚相混溶，微溶于水。mp −80℃；bp 245～248℃；Fp 221℉（105℃）；d_4^{20} 1.074；n_D^{20} 1.615。一般试剂含量≥98.0%（GC）。
注意事项 该品对眼睛、呼吸系统及皮肤有刺激性。能造成不可逆的危害。使用时应穿适当的防护服。万一接触到眼睛，应立即用大量水冲洗后请医生诊治。应密封保存。
主要用途 有机合成。

Methyl red 甲基红 06774

[493-52-7] $C_{15}H_{15}N_3O_2$ 269.30
成分 C 66.90%，H 5.61%，N 15.60%，O 11.88%。
别名 2-[[4-(二甲氨基)苯]偶氮]苯甲酸；4-二甲氨基偶氮苯-2′-羧酸；对二甲氨基偶氮苯邻羧酸；甲红；甲烷红；烷红；对二甲氨基苯偶氮邻苯甲酸；品红；酸性红 2；Acid red 2；4-Dimethylamino azo benzene-2′-carboxylic aicd；p-Dimethylaminoazobenzene-o′-carboxylic acid；2-[[4-(Dimethylamino)phenyl]azo]benzoic acid；o-{[p-(Dimethylamino)phenyl]azo}benzoic acid；MR
M. I. 15，6192 C. I. 13020
性状 来自甲苯中的有光泽的紫色结晶。溶于乙醇、乙酸，几乎不溶于水。pK_{a1} 2.5，pK_{a2} 9.5，pK_b 4.8。mp 181～182℃；d 1.31。pH 值 4.2～6.2（由桃红色至黄色）。
注意事项 该品对机体有不可逆损伤的可能性。使用时应穿适当的防护服和戴手套。使用时应避免吸入本品的粉尘，避免与眼睛及皮肤接触。
主要用途 酸碱指示剂。临床血清蛋白生化检验。氯的检出。吸附指示剂。
参考规格 HG/T 3449—2012 指示剂

pH 变色域	4.5（红）～6.2（黄）
最大吸收波长/nm	λ_1(pH=4.5)523～528
	λ_2(pH=6.2)427～437
质量吸收系数/[L/cm·g]	
	α_1(λ_1,pH=4.5,干样)≥130
	α_1(λ_2,pH=6.2,干样)≥70
乙醇溶解试验	合格
干燥失重/%≤	1.0
灼烧残渣（以硫酸盐计）/%≤	0.2

COOH N=N N CH3 CH3

m-Methyl red 间甲基红 06775

[20691-84-3] $C_{15}H_{15}N_3O_2$ 269.30
成分 C 66.90%，H 5.61%，N 15.60%，O 11.88%。
别名 4-二甲氨基偶氮苯-3′-羧酸；对二甲氨基苯偶氮间苯甲酸；对二甲氨基偶氮苯间羧酸；间[(对二甲氨基苯)偶氮]苯甲酸；4-Dimethylaminoazobenzene-3′-carboxylic aicd；p-Dimethylamino-azobenzene-m′-carboxylic acid；m-[[p-(Dimethylamino)phenyl]azo]benzoic acid
性状 红棕色粉末。溶于乙醇，微溶于水。pH 值 2.0～4.0（由红至黄色）。
注意事项 使用时应避免吸入本品的粉尘，避免与眼睛及皮肤接触。应密封保存。
主要用途 酸碱指示剂。

HOOC N=N N CH3 CH3

p-Methyl red 对甲基红 06776

[6268-49-1] $C_{15}H_{15}N_3O_2$ 269.30

成分 C 66.90%，H 5.61%，N 15.60%，O 11.88%。

别名 4-二甲氨基偶氮苯-4′-羧酸；对二甲氨基苯偶氮对苯甲酸；对二甲氨基偶氮苯对羧酸；对[(对二甲氨基苯)偶氮]苯甲酸；4-Dimethylaminoazobenzene-4′-carboxylic acid；*p*-{[*p*-(Dimethylamino)phenyl]azo}benzoic acid

性状 红棕色结晶。溶于乙醇，几乎不溶于水。pH 值 1.0～3.0（由红至黄色）。

注意事项 见 06775 间甲基红。

主要用途 指示剂。

HOOC—C₆H₄—N=N—C₆H₄—N(CH₃)₂

Methyl red phenolphthalein 甲基红酚酞 06777

性状 本品为混合指示剂，系由 1 份甲基红和 3 份酚酞组成的混合物。红色粉末。溶于乙醇，几乎不溶于水。pH 值 4.2～9.2（由红至橙色）。

注意事项 该品应密封保存。

主要用途 pH 指示剂。

Methyl red sodium salt 甲基红钠盐 06778

[845-10-3] $C_{15}H_{14}N_3NaO_2$ 291.29

成分 C 61.85%，H 4.84%，N 14.43%，Na 7.89%，O 10.99.0%。

别名 4-二甲氨基偶氮苯-2′-羧酸钠盐；水溶性甲基红；甲基红水溶；对二甲氨基苯偶氮邻苯甲酸钠盐；对二甲氨基偶氮苯邻羧酸钠盐；4-Dimethylaminoazo benzene-2′-carboxylic acid sodium salt；*p*-Dimethylaminoazobenzene-*o*-carboxylic acid sodium salt；Methyl red water soluble

M. I. 15，6192 C. I. 13020

性状 橙红色结晶性粉末。溶于水、乙醇。λ_{max} 437nm。一般试剂干燥含量约 95.0%。

注意事项 该品口服有害。对机体有不可逆损伤的可能性。使用时应穿适当的防护服。使用时应避免吸入本品的粉尘，避免与眼睛及皮肤接触。

主要用途 酸碱指示剂。

(structure: COONa, N=N, N(CH₃)₂)

Methyl red thymol blue 甲基红百里酚蓝 06779

别名 甲基红麝香草酚蓝

性状 暗紫红色粉末。系由 1 份甲基红与 3 份麝香草酚蓝调制而成的混合指示剂。溶于乙醇。pH 值 4.0～9.2（由绿至红色）。

注意事项 该品应密封保存。

主要用途 酸碱指示剂。

Methyl salicylate 水杨酸甲酯 06780

[119-36-8] $C_8H_8O_3$ 152.15

成分 C 63.15%，H 5.30%，O 31.55%。

别名 合成冬青油；合成冬绿油；冬青油 合成；冬绿油 合成；邻羟基苯甲酸甲酯；柳酸甲酯；Betula oil；2-Hydroxybenzoic acid methyl ester；Methyl 2-hydroxybenzoate；Sweet birch oil；Teaberry oil；Wintergreen oil

M. I. 15，6193

性状 无色或浅黄色或微红色的油状液体。有似冬青的稍带甜味的特殊气味。能与乙醇、冰乙酸相混溶，溶于氯仿、乙醚、乙醇、冰乙酸，微溶于水（1g 该品约溶于 1500mL 水）。mp −8.6℃；bp 220～224℃；Fp 210℉（99℃，闭杯）；d_{25}^{25} 1.184；n_D^{20} 1.535～1.538。LD_{50} 大鼠急性经口：887mg/kg。一般试剂含量≥99.0%（GC）。

注意事项 该品口服有害。对眼睛、呼吸系统及皮肤有刺激性。使用时应穿适当的防护服。万一接触到眼睛，应立即用大量水冲洗后请医生诊治。

主要用途 香料配制。溶剂。防腐剂。消毒剂。金的萃取剂。医用抗刺激剂。

(structure: O, OCH₃, OH)

3-Methylsalicylic aicd 3-甲基水杨酸 06781

[83-40-9] $C_8H_8O_3$ 152.15

成分 C 63.15%，H 5.30%，O 31.55%。

别名 2-羟基-3-甲基苯甲酸；2,3-Cresotic acid；*o*-Cresotic acid；*o*-Cresotinic acid；*o*-Homosalicylic acid；2-Hydroxy-3-methylbenzoic acid；2-Hydroxy-*m*-toluic acid

M. I. 15，2570

性状 白色至微红色结晶。无味。溶于氯仿、乙醇、乙醚、碱溶液，较多地溶于热水，微溶于冷水。能随水蒸气挥发。mp 165～166℃。一般试剂含量≥99.0%（T）。

注意事项 该品口服有害。对呼吸系统及皮肤有刺激性。对眼睛有严重损伤的危险。使用时应穿适当的防护服，戴防护镜或面罩。万一接触到眼睛，应立即用大量水冲洗后请医生诊治。

(structure: COOH, OH, CH₃)

5-Methylsalicylic aicd 5-甲基水杨酸 06782

[89-56-5] $C_8H_8O_3$ 152.15

成分 C 63.15%，H 5.30%，O 31.55%。

别名 2-羟基-5-甲基苯甲酸；*p*-Cresotic acid；2,5-Cresotic acid；*p*-Cresotinic acid；*p*-Homosalicylic acid；6-Hydroxy-*m*-toluic acid；2-Hydroxy-5-methylbenzoic aicd

M. I. 15，2571

性状 近无色、白色至微红色结晶。能随水蒸气挥发。mp 151℃。一般试剂含量≥97.0%（T）。

注意事项 见 06780 水杨酸甲酯。

(structure: COOH, OH, H₃C)

2-Methyl-DL-serine 2-甲基-DL-丝氨酸 06783

[5424-29-3] $C_4H_9NO_3$ 119.12

成分 40.33%，H 7.62%，N 11.76%，O 40.29%。

别名 α-甲基-DL-丝氨酸；DL-2-氨基-3-羟基-2-甲基丙酸；DL-α-氨基-β-羟基异丁酸；α-Methyl-DL-serine；DL-α-Amino-β-hydroxy-*iso*-butyric acid；DL-2-Amino-3-hydroxy-2-methyl propionic acid

性状 无色结晶。

主要用途 生化研究。

Methyl stearate 硬脂酸甲酯 06784

[112-61-8] $C_{19}H_{38}O_2$ 298.51

成分 C 76.45%，H 12.83%，O 10.72%。

别名 十八酸甲酯；Methyl octadecanoate；Stearic acid methyl ester

M. I. 15，8930

性状 白色结晶。溶于乙醇、乙醚，不溶于水。mp 38～39℃；bp_{15} 215℃/2kPa；bp_4 181～182℃/533.288Pa；Fp 230℉（110℃）。一般试剂含量≥99.0%（GC）。

注意事项 该品可能致癌。使用时应穿适当的防护服和戴手套。应避免吸入本品的粉尘，避免与眼睛及皮肤接触。

主要用途 气相色谱固定液。去污剂。乳化剂。润湿剂。稳定剂。增塑剂。

2-Methylstyrene 2-甲基苯乙烯 06785

[611-15-4] C_9H_{10} 118.18

成分 C 91.47%，H 8.53%。

别名 2-乙烯基甲苯；2-MS；2-Vinyltoluene

性状 无色油状液体。遇热易聚合。一般常加入 0.1%对叔丁基邻苯二酚作稳定剂。bp 169～171℃；Fp 136.4℉（58℃）；d_4^{20} 0.917；n_D^{20} 1.544。一般试剂含量≥98.0%（GC）。

注意事项 该品蒸气吸入有害。对水生物有毒。能对水环境引起不利的结果。使用时应避免与皮肤接触。应防止将本品释放于环境中。应密封于 2～8℃保存。

主要用途 有机合成。

(structure: CH₂, CH₃)

3-Methylstyrene 3-甲基苯乙烯 06786

[100-80-1]　C_9H_{10}　118.18

成分　C 91.47%，H 8.53%。

别名　3-乙烯基甲苯；间甲基苯乙烯；3-Vinyltoluene

性状　无色液体。久贮聚合固化。一般试剂常加入约 0.1%对叔丁基邻苯二酚为稳定剂。mp －82～－81℃；bp 171～173℃；Fp 124℉（51℃）；d_4^{20} 0.896；n_D^{20} 1.5420。一般试剂含量≥97.0%（GC）。

注意事项　该品易燃。其蒸气吸入有害。对眼睛、呼吸系统及皮肤有刺激性。口服有害，并能损伤肺脏。使用时应穿适当的防护服。万一接触到眼睛，应立即用大量水冲洗后请医生诊治。如误服本品不能吐出，应立即请医生诊治，并出示瓶签或包装物。应远离火种密封于 2～8℃保存。

主要用途　有机合成。

4-Methylstyrene　4-甲基苯乙烯　06787

[622-97-9]　$CH_3C_6H_4CH=CH_2$　118.18

成分　C 91.47%，H 8.53%。

别名　4-乙烯基甲苯；对甲基苯乙烯；*p*-Methylstyrene；4-Vinyl toluene

GW 2015-1092

性状　无色液体。高温易聚合。一般常加入约 0.005%的 4-叔丁基邻苯二酚作为稳定剂。mp －34℃；bp 171～175℃；bp_{12} 60℃/1.6kPa；Fp 114℉（45℃）；d_4^{20} 0.895；n_D^{20} 1.5420。一般试剂含量≥99.0%（GC）。

注意事项　见 06786 3-甲基苯乙烯。

主要用途　有机合成。

α-Methyl styrene monomer　α-甲基苯乙烯单体　06788

[98-83-9]　C_9H_{10}　118.18

成分　C 91.47%，H 8.53%。

别名　1-甲基-1-苯乙烯；α-甲基苏合香烯；异丙烯苯；2-苯丙烯；1-Methyl-1-phenylethylene；*iso*-Propenylbenzene；*uns*-Methylphenylethylene；2-Phenylpropylene；Isopropenylbenzene

GW 2015-68

性状　无色液体。受热易发生聚合。一般常加入约 0.0025%的 4-叔丁基邻苯二酚作为阻聚剂。mp －24℃；bp 164～168℃；Fp 114℉（45℃）；d_4^{20} 0.909；n_D^{20} 1.539。一般试剂含量≥98.0%（GC）。

注意事项　该品易燃。对眼睛及呼吸系统有刺激性。对水生物有毒。能对水环境引起不利的结果。应防止将本品释放于环境中。应密封于 2～8℃保存。

主要用途　有机合成。

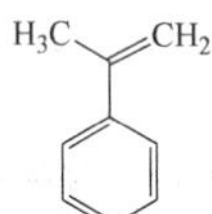

Methylsuccinic acid　甲基丁二酸　06789

[498-21-5]　$C_5H_8O_4$　132.12

成分　C 45.45%，H 6.10%，O 48.44%。

别名　甲基琥珀酸；Pyrotartaric acid

性状　白色结晶或粉末。溶于水。mp 110～115℃。一般试剂含量≥97.0%（T）。

注意事项　该品对眼睛、呼吸系统及皮肤有刺激性。使用时应穿适当的防护服。万一接触到眼睛，应立即用大量水冲洗后请医生诊治。应密封保存。

主要用途　有机合成。

Methyl sulfide　甲硫醚　06790

[75-18-3]　C_2H_6S　62.13

成分　C 38.66%，H 9.73%，S 51.60%。

别名　二甲基硫醚；二甲硫醚；硫化二甲基；Dimethyl sulfide；DMS；Methylenethiomethane；Thiobismethane

GW 2015-1172　　M.I.15，3281

性状　无色液体。有不愉快臭味。溶于乙醇、乙醚，微溶于水。mp －98.25℃；bp 37.3℃；Fp－32.8℉（－36℃）；d^{20} 0.8483；d^{25} 0.8424；n_D^{20} 1.4353；n_D^{25} 1.4319。一般试剂含量≥99.0%（GC）。

注意事项　该品高度易燃。口服有害。对呼吸系统及皮肤有刺激性。对眼睛有严重损伤的危险。使用时应穿适当的防护服和戴防护镜或面罩。使用现场禁止吸烟。切勿排入下水道。应远离火种，采取抗放静电措施，于通风良好处密封保存。

主要用途　溶剂。有机合成。气相色谱分析用标准物。

N-Methyltaurine　*N*-甲基牛磺酸　06791

[107-68-6]　$C_3H_9NO_3S$　139.17

成分　C 25.89%，H 6.52%，N 10.06%，O 34.49%，S 23.04%。

别名　甲基牛胆碱；甲基氨基乙磺酸；甲基牛胆素；2-Methylamino ethane-1-sulfonic acid；β-Methylaminoethane-α-sulfonic acid

M.I.15，6196

性状　无色棱柱体结晶。易溶于水，不溶于乙醇、乙醚。mp 241～242℃。

注意事项　该品应密封于干燥处保存。

主要用途　制备表面活性剂的中间体。

17-Methyltestosterone　17-甲基睾酮　06792

[58-18-4]　$C_{20}H_{30}O_2$　302.46

成分　C 79.42%，H 10.00%，O 10.58%。

别名　甲基睾丸素；17 α-甲基睾丸酮；甲基睾甾酮；Android；Glossostérandryl；Neo-hombreol-M；(17β)-17-Hydroxy-17-methylandrost-4-en-3-one；Metandren；17α-Methyl-Δ^4-androsten-17β-ol-3-one；17-Methyltestosterone；Neohombreol M；Orchisterone-M；Oreton methyl；Perandren(lozenges)；Testred

M.I.15，6197

性状　来自己烷中的无色结晶或白色结晶性粉末。无气味。微吸潮，在空气中稳定。溶于乙醇、甲醇、乙醚及有机溶剂，微溶于植物油，几乎不溶于水。mp 161～166℃；$[\alpha]_D^{25}$ ＋69°～＋75°（于二氧六环中）。生化试剂含量≥97.0%（HPLC）。

注意事项　该品能致癌。能危害胎儿。使用前应得到专门的指导，避免曝露。使用时应穿适当的防护服，戴手套和防护镜或面罩。使用时应避免吸入本品的粉尘。万一接触到眼睛，应立即用大量水冲洗后请医生诊治。如有事故发生或有不适之感应请医生诊治。应密封避光保存。

主要用途　生化研究。医用雄性激素。

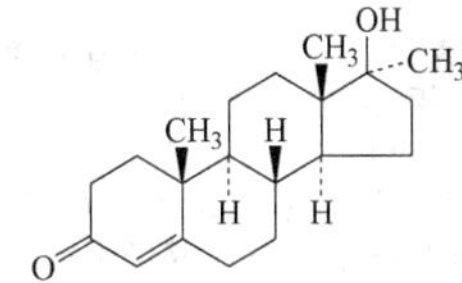

Methyl tetracosanoate　二十四酸甲酯　06793

[2442-49-1]　$C_{25}H_{50}O_2$　382.67

成分　C 78.47%，H 13.17%，O 8.36%。

别名　Methyl lignocerate；Lignoceric acid methyl ester

性状　白色固体。mp 58～61℃；bp_4 232℃/533.29 Pa。一般试剂含量≥99.0%（GC）。

注意事项　使用时应避免吸入本品的粉尘，避免与眼睛及皮肤接触。

2-Methyltetrahydrofuran　2-甲基四氢呋喃　06794

[96-47-9]　$C_5H_{10}O$　86.13

成分　C 69.73%，H 11.70%，O 18.58%。

别名　α-甲基四氢呋喃；四氢-2-甲基呋喃；Tetrahydro-2-methylfuran；Tetrahydrosilvan

GW 2015-1149　　M.I.15，6198

性状　无色液体。有乙醚样气味。易溶于有机溶剂，溶于水。一般常加入约 0.1%的 2,6-二叔丁基对甲酚作为稳定剂。bp 79～80.1℃；bp_{716} 77～78℃/95.459kPa；Fp 10.4℉（－12℃，闭杯）；d_4^{20} 0.853；n_D^{20} 1.405。一般试剂含量≥97.0%（GC）。

注意事项　该品高度易燃。能形成爆炸性过氧化物。使用时应避免吸入本品的蒸气。使用现场禁止吸烟。应远离火种密封保存。

主要用途　溶剂。有机合成中间体。

4-Methyl-5-thiazoleethanol 4-甲基-5-噻唑乙醇 06795

[137-00-8] C_6H_9NOS 143.20

成分 C 50.33%，H 6.34%，N 9.78%，O 11.17%，S 22.39%。

别名 4-甲基-5-（β-羟乙基）噻唑；5-羟乙基-4-甲基噻唑；5-（2-羟乙基）-4-甲噻唑；5-Hydroxyethyl-4-methylthiazole；5-（2-Hydroxyethyl）-4-methylthiazole；4-Methyl-5-（β-hydroxyethyl）thiazole

M. I. 13，6199

性状 无色有黏性的油状液体。有恶臭。易溶于水，溶于乙醇、乙醚、苯、氯仿。bp_7 135℃/933.254Pa；bp_3 123～124℃/399.966Pa；bp_1 103℃/133.322Pa；Fp 233.6℉（112℃）；d_4^{24} 1.196。生化试剂含量≥99.0%（GC）。

注意事项 该品对眼睛、呼吸系统及皮肤有刺激性。使用时应穿适当的防护服。万一接触到眼睛，应立即用大量水冲洗后请医生诊治。

主要用途 生化研究。医用镇静剂，安眠剂。合成维生素 B_1 的中间体。

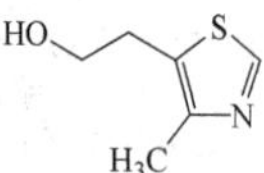

2-Methylthiophene 2-甲基噻吩 06796

[554-14-3] C_5H_6S 98.17

成分 C 61.17%，H 6.16%，S 32.66%。

别名 α-Thiotolene

性状 无色液体。有恶臭。mp −63℃；bp 112～113℃；Fp 59℉（15℃）；d_4^{20} 1.017；n_D^{20} 1.5200。一般试剂含量≥97.0%（GC）。

注意事项 该品高度易燃。口服有害。使用现场禁止吸烟。应远离火种充氩气密封保存。其包装物应按危险品处理。

主要用途 有机合成。

3-Methylthiophene 3-甲基噻吩 06797

[616-44-4] C_5H_6S 98.17

成分 C 61.17%，H 6.16%，S 32.66%。

别名 甲基硫茂；β-Thiotolene

GW 2015-1143

性状 无色油状液体。有恶臭。能与乙醇、乙醚、丙酮、苯、四氯化碳相混溶，溶于氯仿，不溶于水。mp −69℃；bp 114～117℃；Fp 52℉（11℃）；d_4^{20} 1.022；n_D^{20} 1.520。一般试剂含量≥98.0%（GC）。

注意事项 该品高度易燃。吸入或口服有害。使用时应穿适当的防护服。使用现场禁止吸烟。切勿排入下水道。应远离火种，采取抗放静电措施，充氩气密封避光保存。

主要用途 有机合成。

4-Methyl-2-thiouracil 4-甲基-2-硫尿嘧啶 06798

[56-04-2] $C_5H_6N_2OS$ 142.18

成分 C 42.24%，H 4.25%，N 19.70%，O 11.25%，S 22.55%。

别名 6-甲基-2-硫代咖嗟；甲基硫尿环；6-甲基-2-硫尿嘧啶；安替巴生；4-羟基-6-甲基-2-硫代嘧啶；4-羟基-2-巯基-6-甲基嘧啶；Alkiron；Antibason；Basecil；Basethyrin；2，3-Dihydro-6-methyl-2-thioxo-4（1*H*）-pyrimidinone；4-Hydroxy-2-mercapto-6-methylpyrimidine；4-Hydroxy-6-methyl-2-thiopyrimidine；Methicil；Methiacil；Methiocil；Methylthiouracil；6-Methyl-2-thiouracil；MTU；Muracil；Prostrumyl；Strumacil；Thimecil；Thyreostat Ⅰ

M. I. 15，6201

性状 白色或微黄色带珠光的结晶或粉末。味苦。易升华。1份该品溶于约150份沸水，溶于稀苛性碱溶液、氨水，微溶于乙醇、丙酮，极微溶于冷水、乙醚，几乎不溶于苯、三氯甲烷。其水溶液对石蕊呈中性或微酸性。326～331℃分解。MLD 兔急性经口：2486mg/kg。生化试剂含量≥98.0%（HPLC）。

注意事项 该品口服有害。对机体有不可逆损伤的可能性。使用时应穿适当的防护服和戴手套。应避免吸入本品的粉尘，避免与眼睛及皮肤接触。应密封保存。

主要用途 生化试剂。制药工业。甲状腺的抑制剂。

1-Methyl-2-thiourea 1-甲基-2-硫脲 06799

[598-52-7] $C_2H_6N_2S$ 90.15

成分 C 26.65%，H 6.71%，N 31.07%，S 35.57%。

别名 甲基硫脲；*N*-甲基硫脲；Methylthiourea；*N*-Methylthiourea

性状 白色针状结晶。溶于水、乙醇，微溶于乙醚。mp 118～121℃。一般试剂含量≥98.0%（S）。

注意事项 该品口服有毒。使用时应穿适当的防护服，戴手套和防护镜或面罩。使用时如有事故发生或有不适之感，应请医生诊治。

主要用途 有机合成。

Methylthymol bule complexone 甲基百里酚蓝络合指示剂 06800

[1945-77-31] $C_{37}H_{44}N_2O_{13}S$ 756.84

成分 C 58.72%，H 5.86%，N 3.70%，O 27.48%，O 4.24%。

别名 甲基百里香酚蓝；甲基麝香草酚蓝络合剂；3′，3″-双[（*N*，*N*-二羧甲基）氨基甲基]百里香酚磺酞酞钠盐；3′，3″-Bis[*N*，*N*-di（carboxymethyl）aminomethyl]thymolsulfonphthalein sodium salt；Thymolsulfonphthalein-3′，3″-bis（methyleneiminodiacetic acid）；MTB

性状 蓝黑色有金属光泽的粉末。易溶于水，溶液呈蓝色。其酸性溶液呈黄色。pH 值 6.5～8.5 时变为浅蓝色，pH 值 10.5～11.6 呈灰色，pH 值 12.7 以上则呈深蓝色。不溶于无水乙醇、乙醚。

注意事项 该品应密封于干燥处保存。

主要用途 络合指示剂，如钡、铋、钙、镉、钴、铜、铁、汞、铟、镁、锰、铅、铼、钪、锶、钍、锌、锆等的测定。酸碱指示剂。

Methylthymol blue sodium salt 甲基麝香草酚蓝钠盐 06801

[1945-77-3] $C_{37}H_{40}N_2Na_4O_{13}S$ 830.77

成分 C 53.50%，H 4.85%，N 3.37%，Na 9.39%，O 25.04%，S 3.86%。

别名 甲基百里酚蓝钠盐；3，3′双（二羧甲基氨甲基）百里酚磺酞钠盐

性状 蓝黑色有金属光泽的粉末。易溶于水，溶液呈蓝色；其酸性溶液呈黄色；pH 值 6.5～8.5 时变为浅蓝色；pH 值10.5～11.6 呈灰色；pH 值 12.7 以上则呈深蓝色。不溶于无水乙醇、乙醚。λ_{max} 438nm。一般试剂干燥含量约 70%。

注意事项 使用时应避免吸入本品的粉尘，避免与眼睛及皮肤接触。

主要用途 络合指示剂，如钡、铋、钙、镉、钴、铜、铁、汞、铟、镁、锰、铅、铼、钪、锶、钍、锌、锆等的测定。酸碱指示剂。

Methyl *p*-toluenesulfonate 对甲苯磺酸甲酯 06802

[80-48-8] $C_8H_{10}O_3S$ 186.23

成分 C 51.60%，H 5.41%，O 25.77%，S 17.22%。

别名 4-甲基苯磺酸甲酯；Methyl 4-toluenesulfonate；*p*-Toluenesulfonic acid methyl ester；*p*-Tolylmethylsulfonate

性状 无色结晶。对湿度敏感。易溶于乙醇、乙醚，溶于苯，不溶于水。mp 26～28℃；bp_5 144～145℃/666.6Pa；Fp 235.4℉（113℃）；d_4^{20} 1.234。一般试剂含量≥97.0%（GC）。

注意事项 该品口服有害。具有腐蚀性，能引起烧伤。对机体有不可逆损伤的可能性。接触皮肤能引起过敏。使用时应穿适当的防护服，戴手套和防护镜或面罩。万一接触到眼睛，应立即用大量水冲洗后请医生诊治。应密封于 2～8℃干燥保存。

主要用途 制备甲基化用的原料。催化剂。

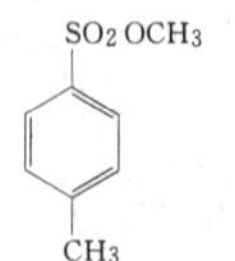

Methyl trichloroacetate 三氯乙酸甲酯 06803

[598-99-2] $C_3H_3Cl_3O_2$ 177.42

成分 C 20.31%，H 1.70%，Cl 59.95%，O 18.04%。

别名 三氯醋酸甲酯；Trichloroacetic acid methyl ester

GW 2015-1863

性状 无色液体。能与乙醇、乙醚、苯相混溶，微溶于水。bp 152～153℃；bp_{15} 49～50℃/2 kPa；Fp 163℉（72℃）；*d* 1.488；n_D^{20} 1.4550。一般试剂含量≥99.0%。
注意事项 该品对眼睛、呼吸系统及皮肤有刺激性。使用时应穿适当的防护服。万一接触到眼睛，应立即用大量水冲洗后请医生诊治。应密封于阴凉处保存。
主要用途 有机合成中间体。

Methyltrichlorosilane 甲基三氯硅烷 06804
[75-79-6] CH_3Cl_3Si 149.48
成分 C 8.04%，H 2.02%，Cl 71.15%，Si 18.79%。
别名 三氯甲基硅烷；Trichloromethylsilane
GW 2015-1144
性状 无色透明液体。易水解、醇解。能与有机溶剂相混溶。mp－78℃；bp 65～66℃；Fp 46.4℉（8℃）；d_4^{20} 1.273；n_D^{20} 1.411。一般试剂含量≥99.0%。
注意事项 该品高度易燃。与水反应激烈。对眼睛、呼吸系统及皮肤有刺激性。使用时应戴防护镜或面罩。万一接触到眼睛，应立即用大量水冲洗后请医生诊治。应密封干燥保存。
主要用途 有机合成，合成多种有机硅化合物的原料。

Methyltrienolone 类曲勃龙 06805
[965-93-5] $C_{19}H_{24}O_2$ 284.39
成分 C 80.24%，H 8.51%，O 11.25%。
别名 甲雌三烯醇酮；(17*β*)-17-Hydroxy-17-methylestra-4,9,11-trien-3-one；17*β*-Hydroxy-17-methyl-19-norandrosta-4，9，11-trien-3-one；17*α*-Methyl-4,9,11-estratrien-17*β*-ol-3-one；R-1881；17*α*-Methyl-17*β*-hydroxyestra-4,9,11-trien-3-one；Metribolone
M. I. 15，6203
性状 来自二异丙醚中的无色结晶。mp 170℃；$[\alpha]_D^{20}$ －58.7°（*c*＝0.5，于乙醇中）。
主要用途 医用同化剂。

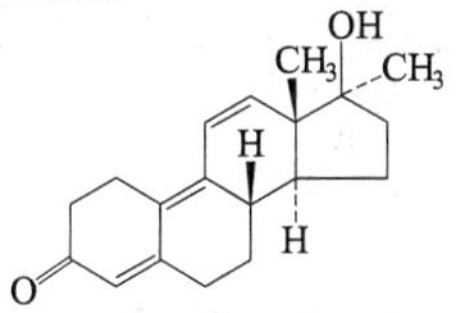

Methyltriethoxysilane 甲基三乙氧基硅烷 06806
[2031-67-6] $C_7H_{18}O_3Si$ 178.30
成分 C 47.15%，H 10.17%，O 26.92%，Si 15.75%。
别名 三乙氧基甲基硅烷；Triethoxymethylsilane
GW 2015-1145
性状 无色液体。在潮湿空气中能水解。能与有机溶剂相混溶。bp 141～143℃；Fp 75℉（23℃）；d_4^{20} 0.895；n_D^{20} 1.383。一般试剂含量≥98.0%（GC）。
注意事项 该品易燃。具有腐蚀性，能引起烧伤。使用时应穿适当的防护服，戴手套和防护镜或面罩。万一接触到眼睛，应立即用大量水冲洗后请医生诊治。万一着火，应用指定的灭火设备，不能用水。应充氩气密封干燥保存。
主要用途 合成高分子有机硅化合物的原料。高纯物质。

***N*-Methyl-*N*-trimethylsilylacetamide**
***N*-甲基-*N*-三甲基硅烷基乙酰胺** 06807
[7449-74-3] $C_6H_{15}NOSi$ 145.28
成分 C 49.60%，H 10.41%，N 9.64%，O 11.01%，Si 19.33%。
别名 *N*-三甲基硅烷基-*N*-甲基乙酰胺；MSA；*N*-Trimethylsilyl-*N*-methylacetamide；Trimethylsilylating agent
性状 无色液体。bp 159～161℃；Fp 118.4℉（48℃）；d_4^{20} 0.904；n_D^{20} 1.438。一般试剂含量≥97.0%（GC）。
注意事项 该品易燃。对眼睛、呼吸系统及皮肤有刺激性。使用时应穿适当的防护服。使用时应避免吸入本品的蒸气，避免与眼睛及皮肤接触。万一接触到眼睛，应立即用大量水冲洗后请医生诊治。应充氩气密封干燥保存。

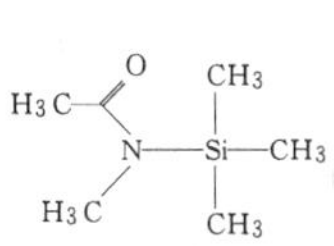

***N*-Methyl-*N*-trimethylsilyltrifluoroacetamide**
***N*-甲基-*N*-三甲基硅烷基三氟乙酰胺** 06808
[24589-78-4] $C_6H_{12}F_3NOSi$ 199.25
成分 C 36.17%，H 6.07%，F 28.60%，N 7.03%，O 8.03%，Si 14.10%。
别名 *N*-Methyl-*N*-TMS-trifluoroacetamide；*N*-Trimethylsilyl-*N*-methyltrifluoroacetamide；MSTFA；SMA
性状 无色透明至微黄色透明液体。对湿气很敏感。bp 130～132℃；Fp 77℉（25℃）；d_4^{20} 1.077；n_D^{20} 1.3800。一般试剂含量≥98.5%（GC）。
注意事项 见 06807 *N*-甲基-*N*-三甲基硅烷基乙酰胺。
主要用途 处理载体的硅烷化试剂，分析甾族化合物的结构。

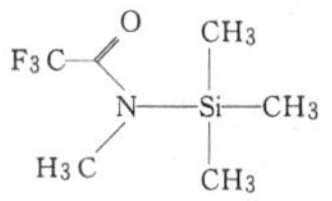

5-Methyl-DL-tryptophan 5-甲基-DL-色氨酸 06809
[951-55-3] $C_{12}H_{14}N_2O_2$ 218.25
成分 C 66.04%，H 6.47%，N 12.84%，O 14.66%。
别名 5-甲基-DL-胰化蛋白氨基酸；*α*-氨基-*β*-(5-甲基-3-吲哚基）丙酸；*α*-Amino-*β*-(5-methyl-3-indolyl) propionic acid；5-Methyl-3-indol-3-yl-DL-alanine；5-MT
性状 白色粉末。溶于稀碱溶液，难溶于水、乙醇。mp 约 275℃（分解）。生化试剂含量≥99.0%（NT）。
注意事项 使用时应避免吸入本品的粉尘，避免与眼睛及皮肤接触。应密封避光保存。
主要用途 生化研究。

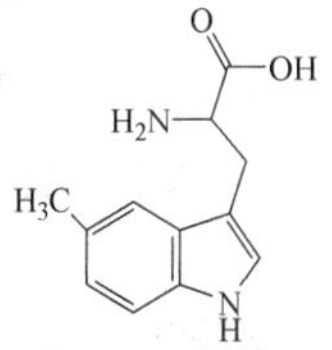

***α*-Methyl-DL-*m*-tyrosine *α*-甲基-DL-间酪氨酸** 06810
[305-96-4] $C_{10}H_{13}NO_3$ 195.22
成分 C 61.53%，H 6.71%，N 7.17%，O 24.59%。
别名 3-羟基-*α*-甲基苯丙氨酸；3-Hydroxy-*α*-methylphenylalanine；DL-2-Methyl-3-(3-hydroxyphenyl) alanine；*α*-Methyl-3-(*m*-hydroxyphenyl) alanine；*α*-MMT
M. I. 15，6208
性状 来自甲醇中的无色结晶。296～297℃分解。
注意事项 该品应密封于－20℃保存。
主要用途 生化研究。合成儿茶胺及酪氨酸羟基化酶的抑制剂。

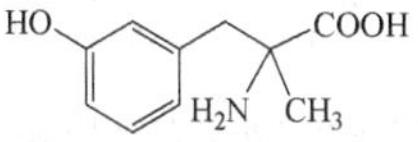

***α*-Methyl-DL-*m*-tyrosine methyl ester hydrochloride**
***α*-甲基-DL-间酪氨酸甲酯 盐酸盐** 06811
[96687-21-7] $C_{11}H_{16}ClNO_3$ 245.70
成分 C 53.77%，H 6.56%，Cl 14.43%，N 5.70%，O 19.54%。
别名 盐酸*α*-甲基-DL-间酪氨酸甲酯；AMPT；*α*-MMT methyl ester HCl；DL-2-Methyl-3-（3-hydroxyphenyl）alanine methyl ester hydrochloride
性状 浅黄色结晶。mp 192℃（分解）。溶解度：0.05g 溶解于 1mL 水中，溶液透明，显浅黄色。生化试剂含量≥99.0%（TLC）。
注意事项 使用时应避免吸入本品的粉尘，避免与眼睛及皮肤接触。应充氩气密封于－20℃保存。

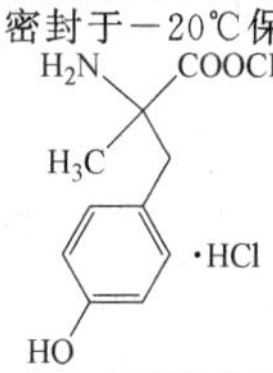

4-Methylumbelliferone 4-甲基伞形酮 06812
[90-33-5] $C_{10}H_8O_3$ 176.17
成分 C 68.18%，H 4.58%，O 27.24%。
别名 4-甲基伞形花内酯；*β*-甲基伞形花内酯；*β*-甲基伞形

花精；4-甲基-7-羟基苯邻氧杂芑酮；4-甲基-7-羟基香豆素；7-羟基-4-甲基香豆素；4-甲基繖形酮；Bilcolic；Biliton H；BMU；Cartabiline；Cantabilin；Cholonerton；Cholspasmin；Cumarote C；Himecol；7-Hydroxy-4-methylcoumarin；7-Hydroxy-4-methyl-2*H*-1-benzopyran-2-one；7-Hydroxy-4-metyl-2-oxo-3-chromene；Hymecromone；Imecromone；Medilla；Mendiaxon；β-Methylumbelliferone；4-MU

M. I. 15，4894

性状 来自醇中的无色或白色结晶。溶于甲醇、冰乙酸，微溶于乙醚、氯仿、甲苯，几乎不溶于冷水。mp 185～186℃；uv max（甲醇中）：221nm，251nm，322.5nm。生化试剂含量≥98.0%（HPLC）。

注意事项 该品对眼睛、呼吸系统及皮肤有刺激性。使用时应适当的穿防护服。万一接触到眼睛，应立即用大量水冲洗后请医生诊治。应密封保存。

主要用途 硝酸定量测定用试剂。荧光指示剂。紫外光线的吸收剂。

4-Methylumbelliferone sodium salt

4-甲基伞形酮钠盐 06813

[5980-33-6] $C_{10}H_7NaO_3$ 198.15

成分 C 60.62%，H 3.56%，Na 11.60%，O 24.21%。

别名 4-甲基伞形酮钠盐；7-羟基-4-甲基香豆素钠盐；7-Hydroxy-4-methylcoumarin sodium salt；β-Methylumbelliferone sodium salt

性状 黄色结晶。mp 90～92℃。一般试剂含量≥98.0%（TLC）。

注意事项 使用时应避免吸入本品的粉尘，避免与眼睛及皮肤接触。

4-Methylumbelliferyl acetate

乙酸 4-甲基伞形酮酯 06814

[2747-05-9] $C_{12}H_{10}O_4$ 218.21

成分 C 66.05%，H 4.62%，O 29.33%。

别名 4-甲基伞形酮酰乙酸酯

性状 无色结晶。溶于二甲基甲酰胺、二甲基亚砜。mp 149～150℃。一般试剂含量≥99.0%（GC）。

注意事项 见 06812 4-甲基伞形酮。

4-Methylumbelliferyl-*N*-acetyl-β-D-glucosaminide dihydrate

4-甲基伞形酮酰-*N*-乙酰-β-D-氨基葡糖苷 二水 06815

[37067-30-4] $C_{18}H_{21}NO_8 \cdot 2H_2O$ 415.40

成分（以无水物计） C 56.99.0%，H 5.58%，N 3.69%，O 33.74%。

别名 4-甲基伞形酮基-2-乙酰氨基-2-脱氧-β-D-吡喃葡糖苷；4-Methyl umbelliferyl-2-acetamido-2-deoxy-β-D-glucopyranoside；dihydrate

性状 无色或白色结晶。该品 20mg 溶于 1mL *N*,*N*-二甲基甲酰胺（DMF）中，溶液应无色透明。生化试剂含量≥99.0%（TLC）。

注意事项 使用时应避免吸入本品的粉尘，避免与眼睛及皮肤接触。应充氩气密封于－20℃干燥保存。

4-Methylumbelliferyl-β-D-galactoside

4-甲基伞形酮酰-β-D-半乳糖苷 06816

[6160-78-7] $C_{16}H_{18}O_8$ 338.31

成分 C 56.80%，H 5.36%，O 37.83%。

别名 4-甲基伞形酮酰-β-D-吡喃半乳糖苷；4-Methylumbelliferyl-β-D-galactopyranoside；7-(β-D-Galactopyranosyloxy)-4-methylcoumarin；4MUG

性状 无色结晶。mp 260～265℃（分解）；$[\alpha]_D^{20}-64°\pm2°$（c=1，于吡啶中）。生化试剂含量≥97.0%（HPLC）。

注意事项 使用时应避免吸入本品的粉尘，避免与眼睛及皮肤接触。应充氩气密封于 2～8℃干燥保存。

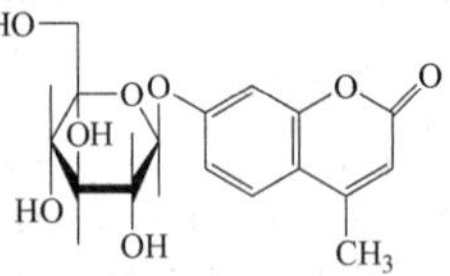

4-Methylumbelliferyl-β-D-glucopyranoside

4-甲基伞形酮酰-β-D-吡喃葡糖苷 06817

[18997-57-4] $C_{16}H_{18}O_8$ 338.31

成分 C 56.80%，H 5.36%，O 37.83%。

性状 无色针状结晶。mp 210～212℃；$[\alpha]_D^{20}-99°\pm4°$（c=0.3，于水中）。生化试剂含量≥99.0%（HPLC）。

注意事项 使用时应避免吸入本品的粉尘，避免与眼睛及皮肤接触。应充氩气密封于 2～8℃干燥保存。

主要用途 生化研究。用于 β-D-葡萄糖苷酶的荧光底物。

4-Methylumbelliferyl phosphate

磷酸 4-甲基伞形酮酯 06818

[3368-04-5] $C_{10}H_9O_6P$ 256.15

成分 C 46.89%，H 3.54%，O 37.48%，P 12.09%。

别名 4-甲基伞形酮酰磷酸酯；4-Methylumbelliferylphosphoric acid

性状 无色结晶。mp 215～218℃。一般试剂含量≥99.0%（HPLC）。

注意事项 该品应充氩气密封于－20℃干燥保存。

Methyl undecanoate 十一酸甲酯 06819

[1731-86-8] $C_{12}H_{24}O_2$ 200.32

成分 C 71.95%，H 12.08%，O 15.97%。

别名 Methyl undecylate；N-192；N-236；Undecanoic acid methyl ester

性状 无色或浅黄色透明液体。能与乙醚混溶。bp 247～249℃；Fp 229℉（109℃）；d_4^{20} 0.872；n_D^{20} 1.4290。一般试剂含量≥99.8%（GC）。

注意事项 使用时应避免吸入本品的蒸气，避免与眼睛及皮肤接触。应密封保存。

主要用途 气相色谱固定液。气相色谱分析用标准物。

4-Methyluracil 4-甲基尿嘧啶 06820

[626-48-2] $C_5H_6N_2O_2$ 126.12

成分 C 47.62%，H 4.80%，N 22.21%，O 25.37%。

别名 2,4-二羟基-6-甲基嘧啶；6-甲基尿嘧啶；4-甲基呻嘈；6-甲基呻嘈；2,4-Dihydroxy-6-methylpyrimidine；6-Methyl-2,4(1*H*,3*H*)-pyrimidinedione；6-Methyluracil

M. I. 15，6209

性状 来自冰乙酸中的无色结晶。溶于热水、碱溶液，微溶于乙醇、甲醇，极微溶于冷水。水溶液 pH 值 13。>300℃分解；uv max：277nm（lg ε 3.83）。生化试剂含量≥97.0%（HPLC）。

注意事项 该品能损伤生育力。能危害胎儿。使用时应穿适当的防护服，戴手套和防护镜或面罩。使用时如有事故发生或有不适之感，应请医生诊治。

主要用途 生化研究。

Methylurea 甲基脲 06821

[598-50-5] $C_2H_6N_2O$ 74.08

成分 C 32.43%，H 8.16%，N 37.82%，O 21.60%。

别名 N-甲基脲；Methylcarbamic amide；N-Methylurea
性状 无色结晶。易溶于水、乙醇，不溶于乙醚、苯、二硫化碳。mp 约 93℃。一般试剂含量≥97.0%（NT）。
注意事项 该品口服有害。对机体有不可逆损伤的可能性。使用时应穿适当的防护服和戴手套。
主要用途 有机合成。

2-Methylvaleraldehyde 2-甲基戊醛 06822
[123-15-9] $C_6H_{12}O$ 100.16
成分 C 71.95%，H 12.08%，O 15.97%。
别名 2-Methylpentanal
GW 2015-1153
性状 无色液体。有果香。溶于乙醚，微溶于乙醇，不溶于水。bp 119～120℃；Fp 62℉（16℃）；d 0.808；n_D^{20} 1.4010。一般试剂含量≥98.0%（GC）。
注意事项 该品高度易燃。对眼睛、呼吸系统及皮肤有刺激性。使用时应穿适当的防护服和戴手套。万一接触到眼睛，应立即用大量水冲洗后请医生诊治。使用现场禁止吸烟。应远离火种，充氮气密封于阴凉处保存。其包装物应按危险品处理。

Methyl valerate 戊酸甲酯 06823
[624-24-8] $C_6H_{12}O_2$ 116.16
成分 C 62.04%，H 10.41%，O 27.55%。
别名 正戊酸甲酯；缬草酸甲酯；Methyl pentanoate；n-Valeric acid methyl ester
GW 2015-2793
性状 无色液体。能与乙醇、乙醚相混溶，微溶于水。bp 126～128℃；Fp 71℉（22℃）；d_4^{20} 0.890；n_D^{20} 1.398。一般试剂含量≥99.0%（GC）。
注意事项 该品易燃。其蒸气吸入有害。使用时应穿适当的防护服。避免吸入其蒸气。应远离火种，密封于通风良好处保存。其包装物应按危险品处理。
主要用途 气相色谱分析标准物。

2-Methylvaleric acid 2-甲基戊酸 06824
[97-61-0] [22160-39-0] $C_6H_{12}O_2$ 116.16
成分 C 62.04%，H 10.41%，O 27.55%。
别名 正戊烷-2-羧酸；甲基丙基乙酸；2-Methylpentanoic acid；n-Pentane-2-carboxylic acid
性状 无色液体。有恶臭。溶于乙醇、乙醚、水。bp 196～197℃；Fp 196℉（91℃）；d_4^{20} 0.931；n_D^{20} 1.4140。一般试剂含量≥98.0%（GC）。
注意事项 该品具有腐蚀性，能引起烧伤。使用时应穿适当的防护服，戴手套和防护镜或面罩。万一接触到眼睛，应立即用大量水冲洗后请医生诊治。使用时如有事故发生或有不适之感，应请医生诊治。应密封保存。
主要用途 有机合成。

Methyl violet 甲基紫 06825
[8004-87-2] $C_{24}H_{28}ClN_3$ 393.96
成分 C 73.17%，H 7.16%，Cl 9.00%，N 10.67%。
别名 巴黎紫；甲基青莲；甲基紫 3B；碱性紫 1；Basic violet 1；Dahlia B；Methyl violet 3B；Paris violet；Pentamethyl-p-rosaniline hydrochloride；Pyoktanium coeruleum
C. I. 42535
性状 具有金属光泽的暗紫色块状物或粉末。系副品红的四、五、六甲基衍生物的混合物。溶于水、乙醇、三氯甲烷，难溶于乙醚。pH 值 0.0～1.6（由黄至蓝色）。
注意事项 该品口服有害。对眼睛有刺激性。使用时应穿适当的防护服和戴手套。万一接触到眼睛，应立即用大量水冲洗后请医生诊治。应密封保存。

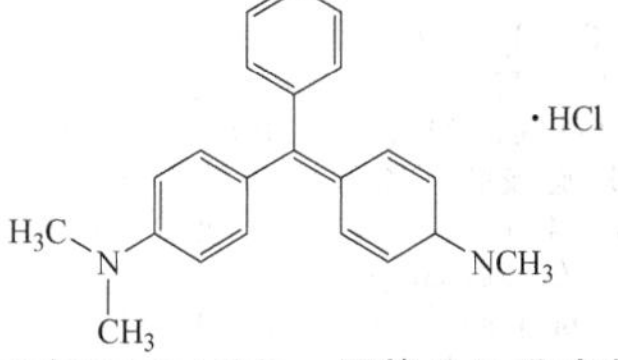

Methyl-β-D-xylopyranoside 甲基-β-D-吡喃木糖苷 06826
[612-05-5] $C_6H_{12}O_5$ 164.16
成分 C 43.90%，H 7.37%，O 48.73%。
性状 无色结晶。mp 155～158℃；$[\alpha]_D^{20}$ −65.5°（c=13，于水中）。生化试剂含量≥99.0%（GC）。
主要用途 生化研究。

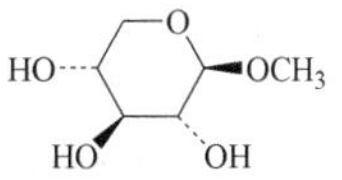

Methymycin 甲菌素 06827
[497-72-3] $C_{25}H_{43}NO_7$ 469.62
成分 C 63.94%，H 9.23%，N 2.98%，O 23.85%。
别名 酒霉素；(3R,4S,5S,7R,9E,11S,12R)-12-Ethyl-11-hydroxy-3,5,7,11-tetramethyl-4-[(3,4,6-trideoxy-3-dimethylamino-β-D-xylo-hexopyranosyl)oxy]oxacyelododec-9-ene-2,8-dione
M.I. 15,6211
性状 来自无水乙醇中的无色棱柱体结晶。呈碱性。溶于甲醇、丙酮、氯仿、稀酸，中等程度溶于乙醇、乙醚，极微溶于水、己烷。pK_b' 5.7；mp 195.5～197℃；$[\alpha]_D^{22}$ +61°（c=0.7，于甲醇中），+74°（c=1.1，于氯仿中）；uv max（甲醇中）：223nm，322nm（ε 10500，47）。

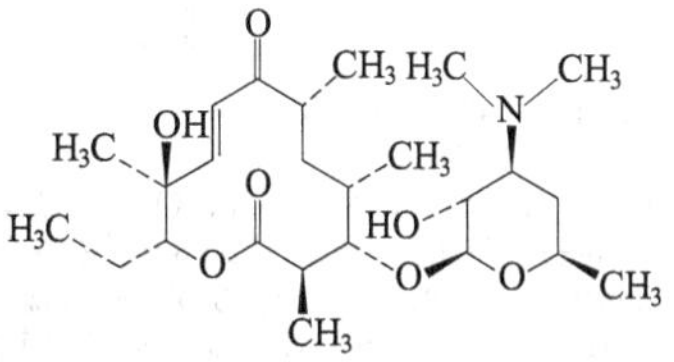

Methyprylon 甲哌啶酮 06828
[125-64-4] $C_{10}H_{17}NO_2$ 183.25
成分 C 65.54%，H 9.35%，N 7.64%，O 17.46%。
别名 甲乙哌啶酮；美赛十明；脑了达；甲普里隆；3,3-二乙基-5-甲基-2,4-哌啶二酮；3,3-Diethyl-5-methyl-2,4-piperidinedione；2，4-Dioxo-3，3-diethyl-5-methylpiperidine；3，3-Diethyl-2,4-dioxo-5-′methylpiperidine；Noctan；Dimerin；Noludar
M. I. 15，6212
性状 无色结晶。味苦。溶于水、乙醇、苯、氯仿。mp 74～77℃；uv max（乙醇中）：295nm（$A_{1cm}^{1\%}$ 2.0）。
主要用途 医用镇静剂，安眠剂。

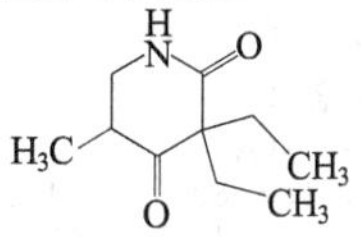

Methysergide hydrogen maleate 二甲麦角新碱 马来酸氢盐 06829
[129-49-7] $C_{25}H_{31}N_3O_6$ 469.54
成分 C 63.95%，H 6.66%，N 8.95%，O 20.44%。
别名 马来酸氢二甲麦角新碱；甲基麦角酸胺 马来酸氢盐；马来酸氢甲基麦角酸胺；马来酸二甲麦角新碱；Deseril；Sansert；(8β)-9,10-Didehydro N-[(1S)-1-(hydroxymethyl)propyl]-1，6-dimethylergoline-8-carboxamide maleate；N-[1-(Hydroxymethyl)propyl]-1-methyl-D-lysergamide maleate；1-Methylmethylergonovine；1-Methyl-d-lysergic acid butanolamide maleate；1-Methyl-d-lysergic acid(+)-1-hydroxy-2-butyl amide maleate；Methysergide maleate；UML-491 maleate
M. I. 15，6213
性状 无色结晶或白色至灰白色粉末。溶于水（2mg/mL）、二甲基亚砜（>10mg/mL）。
注意事项 该品口服有毒。使用时如有事故发生或有不适之感，应请医生诊治。
主要用途 医用抗偏头痛剂。

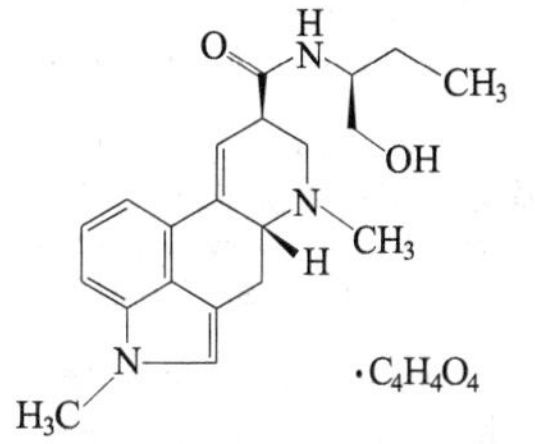

Methysticin 醉人素 06830

[495-85-2] $C_{15}H_{14}O_5$ 274.27

成分 C 65.69%，H 5.14%，O 29.17%。

别名 麻醉椒苦素；(6*R*)-6-[(1*E*)-2-(1,3-Benzodioxol-5-yl)ethenyl]-5,6-dihydro-4-methoxy-2*H*-pyran-2-one；5-Hydroxy-3-methoxy-7-[3,4-(methylenedioxy)phenyl]-2,6-heptadienoic acid δ-lactone；4-Methoxy-6-[β-(3′,4′-methylenedioxyphenyl)vinyl]-5，6-dihydro-α-pyrone；6-(3′，4′-Methylenedioxystyryl)-4-methoxy-5,6-dihydro-2*H*-pyran-2-one；Kavahin；Kavatin

M. I. 15，6214

性状 来自甲醇中的无色结晶。溶于乙醇、乙醚、丙酮，几乎不溶于水。mp 132～134℃；uv max（乙醇中）：226nm，267nm，306nm（lg ε 4.40，4.14，3.93）。一般试剂含量≥98.0%。

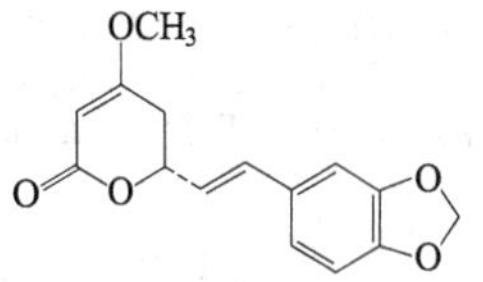

Metiazinic acid 甲酚噻嗪乙酸 06831

[13993-65-2] $C_{15}H_{13}NO_2S$ 271.33

成分 C 66.40%，H 4.83%，N 5.16%，O 11.79%，S 11.82%。

别名 10-Methyl-10*H*-phenothiazine-2-acetic acid；(10-Methyl-2-phenothiazinyl)acetic acid；*N*-Methyl-3-phenothiazinylacetic acid；Methiazic acid；Methiazinic acid；Metiazic acid；RP-16091；Soridermal；Soripal

M. I. 15，6215

性状 来自苯中的无色结晶。溶于丙酮、乙醚、氯仿。其钠盐溶于水。mp 146℃；uv max（0.1mol/L 氢氧化钠溶液中）：253nm，305nm；min 280nm。LD_{50}小鼠，大鼠急性经口（mg/kg）：800，约 500。

主要用途 医用抗炎、抗风湿剂。

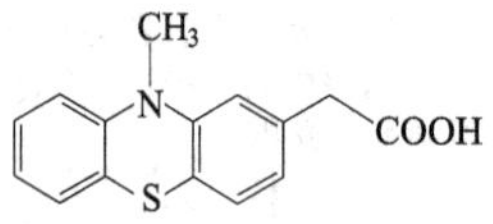

Metipranolol 美替洛尔 06832

[22664-55-7] $C_{17}H_{27}NO_4$ 309.41

成分 C 65.99.0%，H 8.80%，N 4.53%，O 20.68%。

别名 三甲苯心安；4-[2-Hydroxy-3-[(1-methylethyl)amino]propoxy]-2,3,6-trimethylphenol 1-acetate；1-(4-Hydroxy-2,3,5-trimethylphenoxy)-3-isopropylamino-2-propanol 4-acetate；Methypranol；Trimepranol；VUFB-6453；Betamet；Betanol；Disorat；Glauline；Glausyn；Turoptin

M. I. 15，6216

性状 来自环己烷中的无色结晶。易溶于 95%乙醇、氯仿、苯，微溶于乙醚，几乎不溶于水。mp 105～107℃；uv max（甲醇中）：278nm，274nm（$A_{1cm}^{1\%}$ 51.3，50.5）。LD_{50}小鼠静脉注射：31mg/kg。

主要用途 医用抗高血压剂，抗青光眼剂。

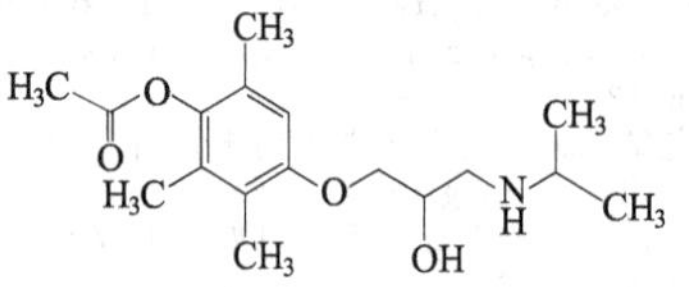

Metobromuron 秀谷隆 06833

[3060-89-7] $C_9H_{11}BrN_2O_2$ 259.10

成分 C 41.72%，H 4.28%，Br 30.84%，N 10.81%，O 12.35%。

别名 1-甲基-1-甲氧基-3-（对溴苯基）脲；3-（对溴苯基）-1-甲氧基-1-甲基脲；*N*′-（4-溴苯基）-*N*-甲氧基-*N*′-甲基脲；*N*′-(4-Bromophenyl)-*N*-methoxy-*N*-methylurea；3-(*p*-Bromophenyl)-1-methoxy-1-methylurea；Ciba 3126；Pattonex；Patoran

M. I. 15，6218

性状 来自环己烷中的无色结晶。溶于甲醇、乙醇、丙酮、氯仿，极微溶于水（20℃，320mg/kg）。mp 95～96℃。LD_{50}大鼠急性经口：3875mg/kg。

主要用途 除草剂。分析用标准物。

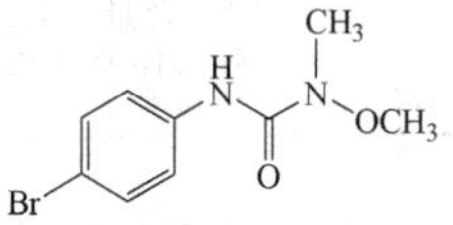

Metocurine iodide 碘甲筒箭毒 06834

[7601-55-0] $C_{40}H_{48}I_2N_2O_6$ 906.63

成分 C 52.99.0%，H 5.34%，I 27.99.0%，N 3.09%，O 10.59%。

别名 碘化甲筒箭毒；(13a*R*,25a*S*)-2,3,13a,14,15,16,25,25a-Octahydro-9，18，19，29-tetramethoxy-1，1，14，14a-tetramethyl-13*H*-4,6,21,24-dietheno-8,12-metheno-1*H*-pyrido[3′，2′：14，15][1，11]dioxacycloeicosino[2，3，4-*ij*]isoquinolinium iodide(1：2)；6,6′,7′,12′-Tetramethoxy-2,2,2′-2′-tetramethyltubocuraranium diiodide；(+)-*O*，*O*′-Dimethylchondrocurarine diiodide；*d*-Tubocurarine iodide dimethyl ether；Dimethyl tubocurarine iodide；Tubocurarine dimethyl ether iodide；Metubine Iodide

M. I. 15，6220

性状 无色结晶。微溶于水（约 300mg/100mL）、稀盐酸、稀氢氧化钠溶液，极微溶于乙醇，几乎不溶于苯、氯仿、乙醚。257～267℃分解；$[\alpha]_D^{22}$ +148°～158°（c=0.25）；uv max：280nm（$E_{1cm}^{1\%}$ 74）。

主要用途 医用神经肌肉麻醉剂。

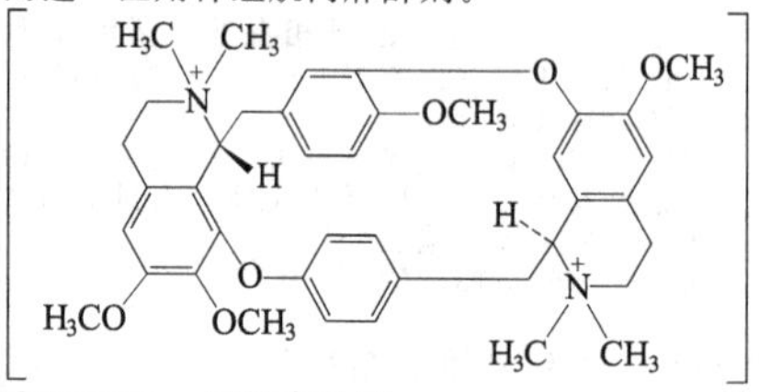

Metofenazate 美托奋乃酯 06835

[388-51-2] $C_{31}H_{36}ClN_3O_5S$ 598.16

成分 C 62.25%，H 6.07%，Cl 5.93%，N 7.03%，O 13.37%，S 5.36%。

别名 三甲氧奋乃静；美托拉宗；3,4,5-Trimethoxybenzoic acid 2-[4-[3-(2-chloro-10*H*-phenothiazin-10-yl)propyl]-1-piperazinyl]ethyl ester；2-[4-[3-(2-Chlorophenothiazin-10-yl)propyl]-1-piperazinyl]ethyl 3,4,5-trimethoxybenzoate；*N*-[β-(3,4,5-Trimethoxybenzoyloxy)ethyl]-*N*′-[γ-(3-chloro-10-phenothiazinyl)propyl]piperazine；Methopnenazine；Perphenazine 3,4,5-Trimethoxybenzoate

M. I. 15，6221

性状 来自乙醇中的无色结晶。mp 102～107℃。

主要用途 医用精神抑制剂。

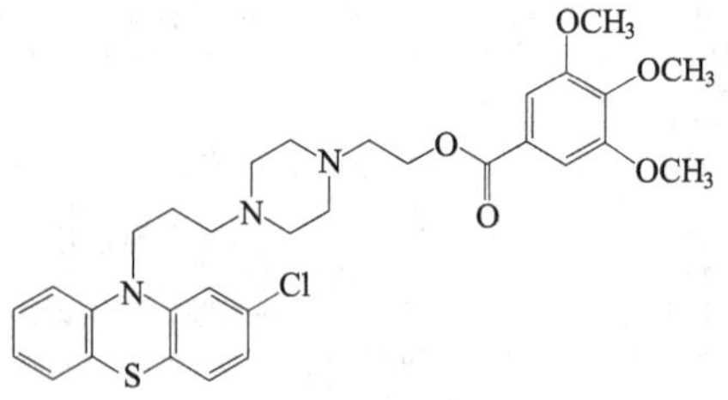

Metol 米吐尔 06836

[55-55-0] $C_{14}H_{20}N_2O_6S$ 344.38

成分 C 48.83%，H 5.85%，N 8.13%，O 27.87%，S 9.31%。

别名 对甲氨基酚硫酸盐；*N*-甲基对氨基酚 硫酸盐；甲基-4-氨基苯酚 硫酸盐；硫酸甲基对氨基酚；对羟基甲基苯胺 硫酸盐；4-甲基氨基酚 硫酸盐；硫酸对甲氨基酚；Armol Elon；Genol；Graphol；*p*-Hydroxymethylaniline sulfate；Methyl-4-amino phenol sulfate；4-(Methylamino)phenol sulfate；*p*-Methylaminophenol sulfate；Monomethyl-*p*-aminophenol sulfate；Photol；Photol-Rex；Pictol；Planetol；Rhodol；Verol

M. I. 15，6091

性状 无色或白色结晶。长期接触空气或见光变灰色。溶于20份冷水、6份沸水，微溶于乙醇，不溶于乙醚。mp 约260℃（分解）。一般试剂含量≥99.0%（NT）。
注意事项 该品长期曝露或口服有害，并有严重损害健康的危险。接触皮肤能引起过敏。对水生物极毒。能对水环境引起不利的结果。使用时应穿适当的防护服和戴手套。如误服本品，应立即请医生检查，并出示瓶签或包装物。应防止将本品释放于环境中。其包装物应按危险品处理。应密封避光保存。
主要用途 分离金、钯。还原磷钼酸。检定银，测定金、银。显影剂。

Metolachlor 异丙甲草胺 06837

[51218-45-2] $C_{15}H_{22}ClNO_2$ 283.80
成分 C 63.48%，H 7.81%，Cl 12.49%，N 4.94%，O 11.27%。
别名 都尔；稻乐思；2-Chloro-*N*-(2-ethyl-6-methylphenyl)-*N*-(2-methoxy-1-methylethyl) acetamide; 2-Chloro-6′-ethyl-*N*-(2-methoxy-1-methylethyl) acet-*o*-toluidide; *α*-Chloro-2′-ethyl-6′-methyl-*N*-(1-methyl-2-methoxyethyl) acetanilide; Metelilachlor; CGA-24705; Dual
M. I. 15，6223
性状 无色液体。溶于少数有机溶剂，微溶于水（20℃，53×10^{-6}）。分配系数（辛醇/水）：2800。蒸气压（20℃）：1.3×10^{-5} mmHg/1.73×10^{-3} Pa；$bp_{0.001}$ 100℃/1.3Pa；n_D^{20} 1.5301。LD_{50}大鼠急性经口：2780mg/kg；皮肤接触：>3170mg/kg。
注意事项 该品接触皮肤能引起过敏。使用时应穿适当的防护服和戴手套。
主要用途 除草剂。分析用标准物质。

Metolazone 甲苯喹唑磺胺 06838

[17560-51-9] $C_{16}H_{16}ClN_3O_3S$ 365.83
成分 C 52.52%，H 4.41%，Cl 9.69%，N 11.49%，O 13.12%，S 8.76%。
别名 美托拉宗；7-Chloro-1,2,3,4-tetrahydro-2-methyl-3-(2-methylphenyl)-4-oxo-6-quinazolinesulfonamide; 7-Chloro-1,2,3,4-tetrahydro-2-methyl-4-oxo-3-*o*-tolyl-6-quinazolinesulfonamide; 2-Methyl-3-*o*-tolyl-6-sulfamyl-7-chloro-1,2,3,4-tetrahydro-4-quinazolinone; SR-720-22; Diulo; Metenix; Mykrox; Oldren; Xuret; Zaroxolyn
M. I. 15，6224
性状 来自乙醇或丁醇中的无色结晶。mp 252～254℃。LD_{50}小鼠急性经口：>5000mg/kg；腹膜内注射：>1500mg/kg。
主要用途 医用利尿剂。抗高血压剂。

Metomidate hydrochloride 美托咪酯 盐酸盐 06839

[5377-20-8]（无 HCl） $C_{13}H_{15}ClN_2O_2$ 266.73
成分 C 58.54%，H 5.67%，Cl 13.29%，N 10.50%，O 12.00%。
别名 盐酸美托咪酯；R-7315; Hypnodil; 1-(1-Phenylethyl)-1*H*-imidazole-5-carboxylic acid methyl ester hydrochloride; 1-(*α*-Methylbenzyl) imidazole-5-carboxylic acid methyl ester hydrochloride; Methyl 1-(*α*-methylbenzyl) imidazole-5-carboxylate hydrochloride; Methoxymol hydrochloride; Methomidate hydrochloride
M. I. 15，6225
性状 来自甲醇-乙醚中的无色结晶。mp 173～174℃。LD_{50}大鼠静脉注射：50mg/kg。
主要用途 兽用安眠剂。

Metopimazine 甲磺哌丙嗪 06840

[14008-44-7] $C_{22}H_{27}N_3O_3S_2$ 445.60
成分 C 59.30%，H 6.11%，N 9.43%，O 10.77%，S 14.39%。
别名 1-[3-(2-Methylsulfonyl-10*H*-phenothiazin-10-yl) propyl]-4-piperidinecarboxamide; 1-[3-[2-(Methylsulfonyl) phenothiazin-10-yl] propyl] isonipecotamide; 10-[3-(4-Carbamoylpiperidino) propyl]-2-(methanesulfonyl) phenothiazine; 1-[3-[2-(Methylsulfonyl) phenothiazin-10-yl] propyl]-4-piperidinecarboxamide; EXP-999; RP-9965; Vogalene;
M. I. 15，6226
性状 无色固体。mp 170～171℃。LD_{50}雄大鼠急性经口：976mg/kg；皮下注射：1080mg/kg。
主要用途 医用止吐剂。

Metopon hydrochloride 米托本 盐酸盐 06841

[124-92-5] $C_{18}H_{22}ClNO_3$ 335.83
成分 C 64.38%，H 6.60%，Cl 10.56%，N 4.17%，O 14.29%。
别名 甲氢吗啡酮 盐酸盐；甲基二氢吗啡酮 盐酸盐；盐酸米托本；(5*α*)-4,5-Epoxy-3-hydroxy-5,17-dimethylmorphinan-6-one hydrochloride; Methyldihydromorphinone hydrochloride
M. I. 15，6227
性状 来自乙醇中的无色结晶。易溶于水，略溶于乙醇，微溶于氯仿，极微溶于乙醚，不溶于苯。其 1%水溶液 pH 值约 5.0。315～318℃分解（真空管中）；$[\alpha]_D^{24}$ −104.8°（c=1.002，于水中）。
主要用途 医用麻醉止痛剂。

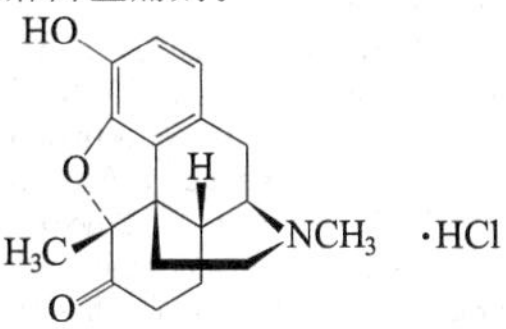

Metoprolol tartrate 美多心安 酒石酸盐 06842

[56392-17-7] $C_{34}H_{56}N_2O_{12}$ 684.82
成分 C 59.63%，H 8.24%，N 4.09%，O 28.04%。
别名 甲氧乙心安 酒石酸盐；1-异丙氨基-3-对甲氧基乙基苯氧基-2-丙醇 酒石酸盐；酒石酸甲氧乙心安；酒石酸美多心安；1-[4-(2-甲氧基乙基)苯氧基]-3-[(1-甲基乙基)氨基]-2-丙醇 酒石酸盐；Beloc; Betaloc; Lopressor; Lopresor; Prelis; Seloken; Selopral; Selo-Zok; 1-[4-(2-Methoxyethyl) phenoxy]-3-(1-methylethyl) amino-2-propanol tartrate; (±)-1-Isopropylamino-3-[*p*-(*β*-methoxyethyl) phenoxy]-2-propanol tartrate; CGP-2175 tartrate; H-93/26 tartrate
M. I. 15，6228
性状 无色结晶或白色、近白色结晶性粉末。易溶于二氯甲烷、乙醇。该品于下列物质中的溶解度（25℃，mg/mL）：水>1000；甲醇>500；氯仿 496；丙酮 1.1；乙腈 0.89，己烷 0.001。不溶于乙醚。uv max（水中）：223nm（ε 23400）。LD_{50}雌小鼠，雄大鼠静脉注射（mg/kg）：118，约 90；急性经口（mg/kg）：2090，3090。生化试剂含量≥99.0%。
主要用途 生化研究。医用抗高血压剂，抗心绞痛，抗心律失常剂。

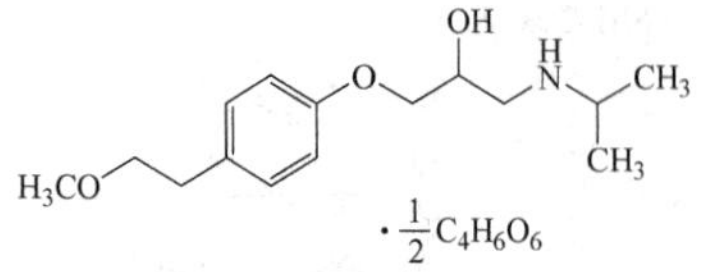

Metralindole hydrochloride　美曲吲哚 盐酸盐　06843

[53734-79-5]　$C_{15}H_{18}ClN_3O$　291.78

成分　C 61.75%，H 6.22%，Cl 12.15%，N 14.40%，O 5.48%。

别名　盐酸美曲吲哚；Incazan；2,4,5,6-Tetrahydro-9-methoxy-4-methyl-1*H*-3,4,6a-triazafluoranthene hydrochloride；3-Methyl-8-methoxy-3*H*-1，2，5，6-tetrahydropyrazino［1，2，3-*ab*］-*β*-carboline hydrochloride

M. I. 15，6231

性状　灰白色粉末。无气味。味苦。溶于水。mp 305～308℃。LD_{50}小鼠急性经口：445mg/kg。

主要用途　医用抗抑郁剂。

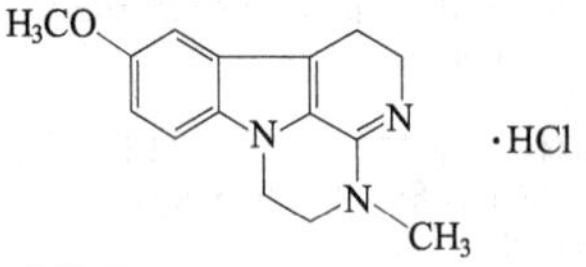

Metribuzin　嗪草酮　06844

[21087-64-9]　$C_8H_{14}N_4OS$　214.29

成分　C 44.84%，H 6.59%，N 26.15%，O 7.47%，S 14.96%。

别名　4-氨基-6-(1,1-二甲基乙基)-3-甲基硫代-1,2,4-三嗪-5(4*H*)-酮；4-氨基-6-叔丁基-3-（甲基硫代）不对称三嗪-5(4*H*)-酮；4-Amino-6-(1,1-dimethylethyl)-3-methylthio-1,2,4-triazin-5(4*H*)-one；4-Amino-6-*tert*-butyl-3-methylthio-*as*-triazin-5(4*H*)-one；Bay 94337；Lexone；Sencor；Sencoral

M. I. 15，6233

性状　白色结晶性固体。溶于甲醇、乙醇，微溶于水（1200×10^{-6}）。mp 125～126.5℃。d_4^{20} 1.28。LD_{50}大鼠急性经口：2200mg/kg；LC_{50}虹鳟鱼：>10×10^{-6}。

注意事项　该品口服有害。对水生物极毒。能对水环境引起长期不良的结果。应防止将本品释放于环境中。其包装物应按危险品处理。

主要用途　选择性除草剂，分析用标准物。

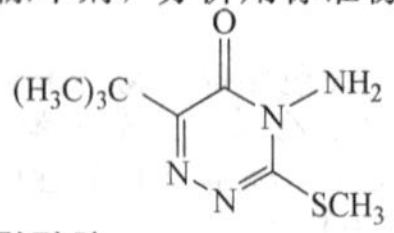

Metrizamide　泛影酰胺　06845

[31112-62-6]　$C_{18}H_{22}I_3N_3O_8$　789.10

成分　C 27.40%，H 2.81%，I 48.25%，N 5.33%，O 16.22%。

别名　2-[3-乙酰氨基-5-(*N*-甲基乙酰氨基)-2,4,6-三碘苯甲酰胺]-2-脱氧-D-葡糖；2-[3-Acetamido-5-(*N*-methylacetamido)-2,4,6-triiodobenzamido]-2-deoxy-D-glucose；2-[3-Acetamido-2,4,6-triiodo-5-(*N*-methylacetamido)benzamido]-2-deoxy-D-glucose；2-[3-Acetamido-2，4，6-triiodo-5-(*N*-methylacetamido)benzamido]-2-deoxy-D-glucopyranose；2-(3-Acetylamino-5-acetylmethylamino-2,4,6-triiodobenzoyl)amino-2-deoxy-D-glucose；Win 39103；Amipaque

M. I. 15，6234

性状　来自异丙醇中的白色结晶。易溶于水（50%，质量/体积）。mp 230℃（分解）；$[\alpha]_D^{20}$+18°（*c*=10，于1mol/L盐酸中）。LD_{50}小鼠静脉注射：15g/kg。一般试剂含量≥98.0%（HPLC）。

注意事项　使用时应避免吸入本品的粉尘，避免与眼睛及皮肤接触。应充氩气密封避光于－20℃干燥保存。

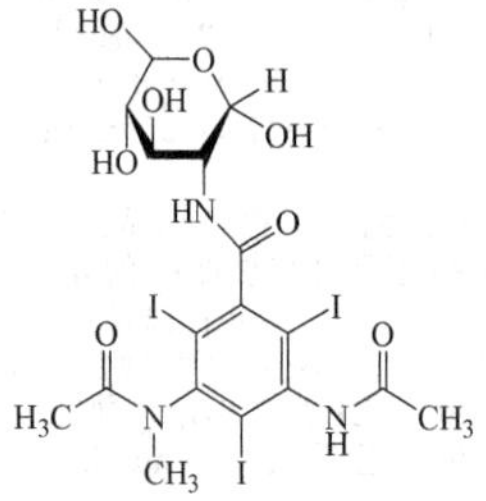

Metronidazole　甲硝哒唑　06846

[443-48-1]　$C_6H_9N_3O_3$　171.16

成分　C 42.11%，H 5.30%，N 24.55%，O 28.04%。

别名　灭滴灵；2-甲基-5-硝基咪唑-1-乙醇；1-(2-羟乙基)-2-甲基-5-硝基咪唑；2-Methyl-5-nitroimidazole-1-ethanol；1-(2-Hydroxyethyl)-2-methyl-5-nitroimidazole；1-(*β*-Ethylol)-2-methyl-5-nitro-3-azapyrrole；Bayer 5630；RP-8823；Arilin；Clont；Deflamon；Elyzol；Flagyl；Fossyol；Gineflavir；Klion；MetroGel；Metrolag；Metrolyl；Metrotop；Orvagil；Rathimed；Sanatrichom；Trichazol；Tricocet；Trichocide；Tricho Cordes；Tricho-Gynaedron；Trivazol；Vagilen；Vagimid；Zadstat

M. I. 15，6236

性状　奶油色结晶。该品20℃时于下列物质中溶解度（g/100mL）：水1.0；乙醇0.5；乙醚<0.05；氯仿<0.05。溶于稀酸，略微溶于二甲基甲酰胺。其水溶液pH值5.8。mp 158～160℃。生化试剂含量≥98.0%（HPLC）。

注意事项　该品对机体有不可逆损伤的可能性。使用时应穿适当的防护服和戴手套。应密封避光于2～8℃保存。

主要用途　生化研究。医用抗原生动物剂、抗阿米巴剂、抗细菌剂、抗滴虫剂（口服）。

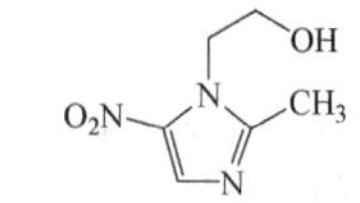

Metsulfuron-methyl　甲磺隆　06847

[74223-64-6]　$C_{14}H_{15}N_5O_6S$　381.36

成分　C 44.09%，H 3.96%，N 18.36%，O 25.17%，S 8.41%。

别名　*N*-（4-甲氧基-6-甲基-1,3,5-三嗪-2-基）氨基羰基-2-甲氧基羰基苯磺酰胺；2-[[[[(4-甲氧基-6-甲基-1,3,5-三嗪-2-基)氨基]羰基]氨基]磺基]苯甲酸甲酯；2-[[[[(4-Methoxy-6-methyl-1,3,5-triazin-2-yl)amino]carbonyl]amino]sulfonyl]benzoic acid methyl ester；*N*-(4-Methoxy-6-methyl-1,3,5-triazin-2-yl)aminocarbonyl-2-methoxycarbonylbenzenesulfonamide；DPX-T6376；Ally；Allie

M. I. 15，6180

性状　白色结晶。溶于水（0.27g/L，pH值4.59；9.5g/L，pH值6.11）。mp 163～166℃。LC_{50}雄、雌大鼠，雄、雌兔急性经口：>5000mg/kg，>2000mg/kg。LC_{50}（96h）美洲鲈鱼，虹鳟鱼：150×10^{-6}。LD_{50}野鸭急性经口：2510mg/kg。

注意事项　该品对水生物极毒。能对水环境引起不利的结果。应防止将本品释放于环境中。其包装物应按危险品处理。

主要用途　除草剂。分析用标准物。

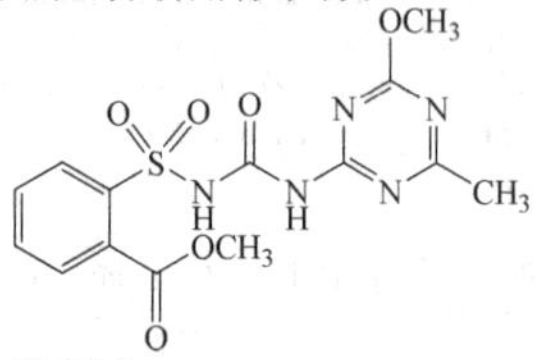

Metyrapone　甲吡酮　06848

[54-36-4]　$C_{14}H_{14}N_2O$　226.28

成分　C 74.31%，H 6.24%，N 12.38%，O 7.07%。

别名　美替拉酮；2-Methyl-1,2-di-3-pyridyl-1-propanone；2-Methyl-1，2-bis(3-pyridyl)-1-propanone；Methopyrapone；Mepyrapone；Metopyrone；Methbipyranone；Su4885；Metopiron(e)

M. I. 15，6238

性状　来自乙醚及戊烷中的无色结晶。曝露于光下会变暗。溶于甲醇、氯仿，略微溶于水。与酸中能生成水溶盐。mp 50～51℃。

注意事项　该品口服有害。对眼睛、呼吸系统及皮肤有刺激性。万一接触到眼睛，应立即用大量水冲洗后请医生诊治。

主要用途　医用辅助诊断剂（垂体功能）。

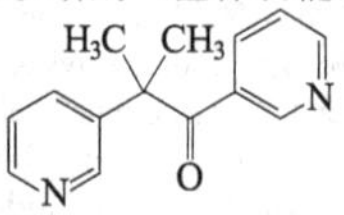

Metyridine　美替吡啶　06849

[114-91-0]　$C_8H_{11}NO$　137.18

成分　C 70.05%，H 8.08%，N 10.21%，O 11.66%。

别名 美替立啶；甲岩吡啶；甲氧乙吡啶；2-(β-Methoxyethyl)pyridine；Methyridine；Dekelmin；Promintic

M. I. 15，6239

性状 无色液体。有甜的气味。易溶于水及通常的溶剂。pK_a 5.5；bp $_{17}$ 94～96℃/2.266kPa；d^{20} 0.988；n_D^{20} 1.4975。

主要用途 兽用驱肠虫剂。

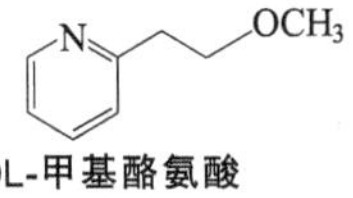

DL-Metyrosine DL-甲基酪氨酸 06850

[672-87-7] $C_{10}H_{13}NO_3$ 195.21

成分 C 61.53%，H 6.71%，N 7.18%，O 24.59%。

别名 DL-美替罗星；DL-α-Methyl-L-tyrosine；DL-α-Methyl-*p*-tyrosine；DL-α-Methyltyrosine；DL-4-Hydroxy-α-methylphenylalanine；DL-α-Methyl-3-(*p*-hydroxyphenyl) alanine；DL-Metirosine；DL-α-MT；DL-α-MPT；DL-MK-781；DL-Demser

M. I. 15，6240

性状 来自水中的无色结晶。溶于水（室温，0.57mg/mL）。320℃分解。

注意事项 使用时应避免吸入本品的粉尘，避免与眼睛及皮肤接触。

主要用途 医用酪氨酸羟基化酶抑制剂。抗高血压剂。

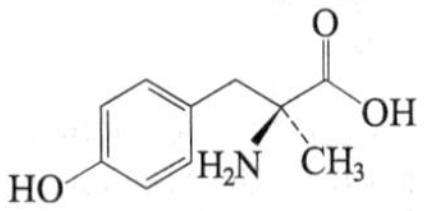

DL-Mevalonic acid lactone 甲羟戊酸内酯 06851

[674-26-0] $C_6H_{10}O_3$ 130.14

成分 C 55.38%，H 7.75%，O 36.88%。

别名 二羟基甲基戊酸内酯；火落酸内酯；甲瓦龙酸内酯；DL-β-甲基-β-羟基-δ-戊内酯；DL-β-羟基-β-甲基-δ-戊内酯；DL-3-Hydroxy-3-methyl-δ-valerolactone；DL-β-Hydroxy-β-methyl-δ-valerolactone；DL-Mevalolactone；DL-Mevalonolactone

M. I. 15，6242

性状 无色结晶。易吸潮。溶于水。mp 28℃；Fp 235℉(113℃)。生化试剂含量约97%。

注意事项 使用时应避免与眼睛及皮肤接触。应充氩气密封于－20℃干燥保存。

主要用途 生化研究。

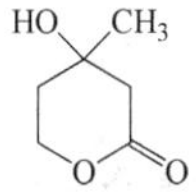

Mevastatin 美伐他丁 06852

[73573-88-3] $C_{23}H_{34}O_5$ 390.52

成分 C 70.74%，H 8.78%，O 20.48%。

别名 (2*S*)-2-Methylbutanoic acid(1*S*,7*S*,8*S*,8a*R*)-1,2,3,7,8,8a-hexahydro-7-methyl-8-[2-[(2*R*,4*R*)-tetrahydro-4-hydroxy-6-oxo-2*H*-pyran-2-yl]ethyl]-1-naphthalenyl ester；7-[1,2,6,7,8,8a-Hexahydro-2-methyl-8-(methylbutyryloxy) naphthyl]-3-hydroxyheptan-5-olide；2β-Methyl-8α-(2-methyl-1-oxobutoxy) mevinic acid lactone；Compactin；6-Demethylmevinolin；CS-500；ML-236 B

M. I. 15，6243

性状 来自乙醇水溶液中的无色结晶。mp 152℃；$[\alpha]_D^{22}$ +283°（*c*=0.48，于丙酮中）；uv max：230nm，237nm，246nm（lg ε 4.28，4.30，4.11）。生化试剂含量≥96.0%（HPLC）。

注意事项 该品使用时应避免吸入本品的粉尘，避免与眼睛及皮肤接触。应充氩气密封避光于 2～8℃保存。

主要用途 生化研究。

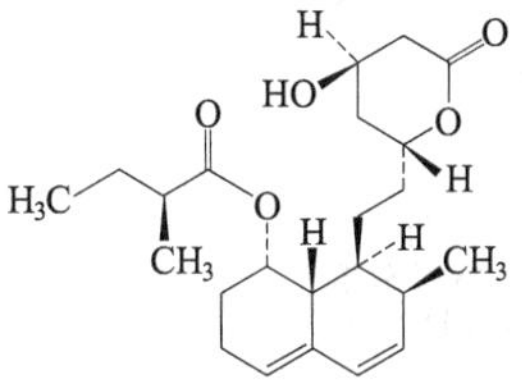

Mevinphos 速灭磷 06853

[7786-34-7] $C_7H_{13}O_6P$ 224.15

成分 C 37.51%，H 5.85%，O 42.83%，P 13.82%。

别名 磷君；3-(Dimethoxyphosphinyl)oxy-2-butenoic acid methyl ester；3-Hydroxycrotonic acid methyl ester dimethyl phosphate；1-Methoxycarbonyl-1-propen-2-yl dimethyl phosphate；Methyl 3-(dimethoxyphosphinyloxy)crotonate；*O*,*O*-Dimethyl 1-carbomethoxy-1-propen-2-yl phosphate；2-Carbomethoxy-1-methylvinyl dimethyl phosphate；ENT-22374；OS-2046；Phosdrin

M. I. 15，6244

性状 一般试剂为异构体混合物，黄色液体。能与水、丙酮、苯、四氯化碳、氯仿、乙醇、异丙醇、甲苯、二甲苯相混溶。1g 该品溶于 20mL 二硫化碳、20mL 煤油，几乎不溶于己烷。bp_1 106～107.5℃/133.322Pa；d_4^{20} 1.25；n_D^{20} 1.4494。LD_{50} 雌，雄大鼠急性经口（mg/kg）：3.7，6.1；皮肤接触（mg/kg）：4.2，4.7。

注意事项 该品经口或与皮肤接触极毒。对水生物极毒。能对水环境产生长期不利的结果。使用时应穿适当的防护服和戴手套。使用时应避免吸入本品蒸气。接触皮肤后，应用大量水冲洗。使用时如有事故发生或有不适之感，应请医生诊治。应防止将本品释放于环境中。其包装物应按危险品处理。应密封于 2～8℃保存。

主要用途 杀虫剂。分析用标准物质。

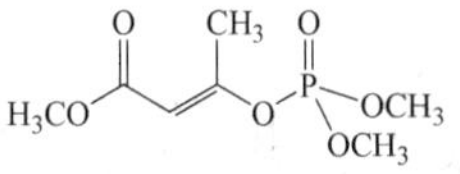

Mexazolam 咪达唑仑 06854

[31868-18-5] $C_{18}H_{16}Cl_2N_2O$ 363.24

成分 C 59.52%，H 4.44%，Cl 19.52%，N 7.71%，O 8.81%。

别名 咪唑安定；速眠安；美舒令；美沙唑伦；10-Chloro-11b-(2-chlorophenyl)-2,3,7,11b-tetrahydro-3-methyloxazolo[3,2-*d*][1,4]benzodiazepin-6(5*H*)-one；10-Chloro-11b-(*o*-chlorophenyl)-2,3,7,11b-tetrahydro-3-methyloxazolo[3,2-*d*][1,4]benzodiazepin-6(5*H*)-one；CS-386；Melex

M. I. 15，6245

性状 无色结晶。pK_a 6.69；mp 172～175℃。LD_{50}雄、雌小鼠，雄、雌大鼠急性经口（mg/kg）：4687、4571、810、4500；皮下注射或腹膜内注射（mg/kg）：>6000、>6000，>4000、>4000。

主要用途 医用抗焦虑剂。

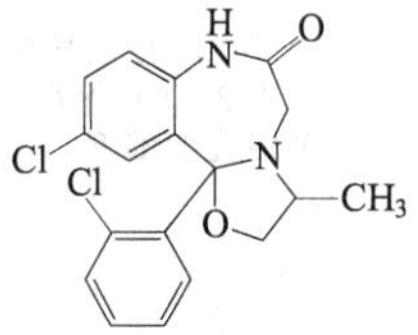

Mexiletine hydrochloride 美西律 盐酸盐 06855

[5370-01-4] $C_{11}H_{18}ClNO$ 215.72

成分 C 61.25%，H 8.41%，Cl 16.43%，N 6.49%，O 7.42%。

别名 1-(2,6-二甲基苯氧基)-2-丙胺 盐酸盐；1-(2,6-二甲苯氧基)-2-氨基丙烷 盐酸盐；盐酸 1-(2,6-二甲苯氧基)-2-氨基丙烷；盐酸 1-(2,6-二甲基苯氧基)-2-丙胺；盐酸美西律；Ko-1173；Mexitil；Ritalmex；1-(2,6-Dimethylphenoxy)-2-propanamine hydrochloride；1-(2,6-Xylyloxy)-2-propylamine hydrochloride；1-(2′,6′-Dimethylphenoxy)-2-aminopropane hydrochloride；1-Methyl-2-(2,6-xylyloxy)ethylamine hydrochloride

M. I. 15，6248

性状 来自乙醇-乙醚中的白色至灰白色结晶或粉末。味微苦。易溶于水，乙醇。pK_a 9.0。mp 203～205℃。LD_{50} 雄、雌大鼠，小鼠，兔急性经口（mg/kg）：350，400，310，400，180，160；雄、雌大鼠，小鼠静脉注射（mg/kg）：27，30，43，50。生化试剂含量>99.0%（GC）。

注意事项 该品吸入、口服或与皮肤接触有害。对眼睛、呼吸系统及皮肤有刺激性。使用时应穿适当的防护服。万一接触到眼睛，应立即用大量水冲洗后请医生诊治。应密封于 2～8℃保存。

主要用途 生化研究。医用抗心律失常剂。

Mezlocillin sodium salt monohydrate

美洛西林 钠盐 一水 06856

[59798-30-0] $C_{21}H_{24}N_5NaO_5S_2 \cdot H_2O$ 531.58

成分（以无水物计） C 49.11%，H 4.71%，N 13.64%，Na 4.48%，O 15.58%，S 12.49%。

别名 Baycipen; Baypen; Mezlin; (2*S*, 5*R*, 6*R*)-3, 3-Dimethyl-6-[(2*R*)-[[(3-methylsulfonyl-2-oxo-1-imidazolidinyl) carbonyl] amino] phenylacetyl] amino-7-oxo-4-thia-1-azabicyclo [3.2.0] heptane-2-carboxylic acid soclinm salt monohydrate; 6*R*-[2-(3-Methylsulfonyl-2-oxo-1-imidazolidine carboxamido)-2-phenylacetamido] penicillanic acid soclinm salt monohydrate; Bay f 1353 soclinm salt monohydrate

M. I. 15，6250

性状 白色至浅黄色结晶。溶于水、甲醇、二甲基甲酰胺，不溶于丙酮、乙醇。一般试剂含量≥99.0%。

注意事项 该品应密封于阴凉干燥处保存。

主要用途 医用抗菌剂。

Mianserine hydrochloride

咪色林 盐酸盐 06857

[21535-47-7] $C_{18}H_{21}ClN_2$ 300.83

成分 C 71.87%，H 7.04%，Cl 11.79%，N 9.31%。

别名 甲苯比革盐酸盐；盐酸甲苯比革；盐酸咪色林；GB-94; Org-GB-94; Athymil; Bolvidon; Lantanon; Norval; Tetramide; Tolvin; Tolvon; 1,2,3,4,10,14b-Hexahydro-2-methyldibenzo[*c*, *f*]pyrazino[1,2-*a*]azepine hydrochloride; 2-Methyl-1,2,3,4,10,14b-hexahydro-2*H*-pyrazino[1,2-*f*]morphanthridine hydrochloride

M. I. 15，6251

性状 无色结晶或白色粉末。mp 282～284℃。LD_{50} 雄、雌小鼠急性经口（mg/kg）：365，390；静脉注射（mg/kg）：32.5，31.0。

注意事项 该品吸入、口服或与皮肤接触有害。使用时应穿适当的防护服。应密封于 2～8℃保存。

主要用途 生化研究。医用抗抑郁剂。

Mibefradil dihydrochloride

米贝拉地尔 二盐酸盐 06858

[116666-63-8] $C_{29}H_{40}Cl_2FN_3O_3$ 568.56

成分 C 61.26%，H 7.09%，Cl 12.47%，F 3.34%，N 7.39%，O 8.44%。

别名 盐酸米贝拉地尔；二盐酸米贝拉地尔；Ro-40-5967; Posicor; Methoxyacetic acid (1*S*, 2*S*)-2-[2-[[3-(1*H*-benzimidazol-2-yl) propyl]methylamino]ethyl]-6-fluoro-1,2,3,4-tetrahydro-1-(1-methylethyl)-2-naphthalenyl ester dihydrochloride; (1*S*, 2*S*)-2-[2-[[3-(2-Benzimidazolyl) propyl] methylamino] ethyl]-6-fluoro-1, 2, 3, 4-tetrahydro-1-isopropyl-2-naphthyl methoxyacetate dihydrochloride

M. I. 15，6252

性状 白色结晶性粉末。无气味。味道苦。化学性质稳定，对光不敏感。溶于水。pK_a 4.8，5.5；mp 128℃。LD_{50} 小鼠，大鼠急性经口：＞800mg/kg；静脉注射：＞800mg/kg。生化试剂含量≥98.0%（HPLC）。

主要用途 医用抗高血压剂。

Mibolerone

米勃龙 06859

[3704-09-4] $C_{20}H_{30}O_2$ 302.46

成分 C 79.42%，H 10.00%，O 10.58%。

别名 米勃酮；(7*α*, 17*β*)-17-Hydroxy-7, 17-dimethylestr-4-en-3-one; 7*α*, 17*α*-Dimethyl-19-nortestosterone; U-10997; Cheque; Matenon

M. I. 15，6253

性状 无色结晶性固体。微溶于去离子水（37℃，0.0454mg/mL。

主要用途 兽用固化剂，雄性激素。

Michler's ketone

米氏酮 06860

[90-94-8] $C_{17}H_{20}N_2O$ 268.36

成分 C 76.09%，H 7.51%，N 10.44%，O 5.96%。

别名 4,4'-双（二甲氨基）苯甲酮；四甲基-对，对'-二氨基二苯甲酮；4, 4'-Bis(dimethylamino) benzophenone; Bis[4-(dimethylamino)phenyl]methanone; 4,4'-Tetramethyldiaminobenzophenone

M. I. 15，6256

性状 白色至浅绿色小叶状结晶。溶于热苯、乙醇，极微溶于乙醚，几乎不溶于水。mp 172℃；bp ＞360℃（分解）。一般试剂含量≥99.0%（HPLC）。

注意事项 该品能致癌。对眼睛有严重损伤的危险。能造成不可逆的危害。使用前应得到专门的指导，避免曝露。使用时应穿适当的防护服，戴手套和防护镜或面罩。如有事故发生或有不适之感，应请医生诊治。

主要用途 测定钨的试剂。染料中间体。光刻制版用增感剂。

Miconazole nitrate

双氯苯咪唑 硝酸盐 06861

[22832-87-7] $C_{18}H_{15}Cl_4N_3O_4$ 479.14

成分 C 45.12%，H 3.16%，Cl 29.60%，N 8.77%，O 13.36%。

别名 1-[2-(2,4-二氯苯基)-2-[(2,4-二氯苯基)甲氧基]乙基]-1*H*-咪唑 硝酸盐；硝酸双氯苯咪唑；硝酸霉康唑；霉康唑 硝酸盐；R-14889; Aflorix; Albistat; Andergin; Brentan; Conoderm; Conofite; Daktar; Daktarin; Deralbine; Dermonistat; Epi-Monistat; Florid; Fungiderm; Fungisdin; Gyno-Daktarin; Gyno-Monistat; Micatin; Miconal Ecobi; Micotef; Monistat; Prilagin; Vodol; 1-[2-(2,4-Dichlorophenyl)-2-[(2,4-dichlorophenyl) methoxy] ethyl]-1*H*-imidazole nitrate; 1-[2,4-Dichloro-*β*-[(2,4-dichlorobenzyl)oxy]phenethyl]imidazole nitrate

M. I. 15，6257

性状 无色结晶。易溶于二甲基亚砜，溶于二甲基甲酰胺，略溶于甲醇，微溶于乙醇、氯仿、丙二醇，极微溶于水、异丙醇，不溶于乙醚。mp 170.5℃或 184～185℃。

注意事项 该品经口有害。接触皮肤能引起过敏。使用时应穿适当的防护服和戴手套。

主要用途 生化研究。医用局部抗真菌剂。

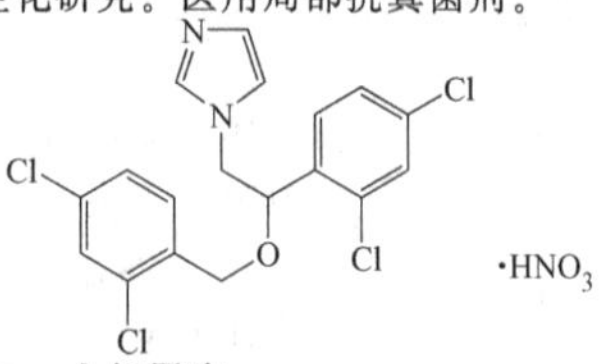

Micronomicin

小奴霉素 06862

[52093-21-7] $C_{20}H_{41}N_5O_7$ 463.58

成分 C 51.82%，H 8.91%，N 15.11%，O 24.16%。

别名 小诺米星；小单孢子霉素；小诺霉素；相模霉素；*O*-2-Amino-2,3,4,6-tetradeoxy-6-methylamino-*α*-D-*erythro*-hexopyranosyl-(1→4)-*O*-[3-deoxy-4-*C*-methyl-3-methylamino-*β*-L-arabinopyranosyl-(1→6)]-2-deoxy-D-streptamine；6′-*N*-Methylgentamicin C_{1a}；gentamicin C_{2b}；Sagamicin(formerly)；Antibiotic KW-1062；KW-1062；XK-62-2

M. I. 15，6260

性状 白色无定形粉末。溶于水、甲醇，不溶于氯仿、乙酸乙酯、苯、石油醚。mp 260℃（分解）；$[\alpha]_D^{20}+116°$（c=1，于水中）。LD_{50}小鼠静脉注射：93mg/kg。

主要用途 医用抗菌剂。

Midazolam maleate 咪达唑仑 马来酸盐 06863

[59467-94-6] $C_{22}H_{17}ClFN_3O_4$ 441.84

成分 C 59.80%，H 3.88%，Cl 8.02%，F 4.30%，N 9.51%，O 14.48%。

别名 马来酸咪达唑仑；Ro-21-3981/001；Dormicum；8-Chloro-6-(2-fluorophenyl)-1-methyl-4*H*-imidazo[1,5-*a*][1,4]benzodiazepine maleate

M. I. 15，6261

性状 来自乙醇/乙醚中的无色结晶。mp 114～117℃。LD_{50}雄小鼠急性经口：760mg/kg；静脉注射：86mg/kg。

注意事项 该品口服有害。使用时应穿适当的防护服。应密封于 2～8℃保存。

主要用途 生化研究，医用静脉注射麻醉剂，抗惊厥剂，镇静剂，安眠剂。

Midecamycin A_1 麦迪霉素 A_1 06864

[35457-80-8] $C_{41}H_{67}NO_{15}$ 813.98

成分 C 60.50%，H 8.30%，N 1.72%，O 29.48%。

别名 麦地霉素 A_1；美地加霉素 A_1；Leucomycin V 3，4^B-dipropanoate；Espinomycin A；Mydecamycin；Turimycin P3；SF-837；YL-704B1；Aboren；Medemycin；Midecin；Momicine；Myoxam；Normicina；Rubimycin

M. I. 15，6262

性状 来自苯中的无色针状结晶。呈弱碱性。溶于甲醇、乙醇、丙酮、氯仿、乙酸乙酯、苯、乙醚、酸性水，几乎不溶于正己烷、石油醚、水。于 50%水溶液中 pK'_a6、9。mp 155～156℃；$[\alpha]_D^{23}-67°$（c=1，于乙醇中）；uv max（乙醇中）：232nm（$E_{1cm}^{1\%}$ 325）。

注意事项 该品应密封于 2～8℃保存。

主要用途 生化研究。医用抗菌剂。

Midodrine hydrochloride 米多君 盐酸盐 06865

[3092-17-9] $C_{12}H_{19}ClN_2O_4$ 290.74

成分 C 49.57%，H 6.59%，Cl 12.19%，N 9.64%，O 22.01%。

别名 盐酸米多君；2-Amino-*N*-[2-(2,5-dimethoxyphenyl)-2-hydroxyethyl]acetamide hydrochloride；1-(2′,5′-Dimethoxyphenyl)-2-glycinamidoethanol hydrochloride；ST-1085；Amatine；Gutron；Hipertan；Metligine；ProAmatine

M. I. 15，6263

性状 无色结晶。mp 192℃～193℃。

注意事项 该品口服有毒。使用时如有事故发生或有不适之感，应请医生诊治。

主要用途 医用抗低血压剂。

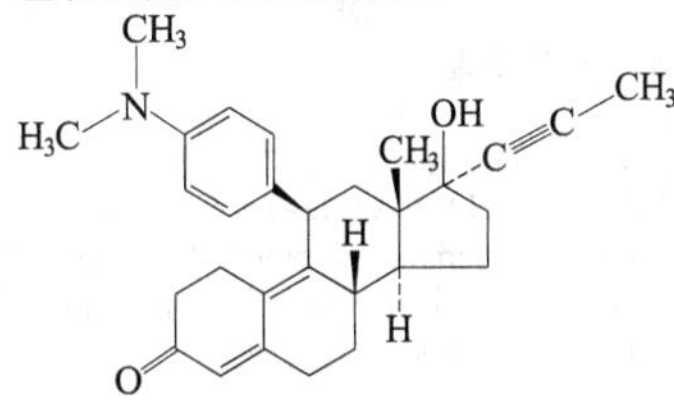

Mifepristone 米非司酮 06866

[84371-65-3] $C_{29}H_{35}NO_2$ 429.60

成分 C 81.08%，H 8.21%，N 3.26%，O 7.45%。

别名 美服培酮；(11*β*,17*β*)-11-[4-(Dimethylamino)phenyl]-17-hydroxy-17-(1-propynyl)estra-4,9-dien-3-one；11*β*-[4-(*N*,*N*-Dimethylamino)phenyl]-17*α*-(prop-1-ynyl)-$\Delta^{4,9}$-estradiene-17*β*-ol-3-one；RU-486；RU-38486；Mifegyne

M. I. 15，6266

性状 无色或白色结晶或粉末。易溶于甲醇、氯仿、丙酮，mp 150℃；$[\alpha]_D^{20}+138.5°$（c=0.15，于氯仿中）。生化试剂含量≥98.0%。

注意事项 该品能损伤生育力，能危害胎儿。使用前应得到专门的指导，避免曝露。使用时应穿适当的防护服，戴手套和防护镜或面罩。使用时应避免吸入本品的粉尘。使用时如有事故发生或有不适之感，应请医生诊治。应密封于 2～8℃保存。

主要用途 生化研究。医用堕胎剂。

Miglitol 米格列醇 06867

[72432-03-2] $C_8H_{17}NO_5$ 207.23

成分 C 46.37%，H 8.27%，N 6.76%，O 38.60%。

别名 米各尼醇；(2*R*,3*R*,4*R*,5*S*)-1-(2-Hydroxyethyl)-2-hydroxymethyl-3,4,5-piperidinetriol；Diastabol；1,5-Dideoxy-1,5-(2-hydroxyethyl)imino-D-glucitol；*N*-(2-Hydroxyethyl)moranolin；(2*R*,3*R*,4*R*,5*S*)-1-(2-Hydroxyethyl)-2-hydroxymethyl-3,4,5-piperidinetriol；*N*-(*β*-Hydroxyethyl)-1-deoxynojirimycin；Bay m 1099；Glyset

M. I. 15，6267

性状 来自乙醇中的无色结晶。溶于水。pK_a 5.9。mp 114℃。生化试剂含量≥98.0%。

主要用途 医用抗糖尿病剂。

Milbemectin A_3 密灭汀 A_3 06868

[51596-10-2] $C_{31}H_{44}O_7$ 528.69

成分 C 70.43%，H 8.39%，O 231.18%。

别名 (6*R*,25*R*)-5-*O*-Demethyl-28-deoxy-6,28-epoxy-25-methylmilbemycin；Milbemycin *α*1；Antibiotic B-41A3

M. I. 15，6269

性状 白色结晶性粉末。溶于水（20℃，7.2mg/kg）、甲醇（64.8g/L）、乙醇（41.9g/L）、丙酮（66.1g/L）、正己烷（1.4g/L）、苯（143.1g/L）、乙酸乙酯（69.5g/L）。蒸气压（20℃）：<1×10^{10}mmHg/<1.3×10^{12}Pa；mp 212～215℃；$[\alpha]_D^{20}+106°$（c=0.25，于丙酮中）；uv max（乙

醇中)：238nm，244nm (ε 27800，30500)。

主要用途 杀螨剂。

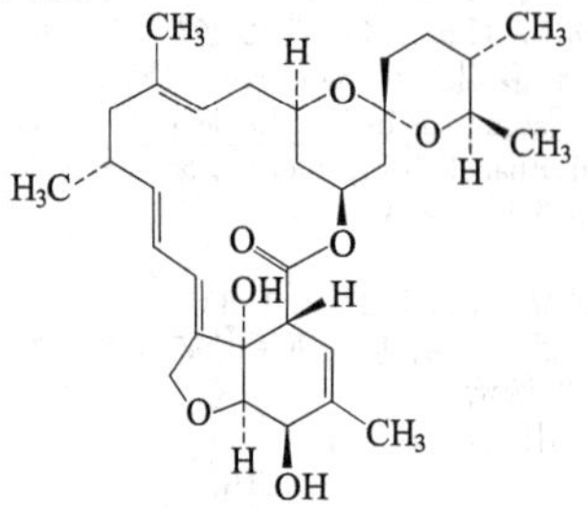

Milbemycin D 米尔倍霉素 D 06869

[77855-81-3] $C_{33}H_{48}O_7$ 556.74

成分 C 71.19%，H 8.69%，O 20.12%。

别名 (6*R*，25*R*)-5-*O*-Demethyl-28-deoxy-6，28-epoxy-25-(1-methylethyl)milbemycin B；Antibiotic B-41D

M. I. 15，6271

性状 来自己烷-乙酸乙酯 (20∶1) 中的无色针状结晶。mp 186～188℃；$[\alpha]_D^{27}+107°$ (c=0.25，于丙酮中)；uv max (乙醇中)：244nm (ε 31000)。

主要用途 兽用抗寄生物剂。

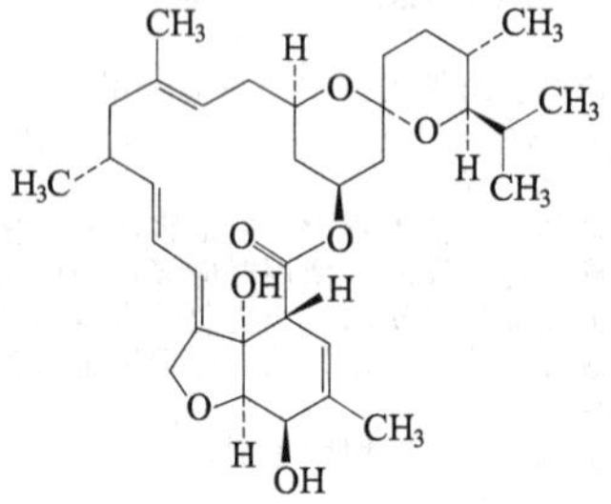

Mildiomycin 米多霉素 06870

[67527-71-3] $C_{19}H_{30}N_8O_9$ 514.50

成分 C 44.36%，H 5.88%，N 21.78%，O 27.99.0%。

别名 灭粉霉素；(*S*)-4-Amino-1-[4-[(2-amino-3-hydroxy-1-oxopropyl) amino]-9-(aminoiminomethyl) amino-6-*C*-carboxy-2，3，4，7，9-pentadeoxy-*α*-L-*talo*-non-2-enopyranosyl]-5-hydroxymethyl-2(1*H*)-pyrimidinone

M. I. 15，6272

性状 无色固体。易吸潮。pK_a'：2.8，4.3，7.2，>12。mp >300℃ (一水合物)；$[\alpha]_D^{20}+100°$ (c=0.5，于水中)，+78.5° (c=0.5，于 0.1mol/L 盐酸中)；uv max (pH 值 7 及 0.1mol/L 氢氧化钠溶液中)：271nm ($E_{1cm}^{1\%}$ 164)，(0.1mol/L 盐酸中)：280nm ($E_{1cm}^{1\%}$ 247)。LD_{50} 大鼠，小鼠静脉注射：500～1000mg/kg；急性经口：2.5～5.0g/kg。

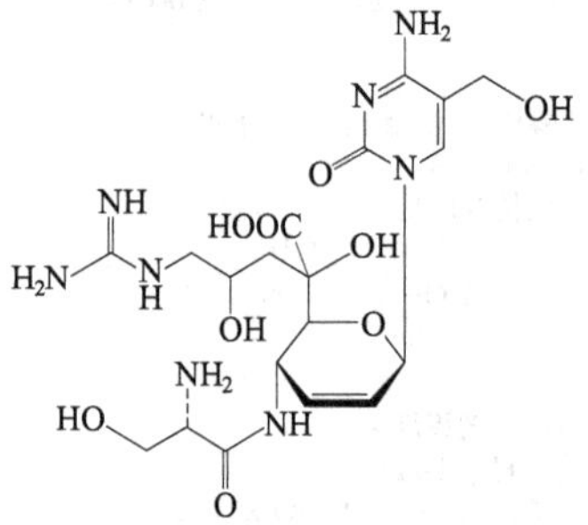

Milnacipran hydrochloride 米那普仑 盐酸盐 06871

[101152-94-7] $C_{15}H_{23}ClN_2O$ 282.81

成分 C 63.71%，H 8.20%，Cl 12.53%，N 9.91%，O 5.66%。

别名 盐酸米那普仑；F-2207；Ixel；Toledomin；(1*R*，2*S*)-*rel*-2-Aminomethyl -*N*，*N*- diethyl-1-phenylcyclopropanecarboxamide hydrochloride；1-Phenyl-1-diethylaminocarbonyl-2-(aminomethyl) cyclopropane hydrochloride；Midalcipran hydrochloride

M. I. 15，6275

性状 来自乙醇-乙醚中的无色结晶。mp 179～181℃。LD_{50} 小鼠急性经口：237mg/kg。生化试剂含量≥98.0% (HPLC)。

注意事项 该品口服有害。应密封于 2～8℃保存。

主要用途 医用抗抑郁剂。

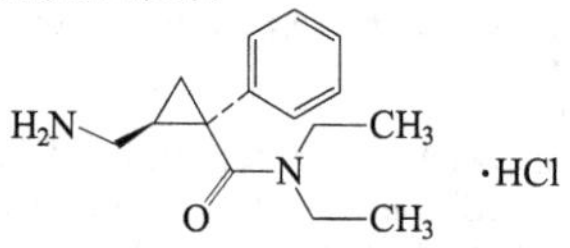

Miloxacin 米洛沙星 06872

[37065-29-5] $C_{12}H_9NO_6$ 263.21

成分 C 54.76%，H 3.45%，N 5.32%，O 36.47%。

别名 甲氧恶喹酸；5，8-Dihydro-5-methoxy-8-oxo-1，3-dioxolo[4，5-*g*]quinoline-7-carboxylic acid；6，7-Methylenedioxy-1-methoxy-4-oxo-1，4-dihydroquinoline-3-carboxylic acid；Antibiotic AB 206；AB-206；Fuldazin

M. I. 15，6277

性状 来自二甲基甲酰胺中的无色棱柱体结晶。mp 264℃ (分解)。

主要用途 医用抗菌剂。

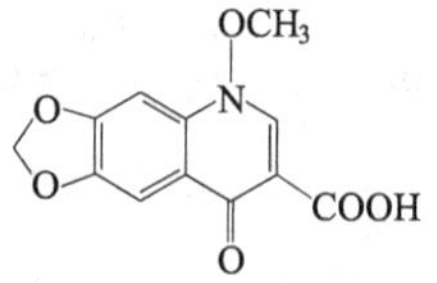

Milrinone 咪利酮 06873

[78415-72-2] $C_{12}H_9N_3O$ 211.22

成分 C 68.24%，H 4.30%，N 19.89%，O 7.57%。

别名 米力农；1，6-Dihydro-2-methyl-6-oxo-(3'，4'-bipyridine)-5-carbonitrile；1，2-Dihydro-6-methyl-2-oxo-5-(4-pyridinyl) micotinonitrile；Win-47203；Corotrope；Milrila

M. I. 15，6278

性状 来自二甲基甲酰胺+水或乙醇中的无色结晶。易溶于二甲基亚砜，极微溶于甲醇，几乎不溶于水、氯仿。mp >300℃。一般试剂含量≥97.0% (TLC)。

注意事项 该品吸入、口服或与皮肤接触有毒。使用时应穿适当的防护服，戴手套和防护镜或面罩。使用时如有事故发生或有不适之感，应请医生诊治。应密封于 2～8℃保存。

主要用途 生化研究。医用强心剂。

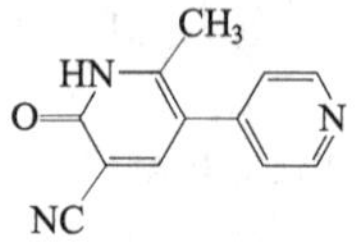

L-Mimosine L-含羞草碱 06874

[500-44-7] $C_8H_{10}N_2O_4$ 198.18

成分 C 48.48%，H 5.09%，N 14.14%，O 32.29%。

别名 *α*-Amino-3-hydroxy-4-oxo-1(4*H*)-pyridinepropanoic acid；3-Hydroxy-4-oxo-1(4*H*)-pyridinealanine；*β*-[*N*-(3-Hydroxy-4-pyridone)]-*α*-aminopropionic acid；Leucenol；Leucenine；Leucaenine；Leucaenol

M. I. 15，6280

性状 来自水中的白色结晶。大量溶于甲醇、乙醇，微溶于水，不溶于高级醇、二氧六环、乙酸乙酯、乙醚、苯、氯仿冰乙酸、吡啶。mp 228～229℃ (分解)；$[\alpha]_D^{22}-20°$。生化试剂含量≥98.0%。

注意事项 该品吸入、口服或与皮肤接触有害。使用时应穿适当的防护服。应避免吸入本品的粉尘。

主要用途 生化研究。脱毛剂。

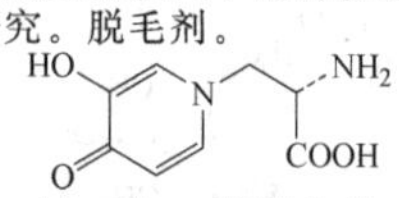

Minaprine dihydrochloride 米那卜林 二盐酸盐 06875

[25953-17-7] $C_{17}H_{24}Cl_2N_4O$ 371.31

成分 C 54.99.0%，H 6.51%，Cl 19.10%，N 15.09%，O 4.31%。

别名 二盐酸米那卜林；盐酸米那卜林；Agr-1240；CB-30038；Brantur；Cantor；*N*-(4-Methyl-6-phenyl-3-pyridazinyl)-4-morpholineethanamine dihydrochloride; 4-[2-[(4-Methyl-6-phenyl-3-pyridazinyl)amino]ethyl]morpholine dihydrochloride

M. I. 15, 6281

性状 来自无水乙醇中的无色结晶。mp 182℃。

注意事项 该品口服有害。使用时应穿适当的防护服。

主要用途 医用抗抑郁剂。

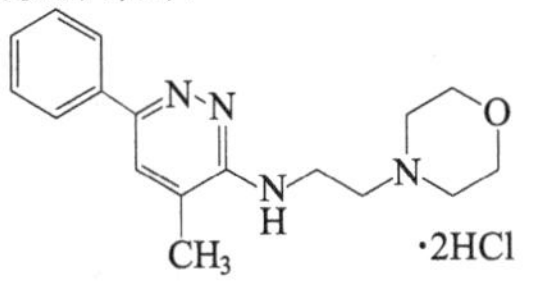

Minocycline hydrochloride

二甲胺四环素 盐酸盐 06876

[13614-98-7] $C_{23}H_{28}ClN_3O_7$ 493.94

成分 C 55.93%, H 5.71%, Cl 7.18%, N 8.51%, O 22.67%。

别名 盐酸二甲胺四环素; Dynacin; Klinomycin; Minocin; Vectrin; [4S-(4α, 4aα, 5aα, 12aα)]-4, 7-Bis(dimethylamino)-1, 4, 4a, 5, 5a, 6, 11, 12a-octahydro-3, 10, 12, 12a-tetrahydroxy-1, 11-dioxo-2-naphthacenecarboxamide hydrochloride; 7-Dimethylamino-6-demethyl-6-deoxytetracycline hydrochloride

M. I. 15, 6283

性状 黄色结晶性粉末。微吸潮。对光敏感,并表面氧化。溶于碱溶液、碳酸盐溶液,略微溶于水,微溶于乙醇,几乎不溶于氯仿、乙醚。

注意事项 该品能危害胎儿,能危害哺乳婴儿。对眼睛、呼吸系统及皮肤有刺激性,并有蓄积性危害。使用时应穿适当的防护服,应避免吸入本品的粉尘。使用时如有事故发生或有不适之感,应请医生诊治。应密封于 2~8℃保存。

主要用途 生化研究。医用抗菌剂。

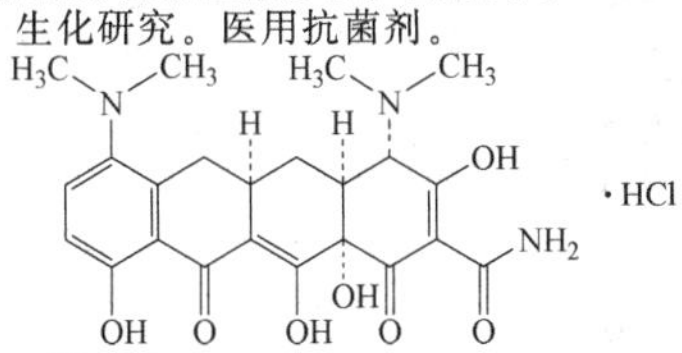

Minoxidil **长压定** 06877

[38304-91-5] $C_9H_{15}N_5O$ 209.25

成分 C 51.66%, H 7.23%, N 33.47%, O 7.65%。

别名 6-(1-Piperidinyl)-2, 4-pyrimidinediamine 3-oxide; 6-Amino-1, 2-dihydro-1-hydroxy-2-imino-4-piperidinopyrimidine; 2, 3-Dihydro-3-hydroxy-2-imino-6-(1-piperidinyl)-4-pyrimidinamine; 2, 4-Diamino-6-piperidinopyrimidine 3-oxide; 6-Piperidino-2, 4-diaminopyrimidine 3-oxide; PDP; U-10858; Alopexil; Alostil; Loniten; Lonolox; Minoximen; Normoxidil; Prexidil; Regaine; Rogaine; Tricoxidil

M. I. 15, 6285

性状 来自甲醇-乙腈中的无色结晶。该品于下列物质中的溶解度(mg/mL): 丙二醇 75; 甲醇 44; 乙醇 29; 2-丙醇 6.7; 二甲基亚砜 6.5; 水 2.2; 氯仿 0.5; 丙酮<0.5; 乙酸乙酯<0.5; 乙醚<0.5; 苯<0.5; 乙腈<0.5。几乎不溶于己烷。pK_a 4.61。mp 248℃, 259~261℃ 分解; uv max (乙醇中): 230nm, 261nm, 280nm (ε 35210, 11210, 11790); (0.01mol/L 硫酸中): 232nm, 280nm (ε 26350, 23850); (0.01mol/L 氢氧化钾溶液中): 231nm, 261.5nm, 285nm (ε 36100, 11400, 12040)。LD_{50}大鼠, 小鼠静脉注射 (mg/kg): 49, 51。生化试剂含量≥99.0% (TLC)。

注意事项 该品口服有害。对眼睛、呼吸系统及皮肤有刺激性。使用时应穿适当的防护服。万一接触到眼睛, 应立即用大量水冲洗后请医生诊治。

主要用途 生化研究。医用抗高血压剂。抗脱发剂。

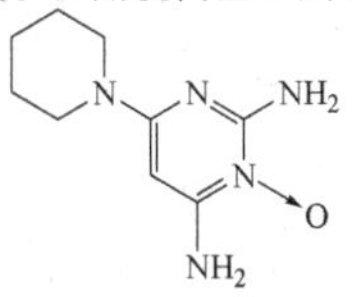

Miokamycin **米奥卡霉素** 06878

[55881-07-7] $C_{45}H_{71}NO_{17}$ 898.05

成分 C 60.19%, H 7.97%, N 1.56%, O 30.29%。

别名 米欧卡霉素; 美欧卡霉素; Leucomycin V 3^B, 9-diacetate 3, 4^B-dipropanoate; 9, 3″-Diacetylmidecamycin; MOM; Ponsinomycin; Miocamycin

M. I. 15, 6286

性状 来自异丙醇中的无色结晶。无味。溶于甲醇、丙酮、氯仿, 极微溶于水。mp 约 220℃; $[\alpha]_D^{25}$ −53° (c=1.0, 于氯仿中); $[\alpha]_D^{20}$ −74° (c=1, 于甲醇中); uv max (甲醇中): 231nm ($E_{1cm}^{1\%}$ 342)。

主要用途 医用抗菌剂。

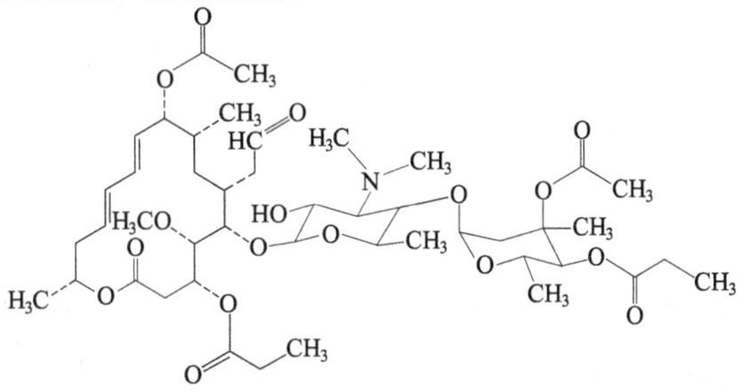

Mipafox **丙胺氟磷** 06879

[371-86-8] $C_6H_{16}FN_2OP$ 182.18

成分 C 39.56%, H 8.85%, F 10.43%, N 15.38%, O 8.78%, P 17.00%。

别名 丙胺氟; N, N'-Bis(1-methylethyl)phosphorodiamidic fluoride; N, N'-Diisopropylphosphorodiamidic fluoride; Bis(isopropylamino)fluorophosphine oxide; Isopestox; Pestox XV

M. I. 15, 6287

性状 无色结晶。mp 63℃。

主要用途 杀虫剂。

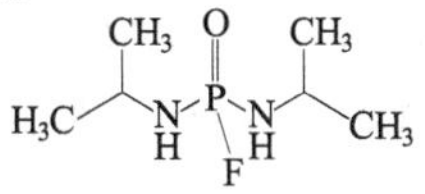

Mirex **灭蚁灵** 06880

[2385-85-5] $C_{10}Cl_{12}$ 545.51

成分 C 22.02%, Cl 77.98%。

别名 全氯五环癸烷; 1, 1a, 2, 2, 3, 3a, 4, 5, 5, 5a, 5b, 6-Dodecachlorooctahydro-1, 3, 4-metheno-1H-cyclobuta[cd]pentalene; Perchloropentacyclo[5.2.1.$O^{2,6}$.$O^{3,9}$.$O^{5,8}$]decane; Hexachloropentadiene dimer; CG-1283; ENT-025719; Dechlorane

GW 2015-1724 M. I. 15, 6290

性状 来自苯中的雪白色结晶。无味。该品于下列物质中的溶解度 (室温): 二氧六环 15.3%; 二甲苯 14.3%; 苯 12.2%; 四氯化碳 7.2%; 丁酮 5.6%。几乎不溶于水。不腐蚀金属。485℃ 分解。LD_{50} 雌大鼠急性经口: 600mg/kg。

注意事项 该品经口或与皮肤接触有害。对机体有不可逆损伤的可能性。能危害胎儿及哺乳婴儿。能损伤生育能力。对水生物极毒, 能对水环境引起不利的结果。使用时应穿适当的防护服或戴手套。如误服本品, 应立即请医生检查, 并出示包装物或瓶签。应防止将本品释放于环境中。其包装物应按危险品处理。应远离食品、饮料和饲料存放。

主要用途 塑料、橡胶、涂料、纸张及电器的阻燃剂。杀虫剂。分析用标准物。

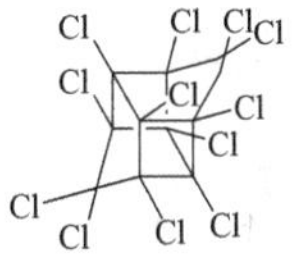

Mithramycin **光辉霉素** 06881

[18378-89-7] $C_{52}H_{76}O_{24}$ 1085.16

成分 C 57.56%, H 7.06%, O 35.38%。

别名 光神霉素; 米拉霉素; 普卡霉素; Antibiotic LA-7017; Aureolic acid; Aurelic acid; Mithracin; Mitramycin; Plicamycin

M. I. 15, 7652

性状 黄色固体。溶于低级醇、丙酮、乙酸乙酯、水, 中等程度溶于氯仿, 微溶于乙醚、苯。mp 180~183℃; $[\alpha]_D^{20}$ −51°(c=0.4, 于乙醇中)。LD_{50}小鼠, 大鼠静脉注射

(mg/kg)：2.14，1.74。生化试剂含量≥80.0%(HPLC)。
注意事项 该品口服有害。应充氩气密封于2～8℃保存。
主要用途 生化研究。医用抗肿瘤剂。

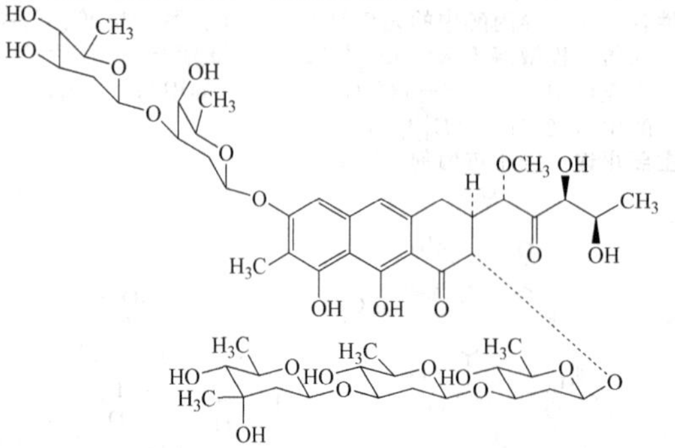

Mitomycin C 丝裂霉素 C 06882
[50-07-7] $C_{15}H_{18}N_4O_5$ 334.33
成分 C 53.89%，H 5.43%，N 16.76%，O 23.93%。
别名 自力霉素；Ametycine；[1aS-(1aα,8β,8aα,8bα)]-6-Amino-8-[(aminocarbonyl)oxy]methyl-1,1a,2,8,8a,8b-hexahydro-8a-methoxy-5-methylazirino[2′,3′：3,4]pyrrolo[1,2-a]indole-4,7-dione；Mitocin-C；MMC；Mutamycin
GW 2015-2016 M.I.15，6300
性状 紫色或紫蓝色结晶。溶于水、甲醇、丙酮、乙酸丁酯、环己酮，微溶于苯、四氯化碳、乙醚，几乎不溶于石油醚。结晶稳定，但在酸或碱溶液中，即使常温下，也不稳定。360℃以上分解。最大吸收值（甲醇中）：216nm，360nm，560nm（$E_{1cm}^{1\%}$ 742，742，0.06）。LD_{50}小鼠静脉注射：5mg/kg。
注意事项 该品经口有害。可能致癌。应充氩气密封避光于2～8℃保存。
主要用途 可使细胞 DNA 解聚，抑制增生细胞的 DNA 复制。

Mitragynine 帽柱碱 06883
[4098-40-2] $C_{23}H_{30}N_2O_4$ 398.50
成分 C 69.32%，H 7.59%，N 7.03%，O 16.06%。
别名 帽柱木碱；(αE,2S,3S,12βS)-3-Ethyl-1,2,3,4,6,7,12,12b-octahydro-8-methoxy-α-(methoxymethyl ene)indolo[2,3-a]quinolizine-2-acetic acid methyl ester；(16E，20β)-16，17-Didehydro-9，17-dimethoxycorynan-16-carboxylic acid methyl ester；(E)-16,17-Didehydro-9,17-dimethoxy-17,18-seco-20α-yohimban-16-carboxylic acid methyl ester；9-Methoxycorynantheidine
M.I.15，6303
性状 白色无定形粉末。溶于乙醇、氯仿、乙酸。mp 102～106℃；bp_5 230～240℃/666.6Pa；$[\alpha]_D$ +39°（氯仿中）；uv max：226nm，292nm（ε 41150，6600）。

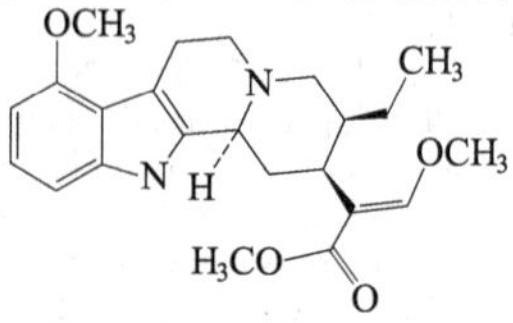

Mivacurium chloride 米库氯铵 06884
[106861-44-3] $C_{58}H_{80}Cl_2N_2O_{14}$ 1100.18
成分 C 63.32%，H 7.33%，Cl 6.44%，N 2.55%，O 20.36%。
别名 氯化米戊库瑞；氯化米库氯铵；氯米洼库；美维松；(1R,1′R)-2,2′-[[(4E)-1,8-Dioxo-4-octene-1,8-diyl]bis(oxy-3,1-propanediyl)] bis [1，2，3，4-tetrahydro-6，7-dimethoxy-2-methyl-1-[(3,4,5-trimethoxyphenyl)methyl]]isoquinolinium dichloride；(R)-1,2,3,4-Tetrahydro-2-(3-hydroxypropyl)-6,7-dimethoxy-2-methyl-1-(3，4，5-trimethoxybenzyl) isoquinolinium chloride；(E)-4-Octenedioate (2：1)；BW-B1090U；Mivacron
M.I.15，6305
性状 无定形固体。$[\alpha]_D^{20}$ −62.7°（c=1.9，于水中）。
主要用途 医用骨骼肌肉松弛剂。

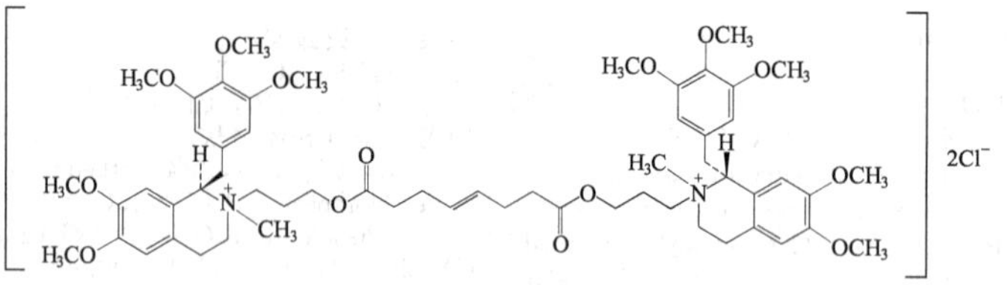

2Cl⁻

Mivazerol hydrochloride 米伐西醇 盐酸盐 06885
[127170-73-4] $C_{11}H_{12}ClN_3O_2$ 253.69
成分 C 52.08%，H 4.77%，Cl 13.97%，N 16.56%，O 12.61%。
别名 盐酸米伐西醇；UCB-22073；2-Hydroxy-3-(1H-imidazol-4-ylmethyl) benzamide hydrochloride；α-Imidazol-4-yl-2，3-cresotamide hydrochloride
M.I.15，6306
性状 无色结晶或粉末。mp 287.8℃。LD_{50}小鼠腹膜内注射：760mg/kg。
主要用途 医用用于在并发症的还原强心剂。

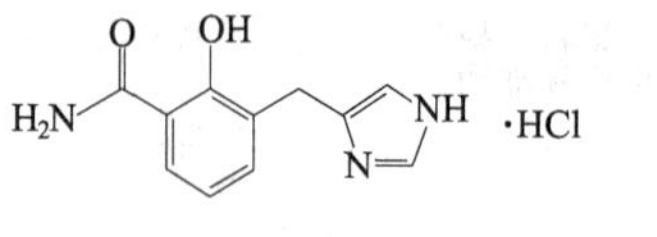

·HCl

Mizolastine 咪唑斯汀 06886
[108612-45-9] $C_{24}H_{25}FN_6O$ 432.50
成分 C 66.65%，H 5.83%，F 4.39%，N 19.43%，O 3.70%。
别名 咪唑司汀；咪唑拉司汀；2-[1-[1-(4-Fluorophenyl)methyl-1H-benzimidazol-2-yl]-4-piperidinyl] methylamino-4 (1H)-pyrimidinone；2-[1-[1-(p-Fluorobenzyl)-2-benzimidazolyl]-4-piperidinyl]methylamino-4(3H)-pyrimidinone；SL-85.0324；Mizollen；Zolim
M.I.15，6307
性状 来自乙醇中的无色结晶。溶于甲醇。mp 217℃。
主要用途 医用抗组胺剂。

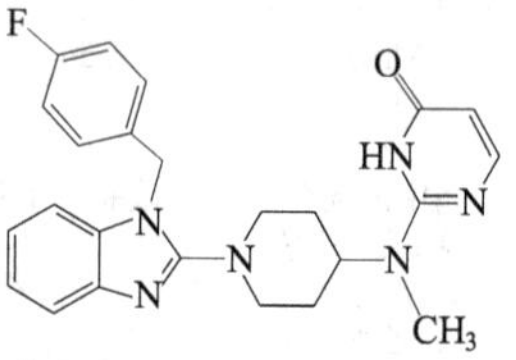

Mizoribine 咪唑立宾 06887
[50924-49-7] $C_9H_{13}N_3O_6$ 259.22
成分 C 41.70%，H 5.06%，N 16.21%，O 37.03%。
别名 5-Hydroxy-1-β-D-ribofuranosyl-1H-imidazole-4-carboxamide；4-Carbamoyl-1-β-D-ribofuranosylimidazolium-5-olate；HE-69；Bredinin
M.I.15,6308
性状 来自甲醇中的无色结晶。溶于水，微溶于甲醇、乙醇，不溶于大多数有机溶剂。pK_a 6.75；mp ＞200℃（分解）；$[\alpha]_D^{27}$ −35°（c=0.8，于水中）；uv max（水中）：245nm，279nm（E 250，580）。LD_{50}小鼠静脉注射：＞1.5g/kg；腹膜内注射：＞2.4g/kg。生化试剂含量≥98.0%（TLC）。
注意事项 该品对眼睛、呼吸系统及皮肤有刺激性。能引起遗传基因的损伤，能损伤生育力，能危害胎儿。使用前应得到专门的指导，避免曝露。使用时应穿适当的防护服，戴手套和防护镜或面罩。使用时应避免吸入本品的粉尘。万一接触到眼睛，应立即用大量水冲洗后请医生诊治。使用时如有事故发生或有不适之感，应请医生诊治。应密封于 2～8℃保存。
主要用途 医用免疫抑制剂。

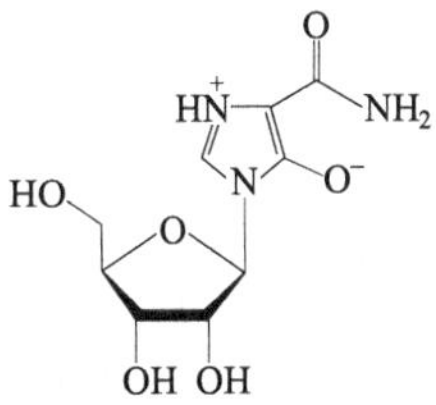

MMT 甲基茂基三羰基锰 06888

[12108-13-3] $C_9H_7MnO_3$ 218.09

成分 C 49.57%，H 3.24%，Mn 25.19%，O 22.01%。

别名 Tricarbonyl[(1,2,3,4,5-η)-1-methyl-2,4-cyclopentadien-1-yl] manganese; Methylcyclopentadienylmanganese tricarbonyl; MCMT; tricarbonyl(η^5-methylcyclopentadienyl) manganese(Ⅰ); TCMn; AK-33X

M. I. 15, 6309

性状 橙黄色液体。易溶于烃类、有机溶剂、已烷、醇类、乙醚、丙酮、乙二醇、润滑油、烃燃料（如汽油、柴油）。蒸气压：8mmHg 100℃/1.067kPa；360.6mmHg 200℃/48.076kPa。Fp －0.75℃；d_{20}^{4} 1.3942；n_D^{20} 1.5873。LD_{50}小鼠，豚鼠，兔急性经口（mg/kg）：352，905，95；雄，雌大鼠急性经口（mg/kg）：175±33，89±14。LD_{50}大鼠吸入：0.22mg/L。

主要用途 防爆燃料添加剂，锰掺杂剂。

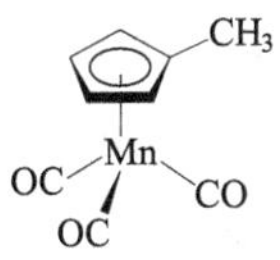

(*R*)-(－)-αMNP (*R*)-(－)-2-甲氧基-2-(1-萘基)丙酸 06889

[63628-26-2] $C_{14}H_{14}O_3$ 230.26

成分 C 73.03%，H 6.13%，O 20.85%。

别名 (*R*)-(－)-α-Methoxy-α-methyl-1-naphthaleneacetic acid; (*R*)-(－)-2-Methoxy-2-(1-naphthyl)propanoic acid

M. I. 15, 6310

性状 来自乙醚-已烷中的无色片状结晶。mp 111～112℃；$[\alpha]_D^{13}$－106.3°（c=0.16，于氯仿中）；$[\alpha]_D^{13}$－128.8°（c=0.10，于甲醇中）。

主要用途 用于有机合成中对映体的分辨。

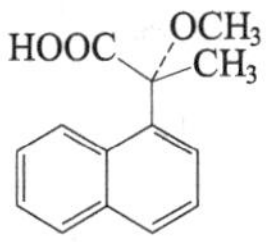

Mocimycin 莫西霉素 06890

[50935-71-2] $C_{43}H_{60}N_2O_{12}$ 796.96

成分 C 64.81%，H 7.59%，N 3.52%，O 24.09%。

别名 摩西霉素；(a*S*,2*R*,3*R*,4*R*,6*S*)-*N*-[(2*E*,4*E*,6*S*,7*R*)-7-[(2*S*,3*S*,4*R*,5*R*)-5-[(1*E*,3*E*,5*E*)-7-(1,2-Dihydro-4-hydroxy-2-oxo-3-pyridinyl)-6-methyl-7-oxo-1,3,5-heptatrien-1-yl] tetrahydro-3,4-dihydroxy-2-furanyl]-6-methoxy-5-methyl-2,4-octadien-1-yl]-α-ethyltetrahydro-2,3,4-trihydroxy-5,5-dimethyl-6-(1*E*,3*Z*)-1,3-pentadien-1-yl-2*H*-pyran-2-acetamide; Antibiotic MYC 8003; Delvomycin; Kirromycin; MYC-8003

M. I. 15, 6311

性状 黄色固体。呈弱酸性。溶于氯仿、丁酮、乙酸丁酯、乙酸乙酯、丙酮、甲醇、碱溶液，微溶于四氯化碳、苯，不溶于乙醚、水、酸溶液。于甲醇 50%水溶液中（pH 值 3～12）可稳定 4h。$[\alpha]_D^{22}$－60°（c=1，于甲醇中）；uv max（甲醇/水中）：233nm，276nm，327nm。LD_{50}小鼠腹膜内注射：＞1000mg/kg. 一般试剂含量≥90.0%（HPLC）。

注意事项 该品应密封于－20℃保存。

主要用途 促进动物生长。

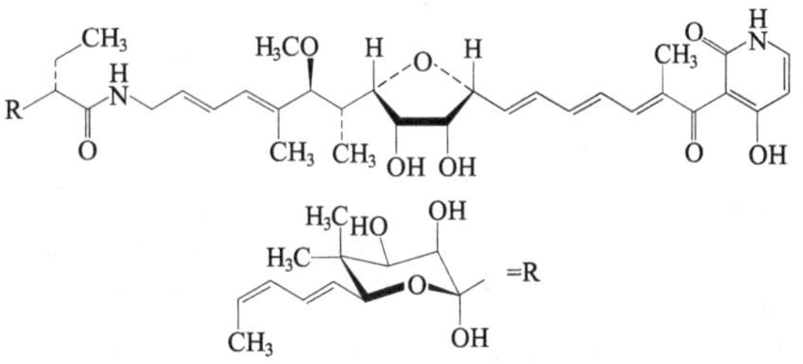

Moclobemide 吗氯贝胺 06891

[71320-77-9] $C_{13}H_{17}ClN_2O_2$ 268.74

成分 C 58.10%，H 6.38%，Cl 13.19%，N 10.42%，O 11.91%。

别名 甲氯苯酰胺；马氯贝胺；4-Chloro-*N*-[2-(4-morpholinyl) ethyl] benzamide; *p*-Chloro-*N*-(2-morpholinoethyl) benzamide; Ro-11-1163; Aurorix; Manerix; Moclamine

M. I. 15, 6312

性状 来自异丙醇中的无色结晶。mp 137℃。LD_{50}大鼠急性经口：707mg/kg。生化试剂含量≥99.0%。

注意事项 该品应密封避光保存。

主要用途 医用抗抑郁剂。

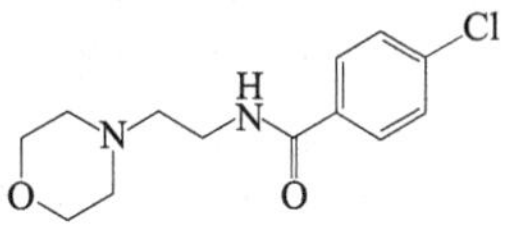

Modafinil 莫达芬尼 06892

[68693-11-8] $C_{15}H_{15}NO_2S$ 273.35

成分 C 65.91%，H 5.53%，N 5.12%，O 11.71%，S 11.73%。

别名 莫达非尼；莫待芬宁；2-[(Diphenylmethyl) sulfinyl] acetamide; 2-(Benzhydrylsulfinyl) acetamide; CRL-40476; Provigil

M. I. 15, 6314

性状 来自甲醇中的白色结晶。略溶于丙酮，微溶于无水乙醇，极微溶于水，几乎不溶于环己烷。mp 164～166℃。生化试剂含量≥98.0%（HPLC）。

注意事项 该品口服、吸入或与皮肤接触极毒。使用时应穿适当的防护服，戴手套和防护镜或面罩。使用时应避免吸入本品的粉尘，避免与眼睛及皮肤接触。使用时如有事故发生或有不适之感，应请医生诊治。

主要用途 医用中枢神经系统兴奋剂。

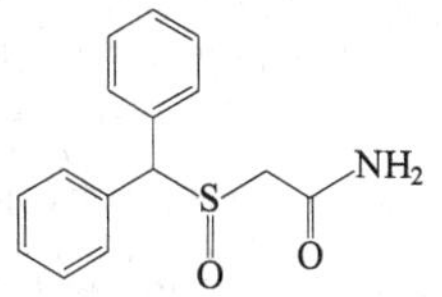

Moexipril hydrochloride 莫西普利 盐酸盐 06893

[82586-52-5] $C_{27}H_{35}ClN_2O_7$ 535.03

成分 C 60.61%，H 6.59%，Cl 6.63%，N 5.24%，O 20.93%。

别名 盐酸莫西普利；莫昔普利盐酸盐；CI-925; RS-10085-197; SPM-925; Fempress; Perdix; Univasc; (3*S*)-2-[(2*S*)-2-[[(1*S*)-1-Ethoxycarbonyl-3-phenylpropyl] amino]-1-oxopropyl]-1, 2, 3, 4-tetrahydro-6, 7-dimethoxy-3-isoquinolinecarboxylic acid hydrochloride; RS-10085-HCl

M. I. 15, 6315

性状 来自乙醇＋乙醚中的无色结晶。mp 141～161℃；$[\alpha]_D^{23}$＋34.2°（c=1.1，于乙醇中）。生化试剂含量≥99.0%。

注意事项 该品对水生物极毒。应防止将本品释放于环境中。其包装物应按危险品处理。

主要用途 医用抗高血压剂。

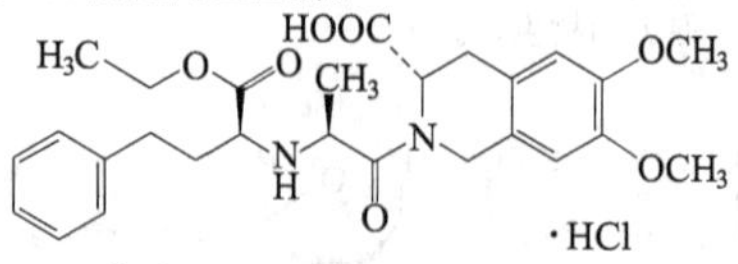

·HCl

Mofarotene 莫法罗汀 06894

[125533-88-2] $C_{29}H_{39}NO_2$ 433.64

成分 C 80.32%，H 9.07%，N 3.23%，O 7.38%。

别名 4-[2-[4-[(1*E*)-2-(5,6,7,8-Tetrahydro-5,5,8,8-tetramethyl-2-naphthalenyl)-1-propenyl]phenoxy]ethyl]morpholine;Ro 40-8757

M. I. 15,6316

性状 来自乙酸乙酯/己烷中的白色结晶。mp 107～109℃。

主要用途 医用抗肿瘤剂。

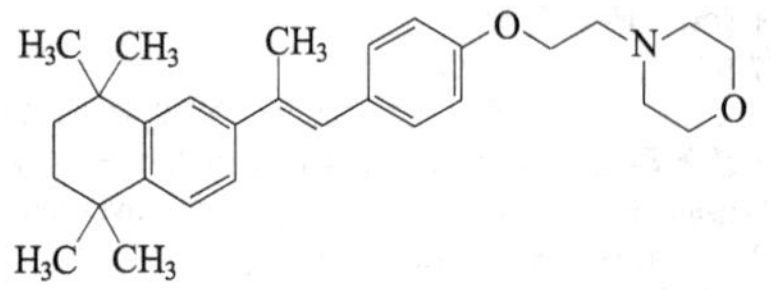

Mofebutazone 单苯保泰松 06895

[2210-63-1] $C_{13}H_{16}N_2O_2$ 232.28

成分 C 67.22%,H 6.94%,N 12.06%,O 13.78%。

别名 丁苯唑二酮;4-丁基-1-苯基-3,5-吡唑烷二酮;2-去苯基保泰松;4-Butyl-1-phenyl-3,5-pyrazolidinedione;4-Butyl-1-phenyl-3,5-dioxopyrazolidine;2-phenyl-3,5-dihydroxy-4-butylpyrazolidine;Monophenylbutazone;Arcomonol Tablets;Mobutazon;Mobuzon;Mofesal;Monazan;Monobutyl;Monorheumetten;Reumatox

M. I. 15,6317

性状 来自乙醇＋水中的无色结晶。mp 102～103℃;uv max(乙醇中):240nm,275nm($E^{1\%}_{1cm}$ 443,245)。LD_{50}小鼠静脉注射:600mg/kg。

主要用途 医用抗炎剂。

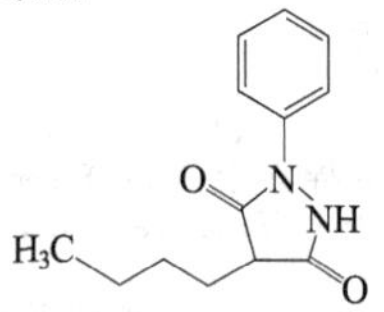

Mofezolac 莫苯唑酸 06896

[78967-07-4] $C_{19}H_{17}NO_5$ 339.35

成分 C 67.25%,H 5.05%,N 4.13%,O 23.57%。

别名 3,4-二(对甲氧基苯基)-5-异噁唑乙酸;3,4-双(4-甲氧基苯基)-5-异噁唑乙酸;莫非佐酸;3,4-Bis(4-methoxyphenyl)-5-isoxzoleacetic acid; 3, 4-Di (*p*-methoxyphenyl)-5-isoxazoleacetic acid;N-22

M. I. 15,6318

性状 白色结晶性粉末。微有特殊气味。该品于下列物质中的溶解度(20℃,%,质量浓度):二甲基甲酰胺 68.7;氯仿 19.5;乙酸乙酯 16.5;丙酮 7.32;甲醇 3.93;无水乙醇 3.72;乙醚 2.90;己烷 2.90×10^{-5};水 4.85×10^{-3}。分配系数(氯仿/水):16.6(pH 值 6);1.87(pH 值 7);0.178(pH 值 8)。pK'_a 约 3.3;mp 147.5℃;uv max(甲醇中):236nm (ε 18300)。LD_{50}雄、雌小鼠,雄、雌大鼠急性经口(mg/kg):1528,1740,920,887;腹膜内注射(mg/kg):275、321,378、342;皮下注射(mg/kg):612、545,572、510。

主要用途 医用抗炎剂,止痛剂。

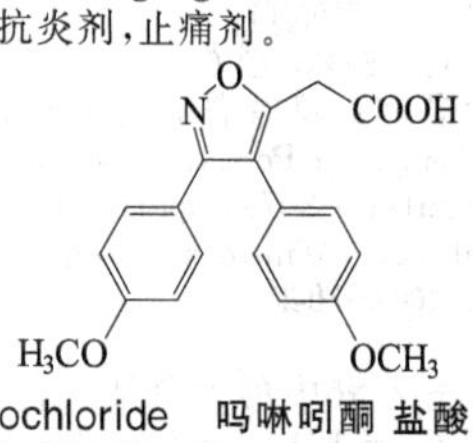

Molindone hydrochloride 吗啉吲酮 盐酸盐 06897

[15622-65-8] $C_{16}H_{25}ClN_2O_2$ 312.84

成分 C 61.43%,H 8.05%,Cl 11.33%,N 8.95%,O 10.23%。

别名 吗茚酮 盐酸盐;盐酸吗茚酮;盐酸吗啉吲酮;EN-1733A;Lidone;Moban;3-Ethyl-1,5,6,7-tetrahydro-2-methyl-5-(4-morpholinylmethyl)-4*H*-indol-4-one hydrochloride;3-Ethyl-6,7-dihydro-2-methyl-5-(morpholinomethyl)indol-4(5*H*)-one hydrochloride

M. I. 15, 6319

性状 无色结晶。溶于水 (19mg/mL)。mp 180～181℃。LD_{50}大鼠急性经口：261mg/kg。生化试剂含量≥98.0% (HPLC)。

注意事项 该品口服有害。

主要用途 医用精神抑制剂。

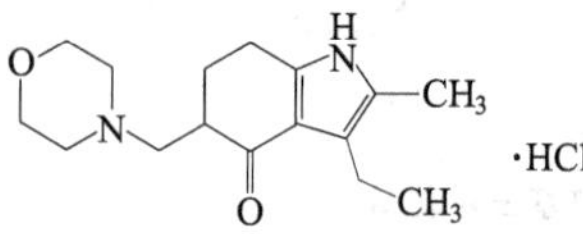

·HCl

Molsidomine 吗多明 06898

[25717-80-0] $C_9H_{14}N_4O_4$ 242.24

成分 C 44.62%，H 5.83%，N 23.13%，O 26.42%。

别名 吗导敏；吗啉斯；吗斯酮胺； 5-(Ethoxycorbonyl) amino-3-(4-morpholinyl)-1，2，3-oxadiazolium inner salt; *N*-Ethoxycarbonyl-3-(4-morpholinyl) sydnone imine; *N*-Carboxy-3-morpholinosydnonimine ethyl ester; Morsydomine; SIN-10; Corvaton;Corvasal;Molsidolat;Morial;Motazomin

M. I. 15,6320

性状 无色结晶或白色结晶性粉末。几乎无气味;无味道。易溶于氯仿,溶于稀盐酸、乙醇、乙酸乙酯、甲醇,略微溶于水、丙酮、苯,极微溶于乙醚、石油醚。其水溶液 pH 值 5～7 时最稳定。于强碱溶液中稳定性最小。p*K*(100℃)3.0±0.1;mp 140～141℃(甲苯中);uv max(氯仿中):326nm。LD_{50}雄、雌小鼠,雄、雌大鼠皮下注射(mg/kg):780、750,1380,1350;静脉注射(mg/kg):860、800,830、760;腹膜内注射(mg/kg):700、760,1250、1250;急性经口(mg/kg):830、840,1050、1200。

注意事项 该品口服有害。使用时应穿适当的防护服。应密封于 2～8℃保存。

主要用途 医用抗心绞痛剂。

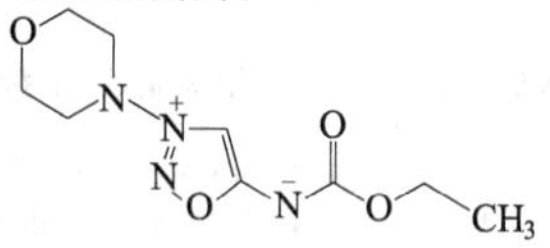

Molybdenum powder 钼粉 06899

[7439-98-7] Mo 95.96

M. I. 15,6321

性状 深灰色至黑色粉末。质硬而韧。溶于硝酸、热浓硫酸、王水,不溶于氢氟酸、盐酸。mp 2622℃;bp 约 4825℃;*d* 10.28。

注意事项 该品高度易燃。使用时应穿适当的防护服,戴手套和防护镜或面罩。使用现场禁止吸烟。应远离火种密封保存。

主要用途 磷钼酸盐的制备。加氢催化剂。

Molybdenum(Ⅴ) chloride 氯化钼 06900

[10241-05-1] $MoCl_5$ Cl_5Mo 273.23

成分 Cl 64.88%，Mo 35.12%。

GW 2015-2150

别名 五氯化钼；Molybdenum pentachloride

性状 暗绿色或灰黑色结晶。有吸潮性。易溶于水、酸，溶于乙醇、乙醚。mp 194℃。

注意事项 该品具有腐蚀性，能引起烧伤。使用时应穿适当的防护服，戴手套和防护镜或面罩。万一接触到眼睛，应立即用大量水冲洗后请医生诊治。使用时如有事故发生或有不适之感，应请医生诊治。应密封于干燥处保存。

主要用途 电子工业。氯化的催化剂。

Molybdenum(Ⅵ) oxide 氧化钼 06901

[1313-27-5] MoO_3 143.95

成分 Mo 66.66%，O 33.34%。

别名 三氧化钼；钼酐；无水钼酸；钼酸酐；Molybdenum trioxide；Molybdic anhydride

M. I. 15，6325

性状 白色或微黄色至微蓝色结晶性粉末或颗粒。溶于氨水、碱溶液、氢氟酸、浓硫酸，微溶于水（28℃，0.490g/L）。受热变黄，冷后复原。mp 795℃；bp 1155℃；d_4^{26} 4.696。
注意事项 该品经口或长期曝露有害，并有严重损害健康的危险。对眼睛及呼吸系统有刺激性。使用时应避免吸入本品的粉尘，避免与眼睛接触。
主要用途 比色法测定血糖、蛋白质、酚、砷、铅、铋等及生物碱检验。光谱分析试剂。酚类、醇类的还原剂。钼盐、钼合金的制造。

Molybdenum(Ⅳ) sulfide 二硫化钼 06902

[1317-33-5] MoS_2 160.07
成分 Mo 59.94%，S 40.06%。
别名 Molybdenum disulfide；Molybdic sulfide
M. I. 15，6322
性状 铅灰色或黑色有金属光泽的粉末。在空气中缓慢分解。溶于热硫酸、硝酸、王水，不溶于水、稀酸。mp 2375℃；d_{15}^{15} 5.06。一般试剂含量≥99.5%。
注意事项 该品对眼睛、呼吸系统及皮肤有刺激性。使用时应戴适当的手套。万一接触到眼睛，应立即用大量水冲洗后请医生诊治。
主要用途 制造钼化合物。润滑添加剂。

Molybdic(Ⅵ) acid 钼酸 06903

[7782-91-4] H_2MoO_4 161.96
成分 H 1.24%，Mo 59.24%，O 39.52%。
M. I. 15，6326
性状 白色或浅黄色结晶性粉末。溶于热水、氨水、硫酸、碱溶液，极微溶于冷水。
注意事项 使用时应避免吸入本品的粉尘，避免与眼睛及皮肤接触。
主要用途 测定磷、磷酸盐、铅、硅酸盐等的试剂。电子工业。

Mometasone furoate 莫米松糠酸酯 06904

[83919-23-7] $C_{27}H_{30}Cl_2O_6$ 521.44
成分 C 62.19%，H 5.80%，Cl 13.60%，O 18.41%。
别名 莫米松呋喃甲酸酯；糠酸莫米松；糠酸莫米他松；呋喃甲酸莫米松；(11β，16α)-9，21-Dichloro-17-(2-furanylcarbonyl)oxyl-11-hydroxy-16-methylpregna-1，4-diene-3，20-dione；9，21-Dichloro-11β，17-dihydroxy-16α-methylpregna-1，4-diene-3，20-dione 17-(2-furoate)；Sch-32088；Elocon；Nasonex
M. I. 15，6327
性状 来自甲醇水中的无色结晶。溶于丙酮、二氯甲烷，微溶于甲醇、乙醇、异丙醇，几乎不溶于水。mp 218～220℃；$[\alpha]_D^{26}$ +58.3°（二氧六环中）；uv max（甲醇中）：247nm（ε 26300）。
主要用途 医用抗炎剂。

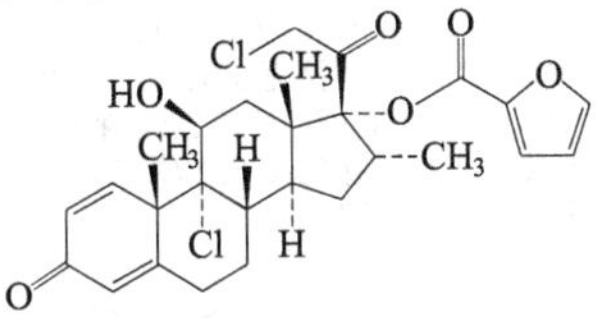

Monensin sodium 莫能星钠盐 06905

[22373-78-0] $C_{36}H_{61}NaO_{11}$ 692.86
成分 C 62.41%，H 8.87%，Na 3.32%，O 25.40%。
别名 莫能菌酸钠；莫能霉素钠；Coban；Romensin；Rumensin；2-[5-Ethyltetrahydro-5-[tetrahydro-3-methyl-5-(tetrahydro-6-hydroxy-6-hydroxymethyl-3，5-dimethyl-2*H*-pyran-2-yl)-2-furyl]-2-furyl]-9-hydroxy-β-methoxy-α，γ，2，8-tetramethyl-1，6-dioxaspiro[4.5]decane-7-butyric acid sodium salt；Monensic acid (obsolete) sodium salt；A-3823A-Na
M. I. 15，6332
性状 近白色至褐色结晶性粉末。溶于氯仿、甲醇及一般有机溶剂，微溶于水，几乎不溶于己烷。mp 267～269℃；$[\alpha]_D$ +57.3°（甲醇中）。一般试剂含量 90%～95%（TLC）。
注意事项 该品口服有毒。使用时应穿适当的防护服，戴手套和防护镜或面罩。使用时如有事故发生或有不适之感，应请医生诊治。应充氩气密封于 2～8℃干燥保存。
主要用途 兽用抑球虫剂。

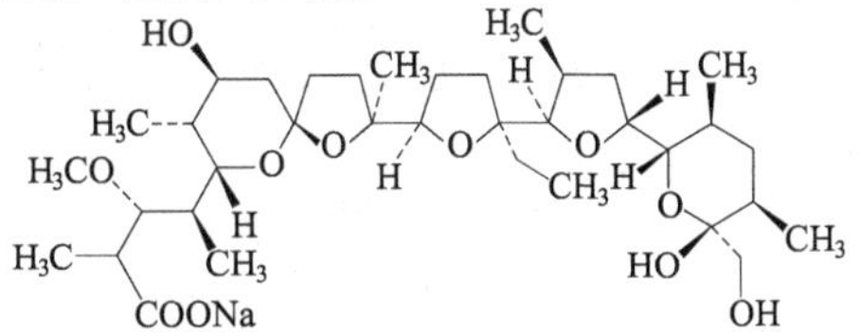

Monocrotaline 野百合碱 06906

[315-22-0] $C_{16}H_{23}NO_6$ 325.36
成分 C 59.07%，H 7.13%，N 4.31%，O 29.50%。
别名 农吉利碱；(13α，14α)-14，19-Dihydro-12，13-dihydroxy-20-norcrotolanan-11，15- dione；Crotaline；MCT；NSC-28693；NCI-C56426
M. I. 15，6336
性状 来自无水乙醇中的白色棱柱体结晶，溶于乙醇、氯仿，mp 197～198℃（分解），$[\alpha]_D^{26}$ −54.7°（c＝5.054，于氯仿中）。或来自乙醇中的无色结晶，mp 187～190℃（分解），$[\alpha]_D^{12}$ −55.0°（c＝0.16，于氯仿中）。uv max（96%乙醇中）：217nm（lg ε 3.32）。LD_{50}大鼠急性经口：71mg/kg。生化试剂含量≥99.0%（TLC）。
注意事项 该品经口有毒。对机体有不可逆损伤的可能性。使用时应穿适当的防护服，戴手套和防护镜或面罩。使用时如有事故发生或有不适之感，应请医生诊治。应密封于 2～8℃保存。
主要用途 生化研究。

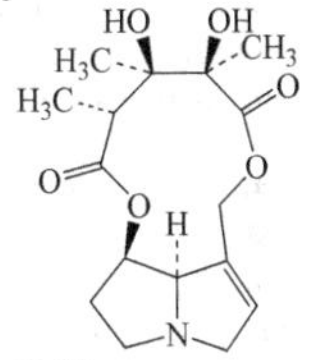

Monocrotophos 久效磷 06907

[6923-22-4] $C_7H_{14}NO_5P$ 223.16
成分 C 37.68%，H 6.32%，N 6.28%，O 35.85%，P 13.88%。
别名 (*E*)-Phosphoric acid dimethyl(1-methyl-3-methylamino-3-oxo-1-propenyl)ester；(*E*)-Phosphoric acid dimethyl ester，ester with 3-hydroxy-*N*-methylcrotonamide；Dimethyl 2-methylcarbamoyl-1-methylvinyl phosphate；Dimethyl phosphate of 3-hydroxy-*N*-methyl-*cis*-crotonamide；C-1414；ENT-27129；SD-9129；Azodrin；Monocron；Nuvacron；Phoskill；3-Dimethoxyphosphinyloxy-*N*-methyl-*cis*-crotonamide
GW 2015-394 M. I. 15，6337
性状 无色结晶。一般试剂为红棕色固体。能与水相混溶，溶于丙酮、乙醇，几乎不溶于柴油、煤油。mp 54～55℃；25～30℃(一般试剂)。LD_{50}雄，雌大鼠急性经口(mg/kg)：17，20；皮肤接触(mg/kg)：126，122。
注意事项 该品吸入或经口极毒，与皮肤接触有毒。对机体有不可逆损伤的可能性。对水生物极毒，能对水环境引起不利的结果。使用时应穿适当的防护服和戴手套。使用时如有事故发生或有不适之感，应请医生诊治。应避免将本品释放于环境中。其包装物应按危险品处理。应密封于 2～8℃保存。
主要用途 杀虫剂。分析用标准物。

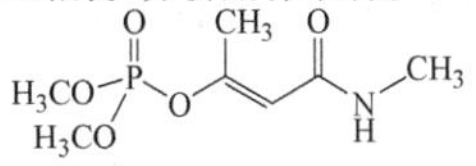

Monorden 根赤壳菌素 06908

[12772-57-5] $C_{18}H_{17}ClO_6$ 364.78
成分 C 59.27%，H 4.70%，Cl 9.72%，O 26.32%。
别名 8-Chloro-1a，14，15，15a-tetrahydro-9，11-dihydroxy-14-methyl-6*H*-oxireno[*e*][2]benzoxacyclotetradecin-6，12(7*H*)-dione；5-Chloro-6-(7，8-epoxy-10-hydroxy-2-oxo-3，5-undecadienyl)-β-resorcylic acid μ-lactone；Radicicol
M. I. 15，6341

性状 来自氯仿、乙醇或苯中的无色结晶。mp 193.5℃；$[\alpha]_D^{20}$ + 203°（于氯仿中）；uv max（乙醇中）：264nm，272nm（ε 13200，13100）。

注意事项 该品经口有害。对眼睛、呼吸系统及皮肤有刺激性。使用时应穿适当的防护服，戴手套和防护镜或面罩。万一接触到眼睛，应立即用大量水冲洗后请医生诊治。应密封于－20℃保存。

主要用途 生化研究。

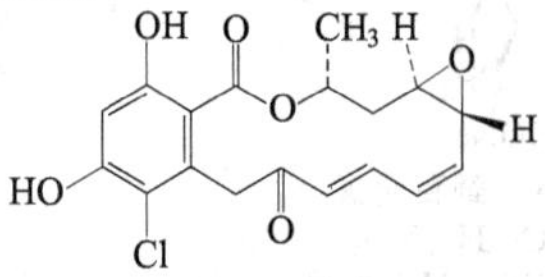

2′-*O*-Monosuccinyladenosine 3′：5′-cyclicmonophosphate 3′：5′-环一磷酸-2′-*O*-一丁二酰腺苷

06909

[36940-87-1] $C_{14}H_{16}N_5O_9P$ 429.28

成分 C 39.17%，H 3.76%，N 16.31%，O 33.54%，P 7.22%。

别名 2′-*O*-丁二酰腺苷-3′：5′-环一磷酸；2′-*O*-琥珀酰腺苷-3′：5′环化一磷酸；2′-*O*-Succinyl adenosin-3′，5′-cyclic monophosphoric acid；2′-*O*-Succinyl-A-3′：5′-MP

性状 无色或白色结晶。生化试剂含量≥98.0%。

注意事项 该品应密封于－20℃保存。

Monuron 灭草隆

06910

[150-68-5] $C_9H_{11}ClN_2O$ 198.65

成分 C 54.42%，H 5.58%，Cl 17.85%，N 14.10%，O 8.05%。

别名 *N*-对氯苯基-*N*′，*N*′-二甲基脲；3-(4-氯苯基)-1，1-二甲基脲；3-(4-Chlorophenyl)-1，1-dimethylurea；*N*′-(4-Chlorophenyl)-*N*，*N*-dimethylurea；*N*-(*p*-Chlorophenyl)-*N*′，*N*′-dimethylurea；CMU；1，1-Dimethyl-3-(*p*-chlorophenyl) urea；Karmex Monuron Herbicide；Telvar；Chlorfenidim

M. I. 15，6349

性状 来自甲醇中的细矩形棱柱体结晶。中等程度溶于甲醇、丙酮、乙醇，极微溶于水，几乎不溶于烃类溶剂。在强酸、强碱溶液中分解。其水溶液 pH 值 6.26。mp 170.5～171.5℃。LD_{50}大鼠急性经口：3.7g/kg。一般试剂含量≥97.0%。

注意事项 该品经口有害。对机体有不可逆损伤的可能性。对水生物极毒。能对水环境引起不利的结果。使用时应穿适当的防护服和戴手套。应防止将本品释放于环境中。其包装物应按危险品处理。

主要用途 制药工业。有机合成。除草剂。

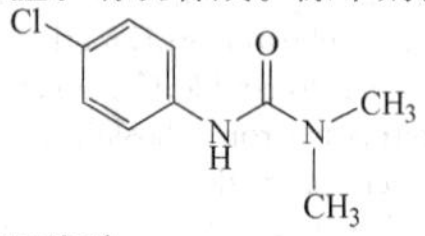

Moperone 甲基哌啶醇

06911

[1050-79-9] $C_{22}H_{26}FNO_2$ 355.44

成分 C 74.34%，H 7.37%，F 5.35%，N 3.94%，O 9.00%。

别名 甲基哌丁苯；1-(4-Fluorophenyl)-4-[4-hydroxy-4-(4-methylphenyl)-1-piperidinyl]-1-butanone；*p*-Fluoro-4-(4′-hydroxy-4′-*p*-tolylpiperidino)butyrophenone；*p*-Fluoro-4-(4′-hydroxy-4′-*p*-methylphenylpiperidino) butyrophenone；1-(3′-*p*-Fluorobenzoylpropyl)-4-hydroxy-4-*p*-tolylpiperidine；ω-(4-Hydroxy-4-*p*-tolylpiperidino)-*p*-fluorobutyrophenone；Methylperidol；R-1658

M. I. 15，6351

性状 无色结晶。mp 118℃～119.5℃；uv max：246.5nm(ε12200)。

主要用途 医用精神抑制剂。

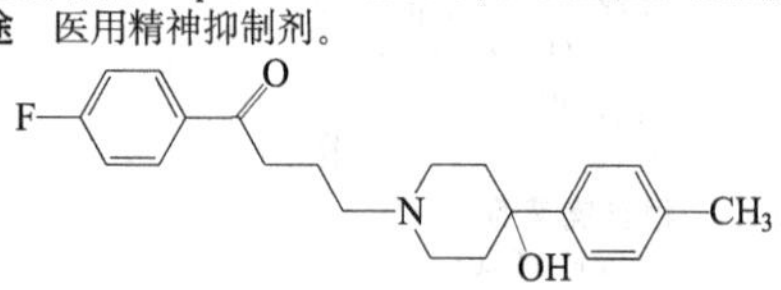

Morantel tartrate 甲噻嘧啶 酒石酸盐

06912

[26155-31-7] $C_{16}H_{22}N_2O_6S$ 370.42

成分 C 51.88%，H 5.99.0%，N 7.56%，O 25.92%，S 8.66%。

别名 酒石酸甲噻嘧啶；酒石酸噻烯氢嘧啶；噻烯氢嘧啶 酒石酸盐；Exhelm；(*E*)-1，4，5，6-Tetrahydro-1-methyl-2-[2-(3-methyl-2-thienyl) ethenyl]pyrimidine

M. I. 15，6353

性状 白色或浅黄色结晶性粉末。易溶于水，几乎不溶于乙酸乙酯。

注意事项 该品吸入、口服或与皮肤接触有害。使用时应穿适当的防护服。

主要用途 生化研究。医用驱虫剂。

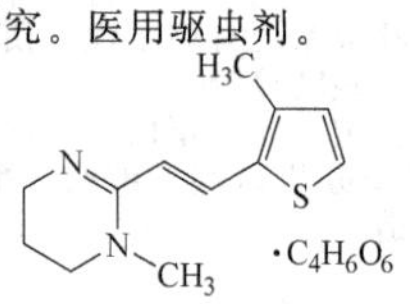

Moricizine hydrochloride 乙吗噻嗪 盐酸盐

06913

[29560-58-5] $C_{22}H_{26}ClN_3O_4S$ 463.98

成分 C 56.95%，H 5.65%，Cl 7.64%，N 9.06%，O 13.79%，S 6.91%。

别名 盐酸乙吗噻嗪；莫里西嗪 盐酸盐；盐酸莫里西嗪；莫霉西嗪 盐酸盐；盐酸莫霉西嗪；Ethmozine；[10-[3-(4-Morpholinyl)-1-oxopropyl]-10*H*-phenothiazin-2-yl] carbamic acid ethyl eser hydrochloride；10-(3-Morpholinopropionyl) phenothiazine-2-carbamic acid ethyl ester hydrochloride；Ethmosine hydrochloride；Ethmozin hydrochloride；Moracizine hydrochloride；EN-313-HCl

M. I. 15，6354

性状 来自二氯甲烷中的无色结晶。溶于水、乙醇。mp 189℃（分解）。LD_{50}小鼠，大鼠静脉注射（mg/kg）：36，12；小鼠腹膜内注射：131mg/kg。

主要用途 医用抗心律失常剂（Ⅰ类）。

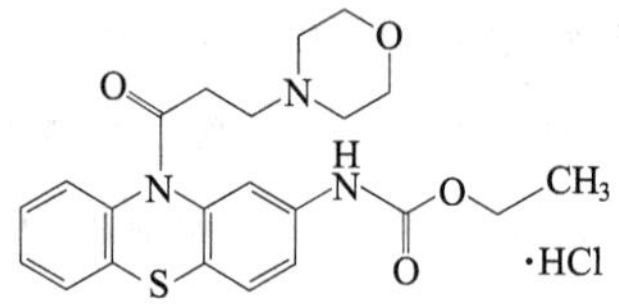

Morin 桑色素

06914

[480-16-0] $C_{15}H_{10}O_7 \cdot 2H_2O$ 338.27

成分（以无水物计） C 59.61%，H 3.34%，O 37.05%。

别名 2′，3，4′，5，7-五羟基黄酮；五羟黄酮；黄木精；2′-Hydroxypelargidenolon 1522；2-(2，4-Dihydroxyphenyl)-3，5，7-trihydroxy-4*H*-1-benzopyran-4-one；Natural yellow 8；Natural yellow 11；2′，3，4′，5，7-Pentahydroxyflavone；Tetrahydroxy-flavonol

M. I. 15，6355 C. I. 75660

性状 来自无水乙醇中的黄色或灰黄色针状结晶。露置空气中变棕色。易溶于乙醇，微溶于乙醚、乙酸、浓硫酸、碱溶液，1g 该品溶于 4L 水（20℃）、1060mL 沸水。285～290℃分解。

注意事项 该品对眼睛、呼吸系统及皮肤有刺激性。使用时应穿适当的防护服。使用时应避免吸入本品的粉尘，避免与眼睛及皮肤接触。万一接触到眼睛，应立即用大量水冲洗后请医生诊治。应充氩气密封避光保存。

主要用途 检验铝、锆、铋的络合指示剂。铝、铍、锌、镓及钪盐类的斑点试验用试剂。

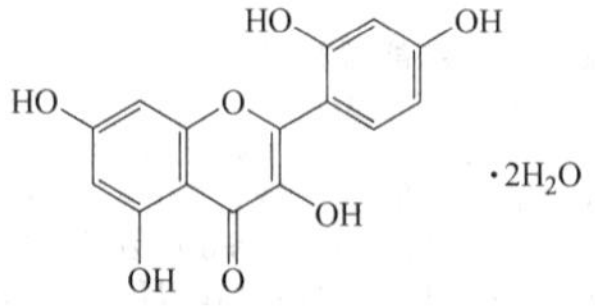

Moroxydine hydrochloride 吗啉胍 盐酸盐

06915

[3160-91-6] $C_6H_{14}ClN_5O$ 207.66

成分 C 34.70%，H 6.80%，Cl 17.07%，N 33.73%，O 7.70%。

别名 吗啉双胍 盐酸盐；盐酸吗啉胍；吗啉咪胍 盐酸盐；盐酸吗啉双胍；盐酸吗啉咪胍；*N*-Aminoiminomethyl-4-morpholinecarboximidamide hydrochloride；4-Morpholinecarboximidoylguanidine hydrochloride；*N*′，*N*′-Anhydrobis(β-hydroxyethyl) biguanide hydrochloride; Abitilguanide; Abitylguanide hydrochloride; ABOB hydrochloride; Virusmin hydrochloride; Flumidin; Virustat

M. I. 15，6358

性状 无色结晶。mp 211～214℃。

注意事项 该品对眼睛、呼吸系统有刺激性。

主要用途 生化研究。医用抗病毒剂。

Morphazinamide 吗甲吡嗪酰胺 06916

[952-54-5] $C_{10}H_{14}N_4O_2$ 222.25

成分 C 54.04%，H 6.35%，N 25.21%，O 14.40%。

别名 *N*-（4-吗啉甲基）吡嗪酰胺；*N*-(4-Morpholinylmethyl) pyrazinecarboxamide; *N*-Morpholinomethylpyrazinamide); Morfazinamide; Morinamide; B-2310

M. I. 15，6359

性状 无色结晶。1g 该品溶于 3mL 水、30mL 乙醇、30mL 苯、2.5mL 氯仿。mp 118.5～119.5℃；uv max（乙醇中）：269nm，317nm（lg ε 3.95，2.77）。

主要用途 医用抗菌剂（结核菌抑制剂）。

Morphine sulfate pentahydrate 吗啡 硫酸盐 五水 06917

[6211-15-0] $C_{34}H_{40}N_2O_{10}S \cdot 5H_2O$ 758.83

成分（以无水物计） C 61.06%，H 6.03%，N 4.19%，O 23.92%，S 4.79%。

别名 五水合硫酸吗啡；硫酸吗啡 五水；Avinza; Dolcontin; Kapanol; MSIR; Kadian; MST 10 Mundipharma; MST 30 Mundipharma; (5α, 6α)-7, 8-Didehydro-4, 5-epoxy-17-methylmorphinan-3, 6-diol sulfate salt (2 ∶ 1); Kapanol; Moraxen; Morcap; Moscontin; MS Contin; MST Continus; Oblioser; Oramorph; Relipain; Roxanol; Serredol

M. I. 15，6361

性状 白色细小的结晶或粉末。无味。1g 该品溶于 15.5mL 25℃水、0.7mL 80℃水、565mL 乙醇、240mL 60℃乙醇，不溶于氯仿、乙醚。pH 值约 4.8。pK_a 7.9。mp 约 250℃（成无水物分解）；$[\alpha]_D^{25}$ −108.7°（*c*＝4，于水中，无水碱）。

注意事项 该品经口有害。使用时应穿适当的防护服。使用时应避免吸入本品的粉尘。

主要用途 生化研究。医用麻醉止痛剂。

Morpholine 吗啉 06918

[110-91-8] C_4H_9NO 87.12

成分 C 55.15%，H 10.41%，N 16.08%，O 18.36%。

别名 吗啡啉；四氢化噁嗪；对氧氮六环；对氧氮己烷；对氧氮苯烷；1，4-氧氮杂环己烷；Diethylene imidoxide; Diethylene oximide; Tetrahydro-1, 4-oxazine; Tetrahydro-2*H*-1, 4-oxazine

GW 2015-1566 M. I. 15，6362

性状 无色油状液体。有吸湿性。有氨味。能与水混溶并产生热，能与丙酮、苯、乙醚、蓖麻油、甲醇、乙醇、乙二醇、2-己酮、亚麻子油、松节油相混溶。mp −4.9℃；bp_{760} 128.9℃/101.325kPa；bp_6 20℃/799.93Pa；Fp 100℉（38℃，开杯）；d_4^{20} 1.007；n_D^{20} 1.4540。LD_{50} 雌大鼠急性经口：1.05g/kg。一般试剂含量≥99.0%（GC）。

注意事项 该品易燃。吸入、经口或与皮肤接触有害。具有腐蚀性，能引起烧伤。使用时应穿适当的防护服。使用时应避免吸入本品的蒸气。使用时如有事故发生或有不适之感，应请医生诊治。应密封于干燥处保存。

主要用途 测定金、铜、锌、树脂、蜡类。多种染料的溶剂。

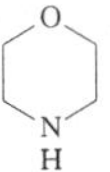

4-Morpholineethanesulfonic acid 4-吗啉乙烷磺酸 06919

[4432-31-9] $C_6H_{13}NO_4S$ 195.23

成分 C 36.91%，H 6.71%，N 7.17%，O 32.78%，S 16.42%。

别名 2-（*N*-吗啉基）乙烷磺酸；MES; 2-(4-Morpholino) ethyl sulfonate; 2-(*N*-Morpholino) ethanesulfonic acid

M. I. 15，5972

性状 来自乙醇/水中的无色结晶，pK_{a1} 1.99，pK_{a2} 6.21。>300℃分解。生化试剂含量≥99.0%。

注意事项 该品对眼睛、呼吸系统及皮肤有刺激性。使用时应穿适当的防护服。使用时应避免吸入本品的粉尘，避免与眼睛及皮肤接触。万一接触到眼睛，应立即用大量水冲洗后请医生诊治。

主要用途 生物缓冲剂。

3-(*N*-Morpholino) propanesulfonic acid 06920

3-(*N*-吗啉代)丙烷磺酸

[1132-61-2] $C_7H_{15}NO_4S$ 209.26

成分 C 40.18%，H 7.23%，N 6.69%，O 30.58%，S 15.32%。

别名 3-（*N*-吗啡啉代）丙烷磺酸；4-吗啉丙烷磺酸；MOPS; 4-Morpholinepropanesulfonic acid; *N*-(3-Sulfopropyl) morpholine

M. I. 15，6352

性状 白色粉末。易溶于水。pK_a 7.15；pK_{a2}（25℃）：7.184，（37℃）：7.041。mp 283.5～284.5℃；Fp 230℉（110℃）。一般试剂含量≥98.0%（T）。

注意事项 该品对眼睛、呼吸系统及皮肤有刺激性。使用时应穿适当的防防服。使用时应避免吸入本品的粉尘，避免与眼睛及皮肤接触。万一接触到眼睛，应立即用大量水冲洗后请医诊治。

主要用途 生物缓冲剂。

Mosapramine dihydrochloride

莫沙帕明 二盐酸盐 06921

[98043-60-8] $C_{28}H_{37}Cl_3N_4O$ 551.98

成分 C 60.93%，H 6.76%，Cl 19.27%，N 10.15%，O 2.90%。

别名 盐酸莫沙帕明；二盐酸莫沙帕明；Y-516; Cremin; 1′-[3-(3-Chloro-10, 11-dihydro-5*H*-dibenz[*b*, *f*]azepin-5-yl) propyl]hexahydrospiro[imidazo[1, 2-*a*]pyridine-3(2*H*), 4′-piperidin]-2-one dihydrochloride; 1′-[3-(3-Chloro-10, 11-dihydro-5*H*-dibenz[*b*, *f*]azepin-5-yl) propyl]-1, 2, 3, 5, 6, 7, 8, 8a-octahydro-2-oxoimidazo[1, 2-*a*]pyridine-3-spiro-4′-piperidine dihydrochloride; 3-Chloro-5-[3-(2-oxo-1, 2, 3, 5, 6, 7, 8, 8a-octahydroimidazo[1, 2-*a*] pyridine-3-spiro-4′-piperidino) propyl]-10, 11-dihydro-5*H*-dibenz[*b*, *f*]azepine dihydrochloride; Clospipramine dihydrochloride

M. I. 15，6363

性状 白色结晶。mp 271℃。LD_{50} 雄，雌小鼠急性经口（mg/kg）：1008，1293；腹膜内注射（mg/kg）：76，116；皮下注射（mg/kg）：1147，1264。

主要用途 医用精神抑制剂。

Mosapride citrate 莫沙必利 柠檬酸盐 06922

[112885-42-4]　$C_{27}H_{33}ClFN_3O_{10}$　614.02

成分　C 52.82%，H 5.42%，Cl 5.77%，F 3.09%，N 6.84%，O 26.06%。

别名　柠檬酸莫沙必利；枸橼酸莫沙必利；莫沙必利；枸橼酸盐；AS-4370；Gasmotin；4-Amino-5-chloro-2-ethoxy-*N*-[[4-[(4-fluorophenyl)methyl]-2-morpholinyl]methyl]benzamide citrate；(±)-4-Amino-5-chloro-2-ethoxy-*N*-[[4-(4-fluorobenzyl)-2-morpholinyl]methyl]benzamide citrate

M. I. 15，6364

性状　来自乙酸中的无色结晶。易溶于冰乙酸，微溶于乙醇，几乎不溶于水、三氯甲烷。mp 143～145℃。LD_{50} 雄、雌小鼠，雄、雌大鼠急性经口（mg/kg）：＞3000、＞3000，＞3000、1905；腹膜内注射（mg/kg）：＞1000、914，＞1000、＞1000；皮下注射：全部＞1000mg/kg。雄，雌狗急性经口：全部＞400mg/kg。生化试剂含量≥99.0%。

主要用途　医用胃（前）动力剂。

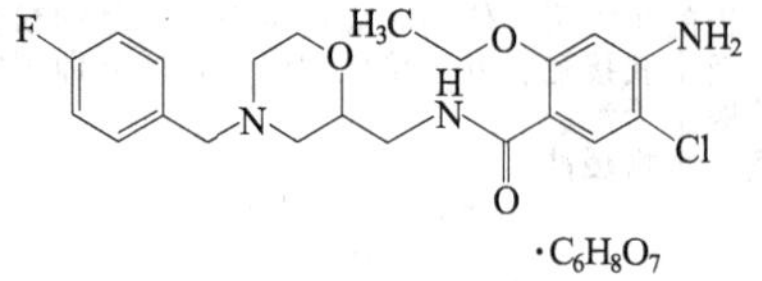

·$C_6H_8O_7$

Mosher's reagent　莫氏尔试剂　06923

[81655-41-6][(R)-(+)-型 20445-31-2][(S)-(-)-型 17257-71-5]　$C_{10}H_9F_3O_3$　234.17

成分　C 51.29%，H 3.87%，F 24.34%，O 20.50%。

别名　α-甲氧基-α-（三氟甲基）苯乙酸；莫氏尔酸；α-Methoxy-α-(trifluoromethyl) benzeneacetic acid；(±)-Mosher's acid；MTPA；2-Methoxy-2-(trifluoromethyl)phenylacetic acid

M. I. 15，6365

性状　(*R*)-(+)-型 [20445-31-2] $bp_{1.5}$ 116～118℃/200Pa；$[\alpha]_D^{25}$ +68.5°±1.3°（c=1.49，于甲醇中）。(S)-(-)-型 [17257-71-5] $bp_{1.5}$ 115～117℃/200Pa；$[\alpha]_D^{24}$ −71.8°±0.6°（c=3.28，于甲醇中）。

注意事项　该品对眼睛、呼吸系统及皮肤有刺激性。使用时应穿适当的防护服。万一接触到眼睛，应立即用大量水冲洗后请医生诊治。

主要用途　用于醇类及胺类对映体的主量的分辨。

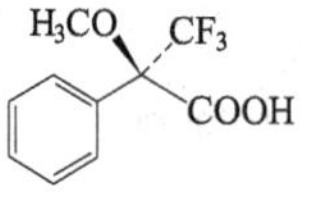

(*R*)-(+)-型

Motility test medium (semisolid)

动力培养基（半固体）　06924

别名　半固体动力培养基

性状　近白色粉末。由琼脂（5g/L）、氯化钠（5g/L）、胰蛋白胨（10g/L）组成。

注意事项　该品应密封于2～8℃保存。

主要用途　生化试剂。医用，用于动力观察、菌种保存，H抗原位相变异试验等。

Motretinide　莫维A胺　06925

[56281-36-8]　$C_{23}H_{31}NO_2$　353.51

成分　C 78.15%，H 8.84%，N 3.96%，O 9.05%。

别名　毛替垂尼；(2*E*,4*E*,6*E*,8*E*)-*N*-Ethyl-9-(4-methoxy-2,3,6-trimethylphenyl)-3,7-dimethyl-2,4,6,8-nonatetraenamide；9-(4-Methoxy-2,3,6-trimethylphenyl)-3,7-dimethylnona-2,4,6,8-tetraen-1-oic acid ethyl amide；Ro-11-1430；Tasmaderm

M. I. 15，6370

性状　来自乙醇中的无色结晶。mp 179～180℃。

主要用途　医用抗痤疮剂。

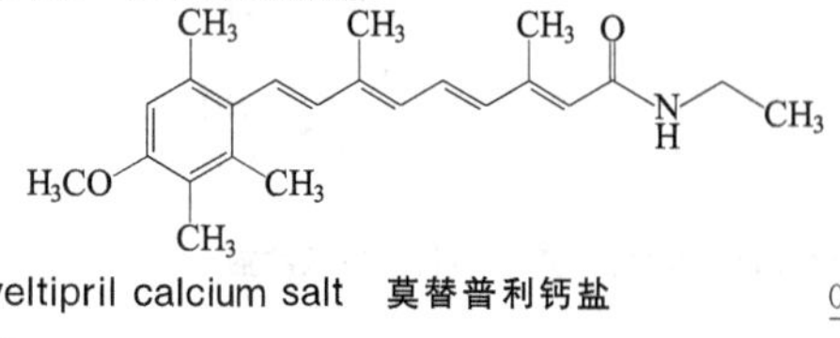

Moveltipril calcium salt　莫替普利钙盐　06926

[85921-53-5]　$C_{38}H_{58}CaN_4O_{10}S_2$　835.10

成分　C 54.65%，H 7.00%，Ca 4.80%，N 6.71%，O 19.16%，S 7.68%。

别名　莫维替普利钙盐；莫维普利钙盐；MC-838；Lowpres；*N*-Cyclohexylcarbonyl-D-alanyl -(2*S*)-3- mercapto-2-methylpropanoyl-L-proline calcium salt；*N*-[3-(*N*-Cyclohexanecarbonyl-D-alanylthio)-2-methylpropanoyl]-L-proline calcium salt；(-)-*N*-[(S)-[3-(*N*-Cyclohexylcarbonyl-D-alanyl)thio-2-methylpropionyl]-L-proline calcium salt；Altiopril

M. I. 15，6371

性状　近白色粉末。味苦。易溶于水、甲醇，溶于乙醇、氯仿，几乎不溶于丙酮、乙酸乙酯。其10%水溶液pH值5.5～6.5。其水溶液及粉末在室温稳定。mp 约190℃；$[\alpha]_D^{20}$ −48°～−52°（c=1，于甲醇中）。LD_{50} 雄、雌小鼠，雄、雌大鼠急性经口：全部＞10.0g/kg；腹膜内注射（mg/kg）：2.1、2.3，1.3、1.3；皮下注射（mg/kg）：3.0、3.8、3.4、3.9。雄，雌狗经口（mg/kg）：＞6.0，＞6.0。

主要用途　医用抗高血压剂。

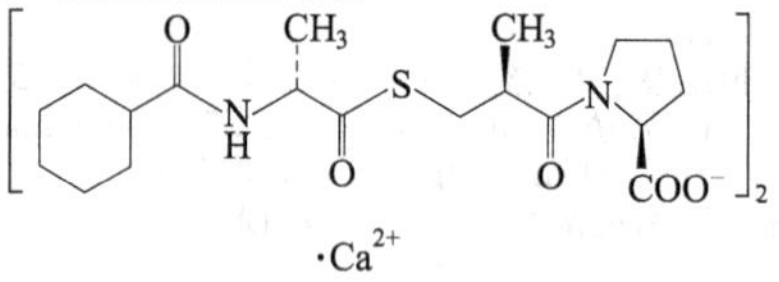

·Ca^{2+}

Moxalactam disodium salt　艾内酰胺二钠盐　06927

[64953-12-4]　$C_{20}H_{18}N_6Na_2O_9S$　564.44

成分　C 42.56%，H 3.21%，N 14.89%，Na 8.15%，O 25.51%，S 5.68%。

别名　艾内酰胺钠盐；LY-12735；S-6059；Festamoxin；Moxalacam；Moxam；Shiomarin；7-[Carboxy(4-hydroxyphenyl)acetyl] amino-7-methoxy-3-[(1-methyl-1*H*-tetrazol-5-yl) thio] methyl-8-oxo-5-oxa-1-azabicyclo [4.2.0] oct-2-ene-2-carboxylic acid disodium salt；*N*-[(6*R*,7*R*)-2-Carboxy-7-methoxy-3-[(1-methyl-1*H*-tetrazol-5-yl) thio] methyl-8-oxo-5-oxa-1-azabicyclo [4.2.0]oct-2-en-7-yl]-2-(*p*-hydroxyphenyl)malonamic acid disodium salt；7β-[2-Carboxy-2-(4-hydroxyphenyl) acetamido]-7α-methoxy-3-[(1-methyl-1*H*-tetrazol-5-yl) thio] methyl-1-oxa-1-dethia-3-cephem-4-carboxylic acid disodium salt；Lamoxactam disodium salt；Latamoxef disodium salt

M. I. 15，6372

性状　无色至微黄色结晶性粉末。溶于水。$[\alpha]_D^{22}$ −45°（于水中）；uv max（水中）：270nm（ε 12000）。生化试剂为异构体的混合物。水（KFT）≤3%；溶解度（0.05g溶于1mL水）：澄清，暗黄色。

注意事项　该品吸入或接触皮肤可引起过敏。使用时应穿适当的防护服和戴手套。使用时应避免吸入本品的粉尘。万一接触到眼睛，应立即用大量水冲洗后请医生诊治。使用时如有事故发生或有不适之感，应请医生诊治。应密封于2～8℃保存。

主要用途　生化研究。医用抗菌剂。

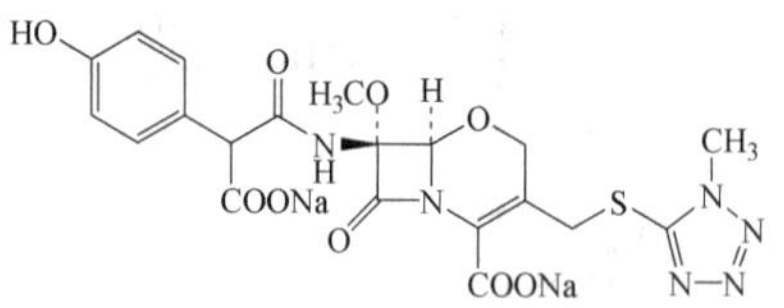

Moxaverine hydrochloride　莫沙维林 盐酸盐　06928

[1163-37-7]　$C_{20}H_{22}ClNO_2$　343.85

成分　C 69.86%，H 6.45%，Cl 10.31%，N 4.07%，O 9.31%。

别名　盐酸莫沙维林；盐酸去甲氧罂粟碱；去甲氧罂粟碱盐酸盐；1-苄基-3-乙基-6,7-二甲氧基异喹啉 盐酸盐；Eupaverin；Eupaverina；Kollateral；3-Ethyl-6,7-dimethoxy1(phenylmethyl) isoquinoline hydrochloride；1-Benzyl-3-ethyl-6,7-dimethoxyisoquinoline hydrochloride

M. I. 15，6374

性状　来自乙醇中的无色结晶。溶于热水、热乙醇及多种别的有机溶剂，极微溶于冷水。mp 208～210℃（分解）。

主要用途　医用抗痉挛剂。

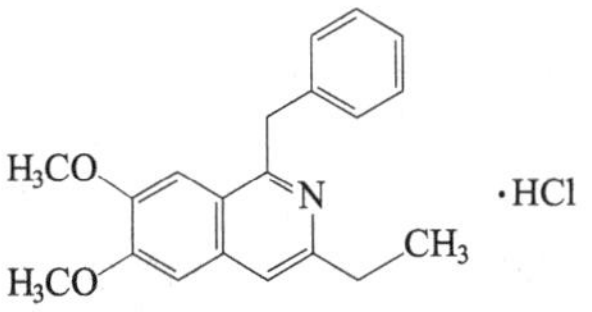

$\cdot HCl$

Moxestrol 莫克雌醇 06929

[34816-55-22] $C_{21}H_{26}O_3$ 326.44

成分 C 77.27%,H 8.03%,O 14.70%。

别名 11β-甲氧基-17α-乙炔基雌二醇;甲氧基降孕三烯炔二醇;(11β,17α)-11-Methoxy-19-nor-17-pregna-1,3,5(10)-trien-20-yne-3,17-diol;3,17-Dihydroxy-11β-methoxy-19-nor-17α-pregna-1,3,5-triene-20-yne;17α-Ethynyl-11β-methoxyestra-1,3,5(10)-triene-3,17β-diol;11β-Methoxy-17α-ethynyl-$\Delta^{1,3,5(10)}$-estratriene-3,17β-diol;11β-Methoxy-17α-ethynylestradiol;R-2858;Surestryl

M. I. 15, 6375

性状 无色结晶。mp 280℃;$[\alpha]_D^{20}+29°$ ($c=0.6$,于乙醇中);uv max (乙醇中):280nm ($E_{1cm}^{1\%}$ 58.4)。

主要用途 医用雌激素。

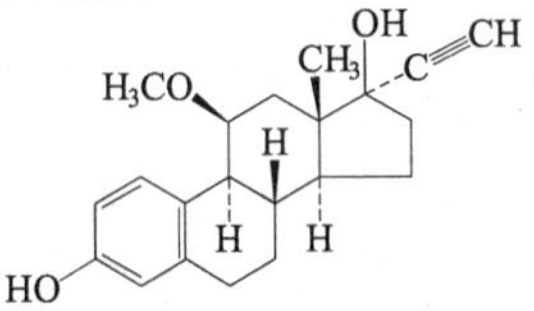

Moxifloxacin hydrochloride 莫西沙星 盐酸盐 06930

[186826-86-8] $C_{21}H_{24}FN_3O_4 \cdot HCl$ $C_{21}H_{25}ClFN_3O_4$ 437.90

成分 C 57.60%, H 5.74%, Cl 8.10%, F 4.34%, N 9.60%, O 14.61%。

别名 盐酸莫西沙星;Bay-12-8039;Actira;Avalox;Avelox;Izilox;Moxiviy;1-Cyclopropyl-6-fluoro-1,4-dihydro-8-methoxy-7-[(4aS,7aS)-octahydro-6*H*-pyrrolo[3,4-*b*]pyridin-6-yl]-4-oxo-3-quinolinecarboxylic acid hydrochloride;Octegra;Proflox;Vigamox

M. I. 15, 6377

性状 微黄至黄色结晶性粉末。mp 324~325℃(分解);$[\alpha]_D^{25}-256°$ ($c=0.5$,于水中)。生化试剂含量≥99.0%(HPLC)。

注意事项 该品口服有害。对机体有不可逆损伤的危险。使用时应穿适当的防护服和戴手套。

主要用途 医用抗菌剂。

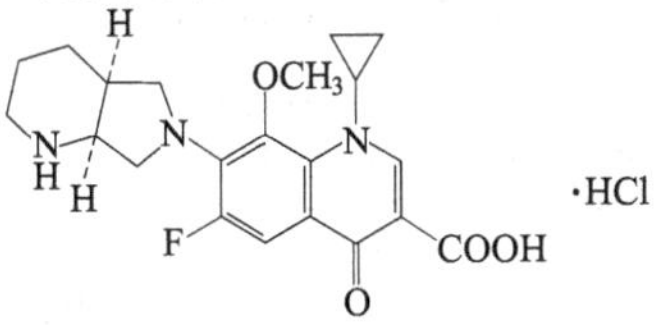

$\cdot HCl$

Moxisylyte hydrochloride 百里胺 盐酸盐 06931

[964-52-3] $C_{16}H_{26}ClNO_3$ 315.84

成分 C 60.85%, H 8.30%, Cl 11.22%, N 4.43%, O 15.20%。

别名 盐酸百里胺;6-乙酰氧基百里酚 2-(二甲氨基)乙基乙醚盐酸盐;4-[2-(二甲氨基)乙氧基]-2-甲基-5-(1-甲基乙基)酚乙酸酯 盐酸盐;Arlitene;Erecnos;Icavex;Moxyl;Opilon;Uroalpha;Vasoklin;4-[2-(Dimethylamino)ethoxy]-2-methyl-5-(1-methylethyl)phenol acetate(ester) hydrochloride;5-(2-Dimethylaminoethoxy) carvacrol acetate;6-Acetoxythymol 2-(dimethylamino) ethyl ether hydrochloride;(6-Acetoxythymoxy) ethyldimethylamine;4-(2-Dimethylaminoethoxy)-5-isopropyl-2-methylphenyl acetate hydrochloride;Thymoxamine hydrochloride

M. I. 15, 6378

性状 来自乙酸乙酯/甲醇中的针状结晶或粉末。溶于水、乙醇、氯仿,不溶于乙醚。mp 208~210℃。LD_{50}小鼠,大鼠急性经口 (mg/kg):265±19,740±51;皮下注射 (mg/kg):200±15,190±19。生化试剂含量≥99.0%(TLC)。

注意事项 该品吸入、口服或与皮肤接触有害。使用时应穿适当的防护服。

主要用途 生化研究。医用末梢血管舒张剂,肾上腺素能阻断剂。

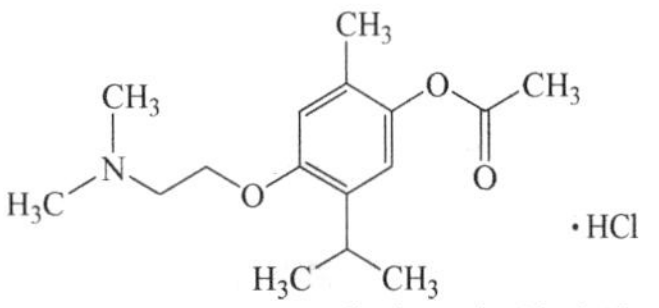

$\cdot HCl$

Moxonidine hydrochloride 莫索尼定 盐酸盐 06932

[75438-58-3] $C_9H_{13}Cl_2H_5O$ 278.14

成分 C 38.86%, H 4.71%, Cl 25.49%, N 25.18%, O 5.75%。

别名 盐酸莫索尼定;美迪尔舒;4-氯-6-甲氧基-2-甲基-5-(2-咪唑啉-2-基)氨基嘧啶 盐酸盐;奥一定;4-Chloro-*N*-(4,5-dihydro-1*H*-imidazol-2-yl)-6-methoxy-2-methyl-5-pyrimidinamine hydrochloride;4-Chloro-6-methoxy-2-methyl-5-(2-imidazolin-2-yl) aminopyrimidine hydrochloride;BDF-5895 hydrochloride;Cyn hydrochloride;Physiotens hydrochloride

M. I. 15, 6379

性状 来自异丙醇/乙醚中的无色结晶。mp 189℃。生化试剂含量≥98.0%。

注意事项 该品应密封于干燥处保存。

主要用途 医用抗高血压剂

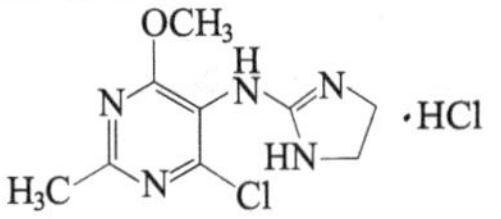

$\cdot HCl$

Mucic acid 黏酸 06933

[526-99-8] $C_6H_{10}O_8$ 210.14

成分 C 34.29%, H 4.80%, O 60.91%。

别名 己四醇二酸;四羟基己二酸;半乳糖二酸;乳糖酸;黏液酸;Galactaric acid;Galactosaccharic acid;Saccharolactic acid;Schleimsäure;Tetrahydroxyadipic acid;Tetrahydroxyhexanedioic acid

M. I. 15, 4361

性状 无色棱柱状结晶或白色结晶性粉末。溶于碱溶液,溶于300份冷水、60份沸水,几乎不溶于乙醇、乙醚。约225℃分解。一般试剂含量≥96.0%(T)。

注意事项 使用时应避免吸入本品的粉尘,避免与眼睛及皮肤接触。

主要用途 生化研究。金属螯合剂。

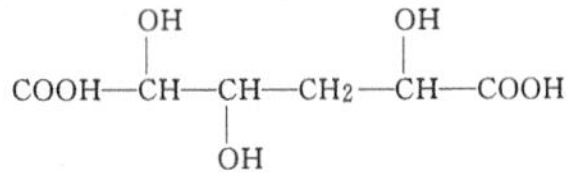

COOH—CH(OH)—CH(OH)—CH₂—CH(OH)—COOH

Mucin (bovine submaxillary glands)

黏蛋白(牛颌下腺) 06934

[84195-52-8] Mr 约 400000

别名 黏朊;胃黏液素;黏液蛋白质;黏液素;Mucins;Mucoitin;Mucoprotein

M. I. 15, 6382

性状 浅黄色至浅灰色粉末或微小颗粒。微有蛋白胨气味。遇水胀成黏浆,为胶态溶液。溶于水,有黏性。通常溶于稀碱,不溶于乙酸。

注意事项 该品应充氩气密封于-20℃保存。

主要用途 生化研究。

Mucochloric acid 黏氯酸 06935

[87-56-9] $C_4H_2Cl_2O_3$ 168.96

成分 C 28.44%, H 1.19%, Cl 41.96%, O 28.41%。

别名 二氯代丁烯醛酸;糠氯酸;2,3-Dichloromalealdehydic acid;α,β-Dichloro-β-formylacrylic acid;2,3-Dichloromaleic aldehyde acid;2,3-Dichloro-4-oxo-2-butenoic acid

GW 2015-544 M. I. 15, 6383

性状 来自乙醚和石油醚中的无色或白色单斜棱柱体结晶。溶于热水、乙醇、热苯,微溶于冷水。mp 127℃;Fp>212℉(100℃)。LD_{50}大鼠急性经口:0.5~1g/kg;腹膜内注射:10~25mg/kg。一般试剂含量≥99.0%。

注意事项 该品经口有毒。具有腐蚀性,能引起烧伤。能造成不可逆的危害。使用时应穿适当的防护服,戴手套和防护镜或面罩。使用时禁止饮食。万一接触到眼睛,应立即用大量水冲洗后请医生诊治。使用时如有事故发生或有不适之感,应请医生诊治。应防止将本品释放于环境中。

主要用途 有机合成。

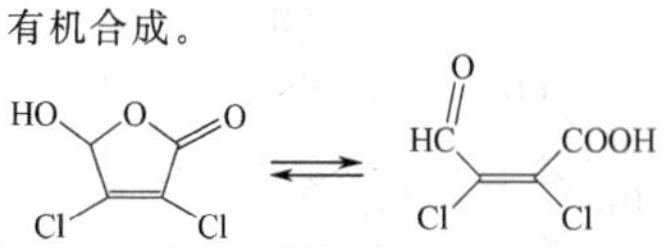

Mucochloric anhydride 黏氯酸酐 06936

[4412-09-3] $C_8H_2Cl_4O_5$ 319.90

成分 C 30.04%，H 0.63%，Cl 44.33%，O 25.01%。

别名 二氯马来醛酸酐；二氯代丁烯醛酸酐；5,5′-Oxybis[3,4-dichloro-2(5*H*)-furanone]；Bis[3,4-dichloro-2(5)-furanonyl]ether；GC-2466

M. I. 15，6384

性状 来自苯十二氧六环中的无色结晶。溶于多数有机溶剂，如丙酮、二甲苯、环己酮，甲基萘等，不溶于水。α-型异构体（外消旋）mp 141～143℃；β 型异构体（内消旋）mp 180℃。

主要用途 杀菌剂。

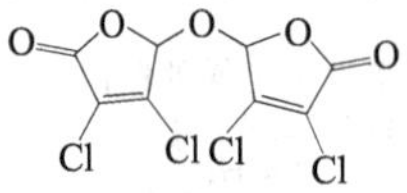

trans-Muconic acid 反式-黏康酸 06937

[3588-17-8] $C_6H_6O_4$ 142.11

成分 C 50.71%，H 4.26%，O 45.03%。

别名 反式，反式-2,4-己二烯-1,6-二酸；反式 1,3-丁二烯-1,4-二羧酸；反式己二烯二酸；黏康酸 反式；*trans*, *trans*-1, 3-Butadiene-1, 4-dicarboxylic acid；*trans*, *trans*-2, 4-Hexadiene-1,6-dioic acid

M. I. 15，6385

性状 来自水中的无色棱柱体结晶。1g 该品溶于 5L 水（15℃），溶于热乙醇、冰乙酸。mp 301℃；bp 320℃。uv max（于 0.1mol/L 氢氧化钠溶液中）：251nm，259nm，264nm（ε 25600，29100，25600）。一般试剂含量≥97.0%（GC）。

注意事项 该品对眼睛、呼吸系统及皮肤有刺激性。使用时应穿适当的防护服。使用时应避免吸入本品的粉尘，避免与眼睛及皮肤接触。万一接触到眼睛，应立即用大量水冲洗后请医生诊治。

主要用途 有机合成。

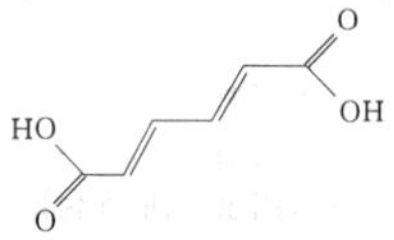

Mupirocin 莫匹罗星 06938

[12650-69-0] $C_{26}H_{44}O_9$ 500.63

成分 C 62.38%，H 8.86%，O 28.76%。

别名 百多邦；(2*E*)-5, 9-Anhydro-2, 3, 4, 8-tetradeoxy-8-[(2*S*,3*S*)-3-[(1*S*,2*S*)-2-hydroxy-1-methyl propyl]oxiranyl]methyl-3-methyl-L-*talo*-non-2-enonic acid, 8-carboxyoctyl ester；Pseudomonic acid A；*trans*-Pseudomonicacid；BRL-4910A；Bactoderm；Bactroban；Turixin

M. I. 15，6388

性状 来自乙醚中的无色结晶。易溶于丙酮、氯仿、无水乙醇、甲醇，微溶于乙醚，极微溶于水。mp 77～78℃；$[\alpha]_D^{20}$ −19.3°（c＝1，于甲醇中）；uv max（乙醇中）：222nm（ε 14500）。

主要用途 医用、兽用局部抗菌剂。

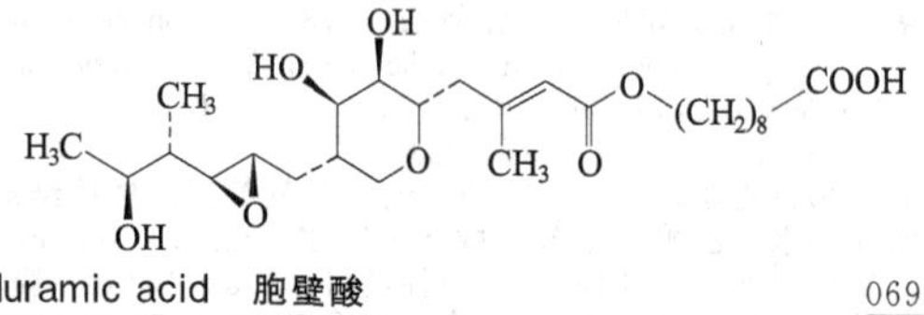

Muramic acid 胞壁酸 06939

[1114-41-6] $C_9H_{17}NO_7$ 251.24

成分 C 43.03%，H 6.82%，N 5.58%，O 44.58%。

别名 2-氨基-3-*O*-（1-羧乙基）-2-脱氧-D-葡糖；2-葡糖胺-3-乳酸醚；(*R*)-2-Amino-3-*O*-(1-carboxyethyl)-2-deoxy-D-glucose；2-Amino-3-*O*-(D-1′-carboxyethyl)-2-deoxy-D-glucose；3-*O*-α-Carboxyethyl-D-glucosamine

M. I. 15，6389

性状 来自水中的无色结晶。溶于水。mp 152～154℃（分解）；$[\alpha]_D^{25}$ +103°（c＝2.6，于水中）。亦有报道为来自 90%乙醇中的结晶。mp 160～162℃（分解）；$[\alpha]_D^{22}$ +146°→116°（31h）（c＝0.57，于水中）。生化试剂含量≥95.0%。

注意事项 使用时应避免吸入本品的粉尘，避免与眼睛及皮肤接触。应充氩气密封于−20℃干燥保存。

主要用途 生化研究。

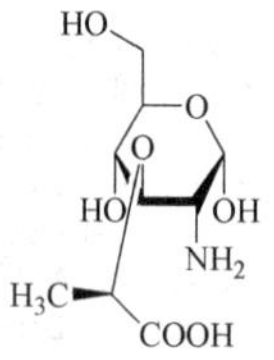

Murexide 紫脲酸铵 06940

[3051-09-0] $C_8H_8N_6O_6$ 284.19

成分 C 33.81%，H 2.84%，N 29.57%，O 33.78%。

别名 红紫酸铵；氨基紫色酸；骨螺紫；Acid ammonium purpurate；Ammonium purpurate；5-(Hexahydro-2,4,6-trioxo-5-pyrimidinyl)imino-2,4,6(1*H*,3*H*,5*H*)-pyrimidinetrione monoammonium salt；5,5′-Nitrilodibarbituric acid monoammonium salt

M. I. 15,6391

性状 带有绿色金属光泽的紫红色结晶。略微溶于冷水，较多地溶于热水，溶液呈深紫色；溶于氢氧化钠溶液，溶液呈深蓝色。几乎不溶于乙醇、乙醚。于水中最大吸收值：520nm。mp＞300℃。

注意事项 该品使用时应避免吸入其粉尘，避免与眼睛及皮肤接触。应密封避光保存。

主要用途 络合指示剂，如钙、镁、钴、铜、锰、镍、钪、锌等的测定。检验尿酸、黄嘌呤。

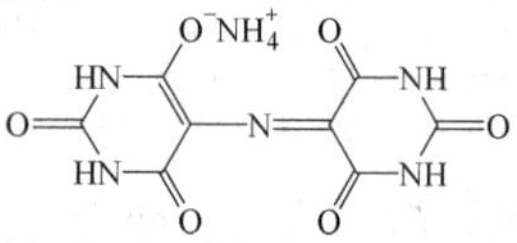

Murexine chloride hydrochloride 尿利酰胆碱 06941

[6032-82-2] $C_{11}H_{19}Cl_2N_3O_2$ 296.19

成分 C 44.61%，H 6.47%，Cl 23.94%，N 14.19%，O 10.80%。

别名 β-(4-异咪唑基)丙烯胆碱；骨螺毒素；2-[3-(1*H*-Imidazol-4-yl)-1-oxo-2-propenyl]oxy-*N*,*N*,*N*-trimethylethanaminium；β-(4-Imidazolyl)acrylcholine；Urocanylcholine

M. I. 15，6392

性状 无色细小结晶性粉末。易吸潮。mp 219～221℃（分解）；uv max（pH 值 4.5）：280～282nm。

主要用途 生化研究

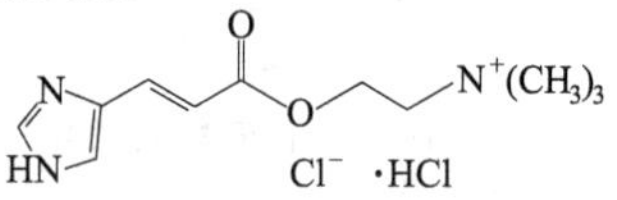

Muscimol 蝇蕈醇 06942

[2763-96-4] $C_4H_6N_2O_2$ 114.10

成分 C 42.11%，H 5.30%，N 24.55%，O 28.04%。

别名 5-氨甲基-3(2*H*)-异噁唑酮；5-氨甲苯-3-羟基异噁唑；3-羟基-5-氨甲基异噁唑；5-Aminomethyl-3(2*H*)-isoxazolone；5-Aminomethyl-3-isoxazolol；5-Aminomethyl-3-hydroxyisoxazole；3-Hydroxy-5-aminomethylisoxazole；Agarin；Pantherine

GW 2015-26 M. I. 15,6397

性状 无色结晶或白色结晶性粉末。易吸湿。mp 175℃（分解）。LD_{50} 小鼠皮下注射：3.8mg/kg，腹膜内注射：2.5mg/kg；大鼠静脉注射：4.5mg/kg，急性经口：45mg/kg。生化试剂含量≥98.0%(TLC)。

注意事项 该品口服有毒。使用时应穿适当的防护服，戴手套和防护镜或面罩。使用时应避免吸入本品的粉尘。如有事故发生或不适之感，应请医生诊治。应充氩气密封干燥保存。

主要用途 生化研究。

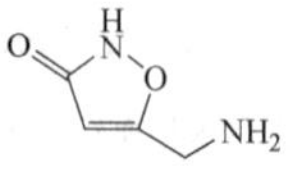

Muscone 麝香酮 06943

[10403-00-6] $C_{16}H_{30}O$ 238.42

成分 C 80.60%，H 12.68%，O 6.71%。

别名 人工麝香；3-甲基环十五烷酮；(3*R*)-3-Methylcyclopentadecanone；Muskone；(−)-Methylexaltone

M. I. 15，6398

性状 无色油状液体。有麝香气味。能与乙醇相混溶，极微溶于水。bp 328℃；$bp_{0.5}$130℃/66.7Pa；d_4^{17} 0.9221；n_D^{17} 1.4802；$[\alpha]_D^{17}$ −13°。

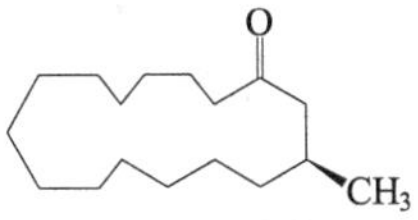

Mycelianamide 菌丝胺 06944

[22775-52-6] $C_{22}H_{28}N_2O_5$ 400.48

成分 C 65.98%，H 7.05%，N 7.00%，O 19.97%。

别名 菌丝酰胺；(6*S*)-3-[4-[[(2*E*)-3,7-Dimethyl-2,6-octadienyl]oxy]phenyl]methylene-1,4-dihydroxy-6-methyl-2,5-piperazinedione

M. I. 15，6404

性状 来自乙酸乙酯中的无色结晶。呈弱碱性。易溶于丙酮、二氧六环，略微溶于别的有机溶剂，溶于碳酸钠水溶液，但不溶于碳酸氢钠水溶液。能被酸或碱快速分解。170～172℃分解；$[\alpha]_{546}^{19}$ −217°；$[\alpha]_{579}^{19}$ −182°。

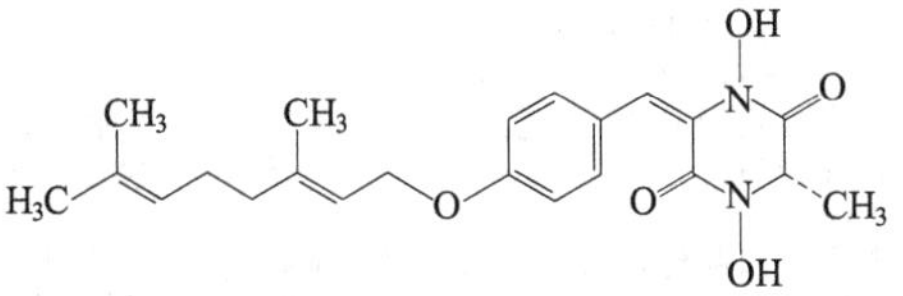

Myclobutanil 腈菌唑 06945

[88671-89-0] $C_{15}H_{17}ClN_4$ 288.78

成分 C 62.39%，H 5.93%，Cl 12.28%，N 19.40%。

别名 α-丁基-α-(4-氯苯基)-1*H*-1,2,4-三唑-1-丙腈；2-(4-氯苯基)-2-(1*H*-1,2,4-三唑-1-基甲基)己腈；α-Butyl-α-(4-chlorophenyl)-1*H*-1,2,4-triazole-1-propanenitrile；2-(4-Chlorophenyl)-2-(1*H*-1,2,4-triazol-1-ylmethyl)hexanenitrile；RH-3866；Nova；Rally；Systhane

M. I. 15，6406

性状 亮黄色结晶。溶于通常的有机溶剂，如酮类、酯类、醇类、芳香烃类，极微溶于水（25℃，142×10^{-6}），不溶于脂肪烃类。mp 63～68℃；bp_1 202～208℃/133.322Pa。LD_{50}雄，雌大鼠急性经口（mg/kg）：1600，2229；兔皮肤接触：7500mg/kg。

注意事项 该品经口有害。能危害胎儿。对眼睛有刺激性。对水生物有毒。能对水环境引起长期不良的影响。使用时应穿适当的防护服和戴手套。如误服本品，应立即就医，并出示瓶签或容器。应防止将本品释放于环境中。

主要用途 农业用杀菌剂。分析用标准物。

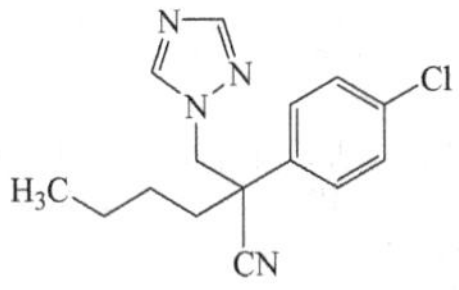

Mycobacidin 杀分支菌素 06946

[539-35-5] $C_9H_{15}NO_3S$ 217.28

成分 C 49.75%，H 6.96%，N 6.45%，O 22.09%，S 14.76%。

别名 杀分支菌酸；放线噻唑酸；4-Oxo-2-thiazolidinehexanoic acid；ε-[2-(4-Thiazolidone)]hexanoic acid；4-Thiazolidone-2-caproic acid；2-(5-Carboxypentyl)-4-thiazolidone；Cinnamonin；Actithiazic acid；Acidomycin

M. I. 15，6407

性状 *l*-型为来自水、乙醇或乙酸乙酯中的无色针状结晶。溶于水、丙酮、乙醇、二氯乙烷、冰乙酸。其水溶液在室温及宽pH值范围中稳定。在稀碱中能很快地失去旋光性而成为外消旋体。p*K* 5.1；mp 139～140℃；$[\alpha]_D^{25}$ −54°（*c*=1，于甲醇中）；$[\alpha]_D^{25}$ −60°（*c*=1，于乙醇中）。LD_{50}小鼠静脉注射：3.5g/kg；皮下注射 2g/kg。

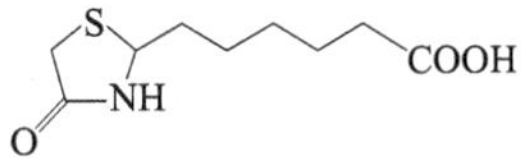

Mycophenolic acid 霉酚酸 06947

[24280-93-1] $C_{17}H_{20}O_6$ 320.34

成分 C 63.74%，H 6.29%，O 29.97%。

别名 (4*E*)-6-(1,3-Dihydro-4-hydroxy-6-methoxy-7-methyl-3-oxo-5-isobenzofuranyl)-4-methyl-4-hexenoic acid；6-(4-Hydroxy-6-methoxy-7-methyl-3-oxo-5-phthalanyl)-4-methyl-4-hexenoic acid；Melbex

M. I. 15，6412

性状 来自热水中的无色针状结晶。易溶于乙醇，中等程度溶于乙醚、氯仿，略微溶于苯、甲苯，几乎不溶于冷水。pK_a 4.5。mp 141℃。LD_{50}小鼠急性经口：＞1250mg/kg；静脉注射：(972.9±77) mg/kg。生化试剂含量≥98.0%（HPLC）。

注意事项 该品口服有害。应充氩气密封于2～8℃保存。

主要用途 生化研究。抗肿瘤药。

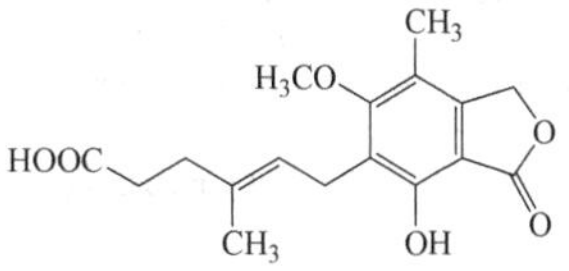

Myokinase from rabbit muscle 肌激酶（兔肌） 06948

[9013-02-9] Mr 约 21000

别名 Adenylatekinase；ATP：AMP phosphotransferase EC 2.7.4.3

性状 微细结晶。一般试剂为该品悬浮于3.2mol/L的硫酸铵溶液中，含0.001mol/L乙二胺四乙酸。pH值6.0。

注意事项 该品应密封于2～8℃保存。

主要用途 促进二磷酸腺苷与三磷酸腺苷与一磷酸腺苷的转换。

β-Myrcene β-月桂烯 06949

[123-35-3] $C_{10}H_{16}$ 136.24

成分 C 88.16%，H 11.84%。

别名 玉桂烯；玉桂萜；2-甲基-6-亚甲基-2,7-辛二烯；7-甲基-3-亚甲基-1,6-辛二烯；香叶油萜；香叶烯；7-Methyl-3-methylene-1,6-octadiene；2-methyl-6-methylene-2,7-octadiene

M. I. 15，6416

性状 无色油状液体。有愉快的气味。溶于乙醇、氯仿、乙醚、冰乙酸，几乎不溶于水。d_4^{20} 0.794；n_D^{20} 1.4709；uv max（乙醇中）：226nm（ε 16100）。一般试剂含量≥95.0%（GC）。

注意事项 该品易燃。对眼睛、呼吸系统及皮肤有刺激性。使用时应穿适当的防护服。使用现场禁止吸烟。万一接触到眼睛，应立即用大量水冲洗后请医生诊治。应远离火种，密封于2～8℃保存。

主要用途 制造化学香料的中间体。

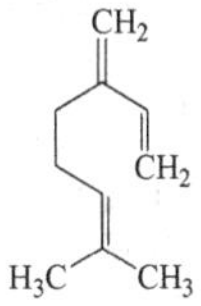

Myricetin 杨梅酮 06950

[529-44-2] $C_{15}H_{10}O_8$ 318.24

成分 C 56.61%，H 3.17%，O 40.22%。

别名 3,3′,4′,5,5′,7-六羟基黄酮；Cannabiscetin；Delphidenolon 1575；3,3′,4′,5,5′,7-Hexahydroxyflavone；3,5,7-Trihydroxy-2-(3,4,5-trihydroxyphenyl)-4*H*-1-benzopyran-4-one

M. I. 15，6417

性状 来自稀乙醇中的淡黄色针状结晶。mp 357℃。uv max（乙醇中）：375nm，255nm。溶于乙醇，略微溶于沸水，几乎不溶于氯仿、乙酸。生化试剂含量≥95.0%（HPLC）。

注意事项 该品应充氩气密封保存。

主要用途 酵母葡萄糖苷酶的强抑制剂。

Myristic acid　十四酸　06951

[544-63-8]　$C_{14}H_{28}O_2$　228.38

成分　C 73.63%，H 12.36%，O 14.01%。

别名　蔻酸；肉豆蔻酸；Tetradecanoic acid；Carboxylic acid C_{14}

M. I. 15，6419

性状　来自甲醇中的无色结晶或固体。无气味。溶于乙醇、乙醚、甲醇、氯仿、苯、石油醚，几乎不溶于水。mp 58.5℃；bp_{100} 250.5℃/13.332kPa；bp_{16} 199℃/2.133kPa；bp_4 184℃/533.29Pa；Fp 235℉（113℃）；d_4^{54} 0.8622；d_4^{70} 0.8528；d_4^{90} 0.8394；n_D^{60} 1.4305；n_D^{70} 1.4273；LD_{50}小鼠静脉注射：432.6mg/kg。一般试剂含量≥98.5%（GC）。

注意事项　该品对眼睛、呼吸系统及皮肤有刺激性。使用时应穿适当的防护服和戴手套。万一接触到眼睛，应立即用大量水冲洗后请医生诊治。

主要用途　测定硬水中的钙、镁离子的试剂。香料制备。有机合成。

Myristicin　肉豆蔻醚　06952

[607-91-0]　$C_{11}H_{12}O_3$　192.21

成分　C 68.74%，H 6.29%，O 24.97%。

别名　肉豆蔻油醚；5-烯丙基-1-甲氧基-2,3-(亚甲基二氧)苯；4-Methoxy-6-(2-propenyl)-1,3-benzodioxole；5-Allyl-1-methoxy-2,3-(methylenedioxy)benzene

M. I. 15，6420

性状　无色至微黄色油状液体。bp_{40} 173℃/5.333kPa；d_{20}^{20} 1.1437；n_D^{20} 1.54032。生化试剂含量≥97.0%（GC）。

注意事项　该品对水生物有毒，能对水环境引起不利的结果。使用时应穿适当的防护服和戴手套。应防止将本品释放于环境中。应充氩气密封于 2～8℃保存。

主要用途　生化研究。

Myristoyl chloride　十四酰氯　06953

[112-64-1]　$C_{14}H_{27}ClO$　246.82

成分　C 68.13%，H 11.03%，Cl 14.36%，O 6.48%。

别名　肉豆蔻酰氯；氯化十四酰；Myristic acid chloride；Tetradecanoyl chloride

GW 2015-1961

性状　无色液体。气味缓和。溶于乙醚，遇水、乙醇分解。mp －1℃；bp_{15} 168℃/2kPa；Fp＞230℉（110℃）；d_4^{20} 0.913；n_D^{20} 1.450。一般试剂含量≥99.0（GC）。

注意事项　该品具有腐蚀性，能引起烧伤。对呼吸系统有刺激性。使用时应穿适当的防护服，戴手套和防护镜或面罩。万一接触到眼睛，应立即用大量水冲洗后请医生诊治。使用时如有事故发生或有不适之感，应请医生诊治。应充氩气密封于干燥处保存。

Myristoylcholine chloride　氯化十四酰胆碱　06954

[4277-89-8]　$C_{19}H_{40}ClNO_2$　349.98

成分　C 65.21%，H 11.52%，Cl 10.13%，N 4.00%，O 9.14%。

别名　氯化肉豆蔻酰胆碱；氯化蔻酰胆碱；十四酰氯化胆碱；*N*-(2-Hydroxyethyl) trimethylammonium chloride myristate

性状　白色结晶性粉末。溶于丙酮。生化试剂含量 90%～95%。

注意事项　该品应密封于－20℃保存。

主要用途　病理化学测定胆碱酯酶的底物。

Myxin　堆囊黏菌素　06955

[13925-12-7]　$C_{13}H_{10}N_2O_4$　258.23

成分　C 60.47%，H 3.90%，N 10.85%，O 24.78%。

别名　6-Methoxy-1-phenazinol 5,10-dioxide；1-Hydroxy-6-methoxyphenazine 5,10-dioxide；3C antibiotic

M. I. 15，6425

性状　来自丙酮中的红色针状结晶。mp 120～130℃或 mp 149°（分解）；uv max（0.1mol/L 盐酸中）：383nm，340nm（ε 97000，5400）。LD_{50} 小鼠急性经口：＞2000mg/kg；皮下注射：＞2000mg/kg；腹膜内注射：133mg/kg。

主要用途　兽用抗菌剂，抗真菌剂。

N

Nabam　代森钠　06956

[142-59-6]　$C_4H_6N_2Na_2S_4$　256.33

成分　C 18.74%，H 2.36%，N 10.93%，Na 17.94%，S 50.03%。

别名　1,2-Ethanediylbiscarbamodithioic acid disodium salt；Ethylenebis(dithiocarbamic acid)disodium salt；Disodium ethylenebis(dithiocarbamate)；Dithane D-14；Parzate

GW 2015-2504　M. I. 15，6426

性状　来自乙醇中的无色结晶。中等程度溶于水。LD_{50} 大鼠急性经口：(395±12) mg/kg。一般试剂含量≥95.0%（HPLC）。

注意事项　该品经口有害。对呼吸系统有刺激性。接触皮肤能引起过敏。对水生物极毒。能对水环境引起不利的结果。使用时应避免与眼睛及皮肤接触。应保持容器干燥。如误服本品，应立即请医生检查，并出示本品的容器或标签。应防止将本品释放于环境中。其包装物应按危险品处理。

主要用途　农业用杀菌剂。分析用标准物质。

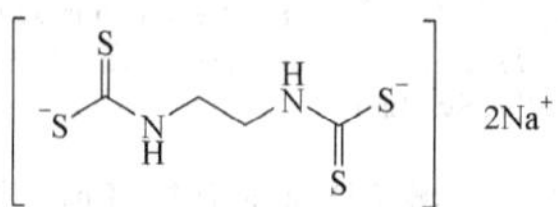

Nabilone　庚苯吡酮　06957

[51022-71-0]　$C_{24}H_{36}O_3$　372.55

成分　C 77.38%，H 9.74%，O 12.88%。

别名　*rel*-(6a*R*,10a*R*)-*rel*-3-(1,1-Di-methylheptyl)-6,6a,7,8,10,10a-hexahydro-1-hydroxy-6,6-dimethyl-9*H*-dibenzo[*b*,*d*]pyran-9-one；LY-109514；Cesamet

M. I. 15，6427

性状　溶于二甲基亚砜（约 18mg/mL），不溶于水。来自乙酸乙酯/己烷中的白色结晶。pK_a（于 66%二甲基甲酰胺中）：13.5；mp 159～160℃；uv max（乙醇中）：207nm，280nm（ε 47000，250）。生化试剂含量＞99.0%（HPLC）。

注意事项　该品口服有害。使用时应穿适当的防护服，戴手套和防护镜或面罩。使用时如有事故发生或有不适之感，应请医生诊治。应密封于 2～8℃保存。

主要用途　医用止吐剂。

Mabumetone　萘丁美酮　06958

[42924-53-8]　$C_{15}H_{16}O_2$　228.29

成分　C 78.92%，H 7.06%，O 14.02%。

别名　萘普酮；瑞力芬；4-(6-Methoxy-2-naphthalenyl)-2-butanone；4-(6-Methoxy-2-naphthyl)-butan-2-one；BRL-14777；Arthaxan；Balmox；Consolan；Nabuser；Relafen；Relifen；Relifex

M. I. 15，6428

性状 来自乙醇中的无色结晶。易溶于丙酮，略微溶于乙醇、甲醇，几乎不溶于水。mp 80℃。

注意事项 该品口服有害。对机体有不可逆损伤的危险。使用时应穿适当的防护服和戴手套。

主要用途 医用抗炎剂，止痛剂。

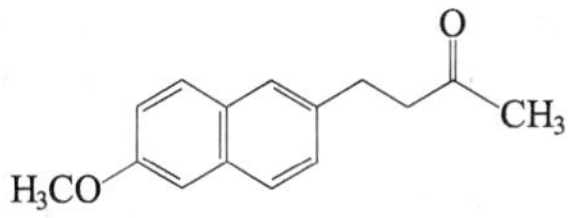

Nadic anhydride 内次甲基四氢苯二甲酸酐 06959

[129-64-6] $C_9H_8O_3$ 164.16

成分 C 65.85%，H 4.91%，O 29.24%。

别名 3,6′-内次甲基-1,2,3,6-四氢邻苯二甲酸酐；5-降冰片烯-2,3-二羧酸酐；NA 酸酐；Carbic anhydride；*endo-cis*-Bicyclo[2.2.1]hept-5-ene-2,3-dicarboxylic anhydride；3,6-Endomethylene-1,2,3,6-tetrahydro-*cis*-phthalic anhydride；3,6-Endomethylene-Δ^4-tetrahydrophthalic anhydride；3,6-*endo*-Methylene-1,2,3,6-tetrahydrophthalic anhydride；*cis-endo*-5-Norbornene-2,3-dicarboxylic anhydride；3a*α*,4,7,7a*α*-Tetrahydro-4*α*,7*α*-methanoisobenzofuran-1,3-dione；NA

M. I. 15，1797

性状 来自石油醚中的无色或白色有光泽的正交结晶。有潮解性。溶于丙酮、苯、甲苯、四氯化碳、氯仿、乙醇、乙酸乙酯，微溶于石油醚。与水反应生成相应的酸。受热升华。mp 164～165℃；*d* 1.417。LD_{50} 大鼠急性经口：3250mg/kg。一般试剂含量≥97.0%。

注意事项 该品对眼睛有严重损伤的危险。吸入或与皮肤接触能引起过敏。使用时应戴手套、防护镜或面罩。使用时应避免吸入本品的粉尘，避免与皮肤接触。万一接触到眼睛，应立即用大量水冲洗后请医生诊治。应密封于干燥处保存。

主要用途 硬化玻璃的固化剂。橡胶软化剂的中间体。塑料、钢丝、搪瓷、树脂等的表面活化剂。杀虫剂。高沸点溶剂。润滑剂合成。纺织整理作渗透剂。环氧树脂固化剂。

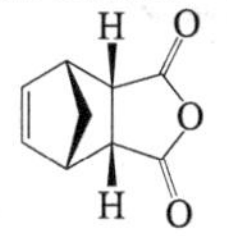

Nadifloxacin 那氟沙星 06960

[124858-35-1] $C_{19}H_{21}FN_2O_4$ 360.39

成分 C 63.32%，H 5.87%，F 5.27%，N 7.77%，O 17.76%。

别名 纳地沙星；那地沙星；9-Fluoro-6,7-dihydro-8-(4-hydroxy-1-piperidinyl)-5-methyl-1-oxo-1*H*,5*H*-benzo[*ij*]quinolizine-2-carboxylic acid；Jinofloxacin；OPC-7251；Acuatim

M. I. 15，6430

性状 来自乙醇-水中的无色棱柱体结晶。mp 245～247℃（分解）。LD_{50} 雄、雌小鼠，雄、雌大鼠静脉注射（mg/kg）：376.5、420.6，225.7、240.5。生化试剂含量≥98.0%。

主要用途 医用局部抗菌剂

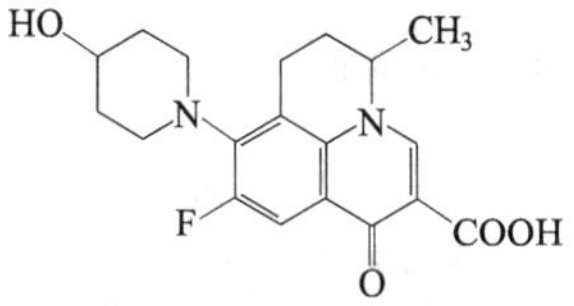

Nadolol 萘羟心安 06961

[42200-33-9] $C_{17}H_{27}NO_4$ 309.41

成分 C 65.99.0%，H 8.80%，N 4.53%，O 20.68%。

别名 1-叔丁基氨基-3-(5,6,7,8-四氢顺式-6,7-二羟基-1-萘基)氧-2-丙醇；5-[3-(1,1-Dimethylethyl)-amino-2-hydroxypropoxy]-1,2,3,4-tetrahydro-2,3-naphthalenediol；1-(*tert*-Butylamino)-3-(5,6,7,8-tetrahydro-*cis*-6,7-dihydroxy-1-naphthyl)oxy-2-propanol；(2*R*,3S)-5-[3-(*tert*-Butylamino)-2-hydroxypropoxy]-1,2,3,4-tetrahydronaphthalene-2,3-diol；2,3-*cis*-1,2,3,4-Tetrahydro-5-[2-hydroxy-3-(*tert*-butylamino) propoxy]-2,3-naphthalenediol；SQ-11725；Corgard；Solgol

M. I. 15，6431

性状 无色或白色结晶性粉末。易溶于乙醇、甲醇、丙二醇，微溶于氯仿、二氯乙烷、异丙醇、水，不溶于丙酮、苯、乙醚、已烷、三氯乙烷。pK_a 9.67。mp 124～136℃；uv max（甲醇中）：270nm，278nm（$E^{1\%}_{1cm}$ 37.5，39.1）。LD_{50}小鼠，大鼠急性经口（mg/kg）：4500，5300。

主要用途 生化研究。医用抗高血压剂，抗咽炎剂。

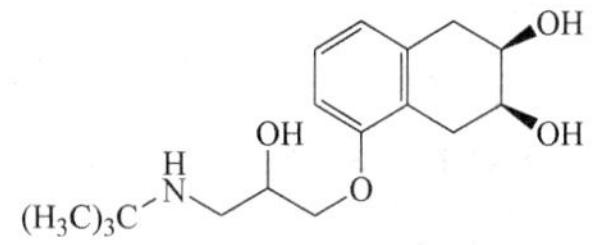

Nafamostat dimethanesulfonate 萘莫司他 二甲烷磺酸盐 06962

[82956-11-4] $C_{21}H_{25}N_5O_8S_2$ 539.58

成分 C 46.75%，H 4.66%，N 12.98%，O 23.72%，S 11.88%。

别名 甲磺酸萘莫司他；二甲烷磺酸萘莫司他；Nafamostat mesylate；FUT-175；Futhan；4-[(Aminoiminomethyl) amino]benzoic acid 6-aminoiminomethyl-2-naphthalenylester dimethanesulfonate；6-Amidino-2-naphthyl-4-guanidinobenzoate dimethanesulfonate；Nafamstat dimethanesulfonate

M. I. 15，6434

性状 来自乙醚中的无色结晶，mp 217～220℃；或来自水中的无色粉末，mp 260℃（分解）。

主要用途 医用蛋白酶抑制剂。

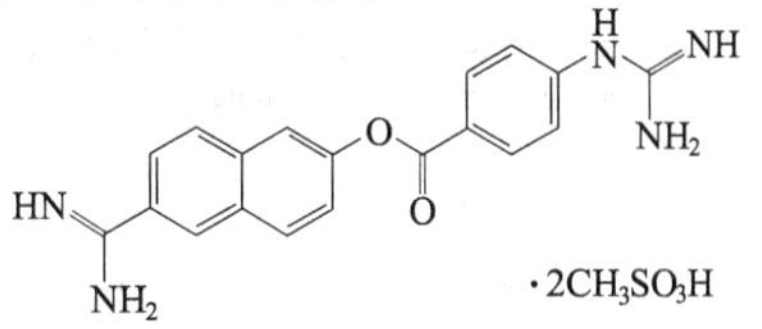

Nafarelin acetate hydrate 乙酸那法瑞林 水合 06963

[86220-42-0][76932-60-0](无水物) $C_{68}H_{87}N_{17}O_{15}\cdot xH_2O$ 1382.55（无水物）

成分（以无水物计） C 59.08%，H 6.34%，N 17.22%，O 17.36。

别名 乙酸萘法林；乙酸萘法瑞林；那法瑞林；乙酸盐；萘法瑞林乙酸盐；6-[3-(2-Naphthalenyl)-D-alanine]luteinizing hormone-releasing factor(pig)acetate hydrate；5-Oxo-L-prolyl-L-histidyl-L-tryptop hyl-L-seryl-L-tyrosyl-3-(2-naphthyl)-D-alanyl-L-leucyl-L-arginyl-L-prolylglycinamide acetate hydrate；[6-[3-(2-Naphthyl)-D-alanine]]LHRH acetate hydrate；D-nal(2)^6-LHRH acetate hydrate；NAG acetate hydrate RS-94991-298；Nasanyl；Synarel；

M. I. 15，6435

性状 白色粉末。mp 188～190℃；$[\alpha]^{25}_{D}$ −27.4°（*c*＝0.9，于乙酸中）。生化试剂含量≥98.0%。

注意事项 该品应密封于 2～8℃保存。

主要用途 医用子宫内膜异位的治疗。

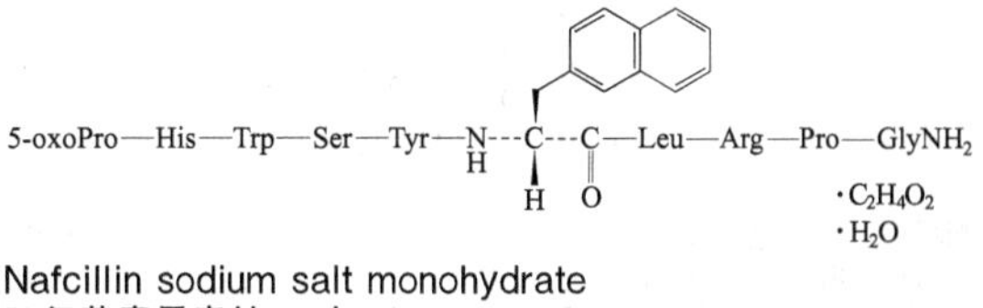

Nafcillin sodium salt monohydrate 乙氧萘青霉素钠 一水 06964

[7177-50-6] $C_{21}H_{21}N_2NaO_5S\cdot H_2O$ 454.47

成分（以无水物计） C 57.79%，H 4.85%，N 6.42%，Na 5.27%，O 18.33%，S 7.35%。

别名 新青霉素Ⅲ钠；Sodium 6-(2-ethoxy-1-naphthamido)penicillanate；Wy-3277；Nafcil；Nallpen；Unipen；(2*S*,5*R*,6*R*)-6-[(2-Ethoxy-1-naphthalenyl) carbonyl] amino-3，3-dimethyl-7-oxo-4-thia-1-azabicyclo[3.2.0]heptane-2-carboxylic acid sodium salt；6-(2-Ethoxy-1-naphthamido)penicillin sodium salt

M. I. 15，6436

性状 无色或白色结晶性粉末。易溶于水、氯仿，溶于乙醇，不溶于丙酮。

注意事项 该品吸入或与皮肤接触到引起过敏。对眼睛、呼吸系统及皮肤有刺激性。使用时应穿适当的防护服。万一接触到眼睛，应立即用大量水冲洗后请医生诊治。应密封于 2～8℃保存。

主要用途 生化研究。医用抗菌剂。

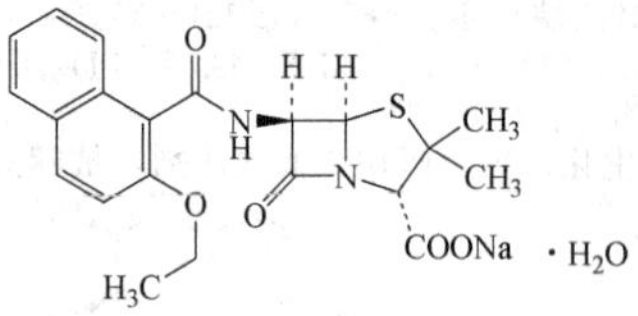

Nafronyl oxalate salt 萘呋胺酯 草酸盐 06965

[3200-06-4] $C_{26}H_{35}NO_7$ 473.57

成分 C 65.94%，H 7.45%，N 2.96%，O 23.65%。

别名 草酸萘呋胺酯；EU-1806；LS-121；Citoxid；Di-Actane；Dusodril；Praxilene；Tetrahydro-α-(1-naphthalenylmethyl)-2-furanpropanoic acid 2-(diethylamino)ethyl ester oxalate；Tetrahydro-α-(1-naphthylmethyl)-2-furanpropionic acid 2-(diethylamino)ethyl ester oxalate；3-(1-Naphthyl)-2-tetrahydrofurfurylpropionic acid 2-(diethylamino)ethyl ester oxalate；α-Tetrahydrofurfuryl-1-naphthalenepropionic acid 2-(diethylamino)ethyl ester oxalate；*N*-Diethylaminoethyl *β*-(1-naphthyl)-*β*-tetrahydrofuryl isobutyrate oxalate；Naftidrofuryl oxalate；Dubimax oxalate；Gevatran oxalate

M. I. 15,6437

性状 来自乙酸乙酯中的无色结晶。溶于水，微有潮解性。mp 110～111℃。

注意事项 该品经口有害。使用时应穿适当的防护服。

主要用途 生化研究。医用血管舒张剂。

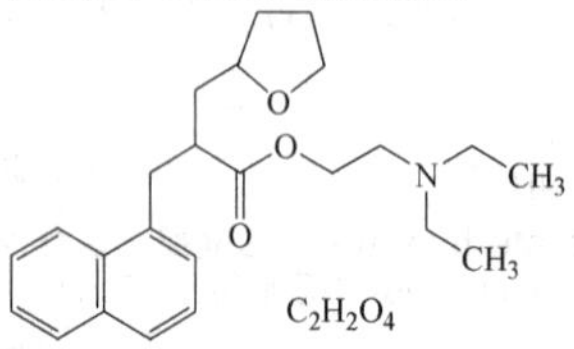

Naftalofos 萘酞磷 06966

[1491-41-4] $C_{16}H_{16}NO_6P$ 349.28

成分 C 55.02%，H 4.62%，N 4.01%，O 27.48%，P 8.87%。

别名 萘酞酸亚胺磷酸二乙酯；2-(Diethoxyphosphinyl)oxy-1*H*-benz[*de*]isoquinoline-1,3(2*H*)-dione；*N*-Hydroxy-naphthalimide diethyl phosphate；*O*,*O*-Diethyl *O*-naphthal-oximide phosphate；Naphthalophos；Phthalophos；Bay 9002；Bayer 25820；ENT-25567；S-940；Maretin；Rametin.

M. I. 15,6438

性状 无色微小的结晶。一般商品为棕至褐色微小结晶。易溶于二氯甲烷，略溶于一般的有机溶剂，几乎不溶于水。mp 174～179℃。

主要用途 兽用驱肠虫剂。

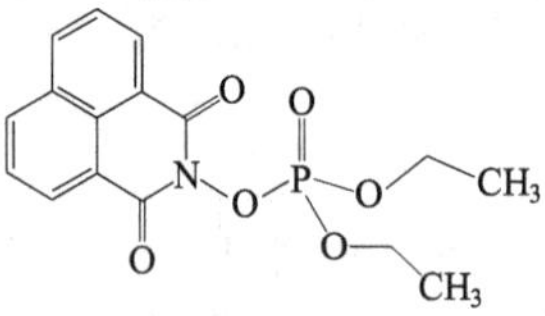

Naftifine 萘替芬 06967

[65472-88-0] $C_{21}H_{21}N$ 287.41

成分 C 87.76%，H 7.37%，N 4.87%。

别名 *N*-甲基-*N*-(1-萘甲基)-3-苯基丙烯-1-胺；*N*-肉桂基-*N*-甲基-1-萘甲胺；桂萘甲胺；(*E*)-*N*-Methyl-*N*-(3-phenyl-2-propenyl)-1-naphthalenemethanamine；(*E*)-*N*-Cinnamyl-*N*-methyl-1-naphthalenemethylamine；*N*-Methyl-*N*-(1-naphthylmethyl)-3-phenylpropen-1-amine；Naftifungin

M. I. 15，6439

性状 无色黏性的油状液体。$bp_{0.015}$ 162～167℃/2Pa。

主要用途 医用局部抗真菌剂。

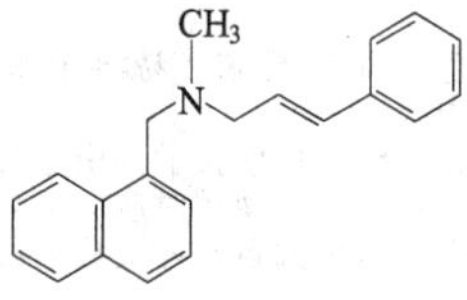

Naftopidil dihydrochloride 萘哌地尔 二盐酸盐 06968

[57149-08-3] $C_{24}H_{30}Cl_2N_2O_3$ 465.42

成分 C 61.94%，H 6.50%，Cl 15.23%，N 6.02%，O 10.31%。

别名 二盐酸萘哌地尔；盐酸萘哌地尔；4-(2-Methoxyphenyl)-α-(1-naphthalenyloxy)methyl-1-piperazineethanol dihydrochloride；*RS*-1-[4-(2-Methoxyphenyl)-1-piperazinyl]-3-(1-naphthoxy)-2-propanol dihydrochloride；1-(2-Methoxyphenyl)-4-[3-(naphth-1-yloxy)-2-hydroxypropyl]piperazine dihydrochloride；KT-611-2HCl；Avishot 2HCl；Flivas-2HCl

M. I. 15，6440

性状 来自甲醇/乙醇（1：2）中的无色结晶。mp 212～213℃。生化试剂含量≥99.0%。

主要用途 医用抗高血压剂。

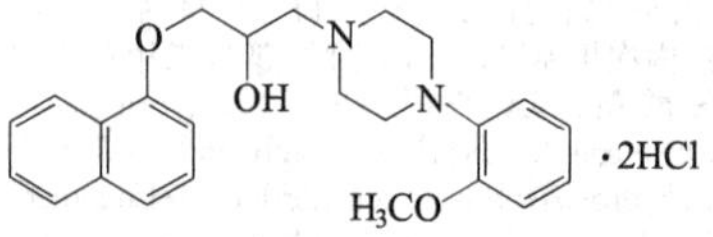

Nalbuphine hydrochloride 纳布啡 盐酸盐 06969

[23277-43-2] $C_{21}H_{28}ClNO_4$ 393.91

成分 C 64.03%，H 7.17%，Cl 9.00%，N 3.56%，O 16.25%。

别名 盐酸纳布啡；*N*-环丁基甲基-14-羟基二氢吗啡盐酸盐；EN-2234A；Nubain；(5α,6α)-17-Cyclobutylmethyl-4,5-epoxymorphinan-3,6,14-triol hydrochloride；*N*-Cyclobutylme-thyl-14-hydroxydihydronormorphine hydrochloride

M. I. 15，6441

性状 白色粉末。溶于水（25℃，35.5mg/mL）、乙醇（0.8%），不溶于氯仿、乙醚。pK_{a1}8.71；pK_{a2}9.96。生化试剂含量≥98.0%（HPLC）。

主要用途 医用麻醉止痛剂。

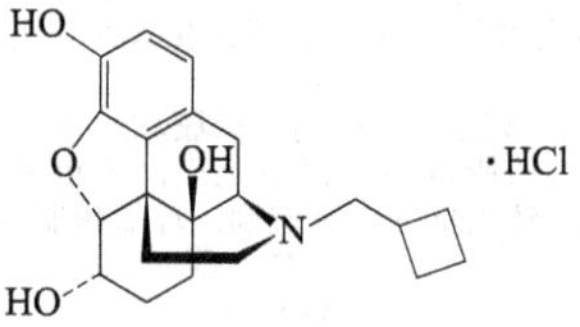

Naled 二溴磷 06970

[300-76-5] $C_4H_7Br_2Cl_2O_4P$ 380.78

成分 C 12.62%，H 1.85%，Br 41.97%，Cl 18.62%，O 16.81%，P 8.13%。

别名 磷酸二甲基-1,2-二溴-2,2-二氯乙酯；Phosphoric acid 1,2-dibromo-2,2-dichloroethyl dimethyl ester；dimethyl 1,2-dibromo-2,2-dichloroethyl phosphate；bromchlophos；ENT-24988；OMS-75；RE-4355；Bromex；Dibrom；Ortho-Dibrom.

M. I. 15，6442

性状 一般商品为无色液体。微有刺鼻的气味。易溶于芳香烃及氯化烃、酮类、醇类，略微溶于石油溶剂、矿物油，几乎不溶于水。48h 内能完全被水解。蒸气压（20℃）约 2×10^{-3} mmHg/0.267Pa；结晶 mp 26.5～27.5℃；$bp_{0.5}$ 110℃/66.7Pa；d_4^{25} 1.96。LD_{50} 雄大鼠急性经口：250mg/kg；皮肤接触：800mg/kg。

主要用途 杀虫剂，杀螨剂。

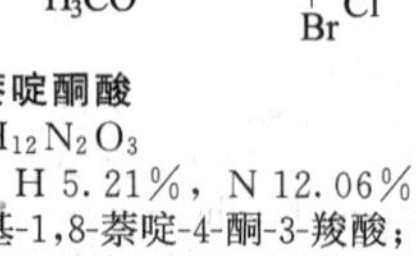

Nalidixic acid 萘啶酮酸 06971

[389-08-2] $C_{12}H_{12}N_2O_3$ 232.24

成分 C 62.06%，H 5.21%，N 12.06%，O 20.67%。

别名 1-乙基-7-甲基-1,8-萘啶-4-酮-3-羧酸；萘啶酸；Betaxina；3-Carboxy-1-ethyl-7-methyl-1,8-naphthyridin-4-one；Dixiben；1-Ethyl-1,4-dihydro-7-methyl-4-oxo-1,8-naphthyridine-3-carboxylicacid；1-Ethyl-7-methyl-1，8-naphthyridin-4-one-3-carboxylic acid；Eucistin；Innoxalon；Nalidicron；Nalitucsan；Narigix；NegGram；Negram；Nevigramon；Nicelate；Nogram；Poleon；Specifin；Uriben；Uriclar；Uralgin；Urodixin；Uroman；Uroneg；Uropan；Wintomylon；1，4-Dihydro-1-ethyl-7-methyl-1，8-naph-

thyridin-4-one-3-carboxylic acid; Win-18320
M. I. 15，6444
性状 白色或浅米色结晶性粉末。无气味。几乎无味。对空气敏感。溶于二氯甲烷，微溶于丙酮。该品 23℃时在下列溶剂中的溶解度（mg/mL）：氯仿 35；甲苯 1.6；甲醇 1.3；乙醇 0.9；水 0.1；乙醚 0.1。mp 229～230℃。LD_{50}小鼠急性经口：3300mg/kg；鼠皮下注射：500mg/kg；静脉注射：176mg/kg。生化试剂含量≥99.0%（T)。
注意事项 该品口服有害。对眼睛、呼吸系统有刺激性。吸入或与皮肤接触可引起过敏。能致癌。使用时应穿适当的防护服，戴手套和防护镜或面罩。使用时如有事故发生或有不适之感，应请医生诊治。应充氩气密封避光保存。
主要用途 生化研究。抗菌剂，能抑制细菌 DNA. RNA 的合成。医用治疗革兰氏阴性细菌所致的尿道感染。

Nalidixic acid sodium salt 萘啶酮酸钠盐 06972

[3374-05-8] $C_{12}H_{11}N_2NaO_3$ 254.22
成分 C 56.70%，H 4.36%，N 11.02%，Na 9.04%，O 18.88%。
别名 Sodium nalidixate
性状 白色或微黄色粉末。溶于水。
注意事项 该品口服有害。对眼睛、呼吸系统有刺激性。吸入或与皮肤接触可引起过敏。能致癌。使用时应穿适当的防护服，戴手套和防护镜或面罩。使用时如有事故发生或有不适之感，应请医生诊治。应充氩气密封避光于 2～8℃保存。
主要用途 生化研究。抗菌剂。

Nalmefene 纳美芬 06973

[55096-26-9] $C_{21}H_{25}NO_3$ 339.44
成分 C 74.31%，H 7.42%，N 4.13%，O 14.14%。
别名 (5α)-17-Cyclopropylmethyl-4,5-epoxy-6-methylenemorphinan-3，14-diol；6-Desoxy-6-methylenenaltrexone；Nalmetrene；ORF-11676
M. I. 15，6445
性状 来自乙酸乙酯中的无色结晶。mp 188～190℃。
注意事项 该品对眼睛、呼吸系统及皮肤有刺激性。使用时应穿适当的防护服。万一接触到眼睛，应立即用大量水冲洗后请医生诊治。应密封于 2～8℃保存。
主要用途 医用、兽用麻醉剂对抗剂。

Nalorphine hydrochloride 纳洛芬 盐酸盐 06974

[57-29-4] $C_{19}H_{22}ClNO_3$ 347.84
成分 C 65.61%，H 6.37%，Cl 10.19%，N 4.03%，O 13.80%。
别名 盐酸烯丙吗啉；烯丙吗啡 盐酸盐；(5α,6α)-7.8-Didehydro-4，5-epoxy-17-(2-propenyl) morphinan-3，6-diol hydrochloride；N-Allylnormorphine hydrochloride；allorphine hydrochloride；antorphine hydrochloride；Nalline；NANM-HCl
M. I. 15，6446
性状 来自乙醇中的无色结晶。溶于水，中等程度溶于乙醇。mp 260～263℃；uv max（水中）：285nm。LD_{50}大鼠皮下注射：1460mg/kg。
注意事项 该品口服有害。使用时应穿适当的防护服，戴手套和防护镜或面罩。
主要用途 医用、兽用麻醉剂对抗剂。

Naloxone hydrochloride dihydrate
纳洛酮 盐酸盐 二水 06975

[51481-60-8] $C_{19}H_{22}ClNO_4 \cdot 2H_2O$ 399.87
成分（以无水物计） C 62.72%，H 6.09%，Cl 9.74%，N 3.85%，O 17.59%。
别名 盐酸钠洛酮；盐酸烯丙羟吗啡酮；烯丙羟吗啡酮 盐酸盐；EN-15304；Nalone；Narcan；Narcanti；(5α)-4,5-Epoxy-3,14-dihydroxy-17-(2-propenyl) morphinan-6-one hydrochloride；17-Allyl-4，5α-epoxy-3，14-dihydroxymorphinan-6-one hydrochloride；(－)-N-Allyl-14-hydroxynordihydromorphinone hydrochloride；N-Allylnoroxy morphone hydrochloride
M. I. 15，6447
性状 来自乙醇＋乙醚中的无色至微黄色结晶。溶于水、稀酸、强碱，微溶于乙醇，几乎不溶于乙醚、氯仿。mp 200～205℃。$[\alpha]_D^{20}$ －164°±3°（c＝2.5，于水中)。生化试剂含量≥99.0%（TLC)。
注意事项 该品对眼睛、呼吸系统及皮肤有刺激性。使用时应穿适当的防护服，戴手套和防护镜或面罩。使用时应避免吸入本品的粉尘，避免与眼睛及皮肤接触。万一接触到眼睛，应立即用大量水冲洗后请医生诊治。应密封于 2～8℃保存。
主要用途 生化研究。吗啡拮抗剂。麻醉剂对抗剂。

Naltrexone hydrochloride
纳曲酮 盐酸盐 06976

[16676-29-2] $C_{20}H_{24}ClNO_4$ 377.87
成分 C 63.57%，H 6.40%，Cl 9.38%，N 3.71%，O 16.94%。
别名 环丙甲羟二氢吗啡酮 盐酸盐；纳洛酮；盐酸纳曲酮；盐酸环丙甲羟二氢吗啡酮；EN-1639A；Antaxone；Celupan；Nalorex；Trexan；(5α)-17-Cyclopropylmethyl-4,5-epoxy-3,14-dihydroxymorphinan-6-one hydrochloride；N-Cyclopropylmethyl-14-hydroxydihydromorphinone hydrochloride；UM-792 hydrochloride；Re Via；Vivitrol
M. I. 15，6448
性状 来自甲醇中的无色结晶。溶于水、甲醇、乙醇。mp 274～276℃。$[\alpha]_D^{20}$ －173°±3°（c＝1，于水中)。生化试剂含量≥99.0%（TLC)。
注意事项 该品经口有害。接触皮肤能引起过敏。使用时应穿适当的防护服和戴手套。应避免吸入本品的粉尘。应充氩气密封避光于 2～8℃保存。
主要用途 生化研究。医用麻醉剂拮抗剂（用于酒精中毒)。

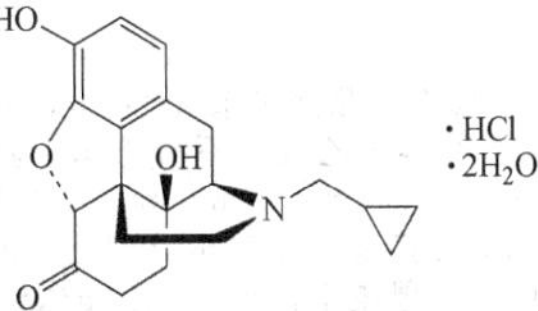

Nandinine 南天竹碱 06977

[572-76-9] $C_{19}H_{19}NO_4$ 325.36
成分 C 70.14%，H 5.89%，N 4.31%，O 19.67%。
别名 (13aS)-5，8，13，13a-Tetrahydro-10-methyoxy-6H-benzo[g]-1，3-benzodioxolo[5，6-a] quinolizin-9-ol；10-Methoxy-2，3-(methylenedioxy) berbin-9-ol；5，6，13，13a-Tetrahydro-9-hydroxy-10-methoxy-2，3-methylenedioxy-8H-dibenzo[a，g] quinolizine；(＋)-Tetrahydroberberrubine
M. I. 15，6449
性状 来自氯仿＋乙醚中的无色结晶。mp 195～196℃。

Nandrolone 诺龙 06978

[434-22-0] $C_{18}H_{26}O_2$ 274.40

成分 C 78.79%，H 9.55%，O 11.66%。

别名 (17β)-17-Hydroxyestr-4-en-3-one; 17β-Hydroxy-4-estren-3-one; 4-Estren-17β-ol-3-one; 17β-Hydroxy-19-nor-4-androsten-3-one; 19-Nortestosterone

M. I. 15，6450

性状 无色双晶形结晶。溶于乙醇、乙醚、氯仿。mp 112℃（或 124℃）；$[\alpha]_D^{22}+55°$（$c=0.93$，于氯仿中）；uv max（乙醇中）：241nm（ε 17000）。

注意事项 该品吸入、口服或与皮肤接触有害。使用时应穿适当的防护服，戴手套和防护镜或面罩。应避免吸入本品的粉尘，避免与眼睛及皮肤接触。

主要用途 生化研究。组成类固醇苯丙酸盐。分析用标准物。

Napelline hydrochloride 苦乌头碱 盐酸盐 06979

[5008-52-6]（无 HCl） $C_{22}H_{34}ClNO_3$ 395.97

成分 C 66.73%，H 8.66%，Cl 8.95%，N 3.54%，O 12.12%。

别名 盐酸苦乌头碱；(1α，12α，15β)-21-Ethyl-4-methyl-16-methylene-7,20-cycloveatchane-1,12,15-triol; Luciculine

M. I. 15，6452

性状 溶剂化无色结晶。溶于水。200～222℃分解；$[\alpha]_D^{22}-93.9°$（$c=5$）。

Naphazoline hydrochloride 萘唑啉 盐酸盐 06980

[550-99-2] $C_{14}H_{15}ClN_2$ 246.74

成分 C 68.15%，H 6.13%，Cl 14.37%，N 11.35%。

别名 盐酸 2-（1-萘甲基）咪唑啉；盐酸萘唑啉；盐酸拿若宁；盐酸鼻眼净；氯化 2-（1-萘甲基）咪唑啉；Ak-Con; Albalon; Clera; Coldan; Iridina Due; Naphcon; Niazol; Opcon; Privine hydrochloride; Rhinantin; Rhinoperd; Sanorin; Sanorin-Spofa; Strictylon; 4，5-Dihydro-2-(1-naphthalenylmethyl)-1*H*-imidazole hydrochloride; 2-(1-Naphthylmethyl) imidazolinium chloride

M. I. 15，6453

性状 无色结晶。味苦。易溶于水（40g/100mL）、乙醇，极微溶于氯仿，几乎不溶于乙醚，不溶于苯。其 1%水溶液 pH 值约 6.2。mp 255～260℃；uv max（乙醇中）：223nm，270nm，280nm，287nm，291nm（$E_{1cm}^{1\%}$ 3622，239，286，196，198）。LD_{50}大鼠皮下注射：385mg/kg。生化试剂含量 99.0%～100.5%。

注意事项 该品吸入、经口或与皮肤接触有毒。使用时应穿适当的防护服，戴手套和防护镜或面罩。使用时如有事故发生或有不适之感，应请医生诊治。应密封保存。

主要用途 生化研究。医用鼻眼抗炎剂。

Naphazoline nitrate 萘唑啉 硝酸盐 06981

[5144-52-5] $C_{14}H_{15}N_3O_3$ 273.29

成分 C 61.53%，H 5.53%，N 15.38%，O 17.56%。

别名 硝酸 2-（1-萘甲基）咪唑啉；硝酸萘唑啉；硝酸鼻眼净；2-(1-Naphthylmethyl) imidazolinium nitrate

性状 无色或白色结晶性粉末。易吸潮。溶于水（20℃，28g/L），其溶液（20℃，10g/L）pH 值 5.5～7.0。mp 165～168℃。LD_{50} 大鼠急性经口：1260mg/kg。一般试剂含量≥99.0%（NT）。

注意事项 该品经口有害。应充氩气密封于干燥处保存。

1-Naphthaldehyde 1-萘醛 06982

[66-77-3] $C_{11}H_8O$ 156.18

成分 C 84.59%，H 5.16%，O 10.24%。

别名 α-萘醛；α-Naphthaldehyde

性状 无色液体。具催泪性。mp 1～2℃；bp_{10} 148～150℃/1.333kPa；Fp 233℉（112℃）；d_4^{20} 1.145；n_D^{20} 1.651。一般试剂含量≥95.0%（GC）。

注意事项 该品口服有害。使用时应穿适当的防护服或戴手套。避免吸入本品的蒸气。万一接触到眼睛，应立即用大量水冲洗后请医生诊治。应密封于 15℃以下保存。

2-Naphthaldehyde 2-萘醛 06983

[66-99-9] $C_{11}H_8O$ 156.18

成分 C 84.59%，H 5.16%，O 10.24%。

别名 β-萘醛；β-Naphthaldehyde

性状 白色结晶。对空气敏感。mp 58～61℃。一般试剂含量≥95.0%（GC）。

注意事项 该品口服有害。对眼睛、呼吸系统及皮肤有刺激性。使用时应穿适当的防护服和戴手套。避免吸入本品的粉尘，避免与眼睛及皮肤接触。万一接触到眼睛，应立即用大量水冲洗后请医生诊治。应充氩气密封保存。

主要用途 有机合成。

Naphthalene 萘 06984

[91-20-3] $C_{10}H_8$ 128.17

成分 C 93.71%，H 6.29%。

别名 并苯；煤焦油脑；Naphthalin; Naphthene; Tarcamphor

GW 2015-1585　M. I. 15，6455

性状 白色三棱形片状结晶或粉末。有强烈的煤焦油气味。1g 该品溶于 13mL 甲醇、13mL 乙醇、8mL 橄榄油、8mL 松节油、3.5mL 苯、3.5mL 甲苯、2mL 三氯甲烷、2mL 四氯化碳、1.2mL 二硫化碳，易溶于乙醚，不溶于水。mp 80.2℃；bp_{760} 217.9℃/101.32kPa；bp_{400} 193.2℃/53.33kPa；bp_{200} 167.7℃/26.66kPa；bp_{100} 145.5℃/13.33kPa；bp_{60} 130.2℃/8kPa；bp_{40} 119.3℃/19.32kPa；bp_{20} 101.7℃/16.77kPa；bp_{10} 85.8℃/1.333kPa；Fp 174℉（79℃，开杯）；Fp 190℉（88℃，闭杯）；d_4^{20} 1.162；d_4^{100} 0.9628；n_D^{100} 1.58212。一般试剂含量≥99.0%（GC）。

注意事项 该品高度易燃。口服有害。对眼睛、呼吸系统及皮肤有刺激性。可能致癌。对水生物极毒。能对水环境引起长期不良的影响。使用时应穿适当的防护服和戴手套。使用现场禁止吸烟。如误服本品应立即就医，并出示瓶签或容器。应防止将本品释放于环境中。其包装物应按危险品处理。应密封于阴凉处保存。

主要用途 有机元素（C、H）定量分析的标样。色谱分析标准物质。温度计的校正。有机合成。溶剂。

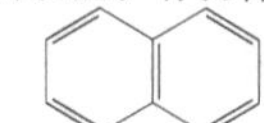

1,5-Naphthalenedisulfonic acid 1,5-萘二磺酸 06985

[81-04-9] $C_{10}H_8O_6S_2$ 288.29

成分 C 41.66%，H 2.80%，O 33.30%，S 22.24%。

别名 阿姆斯特朗酸；Armstrong’ s acid
M. I. 15，779
性状 无色结晶。溶于水、乙醇，几乎不溶于乙醚。mp 239～245℃。
注意事项 该品具有腐蚀性，能引起烧伤。使用时应避免与眼睛及皮肤接触。应密封于干燥处保存。
主要用途 有机合成。染料中间体。

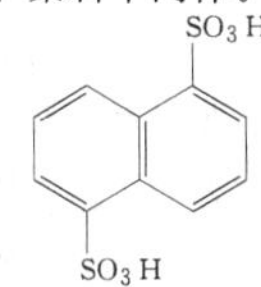

1-Naphthalenesulfonic acid　1-萘磺酸 06986
[85-47-2]　$C_{10}H_8O_3S$ 208.25
成分 C 57.68%，H 3.87%，O 23.05%，S 15.40%。
别名 α-萘磺酸；α-Naphthalenesulfonic acid
M. I. 15，6461
性状 无色结晶。易潮解。易溶于水、乙醇，微溶于乙醚。mp 90℃（二水合物）。
注意事项 该品具有腐蚀性，能引起烧伤。使用时应穿适当的防护服，戴手套和防护镜或面罩。万一接触到眼睛，应立即用大量水冲洗后请医生诊治。应密封于干燥处保存。
主要用途 有机合成。制造 1-萘酚。

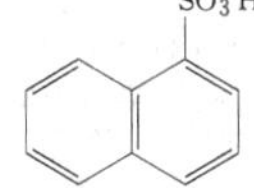

2-Naphthalenesulfonic acid　2-萘磺酸 06987
[102-18-3]　$C_{10}H_8O_3S$ 208.23
成分 C 57.68%，H 3.87%，O 23.05%，S 15.40%。
别名 β-萘磺酸；β-Naphthalenesulfonic acid
M. I. 15，6463
性状 一水合物为白色或浅棕色小叶状结晶或结晶性粉末。易潮解。易溶于水，溶于乙醇、乙醚。mp 124～125℃。加热至 91℃为无水物。
注意事项 该品具有腐蚀性，能引起烧伤。使用时应穿适当的防护服，戴手套和防护镜或面罩。万一接触到眼睛，应立即用大量水冲洗后请医生诊治。应密封于干燥处保存。
主要用途 测定蛋白胨、蛋白质等的试剂。2-萘酚的制备。

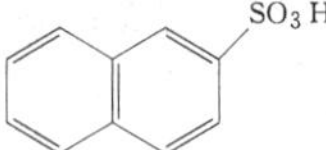

1-Naphthalenesulfonic acid sodium salt
1-萘磺酸钠盐 06988
[130-14-3]　$C_{10}H_7NaO_3S$ 230.22
成分 C 52.17%，H 3.06%，Na 9.99.0%，O 20.85%，S 13.93%。
别名 1-萘磺酸钠 无水；Sodium 1-naphthylsulfonate anhydrous；1-Naphthalenesulphonic acid Na salt anhydrous
性状 无色或浅黄色结晶或粉末。溶于水，不溶于乙醇。mp 299～301℃。一般试剂含量≥99.0%。
注意事项 该品对眼睛、呼吸系统及皮肤有刺激性。使用时应穿适当的防护服。万一接触到眼睛，应立即用大量水冲洗后请医生诊治。应密封于干燥处保存。
主要用途 有机合成。动物胶的卤化剂。

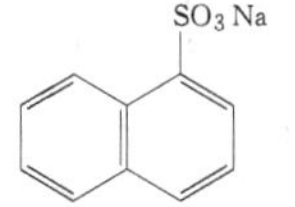

2-Naphthalenesulfonic acid sodium salt
2-萘磺酸钠盐 06989
[532-02-5]　$C_{10}H_7NaO_3S$ 230.22
成分 C 52.17%，H 3.06%，Na 9.99.0%，O 20.85%，S 13.93%。
别名 Sodium 2-naphthylsulfonate
性状 白色结晶或粉末。易溶于水，不溶于乙醇。一般试剂含量≥99.0%（HPLC）。
注意事项 该品对眼睛、呼吸系统及皮肤有刺激性。使用时应穿适当的防护服。万一接触到眼睛，应立即用大量水冲洗后请医生诊治。应密封于干燥处保存。
主要用途 有机合成。染料合成。

1-Naphthalenesulfonyl chloride　1-萘磺酰氯 06990
[85-46-1]　$C_{10}H_7ClO_2S$ 226.68
成分 C 52.99.0%，H 3.11%，Cl 15.64%，O 14.12%，S 14.15%。
别名 α-萘磺酰氯；氯化 α-萘磺酰；α-Naphthalenesulfonyl chloride
性状 无色片状结晶。溶于乙醇、乙醚、苯，微溶于石油醚，不溶于水。mp 66～68℃；bp_{13} 194～195℃/1.733Pa。一般试剂含量≥98.0%（T）。
注意事项 该品与水反应激烈。有腐蚀性，能引起烧伤。使用时应穿适当的防护服，戴手套和防护镜或面罩。使用时应避免吸入本品的粉尘。万一接触到眼睛，应立即用大量水冲洗后请医生诊治。使用时如有事故发生或有不适之感，应请医生诊治。应防止将本品释放于环境中。应充氩气密封于干燥处保存。
主要用途 分析试剂，如伯胺、仲胺等的测定。

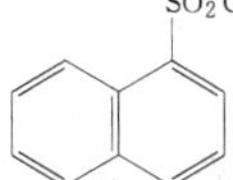

2-Naphthalenesulfonyl chloride　2-萘磺酰氯 06991
[93-11-8]　$C_{10}H_7ClO_2S$ 226.68
成分 C 52.99.0%，H 3.11%，Cl 15.64%，O 14.12%，S 14.15%。
别名 β-萘磺酰氯；氯化 β-萘磺酰；β-Naphthalenesulfonyl chloride
性状 无色片状结晶。对湿度敏感。溶于乙醇、乙醚、苯，微溶于石油醚，不溶于水。mp 74～76℃；$bp_{0.6}$ 147.7℃/79.993Pa。一般试剂含量≥99.0%（AT）。
注意事项 该品使用时应避免吸入本品的粉尘。有腐蚀性，能引起烧伤。使用时应穿适当的防护服，戴手套和防护镜或面罩。万一接触到眼睛，应立即用大量水冲洗后请医生诊治。使用时如有事故发生或有不适之感，应请医生诊治。应防止将本品释放于环境中。应密封干燥保存。
主要用途 分析试剂，如胺类的测定。有机合成。

1-Naphthalenethiol　1-萘硫醇 06992
[529-36-2]　$C_{10}H_8S$ 160.23
成分 C 74.96%，H 5.03%，S 20.01%。
别名 1-硫代萘酚；1-巯基萘；α-Thionaphthol；1-Thionaphthol；1-Mercaptonaphthalene；1-Naphthyl mercaptan
M. I. 15，6463
性状 无色液体。遇冷凝固。有强烈的硫醇气味。溶于乙醇、乙醚，略微溶于碱的水溶液。能随水蒸气挥发。bp_{760} 285℃/101.325kPa；$bp_{10.3}$ 144.8℃/1.373kPa；bp_2 138～140℃/266.6Pa；d_4^{23} 1.1549；d_4^{20} 1.1607；d_4^0 1.1729；n_D^{20} 1.6802

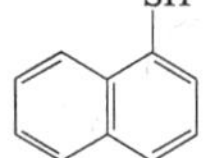

***N*,*N*-(1,8-Naphthalyl)hydroxylamine sodium salt**
***N*,*N*-(1,8-萘甲酰)羟胺钠盐** 06993
[6207-89-2]　$C_{12}H_6NNaO_3$ 235.18
成分 C 61.29%，H 2.57%，N 5.96%，Na 9.78%，O 20.41%。
别名 *N*-羟基萘二甲酰亚胺钠盐；*N*-Hydroxynaphthalimide sodium salt
性状 无色结晶。mp>300℃。一般试剂含量≥99.0%。
注意事项 该品对眼睛、呼吸系统及皮肤有刺激性。使用时应穿适当的防护服。万一接触到眼睛，应立即用大量水冲洗后请医生诊治。
主要用途 组织化学检测钙用。

4,4′-Naphthidine　4,4′-联萘胺 06994
[481-91-4]　$C_{20}H_{16}N_2$ 284.36
成分 C 84.48%，H 5.67%，N 9.85%。
别名 4,4′-二氨基-1,1′-联萘；4,4′-联-1-萘胺；4,4′-Diamino-1,1′-dinaphthyl

性状 白色或浅棕色结晶。易溶于吡啶、热的二甲苯，难溶于乙醇、苯。mp 201～204℃。
注意事项 该品应密封避光保存。
主要用途 氧化还原指示剂。以亚铁氰酸盐滴定锌、以重铬酸钾滴定亚铁时可作为指示剂。

α-Naphthoflavone α-萘黄酮 06995

[604-59-1] $C_{19}H_{12}O_2$ 272.31
成分 C 83.80%，H 4.44%，O 11.75%。
别名 7，8-苯并黄酮；2-苯基-7，8-苯并色酮；7，8-Benzoflavone；BF；α-NF；2-Phenyl-7，8-benzochromone
性状 黄色片状或针状结晶。溶于乙醇、浓硫酸，呈微绿色荧光。mp 153～155℃。一般试剂含量≥98.0%（UV）。
注意事项 该品对机体有不可逆损伤的可能性。使用时应穿适当的防护服和戴手套。使用时应避免吸入本品的粉尘，避免与眼睛及皮肤接触。应密封避光于2～8℃保存。
主要用途 氧化还原指示剂，氯的定量测定，在碘量法中代替淀粉作指示剂，定性测定溴、氯、铜、金、碘、铁、铂、硒、碲。检验活性氯。

β-Naphthoflavone β-萘黄酮 06996

[6051-87-2] $C_{19}H_{12}O_2$ 272.31
成分 C 83.80%，H 4.44%，O 11.75%。
别名 5，6-苯并黄酮；5，6-Benzoflavone
性状 白色粉末。mp 164～166℃。一般试剂含量≥98.0%。
注意事项 该品对机体有不可逆损伤的可能性。使用时应避免吸入本品的粉尘，避免与眼睛及皮肤接触。应密封避光于2～8℃保存。

1-Naphthoic acid 1-萘甲酸 06997

[86-55-5] $C_{11}H_8O_2$ 172.18
成分 C 76.73%，H 4.68%，O 18.58%。
别名 α-萘酸；1-Naphthalene carboxylic acid；Naphthalene-1-carboxylic acid；α-Naphthoic acid
M. I. 15，6466
性状 来自热甲苯中的无色针状结晶。易溶于热乙醇、乙醚，溶于三氯甲烷、氨水，微溶于热水。mp 160.5～162℃；bp 300℃；Fp 383℉（195℃）。uv max（乙醇中）：293nm（lg ε_m 3.9）。一般试剂含量≥97.0%（T）。
注意事项 该品对眼睛、呼吸系统及皮肤有刺激性。使用时应穿适当的防护服和戴手套。万一接触到眼睛，应立即用大量水冲洗后请医生诊治。应密封保存。
主要用途 植物生长刺激素。

2-Naphthoic acid 2-萘甲酸 06998

[93-09-4] $C_{11}H_8O_2$ 172.18
成分 C 76.73%，H 4.68%，O 18.58%。
别名 β-萘酸；Isonaphthoic acid；2-Naphthalenecarboxylic acid；Naphthalene-β-carboxylic acid；β-Naphthoic acid；*iso*-Naphthoic acid
M. I. 15，6467
性状 来自95%乙醇中的无色结晶。溶于乙醇、乙醚，微溶于热水。mp 184～185℃；bp＞300℃；Fp 401℉（205℃）；uv max（乙醇中）：235nm，280nm，335nm（lg ε_m 4.7，3.8，3.1）。一般试剂含量≥97.0%（GC）。
注意事项 该品对眼睛、呼吸系统及皮肤有刺激性。使用时应穿适当的防护服和戴手套。万一接触到眼睛，应立即用大量水冲洗后请医生诊治。应密封保存。
主要用途 植物生长刺激素。有机合成。制造茶酚。

1-Naphthol 1-萘酚 06999

[90-15-3] $C_{10}H_8O$ 144.17
成分 C 83.31%，H 5.59%，O 11.10%。
别名 α-羟基萘；α-萘酚；Alphanaphthol；α-Hydroxynaphthalene；1-Naphthalenol；α-Naphthol
M. I. 15，6468
性状 无色、白色或微带浅粉红色的棱柱体结晶或粉末。对空气敏感。有特殊气味。遇光变黑。能升华。能随水蒸气挥发。溶于乙醇、苯、乙醚、三氯甲烷、碱溶液，微溶于水。mp 96℃；bp 288℃；bp_{40} 184℃/5.333kPa；Fp 257℉（125℃）；$d_4^{98.7}$ 1.0954；uv max：297nm，310nm，324nm。LD_{50} 大鼠急性经口：2.59g/kg。一般试剂含量≥99.0%（GC）。
注意事项 该品经口或与皮肤接触有害。对呼吸系统及皮肤有刺激性。对眼睛有严重损伤的危险。使用时应戴手套和防护镜或面罩。使用时应避免吸入本品的粉尘。万一接触到眼睛，应立即用大量水冲洗后请医生诊治。应密封避光保存。
主要用途 比色测定钛、铌、钨、亚硝酸铅和铜的试剂，酪氨酸和蛋白质的定性分析。有机合成。染料工业。

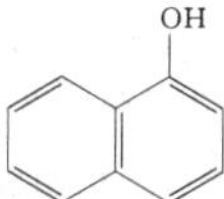

2-Naphthol 2-萘酚 07000

[135-19-3] $C_{10}H_8O$ 144.17
成分 C 83.31%，H 5.59%，O 11.10%。
别名 乙萘酚；β-羟基萘；β-萘酚；Azoic coupling componentl；Betanaphthol；Developer 5；β-Hydroxynaphthalene；2-Naphthalenol；β-Naphthol；*iso*-Naphthol；Isonaphthol
M. I. 15，6469 C. I. 37500
性状 无色、白色或浅黄色结晶或粉末。有特殊气味。遇光易变色。能随乙醇或水蒸气挥发。1g该品溶于0.8mL乙醇、17mL氯仿、1.3mL乙醚，溶于1000mL水、80mL沸水，溶于甘油、橄榄油、苛性碱溶液。mp 121～123℃；bp 285～286℃；Fp 321.8℉（161℃）；*d* 1.22；uv max（95%乙醇中）：226nm，265nm，275nm，286nm，320nm，331nm（ε 91，194，3911，4559，3301，1861，2163）。一般试剂含量≥99.0%（GC）。
注意事项 该品吸入或经口有害。对水生物极毒。使用时应避免与眼睛及皮肤接触。应防止将本品释放于环境中。应密封避光保存。
主要用途 钛、铌、钨、铜的检验和测定。吸收乙烯和一氧化碳。荧光指示剂。制药工业。有机合成。染料工业。酸碱指示剂，定性测定烯丙醇、甲醇、氯仿等。

Naphthol AS 萘酚AS 07001

[92-77-3] $C_{17}H_{13}NO_2$ 263.30
成分 C 77.55%，H 4.98%，N 5.32%，O 12.15%。
别名 苯胺偶氮酚；3-羟基-2-萘甲酰基苯胺；纳夫妥AS；色酚AS；3-Hydroxy-2-naphthanilide；3-Hydroxy-2-naphthoic acid anilide
C. I. 37505
性状 浅黄色结晶。其钠盐溶于水。mp 244～246℃。
注意事项 该品对眼睛、呼吸系统及皮肤有刺激性。使用时应穿适当的防护服和戴手套。万一接触到眼睛，应立即用大量水冲洗后请医生诊治。应充氩气密封于干燥处保存。
主要用途 荧光指示剂。生物染色剂。

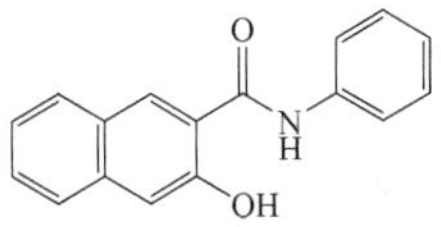

Naphthol AS acetate　乙酸萘酚 AS 07002

[1163-67-3]　$C_{19}H_{15}NO_3$　305.34

成分 C 74.74%，H 4.95%，N 4.59%，O 15.72%。

别名 2-乙酰氧基-3-萘酰基苯胺；3-乙酰氧基-2-萘酰胺；萘酚 AS 乙酸酯；2-Acetoxy-3-naphthanilide；3-Hydroxy-2-naphthanilide acetate；3-Acetoxy-2-naphthanilide

性状 米黄色粉末。溶于丙酮，不溶于水。mp 160～162℃。一般试剂含量≥99.0%（HPLC）。

注意事项 该品对眼睛、呼吸系统及皮肤有刺激性。使用时应穿适当的防护服和戴手套。万一接触到眼睛，应立即用大量水冲洗后请医生诊治。应充氩气密封于 2～8℃干燥保存。

主要用途 生物染色剂。测定脂肪的底物。

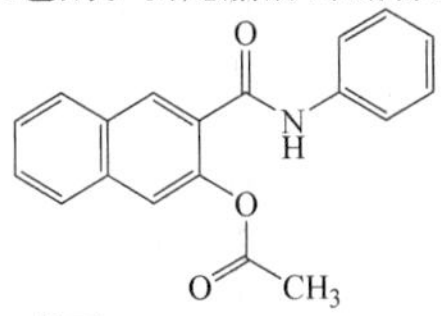

Naphthol AS-BI　萘酚 AS-BI 07003

[1237-75-8]　$C_{18}H_{14}BrNO_3$　372.23

成分 C 58.08%，H 3.79%，Br 21.47%，N 3.76%，O 12.89%。

别名 Azoic coupling component 45

C. I. 37566

性状 无色结晶。mp 185～187℃。

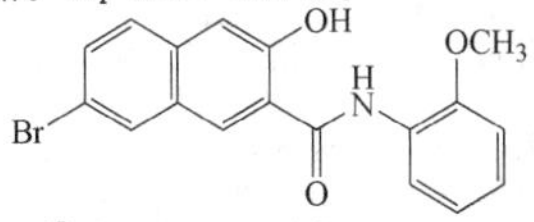

Naphthol-AS-BI β-D-glucuronide

萘酚-AS-BI β-D-葡糖醛酸苷 07004

[37-87-6]　$C_{24}H_{22}BrNO_9$　548.34

成分 C 52.57%，H 4.04%，Br 14.57%，N 2.55%，O 26.26%。

别名 萘酚-AS-BI β-D-葡糖醛酸；β-D-葡糖醛酸萘酚-AS-BI；*O*-β-D-Glucuronosyl naphthol AS-BI；Naphthol-AS-BI β-D-glucuronic acid

性状 无色至微黄色结晶。$[\alpha]_D^{20}$ −80°±2°（c=2，于四氢呋喃中）。一般试剂含量≥99.0%（TLC）。

注意事项 使用时应避免吸入本品的粉尘，避免与眼睛及皮肤接触。应充氩气密封于−20℃干燥保存。

Naphthol AS-BI phosphate　磷酸萘酚 AS-BI 07005

[1919-91-1]　$C_{18}H_{15}BrNO_6P$　452.20

成分 C 47.81%，H 3.34%，Br 17.67%，N 3.10%，O 21.23%，P 6.85%。

别名 6-溴-2-羟基-3-萘酰基邻甲氧基苯胺磷酸酯；萘酚 ASBI 磷酸酯；7-Bromo-3-hydroxy-2-naphthoic-*o*-anisidide phosphate；6-Bromo-2-phosphohydroxy-3-naphthoyl-*o*-anisidine

C. I. 37566

性状 无色至微黄色结晶。生化试剂含量≥98.0%（HPLC）。

注意事项 见 06997 1-萘甲酸。应充氩气密封避光于 2～8℃干燥保存。

主要用途 组织化学酶系统测定磷酸酶的底物。

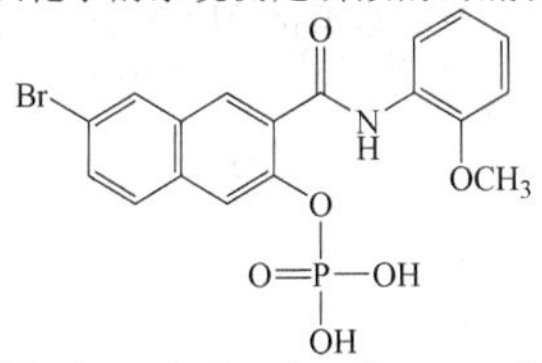

Naphthol AS-BI phosphate disodiuma salt heptahydrate

磷酸萘酚 AS-BI 二钠盐 七水 07006

[530-79-0]　$C_{18}H_{13}BrNNa_2O_6P \cdot 7H_2O$　622.30

成分（以无水物计）C 43.57%，H 2.64%，Br 16.10%，N 2.82%，Na 9.27%，O 19.35%，P 6.24%。

别名 萘酚 AS-BI 磷酸酯二钠盐 七水

性状 无色至微黄色结晶。溶于水。生化试剂含量≥99.0%（TLC）。

注意事项 使用时应避免吸入本品的粉尘，避免与眼睛及皮肤接触。应充氩气密封于−20℃保存。

主要用途 生化研究。用于酸性磷酸酶及碱性磷酸酶的试验。

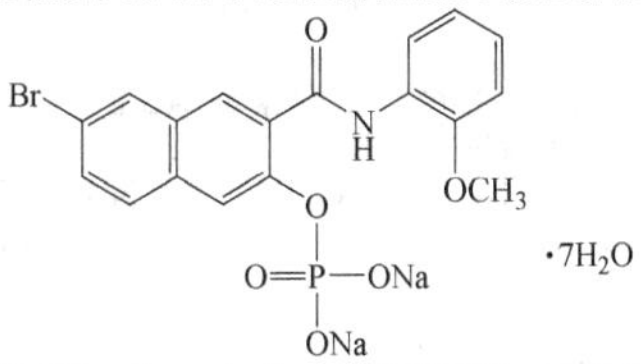

Naphthol AS-BS phosphate　磷酸萘酚 AS-BS 07007

[10019-03-1]　$C_{17}H_{13}N_2O_7P$　388.28

成分 C 52.59%，H 3.37%，N 7.21%，O 28.84%，P 7.98%。

别名 萘酚 AS-BS 磷酸酯

性状 白色粉末。

注意事项 该品对眼睛、呼吸系统及皮肤有刺激性。使用时应穿适当的防护服。万一接触到眼睛，应立即用大量水冲洗后请医生诊治。应充氩气密封避光于 2～8℃干燥保存。

主要用途 生化研究。组织化学检测用试剂。

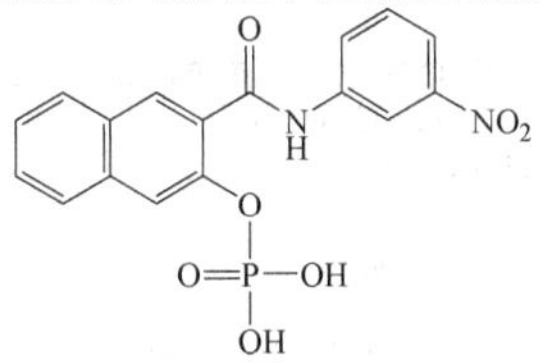

Naphthol AS-D　萘酚 AS-D 07008

[135-61-5]　$C_{18}H_{15}NO_2$　277.33

成分 C 77.96%，H 5.45%，N 5.05%，O 11.54%。

别名 3-羟基-2-萘甲酰替邻甲苯胺；3-Hydroxy-2-naphthoic acid *o*-methylanilide

性状 无色至微黄色片状结晶。溶于氢氧化钠水溶液，不溶于水。mp 196～198℃。

注意事项 该品对眼睛有刺激性。使用时应避免吸入本品的粉尘，避免与眼睛及皮肤接触。

主要用途 分析试剂。

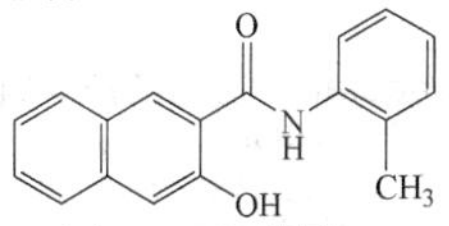

Naphthol AS-D acetate　乙酸萘酚 AS-D 07009

[528-66-5]　$C_{20}H_{17}NO_3$　319.36

成分 C 75.22%，H 5.37%，N 4.39%，O 15.03%。

别名 萘酚 AS-D 乙酸酯；萘酚-AS-D 醋酸酯；3-羟基-2-萘甲酰邻甲苯胺乙酸酯；3-Hydroxy-2-naphthoyl-*o*-toluidide acetate

性状 米黄色结晶性粉末。溶于石脑油，不溶于水。mp 168～169℃。

注意事项 见 07007 磷酸萘酚 AS-BS。应充氩气密封避光于−20℃干燥保存。

主要用途 组织化学酶系统测定酶的底物。

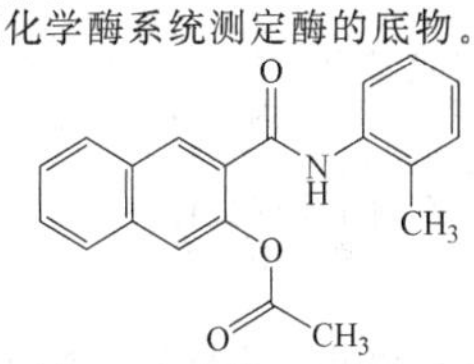

Naphthol AS-D chloroacetate

氯乙酸萘酚 AS-D 07010

[35245-26-2]　$C_{20}H_{16}ClNO_3$　353.80

成分 C 67.90%，H 4.56%，Cl 10.02%，N 3.96%，O 13.56%。

别名 萘酚 AS-D 氯乙酸酯

性状 无色结晶。一般试剂含量≥97.0%（HPLC）。

注意事项 使用时应避免吸入本品的粉尘，避免与眼睛及皮肤接触。应充氩气密封避光于−20℃干燥保存。

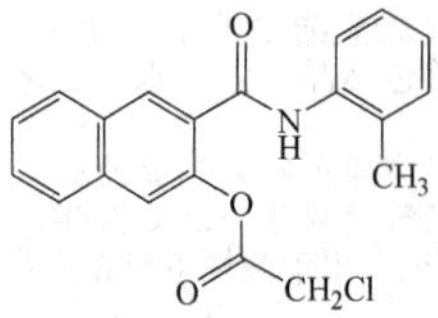

Naphthol AS-E acetate　乙酸萘酚 AS-E　07011

[84100-15-2]　$C_{19}H_{14}ClNO_3$　339.78

成分　C 67.16%，H 4.15%，Cl 10.43%，N 4.12%，O 14.13%。

别名　萘酚 AS-E 乙酸酯；Azoic coupling component 10

C. I. 37510

性状　无色结晶。溶于水。

主要用途　生化研究。组织化学检测试剂。

注意事项　该品应充氩气密封于避光－20℃干燥保存。

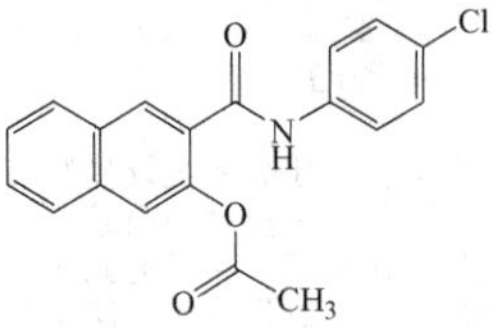

Naphthol AS-E phosphate　磷酸萘酚 AS-E　07012

[18228-17-6]　$C_{17}H_{13}ClNO_5P$　377.72

成分　C 54.06%，H 3.47%，Cl 9.39%，N 3.71%，O 21.18%，P 8.20%。

别名　萘酚 AS-E 磷酸酯

性状　无色结晶。溶于水。

主要用途　生化研究。组织化学检测试剂。

注意事项　该品应充氩气密封避光于 2～8℃干燥保存。

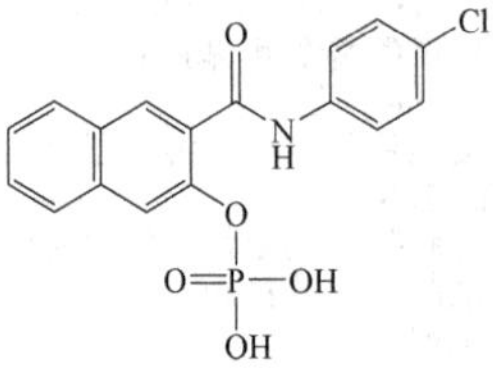

Naphthol AS-LC acetate　乙酸萘酚 AS-LC　07013

[7121-10-0]　$C_{21}H_{18}ClNO_5$　399.83

成分　C 63.08%，H 4.54%，Cl 8.87%，N 3.50%，O 20.01%。

别名　萘酚 AS-LC 乙酸酯

性状　无色结晶。

注意事项　该品应密封于－20℃保存。

Naphthol AS-MX　萘酚 AS-MX　07014

[92-75-1]　$C_{19}H_{17}NO_2$　291.34

成分　C 78.33%，H 5.88%，N 4.81%，O 10.98%。

别名　3-羟基-2-萘甲酰-2,4-二甲苯胺；3-Hydroxy-2-naphthoyl-2,4-xylidide；3-Hydroxy-2-naphthoic acid 2,4-dimethylanilide

C. I. 37527

性状　白色或浅粉色结晶性粉末。溶于氢氧化钠溶液呈黄色。微溶于乙醇、丁醇、丙酮等，不溶于水。不溶于碳酸钠溶液。mp 222～226℃。

注意事项　该品应密封于干燥处保存。

主要用途　生化研究，测定磷酸酶。

Naphthol AS-MX acetate　乙酸萘酚 AS-MX　07015

[4569-00-0]　$C_{21}H_{19}NO_3$　333.39

成分　C 75.66%，H 5.74%，N 4.20%，O 14.40%。

别名　萘酚 AS-MX 乙酸酯

性状　无色结晶。溶于水。生化试剂含量≥90.0%（HPLC）。

注意事项　该品应充氩气密封于 2～8℃干燥保存。

主要用途　生化研究。组织化学检测用试剂。

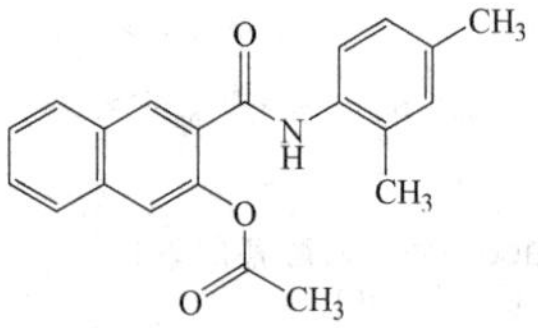

Naphthol AS-MX phosphate　磷酸萘酚 AS-MX　07016

[1596-56-1]　$C_{19}H_{18}NO_5P$　371.33

成分　C 61.46%，H 4.89%，N 3.77%，O 21.54%，P 8.34%。

别名　萘酚 AS-MX 磷酸酯；3-羟基-2-萘甲酰-2,4-二甲苯胺磷酸酯；3-Hydroxy-2-naphthoyl-2,4-xylidide phosphate

性状　无色结晶。一般试剂含量≥99.0%（HPLC）。

注意事项　该品对眼睛、呼吸系统及皮肤有刺激性。使用时应穿适当的防护服。万一接触到眼睛，应立即用大量水冲洗后请医生诊治。应充氩气密封于 2～8℃干燥保存。

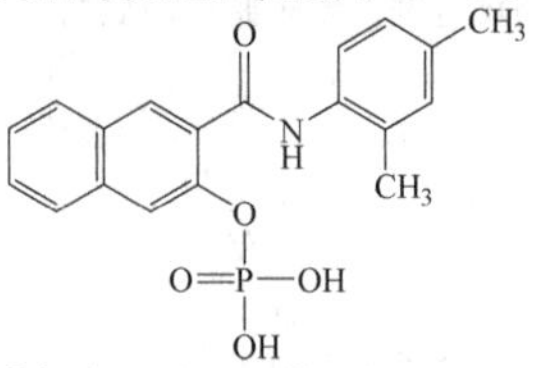

Naphthol AS-MX phosphate disodium salt

磷酸萘酚 AS-MX 二钠盐　07017

[96189-12-7]　$C_{19}H_{16}NNa_2O_5P$　415.29

成分　C 54.96%，H 3.88%，N 3.37%，Na 11.07%，O 19.26%，P 7.46%。

别名　萘酚 AS-MX 磷酸酯二钠盐

性状　无色至微黄色结晶。溶于水。生化试剂含量≥99.0%（TLC）。

注意事项　使用时应避免吸入本品的粉尘，避免与眼睛及皮肤接触。应充氩气密封于－20℃保存。

主要用途　生化研究。组织化学检测碱性磷酸酶用试剂。

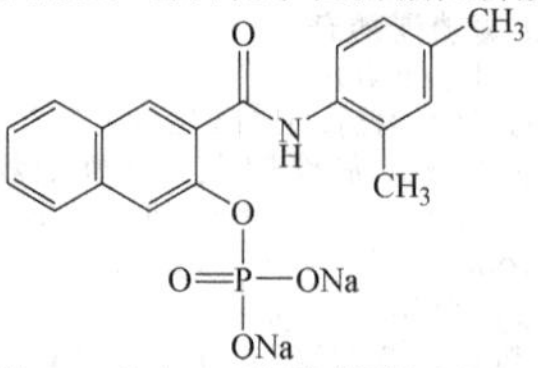

Naphthol AS-OL acetate　乙酸萘酚 AS-OL　07018

[7128-79-2]　$C_{20}H_{17}NO_4$　335.36

成分　C 71.63%，H 5.11%，N 4.18%，O 19.08%。

别名　萘酚 AS-OL 乙酸酯

性状　无色结晶。

注意事项　见 07016 磷酸萘酚 AS-MX。应密封于 2～8℃保存。

主要用途　生化试剂，测定磷酸酶。

Naphthol AS phosphate　磷酸萘酚 AS　07019

[13989-98-5]　$C_{17}H_{14}NO_5P$　343.28

成分　C 59.48%，H 4.11%，N 4.08%，O 23.30%，P 9.02%。

别名　萘酚 AS 磷酸酯；3-Hydroxy-2-naphthanilide phosphate

性状　白色结晶性粉末。

主要用途　生化研究。组织化学检测磷酸酶用试剂。

注意事项　见 07016 磷酸萘酚 AS-MX。应充氩气密封于－20℃干燥保存。

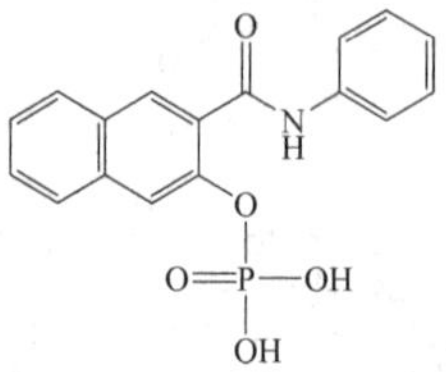

Naphthol AS-TR phosphate　磷酸萘酚 AS-TR　07020

[2616-72-0]　$C_{18}H_{15}ClNO_5P$　391.76

成分　C 55.19%，H 3.86%，Cl 9.05%，N 3.58%，O 20.42%，P 7.91%。

别名　萘酚 AS-TR 磷酸酯；4-氯-3-羟基-2-萘甲酰邻甲苯胺磷酸酯；4-Chloro-3-hydroxy-2-naphthoyl-*o*-toluidide phosphate

性状　无色结晶。生化试剂含量≥98.0%（HPLC）。

注意事项　见 07016 磷酸萘酚 AS-MX。应充氩气密封避光于－20℃干燥保存。

1-Naphtholbenzein　1-萘酚苯基甲醇　07021

[145-50-6]　$C_{27}H_{18}O_2$　374.44

成分　C 86.61%，H 4.85%，O 8.54%。

别名　*α*-苯甲醇萘；*α*-萘酚苯基甲醇；*α*,*α*-Bis(4-hydroxy-1-naphthyl) benzylalcohol；*α*-Naphtholbenzein；*p*-Naphtholbenzein；4,4′-(*α*-Hydroxybenzylidene) di-1-naphthol

性状　红棕色粉末。溶于乙醇、乙醚、苯、冰乙酸，不溶于水。对二氧化碳及酸非常灵敏。mp 121～125℃；pH 值 8.8～11.0（由无色至绿蓝色）。

注意事项　该品对眼睛、呼吸系统及皮肤有刺激性。使用时应穿适当的防护服。万一接触到眼睛，应立即用大量水冲洗后请医生诊治。应密封避光保存。

主要用途　酸碱指示剂。pH 值 8.5～9.8（由黄至绿色）。

2-Naphthol-3,6-disulfonic acid disodium salt
2-萘酚-3,6-二磺酸二钠盐　07022

[135-51-3]　$C_{10}H_6Na_2O_7S_2$　348.26

成分　C 34.49%，H 1.74%，Na 13.20%，O 32.16%，S 18.41%。

别名　红盐；3-羟基萘-2,7-二磺酸二钠盐；R 酸钠盐；Disodium 3-hydroxy-2,7-naphthalenedisulfonate；3-Hydroxy naphthalene-2,7-disulfonic acid disodium salt；2-Naphthol-3,6-disulfonic acid Na_2 salt；R acid sodium salt

性状　白色针状结晶。易潮解。易溶于水，微溶于乙醇，不溶于苯。

注意事项　见 07016 磷酸萘酚 AS-MX。应密封干燥保存。

主要用途　荧光指示剂。用于偶氮染料的合成。

Naphthol green B　萘酚绿 B　07023

[19381-50-1]　$C_{30}H_{15}FeN_3Na_3O_{15}S_3$　871.48

成分　C 41.35%，H 1.73%，Fe 6.41%，N 4.82%，Na 7.11%，O 27.54%，S 11.04%。

别名　马丁缘；1-亚硝基-2-萘酚铁色淀；媒染草绿；酸性绿 O；Acid green 1；Acid green O；Ferric salt of 6-sodium sulfo-1-*iso*-nitroso-1,2-naphthoquinone；Martiu's green；1-Nitroso-2-naphthol-6-sodium sulfonate ferric salt；Green PL；Naphthol green

C. I. 10020

性状　深绿色粉末。溶于水，溶液呈黄绿色。一般试剂干燥含量约 50.0%。

注意事项　使用时应避免吸入本品的粉尘，避免与眼睛及皮肤接触。应密封避光保存。

主要用途　测镁的络合指示剂。生物染色剂

1-Naphtholphthalein　1-萘酚酞　07024

[596-01-0]　$C_{28}H_{18}O_4$　418.45

成分　C 80.37%，H 4.34%，O 15.29%。

别名　1-萘酚酞酞；3,3-双(4-羟基-1-萘基)苯酞；*α*-萘酚酞；3,3-Bis(4-hydroxynaphthalenyl)-1(3*H*)-isobenzofuranone；3,3-Bis(4-hydroxy-1-naphthyl)phthalide；Di-*p*-*α*-naphtholphthalide；*p*-*α*-Naphtholphthalein；*α*-NP

M. I. 15，6474

性状　无色至浅灰红色粉末（其纯品应无色）。溶于乙醇、乙醚，微溶于苯，几乎不溶于水。mp 253～255℃；pH 值 7.3 无色至微粉红色，8.7 浅绿至蓝色。

注意事项　见 07021 1-萘酚苯基甲醇。

主要用途　酸碱指示剂。

Naphthol yellow S　萘酚黄 S　07025

[846-70-8]　$C_{10}H_4N_2Na_2O_8S$　358.19

成分　C 33.53%，H 1.13%，N 7.82%，Na 12.84%，O 35.73%，S 8.95%。

别名　2,4-二硝基-1-萘酚-7-磺酸钠；8-羟基-5,7-二硝基-2-萘磺酸钠；酸性萘酚黄；酸性黄 1；酸性黄 S；Acid yellow 1；Acid yellow S；Citronin A；2,4-Dinitro-1-naphthol-7-sulfonic acid sodium salt；Ext. D&C Yellow no. 7；FD&C Yellow no. 1；Flavianic acid sodium salt；8-Hydroxy-5,7-dinitro-2-naphthalenesulfonic acid disodium salt；5,7-Dinitro-8-hydroxy-2-naphthalenesulfonic acid sodium salt；Sulfur yellow S；NYS

M. I. 15，6478　C. I. 10316

性状　浅绿黄色或橙黄色结晶性粉末。溶于水呈黄色，不溶于乙醇。

注意事项　使用时应避免吸入本品的粉尘，避免与眼睛及皮肤接触。应密封于干燥处保存。

主要用途　检定铯、汞、钾、铷、锡、次亚硫酸盐的试剂；测定氨基酸的试剂。有机碱类的沉淀剂。生物染色剂。酸碱指示剂。

1-Naphthonitrile　1-萘甲腈　07026

[86-53-3]　$C_{11}H_7N$　153.18

成分　C 86.25%，H 4.61%，N 9.14%。

别名　1-氰代萘；1-Cyanonaphthalene；1-Naphthalenecarbonittrile；*α*-Naphthyl cyanide

GW 2015-1591

性状　无色针状结晶。易溶于乙醚、石油醚，溶于乙醇，不溶于水。mp 36～38℃；bp 299℃；$bp_{0.2}$ 92℃/26.66Pa。一般试剂含量≥95.0%

注意事项　该品吸入、口服或与皮肤接触有害。使用时应穿适当的防护服和戴手套。应避免与眼睛及皮肤接触。应密封于阴凉处保存。

主要用途　有机合成。

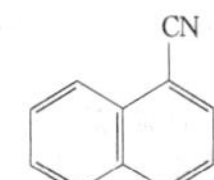

1,2-Naphthoquinone　1,2-萘醌　07027

[524-42-5]　$C_{10}H_6O_2$　158.16

成分 C 75.94%，H 3.82%，O 20.23%。

别名 β-萘醌；邻萘醌；1,2-Naphthalenedione；β-Naphthoquinone

M. I. 15，6479

性状 金黄色针状结晶。溶于乙醇、苯、乙醚、5%氢氧化钠溶液、5%碳酸氢钠溶液、浓硫酸呈绿色，不溶于水。145～147℃分解；uv max（无水乙醇中）：250nm，340nm，405nm（lg ε 4.35，3.40，3.40）。一般试剂含量≥90.0%（HPLC）。

注意事项 该品口服有害。对眼睛、呼吸系统及皮肤有刺激性。使用时应穿适当的防护服。万一接触到眼睛，应立即用大量水冲洗后请医生诊治。应密封于2～8℃保存。

主要用途 间苯二酚及沙啉的试剂。

1,4-Naphthoquinone 1,4-萘醌 07028

[130-15-4] $C_{10}H_6O_2$ 158.16

成分 C 75.94%，H 3.82%，O 20.23%。

别名 α-萘醌；对萘醌；1,4-Dihydro-1,4-diketonaphthalene；1,4-Naphthalenedione；α-Naphthoquinone

M. I. 15，6480

性状 来自乙醇或石油醚中的黄色三斜针状或片状结晶。有特殊气味。易溶于热乙醇、乙醚、苯、三氯甲烷、二硫化碳、乙酸，溶于碱溶液呈红棕色，微溶于石油醚，略微溶于冷水。热至100℃升华。mp 126℃；*d* 1.422。一般试剂含量≥98.5%（HPLC）。

注意事项 该品口服有毒。吸入极毒。对眼睛、呼吸系统及皮肤有刺激性。接触皮肤能引起过敏。对水生物极毒。使用时应穿适当的防护服，戴手套和防护镜或面罩。万一接触到眼睛，应立即用大量水冲洗后请医生诊治。使用时如有事故发生或有不适之感，应请医生诊治。应防止将本品释放于环境中。应密封避光保存。

主要用途 有机合成。杀菌剂。

1,2-Naphthoquinone-4-sulfonic acid potassium salt 1,2-萘醌-4-磺酸钾盐 07029

[5908-27-0] $C_{10}H_5KO_5S$ 276.31

成分 C 43.47%，H 1.82%，K 14.15%，O 28.95%，S 11.61%。

别名 β-萘醌-4-磺酸钾盐；3,4-Dihydro-3,4-dioxonaphthalene-1-sulfonic acid potassium salt；β-Naphthoquinone-4-sulfonic acid potassium salt；Potassium β-naphthoquinone-4-sulfonate

性状 金黄色针状结晶。溶于50%乙醇，微溶于水，溶液呈弱酸性。mp 286～288℃。

注意事项 该品对眼睛、呼吸系统及皮肤有刺激性。应密封保存。

主要用途 有机合成。染料中间体。

1,2-Naphthoquinone-4-sulfonic acid sodium salt 1,2-萘醌-4-磺酸钠盐 07030

[521-24-4] $C_{10}H_5NaO_5S$ 260.19

成分 C 46.16%，H 1.94%，Na 8.84%，O 30.74%，S 12.32%。

别名 β-萘醌-4-磺酸钠；3,4-Dihydro-3,4-dioxo-1-naphthalenesulfonic acid sodium salt；β-Naphthoquinone-4-sulfonic acid sodium salt；Sodium 1,2-naphthoquinone-4-sulfonate；Sodium β-naphthoquinone-4-sulfonate

M. I. 15，8777

性状 来自稀乙醇中的黄色结晶。易溶于水，微溶于95%乙醇，中等程度溶于丙酮，几乎不溶于乙醚、氯仿、二硫化碳、苯、石油醚。mp 289℃（分解）。一般试剂含量≥97.0%（T）。

注意事项 该品对眼睛、呼吸系统及皮肤有刺激性。使用时应穿适当的防护服和戴手套。万一接触到眼睛，应立即用大量水冲洗后请医生诊治。应密封于干燥处保存。

主要用途 比色分析测定氨基酸和有机胺。测定氨基酸、磺胺衍生物。

1-Naphthoxyacetic acid 1-萘氧基乙酸 07031

[2976-75-2] $C_{12}H_{10}O_3$ 202.21

成分 C 71.28%，H 4.98%，O 23.74%。

别名 α-萘氧基乙酸；α-Naphthoxyacetic acid；1-Naphthalenyloxy acetic acid；α-NOA

性状 近白色柱状结晶。溶于乙醇、乙醚，微溶于水。mp 195～197℃。一般试剂含量≥98.0%。

注意事项 该品应密封于干燥处保存。

主要用途 植物生长激素。

2-Naphthoxyacetic acid 2-萘氧基乙酸 07032

[120-23-0] $C_{12}H_{10}O_3$ 202.21

成分 C 71.28%，H 4.98%，O 23.74%。

别名 β-萘氧基乙酸；β-Naphthoxyacetic acid；O-(2-Naphthyl) glycolic acid；2-Naphthalenyloxyacetic acid；β-NOA

M. I. 15，6482

性状 来自热水或苯中的近白色棱柱状结晶。溶于乙醇、乙醚、乙酸，中等程度溶于热水。mp 156℃。

注意事项 该品口服有害。其余见07026 1,2-萘醌-4-磺酸钠盐。应密封保存。

主要用途 植物生长刺激素。

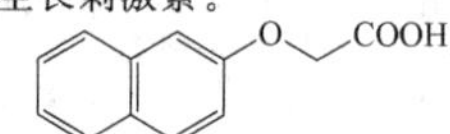

1-Naphthoyl chloride 1-萘甲酰氯 07033

[879-18-5] $C_{11}H_7ClO$ 190.63

成分 C 69.31%，H 3.70%，Cl 18.60%，O 8.39%。

别名 氯化1-萘甲酰；氯化1-萘羧酸；1-Naphthalenecarboxylic acid chloride

性状 无色液体。低温凝固。对湿度敏感。溶于水即分解。mp 16～19℃；bp_{10} 163℃/1.333kPa；$bp_{0.1}$ 118℃/13.332Pa；Fp 230℉（110℃）；d^{20} 1.265；n_D^{20} 1.652。一般试剂含量≥95.0%（GC）。

注意事项 该品与水反应激烈。具有腐蚀性。能引起烧伤。对呼吸系统有刺激性。使用时应穿适当的防护服，戴手套和防护镜或面罩。切勿向该品中加水。万一接触到眼睛，应立即用大量水冲洗后请医生诊治。使用时如有事故发生或有不适之感，应请医生诊治。应密封干燥保存。其包装物应按危险品处理。

主要用途 有机合成。

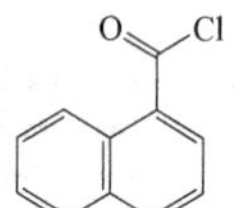

2-Naphthoyl chloride 2-萘甲酰氯 07034

[2243-83-6] $C_{11}H_7ClO$ 190.63

成分 C 69.31%，H 3.70%，Cl 18.60%，O 8.39%。

别名 氯化2-萘甲酰；氯化2-萘羧酸；2-Naphthalene carboxylic acid chloride

性状 无色结晶。对湿度敏感。溶于水即分解。mp 50～52℃；bp_{14} 160～162℃/1.9kPa；Fp 235.4℉（113℃）。一般试剂含量≥98.0%（GC）。

注意事项 该品具有腐蚀性，能引起烧伤。使用时应穿适当的防护服，戴手套和防护镜或面罩。使用时禁止饮食。万一接触到眼睛，应立即用大量水冲洗后请医生诊治。使用时如有事故发生或有不适之感，应请医生诊治。应充氩气密封于2～8℃保存。其包装物应按危险品处理。

主要用途 有机合成。

1-Naphthyl acetate 乙酸1-萘酯 07035

[830-81-9] $C_{12}H_{10}O_2$ 186.21

别名 1-萘基乙酸酯；醋酸α-萘酯；Acetic acid 1-naphthyl ester；α-Naphthyl acetate

性状 无色针状结晶。溶于乙醇、乙醚、二氧六环，不溶于水。mp 45～46℃；Fp 235.4℉（113℃）。生化试剂含量≥99.0%（HPLC）。

注意事项 该品对眼睛、呼吸系统及皮肤有刺激性。对眼睛有严重损伤的危险。使用时应戴防护镜或面罩。万一接触到眼睛，应立即用大量水冲洗后请医生诊治。应充氩气密封干燥保存。

主要用途 酶组织化学中用以测定 α-酯酶。有机合成中间体。

2-Naphthyl acetate 乙酸 2-萘酯 07036

[1523-11-1] $C_{12}H_{10}O_2$ 186.21

成分 C 77.40%，H 5.41%，O 17.18%。

别名 2-萘基乙酸酯；醋酸 β-萘酯；β-Naphthyl acetate；Acetic acid 2-naphthyl ester

性状 白色或浅红色针状结晶。易溶于甲醇、乙醇、乙醚，微溶于水。mp 69～70℃。生化试剂含量≥99.0%（GC）。

注意事项 该品对眼睛有严重损伤的危险。使用时应戴防护镜或面罩。万一接触到眼睛，应立即用大量水冲洗后请医生诊治。应充氩气密封干燥保存。

主要用途 组织化学中测定酯酶的底物。

1-Naphthylacetic acid 1-萘乙酸 07037

[86-87-3] $C_{12}H_{10}O_2$ 186.21

成分 C 77.40%，H 5.41%，O 17.18%。

别名 α-萘乙酸；α-萘醋酸；Fruitone-N；NAA；1-Naphthaleneacetic acid；α-Naphthaleneacetic acid；Naphthylacetic acid；Phyomone；Planofix；Tre-Hold

M.I.15，6456

性状 来自水中的无色针状结晶。易溶于丙酮、乙醚、三氯甲烷，溶于约 30 份乙醇，微溶于冷水（17℃，0.38g/L）。mp 134.5～135.5℃。LD_{50} 大鼠急性经口：1000mg/kg。一般试剂含量≥96.0%。

注意事项 该品口服有害。对呼吸系统及皮肤有刺激性。对眼睛有严重损伤的危险。对机体有不可逆损伤的可能性。使用时应穿适当的防护服。应避免吸入本品的粉尘。万一接触到眼睛，应立即用大量水冲洗后请医生诊治。

主要用途 植物生长刺激素。有机合成。酶化学中测定 α-酯酶。

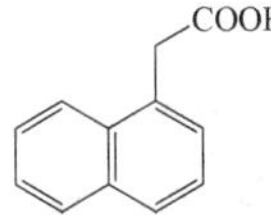

2-Naphthyl acetic acid 2-萘乙酸 07038

[581-96-4] $C_{12}H_{10}O_2$ 186.21

成分 C 77.40%，H 5.41%，O 17.18%。

别名 β-萘乙酸；β-萘醋酸；β-Naphthaleneacetic acid

性状 白色鳞片状结晶或粉末。溶于乙醇、乙醚、三氯甲烷、乙酸乙酯。mp 139～142℃。生化试剂含量≥98.0%（T）。

注意事项 该品对眼睛、呼吸系统及皮肤有刺激性。使用时应穿适当的防护服和戴手套。万一接触到眼睛，应立即用大量水冲洗后请医生诊治。

主要用途 植物生长刺激素。植物生根剂。组织化学中测定酯酶的底物。

1-Naphthylamine 1-萘胺 07039

[134-32-7] $C_{10}H_9N$ 143.19

成分 C 83.88%，H 6.34%，N 9.78%。

别名 甲萘胺；1-氨基萘；α-氨基萘；α-萘胺；1-Aminonaphthalene；1-Naphthalenamine；Naphthalidine；α-Naphthylamine

GW 2015-1586 M.I.15，6483

性状 无色针状结晶或白色粉末。有特殊气味。露置空气中逐渐变红。易溶于乙醇、乙醚，溶于 590 份水。易升华。能随水蒸气挥发。mp 50℃；bp 301℃；Fp 314.6℉（157℃）；d1.13。一般试剂含量≥99.0%。

注意事项 该品口服有害。对水生物有毒。能对水环境引起不利的结果。使用时应避免与皮肤接触，使用时如有事故发生或有不适之感，应请医生诊治。应防止将本品释放于环境中。应密封避光保存。

主要用途 检定锇、铷、钒、铬、铜、汞、铊、钨、硝酸盐、臭氧、一氧化氮等的试剂。荧光指示剂。气相色谱固定液，用以分离对、邻位二甲苯及环烷和链烷。有机合成。

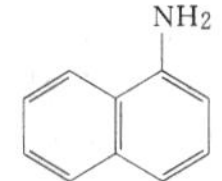

2-Naphthylamine 2-萘胺 07040

[91-59-8] $C_{10}H_9N$ 143.19

成分 C 83.88%，H 6.34%，N 9.78%。

别名 乙萘胺；1-氨基萘；β-氨基萘；β-萘胺；2-Aminonaphthalene；2-Naphthalenamine；β-Naphthylamine

GW 2015-1587 M.I.15，6484

性状 白色至微粉红色带光泽的片状结晶。溶于热水、乙醇、乙醚。水溶液呈深蓝色并带有荧光。能随水蒸气挥发。mp 111～113℃；bp 306℃；d_4^{98} 1.061。一般试剂含量≥99.0%。

注意事项 该品口服有害。能致癌。对水生物有毒。能对水环境引起不利的结果。使用前应得到专门的指导，避免曝露。使用时如有事故发生或有不适之感，应请医生诊治。应防止将本品释放于环境中。应密封避光于 20℃ 以下保存。

主要用途 可代替 1-萘胺用于亚硝酸盐的测定。显微镜分析中用以测定钯、汞。醛、酮的分离。荧光指示剂等。

1-Naphthylamine hydrochloride 1-萘胺 盐酸盐 07041

[552-46-5] $C_{10}H_{10}ClN$ 179.65

成分 C 66.86%，H 5.61%，Cl 19.73%，N 7.80%。

别名 盐酸 1-氨基萘；1-氨基萘 盐酸盐；盐酸-1-萘胺；盐酸甲萘胺；盐酸 α-萘胺；α-萘胺 盐酸盐；1-Aminonaphthalene hydrochloride；α-Naphthylamine hydrochloride；1-Naphthylammonium chloride

GW 2015-2508 M.I.15，6483

性状 白色结晶性粉末。见光或露置空气中逐渐变粉红色。溶于约 27 份水，溶于乙醇、乙醚。

注意事项 该品口服有害。能致癌。对水生物有毒。能对水环境引起长期不良的影响。使用前应得到专门的指导，避免曝露。使用时应避免吸入本品的粉尘。应穿适当的防护服。使用时如有事故发生或有不适之感，应请医生诊治。应密封避光于干燥处保存。

主要用途 测定硝酸盐、亚硝酸盐等的试剂。

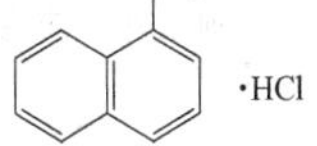

1-Naphthylamine-4-sulfonic acid 1-萘胺-4-磺酸 07042

[84-86-6] $C_{10}H_9NO_3S$ 223.25

成分 C 53.80%，H 4.06%，N 6.27%，O 21.50%，S 14.36%。

别名 4-氨基-1-萘磺酸；4-Amino-1-naphthalenesulfonic acid；Naphthionic acid；Piria's acid

M.I.15，6485

性状 近白色或淡灰色有光泽的针状结晶。溶于稀碱溶液、氨水、碳酸盐溶液有蓝色荧光。1g 该品溶于水：10℃，3.45L；20℃，3.22L；50℃，1.69L；100℃，438.5mL。略微溶于乙醇、乙醚，几乎不溶于乙酸、乙酐。mp≥300℃；d_4^{25} 1.673。一般试剂含量≥97.0%（T）。

注意事项 该品具有腐蚀性，能引起烧伤。使用时应穿适当的防护服，戴手套和防护镜或面罩。万一接触到眼睛，应立即用大量水冲洗后请医生诊治。使用时如有事故发生或有不适之感，应请医生诊治。该品应密封保存。

主要用途 染料中间体。

1-Naphthylamine-5-sulfonic acid 1-萘胺-5-磺酸 07043

[84-89-9] $C_{10}H_9NO_3S$ 223.25

成分 C 53.80%，H 4.06%，N 6.27%，O 21.50%，S 14.36%。

别名 1-氨基萘-5-磺酸；5-氨基-1-萘磺酸；1-Aminonaphthalene-5-sulfonic acid；5-Amino -1-naphthalenesulfonic acid；Laurent's acid；L-acid

M. I. 15，6486

性状 白色针状结晶。干燥加热至110℃时变成无水物。曝露在空气中缓慢变红紫色，在潮湿时则加快变化。溶于950份冷水，较多地溶于热水。一般试剂含量 90.0%～95.0%（T）。

注意事项 该品吸入、口服或与皮肤接触有害。具有腐蚀性，能引起烧伤。使用时应穿适当的防护服，戴手套和防护镜或面罩。万一接触到眼睛，应立即用大量水冲洗后请医生诊治。使用时如有事故发生或有不适之感，应请医生诊治。应密封保存。

主要用途 染料合成。

1-Naphthylamine-7-sulfonic acid 1-萘胺-7-磺酸 07044

[119-28-8] $C_{10}H_9NO_3S$ 223.25

成分 C 53.80%，H 4.06%，N 6.27%，O 21.50%，S 14.36%。

别名 1,7-克列夫氏酸；8-氨基-2-萘磺酸；8-Amino-2-naphthalenesulfonic acid；1,7-Cleve's acid

M. I. 15，2349

性状 来自水中的白色至浅灰色针状或柱状结晶。溶于碱溶液、氨水，溶于220份水，极微溶于乙醇、乙醚。mp≥300℃。一般试剂含量≥97.0%（T）。

注意事项 除保存外，其他见07043 1-萘胺-5-磺酸。应密封避光保存。

主要用途 偶氮染料中间体。测定水中亚硝酸盐。

1-Naphthylamine-8-sulfonic acid 1-萘胺-8-磺酸 07045

[82-75-7] $C_{10}H_9NO_3S$ 223.25

成分 C 53.80%，H 4.06%，N 6.27%，O 21.50%，S 14.36%。

别名 周位酸；8-氨基-1-萘磺酸；8-Amino-1-naphthalenesulfonic acid；Peri acid

M. I. 15，6487

性状 无色或白色针状结晶。易溶于冰乙酸，溶于240份沸水、4800份冷水。

注意事项 该品对皮肤有刺激性。应密封避光保存。

主要用途 合成偶氮化合物。

2-Naphthylamine-1-sulfonic acid 2-萘胺-1-磺酸 07046

[81-16-3] $C_{10}H_9NO_3S$ 223.25

成分 C 53.80%，H 4.06%，N 6.27%，O 21.50%，S 14.36%。

别名 托拜厄斯酸；2-氨基-1-萘磺酸；Tobias acid；2-Amino-1-naphthalenesulfonic acid

M. I. 15，6488

性状 来自热水中的白色片状结晶或来自冷水中的针状结晶。较多地溶于热水，微溶于冷水，极微溶于乙醇、乙醚。一般试剂含量≥98.0%（T）。

注意事项 该品对眼睛有刺激性，使用时应穿适当的防护服，戴手套、防护镜或面罩。万一接触到眼睛，应立即用大量水冲洗后请医生诊治。应密封保存。

主要用途 染料中间体。

1-Naphthylamine-4-sulfonic acid sodium salt tetrahydrate 1-萘胺-4-磺酸钠盐 四水 07047

[130-13-2] $C_{10}H_8NNaO_3S \cdot 4H_2O$ 317.29

成分(以无水物计) C 48.98%，H 3.29%，N 5.71%，Na 9.37%，O 19.57%，S 13.08%。

别名 四水合1-萘胺-4-磺酸钠盐；4-氨基-1-萘磺酸钠盐 四水；对氨基萘磺酸钠 四水；4-Aminonaphthalene-1-sulfonic acid sodium salt tetrahydrate；101-E；Naphthionic acid sodium salt tetrahydrate；Naphthionine；Sodium naphthionate tetrahydrate；Sodium 1-naphthylamine-4-sulfonate tetrahydrate

M. I. 15，6485

性状 来自水中的无色或白色长单斜棱柱体结晶。在空气中易变紫色。易溶于水，带蓝色荧光。亦溶于95%乙醇，几乎不溶于乙醚。其1%水溶液pH值6.8。pH值6.2～10呈紫蓝色。130℃成为无水物。

注意事项 使用时应避免吸入本品的粉尘，避免与眼睛及皮肤接触。应密封干燥保存。

主要用途 荧光指示剂。pH指示剂。配合黑格勒尔氏试液检验亚硝酸。

2-Naphthyl benzoate 苯甲酸2-萘酯 07048

[93-44-7] $C_{17}H_{12}O_2$ 248.28

成分 C 82.24%，H 4.87%，O 12.89%。

别名 苯甲酸β-萘酯；Benzoic acid 2-naphthyl ester；Benzonaphthol；Benzoylnaphthol；Betanaphthol benzoate；Haertolan；Lintrin；2-Naphthol benzoate；β-Naphthyl benzoate

M. I. 15，6490

性状 白色结晶性粉末。久置后变暗。易溶于热乙醇、甘油、油类、氯仿，微溶于乙醚，几乎不溶于水。mp 108～110℃。一般试剂含量≥98.0%。

注意事项 该品应密封于干燥处保存。

主要用途 有机合成。医用肠腔消毒剂。

***N*-(1-Naphthyl)ethylenediamine *N*-(1-萘基)乙二胺** 07049

[551-09-7] $C_{12}H_{14}N_2$ 186.26

成分 C 77.38%，H 7.58%，N 15.04%。

别名 *N*-1-Naphthalenyl-1,2-ethanediamine；1-Amino-2-(α-naphthylamino)ethane

M. I. 15，6491

性状 草黄色黏性油状液体。溶于乙醇等多数有机溶剂（石油醚除外），微溶于水（25℃，0.2g/100mL），较多地溶于热水。其水溶液pH值10.5。bp_{760} 约 320℃/101.325kPa（分解）；bp_9 204℃/1.2kPa；Fp ＞230℉（110℃）；d_4^{25} 1.114；n_D^{25} 1.6648。一般试剂含量≥98.0%。

注意事项 该品对皮肤有刺激性。使用时避免吸入和接触皮肤。应密封于干燥处保存。

主要用途 检定磺胺类药物，测定叶酸钾、亚硝酸盐、硫酸盐。

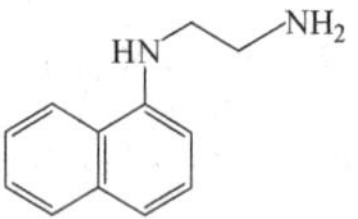

***N*-(1-Naphthyl)ethylenediamine dihydrochloride *N*-(1-萘基)乙二胺 二盐酸盐** 07050

[1465-25-4] $C_{12}H_{16}Cl_2N_2$ 259.17

成分 C 55.61%，H 6.22%，Cl 27.36%，N 10.81%。

别名 二盐酸1-萘乙二胺；二盐酸 *N*-（1-萘基）乙二胺；氢氯化萘乙二胺；*N*-甲萘基盐酸二氨基乙烯；α-萘乙二胺 二盐酸盐；*N*-α-盐酸萘乙二胺；1-氨基-2-（α-萘胺）乙烷 二盐酸盐；磺胺试剂；1-Amino-2-(α-naphthylamine)ethane dihydrochloride；NEDA

GW 2015-2509　M. I. 15，6491

性状 绿黄色长六方形棱柱体结晶或粉末。易吸潮。易溶于

95%乙醇、稀盐酸、热水，微溶于冷水、丙酮、无水乙醇。mp 188～190℃。一般试剂含量 99.0%～102.0%。

注意事项 该品对眼睛、呼吸系统及皮肤有刺激性。使用时应穿适当的防护服和戴手套。万一接触到眼睛，应立即用大量水冲洗后请医生诊治。接触皮肤后应立即用大量肥皂泡沫冲洗。应充氮气密封避光干燥保存。

主要用途 测定磺胺类药物的试剂。测定钾、叶酸、亚硝酸盐、硫酸盐。

1-Naphthyl ethyl ether 1-萘乙醚 07051

[5328-01-8] $C_{12}H_{12}O$ 172.23

成分 C 83.69%，H 7.02%，O 9.29%。

别名 1-乙氧基萘；α-乙氧基萘；乙基-1-萘基醚；α-萘乙醚；α-Ethoxynaphthalene；Ethyl-1-naphthyl ether；α-Naphthylethyl ether

性状 室温为无色液体，遇冷为无色结晶。能与乙醇、乙醚相混溶，不溶于水。mp 5.5℃；bp 276.4℃；d_4^{20} 1.060；n_D^{20} 1.602。

注意事项 该品应密封保存。

主要用途 香料制备。

2-Naphthyl ethyl ether 2-萘乙醚 07052

[93-18-5] $C_{12}H_{12}O$ 172.23

成分 C 83.69%，H 7.02%，O 9.29%。

别名 乙基-2-萘基醚；2-乙氧基萘；β-乙氧基萘；β-萘乙醚；Bromelia；2-Ethoxynaphthalene；β-Ethoxynaphthalene；Ethyl β-naphtholate；Ethyl-β-naphthyl ether；β-Naphthyl ethyl ether；Ethyl-2-naphthyl ether

M. I. 15，3806

性状 无色或白色有光泽的结晶。溶于乙醇、三氯甲烷、乙醚、二硫化碳、甲苯、石油醚，几乎不溶于水。mp 37～38℃；bp 282℃；d_{20}^{20}1.0640；$n_D^{47.3}$ 1.5932。一般试剂含量≥99.0%（GC）。

注意事项 该品对皮肤有刺激性。使用时应穿适当的防护服。万一接触到眼睛，应立即用大量水冲洗后请医生诊治。应密封保存。

主要用途 香料制备。有机合成。

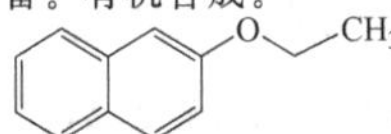

R-(－)-1-(1-Naphthyl)ethyl isocyanate

R-(－)-异氰酸 1-(1-萘基)乙酯 07053

[42340-98-7] $C_{13}H_{11}NO$ 197.24

成分 C 79.16%，H 5.62%，N 7.10%，O 8.11%。

别名 R-(－)-1-(1-萘基)乙基异氰酸酯；(R)-NEI

性状 无色液体。溶于水即分解。$bp_{0.15}$ 106～108℃/20Pa；Fp 199.4℉（93℃）；d1.118；n_D^{20} 1.6045；$[\alpha]_D^{20}$ －47°±2°(c=3.5，于甲苯中)。一般试剂含量≥99.0%（GC）。

注意事项 该品对眼睛、呼吸系统及皮肤有刺激性。吸入或口服有害。与皮肤接触可引起过敏。使用时应穿适当的防护服、戴手套和防护镜或面罩。使用时应避免吸入本品的蒸气。万一接触到眼睛，应立即用大量水冲洗后请医生诊治。应充氩气密封于 2～8℃保存。

S-(＋)-1-(1-Naphthyl)ethyl isocyanate

S-(＋)-异氰酸 1-(1-萘基)乙酯 07054

[73671-79-1] $C_{13}H_{11}NO$ 197.24

成分 C 79.16%，H 5.62%，N 7.10%，O 8.11%。

别名 S-（＋）-1-（1-萘基）乙基异氰酸酯

性状 无色液体。溶于水即分解。$bp_{0.16}$ 106～108℃/20Pa；Fp 199.4℉（93℃）；d^{25} 1.128；n_D^{20} 1.6045；$[\alpha]_D^{20}$ ＋47°±2°（c=3.5，于甲苯中）一般试剂含量≥99.0%（GC）。

注意事项 见 07053 R-（－）-异氰酸 1-（1-萘基）乙酯。

2-Naphthyl-β-D-galactopyranoside

2-萘基-β-D-吡喃半乳糖苷 07055

[33993-25-8] $C_{16}H_{18}O_6$ 306.32

成分 C 62.74%，H 5.92%，O 31.34%。

别名 β-Naphthyl-β-D-galactopyranoside

性状 无色或白色结晶。

注意事项 使用时应避免吸入本品的粉尘，避免与眼睛及皮肤接触。应密封于－20℃保存。

1-Naphthyl isocyanate 异氰酸 1-萘酯 07056

[86-84-0] $C_{11}H_7NO$ 169.18

成分 C 78.09%，H 4.17%，N 8.28%，O 9.46%。

别名 α-萘基异氰酸酯；1-*iso*-Cyanatonaphthalene；*iso*-Cyanic acid-1-naphthyl ester；1-Isocyanatonaphthalene；1-Naphthyl carbimide

M. I. 15，6492

性状 无色至微黄色液体。有辛辣味。溶于乙醇、三氯甲烷、乙醚、石油醚。mp 4℃；bp 270℃；Fp 275℉（135℃）；d1.181；n_D^{20} 1.633。一般试剂含量≥98.0%。

注意事项 该品口服、吸入或与皮肤接触有害。对眼睛、呼吸系统及皮肤有刺激性。吸入能引起过敏。使用时应穿适当的防护服和戴手套。使用时应避免吸入本品的蒸气。万一接触到眼睛，应立即用大量水冲洗后请医生诊治。接触皮肤后应立即用大量肥皂泡沫冲洗。应密封避光于 2～8℃保存。其包装物应按危险品处理。

主要用途 测定醇类、伯胺、仲胺、卤素、苯酚等用的试剂。

1-Naphthyl isothiocyanate 异硫氰酸 1-萘酯 07057

[551-06-4] $C_{11}H_7NS$ 185.24

成分 C 71.32%，H 3.81%，N 7.56%，S 17.31%。

别名 1-萘基异硫氰酸酯；α-萘基硫代异氰酸酯；ANIT；1-Isothiocyanatonaphthalene；α-NIT；1-*iso*-Thiocyanatonaphthalene

GW 2015-2713 M. I. 15，6493

性状 白色针状结晶。纯品应无臭、无味。易溶于热乙醇、乙醚、苯、丙酮、四氯化碳、石油醚、橄榄油，不溶于水。mp 58℃。LD_{50}小鼠急性经口：245mg/kg。一般试剂含量≥98.0%。

注意事项 该品吸入或口服有毒。对眼睛、呼吸系统及皮肤有刺激性。使用时应穿适当的防护服，戴手套和防护镜或面罩。万一接触到眼睛，应立即用大量水冲洗后请医生诊治。使用时如有事故发生或有不适之感，应请医生诊治。应密封于阴凉处保存。

主要用途 测定脂肪族伯胺、仲胺的试剂。

2-Naphthyl laurate 月桂酸 2-萘酯 07058

[6343-73-3] $C_{22}H_{30}O_2$ 326.48

成分 C 80.94%，H 9.26%，O 9.80%。

别名 十二酸 2-萘酯；月桂酸 β-萘酯；2-萘基月桂酸酯；Lauric acid 2-naphthyl ester；2-Naphthyl dodecanoate；β-Naphthyl laurate

性状 白色或浅黄色结晶或粉末。易溶于无水乙醇、丙酮、吡啶、苯，不溶于水。mp 58～60℃。生化试剂含量≥99.0%（GC）。

注意事项 使用时应避免吸入本品的粉尘，避免与眼睛及皮肤接触。应充氩气密封于阴凉干燥处保存。

主要用途 香料合成。

2-(2-Naphthyloxy)ethanol 2-(2-萘氧基)乙醇 07059

[93-20-9] $C_{12}H_{12}O_2$

成分 C 76.57%，H 6.43%，O 17.00%。

别名 2-(2-Naphthalenyloxy) ethanol；β-Naphthoxyethanol；

Betanaphthoxyethanol; *β*-Hydroxyethyl 2-naphthyl ether; 2-(*β*-Hydroxyethoyl) naphthalene; Ethylene glycol mono-2-naphthyl ether

M. I. 15，6494

性状 来自苯+石油醚中的无色结晶。1g 该品溶于 4g 95% 乙醇、2g 丙酮，亦溶于乙醚、氯仿，不溶于水。mp 76.7℃；uv max (0.004%，于氯仿中)：273nm，328nm (*E* 约 1.00，约 0.395)。

主要用途 过去的兽用麻醉剂。

2-(1-Naphthyl)-5-phenyloxazole

2-(1-萘基)-5-苯基噁唑 07060

[846-63-9] $C_{19}H_{13}NO$ 271.32

成分 C 84.11%，H 4.83%，N 5.16%，O 5.90%。

别名 ANPO;*α*-NPO

性状 微黄色针状结晶。有荧光。溶于苯、甲苯，微溶于石油醚，不溶于水。mp 104～105℃；λ_{max} 330nm (lg ε 4.35)。一般试剂含量≥99.0% (HPLC)。

注意事项 使用时应避免吸入本品的粉尘，避免与眼睛及皮肤接触。

主要用途 闪烁试剂。

1-Naphthyl phosphate disodium salt

磷酸 1-萘酯二钠盐 07061

[2183-17-7] $C_{10}H_7Na_2O_4P$ 268.12

成分 C 44.80%，H 2.63%，Na 17.15%，O 23.87%，P 11.55%。

别名 1-萘基磷酸酯二钠盐；磷酸 *α*-萘酯二钠盐；*α*-萘基磷酸酯二钠盐；Disodium 1-naphthylphosphate；*α*-Naphthyl phosphate disodium salt;Phosphoric acid 1-naphthyl ester disodium salt

性状 白色结晶。溶于水。mp 246.1℃。一般试剂含量≥99.0%(HPLC)。

注意事项 该品对眼睛、呼吸系统及皮肤有刺激性。使用时应穿适当的防护服。万一接触到眼睛，应立即用大量水冲洗后请医生诊治。应充氩气密封于 2～8℃保存。

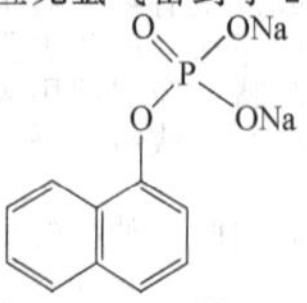

1-Naphthyl phosphate monosodium salt monohydrate

磷酸 1-萘酯一钠盐 一水 07062

[81012-89-7] $C_{10}H_8NaO_4P \cdot H_2O$ 264.15

成分(以无水物计) C 48.80%，H 3.28%，Na 9.34%，O 26.00%，P 12.58%。

别名 一水合磷酸 1-萘酯一钠盐；1-萘基磷酸酯一钠盐 一水；一水合磷酸 1-萘酯 钠盐；磷酸-*α*-萘酯一钠盐 一水；*α*-萘基磷酸酯一钠盐 一水；Monosodium 1-naphthylphosphate；*α*-Naphthyl phosphate monosodium salt；Monosodium 1-naphthylphosphate

性状 白色结晶。溶于水。mp 189～191℃。生化试剂含量≥98.0% (HPLC)。

注意事项 见 07061 磷酸 1-萘酯二钠盐，应充氩气密封于 2～8℃干燥保存。

主要用途 组织化学用于检定碱性磷酸酶的底物。

2-Naphthyl phosphate monosodium salt

磷酸 2-萘酯一钠盐 07063

[14463-68-4] $C_{10}H_8NaO_4P$ 246.14

成分 C 48.80%，H 3.28%，Na 9.34%，O 26.00%，P 12.58%。

别名 2-萘基磷酸酯一钠盐；Monosodium 2-naphthylphosphate；*β*-Naphthyl phosphate monosodium salt；mono Sodium 2-naphthylphosphate

性状 白色结晶性粉末。溶于水。生化试剂含量≥99.0% (HPLC)。

注意事项 见 07061 磷酸 1-萘酯二钠盐应充氩气密封于 2～8℃保存。

主要用途 组织化学用于检定碱性磷酸酶。

1-Naphthyl red hydrochloride 1-萘基红 盐酸盐 07064

[83833-14-1] $C_{16}H_{13}N_3 \cdot HCl$ $C_{16}H_{14}ClN_3$ 283.76

成分 C 67.72%，H 4.97%，Cl 12.49%，N 14.81%。

别名 苯基偶氮甲萘胺 盐酸盐；4-苯基偶氮-1-萘胺 盐酸盐；苯偶氮-*α*-萘胺 盐酸盐；盐酸 *α*-萘红；盐酸 1-萘基红；Benzeneazonaphthylamine hydrochloride；4-(Phenylazo)-1-naphthaleneamine hydrochloride;4-Phenylazo-1-naphthylamine

C. I. 11350

性状 紫红色有光泽的针状结晶。溶于乙醇、乙醚、苯，不溶于水。mp 112～114℃；pH 值 3.7～5.0 (由粉红至橙色)。λ_{max} 440nm。一般试剂含量>85.0% (干燥)。

注意事项 该品对眼睛、呼吸系统及皮肤有刺激性。使用时应穿适当的防护服和戴手套。使用时应避免吸入本品的粉尘，避免与眼睛及皮肤接触。万一接触到眼睛，应立即用大量水冲洗后请医生诊治。应密封保存。

主要用途 酸碱指示剂。原生物活体的染色。

。

1-Naphthyl salicylate 水杨酸 1-萘酯 07065

[550-97-0] $C_{17}H_{12}O_3$ 264.28

成分 C 77.26%，H 4.58%，O 18.16%。

别名 1-萘基水杨酯酯；2-羟基苯甲酸 1-萘酯；2-Hydroxybenzoic acid 1-naphthalenyl ester;*α*-Naphthyl salicylate;*α*-Naphthol salicylate;Alphol

M. I. 15，6495

性状 无色或白色结晶性粉末。易溶于乙醇、乙醚、油类，不溶于水。mp 83℃。

主要用途 医用抗感染剂，抗炎剂。

2-Naphthyl salicylate 水杨酸 2-萘酯 07066

[613-78-5] $C_{17}H_{12}O_3$ 264.28

成分 C 77.26%，H 4.58%，O 18.16%。

别名 2-萘基水杨酸酯；2-羟基苯甲酸 2-萘酯；2-Hydroxybenzoic acid 2-naphthalenyl ester；*β*-Naphthol salicylate；Betol Naphthalol；Naphthosalol；Salinaphthol

M. I. 15，6496

性状 白色结晶性粉末。无嗅。无味。易溶于沸乙醇，溶于苯、乙醚，略微溶于冷乙醇，不溶于水、甘油。mp 95℃。

主要用途 医用消毒剂

2-Naphthyl stearate 硬脂酸 2-萘酯 07067

[6343-74-4] $C_{28}H_{42}O_2$ 410.64

成分 C 81.90%，H 10.31%，O 7.79%。

别名 十八酸 *β*-萘酯；*β*-Naphthyl stearate；Octadecanoic acid 2-naphthyl ester；Stearic acid 2-naphthyl ester

性状 白色粉末或固体。一般试剂含量约 95.0%。

注意事项 该品应密封于 2～8℃保存。

1-(1-Naphthyl)-2-thiourea 1-(1-萘基)-2-硫脲 07068

[86-88-4] $C_{11}H_{10}N_2S$ 202.28

成分 C 65.32%，H 4.98%，N 13.85%，S 15.85%。

别名 安妥；*α*-萘基硫脲；*α*-萘硫脲；ANTU；1-Naphthalenylthiourea; α-Naphthylthiourea; N-1-Naphthylthiourea; α-Naphthylthiocarbamide; Krysid; Chemical 109; Anturat; Bantu; Rattrack

GW 2015-1590　M. I. 15, 708

性状　来自乙醇中的棱柱体结晶。味苦。该品于下列物质中的溶解度（25℃，g/100mL）：水 0.06；丙酮 2.43；三甘醇 8.6。易溶于热乙醇。mp 198℃。

注意事项　该品口服极毒。对机体有不可逆损伤的可能性。使用时应穿适当的防护服和戴手套。使用时应避免与眼睛接触。使用时如有事故发生或有不适之感，应请医生诊治。

主要用途　杀鼠剂。分析用标准物质。

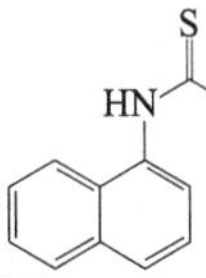

Napropamide　敌草胺　07069

[15299-99-7]　$C_{17}H_{21}NO_2$　271.36

成分　C 75.25%，H 7.80%，N 5.16%，O 11.79%。

别名　N,N-二乙基-2-(1-萘氧基)丙酰胺；2-(α-萘氧基)-N,N-二乙基丙酰胺；N,N-Diethyl-2-(1-naphthalenyloxy) propanamide; N,N-Diethyl-2-(1-naphthyloxy) propionamide; 2-(α-Naphthoxy)-N,N-diethylpropionamide; R-7465; Devrinol

M. I. 15, 6497

性状　来自正戊烷中的浅棕色固体。极微溶于水（20℃，70 $\times10^{-6}$）。mp 63～64℃。LD_{50} 小鼠急性经口：>5g/kg；腹膜内注射：>1g/kg；皮下注射：>1g/kg。一般试剂含量≥99.0%（HPLC）。

注意事项　使用时应避免吸入本品的粉尘，避免与眼睛及皮肤接触。

主要用途　除草剂。分析用标准物质。

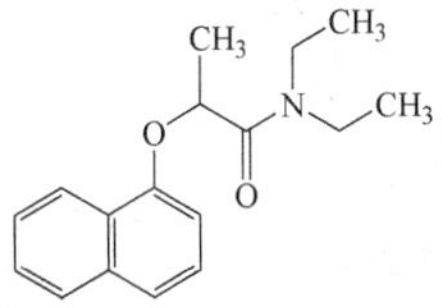

Naproxen　甲氧萘丙酸　07070

[22204-53-1]　$C_{14}H_{14}O_3$　230.26

成分　C 73.03%，H 6.13%，O 20.84%。

别名　(αS)-6-甲氧基-α-甲基-2-萘乙酸；d-2-(6-甲氧基-2-萘基)丙酸；(αS)-6-Methoxy-α-methyl-2-naphthaleneacetic acid; d-2-(6-Methoxy-2-naphthyl) propionic acid; MNPA; RS-3540; Bonyl; Diocodal; Dysmenalgit; Equiproxen; Floginax; Laraflex; Laser; Naixan; Napren; Naprium; Naprius; Naprosyn; Naprosyne; Naprux; Naxen; Nycopren; Pranoxen; Prexan; Proxen; Proxine; Reuxen; Veradol; Xenar

M. I. 15, 6499

性状　来自丙酮-己烷中的无色结晶。1 份该品溶于 25 份 96%乙醇、20 份甲醇、15 份氯仿、40 份乙醚，几乎不溶于水。mp 152～154℃；$[\alpha]_D$ +66°（于氯仿中）。LD_{50} 小鼠静脉注射：435mg/kg；急性经口：1234mg/kg。大鼠腹膜内注射：575mg/kg；急性经口：534mg/kg。一般试剂含量≥99.0%（T）。

注意事项　该品口服有害。对眼睛、呼吸系统及皮肤有刺激性。使用时应穿适当的防护服，戴手套和防护镜或面罩。万一接触到眼睛，应立即用大量水冲洗后请医生诊治。应密封于 20℃以下保存。

主要用途　医用抗炎剂，止痛剂，抗发热剂。

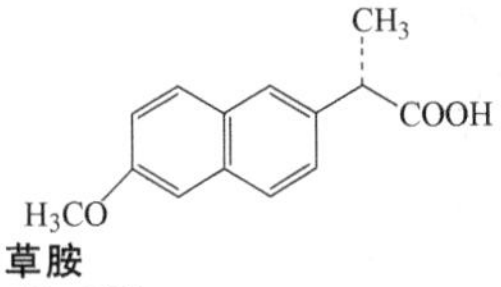

Naptalam　奈草胺　07071

[132-66-1]　$C_{18}H_{13}NO_3$　291.31

成分　C 74.22%，H 4.50%，N 4.81%，O 16.48%。

别名　抑草生；西力特；2-[(1-萘胺基)羰基]苯甲酸；2-[(1-Naphthalenylamino) carbonyl] benzoic acid; N-1-Naphthylphthalamic acid; α-Naphthylphthalamic acid

M. I. 15, 6500

性状　来自乙醇中的无色结晶。溶于碱溶液（pH 值约 9.5 分解），微溶于乙醇、丙酮、苯，微溶于水（<0.02g/100mL）。能被强酸或碱水解。mp 203℃；d_4^{20} 1.40。

注意事项　该品吸入有害。使用时应避免吸入本品的粉尘，避免与眼睛及皮肤接触。

主要用途　芽前除草剂。钍、锆的分析试剂。分析用标准物。

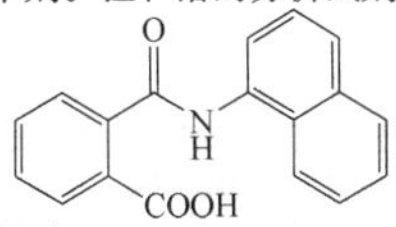

Narasin　甲基盐霉素　07072

[55134-13-9]　$C_{43}H_{72}O_{11}$　765.04

成分　C 67.51%，H 9.49%，O 23.00%。

别名　(4S)-4-Methylsalinomycin; narasin A; Comp d 79891; Antibiotic A-28086 factor A; C-7819B; Monteban

M. I. 15, 6501

性状　来自丙酮-水中的无色结晶。溶于水、醇类、丙酮、二甲基甲酰胺、二甲基亚砜、苯、氯仿、乙酸乙酯。pK_a 7.9（二甲基亚砜 80%水溶液中）；mp 98～100℃；uv max（乙醇中）：285nm（ε 58）；$[\alpha]_D^{25}$ −54°（c=0.2，于甲醇中）。LD_{50} 小鼠腹膜内注射：7.15mg/kg。生化试剂含量≥97.0%。

注意事项　该品口服极毒。使用时应穿适当的防护服和戴手套。接触皮肤后，应立即用大量肥皂泡沫冲洗。使用时如有事故发生或有不适之感，应请医生诊治。应密封于 2～8℃保存。

主要用途　生化研究。兽用抑球虫剂，生长兴奋剂。

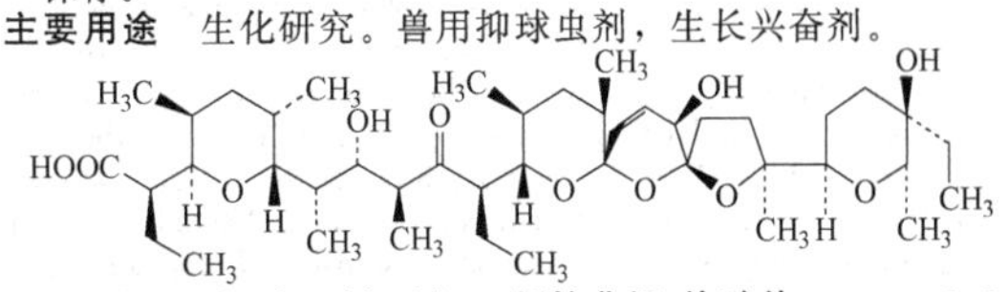

Naratriptan hydrochloride　那拉曲坦 盐酸盐　07073

[143388-64-1]　$C_{17}H_{26}ClN_3O_2S$　317.92

成分　C 54.90%，H 7.05%，Cl 9.53%，N 11.30%，O 8.60%，S 8.62%。

别名　盐酸那拉曲坦；那拉曲普坦 盐酸盐；GR-85548A; Amerge; Naramig; N-Methyl-3-(1-methyl-4-piperidinyl)-1H-indole-5-ethanesulfonamide hydrochloride

M. I. 15, 6502

性状　无色微晶。溶于水。mp 237～239℃。

主要用途　医用抗偏头痛剂。

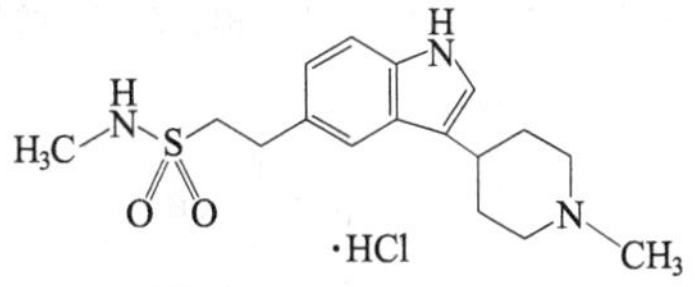

Narbomycin　那波霉素　07074

[6036-25-5]　$C_{28}H_{47}NO_7$　509.68

成分　C 65.98%，H 9.30%，N 2.75%，O 21.97%。

别名　12-去氧苦霉素；冥菌素；(10E)-3-De[(2,6-dideoxy-3-C-methyl-3-O-methyl-α-L-ribohexopyranosyl) oxy]-10,11-didehydro-10-dernethyl-6,11,12-trideoxy-3-oxoerythromycin; 12-Deoxypicromycin

M. I. 15, 6503

性状　来自乙醚+石油醚中的无色结晶。mp 113.5～115℃；$[\alpha]_D^{20}$ +68.5°（c=1.35，于氯仿中）；uv max（无水乙醇中）：225nm，286nm（lg ε 4.06，2.23）。LD_{50}小鼠皮下注射：500mg/kg。

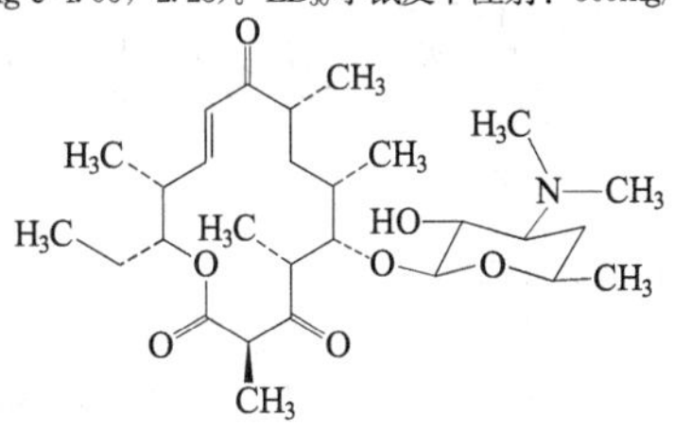

Narceine　那碎因　07075

[131-28-2]　$C_{23}H_{27}NO_8$　445.47

成分　C 62.01%，H 6.11%，N 3.14%，O 28.73%。

别名　二十三碳罂粟碱；纳尔赛因；6-[6-[2-(Dimethylamino)ethyl]-4-methoxy-1,3-benzodioxol-5-yl] acetyl-2,3-dimethoxybenzoic acid；6-[6-[2-(Dimethylamino) ethyl]-2-methoxy-3,4-(methylenedioxy)phenyl]acetyl-*o*-veratric acid；3,4,6′-Trimethoxy-4′,5′-methylene dioxy-2′-(*β*-dimethyl amino ethyl) deoxybenzoin-2-carboxylic acid

M. I. 15，6504

性状　白色粉末。极易吸湿。含 3 分子结晶水的为白色针状或柱状结晶性粉末。味苦。溶于碱溶液形成盐，亦溶于稀无机酸。1g 该品溶于 770mL 水、220mL 沸水，中等程度溶于热乙醇，几乎不溶于苯、氯仿、乙醚、石油醚。mp 138℃；uv max（乙醇中）：270nm（lg ε 3.98）。

注意事项　该品应密封避光保存。

主要用途　试验碘。医用镇咳剂。

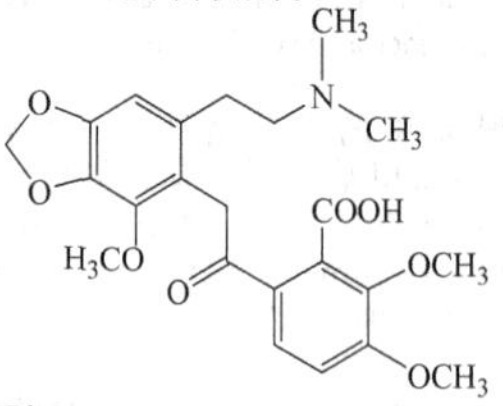

Narcotine　那可汀　07076

[128-62-1]　$C_{22}H_{23}NO_7$　413.43

成分　C 63.91%，H 5.61%，N 3.39%，O 27.09%。

别名　纳可丁；Capval；Coscopin；Coscotabs；(3*S*)-6,7-Dimethoxy-3-(5*R*-5,6,7,8-tetrahydro-4-methoxy-6-methyl-1,3-dioxolo[4,5-*g*] isoquinolin-5-yl)-1 (3*H*)-isobenzofuranone；Gnos copine；Longatin；Lyobex；Methoxyhydrastine；*l*-*α*-2-Methyl-8-methoxy-6,7-methylenedioxy-1-(6,7-dimethoxy-3-phthalidyl)-1,2,3,4-tetrahydroisoquinoline；Narcomp ren；Narcosine；*l*-*α*-Narcotine；Narcotussin；Nectadon；Nicolane；Nipaxon；Noscapalin；Noscapine；Opian；Opianine；NSC-5366；Terbenol；Tusscapine；Vadebex

M. I. 15，6807

性状　来自双丙酮中的无色或白色正交双楔棱柱体结晶或片。无味。易溶于二硫化碳、热氯仿，微溶于水、苯、氨水及热的氢氧化钾溶液、氢氧化钠溶液而生成盐，几乎不溶于植物油。p*K* 7.8。mp 176℃（232℃分解）；*d* 1.395；$[\alpha]_D^{25}$ −200°（*c*=1，于氯仿中）；uv max（乙醇中）：209nm，291nm，309～310nm（lg ε 4.86，3.60，3.69）。

注意事项　该品应密封避光保存。

主要用途　测定硝酸。试验金、汞、铂、钛和硝酸盐。医用镇咳剂。

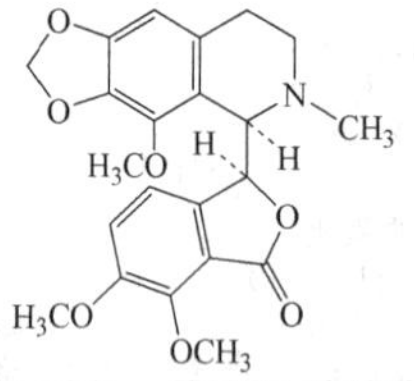

Narcotine hydrochloride　那可汀 盐酸盐　07077

[912-60-7]　$C_{22}H_{24}ClNO_7$　449.88

成分　C 58.73%，H 5.38%，Cl 7.88%，N 3.11%，O 24.89%。

别名　盐酸那可汀；钠可丁 盐酸盐；盐酸钠可丁；Capval；Narcotussin；Noscapine hydrochloride

M. I. 15，6807

性状　无色结晶或白色粉末。无气味。味苦。易溶于水（1∶19）、氯仿，微溶于乙醇。

注意事项　该品口服有害。使用时应穿适当的防护服。使用时如有事故发生或有不适之感，应请医生诊治。应充氩气密封于 2～8℃保存。

主要用途　生化研究。

Narcotoline　那可托灵　07078

[521-40-4]　$C_{21}H_{21}NO_7$　399.40

成分　C 63.15%，H 5.30%，N 3.51%，O 28.04%。

别名　(3*S*)-6,7-Dimethoxy-3-[(5*R*)-5,6,7,8-tetrahydro-4-hydroxy-6-methyl-1,3-dioxolo[4,5-*g*]isoquinolin-5-yl]-1(3*H*)-isobenzofuranone；Desmethylnarcotine

M. I. 15，6505

性状　来自稀甲醇中的矩形棒状体。易溶于氯仿、稀酸、稀氢氧化钠及稀氢氧化钾水溶液，中等程度溶于热乙醇、乙醚，略溶于稀碳酸钠水溶液，极微溶于水。mp 202℃；$[\alpha]_D^{20}$ −189°（0.1g 溶于 25mL 氯仿，20cm 试管中）；$[\alpha]_D^{20}$ +5.8°（0.065g 溶于 5mL 0.1mol/L 盐酸，20cm 试管中）。

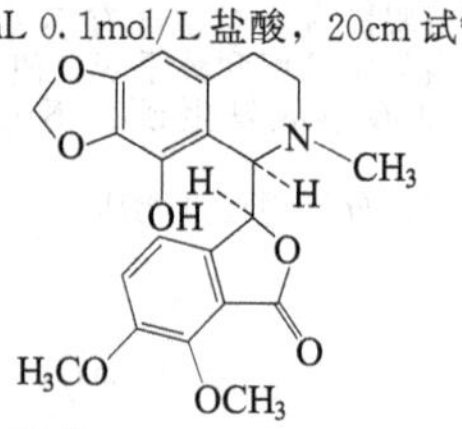

Naringenin　柚苷配基　07079

[480-41-1][67604-48-2]　$C_{15}H_{12}O_5$　272.26

成分　C 66.17%，H 4.44%，O 29.38%。

别名　柚配基；4′,5,7-三羟基黄烷酮；(2*S*)-2,3-Dihydro-5,7-dihydroxy-2-(4-hydroxyphenyl)-4*H*-1-benzopyran-4-one；4′,5,7-Trihydroxyflavanone；Naringetol；Salipurpol；Pelargidanon 1602

M. I. 15，6506

性状　来自稀乙醇中的无色针状结晶。溶于乙醇、乙醚、苯，几乎不溶于水。mp 251℃；uv max：226nm，292nm。

注意事项　该品对眼睛、呼吸系统及皮肤有刺激性。使用时应穿适当的防护服。万一接触到眼睛，应立即用大量水冲洗后请医生诊治。

主要用途　生化研究。

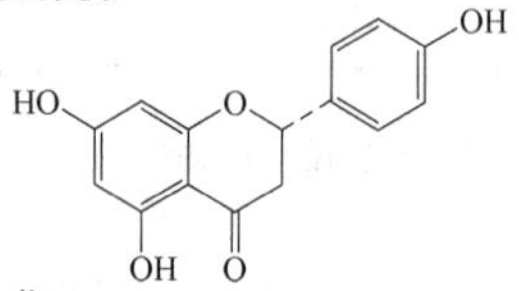

Naringin　柚皮苷　07080

[10236-47-2]　$C_{27}H_{32}O_{14}$　580.54

成分　C 55.86%，H 5.56%，O 38.58%。

别名　4′,5,7-三羟基黄烷酮-7-鼠李葡糖苷；柚苷；柚配质-7-鼠李葡糖苷；柑橘苷；Aurantiin；7-[2-*O*-(6-Deoxy-*α*-L-mannopyranosyl)-*β*-D-glucopyranosyl]oxy-2,3-dihydro-5-hydroxy-2-(4-hydroxyphenyl)-4*H*-1-benzopyran-4-one；Naringenin-7-rhamnoglucoside；Naringenine-7-rhamnosido-glucoside；4′,5,7-Trihydroxyflavanone 7-rhamnoglucoside

M. I. 15，6507

性状　来自水中的无色结晶。有苦味。1g 该品 40℃溶于 1000mL 水；75℃以上溶于 10mL 水。溶于丙酮、乙醇、热乙酸。mp 171℃；$[\alpha]_D^{19}$ −82°（*c*=1，于乙醇中）。生化试剂含量≥95.0%（HPLC）。

注意事项　使用时应避免吸入本品的粉尘，避免与眼睛及皮肤接触。应充氩气密封于干燥处保存。

主要用途　生化研究。

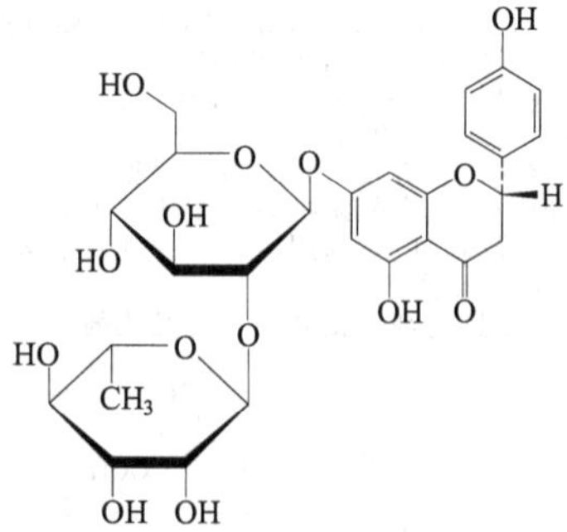

Natamycin　游霉素　07081

[7681-93-8]　$C_{33}H_{47}NO_{13}$　665.73

成分　C 59.54%，H 7.12%，N 2.10%，O 31.24%。

别名　Pimaricin；Antibiotic A 5283；Tennecetin；CL-12625；Mycophyt；Myprozine；Natacyn；Pimafucin；Pimaricin；Synogil；Ten-

necetin
M. I. 15，6509
性状 来自甲醇＋水中的无色结晶。对光敏感，但在干燥状况下其他方面十分稳定。20℃时溶于87%的甘油（0.18g/1mL）。溶于冰乙酸、二甲基甲酰胺，微溶于甲醇，几乎不溶于水、较高级的醇类、醚类、酯类、芳香或脂肪烃类、氯化烃类、酮类、二氧六环、环己醇、油类。约200℃色发暗，280～300℃分解；$[\alpha]_D^{20}+278°$（$c=1$，于乙酸中）；uv max（甲醇＋0.1%乙酸中）：220nm，280nm，290nm，303nm，318nm（ε 21300，26630，52930，83220，76230）。LD_{50}雄，雌大鼠急性经口（g/kg）：2.73，4.67。一般试剂为2.5%的无菌水悬浮液，含量≥90.0%；d_4^{20} 1.0。
注意事项 使用时应避免与眼睛及皮肤接触，应充氩气密封避光于2～8℃保存。
主要用途 医用局部抗真菌剂。

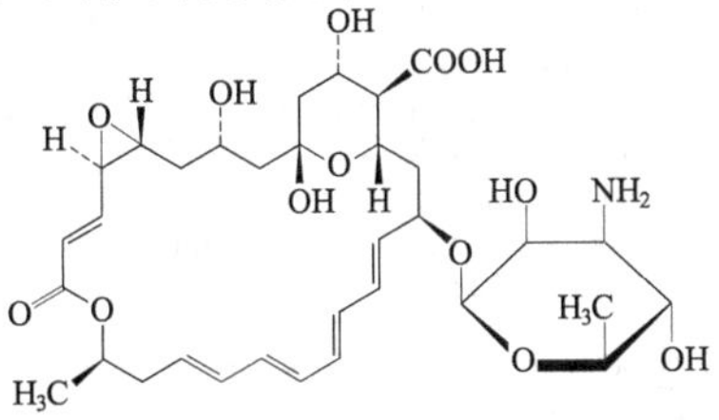

NBT/BCIP solution
硝基蓝四氮唑/5-溴-4-氯-3-吲哚基磷酸酯溶液 07082
别名 硝基四氮唑蓝/5-溴-4-氯-3-吲哚磷酸酯；BCIP-NBT；NBT-X-phosphate；Nitro blue tetrazolium / 5-bromo-4-chloro-3-indolyl phosphate
性状 该溶液为18.8mg/mL氯化硝基四氮唑蓝、9.4mg/mL 5-溴-4-氯-3-吲哚基磷酸甲苯胺盐于67%二甲基亚砜中的溶液。Fp 152.6℉（67℃）；d_4^{20} 1.10。
注意事项 该品对眼睛、呼吸系统及皮肤有刺激性。使用时应穿适当的防护服。应避免吸入本品的蒸气。万一接触到眼睛，应立即用大量水冲洗后请医生诊治。应密封于2～8℃保存。
主要用途 用于比色检测碱性磷酸酶活性。

Nateglnide 那格列奈 07083
[105816-04-4] $C_{19}H_{27}NO_3$ 317.43
成分 C 71.89%，H 8.57%，N 4.41%，O 15.12%。
别名 那格列胺；*N*-[*trans*-4-(1-Methylethyl)cyclohexyl]carbontl-D-phenylalanine；(－)-*N*-(*trans*-4-Isopropylcyclohexyl-1-carbonyl)-D-phenylalanine；A-4166；AY-4166；SDZ-DJN-608；YM-026；Fastic；Starlix；Starsis
M. I. 15，6510
性状 来自甲醇-水中的无色结晶。mp 129～130℃；$[\alpha]_D^{20}$ －9.4°（$c=1$，于甲醇中）。LD_{50}大鼠急性经口：＞2.09g/kg。生化试剂含量≥98.0%（HPLC）。
注意事项 该品口服有害。使用时应穿适当的防护服。使用时应避免与眼睛及皮肤接触。
主要用途 医用抗糖尿病剂。

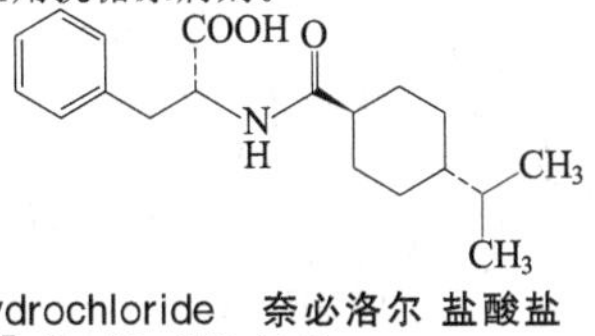

Nebivolol hydrochloride 奈必洛尔 盐酸盐 07084
[152520-56-4] $C_{22}H_{26}ClF_2NO_4$ 441.90
成分 C 59.80%，H 5.93%，Cl 8.02%，F 8.60%，N 3.17%，O 14.48%。
别名 奈比洛尔 盐酸盐；盐酸奈比洛尔；盐酸奈必格尔；R-67555；Bystolic；Lobivon；Nebilet；Nebilox；α，α′-[Minobis(methylene)]bis[6-fluoro-3，4-dihydro-2*H*-1-benzopyran-2-methanol]；α，α′-(Iminodimethylene) bis [6-fluoro-2-chromanmethanol] hydrochloride；*dl*-Nebivolol-HCl；Narbivolol-HCl；R-65824-HCl；Nebilet-HCl
M. I. 15，6516
性状 白色至近白色粉末。溶于甲醇、二甲基亚砜、*N*，*N*-二甲基甲酰胺，略溶于乙醇、丙二醇、聚乙二醇，极微溶于己烷、二氯甲烷、甲苯。
主要用途 医用抗高血压剂。

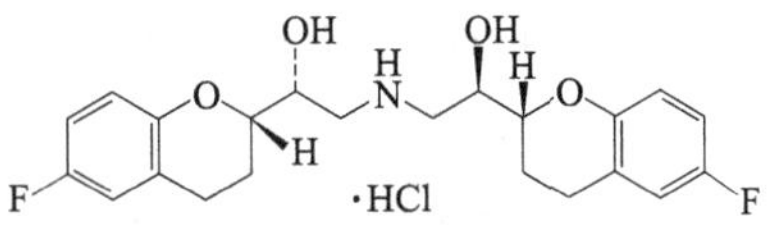

Nebularine 水粉蕈素 07085
[550-33-4] $C_{10}H_{12}N_4O_4$ 252.23
成分 C 47.62%，H 4.80%，N 22.21%，O 25.37%。
别名 烟云杯伞素；9-*β*-D-呋喃核糖-9*H*-嘌呤；9-*β*-D-Ribofuranosyl-9*H*-purine
M. I. 15，6517
性状 来自丁酮＋甲醇中的无色小菱面体结晶，mp 181～182℃；或来自甲醇中的无色针状结晶，mp 182～183℃。溶于水（约10%），微溶于冷乙醇，极微溶于丙酮、乙醚、氯仿。其水溶液能沸腾灭菌而不分解。$[\alpha]_D^{25}-48.6°$（水中）。一般试剂含量≥98.0%。uv max（0.1mol/L盐酸中）：262nm（$E_{1cm}^{1\%}$ 232），（0.1mol/L氢氧化钠中）：263nm（$E_{1cm}^{1\%}$ 361）；LD_{50}大鼠，豚鼠皮下注射：200，15mg/kg。
注意事项 该品对眼睛、呼吸系统及皮肤有刺激性。使用时应穿适当的防护服。万一接触到眼睛，应立即用大量水冲洗后请医生诊治。应密封于－20℃保存。

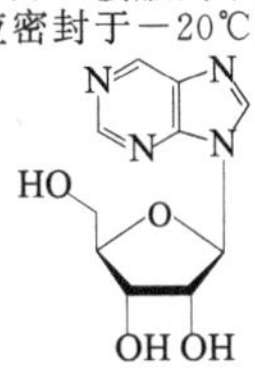

Neburon 草不隆 07086
[555-37-3] $C_{12}H_{16}Cl_2N_2O$ 275.17
成分 C 52.38%，H 5.86%，Cl 25.77%，N 10.18%，O 5.81%。
别名 3-(3，4-二氯苯基)-1-甲基-1-正丁基脲；*N*-丁基-*N*′-(3，4-二氯苯基)-*N*-甲基脲；除莠剂；*N*-Butyl-*N*′-(3，4-dichlorophenyl)-*N*-methylurea；3-(3，4-Dichlorophenyl)-1-methyl-1-*n*-butylurea；Kloben Neburon
M. I. 15，6519
性状 来自二氧六环＋水中的无色结晶。中等程度溶于烃类溶剂，极微溶于水（24℃，48×10⁻⁶）。mp 101.5～103℃。LD_{50}大鼠急性经口：＞11g/kg。
注意事项 该品口服有害。使用时应穿适当的防护服。应避免吸入本品的粉尘，避免与眼睛及皮肤接触。
主要用途 除草剂。分析用标准物。

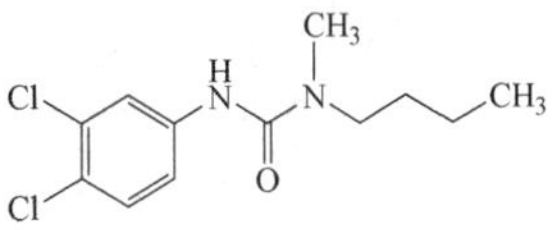

Nedocromil disodium salt 奈多罗米 二钠盐 07087
[69049-74-7] $C_{19}H_{15}NNa_2O_7$ 415.31
成分 C 54.95%，H 3.64%，N 3.37%，Na 11.07%，O 26.97%。
别名 尼多考米二钠盐；奈多罗米钠；9-Ethyl-6，9-dihydro-4，6-dioxo-10-propyl-4*H*-Pyrano[3，2-*g*]quinoline-2，8-dicarboxylic acid disodium salt；4，6-Dioxo-1-ethyl-10-propyl-4*H*，16*H*-pyrano[3，2-*g*] quinoline-2，8-dicarboxylic acid disodium salt；Fp L-59002KP Halamid；Irtan；Rapitil；Tilade；Tilarin；Tilavist
M. I. 15，6521
性状 浅黄色粉末。溶于水。
主要用途 医用抗过敏剂，止喘剂。

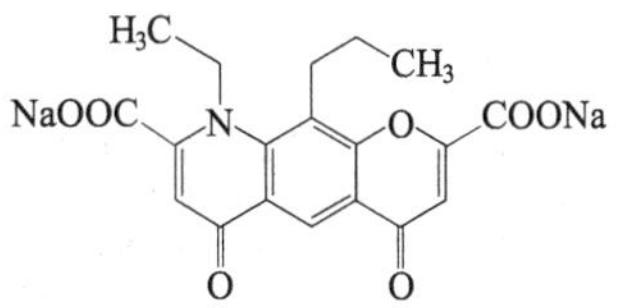

Nefazodone hydrochloride　奈法唑酮 盐酸盐　07088
[82752-99-6]　$C_{25}H_{33}Cl_2N_5O_2$　506.47
成分　C 59.29%，H 6.57%，Cl 14.0%，N 13.83%，O 6.32%。
别名　盐酸奈法唑酮；萘法唑酮 盐酸盐；BMY-13754；MJ-13754-1；Dutonin；Serzone；2-[3-[4-(3-Chlorophenyl)-1-piperazinyl]propyl]-5-ethyl-2,4-dihydro-4-(2-phenoxyethyl)-3*H*-1,2,4-triazol-3-one hydrochloride；2-[3-[4-(3-Chlorophenyl)-1-piperazinyl]propyl]-5-ethyl-4-(2-phenoxyethyl)-2*H*-1，2，4-triazol-3(4*H*)-one hydrochloride
M. I. 15，6523
性状　来自2-丙醇中的无色结晶。逐渐冷却产生的多晶形物，易溶于氯仿，溶于丙二醇，微溶于聚乙二醇、水，mp 186.0～187.0℃；快速冷却产生的多晶形物，mp 181.0～182.0℃。亦有来自乙醇中的结晶，mp 175～177℃。生化试剂含量≥99.0%（HPLC）。
注意事项　使用时应避免吸入本品的粉尘，避免与眼睛及皮肤接触。
主要用途　医用抗抑郁剂。

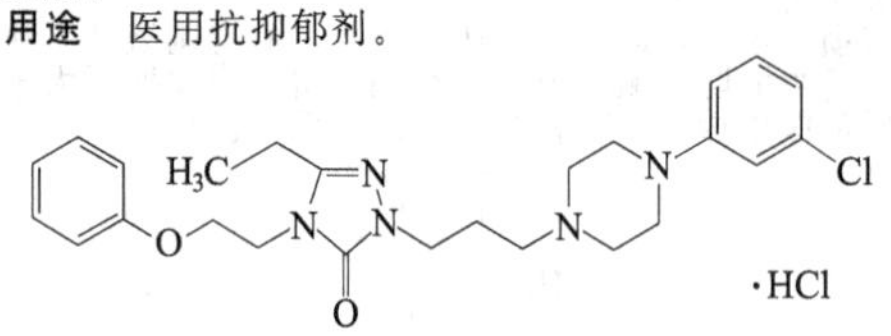

H_3C　N　Cl　O　N　N　N　N　O　·HCl

Nefiracetam　奈非西坦　07089
[77191-36-7]　$C_{14}H_{18}N_2O_2$　246.31
成分　C 68.27%，H 7.37%，N 11.37%，O 12.99%。
别名　萘非西坦；*N*-(2,6-Dimethylphenyl)-2-oxo-1-pyrrolidineacetamide；2-(2-Oxo-1-pyrrolidinyl)-*N*(2,6-dimethylphenyl) acetamide；2-Oxo-1-pyrrolidineaceto-2′,6′-xylidide；2-Oxo-1-pyrrolidinylacetic acid 2,6-dimethylanilide；DMmp A；DM-9384；DZL-221；Translon
M. I. 15，6524
性状　来自水中的无色结晶。mp 153℃；LD_{50}小鼠静脉注射:421mg/kg;急性经口:1766mg/kg。
主要用途　医用止吐剂。

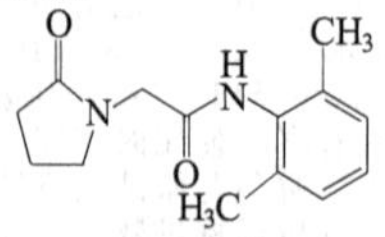

O　H　CH_3　N　N　O　H_3C

Nefopam hydrochloride　甲苯噁唑辛 盐酸盐　07090
[23327-57-3]　$C_{17}H_{20}ClNO$　289.80
成分　C 70.46%，H 6.96%，Cl 12.23%，N 4.83%，O 5.52%。
别名　盐酸甲苯噁唑辛；Acupan；Ajan；Fenazoxine；R-738；3,4,5,6-Tetrahydro-5-methyl-1-phenyl-1*H*-2,5-benzoxazocine；5-Methyl-1-phenyl-1,3,4,6-tetrahydro-5*H*-ben[*f*]-2,5-oxazocine
M. I. 15,6525
性状　白色粉末。溶于水。易吸潮。mp 238～242℃。LD_{50}小鼠,大鼠急性经口(mg/kg):119,178;静脉注射(mg/kg):44.5,28。
注意事项　该品应密封于干燥处保存。
主要用途　生化研究。医用止痛剂、抗抑制剂。

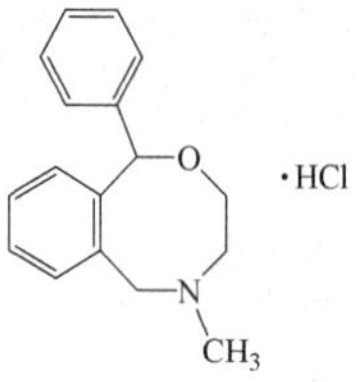

O　·HCl　N　CH_3

Negamycin　负霉素　07091
[33404-78-3]　$C_9H_{20}N_4O_4$　248.28
成分　C 43.54%，H 8.12%，N 22.57%，O 25.78%。
别名　3,6-Diamino-2,3,4,6-tetradeoxy-L-*threo*-hexonic acid 2-carboxymethyl-2-methylhydrazide；3,6-Diamino-5-hydroxyhexanoic acid 2-carboxymethyl-2-methylhydrazide；[2-(3,6-Diamino-5-hydroxy-1-oxohexyl)-1-methylhydrazino]acetic acid
M. I. 15，6526
性状　无色粉末。为两性化合物。溶于水，几乎不溶于甲醇、乙醇、丁醇、乙酸乙酯、氯仿、苯。mp 110～120℃（分解）；$[\alpha]_D^{29}+2.5°$（$c=2$）。LD_{50}小鼠静脉注射：400～500mg/kg。
主要用途　医用抗菌剂。

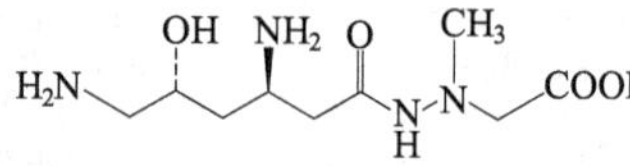

OH　NH_2　O　CH_3　H_2N　N　N　COOH　H

Nelfinavir　那非那韦　07092
[159989-64-7]　$C_{32}H_{45}N_3O_4S$　567.79
成分　C 67.69%，H 7.99%，N 7.40%，O 11.27%，S 5.65%。
别名　尼非那韦；(3*S*,4a*S*,8a*S*)-*N*-(1,1-Dimethylethyl)decahydro-2-[(2*R*,3*R*)-2-hydroxy-3-(3-hydroxy-2-methylbenzoyl) amino-4-(phenylthio) butyl]-3-isoquinolinecarboxamide；[3*S*-(3*R**,4a*R**,8a*R**,2′*S**,3′*S**)]-2-[2′-Hydroxy-3′-phenylthiomethyl-4′-aza-5′-oxo-5′-(2″-methyl-3″-hydroxyphenyl) pentyl] decahydroisoquinoline-3-*N*-*t*-butylcarboxamide；AG-1346
M. I. 15，6528
性状　白色海绵状物。几乎不溶于水。pK_{a1} 6.0，pK_{a2} 11.06。lg *p*（辛醇/水）：4.1；$[\alpha]_D-119.23°$（$c=0.26$，于甲醇中）。
主要用途　医用抗病毒剂。蛋白酶抑制剂。

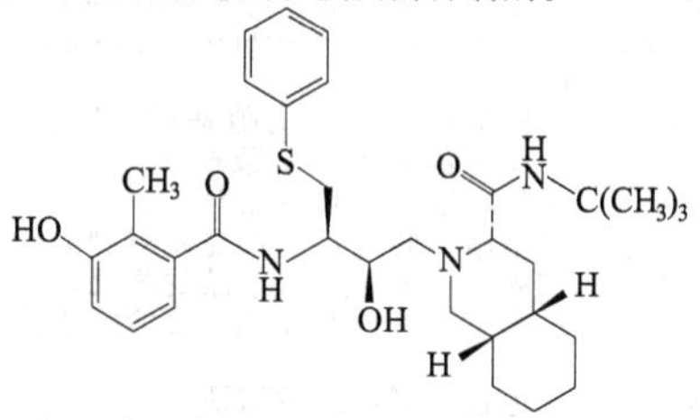

S　H　CH_3　O　O　N　$C(CH_3)_3$　HO　N　N　H　H　OH　H

Nemadectin　奈马克丁　07093
[102130-84-7]　$C_{36}H_{52}O_8$　612.80
成分　C 70.56%，H 8.55%，O 20.89%。
别名　尼莫克汀；奈马克汀；(6*R*,23*S*)-5-*O*-Demthyl-28-deoxy-25-[(1*E*)-1,3-dimethyl-1-buten-1-yl]-6,28-epoxy-23-hydroxymilbemycin B；Antibiotic S-541A；LL-F-28249α；F-28249α；CL-287088
M. I. 15，6529
性状　来自叔丁醇中的白色松散的固体。易溶于一般的有机溶剂，几乎不溶于水。$[\alpha]_D^{26}+133°$（$c=0.3$，于丙酮中）；uv max（甲醇中）：244nm（lg ε 4.47）。生化试剂含量≥98.0%（HPLC）。
主要用途　兽用抗寄生物剂。

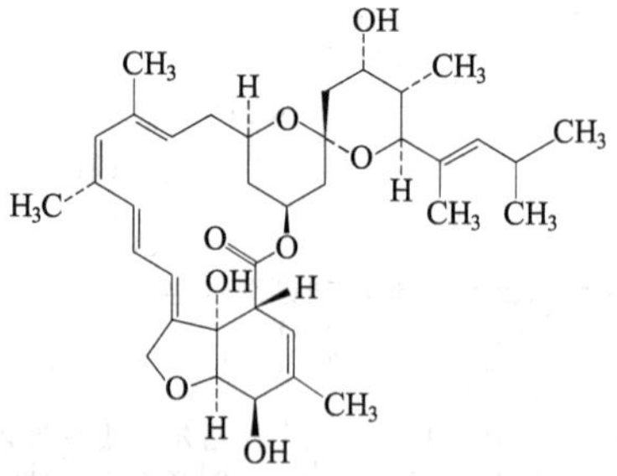

OH　CH_3　H　CH_3　O　CH_3　O　H_3C　H　CH_3　CH_3　O　O　OH　H　O　CH_3　H　OH

Nemonapride　尼莫纳地　07094
[75272-39-8]　$C_{21}H_{26}ClN_3O_2$　387.91
成分　C 65.02%，H 6.76%，Cl 9.14%，N 10.83%，O 8.25%。
别名　奈莫必利；尼莫普利；*rel*-5-Chloro-2-methoxy-4-methylamino-*N*-[(2*R*，3*R*)-2-methyl-2-phenylmethyl-3-pyrrolidinyl]benzamide；(±)-*cis*-*N*-(1-Benzyl-2-methyl-3-pyrrolidinyl)-5-chloro-4-methylamino-*o*-anisamide；*cis*-*N*-(1-Benzyl-2-methylpyrrolidin-3-yl)-5-chloro-2-methoxy-4-(methylamino) benzamide；

Emonapride; YM-09151-2; Emilace
M. I. 15，6531
性状 来自异丙醇中的无色结晶。mp 152～153℃；或 150℃。
主要用途 医用精神抑制剂。

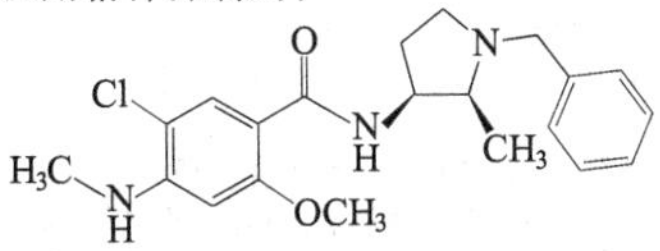

Neoarsphenamine 新胂凡纳明 07095

[457-60-3] $C_{13}H_{13}As_2N_2NaO_4S$ 466.15
成分 C 33.50%，H 2.81%，As 32.14%，N 6.01%，Na 4.93%，O 13.73%，S 6.88%。
别名 Sulfoxylic acid mono[[[5-[(3-amino-4-hydroxyphenyl)diarsenyl]-2-hydroxyphenyl]amino]methyl]ester monosodium salt; [5-[(3-Amino-4-hydroxyphenyl) arseno]-2-hydroxyanilino] methanol sulfoxylate sodium; Arsphenamine methylenesulfoxylic acid sodium salt; 3,3′-Diamino-4,4′-dihydroxyarsenobenzenemethylenesulfoxylate sodium; Neosalvarsan; Collunovar; N. A. B.; Neo-Arsoluin; Vetarsenobillon; Novarsenobillon; Arsevan; Novarsan; Novarsenobenzol; Miarsenol
M. I. 15，6532
性状 黄色粉末。无气味或微有气味。在空气中可氧化。易溶于水，溶于甘油，微溶于乙醇、丙酮，几乎不溶于氯仿、乙醚。其水溶液几乎呈中性。不像胂凡纳明，呈酸性。
主要用途 过去兽用的治疗接触传染的胸膜肺炎，巴贝虫病，附红细胞体病等。

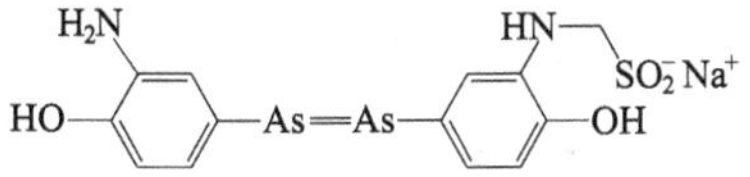

Neodymium 钕 07096

[7440-00-8] Nd 144.242
M. I. 15，6535
性状 银白色金属。室温时呈六角形。久放能在空气中变成淡黄色，长时间能生成红色盐类。与冷水反应缓慢，加热后反应速度加快。mp 1021℃；bp 3074℃；*d* 7.003（α型）；*d* 6.80（β型）。
注意事项 该品高度易燃。对眼睛、呼吸系统及皮肤有刺激性。使用时应穿适当的防护服，戴手套和防护镜或面罩。使用现场禁止吸烟。万一接触到眼睛，应立即用大量水冲洗后请医生诊治。应远离火种，采取抗放静电措施，密封于煤油或液体石蜡中保存。
主要用途 有色玻璃及合金、电镀。

Neodymium bromide 溴化钕 07097

[13536-80-6] Br_3Nd 383.97
成分 Br 62.43%，Nd 37.57%。
别名 三溴化钕；Neodymium tribromide
性状 绿色结晶。微溶于水。易吸潮。mp 684℃；bp 1540℃。一般试剂含量≥99.9%。
注意事项 该品对眼睛、呼吸系统及皮肤有刺激性。使用时应戴手套。万一接触到眼睛，应立即用大量水冲洗后请医生诊治。应密封干燥保存。
主要用途 制造钕盐。

Neodymium chloride hexahydrate 氯化钕 六水 07098

[13477-89-9] $Cl_3Nd \cdot 6H_2O$ 358.69
成分（以无水物计） Cl 42.44%，Nd 57.56%。
别名 三氯化钕 六水；六水合氯化钕；Neodymium trichloride hexahydrate
M. I. 15，6535
性状 红色正交结晶。易溶于水，溶于乙醇。105℃失去 5 分子结晶水，在 160℃失去全部结晶水。mp 124℃；$d^{16.5}$ 2.282。LD_{50}(无水物)小鼠皮下注射：4g/kg，腹膜内注射：384.3mg/kg；雄小鼠腹膜内注射：600mg/kg，急性经口：5250mg/kg；豚鼠静脉注射：70mg/kg，腹膜内注射：139.6mg/kg；兔静脉注射：200～250mg/kg。一般试剂含量≥99.9%。
注意事项 该品对眼睛、呼吸系统及皮肤有刺激性。使用时应避免吸入本品的粉尘，避免与眼睛及皮肤接触。应密封干燥保存。
主要用途 制造钕盐。

Neodymium fluoride 氟化钕 07099

[13709-42-7] NdF_3 F_3Nd 201.24
成分 F 28.32%，Nd 71.68%。
别名 三氟化钕；Neodymium trifluoride
性状 白色结晶。mp 1410℃；*d* 6.650。
注意事项 该品吸入、口服或与皮肤接触有害。对眼睛、呼吸系统及皮肤有刺激性。使用时应穿适当的防护服和戴手套。万一接触到眼睛，应立即用大量水冲洗后请医生诊治。应密封于通风良好处保存。

Neodymium nitrate hexahydrate 硝酸钕 六水 07100

[16454-60-7] $N_3NdO_9 \cdot 6H_2O$ 438.35
成分（以无水物计） N 12.72%，Nd 43.67%，O 43.60%。
别名 五水合硝酸钕
GW 2015-2315 M. I. 15，6535
性状 淡红色结晶。极易溶于水，溶于乙醇、乙酸。mp 69～71℃。LD_{50}雌大鼠腹膜内注射：270mg/kg，急性经口：2750mg/kg，静脉注射：6.4mg/kg；雄大鼠静脉注射：66.8mg/kg；雌小鼠腹膜内注射：270mg/kg。一般试剂含量≥99.9%。
注意事项 该品与易燃物品接触能引起燃烧。对眼睛、呼吸系统及皮肤有刺激性。使用时应穿适当的防护服，戴手套和防护镜或面罩。万一接触到眼睛，应立即用大量水冲洗后请医生诊治。应远离易燃物品密封干燥保存。
主要用途 制造有色玻璃。

Neodymium oxide 氧化钕 07101

[1313-97-9] Nd_2O_3 336.48
成分 Nd 85.73%，O 14.26%。
别名 三氧化二钕
M. I. 15，6535
性状 蓝色、浅紫色粉末，六方形结构并呈微红色荧光。性稳定。溶于稀酸，极微溶于水。在空气中易吸收二氧化碳和水分。mp 约 1930℃；*d* 7.24。一般试剂含量≥99.9%。
注意事项 该品应密封于干燥处保存。
主要用途 激光元件的制造。

Neoergosterol 新麦角甾醇 07102

[516-98-3] $C_{27}H_{40}O$ 380.62
成分 C 85.20%，H 10.59%，O 4.20%。
别名 (3β,22*E*)-19-Norergosta-5,7,9,22-tetraen-3-ol
M. I. 15，6536
性状 来自甲醇中的无色针状结晶。溶于有机溶剂，几乎不溶于水。能被洋地黄皂苷沉淀。mp 152～154℃；$[\alpha]_D^{17}$ −11°（*c*=2，于氯仿中）。

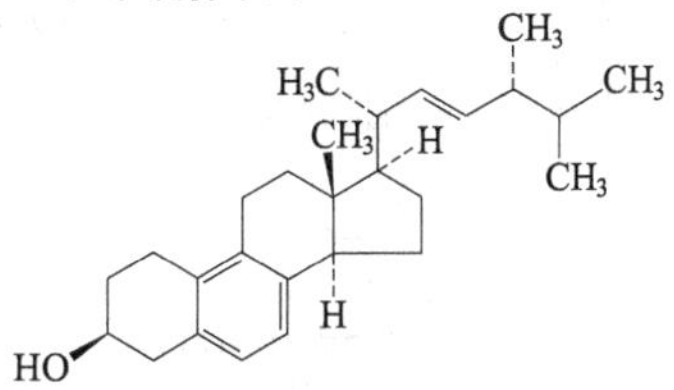

Neohesperidin dihydrochalcone 新橙皮苷二氢查耳酮 07103

[20702-77-6] $C_{28}H_{36}O_{15}$ 612.58
成分 C 54.90%，H 5.92%，O 39.18%。
别名 新橘皮苷二氢查耳酮；1-[4-[2-*O*-(6-Deoxy-α-L-mannopyranosyl)-β-D-glucopyranosyl]oxy-2,6-dihydroxyphenyl]-3-(3-hydroxy-4-methoxyphenyl)-1-propanone; 3,5-Dihydroxy-4-(3-hydroxy-4-methoxyhydrocinnamoyl)phenyl-2-*O*-(6-deoxy-α-L-mannopyranosyl)-β-D-glucopyranoside; Neohesperidin DHC; NHDC; Sukor
M. I. 15，6537

性状 来自丙酮中的无色至浅黄色结晶。其甜度为蔗糖的1000～1500倍、糖精的20倍。mp 156～158℃。生化试剂含量≥95.0%（HPLC）。
注意事项 该品应密封于－20℃保存。
主要用途 生化研究。甜味剂，主要用于口香糖、牙膏等。

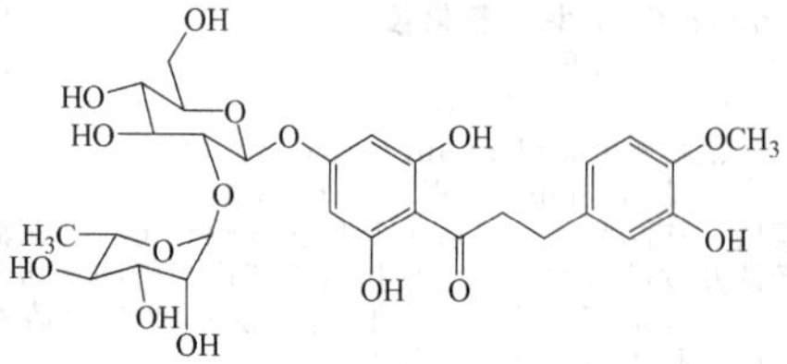

Neomethymycin 新酒霉素 07104
[497-73-4] $C_{25}H_{43}NO_7$ 469.62
成分 C 63.94%，H 9.23，N 2.98%，O 23.85%。
别名 (3*R*,4*S*,5*S*,7*R*,9*E*,11*R*,12*S*)-12-[(1*R*)-1-hydroxyethyl]-3,5,7,11-tetramethyl-4-[[3,4,6-trideoxy-3-dimethylamino-*β*-D-xylopyranosyl]oxy]oxacyclododec-9-ene-2,8-dione；(12*R*)-10-Deoxy-12-hydroxymethymycin
M. I. 15，6538
性状 来自乙醚＋己烷中的无色结晶。溶于乙醇、丙酮、氯仿、苯乙酸乙酯、乙醚，微溶于水、丁醚，几乎不溶于己烷、脂肪烃。mp 156～158℃；$[\alpha]_D^{25}+93°$；uv max（乙醇中）：227.5nm（lg ε 4.10）

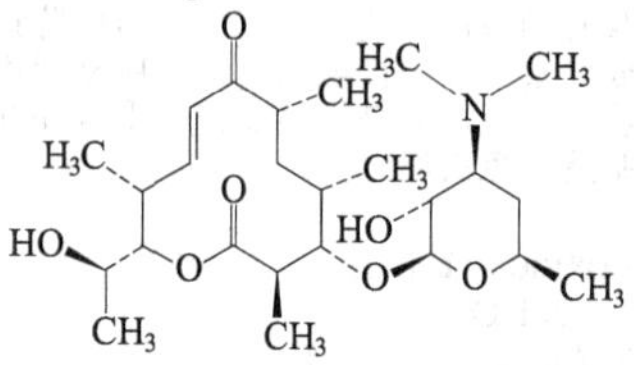

Neomycin B sulfate trihydrate 硫酸新霉素B 07105
[1405-10-3] $C_{23}H_{52}N_6O_{25}S_3$ 908.88
成分 C 30.39%，H 5.77%，N 9.25%，O 44.01%，S 10.58%。
别名 三水合硫酸新霉素B；新链霉素B硫酸盐；新霉素B硫酸盐；硫酸新链丝菌素B；新继丝菌素B硫酸盐；Biosol；Bykomycin；Endomixin；Fraquinol；Mycaine；Neosulf；Neomix；Neobrettin；Nivemycin；Tuttomycin
M. I. 15，6539
性状 白色无定形粉末。无味。有吸湿性。该品于约28℃时于下列物质中的溶解度（mg/mL）：水6.3、甲醇0.225、乙醇0.095、异丙醇0.082、异戊醇0.247、环己烷0.08、苯0.05。不溶于丙酮、氯仿、乙醚。水溶液呈右旋。固体及溶液在室温中都稳定。$[\alpha]_D^{20}+54°$（$c=2$，于水中）。生化试剂含量≥90.0%。
注意事项 该品吸入或与皮肤接触可引起过敏。对眼睛、呼吸系统及皮肤有刺激性。使用时应穿适当的防护服，戴手套和防护镜或面罩。应避免吸入本品的粉尘。使用时如有事故发生或有不适之感，应请医生诊治。应充氩气密封避光于2～8℃干燥保存。
主要用途 生化研究。医用抗菌剂。

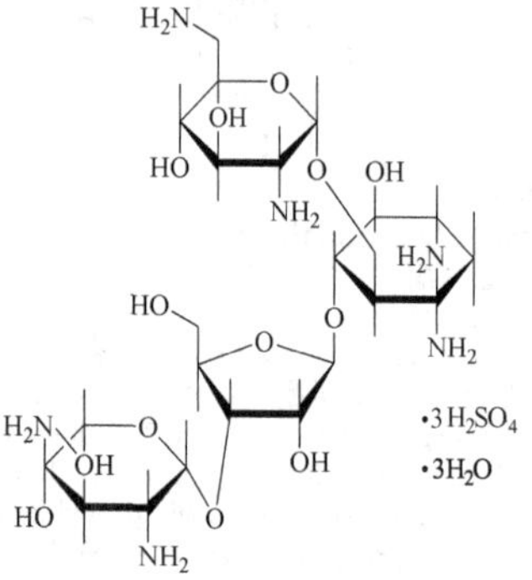

Neopentyl alcohol 新戊醇 07106
[75-84-3] $C_5H_{12}O$ 88.15
成分 C 68.13%，H 13.72%，O 18.15%。
别名 2，2-二甲基-1-丙醇；2,2-Dimethyl-1-propanol；*tert*-Butyl carbionol；Neoamyl alcohol；Neopentanol
M. I. 15，6542
性状 具有挥发性的无色结晶。有薄荷气味。能与乙醇、乙醚相混溶，微溶于水（25℃，约3.5%）。mp 53℃；bp 114℃；Fp 98℉（36℃）；d_4^{20} 0.812。一般试剂含量≥97.0%（GC）。
注意事项 该品高度易燃。对眼睛及呼吸系统有刺激性。使用时应穿适当的防护服和戴手套。使用现场禁止吸烟。使用时应避免吸入本品的粉尘，避免与眼睛及皮肤接触。万一接触到眼睛，应立即用大量水冲洗后请医生诊治。应远离火种密封保存。其包装物应按危险品处理。

D-(＋)-Neopterin D-(＋)-新蝶呤 07107
[2009-64-5] $C_9H_{11}N_5O_4$ 253.22
成分 C 42.69%，H 4.38%，N 27.66%，O 25.27%。
别名 D-(＋)-2-Amino-6-(1,2,3-trihydroxypropyl)-4(3*H*)-pteridinone；D-(＋)-1-(2-Amino-4-hydroxy-6-pteridinyl)-1,2,3-propanetriol；D-(＋)-6-(1′,2′,3′-Trihydroxy)pterin；D-(＋)-Crithidia factor；D-*erythro*-Neopterin
M. I. 15，6547
性状 浅黄色细刺状结晶。对空气敏感。$[\alpha]_D^{25}+45°\pm3°$（$c=0.3$，于0.1mol/L盐酸中）。
注意事项 该品对眼睛、呼吸系统及皮肤有刺激性。使用时应穿适当的防护服。万一接触到眼睛，应立即用大量水冲洗后请医生诊治。应密封于2～8℃保存。
主要用途 生化研究。

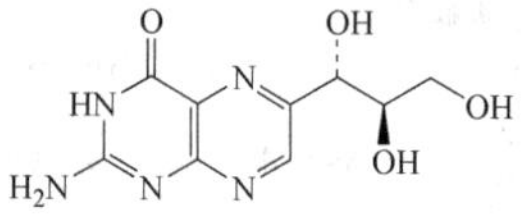

Neoquassin 新苦栎素 07108
[76-77-7] $C_{22}H_{30}O_6$ 390.48
成分 C 67.67%，H 7.74%，O 24.58%。
别名 新苦木素；新苦木苷；16-Hydroxy-2，12-dimethoxypicrasa-2,12-diene-1,11-dione；3a,4,5,6a,7,7a,8,11a,11b,11c-decahydro-5-hydroxy-2,10-dimethoxy-3,8,11a,11c-tetramethylphenanthro[10,1-*bc*]pyran-1,11-dione
M. I. 15，6548
性状 无色多晶型结晶。味极苦。其粗大的棱柱体结晶性稳定，mp 227.5～228.5℃；其长的细小片状结晶性不稳定，mp 213℃。溶于冷丙酮、氯仿、吡啶、乙酸、热乙酸乙酯、苯、乙醇。略微溶于乙醚、石油醚。$[\alpha]_D^{20}+41.0°$（$c=4.98$，于氯仿中）；uv max：约225nm（ε约11650）。一般试剂含量≥98.0%（HPLC）。

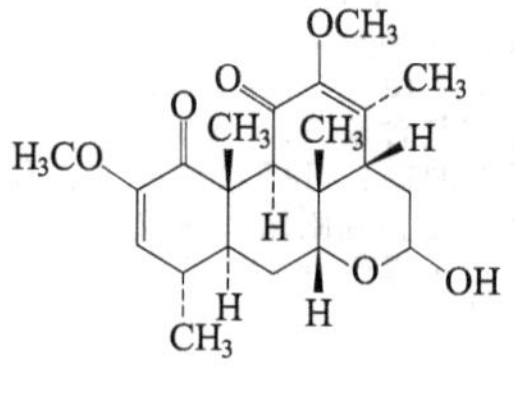

Neostigmine bromide 溴化新斯的明 07109
[114-80-7] $C_{12}H_{19}BrN_2O_2$ 303.20
成分 C 47.54%，H 6.32%，Br 26.35%，N 9.24%，O 10.55%。
别名 溴化普鲁斯的明；Juvastigmin(tabl.)；Neoesserin；Neostigmin(tabl.)；Normastigmin(tabl.)；Prostigmin；3-[(Dimethylamino)carbonyl]oxy-*N*，*N*，*N*-trimethylbenzenaminium bromide；(3-Dimethylcarbamoxyphenyl)trimethylammonium bromide；Synstigmin bromide；Proserine bromide
M. I. 15，6549
性状 来自乙醇＋乙醚中的无色结晶。1g该品溶于约1mL水，溶于乙醇。约167℃分解。生化试剂含量≥98.0%

（TLC）。

注意事项 该品吸入、口服或与皮肤接触极毒。吸入或与皮肤接触可引起过敏。对眼睛、呼吸系统及皮肤有刺激性。使用时应穿适当的防护服，戴手套和防护镜或面罩。使用时应避免吸入本品的粉尘。万一接触到眼睛，应立即用大量水冲洗后请医生诊治。使用时如有事故发生或有不适之感，应请医生诊治。

主要用途 生化研究。医用胆碱功能剂，缩瞳剂，解箭毒剂。

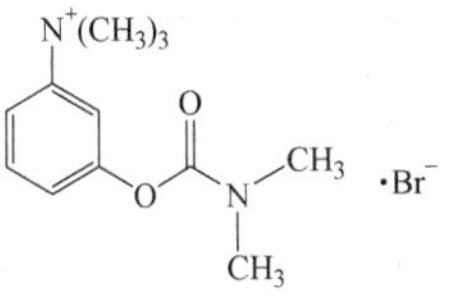

Neotame 纽甜 07110

[165450-17-9] $C_{20}H_{30}N_2O_5$ 378.47

成分 C 63.47%，H 7.99%，N 7.40%，O 21.14%。

别名 尼尔甜；*N*-(3,3-二甲基丁基)-L-*α*-天门冬氨酰-L-苯丙氨酸-1-甲酯；*N*-(3,3-Dimethylbutyl)-L-*α*-aspartyl-L-phenylalanine 2-methyl ester；*N*-[*N*-(3,3-Dimethylbutyl)-L-*α*-aspartyl]-L-phenylalanine1-methyl ester

M. I. 15，6550

性状 一般产品为一水合物。来自乙酸乙酯/己烷中的白色结晶性固体。味甜。比蔗糖甜 7000～13000 倍。溶于水（15℃，10.6g/L；25℃，12.6g/L；60℃，47.5g/L）；溶于乙酸乙酯（15℃，43.6g/L；25℃，77g/L；60℃，>1000g/L）；溶于无水乙醇（25℃，约 950g/L）。mp 80～83℃；$[\alpha]_D$−54.84°（c=1，于甲醇中）。

主要用途 非营养脱硫（香化）。甜味剂。

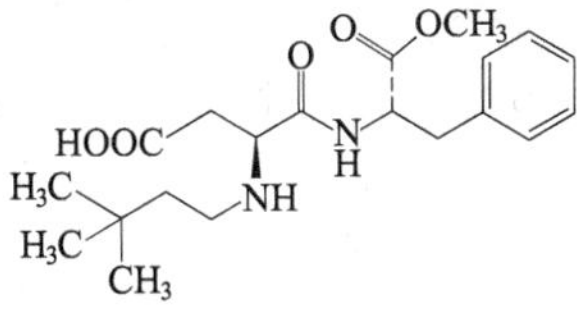

Neotetrazolium chloride 氯化新四氮唑 07111

[298-95-3] $C_{38}H_{28}Cl_2N_8$ 667.60

成分 C 68.37%，H 4.23%，Cl 10.62%，N 16.78%。

别名 2,2′,5,5′-四苯基-3,3′-(对二亚苯基)双氯化四氮唑；新三苯基氯化四氮唑；3,3′-[1,1′-Biphenyl]-4,4′-diylbis[2,5-diphenyl-2*H*-tetrazolium]dichloride；3,3′-(4,4′-Biphenylylene) bis(2,5-diphenyl-2*H*-tetrazolium) dichloride；2,2′-(*p*-Diphenylene)bis(3,5-diphenyl) ditetrazolium chloride；Neotetrazolium blue；NT；NTC；Tetrazolium purple；2,2′,5,5′-Tetraphenyl-3,3′-(*p*-diphenylene)ditetrazolium chloride；2,2′,5,5′-Tetraphenyl-3,3′-(*p*-diphenylene)ditetrazolium chloride；Neo T；Tetrazole purple；TP

M. I. 15，6551

性状 白色至淡黄色针状结晶或粉末。溶于水、乙醇，几乎不溶于氯仿。mp 297℃（分解）。一般试剂含量≥75.0%（T）。

注意事项 该品可能致癌。使用前应得到专门的指导，避免曝露。使用时应避免吸入本品的粉尘，避免与眼睛及皮肤接触。应充氩气密封避光于 2～8℃干燥保存。

主要用途 测定琥珀酸氧化酶的含量，结核菌菌落计数。

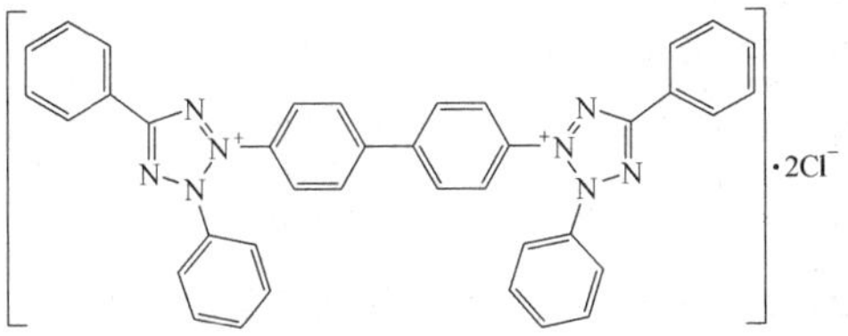

Nequinate 苄氧喹甲酯 07112

[13997-19-8] $C_{22}H_{23}NO_4$ 365.43

成分 C 72.31%，H 6.34%，N 3.83%，O 17.51%。

别名 6-Butyl-1,4-dihydro-4-oxo-7-phenylmethoxy-3-quinolinecarboxylic acid methyl ester；7-Benzyloxy-6-*n*-butyl-1,4-dihydro-4-oxo-3-quinolinecarboxylic acid methyl ester；3-Methoxycarbonyl-6-*n*-butyl-7-benzyloxy-4-oxoquinoline；7-Benzyloxy-6-*n*-butyl-4-hydroxy-3-quinolinecarboxylic acid methyl ester；7-Benzyloxy-6-*n*-butyl-3-methoxycarbonyl-4-quinolone；Methyl benzoquate；ICI-55052；Statyl

M. I. 15，6556

性状 无色结晶。mp 287～288℃。

主要用途 兽用抑除虫剂。

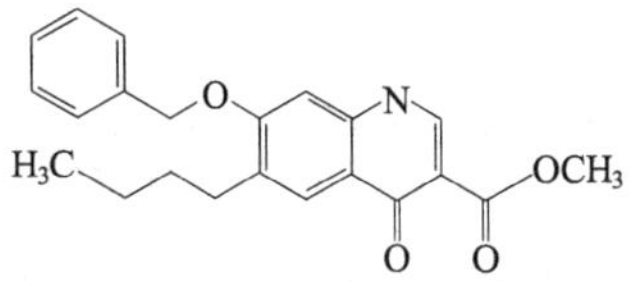

Neriifolin 黄花夹竹桃次苷 B 07113

[466-07-9] $C_{30}H_{46}O_8$ 534.69

成分 C 67.39%，H 8.67%，O 23.94%。

别名 (3*β*,5*β*)-3-(6-Deoxy-3-*O*-methyl-*α*-L-glucopyranosyl)oxy-14-hydroxycard-20(22)-enolide

M. I. 15，6559

性状 来自甲醇中的菱形片状结晶。mp 218～225℃；$[\alpha]_D^{23}$ −50.2°（于甲醇中）；uv max（甲醇中）：217nm（lg ε 4.1）。

注意事项 该品吸入、口服或与皮肤接触极毒。使用时应穿适当的防护服，戴手套和防护镜或面罩。使用时应避免吸入本品的粉尘。使用时如有事故发生或有不适之感，应请医生诊治。应密封于 2～8℃保存。

主要用途 生化研究。医用强心剂。

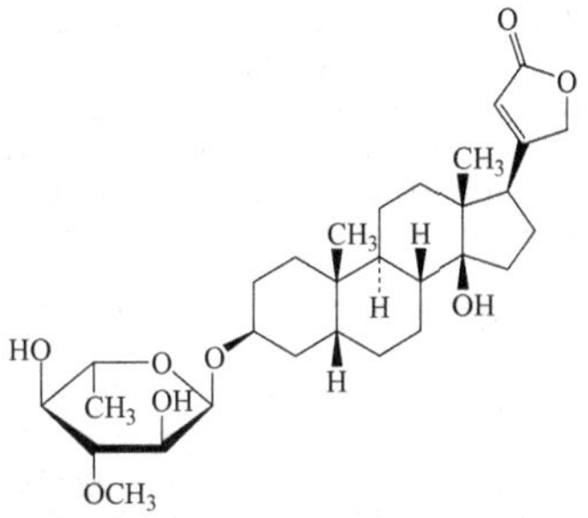

Nerol 橙花醇 07114

[106-25-2] $C_{10}H_{18}O$ 154.25

成分 C 77.87%，H 11.76%，O 10.37%。

别名 3,7-二甲基-2,6-辛二烯-1-醇；[*Z*]-3,7-Dimethyl-2,6-octadien-1-ol；*cis*-2,6-Dimethyl-2,6-octadien-8-ol；*cis*-3,7-Dimethyl-2,6-octadien-1-ol

M. I. 15，6560

性状 无色液体。有玫瑰香味。溶于无水乙醇。bp_{745} 224～225℃/99.32kPa；bp_{25} 125℃/3.333kPa；Fp 226.4℉（108℃）；d^{15}0.8813；n_D^{20} 1.474；uv max：189～194nm（ε 18000）。一般试剂含量≥97.0%（GC）。

注意事项 该品对眼睛、呼吸系统及皮肤有刺激性。使用时应穿适当的防护服和戴手套。万一接触到眼睛，应立即用大量水冲洗后请医生诊治。

主要用途 香料。香料、香水制造。

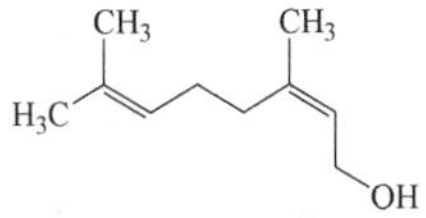

Nerolidol 橙花叔醇 07115

[7212-44-4] $C_{15}H_{26}O$ 222.37

成分 C 81.02%，H 11.79%，O 7.19%。

别名 3,7,11-三甲基-1,6,10-十二碳三烯-3-醇；3,7,11-Trimethyl-1,6,10-dodecatrien-3-ol；Peruviol

M. I. 15，6561

性状 无色液体。溶于无水乙醇，不溶于水。mp －75℃；bp_3 122℃/399.966Pa；Fp 205°F（96℃）；d_4^{25} 0.8720；n_D^{25} 1.4769。一般试剂（顺式）含量≥96.0%（GC）。

注意事项 该品对眼睛、呼吸系统及皮肤有刺激性。使用时应穿适当的防护服。万一接触到眼睛，应立即用大量水冲洗后请医生诊治。

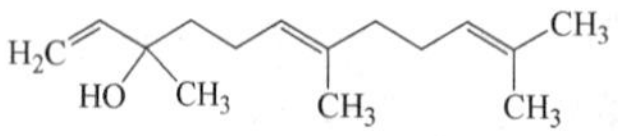

Neticonazole 萘替康唑 07116

[130726-68-0] $C_{17}H_{22}N_2OS$ 302.44

成分 C 67.51%，H 7.33%，N 9.26%，O 5.29%，S 10.60%。

别名 萘替康唑；萘特康唑；萘康唑；1-[(1*E*)-2-Methylthio-1-[2-(pentyloxy)phenyl]ethenyl]-1*H*-imidazole

M. I. 15，6563

性状 来自异丙醚中的无色结晶。mp 37～39℃。

主要用途 医用抗真菌剂（合成剂）。

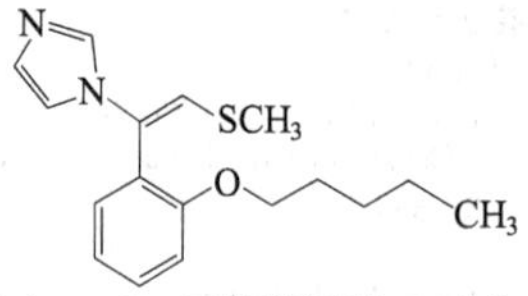

Netilmicin sulfate salt 乙基紫霉素 硫酸盐 07117

[56391-57-2] $C_{42}H_{92}N_{10}O_{34}S_5$ 1441.53

成分 C 34.99%，H 6.43%，N 9.72%，O 37.74%，S 11.12%。

别名 乙基西梭霉素 硫酸盐；乙基紫苏霉素 硫酸盐；硫酸乙基西梭霉素；硫酸乙基紫苏霉素；硫酸乙基紫霉素；Certomycin；Netillin；Netilyn；Netromicine；Netromycin；Nettacin；Vectacin；Zetamicin；*O*-3-Deoxy-4-*C*-methyl-3-methylamino-*β*-L-arabinopyranosyl-(1→6)-*O*-[2,6-diamino-2,3,4,6-tetradeoxy-*α*-D-*glycero*-hex-4-enopyranosyl-(1→4)]-2-deoxy-*N*[1]-ethyl-D-streptamine；sulfate salt；(2*S*-*cis*)-4-*O*-(3-Amino-6-aminomethyl-3，4-dihydro-2*H*-pyran-2-yl)-2-deoxy-6-*O*-(3-deoxy-4-*C*-methyl-3-methylamino-*β*-L-arabinopyranosyl)-*N*[1]-ethyl-D-streptamine sulfate salt；1-*N*-Ethylsisomicin sulfate salt；Sch-20569 sulfate salt

M. I. 15，6546

性状 无色结晶或白色至浅黄色粉末。易溶于水，几乎不溶于无水乙醇、乙醚。

注意事项 该品能危害胎儿。吸入、口服或与皮肤接触有害。使用前应得到专门的指导，避免曝露。使用时应穿适当的防护服，戴手套和防护镜或面罩。使用时如有事故发生或有不适之感，应请医生诊治。应密封于2～8℃保存。

主要用途 生化研究。医用抗菌剂。

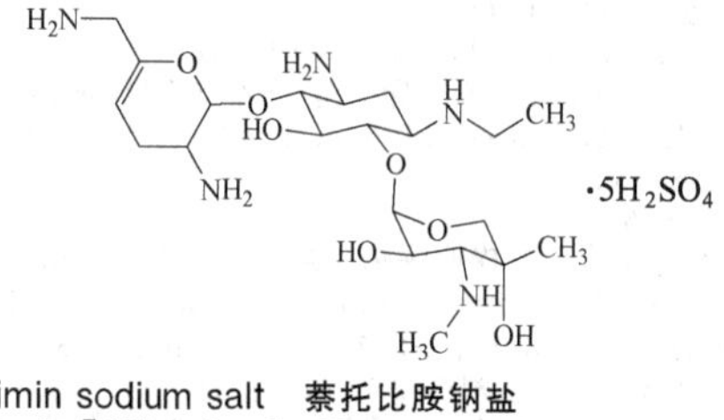

Netobimin sodium salt 萘托比胺钠盐 07118

[88255-01-0](无Na) $C_{14}H_{19}N_4NaO_7S_2$ 442.44

成分 C 38.01%，H 4.33%，N 12.66%，Na 5.20%，O 25.31%，S 14.49%

别名 2-[[[(Methoxycarbonyl)amino][[2-nitro-5-(propylthio)phenyl]amino]methylene]amino]ethanesulfonic acid sodium salt；2-[[[(Methoxycarbonyl)amino][[2-nitro-5-(propylthio)phenyl]imino]methyl]amino]ethanesulfonic acid sodium salt；Methyl[*N*′-[2-nitro-5-(propylthio)phenyl]-*N*-(2-sulfoethyl)amidno]carbamate sodium salt；*N*-Methoxycarbonyl-*N*′-[2-nitro-5-(propylthio)phenyl]-*N*″-2-(ethylsulfonic acid)guanidine sodium salt；Totabin sodium salt；Sch-32481-Na；Hapadex sodium salt

M. I. 15，6565

性状 无色或浅黄色结晶，mp 150℃（分解）；或黄色粉末，mp 160℃。溶于水、丙酮、甲醇、二甲基甲酰胺、二甲基亚砜，不溶于乙醚。uv max（甲醇中）：225nm，347nm。生化试剂含量≥99.0%

主要用途 兽用驱肠虫剂。

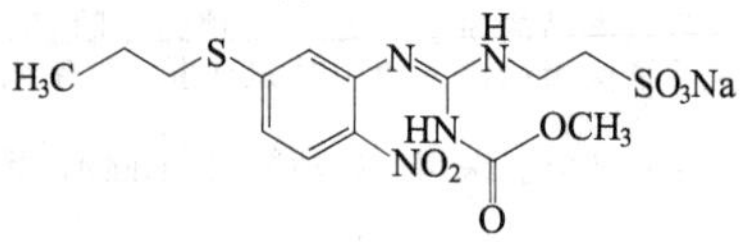

Netropsin dihydrochloride hydrate 纺锤菌素 二盐酸盐 水合 07119

[18133-22-7] $C_{18}H_{28}Cl_2N_{10}O_3 \cdot xH_2O$ 503.39＋18.02x

成分（以无水物计） C 42.95%，H 5.61%，Cl 14.08%，N 27.82%，O 9.53%。

别名 二盐酸纺锤菌素 水合；水合纺锤菌素 二盐酸盐；4-[[(Aminoiminomethyl)amino]acetyl]amino-*N*-[5-[(3-amino-3-iminopropyl)amino]carbonyl-1-methyl-1*H*-pyrrol-3-yl]-1-methyl-1*H*-pyrrole-2-carboxamide；*N*′-(2-Amidinoethyl)-4-(2-guanidinoacetamido)-1,1′-dimethyl-*N*,4′-bi(pyrrole-2-carboxamide)dihydrochloride；Sinanomycin dihydrochloride；Congocidine dihydrochloride；T-1384 dihydrochloride

M. I. 15，6560

性状 无色或白色棱柱体结晶或粉末。溶于水，不溶于一般的有机溶剂。mp 228℃。LD_{50}小鼠静脉注射：17mg/kg；皮下注射：70mg/kg；急性经口：＞300mg/kg。生化试剂含量≥98.0%（HPLC）。

注意事项 该品口服有害。使用时应穿适当的防护服。应充氩气密封于－20℃保存。

主要用途 生化研究。非嵌入型DNA连接剂。

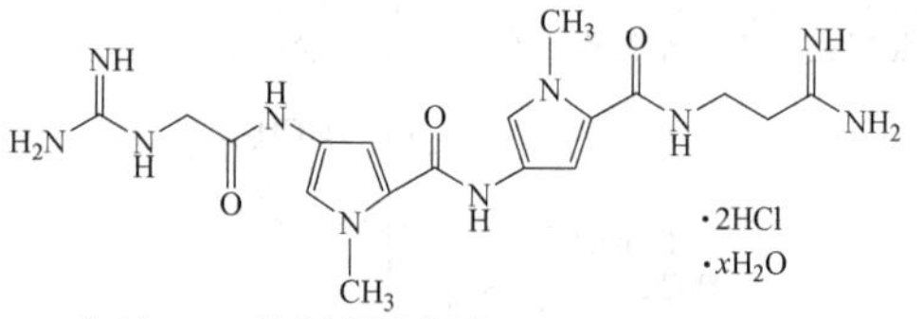

Neuraminidase 神经氨酸苷酶 07120

[9001-67-6] Mr 39000～51000

别名 神经氨酶；神经酰胺酶；唾液酸苷酶；受体破坏酶；神经氨酸酶；神经氨（糖）酸苷酶；*N*-Acetylneuraminate glucohydrolase；Acyl-neuraminyl hydrolase；Mucopolysaccharide-*N*-acetylneuraminyl hydrolase；Sialidase

EC 3.2.1.18

性状 白色至黄棕色粉末。生化试剂含量1～3U/mg。

注意事项 该品应充氩气密封于2～8℃保存。

主要用途 生化研究。

Neutral red 中性红 07121

[553-24-2] $C_{17}H_{17}ClN_4$ 288.78

成分 C 62.39%，H 5.93%，Cl 12.28%，N 19.40%。

别名 2-甲基-3-氨基-6-二甲氨基二氮杂蒽 盐酸盐；3-氨基-7-二甲氨基-2-基吩嗪 盐酸盐；盐酸2-甲基-3-氨基-6-二甲氨基二氮杂蒽；盐酸-3-氨基-7-二甲氨基-2-甲基吩嗪；氯化中性红；3-Amino-7-dimethylamino-2-methylphenazine hydrochloride；Aminodimethylaminotoluaminozine hydrochloride；Kernechtrot；Michrome no. 226；Neuclear fast red；Neutral red chloride；Tolylene red；Toluylene red；N^8，N^8，3-Trimethyl-2,8-phenazinediamine monohydrochloride；Basic red 5；NR

M. I. 15，6573 C. I. 50040

性状 深绿色粉末。溶于水（4.0%）、无水乙醇（1.8%）、2-乙氧基乙醇（3.75%）、乙二醇（3.0%）。溶于水、乙醇，溶液呈红色。几乎不溶于二甲苯。pH 6.8～8.0（由红至黄色）。pK_a 6.7。最大吸收值（50%乙醇中）：533nm。LD_{50}小鼠，大鼠，兔静脉注射（mg/kg）：142，112，97。

注意事项 使用时应避免吸入本品的粉尘，避免与眼睛及皮肤接触。应密封于干燥处保存。

主要用途 酸碱指示剂。氧化还原指示剂。非水溶液滴定指示剂。生物染色剂。

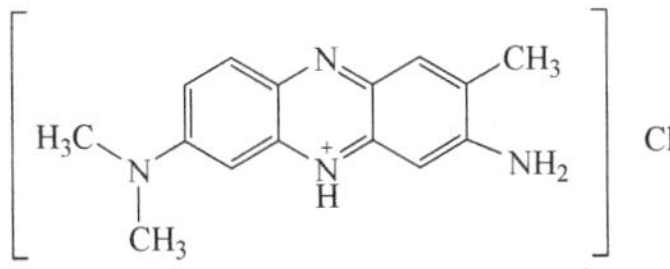

Nevirapine　奈韦拉平　07122

[129618-40-2]　$C_{15}H_{14}N_4O$　266.30

成分　C 67.65%，H 5.30%，N 21.04%，O 6.01%。

别名　柰维拉平；维乐命；11-Cyclopropyl-5, 11-dihydro-4-methyl-6*H*-dipyrido[3, 2-*b*; 2′, 3*e*][1, 4]diazepin-6-one; BI-RG-587; Viramune

M. I. 15，6575

性状　来自吡啶＋水中的无色结晶。为亲脂物。溶于水（约 0.1mg/mL，pH 值中性），pH 值<3 时溶解更多。微溶于乙醇、甲醇。pK_a 2.8；mp 247～249℃。

注意事项　该品对眼睛、呼吸系统及皮肤有刺激性。使用时应穿适当的防护服，戴适当的手套和防护镜或面罩。万一接触到眼睛，应立即用大量水冲洗后请医生诊治。

主要用途　医用抗病毒剂。

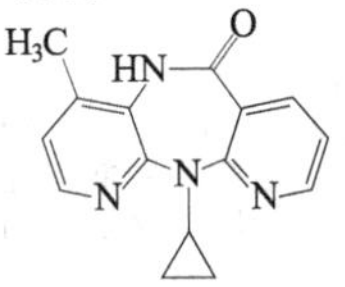

New fuchsin　新品红　07123

[3248-91-7]　$C_{22}H_{24}ClN_3$　365.90

成分　C 72.22%，H 6.61%，Cl 9.69%，N 11.48%。

别名　三甲基品红；三氨基三甲苯基甲烷氯化物；碱性紫 2；品红 N；品红 NB；Basic violet 2; Fuchsin NB; Isorubin; Magenta Ⅲ; New magenta; Fuchsin N; R-102

C. I. 42520

性状　深红色结晶或粉末，为碱性品红的组分之一。溶于乙醇、水。一般试剂干燥含量约 80.0%。

注意事项　该品对眼睛、呼吸系统及皮肤有刺激性。使用时应穿适当的防护服。使用时应避免吸入本品的粉尘，避免与眼睛及皮肤接触。万一接触到眼睛，应立即用大量水冲洗后请医生诊治。应密封于干燥处保存。

主要用途　细菌细胞壁染色。

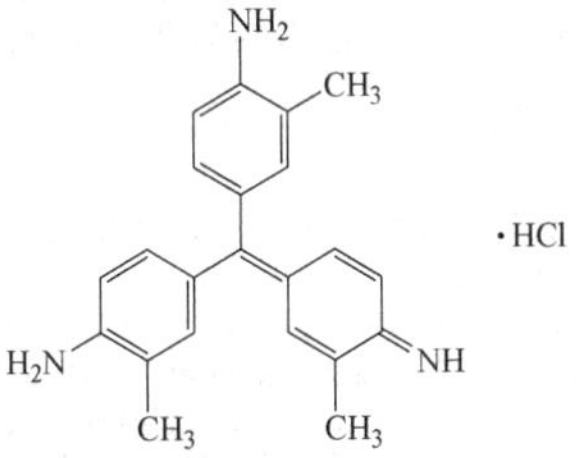

New methylene blue N　新亚甲蓝 N　07124

[6586-05-6]　$C_{36}H_{44}Cl_4N_6S_2Zn$　832.10

成分　C 51.96%，H 5.33%，Cl 17.04%，N 10.10%，S 7.71%，Zn 7.86%。

别名　亚甲蓝 N；新亚甲蓝；新亚甲蓝 B；亚甲蓝 NNX；New methylene blue A; New methylene blue B; Aizen new methylene blue NHX; Methylene blue NNX; Basic blue 24; New methylene blue N; Methylene blue N

C. I. 52030

性状　蓝黑色粉末。溶于乙醇、水。

注意事项　该品对眼睛、呼吸系统及皮肤有刺激性。使用时应穿适当的防护服。万一接触到眼睛，应立即用大量水冲洗后请医生诊治。应密封于干燥处保存。

主要用途　人血涂片网状细胞、肥大细胞、软骨、黏蛋白的异染体染色。

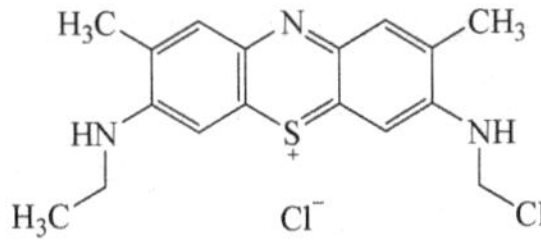

Nialamide　烟肼酰胺　07125

[51-12-7]　$C_{16}H_{18}N_4O_2$　298.35

成分　C 64.41%，H 6.08%，N 18.78%，O 10.73%。

别名　尼亚酰胺；丙酰苄胺异烟肼；4-Pyridinecarboxylic acid 2-[3-oxo-3-[(phenylmethyl)aminopropyl]hydrazide]; Isonicotinic acid 2-[2-(benzylcarbamoyl)ethyl]hydrazide; 1-[2-(Benzylcarbamoyl)ethyl]-2-isonicotinoylhydrazide; *N*-[2-(Benzylcarbamyl)ethylamino]isonicotinamide; *N*-Benzyl-*β*-(isonicotinoylhydrazino)propionamide; *N*-Isonicotinoyl-*N*′-[*β*-(*N*-benzylcarboxamido)ethyl]hydrazide; Espril; Niamid; Niamidal; Niaquitil; Nuredal; Nyazin

M. I. 15，6576

性状　来自乙酸乙酯中的无色结晶。微有苦味。易溶于酸性溶液，微溶于水。mp 151.1～152.1℃。LD_{50} 小鼠，大鼠急性经口（mg/kg）：1000，1700；静脉注射（mg/kg）：742，760。生化试剂含量≥95.0%（HPLC）。

注意事项　该品吸入、口服或与皮肤接触有害。对眼睛、呼吸系统及皮肤有刺激性。可能致癌。使用时应穿适当的防护服。应避免吸入本品的粉尘。万一接触到眼睛，应立即用大量水冲洗后请医生诊治。应充氩气密封保存。

主要用途　生化研究。医用抗抑郁剂。

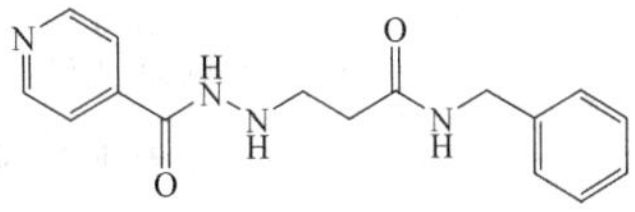

Niaprazine　烟胺哌嗪　07126

[27367-90-4]　$C_{20}H_{25}FN_4O$　356.45

成分　C 67.39%，H 7.07%，F 5.33%，N 15.72%，O 4.49%。

别名　*N*-[3-[4-(4-Fluorophenyl)-1-piperazinyl]-1-methylpropyl]-3-pyridinecarboxamide; *N*-[3-[4-(*p*-Fluorophenyl)-1-piperazinyl]-1-methylpropyl]nicotinamide; Nopron

M. I. 15，6577

性状　来自乙酸乙酯中的无色结晶。对光敏感。mp 131℃。LD_{50} 小鼠急性经口：890mg/kg；静脉注射：145mg/kg。

主要用途　医用镇静剂，安眠剂。

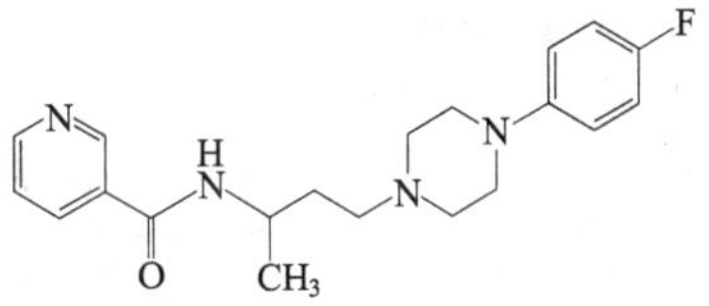

Nicaraven　烟拉文　07127

[79455-30-4]　$C_{15}H_{16}N_4O_2$　284.32

成分　C 63.37%，H 5.67%，N 19.71%，O 11.25%。

别名　尼卡拉温；*N*,*N*-亚丙基双烟酰胺；*N*,*N*′-(1-Methyl-1,2-ethanediyl)bis-3-pyridinecarboxamide; 1,2-Bis(nicotinamido)pro pane; (±)-*N*,*N*′-propylenedinicotinamide; AVS; Antevas

M. I. 15，6578

性状　来自乙酸乙酯中的无色结晶。溶于水。mp 156～157℃；*d* 1.213。生化试剂含量≥98.0%。

主要用途　医用治疗血管痉挛后蛛网膜下出血症。

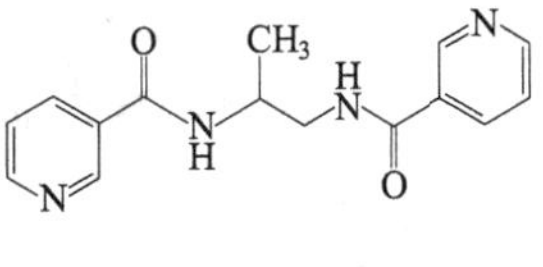

Nicarbazin　双硝苯脲二甲嘧啶醇　07128

[330-95-0]　$C_{19}H_{18}N_6O_6$　426.39

成分　C 53.52%，H 4.26%，N 19.71%，O 22.51%。

别名　*N*,*N*′-Bis(4-nitrophenyl)urea, comp d with 4,6-dimethyl-2(1*H*)-pyrimidinone (1∶1); 4,4′-Dinitrocarbanilide comp d with 4,6-dimethyl-2-pyrimidinol(1∶1); Nicarb; Nicoxin; Nicrazin

M. I. 15，6579

性状　无色结晶。几乎不溶于水。265～275℃分解；uv

max（浓硫酸中）：298nm（$A_{1cm}^{1\%}$ 670）。

注意事项 该品对眼睛、呼吸系统及皮肤有刺激性。使用时应穿适当的防护服。万一接触到眼睛，应立即用大量水冲洗后请医生诊治。

主要用途 生化研究。兽用抑球虫剂。

Nicardipine hydrochloride
硝吡胺甲酯 盐酸盐 07129

[54527-84-3] $C_{26}H_{30}ClN_3O_6$ 515.99

成分 C 60.52%，H 5.86%，Cl 6.87%，N 8.14%，O 18.60%。

别名 尼卡地平 盐酸盐；盐酸尼卡地平；盐酸硝吡胺甲酯；RS-69216；YC-93；Antagonil；Barizin；Bionicard；Cardene；Dacarel；Lecibral；Lescodil；Loxen；Nerdipina；Nicant；Nicardal；Nicarpin；Nicapress；Nicodel；Nimicor；Perdipina；Perdipine；Ranvil；Ridene；Rycarden；Rydene；Vasodin；Vasonase；1,4-Dihydro-2,6-dimethyl-4-(3-nitrophenyl)-3,5-pyridinedicarboxylic acid methyl 2-[methyl(phenylmethyl)amino]ethyl ester hydrochloride

M. I. 15，6580

性状 来自丙酮中的无色结晶。α 型 mp 179～181℃；β 型 mp 168～170℃。LD_{50} 雄，雌大鼠急性经口（mg/kg）：634，557；静脉注射（mg/kg）：18.1，25.0。雄，雌小鼠急性经口（mg/kg）：634，650；静脉注射（mg/kg）：20.7，19.9。

注意事项 该品吸入、口服或与皮肤接触有毒。使用时应穿适当的防护服，戴手套和防护镜或面罩。使用时如有事故发生或有不适之感，应请医生诊治。应密封于 2～8℃ 保存。

主要用途 生化研究。医用抗心绞痛剂，抗高血压剂。

Nicergoline 麦角溴烟酯 07130

[27848-84-6] $C_{24}H_{26}BrN_3O_3$ 484.39

成分 C 59.51%，H 5.41%，Br 16.50%，N 8.68%，O 9.91%。

别名 (8β)-10-Methoxy-1,6-dimethylergoline-8-methanol 5-bromo-3-pyridinecarboxylate(ester)；1-Methyllumilysergol 8-(5-bromonicotinate)10-methyl ether；4,6,6a,7,8,9,10,10a-Octahydro-10aα-methoxy-4,7-dimethylindolo[4,3-*fg*]quinoline-9-methanol 5-bromonicotinate；8β-(5-Bromonicotinoyloxy)methyl-1,6-dimethyl-10α-methoxyergoline；Nicotergoline；Nimergoline；MNE；FI-6714；Cergodum；Circo-Maren；Dilasenil；Duracebrol；Ergotop；Ergobel；Memoq；Nicergolent；Sermion；Vasospan

M. I. 15，6581

性状 无色结晶。mp 136～138℃。LD_{50} 雄小鼠，大鼠急性经口（mg/kg）：860，2800；静脉注射（mg/kg）：46，43。生化试剂含量≥97.0%（TLC）。

注意事项 该品口服有害。使用时应穿适当的防护服。应密封于2～8℃保存。

主要用途 生化研究。医用大脑及末梢血管舒张剂。

Niceritrol 烟酸戊四醇酯 07131

[5868-05-3] $C_{29}H_{24}N_4O_8$ 556.53

成分 C 62.59%，H 4.35%，N 10.07%，O 23.00%。

别名 戊四烟酯；3-Pyridnecarboxylic acid 2,2-bis[(3-pyridinylcarbonyl)oxy]methyl-1,3-propanediyl ester；nicotinic acid neopentanetetrayl ester；Pentaerythritol tetranicotinate；8-AL；Perycit；Bufor

M. I. 15，6582

性状 无色结晶。mp 160～162℃ 或 163～164℃。LD_{50} 小鼠，大鼠急性经口（g/kg）：>20，>20，皮下注射（g/kg）：>5，>5；腹膜内注射（g/kg）：>5，>5。兔急性经口：>10g/kg；腹膜内注射：>5g/kg。

主要用途 医用抗青光眼剂。

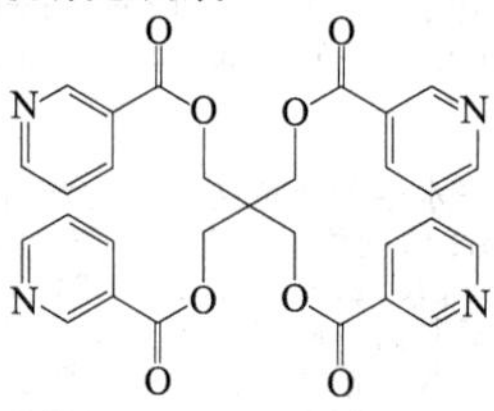

Nickel powder 镍粉 07132

[7440-02-0] Ni 58.6934

M. I. 15，6583

性状 银灰色金属粉末。可燃。易溶于硝酸，缓溶于稀盐酸或稀硫酸，不溶于水。mp 1453℃；bp 2837℃；*d* 8.908。

注意事项 该品易燃。接触皮肤能引起过敏。对机体有不可逆损伤的可能性。使用时应穿适当的防护服。使用现场禁止吸烟。使用时应避免吸入本品的粉尘。应远离火种，密封于干燥处保存。

主要用途 油类和其他有机物质氢化反应的催化剂。镍盐制备、电镀。合金制造。

Nickel（Ⅱ）acetate tetrahydrate 乙酸镍 四水 07133

[6018-89-9] $C_4H_6NiO_4 \cdot 4H_2O$ 248.86

成分（以无水物计） C 27.18%，H 3.42%，Ni 33.20%，O 36.20%。

别名 乙酸亚镍 四水；四水合乙酸亚镍；四水合乙酸镍；四水合醋酸镍；醋酸镍 四水；Nickel(Ⅱ)acetate

M. I. 15，6584

性状 绿色结晶块或结晶性粉末。微有乙酸气味。溶于 6 份水，溶于乙醇。*d* 1.744。一般试剂含量≥98.0%。

注意事项 该品口服有害。可能致癌。对机体有不可逆损伤的可能性。使用时应穿适当的防护服和戴手套。应密封保存。

主要用途 催化剂。织物用媒染剂。电镀。

Nickel(Ⅱ) acetylacetonate 乙酰丙酮酸镍 07134

[3264-82-2] $C_{10}H_{14}NiO_4$ 256.91

成分 C 46.75%，H 5.49%，Ni 22.85%，O 24.91%。

别名 乙酰丙酮亚镍；Bis(acetylacetonato)nickel(Ⅱ)；Bis(2,4-pentanedionato-*O*,*O'*)nickel；Bis(2,4-pentanedionato)nickel(Ⅱ)；2,4-Pentanedione nickel comp lex；2,4-Pentane dione nickel (Ⅱ)derivative

M. I. 15，6585

性状 鲜绿色正交菱形结晶。溶于水、乙醇、氯仿、苯，不溶于乙醚、石油醚。mp 229～230℃；bp_{11} 220～235℃/1.467kPa；d^{17} 1.455；uv max（10^{-4} mol/L，于氯仿中）：298nm，265nm（lg ε 4.34，4.44）。一般试剂含量约 95.0%（KT）。

注意事项 该品吸入可能致癌。口服有害。接触皮肤能引起过敏。使用之前应得到专门的指导，避免曝露。使用时应穿适当的防护服，戴手套和防护镜或面罩。应避免与皮肤接触。使用时如有事故发生或有不适之感，应请医生诊治。

主要用途 催化剂。

Nickel(Ⅱ) bromide trihydrate 溴化镍 三水 07135

[7789-49-3] $NiBr_2 \cdot 3H_2O$ 272.57

成分（以无水物计） Br 73.14%，Ni 26.86%。

别名 三水合溴化亚镁；三水合溴化镍；溴化亚镍 三水；二溴化镍 三水；Nickel dibromide trihydrate；Nickelous bromide trihydrate

M. I. 15，6587
性状 浅黄绿色的鳞片状结晶。有潮解性。在真空中能升华。溶于1份水，溶于乙醇。热至约200℃失去结晶水。一般试剂含量≥98.0％（AT）。
注意事项 该品口服有害。吸入能致癌。接触皮肤能引起过敏。对水生物极毒。能对水环境引起长期不良的影响。使用之前应得到专门的指导，避免曝露。使用时应穿适当的防护服，戴手套和防护镜或面罩。使用时如有事故发生或有不适之感，应请医生诊治。应防止将本品释放于环境中。应密封保存。
主要用途 制药工业。

Nickel(Ⅱ) carbonate basic tetrahydrate
碱式碳酸镍 四水 07136
[12607-70-4] $CH_4Ni_3O_7 \cdot 4H_2O$ 376.23
成分（以无水物计） C 3.95％，H 1.33％，Ni 57.90％，O 36.83％。
别名 四水合氢氧化碳酸镍；四水合碱式碳酸镍；氢氧化碳酸镍 四水；碳酸镍 碱式 四水；Nickel carbonate hydroxide tetrahydrate
M. I. 15，6588
性状 亮绿色粉末。无味。溶于氨水、稀酸并泡腾，不溶于水。一般试剂含量（Ni）48％～50％（KT）。
注意事项 该品口服有害。对机体有不可逆损伤的可能性。接触皮肤能引起过敏。对水生物极毒。能对水环境引起不利的结果。使用时应穿适当的防护服和戴手套。使用时应避免吸入本品的粉尘。应防止将本品释放于环境中。其包装物应按危险品处理。应密封于干燥处保存。
主要用途 油脂硬化催化剂。镀镍。陶瓷釉彩的主要成分。镍盐制造。

Nickel carbonyl **羰基镍** 07137
[13463-39-3] C_4NiO_4 170.73
成分 C 28.14％，Ni 34.38％，O 37.48％。
别名 Nickel tetracar bonyl；(*T*-4)-Nickel carbonyl($N(CO)_4$)
M. I. 15，6589
性状 无色液体。具挥发性。在空气中氧化。溶于约5000份水，溶于乙醇、苯、氯仿、丙酮、四氯化碳。约60℃可爆炸。mp −19.3℃；bp 43℃；d^{17}1.318。LD_{50}大鼠腹膜内注射：39mg/kg；皮下注射：63mg/kg；静脉注射：66mg/kg。
注意事项 该品有毒。
主要用途 有机合成。

Nickel(Ⅱ) chloride hexahydrate **氯化镍 六水** 07138
[7791-20-0] $Cl_2Ni \cdot 6H_2O$ 237.68
成分（以无水物计） Cl 54.71％，Ni 45.29％。
别名 六水合氯化亚镍；六水合氯化镍；氯化亚镍 六水；Nickelous chloride hexahydrate；Nickel(Ⅱ) chloride hexahydrate
GW 2015-1473 M. I. 15，6590
性状 绿色单斜结晶或结晶性粉末。有潮解性。易溶于氨水、乙醇，溶于约1份水，溶液呈酸性。mp 80℃。LD_{50}（无水物）小鼠，大鼠静脉注射（mg/kg）：48，11。
注意事项 该品能致癌。口服有毒。对眼睛及皮肤有刺激性。接触皮肤能引起过敏。对水生物极毒。能对水环境引起长期不良的影响。使用前应得到专门的指导，避免曝露。使用时应穿适当的防护服，戴手套和防护镜或面罩。使用时如有事故发生或有不适之感，应请医生诊治。应防止将本品释放于环境中。其包装物按危险品处理。应密封于干燥处保存。
主要用途 镀镍。无水盐可吸收氨气。隐显墨水的制造。

参考规格 GB/T 15355—2008	优级纯	分析纯	化学纯
含量（$NiCl_2 \cdot 6H_2O$）/％≥	98.0	98.0	97.0
pH值（50g/L溶液，25℃）	4.0～6.0	4.0～6.0	4.0～6.0
水不溶物/％≤	0.005	0.005	0.01
硫酸盐（SO_4）/％≤	0.002	0.005	0.01
硝酸盐（NO_3）/％≤	0.003	0.005	0.01
钠（Na）/％≤	0.005	0.01	0.02
钙（Ca）/％≤	0.005	0.01	0.02
铁（Fe）/％≤	0.0005	0.001	0.002
钴（Co）/％≤	0.005	0.01	0.05
铜（Cu）/％≤	0.001	0.002	0.005
锌（Zn）/％≤	0.001	0.005	0.02
铅（Pb）/％≤	0.001	0.002	0.005

Nickel(Ⅱ) fluoride tetrahydrate **氟化镍 四水** 07139
[13940-83-5] $F_2Ni \cdot 4H_2O$ 168.77
成分（以无水物计） F 39.30％，Ni 60.70％。
别名 二氟化镍 四水；四水合氟化镍；氟化亚镍 四水；Nickel difluoride tetrahydrate；Nickelous fluoride tetrahydrate
M. I. 15，6593
性状 黄绿色柱状结晶或粉末。微溶于水，不溶于乙醇、乙醚、酸类。*d* 4.63。LD_{50}（无水物）小鼠静脉注射：130mg/kg。一般试剂含量≥98.0％。
注意事项 该品吸入或口服有害。吸入可能致癌。吸入或接触皮肤能引起过敏。对眼睛、呼吸系统及皮肤有刺激性。使用前应得到专门的指导，避免曝露。使用时应穿适当的防护服，戴手套和防护镜或面罩。使用时应避免吸入本品的粉尘，避免与皮肤接触。。使用时万一接触到眼睛，应立即用大量水冲洗后请医生诊治。如有事故发生或有不适之感，应请医生诊治。应密封保存。
主要用途 制造催化剂。镀镍。

Nickel(Ⅱ) formate dihydrate **甲酸镍 二水** 07140
[15694-70-9] $C_2H_2NiO_4 \cdot 2H_2O$ 184.77
成分（以无水物计） C 16.15％，H 1.36％，Ni 39.46％，O 43.03％。
别名 二水合甲酸镍；二水合蚁酸镍；蚁酸镍 二水
M. I. 15，6594
性状 绿色单斜细小结晶或结晶性粉末。热至130～140℃成为无水物，热至180～200℃分解成镍、一氧化碳、二氧化碳、氢、水、甲烷。中等程度溶于水，不溶于乙醇、甲酸。$d^{20.2}$ 2.154。一般试剂含量≥99.0％。
注意事项 该品吸入能引起过敏。可能致癌。使用前应得到专门的指导，避免曝露。使用时应戴手套和防护镜或面罩。应避免接触皮肤。使用时如有事故发生或有不适之感，应请医生诊治。应密封于干燥处保存。
主要用途 制造镍催化剂。

Nickel(Ⅱ) hydroxide **氢氧化镍** 07141
[12054-48-7] H_2NiO_2 92.71
成分 H 2.17％，Ni 63.31％，O 34.51％。
M. I. 15，6595
性状 黑色结晶性粉末，在真空中能升华。溶于稀酸、氨水，不溶于水。一水合物为苹果绿色粉末，加热至200℃分解为一氧化镍和水。mp 797℃（无水品）；*d* 5.834（无水品）。
注意事项 该品吸入或口服有害。对机体有不可逆损伤的可能性。接触皮肤能引起过敏。对水生物极毒。能对水环境引起长期不良的影响。使用时应穿适当的防护服。使用时应避免吸入本品的粉尘。应防止将本品释放于环境中。其包装物应按危险品处理。应密封保存。
主要用途 电镀。制造镍盐、碱蓄电池。

Nickel(Ⅱ) monoxide **一氧化镍** 07142
[1313-99-1] NiO 74.69
成分 Ni 78.58％，O 21.42％。
别名 绿色一氧化镍；氧化亚镍；绿色氧化亚镍；Green nickel oxide；Nickel monoxide；Nickelous oxide；Nickel protoxide
M. I. 15，6597
性状 绿色粉末。受热颜色逐渐变黄。溶于酸，不溶于水。mp 1984℃；*d* 6.670。
注意事项 该品吸入可能致癌。接触皮肤能引起过敏。能对水生物环境引起长期不良的影响。使用前应得到专门的指导，避免曝露。使用时如有事故发生或有不适之感，应请医生诊治。应防止将本品释放于环境中。应密封保存。
主要用途 电子元件材料。催化剂。镍盐制造。搪瓷涂料。蓄电池材料。氧的发生剂。

Nickel(Ⅱ) nitrate hexahydrate **硝酸镍 六水** 07143

[13478-00-7] $N_2NiO_6 \cdot 6H_2O$ 290.79
成分（以无水物计） N 15.33%，Ni 32.13%，O 52.54%。
别名 六水合硝酸亚镍；六水合硝酸镍；硝酸亚镍 六水；Nickelous nitrate hexahydrate
GW 2015-2313 M.I.15，6598
性状 绿色结晶。有潮解性。在干燥空气中微风化。溶于0.4份水，溶液呈酸性，pH值约4。溶于乙醇、乙二醇（7.5%），微溶于丙酮。mp 56.7℃；bp 137℃；*d* 2.05。LD_{50}大鼠急性经口：1.62g/kg。
注意事项 该品与易燃品接触能引起燃烧。口服有害。可能致癌。接触皮肤能引起过敏。使用前应得到专门的指导，避免曝露。使用时应穿适当的防护服，戴手套和防护镜或面罩。使用时如有事故发生或有不适之感，应请医生诊治。应远离易燃物品，密封于干燥处保存。其包装物应按危险品处理。
主要用途 镍催化剂。镀镍。镍盐制取。陶瓷着色。

参考规格 HG/T 3448—2003	优级纯	分析纯	化学纯
含量[$Ni(NO_3)_2 \cdot 6H_2O$]/%≥	99.0	98.0	98.0
水不溶物/%≤	0.005	0.005	0.01
氯化物（Cl）/%≤	0.001	0.001	0.005
硫酸盐（SO_4）/%≤	0.005	0.005	0.01
铵（NH_4）/%≤	0.05		
钠（Na）/%≤	0.005	0.01	0.02
镁（Mg）/%≤	0.005	0.01	0.02
钾（K）/%≤	0.005	0.005	0.01
钙（Ca）/%≤	0.005	0.01	0.02
铁（Fe）/%≤	0.0005	0.0005	0.001
钴（Co）/%≤	0.005	0.01	0.05
铜（Cu）/%≤	0.0005	0.001	0.005
锌（Zn）/%≤	0.001	0.005	0.02
镉（Cd）/%≤	0.001		
铅（Pb）/%≤	0.0005	0.001	0.005

Nickelocene 二茂镍 07144

[1271-28-9] $C_{10}H_{10}Ni$ 188.88
成分 C 63.58%，H 5.34%，Ni 31.07%。
别名 Bis(cyclopentadienyl) nickel；Di(cyclopentadienyl) nickel
性状 深绿色有金属光泽的结晶。溶于多种有机溶剂，不溶于水。mp 173～174℃。一般试剂含量≥97.0%(Ni)。
注意事项 该品高度易燃。吸入可能致癌。口服有害。接触皮肤可能引起过敏。使用前应得到专门的指导，避免曝露。使用时应穿适当的防护服，戴手套和防护镜或面罩。使用时应避免吸入本品的粉尘，避免与眼睛及皮肤接触。使用时如有事故发生或有不适之感，应请医生诊治。应充氩气密封于2～8℃保存。
主要用途 电子元件材料。镀镍。高纯镍制备。催化剂、络合剂。

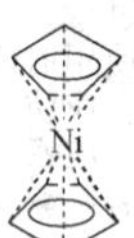

Nickel(Ⅱ) oxalate dihydrate 草酸镍 二水 07145

[6018-94-6] $C_2NiO_4 \cdot 2H_2O$ 182.75
成分(以无水物计) C 16.37%，Ni 40.01%，O 43.62%。
别名 乙二酸镍 二水；二水合乙二酸镍；二水合草酸镍
M.I.15，6599
性状 浅绿色粉末。溶于无机酸和氯化铵、硝酸铵、硫酸铵溶液，不溶于水。
注意事项 该品口服或与皮肤接触有害。使用时应避免与眼睛及皮肤接触。应密封保存。
主要用途 制造镍催化剂。

Nickel(Ⅲ) oxide 三氧化二镍 07146

[1314-06-3] Ni_2O_3 165.38
成分 Ni 70.98%，O 29.02%。
别名 氧化高镍；氧化镍；黑色氧化镍；Nickelic oxide；Black nickel oxide；Nickel oxide black；Nickel peroxide；Nickel sesquioxide
M.I.15，6601
性状 灰黑色粉末。溶于热盐酸放出氯，溶于热硫酸或硝酸放出氧，极微溶于冷酸，不溶于水。约600℃分解为一氧化镍和氧。
注意事项 该品吸入可能致癌。接触皮肤能引起过敏。在使用前应得到专门的指导，避免曝露。使用时如有事故发生或有不适之感，应请医生诊治。应密封保存。
主要用途 氧的发生剂。电子元件材料。蓄电池材料。还原镍制备。

Nickel potassium cyanide monohydrate 氰化镍钾 一水 07147

[339527-86-5][14220-17-8] $C_4K_2N_4Ni \cdot H_2O$ 258.98
成分（以无水物计） C 19.94%，K 32.45%，N 23.25%，Ni 24.36%。
别名 一水合氰化镍钾；四氰镍化钾 一水；氰化钾镍 一水；Dipotassium tetrakis(cyano-C) nickelate(2－)；Potassium nickel cyanide monohydrate；Potassium tetracyanonickelate(Ⅱ) monohydrate
GW 2015-1691 M.I.15，7802
性状 橙黄色结晶性粉末。100℃失去结晶水变为棕色。溶于水、氨水，在酸中分解。
注意事项 该品与酸接触能放出有毒、高度易燃气体。吸入可能致癌。口服有害。吸入或与皮肤接触可引起过敏。使用前应得到专门的指导，避免曝露。使用时应穿适当的防护服和戴手套。使用时应避免吸入本品的粉尘，避免与皮肤接触。万一着火，应用化学干粉剂灭火，而不能用水。使用时如有事故发生或有不适之感，应请医生诊治。应充氩气密封于干燥处保存。
主要用途 银的微量分析。

Nickel(Ⅱ) sulfate anhydrous 无水硫酸镍 07148

[7786-81-4] NiO_4S 154.75
成分 Ni 37.93%，O 41.35%，S 20.72%。
别名 无水硫酸亚镍；硫酸亚镍 无水；硫酸镍 无水；Nickelous sulfate anhydrous
GW 2015-1318 M.I.15，6602
性状 浅绿至黄色结晶或粉末。易溶于水（20℃，293g/L），不溶于乙醇、乙醚。848℃分解。
注意事项 该品应密封于干燥处保存。
主要用途 分析试剂。光谱分析试剂。

Nickel(Ⅱ) sulfate hexahydrate 硫酸镍 六水 07149

[10101-97-0] $NiO_4S \cdot 6H_2O$ 262.84
成分(以无水物计) Ni 37.93%，O 41.35%，S 20.72%。
别名 六水合硫酸亚镍；六水合硫酸镍；硫酸亚镍 六水；Morenosite；Nickelous sulfate hexahydrate；Single Nickel Salt
M.I.15，6602
性状 绿色透明结晶。在干燥空气中易风化。溶于1.4份水，溶液呈酸性，pH值约4.5。略微溶于乙醇，较多地溶于甲醇。热至280℃失去6分子结晶水，成为浅绿黄色无水物。LD_{50}雄，雌大鼠急性经口（mg/kg）：335，264。
注意事项 该品口服有害。吸入或与皮肤接触时能引起过敏。对机体有不可逆损伤的可能性。对水生物极毒。能对水环境引起长期不良的结果。使用时应穿适当的防护服和戴手套。使用时应避免吸入本品的粉尘。应防止将本品释放于环境中。其包装物应按危险品处理。应密封保存。
主要用途 加氢催化剂。媒染剂。电镀。

参考规格 HG/T 4020—2008	优级纯	分析纯	化学纯
含量（$NiSO_4 \cdot 6H_2O$）/%≥	99.0	98.5	98.0
水不溶物/%≤	0.005	0.01	0.02
氯化物（Cl）/%≤	0.001	0.001	0.005
硝酸盐（NO_3）/%≤	0.003	0.003	0.02
钠（Na）/%≤	0.01	0.02	0.05
钙（Ca）/%≤	0.005	0.02	0.1
铁（Fe）/%≤	0.0005	0.001	0.005
钴（Co）/%≤	0.002	0.01	0.05
铜（Cu）/%≤	0.001	0.002	0.005
锌（Zn）/%≤	0.002	0.01	0.05
铅（Pb）/%≤	0.001	0.002	0.005

Niclosamide 氯硝柳胺 07150
[50-65-7] $C_{13}H_8Cl_2N_2O_4$ 327.12
成分 C 47.73%，H 2.47%，Cl 21.68%，N 8.56%，O 19.56%。
别名 贝螺杀；灭绦灵；育末生；5-Chloro-*N*-(2-chloro-4-nitrophenyl)-2-hydroxybenzamide；2′,5-Dichloro-4′-nitrosalicylanilide；5-Chloro-*N*-(2′-chloro-4′-nitrophenyl) salicylamide；5-Chlorosalicyloyl-(*o*-chloro-*p*-nitranilide)；*N*-(2′-Chloro-4′-nitrophenyl)-5-chlorosalicylamide；Bayer 2353；Cestocide；Niclocide；Ruby；Trédémine；Yomesan
M. I. 15，6604
性状 浅黄色结晶。略微溶于乙醇、氯仿、乙醚，几乎不溶于水。mp 225～230℃。一般试剂含量≥98.0%(HPLC)。
注意事项 使用时应避免吸入本品的粉尘，避免与眼睛及皮肤接触。
主要用途 医用驱肠虫剂。分析用标准物质。其乙醇胺盐是一种杀软体动物（贝类）剂。

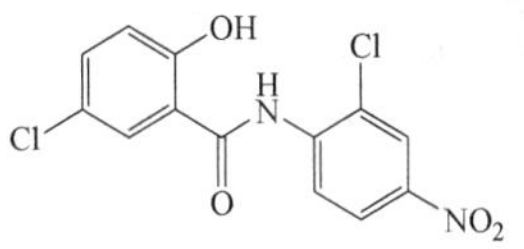

Nicomorphine 二烟酰吗啡 07151
[639-48-5] $C_{29}H_{25}N_3O_5$ 495.54
成分 C 70.29%，H 5.09%，N 8.48%，O 16.14%。
别名 吗啡二烟酸酯；(5α,6α)-7-8-Didehydro-4,5-epoxy-17-methylmorphinan-3,6-diol di-3-pyridinecar boxylate(ester)；Morphine ester with nicotinic acid；Morohinebis(nicotinate)；Morphine bis(pyridine-3-carboxylate)；Nicotinic acid morphine ester；Morphine dinicotinate；Gewalan；Vilan
M. I. 15，6605
性状 无色结晶。溶于乙醇，几乎不溶于水。mp 178～178.5℃（修正值）。
主要用途 医用麻醉止痛剂。

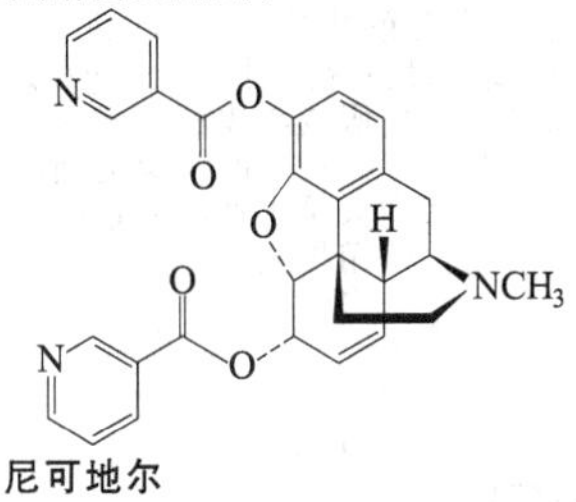

Nicorandil 尼可地尔 07152
[65141-46-0] $C_8H_9N_3O_4$ 211.18
成分 C 45.50%，H 4.30%，N 19.90%，O 30.30%。
别名 烟浪丁；烟酰胺硝酸酯；硝烟酯；*N*-[2-(Nitrooxy) ethyl]-3-pyridinecarboxamide；*N*-(2-Hydroxyethyl) nicotinamide nitrate(ester)；SG-75；Adancor；Ikorel；Perisalol；Sigmart
M. I. 15，6606
性状 来自乙醚/乙醇中的无色针状结晶。mp 92～93℃。LD_{50}大鼠急性经口：1200～1300mg/kg；静脉注射：800～1000mg/kg。
主要用途 医用抗心绞痛剂。

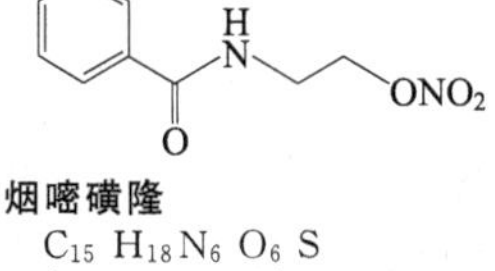

Nicosulfuron 烟嘧磺隆 07153
[111991-09-4] $C_{15}H_{18}N_6O_6S$ 410.41
成分 C 43.90%，H 4.42%，N 20.48%，O 23.39%，S 7.81%。
别名 玉农乐；2-[[[(4,6-Dimethoxy-2-pyrimidinyl)amino] carbonyl]amino]sulfonyl-*N*,*N*-dimethyl-3-pyridinecarboxamide；SL-950；MU-495；DPX-V9360；Accent；Nostoc
M. I. 15，6607
性状 无色或白色固体。溶于水（pH 值 3.5，44mg/kg。pH 值 7，22000mg/kg）。pK_a（25℃）：4.6；蒸气压（25℃）：1.2×10^{-16} mmHg/1.6×10^{-4} Pa；mp 169～173℃。
注意事项 该品对眼睛、呼吸系统及皮肤有刺激性。
主要用途 除草剂。

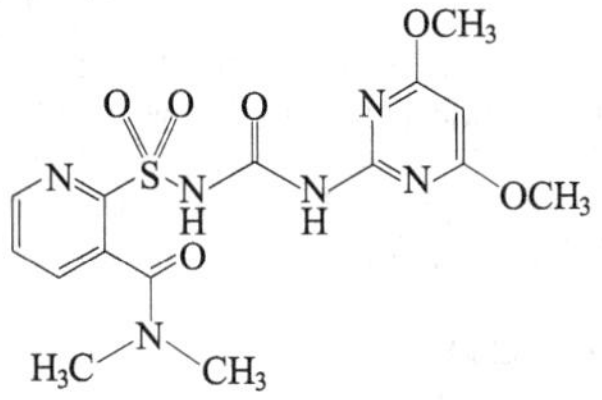

Nicotinamide 烟酰胺 07154
[98-92-0] $C_6H_6N_2O$ 122.13
成分 C 59.01%，H 4.95%，N 22.94%，O 13.10%。
别名 3-吡啶甲酰胺；烟碱胺；菸酰胺；烟碱酰胺；维生素PP；尼克酰胺；Aminicotin；Benicot；Dipegyl；Niacinamide；Nicamindon；Nicobion；Nicotovmide；Nicotilamide；Papulex；Pelmin；Peloninamide；Nicotinic acid amide；3-Pyridinecarboxamide；3-Pyridinecarboxylic acid amide；Vitamin PP；VPP
M. I. 15，6608
性状 来自苯中的无色针状结晶。1g 该品溶于约 1mL 水，其 10%（质量浓度）水溶液对石蕊呈中性；溶于约 1.5mL 乙醇、10mL 甘油。p*K*（20℃）：3.3。与二硝基氯苯反应即显色。mp 128～131℃；Fp 302℉（150℃）；uv max：261nm（$A_{1cm}^{1\%}$ 451）。LD_{50} 大鼠皮下注射：1.68g/kg。生化试剂含量≥99.5%（HPLC）。
注意事项 该品对眼睛、呼吸系统及皮肤有刺激性。使用时应穿适当的防护服。万一接触到眼睛，应立即用大量水冲洗后请医生诊治。应密封避光于干燥处保存。
主要用途 生化研究。制药工业。

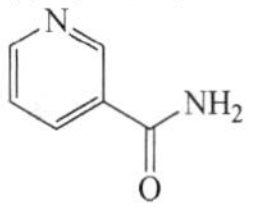

Nicotine 烟碱 07155
[54-11-5] 162.24
成分 C 74.03%，H 8.70%，N 17.27%。
别名 尼可丁；1-甲基-2-（3-吡啶基）吡咯烷；尼古丁；菸碱；Habitrol；1-Methyl-2-(3-pyridyl) pyrrolidine；Nicabate；Nicoderm CQ；Nicolan；Nicopatch；Nicotell TTS；Nicotinell；β-Pyridyl-α-*N*-methylpyrroli- dine；(*S*)-3-(1-Methyl-2-pyrrolidinyl) pyridine；3-[(2*S*)-1-Methyl-2-pyrrolidinyl]pyridine；(−)-Nicotine；(*S*)-(−)-Nicotine；Tabazur
GW 2015-1097 M. I. 15，6609
性状 无色至浅黄色油状液体。易吸潮。露置空气中或光照下逐渐变为棕色。易溶于氯仿、乙醇、乙醚、石油醚、煤油、油类。60℃以下能与水混溶。其 0.05mol/L 水溶液 pH 值 10.2。pK_1（15℃）6.16，pK_2 10.96。bp_{745} 247℃/99.327kPa（部分分解）；bp_{17} 123～125°/2.266kPa；Fp 215℉（101℃）；d_4^{20} 1.00925；n_D^{20} 1.5282；$[\alpha]_D^{20}$ −169.3°。LD_{50}小鼠急性经口：230mg/kg；静脉注射：0.3mg/kg；腹膜注射：9.5mg/kg。一般试剂含量≥99.0%（GC）。
注意事项 该品口服有毒。与皮肤接触极毒。对水生物有毒。能对水环境引起不利的结果。使用时应穿适当的防护服和戴手套。使用时如有事故发生或有不适之感，应请医生诊治。应防止将本品释放于环境中。应密封避光保存。
主要用途 生化研究。制药工业。

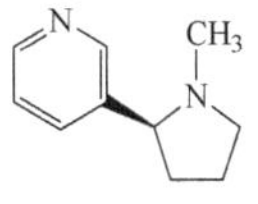

Nicotine hydrogen tartrate 烟碱 酒石酸氢盐 07156
[65-31-6] $C_{18}H_{26}N_2O_{16}$ 526.41
成分 C 41.07%，H 4.98%，N 5.32%，O 48.63%。
别名 酒石酸氢烟碱；烟碱 重酒石酸盐；重酒石酸烟碱；(−)-Nicotine di-(+)-tartrate；Nicotine bitartrate

M. I. 15, 6609

性状 二水合物为无色结晶或白色粉末。易溶于水、乙醇。mp 90℃；$[\alpha]_D^{20}$ +26°(c=10)。一般试剂含量≥98.0%(TLC)。

注意事项 该品吸入、口服或与皮肤接触有毒。对水生物有毒。能对水环境引起长期不良的结果。使用时应穿适当的防护服，戴手套和防护镜或面罩。使用时应避免吸入本品的粉尘。使用时如有事故发生或有不适之感，应请医生诊治。应防止将本品释放于环境中。应远离食品、饮料及饲料，密封于干燥处保存。

Nicotinic acid 烟酸 07157

[59-67-6] $C_6H_5NO_2$ 123.11

成分 C 58.54%，H 4.09%，N 11.38%，O 25.99%。

别名 吡啶-3-甲酸；吡啶-3-羧酸；维生素 B_5；3-氮苯酸；烟碱酸；尼古丁酸；Akotin；Antipellagra vitamin；Daskil；Niacin；Niacor；Niaspan；Nicacid；Niocacid；Nicangin；Nicobid；Nicolar；Niconacid；Nico-Span；P. P. factor；3-Pyridinecarboxylic acid；Pyridine-β-carboxylic acid；Vitamin B_5；Pellagra preventive factor；3-Picolinic acid；Wamp ocap

M. I. 15, 6610

性状 来自乙醇或水中的无色针状结晶。在空气中稳定，不吸潮。1g 该品溶于 60mL 水，易溶于沸水、沸乙醇，溶于苛性碱、碳酸盐溶液，溶于丙二醇，几乎不溶于乙醚。其水溶液 pH 值 2.7。pK_a 4.85。mp 236.6℃；uv max：263nm。LD_{50} 大鼠皮下注射：5g/kg。生化试剂含量≥99.5%(HPLC)。

注意事项 该品对眼睛、呼吸系统及皮肤有刺激性。使用时应穿适当的防护服。万一接触到眼睛，应立即用大量水冲洗后请医生诊治。应密封避光保存。

主要用途 生化研究。植物生长刺激素。医用抗高血脂剂。

N COOH

Nicotinic acid benzyl ester 烟酸苄酯 07158

[94-44-0] $C_{13}H_{11}NO_2$ 213.24

成分 C 73.22%，H 5.20%，N 6.57%，O 15.01%。

别名 Benzyl nicotinate；3-pyridinecarboxylic acid phenylmethyl ester；Pyridine-β-carboxylic acid benzyl ester；Benzyl nicotinate；Rubriment；Pycaril；Pykaryl

M. I. 15, 6611

性状 无色液体。bp $_{3\sim4}$ 170℃/400～533Pa。

主要用途 医用引赤剂。

N O O

Nicotinic acid N-oxide N-氧化烟酸 07159

[2398-81-4] $C_6H_5NO_3$ 139.11

成分 C 51.81%，H 3.62%，N 10.07%，O 34.50%。

别名 N-氧化尼克酸；3-Carboxypyridine N-oxide；Oxiniacic acic；3-Pyridinecarboxylic acid 1-oxide

M. I. 15, 7040

性状 无色针状结晶。较多地溶于热水、热冰乙酸、热甲醇，较少地溶于乙醇，微溶于冷水，不溶于石油醚、苯、氯仿。mp 254～255℃(分解)；uv max(0.1 mol/L 硫酸中)：220nm，260nm(ε 22400，10200)。生化试剂含量≥98.0%(T)。

注意事项 使用时应避免吸入本品的粉尘，避免与眼睛及皮肤接触。

主要用途 医用抗高血脂剂。

COOH N O

Nifedipine 硝苯吡啶 07160

[21829-25-4] $C_{17}H_{18}N_2O_6$ 346.34

成分 C 58.96%，H 5.24%，N 8.09%，O 27.72%。

别名 心痛定；利心平；1,4-Dihydro-2,6-dimethyl-4-(2-nitrophenyl)-3,5-pyridinedicarboxylic acid dimethyl ester；4-(2′-Nitrophenyl)-2,6-dimethyl-3,5-dicarbomethoxy-1,4-dihydropyridine；Bay a 1040；Adalat(e)；Aldipin；Anifed；Aprical；Chronadalate；Citilat；Coracten；Cordicant；Cordilan；Corotrend；Duranifin；Ecodipin；Hexadilat；Nifedicor；Nifedin；Nifelan；Nifelat；Nifensar；Orix；Pidilat；Procardia；Sepamit；Tibricol；Zenusin

M. I. 15, 6613

性状 黄色结晶或粉末。该品于下列物质中的溶解度(20℃，g/L)：丙酮 250，二氯甲烷 160，氯仿 140，乙酸乙酯 50，甲醇 26，乙醇 17。其溶液对光敏感。几乎不溶于水。mp 172～174℃；uv max(甲醇中)：340nm，235nm(ε 5010，21590)；(0.1mol/L 盐酸中)：338nm，238nm(ε 5740，20600)；(0.1mol/L 氢氧化钠溶液中)：340nm，238nm(ε 5740，20510)。LD_{50} 小鼠，大鼠急性经口(mg/kg)：494，1022；静脉注射(mg/kg)：4.2，15.5。生化试剂含量≥98.0%(TLC)。

注意事项 该品口服有害。使用时应穿适当的防护服。使用时应避免吸入本品的粉尘。万一接触到眼睛，应立即用大量水冲洗后请医生诊治。应密封于 2～8℃保存。

主要用途 生化研究。医用抗心绞痛剂，抗高血压剂。

H_3C H N CH_3 H_3CO OCH_3 O O NO_2

Niflumic acid 氮氟灭酸 07161

[4394-00-7] $C_{13}H_9F_3N_2O_2$ 282.22

成分 C 55.33%，H 3.21%，F 20.20%，N 9.93%，O 11.34%。

别名 2-[3-(三氟甲基)苯胺基]烟酸；2-[3-(Trifluoromethyl)phenyl] amino-3-pyridinecarboxylic acid；2-(α，α，α-Trifluoro-m-toluidino) nicotinic acid；2-[3-(Trifluoromethyl) anilino] nicotinic acid；UP-83；Actol；Forenol；Landruma；Nifluril

M. I. 15, 6615

性状 来自乙醇中的无色结晶。mp 204℃。LD_{50} 大鼠急性经口：370mg/kg；腹膜内注射：155mg/kg。

注意事项 该品吸入、口服或与皮肤接触有害。对眼睛、呼吸系统及皮肤有刺激性。使用时应穿适当的防护服。万一接触到眼睛，应立即用大量水冲洗后请医生诊治。

主要用途 生化研究。医用抗炎剂。

H N N CF_3 COOH

Nifuratel 硝呋噁酮 07162

[4936-47-4] $C_{10}H_{11}N_3O_5S$ 285.27

成分 C 42.10%，H 3.89%，N 14.73%，O 28.04%，S 11.24%。

别名 5-(Methylthio) methyl-3-[(5-nitro-2-furanyl) methylene] amino-2-oxazolidinone；5-(Methylthio) methyl-3-(5-nitrofurfurylidene) amino-2-oxazolidinone；5-Methylmercaptomethyl-3-(5-nitro-2-furfurylideneamino)-2-oxazolidinone；Methylmercadone；Inimur；Macmiror Magmilor；Omnes；Polmiror；Tydantil

M. I. 15, 6616

性状 来自乙酸中的无色结晶。mp 182℃。

主要用途 医用抗菌剂，抗真菌剂，抗原生物剂(毛滴虫)。

O O_2N O =N—N O SCH_3

Nifuroquine 硝呋喹酸 07163

[57474-29-0] $C_{14}H_8N_2O_6$ 300.23

成分 C 56.01%，H 2.69%，N 9.33%，O 31.97%。

别名 1-氧化 4-(5-硝基-2-呋喃基)-2-喹啉羧酸；4-(5-Nitro-2-furanyl)-2-quinolinecarboxylic acid 1-oxide；2-Carboxy-4-[2′-(5′-nitrofuryl)] quinoline 1-oxide；4-(5-Nitro-2-furyl) quinaldic acid 1-oxide；Quinaldofur；Abimasten 100

M. I. 15, 6618

性状 黄色结晶性粉末。几乎不溶于水。mp 190℃(分解)。

主要用途 兽用抗菌剂。

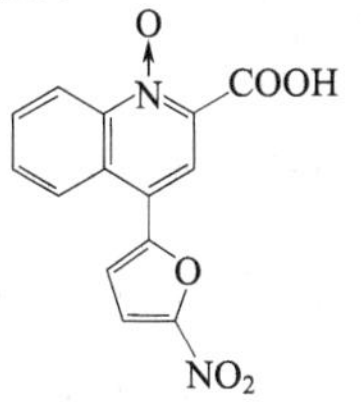

Nifuroxazide 硝呋酚酰肼 07164

[965-52-6] $C_{12}H_9N_3O_5$ 275.22

成分 C 52.37%，H 3.30%，N 15.27%，O 29.07%。

别名 4-Hydroxybenzoic acid[(5-nitro-2-furanyl)methylene]hydrazide; *p*-Hydroxybenzoic acid(5-nitrofurfurylidene)hydrazide; 1-(*p*-Hydroxybenzoyl)-2-(5-nitrofurfurylidene)hydrazine; 5-Nitro-2-furaldehyde *p*-hydroxybenzoylhydrazone;RC-27109;Adral;Bacifurane;Diarlidan;Dicoferin;Ercefurol;Ercefuryl;Pentofuryl

M. I. 15，6619

性状 来自吡啶中的无色结晶。几乎不溶于水。mp 298℃。生化试剂含量≥99.0%(HPLC)。

注意事项 使用时应避免吸入本品的粉尘，避免与眼睛及皮肤接触。应密封于20℃以下保存。

主要用途 医用抗菌剂。肠腔消毒剂。分析用标准物质。

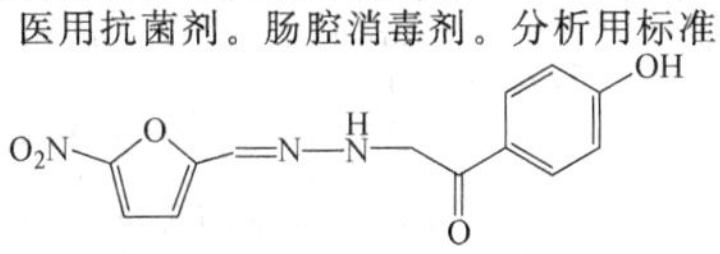

Nifuroxime 硝呋甲肟 07165

[6236-05-1][555-15-7] $C_5H_4N_2O_4$ 156.10

成分 C 38.47%，H 2.58%，N 17.95%，O 41.00%。

别名 反硝基糠醛肟；硝呋醛肟；5-硝基-2-呋喃甲醛肟；[*C*(*Z*)]-5-Nitro-2-furancarboxaldehyde oxime; Anti-5-nitro-2-furaldoxime;Micofur;anti-5Nitro-2-furaldoxime

M. I. 15，6620

性状 来自乙醇中的浅黄色或浅绿色结晶。无味。长期曝露或见光变暗。溶于水(25℃，约1g/L)、甲醇(89.0g/L)、95%乙醇(39.0g/L)。mp 156℃。生化试剂含量≥99.0%。

注意事项 该品口服有害。使用时应穿适当的防护服和戴手套。应避免吸入本品的粉尘。应密封避光保存。

主要用途 生化研究。医用局部抗感染剂。

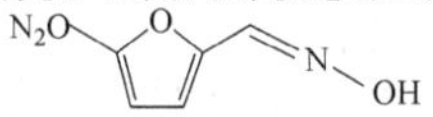

Nifurpirinol 硝呋吡醇 07166

[13411-16-0] $C_{12}H_{10}N_2O_4$ 246.22

成分 C 58.54%，H 4.09%，N 11.38%，O 25.99%。

别名 6-[2-(5-Nitro-2-furanyl)ethenyl]-2-pyridinemethanol;6-[2-(5-Nitro-2-furyl)vinyl]-2-pyridinemethanol;6-Hydroxymethyl-2-[2-(5-nitro-2-furyl)vinyl]pyridine; Furpirinol; furpyrinol; P-7138;Furanace

M. I. 15，6621

性状 来自丙酮或甲醇中的黄色针状结晶。mp 170～171℃。

主要用途 医用抗菌剂。兽用鱼病的抗菌剂。

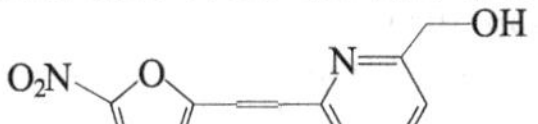

Nifurtimox 硝呋噻氧 07167

[23256-30-6] $C_{10}H_{13}N_3O_5S$ 287.29

成分 C 41.81%，H 4.56%，N 14.63%，O 27.84%，S 11.16%。

别名 3-Methyl-*N*-(5-nitro-2-furanyl)methylene-4-thiomorpholinamine 1,1-dioxide;4-(5-Nitrofurfurylidene)amino-3-methylthiomorpholine-1,1-dioxide; Tetrahydro-3-methyl-4-(5-nitrofurfurylidene)amino-2*H*-1,4-thiazine 1,1-dioxide;1-(5-Nitrofurfurylidene)amino-2-methyltetrahydro-1,4-thiazine 4,4-dioxide; Bay 2502;Lamp it

M. I. 15，6622

性状 来自稀乙酸中的橙红色结晶。mp 180～182℃。LD_{50} 小鼠，大鼠管饲(mg/kg)：3720，4050。

主要用途 医用抗原生物(锥虫)剂。

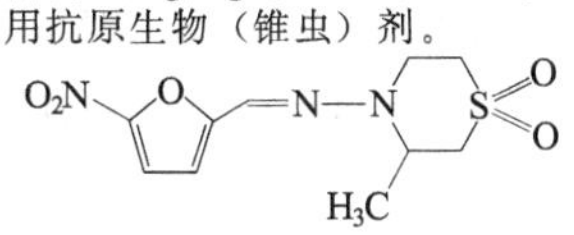

Nifurtoinol 硝呋妥醇 07168

[1088-92-2] $C_9H_8N_4O_6$ 268.19

成分 C 40.31%，H 3.01%，N 20.89%，O 35.79%。

别名 3-Hydroxymethyl-1-[(5-nitro-2-furanyl)methylene]amino-2,4-imidazolidinedione;3-Hydroxymethyl-1-[(5-nitrofurfurylidene)amino]hydantoin;1-(5-Nitrofurfurylidene)amino-3-(hydroxymethyl)hvdantoin;Urfadyn

M. I. 15，6623

性状 来自甲醛水溶液中的黄色结晶。uv max(2%，于二甲基甲酰胺中)：367.5nm，265nm(ε 17900，12800)。

主要用途 医用抗菌剂。

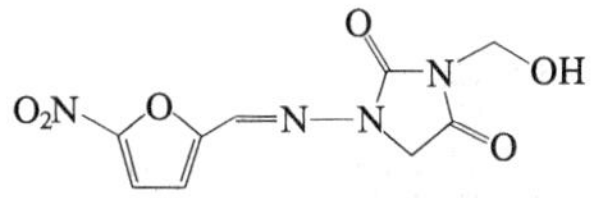

Nigericin sodium salt 尼日利亚菌素钠盐 07169

[28643-80-3] $C_{40}H_{67}NaO_{11}$ 747.00

成分 C 64.32%，H 9.04%，Na 3.08%，O 23.56%。

别名 尼日利亚霉素钠盐；黑菌素钠盐；Antibiotic K 178 sodium salt;Antibiotic X-464 sodium salt;Azalomycin M sodium salt;Helixin C sodium salt;Polyetherin A sodium salt

M. I. 15，6625

性状 无色结晶。溶于氯仿，几乎不溶于水。mp 245～255℃(分解)。生化试剂含量≥98.0%(TLC)。

注意事项 该品口服有毒。对眼睛、呼吸系统及皮肤有刺激性。使用时应穿适当的防护服，戴手套和防护镜或面罩。万一接触到眼睛，应立即用大量水冲洗后请医生诊治。使用时如有事故发生或有不适之感，应请医生诊治。应充氩气密封于2～8℃保存。

主要用途 生化研究。

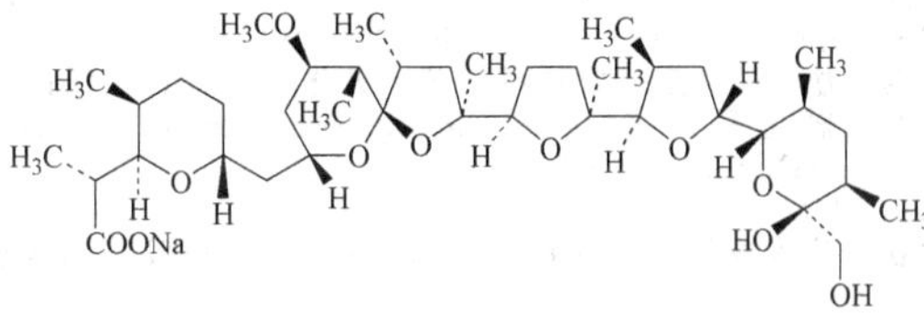

Night blue 夜蓝 07170

[4692-38-0] $C_{38}H_{42}ClN_3$ 576.22

成分 C 79.21%，H 7.35%，Cl 6.15%，N 7.29%。

别名 Tetraethyl-*p*-tolyltriaminodiphenyl-*α*-naphthylcarbinol anhydride hydrochloride;Basic blue 15

C. I. 44085

性状 带金属光泽的紫色粉末。溶于水、乙醇，溶液呈蓝紫色。加入乙酸后易溶。

注意事项 该品应密封保存。

主要用途 测定萘酚黄S，苦味酸。

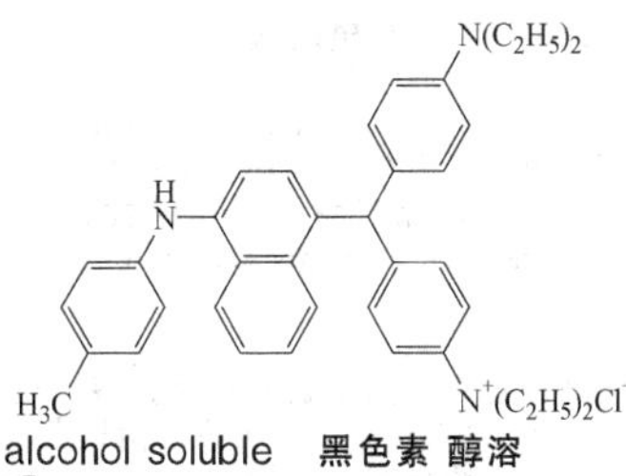

Nigrosine alcohol soluble 黑色素 醇溶 07171

[11099-03-9]

别名 溶剂黑5；醇溶苯胺黑；醇溶黑色素；Solvent black 5

C. I. 50415

性状 灰黑色粉末。溶于乙醇，溶液呈黑色。不溶于水。

λ_{max} 565nm。

注意事项 该品口服有害。使用时应穿适当的防护服和戴手套。使用时如有事故发生或有不适之感，应请医生诊治。应密封保存。

主要用途 生物染色剂，用于中枢神经组织、胰组织、细胞芽孢等的染色。

Nigrosine water soluble 黑色素 水溶 07172

[8005-03-6]

别名 二氢吲哚黑；水溶黑色素；苯胺黑；银灰 Acid black 2; Indolin black; Silver grey

C. I. 50420

性状 黑色有光泽的无定形粒状物。是醇溶黑色素磺化产物的钠盐，结构未定。溶于水，溶液呈蓝紫色。λ_{max} 570nm。

注意事项 该品口服有害。使用时应避免吸入本品的粉尘，避免与皮肤接触。应密封于干燥处保存。

主要用途 生物染色剂，用于中枢神经组织、胰组织、细菌芽孢等的染色。

Nihydrazone 硝呋腙 07173

[67-28-7] $C_7H_7N_3O_4$ 197.15

成分 C 42.65%，H 3.58%，N 21.31%，O 32.46%。

别名 硝基呋喃甲醛乙酰腙；Acetic acid[(5-nitro-2-furanyl) methylene]hydrazide; Acetic acid 5-(nitrofurfurylidene) hydrazide; 5-Nitro-2-furaldehyde acetylhydrazone; *N*-Acetyl-5-nitro-2-furaldehyde hydrazide; 1-(5-Nitro-2-furfurylidene)-2-acetylhydrazine; 1-Acetyl-2-(5-nitro-2-furfurylidene) hydrazide; NF-64; HC-064; Furiton; Nidrafur

M. I. 15，6626

性状 来自乙酸+乙醇中的黄色结晶。溶于水（1：20000）。230～235℃分解；uv max（水中）：253nm，364nm（lg ε 4.11，4.23）。

主要用途 医用抗菌剂。抗原生动物剂。

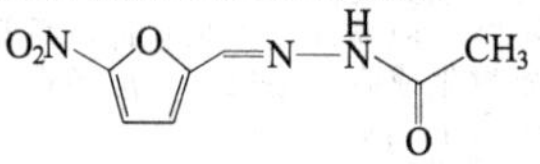

Nile blue hydrochloride 耐尔蓝 盐酸盐 07174

[2381-85-3] $C_{20}H_{20}ClN_3O$ 353.85

成分 C 67.89%，H 5.70%，Cl 10.02%，N 11.88%，O 4.52%。

别名 盐酸尼罗蓝；盐酸耐尔蓝；氯化尼罗蓝；盐酸耐而蓝；氯化耐而蓝；Diethylaminophenoaminonaphthazoxonium chloride; Nile blue chloride

C. I. 51180

性状 暗蓝绿色结晶性粉末。λ_{max} 638nm。一般试剂含量约 85.0%。

注意事项 使用时应避免吸入本品的粉尘，避免与眼睛及皮肤接触。应密封于干燥处保存。

主要用途 生物染色剂。

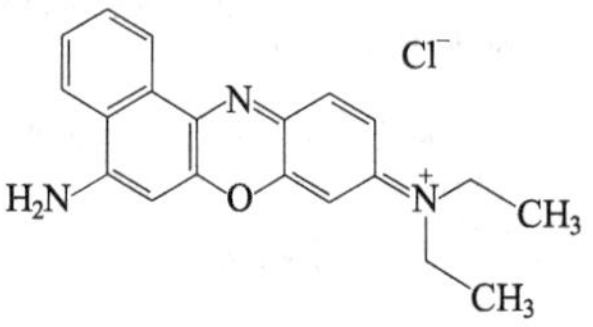

Nile blue sulfate 耐而蓝 硫酸盐 07175

[3625-57-8] $C_{40}H_{40}N_6O_6S$ 732.87

成分 C 65.56%，H 5.50%，N 11.47%，O 13.10%，S 4.38%。

别名 耐尔蓝；耐尔蓝 BX；耐而蓝 BX；耐而蓝 A；硫酸尼罗蓝；硫酸耐尔蓝；硫酸耐而蓝；碱性蓝 12；Basic blue 12; Diethylaminophenoaminonaphthazoxonium sulfate; Nile blue A; Nile blue BX

C. I. 51180

性状 绿色结晶性粉末。具有金属光泽。溶于热水，微溶于冷水、乙醇。mp＞300℃（分解）；pH 值 10.2～13.0（由蓝至红色）。一般试剂含量约 90.0%。

注意事项 见 07174 耐而蓝 盐酸盐。

主要用途 生物染色剂，用于游离脂肪酸、中性脂肪的区分；病理组织中细菌、放线菌的染色。酸碱指示剂。

Nilutamide 里奴内酰胺 07176

[63612-50-0] $C_{12}H_{10}F_3N_3O_4$ 317.22

成分 C 45.44%，H 3.18%，F 17.97%，N 13.25%，O 20.17%。

别名 尼鲁米特；5,5-Dimethyl-3-[4-nitro-3-(trifluoromethyl)phenyl]-2,4-imidazolidinedione; 1-(3′-Trifluoromethyl-4′-nitrophenyl)-4,4-dimethylimidazoline-2,5-dione; RU-23908; Anandron; Nilandron

M. I. 15，6629

性状 来自乙醇中的无色结晶。易溶于乙酸乙酯、丙酮、氯仿、乙醇、二氯甲烷、甲醇，微溶于水（25℃，＜0.1%）。mp 149℃。

注意事项 该品口服有毒。能损伤生育力。使用前应得到专门的指导，避免曝露。使用时应穿适当的防护服，戴手套和防护镜或面罩。使用时如有事故发生或有不适之感，应请医生诊治。

主要用途 生化研究。医用抗肿瘤剂（激素）。

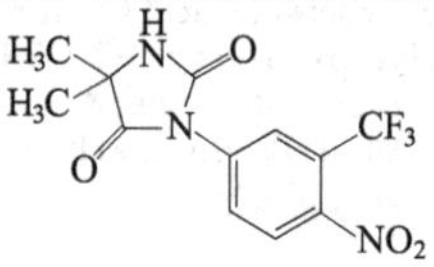

Nilvadipine 尼伐地平 07177

[75530-68-6] $C_{19}H_{19}N_3O_6$ 385.38

成分 C 59.22%，H 4.97%，N 10.90%，O 24.91%。

别名 尼瓦地平；尼维地平；2-Cyano-1,4-dihydro-6-methyl-4-(3-nitrophenyl)-3,5-pyrdinedicarboxylic acid 3-methyl 5-(1-methylethyl) ester; 5-Isopropyl-3-methyl-2-cyano-1,4-dihydro-6-methyl-4-(*m*-nitrophenyl)-3,5-pyridinedicarboxylate; Isopropyl 6-cyano-5-methoxycarbonyl-2-methyl-4-(3-nitrophenyl)-1,4-dihydropyridine-3-carboxylate; Nivadipine; Nivaldipine; FR-34235; FK-235; SKF-102362; Escor; Nivadil

M. I. 15，6630

性状 来自乙醇中的黄色棱柱体结晶。mp 148～150℃。生化试剂含量≥99.0%（HPLC）

注意事项 该品应密封于 2～8℃保存。

主要用途 医用抗高血压剂，抗心绞痛剂。

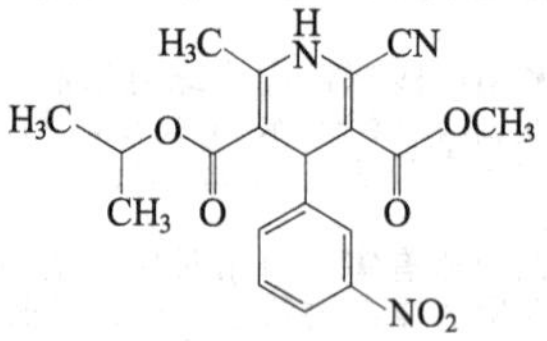

Nimbin 印楝素 07178

[5945-86-8] $C_{30}H_{36}O_9$ 540.61

成分 C 66.65%，H 6.71%，O 26.63%。

别名 (2*R*,3a*R*,4a*S*,5*R*,5a*R*,6*R*,9a*R*,10*S*,10a*R*)-5-Acetyloxy-2-(3-furanyl)-3a,4a,5,5a,6,9,9a,10,10a-decahydro-6-methoxycarbonyl-1,6,9a,10a-tetramethyl-9-oxo-2*H*-cyclopenta[*b*]naphthol[2,3-*d*]furan-10-acetic acid methyl ester; (4α,5α,6α,7α,15β,17α)-6-Acetyloxy-7,15：21,23-diepoxy-4,8-dimethyl-1-oxo-18,24-dinor-11,12-secochola-2,13,20,22-tetraene-4,11-dicarboxylic acid dimethyl ester; 5-Acetyloxy-2-(3-furanyl)-3,3a,4a,5,5a,6,9,9a,10,10a-decahydro-6-methoxycarbonyl-1,6,9a,10a-tetramethyl-9-oxo-2*H*-cyclopenta[*b*]naphtho[2,3-*d*]furan-10-acetic acid

M. I. 15，6631

性状 来自甲醇中的无色结晶。溶于乙醚、无水乙醇，几乎不溶于水。mp 205℃；$[\alpha]_D^{24}$ +170°（无水乙醇中）；uv max（95%乙醇中）：210nm，330nm（ε 32700，66）。

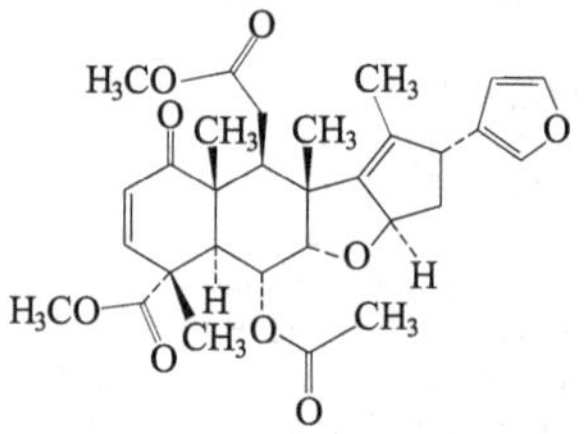

Nimbiol 印楝酚 07179

[561-95-5] $C_{18}H_{24}O_2$ 272.39

成分 C 79.37%，H 8.88%，O 11.75%。

别名 印苦楝酚；(4a*S*,10a*S*)-2,3,4,4a,10,10a-Hexahydro-6-hydroxy-1,1,4a,7-tetramethyl-9(1*H*)-phenanthrenone；6-Hydroxy-7-methyl-9-oxopodocarpane

M. I. 15，6632

性状 来自稀甲醇中的无色结晶或高真空升华提纯而得的无色小片状结晶。。mp 248～252℃；$[\alpha]_D^{25}+33°$（氯仿中）；uv max（无水乙醇中）：234nm，283nm（lg ε 4.13，4.10）

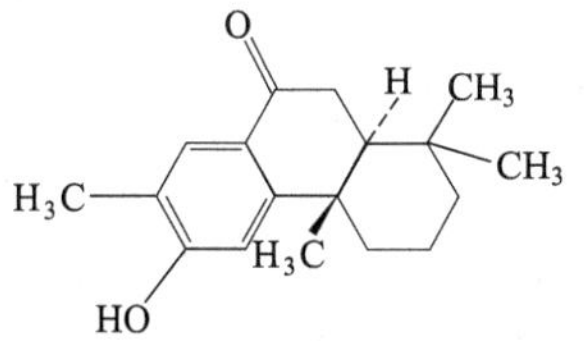

Nimesulide 尼美舒利 07180

[51803-78-2] $C_{13}H_{12}N_2O_5S$ 308.31

成分 C 50.64%，H 3.92%，N 9.09%，O 25.95%，S 10.40%。

别名 *N*-(4-Nitro-2-phenoxyphenyl)methanesulfonamide；4-Nitro-2-phenoxymethanesulfonanilide；R-805；Aulin；Fansidol；Flogovital；Mesulid；Nide；Nidol；Nisulid

M. I. 15，6633

性状 来自乙醇中的浅褐色结晶。mp 143～144.5℃。LD_{50} 大鼠急性经口：324mg/kg。

注意事项 该品口服有害。使用时应穿适当的防护服。应密封于 2～8℃保存。

主要用途 医用，兽用抗炎剂。

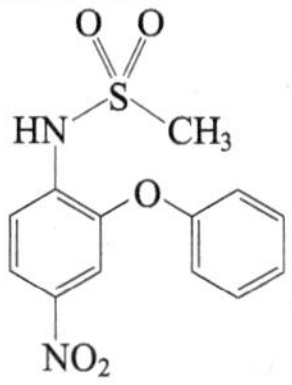

Nimetazepam 硝甲西泮 07181

[2011-67-8] $C_{16}H_{13}N_3O_3$ 295.30

成分 C 65.08%，H 4.44%，N 14.23%，O 16.25%。

别名 一粒眠；尼美西泮；甲硝西泮；硝基去氯安定；1,3-Dihydro-1-methyl-7-nitro-5-phenyl-2*H*-1，4-benzodiazepin-2-one；1-Methyl-5-phenyl-7-nitro-1，3-dihydro-2*H*-1，4-benzodiazepin-2-one；1-Methylnitrazepam；S-1530；Erimin

M. I. 15，6634

性状 来自乙醇中的浅黄色片状结晶。mp 156.5～157.5℃；uv max（甲醇中）：259nm，308nm（ε 15800，9600）。LD_{50} 雄、雌小鼠，雄、雌大鼠急性经口（mg/kg）：910、750，1150、970；腹膜内注射（mg/kg）：970、840，970、980；皮下注射（mg/kg）：1500、1500，1000、1000。

主要用途 医用镇静剂，安眠剂。

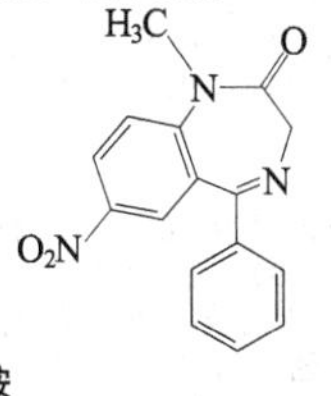

Nimidane 环硫苯胺 07182

[50435-25-1] $C_9H_8ClNS_2$ 229.74

成分 C 47.05%，H 3.51%，Cl 15.43%，N 6.10%，S 27.91%。

别名 4-Chloro-*N*-(1，3-dithietan-2-ylidene)-2-methylbenzeneamine；Cyclic methylene (4-chloro-*o*-tolyl) dithioimidocarbonate；AC-84633；ENT-29106；Abequito

M. I. 15，6635

性状 白色固体。mp 43～46℃。

主要用途 兽用杀螨剂。

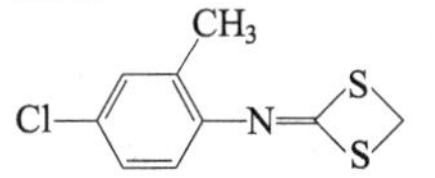

Nimodipine 尼莫地平 07183

[66085-59-4] $C_{21}H_{26}N_2O_7$ 418.45

成分 C 60.28%，H 6.26%，N 6.69%，O 26.76%。

别名 硝苯吡酯；1，4-Dihydro-2，6-dimethyl-4-(3-nitrophenyl)-3，5-pyridinedicarboxylic acid 2-methoxyethyl 1-methylethyl ester；2-Methoxyethyl 1，4-dihydro-5-isopropoxycarbonyl-2，6-dimethyl-4-(3-nitrophenyl)-3-pyridinecarboxylate；Isopropyl 2-methoxyethyl1，4-dihydro-2，6-dimethyl-4-(3-nitrophenyl)-3，5-pyridinedicarboxylate；2，6-Dimethyl-4-(3′-nitrophenyl)-1，4-dihydropyridine-3，5-dicarboxylic acid 3β-methoxyethyl ester 5-isopropyl ester；Bay e 9736；Admon；Nimotop；Periplum

M. I. 15，6636

性状 来自石油醚/乙酸酯中的无色结晶。易溶于乙酸乙酯，略微溶于乙醇，几乎不溶于水。mp 125℃。LD_{50} 小鼠，大鼠急性经口（mg/kg）：3562，6599；静脉注射（mg/kg）：33.16。

注意事项 该品吸入、口服或与皮肤接触有害。使用时应穿适当的防护服。

主要用途 医用大脑血管舒张剂。

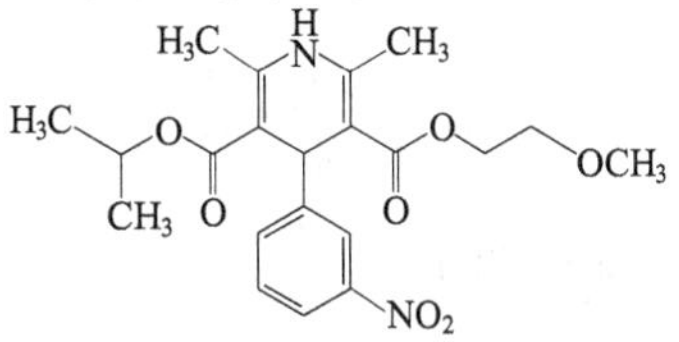

Nimorazole 硝唑吗啉 07184

[6506-37-2] $C_9H_{14}N_4O_3$ 226.24

成分 C 47.78%，H 6.24%，N 24.76%，O 21.22%。

别名 硝吗唑啉；硝咪唑乙基吗啉；4-[2-(5-硝基-1*H*-咪唑-1-基)乙基]吗啉；4-[2-(5-Nitro-1*H*-imidazol-1-yl)ethyl]morpholine；*N*-2-Morpholinoethyl-5-nitroimidazole；1-(2-*N*-Morpholinylethyl)-5-nitroimidazole；Nitrimidazine；K-1900；Esclama；Naxofem；Naxogin

M. I. 15，6637

性状 来自水中的无色结晶。溶于醇类、丙酮、氯仿，微溶于水。mp 110～111℃。LD_{50} 小鼠急性经口：1530mg/kg。

主要用途 医用抗原生物剂（毛滴虫）。

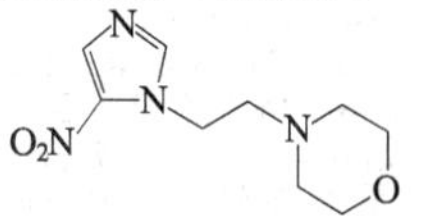

Nimastine hydrochloride 尼莫司汀 盐酸盐 07185

[55661-38-6] $C_9H_{13}ClN_6O_2 \cdot HCl$

[52208-23-8] $C_9H_{14}Cl_2N_6O_2$ 309.15

成分 C 34.97%，H 4.56%，Cl 22.94%，N 27.18%，O 10.35%。

别名 盐酸尼莫司汀；NSC-245382；ACNU；Nidran；*N*′-(4-Amino-2-methyl-5-pyrimidnyl) methyl-*N*-(2-chloroethyl)-*N*-nitrosourea hydrochloride

M. I. 15，6639

性状 白色至浅黄色结晶性粉末。溶于甲醇，微溶于无水乙醇、正丁醇，几乎不溶于乙酸乙酯、乙醚、氯仿、苯、正已烷。于光照下逐渐呈绿黄色。于湿空气中逐渐分解。uv max（0.04mol/L 盐酸中）：245nm（$E_{1cm}^{1\%}$ 480～510）。LD_{50} 小鼠，大鼠静脉注射（mg/kg）：62，46。

注意事项 该品口服有毒。使用时应穿适当的防护服，戴手套和防护镜或面罩。使用时如有事故发生或有不适之感，应请医生诊治。

主要用途 医用抗肿瘤剂。

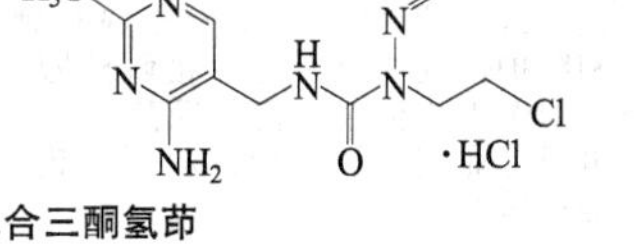

Ninhydrin 水合三酮氢茚 07186

[485-47-2] 178.14

成分 C 60.68%，H 3.40%，O 35.92%。

别名 水合茚三酮；宁海群；苯并戊三酮；茚三酮；苯并环丙三

酮；2,2-Dihydroxy-1*H*-indene-1,3(2*H*)-dione；2,2-Dihydroxy-1,3-indanedione；1,2,3-Indantrione monohydrate；Triketohydrindene hydrate；1,2,3-Indantrione monohydrate；Trioxohydrindene monohydrate

M. I. 15，6640

性状 来自水或乙醇中的微黄色棱柱体结晶。易吸潮结块。见光或露置空气中逐渐变色。易溶于水，溶于乙醇，微溶于乙醚、三氯甲烷。125℃变红，139℃膨胀，241℃分解。一水合物 LD_{50} 小鼠腹膜内注射：78mg/kg。

注意事项 该品口服有害。对眼睛、呼吸系统及皮肤有刺激性。使用时应穿适当的防护服。使用时应避免吸入本品的粉尘，避免与眼睛及皮肤接触。万一接触到眼睛，应立即用大量水冲洗后请医生诊治。应充氩气密封避光于 2～8℃保存。

主要用途 测定蛋白质、氨基酸、蛋白胨的试剂。

参考规格 HG/T 3456—2000 分析纯

项目	分析纯
含量（$C_9H_4O_3 \cdot H_2O$）/%≥	95.0
对氨基酸灵敏度试验	合格
水溶解试验	合格
灼烧残渣（以硫酸盐计）/%≤	0.1

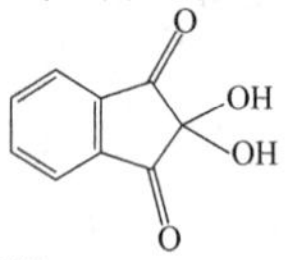

Niobium powder 铌粉 07187

[7440-03-1] Nb 92.90638

别名 钶粉；Columbium powder

M. I. 15,6642

性状 钢灰色粉末。溶于热硫酸、氢氟酸。mp 2468℃；bp 4927℃；*d* 8.57。一般试剂含量≥97.0%(CHN)。

注意事项 该品易燃。使用时应避免吸入本品的粉尘，避免与眼睛及皮肤接触。应密封于 2～8℃保存。

主要用途 制造耐高温合金。

Niobium(Ⅴ)chloride 五氯化铌 07188

[10026-12-7] $NbCl_5$ Cl_5Nb 270.16

成分 Cl 65.61%，Nb 34.39%。

别名 氯化铌；氯化钶；五氯化钶；Columbium pentachloride；Niobium pentachloride

GW 2015-2151 M. I. 15，6643

性状 淡黄色单斜结晶或结晶性粉末。易潮解，在潮湿空气中分解放出氯化氢烟雾。溶于乙醇、乙醚、四氯化碳、盐酸、浓硫酸。125℃开始升华。mp 204.7～209.5℃；bp 约 250℃；*d* 2.75。LD_{50} 小鼠急性经口：940mg/kg；腹膜内注射：61mg/kg。大鼠急性经口：1400mg/kg。一般试剂含量≥99.0%。

注意事项 该品口服有害。具有腐蚀性，能引起烧伤。使用时应穿适当的防护服，戴手套和防护镜或面罩。使用时应禁止饮食。万一接触到眼睛，应立即用大量水冲洗后请医生诊治。接触皮肤后，应立即用大量水冲洗。使用完毕应立即脱掉受污染的衣服。应密封干燥保存。

Niobium(Ⅴ) oxide 五氧化二铌 07189

[1313-96-8] Nb_2O_5 265.81

成分 Nb 69.90%，O 30.09%。

别名 氧化钶；氧化铌；五氧化二钶；Columbium pentoxide；Niobium pentoxide

M. I. 15,6645

性状 白色正交结晶或粉末。常温稳定，加热至 400℃以上色变黄。溶于氢氟酸、热硫酸，不溶于水。能与焦硫酸钾、氢氧化钾、碳酸钾共熔。mp 1520℃；*d* 4.6。一般试剂含量≥99.5%。

注意事项 该品对眼睛、呼吸系统及皮肤有刺激性。使用时应戴手套和防护镜或面罩。万一接触到眼睛，应立即用大量水冲洗后请医生诊治。应密封保存。

主要用途 电子工业用作压电导体材料。铌盐、金属铌的制造。光谱分析试剂。

Nipecotic acid 六氢烟酸 07190

[498-95-3] $C_6H_{11}NO_2$ 129.16

成分 C 55.80%，H 8.58%，N 10.84%，O 24.77%。

别名 3-哌啶羧酸；3-Piperidinecarboxylic acid；hexahydronicotinic acid

M. I. 15，6647

性状 无色结晶。易溶于水，几乎不溶于无水乙醇、乙醚。mp 261℃（分解）。生化试剂含量≥98.0%。

注意事项 该品对眼睛、呼吸系统及皮肤有刺激性。使用时应穿适当的防护服和戴手套。万一接触到眼睛，应立即用大量水冲洗后请医生诊治。

主要用途 生化研究。

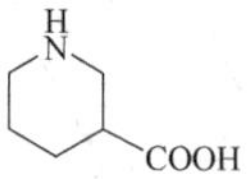

Nipradilol 尼普地罗 07191

[81486-22-8] $C_{15}H_{22}N_2O_6$ 326.35

成分 C 55.21%，H 6.80%，N 8.58%，O 29.41%。

别名 尼普地洛；3,4-Dihydro-8-[2-hydroxy-3-[(1-methylethyl)amino]propoxy]-2*H*-1-benzopyran-3-ol 3-nitrate；3,4-Dihydro-8-(2-hydroxy-3-isopropylamino)propoxy-3-nitroxy-2*H*-1-benzopyran；8-[2-Hydroxy-3-(isopropylamino)propoxy]-3-chromanol 3-nitrate；Nipradolo 1；K-351；Hypadil

M. I. 15，6648

性状 无色针状结晶。mp 107～116℃，或 110～122℃。LD_{50} 小鼠，大鼠静脉注射（mg/kg）：74.0，73.0；小鼠急性经口：540mg/kg。

主要用途 医用抗心绞痛剂，抗高血压剂。

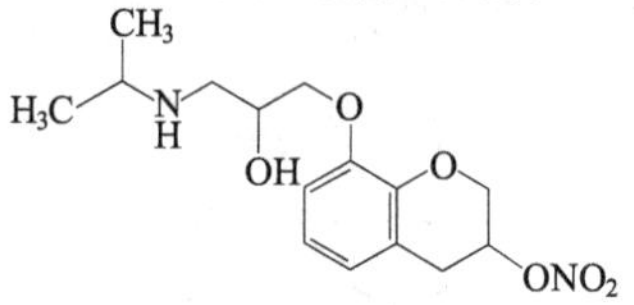

Niridazole 硝噻哒唑 07192

[61-57-4] $C_6H_6N_4O_3S$ 214.20

成分 C 33.64%，H 2.82%，N 26.16%，O 22.41%，S 14.97%。

别名 硝唑咪；1-(5-Nitro-2-thiazolyl)-2-imidazolidinone；1-(5-Nitro-2-thiazolyl)-2-oxotetrahydroimidazole；Nitrothiamidazol；Ba-32644；Ciba 32644-Ba；Ambilhar

M. I. 15，6649

性状 来自二甲基甲酰胺中的黄色结晶。mp 260～262℃。

主要用途 医用驱肠虫剂（抗血吸虫剂）。

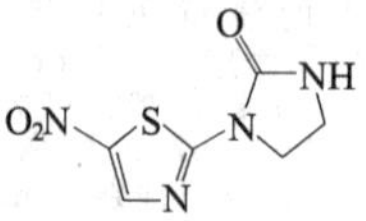

Nisin from streptococcus lactis 乳酸链球菌素（乳链球菌） 07193

[1414-45-5] $C_{143}H_{230}N_{42}O_{37}S_7$ 3354.09

成分 C 51.21%，H 6.91%，H 17.54%，O 17.65%，S 6.69%。

M. I. 15，6650

性状 来自乙醇中的无色结晶。溶于稀盐酸（12%，pH 值 2.5；4%，pH 值 5.0），在沸酸溶液中稳定。

注意事项 使用时应避免吸入本品的粉尘，避免与眼睛及皮肤接触。应充氩气密封于 2～8℃保存。

主要用途 生化研究。食品防腐处理，如乳酪、罐头、水果、蔬菜等。

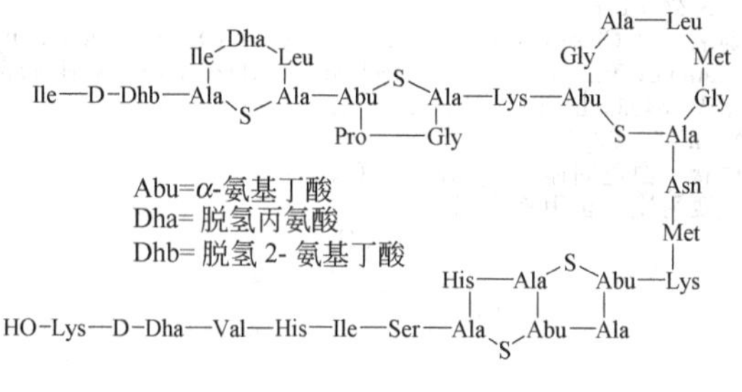

Abu=α-氨基丁酸
Dha=脱氢丙氨酸
Dhb=脱氢 2-氨基丁酸

Nisoldipine 硝吡丁甲酯 07194

[63675-72-9] $C_{20}H_{24}N_2O_6$ 388.42

成分 C 61.85%，H 6.23%，N 7.21%，O 24.71%。

别名 1,4-Dihydro-2,6-dimethyl-4-(2-nitrophenyl)-3,5-pyridinedicarboxylic acid methyl 2-methylpropyl ester; Isobutyl methyl 1,4-dihydro-2,6-dimethyl4-(*o*-nitrophenyl)-3,5-pyridinedicarboxylate; Isobutyl 1,4-dihydro-5-methoxycarbonyl-2,6-dimethyl-4-(2-nitrophenyl)-3-pyridinecarboxylate; 2,6-Dimethyl-3-carbomethoxy-4-(2-nitrophenyl)-5-carbisobutoxy-1,4-dihydropyridine; Bay k 5552; Baymycard; Sular; Syscor; Zadipina

M. I. 15，6651

性状 来自乙醇中的无色结晶。mp 151～152℃。

主要用途 医用抗高血压剂，抗心绞痛剂。

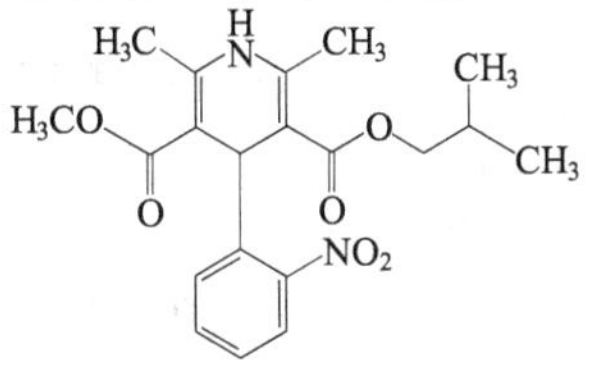

Nitazoxanide 硝噻乙柳胺 07195

[55981-09-4] $C_{12}H_9N_3O_5S$ 307.28

成分 C 46.91%，H 2.95%，N 13.68%，O 26.03%，S 10.43%。

别名 硝噻酯柳胺；2-Acetyloxy-*N*-(5-nitro-2-thiazolyl) benzamide; *N*-(5-Nitro-2-thiazolyl) salicylamide acetate (ester); 2-(2′-Acetoxy) benzamido-5-nitrothiazole; PH-5776; Alinia; Daxon; Dexidex; Kidonax; Navigator; Paramix

M. I. 15，6653

性状 来自甲醇中的无色结晶或浅黄色结晶性粉末。溶于二甲基亚砜（>50mg/mL），稀薄地溶于乙醇，几乎不溶于水。mp 202℃。LD_{50} 雄，雌小鼠急性经口（mg/kg）：1350，1380；大鼠急性经口：>10g/kg。

主要用途 医用驱肠绦虫剂，抗原生物剂（隐孢子虫）。

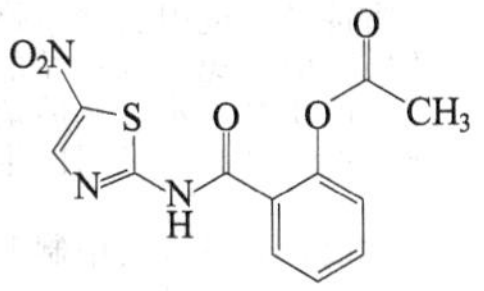

Nitenpyram 烯定虫胺 07196

[150824-47-8] $C_{11}H_{15}ClN_4O_2$ 270.72

成分 C 48.80%，H 5.59%，Cl 13.09%，N 20.70%，O 11.82%。

别名 烯虫灵；吡虫胺；(1*E*)-*N*-(6-Chloro-3-pyridinyl) methyl-*N*-ethyl-*N*′-methyl-2-nitro-1，1-ethenediamine; 1-[*N*-(6-Chloro-3-pyridylmethyl)-*N*-ethyl] amino-1-methylamino-2-nitroethylene; TI-304; Bestguard; Capstar

M. I. 15，6654

性状 白色结晶。或浅黄色固体。该品于下列物质中的溶解度（25℃g/L）：水 840，氯仿 700，丙酮 290，甲醇 670，乙醇 89。蒸气压：8.3×10^{-12} mmHg/1.107×10^{-12} kPa；mp 83～84℃。LD_{50} 雄、雌大鼠，雄、雌小鼠急性经口（mg/kg）：1680、1575，867、1281；雄，雌大鼠皮肤接触（mg/kg）：>2000，>2000。LC_{50}（48h，mg/L）鲤鱼，水蚤：>1000，>10000。

主要用途 兽用抗外寄生物剂。

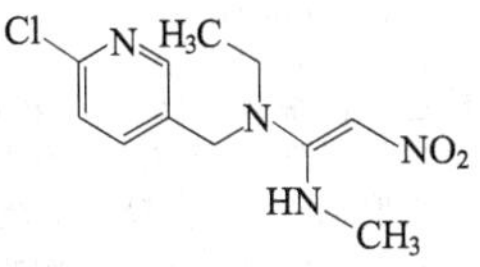

Nithiazide 硝乙脲噻唑 07197

[139-94-6] $C_6H_8N_4O_3S$ 216.22

成分 C 33.33%，H 3.73%，N 25.91%，O 22.20%，S 14.83%。

别名 *N*-Ethyl-*N*′-(5-nitro-2-thiaxolyl) urea; Hepzide

M. I. 15，6655

性状 无色结晶。几乎不溶于水（3mg/100mL）。pK_a 7.3；228℃分解。

主要用途 兽用抗原生物剂。

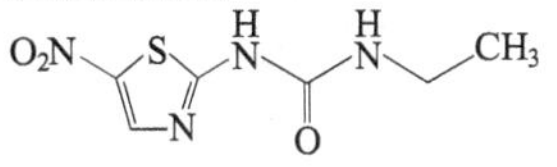

Nitisinone 尼替西农 07198

[104206-65-7] $C_{14}H_{10}F_3NO_5$ 329.23

成分 C 51.07%，H 3.06%，F 17.31%，N 4.25%，O 24.30%。

别名 2-[2-Nitro-4-(trifluoromethyl) benzoyl]-1,3-cyclohexanedione; NTBC; Orfadin

M. I. 15，6656

性状 无色固体。mp 88～94℃。

注意事项 该品应密封于−20℃保存。

主要用途 医用遗传性高酪氨酸血Ⅰ型的治疗。

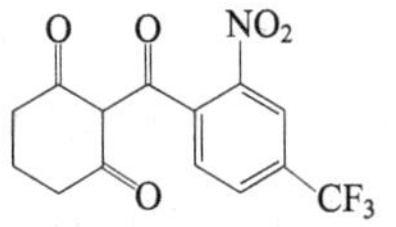

Nitracrine 二胺硝吖啶 07199

[4533-39-5] $C_{18}H_{20}N_4O_2$ 324.38

成分 C 66.65%，H 6.21%，N 17.27%，O 9.86%。

别名 *N*,*N*-二甲基-*N*′-(1-硝基-9-吖啶基)-1,3-丙二胺；9-[3-(二甲基氨基)丙基]氨基-1-硝基吖啶；尼曲吖啶；N^1N^1-Dimethyl-N^3-(1-nitro-9-acridinyl)-1，3-propanediamine; 9-[3-(Dimethylamino) propyl] amino-1-nitroacridine

M. I. 15，6657

性状 来自苯/石油醚中的无色结晶。溶于多数有机溶剂，几乎不溶于水。pK_{a1} 6.45，pK_{a2} 8.8；mp 134～135℃。

主要用途 医用抗肿瘤剂。

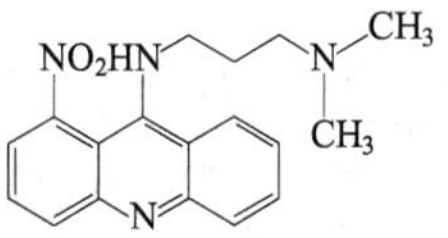

Nitralin 磺乐灵 07200

[4726-14-1] $C_{13}H_{19}N_3O_6S$ 345.38

成分 C 45.21%，H 5.55%，N 12.17%，O 27.79%，S 9.28%。

别名 4-Methylsulfonyl-2,6-dinitro-*N*,*N*-dipropylbenzenamine; 4-Methylsulfonyl-2,6-dinitro-*N*,*N*-dipropylaniline; SD-11831; Planavin

性状 金黄色结晶。该品 22℃时于下列物质中的溶解度：水 0.6×10^{-6}；丙酮 36g/100mL；二甲基亚砜 33g/100mL。不易溶于一般烃类、芳香溶剂及醇类。mp 150～151℃。LD_{50} 大鼠急性经口：>2g/kg。一般试剂含量≥97.0%(GC)。

注意事项 该品对水生物极毒。使用时应避免吸入本品的粉尘，避免与眼睛及皮肤接触。应防止将本品释放于环境中。其包装物应按危险品处理。

主要用途 除草剂。分析用标准物质。

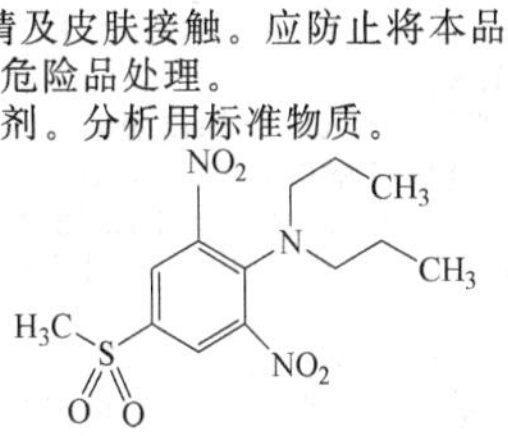

Nitramine 四硝甲苯胺 07201

[479-45-8] $C_7H_5N_5O_8$ 287.14

成分 C 29.28%，H 1.76%，N 24.39%，O 44.57%。

别名 *N*-甲基-*N*,2,4,6-四硝基苯胺；*N*-Methyl-*N*,2,4,6-tetranitrobenzenamine; *N*-Methyl-*N*,2,4,6-tetranitroaniline; Picrylmethylnitramine; Picrylnitromethylamine; Tetralite; Tetryl

M. I. 15，6659

性状 黄色结晶。溶于乙醇、乙醚、苯、冰乙酸，不溶于水。约 180～190℃可爆炸。mp 130～132℃；*d* 1.57。

主要用途 指示剂（0.1g溶于60mL乙醇，加水至100mL。pH值0.8无色，13.0红-棕色）。

Nitrapyrin 2-氯-6-(三氯甲基)吡啶 07202

[1929-82-4] $C_6H_3Cl_4N$ 230.90

成分 C 31.21%，H 1.31%，Cl 61.41%，N 6.07%。

别名 α,α,α,6-四氯-2-皮考林；α,α,α,6-四氯-2-㖠啶啉；氯啶；2-Chloro-6-(trichloromethyl)pyridine；α,α,α,6-Tetrachloro-2-picoline；N-Serve

M. I. 15,6660

性状 无色结晶。mp 62.5～62.9℃(二氯甲烷-戊烷中)；bp_{11} 136～137.5°/1.467kPa。一般试剂含量≥96.0%(GC)。

注意事项 该品口服有害。使用时应避免与皮肤接触。应防止将本品释放于环境中。

主要用途 土壤肥料中用于控制硝酸化物和防止失去土壤中氮。分析用标准物质。

Nitrazepam 硝基安定 07203

[146-22-5] $C_{15}H_{11}N_3O_3$ 281.27

成分 C 64.05%，H 3.94%，N 14.94%，O 17.06%。

别名 1,3-Dihydro-7-nitro-5-phenyl-2*H*-1,4-benzodiazepin-2-one；LA-1；Ro-4-5360；Benzalin；Calsmin；Eatan；Eunoctin；Imeson；Insomin；Ipersed；Mogadan；Mogadon；Nelbon；Neuchlonic；Nitrados；Nitrenpax；Noctesed；Pelson；Radedorm；Remnos；Somnased；Somnibel；Somnite；Sonebon；Surem；Unisomnia

M. I. 15,6661

性状 来自乙醇中的黄色结晶。溶于乙醇、丙酮、氯仿、乙酸乙酯，几乎不溶于水、乙醚、苯、己烷。mp 224～226℃；uv max(0.1 mol/L 硫酸中)：277.5nm($E^{1\%}_{1cm}$ 1500)。LD_{50} 大鼠急性经口：(825±80)mg/kg。

注意事项 该品口服有害。使用时应穿适当的防护服，戴手套和防护镜或面罩。

主要用途 生化研究。医用抗惊厥剂，安眠剂。

Nitrazine yellow 硝嗪黄 07204

[5423-07-4] $C_{16}H_8N_4Na_2O_{11}S_2$ 542.37

成分 C 35.43%，H 1.49%，N 10.33%，Na 8.48%，O 32.45%，S 11.82%。

别名 硝氮黄；那他来新黄；硝基偶氮黄；2,4-二硝基苯偶氮-1-萘酚-3,6-二磺酸二钠盐；2,4-Dinitrobenzeneazo-1-naphthol-3,6-disulfonic acid disodium salt；2-(2,4-Dinitrophenylazo)-1-hydroxynaphthalene-3,6-disulfonic acid disodium salt

C. I. 14890

性状 棕色粉末。溶于水。pH 6.0～7.0（由黄色至蓝色）。

注意事项 该品受热能引起爆炸。使用时应避免吸入本品的粉尘，避免与眼睛及皮肤接触。应远离热源，密封于干燥处保存。

主要用途 酸碱指示剂。生物染色剂。

Nitrendipine 尼群地平 07205

[39562-70-4] $C_{18}H_{20}N_2O_6$ 360.37

成分 C 59.99%，H 5.59%，N 7.77%，O 26.64%。

别名 硝苯甲乙吡啶；2,6-二甲基-4-(3-硝基苯基)-1,4-二氢-3,5-吡啶 二甲酸甲乙酯；1,4-Dihydro-2,6-dimethyl-4-(3-nitrophenyl)-3,5-pyridinedicarboxylic acid ethyl methyl ester；Ethyl 1,4-dihydro-5-acetoxycarbonyl-2,6-dimethyl-4-(3-nitrophenyl)-3-pyridinecarboxylate；3-Ethyl-5-methyl-1,4-dihydro-2,6-dimethyl-4-(3-nitrophenyl)-3,5-pyridinedicarboxylate；Bay e 5009；Bayotensin；Baypress；Bylotensin；Deiten；Nidrel

M. I. 15, 6662

性状 来自乙醇中的无色结晶。相对不溶于水。mp 158℃。LD_{50} 小鼠，大鼠静脉注射（mg/kg）：39，12.6；急性经口（mg/kg）：2540，＞10000。

注意事项 该品吸入、口服或与皮肤接触有害。使用时应穿适当的防护服。

主要用途 医用抗高血压剂。

Nitric acid 硝酸 07206

[7697-37-2] HNO_3 63.01

成分 H 1.60%，N 22.23%，O 76.17%。

别名 氢氮水；硝镪水；Aquafortis

GW 2015-2285 M. I. 15, 6663

性状 无色或透明液体。见光或露置空气中因产生氧化氮而变黄。能与水任意混溶。能使有机物氧化或硝化。mp −41.59℃；bp 120.5℃；bp_{760} 82.6℃/101.325kPa；d_4^{20} 1.41；d_4^{25} 1.50269；n_D^{25}1.3920。一般试剂含量 65%～68%。

注意事项 该品有强腐蚀性，能引起严重烧伤。使用时应穿适当的防护服。使用时应避免吸入本品的蒸气和烟雾。万一接触到眼睛，应立即用大量水冲洗后请医生诊治。使用时如有事故发生或有不适之感，应请医生诊治。应密封避光保存。

主要用途 常用分析试剂。有机合成中制取硝基化合物。制造硝酸盐，溶解金属。强氧化剂。

参考规格 GB/T 626—2006

	优级纯	分析纯	化学纯
密度/（g/mL）	1.4	1.4	1.4
含量（HNO_3）/%	65.0～68.0	65.0～68.0	65.0～68.0
色度/黑曾单位≤	20	20	25
灼烧残渣（以硫酸盐计）/%≤	0.0005	0.001	0.002
氯化物（Cl）/%≤	0.00005	0.00005	0.0002
硫酸盐（SO_4）/%≤	0.0001	0.0002	0.001
铁（Fe）/%≤	0.00002	0.00003	0.0001
砷（As）/%≤	0.000001	0.000001	0.000005
铜（Cu）/%≤	0.000005	0.00001	0.00005
铅（Pb）/%≤	0.000005	0.00001	0.00005

Nitric acid fuming 发烟硝酸 07207

[7697-37-2] HNO_3 63.01

成分 H 1.60%，N 22.23%，O 76.18%。

别名 硝酸 发烟；Nitrosonitric acid

GW 2015-724 M. I. 15,6663

性状 黄色或红棕色澄清液体。溶有大量氮的氧化物，发出黄色氧化氮的窒息性毒烟。能与水任意混溶。d_4^{20} 1.52。

注意事项 该品有强腐蚀性，能引起严重烧伤。与易燃物品接触能引起燃烧。使用时应穿适当的防护服。使用时应避免吸入本品的蒸气和烟雾。万一接触到眼睛，应立即用大量水冲洗后请医生诊治。使用时如有事故发生或有不适之感，应请医生诊治。应密封避光保存。

主要用途 测胆红素、强氧化剂。硝基化合物的制备。制造炸药。

参考规格 HG/T 3447—2003 分析纯

含量(HNO_3)/%≥	95.0
蒸发残渣/%≤	0.003
氯化物(Cl)/%≤	0.0001
硫酸盐(SO_4)/%≤	0.001
铁(Fe)/%≤	0.0001
重金属(以Pb计)/%≤	0.0003
砷(As)/%≤	0.000003

Nitrilotriacetic acid　氨三乙酸　07208

[139-13-9]　$C_6H_9NO_6$　191.14

成分　C 37.70%，H 4.75%，N 7.33%，O 50.22%。

别名　托立龙A；特立隆A；氮三乙酸；氮川三乙酸；亚氨基三乙酸；氨羧络合剂Ⅰ；络合剂Ⅰ；Aminotriacetic acid；*N*,*N*-Bis(carboxymethyl)glycine；Chelaton Ⅰ；Iminotriacetic acid；NTA；Tri(carboxymethyl)amine；Triglycine；Triglycollamic acid；α,α′,α″-Trimethylamine tricarboxylic acid；Comp lexone Ⅰ®；Trilon A；Tris(carboxy methylamine)；Nd_3；NTE

M.I.15，6665

性状　来自热水中的无色三棱形结晶或白色结晶性粉末。对湿度敏感。溶于氨水和碱溶液，微溶于水（22.5℃，1.28g/L)，不溶于有机溶剂。能与各种金属离子形成络合物。其饱和水溶液pH值2.3。20℃时pK_1 3.03，pK_2 3.07，pK_3 10.7。mp 241.5℃（分解）；Fp ＞230℉（110℃）。一般试剂含量≥99.0%（T）。

注意事项　该品口服有害。对眼睛有刺激性。对机体有不可逆损伤的可能性。使用时应穿适当的防护服和戴手套。万一接触到眼睛，应立即用大量水冲洗后请医生诊治。应密封于干燥处保存。

主要用途　络合剂，测定多种阴离子（常用于测定钙、镁、铁等)。金属掩蔽剂。络合滴定钴、铜、钛、铌、镍、铅和稀土金属。彩色显影。印染和无毒电镀。

Nitrilotriacetic acid trisodium salt monohydrate
氨三乙酸三钠盐 一水　07209

[18662-53-8]　$C_6H_6NNa_3O_6 \cdot H_2O$　268.11

成分(以无水物计)　C 28.81%，H 2.42%，N 5.60%，Na 24.78%，O 38.38%。

别名　一水合氨三乙酸三钠盐；托立龙A三钠盐；亚氨基三乙酸三钠盐；氮三乙酸三钠；氮川三乙酸三钠；Iminotriacetic acid trisodium salt；$NTANa_3$；Trilon A；Trilon A trisodium salt

M.I.15，6665

性状　白色结晶性粉末。溶于水。一水合物MLD大鼠急性经口：＞4g/kg。一般试剂含量≥98.0%（KT)。

注意事项　该品口服有害。可能致癌。对机体有不可逆损伤的可能性。使用时应穿适当的防护服和戴手套。应密封于干燥处保存。

主要用途　氨羧络合剂。

Nitrin　亚硝酸试剂　07210

[553-74-2]　$C_{13}H_{13}N_3$　211.27

成分　C 73.91%，H 6.20%，N 19.89%。

别名　邻氨基亚苄基苯腙；2-氨基苯甲醛苯腙；2-Aminobenzaldehyde phenylhydrazone

M.I.15，6666

性状　来自丙酮中的无色至淡黄色针状结晶或结晶性粉末。溶于丙酮，略微溶于冷乙醇、乙醚、氯仿、苯，几乎不溶于水。mp 227～229℃（分解）。

注意事项　该品应密封避光保存。

主要用途　测定亚硝酸。

5-Nitroacenaphthene　5-硝基苊　07211

[602-87-9]　$C_{12}H_9NO_2$　199.21

成分　C 72.35%，H 4.55%，N 7.03%，O 16.06%。

GW 2015-2262

性状　黄色针状结晶。溶于热水、乙醇、乙醚、石油醚。与浓硫酸作用呈蓝紫色。mp 101～103℃。一般试剂含量≥98.0%。

注意事项　该品能致癌。使用前应得到专门的指导，避免曝露。使用时如有事故发生或有不适之感，应请医生诊治。应密封避光保存。

主要用途　有机合成，染料中间体。电子工业增感剂等。

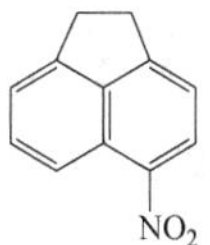

2-Nitroacetanilide　2-硝基乙酰苯胺　07212

[552-32-9]　$C_8H_8N_2O_3$　180.16

成分　C 53.33%，H 4.48%，N 15.55%，O 26.64%。

别名　乙酰替邻硝基苯胺；邻硝基乙酰苯胺；邻硝基乙酰替苯胺；Acet-*o*-nitroanilide；*o*-Nitroacetanilide；*N*-(2-Nitrophenyl)acetamide

M.I.15，6667

性状　浅黄色小叶状或针状结晶。易溶于沸水、碱溶液，溶于乙醇、乙醚、三氯甲烷，中等程度溶于冷水。mp 93～94℃；*d* 1.42。一般试剂含量≥98.0%。

注意事项　该品对眼睛、呼吸系统及皮肤有刺激性。使用时应戴手套。万一接触到眼睛，应立即用大量水冲洗后请医生诊治。应密封保存。

主要用途　有机合成。染料中间体。

4-Nitroacetanilide　4-硝基乙酰苯胺　07213

[104-04-1]　$C_8H_8N_2O_3$　180.16

成分　C 53.33%，H 4.48%，N 15.55%，O 26.64%。

别名　乙酰替对硝基苯胺；对硝基乙酰苯胺；对硝基乙酰替苯胺；Acet-*p*-nitroanilide；*p*-Nitroacetanilide；*N*-(4-Nitrophenyl)acetamide

M.I.15，6667

性状　白色棱柱体结晶。溶于热水、乙醇、乙醚，也溶于氢氧化钾溶液，溶液呈橙黄色，几乎不溶于冷水。mp 214～216℃。一般试剂含量≥98.0%（N)。

注意事项　该品对眼睛、呼吸系统及皮肤有刺激性。使用时应穿适当的防护服和戴手套。万一接触到眼睛，应立即用大量水冲洗后请医生诊治。应密封保存。

主要用途　有机合成。染料中间体。

2′-Nitroacetophenone　2′-硝基苯乙酮　07214

[577-59-3]　$C_8H_7NO_3$　165.15

成分　C 58.18%，H 4.27%，N 8.48%，O 29.06%。

别名　邻硝基苯乙酮；*o*-Nitroacetophenone

性状　黄色油状液体。能与乙醇、乙醚、三氯甲烷相混溶，不溶于水。mp 23～27℃；bp_{16} 159℃/2.133kPa；Fp ＞233.6℉（112℃)；n_D^{20} 1.5500。一般试剂含量≥97.0%。

注意事项　该品口服有害。对眼睛、呼吸系统及皮肤有刺激性。使用时应穿适当的防护服和戴手套。万一接触到眼睛，应立即用大量水冲洗后请医生诊治。应密封于干燥保存。

主要用途　增感剂。有机合成中间体。

3′-Nitroacetophenone　3′-硝基苯乙酮　07215

[121-89-1]　$C_8H_7NO_3$　165.15

成分　C 58.18%，H 4.27%，N 8.48%，O 29.06%。

别名　间硝基苯乙酮；*m*-Nitroacetophenone

性状　黄色针状结晶。易溶于热水、乙醚，微溶于乙醇。能随水蒸气挥发。有催泪作用。mp 76～78℃；bp 202℃。

一般试剂含量≥98.0%（GC）。

注意事项 该品对眼睛、呼吸系统及皮肤有刺激性。使用时应戴手套。万一接触到眼睛，应立即用大量水冲洗后请医生诊治。使用时应避免吸入本品的粉尘，避免与眼睛及皮肤接触。应密封于干燥处保存。

主要用途 有机合成。

4′-Nitroacetophenone 4′-硝基苯乙酮 07216

[100-19-6] $C_8H_7NO_3$ 165.15

成分 C 58.18%，H 4.27%，N 8.48%，O 29.06%。

别名 对硝基苯乙酮；*p*-Nitroacetophenone

性状 黄色柱状结晶。易溶于乙醇。mp 78～80℃；bp 202℃。一般试剂含量≥97.0%（GC）。

注意事项 见 07215 3′-硝基苯乙酮。

主要用途 有机合成。

2-Nitroaniline 2-硝基苯胺 07217

[88-74-4] $C_6H_6N_2O_2$ 138.13

成分 C 52.17%，H 4.38%，N 20.28%，O 23.17%。

别名 邻硝基苯胺；*o*-Nitraniline；*o*-Nitroaniline；2-Nitrobenzenamide

GW 2015-2229 M. I. 15，6669

性状 来自沸水中的橙黄色结晶。溶于热水、乙醇、三氯甲烷，微溶于冷水。mp 69～71℃；bp 284℃；Fp 334℉（168℃）；d_4^{25} 0.9015。一般试剂含量≥98.0%（HPLC）。

注意事项 该品吸入、口服或与皮肤接触有毒，并有蓄积性危害。对水生物有害。对水环境能产生长期有害的结果。使用时应穿适当的防护服和戴手套。接触皮肤后应立即用大量水冲洗。使用时如有事故发生或有不适之感，应请医生诊治。应防止将本品释放于环境中。应密封避光保存。

主要用途 用于碘化物的微量测定。木材检验。有机合成。染料中间体。

3-Nitroaniline 3-硝基苯胺 07218

[99-09-2] $C_6H_6N_2O_2$ 138.13

成分 C 52.17%，H 4.38%，N 20.28%，O 23.17%。

别名 间硝基苯胺；*m*-Nitroaniline；*m*-Nitroaniline；3-Nitrobznzenamide

GW 2015-2230 M. I. 15，6668

性状 来自水中的黄色结晶。1g 该品溶于约 20mL 乙醇、18mL 乙醚、11.5mL 甲醇、880mL 水。mp 114℃；bp 306℃；d_4^{25} 0.9011；pH 值 6.8～8.6（无色～黄）。一般试剂含量≥98.0%（HPLC）。

注意事项 见 07217 2-硝基苯胺。

主要用途 pH 指示剂。有机合成。松木颜色的检验。染料中间体。

4-Nitroaniline 4-硝基苯胺 07219

[100-01-6] $C_6H_6N_2O_2$ 138.13

成分 C 52.17%，H 4.38%，N 20.28%，O 23.17%。

别名 对硝基苯胺；*p*-Nitraniline；*p*-Nitroaniline；4-Nitrobenzenamide

GW 2015-2231 M. I. 15，6670

性状 浅黄色粉末。1g 该品溶于 1250mL 水、45mL 沸水、25mL 乙醇、30mL 乙醚，溶于苯、甲醇，溶液呈黄色。mp 146℃；bp 332℃；bp_{100} 260℃/13.332kPa；Fp 329℉（165℃）。一般试剂含量≥99.0%（HPLC）。

注意事项 该品吸入、口服或与皮肤接触有毒，并有蓄积性危害。对水生物有害。对水环境能产生长期有害的结果。使用时应穿适当的防护服和戴手套。接触皮肤后应立即用大量肥皂泡沫冲洗。使用时如有事故发生或有不适之感，应请医生诊治。应防止将本品释放于环境中。应密封避光保存。

主要用途 分析试剂，用作有机元素（氮）定量分析的标样。标定三氯化钛的标准溶液。染料中间体。

2-Nitroanisole 2-硝基苯甲醚 07220

[91-23-6] $C_7H_7NO_3$ 153.14

成分 C 54.90%，H 4.61%，N 9.15%，O 31.34%。

别名 1-甲氧基-2-硝基苯；邻硝基茴香醚；邻甲氧基硝基苯；邻硝基苯甲醚；1-Methoxy-2-nitrobenzene；*o*-Nitrophenyl methyl ether；*o*-Nitroanisole；*o*-Methoxynitrobenzene

GW 2015-2239 M. I. 15，6671

性状 无色至浅黄色、浅棕黄色液体。溶于乙醇、乙醚，不溶于水。能随水蒸气挥发。mp 9.4℃；bp 277℃；Fp 287℉（142℃）；d_4^{20} 1.254；n_D^{20} 1.5620。一般试剂含量≥98.0%。

注意事项 该品能致癌。口服有害。使用前应得到专门的指导，避免曝露。使用时如有事故发生或有不适之感，应请医生诊治。应密封保存。

主要用途 有机合成。染料中间体。

3-Nitroanisole 3-硝基苯甲醚 07221

[555-03-3] $C_7H_7NO_3$ 153.14

成分 C 54.90%，H 4.61%，N 9.15%，O 31.34%。

别名 1-甲氧基-3-硝基苯；间硝基茴香醚；间甲氧基硝基苯；间硝基苯甲醚；1-Methoxy-3-nitrobenzene；*m*-Nitrophenylmethyl ether；*m*-Nitroanisole；*m*-Methoxynitrobenzene

GW 2015-2240 M. I. 15，6671

性状 无色至微黄色结晶。溶于乙醇，不溶于水。能随水蒸气挥发。mp 38～39℃；bp 258℃；Fp 235.4℉（113℃）；*d* 1.373。

注意事项 该品口服有害。使用时应避免与眼睛及皮肤接触。应密封保存。

主要用途 染料中间体。有机合成。

4-Nitroanisole 4-硝基苯甲醚 07222

[100-17-4] $C_7H_7NO_3$ 153.14

成分 C 54.90%，H 4.61%，N 9.15%，O 31.34%。

别名 1-甲氧基-4-硝基苯；对硝基苯甲醚；对甲氧基硝基苯；1-Methoxy-4-nitrobenzene；*p*-Nitrophenylmethyl ether；*p*-Nitroanisole；*p*-Methoxynitrobenzene

GW 2015-2241 M. I. 15，6671

性状 无色至微黄色的单斜柱状结晶。易溶于乙醇、乙醚、沸石油醚，微溶于冷石油醚，不溶于水。mp 54℃；bp 260℃；Fp 266℉（130℃）；*d* 1.233。一般试剂含量≥97.0%。

注意事项 该品对机体有不可逆损伤的可能性。对水生物有害。能对水环境引起长期不良的影响。使用时应穿适当的防护服和戴手套。其包装物应按危险品处理。应密封保存。

主要用途 有机合成。染料中间体。

9-Nitroanthracene 9-硝基蒽 07223

[602-60-8] $C_{14}H_9NO_2$ 223.23

成分 C 75.33%，H 4.06%，N 6.27%，O 14.33%。

性状 无色结晶或白色粉末。mp 114～116℃；bp_{17} 275℃/2.266kPa。一般试剂含量≥95%（HPLC）。

注意事项 使用时应避免吸入本品的粉尘，避免与眼睛及皮肤接触。应密封于 2～8℃保存。

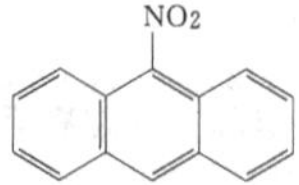

5-Nitrobarbituric acid trihydrate 5-硝基巴比妥酸 三水 07224

[480-68-2][6209-44-5] $C_4H_3N_3O_5 \cdot 3H_2O$ 227.14

成分（以无水物计） C 27.76%，H 1.75%，N 24.28%，O 46.22%。

别名 三水合 5-硝基巴比妥酸；5-硝基丙二酰脲 三水；5-硝基巴比土酸 三水；Dilituric acid；5-Nitro-2,4,6(1*H*,3*H*,5*H*)-pyrimidinetrione；5-Nitro-2,4,6-trioxohexahydropyrimidine

M. I. 15，6672

性状 来自水中的无色棱柱体或小叶状结晶。易风化。溶于约 1200 份水、较多地溶于热水，溶于乙醇、氢氧化钠溶液，不溶于乙醚。mp 176℃（分解，无水物）。

注意事项 该品对眼睛、呼吸系统及皮肤有刺激性。使用时应戴手套。万一接触到眼睛，应立即用大量水冲洗后请医生诊治。应密封保存。

主要用途 测定微量钾的试剂。

2-Nitrobenzaldehyde 2-硝基苯甲醛 07225

[552-89-6] $C_7H_5NO_3$ 151.12

成分 C 55.64%，H 3.34%，N 9.27%，O 31.76%。

别名 邻硝基苯甲醛；*o*-Nitrobenzaldehyde

M. I. 15，6673

性状 浅黄色针状结晶。易溶于乙醇、乙醚、苯，微溶于水。能随水蒸气挥发。mp 42～44℃；bp_{23} 153℃/3.066kPa；Fp 235.4℉（113℃）。一般试剂含量≥98.0%。

注意事项 该品口服有害。对眼睛、呼吸系统及皮肤有刺激性。使用时应穿适当的防护服和戴手套。万一接触到眼睛，应立即用大量水冲洗后请医生诊治。应密封避光保存。

主要用途 测定异丙醇、丙酮的试剂。有机合成。

3-Nitrobenzaldehyde 3-硝基苯甲醛 07226

[99-61-6] $C_7H_5NO_3$ 151.12

成分 C 55.64%，H 3.34%，N 9.27%，O 31.76%。

别名 间硝基苯甲醛；*m*-Nitrobenzaldehyde

M. I. 15，6673

性状 浅黄色结晶性粉末。溶于乙醇、乙醚、三氯甲烷，几乎不溶于水。能随水蒸气挥发。mp 58℃；bp_{23} 164℃/3.066kPa。

注意事项 见 07225 2-硝基苯甲醛。

主要用途 测定酚类的试剂。有机合成。

4-Nitrobenzaldehyde 4-硝基苯甲醛 07227

[555-16-8] $C_7H_5NO_3$ 151.12

成分 C 55.64%，H 3.34%，N 9.27%，O 31.76%。

别名 对硝基苯甲醛；*p*-Nitrobenzaldehyde

M. I. 15，6673

性状 白色至浅黄色结晶。能升华。溶于乙醇、苯、冰乙酸，微溶于水、乙醚。微能随水蒸气挥发。mp 106～107℃。一般试剂含量≥99.0%（HPLC）。

注意事项 该品对眼睛有刺激性。接触皮肤能引起过敏。对水生物有害。能对水环境引起长期不良的影响。使用时应穿适当的防护服和戴手套。万一接触到眼睛，应立即用大量水冲洗后请医生诊治。应防止将本品释放于环境中。应密封保存。

主要用途 测定芳香族伯胺的试剂。有机合成。

4-Nitrobenzamide 4-硝基苯甲酰胺 07228

[619-80-7] $C_7H_6N_2O_3$ 166.14

成分 C 50.61%，H 3.64%，N 16.86%，O 28.89%。

别名 对硝基苯甲酰胺；*p*-Nitrobenzamide

GW 2015-2242

性状 针状结晶。溶于乙醇、乙醚，极微溶于水。mp 200～201℃。一般试剂含量≥98.0%。

注意事项 该品口服有害。对眼睛、呼吸系统及皮肤有刺激性。使用时应穿适当的防护服和戴手套。万一接触到眼睛，应立即用大量水冲洗后请医生诊治。应密封保存。

主要用途 有机合成。

Nitrobenzene 硝基苯 07229

[98-95-3] $C_6H_5NO_2$ 123.11

成分 C 58.54%，H 4.09%，N 11.38%，O 25.99%。

别名 苦杏仁油；密斑油；Essence of mirbane；Nitrobenzol；Oil of mirbane

GW 2015-2228 M. I. 15，6674

性状 无色至浅黄色油状液体。有苦杏仁味。见光颜色变深。易溶于乙醇、乙醚、苯及油类，溶于约 500 份水。能随水蒸气挥发。mp 6℃；bp 210～211℃；Fp 190℉（88℃，闭杯）；d_4^{15} 1.205；d_4^{25} 1.19864；n_D^{20} 1.5529。LD_{50}大鼠急性经口：600mg/kg。

注意事项 该品吸入、口服或与皮肤接触有毒。可能损伤生育力。对机体有不可逆损伤的可能性。长期曝露、吸入或与皮肤接触对健康有严重损伤的危险。对水生物有毒。能对水环境引起不利的结果。使用时应穿适当的防护服和戴手套。接触皮肤后应立即用大量水冲洗。使用时如有事故发生或有不适之感，应请医生诊治。应防止将本品释放于环境中。应密封避光保存。

主要用途 气相色谱固定液，可用于低级烃的分析。有机合成，制造低氮硝化纤维素、苯胺。标准折射率液。有机元素分析标准。检定硫化物、硝酸盐。

参考规格 HG/T 3451—2003

	分析纯	化学纯
含量（$C_6H_5NO_2$）/%≥	99.0	98.5
结晶点/℃≥	5.5	5.0
酸度(以 H^+ 计)/(mmol/100g)≤	0.02	0.05
二硝基噻吩	合格	合格

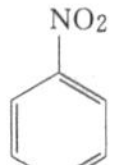

3-Nitrobenzenesulfonic acid sodium salt

3-硝基苯磺酸钠盐 07230

[127-68-4] $C_6H_4NNaO_5S$ 225.16

成分 C 32.01%，H 1.79%，N 6.22%，Na 10.21%，O 35.53%，S 14.24%。

别名 间硝基苯磺酸钠；*m*-Nitrobenzenesulfonic acid sodium salt；Sodium *m*-nitrobenzenesulfonate

性状 浅黄色片状结晶。溶于水、乙醇，不溶于乙醚。Fp 212℉（100℃）。一般试剂含量≥98.0%。

注意事项 该品对眼睛有刺激性。接触皮肤能引起过敏。使用时应戴手套，避免与皮肤接触。万一接触到眼睛，应立即用大量水冲洗后请医生诊治。应密封于干燥处保存。

主要用途 催化剂。有机合成。染料合成。

2-Nitrobenzenesulfonyl chloride 2-硝基苯磺酰氯 07231

[1694-92-4] $C_6H_4ClNO_4S$ 221.62

成分 C 32.52%，H 1.82%，Cl 16.00%，N 6.32%，O 28.88%，S 14.47%。

别名 邻硝基苯磺酰氯；*o*-Nitrobenzenesulfonyl chloride

GW 2015-2236

性状 白色至浅黄色固体。对湿度敏感。mp 65～67℃。一般试剂含量≥98.0%（AT）。

注意事项 该品与水反应激烈。具有腐蚀性，能引起烧伤。使用时应穿适当的防护服，戴手套和防护镜或面罩。应保持容器干燥。切勿向该品中加水。万一接触到眼睛，应立即用大量水冲洗后请医生诊治。使用时如有事故发生或有不适之感，应请医生诊治。应防止将本品释放于环境中。应密封干燥保存。

3-Nitrobenzenesulfonyl chloride 3-硝基苯磺酰氯 07232

[121-51-7] $C_6H_4ClNO_4S$ 221.62

成分 C 32.52%，H 1.82%，Cl 16.00%，N 6.32%，O 28.88%，S 14.47%。

别名 间硝基苯磺酰氯；*m*-Nitrobenzenesulfonyl chloride
GW 2015-2237
性状 浅黄色针状结晶。对湿度敏感。溶于乙醇，不溶于水。受热分解。mp 61～62℃；Fp ＞230℉（110℃）。一般试剂含量≥97.0%（AT）。
注意事项 该品与水反应激烈。具有腐蚀性，能引起烧伤。使用时应穿适当的防护服，戴手套和防护镜或面罩。应保持容器干燥。切勿向该品中加水。万一接触到眼睛；应立即用大量水冲洗后请医生诊治。使用时如有事故发生或有不适之感，应请医生诊治。应防止将本品释放于环境中。应密封干燥保存。
主要用途 分析试剂，如脂肪族、芳香族伯胺与仲胺的测定。有机合成。

4-Nitrobenzenesulfonyl chloride 4-硝基苯磺酰氯 07233
[98-74-8] $C_6H_4ClNO_4S$ 221.62
成分 C 32.52%，H 1.82%，Cl 16.00%，N 6.32%，O 28.88%，S 14.47%。
别名 对硝基苯磺酰氯；*p*-Nitrobenzenesulfonyl chloride
GW 2015-2238
性状 黄色结晶。对湿度敏感。不溶于水。mp 77～79℃；$bp_{1.5}$ 143～144℃/200Pa。一般试剂含量≥98.0%（AT）。
注意事项 该品与水反应激烈。具有腐蚀性，能引起烧伤。使用时应穿适当的防护服，戴手套和防护镜或面罩。应保持容器干燥。切勿向该品中加水。万一接触到眼睛；应立即用大量水冲洗后请医生诊治。使用时如有事故发生或有不适之感，应请医生诊治。应防止将本品释放于环境中。应密封干燥保存。
主要用途 硝基苯胺（邻）磺酸的制备。检定脂肪族、芳香族的伯胺、仲胺。

SO_2Cl
NO_2

5-Nitrobenzimidazole 5-硝基苯并咪唑 07234
[94-52-0] $C_7H_5N_3O_2$ 163.14
成分 C 51.54%，H 3.09%，N 25.76%，O 19.61%。
别名 硝基间二氮杂茚；6-硝基苯并二氮唑；6-硝基苯并咪唑；6-Nitrobenzimidazole；6-Nitrobenzglyoxaline
性状 无色针状结晶。溶于乙醇、酸、碱溶液，不溶于水、乙醚、苯、三氯甲烷。mp 207～209℃。一般试剂含量≥98.0%。
注意事项 该品对机体有不可逆损伤的可能性。使用时应穿适当的防护服。应密封保存。
主要用途 照相材料等。

O_2N N N H

5-Nitrobenzimidazole nitrate
5-硝基苯并咪唑 硝酸盐 07235
[27896-84-0] $C_7H_6N_4O_5$ 226.15
成分 C 37.18%，H 2.67%，N 24.77%，O 35.37%。
别名 6-硝基苯并二氮唑 硝酸盐；硝酸 5-硝基苯并咪唑；6-硝基苯并咪唑 硝酸盐；5-Nitrobenzimidazole nitrate
性状 黄色针状结晶。溶于水、乙醇，不溶于苯。mp 218～220℃。一般试剂含量≥98.0%（T）。
注意事项 该品对眼睛、呼吸系统及皮肤有刺激性。使用时应穿适当的防护服和戴手套。使用时应避免吸入本品的灰尘。万一接触到眼睛，应立即用大量水冲洗后请医生诊治。应密封保存。
主要用途 防雾剂。氧化剂。照相防灰剂。

O_2N H N N H $\cdot HNO_3$

2-Nitrobenzoic acid 2-硝基苯甲酸 07236
[552-16-9] $C_7H_5NO_4$ 167.12
成分 C 50.31%，H 3.02%，N 8.38%，O 38.29%。
别名 邻硝基苯甲酸；*o*-Nitrobenzoic acid
M. I. 15，6676
性状 白色至浅黄色针状结晶。1g 该品溶于 146mL 水、220mL 三氯甲烷、3mL 乙醇、4.5mL 乙醚、2.5mL 丙酮、2.5mL 甲醇，极微溶于苯、二硫化碳、石油醚。mp 147～148℃；*d* 1.58。一般试剂含量≥97.0%（HPLC）。
注意事项 该品对眼睛、呼吸系统及皮肤有刺激性。对机体有不可逆损伤的可能性。使用时应穿适当的防护服和戴手套。万一接触到眼睛，应立即用大量水冲洗后请医生诊治。应密封保存。
主要用途 有机合成。

COOH
NO_2

3-Nitrobenzoic acid 3-硝基苯甲酸 07237
[121-92-6] $C_7H_5NO_4$ 167.12
成分 C 50.31%，H 3.02%，N 8.38%，O 38.29%。
别名 间硝基苯甲酸；*m*-Nitrobenzoic acid
M. I. 15，6676
性状 来自水中的无色至浅黄色单斜小叶状结晶或结晶性粉末。有苦杏仁味。1g 该品溶于 3mL 乙醇、4mL 乙醚、约 2mL 甲醇、2.5mL 丙酮、18mL 三氯甲烷、320mL 水，极微溶于苯、二硫化碳、石油醚。mp 142℃；*d* 1.494。一般试剂含量≥98.0%（HPLC）。
注意事项 该品口服有害。对眼睛、呼吸系统及皮肤有刺激性。对机体有不可逆损伤的可能性。使用时应穿适当的防护服，戴手套和防护镜或面罩。万一接触到眼睛，应立即用大量水冲洗后请医生诊治。应密封保存。
主要用途 测定钍、生物碱的试剂。有机元素（C、H、N）定量分析的标样。

4-Nitrobenzoic acid 4-硝基苯甲酸 07238
[62-23-7] $C_7H_5NO_4$ 167.12
成分 C 50.31%，H 3.02%，N 8.38%，O 38.29%。
别名 对硝基苯甲酸；*p*-Nitrobenzoic acid
M. I. 15，6676
性状 来自苯中的无色至浅黄色单斜小叶状或片状结晶。1g 该品溶于 110mL 乙醇、12mL 甲醇、45mL 乙醚、20mL 丙酮、150mL 三氯甲烷，2380mL 水，微溶于苯、二硫化碳，不溶于石油醚。能升华。mp 242.4℃；Fp 458.6℉（237℃）；*d* 1.58。一般试剂含量≥99.0%。
注意事项 该品口服有害。对眼睛、呼吸系统及皮肤有刺激性。对眼睛有严重损伤的危险。使用时应穿适当的防护服，戴防护镜或面罩。万一接触到眼睛，应立即用大量水冲洗后请医生诊治。应密封保存。
主要用途 测定生物碱、碱液的标准物。

3-Nitrobenzoic acid sodium salt 3-硝基苯甲酸钠盐 07239
[827-95-2] $C_7H_4NNaO_4$ 189.10
成分 C 44.46%，H 2.13%，N 7.41%，Na 12.16%，O 33.84%。
别名 间硝基苯甲酸钠；Sodium 3-nitrobenzoate
性状 无色结晶。溶于水（50℃，10.9g/L）。一般试剂含量≥95.0%（HPLC）。
注意事项 该品高度易燃。口服有害。对眼睛、呼吸系统及皮肤有刺激性。使用时应穿适当的防护服。使用现场禁止吸烟。万一接触到眼睛，应立即用大量水冲洗后请医生诊治。应远离火种密封保存。

$O\ N^+\ O^-$
O
$O^-\ Na^+$

2-Nitrobenzonitrile 2-硝基苯甲腈 07240
[612-24-8] $C_7H_4N_2O_2$ 148.12
成分 C 56.76%，H 2.72%，N 18.91%，O 21.60%。
别名 2-硝基苄腈；2-硝基苯基氰；氰化 2-硝基苯；2-Nitrophenyl cyanide
性状 无色结晶或白色粉末。mp 108～110℃。一般试剂含量≥98.0%（GC）。

注意事项 该品吸入或口服有害。对眼睛、呼吸系统及皮肤有刺激性。使用时应穿适当的防护服和戴手套。使用时禁止饮食。使用时应避免吸入本品的粉尘，避免与眼睛及皮肤接触。万一接触到眼睛，应立即用大量水冲洗后请医生诊治。使用时如有事故发生或有不适之感，应请医生诊治。其包装物应按危险品处理。

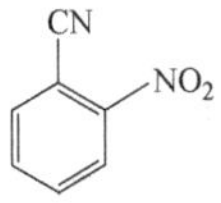

3-Nitrobenzonitrile 3-硝基苯甲腈 07241

[619-24-9] $C_7H_4N_2O_2$ 148.12

成分 C 56.76%，H 2.72%，N 18.91%，O 21.60%。

别名 3-硝基苄腈；3-硝基苯基氰；氰化 3-硝基苯；3-Nitrophenyl cyanide

性状 无色结晶或白色粉末。mp 115～117℃；bp_{16} 164～166℃/2.13kPa。一般试剂含量≥98.0%。

注意事项 该品吸入或口服有害。对眼睛、呼吸系统及皮肤有刺激性。使用时应穿适当的防护服和戴手套。使用时禁止饮食。使用时应避免吸入本品的粉尘，避免与眼睛及皮肤接触。万一接触到眼睛，应立即用大量水冲洗后请医生诊治。使用时如有事故发生或有不适之感，应请医生诊治。其包装物应按危险品处理。

4-Nitrobenzonitrile 4-硝基苯甲腈 07242

[619-72-7] $C_7H_4N_2O_2$ 148.12

成分 C 56.76%，H 2.72%，N 18.91%，O 21.60%。

别名 4-硝基苄腈；4-硝基苯基腈；氰化 4-硝基苯；4-Nitrophenyl cyanide

性状 无色结晶或白色粉末，溶于水。mp 145～147℃。LD_{50}小鼠急性经口：140mg/kg。一般试剂含量≥98.0%(GC)。

注意事项 该品吸入或口服有害。对眼睛、呼吸系统及皮肤有刺激性。使用时应穿适当的防护服和戴手套。使用时禁止饮食。使用时应避免吸入本品的粉尘，避免与眼睛及皮肤接触。万一接触到眼睛，应立即用大量水冲洗后请医生诊治。使用时如有事故发生或有不适之感，应请医生诊治。其包装物应按危险品处理。

4-Nitrobenzophenone 4-硝基二苯甲酮 07243

[1144-74-7] $C_{13}H_9NO_3$ 227.22

成分 C 68.72%，H 3.99%，N 6.16%，O 21.12%。

别名 4-硝基苯酮

性状 无色结晶。mp 137～139℃。一般试剂含量≥99.0%(HPLC)。

注意事项 该品对眼睛、呼吸系统及皮肤有刺激性。使用时应穿适当的防护服和戴手套。万一接触到眼睛，应立即用大量水冲洗后请医生诊治。

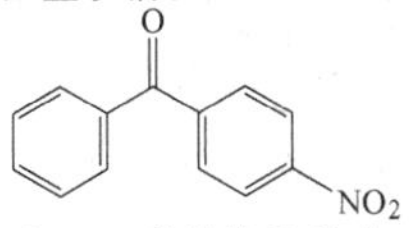

6-Nitrobenzothiazole 6-硝基苯并噻唑 07240

[2942-06-5] $C_7H_4N_2O_2S$ 180.18

成分 C 46.66%，H 2.24%，N 15.55%，O 17.76%，S 17.80%。

性状 白色结晶。mp 173～177℃。一般试剂含量≥98.0%。

注意事项 该品对眼睛、呼吸系统及皮肤有刺激性。使用时应穿适当的防护服和戴手套。万一接触到眼睛，应立即用大量水冲洗后请医生诊治。

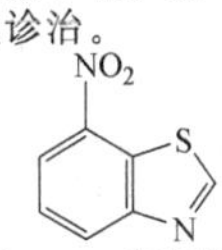

2-Nitrobenzoyl chloride 2-硝基苯甲酰氯 07245

[610-14-0] $C_7H_4ClNO_3$ 185.56

成分 C 45.31%，H 2.17%，Cl 19.10%，N 7.55%，O 25.87%。

别名 邻硝基苯甲酰氯；*o*-Nitrobenzoyl chloride

GW 2015-2243

性状 无色结晶或液体。遇水及乙醇分解，溶于乙醚。mp 17～20℃；bp_{105} 205℃/14kPa；bp_9 148～149℃/2kPa；Fp 235.4℉ (113℃)；d_4^{20} 1.41；n_D^{20} 1.5651。一般试剂含量≥97.0%（T)。

注意事项 该品受热能引起爆炸。具有腐蚀性，能引起烧伤。使用时应穿适当的防护服，戴手套和防护镜或面罩。万一接触到眼睛，应立即用大量水冲洗后请医生诊治。使用时如有事故发生或有不适之感，应请医生诊治。应充氮气密封于 40℃以下干燥保存。

主要用途 有机合成。

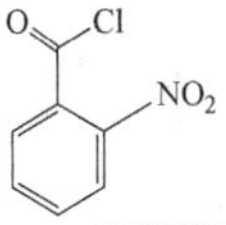

3-Nitrobenzoyl chloride 3-硝基苯甲酰氯 07246

[121-90-4] $C_7H_4ClNO_3$ 185.56

成分 C 45.31%，H 2.17%，Cl 19.10%，N 7.55%，O 25.87%。

别名 间硝基苯甲酰氯；氯化间硝基苯甲酰；*m*-Nitrobenzoyl chloride

GW 2015-2244

性状 黄色或棕色液体，在室温下有部分结晶析出。具催泪性。对湿度敏感。溶于乙醚，遇水或乙醇分解。mp 32～34℃；bp 275～278℃。一般试剂含量≥99.0%（T)。

注意事项 该品受热能引起爆炸。具有腐蚀性，能引起烧伤。与皮肤接触有害。对呼吸系统有刺激性。使用时应穿适当的防护服，戴手套和防护镜或面罩。万一接触到眼睛，应立即用大量水冲洗后请医生诊治。使用时如有事故发生或有不适之感，应请医生诊治。应充氮气密封于干燥处保存。

主要用途 制药工业，药物中间体。染料制造。彩色显影剂的中间体。

4-Nitrobenzoyl chloride 4-硝基苯甲酰氯 07247

[122-04-3] $C_7H_4ClNO_3$ 185.56

成分 C 45.31%，H 2.17%，Cl 19.10%，N 7.55%，O 25.87%。

别名 对硝基苯甲酰氯；*p*-Nitrobenzoyl chloride

GW 2015-2245 M.I.15，6677

性状 来自石油醚中的亮黄色针状结晶。有刺激味。具催泪性。易吸潮。溶于乙醚。能被水或乙醇分解。mp 75℃；bp_{105} 205℃/14kPa；bp_{12} 154℃/1.6 kPa Fp 215.6℉ (102℃)。一般试剂含量≥99.0%(GC)。

注意事项 该品具有腐蚀性，能引起烧伤。对呼吸系统有刺激性。使用时应穿适当的防护服，戴手套和防护镜或面罩。万一接触到眼睛，应立即用大量水冲洗后请医生诊治。使用时如有事故发生或有不适之感，应请医生诊治。应充氮气密封于干燥处保存。

主要用途 制药工业。染料和有机合成检定醇类、酚类。

2-Nitrobenzyl alcohol 2-硝基苯甲醇 07248

[612-25-9] $C_7H_7NO_3$ 153.14

成分 C 54.90%，H 4.61%，N 9.15%，O 31.34%。

性状 无色结晶或白色粉末。mp 72～74℃；bp_{20} 168℃/266.6Pa。一般试剂含量≥98.0%(HPLC)。

注意事项 该品对眼睛、呼吸系统及皮肤有刺激性。使用时应戴手套。使用时应避免吸入本品的粉尘，避免与眼睛及皮肤接触。万一接触到眼睛，应立即用大量水冲洗后请医生诊治。

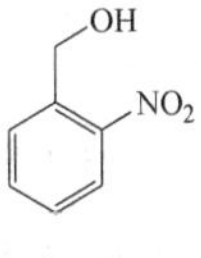

3-Nitrobenzyl alcohol 3-硝基苯甲醇 07249

[619-25-0] $C_7H_7NO_3$ 153.14

成分 C 54.90%，H 4.61%，N 9.15%，O 31.34%。

别名 NOBA

性状 无色液体。对空气敏感。mp 30～32℃；bp_3 175～180℃/400Pa；Fp 233.6℉ (112℃)；d_4^{20} 1.299；n_D^{20} 1.578。一般试剂含量≥99.5%(GC)。

注意事项 该品对眼睛、呼吸系统及皮肤有刺激性。使用时应戴手套。使用时应避免吸入本品的粉尘，避免与眼睛及皮肤接触。万一接触到眼睛，应立即用大量水冲洗后，请医生诊治。

4-Nitrobenzyl alcohol 4-硝基苯甲醇 07250
[619-73-8] $C_7H_7NO_3$ 153.14
成分 C 54.90%，H 4.61%，N 9.15%，O 31.34%。
别名 对硝基苯甲醇；*p*-Nitrobenzyl alcohol
性状 无色至微黄色结晶。mp 92～94℃；bp_{12} 185℃/1.6kPa；Fp 356℉（180℃）。一般试剂含量≥97.0%（HPLC）。
注意事项 该品对眼睛、呼吸系统及皮肤有刺激性。使用时应戴手套。使用时应避免吸入本品的粉尘，避免与眼睛及皮肤接触。万一接触到眼睛，应立即用大量水冲洗后请医生诊治。应密封避光保存。

2-Nitrobenzyl bromide 2-硝基溴化苄 07251
[3958-60-9] $C_7H_6BrNO_2$ 216.04
成分 C 38.92%，H 2.80%，Br 36.99%，N 6.48%，O 14.81%。
别名 溴化 2-硝基苄；α-溴-2-硝基甲苯；α-Bromo-2-nitrotoluene
性状 无色结晶。具有催泪性。mp 45～47℃；Fp 230℉（110℃）。一般试剂含量≥98.0%（GC）。
注意事项 该品具有腐蚀性。能引起烧伤。使用时应穿适当的防护服，戴手套和防护镜或面罩。万一接触到眼睛，应立即用大量水冲洗后请医生诊治。使用时如有事故发生或有不适之感，应请医生诊治。应密封避光于2～8℃干燥保存。其包装物应按危险品处理。

Br
NO_2

3-Nitrobenzyl bromide 3-硝基溴化苄 07252
[3958-57-4] $C_7H_6BrNO_2$ 216.04
成分 C 38.92%，H 2.80%，Br 36.99%，N 6.48%，O 14.81%。
别名 间硝基溴化苄；α-溴-3-硝基甲苯；*m*-Nitrobenzyl bromide；α-Bromo-3-nitrotoluene
性状 针状或片状结晶。溶于乙醇，难溶于水。mp 58～59℃；bp_8 153℃/1.067kPa。一般试剂含量≥98.0%。
注意事项 该品具有腐蚀性。能引起烧伤。使用时应穿适当的防护服，戴手套和防护镜或面罩。万一接触到眼睛，应立即用大量水冲洗后请医生诊治。使用时如有事故发生或有不适之感，应请医生诊治。应密封避光于 2～8℃干燥保存。其包装物应按危险品处理。
主要用途 有机合成。

4-Nitrobenzyl bromide 4-硝基溴化苄 07253
[100-11-8] $C_7H_6BrNO_2$ 216.04
成分 C 38.92%，H 2.80%，Br 36.99%，N 6.48%，O 14.81%。
别名 对硝基溴化苄；对硝基苄基溴；对硝基苯溴甲烷；α-溴-4-硝基甲苯；α-Bromo-4-nitrotoluene；*p*-Nitrobenzyl bromide
GW 2015-2282
性状 白色或浅黄色针状结晶。对湿度敏感。具有催泪性。溶于乙醚，微溶于水。mp 98～99℃。一般试剂含量≥97.0%（HPLC）。
注意事项 该品具有腐蚀性。能引起烧伤。使用时应穿适当的防护服，戴手套和防护镜或面罩。万一接触到眼睛，应立即用大量水冲洗后请医生诊治。使用时如有事故发生或有不适之感，应请医生诊治。应充氩气密封于干燥处保存。
主要用途 有机分析试剂。染料中间体。检定羧酸盐。

2-Nitrobenzyl chloride 2-硝基氯化苄 07254
[612-23-7] $C_7H_6ClNO_2$ 171.58
成分 C 49.00%，H 3.52%，Cl 20.66%，N 8.16%，O 18.65%。
别名 邻硝基苄基氯；邻硝基苯氯甲烷；α-氯-2-硝基甲苯；邻硝基氯化苄；α-Chloro-2-nitrotoluene；*o*-Nitrobenzyl chloride
GW 2015-2270
性状 无色结晶。有刺激性气味。对湿度敏感。具有催泪性。溶于乙醇、乙醚、苯，不溶于水。mp 46～48℃；bp_{10} 127～133℃/1.333kPa；Fp 233.6℉（112℃）。一般试剂含量≥95.0%（HPLC）。
注意事项 该品具有腐蚀性，能引起烧伤。使用时穿适当的防护服，戴手套和防护镜或面罩。万一接触到眼睛，应立即用大量水冲洗后请医生诊治。使用时如有事故发生或有不适之感，应请医生诊治。应密封于阴凉干燥处保存。
主要用途 有机合成。

Cl
NO_2

3-Nitrobenzyl chloride 3-硝基氯化苄 07255
[619-23-8] $C_7H_6ClNO_2$ 171.58
成分 C 49.00%，H 3.52%，Cl 20.66%，N 8.16%，O 18.65%。
别名 氯化 3-硝基苯；α-氯-3-硝基甲苯；α-Chloro-3-nitrotoluenc
GW 2015-2271
性状 无色结晶。易吸潮。具催泪性。mp 45～47℃；bp_5 85～87℃/666.61Pa；Fp 230℉（110℃）。一般试剂含量≥90.0%（HPLC）。
注意事项 见 07254 2-硝基氯化苄。应充氩气密封避光于阴凉干燥保存。

4-Nitrobenzyl chloride 4-硝基氯化苄 07256
[100-14-1] $C_7H_6ClNO_2$ 171.58
成分 C 49.00%，H 3.52%，Cl 20.66%，N 8.16%，O 18.65%。
别名 对硝基苯氯甲烷；对硝基苄基氯；对硝基氯化苄；α-氯-4-硝基甲苯；α-Chloro-4-nitrotoluene；*p*-Nitrobenzyl chloride
GW 2015-2272
性状 白色或浅黄绿色结晶。对湿度敏感。具有催泪性。溶于甲醇，不溶于水。mp 71～73℃。一般试剂含量≥99.0%（HPLC）。
注意事项 该品吸入或口服有害。具有腐蚀性，能引起烧伤。使用时应穿适当的防护服，戴手套和防护镜或面罩。使用时禁止饮食。万一接触到眼睛，应立即用大量水冲洗后请医生诊治。使用时如有事故发生或有不适之感，应请医生诊治。应密封于通风良好及阴凉干燥处保存。
主要用途 有机合成。

4-Nitrobenzyl chloroformate 氯甲酸 4-硝基苄酯 07257
[4457-32-3] $C_8H_6ClNO_4$ 215.59
成分 C 44.57%，H 2.81%，Cl 16.44%，N 6.50%，O 29.68%。
别名 *p*-Nitrobenzyl chloroformate
性状 白色粉末。mp 32～34℃。一般试剂含量≥97.0%（AT）。
注意事项 该品具有腐蚀性，能引起烧伤。对呼吸系统有刺激性。使用时应穿适当的防护服，戴手套和防护镜或面罩。万一接触到眼睛，应立即用大量水冲洗后请医生诊治。使用时如有事故发生或有不适之感，应请医生诊治。应密封于 2～8℃干燥处保存。

O
Cl O
NO_2

O-(4-Nitrobenzyl)hydroxylamine hydrochloride
O-（4-硝基苄基）羟胺 盐酸盐 07258
[2086-26-2] $C_7H_9ClN_2O_3$ 204.61
成分 C 41.09%，H 4.43%，Cl 17.33%，N 13.69%，O 23.46%。
别名 盐酸 *O*-(4-硝基苄基)羟胺；氯化 *O*-(4-硝基苄基)羟铵；*O*-(4-Nitrobenzyl) hydroxylammonium chloride；4-Nitrobenzyloxyamine hydrochloride
性状 无色结晶或白色粉末。易吸潮。mp 215℃（分解）。一般试剂含量≥98.5%（AT）。
注意事项 使用时应避免吸入本品的粉尘，避免与眼睛及皮肤接触。应充氮气密封避光干燥保存。

H_2N O NO_2
·HCl

4-(4-Nitrobenzyl)pyridine 4-(4-硝基苄基)吡啶 07259
[1083-48-3] $C_{12}H_{10}N_2O_2$ 214.22
成分 C 67.28%，H 4.70%，N 13.08%，O 14.94%。
别名 NBP

性状 白色或浅黄色针状结晶。溶于乙醇，微溶于乙醚，不溶于水。mp 70～71℃。一般试剂含量≥98.0%（NT）。

注意事项 该品对眼睛、呼吸系统及皮肤有刺激性。使用时应穿适当的防护服和戴手套。万一接触到眼睛，应立即用大量水冲洗后请医生诊治。应充氩气密封保存。

主要用途 分析试剂。有机磷农药的分析测定光气，分析有机磷杀虫剂。

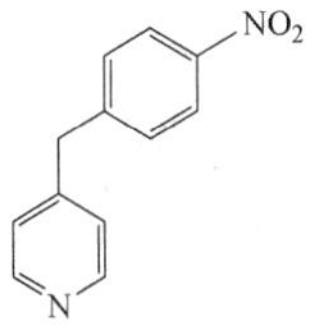

2-Nitrobiphenyl 2-硝基联苯 07260

[86-00-0] $C_{12}H_9NO_2$ 199.21

成分 C 72.35%，H 4.55%，N 7.03%，O 16.06%。

别名 邻硝基联苯；2-Nitro-1,1′-biphenyl；*o*-Nitrobiphenyl；*O*-Nitrodiphenyl；ONB

GW 2015-2268 M.I.15，6679

性状 来自乙醇中的无色至浅黄色正交双锥体片状结晶。溶于甲醇、乙醇、四氢呋喃甲醇、丙酮、二甲基甲酰胺、四氯化碳、过氯乙烯、松节油、冰乙酸，不溶于水。mp 36.7℃。bp_{760} 325℃/101.32kPa；bp_{30} 205℃/4kPa；bp_{13} 170℃/1.733kPa；bp_4 166℃/533.3Pa；Fp 354℉（179℃）；d_4^{25} 1.44；$d_{15.5}^{40}$（液体）1.189；n_D^{25}（液体）1.613；uv max：325nm。

注意事项 该品应密封保存。

主要用途 有机合成。韧化剂。防霉剂。染料中间体。增塑剂。

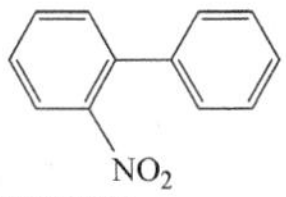

4-Nitrobiphenyl 4-硝基联苯 07261

[92-93-3] $C_{12}H_9NO_2$ 199.21

成分 C 72.35%，H 4.55%，N 7.03%，O 16.06%。

别名 对硝基联苯；4-Nitro-1,1′-biphenyl；*p*-Nitrobiphenyl；*p*-Nitrodiphenyl；PNB

GW 2015-2269 M.I.15，6680

性状 来自乙醇中的无色至微黄色针状结晶。溶于乙醚、三氯甲烷，微溶于冷乙醇，较多地溶于热乙醇，不溶于水。mp 113.7℃；bp_{760} 340℃/101.32kPa；bp_{30} 223.7～224.1℃/4kPa。

注意事项 该品可能致癌。对水生物有毒，能使水生物环境产生长期有害的结果。使用前应得到专门的指导，避免曝露。使用时如有事故发生或有不适之感，应请医生诊治。应防止将本品释放于环境中。应密封保存。

主要用途 有机合成。染料中间体。增塑剂。

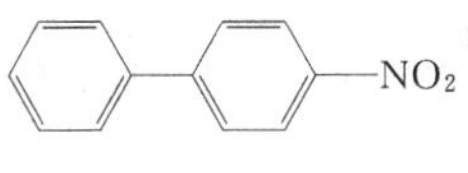

1-Nitrobutane 1-硝基丁烷 07262

[627-05-4] $C_4H_9NO_2$ 103.12

成分 C 46.59%，H 8.80%，N 13.58%，O 31.03%。

GW 2015-2260

性状 无色液体。能与乙醇、乙醚、碱溶液相混溶，微溶于水。mp －81℃；bp 152～153℃；Fp 111.2℉（44℃）；d_4^{20} 0.974；n_D^{20} 1.4100。一般试剂含量≥98.0%（GC）。

注意事项 该品易燃。应密封保存。

主要用途 有机合成中间体。溶剂。

4-Nitrocatechol 4-硝基邻苯二酚 07263

[3316-09-4] $C_6H_5NO_4$ 155.11

成分 C 46.46%，H 3.25%，N 9.03%，O 41.26%。

别名 1,2-二羟基-4-硝基苯；4-硝基焦儿茶酚；4-硝基儿茶酚；1,2-Dihydroxy-4-nitrobenzene；4-Nitropyrocatechol

性状 白色结晶。溶于水。mp 174～176℃。一般试剂含量≥98.0%（HPLC）。

注意事项 该品对眼睛、呼吸系统及皮肤有刺激性。使用时应穿适当的防护服和戴手套。万一接触到眼睛，应立即用大量水冲洗后请医生诊治。

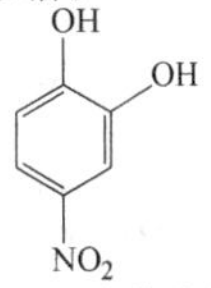

2-Nitrocinnamaldehyde 2-硝基肉桂醛 07264

[1466-88-2] $C_9H_7NO_3$ 177.16

成分 C 61.02%，H 3.98%，N 7.91%，O 27.09%。

别名 2-硝基桂皮醛；

性状 无色结晶。略微溶于水。mp 126～128℃。一般试剂含量≥98.0%（T）。

注意事项 该品对眼睛、呼吸系统及皮肤有刺激性。使用时应穿适当的防护服和戴手套。万一接触到眼睛，应立即用大量水冲洗后请医生诊治。

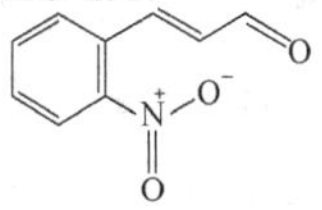

trans-2-Nitrocinnamic acid 反式-2-硝基肉桂酸 07265

[612-41-9] $C_9H_7NO_4$ 193.16

成分 C 55.96%，H 3.65%，N 7.25%，O 33.13%。

别名 2-硝基桂皮酸 反式；2-硝基肉桂酸 反式；3-(2-硝基苯基) 丙烯酸 反式；邻硝基肉桂酸 反式；邻硝基桂皮酸 反式；*trans*-3-(2-Nitrophenyl)acrylic acid

性状 无色结晶。mp 243～245℃。一般试剂含量≥98.0%（T）。

注意事项 使用时应避免吸入本品的粉尘，避免与眼睛及皮肤接触。

主要用途 有机合成。

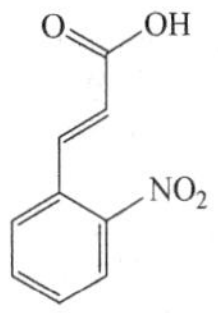

trans-3-Nitrocinnamic acid 反式-3-硝基肉桂酸 07266

[555-68-0] $C_9H_7NO_4$ 193.16

成分 C 55.96%，H 3.65%，N 7.25%，O 33.13%。

别名 间硝基肉桂酸；3-(3-硝基苯) 丙烯酸；3-硝基桂皮酸；*trans*-*m*-Nitrocinnamic acid；*trans*-3-(3-Nitrophenyl)acrylic acid；*trans*-3-(3-Nitrophenyl)-2-propenoic acid

M.I.15，6682

性状 来自苯或乙醇中的白色针状结晶。1g 该品 25℃溶于约 100mL 乙醇，微溶于水。能升华。mp 200～201℃。

注意事项 使用时应避免吸入本品的粉尘。避免与眼睛及皮肤接触。应密封保存。

主要用途 有机合成。

trans-4-Nitrocinnamic acid 反式-4-硝基肉桂酸 07267

[882-06-4] $C_9H_7NO_4$ 193.16

成分 C 55.96%，H 3.65%，N 7.25%，O 33.13%。

别名 3-(4-硝基苯基) 丙烯酸 反式；反式 3-(4-硝基苯基) 丙烯酸；4-硝基桂皮酸；trans-3-(4-Nitrophenyl)propenoic acid

性状 无色结晶。不溶于水。mp 约 290℃（分解）。一般试剂含量≥97.0%（T）。

注意事项 使用时应避免吸入本品的粉尘。避免与眼睛及皮肤接触。

2-Nitro-*m*-cresol 2-硝基间甲酚 07268

[4920-77-8] $C_7H_7NO_3$ 153.14

成分 C 54.90%，H 4.61%，N 9.15%，O 31.34%。

别名 3-甲基-2-硝基酚；3-羟基-2-硝基甲苯；3-Hydroxy-2-nitrotoluene；3-Methyl-2-nitrophenol

性状 白色粉末。mp 36～41℃；$bp_{9.5}$ 106～108℃/1.267kPa；Fp 224.6℉（107℃）。一般试剂含量≥98.0%（GC）。

注意事项 该品吸入、口服或与皮肤接触有害。对眼睛、呼吸系统及皮肤有刺激性。使用时应穿适当的防护服和戴手套。万一接触到眼睛，应立即用大量水冲洗后请医生诊治。应充氩气密封保存。其包装物应按危险品处理。

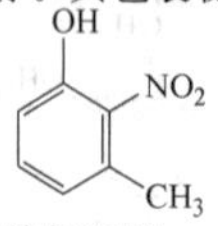

3-Nitro-*o*-cresol　3-硝基邻甲酚　07269
[5460-31-1]　$C_7H_7NO_3$　153.14
成分　C 54.90%，H 4.61%，N 9.15%，O 31.34%。
别名　2-甲基-3-硝基酚；2-羟基-6-硝基甲苯；2-Hydroxy-6-nitrotoluene；2-Methyl-3-nitrophenol
性状　白色粉末。mp 149～152℃。一般试剂含量≥97.0%（GC）。
注意事项　该品吸入、口服或与皮肤接触有害。对眼睛、呼吸系统及皮肤有刺激性。使用时应穿适当的防护服和戴手套。万一接触到眼睛，应立即用大量水冲洗后请医生诊治。应充氩气密封保存。其包装物应按危险品处理。

4-Nitro-*m*-cresol　4-硝基间甲酚　07270
[2581-34-2]　$C_7H_7NO_3$　153.14
成分　C 54.90%，H 4.61%，N 9.15%，O 31.34%。
别名　3-甲基-4-硝基酚；5-羟基-2-硝基甲苯；5-Hydroxy-2-nitrotoluene；3-Methyl-4-nitrophenol
性状　白色粉末。溶于碱溶液。mp 127～129℃。一般试剂含量≥97.0%（HPLC）。
注意事项　该品吸入、口服或与皮肤接触有害。对眼睛、呼吸系统及皮肤有刺激性。使用时应穿适当的防护服和戴手套。万一接触到眼睛，应立即用大量水冲洗后请医生诊治。其包装物应按危险品处理。

6-Nitro-*m*-cresol　6-硝基间甲酚　07271
[700-38-9]　$C_7H_7NO_3$　153.14
成分　C 54.90%，H 4.61%，N 9.15%，O 31.34%。
别名　5-甲基-2-硝基酚；3-羟基-4-硝基甲苯；3-甲基-6-硝基酚；3-Hydroxy-4-nitrotoluene；5-Methyl-2-nitrophenol；3-Methyl-6-nitrophenol
性状　白色粉末。mp 53～56℃；Fp 228.2℉（109℃）。一般试剂含量≥95.0%（HPLC）。
注意事项　该品吸入、口服或与皮肤接触有害。对眼睛、呼吸系统及皮肤有刺激性。使用时应穿适当的防护服和戴手套。万一接触到眼睛，应立即用大量水冲洗后请医生诊治。应充氩气密封保存。其包装物应按危险品处理。

Nitrodan　硝丹　07272
[962-02-7]　$C_{10}H_8N_4O_3S_2$　296.32
成分　C 40.53%，H 2.72%，N 18.91%，O 16.20%，S 21.64%。
别名　3-Methyl-5-(4-nitrophenyl)azo-2-thioxo-4-thiazolidinone；3-Methyl-5-[(*p*-nitrophenyl)azo]rhodanine；3-Methyl-5-(*p*-nitrophenyl)azo-2-thio-2,4-thiazolidinedione；CTR-6110；Nidanthel；Everfree
M. I. 15，6683
性状　黄色粉末。略微溶于水。mp 267～268℃。
主要用途　兽用驱肠虫剂。

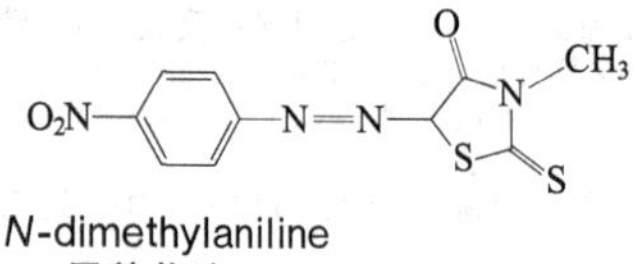

4-Nitro-*N*,*N*-dimethylaniline
4-硝基-*N*,*N*-二甲基苯胺　07273
[100-23-2]　$C_8H_{10}N_2O_2$　166.18
成分　C 57.82%，H 6.07%，N 16.86%，O 19.26%。
别名　*N*,*N*-二甲基对硝基苯胺；*N*,*N*-二甲基-4-硝基苯胺；对硝基-*N*,*N*-二甲苯胺；4-硝基-*N*,*N*-二甲基苯胺；*N*,*N*-Dimethyl-*p*-nitroaniline；*p*-Nitro-*N*,*N*-dimethylaniline
GW 2015-2226
性状　黄色结晶。溶于热乙醇、乙酸，不溶于水。mp 163～164℃。一般试剂含量≥98.0%。
注意事项　该品吸入、口服或与皮肤接触有害。使用时应穿适当的防护服和戴手套。应避免吸入本品的粉尘。应密封避光保存。
主要用途　染料中间体。有机合成。

2-Nitrodiphenylamine　2-硝基二苯胺　07274
[119-75-5]　$C_{12}H_{10}N_2O_2$　214.22
成分　C 67.28%，H 4.70%，N 13.08%，O 14.94%。
别名　邻硝基二苯胺；*o*-Nitrodiphenylamine
性状　橙黄色结晶。溶于乙醇。mp 72～74℃ bp 346℃；*d*1.360。一般试剂含量≥97.0%。
注意事项　该品对眼睛、呼吸系统及皮肤有刺激性。使用时应穿适当的防护服，戴手套和防护镜或面罩。万一接触到眼睛，应立即用大量水冲洗后请医生诊治。应密封保存。
主要用途　有机合成。染料。

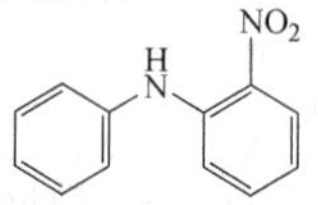

4-Nitrodiphenylamine　4-硝基二苯胺　07275
[836-30-6]　$C_{12}H_{10}N_2O_2$　214.22
成分　C 67.28%，H 4.70%，N 13.08%，O 14.94%。
别名　对硝基二苯胺；*p*-Nitrodiphenylamine
性状　黄色针状结晶。溶于乙醇、乙酸。mp 132～135℃ bp_{30}211℃/4kPa；Fp 374℉（190℃）。
注意事项　该品对水生物有毒。能对水环境引起长期不良的影响。应防止将本品释放于环境中。
主要用途　有机合成。染料。

Nitroethane　硝基乙烷　07276
[79-24-3]　$C_2H_5NO_2$　75.07
成分　C 32.00%，H 6.71%，N 18.66%，O 42.63%。
GW 2015-2284　M. I. 15，6684
性状　无色油状液体。有愉快的气味。能与甲醇、乙醇、乙醚相混溶，溶于氯仿、碱的水溶液，微溶于水（20℃，4.5mL/100mL）。mp 约 −50℃；bp 114～115℃；Fp 106℉（41.11℃，开杯）；d_{25}^{25} 1.041；d_{20}^{20} 1.052；n_D^{20} 1.391。一般试剂含量≥99.0%。
注意事项　该品易燃。吸入或口服有害。使用时应避免与眼睛接触。万一着火，应避免吸入其烟雾。应密封于阴凉通风处保存。
主要用途　有机合成。溶剂。

2-Nitroethanol　2-硝基乙醇　07277
[625-48-9]　$C_2H_5NO_3$　91.07
成分　C 26.38%，H 5.53%，N 15.38%，O 52.70%。
性状　无色液体。易溶于水。易吸湿。mp −80℃；bp_{765} 194℃/101.991kPa；bp_{12} 105～106℃/1.6kPa；Fp 235.4℉（113℃）；*d* 1.27；n_D^{19} 1.4450。一般试剂含量≥95.0%（GC）。
注意事项　该品对眼睛、呼吸系统及皮肤有刺激性。使用时应穿适当的防护服和戴手套。万一接触到眼睛，应立即用大量水冲洗后请医生诊治。应密封于干燥处保存。

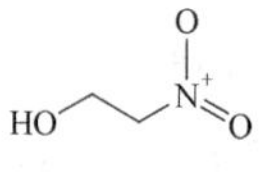

Nitrofen　除草醚　07278
[1836-75-5]　$C_{12}H_7Cl_2NO_3$　284.09
成分　C 50.73%，H 2.48%，Cl 24.96%，N 4.93%，O 16.89%。
别名　2,4-二氯-1-(4-硝基苯氧基)苯；2,4-二氯苯基对硝基苯醚；2,4-Dichloro-1-(4-nitrophenoxy)benzene；2,4-Dichlorophenyl-*p*-nitrophenyl ether；Nitraphen；Nitrophen；Nitrofene；FW-925；TOK
M. I. 15，6685
性状　无色或白色结晶性固体。溶于水（22℃，0.7～1.2mg/kg）。mp 70～71℃。LD_{50} 大鼠急性经口：3.58g/kg。
注意事项　该品口服有害。能危害胎儿。能致癌。对水生物极毒。能对水环境引起长期不良的影响。使用前应得到专门的指导，避免曝露。使用时如有事故发生或有不适之感，应请医生诊治。应防止将本品释放于环境中。其包装物应按危险品处理。

主要用途 除草剂。分析用标准物质。

Nitrofurantoin 硝基呋喃妥英 07279

[67-20-9] $C_8H_6N_4O_5$ 238.16

成分 C 40.35%，H 2.54%，N 23.53%，O 33.59%。

别名 呋喃丹啶；呋喃妥英；1-[(5-Nitro-2-furanyl)methylene]amino-2，4-imidazolidinedione；*N*-(5-Nitro-2-furfurylidene)-1-aminohydantoin；1-(5-Nitro-2-furfurylideneamino) hydantoin；Berkfurin；Chemiofuran；Cyantin；Cystit；Fua-Med；Furachel；Furalan；Furadantin；Furadantine MC；Furadoin；Furantoina；Furobactina；Furophen T-Caps；Ituran；Macrodantin；Parfuran；Trantoin；Urantoin；Urizept；Urodin；Urolong；Uro-Tablinen；Welfurin

M. I. 15，6686

性状 来自稀乙酸中的橙黄色针状结晶。该品于下列物质中的溶解度（mg/100mL）：水（pH 值 7）19.0；95%乙醇 51.0；丙酮 510；二甲基甲酰胺 8000；花生油 2.1；甘油 60；聚乙二醇 1500。pK_a 7.2；270～272℃分解；uv max 370nm（$E^{1\%}_{1cm}$ 776）。生化试剂含量≥99.0%（HPLC）。

注意事项 该品口服有害。吸入或与皮肤接触可引起过敏。使用时应穿适当的防护服和戴手套。使用时应避免吸入本品的粉尘，避免与眼睛及皮肤接触。使用时如有事故发生或有不适之感，应请医生诊治。应密封于 20℃以下保存。

主要用途 抑菌剂。医用尿路杀菌剂。分析用标准物质。

Nitrofurazone 硝基糠腙 07280

[59-87-0] $C_6H_6N_4O_4$ 198.14

成分 C 36.37%，H 3.05%，N 28.28%，O 32.30%。

别名 Furazin；2-[(5-Nitro-2-furanyl)methylene]hydrazinecarboxamide；5-Nitro-2-furaldehyde semicarbazone；Amifur；Furacin；Chemofuran；Furesol；Nifuzon；Nitrofural；Nitrozone；Furacinetten；Furacoccid；Furazol W；Mammex；Furaplast；Coxistat；Aldomycin；Nefco；Vabrocid

M. I. 15，6687

性状 浅黄色针状结晶。有苦的余味。长期曝露光下色变暗。溶于二甲基甲酰胺、碱溶液呈深橙色，微溶于乙醇（1∶590）、丙二醇（1∶350），极微溶于水（1∶4200），几乎不溶于乙醚、氯仿。其水溶液 pH 值 6.0～6.5。236～240℃分解；uv max：260nm，375nm。LD_{50}大鼠急性经口：0.59g/kg；皮下注射：3.0g/kg。生化试剂含量≥97.0%（HPLC）。

注意事项 该品口服有害。可能致癌。可能损伤生育力，危害胎儿。对机体有不可逆损伤的可能性。使用时应穿适当的防护服和戴手套。应密封避光于 2～8℃保存。

主要用途 生化研究。医用局部抗感染剂。灭菌剂。食用添加剂。分析用标准物质。

5-Nitrofurfural 5-硝基糠醛 07281

[698-63-5] $C_5H_3NO_4$ 141.08

成分 C 42.57%，H 2.14%，N 9.93%，O 45.36%。

别名 5-硝基呋喃甲醛；5-Nitro-2-furaldehyde

性状 无色结晶或白色粉末。mp 37～39℃；bp_{10} 121℃/1.333kPa；Fp 91.4℉（33℃）；*d* 1.349；n_D^{20} 1.5900。一般试剂含量≥98.0（GC）。

注意事项 该品高度易燃。使用现场禁止吸烟。应远离火种密封保存。

Nitrogen mustard hydrochloride 氮芥 盐酸盐 07282

[55-86-7] $C_5H_{12}Cl_3N$ 192.51

成分 C 31.19%，H 6.28%，Cl 55.25%，N 7.28%。

别名 2，2-二氯-*N*-甲基二乙胺 盐酸盐；*N*-甲基双(2-氯乙基)胺 盐酸盐；盐酸 2，2-二氯-*N*-甲基二乙胺；盐酸 *N*-甲基双（2-氯乙基）胺；盐酸氮芥；Caryolysine；Cloramin；Dichloren；Embichen；Embikhine；Erasol；MBA-HCl；Mustared oil；2，2′-Dichloro-*N*-methyldiethylamine hydrochloride；Mechlorethamine hydrochloride；*N*-Methyl bis(2-chloroethyl)amine hydrochloride；Mustargen hydrochloride；Mustine hydrochloride；Nitrogranulogen

M. I. 15，5846

性状 来自丙酮或氯仿中的浅黄棕色小叶状结晶。易潮解。易溶于水，溶于乙醇。其 2%水溶液的 pH 初始值3.0～4.0。干品在 40℃以下稳定。mp 109～111℃。LD_{50}大鼠静脉注射：1.1mg/kg；皮下注射：1.9mg/kg。

注意事项 该品应密封于－20℃保存。

主要用途 制药工业。植物育种。诱变剂。

Nitroglycerin 硝化甘油 07283

[55-63-0] $C_3H_5N_3O_9$ 227.09

成分 C 15.87%，H 2.22%，N 18.80%，O 63.41%。

别名 甘油三硝酸酯；1，2，3-Propanetriol trinitrate；Glyceryl trinitrate；Glycerol nitric acid triester；Nitroglycerol；Trinitroglycerol；Glonoin；Trinitrin；Blasting gelatin；Blastingoil；S. N. G.；Adesitrin；Angiolingual；Anginine；Aquo-Trinitrosan；Cordipatch；Corditrine；Deponit；Diafusor；Discotrine；Lenitral；Millisrol；Minitran；Nitradisc；Nitro-Bid；Nitrocine；Nitrocontin；Nitroderm；Nitrodisc；Nitro-Dur；Nitrogard；Nitroglin；Nitroglyn；Nitrolingual；Nitromex；Nitronal；Nitrong；Nitrostat；Nitrosylon；Nysconitrine；Optizor；Percutol；Perlinganit；Sus card；Sustac；Transderm-Nitro；Transiderm-Nitro；Tridil；Trinipatch；Trinitrosan

M. I. 15，6694

性状 浅黄色油状液体。有甜及辛辣味道。该品能与乙醚、丙酮、冰乙酸、乙酸乙酯、苯、硝基苯、吡啶、氯仿、溴乙烯、二氯乙烯相混溶，略微溶于石油醚、液体石蜡、甘油。1g 该品溶于 800mL 水、4g 乙醇、18g 甲醇、120g 二硫化碳。蒸气压（20℃）：0.00026mmHg/0.035Pa，（93℃）：0.31mmHg/41.3Pa。有两种晶型：活泼的 mp 28℃；稳定的 mp 13.5℃。d_4^{25} 1.5918；d_{15}^{15} 1.599；d_4^{14} 1.6009；d_4^4 1.6144；n_D^{15} 1.474。

主要用途 医用抗心绞痛剂，冠状动脉血管舒张剂。

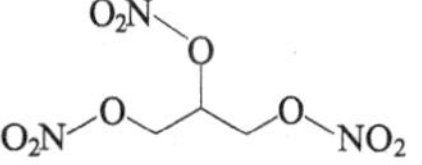

Nitroguanidine 硝基胍 07284

[556-88-7] $CH_4N_4O_2$ 104.07

成分 C 11.54%，H 3.87%，N 53.84%，O 30.75%。

GW 2015-2263 M. I. 15，6695

性状 来自水中的无色针状结晶或棱柱体结晶。溶于硫酸、碱溶液，微溶于乙醇、甲醇（<0.5%），几乎不溶于乙醚。225～250℃（分解）。一般试剂含水约 20.0%。

注意事项 该品当干燥时能爆炸。易燃。对眼睛、呼吸系统及皮肤有刺激性。应远离热源和火种密封于阴凉处保存。本品及其容器必须妥善清除。

主要用途 有机合成。炸药和无烟火药的配制。

4-Nitroimidazole 4-硝基咪唑 07285

[3034-38-6] $C_3H_3N_3O_2$ 113.08

成分 C 31.87%，H 2.67%，N 37.16%，O 28.30%。

性状 白色粉末。mp >303℃分解；Fp >392℉（200℃）。LD_{50}大鼠急性经口：600mg/kg。一般试剂含量≥95.0%（TLC）。

注意事项 该品口服有害。对机体有不可逆损伤的可能性。使用时应穿适当的防护服和戴手套。

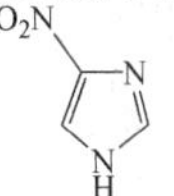

5-Nitroindazole 5-硝基吲唑 07286

[5401-94-5]　$C_7H_5N_3O_2$　163.14

成分　C 51.54%，H 3.09%，N 25.76%，O 19.61%。

性状　白色结晶。mp 208～209℃。一般试剂含量≥98.0%(N)。

注意事项　该品对眼睛、呼吸系统及皮肤有刺激性。使用时应穿适当的防护服和戴手套。万一接触到眼睛，应立即用大量水冲洗后请医生诊治。

5-Nitroindole　5-硝基吲哚　07287

[6146-52-7]　$C_8H_6N_2O_2$　162.15

成分　C 59.26%，H 3.73%，N 17.28%，O 19.73%。

性状　白色粉末。mp 141～142℃。一般试剂含量≥97.0%(TLC)。

注意事项　该品口服有害。对眼睛有严重损伤的危险。使用时应戴 防护镜或面罩。万一接触到眼睛，应立即用大量水冲洗后请医生诊治。应密封避光保存。

5-Nitroisophthalic acid　5-硝基异苯二甲酸　07288

[618-88-2]　$C_8H_5NO_6$　211.13

成分　C 45.51%，H 2.39%，N 6.63%，O 45.47%。

别名　5-硝基苯-1,3-二羧酸；5-硝基-1,3-苯二甲酸；5-硝基间苯二甲酸；5-Nitrobenzene-1，3-dicarboxylic acid；5-Nitro-*m*-phthalic acid

性状　无色结晶或白色粉末。mp 259～261℃；Fp >248℉(120℃)。一般试剂含量≥98.0%(T)。

注意事项　该品对眼睛、呼吸系统及皮肤有刺激性。使用时应穿适当的防护服和戴手套。使用时应避免吸入本品的粉尘，避免与眼睛及皮肤接触。万一接触到眼睛，应立即用大量水冲洗后请医生诊治。

Nitromersol　硝甲酚汞　07289

[133-58-4]　$C_7H_5HgNO_3$　351.71

成分　C 23.91%，H 1.43%，Hg 57.03%，N 3.98%，O 13.65%。

别名　米他芬；[2-Methyl-5-nitrophenolato(2-)-C^6，O^1]mercury；5-Methyl-2-nitro-7-oxa-8-mercurabicyclo[4.2.0]octa-1,3,5-triene；3-Hydroxymercuri-4-nitro-*o*-cresol inner salt；Metaphen

M. I. 15，6697

性状　黄色粉末或颗粒。无嗅，无味。溶于碱溶液、沸冰乙酸，极微溶于水、丙酮、乙醇、乙醚，几乎不溶于碳酸钠水溶液。

主要用途　医用消毒剂。兽用局部消毒剂。

Nitromethane　硝基甲烷　07290

[75-52-5]　CH_3NO_2　61.04

成分　C 19.68%，H 4.95%，N 22.95%，O 52.42%。

别名　Nitrocarbol

GW 2015-2267　M. I. 15，6698

性状

无色油状液体。有不愉快的气味。溶于乙醇、乙醚、二甲基甲酰胺，微溶于水[20℃，9.5%(体积分数)]。其水溶液对石蕊呈酸性，其 0.01mol/L 的 pH 值 6.12。其蒸气能与空气形成爆炸性混合物。mp －29℃；bp_{760} 101.2℃/101.32kPa；bp_{100} 46.6℃/13.332kPa；bp_{40} 27.5℃/5.333kPa；bp_{20} 14.1℃/2.666kPa；bp_{10} 2.8℃/1.333kPa；bp_5 －7.9℃/666.6Pa；bp_1 －29℃/133.32Pa；Fp 112℉(44.4℃)；d_4^{25} 1.1322；n_D^{22} 1.38056。LD_{50} 小鼠急性经口：1.44g/kg；LC(于空气中)豚鼠：1000×10^{-6}。一般试剂含量≥99.0%(GC)。

注意事项　该品易燃。口服有害。受热能引起爆炸。使用时应避免吸入本品蒸气。万一着火和爆炸，应避免吸入其烟雾。应密封于阴凉处保存。

主要用途　溶剂。有机合成。火箭燃料。

Nitromide　3,5-二硝基苯甲酰胺　07291

[121-81-3]　$C_7H_5N_3O_5$　211.13

成分　C 39.82%，H 2.39%，N 19.90%，O 37.89%。

别名　3,5-Dinitrobenzamide

M. I. 15，6699

性状　来自水中的无色小叶状结晶。微溶于冷水，较多地溶于热水。mp 183℃。

注意事项　该品口服有害。使用时应穿适当的防护服。万一接触到眼睛，应立即用大量水冲洗后请医生诊治。

主要用途　兽用抗菌剂，家禽的抑球虫剂。分析用标准物质。

Nitron　硝酸试剂　07292

[2218-94-2]　$C_{20}H_{16}N_4$　312.38

成分　C 76.90%，H 5.16%，N 17.94%。

别名　硝酸灵；1,4-Diphenyl-3-phenylamino-1*H*-1,2,4-triazolium inner salt；1,4-Diphenyl-3,5-*endo*-nilodihydrotriazole；3,5,6-Triphenyl-2,3,5,6-tetrazabicyclo[2.1.1]hex-1-ene；4,5-Dihydro-1,4-diphenyl-3,5-phenylimino-1*H*-1,2,4-triazole

M. I. 15，6700

性状　来自氯仿中的黄色针状结晶或来自乙醇中的黄色小叶状结晶。溶于乙醇、苯，微溶于三氯甲烷、丙酮、乙酸乙酯，略微溶于乙醚，不溶于水、硝酸盐。约 189℃ 分解。一般试剂含量≥98.0%(NT)。

注意事项　该品应密封避光保存。

主要用途　测定铼、钨、硝酸的试剂。高氯酸盐、钨酸盐、过铼酸盐的重量分析测定。

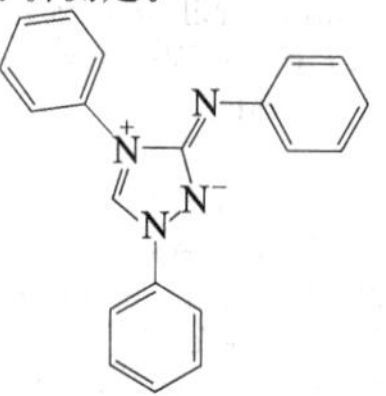

1-Nitronaphthalene　1-硝基萘　07293

[86-57-7]　$C_{10}H_7NO_2$　173.17

成分　C 69.36%，H 4.07%，N 8.09%，O 18.48%。

别名　α-硝基萘；α-Nitronaphthalene

GW 2015-2275　M. I. 15，6701

性状　黄色针状结晶。易溶于氯仿、二硫化碳、乙醚，溶于乙醇、苯，不溶于水。于浓硫酸中呈深红色。mp 59～61℃；bp 304℃；Fp 327.2℉(164℃)；*d* 1.331。一般试剂含量≥99.0%。

注意事项　该品高度易燃。口服有毒。对机体有不可逆损伤的可能性。对水生物有毒。能对水环境引起长期不良的结果。使用时应穿适当的防护服和戴手套。使用现场禁止吸烟。使用时如有事故发生或有不适之感，应请医生诊治。应防止将本品释放于环境中。应远离火种密封于 2～8℃ 保存。其包装物应按危险品处理。

主要用途　气相色谱固定液。芳烃的分离。在石油工业中用以去除荧光。有机合成。染料中间体。

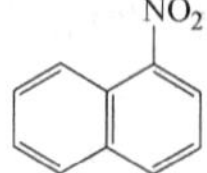

1-Nitro-2-naphthol　1-硝基-2-萘酚　07294

[550-60-7]　$C_{10}H_7NO_3$　189.17

成分 C 63.49%，H 3.73%，N 7.40%，O 25.37%。
别名 1-Nitro-2-naphthalenol；α-nitro-β-naphthol；1-Nitro-2-hydroxynaphthalene
M. I. 15，6702
性状 黄色针状或小片状结晶。溶于乙醇、乙醚、冰乙酸、碱溶液，不溶于水。mp 103℃。
主要用途 测定钴的试剂。

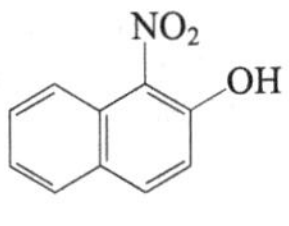

4-Nitro-1-naphthylamine 4-硝基-1-萘胺 07295

[776-34-1] $C_{10}H_8N_2O_2$ 188.19
成分 C 63.82%，H 4.28%，N 14.89%，O 17.00%。
别名 1-氨基-4-硝基萘；1-Amino-4-nitronaphthalene
性状 黄色针状结晶。溶于乙醇，微溶于热水。mp 191～193℃。一般试剂含量≥98.0%。
注意事项 该品对眼睛、呼吸系统及皮肤有刺激性。使用时应穿适当的防护服。使用时应避免吸入本品的粉尘，避免与眼睛及皮肤接触。万一接触到眼睛，应立即用大量水冲洗后请医生诊治。
主要用途 染料制备。有机合成。

5-Nitro-1,10-phenanthroline 5-硝基-1,10-菲啰啉 07296

[4199-88-6] $C_{12}H_7N_3O_2$ 225.21
成分 C 64.00%，H 3.13%，N 18.66%，O 14.21%。
别名 5-硝基二氮杂菲；5-硝基邻菲啰啉；5-硝基菲绕啉；Nitroferroin；5-Nitro-o-phenanthroline
性状 浅黄色针状结晶或结晶性粉末。易溶于乙醇，溶于稀盐酸，难溶于水，不溶于稀氢氧化钠溶液。mp 202～203℃。一般试剂含量≥98.0%。
注意事项 该品对眼睛、呼吸系统及皮肤有刺激性。使用时应戴手套。使用时应避免吸入本品的粉尘，避免与眼睛及皮肤接触。万一接触到眼睛，应立即用大量水冲洗后请医生诊治。应密封避光保存。
主要用途 铁的测定。氧化还原指示剂。

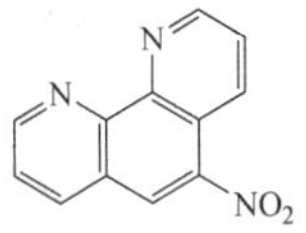

5-Nitro-o-phenetidine 5-硝基-2-乙氧基苯胺 07297

[136-73-8] $C_8H_{10}N_2O_3$ 182.18
成分 C 52.74%，H 5.53%，N 15.38%，O 26.35%。
别名 2-乙氧基-5-硝基苯胺；1-硝基-3-氨基-4-苯乙醚；1-乙氧基-2-氨基-4-硝基苯；4-硝基-2-氨基苯乙醚；5-硝基邻氨基苯乙醚；2-Ethoxy-5-nitrobenzenamine；5-Nitro-2-ethoxyaniline；1-Ethoxy-2-amino-4-nitrobenzene；1-Nitro-3-amino-4-phenyl ethyl ether；4-Nitro-2-aminophenetole；Neo-Douxan
M. I. 15，6704
性状 来自苯中的棕黄色结晶。比蔗糖甜 950 倍。mp 97.5～98.5℃。
主要用途 甜味剂。

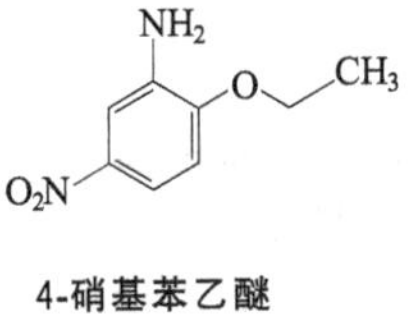

4-Nitrophenetole 4-硝基苯乙醚 07298

[100-29-8] $C_8H_9NO_3$ 167.16
成分 C 57.48%，H 5.43%，N 8.38%，O 28.71%。
别名 1-乙氧基-4-硝基苯；对硝基苯乙醚；对乙氧基硝基苯；1-Ethoxy-4-nitrobenzene；p-Nitrophenetole；4-Nitrophenyl ethyl ether；p-Ethoxynitrobenzene
GW 2015-2253
性状 浅黄色柱状结晶。溶于热乙醇、乙醚，微溶于水、冷乙醇。mp 57～59℃；bp_3 112～115℃/399.966Pa；d_4^{100} 1.1176。一般试剂含量≥98.0%（GC）。
注意事项 使用时应避免吸入本品的粉尘，避免与眼睛及皮肤接触。
主要用途 有机合成。染料中间体。

Nitrophenide 双间硝基苯二硫 07299

[537-91-7] $C_{12}H_8N_2O_4S_2$ 308.33
成分 C 46.75%，H 2.62%，N 9.09%，O 20.76%，S 20.80%。
别名 二硫化双（3-硝基苯）；Bis(3-nitrophenyl)disulflde；m,m′-Dinitrodiphenyl disulfide；NP；Megasul
M. I. 15，6705
性状 黄色斜方结晶。易溶于乙醚，较少地溶于乙醇，不溶于水。mp 83℃。
主要用途 兽用抑球虫剂。

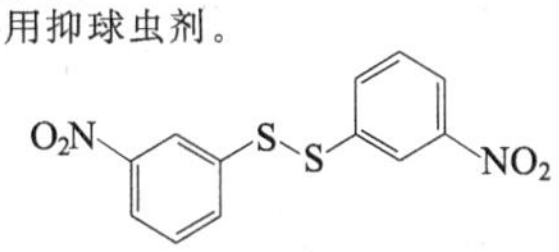

2-Nitrophenol 2-硝基酚 07300

[88-75-5] $C_6H_5NO_3$ 139.11
成分 C 51.81%，H 3.62%，N 10.07%，O 34.50%。
别名 邻硝基酚；o-Nitrophenol；ONP
GW 2015-2233　M. I. 15，6707
性状 浅黄色针状或棱柱体结晶。有特殊气味。易溶于热水，溶于乙醇、乙醚、苯、二硫化碳、碱溶液，微溶于冷水。能随水蒸气挥发。mp 44～45℃；bp 214～216℃；d 1.495；pH 值 5.0～7.0（由无色至黄色）。LD_{50}小鼠、大鼠急性经口（g/kg）：1.297，2.828。一般试剂含量≥99.0%（HPLC）。
注意事项 该品吸入、口服或与皮肤接触有害，并具有蓄积性危害。使用时应穿适当的防护服和戴手套。使用时应避免吸入本品的粉尘，避免与眼睛及皮肤接触。接触眼睛或皮肤后应立即用大量水冲洗。应密封于通风良好处保存。其包装物应按危险品处理。
主要用途 酸碱指示剂。检定氨、镁，测定钙的试剂。检验钾、葡萄糖的试剂。有机合成。

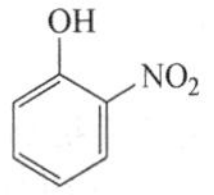

3-Nitrophenol 3-硝基酚 07301

[554-84-7] $C_6H_5NO_3$ 139.11
成分 C 51.81%，H 3.62%，N 10.07%，O 34.50%。
别名 间硝基酚；m-Nitrophenol
GW 2015-2234　M. I. 15，6706
性状 来自乙醚或稀盐酸中的无色至浅黄色单斜棱柱体结晶或粉末。易溶于热水、乙醇、苯、三氯甲烷，溶于热稀酸，不溶于石油醚。pK（18℃）8.34。mp 97℃；bp_{70} 194℃/9.333kPa；d_4^{20} 1.485；d_4^{100} 1.2797；pH 值 6.8～8.6（由无色至黄色）。LD_{50}小鼠，大鼠急性经口（mg/kg）：1414，933。一般试剂含量≥98.0%（HPLC）。
注意事项 该品口服或与皮肤接触有害。对呼吸系统及皮肤有刺激性。对眼睛有严重损伤的危险。使用时应穿适当的防护服和戴手套。万一接触到眼睛，应立即用大量水冲洗后请医生诊治。应密封避光保存。其包装物应按危险品处理。
主要用途 酸碱指示剂。有机合成。

4-Nitrophenol 4-硝基酚 07302

[100-02-7] $C_6H_5NO_3$ 139.11
成分 C 51.81%，H 3.62%，N 10.07%，O 34.50%。
别名 对硝基酚；p-Nitrophenol；PNP
GW 2015-2235　M. I. 15，6708
性状 无色至微黄色柱状结晶。易溶于乙醇、氯仿、乙醚，溶于碱、碳酸盐溶液，略微溶于冷水。能升华。mp 113～114℃；bp 279℃；Fp 336℉（169℃）；d_4^{120} 1.270；pH 值 5.6～7.6（由无色至黄色）。LD_{50}小鼠，大鼠急性经口（mg/kg）：467，616。一般试剂含量≥99.0%（HPLC）。
注意事项 该品吸入、口服或与皮肤接触有害，并有蓄积性危害。接触皮肤后，应用大量肥皂水冲洗。应密封避光保存。
主要用途 酸碱指示剂。检定氨、镁、钾，测定硝酸盐的试剂。还原剂。有机合成。

4-Nitrophenol sodium salt 4-硝基酚钠盐 07303

[824-78-2] $C_6H_4NNaO_3$ 161.09
成分 C 44.74%，H 2.50%，N 8.69%，Na 14.27%，O 29.80%。
别名 对硝基酚钠；4-Nitrophenol sodium salt；Sodium *p*-nitrophenoxide；Sodium *p*-nitrophenolate
GW 2015-263
性状 橙黄色结晶。溶于水及一般有机溶剂。一般商品为二水合物。mp >300℃；Fp 194℉（90℃）；pH 值 5.0～7.6（由无色至黄色）。一般试剂含量（以 Na 计）10.5%～12.0%。
注意事项 该品口服、吸入或与皮肤接触有害，并具有蓄积性危害。使用时应避免与眼睛及皮肤接触。接触皮肤后，应立即用大量水冲洗。应密封于干燥处保存。
主要用途 酸碱指示剂。无水物中水分的测定。

4-Nitrophenyl acetate 乙酸 4-硝基苯酯 07304

[830-03-5] $C_8H_7NO_4$ 181.15
成分 C 53.04%，H 3.89%，N 7.73%，O 35.33%。
别名 4-硝基乙酸苯酯；乙酸对硝基苯酯；对硝基乙酸苯酯；Acetic acid *p*-nitrophenyl ester；*p*-Nitrophenyl acetate
性状 白色粉末。mp 77～79℃。一般试剂含量≥99.0%（GC）。
注意事项 使用时应避免吸入本品的粉尘，避免与眼睛及皮肤接触。

NO_2 H_3C O

2-Nitrophenylacetic acid 2-硝基苯乙酸 07305

[3740-52-1] $C_8H_7NO_4$ 181.15
成分 C 53.04%，H 3.89%，N 7.73%，O 35.33%。
别名 邻硝基苯乙酸
性状 无色结晶。不溶于水。mp 139～142℃。一般试剂含量≥99.0%。
注意事项 该品对眼睛、呼吸系统及皮肤有刺激性。使用时应穿适当的防护服和戴手套。使用时应避免吸入本品的粉尘，避免与眼睛及皮肤接触。万一接触到眼睛应立即用大量水冲洗后请医生诊治。

O^- N^+ O O OH

4-Nitrophenylacetic acid 4-硝基苯乙酸 07306

[104-03-0] $C_8H_7NO_4$ 181.15
成分 C 53.04%，H 3.90%，N 7.73%，O 35.33%。
别名 对硝基苯乙酸；*p*-Nitrophenylacetic acid；*p*-Nitro-*α*-toluic acid
M. I. 15，6709
性状 来自水中的浅黄色长针状结晶。溶于乙醇、乙醚、苯，略微溶于冷水。p*K*（25℃）3.98。mp 153℃。一般试剂含量≥98.0%（HPLC）。
注意事项 该品对眼睛、呼吸系统及皮肤有刺激性。使用时应穿适当的防护服和戴手套。使用时应避免吸入本品的粉尘，避免与眼睛及皮肤接触。万一接触到眼睛应立即用大量水冲洗后请医生诊治。应密封保存。
主要用途 生化研究。有机合成。

4-Nitrophenylacetonitrile 4-硝基苯乙腈 07307

[555-21-5] $C_8H_6N_2O_2$ 162.15
成分 C 59.26%，H 3.73%，N 17.28%，O 19.73%。
别名 4-硝基氰化苄；对硝基苯乙腈；对硝基苄氰；氰化对硝基苄；对硝基氰化苄；对硝基苄基氰；4-Nitrobenzeneacetonitrile；*p*-Nitrobenzyl cyanide；*p*-Nitrophenylacetonitrile；*p*-Nitro-*α*-tolunitrile
GW 2015-2251 M. I. 15，6678
性状 来自乙醇中的无色长棱柱体结晶。溶于乙醇、乙醚、三氯甲烷、苯，不溶于水。mp 117℃。
注意事项 该品口服有毒。对眼睛、呼吸系统及皮肤有刺激性。使用时应穿适当的防护服和戴手套。使用时禁止饮食。万一接触到眼睛，应立即用大量水冲洗。使用时如有事故发生或有不适之感，应请医生诊治。应远离酸类密封保存。其包装物应按危险品处理。
主要用途 有机合成。对硝基苯乙酸的制备。

CN NO_2

2-Nitrophenylarsonic acid 2-硝基苯胂酸 07308

[5410-29-7] $C_6H_6AsNO_5$ 247.04
成分 C 29.17%，H 2.45%，As 30.33%，N 5.67%，O 32.38%。
别名 邻硝基苯胂酸；*o*-Nitrophenylarsonic acid
GW 2015-2248
性状 无色或浅黄色的针状结晶。由水中结晶的含 1 分子结晶水，溶于碱溶液、沸水。无水物则微溶于热乙醇、三氯甲烷、丙酮，微溶于冷乙醇。mp 225℃（分解）。
注意事项 该品有毒。吸入或与皮肤接触有毒。应密封于干燥处保存。
主要用途 微量分析测定镉的试剂。合成邻氨基苯胂酸的制备。

O HO—As—OH NO_2

4-Nitrophenylarsonic acid 4-硝基苯胂酸 07309

[98-72-6] $C_6H_6AsNO_5$ 247.04
成分 C 29.17%，H 2.45%，As 30.33%，N 5.67%，O 32.38%。
别名 对硝基苯胂酸；Nitarsone；*p*-Nitrobenzenearsonicacid；*p*-Nitrophenylarsonic acid
GW 2015-2250 M. I. 15，6652
性状 来自水中的淡黄色小叶状结晶。易溶于热水、热乙醇，极微溶于冷水、冷乙醇。298～300℃分解。
注意事项 该品吸入或与皮肤接触有害。应密封于干燥处保存。
主要用途 检验镉的试剂。抗组织滴虫剂。

O As OH OH O_2N

4-(4-Nitrophenylazo)-1-naphthol 4-(4-硝基苯偶氮)-1-萘酚 07310

[5290-62-0] $C_{16}H_{11}N_3O_3$ 293.28
成分 C 65.53%，H 3.78%，N 14.33%，O 16.37%。
别名 对硝基偶氮苯-*α*-萘酚；镁试剂Ⅱ；*p*-Nitrobenzeneazo-*α*-naphthol；Magneson Ⅱ
性状 鲜红色粉末。易溶于碱溶液，呈蓝紫色。微溶于一般有机溶剂，不溶于水。mp 277～279℃（分解）。
注意事项 该品对眼睛、呼吸系统及皮肤有刺激性。使用时应穿适当的防护服和戴手套。使用时应避免吸入本品的粉尘，避免与眼睛及皮肤接触。万一接触到眼睛，应立即用大量水冲洗后请医生诊治。
主要用途 测定镁的灵敏试剂。

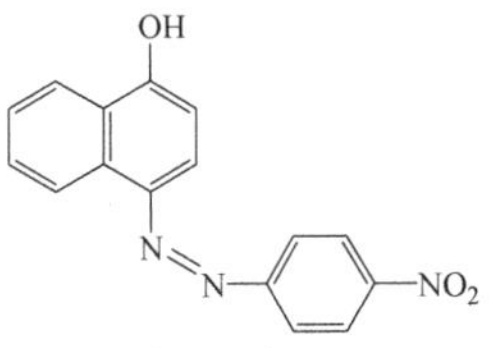

4-(4-Nitrophenylazo)resorcinol
4-(4-硝基苯偶氮)间苯二酚 07311
[74-39-5] $C_{12}H_9N_3O_4$ 259.22
成分 C 55.60%，H 3.50%，N 16.21%，O 24.69%。
别名 2,4-二羟基-4′-硝基偶氮苯；对硝基苯偶氮间苯二酚；偶氮紫；镁试剂Ⅰ；对硝基苯偶氮雷锁辛；Azo violet；*o*,*p*-Dihydroxyazo-*p*′-nitrobenzene；2，4-Dihydroxy-4′-nitroazobenzene；Magneson Ⅰ；4-(4-Nitrophenyl)azo-1,3-benzenediol；4-(*p*-Nitrophenylazo)resorcinol；*p*-Nitrobenzeneazoresorcinol；4-[2-(4-Nitrophenyl)diazenyl]-1,3-benzenediol
M. I. 15，5759
性状 红棕色粉末。溶于稀氢氧化钠水溶液，几乎不溶于水。mp 195～200℃（分解）。
注意事项 该品对眼睛、呼吸系统及皮肤有刺激性。使用时应穿适当的防护服和戴手套。使用时应避免吸入本品的粉尘，避免与眼睛及皮肤接触。万一接触到眼睛，应立即用大量水冲洗后请医生诊治。应密封保存。
主要用途 测定镁的灵敏试剂。非水溶液滴定用的指示剂。

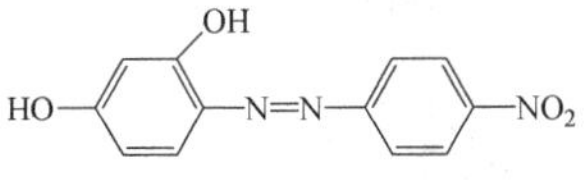

4-Nitrophenyl chloroformate 氯甲酸 4-硝基苯酯 07312
[7693-46-1] $C_7H_4ClNO_4$ 201.57
成分 C 41.71%，H 2.00%，Cl 17.59%，N 6.95%，O 31.75%。
别名 氯甲酸对硝基苯酯；Chloroformic acid 4-nitrophenyl ester；4-Nitrophenyl chlorocarbonate
性状 无色结晶。溶于水即分解。具有催泪性。mp 77～78℃；bp_{19} 159～162℃/2.533kPa。一般试剂含量≥97.0%（AT）。
注意事项 该品具有腐蚀性，能引起烧伤。对眼睛及呼吸系统有刺激性。使用时应穿适当的防护服，戴手套和防护镜或面罩。万一接触到眼睛，应立即用大量水冲洗后请医生诊治。使用时如有事故发生或有不适之感，应请医生诊治。应密封于2～8℃干燥保存。

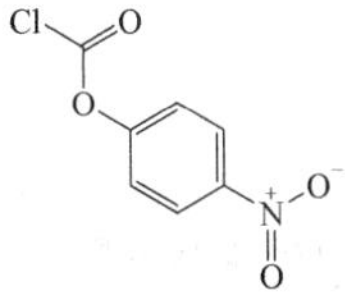

2-Nitro-1,4-phenylenediamine 2-硝基-1,4-苯二胺 07313
[5307-14-3] $C_6H_7N_3O_2$ 153.14
成分 C 47.06%，H 4.61%，N 27.44%，O 20.90%。
别名 1,4-二氨基-2-硝基苯；邻硝基对苯二胺；2-硝基对苯二胺；2-硝基-1,4-二氨基苯；1,4-Diamino-2-nitrobenzene；2-Nitro-1,4-diaminobenzene；2-Nitro-*p*-phenylenediamine
性状 白色粉末。不溶于水。mp 135～138℃。LD_{50}大鼠急性经口：3080mg/kg。一般试剂含量≥95.0%（NT）。
注意事项 该品可能致癌。可能损伤生育力，可能危害胎儿。对机体有不可逆损伤的可能性。使用时应穿适当的防护服和戴手套。接触皮肤后，应立即用大量肥皂泡沫冲洗。使用时如有事故发生或有不适之感，应请医生诊治。

3-Nitro-1,2-phenylenediamine 3-硝基-1,2-苯二胺 07314
[3694-52-8] $C_6H_7N_3O_2$ 153.14
成分 C 47.06%，H 4.61%，N 27.44%，O 20.90%。
别名 1,2-二氨基-3-硝基苯；3-硝基邻苯二胺；1,2-Diamino-3-nitrobenzene；3-Nitro-1,2-diaminobenzene；3-Nitro-*o*-phenylenediamine
性状 白色粉末。mp 157～159℃。一般试剂含量≥97.0%（HPLC）。
注意事项 该品对眼睛、呼吸系统及皮肤有刺激性。使用时应穿适当的防护服。万一接触到眼睛，应立即用大量水冲洗后请医生诊治。应充氩气密封保存。

4-Nitro-1,2-phenylenediamine 4-硝基-1,2-苯二胺 07315
[99-56-9] $C_6H_7N_3O_2$ 153.14
成分 C 47.06%，H 4.61%，N 27.44%，O 20.90%。
别名 1,2-二氨基-4-硝基苯；3,4-二氨基硝基苯；4-硝基-1,2-二氨基苯；4-硝基邻苯二胺；4-Nitro-*o*-phenylenediamine；1,2-Diamino-4-nitrobenzene；3,4-Diaminonitrobenzene；4-Nitro-1,2-benzenediamine；4-Nitro-1,2-diaminobenzene；NPO
M. I. 15，6710
性状 来自热水中的深红色针状结晶。溶于盐酸水溶液，略微溶于水。mp 201℃。LD_{50}大鼠急性经口：3720mg/kg；腹膜内注射：＞1600mg/kg。一般试剂含量≥97.0%（TLC）。
注意事项 该品口服有害。对眼睛、呼吸系统及皮肤有刺激性。接触皮肤能引起过敏。使用时应穿适当的防护服和戴手套。万一接触到眼睛，应立即用大量水冲洗后请医生诊治。应密封保存。
主要用途 检测 α-酮酸的试剂。

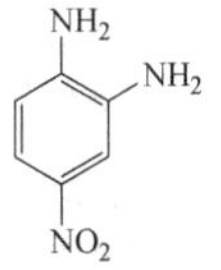

4-Nitrophenyl formate 甲酸 4-硝基苯酯 07316
[1865-01-6] $C_7H_5NO_4$ 167.12
成分 C 50.31%，H 3.02%，N 8.38%，O 38.29%。
性状 无色结晶或白色粉末。mp 71～74℃。一般试剂含量≥97.0%（HPLC）。
注意事项 该品对眼睛、呼吸系统及皮肤有刺激性。使用时应穿适当的防护服。使用时应避免吸入本品的蒸气，避免与眼睛及皮肤接触。应充氮气密封避光于2～8℃干燥保存。

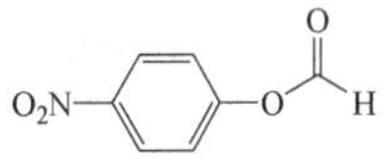

4-Nitrophenyl-α-L-fucopyranoside
4-硝基苯-α-L-岩藻吡喃糖苷 07317
[10231-84-2] $C_{12}H_{15}NO_7$ 285.25
成分 C 50.52%，H 5.30%，N 4.91%，O 39.26%。
别名 对硝基苯基-α-L-岩藻吡喃糖苷；*p*-Nitrophenyl-α-L-fucopyranoside
性状 无色结晶。在丙酮中溶解度为 4mg/mL，溶液应澄清无色。$[\alpha]_D^{20}$ −250°±5°（c＝0.4，于丙酮中）。生化试剂含量≥99.0%（TLC）。
注意事项 使用时应避免吸入本品的粉尘，避免与眼睛及皮肤接触。应充氩气密封于−20℃干燥保存。

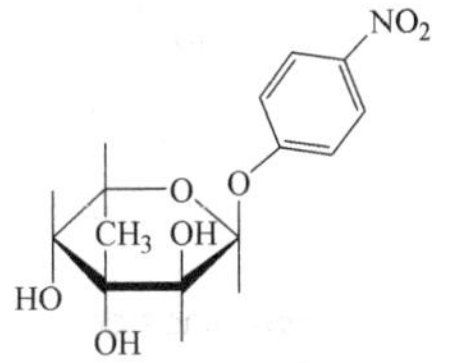

2-Nitrophenyl-β-D-galactopyranoside
2-硝基苯-β-D-吡喃半乳糖苷 07318
[369-07-3] $C_{12}H_{15}NO_8$ 301.25
成分 C 47.84%，H 5.02%，N 4.65%，O 42.49%。
别名 邻硝基苯-β-D-半乳糖苷；邻硝基苯-β-D-水解吡喃糖苷；Niphgal；*o*-Nitrophenyl-β-D-galactoside；ONPG
性状 无色针状结晶。溶于水、甲醇、乙醇。mp 185～

190℃（分解）；$[\alpha]_D^{20}$ −69°±1°（c=1，于水中）。生化试剂含量≥99.0%（HPLC）。

注意事项 使用时应避免吸入本品的粉尘，避免与眼睛及皮肤接触。应充氩气密封于2～8℃干燥保存。

主要用途 生化试剂。测定半乳糖苷酶的底物。

3-Nitrophenyl-α-D-galactopyranoside

3-硝基苯-α-D-吡喃半乳糖苷 07319

[52571-71-8] $C_{12}H_{15}NO_8$ 301.25

成分 C 47.84%，H 5.02%，N 4.65%，O 42.49%。

别名 间硝基苯-α-D-吡喃半乳糖苷；间硝基苯-α-D-半乳糖苷；*m*-Nitrophenyl-α-D-galactopyranoside

性状 无色结晶。生化试剂含量≥98.0%。

注意事项 该品对眼睛有刺激性。万一接触到眼睛，应立即用大量水冲洗后请医生诊治。应密封于−20℃干燥保存。

主要用途 测定半乳糖苷酶的底物。

2-Nitrophenyl-β-D-glucopyranoside

2-硝基苯-β-D-吡喃葡糖苷 07320

[2816-24-2] $C_{12}H_{15}NO_8$ 301.25

成分 C 47.84%，H 5.02%，N 4.65%，O 42.49%。

别名 2-硝基苯-β-D-葡糖苷；邻硝基苯-β-D-葡糖苷；*o*-Nitrophenyl-β-D-glucoside

性状 浅黄色粉末。$[\alpha]_D^{20}$ −105°±2°（c=2，于水中）。生化试剂含量≥99.0%（HPLC）。

注意事项 使用时应避免吸入本品的粉尘，避免与眼睛及皮肤接触。应充氩气密封于−20℃干燥保存。

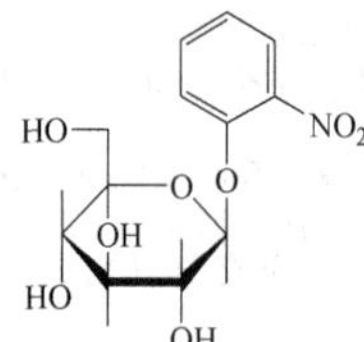

4-Nitrophenyl-α-D-glucopyranoside

4-硝基苯-α-D-吡喃葡糖苷 07321

[3767-28-0] $C_{12}H_{15}NO_8$ 301.25

成分 C 47.84%，H 5.02%，N 4.65%，O 42.49%。

别名 4-硝基苯-α-D-葡糖苷；对硝基苯-α-D-葡糖苷；*p*-Nitrophenyl-α-D-glucoside；PNPG

性状 白色结晶。mp 210～216℃；$[\alpha]_D^{20}$ +218°±5°（c=0.5，于水中）。生化试剂含量≥98.0%（HPLC）。

注意事项 该品应充氩气密封于2～8℃干燥保存。

4-Nitrophenyl-β-D-glucopyranoside

4-硝基苯-β-D-吡喃葡糖苷 07322

[2492-87-7] $C_{12}H_{15}NO_8$ 301.25

成分 C 47.84%，H 5.02%，N 4.65%，O 42.49%。

别名 对硝基苯-β-D-吡喃葡糖苷；对硝基苯-β-D-葡糖苷；*p*-Nitrophenyl-β-D-glucoside

性状 白色结晶性粉末。mp 166～167℃；$[\alpha]_D^{20}$ −106°±3°（c=1，于水中）。生化试剂含量≥99.0%（HPLC）。

注意事项 该品吸入或口服有害。对眼睛及皮肤有刺激性。使用时应避免与皮肤接触。使用时如有事故发生或有不适之感，应请医生诊治。应充氩气密封于2～8℃干燥保存。

4-Nitrophenyl-β-D-glucuronide

4-硝基苯-β-D-葡糖苷酸 07323

[10344-94-2] $C_{12}H_{13}NO_9$ 315.24

成分 C 45.73%，H 4.16%，N 4.44%，O 45.68%。

别名 对硝基苯-β-D-葡糖苷酸；*p*-Nitrophenyl-β-D-glucopyranosi-duronic acid；*p*-Nitrophenyl-β-D-glucuronide；4-Nitrophenyl-β-D-glucopyranosiduronic acid

性状 亮黄色结晶。溶于水，其溶液（0.1g/mL）呈微黄色。$[\alpha]_D^{20}$ −102°±3°（c=1，于乙醇中）。生化试剂含量≥99.0%（TLC）。

注意事项 使用时应避免吸入本品的粉尘，避免与眼睛及皮肤接触。应充氩气密封于−20℃干燥保存。

主要用途 生化研究。测定葡萄糖醛酸苷酶的底物。

4-Nitrophenyl 4-guanidinobenzoate hydrochloride

4-胍基苯甲酸 4-硝基苯酯 盐酸盐 07324

[19135-17-2] $C_{14}H_{13}ClN_4O_4$ 336.73

成分 C 49.94%，H 3.89%，Cl 10.53%，N 16.64%，O 19.00%。

别名 盐酸4-胍基苯甲酸4-硝基苯酯；NPGB；pNPGB；4-Guanidinbenzoicacid 4-nitrophhenyl ester hydrochloride

性状 浅绿黄色粉末。溶于水，微溶于甲醇，几乎不溶于氯仿。mp 241～243℃。一般试剂含量≥98.0%（TLC）。

注意事项 该品对眼睛有刺激性。万一接触到眼睛，应立即用大量水冲洗后请医生诊治。应充氩气密封避光于2～8℃保存。

2-Nitrophenylhydrazine **2-硝基苯肼** 07325

[3034-19-3] $C_6H_7N_3O_2$ 153.14

成分 C 47.06%，H 4.61%，N 27.44%，O 20.90%。

GW 2015-2246

性状 无色结晶或白色粉末。mp 91～92℃。一般试剂含量≥98.0%（HPLC）。

注意事项 该品高度易燃。受热能引起爆炸。吸入、口服或与皮肤接触有害。对眼睛、呼吸系统及皮肤有刺激性。使用时应穿适当的防护服和戴手套。万一接触到眼睛，应立即用大量水冲洗后请医生诊治。应远离热源密封避光于2～8℃保存。

4-Nitrophenylhydrazine **4-硝基苯肼** 07326

[100-16-3] $C_6H_7N_3O_2$ 153.14

成分 C 47.06%，H 4.61%，N 27.44%，O 20.90%。

别名 对硝基苯肼；(4-Nitrophenyl) hydrazine；*p*-Nitrophenylhydrazine

GW 2015-2247　　M. I. 15，6711

性状 橙红色小叶状或针状结晶。溶于热水、热苯、乙醇、氯仿、乙醚、乙酸乙酯，微溶于冷水。mp 约 157℃（分解）。一般试剂干燥含量≥97.0%（HPLC），并加入 30% 的水。

注意事项 该品受热能引起爆炸。高度易燃。口服有害。接触皮肤能引起过敏。对眼睛、呼吸系统及皮肤有刺激性。使用时应穿适当的防护服和戴手套。使用现场禁止吸烟。万一接触到眼睛，应立即用大量水冲洗后请医生诊治。应密封避光于阴凉处保存。

主要用途 检验脂肪醛、酮、糖类的试剂。

4-Nitrophenylhydrazine hydrochloride

4-硝基苯肼 盐酸盐　07327

[636-99-7]　$C_6H_8ClN_3O_2$　189.60

成分 C 38.01%，H 4.25%，Cl 18.70%，N 22.16%，O 16.88%。

别名 对硝基苯肼 盐酸盐；盐酸 4-硝基苯肼；盐酸对硝基苯肼；*p*-Nitrophenylhydrazinehydrochloride；4-Nitrophenylhytrazinium chloride

性状 无色结晶。微溶于水。mp 205～207℃。一般试剂含量≥98.0%（AT）。

注意事项 该品吸入、口服或与皮肤接触有害。对眼睛、呼吸系统及皮肤有刺激性。使用时应穿适当的防护服，戴手套和防护镜或面罩。万一接触到眼睛，应立即用大量水冲洗后请医生诊治。应充氩气密封避光保存。

主要用途 测定脂肪醛、酮及糖类。

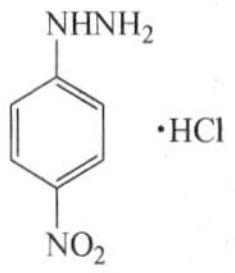

$NHNH_2$ ·HCl NO_2

4-Nitrophenyl isocyanate　异氰酸 4-硝基苯酯　07328

[100-28-7]　$C_7H_4N_2O_3$　164.12

成分 C 51.23%，H 2.46%，N 17.07%，O 29.25%。

别名 对硝基苯异氰酸酯；异氰酸对硝基苯酯；对硝基异氰酸苯酯；*p*-Nitrophenylcarbimide；4-Nitrophenyl *iso*-cyanate

GW 2015-2719

性状 亮黄色针状结晶。具有催泪性。受潮易分解。mp 58～59℃；bp_{11} 137～138℃/1.467kPa；Fp ＞230℉（110℃）。一般试剂含量≥97.0%（GC）。

注意事项 该品吸入、口服或接触皮肤时有害。对眼睛、呼吸系统及皮肤有刺激性。吸入可引起过敏。使用时应穿适当的防护服，戴手套和防护镜或面罩。使用时应避免吸入本品的粉尘。万一接触到眼睛，应立即用大量水冲洗后请医生诊治。使用时如有事故发生或有不适之感，应请医生诊治。应充氩气密封于 2～8℃干燥保存。

主要用途 试验醇类、氨基酸、伯胺、仲胺类的试剂。

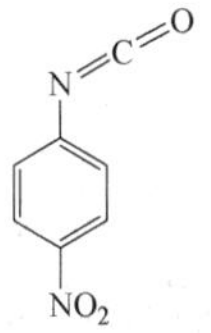

N=C=O　NO_2

4-Nitrophenyl isothiocyanate　异硫氰酸 4-硝基苯酯　07329

[2131-61-5]　$C_7H_4N_2O_2S$　180.18

成分 C 46.66%，H 2.24%，N 15.55%，O 17.76%，S 17.79%。

性状 白色粉末。易吸潮。mp 110～112℃；bp_{11} 137～138℃/1.476kPa。一般试剂含量≥98.0%（GC）。

注意事项 该品吸入、口服或与皮肤接触有害。对眼睛、呼吸系统及皮肤有刺激性。吸入能引起过敏。使用时应穿适当的防护服。使用时避免吸入本品的粉尘。万一接触到眼睛，应立即用大量水冲洗后请医生诊治。应充氩气密封干燥保存。

4-Nitrophenyl-α-D-mannopyranoside

4-硝基苯-α-D-吡喃甘露糖苷　07330

[10357-27-4]　$C_{12}H_{15}NO_8$　301.25

成分 C 47.84%，H 5.02%，N 4.65%，O 42.49%。

别名 对硝基苯-α-D-吡喃甘露糖苷；*p*-Nitrophenyl-α-D-mannopyranoside

性状 无色结晶。溶于水、二甲基甲酰胺。生化试剂含量≥99.0%（TLC）。

注意事项 使用时应避免吸入本品的粉尘，避免与眼睛及皮肤接触。应充氩气密封于 2～8℃保存。

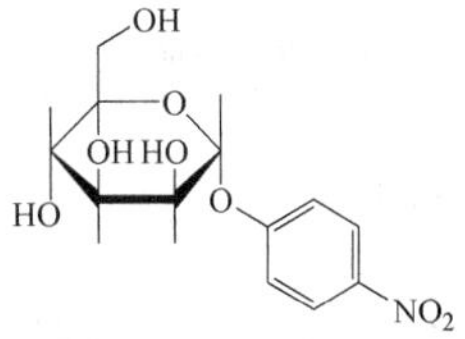

OH O OH HO HO O NO_2

4-Nitrophenyl myristate　十四酸 4-硝基苯酯　07331

[14617-85-7]　$C_{20}H_{31}NO_4$　349.47

成分 C 68.74%，H 8.94%，N 4.01%，O 18.31%。

别名 肉豆蔻酸 4-硝基苯酯；4-Nitrophenyl tetradecanoate

性状 白色粉末。生化试剂含量≥95.0%（HPLC）。

注意事项 该品对皮肤有刺激性。使用时应避免吸入本品的粉尘，避免与眼睛及皮肤接触。应密封于－20℃保存。

主要用途 生化研究。

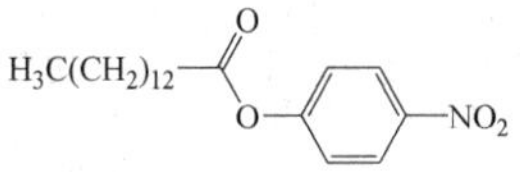

$H_3C(CH_2)_{12}$ O O NO_2

4-Nitrophenyl palmitate　十六酸 4-硝基苯酯　07332

[1492-30-4]　$C_{22}H_{35}NO_4$　377.52

成分 C 69.99%，H 9.34%，N 3.71%，O 16.95%。

别名 棕榈酸 4-硝基苯酯；十六酸对硝基苯酯；Hexadecanoic acid 4-nitrophenyl ester；4-Nitrophenyl tetradecanoate

性状 白色粉末。mp 约 60℃。生化试剂含量≥98.0%（GC）。

注意事项 使用时应避免吸入本品的粉尘，避免与眼睛及皮肤接触。

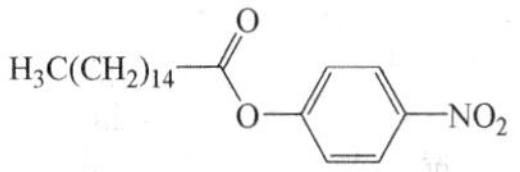

$H_3C(CH_2)_{14}$ O O NO_2

4-Nitrophenyl phosphate disodium salt

磷酸 4-硝基苯酯二钠盐　07333

[4264-83-9]　$C_6H_4NNa_2O_6P$　263.05

成分 C 27.40%，H 1.53%，N 5.32%，Na 17.48%，O 36.49%，P 11.77%。

别名 对硝基苯磷酸二钠盐；4-硝基苯磷酸二钠盐；磷酸对硝基苯酯二钠盐；4-Nitrophenyl phosphate Na_2 salt；Phosphoric acid (*p*-nitrophenyl ester) disodium salt；*p*-Nitrophenyl disodium orthophosphate；4-NPP；PNPP

性状 淡黄色结晶，有各种水合物。溶于水，在 25℃以上不稳定，其溶液缓慢分解。生化试剂含量≥99.0%（TLC）。

注意事项 该品应充氩气密封于2～8℃干燥保存。

主要用途 测定碱性、酸性磷酸酶的底物。

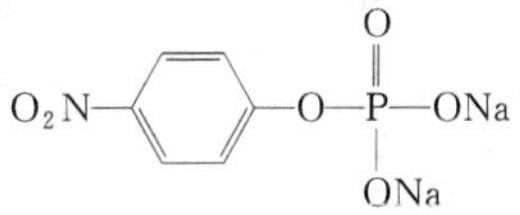

O_2N—C₆H₄—O—P(=O)(ONa)—ONa

o-Nitrophenylpropiolic acid　邻硝基苯丙酸　07334

[530-85-8]　$C_9H_5NO_4$　191.14

成分 C 56.55%，H 2.64%，N 7.33%，O 33.48%。

别名 3-(2-硝基苯基)-2-丙炔酸；3-(2Nitrophenyl)-2-propynoic acid

M. I. 15，6712

性状 浅黄至亮棕色鳞状体或结晶。中等程度溶于冷水，较多地溶于热水、乙醇，极微溶于氯仿，几乎不溶于二硫化碳、石油醚。mp 约 157℃（分解并可能爆炸）。

主要用途 生物碱及葡萄糖的试剂。

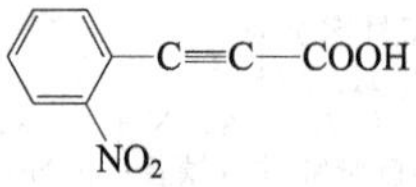

4-Nitrophenyl stearate 硬脂酸 4-硝基苯酯 07335

[14617-86-8] $C_{24}H_{39}NO_4$ 405.58

成分 C 71.07%，H 9.69%，N 3.45%，O 15.78%。

别名 十八酸 4-硝基苯酯；4-Nitrophenyl octadecanoate

性状 无色结晶白色粉末。mp 68～72℃。生化试剂含量≥97.0%（HPLC）。

注意事项 使用时应避免吸入本品的粉尘，避免与眼睛及皮肤接触。应充氩气密封于 2～8℃干燥保存。

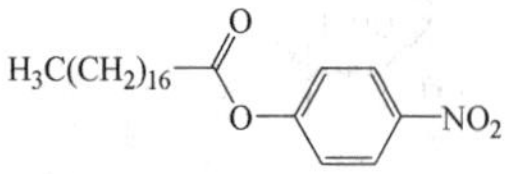

2-Nitrophenylsulfenyl chloride 2-硝基苯亚磺酰氯 07336

[7669-54-7] $C_6H_4ClNO_2S$ 189.62

成分 C 38.01%，H 2.13%，Cl 18.70%，N 7.39%，O 16.87%，S 16.91%。

别名 邻硝基苯亚磺酰氯；氯化 2-硝基苯基亚磺酰；2-Nitrobenzenesulfenyl chloride

性状 无色或白色粉末固体。mp 73～75℃。一般试剂含量≥98.0%。

注意事项 该品与水反应激烈。具有腐蚀性，能引起烧伤。对呼吸系统有刺激性。使用时应穿适当的防护服，戴手套和防护镜或面罩。使用时禁止饮食。切勿向该品中加水。万一接触到眼睛，应立即用大量水冲洗后请医生诊治。使用时如有事故发生或有不适之感，应请医生诊治。应充氮气密封避光于 2～8℃干燥保存。其包装物应按危险品处理。

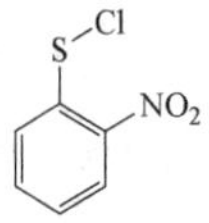

3-Nitrophthalic acid 3-硝基苯二甲酸 07337

[603-11-2] $C_8H_5NO_6$ 211.13

成分 C 45.51%，H 2.39%，N 6.63%，O 45.47%。

别名 间硝基邻苯二甲酸；3-硝基酞酸；3-硝基苯-1,2-二羧酸；3-Nitrobenzene-1,2-dicarboxylic acid

性状 黄色单斜结晶。易溶于乙醇，微溶于水、乙醚。mp 210℃（分解）。一般试剂含量≥96.0%（HPLC）。

注意事项 该品对眼睛、呼吸系统及皮肤有刺激性。对眼睛有严重损伤的危险。使用时应穿适当的防护服，戴防护镜或面罩。万一接触到眼睛，应立即用大量水冲洗后请医生诊治。应密封保存。

主要用途 有机合成。

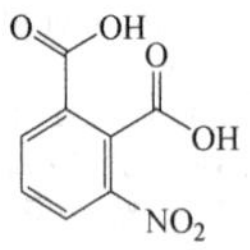

4-Nitrophthalic acid 4-硝基苯二甲酸 07338

[610-27-5] $C_8H_5NO_6$ 211.13

成分 C 45.51%，H 2.39%，N 6.63%，O 45.47%。

别名 4-硝基酞酸；对硝基邻苯二甲酸；4-硝基苯-1,2-二羧酸；4-Nitrobenzene-1,2-dicarobxylic acid

性状 黄色针状结晶。溶于水、乙醚、热乙酸。mp 160～165℃。一般试剂含量≥97.0%。

注意事项 该品对眼睛、呼吸系统及皮肤有刺激性。使用时应穿适当的防护服和戴手套。万一接触到眼睛，应立即用大量水冲洗后请医生诊治。应密封保存。

主要用途 有机合成。

3-Nitrophthalic anhydride 3-硝基苯二甲酸酐 07339

[641-70-3] $C_8H_3NO_5$ 193.12

成分 C 49.76%，H 1.57%，N 7.25%，O 41.42%。

别名 3-硝基辟瘟脑酸酐；3-硝基酞酐

性状 白色粉末。易溶于热乙醇、丙酮、热乙酸，微溶于苯。mp 162～165℃。一般试剂含量≥96.0%（NT）。

注意事项 该品对眼睛、呼吸系统及皮肤有刺激性。使用时应穿适当的防护服。万一接触到眼睛，应立即用大量水冲洗后请医生诊治。应充氩气密封于干燥处保存。

主要用途 测定醇类的试剂。

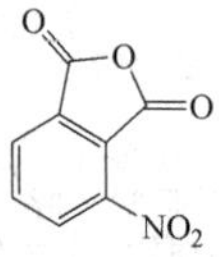

3-Nitrophthalonitrile 3-硝基邻苯二甲腈 07340

[51762-67-5] $C_8H_3N_3O_2$ 173.13

成分 C 55.50%，H 1.75%，N 24.27%，O 18.48%。

别名 3-硝基苯二甲腈

性状 无色结晶或白色粉末。mp 162～165℃。一般试剂含量≥99.0%。

注意事项 该品口服有害。对眼睛、呼吸系统及皮肤有刺激性。使用时应穿适当的防护服。万一接触到眼睛，应立即用大量水冲洗后请医生诊治。使用时如有事故发生或有不适之感，应请医生诊治。

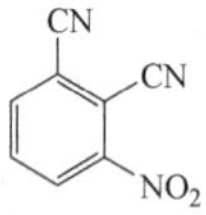

4-Nitrophthalonitrile 4-硝基邻苯二甲腈 07341

[31643-49-9] $C_8H_3N_3O_2$ 173.13

成分 C 55.50%，H 1.75%，N 24.27%，O 18.48%。

别名 4-硝基苯二甲腈

性状 白色粉末。mp 141～143℃。一般试剂含量≥99.0%（HPLC）。

注意事项 该品口服有害。对眼睛、呼吸系统及皮肤有刺激性。使用时应穿适当的防护服。万一接触到眼睛，应立即用大量水冲洗后请医生诊治。使用时如有事故发生或有不适之感，应请医生诊治。

1-Nitropropane 1-硝基丙烷 07342

[108-03-2] $C_3H_7NO_2$ 89.09

成分 C 40.45%，H 7.92%，N 15.72%，O 35.92%。

GW 2015-2255 M.I.15，6714

性状 无色至微黄色液体。能与乙醇、乙醚、苯、三氯甲烷等多数有机溶剂相混溶，微溶于水（1.4mL/100mL）。mp －108℃；bp_{760} 131.6℃/101.32kPa；bp_{728} 130℃/97.6kPa；bp_{401} 110℃/53.46kPa；bp_{94} 70℃/12.53kPa；$bp_{7.5}$ 20℃/1kPa；bp_4 10℃/533.29kPa；Fp 93℉（34℃）；d_4^{25} 0.9934；n_D^{20} 1.4018。一般试剂含量≥98.0%（GC）。

注意事项 该品易燃。吸入、口服或与皮肤接触有害。应充氮气密封于通风良好处保存。

主要用途 有机合成。树脂、蜡类、染料、脂肪等的溶剂。

2-Nitropropane 2-硝基丙烷 07343

[79-46-9] $C_3H_7NO_2$ 89.09

成分 C 40.45%，H 7.92%，N 15.72%，O 35.92%。

别名 第二硝基丙烷；β-Nitropropane；*sec*-Nitro propane

GW 2015-2256 M.I.15，6715

性状 无色油状液体。能与乙醇、乙醚等多数有机溶剂相混溶，微溶于水（1.7mL/100mL）。mp －93℃；bp_{760} 120.3℃/101.32kPa；bp_{564} 110℃/72.79kPa；bp_{300} 90℃/40kPa；bp_{95} 60℃/12.67kPa；bp_7 10℃/933.25kPa；Fp 75℉（24℃）；d_4^{25} 0.9821；n_D^{20} 1.3944。一般试剂含量≥96.0%（GC）。

注意事项 该品易燃。吸入或口服有害，能致癌。使用前应得到专门的指导，避免曝露。使用时如有事故发生或有不适之感，应请医生诊治。

主要用途 有机合成。溶剂。

2-Nitro-1-propanol 2-硝基-1-丙醇 07344

[2902-96-7] $C_3H_7NO_3$ 105.09

成分 C 34.29%，H 6.71%，N 13.33%，O 45.67%。

性状 无色液体。bp_{10} 99℃/1.333kPa；Fp 213.8℉（101℃）；d_4^{20} 1.194；n_D^{20} 1.440。一般试剂含量≥97.0%

(GC)。

注意事项 使用时应避免吸入本品的蒸气，避免与眼睛及皮肤接触。应密封于 2～8℃保存。

3-Nitropropionic acid 3-硝基丙酸 07345

[504-88-1] $C_3H_5NO_4$ 119.08

成分 C 30.26%，H 4.23%，N 11.76%，O 53.74%。

性状 无色结晶或白色粉末。溶于水。mp 约 60℃。一般试剂含量≥96.0%（T）。

注意事项 该品口服有毒。对眼睛、呼吸系统及皮肤有刺激性。使用时应穿适当的防护服，戴手套和防护镜或面罩。万一接触到眼睛，应立即用大量水冲洗后请医生诊治。使用时如有事故发生或有不适之感，应请医生诊治。应密封于 2～8℃保存。

5-Nitro-2-propoxyaniline 5-硝基-2-丙氧基苯胺 07346

[553-79-7] $C_9H_{12}N_2O_3$ 196.21

成分 C 55.09%，H 6.16%，N 14.28%，O 24.46%。

别名 5-Nitro-2-propoxybenzenamine；2-Amino-4-nitro-1-propoxybenzene；1-Propoxy-2-amino-4-nitrobenzene；P-4000；Ultrasüss

M. I. 15，6716

性状 来自正丙醇＋石油醚中的橙色结晶。于沸水、稀酸中稳定。溶于水（20℃，136mg/L）。mp 47.5～48.5℃。

NH_2 O CH_3 O_2N

4-Nitropyridine-1-oxide 1-氧化 4-硝基吡啶 07347

[1124-33-0] $C_5H_4N_2O_3$ 140.10

成分 C 42.87%，H 2.88%，N 20.00%，O 34.26%。

别名 *N*-氧化 4-硝基吡啶；4-Nitropyridine *N*-oxide

性状 白色粉末。mp 160～162℃。LD_{50} 大鼠急性经口：107mg/kg。一般试剂含量≥97.0%。

注意事项 该品口服有毒。对眼睛、呼吸系统及皮肤有刺激性。对机体有不可逆损伤的可能性。使用时应穿适当的防护服和戴手套。万一接触到眼睛，应立即用大量水冲洗后请医生诊治 。使用时如有事故发生或有不适之感，应请医生诊治。其包装物应按危险品处理。

6-Nitroquinoline 6-硝基喹啉 07348

[613-50-3] $C_9H_6N_2O_2$ 174.16

成分 C 62.07%，H 3.47%，N 16.09%，O 18.37%。

别名 6-硝基氮杂萘

性状 无色针状或片状结晶。易溶于苯、稀酸，溶于乙醇、热水，难溶于乙醚、石油英。mp 151～153℃。一般试剂含量≥98.0%。

注意事项 该品对机体有不可逆损伤的可能性。使用时应穿适当的防护服和戴手套。应密封避光保存。

主要用途 检验钯的试剂。

8-Nitroquinoline 8-硝基喹啉 07349

[607-35-2] $C_9H_6N_2O_2$ 174.16

成分 C 62.07%，H 3.47%，N 16.08%，O 18.37%。

别名 8-硝基氮杂萘；*o*-Nitroquinoline

性状 无色至微黄色晶体。溶于乙醇、乙醚、苯、氯仿，微溶于水。mp 86～90℃。一般试剂含量≥98.0%。

注意事项 该品对眼睛、呼吸系统及皮肤有刺激性。可能致癌。对机体有不可逆损伤的可能性。使用时应穿适当的防护服和戴手套。万一接触到眼睛，应立即用大量水冲洗后请医生诊治。应密封避光保存。

主要用途 测定铋的试剂。有机合成。制药工业。

NO_2 N

4-Nitroquinoline *N*-oxide *N*-氧化-4-硝基喹啉 07350

[56-57-5] $C_9H_6N_2O_3$ 190.16

成分 C 56.85%，H 3.18%，N 14.73%，O 25.24%。

别名 1-氧化-4-硝基喹啉；*N*-氧化-γ-硝基喹啉 4-硝基-1-氧化喹啉；4-Nitroquinoline 1-oxide；γ-Nitroquinoline *N*-oxide；4-NQNO

性状 淡黄棕色片状或针状结晶。mp 155～157℃。生化试剂含量≥97.0%（HPLC）。

注意事项 该品能致癌。使用前应得到专门的指导，避免曝露。使用时如有事故发生或有不适之感，应请医生诊治。应密封保存。

主要用途 生化研究。癌症研究。

NO_2 N^+ O^-

3-Nitrosalicylic acid 3-硝基水杨酸 07351

[85-38-1] $C_7H_5NO_5$ 183.12

成分 C 45.91%，H 2.75%，N 7.65%，O 43.68%。

别名 2-羟基-3-硝基苯甲酸；2-Hydroxy-3-nitrobenzoic acid

M. I. 15，6717

性状 浅黄色结晶。易溶于乙醇、乙醚、苯、三氯甲烷，微溶于水。mp 148℃。LD_{50}大鼠急性经口：500mg/kg。

注意事项 该品对眼睛、呼吸系统及皮肤有刺激性。使用时应穿适当的防护服。万一接触到眼睛，应立即用大量水冲洗后请医生诊治。应密封保存。

主要用途 偶氮染料中间体有机合成。

COOH OH NO_2

5-Nitrosalicylic acid 5-硝基水杨酸 07352

[96-97-9] $C_7H_5NO_5$ 183.12

成分 C 45.91%，H 2.75%，N 7.65%，O 43.68%。

别名 2-羟基-5-硝基苯甲酸；2-Hydroxy-5-nitrobenzoic acid；Anilotic acid

M. I. 15，6718

性状 浅黄色结晶或结晶性粉末。易溶于乙醇、乙醚，较多地溶于热水，微溶于冷水（1g 溶于 1475mL 水）。mp 228～230℃；*d* 1.65。一般试剂含量≥98.0%（T）。

注意事项 该品对眼睛、呼吸系统及皮肤有刺激性。使用时应穿适当的防护服。应避免吸入本品的粉尘，避免与眼睛及皮肤接触。万一接触到眼睛，应立即用大量水冲洗后请医生诊治。应密封保存。

主要用途 偶氮染料中间体。制药工业。有机合成。

Nitroscanate 4-硝基-4′-异硫氰基二苯醚 07353

[19881-18-6] $C_{13}H_8N_2O_3S$ 272.28

成分 C 57.35%，H 2.96%，N 10.29%，O 17.63%，S 11.77%。

别名 硝异硫氰二苯醚；硝硫氰酯；硝硫氰醚；1-Isothiocyanato-4-(4-nitrophenoxy)benzene；Isothiocyanic acid *p*-(*p*-nitrophenoxy) phenyl ester；*p*-(*p*-Nitrophenoxy) phenyl isothiocyanate；1-(4-Isothiocyanatophenoxy)-4-nitrobenzene；4-Nitro-4′-isothiocyanodiphenyl ether；Cantrodifene (obsolete)；CGA-23654；GS-23654；Lopatol；Skanitrol

M. I. 15，6719

性状 无色结晶。溶于有机溶剂，不溶于水。mp 107～113℃，或 124～125℃。

主要用途 兽用驱肠虫剂。

O S=C=N NO_2

3-Nitrosobenzamide 3-亚硝基苯甲酰胺 07354

[144189-66-2] $C_7H_6N_2O_2$ 150.14

成分 C 56.00%，H 4.03%，N 18.66%，O 21.31%。

别名 NOBA

M. I. 15，6720

性状 浅黄色固体。约 135℃色变深，150～160℃变软并聚合。其溶液呈深绿色。mp 240～250℃（分解）；uv/vis max（无水乙醇，乙醇中）：218nm，304nm，750nm（ε

1.5×10⁴，5.35×10³，37.6）。一般试剂含量≥98.0%。

注意事项 该品具有强腐蚀性，能引起严重烧伤。使用时应穿适当的防护服，戴手套和防护镜或面罩。万一接触到眼睛，应立即用大量水冲洗后请医生诊治。使用时如有事故发生或有不适之感，应请医生诊治。应密封于2～8℃保存。

主要用途 生化研究。

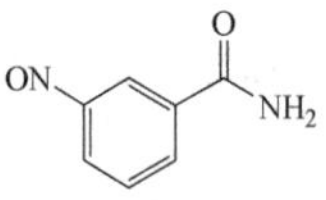

Nitrosobenzene 亚硝基苯 07355

[586-96-9] C_6H_5NO 107.11

成分 C 67.28%，H 4.71%，N 13.08%，O 14.94%。

性状 无色结晶。对空气敏感。mp 65～69℃；bp_{18} 59℃/2.4kPa。一般试剂含量≥98.0%（GC）。

注意事项 该品口服有毒。吸入或与皮肤接触有害。使用时应穿适当的防护服和戴手套。万一接触到眼睛，应立即用大量水冲洗后请医生诊治。使用时如有事故发生或有不适之感，应请医生诊治。应充氮气密封于2～8℃保存。

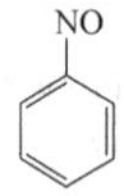

N-Nitrosodiethanolamine *N*-亚硝基二乙醇胺 07356

[1116-54-7] $C_4H_{10}N_2O_3$ 134.14

成分 C 35.82%，H 7.51%，N 20.88%，O 35.78%。

别名 2,2′-(Nitrosoimino)bisethanol；2,2′-Nitrosiminodiethanol；Di(2-hydroxyethyl)nitrosamine；NDELA

M.I.15，6722

性状 亮黄色油状液体。$bp_{0.01}$ 125℃/1.3Pa；n_D^{20} 1.4849。

注意事项 该品能致癌。使用前应得到专门的指导，避免曝露。使用时如有事故发生或有不适之感，应请医生诊治。应密封于2～8℃保存。

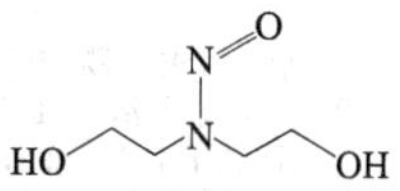

N-Nitrosodiethylamine *N*-亚硝基二乙胺 07357

[55-18-5] $C_4H_{10}N_2O$ 102.14

成分 C 47.04%，H 9.87%，N 27.43%，O 15.66%。

别名 *N*-乙基-*N*-亚硝基乙胺；*N*-二乙基亚硝胺；DEN；DENA；Diethylnitrosamine；*N*-Ethyl-*N*-nitrosoethanamine；NDEA

M.I.15，6723

性状 微黄色透明液体。溶于水、乙醇、乙醚。bp 175～177℃；bp_5 47℃/666.6Pa；d_4^{20} 0.9422；n_D^{20} 1.4388，一般试剂含量≥99.0%（GC）。

注意事项 该品口服有害。能致癌。使用前应得到专门的指导，避免曝露。使用时应穿适当的防护服，戴手套和防护镜或面罩。使用时如有事故发生或有不适之感，应请医生诊治。应密封保存。

N-Nitrosodimethylamine *N*-亚硝基二甲胺 07358

[62-75-9] $C_2H_6N_2O$ 74.08

成分 C 32.43%，H 8.16%，N 37.82%，O 21.60%。

别名 二甲基亚硝胺；Dimethylnitrosamine；DMN；DNMA；*N*-Methyl-*N*-nitrosomethanamine；NDMA

GW 2015-2485 M.I.15，6724

性状 黄色液体。易溶于水、乙醇、乙醚。bp 151～153℃；bp_{40} 67.1℃/5.333kPa；Fp 142℉（61℃）；d_4^{20} 1.0048；n_D^{20} 1.4368。LD_{50}大鼠腹膜内注射：34mg/kg。

注意事项 该品口服有毒。吸入极毒。能致癌。长期接触皮肤或口服能损害损伤健康。对水生物有毒。能对水环境引起长期不良的影响。使用前应得到专门的指导，避免曝露。使用时如有事故发生或有不适之感，应请医生诊治。应防止将本品释放于环境中。应密封避光于2～8℃保存。

主要用途 诱变剂。有机合成。

4-Nitroso-*N*,*N*-dimethylaniline 4-亚硝基-*N*,*N*-二甲基苯胺 07359

[138-89-6] $C_8H_{10}N_2O$ 150.18

成分 C 63.98%，H 6.71%，N 18.65%，O 10.65%。

别名 *N*,*N*-二甲基对亚硝基苯胺；*N*,*N*-二甲基-4-亚硝基苯胺；对亚硝基-*N*,*N*-二甲基苯胺；Accelerine；*N*,*N*-Dimethyl-4nitrosobenzennamine；*N*,*N*-Dimethyl-4-nitrosoaniline；*p*-Nitrosodimethylaniline

GW 2015-2481 M.I.15，6725

性状 绿色片状或小叶状结晶。溶于乙醇、乙醚，不溶于水。能随水蒸气挥发。mp 87～88℃。一般试剂含量≥95.0%（TLC）。

注意事项 该品高度易燃。吸入、口服或与皮肤接触有害，并有蓄积性危害。使用时应穿适当的防护服，戴手套和防护镜或面罩。使用现场禁止吸烟。万一接触到眼睛，应立即用大量水冲洗后请医生诊治。使用时如有事故发生或有不适之感，应请医生诊治。应远离火种，充氮气密封避光于阴凉处保存。

主要用途 测定氯化氢、高氯酸、钯，分光度测定铱、钯、铂、铑。亚甲基蓝等有机化合物的制造。硫化促进剂。硬化剂。

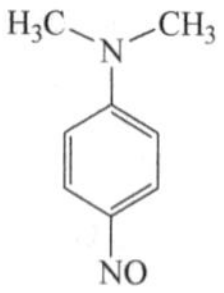

4-Nitrosodiphenylamine 4-亚硝基二苯胺 07360

[156-10-5] $C_{12}H_{10}N_2O$ 198.23

成分 C 72.71%，H 5.09%，N 14.13%，O 8.07%。

别名 对亚硝基二苯胺；4-Nitroso-*N*-phenylbenzenamine；*p*-Nitrosodiphenylamine

M.I.15,6726

性状 浅灰色、钢蓝色片状结晶。易溶于乙醇、乙醚、氯仿、苯，微溶于水、石油醚。溶于硫酸呈红色，加热会突然变紫。mp 144～145℃。

注意事项 该品有毒。能致癌。

主要用途 检验钙的试剂。硬化橡胶的催化剂。

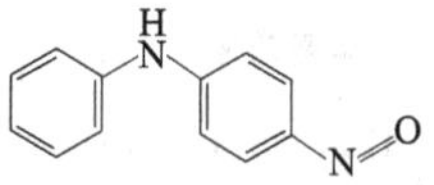

N-Nitrosodiphenylamine *N*-亚硝基二苯胺 07361

[86-30-6] $C_{12}H_{10}N_2O$ 198.22

成分 C 72.71%，H 5.08%，N 14.13%，O 8.07%。

别名 防焦剂；二苯亚硝胺；*N*-亚硝基-*N*-苯基苯胺；Diphenylnitrosamine；NDPHA；Nitrousdiphenylamide；*N*-Nitroso-*N*-phenylaniline

GW 2015-2484

性状 浅黄色结晶性粉末。易溶于热乙醇、甲醇、热乙酸、石油醚，微溶于苯。mp 65～66℃。一般试剂含量≥97.0%（N）。

注意事项 该品口服有害。

主要用途 合成橡胶用的硫化阻滞剂。消毒剂、杀虫剂、防焦剂。

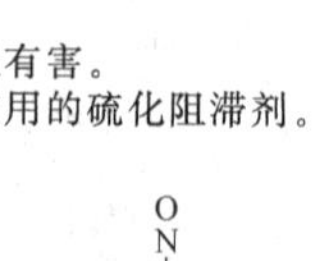

N-Nitroso-*N*-ethylurea *N*-亚硝基-*N*-乙基脲 07362

[759-73-9] $C_3H_7N_3O_2$ 117.11

成分 C 30.77%，H 6.03%，N 35.88%，O 27.32%。

别名 1-乙基-1-亚硝基脲；1-Ethyl-1-nitrosourea；*N*-Ethyl-*N*-

nitrosourea；NEU(A)
M. I. 15，3887
性状 浅米黄色六方形片状结晶或结晶性粉末。微溶于乙醚、丙酮、苯，不溶于冷水。mp 103～104℃。LD_{50}大鼠静脉注射：240mg/kg。
注意事项 该品吸入、口服或与皮肤接触有害。能危害胎儿，能引起遗传基因的损伤。能致癌。使用前应得到专门的指导，避免曝露。使用时应穿适当的防护服，戴手套和防护镜或面罩。使用时应避免吸入本品的粉尘。使用时如有事故发生或有不适之感，应请医生诊治。应密封于－20℃保存。
主要用途 用于化学诱变。植物育种等。

N-Nitroso-*N*-methylurea *N*-亚硝基-*N*-甲基脲 07363

[684-93-5] $C_2H_5N_3O_2$ 103.08
成分 C 23.30%，H 4.89%，N 40.76%，O 31.04%。
别名 1-甲基-1-亚硝基脲；1-亚硝基-1-甲基脲；1-Methyl-1-nitrosourea；MNU；1-Nitroso-1-methylurea；NMUA
性状 无色结晶。
注意事项 该品高度易燃。口服有毒。能引起遗传基因的损伤。能危害胎儿。能致癌。使用前应得到专门的指导，避免曝露。使用时应穿适当的防护服，戴手套和防护镜或面罩。使用现场禁止吸烟。使用时如有事故发生或有不适之感，应请医生诊治。应密封于 2～8℃保存。

N-Nitrosomorpholine *N*-亚硝基吗啉 07364

[59-89-2] $C_4H_8N_2O_2$ 116.12
成分 C 41.37%，H 6.94%，N 24.13%，O 27.56%。
别名 4-亚硝基吗啉；*N*-亚硝基吗啡啉；4-Nitrosomorpholine；NMOR
M. I. 15，6727
性状 黄色结晶。高温为液体。溶于水。mp 29℃；bp_{747} 224～224.5℃/99.592kPa。bp_{25} 139～140℃/3.333kPa。LD_{50}大鼠急性经口：282mg/kg。
注意事项 该品口服有害。可能致癌。使用时应穿适当的防护服和戴手套。

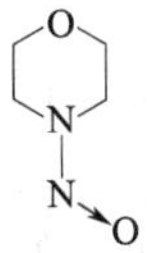

1-Nitroso-2-naphthol 1-亚硝基-2-萘酚 07365

[131-91-9] $C_{10}H_7NO_2$ 173.17
成分 C 69.36%，H 4.07%，N 8.09%，O 18.48%。
别名 α-亚硝基-β-萘酚；钴试剂；1，2-Naphthoquinone-1-oxime；1-Nitroso-2-naphthalenol；α-Nitroso-β-naphthol
M. I. 15，6728 C. I. 10005
性状 来自石油醚中的棕黄色针状结晶或粉末。溶于 1000 份水、35 份冷乙醇。溶于热乙醇、乙醚、苯、二硫化碳、冰乙酸、苛性碱溶液，微溶于冷石油醚。mp 109～110℃。一般试剂含量≥98.5%（NT）。
注意事项 该品口服有害。对眼睛、呼吸系统及皮肤有刺激性。对机体有不可逆损伤的可能性。使用时应穿适当的防护服和戴手套。万一接触到眼睛，应立即用大量水冲洗后请医生诊治。应密封避光保存。
主要用途 测定钴、铂、铜、铁的试剂。有机合成。

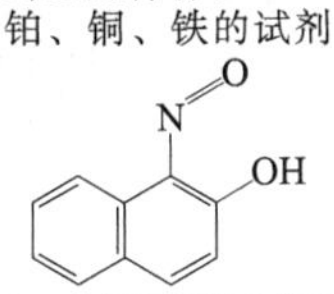

2-Nitroso-1-naphthol 2-亚硝基-1-萘酚 07366

[132-53-6] $C_{10}H_7NO_2$ 173.17
成分 C 69.36%，H 4.07%，N 8.09%，O 18.48%。
别名 β-亚硝基-α-萘酚；1，2-Naphthoquinone-2-oxime；β-Nitroso-α-naphthol
C. I. 10010
性状 黄色或黄绿色针状结晶或粉末。易溶于乙醇、乙酸、丙酮，微溶于乙醚，不溶于水。mp 150～155℃（分解）。一般试剂含量 97.5%～101.0%。
注意事项 该品对眼睛、呼吸系统及皮肤有刺激性。可能致癌。使用时应戴适当的手套。万一接触到眼睛，应立即用大量水冲洗后请医生诊治。
主要用途 检定钴、钯、铜、锆等的试剂。

2-Nitroso-1-naphthol-4-sulfonic acid tetrahydrate 2-亚硝基-1-萘酚-4-磺酸 四水 07367

[3682-32-4][624725-88-8] $C_{10}H_7NO_5S \cdot 4H_2O$ 325.30
成分（以无水物计） C 47.43%，H 2.79%，N 5.53%，O 31.59%，S 12.66%。
别名 四水合 2-亚硝基-1-萘酚-4-磺酸；4-羟基-3-亚硝基萘-1-磺酸四水；4-Hydroxy-3-nitrosonaphthalene-1-sulfonic acid tetrahydrate
性状 棕黄色结晶。115℃时失水成红色无水物。易溶于水、乙醇，溶液十分稳定。mp 140～145℃（分解）。一般试剂含量≥99.0%（TLC）。
注意事项 该品对眼睛、呼吸系统及皮肤有刺激性。使用时应戴适当的手套。万一接触到眼睛，应立即用大量水冲洗后请医生诊治。应密封保存。
主要用途 测定钴、铂、铁的试剂。

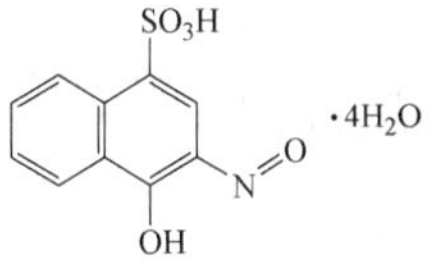

4-Nitrosophenol 4-亚硝基酚 07368

[104-91-6] $C_6H_5NO_2$ 123.11
成分 C 58.54%，H 4.09%，N 11.38%，O 25.99%。
别名 对亚硝基苯酚；对苯醌肟；*p*-Benzoquinone monoxime；Quinone monoxime；Quinone oxime
GW 2015-2483 M. I. 15，6729
性状 浅黄色正交针状结晶。溶于乙醇、乙醚、丙酮，中等程度溶于水。124℃时转变成棕色，144℃分解。
注意事项 该品口服或与皮肤接触有害。对机体有不可逆损伤的可能性。对眼睛有严重损伤的危险。使用时应避免与眼睛及皮肤接触。万一接触到眼睛，应立即用大量水冲洗后请医生诊治。应远离热源密封于 30℃以下保存。
主要用途 有机合成。染料制备。

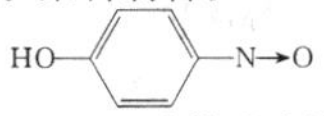

N-Nitrosopyrrolidine *N*-亚硝基吡咯烷 07369

[930-55-2] $C_4H_8N_2O$ 100.12
成分 C 47.99%，H 8.05%，N 27.98%，O 15.98%。
别名 1-亚硝基吡咯烷；1-Nitrosopyrrolidine；NPYR；NO-PYR
M. I. 15，6730
性状 黄色液体。溶于水。bp 214℃；bp_{20} 104～106℃/2.666kPa；Fp 182℉(83℃)；d_4^{20} 1.085；n_D^{20} 1.4900。LD_{50}大鼠急性经口：900mg/kg。一般试剂含量≥99.0%。
注意事项 该品可能致癌。应密封于阴凉处保存。

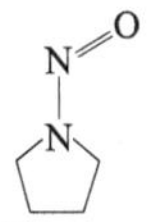

Nitroso R salt 亚硝基红盐 07370

[525-05-3] $C_{10}H_5NNa_2O_8S_2$ 377.25
成分 C 31.84%，H 1.34%，N 3.71%，Na 12.19%，O 33.93%，S 17.00%。
别名 亚硝基 R 盐；1-亚硝基-2-萘酚-3，6-二磺酸二钠盐；3-羟基-4-亚硝基-2，7-萘二磺酸二钠盐；3-Hydroxy-4-nitroso-2，7-naphthalenedisulfonic acid disodium salt；3-Hydroxy-4-nitroso-2，7-naphthalenedisulfonic acid disodium salt；1-Nitroso-2-naphthol-3，6-disulfonic acid disodium salt；Sodium salt of 1-nitroso-2-hydroxynaphthalene-3，6-disulfonic acid
M. I. 15，6731
性状 金黄色叶片形结晶。溶于约 40 份水，较多地溶于热水，微溶于乙醇、甲醇。mp＞300℃；λ_{max} 372nm。
注意事项 该品吸入、口服或与皮肤接触有害。对眼睛、呼吸系统及皮肤有刺激性。使用时应戴手套。使用时应避免吸入本品的粉尘，避免与眼睛及皮肤接触。万一接触到眼睛，应立即用大量水冲洗后请医生诊治。应密封保存。

主要用途 测定钴、铁、钾的灵敏试剂。

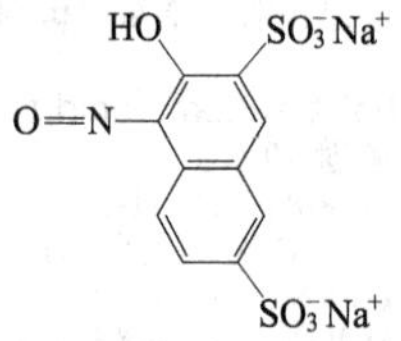

trans-β-Nitrostyrene 反式 β-硝基苯乙烯 07371

[5153-67-3] $C_8H_7NO_2$ 149.15

成分 C 64.42%，H 4.73%，N 9.39%，O 21.45%。

别名 反式 ω-硝基苯乙烯；ω-硝基苏合香烯 反式；2-硝基乙烯苯 反式；β-硝基苯乙烯 反式；trans-ω-Nitrostyrene；2-Nitrovinylbenzol；1-Nitro-2-phenylethylene

性状 黄色菱形结晶。随水蒸气挥发。易溶于乙醚、氯仿、二硫化碳、苯，溶于石油醚，微溶于热水，不易溶于冷水。mp 55～58℃；bp 250～260℃。一般试剂含量≥98.0%（GC）。

注意事项 该品吸入、口服或与皮肤接触有害。对眼睛、呼吸系统及皮肤有刺激性。使用应穿适当的防护服。万一接触到眼睛，应立即用大量水冲洗后请医生诊治。应密封于2～8℃保存。

主要用途 有机合成。

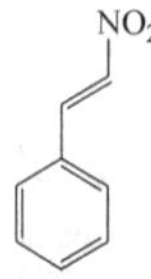

2-Nitro-4-sulfobenzoic acid 2-硝基-4-磺基苯甲酸 07372

[552-23-8] $C_7H_5NO_7S$ 247.18

成分 C 34.01%，H 2.04%，N 5.67%，O 45.31%，S 12.97%。

M.I.15，6732

性状 来自盐酸中的无色针状结晶。于空气及通常条件下稳定。

主要用途 碱量滴定中标准物。

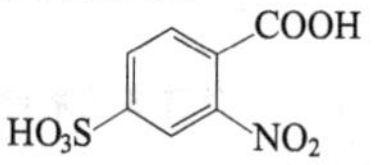

Nitrosulfonazo Ⅲ 硝基咖吸偶氮Ⅲ 07373

[1964-89-2] $C_{22}H_{10}N_6Na_4O_{18}S_4$ 852.59

成分 C 30.99%，H 1.18%，N 9.86%，Na 9.15%，O 33.78%，S 15.04%。

别名 2,7-双(4-硝基-2-磺基苯偶氮)变色酸四钠盐；2，7-Bis(4-nitro-2-sulfophenylazo) chromotropic acid tetrasodium salt

性状 无色结晶。mp 222℃；λ_{max} 573 (407) nm。

注意事项 使用时应避免吸入本品的粉尘，避免与眼睛及皮肤接触。

主要用途 指示剂。

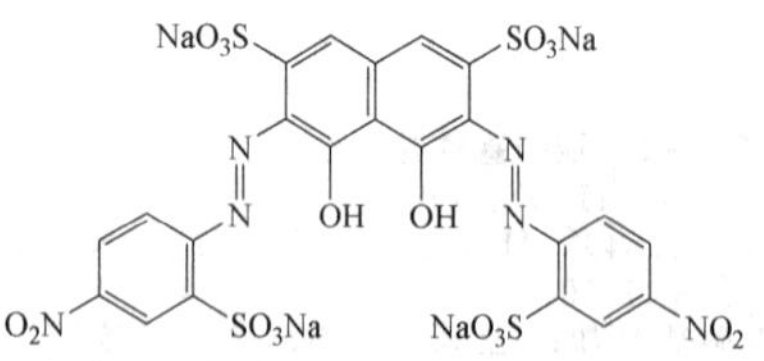

Nitrosylsulfuric acid 亚硝酰硫酸 07374

[7782-78-7] HNO_5S 127.07

成分 H 0.79%，N 11.02%，O 62.95%，S 25.23%。

别名 亚硝基硫酸；Chamber crystals；Nitro acid sulfite；Nitrose；Nitrosyl hydrogen sulfate；Nitrosulfonic acid；Nitrososulfuric acid；Nitrosyl sulfate；Nitroxylsulfuric acid；Sulfuric acid monohydride with nitrous acid

GW 2015-2486 M.I.15，6735

性状 无色棱柱体结晶。溶于硫酸，在水中分解。73.5℃分解。一般试剂含量≥98.0%。

注意事项 该品与易燃品接触能引起着火。与水反应激烈。吸入、口服或与皮肤接触有害。具有腐蚀性，能引起烧伤。使用时应穿适当的防护服，戴手套和防护镜或面罩。万一接触到眼睛，应立即用大量水冲洗后请医生诊治。使用完毕应立即脱掉所有受污染的衣服。应远离易燃物品密封保存。

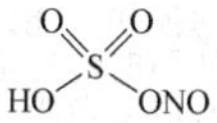

Nitroterephthalic acid 硝基对苯二甲酸 07375

[610-29-7] $C_8H_5NO_6$ 211.13

成分 C 45.51%，H 2.39%，N 6.63%，O 45.47%。

别名 2-硝基-1，4-苯二羧酸；2-Nitro-1，4-benzenedicarboxylic acid

性状 无色结晶或白色粉末。mp 270～272℃（分解）。一般试剂含量≥99.0%（HPLC）。

注意事项 该品对眼睛、呼吸系统及皮肤有刺激性。使用应穿适当的防护服。万一接触到眼睛，应立即用大量水冲洗后请医生诊治。

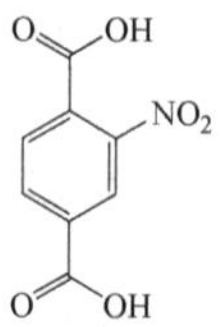

Nitrosyl tetrafluoroborate 四氟硼酸亚硝酰 07376

[14635-75-7] BF_4NO 116.81

成分 B 9.25%，F 65.06%，N 11.99%，O 13.70%。

别名 四氟硼酸亚硝鎓；Nitrosonium tetrafluoroborate；Nitrosyl borofluoride；Nitrosyl fluoborate

M.I.15，6736

性状 无色正交小片状结晶。能被水分解。mp 157～160℃；d_4^{25} 2.185。一般试剂含量≥98.0%（T）。

注意事项 该品吸入、口服或与皮肤接触有害。具有腐蚀性，能引起烧伤。使用时应穿适当的防护服，戴手套和防护镜或面罩。万一接触到眼睛，应立即用大量水冲洗后请医生诊治。使用时如有事故发生或有不适之感，应请医生诊治。应充氩气密封于2～8℃干燥保存。

Nitrotetrazolium blue chloride 氯化硝基四氮唑蓝 07377

[298-83-9] $C_{40}H_{30}Cl_2N_{10}O_6$ 817.65

成分 C 58.76%，H 3.70%，Cl 8.67%，N 17.13%，O 11.74%。

别名 对硝基四氮唑蓝；硝基四氮唑蓝；硝基 BT；蓝四氮唑；3，3′-Dianisole-4，4′-bis[2-(4-nitrophenyl)-5-phenyltetrazolium chloride]；Nitro BT；3，3′-(3，3′-Dimethoxy-4，4′-biphenylene) bis[2-(4-nitrophenyl)-5-phenyl-2H-tetrazolium chloride]；NBT；p-Nitro blue tetrazolium chloride

性状 浅黄色粉末。易潮解。易溶于乙醇，溶于水，微溶于乙醚。mp 197～200℃。生化试剂含量≥88.0%（AT）。

注意事项 该品口服有害。对眼睛、呼吸系统及皮肤有刺激性。使用时应穿适当的防护服和戴手套。万一接触到眼睛，应立即用大量水冲洗后请医生诊治。应充氩气密封避光于2～8℃保存。

主要用途 生物染色剂。

2-Nitrotoluene 2-硝基甲苯 07378

[88-72-2]　$C_7H_7NO_2$　137.14

成分　C 61.31%，H 5.15%，N 10.21%，O 23.33%。

别名　邻硝基甲苯；邻硝基芴；Methyl-*o*-nitrobenzol；*o*-Nitrotoluene

GW 2015-2264　M.I.15，6737

性状　浅黄色油状液体。溶于乙醇、乙醚、苯、石油醚，微溶于水（30℃，652mg/L）。mp －9.3℃；bp 220.4℃；d_{15}^{19} 1.1622；n_D^{20} 1.5472。一般试剂含量≥99.0%（GC）。

注意事项　该品吸入、口服或与皮肤接触有毒，并有蓄积性危害。对水生物有毒。能对水环境引起不利的结果。使用时应戴手套。接触皮肤后，应立即用大量肥皂泡沫冲洗。使用时如有事故发生或有不适之感，应请医生诊治。应防止将本品释放于环境中。应密封于阴凉处保存。

主要用途　有机合成。染料中间体。

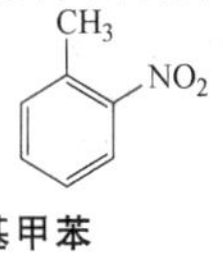

3-Nitrotoluene　3-硝基甲苯　07379

[99-08-1]　$C_7H_7NO_2$　137.14

成分　C 61.31%，H 5.15%，N 10.21%，O 23.33%。

别名　间硝基甲苯；间硝基芴；Methyl-*m*-nitrobenzol；*m*-Nitrotoluene

GW 2015-2265　M.I.15，6737

性状　浅黄色油状液体。能与乙醇、乙醚相混溶，溶于苯，微溶于水（30℃，0.498g/L）。mp 14～16℃；bp_{760} 231.9℃/101.325kPa；bp_{100} 156.9℃/13.332kPa；bp_{40} 130.7℃/5.332kPa；bp_{20} 112.8℃/2.666kPa；bp_{10} 96.0℃/1.333kPa；bp_5 81.0℃/666.6Pa；bp_1 50.2℃/133.32Pa；Fp 215℉（101℃）；d_4^{15} 1.1630；d_4^{20} 1.1581；d_4^{59} 1.124；d_4^{121} 1.063；n_D^{30} 1.5426。

注意事项　该品吸入、口服或与皮肤接触有毒，并具有蓄积性危害。使用时应穿适当的防护服和戴手套。使用时如有事故发生或有不适之感，应请医生诊治。应密封于阴凉处保存。

主要用途　有机合成。染料中间体。

4-Nitrotoluene　4-硝基甲苯　07380

[99-99-0]　$C_7H_7NO_2$　137.14

成分　C 61.31%，H 5.15%，N 10.21%，O 23.33%。

别名　对硝基甲苯；对硝基芴；Methyl-*p*-nitrobenzol；*p*-Nitrotoluene

GW 2015-2266　M.I.15，6737

性状　浅黄色结晶。溶于乙醇、苯、乙醚、三氯甲烷、丙酮，微溶于水（30℃，442mg/L）。mp 51.7℃；bp 238.3℃；Fp 223℉（106℃）；d 1.286。一般试剂含量≥98.0%（GC）。

注意事项　见 07378 2-硝基甲苯。

主要用途　染料中间体。有机合成。

3-Nitro-1*H*-1,2,4-triazole　3-硝基-1*H*-1,2,4-三唑　07381

[24807-55-4]　$C_2H_2N_4O_2$　114.07

成分　C 21.06%，H 1.77%，N 49.12%，O 28.05%。

别名　3-硝基-1*H*-1,2,4-三氮唑

性状　白色粉末。微溶于水。mp 212～214℃（分解）。一般试剂含量≥98.0%（T）。

注意事项　该品对眼睛、呼吸系统及皮肤有刺激性。使用时应穿适当的防护服。万一接触到眼睛，应立即用大量水冲洗后请医生诊治。应充氮气密封保存。

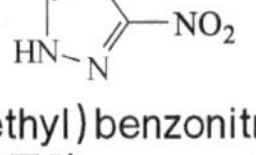

2-Nitro-4-(trifluoromethyl)benzonitrile
2-硝基-4-(三氟甲基)苯甲腈　07382

[778-94-9]　$C_8H_3F_3N_2O_2$　216.12

成分　C 44.46%，H 1.40%，F 26.37%，N 12.96%，O 14.81%。

别名　2-硝基-4-（三氟甲基）苄腈；邻硝基对（三氟甲基）苯甲腈

性状　白色粉末。mp 40～44℃；bp_{18} 156～158℃/2.4kPa；Fp ＞230℉（110℃）。一般试剂含量≥98.0%。

注意事项　该品吸入、口服或与皮肤接触有害。使用时应穿适当的防护服和戴手套。应避免吸入本品的粉尘。

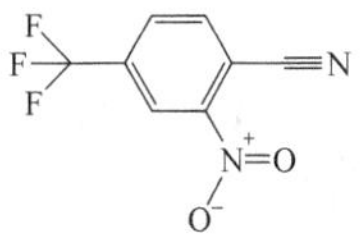

5-Nitrouracil　5-硝基尿嘧啶　07383

[611-08-5]　$C_4H_3N_3O_4$　157.09

成分　C 30.58%，H 1.92%，N 26.75%，O 40.74%。

别名　2,4-二羟基-5-硝基-1,3-二氮杂苯；2,4-二羟基-5-硝基嘧啶；5-硝基-2,6-二羟基嘧啶；5-硝基咁嚐；2,4-Dihydroxy-5-nitropyrimidine；5-Nitro-2,6-dihydroxypyrimidine

性状　几乎无色或金黄色针状结晶。溶于热乙醇，微溶于水、冷乙醇。mp ≥300℃。生化试剂含量≥98.0%（UV）。

注意事项　使用时应避免吸入本品的粉尘，避免与眼睛及皮肤接触。应密封于干燥处保存。

主要用途　嘧啶化合物合成用。酶抑制剂。甲状腺抗搁药。

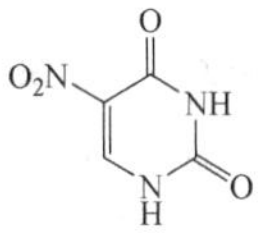

Nitrovin　双呋脒腙　07384

[804-36-4]　$C_{14}H_{12}N_6O_6$　360.29

成分　C 46.67%，H 3.36%，N 23.33%，O 26.64%。

别名　2-[3-(5-Nitro-2-furanyl)-1-[2-(5-nitro-2-furanyl)ethenyl]-2-propenylidene] hydrazinecarboximidamide；[[3-(5-Nitro-2-furyl)-1-[2-(5-nitro-2-furyl)vinyl]allylidene]amino]guanidine；*sym*-Bis(5-nitro-2-furfurylidene)ace tone guanylhydrazone；1,5-Bis(5-nitro-2-furyl)-3-pentadienoneguanrlhydrazone；1,5-Bis(5-nitro-2-furyl)-3-pentadienone amidinohydrazone；Panazon；Payzone

M.I.15，6741

性状　来自乙醇中的浅黑紫色的结晶。mp 217℃（分解）。

主要用途　兽用生长促进剂，抗菌剂。

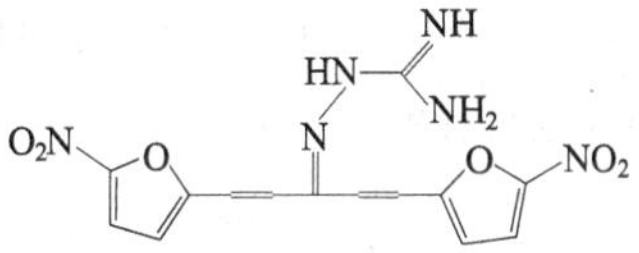

2-Nitro-*m*-xylene　2-硝基间二甲苯　07385

[81-20-9]　$C_8H_9NO_2$　151.17

成分　C 63.56%，H 6.00%，N 9.27%，O 21.17%。

别名　1,3-二甲基-2-硝基苯；1，3-Dimethyl-2-nitrobenzene

GW 2015-2212

性状　无色液体，低温凝固。不溶于水。mp 14～16℃；bp_{744} 225℃/99.192kPa；Fp 188.6℉（87℃）；d 1.112；n_D^{20} 1.5220。一般试剂含量≥98.0%（GC）。

注意事项　该品吸入、口服或与皮肤接触有害。对水生物有毒。能对水环境引起长期不良的影响。使用时应穿适当的防护服和戴手套。所使用的容器应避免污染环境。防止将本品释放于环境中。应密封保存。

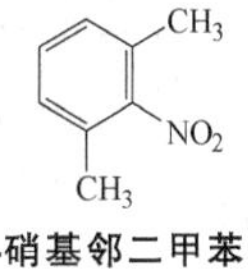

3-Nitro-*o*-xylene　3-硝基邻二甲苯　07386

[83-41-0]　$C_8H_9NO_2$　151.17

成分　C 63.56%，H 6.00%，N 9.27%，O 21.17%。

别名　1,2-二甲基-3-硝基苯；1,2-Dimethyl-3-nitrobenzene

GW 2015-6099

性状　无色液体。不溶于水。mp 7～9℃；bp 245～246℃；Fp 224.6℉（107℃）；d_4^{20} 1.140；n_D^{20} 1.5430。一般试剂含量≥99.0%（GC）。

注意事项　该品吸入、口服或与皮肤接触有毒。对眼睛、呼

吸系统及皮肤有刺激性。使用时应穿适当的防护服，戴手套和防护镜或面罩。万一接触到眼睛，应立即用大量水冲洗后请医生诊治。使用时如有事故发生或有不适之感，应请医生诊治。

4-Nitro-*m*-xylene　4-硝基间二甲苯　07387

[89-87-2]　$C_8H_9NO_2$　151.17

成分　C 63.56%，H 6.00%，N 9.27%，O 21.17%。

别名　4-硝基-1,3-二甲苯；1,3-二甲基-4-硝基苯；2,4-二甲基-1-硝基苯；对硝基间二甲苯；1,3-Dimethyl-4-nitrobenzene；2,4-Dimethyl-1-nitrobenzene；4-Nitro-1,3-dimethylbenzene；*p*-Nitro-*m*-xylene；4-Nitro-1,3-xylene

GW 2015-2213

性状　黄色液体。溶于乙醇、乙醚，不溶于水。mp 7～9℃；bp 243～244℃；Fp 219.2℉（104℃）；d_4^{20} 1.131；n_D^{20} 1.550。一般试剂含量≥99.0%（GC）。

注意事项　该品吸入、口服或与皮肤接触有毒。使用时应穿适当的防护服和戴手套。使用时应禁止饮食。使用时如有事故发生或有不适之感，应请医生诊治。应密封于通风处保存。

主要用途　有机合成。

4-Nitro-*o*-xylene　4-硝基邻二甲苯　07388

[99-51-4]　$C_8H_9NO_2$　151.17

成分　C 63.56%，H 6.00%，N 9.27%，O 21.17%。

别名　1,2-二甲基-4-硝基苯；1, 2-Dimethyl-4-nitrobenzene

GW 2015-2211

性状　无色液体，低温凝固。不溶于水。mp 29～31℃；bp 255～257℃；bp_{20} 143℃/2.333kPa；Fp ＞230℉（110℃）；*d* 1.139；n_D^{20} 1.5560。

注意事项　该品吸入、口服或与皮肤接触有害。使用时应穿适当的防护服和戴手套。使用时应避免吸入本品的粉尘。

Nitroxynil　硝羟碘苄腈　07389

[1689-89-0]　$C_7H_3IN_2O_3$　290.02

成分　C 28.99%，H 1.04%，I 43.76%，N 9.66%，O 16.55%。

别名　3-碘-4-羟基-5-硝基苄腈；4-羟基-3-碘-5-硝基苯甲腈；4-Hydroxy-3-iodo-5-nitrobenzonitrile；Dovenix

M.I.15，6743

性状　来自苯中的黄色结晶。中等程度溶于多数有机溶剂，略微溶于水。mp 137～138℃。

主要用途　兽用驱肠虫剂（杀吸虫剂）。

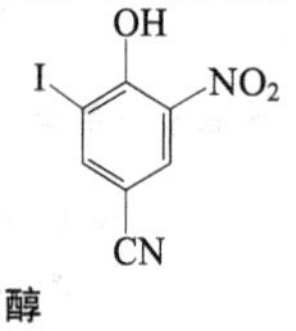

OH I NO₂ CN

Nivalenol　瓜蒌镰菌醇　07390

[23282-20-4]　$C_{15}H_{20}O_7$　312.32

成分　C 57.69%，H 6.45%，O 35.86%。

别名　(3α,4β,7α)-12,13-Epoxy-3,4,7,15-tetrahydroxytrichothec-9-en-8-one；3α,4β,7α,15-Tetrahydroxyscirp-9-en-8-one

M.I.15，6746

性状　无色结晶。溶于极性有机溶剂，微溶于水。mp 222～223℃（分解）；$[\alpha]_D^{24}$ +21.54°（*c*=1.3，于乙醇中）；uv max（甲醇中）：218nm（ε 6300）。LD_{50}小鼠腹膜内注射：40μg/10g。生化试剂含量≥98.0%。

注意事项　该品吸入、口服或与皮肤接触极毒。使用时应穿适当的防护服，戴手套和防护镜或面罩。使用时应避免吸入本品的粉尘。使用时如有事故发生或有不适之感，应请医生诊治。应密封于2～8℃保存。

主要用途　生化研究。

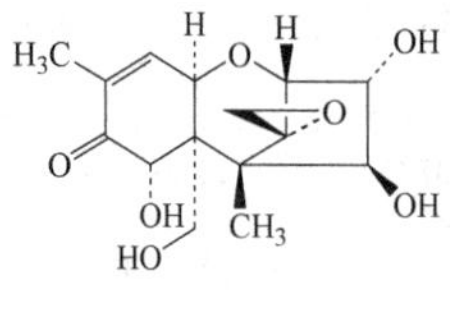

Nizatidine　尼扎替丁　07391

[76963-41-2]　$C_{12}H_{21}N_5O_2S_2$　331.45

成分　C 43.49%，H 6.39%，N 21.13%，O 9.65%，S 19.35%。

别名　尼沙替丁；尼扎替定；*N*-[2-[[[2-[(Dimethylamino)methyl]-4-thiazolyl]methyl]thio]ethyl]-*N*′-methyl-2-nitro-1,1-ethenediamine；*N*-[4-(6-Methylamino-7-nitro-2-thia-5-aza-6-heptene-1-yl)-2-thiazolylmethyl]-*N*，*N*-dimethylamine；LY-139037；ZE-101；ZL-101；Axid；Calmaxid；Cronizat；Distaxid；Gastrax；Naxidine；Nizax；Nizaxid；Tazac；Zanizal

M.I.15，6747

性状　来自乙醇-乙酸乙酯中的无色结晶。该品于下列物质中的溶解度（mg/mL）：氯仿＞100；甲醇 50.0～100.0；水 10.0～33.0；异丙醇 3.33～5.0；乙酸乙酯 1.0～2.0；苯、乙醚、辛醇＜0.5。pK_{a1} 2.1，pK_{a2} 6.8。分配系数（辛醇/水）：0.3（pH 值＞7.4）。mp 130～132℃；uv max（甲醇中）：240nm，325nm（ε 8400，19600），（水中）：260nm，314nm（ε 11820，15790）。LD_{50}小鼠，大鼠静脉注射（mg/kg）：265，＞300；急性经口（mg/kg）：1685，1680。

注意事项　该品口服有害。使用时应穿适当的防护服。

主要用途　医用抗溃疡剂。

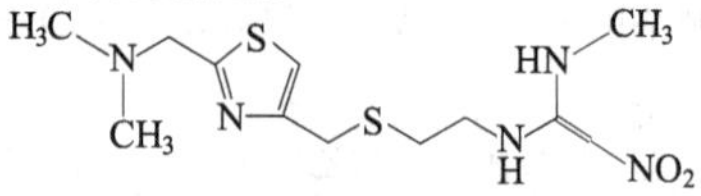

Nizofenone fumarate　尼唑苯酮 富马酸盐　07392

[54533-86-7]　$C_{25}H_{25}ClN_4O_7$　528.95

成分　C 56.77%，H 4.76%，Cl 6.70%，N 10.59%，O 21.17%。

别名　富马酸尼唑苯酮；咪唑硝苯酮富马酸盐；硝唑芬酮 富马酸盐；(2-Chlorophenyl)[2-[2-(diethylamino)methyl-1*H*-imidazol-1-yl]-5-nitrophenyl] methanone fumarate；2′-Chloro-2-[2-[(diethylamino) methyl] imidazol-1-yl]-5nitrobenzophenone fumarate；1-[2-(2-Chlorobenzoyl)-4-nitrophenyl]-2-(diethylaminomethyl)imidazole fumarate；Midafenone；Y-9179；Ekonal

M.I.15，6748

性状　来自异丙醚中的浅黄色结晶。mp 157～158℃。LD_{50} 雄、雌小鼠，雄、雌大鼠急性经口（mg/kg）：495、504、1711、1580；静脉注射（mg/kg）：62、70，63、65；皮下注射（mg/kg）：270、278，1830、1629。

主要用途　医用止吐剂。

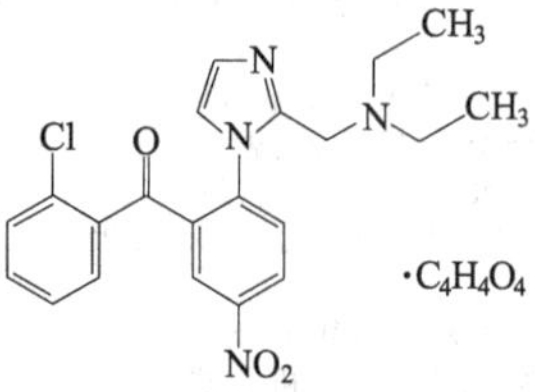

NMN　β-烟酰胺单核苷酸　07393

[1094-61-7]　$C_{11}H_{15}N_2O_8P$　334.22

成分　C 39.53%，H 4.52%，N 8.38%，O 38.30%，P 9.27%。

别名　β-NMN；3-Aminocarbonyl-1-(5-*O*-phosphono-β-D-ribofuranosyl)pyridinium inner salt；3-Carbamoyl-1-β-D-ribofuranosyl-pyridinium hydroxide 5′-dihydrogenphosphate inner salt；β-Nicotinamide mononucleotide

M.I.15，6750

性状　无定形粉末（来自微酸水溶液及丙酮中的主要沉淀物）。易溶于水，几乎不溶于丙酮。生化试剂含量≥98.0%（HPLC）。

注意事项　该品应充氩气密封于2～8℃干燥保存。

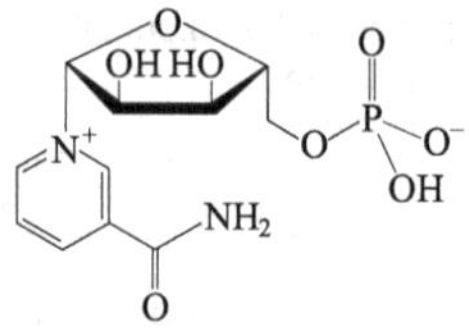

Nocardicin A 诺卡杀菌素 A 07394

[39391-39-4] $C_{23}H_{24}N_4O_9$ 500.46

成分 C 55.20%，H 4.83%，N 11.20%，O 28.77%。

别名 诺卡地菌素 A；(*αR*,3*S*)-3-[(2*Z*)-[4-[(3*R*)-3-Amino-3-carboxypropoxy] phenyl] (hydroxyimino) acetyl] amino-*α*-(4-hydroxyphenyl)-2-oxo-1-azetidineacetic acid

M. I. 15，6753

性状 来自酸性水中的无色针状结晶。溶于碱溶液，微溶于甲醇，不溶于氯仿、乙酸乙酯、乙醚。mp 214～216℃(分解)；$[\alpha]_D^{25}$ −135°(钠盐)；uv max (1/15mol/L 磷酸盐缓冲液中)：272nm($E_{1cm}^{1\%}$ 310)，(0.1mol/L 氢氧化钠溶液中)：244nm，283nm($E_{1cm}^{1\%}$ 460，270)。LD_{50} 雄小鼠，大鼠急性经口：78000mg/kg；静脉注射：>2000mg/kg；腹膜内注射(mg/kg)：2500，2600。

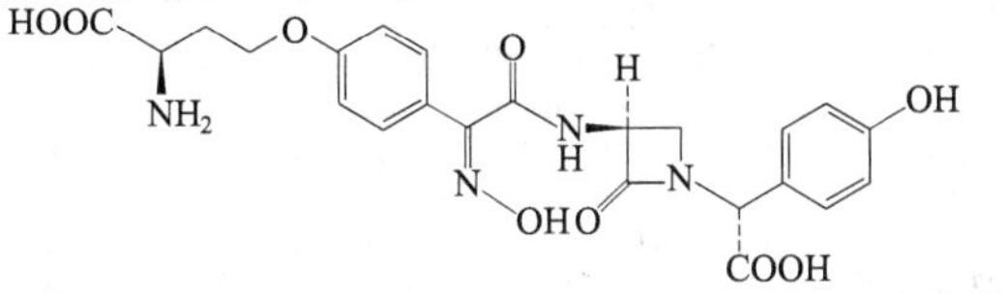

Nodakenin 闹达柯宁 07395

[495-31-8] $C_{20}H_{24}O_9$ 408.40

成分 C 58.82%，H 5.92%，O 35.26%。

别名 2-[1-(*β*-D-Glucopyranosyloxy)-1-methylethyl]-2,3-dihydro-7*H*-furo[3,2-*g*][1]benzopyran-7-one；Nodakenetin glucoside

M. I. 15，6755

性状 来自乙醇中的细小的小叶状结晶，218～219℃分解。来自稀乙醇或水中的结晶含 1mol 水，为黄色棱柱体结晶，216℃熔化。溶于热水、乙醇。$[\alpha]_D^{30}$ +56.6°。

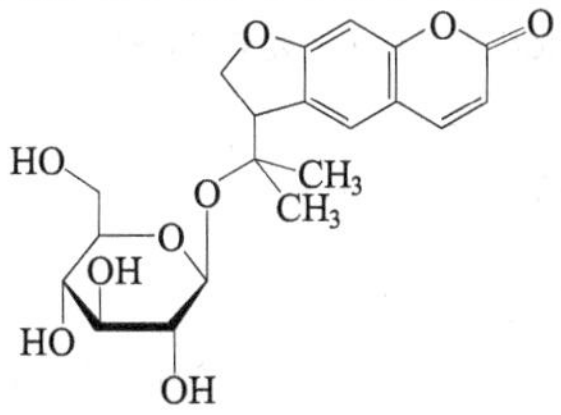

(+)-Noformicin dihydrochloride
(+)-诺卡型霉素 二盐酸盐 07396

[155-38-4](无 HCl) $C_8H_{17}Cl_2N_5O$ 270.16

成分 C 35.57%，H 6.34%，Cl 26.24%，N 25.92%，O 5.92%。

别名 盐酸(+)-诺卡型霉素；A5-mino-*N*-(3-amino-3-iminopropyl)-3,4-dihydro-2*H*-pyrrole-2-carboxamide dihydrochloride；*N*-(2-Amidinoethyl)-5-imino-2-pyrrolidinecarboxamide dihydrochloride；2-[*N*-(2-Amidinoethyl)carbamoyl]-5-iminopyrrolidine dihydrochloride；*β*-(5-Imino-2-pyrrolidinecarboxamido) propamidine dihydrochloride；Noformycin dihydrochloride

M. I. 15，6757

性状 来自甲醇中的无色结晶。溶于水，微溶于有机溶剂。pK_a 9.4；263～264℃分解；$[\alpha]_D^{25}$ +8.8°(甲醇中)。

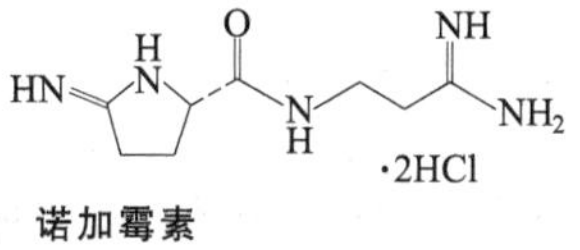

Nogalamycin 诺加霉素 07397

[1404-15-5] $C_{39}H_{49}NO_{16}$ 787.81

成分 C 59.46%，H 6.27%，N 1.78%，O 32.49%。

别名 [2*R*-(2*α*,3*β*,4*α*,5*β*,6*α*,11*β*,13*α*,14*α*)]-11-(6-Deoxy-3-*C*-methyl-2,3,4-tri-*O*-methyl-*α*-L-mannopyranosyl)oxy-4-dimethylamino-3,4,5,6,9,11,12,13,14,16-decahydro-3,5,8,10,13-pentahydroxy-6，13-dimethyl-9，16-dioxo-2，6-epoxy-2*H*-naphthaceno[1,2-*b*]oxocin-14-carboxylic acid methyl ester；U-15167；NSC-70845

M. I. 15，6758

性状 来自甲醇中的橙红色固体。溶于二氯甲烷、丙酮、氯仿、乙酸乙酯，不溶于水、甲醇、乙醇。pK_a' 7.45 (于 60%乙醇中)。mp 195～196℃ (分解)；$[\alpha]_D^{25}$ +425° (c=0.11，于氯仿中)；uv max：(乙醇中)：236nm，258nm，292nm (ε 52360，24755，9890)。LD_{50} 小鼠静脉注射：11.75mg/kg；腹膜内注射：4.79mg/kg。生化试剂含量≥95.0%。

注意事项 该品能致癌。能引起遗传基因的损伤。能危害胎儿。吸入、口服或与皮肤接触有害。使用前应得到专门的指导，避免曝露。使用时应穿适当的防护服，戴手套和防护镜或面罩。使用时应避免吸入本品的粉尘。使用时如有事故发生或有不适之感，应请医生诊治。应密封于 2～8℃保存。

主要用途 生化研究。医用抗肿瘤剂。

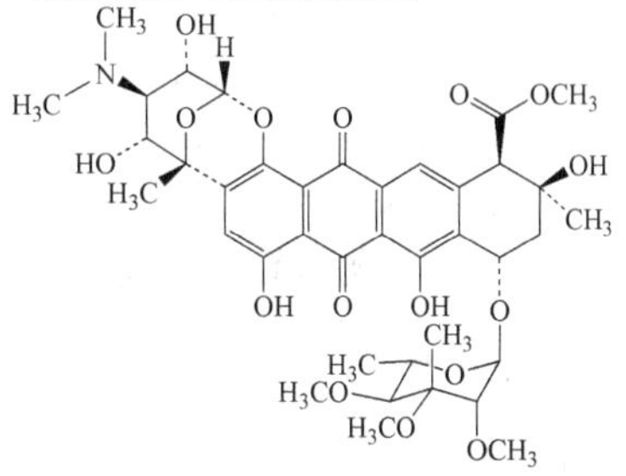

Nolatrexed dihydrochloride 诺拉曲塞 二盐酸盐 07398

[152946-68-4] $C_{14}H_{14}Cl_2N_4OS$ 357.25

成分 C 47.07%，H 3.95%，Cl 19.85%，N 15.68%，O 4.48%，S 8.97%。

别名 二盐酸诺拉曲塞；洛拉曲克 盐酸盐；盐酸洛拉曲克；诺拉曲特 盐酸盐；AG-337；2-Amino-6-methyl-5-(4-pyridinylthio)-4(1*H*)-quinazolinone dihydrochloride；2-Amino-3,4-dihydro 6-methyl-4-oxo-5-(4-pyridylthio) quinazoline dihydrochloride；2-Amino-6-methyl-5-(pyridin-4-ylsulfanyl)-3*H*-quinazolin-4-one dihydrochloride Thymitaq；

M. I. 15，6759

性状 无色或白色结晶。易吸潮。溶于水。pK_a 4.1；5.9；9.8。分配系数 (辛醇/水，25℃)：1.9。mp 213℃；261℃重结晶而性稳定，形成类似针状结晶。至 312℃ (分解)。

主要用途 医用抗肿瘤剂。

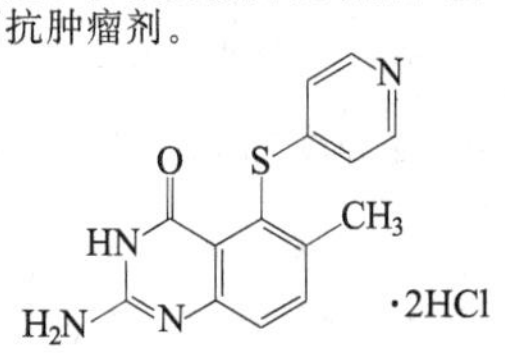

Nomifensine maleate salt 诺米芬森 马来酸盐 07399

[32795-47-4] $C_{20}H_{22}N_2O_4$ 354.41

成分 C 67.78%，H 6.26%，N 7.90%，O 18.06%。

别名 1,2,3,4-四氢-2-甲基-4-苯基-8-异喹啉胺 马来酸盐；马来酸 1,2,3,4-四氢-2-甲基-4-苯基-8-异喹啉胺；8-氨基-1，2，3，4-四氢-2-甲基-4-苯基异喹啉 马来酸盐；HOE-984；Alival；Hostalival；Merital；Neurolene；Psicronizer；1,2,3,4-Tetrahydro-2-methyl-4-phenyl-8-isoquinolinamine maleate；8-Amino-1,2,3,4-tetrahydro-2-methyl-4-phenylisoquinoline maleate

M. I. 15，6760

性状 来自乙醇中的无色结晶。mp 199～201℃。LD_{50} 小鼠，大鼠急性经口 (mg/kg)：400，430；静脉注射 (mg/kg)：90，72；小鼠皮下注射：410mg/kg。

注意事项 该品口服有害。对眼睛、呼吸系统及皮肤有刺激性。使用时应穿适当的防护服，戴手套和防护镜或面罩。万一接触到眼睛，应立即用大量水冲洗后请医生诊治。

主要用途 生化研究。医用抗抑郁剂。

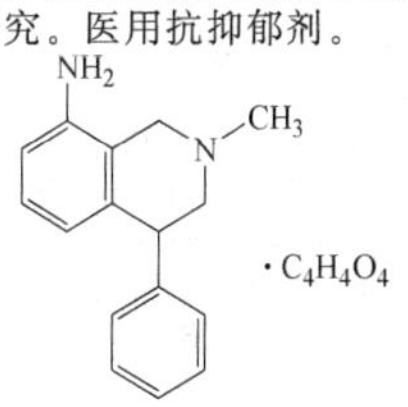

Nomilin 诺米林 07400

[1063-77-0] $C_{28}H_{34}O_9$ 514.57

成分 C 65.36%，H 6.66%，O 27.98%。

别名 1-Acetyloxy-1,2-dihydroobacunoic acid ε-lactone;(1*S*,3a*S*,4a*R*,4b*R*,6a*R*,11*S*,11a*R*,16b*R*,13a*S*)-11-Acetyloxy-1-(3-furanyl)decahydro-4b,7,7,11a,13a-pentamethyloxireno[4,4a]-2-benzo pyran[6,5-*g*][2]benzoxepin-3,5,9(3a*H*,4b*H*,6*H*)-trione;1-(3-Furyl)decahydro-11-hydroxy-4b,7,7,11a,13a-pentamethyloxireno[4,4a]-2-benzopyrano[6,5-*g*][2]benzoxepin-3,5,9(3a*H*,3b*H*,6*H*)-trione acetate

M. I. 15, 6761

性状 来自甲醇中的无色针状结晶。微溶于2-丙醇、乙酸乙酯。mp 278～279℃;$[\alpha]_D^{23}$ −95.7°。

主要用途 生化研究。

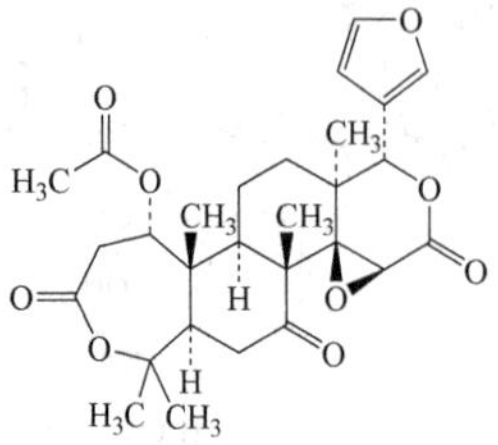

Nonactin 无活菌素 07401

[6833-84-7] $C_{40}H_{64}O_{12}$ 736.94

成分 C 65.19%, H 8.75%, O 26.05%。

别名 无活性菌素;[1*R*-(1*R**,2*R**,5*R**,7*R**,10*S**,11*S**,14*S**,16*S**,19*R**,20*R**,23*R**,25*R**,28*S**,29*S**,32*S**,34*S**)]-2,5,11,14,20,23,29,32-Octamethyl-4,13,22,31,37,38,39,40-octaoxapentacyclo[32.2.2.1^{7,10}.1^{16,19}.1^{25,28}]tetracontane-3,12,21,30-tetrone;(1*R*,2*R*,5*R*,7*R*,10*S*,11*S*,14*S*,16*S*,19*R*,20*R*,23*R*,25*R*,28*S*,29*S*,32*S*,32*S*)-2,5,11,14,20,23,29,32-Oetamethyl-4,13,22,31,37,38,39,40-octaoxapentacyclo[32.2.1.1^{7,10}.1^{25,28}]tetracontane-3,12,21,30-tetrone

M. I. 15, 6762

性状 来自甲醇中的无色微细针状结晶,保存于缓冲液中。纯品 mp 147～148℃。$[\alpha]_D^{20}$ 0°±2° (*c*=1.2,于氯仿中);uv max(乙醇中):微小峰值264nm(lg ε 1.5)。生化试剂含量≥97.0%(TLC)。

注意事项 使用时应避免吸入本品的粉尘。应充氩气密封于2～8℃干燥保存。

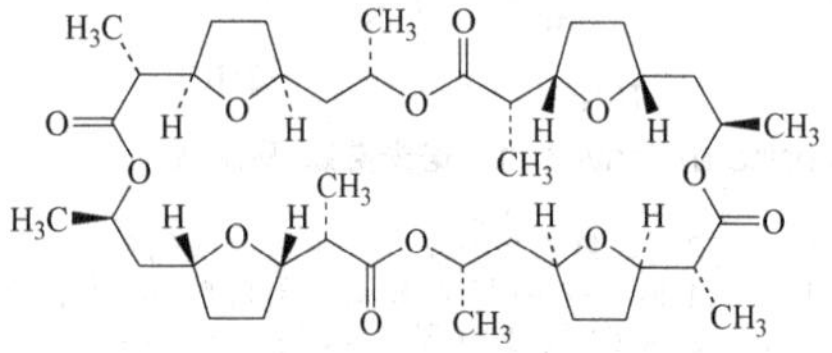

Nonadecane 十九烷 07402

[629-92-5] $C_{19}H_{40}$ 268.53

成分 C 84.98%, H 15.01%。

别名 正十九烷;Alkane C_{19}

性状 无色叶状结晶,受热为液体。溶于乙醚,微溶于乙醇,不溶于水。mp 32～34℃;bp 330℃;Fp 334.4℉(168℃);*d*786;n_D^{20} 1.4410。一般试剂含量≥99.0%(GC)。

注意事项 使用时应避免吸入本品的粉尘,避免与眼睛及皮肤接触。应密封于阴凉处保存。

主要用途 色谱分析用标准物质、有机合成。

Nonadecanoic acid 十九酸 07403

[646-30-0] $C_{19}H_{38}O_2$ 298.51

成分 C 76.45%, H 12.83%, O 10.72%。

别名 十九烷酸;正十九酸;*n*-Nonadecylic acid;Octadecane-1-carboxylic acid;Carboxylic acid C_{19}

性状 无色叶状结晶。溶于乙醇、乙醚、氯仿,不溶于水。mp 69.4℃;bp_{100} 297～298℃/13.332kPa。一般试剂含量>99.0%(GC)。

注意事项 该品对眼睛、呼吸系统及皮肤有刺激性。使用时应穿适当的防护服。万一接触到眼睛,应立即用大量水冲洗后请医生诊治。应密封保存。

主要用途 有机合成。气相色谱标准物。

1-Nonadecanol 1-十九醇 07404

[1454-84-8] $C_{19}H_{40}O$ 284.53

成分 C 80.21%, H 14.17%, O 5.62%。

别名 Nonadecyl alcohol;Alcohol C_{19}

性状 无色结晶。溶于乙醇、热丙酮。mp 60～63℃。一般试剂含量≥97.0%(GC)。

注意事项 使用时应避免吸入本品的粉尘,避免与眼睛及皮肤接触。应密封保存。

主要用途 气相色谱分析用标准物。

2-Nonadecanone 2-十九酮 07405

[629-66-3] $C_{19}H_{38}O$ 282.51

成分 C 80.78%, H 13.56%, O 5.66%。

别名 十七烷基甲基甲酮;甲基十七烷基甲酮;Heptadecyl methyl ketone;Methyl heptadecyl ketone

性状 白色薄片状结晶。易溶于乙醇、乙醚、氯仿、丙酮。mp 54～56℃;bp_{110} 266.5℃/14.665kPa;Fp >212℉(100℃);d^{56} 0.8108。一般试剂含量≥97.0%(GC)。

注意事项 使用时应避免吸入本品的粉尘,避免与眼睛及皮肤接触。

主要用途 有机合成。

Nonadecylbenzene 十九烷基苯 07406

[29136-19-4] $C_{25}H_{44}$ 344.62

成分 C 87.13%, H 12.87%。

别名 1-苯基十九烷;1-Phenylnonadecane

性状 无色固体或白色粉末。mp 35～40℃;bp 419℃。

注意事项 见07403十九酸。

Nonafluoro-1-iodobutane 九氟-1-碘丁烷 07407

[423-39-2] C_4F_9I 345.93

成分 C 13.89%, F 49.43%, I 36.68%。

别名 1-碘过氟丁烷;1-Iodoperfluorobutane;Perfluorobutyl iodide

性状 无色至微黄色液体。bp 66～67℃;d_4^{20} 2.049;n_D^{20} 1.329。一般试剂含量≥98.0%(GC)。

注意事项 见07403十九酸。应密封避光保存。

Nonane 壬烷 07408

[111-84-2] C_9H_{20} 128.26

成分 C 84.28%, H 15.72%。

别名 正壬烷;Alkane C_9

GW 2015-1728

性状 无色透明液体。能与乙醇、乙醚、苯等相混溶,不溶于水。mp −53℃;bp 150～151℃;Fp 88℉(31℃);d_4^{20} 0.718;n_D^{20} 1.405。

注意事项 该品易燃。其蒸气吸入有害。能对水生物环境引起不良的影响。口服可使肺脏受损。反复曝露可使皮肤干燥或开裂。如误服不能吐出,应立即就医,并出示瓶签或包装物。应密封保存。

主要用途 有机合成。

1,9-Nonanediol 1,9-壬二醇 07409

[3937-56-2] $C_9H_{20}O_2$ 160.26

成分 C 67.45%, H 12.58%, O 19.97%。

别名 壬次甲基二醇;1,9-二羟基壬烷;Nonamethyleneglycol;1,9-Dihydroxynonane

性状 无色结晶。极易溶于乙醇、乙醚、热苯,微溶于水,不溶于石油醚。mp 47～49℃;bp_{15} 177℃/2kPa;Fp 235.4℃(113℃)。一般试剂含量≥97.0%(GC)。

注意事项 使用时应避免吸入本品的粉尘,避免与眼睛及皮肤接触。应密封保存。

主要用途 有机合成。

Nonanoic acid 壬酸 07410

[112-05-0] $C_9H_{18}O_2$ 158.24

成分 C 68.31%, H 11.47%, O 20.22%。

别名 天竺葵酸;风吕草酸;洋绣球酸;Nonoic acid;Nonylic acid;Octane-1-carboxylic acid;Pelargonic acid;Car-

boxylic acid C_9
M. I. 15，7179
性状 无色至微黄色油状液体。微有特殊气味。溶于乙醇、乙醚、三氯甲烷，几乎不溶于水。mp 12.5℃；bp_{756} 252～253℃/100.791kPa；bp_{14} 143～145℃/1.867kPa；$bp_{6.3}$ 132～133℃/0.84kPa；Fp 264.2℉（129℃）；d_4^{20} 0.907；n_D^{20} 1.4330；n_D^{40} 1.4245。LD_{50}小鼠静脉注射：(224±4.6) mg/kg。一般试剂含量≥97.0%（GC）。
注意事项 该品具有腐蚀性，能引起烧伤。使用时应穿适当的防护服，戴手套和防护镜或面罩。万一接触到眼睛，应立即用大量水冲洗后请医生诊治。接触皮肤后，应立即用大量肥皂泡沫冲洗。使用时如有事故发生或有不适之感，应请医生诊治。应密封于阴凉处保存。
主要用途 有机合成。

1-Nonanol 1-壬醇 07411
[143-08-8] $C_9H_{20}O$ 144.26
成分 C 74.93%，H 13.97%，O 11.09%。
别名 正壬醇；Alcohol C_9；Nonalol；*n*-Nonyl alcohol；Octyl carbinol；Pelargonic alcohol
M. I. 15，6766
性状 无色至微黄色液体。低温下为结晶。微有玫瑰香味。能与乙醇、乙醚相混溶，几乎不溶于水。mp －6～－4℃；bp_{760} 215℃/101.325kPa；bp_{15} 107.5℃/2kPa；$bp_{7.5}$ 95.6℃/1kPa；Fp 168℉（75℃）；d_4^{20} 0.8279；n_D^{20} 1.4338。一般试剂含量≥98.0%（GC）。
注意事项 该品蒸气吸入有害。对水生物有毒。能对水环境引起长期不良的影响。使用时应避免吸入本品的蒸气，避免与眼睛及皮肤接触。应防止将本品释放于环境中。
主要用途 溶剂。有机合成。合成人造柠檬油。

2-Nonanol 2-壬醇 07412
[628-99-9] $C_9H_{20}O$ 144.26
成分 C 74.93%，H 13.97%，O 11.09%。
别名 甲基正庚基甲醇；正庚基甲基甲醇；*n*-Heptyl methyl carbinol
性状 无色液体。能与乙醇、乙醚相混溶，不溶于水。mp －36～－35℃；bp 197～199℃；Fp 204.8℉（96℃）；d_4^{20} 0.823；n_D^{20} 1.431。一般试剂含量≥97.0%（GC）。
注意事项 该品对眼睛及皮肤有刺激性。使用时应穿适当的防护服。万一接触到眼睛，应立即用大量水冲洗后请医生诊治。
主要用途 溶剂。有机合成。香料。

3-Nonanol 3-壬醇 07413
[624-51-1] $C_9H_{20}O$ 144.26
成分 C 74.93%，H 13.97%，O 11.09%。
别名 乙基正己基甲醇；3-羟基壬烷；Ethyl-*n*-hexyl carbinol；3-Hydroxynonane
性状 无色液体。能与乙醇、乙醚相混溶，不溶于水。bp 192～195℃；Fp 204.8℉（96℃）；d_4^{20} 0.824；n_D^{20} 1.431。一般试剂含量≥97.0%（GC）。
注意事项 见 07412 2-壬醇
主要用途 溶剂。有机合成。

5-Nonanol 5-壬醇 07414
[623-93-8] $C_9H_{20}O$ 144.26
成分 C 74.93%，H 13.97%，O 11.09%。
别名 二丁基甲醇；Dibutyl carbinol
性状 无色液体。低温凝固。不溶于水。mp 5℃；bp 194～196℃；Fp 204℉（96℃）；d_4^{20} 0.826；n_4^{20} 1.4290。一般试剂含量≥97.0%（GC）。
注意事项 使用时应避免吸入本品的蒸气，避免与眼睛及皮肤接触。应密封保存。

2-Nonanone 2-壬酮 07415
[821-55-6] $C_9H_{18}O$ 142.24
成分 C 76.00%，H 12.76%，O 11.25%。
别名 正庚基甲基甲酮；甲基正庚基甲酮；庚基甲基甲酮；Heptyl methyl ketone；2-Ketononane
性状 无色至浅黄色液体。能与乙醇、苯相混溶。mp －21℃；bp_{10} 72～74℃/1.333kPa；Fp 154.4℉（68℃）；d_4^{20} 0.821；n_D^{20} 1.420。一般试剂含量≥97.0%（GC）。
注意事项 该品对眼睛、呼吸系统及皮肤有刺激性。使用时应穿适当的防护服和戴手套。万一接触到眼睛，应立即用大量水冲洗后请医生诊治。应密封保存。
主要用途 溶剂。有机合成。制备香料。

3-Nonanone 3-壬酮 07416
[925-78-0] $C_9H_{18}O$ 142.24
成分 C 76.00%，H 12.76%，O 11.25%。
别名 乙基己基甲酮；乙基正己基甲酮；Ethyl *n*-hexyl ketone
性状 无色液体。能与乙醇、乙醚相混溶。mp －8℃；bp 187～188℃；Fp 145℉（63℃）；d_4^{20} 0.823；n_D^{20} 1.4200。一般试剂含量≥98.0%。
注意事项 见 07415 2-壬酮。
主要用途 有机溶剂。有机合成。

5-Nonanone 5-壬酮 07417
[502-56-7] $C_9H_{18}O$ 142.24
成分 C 76.00%，H 12.76%，O 11.25%。
别名 二正丁基甲酮；二丁基酮；Di-*n*-butyl ketone；*n*-Valerone
性状 无色液体。易溶于氯仿、二硫化碳，溶于乙醇、乙醚、丙酮等有机溶剂，极微溶于水。mp －6℃；bp 186～187℃；Fp 140℉（60℃）；d_4^{20} 0.824；n_D^{20} 1.419。一般试剂含量≥97.0%（GC）。
注意事项 见 07415 2-壬酮。
主要用途 溶剂。有机合成。

Nonanoyl chloride 壬酰氯 07418
[764-85-2] $C_9H_{17}ClO$ 176.69
成分 C 61.18%，H 9.70%，Cl 20.07%，O 9.05%。
别名 氯化正壬酰；Pelargonyl chloride
性状 无色至微黄色液体。具有催泪性。溶于乙醚及一般烃类，遇水、乙醇分解。mp －61℃；bp_{22} 108～110℃/2.933kPa；Fp 203℉（95℃）；d_4^{20} 0.940；n_D^{20} 1.438。一般试剂含量≥97.0%（GC）。
注意事项 该品与水反应激烈。具有腐蚀性，能引起烧伤。对呼吸系统有刺激性。使用时应穿适当的防护服，戴手套和防护镜或面罩。使用时禁止饮食。切勿向该品中加水。万一接触到眼睛，应立即用大量水冲洗后请医生诊治。使用时如有事故发生或有不适之感，应请医生诊治。应密封充氮气于干燥处保存。其包装物应按危险品处理。
主要用途 有机合成。

1-Nonene 1-壬烯 07419
[124-11-8] C_9H_{18} 126.24
成分 C 85.63%，H 14.37%。
别名 正庚基乙烯；1-Nonylene；*n*-Heptylethylene
GW 2015-1729
性状 无色液体。溶于乙醇，不溶于水。mp －81℃；bp 146～147℃；Fp 75.2℉（24℃）；d_4^{20} 0.729；n_D^{20} 1.416。一般试剂含量≥99.5%（GC）。
注意事项 该品易燃。对眼睛、呼吸系统及皮肤有刺激性。口服有害，并可能损伤肺脏。使用时应穿适当的防护服。万一接触到眼睛，应立即用大量水冲洗后请医生诊治。如误服本品不能吐出，应立即请医生诊治，并出示瓶签或包装物。应密封于阴凉处保存。
主要用途 有机合成。润湿剂。润滑油。添加剂。气相色谱标准物。

trans-2-Nonene 反式 2-壬烯 07420
[6434-78-2] C_9H_{18} 126.24
成分 C 85.63%，H 14.37%。
别名 1-己基-2-甲基乙烯；2-壬烯 反式；1-Hexyl-2-methylethylene
GW 2015-1730
性状 无色液体。bp 144～145℃；Fp 90℉（32℃）；*d*

0.734；n_D^{20} 1.4200。一般试剂含量≥99.0%。

注意事项 该品易燃。应远离火种密封保存。

trans-3-Nonene 反式-3-壬烯 07421

[20063-92-7] C_9H_{18} 126.24

成分 C 85.63%，H 14.37%。

别名 1-乙基-2-戊基乙烯；3-壬烯 反式；1-Ethyl-2-pentylethylene

GW 2015-1731

性状 无色液体。bp 147℃；Fp 90℉（32℃）；*d* 0.734；n_D^{20} 1.4190。一般试剂含量≥99.0%。

注意事项 该品易燃。应远离火种密封保存。

cis,trans-4-Nonene 顺,反式-4-壬烯 07422

[2198-23-4] C_9H_{18} 126.24

成分 C 85.63%，H 14.37%。

别名 1-丁基-2-丙基乙烯；4-壬烯 顺，反式；1-Butyl-2-propylethylene

GW 2015-1732

性状 无色液体。bp 144～146℃；Fp 86℉（30℃）；d_4^{20} 0.728；n_D^{20} 1.419。一般试剂含量≥99.0%（GC）。

注意事项 该品易燃。口服有毒，并可能损伤肺脏。使用现场禁止吸烟。如误服本品不能吐出，应立即请医生诊治，并出示瓶签或包装物。应充氩气密封于0～4℃保存。

2-Nonen-1-ylsuccinic anhydride
2-壬烯-1-基丁二酸酐 07423

[28928-97-4] $C_{13}H_{20}O_3$ 224.30

成分 C 69.61%，H 8.99%，O 21.40%。

别名 壬烯基琥珀酸酐；ERL-4206 hardener；NSA

性状 无色液体。$bp_{0.15}$ 126～130℃/19.998Pa；Fp 294.8℉（146℃）；d_D^{20} 1.023；n_D^{20} 1.437。一般试剂含量≥95.0%（NT）。

注意事项 该品对眼睛、呼吸系统及皮肤有刺激性。使用时应穿适当的防护服和戴手套。万一接触到眼睛，应立即用大量水冲洗后请医生诊治。应密封于阴凉处保存。

主要用途 电子显微镜用环氧树脂固化剂。

Nonidet P-40 诺纳德 P-40 07424

[9016-45-9]

别名 润湿剂 P-40；Ethylphenylpolyethyleneglycol；Imbentin-N/52；Nonylphenylpolyethylene glycol；NP-40；P-40

性状 无色液体。能与水混合，溶液呈中性。溶于极性有机溶剂。在软水、硬水、盐、碱及酸性溶液中都很稳定。d_4^{20} 1.06；n_D^{20} 1.488。一般试剂含量≥99.0%。

注意事项 该品对呼吸系统有刺激性。对眼睛有严重损伤的危险。使用时应戴防护镜或面罩。万一接触到眼睛，应立即用大量水冲洗后请医生诊治。应密封于干燥处保存。

主要用途 非离子型表面活性剂。两性载体清洁剂。乳化剂。润滑剂。

n-Nonyl acetate 乙酸正壬酯 07425

[143-13-5] $C_{11}H_{22}O_2$ 186.30

成分 C 70.92%，H 11.90%，O 17.18%。

别名 Acetic acid *n*-nonyl ester；*n*-Nonyl ethanoate；Nonanol acetate；Acetate C-9

M. I. 15，6765

性状 无色液体。有刺鼻的气味。易溶于无水乙醇、乙醚（33mL 溶于 100mL 80% 乙醇），不溶于水。bp 208～212℃；d_4^{15} 0.8785；n_D^{20} 1.4328。

主要用途 香料。

Nonyl aldehyde 壬醛 07426

[124-19-6] $C_9H_{18}O$ 142.24

成分 C 76.00%，H 12.76%，O 11.25%。

别名 天竺葵醛；1-Nonanal；Pelargonaldehyde；Aldehyde C_9；Nonaldehyde；Nonylic aldehyde

性状 无色液体。有近似橘香气味。溶于乙醇、丙三醇，不溶于水。bp_{23} 93℃/3.066kPa；Fp 147℉（63℃）；*d* 0.827；n_D^{20} 1.4240。一般试剂含量≥95.0%（GC）。

注意事项 该品对眼睛、呼吸系统及皮肤有刺激性。使用时应戴手套。应避免吸入本品的蒸气，避免与眼睛及皮肤接触。万一接触到眼睛，应立即用大量水冲洗后请医生诊治。应密封于2～8℃保存。

主要用途 有机合成。

Nonylamine 壬胺 07427

[112-20-9] $C_9H_{21}N$ 143.27

成分 C 75.45%，H 14.77%，N 9.78%。

别名 1-氨基壬烷；正壬胺；1-Aminononane；Amine C_9

性状 无色液体。溶于乙醇、乙醚，微溶于水。对二氧化碳敏感。bp_8 76～77℃/1.067kPa；Fp 165.2℉（74℃）；d_4^{20} 0.788；n_D^{20} 1.433。一般试剂含量≥99.0%（GC）。

注意事项 该品具有腐蚀性，能引起烧伤。使用时应穿适当的防护服，戴手套和防护镜或面罩。万一接触到眼睛，应立即用大量水冲洗后请医生诊治。使用时如有事故发生或有不适之感，应请医生诊治。应充氩气密封于阴凉处保存。

主要用途 有机合成。促进剂。抗氧剂。表面活性剂。

Nonylbenzene 壬苯 07428

[1081-77-2] $C_{15}H_{24}$ 204.36

成分 C 88.16%，H 11.84%。

别名 正壬基苯；1-苯基壬烷；壬基苯；1-Phenylnonane

性状 无色液体。bp 281～283℃；Fp >230℉（110℃）；d_4^{20} 0.858；n_D^{20} 1.483。一般试剂含量≥97.0%（GC）。

注意事项 使用时应避免吸入本品的蒸气，避免与眼睛及皮肤接触。

2-Nonyldioxolane 2-壬基二氧五环 07429

[4353-06-4] $C_{12}H_{24}O_2$ 200.32

成分 C 71.95%，H 12.08%，O 15.97%。

别名 2-Nonyl-1,3-dioxo lane；SEPA

M. I. 15，6767

性状 无色澄清油状液体。$bp_{0.55}$ 90～93℃/73.3Pa；$bp_{0.01}$ 68～70℃/1.3Pa；n_D^{20} 1.4390。

主要用途 药品辅剂，赋形剂。

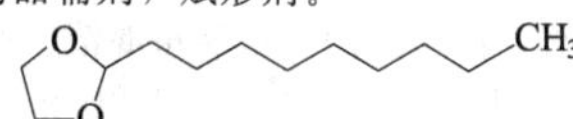

4-Nonylphenol 4-壬基酚 07430

[104-40-5][84852-15-3][25154-52-3] $C_{15}H_{24}O$ 220.36

成分 C 81.76%，H 10.98%，O 7.26%。

别名 对壬基酚；4-壬酚；*p*-Nonylphenol

GW 2015-261 M. I. 15，6768

性状 无色至浅黄色液体。溶于苯、苯胺、己烷、乙二醇、脂肪醇、氯化了的溶剂，不溶于水、稀氢氧化钠溶液。mp 43～46℃；bp 293～297℃；bp_{27} 127～130℃/3.6kPa；Fp 300℉（149℃，开杯）；d_4^{20} 0.950；n_D^{20} 1.513。一般试剂含量≥98.0%（GC）。

注意事项 该品口服有害。具有腐蚀性，能引起烧伤。可能危害胎儿。可能损伤生育力。对水生物极毒。能对水环境引起长期不良的影响。使用时应穿适当的防护服，戴手套和防护镜或面罩。万一接触到眼睛，应立即用大量水冲洗后请医生诊治。使用时如有事故发生或有不适之感，应请医生诊治。应防止将本品释放于环境中。其包装物应按危险品处理。

(p-Nonylphenoxy)acetic acid 对壬基苯氧基乙酸 07431

[3115-49-9] $C_{17}H_{26}O_3$ 278.39

成分 C 73.34%，H 9.41%，O 17.24%。

别名 2-(4-Nonylphenoxy)acetic acid

M. I. 15，6769

性状 无色液体。能与苯、矿物油、煤油、石油醚相混溶，几乎不溶于水。流动点 5℃；黏度（30℃）：5200mPa·s；d_4^{20} 1.010～1.025。

主要用途 腐蚀缓蚀剂，切削油、汽油防泡剂。

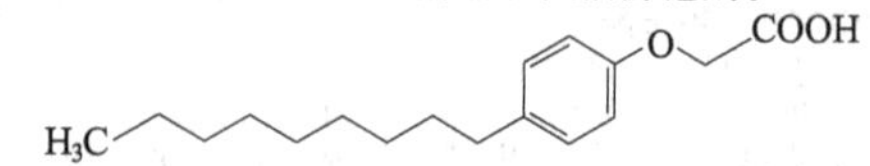

Noprylsulfamide 苯丙磺胺二磺酸钠 07432

[576-97-6] $C_{15}H_{16}N_2Na_2O_8S_3$ 494.46

成分 C 36.44%，H 3.26%，N 5.67%，Na 9.30%，O 25.89%，S 19.45%。

别名 1-[4-(Aminosulfonyl) phenyl]amino-3-phenyl-1,3-propanedisulfonic acid disodium salt; 1-Phenyl-3-*p*-sulfamoylanilino-1,3-propanedisulfonic acid disodium salt; N^4-(Disodium 1,3-disulfo-3-phenylpropyl) sulfanilamide; Disodium 1-phenyl-3-*p*-sulfamoylanilino-1,3-propanedisulfonate; Disodium *p*-(γ-phenylpropylamino) benzenesulfonamide-α, γ-disulfonate; RP-40; Solucin; Soluseptasine; Soluseptazine; Solusetazine; Sulphasolucin; Sulphasolutin

M. I. 15, 6772

性状 无色结晶。1g 该品溶于 5mL 水，呈中性反应。其分子断裂后产生游离磺胺。

主要用途 医用抗菌剂。

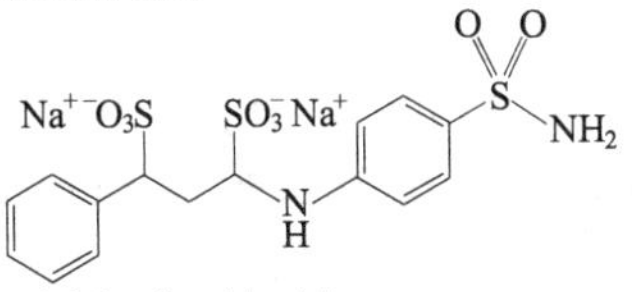

Noracymethadol hydrochloride

去甲乙酰美沙醇 盐酸盐 07433

[5633-25-0] $C_{22}H_{30}ClNO_2$ 375.94

成分 C 70.29%，H 8.04%，Cl 9.43%，N 3.73%，O 8.51%。

别名 盐酸去甲乙酰美沙醇；NIH-7667；α-Ethyl-β-[2-(methylamino) propyl]-β-phenylbenzeneethanol acetate hydrochloride; α-*dl*-6-Methylamino-4,4-diphenyl-3-heptanol acetate hydrochloride; α-*dl*-3-Acetoxy-4,4-diphenyl-6-methylaminoheptane hydrochloride; α-*dl*-3-Acetoxy-6-methylamino-4,4-diphenylheptane hydrochloride; α-*dl*-4,4-Diphenyl-6-methylamino-3-heptanol acetate hydrochloride

M. I. 15, 6773

性状 来自丙酮+乙醚中的无色结晶。mp 216～217℃。

主要用途 医用止痛剂。

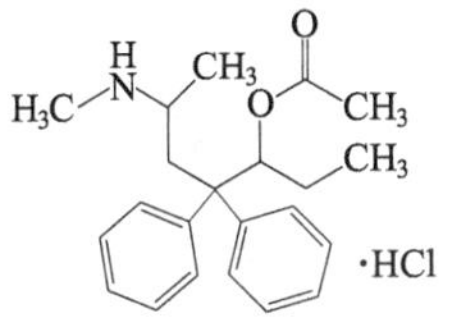

DL-Noradrenaline DL-去甲肾上腺素 07434

[138-65-8] $C_8H_{11}NO_3$ 169.18

成分 C 56.80%，H 6.55%，N 8.28%，O 28.37%。

别名 DL-原副肾素；DL-原肾上腺素；DL-降肾上腺素；DL-正肾上腺素；DL-1-（3,4-二羟基苯）-2-氨基乙醇；DL-2-Amino-1-(3,4-dihydroxyphenyl) ethanol; DL-α-Aminomethyl-3,4-dihydroxybenzyl alcohol; DL-Arterenol; DL-Norepinephrine; DL-1-(3,4-Dihydroxyphenyl)-2-aminoethanol; NE

M. I. 15, 6784

性状 无色结晶。易溶于稀酸及苛性碱，略微溶于水，极微溶于乙醇、乙醚。191℃分解。一般试剂含量≥98.0%（NT）。

注意事项 该品吸入、口服或与皮肤接触极毒。使用时应穿适当的防护服，戴手套、防护镜或面罩。接触皮肤后立即用大量水冲洗。使用时如有事故发生或有不适之感，应请医生诊治。应充氩气密封避光于 2～8℃保存。

L-Noradrenaline L-去甲肾上腺素 07435

[51-41-2] $C_8H_{11}NO_3$ 169.18

成分 C 56.80%，H 6.55%，N 8.28%，O 28.37%。

别名 L-原副肾素；L-原肾上腺素；L-降肾上腺素；动脉醇；L-氨基甲基-3,4-二羟基苄醇；L-正肾上腺素；L-Arterenol; L-Norepinephrine; L-α-Aminomethyl-3,4-dihydroxybenzyl alcohol; NA; Adrenor; 4-[(1*R*)-2-Amino-1-hydroxyethyl]-1,2-benzenediol; 2-Amino-1-(3,4-dihydroxyphenyl) ethanol; 1-(3,4-Dihydroxyphenyl)-2-aminoethanol; Noradrenaline; Levarterenol; Levophed; Adrenor

M. I. 15, 6784

性状 白色微细结晶。溶于无机酸及碱，微溶于水、甲醇、乙醇、乙醚。216.5～218℃分解；$[\alpha]_D^{25}$ −37.3°（c=5，于 1mol/L 盐酸中）。生化试剂含量≥98.0%。

注意事项 见 07434 DL-去甲肾上腺素。

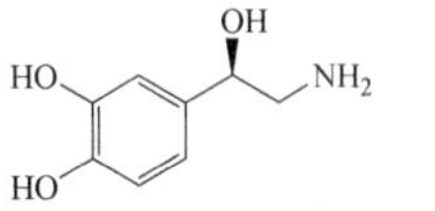

DL-Noradrenaline hydrochloride

DL-去甲肾上腺素 盐酸盐 07436

[55-27-6] $C_8H_{12}ClNO_3$ 205.64

成分 C 46.73%，H 5.88%，Cl 17.24%，N 6.81%，O 23.34%。

别名 盐酸 DL-去甲肾上腺素；DL-盐酸降肾上腺素；DL-降肾上腺素 盐酸盐；DL-Arterenol hydrochloride; DL-Norepinephrine hydrochloride

性状 白色至褐色粉末。溶于水。mp 140～144℃（分解）；生化试剂含量≥97.0%（TLC）。

主要用途 生化研究。

注意事项 该品口服有毒。使用时应穿适当的防护服，戴手套和防护镜或面罩。使用时如有事故发生或有不适之感，应请医生诊治。应充氩气密封于−20℃保存。

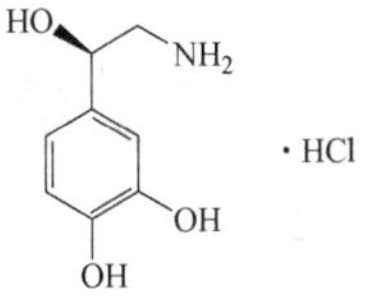

L-Noradrenaline hydrochloride

L-去甲肾上腺素 盐酸盐 07437

[329-56-6] $C_8H_{12}ClNO_3$ 205.64

成分 C 46.73%，H 5.88%，Cl 17.24%，N 6.81%，O 23.34%。

别名 盐酸 L-去甲肾上腺素；盐酸(−)-去甲肾上腺素；L-盐酸去甲肾上腺素；L-盐酸降肾上腺素；L-降肾上腺素 盐酸盐；盐酸 L-降肾上腺素；L-Norepinephrine hydrochloride; L-Arterenol hydrochloride; L-4-(2-Amino-1-hydroxyethyl)-1,2-benzenediol HCl; L-α-Amino methyl-3,4-dihydroxybenzyl alcohol HCl; 2-Amino-1-(3,4-dihydroxyphenyl) ethanol HCl; L-1-(3,4-Dihydroxyphenyl)-2-aminoethanol hydrochloride

性状 无色结晶。易溶于水。mp 145.2～146.4℃；$[\alpha]_D^{25}$ −40°（c=6，于水中）。生化试剂含量≥98.0%（HPLC）。

注意事项 见 07436 DL-去甲肾上腺素 盐酸盐。应密封于 2～8℃保存。

Norbolethone 二乙诺酮 07438

[1235-25-0] $C_{21}H_{32}O_2$ 316.49

成分 C 79.70%，H 10.19%，O 10.11%。

别名 乙基羟基二降孕烯酮；(17α)-(±)-13-Ethyl-17-hydroxy-18,19-dinor-pregn-4-en-3-one; *dl*-13β,17α-Diethyl-17β-hydroxygon-4-en-3-one; Wy-3475

M. I. 15, 6774

性状 来自乙醇中的无色结晶。mp 144～145℃；uv max：241nm（ε 16500）。LD_{50}小鼠急性经口：>5010mg/kg。

主要用途 医用同化剂。

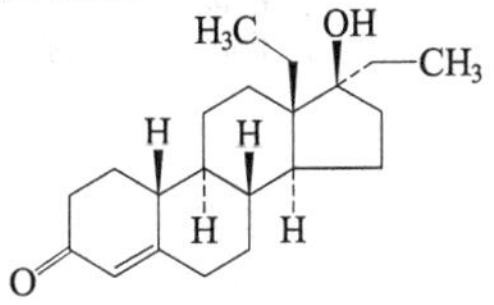

Norbormide 鼠特灵 07439

[991-42-4] $C_{33}H_{25}N_3O_3$ 511.58

成分 C 77.48%，H 4.93%，N 8.21%，O 9.38%。

别名 3a,4,7,7a-Tetrahydro-5-(hydroxyphenyl-2-pyridinylmethyl)-8-(phenyl-2-pyridinylmethylene)-4,7-methano-1*H*-isoindole-1,3(2*H*)-dinoe; 5-(α-Hydroxy-α-2-pyridylbenzyl)-7-(α-2-pyridylbenzylidene)-5-norbornene-2,3-dicarboximide; McN-1025;

Raticate; Shoxin
M. I. 15, 6775
性状 于二氯甲烷+乙醚中的无色结晶。几乎不溶于水（除pH值4以下）。mp 190～198℃；uv max（甲醇中）：250nm（ε 17500）。LD_{50}大鼠急性经口：5.3mg/kg；静脉注射：0.65mg/kg。
主要用途 杀鼠剂。

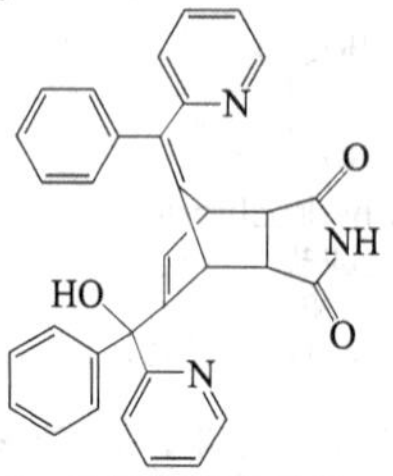

2,5-Norbornadiene　2,5-降冰片二烯 07440
[121-46-0]　C_7H_8　92.14
成分 C 91.25%，H 8.75%。
别名 二环[2.2.1]庚-2,5-二烯；Bicyclo[2.2.1]hepta-2,5-diene
GW 2015-346
性状 无色液体。有恶臭。mp −20℃；bp 89℃；Fp 12℉（−11℃）；d_4^{20} 0.906；n_D^{20} 1.4700。一般试剂含量≥95.0%（GC）。
注意事项 该品高度易燃。使用时应避免吸入本品的蒸气。使用现场禁止吸烟。应远离火种密封保存。

Norbornene　降冰片烯 07441
[498-66-8]　C_7H_{10}　94.16
成分 C 89.29%，H 10.70%。
别名 双环[2.2.1]庚-2-烯；Bicyclo [2.2.1] hept-2-ene；Norbonnylene
性状 无色结晶。不溶于水。mp 44～46℃；bp 96℃；Fp 5℉（−15℃）。LD_{50}大鼠急性经口：11.3g/kg。一般试剂含量≥95.0%（GC）。
注意事项 该品高度易燃。使用现场禁止吸烟。应远离火种采取抗放静电措施，于通风良好处密封保存。切勿排入下水道。

Nordazepam　去甲安定 07442
[1088-11-5]　$C_{15}H_{11}ClN_2O$　270.72
成分 C 66.55%，H 4.10%，Cl 13.09%，N 10.35%，O 5.91%。
别名 去甲西泮；7-氯-1,3-二氢-5-苯基-2*H*-1,4-苯并二氮杂-2-酮；7-Chloro-1,3-dihydro-5-phenyl-2*H*-1,4-benzodiazepin-2-one；Desmethyldiazepam；Nordiazepam；DMDZ；A-101；Ro-5-2180；Calmday；Madar；Nordaz；Praxadium；Stilny
M. I. 15, 6780
性状 来自丙酮中的白色或浅黄色结晶性粉末。微溶于乙醇、氯仿，几乎不溶于水。mp 216～217℃；uv max（氯仿中）：313nm（$E_{1cm}^{1\%}$ 82）。LD_{50}小鼠急性经口：2750mg/kg；腹膜内注射：>400mg/kg。亦有报告为：LD_{50}小鼠，大鼠急性经口（mg/kg）：1300，>5200。
注意事项 该品高度易燃。吸入、口服或与皮肤接触有毒。使用时应穿适当的防护服和戴手套。使用现场禁止吸烟。使用时如有事故发生或有不适之感，应请医生诊治。应远离火种，密封保存。
主要用途 医用抗焦虑剂。

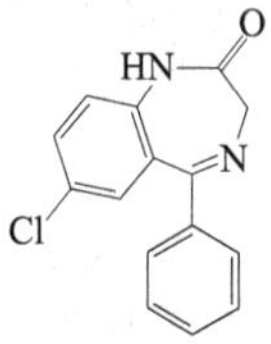

Norde frin hydrochloride　异贤上腺素 盐酸盐 07443
[61-96-1][138-61-4]　$C_9H_{14}ClNO_3$　219.67
成分 C 49.21%，H 6.42%，Cl 16.14%，N 6.38%，O 21.85%。
别名 盐酸异肾上腺素；Corbasil；Cobefrin；4-(2-Amino-1-hydroxypropyl)-1,2-benzenediol hydrochloride；α-(1-Aminoethyl)-3,4-dihydroxybenzyl alcohol hydrochloride；3,4-Dihydroxynorephedrine；3,4-Dihydroxyphenylpropanolamine hydrochloride；3, 4-Dihydroxyphenylaminopropanol；α-(α-Aminoethyl) protocatechuyl alcohol hydrochloride；α-Methylnoradrenaline；α-Methylnorepinephrine norhomoepinephrine hydrochloride；Isoadrenaline hydrochloride；Aminopropanolpyrocatecholhomoarterenol hydrochloride
M. I. 15, 6781
性状 无色结晶。1g该品溶于约1.5mL水、15mL乙醇。其溶液呈中性，易被微量碱破坏。几乎不溶于乙醚。178～179℃分解。
主要用途 医用血管收缩剂。

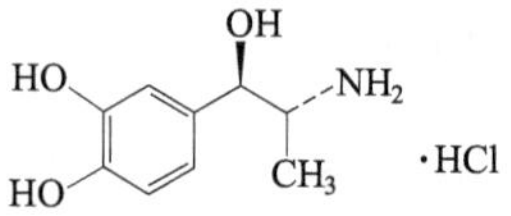

Nordihydroguaiaretic acid　去甲二氢愈创木酸 07444
[500-38-9]　$C_{18}H_{22}O_4$　302.37
成分 C 71.50%，H 7.33%，O 21.17%。
别名 (R^*,S^*)-4,4′-(2,3-Dimethyl-1,4-butanediyl)bis[1,2-benzenediol]；*meso*-4,4′-(2,3-Dimethyltetramethylene)dipyrocatechol；2,3-Bis(3,4-dihydroxybenzyl)butane；β,γ-Dimethyl-α,δ-bis(3,4-dihydroxyphenyl)butane；NDGA；Masoprocol；CHX-100；Actinex；1,4-Bis(3,4-dihydroxyphenyl)-2,3-dimethylbutane
M. I. 15, 6782
性状 来自乙酸中的无色结晶。溶于甲醇、乙醇、乙醚、浓硫酸、稀碱，微溶于热水、氯仿，几乎不溶于石油醚、苯、甲苯、稀盐酸。mp 185～186℃；uv max（甲醇中）：283nm，218nm（ε 6660，13400）。
注意事项 该品口服有害。对眼睛、呼吸系统及皮肤有刺激性。使用时应穿适当的防护服和戴手套。使用时应避免吸入本品的粉尘，避免与眼睛及皮肤接触。万一接触到眼睛，应立即用大量水冲洗后请医生诊治。
主要用途 用于脂肪、食用油的抗氧化剂。生化研究。医用抗肿瘤剂。

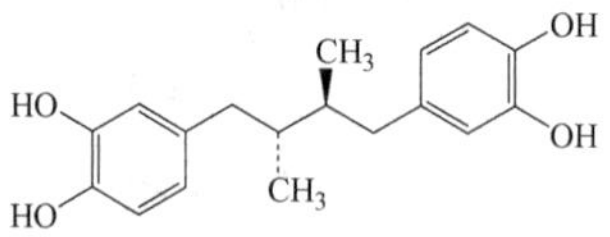

Norepinephrine *d*-bitartrate
去甲肾上腺素 *d*-重酒石酸盐 07445
[69815-49-2]　$C_{12}H_{17}NO_9$　319.27
成分 C 45.15%，H 5.37%，N 4.39%，O 45.10%。
别名 重酒石酸去甲肾上腺素；*d*-酒石酸氢去甲肾上腺素；Levarterenol bitartrate；Aktamin；Binodrenal；4-[(1*R*)-2-Amino-1-hydroxyethyl]-1,2-benzenediol bitartrate；(−)-α-Aminomethyl-3,4-dihydroxybenzyl alcohol bitartrate；*l*-3,4-Dihydroxyphenylethanolamine bitartrate；Noradrenaline bitartrate；Levarterenol bitartrate；Adrenor bitartrate；Levophed bitartrate
M. I. 15, 6784
性状 一般试剂为一水合物，为无色结晶。易溶于水，微溶于乙醇，几乎不溶于氯仿、乙醚。无水物 mp 158～159℃（部分分解）；$[\alpha]_D^{25}$ −10.7°（c=1.6，于水中）。
注意事项 该品吸入、口服或与皮肤接触极毒。能损伤生育力。使用前应得到专门的指导，避免曝露。使用时应穿适当的防护服，戴手套和防护镜或面罩。使用时应避免吸入本品的粉尘。使用时如有事故发生或有不适之感，应请医生诊治。
主要用途 生化研究。医用肾上腺功能剂（血管加压），抗低血压剂。

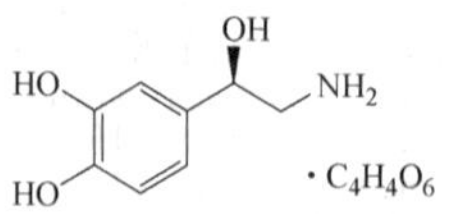

Norethandrolone 乙诺酮 07446

[52-78-8] $C_{20}H_{30}O_2$ 302.46

成分 C 79.42%，H 10.00%，O 10.58%。

别名 乙基去甲睾酮；17α-乙基-19-去甲睾酮；(17α)-17-Hydroxy-19-norpregn-4-en-3-one；17α-Ethyl-19-nortestosterone；17α-Ethyl-17-hydroxy-4-norandrosten-3-one；17α-Ethyl-17-hydroxy-19-norandrost-4-en-3-one；Nilevar；Solevar

M. I. 15，6785

性状 来自甲醇中的无色结晶。溶于乙醇、苯、乙醚、乙酸乙酯，不溶于水。mp 140～141℃；uv max 240nm（ε 16500）。

主要用途 医用雌性激素。

Norethindrone 炔诺酮 07447

[68-22-4] $C_{20}H_{26}O_2$ 298.43

成分 C 80.50%，H 8.78%，O 10.72%。

别名 (17α)-17-Hydroxy-19-norpregn-4-en-20-yn-3-one；19-Nor-17α-ethynyltestosterone；17α-Ethynyl-19-nortestosterone；19-Nor-17α-ethynyl-17β-hydroxy-4-androsten-3-one；19-Nor-17α-ethynylandrosten-17β-ol-3-one；Anhydrohydroxynorprogesterone；19-Norethisterone；Norpregneninolone；Mini-pill；Conludag；Menzol；Micronor；Micronovum；Mini-Pe；Norcolut；Noriday；Norluten；Norlutin；Nor-QD；Primolut N；Utovlan

M. I. 15，6786

性状 来自乙酸乙酯中的无色结晶。溶于氯仿、二氧六环，略溶于乙醇，微溶于乙醚，几乎不溶于水。mp 203～204℃；$[\alpha]_D^{20}$ −31.7°（于氯仿中）；uv max（乙醇中）：240nm（lg ε 4.24）。

注意事项 该品吸入、口服或与皮肤接触有毒。可能致癌。能危害胎儿。使用时应穿适当的防护服，戴手套和防护镜或面罩。使用时应避免吸入本品的粉尘。使用时如有事故发生或有不适之感，应请医生诊治。

主要用途 生化研究。医用孕激素。

Norethylnodrel 异炔诺酮 07448

[68-23-5] $C_{20}H_{26}O_2$ 298.43

成分 C 80.49%，H 8.78%，O 10.72%。

别名 (17α)-17-Hydroxy-19-norpregn-5(10)-en-20-yn-3-one；17α-Ethynyl-17-hydroxy-5(10)-estren-3-one；13-Methyl-17-ethynyl-17-hydroxy-1,2,3,4,6,7,8,−9,11,12,13,14,16,17-tetradecahydro-15*H*-cyclopenta[*a*]phenanthren-3-one

M. I. 15，6787

性状 来自甲醇水溶液中的无色结晶。易溶于氯仿，溶于丙酮，略微溶于乙醇，微溶于水、己烷。mp 169～170℃；$[\alpha]_D$+108°（1%氯仿中）。

注意事项 该品可能致癌。能危害胎儿。使用前应得到专门的指导，避免曝露。使用时应穿适当的防护服，戴手套和防护镜或面罩。使用时应避免吸入本品的粉尘。使用时如有事故发生或有不适之感，应请医生诊治。

主要用途 生化研究。医用孕激素。

DL-Norfenefrine hydrochloride
DL-去甲苯福林 盐酸盐 07449

[15308-34-6] $C_8H_{12}ClNO_2$ 189.64

成分 C 50.67%，H 6.38%，Cl 18.69%，N 7.39%，O 16.87%。

别名 *DL*-1-间羟基苯基-2-氨基乙醇 盐酸盐；盐酸 *dl*-去甲苯福林；Coritat；DepotNovadral；Energona；Esbuphon；Molycor-R；Novadral；Stagural；Tonolift；Vingsal；Zondel；α-Aminomethyl-3-hydroxybenzene methanol hydrochloride；α-Aminomethyl-*m*- hydroxybenzyl alcohol hydrochloride；1-(*m*-Hydroxyphenyl)-2-aminoethanol hydrochloride；*m*-Hydroxyphenylethanolamine hydrochloride；Norphenylephrine hydrochloride

M. I. 15，6788

性状 无色结晶。易溶于水。mp 159～160℃；uv max：274nm（$E_{1cm}^{1\%}$ 91.21）。

主要用途 医用肾上腺素功能剂。

Norfloxacin 诺氟沙星 07450

[70458-96-7] $C_{16}H_{18}FN_3O_3$ 319.34

成分 C 60.18%，H 5.68%，F 5.95 %，N 13.16%，O 15.03%。

别名 氟哌酸；1-Ethyl-6-fluoro-1,4-dihydro-4-oxo-7-(1-piperazinyl)-3-quinolinecarboxylic acid；AM-715；MK-366；Baccidal；Barazan；Chibroxin(e)；Chibroxol；Floxacin；Fulgram；Gonorcin；Lexinor；Noflo；Nolicin；Noracin；Noraxin；Norocin；Noroxin (e)；Norxacin；Sebercim；Uroxacin；Utinor；Zoroxin

M. I. 15，6789

性状 白色至亮黄色结晶性粉末。能在空气中吸湿，成为半水合物。该品于下列物质中的溶解度（25℃，mg/mL）：水 0.28；甲醇 0.98；乙醇 1.9；丙酮 5.1；氯仿 5.5；乙醚 0.01；苯 0.15；乙酸乙酯 0.94；辛醇 5.1；冰乙酸 340。分配系数（辛醇/水）：0.46。pK_{a1} 6.34，pK_{a2} 8.75。mp 220～221℃；uv max（0.1mol/L 氢氧化钠溶液中）：约 274nm，325nm，336nm（$A_{1cm}^{1\%}$ 约 1109，437，425）。LD_{50}小鼠，大鼠急性经口：>4000mg/kg；皮下注射：1500mg/kg；静脉注射（mg/kg）：220，270；肌肉注射（mg/kg）：470，>500；。

注意事项 该品吸入、口服或与皮肤接触有害。对眼睛、呼吸系统及皮肤有刺激性。使用时应穿适当的防护服和戴手套。万一接触到眼睛，应立即用大量水冲洗后请医生诊治。应密封于 2～8℃保存。

主要用途 医用抗菌剂。

Norflurazon 达草灭 07451

[27314-13-2] $C_{12}H_9ClF_3N_3O$ 303.67

成分 C 47.46%，H 2.99%，Cl 11.67%，F 18.77%，N 13.84%，O 5.27%。

别名 4-Chloro-5-methylamino-2-[3-(trifluoromethyl)phenyl]-3(2*H*)-pyridazinone；4-Chloro-5-methylamino-2-(α,α,α-trifluoro-*m*-tolyl)-3(2*H*)-pyridazinone；1-(3-Trifluoromethylphenyl)-4-methylamino-5-chlorpyridazone；SAN-9789；Solicam；Zorial

M. I. 15，6790

性状 来自乙醇中的无色结晶。溶于水（25℃，28×10^{-6}）。mp 183～185℃。LD_{50}大鼠急性经口：9300mg/kg。

主要用途 除草剂。

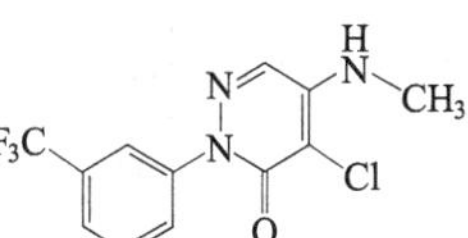

Norgesterone 乙烯异诺酮 07452

[13563-60-5] $C_{20}H_{28}O_2$ 300.44

成分 C 79.96%，H 9.39%，O 10.65%。

别名 (17α)-17-Hydroxy-19-norpregna-5(10),20-dien-3-one；17β-Hydroxy-17α-vinylestr-5(10)-en-3-one；17α-Vinyl-5(10)-estren-17β-01-3one；Norvinodrel；Vinylestrenolone

M. I. 15，6791

性状 来自乙醚-己烷中的无色结晶。mp 142～143℃；$[\alpha]_D$+161°(氯仿中)。

主要用途 医用孕激素。

Norgestimate 肟炔诺酯 07453

[35189-28-7] $C_{23}H_{31}NO_3$ 369.51

成分 C 74.76%，H 8.46%，N 3.79%，O 12.99%。

别名 (17α)-17-Acetyloxy-13-ethyl-18,19-dinorpregn-4-en-20-yn-3-one 3-oxime；(+)-13-Ethyl-17-hydroxy-18,19-dinor-17α-pregn-4-en-20-yn-3-oneoxime acetate(ester)；17α-Acetoxy-13-ethyl-17-ethynylgon-4-en-3-one oxime；Dexnorgestrel acetime；D-138；ORF-10131

M. I. 15，6792

性状 来自二氯甲烷中的无色结晶。易溶于二氯甲烷，略微溶于乙腈，不溶于水。mp 214～218℃；$[\alpha]_D^{25}$+110℃。

主要用途 医用孕激素。与雌激素组合的口服避孕剂。

D-(－)-Norgestrel D-(－)-甲基炔诺酮 07454

[797-63-7] $C_{21}H_{28}O_2$ 312.45

成分 C 80.73%，H 9.03%，O 10.24%。

别名 十八甲；18-甲炔诺酮；炔诺孕酮；17-Ethynyl-18-methyl-19-nortestosterone；13β-Ethyl-17α-ethynyl-17β-hydroxygon-4-en-3-one；Levonorgestrel；D-Norgestrel；dexnorgestrel (obsolete)；Microlut；Microval；Norgeston；Norlevo；Norplant

M. I. 15，6793

性状 来自甲醇中的无色结晶。易溶于氯仿，略微溶于乙醇，不溶于水。mp 235～237℃；$[\alpha]_D^{20}$ －32.4°(c＝0.496，于氯仿中)；uv max (甲醇中)：241nm (ε 16770)。生化试剂含量≥99.0%。

注意事项 该品吸入、口服或与皮肤接触有害，对机体有不可逆损伤的可能性。使用时应穿适当的防护服，应避免吸入本品的粉尘。应密封于2～8℃保存。

主要用途 医用孕激素。口服避孕剂。避孕植入剂。

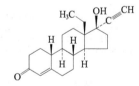

Norgestrienone 三烯炔诺酮 07455

[848-21-5] $C_{20}H_{22}O_2$ 294.39

成分 C 81.60%，H 7.53%，O 10.87%。

别名 (17α)-17Hydroxy-19-norpregna-4,9,11-trien-20-yn-3-one；17α-Ethynyl-4,9,11-estratrien-17β-ol-3-one；17α-Ethynyl-17β-hydroxy-3-oxo-4,9,11-estratriene；17α-Ethynyl-13β-methyl-$\Delta^{4,9,11}$-gonatriene-17β-ol-3-one；Ogyline

M. I. 15，6794

性状 来自异丙醚中的浅黄色针状结晶。溶于醇类、乙醚、丙酮、苯、氯仿、几乎不溶于水、稀酸或稀碱水溶液。mp 169℃；$[\alpha]_D^{20}$＋63°(c＝0.5，于乙醇中) uv max：342nm，238nm (ε 29100，5920)。

主要用途 医用孕激素。

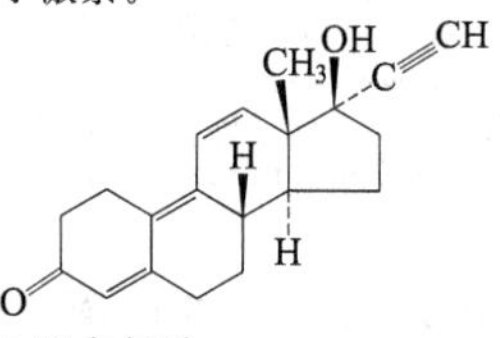

D-Norleucine D-正白氨酸 07456

[327-56-0] $C_6H_{13}NO_2$ 131.18

成分 C 54.94%，H 9.99%，N 10.68%，O 24.39%。

别名 D-原闪白氨酸；D-原亮氨酸；D-2-氨基正己酸；D-2-Amino-n-caproic acid；D-2-Aminohexanoic acid；(R)-2-Aminocaproic acid；n-2-Aminohexanoic acid

M. I. 15，6795

性状 来自水中的白色有光泽的叶片状结晶。味苦。溶于水、盐酸。275～280℃部分升华；mp 301℃(部分分解)；$[\alpha]_D^{20}$－22.4°(c＝4.69，于6mol/L盐酸中)；－4.49°(c＝0.96，于水中)。

注意事项 使用时应避免与眼睛及皮肤接触。应密封于干燥处保存。

DL-Norleucine DL-正白氨酸 07457

[616-06-8] $C_6H_{13}NO_2$ 131.18

成分 C 54.94%，H 9.99%，N 10.68%，O 24.39%。

别名 DL-己氨酸；DL-正闪白氨基酸；DL-原亮氨酸；DL-2-氨基正己酸；DL-2-Aminocaproic acid；DL-Glycoleucine；DL-2-Aminohexanoic acid；DL-Caprine；(±)-2-Aminocaproic acid

M. I. 15，6795

性状 来自水中的无色或白色有光泽的小叶状结晶。溶于水(25℃，11.49g/L；50℃，17.27g/L；75℃，28.61g/L；100℃，52.0g/L)、酸，略微溶于乙醇(25℃，0.42g/100g)。pK_1 2.39；pK_2 9.76。327℃分解；d 1.172。生化试剂含量约99.0%(NT)。

注意事项 使用时应避免吸入本品的粉尘，避免与眼睛及皮肤接触。应密封于干燥处保存。

L-Norleucine L-正白氨酸 07458

[327-57-1] $C_6H_{12}NO_2$ 131.18

成分 C 54.94%，H 9.99%，N 10.68%，O 24.39%。

别名 L-原闪白氨酸；L-原亮氨酸；L-2-氨基正己酸；L-2-Amino caproic acid；L-2-Aminohexanoic acid；(S)-2-Aminocaproic acid

M. I. 15，6795

性状 来自水中的有光泽的无色或白色小叶状结晶。味微甜。溶于水，不溶于乙醇。275～280℃部分升华；mp 301℃(部分分解)；$[\alpha]_D^{20}$＋21.3°(c＝4.25，于6mol/L盐酸中)；＋6.26°(c＝0.70，于水中)。生化试剂含量≥99.0%(NT)。

注意事项 见07457 DL-正白氨酸。

Norlevorphanol (－)-3-羟基吗啡烷 07459

[1531-12-0] $C_{16}H_{21}NO$ 243.35

成分 C 78.97%，H 8.70%，N 5.76%，O 6.57%。

别名 Morphinan-3-ol；(－)-3-Hydroxymorphinan；1,3,4,9,10,10a-Hexahydro-6-hydroxy-2H-10,4a-iminoethanophenanthrene；1,3,4,9,10,10a-Hexahydro-2H-10,4a-iminoethanophenanthren-6-ol；NIH-7539

M. I. 15，6796

性状 来自丙酮＋甲醇中的无色结晶。mp 270～272℃；$[\alpha]_D^{21}$－42°±2°(c＝1，于甲醇中)。

主要用途 医用麻醉止痛剂。

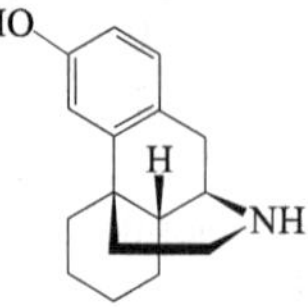

DL-Normetanephrine hydrochloride
DL-去甲变肾上腺素 盐酸盐 07460

[1011-74-1] $C_9H_{14}ClNO_3$ 219.67

成分 C 49.21%，H 6.42%，Cl 16.14%，N 6.38%，O 21.85%。

别名 盐酸 DL-去甲变肾上腺素；DL-去甲-3-*O*-甲基肾上腺素盐酸盐；1-(4-羟基-3-苯甲醚)-2-乙醇胺 盐酸盐；DL-*α*-Aminomethyl-4-hydroxy-3-methoxybenzenemethanol hydrochloride；*α*-(Aminomethyl) vanillyl alcohol hydrochloride；4-Hydroxy-3-methoxy-*α*-(aminomethyl) benzyl alcohol HCl；1-(4-Hydroxy-3-methoxyphenyl)-2-aminoethanol hydrochloride；3-*O*-Methylarterenol HCl；DL-3-*O*-Methylnoradrenaline hydrochloride；NMN；3-*O*-Methylnorepinephrine HCl

M. I. 15，6797

性状 来自无水乙醇中的无色棱柱体结晶。206～207℃分解；uv max（无水乙醇中）：232nm，282nm（ε 7100，2970）。一般试剂含量≥98.0%。

注意事项 该品对眼睛、呼吸系统及皮肤有刺激性。使用时应穿适当的防护服。万一接触到眼睛，应立即用大量水冲洗后请医生诊治。应密封于 2～8℃保存。

Normethadone hydrochloride **去甲美沙酮 盐酸盐** 07461

[847-84-7] $C_{20}H_{26}ClNO$ 331.88

成分 C 72.38%，H 7.90%，Cl 10.68%，N 4.22%，O 4.82%。

别名 盐酸去甲美沙酮；6-Dimethylamino-4,4-diphenyl-3-hexanone hydrochloride；1-Dimethylamino-3,3-diphenyl-4-hexanone hydrochloride；1,1-Diphenyl-1-(2-dimethylaminoethyl)-2-butanone hydrochloride；isoamidone 1 hydrochloride；Desmethylmethadone hydrochloride；Phenyldimazone hydrochloride；Hoechst 10582-HCl；Ticarda

M. I. 15，6798

性状 来自丙酮中的无色结晶。溶于水、乙醇。其1%水溶液 pH 值约 5。mp 174～175℃。LD_{50} 小鼠皮下注射：90mg/kg。

主要用途 医用麻醉止痛、镇咳剂。

CH3 N CH3 O CH3 ·HCl

Normethandrone **甲诺酮** 07462

[514-61-4] $C_{19}H_{28}O_2$ 288.43

成分 C 79.12%，H 9.79%，O 11.09%。

别名 17-甲基-19-去甲睾酮；(17*β*)-17-Hydroxy-17-methylestr-4-en-3-one；17*α*-Methyl-19-nortestosterone；Methylestrenolone；Normethandrolone；Normetandrone；Methylnortestosterone；Orgasteron；Metalutin；Methalutin

M. I. 15，6799

性状 来自乙醚-己烷中的无色结晶。mp 156～158℃；$[\alpha]_D$+33°；uv max（乙醇中）：240nm（lg ε 4.23）。

主要用途 医用雌性激素。

OH CH3 CH3 H H H H O

Nornicotine **降烟碱** 07463

[494-97-3][5746-86-1] $C_9H_{12}N_2$ 148.21

成分 C 72.94%，H 8.16%，N 18.90%。

别名 去甲烟碱；3-(2-吡咯烷基)吡啶；2-(3-吡啶基)吡咯烷；3(2*S*)-2-Pyrrolidinylpyridine；2-(3-Pyridyl)pyrrolidine

M. I. 15，6801

性状 微有黏性的液体。易吸潮。微有氨味。能与水混溶，易溶于乙醇、氯仿、乙醚、石油醚、煤油、油类。bp 270℃；bp_{11} 131℃/1.467kPa；bp_3 105～107℃/400Pa；d_4^{20} 1.0737；n_D^{20} 1.5378；$[\alpha]_D^{22}$ −89°（*c*=100）。LD_{50} 小鼠，兔腹膜内注射（mg/kg）：21.7，>13.7；静脉注射（mg/kg）：3.4，3.0。生化试剂含量≥99.0%（TLC）。

注意事项 该品吸入、口服或与皮肤接触有害。对眼睛、呼吸系统及皮肤有刺激性。使用时应穿适当的防护服和戴手套。万一接触到眼睛，应立即用大量水冲洗后请医生诊治。应密封于 2～8℃保存。

主要用途 生化研究。农业或园艺用杀虫剂。

N H N

Norpseudoephedrine hydrochloride
去甲伪麻黄碱 盐酸盐 07464

[2153-98-2] $C_9H_{14}ClNO$ 187.67

成分 C 57.60%，H 7.52%，Cl 18.89%，N 7.46%，O 8.53%。

别名 盐酸去甲伪麻黄碱；Amorphan；Adiposetten；Exponcit N；Fasupond；Minusin；(*α*S)-*α*-[(1S)-1-Aminoethyl] benzenemethanol hydrochloride；D-*threo*-2-Amino-1-hydroxy-1-phenylpropane hydrochloride；(1*S*,2*S*)-2-Amino-1-phenylpropan-1-ol hydrochloride；Nor-*d*-*ψ*-ephedrine hydrochloride；*d*-*ψ*-norephedrine hydrochloride；*d*-Norisoephedrine hydrochloride；Cathine hydrochloride；katine hydrochloride

M. I. 15，6803

性状 来自乙醇中的无色棱柱体结晶。溶于水。mp 180～181℃；$[\alpha]_D^{20}$+42.53°。

注意事项 该品吸入、口服或与皮肤接触有有害。对眼睛、呼吸系统及皮肤有刺激性。使用时应穿适当的防护服。万一接触到眼睛，应立即用大量水冲洗后请医生诊治。

主要用途 医用抑制食欲剂。

OH NH2 CH3 ·HCl

Nortriptyline hydrochloride **去甲替林 盐酸盐** 07465

[894-71-3] $C_{19}H_{22}ClN$ 299.84

成分 C 76.11%，H 7.39%，Cl 11.82%，N 4.67%。

别名 去甲阿米替林 盐酸盐；盐酸去甲阿米替林；盐酸去甲替林；Acetexa；Allegron；Nortrilen；Norzepine；Pamelor；Sensival；Vividyl；3-(10,11-Dihydro-5*H*-dibenzo[*a*,*d*]cyclohepten-5-ylidene)-*N*-methyl-1-propanamine hydrochloride；10,11-Dihydro-*N*-methyl-5*H*-dibenzo[*a*,*d*] cycloheptene-$\Delta^{5,\gamma}$-propylamine hydrochloride；5-(*α*-Methylaminopropylidene) dibenzo[*a*,*d*]cyclohepta[1,4]diene hydrochloride；3-(10,11-Dihydro-5*H*-dibenzo[*a*,*d*] cyclohepten-5-ylidene)-*N*-methylpropylamine hydrochloride；10,11-Dihydro-5-(3-methylaminopropylidene)-5*H*-dibenzo[*a*,*d*][1,4]cycloheptene hydrochloride；Desitriptilina；desmethylamitriptyline hydrochloride；Avantyl hydrochloride；Aventyl hydrochloride；Noritren hydrochloride；Ateben hydrochloride；Psychosty hydrochloride；Sensaval hydrochloride

M. I. 15，6804

性状 来自乙醚+乙醇中的无色结晶或白色粉末。溶于乙醇、水、氯仿，略微溶于甲醇，几乎不溶于乙醚、丙酮、苯及多数其他的有机溶剂。mp 213～215℃；uv max（甲醇中）：240nm（ε 13900）。生化试剂含量≥98.0%（TLC）。

注意事项 该品口服有害。使用时应穿适当的防护服和戴手套。使用时应避免吸入本品的粉尘。

主要用途 生化研究。医用抗抑郁剂。

·HCl N CH3 H

D-Norvaline **D-正缬氨酸** 07466

[2013-12-9] $C_5H_{11}NO_2$ 117.15

成分 C 51.26%，H 9.46%，N 11.96%，O 27.31%。

别名 D-原缬氨酸；D-戊氨酸；D-2-氨基正戊酸；D-正穿心排草氨基酸；(*R*)-2-Aminopentanoic acid；D-2-Amino-*n*-valeric acid

M. I. 15,6805

性状 无色微细小叶状结晶。易溶于热水，不溶于乙醇、乙醚、氯仿、乙酸乙酯、石油醚。mp 约 307℃；$[\alpha]_D^{20}-24.2°$（$c=10$，于 20%盐酸中）。生化试剂含量≥99.0%(NT)。

注意事项 使用时应避免吸入本品的粉尘，避免与眼睛及皮肤接触。应密封于干燥处保存。

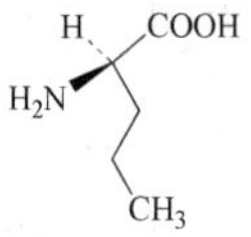

DL-Norvaline DL-正缬氨酸 07467

[760-78-1] $C_5H_{11}NO_2$ 117.15

成分 C 51.26%，H 9.46%，N 11.96%，O 27.31%。

别名 DL-原缬氨酸；DL-戊氨酸；DL-2-氨基正戊酸；DL-正穿心排草氨基酸；(±)-2-Aminopentanoic acid

M.I. 15，6805

性状 来自乙醇或水中的无色微细小叶状结晶。1g 该品 18℃溶于 10mL 水，易溶于热水，几乎不溶于乙醇、乙醚、氯仿、乙酸乙酯、石油醚。pK_1' 2.36，pK_2' 9.74。mp 303℃。生化试剂含量≥99.0%（NT）。

注意事项 见 07466 D-正缬氨酸。

L-Norvaline L-正缬氨酸 07468

[6600-40-4] $C_5H_{11}NO_2$ 117.15

成分 C 51.26%，H 9.46%，N 11.96%，O 27.31%。

别名 L-戊氨酸；L-正穿心排草氨基酸；L-原缬氨酸；L-2-氨基正戊酸；L-2-Aminopentanoic acid；L-2-Aminovaleric acid；(*S*)-2-Aminopentanoic acid

M.I. 15，6805

性状 来自稀乙醇中的无色结晶。易溶于热水，不溶于乙醇、乙醚、氯仿、乙酸乙酯、石油醚。mp 约 305℃；$[\alpha]_D^{20}+25°\pm1°$（$c=10$，于 20%盐酸中）。生化试剂含量≥99.0%（NT）。

注意事项 该品应密封于干燥处保存。

Norvinisterone 乙烯去甲睾酮 07469

[6795-60-4] $C_{20}H_{28}O_2$ 300.44

成分 C 79.96%，H 9.39%，O 10.65%。

别名 17α-乙烯基-19-去甲睾酮；(17α)-17Hydoxy-19-norpregna-4，20-dien-3-one；17-Hydroxy-17α-vinyl-4-estren-3-one；17-Hydroxy-13-methyl-17α-vinyl-1，2，3，6，7，8，9，10，11，12，13，14，16，17-tetradecahydro-15-*H*-cyclopenta[*a*]phenanthren-3-one；17α-vinyl-19-nortestosterone；Nor-Progestelea

M.I. 15，6806

性状 来自乙酸乙酯＋石油醚中的无色结晶。mp 169～171℃；$[\alpha]_D+36°$。

主要用途 医用孕激素。

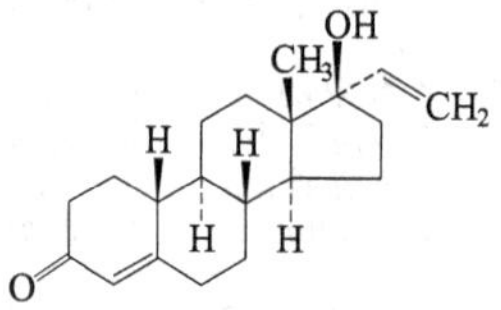

Nosiheptide 诺肽菌素 07470

[56377-79-8] $C_{51}H_{43}N_{13}O_{12}S_6$ 1222.34

成分 C 50.11%，H 3.55%，N 14.90%，O 15.71%，S 15.74%。

别名 *N*-[1-(Aminocarbonyl)ethenyl]-2-[(11*S*，14*Z*，21*S*，23*S*，29*S*)-14-ethylidene-9，10，11，12，13，14，19，20，21，22，23，24，26，33，35，36-hexadecahydro-3，23-dihydroxy-11-[(1*R*)-1-hydroxyethyl]-31-methyl-9，12，19，24，33，43-hexaoxo-30，32-imino-8，5：18，15：40，37-trinitrilo-21，36-([2，4]-*endo*-thiazolomethanimino)-5*H*，15*H*，37*H*-pyrido[3，2-*w*][2，11，21，27，31，7，14，17]benzoxatetrathiatriazacyclohexatriacontin-2-yl]-4-thiazolecarboxamide；Multhiomycin；RP-9671；Primofax

M.I. 15，6808

性状 黄色针状结晶。溶于氯仿、二氧六环、吡啶、二甲基甲酰胺、二甲基亚砜，微溶于甲醇、乙醇、乙酸乙酯、苯，不溶于水、石油醚。mp 310～320℃（分解）；$[\alpha]_D^{20}+38°$（$c=1$，于吡啶中）；uv max（水/二甲基甲酰胺）：242nm，322nm（$E_{1\,cm}^{1\%}$525，229）。

主要用途 兽用抗菌剂，生长促进剂。

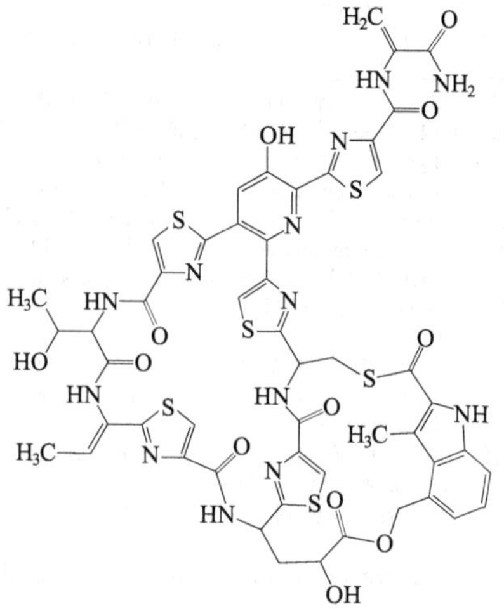

Nourseothricin sulfate 诺尔丝菌素 硫酸盐 07471

[96736-11-7]

别名 硫酸诺尔丝菌素

性状 白色粉末。极微溶于水（20℃，1g/L）。LD_{50}大鼠急性经口：1185mg/kg。生化试剂含量≥90.0%（HPLC）。

注意事项 该品口服有害。对眼睛、呼吸系统及皮肤有刺激性。使用时应穿适当的防护服。万一接触到眼睛，应立即用大量水冲洗后请医生诊治。应充氩气密封于 2～8℃保存。

Novobiocine monosodium salt 新生霉素 一钠盐 07472

[1476-53-5] $C_{31}H_{35}N_2NaO_{11}$ 634.61

成分 C 58.67%，H 5.56%，N 4.41%，Na 3.62%，O 27.73%。

别名 Albamycin；Cathomycin；Crystallinic acid monosodium salt；Inamycin；Robiocina；Streptoniricin monosodium salt

M.I. 15，6811

性状 无色微小结晶。易溶于水。220℃分解；$[\alpha]_D^{24}-38°$（$c=2.5$，于 95%乙醇中）；$[\alpha]_D^{24}-33°$（$c=2.5$，于水中）。生化试剂含量≥93.0%（HPLC）。

注意事项 该品接触皮肤能引起过敏。使用时应穿适当的防护服和戴手套。应充氩气密封避光于 2～8℃保存。

主要用途 生化研究。医用抗菌剂。

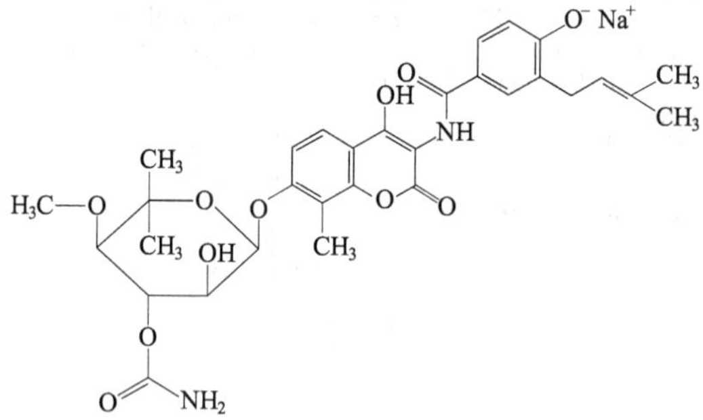

Novoldiamine 二乙胺基异戊胺 07473

[140-80-7] $C_9H_{22}N_2$ 158.29

成分 C 68.29%，H 14.01%，N 17.70%。

别名 *N'*，*N'*-二乙基-1，4-戊二胺；1-二乙氨基-4-氨基戊烷；4-氨基-1-二乙氨基戊烷；N^1，N^1-Diethyl-1，4-pentanediamine；1-diethylamino-4-aminopentane；4-Amino-1-diethylaminopentane；2-Amino-5-diethylaminopentane；δ-Diethylamino-α-methylbutylamine；δ-Diethylaminoisopentylamine

M.I. 15，6812

性状 无色液体。有氨的气味。溶于水、乙醇、乙醚。bp_{753} 200～200.5℃/100.391kPa；d_{26}^{20} 0.819；n_D^{26} 1.4403。生化试剂含量≥99.0%。

主要用途 制造阿的平和其他抗疟药所有相同的碱性侧链。

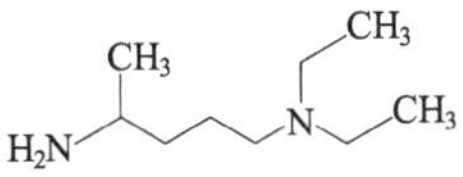

Noxythiolin 羟甲基甲硫脲 07474

[15599-39-0] $C_3H_8N_2OS$ 120.17

成分 C 29.99%，H 6.71%，N 23.31%，O 13.31%，S 26.68%。

别名 *N*-Hydroxymethyl-*N'*-methylthiourea；1-Hydroxymethyl-3-methyl-2-thiourea；Noxytiolin；Noxyflex-S

M. I. 15，6813

性状 无色结晶。溶于水（10%，质量浓度）、乙醇（4%，质量浓度）。其2.5%水溶液pH值6.31～7.0。mp 88～90℃。LD_{50}小鼠急性经口：>3g/kg。

主要用途 医用消毒剂。

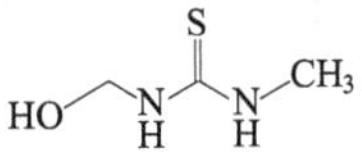

Nuclear fast red 核固红 07475

[6409-77-4] $C_{14}H_8NNaO_7S$ 357.28

成分 C 47.07%，H 2.26%，N 3.92%，Na 6.43%，O 31.35%，S 8.98%。

别名 日光宝石红；细胞核坚牢红；钙红；4-氨基-9，10-二氢-1，3-二羟基-9，10-二氧-2-蒽磺酸钠；1-氨基-2，4-二羟基蒽醌-3-磺酸钠；4-Amino-9，10-dihydro-1，3-dihydroxy-9，10-dioxo-2-anthracene sulfonic acid sodium salt；Calcin red；1-Amino-2，4-dihydroxyanthraquinone-3-sulfonic acid sodium salt；Calcium red；Helio fast rubin BBL；Kernechtrot；NFR

C. I. 60760

性状 微红至深棕色粉末。溶于乙醇、水。遇氢氧化钠成浅紫色，在硫酸中为棕色。

注意事项 该品对眼睛、呼吸系统及皮肤有刺激性。使用时应穿适当的防护服。万一接触到眼睛，应立即用大量水冲洗后请医生诊治。应密封避光保存。

主要用途 测定钙的试剂。生物染色剂。

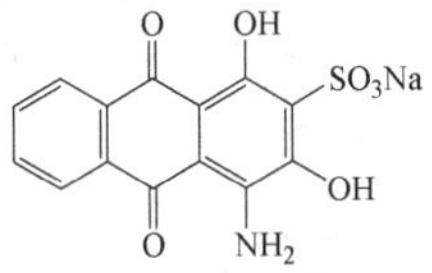

Nuclease P_1 from penicillium citrinum

核酸酶 P_1（橘青霉菌） 07476

[54576-84-0] Mr 约 24000

别名 Endonuclease P_1

EC 3.1.30.1

性状 近白色冻干粉末。

注意事项 使用时应避免吸入本品的粉尘，避免与眼睛及皮肤接触。应充氩气密封于2～8℃干燥保存。

Nucleocidin 核杀菌素 07477

[24751-69-7] $C_{10}H_{13}FN_6O_6S$ 364.31

成分 C 32.97%，H 3.60%，F 5.21%，N 23.07%，O 26.35%，S 8.80%。

别名 4'-*C*-Fluoroadenosine-5'-sulfamate；9-(4-Fluoro-5-*O*-*S*-sulfamoylpentofuranosyl) adenine；4-Fluoro-5'-*O*-sulfamoyladenosine

M. I. 15，6815

性状 一般产品为一水合物，为无色结晶。呈弱碱性。mp >190℃（分解）；uv max（甲醇中）：259nm（ε 15000）。LD_{50}小鼠腹膜内注射：约0.2mg/kg。

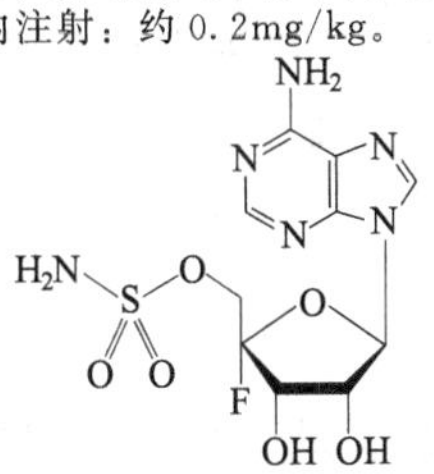

Nucleoside phosphorylase from human blood

核苷磷酸化酶（人血） 07478

[9030-21-1]

EC 2.4.2.1

性状 无色结晶。

注意事项 该品应密封于−18℃保存。

Nupharidine 萍蓬草碱 07479

[468-89-3] $C_{15}H_{22}NO_2$ 249.35

成分 C 72.25%，H 9.30%，N 5.62%，O 12.83%。

别名 [1*R*-(1α，4β，5α，7β，9aα)]-4-(3-Furanyl)octahydro-1，7-dimethyl-2*H*-quinolizine 5-oxide

M. I. 15，6816

性状 无色结晶。无味。溶于乙醇、氯仿、乙醚、丙酮、戊醇、稀酸。其盐味苦。mp 221℃；$[\alpha]_D$+15°。

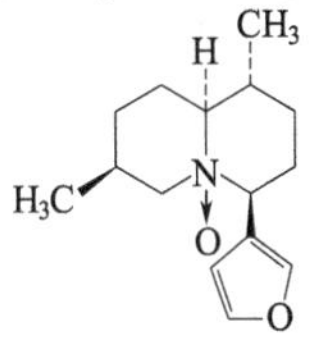

Nybomycin 尼博霉素 07480

[30408-30-1] $C_{16}H_{14}N_2O_4$ 298.30

成分 C 64.42%，H 4.73%，N 9.39%，O 21.45%。

别名 8-Hydroxymethyl-6，11-dimethyl-2*H*，4*H*-oxazolo[5，4，3-*ij*]pyrido[3，2-*g*]quinoline-4，10(11*H*)-dione；6，11-Dimethyl-8-(hydroxymethyl)pyrido[3，2-*g*]oxazolo[5，4，3-*ij*]quinoline-4，10(2*H*，11*H*)-dione

M. I. 15，6820

性状 来自乙酸中的无色针状结晶。无旋光性。溶于浓酸，极微溶于水、碱类、一般的有机溶剂。250℃升华(15mmHg/2kPa)。mp 325～330℃；uv max（乙醇中）：266nm，285nm。LD_{50}小鼠腹膜内注射：650mg/kg。

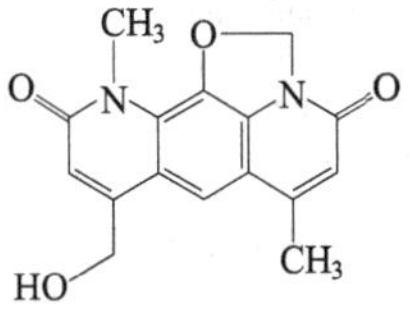

Nylidrin hydrochloride 布芬宁 盐酸盐 07481

[849-55-8] $C_{19}H_{26}ClNO_2$ 335.87

成分 C 67.95%，H 7.80%，Cl 10.55%，N 4.17%，O 9.53%。

别名 苄丙酚胺 盐酸盐；盐酸布芬宁；盐酸苄丙酚胺；SKF-1700-A；Arlidin；Bufedon；Buphedrin；Dilatal；Dilatropon；Dilydrin；Opino；Penitardon；Perdilatal；Rudilin；Rydrin；Tocodrin；Tocodrin；4-Hydroxy-α-[1-[(1-methyl-3-phenylpropyl)amino]ethyl]benzenemethanol hydrochloride；*p*-Hydroxy-α-[1-[(1-methyl-3-phenylpropyl)amino]ethyl] benzyl alcohol hydrochloride；*p*-Hydroxy-*N*-(1-methyl-3-phenylpropyl) norephedrine hydrochloride；Buphenine hydrochloride；1-(*p*-Hydroxyphenyl)-2-(1'-methyl-3'-phenylpropylamino)-1-propanol hydrochloride；Phenyl-*sec*-butyl norsuprifen hydrochloride

M. I. 15，6831

性状 无色结晶或白色结晶性粉末。略微溶于水，微溶于乙醇，几乎不溶于乙醚、氯仿、苯。

注意事项 该品吸入、口服或与皮肤接触有害。使用时应穿适当的防护服。

主要用途 医用末梢血管舒张剂。

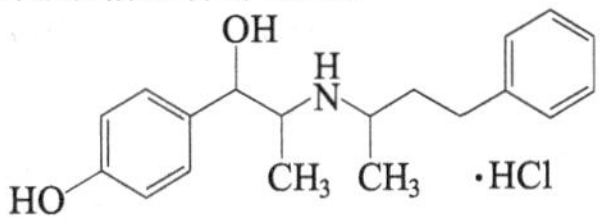

Nystatin A_1 制霉菌素 A_1 07482

[34786-70-4] $C_{47}H_{75}NO_{17}$ 926.11

成分 C 60.96%，H 8.16%，N 1.51%，O 29.37%。

别名 制真菌素；Biofanal；Candex；Candio-Hermal；Diastatin；Fungicidin；Mycostatin；Moronal；Nystan；Nystavescent; Nystatin dihydrate; O-V Statin

M. I. 15，6825

性状 浅黄色粉末。易吸潮。28℃时，溶于甲醇（11.2mg/mL)、乙醇（1.2mg/mL)、四氯化碳（1.23mg/mL)、氯仿（0.48mg/mL)、苯（0.28mg/mL)、乙二醇（8.75mg/mL)、水（4.0mg/mL)。溶液及悬浮液配制后，不久就失去活性。长时间接触光、热和空气能引起质变而失效。mp >160℃（逐渐分解）；$[\alpha]_D^{25}-10°$（于冰乙酸中），+21°（于吡啶中），+12°（于二甲基酰胺中），−7°（0.1mol/L 盐酸于甲醇中）；uv max（乙醇中）：290nm，307nm，322nm。LD_{50} 小鼠腹膜内注射：约200mg/kg。生化试剂含量≥80.0%（UV）。

注意事项 使用时应避免吸入本品的粉尘，避免与眼睛及皮肤接触。应充氩气密封避光于−20℃干燥保存。

主要用途 生化研究。医用抗真菌剂。

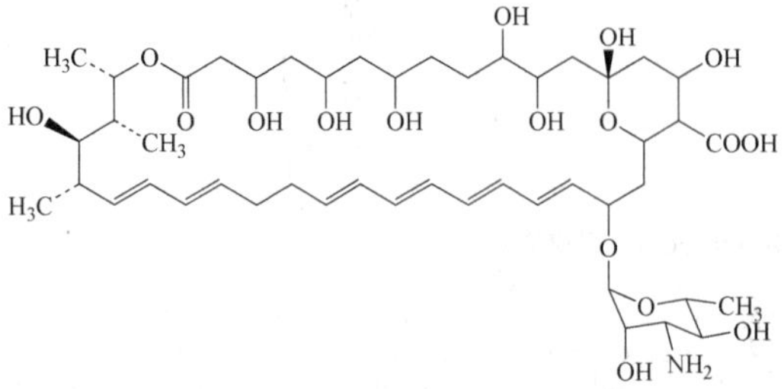

Obidoxine chloride 双复磷 07483

[114-90-9] $C_{14}H_{16}Cl_2N_4O_3$ 359.21

成分 C 46.81%，H 4.49%，Cl 19.74%，N 15.60%，O 13.36%。

别名 氯化双异烟醛肟甲醚；1,1′-Oxybis(methylene)bis[4-(hydroxyimino)methyl]pyridinium dichloride; 1,1′-Oxydimethylene bis[4-formylpyridinium]dichloridedioxime; *N*,*N*-Dimethyleneoxidebis(pyridinium-4-aldoxime) dichloride; Bis(4-hydroxyiminomethylpyridinium-1-methyl) ether dichloride; Bis(isonicotinaldoxime 1-methyl) ether dichloride; BH-6; LüH6; Toksobidin; Toxogonin

M. I. 15，6827

性状 该品存在两种可相互交替的同分异构体（顺式及反式）。来自盐酸及近70%乙醇中的无色结晶。易溶于水，其1%～10%水溶液稳定。mp 235～236℃（顺式），218～220℃（反式）；225℃分解。LD_{50}小鼠，大鼠急性经口（mg/kg）：>2240，>4000；静脉注射（mg/kg）：70，133；腹膜内注射（mg/kg）：150，225。小鼠肌肉注射：172mg/kg。

主要用途 医用解毒剂（有机磷酸盐杀虫剂中毒）。

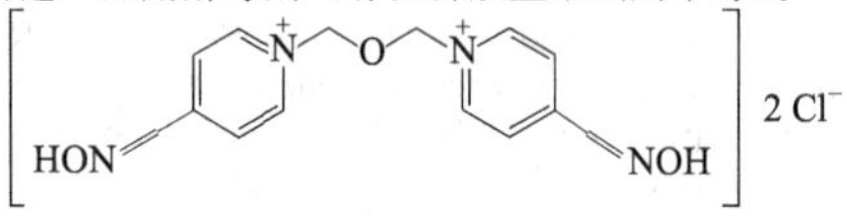

O

Ochratoxin A from aspergillus ochraceus 赭曲霉毒素 A（赭曲霉） 07484

[303-47-9] $C_{20}H_{18}ClNO_6$ 403.82

成分 C 59.49%，H 4.49%，Cl 8.78%，N 3.47%，O 23.77%。

别名 赭曲毒素 A；(*R*)-*N*-(5-Chloro-3,4-dihydro-8-hydro-xy-3-methyl-1-oxo-1*H*-2-benzopyran-7-yl) carbonyl-L-ph-enylalanine; *N*-[(3*R*)-(5-Chloro-8-hydroxy-3-methyl-1-oxo-7-isochromanyl) carbonyl]-L-phenylalanine

GW 2015-2754 M. I. 15，6829

性状 来自二甲苯中的无色结晶。mp 169℃；$[\alpha]_D-118°$（*c*=1.1，于氯仿中）；uv max（乙醇中）：215nm，233nm（ε 34000，2400）。LD_{50}大鼠急性经口：20～22mg/kg。生化试剂含量≥98.0%（TLC）。

注意事项 该品口服极毒，可能致癌。使用前应得到专门的指导，避免曝露。使用时应穿适当的防护服和戴手套。接触皮肤后应立即用大量水冲洗。使用时如有事故发生或有不适之感，应立即请医生诊治。应充氩气密封于2～8℃保存。

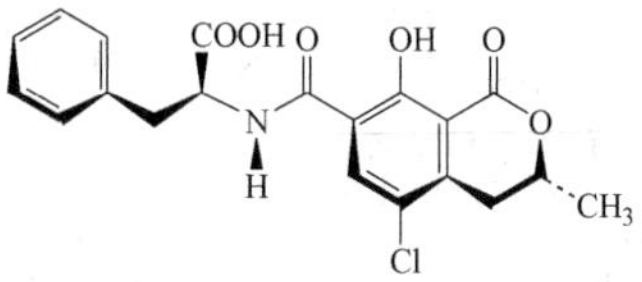

Ocimene 罗勒烯 07485

[29714-87-2] $C_{10}H_{16}$ 136.24

成分 C 88.16%，H 11.84%。

别名 3,7-二甲基-1,3,6-辛三烯；3,7-Dimthyl-1,3,6-octatriene

M. I. 15，6830

性状 无色油状液体。有愉快的气味。一般为异构体的混合物。溶于乙醇、氯仿、乙醚、冰乙酸，几乎不溶于水。bp_{70} 100℃/9.333kPa；d_4^{20} 0.8006；n_D^{20} 1.4862；uv max（甲醇中）：233nm（ε 26200）。

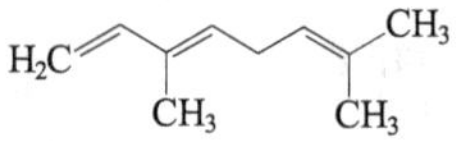

Octabenzone 辛苯酮 07486

[1843-05-6] $C_{21}H_{26}O_3$ 326.44

成分 C 77.27%，H 8.03%，O 14.70%。

别名 2-羟基-4-辛氧基二苯甲酮；[2-Hydroxy-4-(octyloxy)phenyl] phenylmethanone; 2-Hydroxy-4-(octyloxy) benzophenone; Benzophenone-12; Spectra-SorbUV 531

M. I. 15，6831

性状 无色结晶。mp 45～46℃。

主要用途 阻止紫外线对聚乙烯破坏的稳定剂。医用紫外线屏蔽剂。

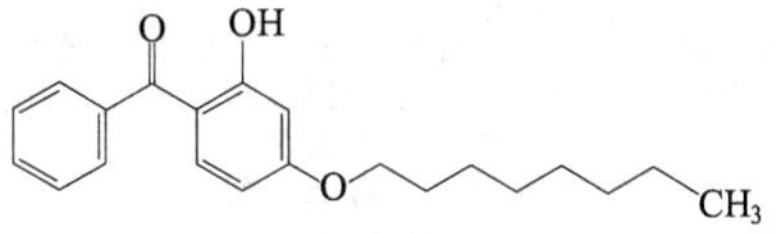

Octacaine hydrochloride 辛卡因 盐酸盐 07487

[59727-70-7] $C_{14}H_{23}ClN_2O$ 270.80

成分 C 62.10%，H 8.56%，Cl 13.09%，N 10.34%，O 5.91%。

别名 3-二乙氨基-*N*-苯基丁酰胺 盐酸盐；3-二乙氨基丁酰苯胺 盐酸盐；盐酸辛卡因；Amplicain; 3-Diethylamino-*N*-phenylbutanamide hydrochloride; 3-Diethylaminobutyranilide hydrochloride

M. I. 15，6832

性状 无色或白色结晶性粉末。溶于水。mp 132～134℃。

主要用途 医用局部麻醉剂。

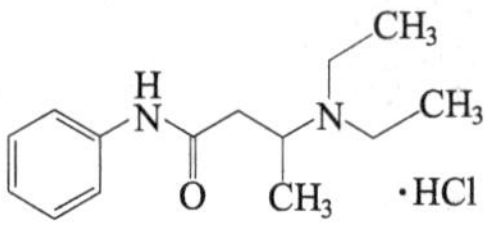

Octacosane 二十八烷 07488

[630-02-4] $C_{28}H_{58}$ 394.77

成分 C 85.19%，H 14.81%。

别名 Alkane C_{28}

性状 白色鳞片状结晶。易溶于乙醚，溶于乙醇、氯仿、苯、低级烷烃类，不溶于水。mp 59～62℃；bp 440℃；bp_{15} 278℃/2kPa；Fp 441℉（227℃）。一般试剂含量≥99.0%（GC）。

注意事项 该品应密封保存。

主要用途 有机合成。气相色谱固定液，气相色谱标准物。

Octacosanol 二十八醇 07489

[557-61-9] $C_{28}H_{58}O$ 410.77

成分 C 81.87%，H 14.23%，O 3.89%。

别名 二十八烷醇；Cluytyl alcohol; Montanyl alcohol; 1-Octacosanol; *n*-octa cosanol; Octacosyl alcohol

M. I. 15，6833

性状 来自大量丙酮中的无色结晶。溶于二硫化碳、脂肪溶剂、油类，不溶于水。mp 83.4℃。一般试剂含量≥99.0%（GC）。

注意事项 使用时应避免吸入本品的粉尘，避免与眼睛及皮肤接触。应密封于2～8℃保存。

Octadecane 十八烷 07490
[593-45-3] $C_{18}H_{38}$ 254.50
成分 C 84.95%，H 15.05%。
别名 Alkane C_{18}
性状 无色液体。低温时凝固为白色固体。能与乙醚、丙酮相混溶，不溶于水。mp 28～30℃；bp 317℃；Fp 330℉(165℃)；*d* 0.7822；n_D^{20}1.4390。
注意事项 该品对眼睛、呼吸系统及皮肤有刺激性。使用时应戴手套。万一接触到眼睛，应立即用大量水冲洗后请医生诊治。应密封于阴凉处保存。
主要用途 色谱分析标准物。气相色谱固定液。有机合成。

1-Octadecanol 1-十八醇 07491
[112-92-5] $C_{18}H_{38}O$ 270.50
成分 C 79.93%，H 14.16%，O 5.91%。
别名 硬脂醇；脂蜡醇；1-羟基十八烷；正十八醇；1-Hydroxyoctadecane；*n*-Octadecyl alcohol；Stenol；Stearyl alcohol；Alcohol C_{18}
M. I. 15，8932
性状 白色片状结晶或颗粒。溶于乙醇、乙醚、甲醇、苯、丙酮，不溶于水。mp 59.4～59.8℃；bp_{15} 210℃/2kPa；Fp 365℉(185℃)。一般试剂含量≥99.0%(GC)。
注意事项 该品对眼睛、呼吸系统及皮肤有刺激性。使用时应穿适当的防护服。万一接触到眼睛，应立即用大量水冲洗后请医生诊治。应充氮气密封保存。
主要用途 有机合成中间体。气相色谱固定液。润滑剂。消泡剂。乳化剂。表面活性剂。

1-Octadecene 1-十八烯 07492
[112-88-9] $C_{18}H_{36}$ 252.49
成分 C 85.63%，H 14.37%。
性状 无色液体，低温下为白色固体。不溶于水。mp 14～16℃；bp_{15} 179℃/2kPa；Fp 309℉(154℃)；d_4^{20} 0.788；n_D^{20} 1.445。一般试剂含量≥95.0%(GC)。
注意事项 使用时避免吸入本品的蒸气，避免与眼睛及皮肤接触。应密封于阴凉处保存。
主要用途 有机合成。溶剂。气相色谱标准物。表面活性剂。

***cis*-9-Octadecen-1-ol 顺式-9-十八烯-1-醇** 07493
[143-28-2] $C_{18}H_{36}O$ 268.49
成分 C 80.52%，H 13.52%，O 5.96%。
别名 油醇；Ocenol；(*Z*)-9-Octadecen-1-ol；Oleyl alcohol
M. I. 15，6924
性状 无色至淡黄色油状液体，低温下凝固。加热时有刺激性烟雾。溶于乙醇、乙醚，不溶于水。mp 13～19℃；bp_8 195℃/kPa；$bp_{1.5}$ 182～184℃/66.661Pa；d_4^{20} 0.850；$n_D^{27.5}$ 1.4582。一般试剂含量≥98.0%(GC)。
注意事项 见07491 1-十八醇。
主要用途 洗净剂。湿润剂。消泡剂。金属切削的润滑剂。增塑剂。织物的滑柔剂。

Octadecylamine 十八胺 07494
[124-30-1] $C_{18}H_{39}N$ 269.52
成分 C 80.22%，H 14.58%，N 5.20%。
别名 十八烷胺；1-氨基十八烷；硬脂胺；Amine C_{18}；1-Aminooctadecane；Stearylamine
性状 白色结晶或颗粒。对二氧化碳敏感。溶于乙醇、乙醚，不溶于水。mp 52～54℃；bp_{32} 232℃/4.266kPa。一般试剂含量≥99.0%(GC)。
注意事项 见07491 1-十八醇。
主要用途 彩色胶片成色剂的合成。树脂合成。乳化剂。杀菌剂。缓蚀剂。

Octamethylcyclotetrasiloxane 八甲基环四硅氧烷 07495
[556-67-2] $C_8H_{24}O_4Si_4$ 296.62
成分 C 32.39%，H 8.16%，O 21.58%，Si 37.87%。
别名 八甲基环四硅烷；八甲基环四硅醚；Octamethylcyclotetraoxy silane
M. I. 15，6836
性状 无色油状液体。能与有机溶剂相混溶，不溶于水。mp 17.5℃；bp 175℃；bp_{20} 74℃/2.666kPa；Fp 140℉(60℃)；*d* 0.9558；n_D^{20} 1.3968。一般试剂含量≥99.0%(GC)。
注意事项 该品能使水生物的环境产生长期不良的影响。可能损伤生育力。使用时应穿适当的防护服或戴手套。如误服该品，应立即就医，并出示该品的容器或瓶签。应充氩气密封于通风干燥处保存。应防止将本品释放于环境中。
主要用途 制备甲基硅油。绝缘、防潮。

H₃C CH₃ / Si / O O / H₃C—Si Si—CH₃ / H₃C CH₃ / O O / Si / H₃C CH₃

Octamethyltrisiloxane 八甲基三硅氧烷 07496
[107-51-7] $C_8H_{24}O_2Si_3$ 236.53
成分 C 40.62%，H 10.23%，O 13.53%，Si 35.62%。
M. I. 15，6837
性状 无色液体。对多数化学试剂及橡胶呈惰性。溶于苯、轻质烃类，微溶于乙醇、重质烃类。mp 约−80℃；bp 153℃；Fp 84.2℉(29℃)；*d* 0.8200；n_D^{20} 1.3848。一般试剂含量≥97.0%(GC)。
注意事项 该品易燃。使用时应避免吸入本品的蒸气、飞沫，避免与眼睛及皮肤接触。

$(H_3C)_3Si-O-Si(CH_3)_2-O-Si(CH_3)_3$

1-Octanal 1-辛醛 07497
[124-13-0] $C_8H_{16}O$ 128.22
成分 C 74.94%，H 12.58%，O 12.48%。
别名 正辛醛；Caprylaldehyde；Caprylic aldehyde；*n*-Octaldehyde；Octanal；*n*-Octylaldehyde；Aldehyde C_8
M. I. 15，1768
性状 无色至微黄色液体。有刺激性气味。易氧化。能与乙醇、乙醚相混溶，微溶于水。mp 12～15℃；bp_{760} 163.4℃/101.325kPa；bp_{20} 72℃/2.666kPa；bp_9 60℃/1.2kPa；Fp 125℉(52℃)；d_4^{20} 0.821；n_D^{26} 1.41667。一般试剂含量≥98.0%(GC)。
注意事项 该品易燃。万一着火，应用指定的灭火设备，不能用水。应防止将本品释放于环境中。应密封保存。
主要用途 皂用香精。有机合成。

Octane 辛烷 07498
[111-65-9] C_8H_{18} 114.23
成分 C 84.12%，H 15.88%。
别名 正辛烷；Alkane C_8；Octyl hydride
GW 2015-2799 M. I. 15，6838
性状 无色透明液体。能与苯、石油醚、汽油相混溶，溶于乙醚，微溶于乙醇，不溶于水。mp −56.8℃；bp_{760} 125.6℃/101.325kPa；Fp 72℉(22℃，开杯)；d_4^{20} 0.7028；n_D^{20} 1.39764。一般试剂含量≥96.0%(GC)。
注意事项 该品高度易燃。对皮肤有刺激性。口服有害，并可能损伤肺脏。对水生物极毒。能对水环境引起长期不良的结果。其蒸气可引起瞌睡和眩晕。使用现场禁止吸烟。切勿排入下水道。应防止将本品释放于环境中。其包装物应按危险品处理。如误服本品不能吐出，应立即请医生诊治，并出示瓶签或包装物。应远离火种，采取抗放静电措施，于阴凉通风处密封保存。
主要用途 气相色谱分析标准物。溶剂。有机合成。

1,8-Octanediamine 1,8-辛二胺 07499
[373-44-4] $C_8H_{20}N_2$ 144.26
成分 C 66.61%，H 13.97%，N 19.42%。
别名 1,8-二氨基辛烷；1,8-Diaminooctane；Octamethylenediami-ne
性状 白色固体或粉末。易吸湿。对空气敏感。mp 50～

52℃；bp 225～226℃；Fp 329℉（165℃）。一般试剂含量≥98.0%（NT）。

注意事项 该品具有腐蚀性，能引起烧伤。使用应穿适当的防护服，戴手套和防护镜或面罩。万一接触到眼睛，应立即用大量水冲洗后请医生诊治。使用时如有事故发生或有不适之感，应请医生诊治。应充氮气密封于干燥处保存。

1,8-Octane diol 1,8-辛二醇 07500

[629-41-4] $C_8H_{18}O_2$ 146.23

成分 C 65.71%，H 12.41%，O 21.88%。

别名 辛亚甲基二醇；Octamethylene glycol

性状 无色针状结晶。溶于乙醇、苯，微溶于水、乙醚、烷烃类。mp 59～60℃；bp_{20} 172℃/2.666kPa；Fp 248℉（120℃）。一般试剂含量≥98.0%（GC）。

注意事项 该品应密封保存。

主要用途 有机合成。

1-Octanethiol 1-辛硫醇 07501

[111-88-6] $C_8H_{18}S$ 146.30

成分 C 65.68%，H 12.40%，S 21.92%。

别名 正辛硫醇；*n*-Octylmercaptan；Mercaptan C_8

GW 2015-2798

性状 无色油状液体。微有臭味。不溶于水。mp －49℃；bp 197～199℃；Fp 154.4℉（68℃）；d_4^{20} 0.843；n_D^{20} 1.4550。一般试剂含量≥98.0%。

注意事项 该品对眼睛及皮肤有刺激性。使用时应穿适当的防护服，戴手套和防护镜或面罩。应避免吸入本品的蒸气。万一接触到眼睛，应立即用大量水冲洗后请医生诊治。应密封保存。

主要用途 有机合成。

Octanohydroxamic acid 辛基异羟肟酸 07502

[7377-03-9] $C_8H_{17}NO_2$ 159.23

成分 C 60.35%，H 10.76%，N 8.80%，O 20.10%。

别名 八碳异羟肟酸；*N*-Hydroxyoctanamide；Caprylohydroxamic acid；Oct HA；Taselin

M.I.15，6839

性状 来自苯中的白色片状结晶。溶于水，几乎不溶于石油醚。mp 78.5～79℃。

主要用途 兽用灭菌剂，生长促进剂。

H_3C–(CH₂)₆–C(=O)–NH–OH

1-Octanol 1-辛醇 07503

[111-87-5] $C_8H_{18}O$ 130.23

成分 C 73.78%，H 13.93%，O 12.29%。

别名 正辛醇；亚羊脂醇；伯辛醇；Alcohol C_8；Capryl alcohol；Caprylic alcohol；Heptyl carbinol；*n*-Octyl alcohol

M.I.15，6840

性状 无色油状液体。有刺激性芳香气味。能与乙醇、乙醚、三氯甲烷相混溶，不溶于水。mp －17～－16℃；bp 194～195℃；Fp 177.8℉（81℃）；d_4^{20} 0.827；n_D^{20} 1.430。一般试剂含量≥99.5%（GC）。

注意事项 该品口服有害。对眼睛及皮肤有刺激性。使用时应穿适当的防护服。应避免吸入本品的蒸气。万一接触到眼睛，应立即用大量水冲洗后请医生诊治。应密封于阴凉处保存。

主要用途 有机合成。香料制备。溶剂。防沫剂。代替戊醇还原酮类。

2-Octanol 2-辛醇 07504

[123-96-6] $C_8H_{18}O$ 130.23

成分 C 73.78%，H 13.93%，O 12.29%。

别名 仲辛醇；甲基己基甲醇；第二辛醇；*sec*-Caprylic alcohol；Methylhexyl carbinol；*sec*-Octyl alcohol；Hexylmethyl carbinol；(±)-2-Octanol；Secondary caprylic alcohol

M.I.15，6841

性状 无色液体。能与乙醇、乙醚相混溶，微溶于水（0.096mL/100mL）。mp －38.6℃；bp_{760} 178.5℃/101.325kPa；bp_{60} 107.4℃/8kPa；bp_{20} 83.3℃/2.666kPa；bp_{10} 70℃/1.333kPa；bp_5 57.6℃/666.6Pa；bp_1 32.8℃/133.32Pa；Fp 约 140℉（60℃）；d_4^{20} 0.8193；n_D^{20} 1.42025。一般试剂含量≥96.0%（GC）。

注意事项 该品对眼睛、呼吸系统及皮肤有刺激性。使用时应穿适当的防护服。万一接触到眼睛，应立即用大量水冲洗后请医生诊治。应密封于阴凉处保存。

主要用途 香料制造。防沫剂。增塑剂，润湿剂，消泡剂，溶剂。

2-Octanone 2-辛酮 07505

[111-13-7] $C_8H_{16}O$ 128.22

成分 C 74.94%，H 12.58%，O 12.48%。

别名 己基甲基甲酮；正己基甲基甲酮；甲基己基甲酮；*n*-Hexyl methyl ketone；Methylhexyl ketone

M.I.15，4747

性状 无色液体。有苹果香味。能与乙醇、乙醚相混溶，不溶于水。mp －16℃；bp 172～173℃；Fp 145℉（62℃）；d_4^{20} 0.820；n_D^{20} 1.41512。一般试剂含量≥97.0%（GC）。

注意事项 该品与皮肤接触有害。使用时应穿适当的防护服和戴手套。使用时应避免吸入本品的蒸气，避免与眼睛及皮肤接触。应密封于阴凉处保存。

主要用途 溶剂。有机合成。

Octanoyl chloride 辛酰氯 07506

[111-64-8] $C_8H_{15}ClO$ 162.66

成分 C 59.07%，H 9.29%，Cl 21.80%，O 9.84%。

别名 氯化正辛酰；Capryloyl chloride；Caprylyl chloride

GW 2015-2357

性状 浅黄色透明发烟液体。能与苯、三氯甲烷相混溶，遇水或乙醇分解。mp －63℃；bp_{11} 77℃/1.467kPa；Fp 179.6℉（82℃）；d_4^{20} 0.949；n_D^{20} 1.435。一般试剂含量≥99.0%。

注意事项 该品有腐蚀性，能引起烧伤。对呼吸系统有刺激性。使用时应穿适当的防护服，戴手套和防护镜或面罩。万一接触到眼睛，应立即用大量水冲洗后请医生诊治。使用时如有事故发生或有不适之感，应请医生诊治。应密封于阴凉干燥处保存。

主要用途 有机合成。

1-Octene 1-辛烯 07507

[111-66-0] C_8H_{16} 112.22

成分 C 85.63%，H 14.37%。

别名 Caprylene；1-Octylene

GW 2015-2355 M.I.15，1766

性状 无色液体。能与乙醇、乙醚相混溶，几乎不溶于水。mp －102℃；bp 121℃；bp_{100} 61.5～61.7℃/13.332kPa；Fp 70℉（21℃，开杯）；d_4^{20} 0.7149；d_4^{25} 0.7109；n_D^{20} 1.4087；n_D^{25} 1.4062。

注意事项 该品高度易燃。口服有害，并能损伤肺脏。对水生物有毒。对水环境能引起长期不良的影响。使用现场禁止吸烟。应避免吸入本品的蒸气。如误服本品不能吐出，应立即请医生诊治，并出示瓶签或包装物。应远离火种，密封于阴凉处保存。

主要用途 有机合成。气相色谱分析标准物。

trans-2-Octene 反式-2-辛烯 07508

[13389-42-9] C_8H_{16} 112.22

成分 C 85.63%，H 14.37%。

别名 *trans*-2-Octylene

GW 2015-2356

性状 无色液体。溶于乙醇、乙醚、丙酮、苯、氯仿，不溶于水。mp －87.7℃；bp 125.0℃；Fp 57.2℉（140℃）；d_4^{20} 0.7199；n_D^{20} 1.4132。一般试剂含量≥98.0%（GC）。

注意事项 见 07507 1-辛烯。

主要用途 有机合成。气相色谱分析标准物。

H_3C–CH₂CH₂CH₂CH₂–CH=CH–CH_3

Octenidine dihydrochloride 癸双辛胺啶二盐酸盐 07509

[70775-75-6] $C_{36}H_{64}Cl_2N_2$ 595.82

成分 C 72.57%，H 10.83%，Cl 11.90%，N 4.70%。

别名 1,10-双[(4-辛基氨基)-1-吡啶]癸烷；二盐酸癸双辛胺啶；*N*,*N'*-[1,10-Decanediyldi-1(4*H*)-pyridinyl-4-ylidene] bis [1-octanamine] dihydrochloride; 1,10-Bis (4-octylamino-1-pyridinium) becane dihydrochloride; Win-41464-2HCl Win-41464-2; Neokodan; Octeniderm; Octenisept

M. I. 15, 6843

性状 来自乙醚中的无色固体。mp 215～217℃。

主要用途 医用局部消毒剂。

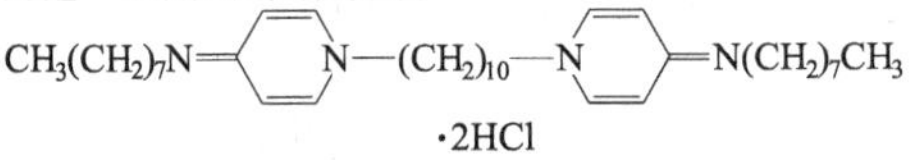

$CH_3(CH_2)_7N=$ ⟨吡啶⟩ $N-(CH_2)_{10}-N$ ⟨吡啶⟩ $=N(CH_2)_7CH_3$ ·2HCl

DL-Octopamine hydrochloride 真蛸胺 盐酸盐 07510

[770-05-8] $C_8H_{11}NO_2HCl$ $C_8H_{12}ClNO_2$ 189.64

成分 C 50.67%，H 6.38%，Cl 18.69%，N 7.39%，O 16.87%。

别名 盐酸 DL-真蛸胺；盐酸鲱鱼胺；鲱鱼胺 盐酸盐；Epirenor; Norden; Norfen; Norphen(amp ules); *α*-Aminomethyl-4-hydroxybenzenemethanol hydrochloride; *α*-Aminomethyl-*p*-hydroxybenzyl alcohol hydrochloride; 1-(*p*-Hydroxyphenyl)-2-aminoethanol hydrochloride; Norsympatol hydrochloride; Norsynephrine hydrochloride; *p*-Hydroxyphenylethanolamine hydrochloride; WV-569 HCl

M. I. 15, 6848

性状 白色至浅黄色结晶。易溶于水。170℃分解。生化试剂含量≥99.0%(AT)。

注意事项 该品吸入、口服或与皮肤接触有害。使用时应穿适当的防护服。应避免吸入本品的粉尘，避免与眼睛及皮肤接触。应密封保存。

主要用途 生化研究。医用肾上腺素功能剂。

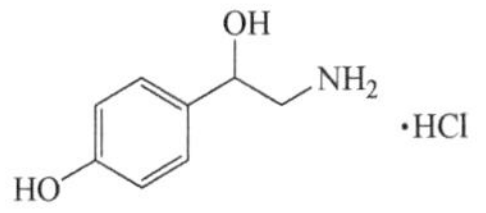

OH NH2 HO ·HCl

Octotiamine 辛硫胺 07511

[137-86-0] $C_{23}H_{36}N_4O_5S_3$ 544.74

成分 C 50.71%，H 6.66%，N 10.29%，O 14.68%，S 17.66%。

别名 6-Acetylthio-8-[[2-[[(4-amino-2-methyl-5-pyrimidinyl)methyl]formylamino]-1-(2-hydroxyethyl)-1-propenyl]dithio]octanoic acid methyl ester; 8-[2-[*N*-[(4-Amino-2-methyl-5-pyrimidinyl)methyl]formamido]-1-(2-hydroxyethyl)propenyl]dithio-6-mercaptooctanoic acid methyl ester *S*(or 6)-acetate; *S*-(3-Acetylthio-7-carbomethoxyheptylthio) thiamine; Thiamine 8-(methyl 6-acetyldihydrothioctate) disulfide; Gerostop; Neuvitan; TATD

M. I. 15, 6849

性状 无色结晶。mp 106～109℃；uv max：234nm，277nm (ε 16200，5820)

主要用途 医用维生素（酶辅因子）。

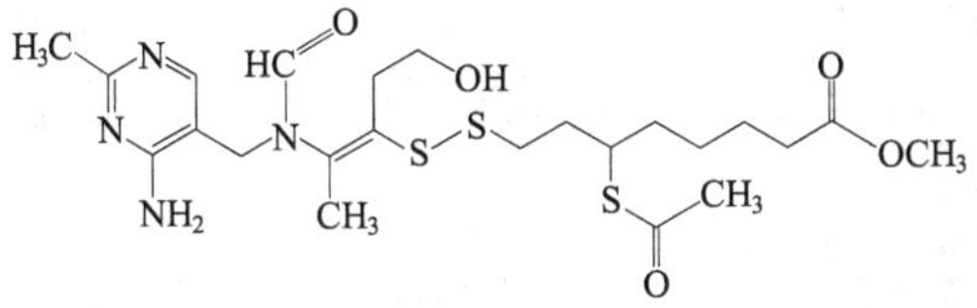

H3C N N NH2 HC O N OH S S CH3 O OCH3 S CH3 O

Octreotide 奥曲肽 07512

[83150-76-9] $C_{49}H_{66}N_{10}O_9S_2$ 1019.25

成分 C 57.74%，H 6.53%，N 13.74%，O 15.70%，S 6.29%。

别名 D-Phenylalanyl-L-cysteinyl-L-phenylalanyl-D-tryptophyl-L-lysyl-L-threonyl-*N*-[2-hydroxy-1-(hydroxymethyl) propyl]-L-cysteinamide cyclic(2→7) disulfide; 1,2-Dithia-5,8,11,14,17-pentaazacycloeicosane cyclicpeptide deriv; SMS-201-995

M. I. 15, 6851

性状 无色结晶。$[\alpha]_D^{20}-42°$ (c=0.5，于95%乙酸中)。生化试剂含量≥98.0%(HPLC)。

注意事项 该品应密封于−20℃保存。

主要用途 医用胃分泌抑制剂。治疗肢端肥大症。

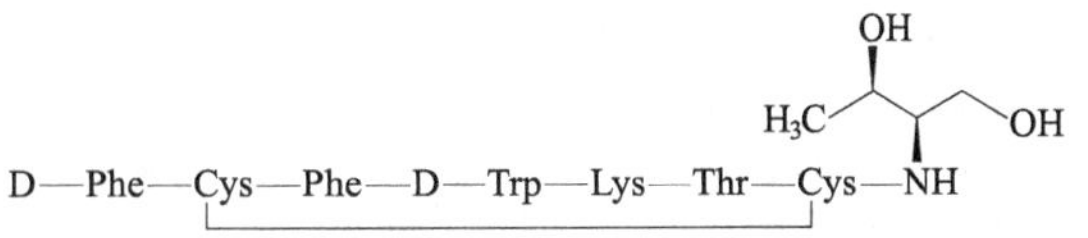

D—Phe—Cys—Phe—D—Trp—Lys—Thr—Cys—NH (H3C, OH, OH)

Octyl acetate 乙酸辛酯 07513

[112-14-1] $C_{10}H_{20}O_2$ 172.27

成分 C 69.72%，H 11.70%，O 18.57%。

别名 醋酸辛酯；乙酸正辛酯；Acetic acid *n*-octyl ester; Capryl acetate

性状 无色液体。有较浓的酯香味。能与乙醇和其他有机溶剂相混溶，微溶于水。bp 210～211℃；Fp 187℉(86℃)；d_4^{20} 0.868；n_D^{20} 1.4180。一般试剂含量≥98.0%。

注意事项 该品应密封于阴凉处保存。

主要用途 溶剂。香料。

Octylamine 辛胺 07514

[111-86-4] $C_8H_{19}N$ 129.25

成分 C 74.34%，H 14.82%，N 10.84%。

别名 正辛胺；1-氨基辛烷；1-Aminooctane; Caprylamine; Amine C_8

性状 无色液体。对二氧化碳敏感。能与乙醇、乙醚相混溶。mp −5～−1℃；bp 175～177℃；Fp 140℉(60℃)；d_4^{20} 0.781；n_D^{20} 1.429。一般试剂含量≥99.0%(GC)。

注意事项 该品吸入、口服或与皮肤接触有害。具有腐蚀性，能引起烧伤。使用时应穿适当的防护服，戴手套和防护镜或面罩。万一接触到眼睛，应立即用大量水冲洗后请医生诊治。使用时如有事故发生或有不适之感，应请医生诊治。应充氩气密封于阴凉处保存。

主要用途 有机合成。

Octyl gallate 没食子酸辛酯 07515

[1034-01-1] $C_{15}H_{22}O_5$ 282.34

成分 C 63.81%，H 7.85%，O 28.33%。

别名 五倍子酸辛酯；没食子酸正辛酯

性状 近白色固体。溶于乙醇、乙醚，微溶于水。mp 101～103℃。一般试剂含量≥99.0%(HPLC)。

注意事项 该品口服有害。接触皮肤能引起过敏。使用时应穿适当的防护服和戴手套。应避免与皮肤接触。

主要用途 制药工业。

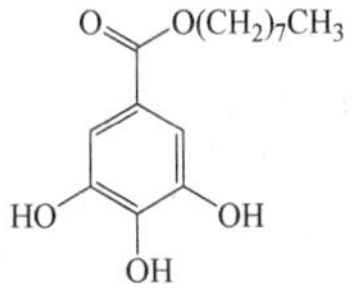

O O(CH2)7CH3 HO OH OH

Octyl methoxycinnamate 甲氧基肉桂酸辛酯 07516

[5466-77-3] $C_{18}H_{26}O_3$ 290.40

成分 C 74.45%，H 9.02%，O 16.53%。

别名 甲氧基桂皮酸辛酯；奥西诺酯；3-(4-Methoxyphenyl)-2-Propenoic acid 2-ethylhexyl ester; 2-Ethylhexyl *p*-methoxycinnamate; Parsol MCX; Octinoxate; Eusolex 2292; Neo HeliopanAV; Uvinul MC80

M. I. 15, 6859

性状 浅黄色油状液体。不溶于水。$bp_{0.75}$ 185～195℃/100Pa；$bp_{0.075}$ 140～150℃/10Pa。

注意事项 使用时应避免与眼睛及皮肤接触。

主要用途 医用紫外线屏蔽剂。

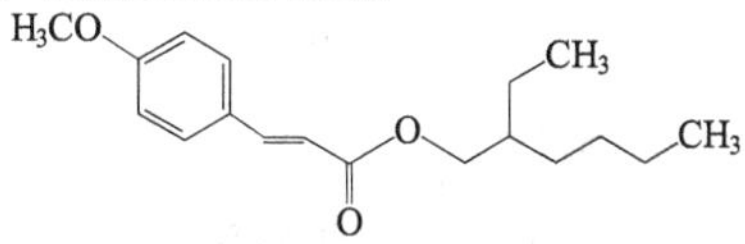

H3CO CH3 O CH3 O

Octyl sulfate sodium salt 辛基硫酸钠盐 07517

[142-31-4] $C_8H_{17}NaO_4S$ 232.28

成分 C 41.37%，H 7.38%，Na 9.90%，O 27.55%，S 13.80%。

别名 硫酸辛基钠；正辛基硫酸钠；Sodium octyl sulfate

性状 白色或浅黄色结晶。溶于水，不溶于石油醚。mp 195℃(分解)。一般试剂含量约99.0%(T)。
注意事项 该品对眼睛、呼吸系统及皮肤有刺激性。使用时应穿适当的防护服。万一接触到眼睛，应立即用大量水冲洗后请医生诊治。应密封于干燥处保存。

1-Octyne 1-辛炔 07518
[629-05-0] C_8H_{14} 110.20
成分 C 87.19%，H 12.81%。
GW 2015-2349
性状 无色液体。mp −80℃；bp 121～125℃；Fp 64℉(17℃)；d_4^{20} 0.749；n_D^{20} 1.417。一般试剂含量≥98.0%(GC)。
注意事项 该品高度易燃。口服有害，并能损伤肺脏。使用现场禁止吸烟。如误服本品不能吐出，应立即请医生诊治，并出示瓶签或包装物。应远离火种密封保存。
主要用途 有机合成。

Ofloxacin 氧氟沙星 07519
[82419-36-1] $C_{18}H_{20}FN_3O_4$ 361.37
成分 C 59.83%，H 5.58%，F 5.26%，N 11.63%，O 17.71%。
别名 奥夏星；9-Fluoro-2,3-dihydro-3-methyl-10-(4-methyl-1-piperazinyl)-7-oxo-7*H*-pyrido[1,2,3-*de*]-1,4-benzoxazine-6-carboxylic acid；Ofloxacine；DL-8280；HOE-280；Exocin；Flobacin；Floxil；Floxin；Monoflocet；Oflocet；Oflocin；Tarivid
M.I.15，6863
性状 来自乙醇中的无色针状结晶。mp 250～257℃（分解）。LD_{50}雄、雌小鼠，雄、雌大鼠急性经口（mg/kg）：5450、5290，3590、3750；静脉注射（mg/kg）：208、233，273、276；皮下注射（mg/kg）：>10000、>10000，7070、9000。
注意事项 该品口服或与皮肤接触有毒。使用时应避免吸入本品的粉尘，避免与眼睛及皮肤接触。应密封于2～8℃保存。
主要用途 医用抗菌剂。

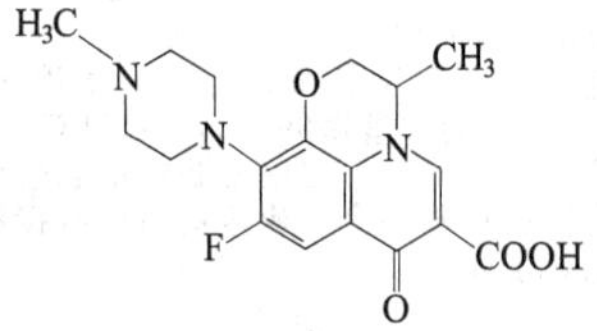

Oil red O 油红O 07520
[1320-06-5] $C_{26}H_{24}N_4O$ 408.51
成分 C 76.45%，H 5.92%，N 13.71%，O 3.92%。
别名 脂肪红5B；Fat red 5B；Solvent red 27；Tolylazotolylazo-2-naphthol；1-[2,5-Dimethyl-4-(2,5-dimethylphenylazo)phenylazo]-2-naphthol
C.I. 26125
性状 暗红色粉末。易溶于一般有机溶剂，溶于丙酮，微溶于乙醇，不溶于水。mp 120℃（分解）。
注意事项 使用时应避免吸入本品的粉尘，避免与眼睛及皮肤接触。应密封于干燥处保存。
主要用途 生物染色剂。淀粉凝胶电泳中作类脂和脂肪染色。显微技术的脂肪染色剂。

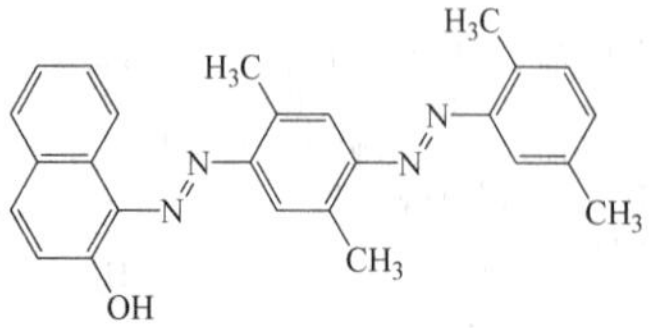

Okadaic acid 对冈田酸 07521
[78111-17-8] $C_{44}H_{68}O_{13}$ 805.02
成分 C 65.65%，H 8.51%，O 25.84%。
别名 冈田酸；大冈田酸；冈田软海绵酸；9,10-Deepithio-9,10-didehydroacanthifolicin；Halochondrine A
M.I.15，6911
性状 来自二氯甲烷/己烷中的无色结晶或白色粉末。mp 171～175℃；$[\alpha]_D^{25}$ +21°（c=0.33，于氯仿中）。或来自苯-氯仿中的无色结晶。mp 164～166℃；$[\alpha]_D^{25}$ +25.4°（c=0.24，于氯仿中）。LD_{50}小鼠腹膜内注射：192μg/kg。生化试剂含量≥92.0%（HPLC）。
注意事项 该品吸入、口服或与皮肤接触有毒，对皮肤有刺激性。使用时应穿适当的防护服和戴手套。万一接触到眼睛，应立即用大量水冲洗后请医生诊治。接触皮肤后应用大量水冲洗。使用时如有事故发生或有不适之感，应请医生诊治。应密封于2～8℃保存。
主要用途 生化研究。细胞调节探针。

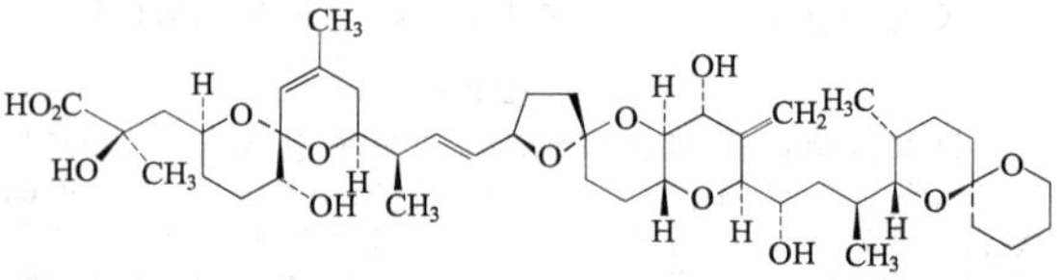

Olanzapine 奥氮平 07522
[132539-06-1] $C_{17}H_{20}N_4S$ 312.44
成分 C 65.35%，H 6.45%，N 17.93%，S 10.26%。
别名 奥兰氮平；奥兰扎平；2-Methyl-4-(4-methyl-1-piperazinyl)-10*H*-thieno[2,3-*b*][1,5]benzodiazepine；LY170053；Zyprexa
M.I.15，6914
性状 来自乙腈中的无色结晶。几乎不溶于水。mp 195℃。
主要用途 医用精神抑制剂。

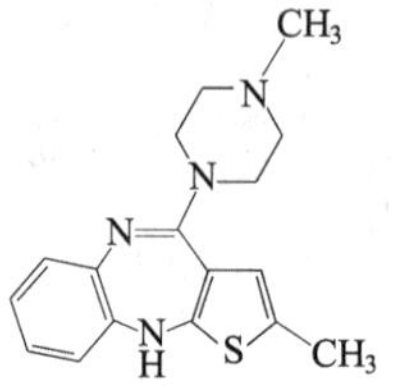

Olaquindox 羟乙喹氧 07523
[23696-28-8] $C_{12}H_{13}N_3O_4$ 263.25
成分 C 54.75%，H 4.98%，N 15.96%，O 24.31%。
别名 *N*-(2-Hydroxyethyl)-3-methyl-2-quinoxalinecarboxamide 1,4-dioxide；Bay Va 9391；Bay-o-nox；Fedan
M.I.15，6916
性状 浅黄色结晶。微溶于水，不溶于多数有机溶剂。mp 209℃（分解）。
主要用途 兽用生长兴奋剂。

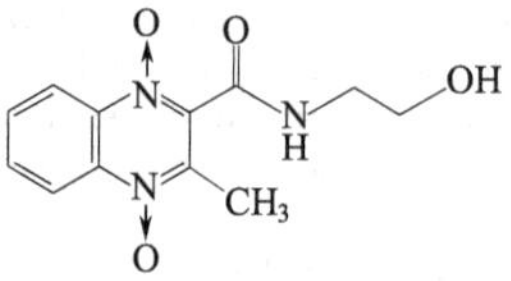

Oleandomycin phosphate 磷酸竹桃霉素 07524
[7060-74-4] $C_{35}H_{64}NO_{16}P$ 785.86
成分 C 53.49%，H 8.21%，N 1.78%，O 32.57%，P 3.94%。
别名 竹桃霉素磷酸盐；PA-105 phosphate；Amimycin phosphate；Landomycin phosphate；Matromycin；Romicil phosphate
M.I.15，6918
性状 白色粉末。易吸潮。易溶于水。
注意事项 使用时应避免吸入本品的粉尘，避免与眼睛及皮肤接触。应充氩气密封避光于20℃以下干燥保存。
主要用途 抑菌剂。分析用标准物质。

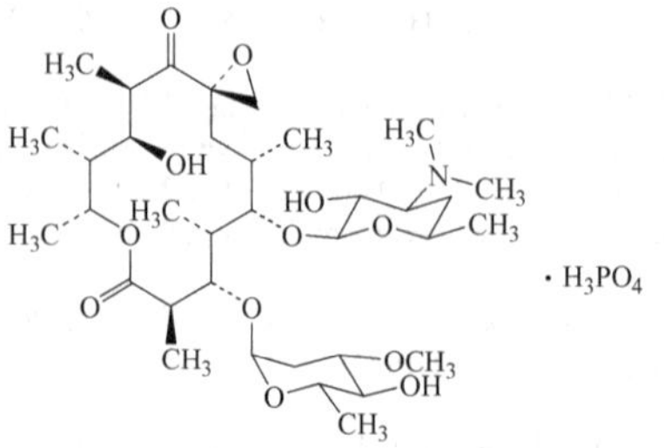

Oleic acid 油酸 07525

[112-80-1] $C_{18}H_{34}O_2$ 282.47

成分 C 76.54%，H 12.13%，O 11.33%。

别名 十八碳烯-9-酸；顺式-9-十八烯酸；红油；Elaninic acid；*cis*-8-Heptadecylene carboxylic acid；(*Z*)-9-Octadecenoic acid；*cis*-9-Octadecenoic acid；Oleinic acid

M. I. 15，6921

性状 无色至微黄色油状液体。露置空气中逐渐变棕色。能与乙醇、乙醚、三氯甲烷、苯和轻质石油等相混溶，几乎不溶于水。mp 4℃；bp_{100} 286℃/13.332kPa；bp_7 220～222℃/0.933kPa；d_{25}^{25}约 0.895；n_D^{26} 1.4585；n_D^{18} 1.463。LD_{50}小鼠静脉注射：(230±18) mg/kg。一般试剂含量≥99.0%（GC）。

注意事项 该品对眼睛及皮肤有刺激性。应密封避光于 2～8℃保存。

主要用途 检定氨、钙和铜，测定微量钙、镁、硫以及水的硬度、汞、氨、碘值的测定。溶剂。润滑剂。浮选剂。食糖加工和油酸盐的制造。

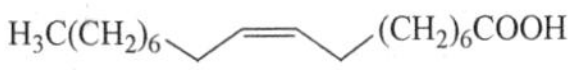

$H_3C(CH_2)_6$—CH=CH—$(CH_2)_6COOH$

Oleic anhydride 油酸酐 07526

[24909-72-6] $C_{36}H_{66}O_3$ 546.92

成分 C 79.06%，H 12.16%，O 8.78%。

性状 无色结晶。温度较高时为液体。mp 22～24℃；bp_{11} 200～215℃/1.467kPa；Fp＞228.2℉（109℃）。一般试剂含量≥95.0%（GC）。

注意事项 该品对眼睛、呼吸系统及皮肤有刺激性。使用时应穿适当的防护服。万一接触到眼睛，应立即用大量水冲洗后请医生诊治。应充氩气密封干燥保存。

1-Oleoyl-2-acetyl-*sn*-glycerol

1-油酰-2-乙酰基-*sn*-丙三醇 07527

[86390-77-4] $C_{23}H_{42}O_5$ 398.58

成分 C 69.31%，H 10.62%，O 20.07%。

别名 2-Acetyl-1-oleoyl-*sn*-glycerol；OAG；1-(*cis*-9-Octadecenoyl)-2-acetyl-*sn*-glycerol

性状 无色结晶或白色粉末。生化试剂含量≥97.0%（TLC）。

注意事项 该品应充氩气密封于－20℃干燥保存。

主要用途 生化研究。

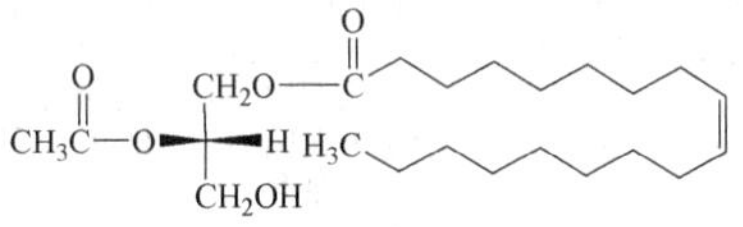

Oleoyl chloride 油酰氯 07528

[112-77-6] $C_{18}H_{33}ClO$ 300.91

成分 C 71.85%，H 11.05%，Cl 11.78%，O 5.32%。

性状 无色液体。bP_4 193℃/533.288Pa；Fp 339.8℉（171℃）；d_4^{20} 0.910；n_D^{20} 1.4630。一般试剂含量约 70%（GC）。

注意事项 该品具有腐蚀性。能引起烧伤。使用时应穿适当的防护服，戴手套和防护镜或面罩。万一接触到眼睛，应立即用大量水冲洗后请医生诊治。接触皮肤后，应用大量肥皂泡沫冲洗。使用时如有事故发生或有不适之感，应请医生诊治。

Oligomycin A 寡霉素 A 07529

[579-13-5] $C_{45}H_{74}O_{11}$ 791.08

成分 C 68.33%，H 9.43%，O 22.25%。

别名 稀霉素

M. I. 15，6927

性状 无色双晶型结晶。该品 25℃时于下列物质中溶解度(g/100mL)：水 0.002；乙醚 28；苯 6；无水乙醇 25；冰乙酸 37.5；丙酮 85；溶剂汽油 0.02。mp 140～141℃；uv max（无水乙醇中）：225nm（ε 约 20000）。生化试剂含量≥95.0%（HPLC）。

注意事项 该品口服有害。使用时应穿适当的防护服，戴手套和防护镜或面罩。使用时如有事故发生或有不适之感，应请医生诊治。应充氩气密封于－20℃干燥保存。

主要用途 生化研究。抗真菌剂。

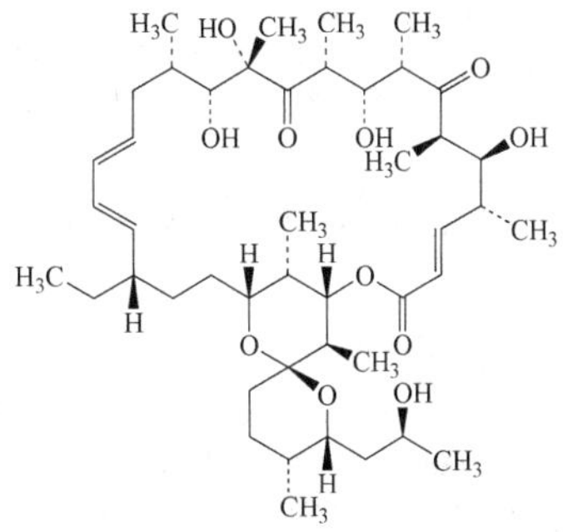

Oligothymidylic acid-d (pT)$_{12\sim18}$ ammonium salt

低聚胸苷酸-d (pT)$_{12\sim18}$铵盐 07530

别名 低聚脱氧胸苷酸铵盐；低聚脱氧胸苷酸－12～18 铵盐；Oligodeoxy thymidylic acid$_{12\sim18}$ ammonium salt；Oligo-d (pT)$_{12\sim18}$；Oligo-(dT)$_{12\sim18}$；5′-Phospho-[2′-deoxy thymidyly-(3′～5′)]$_{12\sim18}$ deoxy thymidine

性状 微小结晶或粉末。生化试剂含量≥90.0%（HPLC）。

注意事项 该品应密封于－20℃保存。

Olinesartan 奥美沙坦 07531

[144689-63-4] $C_{29}H_{30}N_6O_6$ 558.60

成分 C 62.36%，H 5.41%，N 15.05%，O 17.18%。

别名 4-(1-Hydroxy-1-methylethyl)-2-propyl-1-[2′-(1*H*-tetrazol-5-yl)[1,1′-biphenyl]-4-yl]methyl-1*H*-imidazole-5-carboxylic acid (5-methyl-2-oxo-1,3-dioxol-4-yl)methyl ester；(5-Methyl-2-oxo-1，3-dioxolen-4-yl) methyl 4-(1-hydroxy-1-methylethyl)-2-propyl-1-[4-[2-(tetrazol-5-yl)phenyl]phenyl]methylimidazole-5-carboxylate；Olmesartan medoxomil；CS-866；Benicar；Olmetec

M. I. 15，6933

性状 来自乙醇中的无色单斜结晶。略微溶于甲醇，几乎不溶于水。mp 180～182℃（分解）。

主要用途 医用抗高血压剂。

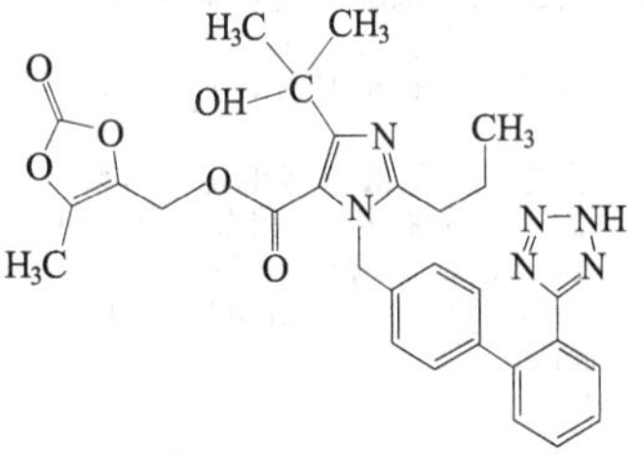

Olivacine 橄色菌素 07532

[484-49-1] $C_{17}H_{14}N_4$ 246.31

成分 C 82.90%，H 5.73%，N 11.37%。

别名 1,5-Dimethyl-6*H*-pyrido[4,3-*b*]carbazole；Guatambuinine

M. I. 15，6928

性状 来自稀甲醇中的细小黄色针状结晶，或来自稀释的甲醇中的黄色棱柱体结晶。在稀乙醇溶液中有荧光。溶于甲醇、丙酮、氯仿、四氯化碳、二硫化碳、四氢呋喃、二氧六环（＜1%）。mp 317～325℃；uv max（乙醇中）：224nm，238nm，276nm，287nm，292nm，314nm，329nm，375nm（lg ε 4.39，4.33，4.70，4.85，4.83，3.66，3.80，3.66）。

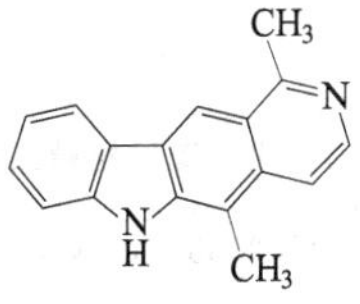

Olive oil 橄榄油 07533

[8001-25-0]
别名 洋橄榄油；Florence oil；Luccu oil；Sweet oil
性状 浅黄色或微带浅绿色的透明液体。能与乙醚、三氯甲烷、二硫化碳相混溶，微溶于乙醇，不溶于水。久置空气中即被氧化变质，至0℃时能形成粒状或块状物。属于不干性的植物油。Fp 235.4℉（113℃）；d_4^{20} 0.91；n_D^{20} 1.47。
注意事项 该品应充氮气密封避光保存。
主要用途 油膏、擦剂、特种织物用皂的配制。减磨剂。轻泻剂和利胆剂制备。润滑油。

Olivomycin A 橄榄霉素 A 07534

[6988-58-5] $C_{58}H_{84}O_{26}$ 1197.28
成分 C 58.19%，H 7.07%，O 34.74%。
别名 3^D-*O*-[2,6-Dideoxy-3-*C*-methyl-4-*O*-(2-methyl-1-oxopropyl)-α-L-*arabino*-hexopyranosyl]-olivomycin D
M. I. 15，6932
性状 来自乙醇-己烷中的黄色结晶。溶于乙醇、乙醚、氯仿，不溶于苯、四氯化碳、石油醚、水。mp 160～165℃；$[\alpha]_D^{20}$ −36°（c=0.5，于乙醇中）；uv max（乙醇中）：228nm，277nm，318nm，406nm（lg ε 4.39，4.67，3.81，4.05）。LD_{50}小鼠静脉注射：13.75mg/kg。
主要用途 医用抗肿瘤剂。

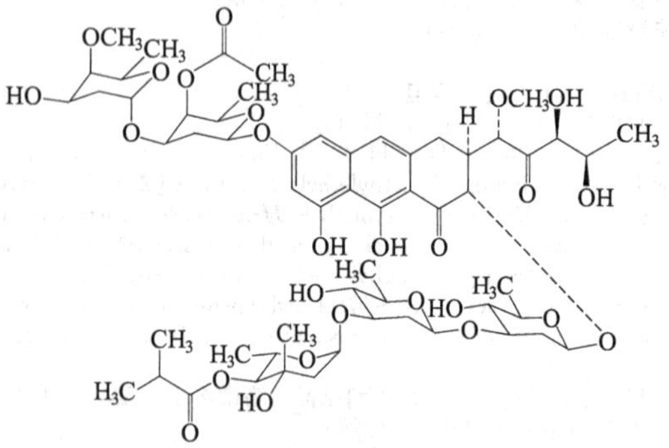

Olopatadine hydrochloride 奥罗他定 盐酸盐 07535

[140462-76-6] $C_{21}H_{24}ClNO_3$ 373.88
成分 C 67.46%，H 6.47%，Cl 9.48%，N 3.75%，O 12.84%。
别名 盐酸奥罗他定；盐酸奥洛他定；盐酸米拖蒽醌；奥洛他定 盐酸盐；奥洛帕定 盐酸盐；AL-4943A；KW-4679；Opatanol；Pataday；patanse；patanol；(11*Z*)-11-[3-(Dimethylamino)propylidene]-6,11-dihydrodibenz[*b*,*e*]oxepin-2-acetic acid hydrochloride
M. I. 15，6934
性状 来自丙酮-水中的白色结晶或粉末。溶于水。mp 248℃（分解）。生化试剂含量≥99.0%。
注意事项 该品口服有毒。对水生物极毒。使用时如有事故发生或有不适之感，应请医生诊治。应防止将该品释放于环境中。
主要用途 医用抗过敏剂，抗组胺剂。

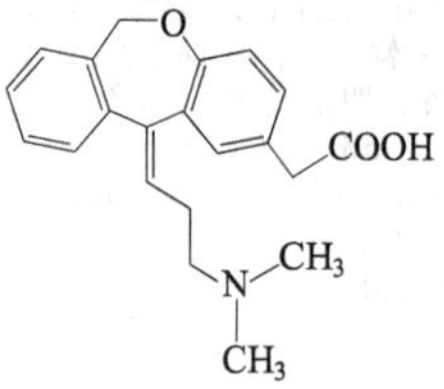

Olsalazine disodium salt 奥沙拉嗪二钠盐 07536

[6054-98-4] $C_{14}H_8N_2Na_2O_6$ 346.21
成分 C 48.57%，H 2.33%，N 8.09%，Na 13.28%，O 27.73%。
别名 Azodisal sodium；Disodium azodisalicylate；CJ-91B；Dipentum；3，3′-Azobis（6-hydroxybenzoic acid）；Mordant Yellow 5 disodium salt；3,3′-Dicarboxy-4,4′-dihydroxyazobenzene disodium salt；5,5′-Azobis(salicylic acid) disodium salt；Azodisal disodium salt
M. I. 15，6935 C. I. 14130
性状 黄色结晶性粉末。溶于水、二甲基亚砜，几乎不溶于氯仿、乙醚。mp 240℃（分解）。
主要用途 羊毛的媒染剂。医用胃肠抗炎剂。

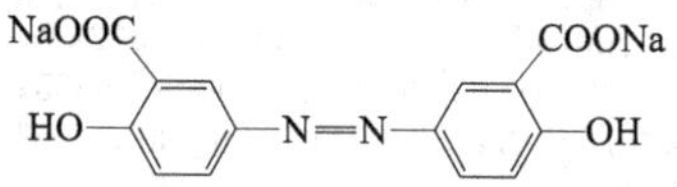

Omapatrilat 奥马曲拉 07537

[167305-00-2] $C_{19}H_{24}N_2O_4S_2$ 408.53
成分 C 55.86%，H 5.92%，N 6.86%，O 15.66%，S 15.70%。
别名 (4*S*,7*S*,10a*S*)-Octahydro-4-[(2*S*)-2-mercapto-1-oxo-3-phenylpropyl]amino-5-oxo-7*H*-pyrido[2,1-*b*][1,3]thiazepine-7-carboxylic acid；BMS-186716；Vanlev
M. I. 15，6937
性状 细小的白色固体。mp 218～220℃；$[\alpha]_D$ −78.9°（c=0.46，于二甲基甲酰胺中）。
主要用途 医用抗高血压剂。

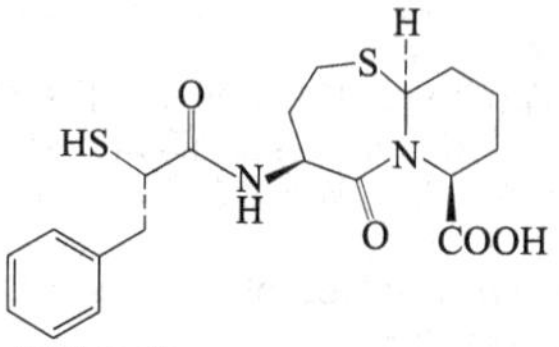

Omeprazole 奥美拉唑 07538

[73590-58-6] $C_{17}H_{19}N_3O_3S$ 345.42
成分 C 59.11%，H 5.54%，N 12.17%，O 13.90%，S 9.28%。
别名 奥咪拉唑；5-Methoxy-2-[(4-methoxy-3,5-dimethyl-2-pyridinyl)methyl]sulfinyl-1*H*-benzimidazole；H-168/68；Antra；Gastrogard；Gastroloc；Losec；Mepral；Mopral；Omepral；Omeprazen；Parizac；Pepticum；Prilosec；Zoltum
M. I. 15,6939
性状 来自乙腈中的无色结晶。易溶于乙醇、甲醇，微溶于丙酮、异丙醇，极微溶于水。mp 156℃。LD_{50}小鼠，大鼠静脉注射(g/kg)：0.08，>0.05；急性经口(g/kg)：>4，>4。
注意事项 该品对眼睛、呼吸系统及皮肤有刺激性。使用时应穿适当的防护服。万一接触到眼睛，应立即用大量水冲洗后请医生诊治。应密封于2～8℃保存。
主要用途 医用、兽用抗溃疡剂。

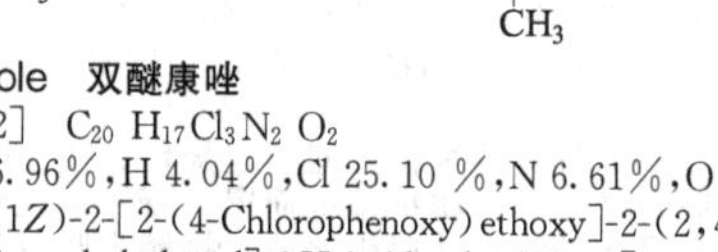

Omoconazole 双醚康唑 07539

[74512-12-2] $C_{20}H_{17}Cl_3N_2O_2$ 423.72
成分 C 56.96%，H 4.04%，Cl 25.10 %，N 6.61%，O 7.55%。
别名 1-[(1*Z*)-2-[2-(4-Chlorophenoxy)ethoxy]-2-(2,4-dichlorophenyl)-1-methylethenyl]-1*H*-imidazole；(*Z*)-1-[2,4-Dichloro-β-[2-(*p*-chlorophenoxy)ethoxy]-α-methylstyryl]imidazole；CM-8282
M. I. 15，6941
性状 来自乙酸乙酯/己烷（1∶4）中的无色结晶。mp 89～90℃。
主要用途 医用局部抗真菌剂。

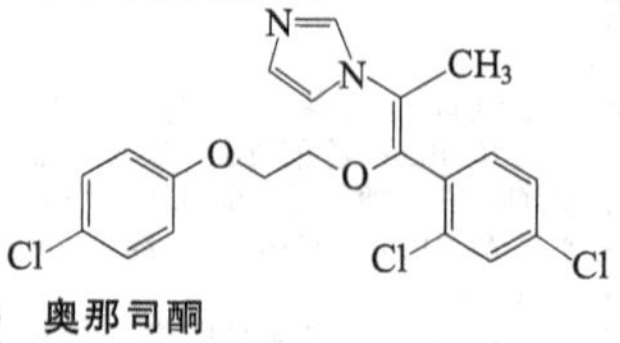

Onapristone 奥那司酮 07540

[96346-61-1] $C_{29}H_{39}NO_3$ 449.64

成分 C 77.47%，H 8.74%，N 3.12%，O 10.67%。
别名 奥那斯酮；奥那泼力斯酮；(11β,13α,17α)-11-[4-(Dimethylamino) phenyl]-17-hydroxy-17-(3-hydroxypropyl) estra-4,9-dien-3-one；11β-(4-Dimethylaminophenyl)-17α-hydroxy-17β-(3-hydroxypropyl)-13α-methyl-4,9-gonadien-3-one；ZK-98299
M. I. 15，6942
性状 无定形玻璃状物。$[\alpha]_D^{25}+446.2°$ ($c=0.51$，于氯仿中)。
主要用途 医用抗孕激素剂，抗肿瘤剂（激素）。

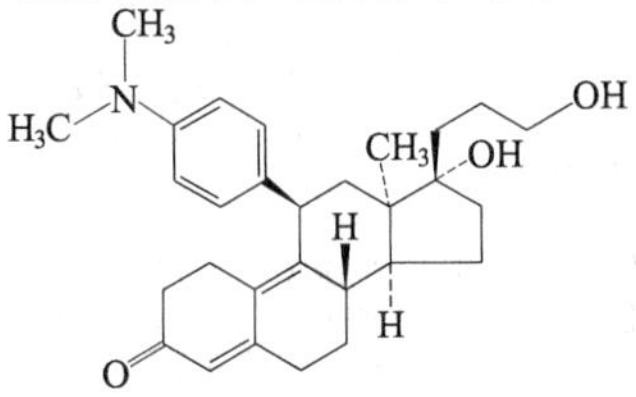

Ondansetron hydrochloride dihydrate
昂丹司琼 盐酸盐 二水 07541
[99614-01-4] $C_{18}H_{20}ClN_3O_2H_2O$ 365.86
成分(以无水物计) C 65.55%，H 6.11%，Cl 10.75%，N 12.74%，O 4.85%。
别名 1,2,3,9-四氢-9-甲基-3-(2-甲基咪唑-1-基)甲基-4-氧咔唑；盐酸昂丹司琼；恩丹西酮 盐酸盐；盐酸恩丹古酮；GR-38032F；GRC507175；SN307；Zofran；Zophren；1,2,3,9-Tetrahydro-9-methyl-3-(2-methyl-1*H*-imidazol-1-yl) methyl-4*H*-carbazol-4-one hydrochloride dihydrate
M. I. 15，6943
性状 来自水/异丙醇中的白色结晶性固体。pK_a 7.4；mp 178.5～179.5℃。生化试剂含量≥99.0%。
注意事项 该品口服有毒。使用时如有事故发生或有不适之感，应请医生诊治。
主要用途 医用止吐剂。

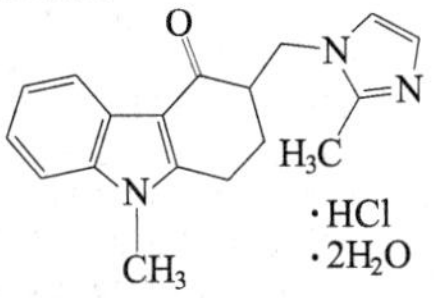

Oosporein 节卵孢霉素 07542
[475-54-7] $C_{14}H_{10}O_8$ 306.23
成分 C 54.91%，H 3.29%，O 41.80%。
别名 2,2′,5,5′-Tetrahydroxy-4,4′-dimethyl[bi-1,4-cyclohexadien-1-yl]-3,3′6,6′-tetrone；3,3′,6,6′-Tetrahydroxy-5,5′-dimethyl-2,2′-bi-*p*-benzoquinone；Chaetomidin；Iso-oosporein
M. I. 15，6945
性状 来自甲醇水中的青铜色片状结晶。mp 290～295℃；uv max（乙醇中）：216nm，287nm (lg ε 3.51，4.67)

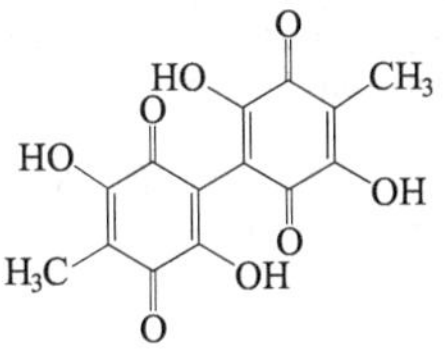

Opipramol dihydrochloride 羟乙哌萛二盐酸盐 07543
[909-39-7] $C_{23}H_{31}Cl_2N_3O$ 436.42
成分 C 63.30%，H 7.16%，Cl 16.25%，N 9.63%，O 3.67%。
别名 因息顿 二盐酸盐；盐酸因息顿；盐酸羟乙哌萛；Dinsidon；Ensidon；Insidon；4-[3-(5*H*-Dibenz[*b*,*f*]azepin-5-yl) propyl]-1-piperazineethanol dihydrochloride；5-[γ-[4-(β-Hydroxyethyl) piperazino] propyl] dibenzo[*b*,*f*] azepine dihydrochloride；*N*-[3-[4-(2-Hydroxyethyl) piperazino] propyl] iminostilbene dihydrochloride；4-[3-(5*H*-Dibenzo[*b*,*f*] azepin-5-yl) propyl]-1-(2-hydroxyethyl) piperazine dihydrochloride
M. I. 15，6948
性状 来自乙醇中的无色结晶。溶于水、乙醇，略微溶于丙酮。mp 210℃，或 228～230℃。
主要用途 医用抗抑郁剂，精神抑制剂。

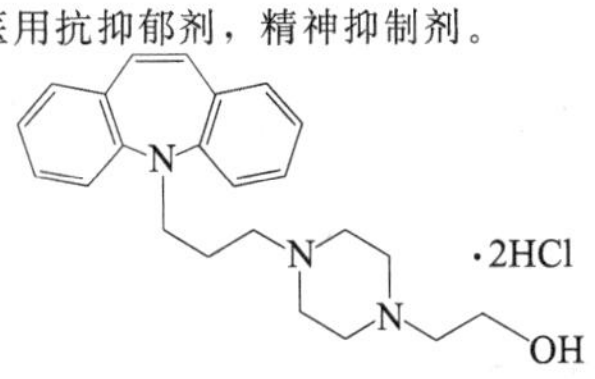

Orange Ⅰ 橙黄Ⅰ 07544
[523-44-4] $C_{16}H_{11}N_2NaO_4S$ 350.32
成分 C 54.86%，H 3.17%，N 8.00%，Na 6.56%，O 18.27%，S 9.15%。
别名 金橙Ⅰ；橘黄Ⅰ；4-羟基萘偶氮对苯磺酸钠；1-萘酚偶氮对苯磺酸钠；酸性橙 20；Acid orange 20；FD&C Orang Ⅰ；Ext. D&C Orange 3；4-[(4-Hydroxy-1-naphthalenyl) azo] benzenesulfonate sodium salt；4-(4-Hydroxy-1-naphthylazo) benzenesulfonic acid sodium salt；α-Naphtholazobenzene-*p*-sulfonic acid monosodium salt；α-Naphthol orange；Sodium azo-α-naphtholsulfanilate；Tropaeolin OOO No. 1
M. I. 15，6952 C. I. 14600
性状 棕红色粉末。溶于水，溶液呈橙红色；溶于乙醇，溶液呈橙色。酸性时，呈棕黄色并析出沉淀；碱性时，呈红色。pH 值 7.6～8.9（由棕黄至紫红色）。一般试剂含量≥90.0%。
注意事项 使用时应避免吸入本品的粉尘，避免与眼睛及皮肤接触。应密封于干燥处保存。
主要用途 酸碱指示剂。生物染色剂。

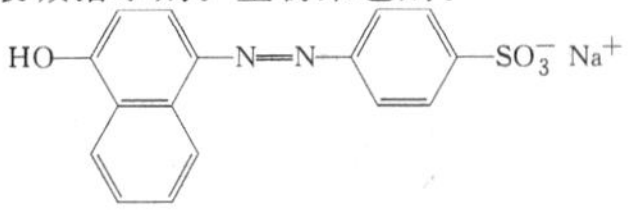

Orange Ⅱ 橙黄Ⅱ 07545
[633-96-5] $C_{16}H_{11}N_2NaO_4S$ 350.32
成分 C 54.86%，H 3.17%，N 8.00%，Na 6.56%，O 18.27%，S 9.15%。
别名 纯橙；橘黄Ⅱ；金橙Ⅱ；β-萘酚橙；酸性橙 7；2-萘酚偶氮对苯磺酸钠盐；酸性橙 Y,2；Acid orange A；Acid orange 7；Acid Orange Y,2；Betanaphthol orange；D&C Orange No.4；4-[(2-Hydroxy-1-naphthalenyl) azo] benzenesulfonic acid monosodium salt；Mandarin G；2-Naphthol azo-*p*-benzenesulfonic acid sodium salt；β-Naphthol orange；Orange A,P,R；Orange extra；Tropaeolin OOO No. 2
M. I. 15，6953 C. I. 15510
性状 来自水中的橙黄色针状结晶。该品溶于水（130mg/mL)、乙醇（4mg/mL)。pH 值 7.4～8.6（由琥珀色至橙色)；10.2～11.8（由橙至红色)。最大吸收值：484.4nm。
注意事项 该品对眼睛、呼吸系统及皮肤有刺激性。使用时应穿适当的防护服。万一接触到眼睛，应立即用大量水冲洗后请医生诊治。
主要用途 酸碱指示剂。生物染色剂。子宫癌细胞切片染色。

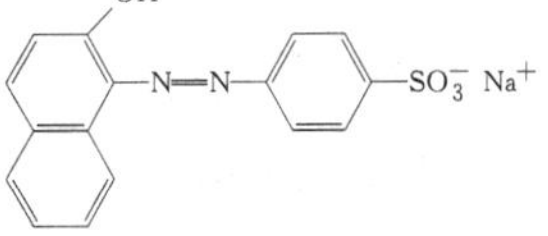

Orange Ⅳ 橙黄Ⅳ 07546
[554-73-4] $C_{18}H_{14}N_3NaO_3S$ 375.38
成分 C 57.59%，H 3.76%，N 11.19%，Na 6.12%，O 12.79%，S 8.54%。
别名 二苯胺黄；金橙 Ⅳ；对二苯氨基偶氮苯磺酸钠；金莲橙 OO；酸性黄 D；酸性橙 5；Acid orange 5；Acid yellow D；*p*-[(*p*-Anilinophenyl) azo] benzenesulfonic acid sodium salt；Diphenylamine orange；4-{[4-(Phenylamino) phenyl] azo} benzenesulfonic acid monosodium salt；Fast yellow；Orange GS；Orange N；Resorcin yellow OO；Tropaeolin OO；Sodium *p*-[(*p*-anilinophenyl) azo] benzenesulfonate；Sodium *p*-diphenyl aminoazobenzenesulfonate
M. I. 15，9955 C. I. 13080
性状 橙黄色鳞片状结晶或结晶性黄色粉末。溶于水。pH

值1.4～2.6（由红至黄色）。
注意事项 该品应密封保存。
主要用途 酸碱指示剂。分析钙、镁用指示剂。

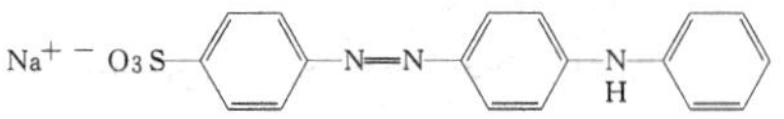

Orande B 橙黄 B 07547

[15139-76-1] $C_{22}H_{16}N_4Na_2O_9S_2$ 590.49

成分 C 44.75%，H 2.73%，N 9.49%，Na 7.79%，O 24.38%，S 10.86%。

别名 酸性橙 137；4,5-Dihydro-5-oxo-4-(4-sulfo-1-naphthalenyl) azo-1-(4-sulfophenyl)-1*H*-pyrazole-3-carboxylic acid 3-ethyl ester disodium salt；5-Oxo-4-(4-sulfo-1-naphthyl) azo-1-(*p*-sulfophenyl)-2-pyrazoline-3-carboxylic acid 3-ethyl ester disodium salt；5-Hydroxy-4-(4-sulfo-1-naphthalenyl) azo-1-(4-sulfophenyl)-1*H*-pyrazole-3-carboxylic acid 3-ethyl ester disodium salt；1-(4-Sulfophenyl)-3-ethylcarboxyl-4-(4-sulfonaphthylazo)-5-hydroxypyrazole disodium salt；Acid Orange137

M. I. 15，6954　C. I. 19235

性状 橙色结晶。性不活泼。溶于水（77℃，220g/L）。于浓硫酸中呈紫色，稀释后变红色。于浓盐酸中呈红色。于10%氢氧化钠溶液中呈浅黄色，稀释后变浅棕黄色。最大吸收值（0.04mol/L 乙酸铵溶液中）：442nm 。

主要用途 香肠、腊肠的着色剂。

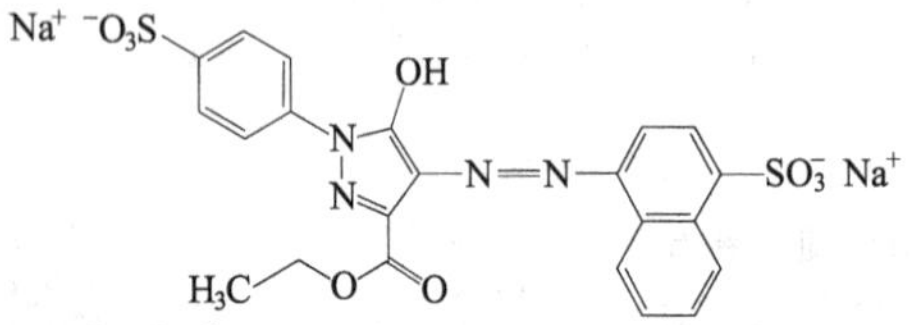

Orange G 橙黄 G 07548

[1936-15-8] $C_{16}H_{10}N_2Na_2O_7S_2$ 452.37

成分 C 42.48%，H 2.23%，N 6.19%，Na 10.16%，O 24.76%，S 14.18%。

别名 金橙 G；耐光橙 G；1-苯基偶氮-2-萘酚-6,8-二磺酸钠；食品橙 4；结晶橙；橙黄 GG；酸性耐光橘黄；Acid orange 10；Acid orange G；Crystal orange；7-Hydroxy-8-phenylazo-1,3-naphthalene disulfonic acid disodium salt；Fast light orange G；Food Orange 4；1-Phenylazo-2-naphthol-6,8-disulfonic acid disodium salt；Wool orange 2G

C. I. 16230

性状 橘红色结晶或粉末。溶于水。pH 值 11.6～14.0（由黄至橙红色）。

注意事项 使用时应避免吸入本品的粉尘，避免与眼睛及皮肤接触。应密封于干燥处保存。

主要用途 酸碱指示剂。生物染色剂。

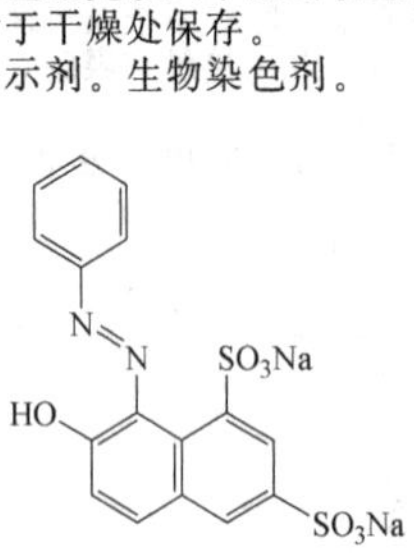

Orazamide 阿卡明 07549

[2574-78-9] $C_9H_{10}N_6O_5$ 282.22

成分 C 38.30%，H 3.57%，N 29.78%，O 28.34%。

别名 4-氨基-5-咪唑甲酰胺乳清酸盐；1,2,3,6-Tetrahydro-2,6-dioxo-4-pyrimidinecarboxylic acid comp d with 5-amino-1*H*imidazole-4-carboxamide (1∶1)；5-Aminoimidazole-4-carbox amide orotate；Orotic acid comp d with 5(or 4)-aminoimidazole 4(or 5)-carboxamide(1∶1)；4-Amino-5-imidazolecarboxamideorotate；AICA orotate；Aicamin；Aicorat

M. I. 15，6956

性状 一般商品为二水合物。无色结晶。284～285℃分解。LD_{50}小鼠腹膜内注射：0.6g/kg；急性经口：>4.0g/kg。

主要用途 医用肝脏保护剂。

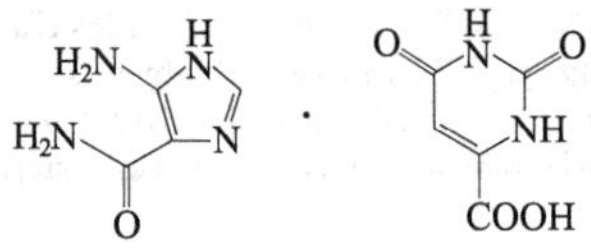

Orcein 地衣红 07550

[1400-62-0] $C_{28}H_{24}N_2O_7$ 500.50

成分 C 67.19%，H 4.83%，N 5.60%，O 22.38%。

别名 自然红 28；苔色素；苔红素；地衣素；法国红紫；奥尔辛；Archil；Crottle；Cudbear；French purple；Natural red 28；Drcil；Orseille；Persis

M. I. 15，6958

性状 浅棕红色微细结晶性粉末。溶于乙醇、丙酮、乙酸，溶液呈红色。在弱碱性溶液中呈浅蓝紫色。几乎不溶于水、苯、三氯甲烷、乙醚、二硫化碳。

注意事项 见 07548 橙黄 G。

主要用途 生物染色剂。鞭毛菌媒染剂，痰液中弹性组织的检验。

Orcinol monohydrate 地衣酚 一水 07551

[6153-39-5] $C_7H_8O_2 \cdot H_2O$ 142.16

成分（以无水物计） C 67.73%，H 6.50%，O 25.77%。

别名 一水合地衣酚；3,5-二羟基甲苯；3,5-甲苯二酚；5-甲基-1,3-苯二酚；甲基树脂酚；苔黑素；苔黑酚；俄耳辛；3,5-Dihydroxytoluene；5-Methyl-1,3-benzenediol；5-Methylresorcinol；Orcin；3,5-Orcinol

M. I. 15，6959

性状 白色菱形结晶。置空气中易氧化而变红。易溶于水、乙醇、乙醚，较少地溶于苯，微溶于氯仿、二硫化碳。mp 约 58℃，107℃为无水物；bp 290℃；$bp_{14\sim20}$ 165～170℃/1.866～2.666kPa；bp_5 147℃/666.61Pa。LD_{50}小鼠，大鼠，兔，豚鼠急性经口（mg/kg）：772，844，2400，1678。一般试剂含量≥96.0%（GC）。

注意事项 该品口服有害。对眼睛、呼吸系统及皮肤有刺激性。使用时应穿适当的防护服。万一接触到眼睛，应立即用大量水冲洗后请医生诊治。应密封避光保存。

主要用途 用于戊糖、木质素、糖胶、醛糖、甜菜糖、淀粉酶等的检定。检定锑、铬、硝酸盐和亚硝酸盐。

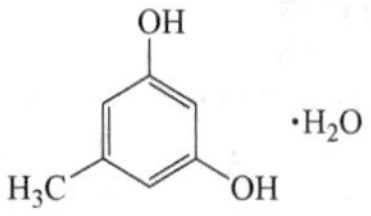

Orlistat 奥利斯特 07552

[96829-58-2] $C_{29}H_{53}NO_5$ 495.75

成分 C 70.26%，H 10.78%，N 2.83%，O 16.14%。

别名 奥尔利司他；奥利司特；奥利司他；赛尼可；罗氏鲜；*N*-Formyl-L-leucine (1*S*)-1-[[(2*S*, 3*S*)-3-hexyl-4-oxo-2-oxetanyl]methyl]dodecyl ester；*N*-Formyl-L-leucine ester with (3*S*, 4*S*)-3-hexyl-4-[(2*S*)-2-hydroxytridecyl]-2-oxetanone；(−)-Tetrahydrolipstatin；Orlipastat；Ro-18-0647；Xenical

M. I. 15，6964

性状 无色结晶。mp 43℃；$[\alpha]_D^{20}$ −32.0°（c=1，于氯仿中）。生化试剂含量≥99.0%。

主要用途 医用抗肥胖剂。

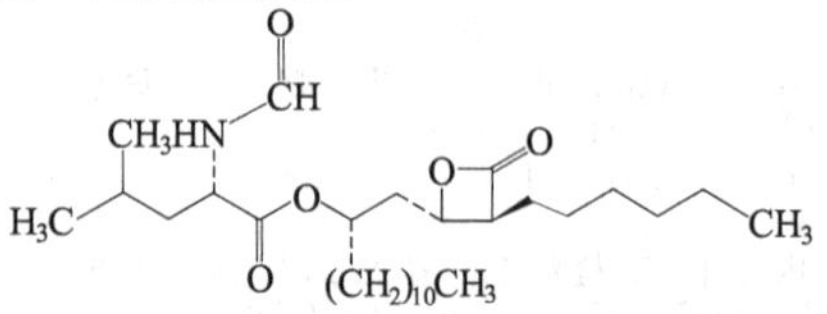

Ornidazole 氯醇硝唑 07553

[16773-42-5] $C_7H_{10}ClN_3O_3$ 219.63

成分 C 38.28%，H 4.59%，Cl 16.14%，N 19.13%，O 21.85%。

别名 α-氯甲基-2-甲基-5-硝基-1*H*-咪唑-1-乙醇；1-(3-氯-2-羟基丙基)-2-甲基-5-硝基咪唑；α-Chloromethyl-2-methyl-5-nitro-1*H*-imidazole-1-ethanol；1-(3-Chloro-2-hydroxypropyl)-2-methyl-5-nitroimidazole；Ro-7-0207；Madelen；

Ornidal; Tiberal
M. I. 15, 6967
性状 来自甲苯中的无色结晶。pK_a 2.4±0.1。mp 77～78℃；uv max（2-丙醇中）：288nm，312nm（ε 3720，9150）。LD_{50} 大鼠，小鼠急性经口（mg/kg）：1780，1420；小鼠腹膜内注射：>2000mg/kg。
注意事项 该品口服有害。使用时应穿适当的防护服。
主要用途 生化研究。医用抗感染剂。

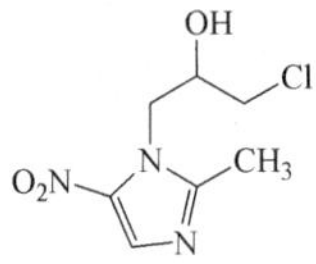

Ornipressin 鸟氨酸加压素 07554
[3397-23-7] $C_{45}H_{63}N_{13}O_{12}S_2$ 1042.20
成分 C 51.86%，H 6.09%，N 17.47%，O 18.42%，S 6.15%。
别名 鸟氨加压素；8-L-Ornithinevasopressin; Orn(8)-vasopressin; POR-8
M. I. 15, 6968
性状 白色粉末。*d* 1.32。生化试剂含量≥98.0%（HPLC）。
注意事项 该品应密封于−20℃保存。
主要用途 医用血管收缩剂。

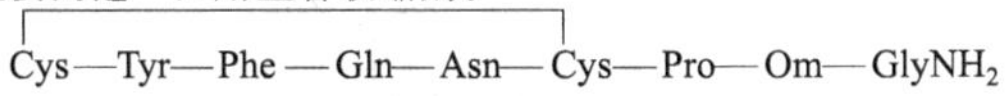

Cys—Tyr—Phe—Gln—Asn—Cys—Pro—Orn—$GlyNH_2$

L-Ornithine L-aspartate L-天冬酸 L-鸟氨酸 07555
[3230-94-2] $C_9H_{19}N_3O_6$ 265.27
成分 C 40.75%，H 7.22%，N 15.84%，O 36.19%。
别名 2,5-二氨基戊酸；L-Ornithine-L-aspartate; Hepa-Merz; L-Ornithine-L-aspartate; α,δ-Diaminovaletic acid L-aspartate; 2,5-Diaminopentanoic acid L-aspartate
M. I. 13, 6940
性状 白色结晶性粉末。
注意事项 该品应密封于2～8℃保存
主要用途 医用治疗血氨过多。

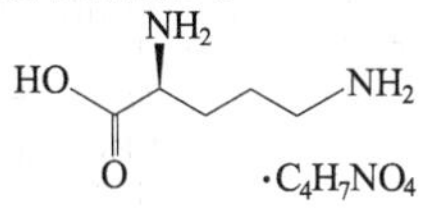

D-Ornithine monohydrochloride
D-鸟氨酸 一盐酸盐 07556
[16682-12-5] $C_5H_{13}ClN_2O_2$ 168.62
成分 C 35.62%，H 7.77%，Cl 21.03%，N 16.61%，O 18.98%。
别名 D-鸟氨酸 盐酸盐；一盐酸 D-鸟氨酸；(*R*)-2,5-二氨基戊酸 盐酸盐；(*R*)-2,5-二氨基戊酸 一盐酸盐；盐酸 D-鸟氨酸；(*R*)-(−)-2,5-Diaminopentanoic acid; D-Ornithine hydrochloride; (*R*)-2,5-Diaminopentanoic acid monohydrochloride
性状 无色或白色结晶。mp 239℃（分解）；$[\alpha]_D^{20}$ −23.5°±0.5°（*c*=5，于 5mol/L 盐酸中）。生化试剂含量≥99.0%（AT）。
注意事项 该品应充氩气密封于干燥处保存。
主要用途 生化研究。

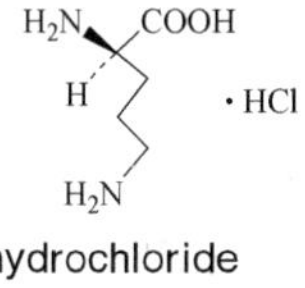

DL-Ornithine monohydrochloride
DL-鸟氨酸 一盐酸盐 07557
[1069-31-4] $C_5H_{13}ClN_2O_2$ 168.62
成分 C 35.62%，H 7.77%，Cl 21.03%，N 16.61%，O 18.98%。
别名 一盐酸 DL-鸟氨酸；盐酸 DL-鸟粪氨基酸；DL-盐酸二氨基戊酸；盐酸 DL-鸟氨酸；DL-鸟氨酸 盐酸盐；(±)-2,5-Diaminopentanic acid monohydrochloride
性状 白色结晶。溶于水、酸、碱溶液，不溶于乙醇、乙醚、甲醇。mp 约 233℃（分解）。生化试剂含量≥99.0%（AT）。
注意事项 使用时应避免吸入本品的粉尘，避免与眼睛及皮肤接触。应密封于干燥处保存。
主要用途 生化研究。

L-Ornithine monohydrochloride
L-鸟氨酸 一盐酸盐 07558
[3184-13-2] $C_5H_{13}ClN_2O_2$ 168.62
成分 C 35.62%，H 7.77%，Cl 21.03%，N 16.61%，O 18.98%。
别名 一盐酸 L-鸟氨酸；盐酸 L-鸟粪氨基酸；L-盐酸二氨基戊酸；L-鸟氨酸 盐酸盐；盐酸 L-鸟粪酸；(*S*)-2,5-Diaminopentanoic acid monohydrochloride; α,δ-Diaminovaleric acid monohydrochloride
性状 结晶。溶于水，不溶于乙醇、乙醚、甲醇。mp 233℃（分解）；$[\alpha]_D^{23}$ +11.0°（*c*=5.5，于水中）。生化试剂含量≥99.0%（AT）。
注意事项 该品应充氩气密封于干燥处保存。
主要用途 生化研究。

Orotic acid anhydrous 乳清酸 无水 07559
[65-86-1] $C_5H_4N_2O_4$ 156.10
成分 C 38.47%，H 2.58%，N 17.95%，O 41.00%。
别名 1,2,3,6-四氢-2,6-二氧-4-嘧啶甲酸；咄嘧-4-甲酸；4-羧基尿嘧啶；Animal galactose factor; Dioxotetrahydropyrimidine-6-carboxylic acid; 1,2,3,6-Tetrahydro-2,6-dioxo-4-pyrimidinecarboxylic acid; Oropur; Orotyl; Uracil-6-carboxylic acid; Uracil-4-carboxylic acid; 2,6-Dihydroxypyrimidine-4-carboxylic acid; 4-Carboxy uracil; Whey factor
M. I. 15, 6972
性状 来自水中的无色或白色有光泽的结晶。微溶于水、乙醇，不溶于三氯甲烷、乙醚。mp 345～346℃。生化试剂含量≥98.0%。
注意事项 该品口服有毒。
主要用途 生化试剂。核酸合成。

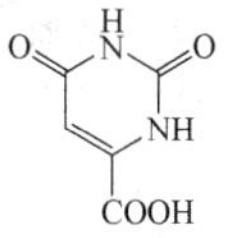

Orotidine 乳清酸核苷 07560
[314-50-1] $C_{10}H_{12}N_2O_8$ 288.21
成分 C 41.67%，H 4.20%，N 9.72%，O 44.41%。
别名 6-羧基尿苷；1,2,3,6-Tetrahydro-2,6-dioxo-3-β-D-ribofuranosyl-4-pyrimidinecarboxylic acid; 3-β-D-Ribofuranosylorotic acid; 6-Carboxyuridine
M. I. 15, 6973
性状 来自甲醇+苯中的无色针状结晶。溶于热水、低级脂肪醇及醇的水溶液。近 200℃时变棕色，但 400℃失效并熔化。uv max（甲醇中）：268nm（ε 8900）；（0.1mol/L 盐酸中）：267nm（ε 9570）；（0.1mol/L 甲醇酸氢氧化钠中）：265nm（ε 8960）。生化试剂含量≥90.0%（HPLC）。
注意事项 该品应密封于−20℃保存。
主要用途 生化研究。

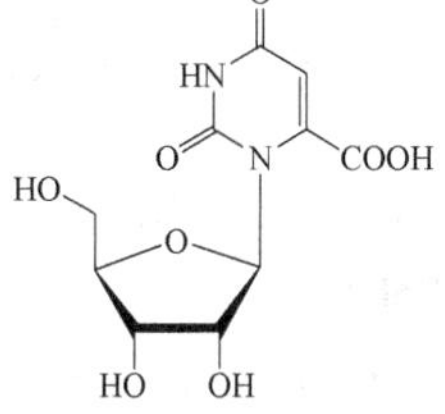

Orphenadrine hydrochloride 邻甲苯海拉明 盐酸盐 07561
[341-69-5] $C_{18}H_{24}ClNO$ 305.85
成分 C 70.69%，H 7.91%，Cl 11.59%，N 4.58%，O 5.23%。

别名 盐酸邻甲苯海拉明；Disipal；Mephenamin；*N*，*N*-Dimethyl-2-[(2-methylphenyl) phenylmethoxy] ethanamine hydrochloride；*N*，*N*-Dimethyl-2-(*o*-methyl-*α*-phenylbenzyloxy) ethylamine hydrochloride；2-(Phenyl-*o*-tolylmethoxy) ethyldimethylamine hydrochloride；Phenyl-*o*-tolylmethyl dimethylaminoethyl ether hydrochloride；*β*-Dimethylaminoethyl 2-methylbenzhydryl ether hydrochloride；BS-5930 hydrochloride；Biorphen hydrochloride；Brocasipal hydrochloride；*o*-Methyldiphenhydramine hydrochloride；*o*-Monomethyl diphenhydramine hydrochloride

M. I. 15，6975

性状 无色结晶。溶于水、乙醇、氯仿，略微溶于丙酮、苯，几乎不溶于乙醚。其水溶液 pH 值约 5.5。mp 156～157℃。生化试剂含量≥98.0%（AT）。

注意事项 该品口服有害。使用时应穿适当的防护服。使用时如有事故发生或有不适之感，应请医生诊治。应充氩气密封保存。

主要用途 生化研究。医用骨骼肌肉松弛剂。抗组按剂。

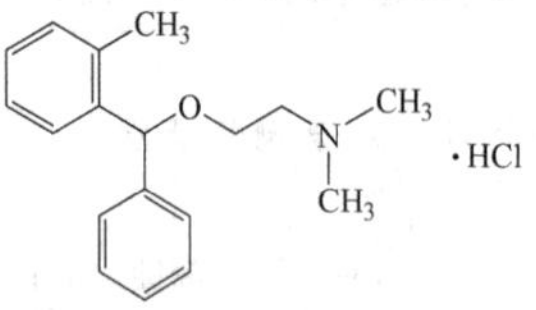

Orthanilic acid 邻氨基苯磺酸 07562

[88-21-1] $C_6H_7NO_3S$ 173.19

成分 C 41.61%，H 4.07%，N 8.09%，O 27.71%，S 18.51%。

别名 2-氨基苯磺酸；邻苯胺磺酸；苯胺-2-磺酸；2-Aminobenzene-sulfonic acid；*o*-Sulfanilic acid；*o*-Anilinesulfonic acid；Aniline-2-sulfonic acid

M. I. 15，6978

性状 微小的六方形片状结晶。缓慢地略微溶于水。在 13.5℃以下的水中能缓慢产生半水合物的结晶。p*K*（25℃）2.48；约 325℃分解。一般试剂含量≥97.0%（T）。

注意事项 该品具有腐蚀性。能引起烧伤。使用时应穿适当的防护服，戴手套和防护镜或面罩。万一接触到眼睛，应立即用大量水冲洗后请医生诊治。使用时如有事故发生或有不适之感，应请医生诊治。

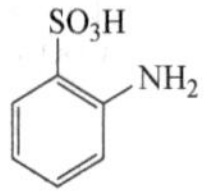

Oryzalin 黄草消 07563

[19044-88-3] $C_{12}H_{18}N_4O_6S$ 346.36

成分 C 41.61%，H 5.24%，N 16.18%，O 27.72%，S 9.26%。

别名 4-二丙氨基-3，5-二硝基苯磺酰胺；4-Dipropylamino-3，5-dinitrobenzenesulfonamide；3，5-Dinitro-N^4，N^4-dipropylsulfanilamide；EL-119；Dirimal；Ryzelan；Surflan

M. I. 15，6982

性状 黄至橙色结晶。溶于丙酮、乙醇、甲醇、乙腈，微溶于苯，极微溶于水（25℃，2.5×10^{-6}），几乎不溶于己烷。mp 137～138℃。LD_{50}大鼠急性经口：>10g/kg。

注意事项 该品对水生物有毒。能对水环境引起长期不良的影响。使用时应避免吸入本品的粉尘，避免与眼睛及皮肤接触。其包装物应按危险品处理。

主要用途 除草剂。分析用标准物质。

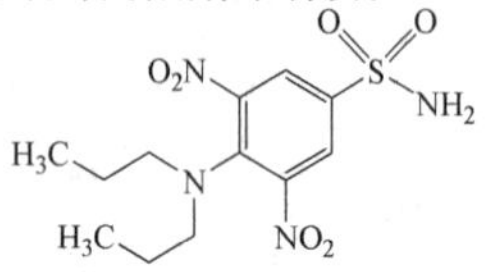

Oryzanol A 谷维素 A 07564

[21238-33-5] $C_{40}H_{58}O_4$ 602.90

成分 C 79.69%，H 9.70%，O 10.61%。

别名 (3*β*)-9，19-Cyclolanost-24-en-3-ol 3-(4-hydroxy-3-methoxyphenyl)-2-propenoate；Cycloartenylferulate

M. I. 15，6983

性状 一般精制商品为一水合物。mp 150～151.5℃；$[\alpha]_D$ +40°（*c*=0.68）；uv max（庚烷中）：231nm，290nm，315nm（lg *ε* 4.15，4.24，4.34）。

主要用途 医用抗溃疡剂。抗青光眼剂。治疗绝经综合症。

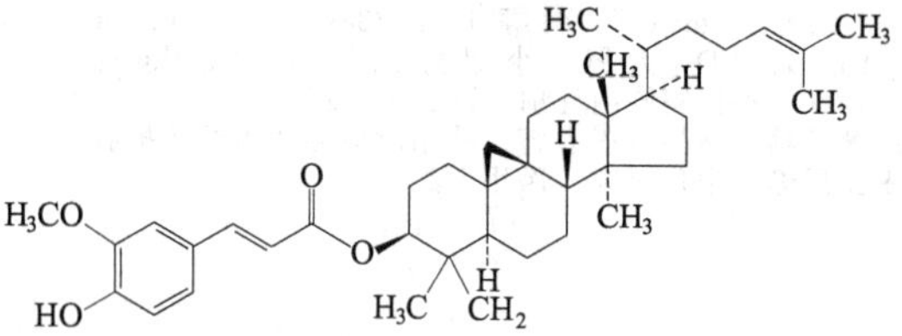

Osalmie 柳胺酚 07565

[526-18-1] $C_{13}H_{11}NO_3$ 229.24

成分 C 68.11%，H 4.84%，N 6.11%，O 20.94%。

别名 利胆酚；羟苯水杨胺；4-羟基水杨酰苯胺；2-Hydroxy-*N*-(4-hydroxyphenyl) benzamide；4′-Hydroxysalicylamilide；*N*-(*p*-Hydroxyphenyl) salicylamide；*N*-Salicoylaminophenol；Oksafenamide；Oxaphenamide；Driol；Jestmin；Kanochol；Saryuurin；Yoshicol

M. I. 15，6984

性状 无色结晶。易溶于甲醇、乙醇、乙醚、丙酮，微溶于热水、苯、甲苯，几乎不溶于冷水、乙酸。mp 179℃。生化试剂含量≥99.0%

主要用途 医用利胆剂。

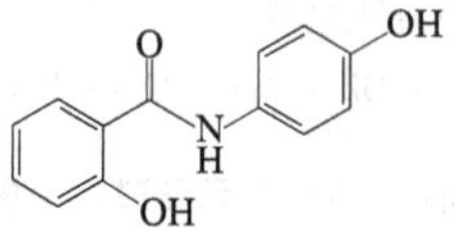

Osaterone 奥沙特隆 07566

[105149-04-0] $C_{20}H_{25}ClO_4$ 364.87

成分 C 65.84%，H 6.91%，Cl 9.72%，O 17.54%。

别名 (4a*R*，4b*S*，6a*S*，7*R*，9a*S*，9b*R*)-7-Acetyl-11-chloro-4a，4b，5，6，6a，7，8，9a，9b-decahydro-7-hydroxy-4a，6a-dimethyl-cyclopenta[5，6] naphtho[1，2-*c*] pyran-2(4*H*)-One；6-Chloro-17-hydroxy-2-oxapregna-4，6-diene-3，20-dione

M. I. 15，6985

性状 来自丙酮/己烷中的无色棱柱体结晶。mp 218～221℃。

主要用途 医用抗雄激素。用于良性前列腺肥大的治疗。

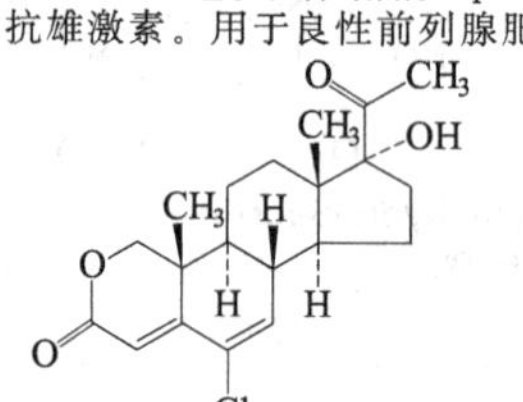

Oseltamivir 奥司他韦 07567

[196618-13-0] $C_{16}H_{28}N_2O_4$ 312.41

成分 C 61.51%，H 9.03%，N 8.97%，O 20.48%。

别名 奥赛米韦；达菲；(3*R*，4*R*，5*S*)-4-Acetylamino-5-amino-3-(1-ethylpropoxy)-1-cyclohexene-1-carboxylic acid ethyl ester

M. I. 15，6986

性状 浅白色固体。pK_a 7.7（25℃），6.6（70℃）。

注意事项 该品应密封于−20℃保存。

主要用途 医用抗流感病毒剂。

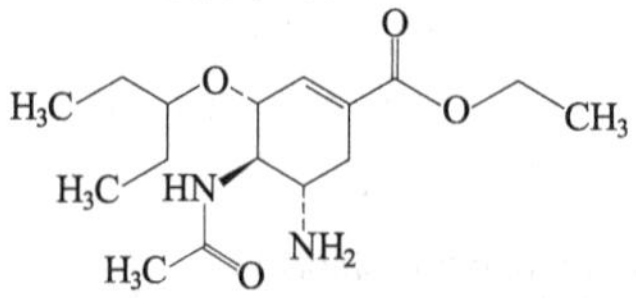

Osmic acid 锇酸 07568

[20816-12-0] O_4Os 254.23

成分 O 25.17%，Os 74.83%。

别名 四氧化锇；锇酸酐；氧化锇；Osmium tetraoxide；Osmium acid anhydride；Perosmic oxide；Osmium(Ⅷ) oxide

GW 2015-2087 M. I. 15，6990

性状 白色或浅黄色单斜结晶或固体。有类似氯的辛辣气味。溶于乙醇、乙醚、苯、氨水、氧氯化磷、水（25℃，7.24g/

100g)、四氯化碳(375g/100g)。易升华挥发。mp 40.6℃；bp_{760} 130℃/101.32kPa；bp_{400} 109.3℃/53.328kPa；bp_{200} 89.5℃/26.664kPa；bp_{100} 71.5℃/13.332kPa；bp_{60} 59.4℃/79.992kPa；d 5.10。一般试剂含量≥99.9%。

注意事项 该品吸入、口服或与皮肤接触极毒。具有腐蚀性，能引起烧伤。其蒸气对眼睛、呼吸道、皮肤有强烈刺激作用。使用时应保持容器密闭。万一接触到眼睛，应立即用大量水冲洗后请医生诊治。使用时如有事故发生或有不适之感，应请医生诊治。应密封于阴凉通风处保存。

主要用途 电子显微镜技术标本的稳定剂。氧化剂。有机合成氧化还原的催化剂。

Osmium powder 锇粉 07569

[7440-04-2] Os 190.23

M.I.15, 6988

性状 浅蓝白色有光泽金属。呈细小粒状或灰色粉末。质硬而重。溶于盐酸、热浓硫酸、王水及硝酸等。mp 约2700℃；bp 约 5500℃；d_4^{20} 22.61。一般试剂含量≥99.5%。

注意事项 该品高度易燃。对眼睛有严重损伤的危险。使用时应穿适当的防护服，戴手套和防护镜或面罩。使用时应避免吸入本品的粉尘，避免与眼睛及皮肤接触。使用现场禁止吸烟。万一接触到眼睛，应立即用大量水冲洗后请医生诊治。使用完毕应立即脱掉受污染的衣服。应远离火种，密封于干燥处保存。

Osthole 欧芹酚甲醚 07570

[484-12-8] $C_{15}H_{16}O_3$ 244.29

成分 C 73.75%，H 6.60%，O 19.65%。

别名 王草素；蛇床子素；甲氧基欧芹酚；7-甲氧基-8-(3-甲基-2-丁烯基)香豆素；7-Methoxy-8-(3-methyl-2-butenyl)-2*H*-1-benzopyran-2-one；7-Methoxy-8-(3-methyl-2-butenyl)coumarin；8-(3-Methyl-2-butenyl)herniarin

M.I.15, 6993

性状 来自乙醚中的无色棱柱体结晶。溶于碱的水溶液、乙醇、氯仿、丙酮、沸石油醚，几乎不溶于水。mp 83～84℃；uv max：322nm，258nm(ε 8000，4300)。一般试剂含量≥98.0%(HPLC)。

H_3C CH_3 H_3CO O O

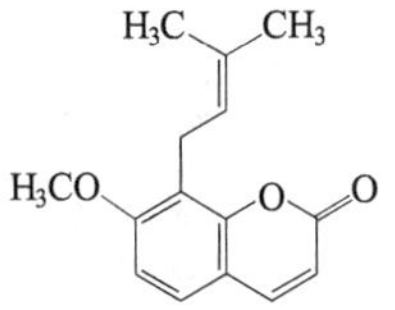

Ouabagenin 哇巴因配基 07571

[508-52-1] $C_{23}H_{34}O_8$ 438.52

成分 C 63.00%，H 7.81%，O 29.19%。

别名 乌巴配基；(1β,3β,5β,11α)-1,3,5,11,14,19-Hexahydroxycard-20(22)-enolide；G-strophanthidin

M.I.15, 6999

性状 来自水中一水合物为无色的集束针状结晶。易吸潮。室温时溶于水<1%，1g该品溶于约 10mL 沸水，亦溶于稀乙醇，几乎不溶于无水乙醇、乙醚、氯仿。100℃时成为无水物。无水物易吸潮。mp 255～256℃；$[\alpha]_D^{17}$ +11.3°(c=1.27)。生化试剂含量≥95.0%。

注意事项 该品吸入有毒。口服极毒。并有蓄积性危害。使用时如有事故发生或有不适之感，应请医生诊治。应密封于2～8℃保存。

主要用途 生化研究。

O O CH_3 HO HO HO H H H OH HO OH

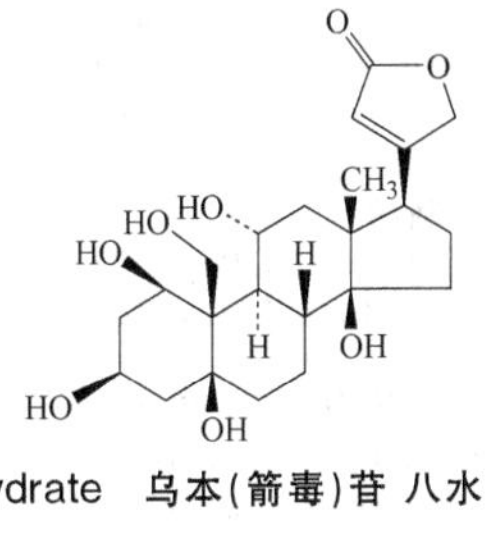

Ouabain octahydrate 乌本(箭毒)苷 八水 07572

[11018-89-6] $C_{29}H_{44}O_{12}\cdot 8H_2O$ 728.79

成分(以无水物计) C 59.58%，H 7.59%，O 32.84%。

别名 八水合毒毛旋花苷 G；毒毛旋花素 G；羊角拗质 G；毒毛旋花苷 G 八水；苦羊角拗苷；苦毒毛旋花子苷；Strophanthin G；Octahydrale；G-strophanthin；Acocantherin；(1β,3β,5β,11α)-3-(6-Deoxy-α-L-mannopyranosyl)oxy-1,5,11,14,19-pentahydroxycard-20(22)-enolide；Gratus strophanthin；Gratibain；Astrobain；Purostrophan；Strophoperm；Strodival

GW 2015-250 M.I.15, 7000

性状 无色或白色结晶粉末。无气味，味苦。在空气中稳定，但能被光改变性质。1g 该品溶于约 75mL 水、5mL 沸水、100mL，100mL 乙醇、8mL 沸乙醇，也溶于戊醇、二氧六环，微溶于乙醚、氯仿、乙酸乙酯。其水溶液对石蕊呈中性。无水物约 190℃分解；$[\alpha]_D^{25}$ −31°～−32.5°(c=1，于水中)。LD_{50}大鼠静脉注射：14mg/kg。生化试剂含量≥97.0%。

注意事项 该品吸入或口服有毒，并具有蓄积性危害。使用时如有事故发生或有不适之感，应立即请医生诊治。应密封避光保存。

主要用途 生化研究。医用强心剂。

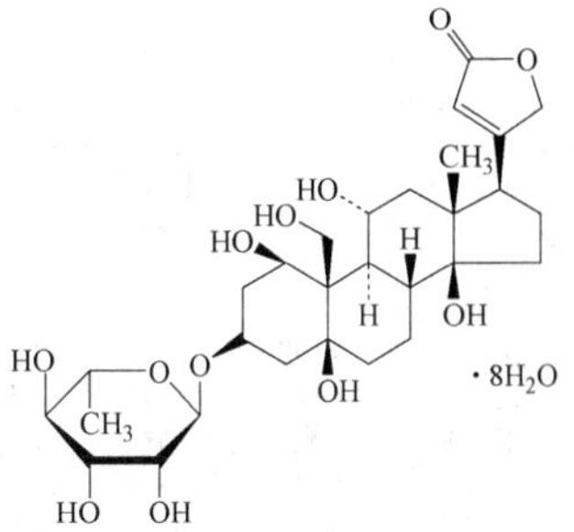

O O CH_3 HO HO HO H H OH HO O O CH_3 OH $\cdot 8H_2O$ HO OH

Oxacillin sodium salt monohydrate

苯甲异噁唑青霉素钠盐 一水 07573

[7240-38-2] $C_{19}H_{18}N_3NaO_5S\cdot H_2O$ 441.43

成分(以无水物计) C 53.90%，H 4.28%，N 9.92%，Na 5.43%，O 18.89%，S 7.57%。

别名 恶洒西林钠；苯甲异恶唑青霉素钠盐；苯唑西林钠；Penicillin P-12，Sodium oxacillin；BRL-1400；Bactocill；Bristopen；Cryptocillin；Micropenin；Oxabel；Penstapho；Penstaphocid；Prostaphlin；Resistopen；Stapenor；[2S-(2α,5α,6β)-3,3-Dimethyl-6-[(5-methyl-3-phenyl-4-isoxazolyl)carbonyl]amino]-7-oxo-4-thia-1-azabicyclo[3.2.0]heptane-2-carboxylic acid sodium salt monohydrate；5-Methyl-3-phenyl-4-isoxazolylpenicillin sodium salt monohydrate；6-(5-Methyl-3-phenyl-2-isoxazoline-4-carboxamido) penicillanic acid sodium salt monohydrate；Oxazocilline sodium salt monohydrate

M.I.15, 7003

性状 来自异丙醇中的无色结晶。易溶于水、甲醇、二甲基亚砜，微溶于无水乙醇、氯仿、吡啶、乙酸甲酯，不溶于乙酸乙酯、乙醚、苯、二氯乙烷。mp 188℃(分解)；$[\alpha]_D^{20}$ +201°(c=1，于水中)。LD_{50}大鼠急性经口：>8g/kg。一般试剂含量≥98.0%(HPLC)。

注意事项 该品对眼睛、呼吸系统及皮肤有刺激性。吸入或与皮肤接触可引起过敏。使用时应穿适当的防护服和戴手套。使用时应避免吸入本品的粉尘。万一接触到眼睛，应立即用大量水冲洗后请医生诊治。应密封于2～8℃保存。

主要用途 抑菌剂。分析用标准物质。

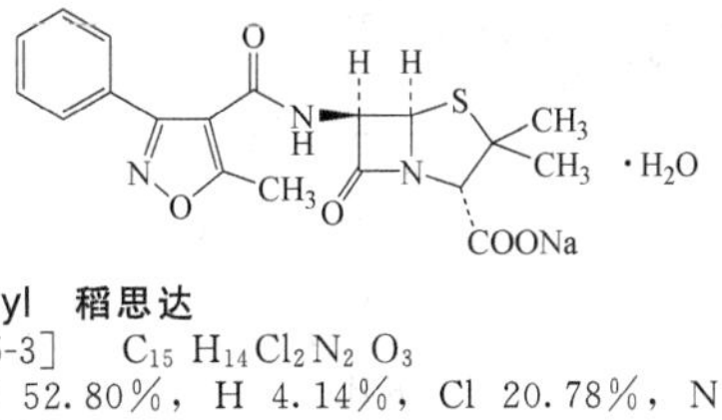

O H H N H S CH_3 CH_3 $\cdot H_2O$ N O CH_3 O N COONa

Oxadiargyl 稻思达 07574

[39807-15-3] $C_{15}H_{14}Cl_2N_2O_3$ 341.19

成分 C 52.80%，H 4.14%，Cl 20.78%，N 8.21%，O 14.07%。

别名 丙炔、噁草酮；快噁草酮；恶草酮；恶草灵；3-[2,4-Dichloro-5-(2-propynyloxy)phenyl]-5-(1,1-dimethylethyl)-1,3,4-oxadiazol-2(3*H*)-one; 5-*tert*-Butyl-3-(2,4-dichloro-5-propargyloxyphenyl)-1,3,4-oxadiazol-2-(3*H*)-one; Raft; Topstar

M. I. 15, 7004

性状 白色结晶、粉末及小的聚结物。无气味。极微溶于水（20℃，0.37mg/L）。mp 131℃。LD_{50}大鼠急性经口：＞5000mg/kg；皮肤接触：＞2000mg/kg。LC_{50}大鼠（4h）：＞5.16mg/L。一般试剂含量≥97.5%。

注意事项 该品对水生物极毒。能对水环境产生长期不良的影响。应防止将本品释放于环境中。其包装物应按危险品处理。

主要用途 除草剂。

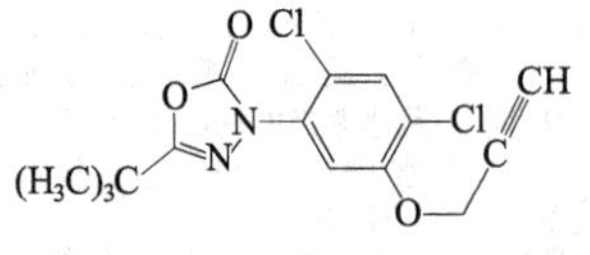

Oxadiazon 噁草灵 07575

[19666-30-9] $C_{15}H_{18}Cl_2N_2O_3$ 345.22

成分 C 52.19%，H 5.26%，Cl 20.54%，N 8.11%，O 13.90%。

别名 恶草灵；3-[2，4-Dichloro-5-(1-methylethoxy) phenyl]-5-(1，1-dimethylethyl)-1，3，4-oxadiazol-2(3*H*)-one；2-*tert*-Butyl-4-(2，4-dichloro-5-isopropoxyphenyl)-Δ^2-1，3，4-oxadiazolin-5-one；5-*tert*-Butyl-3-(2，4-dichloro-5-isopropoxyphenyl)-1，3，4-oxadiazolin-2-one；RP-17623；Ronstar

M. I. 15，7006

性状 白色结晶。无味。不吸湿。该品20℃时于下列物质中的溶解度（g/L）：水约0.0007；乙醇、甲醇约100；环己酮约200；丙酮、苯乙酮、苯甲醚、四氯化碳、异佛尔酮、丁酮约600；苯、氯仿、二氯甲烷、甲苯约1000。mp 88～90℃。LD_{50}大鼠，北美鹌鹑，雄野鸭急性经口（mg/kg）：8000，6000，1000。一般试剂含量≥98.0%（HPLC）。

注意事项 该品对水生物极毒，可能对水环境引起不利的结果。应防止将本品释放于环境中。其包装物应按危险品处理。

主要用途 除草剂。分析用标准物质。

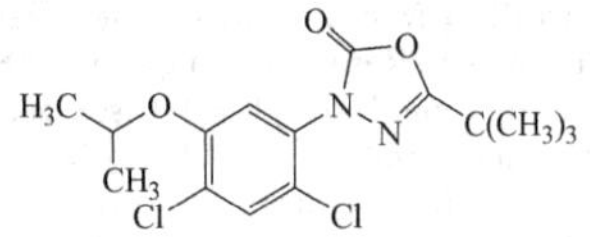

Oxadixyl 噁霜灵 07576

[77732-09-3] $C_{14}H_{18}N_2O_4$ 278.31

成分 C 60.42%，H 6.52%，N 10.07%，O 22.99%。

别名 杀毒矾；恶唑烷酮；*N*-(2，6-Dimethylphenyl)-2-methoxy-*N*-(2-oxo-3-oxazolidinyl) acetamide；2-Methoxy-*N*-(2-oxo-1，3-oxazolidn-3-yl) acet-2′，6′-xylidide；SAN-371F；Sandofan

M. I. 15，7007

性状 来自乙醇中的无色结晶。该品于下列物质中的溶解度（25℃，质量分数）：水0.34；乙醇11.2；丙酮34.4；二甲基亚砜39.0。mp 104～105℃。LD_{50}雌大鼠急性经口：1860mg/kg；皮肤接触：＞2000mg/kg。一般试剂含量≥97.0%

注意事项 该品应密封避光保存。

主要用途 杀菌剂。

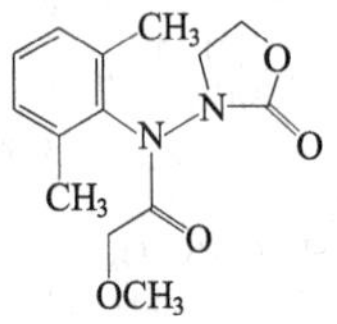

Oxalacetic acid 草酰乙酸 07577

[328-42-7] $C_4H_4O_5$ 132.07

成分 C 36.38%，H 3.05%，O 60.57%。

别名 丁酮二酸；2-氧丁二酸；Ketosuccinic acid；Oxobutanedioic acid；Oxosuccinic acid；2-Oxosuccinic acid

M. I. 15，7008

性状 无色结晶。溶于水、乙醇，微溶于乙醚，不溶于苯。mp 160℃（分解）；Fp 190℉（88℃）。一般试剂含量≥98.0%。

注意事项 该品具有腐蚀性。能引起烧伤。使用时应穿适当的防护服，戴手套和防护镜或面罩。使用时禁止饮食。万一接触到眼睛，应立即用大量水冲洗后请医生诊治。使用时如有事故发生或有不适之感，应请医生诊治。应密封避光保存。

主要用途 有机试剂。苹果酸脱氨酶的紫外测定。

Oxalenediuramidoxime 草酰二脲二肟 07578

[580-52-9] $C_4H_8N_6O_4$ 204.15

成分 C 23.53%，H 3.95%，N 41.17%，O 31.35%。

别名 乙二酰脲胺肟；均二脲基乙二肟；*N*，*N*″-Bis(aminocarbonyl)-*N*′，*N*‴-dihydroxyethanediimidamide；Dicarbamidoglyoxime；Oxaldiureide dioxime

M. I. 15，7009

性状 来自稀乙醇中的无色针状结晶或疏松的白色结晶性粉末。易溶于乙醇、酸类、碱类，较易溶于热水，不溶于冷水、乙醚、氯仿、苯、石油醚。mp 191～192℃（分解）。

注意事项 该品应密封保存。

主要用途 检验镍。

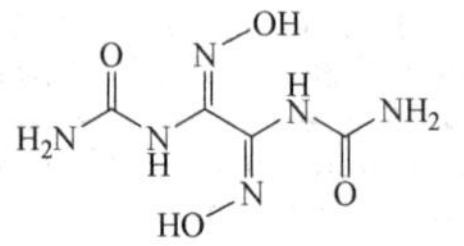

Oxalic acid dihydrate 草酸 二水 07579

[6153-56-6][144-62-7]（无水物） $C_2H_2O_4 \cdot 2H_2O$ 126.06

成分（以无水物计） C 26.68%，H 2.24%，O 71.08%。

别名 二水合乙二酸；二水合草酸；蓚酸 二水；乙二酸 二水；Dicarboxylic acid；Ethanedioic acid

M. I. 15，7010

性状 无色透明单斜片状，棱柱体结晶或白色颗粒。易风化。1g该品溶于约7mL水、2mL沸水、2.5mL乙醇、1.8mL沸乙醇、100mL乙醚、5.5mL甘油，几乎不溶于三氯甲烷、苯、石油醚。pK_1 1.27，pK_2 4.28。mp 101～102℃；$d_4^{18.5}$ 1.653。LD_{50}大鼠急性经口（5%溶液）：9.5mL/kg。

注意事项 该品口服或与皮肤接触有害。使用时应避免与眼睛及皮肤接触。应密封于阴凉处保存。

主要用途 分析试剂，如用于钙、镁、钍和稀土元素的沉淀。还原剂。络合剂。去铁锈。

参考规格 GB/T 9854—2008	优级纯	分析纯	化学纯
含量（$C_2H_2O_4 \cdot 2H_2O$）/%≥	99.8	99.5	99.5
澄清度试验/号≤	2	3	5
水不溶物/%≤	0.002	0.005	0.01
灼烧残渣（以硫酸盐计）/%≤	0.01	0.02	0.05
氯化物（Cl）/%≤	0.0005	0.002	0.005
总氮量（N）/%≤	0.001	0.002	0.005
硫酸盐（SO_4）/%≤	0.001	0.002	0.005
钙（Ca）/%≤	0.001	0.003	0.005
铁（Fe）/%≤	0.0002	0.0005	0.002
重金属（以Pb计）/%≤	0.0002	0.0004	0.001
易碳化物质	合格	合格	合格

Oxaliplatin 奥沙利铂 07580

[61825-94-3] $C_8H_{14}N_2O_4Pt$ 397.29

成分 C 24.19%，H 3.55%，N 7.05%，O 16.11%，Pt 49.10%。

别名 奥克赛铂；奥萨力铂；(*SP*-4-2)-[(1*R*，2*R*)-1，2-Cyclohexanediamine-κ*N*，κ*N*′][ethanedioato(2−)-κO^1κO^2]platinum；[(1*R*，2*R*)-1，2-cyclohexanediamine-*N*，*N*′][oxalato(2−)-*O*，

O′]platinum; Oxalato(1*R*,2*R*-cyclohexanediamine) platinum(Ⅱ); Pt(oxalato) (*trans-l-dach*); Oxalato (*trans*-l-1, 2-diaminocyclohexane) platinum (Ⅱ); Oxalatoplatin; Oxalatoplatinum; *l*-OHP; RP-54780; NSC-266046; Eloxatin; Elplat

M. I. 15, 7011

性状 无色结三棱片状结晶。溶于水（7.9mg/kg）、甲醇（2.1mg/mL）、二甲基甲酰胺（9.0mg/mL），几乎不溶于乙醇、丙酮、己烷。mp 260℃。

注意事项 该品对眼睛、呼吸系统及皮肤有刺激性。对机体有不可逆损伤的可能性。吸入或与皮肤接触可引起过敏。使用时应穿适当的防护服。万一接触到眼睛，应立即用大量水冲洗后请医生诊治。

主要用途 医用抗肿瘤剂。

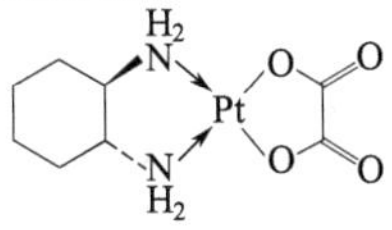

Oxalyl chloride 草酰氯 07581

[79-37-8] $C_2Cl_2O_2$ 126.92

成分 C 18.93%，Cl 55.86%，O 25.21%。

别名 乙二酰氯；氯化乙二酰；Ethanedioyl dichloride；Oxalic acid chloride

GW 2015-2580 M. I. 15, 7013

性状 无色发烟液体。有辛辣刺激味。具有催泪性。对湿度敏感。能与苯、乙醚相混溶。遇水或乙醇即剧烈分解并产生氯化氢。mp −12℃；bp 63～64℃；d_4^{13} 1.488；n_D^{13} 1.4340。一般试剂含量≥99.0%（GC）。

注意事项 该品与水反应激烈。与水接触能释放出有毒气体。其蒸气吸入有害。具有腐蚀性，能引起烧伤。使用时应穿适当的防护服，戴手套和防护镜或面罩。万一接触到眼睛，应立即用大量水冲洗后请医生诊治。使用时如有事故发生或有不适之感，应请医生诊治。应充氮气密封于干燥处保存。

主要用途 有机氯化物的制备。

Oxalyl dihydrazide 草酰二肼 07582

[996-98-5] $C_2H_6N_4O_2$ 118.10

成分 C 20.34%，H 5.12%，N 47.44%，O 27.09%。

别名 乙二酰二肼；乙二酰肼；草酰肼；草酸二酰肼；Oxalic acid dihydrazide; Oxalyl hydrazide

性状 白色结晶。溶于水，不溶于乙醇、乙醚、三氯甲烷、苯。mp 242～244℃（分解）。一般试剂含量≥98.0%（N）。

注意事项 使用时应避免吸入本品的粉尘，避免与眼睛及皮肤接触。应密封于干燥处保存。

主要用途 金属矿石的分析，如铀中微量铜的比色测定。

Oxalylurea 草酰脲 07583

[120-89-8] $C_3H_2N_2O_3$ 114.06

成分 C 31.59%，H 1.77%，N 24.56%，O 42.08%。

别名 乙二酰脲；仲班酸；咪唑啶三酮；Imidazoletrione；Imidazolidinetrione; Parabanic acid

M. I. 15, 7126

性状 无色或白色针状结晶。易吸潮。在100℃时升华。溶于约20份水，溶于乙醇，不溶于乙醚。能被沸碱液所分解。其盐不稳定。mp 约230℃（分解）。

注意事项 该品应密封于干燥处保存。

主要用途 有机合成。

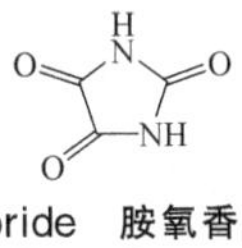

Oxamarin dihydrochloride 胺氧香豆素 二盐酸盐 07584

[6830-17-7] $C_{22}H_{36}Cl_2N_2O_4$ 463.44

成分 C 57.02%，H 7.83 %，Cl 15.30%，N 6.04%，O 13.81%。

别名 6,7-双[2-(二乙氨基)乙氧基]-4-甲基香豆素 二盐酸盐；二盐酸胺氧香豆素；MG-652; Idro P_3; 6,7-Bis[2-(diethylamino) ethoxy]-4-methyl-2*H*-1-benzopyran-2-one dihydrochloride; 6,7-Bis[2-(diethylamino) ethoxy]-4-methylcoumarin dihydrochloride

M. I. 15, 7014

性状 来自乙醇中的无色结晶。mp 224～226℃，或 234～236℃。

主要用途 医用止血剂。

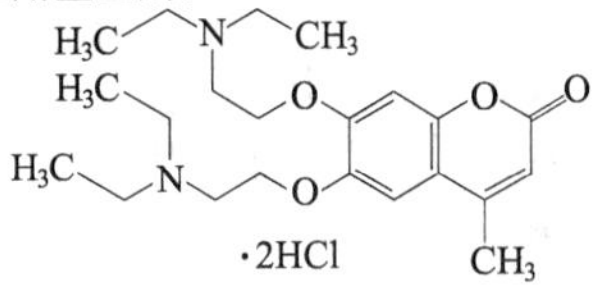

Oxametacine 吲肟酸 07585

[27035-30-9] $C_{19}H_{17}ClN_2O_4$ 372.81

成分 C 61.21%，H 4.60%，Cl 9.51%，N 7.51%，O 17.17%。

别名 苯酰吲哚氧肟酸；1-(4-Chlorobenzoyl)-*N*-hydroxy-5-methoxy-2-methyl-1*H*-indole-3-acetamide; 1-(*p*-Chlorobenzoyl)-5-methoxy-2-methylindole-3-acetohydroxamic acid; Indoxamic acid; Dinulcid; Flogar

M. I. 15, 7015

性状 来自二氧六环中的无色结晶。随温度的升高，溶于多数有机溶剂。于强碱中能快速水解成脱苯甲酰化产物。mp 181～182℃（分解）。LD_{50}大鼠急性经口：96mg/kg。

主要用途 医用抗炎、镇痛剂。

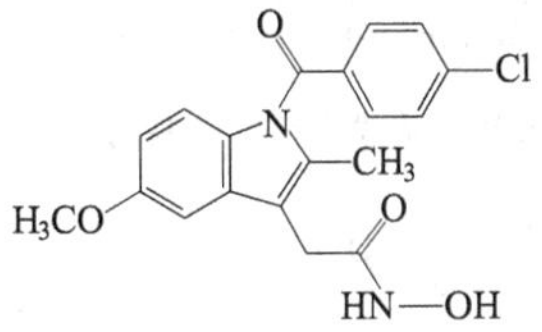

Oxamic acid 草氨酸 07586

[471-47-6] $C_2H_3NO_3$ 89.05

成分 C 26.98%，H 3.40%，N 15.73%，O 53.90%。

别名 乙二酸酰胺；氨羰基甲酸；Aminooxoacetic acid; Carbamoylformic acid; Oxalic acid monoamide; Oxamidic acid

M. I. 15, 7106

性状 来自乙醇中的无色棱柱体结晶或来自水中的无色或白色结晶性粉末。略微溶于水，几乎不溶于无水乙醇、乙醚。约210～214℃分解。一般试剂含量≥98.0%。

注意事项 该品对眼睛、呼吸系统及皮肤有刺激性。使用时应穿适当的防护服。万一接触到眼睛，应立即用大量水冲洗后请医生诊治。

主要用途 有机合成。制药工业。

Oxamide 草酰胺 07587

[471-46-5] $C_2H_4N_2O_2$ 88.07

成分 C 27.28%，H 4.58%，N 31.81%，O 36.33%。

别名 草酰二胺；乙二酰二胺；Ethanediamide; Ethanedioic acid diamide; Oxalamide; Oxalic acid diamide

M. I. 15, 7017

性状 无色三斜针状结晶或白色粉末。略微溶于热水、乙醇。350℃分解；d_4^{20} 1.667。一般试剂含量≥98.0%。

注意事项 该品对眼睛、呼吸系统及皮肤有刺激性。使用时应戴适当的手套。万一接触到眼睛，应立即用大量水冲洗后请医生诊治。应密封保存。

主要用途 测定镍的试剂。

Oxamniquine 羟氨喹 07588

[21738-42-1] $C_{14}H_{21}N_3O_3$ 279.34

成分 C 60.20%，H 7.58%，N 15.04%，O 17.18%。

别名 1,2,3,4-Tetrahydro-2-[(1-methylethyl) amino] methyl-7-nitro-6-quinolinemethanol; 1, 2, 3, 4-Tetrahydro -2-(isopropylamino) methyl-7-nitro-6-quinolinemethanol; 6-Hydroxymethyl-2-isopropylaminomethyl-7-nitro-1, 2, 3, 4-tetrahydroquinoline; UK-4271; Mansil; Vansi

M. I. 15, 7018

性状 来自异丙醇中的浅黄色结晶。溶于丙酮、氯仿、甲醇，溶于约3300份27℃水。其1%水溶液 pH 值 8.0～

10.0。mp 147～149℃；uv max（甲醇中）：205.5nm，249.5nm，389.5nm（$A_{1cm}^{1\%}$ 486，695，62.5）。LD_{50} 小鼠，兔肌肉注射（mg/kg）：＞1000，＞1000；急性经口（mg/kg）：1300，800。

主要用途 医用驱肠虫剂（抗血吸虫剂）。

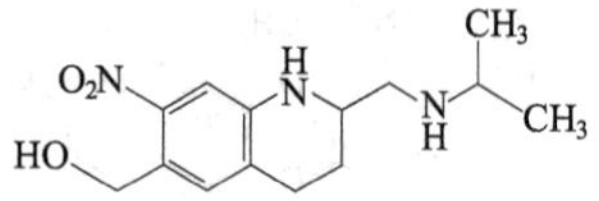

Oxamyl 草氨酰 07589

[23135-22-0] $C_7H_{13}N_3O_3S$ 219.26

成分 C 38.35%，H 5.98%，N 19.16%，O 21.89%，S 14.62%。

别名 氨基乙二酰；2-Dimethylamino-*N*-[(methylamino)carbonyl]oxy-2-oxoethanimidothioic acid methyl ester；*N'*，*N'*-Dimethyl-*N*-(methylcarbamoyl)oxy-1-thiooxami midic acid methyl ester；*N*，*N*-Dimethyl-α-methylcarbamoyloxy-imino-α-(methylthio) acetamide；Methyl 1-dimethylcarbamoyl-*N*-(methylcarbamoyloxy) thioformimidate；Thioxamyl；DPX 1410；Vydate

M. I. 15，7019

性状 无色或白色结晶性固体。微有硫的气味。该品于下列物质中的溶解度（25℃，g/100mL）：水 28；丙酮 67；乙醇 33；2-丙醇 11；甲醇 144；甲苯 1。mp 100～102℃，改变不同的晶型 mp 108～110℃。LD_{50} 大鼠急性经口：5mg/kg。

主要用途 杀虫剂，杀线虫剂，杀螨剂。

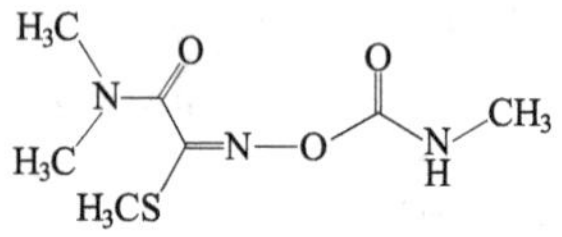

Oxandrolone 内酯氢龙 07590

[53-39-4] $C_{19}H_{30}O_3$ 306.45

成分 C 74.47%，H 9.87%，O 15.66%。

别名 氧雄龙；(4a*S*，4b*S*，6a*S*，7*S*，9a*S*，9b*R*，11a*S*)-Tetradehydro-7-hydroxy-4a，6a，7-trimethyleyclopenta[5，6]-naphtho[1，2-*c*]pyran-2(1*H*)-one；17β-Hydroxy-17α-methyl-2-oxaandrostan-3-one；Dodecahydro-3-hydroxy-6-(hydroxymethyl)-3，3a，6-trimethyl-1*H*-benz[*e*] indene-7-acetic acid δ-lactone；Anavar；Lonavar；Provitar；Vasorome

M. I. 15，7020

性状 无色结晶。易溶于氯仿，略微溶于乙醇、丙酮，几乎不溶于水。mp 235～238℃；$[\alpha]_D^{25}$ $-23°$（$c=1\%$，氯仿中）。

主要用途 医用雌性激素。

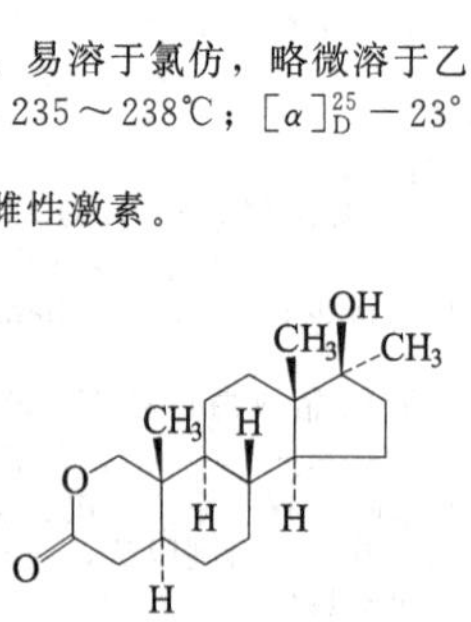

Oxantel pamoate 双羟萘酸甲嘧烯酚 07591

[68813-55-8] $C_{36}H_{32}N_2O_7$ 604.66

成分 C 71.51%，H 5.33%，N 4.63%，O 18.52%。

别名 1-甲基-1，4，5，6-四氢-2-[2-(3-羟基苯基)乙烯基]酚 双羟萘酸盐；Oxantel embonate；CP-14445-16；Telopar；(*E*)-3-[2-(1，4，5，6-Tetrahydro-1-methyl-2-pyrimidinyl) ethenyl] phenol pamoate；(*E*)-*m*-[2-(1，4，5，6-Tetrahydro-1-methyl-2-pyrimidinyl) vinyl]phenol pamoate；1-Methyl-1，4，5，6-tetrahydro-2-[2-(3-hydroxyphenyl) vinyl]pyrimidine pamoate；CP-14445 pamoate

M. I. 15，7021

性状 无色结晶。

主要用途 生化研究。医用、兽用驱线虫剂。

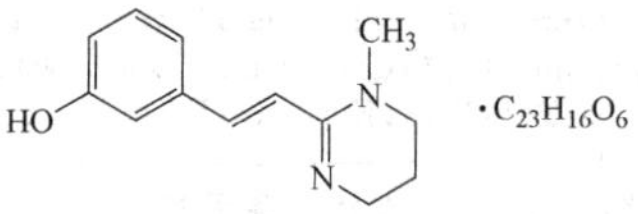

Oxapropanium iodide 碘化噁三甲铵 07592

[541-66-2] $C_7H_{16}INO_2$ 273.11

成分 C 30.79%，H 5.91%，I 46.47%，N 5.13%，O 11.72%。

别名 *N*，*N*，*N*-Trimethyl-1，3-dioxolane-4-methanaminium iodide；(1，3-Dioxolan-4-ylmethyl)trimethylammonium iodide；4-Dimethylaminomethyl-1，3-dioxacyclopentane methiodide；1-Dimethylamino-2，3-dioxamethylenepropane methiodide；Vasodilatareur 2249F；2249-F；Dilvasene

M. I. 15，7022

性状 无色结晶。易溶于水，溶于沸乙醇（约 40%，质量浓度），略微溶于冷乙醇、乙醚、氯仿、苯。mp 158～160℃。

主要用途 医用胆碱功能剂。

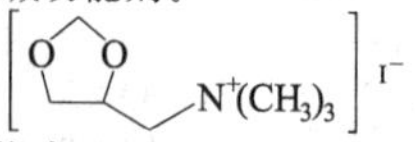

Oxaprozin 奥沙普嗪 07593

[21256-18-8] $C_{18}H_{15}NO_3$ 293.32

成分 C 73.71%，H 5.15%，N 4.78%，O 16.36%。

别名 恶丙嗪；4，5-Diphenyl-2-oxazolepropanoic acid；β-(4，5-Diphenyl-2-oxazol-2-yl)propionic acid；β-(4，5-Diphenyloxazol-2-yl) propionic acid；Wy-21743；Alvo；Daypro

M. I. 15，7023

性状 来自甲醇中的无色结晶。微溶于乙醇，不溶于水，mp 160.5～161.5℃。

注意事项 该品吸入、口服或与皮肤接触有害。对眼睛、呼吸系统及皮肤有刺激性。使用时应穿适当的防护服，戴手套和防护镜或面罩。应避免与眼睛及皮肤接触。万一接触到眼睛，应立即用大量水冲洗后请医生诊治。

主要用途 医用抗炎剂。

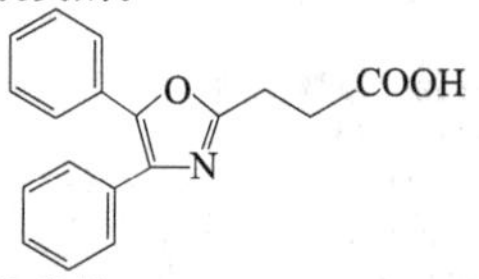

Oxatomide 奥沙米特 07594

[60607-34-3] $C_{27}H_{30}N_4O$ 426.56

成分 C 76.03%，H 7.09%，N 13.13%，O 3.75%。

别名 苯咪唑嗪；1-[3-(4-Diphenylmethyl-1-piperazinyl) propyl]-1，3-dihydro-2*H*-benzimidazol-2-one；1-[3-(4-Diphenylmethyl-1-piperazinyl) propyl]-2-benzimidazolinone；R-35443；Celtect；Cobiona Dasten；Tinset

M. I. 15，7024

性状 白色粉末。mp 153.6℃。LD_{50} 豚鼠，小鼠，大鼠急性经口（mg/kg）：320，＞2560，＞2560；静脉注射（mg/kg）：23，27，30。

注意事项 该品口服有害。

主要用途 医用抗过敏剂，止喘剂。

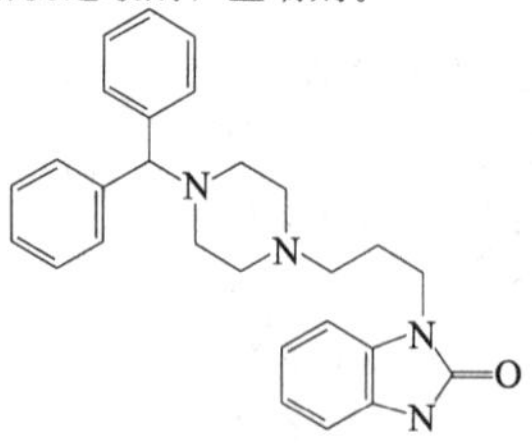

Oxazepam 去甲羟基安定 07595

[604-75-1] $C_{15}H_{11}ClN_2O_2$ 286.72

成分 C 62.84%，H 3.87%，Cl 12.36%，N 9.77%，O 11.16%。

别名 舒宁；氢羟氧二氮草；奥沙西泮；7-Chloro-1，3-dihydro-3-hydroxy-5-phenyl-2*H*-1，4-benzodiazepin-2-one；7-Chloro-3-hydroxy-5-phenyl-1，3-dihydro-2*H*-1，4-benzodiazepin-2-one；Wy-3498；Abboxapam；Adumbran；Aplakil；Azutranquil；

Bonare; Durazepam; Hilong; Isodin; Limbial; Nesontil; Noctazepam; Praxiten; Quilibrex; Serax; Serenid; Serepax; Séresta; Serpax; Sigacalm; Sobril; Uskan
M. I. 15, 7025
性状 来自乙醇中的无色结晶。溶于二氧六环，微溶于乙醇、氯仿，极微溶于乙醚，几乎不溶于水。mp 205～206℃。LD_{50} 小鼠，大鼠急性经口（mg/kg）：＞5010，＞5010。
注意事项 该品对机体有不可逆损伤的可能性。使用时应穿防护服和戴手套。
主要用途 生化研究。医用抗焦虑剂。

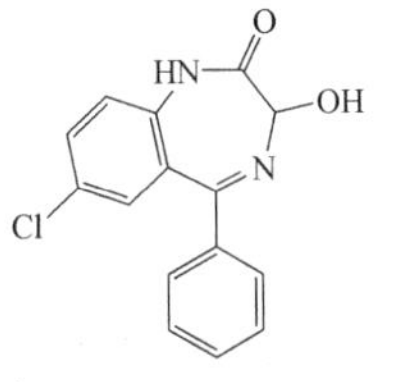

Oxazolam 甲噁安定 07596

[27167-30-2] $C_{18}H_{17}ClN_2O_2$ 328.80
成分 C 65.75%，H 5.21%，Cl 10.78%，N 8.52%，O 9.73%。
别名 甲噁唑去甲安定；10-Chloro-2,3,7,11btetrahydro-2-methyl-11b-phenyloxazolo[3,2-*d*][1,4]benzodiazepin-6(5*H*)-one; 10-Chloro-2,3,5,6,7,11b-hexahydro-2-methyl11b-phenylbenzo[6,7]-1,4-diazepino[5,4-*b*]oxazol-6-one; Oxazolazepam; Hializan; Serenal; Tranquit
M. I. 15, 7026
性状 无色结晶。溶于氯仿，微溶于乙醇，几乎不溶于水。mp 186～188℃。
主要用途 医用抗焦虑剂。

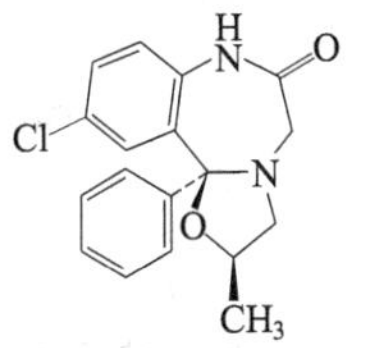

Ox-bile desiccated 牛胆汁 干燥 07597

别名 干燥牛胆汁；Ox-gall dried
性状 浅棕色或黄色微带黏性粉末。
注意事项 该品应密封于干燥处保存。
主要用途 生物培养，制备生物培养基测定水分。

Oxeladin citrate 咳乃定 柠檬酸盐 07598

[52432-72-1] $C_{26}H_{41}NO_{10}$ 527.61
成分 C 59.19%，H 7.83%，N 2.65%，O 30.32%。
别名 压咳定 柠檬酸盐；柠檬酸咳乃定；Pectamol; Pectamon; Paxeladine; Silopentol; *α*,*α*-Diethylbenzeneacetic acid 2-[2-(diethylamino)ethoxy]ethyl ester citrate; 2-Ethyl-2-phenyl butyric acid 2-(2-diethylaminoethoxy)ethyl ester citrate; 2-(2-Diethyl-aminoethoxy)ethyl *α*,*α*-diethylphenylacetate citrate; *α*,*α*-diethylphenylacetic acid 2-(2-diethylaminoethoxy)ethyl ester citrate
M. I. 15, 7029
性状 来自乙酸乙酯中的细小针状结晶。溶于水。mp 90～91℃。
注意事项 该品吸入、口服或与皮肤接触有害。使用时应穿适当的防护服，戴手套和防护镜或面罩。使用时如有事故发生或有不适之感，应请医生诊治。
主要用途 生化研究。医用镇咳剂。

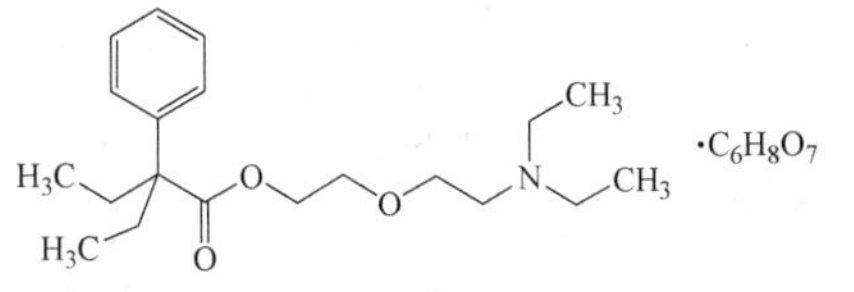

Oxendolone 异乙诺酮 07599

[33765-68-3] $C_{20}H_{30}O_2$ 302.46
成分 C 79.42%，H 10.00%，O 10.58%。
别名 16*β*-乙基-19-去甲睾酮；16-乙基诺酮；(16*β*,17*β*)-16-Ethyl-17-hydroxyestr-4-en-3-one; 16*β*-Ethyl-19-nortestosterone; TSAA-291; Prostetin
M. I. 15, 7030
性状 来自乙醚中的无色结晶。对室内光、湿度较稳定。mp 152～153℃；$[\alpha]_D +41°$（$c=1$，于乙醇中）；uv max（乙醇中）：240nm（ε 15800）。LD_{50} 大鼠，小鼠急性经口：＞10g/kg；肌肉，腹膜内注射：5～10g/kg。
主要用途 医用抗雄激素；治疗良性前列腺肥大。

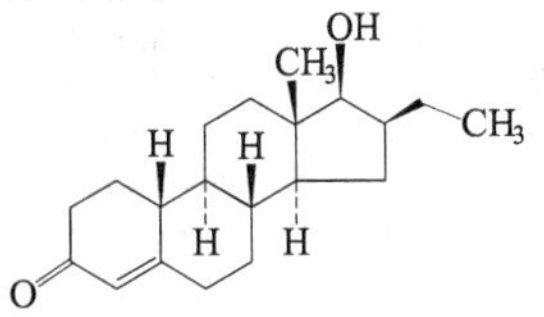

Oxethazaine 羟乙卡因 07600

[126-27-2] $C_{28}H_{41}N_3O_3$ 467.65
成分 C 71.91%，H 8.84%，N 8.99%，O 10.26%。
别名 羟乙卡因；2,2′-[(2-羟基乙基)亚氨基]双[*N*-(1,1-二甲基-2-苯基乙基)-*N*-甲基乙酰胺]；*N*,*N*-双(*N*-甲基-*N*-苯基-叔丁基乙酰氨基)-*β*-羟基乙胺；奥昔卡因；2,2′-[(2-Hydroxyethyl)imino]bis[*N*-(1,1-dimethyl-2-phenylethyl)-*N*-methylacetamide]; *N*,*N*-Bis(*N*-methyl-*N*-phenyl-*tert*-butylacetamido)-*β*-hydroxyethylamine; Oxetacaine; Oxethazine; Wy-806; Storocain; Topicain
M. I. 15, 7032
性状 来自苯+己烷中的无色结晶。溶于稀酸，不溶于水。mp 104～104.5℃。
注意事项 该品口服有害。使用时应穿适当的防护服。
主要用途 生化研究。医用局部麻醉剂。

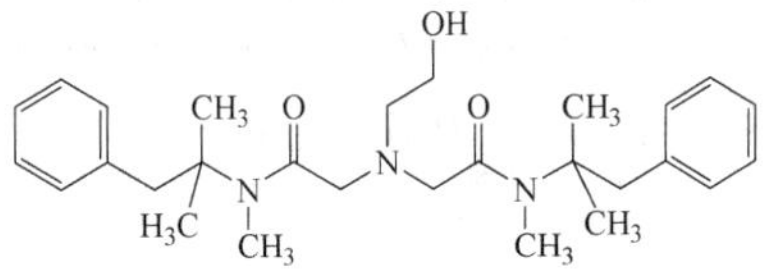

Oxetorone fumarate 苯呋噁庚胺富马酸盐 07601

[34522-46-8] $C_{25}H_{25}NO_6$ 435.48
成分 C 68.95%，H 5.79%，N 3.22%，O 22.04%。
别名 反丁烯二酸苯呋噁庚胺；富马酸苯呋噁庚胺；L-6257; Nocertone; Oxedix; 3-Benzofufo[3,2-*c*][1]benzoxepin-6(12*H*)-ylidene-*N*,*N*-dimethyl-1-propanamine fumarate; *N*,*N*-Dimethylbenzofuro[3,2-*c*][1]benzoxepin-$\Delta^{6(12H),\gamma}$-propylamine fumarate; 6-(3-Dimethylaminopropylidene)benzo[*b*]benzofurano[2,3-*e*]oxepine fumarate
M. I. 15, 7033
性状 来自异丙醇中的无色结晶。mp 160℃。
主要用途 医用止痛剂（治偏头痛特效）。

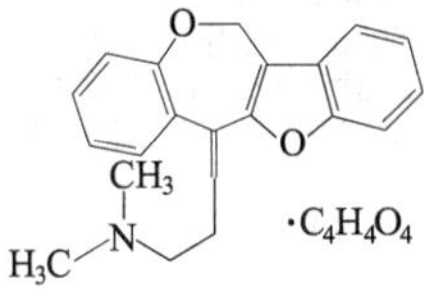

Oxfendazole 磺唑氨酯 07602

[53716-50-0] $C_{15}H_{13}N_3O_3S$ 375.35
成分 C 57.13%，H 4.16%，N 13.33%，O 15.22%，S 10.17%。
别名 (5-苯亚磺酰-1*H*-苯并咪唑-2-基)氨甲酸甲酯；奥吩达唑；*N*-(6-phenylsulflnyl-1*H*-benzimidazol-2-yl)carbamic acid methyl ester; Methyl 5-phenylsulflnyl-2-benzimidazolecarbamate; 5-Phenylsulfinyl-2-carbomethoxyaminobenzimidazole; RS-8858; Autoworm; Benzelmin; Synanthic; Systamex
M. I. 15, 7034

性状 来自氯仿-甲醇中的无色结晶。微溶于乙醇、氯化乙烯，几乎不溶于水。mp 253℃（分解）。LD_{50}狗，大鼠，小鼠急性经口（mg/kg）：＞1600，＞6400，＞6400。

主要用途 兽用驱肠虫剂。分析用标准物质。

Oxibendazole 氧苯达唑 07603

［20559-55-1］ $C_{12}H_{15}N_3O_3$ 249.27

成分 C 57.82%，H 6.07%，N 16.86%，O 19.26%。

别名 5-丙氧基-1*H*-苯并咪唑氨甲酸甲酯；(5-Propoxy-1*H*-benzimidazol-2-yl)carbamic acid methyl ester；5-Propoxy-2-benzimidazolecarbamic acid methyl ester；5-Propoxy-2-(carbomethoxyamino)benzimidazole；SKF-30310；Anthelcide EQ；Equitac

M. I. 15，7035

性状 无色结晶。mp 230～230.5℃。生化试剂含量≥98.0%。

注意事项 该品应密封于2～8℃保存。

主要用途 生化研究。医用驱虫剂。

Oxiconazole nitrate 乙苯苄肟唑 硝酸盐 07604

［64211-46-7］ $C_{18}H_{14}Cl_4N_4O_4$ 492.13

成分 C 43.93%，H 2.87%，Cl 28.81%，N 11.38%，O 13.00%。

别名 硝酸乙苯苄肟唑；醋苯苄肟唑 硝酸盐；(*Z*)-1-(2,4-Dichlorophenyl)-2-(1*H*-imidazol-1-yl)ethanone *O*-［(2,4-dichlorophenyl)methyl］oxime mononitrate；2′,4′-Dichloro-2-(imidazol-1-yl)acetophenone *O*-(2,4-dichlorobenzyl)oxime nitrate；Sgd-301-76；Ro-13-8996；Gyno-Myfungar；Myfungar Oceral；Oxistat

M. I. 15，7036

性状 来自乙醇中的无色结晶。mp 137～138℃。

主要用途 医用抗真菌剂。

Oxidimethiin 氧化二甲双硫杂环己烷 07605

［55290-64-7］ $C_6H_{10}O_4S_2$ 210.26

成分 C 34.27%，H 4.79%，O 30.44%，S 30.50%。

别名 2,3-Dihydro-5,6-dimethyl-1,4-dithiin 1,1,4,4-tetraoxide；Tetrathiin；UBI-N252；Harvade

M. I. 15，7037

性状 来自水中的白色长针状结晶。mp 166～168℃。

注意事项 该品高度易燃。口服有害。对眼睛有刺激性。反复曝露可造成皮肤干燥或开裂。其蒸气可造成头晕或开裂。万一接触到眼睛。应立即用大量水冲洗后请医生诊治。使用现场禁止吸烟。应远离火种，采取抗放静电措施，密封保存。

主要用途 植物生长调节剂。

Oxiracetam 羟氧吡乙胺 07606

［62613-82-5］ $C_6H_{10}N_2O_3$ 158.16

成分 C 45.57%，H 6.37%，N 17.71%，O 30.35%。

别名 4-羟基-2-氧-1-吡咯烷乙酰胺；4-Hydroxy-2-oxo-1-pyrrolidineacetamide；2-(4-Hydroxypyrrolidin-2-on-1-yl)acetamide；Hydroxypiracetam；CT-848；ISF-2522；Neuractiv；Neuromet

M. I. 15，7041

性状 来自甲醇中的白色结晶性粉末。mp 165～168℃。

注意事项 该品对眼睛及皮肤有刺激性。使用时应穿适当的防护服。万一接触到眼睛，应立即用大量水冲洗后请医生诊治。应密封于2～8℃保存。

主要用途 生化研究。医用镇吐剂。

Oxitropium bromide 溴乙东莨菪碱 07607

［30286-75-0］ $C_{19}H_{26}BrNO_4$ 412.32

成分 C 55.35%，H 6.36%，Br 19.38%，N 3.40%，O 15.52%。

别名 (1*α*,2*β*,4*β*,5*α*,7*β*)-9-Ethyl-7-［2(*S*)-(3-hydroxy-1-oxo-2-phenylpropoxy］-9-methyl-3-oxa-9-azoniatricyclo［3.3.1.$0^{2,4}$］nonane bromide(1∶1)；(8*R*,6*β*,7*β*-Epoxy-8-ethyl-3*α*-hydroxy-1*αH*，5*αH*-tropanium bromide (−)-tropate；(−)-*N*-Ethylnorscopolamine methobromide；Ba-253；Ba-253-BR-L；Oxivent；Tersigat；Ventilat

M. I. 15，7042

性状 无色结晶。mp 203～204℃（分解）；$[\alpha]_D^{21}$ −25°（*c*＝2.0于水中）。

主要用途 医用支气管扩张剂。

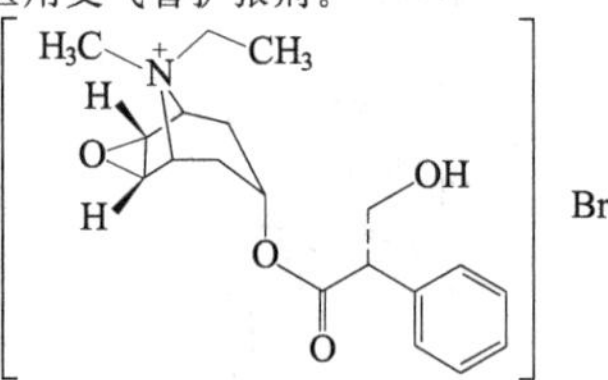

Oxolamine citrate 胺乙噁唑 柠檬酸盐 07608

［1949-20-8］ $C_{20}H_{27}N_3O_8$ 437.45

成分 C 54.91%，H 6.22%，N 9.61%，O 29.26%。

别名 柠檬酸胺乙恶胺；柠檬酸嗽拉明；嗽拉明柠檬酸盐；AF-438；Bredon；Broncatar；Perebron；Prilon；Flogobron；Oxarmin；*N*,*N*-Diethyl-3-phenyl-1,2,4-oxadiazole-5-ethanamine citrate；5-(2-Diethylaminoethyl)-3-phenyl-1,2,4-oxadiazole citrate；3-Phenyl-5-(*β*-diethylaminoethyl)-1,2,4-oxadiazole citrate；683-M citrate

M. I. 15，7043

性状 无色结晶。微溶于水、乙醇。uv max（水溶液）：239nm（ε 260），273nm，283nm。

注意事项 该品口服有害。使用时应穿适当的防护服。应密封于2～8℃保存。

主要用途 生化研究。医用呼吸道消炎剂。

Oxolinic acid 噁喹酸 07609

［14698-29-4］ $C_{13}H_{11}NO_5$ 261.23

成分 C 59.77%，H 4.24%，N 5.36%，O 30.62%。

别名 5-乙基-5,8-二氢-8-氧-1,3-二噁茂［4，5-*g*］并喹林-7-羧酸；6噁喹酸；5,8-Dihydro-5-ethyl-8-oxo-1,3-dioxolo［4,5-*g*］quinoline-7-carboxylic acid；5-Ethyl-5,8-dihydro-8-oxo-1,3-dioxolo［4，5-*g*］quinoline-7-carboxylic acid；1-Ethyl-1,4-dihydro-6,7-methylenedioxy-4-oxo-3-quinolinecarboxylic acid；1-Ethyl-6,7-methylenedioxy-4-quinolone-3-

carboxylic acid; W-4565; Emyrenil; Inoxyl; Nidantin; Ossian; Oxoboi; Pietil; Prodoxol; Urinox; Uritrate; Uro-Alvar; Urotrate; Uroxin; Uroxol; Utibid
M. I. 15, 7044
性状 来自二甲基甲酰胺中的无色结晶。溶于氢氧化钠水溶液。mp 314～316℃（分解）。LD_{50}小鼠，大鼠急性经口(mg/kg)：＞6000，＞2000。生化试剂含量≥97.0%(T)。
注意事项 该品口服有害。使用时应避免吸入本品的粉尘，避免与眼睛及皮肤接触。应密封于2～8℃保存。
主要用途 生化研究。医用抑菌剂。

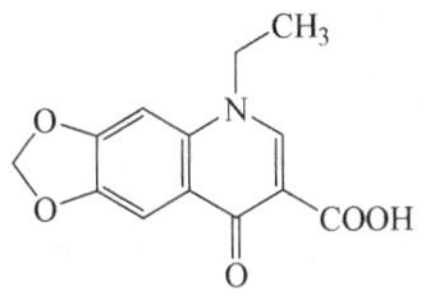

Oxomemazine 二氧异丁嗪 07610

[3689-50-7] $C_{18}H_{22}N_2O_2S$ 330.45
成分 C 65.43%，H 6.71%，N 8.48%，O 9.68%，S 9.70%。
别名 胺甲氧嗪；咳散净；*N*，*N*，*β*-Trimethyl-10*H*-phenothiazine-10-propanamine 5，5-dioxide; 10-(3-Dimethylamino-2-methylpropyl)phenothiazine 5，5-dioxide; 3-(9，9-Dioxo-10-phenothiazinyl)-2-methyl-1-dimethylaminopropane; RP-6847; Dysedon
M. I. 15, 7045
性状 来自庚烷中的无色结晶。mp 115℃。
主要用途 医用抗组胺剂，镇静剂，安定剂。

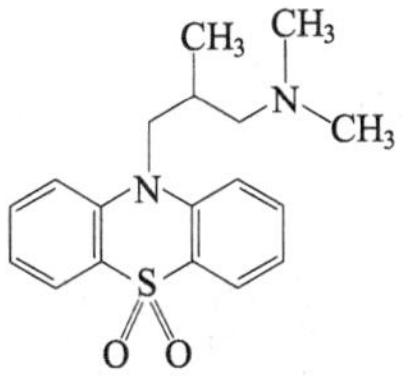

Oxophenarsine hydrochloride 氧苯胂 盐酸盐 07611

[538-03-4] $C_6H_7AsClNO_2$ 235.50
成分 C 30.60%，H 3.00%，As 31.81%，Cl 15.05%，N 5.95%，O 13.59%。
别名 马法胂；欧利希氏五；盐酸氧苯胂；2-Amino-4-arsenosophenol hydrochloride; 2-Amino-4-arsinylphenol hydrochloride(1∶1); 3-Amino-4-hydroxyphenylarsinoxide hydrochloride; Ehrlich 5; Arseno39; Arsenoxide-HCl; Mapharsen; Mapharside; Mapharsal; Fontarsan; Arsenosan; Oxiarsolan
M. I. 15, 7047
性状 白色或近白色粉末。无味。易吸潮，与近1/2摩尔乙醇结合。易溶于水、甲醇、乙醇、碱或碳酸盐水溶液，溶于稀矿物酸，略微溶于冰乙酸，几乎不溶于丙酮、乙醚。其水溶液对石蕊或甲基红呈酸性，但对刚果红呈碱性。其溶液曝露于空气中色变深。
主要用途 医用抗原生物剂（锥虫）。兽用抗定克次体剂。

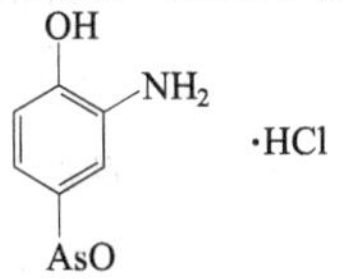

Oxophenylarsine 氧苯胂 07612

[637-03-6] C_6H_5AsO 168.03
成分 C 42.89%，H 3.00%，As 44.59%，O 9.52%。
别名 亚砷酰苯；氧化苯胂；Arsenosobenzene; Phenyl arsenoxide; Phenylarsine oxide; Arzene
M. I. 15, 7048
性状 无色结晶。mp 144～146℃。一般试剂含量≥97.0%(RT)。
注意事项 该品吸入或口服有毒。对水生物极毒。能对水环境引起长期不良的结果。使用时应穿适当的防护服，戴手套和防护镜或面罩。使用现场不得进餐或吸烟。接触皮肤后，应用大量肥皂泡沫冲洗。使用时如有事故发生或有不适之感，应请医生诊治。应防止将本品释放于环境中。其包装物应按危险品处理。
主要用途 生化研究。农药兽用（家禽）抑球虫剂。

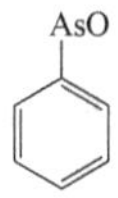

L-2-Oxo-4-thiazolidinecarboxylic acid 07613

L-2-氧-4-噻唑烷酸
[19771-63-2] $C_4H_5NO_3S$ 147.15
成分 C 32.65%，H 3.43%，N 9.52%，O 32.62%，S 21.79%。
别名 (*R*)-(−)-2-Oxo-4-thiazolidinecarboxylic acid; OTCA; OTC; Procysteine
M. I. 15, 7049
性状 无色立方体结晶。易溶于乙醇，不溶于苯、乙酸乙酯。pK_a(22℃)：3.32；mp 171～173℃（分解）；$[\alpha]_D^{20}$ −59.4°(*c*=2，于乙醇中)。一般试剂含量≥97.0%(T)。
注意事项 该品对眼睛、呼吸系统及皮肤有刺激性。使用时应穿适当的防护服。万一接触到眼睛，应立即用大量水冲洗后请医生诊治。

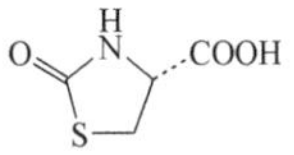

Oxotremorine 氧化抗震颤素 07614

[70-22-4] $C_{12}H_{18}N_2O$ 206.29
成分 C 69.87%，H 8.79%，N 13.58%，O 7.76%。
别名 1-[4-(1-Pyrrolidinyl)-2-butynyl]-2-pyrrolidinone; 1-(2-Oxo-1-pyrrolidinyl)-4-(1-pyrrolidinyl)-2-butyne
M. I. 15, 7050
性状 浅黄色液体。$bp_{0.6}$ 150～155℃/79.993Pa；$bp_{0.1}$ 124℃/13.332Pa；Fp＞230℉(110℃)；*d* 0.991；n_D^{20} 1.5156。
注意事项 该品有毒。
主要用途 生化研究。药理学研究。

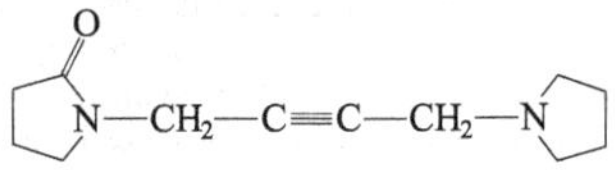

Oxyacanthine 刺檗碱 07615

[548-40-3] $C_{37}H_{40}N_2O_6$ 608.74
成分 C 73.00%，H 6.62%，N 4.60%，O 15.77%。
别名 尖刺碱；(4a*S*，16a*S*)-3，4，4a，5，16a，17，18，19-Octahydro-21，22，26-trimethoxy-4，17-dimethyl-2*H*-1-24; 12，15-dietheno-6，10-metheno-16*H*-pyrido[2′，3′：17，18][1，10]dioxacycloeicosino[2，3，4-*ij*]isoquinolin-9-ol; 6，6′，7-Trimethoxy-2，2′-dimethyloxyacanthan-12′-ol; Vinetine
M. I. 15, 7052
性状 白色结晶性粉末。味苦。溶于乙醇、氯仿、乙醚、稀酸，几乎不溶于水。mp 216～217℃；$[\alpha]_D^{20}$ +131.5°（氯仿中）。

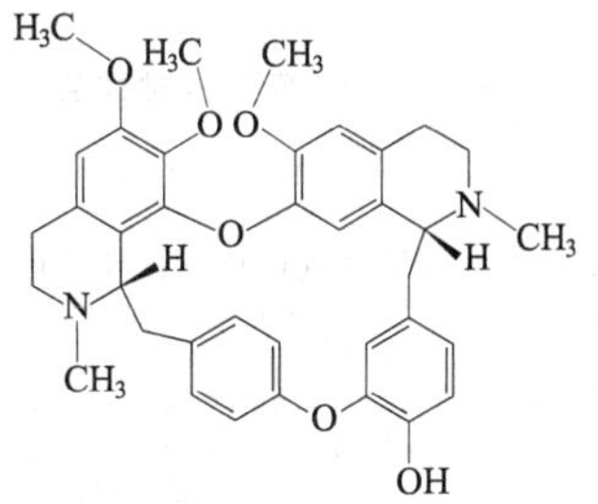

Oxybutynin hydrochloride 羟丁宁 盐酸盐 07616

[1508-65-2] $C_{22}H_{32}ClNO_3$ 393.95
成分 C 67.07%，H 8.19%，Cl 9.00%，N 3.56%，O 12.18%。
别名 盐酸羟丁宁；氯化羟丁宁；Oxybutynin chloride; MJ-4309-

1;Cystrin;Ditropan;Dridase;Pollakisu;Tropax;α-Cyclohexyl-α-hydroxy-benzeneacetic acid 4-diethylamino-2-butynyl ester hydrochloride; α-Phenylcyclohexaneglycolic acid 4-diethylamino-2-butynyl ester hydrochloride; 4-Diethylamino-2-butynyl phenylcyclohexylglycolate hydrochloride;Oxibutinina hydrochloride

M. I. 15，7054

性状 无色结晶或白色粉末。溶于水、酸，几乎不溶于碱。mp 129～130℃。LD_{50}大鼠急性经口：1220mg/kg。生化试剂含量≥99.0%（TLC）。

注意事项 该品口服有害。使用时应穿适当的防护服。应密封于2～8℃保存。

主要用途 生化研究。医用解痉剂，用于尿路失禁的治疗。

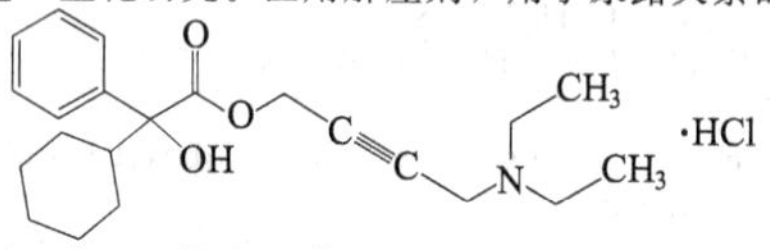

·HCl

Oxycinchophen 羟辛可芬 07617

[485-89-2] $C_{16}H_{11}NO_3$ 265.27

成分 C 72.45%，H 4.18%，N 5.28%，O 18.09%。

别名 羟苯喹酸；3-Hydroxy-2-phenyl-4-quinolinecarboxylic acid; 3-Hydroxy-2-phenylcinchoninic acid; 3-Hydroxycinchophen; HPC; Fenidrone; Magnofenyl; Magnophenyl; Oxinofen; Reumalon

M. I. 15，7056

性状 来自乙醇中的深黄色细小棱柱体结晶。溶于乙酸、碱类、热乙醇、苯，略微溶于水、乙醚。206～207℃分解。

主要用途 医用利尿剂，促尿酸剂。

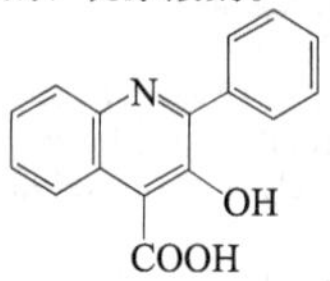

Oxyclozanide 五氯柳胺 07618

[2277-92-1] $C_{13}H_6Cl_5NO_3$ 401.45

成分 C 38.89%，H 1.51%，Cl 44.15%，N 3.49%，O 11.96%。

别名 3,3′,5,5′,6-五氯-2′-羟基水杨酰苯胺；羟氯扎胺；羟氯柳苯胺；2,3,5-Trichloro-N-(3,5-dichloro-2-hydroxyphenyl)-6-hydroxybenzamide;3,3′,5.5′,6-Pentachloro-2′ hydroxysalicylanilide;3,3′,5,5′,6-Pentachloro-2,2′-dihydroxybenzanilide;Zanil

M. I. 15，7057

性状 无色结晶。mp 209～211℃。

注意事项 该品口服有害。对水生物极毒。能对水环境引起不利的结果。应防止将本品释放于环境中。其包装物应按危险品处理。

主要用途 兽用驱肠虫剂（吸虫）。分析用标准物质。

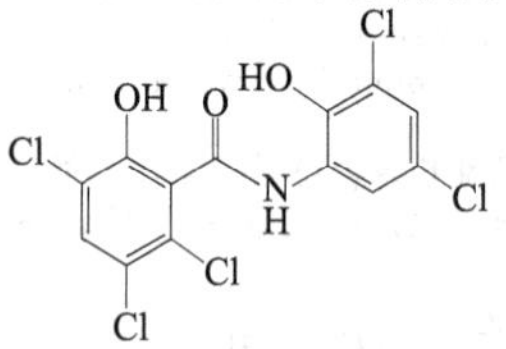

Oxycodone hydrochloride 氧可酮 盐酸盐 07619

[124-90-3] $C_{18}H_{22}ClNO_4$ 351.83

成分 C 61.45%，H 6.30%，Cl 10.08%，N 3.98%，O 18.19%。

别名 盐酸氧可酮；盐酸羟氢可待酮；羟氢可待酮 盐酸盐；Dinarkon; Eubine; Eucodal; Eukodal; Eutagen; Oxikon; Oxycon; OxyContin; Pancodine; Tecodin; Tekodin; Thecodine; Thekodin; (5α)-4,5-Epoxy-14-hydroxy-3-methoxy-17-methylmorphinan-6-one hydrochloride; Dihydrohydroxycodein-one hydrochloride; 14-Hydroxydihydrocodeinone hydrochloride; Dihydrone hydrochloride

M. I. 15，7058

性状 来自水中的长棒状结晶。1g 该品溶于6～7mL 水，微溶于乙醇。270～272℃分解；$[\alpha]_D^{20}-125°$（$c=2.5$）。

注意事项 该品吸入、口服或与皮肤接触极毒。使用时应穿适当的防护服，戴手套和防护镜或面罩。使用时应避免吸入本品的粉尘。使用时如有事故发生或有不适之感，应请医生诊治。

主要用途 生化研究。医用麻醉止痛剂。

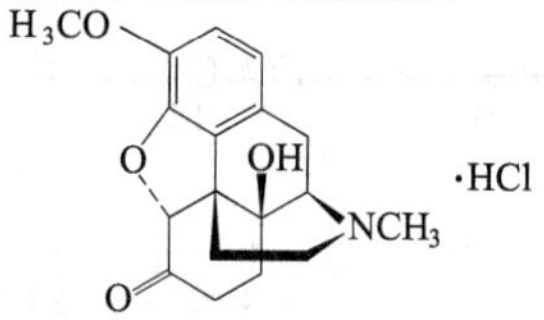

·HCl

10,10′-Oxydiphenoxarsine 10,10′-氧代双吩砒 07620

[58-36-6] $C_{24}H_{16}As_2O_3$ 502.23

成分 C 57.40%，H 3.21%，As 29.84%，O 9.56%。

别名 10,10′-氧双吩恶砒，10,10′-Oxybis-10H-phenoxarsine; Bis(phenoxarsin-10-yl)ether; Bis(10-phenoxarsyl)oxide; Bis(10-phenoxarsinyl)oxide; OBPA; Vinyzene

M. I. 15，7060

性状 无色单斜棱柱体结晶。溶于乙醇、氯仿、二氯甲烷，几乎不溶于水（20℃，5×10^{-6}）、碱。mp 184～185℃；138℃分解。LD_{50}雄大鼠：35～50mg/kg。

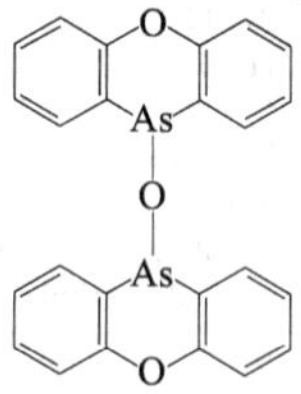

3,3′-Oxydipropionitrile 3,3′-氧化二丙腈 07621

[1656-48-0] $C_6H_8N_2O$ 124.14

成分 C 58.05%，H 6.50%，N 22.57%，O 12.89%。

别名 2,2′-二氰二乙基醚；β,β′-氧化二丙腈；双(2-氰乙基)醚；2-氰基乙醚；Bis(2-cyanoethyl)ether; 2,2′-Dicyanodiethyl ether; 2-Cyanoethyl ether; ODPN; β,β′-Oxydipropionitrile

GW 2015-2531

性状 无色或浅黄色油状液体。能与丙酮和三氯甲烷等有机溶剂相混溶，不溶于水。$bp_{0.07}$ 130～132℃/9.333Pa；Fp 235.4℉（113℃）；d_4^{20} 1.048；n_D^{20} 1.441。一般试剂含量≥98.0%（GC）。

注意事项 使用时应避免吸入本品的蒸气，避免与眼睛及皮肤接触。应密封保存。

主要用途 气相色谱固定液，用于芳烃和非芳烃的分离和低级烃和含氧化物的分析。有机试剂。

L-Oxyfedrine hydrochloride L-安蒙痛 盐酸盐 07622

[16777-42-7] $C_{19}H_{24}ClNO_3$ 349.86

成分 C 65.23%，H 6.91%，Cl 10.13%，N 4.00%，O 13.72%。

别名 麻黄苯丙酮；盐酸 L-安蒙痛；D-563; Ildamen; Modacor; 3-[(1S, 2R)-2-Hydroxy-1-methyl-2-phenylethyl] amino-1-(3-methoxyphenyl)-1-propanone hydrochloride; L-3-(β-Hydroxy-α-methylphenethyl) amino-3′-methoxypropiophenone hydrochloride; L-(1-Hydroxy-1-phenyl-2-propylamino)-1-(m-methoxyphenyl)-1-propanone hydrochloride; Oxyphedrine hydrochloride

M. I. 15，7061

性状 来自甲醇中的无色结晶。mp 192～194℃。LD_{50}小鼠静脉注射：29mg/kg。

主要用途 医用抗心绞痛剂。冠脉机能不全的治疗。

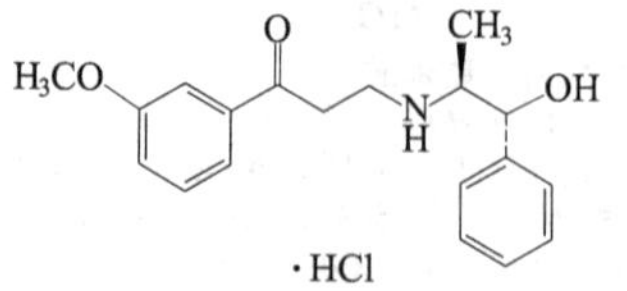

·HCl

Oxyfluorfen 乙氧氟草醚 07623

[42874-03-0] $C_{15}H_{11}ClF_3NO_4$ 361.70

成分 C 49.81%，H 3.07%，Cl 9.80%，F 15.76%，N 3.87%，O 17.69%。

别名 2-氯-1-(3-乙氧基-4-硝基苯氧基)-4-(三氟甲基)苯；2-氯-α，α，α-三氟对甲苯基-3-乙氧基-4-硝基苯基乙醚；2-Chloro-1-(3-ethoxy-4-nitrophenoxy)-4-(trifluoromethyl)benzene；2-Chloro-α，α，α-trifluoro-*p*-tolyl-3-ethoxy-4-nitrophenyl ether；RH-2915；Goal

M. I. 15，7062

性状 橙色结晶性固体。溶于多数有机溶剂。极微溶于水（0.1×10^{-6}）。mp 83～84℃。LD_{50}雄天竺鼠急性经口：＞5000mg/kg。一般试剂含量≥97.0%（HPLC）。

注意事项 该品对水生物极毒。对水环境引起长期不良的影响。使用时应避免吸入本品的粉尘。应防止将本品释放于环境中。其包装物应按危险品处理。应密封于20℃以下保存。

主要用途 除草剂。分析用标准物质。

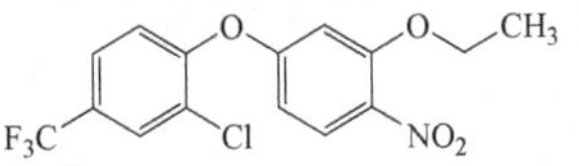

Oxymesterone 羟甲睾酮 07624

[145-12-0] $C_{20}H_{30}O_3$ 318.46

成分 C 75.43%，H 9.50%，O 15.07%。

别名 4-羟基-17α-甲基睾酮；(17β)-4，17-Dihydroxy-17-methylandrost-4-en-3-one；4，17β-Dihydroxy-17α-methyl-3-oxoandrost-4-ene；4-Hydroxy-17α-methyltestosterone；17α-Methyl-4-androstene-4，17β-diol-3-one；Oxymestrone；Anamidol；Oranabol；Theranabol

M. I. 15，7064

性状 无色结晶。溶于氯仿、丙酮、乙醇，几乎不溶于水，mp 169～171℃；$[\alpha]_D^{20}+69°$（乙醇中）；uv max（乙醇中）：278nm（$E_{1cm}^{1\%}$406）。

主要用途 医用雄性激素，同化剂。

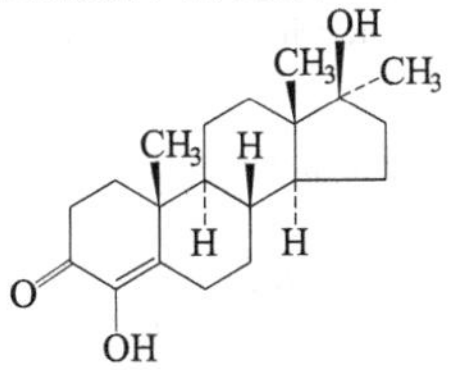

Oxymetazoline hydrochloride 羟甲唑啉 盐酸盐 07625

[2315-02-8] $C_{16}H_{25}ClN_2O$ 296.84

成分 C 64.74%，H 8.49%，Cl 11.94%，N 9.43%，O 5.39%。

别名 盐酸羟甲唑啉；Afradzine；Iliadin；Nafrine；Nasivin；Oxilin；Sinex；3-(4，5-Dihydro-1*H*-imidazol-2-yl)methyl-6-(1，1-dimethylethyl)-2，4-dimethylphenol hydrochloride；6-*tert*-Butyl-3-(2-imidazolin-2-ylmethyl)-2，4-dimethylphenol hydrochloride；2-(4-*tert*-Butyl-2，6-dimethyl-3-hydroxybenzyl)-2-imidazoline hydrochloride；H-990 hydrochloride；Navisin hydrochloride；Hazol hydrochloride；Rhinofrenol hydrochloride；Rhinolitan hydrochloride；Sinerol hydrochloride；Nezeril hydrochloride

M. I. 15，7065

性状 白色结晶。易吸潮。易溶于水、乙醇，几乎不溶于乙醚、氯仿、苯。300～303℃分解。LD_{50}小鼠急性经口：10mg/kg。

注意事项 该品口服极毒。使用时应穿适当的防护服，戴手套和防护镜或面罩。应避免吸入本品的粉尘。接触皮肤后应立即用大量水冲洗。使用时如有事故发生或有不适之感，应请医生诊治。

主要用途 医用肾上腺素功能剂（血管收缩剂）；鼻减轻充血剂。

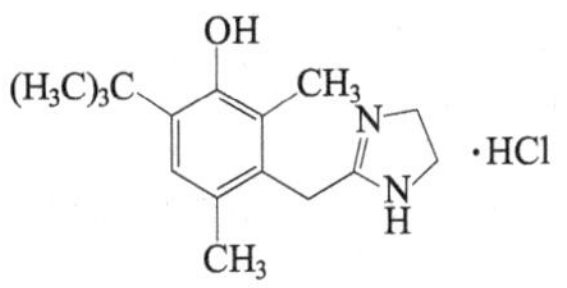

Oxymetholone 康复龙 07626

[434-07-1] $C_{21}H_{32}O_3$ 332.48

成分 C 75.86%，H 9.70%，O 14.44%。

别名 羟次甲氢龙；(5α，17β)-17-Hydroxy-2-hydroxymethylene-17-methylandrostan-3-one；2-Hydroxy-methylene-17α-methyldihydrotestosterone；4，5α-Dihydro-2-hydroxymethylene-17α-methyltestosterone；2-Hydroxymethylene-17α-methyl-17β-hydroxy-5α-androstan-3-one；2-Hydroxymethylene-17α-methylandrostan-17β-ol-3-one；Anasterone；Adroyd；Anapolon；Anadrol；Pardroyd；Plenastril；Protanabol；Nastenon；Synasteron

M. I. 15，7066

性状 来自乙酸乙酯中的无色结晶或固体。易溶于氯仿，溶于二氧六环，略溶于乙醇，微溶于乙醚，几乎不溶于水。mp 178～180℃；$[\alpha]_D+38°$；uv max：285nm（lg ε 3.99）。生化试剂含量≥95.0%。

注意事项 该品可能危害胎儿。对机体有不可逆损伤的可能性。使用前应得到专门的指导，避免曝露。使用时应穿适当的防护服，戴手套和防护镜或面罩。应避免吸入本品的粉尘。万一接触到眼睛，应立即用大量水冲洗后请医生诊治。应密封于2～8℃保存。

主要用途 生化研究。医用消毒剂。

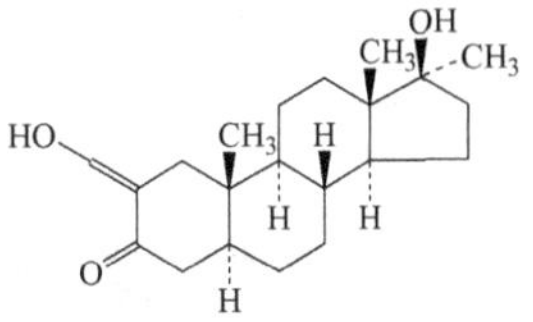

Oxymorphone 14-羟基二氢吗啡酮 07627

[76-41-5] $C_{17}H_{19}NO_4$ 301.34

成分 C 67.76%，H 6.36%，N 4.65%，O 21.24%。

别名 羟吗啡酮；(5α)-4，5-Epoxy-3，14-dihydroxy-17-methylmorphinan-6-one；Dihydrohydxoxymorphinone；Dihydro-14-hydroxymorphinone；14-Hydroxydihydromorphinone

M. I. 15，7068

性状 来自沸乙醇、乙酸乙酯或苯中的无色结晶。为左旋体。溶于沸丙酮、氯仿，易溶于碱水溶液，中等程度溶于沸乙醇，略微溶于苯。mp 248～249℃（分解）。LD_{50}小鼠皮下注射：0.200mg/g。

主要用途 医用麻醉止通剂。

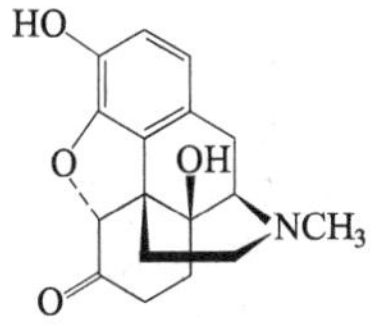

Oxypendyl dihydrochloride 氮羟哌丙嗪 二盐酸盐 07628

[17297-82-4] $C_{20}H_{28}Cl_2N_4OS$ 443.43

成分 C 54.17%，H 6.36%，Cl 15.99%，N 12.64%，O 3.61%，S 7.23%。

别名 二盐酸氮羟哌丙嗪；Pervetral；4-[3-(10*H*-Pyrido[3，2-*b*][1，4]benzothiazin-10-yl)propyl]-1-piperazineethanol dihydrochloride；10-[3-[4-(2-Hydroxyethyl)-1-piperazinyl]propyl]-10*H*-pyrido[3，2-*b*][1，4]benzothiazine dihydrochloride；10-[3-(1-Hydroxyethyl-4-piperazinyl)propyl]-4-azaphenothiazine dihydrochloride；Oxipendyl dihydrochloride；D-706-2HCl

M. I. 15，7069

性状 无色结晶。mp 218～220℃。

主要用途 医用止吐剂。

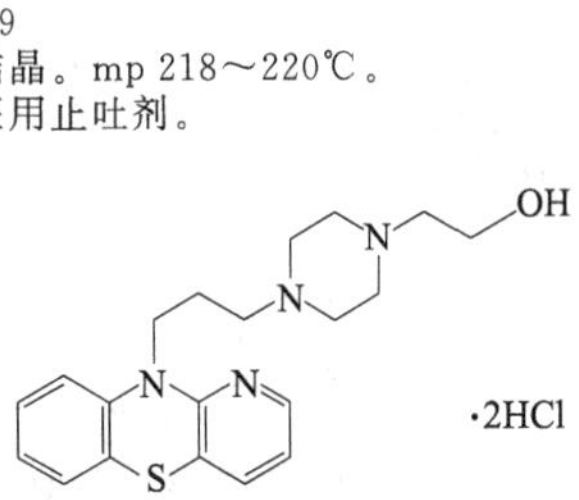

Oxyphenbutazone monohydrate 羟基保泰松 一水 07629

[7081-38-1] $C_{19}H_{20}N_2O_3\cdot H_2O$ 324.38（无水物）

成分（以无水物计） C 70.35%，H 6.21%，N 8.64%，O 14.80%。

别名 Imbun；Phlogistol；Phlogase；Phlogont；4-Butyl-1-(4-hydroxyphenyl)-2-phenyl-3，5-pyrazolidinedione；4-Butyl-2-(*p*-hydroxyphenyl)-1-phenyl-3，5-pyrazolidinedione；1-Phenyl-2-(*p*-hydroxyphenyl)-3，5-dioxo-4-*n*-butylpyrazolidine；

1-(p-Hydroxyphenyl)-2-phenyl-4-butylpyrazolidine-3,5-dione; p-Hydroxyphenylbutazone; G-27202; Californit; Crovaril; Flogitolo; Flogoril; Frabel; Neo-Farmadol; Oxalid; Rapostan; Tandacote; Tandearil; Visubutina

M. I. 15, 7071

性状 无水物来自乙醚＋石油醚的无色结晶。呈酸性反应.溶于乙醇、甲醇、氯仿、苯、乙醚。mp 96℃（无水物 mp 124～125℃）。

主要用途 医用抗炎剂。

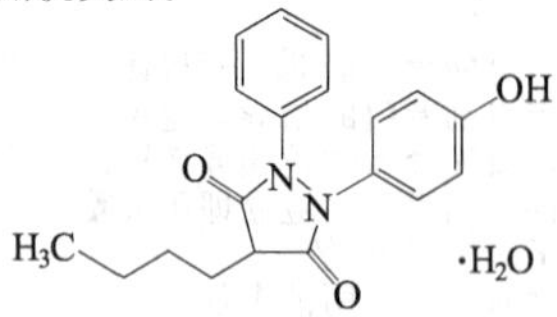

Oxyphencyclimine hydrochloride

氧苯环亚胺 盐酸盐 07630

[125-52-0] $C_{20}H_{29}ClN_2O_3$ 380.91

成分 C 63.06%，H 7.67%，Cl 9.31%，N 7.35%，O 12.60%。

别名 盐酸氧苯环亚胺；α-Cyclohexyl-α-hydroxybenzeneacetic acid (1,4,5,6-tetrahydro-1-methyl-2-pyrimidinyl) methyl ester hydrochloride; 1,4,5,6-Tetrahydro-1-methyl-2-pyrimidinylmethyl α-phenylcyclohexaneglycolate hydrochloide; α-Phenylcyclohexaneglycolic acid 1-methyl-2-tetrahydroxypyrimidylmethyl ester hydrochloride; 1-Methyl-1, 4, 5, 6-tetrahydro-2-pyrimidylmethyl α-cyclohexyl-α-phenylglycolate hydrochloride; Antulcus hydrochloride; Caridan hydrochloride; Daricol hydrochloride; Setrot hydrochloride; Vio-Thene hydrochloride; Daricon hydrochloride; Naridan hydrochloride; Zamanil hydrochloride

M. I. 15, 7072

性状 无色结晶。溶于水（1.2g/100mL）。231～232℃（分解）。

注意事项 该品吸入、口服或与皮肤接触有害。使用时应穿适当的防护服。

主要用途 医用抗痉挛剂。

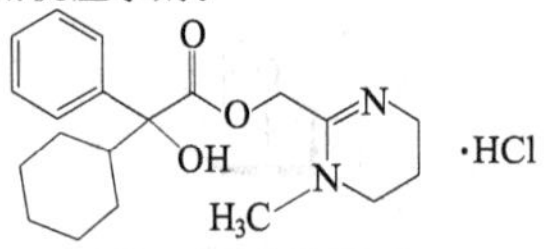

Oxyphenisatin acetate 双醋酚丁

07631

[115-33-3] $C_{24}H_{19}NO$ 401.42

成分 C 71.81%，H 4.77%，N 3.49%，O 19.93%。

别名 3, 3-Bis[4-(acetyloxy) phenyl]-1, 3-dihydro-2H-indol-2-one; 3,3-Bis(p-acetoxyphenyl) oxindole; Acetphenolisatin; Endophenolphthalein; Diacetyldiphenolisatin; Diacetyldihydroxydiphenylisatin; Diacetylhydroxyphenylisatin; Diacetoxydiphenylisatin; Di(acetoxyphenyl) oxindole; Diphesatin; Diacetyldioxyphenylisatin; Isacen; Isocrin Isaphen; Laxo-Isatin; Promassolax; Sanapert; Bydolax; Cirotyl; Lisagal; Contax; Prulet; Purgaceen; Bisatin

M. I. 15, 7073

性状 无色结晶。无味。微溶于乙醇，几乎不溶于水、乙醚、稀盐酸。mp 242℃。

主要用途 医用泻剂。

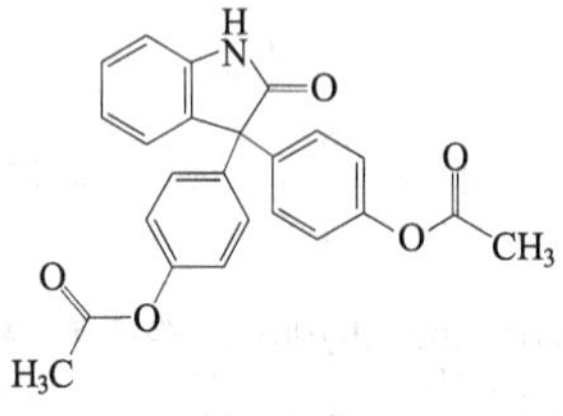

Oxyphenonium bromide 安胃灵

07632

[50-10-2] $C_{21}H_{34}BrNO_3$ 428.41

成分 C 58.88%，H 8.00%，Br 18.65%，N 3.27%，O 11.20%。

别名 溴化羟苯乙胺；2-(Cyclo-hexylhydroxyphenylacetyl) oxy-N, N-diethyl-N-methyl-ethanaminium bromide; Diethyl (2-hydroxyethyl) methylammonium α-phenylcyclohexaneglycolate bromide; α-Phenylcyclohexaneglycolic acid ester diethyl(2-hydroxyethyl) methylammonium bromide; Diethylaminoethyl α-phenylcyclohexaneglycolate methylbromide; 2-Diethylaminoethyl α-cyclohexyl-α-phenylglycolate methobromide; Cyclohexylhydroxyphenylacetic acid diethylmethylaminoethyl ester bromide; Phenylcyclohexyloxyacetic acid diethylaminoethyl ester bromomethylate; Ba-5473; C-5473; Antrenyl; Spasmophen

M. I. 15, 7074

性状 来自乙酸乙酯＋乙醇中的无色结晶。易溶于水，略微溶于乙醇。其水溶液呈中性。mp 189～194℃。

注意事项 该品吸入、口服或与皮肤接触有害。使用时应穿适当的防护服。

主要用途 生化研究。医用抗痉挛剂。

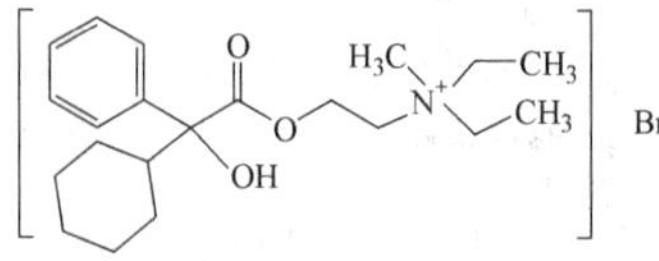

Oxytetracycline dihydrate 土霉素 二水

07633

[6153-64-6][79-57-2](无水物) $C_{22}H_{24}N_2O_9 \cdot 2H_2O$ 496.47

成分（以无水物计） C 57.39%，H 5.25%，N 6.08%，O 31.27%。

别名 二水合土霉素，二水合氧四环素；氧四环素 二水；Abbocin; Berkmycen; Clinimycin; Imp eracin; Oxatets; Oxydon; Oxymycin; Stecsolin; Stevacin; Terralon-LA; Terramycin; Unimycin; [4S-(4α, 4aα, 5α, 5aα, 6β, 12aα)]-4-Dimethylamino-1, 4, 4a, 5, 5a, 6, 11, 12a-octahydro-3, 5, 6, 10, 12, 12a-hexahydroxy-6-methyl-1, 11-dioxo-2-naphthacenecarboxamide dihydrate; Glomycin dihydrate; Riomitsin dihydrate; Hydroxytetracycline dihydrate

M. I. 15, 7075

性状 来自水或甲醇中的无色针状结晶。溶于水、无水乙醇、乙醇。对空气敏感。181～182℃分解；$[\alpha]_D^{25}$ −196.6°（于 0.1mol/L 盐酸中）；$[\alpha]_D^{25}$ −2.1°（于 0.1mol/L 氢氧化钠溶液中）；$[\alpha]_D^{25}$ +26.5°（于甲醇中）；uv max (pH 值 4.5，于 0.1mol/L 磷酸缓冲液中)：249nm，276nm，353nm ($E_{1cm}^{1\%}$ 240，322，301)。

注意事项 使用时应避免吸入本品的粉尘。应充氩气密封避光保存。

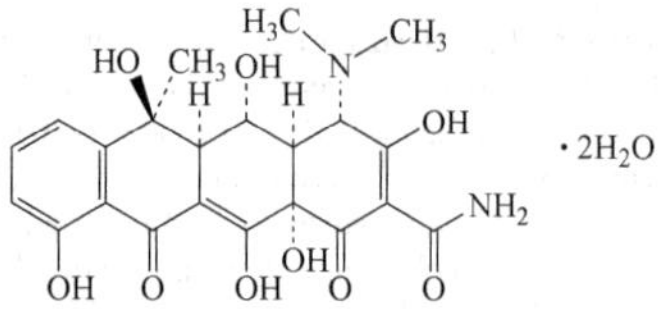

Oxytetracycline hydrochloride 土霉素 盐酸盐

07634

[2058-46-0] $C_{22}H_{25}ClN_2O_9$ 496.90

成分 C 53.18%，H 5.07%，Cl 7.13%，N 5.64%，O 28.98%。

别名 盐酸土霉素；盐酸氧化四环素；氧化四环素 盐酸盐；Alamycin; Duphacycline; Engemycin; Geomycin; Macocyn; Occrycetin; Oxlopar; Oxycyclin; Oxy-Dumocyclin; Oxylag; Oxytetrin; Terraject; Tetran; Tetra-Tablinen; Toxinal; Vendarcin

M. I. 15, 7075

性状 来自水中的浅黄色结晶或结晶性粉末。易溶于水（1g/mL），略溶于甲醇，不溶于氯仿、乙醚。生化试剂含量≥95.0%（HPLC）。

注意事项 该品应充氩气密封避光保存。

主要用途 医用抗菌剂。

Oxythiamine hydrochloride 氧硫胺 盐酸盐

07635

[614-05-1] $C_{12}H_{17}ClN_3O_2S$ 338.25

成分 C 42.60%，H 5.07%，Cl 20.96%，N 12.42%，O 9.46%，S 9.48%。

别名 盐酸氧硫胺；盐酸羟硫胺；盐酸氯化氧硫胺；羟硫胺 盐酸盐；氯化氧硫胺 盐酸盐；3-(1,4-Dihydro-2-methyl-4-oxo-5-pyrimidinyl) methyl-5-(2-hydroxyethyl)-4-methyl-thiazolium chloride hydrochloride; 5-(2-Hydroxyethyl)-3-(4-hydroxy-2-methyl-5-pyrimidinyl) methyl-4-methylthiazolium chloride hydrochloride; Oxythiamine chloride hydrochloride

M. I. 15, 7076

性状 无光泽的针状类玫瑰花形结晶。195℃分解；uv max（酸溶液中）：265nm，258nm，228nm，223nm；（碱溶液中）：268nm，260nm，228nm，221nm。

注意事项 该品应密封于－20℃保存。

主要用途 生化研究。医用硫胺拮抗剂。

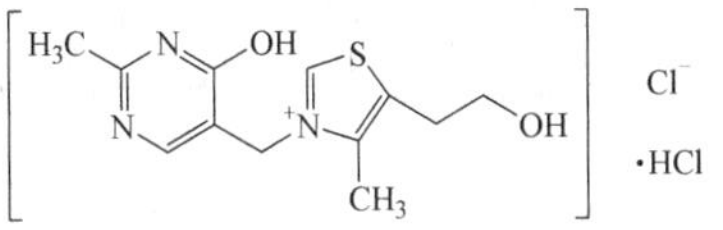

Oxythioquinox 灭螨猛 07636

[2439-01-2] $C_{10}H_6N_2OS_2$ 234.29

成分 C 51.27%，H 2.58%，N 11.96%，O 6.83%，S 27.37%。

别名 喹甲硫酯；6-Methyl-1,3-dithiolo[4,5-*b*]quinoxalin-2-one; dithiocarbonic acid cyclic *S*,*S*-(6-methyl-2,3-quinoxalinediyl) ester; 6-Methyl-2,3-quinoxalinedithiol cyclic *S*,*S*-dithiocarbonate; 6-methyl-2-oxo-1,3-dithio [4,5-*b*]quinoxalne; Chinomethionat(e); Quinomethionate; Bayer36205; Forstan; Morestan

M. I. 15, 7077

性状 来自苯中的黄色结晶。易溶于二甲基酰胺，溶于苯、甲苯、二氧六环，微溶于甲醇、乙醇 、丙酮 ，几乎不溶于水。mp 172℃。LD_{50}雄，雌大鼠急性经口（mg/kg）：1800，1100。

注意事项 该品能损伤生育力。吸入、口服或与皮肤接触有害。对眼睛有刺激性。接触皮肤能引起过敏。长期曝露有害，并有严重损伤健康的危险。对水生物极毒。能对水环境引起不利的结果。使用时应戴适当的手套，应避免与皮肤接触。应防止将本品释放于环境中。其包装物应按危险品处理。

主要用途 杀螨剂。农用杀菌剂。分析用标准物质。

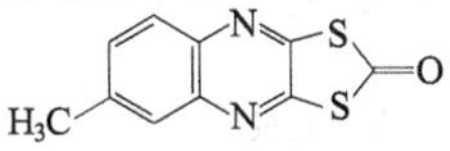

Oxytocin 催产素 07637

[50-56-6] $C_{43}H_{66}N_{12}O_{12}S_2$ 1007.19

成分 C 51.28%，H 6.61%，N 16.69%，O 19.06%，S 6.37%。

别名 缩宫素；Alpha-hypophamine; Ocytocin; Intertocine-S; Perlacton; Pitocin; Syntocinon; Orasthin; Oxystin; Partocon; Synpitan; Uteracon

M. I. 15, 7078

性状 白色粉末。溶于水、1-丁醇、2-丁醇。$[\alpha]_D^{20}$ −26.2°（*c*=0.53）。生化试剂含量：约 50U/mg。

注意事项 该品能损伤生育力。使用前应得到专门的指导，避免曝露。使用时如有事故发生或有不适之感，应请医生诊治。应充氩气密封避光于 2～8℃干燥保存。

主要用途 生化研究。医用催产剂及促使子宫收缩及刺激下奶。

Cys-Tyr-IIe-GIn-Asn-Cys-Pro-Leu-GlyNH$_2$

Ozagrel hydrochloride 奥扎格雷 盐酸盐 07638

[78712-43-3] $C_{13}H_{13}ClN_2O_2$ 264.71

成分 C 58.99%，H 4.95%，Cl 13.39%，N 10.58%，O 12.09%。

别名 盐酸奥扎格雷；(2*E*)-3-[4-(1*H*-Imidazol-1-ylmethyl) phenyl]-2-pyopenoic acid hydrochloride; (*E*)-4-(imidazol-1-ylmethyl) cinnamic acid hydrochloride; OKY-046-HCl

M. I. 15, 7079

性状 来自乙醇-乙醚中的无色结晶。mp 214～217℃。

主要用途 医用抗血栓形成剂。抗心绞痛剂。

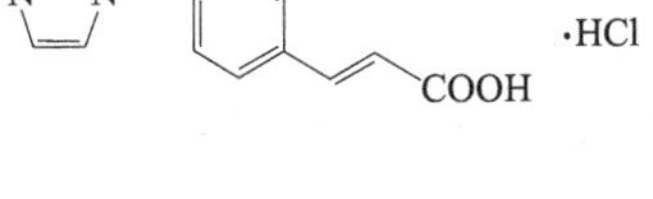

P

Paclitaxel 紫杉醇 07639

[33069-62-4] $C_{47}H_{51}NO_{14}$ 853.92

成分 C 6611%，H 6.02%，N 1.64%，O 26.23%。

别名 泰素；(α*R*,β*S*)-β-Benzoylamino-α-hydroxybenzenepropanoic acid (2a*R*, 4*S*, 4a*S*, 6*R*, 9*S*, 11*S*, 12*S*, 12a*R*, 12bS)-6, 12b-dis(acetyloxy)-12-benzoyloxy-2a, 3, 4, 4a, 5, 6, 9, 10, 11, 12, 12a, 12b-dodecahydro-4, 11-dihydroxy-4a, 8, 13, 13-tetramethyl-5-oxo-7, 11-methano-1*H*-cyclodeca[3,4]benz[1,2-*b*]oxet-9-yl ester; 5β,20-Epoxy-1,2α,4,7β,10β,13α-hexahydroxytax-11-en-9-one 4,10-diacetate 2-benzoate 13-ester with (2*R*, 3*S*)-*N*-benzoyl-3-phenylisoserine; Taxol A; NSC-125973; Anzatax; Paxene; Taxol

M. I. 15, 7081

性状 来自甲醇水溶液中的无色针状结晶或粉末。溶于乙醇，不溶于水。mp 213～216℃（分解）；$[\alpha]_D^{20}$ −49°（于甲醇中）；uv max（甲醇中）：227nm，273nm（ε 29800，1700）。生化试剂含量≥95.0%（HPLC）。

注意事项 该品可能损伤生育力。有造成不可逆损伤的危险。吸入、口服或与皮肤接触有害。对呼吸系统及皮肤有刺激性。对眼睛有严重损伤的危险。吸入或与皮肤接触可引起过敏。长期曝露对健康有严重损伤的危险。使用时应穿适当的防护服，戴手套和防护镜或面罩。应避免吸入本品的粉尘。使用时如有事故发生或有不适之感，应请医生诊治。万一接触到眼睛，应立即用大量水冲洗后请医生诊治 。应密封于 2～8℃保存。

主要用途 医用抗肿瘤剂。

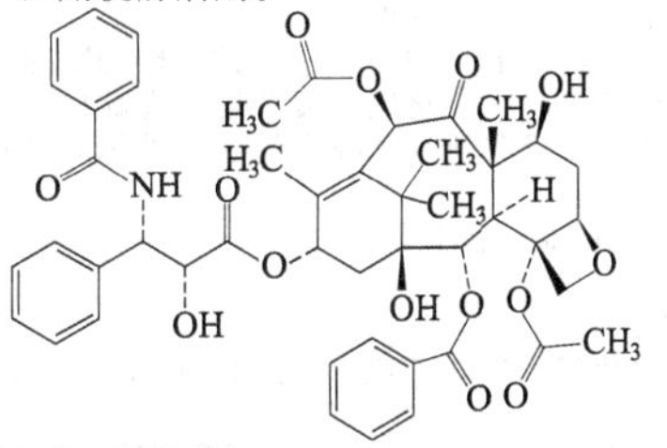

Paclobutrazol 多效唑 07640

[76738-62-0] $C_{15}H_{20}ClN_3O$ 293.80

成分 C 61.32%，H 6.86%，Cl 12.07%，N 14.30%，O 5.45%。

别名 1-叔丁基-2-对氯苄基-2-(1，2，4-三唑-1-基)乙醇；(2*RS*,3*RS*)-1-(4-氯苯基)-4,4-二甲基-2(1*H*-1,2,4-三唑-1-基)戊-3-醇；(α*R*,β*R*)-*rel*-β-(4-Chlorophenyl) methyl-α-(1, 1-dimethylethyl)-1*H*-1, 2, 4-triazole-1-ethanol; (*R**, *R**)-(±)-β-(4-Chlorophenyl) methyl-α-(1,1-dimethylethyl)-1*H*-1,2,4-triazole-1-ethanol; 1-*tert*-Butyl-2-(*p*-chlorobenzyl)-2-(1,2,4-triazol-1-yl) ethanol; (2*RS*,3*RS*)-1-(4-Chlorophenyl)-4, 4-dimethyl-2-(1*H*-1, 2, 4-triazol-1-yl) pentan-3-ol; ICI-PP-333; PP-333; Bonzi; Clipper; Cultar; Parlay; Trimmit

M. I. 15, 7082

性状 白色结晶性固体。该品于下列物质中的溶解度：水 35mg/L；甲醇 15%；丙二醇 5%；丙酮 11%；环己酮 18%；二氯甲烷 10%；己烷 1%；二甲苯 6%。mp 165～166℃。*d* 1.22。一般试剂含量≥97.0%（HPLC）。

注意事项 该品口服有毒。使用时应穿适当的防护服。

主要用途 植物生长调节剂。分析用标准物质。

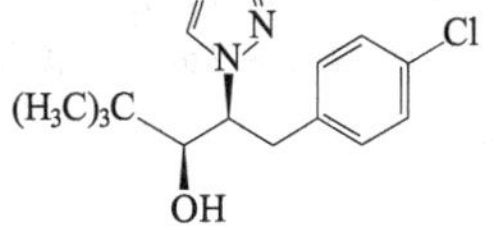

Palladium powder 钯粉 07641

[7440-05-3] Pd 106.42

M. I. 15, 7090

性状 银灰色金属粉末。易溶于王水，溶于硝酸、浓硫酸、盐酸、氯酸的混合物，微溶于浓盐酸。对氢的吸收能力很强，在室温下可达到其体积的 350～850 倍。mp 1555℃；bp 3167℃；d_4^{20} 12.02。

注意事项 该品在空气中能自燃。应远离易燃物品密封保存。
主要用途 光谱分析试剂。加氢作用的催化剂。制备合金电镀。

Palladium bromide 溴化钯 07642
[13444-94-5] Br_2Pd 266.22
成分 Br 60.03%，Pd 39.97%。
别名 溴化亚钯；二溴化钯；Palladium(Ⅱ) bromide；Palladous bromide；Palladium dibromide
性状 红棕色结晶。溶于氢溴酸，不溶于水。d^{16} 5.173。一般试剂含量≥99.0%。
注意事项 该品对眼睛、呼吸系统及皮肤有刺激性。使用时应戴适当的手套。万一接触到眼睛，应立即用大量水冲洗后请医生诊治 。应密封保存。

Palladium chloride 氯化钯 07643
[7647-10-1] Cl_2Pd 177.32
成分 Cl 39.98%，Pd 60.02%。
别名 二氯化钯；无水氯化钯；氯化亚钯；Palladium(Ⅱ) chloride；Palladous chloride；Palladium dichloride
M. I. 15，7091
性状 红色针状结晶。溶于水、乙醇、丙酮和氢溴酸。高温时分解为钯和氯。600℃升华，同时分解。mp 678～680℃；d^{15} 4.0。MLD 兔静脉注射：0.0186g/kg。一般试剂含量≥99.9%。
注意事项 该品吸入、口服或与皮肤接触有毒。对眼睛、呼吸系统及皮肤有刺激性。对眼睛有严重损伤的危险。接触皮肤能引起过敏。使用时应穿适当的防护服，戴手套和防护镜或面罩。万一接触到眼睛，应立即用大量水冲洗后请医生诊治。应密封干燥保存。
主要用途 分析试剂，如钯、汞、铊、碘的微量测定。可用氯化钯试纸检验一氧化碳。搜寻地下埋藏的煤气管道的裂缝。农业植物资源研究。检定钴。提纯稀有气体。

Palladium iodide 碘化钯 07644
[7790-38-7] I_2Pd 360.23
成分 I 70.46%，Pd 29.54%。
别名 二碘化钯；碘化亚钯；Palladium (Ⅱ) iodide；Palladous iodide
性状 黑色粉末。易溶于稀盐酸、乙醇、乙醚，溶于碘化钾溶液，不溶于水。mp 350℃（分解）；*d* 6.003。
注意事项 该品对眼睛、呼吸系统及皮肤有刺激性。使用时应穿适当的防护服，戴手套和防护镜或面罩。万一接触到眼睛，应立即用大量水冲洗后请医生诊治。应密封保存。
主要用途 分析试剂。催化剂的制备。

Palladium nitrate dihydrate 硝酸钯 二水 07645
[10102-05-3] $N_2O_6Pd \cdot 2H_2O$ 266.44
成分（以无水物计） N 12.16%，O 41.66%，Pd 46.18%。
别名 二水合硝酸钯；硝酸亚钯；Palladium (Ⅱ) nitrate dihydrate；Palladous nitrate dihydrate
M. I. 15，7093
性状 暗红色或棕色结晶。易潮解。溶于稀硝酸，溶于水时产生棕色碱式盐沉淀，微溶于乙醚。一般商品钯含量约 40%。
注意事项 该品与易燃品接触能引起燃烧。具有腐蚀性，能引起烧伤。使用时应穿适当的防护服，戴手套和防护镜或面罩。万一接触到眼睛，应立即用大量水冲洗后请医生诊治。使用时如有事故发生或有不适之感，应请医生诊治。应远离易燃物品密封于干燥处保存。
主要用途 分析试剂。氯与碘的分离。氧化剂。

Palladium oxide 氧化钯 07646
[1314-08-5] OPd 122.42
成分 O 13.07%，O 86.93%。
别名 一氧化钯；氧化亚钯；Palladium monoxide；Palladous oxide
M. I. 15，7094
性状 墨绿色块状物或黑色粉末。溶于 48%的氢溴酸，微溶于王水，不溶于水、酸。mp 870℃；*d* 8.3。
注意事项 该品应密封保存。
主要用途 分析试剂。还原剂。催化剂。有机合成。

Palmatine chloride hydrate 氯化巴马亭 水合 07647
[171869-95-7] $C_{21}H_{22}ClNO_4 \cdot xH_2O$ 387.86
成分（以无水物计） C 65.03%，H 5.72%，Cl 9.14%，N 3.61%，O 16.50%。
别名 水合氯化巴马亭；氯化非洲防己碱；5,6-Dihydro-2,3,9,10-tetramethoxydibenzo[*a*,*g*]quinolizinium；7,8,13,13α-Tetradehydro-2,3,9,10-tetramethoxyberbinium；Calystigine
M. I. 15，7095
性状 来自水中的浅黄绿色针状结晶。易溶于热水、乙醇。mp 206～207℃（分解）；Fp>230℉（110℃）。
注意事项 该品对眼睛、呼吸系统及皮肤有刺激性。

OCH3 OCH3 CH3O N+ OCH3 Cl− ·xH2O

Palmitic acid 棕榈酸 07648
[57-10-3] $C_{16}H_{32}O_2$ 256.43
成分 C 74.94%，H 12.58%，O 12.48%。
别名 十六酸；软脂酸；鲸蜡酸；Carboxylic acid C_{16}；Cetylic acid；Hexadecylic acid；Hexadecanoic acid
M. I. 15，7097
性状 白色鳞片状结晶。溶于热乙醇、丙醇，溶于三氯甲烷、乙醚，略微溶于冷乙醇、石油醚，几乎不溶于水。mp 63～64℃；bp_{15} 215℃/1.998kPa；Fp 402.8℉（206℃）；d_4^{62} 0.853；n_D^{80} 1.4273。LD_{50} 小鼠静脉注射：(57±3.4) mg/kg。一般试剂含量≥98.5%（GC）。
注意事项 该品对眼睛、呼吸系统及皮肤有刺激性。使用时应穿适当的防护服和戴手套。万一接触到眼睛，应立即用大量水冲洗后请医生诊治。使用时应避免吸入本品的粉尘，避免与眼睛及皮肤接触。
主要用途 水硬度的测定。钙、镁、钡、铅、汞、锌的沉淀。棕榈酸盐、肥皂的制备。防水剂。

Palmitoleic acid 棕榈油酸 07649
[373-49-9] $C_{16}H_{30}O_2$ 254.41
成分 C 75.53%，H 11.88%，O 12.58%。
别名 十六（碳）烯[9]酸；鳖酸；鲨油酸；顺式-9-十六烯酸；*cis*-9-Hexadecenoic acid；8-Pentadecene-1-carboxylic acid；Physetoleic acid；Zoomaric acid
性状 无色液体。溶于乙醇、乙醚，不溶于水。mp 1.0℃；bp_5 140～141℃/666.61Pa；Fp 144℉（62℃）；d_4^{20} 0.894；n_D^{20} 1.457。一般试剂含量≥99.0%（GC）。
注意事项 该品对眼睛、呼吸系统及皮肤有刺激性。使用时应穿适当的防护服。万一接触到眼睛，应立即用大量水冲洗后请医生诊治 。应充氩气密封于 2～8℃保存。
主要用途 气相色谱分析用标准物。

Palmitoyl chloride 棕榈酰氯 07650
[112-67-4] $C_{16}H_{31}ClO$ 274.88
成分 C 69.91%，H 11.37%，Cl 12.90%，O 5.82%。
别名 十六酰氯；软脂酰氯；氯化十六酰；氯化软脂酰；Hexadecanoyl chloride；Palmityl chloride
GW 2015-1957
性状 浅黄色油状液体。能与有机溶剂相混溶，遇水易分解并析出棕榈酸。mp 11～13℃；$bp_{0.5}$ 174℃/66.66Pa；Fp 359℉（182℃）；d_4^{20} 0.907；n_D^{20} 1.4520。一般试剂含量≥98.0%（GC）。
注意事项 该品与水反应激烈。具有腐蚀性，能引起烧伤。对眼睛、呼吸系统及皮肤有刺激性。使用时应穿适当的防护服，戴手套和防护镜或面罩。万一接触到眼睛，应立即用大量水冲洗后请医生诊治。使用时如有事故发生或有不适之感，应请医生诊治。应充氮气密封于干燥处保存。
主要用途 有机合成。

Palytoxin from palythoa tuberculosa

沙海葵毒素（海葵结核） 07651

[77734-91-9][11077-03-5] $C_{129}H_{223}N_3O_{54}$ 2680.17

成分 C 57.81%，H 8.39%，N 1.57%，O 32.23%。

别名 岩沙海葵毒素；Palytoxin(C51-55 hemiacetal)；PTX

M. I. 15，7100

性状 白色无定形固体。易吸潮。溶于吡啶、二甲基亚砜、水，略微溶于甲醇、乙醇，不溶于氯仿、乙醚、丙酮。无固定熔点，加热至 300℃炭化。$[\alpha]_D^{25}+26°$（于水中）。LD_{50}小鼠静脉注射：0.45μg/kg；腹膜内注射：50～100ng/kg。

注意事项 该品吸入、口服或与皮肤接触极毒。对机体有不可逆损伤的可能性。使用前应得到专门的指导，避免曝露。使用时应穿适当的防护服，戴手套和防护镜或面罩。使用时应避免吸入本品的粉尘，如有事故发生或有不适之感，应请医生诊治。应密封于－20℃保存。

主要用途 生化研究。

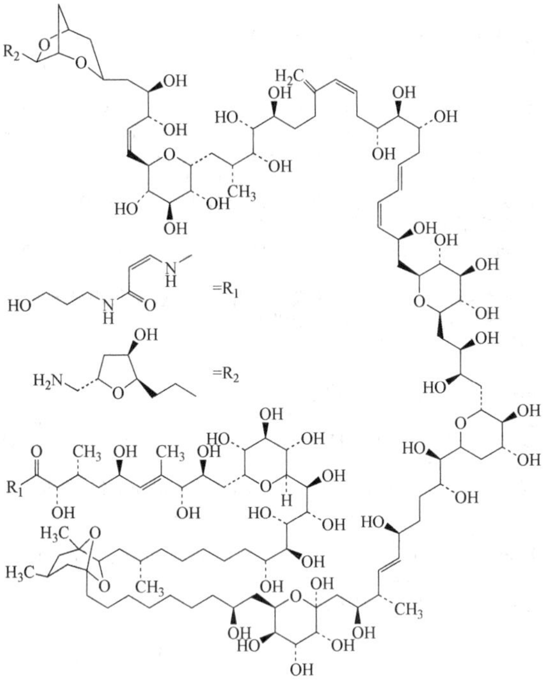

Pamabrom 柏马溴 07652

[606-04-2] $C_{11}H_{18}BrN_5O_3$ 348.20

成分 C 37.94%，H 5.21%，Br 22.95%，N 20.11%，O 13.78%。

别名 8-Bromo-3，7-dihydro-1，3-dimethyl-1*H*-purine-2，6-dione comp d with 2-amino-2-methyl-1-propanol(1∶1)；8-Bromotheophylline comp d with 2-amino-2-methyl-1-propanol(1∶1)；2-Amino-2-methyl-2-propanol 8-bromotheophyllinate

M. I. 15，7101

性状 细小的白色粉末。溶于水（25℃，＞30g/100mL），其水溶液 pH 值 8.0～8.5。300℃分解。

主要用途 医用利尿剂。

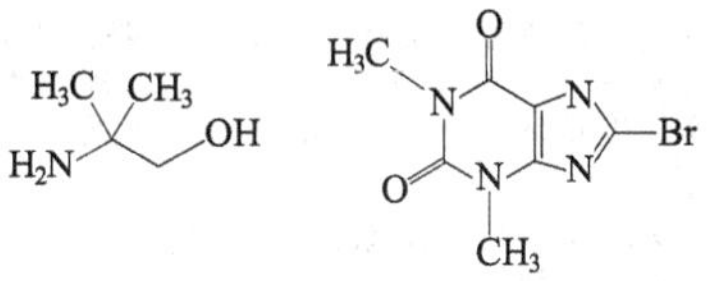

Pamaquine 扑疟喹啉 07653

[491-92-9] $C_{19}H_{29}N_3O$ 315.46

成分 C 72.34%，H 9.27%，N 13.32%，O 5.07%。

别名 扑疟喹；N^1，N^1-Diethyl-N^4-(6-methoxy-8-quinolinyl)-1，4-pentanediamine；8-[4-(Diethylamino)-1-methylbutyl]amino-6-methoxyquinoline

M. I. 15，7102

性状 深黄色油状液体。bp_1 182～194℃/133.3Pa；$bp_{0.3}$ 175～180℃/40Pa。

主要用途 医用抗疟剂。

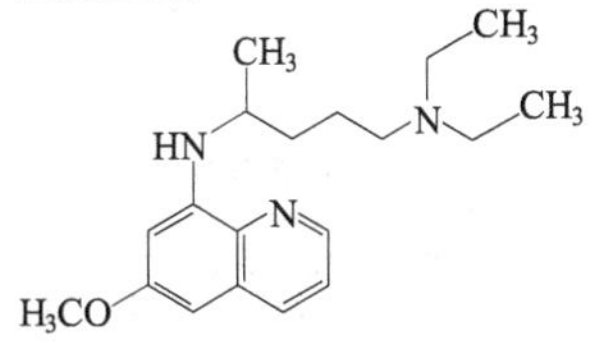

Pamicogrel 帕米格雷 07654

[101001-34-7] $C_{25}H_{24}N_2O_4S$ 448.54

成分 C 66.94%，H 5.39%，N 6.25%，O 14.27%，S7.15%。

别名 2-[4,5-双(4-甲氧基苯基)-2-噻唑基]-1*H*-吡咯-1-乙酸乙酯；2-[4,5-Bis(4-methoxyphenyl)-2-thiazolyl]-1*H*-pyrrole-1-acetic acid ethyl ester；Ethyl 2-[4,5-bis(*p*-methoxyphenyl)-2-thiazolyl]pyrrole-1-acetate；KB-3022；KBT-3022

M. I. 15，7103

性状 来自石油醚中的无色结晶。mp 132.5～135.5℃。LD_{50}雄小鼠急性经口：＞3000mg/kg。

主要用途 医用抗血栓形成剂。

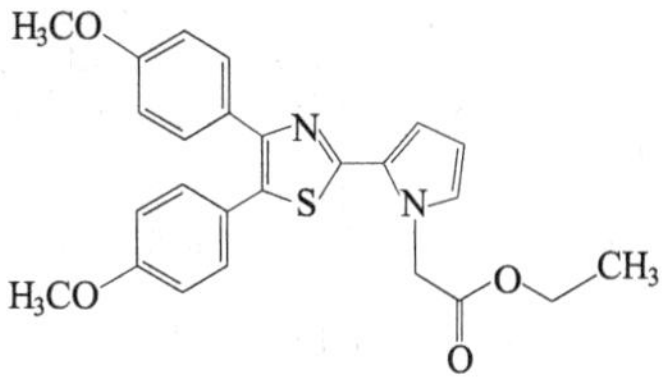

Pamoic acid 双羧萘酸 07655

[130-85-8] $C_{23}H_{16}O_6$ 388.38

成分 C 71.13%，H 4.15%，O 24.72%。

别名 2，2′-二羟基-1，1′-二萘甲烷-3，3′-二羧酸；4，4′-亚甲基双(3-羟基-2-萘甲酸)；4，4′-亚甲基双(3-羟基-2-萘羧酸)；4，4′-Methylenebis(3-hydroxy-2-naphthalenecarboxylic acid)；4，4′-Methylenebis(3-hydroxy-2-naphthoic acid)；4，4′-Methylenedi(3-hydroxy-2-naphthoic acid)；2，2′- Dihydroxy-1，1′-dinaphthylmethane-3，3′-dicarboxylic acid；Embonic acid

M. I. 15，7106

性状 来自稀吡啶中的无色至黄色结晶。溶于硝基苯、吡啶，略微溶于氯仿，几乎不溶于水、乙醇、乙醚、苯、乙酸。约 280℃分解。一般试剂含量≥99.0%。

注意事项 该品对眼睛、呼吸系统及皮肤有刺激性。使用时应穿适当的防护服和戴手套。万一接触到眼睛，应立即用大量水冲洗后请医生诊治。

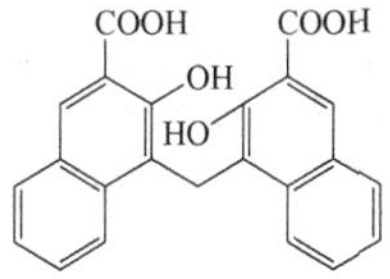

Pancreatin from porcine pancreas 胰酶（猪胰） 07656

[8049-47-6]

别名 胰酵素；胰腺酶；胰液素；Creon；Diastase vera；Pancrease；Pancrex-Vet；Pankrotanon；Panzytrat；Zypanar

M. I. 15，7108

性状 淡黄色无定形粉末。系从猪胰脏制取的混合物，主要是胰蛋白酶、胰脂肪酶和胰淀粉酶。部分溶于水呈微浑浊溶液，不溶于乙醇、乙醚。

注意事项 该品吸入可引起过敏。对眼睛、呼吸系统及皮肤有刺激性。使用时应穿适当的防护服和戴手套。应避免吸入本品的粉尘，避免与皮肤接触。万一接触到眼睛，应立即用大量水冲洗后请医生诊治。应充氩气密封于－20℃干燥保存。

主要用途 生化研究。医用助消化剂。

Pancreozymin from porcine intestine
肠促酶素肽（猪肠） 07657

[9011-97-6]
别名 缩胆囊肽；肠促胰酶素；促胰酶素（猪肠）；Cholecystokinin；Cholecystokinin-pancreozymin；CCK
性状 近白色粉末。
注意事项 该品应密封于 2～8℃保存。
主要用途 生化研究。

Pancuronium bromide 溴化帕乌龙 07658
[15500-66-0] $C_{35}H_{60}Br_2N_2O_4$ 732.68
成分 C 57.38%，H 8.25%，Br 21.81%，N 3.82%，O 8.73%。
别名 1,1′-[(2β,3α,5α,16β,17β)-3,17-Bis(acetyloxy)androstane-2,16-diyl]bis(1-methylpiperidinium)dibromide；1,1′-(3α,17β-Dihydroxy-5α-androstan-2β,16β-ylene)bis(1-methylpiperidinium)dibromide diacetate；3α,17β-Diacetoxy-2β,16β-dipiperidino-5α-androstane dimethobromide；2β,16β-Dipiperidino-5α-androstane-3α,17β-dioldiacetate dimethobromide；Poncuronium bromide (rescinded USAN)；NA-97；Org-NA-97；Mioblock；Pavulon
M.I.15，7109
性状 白色、微黄白色或微粉色结晶。无气味。味苦。易吸潮。易溶于乙醇、二氯甲烷。1g 该品溶于 30 份氯仿、1 份水（20℃）。mp 215℃。LD_{50} 小鼠静脉注射：0.047mg/kg；腹膜内注射：0.152mg/kg；皮下注射：0.167mg/kg；急性经口：21.9mg/kg。LD_{50} 大鼠，兔静脉注射：0.153mg/kg，0.016mg/kg。生化试剂含量≥99.0%（TLC）。
注意事项 该品口服有害。可使血压降低。使用时应避免吸入本品的粉尘，避免与眼睛及皮肤接触。应充氩气密封干燥保存。
主要用途 生化研究。医用肌肉松弛剂。

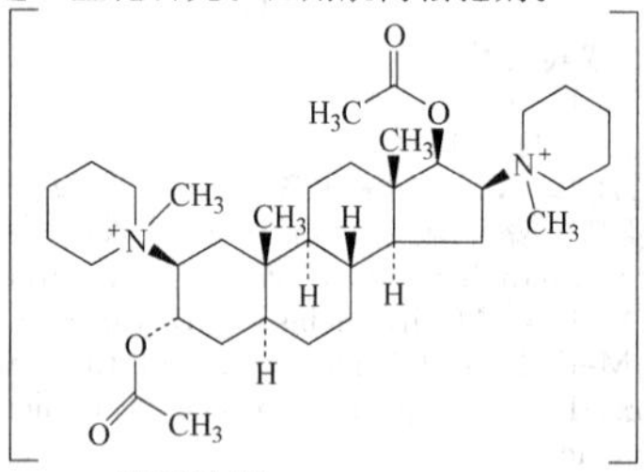

Panipenem 帕尼培南 07659
[87726-17-8] $C_{15}H_{21}N_3O_4S$ 339.41
成分 C 53.08%，H 6.24%，N 12.38%，O 18.86%，S 9.45%。
别名 帕尼配能；(5R,6S)-6-[(1R)-1-Hydroxyethyl]-3-[(3S)-1-(1-iminoethyl)-3-pyrrolidinyl]thio-7-oxo-1-azabicyclo[3.2.0]hept-2-ene-2-carboxylic acid；(5R,6S)-6-[(R)-1-Hydroxyethyl]-2-[(S)-1-acetimidoylpyrrolidin-3-ylthio]-1-carbapen-2-em-3-carboxylic acid；(+)-(5R,6S)-3-[(S)-1-Acetimidoyl-3-pyrrolidinyl] thio-6-[(R)-1-hydroxyethyl]-7-oxo-1-azabicyclo[3.2.0]hept-2-ene-2-carboxylic acid；CS-533；RS-533
M.I.15，7111
性状 一般产品为半水合物。无色细小的棱柱体结晶。mp 198～200℃（分解）；uv max（于水中）：298nm（ε 10400）。LD_{50} 雄，雌小鼠静脉注射（mg/kg）：1700～2200，1300～1700。生化试剂含量≥99.0%。
主要用途 医用抗菌剂。

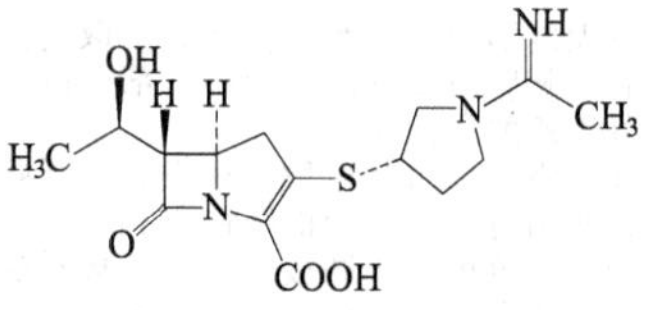

D-Pantolactone D-泛酰内酯 07660
[599-04-2] $C_6H_{10}O_3$ 130.14
成分 C 55.38%，H 7.75%，O 36.88%。
别名 D-本多酰内酯；D-(−)-2-羟基-3,3-二甲基-γ-丁内酯；Dihydro-3-hydroxy-4H-dimethyl-2(3H)-furanone；D-(−)-2-Hydroxy-3,3-dimethyl-γ-butyrolactone；Pantoic acid γ-lactone；(R)-(−)-Pantolactone；D-Pantoyl lactone；(R)-Dihydro-3-hydroxy-4,4-dimethyl-2(3H)-furanone；2,4-Dihydroxy-3,3-dimethylbutyric acid γ-lactone；(R)-3,3-Dimethyl-2-hydroxy-γ-butyrolactone；α-Hydroxy-β,β-dimethyl-γ-bytyrolactone；(R)-(−)-β,β-Dimethyl-α-hydroxy-γ-butyrolactone；(R)-(−)-α-Hydroxy-β,β-dimethyl-γ-butyrolactone
M.I.15，7116
性状 来自苯＋石油醚中的无色结晶。具有吸湿性。mp 92℃；bp_{15} 120～122℃/2kPa；$[\alpha]_D^{25}$ −50.7°（c=2.05，于水中）。一般试剂含量≥99.0%（T）。
注意事项 使用时应避免吸入本品的粉尘，避免与眼睛及皮肤接触。应充氩气密封于 2～8℃干燥保存。

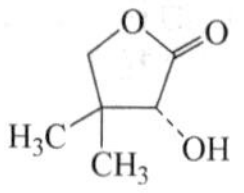

DL-Pantolactone DL-泛酰内酯 07661
[79-50-5] $C_6H_{10}O_3$ 130.14
成分 C 55.38%，H 7.75%，O 36.88%。
别名 DL-本多酰内酯；DL-2-羟基-3，3-二甲基-γ-丁内酯；DL-2-Hydroxy-3,3-dimethyl-γ-butyrolactone；DL-Dihydro-3-hydroxy-4,4-dimethyl-2(3H)-furanone；DL-Pantoyl lactone；DL-α-Hydroxy-β,β-dimethyl-γ-butyrolactene
性状 白色或淡黄色玫瑰花形或三棱形结晶。具有吸湿性。易溶于水，溶于乙醚、苯、氯仿、乙醇、二硫化碳。mp 80℃；bp_{18} 130℃/2.4kPa；d_{20}^{20} 1.180。一般试剂含量≥98.0%（T）。
注意事项 使用时应避免吸入本品粉尘，避免与眼睛及皮肤接触。应充氩气密封于干燥保存。
主要用途 精制泛酸。

Pantoprazole 泮托拉唑 07662
[102625-70-7] $C_{16}H_{15}F_2N_3O_4S$ 383.37
成分 C 50.13%，H 3.94%，F 9.91%，N 10.96%，O 16.69%，S 8.36%。
别名 6-Difluoromethoxy-2-[(3,4-dimethoxy-2-pyridinyl)methyl]sulfinyl-1H-benzimidazole；SKF-96022；BY-1023
M.I.15，7117
性状 近白色固体。pK_{a1} 3.92；pK_{a2} 8.19。mp 139～140℃（分解）。
主要用途 医用抗溃疡剂。

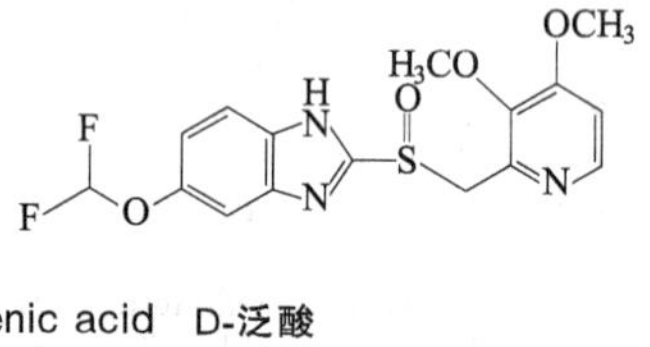

D-Pantothenic acid D-泛酸 07663
[79-83-4] $C_9H_{17}NO_5$ 219.24
成分 C 49.31%，H 7.82%，N 6.39%，O 36.49%。
别名 N-(2,4-二羟基-3,3-二甲基丁酰)-β-丙氨酸；本多生酸；维生素 B_5；Chick antidermatitis factor；D-(+)-N-(2,4-Dihydroxy-3,3-dimethylbutyryl)-β-alanine；(R)-N-(2,4-Dihydroxy-3,3-dimethyl-1-oxobutyl)-β-alanine；N-[(2R)-2,4-Dihydroxy-3,3-dimethyl-1-oxobutyl]-β-alanine；Vitamin B_5
M.I.15，7118
性状 无色或浅黄色油状液体。不稳定。吸湿性强。易为热酸或碱所破坏。易溶于水、乙酸乙酯、冰乙酸、二氧六环，中等程度溶于乙醚、戊醇，几乎不溶于苯、三氯甲烷。$[\alpha]_D^{25}$ +37.5°。
注意事项 该品应密封于阴凉处干燥保存。
主要用途 生化试剂。营养剂。

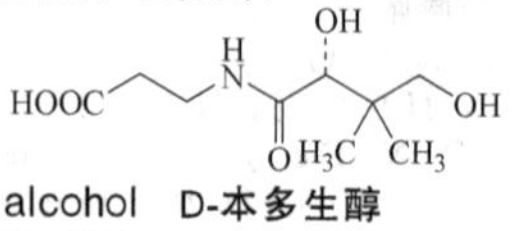

D-Pantothenyl alcohol D-本多生醇 07664
[81-13-0] $C_9H_{19}NO_4$ 205.25

成分 C 52.67%，H 9.33%，N 6.82%，O 31.18%。
别名 D-(+)-α,γ-二羟基-N-(3-羟丙基)-β,β-二甲基丁酰胺；万有醇；右泛醇，泛醇；Alcopan-250；Bepanthen；Cozyme；Dexpanthenol；2,4-Dihydroxy-N-(3-hydroxypropyl)-3,3-dimethylbutanamide；(R)-2,4-Dihydroxy-3,3-dimethylbutyric-3-hydroxypropylamide；D-(+)-α,γ-Dihydroxy-N-(3-hydroxypropyl)-β,β-dimethylbutyramide；Ilopan；Intrapan；Motilyn；Pantenyl；Panthenol；Pantothenyl alcohol；Pantothenylol；N-Pantoyl-3-propanolamine；D-Panthenol；Panthoderm；Provitamin B；Urupan
M. I. 15，2949
性状 无色黏性液体。味微苦。易吸潮。易溶于水、乙醇、甲醇、丙二醇，溶于氯仿、乙醚，微溶于甘油。易被碱和强酸水解。$bp_{0.02}$ 118～120℃/2.666Pa；d_{20}^{20} 1.2；n_D^{20} 1.497；$[\alpha]_D^{20}$+29.5°（c=5，于水中）；n_D^{20}1.497。生化试剂含量≥98.0%（TLC）。
注意事项 使用时应避免吸入本品的蒸气，避免与眼睛及皮肤接触。应密封于-20 干燥保存。
主要用途 生化研究。

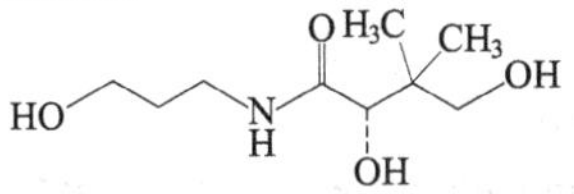

Papain from papaya latex
木瓜蛋白酶（木瓜胶液） 07665

[9001-73-4] Mr 约 21000
别名 番木瓜酶；番瓜酵素；番木瓜蛋白酵素；植物性蛋白酵素；Arbuz；Papainase；Nematolyt；Summetrin；Papayotin；Tromasin；Velardon；Vegetable pepsin；Vermizym
M. I. 15，7119 EC 3.4.22.2
性状 白色或灰白色冷冻干燥粉末。微有吸湿性。不完全地溶于水、甘油，几乎不溶于乙醇、乙醚、氯仿等多数有机溶剂。其活力按制备方法而不同，最适合温度 65℃；最适合 pH 值 5.0，但在中性及碱性介质中仍有活力。uv max：278nm（$A_{1cm}^{1\%}$ 25.0）。
注意事项 该品对眼睛、呼吸系统及皮肤有刺激性。吸入可引起过敏。使用时应穿适当的防护服和戴手套。使用时应避免吸入本品的粉尘，避免与皮肤接触。万一接触到眼睛，应立即用大量水冲洗后请医生诊治。应密封避光于-20℃干燥保存。
主要用途 生化研究。

Papaveraldine 罂粟酮碱 07666

[522-57-6] $C_{20}H_{19}NO_5$ 353.37
成分 C 67.98%，H 5.42%，N 3.96%，O 22.64%。
别名 鸦片黄；罂粟啶；(6,7-Dimethoxy-1-isoquinolinyl)(3,4-dimethoxyphenyl) methanone；6,7-Dimethoxy-1-isoquinolyl 3,4-dimethoxyphenyl ketone；6,7-Dimethoxy-1-veratroylisoquinoline；Xanthaline
M. I. 15，7120
性状 来自无水乙醇中的无色结晶。溶于苯、氯仿，微溶于乙醇、乙醚、石油醚，几乎不溶于水、碱类或碳酸盐。mp 208～209℃。
注意事项 该品口服有害。使用时应避免吸入本品的粉尘。

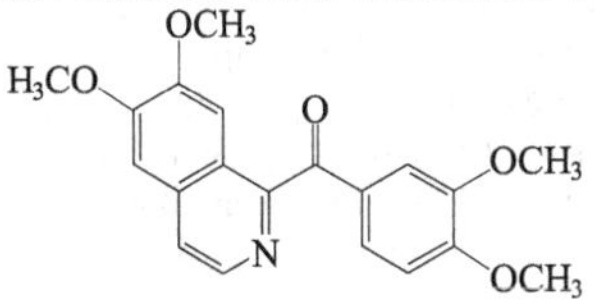

Papaverine hydrochloride 罂粟碱 盐酸盐 07667

[61-25-6] $C_{20}H_{22}ClNO_4$ 375.85
成分 C 63.91%，H 5.90%，Cl 9.43%，N 3.73%，O 17.03%。
别名 6,7-二甲氧基-1-绿藜芦异喹啉 盐酸盐；帕帕非林 盐酸盐；盐酸帕帕非林；盐酸罂粟碱；Artegodan；Cepaverin；Cerebid；Cerespan；6,7-Dimethoxy-1-veratryl-*iso*-quinoline hydrochloride；Dynovas；Optenyl；Pameion；Panergon；Papital TR；Pavabid；Pavacap；Pavacen；Pavadel；Pavagen；Pavakey；Pavased；Spasmo-Nit；Therapav；Vasal；Vasospan
M. I. 15，7122
性状 来自水中的白色单斜棒状结晶或粉末。1g 该品溶于约 40mL 水，溶于氯仿，微溶于乙醇，几乎不溶于乙醚。其 0.05mol/L 水溶液 pH 值 3.9；2%水溶液 pH 值 3.3。mp 220～225℃。uv max（乙醇中）：249～250nm，280～282nm，311nm（lg ε 4.69，3.80，3.82）。LD_{50}小鼠，大鼠静脉注射（mg/kg）：27.5，20；皮下注射（mg/kg）：150，370。生化试剂含量≥98.0%（NT）。
注意事项 该品口服有害。使用时应避免吸入本品的粉尘。应密封避光保存。
主要用途 生化研究。

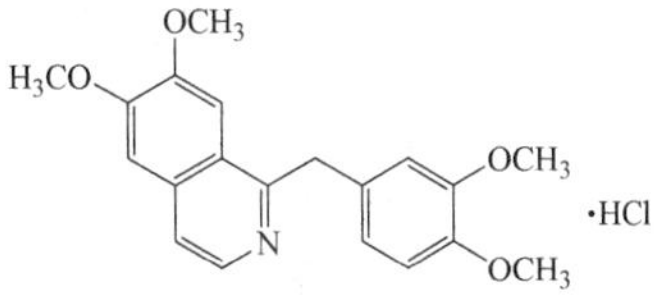

Paraffin liquid 液体石蜡 07668

[8042-47-5] [8012-95-1]
别名 石蜡油；液体凡士林；Mineral oil；Petrolatum liquid；Liquid paraffin；White mineral oil；Clearteck；Drakeol；Hevyteck；Filtra white；Frigol；Kremol；Kaydol；Alboline；Nugol；Paraffin oil；Paroleine；Saxol；Adepsine oil；Glymol
性状 无色油状液体。系液态烃的混合物。能与乙醚、苯、三氯甲烷、二硫化碳、油类相混溶，不溶于水、乙醇。Fp >230℉（110℃）；d_4^{20} 0.862～0.895；n_D^{20} 1.4760。
主要用途 气相色谱固定液，分离分析烃、脂肪酸脂及无机化合物。分析试剂。制药工业。传温液。

Paraffin with ceresin 切片石蜡 07669

[8002-74-2]
别名 纤维蜡（16303）；Fibro wax(16303)；Hard paraffin
M. I. 15，7127
性状 白色固体。有滑腻感。溶于苯、乙醚、三氯甲烷、二硫化碳、油类，不溶于水、乙醇。熔融时透明清晰。一般试剂由于使用温度不同，分为 44～46℃、46～48℃、48～50℃、50～52℃ 、52～54℃、54～56℃、56～58℃、58～60℃、60～62℃、62～64℃等规格。
主要用途 生物切片。

Paraformaldehyde 多聚甲醛 07670

[30525-89-4] $(CH_2O)_n$ $(30.03)_n$
别名 仲甲醛；聚合甲醛；Formagene；Paraform；Polymerized formaldehyde；Polyoxymethylene
GW 2015-269 M. I. 15，7129
性状 白色结晶性粉末。加热分解为甲醛和水并放出刺激性气味。溶于稀酸、稀碱溶液，微溶于冷水，不溶于乙醇、乙醚。mp 132～136℃；Fp 160℉（70℃）。一般试剂含量≥95.0%（T）。
注意事项 该品吸入或口服有害。对呼吸系统及皮肤有刺激性。对眼睛有严重损伤的危险。对机体有不可逆损伤的可能性。接触皮肤能引起过敏。使用时应穿适当的防护服、戴手套和防护镜或面罩。只能在通风良好处使用。万一接触到眼睛，应立即用大量水冲洗后请医生诊治。使用时如有事故发生或有不适之感，应请医生诊治。应密封保存。
主要用途 有机合成。熏蒸剂。消毒剂。制药工业。灭菌剂。

Paraldehyde 三聚乙醛 07671

[123-63-7] $C_6H_{12}O_3$ 132.16
成分 C 54.53%，H 9.15%，O 36.32%。
别名 三聚醋醛；仲醛；仲乙醛；Acetaldehyde trimer；Paracetaldehyde；Paral；2,4,6-Trimethyl-1,3,5-trioxane
GW 2015-1820 M. I. 15，7131
性状 无色液体，为三分子乙醛的聚合物。有特殊气味。能与乙醇、乙醚、氯仿、油类相混溶，溶于 8 份 25℃水、17 份沸水，与稀盐酸共热分解生成乙醛。mp 12℃；bp 约 124℃；Fp 63℉（17℃，开杯）；d_{25}^{25} 约 0.994；n_D^{20} 1.4049。LD_{50}大鼠急性经口：1.65g/kg。一般试剂含量≥97.0%（GC）。
注意事项 该品高度易燃。使用现场禁止吸烟。切勿排入下水道。应远离火种，采取抗放静电措施，于通风良好处密封保存。

主要用途 测定分子量用的溶剂。医用镇静剂。安眠剂。有机合成。

Paramethadione 甲乙双酮 07672

[115-67-3] $C_7H_{11}NO_3$ 157.17

成分 C 53.49%，H 7.05%，N 8.91%，O 30.54%。

别名 帕腊美萨酮；中的腊二酮；5-乙基-3,5-二甲基-2,4-噁唑二酮；3,5-二甲基-5-乙基噁唑-2,4-二酮；对甲双酮；5-Ethyl-3,5-dimethyl-2,4-oxazolidinedione；3,5-Dimethyl-5-ethyloxazolidine-2,4-dione；Paradione

M. I. 15，7132

性状 无色液体。有水果及酯香气味。易溶于乙醇、苯、氯仿、乙醚，微溶于水。d_4^{25} 1.1180～1.1240；n_D^{25} 1.449。

主要用途 医用抗惊厥剂。

Paraquat dichloride 二氯化百草枯 07673

[1910-42-5] $C_{12}H_{14}Cl_2N_2$ 257.16

成分 C 56.05%，H 5.49%，Cl 27.57%，N 10.89%。

别名 二氯化对草快；1.1-二甲基-4,4-二氯化联吡啶鎓；甲基紫精二氯化物；PP-148；Gramoxone；1.1′-Dimethyl-4,4′-bipyridinium dichloride；*N*,*N*′-dimethyl-γ,γ′-dipyridylium dichloride，Methyl viologen(2+)dichloride

M. I. 15，7135

性状 白色至黄色结晶或粉末。易溶于水，微溶于低级醇，不溶于烃类。能被碱水解。mp 300℃（分解）。LD_{50}大鼠急性经口：125mg/kg。

注意事项 该品吸入、口服或与皮肤接触极毒。对眼睛、呼吸系统及皮肤有刺激性。长期曝露对健康有严重损伤的危险。对眼睛有严重损伤危险。对水生物极毒，能对水环境引起不利的结果。使用时应穿适当的防护服，戴手套和防护镜或面罩。使用时应避免吸入本品的粉尘。接触皮肤后应用大量水冲洗。使用时如有事故发生或有不适之感，应请医生诊治，应防止将本品释放于环境中。应充氩气密封于2～8℃保存。

主要用途 除草剂。生物氧化-还原指示剂。分析用标准物质。

Pararosaniline 副品红 07674

[467-62-9] $C_{19}H_{19}N_3O$ 305.38

成分 C 74.73%，H 6.27%，N 13.76%，O 5.24%。

别名 付品红；付玫瑰苯胺；对品红；玫瑰苯胺；副玫瑰苯胺；副玫瑰红；副玫瑰苯胺；副蔷薇苯胺；Basic parafuchsin；Basic red 9；Magenta O；Parafuchsin；Paramagenta；Pararosaniline

C. I. 42500

性状 无色至微红色小叶状结晶。溶于乙醇、乙醚，不溶于水。

注意事项 该品对机体有不可逆损伤的可能性。使用时应穿适当的防护服和戴手套。使用时应避免吸入本品的粉尘，避免与眼睛及皮肤接触。

主要用途 生物染色剂。

Pararosaniline acetate 副品红 乙酸盐 07675

[6035-94-5] $C_{21}H_{21}N_3O_2$ 347.42

成分 C 72.60%，H 6.09%，N 12.09%，O 9.21%。

别名 乙酸付品红；乙酸副玫瑰苯胺；乙酸副品红；乙酸副蔷薇苯胺；三氨基三苯甲烷 乙酸盐；付品红 乙酸盐；醋酸副蔷薇苯胺；副玫瑰苯胺 乙酸盐；副蔷薇苯胺 乙酸盐；Parafuchsin acetate；Triaminotriphenylmethane acetate

C. I. 42500

性状 红色有光泽的结晶。微溶于冷水，呈红色。溶于热水、乙醇，呈深红色。mp 203℃（分解）；λ_{max} 545nm。一般试剂干燥含量≥90.0%。

注意事项 该品能致癌。使用时应穿适当的防护服。应避免吸入本品的粉尘。

主要用途 生物染色剂。指示剂。

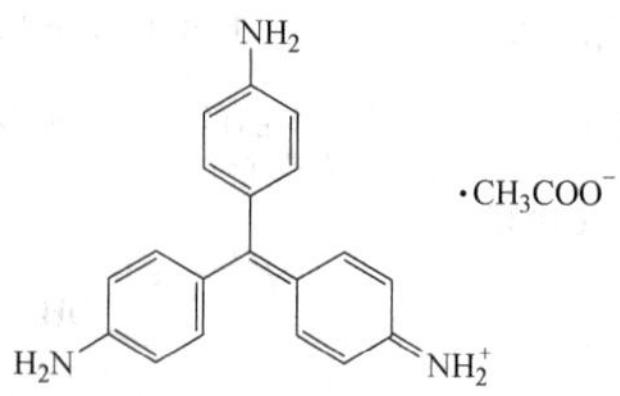

Pararosaniline hydrochloride 副品红 盐酸盐 07676

[569-61-9] $C_{19}H_{18}ClN_3$ 323.82

成分 C 70.47%，H 5.60%，Cl 10.95%，N 12.98%。

别名 三氨基三苯甲烷 盐酸盐；付品红 盐酸盐；盐酸副品红；盐酸付品红；盐酸副玫瑰苯胺；副玫瑰苯胺 盐酸盐；副蔷薇苯胺 盐酸盐；Basic rubin；Magenta O hydrochloride；Parafuchsin hydrochloride；Triaminotriphenylmethane chloride；Paramagenta hydrochloride of triaminotriphenyl carbinol anhydride

C. I. 42500

性状 具有绿色光泽的棕红色结晶或棕红色粉末。易溶于醇，溶于热水，不溶于乙醚。

注意事项 该品能致癌。使用前应得到专门的指导，避免曝露。使用时如有事故发生或有不适之感，应请医生诊治。

主要用途 生物染色剂。指示剂。

Parasorbic acid 类山梨酸 07677

[10048-32-5] $C_6H_8O_2$ 112.13

成分 C 64.27%，H 7.19%，O 28.54%。

别名 仲山梨酸；类花楸酸；*S*-羟基-2-己烯酸内酯；(6*S*)-5,6-Dihydro-6-methyl-2*H*-pyran-2-one；5-Hydroxy-2-hexenoic acid lactone；δ-$\Delta^{\alpha,\beta}$-Hexenolactone；2-Hexen-5,1-olide；Sorbic oil

M. I. 15，7136

性状 无色油状液体。有甜味及芳香气味。易溶于乙醇、乙酸，溶于水。其水溶液呈中性。长期保存可转变为酸性。bp_{22} 119～123℃/2.933kPa；bp_{14} 104～105℃/1.867kPa；d_4^{18} 1.079；d_D^{25} 1.4682；$[\alpha]_D^{18}$ +49.3°；$[\alpha]_D^{19}$ +210°（*c*=2，于乙醇中）。LD_{50}小鼠腹膜内注射：(420±6.3) mg/kg；静脉注射：(195±13.6) mg/kg。

Parathion 对硫磷 07678

[56-38-2] $C_{10}H_{14}NO_5PS$ 291.26

成分 C 41.24%，H 4.85%，N 4.81%，O 27.47%，P 10.63%，S 11.01%。

别名 一六〇五；乙基对硫磷；*O*,*O*-二乙基-*O*-(对硝基苯基)硫逐磷酸酯；AC-3422；Alkron；Alleron；Aphamite；Diethyl *p*-nitrophenyl monothiophosphate；*O*,*O*-Diethyl *O*-(*p*-nitrophenyl) phosphorothionate；DNTP；E-605；ENT-15108；Etilon；Folidol；Fosferno；Fostox E；Niran；Paraphos；

Phosphorothioic acid *O*,*O*-diethyl *O*-(4-nitrophenyl) ester; Rhodiatox; SNP; Thiophos

GW 2015-662　M. I. 15, 7134

性状　浅黄色油状液体。有蒜臭。易溶于醇类、醚类、酯类、酮类及芳香烃类。几乎不溶于水（20×10^{-6}）、石油醚及煤油。在空气中慢慢分解。mp 6℃；bp_{760} 375℃/101.32kPa；$bp_{0.6}$ 157～162℃/Pa；d_4^{25} 1.26；n_D^{25} 1.5370。LD_{50}雌，雄大鼠急性经口（mg/kg）：3.6，13；皮肤接触（mg/kg）：6.8，21。

注意事项　该品吸入或口服极毒。与皮肤接触有毒。对水生物极毒。能对水环境引起长期不良的影响。使用时应穿适当的防护服和戴手套，接触皮肤后应用大量水冲洗。使用时如有事故发生或有不适之感，应立即请医生诊治。应防止将本品释放于环境中。其包装物应按危险品处理。应密封于2～8℃或阴凉处保存。

主要用途　农药残留量分析标准物。

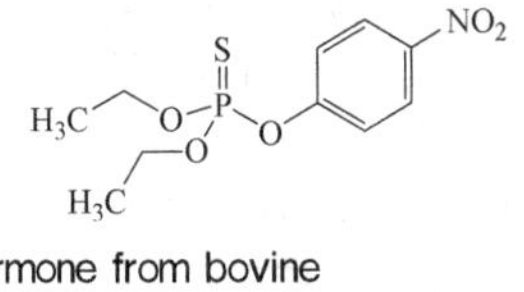

Parathyroid hormone from bovine
甲状旁腺激素（牛）　07679

［12584-96-2］［9002-64-6］　$C_{416}H_{677}N_{125}O_{126}S_2$　9509.80

成分　C 52.54%，H 7.18%，N 18.41%，O 21.20%，S 0.67%。

别名　Parathormone; PTH

M. I. 15, 7138

性状　无色结晶。

注意事项　使用时应避免吸入本品的粉尘，避免与眼睛及皮肤接触。应密封于－20℃干燥保存。

主要用途　生化研究。血钙调节剂。

Parbendazole　帕苯达唑　07680

［14255-87-9］　$C_{13}H_{17}N_3O_2$　247.30

成分　C 63.14%，H 6.93%，N 16.99%，O 12.94%。

别名　丁苯咪唑；5-丁基-2-苯并咪唑氨基甲酸甲酯；*N*-(6-Butyl-1*H*-benzimidazol-2-yl)carbamic acid methyl ester; Methyl 5-butyl-2-benzimidazolecarbamate; 5-Butyl-2-(carbomethoxyamino)benzimidazole; SKF-29044; Helmatac; Verminum; Worm Guard

M. I. 15, 7139

性状　来自乙醇水溶液中的无色结晶。几乎不溶于水，mp 225～227℃（分解）；uv max（95%乙醇/1mol/L盐酸中）：282nm，288nm（ε 16200，20000）。LD_{50}小鼠，大鼠急性经口：>4g/kg。

主要用途　兽用驱虫剂。

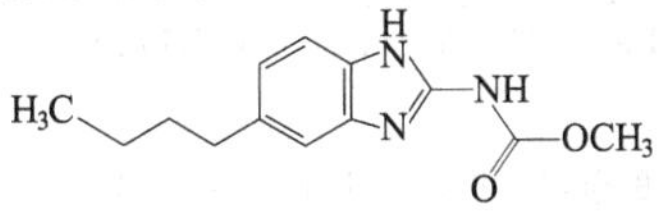

Pargyline　优降宁　07681

［555-57-7］　$C_{11}H_{13}N$　159.23

成分　C 82.97%，H 8.23%，N 8.80%。

别名　*N*-甲基-*N*-炔丙基苄胺；*N*-甲基-*N*-（2-炔丙基）苄胺；巴吉林；*N*-Methyl-*N*-propargylbenzylamine; *N*-Methyl-*N*-2-propynylbenzenemethanamie; *N*-Benzyl-*N*-methyl-2-propynylamine; MO-911; A-19120; Eudatin; *N*-Methyl-*N*-(2-propynyl)benzylamine; Supirdyl

M. I. 15, 7142

性状　无色液体。bp_{11} 96～97℃/1.467kPa；bp_4 86～88℃/533.288Pa；Fp 183℉（83℃）；*d* 0.994；n_D^{20} 1.5220。生化试剂含量≥97.0%。

注意事项　该品口服有害。使用时应避免吸入本品的蒸气，避免与眼睛及皮肤接触。应充氩气密封保存。

主要用途　医用抗高血压剂。

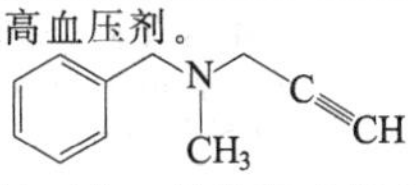

Pargyline hydrochloride　优降宁 盐酸盐　07682

［306-07-0］　$C_{11}H_{14}ClN$　195.69

成分　C 67.52%，H 7.21%，Cl 18.12%，N 7.16%。

别名　盐酸优降宁；盐酸巴吉林；巴吉林盐酸盐；Eutonyl; *N*-Methyl-*N*-propylbenzene; Methanamine hydrochloride; *N*-Methyl-*N*-(2-propyl)benzylamine hydrochloride; Supirdyl HCl; *N*-Benzyl-*N*-methyl-2-propynylamine hydrochloride; *N*-Methyl-*N*-propargylbenzylamine hydrochloride; MO-911 HCl; A 19120 HCl; Eudatin HCl

M. I. 15, 7142

性状　来自乙醇＋乙醚中的无色结晶。易溶于水，其溶液不稳定。mp 154～155℃。生化试剂含量≥99.0%（NT）。

注意事项　该品口服有害。使用时应避免吸入本品的粉尘，避免与眼睛及皮肤接触。应充氩气密封于－20℃保存。

主要用途　医用抗高血压剂。

Paromomycin sulfate　巴龙霉素 硫酸盐　07683

［1263-89-4］　$C_{23}H_{47}N_5O_{18}S$　713.71

成分　C 38.71%，H 6.64%，N 9.81%，O 40.35%，S 4.49%。

别名　硫酸巴龙霉素；1600 Antibiotic; FI-5853; Aminoxidin; Aminosidine; Farmiglucin; Farminosidin; Gabbromicina; Gabbromycin; Gabbroral; Humagel; Humatin; Pargonyl; Paramicina; Paricina; Sinosid; *O*-2-Amino-2-deoxy-α-D-glucopyranosyl-(1→4)-*O*-[*O*-2,6-diamino-2,6-dideoxy-β-L-idopyranosyl-(1→3)-β-D-ribofuranosyl-(1→5)]-2-deoxy-D-streptamine; *O*-2,6-diamino-2,6-dideoxy-β-L-idopyranosyl-(1→3)-*O*-β-D-ribofuranosyl-(1→5)-*O*-[2-amino-2-deoxy-α-D-glucopyranosyl-(1→4)]-2-deoxystreptamine sulfate; Paromomycin I sulfate; Amminosidin sulfate; Catenulin sulfate; Crestomycin sulfate; Estomycin sulfate; Hydroxymycin sulfate; Monomycin A sulfate; Neomycin E sulfate; Paucimycin sulfate; R-400 sulfate

M. I. 15, 7146

性状　无色结晶或白色至微黄色粉末。易潮解。易溶于水，不溶于氯仿、乙醚。$[\alpha]_D^{25}$ +50.5°（*c*=1.5，于pH值6的水中）。LD_{50}小鼠急性经口：约15g/kg；皮下注射：700mg/kg；静脉注射：110mg/kg。生化试剂含量≥98.0%（TGC）。

注意事项　该品能危害胎儿。对眼睛、呼吸系统及皮肤有刺激性。使用前应得到专门的指导，避免曝露。使用时应穿适当的防护服。万一接触到眼睛，应立即用大量水冲洗后请医生诊治。使用时如有事故发生或有不适之感，应请医生诊治。

主要用途　生化研究。医用抗菌剂，抗阿米巴剂。

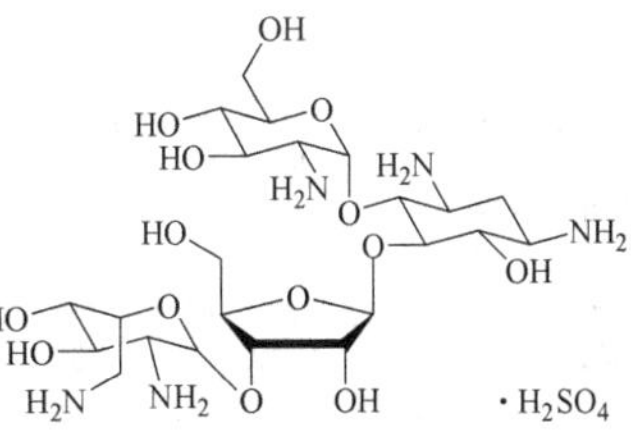

Paroxypropione　对羟基苯丙酮　07684

［70-70-2］　$C_9H_{10}O_2$　150.18

成分　C 71.98%，H 6.71%，O 21.31%。

别名　对丙酰基苯酚；1-(4-Hydroxyphenyl)-1-propanone; 4′-Hydroxypropiophenone; *p*-Hydroxypropiophenone; Paraoxypropiophenone; *p*-Propionylphenol; Ethyl *p*-hydroxyphenyl ketone; P. O. P; B-360; H-365; Profenone; Frenantol; Frenohypon; Paroxon; Possipione; Hypostat

M. I. 15, 7149

性状　来自水中的无色针状或棱柱体结晶。1份该品溶于2896份15℃水、30份100℃水。易溶于乙醇、乙醚。mp 149℃。

主要用途　医用脑垂体激素抑制剂。

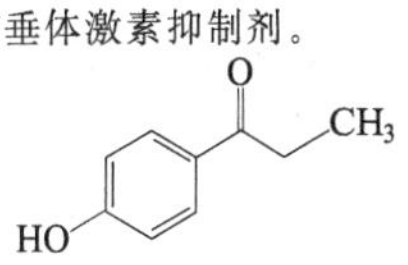

Parthenolide 小白菊内酯 07685

[20554-84-1] $C_{15}H_{20}O_3$ 248.32

成分 C 72.55%，H 8.12%，O 19.33%。

别名 银胶菊内酯；欧苷菊；(1a*R*,4*E*,7a*S*,10a*S*,10b*S*)-2,3,6,7,7a,8,10a,10b-Octahydro-la,5-dimethyl-8-methyleneoxireno[9,10]cyclodeca[1,2-*b*]furan-9(1a*H*)-one；4,5α-Epoxy-6β-hydroxy-germacra-1(10),11(13)-dien-12-oic acid γ-lactone

M.I.15，7152

性状 无色片状结晶。mp 115～116℃；$[\alpha]_D^{22}-81.4°$ (c=1.04，于氯仿中)，$[\alpha]_D^{22}-71.4℃$ (c=0.220，于二氯甲烷中)；uv max：214nm (lg ε 4.22)。生化试剂含量≥90.0%。

注意事项 使用时应避免吸入本品的粉尘，避免与眼睛及皮肤接触。应密封于2～8℃保存。

主要用途 生化研究。

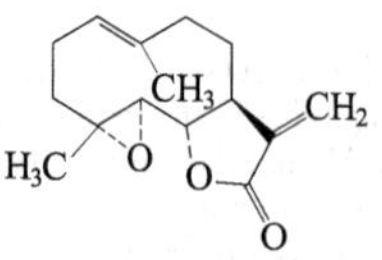

Parvaquone 帕伐醌 07686

[4042-30-2] $C_{16}H_{16}O_3$ 256.30

成分 C 74.98%，H 6.29%，O 18.73%。

别名 2-Cyclohexyl-3-hydroxy-1,4-naphthalenedione；2-Cyclohexyl-3-hydroxy-1,4-naphthoquinone；2-Hydroxy-3-cyclohexyl-1,4-naphthoquinone；BW-993C；Clexon

M.I.15，7154

性状 亮黄色针状结晶。mp 135～136℃。

主要用途 兽用抗原生动物剂。

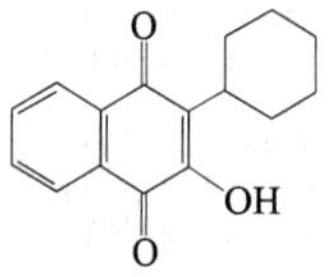

Patchouli alcohol 绿叶醇 07687

[5986-55-0] $C_{15}H_{26}O$ 222.37

成分 C 81.02%，H 11.79%，O 7.19%。

别名 广藿香醇；[1*R*-(1α,4β,4aα,6β,8aα)]-Octahydro-4,8a-9,9-tetramethyl-1,6-methanonaphthalen-1(2*H*)-ol；Patchouli camp hor；(1*R*,3*R*,6*S*)-2,2,6,8-Tetramethyltricyclo[5.3.1.$O^{3,8}$]undec-3-ol

M.I.15，7157

性状 来自石油醚中的无色结晶。溶于乙醇、乙醚及通常的有机溶剂，几乎不溶于水。mp 56℃。bp_8 140℃/1.067kPa；Fp 213.8℉ (101℃)；d_4^{20} 1.0284；n_D^{65} 1.5029；$[\alpha]_D^{20}-97.4°$ (c=24，于氯仿中)。

注意事项 使用时应避免吸入本品的粉尘，避免与眼睛及皮肤接触。

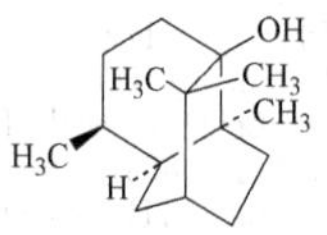

Patent blue A 专利蓝A 07688

[3486-30-4] $C_{37}H_{35}N_2NaO_6S_2$ 690.82

成分 C 64.33%，H 5.11%，N 4.06%，Na 3.33%，O 13.90%，S 9.28%。

别名 子种绿A；α-天青精A；酸性湖蓝A；α-绿A；酸性蓝7；Alphazurine A；Disulphine bule A；Acid bule 7

C.I. 42080

性状 结晶。mp 290℃ (分解)；λ_{max} 637 (409) nm。一般试剂干燥含量约60.0%。

主要用途 生物染色剂。

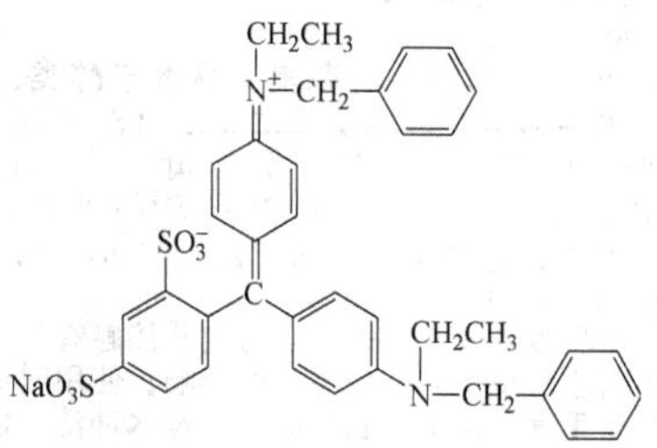

Patent blue V calcium salt 专利蓝五号钙盐 07689

[3536-49-0] $C_{54}H_{62}CaN_4O_{14}S_4$ 1159.43

成分 C 55.94%，H 5.39%，Ca 3.46%，N 4.83%，O 19.32%，S 11.06%。

别名 专利蓝Ⅴ；五号专利蓝钙盐；酸性湖蓝Ⅴ钙盐；Acid blue Ⅴ；Disulfine blue；Disulphine blue Ⅴ-Ca；Patent blue ⅤF；Pontacyl brilliant blue Ⅴ-Ca

C.I. 42051

性状 红铜色粉末。溶于水，溶液呈蓝色，微溶于乙醇。pH值0.8～3.0 (由黄至蓝色)。

注意事项 使用时应避免吸入本品的粉尘，避免与眼睛及皮肤接触。应密封保存。

主要用途 酸碱指示剂。氧化还原指示剂。螺旋体及活体染色。

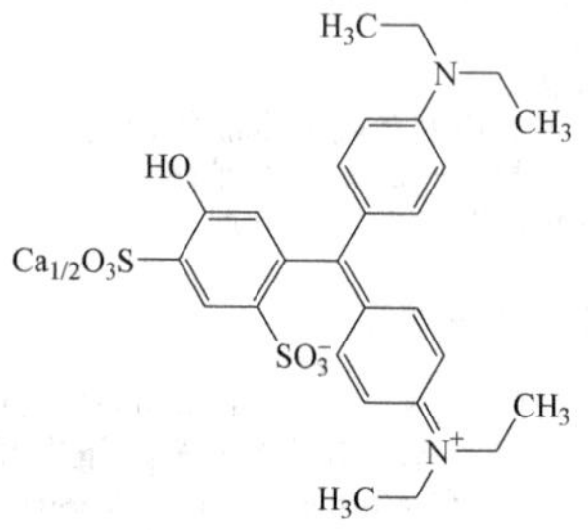

Patent bule V sodium salt 专利蓝五号钠盐 07690

[20262-76-4] $C_{27}H_{31}N_2NaO_6S_2$ 566.66

成分 C 57.23%，H 5.51%，N 4.94%，Na 4.06%，O 16.94%，S 11.32%。

别名 子种绿2G；五号专利蓝钠盐；羊毛罂粟蓝2G；酸性蓝2G；酸性蓝3钠盐；酸性蓝Ⅴ钠盐；Acid blue 3 sodium salt；Acid blue Ⅴ sodium salt；Alphazurine 2G；Disulphine blue Ⅴ-Na；Patent bule ⅤF；Pontacyl brilliant blue Ⅴ-Na

C.I. 42045

性状 暗红色粉末。极易溶于水。pH值0.8～3.0 (由黄至蓝色)。

注意事项 使用时应避免吸入本品的粉尘，避免与眼睛及皮肤接触。应密封于干燥处保存。

主要用途 酸碱指示剂。

Patulin 展开青霉素 07691

[149-29-1] $C_7H_6O_4$ 154.12

成分 C 54.55%，H 3.92%，O 41.52%。

别名 开放青霉素；棒曲霉素；派士林；4-Hydroxy-4*H*-furo[3,2-*c*]pyran-2(6*H*)-one；Clavacin；Clavatin；Claviformin；Expansine；Mycoin C_3；Penicidin

M.I.15，7158

性状 来自乙醚或氯仿中的紧密棱柱体或不透明的片状结晶。易溶于乙酸乙酯、乙酸戊酯，溶于水及除石油醚外的多数有机溶剂。于碱中不稳定，并失去生物活性。mp 111℃。$[\alpha]_D^{21}-6.2°$ (于氯仿中)；uv max：276.5nm。LD_{50}小鼠皮下注射：10～15mg/kg。生化试剂含量≥98.0% (TLC)。

注意事项 该品口服有毒。对皮肤有刺激性。使用时如有事故发生或有不适之感，应请医生诊治。应密封于－20℃

保存。
主要用途 生化研究。

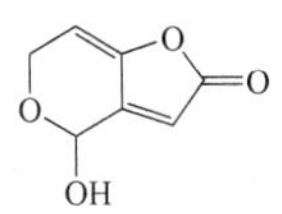

Pazufloxacin 帕珠沙星 07692

[127045-41-4] $C_{16}H_{15}FN_2O_4$ 318.30

成分 C 60.38%，H 4.75%，F 5.97%，N 8.80%，O 20.11%。

别名 (3*S*)-10-(1-Aminocyclopropyl)-9-fluoro-2,3-dihydro-3-methyl-7-oxo-7*H*-pyrido-[1, 2, 3-*de*]-1, 4-benzoxazine-6-carboxylic acid; T-3761

M. I. 15, 7161

性状 无色结晶。mp 269～271.5℃；$[\alpha]_D^{25}$ −88.0°（*c* = 0.5，于 0.05mol/L 氢氧化钠水溶液中）。LD_{50} 雄小鼠静脉注射：>500mg/kg。

主要用途 医用抗菌剂。

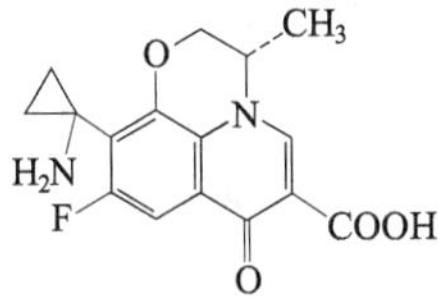

Pebulate 克草锰 07693

[1114-71-2] $C_{10}H_{21}NOS$ 203.34

成分 C 59.07%，H 10.41%，N 6.89%，O 7.87%，S 15.77%。

别名 丁乙硫代氨甲酸丙酯；丁基乙基硫代氨基甲酸 *S*-丙酯；Butylethylcarbamothioic acid *S*-propyl ester; *S*-Propyl butylethylthiocarbamate; Propyl ethyl-*n*-butylthiolcarbamate; PEBC; Stauffer 2061; Tillam

M. I. 15, 7167

性状 无色液体。能与丙酮、苯、异丙醇、甲醇、二甲苯相混溶，微溶于水。bp_{20} 142℃/2.666kPa；d_4^{30} 0.9458；n_D^{30} 1.4752。LD_{50} 大鼠急性经口：1.12g/kg。

注意事项 该品口服有害。对水生物有毒。能对水环境引起长期不良的结果。使用时应避免吸入本品的蒸气、飞沫。应防止将本品释放于环境中。

主要用途 有选择性的除草剂。分析用标准物质。

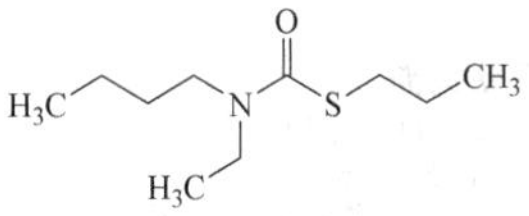

Pecilocin 变曲霉素 07694

[19504-77-9] $C_{17}H_{25}NO_3$ 291.39

成分 C 70.07%，H 8.65%，N 4.81%，O 16.47%。

别名 宛氏菌素；1-[(2*E*,4*E*,6*E*,8*R*)-8-Hydroxy-6-methyl-1-oxo-2,4,6-dodecatrienyl]-2-pyrrolidinone; Supral; Variotin

M. I. 15, 7168

性状 中性油状液体。有酯的气味。易溶于甲醇、乙醇、丙酮、乙酸乙酯、苯、乙醚、氯仿、吡啶、二氧六环、乙酸，微溶于水、石油醚。在碱存在条件下不稳定。$[\alpha]_D^{28}$ −5.68°（于甲醇中）；uv max（于甲醇中）：318nm，324nm（$E_{1cm}^{1\%}$ 1198）。

主要用途 医用抗真菌剂。

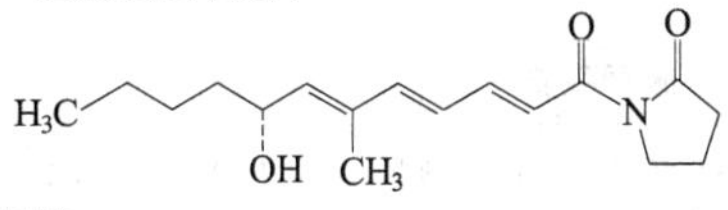

Pectin 果胶 07695

[9000-69-5]

别名 黏液质；黏胶质；果胶；Poly-D-galacturonic acid methyl ester

M. I. 15, 7169 Mr 约 30000～100000

性状 无色或浅黄色无味的非晶形粗的或细的粉末。溶于水，溶液呈酸性。在水中扩散时，成为带负电荷的亲水性微粒，性黏稠。加糖、酸则成为凝胶化的半固形胶冻。生化试剂含量（半乳糖醛胶）≥76.0%。

注意事项 该品应密封于 2～8℃保存。

主要用途 生化研究。

Pectinase from aspergillus niger
果胶酶（黑曲霉） 07696

[9032-75-1]

别名 黏胶质酶；Macerozyme R-200; Pectolase; Polygalacturonase; Poly-α-1,4-galacturonide glycanohydrolase; Y23

E. C 3.2.1.15

性状 灰黄色粉末。易吸潮。呈微碱性。存在于多数植物细胞中，如胡萝卜、甜芽根的细胞液、果实中均含有。生化试剂含量>1U/mg。

注意事项 该品吸入能引起过敏。使用时应避免吸入本品的粉尘，避免与眼睛及皮肤接触。应充氩气密封于 2～8℃干燥保存。

主要用途 生化研究。

Pederin 呷毒素 07697

[27973-72-4] $C_{25}H_{45}NO_9$ 503.63

成分 C 59.62%，H 9.01%，N 2.78%，O 28.59%。

别名 (1*S*)-2,6-Anhydro-3,5,7-trideoxy-1-*C*-[(2*S*)-hydroxy[(2*R*,5*R*,6*R*)-tetrahydro-2-methoxy-5,6-dimethyl-4-methylene-2*H*-pyran-2-yl]acetyl]amino-5,5-dimethyl-1,8,9-tri-*O*-methyl-D-*manno*-nonitol; *N*-[[6-(2,3-Dimethoxypropyl) tetrahydro-4-hydroxy-5,5-dimethyl-2*H*-pyran-2-yl]methoxymethyl]tetrahydro-2-methoxy-5,6-dimethyl-4-methylene-2*H*-pyran-2-glycolamide; Pederine; Paederine

M. I. 15, 7171

性状 来自己烷、苯+己烷、乙醚+己烷中的无色结晶。溶于甲醇、乙醇、二硫化碳、氯仿、四氯化碳、苯及酸类，微溶于水、己烷，几乎不溶于石油醚、氨水、氢氧化钠溶液。mp 112～112.5℃。

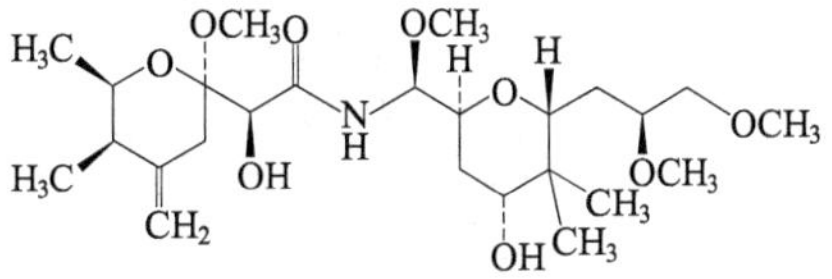

Pefloxacin 哌氟喹酸 07698

[70458-92-3] $C_{17}H_{20}FN_3O_3$ 333.36

成分 C 61.25%，H 6.05%，F 5.70%，N 12.61%，O 14.40%。

别名 1-Ethyl-6-fluoro-1,4-dihydro-7-(4-methyl)-1-piperazinyl-4-oxo-3-quinolinecarboxylic acid; Pefloxacine; EU-5306; 1589RB; AM-725

M. I. 15, 7172

性状 来自二甲基甲酰胺中的无色结晶。溶于碱及酸溶液，微溶于水。mp 270～272℃（分解）。LD_{50} 小鼠静脉注射：225mg/kg，急性经口：1000mg/kg；大鼠腹膜内注射：1.5g/kg，急性经口：2.5g/kg。

主要用途 医用抗菌剂。

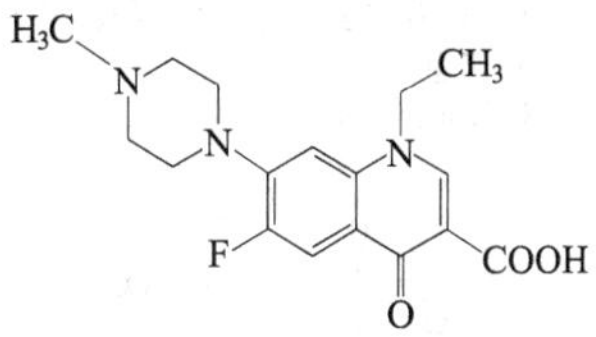

Pefurazoate 稻瘟酯 07699

[101903-30-4] $C_{18}H_{23}N_3O_4$ 345.40

成分 C 62.59%，H 6.71%，N 12.17%，O 18.53%。

别名 2-[(2-Furanylmethyl)(1*H*-imidazol-1-ylcarbonyl)amino] butanoic acid 4-pentenyl ester; Pent-4-enyl-*N*-furfuryl-*N*-imidazol-1-ylcarbonyl-DL-homoalaninate; UR-0003; UHF-8615; Healhied

M. I. 15, 7173

性状 浅棕色液体。该品于下列物质中的溶解度（25℃，g/L）：水 0.443；正己烷 12.0；环己烷 36.9；二甲基亚砜＞1000；乙醇＞1000；丙酮＞1000；乙腈＞1000；氯仿＞1000；乙酸乙酯＞1000；甲苯＞1000。lg 分配系数（辛醇/水）：3.00。235℃分解；d_4^{20} 1.152；$n_D^{24.4}$ 1.5140。蒸气压（23℃）：6.48×10^{-4}Pa。LD_{50} 雄，雌大鼠；雄，雌小鼠急性经口（mg/kg）：981，1051；1299，946。大鼠皮肤接触：＞2000mg/kg。LC_{50} 大鼠吸入：＞3450mg/m^3。LC_{50}（48h）鲤鱼，虹鳟鱼，翻车鱼：16.9，4.0，12.0×10^{-6}。

主要用途 杀菌剂。

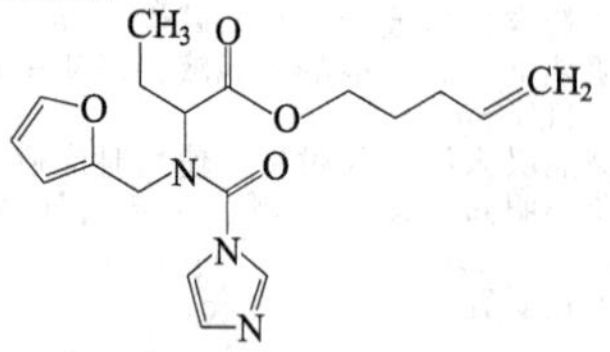

Pelargonidin 天竺葵苷元 07700

[134-04-3] $C_{15}H_{11}ClO_5$ 306.70

成分 C 58.74%，H 3.62%，Cl 11.56%，O 26.08%。

别名 天竺葵色素；花葵素；氯化天竺葵苷元；3,5,7-Trihydroxy-2-(4-hydroxyphenyl)-1-benzopyrylium chloride；3,4′,5,7-Tetrahydroxyflavylium chloride；3,4′,5,7-Tetrahydroxy-2-phenylbenzopyrylium chloride

M. I. 15，7180

性状 来自 2%盐酸或盐酸乙醇中的浅红棕色棱柱体结晶。溶于乙醇、甲醇，中等程度溶于水，微溶于氯仿。350℃不熔化；最大吸收值（乙醇＋0.01%盐酸中）：530nm（ε 32000）。

注意事项 使用时应避免吸入本品的粉尘，避免与眼睛及皮肤接触。应密封于 2～8℃保存。

主要用途 生化研究。

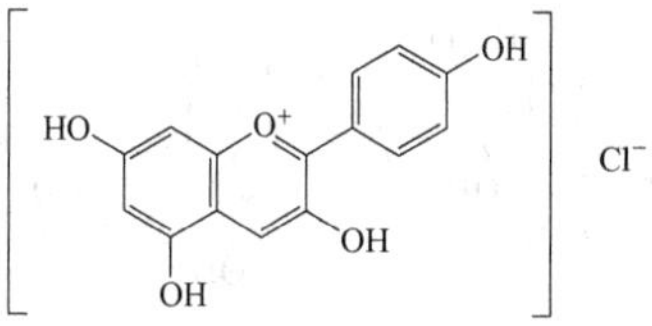

α-Peltatin α-足叶草脂素 07701

[568-53-6] $C_{21}H_{20}O_8$ 400.38

成分 C 63.00%，H 5.04%，O 31.97%。

别名 α-盾叶鬼臼素；(5*R*,5a*R*.8a*R*)-5,8,8a,-9-Tetrahydro-10-hydroxy-5-(4-hydroxy-3,5-dimethoxyphenyl) furo[3′,4′;6,7] naphtho[2,3-*d*]-1,3-dioxol-6(5a*H*)-one；8-Hydroxy-2-hydroxymethyl-6,7-methylenedioxy-4-(4′-hydroxy-3′,5′-dimethoxyphenyl)-1,2,3,4-tetrahydronaphthalene-3-carboxylic acid lactone

M. I. 15，7184

性状 来自无水醇中的三棱形小叶结晶。易溶于氯仿、热乙醇、乙酸、丙酮、稀苛性碱，较少地溶于苯、乙醚、四氯化碳、丙二醇，微溶于水（20℃，约 30mg/L），几乎不溶于石油醚。236℃开始结块，242～246℃分解。$[\alpha]_D^{20}$ －124.8°(*c*＝0.5,于氯仿中)。

注意事项 该品对皮肤有刺激性。

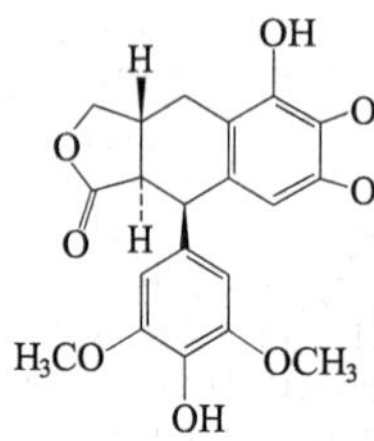

β-Peltatin β-足叶草脂素 07702

[518-29-6] $C_{22}H_{22}O_8$ 414.41

成分 C 63.76%，H 5.35%，O 30.89%。

别名 (5*R*,5a*R*,8a*R*)-5,8,8a,9-Tetrahydro-10-hydroxy-5-(3,4,5-trimethoxyphenyl) furo[3′,4′;6,7] naphtho[2,3-*d*]-1,3-dioxol-6(5a*H*)-one；8-Hydroxy-2-hydroxymethyl-6,7-methylenedioxy-4-(3′,4′,5′-trimethoxyphenyl)-1,2,3,4-tetrahydronaphthalene-3-carboxylic acid lactone；β-Peltatin A

M. I. 15，7185

性状 来自无水乙醇中的无色棱柱体结晶。易溶于氯仿、热乙醇、乙酸、丙酮、烯苛性碱，较少地溶于苯、乙醚、四氯化碳、丙二醇，微溶于水（23℃，13mg/L），几乎不溶于石油醚。234℃开始结块，238～214℃分解。$[\alpha]_D^{20}$ －122.9°（*c*＝0.578，于氯仿中）。

注意事项 该品对皮肤有刺激性。

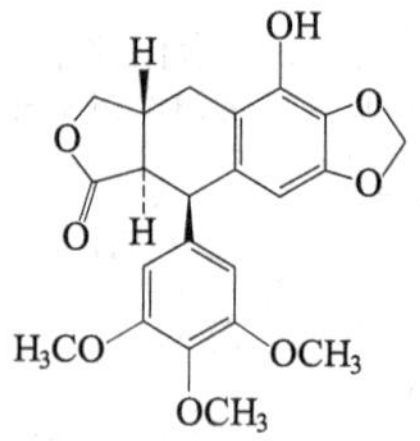

Pemetrexed 培美曲塞 07703

[137281-23-3] $C_{20}H_{21}N_5O_6$ 427.42

成分 C 56.20%，H 4.95%，N 16.39%，O 22.46%。

别名 *N*-[4-[2-(2-Amino-4,7-dihydro-4-oxo-1*H* pyrrolo[2,3-*d*]pyrimidin-5-yl)ethyl]benzoyl]-L-glutamic acid

M. I. 15，7186

性状 来自 50%甲醇/二氯甲烷中的无色结晶。或白色至淡黄色、绿黄色冻干固体。

主要用途 医用抗肿瘤剂。

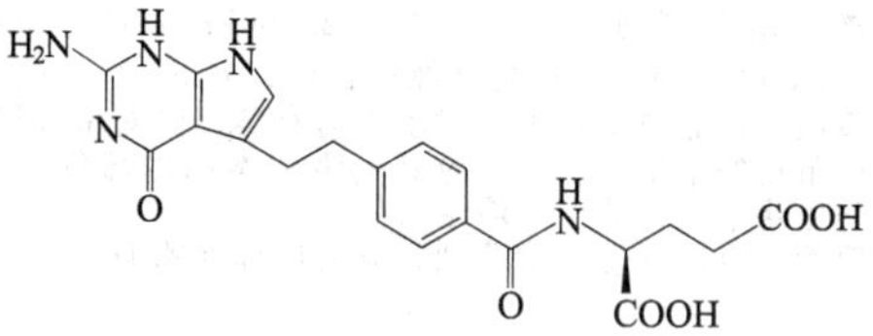

Pemirolast 哌罗来斯 07704

[69372-19-6] $C_{10}H_8N_6O$ 228.22

成分 C 52.63%，H 3.52%，N 36.82%，O 7.01%。

别名 哌米拉特；吡嘧司特；9-甲基-3-(1*H*-四唑-5-基)-4*H*-吡啶并[1,2,*a*]嘧啶-4-酮；9-Methyl-3-(1*H*-tetrazol-5-yl)-4*H*-pyrido[1,2-*a*]pyrimidin-4-one

M. I. 15，7187

性状 来自二甲基甲酰胺中的无色结晶。mp 310～311℃（分解）。

主要用途 医用抗过敏剂。

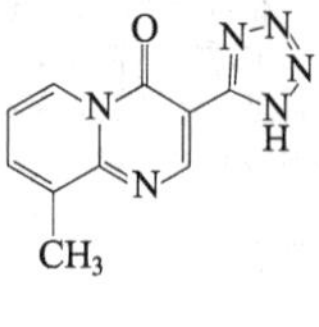

Pemoline 苯异妥英 07705

[2152-34-3] $C_9H_8N_2O_2$ 176.18

成分 C 61.36%，H 4.58%，N 15.90%，O 18.16%。

别名 2-Amino-5-phenyl-4(5*H*)-oxazolone；Phenoxazole；Phenylisohydantoin；Phenylpseudohydantoin；Azoxodone；PIO；LA-956；RH-1；Cylert；Tradon

M. I. 15，7188

性状 无色结晶。溶于丙二醇（1%）、热乙醇，几乎不溶于水、乙醚、丙酮、稀盐酸。mp 256～257℃（分解）。LD_{50} 大鼠急性经口：500mg/kg。

主要用途 医用中枢神经系统兴奋剂。

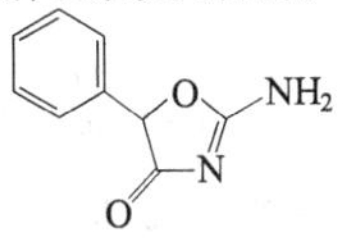

Pemp idine tartrate 潘必啶 酒石酸盐 07706

[546-48-5] $C_{14}H_{27}NO_6$ 305.37

成分 C 55.07%，H 8.91%，N 4.59%，O 31.44%。

别名 1,2,2,6,6-五甲基哌啶，酒石酸盐；酒石酸 1,2,2,6,6-五甲基哌啶；酒石酸潘必啶；1,2,2,6,6-Pentamethylpiperiaine;d-tartate;M & B 4486;Pemp idil;Pemp iten;Pirilene;Perolysen;Pmp ;Tenormal;Tensinol Tensoral

M. I. 15，7189

性状 无色结晶性粉末。溶于乙醇，中等程度溶于水。mp 160℃。生化试剂含量≥98.0%（TLC）。

注意事项 该品口服有害。应密封避光保存。

主要用途 医用于抗高血压剂。分析用标准物质。

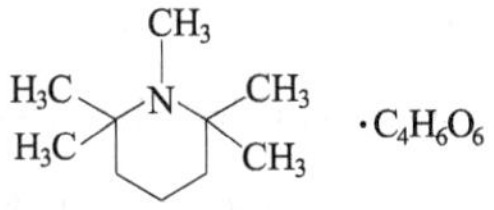

$\cdot C_4H_6O_6$

Penamecillin 培那西林 07707

[983-85-7] $C_{19}H_{22}N_2O_6S$ 406.45

成分 C 56.15%，H 5.46%，N 6.89%，O 23.62%，S 7.89%。

别名 青霉素 G 乙酰氧甲酯；青霉素 G 双酯；醋甲西林；(2*S*,5*R*,6*R*)-3,3-Dimethyl-7-oxo-6-(phenylacetyl) amino-4-thia-1-azabicyclo [3.2.0] heptane-2-carboxylic acid (acetyloxy) methyl ester; Penicillin G hydroxymethyl ester acetate; Acetoxymethyl benzylpenicillinate; Benzylpenicilin acetoxymethyl ester; Wy-20788; Havapen; Maripen

M. I. 15，7190

性状 来自异丙醇＋乙醇中的无色结晶。不被胃酸钝化。mp 106～108℃；$[\alpha]_D^{20}+154°$。

主要用途 医用抗菌剂。

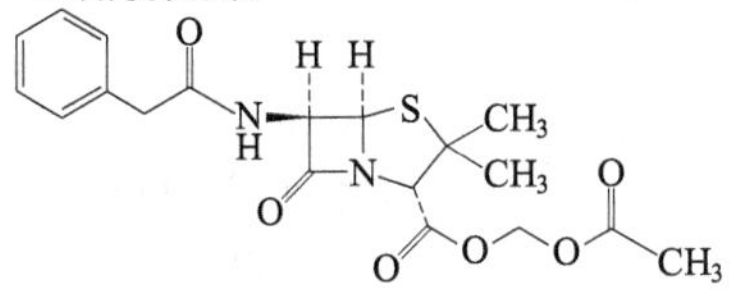

Penbutolol 环戊丁心安 07708

[38363-40-5] $C_{18}H_{29}NO_2$ 291.44

成分 C 74.18%，H 10.03%，N 4.81%，O 10.98%。

别名 喷不特罗；(2*S*)-1-(2-Cyclopentylphenoxy)-3-(1,1-dimethylethyl) amino-2-propanol; (*S*)-1-*tert*-Butylamino-3-(*o*-cyclopentylphenoxy)-2-propanol; (−)-1-*tert* Butylamino-2-hydroxy-3-(2′-cyclopentylphenoxy) propane

M. I. 15，7191

性状 无色结晶。溶于甲醇、乙醇、氯仿。pK_a 9.3（1.5mmol/L 于 25%乙醇中）。mp 68～72℃；$[\alpha]_D^{20}$ −11.5°（c=1，于甲醇中）。

主要用途 医用抗高血压剂，抗心绞痛剂，抗心律失常剂。

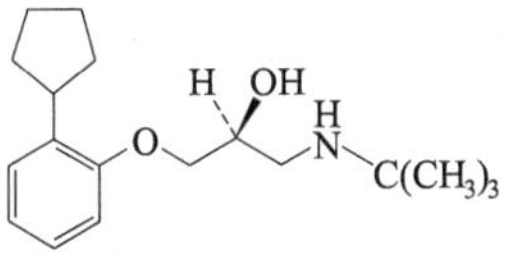

Penciclovir 喷昔洛韦 07709

[39809-25-1] $C_{10}H_{15}N_5O_3$ 253.26

成分 C 47.43%，H 5.97%，N 27.65%，O 18.95%。

别名 2-Amino-1,9-dihydro-9-[4-hydroxy-3-(hydroxymethyl) butyl]-6*H*-purin-6-one; 9-[4-Hydroxy-3-(hydroxymethyl) but-1-yl] guanine; PCV; BRL-39123; Denavir; Vectavir

M. I. 15，7192

性状 来自水中的白色结晶性固体为一水合物。溶于水（20℃，1.7mg/mL），pH 值 7。mp 275～277℃；uv max（于水中）：253nm（11500）；uv max（于 0.01mol/L 氢氧化钠水溶液中）：215nm，268nm（ε 18140，10710）。

主要用途 医用抗病毒剂。

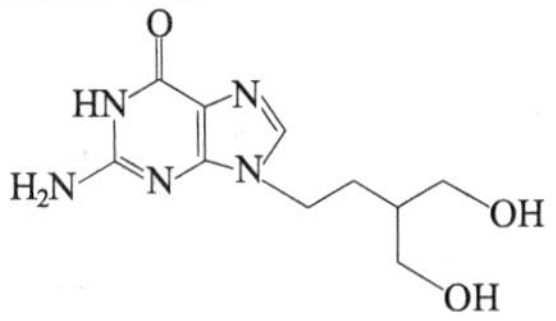

Pendimethalin 二甲戊乐灵 07710

[40487-42-1] $C_{13}H_{19}N_3O_4$ 281.31

成分 C 55.50%，H 6.81%，N 14.94%，O 22.75%。

别名 *N*-(1-乙基丙基)-3,4-二甲基-2,6-二硝基苯胺；*N*-(1-乙基丙基)-2,6-二硝基-3,4-二甲苯胺；二甲戊灵；除草通；*N*-(1-Ethylpropyl)-3, 4-dimethyl-2, 6-dinitrobenzenamine; *N*-(1-Ethylpropyl)-2, 6-dinitro-3, 4-xylidine; *N*-(1-Ethylpropyl)-3, 4-dimethyl-2, 6-dinitroaniline; Penoxalin; AC-92553; Prowl; Herbadox; Stomp

M. I. 15，7193

性状 橙黄色结晶性固体。溶于水（20℃，0.3mg/L），溶于多数有机溶剂。mp 56～57℃。

注意事项 该品接触皮肤能引起过敏。对水生物极毒。能对水环境引起长期不良的影响。使用时应戴适当的手套。应避免与皮肤接触。切勿排入下水道。应防止将本品释放于环境中。其包装物应按危险品处理。

主要用途 除草剂。分析用标准物质。

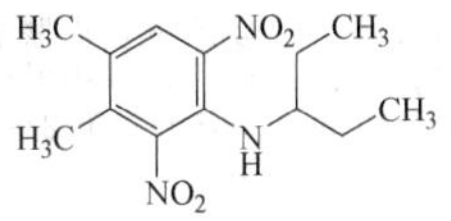

Penethamate hydriodide 青霉素 G 二乙氨基乙酯 氢碘酸盐 07711

[808-71-9] $C_{22}H_{32}IN_3O_4S$ 561.48

成分 C 47.06%，H 5.74%，I 22.60%，N 7.48%，O 11.40%，S 5.71%。

别名 氢碘酸青霉素 G 二乙氨基乙酯；(2*S*,5*R*,6*R*)-3,3-Dimethyl-7-oxo-6-(phenylacetyl) amino-4-thia-1-azabicyclo [3.2.0] heptane-2-carboxylic acid 2-(diethylamino) ethyl ester monohydriodide; Penicillin G 2-diethylaminoethyl ester hydriodide; Benzylpenicillin *β*-diethylaminoethyl ester hydriodide; *β*-Diethylaminoethyl benzylpenicillinate hydriodide; Ephicillinhydriodide; Penethecillin; Bronchocillin Estopen; Leocillin; Mamyzin; Neo-Penil

M. I. 15，7194

性状 无色结晶。微溶于水（20℃，0.96%）。其水溶液不稳定，其酯可水解为青霉素及二乙氨基乙醇。水溶液 pH 值 4.5～5.2。mp 178～179℃。

主要用途 医用，兽用抗菌剂。

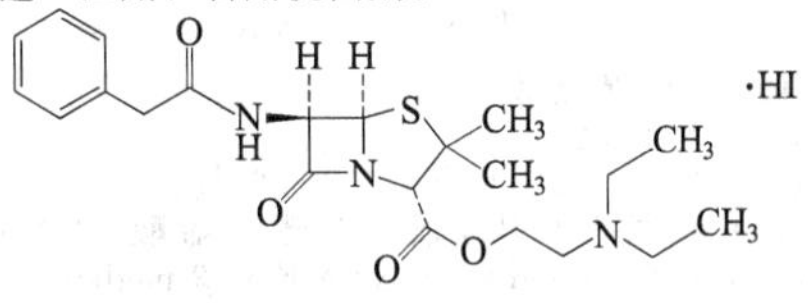

·HI

Penfluridol 五氟利多 07712

[26864-56-2] $C_{28}H_{27}ClF_5NO$ 523.97

成分 C 64.18%，H 5.19%，Cl 6.77%，F 18.13%，N 2.67%，O 3.05%。

别名 1-[4,4-双(4-氟苯基)丁基]-4-[4-氯-3-(三氟甲基)苯基]-4-哌啶醇；1-[4, 4-Bis (4-fluorophenyl) butyl]-4-[4-chloro-3-(trifluoromethyl) phenyl]-4-piperidinol; 1-[4, 4-Bis (*p*-fluorophenyl) butyl]-4-(4-chloro-*α*, *α*, *α*-trifluoro-*m*-tolyl)-4-piperidinol; 1-[4, 4-Bis (4-fluorophenyl) butyl]-4-hydroxy-4-(3-trifluoromethyl-4-chlorophenyl) piperidine; R-16341; Semap

M. I. 15，7196

性状 白色微小的结晶或粉末。几乎不溶于水、稀盐酸（<0.5mg/mL）。mp 105～107℃。LD_{50}（7 天）小鼠口服：86.8mg/kg。生化试剂含量≥98.0%（HPLC）。

注意事项 该品口服有毒。使用时如有事故发生或有不适之感，应请医生诊治。应密封于 2～8℃保存。

主要用途 医用精神抑制剂。

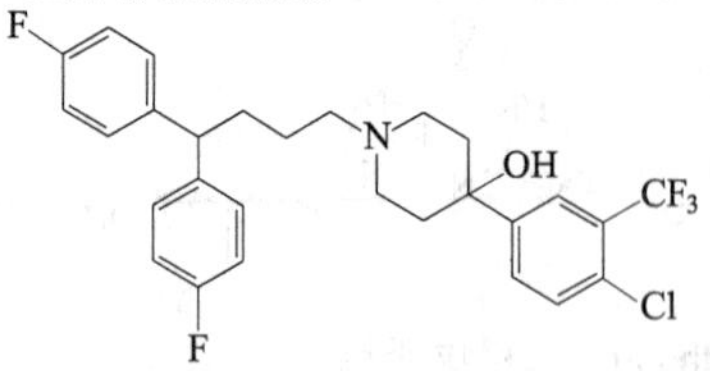

F, F, N, OH, CF_3, Cl

D-Penicillamine D-青霉胺 07713
[52-67-5] $C_5H_{11}NO_2S$ 149.21

成分 C 40.25%，H 7.43%，N 9.39%，O 21.44%，S 21.49%。

别名 3,3-二甲基-D-半胱氨酸；D-青霉素胺；3-巯基-D-缬氨酸；3-Mercapto-D-valine；3,3-Dimethyl-D-cysteine；(*S*)-3,3-Dimethylcysteine；D-3-Mercapto-D-valine；D-*β*-Mercapto valine；D-*β*,*β*-Dimethylcysteine；D-*α*-Amino-*β*-methyl-*β*-mercaptobutyric acid；D-DMC；D-*β*-Thiovaline；D-Cuprenil；D-Cuprimine；D-Depamine；D-Depen；D-Emtexate；D-Mercaptyl；D-Pendramine；D-Perdolat；D-Sufortan；D-Trolovol

M. I. 15，7197

性状 白色或近白色结晶性粉末。易溶于水，微溶于乙醇，不溶于乙醚、丙酮、苯、四氯化碳。mp 202～206℃；$[\alpha]_D^{25}$ −63°（*c*=0.1，于吡啶中）。LD_{50} 大鼠腹膜内注射：>660mg/kg；急性经口：>10g/kg。生化试剂含量≥99.0%（NT）。

注意事项 该品对眼睛、呼吸系统及皮肤有刺激性。使用时应穿适当的防护服和戴手套。万一接触到眼睛，应立即用大量水冲洗后请医生诊治。应密封于2～8℃保存。

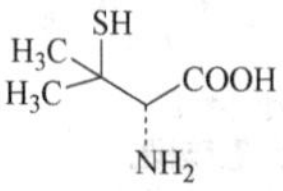

SH, H_3C, H_3C, COOH, NH_2

D-Penicillamine disulfide D-二硫化青霉胺 07714
[20902-45-8] $C_{10}H_{20}N_2O_4S_2$ 296.41

成分 C 40.52%，H 6.80%，N 9.45%，O 21.59%，S 21.64%。

别名 D-二硫化青霉素胺；*S*,*S*′-Bis(D-penicillamine)；3,3′-Dithiobisvaline；3,3′-Dithiodivaline；3,3,3′,3′-Tetramethylcystine

M. I. 15，7199

性状 无色结晶。mp 204～205℃；$[\alpha]_D^{23}$ +27°（*c*=1.46，于1mol/L盐酸中）。

注意事项 该品对眼睛、呼吸系统及皮肤有刺激性。使用时穿适当的防护服。万一接触到眼睛，应立即用大量水冲洗后请医生诊治。

NH_2, H_3C, CH_3, HOOC, S, S, COOH, H_3C, CH_3, NH_2

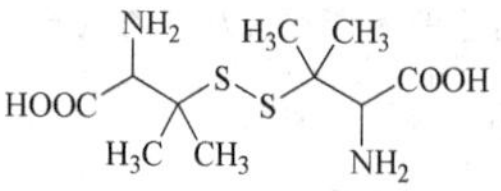

Penicillic acid 青霉酸 07715
[90-65-3] $C_8H_{10}O_4$ 170.16

成分 C 56.47%，H 5.92%，O 37.61%。

别名 3-甲氧基-5-甲基-4-氧-2,5-己二烯酸；3-Methoxy-5-methyl-4-oxo-2,5-hexadienoic acid；*γ*-Keto-*β*-methoxy-*δ*-methylene-Δ^{α}-hexenoic acid

M. I. 15，7201

性状 来自石油醚中的无色针状结晶。冷水中溶解度为2g/100mL。易溶于热水、乙醇、乙醚、苯、氯仿，微溶于热石油醚，几乎不溶于戊烷、己烷。mp 83～84℃；uv max：约220nm。LD_{50} 小鼠腹膜下注射：90mg/kg。

注意事项 该品吸入、口服或与皮肤接触有害。能引起遗传基因的损伤。能致癌。使用时应穿适当的防护服，戴手套和防护镜或面罩。应避免吸入本品的粉尘。使用时如有事故发生或有不适之感，应请医生诊治。应密封保存。

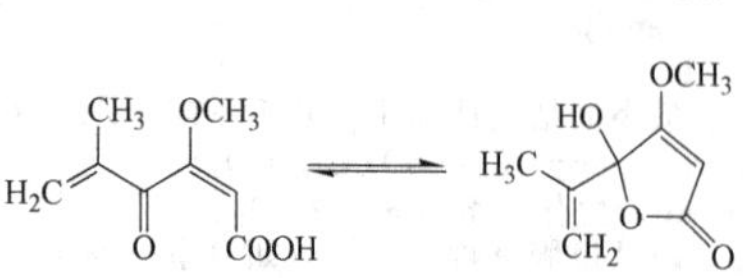

CH_3, OCH_3, H_2C, O, COOH ⇌ OCH_3, HO, H_3C, CH_2, O

Penicillinase from bacillus cereus

青霉素酶（蜡样芽孢杆菌） 07716
[9001-74-5][9073-60-3] Mr 约 30000

别名 配尼西林酵素；*β*-Lactamase I from bacillus ccereus；Neutrapen；Penicillinamido-*β*-lactamhydrolase

M. I. 15，7202 EC 3.5.2.6

性状 白色或淡棕色冷冻干燥粉末。溶于水。干燥后在室温时稳定，其溶液在室温时易变质。

注意事项 该品吸入或与皮肤接触可引起过敏。使用时穿适当的防护服和戴手套。使用时应避免吸入本品的粉尘。应充氩气密封于−20℃干燥保存。

主要用途 抗青霉素致敏作用，在培养基中对抗青霉素的制菌作用。

Penicillin G potassium salt 青霉素G钾盐 07717
[113-98-4] $C_{16}H_{17}KN_2O_4S$ 372.48

成分 C 51.59%，H 4.60%，K 10.50%，N 7.52%，O 17.18%，S 8.61%。

别名 苄基青霉素钾盐；[2*S*-(2*α*,5*α*,6*β*)]-3,3-Dimethyl-7-oxo-6-(phenylacetyl)amino-4-thia-1-azabicyclo[3.2.0]heptane-2-carboxylic acid monopotassium salt；Hyasorb；Cristapen；M-Cillin；Monopen；Megacillin tablets；Scotcil；Penicillin G K salt；Potassium penicillin G；Potassium benzylpenicillinate；Benzylpenicillinic acid potassium salt；Notaral；Crystapen；Hipercillina；Pentids；Pfizerpen；Tabilin；Eskacillin；Forpen；Hylenta；Cosmopen；Falapen

M. I. 15，7203

性状 来自丁醇中溶液中的无色或白色结晶。能缓慢吸潮。易溶于水、等渗氯化钠溶液、葡萄糖溶液，略微溶于乙醇，几乎不溶于氯仿、乙醚、不挥发油类、液体烷烃。其6%水溶液 pH 值5.0～7.5。mp 214～217℃（分解）；$[\alpha]_D^{22}$ +285°（*c*=0.748，于水中）。生化试剂含量≥98.0%（HPLC）。

注意事项 该品吸入或与皮肤接触可引起过敏。使用时应穿适当的防护服和戴手套。使用时应避免吸入本品的粉尘。应充氩气密封于2～8℃保存。

主要用途 生化研究。抗生素。

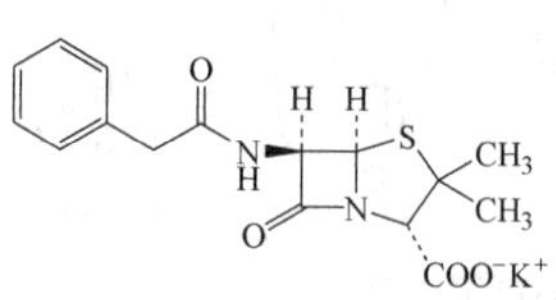

O, H, H, N, H, S, CH_3, CH_3, O, N, COO^-K^+

Penicilln O potassium salt 青霉素O钾盐 07718
[897-61-0] $C_{13}H_{17}KN_2O_4S_2$ 368.52

成分 C 42.37%，H 4.65%，K 10.61%，N 7.60%，O 17.37%，S 17.40%。

别名 烯丙基硫甲基青霉素钾盐；Potassium penicillin O；penicillin O potassium；(2*S*,5*R*,6*R*)-3,3-Dimethyl-7-oxo-6-[(2-propenylthio)acetyl]amino-4-thia-1-azabicyclo[3.2.0]heptane-2-carboxylic acid potassium salt；[(Allylthio)methyl]penicillin potassium salt；Allylmercaptomethylpenicillin potassium salt；Allylmercaptomethylpenicillinic acid potassium salt Penicillin AT potassium salt

M. I. 15，7208

性状 来自丙酮中的无色结晶。在室温干燥条件下稳定。溶于水。

主要用途 医用抗菌剂。

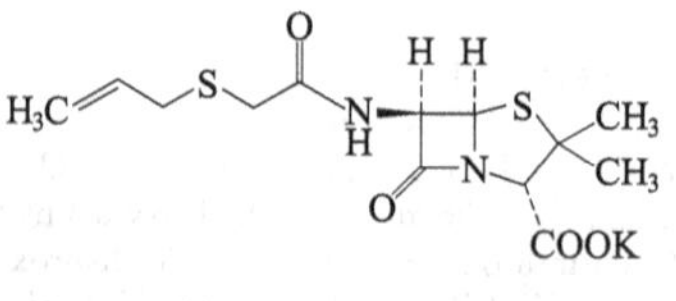

O, H, H, H_3C, S, N, H, S, CH_3, CH_3, O, N, COOK

Penicilln V potassium salt 青霉素V钾盐 07719
[132-98-9] $C_{16}H_{17}KN_2O_5S$ 388.48

成分 C 49.47%，H 4.41%，K 10.06%，N 7.21%，O 20.59%，S 8.25%。

别名 苯氧基甲基青霉素钾盐；Antibocin；Calciopen；

Cliacil; Fenoxypen; Milcoen; Ospen; Pen-Vee K; Primcillin; Veetids; Vepicombin; V-Pen; V-Tablopen; (2*S*, 5*R*, 6*R*)-3, 3-Dimethyl-7-oxo-6-(phenoxyacetyl) amino-4-thia-1-azabicyclo[3.2.0]heptane-2-carboxylic acid potassium salt; 6-Phenoxyacetamidopenicillanic acid; penicillin phenoxymethylpotassium salt; Phenoxymethylpenicillin potassium salt; phenoxymethylpenicillinic acid potassium salt; Fenospen-K; Oracilline-K; V-Cillin potassium salt;

M. I. 15，7209

性状 白色结晶性粉末。易溶于水，微溶于乙醇，不溶于丙酮。$[\alpha]_D^{25}+223°$（$c=0.2$，于水中）。LD_{50}大鼠急性经口：>1040mg/kg。

注意事项 该品口服有害。吸入或与皮肤接触可引起过敏。使用时应穿适当的防护服和戴手套。应避免吸入本品的粉尘，万一接触到眼睛，应立即用大量水冲洗后请医生诊治。使用时如有事故发生或有不适之感，应请医生诊治。应密封于2～8℃保存。

主要用途 医用抗菌剂。分析用标准物质。

Penicillin G sodium 青霉素G钠盐 07720

[69-57-8] $C_{16}H_{17}N_2NaO_4S$ 356.37

成分 C 53.92%，H 4.81%，N 7.86%，Na 6.45%，O 17.96%，S 9.00%。

别名 苄基青霉素钠盐；Benzylpenicillin sodium salt; Crystapen; Penilevel; [2S-(2α, 5α, 6β)]-3, 3-Dimethyl-7-oxo-6-(phenylacetyl)amino-4-thia-1-azabicyclo[3.2.0]heptane-2-carboxylic acid monosodium salt; Sodium penicillin G; Sodium penicillin Ⅱ; Sodium benzylpenicillinate; Beuzylpenicillinic acid sodium salt; Penicillin; American penicillin; Monocillin; Nalpen G; Novocillin; Penilaryn; Pen-A-Brasive; Veticillin

M. I. 15，7203

性状 来自甲醇＋乙酸乙酯中的无色或白色结晶。略吸潮。易溶于水、等渗氯化钠溶液、葡萄糖溶液。亦溶于甲醇，较少地溶于乙醇，几乎不溶于丙酮、乙醚、氯仿、乙酸乙酯、不挥发油类、液体烷烃。p*K*（25℃）2.76；pH值5.5～6.5。*d* 1.41；$[\alpha]_D^{24.8}+301°$（$c=2.0$，于水中）。uv max（水中）：252nm，257.5nm，264nm（E_m约300，240，180）。生化试剂含量≥99.0%（N）。

注意事项 见07717青霉素G钾盐。使用时如有事故发生或有不适之感，应请医生诊治。

主要用途 生化研究。抗生素。

Pentabromophenol 五溴酚 07721

[608-71-9] C_6HBr_5O 488.62

成分 C 14.75%，H 0.21%，Br 81.76%，O 3.27%。

别名 五溴苯酚

性状 浅黄色针状结晶。溶于热乙醇、热苯及碱溶液，微溶于乙醚，不溶于水。mp 229.5℃。LD_{50}小鼠腹膜内注射：250mg/kg。一般试剂含量≥98.0%。

注意事项 该品口服有毒。对眼睛、呼吸系统及皮肤有刺激性。使用时应穿适当的防护服和戴手套。使用时禁止饮食。万一接触到眼睛，应立即用大量水冲洗后请医生诊治。使用时如有事故发生或有不适之感，应请医生诊治。其包装物应按危险品处理。应密封避光保存。

主要用途 有机合成。

Pentacene 并五苯 07722

[135-48-8] $C_{22}H_{14}$ 278.35

成分 C 94.93%，H 5.07%。

别名 2,3,6,7-二苯并蒽；戊省；Benzo[*b*]naphthacene; 2, 3, 6, 7-Dibenzoanthracene; *lin*-Naphthoanthracene

M. I. 15，7216

性状 来自热硝基苯中的深蓝色针状结晶，有紫色光泽。对空气敏感。略微溶于有机溶剂，几乎不溶于水。mp 约300℃（分解）。

注意事项 使用时应避免吸入本品的粉尘，避免与眼睛及皮肤接触。应充氩气密封避光保存。

主要用途 有机合成。

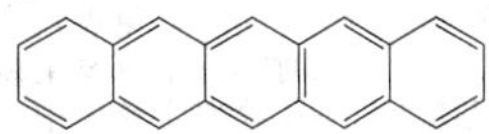

Pentachlorobenzene 五氯苯 07723

[608-93-5] C_6HCl_5 250.34

成分 C 28.79%，H 0.40%，Cl 70.81%。

GW 2015-2413

性状 白色结晶。易挥发。溶于热乙醇，易溶于乙醚、氯仿、苯。mp 84～86℃；bp 275～277℃；*d* 1.609。一般试剂含量≥98.0%。

注意事项 该品高度易燃。口服有害。对水生物极毒。能对水环境引起不利的结果。万一着火或爆炸，应避免吸入其烟雾。如误服本品，应立即请医生检查，并出示瓶签或包装物。不能与酸、碱混合。应防止将本品释放于环境中。其包装物应按危险品处理。

主要用途 有机合成。

Pentachloroethane 五氯乙烷 07724

[76-01-7] C_2HCl_5 202.28

成分 C 11.88%，H 0.50%，Cl 87.63%。

别名 Pentalin

GW 2015-2155　　M. I. 15，7217

性状 无色至微黄色液体。有近似氯仿的特殊气味。能与乙醇、乙醚相混溶，不溶于水。mp －29℃；bp 161～162℃；d_4^{25} 1.6712；n_D^{15} 1.5054。MLD狗急性经口：1750mg/kg；静脉注射：100mg/kg。兔皮下注射：700mg/kg。

注意事项 该品长期曝露、吸入有严重损害健康的危险。对机体有不可逆损伤的可能性。对水生物有毒。能对水环境引起不利的结果。使用时应穿适当的防护服和戴手套。应避免吸入本品的蒸气。使用时如有事故发生或有不适之感，应请医生诊治。应防止将本品释放于环境中。应密封保存。

主要用途 溶剂。有机合成。刺激剂。麻醉剂。

Pentachloronitrobenzene 五氯硝基苯 07725

[82-68-8] $C_6Cl_5NO_2$ 295.32

成分 C 24.40%，Cl 60.02%，N 4.74%，O 10.84%。

别名 Quintozene; PCNB; Terrachlor; PKhNB; Botrilex; Brassicol; Folosan; Pentagen; Terraclor; Tilcarex

GW 2015-2154　　M. I. 15，8197

性状 来自乙醇中的无色细小针状或来自二硫化碳中的小片状结晶。易溶于二硫化碳、苯、氯仿，几乎不溶于水、冷乙醇。mp 144℃；bp_{760} 328℃/101.325kPa（部分分解）；d_4^{25} 1.718。LD_{50}雄，雌大鼠管饲（g/kg）：1.71±0.20，1.65±0.17。

注意事项 该品接触皮肤能引起过敏。对水生物极毒。能对水环境引起长期不良的影响。使用时应戴适当的手套。应避免与皮肤接触。应防止将本品释放于环境中。远离食品、饮料及饲料存放。其包装物应按危险品处理。

主要用途 种子处理用杀菌剂。

Pentachlorophenol 五氯酚 07726

[87-86-5] C_6HCl_5O 266.32

成分 C 27.06%，H 0.38%，Cl 66.56%，O 6.01%。

别名 五氯苯酚；Dowicide® 7; PCP; Penchlorol; Penta; Santophen 20

GW 2015-2144　　M. I. 15，7218

性状 无色或白色针状结晶。该品25℃时于下列物质中的溶解度（g/L）：甲醇180；丙酮50；苯15。于水中的溶解度（g/L）：0℃，0.005；20℃，0.014；70℃，0.085。mp 190～191℃；bp 约309～310℃（分解）；d_4^{22} 1.978；uv max：303nm（ε 2900）。LD_{50}雄，雌大鼠急性经口（mg/kg）：146，175。

注意事项 该品吸入极毒。口服或与皮肤接触有毒。对眼睛、呼吸系统及皮肤有刺激性。对机体有不可逆损伤的可能性。对水生物极毒。能对水环境引起不利的结果。使用时应穿适当的防护服和戴手套。使用时应避免吸入本品的粉尘。不能在室内大面积使用。使用时如有事故发生或有不适之感，应请医生诊治。应防止将本品释放于环境中。其包装物应按危险品处理。应密封保存。

主要用途 农业科研中用作甘蔗开花的抑制剂。杀菌剂。有机合成。除草剂。防腐剂。

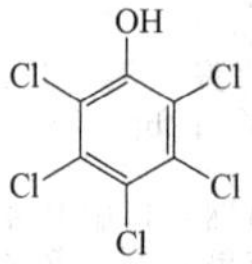

Pentachlorophenol sodium salt 五氯酚钠盐 07727

[131-52-2] C_6Cl_5NaO 288.30

成分 C 25.00%，Cl 61.48%，Na 7.97%，O 5.55%。

别名 Dowicide® G; Santobrite; Sodium pentachlorophenate; Sodium pentachlorophenoxide; PCP-Na

GW 2015-2148 M. I. 15，7218

性状 白色结晶性固体。有刺激性气味。该品25℃时于下列物质中的溶解度（g/L）：甲醇22；丙酮37。水（20℃，22.4g/L；30℃，33g/L）。不溶于苯。mp≥300℃；LC_{50} 金鱼：0.22mg/L。一般试剂含量≥90.0%（NT）。

注意事项 该品吸入极毒。口服或与皮肤接触有毒。对眼睛、呼吸系统及皮肤有刺激性。对机体有不可逆损伤的可能性。对水生物极毒。能对水环境引起不利的结果。使用时应穿适当的防护服和戴手套。不能在室内大面积使用。使用时应避免吸入本品的粉尘。接触皮肤后，应用大量水冲洗。使用时如有事故发生或有不适之感，应请医生诊治。应防止将本品释放于环境中。其包装物应按危险品处理。应密封保存。

主要用途 测定硝酸盐等用的试剂。防腐剂。杀虫剂。

Pentachloropyridine 五氯吡啶 07728

[2176-62-7] C_5Cl_5N 251.33

成分 C 23.89%，Cl 70.53%，N 5.57%。

性状 白色粉末。极微溶于水（25℃，0.009g/L）。mp 124～126℃。一般试剂含量≥98.0%。

注意事项 该品口服有害。对眼睛、呼吸系统及皮肤有刺激性。使用时应穿适当的防护服和戴手套。万一接触到眼睛，应立即用大量水冲洗后请医生诊治。

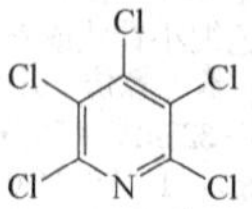

Pentacosane 二十五烷 07729

[629-99-2] $C_{25}H_{52}$ 352.69

成分 C 85.14%，H 14.86%。

别名 Alkane C_{25}

性状 无色结晶。溶于无水乙醇、氯仿。mp 53～54℃；169～170℃；$bp_{0.05}$ 169～170℃/6.67Pa；Fp 248℉（120℃）；d 0.7785；n_D^{20} 1.4380。一般试剂含量≥98.0%（GC）。

注意事项 使用时应避免吸入本品的粉尘，避免与眼睛及皮肤接触。

主要用途 气相色谱标准物。

Pentadecane 十五烷 07730

[629-62-9] $C_{15}H_{32}$ 212.42

成分 C 84.82%，H 15.18%。

别名 Alkane C_{15}

性状 无色液体。能与乙醇、乙醚相混溶，不溶于水。mp 9～10℃；bp 269～270℃；Fp 270℉（132℃）；d_4^{20} 0.769；n_D^{20} 1.431。一般试剂含量≥98.0%（GC）。

主要用途 色谱分析标准物。有机合成。

Pentadecanoic acid 十五酸 07731

[1002-84-2] $C_{15}H_{30}O_2$ 242.40

成分 C 74.33%，H 12.47%，O 13.20%。

别名 十五烷酸；Carboxylic acid C_{15}

性状 无色结晶。易溶于乙醇、丙酮、苯，微溶于乙醚、二硫化碳、氯仿。mp 51～53℃；bp_{100} 257℃/13.332kPa；Fp >235.4℉（113℃）；d_4^{80} 0.8423；n_D^{60} 1.4529。一般试剂含量≥99.0%（GC）。

注意事项 该品对眼睛、呼吸系统及皮肤有刺激性。使用时应穿适当的防护服和戴手套。万一接触到眼睛，应立即用大量水冲洗后请医生诊治。

主要用途 有机合成。

1-Pentadecanol 1-十五醇 07732

[629-76-5] $C_{15}H_{32}O$ 228.42

成分 C 78.87%，H 14.12%，O 7.00%。

别名 十五烷醇；*n*-Pentadecyl alcohol；Alcohol C_{15}

性状 无色结晶。mp 45～46℃；bp 269～271℃；Fp >233.6℉（112℃）。一般试剂含量≥99.0%。

注意事项 使用时应避免吸入本品的粉尘，避免与眼睛及皮肤接触。

主要用途 气相色谱标准物。

Pentadecylamine 十五胺 07733

[2570-26-5] $C_{15}H_{33}N$ 227.44

成分 C 79.21%，H 14.62%，N 6.16%。

别名 1-氨基十五烷；Amine C_{15}；1-Aminopentadecane

性状 无色结晶。对二氧化碳敏感。mp 35～37℃，bp 299～301℃；Fp 235.4℉（113℃）。一般试剂含量≥95.0%（GC）。

注意事项 该品吸入或口服有害。具有腐蚀性，能引起烧伤。使用时应穿适当的防护服，戴手套和防护镜或面罩。万一接触到眼睛，应立即用大量水冲洗后请医生诊治。使用时如有事故发生或有不适之感，应请医生诊治。应密封保存。

主要用途 有机合成。

3-Pentadecylcatechol 3-十五烷基邻苯二酚 07734

[492-89-7] $C_{21}H_{36}O_2$ 320.52

成分 C 78.69%，H 11.32%，O 9.98%。

别名 3-Pentadecyl-1,2-benzenediol; 3-Pentadecylpyrocatechol; Tetrahydrourushiol; Hydrourushiol; Dihydrorhengol; 3-PDC

M. I. 15，7219

性状 来自甲苯或石油醚中的短针状结晶。溶于乙醇、乙醚、苯、甲苯，略微溶于石油醚。mp 59～60℃；uv max：277nm。

主要用途 医疗用于接触变应原的辅助诊断。

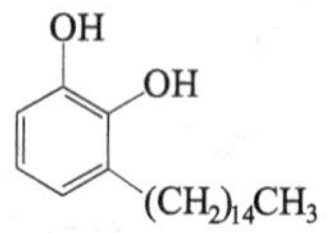

trans-1,3-Pentadiene 反式-1,3-戊二烯 07735

[2004-70-8] C_5H_8 68.12

成分 C 88.16%，H 11.84%。

别名 1,3-戊二烯 反式；*trans*-Piperylene

GW 2015-2171

性状 无色液体。溶于乙醇和乙醚，不溶于水。mp −87℃；bp 42℃；Fp 5℉（−15℃）；d_4^{20} 0.678；n_D^{20} 1.430。一般试剂含量≥96.0%（GC）。

注意事项 该品高度易燃。对眼睛、呼吸系统及皮肤有刺激性。口服能损伤肺脏。使用时应穿适当的防护服。使用时应避免吸入本品的蒸气。使用现场禁止吸烟。万一接触到眼睛，应立即用大量水冲洗后请医生诊治。如误服本品不能吐出，应立即请医生诊治，并出示瓶签或包装物。应远离火种密封保存。

Pentaerythritol 季戊四醇 07736

[115-77-5] $C_5H_{12}O_4$ 136.15

成分 C 44.11%，H 8.88%，O 47.01%。

别名 四羟甲基甲烷；五赤藓醇；2,2-双(羟甲基)-1,3-丙二醇；2,2-Bis(hydroxymethyl)-1,3-propanediol; Metab-Auxil; Penetek; Pentek; Tetrakis(hydroxymethyl)methane; Tetrameth-

ylolmethane
M. I. 15，7221
性状 来自稀盐酸中的无色或白色复正方形结晶。1g该品15℃时溶于18mL水，溶于乙醇、甘油、乙二醇、甲酰胺，不溶于丙酮、苯、乙醚、四氯化碳、石蜡。mp 260℃；bp_{30} 276℃/4kPa；d_4^{25} 1.399；*n* 1.54～1.56。一般试剂含量≥97.0%（HPLC）。
注意事项 该品应密封于干燥处保存。
主要用途 气相色谱固定液，如低沸点含氧化合物、胺类化合物、氮或氧杂环化合物的分析。多元醇制备。树脂合成。杀虫剂制备。

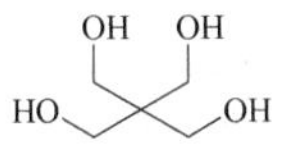

Pentaerythritol tetraacetate 四乙酸季戊四醇酯 07737
[597-71-7] $C_{13}H_{20}O_8$ 304.30
成分 C 51.31%，H 6.62%，O 42.06%。
别名 季戊四醇四乙酸酯；2,2-Bis[(acetyloxy)methyl]-1,3-propanediol diacetate；Tetra-*O*-acetylpentaerythritol；Pentaerythriyl tetraacetate；Normosterol
M. I. 15，7221
性状 无色结晶。mp 83～84℃。一般试剂含量≥95.0%。
主要用途 医用抗血脂剂。

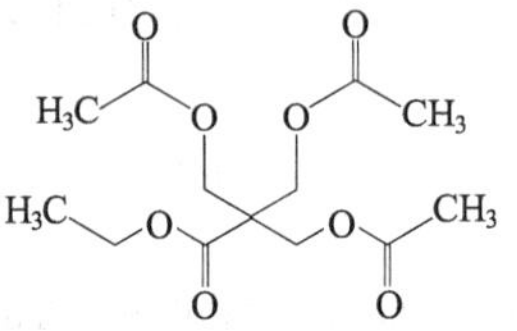

Pentaethylenehexamine 五亚乙基六胺 07738
[4067-16-7] $C_{10}H_{28}N_6$ 232.37
成分 C 51.69%，H 12.14%，N 36.16%。
别名 五乙烯六胺；五乙六胺；3,6,9,12-Tetraazatetradecane-1,14-diamine
性状 无色至微黄色透明液体。Fp 347℉（175℃）；d_4^{20} 1.00。一般试剂含量80%～90%（T）。
注意事项 该品具有腐蚀性，能引起烧伤。接触皮肤能引起过敏。对水生物极毒。能对水环境引起不利的结果。使用时应穿适当的防护服，戴手套和防护镜或面罩。万一接触到眼睛，应立即用大量水冲洗后请医生诊治。使用时如有事故发生或有不适之感，应请医生诊治。应防止将本品释放于环境中。其包装物应按危险品处理。

Pentafluoroaniline 五氟苯胺 07739
[771-60-8] $C_6H_2F_5N$ 183.08
成分 C 39.36%，H 1.10%，F 51.89%，N 7.65%。
别名 2,3,4,5,6-Pentafluoroaniline
性状 白色粉末。温度过高为液体。mp 34～37℃；bp 156～157℃；Fp 164℉（73℃）；*d* 1.744。一般试剂含量≥98.0%（GC）。
注意事项 该品口服有害。对眼睛、呼吸系统及皮肤有刺激性。使用时应穿适当的防护服和戴手套。万一接触到眼睛，应立即用大量水冲洗后请医生诊治。

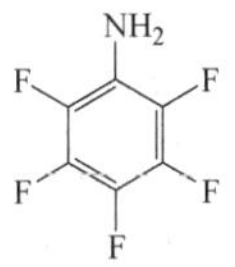

Pentafluorobenzene 五氟苯 07740
[363-72-4] C_6HF_5 168.07
成分 C 42.88%，H 0.60%，F 56.52%。
性状 无色液体。不溶于水。mp －48℃；bp 84～85℃；Fp 55℉（13℃）；*d* 1.518；n_D^{20} 1.3900。一般试剂含量≥98.0%。
注意事项 该品高度易燃。口服有害。使用时应穿适当的防护服。应采取抗放静电措施密封保存。其包装物应按危险品处理。

2,3,4,5,6-Pentafluorobenzoic acid
2,3,4,5,6-五氟苯甲酸 07741
[602-94-8] $C_7HF_5O_2$ 212.08
成分 C 39.64%，H 0.48%，F 44.79%，O 15.09%。
别名 五氟苯甲酸
性状 无色结晶或白色粉末。mp 100～102℃；bp 219～221℃。一般试剂含量≥99.0%。
注意事项 该品具有腐蚀性，能引起烧伤。对眼睛、呼吸系统及皮肤有刺激性。使用应穿适当的防护服，戴手套和防护镜或面罩。万一接触到眼睛，应立即用大量水冲洗后请医生诊治。

Pentafluorobenzonitrile 五氟苯甲腈 07742
[773-82-0] C_7F_5N 193.07
成分 C 43.55%，F 49.20%，N 7.25%。
别名 2,3,4,5,6-Pentafluoronenzonitrile
性状 无色液体。mp 1～2℃；bp 162～164℃；Fp 84.2℉（29℃）；*d* 1.566；n_D^{20} 1.4425。一般试剂含量≥98.0%（GC）。
注意事项 该品易燃。吸入、口服或与皮肤接触有害。对眼睛、呼吸系统及皮肤有刺激性。使用时应穿适当的防护服和戴手套。万一接触到眼睛，应立即用大量水冲洗后请医生诊治。应密封于通风良好处保存。

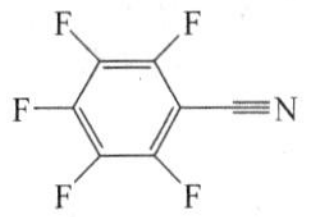

Pentafluorobenzoyl chloride 五氟苯甲酰氯 07743
[2251-50-5] C_7ClF_5O 230.52
成分 C 36.47%，Cl 15.38%，F 41.21%，O 6.94%。
别名 氯化五氟苯甲酰；Pentafluorobenzoic acid chloride；2,3,4,5,6-Pentafluorobenzoyl chloride；Perfluorobenzoyl chloride
性状 无色液体。溶于水即分解。具催泪性。bp 158～159℃；*d* 1.601；n_D^{20} 1.453。一般试剂含量≥99.0%（GC）。
注意事项 该品与水反应激烈。具有腐蚀性，能引起烧伤。对呼吸系统有刺激性。使用时应穿适当的防护服，戴手套和防护镜或面罩。万一接触到眼睛，应立即用大量水冲洗后请医生诊治。使用时如有事故发生或有不适之感，应请医生诊治。应充氩气密封于2～8℃干燥保存。

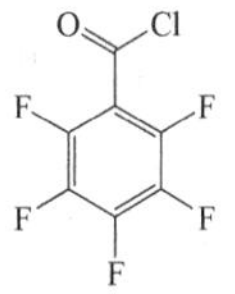

2,3,4,5,6-Pentafluorobenzyl alcohol
2,3,4,5,6-五氟苯甲醇 07744
[440-60-8] $C_7H_3F_5O$ 198.09
成分 C 42.44%，H 1.53%，F 47.95%，O 8.08%。
别名 2,3,4,5,6-五氟苄醇
性状 无色结晶，温度高时为液体。mp 30～32℃；bp_{20} 114～115℃/2.67kPa；Fp 188.6℉（87℃）。LD_{50}大鼠急性经口：900mg/kg。一般试剂含量≥98.0%。
注意事项 该品口服有害。使用时应穿适当的防护服。应避免与眼睛及皮肤接触。

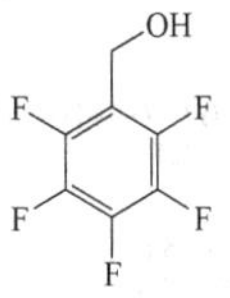

Pentafluorophenol 五氟酚 07745
[771-61-9] C_6HF_5O 184.07
成分 C 39.15%，H 0.55%，F 51.61%，O 8.69%。
别名 2,3,4,5,6-Pentafluorophenol；PFp
性状 无色结晶，温度高时应为液体。易吸潮。溶于水。mp 33～36℃；bp 143℃；Fp 161.6℉（72℃）；*d* 1.757；

n_D^{20} 1.4270。一般试剂含量≥99.0%（GC）。

注意事项 该品口服或皮肤接触有害。具有腐蚀性，能引起烧伤。对眼睛、呼吸系统及皮肤有刺激性。使用时应穿适当的防护服，戴手套和防护镜或面罩。使用时禁止饮食。万一接触到眼睛，应立即用大量水冲洗后请医生诊治。使用时如有事故发生或有不适之感，应请医生诊治。应密封于干燥处保存。

Pentafluorophenyldimethyl chlorosilane

五氟苯基二甲基氯硅烷 07746

[20082-71-7] $C_8H_6ClF_5Si$ 260.66

成分 C 36.86%，H 2.32%，Cl 13.60%，F 36.44%，Si 10.77%。

别名 Chloro-dimethyl(pentafluorophenyl)silane; Flophemesyl chloride

性状 无色液体。bp_{10} 88～90℃/1.333kPa；Fp 230℉（95℃）；*d* 1.381。n_D^{20} 1.4470。一般试剂含量≥95.0%（GC）。

注意事项 该品易燃。具有腐蚀性，能引起烧伤。对呼吸系统有刺激性。使用时应穿适当的防护服，戴手套和防护镜或面罩。万一接触到眼睛，应立即用大量水冲洗后请医生诊治。使用时如有事故发生或有不适之感，应请医生诊治。应充氩气密封于干燥处保存。

Pentafluorophenylhydrazine 五氟苯肼 07747

[828-73-9] $C_6H_3F_5N_2$ 198.10

成分 C 36.38%，H 1.53%，F 47.95%，N 14.14%。

性状 无色或白色结晶。mp 73～78℃；一般试剂含量≥95.0%（GC）。

注意事项 该品对眼睛、呼吸系统及皮肤有刺激性。使用时应穿适当的防护服和戴手套。万一接触到眼睛，应立即用大量水冲洗后请医生诊治。

Pentamethylbenzene 五甲基苯 07748

[700-12-9] $C_{11}H_{16}$ 148.25

成分 C 89.12%，H 10.88%。

性状 无色结晶。mp 50～51℃；bp 231～232℃；Fp 195.8℉（91℃）；*d* 0.917。

注意事项 该品高度易燃。对眼睛、呼吸系统及皮肤有刺激性。使用时应穿适当的防护服。使用现场禁止吸烟。使用时应避免吸入本品的粉尘，避免与眼睛及皮肤接触。万一接触到眼睛，应立即用大量水冲洗后请医生诊治，应远离火种密封保存。

1,2,3,4,5-Pentamethylcyclopentadiene

1,2,3,4,5-五甲基环戊二烯 07749

[4045-44-7] $C_{10}H_{16}$ 136.24

成分 C 88.16%，H 11.84%。

性状 无色液体。对空气敏感。bp_{13} 58℃/1.733kPa；Fp 111.2℉（44℃）；d_4^{20} 0.87；n_D^{20} 1.4740。一般试剂含量≥94.0%（GC）。

注意事项 该品易燃。万一着火，应用指定设备灭火，而不能用水。应充氮气密封于−20℃保存。其包装物应按危险品处理。

1,5-Pentamethylenetetrazole

1,5-五亚甲基四氮唑 07750

[54-95-5] $C_6H_{10}N_4$ 138.17

成分 C 52.16%，H 7.29%，N 40.55%。

别名 五甲烯四氮唑；1,5-戊四氮唑；卡地阿唑；Cardiazol; Cenalene-M; Cenazol; Coranormol; Corazole; Corvasol; α,β-Cyclopentamethylenetetrazole; Deumacard; Gewazol; Korazol; Metrazol; Pentetrazol; Pentylenetetrazole; Phrenazol; 6,7,8,9-Tetrahydro-5-azepotetrazole; 6,7,8,9-Tetrahydro-5*H*-tetrazolo[1,5-*a*]azepine; 7,8,9,10-Tetrazabicyclo[5.3.0]-8,10-decadiene; 1,2,3,3a-Tetrazacyclohepta-8a,2-cyclopentadiene; Ventrazol

M.I.15, 7254

性状 白色结晶。微有辛辣苦味。性稳定。易溶于水、乙醇，溶于乙醚、氯仿、四氯化碳等有机溶剂。其水溶液对石蕊呈中性。mp 57～60℃；bp_{12} 194℃/1.6kPa。LD_{50}大鼠皮下注射：(85±2) mg/kg；腹膜内注射：62mg/kg。生化试剂含量≥98.0%。

注意事项 该品吸入、口服或与皮肤接触有毒。使用时应穿适当的防护服和戴手套。应避免吸入本品的粉尘。使用时如有事故发生或有不适之感，应请医生诊治。应密封避光保存。

主要用途 生化研究。

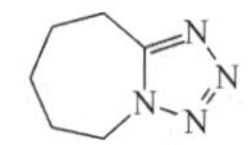

Pentamidine isethionate 戊双脒 异硫羟酸盐 07751

[140-64-7] $C_{23}H_{36}N_4O_{10}S_2$ 592.68

成分 C 46.61%，H 6.12%，N 9.45%，O 26.99%，S 10.82%。

别名 异硫羟酸戊双脒；M & B 800; RP-2512; Aeropent; Banambax; NebuPent; Pentacarinat; Pentam; Pneumopent; 4,4′-[1,5-Pentanediylbis(oxy)]bisbenzenecarboximidamide isethionate; 4,4′-Pentamethylenedioxy-dibenzamidine isethionate; 4,4′-Diamidino-α,ω-diphenoxypentane isethionate

M.I.15, 7227

性状 无色结晶。易吸潮。味极苦。溶于水（25℃，约1份溶于10份水；100℃，约1份溶于4份水），其5%（质量浓度）水溶液pH值4.5～6.5。溶于甘油，微溶于乙醇，不溶于乙醚、丙酮、氯仿、液体石蜡。mp 约180℃。

注意事项 该品对眼睛、呼吸系统及皮肤有刺激性。接触皮肤能引起过敏。使用时应穿适当的防护服和戴手套。万一接触到眼睛，应立即用大量水冲洗后请医生诊治。应密封于−20℃保存。

主要用途 生化研究。医用抗原生动物剂（利什曼原虫，锥虫）。

$\cdot C_4H_{12}O_8S_2$

Pentane 戊烷 07752

[109-66-0] C_5H_{12} 72.15

成分 C 83.24%，H 16.77%。

别名 正戊烷；Alkane C_5; *n*-Pentane

GW 2015-2796 M.I.15, 7228

性状 无色液体。有香味。能与乙醇、乙醚等多数有机溶剂相混溶，微溶于水（16℃，0.36g/L）。mp −129.7℃；bp_{760} 36.1℃/101.325kPa；bp_{400} 18.5℃/53.32kPa；bp_{200} 1.9℃/26.644kPa；bp_{100} −12.6℃/13.332kPa；bp_{60} −22.2℃/8kPa；bp_{40} −29.2℃/5.332kPa；bp_{20} −40.2℃/2.666kPa；bp_{10} −50.1℃/1.333kPa；bp_5 −62.5℃/666.6Pa；bp_1 −76.6℃/133.32Pa；Fp ＜−40℉（−40℃，闭杯）；d_4^0 0.64529；d_4^{20} 0.62638；d_4^{30} 0.6163；n_D^{20} 1.35768。LC（于空气中）小鼠：377mg/L。一般试剂含量≥99.0%（GC）。

注意事项 该品极易燃。口服有害，并能损伤肺脏。反复曝露可造成皮肤干燥或破裂。其蒸气可引起瞌睡和眩晕。对水生物有毒。能对水环境引起不利的结果。使用现场禁止吸烟。切勿排入下水道。应防止将本品释放于环境中。其包装物应按危险品处理。应远离火种，采取抗放静电措施，于通风良好处密封保存。

主要用途 溶剂。有机合成。低温温度计的制造。麻醉剂。气相色谱分析用标准物。

1,5-Pentanediol 1,5-戊二醇 07753

[111-29-5] $C_5H_{12}O$ 104.15

成分 C 57.66%，H 11.61%，O 30.72%。

别名 1,5-二羟基戊烷；五亚甲基二醇；1,5-Dihydroxypentane；Pentamethylene glycol

M.I.15，7229

性状 无色黏稠油状液体。味苦。能与水、乙醇、甲醇、丙酮、乙酸乙酯相混溶，溶于乙醚（25℃，11%质量分数），微溶于苯、三氯乙烯、石油醚、庚烷。mp −18℃；bp_{760} 239℃/101.325kP；bp_3 120℃/399.96Pa；Fp 275℉（125℃）；d^{20} 0.9941；n_D^{20} 1.4499。LD_{50}大鼠急性经口：5.89g/kg。一般试剂含量≥97.0%（GC）。

主要用途 抗冻剂。增塑剂。

1-Pentanesulfonic acid sodium salt
1-戊烷磺酸钠盐 07754

[22767-49-3][207605-40-1]（水合物） $C_5H_{11}NaO_3S$ 174.19

成分 C 34.47%，H 6.37%，Na 13.20%，S 18.41%，O 27.55%。

别名 正戊基磺酸钠盐；戊基磺酸钠；戊烷磺酸钠；Amylsulfonic acid sodium salt；*n*-Amylsulfonic acid Na salt；Sodium 1-pentanesulfonate

性状 近白色结晶。易潮解。溶于水。mp＞300℃。一般试剂为水合物；含量≥99%。

注意事项 使用时应避免吸入本品的粉尘，避免与眼睛及皮肤接触。应充氩气密封避光保存。

1-Pentanethiol 1-戊硫醇 07755

[110-66-7] $C_5H_{12}S$ 104.21

成分 C 57.63%，H 11.61%，S 30.76%。

别名 正戊硫醇；Amyl thioalcohol；*n*-Amyl mercaptan；Mercaptan C_5；Pentyl mercaptan

GW 2015-2175 M.I.15，604

性状 无色至微黄色液体。有特殊臭味。对空气敏感。溶于乙醇，几乎不溶于水。bp 123～124℃；Fp（18℃）；d_4^{20} 0.857；n_D^{25} 1.4439。一般试剂含量≥97.0%（GC）。

注意事项 该品高度易燃。吸入或口服有害。使用时应避免吸入本品的蒸气，避免与眼睛及皮肤接触。使用现场禁止吸烟。应远离火种充氮气密封保存。

主要用途 有机合成。

1-Pentanol 1-戊醇 07756

[71-41-0] $C_5H_{12}O$ 88.15

成分 C 68.13%，H 13.72%，O 18.15%。

别名 丁原醇；第一戊醇；正戊醇；Alcohol C_5；*n*-Amyl alcohol；*n*-Butyl carbinol；1-Pentyl alcohol

GW 2015-2165 M.I.15，7230

性状 无色透明液体。有温和的特殊性气味。能与乙醇、乙醚相混溶，微溶于水（22℃，2.7g/100mL）。mp −79℃；bp 137.5；Fp 100℉（38℃，闭杯）；d_4^{20} 0.8146；d_4^{25} 0.8110；n_D^{20} 1.4103。LD_{50}大鼠急性经口：3030mg/kg。一般试剂含量≥99.0%（GC）。

注意事项 该品易燃。其蒸气吸入有害。对呼吸系统有刺激性。反复曝露可造成皮肤干燥或开裂。使用时应避免与眼睛及皮肤接触。如误服，应立即就医，并出示本品容器或瓶签。

主要用途 溶剂。色谱分析标准物。用于氯化锂与其他碱金属氯化物的分离；硝酸钙、硝酸锶与硝酸铝、硝酸铍的分离；锇与其铂族金属的分离；钴、铁、铋、铜、钒等的分离。牛乳中脂态的分离。有机合成。

2-Pentanol 2-戊醇 07757

[6032-29-7] $C_5H_{12}O$ 88.15

成分 C 68.13%，H 13.72%，O 18.15%。

别名 1-甲基-1-丁醇；甲基丙原醇；甲基丙基甲醇；第二戊醇；仲戊醇；*dl-sec*-Amyl alcohol；1-Methyl-1-butanol；Methyl propyl carbinol；*sec*-Amyl alcchol；*sec*-Pentyl alcohol

GW 2015-2166 M.I.15，7231

性状 无色液体。有特殊气味。能与乙醇、乙醚相混溶，微溶于水（20℃，16.6g/100mL）。bp 119.3℃；bp_{745} 118℃/99.325kPa；Fp 93℉（34℃，闭杯）；d_4^{20} 0.8098；n_D^{25} 1.4041；n_D^{20} 1.406。一般试剂含量≥98.0%（GC）。

注意事项 见 07756 1-戊醇。应密封保存。

主要用途 色谱分析标准物质。棉胶漆等的溶剂。

3-Pentanol 3-戊醇 07758

[584-02-1] $C_5H_{12}O$ 88.15

成分 C 68.13%，H 13.72%，O 18.15%。

别名 1-乙基-1-丙醇；二乙基甲醇；3-羟基戊烷；Diethyl carbinol；1-Ethyl-1-propanol；3-Hydroxypentane；*sec*-Inactpentyl alcohol；*sec*-inact-Pentyl alcohol

M.I.15，7232

性状 无色液体。有特殊气味。溶于乙醇、乙醚，微溶于水（30℃，5.5g/100g）。bp 115.6℃；bp_{738} 113.5～113.7℃/96.402kPa；Fp 93℉（34℃，闭杯）；d_4^{25} 0.815；n_D^{25} 1.4077；n_D^{20} 1.4097。LD_{50}大鼠急性经口：1.87g/kg。

注意事项 见 07756 1-戊醇。应密封保存。

主要用途 色谱分析标准物质。溶剂。有机合成。浮选剂。

2-Pentanone 2-戊酮 07759

[107-87-9] $C_5H_{10}O$ 86.13

成分 C 69.73%，H 11.70%，O 18.58%。

别名 乙基丙酮；甲基正丙基甲酮；甲基丙基甲酮；Ethyl acetone；2-Ketopentane；Methyl-*n*-propyl ketone

GW 2015-2180 M.I.15，6187

性状 无色液体。能与乙醇、乙醚相混溶，微溶于水。mp −78℃；bp 102℃；Fp 45℉（7℃，闭杯）；d_4^{20} 0.809；n_D^{20} 1.3895。LD_{50}大鼠急性经口：3.73g/kg。一般试剂含量≥99.0%（GC）。

注意事项 该品高度易燃。口服有害。对眼睛、呼吸系统及皮肤有刺激性。使用时应穿适当的防护服，戴手套和防护镜或面罩。使用时应避免吸入本品的蒸气，避免与眼睛及皮肤接触。使用现场禁止吸烟。万一接触到眼睛，应立即用大量水冲洗后请医生诊治。切勿排入下水道。应远离火种，采取抗放静电措施，密封于通风良好处保存。

主要用途 有机溶剂。萃取剂。

3-Pentanone 3-戊酮 07760

[96-22-0] $C_5H_{10}O$ 86.13

成分 C 69.73%，H 11.70%，O 18.58%。

别名 二乙基甲酮；二甲基丙酮；Diethyl ketone；Dimethylacetone；Methacetone；Propione

GW 2015-2181 M.I.15，3137

性状 无色液体。有丙酮气味。能与乙醇、乙醚相混溶，溶于约25份水。mp −42℃；bp 101.5℃；Fp 43℉（6℃）；d_4^{19} 0.816；n_D^{25} 1.3905。LD_{50}大鼠急性经口：2.1g/kg。一般试剂含量≥98.0%（GC）。

注意事项 该品高度易燃。对呼吸系统有刺激性。反复曝露可造成皮肤干燥或破裂。其蒸气可引起瞌睡和眩晕。使用现场禁止吸烟。应避免与眼睛接触。应远离火种，采取抗放静电措施，于通风良好处密封保存。

主要用途 有机溶剂。制药工业。色谱分析标准物。

1-Pentene 1-戊烯 07761

[109-67-1] C_5H_{10} 70.14

成分 C 85.63%，H 14.37%。

别名 丙基乙烯；*α-n*-Amylene；Propylethylene

GW 2015-2182 M.I.15，7234

性状 无色液体。能与乙醇、乙醚、苯相混溶，不溶于水。mp −165℃；bp_{760} 30.1℃/101.325kPa；Fp −60℉

(−51℃)；d_4^{20} 0.6429；n_D^{20} 1.3714。一般试剂含量≥97.0%（GC）。

注意事项 该品极易燃。口服有害，并能损伤肺脏。使用时应避免吸入本品的蒸气。使用现场禁止吸烟。切勿排入下水道。如误服本品不能吐出，应立即请医生诊治，并出示瓶签或包装物。应远离火种，采取抗放静电措施，于阴凉通风良好处密封保存。

主要用途 有机试剂。气相色谱标准物。

2-Pentene 2-戊烯 07762

[109-68-2] C_5H_{10} 70.14

成分 C 85.63%，H 14.37%。

别名 对称甲基乙基乙烯；*β*-*n*-Amylene；*sym*-Methylethylethylene

GW 2015-2183 M.I.15，7235

性状 无色液体。为顺、反式混合物。溶于乙醇，不溶于水。mp −180～−135℃；bp 36～37℃；Fp −50℉(−45℃)；d_4^{20} 0.651；n_D^{20} 1.381。一般试剂含量≥98.5%（GC）。

注意事项 该品高度易燃。对眼睛、呼吸系统及皮肤有刺激性。口服有害，并能损伤肺脏。使用时应穿适当的防护服。使用现场禁止吸烟。切勿排入下水道。万一接触到眼睛，应立即用大量水冲洗后请医生诊治。如误服本品不能吐出，应立即请医生诊治，并出示瓶签或包装物。应远离火种，采取抗放静电措施，于通风良好处密封保存。

主要用途 有机合成。

cis-2-Pentene 顺式-2-戊烯 07763

[627-20-3] C_5H_{10} 70.14

成分 C 85.62%，H 14.37%。

GW 2015-2183 M.I.15，7235

性状 无色液体。mp −180～−178℃；bp 37℃；Fp 3.2℉(−18℃)；d_4^{20} 0.6503；d_4^{80} 0.5824；d_4^{30} 0.6392；d_4^{0} 0.6710；n_D^{20} 1.38130。一般试剂含量≥96.0%（GC）。

注意事项 见 07762 2-戊烯。

主要用途 有机合成。

Pentifylline 1-己基可可碱 07764

[1028-33-7] $C_{13}H_{20}N_4O_2$ 264.33

成分 C 59.07%，H 7.63%，N 21.20%，O 12.11%。

别名 1-Hexyl-3,7-dihydro-3,7-dimethyl-1*H*-purine-2,6-dione；1-Hexyltheobromine；1-Hexyl-3,7-dimethylxanthine；3,7-Dimethyl-1-hexyl-1*H*,3*H*-purin-2,6-dione；SK-7；Cosaldon

M.I.15，7240

性状 无色结晶。mp 82～83℃。

注意事项 该品口服有害。使用时应穿适当的防护服和戴手套。使用时应避免吸入本品的粉尘。

主要用途 生化研究。医用血管舒张剂。

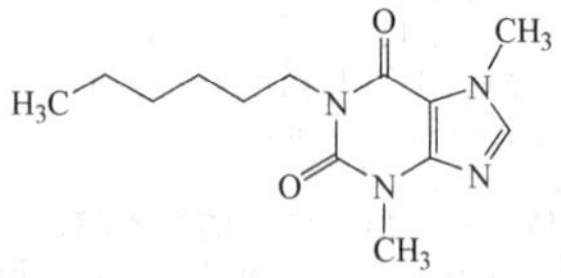

Pentisomide 喷替索胺 07765

[78833-03-1] $C_{19}H_{33}N_3O$ 319.49

成分 C 71.43%，H 10.41%，N 13.15%，O 5.01%。

别名 *α*-[2-[Bis(1-methylethyl)amino]ethyl]-*α*-(2-methylpropyl)-2-pyridineacetamide；2-[2-(Diisopropylamino)ethyl]-4-methyl-2-(2-pyridyl)pentanamide；Propisomide；Penticainide；CM-7857；ME-3202

M.I.15，7242

性状 来自二异丙醚中的白色结晶。溶于水，mp 108～109℃。

主要用途 医用抗心律失常剂（Ⅰ类）。

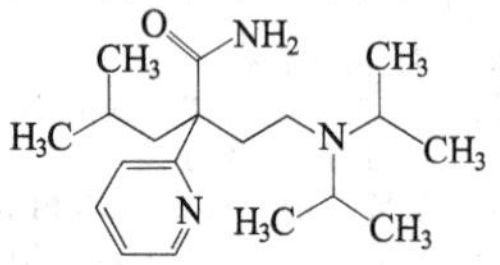

Pentobarbital sodium salt 戊巴比妥钠盐 07766

[57-33-0] $C_{11}H_{17}N_2NaO_3$ 248.26

成分 C 53.22%，H 6.90%，N 11.28%，Na 9.26%，O 19.33%。

别名 Carbrital；Embutal；Nembutal；Narcoren；Nembutal；Pentone；Praecicalm；Sodium pentobarbital；Sodium 5-ethyl-5-(1-methyl butyl)barbiturate；Soluble pentobarbityl；Somnopentyl；Sopental；5-Ethyl-5-(1-methylbutyl)-2,4,6(1*H*,3*H*,5*H*)-pyrimidinetrione sodium salt；5-Ethyl-5-(1-methylbutyl) barbituric acid sodium salt；Mebubarbital sodium salt；Pentobarbitone sodium salt；Neodorm sodium salt

M.I.15，7243

性状 白色粉末。味微苦。易溶于水、乙醇，几乎不溶于苯、乙醚。水溶液呈碱性且不稳定。约 127℃分解。LD_{50} 大鼠急性经口：118mg/kg。

注意事项 该品口服有毒。使用时如有事故发生或有不适之感，应立即请医生诊治，并出示瓶签。

主要用途 生化研究。医用镇静剂，安眠剂。

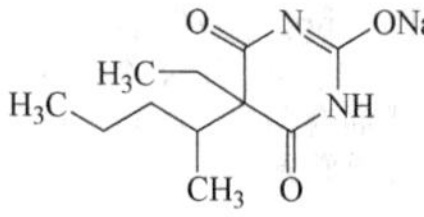

Pentolinium tartrate 酒石酸戊双吡胺 07767

[52-62-0] $C_{23}H_{42}N_2O_{12}$ 538.59

成分 C 51.29%，H 7.86%，N 5.20%，O 35.65%。

别名 安血定；酒石酸喷吐林铵；1,1′-(1,5-Pentanediyl)bis[1-methylpyrrolidinium]salt with[*R*-(*R**,*R**)]-2,3-dihydroxybutanedioic acid(1∶2)；Pentamethylene-1,5-bis(1-methylpyrrolidinium) hydrogen tartrate；Pentapyrrolidinium bitartrate；Pentolonium bitartrate；M & B 2050A；Ansolysen Tartrate；Ansolysen Bitartrate；Pentilium

M.I.15，7245

性状 无色结晶。不吸潮。味酸。易溶于水、25%聚乙烯吡咯烷酮水溶液，其 10%水溶液 pH 值约 3.5。1g 该品溶于 0.4mL 水、810mL 乙醇，不溶于乙醚、氯仿。约 203℃分解。

注意事项 该品口服有害。使用时应穿适当的防护服。应密封于2～8℃保存。

主要用途 生化研究。医用抗高血压剂。

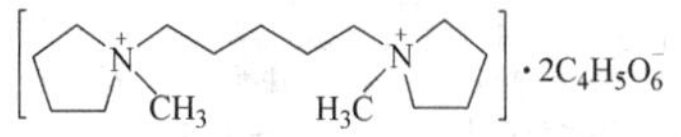

Pentosan polysulfate sodium salt 戊聚糖多硫酸酯钠盐 07768

[37319-17-8] 1500～5000

别名 Sodium Pentosan polysulfate；Sodium xylan polysulfate；Cartrophen；Elmiron；Fibrse；Fibrezym；Hémoclar；SP-54；Thrombocid Xylan hydrogen sulfate sodium salt；Xylan polysulfate sodium salt；CB-8061-Na

M.I.15，7247

性状 白色粉末。无气味。微潮解。溶于水，其 10%水溶液 pH 值约 6.0。n_D^{20} 1.344（其 10%水溶液中）；$[\alpha]_D^{20}$ −57°。

主要用途 医用治疗间质性膀胱炎，抗血栓形成剂。兽用抗炎剂。

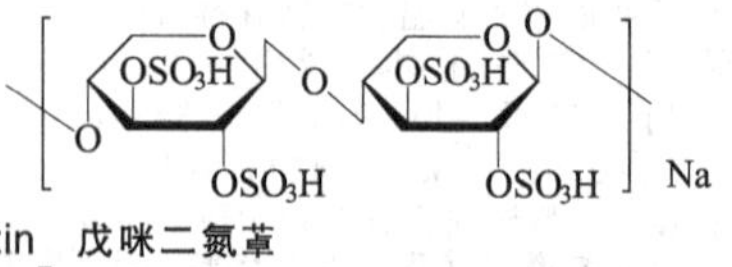

Pentostatin 戊咪二氮䓬 07769

[53910-25-1] $C_{11}H_{16}N_4O_4$ 268.27

成分 C 49.25%，H 6.01%，N 20.88%，O 23.86%。

别名 (8*R*)-3-(2-Deoxy-*β*-D-*erythro*-pentofuranosyl)-3,4,7,8-tetrahydroimidazo[4,5-*d*]-[1,3]diazepin-8-ol；2′-Deoxycoformycin；DCF；2′-dCF；CL-67310465；NSC-218321；CI-825；Nipent

M.I.15，7248

性状 来自甲醇/水中的白色结晶。易溶于蒸馏水。pK_a（于水中）5.2。mp 220～225℃；$[\alpha]_D^{25}$ +73.0°（*c*=1，于水中）；$[\alpha]_D^{23}$ +73.0°（*c*=1，于 pH 值 7 的缓冲液中）；

uv max（水中，pH 值 7）：282nm（ε 8000），（pH 值 11）：283nm（ε 7970），（pH 值 2）：273nm（ε 7570，初始：3143，6h）

主要用途 医用抗肿瘤剂。

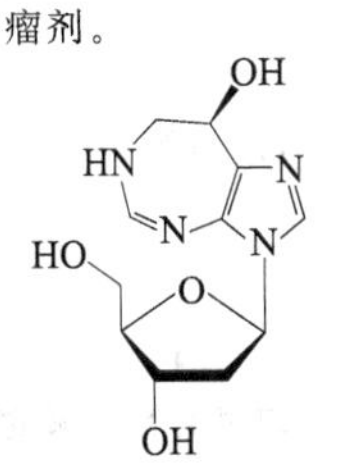

Pentoxifylline 己酮可可碱 07770

[6493-05-6] $C_{13}H_{18}N_4O_3$ 278.31

成分 C 56.10%，H 6.52%，N 20.13%，O 17.25%。

别名 3,7-Dihydro-3,7-dimethyl-1-(5-oxohexyl)-1*H*-purine-2,6-dione；1-(5-Oxohexyl) theobromine；1-(5-Oxohexyl)-3,7-dimethylxanthine；3,7-Dimethyl-1-(5-oxohexyl)-1*H*,3*H*-purin-2,6-dione；Oxpentifylline；Vazofirin；BL-191；Azupentat；Durapental；Rentylin；Torental；Trental

M. I. 15，7249

性状 来自甲醇中的无色针状结晶。溶于水（25℃，77mg/mL；37℃，191mg/mL）、苯（11g/100mL）。易溶于氯仿、甲醇，略溶于乙醇，微溶于乙醚。mp 105℃；uv max：273nm，208 nm（$E_{1cm}^{1\%}$ 365，935）。LD_{50}小鼠急性经口：1385mg/kg。

注意事项 该品口服有害。使用时应穿适当的防护服。

主要用途 生化研究。医用血管扩张剂。

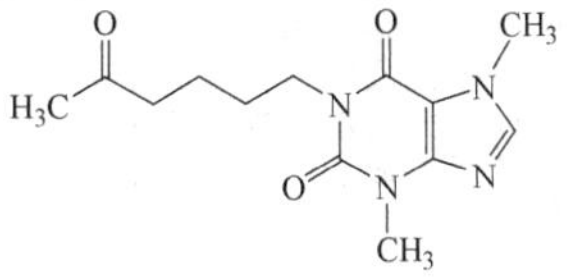

Pentoxyl 潘托西 07771

[147-61-5] $C_6H_8N_2O_3$ 156.14

成分 C 46.15%，H 5.16%，N 17.94%，O 30.74%。

别名 白血生；5-羟甲基-6-甲基尿嘧啶；5-Hydroxymethyl-6-methyl-2,4-(1*H*,3*H*)-pyimidinedione；5-Hydroxymethyl-6-methyluracil；5-Hydroxymethyl-4-methyluracil；4-Methyl-5-hydroxymethyluracil

M. I. 15，7250

性状 来自沸水中的无色结晶。mp 314～315℃（分解）。

主要用途 医用白细胞生成刺激剂。

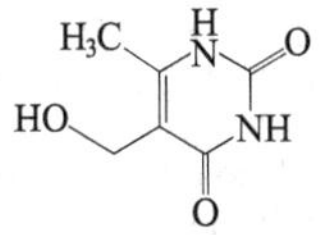

Pentrinitrol 三硝酸季戊四醇酯 07772

[1607-17-6] $C_5H_9N_3O_{10}$ 271.14

成分 C 22.15%，H 3.35%，N 15.50%，O 59.01%。

别名 2,2-Bis[(nitrooxy) methyl]-1,3-propanediol mononitrate (ester)；Pentarythritol trinitrate；W-2197；Petrin

M. I. 15，7251

性状 具有黏性的无色液体。溶于水（20℃，0.705g/100mL）、苯（20℃，21.40g/100mL）。易溶于乙醇、乙醚。d_4^{20} 1.544；n_D^{20} 1.4941。

主要用途 医用冠状血管舒张剂。

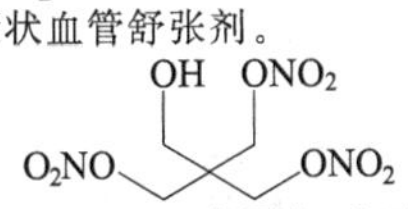

Peplomycin sulfate salt 匹来霉素 硫酸盐 07773

[70384-29-2] $C_{61}H_{90}N_{18}O_{25}S_3$ 1571.67

成分 C 46.62%，H 5.77%，N 16.04%，O 25.45%，S 6.12%。

别名 硫酸匹来霉素；培洛毒素；硫酸盐；Pepleo Injection；N^1-[[[(1*S*)-1-phenylethyl] amino] propyl] bleomycinamide sulfate salt；N^1-[3-[[(1*S*)-α-Methylbenzyl]amino]propyl]bleomycinamide sulfate salt；Pepleomycin sulfate salt；NK-631 sulfate salt

M. I. 15，7257

性状 浅黄色无定形粉末。溶于水、甲醇、乙酸、二甲基亚砜、二甲基甲酰胺，微溶于二氧六环，不溶于乙酸乙酯、丙酮、乙醚、苯。pK_a 2.9，4.8，7.4，9.0。该品 37℃可稳定 3 个月，50℃可稳定 6 周，室温密封保存可于 30 个月中稳定。mp 196～198℃；$[\alpha]_{436}^{25}$ −2.0°。（c=1，于水中）。LD_{50}雄大鼠，小鼠皮下注射（mg/kg）：234，88；腹膜内注射（mg/kg）：208，85；静脉注射（mg/kg）：245，51。

主要用途 医用抗肿瘤剂。

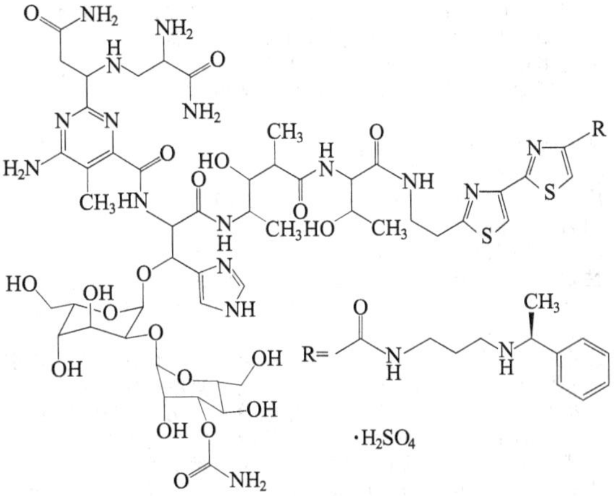

R=

·H_2SO_4

Pepsin from porcine 胃蛋白酶（猪） 07774

[9001-75-6] Mr 约 36000

别名 胃液素；胃蛋白酵素

M. I. 15，7259　　EC　3.4.23.1

性状 白色或微黄白色冷冻干燥粉末。溶于稀酸、水，几乎不溶于乙醇、氯仿、乙醚。$[\alpha]_D^{26}$ −64.5°（于水中，pH 值 4.6）。生化试剂含量 600～1800U/mg。

注意事项 该品对眼睛、呼吸系统及皮肤有刺激性。吸入能引起过敏。使用时应穿适当的防护服和戴手套。应避免吸入本品的粉尘，避免与皮肤接触。万一接触到眼睛，应立即用大量水冲洗后请医生诊治。应充氩气密封于 2～8℃干燥保存。

主要用途 生化研究，用于蛋白质结构的分析等。

Pepstatin 胃朊酸素 07775

[26305-03-3] $C_{34}H_{63}N_5O_9$ 685.90

成分 C 59.54%，H 9.26%，N 10.21%，O 20.99%。

别名 1*S*-[1*R**,2*R**,4[*R**[*R**(*R**)]]]-*N*-3-Methyl-1-oxobutyl-L-valyl-*N*-[4-[[2-[[1-(2-carboxy-1-hydroryethyl)-3-methylbutyl] amino]-1-methyl-2-oxoethyl] amino]-2-hydroxy-1-(2-methylpropyl)-4-oxobutyl]-L-valinamide；*N*-(3-Methyl-1-oxobutyl)-L-valyl-L-valyl-(3*S*,4*S*)-4-amino-3-hydroxy-6-methyl heptanoyl-*N*-[(1*S*)-1-[(1*S*)-2-carboxy-1-hydroxyethyl]-3-methylbutyl]-L-alaninamide；Pepstatin A；*N*-Isovaleryl-L-valyl-L-valyl-3-hydroxy-6-methyl-γ-aminoheptanoyl-L-alanyl-3-hydroxy-6-methyl-γ-aminoheptanoic acid

M. I. 15，7260

性状 无色针状结晶。溶于甲醇、乙醇、乙酸、二甲基亚砜，几乎不溶于苯、氯仿、乙醚、水。mp 228～229℃（分解）；$[\alpha]_D^{27}$ −90.3℃（c=0.288，于甲醇中）。LD_{50}小鼠，大鼠，兔，狗急性经口：全部＞2000mg/kg；腹膜内注射（mg/kg）：1090，875，820，450。生化试剂含量≥90.0%（HPLC）。生化试剂含量≥100000U/mg。

注意事项 该品使用时应避免吸入其粉尘，避免与眼睛及皮肤接触。应充氩气密封于 2～8℃保存。

主要用途 生化研究。

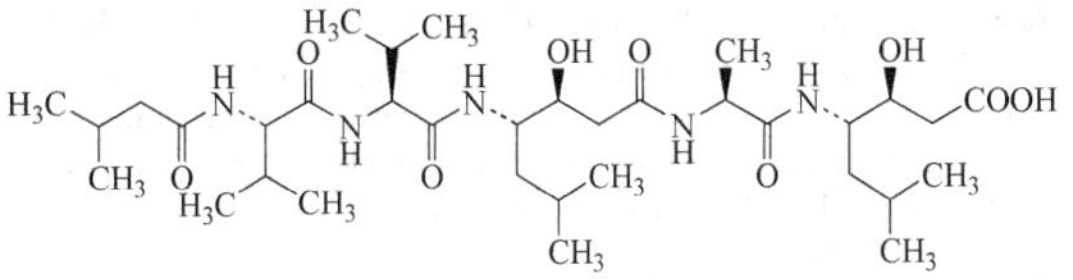

Peptone 蛋白胨 07776
别名 胨
性状 淡黄色粉末。溶于水，不溶于乙醇、乙醚。一般试剂按制得来源分为牛肉胨、大豆胨、酪蛋白胨、鱼粉胨、胃胨、胰胨、脲胨等。
注意事项 该品应密封避光于干燥处保存。
主要用途 生化试剂，如细菌培养基的制备。

Peptone water alkaline 碱性蛋白胨水 07777
别名 蛋白胨水培养基；Alkaline peptone water；AP
性状 近白色粉末。由蛋白胨、氯化钠组成，使用时加蒸馏水调 pH 值 8.2～9.2，经高压蒸汽灭菌备用。
注意事项 该品应密封于阴凉干燥处保存。
主要用途 用于霍乱弧菌选择性增菌培养。

Perchloric acid 高氯酸 07778
[7601-90-3] $ClHO_4$ 100.45
成分 Cl 35.29%，H 1.00%，O 63.71%。
别名 过氯酸
GW 2015-798 M. I. 15，7267
性状 无色透明液体。在空气中发烟。久置分解。mp −112℃；bp_{11} 19℃/1.467 kPa；Fp 235.4℉（113℃）；d^{22} 1.768。
注意事项 该品具有强腐蚀性，能引起严重烧伤。受热能引起爆炸。与易燃品接触能引起燃烧。使用时应穿适当的防护服。使用时应避免吸入本品的蒸气。万一接触到眼睛，应立即用大量水冲洗后请医生诊治。使用时如有事故发生或有不适之感，应请医生诊治。应密封于干燥处保存。
主要用途 分析铁合金中磷、铬、铁和硅、钾的定量。氧化剂。高氯酸盐的制备。

参考规格 GB/T 623—2011	优级纯	分析纯
含量（$HClO_4$）/%	70.0～72.0	70.0～72.0
色度/黑曾单位≤	10	15
乙醇不溶物/%≤	0.001	0.002
灼烧残渣（以硫酸盐计）/%≤	0.003	0.006
氯酸盐（ClO_3）/%≤	0.001	0.002
氯化物（Cl）/%≤	0.0001	0.0003
游离氯（Cl）/%≤	0.0005	0.001
硫酸盐（SO_4）/%≤	0.0005	0.001
总氮量（N）/%≤	0.0005	0.001
磷酸盐（PO_4）/%≤	0.0002	0.0005
硅酸盐（以 SiO_3 计）/%≤	0.005	0.005
铁（Fe）/%≤	0.00005	0.0001
铜（Cu）/%≤	0.00001	0.00005
铅（Pb）/%≤	0.00001	0.00005
锰（Mn）/%≤	0.00005	
砷（As）/%≤	0.000005	
银（Ag）/%≤	0.0005	

Percoll® 珀库尔 07779
[65455-52-9]
别名 珀科尔；淋巴细胞分离液
性状 该品系二氧化硅被包上聚乙烯吡咯烷酮的胶体（该品为 Pharmacia 厂的注册商标）。pH 值（20℃）8.90±0.3。d_4^{20} 1.13。
注意事项 该品在高压灭菌和储存中可能出现沉淀，但不影响使用。应密封于 2～8℃保存。

Perfosfamide 培磷酰胺 07780
[62435-42-1][39800-16-3] $C_7H_{15}Cl_2N_2O_4P$ 293.08
成分 C 28.69%，H 5.16%，Cl 24.19%，N 9.56%，O 21.84%，P 10.57%。
别名 *rel*-(2*R*,4*R*)-2-[Bis(2-chloroethyl)amino]tetrahydro-2*H*-1,3,2-oxazaphosphorin-4-yl hydroperoxide *p*-oxide; *cis*-(±)-2-Bis(2-chloroethyl)amino-4-hydroperoxytetrahdro-2*H*-1,3,2-oxazaphosphorine 2-oxide; *cis*-4-Hydroperoxycyclophosphamide; 4-HC; NSC-181815; Peramid
M. I. 15，7276
性状 来自丙酮/乙醚中的白色结晶。mp 107～108℃。LD_{50} 大鼠，小鼠静脉注射（mg/kg）：115，235；腹膜内注射（mg/kg）：131，181。
主要用途 医用抗肿瘤剂。骨骼清洗剂。

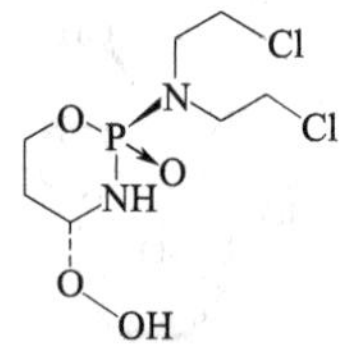

Pergolide mesylate 培高利特 甲磺酸盐 07781
[66104-23-2] $C_{20}H_{30}N_2O_3S_2$ 410.59
成分 C 58.50%，H 7.36%，N 6.82%，O 11.69%，S 15.62%。
别名 甲磺酸培高利特；LY-127809；Celance；Permax；Nopar；Prascend；(8*β*)-8-(Methylthio)methyl-6-propylergoline mesylate；D-6-*n*-Propyl-8*β*-methylmercaptomethylergoline mesylate；LY-141B mesylate
M. I. 15，7277
性状 无色结晶。略微溶于二甲基甲酰胺、甲醇，微溶于水、0.01mol/L 盐酸、氯仿、乙腈、二氯甲烷、无水乙醇，极微溶于丙酮，几乎不溶于 0.1mol/L 氢氧化钠溶液、0.1mol/L 盐酸、乙醚。pK_a（66%二甲基甲酰胺）7.8。mp 258～260℃（分解）；uv max（水中）：279nm（ε 6385）；（甲醇中）：280nm（ε 6980）；（无水乙醇中）：281nm（ε 6993）。生化试剂含量≥98.0%。
注意事项 该品吸入、口服或与皮肤接触极毒。能危害胎儿，损伤生育力。对机体有不可逆损伤的可能性。使用前应得到专门的指导，避免曝露。使用时应穿适当的防护服，戴手套和防护镜或面罩。应避免吸入本品的粉尘。接触皮肤后应立即用大量水冲洗。使用时如有事故发生或有不适之感，应请医生诊治。应密封于−20℃保存。
主要用途 生化研究。医用抗震颤麻痹剂。

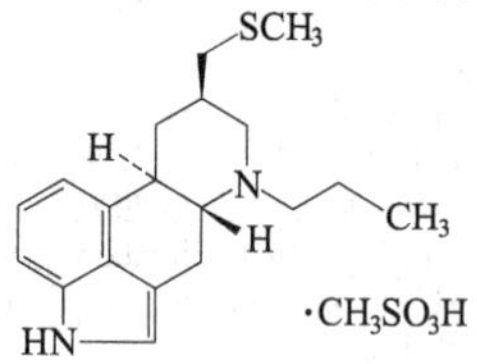

Perhexiline maleate 双环己乙哌啶 顺丁烯二酸盐 07782
[6724-53-4] $C_{23}H_{39}NO_4$ 393.57
成分 C 70.19%，H 9.99%，N 3.56%，O 16.26%。
别名 心舒宁 马来酸盐；冠心宁 马来酸盐；马来酸心舒宁；马来酸冠心宁；双环己乙哌啶 马来酸盐；顺丁烯二酸双环己乙哌啶；2-(2,2-Dicyclohexylethyl)piperidine maleate；1,1-Dicyclohexyl-2-(2-piperidyl)ethane maleate；Perhexilene maleate；Pexid
M. I. 15，7278
性状 无色结晶或白色粉末。mp 185.5～191℃。LD_{50} 大鼠，小鼠急性经口：>7，4.37g/kg。
主要用途 生化研究。医用冠状动脉扩张剂，利尿剂。

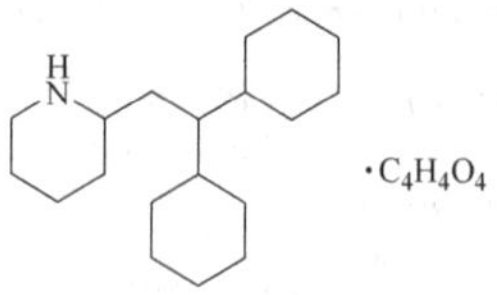

Pericyazine 哌氰嗪 07783
[2622-26-6] $C_{21}H_{23}N_3OS$ 365.50
成分 C 69.01%，H 6.34%，N 11.50%，O 4.38%，S 8.77%。
别名 10-[3-(4-Hydroxy-1-piperidinyl)propyl]-10*H*-phenothiazine-2-carbonitrile；2-Cyazo-10-[3-(4-hydroxypiperidino)propyl]phenothiazine；Periciazine；Propericiazine；RP-8908；Aolept；Neulactil；Neuleptil
M. I. 15，7279
性状 无色结晶。mp 116～117℃；uv max：232.5nm，

271.5nm（lg ε 4319，4503）。LD_{50} 大鼠急性经口：395mg/kg。

主要用途 医用抗精神抑制剂。钯及铷的分光光度测定试剂。

Perillaketone 紫苏酮 07784

[553-84-4] $C_{10}H_{14}O_2$ 166.22

成分 C 72.26%，H 8.49%，O 19.25%。

别名 1-(3-Furanyl)-4-methyl-1-pentanone；1-(3-Furyl)-4-methyl-1-pentanone；*β*-Furyl isoamyl ketone

M.I.15，7281

性状 无色油状液体。对氧敏感，长期储存变为红橙色。bp 196℃；d_{15}^{15} 0.9920；n_D^{20} 1.4781；uv max（乙醇中）：207nm，253nm（ε 14100，5800）。LD_{50} 雌，雄小鼠，雄大鼠腹膜内注射（mg/kg）：2.5，6，10。

D-Perillaldehyde D-紫苏醛 07785

[5503-12-8] $C_{10}H_{14}O$ 150.22

成分 C 79.95%，H 9.39%，O 10.65%。

别名 4-(1-Methylethenyl)-1-cyclohexene-1-carboxaldehyde；(*R*)-4-Isopropenyl-1-cyclohexene-1-carboxaldehyde

M.I.15，7282

性状 无色液体。bp_{745} 237℃/99.32kPa；bp_7 98～100℃/0.93kPa；d_4^{20} 0.953；n_D^{20} 1.5058；$[\alpha]_D^{20}$ +127°（*c* = 13.1，于四氯化碳中）。LD_{50} 小鼠急性经口：1.72g/kg；豚鼠皮肤接触：>5g/kg。一般试剂含量≥98.0%（GC）。

注意事项 该品对眼睛，呼吸系统及皮肤有刺激性。使用时应穿适当的防护服。万一接触到眼睛，应立即用大量水冲洗后请医生诊治。

Perimethazine 哌甲氧嗪 07786

[13093-88-4] $C_{22}H_{28}N_2O_2S$ 384.54

成分 C 68.72%，H 7.34%，N 7.29%，O 8.32%，S 8.34%。

别名 1-[3-(2-Methoxy-10*H*-phenothiazin-10-yl)-2-methylpropyl]-4-piperidinol；2-Methoxy-10-[2-methyl-3-(4-hydroxypiperidino)propyl]phenothiazine；3-Methoxy-10-[3-(4-hydroxypiperidyl)-2-methylpropyl] phenothiazine；Perimetazine；RP-9159；AN-1317；Leptryl

M.I.15，7283

性状 来自苯及环己烷（15：85）中的无色或白色结晶性粉末。mp 137～138℃。

主要用途 医用精神抑制剂。

Periodic acid dihydrate 高碘酸 二水 07787

[10450-60-9] H_5IO_6 227.94

成分 H 2.21%，I 55.67%，O 42.11%。

别名 二水合高碘酸；仲高碘酸；过碘酸；一缩原高碘酸；Paraperiodic acid

GW 2015-793 M.I.15，7286

性状 无色单斜结晶。有潮解性。易溶于水，溶于乙醇，微溶于乙醚。在真空中热至 100℃开始升华。mp 122℃。130～140℃分解，生成五氧化二碘、水和氧气。一般试剂含量≥99.0%（RT）。

注意事项 该品具有腐蚀性，能引起烧伤。与易燃品接触能引起燃烧。使用时应穿适当的防护服，戴手套和防护镜或面罩。万一接触到眼睛，应立即用大量水冲洗后请医生诊治。使用时如有事故发生或有不适之感，应请医生诊治。应远离易燃品密封避光干燥保存。

主要用途 测定钾的试剂。

Perivine 波里芬 07788

[2673-40-7] $C_{20}H_{22}N_2O_3$ 338.41

成分 C 70.98%，H 6.55%，N 8.28%，O 14.18%。

别名 4-Demethyl-3-oxovobasan-17-oic acid methyl ester

M.I.15，7292

性状 来自甲醇中的无色棱柱体结晶。于 66%二甲基甲酰胺中 pK_a 7.5；218～221℃分解；$[\alpha]_D^{26}$ −121.4°（于氯仿中）；uv max（甲醇中）：314nm（$E_{1cm}^{1\%}$ 2.67）。

主要用途 生化研究。医用抗肿瘤剂。

Perlapine 哌拉平 07789

[1977-11-3] $C_{19}H_{21}N_3$ 291.40

成分 C 78.31%，H 7.26%，N 14.42%。

别名 甲哌嗪二苯氮䓬；6-(4-Methyl-1-piperazinyl)-11*H*-dibenz[*b*，*e*]azepine；6-(4-Methyl-1-piperazinyl) morphanthridine；AW-14′2333；HF-2333；mp -11；Hypnodin

M.I.15，7293

性状 来自丙酮-石油醚中的黄色三棱形结晶。mp 136～138℃。LD_{50} 雄、雌小鼠，雄、雌大鼠静脉注射（mg/kg）：61、61、60、66；皮下注射（mg/kg）：250、300、480、420；急性经口（mg/kg）：270、280、660、720。

主要用途 医用安眠剂。

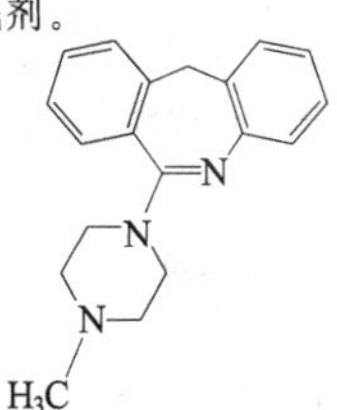

Permethrin 苄氯菊酯 07790

[52645-53-1] $C_{21}H_{20}Cl_2O_3$ 391.29

成分 C 64.46%，H 5.15%，Cl 18.12%，O 12.27%。

别名 二氯苯醚菊酯；安棉宝；除虫精；3-(2，2-Dichloroethenyl)-2，2-dimethylcyclopropanecarboxylic acid (3-phenoxyphenyl) methyl ester；3-(Phenoxyphenyl) methyl (±)-*cis*，*trans*-3-(2，2-dichloroethenyl)-2，2-dimethylcyclopropanecarboxylate；*m*-Phenoxybenzyl (±)-*cis*，*trans*-3-(2，2-dichlorovinyl)-2，2-dimethylcyclopropanecarboxylate；FMC-33297；NIA-33297；NRDC-143；PP-557；SBP-1513；S-3151；Ambush；Corsair；Dragnet；Ectiban；Elimite；Eksmin；Nix；Permasect；Pounce；Ridect PourOn

M.I.15，7294

性状 无色结晶至微黄色具黏性的液体。一般为约 60%反式异构体及约 40%顺式异构体的混合物。溶于或能与一般有机溶剂相混溶。极微溶于水（$<1\times10^{-6}$）。mp 约 35℃；$bp_{0.05}$ 220℃/6.666Pa；d^{20} 1.190～1.272。LD_{50} 雌大鼠急性经口：3801mg/kg。LD_{50} 8 日大鼠，雄成熟大鼠急性经口（mg/kg）：340.5，1500。

注意事项 该品吸入、口服或接触皮肤有害。对蜜蜂与鱼有毒。对水生物极毒。能对水环境引起长期不良的结果。使用时应穿适当的防护服，戴手套和防护镜或面罩。应避免接触皮肤。应防止将本品释放于环境中。其包装物应按危险品处理。应远离食品、饮料、饲料密封保存。

主要用途 杀虫剂。杀体外寄生物（如除虱剂）。分析用标准物质。

Permutit 人造沸石 07791

约 $Na_2O \cdot Al_2O_3 \cdot xSiO_2 \cdot yH_2O$

别名 交替砂；变通质；软水砂；滤砂

性状 由陶土、硅砂和碳酸钠等混合熔融而成。为近白色无定形碎颗粒。溶于酸、不溶于水。

主要用途 钙、镁、铁等离子的交换剂。血液、尿中氨量的测定。净水剂。砂糖精制等。

Perospirone hydrochloride 哌罗匹隆 盐酸盐 07792

[129273-38-7] $C_{23}H_{31}ClN_4O_2S$ 463.04

成分 C 59.66%，H 6.75%，Cl 7.66%，N 12.10%，O 6.91%，S 6.92%。

别名 盐酸哌罗匹隆；康尔汀；(3a*R*,7a*S*)-*rel*-2-[4-[4-(1,2-Benzisothiazol-3-yl)-1-piperazinyl]butyl]hexahydro-1*H*-isoindole-1,3(2*H*)-dione hydrochloride；*cis*-*N*-[4-[4-(1,2-Benzisothiazol-3-yl)-1-piperazinyl]butyl]-1，2-cyclohexanedicarboximide hydrochloride SM-9018；Lullan

M. I. 15，7296

性状 一般试剂为二水合物。mp 192～193℃。

主要用途 医用精神抑制剂。

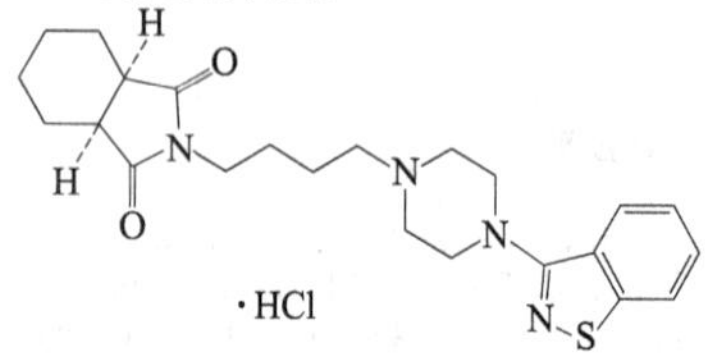

·HCl

Peroxidase from horseradish 过氧化物酶（辣根） 07793

[9003-99-0] Mr 约 40000

别名 Horse radish peroxidase；HRP；POD

EC 1.11.1.7

性状 浅棕色冻干粉末。溶于水。一般试剂含量≥100U/mg。

注意事项 使用时应避免吸入本品的粉尘，避免与眼睛及皮肤接触。应充氩气密封于－20℃干燥保存。

主要用途 生化研究中用作酶标物。测定生物液体中葡萄糖和半乳糖。

Peroxyacetic acid 过氧乙酸 07794

[79-21-0] $C_2H_4O_3$ 76.05

成分 C 31.59%，H 5.30%，O 63.11%。

别名 过氧醋酸；过乙酸；过醋酸；Ethaneperoxoic acid；Peracetic acid；Ethaneperoxoic acid；Acetyl hydroperoxide

GW 2015-926 M. I. 15，7263

性状 无色透明液体。有酸味。易溶于水、乙醇、乙醚、硫酸，溶于稀乙酸中。在稀水溶液中稳定。pK_a 8.2。mp 0℃；$bp_{1.2}$ 25℃/0.16kPa；Fp 133℉（56℃）；d_4^{20} 1.0375；n_D^{20} 1.3974。LD_{50} 大鼠急性经口：1540mg/kg；兔皮肤接触：1410mg/kg。LC_{50}大鼠吸入：450mg/m³。一般试剂含量约 32%。含≤6.0%的过氧化氢及 40%～45%的乙酸。

注意事项 该品能导致燃烧。吸入、口服或与皮肤接触有害。具有强腐蚀性，能引起严重烧伤。对水生物极毒。使用时应穿适当的防护服，戴手套和防护镜或面罩。万一接触到眼睛，应立即用大量水冲洗后请医生诊治。使用时如有事故发生或有不适之感，应请医生诊治。其包装物应按危险品处理。

主要用途 纸、油脂、淀粉、织物漂白剂。

Perphenazine 佩吩嗪 07795

[58-39-9] $C_{21}H_{26}ClN_3OS$ 403.97

成分 C 62.44%，H 6.49%，Cl 8.78%，N 10.40%，O 3.96%，S 7.94%。

别名 奋乃静；羟哌氯丙嗪；4-[3-(2-Chloro-10*H*-phenothiazin-10-yl)propyl]-1-piperazineethanol；2-Chloro-10-[3-[1-(2-hydroxyethyl)-4-piperazinyl]propyl]phenothiazine；1-(2-Hydroxyethyl)-4-[3-(2-chloro-10-phenothiazinyl)propyl]piperazine；Chlorpiprazine；Chlorpiprozine；PZC；Sch-3940；Trilafon；Trilifan；Decentan；Fentazin；Perphenan

M. I. 15，7297

性状 无色结晶。对光敏感。易溶于氯仿，溶于乙醇（153mg/mL）、丙酮（82mg/mL），几乎不溶于水、芝麻油。mp 94～100℃；bp_1 278～281℃/133.32Pa；$bp_{0.15}$ 214～218℃/6.666Pa。

注意事项 该品口服有害。接触皮肤能引起过敏。使用时应穿适当的防护服，戴手套和防护镜或面罩。接触皮肤后应立即用大量水冲洗。使用时如有事故发生或有不适之感，应请医生诊治。应密封于 2～8℃保存。

主要用途 生化研究。医用精神抑制剂。

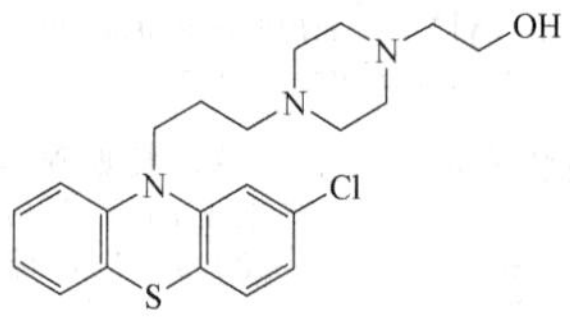

Perylene 苝 07796

[198-55-0] $C_{20}H_{12}$ 252.32

成分 C 95.21%，H 4.79%。

别名 二萘嵌苯；苝；Dibenz [*de*，*kl*] anthracene；*peri*-Dinaphthalene

M. I. 15，7299

性状 来自甲苯中的无色至浅黄色结晶。易溶于氯仿、二硫化碳，中等程度溶于苯，微溶于乙醚、乙醇、丙酮，略微溶于石油醚，不溶于水。mp 273～274℃；350～400℃升华；*d* 1.35；λ_{max} 435nm（lg ε 4.52）。一般试剂含量≥99.0%（HPLC）。

注意事项 该品对机体有不可逆损伤的可能性。使用时应穿适当的防护服，戴手套和防护镜或面罩。应避免吸入本品的粉尘，避免与眼睛及皮肤接触。

主要用途 有机合成。

Perylene-3,4,9,10-tetracarboxylic dianhydride 苝-3,4,9,10-四羧酸二酐 07797

[128-69-8] $C_{24}H_8O_6$ 392.32

成分 C 73.48%，H 2.06%，O 24.47%。

别名 3,4,9,10-苝四羟酸二酐；3,4,9,10-苝四羧酸酐；3,4,9,10-Perylenetetracarboxylic dianhydride

性状 无色结晶。遇水分解。mp>300℃。一般试剂含量≥98.0%（GC）。

注意事项 该品对眼睛、呼吸系统及皮肤有刺激性。使用时应穿适当的防护服。万一接触到眼睛，应立即用大量水冲洗后请医生诊治。应充氩气密封干燥保存。

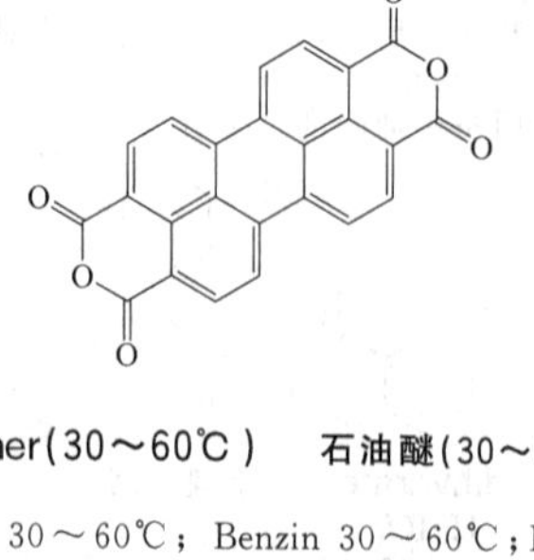

Petroleum ether(30～60℃) 石油醚(30～60℃) 07798

[8032-32-4]

别名 石油精 30～60℃；Benzin 30～60℃；Naphtha 30～60℃；Petroleum benzin 30～60℃；Petro-leum spirit 30～60℃

GW 2015-1965 M. I. 15，7303

性状 无色透明液体。有特殊气味。极易挥发。能与无水乙醇、乙醚、苯、三氯甲烷等有机溶剂相混溶，不溶于水。bp 30～60℃；d_4^{20} 0.625～0.660。

注意事项 该品高度易燃。口服有害，并能损伤肺脏。对皮肤有刺激性。对水生物极毒。能对水环境引起长期不良的影响。反复曝露可造成皮肤干裂或开裂。使用现场禁止吸烟。切勿排入下水道。如误服本品不能吐出，应立即请医生诊治，并出示瓶签或包装物。应防止将本品释放于环境中。应远离火种，采取抗放静电措施，于通风良好处密封保存。其包装物应按危险品处理。

主要用途 溶剂。萃取剂，去垢剂。

参考规格 GB/T 15984—2008

	分析纯
沸程（90.0%）/℃	30～60
色度/黑曾单位≤	10
蒸发残渣/%≤	0.001
水分（H_2O）/%≤	0.015
苯（C_6H_6）/%≤	0.025
酸度（以 H^+ 计）/（mmol/g）≤	0.000015
硫化合物（以 SO_4 计）/%≤	0.015
铁（Fe）/%≤	0.0001
铅（Pb）/%≤	0.0001
易碳化物质	合格

Petroleum ether(60～90℃) 石油醚(60～90℃) 07799

[8032-32-4]

别名 石油精 60～90℃；Benzin 60～90℃；Naphtha 60～90℃；Petroleum benzin 60～90℃；Petro-leum spirit 60～90℃

GW 2015-1965　M. I. 15，7303

性状 无色透明液体。有特殊气味。易挥发。能与无水乙醇、乙醚、苯、三氯甲烷等有机溶剂相混溶，不溶于水。bp 60～90℃；d_4^{20} 0.672。

注意事项 见 07798 石油醚 30～60℃。

主要用途 溶剂。萃取剂，去垢剂。

参考规格 GB/T 15894—2008

	分析纯
沸程（90.0%）/℃	60～90
色度/黑曾单位≤	10
蒸发残渣/%≤	0.001
水分（H_2O）/%≤	0.015
苯（C_6H_6）/%≤	0.025
酸度（以 H^+ 计）/（mmol/g）	0.000015
硫化合物（以 SO_4 计）/%≤	0.015
铁（Fe）/%≤	0.0001
铅（Pb）/%≤	0.0001
易碳化物质	合格

Petroleum ether(90～120℃) 石油醚(90～120℃) 07800

[8032-34-4]

别名 石油精 90～120℃；Benzin 90～120℃；Naphtha 90～120℃；Petroleum benzin 90～120℃；Petro-leum spirit 90～120℃

GW 2015-1965　M. I. 15，7303

性状 无色透明液体。有特殊气味。能与无水乙醇、乙醚、苯、三氯甲烷等有机溶剂相混溶，不溶于水。bp 190～120℃。

注意事项 见 07798 石油醚（30～60℃）。

主要用途 溶剂。萃取剂，去垢剂。

参考规格 GB/T 15894—2008

	分析纯
沸程（90.0%）/℃	90～120
色度/黑曾单位≤	10
蒸发残渣/%≤	0.001
水分（H_2O）/%≤	0.015
酸度（以 H^+ 计）/（mmol/g）	0.000015
硫化合物（以 SO_4 计）/%≤	0.015
铁（Fe）/%≤	0.0001
铅（Pb）/%≤	0.0001
易碳化物质	合格

Peucedanin 前胡内酯 07801

[133-26-6]　$C_{15}H_{14}O_4$　258.27

成分 C 69.76%，H 5.46%，O 24.78%。

别名 前胡精；3-Methoxy-2-(1-methylethyl)-7*H*-furo[3,2-*g*][1]benzopyran-7-one；6-Hydroxy-2-isopropyl-3-methoxy-5-benzofuranacrylic acid δ-lactone；4-Methoxy-5-isopropylfuro[2,3：6,7]coumarin；Oreoselone methyl ether

M. I. 15，7306

性状 来自乙醚/石油醚中的无色针状结晶，mp 84～87℃。或来自石油醚中的结晶，mp 102.5℃。易溶于氯仿、二硫化碳，溶于热乙醇、乙醚、乙酸，略微溶于苯、石油醚，几乎不溶于水。uv max（甲醇中）：255nm，295nm，340nm（lg ε 4.40，4.05，3.70）。LD_{50} 小鼠急性经口：315mg/kg。

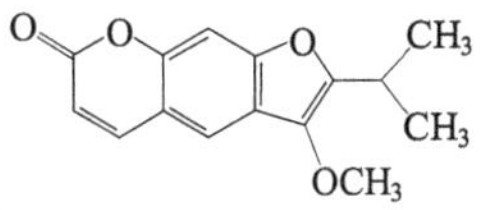

Phalloidin from Amanita phalloides 毒伞素（鬼笔鹅膏） 07802

[17466-45-4]　$C_{35}H_{48}N_8O_{11}S$　788.87

成分 C 53.29%，H 6.13%，N 14.20%，O 22.31%，S 4.06%。

别名 Phalloidine

M. I. 15，7311

性状 来自水中的为六水合物，无色针状结晶。溶于水（0℃，0.5%），较多地溶于热水。易溶于甲醇、乙醇、丁醇、吡啶。mp 280～282℃；uv max（于水中）：295nm（$E_{1cm}^{1\%}$ 0.597）。LD_{50} 小鼠腹膜内注射：2mg/kg；白化小鼠肌肉注射：3.3μg/g。一般试剂含量≥90.0%。

注意事项 该品吸入、口服或与皮肤接触极毒。使用时应有专门人员的指导。使用时应穿适当的防护服和戴手套。使用时应避免吸入本品的粉尘。接触皮肤后应立即用大量水冲洗。使用时如有事故发生或有不适之感，应请医生诊治。必须由专人保存。

主要用途 生化研究。

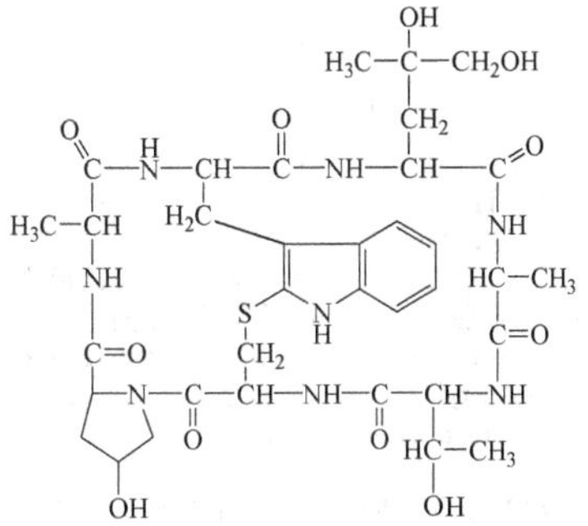

Phanquinone 安痢平 07803

[84-12-8]　$C_{12}H_6N_2O_2$　210.19

成分 C 68.57%，H 2.88%，N 13.33%，O 15.22%。

别名 4,7-二氮菲-5,6-二酮；4,7-Phenanthroline-5,6-dione；4,7-Phenanthroline-5,6-quinone；5,6-Dioxo-5,6-dihydro-4,7-phenanthrolone；Phanchinone；Phanquone；Ciba 11925；Entobex

M. I. 15，7312

性状 来自甲醇中的无色结晶。溶于烯矿物酸，略微溶于水、乙醇。mp 295℃（分解）。

主要用途 医用抗阿米巴剂。

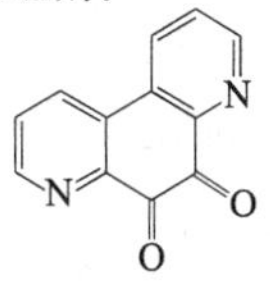

Pharmalyte® 载体两性电解质 07804

[70582-56-1]

性状 无色液体。d_4^{20} 约 1.15。该系列品种因 pH 值不同而分为多个品种。

注意事项 使用时应避免与眼睛及皮肤接触。应充氩气密封于 2～8℃保存。

主要用途 大分子蛋白质的等电聚焦分离提纯。

Phaseolin 菜豆素 07805
[13401-40-6] $C_{20}H_{18}O_4$ 322.36
成分 C 74.52%，H 5.63%，O 19.85%。
别名 云扁豆蛋白；菜豆球蛋白；(6b*R*，12b*R*)-6b，12b-Dihydro-3，3-dimethyl-3*H*，7*H*-furo[3，2-*c*：5，4-*f'*]bis[1]benzopyran-10-ol；Phaseollin
M. I. 15，7313
性状 无色结晶。p*K*a 9.13；mp 177～178℃；$[\alpha]_{578}$ −145°；uv max（乙醇中）：207nm，230nm，280nm，286nm（lg ε 4.68，4.40，3.97，3.90）。

***R*-(−)-α-Phellandrene *R*-(−)-α-水芹烯** 07806
[4221-98-1] $C_{10}H_{16}$ 136.24
成分 C 88.16%，H 11.84%。
别名 (*R*)-5-异丙基-2-甲基-1，3-环己二烯；α-菲兰烯；(*R*)-5-Isopropyl-2-methyl-1，3-cyclohexadiene；(−)-*p*-Mentha-1，5-diene；2-Methyl-5-(1-methylethyl)-1，3-cyclohexadiene；*l*-α-Phellandrene
M. I. 15，7315
性状 无色油状液体。溶于乙醚，几乎不溶于水。bp_{758} 171～172℃/101.058kPa；bp_{16} 58～59℃/2.133kPa；Fp 107.6℉（42℃）；d_4^{20} 0.8410；n_D^{20} 1.4709；$[\alpha]_D^{20}$ −217°。一般试剂含量≥95.0%（GC）。
注意事项 该品易燃。应充氩气密封于2～8℃保存。

Phenacetin 非那西汀 07807
[62-44-2] $C_{10}H_{13}NO_2$ 179.22
成分 C 67.02%，H 7.31%，N 7.82%，O 17.85%。
别名 *N*-乙酰基对乙氧基苯胺；对乙氧基乙酰苯胺；*N*-乙酰-4-乙氧基苯胺；乙酰对氨基苯乙醚；4-Acetamido-1-ethoxybenzene；*p*-Acetophenetidide；Acetophenetidin；Acet-*p*-phenetidin；1-Acetyl-*p*-phenetidin；*p*-Ethoxyacetanilide；*N*-(4-Ethoxyphenyl)acetamide；Paraacetphenetidin；*p*-Acetophenetide
M. I. 15，7319
性状 无色或白色微小鳞片状结晶或粉末。微有苦味。1g该品溶于1310mL冷水、82mL沸水、15mL冷乙醇、2.8mL沸乙醇、14mL氯仿、90mL乙醚，溶于甘油。mp 134～135℃。LD_{50}大鼠急性经口：1.65g/kg。一般试剂含量≥98.0%（HPLC）。
注意事项 该品口服有害。能致癌。使用前应得到专门的指导，避免曝露。使用时应穿适当的防护服和戴手套。使用时如有事故发生或有不适之感，应请医生诊治。
主要用途 有机微量元素分析测定氨基氮、乙酰基和乙氧基氮、氢、碳定性分析的标准试剂。医用止痛剂，抗发热剂。

Phenacylamine hydrochloride
苯甲酰甲胺 盐酸盐 07808
[5468-37-1] $C_8H_{10}ClNO$ 171.63
成分 C 55.99%，H 5.87%，Cl 20.66%，N 8.16%，O 9.32%。
别名 盐酸苯甲酰甲胺；盐酸苯甲酰甲基胺；盐酸2-氨基苯乙酮；2-氨基苯乙酮 盐酸盐；2-Aminoacetophenone hydrochloride；2-Amino-1-phenylethanone hydrochloride；α-Aminoacetophenone hydrochloride；ω-Aminoacetophenone hydrochloride
M. I. 15，7321
性状 来自异丙醇+盐酸中的无色结晶。188.5℃分解。一般试剂含量≥98.0%（AT）。
注意事项 该品对眼睛、呼吸系统及皮肤有刺激性。使用时应穿适当的防护服。使用时应避免吸入本品的粉尘，避免与眼睛及皮肤接触。万一接触到眼睛，应立即用大量水冲洗后请医生诊治。

Phenamidine 非那米丁 07809
[101-62-2] $C_{14}H_{14}N_4O$ 254.29
成分 C 66.13%，H 5.55%，N 22.03%，O 6.29%。
别名 4，4'-二脒基二苯醚；双脒苯基醚；氧二苯脒；4，4'-Oxybisbenzenecarboxmidamide；4，4'-Oxydibenzamidine；4，4-Diamidinodiphenyl ether
M. I. 15，7322
性状 来自水中的无色不规则的片状结晶。mp 215～216℃。
主要用途 兽用抗原生物剂（抗巴贝虫剂）。

(−)-Phenamp romide hydrochloride
(−)-哌苯丙酰胺 盐酸盐 07810
[129-83-9](无HCl) $C_{17}H_{27}ClN_2O$ 310.87
成分 C 65.68%，H 8.75%，Cl 11.40%，N 9.01%，O 5.15%。
别名 盐酸(−)-哌苯丙酰胺；*N*-[1-Methyl-2-(1-piperidinyl)ethyl]-*N*-phenylpropanamide hydrochloride；*N*-(1-Methyl-2-piperidinoethyl) propionanilide hydrochloride；1-Piperidino-2-(*N*-propionylanilino)propane hydrochloride
M. I. 15，7323
性状 来自乙醇盐酸+乙醚中的无色结晶。mp 201～202℃。
主要用途 麻醉剂的控制剂。

Phenanthrene 菲 07811
[85-01-8] $C_{14}H_{10}$ 178.23
成分 C 94.34%，H 5.66%。
别名 *o*-Diphenylenethylene；Phenanthrin；PNTR
M. I. 15，7326
性状 来自乙醇中的无色有光泽的单斜片状结晶。长时间储存或不纯时可变为浅棕色。质软。发荧光。能升华。1g该品溶于60mL冷乙醇、10mL沸95%乙醇、25mL无水乙醇、2.4mL甲苯、2.4mL四氯化碳、3.3mL无水乙醚、2mL苯、1mL二硫化碳，溶于冰乙酸，其溶液有蓝色荧光，几乎不溶于水。mp 100℃；bp 340℃；d^{25} 1.179。LD_{50}小鼠腹膜内注射：700mg/kg。一般试剂含量≥97.0%（HPLC）。
注意事项 该品口服有害。对眼睛、呼吸系统及皮肤有刺激性。对水生物极毒。使用时应穿适当的防护服和戴手套。万一接触到眼睛，应立即用大量水冲洗后请医生诊治。应防止将本品释放于环境中。其包装物应按危险品处理。应密封避光保存。
主要用途 分子量的测定。溶剂。有机合成。制药工业。

Phenanthrenequinone 菲醌 07812
[84-11-7] $C_{14}H_8O_2$ 208.22
成分 C 80.76%，H 3.87%，O 15.37%。
别名 9，10-菲醌；9，10-Phenanthrenedione；9，10-Phenanthraquinone
M. I. 15，7327

性状 橙黄色或橙红色结晶或粉末。能升华。溶于热乙醇、乙醚、苯、冰乙酸，几乎不溶于水。遇浓硫酸呈深绿色。mp 206～207℃；bp 约 360℃；Fp 465.8℉(241℃)；*d* 1.405。一般试剂含量≥98.0%(HPLC)。

注意事项 该品对眼睛、呼吸系统及皮肤有刺激性。对机体有造成不可逆损伤的可能性。使用时应穿适当的防护服和戴手套。万一接触到眼睛，应立即用大量水冲洗后请医生诊治。

主要用途 用于检定亚硝酸盐及邻二元胺的测定。偶氮化合物结构分析。有机合成。

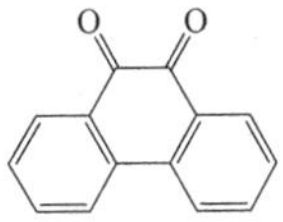

Phenanthridine sublimed 菲啶(升华) 07813

[229-87-8] $C_{13}H_9N$ 179.22

成分 C 87.12%，H 5.06%，N 7.82%。

别名 升华菲啶；苯并[*c*]喹啉；Benzo[*c*]quinoline

性状 无色结晶。mp 104～107℃；bp_{769} 349℃/102.525kPa；Fp 212°F (100℃)。一般试剂含量≥98.0% (GC)。

注意事项 该品口服有害。对呼吸系统及皮肤有刺激性。对眼睛有严重损伤的危险。使用时应戴防护镜或面罩。万一接触到眼睛，应立即用大量水冲洗后请医生诊治。

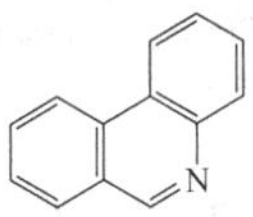

1,10-Phenanthroline monohydrate 1,10-菲啰啉 一水 07814

[5144-89-8] $C_{12}H_8N_2 \cdot H_2O$ 198.23

成分(以无水物计) C 79.98%，H 4.47%，N 15.54%。

别名 一水合1,10-菲啰啉；邻二氮杂菲；邻菲啰啉；1,10-菲咯啉；Ferroin;4 phen;5-Phenanthroline;*o*-Phenanthroline

M. I. 15，7328

性状 白色结晶性粉末。溶于乙醇、丙酮，溶于 70 份苯、约 300 份水，不溶于乙醚。mp 93～94℃，117℃失去结晶水。

注意事项 该品口服有毒。对水生物极毒。能对水环境引起长期不良的影响。使用时如有事故发生或有不适之感，应立即请医生诊治。应防止将本品释放于环境中。其包装物应按危险品处理。

主要用途 氧化还原指示剂。测定亚铁、钯、钒、铜、铁的试剂。

参考规格 HG/T 4018—2008 分析纯

项目	分析纯
含量 ($C_{12}H_8N_3 \cdot H_2O$) /%≥	99.0
铁配位化合物摩尔吸收系数 ε/(L/cm·mol)≥	1.15×10^4
乙醇溶解试验	合格
灼烧残渣 (以硫酸盐计) /%≤	0.1

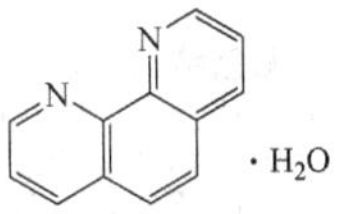

· H_2O

1,10-Phenanthroline hydrochloride monohydrate 1,10-菲啰啉 盐酸盐 一水 07815

[3829-86-5] $C_{12}H_9ClN_2 \cdot H_2O$ 234.69

成分(以无水物计) C 66.52%，H 4.19%，Cl 16.36%，N 12.93%。

别名 邻啡啰啉 盐酸盐；盐酸邻啡啰啉 一水；盐酸 1,10-菲啰啉 一水；*o*-Phenanthroline hydrochloride monohydrate

性状 白色或浅棕色结晶。溶于水及乙醇。mp 224～227℃。一般试剂含量≥99.0% (AT)。

注意事项 见 07814 1,10-菲啰啉 一水。应密封避光保存。

主要用途 测定亚铁的灵敏试剂。指示剂。

Phenazine 吩嗪 07816

[92-82-0] $C_{12}H_8N_2$ 180.21

成分 C 79.98%，H 4.47%，N 15.54%。

别名 二苯并吡嗪；夹二氮杂蒽；偶氮亚苯；Azophenylene；Dibenzoparadiazine；Dibenzopyrazine；Dibenzo[*b*,*e*]pyrazine

M. I. 15，7331

性状 来自稀乙醇中的无色针状结晶或来自乙醇中被升华生成的浅黄色针状结晶。1 份该品溶于 50 份乙醇，中等程度溶于乙醚、苯，几乎不溶于水。溶于无机酸呈黄色至红色。mp 171℃；bp 约 360℃。一般试剂含量≥98.0% (HPLC)。

注意事项 该品吸入、口服或与皮肤接触有害。能引起遗传基因的损伤。使用前应得到专门的指导，避免曝露。使用时应穿适当的防护服，戴手套和防护镜或面罩。使用时应避免吸入本品的粉尘，避免与眼睛及皮肤接触。如有不适之感，应立即请医生诊治。

主要用途 有机合成。染料制造。生化研究。

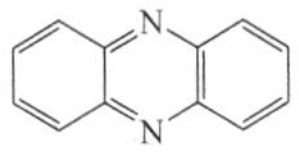

Phenazopyridine hydrochloride 苯重氮吡啶 盐酸盐 07817

[136-40-3] $C_{11}H_{12}ClN_5$ 249.70

成分 C 52.91%，H 4.84%，Cl 14.20%，N 28.05%。

别名 3-苯基偶氮-2,6-吡啶二胺 一盐酸盐；盐酸 3-苯基偶氮-2,6-吡啶二胺；盐酸苯重氮吡啶；3-phenylazo-2,6-pyridinediamine monohydrochloride；2,6-Diamino-3-phenylazopyridine hydrochloride；*β*-Phenylazo-*α*,*α*′-diaminopyridine hydrochloride；Pyridium；Pyridacil；Sedural；

M. I. 15，7324

性状 砖红色微细结晶。微有紫色光泽。味道微苦。溶于沸水 (1 份溶于 20 份沸水)，微溶于冷水 (1 份约溶于 300 份冷水)。易形成饱和溶液。1 份该品溶于约 100 份甘油。溶于乙烯、丙二醇、乙酸，微溶于乙醇、羊毛脂，不溶于丙酮、苯、氯仿、乙醚、甲苯。其水溶液为黄至砖红色并呈微酸性。LD_{50}大鼠急性经口：403mg/kg。

注意事项 该品口服有害。对眼睛、呼吸系统及皮肤有刺激性。对机体有不可逆损伤的可能性。使用时应穿适当的防护服和戴手套。万一接触到眼睛，应立即用大量水冲洗后请医生诊治。

主要用途 生化研究。医用、兽用泌尿道抗炎剂，镇痛剂。分析用标准物质。

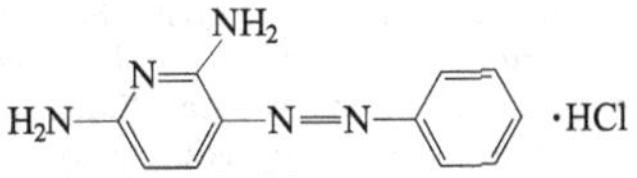

NH_2 H_2N N=N ·HCl

Phencyclidine hydrochloride 苯环己哌啶 盐酸盐 07818

[956-90-1] $C_{17}H_{26}ClN$ 279.85

成分 C 72.96%，H 9.36%，Cl 12.67%，N 5.00%。

别名 盐酸苯环己哌啶；1-(1-Phenylcyclohexyl)-piperidine hydrochloride；Angel dust hydrochloride；HOG hydrochloride；PCP hydrochloride；CI-395 hydrochloride；Sernyl；Sernylan

M. I. 15，7333

性状 来自 2-丙醇中的无色结晶。溶于乙醇 (30mg/mL)、水 (11.2mg/mL)、0.1mol/L 盐酸 (18.4mg/mL)。mp 233～235℃；uv max (乙醇中)：254nm，258nm，262.5nm，269nm ($E^{1\%}_{1cm}$ 7.9，10.8，12.7，10.0)。LD_{50}小鼠急性经口：76.5mg/kg。

注意事项 该品口服有毒。使用时应穿适当的防护服和戴手套。使用时如有事故发生或有不适之感，应请医生诊治。

主要用途 生化研究。医用静脉麻醉剂。

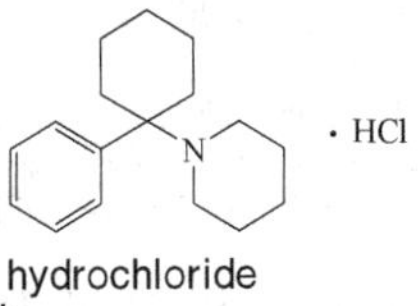

N ·HCl

Phendimetrazine hydrochloride 苯双甲吗啉 盐酸盐 07819

[7635-51-0] $C_{12}H_{18}ClNO$ 227.73

成分 C 63.29%，H 7.97%，Cl 15.57%，N 6.15%，O 7.03%。

别名 3,4-二甲基-2-苯基吗啉 盐酸盐；盐酸 3,4-二甲基-2-苯基吗啉；盐酸苯双甲吗啉；Antapentan；3,4-Dimethyl-

2-phenylmorpholine hydrochloride; *d*-2-Phenyl-3, 4-dimethylmorpholine hydrochloride; 3, 4-Dimethyl-2-phenyltetrahydro-1, 4-oxaine hydrochloride

M. I. 15, 7334

性状 无色结晶。mp 191℃; $[\alpha]_D^{20}+35.7°$。LD_{50}大鼠急性经口: 455mg/kg; 腹膜内注射: 245mg/kg。

主要用途 医用抑制食欲剂。

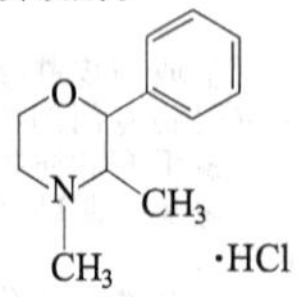

Phenetharbital 苯二乙巴比妥 07820

[357-67-5] $C_{14}H_{16}N_2O_3$ 260.29

成分 C 64.60%, H 6.20%, N 10.76%, O 18.44%。

别名 5, 5-Diethyl-1-phenyl-2, 4, 6(1*H*, 3*H*, 5*H*)-pyrimidinetrione; 5, 5-Diethyl-1-phenylbarbituric acid; 5, 5-Diethyl-2, 4, 6-trioxo-1-phenylhexahydropyrimidine; 1-Phenyl-5, 5-diethylbarbituric acid; *N*-Phenylbarbital; Phenidiemal; Fedibaretta; Pyrictal

M. I. 15, 7336

性状 不透明的具有光泽的小片状结晶。易溶于热乙醇、碱。mp 178℃。

主要用途 医用抗惊厥剂。

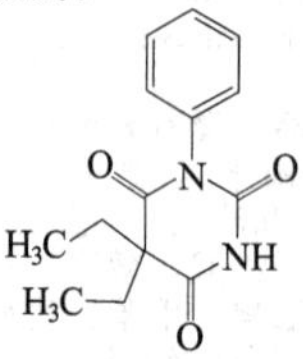

Phenethicillin potassium salt
苯氧乙基青霉素钾盐 07821

[132-93-4] $C_{17}H_{19}KN_2O_5S$ 402.51

成分 C 50.73%, H 4.76%, K 9.71%, N 6.96%, O 19.87%, S 7.97%。

别名 (2*S*, 5*R*, 6*R*)-3, 3-Dimethyl-7-oxo-6-(1-oxo-2-phenoxypropyl) amino-4-thia-1-azabicyclo[3.2.0]heptane-2-carboxylic acid monopotassium salt; (*α*-Phenoxyethyl) penicillin potassium; *α*-Phenoxyethylpenicillinic acid potassium salt; 6-(*α*-Phenoxypropionamido) penicillanic acid potassium salt; Penicillin-152; Penicillin MV; Penicillin-152 potassium; Potassium phenethicillin; Alfacillin; Alpen (obsolete); Brocsil; Chemipen; Darcil; Dramcillin-S; Maxipen; Optipen; Oralopen; Peniplus; Penorale; Penova; Pensig; Syncillin; Synthecilline; Synthepen

M. I. 15, 7337

性状 来自丙酮中的无色结晶。易溶于水。230～232℃分解。

注意事项 该品吸入或与皮肤接触可引起过敏。使用时应穿适当的防护服。

主要用途 生化研究。医用抗菌剂。

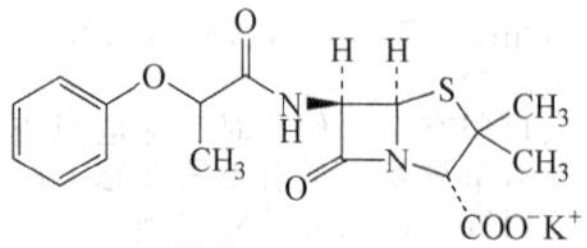

***m*-Phenetidine 间氨基苯乙醚** 07822

[621-33-0] $C_8H_{11}NO$ 137.18

成分 C 70.05%, H 8.08%, N 10.21%, O 11.66%。

别名 间乙氧基苯胺; 3-乙氧基苯胺; 3-氨基苯乙醚; 3-Aminophe-netole; 3-Phenetidine; 3-Ethoxyaniline

GW 2015-2683

性状 无色或浅黄色液体。能与乙醇、乙醚相混溶，微溶于水。bp 246～250℃; d_4^{20} 1.062; n_D^{20} 1.566。一般试剂含量≥97.0%(GC)。

注意事项 该品吸入、口服或与皮肤接触有毒，并具有蓄积性危害。使用时应穿适当的防护服，戴手套和防护镜或面罩。接触皮肤后应立即用大量肥皂水冲洗。使用时如有事故发生或有不适之感，应请医生诊治。应充氩气密封避光保存。

主要用途 有机合成。

***o*-Phenetidine 邻氨基苯乙醚** 07823

[94-70-2] $C_8H_{11}NO$ 137.18

成分 C 70.05%, H 8.08%, N 10.21%, O 11.66%。

别名 2-乙氧基苯胺; 2-氨基苯乙醚; 邻乙氧基苯胺; 2-Aminophenetole; 2-Ethoxybenzenamnine; 2-Phenetidine; *o*-Aminophenol ethyl ether; 2-Ethoxyaniline

GW 2015-2682 M. I. 15, 7341

性状 无色油状液体。遇光或接触空气能变成棕色。溶于乙醇，不溶于水。mp <−20℃; bp 228～230℃; Fp 176°F (80℃); d_4^{20} 1.05; n_D^{20} 1.555。一般试剂含量≥97.0%(GC)。

注意事项 该品吸入、口服或与皮肤接触有毒，并具有蓄积性危害。使用时应穿适当的防护服和戴手套。接触皮肤后，应立即用大量水冲洗。使用时如有事故发生或有不适之感，应请医生诊治。应充氩气密封避光保存。

主要用途 测定铜、铁、锰、钒、锌、铝、铬酸盐、氰化物的试剂。氧化还原指示剂。从铁中分离铝。

***p*-Phenetidine 对氨基苯乙醚** 07824

[156-43-4] $C_8H_{11}NO$ 137.18

成分 C 70.05%, H 8.08%, N 10.21%, O 11.66%。

别名 对乙氧基苯胺; 4-乙氧基苯胺; 4-氨基苯乙醚; 4-Aminophenetole; 4-Ethoxybenzenamine; 4-Phenetidine; *p*-Aminophenyl ethyl ether; *p*-Aminophenylethyl ether; 4-Ethoxyaniline

GW 2015-2684 M. I. 15, 7342

性状 无色液体。露置空气中逐渐变成红棕色。溶于乙醇，几乎不溶于水。mp 约 3℃; bp 253～255℃; Fp 284°F (140℃); d_4^{16} 1.0652; n_D^{20} 1.559。一般试剂含量≥97.0% (GC)。

注意事项 见 07823 邻氨基苯乙醚。

主要用途 测定铜、铁、锰、锌、钒、铬酸盐和氰化物的试剂。氧化还原指示剂。有机合成。

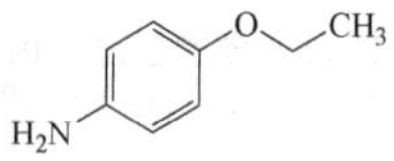

Phenformin hydrochloride 苯乙双胍 盐酸盐 07825

[834-28-6] $C_{10}H_{16}ClN_5$ 241.72

成分 C 49.69%, H 6.67%, Cl 14.67%, N 28.97%。

别名 降糖灵; 盐酸苯乙双胍; Azucaps; DBI; DBI-TD; Debeone-DT; Debinyl; Dibein; Dibotin; Dipar; Feguanide; Glucopostin; Insoral; Lentobetic; Meltrol; Normoglucina *N*-(2-Phenylethyl) imidodicarbonimidic diamide hydrochloride; 1-Phenethylbiguanide hydrochloride; Phenethyldiguanide hydrochloride; *N*′-*β*-Phenethylformamidinyliminourea hydrochloride; Fenformin hydrochloride; Fenormin hydrochloride; *β*-PEBG hydrochloride; PEDG hydrochloride

M. I. 15, 7345

性状 来自异丙醇中的无色结晶。溶于水，其 0.1mol/L 水溶液 pH 值 6.7。mp 175～178℃。LD_{50}小鼠静脉注射: 19mg/kg, 急性经口: 450mg/kg; 大鼠急性经口: 1050mg/kg; 豚鼠急性经口: 47mg/kg, 静脉注射: 19mg/kg。

注意事项 该品口服有害。使用时应穿适当的防护服。

主要用途 生化研究。医用抗糖尿糖剂 (降血糖剂)。

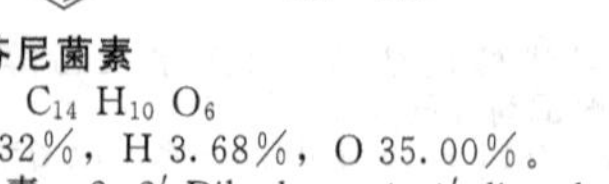

Phenicin 芬尼菌素 07826

[128-68-7] $C_{14}H_{10}O_6$ 274.23

成分 C 61.32%, H 3.68%, O 35.00%。

别名 绯红素; 2, 2′-Dihydroxy-4, 4′-dimethyl[bi-1, 4-cyclohexadien-1-yl]-3, 3′, 6, 6′-tetrone; 3, 3--Dihydroxy-5, 5′-dimethyl-2, 2′-bi-*p*-benzoquinone; Phoenicin

M. I. 15, 7346

性状 来自乙醇中的浅黄棕色结晶。易溶于氯仿、乙酸、热乙醇，略微溶于水。其酸溶液呈黄色，至 pH 值 1.6～3.6 时转为红色，pH 值 4.9～6 时为紫色。mp 230～231℃；uv max（氯仿中）：268nm，406nm（lg ε 4.52，3.36）。

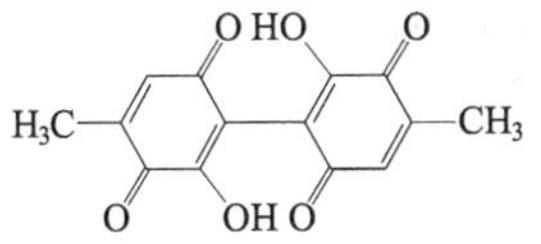

Phenindamine hydrogen tartrate 抗敏按 酒石酸氢盐 07827

[569-59-5]　$C_{23}H_{25}NO_6$　411.45

成分　C 67.14%，H 6.12%，N 3.40%，O 23.33%。

别名　苯茚胺 酒石酸氢盐；1,2,3,4-四氢-2-甲基-9-苯基-2-氮杂芴 酒石酸氢盐；酒石酸抗敏胺；酒石酸苯茚胺；2,3,4,9-Tetrahydro-2-methyl-9-phenyl-1*H*-indeno[2,1-*c*]pyridine hydrogen tartrate；2-Methyl-9-phenyl-2,3,4,9-tetrahydro-1-pyridindende hydrogen tartrate；1,2,3,4-Tetrahydro-2-methyl-9-phenyl-2-azafluorene hydrogen tartrate；Nu-1504 hydrogen tartrate Pernovin；Thephorin；

M. I. 15，7347

性状　无色结晶。溶于水约 2.5%，略溶于丙二醇，不溶于 95%乙醇、甘油、乙醚。mp 160℃。LD_{50} 小鼠静脉注射：27mg/kg；腹膜内注射：170mg/kg；急性经口：265mg/kg。

主要用途　医用抗组胺剂。

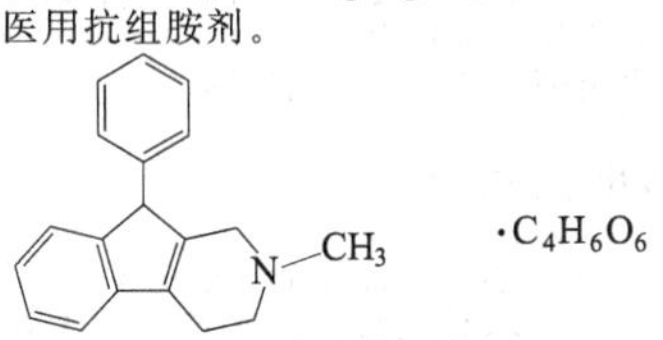

$\cdot C_4H_6O_6$

Pheniramine maleate 马来酸非利拉明 07828

[132-20-7]　$C_{20}H_{24}N_2O_4$　356.42

成分　C 67.40%，H 6.79%，N 7.86%，O 17.96%。

别名　*N*,*N*-二甲基-γ-苯基-2-吡啶基丙胺 马来酸盐；马来酸抗感明；抗感明 马来酸盐；非利拉明 马来酸盐；Avil；Daneral；Inhiston；Trimeton；*N*,*N*-Dimethyl-γ-phenyl-2-pyridinepropanamine maleate；2-[α-(2-Dimethylaminoethyl)benzyl]pyridine maleate；1-Phenyl-1-(2-pyridyl)-3-dimethylaminopropane maleate；3-Phenyl-3-(2-pyridyl)-*N*,*N*-dimethylpropylamine maleate；Prophenpyridamine maleate；Propheniramine maleate

M. I. 13，7349

性状　来自戊醇中的无色结晶。有淡的氨的气味。溶于水、乙醇，微溶于乙醚、苯。其 1%水溶液 pH 值 4.3～4.9 之间。mp 107℃。

注意事项　该品口服有害。使用时应穿适当的防护服。

主要用途　生化研究。医用抗组胺剂。

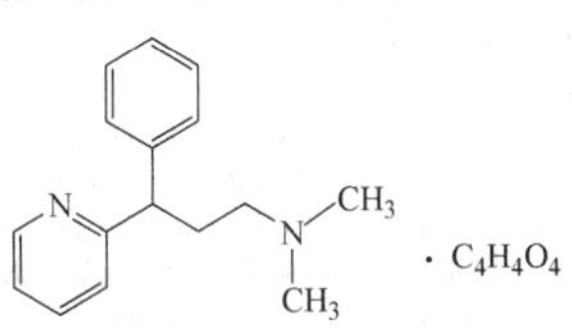

$\cdot C_4H_4O_4$

Phenmedipham 苯敌草 07829

[13684-63-4]　$C_{16}H_{16}N_2O_4$　300.31

成分　C 63.99%，H 5.37%，N 9.33%，O 21.31%。

别名　甲双苯胺灵；*N*-(3-甲基苯基)氨基甲酸(3-甲氧基羰基氨基)苯酯；甜菊灵；3-(Methylphenyl)carbamic acid 3-[(methoxycarbonyl)amino]phenyl ester；*m*-Hydroxycarbanilic acid methyl ester *m*-methylcarbanilate；Methyl 3-(*m*-tolylcarbamoyloxy)phenylcarbamate；Schering 38584；Betanal

M. I. 15，7350

性状　无色结晶。于水中溶解度（室温）：＜10×10^{-6}。mp 139～142℃；Fp 212℉（100℃）。LD_{50} 大鼠急性经口：＞8g/kg。一般试剂含量≥98.0%（HPLC）。

注意事项　该品对水生物极毒。能对水环境引起长期不良的结果。应防止将本品释放于环境中。其包装物应按危险品处理。

主要用途　除草剂。分析用标准物质。

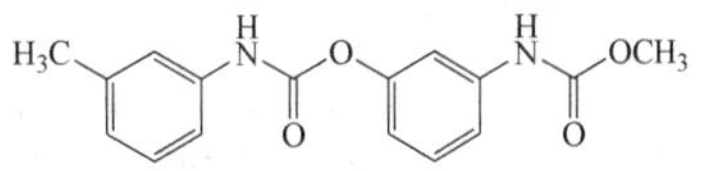

Phenmetrazine 菲曼嗪 07830

[134-49-6]　$C_{11}H_{15}NO$　177.25

成分　C 74.54%，H 8.53%，N 7.90%，O 9.03%。

别名　3-甲基-2-苯基吗啉；苯甲吗啉；芬美曲秦；3-Methyl-2-phenylmorpholine；3-Methyl-2-phenyltetrahydro-2*H*-1,4-oxazine；2-Phenyl-3-methyltetrahydro-1,4-oxazine；A-66

M. I. 15，7351

性状　无色液体。bp_{12} 138～140℃/1.6kPa；bp_1 104℃/133.3Pa。

主要用途　医用抑制食欲剂。

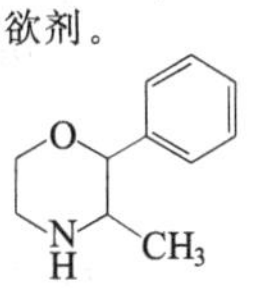

Phenobarbital 苯巴比妥 07831

[50-06-6]　$C_{12}H_{12}N_2O_3$　232.24

成分　C 62.06%，H 5.21%，N 12.06%，O 20.67%。

别名　5-乙基-5-苯基巴比土酸；Agrypnal；Barbiphenyl；Barbipil；Eskabarb；5-Ethyl-5-phenylbarbituric acid；Luminal；5-Ethyl-5-phenyl-2,4,6(1*H*,3*H*,5*H*)-pyrimidinetrione；Phenylethylmalonylurea；Gardenal；Phenobal；Phenobarbitone；Euneryl；Neurobarb；PB

M. I. 15，7352

性状　白色结晶。味微苦。1g 该品溶于约 1L 水（其水溶液对石蕊呈酸性）、8mL 乙醇、40mL 氯仿、13mL 乙醚、约 700mL 苯，溶于碱和碳酸盐溶液。pK_1 7.3，pK_2 11.8。mp 174～178℃；uv max（pH 10 的缓冲液中）：240nm（$A_{1cm}^{1\%}$ 431）；（0.1mol/L 氢氧化钠溶液中）：256nm（$A_{1cm}^{1\%}$ 314）。LD_{50} 大鼠急性经口：(162±14) mg/kg。

注意事项　该品口服有毒。接触皮肤能引起过敏。可能致癌。能危害胎儿。使用前应得到专门的指导，避免曝露。使用时应穿适当的防护服和戴手套。使用时如有事故发生或有不适之感，应请医生诊治。

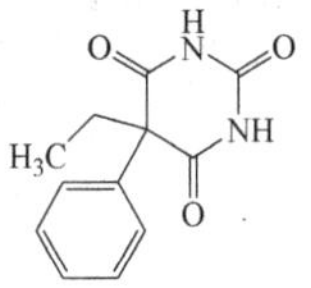

Phenobarbital sodium salt 苯巴比妥钠盐 07832

[57-30-7]　$C_{12}H_{11}N_2NaO_3$　254.23

成分　C 56.69%，H 4.36%，N 11.02%，Na 9.04%，O 18.88%。

别名　5-乙基-5-苯基巴比土钠；Sodium 5-ethyl-5-phenylbarbiturate；Sodium 5-phenyl-5-ethylbarbiturate；Sodium phenobarbital；Sodium phenobarbitone；Luminal sodium；Gardenal sodium；5-Ethyl-5-phenylbarbituric acid sodium salt；Sol phenobarbital；Sol phenobarbitone；PB-Na

M. I. 15，7352

性状　无色微潮解的片状结晶或白色粉末。味苦。易潮解。1g 该品溶于约 1mL 水，其溶液对酚酞及石蕊呈碱性，pH 值约 9.3。1g 该品溶于约 10mL 乙醇，几乎不溶于三氯甲烷、乙醚。LD_{50} 大鼠急性经口：660mg/kg。

注意事项　该品口服有毒。可能致癌。接触皮肤能引起过敏。使用时应穿适当的防护服，戴手套和防护镜或面罩。应避免吸入本品的粉尘。使用时如有事故发生或有不适之感，应请医生诊治。应密封于干燥处保存。

主要用途　制药工业

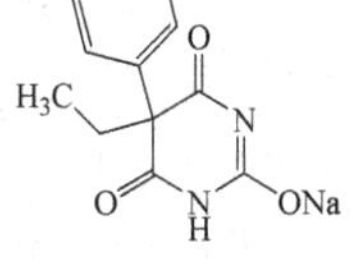

Phenoctide 辛芬 07833
[78-05-7] $C_{27}H_{42}ClNO$ 432.09
成分 C 75.05%，H 9.80%，Cl 8.20%，N 3.24%，O 3.70%。
别名 *N*,*N*-Diethyl-*N*-[2-[4-(1,1,3,3-tetramethylbutyl)phenoxy]ethyl]benzenemethanaminium chloride;Benzyldiethyl-2-[(*p*-1,1,3,3-tetramethylbutyl) phenoxy] ethylammonium chloride; *β*-*p*-*tert*-Octylphenoxyethyldiethylbenzylammonium chloride;Octaphen
M. I. 15，7353
性状 来自乙酸乙酯中的无色结晶。mp 112～114℃。
主要用途 医用局部抗感染剂。

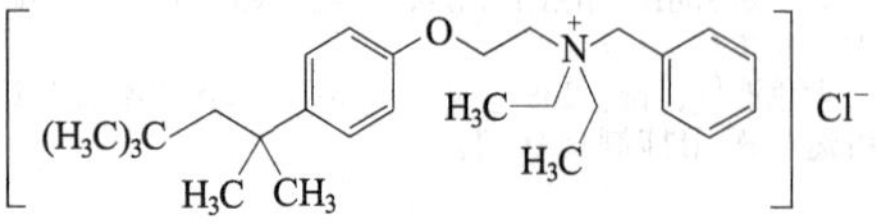

Phenol 酚 07834
[108-95-2] C_6H_6O 94.11
成分 C 76.57%，H 6.43%，O 17.00%。
别名 石炭酸；苯酚；Benzenol；Carbolic acid；Hydroxybenzene；Phenic acid；Phenylic acid；Phenyl hydroxide；Oxybenzene
GW 2015-60 M. I. 15，7354
性状 无色结晶。见光或露置空气中变为淡粉红色。1g 该品溶于约 15mL 水、12mL 苯，易溶于乙醇、氯仿、乙醚、甘油、二硫化碳、碱溶液，几乎不溶于石油醚。微溶于冷水。pK_a（25℃）10.0。其水溶液 pH 值约 6.0。mp 40.85℃；bp 182℃；Fp 175℉（79℃，闭杯）；*d* 1.071；n_D^{41} 1.5425。LD_{50}大鼠急性经口：530mg/kg。生化试剂含量≥99.5%（GC）。
注意事项 该品具有腐蚀性，能引起烧伤。吸入、口服或与皮肤接触有毒。吸入、长期曝露、与皮肤接触有害，并有严重损伤健康的危险。使用时应穿适当的防护服，戴手套和防护镜或面罩。万一接触到眼睛，应立即用大量水冲洗后请医生诊治。接触皮肤后，应立即用大量聚乙二醇 400 液体冲洗。使用时如有事故发生或有不适之感，应请医生诊治。应充氩气密封避光于 2～8℃保存。
主要用途 在硫酸溶液中比色测定硝酸盐、亚硝酸盐。间接测定钾，测定碱土金属的氧化物，检定氨、次氯酸盐、1-羟基酸。防腐剂。消毒剂。有机合成。

参考规格 HG/T 4367—2012	分析纯	化学纯
含量（C_6H_5OH）/%≥	99.0	98.0
结晶点/℃≥	40	39
水溶解试验	合格	合格
pH 值（50g/L，25℃）	4.5～6.0	4.5～6.0
蒸发残渣/%≤	0.02	0.02
焦性物质	合格	合格

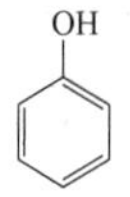

Phenolphthalein 酚酞 07835
[77-09-8] $C_{20}H_{14}O_4$ 318.33
成分 C 75.46%，H 4.43%，O 20.10%。
别名 酚酞酞；3,3-双（对羟基苯基）苯酞；3,3-Bis(4-hydroxyphenyl)-1(3*H*)-isobenzofuranone; Chocolax; Darmol; *α*-(*p*-Hydroxyphenyl)-*α*-(4-oxo-2,5-cyclohexadien-1-ylidine)-*o*-toluic acid; 3,3-Bis(*p*-hydroxyphenyl) phthalide; White phenolphthalein
M. I. 15，7356
性状 白色或微黄色结晶性粉末。溶于 95%乙醇、乙醚，微溶于氯仿，几乎不溶于水。1g 该品溶于 12mL 乙醇、约 100mL 乙醚。溶于碱稀溶液及碳酸盐热溶液呈红色。pK_a（25℃）：9.7。mp 258～262℃；*d* 1.299；pH 值 8.2～10（由无色至红紫色）。uv max（甲醇中）：205nm，229nm，276nm（ε 27261.147，14692.144，2006.369）。
注意事项 该品对机体有不可逆损伤的可能性。可能危害胎儿。使用时应穿适当的防护服和戴手套。
主要用途 酸碱指示剂。检验铜的试剂。

参考规格 HG/T 4101—2009	指示剂
pH 变色域	8.0(无色)～10.0(红紫色)
质量吸收系数/[L(cm·g)]	68.0～75.0
乙醇溶液试验	合格
灼烧残渣（以硫酸盐计）/%≤	0.05
干燥失重/%≤	1.0

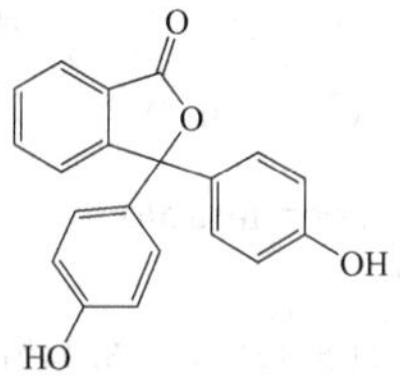

Phenolphthalein glucuronic acid sodium salt dihydrate
酚酞葡糖醛酸钠盐 二水 07836
[6820-54-8] $C_{26}H_{21}NaO_{10}\cdot 2H_2O$ 552.40
成分（以无水物计） C 60.48%，H 4.10%，Na 4.45%，O 30.98%。
别名 二水合酚酞葡糖醛酸钠盐；Phenolphthalein glucuronic acid Na salt dihydrate; Phenolphthalein mono-*β*-D-glucosiduronic acid sodium salt dihydrate
性状 无色至微黄色吸湿性粉末或固体。溶于水。生化试剂含量≥98.0%（TLC）。
注意事项 使用时应避免吸入本品的粉尘，避免与眼睛及皮肤接触。应充氩气密封避光于－20℃保存。
主要用途 测定葡萄糖苷酸酶的底物。

Phenolphthalin 酚酞啉 07837
[81-90-3] $C_{20}H_{16}O_4$ 320.34
成分 C 74.99%，H 5.03%，O 19.98%。
别名 还原酚酞；4′,4″-二羟基三苯基甲烷-2-羧酸；α，α-双（对羟基苯基）邻语甲酸；2-[Bis(4-hydroxyphenyl) methyl] benzoic acid; *α*,*α*-Bis(*p*-hydroxyphenyl)-*o*-toluic acid; Decolorized phenolphthalein; Phenolphthalein reduced; 4′,4″-Dihydroxytriphenylmethane-2-carboxylic acid; Phthalin
M. I. 15，7357
性状 无色结晶。溶于乙醇、乙醚及碱水溶液，不溶于水。mp 237℃。一般试剂含量≥95.0%。
注意事项 该品应密封避光保存。
主要用途 检验氧化酶、血、氢氰酸、过氧化物及铜的试剂。

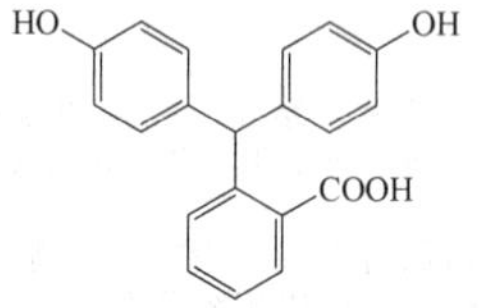

Phenolphthalol 酚酞醇 07838
[81-92-5] $C_{20}H_{18}O_3$ 306.36
成分 C 78.41%，H 5.92%，O 15.67%。
别名 2-[Bis(4-hydroxyphenyl) methyl] benzenemethanol; *o*-[Bis(*p*-hydroxyphenyl) methyl] benzyl alcohol; Dihydroxyphenylmethenylbenzyl alcohol; 2-(4,4′-Dihydroxybenzhydryl) benzyl alcohol; Bis(4-hydroxyphenyl)(2-hydroxymethylphenyl) methane; Egmol; Regolax
M. I. 15，7358
性状 来自稀乙醇中的无色结晶。mp 201～202℃。
主要用途 医用泻剂。

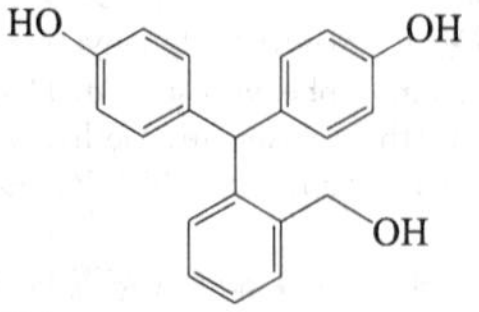

Phenol red 酚红 07839
[143-74-8] $C_{19}H_{14}O_5S$ 354.38
成分 C 64.40%，H 3.98%，O 22.57%，S 9.05%。
别名 苯酚红；苯酚磺酞；4,4′-(3*H*-2,1-Benzoxathiol-3-

ylidene) bisphenol *S*, *S*-dioxide; 3,3-Bis(*p*-hydroxyphenyl)-3*H*-2,1-benzoxathiole 1,1-dioxide; α-Hydroxy-α, α-bis(*p*-hydroxyphenyl)-*o*-toluene sulfonic acid γ-sultone; Phenolsulfonphthalein; PR; PSP; Sulfonphthal

M. I. 15, 7360

性状 亮红色至深红色结晶或粉末。在空气中稳定。1g 该品溶于 1300mL 水、约 350mL 乙醇、500mL 丙酮，易溶于碱、碳酸盐溶液呈红色，几乎不溶于三氯甲烷、乙醚。pH 值 6.8～8.4（由黄色至红色）。p*K*7.9。*d* 1.445。

注意事项 该品对眼睛、呼吸系统及皮肤有刺激性。使用时应穿适当的防护服。使用时应避免吸入本品的粉尘，避免与眼睛及皮肤接触。万一接触到眼睛，应立即用大量水冲洗后请医生诊治。应密封保存。

主要用途 酸碱指示剂（0.02%～0.05%的乙醇溶液 pH 值 6.8～8.4由黄色变红色）。血液二氧化碳含量测定。

参考规格 HG/T 4100—2009 指示剂

pH 变色域：	
1.2（橙）～3.0（黄）；	
6.5（棕黄）～8.0（紫红）。	
最大吸收波长/nm：	
λ_1（pH 1.2）	503～506
λ_2（pH 3.0）	430～435
λ_3（pH 6.5）	430～435
λ_4（pH 8.0）	557～560
质量吸收系数/［L/（cm·g）］	
α_1（λ_1，pH 1.2，干样）	110～123
α_2（λ_2，pH 3.0，干样）	60～68
α_3（λ_3，pH 6.5，干样）	62～72
α_4（λ_4，pH 8.0，干样）	115～130
碱溶解试验	合格
干燥失重/%≤	1.0
灼烧残渣（以硫酸盐计）/%≤	0.2

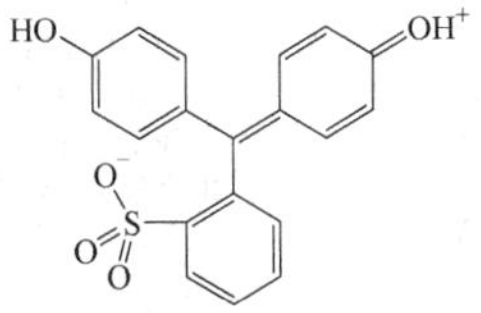

Phenol-4-sulfonic acid 33% water solution 07840
苯酚-4-磺酸 33%水溶液

［98-67-9］ $C_6H_6O_4S$ 174.17

成分 C 41.38%，H 3.47%，O 36.74%，S 18.41%。

别名 对羟基苯磺酸 33%水溶液；对酚磺酸 33%水溶液；4-羟基苯磺酸 33%水溶液；*p*-Hydroxybenzenesulfonic acid 33% water solution; Sulfocarbolic acid 33% water solution

GW 2015-62 M. I. 15, 7359

性状 无色或近无色液体。呈强酸性。见光易变色。有腐蚀性。d_4^{20} 1.13～1.15。

注意事项 该品具有腐蚀性，能引起烧伤。使用时应穿适当的防护服，戴手套和防护镜或面罩。万一接触到眼睛，应立即用大量水冲洗后请医生诊治。使用时如有事故发生或有不适之感，应请医生诊治。应密封避光保存。

主要用途 染料制备。制药工业。锡的电极沉积。

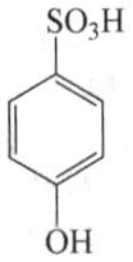

Phenol-4-sulfonic acid sodium salt dihydrate
苯酚-4-磺酸钠盐 二水 07841

［10580-19-5］ $C_6H_5NaO_4S \cdot 2H_2O$ 232.19

成分（以无水物计） C 36.74%，H 2.57%，Na 11.72%，O 32.63%，S 16.35%。

别名 二水合苯酚-4-磺酸钠盐；对羟基苯磺酸钠盐 二水；苯酚对磺酸钠盐 二水；对酚磺酸钠盐 二水；4-羟基苯磺酸钠二水；4-Hydroxybenzenesulfonic acid sodium salt dihydrate; Sodium 4-hydroxybenzenesulfonate dihydrate; Sodium sulfocarbolate dihydrate

性状 白色结晶或粉末。有风化性。溶于水，微溶于乙醇、甘油。一般试剂含量≥97.0%（CH）。

注意事项 该品对眼睛、呼吸系统及皮肤有刺激性。使用时应穿适当的防护服和戴手套。万一接触到眼睛，应立即用大量水冲洗后请医生诊治。应密封保存。

主要用途 检验硝酸根、硒酸根的试剂。有机合成。制药工业。

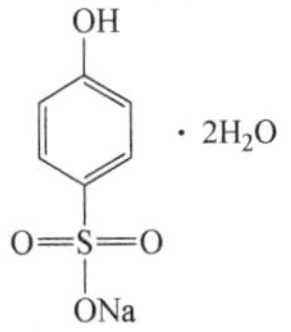

Phenoperidine hydrochloride 苯丙苯哌酯 盐酸盐 07842

［3627-49-4］ $C_{23}H_{30}ClNO_3$ 403.95

成分 C 68.39%，H 7.49%，Cl 8.78%，N 3.47%，O 11.88%。

别名 苯阿柏尼丁 盐酸盐；盐酸苯丙苯哌酯；盐酸苯阿柏尼丁；Lealgin; Operidine; 1-(3-Hydroxy-3-phenylpropyl)-4-phenyl-4-piperidinecarboxylic acid ethyl ester hydrochloride; 1-(3-Hydroxy-3-phenylpropyl)-4-phenylisonipecotic acid ethyl ester hydrochloride; 1-(γ-Hydroxy-γ-phenylpropyl)-4-phenyl-4-carbethoxypiperidine hydrochloride; 3-(4-Carbethoxy-4-phenylpiperidino)-1-phenyl-1-propanol hydrochloride; 1-Phenyl-3-(4′-phenyl-4′-carbethoxy) piperidino-1-propanol hydrochloride; Phenoperidin hydrochloride

M. I. 15, 7362

性状 来自乙酸乙酯＋甲醇或乙醇中的无色结晶。溶于水。mp 200～202℃。

主要用途 医用麻醉止痛剂。麻醉剂控制剂。

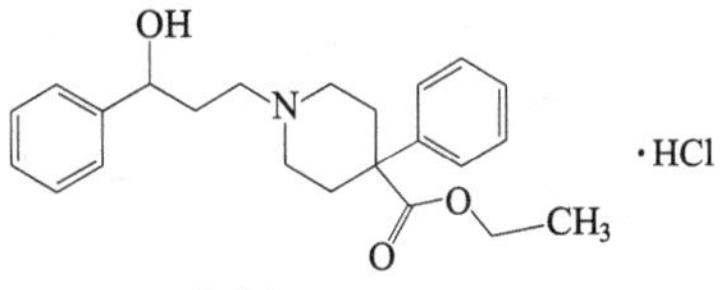

Phenosafranin 酚藏花红 07843

［81-93-6］ $C_{18}H_{15}ClN_4$ 322.79

成分 C 66.98%，H 4.68%，Cl 10.98%，N 17.36%。

别名 酚番红花红；3,7-Diamino-5-phenylphenazinium chloride; Safranin B extra

M. I. 15, 7363 C. I. 50200

性状 来自稀盐酸中的绿色有光泽的针状结晶。易溶于水，溶于乙醇，其溶液呈紫红色，并有绿黄色荧光。最大吸收值约 530nm。一般试剂干燥含量 80.0%。

注意事项 该品对眼睛、呼吸系统及皮肤有刺激性。使用时应穿适当的防护服。使用时应避免吸入本品的粉尘，避免与眼睛及皮肤接触。万一接触到眼睛，应立即用大量水冲洗后请医生诊治。

主要用途 检定氯化物、溴化物的试剂。生化研究用于氧化还原指示剂。吸附指示剂。

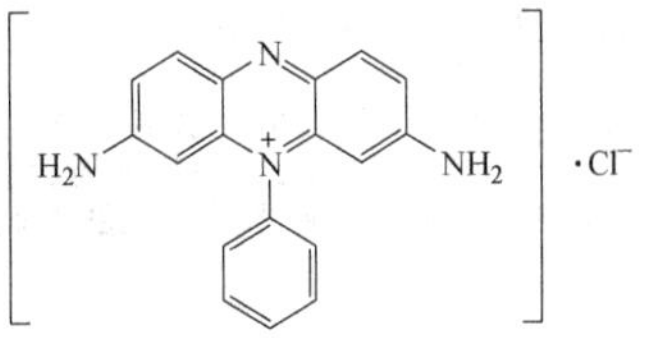

Phenothiazine 吩噻嗪 07844

［92-84-2］ $C_{12}H_9NS$ 199.27

成分 C 72.33%，H 4.55%，N 7.03%，S 16.09%。

别名 二苯并噻嗪；硫代二苯胺；硫氮杂蒽；AFI-Tiazin; Antiverm; Dibenzothiazine; Fentiazin; Helmetina; Lethelmin; Nemazine; Orimon; 10*H*-Phenothiazine; Phenoverm; Phenovis; Phenoxur; PT; Reconox; Souframine; Thiodiphenylamine; Vermitin

M. I. 15, 7364

性状 来自甲苯或丁醇中的黄色正交小叶状结晶或菱形片状物。遇光易氧化。易溶于苯，溶于乙醚、热乙酸，微溶于乙醇、矿物油，几乎不溶于石油醚、氯仿、水。能于

130℃升华（1mmHg/133.32Pa）。mp 185.1℃；bp_{760} 371℃/101.325kPa；bp_{40} 290℃/5.333kPa。

注意事项 该品对眼睛、呼吸系统及皮肤有刺激性。接触皮肤能引起过敏。对水生物有害。对水环境能产生长期有害的结果。使用时应穿适当的防护服，戴手套和防护镜或面罩。避免与皮肤接触。万一接触到眼睛，应立即用大量水冲洗后请医生诊治。应防止将本品释放于环境中。应密封避光保存。

主要用途 杀虫剂。有机合成。

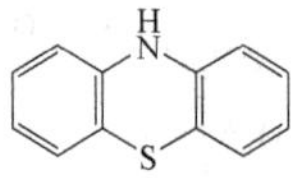

Phenothrin 顺，反式-菊酸 3-苯氧基苄酯 07845

[26002-80-2] $C_{23}H_{26}O_3$ 350.46

成分 C 78.83%，H 7.48%，O 13.70%。

别名 2,2-二甲基-3-(2-甲基-1-丙烯基)环丙烷羧酸(3-苯氧基苯基)甲酯；2,2-二甲基-3-(2-甲基丙烯基)环丙烷羧酸间苯氧基苄酯；苯醚菊酯；2,2-Dimethyl-3-(2-methyl-1-propenyl)cyclopropanecarboxylic acid(3-phenoxyphenyl)methyl ester；2,2-Dimethyl-3-(2-methylpropenyl)cyclopropanecarboxylic acid *m*-phenoxybenzyl ester；3-Phenoxybenzyl *cis*,*trans*-chrysanthemate；S-2539；Sumithrin

M. I. 15，7325

性状 无色液体。一般试剂为异构体的混合物。溶于丙酮、二甲苯，不溶于水。d_{25}^{25} 1.06；n_D^{25} 1.5483。

注意事项 该品吸入、口服或与皮肤接触有害。对水生物极毒。能对水环境引起长期不良的影响。应防止将本品释放于环境中。其包装物应按危险品处理。应远离食品、饮料及饲料存放。

主要用途 杀虫剂。分析用标准物质。

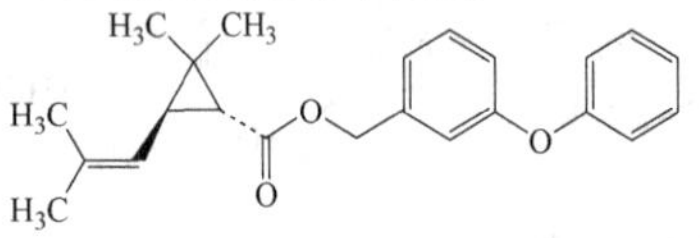

(1*R*-反式)

Phenoxazine 吩嗯嗪 07846

[135-67-1] $C_{12}H_9NO$ 183.21

成分 C 78.67%，H 4.95%，N 7.65%，O 8.73%。

别名 Phenazoxine

M. I. 15，7365

性状 来自乙醇中的无色小叶状结晶。易溶于无水甲醇、乙醇、乙醚、氯仿、苯，略微溶于石油醚。mp 156℃。一般试剂含量≥97.0%（GC）。

注意事项 使用时应避免吸入本品的粉尘，避免与眼睛及皮肤接触。

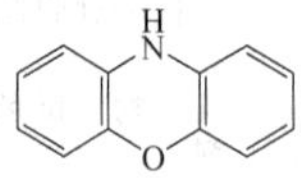

Phenoxyacetamide 苯氧基乙酰胺 07847

[621-88-5] $C_8H_9NO_2$ 151.17

成分 C 63.56%，H 6.00%，N 9.27%，O 21.17%。

性状 白色粉末。mp 101～103℃。一般试剂含量≥98.0%。

注意事项 该品种对眼睛、呼吸系统及皮肤有刺激性。

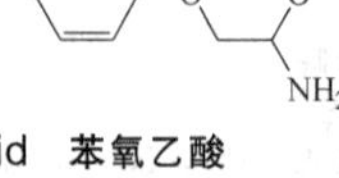

Phenoxyacetic acid 苯氧乙酸 07848

[122-59-8] $C_8H_8O_3$ 152.15

成分 C 63.15%，H 5.30%，O 31.55%。

别名 苯氧基乙酸；苯氧基醋酸；苯基乙醇酸；Phenoxyethanoic acid；Phenyl ether glycolic acid；*O*-Phenylglycollic acid；Phenylium

M. I. 15，7366

性状 来自水中的无色针状结晶。易溶于乙醇、乙醚、苯、二硫化碳、冰乙酸，微溶于水（1g该品溶于约75mL水）。p*K*（25℃）3.12。mp 98℃；bp 285℃（部分分解）。一般试剂含量≥98.0%（T）。

注意事项 该品口服有害。对眼睛、呼吸系统及皮肤有刺激性。使用时应穿适当的防护服和戴手套。万一接触到眼睛，应立即用大量水冲洗后请医生诊治。

主要用途 测定钽、锡、铋、钍、锆、铌，分离钍、钛、锆的试剂。制药工业。杀菌剂的配制。

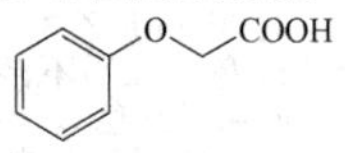

Phenoxyacetyl chloride 苯氧基乙酰氯 07849

[701-99-5] $C_8H_7ClO_2$ 170.60

成分 C 56.32%，H 4.14%，Cl 20.78%，O 18.76%。

性状 无色液体。对湿度敏感。具有催泪性。bp 225～226℃；Fp 226.4℉（108℃）；d_4^{20} 1.235；n_D^{20} 1.534。一般试剂含量≥97.0%（GC）。

注意事项 该品与水反应激烈。具有腐蚀性，能引起烧伤。对眼睛及呼吸系统有刺激性。使用时应穿适当的防护服，戴手套和防护镜或面罩。万一接触到眼睛，应立即用大量水冲洗后请医生诊治。使用时应保持容器干燥。禁止饮食。使用时如有事故发生或有不适之感，应请医生诊治。应充氩气密封保存。其包装物应按危险品处理。

主要用途 有机合成。

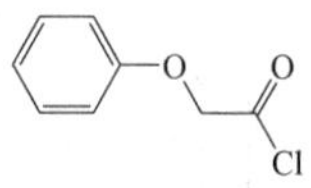

3-Phenoxybenzaldehyde 3-苯氧基苯甲醛 07850

[39515-51-0] $C_{13}H_{10}O_2$ 198.22

成分 C 78.77%，H 5.08%，O 16.14%。

性状 无色液体。不溶于水。mp 13℃；bp_{12} 169℃/1.6kPa；Fp 366℉（186℃）；d^{20} 1.15；n_D^{20} 1.5954。

注意事项 该品吸入有毒。口服有害。使用时应穿适当的防护服。避免吸入本品的蒸气，避免与眼睛及皮肤接触。使用时禁止饮食。使用时如有事故发生或有不适之感，应请医生诊治。应无离生活区，于通风良好处密封保存。

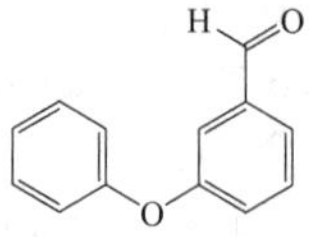

Phenoxybenzamine hydrochloride 苯氧基 β-优卡因 盐酸盐 07851

[63-92-3] $C_{18}H_{23}Cl_2NO$ 340.29

成分 C 63.53%，H 6.81%，Cl 20.84%，N 4.12%，O 4.70%。

别名 盐酸苯氧基-β-优卡因；酚卡明 盐酸盐；Dibenyline；Dibenzyline；Dibenzyran；*N*-(2-Chloroethyl)-*N*-(1-methyl-2-phenoxyethyl)benzenemethanamine hydrochloride；*N*-(2-Chloroethyl)-*N*-(1-methyl-2-phenoxyethyl)benzylamine hydrochloride；*N*-Phenoxyisopropyl-*N*-benzyl-β-chloroethylamine hydrochloride；Bensylyt hydrochloride；688-A-HCl

M. I. 15，7368

性状 来自乙醇＋乙醚中的无色结晶。溶于乙醇、丙二醇，极微溶于水，不溶于乙醚。其丙二醇溶液可过滤灭菌。mp 137～140℃。生化试剂含量≥97.0%。

注意事项 该品口服有害。对机体有不可逆损伤的可能性。使用时应穿适当的防护服，戴手套和防护镜或面罩。应避免吸入本品的粉尘。使用时如有事故发生或有不适之感，应请医生诊治。应密封于2～8℃保存。

主要用途 生化研究。医用抗高血压剂。

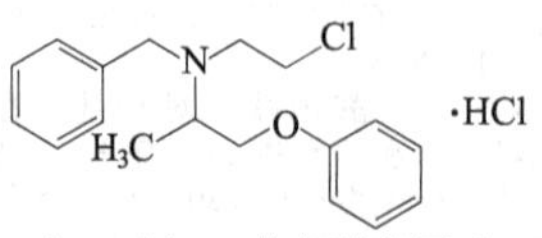

·HCl

2-Phenoxybenzoic acid 2-苯氧基苯甲酸 07852

[2243-42-7]　$C_{13}H_{10}O_3$　214.22

成分　C 72.89%，H 4.71%，O 22.41%。

别名　邻苯氧基苯甲酸

性状　无色结晶或粉末。mp 110～112℃。一般试剂含量≥98.0%。

注意事项　该品对眼睛、呼吸系统及皮肤有刺激性。使用时应穿适当的防护服和戴手套。万一接触到眼睛，应立即用大量水冲洗后请医生诊治。

3-Phenoxybenzoic acid　3-苯氧基苯甲酸　07853

[3739-38-6]　$C_{13}H_{10}O_3$　214.22

成分　C 72.89%，H 4.71%，O 22.41%。

别名　间苯氧基苯甲酸

性状　无色结晶或粉末。mp 149～150℃。一般试剂含量≥98.0%（T）。

注意事项　见 07852 2-苯氧基苯甲酸。

3-Phenoxybenzyl alcohol　3-苯氧基苯甲醇　07854

[13826-35-2]　$C_{13}H_{12}O_2$　200.24

成分　C 77.98%，H 6.04%，O 15.98%。

别名　3-苯氧基苄醇

性状　无色液体。$bp_{0.1}$ 135～140℃/13.3Pa；Fp 235.4℉（113℃）；d^{20} 1.146；n_D^{20} 1.591。LD_{50}大鼠急性经口：1496mg/kg。一般试剂含量≥99.0%（GC）。

注意事项　该品口服有害。对眼睛、呼吸系统及皮肤有刺激性。使用时应穿适当的防护服和戴手套。使用时应避免吸入本品的蒸气，避免与眼睛及皮肤接触。万一接触到眼睛，应立即用大量水冲洗后请医生诊治。

2-Phenoxyethanol　2-苯氧基乙醇　07855

[122-99-6]　$C_8H_{10}O_2$　138.17

成分　C 69.54%，H 7.30%，O 23.16%。

别名　乙二醇一苯醚；乙二醇苯醚；苯基溶纤剂；1-羟基-2-苯氧基乙烷；Ethylene glycol monophenyl ether；β-Hydroxyethyl phenylether；1-Hydroxy-2-phenoxyethane；Phenoxethol；Phenoxetol；Phenylcellosolve；Phenylglycol

M.I.15，7369

性状　无色或浅黄色油状液体。有芳香味。易溶于乙醇、乙醚、氢氧化钠溶液，微溶于水（2.67g/100mL）。mp 14℃；bp_{760} 245.2℃/101.325kPa；bp_{80} 165℃/10.666kPa；bp_{25} 137℃/3.333kPa；bp_{20} 128～130℃/2.666kPa；Fp 250℉（121℃）；d_{20}^{20} 1.1094；d_4^{22} 1.102；n_D^{20} 1.534。LD_{50}大鼠急性经口：1.26g/kg。一般试剂含量≥99.0%（GC）。

注意事项　该品口服有害。对眼睛有刺激性。万一接触到眼睛，应立即用大量水冲洗后请医生诊治。

主要用途　有机合成。气相色谱固定液。色谱分析标准物。

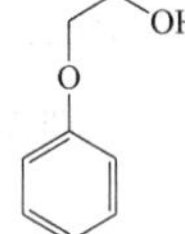

4-Phenoxyphenol　4-苯氧基酚　07856

[831-82-3]　$C_{12}H_{10}O_2$　186.21

成分　C 77.40%，H 5.41%，O 17.18%。

别名　氢醌一苯醚；4-羟基二苯醚；Hydroquinone monophenyl ether；4-Hydroxydiphenyl ether

性状　无色至浅棕色结晶。溶于甲苯，不溶于水。mp 80～83℃；bp_9 177～180℃/1.2kPa；Fp 338℉（170℃）。LD_{50}大鼠急性经口：710mg/kg。一般试剂含量≥99.0%。

注意事项　该品口服有害。对眼睛、呼吸系统及皮肤有刺激性。使用时应穿适当的防护服和戴手套。万一接触到眼睛，应立即用大量水冲洗后请医生诊治。

3-Phenoxy-1,2-propanediol　3-苯氧基-1,2-丙二醇　07857

[538-43-2]　$C_9H_{12}O_3$　168.19

成分　C 64.27%，H 7.19%，O 28.54%。

别名　苯基甘油醚；Antodyne；Phenylglyceryl ether

M.I.15，7401

性状　无色针状结晶。溶于水、乙醇。mp 50～52℃；bp 315℃；$bp_{0.6}$ 129～142℃/79.99Pa；Fp>230℉（110℃）；d_4^{20} 1.113；n_D^{20} 1.533。LD_{50}小鼠腹膜内注射：1280mg/kg。

主要用途　有机合成。制药工业。

Phenprocoumon　苯丙香豆素　07858

[435-97-2]　$C_{18}H_{16}O_3$　280.32

成分　C 77.13%，H 5.75%，O 17.12%。

别名　3-(1-苯丙基)-4-羟基香豆素；4-羟基-3-(1-苯丙基)-2*H*-1-苯并吡喃-2-酮；苯丙香豆醇；苯丙羟基香豆素；4-Hydroxy-3-(1-phenylpropyl)-2*H*-1-benzopyran-2-one；3-(α-Ethylbenzyl)-4-hydroxycoumarin；3-(1-Phenylpropyl)-4-hydroxycoumarin；Falithrom；Marcoumar；Marcumar；Liquamar

M.I.15，7371

性状　来自稀甲醇中的无色结晶或棱柱体。mp 179～180℃。

主要用途　生化研究。医用抗凝剂。

Phensuximide　苯琥胺　07859

[86-34-0]　$C_{11}H_{11}NO_2$　189.21

成分　C 69.83%，H 5.86%，N 7.40%，O 16.91%。

别名　米浪丁；1-甲基-3-苯基-2,5-吡咯烷二酮；*N*-甲基-α-苯基琥珀酰亚胺；1-Methyl-3-phenyl-2,5-pyrrolidinedione；*N*-Methyl-2-phenylsuccinimide；*N*-Methyl-α-phenylsuccinimide；Lifene；Milontin；Mirontin；Succitimal

M.I.15，7373

性状　来自热 95%乙醇中的无色细小结晶。易溶于甲醇、乙醇，微溶于水（25℃，约 4.2mg/mL）。pH 值 2～8 时，颇溶于水。mp 71～73℃。LD_{50}小鼠急性经口：960mg/kg。

主要用途　医用抗惊厥剂。

Phentermine hydrochloride　苯叔丁胺 盐酸盐　07860

[1197-21-3]　$C_{10}H_{16}ClN$　185.70

成分　C 64.68%，H 8.68%，Cl 19.09%，N 7.54%。

别名　α,α-二甲基苯乙胺 盐酸盐；盐酸 α,α-二甲基苯乙胺；盐苯叔丁胺；Adipex-P；Fastin；Wilpo；α,α-Dimethylbenzeneethanamine hydrochloride；α,α-Dimethylphenethylamine hydrochloride；Phenyl-*tert*-butylamine hydrochloride；α-Benzylisopropylamine hydrochloride

M.I.15，7374

性状　无色结晶。易吸潮。溶于水、低级醇，微溶于氯仿，不溶于乙醚。mp 198℃。

注意事项　该品口服有毒。使用时应穿适当的防护服和戴手套。使用时应避免吸入本品的粉尘。万一接触到眼睛，应立即用大量水冲洗后请医生诊治。使用时如有事故发生或有不适之感，应请医生诊治。

主要用途　生化研究。医用食欲抑制剂。

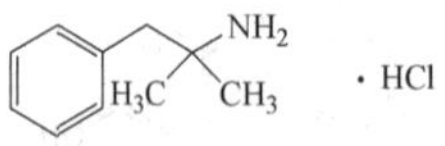

Phentetiothalein sodium 四碘酚酞钠 07861
[18265-54-8] $C_{20}H_8I_4Na_2O_4$ 865.88
成分 C 27.74%，H 0.93%，I 58.62 %，Na 5.31%，O 7.39%。
别名 3,3-Bis(4-hydroxyphenyl)-4,5,6,7-tetraiodo-1(3*H*)-isobenzofuranone disodium salt；3,4,5,6-Tetraiodophenolphthalein disodium salt；Phenoltetraiodophthalein sodium；Iso-Iodeikon
M. I. 15，7375
性状 青铜至紫色微潮解的颗粒。无气味。溶于水、乙醇。长期曝露生成不完全的溶液中可分解。
注意事项 该品应密封保存。
主要用途 医用辅助诊断剂（胆囊及肝功能造影的射线透不过的介质）。

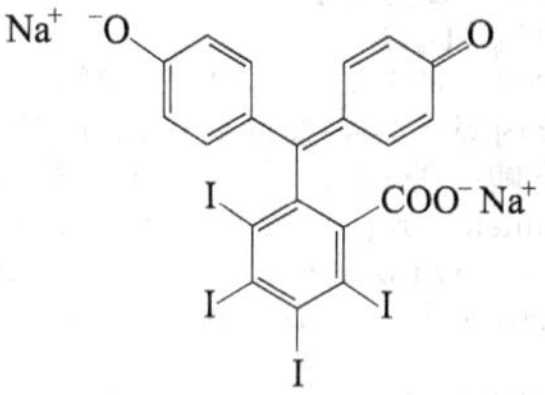

Phentolamine hydrochloride 酚妥胺 盐酸盐 07862
[73-05-2] $C_{17}H_{20}ClN_3O$ 317.8
成 分 C 64.25%，H 6.34%，Cl 11.16%，N 13.22%，O 5.03%。
别名 苄胺唑啉 盐酸盐；酚妥拉明 盐酸盐；酚胺唑啉 盐酸盐；盐酚吩妥胺；盐酸苄胺唑啉；盐酸酚妥拉明；盐酸酚胺唑啉；3-[[(4,5-Dihydro-1*H*-imidazol-2-yl)methyl](4-methylphenyl)amino] phenol hydrochloride；2-[*N*-(*m*-Hydroxyphenyl)-*p*-toluidinomethyl]imidazoline hydrochloride；2-(*m*-Hydroxy-*N*-*p*-tolylanilinomethyl)-2-imidazoline hydrochloride；2-(*N'*-*p*-Tolyl-*N'*-*m*-hydroxyphenylaminomethyl)-2-imidazoline hydrochloride；C-7337 hydrochloride
M. I. 15，7376
性状 无色结晶。味苦。易吸湿。1g 该品溶于 50mL 水、70mL 乙醇，极微溶于氯仿，几乎不溶于丙酮、乙酸乙酯。其 1% 水溶液 pH 值 4.5～5.5。mp 239～240℃。LD_{50} 大鼠静脉注射：75mg/kg；皮下注射：275mg/kg；急性经口：1250mg/kg。生化试剂含量≥99.0%（TLC）。
注意事项 该品口服有害。使用时应避免吸入本品的粉尘，避免与眼睛及皮肤接触。应充氩气密封干燥保存。
主要用途 生化研究。医用抗高血压剂。

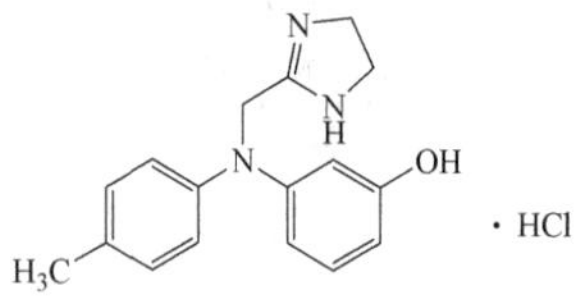

Phenylacetaldehyde 苯乙醛 07863
[122-78-1] C_8H_8O 120.15
成分 C 79.97%，H 6.71%，O 13.32%。
别名 Benzeneacetaldehyde；Hyacinthin；*α*-Tolualdehyde；*α*-Toluic aldehyde
M. I. 15，7377
性状 无色油状液体。有芳香味。性活泼，易聚合。溶于乙醇、乙醚，微溶于水。mp −10℃；bp_{760} 195℃/101.325kPa；bp_{18} 88℃/2.4kPa；bp_{10} 78℃/1.333kPa；Fp 188°F（88℃）；d_{25}^{25} 1.023～1.030；n_D^{20} 1.524～1.528。一般试剂含量≥95.0%。
注意事项 该品口服有害。对眼睛、呼吸系统及皮肤有刺激性。使用时应穿适当的防护服和戴手套。应避免吸入本品的蒸气，避免与眼睛及皮肤接触。应密封避光于通风良好处保存。
主要用途 香料制备。有机合成。

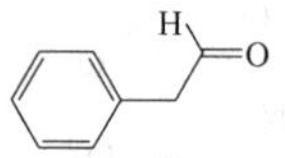

Phenyl acetate 乙酸苯酯 07864
[122-79-2] $C_8H_8O_2$ 136.15
成分 C 70.58%，H 5.92%，O 23.50%。
别名 醋酸苯酯；Acetic acid phenyl ester；Acetyl phenol；Phenol acetate
M. I. 15，7379
性状 无色液体。有强折光性。有苯酚气味。能与乙醇、乙醚、三氯甲烷相混溶，溶于冰乙酸，几乎不溶于水。bp 195～196℃；Fp 201.2°F（94℃）；d_4^{20} 1.073；n_D^{20} 1.5030。LD_{50} 大鼠急性经口：1.63mL/kg。一般试剂含量≥98.0%（GC）。
注意事项 该品口服有害。对眼睛、呼吸系统及皮肤有刺激性。使用时应穿适当的防护服和戴手套。万一接触到眼睛，应立即用大量水冲洗后请医生诊治。
主要用途 溶剂。有机合成。

Phenylacetic acid 苯乙酸 07865
[103-82-2] $C_8H_8O_2$ 136.15
成分 C 70.58%，H 5.92%，O 23.50%。
别名 苯醋酸；Benzeneacetic acid；PAA；*α*-Toluic acid
M. I. 15，7380
性状 来自石油醚中的无色或白色片状结晶。有恶臭。易溶于热水，溶于乙醇、乙醚，微溶于冷水。25℃时，该品在下列溶剂中的溶解度（mol/L）：氯仿 4.422；四氯化碳 1.842；四氯乙炔 4.513；三氯乙烯 3.299；四氯乙烯 1.558；五氯乙烷 3.252。p*K*（25℃）：4.25。mp 76.5℃；bp_{760} 265.5℃/101.325kPa；bp_{100} 198.2℃/13.332kPa；bp_{40} 173.6℃/5.333kPa；bp_5 127℃/666.6Pa；bp_1 97℃/133.32Pa；d_4^{77} 1.091。一般试剂含量≥98.0%（T）。
注意事项 见 07864 乙酸苯酯。
主要用途 香料合成。制药工业。植物生长刺激素。

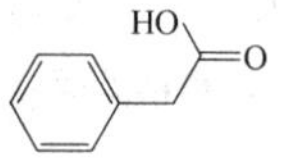

4-Phenylacetophenone 4-苯基苯乙酮 07866
[92-91-1] $C_{14}H_{12}O$ 196.25
成分 C 85.68%，H 6.16%，O 8.15%。
别名 4-乙酰基联苯；4-Acetylbiphenyl；4-Biphenylyl methyl ketone
性状 无色结晶。不溶于水。mp 117～119℃；bp 325～327℃；bp_8 168℃/1.067kPa。一般试剂含量≥95.0%（HPLC）。
注意事项 该品对眼睛、呼吸系统及皮肤有刺激性。使用时应戴适当的手套。使用时应避免吸入本品的粉尘，避免与眼睛及皮肤接触。万一接触到眼睛，应立即用大量水冲洗后请医生诊治。

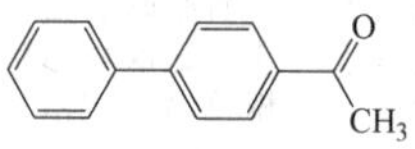

Phenylacetyl chloride 苯乙酰氯 07867
[103-80-0] C_8H_7ClO 154.60
成分 C 62.15%，H 4.56%，Cl 22.93%，O 10.35%。
别名 氯化苯乙酰
GW 2015-97
性状 浅黄色发烟液体。对湿度敏感。能与乙醚、苯、三氯甲烷、四氯化碳相混溶，遇水分解。bp_{12} 94～95℃/1.6kPa；Fp 217°F（102℃）；d_4^{20} 1.168；n_D^{20} 1.5325。一般试剂含量≥98.0%（AT）。
注意事项 该品具有腐蚀性，能引起烧伤。对呼吸系统有刺激性。使用时应穿适当的防护服，戴手套和防护镜或面罩。使用时禁止饮食。万一接触到眼睛，应立即用大量水冲洗后请医生诊治。使用时如有事故发生或有不适之感，应请医生诊治。应密封干燥保存。其包装物应按危险品处理。
主要用途 香料制备。有机合成。

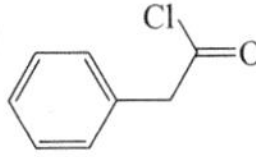

Phenylacetylene　苯乙炔　07868

[536-74-3]　C_8H_6　102.14

成分　C 94.08%，H 5.92%。

别名　乙炔苯；Acetylenebenzene；Ethinylbenzene；Ethynylbenzene

GW 2015-95　M. I. 15，3910

性状　无色液体。具有催泪性。能与乙醇、乙醚相混溶，溶于一般有机溶剂。不溶于水。mp －44.8℃；bp_{760} 142.4℃/101.325kPa；bp_{90} 75℃/11.999kPa；bp_{15} 39℃/2kPa；Fp 88℉（32℃）；d_4^{20} 0.9300；n_D^{20} 1.5489。一般试剂含量≥97.0%（GC）。

注意事项　该品易燃。对眼睛及呼吸系统及皮肤有刺激性。口服有害，并能损伤肺脏。使用时应穿适当的防护服，戴手套和防护镜或面罩。使用现场禁止吸烟。万一接触到眼睛，应立即用大量水冲洗后请医生诊治。使用时如有事故发生或有不适之感，应请医生诊治。应采取抗放静电措施，密封避光于2～8℃保存。

主要用途　溶剂。有机合成。

D-Phenylalanine　D-苯丙氨酸　07869

[673-06-3]　$C_9H_{11}NO_2$　165.19

成分　C 65.44%，H 6.71%，N 8.48%，O 19.37%。

别名　D-α-氨基-3-苯基丙酸；D-2-氨基氢化肉桂酸；D-苯基初油氨基酸；D-苯基丝析氨酸；D-α-Aminohydrocinnamic acid；D-α-Amino-3-phenylpropionic acid；（*R*）-2-Amino-3-phenylpropionic acid；（*R*）-Phenylalanine；Sabiden

M. I. 15，7382

性状　来自水中的无色小叶状结晶。1g该品溶于35.5mL水（16℃），略微溶于甲醇，不溶于乙醚、丙酮。285℃分解；$[\alpha]_D^{20}$ +35.0°（c=2.04，于水中）；$[\alpha]_D^{20}$ +7.1°（c=3.8，于18%盐酸中）。生化试剂含量≥99.0%（NT）。

注意事项　使用时应避免吸入本品的粉尘，避免与眼睛及皮肤接触。

主要用途　生化研究。

DL-phenylalanine　DL-苯丙氨酸　07870

[150-30-1]　$C_9H_{11}NO_2$　165.19

成分　C 65.44%，H 6.71%，N 8.48%，O 19.37%。

别名　DL-α-氨基氢化肉桂酸；DL-α-氨基-β-苯丙酸；DL-苯基丝析氨酸；DL-2-Amino-3-phenylpropionic acid；（±）-2-Amino-3-phenylpropionic acid

M. I. 15，7382

性状　来自水或乙醇中的无色单斜片状或小叶状结晶。味甜。溶于水（0℃，9.97g/L；25℃，14.11g/L；50℃，21.87g/L；75℃，37.08g/L；100℃，68.9g/L），微溶于乙醇，几乎不溶于乙醚。在真空中能升华。pK_1 2.58，pK_2 9.24。271～273℃分解。生化试剂含量≥99.0%（NT）。

主要用途　生化研究。营养增补剂。

L-Phenylalanine　L-苯丙氨酸　07871

[63-91-2]　$C_9H_{11}NO_2$　165.19

成分　C 65.44%，H 6.71%，N 8.48%，O 19.37%。

别名　L-α-氨基氢化肉桂酸；L-α-氨基-β-苯丙酸；L-苯基丝析氨酸；L-α-Aminohydrocinnamic acid；L-α-Amino-β-phenylpropionic acid；(*S*)-2-Amino-3-phenylpropionic acid；F；Phe；β-Phenylalanine

M. I. 15，7382

性状　来自浓水溶液中的白色单斜片状、小叶状或来自稀水溶液中的水合针状结晶。溶于水（0℃，19.8g/L；25℃，29.6g/L；50℃，44.3g/L；75℃，66.2g/L；100℃，99.0g/L），极微溶于乙醇、甲醇、稀矿物酸。能于真空中升华。pK_1 1.83；pK_2 9.13。283℃分解；$[\alpha]_D^{20}$ －35.1°（c=1.94，于水中）。生化试剂含量≥99.0%（NT）。

注意事项　见07869 D-苯丙氨酸。

主要用途　生化研究。培养基配制。营养增补剂。必需氨基酸之一。可用于配制氨基酸输液及综合氨基酸制剂。

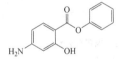

L-Phenylalanine methyl ester hydrochloride
L-苯丙氨酸甲酯 盐酸盐　07872

[7524-50-7]　$C_{10}H_{14}ClNO_2$　215.68

成分　C 55.69%，H 6.54%，Cl 16.44%，N 6.49%，O 14.84%。

别名　盐酸L-苯丙氨酸甲酯

性状　无色或白色结晶。mp 158～160℃；$[\alpha]_D^{20}$ +38°±1°（c=2，于乙醇中）。一般试剂含量≥99.0%（AT）。

注意事项　该品对眼睛、呼吸系统及皮肤有刺激性。使用时应戴适当的手套。万一接触到眼睛，应立即用大量水冲洗后请医生诊治。

Phenyl 4-aminosalicylate　4-氨基水杨酸苯酯　07873

[133-11-9]　$C_{13}H_{11}NO_3$　229.24

成分　C 68.11%，H 4.84%，N 6.11%，O 20.94%。

别名　氨基水杨酸苯酯；4-Amino-2-hydroxybenzoic acid phenyl ester；*p*-Aminosalicylic acid phenyl ester；Phenyl *p*-aminosalicylic acid；*p*-Aminosalol；Fenamisal；Phenyl PAS；Pheny-PAS-Tebamin；Tebamin；Tebanyl

M. I. 15，7383

性状　来自异丙醇中的无色结晶。溶于水（0.7mg/100mL）、血清（12mg/100mL）。mp 153℃。

注意事项　该品对眼睛、呼吸系统及皮肤有刺激性。

主要用途　生化研究。医用抗菌剂（结核菌抑制剂）。

***N*-Phenylanthranilic acid　*N*-苯基邻氨基苯甲酸**　07874

[91-40-7]　$C_{13}H_{11}NO_2$　213.24

成分　C 73.22%，H 5.20%，N 6.57%，O 15.01%。

别名　二苯胺-2-羧酸；钒试剂；*N*-苯基代邻氨基苯甲酸；2-Anilinobenzoic acid；*o*-Anilinobenzoic acid；Diphenylamine-2-carboxylic acid；2-(Phenylamino)benzoic acid；PA-acid

M. I. 15，7384

性状　来自乙醇中的无色至浅灰色小叶状结晶或结晶性粉末。溶于热乙醇，极微溶于热水、热苯、乙醚。183～184℃分解。一般试剂含量≥99.0%（T）。

注意事项　见07872 L-苯丙氨酸甲酯 盐酸盐。

主要用途　测定钢中的钒。定量法测定重铬酸钾、钒酸盐用的试剂。氧化还原指示剂。

Phenylarsonic acid　苯胂酸　07875

[98-05-5]　$C_6H_7AsO_3$　202.04

成分　C 35.67%，H 3.49%，As 37.08%，O 23.76%。

别名　Benzenearsonic acid

GW 2015-89　M. I. 15，1069

性状　白色结晶性粉末。易溶于苛性碱、碳酸盐溶液，溶于40份水、50份乙醇，不溶于氯仿。mp 158～162℃（分解）；d 1.76。一般试剂含量≥97.0%。

注意事项　该品吸入或口服有毒。对水生物极毒。能对水环境引起长期不良的影响。使用现场不得进餐或吸烟。使用时应避免吸入本品的粉尘。接触皮肤后应用大量肥皂水冲洗。使用时如有事故发生或有不适之感，应请医生诊治。应防止将本品释放于环境中。其包装物应按危险品处理。

主要用途 测定锡、钽、铅、铋、钍、锆，分离钍、钛、锆等用的试剂。用于铌、钽、锌的沉淀及重量测定。

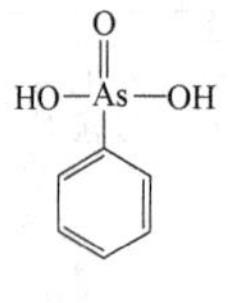

4-(Phenylazo)diphenylamine
4-(苯基偶氮)二苯胺

07876

[101-75-7] $C_{18}H_{15}N_3$ 273.34

成分 C 79.09%，H 5.53%，N 15.37%。

别名 *N*-苯基-4-苯基偶氮苯胺；4-苯胺基偶氮苯；4-Anilinoazobenzene；*N*-Phenyl-4-phenylazoaniline

性状 无色结晶。mp 89～91℃；λ_{max} 411nm。一般试剂含量≥97.0%（HPLC）。

注意事项 该品对眼睛、呼吸系统及皮肤有刺激性。使用时应穿适当的防护服。万一接触到眼睛，应立即用大量水冲洗后请医生诊治。

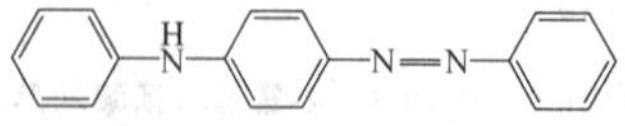

2-Phenyl-1*H*-benzimidazole
2-苯基-1*H*-苯并咪唑

07877

[716-79-0] $C_{13}H_{10}N_2$ 194.24

成分 C 80.39%，H 5.19%，N 14.42%。

别名 *N*,*N'*-Benzenyl-*o*-phenylenediamine；Phenzidole；Gainex

M. I. 15，7387

性状 来自苯中的无色针状或来自水中的片状结晶。溶于甲醇、无水乙醇，略微溶于水、苯、氯仿。mp 291℃。

主要用途 生化研究。兽用驱虫剂。

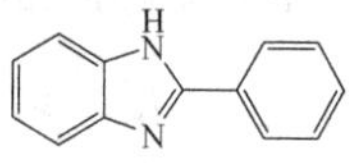

Phenyl benzoate 苯甲酸苯酯

07878

[93-99-2] $C_{13}H_{10}O_2$ 198.22

成分 C 78.77%，H 5.09%，O 16.14%。

别名 Benzoic acid phenyl ester

M. I. 15，7388

性状 无色单斜片状结晶。有天竺葵气味。易溶于热乙醇，微溶于冷乙醇、乙醚，不溶于水。mp 70℃；bp 314℃；*d* 1.235。一般试剂含量≥98.0%（GC）。

注意事项 该品口服有害。对皮肤有刺激性。使用时应穿适当的防护服。使用时应避免吸入本品的粉尘，避免与眼睛及皮肤接触。

主要用途 有机合成，用于羟基代二苯甲酮的合成等。

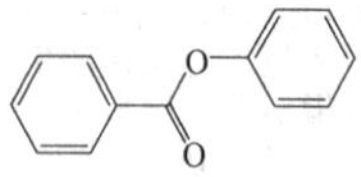

2-Phenylbenzoic acid 2-苯基苯甲酸

07879

[947-84-2] $C_{13}H_{10}O_2$ 198.22

成分 C 78.77%，H 5.08%，O 16.14%。

别名 2-联苯羧酸；邻苯基苯甲酸；联苯-2-羧酸；2-Biphenylcarboxylic acid；*o*-Phenylbenzoic acid；Biphenyl-2-carboxylic acid

性状 无色针状结晶。易溶于乙醇、乙醚，不溶于水。mp 111～113℃；bp_{10} 199℃/1.333kPa。一般试剂含量≥97.0%（T）。

注意事项 该品对眼睛、呼吸系统及皮肤有刺激性。使用时应穿适当的防护服和戴手套。使用时应避免吸入本品的粉尘，避免与眼睛及皮肤接触。万一接触到眼睛，应立即用大量水冲洗后请医生诊治。

主要用途 有机合成。

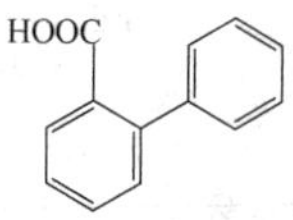

4-Phenylbenzoic acid 4-苯基苯甲酸

07880

[92-92-2] $C_{13}H_{10}O_2$ 198.22

成分 C 78.77%，H 5.08%，O 16.14%。

别名 对苯基苯甲酸；联苯-4-羧酸；Biphenyl-4-carboxylic acid；*p*-Phenylbenzoic acid

性状 无色针状结晶。溶于乙醇、乙醚，不溶于水。mp 225～226℃。一般试剂含量≥98.0%。

注意事项 见 07879 2-苯基苯甲酸。

主要用途 有机合成。

2-Phenylbenzothiazole 2-苯基苯并噻唑

07881

[883-93-2] $C_{13}H_9NS$ 211.29

成分 C 73.90%，H 4.29%，N 6.63%，S 15.18%。

性状 无色结晶或白色结晶性粉末。不溶于水。mp 113～115℃；bp 371℃。一般试剂含量≥97.0%。

注意事项 使用时应避免吸入本品的粉尘，避免与眼睛及皮肤接触。

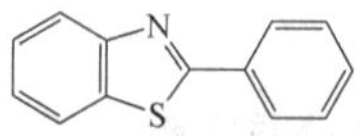

Phenyl biguanide 苯双胍

07882

[102-02-3] $C_8H_{11}N_5$ 177.21

成分 C 54.22%，H 6.26%，N 39.52%。

别名 *N*-Phenylimidodicarbonimidic diamide；Phenyl diguanide；1-Phenylbiguanide；*N*-Phenyl-*N'*-guanylguanidine

M. I. 13，7360

性状 来自水或甲苯中的无色结晶。具微苦的味道。易溶于水、乙醇。pK_1 10.76；pK_2 2.13；mp 144～146℃。一般试剂含量≥98.0%。

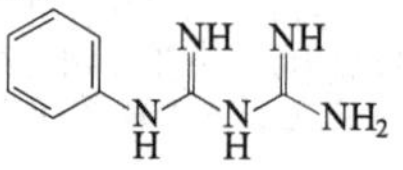

4-Phenyl-1-butanol 4-苯基-1-丁醇

07883

[3360-41-6] $C_{10}H_{14}O$ 150.22

成分 C 79.96%，H 9.39%，O 10.65%。

性状 无色液体。bp_{14} 140～142℃/1.867kPa；Fp ＞230℃（110℃）；d_4^{20} 0.984；n_D^{20} 1.521。一般试剂含量≥99.0%（GC）。

注意事项 使用时应避免吸入本品的蒸气，避免与眼睛及皮肤接触。

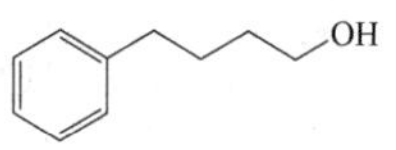

Phenylbutazone 苯基保泰松

07884

[50-33-9] $C_{19}H_{20}N_2O_2$ 308.38

成分 C 74.00%，H 6.54%，N 9.08%，O 10.38%。

别名 4-Butyl-1,2-diphenyl-3,5-pyrazolidinedione；4-Butyl-1,2-diphenyl-3,5-dioxopyrazolidine；3,5-Dioxo-1,2-diphenyl-4-*n*-butylpyrazolidine；Flexazone；Diphebuzol；Fenibutazona；G-13871；R-3-ZON；Ambene；Artrizin；Azolid；Bizolin；Butacote；Butadion；Butapirazol；Butadiona；Butatron；Butoz；Butazolidin；Buzon；Ecobutazone；Equipalazone；Exrheudon N；Fenibutol；Intrabutazone；Intrazone；Mepha-Butazon；Phenyzene；Robizone-V；Tevcodyne；Uzone

M. I. 15，7390

性状 来自乙醇中的无色结晶。易溶于丙酮、乙醚，溶于乙醇，溶于水（22.5℃，0.7mg/mL）。p*K*（于水中）：4.5；p*K*（滴定于50%乙醇中）：4.89。mp 105℃；uv max（酸性甲醇中）：239.5nm（lg ε 4.19）。一般试剂含量≥99.0%。

注意事项 该品能致癌。吸入、口服或与皮肤接触有害。吸入或与皮肤接触可引起过敏。对眼睛、呼吸系统及皮肤有刺激性。使用前应得到专门的指导，避免曝露。使用时应穿 适当的防护服，戴手套和防护镜或面罩。应避免吸入本品的粉尘，万一接触到眼睛，应立即用大量水冲洗后请医生诊治。使用时如有事故发生或有不适之感，应请医生诊治。

主要用途 生化研究。医用止痛，抗炎剂。

2-Phenylbutyric acid 2-苯基丁酸 07885

[90-27-7] $C_{10}H_{12}O_2$ 164.20

成分 C 73.14%，H 7.37%，O 19.49%。

别名 α-乙基苯乙酸；α-苯基丁酸；α-Ethylphenylacetic acid

性状 无色结晶。溶于水。mp 39～42℃；bp 270～272℃；Fp 235.4°F（113℃）；n_D^{20} 1.515。LD_{50} 小鼠急性经口：1154mg/kg。一般试剂含量≥98.0%（T）。

注意事项 该品口服有害。使用时应穿适当的防护服。使用时应避免吸入本品的粉尘。

4-Phenylbutyric acid 4-苯基丁酸 07886

[1821-12-1] $C_{10}H_{12}O_2$ 164.20

成分 C 73.14%，H 7.37%，O 19.49%。

性状 无色结晶。微溶于水（40℃，5.3g/L）。mp 49～52℃；bp_{10} 165℃/1.333kPa；Fp 235.4℉（113℃）。一般试剂含量≥99.0%（HPLC）。

注意事项 使用时应避免吸入本品的粉尘，避免与眼睛及皮肤接触。

Phenyl carbonate 碳酸苯酯 07887

[102-09-0] $C_{13}H_{10}O_3$ 214.22

成分 C 72.89%，H 4.70%，O 22.41%。

别名 碳酸二苯酯；Carbonic acid diphenyl ester；Diphenyl carbonate

M. I. 15，3354

性状 有光泽的针状结晶。溶于热乙醇、苯、乙醚、冰乙酸，几乎不溶于水。mp 80～81℃；bp 302～306℃；bp_{15} 168℃/2kPa；Fp 334.4°F（168℃）；*d* 1.300。一般试剂含量≥99.0%（GC）。

注意事项 该品口服有害。使用时应穿适当的防护服。应避免吸入本品的粉尘，避免与眼睛及皮肤接触。

主要用途 硝化纤维素的溶剂。

Phenyl chloroformate 氯甲酸苯酯 07888

[1885-14-9] $C_7H_5ClO_2$ 156.57

成分 C 53.70%，H 3.22%，Cl 22.64%，O 20.44%。

别名 Chloroformic acid phenyl ester；Phenyl chlorocarbonate

GW 2015-1506

性状 无色液体。具有催泪性。遇水分解。mp −38℃；bp 188～189℃；Fp 156.2 °F（69℃）；d_4^{20} 1.246；n_D^{20} 1.5110。一般试剂含量≥98.0%（GC）。

注意事项 该品吸入极毒。口服有害。具有腐蚀性，能引起烧伤。使用时应穿适当的防护服，戴手套和防护镜或面罩。万一接触到眼睛，应立即用大量水冲洗后请医生诊治。接触皮肤后，应用大量水冲洗。使用时如有事故发生或有不适之感，应请医生诊治。应充氩气密封于通风良好处干燥保存。其包装物应按危险品处理。万一着火，应用指定设备灭火而不能用水。

主要用途 有机合成。

2-Phenyl-6-chlorophenol 2-苯基-6-氯酚 07889

[85-97-2] $C_{12}H_9ClO$ 204.65

成分 C 70.43%，H 4.43%，Cl 17.32%，O 7.82%。

别名 3-Chloro-[1,1′-biphenyl]-2-ol；6-Chlorothoxenol

M. I. 15，7391

性状 浅黄色黏稠液体。微有特殊气味。溶于不挥发碱溶液及多数有机溶剂，不溶于水。mp 6℃；bp 317～318℃（分解）；d_4^{25} 约 1.24；n_D^{30} 1.6237。

主要用途 杀菌剂。杀真菌剂。

α-Phenylcinnamic acid 顺式-α-苯基肉桂酸 07890

[91-47-4] $C_{15}H_{12}O_2$ 224.26

成分 C 80.34%，H 5.39%，O 14.27%。

别名 顺式-α-苯基桂皮酸；*cis*-α-(Phenylmethylene) benzeneacetic acid；*cis*-2,3-Diphenylacrylic acid；*cis*-2,3-Diphenylpropenoic acid；*cis*-Stilbene-α-carboxylic acid

M. I. 15，7393

性状 来自乙醚＋石油醚中的无色有丝光的针状结晶。溶于热水、甲醇、乙醇、异丙醇，乙醚、苯。pK_a（60%乙醇中）：6.1；mp 174℃；uv max（乙醇中）：223nm，280nm（ε 32100，19500）。一般试剂含量≥97.0%。

注意事项 该品对眼睛、呼吸系统及皮肤有刺激性。使用时应穿适当的防护服。万一接触到眼睛，应立即用大量水冲洗后请医生诊治。

Phenyl cyclohexane 苯基环己烷 07891

[827-52-1] $C_{12}H_{16}$ 160.26

成分 C 89.94%，H 10.06%。

别名 环己基苯；1,2,3,4,5,6-六氢联苯；Cyclohexylbenzene；1,2,3,4,5,6-Hexahydrobiphenyl

性状 无色油状液体。能与乙醇、丙酮、苯、四氯化碳等有机溶剂相混溶。mp 5～6℃；bp 239～240℃；Fp 208°F（91℃）；d_4^{20} 0.942；n_D^{20} 1.526。

注意事项 该品口服有害。对眼睛及皮肤有刺激性。对水生物极毒。能对水环境引起长期不良的影响。使用时应戴适当的手套。万一接触到眼睛，应立即用大量水冲洗后请医生诊治。应防止将本品释放于环境中。其包装物应按危险品处理。

主要用途 有机合成。高沸点溶剂。渗透剂。

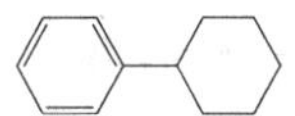

4-Phenylcyclohexanone 4-苯基环己酮 07892

[4894-75-1] $C_{12}H_{14}O$ 174.24

成分 C 82.72%，H 8.10%，O 9.18%。

性状 无色结晶。不溶于水。mp 76～78℃；bp_{16} 158～160℃/1.6kPa；Fp 212 °F（100℃）；一般试剂含量≥98.0%（GC）。

注意事项 使用时应避免吸入本品的粉尘，避免与眼睛及皮肤接触。

Phenyl dichlorophosphate 二氯磷酸苯酯 07893
[770-12-7] $C_6H_5Cl_2O_2P$ 210.98
成分 C 34.16%，H 2.39%，Cl 33.61%，O 15.17%，P 14.68%。
别名 Dichlorophosphoric acid phenyl ester；Phenyl phosphorodichloridate；Phosphoric acid phenyl ester dichloride；Phenyl phósphoryldichloride
性状 无色液体。溶于水即分解。mp －1℃；bp 241～243℃；bp_9 104～106℃/1.2kPa；Fp 233.6 °F（112℃）；d_4^{20} 1.415；n_D^{20} 1.524。一般试剂含量≥98.0%（AT）。
注意事项 该品与水反应激烈。口服有害。具有腐蚀性，能引起烧伤。对呼吸系统有刺激性。使用时应穿适当的防护服，戴手套和防护镜或面罩。使用时应保持容器干燥。禁止饮食。切勿向该品中加水。万一接触到眼睛，立即用大量水冲洗后请医生诊治。使用时如有事故发生或有不适之感，应请医生诊治。应防止将该品释放于环境中。应充氩气密封于2～8℃保存。

***N*-Phenyldiethanolamine *N*-苯基二乙醇胺** 07894
[120-07-0] $C_{10}H_{15}NO_2$ 181.24
成分 C 66.27%，H 8.34%，N 7.73%，O 17.66%。
别名 二乙醇苯胺；2,2′-(苯亚氨基)二乙醇；*N*,*N*-双(2-羟乙基)苯胺；*N*-苯基-2,2′-亚氨基二乙醇；2,2′-(Phenylimino)diethanol；*N*,*N*-Bis(2-hydroxyethyl)aniline；*N*-Phenyl-2,2′-iminodiethanol
性状 无色结晶性粉末。易溶于乙醚、苯、乙醇、丙酮，微溶于水。mp 56～58℃；bp 270℃；Fp 352℉（178℃）；*d* 1.1。一般试剂含量≥95.0%（GC）。
注意事项 该品吸入、口服、长期曝露或与皮肤接触有害，对眼睛有严重损伤的危险。使用时应穿适当的防护服，戴手套和防护镜或面罩。万一接触到眼睛，应立即用大量水冲洗后请医生诊治。应密封于干燥处保存。
主要用途 有机合成。

1-Phenyldodecane 1-苯基十二烷 07895
[123-01-3] $C_{18}H_{30}$ 246.44
成分 C 87.73%，H 12.27%。
别名 十二烷基苯；Dodecylbenzene
性状 无色液体。不溶于水。mp 3℃；bp 331℃；bp_{15} 185～188℃/2kPa；Fp 228.2℉（109℃），d_4^{20} 0.856；n_D^{20} 1.482。一般试剂含量≥99.5%（GC）。
注意事项 使用时应避免吸入本品的蒸气，避免与眼睛及皮肤接触。

***m*-Phenylenediamine 间苯二胺** 07896
[108-45-2] $C_6H_8N_2$ 108.14
成分 C 66.64%，H 7.46%，N 25.90%。
别名 1,3-二氨基苯；间二氨基苯；1,3-苯二胺；1,3-Benzenediamine；*m*-Diaminobenzene；1,3-Diaminobenzene；MPD；1,3-Phenylenediamine
GW 2015-54 M.I.15，7395
性状 白色或浅粉红色结晶。露置空气中或见光色变红而分解。溶于水、乙醇、甲醇、氯仿、丙酮、二甲基甲酰胺、甲基乙基甲酮、二氧六环，微溶于乙醚、四氯化碳、苯二甲酸二丁酯、异丙醇，极微溶于苯、甲苯、二甲苯、丁醇。mp 62～63℃；bp 284～287℃；Fp 368°F（187℃）；*d* 1.139。LD_{50}大鼠急性经口：650mg/kg；腹膜内注入：283mg/kg。一般试剂含量≥99.0%（GC）。
注意事项 该品吸入、口服或与皮肤接触有毒。对眼睛有刺激性。接触皮肤能引起过敏。对机体有不可逆损伤的可能性。对水生物极毒。能对水环境引起不利的结果。使用时应穿适当的防护服和戴手套。接触皮肤后应立即用大量水冲洗。使用时如有事故发生或有不适之感，应请医生诊治。应防止将本品释放于环境中。其包装物应按危险品处理。应充氮气密封避光保存。
主要用途 铜、金、铁、铂、溴酸盐、溴化物、铬酸盐、重铬酸盐、氧、臭氧等的检定；铬、铱、钯、游离氯、亚硝酸盐的测定。环氧树脂固化剂。抗聚剂。染料制造。

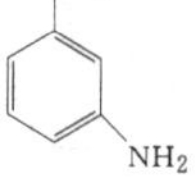

***o*-Phenylenediamine 邻苯二胺** 07897
[95-54-5] $C_6H_8N_2$ 108.14
成分 C 66.64%，H 7.46%，N 25.90%。
别名 1,2-二氨基苯；1,2-苯二胺；邻二氨基苯；1,2-Benzenediamine；1,2-Diaminobenzene；*o*-Diaminobenzene；DOPD；OPD；1,2-Phenylenediamine
GW 2015-53 M.I.15，7396
性状 浅棕黄色单斜结晶。见光或露置空气中易色变深。易溶于乙醇、乙醚、三氯甲烷，微溶于水。mp 103～104℃；bp 256～258℃；Fp 277℉（136℃）。LD_{50}大鼠急性经口：1070mg/kg；腹膜内注射：516mg/kg。一般试剂含量≥99.0%（NT）。
注意事项 见07896间苯二胺。
主要用途 镍、铌的检验。自氮的氧化物和过氧化氢中分离臭氧。荧光指示剂。地质分析中用以测贵金属。有机合成。染料合成。

***p*-Phenylenediamine 对苯二胺** 07898
[106-50-3] $C_6H_8N_2$ 108.14
成分 C 66.64%，H 7.46%，N 25.90%。
别名 1,4-二氨基苯；对二氨基苯；1,4-苯二胺；乌尔丝 D；1,4-Benzenediamine；1,4-Diaminobenzene；*p*-Diaminobenzene；1,4-Phenylenediamine；PPD；Ursol D
GW 2015-55 M.I.15，7397 C.I. 76076
性状 白色至浅粉红色结晶。露置空气中色变暗。溶于乙醇、三氯甲烷、乙醚，溶于100份水。遇3%双氧水呈黑色，遇5%三氯化铁溶液呈现棕色。受热升华。mp 145～147℃；bp 267℃；Fp 312℉（156℃）。LD_{50}大鼠急性经口：80mg/kg；腹膜内注入37mg/kg。一般试剂含量≥99.0%（GC/NT）。
注意事项 见07896间苯二胺。
主要用途 荧光指示剂。铜、金、铁、镁、钒、氨、硫化氢、二氧化硫、氧化铬、钒等的检定。染料制造。照相材料。

***m*-Phenylenediamine dihydrochloride**
间苯二胺 盐酸盐 07899
[541-69-5] $C_6H_{10}Cl_2N_2$ 181.06
成分 C 39.80%，H 5.57%，Cl 39.16%，N 15.47%。
别名 1,3-二氨基苯 盐酸盐；二盐酸间苯二胺；二盐酸-1,3-苯二胺；间苯二胺 二盐酸盐；盐酸间苯二胺；1,3-Phenylene diamine dihydrochloride
GW 2015-2524 M.I.15，7395
性状 白色或浅粉红色结晶性粉末。见光逐渐变色。易溶于水，溶于乙醇。一般试剂含量≥99.0%（AT）。
注意事项 见07896间苯二胺。
主要用途 检验金、溴、硝酸盐、亚硝酸盐的试剂。染料中间体。

***o*-Phenylenediamine dihydrochloride**
邻苯二胺 盐酸盐 07900
[615-28-1] $C_6H_{10}Cl_2N_2$ 181.06
成分 C 39.80%，H 5.57%，Cl 39.16%，N 15.47%。

别名 二盐酸邻苯二胺；1,2-二氨基苯 二盐酸盐；盐酸邻苯二胺；1,2-苯二胺 二盐酸盐；二盐酸-1,2-苯二胺；邻二氨基苯二盐酸盐；1,2-Diaminobenzene dihydrochloride；*o*-Diaminobenzenedihydrochloride；1,2-Phenylenediamine dihydrochloride

GW 2015-2523

性状 无色或浅灰色结晶或结晶性粉末。露置空气中或见光变色。易溶于水。mp 258℃（分解）。

注意事项 见 07896 间苯二胺 。

主要用途 有机合成。染料中间体。

p-Phenylenediamine dihydrochloride

对苯二胺 盐酸盐 07901

［624-18-0］ $C_6H_{10}Cl_2N_2$ 181.06

成分 C 39.80%，H 5.57%，Cl 39.16%，N 15.47%。

别名 二盐酸对苯二胺；盐酸对苯二胺；1,4-二氨基苯 二盐酸盐；1,4-苯二胺 二盐酸盐；二盐酸-1,4-苯二胺；1,4-Diaminobenzene dihydrochloride；1,4-Phenylenediamine dihydrochloride

GW 2015-2525 M. I. 15，7397

性状 白色至浅粉红色结晶。易溶于水，微溶于乙醇、乙醚。一般试剂含量≥99.0%（AT）。

注意事项 见 07896 间苯二胺 。

主要用途 测定戊醇、硫化氢的试剂。

p-Phenylenediamine sulfate 对苯二胺 硫酸盐 07902

［16245-77-5］ $C_6H_{10}N_2O_4S$ 206.22

成分 C 34.95%，H 4.89%，N 13.58%，O 31.03%，S 15.55%。

别名 1,4-二氨基苯 硫酸盐；硫酸对苯二胺；1,4-苯二胺 硫酸盐；硫酸 1,4-二氨基苯；硫酸 1,4-苯二胺；1,4-Diamino benzene sulfate；1,4-Phenylenediamine sulfate

GW 2015-1310

性状 白色至微粉红色结晶。溶于水、乙醇。一般试剂含量≥98.0%。

注意事项 该品吸入、口服或与皮肤接触时有毒。万一接触到眼睛，应立即用大量水冲洗后请医生诊治。接触皮肤后应立即用大量水冲洗。使用时如有事故发生或有不适之感，应请医生诊治。应密封避光保存。

主要用途 测定铬、铱、钯、亚硝酸盐。

Phenylene-1,4-diisothiocyanate

1,4-二异硫氰酸亚苯酯 07903

［4044-65-9］ $C_8H_4N_2S_2$ 192.25

成分 C 49.98%，H 2.10%，N 14.57%，S 33.35%。

别名 亚苯基-1,4-二异硫氰酸酯；1,4-二异硫氰酰苯；异硫氰酸对亚苯基酯；Bitosconate；1,4-Diisothiocyanatobenzene；DITC；Isothiocyanic acid *p*-Phenylene ester；Jonit；*p*-Phenylene diisothiocyanate

M. I. 15，1309

性状 来自乙酸或丙酮中的无色针状结晶。无臭、无味。对湿度敏感。不溶于水。mp 132℃。一般试剂含量≥98.0%（N）。

注意事项 该品吸入、口服或与皮肤接触有害。对眼睛、呼吸系统及皮肤有刺激性。吸入能引起过敏。使用时应穿适当的防护服和戴手套。使用时应避免吸入本品的粉尘。万一接触到眼睛，应立即用大量水冲洗后请医生诊治。使用时如有事故发生或有不适之感，应请医生诊治。应充氩气密封干燥保存。

主要用途 医用驱肠线虫剂。

S=C=N—C6H4—N=C=S

N,*N*′-(*o*-Phenylene)dimaleimide

***N*,*N*′-邻苯二马来酰亚胺** 07904

［13118-04-2］ $C_{14}H_8N_2O_4$ 268.23

成分 C 62.69%，H 3.01%，N 10.44%，O 23.86%。

别名 1,2-Dimaleimidobenzene；PDM

性状 无色或白色结晶。mp 250～252℃。一般试剂含量≥99.0%。

注意事项 使用时应避免吸入本品的粉尘，避免与眼睛及皮肤接触。应充氩气密封保存。

1,2-Phenylenedioxydiacetic acid

1,2-亚苯基二氧二乙酸 07905

［5411-14-3］ $C_{10}H_{10}O_6$ 226.19

成分 C 53.10%，H 4.46%，O 42.44%。

别名 邻亚苯基二氧二乙酸；邻苯二酚-*O*,*O*′-二乙酸；Catechol-*O*,*O*′-diacetic acid；2,2′-(1,2-Phenylenebisoxy)bisacetic acid；*o*-Phenylenedioxydiacetic acid

性状 无色结晶。微溶于水。mp 179～183℃。一般试剂含量≥98.0%（HPLC）。

注意事项 该品对眼睛、呼吸系统及皮肤有刺激性。使用时应戴适当的手套。使用时应避免吸入本品的粉尘，避免与眼睛及皮肤接触。万一接触到眼睛，应立即用大量水冲洗后请医生诊治。其包装物应按危险品处理。

L-Phenylephrine hydrochloride

L-脱羟肾上腺素 盐酸盐 07906

［61-76-7］ $C_9H_{14}ClNO_2$ 203.67

成分 C 53.08%，H 6.93%，Cl 17.41%，N 6.88%，O 15.71%。

别名 L-1-间羟基苯-2-甲基乙醇胺 盐酸盐；盐酸 L-苯肾上腺素；新福林 盐酸盐；盐酸 L-脱羟肾上腺素；盐酸新生乃复林；盐酸新山那西林；盐酸新福林；(*R*)-(－)-脱羟肾上腺素 盐酸盐；盐酸新苄基麻黄碱 盐酸盐；新生乃复林 盐酸盐；新山那西林 盐酸盐；盐酸新交感酚；盐酸苯福林；盐酸新辛内弗林；盐酸脱羟肾上腺素；Adrianol；Lexatol；Neosynephrine hydrochloride；L-1-(*m*-Hydroxyphenyl)-2-methylaminoethanol hydrochloride；*iso*-Phrinhydrochloride；*R*-(－)-Phenylephrine hydrochloride；*R*-(－)-1-(3-Hydroxyphenyl)-2-methyl amino ethanol hydrochloride；(*R*)-(－)-3-Hydroxy-*α*-(methylaminomethyl) benzyl alcohol；(*R*)-(－)-Phenyl ephrine hydrochloride；Neosynephrine hydrochloride；(*α*，*R*)-3-Hydroxy-*α*-[(methylamino) methyl] benzenemethanol hydrochloride；(－)-*m*-Hydroxy-*α*-[(methylamino) methyl] benzyl alcohol hydrochloride；*l*-*α*-Hydroxy-*β*-methylamino-3-hydroxy-1-ethyl benzene hydrochloride；Metaoxedrin；*m*-Methylaminoethanolphenol hydrochloride；AK-Dilate；AK-Nefrin；Isophrin；*m*-Symp atol；Mezaton；Neophryn；Neo-Synephrine；Pyracort D；Prefrin；Mydfrin

M. I. 15，7398

性状 白色结晶。味苦。易溶于水、乙醇。其溶液遇石蕊试纸呈现中性。mp 140～145℃；$[\alpha]_D$ －44.0°（c=2.16，于水中）。uv max（于 0.05mol/L 盐酸中）：216nm，274nm，279nm（$\varepsilon\times10^{-3}$ 5.91，1.81，1.65）；uv max（于 0.05mol/L 氢氧化钠溶液中）：239nm，292.5nm（$\varepsilon\times10^{-3}$8.95，3.04）。LD_{50}大鼠腹膜内注射：(17±1.1) mg/kg；皮下注射：(33±2.0) mg/kg。生化试剂含量≥98.0%（CHN）。

注意事项 该品口服有害。对眼睛、呼吸系统及皮肤有刺激性。使用时应穿适当的防护服，戴手套和防护镜或面罩。万一接触到眼睛，应立即用大量水冲洗后请医生诊治。应密封保存。

主要用途 生化研究。医用扩瞳剂，减轻充血剂。

HO—C6H4—CH(OH)—CH2—NH—CH3 ·HCl

2-Phenylethanethiol 2-苯乙硫醇 07907

［4410-99-5］ $C_8H_{10}S$ 138.23

成分 C 69.51%，H 7.29%，S 23.20%。

别名 2-Phenylethylmercaptan；Phenethylmercaptan

性状 无色液体。有特殊臭味。能与乙醇、乙醚相混溶，微溶于水。bp 217～218℃；bp_{12} 97～100℃/1.6kPa；Fp 194°F（90℃）；d_4^{20} 1.032；n_D^{20} 1.560。一般试剂含量≥99.0%（GC）。

注意事项 使用时应避免吸入本品的蒸气，避免与眼睛及皮肤接触。

主要用途 有机合成。

DL-1-Phenylethanol DL-1-苯乙醇 07908

[98-85-1] $C_8H_{10}O$ 122.16

成分 C 78.66%，H 8.25%，O 13.10%。

别名 *α*-苯乙醇；苯基甲基甲醇；甲基苯基甲醇；*α*-Hydroxyethyl-benzene；*α*-Methylbenzyl alcohol；Methyl phenyl carbinol；Phenyl-methyl carbinol；Styralyl alcohol；Styrene alcohol；DL-1-Phenylethyl alcohol；(±)-1-Phenylethanol

GW 2015-1088

性状 无色液体。有芳香味。能与乙醚相混溶，微溶于乙醇，不溶于水。mp 19～20℃；bp_{15} 94～96℃/2kPa；Fp 187℉（86℃）；d_4^{20} 1.011；n_D^{20} 1.527。一般试剂含量≥98.0%（HPLC）。

注意事项 该品口服有害。对眼睛及皮肤有刺激性。对眼睛有严重损伤的危险。使用时应穿适当的防护服，戴手套和防护镜或面罩。应避免吸入本品有蒸气。万一接触到眼睛，应立即用大量水冲洗后请医生诊治。

主要用途 香料制备。有机合成。

2-Phenylethanol 2-苯乙醇 07909

[60-12-8] $C_8H_{10}O$ 122.17

成分 C 78.65%，H 8.25%，O 13.10%。

别名 *β*-苯乙醇；苄基甲醇；*β*-羟基乙基苯；苯甲原醇；Benzeneethanol；Benzyl carbinol；*β*-Hydroxyethylbenzene；Phenethyl alcohol；*β*-Phenylethyl alcohol

M. I. 15，7338

性状 无色油状液体。有玫瑰香味。1份该品溶于1份50%乙醇。能与乙醇、乙醚相混溶，微溶于水（充分振摇后，2mL该品溶于100mL水）。mp －27℃；bp_{750} 219～221℃/99.66kPa；bp_{14} 104℃/1.867kPa；bp_{12} 98～100℃/1.6kPa；Fp 216℉（102℃）；d_{25}^{25} 1.017～1.019；n_D^{20} 1.530～1.533。LD_{50}大鼠急性经口：1790mg/kg。一般试剂含量≥99.0%（GC）。

注意事项 该品口服或与皮肤接触有害。对眼睛及皮肤有刺激性。使用时应穿适当的防护服，戴手套和防护镜或面罩。万一接触到眼睛，应立即用大量水冲洗后请医生诊治。接触皮肤后，应立即用大量水冲洗。

主要用途 有机合成。香料的调合剂。防腐剂。

Phenylethanolamine 苯基乙醇胺 07910

[7568-93-6] $C_8H_{11}NO$ 137.18

成分 C 70.05%，H 8.08%，N 10.21%，O 11.66%。

别名 苯乙醇胺；*α*-（氨基甲基）苄醇；2-氨基-1-苯基乙醇；2-Amino-1-pheylethanol；*α*-(Aminomethyl) benzene methanol；*α*-(Aminomethyl) benzyl alcohol；*β*-Hydroxyphenethylamine

M. I. 15，7399

性状 浅黄色结晶。易溶于水。mp 56～57℃；bp_{17} 157～160℃/2.266kPa。一般试剂含量≥98.0%（GC）。

注意事项 该品对眼睛、呼吸系统及皮肤有刺激性。使用时应穿适当的防护服。万一接触到眼睛，应立即用大量水冲洗后请医生诊治。

Phenyl ether 苯醚 07911

[101-84-8] $C_{12}H_{10}O$ 170.21

成分 C 84.68%，H 5.92%，O 9.40%。

别名 二苯醚；氧化二苯；1,1′-Oxybisbenzene；Diphenyl ether；Diphenyl oxide

M. I. 15，3357

性状 无色单斜结晶，受热至熔点以上为无色油状液体。有特殊气味。溶于乙醇、乙醚、苯、冰乙酸，不溶于水。mp 28℃；bp 259℃；Fp 239℉（115℃）；d^{20} 1.075（液体）；n_D^{24} 1.5826。一般试剂含量≥98.0%（GC）。

注意事项 该品对眼睛、呼吸系统及皮肤有刺激性。对水生物有毒。能对水环境引起不利的结果。使用时应穿适当的防护服和戴手套。应防止吸入本品的蒸气。万一接触到眼睛，应立即用大量水冲洗后请医生诊治。应防止将本品释放于环境中。其包装物应按危险品处理。

主要用途 导热介质。有机合成。

2-Phenylethyl acetate 乙酸2-苯基乙酯 07912

[103-45-7] $C_{10}H_{12}O_2$ 164.21

成分 C 73.14%，N 7.37%，O 19.49%。

别名 乙酸苯乙酯；2-苯乙基乙酸酯；Acetic acid 2-phenylethyl ester；Phenethyl acetate

性状 无色液体。不溶于水。mp －31℃；bp 238～239℃；Fp 221℉（105℃）；d_4^{20} 1.033；n_D^{20} 1.498。LD_{50}大鼠急性经口：3670mg/kg。一般试剂含量≥99.0%（GC）。

注意事项 见07910苯基乙醇胺。

2-Phenylethylamine 2-苯基乙胺 07913

[64-04-0] $C_8H_{11}N$ 121.18

成分 C 79.29%，H 9.15%，N 11.56%。

别名 *β*-氨基乙苯；*β*-苯乙胺；1-氨基-2-苯基乙烷；(*β*-Aminoethyl) benzene；1-Amino-2-phenylethane；Benzeneethanamine；PEA；Phenethylamine；*β*-Phenylethylamine

M. I. 15，7339

性状 无色液体。有类似鱼的气味。能吸收空气中的二氧化碳。易溶于乙醇、乙醚，溶于水。呈强碱性。bp 194.5～195℃；Fp 195℉（90℃）；d_4^{25} 0.9640。n_D^{20} 1.534。一般试剂含量≥99.0%（GC）。

注意事项 该品口服有害。具有强腐蚀性，能引起严重烧伤。使用时应穿适当的防护服，戴手套和防护镜或面罩。万一接触到眼睛，应立即用大量水冲洗后请医生诊治。使用时如有事故发生或有不适之感，应请医生诊治。应充氩气密封保存。

主要用途 有机合成。

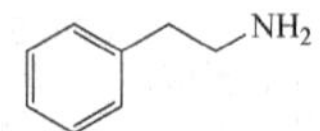

D-(+)-1-Phenylethylamine D-(+)-1-苯乙胺 07914

[3886-69-9] $C_8H_{11}N$ 121.18

成分 C 79.29%，H 9.15%，N 11.56%。

别名 *R*-(+)-*α*-甲基苄胺；D-*α*-苯乙胺；*R*-（+）-1-苯基乙胺；*R*-(+)-*α*-Methylbenzylamine；*R*-(+)-1-Phenylethylamine；D-(+)-*α*-Methylbenzylamine

M. I. 15，6100

性状 无色液体。对二氧化碳敏感。bp 184～186℃；Fp 175℉（79℃）；d_4^{22} 0.950；n_D^{20} 1.528；$[\alpha]_D^{22}$+40.3°（纯品）。一般试剂含量≥99.0%（GC）。

注意事项 该品口服或与皮肤接触有害。具有腐蚀性，能引起烧伤。使用时应穿适当的防护服，戴手套和防护镜或面罩。万一接触到眼睛，应立即用大量水冲洗后请医生诊治。使用时如有事故发生或有不适之感，应请医生诊治。应充氩气密封于2～8℃干燥保存。

主要用途 有机合成。

DL-1-Phenylethylamine DL-1-苯乙胺 07915

[618-36-0] $C_8H_{11}N$ 121.18

成分 C 79.29%，H 9.15%，N 11.56%。

别名 DL-(±)-α-甲基苄胺；DL-α-氨基乙苯；甲基苯基甲胺；DL-α-氨基苯乙烷；DL-α-苯乙胺；1-氨基-1-苯基乙烷；DL-(1-Aminoethyl) benzene；1-Amino-1-phenylethane；α-Methylbenzenemethaneamine；DL-(±)-α-Methylbenzylamine；α-Methylbenzylamine；Methylphenylmethylamine；(±)-1-Phenylethylamine

M. I. 15，6100

性状 无色液体。能吸收空气中的二氧化碳。呈强碱性。能与乙醇、乙醚相混溶，微溶于水（20℃，约4.2%）。bp 184～188℃；bp_{18} 80～81℃/2.4kPa；Fp 163.4℉（73℃）；d_4^{15} 0.9395；n_D^{20} 1.528。LD_{50} 大鼠急性经口：0.94g/kg。一般试剂含量≥98.0%（GC）。

注意事项 该品口服或与皮肤接触有害。具有腐蚀性，能引起烧伤。使用时应穿适当的防护服，戴手套和防护镜或面罩。万一接触到眼睛，应立即用大量水冲洗后请医生诊治。接触皮肤后，应立即用大量水冲洗。使用时如有事故发生或有不适之感，应请医生诊治。应充氩气密封保存。

主要用途 染料制备。制药工业。

L-1-Phenylethylamine L-1-苯乙胺 07916

[2627-86-3] $C_8H_{11}N$ 121.18

成分 C 79.29%，H 9.15%，N 11.56%。

别名 *S*-(−)-α-甲基苄胺；L-α-苯乙胺；*S*-(−)-1-苯基乙胺；*S*-(−)-α-Methylbenzylamine；*S*-(−)-1-Phenylethylamine；L-(−)-α-Methylbenzylamine

M. I. 15，6100

性状 无色液体。对二氧化碳敏感。bp 187～189℃；bp_{12} 73℃/1.6kPa；Fp 175℉（79℃）；d_4^{22} 0.950；n_D^{20} 1.528；bp_{12} 73℃/1.6kPa；$[\alpha]_D^{22}$ −40.3°（纯品）。

注意事项 见07914 D-(+)-1-苯乙胺。

主要用途 有机合成。

2-Phenylethyl chloride 氯化2-苯基乙烷 07917

[622-24-2] C_8H_9Cl 140.61

成分 C 68.34%，H 6.45%，Cl 25.21%。

别名 苯乙基氯；2-苯基氯乙烷；(2-氯乙基)苯；β-氯苯乙烷；(2-Chloroethyl) benzene；β-(Chloroethyl) benzene；Phenethyl chloride

性状 无色液体。不溶于水。mp −60℃；bp 202～203℃；bp_{16} 82～84℃/2.133kPa；Fp 147.2℉（64℃）；d_4^{20} 0.071；n_D^{20} 1.529。一般试剂含量≥99.0%。

注意事项 使用时应避免吸入本品的蒸气，避免与眼睛及皮肤接触。

Cl

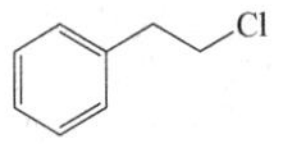

N-Phenylethylenediamine *N*-苯基乙二胺 07918

[1664-40-0] $C_8H_{12}N_2$ 136.20

成分 C 70.55%，H 8.88%，N 20.57%。

别名 *N*-(2-氨基乙基)苯胺；*N*-(2-Aminoethyl)aniline

性状 无色液体。bp 262～264℃；Fp 235.4℉（113℃）；*d* 1.041；n_D^{20} 1.5880。一般试剂含量≥97.0%（GC）。

注意事项 该品具有腐蚀性。能引起烧伤。对呼吸系统有刺激性。使用时应穿适当的防护服，戴手套和防护镜或面罩。万一接触到眼睛，应立即用大量水冲洗后请医生诊治。使用时如有事故发生或有不适之感，应请医生诊治。

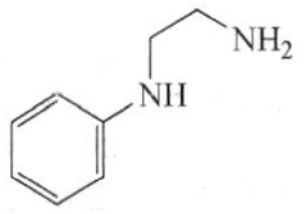

NH_2
NH

Phenylethyleneglycol 苯基乙二醇 07919

[93-56-1] $C_8H_{10}O_2$ 138.17

成分 C 69.54%，H 7.30%，O 23.16%。

别名 苯乙二醇；1-苯基-1,2-乙二醇；α,β-Dihydroxyethylbenzene；1-Phenyl-1，2-ethanediol；(±)-1-Phenyl-1，2-ethanediol；(±)-Phenylethylene glycol；Phenylglycol；Styrene glycol

M. I. 15，8991

性状 来自石油醚中的无色针状结晶。易溶于水、乙醇、乙醚、苯、氯仿、乙酸，微溶于石油醚。mp 67～68℃；bp_{755} 272～274℃/100.658kPa；Fp 320℉（160℃）。一般试剂含量≥98.0%（HPLC）。

注意事项 使用时应避免吸入本品的粉尘，避免与眼睛及皮肤接触。

主要用途 有机合成。增塑剂。香料中间体。

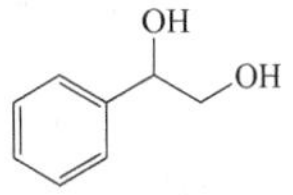

OH
OH

Phenyl ethyl ether 苯乙醚 07920

[103-73-1] $C_8H_{10}O$ 122.17

成分 C 78.65%，H 8.25%，O 13.10%。

别名 乙氧基苯；乙基苯基醚；Ethoxybenzene；Ethyl phenyl ether；Phenetole

M. I. 15，7343

性状 无色油状液体。有芳香味。易溶于乙醇、乙醚，几乎不溶于水。能随水蒸气挥发。mp −30℃；bp 171～173℃；Fp 135°F（57℃）；d_4^{20} 0.967；n_D^{20} 1.507。MLD 大鼠皮下注射：3500～4000mg/kg。

注意事项 见07917 氯化-2-苯基乙烷。

主要用途 药物制备。有机合成。

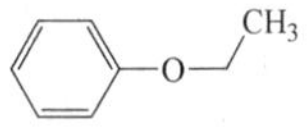

CH_3
O

2-Phenylethyl isothiocyanate 异硫氰酸2-苯基乙酯 07921

[2257-09-2] $C_9H_9NS_4$ 163.24

成分 C 66.22%，H 5.56%，N 8.58%，S 19.64%。

别名 2-苯基乙基异硫氰酸酯；Phenethyl isothiocyanate

性状 无色液体。$bp_{0.25}$ 75℃/33.33Pa；Fp 235.4℉（113℃）；d_4^{20} 1.094；n_4^{20} 1.588。一般试剂含量约97.0%（GC）。

注意事项 该品吸入、口服或与皮肤接触有害。对眼睛、呼吸系统及皮肤有刺激性。吸入能引起过敏。使用时应穿适当的防护服和戴手套。使用时应避免吸入本品的蒸气。万一接触到眼睛，应立即用大量水冲洗后请医生诊治。

N
S

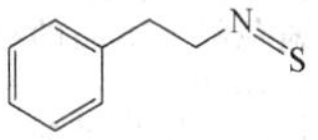

Phenylfluorone 苯芴酮 07922

[975-17-7] $C_{19}H_{12}O_5$ 320.30

成分 C 71.25%，H 3.78%，O 24.98%。

别名 9-苯基-2,6,7-三羟基-3-芴酮；9-苯基-2,3,7-三羟基-6-氧杂蒽酮；锗试剂；9-苯基-2,3,7-三羟基-6-弗罗亭；苯基荧光酮；PF；9-Phenyl-3-fluorone；9-Phenyl-2,3,7-trihydroxy-6-fluorone；9-Phenyl-2,6,7-trihydroxy-3-fluorone；2,3,7-Trihydroxy-9-phenylxanthen-6-one；2,6,7-Trihydroxy-9-phenyl-3*H*-xanthen-3-one

性状 橙红色结晶性粉末。易溶于乙醇-盐酸和乙醇-硫酸的混合溶剂，微溶于乙醇。mp ≥300℃；λ_{max} 546nm（lgε4.5，于0.01mol/L氢氧化钠水溶液中）。一般试剂含量≥98.0%（TLC）。

注意事项 该品对眼睛、呼吸系统及皮肤有刺激性。使用时应穿适当的适当的防护服。使用时应避免吸入本品的粉尘，避免与眼睛及皮肤接触。万一接触到眼睛，应立即用大量水冲洗后请医生诊治。

主要用途 测定锗的灵敏试剂。

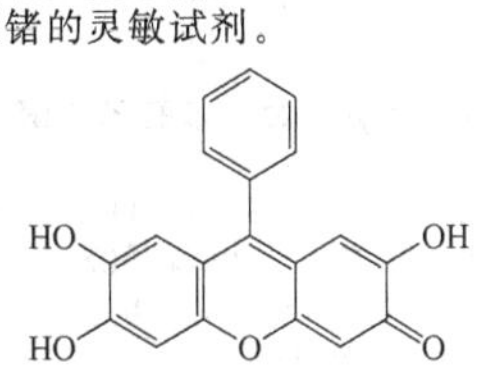

HO
OH
HO
O
O

Phenyl-β-D-galactopyranoside 苯基-β-D-吡喃半乳糖苷 07923

[2818-58-8] $C_{12}H_{16}O_6$ 256.26

成分 C 56.24%，H 6.29%，O 37.46%。
别名 苯基-β-D-吡喃水解乳糖苷
性状 无色或白色结晶。mp 约 150℃；$[\alpha]_D^{20}-42°\pm2°$ ($c=2.3$，于水中)。生化试剂含量≥99.0%（HPLC)。
注意事项 该品应充氩气密封于 2～8℃干燥保存。

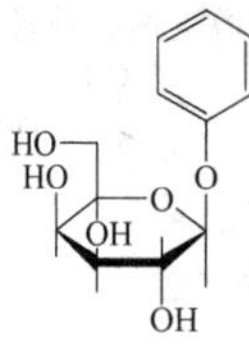

Phenyl-β-D-glucoside 苯基-β-D-葡糖苷 07924
[1464-44-4] $C_{12}H_{16}O_6$ 256.26
成分 C 56.24%，H 6.29%，O 37.46%。
别名 苯基-β-D-吡喃葡糖苷；Phenyl-β-D-glucopyranoside
性状 无色或白色结晶。mp 174～176℃；$[\alpha]_D^{20}-73°\pm2°$ ($c=1$，于水中)。生化试剂含量≥98.0%（HPLC)。
注意事项 该品应充氩气密封于 2～8℃干燥保存。

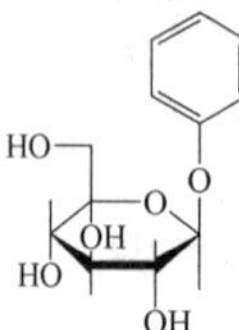

***N*-Phenylglycine *N*-苯基甘氨酸** 07925
[103-01-5] $C_8H_9NO_2$ 151.17
成分 C 63.56%，H 6.00%，N 9.27%，O 21.17%。
别名 *N*-苯氨基乙酸；*N*-苯氨基醋酸；Anilinoacetic acid；(Phenylamino) acetic acid
M.I.15，7403
性状 无色至微黄色结晶。见光色变暗。中等程度溶于水，较少溶于乙醇，略微溶于乙醚。在苛性碱溶液中可生成可溶于水的盐类。p*K* (25℃)：5.42。mp 127～128℃。
注意事项 使用时应避免吸入本品的粉尘，避免与眼睛及皮肤接触。应密封避光保存。
主要用途 测定铜的试剂。生化试剂。制备靛的中间体。

(*R*)-(−)-2-Phenylglycinol
(*R*)-(−)-2-苯基氨乙醇 07926
[56613-80-0] $C_8H_{11}NO$ 137.18
成分 C 70.05%，H 8.08%，N 10.21%，O 11.66%。
别名 (*R*)-2-Amino-2-phenylethanol；D-(−)-α-Phenylglycinol
性状 无色结晶。对二氧化碳及空气敏感。mp 76～77℃；$[\alpha]_D^{20}-25.5°\pm1°$ ($c=6$，于甲醇中)。一般试剂含量≥98.0%（HPLC)。
注意事项 见 07925 *N*-苯基甘氨酸应充氩气密封保存。

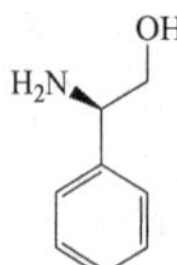

Phenylglyoxal monohydrate 苯基乙二醛 一水 07927
[1074-12-0] $C_8H_6O_2\cdot H_2O$ 152.15
成分（以无水物计） C 71.64%，H 4.51%，O 23.86%。
别名 一水合苯基乙二醛；苯甲酰甲醛；一水合苯甲酰甲醛
性状 无色结晶。mp 72～76℃；bp_{125} 142℃/16.665kPa。一般试剂含量≥97.0%（GC)。
注意事项 该品口服有害。对眼睛呼吸系统及皮肤有刺激性。使用时应穿适当的防护服和戴手套。应避免吸入本品的粉尘。万一接触到眼睛，应立即用大量水冲洗后请医生诊治。

1-Phenylheptane 1-苯基庚烷 07928
[1078-71-3] $C_{13}H_{20}$ 176.30
成分 C 88.57%，H 11.43%。
别名 庚苯；正庚基苯；Heptylbenzene
性状 无色液体。mp −48℃；bp 240～241℃；Fp 203℉ (95℃)；d_4^{20} 0.860；n_D^{20} 1.485。一般试剂含量≥99.0%（GC)。
注意事项 使用时应避免吸入本品的蒸气，避免与眼睛及皮肤接触。

1-Phenylhexane 1-苯基己烷 07929
[1077-16-3] $C_{12}H_{18}$ 162.28
成分 C 88.82%，H 11.18%。
别名 己苯；己基苯；正己基苯；Hexylbenzene
性状 无色液体。不能与水混合。mp −61℃；bp 226℃；bp_{11} 96℃/1.467kPa；Fp 182℉ (83℃)；d_4^{20} 0.857；n_D^{20} 1.486。一般试剂含量≥98.0%（GC)。
注意事项 见 07927 苯基乙二醛-水。

Phenylhydrazine 苯肼 07930
[100-63-0] $C_6H_8N_2$ 108.14
成分 C 66.64%，H 7.46%，N 25.90%。
别名 苯基联氨；Hydrazinobenzene
GW 2015-84 M.I.15，7404
性状 浅黄色油状液体，一般在 20℃以下为单斜片状结晶。露置空气中或见光易变为褐色。有刺激味。能与乙醇、乙醚、氯仿、苯相混溶，溶于稀酸，略微溶于水、石油醚。p*K* (15℃)：8.79。mp 19.5℃；bp_{760} 243.5℃/101.325kPa（分解)；bp_{100} 173.5℃/13.332kPa；bp_{40} 148.2℃/5.333kPa；bp_{20} 131.5℃/2.666kPa；bp_{10} 115.8℃/1.333kPa；bp_5 101.6℃/666.6Pa；bp_1 71.8℃/133.32Pa；Fp 192℉ (89℃)；d_4^{20} 1.0978；$n_D^{20.3}$ 1.60813。一般试剂含量≥95.0%（GC)。
注意事项 该品能致癌。吸入、口服或与皮肤接触有毒。对眼睛及皮肤有刺激性。接触皮肤能引起过敏。长期曝露、吸入或与皮肤接触对健康有严重损伤的危险。对机体有不可逆损伤的可能性。对水生物极毒。使用前应得到专门的指导，避免曝露。接触皮肤后应立即用大量肥皂泡沫冲洗。使用时如有事故发生或有不适之感，应请医生诊治。应防止将本品释放于环境中。应充氩气密封避光保存。
主要用途 测定硒、钼的试剂。比色测定磷酸时用作还原剂。可与醛、糖、酮形成熔点不同的苯腙，故可用于这些物质的鉴别。

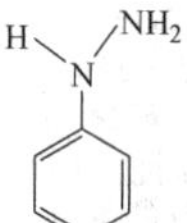

Phenylhydrazine hydrochloride 苯肼 盐酸盐 07931
[59-88-1] $C_6H_9ClN_2$ 144.60
成分 C 49.84%，H 6.27%，Cl 24.52%，N 19.37%。
别名 盐酸苯肼；Hydrazinobenzene hydrochloride
GW 2015-2522 M.I.15，7404
性状 来自乙醇中的无色而有光泽的小叶状结晶。见光变黄。能升华。易溶于水，溶于乙醇，几乎不溶于乙醚。mp 243～246℃（微变棕色)。一般试剂含量≥99.0%（AT)。
注意事项 见 07930 苯肼。
主要用途 测定醛、酮、糖的试剂。制药工业和有机合成等。

2-Phenylindole 2-苯基吲哚 07932

[948-65-2]　$C_{14}H_{11}N$　193.25

成分　C 87.01%，H 5.74%，N 7.25%。

别名　α-苯基氮杂茚；5-苯基-2，3-苯并吡咯；5-Phenyl-2，3-benzopyrrole

性状　无色片状结晶。有类似吲哚的气味。溶于乙醚、苯、乙酸、氯仿、热二硫化碳。微溶于热水。mp 188～190℃；bp_{10} 250℃/1.333kPa。一般试剂含量≥95.0%。

主要用途　有机合成。生化研究。诱变剂。

Phenyl isocyanate　异氰酸苯酯　07933

[103-71-9]　C_7H_5NO　119.12

成分　C 70.58%，H 4.23%，N 11.76%，O 13.43%。

别名　苯基异氰酸酯；Carbanil；*iso*-Cyanatobenzene；*iso*-Cyanic acid phenyl ester；Isocyanatobenzene；Phenylcarbimide；Phenyl *iso*-cyanate

GW 2015-2718　M. I. 15，7407

性状　无色液体。有辛辣气味。有强折射性。对湿度敏感。能与乙醚混溶，遇水、乙醇则分解。bp 158～168℃；$bp_{18\text{-}20}$ 58.2～59.5℃/2.4kPa～2.666kPa；bp_{13} 55℃/1.733kPa；Fp 132℉（55℃，开杯）；$d_4^{11.6}$ 1.101；d_4^{15} 1.092；$d_4^{19.6}$ 1.0956；$d_4^{25.9}$ 1.08870；$n_D^{19.6}$ 1.53684；$n_D^{25.9}$ 1.53412。一般试剂含量≥99.0%（GC）。

注意事项　该品易燃。口服有害。吸入有毒。具有腐蚀性，能引起烧伤。吸入或与皮肤接触可引起过敏。对水生物有害。使用时应穿适当的防护服，戴手套和防护镜或面罩。使用时禁止吸烟。应避免吸入本品的蒸气。万一接触到眼睛，应立即用大量水冲洗后请医生诊治。接触皮肤后应立即用大量水冲洗。使用时如有事故发生或有不适之感，应请医生诊治。应密封于阴凉干燥处保存。万一着火，应用指定的灭火设备，不能用水。其包装物应按危险品处理。

主要用途　测定醇、胺、酚及烷基卤化物的试剂。

Phenyl isothiocyanate　异硫氰酸苯酯　07934

[103-72-0]　C_7H_5NS　135.18

成分　C 62.19%，H 3.73%，N 10.36%，S 23.72%。

别名　苯基芥子油；Isothiocyanatobenzene；Isothiocyanic acid phenyl ester；Phenyl mustard oil；PITC；PTC；Thiocarbanil；*iso*-Thiocyanatobenzene；*iso*-Thiocyanic phenyl ester

GW 2015-2714　M. I. 15，7408

性状　无色至微黄色液体。有强烈的刺激气味。在蒸气中挥发迅速。溶于乙醇、乙醚，不溶于水。mp －21℃；bp_{760} 221℃/101.325kPa；bp_{33} 117.1℃/4.4kPa；bp_{12} 95℃/1.6kPa；Fp 190℉（87℃）；d_4^{25} 1.1288；d_4^{35} 1.1202；d_4^{50} 1.1061；$n_D^{23.4}$ 1.64918。一般试剂含量≥99.5%（GC）。

注意事项　该品易燃。口服有毒。具有腐蚀性，能引起烧伤。对眼睛、呼吸系统及皮肤有刺激性。吸入或与皮肤接触可引起过敏。对水生物有毒。能对水环境引起长期不良的影响。使用时应穿适当的防护服，戴手套和防护镜或面罩。使用现场禁止吸烟。应避免吸入本品的蒸气。万一接触到眼睛，应立即用大量水冲洗后请医生诊治。使用时如有事故发生或有不适之感，应请医生诊治。应防止将本品释放于环境中。其包装物应按危险品处理。应充氩气密封于 2～8℃保存。

主要用途　测定伯胺、腈类的试剂。制药工业。有机合成。

N-Phenylmaleimide　*N*-苯基马来酰亚胺　07935

[941-69-5]　$C_{10}H_7NO_2$　173.17

成分　C 69.36%，H 4.07%，N 8.09%，O 18.48%。

别名　1-苯基-1*H*-吡咯-2，5-二酮；1-Phenyl-1*H*-pyrrole-2，5-dione

M. I. 15，7410

性状　来自环己烷中的金丝雀黄色针状结晶。对湿度敏感。mp 89～89.8℃；bp_{12} 162～163℃/1.6kPa。生化试剂含量≥98.0%（HPLC）。

注意事项　该品口服有毒。使用时应穿适当的防护服和戴手套。使用时如有事故发生或有不适之感，应请医生诊治。应充氩气密封干燥保存。

主要用途　用于狄尔斯-阿德耳反应的亲二烯体。一般用于产生结晶加合物。

Phenylmercuric acetate　乙酸苯汞　07936

[62-38-4]　$C_8H_8HgO_2$　336.74

成分　C 28.53%，H 2.40%，Hg 59.57%，O 9.50%。

别名　赛力散；苯基乙酸汞；醋酸苯汞；（Acetato）phenylmercury；Acetoxyphenylmercury；Agrosan；Ceresan；Gallotox；Liquiphene；Mergamma；Mercuryphenyl acetate；Nylmerate Phenylmercury acetate；Phix；PMA；PMAC；PMAS；Unisan

GW 2015-2633　M. I. 14，7411

性状　来自乙醇中的无色有光泽的小片状结晶或白结晶性粉末。溶于约 600 份水，溶于乙醇、苯、丙酮。mp 149℃。LD_{50}大鼠急性经口：22mg/kg。一般试剂含量≥99.5%。

注意事项　该品口服有毒。口服、皮肤接触及长期曝露对健康有严重损伤的危险。具有腐蚀性，能引起烧伤。对水生物极毒。能对水环境引起不利的结果。使用时应戴手套。使用时应避免吸入本品的粉尘和蒸气，避免与眼睛及皮肤接触。使用时如有事故发生或有不适之感，应请医生诊治。应防止将本品释放于环境中。其包装物应按危险品处理。应密封避光于 2～8℃保存。

主要用途　分析试剂。制药工业。防腐剂。除草剂。杀虫剂。

Phenylmercuric chloride　氯化苯汞　07937

[100-56-1]　C_6H_5ClHg　313.15

成分　C 23.01%，H 1.61%，Cl 11.32%，Hg 64.06%。

别名　苯基氯化汞；Chlorophenylmercury；Phenylmercury chloride；Stopspot

GW 2015-1458　M. I. 15，7412

性状　缎光白色小叶状结晶。溶于苯、乙醚、吡啶，微溶于热乙醇，几乎不溶于水（溶于约 20000 份冷水）。mp 250～252℃。LD_{50}大鼠皮下注射：30mg/kg。

注意事项　该品吸入、口服或与皮肤接触极毒，并具有蓄积性危害。对水生物极毒。能对水环境引起长期不良的结果。使用时应穿适当的防护服。使用时应避免吸入本品的粉尘和蒸气。接触皮肤后应立即用大量水冲洗。使用时如有事故发生或有不适之感，应请医生诊治。应防止将本品释放于环境中。其包装物应按危险品处理。应远离食品、饮料和动物饲料密封保存。

主要用途　农业除草、杀虫、杀菌剂。

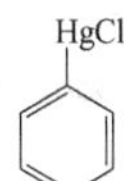

Phenylmercuric nitrate basic　碱式硝酸苯汞　07938

[8003-05-2]　$C_{12}H_{11}Hg_2NO_4$　634.40

成分　C 22.72%，H 1.75%，Hg 63.24%，N 2.21%，O 10.09%。

别名　硝酸苯汞；Merphene；Merphenyl nitrate；（Nitrato-*O*）phenylmercury；Phe-Mer-Nite；Phermerzyl nitrate；Phermernite；Phenylmercury nitrate；Phenmerzyl nitrate

GW 2015-2290　M. I. 15，7413

性状　白色有光泽的薄片或结晶性粉末。溶于约 1250 份水，中等程度溶于甘油，微溶于乙醇，几乎不溶于别的一般有机溶剂。mp 187～190℃（分解）。LD_{50} 小鼠皮下注入：0.045mg/g；静脉注射：0.027mg/g。一般试剂含量≥98.0%（Hg）。

注意事项　该品口服有毒。皮肤接触及长期曝露对健康有严重损伤的危险。具有腐蚀性，能引起烧伤。对水生物极毒。

能对水环境引起长期不良的结果。使用时应戴手套。使用时应避免吸入本品的粉尘和蒸气，避免与眼睛及皮肤接触。使用时如有事故发生或有不适之感，应请医生诊治。应防止将本品释放于环境中。其包装物应按危险品处理。应密封避光保存。

主要用途 除草、杀虫、灭菌剂。

Phenylmercury borate 硼酸苯汞 07939

[102-98-7] $C_6H_7BHgO_3$ 338.52

成分 C 21.29%，H 2.08%，B 3.19%，Hg 59.25%，O 14.18%。

别名 [Orthoborato(3－)-*O*]phenylmercurate(2－)dihydrogen; (Dihydrogen borato)phenylmercury; Phenylmercuric borate; Famosept; Merfen

M. I. 15，7414

性状 无色或白色结晶性粉末。溶于水、乙醇、甘油。mp 112～113℃。

主要用途 医用局部消毒剂。

***N*-Phenyl-1-naphthylamine *N*-苯基-1-萘胺** 07940

[90-30-2] $C_{10}H_7NHC_6H_5$ $C_{16}H_{13}N$ 219.29

成分 C 87.64%，H 5.98%，N 6.39%。

别名 尼奥棕 A；防老剂 A；苯基甲萘胺；*N*-(1-萘基) 苯胺；NeozoneA; *N*-(1-Naphthyl) aniline; Phenyl-*α*-naphthylamine; NPN

性状 白色至柱状或针状结晶。溶于乙醇、乙醚、丙酮、苯、乙酸、三氯甲烷，其溶液呈蓝色并带荧光。mp 62℃；bp_{528} 335℃/70.394kPa。一般试剂含量≥97.0%。

注意事项 该品口服有害。接触皮肤能引起过敏。对水生物极毒。能对水环境引起长期不良的影响。使用时应穿适当的防护服和戴手套。使用时应避免与皮肤接触。

主要用途 有机合成。染料中间体。橡胶防老剂。抗氧剂。

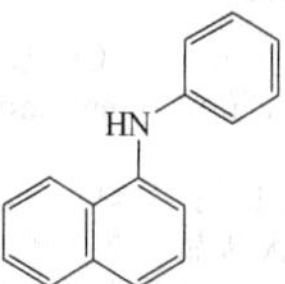

***N*-Phenyl-2-naphthylamine *N*-苯基-2-萘胺** 07941

[135-88-6] $C_{16}H_{13}N$ 219.29

成分 C 87.64%，H 5.98%，N 6.39%。

别名 尼奥棕 D；防老剂 D；苯基乙萘胺；*N*-(2-萘基) 苯胺；NeozoneD; *N*-(2-Naphthyl)aniline; Phenyl-*β*-naphthylamine

GW 2015-67

性状 浅灰绿色结晶或粉末。溶于乙醇、乙醚，不溶于水。mp 107～109℃；bp 395～395.5℃。一般试剂含量≥97.0%（N）。

注意事项 使用时应避免吸入本品的粉尘，避免与眼睛及皮肤接触。

主要用途 有机合成。染料中间体。橡胶防老剂。检验氯酸盐。

1-Phenyloctane 1-苯基辛烷 07942

[2189-60-8] $C_{14}H_{22}$ 190.33

成分 C 88.35%，H 11.65%。

别名 辛苯；辛基苯；正辛基苯；Octylbenzene

性状 无色液体。mp －36℃；bp 261～263℃；Fp 224.6℉（107℃）；d_4^{20} 0.856；n_D^{20} 1.484。一般试剂含量≥98.0%（GC）。

注意事项 使用时应避免吸入本品的蒸气，避免与眼睛及皮肤接触。

2-Phenylphenol 2-苯基酚 07943

[90-43-7] $C_{12}H_{10}O$ 170.21

成分 C 84.68%，H 5.92%，O 9.40%。

别名 邻苯基酚；邻羟基联苯；2-羟基联苯；(1,1′-Biphenyl)-2-ol; 2-Hydroxydiphenyl; *o*-Hydroxydiphenyl; 2-Biphenylol; Dowicide® 1; *o*-Phenylphenol; *o*-Hydroxydiphenyl; Orthoxenol; 2-Hydroxybiphenyl; OPP

GW 2015-69 M. I. 15，7415

性状 白色鳞片状结晶。有温和的特殊气味。溶于乙醇、氢氧化钠溶液及多种有机溶剂，几乎不溶于水。mp 55.5～57.5℃；bp 280～284℃；bp_{15} 152～154℃/2kPa；Fp 255.2（124℃）。LD_{50}大鼠急性经口：2.48g/kg。一般试剂含量≥98.0%（HPLC）。

注意事项 该品对眼睛、呼吸系统及皮肤有刺激性。对水生物极毒。使用时应避免吸入本品的粉尘。应防止将本品释放于环境中。

主要用途 染料制造的中间体。农用杀菌剂。消毒剂。

3-Phenylphenol 3-苯基酚 07944

[580-51-8] $C_{12}H_{10}O$ 170.21

成分 C 84.68%，H 5.92%，O 9.40%。

别名 3-羟基联苯；3-Hydroxybiphenyl

性状 无色结晶。mp 75～80℃。一般试剂含量≥85.0%（GC）。

注意事项 该品对眼睛、呼吸系统及皮肤有刺激性。使用时应穿适当的防护服。万一接触到眼睛，应立即用大量水冲洗后请医生诊治。

主要用途 有机合成。

4-Phenylphenol 4-苯基酚 07945

[92-69-3] $C_{12}H_{10}O$ 170.21

成分 C 84.68%，H 5.92%，O 9.40%。

别名 4-羟基联苯；对苯基酚；对羟基联苯；1，1′-Biphenyl-4-ol；4-Hydroxybiphenyl；4-Hydroxydiphenyl；Paraxenol；*p*-Hydroxydiphenyl；*p*-Phenylphenol

M. I. 15，7416

性状 近似白色的结晶。溶于乙醇、氢氧化钠溶液和有机溶剂，不溶于水。mp 164～165℃；bp 305～308℃；Fp 330℉（165℃）。一般试剂含量≥98.0%（HPLC）。

注意事项 见 07944 3-苯基酚。

主要用途 比色测定乙醛、乳酸的试剂。

2-Phenylphenol sodium salt tetrahydrate

2-苯基酚钠盐四水 07946

[132-27-4][6152-33-6] $C_{12}H_9NaO \cdot 4H_2O$ 264.25

成分（以无水物计） C 75.00%，H 4.72%，Na 11.96%，O 8.32%。

别名 四水合 2-苯基酚钠盐；2-羟基联苯钠盐 四水；邻苯基酚钠盐 四水；邻羟基联苯钠盐 四水；*o*-Phenylphenol sodium salt tetrahydrate; 2-Hydroxybiphenyl sodium salt tetrahydrate; Dowicide® A; 2-Hydroxydiphenyl sodium salt tetrahydrate; Natriphene; White flakes

M. I. 15，7415

性状 白色薄片或粉末。溶于水（122g/100g）、甲醇（138g/100g）、丙酮（156g/100g）、丙二醇（28g/100g），不溶于松木油、石油分馏物。水的饱和溶液呈碱性（25℃，pH 值12.0～13.5）。一般试剂含量≥90.0%。

注意事项 该品口服有害。对呼吸系统及皮肤有刺激性。对眼睛有严重损伤的危险。对水生物极毒。使用时应避免吸入本品的粉尘。万一接触到眼睛，应立即用大量水冲洗后请医生诊治。应防止将本品释放于环境中。

主要用途 乳化剂。

***N*-Phenyl-1,2-phenylenediamine**

***N*-苯基-1,2-苯二胺** 07947

[534-85-0] $C_{12}H_{12}N_2$ 184.24

成分 C 78.23%，H 6.56%，N 15.20%。

别名 *N*-苯基邻苯二胺；2-氨基二苯胺；2-Amino diphenylamine; *N*-Phenyl-*o*-phenylenediamine

性状 白色粉末。mp 77～80℃。一般试剂含量≥98.0%（NT）。

注意事项 该品吸入或口服有害。对皮肤有刺激性。使用时应避免吸入本品的粉尘，避免与皮肤接触。应密封避光于

2～8℃保存。

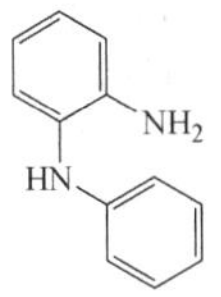

N-Phenyl-1,4-phenylenediamine
N-苯基-1,4-苯二胺 07948

[101-54-2] $C_{12}H_{12}N_2$ 184.24

成分 C 78.23%，H 6.56%，N 15.20%。

别名 *N*-苯基对苯二胺；对氨基二苯胺；4-氨基二苯胺；4-Amino diphenylamine；*p*-Aminodiphenylamine；Diphenyl black base P；*N*-Phenyl-*p*-phenylenediamine

GW 2015-21

性状 无色或灰色细小片状或针状结晶。久置变色。溶于无水乙醇、乙醚、稀盐酸，微溶于水。mp 73～75℃。一般试剂含量≥98.0%（NT）。

注意事项 该品口服有害。对眼睛有刺激性。接触皮肤能引起过敏。使用时应穿适当的防护服。万一接触到眼睛，应立即用大量水冲洗后请医生诊治。应密封避光保存。

主要用途 氧化还原指示剂。染料中间体。

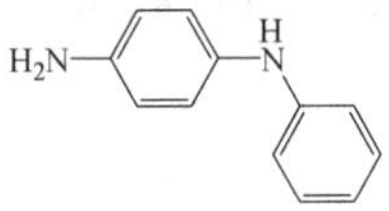

Phenylphosphoric acid disodium salt dihydrate
苯基磷酸二钠盐 二水 07949

[3279-54-7] $C_6H_5Na_2O_4P \cdot 2H_2O$ 254.09

成分（以无水物计） C 33.05%，H 2.31%，Na 21.09%，O 29.35%，P 14.20%。

别名 二水合苯基磷酸二钠盐；磷酸苯二钠 二水；磷酸苯酯二钠 二水；Disodium phenyl phosphate dihydrate；di-Sodium phenyl phosphate dihydrate；Phenyl dihydrogen phosphate disodium salt dihydrate；Phenyl phosphate disodium salt dihydrate

M. I. 15，3399

性状 白色结晶性粉末。易潮解。易溶于水，略微溶于乙醇，不溶于乙醚、丙酮。

注意事项 使用时应避免吸入本品的粉尘，避免与眼睛及皮肤接触。应充氩气密封阴凉干燥处保存。

主要用途 测定磷酸酶。

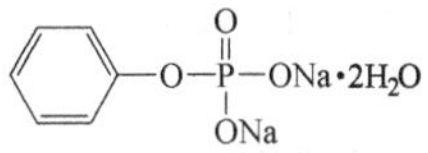

(±)-1-Phenyl-1-propanol (±)-1-苯基-1-丙醇 07950

[93-54-9] $C_9H_{12}O$ 136.19

成分 C 79.37%，H 8.88%，O 11.75%。

别名 1-苯丙醇；α-乙基苄醇；α-乙基苯基甲醇；α-苯丙醇；α-羟基丙苯；Ejibil；Felicur；Felitrope；Livonal；Phenycolon；Phenicol；Phenychol；1-Phenylpropanol；α-Ethylbenzyl alcohol；ω-Ethylbenzyl alcohol；Ethyl phenyl carbinol；α-Hydroxypropylbenzene；α-Phenylpropyl alcohol；α-Ethylbenzenemethanol；SH-261

M. I. 15，3823

性状 无色油状液体。有弱的类似酯的气味。能与乙醇、乙醚、甲醇、苯、甲苯、橄榄油相混溶，微溶于水。bp_{760} 219℃/101.325kPa；bp_{15} 107℃/2kPa；bp_3 78℃/399.97Pa；Fp 195℉(90℃)；d_4^{25} 0.9915；n_D^{23} 1.5169；uv max（甲醇中）：250nm，260 nm (ε 173，114)。LD_{50}大鼠急性经口：1.6mL/kg。一般试剂含量≥98.0%。

注意事项 该品口服有害。使用时应穿适当的防护服。应避免吸入本品的蒸气，避免与眼睛及皮肤接触。

主要用途 香料制造。传热介质。

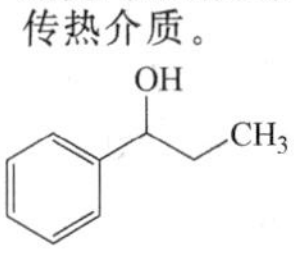

(±)-2-Phenyl-1-propanol (±)-2-苯基-1-丙醇 07951

[1123-85-9] $C_9H_{12}O$ 136.19

成分 C 79.37%，H 8.88%，O 11.75%。

别名 β-苯丙醇；β-羟基异丙苯；2-苯丙醇；2-Phenylpropanol；Hydratropic alcohol；β-Hydroxycumene；β-Hydroxyisopropyl benzene；β-Hydroxy-*iso*-propylbenzene；β-Phenylpropyl alcohol

性状 无色液体。有香味。溶于乙醇，不溶于水。bp 217～219℃；Fp 226℉（108℃）；*d* 0.994；n_D^{20} 1.520。一般试剂含量≥98.0%（GC）。

注意事项 见 07942 1-苯基辛烷。

主要用途 香料制造。

2-Phenyl-2-propanol 2-苯基-2-丙醇 07952

[617-94-7] $C_9H_{12}O$ 136.19

成分 C 79.37%，H 8.88%，O 11.75%。

别名 α,α-二甲基苄醇；α-苯基异丙醇；α,α-Dimethylbenzyl alcohol；Dimethylphenyl carbinol；α-Phenylisopropanol

性状 无色结晶。有特殊香味。溶于有机溶剂，微溶于水。mp 28～32℃；bp 202℃；bp_{11} 88～90℃/1.5kPa；Fp 190℉（87℃）；d_4^{20} 0.9734；n_D^{20} 1.5196。一般试剂含量≥98.0%（GC）。

注意事项 该品口服有害。对眼睛、呼吸系统和皮肤有刺激性。使用时应穿适当的防护服和戴手套。使用时应避免吸入本品的粉尘，避免与眼睛及皮肤接触。万一接触到眼睛，应立即用大量水冲洗后请医生诊治。

主要用途 气相色谱分析用。

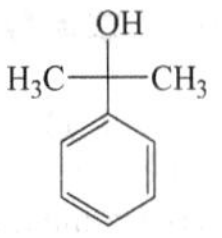

3-Phenyl-1-propanol 3-苯基-1-丙醇 07953

[122-97-4] $C_9H_{12}O$ 136.19

成分 C 79.37%，H 8.88%，O 11.75%。

别名 3-苯丙醇；γ-苯丙醇；氢化肉桂醇；γ-羟基丙苯；3-Phenyl propanol；Hydrocinnamyl alcohol；3-Phenylpropyl alcohol；γ-Hydroxypropylbenzene

性状 无色或浅黄色油状液体。有香味。能与乙醇、乙醚相混溶，不溶于水。bp_{12} 119～121℃/1.6kPa；Fp 248℉（120℃）；d_4^{20} 1.001；n_D^{20} 1.527。一般试剂含量≥98.0%（GC）。

注意事项 该品对眼睛、呼吸系统及皮肤有刺激性。使用时应穿适当的防护服，戴手套和防护镜或面罩。使用时应避免吸入本品的蒸气，避免与眼睛及皮肤接触。万一接触到眼睛，应立即用大量水冲洗后请医生诊治。

主要用途 有机合成。香料制造。

DL-Phenylpropanolamine hydrochloride
DL-苯基丙醇胺 盐酸盐 07954

[154-41-6] $C_9H_{14}ClNO$ 187.67

成分 C 57.60%，H 7.52%，Cl 18.89%，N 7.46%，O 8.53%。

别名 DL-苯丙醇胺 盐酸盐；盐酸 DL-苯丙醇胺；盐酸 DL-苯基丙醇胺；DL-*erythro*-2-Amino-1-phenyl-1-propanol；(R^*，S^*)-(±)-α-(1-Aminoethyl) benzenemethanol hydrochloride；α-(1-Aminoethyl) benzyl alcohol hydrochloride；*dl*-Norephedrine hydrochloride；2-Amino-1-phenyl-1-propanol hydrochloride；α-Hydroxy-β-aminopropylbenzene hydrochloride；1-Phenyl-2-amino-1-propanol hydrochloride；Mydriatin；Kontexin；Monydrin；Obestat；Propadrine；(α*S*)-rel-α-[(1*R*)-1-Aminoethyl] benzenemethanol hydrochloride；(1*RS*，2*RS*)-2-Amino-1-phenyl-1-propanol hydrochloride

M. I. 15，7417

性状 无色结晶。有类似于苯甲酸的气味。易溶于水、乙醇，几乎不溶于氯仿、苯，不溶于乙醚。其水溶液对石蕊呈中性。pK_a 9.44±0.04；mp 190～194℃。LD_{50}大鼠急性经口：1490mg/kg。生化试剂含量≥99.0%。

注意事项 该品口服有害。使用时应穿适当的防护服，戴手套和防护镜或面罩。应避免吸入本品的粉尘，使用时如有事故发生或有不适之感，应请医生诊治。

主要用途 生化研究。减轻充血剂，减食欲剂。

trans-1-Phenyl-1-propene 反式-1-苯基-1-丙烯 07955

[873-66-5] C_9H_{10} 118.18

成分 C 91.47%，H 8.53%。

别名 反式β-甲基苯乙烯；1-苯基-1-丙烯 反式；*trans*-β-Methyl styrene；*trans*-ω-Methylstyrene；trans-Propenylbenzene

性状 无色液体。bp 175℃；Fp 125.6℉（52℃）；d 0.911；n_D^{20} 1.550。一般试剂含量≥98.0%（GC）。

注意事项 该品易燃。对呼吸系统及皮肤有刺激性。对眼睛有严重损伤的危险。接触皮肤能引起过敏。对水生物有毒。能对水环境引起不良的结果。口服有害，并可能损伤肺。使用时应穿适当的防护服，戴手套和防护镜或面罩。使用时禁止吸烟。万一接触到眼睛，应立即用大量水冲洗后请医生诊治。应防止将本品释放于环境中。如误服本品不能吐出，应立即请医生诊治，并出示瓶签或包装物。应密封于2～8℃保存。

3-Phenylpropionic acid 3-苯丙酸 07956

[501-52-0] $C_9H_{10}O_2$ 150.18

成分 C 71.98%，H 6.71%，O 21.31%。

别名 苄基乙酸；β-苯丙酸；氢化肉桂酸；Benzenepropionic acid；Benzylacetic acid；Hydrocinnamic acid；3-Phenylpropanoic acid；β-Phenylpropionic acid

M. I. 15，4822

性状 白色结晶或结晶性粉末。溶于170份冷水，较多地溶于热水。溶于乙醇、苯、三氯甲烷、冰乙酸、石油醚、乙醚、二硫化碳。mp 47～48℃；bp 280℃；bp_{75} 194～197℃/9.999kPa；bp_{18} 145～147℃/2.4kPa；bp_6 125～129℃/799.93Pa；Fp ＞230℉(110℃)；d 1.071。

注意事项 该品对眼睛、呼吸系统及皮肤有刺激性。使用时应避免吸入本品的粉尘，避免与眼睛及皮肤接触。使用时应戴手套。万一接触到眼睛，应立即用大量水冲洗后请医生诊治。

主要用途 香料固定剂。

3-Phenyl-1-propylamine 3-苯基-1-丙胺 07957

[2038-57-5] $C_9H_{13}N$ 135.21

成分 C 79.95%，H 9.69%，N 10.36%。

别名 3-苯丙胺；γ-氨基丙苯；3-Phenylpropylamine；γ-Aminopropyl benzene

性状 无色液体。bp 221℃；bp_{18} 112～114℃/2.4kPa；Fp 196℉（91℃）；d^{25} 0.951；n_D^{20} 1.526。一般试剂含量≥98.0%（GC）。

注意事项 该品口服有害。具有腐蚀性，能引起烧伤。对呼吸系统有刺激性。使用时应穿适当的防护服，戴手套和防护镜或面罩。万一接触到眼睛，应立即用大量水冲洗后请医生诊治。使用时如有事故发生或有不适之感，应请医生诊治。

Phenylpropylmethylamine 苯丙基甲胺 07958

[93-88-9] $C_{10}H_{15}N$ 149.24

成分 C 80.48%，H 10.13%，N 9.39%。

别名 *N*-甲基-2-苯基丙胺；*N*,β-二甲基苯乙胺；*N*,β-Dimethylbenzeneethanamine；*dl*-*N*,β-Dimethylphenethylamine；*dl*-*N*-Methyl-2-phenylpropylamine；1-Methylamino-2-phenylpropane；Phenpromethamine；1-Methylamino-2-methyl-2-phenylethane；Vonedrine

M. I. 15，7418

性状 无色液体。具挥发性。易溶于乙醇、乙醚、苯，微溶于水（1.2g/100mL）。其水溶液呈强碱性。该品2滴（约0.1mL）于10mL水中的稀水溶液pH值约10.5。bp_{760} 205～210℃/101.325kPa；bp_{15} 95～96℃/2kPa；d_4^{25} 0.915～0.925；n_D^{20} 1.5102。

主要用途 医用肾上腺素功能剂。

1-Phenyl-3-pyrazolidinone 1-苯基-3-吡唑啉酮 07959

[92-43-3] $C_9H_{10}N_2O$ 162.19

成分 C 66.65%，H 6.21%，N 17.27%，O 9.86%。

别名 1-苯基-3-吡唑烷酮；菲尼酮；1-苯基-3-氧-1,2-二氮杂茂；1-Phenyl-3-pyrazolidone；Phenidone

M. I. 15，7419

性状 来自苯中的无色小叶状或针状结晶。1g该品溶于10mL沸水、10mL热乙醇、37.5mL沸苯，易溶于稀酸、稀碱水溶液，几乎不溶于乙醚、石油醚。mp 121℃。一般试剂含量≥98.0%（N）。

注意事项 该品口服有害。对水生物有毒。能对水环境引起不利的结果。应防止将本品释放于环境中。应密封保存。

主要用途 照相显影剂。测定碱性磷酸酯酶的底物。

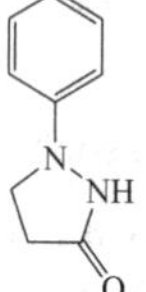

Phenylpyruvic acid sodium salt anhydrous 苯基丙酮酸钠盐 无水 07960

[114-76-1] $C_9H_7NaO_3$ 186.14

成分 C 58.07%，H 3.79%，Na 12.35%，O 25.79%。

别名 无水苯基丙酮酸钠盐；α-酮氢化肉桂酸钠；3-苯基丙酮酸钠；Sodium phenylpyruvate anhydrous；Sodium ketohydrocinnamate anhydrous；α-Oxohydrocinnamic acid sodium salt anhydrous；2-Oxophenylpropionic acid sodium salt anhydrous

性状 无色结晶。溶于水，不溶于醇。在空气中不稳定。mp ＞300℃。一般试剂含量≥97.0%（NT）。

注意事项 使用时应避免吸入本品的粉尘，避免与眼睛及皮肤接触。应密封于2～8℃保存。

主要用途 生化研究。

Phenyl salicylate 水杨酸苯酯 07961

[118-55-8] $C_{13}H_{10}O_3$ 214.22

成分 C 72.89%，H 4.71%，O 22.41%。

别名 柳酸苯酯；邻羟基苯甲酸苯酯；萨罗尔；柳酸困；2-Hydroxy benzoic acid phenyl ester；Phenyl *o*-hydroxybenzoate；Salicylic acid phenyl ester；Salol

M. I. 15，7420

性状 无色细小结晶或白色结晶性粉末。1g该品溶于6670mL水、6mL乙醇、1.5mL苯、5mL戊醇、10mL液体石蜡、4mL杏仁油，溶于丙酮、乙醚、三氯甲烷、油类，极微溶于甘油。25℃时，于下列物质的溶解度为(g/100g)：无水乙醇53；乙酸乙酯470；甲基乙基甲酮620；甲苯460。mp 41～43℃；bp_{12} 173℃/1.6kPa；Fp 235.4℉（113℃）；d 1.25。一般试剂含量≥98.0%(GC)。

注意事项 该品对眼睛、呼吸系统及皮肤有刺激性。使用时应穿适当的防护服和戴手套。万一接触眼睛，应立即用大量水冲洗后请医生诊治。

主要用途 有机合成。比色法测定铁离子。抗菌消毒剂，用于抑制肠道菌。

Phenylselenotrimethylsilane 苯硒基三甲基硅烷 07962
[33861-17-5] $C_9H_{14}SeSi$ 229.26
成分 C 47.15%,H 6.16%,Se 34.44%,Si 12.25%。
别名 [(Trimethylsilyl)seleno]benzene;Trimethyl(phenylseleno)silane;Trimethylsilyl phenyl selenide;PSTMS
M.I.15, 7421
性状 无色流动液体。有非常不愉快的气味。曝露于空气中能逐渐分解。mp −14～−9℃; $bp_{9\sim10}$ 93～95℃/1.2～1.33 kPa; bp_5 86.5/666.6Pa; d_{20}^{20} 1.1960; n_D^{20} 1.5525。
主要用途 硒化试剂。

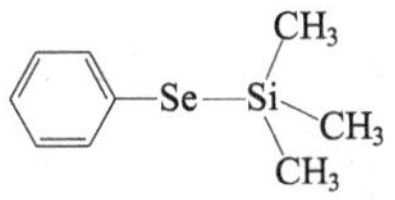

1-Phenylsemicarbazide 1-苯基氨基脲 07963
[103-03-7] $C_7H_9N_3O$ 151.17
成分 C 55.62%, H 6.00%, N 27.80%, O 10.58%。
别名 1-苯基代氨脲; 1-苯氨脲; 1-氨甲酰基-2-苯肼; 1-氨甲酰基-2-苯基联胺; 1-Carbamyl-2-phenylhydrazine; Cryogenine; Kryogenin; Phenicarbazide; 2-Phenylhydrazinecarboxamide
性状 白色小叶状结晶。无气味。遇光变色。易溶于热水、乙醇、甲醇、丙酮，难溶于冷水、乙醚、苯、石油醚。mp 172℃。一般试剂含量≥99.0%(N)。
注意事项 该品对眼睛、呼吸系统及皮肤有刺激性。对机体有不可逆损伤的可能性。使用时应穿适当的防护服，戴手套和防护镜或面罩。万一接触到眼睛，应立即用大量水冲洗后请医生诊治。
主要用途 测定醛、酮的试剂。医用抗发热剂。

4-Phenylsemicarbazide 4-苯基氨基脲 07964
[537-47-3] $C_7H_9N_3O$ 151.17
成分 C 55.62%, H 6.00%, N 27.80%, O 10.58%。
别名 苯胺基甲酰肼; 4-苯氨脲; 4-苯基代氨脲; Anilinoformylhydrazine; *N*-Phenylhydrazinecarboxamide
M.I.15, 7422
性状 来自水中的无色或白色正交片状结晶。易溶于乙醇、氯仿、稀酸、稀碱，难溶于热水，不溶于乙醚。mp 122℃。一般试剂含量≥98.5%(N)。
注意事项 见 07960 苯基丙酮酸钠盐 无水。应充氩气密封避光保存。
主要用途 测定醛、酮的试剂。

4-Phenylsemicarbazide hydrochloride
4-苯基氨基脲 盐酸盐 07965
[5441-14-5] $C_7H_{10}ClN_3O$ 187.63
成分 C 44.81%, H 5.37%, Cl 18.90%, N 22.40%, O 8.53%。
别名 盐酸 4-苯基代氨脲; 苯胺基甲酰肼 盐酸盐; 4-苯氨脲盐酸盐; 盐酸苯氨基甲酰肼; Anilinoformylhydrazine hydrochloride
M.I.15, 7422
性状 无色棱柱体结晶。易溶于水、乙醇。mp 215℃。
注意事项 该品应密封避光保存。
主要用途 测定醛、酮的试剂。

DL-β-Phenylserine monohydrate
DL-β-苯基丝氨酸 一水 07966
[69-96-5] $C_9H_{11}NO_3 \cdot H_2O$ 199.20
成分(以无水物计) C 59.66%, H 6.12%, N 7.73%, O 26.49%。
别名 一水合 DL-对映-β-苯基丝氨酸; DL-3-苯基丝氨酸 一水; DL-β-苯基丝氨酸 一水; DL-β-羟基苯丙氨酸 一水; 2-氨基-3-羟基-3-苯基丙酸 一水; 2-Amino-3-hydroxy-3-phenylpropionic acid; DL-3-Phenylserine; DL-3-Hydroxy-2-amino-3-phenylpropionic acid; DL-β-Hydroxyphenylalanine
性状 白色或浅灰色结晶。微溶于水，难溶于乙醇、乙醚。mp 202～208℃(分解)。生化试剂含量≥98.0%。
注意事项 使用时应避免吸入本品的粉尘，避免与眼睛及皮肤接触。
主要用途 生化研究。细菌生长抑制剂。

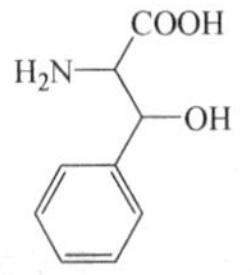

Phenyl styryl ketone 苯基苯乙烯基甲酮 07967
[94-41-7] [614-47-1] $C_{15}H_{12}O$ 208.26
成分 C 86.51%, H 5.81%, O 7.68%。
别名 亚苄基代苯乙酮; 苯乙烯基苯基甲酮; 苯丙烯酰苯; 苯苏合香烯甲酮; 杳喳; 苯亚甲基苯乙酮; 查尔酮; Benzalacetophenone; Benzylideneacetophenone; Chalcone; Chalkone; Chalxone; 1,3-Diphenyl-2-propen-1-one; 3-Phenylacrylophenone
M.I.15, 2036
性状 来自乙醇中的淡黄色正交棱柱形结晶。易溶于乙醚、氯仿、二硫化碳、苯，微溶于乙醇，极微溶于冷石油醚。mp 56～57℃; bp_{760} 345～348℃/101.325kPa(微分解); bp_{25} 208℃/3.333kPa; d_4^{62} 1.0712; n_D^{62} 1.6458; uv max (异辛烷中): 298nm (ε 23600)。
主要用途 有机合成。

(±)-Phenylsuccinic acid (±)-苯基丁二酸 07968
[635-51-8] $C_{10}H_{10}O_4$ 194.19
成分 C 61.85%, H 5.19%, O 32.96%。
别名 苯基琥珀酸
性状 白色结晶或结晶性粉末。溶于乙醇、乙醚、丙酮、乙酸。mp 166～168℃。一般试剂含量≥99.0%(T)。
注意事项 见 07966 DL-β-苯基丝氨酸一水。
主要用途 有机合成。

Phenyl sulfide 硫化苯 07969
[139-66-2] $C_{12}H_{10}S$ 186.27
成分 C 77.38%, H 5.41%, S 17.21%。
别名 一硫化二苯; 二苯基硫; 苯硫醚; 硫化二苯基; 1,1′-Thiobis(benzene); Diphenyl sulfide
M.I.15,3371
性状 无色液体。有恶臭。能与苯、乙醚、二硫化碳相混溶，溶于热乙醇，不溶于水。mp 约−40℃; bp 295～297℃; Fp 235.4℉(113℃); d_{15}^{15} 1.118; n_D^{18} 1.6350。LD_{50}大鼠急性经口: 0.49mL/kg。一般试剂含量≥98.0%。
注意事项 该品吸入或口服有害。对皮肤有刺激性。使用时应避免吸入本品的蒸气。接触皮肤后，应用大量水冲洗。

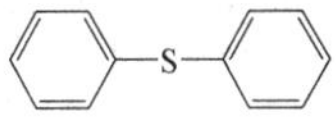

4-Phenylthiosemicarbazide 4-苯基硫代氨基脲 07970
[5351-69-9] $C_7H_9N_3S$ 167.23
成分 C 50.28%, H 5.42%, N 25.13%, S 19.17%。
别名 4-苯基氨基硫脲
性状 白色结晶。微溶于苯，不溶于乙醇、乙醚、酸、碱溶液。mp 138～140℃。一般试剂含量≥99.0%(NT)。
注意事项 该品口服有毒。使用时如有事故发生或有不适之感，应请医生诊治。
主要用途 测定钴、铜、铂、钌、镍等的试剂。

***N*-Phenylthiourea *N*-苯基硫脲** 07971
[103-85-5] $C_7H_8N_2S$ 152.22
成分 C 55.23%, H 5.30%, N 18.40%, S 21.06%。
别名 苯基硫代碳酰胺; 1-苯基-2-硫脲; Phenylthiocarbamide; 1-Phenyl-2-thiourea; PTC; PTU
M.I.15,7424
性状 白色针状结晶。无味或苦味。该品溶于 400 份冷水、17 份沸水，溶于乙醇。mp 154℃; *d* 1.3。LD_{50}大鼠，兔急性经口(mg/kg): 3,40。一般试剂含量≥97.0%。
注意事项 该品口服极毒。接触皮肤能引起过敏。使用时应穿适当的防护服，戴手套和防护镜或面罩。应避免吸入本品的粉尘。接触皮肤后应立即用大量水冲洗。使用时如有事故发生或有不适之感，应请医生诊治。

主要用途 测定铜、汞、金、钯、铂、银的试剂。元素(氮、硫)定量分析的标样。

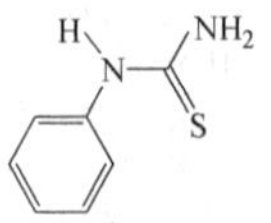

Phenyltoloxamine citrate 苯甲苯氧胺 柠檬酸盐 07972
[1176-08-5] $C_{23}H_{29}NO_8$ 447.49
成分 C 61.73%,H 6.53%,N 3.13%,O 28.60%。
别名 *N*,*N*-二甲基-2-[2-(苯甲基)苯氧基]乙胺;柠檬酸盐;柠檬酸 *N*,*N*-二甲基-2-[2-(苯甲基)苯氧基]乙胺;柠檬酸苯甲苯氧胺;*N*,*N*-Dimethyl-2-[2-(phenylmethyl)phenoxy]ethanamine citrate;*N*,*N*-Dimethyl-2-(α-phenyl-*o*-tolyloxy)ethylamine citrate;*N*,*N*-Dimethyl-2-(α-phenyl-*o*-toloxy)ethylamine citrate;2-(2-Dimethylaminoethoxy)diphenylmethane citrate;2-Benzhydryl β-dimethylaminoethyl ether citrate;2-Benzylphenyl β-dimethylaminoethyl ether citrate;PRN citrate;Bistrimin citrate;C-5581H citrate;Antin citrate;Phenoxadrine citrate;Phenyltoloxamine dihydrogen citrate
M.I.15,7425
性状 来自水或甲醇中的无色结晶。溶于水。mp 138~140℃。
注意事项 该品口服有害。使用时应穿适当的防护服。
主要用途 生化研究。医用抗组胺剂。

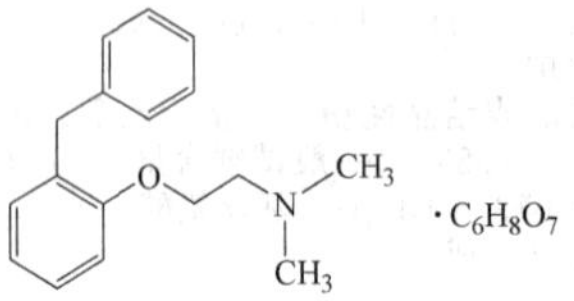

6-Phenyl-1,3,5-triazine-2,4-diamine
6-苯基-1,3,5-三嗪-2,4-二胺 07973
[91-76-9] $C_9H_9N_5$ 187.21
成分 C 57.74%,H 4.85%,N 37.41%。
别名 2,4-二氨基-6-苯基-*s*-三嗪;4,6-二氨基-2-苯基-*s*-三嗪;4,6-二氨基-2-苯基-1,3,5-三嗪;苯代三聚氰胺;Benzoguanamine;2,4-Diamino-6-phenyl-*s*-trazine;4,6-Diamino-2-phenyl-*s*-triazine;2,4-Diamino-6-phenyl-1,3,5-triazine
M.I.15,1091
性状 无色结晶。溶于乙醇、乙醚、稀盐酸,部分溶于二甲基甲酰胺,几乎不溶于丙酮、氯仿、乙酸乙酯。微溶于水(22℃,0.06%;100℃,0.6%)。mp 227~228℃;d_4^{25} 1.40;uv max(乙醇中):249nm(ε 25000)。一般试剂含量≥98.0%。
注意事项 该品口服有害。对水生物有害。对水环境能产生长期有害的结果。使用时应避免吸入本品的粉尘。应防止将本品释放于环境中。
主要用途 制造热固树脂、农药、药物及染料。

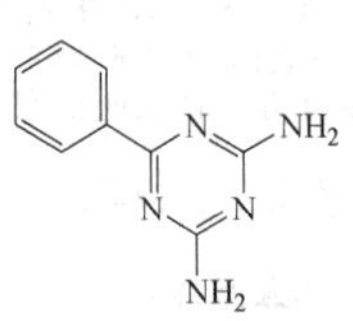

Phenyltrichlorosilane 苯基三氯硅烷 07974
[98-13-5] $C_6H_5Cl_3Si$ 211.55
成分 C 34.07%,H 2.38%,Cl 50.28%,Si 13.28%。
别名 三氯苯基硅烷;苯基三氯化硅;Trichlorophenylsilane
GW 2015-73
性状 无色液体。能与有机溶剂相混溶。易水解和醇解。mp −127℃;bp 201℃;Fp 196℉(91℃);d_4^{20} 1.324;n_D^{20} 1.5230。一般试剂含量≥97.0%。
注意事项 该品吸入有毒。具有腐蚀性,能引起烧伤。与皮肤接触有害。使用时应穿适当的防护服,戴手套和防护镜或面罩。使用时禁止饮食。万一接触到眼睛,应立即用大量水冲洗后请医生诊治。使用时如有事故发生或有不适之感,应请医生诊治。应远离生活区,密封于通风良好处保存。
主要用途 有机合成中间体。制备有机硅化合物的原料。

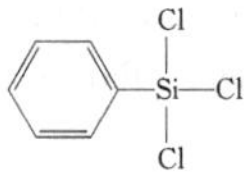

Phenyltriethoxysilane 苯基三乙氧基硅烷 07975
[780-69-8] $C_{12}H_{20}O_3Si$ 240.38
成分 C 59.96%,H 8.39%,O 19.97%,Si 11.68%。
别名 三乙氧基苯基硅烷;Triethoxyphenylsilane
性状 无色透明液体。对湿度敏感。能与有机溶剂混溶。bp_{10} 112~113℃/1.333kPa;Fp 109℉(42℃);d^{25} 0.996;n_D^{20} 1.461。一般试剂含量≥98.0%(GC)。
注意事项 该品易燃。对眼睛、呼吸系统及皮肤有刺激性。使用应穿适当的防护服和戴手套。使用时禁止吸烟。万一接触到眼睛,应立即用大量水冲洗后请医生诊治。应充氩气密封干燥保存。
主要用途 制备高分子有机硅化合物的原料。

Phenyltrimethoxysilane 苯基三甲氧基硅烷 07976
[2996-92-1] $C_9H_{14}O_3Si$ 198.30
成分 C 54.51%,H 7.12%,O 24.20%,Si 14.16%。
别名 三甲氧基苯基硅烷;(三甲氧基硅烷基)苯;Trimethoxyphenylsilane;(Trimethoxysilyl)benzene
性状 无色透明液体。能与有机溶剂相混溶,不溶于水。mp −25℃;bp 233℃;bp_9 92~93℃/1.2kPa;Fp 186℉(86℃);d_4^{20} 1.062;n_D^{20} 1.472。一般试剂含量≥97.0%(GC)。
注意事项 该品易燃。其余见 07975 苯基三乙氧基硅烷。
主要用途 制备高分子有机硅化合物的原料。

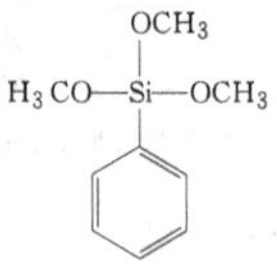

Phenyltrimethylammonium iodide
苯基三甲基碘化铵 07977
[98-04-4] $C_9H_{14}IN$ 263.12
成分 C 41.08%,H 5.36%,I 48.23%,N 5.32%。
别名 三甲基苯基碘化铵;碘化三甲基苯基铵;碘化苯基三甲铵;*N*,*N*,*N*-Trimethylbenzaminium iodide;Trimethylphenylammonium iodide
M.I.13,7428
性状 白色结晶性粉末。溶于水、乙醇。mp 175℃。一般试剂含量≥99.5%。
注意事项 该品对眼睛、呼吸系统及皮肤具有刺激性。对眼睛有严重损伤的危险。使用时应穿适当的防护服,戴防护镜或面罩。万一接触到眼睛,应立即用大量水冲洗后请医生诊治。应密封避光于干燥处保存。
主要用途 测定镉的试剂。

***N*-Phenylurea *N*-苯基脲** 07978
[64-10-8] $C_7H_8N_2O$ 136.15
成分 C 61.75%,H 5.92%,N 20.58%,O 11.75%。
别名 苯基尿素;苯基碳酰二胺;苯脲;Phenylcarbamide
M.I.15,7429
性状 来自水或乙醇中的无色单斜棱柱体结晶。溶于热水、热乙醇、乙醚、乙酸乙酯、冰乙酸等。mp 147℃(分解);bp 238℃;*d* 1.302。
注意事项 该品口服有害。使用时应穿适当的防护服和戴手套。应避免吸入本品的粉尘。

主要用途 有机合成。

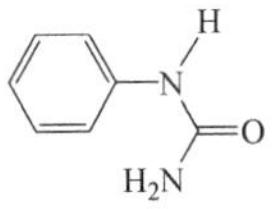

5-Phenylvaleric acid 5-苯基戊酸 07979

[2270-20-4] $C_{11}H_{14}O_2$ 178.23

成分 C 74.13%，H 7.92%，O 17.95%。

别名 1-羧基-4-苯基丁烷；4-苯基丁烷-1-羧酸；5-苯基正戊酸；δ-苯基穿心排草酸；4-Phenylbutane-1-carboxylic acid；5-Phenylpentanoic acid

性状 无色片状或菱形结晶。易溶于乙醇，溶于有机溶剂，微溶于热水。mp 59～60℃；bp_{13} 177～178℃/1.733kPa。一般试剂含量≥98.0%（GC）。

注意事项 该品对眼睛、呼吸系统及皮肤有刺激性。使用时应戴适当的手套。使用时应避免吸入本品的粉尘，避免与眼睛及皮肤接触。万一接触到眼睛，应立即用大量水冲洗后请医生诊治。

Phenyramidol 苯吡氨醇 07980

[553-69-5] $C_{13}H_{14}N_2O$ 214.27

成分 C 72.87%，H 6.59%，N 13.07%，O 7.47%。

别名 α-[(2-吡啶氨基)甲基]苯甲醇；α-[(2-Pyridinylamino)methyl] benzenemethanol；2-(β-Hydroxyphenethylamino) pyridine；Fenyramidol。

M. I. 15，7432

性状 来自稀甲醇中的无色结晶。pK_a 5.85；mp 82～85℃；uv max（95%乙醇中）：243nm，303nm（lg ε 4.24，3.63）。

主要用途 医用止痛剂。

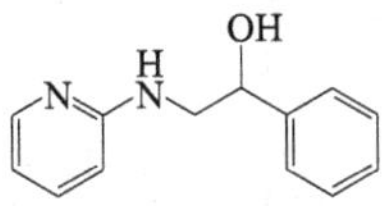

Phloretin 根皮素 07981

[60-82-2] $C_{15}H_{15}O_5$ 274.27

成分 C 65.69%，H 5.15%，O 29.17%。

别名 2-对羟苯丙酰基-1,3,5-苯三酚；根皮苷配基；根皮酚；3-(4-羟基苯基)-1-(2,4,6-三羟基苯基)-1-丙酮；3-(4-Hydroxyphenyl)-1-(2,4,6-trihydroxyphenyl)-1-propanone；2′,4′,6′-Trihydroxy-3-(p-pydroxyphenyl) propiophenone；β-(p-Hydroxyphenyl) phloropropiophenone；β-(p-Hydroxyphenyl)-2,4,6-trihydroxypropiophenone

M. I. 15，7437

性状 来自稀乙醇中的无色针状结晶。易溶于乙醇、甲醇、丙酮，溶于碱及热冰乙酸，极微溶于苯、氯仿，几乎不溶于水、乙醚。262℃分解。生化试剂含量≥98.0%（TLC）。

注意事项 该品对眼睛、呼吸系统及皮肤有刺激性。使用时应穿适当的防护服。万一接触到眼睛，应立即用大量水冲洗后请医生诊治。应充氩气密封于2～8℃干燥保存。

主要用途 生化研究。根皮苷的糖苷配基。

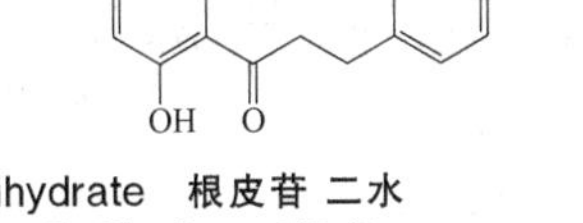

Phloridzin dihydrate 根皮苷 二水 07982

[7061-54-3] $C_{21}H_{24}O_{10}\cdot 2H_2O$ 472.45

成分（以无水物计） C 57.80%，H 5.54%，O 36.66%。

别名 二水合根皮苷；弗罗利辛；4,6-二羟基-2-(β-葡糖酸苷)-β-(对羟基苯)苯丙酮；1-[2-(β-D-Glucopyranosyloxy)-4,6-dihydroxyphenyl]-3-(4-hydroxyphenyl)-1-propanone；Phloretin-2′-β-glucoside；Phlorhizin；4,6-Dihydroxy-2-(β-D-glucosido)-β-(p-hydroxyphenyl)propiophenone；Phloretin-2′-β-glucoside；Phlorizin

M. I. 15，7438

性状 来自水中的无色轻质长针状结晶。1g 该品 22℃溶于约 1L 水、60℃溶于 64mL 水、70℃溶于 22mL 水，易溶于沸水。溶于约 4 份乙醇，溶于甲醇、戊醇、丙酮、乙酸乙酯、吡啶、苯胺、喹啉及一般有机碱，溶于碱的水溶液、冰乙酸，几乎不溶于乙醚、氯仿、苯。mp 110℃；d^{19} 1.4298；$[\alpha]_D^{25}-52°$（0.16g 溶于 5mL 96%乙醇中）。生化试剂含量≥98.0%（HPLC）。

注意事项 该品对眼睛、呼吸系统及皮肤有刺激性。使用时应穿适当的防护服。使用时应避免吸入本品的粉尘。万一接触到眼睛，应立即用大量水冲洗后请医生诊治。应充氩气密封于2～8℃干燥保存。

主要用途 生化研究。

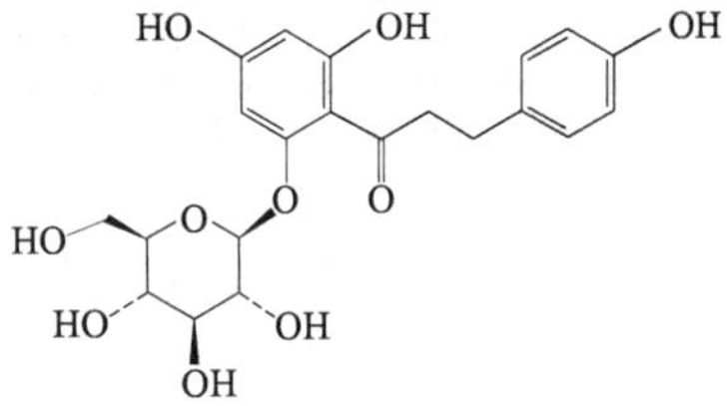

Phloroglucinol dihydrate 间苯三酚 二水 07983

[6099-90-7] $C_6H_6O_3\cdot 2H_2O$ 162.14

成分（以无水物计） C 57.14%，H 4.80%，O 38.06%。

别名 二水合间苯三酚；1,3,5-三羟基苯；均苯三酚；弗罗罗格鲁辛；根皮苷酚；藤黄酚；1,3,5-Benzenetriol；Dilospan S；Phloroglucin；Spasfon-Lyoc；Spassirex；1,3,5-Trihydroxybenzene

GW 2015-1208　M. I. 15，7439

性状 无色、白色或微黄色菱形结晶或结晶性粉末。见光色变深。无水物溶于 100 份水、10 份乙醇、0.5 份吡啶，溶于乙醚，mp 113～116℃（快速加热）；116.5～117℃（慢速加热）。一般试剂含量≥99.0%（HPLC）。

注意事项 该品对眼睛、呼吸系统及皮肤有刺激性。使用时应穿适当的防护服。使用时应避免吸入本品的粉尘，避免与眼睛及皮肤接触。万一接触到眼睛，应立即用大量水冲洗后请医生诊治。应密封保存。

主要用途 以显色反应检验香草素的木质素。糖醛的重量分析和比色测定。多缩戊糖的显微分析。检定锑、砷、铈、铬酸盐、铬、金、铁、汞、亚硝酸盐、锇、钯、锡、钒等。染料工业。医用抗痉挛剂。

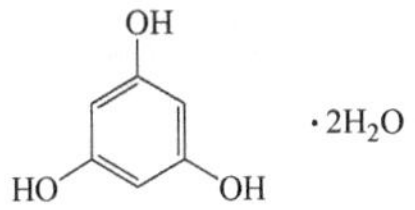

Phloxine B 荧光桃红 B 07984

[18472-87-2] $C_{20}H_2Br_4Cl_4Na_2O_5$ 829.63

成分 C 28.96%，H 0.24%，Br 38.53%，Cl 17.09%，Na 5.54%，O 9.64%。

别名 石南红；焰红；四溴四氯荧光素二钠盐；莱菔红；焰红 B；四氯四溴荧光素钠盐；四溴四氯荧光素钠盐；酸性红 92；焰红染料 B；Eosin 10B；Tetrachlorotetrabromofluoresceim salt；Acid red 92；Tetrabromotetrachlorofluorescein sodium salt；Eosine S extra bluish；Cyanosine；Eosin 10B；Tetrabromotetrachlorofluores-cein disodium salt；2′,4′,5′,7′-Tetrabromo-4,5,6,7-tetrachloro-fluorescein disodium salt

M. I. 15，7440　C. I. 45410

性状 暗红色至棕色粉末。溶于水 11%、乙醇 5%。最大吸收值（于 50%乙醇水溶液中）：548nm。一般试剂干燥含量≥80.0%。

注意事项 使用时应避免吸入本品的粉尘，避免与眼睛及皮肤接触。应密封避光保存。

主要用途 生物染色剂。吸附指示剂和汞的检定等。

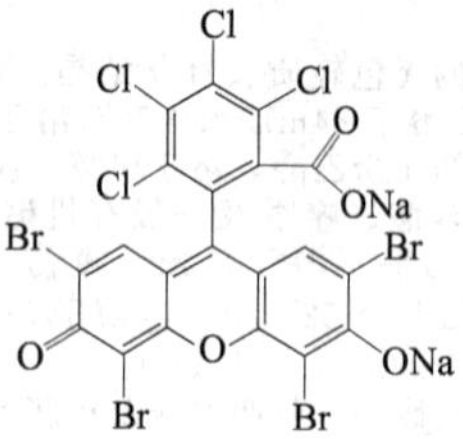

Pholcodine 福可定

07985

[509-67-1] $C_{23}H_{30}N_2O_4$ 398.50

成分 C 69.32%，H 7.59%，N 7.03%，O 16.06%。

别名 β-吗啉乙基吗啡；(5α,6α)-7,8-Didehydro-4,5-epoxy-17-methyl-3-[2-(4-morpholiny) ethoxy] morphinan-6-ol；3-[2-(4-Morpholinyl) ethyl] morphine；Tetrahydro-1,4-oxazinylmethylcodeine；3-(2-Morpholinoethyl) morphine；β-Morpholinylethylmorphine；Homocodeine；Ethnine；Galenphol；Galphol；Memine；Codylin；Pectolin；Weifacodine

M. I. 15，7441

性状 一水合物为无色结晶。味道苦。溶于乙醇（1∶3）、氯仿、苯，微溶于水（2%，质量浓度）、乙醚。其 2%水溶液 pH 值 9.5～9.8。mp 91℃；$[\alpha]_D^{20}-95.3°$ ($c=2$，于乙醇中)。LD_{50}小鼠皮下注射：540mg/kg。

主要用途 医用镇咳剂。

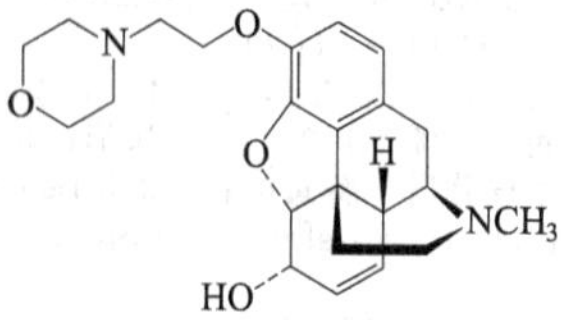

Pholedrine 福勒德林

07986

[370-14-9] $C_{10}H_{15}NO$ 165.24

成分 C 72.69%，H 9.15%，N 8.48%，O 9.68%。

别名 4-[2-(甲基氨基)丙基]酚；对羟基-N,α-二甲基苯胺；4-[2-(Methylamino) propyl] phenol；p-Hydroxy-N,α-dimethylphenethylamine；β-(p-Hydroxyphenyl) isopropylmethylamine；α-(p-Hydroxyphenyl)-β-methylaminopropane；p-Hydroxy-N-methylbenzedrine；Knoll H_{75}

M. I. 15，7442

性状 来自甲醇中的无色结晶。有辛辣的味道。呈碱性反应。易溶于稀酸，溶于乙醇、乙醚，微溶于水，mp 162～163℃。

主要用途 抗低血压剂，循环系统兴奋剂。

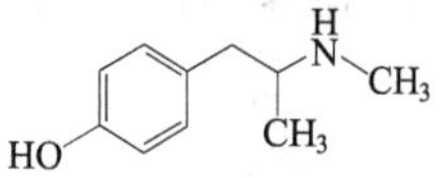

Phorate 甲拌磷

07987

[298-02-2] $C_7H_{17}O_2PS_3$ 260.36

成分 C 32.29%，H 6.58%，O 12.29%，P 11.90%，S 36.94%。

别名 O,O-二乙基-S-（乙硫基）甲基二硫代磷酸酯；三九一一；AC-3911；American cyanamide 3911；O,O-Diethyl S-ethylmercaptomethyl dithiophosphate；O,O-Diethyl-S-(ethylthio) methyl phosphorodithioate；EI-3911；ENT-24042；Phosphorodithioic acid O,O-diethyl-S-[(ethylthio) methyl] ester；Ramp art；Thimet

GW 2015-676 M. I. 15，7443

性状 无色透明的油状液体。有蒜臭味。能与二甲苯、四氯化碳、二氧六环、2-甲氧基乙醇、苯二甲酸二丁酯、植物油相混溶。微溶于水（50mg/kg）。室温中稳定。bp_{20} 125～127℃/2.666kPa；$bp_{0.8}$ 118～120℃/106.66Pa；$bp_{0.1}$ 75～78℃/13.33Pa；d_4^{25} 1.156；n_D^{25} 1.5329。LD_{50}雌，雄大鼠急性经口（mg/kg）：1.1，2.3；皮肤接触（mg/kg）：2.5，6.2。

注意事项 该品口服或与皮肤接触极毒。对水生物极毒。能对水环境引起长期不良的影响。使用时应穿适当的防护服和戴手套。接触皮肤后应立即用大量水冲洗。使用时如有事故发生或有不适之感，应请医生诊治。应防止将本品释放于环境中。其包装物应按危险品处理。应密封保存。

主要用途 杀虫剂。分析用标准物质。

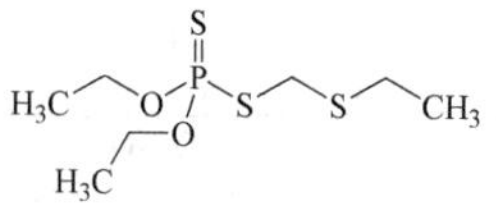

Phorbol 佛波醇

07988

[17673-25-5] $C_{20}H_{28}O_6$ 364.44

成分 C 65.91%，H 7.74%，O 26.34%。

别名 大戟二萜醇；[1aR-(1aα,1bβ,4aβ,7aα,7bα,8α,9β,9aα)]-1,1a,1b,4,4a,7a,7b,8,9,9a-Decahydro-4a,7b,9,9a-tetrahydroxy-3-hydroxymethyl-1,1,6,8-tetramethyl-5H-cyclopropa[3,4]benz[1,2-e]azulen-5-one

M. I. 15，7444

性状 无色结晶或白色粉末。完全溶于极性溶剂，溶于水。mp 249～250℃；250～251℃分解。$[\alpha]_D^{24}+102°$（于水中）；$[\alpha]_D^{20}+118°$ ($c=0.4$，于二氧六环中)；uv max（乙醇中）：235nm，334nm（ε 5200，70）。生化试剂含量≥98.0%（TLC）。

注意事项 该品吸入、口服或与皮肤接触极毒。对眼睛、呼吸系统及皮肤有刺激性。使用时应穿适当的防护服，戴手套和防护镜或面罩。万一接触到眼睛，应立即用大量水冲洗后请医生诊治。使用时如有事故发生或有不适之感，应请医生诊治。使用完毕应立即脱掉受污染的衣服。应密封于−20℃保存。

主要用途 生化研究。

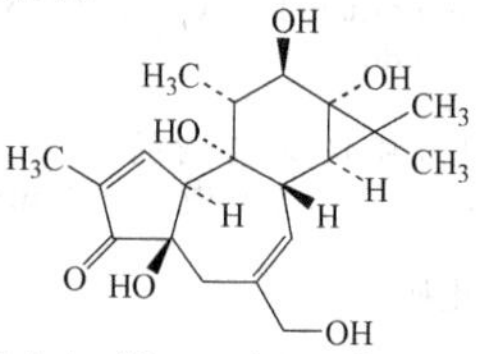

Phorbol 12-myristate 13-acetate diester
佛波醇 12-十四酸 13-乙酸二酯

07989

[16561-29-8] $C_{36}H_{56}O_8$ 616.84

成分 C 70.10%，H 9.15%，O 20.75%。

别名 12-十四酸 13-乙酸佛波醇；Croton oil factor A_1；4β,9α,12β,13α,20-Pentahydroxytiglia-1,6-dien-3-one-12β-myristate 13-acetate；PMA；12-O-Tetradecanoylphorbol 13-acetate；TPA

M. I. 15，7444

性状 白色粉末。易吸潮。uv max（乙醇中）：232nm，333nm（ε 5400，73）。生化试剂含量≥98.0%（TLC）。

注意事项 该品对皮肤有刺激性。使用时应穿适当的防护服和戴手套。应充氩气密封于−20℃干燥保存。

主要用途 生化研究。

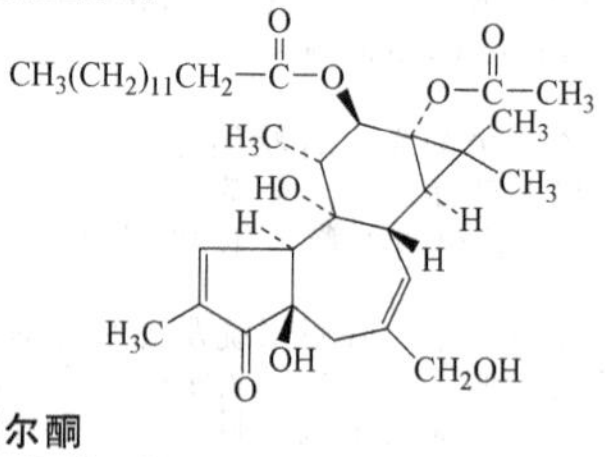

Phorone 福尔酮

07990

[504-20-1] $C_9H_{14}O$ 138.21

成分 C 78.21%，H 10.21%，O 11.58%。

别名 2,6-二甲基-2,5-庚二烯-4-酮；四甲戊二烯酮；二异丙烯丙酮；二缩三丙酮；佛尔酮；Diisopropylideneacetone；2,6-Dimethyl-2,5-heptadien-4-one；sym-Diisopropylideneacetone；sym-Di-iso-propylideneacetone

M. I. 15，7445

性状 浅黄色液体或黄绿色棱柱状结晶，受热至熔点为草绿色液体。mp 28℃；bp 198～199℃；bp_{17} 88℃/2.266kPa；Fp 175℉（79℃）；d_4^{20} 0.885；n_D^{21} 1.4968。

注意事项 使用时应避免与眼睛及皮肤接触。

主要用途 硝化纤维素溶剂。有机合成中间体。着色剂。涂料。

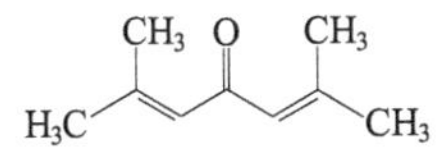

Phosalone 伏杀硫磷 07991

[2310-17-0] $C_{12}H_{15}ClNO_4PS_2$ 367.80

成分 C 39.19%，H 4.11%，Cl 9.64%，N 3.81%，O 17.40%，P 8.42%，S 17.43%。

别名 Phosphorodithioic acid *S*-[(6-chloro-2-oxo-3(2*H*)-benzoxazolyl)methyl]*O*,*O*-diethyl ester; Phosphorodithioic acid *O*,*O*-diethyl ester *S*-ester with 6-chloro-3-mercaptomethyl-2-benzoxazolinone; 3-(*O*,*O*-Diethyldithiophosphorylmethyl)-6-chlorobenzoxazolinone; 6-Chloro-3-(*O*,*O*-diethyldithiophosphorylmethyl) benzoxazolone; *S*-(6-Chloro-2-oxobenzoxazolin-3-yl)methyl diethyl phosphorothiolothionate; RP-11974; Zolone

M. I. 15, 7446

性状 无色结晶。溶于酮类、醇类及多数芳烃溶剂，几乎不溶于水及脂肪烃类。mp 47.5～48℃；Fp 212℉（100℃）。LD_{50}小鼠，雌、雄大鼠，豚鼠急性经口（mg/kg）：180～205，135～170，120，82～150；雌大鼠皮肤接触：390mg/kg。

注意事项 该品口服有毒，与皮肤接触有害。对水生物极毒，能对水环境引起长期不良的结果。使用时应穿适当的防护服和戴手套。使用时如有事故发生或有不适之感，应请医生诊治。应防止将本品释放于环境中。其包装物应按危险品处理。

主要用途 杀虫剂，杀螨剂。分析用标准物质。

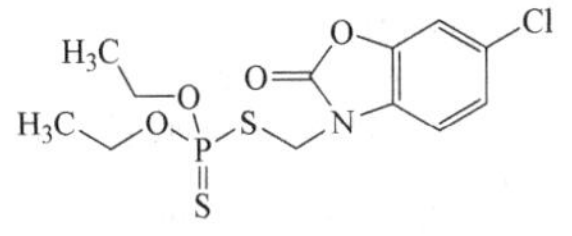

Phosmet 亚胺硫磷 07992

[732-11-6] $C_{11}H_{12}NO_4PS_2$ 317.31

成分 C 41.64%，H 3.81%，N 4.41%，O 20.17%，P 9.76%，S 20.21%。

别名 *O*，*O*-二甲基二硫代磷酸-*S*-苯二甲酰亚氨基甲酯；Phosphorodithioic acid *S*-[(1,3-dihydro-1,3-dioxo-2*H*-isoindol-2-yl)methyl]*O*,*O*-dimethyl ester; Phosphorodithioic acid *O*,*O*-dimethyl ester *S*-ester with *N*-(mercaptomethyl)phthalimide; *O*,*O*-Dimethyl *S*-phthalimidomethyl phosphorothionate; *N*-(Mercaptomethyl) phthalimide *S*-(*O*,*O*-dimethyl phosphorodithioate); Phthalophos (USSR); ENT-25705; R-1504; Imidan; Prolate

M. I. 15, 7448

性状 灰白色结晶性固体。极微溶于水（25℃，25mg/kg）。mp 71.9℃；Fp 212℉（100℃）。沸点下即分解。LD_{50}雄，雌大鼠急性经口（mg/kg）：113，160。一般试剂含量≥98.0%（HPLC）。

注意事项 该品口服或与皮肤接触有害。对水生物极毒。能对水环境引起长期不良的结果。使用时应穿适当的防护服和戴手套。使用时应避免吸入本品的粉尘。应防止将本品秋放于环境中。其包装物应按危险品处理。应密封保存。

主要用途 杀虫剂，杀螨剂。分析用标准物质。

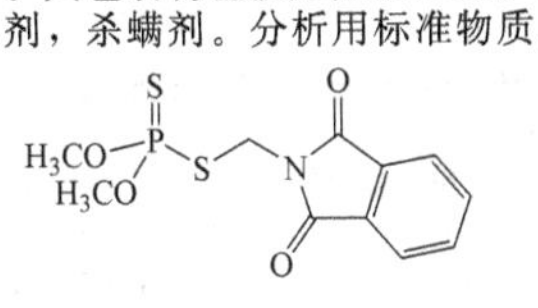

Phosphamidon

二甲基磷酸(*N*,*N*-二乙基-1-甲基-2-氯-3-氧-1-丙烯胺)酯 07993

[13171-21-6] $C_{10}H_{19}ClNO_5P$ 299.69

成分 C 40.08%，H 6.39%，Cl 11.83%，N 4.67%，O 26.69%，P 10.34%。

别名 大灭虫；磷胺；磷酸2-氯-3-二乙氨基-1-甲基-3-氧-1-丙烯基二甲酯；Phosphoric acid 2-chloro-3-diethylamino-1-methyl-3-oxo-1-propenyl dimethyl ester; Phosphoric acid dimethyl ester, ester with 2-chloro-*N*,*N*-diethyl-3-hydroxycrotonamide; 2-Chloro-2-diethylcarbamoyl-1-methylvinyl dimethyl phosphate; Ciba 570; ENT-25515; Kinadon

M. I. 15, 7449

性状 无色油状液体。能与水及多数有机溶剂相混溶（饱和烃类除外）。1g该品溶于约30g己烷。在中性或酸性介质中稳定，能被碱水解。mp −45℃。$bp_{1.5}$ 162℃/199.98Pa；$bp_{0.001}$ 120℃/0.133Pa；d_4^{25} 1.2132；n_D^{25} 1.4718。LD_{50}大鼠急性经口：24mg/kg。

注意事项 该品口服极毒，与皮肤接触有毒。对机体有不可逆损伤的可能性。对水生物极毒。能对水环境引起不利的结果。使用时应穿适当的防护服和戴手套。使用时应避免吸入本品的蒸气。使用时如有事故发生或有不适之感，应请医生诊治。应防止将本品释放于环境中。其包装物应按危险品处理。应密封于2～8℃保存。

主要用途 广谱性杀虫剂。分析用标准物质。

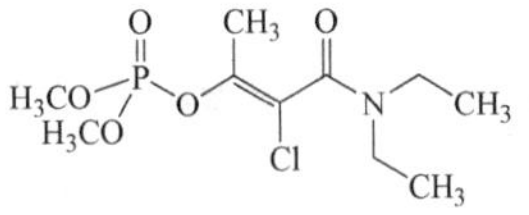

Z-异构体

Phosphatase acid from wheat germ

酸性磷酸酶（麦芽） 07994

[9001-77-8]

别名 酸性磷酸酵素；Acid phosphatase

EC 3.1.3.2

性状 棕黄褐色鳞片状结晶或粉状。该品存在于血浆中，能促使血中磷酸酯游离出无机磷酸盐。37℃最适宜pH值4.8。

注意事项 使用时应避免吸入本品的粉尘，避免与眼睛及皮肤接触。应充氩气密封于−20℃干燥保存。

主要用途 生化研究。

Phosphatase alkaline from calf intestine

碱性磷酸酶（小牛肠） 07995

[9001-78-9] Mr 约140000

别名 磷酸酯酶碱性；碱性磷酸单酯酶；碱性磷酸酵素；Alkaline phosphatase; Alkaline phosphomonoesterase; PA

EC 3.1.3.1

性状 近白色冷冻干粉末。溶于水。pH值约7.6。

注意事项 使用时应避免吸入本品的粉尘，避免与眼睛及皮肤接触。应充氩气密封于2～8℃保存。

主要用途 生化研究。

L-α-Phosphatidylinositol ammonium salt solution from soybean

L-α-磷脂酰肌醇铵盐溶液（大豆） 07996

别名 1,2-Diacyl-*sn*-glycero-3-phospho-(1-D-*myo*-inositol) ammonium salt; PI; Ptdlns

性状 一般试剂为氯仿溶液。1mL含10mg该品。生化试剂含量≥98.0%（TLC）。

注意事项 该品吸入、口服或长期曝露有害，并有严重损害健康的危险。对皮肤有刺激性。对机体有不可逆损伤的可能性。使用时应穿适当的防护服和戴手套。应充氩气密封于−20℃保存。

主要用途 生化研究。

3-*sn*-Phosphatidyl-L-serine 3-*sn*-磷脂酰-L-丝氨酸 07997

别名 1,2-Diacyl-*sn*-glycero-3-phospho-L-serine; Diacylglycerylphosphorylserine; L-α-Phosphatidyl-L-serine; PS

性状 疏松的白色至黄褐色无定形粉末。溶于氯仿、乙醚，不溶于水。生化试剂含量≥98.0%（TLC）。

注意事项 见07994酸性磷酸酶（麦芽）。

DL-Phosphinothricin ammonium salt

DL-膦丝菌素铵盐 07998

[77182-82-2] $C_5H_{15}N_2O_4P$ 198.16

成分 C 30.31%，H 7.63%，N 14.14%，O 32.30%，P 15.63%。

别名 Glufosinateammonium；Ammonium DL-homoalanine-4-yl(methyl)phosphinate；HOE-661；HOE-39866；Basta；Liberty；DL-(2S)-2-Amino-4-(hydroxymethylphosphinyl)butanoic acid ammonium salt；DL-2-Ammonio-4-methylphosphinicobutyrate ammonium salt；DL-PPT ammonium salt

M. I. 15. 7451

性状 无色结晶或白色粉末。溶于水。Fp 212℉(100℃)。LD_{50}雄、雌小鼠，雄、雌大鼠急性经口(mg/kg)：431、416、2000、1620。

注意事项 该品口服有害。

主要用途 生化研究。除草剂，干燥剂。分析用标准物质。

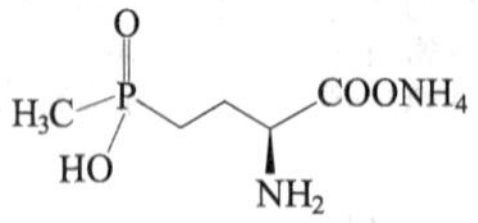

Phosphocreatine disodium salt 磷酸肌酸二钠盐 07999

[19333-65-4] $C_4H_8N_3Na_2O_5P$ 255.08

成分 C 18.83%，H 3.16%，N 16.47%，Na 18.03%，O 31.36%，P 12.14%。

别名 Creatergyl；Neoton；*N*-Imino(phosphonoamino)methyl-*N*-methylglycine disodium salt；*N*-(Phosphonoamidino)sarcosine disodium salt；Creatine phosphate disodium salt；Creatinephosphoric acid disodium salt；PC-Na_2

M. I. 15，7452

性状 来自水+乙醇中的小片状结晶。一般为六水合物。易溶于水。生化试剂含量约 98.0%。

注意事项 该品应密封于−20℃保存。

主要用途 生化研究。心脏保护剂。

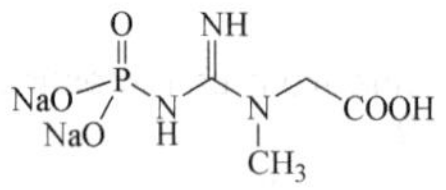

Phosphodiesterase Ⅱ from bovine spleen 磷酸二酯酶Ⅱ(牛脾) 08000

[9068-54-6]

别名 Spleen phosphodiesterase；3′-Exonuclease

EC 3.1.16.1

性状 该品为冻干粉末。使用时应保存于 3.2mol/L 的硫酸铵缓冲溶液中，为黄棕色液体。pH 值约 6。

注意事项 使用时应避免与眼睛及皮肤接触。应密封于−20℃保存。

主要用途 生化研究，用于核酸和核苷酸结构的分析研究。

Phosphoenolpyruvic acid monocyclohexylammonium salt 磷酸烯醇丙酮酸单环己铵盐 08001

[10526-80-4] $C_9H_{18}NO_6P$ 267.22

成分 C 40.45%，H 6.79%，N 5.24%，O 35.92%，P 11.59%。

性状 白色结晶性粉末。

注意事项 该品应密封于−20℃保存。

Phosphoenolphruvic acid monopotassium slat 磷酸烯醇丙酮酸一钾盐 08002

[4265-07-0] $C_3H_4KO_6P$ 206.13

成分 C 17.48%，H 1.96%，K 18.97%，O 46.57%，P 15.03%。

别名 磷酸烯醇丙酮酸钾盐；PEP-K；Phosphoenolpyruvate potassium salt；Potassium phosphoenolpyruvate

性状 白色结晶。生化试剂含量≥98.0%(enzym)。mp 175℃(分解)。

注意事项 该品应充氩气密封于 2～8℃干燥保存。

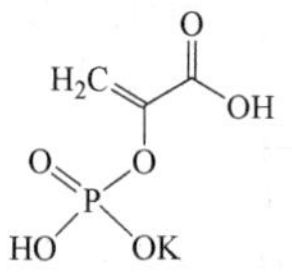

Phosphoenolpyruvic acid monosodium salt monohydrate 磷酸烯醇丙酮酸一钠盐 一水 08003

[53823-68-0] $C_3H_4NaO_6P \cdot H_2O$ 208.06

成分(以无水物计) C 18.96%，H 2.12%，Na 12.10%，O 50.51%，P 16.30%。

别名 一水合磷酸烯醇丙酮酸钠盐；Sodium phosphoenolpyruvate；Phosphoenolpyruvic acid Na salt

性状 白色结晶。生化试剂含量≥97.0%(enzym)。

注意事项 使用时应避免吸入本品的粉尘，避免与眼睛及皮肤接触。应充氩气密封于−20℃保存。

主要用途 某些激霉反应的底物。

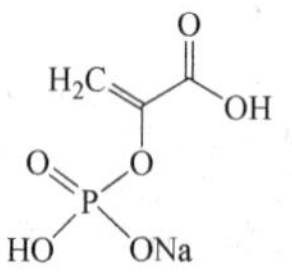

Phosphoenolpyruvic acid tris (cyclohexylamine) salt 磷酸烯醇丙酮酸三(环己胺)盐 08004

[35556-70-8] $C_{21}H_{44}N_3O_6P$ 465.57

成分 C 54.18%，H 9.53%，N 9.03%，O 20.62%，P 6.65%。

别名 2-Hydroxyacryl acid dihydrogen phosphate triscyclohexyl ammonium salt；PEP-3CHA

性状 白色结晶。生化试剂含量≥98.0%(enzym)。

注意事项 该品应充氩气密封于−20℃干燥保存。

主要用途 生化研究。

6-Phosphogluconic acid barium salt 6-磷酸葡糖酸钡盐 08005

[921-62-0] $C_{12}H_{20}Ba_3O_{20}P_2$ 958.21

成分 C 15.04%，H 2.10%，Ba 43.00%，O 33.39%，P 6.46%。

别名 葡糖酸-6-磷酸钡盐；Gluconate 6-phosphate barium salt；D-Gluconic acid-6-phosphate barium salt；6-Phosphogluconic acid Ba salt；6-PG-Ba

性状 白色粉末。溶于酸，不溶于水。

注意事项 该品吸入或口服有害。接触皮肤后，应用大量水冲洗。应充氩气密封于 2～8℃干燥保存。

主要用途 生化研究。

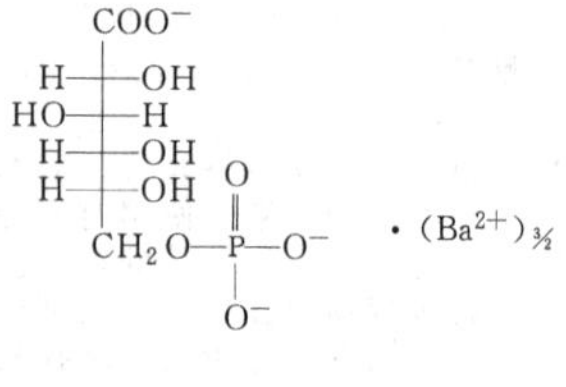

D-3-Phosphoglyceric acid disodium salt D-3-磷酸甘油酸二钠盐 08006

[80731-10-8] $C_3H_5Na_2O_7P$ 230.02

成分 C 15.67%，H 2.19%，Na 19.99%，O 48.69%，P 13.47%。

别名 Disodium D-3-phosphoglycerate；D-3-Glycerate 3-phosphate disodium salt；D-3-Phosphoglyceric acid Na salt

性状 白色粉末。溶于水。

注意事项 该品吸入、口服或与皮肤接触有毒。对眼睛、呼吸系统及皮肤有刺激性。使用时应穿适当的防护服。应避免吸入本品的粉尘。万一接触到眼睛，应立即用大量水冲洗后请医生诊治。使用时如有事故发生或有不适之感，应请医生诊治。应充氩气密封于−20℃干燥保存。

主要用途 生化研究。

NaO O O
HO P O ONa
H OH

Phosphomolybdic acid tetracosahydrate
磷钼酸 二十四水 08007
[51429-74-4] $H_3Mo_{12}O_{40}P \cdot 24H_2O$ 2257.62
成分（以无水物计） H 0.17%，Mo 63.08%，O 35.06%，P 1.70%。
别名 二十四水合磷钼酸；Molybdophosphoric acid；Dodecamolybdophosphoric acid
M. I. 15，7454
性状 亮黄色结晶。易溶于乙醇、乙醚，溶于水。
注意事项 该品具有腐蚀性，能引起烧伤。与易燃物接触能引起燃烧。使用时应穿适当的防护服，戴手套和防护镜或面罩。万一接触到眼睛，应立即用大量水冲洗后请医生诊治。使用时如有事故发生或有不适之感，应请医生诊治。应远离易燃物品，密封干燥保存。
主要用途 微量分析测定锑、铈、铜、铊、钒的试剂。检验生物碱、脲酸、黄嘌呤、肌酐的试剂及某些金属。

Phosphoric acid 磷酸 08008
[7664-38-2] H_3PO_4 97.99
成分 H 3.09%，O 65.31%，P 31.61%。
别名 一缩原磷酸；Orthophosphoric acid
GW 2015-2790 M. I. 15，7456
性状 纯品为不稳定的无色正交结晶。商品为无色、无臭透明的黏稠状液体，长时间受冷即生成柱状结晶。溶于水、乙醇并放热。纯品 mp 42.35℃；d^{25} 1.8741(100%)、1.6850(85%)、1.3334(50%)、1.0523（10%）；$n_D^{17.5}$ 1.34203（10%）、1.35032（20%）、1.35846(30%)。
注意事项 该品具有腐蚀性，能引起烧伤。使用时应穿适当的防护服，戴手套和防护镜或面罩。万一接触到眼睛时，应立即用大量水冲洗后请医生诊治。使用时如有事故发生或有不适之感，应请医生诊治。应密封保存。
主要用途 常用分析试剂，测定钢铁中的铬、镍、钒。电子工业用。

参考规格 GB/T 1282—1996	优级纯	分析纯	化学纯
含量（H_3PO_4）/%≥	85.0	85.0	85.0
色度/黑曾单位≤	10	25	25
灼烧残渣/%≤	0.1	0.2	0.5
挥发酸（以 H^+ 计）/(mmol/100g)≤	0.02	0.02	0.02
氯化物（Cl）/%≤	0.0002	0.0003	0.0005
硫酸盐（SO_4）/%≤	0.001	0.003	0.01
硝酸盐（NO_3）/%≤	0.0003	0.0005	0.0005
砷（As）/%≤	0.0001	0.0001	0.0005
铁（Fe）/%≤	0.001	0.002	0.002
钠（Na）/%≤	0.05		
钾（K）/%≤	0.005		
锰（Mn）/%≤	0.0002	0.0002	0.0005
镍（Ni）/%≤	0.0005		
铜（Cu）/%≤	0.0005		
锌（Zn）/%≤	0.001		
镉（Cd）/%≤	0.0005		
铅（Pb）/%≤	0.0005		
重金属（以 Pb 计）/%≤		0.001	0.001
还原物质（以 H_3PO_3 计）/%≤	0.005	0.01	0.05

O
P
HO OH
HO

Phosphorous acid 亚磷酸 08009
[13598-36-2] H_3PO_3 81.99
成分 H 3.69%，O 58.54%，P 37.78%。
别名 Orthophosphorous acid；Phosphonic acid
GW 2015-2444 M. I. 15，7458
性状 易潮解及潮解的白色块状结晶。有蒜味。易溶于水、乙醇。pK_1 1.29；pK_2 6.74。mp 约 73℃；约 180℃分解为磷化氢和磷酸。d_4^{21} 1.65。d_4^{76} 1.597（液态）。一般试剂含量≥97.5%(T)。
注意事项 该品口服有害。具有腐蚀性，能引起烧伤。使用时应穿适当的防护服，戴手套和防护镜或面罩。万一接触到眼睛，应立即用大量水冲洗后请医生诊治。使用时如有事故发生或有不适之感，应请医生诊治。应密封于干燥处保存。
主要用途 测定汞、金、银、铅、碘酸等的试剂。亚磷酸盐的制备。

O
P
HO H
HO

Phosphorus red 红磷 08010
[7723-14-0] P 30.973762
别名 赤磷；Amorphous phosphorus
GW 2015-932 M. I. 15，7459
性状 红色至紫红色粉末。溶于无水乙醇、三溴化磷，不溶于水、稀酸、有机溶剂。416℃升华。d 2.34。
注意事项 该品高度易燃。与氧化剂混合时具有爆炸性。对水生物有害，能对水环境引起长期不良的结果。万一着火，应使用干砂灭火，而不能用水。应防止将本品释放于环境中。应充氩气密封于阴凉处保存。
主要用途 制造磷酸、磷化氢、五氧化二磷、五氯化磷、三氯化磷。有机合成。无机合成。

Phosphorus yellow 黄磷 08011
[7723-14-0] P 30.973762
别名 白磷；Phosphorus white
GW 2015－46 M. I. 15，7459
性状 黄色或近白色的半透明结晶性固体。有蒜味。见光变暗。在空气中能自燃并发白烟。1g 该品溶于苯 35mL、无水乙醇 400mL、无水乙醚 102mL、二硫化碳 0.8mL、三氯甲烷 40mL，极微溶于水（1 份溶于 300000 份水）。元素本身和烟均有剧毒。mp 44.1℃；bp 280℃。
注意事项 该品极易自燃。其余见 08004 红磷。应浸沉于水中密封或安瓿熔封阴凉处保存。
主要用途 气体分析。光谱分析。氧气吸收剂。磷酸和其他磷化合物的制备。

Phosphorus(Ⅲ) bromide 三溴化磷 08012
[7789-60-8] Br_3p 270.69
成分 Br 88.56%，P 11.44%。
别名 溴化磷；Phosphorus tribromide
GW 2015－1879 M. I. 15，7469
性状 无色至微黄色发烟液体。有刺激性气味。对湿度敏感。遇水、乙醇迅速分解并放出大量热和溴化氢。溶于丙酮、二硫化碳。mp －41.5℃；bp 173.2℃；d^{15} 2.85；n_D^{26} 1.697。一般试剂含量≥98.0%（AT）。
注意事项 该品具有腐蚀性，能引起烧伤。与水激烈反应。对呼吸系统有刺激性。万一接触到眼睛，应立即用大量水冲洗后请医生诊治。使用时如有事故发生或有不适之感，应请医生诊治。应密封于干燥处保存。
主要用途 测定糖、氧的试剂。

Phosphorus(Ⅴ) bromide 五溴化磷 08013
[7789-69-7] Br_5P 430.49
成分 Br 92.81%，P 7.20%
别名 Phosphoric bromide；Phosphorus pentabromide；Phosphorus perbromide
GW 2015-2159 M. I. 15，7462
性状 黄色结晶块状物。溶于苯、二硫化碳、四氯化碳，遇水或乙醇剧烈分解。mp 105～107℃（分解）。
注意事项 该品具有腐蚀性，能引起烧伤。与水反应激烈。使用时应穿适当的防护服，戴手套和防护镜或面罩。使用时禁止饮食。应避免吸入本品的粉尘,避免与眼睛及皮肤接触。万一接触到眼睛,应立即用大量水冲洗后请医生诊治。使用时如有事故发生或有不适之感,应请医生诊治。应密封于干燥处保存。

主要用途 有机合成。溴化剂。

Phosphorus(Ⅲ) chloride 三氯化磷 08014

[7719-12-2] Cl_3P 137.32

成分 Cl 77.45%,P 22.56%

别名 Phosphorus trichloride

GW 2015-1841 M.I.15,7470

性状 无色澄清发烟液体。有微量游离黄磷存在时,颜色带黄而浑浊。有刺激性气味。在潮湿空气中能迅速水解成亚磷酸和氯化氢。溶于苯、乙醚、二硫化碳、三氯甲烷。能被水或乙醇分解并放出大量热。mp −112℃; bp 76℃; d_4^{21} 1.574。一般试剂含量≥99.0%。

注意事项 该品与水反应激烈。与水接触能释放出有毒的气体。具有强腐蚀性,能引起严重烧伤。吸入或口服极毒。吸入或长期曝露有害,并有严重损伤健康的危险。使用时应穿适当的防护服,戴手套和防护镜或面罩。应保持容器密闭和干燥。万一接触到眼睛,应立即用大量水冲洗后请医生诊治。使用时如有事故发生或有不适之感,应请医生诊治。应密封于干燥处保存。

主要用途 高纯磷的制造。半导体掺杂源。在乙醚分析中用作催化剂。高纯磷的制备。有机合成。

Phosphorus(Ⅴ) chloride 五氯化磷 08015

[10026-13-8] Cl_5P 208.22

成分 Cl 85.13%, P 14.88%。

别名 Phosphorus pentachloride; Phosphoric chloride; Phosnhorus perchloride

GW 2015-2149 M.I.15, 7463

性状 白色至浅黄色结晶。在空气中发烟。溶于水产生剧热并分解，溶于二硫化碳、四氯化碳。约 100℃开始升华。mp 148℃; 160℃升华。一般试剂含量≥98.0% (AT)。

注意事项 该品吸入有毒。口服有害。与水反应激烈。吸入或长期曝露有严重损害健康的危险。具有腐蚀性，能引起烧伤。使用时应穿适当的防护服，戴手套和防护镜或面罩。使用时应保持容器密闭和干燥。万一接触到眼睛，应立即用大量水冲洗后请医生诊治。使用时如有事故发生或有不适之感，应请医生诊治。应密封于干燥处保存。

主要用途 测定羟亚甲基的试剂。制药工业。染料、化纤等的制备。制造乙酰纤维素的催化剂。以氯置换化合物中的羟基，由酸转化为酰氯。

Phosphorus(Ⅴ) oxide 五氧化二磷 08016

[1314-56-3] P_2O_5 141.94

成分 C 56.36%, P 43.64%。

别名 五氧化磷;无水磷酸;磷酸酐;Diphosphorus pentoxide; Phosphoric acid anhydride;Phosphoric anhydrid;Phosphorus pentoxide

GW 2015-2162 M.I.15, 7467

性状 白色无定形粉末。极易吸潮。溶于水并放出大量热生成磷酸。遇热升华。mp 340℃; *d* 2.30。

注意事项 该品具有强腐蚀性，能引起严重烧伤。使用时应避免吸入本品的粉尘。万一接触到眼睛，应立即用大量水冲洗后请医生诊治。使用时如有事故发生或有不适之感，应请医生诊治。应密封于干燥处保存。

主要用途 半导体掺杂源。脱水干燥剂。高纯磷酸的制备。有机合成缩合剂。表面活性剂。制药工业。

参考规格 GB/T 2305—2000	分析纯	化学纯
含量 (P_2O_5) /%≥	98.0	98.0
澄清度试验	合格	
水不溶物/%≤	0.02	0.02
总氮量 (N) /%≤	0.02	0.01
重金属 (以 Pb 计) /%≤	0.002	0.01
还原物质 (以 P_2O_3 计) /%≤	0.01	0.02

Phosphorus(Ⅴ) oxychloride 氧氯化磷 08017

[10025-87-3] Cl_3OP 153.32

成分 C 69.36%, O 10.44%, P 20.20%。

别名 三氯化磷酰；三氯氧磷；磷酰氯；Phosphorus chloride; Phosphoryl chloride; Phosphorus oxide trichloride

GW 2015-1858 M.I.15, 7461

性状 无色透明发烟液体。易挥发。有强烈的刺激性气味。具催泪性。对湿度敏感。遇水及乙醇分解，并放出大量热和氯化氢。mp 1.25℃; bp 105.8℃; d^{25} 1.645; n_D^{20} 1.461。一般试剂含量≥99.0% (AT)。

注意事项 该品吸入极毒。口服有害。与水反应激烈。与水接触能释放有毒的气体。具有强腐蚀性，能引起严重烧害。长期曝露、吸入有严重损害健康的危险。使用时应穿适当的防护服，戴手套和防护镜或面罩。使用时应保持容皿密闭和干燥。万一接触到眼睛，应立即用大量水冲洗后请医生诊治。使用时如有事故发生或有不适之感，应请医生诊治。应密封于干燥处保存。

主要用途 半导体掺杂源。有机合成的氯化剂和催化剂。在乙酸分析中用作催化剂。制药工业。增塑剂。光导纤维材料。氧化剂。

Phosphorus(Ⅲ) sulfide 三硫化磷 08018

[81129-00-2] [12165-69-4] P_2S_3 158.14

成分 P 33.17%, S 60.83%。

别名 三硫化二磷；硫化磷；Phosphorus trisulfide; Thiophosphorus anhydride

GW 2015-1822

性状 灰黄色粉末或块状物。长期储存可变为黄绿至黑色。无气味。在潮湿空气中分解。溶于乙醇、二硫化碳、乙醚。mp 290℃; bp 490℃。

注意事项 该品高度易燃。与皮肤接触或口服有毒。与水接触时放出有毒气体。应远离火种，密封于干燥保存。

主要用途 有机化学用试剂。

Phosphorus(Ⅴ) sulfide 五硫化磷 08019

[1314-80-3] P_2S_5 222.25

成分 P 27.87%, S 72.13%。

别名 五硫化二磷；Phosphoric sulfide; Phosphorus pentasulfide; Phosphorus persulfide; Thiophosphoric anhydride

GW 2015-2142 M.I.15, 7466

性状 浅黄色三斜结晶。有特殊气味。有强吸湿性。遇水分解而生成磷酸和硫化氢。溶于二硫化碳、碱水溶液。mp 286～290℃; bp 513～515℃; *d* 2.09。一般试剂含量≥99.0% (T)。

注意事项 该品高度易燃。吸入或口服有毒。与水接触时能释放出有毒气体。应远离火种，密封于干燥处保存。

主要用途 润滑剂。杀虫剂。硫化剂。有机含硫化合物的合成。橡胶工业。

Phosphorylase b from rabbit muscle 磷酸化酶 b (兔肌) 08020

[9012-69-5] Mr 约 185000

别名 α-Glucan phosphorylase; Glycogen phosphorylase

EC 2.4.1.1

性状 浅黄色冷冻干燥粉末。一般试剂含量≥20U/mg。

注意事项 使用时应避免吸入本品的粉尘，避免与眼睛及皮肤接触。应充氩气密封于−20℃干燥保存。

O-Phospho-DL-serine DL-磷酸丝氨酸 08021

[17885-08-4] [407-41-0] $C_3H_8NO_6P$ 185.07

成分 C 19.47%, H 4.36%, N 7.57%, O 51.87%, P 16.74%。

别名 *O*-二氧磷基-DL-丝氨酸；DL-2-氨基-3-羟基丙酸 3-磷酸酯；DL-2-Amino-3-hydroxypropanoic acid 3-phosphate; DL-SOP; Serinedihydrogenphosphate (ester); serine phosphate

M.I.15, 7475

性状 来自乙醇＋乙醚中的无色结晶。mp 166～167℃（分解）。
主要用途 生化研究。

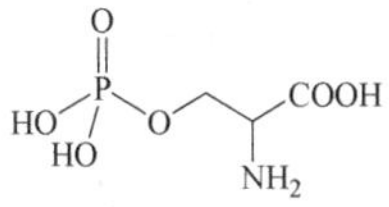

O-Phospho-L-threonine O-二氧磷基-L-苏氨酸 08022
[1114-81-4] $C_4H_{10}NO_6P$ 199.10
成分 C 24.13%，H 5.06%，N 7.04%，O 48.22%，P 15.56%。
别名 L-苏氨酸-3-磷酸；L-苏氨酸-*O*-磷酸；*O*-磷酸-L-苏氨酸；L-Thereonine-3-phosphoric acid；L-Threonine-*O*-phosphate；L-2-Amino-3-hydroxy butanoic acid-3-phosphate
性状 无色结晶。生化试剂含量≥98.0%（TLC）。
注意事项 该品应充氩气密封于－20℃保存。

Phosphotungstic acid 磷钨酸 08023
[12067-99-1] [12501-23-4] $H_3O_{40}PW_{12}\cdot xH_2O$ 2880.05＋18.02*x*
成分(以无水物计) H 0.001%，O 22.22%，P 1.08%，W 76.60%。
别名 Dodecatungstophosphoric acid；Tungstophosphoric acid；Wolf-ramatophosphoric acid
M. I. 15，7476
性状 白色或微黄绿色结晶或结晶性粉末。溶于约 0.5 份水，亦溶于乙醇、乙醚。
注意事项 该品具有腐蚀性，能引起烧伤。使用时应穿适当的防护服，戴手套和防护镜或面罩。万一接触到眼睛，应立即用大量水冲洗后请医生诊治。使用时如有事故发生或有不适之感，应请医生诊治。应充氩气密封干燥保存。
主要用途 分析各种生物碱、酚、蛋白质、蛋白胨、氨基酸、脲酸、尿、血液及碳水化合物的试剂。色谱分析试剂。

Phoxim 腈肟磷 08024
[14816-18-3] $C_{12}H_{15}N_2O_3PS$ 298.30
成分 C 48.32%，H 5.07%，N 9.39%，O 16.09%，P 10.38%，S 10.75%。
别名 肟硫磷；辛硫磷；倍氰松；倍腈松；4-Ethoxy-7-phenyl-3,5-dioxa-6-aza-4-phosphaoct-6-ene-8-nitrile 4-sulfide；Phenylglyoxylonitrile oxime *O*,*O*-diethyl phosphorothioate；*O*,*O*-Diethyl *O*-(*α*-cyanobenzylideneamino) phosphorothioate；*α*-[[(Diethoxy-phosphinothioyl) oxy] imino] benzeneacetonitrile；Bay 5621；Bay 77488；Baythion；Sebacil；Volaton
M. I. 15，7478
性状 浅黄色油状液体。溶于醇、酮及芳香烃。$bp_{0.01}$ 102℃/1.333Pa；d_4^{20} 1.176；n_D^{20} 1.5405。LD_{50}小鼠急性经口：＞2000mg/kg。
注意事项 该品口服有害。对水生物极毒。能对水环境引起长期不良的影响。使用时应穿适当的防护服。应防止将本品释放于环境中。其包装物应按危险品处理。应密封保存。
主要用途 杀虫剂。分析用标准物质。

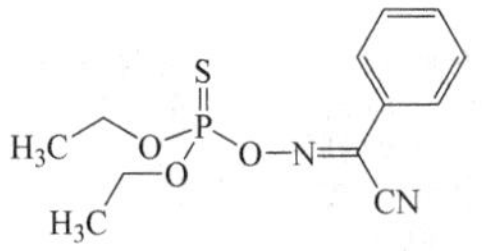

Phrenosin 脑酮 08025
[586-02-7] $C_{48}H_{93}NO_9$ 828.25
成分 C 69.61%，H 11.32%，N 1.69%，O 17.39%。
别名 脑糖脂；羟脑苷脂；(2*R*)-*N*-[(1*S*,2*R*,3*E*)-1-(*β*-D-Galactopyranosyloxy) methyl-2-hydroxy-3-heptadecen-1-yl]-2-hydroxytetracosanamide
M. I. 15，7479
性状 来自吡啶＋丙酮、甲醇＋氯仿、甲苯＋乙醇（1∶1）或氯仿＋乙醇＋水中的无色结晶。溶于热二氧六环、1，1-二氯-1-硝基乙烷、丁醇、乙腈＋氯仿。[*α*] ＋4.50。（*c*＝2，于吡啶中）。

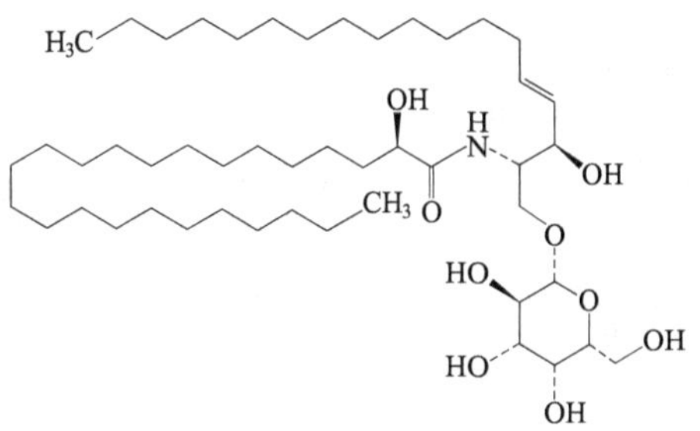

***o*-Phthalaldehyde 邻苯二甲醛** 08026
[643-79-8] $C_8H_6O_2$ 134.14
成分 C 71.63%，H 4.51%，O 23.85%。
别名 1,2-苯二甲醛；苯二醛；邻酞醛；Benzene-1,2-dialdehyde；1,2-Benzenedicarbonal；Benzene-1,2-dicarboxaldehyde；*o*-Phthalaldehyde；*o*-Phthalic dicarboxaldehyde；*o*-Phthalic aldehyde；Phthaldialdehyde；OPA；OPHA
性状 浅黄色针状结晶。对空气和湿度敏感。溶于水及一般有机溶剂，微溶于石油醚。mp 54～56℃；Fp 269.6℉（132℃）。生化试剂含量≥99.0%（HPLC）。
注意事项 该品对眼睛、呼吸系统及皮肤有刺激性。使用时应穿适当的防护服。万一接触到眼睛，应立即用大量水冲洗后请医生诊治。接触皮肤后，应用大量水冲洗。应充氩气密封并避光于 2～8℃保存。
主要用途 胺类生物碱的试剂。荧光计组胺的测定。医药检验。

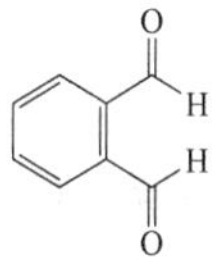

Phthalazine 2,3-二氮杂萘 08027
[253-52-1] $C_8H_6N_2$ 130.15
成分 C 73.83%，H 4.65%，N 21.52%。
别名 2,3-Benzodiazine；Benzo[*d*]pyridazine；*β*-Phenodiazine
M. I. 15，7482
性状 来自乙醚中的浅黄色针状结晶。易溶于水，溶于乙醇、甲醇、苯、乙酸乙酯，较少地溶于乙醚，几乎不溶于石油醚。mp 90～91℃。bp 315～317℃（分解）；bp_{29} 189℃/3.866kPa；bp_{17} 175℃/2.266kPa；uv max(水中)：218nm，261nm，292nm，305nm (lg ε 4.83，3.53，3.18，3.11)。一般试剂含量≥98.0%。

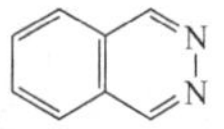

***m*-Phthalic acid 间苯二甲酸** 08028
[121-91-5] $C_8H_6O_4$ 166.13
成分 C 57.84%，H 3.64%，O 38.52%。
别名 间二羧基苯；异苯二甲酸；1,3-苯二甲酸；间酞酸；1,3-Benzenedicarboxylic acid；Isophthalic acid；*iso*-Phthalic acid
M. I. 15，5243
性状 无色或白色结晶性粉末。易溶于乙醇、冰乙酸，溶于 8000 份冷水、460 份沸水，几乎不溶于苯、石油醚。mp 345～348℃。
注意事项 该品对眼睛有刺激性。使用时应穿适当的防护服。使用时应避免吸入本品的粉尘，避免与眼睛及皮肤接触。万一接触到眼睛，应立即用大量水冲洗后请医生诊治。
主要用途 有机合成。

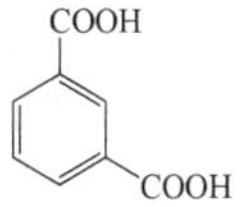

***o*-Phthalic acid 邻苯二甲酸** 08029
[88-99-3] $C_8H_6O_4$ 166.13
成分 C 57.84%，H 3.64%，O 38.52%。
别名 1，2-苯二甲酸；邻酞酸；1，2-Benzenedicarboxylic acid；Phthalic acid

M. I. 15，7483

性状 无色针状或片状结晶或白色结晶性粉末。1g 该品溶于 10mL 乙醇、205mL 乙醚、5.3mL 甲醇、160mL 水，几乎不溶于氯仿。mp 210～211℃(分解)；d_4^{20} 1.59。LD_{50}大鼠急性经口：7.9g/kg。一般试剂含量≥99.0%。

注意事项 该品对眼睛、呼吸系统及皮肤有刺激性。使用时应穿适当的防护服。万一接触到眼睛，应用大量水冲洗后请医生诊治。

主要用途 检定钴、铅、铜、锗、汞、镍、钾、锶、锌，测定钴、铅、碘酸盐的试剂。

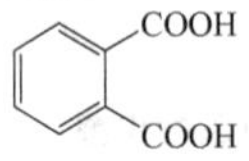

COOH
COOH

p-Phthalic acid 对苯二甲酸 08030

[100-21-0] $C_8H_6O_4$ 166.13

成分 C 57.84%，H 3.64%，O 38.52%。

别名 松油苯二甲酸；1,4-苯二甲酸；对酞酸；1,4-Benzenedicarboxylic acid；Tephthol；Terephthalic acid

M. I. 15，9305

性状 白色针状结晶或粉末。溶于碱，较多地溶于热乙醇，微溶于冷乙醇，极微溶于水（20℃，15mg/L），几乎不溶于乙醚、氯仿、乙酸。加热约至 402℃ 升华。mp ≥300℃；d_D^{20} 1.510。

注意事项 见 08029 邻苯二甲酸。

主要用途 羊毛残留碱度的测定。有机合成。

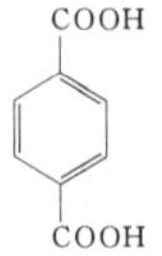

COOH
COOH

o-Phthalic anhydride 邻苯二甲酸酐 08031

[85-44-9] $C_8H_4O_3$ 148.12

成分 C 64.87%，H 2.72%，O 32.40%。

别名 苯二甲酸酐；酞酐；1,3-*iso*-Benzofurandione；1,3-Dioxophthalan；1，3-Isobenzofurandione；PA；1，3-Phthalandione；Phthalic anhydride

GW 2015-1252　M. I. 15，7484

性状 白色有光泽的针状结晶。能升华。对湿度敏感。溶于 162 份水（较多地溶于热水）、125 份二硫化碳，溶于乙醇，略微溶于乙醚。mp 130.8℃；bp 295℃；Fp 305℉（151℃）；*d* 1.53。

注意事项 该品口服有害。对呼吸系统及皮肤有刺激性。对眼睛有严重损伤的危险。吸入或与皮肤接触可引起过敏。使用时应戴手套和防护镜或面罩。使用时应避免吸入本品的粉尘和蒸气，避免与眼睛及皮肤接触。万一接触到眼睛，应立即用大量水冲洗后请医生诊治。如误服本品，应立即请医生检查，并出示瓶签或包装物。应充氩气密封干燥保存。

主要用途 由仲醇、叔醇中分离伯醇。根据所形成衍生物熔点的不同，鉴别伯胺和芳香族烃。苯中噻吩的去除。碱标准溶液的标定。有机合成。

参考规格 HG/T 3479—2003

	分析纯	化学纯
含量[$C_6H_4(CO)_2O$]/%≥	99.7	99.0
熔点范围/℃	129～133 (1)	129～133 (2)
灼烧残渣（以硫酸盐计）/%≤	0.025	0.05
氯化物（Cl）/%≤	0.005	0.01
硫化合物（以 SO_4 计）/%≤	0.001	0.005
重金属（Pb 计）/%≤	0.001	0.005

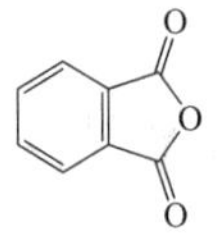

O
O
O

Phthalide 苯酞 08032

[87-41-2] $C_8H_6O_2$ 134.13

成分 C 71.63%，H 4.51%，O 23.85%。

别名 苯甲醇(邻)酸内酯；邻羟甲基苯甲酸内酯；异苯并呋喃酮；2-苯并[*c*]呋喃酮；邻甲苯羧酸内酯；2-Benzo[*c*]furanone；*o*-Hydroxymethylbenzoic acid lactone；1-Isobenzofuranone；1-Phthalanone；1(3)-*iso*-Benzofuranone

性状 无色针状结晶。在空气中稳定。溶于乙醇、乙醚、热水，极微溶于冷水。mp 72～74℃；bp 290℃；Fp 305.6℉（152℃）。一般试剂含量≥97.0%（GC）。

注意事项 该品对眼睛有刺激性。使用时应穿适当的防护服。万一接触到眼睛，应立即用大量水冲洗后请医生诊治。

主要用途 有机合成。

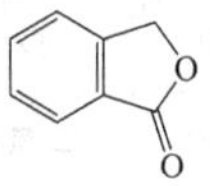

O
O

Phthalimide 邻苯二甲酰亚胺 08033

[85-41-6] $C_8H_5NO_2$ 147.13

成分 C 65.31%，H 3.43%，N 9.52%，O 21.75%。

别名 酞酰亚胺；苯二甲酰亚胺；异吲哚-1,3-二酮；*iso*-Indole-1,3-dione；Isoindol-1,3-dione；1*H*-Isoindole-1,3(2*H*)-dione；*o*-Phthalic imide

GW 2015-1254　M. I. 15，7485

性状 来自水中或被提纯的无色或白色单斜棱柱体结晶。易溶于碱水溶液，颇溶于沸乙酸，微溶于水，几乎不溶于苯、石油醚。mp 238℃；Fp 302℉（150℃）。一般试剂含量≥99.0%（T）。

注意事项 该品对眼睛、呼吸系统及皮肤有刺激性。可能致癌。使用时应穿适当的防护服和戴手套。使用时应避免吸入本品的粉尘，避免与眼睛及皮肤接触。万一接触到眼睛，应立即用大量水冲洗后请医生诊治。应密封于通风良好处保存。

主要用途 有机合成。制造靛。杀虫剂。

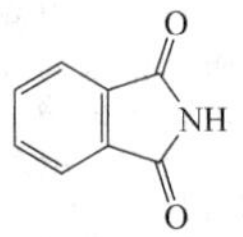

O
NH
O

Phthalimide potassium salt 邻苯二甲酰亚胺钾盐 08034

[1074-82-4] $C_8H_4KNO_2$ 185.23

成分 C 51.87%，H 2.18%，K 21.11%，N 7.56%，O 17.28%。

别名 Potassium phthalimide；Phthalimide K salt

性状 白色结晶。溶于水。mp＞300℃。一般试剂含量≥99.0%（NT）。

注意事项 该品对眼睛、呼吸系统及皮肤有刺激性。使用时应戴手套。使用时应避免吸入本品的粉尘，避免与眼睛及皮肤接触。万一接触到眼睛，应立即用大量水冲洗后请医生诊治。应密封干燥保存。

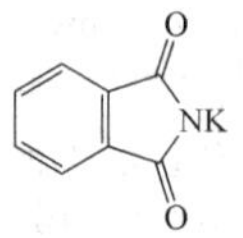

O
NK
O

Phthalocyanine 酞菁 08035

[574-93-6] $C_{32}H_{18}N_8$ 514.55

成分 C 74.70%，H 3.53%，N 21.78%。

别名 酞花青；海利勤蓝 G；酚酞蓝；Heliogen blue G；PC

C. I. 74100

性状 深蓝绿色结晶或粉末。耐酸、碱、热。溶于浓硫酸呈橄榄绿色，稀释后呈蓝色悬浮液。不溶于水、乙醇、碳氢化合物。

注意事项 该品对眼睛、呼吸系统及皮肤有刺激性。使用时应戴手套。使用时应避免吸入本品的粉尘，避免与眼睛及皮肤接触。万一接触到眼睛，应立即用大量水冲洗后请医生诊治。其包装物应按危险品处理。

主要用途 生物染色。

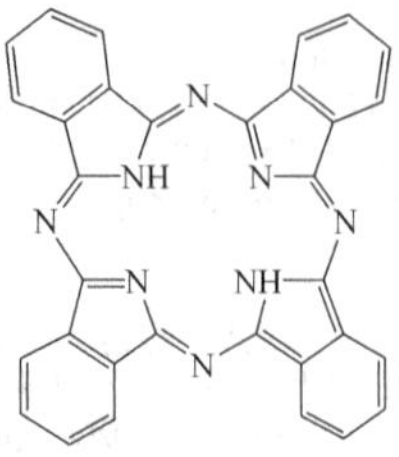

N NH N N N N NH N

Phthalofyne 酞酸甲戊炔酯 08036

[131-67-9]　$C_{14}H_{14}O_4$　246.26

成分　C 68.28%，H 5.73%，O 25.99%。

别名　1,2-Benzenedicarboxylie acid mono(1-ethyl-1-methyl-2-propynyl) ester; Phthalic acid 1-ethyl-1-methyl-2-propynyl ester; 1-Ethyl-1-methyl-2-propynyl acid phthalate; 3-Methyl-1-pentyn-3-yl acid phthalate; Ftalofyne; NSC-25614; Whipcide

M. I. 15，7486

性状　来自苯或己烷中的无色结晶。为弱酸性。微溶于水。在强碱中不稳定。mp 96～98℃。

主要用途　兽用驱（肠）虫剂。

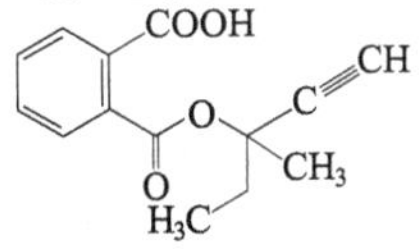

Phthalonitrile　邻苯二甲腈　08037

[91-15-6]　$C_8H_4N_2$　128.13

成分　C 74.99%，H 3.15%，N 21.86%。

别名　邻二氰基苯；酞腈；1,2-Dicyanobenzene; *o*-Benzenedicarbonitrile; Phthalic acid dinitrile

性状　无色针状结晶。溶于乙醇、乙醚、三氯甲烷、苯，微溶于水、石油醚。mp 139～141℃；Fp 324°F（162℃）。一般试剂含量≥99.0%（GC）。

注意事项　该品口服有毒。与皮肤接触有害。对眼睛、呼吸系统及皮肤有刺激性。使用时应穿适当的防护服、戴手套和防护镜或面罩。使用时应避免吸入本品的粉尘。如有事故发生或有不适之感，应请医生诊治。

主要用途　有机合成。制造染料。

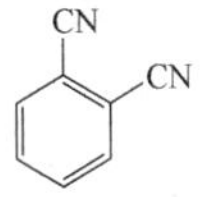

o-Phthaloyl chloride　邻苯二甲酰氯　08038

[88-95-9]　$C_8H_4Cl_2O_2$　203.02

成分　C 47.33%，H 1.99%，Cl 34.92%，O 15.76%。

别名　氯化邻苯二甲酰；酞酰氯；1,2-Benzenedicarbonyl dichloride; Phthaloyl chloride; Phthalyl chloride; *o*-Phthaloyl dichloride

GW 2015-1253　M. I. 15，7487

性状　无色油状液体。溶于乙醚，能被水或乙醇分解。mp 15～16℃；bp 280～282℃；Fp 235.4°F（113℃）；d^{20} 1.409；n_D^{20} 1.5692。一般试剂含量≥94.0%。

注意事项　该品具有腐蚀性，能引起烧伤。对呼吸系统有刺激性。使用时应穿适当的防护服，戴手套和防护镜或面罩。万一接触到眼睛，应立即用大量水冲洗后请医生诊治。使用时如有事故发生或有不适之感，应请医生诊治。应密封于干燥处保存。

主要用途　有机合成。

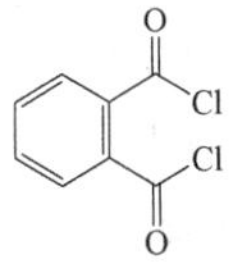

p-Phthaloyl chloride　对苯二甲酰氯　08039

[100-20-9]　$C_8H_4Cl_2O_2$　203.02

成分　C 47.33%，H 1.99%，Cl 34.92%，O 15.76%。

别名　对苯二酰氯；对酞酰氯；氯化对苯二甲酰；1,4-Benzenedicarbonyl chloride; Terephthaloyl chloride; *p*-Phthaloyl dichloride

GW 2015-255

性状　无色针状或片状结晶。溶于乙醚。能被水或乙醇分解。mp 81～83℃；bp 266℃；Fp 356°F（180℃）。一般试剂含量≥99.0%（T）。

注意事项　该品吸入有毒。具有腐蚀性，能引起烧伤。使用时应穿适当的防护服，戴手套和防护镜或面罩。万一接触到眼睛，应立即用大量水冲洗后请医生诊治。使用时禁止饮食。使用时如有事故发生或有不适之感，应请医生诊治。应密封于通风良好处保存。

主要用途　有机合成中间体。紫外线吸收剂。

Phthalylsulfacetamide　酞磺乙酰胺　08040

[131-69-1]　$C_{16}H_{14}N_2O_6S$　362.36

成分　C 53.03%，H 3.89%，N 7.73%，O 26.49%，S 8.85%。

别名　N^1-乙酰-N^4-酞酰氨苯磺胺；息拉米；2-[[[4-[(Acetylamino) sulfonyl] phenyl] amino] carbonyl] benzoic acid; 4′-(Acetylsulfamyl) phthalanilic acid; Phthalylsulfacetimide; N^1-Acetyl-N^4-phthalo-ylsulfanilamide; N^1-Acetyl-N^4-phtha-lylsulfanilamide; Phthaloylsulfacetamide; Ftalicetimida; *N*-[*p*-(*o*-Carboxybenzamido) benzenesulfonyl] acetamide; *N*-(*o*-Carboxybenzoyl) sulfacetamide; Enterocid; Enterosulfamid; Enterosulfon; Talecid; Thalamyd; Rabalan; Sterathal

M. I. 15，7488

性状　来自稀乙醇中的无色针状结晶。溶于乙醇，极微溶于水。mp 196℃。

主要用途　生化研究。医用抗菌剂。

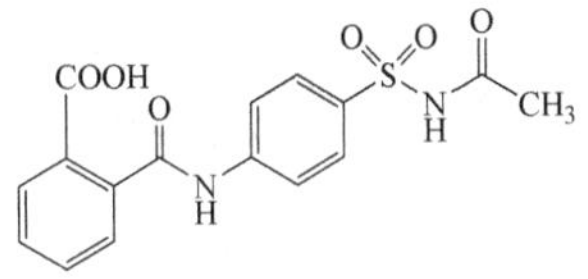

Phthalylsulfathiazole　邻苯二甲酰基磺胺噻唑　08041

[85-73-4]　$C_{17}H_{13}N_3O_5S_2$　403.43

成分　C 50.61%，H 3.25%，N 10.42%，O 19.83%，S 15.89%。

别名　2-[[[4-[(2-Thiazolylamino) sulfonyl] phenyl] amino] carbonyl] benzoic acid; 4′-(2-Thiazolylsulfamyl) phthalanilic acid; 2-(N^4-Phthalylaminobenzenesulfonamido) thiazole; 2-(N^4-Phthalylsulfanilamido) thiazole; Phthalylsulfonazole; AFI-Ftalyl; Entexidina; Ftalazol; Intestiazol; Sulfathalidine; Sulftalyl; Taleudron; Talidine; Thalazole; Ultratiazol

M. I. 15，7489

性状　无色结晶。味微苦。易溶于氢氧化钠或氢氧化钾溶液、氨水、浓盐酸，微溶于乙醇，极微溶于乙醚，几乎不溶于氯仿、水。mp 272～277℃（分解）。LD_{50}小鼠腹膜内注射：920mg/kg。

注意事项　该品应密封避光于20℃以下保存。

主要用途　生化研究。医用抗菌剂。

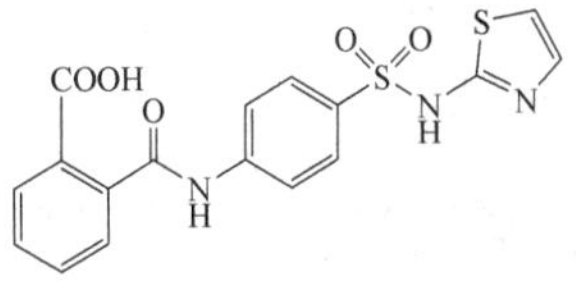

Phytic acid　植酸　08042

[83-86-3]　$C_6H_{18}O_{24}P_6$　660.03

成分　C 10.92%，H 2.75%，O 58.18%，P 28.16%。

别名　肌醇己磷酸；肌醇六磷酸；Alkalovert; 1,2,3,4,5,6-Cyclohexanehexolphosphoric acid; 1, 2, 3, 4, 5, 6-Cyclohexanehexolphosphoric acid; Cyclohexanehexyl hexaphosphate; *myo*-Inositol hexakis(dihydrogen phosphate); Inositolhexaphosphoric acid

M. I. 15，7499

性状　浅黄色糖浆状液体。呈强酸性。能与水、95%乙醇、甘油相混溶。极微溶于无水乙醇、甲醇，几乎不溶于无水乙醚、苯、氯仿。d_4^{20} 1.283；n_D^{20} 1.391。一般试剂为约40%的水溶液。

注意事项　该品对眼睛、呼吸系统及皮肤有刺激性。使用应穿适当的防护服，戴手套和防护镜或面罩。万一接触到眼睛，应立即用大量水冲洗后请医生诊治。水溶液应防冻。

主要用途　络合剂，用于除去微量重金属离子。制药工业。

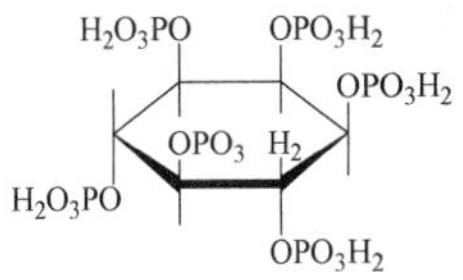

Phytochlorin 植物绿素 08043

[19660-77-6] $C_{34}H_{36}N_4O_6$ 596.68

成分 C 68.44%，H 6.08%，N 9.39%，O 16.09%。

别名 (7*S*, 8*S*)-3-Carboxy-5-carboxymethyl-13-ethenyl-18-ethyl-7,8-dihydro-2, 8, 12, 17-tetramethyl-21*H*, 23*H*-porphine-7-propanoic acid; (2*S*-*trans*)-18-Carboxy-20-carboxymethyl-8-ethenyl-13-ethyl-2, 3-dihydro-3, 7, 12, 17-tetramethyl-21*H*, 23*H*-porphine-2-propanoic acid; Chlorin e_6; phytochlorin e

M. I. 15, 7500

性状 浅绿棕色长方形片状物。一般商品常含有 1mol 水。易溶于吡啶，略微溶于乙醇、乙醚、丙酮。其乙醚溶液呈橄榄绿色，并有深红色荧光。$[\alpha]_D^{20}$ −141°（于丙酮中）。

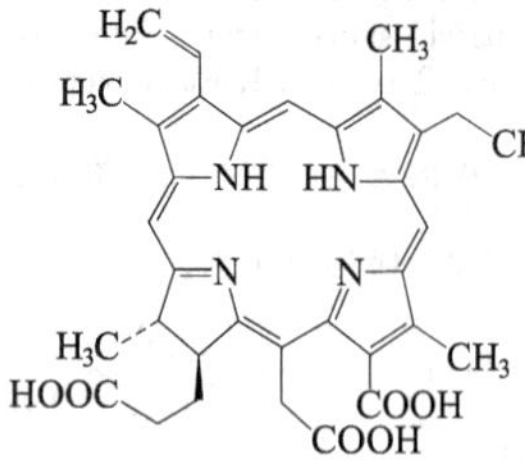

Phytol 植醇 08044

[150-86-7] [7541-49-3] $C_{20}H_{40}O$ 296.54

成分 C 81.01%，H 13.60%，O 5.40%。

别名 植物醇；叶绿醇；3,7,11,15-四甲基-2-十六烯-1-醇；蒸馏植醇；2, 6, 10, 14-Tetramethylhexadec-14-en-16-ol; [*R*-[*R*, *R*-(*E*)]]-3,7,11,15-Tetramethyl-2-hexadecen-1-ol; (2*E*, 7*R*, 11*R*)-3, 7,11,15-Tetramethyl-2-hexadecen-1-ol

M. I. 15, 7502

性状 无色或微黄色油状液体。溶于多数有机溶剂，不溶于水。bp_{10} 203 ～ 204℃/1.333kPa; $bp_{0.03}$ 145℃/4Pa; Fp > 230° F (110℃); d_4^{25} 0.8497; n_D^{25} 1.4595; uv max(无水乙醇中): 212nm (lg ε 3.04)。一般试剂为 33%顺式与约 61%反式的混合物。

注意事项 见 08042 植酸。应密封保存。

主要用途 生化研究。制造维生素 E 和维生素 K。

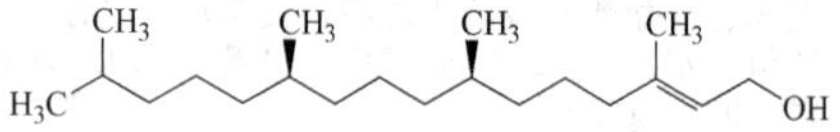

Piberaline dihydrochloride 苄吡酰哌嗪 二盐酸盐 08045

$C_{17}H_{21}Cl_2N_3O$ 354.28

成分 C 57.63%，H 5.97%，Cl 20.01%，N 11.86%，O 4.52%。

别名 二盐酸苄吡酰哌嗪；吡贝拉林二盐酸盐；盐酸吡贝拉林；1-Phenylmethyl)-4-(2-pyridinylcarbonyl) piperazine dihydrochloride; 1-Benzyl-4-picolinoylpiperazine dihydrochloride; EGYT 475 dihydrochloride; Trelibet dihydrochloride

M. I. 15, 7504

性状 来自乙醇中的无色结晶。mp 214～215℃。

主要用途 医用抗抑郁剂。

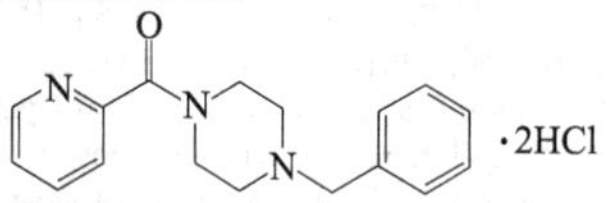

·2HCl

Piboserod 哌波色罗 08046

[152811-62-6] $C_{22}H_{31}N_3O_2$ 369.51

成分 C 71.51%，H 8.46%，N 11.37%，O 8.66%。

别名 *N*-(1-Butyl-4-piperidinyl) methyl-3, 4-dihydro-2*H*-[1, 3] oxazino[3,2-*a*]indole-10-carboxamide; SB-207266

M. I. 15, 7505

性状 来自乙醚中的白色固体。mp 110～113℃。

主要用途 医用胃（前）动力剂。

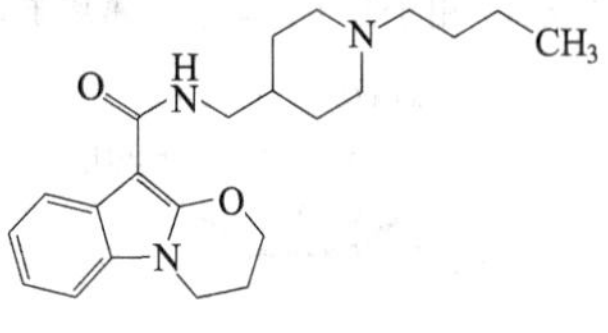

Picene 苉 08047

[213-46-7] $C_{22}H_{14}$ 278.35

成分 C 94.93%，H 5.07%。

别名 二萘品并苯；3, 4-Benzchrysene; 1, 2, 7, 8-Dibenzphenanthrene; Dibenzo[*a*, *i*] phenanthrene; *β*,*β*-Binaphthyleneethene

M. I. 15, 7508

性状 来自乙酸乙酯中的具有荧光的无色片状结晶。难溶于多数溶剂。稍微溶于沸苯、氯仿、冰乙酸，更多溶于异丙苯。mp 366～367℃；bp 518～520℃。

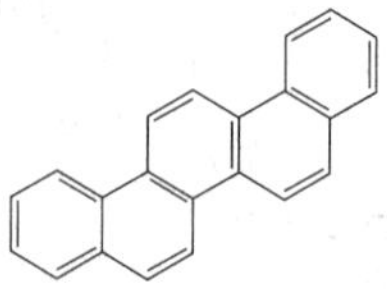

Picloram 氨氯吡啶酸 08048

[1918-02-1] $C_6H_3Cl_3N_2O_2$ 241.45

成分 C 29.85%，H 1.25%，Cl 44.05%，N 11.60%，O 13.25%。

别名 毒莠定；4-氨基-3,5,6-三氯-2-吡啶羧酸；4-氨基-3,5,6-三氯嘧啰啉酸；胺氯吡啶酸；4-Amino-3,5,6-trichloro-2-pyridinecarboxylic acid; 4-Amino-3, 5, 6-trichloropicolinic acid; Pinene; Tordon

M. I. 15, 7509

性状 白色粉末。该品 25℃时于下列物质中的溶解度（mg/kg）：水 430；丙酮 19800；乙醇 10500；乙腈 1600；乙醚 1200；苯 200；二硫化碳 50。mp 218～219℃。LD_{50}大鼠，小鼠，兔，豚鼠，鸡，羊，牛急性经口（mg/kg）：8200，2000～4000，2000，3000，6000，>1000，>750。

注意事项 该品对眼睛有刺激性。万一接触到眼睛，应立即用大量水冲洗后请医生诊治。

主要用途 除草剂。分析用标准物质。

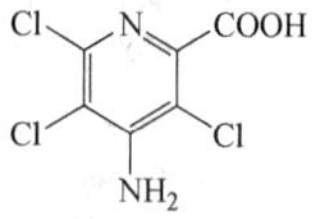

Picloxydine dihydrochloride 氯苯胍哌嗪 二盐酸盐 08049

[19803-62-4] $C_{20}H_{26}Cl_4N_{10}$ 548.30

成分 C 43.81%，H 4.78%，Cl 25.86%，N 25.55%。

别名 二盐酸氯苯胍哌嗪；Vitabact; *N*, *N*″-Bis [(4-chlorophenyl) amino] iminomethyl-1, 4-piperazine dicarboximidamide dihydrochloride; *N*, *N*″-Bis(*p*-chlorophenyl) amidino-1, 4-piperazinedicarboxamidine dihydrochloride; 1, 4-Bis($N^{4'}$-*p*-chlorophenylamidinoamidinyl) piperazine dihydrochloride; 1, 1′-[1, 4-Piperazinediylbis(imidocarbonyl)]bis[3-(*p*-chlorophenyl) guanidine] dihydrochloride

M. I. 15, 7510

性状 来自水中的无色结晶。mp 274℃。LD_{50}小鼠腹膜内注射：150mg/kg。

主要用途 医用局部抗菌剂。

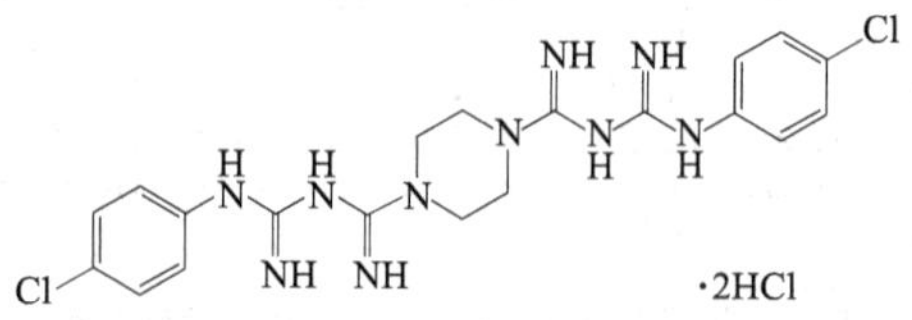

·2HCl

2-Picolinic acid 2-吡啶甲酸 08050

[98-98-6] $C_6H_5NO_2$ 123.11

成分 C 58.54%，H 4.09%，N 11.38%，O 25.99%。

别名 皮考啉酸；2-氮杂苯甲酸；2-羧酸吡啶；*α*-啉哥啉酸；吡啶-2-羧酸；N-103；2-Pyridinecarboxylic acid; Picolinic acid; *o*-Pyridine carboxylic acid

M. I. 15, 7515

性状 来自水、乙醇或苯中的无色或微粉红色针状结晶或粉末。能升华。易溶于冰乙酸，几乎不溶于乙醚、氯仿、二硫化碳。pK 5.4。mp 134～136℃。一般试剂含量≥99.0%。

注意事项 该品口服有害。对眼睛有刺激性。使用时应避免吸入本品的粉尘，避免与眼睛及皮肤接触。万一接触到眼睛，应立即用大量水冲洗后请医生诊治。

主要用途 有机合成。染料制备。

Picoperine hydrochloride 哌吡苯胺 盐酸盐 08051

[24699-40-9] $C_{19}H_{26}ClN_3$ 331.89

成分 C 68.76%，H 7.90%，Cl 10.68%，N 12.66%。

别名 盐酸哌吡苯胺；*N*-苯基-*N*-[2-(1-哌啶)乙基]-2-哌啶甲胺盐酸盐；Coben；*N*-Phenyl-*N*-[2-(1-piperidinyl)ethyl]-2-pyridinemethanamine hydrochloride；1-[2-[*N*-(2-Pyridylmethyl)anilino]ethyl]piperidine hydrochloride；*N*-(2-Pyridylmethyl)-*N*-phenyl-*N*-2-(piperidinoethyl)amine hydrochloride；1-[2-[Phenyl(2-pyridylmethyl)amino]ethyl]piperidine hydrochloride；*N*-(2-Picolyl)-*N*-phenyl-*N*-(2-piperidinoethyl)amine hydrochlorlde；*N*-(2-Piperidinoethyl)-*N*-(2-pyridylmethyl)aniline hydrochloride；*N*-Phenyl-*N*-(2-Pyridylmethyl)-2-piperidinoethylamine hydrochloride；Picoperidamine hydrochloride；TAT-3-HCl

M. I. 15，7516

性状 来自水中的白色结晶性粉末。无嗅。味微苦。易溶于乙醇、氯仿，微溶于丙酮、二氧六环、苯，几乎不溶于己烷、乙醚。mp 183～185℃。LD_{50} 小鼠皮下注射：210mg/kg；腹膜内注射 85mg/kg；静脉注射：17mg/kg；急性经口：240mg/kg。

主要用途 医用镇咳剂。

·HCl

Picosulfate sodium 吡苯氧磺钠 08052

[10040-45-6] $C_{18}H_{13}NNa_2O_8S_2$ 481.40

成分 C 44.91%，H 2.72%，N 2.91%，Na 9.55%，O 26.59%，S 13.32%。

别名 4,4′-(2-pyridinylmethylene)bisphenol bis(hydrogen sulfate)(ester) disodiumsalt；4，4′-(2-Pyridylmethylene) diphenolbis(hydrogen sulfate)(ester) disodium salt；4,4′-(2-Picolylidene) bis(phenylsulfuric acid) disodium salt；2-Picolylidenebis(*p*-phenyl sodium sulfate)；Disodium 4，4′-disulfoxydiphenyl (2-pyridyl) methane；Picosulfol；sodium picosulfate；Guttalax-Fher；Laxoberal；Laxoberon；Neopax；Pico-salax

M. I. 15，7518

性状 来自乙醇或甲醇中的白色结晶性固体。易溶于水，微溶于乙醇，几乎不溶于多数有机溶剂。mp 272～275℃(分解)；uv max (水中)：218nm，262nm (ε 20450，6075)。

主要用途 医用缓泻剂。

$Na^+ \ ^-O_3SO$ … $OSO_3^- \ Na^+$

Picotamide 吡考他胺 08053

[32828-81-2] $C_{21}H_{20}N_4O_3$ 376.41

成分 C 67.01%，H 5.36%，N 14.88%，O 12.75%。

别名 4-Methoxy-*N*，*N*′-bis(3-pyridinylmethyl)-1，3-benzenedicarboxamide；4-Methoxy-*N*，*N*′-bis (3-pyridylmethyl) isophthalamide；*N*，*N*′-Bis(3-picolyl)-4-methoxyisophthalamide；G-137

M. I. 15，7519

性状 来自苯中的无色或白色结晶性粉末。mp 124℃。LD_{50} 雄小鼠腹膜内注射：1205mg/kg。

主要用途 生化研究。医用抗凝剂。

Picric acid 苦味酸 08054

[88-89-1] $C_6H_3N_3O_7$ 229.10

成分 C 31.46%，H 1.32%，N 18.34%，O 48.88%。

别名 2，4，6-三硝基酚；Carbazotic acid；Nitroxanthic acid；Picronitric acid；TNP；2，4，6-Trinitrophenol

GW 2015-1872 M. I. 15，7522 C. I. 10305

性状 浅黄色结晶。无气味。味苦。在约 300℃时会爆炸。1g 该品溶于 78mL 水、15mL 沸水、12mL 乙醇、10mL 苯、35mL 氯仿、65mL 乙醚。mp 122～123℃；Fp 302 °F (150℃)；*d* 1.763。一般商品为安全的，在储存、运输时常加入约 40%的水。一般试剂含量≥98.0% (HPLC)。

注意事项 该品干燥时能爆炸。高度易燃。经碰撞、摩擦、遇火及其他火种有爆炸的危险。能生成对爆炸极敏感的金属化合物。吸入、口服或接触皮肤有毒。使用时应穿适当的防护服和戴手套。接触皮肤后应立即用大量肥皂泡沫冲洗。使用时如有事故发生或有不适之感，应请医生诊治。使用完毕本品及其容器必须妥善清除。必须以安全方式堆放。

主要用途 比色分体测定钾。重量分析测定铋。检定氰化物。有机分析用于测定芳香烃醚、胺、酚、生物碱等。

Picrolonic acid 苦酮酸 08055

[550-74-3] $C_{10}H_8N_4O_5$ 264.20

成分 C 45.46%，H 3.05%，N 21.21%，O 30.28%。

别名 3-甲基-4-硝基-1-对硝基苯基-2-吡唑啉-5-酮；4-硝基-3-甲基-1-对硝基苯-5-吡唑啉酮；2,4-Dihydro-5-methyl-4-nitro-2-(4-nitrophenyl)-3*H*-pyrazol-3-one；3-Methyl-4-nitro-1-(*p*-nitrophenyl)-2-pyrazolin-5-one

M. I. 15，7524

性状 黄色小叶状结晶。溶于乙醇，略微溶于水。mp 116～177℃；125℃分解。

注意事项 该品对眼睛、呼吸系统及皮肤有刺激性。对机体有不可逆损伤的可能性。使用时应穿适当的防护服和戴手套。使用时避免吸入粉尘。万一接触到眼睛，应立即用大量水冲洗后请医生诊治。应密封保存。

主要用途 测定钙、铜、钍、铅、锶、镍、镁、氨基酸、植物碱等的试剂。

Picromycin 苦霉素 08056

[19721-56-3] $C_{28}H_{47}NO_8$ 525.68

成分 C 63.98%，H 9.01%，N 2.66%，O 24.35%。

别名 (3*R*，5*R*，6*S*，7*S*，9*R*，11*E*，13*S*，14*R*)-14-Ethyl-13-hydroxy-3,5,7,9,13-pentamethyl-6-[(3,4,6-trideoxy-3-dimethylamino-*β*-D-*xylo*-hexopyranoside)oxy]oxacyclotetradec-11-ene-2,4,10-trione；Pikromycin；Albomycetin；Amaromycin

M. I. 15，7525

性状 来自甲醇中的长方形小片状结晶。味道极苦。对热稳定。易溶于丙酮、苯、氯仿、乙酸乙酯、二氧六环，溶于乙醇(20℃，3.5g/100mL)，中等程度溶于乙醚、甲醇，略微溶于水、石油醚、二硫化碳。mp 169.5～170℃；$[\alpha]_D^{24}$+8.2°(*c*=3.5，于乙醇中)；$[\alpha]_D^{20}$ −33.5°(c=2.07，于氯仿中)；$[\alpha]_D^{24}$ −50.2°(c=6.3，于氯仿中)；uv max(乙醇中)：225nm(lg ε 3.97)。

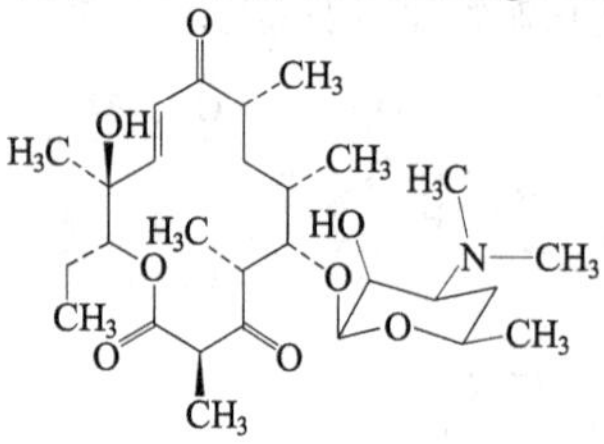

Picrotin 苦亭 08057

[21416-53-5] $C_{15}H_{18}O_7$ 310.30

成分 C 58.06%，H 5.85%，O 36.09%。

别名 印防己素；(1a*R*, 2a*R*, 3*S*, 6*R*, 6a*S*, 8a*S*, 8b*R*, 9*S*)-Hexahydro-2a-hydroxy-9-(1-hydroxy-1-methylethyl)-8b-methyl-3,6-methano-8*H*-1,5,7-trioxacyclopenta[*ij*]cycloprop[*a*]azulene-4,8(3*H*)-dione；[1a*R*-(1aα, 2aβ, 3β, 6β, 6aβ, 8aS*, 8bβ, 9S*)]-Hexahydro-2a-hydroxy-9-(1-hydroxy-1-methylethyl)-8b-methyl-3,6-methano-8*H*-1,5,7-trioxacyclopenta[*ij*]cycloprop[*a*]azulene-4,8(3*H*)-dione

M. I. 15，7526

性状 来自水中的无色细小针状结晶，或来自乙醇水溶液中的有光泽的棱柱体结晶。易溶于无水乙醇、乙酸、沸水，微溶于冷水，几乎不溶于乙醚、氯仿、苯。mp 248～250℃；$[\alpha]_D$ −64.7°(c=2.31，于无水乙醇中)。LD_{50}小鼠腹膜内注射：135mg/kg。

主要用途 生化研究。

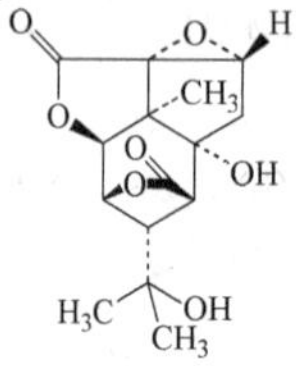

Picrotoxin 木防己苦毒素 08058

[124-87-8] $C_{30}H_{34}O_{13}$ 602.59

成分 C 59.80%，H 5.69%，O 34.52%。

别名 苦素；苦味毒；防己苦毒素；印度防己碱；苦毒；Cocculin

GW 2015-1580 M. I. 15，7527

性状 白色柔韧有光泽的斜方小叶状结晶或微晶型粉末。无气味。有强烈苦味。易溶于浓氨水、氢氧化钠水溶液，1g 该品能溶于约 350mL 水、约 5mL 沸水、13.5mL 95%乙醇、3mL 沸乙醇，略微溶于氯仿、乙醚，遇浓硫酸即溶解而生成金黄色溶液，渐变为红棕色。本品为印防己毒内酯和印防己苦内酯的等分子结合所得的化合物。mp 203℃；$[\alpha]_D^{16}$ −29.3°(c=4，于无水乙醇中)。LD_{50}小鼠腹膜内注射：7.2mg/kg。生化试剂含量≥98.0%(TLC)。

注意事项 该品口服极毒。对鱼有高毒。使用时应穿适当的防护服，戴手套和防护镜或面罩。使用时应避免吸入本品的粉尘。接触皮肤后应立即用大量水冲洗。使用时如有事故发生或有不适之感，应请医生诊治。应充氩气密封避光保存。

主要用途 生化研究。医用中枢神经系统的呼吸作用兴奋剂。

Picrotoxinin 苦毒宁 08059

[17617-45-7] $C_{15}H_{16}O_6$ 292.29

成分 C 61.64%，H 5.52%，O 32.84%。

别名 防己苦毒分；[1a*R*-(1aα, 2aβ, 3β, 6β, 6aβ, 8aS*, 8bβ, 9*R**)]-Hexahydro-2a-hydroxy-8b-methyl-9-(1-methylethenyl)-3,6-methano-8*H*-1,5,7-trioxacyclopenta[*ij*]cycloprop[*a*]azulene-4,8(3*H*)-dione

M. I. 15，7528

性状 无色长棱柱体或细小结晶。溶于热的通常的有机溶剂，冷乙醇、氯仿。mp 209.5℃；$[\alpha]_D^{17}$ +4.4°(c=4.28，于无水乙醇中)，+3.49°(c=7.57，于丙酮中)。LD_{50}小鼠腹膜内注射：3mg/kg。

注意事项 该品吸入、口服或与皮肤接触极毒。使用时应穿适当的防护服，戴手套和防护镜或面罩。使用时应避免吸入本品的粉尘。使用时如有事故发生或有不适之感，应请医生诊治。

主要用途 生化研究。

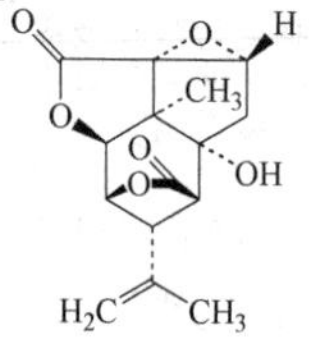

Picumast 苄哌香豆素 08060

[39577-19-0] $C_{25}H_{29}ClN_2O_3$ 440.97

成分 C 68.09%，H 6.63%，Cl 8.04%，N 6.35%，O 10.88%。

别名 7-[3-[(4-Chlorophenyl)methyl]-1-piperazinyl]propoxy]-3,4-dimethyl-2*N*-1-benzopyran-2-one；7-[3-[4-(*p*-Chlorobenzyl)-1-piperazinyl]propoxy]-3,4-dimethylcoumarin；1-(4-Chlorobenzyl)-4-[3-(3,4-dimethylcoumarin-7-yloxy)propyl]piperazine

M. I. 15，7530

性状 来自异丙醇中的无色结晶。mp 115～117℃。

主要用途 医用抗过敏剂。

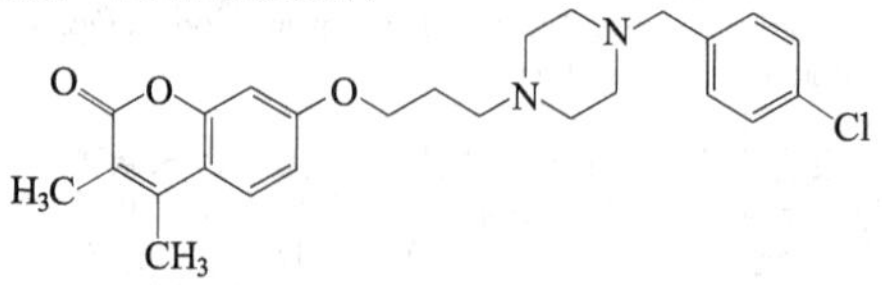

Pidotimod 匹多莫德 08061

[121808-62-6] $C_9H_{12}N_2O_4S$ 244.27

成分 C 44.25%，H 4.95%，N 11.47%，O 26.20%，S 13.12%。

别名 匹多莫特；普利莫；匹多替莫；(4*R*)-3-[(2*S*)-3-(5-Oxo-2-pyrrolidinyl)carbonyl]-4-thiazolidnecarboxylic acid；3-L-Pyroglutamyl-L-thiazolidine-4-carboxylic acid；(*R*)-3-[(*S*)-5-Oxoprolyl]-4-thiazolidinecarboxylic acid；PGT/1A；Axil；Onaka；Pigitil；Polimod

M. I. 15，7531

性状 白色或微带象牙色的细小结晶性粉末。无气味。溶于水(37.8g/L)、甲醇(13.8g/L)、乙醇(4.4g/L)、二甲基甲酰胺(72.4g/L)，几乎不溶于氯仿、己烷。pK_a3.3；mp 194～198℃(分解)；$[\alpha]_D^{25}$ −150°(c=2，于 5mol/L 盐酸中)。LD_{50}小鼠，大鼠静脉注射：>4000mg/kg；肌肉注射：>4000mg/kg；腹膜内注射：>8000mg/kg；急性经口：>8000mg/kg。

主要用途 医用免疫调节剂。

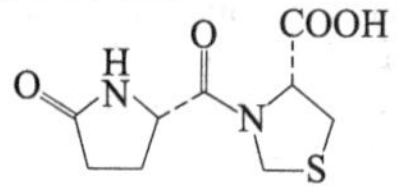

Pifarnine 椒烯哌嗪 08062

[56208-01-6] $C_{27}H_{40}N_2O_2$ 424.63

成分 C 76.37%，H 9.50%，N 6.60%，O 7.54%。

别名 1-胡椒基-4-(3,7,11-三甲基-2,6,10-十二碳三烯基)哌嗪；1-(1,3-Benzodioxol-5-yl-methyl)-4-(3,7,11-trimethyl-2,6,10-dodecatrienyl)piperazine；1-Piperonyl-4-(3,7,11-trimethyl-2,6,10-dodecatrienyl)piperazine；U-27；Pifazin

M. I. 15，7532

性状 浅黄色黏稠液体。微有气味及苦味。易溶于多数有机溶剂，微溶于有机酸的水溶液，几乎不溶于碱、水。pK_1：4.10；pK_2：3.25；d^{20} 1.013～1.015；n_D^{20}1.5235；uv max(乙醇中)：287nm($E_{1cm}^{1\%}$ 94.6)。LD_{50}小鼠，大鼠急性经口(mg/kg)：2175，2610；静脉注射(mg/kg)：40.6，33.3。小鼠腹膜内注射：500mg/kg。

主要用途 医用抗消化性溃疡剂。

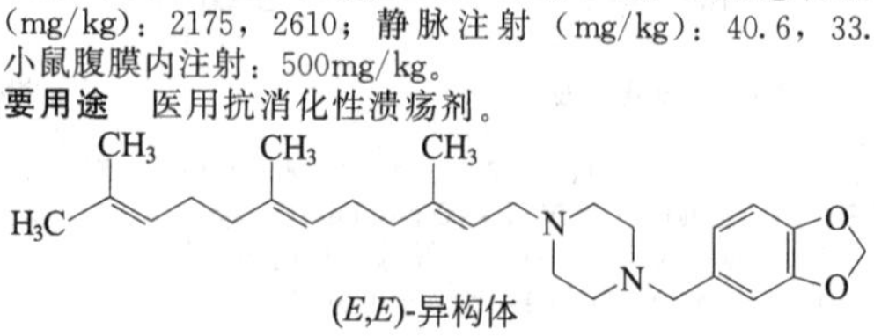

(*E*,*E*)-异构体

Piketoprofen 吡酮托胺 08063

[650576-13-8] $C_{22}H_{20}N_2O_2$ 344.41

成分 C 76.72%，H 5.85%，N 8.13%，O 9.29%。

别名 间苯甲酰基-*N*-(4-甲基-2-吡啶基)氢化阿托酰胺；3-Benzoyl-α-methyl-*N*-(4-methyl-2-pyridinyl) benzeneacetamide; *m*-Benzoyl-*N*-(4-methyl-2-pyridyl) hydratropamide; 2-(3-Benzoylphenyl)-*N*-(4-methyl-2-pyridyl) propionamide; Calmatel (aerosol)

M. I. 15，7534

性状 无色油状液体。溶于二氯甲烷、乙醇，不溶于水。

主要用途 医用局部抗炎剂。

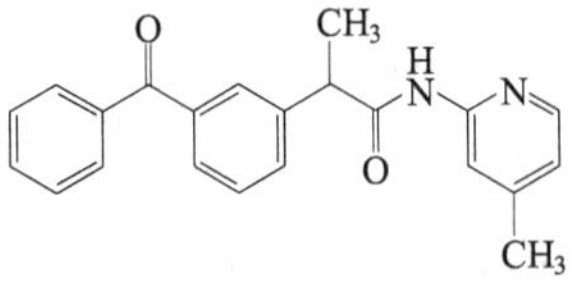

Pildralazine dihydrochloride 匹尔屈嗪 二盐酸盐 08064

[56393-22-7] $C_8H_{17}Cl_2N_5O$ 270.16

成分 C 35.57%，H 6.34%，Cl 26.24%，N 25.92%，O 5.92%。

别名 二盐酸匹尔屈嗪；ISF-2123；Atensil；6-(2-Hydroxypropyl) methylamino-3(2*H*)-pyridazinone hydrazone dihydrochloride；3-Hydrazino-6-[(2-hydroxypropyl) methylamino] pyridazine dihydrochloride；(±)-1-(6-Hydrazino-3-pyridazinyl) methylamino-2-propanol dihydrochloride；Propyldazine dihydrochloride；Propildazine dihydrochloride；

M. I. 15，7535

性状 来自乙醇中的无色结晶。mp 206～209℃（分解）。LD_{50}小鼠，大鼠腹膜内注射（mg/kg）：357，355；急性经口（mg/kg）：1170，1230。

主要用途 医用抗高血压剂。

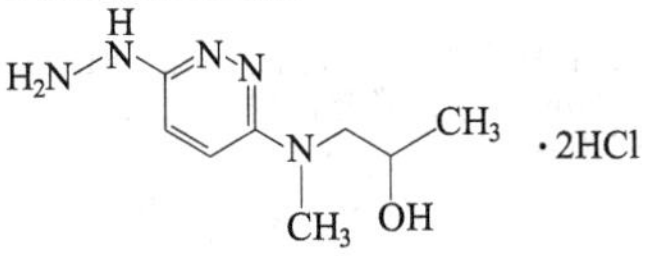

Pilocarpine hydrochloride 毛果芸香碱 盐酸盐 08065

[54-71-7] $C_{11}H_{17}ClN_2O_2$ 244.72

成分 C 53.99%，H 7.00%，Cl 14.49%，N 11.45%，O 13.08%。

别名 匹鲁卡品 盐酸盐；盐酸匹鲁卡品；盐酸毛果芸香碱；Akarpine；Almocarpine；(3*S*，4*R*)-4，5-Dihydro-3-ethyl-4-(1-methyl-1*H*-imidazol-5-ylmethyl)-2(3*H*)-furanone hydrochloride；(3*S*-*cis*)-3-Ethyldihydro-4-(methyl-1*H*-imidazol-5-yl) methyl-2(3*H*)-furanone hydrochloride；Isopto Carpine；Pilogel；Pilopine HS；Pilostat；Salagen

M. I. 15，7536

性状 来自乙醇中的无色或白色结晶。易吸湿微苦。易溶于水、乙醇，微溶于氯仿，不溶于乙醚。mp 204～205℃；$[\alpha]_D^{18}$ +91°（*c*=2，于水中）。生化试剂含量≥99.0%（AT）。

注意事项 该品吸入或口服极毒。使用时应穿适当的防护服，戴手套和防护镜或面罩。使用时应避免吸入本品的蒸气。使用时如有事故发生或有不适之感，应请医生诊治。应充氩气密封避光于2～8℃干燥保存。

主要用途 生化研究。

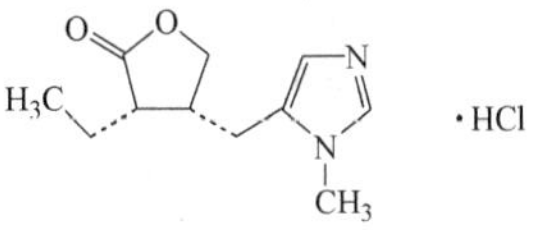

Pilsicainide hydrochloride hemihydrate

匹西卡因胺 盐酸盐 08066

[88069-49-2] $C_{17}H_{25}ClN_2O \cdot \frac{1}{2}H_2O$ 317.86

成分（以无水物计） C 66.11%，H 8.16%，Cl 11.48%，N 9.07%，O 5.18%。

别名 吡西卡尼 盐酸盐；盐酸匹西卡因胺；盐酸吡西卡尼；SUN-1165；Sunrythm；*N*-(2，6-Dimethylphenyl) tetrahydro-1*H*-pyrrolizine-7a(5*H*)-acetamide hydrochloride hemihydrate；Tetrahydro-1*H*-pyrrolizine-7a(5*H*)-aceto-2′，6′-xylidide hydrochloride hemihydrate；*N*-(2，6-Dimethylphenyl)-8-pyrrolizidineacetamide hydrochloride hemihydrate

M. I. 15，7539

性状 来自乙醇-乙醚中的无色结晶。mp 212～214℃。LD_{50}小鼠皮下注射：410mg/kg。

主要用途 医用抗心律失常剂。

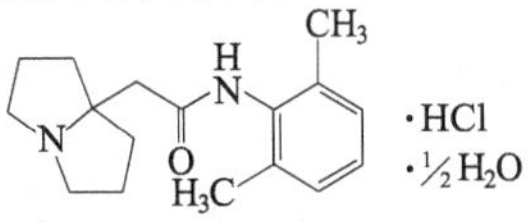

Pimecrolimus 匹美克莫司 08067

[137071-32-0] $C_{43}H_{68}ClNO_{11}$ 810.46

成分 C 63.73%，H 8.46%，Cl 4.37%，N 1.73%，O 21.71%。

别名 吡美莫司；(3*S*，4*R*，5*S*，8*R*，9*E*，12*S*，14*S*，15*R*，16*S*，18*R*，19*R*，26aS)-3-[(1*E*)-2-[(1*R*，3*R*，4*S*)-4-Chloro-3-methoxycyclohexyl]-1-methylethenyl]-8-ethyl-5，6，8，11，12，13，14，15，16，17，18，19，24，25，26，26a-hexadecahydro-5，19-dihydroxy-14，16-dimethoxy-4，10，12，18-tetramethyl-15，19-epoxy-3*H*-pyrido[2，1-*c*][1，4]oxaazacyclotricosine-1，7，20，21(4*H*，23*H*)-tetrone；33-*epi*-Chloro-33-desoxyascomycin；SDZ-ASM-981；Elidel

M. I. 15，7541

性状 白色或近白色细小结晶性粉末。具高亲脂性。溶于甲醇、乙醇，不溶于水。

主要用途 医用免疫抑制剂。

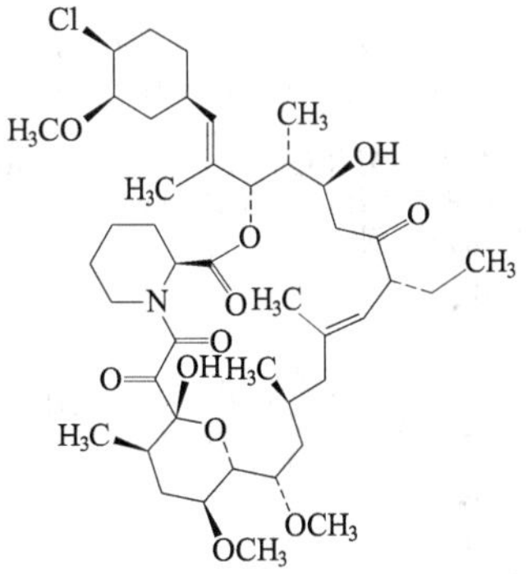

Pimefylline 吡甲茶碱 08068

[10001-43-1] $C_{15}H_{18}N_6O_2$ 314.35

成分 C 57.31%，H 5.77%，N 26.74%，O 10.18%。

别名 3，7-Dihydro-1，3-dimethyl-7-[2-[(3-pyridinylmethyl) amino] ethyl]-1*H*-purine-2，6-dione；7-[2-[(3-Pyridylmethyl) amino] ethyl] theophyline；7-(β-3′-Picolylaminoethyl) theophylline；Pimephylline；ES-771

M. I. 15，7542

性状 来自乙酸异丙酯中的无色结晶。易溶于冷水、氯仿，溶于丙酮、乙醇。mp111～112℃；uv max（水中）：270nm。LD_{50}小鼠急性经口：1900mg/kg；静脉注射：402mg/kg。

主要用途 医用冠状血管舒张剂。

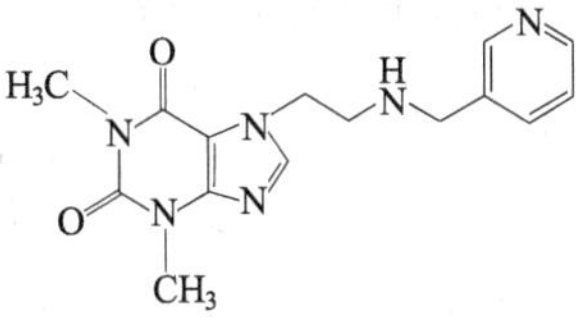

Pimelic acid 庚二酸 08069

[111-16-0] $C_7H_{12}O_4$ 160.17

成分 C 52.49%，H 7.55%，O 39.96%。

别名 蒲桃酸；1，5-戊烷二羧酸；Dicarboxylic acid C_7；1，5-Pentanedicarboxylic acid；Heptanedioic acid；1，5-Heptanedioic acid

M. I. 15，7543

性状 来自苯中的无色单斜棱柱体结晶。该品13.5℃时2.52份溶于100份水、20℃时5份溶于100份水，易溶于乙醇、乙醚，几乎不溶于冷苯。mp 105.7～105.8℃；bp_{100} 272℃/13.332kPa；bp_{50} 251.5℃/6.666kPa；bp_{15} 223℃/2kPa；bp_{10} 212℃/1.333kPa。一般试剂含量≥99.0%（GC）。

注意事项 该品对眼睛、呼吸系统及皮肤有刺激性。使用时应穿适当的防护服。万一接触到眼睛，应立即用大量水冲洗后请医生诊治。

主要用途 生化研究。

Pimelonitrile 庚二腈 08070

[646-20-8] $C_7H_{10}N_2$ 122.17

成分 C 68.82%，H 8.25%，N 22.93%。

别名 1,5-二氰基戊烷；五亚甲基二氰；1,5-Dicyanopentane；Heptane dinitrile；Pentamethylene dicyanide

GW 2015-825

性状 无色液体。能与乙醇、乙醚、氯仿相混溶，不溶于水。bp_{11} 155～160℃/1.467kPa；Fp>233.6℉（112℃）；d_4^{20} 0.945；n_D^{20} 1.442。一般试剂含量≥97.0%（GC）。

注意事项 该品吸入、口服或与皮肤接触有害。使用时应穿适当的防护服和戴手套。

主要用途 有机合成。

Pimobendan hydrochloride 匹莫苯丹 盐酸盐 08071

[77469-98-8] $C_{19}H_{19}ClN_4O_2$ 370.84

成分 C 61.54%，H 5.16%，Cl 9.56%，N 15.11%，O 8.63%。

别名 盐酸匹莫苯；匹莫苯盐酸盐；盐酸匹莫苯丹；4,5-Dihydro-6-[2-(4-methoxyphenyl)-1*H*-benzimidazol-5-yl]-5-methyl-3(2*H*)-pyridazinone hydrochloride；UD-CG 115-HCl；UD-CG 115 BS-HCl；2-(4-Methoxyphenyl)-5(6)-(5-methyl-3-oxo-4，5-dihydro-2*H*-6-pyridazinyl)benzimidazole hydrochloride；

M. I. 15,7545

性状 来自甲醇及乙醚盐酸中的无色结晶。mp 311℃（分解）。LD_{50}小鼠急性经口：约 600mg/kg。

主要用途 医用强心剂。

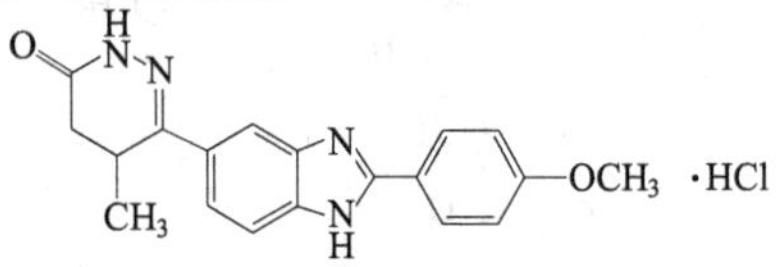

O H N-N CH3 N N H OCH3 ·HCl

Pimozide 哌咪清 08072

[2062-78-4] $C_{28}H_{29}F_2N_3O$ 461.56

成分 C 72.86%，H 6.33%，F 8.23%，N 9.10%，O 3.47%。

别名 匹莫齐特；双氟苯丁哌啶并咪唑酮；哌迷清；1-[1-[4,4-Bis(4-fluorophenyl)butyl]-4-piperidinyl]-1,3-dihydro-2*H*-benzimidazol-2-one；1-[1-[4,4-Bis(*p*-fluorophenyl)butyl]-4-piperidyl]-2-benzimidazolinone；1-[4,4-Di(4-fluorophenyl)butyl]-4-(2-oxo-1-benzimid-azolyl)piperidine；R-6238；Orap；Opiran

M. I. 15，7546

性状 无色细小结晶。呈弱碱性。易溶于氯仿。微溶于乙醚、乙醇，极微溶于稀的无机或有机酸水溶液（<5mg/mL）。几乎不溶于水（<0.01mg/mL）。pK_a 7.32。mp 214～218℃。

注意事项 该品口服有害。使用时应穿适当的防护服。应密封于2～8℃保存。

主要用途 生化研究。医用精神抑制剂。

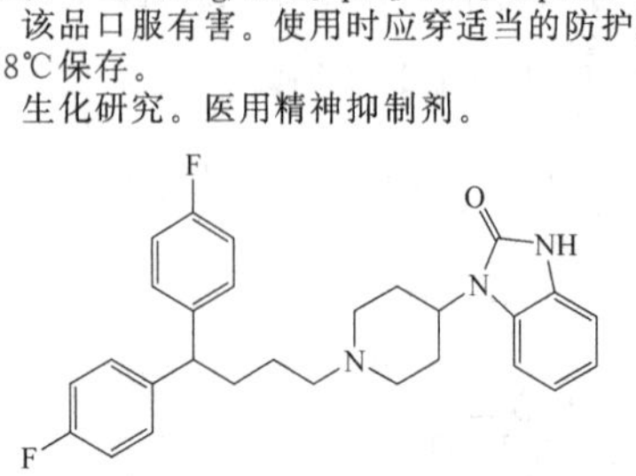

F F N N O NH

Pinacidil monohydrate 吡那地尔 一水 08073

[60560-33-0][85371-64-8]（一水合物） $C_{13}H_{19}N_5 \cdot H_2O$ 263.35

成分 C 59.29%，H 8.04%，N 26.59%，O 6.08%。

别名 那地尔；*N*-Cyano-*N'*-4-pyridinyl-*N''*-(1,2,2-trimethylpropyl)guanidine monohydrate；P-1134；Pindac

M. I. 15，7549

性状 无色或白色结晶。mp 164～165℃。LD_{50}小鼠，大鼠急性经口（mg/kg）：600，570。

注意事项 该品口服有害。对眼睛、呼吸系统及皮肤有刺激性。使用时应穿适当的防护服。

主要用途 生化研究，医用抗高血压剂。

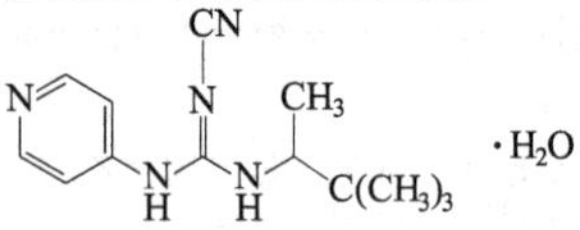

CN N CH3 N N N H H C(CH3)3 ·H2O

Pinacolone oxime 频哪酮肟 08074

[2175-93-6] $C_6H_{13}NO$ 115.18

成分 C 62.57%，H 11.38%，N 12.16%，O 13.89%。

别名 3，3-二甲基-2-丁酮肟；3，3-Dimethyl-2-butanone oxime

M. I. 15，7551

性状 来自乙醇水溶液中的无色针状结晶。溶于乙醇、乙醚、石油醚、苯、氯仿。mp 78℃；bp_{748} 171.6℃/99.725kPa。

注意事项 使用时应避免吸入本品的粉尘，避免与眼睛及皮肤接触。

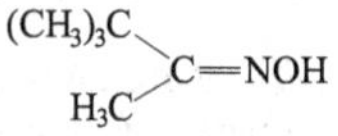

(CH3)3C C=NOH H3C

Pinaverium bromide 溴化蒎泛吗啉 08075

[53251-94-8] $C_{26}H_{41}Br_2NO_4$ 591.43

成分 C 52.80%，H 6.99%，Br 27.02%，N 2.37%，O 10.82%。

别名 4-(2-Bromo-4,5-dimethoxyphenyl)methyl-4-[2-[2-(6,6-dimethylbicyclo[3.1.1]hept-2-yl)ethoxy]ethyl]morpholinium bromide；4-(6-Bromoveratryl)-4-[2-[2-(6，6-dimethyl-2-norpinyl)ethoxy]ethyl]morpholinium bromide；LAT-1717；Dicetel

M. I. 15，7552

性状 来自 2-丁酮中的无色结晶。mp 181℃。LD_{50}小鼠急性经口：1400mg/kg；静脉注射：(37±2.4) mg/kg。

主要用途 医用解痉剂。

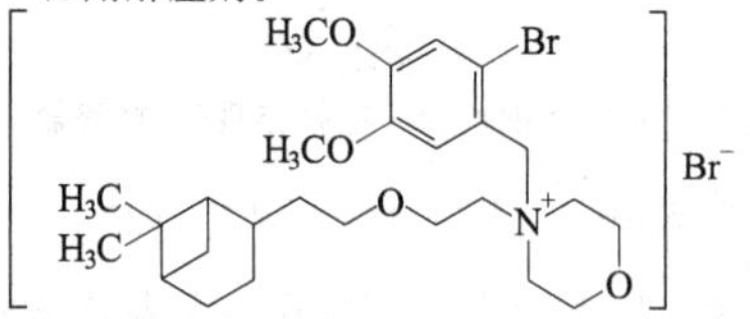

H3CO Br H3CO H3C H3C O N+ O Br⁻

Pinazepam 丙炔安定 08076

[52463-83-9] $C_{18}H_{13}ClN_2O$ 308.77

成分 C 70.02%，H 4.24%，Cl 11.48%，N 9.07%，O 5.18%。

别名 丙炔去甲安定；7-Chloro-1,3-dihydro-5-phenyl-1-(2-propynyl)-2*H*-1，4-benzodiazepin-2-one；7-Chloro-1-propargyl-5-phenyl-3*H*-1,4-benzodiazepin-2(1*H*)-one；Z-905；Domar；Duna

M. I. 15，7553

性状 来自甲醇/水中的无色结晶。mp 140～142℃。LD_{50}小鼠，大鼠急性经口（mg/kg）：1355，5819；腹膜内注射(mg/kg)：266，622。亦有报告为：LD_{50}小鼠急性经口：670mg/kg。

主要用途 医用抗焦虑剂。

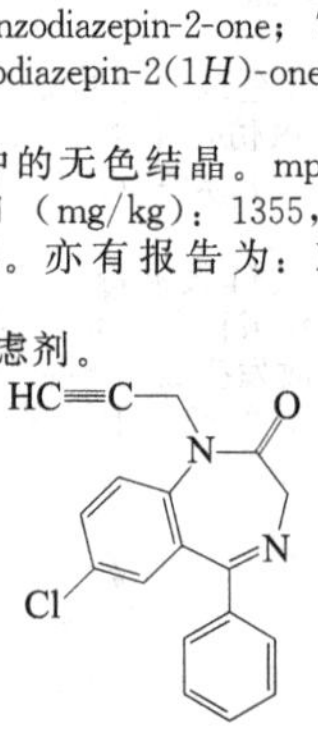

HC≡C O N N Cl

Pindolol 吲哚心安 08077

[13523-86-9] $C_{14}H_{20}N_2O_2$ 248.33

成分 C 67.71%，H 8.12%，N 11.28%，O 12.89%。

别名 心复宁；心得静；1-(1*H*-Indol-4-yloxy)-3-(1-metylethyl)amino-2-propanol；4-[2-Hydroxy-3-(isopropylamino)propoxy]indole；Prinodolol；LB-46；Betapindol；Blocklin L；Decreten；Pectobloc；Pinbetol；Pindoptan；Pynastin；Visken

M. I. 15，7554

性状 来自乙醇中的无色结晶或粉末。微溶于甲醇，极微溶于氯仿，几乎不溶于水。mp 171～173℃。生化试剂含量≥98.0%（TLC）。

注意事项 该品口服有害。对眼睛、呼吸系统及皮肤有刺激性。使用时应穿适当的防护服。万一接触到眼睛，应立即用大量水冲洗后请医生诊治。应密封于2～8℃保存。

主要用途 生化研究。医用抗高血压、抗心绞痛、抗心律失常剂。

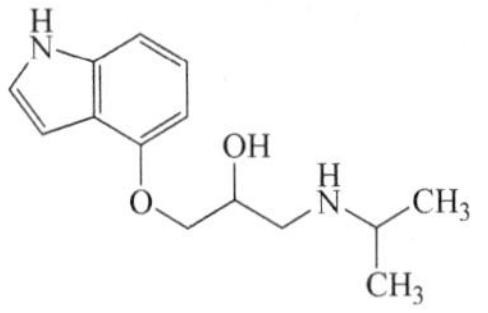

Pindone 杀鼠酮 08078

[83-26-1] $C_{14}H_{14}O_3$ 230.26

成分 C 73.03%，H 6.13%，O 20.84%。

别名 2-三甲乙酰基-1,3-茚满二酮；特戊酰茚二酮；2-(2,2-Dimethyl-1-oxopropyl)-1*H*-indene-1,3(2*H*)-dione; 2-Pivaloyl-1,3-indandione; 2-Pivalyl-1,3-indandione; 2-Trimethylacetyl-1,3-indandione; Pivalyl indandione; Pivaldione; Pival; Pivalyl Valone; Tri Ban

M. I. 15，7555

性状 来自乙醇中的亮黄色结晶。mp 108～110℃。LD_{50}雄大鼠急性经口：280mg/kg。

注意事项 该品口服有毒。吸入或长期曝露对健康有严重损伤的危险。对水生物极毒。能对水环境引起长期不良的影响。使用时应戴手套。使用时如有事故发生或有不适之感，应请医生诊治。应防止将本品释放于环境中。其包装物应按危险品处理。应密封于20℃以下保存。

主要用途 杀鼠剂。杀虫剂。分析用标准物质。

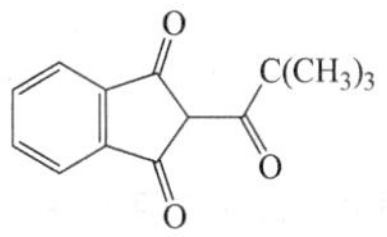

(+)-α-Pinene (+)-α-蒎烯 08079

[7785-70-8] $C_{10}H_{16}$ 136.24

成分 C 88.16%，H 11.84%。

别名 2,6,6-三甲基双环[3.1.1]-2-庚烯；α-松油萜；(1*R*,5*R*)-2,6,6-Trimethylbicyclo[3.1.1]hept-2-ene; (1*R*,5*R*)-2-Pinene

GW 2015-1603 M. I. 15，7556

性状 无色透明液体。有松节油气味。能与乙醇、乙醚等有机溶剂相混溶，能溶解松香，不溶于水。bp_{760} 155～156℃/101.325kPa; Fp 91.4°F (33℃); d_4^{20} 0.8591; n_D^{20} 1.4663; $[\alpha]_D^{20}$ +51.14°。一般试剂含量≥99.5%（GC）。

注意事项 该品易燃。对眼睛、呼吸系统及皮肤有刺激性。使用时应穿适当的防护服。万一接触到眼睛，应立即用大量水冲洗后请医生诊治。应远离火种充氩气密封于2～8℃保存。

主要用途 杀虫剂。增塑剂。溶剂。添加剂。

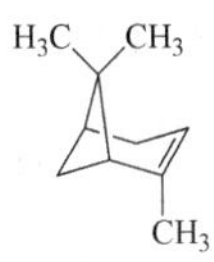

(+)-β-Pinene (+)-β-蒎烯 08080

[19902-08-0] $C_{10}H_{16}$ 136.24

成分 C 88.16%，H 11.84%。

别名 (1*R*,5*R*)-6,6-Dimethyl-2-methylenebicyclo[3.1.1]heptane; (1*R*,5*R*)-(+)-β-Pinene; (1*R*,5*R*)-2(10)-Pinene; Nopinene; Pseudopinene

GW 2015-1604 M. I. 15，7557

性状 无色透明液体。有萜类气味。对空气敏感。溶于有机溶剂。bp_{760} 164～166℃/101.325kPa; d_{20}^{20} 0.8654; n_D^{20} 1.4739; $[\alpha]_D$ +28.59°。亦有报道为：bp_{760} 162～163℃/101.325kPa; d_{20}^{20} 0.8662; n_D^{20} 1.4745; $[\alpha]_D$ +20.75°。Fp 97°F (36℃)。一般试剂含量≥98.5%(GC)。

注意事项 该品易燃。对眼睛、呼吸系统及皮肤有刺激性。使用时应穿适当的防护服。万一接触到眼睛，应立即用大量水冲洗后请医生诊治。应远离火种充氩气密封于2～8℃保存。

主要用途 有机合成。

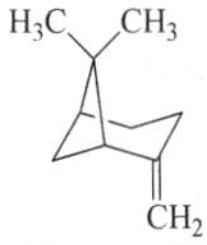

Pioglitazone hydrochloride 匹格列酮 盐酸盐 08081

[112529-15-4] $C_{19}H_{21}ClN_2O_3S$ 392.90

成分 C 58.08%，H 5.39%，Cl 9.02%，N 7.13%，O 12.22%，S 8.16%。

别名 盐酸匹格列酮；比格列酮 盐酸盐；5-[4-[2-(5-乙基-2-吡啶基)乙氧基]苯基]甲基-2,4-噻唑烷二酮 盐酸盐；安可妥；皮利酮 盐酸盐；盐酸比格列酮；U-72107A; Actos; 5-[4-[2-(5-Ethyl-2-pyridinyl)ethoxy]phenyl]methyl-2,4-thiazolidinedione hydrochloride; (±)-5-[*p*-[2-(Ethyl-2-pyridyl)ethoxy]benzyl]-2,4-thiazolidinedione hydrochloride; AD-4833-HCl

M. I. 15，7565

性状 来自乙醇中的无色棱柱体结晶。溶于二甲基甲酰胺，微溶于乙醇，极微溶于丙酮、乙腈，几乎不溶于水，不溶于乙醚。mp 193～194℃。生化试剂含量≥99.0%（HPLC）。

注意事项 该品对眼睛有刺激性。万一接触到眼睛，应立即用大量水冲洗后请医生诊治。

主要用途 医用抗糖尿病剂。

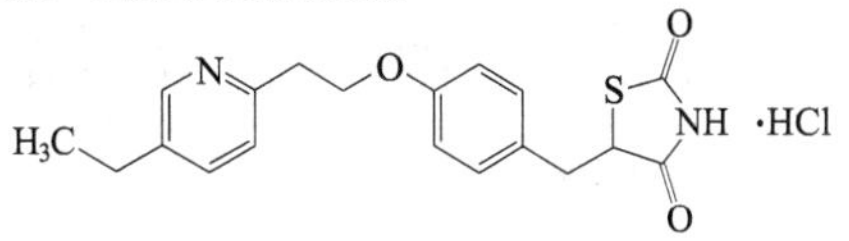

Pipacycline 甲哌四环素 08082

[1110-80-1] $C_{29}H_{38}N_4O_9$ 586.64

成分 C 59.38%，H 6.53%，N 9.55%，O 24.55%。

别名 羟乙哌嗪甲基四环素；羟哌四环素；(4*S*,4a*S*,5a*S*,6*S*,12a*S*)-4-Dimethylamino-1,4,4a,5,5a,6,11,12a-octahydro-3,6,10,12,12a-pentahydroxy-*N*-[4-(2-hydroxyethyl)-1-piperazinyl]methyl-6-methyl-1,11-dioxo-2-naphthacenecarboxamide; *N*-[[4-(2-Hydroxyethyl)-1-piperazinyl]methyl]tetracycline; *N*-[4-(β-Hydroxyethyl) diethylenediamino-1-methyl] tetracycline; Mepicycline; Mepicicline; Ambra-Vena; Sieromicin; Valtomicina

M. I. 15，7566

性状 黄色结晶性粉末。对光、热及空气敏感。易溶于水、甲醇、甲酰胺，微溶于乙醇、异丙醇，几乎不溶于乙醚、苯、氯仿。其2%水溶液pH值7.2～7.4。162～163℃分解；$[\alpha]_D^{20}$ −195° (c=0.5，于水中)；$[\alpha]_D^{20}$ −175° (c=0.5，于甲醇中)；LD_{50}小鼠静脉注射：188mg/kg。

主要用途 医用抗菌剂。

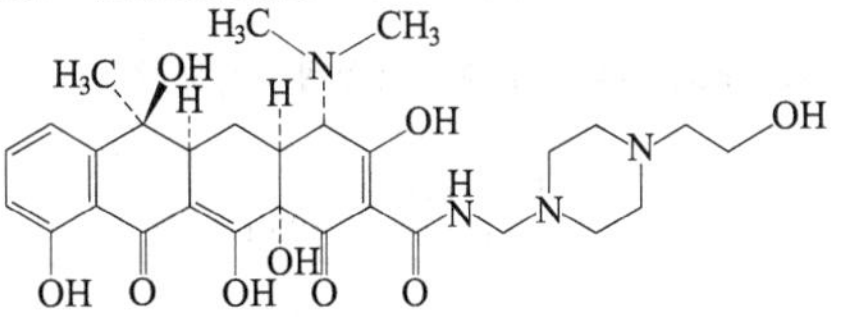

Pipamperone dihydrochloride 酰胺哌啶酮 二盐酸盐 08083

[2448-68-2] $C_{21}H_{32}Cl_2FN_3O_2$ 448.40

成分 C 56.25%，H 7.19%，Cl 15.81%，F 4.24%，N 9.37%，O 7.14%。

别名 酰胺哌丁苯 二盐酸盐；二盐酸酰胺哌啶酮；二盐酸酰胺哌丁苯；Dipiperon; Piperonil; Propitan; 1′-[4-(4-Fluorophenyl)-4-oxobutyl][1,4′-bipiperidine]-4′-carboxamide dihydrochloride; 1′-[3-(*p*-fluorobenzoyl)propyl][1,4′-bipiperidine]-4′-carboxamide dihydrochloride; 1-(*p*-Fluorophenyl)-4-(4-piperidino-4-carbamoylpiperidino)-1-butanone dihydrochloride; 1-[γ-(4-Fluorobenzoyl)propyl]-4-piperidinopiperidine-4-carboxamide dihydrochloride ;4′-Fluoro-4-[N-[4-(N-piperidino)-4-carbamido]piperidino] butyrophenone dihydrochloride; Floropipamide; R-3345-2HCl

M. I. 15, 7568

性状 无色或白色结晶。溶于水（约 50mg/mL）。mp 124.5～126.0℃。生化试剂含量约 99%（HPLC）。

注意事项 该品口服有害。

主要用途 医用精神抑制剂。

Pipazethate hydrochloride 哔哌氮嗪酯 盐酸盐 08084

[6056-11-7] $C_{21}H_{26}ClN_3O_3S$ 435.97

成分 C 57.86%，H 6.01%，Cl 8.13%，N 9.64%，O 11.01%，S 7.35%。

别名 咳塞坦 盐酸盐;盐酸哔哌氮嗪酯;盐酸咳塞坦;Lenopect;Selvigon;Selvjgon;Theratuss;10*H*-Pyrido[3,2-*b*][1,4]benzothiadiazine-10-carboxylic adid 2-(2-piperidinoethoxy) ethyl ester hydrochloride;2-(2-Piperidinoethoxy) ethyl 10*H*-pyrido[3,2-*b*][1,4]benzothiadiazine-10-carboxylate hydrochloride; Thiophenylpyridylamino-10-carboxylic acid piperidinoethoxyethyl ester hydrochloride; 2-(2-Piperidinoethoxy) ethyl 10-thia-1, 9-diazaanthracene-10-carboxylate hydrochloride; 1-Azaphenothiazine-10-carboxylic acid 2-(2-piperidinoethioxy) ethyl ester hydrochloride; D-254-HCl

M. I. 15, 7569

性状 来自异丙醇中的浅黄色结晶。溶于水、甲醇，几乎不溶于丙酮、石油醚。mp 160～161℃。LD_{50}大鼠急性经口：560mg/kg。

主要用途 医用镇咳剂。

DL-Pipecolic acid hydrochloride

DL-2-哌啶酸 盐酸盐 08085

[5107-10-8] $C_6H_{12}ClNO_2$ 165.62

成分 C 43.51%，H 7.30%，Cl 21.41%，N 8.46%，O 19.32%。

别名 DL-盐酸 2-哌啶酸;DL-Dihydrobaikiaine hydrochloride;DL-Homoproline hydrochloride;DL-Hexahydropicolinic acid hydrochloride; DL-Homoproline hydrochloride; DL-Pipecolinic acid hydrochloride;DL-2-Piperidinecarboxylic acid hydrochloride

M. I. 15, 7570

性状 来自乙醇＋苯中的无色结晶。易吸潮。mp 258～262℃。

注意事项 该品具有刺激性。应密封干燥保存。

Pipecurium bromide 溴化哌雄醋酯 08086

[52212-02-9] $C_{35}H_{62}Br_2N_4O_4$ 762.71

成分 C 55.12%，H 8.19%，Br 20.95%，N 7.35%，O 8.39%。

别名 二溴化哌雄醋酯;4,4′-[(2*β*,3*α*,5*α*,16*β*,17*β*)-3,17-Bis(acetyloxy)androstane-2,16-diyl]bis(1,1-dimethylpiperazinium) dibromide;4,4′-(3*α*,17*β*-Dihydroxy-5*α*-androstan-2*β*,16*β*-ylene)bis(1,1-dimethylpiperazinium) dibromide diacetate; Pipecuronium bromide;RGH-1106;Arduan

M. I. 15, 7571

性状 来自二氯甲烷/丙酮中的无色结晶。mp 262～264℃（分解）；$[\alpha]_D^{25}+8.1°$（$c=1$，于水中）。LD_{50}小鼠，大鼠静脉注射（mg/kg）：29.7，172.6；腹膜内注射（mg/kg）：70.6，449.6；皮下注射（mg/kg）：60.5，455.8。

主要用途 医用神经肌肉麻醉剂。

Pipemidic acid 吡哌酸 08087

[51940-44-4] $C_{14}H_{17}N_5O_3$ 303.32

成分 C 55.44%，H 5.65%，N 23.09%，O 15.82%。

别名 比十酸;8-乙基-5,8-二氢-5-氧-2-(1-哌嗪基)吡啶[2,3-*d*]并嘧啶-6-羧酸; 8-Ethyl-5, 8-dihydro-5-oxo-2-(1-piperazinyl) pyrido[2,3-*d*]pyrimidine-6-carboxylic acid; Piperamic acid; 1489-RB; Filtrax; Memento 400; PiColi; Pipeacid; Pipedac; Pipemid; Pipurin; Tractur ; Uropimid; Urosten; Uroval

M. I. 15, 7572

性状 浅黄白色结晶。无气味，味苦。易吸潮。遇光逐渐变黄。溶于酸和碱溶液，微溶于氯仿（0.5%）、甲醇（0.4%），极微溶于水、乙醇，几乎不溶于乙醚、苯。mp 253～255℃。LD_{50}小鼠急性经口：4g/kg；腹膜内注射：1g/kg；静脉注射：50mg/kg。

主要用途 生化研究。医用抗菌剂。

Pipenzolate bromide 溴化哌羟苯酯 08088

[125-51-9] $C_{22}H_{28}BrNO_3$ 434.37

成分 C 60.83%，H 6.50%，Br 18.40%，N 3.22%，O 11.05%。

别名 溴化 1-乙基-3-（羟基二苯基乙酰）氧-1-甲基哌啶；1-Ethyl-3-(hydroxydiphenylacetyl) oxy-1-methylpiperidinium bromide; 1-Ethyl-3-hydroxy-1-methylpiperidnium bromide benzilate; Benzilic acid 1-ethyl-3-piperidyl ester methyl bromide; *N*-Ethyl-3-piperidyl benzilate methobromide; Pipenzolate methyl bromide; Pipenzolone bromide; JB-323; Piptal

M. I. 15, 7573

性状 来自 2-丁酮中的无色结晶。溶于水。mp 179～180℃。

注意事项 该品口服有害。

主要用途 生化研究。医用解痉剂。

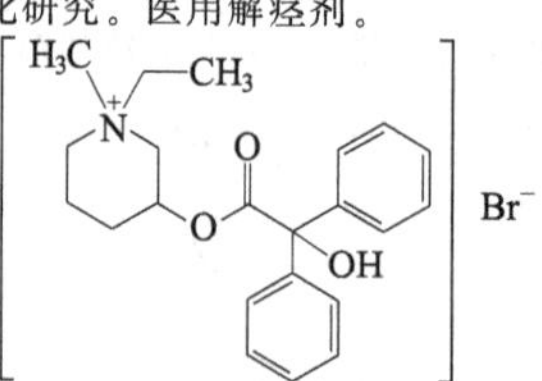

Piperacetazine hydrochloride 哌乙酰嗪 盐酸盐 08089

[125-51-9] $C_{24}H_{31}ClN_2O_2S$ 447.03

成分 C 64.48%，H 6.99%，Cl 7.93%，N 6.27%，O 7.16%，S 7.17%。

别名 乙酰哌普嗪 盐酸盐;2-乙酰基-10-[3-[4-(*β*-羟乙基)哌啶]丙基]吩噻嗪 盐酸盐;盐酸乙酰哌普嗪;盐酸哌乙酰嗪;哌西他嗪 盐酸盐; 1-[10-[3-[4-(2-Hydroxyethyl)-1-piperidinyl]propyl]-10*H*-phenothiazin-2-yl] ethanone hydrochloride; 10-[3-[4-(2-Hydroxyethyl) piperidino] propyl] phenothiazin-2-yl methyl ketone hydrochloride; 2-Acetyl-10-[3-[4-(*β*-hydroxyethyl) piperidino]propyl] phenothizine hydrochloride; 2-Acetgl-10-[3-[*γ*-(2-hydroxyethyl) piperidino]propyl]phenothiazine hydrochloride; PC-

1421-HCl；Quide-HCl
M. I. 15，7574
性状 无色结晶。mp100～110℃。
主要用途 医用精神抑制剂。

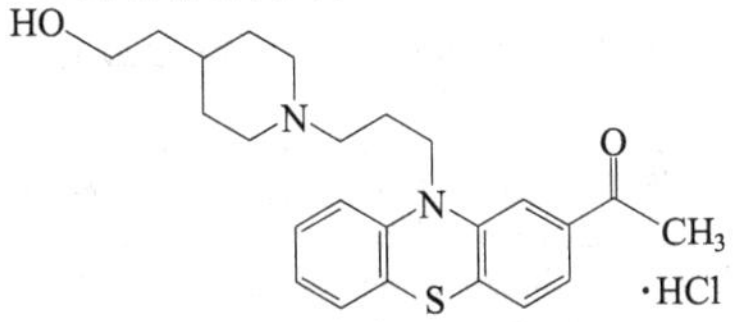

Piperacillin sodium salt 哔哌青霉素钠盐 08090
[59703-84-3] $C_{23}H_{26}N_5NaO_7S$ 539.54
成分 C 51.20%，H 4.86%，N 12.98%，Na 4.26%，O 20.76%，S 5.94%。
别名 氧哌嗪青霉素钠盐；CL-227193；T-1220；Isipen；Pentcillin；Pipracil；Pipril；(2*S*,5*R*,6*R*)-6-[(*R*)-2-(4-Ethyl-2,3-dioxo-1-piperazinecarboxamido)-2-phenylacetamido]-3,3-di-methyl-7-oxo-4-thia-1-azabicyclo[3.2.0]heptane-2-carboxylic acid sodium salt；6-D-(－)-α-(4-Ethyl-2,3- dioxo-1-piperazinylcarbonyl-amino)-α-phenylacetamidopenicillanic acid sodium salt；4-Ethyl-2,3-dioxopiperazine carbonyl ampicillin sodium salt
M. I. 15，7575
性状 白色、近白色固体或粉末。易溶于水、乙醇。mp 183～185°（分解）。LD_{50}小鼠，大鼠，狗，猴静脉注射(g/kg)：5，2.7，>6，>4。
注意事项 该品吸入或与皮肤接触可引起过敏。使用时应穿适当的防护服和戴手套。使用时应避免吸入本品的粉尘，避免与眼睛及皮肤接触。使用时如有事故发生或有不适之感，应请医生诊治。应密封于2～8℃保存。
主要用途 生化研究。医用抗菌剂。

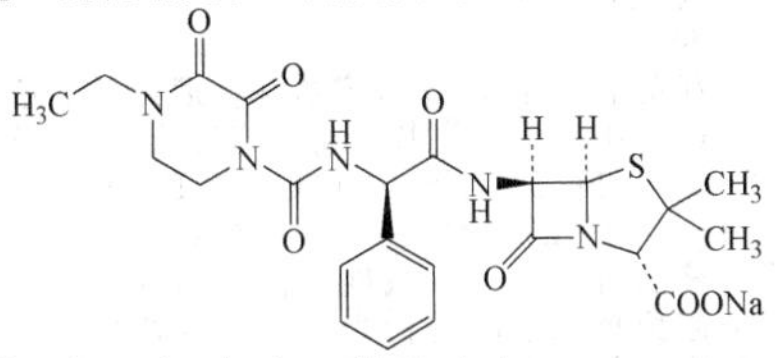

Piperazine hexahydrate 哌嗪 六水 08091
[142-63-2][110-85-0](无水物) $C_4H_{10}N_2 \cdot 6H_2O$ 194.23
成分(以无水物计) C 55.77%，H 11.70%，N 32.52%。
别名 二乙烯二胺；对二氮己环；六水合哌嗪；哌哔嗪；双二甲胺；六水合哌哔嗪；Dietelmin；Diethylenediamine hexahydrate；Eraverm；Ethyleneamine；Helmifren；Hexahydropyrazine hexahydrate；Paravermin；Parid；Piperazidine hexahydrate；Tasnon (elixir)；Upixon；Uvilon
GW 2015-1602 M. I. 15，7565
性状 无色至微黄色结晶。易溶于水，溶于乙醇（约1：2），几乎不溶于乙醚。其10%水溶液pH值10.8～11.8。mp 44℃；bp 125～130℃。一般试剂含量≥98.0%（T）。
注意事项 该品具有腐蚀性，能引起烧伤。吸入或与皮肤接触可引起过敏。对水生物有害。对水环境能产生长期有害的结果。使用时应穿适当的防护服，戴手套和防护镜或面罩。使用时应穿适当的防护服，戴手套和防护镜或面罩。应避免吸入本品的粉尘。万一接触到眼睛，应立即用大量水冲洗后请医生诊治。使用时如有事故发生或有不适之感，应请医生诊治。应防止将本品释放于环境中。应密封于阴凉处保存。
主要用途 检定锑、铋、金、钼、锡、钨、钒，能从铁、铝中分离锰。制药工业。有机合成。

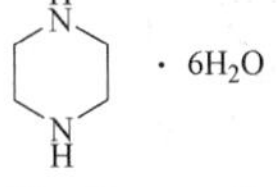

Piperazine-*N*,*N*′-bis(2-ethanesulfonic acid)
哌嗪-*N*，*N*′-双（2-乙烷磺酸） 08092
[5625-37-6] $C_8H_{18}N_2O_6S_2$ 302.36
成分 C 31.78%，H 6.00%，N 9.27%，O 31.75%，S 21.21%。
别名 1,4-哌嗪-*N*,*N*′-双(2-乙烷磺酸)；1,4-哌嗪-*N*,*N*′-双(乙烷磺酸)；哌嗪-1,4-双(2-乙烷磺酸)；1,4-Piperazinebis(2-ethanesulfonic acid)；1,4-Piperazinediethane sulfonic acid；PIPES
M. I. 15，7592
性状 无色结晶。mp>300℃。生化试剂含量≥99.5%（T）。
注意事项 使用时应避免吸入本品的粉尘，避免与眼睛及皮肤接触。
主要用途 生物缓冲剂。

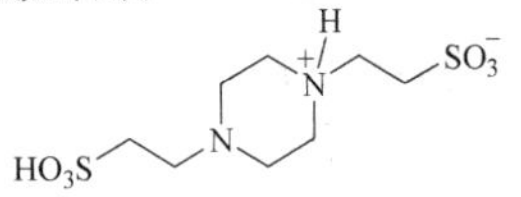

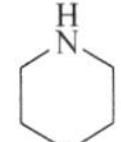

Piperidine 哌啶 08093
[110-89-4] $C_5H_{11}N$ 85.15
成分 C 70.53%，H 13.02%，N 16.45%。
别名 一氮六环；六氢吡啶；环五甲亚胺；胡椒环；哌哔啶；戊亚甲基亚胺；六氢氮杂苯；Hexahydropyridine；Pentamethyleneimine
GW 2015-1601 M. I. 15，7580
性状 无色液体。为强有机碱。有辛辣刺激的臭味。对二氧化碳敏感。能与水相混溶，溶于乙醇、苯、氯仿。p*K*(25℃)：2.80。sp －17～－13℃；mp －7℃；bp_{760} 106℃/101.325kPa；bp_{20} 18℃/2.666kPa；Fp 61℉(16℃)；d_4^{20} 0.8622；n_D^{20} 1.4534。LD_{50}大鼠急性经口：0.52mL/kg。一般试剂含量≥99.0%(GC)。
注意事项 该品高度易燃。具有腐蚀性，能引起烧伤。吸入或与皮肤接触有毒。使用现场禁止吸烟。使用完毕应立即脱掉被污染的衣服。万一接触到眼睛，应立即用大量水冲洗后请医生诊治。使用时如有事故发生或有不适之感，应请医生诊治。应远离火种，密封于阴凉干燥处保存。
主要用途 钴、金、铱、镍、铂、锡的检定。铈、镧、镁、钕、镨、钍、锆的测定。色谱分析试剂。制药工业。有机合成。橡胶硫化促进剂。

Piperidine-4-carboxylic acid 哌啶-4-羧酸 08094
[498-94-2] $C_6H_{11}NO_2$ 129.16
成分 C 55.80%，H 8.58%，N 10.84%，O 24.77%。
别名 异哌啶酸；4-哌啶羧酸；*iso*-Nipecotic acid；4-Piperidinecarboxylic acid；Hexahydroisonicotinic acid；Isonipecotic acid
M. I. 15，5235
性状 无色针状结晶。约300℃色变暗。mp 336℃。一般试剂含量≥97.0%（NT）；水分≤2%。
注意事项 该品对眼睛、呼吸系统及皮肤有刺激性。使用时应穿适当的防护服。使用时应避免吸入本品的粉尘，避免与眼睛及皮肤接触。万一接触到眼睛，应立即用大量水冲洗后请医生诊治。应密封于干燥处保存。

3-Piperidinol 3-哌啶醇 08095
[6859-99-0] $C_5H_{11}NO$ 101.15
成分 C 59.37%，H 10.96%，N 13.85%，O 15.82%。
别名 3-羟基哌啶；3-Hydroxypiperidine
性状 无色结晶。溶于水、乙醇。mp 56～60℃；Fp>212℉（100℃）。一般试剂含量≥98.0%（NT）。
注意事项 该品具有腐蚀性，能引起烧伤。使用时应穿适当的防护服戴手套和防护镜或面罩。万一接触到眼睛，应立即用大量水冲洗后请医生诊治。使用时如有事故发生或有不适之感，应请医生诊治。应密封于2～8℃保存。

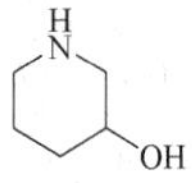

Piperidione 二乙哌啶二酮 08096

[77-03-2] $C_9H_{15}NO_2$ 169.22

成分 C 63.88%，H 8.94%，N 8.28%，O 18.91%。

别名 3,3-二乙基-2,4-哌啶二酮；3,3- Diethyl-2,4-piperidinedione；3,3-Diethyl-2,4-dioxopiperidine；Dihyprylone；Sedulon；Tusseval

M. I. 15，7581

性状 无色结晶。味苦。易溶于水、乙醇、氯仿。mp 102～107℃。

主要用途 医用镇静剂，镇咳剂。

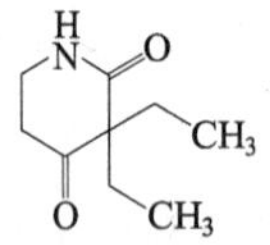

Piperidolate hydrochloride 乙哌苯乙酯 盐酸盐 08097

[129-77-1] $C_{21}H_{26}ClNO_2$ 359.89

成分 C 70.09%，H 7.28%，Cl 9.85%，N 3.89%，O 8.89%。

别名 *N*-乙基-3-哌啶基二苯乙酸酯 盐酸盐；吡哌酯 盐酸盐；盐酸乙哌苯乙酯；盐酸 *N*-乙基-3-哌啶基二苯乙酸酯；盐酸吡啶酯；Crapinon；Dactil；α-Phenylbenzeneacetic acid 1-ethyl-3-piperidinyl ester hydrochloride；Diphenylacetic acid 1-ethyl-3-piperidyl ester hydrochloride；*N*-Ethyl-3-piperidyl diphenylacetate hydrochloride；JB-305-HCl

M. I. 15，7582

性状 无色结晶。溶于水。mp 195～196℃。

主要用途 医用解痉剂。

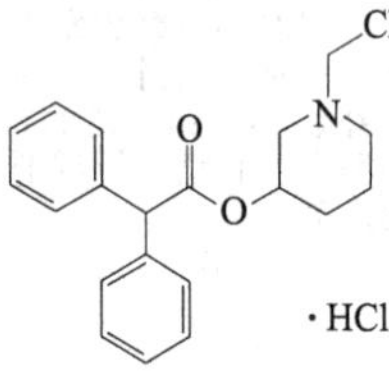

·HCl

Piperilate hydrochloride 哌苯乙醇 盐酸盐 08098

[4544-15-4] $C_{21}H_{26}ClNO_3$ 375.89

成分 C 67.10%，H 6.97%，Cl 9.43%，N 3.73%，O 12.77%。

别名 盐酸哌苯乙醇；Daipisate；Norticon；Pensanate；Pipenale；α-Hydroxy-α- phenylbenzeneacetic acid 2-(1-piperidinyl) ethyl ester hydrochloride；β-Piperidylethylbenzilate hydrochloride；Pipethanate hydrochloride；Benzilic acid 1-piperidineethanol ester hydrochloride；1-Piperidineethanol benzilate hydrochloride；2-(1-Piperidino) ethyl benzilate hydrochloride

M. I. 15，7583

性状 来自丙酮或乙酸中的无色结晶。mp 170～171℃。

主要用途 医用解痉剂。

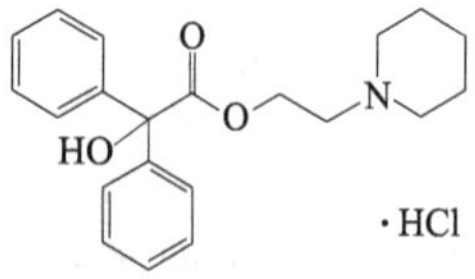

·HCl

Piperine 胡椒碱 08099

[94-62-2] $C_{17}H_{19}NO_3$ 285.34

成分 C 71.56%，H 6.71%，N 4.91%，O 16.82%。

别名 (*E*,*E*)-1-[5-(1,3-Benzodioxol-5-yl)-1-oxo-2,4-pentadienyl] piperidine；1-[(2*E*,4*E*)-5-(1,3-Benzodioxol-5-yl)-1-oxo-2,4-pentadienyl]piperidine；1-Piperonylpiperidine；(*E*,*E*)-1-Piperoylpiperidine

M. I. 15，7584

性状 来自乙醇中的无色至黄色单斜棱柱体结晶。1g 该品溶于 15mL 乙醇、1.7mL 氯仿、36mL 乙醚，溶于苯、乙酸，几乎不溶于水（18℃，40mg/L）、石油醚。p*K*（18℃）：12.22。mp 130℃。一般试剂含量≥98.0%（TLC）。

注意事项 该品口服有害。可能损伤生育力。使用时应穿适当的防护服和戴手套。使用时应避免吸入本品的粉尘，避免与眼睛及皮肤接触。应密封保存。

主要用途 测定维生素 C。生化研究。制药工业。

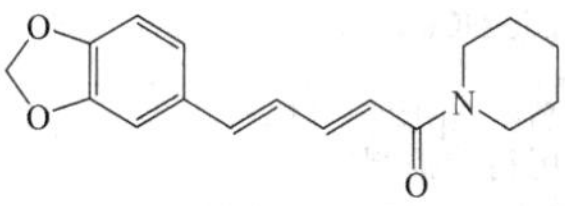

Piperocaine hydrochloride 哔哌卡因 盐酸盐 08100

[533-28-8] $C_{16}H_{24}ClNO_2$ 297.82

成分 C 64.53%，H 8.12%，Cl 11.90%，N 4.70%，O 10.74%。

别名 米替卡因 盐酸盐；盐酸米替卡因；盐酸哔哌卡因；2-Methyl-1-piperidinepropanol benzoate hydrochloride；γ-(2-Methylpiperidyl) propyl benzoate hydrochloride；(2-Methylpiperidino) propyl benzoate hydrochloride；3-Benzoxy-1-(2-methylpiperidino) propane hydrochloride；Benzoyl-γ-(2-methylpiperidino) propanol hydrochloride；

M. I. 15，7587

性状 来自乙醇-乙醚中的无色结晶。于空气中稳定。1g 该品溶于 1.5mL 水、4.5mL 乙醇。溶于乙醇、氯仿，几乎不溶于乙醚、不挥发油类。mp 167～169℃。LD_{50} 小鼠皮下注射：9mg/20g；大鼠腹膜内注射：129mg/kg。

主要用途 医用局部麻醉剂。

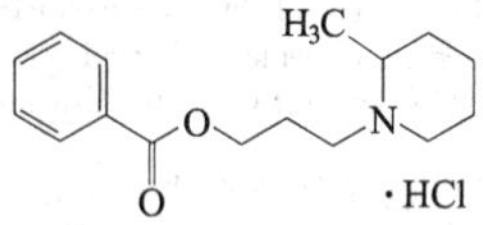

·HCl

Piperonal 胡椒醛 08101

[120-57-0] $C_8H_6O_3$ 150.13

成分 C 64.00%，H 4.03%，O 31.97%。

别名 天芥菜精；洋茉莉醛；氧化胡椒醛；3,4-(亚甲基二氧基)苯甲醛；1,3-Benzodioxole-5-carboxaldehyde；Dioxymethyleneprotocatechuic aldehyde；Heliotropin；3,4-(Methylenedioxy) benzaldehyde；Piperonylaldehyde

M. I. 15，7588

性状 无色有光泽的结晶。有葵花香味。遇光易变色。易溶于乙醇、乙醚。溶于 500 份水。mp 37℃；bp 约 263℃；$bp_{0.5}$ 88℃/66.66Pa；Fp 235.4℉（113℃）。LD_{50} 大鼠急性经口：2700mg/kg。一般试剂含量≥99.0%（GC）。

注意事项 该品对皮肤有刺激性。使用时应戴适当的手套。使用时应避免吸入本品的粉尘，避免与眼睛及皮肤接触。应充氩气密封避光于阴凉处保存。

主要用途 调味香精。电镀光亮剂。农药的增效剂。除虱剂。

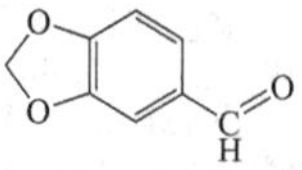

Piperonyl butoxide 胡椒基丁醚 08102

[51-03-6] $C_{19}H_{30}O_5$ 338.44

成分 C 67.43%，H 8.93%，O 23.64%。

别名 5-[2-(2-Butoxyethoxy) ethoxy] methyl-6-propyl-1, 3-benzodioxole；α-[2-(2-Butoxyethoxy) ethoxy]-4,5-methylenedioxy-2-propyltoluene；(3,4-Methylenedioxy-6-propyl) benzylbutyl diethyleneglycol ether；6-Propylpiperonyl butyl diethylene glycol ether；Butylcarbityl(6-propylpiperonyl)ether；ENT-14250；Butacide

M. I. 15，7589

性状 无色液体。能与甲醇、乙醇、苯、氟利昂、一般有机溶剂、油类相混溶。bp_1 180℃/133.32Pa；Fp 340℉（171.1℃）；*d* 1.04～1.07；n_D^{20} 1.50。LD_{50} 雌，雄大鼠急性经口（mg/kg）：6150，7500。一般试剂含量≥90.0%（GC）。

注意事项 该品与皮肤接触有毒。对水生物极毒。能对水环境引起长期不良的影响。使用时应穿适当的防护服和戴手套。使用时如有事故发生或有不适之感，应请医生诊治。应防止将本品释放于环境中。其包装物应按危险品处理。应密封于 2～8℃保存。

主要用途 生化研究。杀虫剂增效剂，尤其是对除虫菊酯及鱼滕酮。

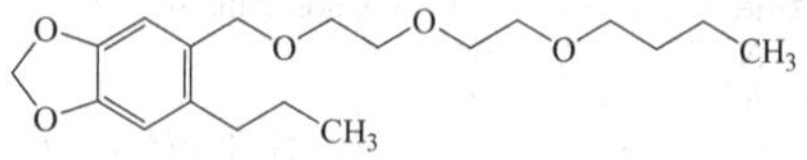

Piperonylic acid 胡椒基酸 08103

[94-53-1] $C_8H_6O_4$ 166.13

成分 C 57.84%，H 3.64%，O 38.52%。

别名 3,4-亚甲基二氧基苯甲酸；1,3-苯并间二氧杂环戊烯-5-羧酸；1,3-Benzodioxole-5-carboxylic acid；3,4-Methylenedioxybenzoic acid；Protocatechuic acid methylene ether

M. I. 15，7590

性状 来自乙醇中的无色棱柱体、针状结晶或来自水中的小叶状结晶。微溶于水、氯仿、冷乙醇、乙醚。210℃左右升华。mp 229℃。一般试剂含量≥97.0%（T）。

注意事项 使用时应避免吸入本品的粉尘，避免与眼睛及皮肤接触。

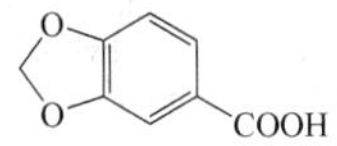

COOH

Pipobroman 哌酰溴烷 08104

[54-91-1] $C_{10}H_{16}Br_2N_2O_2$ 356.06

成分 C 33.73%，H 4.53%，Br 44.88%，N 7.87%，O 8.99%。

别名 1,4-双溴丙酰哌嗪；1,1′-(1,4-piperzinediyl)bis[3-bromo-1-propanone]；1,4-Bis(3-bromo-1-oxo-propyl)piperazine；1,4-Bis(3-bromopropionyl) piperazine；A-8103；NSC-25154；Amedel；Vercyte

M. I. 15，7593

性状 无色结晶。mp 106～107℃。

主要用途 医用抗肿瘤剂。

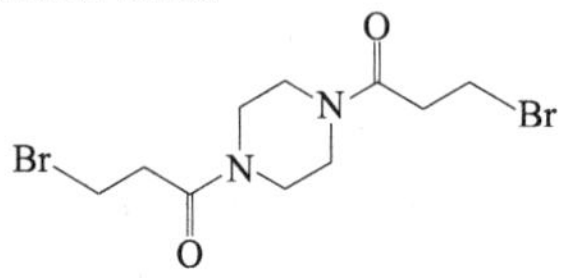

Piposulfan 哌酰硫烷 08105

[2608-24-4] $C_{12}H_{22}N_2O_8S_2$ 386.44

成分 C 37.30%，H 5.74%，N 7.25%，O 33.12%，S 16.60%。

别名 *N*，*N*′-双（3-甲基硫酰氧丙酰）哌嗪；1，1′-(piperazinediyl)bis[3-(methylsulfonyl)oxy-1-propanone]；1,4-Bis[3-(methylsulfonyl)oxy-1-oxopropyl] piperazine；1,4-Dihydracryloylpiperazinedimethanesulfonate；1，4-Bis（3-hydroxypropionyl)piperazine dimethanesulfonate；*N*，*N*′-Bis(3-methanesulfonyloxypropionyl)piperazine；*N*，*N*′-Bis(3-methylsulfonyloxypropionyl)piperazine；A-20968；NSC-47774；Ancyte

M. I. 15，7594

性状 来自水中的无色结晶。mp 175～177℃。

主要用途 医用抗肿瘤剂。

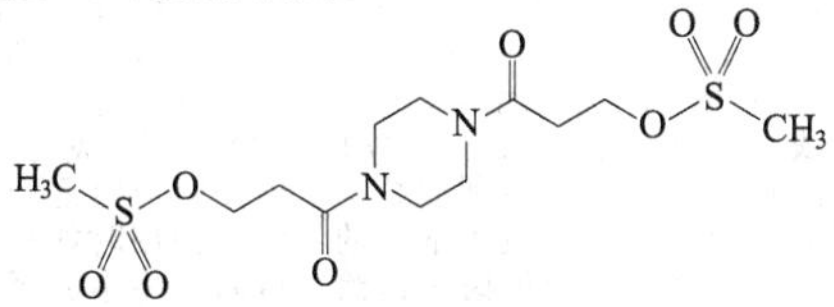

Pipoxolan hydrochloride 二苯哌噁烷 盐酸盐 08106

[18174-58-8] $C_{22}H_{26}ClNO_3$ 387.90

成分 C 68.12%，H 6.76%，Cl 9.14%，N 3.61%，O 12.37%。

别名 盐酸二苯哌噁烷；5,5-Diphenyl-2-[2-(1-piperidinyl) ethyl]-1,3-dioxolan-4-one hydrochloride；2-(β-N-Piperidylethyl)-4,4-diphenyl-1,3-dioxolan-5-one hydrochloride；BR-18；Rowapraxin

M. I. 15，7596

性状 来自异丙醇中的无色结晶。溶于水。对弱酸、碱反应中稳定。mp 207～209℃。LD_{50} 大鼠，小鼠急性经口(mg/kg)：1500，700；静脉注射（mg/kg）：60，35；腹膜内注射（mg/kg）：130，130；大鼠皮下注射：>300mg/kg。

主要用途 医用解痉剂。

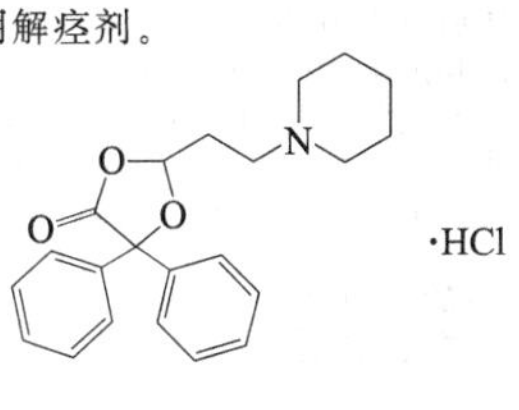

·HCl

Pipradrol hydrochloride 二苯基六氢哌啶甲醇 盐酸盐 08107

[71-78-3] $C_{18}H_{22}ClNO$ 303.83

成分 C 71.16%，H 7.30%，Cl 11.67%，N 4.61%，O 5.27%。

别名 盐酸二苯基六氢哌啶甲醇；Meratran；Stimolag；α，α-Diphenyl-2-piperidinemethano hydrochloride；α-(2-Piperidyl) benzhydrol hydrochloride；Alpha-pipradrol hydrochloride；Pipradol hydrochloride；MRD-108-HCl

M. I. 15，7597

性状 来自丁酮中的无色结晶。味微苦。1g 该品溶于 60mL 热水。308～309℃分解。

主要用途 医用中枢神经系统兴奋剂。

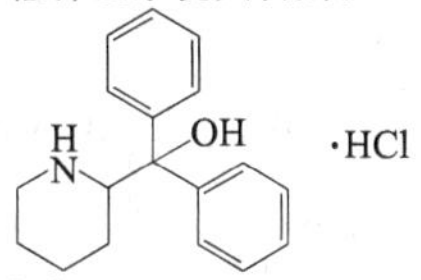

·HCl

Piprozolin 哌噻唑酯 08108

[17243-64-0] $C_{14}H_{22}N_2O_3S$ 298.40

成分 C 56.35%，H 7.43%，N 9.39%，O 16.08%，S 10.74%。

别名 [3-Ethyl-4-oxo-5-(1-piperidinyl)-2-thiazolidinylidene] acetic acid ethyl ester；3-Ethyl-4-oxo-5-piperidino-$\Delta^{2,\alpha}$-thiazolidineacetic acid ethyl ester；Go-919；W-3699；Coleflux；Epsyl；Probilin；Secrebil

M. I. 15，7598

性状 无色结晶。溶于稀酸水溶液及多数有机溶剂，几乎不溶于水。mp 86～87℃；uv max（甲醇中）：245nm，285nm（ε 8200，20000）。LD_{50} 小鼠，大鼠急性经口(mg/kg)：1070，3256。

主要用途 医用利胆剂。

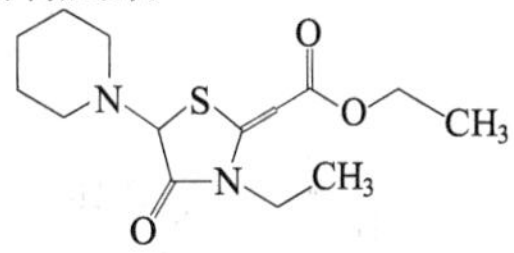

Piracetam 2-氧-1-吡咯烷乙酰胺 08109

[7491-74-9] $C_6H_{10}N_2O_2$ 142.16

成分 C 50.69%，H 7.09%，N 19.71%，O 22.51%。

别名 己酰胺吡咯烷酮；吡拉西坦；2-吡咯烷酮乙酰胺；2-Oxo-1-pyrrolidineacetamide；2-Pyrrolidoneacetamide；2-Pyrrolidinoneacetamide；2-Ketopyrrolidine-1-ylacetamide；1-Acetamido-2-pyrrolidinone；UCB-6215；Avigilen；Axonyl；Cerebroforte；Encetrop；Gabacet；Genogris；Geram；Nootron；Nootrop；Nootropil；Nootropyl；Norzetam；Normabrain；Pirroxil

M. I. 15，7600

性状 来自异丙醇中的无色结晶。mp 151.5～152.5℃。

主要用途 生化研究。医用镇吐剂。

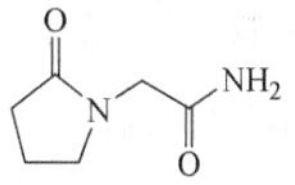

Pirbuterol dihydrochloride 吡丁醇 二盐酸盐 08110

[38029-10-6] $C_{12}H_{22}Cl_2N_2O_3$ 313.22

成分 C 46.02%，H 7.08%，Cl 22.64%，N 8.94%，O 15.32%。

别名 盐酸吡丁醇；2-羟基甲基-3-羟基-6-(1-羟基-2-叔丁基氨基乙基)吡啶 二盐酸盐；CP-24314-1；α^6-[(1,1-Dimethylethyl) amino] methyl-3-hydroxy-2,6-pyridinedimethanol dihydrochloride；2-Hydroxymethyl-3-hydroxy-6-(1-hydroxy-2-*tert*-butylaminoethyl)pyridine dihydrochloride

M. I. 15，7602

性状 来自乙醇/异丙醚中的无色结晶。mp 182℃（分解）。

主要用途 医用支气管扩张剂。

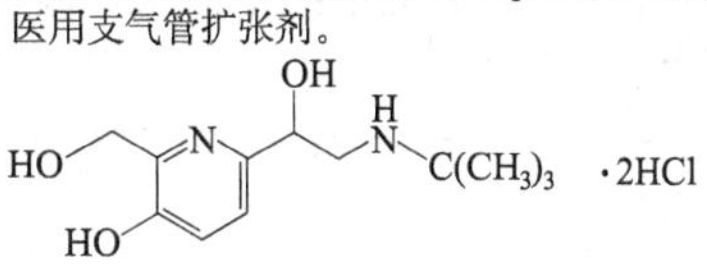

·2HCl

Pirenoxine sodium salt 吡诺克辛钠盐 08111

[51410-30-1] [28797-61-7] $C_{16}H_7N_2NaO_5$ 330.23

成分 C 58.19%，H 2.14%，N 8.48%，Na 6.96%，O 24.22%。

别名 白内停；哌利诺星；Clarvisan；1-Hydroxy-5-oxo-5*H*-pyrido[3，2-*a*] phenoxazine-3-carboxylic acid sodium salt；1-Hydroxy-5*H*-pyrido[3，2-*a*] phenoxazin-5-one-3-carboxylic acid sodium salt；1-Hydroxy-3-carboxy-5*H*-pyrido[3，2-*a*] phenoxazin-5-one sodium salt；Pirfenoxone sodium salt；Catalin sodium salt；Clarvisan

M. I. 15，7603

性状 橙黄色粉末。易溶于水。LD_{50}小鼠急性经口：>10000mg/kg；皮下注射：>5000mg/kg；腹膜内注射：2120～2250mg/kg。LD_{50}雄，雌大鼠腹膜内注射：2400mg/kg；1460mg/kg。

主要用途 医用白内障初期的治疗。

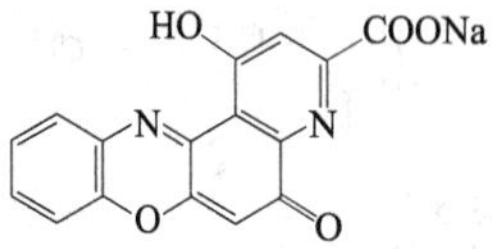

Piretanide 苯吡磺苯酸 08112

[55837-27-9] $C_{17}H_{18}N_2O_5S$ 362.40

成分 C 56.34%，H 5.01%，N 7.73%，O 22.07%，S 8.85%。

别名 4-苯氧基-3-(1-吡咯烷基)-5-氨磺酰苯甲酸；3-Aminosulfonyl-4-phenoxy-5-(1-pyrrolidinyl) benzoic acid；4-Phenoxy-3-(1-pyrrolidinyl)-5-sulfamoylbenzoic acid；HOE-118；S-73-4118；Diumax；Eurelix；Tauliz

M. I. 15，7605

性状 来自甲醇/水中的浅黄色片状结晶。mp 225～227℃；366nm时显示正亮蓝色荧光。LD_{50}大鼠，小鼠急性经口：5601mg/kg，3672mg/kg。

主要用途 医用利尿剂。

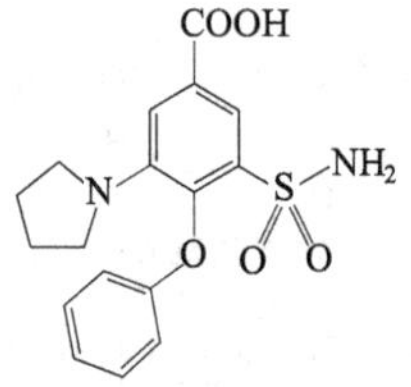

Piribedil 双哌嘧啶 08113

[3605-01-4] $C_{16}H_{18}N_4O_2$ 298.35

成分 C 64.41%，H 6.08%，N 18.78%，O 10.72%。

别名 哌啶哌嗪嘧啶；2-[4-(1,3-Benzodioxol-5-ylmethyl)-1-piperazinyl]pyrimidine；2-(4-Piperonyl-1-piperazinyl)pyrimidine；2-[4-(3,4-Methylenedioxybenzyl)piperazino]pyrimidine；1-(2-Pyrimidyl)-4-piperonylpiperazine；1-(2″-Pyrimidyl)-4-(methylene-3′，4′-dioxybenzyl)piperazine；ET-495；EU-4200；Trivastal

M. I. 15，7607

性状 来自无水乙醇中的无色结晶。mp 98℃。LD_{50}小鼠静脉注射：88mg/kg；腹膜内注射：690mg/kg；急性经口：1460mg/kg。

主要用途 医用周围血管舒张剂。

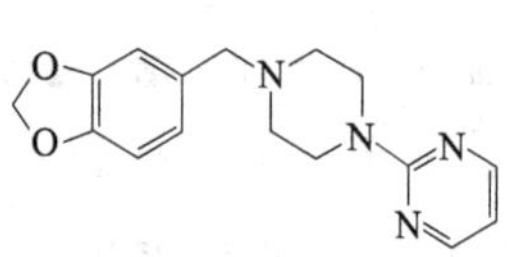

Pirifibrate 祛脂羟甲吡酯 08114

[55285-45-5] $C_{17}H_{18}ClNO_4$ 335.78

成分 C 60.81%，H 5.40%，Cl 10.56%，N 4.17%，O 19.06%。

别名 祛脂酸-6-羟甲基吡啶-2-甲酯；2-(4-Chlorophenoxy)-2-methylpropanoic acid (6-hydroxymethyl-2-pyridinyl)methyl ester；2，6-Pyridinedimethanol mono-*p*-chlorophenoxyisobutyrate；EL-466；Bratenol

M. I. 15，7608

性状 来自异丙醚中的无色结晶。mp 46℃。LD_{50}小鼠腹膜内注射：915～1098mg/kg。

主要用途 医用抗青光眼剂。

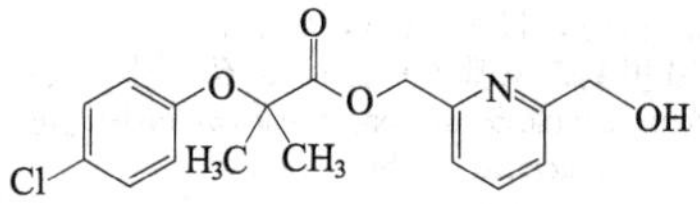

Pirimicarb 抗蚜威 08115

[23103-98-2] $C_{11}H_{18}N_4O_2$ 238.29

成分 C 55.45%，H 7.61%，N 23.51%，O 13.43%。

别名 灭定威；辟蚜肟；Dimethylcarbamic acid 2-dimethylamino-5，6-dimethyl-4-pyrimidinyl ester；2-Dimethylamino-5，6-dimethyl-4-pyrimidinyl dimethylcarbamate；5，6-Dimethyl-2-dimethylamino-4-dimethylcarbamoyloxypyrimidine；PP-062；ENT-27766；Aphox；Fernos；Pirimor

M. I. 15，7609

性状 无色结晶性固体。溶于水（25℃，2.7g/L），溶于一般有机溶剂。能被沸酸或碱分解。其水溶液遇光不稳定。mp 90.5℃；Fp 212℉（100℃）。LD_{50}雌大鼠急性经口：147mg/kg。一般试剂含量≥98.0%（HPLC）。

注意事项 该品口服有毒。对水生物极毒。能对水环境引起不利的结果。使用时应戴手套，避免吸入本品的粉尘。使用时如有事故发生或有不适之感，应请医生诊治。应防止将本品释放于环境中。其包装物应按危险品处理。

主要用途 杀虫剂。分析用标准物质。

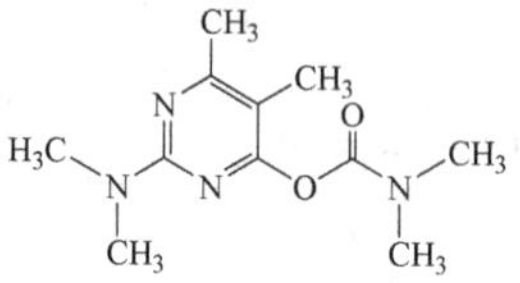

Pirimiphos-ethyl 乙基虫螨磷 08116

[23505-41-1] $C_{13}H_{24}N_3O_3PS$ 333.39

成分 C 46.83%，H 7.26%，N 12.60%，O 14.40%，P 9.29%，S 9.62%。

别名 乙基安定磷；嘧啶硫磷；*O*-(2-Diethylamino-6-methyl-4-pyrimidinyl) phosphorothioic acid *O*，*O*-diethyl ester；*O*，*O*-Diethyl *O*-(2-diethylamino-6-methyl-4-pyrimidinyl) phosphorothioate；PP-211；Fernex；Primicid

M. I. 15，7610

性状 草黄色液体。能与多数有机溶剂相混溶，微溶于水（30℃，1×10^{-6}），呈弱碱性。>130℃分解；d^{20} 1.14；n_D^{25} 1.520；uv max（甲醇中）：248nm（ε 21300）。LD_{50}大鼠，小鼠，豚鼠急性经口（mg/kg）：140～200，105，50～150；大鼠皮肤接触：1000～2000mg/kg。

注意事项 该品口服有毒，与皮肤接触有害。对水生物极毒，能对水环境引起不利的结果。使用时应穿适当的防护服和戴手套，应避免吸入本品的蒸气。使用时如有事故发生或有不适之感，应请医生诊治。应防止将本品释放于环境中。其包装物应按危险品处理。应密封于2～8℃保存。

主要用途 杀虫剂。分析用标准物质。

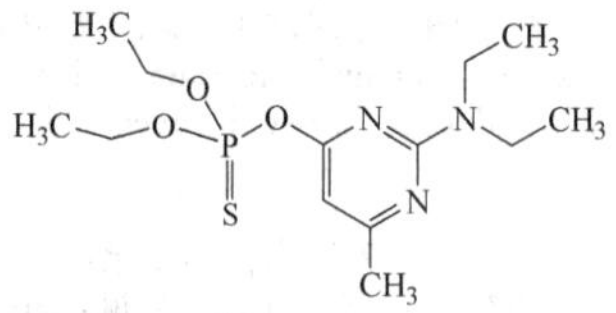

Piritramide 氰苯双哌酰胺 08117

[302-41-0] $C_{27}H_{34}N_4O$ 430.60

成分 C 75.31%，H 7.96%，N 13.01%，O 3.72%。

别名 氰二苯丙基双哌啶酰胺；1′-(3-Cyano-3，3-diphenylpropyl)-[1，4′-bipiperidine]-4′-carboxamide；1-(3，3-Diphenyl-3-cyanopropyl)-4-piperidino-4-piperidinecarboxamide；2，2-Diphenyl-4-(4-piperidino-4-carbamoylpiperidino) butyronitrile；Pirinitramide；A-65；R-3365；Dipidolor

M. I. 15，7611

性状 来自丙酮中的无色结晶。mp 149～150℃。

主要用途 医用麻醉止痛剂。

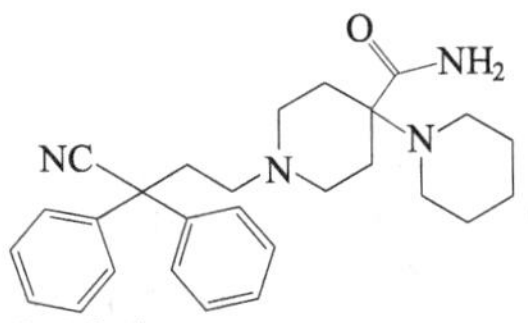

Piritrexim　匹利垂克辛　08118

[72732-56-0]　$C_{17}H_{19}N_5O_2$　325.37

成分　C 62.76%，H 5.89%，N 21.52%，O 9.83%。

别名　吡曲克辛；6-(2,5-Dimethoxyphenyl) methyl-5-methylpyrido[2,3-*d*] pyrimidine-2,4-diamine; 2,4-Diamino-6-(2, 5-dimethoxybenzyl)-5-methylpyrido [2, 3-*d*] pyrimidine; BW-301U; NSC-351521

M. I. 15，7612

性状　来自乙醇/水中的黄色粉末。mp 252～254℃。lg 分配系数（辛醇/水）：1.74。

主要用途　医用抗肿瘤剂。

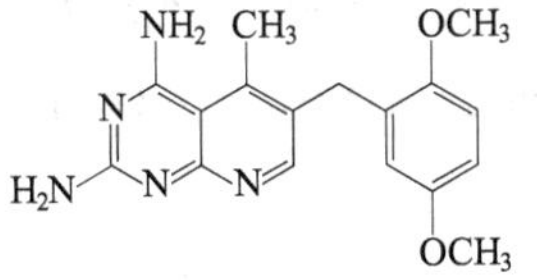

Pirlimycin hydrochloride　皮里霉素 盐酸盐　08119

[78822-40-9]　$C_{17}H_{32}Cl_2N_2O_5S$　447.41

成分　C 45.64%，H 7.21%，Cl 15.85%，N 6.26%，O 17.88%，S 7.17%。

别名　盐酸皮里霉素；U-57903E；Pirsue；(2*S*-*cis*)-Methyl 7-chloro-6,7,8-trideoxy-6-[(4-ethyl-2-piperidinyl) carbonyl] amino-1-thio-L-*threo*-*α*-D-galactooctopyranoside hydrochloride

M. I. 15，7613

性状　来自水中的无色结晶。mp222～224℃；$[\alpha]_D^{25}$ +176°。亦有报告为：mp 210～212℃；$[\alpha]_D^{25}$ +181°。LD_{50}小鼠腹膜内注射：600mg/kg。

主要用途　医用抗菌剂。

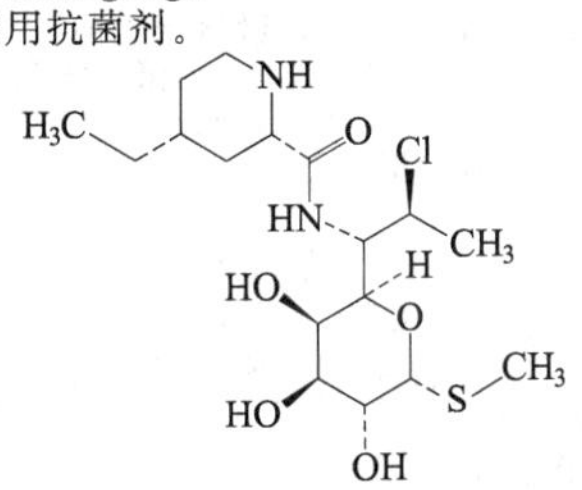

Pirmenol hydrochloride　苯吡哌醇 盐酸盐　08120

[50650-76-5]　$C_{22}H_{31}ClN_2O$　374.95

成分　C 70.47%，H 8.33%，Cl 9.45%，N 7.47%，O 4.27%。

别名　盐酸苯吡哌醇；(±)-1-苯基-1-(2-吡啶基)-4-(顺-2,6-二甲基-1-哌啶基)丁醇 盐酸盐；CI-845；*cis*-(±)-*α*-[3-(2,6-Dimethyl-1-piperidinyl) propyl]-*α*-phenyl-2-pyridinemethanol hydrochloride；(±)-*cis*-2, 6-Dimethyl-*α*-phenyl-*α*-2-pyridyl-1-piperidinebutano hydrochloride；(±)-1-Phenyl-1-(2-pyridyl)-4-(*cis*-2,6-dimethyl-1-piperidyl) butanol hydrochloride

M. I. 15，7614

性状　无色结晶。mp 171～172℃；LD_{50}小鼠，大鼠，狗静脉注射（mg/kg）：20.8，23.6，>7.0；急性经口（mg/kg）：215.5，359.9，>40.0。

主要用途　医用抗心律失常剂（IA 类）。

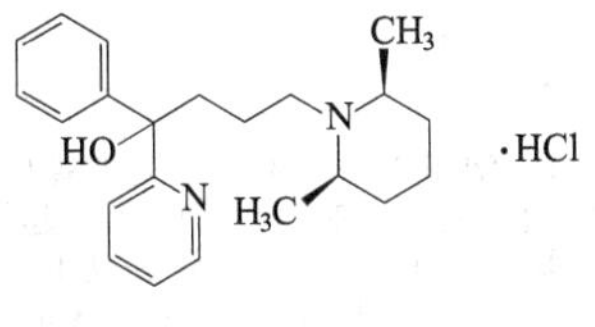

Piroctone　羟甲辛吡酮　08121

[50650-76-5]　$C_{14}H_{23}NO_2$　237.34

成分　C 70.85%，H 9.77%，N 5.90%，O 13.48%。

别名　1-羟基-4-甲基-6-（2，4，4-三甲基戊基）-2（1*H*）-吡啶酮；1-Hydroxy-4-methyl-6-（2，4，4-trimethylpentyl）-2（1*H*）-pyridinone

M. I. 15，7615

性状　无色结晶。mp 108℃。

主要用途　医用抗脂溢性皮炎剂。

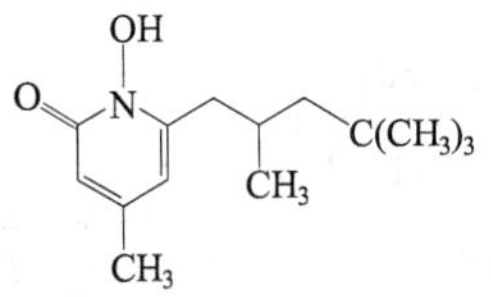

Piroheptine hydrochloride　吡咯替林 盐酸盐　08122

[16378-22-6]　$C_{22}H_{26}ClN$　339.91

成分　C 77.74%，H 7.71%，Cl 10.43%，N 4.12%。

别名　乙甲吡咯烷替林 盐酸盐；盐酸吡咯替林；Trimol；3-(10,11-Dihydro-5*H*-dibenzo[*a*,*d*]cyclohepten-5-ylidene)-1-ethyl-2-methylpyrrolidine hydrochloride

M. I. 15，7616

性状　无色结晶。mp 250～253℃。LD_{50}雄小鼠，大鼠急性经口（mg/kg）：153，600；腹膜内注射（mg/kg）：95，110；皮下注射：109，330。

主要用途　医用抗震颤剂。

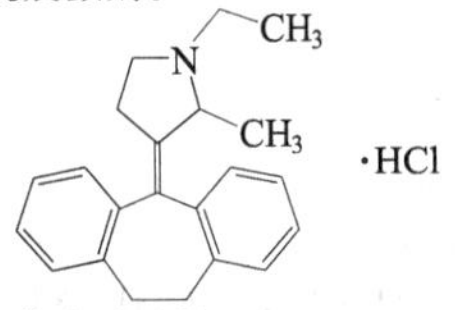

Piromidic acid　吡咯嘧啶酸　08123

[19562-30-2]　$C_{14}H_{16}N_4O_3$　288.31

成分　C 58.32%，H 5.59%，N 19.43%，O 16.65%。

别名　吡咯酸；8-Ethyl-5,8-dihydro-5-oxo-2-(1-pyrrolidinyl) pyrido[2,3-*d*]pyrimidine-6-carboxylic acid; 5,8-Dihydro-8-ethyl-5-oxo-2-pyrrolidinopyrido[2,3-*d*] pyrimidine-6-carboxylic acid; PD-93; Bactramyl; Enterol; Gastrurol; Panacid; Pirodal; Purim; Reelon; Septural; Uropir

M. I. 15，7618

性状　来自乙醇-氯仿中的无色结晶。mp 314～316℃。LD_{50}雄、雌小鼠，雄、雌大鼠静脉注射（mg/kg）：287、268，177、158；急性经口，皮下注射，腹膜内注射：全部>4000mg/kg。

主要用途　医用抗菌剂。

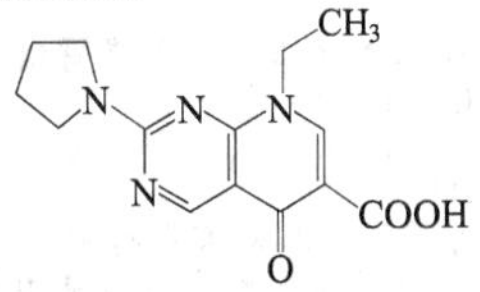

Piroxicam　吡氧噻嗪　08124

[36322-90-4]　$C_{15}H_{13}N_3O_4S$　331.35

成分　C 54.37%，H 3.95%，N 12.68%，O 19.31%，S 9.68%。

别名　炎痛喜康；4-Hydroxy-2-methyl-*N*-2-pyridinyl-2*H*-1,2-benzothiazine-3-carboxamide 1,1-dioxide; 3,4-Dihydro-2-methyl-4-oxo-*N*-2-pyridyl-2*H*-1,2-benzothiazine-3-carboxamide 1,1-dioxide; CP-16171; Artroxicam; Baxo; Bruxicam; Caliment; Erazon; Feldene; Flogobene; Geldene; Improntal; Larapam; Pirkam; Piroflex; Reudene; Riacen; Roxicam; Roxiden; Sasulen; Solocalm; Zunden

M. I. 15，7619

性状　来自甲醇中的无色结晶。微溶于乙醇、碱水溶液，极微溶于水、稀酸及多数有机溶剂。mp 198～200℃。LD_{50}小鼠急性经口：360mg/kg。生化试剂含量≥98.0%（TLC）。

注意事项　该品口服有害。使用时应穿适当的防护服。万一接触到眼睛，应立即用大量水冲洗后请医生诊治。应密封于 2～8℃保存。

主要用途　生化研究。医用抗炎剂。

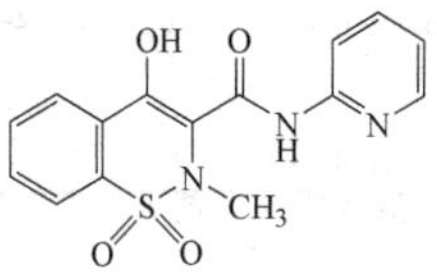

Pirozadil 甲氧苯吡酯 08125
[54110-25-7] $C_{27}H_{29}NO_{10}$ 527.53
成分 C 61.47%，H 5.54%，N 2.66%，O 30.33%。
别名 3,4,5-三甲氧基苯甲酸 2,6-吡啶二基双(亚甲基)酯；2,6-吡啶二甲醇双(3,4,5-三甲氧基苯甲酸酯)；3,4,5-Trimethoxybenzoic acid 2,6-pyridinediylbis(methylene) ester；2,6-Pyridinedimethanol bis(3,4,5-trimethoxybenzoate)；722 D；Pemix
M. I. 15，7620
性状 白色结晶性粉末。易溶于氯仿，溶于二氧六环、乙腈，几乎不溶于乙醚、水。mp 119～126℃。
主要用途 医用抗青光眼剂。

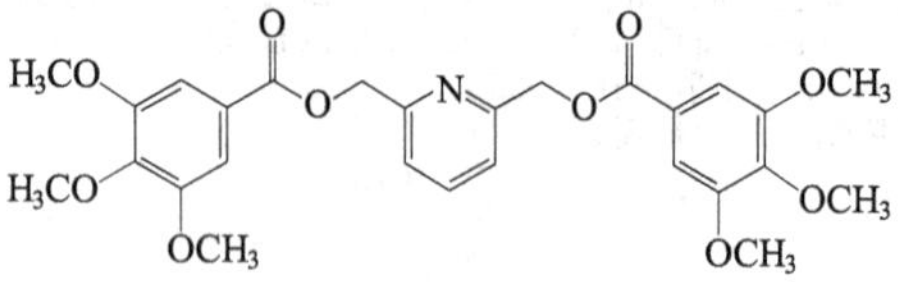

Pivalic acid 新戊酸 08126
[75-98-9] $C_5H_{10}O_2$ 102.13
成分 C 58.50%，H 9.87%，O 31.33%。
别名 三甲基乙酸；2,2-二甲基丙酸；特戊酸；2,2-Dimethylpropanoic acid；*α*,*α*-Dimethylpropionic acid；Trimethylacetic acid
M. I. 15，7625
性状 无色针状结晶。易溶于乙醇、乙醚。1g 该品溶于 40mL 水。pK_a(25℃)：5.01。mp 35.5℃；bp_{760} 163.8℃/101.325kPa；Fp 147°F(63℃)；d^{50} 0.905；$n_D^{36.5}$ 1.3931。一般试剂含量≥99.0%(GC)。
注意事项 该品具有腐蚀性，能引起烧伤。口服或与皮肤接触有害。使用时应穿适当的防护服，戴手套和防护镜或面罩。万一接触到眼睛，应立即用大量水冲洗后请医生诊治。使用时如有事故发生或有不适之感，应请医生诊治。应密封于 2～8℃保存。
主要用途 有机合成。

Pivampicillin hydrochloride 匹氨青霉素 盐酸盐 08127
[26309-95-5] $C_{22}H_{30}ClN_3O_6S$ 500.01
成分 C 52.85%，H 6.05%，Cl 7.09%，N 8.40%，O 19.20%，S 6.41%。
别名 盐酸匹氨青霉素；匹氨苄青霉素 盐酸盐；氨别戊氨苄西林 盐酸盐；氨苄青霉素戊酰氧基甲酰 盐酸盐；Pondocil；Pondocillin；Pondocillina；Sanguicillin；(2*S*，5*R*，6*R*)-6-[(2*R*)-Aminophenylacetyl]amino-3，3-dimethyl-7-oxo-4-thia-1-azabicyclo[3.2.0]heptane-2-carboxylic acid (2,2-dimethyl-1-oxopropoxy) methyl ester hydrochloride；Hydroxymethyl 6-(2-amino-2-phenylacetamido)-3，3-dimethyl-7-oxo-4-thia-1-azabicyclo[3.2.0]heptane-2-carboxylate pivalate (ester) hydrochloride；6-(D-*α*-Aminophenylacetamido) penicillanic acid pivaloyloxymethyl ester hydrochloride；Pivaloyloxymethyl D-*α*-aminobenzylpenicillinate hydrochloride；Ampicillin pivaloyloxymethyl ester hydrochloride；Pivaloyloxymethyl ampicillinate hydrochloride；MK-191
M. I. 15，7626
性状 无色细小结晶性粉末。易溶于乙醇、水、氯仿，略微溶于正丙醇、叔丁醇、乙醚。在酸溶液中相对稳定，于中性溶液中能缓慢地酯化水解。pK_a约 7.0。mp 155～156℃（分解)；$[\alpha]_D^{20}+196°$（$c=1$，于水中)；弱 uv max（水中)：268nm，262nm，256nm（$E_{1cm}^{1\%}$约 3.9，5.7，6.3)。其 0.5g/100mL 水溶液 pH 值约 4.5。LD_{50}小鼠，大鼠急性经口（mg/kg)：3.34，5.00；皮下注射（mg/kg)：3.60，4.50。
主要用途 医用抗菌剂。

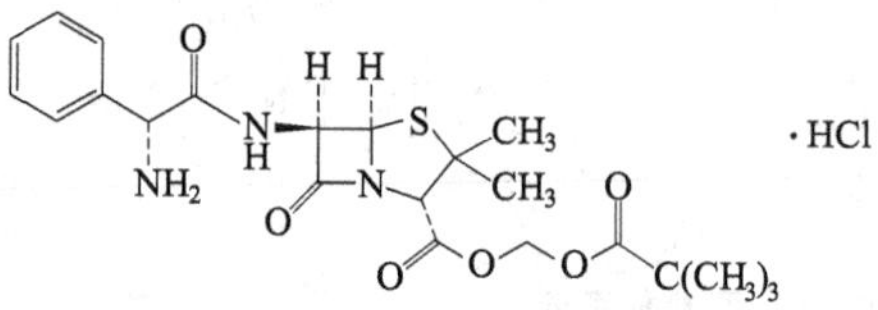

Pizotyline hydrochloride 苯噻啶 盐酸盐 08128
[73391-87-4] $C_{19}H_{22}ClNS$ 331.90
成分 C 68.76%，H 6.68%，Cl 10.68%，N 4.22%，S 9.66%。
别名 盐酸苯噻啶；4-(9，10-Dihydro-4*H*-benzo[4，5]cyclohepta[1，2-*b*]thien-4-ylidene)-1-methylpiperidine hydrochloride；4-(1-Methyl-4-piperidylidene)-9，10-dihydro-4*H*-benzo[4，5]cyclohepta[1，2-*b*]thiophene hydrochloride；Pizotifen hydrochloride；Pizotifan hydrochloride；BC-105-HCl
M. I. 15，7629
性状 来自异丙醇-乙醚中的无色结晶。mp 261～263℃（分解)。
主要用途 医用抗偏头痛剂，食欲兴奋剂。

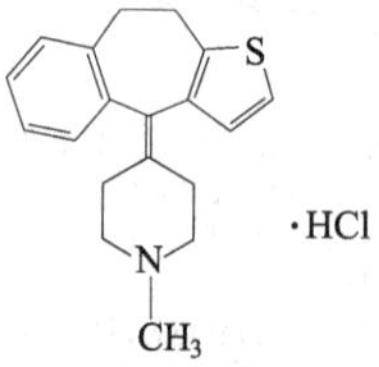

Plafibride 祛脂吗脲 08129
[63394-05-8] $C_{16}H_{22}ClN_3O_4$ 355.82
成分 C 54.01%，H 6.23%，Cl 9.96%，N 11.81%，O 17.99%。
别名 2-(4-Chlorophenoxy)-2-methyl-*N*-[[(4-morpholinylmethyl) amino] carbonyl] propanamide；*N*-2-(*p*-Chlorophenoxy) isobutyryl-*N'*-morpholinomethylurea；ITA-104；Idonor；Perifunal
M. I. 15，7630
性状 无色结晶。溶于丙酮，微溶于乙醇，几乎不溶于水、石油醚。mp 100～102℃。LD_{50}小鼠，大鼠，豚鼠急性经口（mg/kg)：3569，>4000，2168。
主要用途 医用抗血栓形成剂。

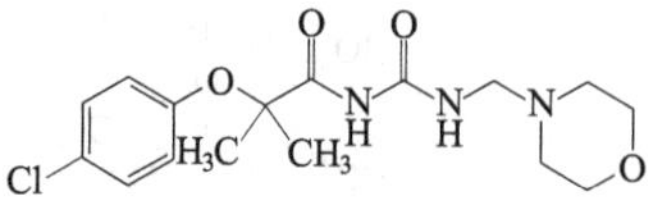

Plasmocid 甲氧胺喹 08130
[551-01-9] $C_{17}H_{25}N_3O$ 287.41
成分 C 71.04%，H 8.77%，N 14.62%，O 5.57%。
别名 N^1，N^1-Diethyl-N^3-(6-methoxy-8-quinolinyl)-1，3-propanediamine；8-(3-Diethylaminopropylamino)-6-methoxyquinoline；6-Methoxy-8-(3-diethylaminopropylamino) quinoline；710-F；SN-3115；Fourneau 710；Antimalarine；Rhodoquine
M. I. 15，7636
性状 无色油状液体。$bp_{1.0}$ 182℃/133.32Pa；d_4^{24} 1.0569；n_D^{24} 1.5855。
主要用途 医用抗疟剂。

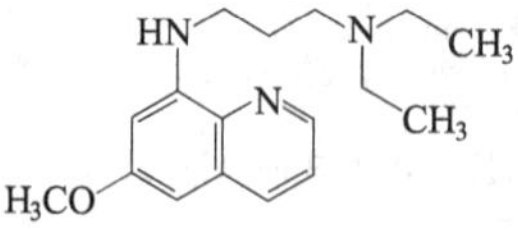

Platinum black 铂黑 08131
[7440-06-4] Pt 195.086
M. I. 15，7644
性状 黑色粉末。溶于王水，不溶于无机酸及有机酸。
注意事项 该品易燃。与易燃品接触能引起燃烧。接触皮肤能引起过敏。使用时应戴手套和防护镜或面罩。万一接触到眼睛，应立即用大量水冲洗后请医生诊治。接触皮肤后应立即用大量肥皂泡沫冲洗。应远离易燃品密封保存。
主要用途 催化剂。氧化剂。气体吸收剂。

Platinum on activated carbon 5% 铂活性炭 5% 08132

[7440-06-4]

别名 活性炭 含 5%铂

性状 黑色粉末或颗粒。为活性炭含有 5%的铂。

注意事项 该品高度易燃。对眼睛、呼吸系统及皮肤有刺激性。使用时应穿适当的防护服和戴手套。使用现场禁止吸烟。使用时应避免吸入本品的粉尘。万一接触到眼睛，应立即用大量水冲洗后请医生诊治。应远离火种密封保存。

Platinum powder 铂粉 08133

[7440-06-4] Pt 195.086

别名 白金

M. I. 15, 7644

性状 银灰色粉末。缓溶于王水，加热易溶。mp 1773.5℃±1℃；bp 3827℃；*d* 21.447。

主要用途 催化剂。氧化剂。气体吸收剂。

Platinum sponge 铂海绵 08134

[7440-06-4] Pt 195.086

M. I. 15, 7644

性状 黑色海绵状粉末。

主要用途 催化剂。气体吸收剂。

Platinum wire 铂丝 08135

[7440-06-4] Pt 195.086

M. I. 15, 7644

性状 银白色金属丝。mp 1773.5℃±1℃；bp 3827℃；*d* 21.447。

主要用途 制作白金铒。用燃烧法检查钾、钠等颜色。

Platinum (Ⅳ) chloride 氯化铂 08136

[13454-96-1] Cl_4Pt 336.90

成分 Cl 42.09%，Pt 57.90%。

别名 四氯化铂；Platinum tetrachloride；Platinic chloride

性状 红褐色结晶。有吸潮性。溶于水、乙醇、丙酮、盐酸，微溶于乙酸、三氯甲烷。mp 370℃（分解）。一般试剂含量（以 Pt 计）≥56.0%。

注意事项 该品口服有害。具有腐蚀性，能引起烧伤。吸入或接触皮肤能引起过敏。对机体有不可逆损伤的可能性。使用时应穿适当的防护服，戴手套和防护镜或面罩。使用时应避免吸入本品的粉尘。万一接触到眼睛，应立即用大量水冲洗后请医生诊治。使用时如有事故发生或有不适之感，应请医生诊治。应密封于干燥处保存。其包装物应按危险品处理。

主要用途 在容量分析中，用以测定钾、铯、钌、铵、铊、生物碱。催化剂。制造铂黑。

Platinum(Ⅳ) oxide hydrate 氧化铂 水合 08137

[52785-06-5][1314-15-4](无水物) $O_2Pt \cdot xH_2O$ 227.08

成分 O 14.09%，Pt 85.91%。

别名 二氧化铂；Adam's catalyst；Platinic oxide；Platinum dioxide

M. I. 15，7642

性状 黑色粉末。吸湿。对湿度敏感。溶于浓酸，微溶于氢氧化钠溶液，不溶于水、王水和乙酸。mp 450℃（近似无水）。一般试剂铂含量约 81%。

注意事项 该品与易燃品接触能引起燃烧。接触皮肤能引起过敏。使用时应戴手套。应避免与皮肤接触。应远离易燃品密封保存。其包装物应按危险品处理。

主要用途 在容量分析中，用以测定钾、铯、钌、铵、铊、生物碱。氢化催化剂。

Platonin 普拉通宁 08138

[3571-88-8] $C_{38}H_{61}I_2N_3S_3$ 909.92

成分 C 50.16%，H 6.76%，I 27.98%，N 4.62%，S 10.57%。

别名 普拉托宁；2,2′-[3-[(3-Heptyl-4-methyl-2(3*H*)-thiazolylidene)ethylidene]-1-propene-1,3-diyl]bis(3-heptyl-4-methylthiazolium)diiodide；4,4′,4″-Trimethyl-3,3′,3″-triheptyl-8-(2″-thiazolyl)-2,2′-pentamethinethiazolocyanine 3,3″-diiodide；3,3′,3″-Triheptyl-4,4′,4″-trimethyl-7-(2″-methylthiazolyl-2,2′-trimethine)thiazolcyanine 3,3″-diiodide；Platonin JNK-19；Kankohso 101；Photosenstizer 101

M. I. 15，7645

性状 灿烂绿色结晶性粉末。溶于水、乙醇。mp 204℃。LD_{50} 雄，雌小鼠腹膜内注射（mg/kg）：46.5，50.5；雄，雌大鼠急性经口（mg/kg）：1539，1571。

主要用途 医用免疫调节剂。

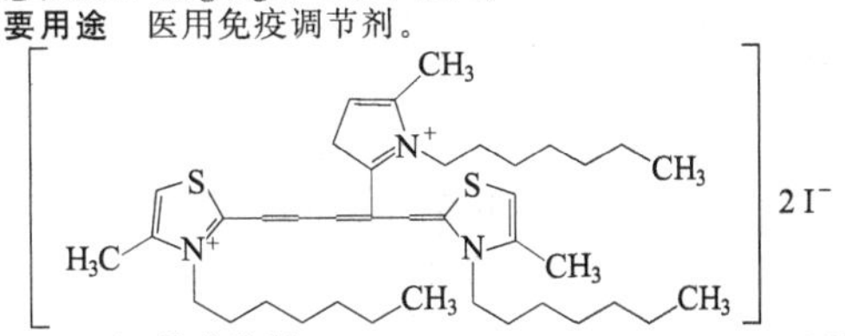

Plaunotol 普劳诺托 08139

[64218-02-6] $C_{20}H_{34}O_2$ 306.49

成分 C 78.38%，H 11.18%，O 10.44%。

别名 (2*Z*,6*E*)-2-[(3*E*)-4,8-Dimethyl-3,7-nonadienyl]-6-methyl-2,6-octadiene-1,8-diol；(*E*,*Z*,*E*)-7-Hydroxymethyl-3,11,15-trimethyl-2,6,10,14-hexadecatetraen-1-ol；CS-684；Kelnac

M. I. 15，7647

性状 亮黄色油状液体。有芳香气味。味道苦。溶于苯、丙酮、醇类，不溶于水。LD_{50} 雄、雌小鼠，雄、雌大鼠急性经口（mg/kg）：8800、8100，10900、11200。

主要用途 医用抗溃疡剂。

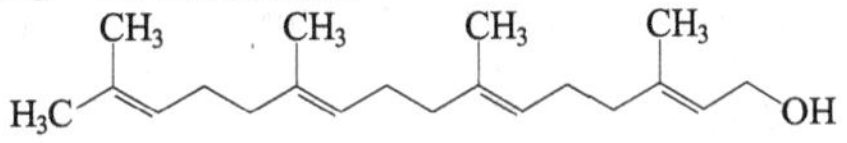

Pleconaril 普来可那立 08140

[153168-05-9] $C_{18}H_{18}F_3N_3O_3$ 381.36

成分 C 56.69%，H 4.76%，F 14.95%，N 11.02%，O 12.59%。

别名 普东康尼；普可那利；普拉康纳利；3-[3,5-Dimethyl-4-[3-(3-methyl-5-isoxazolyl)propoxy]phenyl]-5-trifluoromethyl-1,2,4-oxadiazole；5-[3-[2,6-Dimethyl-4-(5-trifluoromethyl-1,2,4-oxadiazol-3-yl)phenoxy]propyl]-3-methylisoxazole；VP-63843；Win-63843

M. I. 15，7648

性状 白色固体。溶于红花籽油、玉米油、玉米油乙醇溶液，微溶于水（25℃，<20mg/mL）。mp 61～62℃。

主要用途 医用抗病毒剂。

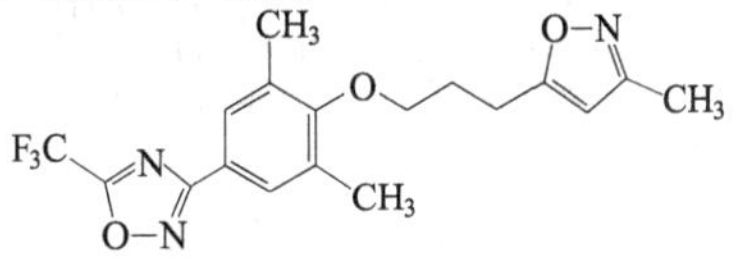

Pleuromutilin 截短侧耳素 08141

[125-65-5] $C_{22}H_{34}O_5$ 378.51

成分 C 69.81%，H 9.05%，O 21.13%。

别名 脆柄菇素 B；短截北风菌素；2-Hydroxyacetie acid (3a*S*,4*R*,5*S*,6*S*,8*R*,9*R*,10*R*)-6-ethenyldecahydro-5-hydroxy-4,6,9,10-tetramethyl-1-oxo-3a,9-propano-3a*H*-cyclopentacyclocten-8-yl ester；Glycolic acid 8-ester with octahydro-5,8-dihydroxy-4,6,9,10-tetramethyl-6-vinyl-3a,9-propano-3a*H*-cyclopentacycloocten-1(4*H*)-one；Drosophilin B；BC-757

M. I. 15，7650

性状 来自乙酸乙酯＋溶剂汽油中的无色结晶。溶于甲醇、乙醇、乙酸乙酯、氯仿。mp 170～171℃；$[\alpha]_D^{24}$＋20°（*c*＝3，于无水乙醇中）；uv max（5mg/mL 于 95%乙醇中）：290nm。LD_{50}小鼠静脉注射：>60mg/kg。

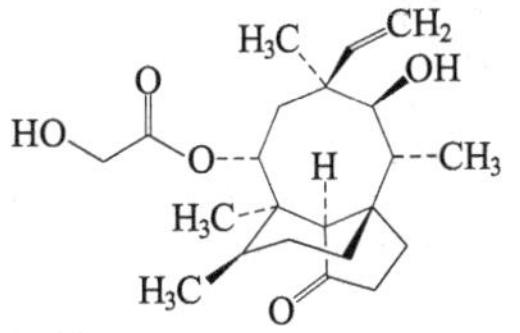

Pleurotin 北风菌素 08142

[1404-23-5] $C_{21}H_{22}O_5$ 354.40

成分 C 71.17%，H 6.26%，O 22.57%。

别名 灰北风菌素；灰侧耳菌素；(2aα,4aβ,5β,6β,8aα,12bβ,12cβ,12dβ)-(−)-2a,3,4,4a,5,6,7,8a,12b,12c-Decahydro-6-methyl-2*H*-5,12d-ethanofuro[4′,3′,2′：4,10]anthra[9,1-*bc*]oxepin-2,9,12-trione；pleurotine

M. I. 15，7651

性状 来自乙醚＋氯仿中的琥珀色结晶。呈中性。易溶于氯仿，中等程度溶于乙醇、乙醚，略微溶于水。mp 200～215℃；$[\alpha]_D^{23}$ −20°（氯仿中）。

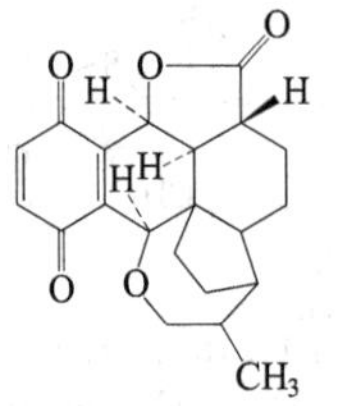

Plicatic acid 大侧柏酸 08143

[16462-65-0]　$C_{20}H_{22}O_{10}$　422.39

成分 C 56.87%，H 5.25%，O 37.88%。

别名 (1*S*,2*S*,3*R*)-1-(3,4-Dihydroxy-5-methoxyphenyl)-1,2,3,4-tetrahydro-2,3,7-trihydroxy-3-hydroxymethyl-6-methoxy-2-naphthalenecarboxylic acid

M. I. 15，7653

性状 亮褐色粉末。易溶于水，溶于丙酮、乙醇，极微溶于乙酸乙酯、乙醚。pK_a 3.0；$[\alpha]_D^{21}$ −9.99°（水中）；uv max（水中）：281nm（lg ε 3.58）。

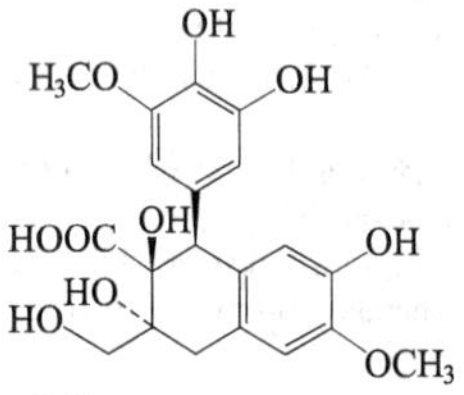

Plumbagin 石灰蓉萘醌 08144

[481-42-5]　$C_{11}H_8O_3$　188.18

成分 C 70.21%，H 4.29%，O 25.51%。

别名 2-甲基-5-羟基-1,4-萘醌；白花丹素；白花丹醌；矾粒素；5-羟基-2-甲基-1,4-萘醌；5-羟基-2-甲基-1,4-萘二酮；5-Hydroxy-2-methyl-1,4-naphthalenedione；5-Hydroxy-2-methyl-1,4-naphthoquinone

M. I. 15，7655

性状 来自稀乙醇中的黄色针状结晶。能升华。能随水蒸气挥发。溶于乙醇、丙酮、氯仿、苯、乙酸，微溶于热水。mp 78～79℃。LD_{50}小鼠腹膜内注射：约15mg/kg。

注意事项 该品口服有毒。具有腐蚀性，能引起烧伤。使用时应穿适当的防护服，戴手套和防护镜或面罩。使用时应避免吸入本品的粉尘，避免与眼睛及皮肤接触。万一接触到眼睛，应立即用大量水冲洗后请医生诊治。使用时如有事故发生或有不适之感，应请医生诊治。应密封于−20℃保存。

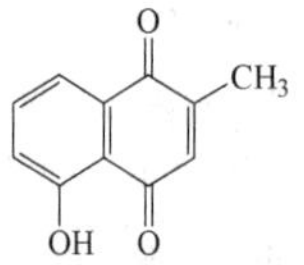

Plumericin 鸡蛋花素 08145

[77-16-7]　$C_{15}H_{14}O_6$　290.27

成分 C 62.07%，H 4.86%，O 33.07%。

别名 (3*E*,3a*S*,4a*R*,7a*S*,9a*S*,9b*S*)-3-Ethylidene-3,3a,7a,9b-tetrahydro-2-oxo-2*H*,4a*H*-1,4,5-trioxadicyclopent[*a*,*hi*]indene-7-carboxylic acid methyl ester

M. I. 15，7656

性状 来自乙醇、甲苯或二氯甲烷＋乙醚中的细小长方形片状结晶。于高真空状态160～180℃升华。溶于氯仿，微溶于甲醇、乙醇、乙醚、丙酮、苯，几乎不溶于石油醚、水。211.5～212.5℃分解；$[\alpha]_D^{25}$ +197.5°±2°（c=0.982，于氯仿中）。uv max（乙醇中）：214～215nm（lg ε 4.24）。

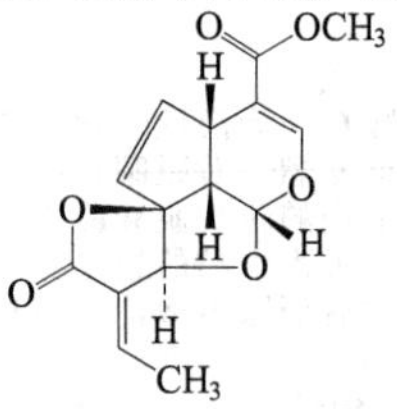

Podocarpic acid 罗汉松酸 08146

[5947-49-9]　$C_{17}H_{22}O_3$　274.36

成分 C 74.42%，H 8.08%，O 17.49%。

别名 (1*S*,4a*S*,10a*R*)-1,2,3,4,4a,9,10,10a-Octahydro-6-hydroxy-1，4a-dimethyl-1-phenanthrenecarboxylic acid；12-Hydroxypodocarpa-8,11,13-trien-16-oic acid

M. I. 15，7660

性状 来自稀乙醇中的无色片状结晶。溶于甲醇、乙醇、乙醚、乙酸，几乎不溶于水、氯仿、苯、二硫化碳。mp 193.5℃；$[\alpha]_{546}^{20}$ +165°（c=4，于无水乙醇中）。

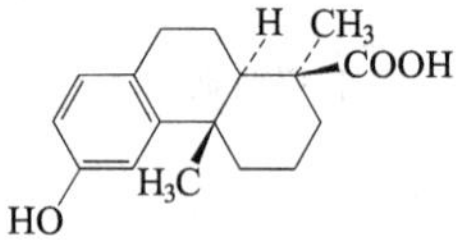

Podophyllotoxin 鬼臼毒 08147

[518-28-5]　$C_{22}H_{22}O_8$　414.41

成分 C 63.76%，H 5.35%，O 30.89%。

别名 足叶草毒素；足叶草脂毒素；鬼臼毒素；鬼臼素；楯鬼臼脂毒素；Condyline；Condylox；1-Hydroxy-2-hydroxymethyl-6,7-methylenedioxy-4-(3′,4′,5′-trimethoxyphenyl)-1,2,3,4-tetrahydronaphthalene-3-carboxylic acid lactone；Podofilox；Podophyllinic acid lactone；[5*R*-(5α,5aβ,8aα,9α)]-5,8,8a,9-Tetrahydro-9-hydroxy-5-(3,4,5-trimethoxyphenyl)furo[3′,4′：6,7]naphtho[2,3-*d*]-1,3-dioxol-6(5a*H*)-one；(5*R*,5a*R*,8a*R*,9*R*)-5,8,8a,9-Tetrahydro-9-hydroxy-5-(3,4,5-trimethoxyphenyl)furo[3′,4′；6,7]naphtho[2,3-*d*]-1,3-dioxol-6(5a*H*)-one；Wartec；Warticon

M. I. 15，7663

性状 无色或白色溶化状结晶。有刺激性。23℃时水中溶解度为：120mg/L。溶于乙醇、氯仿、丙酮、热苯及冰乙酸。114～118℃泡腾；mp 183.3～184.0℃（干燥后）；$[\alpha]_D^{20}$ −132.7°（于氯仿中）。LD_{50}大鼠静脉注射：8.7mg/kg；腹膜内注入：15mg/kg。生化试剂含量约98%。

注意事项 该品口服有毒。与皮肤接触有害。对眼睛、呼吸系统及皮肤有刺激性。使用时应穿适当的防护服，戴手套和防护镜或面罩。使用时如有事故发生或有不适之感，应立即请医生诊治。应充氩气密封避光于2～8℃干燥保存。

主要用途 生化研究。医用局部抗病毒剂。

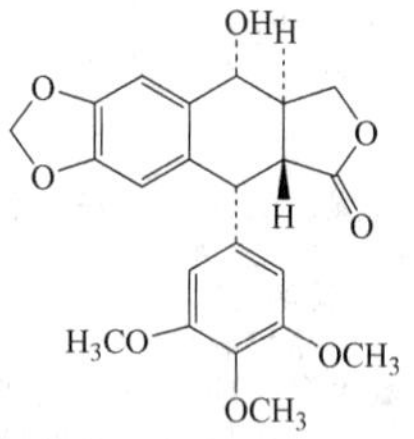

Polaprezinc 聚普瑞锌 08148

[107667-60-7]　$(C_9H_{12}N_4O_3Zn)_n$　$(289.6)_n$

成分 C 37.33%，H 4.18%，N 19.35%，O 16.57%，Zn 22.58%。

别名 L-肌肽锌；[*N*-β-Alanyl-L-histidinato(2−)-*N*,N^N,O^α]zine；*catena*-(*S*)-[μ-[N^α-(3-Aminopropionyl)-L-histidinato(2−)-N^1,N^2,*O*：N^τ]zinc]；Zinc L-carnosine；β-Alanyl-L-histidinato zinc；*N*-(3-Aminopropionyl)-L-histidinatozine；Z-103；Promac Polymeric zinc(Ⅱ) complex with L-carnosine，corresponding to the formula

M. I. 15，7669

性状 白色或浅黄色结晶性粉末。不溶于水及通常的有机溶剂。LD_{50}雄、雌小鼠，雄、雌大鼠腹膜内注射（mg/kg）：220、165、405、422；皮下注射（mg/kg）：758、874、＞5000、＞5000。急性经口（mg/kg）：1269、1331、8441、7375。生化试剂含量≥98.0%。

注意事项 该品应密封于干燥处保存。

主要用途 医用抗溃疡剂。

Poldine methylsulfate 甲基硫酸波尔定 08149

[545-80-2] $C_{22}H_{29}NO_7S$ 451.53

成分 C 58.52%，H 6.47%，N 3.10%，O 24.80%，S 7.10%。

别名 波尔定；甲基硫酸盐；2-[(Hydroxydiphenylacetyl)oxy]methyl-1，1-dimethylpyrrolidiniummethyl sulfate（salt）；2-Hydroxymethyl-1，1-dimethylpyrrolidinium methyl sulfate benzilate；2-Benziloyloxymethyl-1，1-dimethylpyrrolidinium methyl sulfate；(1-Methyl-2-pyrrolidinyl)methyl benzilate methylmethosulfate；IS-499；McN-R-726-47；Nacton；Nactate

M. I. 15，7671

性状 来自2-丁酮＋乙醇＋乙醚中的无色针状结晶。溶于水。mp 154～155℃。

主要用途 医用解痉剂。

Polyadenylic acid potassium salt 聚腺苷酸钾盐 08150

[24937-83-5] Mr 约 7000000

别名 多聚腺嘌呤；Polyadenylic acid K salt；Poly（A）potassium salt

性状 白色纤维状，微有吸湿性的冷冻干燥物质。溶于水。

注意事项 使用时应避免吸入本品的粉尘，避免与眼睛及皮肤接触。应充氩气密封于－20℃干燥保存。

主要用途 生化研究。核酸合成。

Polyamide-6 powder 聚酰胺-6 粉 08151

[63428-83-1][25038-54-4] $\text{—}[(CH_2)_5CONH]_n\text{—}$

别名 尼龙-6；聚己内酰胺；Nylon-6；Perlon；Polycaprolactam；Poly[imino(1-oxo-1，6-hexanediyl)]；Poly(iminocarbonylpentanethylene)；Caprolan；Enkalon；Grilon；Kapron；Mirlon；Phrilon；Amilan

M. I. 15，6823

性状 白色粉末。溶于热甲酸、乙酸和浓无机酸，不溶于水、甲醇、丙酮。对有机化合物碱较稳定，但对无机酸的稳定性较差。能被苯酚、甲酚、强酸所溶解。210℃软化，mp 223℃；d_4^{20} 1.14。

注意事项 使用时应避免吸入本品的粉尘，避免与眼睛及皮肤接触。

主要用途 薄层色谱试剂，用于黄酮类、蒽酮类、酚类、鞣质等的测定。

Polycytidylic acid potassium salt 聚胞苷酸钾盐 08152

[26936-40-3] $(C_9H_{11}N_3O_7P\cdot K)_3$ Mr 约 8500000

别名 多聚胞嘧啶核苷酸钾盐；多聚胞苷酸钾盐；Polycytidylic acid K salt；Poly（C）-K salt

性状 白色冻干粉末。一般商品含量约10U/μL。

注意事项 该品吸入或与皮肤接触可引起过敏。使用时应穿适当的防护服和戴手套。使用时应避免吸入本品的粉尘。应充氩气密封于－20℃干燥保存。

Polyestradiol phosphate 磷酸聚雌二醇 08153

[28014-46-2] 约 26000

别名 聚磷酸雌二醇；(17β)-Estra-1，3，5（10）-triene-3，17-diolpolymer with phosphoric acid；Estradiolphosphate polymer；PEP；Estradurin Polymeric cster of phosphoric acid and estradiol

M. I. 15，7686

性状 无色固体。易溶于吡啶水溶液，溶于碱水溶液，极微溶于乙醇、乙醇＋水（1∶1）、水、二氧六环、丙酮、氯仿。mp 195～202℃。

主要用途 医用抗肿瘤剂（激素）。

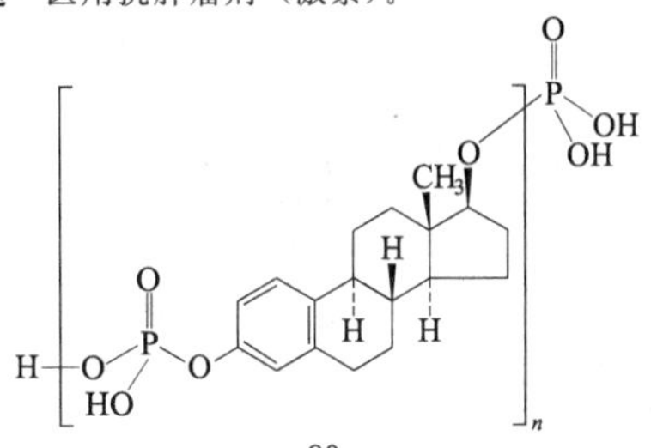

n≈80

Polyethylene glycol 200 聚乙二醇 200 08154

[25322-68-3] $HO(CH_2CH_2O)_nH$ Mr 190～210

别名 PEG 200；Carbowax 200；α-Hydro-ω-hydroxypoly（oxy-1，2-ethanediyl）；Macrogol；Pluracol E；Poly-G；Ploygly col E

M. I. 15，7688

性状 无色黏稠状液体。微有特殊气味。有吸湿性。能与水、丙酮相混溶。黏度（20℃）约60mPa·s。mp －38～－36℃；Fp 340℉（170℃，开杯）；d_{25}^{25} 1.127；n_D^{20} 1.460。

主要用途 气相色谱固定液，分离分析醇类、含氧化合物和有机溶剂。

Polyethylene glycol 300 聚乙二醇 300 08155

[25322-68-3] $HO(CH_2CH_2O)_nH$ Mr 285～315

别名 Carbowax 300；PEG 300

M. I. 15，7688

性状 无色黏稠状液体。微有特殊气味。有吸湿性。能与水、丙酮相混溶。黏度（20℃）约95mPa·s。mp －20～－15℃；Fp 384.8℉（196℃，开杯）；d_4^{20} 1.12；n_D^{20} 1.465。

主要用途 气相色谱固定液，用于含氧、含氮化合物和含水样品的分析。

Polyethylene glycol 400 聚乙二醇 400 08156

[25322-68-3] $HO(CH_2CH_2O)_nH$ Mr 380～420

别名 Carbowax 400；PEG 400

M. I. 15，7688

性状 近无色黏稠状液体。微有特殊气味。有吸湿性。能与水、乙醇、三氯甲烷相混溶。mp 4～8℃；Fp 435.2℉（224℃，开杯）；d_{25}^{25} 1.128；n_D^{20} 1.467。LD_{50}大鼠急性经口：30mL/kg。

主要用途 气相色谱固定液，分离分析醇类、含氧化合物、乙醇中的甲醇和水的乙醇，亦用于含氧、含氮化合物和含水样品的分析。

Polyethylene glycol 600 聚乙二醇 600 08157

[25322-68-3] $HO(CH_2CH_2O)_nH$ Mr 570～630

别名 Carbowax 600；PEG 600

M. I. 15，7688

性状 白色或浅黄色膏状物，受热熔化为液体。微有特殊气味。溶于水、乙醇。黏度（20℃）150～190mPa·s。mp 20～25℃；Fp 474.8℉（246℃，开杯）；d_{25}^{25} 1.128；n_D^{20} 1.469。

主要用途 气相色谱固定液，分离分析醇类、含氧化合物、乙醇中的甲醇和水中的乙醇，亦用于含氧、含氮化合物、含水样品的分析。

Polyethylene glycol 800 聚乙二醇 800 08158

[25322-68-3] $HO(CH_2CH_2O)_nH$ Mr 770～860

别名 Carbowax 800；PEG 800

性状 白色或浅黄色膏状物。受热熔化。微有特殊气味。溶于水、乙醇。

主要用途 气相色谱固定液，用于含氧、含氮化合物、含水样品的分析。

Polyethylene glycol 1000 聚乙二醇 1000 08159

[25322-68-3] HO $(CH_2CH_2O)_nH$ Mr 950～1050

别名 Carbowax 1000；PEG 1000

性状 白色或浅黄色膏状物，受热熔化为液体。微有特殊气味。溶于水、乙醇。mp 37～40℃；Fp>500°F (260℃)。

主要用途 气相色谱固定液，分离分析醇类、含氧化合物、乙醇中的甲醇及水中的乙醇，亦用于含氧、含氮化合物和含水样品的分析。

Polyethylene glycol 1500 聚乙二醇 1500 08160

[25322-68-3] HO $(CH_2CH_2O)_nH$ Mr 1400～1600

别名 PEG 1500；Carbowax 1500

M. I. 15，7688

性状 白色易流动的粉末。溶于水、丙酮。mp 44～48℃；Fp>482°F (250℃)；d_{25}^{25} 1.210

主要用途 气相色谱固定液，分离分析含氧化合物及脂肪胺。

Polyethylene glycol 1540 聚乙二醇 1540 08161

[25322-68-3] HO $(CH_2CH_2O)_nH$ Mr 1450～1600

别名 Carbowax 1540；PEG 1540

性状 白色或浅黄色膏状物，受热熔化为液体。微有特殊气味。溶于水、乙醇。mp 40～45℃。

主要用途 有机合成。气相色谱固定液。

Polyethylene glycol 2000 聚乙二醇 2000 08162

[25322-68-3] HO $(CH_2CH_2O)_nH$ Mr 1900～2200

别名 Carbowax 2000；PEG 2000

性状 白色或浅黄色蜡状物或片状物，受热熔化为液体。微有特殊气味。溶于水、丙酮。mp 50～52℃。

主要用途 气相色谱固定液，用于含氧、含氮化合物及含水样品的分析。

Polyethylene glycol 6000 聚乙二醇 6000 08163

[25322-68-3] HO $(CH_2CH_2O)_nH$ Mr 5000～7000

别名 Carbowax 6000；PEG 6000

M. I. 15，7688

性状 奶白色粉末或薄片状物，受热熔化为液体。微有特殊气味。溶于水和乙醇。mp 56～63℃；Fp>212°F (100℃)；d_{25}^{25} 1.21。LD_{50}大鼠急性经口：>50g/kg。

主要用途 气相色谱固定液，用于含氧、含氮化合物和维生素、脂肪酸酯含水样品的分析。

Polyethylene glycol 10000 聚乙二醇 10000 08164

[25322-68-3] HO $(CH_2CH_2O)_nH$ Mr 8500～11500

性状 白色蜡状固体或薄片。溶于水 (20℃，500g/L)。mp 63～65℃；Fp 509°F (265℃)；*d*1.2。

主要用途 气相色谱固定液。

Polyethylene glycol 12000 聚乙二醇 12000 08165

[25322-68-3] HO $(CH_2CH_2O)_nH$ Mr 11000～13000

别名 Carbowax 12000；PEG 12000

性状 白色结晶。溶于丙酮。mp 64～65℃；Fp>464°F (240℃)。

主要用途 气相色谱固定液，分离分析醇、酮、醛等含氧化合物。

Polyethylene glycol 20000 聚乙二醇 20000 08166

[25322-68-3] HO $(CH_2CH_2O)_nH$ Mr 约 16000～24000

别名 炭腊 20M；Carbowax 20M；Carbowax 20000；PEG 20000

性状 白色结晶。溶于丙酮。mp 63～66℃；Fp 500°F (260℃)；*d*1.2。

主要用途 气相色谱固定液，分离分析醇、酮、醛等氧化物，亦用于含氧、含氮化合物及含水样品的分析。

Poly(ethyleneglycol)1900 monomethyl ether 1900
聚乙二醇 1900-甲醚 08167

[9004-74-4] $CH_3(OCH_2CH_2)_nOH$

别名 甲氧基聚乙二醇；Methoxypolyethylene glycol 1100；mono-Methylpolyethylene glycol 1100

性状 白色蜡状固体。性质与相等分子量的聚乙二醇相似。mp 52℃。

注意事项 该品应充氩气密封保存。

Polyethylenepolyamine 多乙烯多胺 08168

[29320-38-5] [68131-73-7]

别名 PETA

GW 2015-1231

性状 黄色或橙红色透明的黏稠状液体。呈强碱性。能与水、乙醇、乙醚等相混溶。d_4^{20} 1.000～1.025。

注意事项 该品具有腐蚀性，能引起烧伤。应密封避光保存。

主要用途 环氧树脂固化剂。

Poly-L-glutamic acid 2000-15000
聚-L-谷氨酸 2000-15000 08169

[25513-46-6]

别名 聚-L-2-氨基戊二酸；L-Glu-$(L\text{-}Glu)_n$-L-Glu

性状 白色结晶。溶于稀碱溶液，难溶于水。Fp 235.4°F (113℃)；$[\alpha]_D^{20}$ −51.5°±1°。

注意事项 使用时应避免吸入本品的粉尘，避免与眼睛及皮肤接触。应充氩气密封于−20℃干燥保存。

主要用途 生化研究。肽的合成。

Poly(2-hydroxyethyl methacrylate)
聚(甲基丙烯酸-2-羟基乙酯) 08170

[25249-16-5] $(C_6H_{10}O_3)_n$

别名 聚 2-羟乙基甲基丙烯酸酯；Cell form polymer；poly-HEMA；poly(2-HEMA)

性状 无色或白色结晶。易溶于乙醇水溶液。*d* 1.150。

Polyinosinic acid potassium salt 聚肌苷酸钾盐 08171

[26936-41-4] $(C_{10}H_{10}KN_4O_7P)_n$ Mr<1200000

别名 多聚肌苷酸钾盐；Polyinosinic acid K salt；Poly (I) -K salt；Poly (I) potassium salt

性状 白色冻干粉。

注意事项 该品应充氩气密封于−20℃干燥保存。

Polymyxin B sulfate 硫酸多黏菌素 B 08172

[1405-20-5] $C_{55}H_{100}N_{16}O_{21}S_2$ 1385.63

成分 C 47.68%，H 7.27%，N 16.17%，O 24.25%，S 4.63%。

别名 二硫酸多黏菌素 B；多黏菌素 B 硫酸盐；Aerosporin；Mastimyxin

M. I. 15，7693

性状 白色微细结晶或粉末。易溶于水，微溶于乙醇。一般试剂每毫克最少含 6000 USP 单位。

注意事项 该品口服有害。使用时应避免吸入本品的粉尘，避免与眼睛及皮肤接触。应充氩气密封避光于 2～8℃干燥保存。

Polynucleotidekinase from phage T_4 infected escherichia coli
聚核苷酸激酶(噬菌体 T_4 感染的大肠杆菌) 08173

[37211-65-7]

别名 聚核苷酸致活酶

EC 2.7.1.78

性状 该品储存在 pH 值 7.0，含有 20mmol/L 磷酸钾、25mmol/L 氯化钾、10mmol/L 2-巯基乙醇、0.1μmol/L ATP 的 50%甘油溶液中。生化试剂含量 10000U/mL。

注意事项 使用时应避免吸入本品的蒸气，避免与眼睛及皮肤接触。应密封于−20℃保存。

Polyoxin A 多氧霉素 A 08174

[19396-03-3] $C_{23}H_{32}N_6O_{14}$ 616.54

成分 C 44.81%，H 5.23%，N 13.63%，O 36.33%。

别名 [S-(*Z*)]-1-[5-(2-Amino-5-*O*-aminocarbonyl-2-deoxy-L-xylonoyl) amino-1，5-dideoxy-1-[3，4-dihydro-5-hydroxymethyl)

2，4-dioxo-1（2*H*）-pyrimidinyl]-*β*-D-allofuranuronoyl]-3-ethylidene-2-azetidinecarboxylic acid
M. I. 15，7696
性状 来自乙醇水溶液中的无色针状结晶。>180℃分解；$[\alpha]_D^{20}$ −30°；uv max（0.05mol/L 盐酸中）：262nm（lg ε 3.94），（0.05mol/L 氢氧化钠溶液中）：264nm（lg ε 3.80）。
主要用途 杀菌剂。

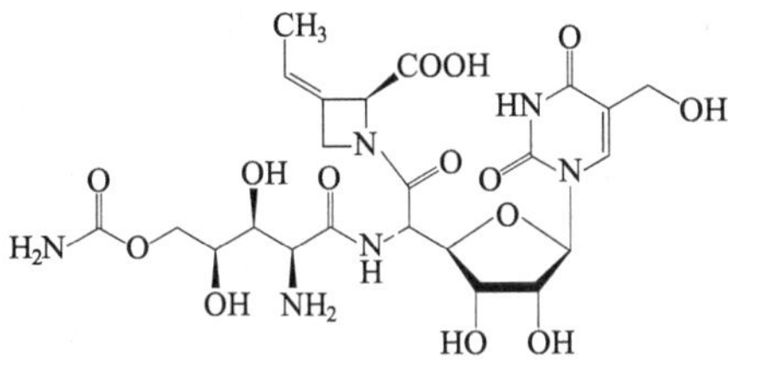

Polyphenyl ether（5-ring） 聚苯醚 五环 08175

[31533-76-3] $C_{30}H_{22}O_4$ 446.50
成分 C 80.70%，H 4.97%，O 14.33%。
别名 五环聚苯醚；间双(间苯氧基苯氧基 苯基)醚；3-双(3-苯氧基苯氧基苯基)醚；*m*-Bis(*m*-phenoxyphenoxyphenyl) ether（5-ring）；OS-124；PMPE（5-ring）；Poly-*m*-phenoxylene (5-ring)；Poly-*m*-phenyl ether(5-ring)；5P4E
性状 棕黑色稠厚固体。Fp>392°F（200℃）。应用范围：0～200℃。
注意事项 该品对眼睛、呼吸系统及皮肤有刺激性。使用时应穿适当的防护服。万一接触到眼睛，应立即用大量水冲洗后请医生诊治。
主要用途 气相色谱固定液，分析芳香族和杂环族化合物。

Poly phenyl ether（6-ring） 聚苯醚 六环 08176

[3705-62-2] $C_{36}H_{26}O_5$ 538.60
成分 C 80.28%，H 4.87%，O 14.85%。
别名 六环聚苯醚；间双（间苯氧基苯氧基苯基）醚；*m*-Bis(*m*-phenoxyphenoxyphenyl) ether(6-ring)；OS-138；PMPE(6-ring)；Poly-*m*-phenyl ether(6-ring)；Poly-*m*-phenoxylene 6-ring；6P5E
性状 淡黄色透明黏稠液。Fp 579°F（304℃）。应用范围：0～225℃。
注意事项 见 08175 聚苯醚 五环。
主要用途 气相色谱固定液，分析醇、挥发油、脂肪酸、酯类。

Polyphosphoric acid 多聚磷酸 081777

[8017-16-1] $H_{n+2}P_nO_{3n+1}$
别名 四磷酸；PPA；Phospholeum；Tetraphosphoric acid
GW 2015-270 M. I. 15，7700
性状 无色黏稠状液体。易潮解。溶于水并水解为正磷酸，不结晶。bp 300℃；d_4^{20} 2.060。一般试剂含量≥83.0%（P_3O_5）。
注意事项 该品具有腐蚀性，能引起烧伤。使用时应穿适当的防护服，戴手套和防护镜或面罩。万一接触到眼睛，应立即用大量水冲洗后请医生诊治。使用时如有事故发生或有不适之感，应请医生诊治。应充氮气密封于干燥处保存。
主要用途 有机合成的闭环缩合剂和酰化剂。正磷酸的代用品。

Polypropylene glycol 2000 聚丙二醇 2000 08179

[25322-69-4]
别名 聚-1，2-丙二醇 2000
性状 无色至淡黄色黏稠液体。Fp 381℉（194℃）；d_4^{20} 1.002；n_4^{20} 1.4510。
主要用途 乳化剂。杀虫剂。

Polystyrene 聚苯乙烯 08179

[9003-53-6]
别名 Dylene；Polystyrol；PS；Trycite
M. I. 15，8990
性状 无色透明固体。很硬。约在 85℃开始软化，有优良绝缘性能，能被碳氢化合物侵蚀。d_4^{20} 1.04～1.065；n_D^{25} 1.60。
主要用途 气相色谱固定液，分离分析高沸点烃类。

Polysucrose 400 聚蔗糖 400 08180

[26873-85-8] Mr 300000～500000
别名 菲可 400；Ficoll® 400
性状 无色至微黄结晶性粉末。易吸潮。味甜。能与水混溶。
注意事项 该品应密封于干燥处保存。
主要用途 生化研究，如分离和提纯淋巴细胞等。

Polythiazide 多噻嗪 08181

[346-18-9] $C_{11}H_{13}ClF_3N_3O_4S_3$ 439.87
成分 C 30.04%，H 2.98%，Cl 8.06%，F 12.96%，N 9.55%，O 14.55%，S 21.87%。
别名 6-Chloro-3，4-dihydro-2-methyl-3-[(2，2，2-trifluoroethyl) thio] methyl-2*H*-1，2，4-benzothiadiazine-7-sulfonamide 1，1-dioxide；2-Methyl-3-(*β*,*β*,*β*-trifluoroethylthiomethyl)-6-chloro-7-sulfamyl-3，4-dihydro-1，2，4-benzothiadiazine 1，1-dioxide；6-Chloro-3，4-dihydro-2-methyl-7-sulphamoyl-3-(2，2，2-trifluoroethylthiomethyl)-2*H*-benzo-1，2，4-thiadiazine 1，1-dioxide；Drenusil；Nephril；Renese
M. I. 15，7705
性状 来自异丙醇中的无色结晶。溶于甲醇、丙酮，几乎不溶于水、氯仿。mp 202.5℃。
主要用途 医用利尿剂，抗高血压剂。

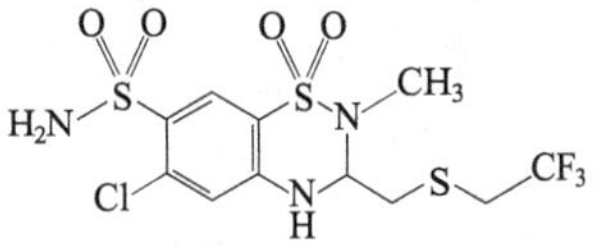

Polyuridylic acid potassium salt 聚尿苷酸钾盐 08182

[27416-86-0] Mr<900000
别名 聚尿嘧啶核苷酸钾盐；Polyuridylic acid K salt；Poly（U）-K salt；Poly（U）potassium salt
性状 无色或白色冷冻干燥粉末。
注意事项 该品吸入或与皮肤接触可引起过敏。使用时应穿适当的防护服和戴手套。使用时应避免吸入本品的粉尘。应充氩气密封于−20℃干燥保存。

Polyvinyl acetate 聚乙酸乙烯酯 08183

[9003-20-7]
别名 聚乙烯乙酸酯；乙酸乙烯聚酯；PVAc；Vinyl acetate polymerized
性状 无色透明珠状物。无味，无毒。溶于低分子量的醇类、酯类、苯及氯化烃类，不溶于水、汽油、油类及脂肪。d^{15} 1.19。
主要用途 接合剂。保护膜。胶接木材。

Polyvinyl alcohol 聚乙烯醇 08184

[9002-89-5]
别名 Akwa tears；Elvanol；Ethenol homopolymer；Gelvatol；Liquifilm；Mowiol；Polyviol；PVA；Sno tears；Vinarol；Vinol；Vinyl alcohol polymerized
M. I. 15，7706
性状 乳白色或微带黄色的蜡状薄片或颗粒。有良好的耐磨性和黏结力。能耐酸、碱、油脂和润滑剂的侵蚀。溶于热水，不溶于冷水及大多数有机溶剂。Fp 392℉（200℃）；*d* 1.27～1.31；*n* 1.52。
主要用途 测定钢铁中砷的试剂。乳化剂。制药工业。照相业。陶瓷黏合剂。金属、塑料等用作保护膜。

$$\left[-CH_2-\underset{OH}{CH}- \right]_n$$

Polyvinylpyrrolidone 聚乙烯吡咯烷酮 08185

[9003-39-8] Mr 约 10000

别名 聚 *N*-乙烯基丁内酰胺；1-Ethenyl-2-pyrrolidinone homopolymers；PVP；Kollidon；Luviskol；Periston；Plasdone；Plasmosan；Poly[1-(2-oxo-1-pyrrolidinyl) ethylene]；Polyvidone；Subtosan；Povidone；Protagent；PVPP；RP-143；Vinisil；1-Vinyl-2-pyrrolidinone polymers

M. I. 15，7814

性状 白色或微黄色粉末，或无定形半透明颗粒。在空气中极易吸潮。易溶于水、甲醇、乙醇，溶于氯仿、甲酸、乙酸、*N*-甲基吡咯烷酮、甲基环己酮、二氯甲烷、乙二胺、甘油、二乙二醇、聚乙二醇 400，微溶于丙酮，几乎不溶于乙醚，不溶于二甲苯、甲苯、乙酸乙酯、丙酮、环己酮、氯苯、二氧六环、四氯化碳、矿物油。溶于水中成胶状溶液。mp 约 165℃（分解）；Fp＞419°F（215℃）；*d* 1.23～1.29。

注意事项 使用时应避免吸入本品的粉尘，避免与眼睛及皮肤接触。应密封于干燥处保存。

主要用途 保护胶体。去垢剂。食品稳定剂，纯化啤酒、葡萄糖。

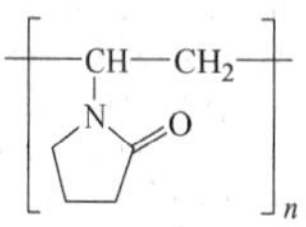

Ponasterone A 松甾酮 A

08186

[13408-56-5] $C_{27}H_{44}O_6$ 464.64

成分 C 69.80%，H 9.55%，O 20.66%。

别名 (2*β*,3*β*,5*β*,22*R*)-2,3,14,20,22-Pentahydroxycholest-7-en-6-one；25-deoxyecdysterone；25-Deoxy-20-hydroxyecdysone

M. I. 15，7710

性状 来自乙醇中的无色结晶。mp 259～260℃（分解）；$[\alpha]_D^{15}$ +90°（甲醇中）；uv max（甲醇中）：244nm，326nm（ε 12400，130）。生化试剂含量 65.0%。

注意事项 该品应密封于－20℃保存

主要用途 生化研究。

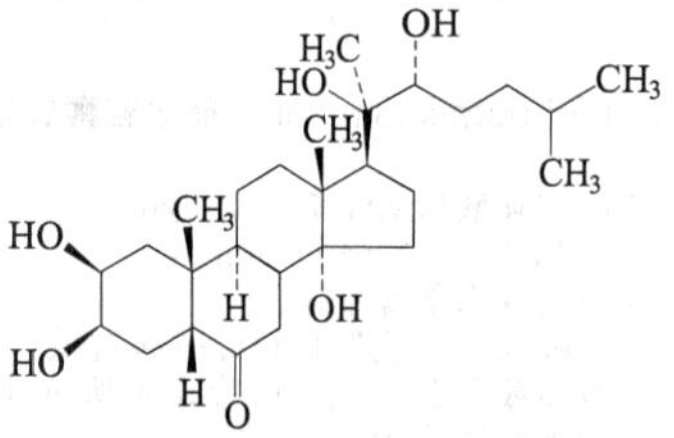

Ponceau 2R 丽春红 2R

08187

[3761-53-3] $C_{18}H_{14}N_2Na_2O_7S_2$ 480.43

成分 C 45.00%，H 2.94%，N 5.83%，Na 9.57%，O 23.31%，S 13.35%。

别名 二甲苯胺丽春红；丽春红 G；酸性大红 G；酸性珠红；酸性猩红；罂粟红 2R；罂粟红 R；New ponceau 4R；Ponceau BNA；Ponceau G,R；Ponceau xylidine；Scarlet R；*m*-Xylene-4,1-azo(2-naphthol-3,6-disulfonic acid) sodium salt；Xylidine ponceau 2R；Acid red 26

C. I. 16150

性状 鲜红色粉末。溶于水，溶液呈橘红色，不溶于乙醇。λ_{max} 503（388）nm。一般试剂干燥含量约 70%。

注意事项 该品能致癌。使用前应得到专门的指导，避免曝露。使用时应避免吸入本品的粉尘，避免与眼睛及皮肤接触。使用时如有事故发生或有不适之感，应请医生诊治。

主要用途 生物染色剂。银的检定。

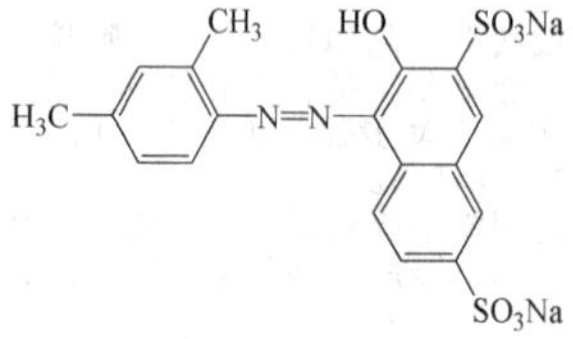

Ponceau S sodium salt 丽春红 S 钠盐

08188

[6226-79-5] $C_{22}H_{12}N_4Na_4O_{13}S_4$ 746.59

成分 C 35.39%，H 1.62%，N 7.50%，Na 10.44%，O 27.86%，S 17.18%。

别名 3-羟基-4-[2-磺基-4-(4-磺基苯偶氮)苯偶氮]-2,7-萘二磺酸钠盐；3-Hydroxy-4-[2-sulfo-4-(4-sulfophenylazo) phenylazo]-2,7-naphthalenedisulfonic acid sodium salt

C. I. 27195

性状 棕红色粉末。溶于水、乙醇。其溶液呈现玫红色。

注意事项 该品对眼睛、呼吸系统及皮肤有刺激性。使用时应穿适当的防护服。万一接触到眼睛，应立即用大量水冲洗后请医生诊治。

主要用途 生物染色剂。组织及电泳染色。

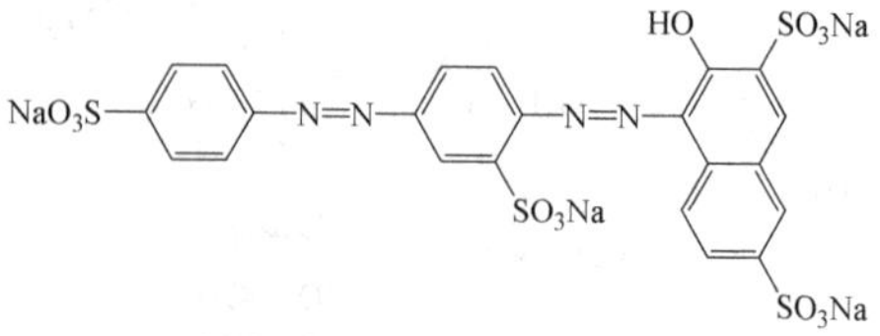

Ponceau SX 丽春红 SX

08189

[4548-53-2] $C_{18}H_{14}N_2Na_2O_7S_2$ 480.42

成分 C 45.00%，H 2.94%，N 5.83%，Na 9.57%，O 23.31%，S 13.35%。

别名 3-(2，4-Dimethyl-5-sulfophenyl) azo-4-hydroxy-1-naphthalenesulfonic acid disodiumsalt；FD&C Red No. 4；Food Red 1

M. I. 15，7713 C. I. 14700

性状 红色结晶。溶于水，微溶于乙醇，不溶于植物油。溶于浓硫酸呈深红色，溶于浓硝酸呈橙色而转为黄色。最大吸收值（于 0.02mol/L 乙酸铵溶液中）：500nm。LD_{50} 大鼠急性经口：＞2g/kg。

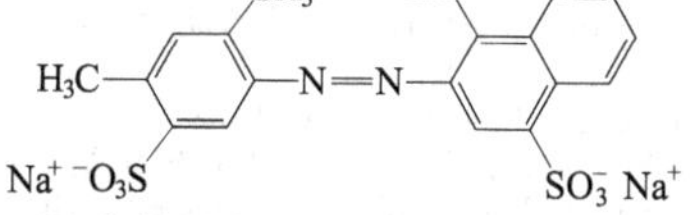

Porfiromycin 紫菜霉素

08190

[801-52-5] $C_{16}H_{20}N_4O_5$ 348.36

成分 C 55.17%，H 5.79%，N 16.08%，O 22.96%。

别名 甲基丝裂毒素；(1a*S*,8*S*,8a*R*,8b*S*)-6-Amino-8-[(aminocarbonyl) oxy] methyl-1,1a,2,8,8a,8b-hexahydro-8a-methoxy-1,5-dimethylazirino[2′,3′：3,4] pyrrolo[1,2-*a*] indole-4,7-dione；*N*-Methylmitomycin C；U-14743

M. I. 15，7719

性状 深紫色的三斜结晶。中等程度溶于极性有机溶剂，微溶于水，几乎不溶于烃类溶剂。201～201.5℃ 分解；$[\alpha]_D^{25}$ +275°±55°（*c*=0.1%甲醇中）；$[\alpha]_D^{25}$ +242°±100°（*c*=0.045%，甲醇中）；uv max（甲醇中）：217nm，360nm，555nm（ε 24600，23000，209）。

主要用途 医用抗菌剂，抗肿瘤剂。

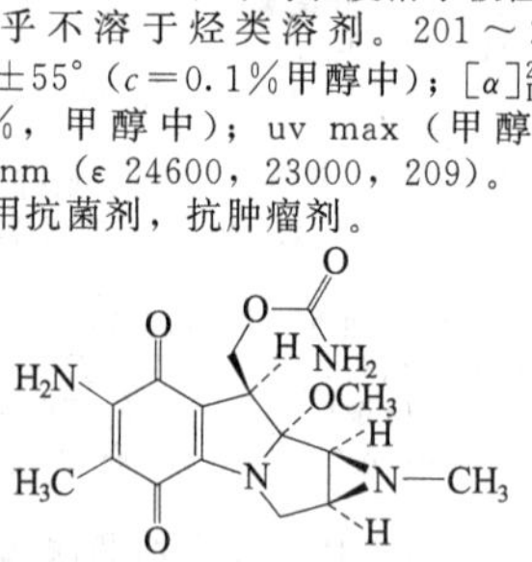

Porphobilinogen 叶吩胆色素原

08191

[487-90-1] $C_{10}H_{14}N_2O_4$ 226.23

成分 C 53.09%，H 6.24%，N 12.38%，O 28.29%。

别名 胆色素原；5-Aminomethyl-4-carboxymethyl-1*H*-pyrrole-3-propanoic acid；2-Aminomethyl-pyrrol-3-acetic acid；4-propionic acid

M. I. 15，7721

性状 来自乙酸铵溶液中的浅黄至桃红色结晶性粉末。微溶于水。生化试剂含量≥97.0%（HPLC）。

注意事项 该品对眼睛、呼吸系统及皮肤有刺激性。使用时应穿适当的防护服。万一接触到眼睛，应立即用大量水冲洗后请医生诊治。应充氩气密封避光于－20℃保存。

主要用途 生化研究。

Posaconazole　泊沙康唑　08192
[171228-49-2]　$C_{37}H_{42}F_2N_8O_4$　700.79
成分　C 63.42%，H 6.04%，F 5.42%，N 15.99%，O 9.13%。
别名　2,5-Anhydro-1,3,4-trideoxy-2-*C*-(2,4-difluorophenyl)-4-[4-[4-[4-[1-[(1*S*,2*S*)-1-ethyl-2-hydroxypropyl]-1,5-dihydro-5-oxo-4*H*-1,2,4-triazol-4-yl] phenyl]-1-piperazinyl] phenoxy] methyl-1-(1*H*-1,2,4-triazoll-yl)-D-*thteo* pentitol; (3*R*-*cis*)-4-[4-[4-[4-[5-(2,4-Difluorophenyl)-5-(1,2,4-triazol-1-ylmethyl) tetrahydrofuran-3-ylmethoxy] phenyl] piperazin-1-yl] phenyl]-2-[1(*S*)-ethyl-2(*S*)-hydroxypropyl]-3,4-dihydro-2*H*-1,2,4-triazol-3-one; Sch-56592; Noxafil。
M. I. 15，7723
性状　白色固体。mp 170～172℃。生化试剂含量≥99.0%。
主要用途　医用抗真菌剂。

Potasan　扑杀磷　08193
[299-45-6]　$C_{14}H_{17}O_5PS$　328.32
成分　C 51.22%，H 5.22%，O 24.36%，P 9.43%，S 9.76%。
别名　羟甲香豆素 *O*,*O*-二乙基硫代磷酸酯; 7- Hydroxy-4-methylcoumarin *O*-ester with *O*, *O*-diethyl phosphorothioate; *O*, *O*-Diethyl *O*-(4-methyl-7-coumarinyl) phosphorothioate; *O*,*O*-Diethyl *O*-(4-methyl-7-coumarinyl) thiophosphate; *O*, *O*-Diethyl *O*-(4-methylumbelliferone) phosphorothioate; 4-methylumbelliferone *O*, *O*-diethyl phosphorothioate; E-838; Hymecromone *O*, *O*-diethyl phosphorothioate; phosphorotlioic acid *O*,*O*-diethyl *O*-(4-methyl-2-oxo-2*H*-1-benzopyran-7-yl) ester
M. I. 15，7724
性状　来自石油醚中的无色长针状结晶。有微弱的芳香气味。溶于多数有机溶剂，微溶于石油醚，极微溶于水。其水溶液乳液调节 pH 值 7 至 8 时，呈蓝色荧光。mp 39.5～41.3℃；$bp_{1.0}$ 210℃/133.3Pa（分解）；d_4^{38} 1.260（液体）；n_D^{37} 1.5685（液体）；LD_{50} 小鼠，豚鼠，雄大鼠，雌大鼠急性经口（mg/kg）：98.5±5.0，25.0±2.3，42.0±3.1，19.0±2.5。
主要用途　非内吸性杀虫剂，但对变色甲虫效用相反。

Potassium　钾　08194
[7440-09-7]　K　39.0983
别名　加里；Kalium
GW 2015-1203　M. I. 15，7725
性状　银白色蜡状软金属。化学性质活泼，在空气中易氧化，遇水能引起剧烈的反应，使水分解而放出氢气及热量，同时引起燃烧，呈蓝色火焰。也可与醇类及酸类起剧烈反应。溶于液氨、乙二胺、苯胺，溶于多种金属形成合金。mp 63.2℃；bp 765.5℃；d^{20} 0.856。一般试剂含量≥98.0%。
注意事项　该品遇水激烈反应，并放出高度易燃气体。具有腐蚀性，能引起烧伤。使用时应保持容器干燥。使用时如有事故发生或有不适之感，应请医生诊治。万一着火时应使用特殊的干粉灭火设备，决不能用水。必须浸没在煤油或液体石蜡中密封保存。
主要用途　检定氮、硫、磷、钾、钠等。

Potassium acetate　乙酸钾　08195
[127-08-2]　$C_2H_3KO_2$　98.14
成分　C 24.48%，H 3.08%，K 39.84%，O 32.61%。
别名　醋酸钾
M. I. 15，7726
性状　无色有光泽的结晶或白色结晶性粉末或薄片。易潮解。1g 该品溶于 0.5mL 水、0.2mL 沸水、2.9mL 乙醇。其水溶液对石蕊呈碱性，0.1mol/L 水溶液 pH 值 9.7。mp 292℃；d^{25} 1.57。LD_{50} 大鼠急性经口：3.25g/kg。一般试剂含量≥99.0%（NT）。
注意事项　使用时应避免吸入本品的粉尘，避免与眼睛及皮肤接触。该品应密封保存。
主要用途　检定酒石酸的试剂。医用碱化剂。透明玻璃的配料。

Potassium *p*-aminobenzoate　对氨基苯甲酸钾　08196
[138-84-1]　$C_7H_6KNO_2$　175.23
成分　C 47.98%，H 3.45%，K 22.31%，N 7.99%，O 18.26%。
别名　4-Aminobenzoic acid potassium salt；Potassium *para*-aminobenzoate；KPABA；Potaba
M. I. 15，7727
性状　来自乙醇中的无色结晶。有盐的味道。对石蕊呈微碱性。其 1%溶液 pH 值约 7。极易溶于水，较少地溶于乙醇，几乎不溶于乙醚。
主要用途　催化剂，医用抗纤维变性。

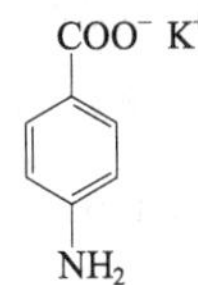

Potassium arsenate monobasic　砷酸二氢钾　08197
[7784-41-0]　AsH_2KO_4　180.03
成分　As 41.62%，H 1.12%，K 21.72%，O 35.55%。
别名　马克氏盐；砷酸钾；Macquer's salt；Potassium acid arsenate；Potassium arsenate；Potassium dihydrogen arsenate
GW 2015-1932　M. I. 15，7728
性状　无色结晶或白色结晶性粉末或块状物。溶于 5.5 份冷水，较多地溶于热水，缓慢地溶于 1.6 份甘油，不溶于乙醇。mp 300℃（分解）；*d* 2.8。
注意事项　该品吸入或口服有毒。能致癌。使用前应得到专门的指导，避免曝露。使用时应避免吸入本品的粉尘，避免与皮肤接触。使用时如有事故发生或有不适之感，应请医生诊治。应密封于干燥处保存。
主要用途　分析试剂。杀虫剂。皮革防腐剂。织物印染。

Potassium arsenite　亚砷酸钾　08198
[13464-35-2]　$AsKO_2$　146.02
成分　As 51.31%，K 26.78%，O 21.91%。
GW 2015-2461　M. I. 15，7729
性状　白色粉末。易潮解。溶于水，微溶于乙醇。LD_{50} 大鼠急性经口：14mg/kg。
注意事项　该品剧毒。应密封保存。
主要用途　分析试剂。还原剂。

Potassium benzoate　苯甲酸钾　08199
[582-25-2]　$C_7H_5KO_2$　160.22
成分　C 52.48%，H 3.15%，K 24.40%，O 19.97%。
别名　安息香酸钾；Benzoic acid potassium salt
M. I. 15，1093
性状　无色或白色结晶性粉末。溶于水、乙醇。mp≥300℃。一般试剂含量≥99.0%（NT）。
注意事项　使用时应避免吸入本品的粉尘，避免与眼睛及皮肤接触。应密封于干燥处保存。

主要用途 分析试剂。制药工业。防腐剂。

Potassium bicarbonate 碳酸氢钾 08200

[298-14-6] $CHKO_3$ 100.11

成分 C 12.00%，H 1.01%，K 39.06%，O 47.94%。

别名 重碳酸钾；酸性碳酸钾；Kafylox；K-Lyte；Potassium acid carbonate；Potassium hydrogen carbonate

M. I. 15，7730

性状 无色透明结晶、白色颗粒或粉末。溶于 2.8 份水、2 份 50℃的水，几乎不溶于乙醇。加热分解。0.1mol/L 水溶液 pH 值 8.2。d 2.17。生化试剂含量≥99.5%（T）。

注意事项 该品应密封于干燥处保存。

主要用途 常用分析试剂。焙粉。发泡剂。医用钾的补充剂。

Potassium bifluoride 氟化氢钾 08201

[7789-29-9] F_2HK 78.10

成分 F 48.65%，H 1.29%，K 50.06%。

别名 二氟化氢钾；重氟化钾；氟氢化钾；酸式氟化钾；Frenry's salt；Potassium acid fluoride；Potassium hydrogen difluoride；Potassium hydrogen fluoride

GW 2015-758 M. I. 15，7731

性状 无色四方形结晶。在潮湿空气中吸水而放出氟化氢。易溶于水（10℃，30.1g/100mL；20℃，39.2g/100mL；80℃，114.0g/100mL），溶液呈酸性。溶于稀乙醇，不溶于无水乙醇。mp 238.7℃；d 2.37。一般试剂含量≥99.0%。

注意事项 该品口服有毒。具有腐蚀性，能引起烧伤。使用时应戴手套。使用时应避免吸入本品的粉尘。万一接触到眼睛时，应立即用大量水冲洗后请医生诊治。使用时如有事故发生或有不适之感，应请医生诊治。应密封于干燥处保存。

主要用途 掩蔽剂。冶金助熔剂。氟的制造。玻璃蚀绘。

Potassium biiodate 碘酸氢钾 08202

[13455-24-8] HI_2KO_6 389.91

成分 H 0.26%，I 65.09%，K 10.03%，O 24.62%。

别名 一碘酸合碘酸钾；二碘酸氢钾；重碘酸钾；碘酸钾合一碘酸；酸性碘酸钾；Potassium hydrogen diiodate

GW 2015-200

性状 无色结晶。溶于水，溶液呈酸性。不溶于乙醇。一般试剂含量≥99.8%（RT）。

注意事项 该品与易燃品接触能引起燃烧。具有腐蚀性，能引起烧伤。使用时应穿适当的防护服，戴手套和防护镜或面罩。使用时禁止饮食。万一接触到眼睛，应立即用大量水冲洗后请医生诊治。使用时如有事故发生或有不适之感，应请医生诊治。应远离易燃品，密封避光于干燥处保存。

主要用途 常用分析试剂。标定碱的基准物。

Potassium biphthalate 苯二甲酸氢钾 08203

[877-24-7] $C_8H_5KO_4$ 204.22

成分 C 47.05%，H 2.47%，K 19.15%，O 31.34%。

别名 邻苯二甲酸氢钾；酞酸氢钾；Acid potassium phthalate；Phthalic acid monopotassium salt；Phthalic acid potassium salt；Phthalic acid potcssium salt；Potassium hydrogen phthalate；Potassium phthalate monobasic

M. I. 15，7733

性状 无色斜方结晶或白色结晶性粉末。对湿度敏感。在空气中稳定。溶于约 12 份冷水、3 份沸水，溶液呈酸性。微溶于乙醇。其 0.05mol/L 水溶液 pH 值（25℃）：4.005（玻璃电极）。d_4^{25} 1.636

注意事项 使用时应避免吸入本品的粉尘，避免与眼睛及皮肤接触。应密封于干燥处保存。

主要用途 分析试剂，碱基准物的标定。缓冲剂。

参考规格 GB/T 1291—2008 分析纯

含量（$C_8H_5KO_4$）/%≥	99.8
pH 值（50g/L 溶液，25℃）	3.8～4.2
澄清度试验/号≤	4
水不溶物/%≤	0.005
干燥失重/%≤	0.05
氯化物（Cl）/%≤	0.002
硫化合物（以 SO_4 计）/%≤	0.006
钠（Na）/%≤	0.01
铁（Fe）/%≤	0.0005
重金属（以 Pb 计）/%≤	0.0005

GB 1257—2007 工作基准试剂

含量（$KHC_8H_4O_4$）/%≥	99.95～100.05
pH 值（50g/L，25℃）	3.8～4.1
澄清度试验/号≤	2
水不溶物/%≤	0.003
氯化物（Cl）/%≤	0.002
硫化合物（以 SO_4 计）/%≤	0.006
钠（Na）/%≤	0.005
铁（Fe）/%≤	0.0005
重金属（以 Pb 计）/%≤	0.0005

GB 6857—1986 pH 基准试剂

苯二甲酸氢钾溶液

pH $(S)_{II}$ 值（0.05mco/kg，25℃）：

pH $(S)_{II}$ = pH $(S)_{I}$ ±0.01

含量（$C_6H_4CO_2HCO_2K$）/%	99.95～100.05
澄清度试验/号≤	2
水不溶物/%≤	0.003
干燥失重/%≤	0.05
氯化物（Cl）/%≤	0.002
铵盐（NH_4）/%≤	0.003
硫化合物（以 SO_4 计）/%≤	0.006
钠（Na）/%≤	0.005
铁（Fe）/%≤	0.0005
重金属（以 Pb 计）/%≤	0.0005

GB 10730—2008 第一基准试剂

含量（$KHC_8H_4O_4$）/%	99.98～100.02
pH 值（50g/L，25℃）	3.8～4.2
澄清度试验/号≤	2
水不溶物/%≤	0.003
氯化物（Cl）/%≤	0.002
硫化合物（以 SO_4 计）/%≤	0.006
钠（Na）/%≤	0.005
铁（Fe）/%≤	0.0005
重金属（以 Pb 计）/%≤	0.0005

Potassium bisulfate 硫酸氢钾 08204

[7646-93-7] HKO_4S 136.16

成分 H 0.74%，K 28.71%，O 47.00%，S 23.55%。

别名 重硫酸钾；Potassium acid sulfate；Potassium hydrogen sulfate；Sal enixum

GW 2015-1325 M. I. 15，7734

性状 白色结晶块状或颗粒。易潮解。溶于 1.8 份水、0.85 份沸水，溶液呈强酸性。mp 197℃；d 2.24。一般试剂含量≥99.0%（T）。

注意事项 该品具有腐蚀性，能引起烧伤。对呼吸系统有刺激性。使用时应穿适当的防护服，戴手套和防护镜或面罩。万一接触到眼睛，应立即用大量水冲洗后请医生诊治。使用时如有事故发生或有不适之感，应请医生诊治。应密封于干燥处保存。

主要用途 分析试剂，铬、镓的微量分析。分析硅时用作熔剂。钾盐合成。防腐剂。

Potassium bisulfite 亚硫酸氢钾 08205

[7773-03-7] HKO_3S 120.16

成分 H 0.84%，K 32.54%，O 39.94%，S 26.69%。

别名 重亚硫酸钾；Potassium hydrogen sulfite

GW 2015-2453

性状 白色结晶性粉末。在空气中易氧化。易溶于水。

注意事项 该品应密封避光保存。

主要用途 常用分析试剂。还原剂。制药工业。提纯醛、酮、碘、亚硫酸氢钠等。

Potassium bitartrate 酒石酸氢钾 08206

[868-14-4] $C_4H_5KO_6$ 188.18

成分 C 25.53%，H 2.68%，K 20.78%，O 51.01%。

别名 重酒石酸钾；精制酒石；酸性酒石酸钾；灰双葡酸；Acid

potassium tartrate; Cream of tartar; Cremor tartari; Faecla; Faecula; Potassium acid tartrate; Potassium hydrogen tartrate; Tartaric acid monopotassium salt
M. I. 15，7736
性状 无色结晶或白色结晶性粉末。1g 该品溶于 162mL 水、16mL 沸水，溶于 8820mL 乙醇。易溶于稀矿物酸、碱及硼砂水溶液。d^{18}1.984。一般试剂含量≥99.0%（T）。
主要用途 分析试剂。缓冲剂。焙粉。酒石酸盐制造。医用泻剂。兽用缓泻剂，利尿剂。
参考规格 GB 6858—86 pH 值工作标准
饱和酒石酸氢钾溶液 pH（S）$_{II}$ 值（25℃）：pH（S）$_{II}$ =pH（S）$_I$ ±0.005

项目	指标
含量（$KHC_4H_4O_6$）/%≥	99.95～100.05
水溶液反应	合格
澄清度试验	合格
盐酸不溶物/%≤	0.003
干燥失重/%≤	0.05
氯化物（Cl）/%≤	0.002
铵盐（NH_4）/%≤	0.003
硫酸盐（以 SO_4 计）/%≤	0.006
钠（Na）/%≤	0.005
钙（Ca）/%≤	0.005
铁（Fe）/%≤	0.0005
重金属（以 Pb 计）/%≤	0.0005

Potassium borohydride 硼氢化钾 08207

[13762-51-1] BH_4K 53.94
成分 B 20.04%，H 7.47%，K 72.48%。
别名 四氢硼钾；钾氢化硼；钾硼氢；Potassium tetrahydroborate
GW 2015-1605 M. I. 15，7737
性状 无色或白色结晶。不潮解。该品于下列物质中的溶解度（质量分数）：25℃，水 19%；25℃，氨水 20%；75℃，乙二胺 3.9%；20℃，甲醇 0.7%；20℃，二甲基甲酰胺 15.0%。不溶于异丙胺（<0.01%）、苯、己烷、乙醚、二氧六环、四氢呋喃、乙腈。其碱溶液稳定。约 500℃分解；d 1.11；n_D 1.490。一般试剂含量≥97.0%（RT）。
注意事项 该品与水激烈反应，并能释放出高度易燃气体。口服或接触皮肤有毒。具有腐蚀性，能引起烧伤。使用时应穿适当的防护服，戴手套和防护镜或面罩。使用时应保持容器干燥。万一接触到眼睛，应立即用大量水冲洗后请医生诊治。使用时如有事故发生或有不适之感，应请医生诊治。万一着火，应使用干粉灭火设备灭火，而决不能用水。应密封于干燥处保存。
主要用途 还原剂。

Potassium bromate 溴酸钾 08208

[7758-01-2] $BrKO_3$ 167.00
成分 Br 47.85%，K 23.41%，O 28.74%。
GW 2015-2419 M. I. 15，7738
性状 白色结晶或颗粒。溶于 12.5 份水、2 份沸水，几乎不溶于乙醇。mp 约 350℃；约 370℃分解；d 3.27。
注意事项 该品与易燃品混合时具有爆炸性。口服有毒。能致癌。使用前应得到专门的指导，避免曝露。使用时如有事故发生或有不适之感，应请医生诊治。应密封于干燥处保存。
主要用途 点滴分析测定镓。容量分析中作氧化剂。
参考规格 GB 12594—2008 工作基准试剂

项目	工作基准试剂
含量（$KBrO_3$）/%	99.90～100.10
pH 值（50g/L 溶液，25℃）	5.9～7.0
澄清度试验	合格
干燥失重/%≤	0.1
氯化物及氯酸盐（以 Cl 计）/%≤	0.03
溴化物（Br）/%≤	0.005
硫酸盐（SO_4）/%≤	0.005
总氮量（N）/%≤	0.001
铁（Fe）/%≤	0.0005
重金属（以 Pb 计）/%≤	0.0005

参考规格 GB/T 650—2015

项目	分析纯	化学纯
含量（$KBrO_3$），质量分数/%≥	99.8	99.5
pH 值（50g/100mL，25℃）	5.0～7.0	5.0～7.0
澄清度试验/号≤	2	3
水不溶物，质量分数/%≤	0.002	0.01
干燥失重，质量分数/%≤	0.2	0.4
氯化物及氯酸盐（以 Cl 计），质量分数/%≤	0.03	0.1
溴化物（Br），质量分数/%≤	0.005	0.04
硫酸盐（SO_4），质量分数/%≤	0.005	0.01
总氮量（N），质量分数/%≤	0.001	0.002
钠（Na），质量分数/%≤	0.01	0.05
铁（Fe），质量分数/%≤	0.0005	0.001
重金属（以 Pb 计），质量分数/%≤	0.0005	0.001

Potassium bromide 溴化钾 08209

[7758-02-3] BrK 119.00
成分 Br 67.15%，K 32.86%。
别名 灰溴
M. I. 15，7739
性状 无色结晶或白色颗粒或粉末。有咸味。有吸湿性。见光颜色变黄。1g 该品溶于 1.5mL 水、1mL 沸水、250mL 乙醇、4.6mL 甘油。其水溶液呈中性。mp 730℃；d 2.75。
注意事项 该品对眼睛、呼吸系统及皮肤有刺激性。使用时应穿适当的防护服。万一接触到眼睛，应立即用大量水冲洗后请医生诊治。应充氩气密封于干燥处保存。
主要用途 分析试剂，铜、银的微量分析。红外光谱分析试剂。极谱分析铟、镉、砷等。显影剂。医用镇静剂，抗惊厥剂。
参考规格 GB/T 649—1999

项目	分析纯	化学纯
含量（KBr）/%≥	99.0	98.0
pH（50g/L，25℃）	5.5～8.5	5.5～8.5
澄清度试验	合格	合格
水不溶物/%≤	0.005	0.01
氯化物（Cl）/%≤	0.2	0.5
溴酸盐（BrO_3）/%≤	0.001	0.003
碘化物（I）/%≤	0.005	0.01
总氮量（N）/%≤	0.001	0.002
硫酸盐（SO_4）/%≤	0.002	0.005
钠（Na）/%≤	0.02	0.05
钙（Ca）/%≤	0.002	0.005
镁（Mg）/%≤	0.0005	0.002
铁（Fe）/%≤	0.0002	0.0005
重金属（以 Pb 计）/%≤	0.0002	0.0005
钡（Ba）/%≤	0.002	0.005

Potassium *tert*-butoxide 叔丁醇钾 08210

[865-47-4] C_4H_9KO 112.21
成分 C 42.81%，H 8.08%，K 34.84%，O 14.26%。
别名 叔丁基氧化钾；第三丁基氧化钾
性状 白色结晶性粉末。易吸潮。mp 256～258℃（分解）。一般试剂含量≥97.0%（T）。
注意事项 该品高度易燃。与水反应激烈。具有腐蚀性，能引起烧伤。使用时应穿适当的防护服，戴手套和防护镜或面罩。使用时应保持容器密闭和干燥。使用现场禁止吸烟。万一接触到眼睛，应立即用大量水冲洗后请医生诊治。使用时如有事故发生或有不适之感，应请医生诊治。万一着火，应用干粉灭火设备而不能用水。应远离火种，充氩气密封于干燥处保存。

Potassium carbonate 碳酸钾 08211

[584-08-7] CK_2O_3 138.21
成分 C 8.69%，K 56.58%，O 34.73%。
别名 无水碳酸钾；钾碱；碳酸钾 无水；Potassium carbonate anhydrous; Salt of tartar; Pearl ash
M. I. 15，7740
性状 白色颗粒或粉末。无味。有吸湿性。溶于 1 份冷水、0.7 份沸水，其溶液呈强碱性，pH 值 11.6。几乎不溶于乙醇。遇酸放出二氧化碳。mp 891℃；d 2.29。LD_{50} 大鼠急性经口：1.87g/kg。

注意事项 该品口服有害。对眼睛、呼吸系统及皮肤有刺激性。使用时应穿适当的防护服，应避免吸入本品的粉尘。万一接触到眼睛，应立即用大量水冲洗后请医生诊治。接触皮肤后，应立即用大量肥皂泡沫冲洗。应密封于干燥处保存。

主要用途 分析试剂。熔融硅酸盐和不溶性硫酸盐的助熔剂。

参考规格 GB/T 1397—1995

	优级纯	分析纯	化学纯
含量（K_2CO_3）/%≥	99.5	99.0	98.0
澄清度试验	合格	合格	合格
干燥失重/%≤	0.8	1.0	2.0
水不溶物/%≤	0.005	0.005	0.03
氯化物（Cl）/%≤	0.001	0.003	0.01
总氮量（N）/%≤	0.001	0.001	0.01
硫化合物（以 SO_4 计）/%≤	0.002	0.003	0.01
磷酸盐及硅酸盐（以 SiO_2 计）/%≤	0.004	0.005	0.02
钠（Na）/%≤	0.02	0.05	0.10
镁（Mg）/%≤	0.0005	0.002	0.005
铝（Al）/%≤	0.005		
钙（Ca）/%≤	0.002	0.002	0.02
铁（Fe）/%≤	0.0005	0.0005	0.002
铅（Pb）/%≤	0.0005	0.0005	0.001
砷（As）/%≤	0.00005		
铜（Cu）/%≤	0.0005	0.0005	0.001

Potassium carbonate hemihydrate 碳酸钾 半水 08212

[6381-79-9] $CKO_3 \cdot \frac{1}{2}H_2O$ 147.25

成分（以无水物计） C 8.69%，K 56.58%，O 34.73%。

别名 半水合碳酸钾；结晶碳酸钾；碳酸钾 结晶；Potassium carbonate crystal

性状 无色结晶或白色颗粒。有吸湿性。溶于水，溶液呈强碱性，不溶于乙醇。

注意事项 见 08211 碳酸钾。

主要用途 分析试剂。助熔剂。各种钾盐的制备。

Potassium chlorate 氯酸钾 08213

[3811-04-9] $ClKO_3$ 122.55

成分 Cl 28.93%，K 31.90%，O 39.17%。

别名 白药粉；洋硝；盐卜；Potassium oxymuriate；Potcrate

GW 2015-1533 M.I.15，7741

性状 无色透明有光泽的结晶或白色颗粒或粉末。1g 该品缓慢地溶于 16.5mL 水、1.8mL 沸水、约 50mL 甘油，几乎不溶于乙醇。mp 350℃；*d* 2.32。

注意事项 该品与易燃品混合时具有爆炸性。吸入或口服有害。对水生物有毒。能对水环境引起长期不良的结果。使用现场禁止吸烟。使用完毕应立即脱掉受污染的衣服。应远离食品、饮料和饲料，远离火种，密封于阴凉处保存。应防止将本品释放于环境中。

主要用途 分析试剂，测定锰、硫、镍、铜、硫化铁。氧化剂。制氧原料。炸药原料。

参考规格 GB/T 645—2011

	分析纯	化学纯
含量（$KClO_3$）/%≥	99.5	99.0
澄清度试验/号≤	2	3
水不溶物/%≤	0.005	0.01
氯化物（Cl）/%≤	0.001	0.002
溴酸盐（BrO_3）/%≤	0.01	0.02
硫酸盐（SO_4）/%≤	0.002	0.01
总氮量（N）/%≤	0.001	0.002
钠（Na）/%≤	0.01	0.05
镁（Mg）/%≤	0.001	0.003
钙（Ca）/%≤	0.002	0.007
铁（Fe）/%≤	0.0003	0.001
重金属（以 Pb 计）/%≤	0.0005	0.002
砷（As）/%≤	0.00005	0.0001

Potassium chloride 氯化钾 08214

[7447-40-7] ClK 74.55

成分 Cl 47.55%，K 52.45%。

别名 Chloropotassuril; Diffu-K; Enseal; Ensealpotassium chloride; Kaleorid; Kalitabs; Kalium-Duriles; Kaon-Cl; Kaskay; Kayback; Kay-Cee-L; K-Contin; Klor-Con; K-Norm; K-Tab; Lento-Kalium; Micro K; Nu-K; Peter-Kal; Pfiklor; Potavescent; Rekawan; Repone K; Slow-K; Span-K

M.I.15，7742

性状 白色结晶或结晶性粉末。1g 该品溶于 2.8mL 水、1.8mL 沸水、14mL 甘油、约 250mL 乙醇，不溶于乙醚、丙酮。其水溶液 pH 值约 7。mp 773℃；*d* 1.98。

注意事项 使用时应避免吸入本品的粉尘，避免与眼睛及皮肤接触。

主要用途 分析试剂，点滴分析测定铂。基准试剂，硝酸银标准溶液的标定。光谱分析试剂。缓冲剂。钾盐合成。食品用钾强化剂、胶凝剂、代盐剂。医用电解质补充剂。

参考规格 GB/T 646—2011

	优级纯	分析纯	化学纯
含量（KCl）/%≥	99.8	99.5	99.5
pH 值（50g/L，25℃）	5.0～8.0	5.0～8.0	5.0～8.0
澄清度试验/号≤	2	3	5
水不溶物/%≤	0.003	0.005	0.02
溴化物（Br）/%≤	0.01	0.02	0.05
碘化物（I）/%≤	0.001	0.002	0.01
总氮量（N）/%≤	0.0005	0.001	0.001
硫酸盐（SO_4）/%≤	0.001	0.002	0.005
磷酸盐（PO_4）/%≤	0.0005	0.0005	0.002
钠（Na）/%≤	0.02	0.02	0.1
镁（Mg）/%≤	0.0005	0.001	0.002
钙（Ca）/%≤	0.001	0.003	0.01
铁（Fe）/%≤	0.0001	0.0003	0.0005
重金属（以 Pb 计）/%≤	0.0005	0.0005	0.001
钡（Ba）/%≤	0.001	0.001	0.001

参考规格 GB 10732—2008

	第一基准试剂
含量（KCl）/%	99.98～100.02
pH 值（50g/L，25℃）	5.5～8.0
澄清度试验/号≤	2
水不溶物/%≤	0.003
碘化物（I）/%≤	0.001
溴化物（Br）/%≤	0.02
硫酸盐（SO_4）/%≤	0.001
总氮量（N）/%≤	0.0005
磷酸盐（PO_4）/%≤	0.0005
钠（Na）/%≤	0.02
镁（Mg）/%≤	0.0005
钙（Ca）/%≤	0.001
铁（Fe）/%≤	0.0001
钡（Ba）/%≤	0.001
重金属（以 Pb 计）/%≤	0.0005

参考规格 GB 10736—2008

	工作基准试剂
含量（KCl）/%	99.95～100.05
pH 值（50g/L，25℃）	5.5～8.0
澄清度试验/号≤	2
水不溶物/%≤	0.003
碘化物（I）/%≤	0.001
溴化物（Br）/%≤	0.02
硫酸盐（SO_4）/%≤	0.001
总氮量（N）/%≤	0.0005
磷酸盐（PO_4）/%≤	0.0005
钠（Na）/%≤	0.02
镁（Mg）/%≤	0.0005
钙（Ca）/%≤	0.001
铁（Fe）/%≤	0.0001
钡（Ba）/%≤	0.001

重金属（以 Pb 计）/%≤　　0.0005

Potassium chlorochromate　氯铬酸钾　　08215

[16037-50-6]　ClCrKO$_3$　　174.55

成分　Cl 20.31%，Cr 29.79%，K 22.40%，O 27.50%。

别名　KCC

性状　黄色结晶。mp 290～292℃。一般试剂含量≥97.0%。

注意事项　该品与易燃物接触能引起燃烧。能致癌。对眼睛、呼吸系统及皮肤有刺激性。使用前应得到专门的指导，避免曝露。使用时应穿适当的防护服，戴手套和防护镜或面罩。万一接触到眼睛，应立即用大量水冲洗后请医生诊治。应远离易燃品密封保存。

Potassium chromate(Ⅵ)　铬酸钾　　08216

[7789-00-6]　CrK$_2$O$_4$　　194.19

成分　Cr 26.78%，K 40.27%，O 32.96%。

别名　Neutral potassium chromate; Potassium chromate yellow

GW 2015-819　M. I. 15，7743

性状　柠檬黄色单斜结晶。溶于 1.6 份冷水、1.2 份沸水，其溶液对酚酞、石蕊呈碱性，不溶于乙醇。mp 975℃；*d* 2.73。

注意事项　该品对眼睛、呼吸系统及皮肤有刺激性。接触皮肤能引起过敏。能引起遗传基因的损伤。吸入可能致癌。对水生物极毒。能对水环境引起不利的结果。使用前应得到专门的指导，避免曝露。使用时应避免吸入本品的粉尘。使用时如有事故发生或有不适之感，应请医生诊治。应防止将本品释放于环境中。其包装物应按危险品处理。应密封保存。

主要用途　分析试剂，如钡、银的微量分析等。测定农药 DDT 及五氯酚钠的含量。光谱分析试剂。氧化剂。媒染剂。金属防锈剂。

参考规格　HG/T 3440—1999	优级纯	分析纯	化学纯
含量（K_2CrO_4）/%≥	99.5	99.5	99.0
pH 值（50g/L，25℃）	8.6～9.8	8.6～9.8	8.6～9.8
水不溶物含量/%≤	0.002	0.004	0.01
氯化物含量（Cl）/%≤	0.001	0.003	0.005
硫酸盐含量（SO_4）/%≤	0.01	0.02	0.05
钠含量（Na）/%≤	0.05	0.1	
钙含量（Ca）/%≤	0.001	0.005	0.01

Potassium citrate monobasic　柠檬酸二氢钾　　08217

[866-83-1]　C$_6$H$_7$KO$_7$　　230.21

成分　C 31.30%，H 3.07%，K 16.98%，O 48.65%。

别名　枸橼酸二氢钾；Monopotassium citrate; Potassium dihydrogen citrate; Citric acid monopotassium salt

M. I. 15，7745

性状　白色结晶性粉末。溶于水，溶液呈酸性（0.05mol/L 水溶液 pH 值 3.776，25℃）。一般试剂含量≥99.0%。

主要用途　分析试剂。配制 pH 缓冲溶液。

Potassium citrate tribasic monohydrate

柠檬酸钾 一水　　08218

[6100-05-6]　C$_6$H$_5$K$_3$O$_7$·H$_2$O　　324.41

成分（以无水物计）　C 23.52%，H 1.64%，K 38.28%，O 36.55%。

别名　一水合枸橼酸钾；一水合柠檬酸钾；柠檬酸三钾 一水；枸橼酸钾 一水；Citric acid tripotassium salt monohydrate; tri-Potassium citrate monohydrate; Tripotassium citrate monohydrate

M. I. 15，7744

性状　白色结晶颗粒或粉末。有潮解性。1g 该品溶于 0.65mL 水，缓慢地溶于 2.5mL 甘油，几乎不溶于乙醇。其水溶液对石蕊呈碱性，pH 值约 8.5。180℃失去结晶水。275℃分解。一般试剂含量≥99.0%（NT）。

注意事项　使用时应避免吸入本品的粉尘，避免与眼睛及皮肤接触。应密封于干燥处保存。

主要用途　常用分析试剂。缓冲溶液配制。镀金。医用抗尿结石剂，解酸剂。兽用利尿剂。

Potassium cobalt cyanide　氰化钴钾　　08219

[13963-58-1]　C$_6$CoK$_3$N$_6$　　332.34

成分　C 21.68%，Co 17.73%，K 35.29%，N 25.29%。

别名　钴氰化钾；氰高钴酸钾；氰化高钴钾；Cobalt potassium cyanide; Potassium cobalticyanide; Potassium cobaltihexacyanide; Potassium cyanocobaltate(Ⅲ); Potassium hexacyanocobaltate(Ⅲ); Tripotassium hexakis(cyano-*C*)cobaltate(3－)

M. I. 15，7758

性状　来自水中的浅黄色单斜结晶。易溶于水、乙酸溶液，极微溶于氨水，不溶于乙醇。能被强酸分解。*d* 1.906。

注意事项　该品吸入、口服或与皮肤接触极毒。与酸接触能释放出极毒气体。对水生物极毒。能对水环境引起不利的结果。接触皮肤后，应立即用大量肥皂泡沫冲洗。切勿排入下水道。使用时如有事故发生或有不适之感，应请医生诊治。应防止将本品释放于环境中。其包装物应按危险品处理。应密封保存。

主要用途　分析试剂。络合物研究。染料合成。电子学研究。

Potassium cobalt nitrite　亚硝酸钴钾　　08220

[13782-01-9]　$CoK_3N_6O_{12}\cdot 1\frac{1}{2}H_2O$　　479.26

成分（以无水物计）　Co 13.03%，K 25.94%，N 18.58%，O 42.45%。

别名　钴黄；Cobaltic potassium nitrite; Cobalt(Ⅲ) potassium nitrite; Cobalt yellow; Fischer's salt; Fischer' yellow; Hexakis (nitrito-*N*) cobaltate (3－) tripotassium; Pigment yellow 40; Potassium cobaltinitrite; Potassium hexanitrocobaltate(Ⅲ); Potassium nitrocobaltate(Ⅲ)

M. I. 15，2416　C. I. 77357

性状　黄色八面立方体结晶。极微溶于水、稀乙酸，能被无机酸分解，几乎不溶于乙醇。受热至 200℃时分解。一般试剂含量 98.0%～101.0%。

主要用途　分析试剂，分析钴。颜料配制。

Potassium cyanate　氰酸钾　　08221

[590-28-3]　CKNO　　81.12

成分　C 14.81%，K 48.20%，N 17.27%，O 19.72%。

M. I. 15，7746

性状　白色结晶性粉末。易吸潮。溶于水，极微溶于乙醇。mp 315℃；加热至700～900℃时分解；*d* 2.05。LD$_{50}$小鼠腹膜内注射：320mg/kg。一般试剂含量≥97.0%（AT）。

注意事项　该品口服有害。使用时应避免与眼睛及皮肤接触。密封于阴凉处保存。

主要用途　有机合成。除草剂。

Potassium cyanide　氰化钾　　08222

[151-50-8]　CKN　　65.12

成分　C 18.44%，K 60.04%，N 21.51%。

别名　山奶钾

GW 2015-1686　M. I. 15，7747

性状　白色颗粒、粉末或熔融块。有潮解性。在空气中遇二氧化碳或吸湿逐渐分解。溶于 2 份冷水、一份沸水、100 份乙醇、25 份甲醇、2 份甘油，其水溶液呈碱性（0.1mol/L 溶液 pH 值为 11.0），并很快分解。mp 634℃；*d* 1.52。LD$_{50}$大鼠急性经口：10mg/kg。一般试剂含量≥98.0%（AT）。

注意事项　该品吸入、口服或与皮肤接触极毒。对人的致死量约为 0.15g。与酸接触时能释放出极毒的气体。对水生物极毒。能对水环境引起不利的结果。接触皮肤后应立即用大量肥皂泡沫冲洗。切勿排入下水道。使用时如有事故发生或有不适之感，应立即请医生诊治。应防止将本品释放于环境中。其包装物应按危险品处理。应密封于干燥处保存。

主要用途　分析试剂，测定铜、镍、锌、镉等。掩蔽体。有机合成。杀虫剂。照相定影剂。

Potassium dichromate(Ⅵ)　重铬酸钾　　08223

[7778-50-9]　Cr$_2$K$_2$O$_7$　　294.18

成分　Cr 35.35%，K 26.58%，O 38.07%。

别名　红矾钾；Potassium bichromate

GW 2015-2817　M. I. 15，7748

性状　橙红色有光泽的结晶。溶于水（饱和水溶液：0℃，4.3%；20℃，11.7%；40℃，20.9%；60℃，31.3%；80℃，42.0%；100℃，50.2%），其溶液呈酸性（1%水溶液 pH 值 4.04；10%水溶液 pH 值 3.57），不溶于乙醇。mp 398℃，约 500℃分解；d_4^{25} 2.676。

注意事项　该品与易燃物接触能引起燃烧。吸入极毒。口服有毒。对呼吸系统及皮肤有刺激性。吸入或接触皮肤能引起过敏。能损伤生育力。能危害胎儿。能引起遗传基因的损伤。能致癌。长期吸入、接触对健康有严重损伤的危险。对水生物极毒。能对水环境引起不利的结果。使用前应得到专门的指导，避免曝露。使用时应避免吸入本品的粉尘。接触皮肤后，应立即用大量肥皂泡沫冲洗。使用时如有事故发生或有不适之感，应请医生诊治。应防止将本品释放于环境中。其包装物应按危险品处理。应密封于干燥处保存。

主要用途　基准试剂。微量分析定氯。测定肝功能黄胆指数。氧化还原滴定剂。氧化剂。有机合成。

参考规格　GB 1259—2007

	工作基准试剂
含量($K_2Cr_2O_7$)/%	99.95～100.05
水不溶物/%≤	0.003
氯化物(Cl)/%≤	0.001
硫酸盐(SO_4)/%≤	0.003
钠(Na)/%≤	0.01
钙(Ca)/%≤	0.001
铁(Fe)/%≤	0.001

GB 10731—2008

	第一基准试剂
含量($K_2Cr_2O_7$)/%	99.98～100.02
水不溶物/%≤	0.003
氯化物(Cl)/%≤	0.001
硫酸盐(SO_4)/%≤	0.003
钠(Na)/%≤	0.01
钙(Ca)/%≤	0.001
铁(Fe)/%≤	0.001
	49.80

GB/T 642—1999	优级纯	分析纯	化学纯
含量($K_2Cr_2O_7$)/%≥	99.8	99.8	99.5
水不溶物/%≤	0.003	0.005	0.01
干燥失重/%≤	0.05	0.05	
氯化物(Cl)/%≤	0.001	0.002	0.005
硫酸盐(SO_4)/%≤	0.005	0.01	0.02
钠(Na)/%≤	0.02	0.05	0.1
钙(Ca)/%≤	0.002	0.002	0.01
铁(Fe)/%≤	0.001	0.002	0.005
铜(Cu)/%≤	0.001		
铅(Pb)/%≤	0.005		

Potassium ethylxanthate　乙基黄原酸钾　08224

[140-89-6]　$C_3H_5KOS_2$　160.29

成分　C 22.48%，H 3.14%，K 24.39%，O 9.98%，S 40.00%。

别名　乙基二硫代碳酸钾；黄原酸钾；黄酸钾；Carbonodithioic acid *O*-ethyl ester potassium salt；Ethylxanthic acid potassium salt；Potassium O-ethyldithiocarbonate；Potassium ethylxanthogenate；Potassium xanthogenate

M. I. 15，7813

性状　白色或微黄色结晶或结晶性粉末。易溶于水，溶于乙醇。其水溶液呈强碱性。mp 约 215℃（分解）。

注意事项　该品口服有害。对眼睛、呼吸系统及皮肤有刺激性。使用时应穿适当的防护服。使用时应避免吸入本品的粉尘，避免与眼睛及皮肤接触。万一接触到眼睛，应立即用大量水冲洗后请医生诊治。应密封保存。

主要用途　分析试剂，如铜、银、镍、汞、钼等的测定。蛋白质的沉淀。生物碱的测定。

Potassium ferricyanide　铁氰化钾　08225

[13746-66-2]　$C_6FeK_3N_6$　329.25

成分　C 21.89%，Fe 16.96%，K 35.62%，N 25.53%。

别名　赤血盐；六氰合铁(Ⅲ)酸钾；六氰铁酸钾；Potassium hexacyanoferrate（Ⅲ）；Potassium prussiate red；Red prassiate of potash；Tripotassium hexakis(cyano-*C*) ferrate (3－)

M. I. 15，7751

性状　深红色结晶或橙黄色粉末。溶于 2.5 份冷水、1.3 份沸水，微溶于乙醇。遇阳光或溶于水都不稳定，能被酸分解。*d* 1.89。

注意事项　该品与酸接触时能释放出极毒气体。使用时应避免吸入本品的粉尘，避免与眼睛及皮肤接触。应密封避光保存。

主要用途　测定锌的试剂。点滴分析测定高铁、铯、镓、汞、锌、二氧化铀等。无机络合物的合成。影片洗印。电镀业。

参考规格　GB/T 644—2011	分析纯	化学纯
含量{$K_3[Fe(CN)_6]$}/%≥	99.5	99.0
水不溶物/%≤	0.005	0.01
氯化物（Cl）/%≤	0.005	0.02
硫酸盐（SO_4）/%≤	0.005	0.01
钠（Na）/%≤	0.02	
六氰合铁（Ⅱ）酸钾 $[Fe(CN)_6]$/%≤	0.02	0.1

Potassium ferrocyanide trihydrate

亚铁氰化钾 三水　08226

[14459-95-1]　$C_6FeK_4N_6 \cdot 3H_2O$　422.39

成分（以无水物计）　C 19.56%，Fe 15.16%，K 42.46%，N 22.82%。

别名　三水合六氰铁(Ⅱ)酸钾；三水合亚铁氰化钾；六氰合铁(Ⅱ)酸钾 三水；黄山奶钾；黄血盐；Potassium hexacyanoferrate(Ⅱ) trihydrate；Potassium prussiate yellow；Tetrapotassium hexakis（cyano-*C*）ferrate（4－）；Yellow prussiate of potash

M. I. 15，7753

性状　浅黄色单软的易风化结晶。常温下稳定，热至 100℃失去结晶水，变为吸湿性的白色粉末。溶于水，其溶液遇亚铁盐生成红褐色沉淀。不溶于乙醇。*d* 1.85。

注意事项　见 08219 铁氰化钾。

主要用途　分析试剂，用于铁、铜、锌、钯、银、锇、铀和蛋白质的点滴分析。尿液检验。显影剂。

参考规格　GB/T 1273—2008	分析纯	化学纯
含量{$K_4[Fe(CN)_6] \cdot 3H_2O$}/%≥	99.5	98.5
水不溶物/%≤	0.005	0.01
氯化物（Cl）/%≤	0.005	0.02
硫酸盐（SO_4）/%≤	0.005	0.01
钠（Na）/%≤	0.02	

Potassium fluoride anhydrous　无水氟化钾　08227

[7789-23-3]　FK　58.10

成分　F 32.70%，K 67.29%。

别名　氟化钾 无水

GW 2015-751　M. I. 15，7753

性状　白色结晶。有潮解性。溶于水（18℃，92.3g/100mL；21℃，96.4g/100mL），易溶于沸水，溶于氢氟酸、氨水，不溶于乙醇。mp 859.9℃；bp 1505℃；*d* 2.481。MLD 豚鼠急性经口：250mg/kg，皮下注射：350mg/kg；蛙皮下注射：375mg/kg。一般试剂含量≥99.0%（F）。

注意事项　该品吸入、口服或与皮肤接触有毒。万一接触到眼睛，应立即用大量水冲洗后请医生诊治。使用时如有事故发生或有不适之感，应请医生诊治。应密封于干燥处保存。

主要用途　配位滴定隐蔽剂。食物防腐剂。玻璃雕刻。

Potassium fluoride dihydrate　氟化钾 二水　08228

[13455-21-5]　$FK \cdot 2H_2O$　94.13

成分（以无水物计）　F 32.70%，K 67.29%。

别名　二水合氟化钾

GW 2015-751　M. I. 15，7753

性状　无色单斜结晶或白色结晶性粉末。有潮解性。溶于水（18℃，349.3g/100mL），溶液呈碱性。不溶于乙醇。能腐蚀玻璃和陶瓷。mp 41℃。

注意事项 见 08221 无水氟化钾。应充氩气密封于干燥处保存。

主要用途 分析试剂，如钽的微量分析。络合剂。玻璃浸蚀。掩蔽剂。细菌抑制剂。

参考规格 GB/T 1271—2011

	分析纯	化学纯
含量（$KF \cdot 2H_2O$）/%≥	99.0	98.0
澄清度试验/号≤	3	5
游离酸（以 HF 计）/%≤	0.05	0.1
游离碱（以 KOH 计）/%≤	0.05	0.1
氯化物（Cl）/%≤	0.002	0.005
硫酸盐（SO_4）/%≤	0.01	0.02
氟硅酸盐（以 SiF_6 计）/%≤	0.05	0.1
铁（Fe）/%≤	0.0005	0.001
重金属（以 Pb 计）/%≤	0.001	0.005

Potassium fluoroborate 氟硼酸钾 08229

[14075-53-7] BF_4K 125.90

成分 B 8.59%，F 60.36%，K 31.06%。

别名 四氟硼酸钾；氟硼化钾；氟化硼钾；硼氟化钾；Avogadrite；Potassium borofluoride；Potassium fluoborate；Potassium tetrafluoroborate

M.I.15，7804

性状 无色斜方双锥体结晶、立方体结晶或白色结晶性粉末。微溶于水（3℃，0.3g/100g；20℃，0.448g/100g；25℃，0.55g/100g；40℃，1.4g/100g；100℃，6.27g/100g），微溶于沸乙醇，不溶于碱溶液。mp 530℃；d_4^{20} 2.505；n_D^{20} 1.3245。一般试剂含量≥99.0%（T）。

注意事项 该品对眼睛、呼吸系统及皮肤有刺激性。使用时应穿适当的防护服，戴手套和防护镜或面罩。万一接触到眼睛，应立即用大量水冲洗后请医生诊治。使用时如有事故发生或有不适之感，应请医生诊治。

主要用途 分析试剂。助熔剂。三氟化硼的制造。铝和镁铸造用的模料。

Potassium fluorosilicate 氟硅酸钾 08230

[16871-90-2] F_6K_2Si 220.27

成分 F 51.75%，K 35.50%，Si 12.75%。

别名 六氟硅酸钾；硅氟化钾；Potassium hexafluorosilicate；Potassium silicofluoride；Potassium fluosilicate

GW 2015-742 M.I.15，7759

性状 白色细小结晶或粉末。易吸潮。溶于盐酸，溶于热水则分解成氟化钾、氟化氢、硅酸，微溶于冷水，不溶于乙醇。其1%水溶液 pH 值 3.4。*d* 2.27；*n* 1.3991。一般试剂含量≥99.0%（T）。

注意事项 该品吸入、口服或与皮肤接触有毒。使用时应避免吸入本品的粉尘，避免与眼睛及皮肤接触。万一接触到眼睛，应立即用大量水冲洗后请医生诊治。使用时如有事故发生或有不适之感，应请医生诊治。应密封于干燥处保存。

主要用途 分析试剂。合成中间体。铝的冶炼。不透明玻璃的制造。杀虫剂。瓷釉的配制。

Potassium fluorotitanate 氟钛酸钾 08231

[16919-27-0] F_6K_2Ti 240.09

成分 F 47.48%，K 32.57%，Ti 19.95%。

别名 六氟钛酸钾；氟化钛钾；Potassium hexafluorotitanate(Ⅳ)；Titanium(Ⅳ) potassium fluoride

性状 白色片状结晶。溶于热水，微溶于冷水、无机酸。mp 780℃。一般试剂含量 99.0%～101.0%。

注意事项 该品口服有害。对眼睛有严重损伤的危险。接触皮肤能引起过敏。使用时应穿适当的防护服，戴手套和防护镜或面罩。万一接触到眼睛，应立即用大量水冲洗后请医生诊治。

主要用途 分析试剂。钛酸、金属钛的制造。

Potassium fluorozirconate 氟锆酸钾 08232

[16923-95-8] F_6K_2Zr 283.41

成分 F 40.22%，K 27.59%，Zr 32.19%。

别名 六氟锆酸钾；氟化锆钾；锆氟化钾；Potassium hexafluorozirconate(Ⅵ)；Potassium zirconium fluoride；Zirconium potassium fluoride

GW 2015-739 M.I.15，7760

性状 无色或白色结晶。溶于热水，微溶于冷水。

注意事项 该品口服有毒。使用时应穿适当的防护服，戴手套和防护镜或面罩。接触皮肤后，应立即用大量水冲洗。使用时如有事故发生或有不适之感，应请医生诊治。

主要用途 催化剂。焊接剂。光学玻璃、金属锆及二氧化锆的制造。

Potassium formate 甲酸钾 08233

[590-29-4] $CHKO_2$ 84.12

成分 C 14.28%，H 1.20%，K 46.48%，O 38.04%。

别名 蚁酸钾

M.I.15，7754

性状 无色颗粒状结晶或白色结晶性粉末。有潮解性。溶于 0.4 份水，其水溶液几乎呈中性。受高热则分解。mp 167.5℃±0.5℃；*d* 1.91。一般试剂含量≥99.0%（NT）。

注意事项 该品对眼睛、呼吸系统及皮肤有刺激性。使用时应戴适当的手套。使用时应避免吸入本品的粉尘，避免与眼睛及皮肤接触。万一接触到眼睛，应立即用大量水冲洗后请医生诊治。应密封于干燥处保存。

主要用途 分析试剂。还原剂。制药工业。

Potassium gluconate anhydrous 葡萄糖酸钾 无水 08234

[299-27-4] $C_6H_{11}KO_7$ 234.25

成分 C 30.76%，H 4.73%，K 16.69%，O 47.81%。

别名 Gluconic acid potassium salt；Gluconsan K；Kalimozan；Kaon；Katorin；Potasoral；Potassuril；K-IAO；Tumil-K

M.I.15，4492

性状 浅黄白色结晶。在空气中稳定。味微咸。易溶于水，其水溶液对石蕊呈碱性。pH 值 7.5～8.5。几乎不溶于无水乙醇、乙醚、苯、氯仿。180℃分解。生化试剂含量≥99.0%（NT）。

主要用途 生化研究。医用电解液填充剂。

$$HOH_2C-CH(OH)-CH(OH)-CH(OH)-CH(OH)-COO^- \ K^+$$

Potassium hexachloroplatinate(Ⅳ) 六氯铂酸钾 08235

[16921-30-5] Cl_6K_2Pt 485.98

成分 Cl 43.77%，K 16.09%，Pt 40.14%。

别名 氯化铂钾；氯铂酸钾；Platinic potassium chloride；Platinum potassium chloride；Potassium chloroplatinate；Potassium platinum(Ⅳ) chloride

M.I.15，7757

性状 橙黄色结晶或黄色粉末。溶于热水，微溶于冷水，几乎不溶于乙醇。mp 250℃（分解）；*d* 3.50。一般试剂含量（Pt）约 40%。

注意事项 该品口服有毒。对眼睛有严重损伤的危险。吸入或与皮肤接触可引起过敏。使用时应穿适当的防护服，戴手套和防护镜或面罩。使用时应避免吸入本品的粉尘。万一接触到眼睛，应立即用大量水冲洗后请医生诊治。使用时如有事故发生或有不适之感，应请医生诊治。应密封避光保存。

主要用途 分析试剂。电镀业。催化剂。照相用。

Potassium hexahydroxyantimonate(Ⅴ) 六羟基锑酸钾 08236

[12208-13-8] H_6KO_6Sb 262.90

成分 H 2.30%，K 14.87%，O 36.51%，Sb 46.31%。

别名 六羟基锑酸(Ⅴ)钾；Potassium antimonate hydrated；Potassium hexahydroxoantimenate(Ⅴ)；Potassium pyroantimonate trihydrate

性状 无色结晶。mp 240℃（分解）。一般试剂含量≥99.0%。

注意事项 该品吸入或口服有害。对水生物有毒。能对水环境引起长期不良的影响。使用时应避免吸入本品的粉尘。

应防止将本品释放于环境中。

Potassium hydroxide 氢氧化钾　08237

[1310-58-3]　HKO　56.11

成分　H 1.80%,K 69.68%,O 28.51%。

别名　苛性钾;苛性碱;钾灰;Caustic potash;Potassa;Potassium hydrate

GW 2015-1667　M. I. 15,7761

性状　白色或微黄色豆瓣状颗粒、棒状、块状物。在空气中极易吸湿而潮解,吸收二氧化碳生成碳酸钾。溶于0.9份水、约0.6份沸水、3份乙醇、2.5份甘油,不溶于乙醚。其0.1mol/L水溶液pH值13.5。mp约360℃或380℃(无水物)。LD_{50}大鼠急性经口:1.23g/kg。

注意事项　该品口服有害。具有强腐蚀性,能引起严重烧伤。使用时应穿适当的防护服,戴手套和防护镜或面罩。万一接触到眼睛,应立即用大量水冲洗后请医生诊治。使用时如有事故发生或有不适之感,应请医生诊治。应密封于干燥处保存。

主要用途　分析试剂,如铋、镉、锂的微量分析。制药工业。皂化试剂。二氧化碳和水分的吸收剂。碱式电瓶充电。电镀业。

参考规格

GB/T 2306—2008	优级纯	分析纯	化学纯
含量(KOH)/%≥	85.0	82.0	80.0
澄清度试验/号≤	2	4	6
碳酸盐(以K_2CO_3计)/%≤	1.0	1.5	2.0
氯化物(Cl)/%≤	0.005	0.01	0.025
硫酸盐(SO_4)/%≤	0.003	0.005	0.01
总氮量(N)/%≤	0.0005	0.001	0.005
磷酸盐(PO_4)/%≤	0.001	0.005	0.01
硅酸盐(SiO_3)/%≤	0.01	0.02	0.1
钠(Na)/%≤	1.0	2.0	2.0
镁(Mg)/%≤	0.0005		
铝(Al)/%≤	0.002	0.005	
钙(Ca)/%≤	0.002	0.005	0.02
铁(Fe)/%≤	0.0005	0.001	0.002
镍(Ni)/%≤	0.0001	0.0005	
重金属(以Pb计)/%≤	0.001	0.002	0.003
锌(Zn)/%≤	0.001		

Potassium hypophosphite 次亚磷酸钾　08238

[7782-87-8]　H_2KO_2P　104.09

成分　H 1.94%,K 37.56%,O 30.74%,P 29.76%。

别名　卑磷酸钾;次磷酸钾;Potassium hypophosphite monobasic

M. I. 15,7762

性状　白色结晶、颗粒或粉末。有潮解性。无气味。1g该品溶于0.6mL水(溶液呈中性或弱碱性)、9mL乙醇、5mL沸乙醇。

注意事项　该品强热时分解,并放出磷化氢,在空气中能自燃。遇氯酸盐或其他氧化剂能爆炸。应远离易燃物品密封于干燥处保存。

主要用途　分析试剂。制药工业。

Potassium iodate 碘酸钾　08239

[7758-05-6]　IKO_3　214.00

成分　I 59.30%,K 18.27%,O 22.43%。

GW 2015—199　M. I. 15,7763

性状　白色结晶或结晶性粉末。无气味。溶于12份水、3.1份沸水,溶于稀硫酸,不溶于乙醇。mp 560℃(部分分解);*d* 3.89。

注意事项　该品与易燃品接触能引起燃烧。口服有害。对眼睛、呼吸系统及皮肤有刺激性。使用时应穿适当的防护服。应避免吸入本品的粉尘,避免与眼睛及皮肤接触。万一接触到眼睛,应立即用大量水冲洗后请医生诊治。应远离易燃品密封保存。

主要用途　分析试剂,检验锌、碘、砷。容量法分析中用作氧化剂。氧化还原滴定剂。基准试剂。医用局部(黏膜)消毒剂。

参考规格

GB/T 651—2011	优级纯	分析纯
含量(KIO_3)/%≥	99.8	99.8
pH值(50g/L,25℃)	5.0～7.0	5.0～7.0
澄清度试验/号≤	2	3
水不溶物/%≤	0.002	0.005
干燥失重/%≤	0.05	0.1
氯化物及氯酸盐(以Cl计)/%≤	0.005	0.02
碘化物(I)/%≤	0.001	0.002
总氮量(N)/%≤	0.002	0.003
硫酸盐(SO_4)/%≤	0.003	0.01
钠(Na)/%≤	0.01	0.02
铁(Fe)/%≤	0.0002	0.0005
重金属(以Pb计)/%≤	0.0005	0.001

GB 1258—2008	工作基准试剂
含量(KIO_3)/%	99.95～100.05
pH值(50g/L,25℃)	5.0～8.0
澄清度试验/号≤	2
干燥失重/%≤	0.1
氯化物及氯酸盐(以Cl计)/%≤	0.005
碘化物(I)/%≤	0.001
总氮量(N)/%≤	0.002
硫酸盐(SO_4)/%≤	0.003
铁(Fe)/%≤	0.0002
重金属(以Pb计)/%≤	0.0005

Potassium iodide 碘化钾　08240

[7681-11-0]　IK　166.00

成分　I 76.45%,K 23.55%。

别名　灰碘;Jodid;Knollide;Thyroblock;Thyrojod

M. I. 15,7764

性状　无色或白色立方体结晶或粉末。微有潮解性。久置或见光析出碘即变黄。1g该品溶于0.7mL、0.5mL沸水、22mL乙醇、8mL沸乙醇、51mL无水乙醇、8mL甲醇、75mL丙酮、2mL甘油、约2.5mL乙二醇,不溶于乙醚。其水溶液呈中性或微碱性,pH值7～9。mp 680℃;*d* 3.12。LD_{50}大鼠静脉注射:285mg/kg。

注意事项　该品对眼睛及皮肤有刺激性。吸入或与皮肤接触可引起过敏。可能危险胎儿。使用时应穿适当的防护服、戴手套和防护镜或面罩。使用时应避免吸入本品的粉尘,避免与皮肤接触。万一接触到眼睛,应立即用大量水冲洗后请医生诊治。使用时如有事故发生或有不适之感,应请医生诊治。应密封避光保存。

主要用途　常用分析试剂。照相用感光乳剂的配制。食品用碘质强化剂。医用抗霉剂,祛痰剂,碘补充剂。

参考规格

GB/T 1272—2007	优级纯	分析纯	化学纯
含量/%≥	99.5	99.0	98.5
pH值(50g/L溶液,25℃)	6.0～8.0	6.0～8.0	6.0～8.0
澄清度试验/号≤	2	3	5
水不溶物/%≤	0.005	0.01	0.02
氯化物及溴化物(以Cl计)/%≤	0.01	0.02	0.05
碘酸盐及碘(以IO_3计)/%≤	0.0003	0.002	0.005
总氮量(N)/%≤	0.001	0.002	0.002
硫酸盐(SO_4)/%≤	0.002	0.005	0.01
钠(Na)/%≤	0.05	0.1	
镁(Mg)/%≤	0.001	0.002	0.005
钙(Ca)/%≤	0.001	0.002	0.005
铁(Fe)/%≤	0.0001	0.0003	0.0005
砷(As)/%≤	0.00001	0.00002	
重金属(以Pb计)/%≤	0.0002	0.0005	0.001
钡(Ba)/%≤	0.001	0.002	0.004
磷酸盐(PO_4)/%≤	0.001	0.002	
还原性物质	合格	合格	

Potassium metabisulfite 偏重亚硫酸钾　08241

[16731-55-8]　$K_2O_5S_2$　222.31

成分　K 35.17%,O 35.98%,S 28.84%。

别名 三缩二原硫酸钾；焦亚硫酸钾；Potassium pyrosulfite；Potassium disulfite
M. I. 15，7766
性状 白色结晶或结晶性粉末。有二氧化硫的气味。易溶于水，不溶于乙醇。在潮湿空气中氧化为硫酸盐。研磨灼热时能燃烧。mp 190℃（分解）。一般试剂含量≥97.0%（RT）。
注意事项 该品与酸接触能释放出有毒气体。对眼睛、呼吸系统及皮肤有刺激性。使用时应穿适当的防护服。万一接触到眼睛，应立即用大量水冲洗后请医生诊治。应充氩气密封保存。
主要用途 分析试剂。显影剂。还原剂。细菌抑制剂。

Potassium metaphosphate 偏磷酸钾 08242

[7790-53-6] KO_3P 118.07
成分 K 33.11%，O 40.65%，P 26.23%。
别名 Potassium Kurrol's salt；Potassium polymetaphosphate；Potassium polyphosphate
M. I. 15，7767
性状 白色单斜结晶或粉末。易溶于稀酸、碱金属盐的水溶液，不溶于纯水。mp 807℃；d^{20} 2.45。
主要用途 分析试剂。染料合成。制药工业。

Potassium molybdate(Ⅵ) 钼酸钾 08243

[13446-49-6] K_2MoO_4 238.14
成分 K 32.84%，Mo 40.29%，O 26.87%。
别名 Potassium molybdate(Ⅵ)；Potassium molybdenumoxide
M. I. 15，7768
性状 白色结晶或粉末。无味。有潮解性。溶于0.6份水，不溶于乙醇。mp 919℃；1400℃分解。d 2.3。
注意事项 该品对眼睛、呼吸系统及皮肤有刺激性。使用时应穿适当的防护服和戴手套。万一接触到眼睛，应立即用大量水冲洗后请医生诊治。应密封于干燥处保存。
主要用途 分析试剂。

Potassium nitrate 硝酸钾 08244

[7757-79-1] KNO_3 101.10
成分 K 38.67%，N 13.85%，O 47.47%。
别名 土硝；火硝；硝石；盐硝；Niter；Saltpeter
GW 2015-2303 M. I. 15，7769
性状 无色棱柱体结晶、白色颗粒或结晶性粉末。有潮解性。受热分解。1g该品溶于2.8mL水、0.5mL沸水、620mL乙醇，溶于甘油，不溶于无水乙醇。mp 333℃；400℃分解；d 2.11。LD_{50}兔急性经口：1.166g阴离子/kg。
注意事项 该品与易燃物品接触能引起燃烧。可能损伤生育力。可能危害胎儿。使用时应穿适当的防护服和戴手套。使用时应避免与眼睛及皮肤接触。远离易燃品，密封于阴凉处保存。
主要用途 分析试剂，锰、钠的微量分析。强氧化剂。钾盐合成。炸药制造。玻璃配料。医用利尿剂。
参考规格 GB/T 647—2011

	优级纯	分析纯	化学纯
含量（KNO_3）/%≥	99.0	99.0	98.5
pH值（50g/L溶液，25℃）	5.0～8.0	5.0～8.0	5.0～8.0
澄清度试验/号≤	2	3	5
水不溶物/%≤	0.002	0.004	0.006
总氯量（以Cl计）/%≤	0.0015	0.003	0.005
碘酸盐（IO_3）/%≤	0.0005	0.0005	0.002
硫酸盐（SO_4）/%≤	0.002	0.003	0.01
亚硝酸盐（NO_2）/%≤	0.001	0.001	0.002
铵（NH_4）/%≤	0.001	0.001	0.005
磷酸盐（PO_4）/%≤	0.0005	0.0005	0.001
钠（Na）/%≤	0.02	0.02	0.05
镁（Mg）/%≤	0.001	0.002	0.004
钙（Ca）/%≤	0.001	0.004	0.006
铁（Fe）/%≤	0.0001	0.0002	0.0005
重金属（以Pb计）/%≤	0.0003	0.0005	0.001

Potassium nitrite 亚硝酸钾 08245

[7758-09-0] KNO_2 85.10
成分 K 45.94%，N 16.46%，O 37.60%。
GW 2015-2491 M. I. 15，7770
性状 无色透明棱柱体结晶或白色黄色颗粒状或棒状结晶。有潮解性。溶于0.35份水，微溶于乙醇，溶于甘油。其水溶液呈碱性。mp 441℃（分解）；d 1.915。LD_{50}兔急性经口：108mg阴离子/kg。一般试剂含量≥98.0%（RT）。
注意事项 该品与易燃物接触能引起燃烧。口服有毒。对水生物极毒。使用时如有事故发生或有不适之感，应请医生诊治。应防止将本品释放于环境中。应密封于干燥处保存。
主要用途 分析试剂，氨基酸、钴、碘、锶、脲等的测定。有机合成。钢铁分析。

Potassium oleate 油酸钾 08246

[143-18-0] $C_{18}H_{33}KO_2$ 320.56
成分 C 67.44%，H 10.38%，K 12.20%，O 9.98%。
别名 Oleic acid potassium salt
M. I. 15，7771
性状 微黄色或微棕色软质的块状物。溶于水、乙醇，其水溶液对酚酞呈碱性。Fp 284°F（140℃）。一般试剂含量≥87.0%。
注意事项 该品对眼睛、呼吸系统及皮肤有刺激性。使用时应穿适当的防护服。万一接触到眼睛，应立即用大量水冲洗后请医生诊治。
主要用途 乳化剂。洗涤剂。

Potassium oxalate monohydrate 草酸钾 一水 08247

[6487-48-5] $C_2K_2O_4 \cdot H_2O$ 184.23
成分（以无水物计） C 14.45%，K 47.04%，O 38.50%。
别名 一水合草酸钾；乙二酸钾；蓚酸钾；Oxalic acid potassium salt
M. I. 15，7772
性状 无色结晶或白色结晶性粉末。无味。在干燥空气中易风化。溶于3份水，微溶于乙醇。受热至约160℃时失去结晶水。d 2.13。
注意事项 该品口服或与皮肤接触有害。使用时应避免与眼睛及皮肤接触。应密封保存。
主要用途 分析试剂。防止血液的凝固。影片洗印。
参考规格 HG/T 695—1994

	分析纯	化学纯
含量（$K_2C_2O_4 \cdot H_2O$）/%≥	99.8	99.5
pH值（50g/L溶液，25℃）	7.2～8.2	7.2～8.2
澄清度试验	合格	合格
水不溶物/%≤	0.003	0.02
氯化物（Cl）/%≤	0.001	0.005
总氮量（N）/%≤	0.002	0.005
硫化合物（以SO_4计）/%≤	0.01	0.03
磷酸盐（PO_4）/%≤	0.001	0.005
钠（Na）/%≤	0.02	0.05
铁（Fe）/%≤	0.0005	0.001
重金属（以Pb计）/%≤	0.0005	0.001
易碳化物质	合格	合格

Potassium perchlorate 高氯酸钾 08248

[7778-74-7] $ClKO_4$ 138.54
成分 Cl 25.59%，K 28.22%，O 46.19%。
别名 过氯酸钾；Perchloracap；Peroidin；Potassium hyperchlorate
GW 2015-803 M. I. 15，7774
性状 无色结晶或白色结晶性粉末。溶于65份冷水、15份沸水，几乎不溶于乙醇。约400℃分解；d 2.52。一般试剂含量≥99.0%（T）。
注意事项 该品与易燃品混合时具有爆炸性。口服有害。使用时应避免吸入本品的粉尘。使用完毕应立即脱掉被污染的衣服。远离食品和饲料密封保存。
主要用途 分析试剂。氧化剂。制药工业。

Potassium periodate 高碘酸钾 08249

[7790-21-8]　IKO_4　230.00

成分　I 55.18%，K 17.00%，O 27.82%。

别名　过碘酸钾；偏过碘酸钾；偏高碘酸钾；Potassium metaperiodate；Periodic acid potassium salt

GW 2015-796　M. I. 15，7775

性状　无色四方形结晶或白色结晶性粉末。溶于水（0℃，0.168g/100g；20℃，0.42g/100g；40℃，0.93g/100g；60℃，2.16g/100g；80℃，4.44g/100g；100℃，7.87g/100g），略微溶于氢氧化钾水溶液。受高热分解。mp 582℃；d_4^{15} 3.618。一般试剂含量≥99.5%(RT)。

注意事项　该品与易燃品接触能引起燃烧。对眼睛、呼吸系统及皮肤有刺激性。使用时应穿适当的防护服和戴手套。万一接触到眼睛，应立即用大量水冲洗后请医生诊治。远离食品和饲料密封保存。

主要用途　分析试剂，如锰的测定。氧化剂。

Potassium permanganate　高锰酸钾　08250

[7722-64-7]　$KMnO_4$　158.03

成分　K 24.74%，Mn 34.76%，O 40.50%。

别名　过锰酸钾；灰锰氧；Chameleon mineral；Permangamic acid potassium salt；Purple salt

GW 2015-813　M. I. 15，7776

性状　深紫色或类似青铜色有金属光泽的结晶。无味。1份该品溶于14.2份冷水、3.5份沸水。遇醇和其他有机溶剂或浓酸即分解而释放出游离氧。约240℃分解；d 2.7。LD_{50}大鼠急性经口：1.09g/kg。

注意事项　该品与易燃品接触能引起燃烧。口服有害。对水生物极毒，能对水环境引起不利的结果。应防止将本品释放于环境中。其包装物应按危险品处理。应密封于干燥处保存。

主要用途　分析试剂，如钡、银和硫酸盐的微量分析；铁、钒、锡的测定。氧化还原滴定剂。氧化剂。杀菌剂。有机合成。医用局部抗感染剂。

参考规格

GB/T 643—2008	优级纯
含量（$KMnO_4$）/%≥	99.5
水不溶物/%≤	0.10
氯化物（Cl）/%≤	0.001
总氮量（N）/%≤	0.002
硫酸盐（SO_4）/%≤	0.002
砷（As）/%≤	0.00002
铁（Fe）/%≤	0.002
铜（Cu）/%≤	0.001
重金属（以Pb计）/%≤	0.002

GB/T 643—2008	分析纯	化学纯
含量（$KMnO_4$）/%≥	99.5	99.0
水不溶物/%≥	0.20	0.30
氯化物（Cl）/%≤	0.002	0.005
总氮量（N）/%≤	0.005	0.01
硫酸盐（SO_4）/%≤	0.005	0.02
铁（Fe）/%≤	0.002	
砷（As）/%≤	0.00005	
重金属（以Pb计）/%≤	0.003	

Potassium perrhenate　高铼酸钾　08251

[10466-65-6]　KO_4Re　289.30

成分　K 13.51%，O 22.12%，Re 64.36%。

别名　过铼酸钾

性状　白色结晶。溶于水，微溶于乙醇。mp 350℃；d 4.887；n_D^{20} 1.643。一般商品含量≥99.0%（T）。

注意事项　该品与易燃品接触能引起燃烧。对眼睛、呼吸系统及皮肤有刺激性。使用应穿适当的防护服。万一接触到眼睛，应立即用大量水冲洗后请医生诊治。使用现场禁止吸烟。应远离火种密封保存。

主要用途　纯铼的制备。氧化剂。光谱分析。

Potassium persulfate　过二硫酸钾　08252

[7727-21-1]　$K_2O_8S_2$　270.31

成分　K 28.93%，O 47.35%，S 23.72%。

别名　过硫酸钾；二硫八氧酸钾；过氧二硫酸钾；高硫酸钾；Potassium peroxodisulfate；Potassium persulphate；Peroxydisulfuric acid dipotassium salt

GW 2015-852　M. I. 15，7777

性状　无色或白色结晶。无气味。在高温时分解较快，在约100℃时全部分解。溶于约50份水、25份40℃水，水溶液呈酸性。不溶于乙醇。d 2.477。

注意事项　该品与易燃品接触能引起燃烧。口服有害。对眼睛、呼吸系统及皮肤有刺激性。吸入或与皮肤接触可引起过敏。使用时应戴手套。使用时应避免吸入本品的粉尘，避免与皮肤接触。万一接触到眼睛，应立即用大量水冲洗后请医生诊治。应远离火种和易燃物品，密封于阴凉处保存。

主要用途　分析试剂。氧化剂。塑料引发剂。影片洗印。

参考规格

GB/T 641—2011	分析纯	化学纯
含量（$K_2S_2O_8$）/%≥	99.5	99.0
澄清度试验/号≤	3	5
水不溶物/%≤	0.005	0.01
氯化物及氯酸盐（以Cl计）/%≤	0.002	0.005
总氮量（N）/%≤	0.002	0.01
锰（Mn）/%≤	0.0001	0.0003
铁（Fe）/%≤	0.0002	0.0005
重金属（以Pb计）/%≤	0.001	0.002

Potassium phosphate dibasic anhydrous
磷酸氢二钾 无水　08253

[7758-11-4]　HK_2O_4P　174.17

成分　H 0.58%，K 44.90%，O 36.74%，P 17.78%。

别名　二盐基磷酸钾；无水磷酸氢二钾；Dikalium phosphate；Dipotassium phosphate；DKP；Potassium biphosphate；Dipotassium hydrogen phosphate anhydrous；*sec*-Potassium phosphate anhydrous

M. I. 15，7779

性状　白色稍微潮解的颗粒或粉末。易溶于水，其溶液对酚酞呈弱碱性。微溶于乙醇。灼烧后成焦磷酸盐。一般试剂含量≥99.0%（T）。

注意事项　使用时应避免吸入本品的粉尘，避免与眼睛及皮肤接触。应密封于干燥处保存。

主要用途　常用分析试剂。缓冲剂。医用泻剂。

Potassium phosphate dibasic trihydrate
磷酸氢二钾 三水　08254

[16788-57-1]　$HK_2O_4P \cdot 3H_2O$　228.22

成分（以无水物计）　H 0.58%，K 44.89%，O 36.74%，P 17.78%

别名　二盐基磷酸钾 三水；三水合磷酸氢二钾；双盐基磷酸钾 三水；di-Potassium orthophosphate trihydrate；Potassium monophosphate trihydrate；di-Potassium hydrogen phosphate trihydrate；Potassium biphosphate trihydrate；*sec*-Potassium phosphate trihydrate

性状　无色片状、针状结晶或白色颗粒。有潮解性。易溶于水，溶液呈弱碱性。微溶于乙醇。灼烧后成焦磷酸盐。

注意事项　见磷酸氢二钾 无水。

主要用途　常用分析试剂。缓冲剂。制药工业。抗生素培养基中的营养剂。

参考规格

HG/T 3487—2000	分析纯	化学纯
含量（$K_2HPO_4 \cdot 3H_2O$）/%≥	99.0	97.0
pH值（50g/L，25℃）	8.9～9.4	8.9～9.4
澄清度试验	合格	合格
水不溶物/%≤	0.01	0.03
氯化物（Cl）/%≤	0.002	0.005
硝酸盐（NO_3）/%≤	0.001	0.003
硫酸盐（SO_4）/%≤	0.01	0.03
钠（Na）/%≤	0.05	0.10
镁（Mg）/%≤	0.001	0.001
铁（Fe）/%≤	0.001	0.003
重金属（以Pb计）/%≤	0.001	0.003
砷（As）/%≤	0.0001	0.0003

Potassium phosphate monobasic　磷酸二氢钾　08255

[7778-77-0]　H_2KO_4P　136.08

成分　H 1.48%，K 28.73%，O 47.03%，P 22.76%。

别名　一盐基磷酸钾；无水磷酸二氢钾；Monopotassium phosphate；

prim-Potassium phosphate; Potassium acid phosphate; Potassium biphosphate; Potassium dihydrogen phosphate; Potassium phosphate monobasic anhydrous; Sörensen's potassium phosphate

M. I. 15，7780

性状 无色柱状结晶或白色结晶性粉末或颗粒。在空气中稳定。溶于约 4.5 份水，几乎不溶于乙醇。pH 值 4.4～4.7。mp 96℃；*d* 2.34。

注意事项 使用时应避免吸入本品的粉尘，避免与眼睛及皮肤接触。

主要用途 分析试剂，测定砷、锑、磷、铝、铁。测定血清中无机磷、碱性磷酸酶活力。pH 缓冲剂。制药工业。用于压电元件、电光学元件和激光光谐波的发生。

参考规格 GB/T 1274—2011	分析纯	化学纯
含量（KH_2PO_4）/%≥	99.5	99.0
pH 值（50g/L 溶液，25℃）	4.2～4.5	4.2～4.5
澄清度试验/号≤	2	4
水不溶物/%≤	0.002	0.005
干燥失重/%≤	0.2	0.3
氯化物（Cl）/%≤	0.001	0.005
硫酸盐（SO_4）/%≤	0.003	0.005
总氮量（N）/%≤	0.001	0.002
钠（Na）/%≤	0.02	0.05
铁（Fe）/%≤	0.001	0.005
重金属（以 Pb 计）/%≤	0.001	0.005
砷（As）/%≤	0.0005	0.002

GB 6353—2008	pH 基准试剂
混合磷酸盐溶液 pH 值（S）$_{\text{II}}$ 值（0.025mol/kg，25℃）：	pH（S）$_{\text{II}}$＝pH（S）$_{\text{I}}$ ±0.01
含量（KH_2PO_4）/%≥	99.5
pH（50g/L，25℃）	4.2～4.6
澄清度试验/号≤	2
水不溶物/%≤	0.002
干燥失重/%≤	0.2
氯化物（Cl）/%≤	0.001
硫酸盐（SO_4）/%≤	0.002
硝酸盐（NO_3）/%≤	0.002
铵盐（NH_4）/%≤	0.001
钠（Na）/%≤	0.02
铁（Fe）/%≤	0.001
砷（As）/%≤	0.0005
重金属（以 Pb 计）/%≤	0.001
氨沉淀物/%≤	0.005

Potassium phosphate tribasic anhydrous

无水磷酸三钾 08256

[7778-53-2] K_3PO_4 212.26

成分 K 55.26%，O 30.15%，P 14.59%。

别名 三盐基磷酸钾 无水；磷酸三钾 无水；tri-Potassium phosphate; Potassium phosphate anhydrous; Tripotassiam phosphate

M. I. 15，7781

性状 无色或白色斜方结晶或粉末。有潮解性。溶于水（0℃，43.7%；25℃，50.8%；45.1℃，59.7%），其溶液呈强碱性。不溶于乙醇。mp 1340℃；d_4^{17} 2.564。一般试剂含量≥95.0%。

注意事项 该品对眼睛有严重损伤的危险。对皮肤有刺激性。使用时应戴防护镜或面罩。万一接触到眼睛，应立即用大量水冲洗后请医生诊治。应充氩气密封于干燥处保存。

主要用途 分析试剂。软水剂。液体肥皂的制造。制药工业。

Potassium phosphate tribasic heptahydrate

磷酸三钾 七水 08257

[22763-02-6] $K_3O_4P\cdot 7H_2O$ 338.37

成分（以无水物计） K 55.26%，O 30.15%，P 14.59%。

别名 七水合磷酸三钾；三盐基磷酸钾 七水；tri-Potassium phosphate heptahydrate; Tripotassium phosphate heptahydrate

M. I. 15，7781

性状 无色或白色结晶。有潮解性。易溶于水，溶液呈碱性。不溶于乙醇。

注意事项 该品对眼睛有严重损伤的危险。使用时应戴防护镜或面罩。万一接触到眼睛，应立即用大量水冲洗后请医生诊治。接触皮肤后应立即用大量水冲洗。应充氮气密封于干燥处保存。

主要用途 分析试剂。软水剂。液体肥皂的制造等。

Potassium phosphate tribasic trihydrate

磷酸钾 三水 08258

$K_3O_4P\cdot 3H_2O$ 266.31

成分（以无水物计） K 55.26%，O 30.15%，P 14.59%。

别名 三水合磷酸三钾；三盐基磷酸钾 三水；磷酸三钾；Potassium phosphate neutral; Potassium phosphate normal; Potassium phosphate tertiary; tri-Potassium phosphate trihydrate; Tripotassium phosphate trihydrate

性状 白色结晶性粉末。有潮解性。易溶于水，溶液呈强碱性。不溶于乙醇。mp 1340℃。

注意事项 见 08257 磷酸三钾 七水。

主要用途 分析试剂。缓冲剂。软水剂。液体肥皂的制造等。

Potassium pyrophosphate trihydrate

焦磷酸钾 三水 08259

[7320-34-5] $K_4O_7P_2\cdot 3H_2O$ 384.38

成分（以无水物计） K 47.34%，O 33.90%，P 18.75%。

别名 三水合焦磷酸钾；焦磷酸四钾 三水；Diphosphoric acid tetrapotassium salt; Potassium pyrophosphate normal; Tetrapotassium pyrophosphate

M. I. 15，7783

性状 无色结晶或颗粒。易潮解。易溶于水，溶液呈碱性。不溶于乙醇。热至 180℃失去两分子结晶水，至 300℃时则完全失去结晶水。一般试剂含量≥99.0%。

注意事项 该品对眼睛、呼吸系统及皮肤有刺激性。万一接触到眼睛，应立即用大量水冲洗后请医生诊治。

主要用途 分析试剂上用作酸性溶剂。钢铁分析用作电解金属的夹杂剂。双氧水稳定剂。电镀业。肥皂填料。

Potassium pyrosulfate 焦硫酸钾 08260

[7790-62-7] $K_2O_7S_2$ 254.31

成分 K 30.75%，O 44.04%，S 25.21%。

别名 二硫酸钾；无水重硫酸钾；"Anlydrous" potassium acid sulfate; Disulfuric acid dipotassium salt; Potassium acid sulfate anhydrous; Potassium disulfate

M. I. 15，7784

性状 无色结晶或熔块。易潮解。溶于水，其溶液呈强酸性。mp 约 325℃；*d* 2.28。

注意事项 该品具有腐蚀性，能引起烧伤。使用时应穿适当的防护服，戴手套和防护镜或面罩。万一接触到眼睛，应立即用大量水冲洗后请医生诊治。使用时如有事故发生或有不适之感，应请医生诊治。

主要用途 分析上用作酸性溶剂。钢铁分析用作电解金属的夹杂剂。

参考规格 HG/T 3441—2003	分析纯	化学纯
含量（$K_2S_2O_7$）/%≥	98.0	97.0
澄清度试验	合格	合格
水不溶物/%≤	0.01	0.015
氯化物（Cl）/%≤	0.001	0.003
磷酸盐（PO_4）/%≤	0.001	0.0015
钙及镁（以 Ca 计）/%≤	0.005	0.01
铁（Fe）/%≤	0.001	0.003
重金属（以 Pb 计）/%≤	0.0005	0.002
砷（As）/%≤	0.0003	0.0005

Potassium salicylate 水杨酸钾 08261

[578-36-9] $C_7H_5KO_3$ 176.21

成分 C 47.71%，H 2.86%，K 22.19%，O 27.24%。

别名 邻羟基苯甲酸钾；柳酸钾；Potassium *o*-hydroxybenzoate

M. I. 15，7785

性状 白色粉末。无味。见光逐渐变为粉红色。易溶于水（1g 该品溶于 0.85mL 水）、乙醇。其水溶液对石蕊呈中性或弱酸性。

注意事项 该品应密封避光保存。

主要用途 制药工业。

COOK
OH

Potassium selenate 硒酸钾 08262

[7790-59-2] K_2O_4Se 221.15

成分 K 35.36%，O 28.94%，Se 35.70%。

GW 2015-2197 M. I. 15，7786

性状 无色结晶或白色粉末。溶于约 1 份水。*d* 3.07。一般试剂含量≥99.0%。

注意事项 该品吸入或口服有毒。并有蓄积性危害。对水生物极毒。能对水环境引起长期不良的影响。使用现场不得饮食及吸烟。接触皮肤后，应立即用大量肥皂水冲洗。使用时如有事故发生或有不适之感，应请医生诊治。应防止将本品释放于环境中。其包装物应按危险品处理。

主要用途 分析试剂。

Potassium selenite 亚硒酸钾 08263

[10431-47-7] K_2O_3Se 205.15

成分 K 38.12%，O 23.40%，Se 38.49%。

GW 2015-2473

性状 白色结晶或粉末。有潮解性。溶于水，微溶于乙醇。mp 875℃（分解）；*d* 2.85。

注意事项 见 08262 硒酸钾。应密封于干燥处保存。

主要用途 分析试剂。

Potassium silicate 硅酸钾 08264

[1312-76-1] $K_2O_3Si \cdot xH_2O$ 154.28（无水）

成分（以无水物计） K 50.68%，O 31.11%，Si 18.20%。

别名 矽酸钾；偏硅酸钾；Potassium metasilicate；Soluble potash glass；Soluble potash water glass

M. I. 15，7788

性状 无色或浅黄色透明至半透明玻璃状块状物。有吸湿性。缓缓溶于冷水，溶液呈强碱性。不溶于乙醇。在酸中分解，析出硅酸。mp 976℃。

注意事项 该品对眼睛、呼吸系统及皮肤有刺激性。使用时应戴适当的手套。万一接触到眼睛，应立即用大量水冲洗后请医生诊治。应密封于干燥处保存。

主要用途 催化剂。荧光屏的黏合剂。

Potassium silver cyanide 氰化银钾 08265

[506-61-6] AgC_2KN_2 199.00

成分 Ag 54.21%，C 12.07%，K 19.65%，N 14.08%。

别名 银氰化钾；氰化钾银；Potassium bis(cyano-*C*)argentate(1−)；Potassium dicyanoargentate(Ⅰ)；Potassium cyanoargenate；Silver potassium cyanide

GW 2015-1704 M. I. 15，7789

性状 无色或白色立方体结晶。对光敏感。溶于水，微溶于乙醇。*d* 2.36。一般试剂含量≥99.0%。

注意事项 该品吸入、口服或与皮肤接触极毒。与酸接触能释放出极毒气体。对水生物极毒。能对水环境引起长期不良的影响。接触皮肤后，应立即用大量水冲洗。切勿排入下水道。使用时如有事故发生或有不适之感，应请医生诊治。应上锁保管并防止儿童接近。应防止将本品释放于环境中。其包装物应按危险品处理。应密封避光保存。

主要用途 镀银等。

Potassium sodium carbonate anhydrous

无水碳酸钠钾 08266

[10424-09-6] $CKNaO_3$ 122.10

成分 C 9.84%，K 32.02%，Na 18.83%，O 39.31%。

别名 无水碳酸钾钠；碳酸钠钾 无水；碳酸钾钠 无水；Fusion mixture；Potassium carbonate sodium carbenate anhydrous 1.25∶1；Sodium potassium carbonate anhydrous

性状 白色粉末。溶于水，溶液呈强碱性。一般试剂含量 99%～101%。

注意事项 该品对眼睛、呼吸系统及皮肤有刺激性。使用时应穿适当的防护服。应避免吸入本品的粉尘。万一接触到眼睛，应立即用大量水冲洗后请医生诊治。应密封于干燥处保存。

主要用途 助熔剂。

Potassium sodium tartrate tetrahydrate

酒石酸钠钾 四水 08267

[6381-59-5] $C_4H_4KNaO_6 \cdot 4H_2O$ 282.22

成分（以无水物计） C 22.86%，H 1.92%，K 18.60%，Na 10.94%，O 45.68%。

别名 四水合酒石酸钠钾；四水合酒石酸钾钠；洛瑟尔氏盐；罗氏盐；罗谢尔盐；酒石酸钾钠 四水；Rochelle salt；Seignette salt；Sodium potassium tartrate；L-(+)-Tartaric acid potassium sodium salt

M. I. 15，7790

性状 无色半透明结晶或白色结晶性粉末。溶于 0.9 份水，几乎不溶于乙醇。其水溶液对石蕊呈微碱性，pH 值 7～8。mp 70～80℃；热至 100℃失去 3 个结晶水，130～140℃成为无水物，220℃分解。*d* 1.79；$[\alpha]_D^{20}+22°\pm1°$（c=1，于水中）。

注意事项 使用时应避免吸入本品的粉尘，避免与眼睛及皮肤接触。

主要用途 费林溶液、班氏溶液的配制。可还原糖类。其单晶用作压电元件。医用泻剂。

参考规格 GB/T 1288—2001	优级纯	分析纯	化学纯
含量（$C_4H_4O_6KNa \cdot 4H_2O$）/%≥	99.5	99.0	98.5
pH 值（50g/L 溶液，25℃）	6.5～8.5	6.5～8.5	6.5～8.5
澄清度试验/号	2	3	5
水不溶物/%≤	0.003	0.005	0.01
氯化物（Cl）/%≤	0.0005	0.001	0.005
硫酸盐（SO_4）/%≤	0.003	0.005	0.03
总氮量（N）/%≤	0.002	0.005	0.01
磷酸盐（以 PO_4 计）/%≤	0.001	0.001	
硅酸盐（以 SiO_3 计）/%≤	0.002	0.005	
钙（Ca）/%≤	0.001	0.002	0.005
铁（Fe）/%≤	0.0005	0.0005	0.002
铜（Cu）/%≤	0.0005	0.0005	0.001
铅（Pb）/%≤	0.0005	0.0005	0.001
还原性物质	合格		

Potassium stannate trihydrate 锡酸钾 三水 08268

[12125-03-0] $K_2SnO_3 \cdot 3H_2O$ 298.95

成分（以无水物计） K 31.93%，O 19.60%，Sn 48.47%。

别名 三水合锡酸钾

M. I. 15，7791

性状 无色结晶。溶于 1 份水，溶液呈碱性；不溶于乙醇、丙酮。mp 140℃（分解）；*d* 3.197。

注意事项 该品口服有害。具有腐蚀性，能引起烧伤。

主要用途 镀锡。织物印染。

Potassium stearate 硬脂酸钾 08269

[593-29-3] $C_{18}H_{35}KO_2$ 322.57

成分 C 67.02%，H 10.94%，K 12.12%，O 9.92%。

别名 十八酸钾；Stearic acid potassium salt

M. I. 15，7792

性状 白色至浅黄色粉末。易溶于热水、热乙醇，缓慢地溶于冷水、冷乙醇，其水溶液对酚酞或石蕊呈强碱性；其醇溶液遇酚酞呈弱碱性。d^{25} 1.110；d^{75} 1.037。

主要用途 表面活性剂。纤维柔软剂。

Potassium sulfate 硫酸钾 08270

[7778-80-5] K_2O_4S 174.25

成分 K 44.88%，O 36.73%，S 18.40%。

别名 Arcanum duplicatum；Sal of lemery；Sal polychrestum；Tartarus vitriolatus

M. I. 15，7793

性状 无色结晶或白色结晶性颗粒或粉末。无气味。味苦。质重而坚硬。在空气中稳定。1g 该品溶于 8.3mL 水、4mL 沸水、75mL 甘油，不溶于乙醇。其水溶液呈中性，pH 值约

7。mp 1067℃；*d* 2.66；n_D^{20} 1.49333～1.49733。

注意事项 使用时应避免吸入本品的粉尘，避免与眼睛及皮肤接触。

主要用途 分析试剂。氮的测定。钾盐合成。医用泻剂。

参考规格 GB/T 16496—1996

	分析纯	化学纯
含量（K_2SO_4）/%≥	99.0	98.5
pH（50g/L，25℃）	5.0～8.0	5.0～8.0
澄清度试验	合格	合格
水不溶物/%≤	0.005	0.01
氯化物（Cl）/%≤	0.0005	0.001
总氮量（N）/%≤	0.0005	0.001
钠（Na）/%≤	0.03	0.1
钙（Ca）/%≤	0.01	0.02
铁（Fe）/%≤	0.0002	0.0005
砷（As）/%≤	0.0001	0.0005
重金属（以 Pb 计）/%≤	0.0005	0.001

Potassium sulfide anhydrous 无水硫化钾 08271

[1312-73-8] K_2S 110.26

成分 K 70.92%，S 29.08%。

别名 无水含硫钾；含硫钾 无水；硫化钾 无水；Potassium monosulfide；Potassium sulfuret

GW 2015-1287 M.I.15，7794

性状 白色至微黄色立方体结晶或熔融片状物。在空气中褪色并吸潮，能逐渐被氧化成硫酸钾。易溶于水，并放出大量热。其水溶液呈强碱性。mp 912℃；*d* 1.74。

注意事项 该品具有腐蚀性，能引起烧伤。与酸接触时释放出有毒气体。对水生物极毒。万一接触到眼睛，应立即用大量水冲洗后请医生诊治。切勿用手拿，能溶化指甲。应防止将本品释放于环境中。应密封避光于干燥处保存。

主要用途 分析试剂。制药工业。

Potassium sulfite anhydrous 无水亚硫酸钾 08272

[10117-38-1] K_2O_3S 158.25

成分 K 49.41%，O 30.33%，S 20.26%。

别名 亚硫酸钾 无水

M.I.15，7795

性状 白色结晶或结晶性粉末。在空气中逐渐被氧化成硫酸盐。溶于水，微溶于乙醇。能被稀酸所分解而放出二氧化硫。*d* 2.49。

注意事项 该品对眼睛、呼吸系统及皮肤有刺激性。使用时应戴手套和防护镜或面罩。万一接触到眼睛，应立即用大量水冲洗后请医生诊治。应密封保存。

主要用途 分析试剂。显影剂。

Potassium tartrate hemihydrate 酒石酸钾 半水 08273

[921-53-9]（无水物）[6100-19-2] $C_4H_4O_6K_2 \cdot \frac{1}{2}H_2O$ 235.29

成分（以无水物计） C 21.23%，H 1.78%，K 34.56%，O 42.43%。

别名 半水合酒石酸钾；L-(+)-酒石酸二钾盐 半水；Dipotassium lartrate hemihydrate；Soluble tartar；di-Potassium tartrate hemihydrate；L-(+)-Tartaric acid dipotassium salt

M.I.15，7796

性状 白色结晶或结晶性颗粒或粉末。溶于约 0.5 份水，几乎不溶于乙醇。其水溶液对石蕊呈弱碱性，pH 值 7～8。*d* 1.98。

注意事项 见 08270 硫酸钾。

主要用途 常用分析试剂，测定铋、铝、镍、制药工业。微生物培养基的制备。医用泻剂。

参考规格 HG/T 3477-1999

	分析纯	化学纯
含量（$C_4H_4O_6K_2 \cdot \frac{1}{2}H_2O$）/%≥	99.0	99.0
pH 值（25℃，50g/L）	7.0～9.0	7.0～9.0
澄清度试验	合格	合格
水不溶物/%≤	0.005	0.01
氯化物（Cl）/%≤	0.002	0.01
硫酸盐（SO_4）/%≤	0.005	0.01
磷酸盐（PO_4）/%≤	0.002	0.005
铁（Fe）/%≤	0.0005	0.001
重金属（以 Pb 计）/%≤	0.0005	0.001

Potassium tellurate(Ⅵ) trihydrate 碲酸钾 三水 08274

[15571-91-2]（无水物） $K_2O_4Te \cdot 3H_2O$ 323.84

成分（以无水物计） K 28.98%，O 23.72%，Te 47.30%。

别名 三水合碲酸钾

M.I.15，7797

性状 白色结晶性粉末。溶于 4 份水。其溶液呈碱性。

注意事项 该品吸入有害。具有刺激性。使用时应避免吸入本品的粉尘，避免与眼睛及皮肤接触。应密封保存。

主要用途 微生物研究。医用止汗剂。

Potassium tellurite hydrate 亚碲酸钾 水合 08275

[123333-66-4][7790-58-1]（无水物） $K_2O_3Te \cdot xH_2O$ 253.80+18.02x

成分（以无水物计） K 30.81%，O 18.91%，Te 50.28%。

别名 Potassium tellurate（Ⅳ）

M.I.15，7798

性状 白色粉末。有潮解性。易溶于水，溶液呈碱性，溶于热的氢氧化钾、碳酸钾溶液，不溶于乙醇。mp 460～470℃（分解）。

注意事项 该品口服有毒。对眼睛、呼吸系统及皮肤有刺激性。使用时应避免吸入本品的粉尘，避免与眼睛及皮肤接触。万一接触到眼睛，应立即用大量水冲洗后请医生诊治。使用时如有事故发生或有不适之感，应请医生诊治。应密封于干燥处保存。

主要用途 用于血浆或疫苗中病理性细菌的试验。

Potassium tetraborate pentahydrate 四硼酸钾 五水 08276

[12045-78-2][1332-77-0]（无水物） $B_4K_2O_7 \cdot 5H_2O$ 323.52

成分（以无水物计） B 18.52%，K 33.50%，O 47.98%。

别名 五水合四硼酸钾；硼酸钾 五水；焦硼酸钾；Potassium pyroborate pentahydrate；Potassium borate pentahydrate

M.I.15，7799

性状 白色结晶性粉末。溶于 4 份水，溶液呈碱性，微溶于乙醇。生化试剂含量≥99.0%（T）。

注意事项 该品对眼睛、呼吸系统及皮肤有刺激性。使用时应穿适当的防护服。万一接触到眼睛，应立即用大量水冲洗后请医生诊治。

主要用途 消毒剂。

Potassium tetrachloroplatinate(Ⅱ) 四氯铂酸钾 08277

[10025-99-7] Cl_4K_2Pt 415.08

成分 Cl 34.16%，K 18.84%，Pt 47.00%。

别名 氯亚铂化钾；氯亚铂酸钾；Plalinous potassium chloride；Potassium chloroplatinite；Potassium platinochloride；Potassium platinous chloride；Potassium platinum(Ⅱ) chloride

M.I.15，7801

性状 宝石红色结晶或粉末。溶于水，不溶于乙醇。加热分解。一般试剂含量≥99.9%（Pt 46.0%）。

注意事项 该品口服有毒。对皮肤有刺激性。对眼睛有严重损伤的危险。吸入或与皮肤接触可引起过敏。使用时应穿适当的防护服，戴手套和防护镜或面罩。使用时应避免吸入本品的粉尘。万一接触到眼睛，应立即用大量水冲洗后请医生诊治。使用时如有事故发生或有不适之感，应请医生诊治。

主要用途 分析试剂。照相业。

Potassium tetraoxalate dihydrate 四草酸钾 二水 08278

[6100-20-5] $C_4H_3KO_8 \cdot 2H_2O$ 254.19

成分（以无水物计） C 22.02%，H 1.39%，K 17.92%，O 58.67%。

别名 四乙二酸钾；二水合四草酸钾；二草酸三氢钾；草酸三氢钾；Potassium quadroxalate；Sal acetosella；Salt of sorrel；Potassium trihydrogen dioxalate；Oxalic acid hemipotassium salt

M.I.15，7806

性状 无色或白色结晶。在空气中稳定。溶于 60 份冷水（0.05mol/kg：25℃，pH 值 1.68；50℃，pH 值 1.71）、

12份沸水，微溶于乙醇。受热分解。d1.85。一般试剂含量≥99.5%（RT）。

注意事项 该品口服或与皮肤接触有害。使用时应避免与眼睛及皮肤接触。

主要用途 分析试剂。缓冲溶液的配制。

参考规格 GB 6855—86 pH工作基准

0.05mol/L四草酸钾溶液pH（S）$_{Ⅱ}$值（25℃）：

pH（S）$_{Ⅱ}$=pH（S）$_{Ⅰ}$±0.005

项目	pH工作基准
含量（HOOC·COOK·HOOC·COOH·2H_2O）/%	99.0～100.1
水不溶物/%≤	0.002
氯化物（Cl）/%≤	0.001
硫酸盐（SO_4）/%≤	0.003
氮化合物（以N计）/%≤	0.001
钠（Na）/%≤	0.02
钙（Ca）/%≤	0.002
铁（Fe）/%≤	0.0005
重金属（以Pb计）/%≤	0.0005

Potassium tetrathionate 四硫磺酸钾 08279

[13932-13-3] $K_2O_6S_4$ 302.45

成分 K 25.85%，O 31.74%，S 42.41%。

别名 连四硫酸钾

性状 无色片状或菱形结晶。溶于水，不溶于无水乙醇。易分解。d^{25}2.96。一般试剂含量≥99.0%（T）。

注意事项 该品对眼睛、呼吸系统及皮肤有刺激性。使用时应穿适当的防护服。使用时应避免吸入本品的粉尘，避免与眼睛及皮肤接触。万一接触到眼睛，应立即用大量水冲洗后请医生诊治。应密封于2～8℃保存。

主要用途 培养基的制备。

Potassium thiocyanate 硫氰酸钾 08280

[333-20-0] CKNS 97.18

成分 C 12.36%，K 40.23%，N 14.41%，S 32.99%。

别名 硫氰化钾；Potassium rhodanide；Potassium sulfocyanate；Potassium sulfocyanide；Rhocya

M.I.15，7807

性状 无色结晶。有潮解性。1g该品溶于12mL乙醇、8mL沸乙醇、0.5mL丙酮。溶于水，其水溶液呈中性。mp约173℃；d 1.89。LD_{50}小鼠，大鼠急性经口(mg/kg)：594，854。

注意事项 该品吸入、口服或与皮肤接触有害。与酸接触能释放出极毒气体。对水生物有害。能对水环境引起长期不良的影响。应防止将本品释放于环境中。应远离食品、饮料和动物饲料，密封于干燥处保存。

主要用途 分析试剂，检定3价铁、铜、银。尿液检验。容量法定钛的指示剂。制冷剂。照相业。医用降血压剂

参考规格 GB/T 648—2011

项目	优级纯	分析纯	化学纯
含量（KSCN）/%≥	99.0	98.5	98.0
pH值（50g/L溶液，25℃）	5.3～8.5	5.3～8.5	5.3～8.5
澄清度试验/号≤	2	3	5
水不溶物/%≤	0.003	0.005	0.01
氯化物（Cl）/%≤	0.003	0.005	0.01
硫化物（S）/%≤	0.001	0.001	0.005
铵盐（NH_4）/%≤	0.001	0.002	0.005
硫酸盐（SO_4）/%≤	0.002	0.005	0.02
多硫化物		合格	合格
铁（Fe）/%≤	0.00005	0.0001	0.0002
铅（Pb）/%≤	0.0002	0.0005	0.001
还原碘的物质（以I计）/%≤	0.02	0.025	0.06
钠（Na）/%≤	0.01	0.02	
铜（Cu）/%≤	0.0002	0.0005	

Potassium thiosulfate pentahydrate

硫代硫酸钾 五水 08281

[10294-66-3] $K_6O_9S_6·5H_2O$ 661.02

成分（以无水物计） K 41.09%，O 25.22%，S 33.70%。

别名 五水合硫代硫酸钾；Potassium hyposulfite

M.I.15，7808

性状 白色单斜结晶。极易潮解。易溶于水并吸热，不溶于乙醇。

注意事项 该品对眼睛及皮肤有刺激性。使用时应穿适当的防护服。使用时应避免吸入本品的粉尘，避免与眼睛及皮肤接触。万一接触到眼睛，应立即用大量水冲洗后请医生诊治。应密封于干燥处保存。

主要用途 分析试剂。还原剂。解毒剂。制药工业。

Potassium titanium oxalate dihydrate

草酸钛钾 二水 08282

[14402-67-6] $C_4K_2O_9Ti·2H_2O$ 354.13

成分（以无水物计） C 15.10%，K 24.58%，O 45.27%，Ti 15.05%。

别名 乙二酸钛钾 二水；二水合乙二酸钛钾；二水合草酸钛钾；草酸钾钛 二水；Dipotassium bis[ethanedioato(2－)-O,O']oxotitanate(2－)；Potassium oxodioxalatodiaquotitanate(Ⅳ)；Potassium titanium oxide oxalate dihydrate；Potassium titanyl oxalate；Titanium potassium oxalate；Titanyl potassium oxalate

M.I.15，7809

性状 白色有光泽的结晶或粉末。易溶于水。一般试剂含量≥90.0%。

注意事项 该品口服或与皮肤接触有毒。使用时应避免与眼睛及皮肤接触。

主要用途 分析试剂。棉、革的媒染剂。

Potassium tungstate(Ⅵ) 钨酸钾 08283

[7790-60-5] K_2O_4W 326.03

成分 K 23.98%，O 19.63%，W 56.39%。

别名 原钨酸钾；Potassium orthotungstate；Potassium tungsten oxide；Potassium wolframate；Potassium wolframate normal

M.I.15，7811

性状 质重易潮解的无色至白色结晶性粉末。溶于约2份冷水、0.7份沸水，不溶于乙醇。mp 921℃；d 3.12。一般试剂含量≥99.5%。

注意事项 该品对眼睛、呼吸系统有刺激性。万一接触到眼睛，应立即用大量水冲洗后请医生诊治。应密封于干燥处保存。

主要用途 分析试剂。生物碱的沉淀剂。

Practolol 心得宁 08284

[6673-35-4] $C_{14}H_{22}N_2O_3$ 266.34

成分 C 63.14%，H 8.33%，N 10.52%，O 18.02%。

别名 N-[4-[2-Hydroxy-3-[(1-methylethyl)amino]propoxy]phenyl]acetamide；4′-[2-Hydroxy-3-(isopropylamino)propoxy]acetanilide；1-(4-Acetamidophenoxy)-3-isopropylamino-2-propanol；AY-21011；ICI-50172；Dalzic；Eraldin

M.I.15，7818

性状 无色结晶。溶于热异丙醇。mp 134～136℃。

主要用途 医用抗心律失常剂。

Prajmaline bitartrate 丙缓脉灵 酒石酸氢盐 08285

[2589-47-1] $C_{27}H_{38}N_2O_8$ 518.61

成分 C 62.53%，H 7.39%，N 5.40%，O 24.68%。

别名 N-丙基西萝夫木碱 酒石酸氢盐；NPAB；GT-1012；Neo-Gilurytmal；Prajmaline hydrogen tartrate；(17R,21$α$)-17,21-Dihydroxy-4-propylajmalanium bitartrate；N^4-Propylajmalinium；prajmalium bitartrate；N-Propylajmaline bitartrate

M.I.15，7820

性状 来自乙醇＋乙醚中的白色结晶。mp 149～152℃。LD_{50}小鼠急性经口：43mg/kg；静脉注射：1.7mg/kg。

主要用途 医用抗心律失常剂。

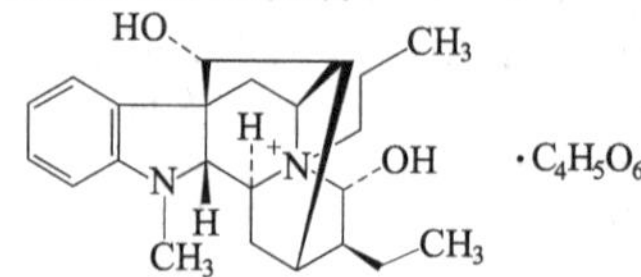

Pralidoxime chloride 氯磷定 08286

[51-15-0]　$C_7H_9ClN_2O$　172.61

成分　C 48.71%，H 5.26%，Cl 20.54%，N 16.23%，O 9.27%。

别名　2-(Hydroxyimino) methyl-1-methylpyridinium chloride; 2-Formyl-1-methylpyridinium chloride oxime; 1-Methyl-2-formylpyridiniumchloride oxime; *N*-Methylpyridinium-2-aldoxime chloride; pyridine-2-aldoxime methochloride; 2-Pyridine aldoxime methyl chloride; 2-PAM chloride; Protopamchloride

M. I. 15，7822

性状　来自乙醇＋乙醚中的无色结晶。该品于下列物质中的溶解度（25℃，g/100mL）：丙酮 0，异丙醇 0.09，乙醇 0.89，甲醇 8.5，水 65.5。mp 235～238℃（分解）。LD_{50}大鼠静脉注射：96mg/kg；兔静脉注射：95mg/kg；小鼠静脉注射：115mg/kg，腹膜内注射：205mg/kg，急性经口：4100mg/kg。

注意事项　该品吸入、口服或与皮肤接触有害。使用时应穿适当的防护服。

主要用途　生化研究。医用解毒剂（神经气体及有机磷杀虫剂中毒）。

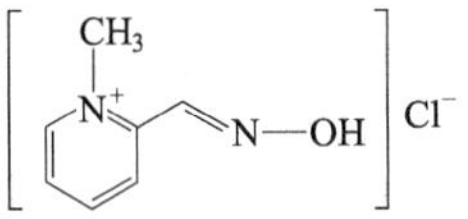

CH_3 N⁺ N—OH Cl^-

Pramipexole dihydrochloride　普拉克索 二盐酸盐　08287

[104632-25-9][191217-81-9]（一水合物）　$C_{10}H_{19}Cl_2N_3S$　284.25

成分　C 42.26%，H 6.74%，Cl 24.94%，N 14.78%，S 11.28%。

别名　盐酸普拉克索；SND-919；Mirapex；Mirapexin；Sifrol；(*S*)-4,5,6,7-Tetrahy-dro-N^6-propyl-2,6-benzothiazolediamine dihydrochloride；(*S*)-2-Amino-4，5，6，7-tetrahydro-6-(propylamino) benzothiazole dihydrochloride

M. I. 15，7825

性状　白色至近白色粉末。溶于水（>20%）、甲醇（约 8%）、乙醇（约 0.5%）。几乎不溶于二氯甲烷。mp 296～301℃（分解）。$[\alpha]_D^{20}-67.2°$（$c=1$，于甲醇中）。生化试剂含量 99.0%～101.0%。

注意事项　该品应密封避光于干燥处保存。

主要用途　医用抗震颤剂。

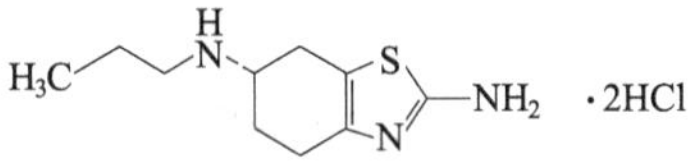

H_3C H N S N NH_2 ·2HCl

Pramiracatam sulfate　普拉西坦 硫酸盐　08288

[72869-16-0]　$C_{14}H_{29}N_3O_6S$　367.46

成分　C 45.76%，H 7.96%，N 11.44%，O 26.12%，S 8.72%。

别名　硫酸普拉西坦；CI879；*N*-[2-[Bis(1-methylethyl)amino] ethyl]-2-oxo-1-pyrrolidineacetamide sulfate; *N*-[2-(Diisopropylamino) ethyl]-2-oxo-1-pyrrolidineacetamide sulfate; Amacetam sulfate

M. I. 15，7826

性状　无色结晶或白色粉末。溶于水。LD_{50}雄，雌小鼠急性经口（mg/kg）：5434，4355。生化试剂含量≥99.0%（HPLC）。

注意事项　该品应密封避光保存。

主要用途　医用止吐剂。脑代谢改善剂。

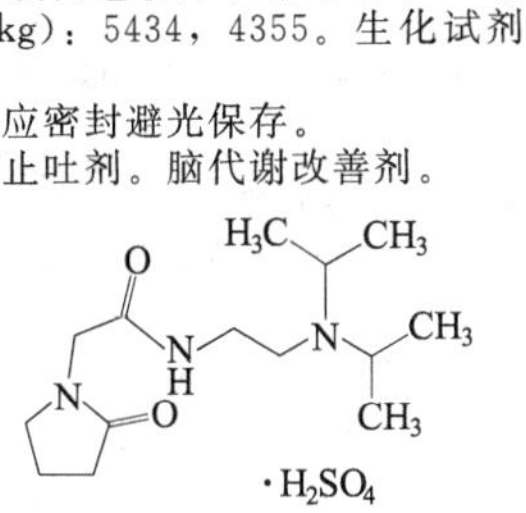

H_3C CH_3 O N H N CH_3 N O CH_3 ·H_2SO_4

Pramiverin hydrochloride　二苯异丙环己胺 盐酸盐　08289

[14334-41-9]　$C_{21}H_{28}ClN$　329.91

成分　C 76.45%，H 8.56%，Cl 10.75%，N 4.25%。

别名　*N*-(1-甲基乙基)-4,4-二苯基环己胺 盐酸盐；*N*-异丙基-4,4-二苯基环己胺 盐酸盐；盐酸二苯异丙环己胺；EMD-9806；HSP-2986；Monoverin；Sistalgin；*N*-(1-Methylethyl)-4,4-diphenylcyclohexanamine hydrochloride; *N*-Isopropyl-4,4-diphenylcylohexylamine hydrochloride; Pramiverine hydrochloride; Primaverine hydrochloride; Propaminodiphen hydrochloride

M. I. 15，7827

性状　近白色的结晶性粉末。该品于下列物质中的溶解度（25℃，g/100mL）：水 0.3、乙醇 4、氯仿 5。几乎不溶于乙醚。mp 230℃。LD_{50}（14 天后）小鼠，大鼠急性经口（mg/kg）：346，623；静脉注射（mg/kg）：25，26。

主要用途　医用抗痉挛剂。

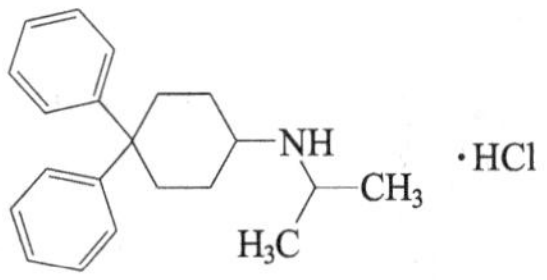

NH CH_3 H_3C ·HCl

Pramoxine hydrochloride　丙吗卡因 盐酸盐　08290

[637-58-1]　$C_{17}H_{28}ClNO_3$　329.87

成分　C 61.90%，H 8.56%，Cl 10.75%，N 4.25%，O 14.55%。

别名　盐酸丙吗卡因；盐酸普拉莫星；普拉莫星 盐酸盐；4-[3-(4-Butoxyphenoxy) propyl] morpholine hydrochloride; *p*-Butoxyphenyl γ-morpholinopropyl ether hydrochloride; γ-Morpholinopropyl 4-*n*-butoxyphenyl ether hydrochloride; Pramocaine hydrochloride; Proxazocain hydrochloride; Proctofoam-NS; Tronolane; Tronothane

M. I. 15，7829

性状　无色结晶。溶于水。mp 181～183℃。LD_{50}小鼠静脉注射：(79.5±2.7) mg/kg；腹膜内注射：300mg/kg；皮下注射：750mg/kg。生化试剂含量≥98.0%。

注意事项　该品口服有害。对眼睛、呼吸系统及皮肤有刺激性。使用时应穿适当的防护服。万一接触到眼睛，应立即用大量水冲洗后请医生诊治。

主要用途　生化研究。医用局部麻醉剂。

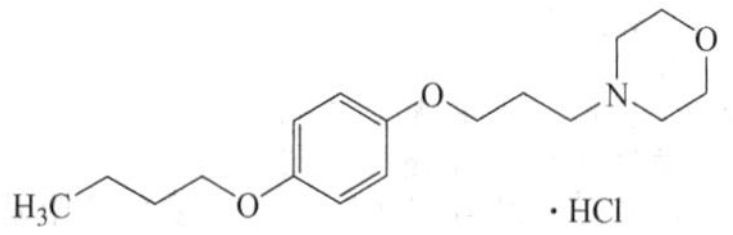

O O N H_3C O ·HCl

Pranlukast　普仑司特　08291

[103177-37-3]　$C_{27}H_{23}N_5O_4$　481.51

成分　C 67.35%，H 4.81%，N 14.54%，O 13.29%。

别名　普鲁司特；*N*-[4-Oxo-2-(1*H*-tetrazol-5-yl)-4*H*-1-benzopyran-8-yl]-4-(4-phenylbutoxy) benzamide; 8-[4-(4-Phenylbutoxy)benzamido]-2-(tetrazol-5-yl)-4*H*-1-benzopyran-4-one; 8-[*p*-(4-Phenylbutoxy) benzoyl] amino-2-(5-tetrazoly)-4-oxo-4*H*-1-benzopyran; ONO-1078; ONO-RS-411; Onon

M. I. 15，7830

性状　该品以半水合物出现，为无色结晶。mp 244～245℃。LD_{50}雄小鼠静脉注射：>1000mg/kg。生化试剂含量≥98.0%（HPLC）。

注意事项　该品应密封于－20℃保存。

主要用途　医用抗过敏剂。止喘剂。

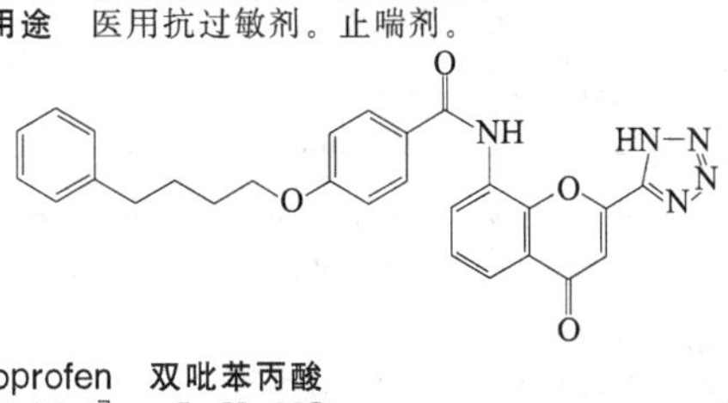

O NH HN—N O O N N O

Pranoprofen　双吡苯丙酸　08292

[52549-17-4]　$C_{15}H_{13}NO_3$　255.27

成分　C 70.58%，H 5.13%，N 5.49%，O 18.80%。

别名　α-甲基-5*H*-[1]苯并吡喃[2,3-*b*]吡啶-7-乙酸；2-(5*H*-[1]苯并吡喃[2,3-*b*]吡啶-7-基)丙酸；α-Methyl-5*H*-[1] benzopyrano [2, 3-*b*] pyridine-7-acetic acid; 2-(5*H*-[1] Benzopyrano[2,3-*b*]pyridine-7-yl) propionic acid; Y-8004; Niflan; Oftalar; Pranoflog

M. I. 15，7831

性状 来自二氧六环水中的无色结晶。mp 182～183℃。LD_{50}雄小鼠，大鼠急性经口（mg/kg）：447.3，87.3。

主要用途 医用抗炎剂。

Praseodymium 镨 08293

［7440-10-0］ Pr 140.90765

M. I. 15，7832

性状 淡黄色金属。表面易失去光泽而生成绿色的盐。在200～400℃灼烧生成氧化物。溶于稀酸，与水作用放出氧气，在潮湿空气中易氧化。该金属有两种晶型：α 型为六方形，*d* 6.475；798℃时变为 β 型。β 型为正方形，*d* 6.64。＞798℃为混合体。mp 935℃；bp 3290℃。

注意事项 该品在空气中能自燃。应浸于煤油中，远离易燃物品密封保存。

主要用途 制造镨盐。催化剂。特种合金。特种玻璃。

Praseodymium bromide 溴化镨 08294

［13536-53-3］ Br_3Pr 380.63

成分 Br 62.98%，Pr 37.02%。

别名 三溴化镨

性状 绿色结晶粉末。易吸潮。微溶于水，同时分解。mp 691℃；bp 1547℃。一般试剂含量≥99.99%（REO）。

注意事项 该品对眼睛、呼吸系统及皮肤有刺激性。万一接触到眼睛，应立即用大量水冲洗后请医生诊治。应密封于干燥处保存。

Praseodymium chloride heptahydrate 氯化镨 七水 08295

［10025-90-8］ $Cl_3Pr \cdot 7H_2O$ 373.37

成分（以无水物计） Cl 43.01%，Pr 56.99%。

别名 七水合氯化镨；三氯化镨 七水；Praseodymium trichloride heptahydrate

M. I. 15，7832

性状 绿色结晶。溶于水、乙醇。mp 115℃；*d* 2.250。LD_{50}小鼠急性经口：4.5g/kg；腹膜内注射：600mg/kg。

注意事项 该品对眼睛有刺激性。万一接触到眼睛，应立即用大量水冲洗后请医生诊治。应密封于干燥处保存。

Praseodymium nitrate hexahydrate 硝酸镨 六水 08296

［15878-77-0］ $N_3O_9Pr \cdot 6H_2O$ 435.01

成分（以无水物计） N 12.85%，O 44.05%，Pr 43.10%。

别名 六水合硝酸镨

GW 2015-2318

性状 绿色针状结晶。溶于水。一般试剂含量≥98.0%（T）。

注意事项 该品与易燃物品接触能引起燃烧。口服有害。对眼睛、呼吸系统及皮肤有刺激性。使用时应穿适当的防护服，戴手套和防护镜或面罩。万一接触到眼睛，应立即用大量水冲洗后请医生诊治。应远离易燃物品密封保存。

主要用途 特种合金。

Praseodymium oxide 氧化镨 08297

［12037-29-5］ $O_{11}Pr_6$ 1021.44

成分 O 17.23%，Pr 82.77%。

别名 三氧化二镨；Praseodymium sesquioxide

M. I. 15，7832

性状 近黑色无定形粉末。具有吸湿性，能在空气中吸收二氧化碳。溶于酸，不溶于水。mp 2500℃。一般试剂含量≥99.0%。

注意事项 应密封于干燥处保存。

主要用途 陶瓷工业。光谱分析标准物。

Pravastatin sodium 普伐他汀钠 08298

［81131-70-6］ $C_{23}H_{35}NaO_7$ 446.52

成分 C 61.87%，H 7.90%，Na 5.15%，O 25.08%。

别名 (βR,δR,1S,2S,6S,8S,8aR)-1,2,6,7,8,8a-Hexahydro-β,δ,6-trihydroxy-2-methyl-8-[(2S)-2-methyl-1-oxobutoxy]-1-naphthaleneheptanoic acid monosodium salt；Sodium (+)-(3R,5R)-3,5-dihydroxy-7-[(1S,2S,6S,8S,8aR)-6-hydroxy-2-methyl-8-[(S)-2-methylbutyryloxy]-1,2,6,7,8,8a-hexahydro-1-naphthyl]heptanoate；Eptastatin sodium；3β-Hydroxycompactin sodium salt；CS-514；SQ-31000；Elisor；Lipostat；Liprevil；Mevalotin；Oliprevin；Pravachol；Pravaselect；Pravasin；Selectin；Selipran；Vasten

M. I. 15，7835

性状 白色或灰白色细小结晶或粉末。无味。易吸潮。易溶于甲醇、水，溶于乙醇，微溶于异丙醇，极微溶于乙腈，几乎不溶于丙酮、乙酸乙酯、氯仿、乙醚。uv max（甲醇中）：230nm，237nm，245nm。生化试剂含量≥98.0%（HPLC）。

注意事项 该品应密封于2～8℃保存。

主要用途 医用抗青光眼剂。

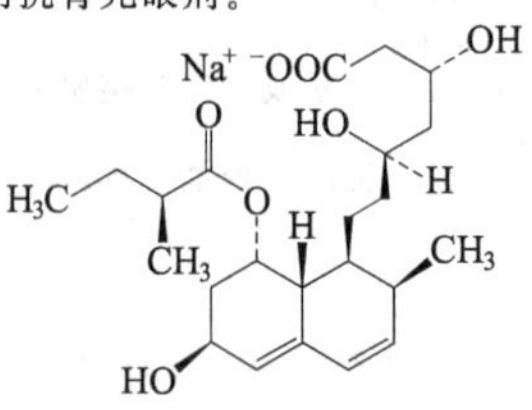

Prazepam 普拉西泮 08299

［2955-38-6］ $C_9H_{17}ClN_2O$ 324.81

成分 C 70.26%，H 5.28%，Cl 10.91%，Na 8.62%，O 4.93%。

别名 环丙安定；环丙二葷；7-Chloro-1-cyclopropylmethyl-1,3-dihydro-5-phenyl-2*H*-1,4-benzodiazepin-2-one；1-Cyclopropylmethyl-5-phenyl-7-chloro-1*H*-1,4-benzodiazepin-2(3*H*)-one；W-4020；Centrax；Demetrin；Lysanxia；Prazene；Sedapran；Settima；Trepidan

M. I. 15，7836

性状 来自甲醇中的无色结晶。mp 145～146℃。

注意事项 该品高度易燃。吸入、口服或与皮肤接触有毒，并有严重不可逆损伤的危险。使用现场禁止吸烟。使用时应避免吸入本品的粉尘，避免与眼睛及皮肤接触。使用时如有事故发生或有不适之感，应请医生诊治。应远离火种密封保存。

主要用途 生化研究。医用抗焦虑剂。

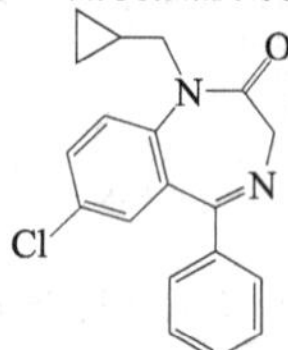

Praziquantel 吡喹酮 08300

［55268-74-1］ $C_{19}H_{24}N_2O_2$ 312.41

成分 C 73.05%，H 7.74%，N 8.97%，O 10.24%。

别名 环吡异喹酮；2-Cyclohexylcarbonyl-1,2,3,6,7,11*b*-hexahydro-4*H*-pyrazino[2,1-*a*]isoquinolin-4-one；EMBAY 8440；Biltricide；Cesol；Droncit

M. I. 15.7837

性状 无色结晶。该品于下列物质中的溶解度（g/100mL）：乙醇 9.7；氯仿 56.7；水 0.04。mp 136～138℃。LD_{50}小鼠，大鼠急性经口：2000～3000mg/kg；皮下注射：＞3000mg/kg。

注意事项 使用时应避免吸入本品的粉尘，避免与眼睛及皮肤接触。应密封于2～8℃保存。

主要用途 医用驱虫剂（驱肠虫、抗血吸虫）。分析用标准物质。

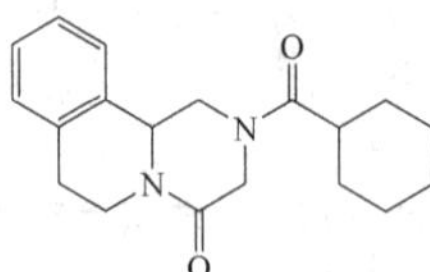

Prazosin hydrochloride 哌唑嗪 盐酸盐 08301

［19237-84-4］ $C_{19}H_{22}ClN_5O_4$ 419.87

成分 C 54.35%，H 5.28%，Cl 8.44%，N 16.68%，O 15.24%。

别名 盐酸哌唑嗪；1-(4-Amino-6,7-dimethoxy-2-quinazolinyl)-4-(2-furanylcarbonyl)piperazine hydrochloride；2-[4-(2-furoyl) piperazin-1-yl]-4-amino-6,7-dimethoxyquinazoline hydrochloride；Alpress LP；CP-12299-1；Duramipress；Eurex；Furazosin hydrochloride；Hypovase；Minipress；Peripress；Sinetens

M. I. 15，7838

性状 无色结晶。该品室温时在下列物质中的溶解度（mg/mL）：丙酮 0.0072，甲醇 6.4，乙醇 0.84，二甲基甲酰胺 1.3，二甲基乙酰胺 1.2，水（pH 值约 3.5）1.4，氯仿 0.041。d1.449；uv max（甲醇酸 0.01mol/L 盐酸中）：246nm，329nm（a_M 137±3，27.6±0.3）；uv max（甲醇酸 0.01mol/L 盐酸中）：246nm，329nm（a_m137±3，27.6±0.3）。生化试剂含量≥99.0%（TLC）。

注意事项 该品口服有害。可能损伤生育力。对眼睛、呼吸系统及皮肤有刺激性。使用时应穿防护服和戴手套。万一接触到眼睛，应立即用大量水冲洗后请医生诊治。接触皮肤后应立即用大量水冲洗。应充氩气密封保存。

主要用途 生化研究。医用抗高血压药。

Prednisolone 脱氢皮醇 08302

[50-24-8] $C_{21}H_{28}O_5$ 360.45

成分 C 69.98%，H 7.83%，O 22.19%。

别名 氢化泼尼松；脱氢皮质甾醇；1-Dehydrocortisol；1-Dehydrohydrocortisone；1，4-Pregnadiene-11β，17α，21-triol-3，20-dione；11β，17α，21-Trihydroxy-1，4-Pregnadiene-3，20-dione；(11β)-11，17，21-Trihydroxypregna-1，4-diene-3，20-dione；1，4-Pregnadiene-3，20-dione-11β，17α，21-triol；3，20-Dioxo-11β，17α，21-trihydroxy-1，4-pregnadiene；metacortandralone；Δ¹-dehydrocortisol；Δ¹-hydrocortisone；Δ¹-dehydrohydrocortisone；hydroretrocortine；Codelcortone；Cortalone；Decaprednil；Decortin H；Delta-Cortef；Deltacortril Enteric；Deltastab；Deltasolone；Flamasone；Hydeltra；Hydrodeltalone；Klismacort；Meticortelone；Paracortol；Precortancyl；Precortilon；Precortisyl；Prednelan；Prednicen；Predniretard；Predonine；Solone；Sterolone

M. I. 15，7841

性状 无色结晶。1g 该品溶于约 30mL 乙醇、约 180mL 氯仿、约 50mL 丙酮，溶于甲醇、二氯六环，极微溶于水。240～241℃分解；$[\alpha]_D^{25}$ +102°（于二氧六环中）；uv max（甲醇中）：242nm（ε 15000；$A_{1cm}^{1\%}$ 414）。生化试剂含量≥99.0%。

注意事项 该品口服有害。

主要用途 医用糖（肾上腺）皮质激素。

Prednisone 脱氢可的松 08303

[53-03-2] $C_{21}H_{26}O_5$ 358.43

成分 C 70.37%，H 7.31%，O 22.32%。

别名 强的松；泼尼松；17，21-Dihydroxypregna-1，4-diene-3，11，20-trione；1，4-Pregnadiene-17α，21-diol-3，11，20-trione；Δ¹-Dehydrocortisone；Δ¹-Cortisone；Deltacortisone；Delta E；Metacortandracin；Retrocortine；NSC-10023；Ancortone；Colisone；Cortancyl；Dacortin；Decortancyl；Decortin；Delcortin；Deltacortone；Deltasone；Deltison；Di-adreson；Encorton；Meticorten；Nurison；Orasone；Paracort；Prednilonga；Pronison；Rectodelt；Sone；Ultracorten

M. I. 15，7842

性状 无色结晶。1g 该品溶于约 150mL 乙醇、约 200mL 氯仿，微溶于甲醇、二氧六环，极微溶于水。233～235℃分解；$[\alpha]_D^{25}$ +172°（于二氧六环中）；uv max（甲醇中）：238nm（ε 15500）。生化试剂含量≥98.0%。

注意事项 该品可能危害胎儿。使用时应穿适当的防护服，戴手套和防护镜或面罩。使用时如有事故发生或有不适之感，应请医生诊治。

主要用途 医用糖（肾上腺）皮质激素。

Pregabalin 普加巴林 08304

[148553-50-8] $C_8H_{17}NO_2$ 159.23

成分 C 60.35%，H 10.76%，N 8.80%，O 20.10%。

别名 普瑞巴林；(3*S*)-3-氨基甲基-5-甲基己酸；(3*S*)-3-Aminomethyl-5-methylhexanoic acid；(*S*)-(+)-4-Amino-3-(2-methylpropyl) butanoic acid；(*S*)-(+)-3-Isobutyl-γ-aminobutyric acid；CI-1008；PD-144723

M. I. 15，7843

性状 白色至近白色结晶性固体。易溶于水及碱性和酸性的含水溶液。pK_{a1}4.2；pK_{a2}10.6。mp 186～188℃；$[\alpha]_D^{23}$ +10.52°（c=1.06，于水中）。

主要用途 医用抗惊厥剂，抗焦虑剂。

Pregnane diol 孕烷二醇 08305

[80-92-2] $C_{21}H_{36}O_2$ 320.52

成分 C 78.69%，H 11.32%，O 9.98%。

别名 娠烷二醇；孕二醇；孕尿二醇；Pregnanediol；(3α，5β，20*S*)-Pregnane-3，20-diol

M. I. 15，7845

性状 来自丙酮或乙醇中的无色或白色片状结晶。微溶于有机溶剂，不被毛地黄皂苷所沉淀。mp 239℃；$[\alpha]_D^{20}$ +27.4°（c=0.7，于乙醇中）。

注意事项 使用时应避免吸入本品的粉尘，避免与眼睛及皮肤接触。

主要用途 生化研究。

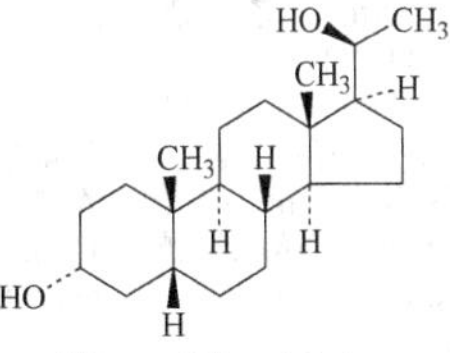

5β-Pregnane-3α，17α，20α-triol

5β-孕烷-3α，17α，20α-三醇 08306

[1098-45-9] $C_{21}H_{36}O_3$ 336.51

成分 C 74.95%，H 10.78%，O 14.26%。

别名 孕三醇；娠烷三醇；Pregnanetriol；3α，17α，20α-Trihydroxy-5β-Pregnane

性状 白色结晶。生化试剂含量 ≥99.0%（TLC）。

注意事项 见 08305 孕烷二醇。

主要用途 生化研究，检定体液中孕三醇的标准物质。

Pregnan-3α-ol-20-one 孕烷-3α-醇-20-酮 08307

[128-20-1] $C_{21}H_{34}O_2$ 318.50

成分 C 79.19%，H 10.76%，O 10.05%。

别名 3α-羟基-5-β-孕烷-20-酮；(3α，5β)-3-Hydroxypregnan-20-one；3α-Hydroxy-5β-pregnan-20-one；Pregnanolone；Eltanolone；KABI2213

M. I. 15，7847

性状 来自甲醇水溶液中的无色针状结晶，mp 148～148.5℃；来自己烷中的无色结晶，mp 131～132℃。$[\alpha]_D^{23}+59.6°$（c=0.3，于氯仿中）；$[\alpha]_D^{26}+108.5°\pm1°$（c=9.23mg/1.23mL，于无水乙醇中）。LD_{50}小鼠，大鼠静脉注射（mg/kg）：66±10，27.5±2.4。

注意事项 该品对机体有不可逆损伤的可能性。使用时应穿适当的防护服，应避免吸入本品的粉尘。

主要用途 医用局部麻醉剂。

Pregnenolone 孕烯醇酮 08308

[145-13-1] $C_{21}H_{32}O_2$ 316.49

成分 C 79.70%，H 10.19%，O 10.11%。

别名 3-孕烯-3β-醇-20-酮；3-羟-5-烯妊娠素酮；娠烯醇酮；(3β)-3-Hydroxypregn-5-en-20-one；17β-(1-Ketoethyl)-Δ⁵-androsten-3β-ol；5-Pregnen-3β-ol-20-one；Δ^5-Pregnen-3β-ol-20-one；3-β-Hydroxy-5-pregnen-20-one

M. I. 15，7851

性状 来自稀乙醇中的无色针状结晶。该品在下列溶液中的溶解度(g/100mL)：四氯化碳 0.5；石油醚 0.1；乙酸乙酯 1.1；丙酮 0.6；氯仿 17.0；乙醇 1.9；苯 0.9；异丙醇 1.5。于下列溶剂中的溶解度(g/100mL)：丙二醇 0.1；二氧六环 3.1；苯甲醇 8.1。极微溶于水。mp 193℃；$[\alpha]_D^{20}$ +28°（于乙醇中）。生化试剂含量≥98.0%。

注意事项 见 08305 孕烷二醇。应密封保存。

主要用途 生化研究。

Pregnenolone acetate 乙酸孕烯醇酮 08309

[1778-02-5] $C_{23}H_{34}O_3$ 358.52

成分 C 77.05%，H 9.56%，O 13.39%。

别名 乙酸娠-5-烯-3β-醇-20 酮；孕烯醇酮乙酸酯；5-孕烯-3β-醇-20-酮乙酸酯；孕甾烯醇酮乙酸酯；乙酸孕（甾）烯醇酮；乙酸妊-5-烯-3β-醇-20-酮；Pregn-5-en-3β-ol-20-one acetate；5-Pregnen-3β-ol-20-one acetate；3β-Acetoxy-5-pregnen-20-one

M. I. 15，7851

性状 来自乙醇中的无色或白色针状结晶。该品在下列溶液中溶解度（g/100mL）：四氯化碳 5.0；乙酸乙酯 7.9；石油醚 1.0；丙酮 2.7；氯仿 55.0；苯 26.0；乙醇 2.5；异丙醇 2.0。于下列溶剂中的溶解度（g/100mL）：丙二醇 1.0；苯甲酸苯酯 9.1；苯甲醇 11.1；二氧六环 20.2。mp 149～151℃；$[\alpha]_D^{20}+22°$（于乙醇中）。

注意事项 见 08305 孕烷二醇。应密封避光保存。

主要用途 生化研究。

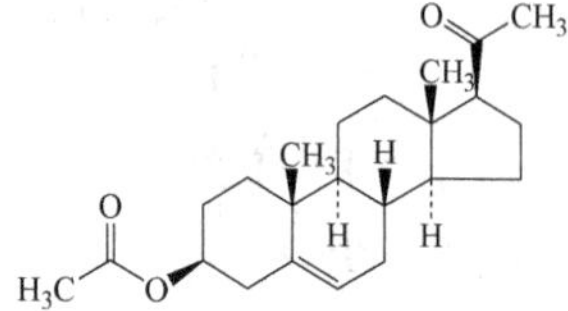

Prenalterol 对羟苯心安 08310

[57526-81-5] $C_{12}H_{19}NO_3$ 225.29

成分 C 63.98%，H 8.50%，N 6.22%，O 21.30%。

别名 4-[(2S)-2-Hydroxy-3-[(1-methylethyl) amino] propoxy] phenol；(−)-(S)-1-(p-Hydroxyphenoxy)-3-isopropylamino-2-propanol

M. I. 15，7853

性状 来自乙酸乙酯中的无色结晶。mp 127～128℃；$[\alpha]_D^{20}$ −1°±1°；$[\alpha]_{Hg}^{20}$+2°±1°（c=0.940，于甲醇中）。

主要用途 医用强心剂。β-受体阻滞剂。

Prenoxdiazine hydrochloride 哌乙噁唑 盐酸盐 08311

[982-43-4] $C_{23}H_{28}ClN_3O$ 397.95

成分 C 69.42%，H 7.09%，Cl 8.91%，N 10.56%，O 4.02%。

别名 盐酸哌乙噁唑；1- [2- [3- (2，2-Diphenylethyl) -1，2，4-oxadiazol-5-yl] ethyl] piperidinemonohydrochloride；3-(β，β-Diphenylethyl) -5- (β-piperidinoethyl) -1，2，4-oxadiazole hydrochloride；HK-256；Libexin；Prenoxid；Rhinathiol；Tusso

M. I. 15，7854

性状 来自乙醇中的无色结晶。mp 192～193℃。LD_{50}小鼠，大鼠急性经口（mg/kg）：920，＞2000；静脉注射（mg/kg）：34，32。

主要用途 医用镇咳剂。

Pretilachlor 丙草胺 08312

[51218-49-6] $C_{17}H_{26}ClNO_2$ 311.85

成分 C 65.48%，H 8.40%，Cl 11.37%，N 4.49%，O 10.26%。

别名 2-氯-N-(2,6-二乙基苯基)-N-(2-丙氧基乙基)乙酰胺；2,6-二乙基-N-(2′-正丙氧基乙基)氯乙酰胺；普拉草；2-Chloro-N-(2,6-diethylphenyl)-N-(2-propoxyethyl) acetamide；N-Propoxyethyl-N-chloroacetyl-2,6-diethylaniline；2,6-Diethyl-N-(2′-n-propoxyethyl) chloroacetanilide；CGA-26423；CG-113；Rifit

M. I. 15，7858

性状 无色透明液体。溶于多数有机溶剂，几乎不溶于水(20℃，50mg/L)。$bp_{0.001}$ 135℃/0.13Pa；n_D^{20}1.5204；蒸气压(20℃)：1×10^{-6} mmHg/1.3×10^{-4} Pa。LD_{50}大鼠急性经口：6099mg/kg；皮肤接触：＞3100mg/kg。LC_{50}虹鳟鱼，鲤鱼，猫鱼：3.0×10^{-6}，3.0×10^{-6}，2.6×10^{-6}。

主要用途 稻谷，水稻的除草剂。

Pridinol methanesulfonate salt 哌二苯丙醇 甲烷磺酸盐 08313

[6856-31-1] $C_{21}H_{29}NO_4S$ 391.53

成分 C 64.42%，H 7.46%，N 3.58%，O 16.35%，S 8.19%。

别名 甲烷磺酸哌二苯丙醇；甲烷磺酸 3-哌啶基-1,1-二苯基-1-丙醇；3-哌啶基-1,1-二苯基-1-丙醇甲烷磺酸盐；α,α-Diphenyl-1-piperidinepropanol methane sulfonate salt；1,1-Diphenyl-3-piperidino-1-propanol methane sulfonate salt；3-Piperidino-1,1-diphenyl-1-propanol methane sulfonate salt；1,1-Diphenyl-3-(1-piperidyl)-1-propanol methane sulfonate salt；3-(N-Piperidyl)-1,1-diphenyl-1-propanol methane sulfonate salt；Ridinol methane sulfonate salt；C-238 methane sulfonate salt；Pridinol mesylate；Konlax；Loxeen；Lyseen；Myoson

M. I. 15，7859

性状 无色结晶。略微溶于水。mp 152.5～155.0℃。

注意事项 该品吸入、口服或与皮肤接触有害。使用时应穿适当的防护服。应密封于 2～8℃保存。

主要用途 生化研究。医用抗震颤麻痹剂，骨架肌肉松弛剂。

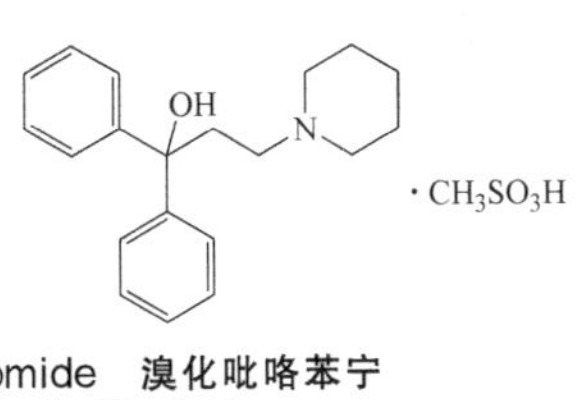

$\cdot CH_3SO_3H$

Prifinium bromide　溴化吡咯苯宁 08314

[4630-95-9]　$C_{22}H_{28}BrN$ 386.38

成分　C 68.39%，H 7.30%，Br 20.68%，N 3.63%。

别名　溴化 3-二苯甲烯-1,1-二乙基-2-甲基吡咯烷;3-Diphenylmethylene-1,1-diethyl-2-methylpyrrolidinium bromide(1∶1);3-Diphenylmethylene-1-ethyl-2-methylpyrrolidine ethyl bromide;Pyrodifenium bromide;Padrin;Riabal

M. I. 15，7861

性状　无色结晶。mp 216～218℃。LD_{50} 雄小鼠静脉注射：11mg/kg；腹膜内注射：43mg/kg；皮下注射：30mg/kg；急性经口：330mg/kg。

主要用途　医用抗痉挛剂。

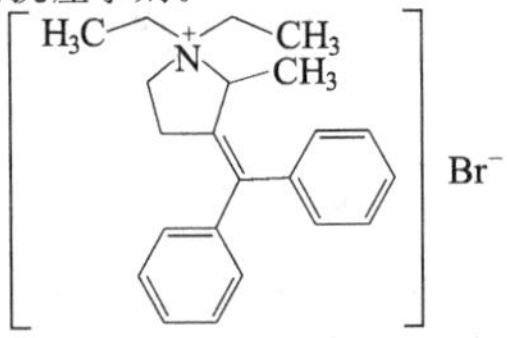

Prilocaine hydrochloride　丙胺卡因 盐酸盐 08315

[1786-81-8]　$C_{13}H_{21}ClN_2O$ 256.77

成分　C 60.81%，H 8.24%，Cl 13.81%，N 10.91%，O 6.23%。

别名　*N*-(2-甲基苯基)-2-(丙氨基)丙酰胺 盐酸盐;盐酸丙胺卡因;盐酸 *N*-(2-甲基苯基)-2-(丙氨基)丙酰胺;*L*-67;Citanest;*N*-(2-Methylphenyl)-2-(propylamino) propanamide hydrochloride; 2-Propylamino-*o*-propionotoluidide hydrochloride;*N*-(α-Propylamino-propionyl)-*o*-toluidine hydrochloride;α-Propylamino-2-methylpropionanilide hydrochloride;Propitocaine hydrochloride ;Xylonest

M. I. 15，7862

性状　来自乙醇＋异丙醚中的无色结晶。易溶于水、乙醇，微溶于氯仿，极微溶于丙酮，几乎不溶于乙醚。mp 167～168℃。生化试剂含量≥98.0%（TLC）。

主要用途　生化研究。医用局部麻醉剂。

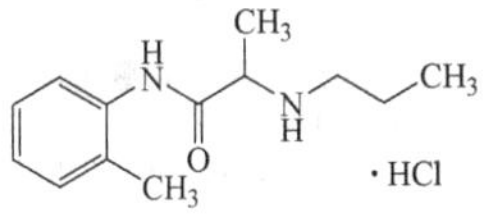

$\cdot HCl$

Primaquine diphosphate　普奈马奎 二磷酸盐 08316

[63-45-6]　$H_{15}H_{27}N_3O_9P_2$ 455.35

成分　C 39.57%，H 5.98%，N 9.23%，O 31.62%，P 13.60%

别名　二磷酸 8-(4-氨基-1-甲基丁基氨基)-6-甲氧基喹啉;二磷酸普奈马奎;8-(4-氨基-1-甲基丁基氨基)-6-甲氧基喹啉二磷酸盐;8-(4-Amlino-1-methylbutylamino)-6-methoxyquinoline diphosphate; N^4-(6-Methoxy-8-quinolinyl)-1,4-pentanediamine diphosphate;SN-13272 diphosphate

M. I. 15，7863

性状　来自 90%乙醇中的黄色结晶。溶于水，不溶于氯仿、乙醚。mp 197～198℃。

注意事项　该品口服有害。使用时应穿适当的防护服，戴手套和防护镜或面罩。使用时如有事故发生或有不适之感，应请医生诊治。应密封保存。

主要用途　生化研究。医用防治、抗疟疾药。

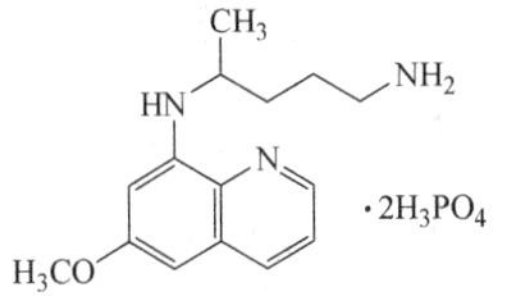

$\cdot 2H_3PO_4$

Primidone　普里米酮 08317

[125-33-7]　$C_{12}H_{14}N_2O_2$ 218.26

成分　C 66.04%，H 6.47%，N 12.84%，O 14.66%。

别名　5-Ethyldihydro-5-phenyl-4,6(1*H*,5*H*)-pyrimidinedione;5-Ethyl-5-phenylhexahydropyrimidine-4,6-dione;5-Phenyl-5-ethyl hexahydropyrimidine-4,6-dione;2-Desoxyphenobarbital;Lepsiral;Liskantin; Mylepsin; Mylepsinum; Mysoline; Primaclone;Primoline;Resimatil;Sertan

M. I. 15，7865

性状　无色结晶。几乎没有味道。没有酸的性质。微溶于乙醇，极微溶于大多数有机溶剂、水（37℃，0.6g/1L）。mp 281～282℃。

注意事项　该品口服有害。对机体有不可逆损伤的可能性。可能致癌。使用时应穿适当的防护服。避免吸入本品的粉尘。使用时如有事故发生或有不适之感，应请医生诊治。

主要用途　医用抗惊厥剂。

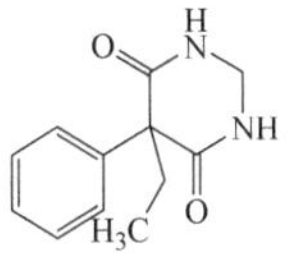

Primisulfuron-methyl　甲基氟嘧磺隆 08318

[86209-51-0]　$C_{15}H_{12}F_4N_4O_7S$ 468.34

成分　C 38.47%，H 2.58%，F 16.23%，N 11.96%，O 23.91%，S 6.85%。

别名　2-{3-[4,6-双(二氟甲氧基)嘧啶-2-基]脲基磺酰}苯甲酸甲酯;2-[[[[[4,6-Bis(difluoromethoxy)-2-pyrimidinyl]amino]carbonyl]amino]sulfonyl]benzoic acid methyl ester;2-[3-(4,6-Bis(difluoromethoxy) pyrimidin-2-yl) ureidosulfonyl] benzoic acid methyl ester; *N*-(2-Methoxycarbonylphenylsulfonyl)-*N′*-[4,6-bis (difluoromethoxy) pyrimidin-2-yl] urea; CGA-136872;Beacon;Tell

M. I. 15，7866

性状　无色结晶。微溶于水（pH 值 7.0；20℃，0.07g/L）。mp 203.1℃。LD_{50} 大鼠急性经口：＞4000mg/kg；皮肤接触：＞2000mg/kg。

注意事项　该品应密封于 2～8℃保存。

主要用途　除草剂。分析用标准物质。

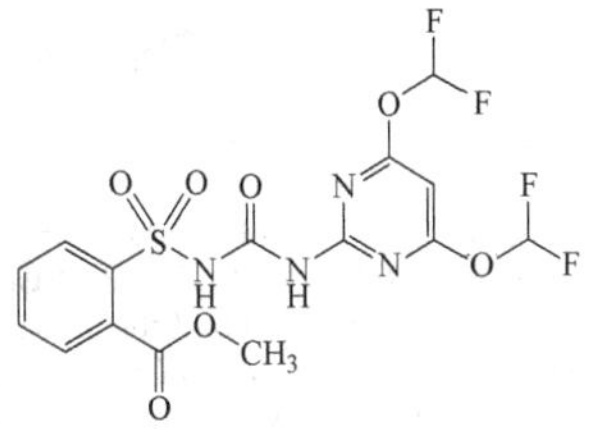

Prinomastat　普啉司他 08319

[192329-42-3]　$C_{18}H_{21}N_3O_5S_2$ 423.50

成分　C 51.05%，H 5.00%，N 9.92%，O 18.89%，S 15.14%。

别名　(3*S*)-*N*-Hydroxy-2,2-dimethyl-4-[4-(4-pyridinyloxy) phenyl] sulfonyl-3-thiomorpholinecarboxamide; 3 (*S*)-*N*-Hydroxy-4-[(4-((pyrid-4-yl) oxy) benzenesulfonyl)-2,2-dimethyl]tetrahydro-2*H*-1,4-thiazine-3-carboxamide;AG-3340

M. I. 15，7869

性状　白色粉末。溶于水。mp 149.8℃。

主要用途　医用蛋白酶抑制剂。抗肿瘤剂。

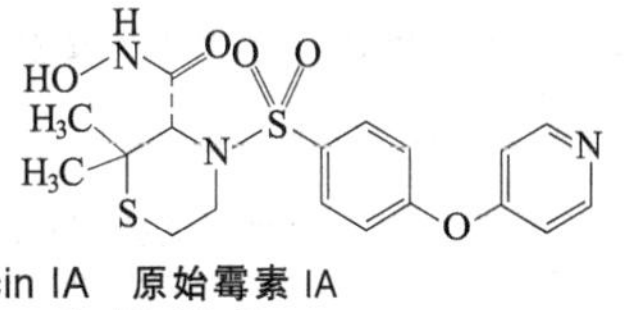

Pristinamycin IA　原始霉素 IA 08320

[3131-03-1]　$C_{45}H_{54}N_8O_{10}$ 866.97

成分　C 62.34%，H 6.28%，N 12.93%，O 18.45%。

别名　蜜柑霉素 B;4-(4-Dimethylamino-*N*-methyl-L-phenylalanine) virginiamycin S_1;Streptogramin B;Mikamycin IA;Ostreogrycin B;Vernamycin B

M. I. 15，7871

性状　来自甲醇中的白色微晶性粉末。mp 198℃；$[\alpha]_D^{20}$

$-57.5°$($c=0.25$,于乙醇中);uv max(乙醇中):243nm,260nm,281nm,303nm($E_{1cm}^{1\%}$ 140,213,60,104)。

主要用途 医用抗菌剂。

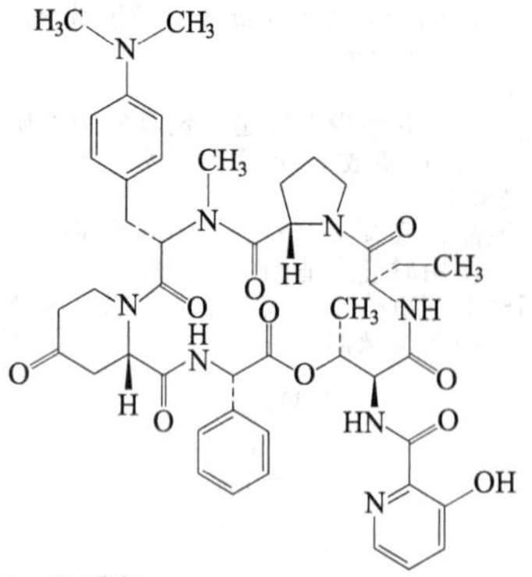

Probenecid 丙磺舒 08321

[57-66-9] $C_{13}H_{19}NO_4S$ 285.36

成分 C 54.72%, H 6.71%, N 4.91%, O 22.43%, S 11.23%。

别名 4-[(二丙氨基)磺酰]苯甲酸;对二丙胺硫酰苯甲酸;羟苯磺丙胺;羟苯磺胺;4-[(Dipropylamino) sulfonyl] benzoic acid; *p*-(Dipropylsulfamoyl) benzoic acid; *p*-(Dipropylsulfamyl) benzoic acid; Benemid; Probecid; Proben

M. I. 15, 7872

性状 来自稀乙醇中的无色结晶。味微苦,并有愉快的回味。溶于乙醇、丙酮、氯仿、稀氢氧化钠缓冲溶液(pH 值 7.4),几乎不溶于水及稀酸。pK_a 5.8。mp 194~196℃; uv max (0.1mol/L 氢氧化钠溶液中):242.5nm。

注意事项 该品口服有害。

主要用途 生化研究。医用促尿酸尿剂。

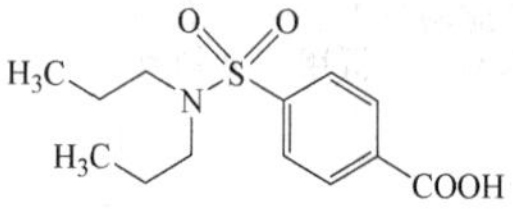

Probucol 普罗布考 08322

[23288-49-5] $C_{31}H_{48}O_2S_2$ 516.84

成分 C 72.04%, H 9.36%, O 6.19%, S 12.41%。

别名 4,4'-异亚丙基二硫代双(2,6-二叔丁基酚)丙丁酚;普罗布可;4,4'-[(1-Methylethylidene) bis(thio)] bis[2,6-bis(1,1-dimethylethy) phenol]; 4,4'-(Isopropylidenedithio) bis[2,6-di-*tert*-butylphenol]; Acetone bis(3,5-di-*tert*-butyl-4-hydroxyphenyl) mercaptole; DH-581; Lorelco; Lurselle; Sinlestal

M. I. 15, 7873

性状 来自乙醇中的白色结晶性固体, mp 124.5~126℃。或来自异丙醇中的细小黄色结晶, mp 125~126.5℃。易溶于氯仿、正丙醇,溶于乙醇、己烷,不溶于水。

主要用途 生化研究。医用抗高血脂剂。

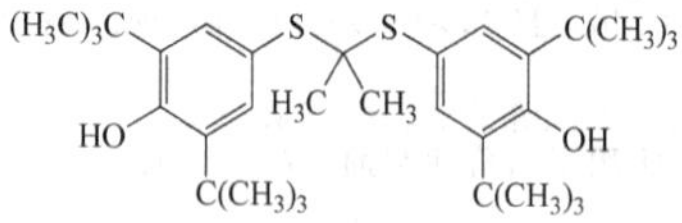

Procainamide hydrochloride 普鲁卡因胺 盐酸盐 08323

[614-39-1] $C_{13}H_{22}ClN_3O$ 271.79

成分 C 57.45%, H 8.16%, Cl 13.04%, N 15.46%, O 5.89%。

别名 盐酸普鲁卡因胺;盐酸普鲁卡酰胺;普鲁卡因酰胺 盐酸盐;4-Amino-*N*-[2-(diethylamino) ethyl] benzamide monohydrochloride; Procaine amide hydrochloride; Amisalin; Novocamid; Procamide; Procanbid; Procan-SR; Procapan; Pronestyl

M. I. 15, 7874

性状 无色结晶。易溶于水,溶于乙醇,微溶于氯仿,极微溶于苯、乙醚。其 10%水溶液 pH 值 5.5。mp 165~169℃; uv max: 278nm。生化试剂含量≥98.0% (AT)。

注意事项 该品口服有害。对眼睛、呼吸系统及皮肤有刺激性。使用时应穿适当的防护服。万一接触到眼睛,应立即用大量水冲洗后请医生诊治。

主要用途 生化研究。医用抗血律失常剂。

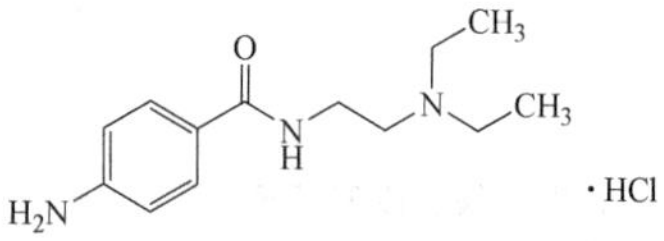

Procaine hydrochloride 盐酸普鲁卡因 08324

[51-05-8] $C_{13}H_{21}ClN_2O_2$ 272.77

成分 C 57.24%, H 7.76%, Cl 13.00%, N 10.27%, O 11.73%。

别名 一盐酸对氨基苯甲酸-2-(二乙氨基)乙酯;奴佛卡因;盐酸氨基苯甲酸二乙基氨基乙醇酯;普鲁卡因 盐酸盐;*p*-Aminobenzoyldiethylaminoethanol hydrochloride; Anestil; Enpro; Gero; 2-Diethylaminoethyl *p*-aminobenzoic acid ester hydrochloride; Neocaine hydrochloride; Novocaine; 2-Diethylaminoethyl 4-aminobenzoate hydrochloride; Kerocaine; Paracain; Planocaine; Aminocaine; Eugerase; Sevicaine; Topokain; Westocaine; 4-Aminobenzoic acid 2-(diethylamino) ethyl ester hydrochloride; 2-Diethylaminoethyl *p*-aminobenzoate hydrochloride; Novocain; Ethocaine; Neocaine; Rocain; Syntocain; Syncaine; Scurocaine; Isocaine acid; Isocaine-heisler; Atoxicocaine; Medaject; Naucaine; Novocain; Omnicain; Neucaine; Bernacaine; Irocaine; Juvocaine; Jenacaine

M. I. 15, 7875

性状 无色单斜六边形片状结晶或单斜、三斜片状结晶。无气味,具麻木味。在空气中稳定。1g 该品溶于 1mL 水、30mL 乙醇,微溶于氯仿,几乎不溶于乙醚。其 0.1mol/L 水溶液 pH 值 6.0。mp 153~156℃。LD_{50}小鼠皮下注射:(660±60) mg/kg。生化试剂含量≥97.0%。

注意事项 该品口服有毒。接触皮肤能引起过敏。使用应穿适当的防护服,戴手套和防护镜或面罩。使用时如有事故发生或有不适之感,应请医生诊治。

主要用途 医用局部麻醉剂。

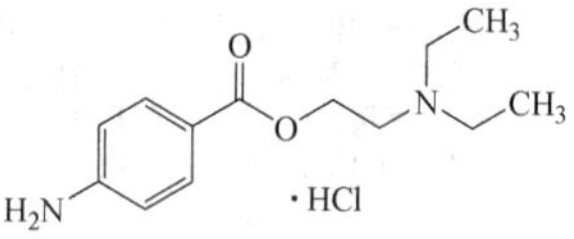

Procarbazine hydrochloride 异丙肼酰苄肼 盐酸盐 08325

[366-70-1] $C_{12}H_{20}ClN_3O$ 257.76

成分 C 55.92%, H 7.82%, Cl 13.75%, N 16.30%, O 6.21%。

别名 盐酸异丙胺酰苄肼;盐酸丙卡巴肼;*N*-(1-甲基乙基)-4-[(2-甲基肼基)甲基]苯甲酰胺 盐酸盐;Matulane; Natulan; *N*-(1-Methylethyl)-4-[(2-methylhydrazino) methyl) benzamide hydrochloride; *N*-Isopropyl-α-(2-methylhydrazino)-*p*-toluamide hydrochloride; *N*-4-Isopropylcarbamoylbenzyl-*N'*-methylhydrazine hydrochloride; *p*-(*N'*-Methylhydrazinomethyl)-*N*-isopropylbenzamide hydrochloride; Ibenzmethyzin hydrochloride; MIH-HCl; Ro-4-6467-HCl

M. I. 15, 7876

性状 来自甲醇中的无色结晶或白色结晶性粉末。溶于水或在水溶液中不稳定。mp 223~226℃。LD_{50}大鼠急性经口:(785±34) mg/kg。生化试剂含量≥99.0%。

注意事项 该品应密封于 2~8℃保存。

主要用途 医用抗肿瘤剂。

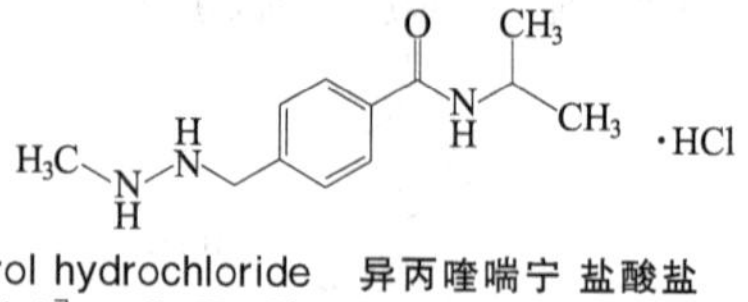

Procaterol hydrochloride 异丙喹喘宁 盐酸盐 08326

[62929-91-3] $C_{16}H_{23}ClN_2O_3$ 326.83

成分 C 58.81%, H 7.09%, Cl 10.85%, N 8.57%, O 14.69%。

别名 盐酸异丙喹喘宁;*rel*-8-Hydroxy-5-[(1*R*,2*S*)-1-hydroxy-2-

[(1-methylethyl) amino] butyl]-2(1*H*)-quinolinone hydrochloride; (±)-*erythro*-8-Hydroxy-5-[1-hydroxy-2-(isopropylamino) butyl] carbostyril hydrochloride; OPC-2009; Lontermin; Masacin; Meptin; Onsukil; Pro-Air; Procadil; Promaxol; Propulm

M. I. 15, 7877

性状 灰白色结晶性粉末。曝露于光下变色。溶于甲醇，微溶于乙醇，几乎不溶于丙酮、乙醚、乙酸乙酯、氯仿、苯。mp 193～197℃（分解）。LD_{50} 雄大鼠急性经口：2600mg/kg；静脉注射：80mg/kg。

注意事项 该品应密封于 2～8℃保存。

主要用途 生化研究。医用平喘剂，支气管扩张剂。

Prochloraz 扑克拉 08327

[67747-09-5] $C_{15}H_{16}Cl_3N_3O_2$ 376.66

成分 C 47.83%，H 4.28%，Cl 28.24%，N 11.16%，O 8.50%。

别名 咪鲜胺；丙灭菌；*N*-Propyl-*N*-[2-(2,4,6-trichlorophenoxy) ethyl]-1*H*-imidazole-1-carboxamide; 1-[*N*-Propyl-*N*-[2-(2, 4, 6-trichlorophenoxy) ethyl] carbamoyl] imidazole; BTS-40542; Sportak

M. I. 15, 7878

性状 无色或白色结晶性固体（工业产品为浅黄色黏稠的油状液体）。溶于氯仿、乙醚、甲苯、二甲苯（2500g/L）、丙酮（3500g/L）；几乎不溶于水（0.0055g/L）。mp 38.5～41℃；蒸气压（20℃）：0.57×10^{-9}mmHg/1.3×10^{-7}Pa。LD_{50} 大鼠急性经口：1600mg/kg；皮下注射：＞5000mg/kg；腹膜内注射：400～800mg/kg。LC_{50}（96h）虹鳟鱼，翻车鱼（mg/L）：1，2.2。对蜜蜂相对无毒。

注意事项 该品口服有害。对水生物极毒。能对水环境引起长期不良的结果。应防止将本品释放于环境中。其包装物应按危险品处理。应密封于阴凉干燥处（远离氧化剂）保存。

主要用途 杀菌剂。杀虫剂。

Prochlorperazine dimaleate 甲哌氯丙嗪 二马来酸盐 08328

[84-02-6] $C_{28}H_{32}ClN_3O_8S$ 606.09

成分 C 55.49%，H 5.32%，Cl 5.85%，N 6.93%，O 21.12%，S 5.29%。

别名 马来酸甲哌氯丙嗪；普鲁氯嗪 二马来酸盐；氯吡嗪 二马来酸盐；2-Chloro-10-[3-(4-methyl-1-piperazinyl) propyl]-10*H*-phenothiazine dimaleate; 3-Chloro-10-[3-(4-methyl-1-piperazinyl) propyl] phenothiazine dimaleate; 2-Chloro-10-[3-(1-methyl-4-piperazinyl) propyl] phenothiazine dimaleate; *N*-[γ-(4′-Methylpiperazinyl-1′)-propyl]-3-chlorophenothiazine dimaleate; Chlormeprazine dimaleate; Prochlorpemazine dimaleate; Proclorperazine dimaleate; Bayer A 173 dimaleate; RP 6140 dimaleate; SKF-4657 dimaleate; Buccastem; Compazine; Meterazine; Stemetil; Vertigon

M. I. 15, 7879

性状 微小的无色结晶。微溶于甲醇、热氯仿，几乎不溶于水（＜0.1%，20℃）、乙醇、乙醚、苯、氯仿。mp 228℃。LD_{50} 小鼠皮下注射：400mg/kg；腹膜内注射：120mg/kg；静脉注射：90mg/kg；急性经口：400mg/kg。

注意事项 该品吸入、口服或与皮肤接触有害。使用时应穿适当的防护服。

主要用途 生化研究。医用止吐剂，精神抑制剂。

$\cdot 2C_4H_4O_4$

Procodazole 苯并咪唑丙酸 08329

[23249-97-0] $C_{10}H_{10}N_2O_2$ 190.20

成分 C 63.15%，H 5.30%，N 14.73%，O 16.82%。

别名 1*H*-Benzimidazole-2-propanoic acid; β-(2-Benzimidazolyl) propionic acid; 2-(2-Carboxyethyl) benzimidazole; Propazol; AL-1241; Estimulocel

M. I. 15, 7880

性状 来自水中的有丝光的白色针状结晶。溶于乙醇、热水，几乎不溶于乙醚、苯。其水溶液有极甜的味道。mp 228℃（分解）。

主要用途 医用非特效免疫增强剂。

Procyclidine hydrochloride 普环定 盐酸盐 08330

[1508-76-5] $C_{19}H_{30}ClNO$ 323.91

成分 C 70.45%，H 9.34%，Cl 10.94%，N 4.32%，O 4.94%。

别名 盐酸普环定；Arpicolin; Kemadrin; Osnervan; α-Cyclohexyl-α-phenyl-1-pyrrolidinepropanol hydrochloride; 1-Cyclohexyl-1-phenyl-3-(1-pyrrolidinyl)-1-propanol hydrochloride; 1-Cyclohexyl-1-phenyl-3-pyrrolidino-1-propanol hydrochloride

M. I. 15, 7881

性状 来自乙醇＋乙酸乙酯中的无色结晶。中等程度溶于水（约 3g/100mL），较多地溶于乙醇、氯仿，溶于乙醚、丙酮。226～227℃（分解）。

注意事项 该品吸入、口服或与皮肤接触有害。使用时应穿适当的防护服。应密封于 2～8℃保存。

主要用途 生化研究。医用抗震颤剂。

Procymidone 腐霉利 08331

[32809-16-8] $C_{13}H_{11}Cl_2NO_2$ 284.14

成分 C 54.95%，H 3.90%，Cl 24.95%，N 4.93%，O 11.26%。

别名 *N*-(3,5-二氯苯基)-1,2-二甲基-1,2-环丙烷二羰亚胺；3-(3,5-二氯苯基)-1,5-二甲基-3-氮杂二环[3.1.0]己烷-2,4-二酮；杀菌剂；速克灵；3-(3,5-Dichlorophenyl)-1,5-dimethyl-3-azabicyclo[3.1.0]hexane-2,4-dione; *N*-(3,5-Dichlorophenyl)-1,2-dimethyl-1,2-cyclopropanedicarboximide; Dicyclidine; S-7131; Sumisclex; Sumilex

M. I. 15, 7882

性状 无色结晶性固体。较多地溶于乙腈、丙酮、乙醚、氯仿，中等程度溶于苯、甲苯，极微溶于水（25℃，4.5×10^{-6}）。其溶液稳定，但在碱性介质中不稳定。mp 165～167℃；d^{25} 1.42～1.46；uv max：207.5nm，275nm（ε 4.2×10^4，4.1×10^2）。LD_{50} 雄大鼠急性经口：6800mg/kg；皮肤接触：＞10000mg/kg。

注意事项 使用时应避免吸入本品的粉尘，避免与眼睛及皮肤接触。

主要用途 农用杀真菌剂。分析用标准物质。

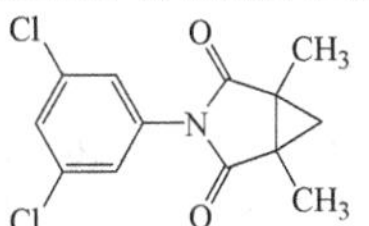

Prodiamine 氨氟乐灵 08332

[29091-21-2] $C_{13}H_{17}F_3N_4O_4$ 350.30

成分 C 44.57%，H 4.89%，F 16.27%，N 15.99%，

O 18.27%。

别名 氨基丙氟灵；氨基丙乐灵；5-二丙氨基-α，α，α-三氟-4，6-二硝基邻甲苯胺；2，4-Dinitro-N^1，N^1-dipropyl-4-trifluoromethyl-1，3-benzenediamine；α，α，α-Trifluoro-3，5-dinitro-N^4，N^4-dipropyltoluene-2，4-diamine；5-Dipropylamino-α，α，α-trifluoro-4，6-dinitro-*o*-toluidine；2，6-Dinitro-N^1，N^1-dipropyl-4-trifluoromethyl-*m*-phenylenediamine；N^3，N^3-Di-*n*-propyl-2，4-dinitro-6-trifluoromethyl-1，3-phenylenediamine；USB-3153；CN-11-2936；Barricade；Endurance；Factor

M. I. 15，7883

性状 来自 95%乙醇中的橙色针状结晶。mp 124～125℃；Fp −0.4℉（−18℃）。

注意事项 该品高度易燃。对皮肤有刺激性。吞食可造成肺部损伤。蒸气可造成困倦和眩晕。对水生物极毒。能对水环境造成长期不良的影响。如误食本品，切勿催吐，应立即请医生检查，并出示本品的标签。应防止将本品释放于环境中。其包装物应按危险品处理。该品应密封于 2～8℃保存。

主要用途 除草剂。

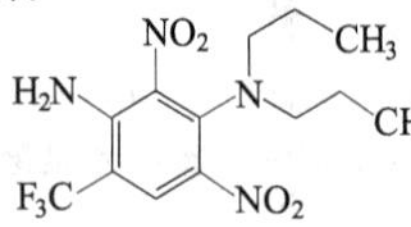

Prodlure 十四碳二烯醇乙酸酯 08333

[50767-79-8] $C_{16}H_{28}O_2$ 252.40

成分 C 76.14%，H 11.18%，O 12.68%。

别名 乙酸十四碳二烯醇酯；(9*Z*，11*E*)-9，11-Tetradecadien-1-ol acetate；*cis*-9，*trans*-11-Tetradecadienyl acetate；*cis*-9，*trans*-11-TDDA；Litlure A

M. I. 15，7885

性状 无色液体。$bp_{0.2}$ 147～148℃/26.66Pa；$bp_{0.003}$ 85～86℃/0.4Pa；uv max（己烷中）：232nm（ε 27300）。

主要用途 昆虫吸引剂。

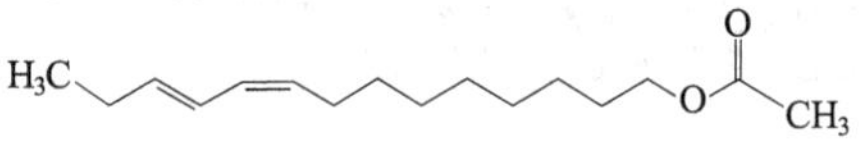

Profenofos 丙溴磷 08334

[41198-08-7] $C_{11}H_{15}BrClO_3PS$ 373.63

成分 C 35.36%，H 4.05%，Br 21.39%，Cl 9.49%，O 12.85%，P 8.29%，S 8.58%。

别名 多虫磷；*O*-(4-溴-2-氯苯基)-*O*-乙基-*S*-丙基硫代磷酸酯；*O*-(4-Bromo-2-chlorophenyl) phosphorothioic acid *O*-ethyl *S*-propyl ester；CGA-15324；OMS-2004；Curacron；Sanofos；Selecron

M. I. 15，7886

性状 微浅黄色透明液体。能与甲醇、二氯甲烷、苯、已烷相混溶，极微溶于水（20℃，20mg/kg）。蒸气压（20℃）：约 10^{-5} mmHg/1.3 × 10^{-3} Pa。$bp_{0.001}$ 110℃/0.13Pa；d^{20} 1.455；n_D^{20} 1.5466。LD_{50}大鼠急性经口：358～400mg/kg；皮肤接触：约 3300mg/kg。LC_{50}（4h）大鼠吸入约 3000mg/m^3；虹鳟鱼（96h）0.91mg/L。

注意事项 该品吸入、口服或与皮肤接触有害。对水生物极毒。能对水环境引起长期不利的结果。使用时应穿适当的防护服和戴手套。应防止将本品释放于环境中。其包装物应按危险品处理。应密封于 2～8℃保存。

主要用途 杀虫剂，杀螨剂。分析用标准物质。

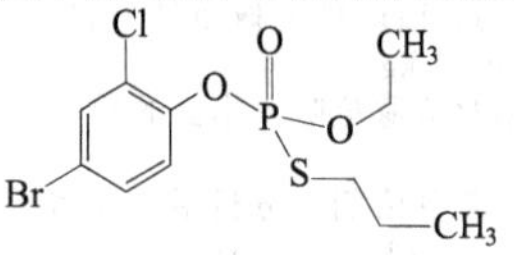

Proflavine 前黄素 08335

[92-62-6] $C_{13}H_{11}N_3$ 209.25

成分 C 74.62%，H 5.30%，N 20.08%。

别名 3，6-二氨基吖啶；原黄素；3，6-Acridinediamine；2，8-Diaminoacridine；3，6-Diaminoacridine

M. I. 15，7887

性状 来自乙醇中的黄色针状结晶。溶于水、乙醇，几乎不溶于苯、乙醚。pK_a 9.7。mp 288℃。LD_{50}小鼠皮下注射：0.14g/kg。

注意事项 该品应密封避光保存。

主要用途 医用局部消毒剂。染料制备。

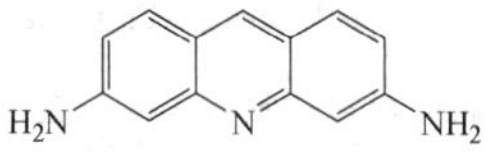

Proflavine hydrochloride 前黄素 盐酸盐 08336

[952-23-8] $C_{13}H_{12}ClN_3$ 245.71

成分 C 63.55%，H 4.92%，Cl 14.43%，N 17.10%。

别名 3，6-二氨基吖啶 盐酸盐；盐酸前黄素；原黄素 盐酸盐；盐酸 3，6-二氨基吖啶；盐酸原黄素；3，6-Diaminoacridine monohydrochloride；Proflavine monohydrochloride

性状 橙黄色针状结晶。溶于水。0.1%水溶液 pH 值 2.5～3.0。mp 270℃（分解）。一般试剂干燥含量约 95%。

注意事项 该品具有刺激性。

Proflavine sulfate 前黄素 硫酸盐 08337

[553-30-0] [1811-28-5] $C_{26}H_{24}N_6O_4S$ 516.58

成分 C 60.45%，H 4.68%，N 16.27%，O 12.39%，S 6.21%。

别名 3，6-二氨基吖啶 硫酸盐；硫酸前黄素；前黄素 辛硫酸盐；原黄素 硫酸盐；硫酸 3，6-二氨基吖啶；硫酸原黄素；3，6-Acridinediamine sulfate；2，8-Diaminoacridine sulfate；3，6-Diaminoacridine sulfate；Neutral proflavine sulfate；Proflavine hemisulfate

M. I. 15，7887

性状 微红棕色结晶性粉末。溶于 300 份冷水、1 份沸水，微溶于乙醇，几乎不溶于乙醚、氯仿。其 0.1%水溶液 pH 值 2.5。一般试剂干燥含量约 85%。

注意事项 该品对眼睛、呼吸系统及皮肤有刺激性。使用时应穿适当的防护服。万一接触到眼睛，应立即用大量水冲洗后请医生诊治。应充氩气密封避光于干燥处保存。配制的溶液也必须存于棕色瓶中，一旦溶液浑浊就不能再使用。

主要用途 局部消毒剂。防腐剂。诱变剂。

Profluraline 环丙氟灵 08338

[26399-36-0] $C_{14}H_{16}F_3N_3O_4$ 347.29

成分 C 48.42%，H 4.64%，F 16.41%，N 12.10%，O 18.43%。

别名 *N*-Cyclopropylmethyl-2，6-dinitro-*N*-propyl-4-(trifluoromethyl)benzenamine；*N*-Cyclopropylmethyl-α，α，α-trifluoro-2，6-dinitro-*N*-propyl-*p*-toluidine；*N*-Cyclopropylmethyl-*N*-*n*-propyl-4-trifluoromethyl-2，6-dinitroaniline；CGA-10832；ER-5461；B-4576；Tolban；Pregard

性状 黄至橙色结晶或液体。易溶于多数有机溶剂，极微溶于水（20℃，0.1mg/L）。mp 33～36℃。LD_{50}大鼠急性经口：10g/kg。

注意事项 该品对眼睛有刺激性。对水生物极毒。能对水环境引起长期不良的影响。应防止将本品释放于环境中。其包装物应按危险品处理。

主要用途 除草剂。分析用标准物质。

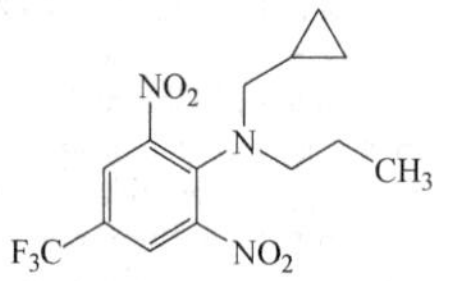

Progabide 氟柳双胺 08339

[62666-20-0] $C_{17}H_{16}ClFN_2O_2$ 334.78

成分 C 60.99%，H 4.82%，Cl 10.59%，F 5.67%，N 8.37%，O 9.56%。

别名 4-[(α-对氯苯基-5-氟水杨叉)氨基]丁酰胺；4-[[(4-Chlorophenyl)(5-fluoro-2-hydroxyphenyl)methylene]amino]butanamide；4-[[α-(*p*-Chlorophenyl)-5-fluorosalicylidene]amino]butyramide；4-[[α-(*p*-Chlorophenyl)-5-fluoro-2-hydroxybenzylidene]amino]butyramide；Halogabide；SL-76.002；Gabren(e)

M. I. 15，7888

性状 来自环己烷和甲苯中的无色结晶。mp 133～135℃；

uv max（甲醇中）：332nm，250nm，210（ε 4200，10800，24000）。LD_{50}小鼠腹膜内注射：900mg/kg。

主要用途 医用抗惊厥剂。

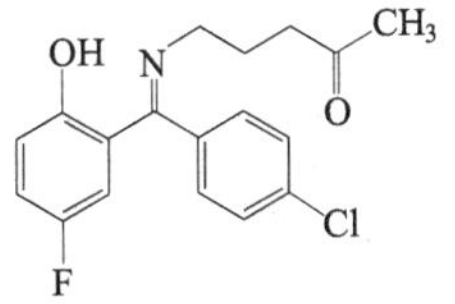

Progesterone 黄体酮 08340

［57-83-0］ $C_{21}H_{30}O_2$ 314.47

成分 C 80.21%，H 9.62%，O 10.18%。

别名 孕酮；助孕素；孕甾酮；黄体激素；激孕酮；Pregn-4-ene-3,20-dione；Δ^4-Pregnene-3,20-dione；Corlutina；Corluvite；Corpus luteum hormone；Crinone；Cyclogest；Gestirone；Gestone；Lipolutin；Lutocyclin M；Lutogyl；Lutromone；Progestasert；Progestogel；Progestol；Progeston；Prolidon；Progestin；Prolidon；Proluton；Progesterol；Luteogan；Luteohormone；Flavolutan；4-Pregnene-3,20-dione；Syngesterone；Utrogestan

M.I. 15，7889

性状 白色结晶或粉末。无气味。溶于乙醇、丙酮、二氧六环、浓硫酸，略微溶于植物油，几乎不溶于水。mp 121℃；d^{20} 1.171；$[\alpha]_D^{20}$ +172°～+182°（c=2，于二氧六环中）；uv max：240nm。生化试剂含量≥99.0%。

注意事项 该品对机体有不可逆损伤的可能性。可能致癌。使用时应穿适当的防护服和戴手套。使用时如有事故发生或有不适之感，应请医生诊治。应密封保存。

主要用途 生化研究。医用孕激素。

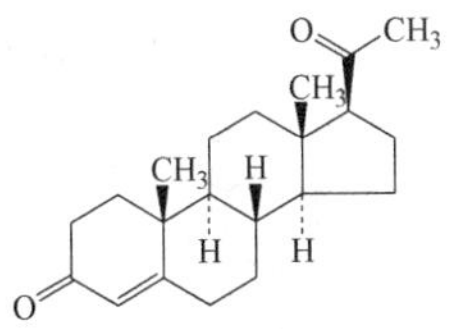

Proglumetacin dimaleate 丙谷炎痛 二马来酸盐 08341

［59209-40-4］ $C_{54}H_{66}ClN_5O_{16}$ 1076.59

成分 C 60.25%，H 6.18%，Cl 3.29%，N 6.51%，O 23.78%。

别名 马来酸丙谷炎痛；Protacine；CR-604；Afloxan；Miridacin；Protaxon；Proxil；1-(4-Chlorobenzoyl)-5-methoxy-2-methyl-1*H*-indole-3-acetic acid 2-[4-[3-[(4-benzoylamino-5-dipropylamino-1,5-dioxopentyl)oxy]Propyl]-1-piperazinyl]ethyl ester dimaleate；(±)-*N*-[2-[1-(*p*-Chlorobenzoyl)-5-methoxy-2-methyl-3-indolylacetoxy]ethyl]-*N'*-[3-(*N*-benzoyl-*N'*,*N'*-di-*n*-propyl-DL-isoglutaminoyl)oxypropyl]piperazine dimaleate

M.I. 15，7890

性状 来自乙醇中的无色结晶。mp 146～148℃。LD_{50}雄小鼠，大鼠急性经口：262mg/kg，450mg/kg。

主要用途 医用抗炎镇痛剂。

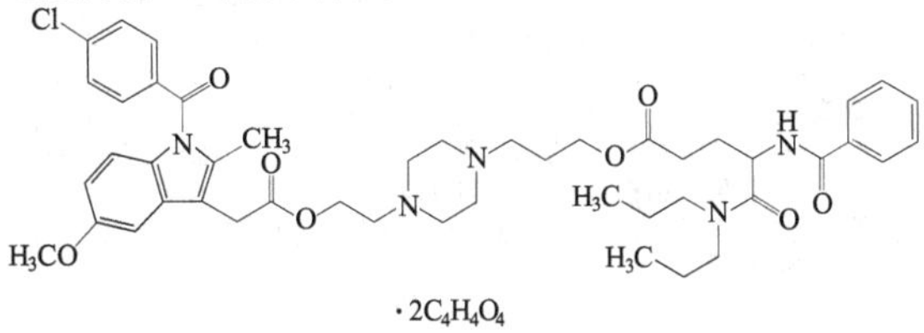

·$2C_4H_4O_4$

Prohexadione caleium salt 调环酸钙盐 08342

［127277-53-6］ $C_{10}H_{10}CaO_5$ 250.26

成分 C 47.99%，H 4.03%，Ca 16.01%，O 31.96%。

别名 3,5-二氧-4-丙酰基环己烷羧酸钙；BX-112；KIM-112；KUH-833；Medax；Viviful；Calcium 3,5-dioxo-4-(1-oxopropyl)cyclohexanecarboxylate；3,5-Dioxo-4-(1-oxopropyl)cyclohexanecarboxylic acid caleium salt；3,5-Dioxo-4-propionylcyclohexanecarboxylic acid caleium salt

M.I. 15，7892

性状 无色结晶或细的白色粉末。溶于水（20℃，174.2mg/L）、甲醇（20℃，1.11mg/L）。蒸气压（20℃）：1.335×10^{-5}Pa；mp＞360℃。LD_{50}大鼠急性经口：＞5000mg/kg；皮肤接触：＞2000mg/kg。LC_{50}鲤鱼，翻车鱼，虹鳟鱼（mg/L）：＞150，＞100，＞100。一般试剂含量≥99.0%。

主要用途 植物生长调节剂。

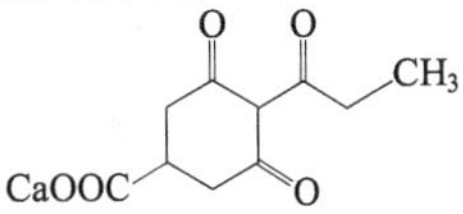

Prolactin from human 催乳素（人） 08343

［9002-62-4］ Mr 约 23000

别名 Adenohypophysial luteotropin；Anterior pituitary luteotropin；Ferolactan；Galactin；Lactogen；Luteo tropic hormone；Luteotropin；Lactogenic hormone；LTH；Luteotropic hormone；Mammotropin；Pituitaryl actogenic hormone

M.I. 15，7894

性状 微细结晶。极微溶于水（0.102g/L）。等电位点 5.73；$[\alpha]_D^{25}$ −40.5°（c=1，于 pH 值 7 的磷酸盐缓冲液中）。生化试剂含量≥97.0%。

注意事项 该品吸入、口服或与皮肤接触有毒。对眼睛、呼吸系统及皮肤有刺激性。使用时应穿适当的防护服，戴手套和防护镜或面罩。万一接触到眼睛，应立即用大量水冲洗后请医生诊治。使用时如有事故发生或有不适之感，应请医生诊治。应密封于−20℃干燥保存。

D-Proline D-脯氨酸 08344

［344-25-2］ $C_5H_9NO_2$ 115.13

成分 C 52.16%，H 7.88%，N 12.17%，O 27.79%。

别名 D-吡咯烷-2-羧酸；D-嘈啉；(*R*)-Pyrrolidine-2-carboxylic acid

性状 白色菱形结晶。有吸湿性。溶于水、乙醇。mp 220～223℃；$[\alpha]_D^{20}$ +85°±2°（c=5，于水中）。生化试剂含量≥99.0%（NT）。

注意事项 使用时应避免吸入本品的粉尘，避免与眼睛及皮肤接触。应充氩气密封干燥保存。

主要用途 生化研究。

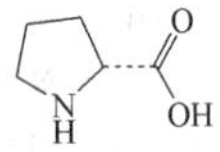

DL-Proline DL-脯氨酸 08345

［609-36-9］ $C_5H_9NO_2$ 115.13

成分 C 52.16%，H 7.88%，N 12.17%，O 27.79%。

别名 DL-吡咯烷-2-羧酸；DL-嘈啉；(±)-Pyrrolidine-2-carboxylic acid

M.I. 15，7895

性状 无色针状结晶。有潮解性。溶于水、乙醇，略微溶于丙酮、三氯甲烷、苯，不溶于乙醚。mp 190℃（为无水物）；约205℃分解。生化试剂含量≥98.0%（NT）。

注意事项 使用时应避免吸入本品的粉尘，避免与眼睛及皮肤接触。应充氩气密封干燥保存。

主要用途 生化研究。微生物试验。培养基制备。

L-Proline L-脯氨酸 08346

［147-85-3］ $C_5H_9NO_2$ 115.13

成分 C 52.16%，H 7.88%，N 12.17%，O 27.79%。

别名 氢化吡咯甲酸；L-(−)-嘈啉；L-吡咯烷-2-羧酸；P；Pro；L-α-Pyrrolidine carboxylic acid；(*S*)-2-Pyrrolidinecarboxylic acid

M.I. 15，7895

性状 来自乙醇＋乙醚中的无色无光泽针状结晶或来自水中的棱柱体结晶。微有甜味。易溶于水（0℃，127.4g/100mL；25℃，162.3g/100mL；50℃，206.7g/100mL；65℃，239g/100mL）、乙醇（35℃，1.55%），不溶于丁醇、乙醚、异丙醇。pK_1 1.99，pK_2 10.60。220～222℃分解；$[\alpha]_D^{23.4}$ −85.0°；$[\alpha]_D^{20}$ −52.6°（c=0.57，于 0.5mol/L 盐酸中）；$[\alpha]_D^{20}$ −93.0°（c=2.42，于 0.6mol/L 氢氧化钾溶液中）。生化试剂含量≥99.0%（NT）。

注意事项 该品应充氩气密封干燥保存。
主要用途 生化研究。营养增补剂。风味剂，与糖共热发生氨基-羰基反应，可生成特殊的香味物质。

Prolintane hydrochloride 苯咯戊烷 盐酸盐 08347
[1211-28-5] $C_{15}H_{24}ClN$ 253.81
成分 C 70.98%，H 9.53%，Cl 13.97%，N 5.52%。
别名 丙苯乙吡咯 盐酸盐；1-苯基-2-吡咯烷基戊烷 盐酸盐；盐酸丙苯乙吡咯；盐酸苯咯戊烷；盐酸 1-苯基-2-吡咯烷基戊烷；Katovit；Promotil；1-[1-(Phenylmethyl) butyl] pyrrolidine hydrochloride；1-(α-Propylphenethyl) pyrrolidine hydrochloride；1-Phenyl-2-pyrrolidylpentane hydrochloride；Phenylpyrrolidinopentane hydrochloride；SP-732
M. I. 15，7896
性状 来自甲基醚中的无色结晶。mp 133～134℃。LD_{50} 小鼠急性经口：257mg/kg。
主要用途 医用中枢神经系统兴奋剂，抗抑郁剂。

Prolonium iodide 碘化安妥 08348
[123-47-7] $C_9H_{24}I_2N_2O$ 430.11
成分 C 25.13%，H 5.62%，I 59.01%，N 6.51%，O 3.72%。
别名 二碘化 1,3-双三甲氨基异丙醇；安妥碘；2-Hydroxy-N^1，N^1，N^1，N^3，N^3，N^3-hexamethyl-1,3-propanediaminium diiodide (1 : 1)；(2-Hydroxytrimethylene) bis [trimethylammonium] iodide；1,3-Bis(trimethylamino)-2-propanol diiodide；Hexamethyldiaminoisopropanol diiodide；Di(iodohexamethyl) diaminoisopropanol；Iodisan；Endojodin
M. I. 15，7897
性状 白色结晶性粉末。易溶于水，微溶于乙醇，几乎不溶于乙醚、丙酮。240℃变棕色；mp 约 275℃（分解）。
主要用途 医用碘源。

Promazine hydrochloride 普马嗪 盐酸盐 08349
[53-60-1] $C_{17}H_{21}ClN_2S$ 320.88
成分 C 63.63%，H 6.60%，Cl 11.05%，N 8.73%，S 9.99%。
别名 盐酸普马嗪；10-(3-二甲氨基丙基)吩噻嗪 盐酸盐；盐酸 10-(3-二甲氨基丙基)吩噻嗪；*N*,*N*-Dimethyl-10*H*-phenothiazine-10-propanamine hydrochloride；10-(3-Dimethylaminopropyl) phenothiazine hydrochloride；RP-3276 HCl；Wy-1094 HCl；A-145 HCl；Liranol；Promwill；Prazine；Protactyl；Sparine；Talofen
M. I. 15，7898
性状 白色至微黄色结晶。易吸潮。1g 该品溶于约 3mL 水，其水溶液对石蕊呈微酸性。溶于甲醇、乙醇、氯仿，几乎不溶于乙醚、苯。与碱类、氧化剂、重金属不相容。181℃分解（微结块）。
注意事项 该品口服有害。接触皮肤能引起过敏。使用时应穿适当的防护服。应密封于 2～8℃保存。
主要用途 生化研究。医用精神抑制剂。兽用镇定剂。

Promecarb 猛杀威 08350
[2631-37-0] $C_{12}H_{17}NO_2$ 207.27
成分 C 69.54%，H 8.27%，N 6.76%，O 15.44%。
别名 甲丙威；3-Methyl-5-(1-methylethyl) phenol methylcarbamate；Methylcarbamic acid *m*-cym-5-yl ester；*m*-Cym-5-yl methylcarbamate；3-Methyl-5-isopropy *N*-methylcarbamate；SN-34615；Carbamult
GW 2015-2686
性状 无色结晶。溶于极性有机溶剂。不溶于水。能被碱水解。mp 87.0～87.5℃；$bp_{0.1}$ 177℃/13.332Pa。LD_{50} 小鼠，大鼠急性经口（mg/kg）：39.5，60。
注意事项 该品口服有毒。对水生物极毒。能对水环境引起长期不利的结果。使用时应戴手套，避免与皮肤接触。使用时如有事故发生或有不适之感，应请医生诊治。应防止将本品释放于环境中，其包装物应按危险品处理。
主要用途 接触性杀虫剂。分析用标准物质。

Promegestone 普美孕酮 08351
[34184-77-5] $C_{22}H_{30}O_2$ 326.48
成分 C 80.94%，H 9.26%，O 9.80%。
别名 (17β)-17-甲基-17-(1-氧丙基)雌-4,9-二烯-3-酮；(17β)-17-Methyl-17-(1-oxopropyl) estra-4,9-dien-3-one；17α-Methyl-17-propionylestra-4,9-dien-3-one；17α-Methyl-17β-propionyl-19-nor-4,9-androstadien-3-one；17α,21-Dimethyl-19-norprcgna-4,9-diene-3,20-dione；R-5020；RU-5020；Surgestone
M. I. 15，7900
性状 来自异丙醚中的无色结晶。溶于丙酮、苯，不溶于水。mp 152℃；$[\alpha]_D^{20}$ －262°（c＝0.5，于乙醇中）；uv max（乙醇中）：215nm，305nm（$E_{1cm}^{1\%}$ 202，648）。
主要用途 医用孕激素。

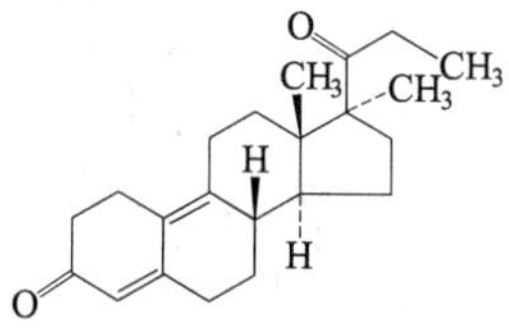

Promethazine hydrochloride 异丙嗪 盐酸盐 08352
[58-33-3] $C_{17}H_{21}ClN_2S$ 320.88
成分 C 63.63%，H 6.60%，Cl 11.05%，N 8.73%，S 9.99%。
别名 二甲氨丙基吩噻嗪 盐酸盐；盐酸异丙嗪；抗胺荨；非那根；盐酸普鲁米近；普鲁米近 盐酸盐；*N*,*N*,α-Trimethyl-10*H*-phenothiazine-10-ethanamine hydrochloride；10-(2-Dimethylaminopropyl) phenothiazine hydrochloride；10-(2-Dimethylamino-2-methylethyl) phenothiazine hydrochloride；*N*-(2′-Dimethylamino-2′-methyl) ethylphenothiazine hydrochloride；Proazamine hydrochloride；RP-3389；Atosil；Dorme；Duplamin；Fellozine；Fenazil；Genphen；Hiberna；Lergigan；Phencen；Phenergan；Prorex；Prothazine；Provigan；Remsed
M. I. 15，7901
性状 来自二氯化乙烯中的无色结晶。长期曝露于空气和潮湿中色渐变蓝。易溶于水、热乙醇、氯仿，溶于二氯甲烷，几乎不溶于丙酮、乙醚、乙酸乙酯。其 10%水溶液 pH 值 5.3。mp 230～232℃（部分分解）；uv max（水中）：249nm，297nm（ε 28770，3400）。LD_{50} 小鼠静脉注射：55.0mg/kg。
注意事项 该品口服有害。对眼睛、呼吸系统及皮肤有刺激性。使用时应穿适当的防护服。万一接触到眼睛，应立即用大量水冲洗后请医生诊治。应密封于 20℃以下保存。
主要用途 医用抗组织胺剂。止吐剂。硫化氰抑制剂。分析用标准物质。

Prometon 扑灭通 08353
[1610-18-0] $C_{10}H_{19}N_5O$ 225.30
成分 C 53.31%，H 8.50%，N 31.09%，O 7.10%。
别名 扑草通；6-Methoxy-*N*，*N*′-bis (1-methylethyl)-1，3，5-

triazine-2,4-diamine;2,4-Bis(isopropylamino)-6-methoxy-*s*-triazine;2-Methoxy-4, 6-bis (isopropylamino)-*s*-triazine; Methoxypropazine;Prometone;G-31435;Gesafram;Primatol;Pramitol

M. I. 15, 7903

性状 结晶性固体。易溶于有机溶剂，极微溶于水（20℃，750×10^{-6}）。mp 91～92℃。LD_{50}小鼠，大鼠急性经口（mg/kg）：2160，2980。LC_{50}（96h）：翻车鱼，虹鳟鱼：$>32\times10^{-6}$，20×10^{-6}。

注意事项 该品口服有害。对眼睛、呼吸系统及皮肤有刺激性。使用时应穿适当的防护服。万一接触到眼睛，应立即用大量水冲洗后请医生诊治。

主要用途 非选择性除草剂。分析用标准物质。

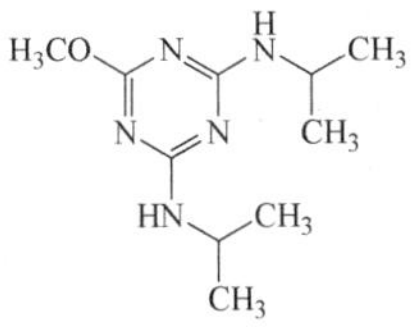

Prometryn 扑草净 08354

[7287-19-6] $C_{10}H_{19}N_5S$ 241.36

成分 C 49.76%，H 7.94%，N 29.02%，S 13.28%。

别名 2-甲硫基-4,6-二(异丙氨基)均三氮苯;A 1114;*N*,*N'*-Bis(1-methylethyl)-6-methylthio-1,3,5-triazine-2,4-diamine;2,4-Bis(isopropylamino)-6-methylthio-*s*-triazine;Prometrex;2,4-Bis(*iso*-propylamino)-6-methylthio-*s*-triazine;Caparol;G-34161;Gesagard;Primatol Q;2-Methylthio-4,6-bis(isopropylamino)-*s*-triazine

M. I. 15, 7904

性状 无色或白色结晶。易溶于有机溶剂，极微溶于水（20℃，48×10^{-6}）。该品于中性、微酸、微碱性介质中稳定，于强碱、强酸条件下能水解。mp 118～120℃。LD_{50}大鼠急性经口：3.75g/kg；LC_{50}（96h）：翻车鱼，虹鳟鱼：10.0×10^{-6}，2.5×10^{-6}。

注意事项 该品口服有害。对水生物极毒。能对水环境引起长期不良的结果。应防止将本品释放于环境中。其包装物应按危险品处理。

主要用途 除草剂。分析用标准物质。

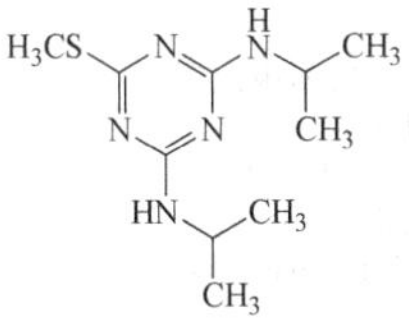

Pronase E from streptomyces griseus
链丝菌蛋白酶E（灰色链霉菌） 08355

[9036-06-0] Mr15000～27000

别名 链霉蛋白酶；Actinase E；Pronase E Prtease E；Protease from *Streptomyces griseus*

EC 3.4.24.4

性状 淡黄褐色粉末。

注意事项 该品使用时应避免吸入本品的粉尘，避免与眼睛及皮肤接触。应充氩气密封于－20℃干燥保存。

主要用途 生化研究，用于断开蛋白质的肽键。

Propacetamol hydrochloride 丙帕他莫 盐酸盐 08356

[66532-86-3] $C_{14}H_{21}ClN_2O_3$ 300.78

成分 C 55.91%，H 7.04%，Cl 11.79%，N 9.31%，O 15.96%。

别名 盐酸丙帕他莫;4-(乙酰氨基)苯基 *N*,*N*-二乙基甘氨酸酯 盐酸盐;UP-34101;Pro-Dafalgan;*N*,*N*-Diethylglycine 4-(acetylamino) phenyl ester hydrochloride; *N*, *N*-Diethylglycine ester with 4'-hydroxyacetanilide hydrochloride; 4-Acetamidophenyl(diethylamino)acetate hydrochloride

M. I. 15, 7906

性状 无色结晶或白色粉末。溶于水。mp 228℃。

主要用途 医用止痛剂，抗发热剂。

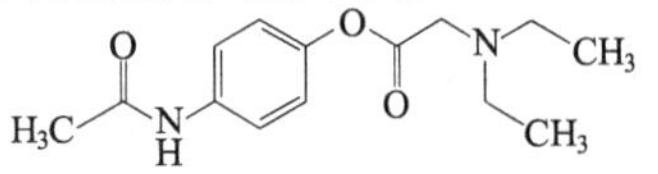

Propachlor 毒草胺 08357

[1918-16-7] $C_{11}H_{14}ClNO$ 211.69

成分 C 62.41%，H 6.67%，Cl 16.75%，N 6.62%，O 7.56%。

别名 扑草胺;2-Chloro-*N*-(1-methylethyl)-*N*-phenylacetamide;2-Chloro-*N*-isopropylacetanilide;*N*-Isopropyl-*α*-chloroacetanilide;CP-31393;Bexton;Ramrod

GW 2015-2687 M. I. 15, 7907

性状 浅褐色固体。溶于除脂肪烃外的一般有机溶剂，微溶于水（20℃，700mg/L）。mp 67～76℃；Fp 212℉（100℃）。LD_{50}大鼠急性经口：710mg/kg。

注意事项 该品口服有害。对眼睛有刺激性。接触皮肤能引起过敏。对水生物极毒。能对水环境引起长期不良的影响。使用时应戴手套，应避免与皮肤接触。应防止将本品释放于环境中。其包装物应按危险品处理。

主要用途 除草剂。分析用标准物质。

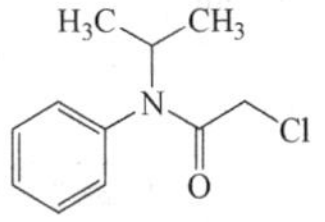

Propafenone hydrochloride 苯丙酰苯心安 盐酸盐 08358

[34183-22-7] $C_{21}H_{28}ClNO_3$ 377.91

成分 C 66.74%，H 7.47%，Cl 9.38%，N 3.71%，O 12.70%。

别名 盐酸苯丙酰苯心安;Arythmol;Pronon;Rythmol;Rytmonorm;1-[2-[2-Hydroxy-3-(propylamino)propoxy]phenyl]-3-phenyl-1-propanone hydrochloride;2'-[2-Hydroxy-3-(propylamino)propoxy]-3-phenylpropiophenone hydrochloride;SA-70-HCl

M. I. 15, 7908

性状 细小的白色结晶。味微苦。溶于甲醇、四氯化碳、热水，微溶于乙醇、氯仿、冷水，极微溶于丙酮，不溶于乙醚、甲苯。LD_{50}大鼠静脉注射：18.8mg/kg；急性经口：700mg/kg。

注意事项 该品能引起遗传基因的损伤。口服有害。使用前应得到专门的指导，避免曝露。使用时应穿适当的防护服，戴手套和防护镜或面罩。使用时如有事故发生或有不适之感，应请医生诊治。应密封于2～8℃保存。

主要用途 生化研究。医用抗心律失常剂。

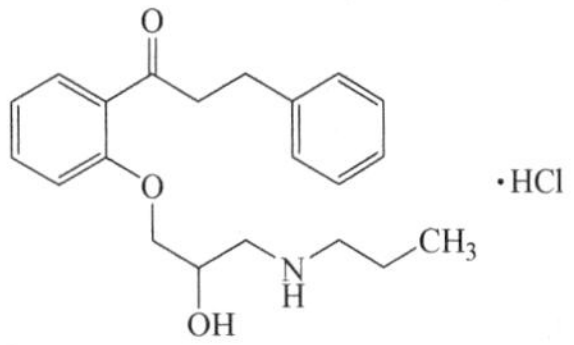

·HCl

Propallylonal 丙溴比妥 08359

[545-93-7] $C_{10}H_{13}BrN_2O_3$ 289.13

成分 C 41.54%，H 4.53%，Br 27.64%，N 9.69%，O 16.60%。

别名 5-(2-Bromo-2-propenyl)-5-(1-methylethyl)-2,4,6(1*H*,3*H*,5*H*)-pyrimidinetrione; 5-(2-Bromoallyl)-5-isopropylbarbituric acid;Noctal

M. I. 15, 7910

性状 无色结晶。味微苦。易溶于乙醇、冰乙酸、丙酮、碱类，略微溶于乙醚、氯仿、苯，微溶于水。mp 177～179℃。MLD兔急性经口：300～350mg/kg。

主要用途 医用镇静、安眠剂。

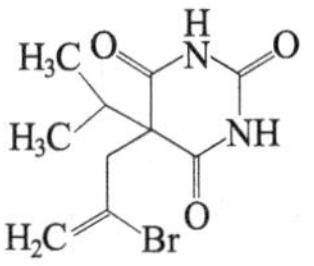

Propamocarb hydrochloride 百维威 盐酸盐 08360

[25606-41-1] $C_9H_{21}ClN_2O_2$ 224.73

成分 C 48.10%，H 9.42%，Cl 15.77%，N 12.47%，O 14.24%。
别名 霜霉威 盐酸盐；SN-66752；AE-B066752；HOE-102791；Banol；Previcur；Proplane；[3-(Dimethylamino)propyl]carbamic acid propyl ester hydrochloride；Propyl (3-dimethylaminopropyl)carbamate hydrochloride
M. I. 15，7912
性状 无色结晶。无味。该品于下列物质中的溶解度(25℃，g/100mL)：水>70；二氯甲烷>43；甲醇>50。蒸气压(25℃)：6×10^{-6} mmHg/8×10^{-4} Pa；mp 45～55℃。LD_{50}大鼠急性经口：8600mg/kg。LC (96h) 虹鳟鱼，翻车鱼，鲤鱼：616×10^{-6}，415×10^{-6}，234×10^{-6}。
注意事项 该品口服有害。应密封于2～8℃保存。
主要用途 农用杀菌剂。

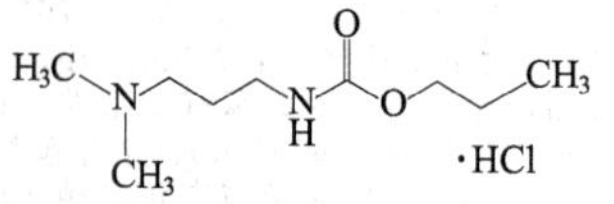

Propane 丙烷 08361

[74-98-6] C_3H_8 44.10
成分 C 81.71%，H 18.29%。
别名 Dimethylmethane；Propyl hydride；Alkane C_3
GW 2015-139 M. I. 15，7913
性状 无色气体，纯净时无味。液化点 -42℃；sp -187.7℃；bp_{760} -42℃/101.325kPa。一般试剂含量≥99.0%(GC)。
注意事项 该品为极易燃液化气体。应远离火种，采取抗放静电措施于通风良好处保存。
主要用途 色谱分析标准物质。

Propanidid 普帕尼地 08362

[1421-14-3] $C_{18}H_{27}NO_5$ 337.42
成分 C 64.07%，H 8.07%，N 4.15%，O 23.71%。
别名 3-甲氧基-4-[*N*,*N*-二乙基氨基甲酰)甲氧基]苯基乙酸正丙酯；普尔胺；4-(2-Diethylamino-2-oxoethoxy)-3-methoxybenzeneacetic acid propyl ester；[4-(Diethylcarbamoyl)methoxyl-3-methoxyphenyl]acetic acid propy lester；[3-Methoxy-4-[(*N*,*N*-diethylcarbamido)methoxy]phenyl]acetic acid *n*-propyl ester；Propyl [4-(diethylcarbamoyl) methoxy-3-methoxyphenyl] acetate；Bayer 1420；FBA-1420；Epontol；Sombrevin
M. I. 15，7917
性状 浅黄色油状液体。溶于乙醇、氯仿，几乎不溶于水。$bp_{0.7}$ 210～212℃/193.3Pa。LD_{50}大鼠急性经口：>10g/kg。
主要用途 静脉注射麻醉剂。

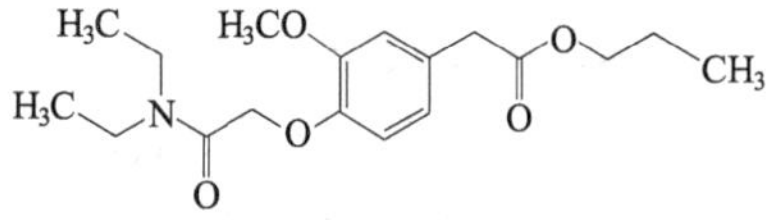

Propanil 敌稗 08363

[709-98-8] $C_9H_9Cl_2NO$ 218.08
成分 C 49.57%，H 4.16%，Cl 32.51%，N 6.42%，O 7.34%。
别名 3′,4′-二氯丙酰苯胺；*N*-(3,4-二氯苯基)丙酰胺；*N*-(3,4-Dichlorophenyl)propanamide；3′,4′-dichloropropionanilide；*N*-(3,4-Dichlorophenyl)propionamide；DPA；FW-734；Stam；Stampede；Rogue；Chem Rice；Surcopur
M. I. 15，7918
性状 白色结晶性固体。溶于水(室温，225×10^{-6})。mp 91～93℃；Fp 212℉(100℃)。LD_{50}大鼠急性经口：1384mg/kg。
注意事项 该品口服有害。对水生物极毒。使用时应避免吸入本品的粉尘。应防止将本品释放于环境中。
主要用途 除草剂，杀线虫剂。分析用标准物质。

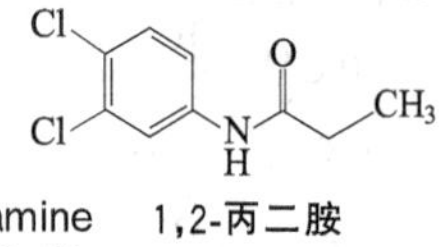

1,2-Propanediamine 1,2-丙二胺 08364

[78-90-0] $C_3H_{10}N_2$ 74.13
成分 C 48.61%，H 13.60%，N 37.79%。
别名 1，2-二氨基丙烷；1，2-Diaminopropane；1，2-Propylenediamine；1,2-PDA
GW 2015-112 M. I. 15，7965
性状 无色液体。易吸湿。呈强碱性。有氨味。易溶于水。bp 119～120℃；Fp 93℉(34℃)；d^{15} 0.878；n_D^{20} 1.446。一般试剂含量≥99.0%(GC)。
注意事项 该品易燃。口服或与皮肤接触有害。具有强腐蚀性，能引起严重烧伤。使用时应戴手套和防护镜或面罩。万一接触到眼睛，应立即用大量水冲洗后请医生诊治。使用时如有事故发生或有不适之感，应请医生诊治。应充氩气密封于干燥处保存。
主要用途 分析试剂，检测汞、铜、银。有机合成。制药工业。染料合成。溶纤剂。橡胶硫化促进剂。电镀业。

1,3-Propanediamine 1,3-丙二胺 08365

[109-76-2] $C_3H_{10}N_2$ 74.13
成分 C 48.61%，H 13.60%，N 37.79%。
别名 1,3-二氨基丙烷；三亚甲基二胺；1,3-Diaminopropane；1,3-Propylenediamine；Trimethylenediamine；1,3-PDA
GW 2015-113
性状 无色液体。对二氧化碳敏感。易溶于乙醇、乙醚，溶于水、丙酮、苯、石油醚、乙酸乙酯。mp -12℃；bp 136～138℃；Fp 123.8℉(51℃)；d_4^{20} 0.886；n_D^{20} 1.459。一般试剂含量≥99.0%(GC)。
注意事项 见08358 1，2-丙二胺。应密封保存。
主要用途 有机合成。净化剂。

1,2-Propanediol 1,2-丙二醇 08366

[57-55-6] $C_3H_8O_2$ 76.10
成分 C 47.35%，H 10.60%，O 42.05%。
别名 1,2-二羟基丙烷；甲基乙二醇；1,2-Dihydroxypropane；Methylethylene glycol；Methyl glycol；1,2-Propylene glycol
M. I. 15，7968
性状 无色黏稠状液体。微有辛辣味。能与水、丙酮、三氯甲烷相混溶，溶于乙醚。mp -59℃；bp_{760} 188.2℃/101.325kPa；bp_{400} 168.1℃/53.329kPa；bp_{200} 149.7℃/26.664kPa；bp_{100} 132.0℃/13.332kPa；bp_{60} 119.9℃/7.999kPa；bp_{40} 111.2℃/5.333kPa；bp_{20} 96.4℃/2.666kPa；bp_{10} 83.2℃/1.333kPa；bp_5 70.8℃/666.61Pa；bp_1 45.5℃/133.32kPa；Fp 210℉(99℃，开杯)；d_4^{25} 1.036；n_D^{20} 1.4324。LD_{50}大鼠急性经口：25mL/kg。
注意事项 该品应密封保存。
主要用途 气相色谱固定液。溶剂。抗冻剂。增塑剂。脱水剂。

1,3-Propanediol 1,3-丙二醇 08367

[504-63-2] $C_3H_8O_2$ 76.10
成分 C 47.35%，H 10.60%，O 42.05%。
别名 1,3-二羟基丙烷；三亚甲基二醇；1,3-Dihydroxypropane；1,3-Propylene glycol；Trimethylene glycol
M. I. 15，9885
性状 无色至微黄色黏稠状液体。微有甜味。有吸水性。能与水、乙醇相混溶。mp -27℃；bp 210～212℃；Fp 268℉(131℃)；d_4^{20} 1.0597；n_D^{20} 1.4398。一般试剂含量≥99.0%(GC)。
注意事项 使用时应避免吸入本品的蒸气，避免与眼睛及皮肤接触。应密封保存。
主要用途 有机溶剂。有机合成。抗冻剂。

1,3-Propanedithiol 1,3-丙二硫醇 08368

[109-80-8] $C_3H_8S_2$ 108.22
成分 C 33.30%，H 7.45%，S 59.25%。
别名 1,3-二巯基丙烷；Dithiotrimethylene glycol；Trimethylenedimercaptan；1，3-Dimercaptopropane；Trimethylenedithioglycol；Trimethylene mercaptan
M. I. 15，7915
性状 无色油状液体。有特殊不愉快的臭味。能与乙醇、乙醚、三氯甲烷、苯相混溶，微溶于水，能随水蒸气挥发。bp_{760} 169～170℃/101.325kPa；bp_{759} 170～171℃/101.19kPa；bp_{56} 92～98℃/7.47kPa；Fp 141.8℉(61℃)；d_4^{20} 1.0772；n_D^{20} 1.5392。一般试剂含量≥97.0%(GC)。
注意事项 该品对眼睛、呼吸系统及皮肤有刺激性。使用时应穿适当的防护服。万一接触到眼睛，应立即用大量水冲

洗后请医生诊治。应密封保存。

主要用途 有机合成。

1-Propanethiol 1-丙硫醇 08369

[107-03-9] C_3H_8S 76.16

成分 C 47.31%，H 10.59%，S 42.10%。

别名 正丙硫醇；硫代丙醇；1-巯基丙烷；*n*-Propylmercaptan；1-Mercaptopropane；Thiopropyl alcohol；Mercaptan C3

GW 2015-2757

性状 无色或浅黄色液体。有特殊臭味。能与乙醇、乙醚相混溶，不溶于水。mp −113℃；bp 67～68℃；Fp −5℉（−20℃）；d_4^{20} 0.841；n_D^{20} 1.4380。一般试剂含量≥98.5%(GC)。

注意事项 该品高度易燃。口服有害。对眼睛、呼吸系统及皮肤有刺激性。使用时应穿适当的防护服。使用现场禁止吸烟。万一接触到眼睛，应立即用大量水冲洗后请医生诊治。应远离火种密封保存。

主要用途 有机合成。

2-Propanethiol 2-丙硫醇 08370

[75-33-2] C_3H_8S 76.16

成分 C 47.31%，H 10.59%，S 42.10%。

别名 异丙硫醇；硫代异丙醇；2-巯基丙烷；*iso*-Propyl mercaptan；2-Mercaptopropane；Thio-*iso*-propyl alcohol；Isopropyl mercaptan

GW 2015-2691

性状 无色液体。有特殊臭味。能与乙醇、乙醚相混溶。微溶于水。mp −131℃；bp 57～60℃；Fp −30℉（−35℃）；d_4^{20} 0.820；n_D^{20} 1.4255。一般试剂含量≥97.0%（GC）。

注意事项 该品高度易燃。吸入或口服有害。对眼睛、呼吸系统及皮肤有刺激性。使用时应穿适当的防护服。使用时应避免吸入本品的蒸气。使用现场禁止吸烟。万一接触到眼睛，应立即用大量水冲洗后请医生诊治。应远离火种密封保存。

主要用途 有机合成。

1-Propanol 1-丙醇 08371

[71-23-8] C_3H_8O 60.10

成分 C 59.96%，H 13.42%，O 26.62%。

别名 正丙醇；Optal；*n*-Propyl alcohol；Propylic alcohol；Alcohol C3

GW 2015-110 M.I.15，7955

性状 无色液体。有酒类的气味。能与水、乙醇、乙醚相混溶。mp −127℃；bp 97.2℃；Fp 71.6℉（22℃）；d_4^{20} 0.8053；d_4^{25} 0.8016；n_D^{20} 1.3862。LD_{50} 大鼠急性经口：1.87g/kg。一般试剂含量≥99.5%（GC）。

注意事项 该品高度易燃。对眼睛有严重损伤的危险。其蒸气可引起瞌睡和眩晕。使用时应戴防护镜或面罩。应避免与皮肤接触。使用现场禁止吸烟。万一接触到眼睛，应立即用大量水冲洗后请医生诊治。应远离火种密封保存。

主要用途 色谱分析标准物。溶剂。清洗剂。

2-Propanol 2-丙醇 08372

[67-63-0] C_3H_8O 60.10

成分 C 59.96%，H 13.42%，O 26.63%。

别名 异丙醇；二甲基甲醇；*iso*-Propyl alcohol；Dimethyl carbinol；Petrohol；*iso*-Propanol；Isopropanol；Isopropyl alcohol；*sec*-Propyl alcohol；Secodary propyl alcohol；IPA

GW 2015-111 M.I.15，5254

性状 无色澄明液体。微有乙醇气味。能与水、乙醇、乙醚相混溶。mp −88.5℃；bp_{760} 82.5℃/101.325kPa；bp_{400} 67.8℃/5.333kPa；bp_{200} 53.0℃/26.664kPa；bp_{100} 39.5℃/13.332kPa；bp_{60} 30.5℃/7.999kPa；bp_{40} 23.8℃/5.333kPa；bp_{20} 12.7℃/2.666kPa；bp_{10} 2.4℃/1.333kPa；bp_5 −7.0℃/666.61kPa；bp_1 −26.1℃/133.32kPa；Fp 53℉（11.7℃，闭杯）；d_4^{20} 0.78505；d_4^{25} 0.78084；d_4^{83} 0.728；n_D^8 1.3852；n_D^{15} 1.3802；n_D^{20} 1.37732；n_D^{25} 1.3749；LD_{50} 大鼠急性经口：5.8g/kg。

注意事项 该品高度易燃。对眼睛有刺激性。其蒸气可引起瞌睡和眩晕。使用时应避免与眼睛及皮肤接触。使用现场禁止吸烟。万一接触到眼睛，应立即用大量水冲洗后请医生诊治。应远离火种密封保存。

主要用途 测定钡、钙、铜、镁、镍、钾、钠、锶、亚硝酸、钴、等的试剂。色谱分析标准物。

参考规格 HG/T 2892—2010

	分析纯	化学纯
含量［$(CH_3)_2CHOH$］/%≥	99.7	98.5
密度（20℃）/（g/mL）	0.784～0.786	0.784～0.786
蒸发残渣/%≤	0.001	0.004
与水混合试验	合格	合格
酸度（以 H^+ 计）/（mmol/g）≤	0.0003	0.0006
还原高锰酸钾物质	合格	合格
易碳化物质	合格	合格
羰基化合物（以 CO 计）/%≤	0.005	0.01
甲醇（CH_3OH）/%≤	0.1	
铁（Fe）/%≤	0.00001	
水分（H_2O）/%≤	0.2	0.3

Propantheline bromide 溴化普鲁本辛 08373

[50-34-0] $C_{23}H_{30}BrNO_3$ 448.40

成分 C 61.61%，H 6.74%，Br 17.82%，N 3.12%，O 10.70%。

别名 溴化丙胺太林；*N*-Methyl-*N*-(1-methylethyl)-*N*-[2-[(9*H*-xanthen-9-ylcarbonyl)oxy]ethyl]-2-propanaminium bromide；(2-Hydroxyethyl)diisopropylmethylammonium bromide xanthene-9-carboxylate；*β*-Diisopropylaminoethyl 9-xanthenecarboxylate methobromide；Corrigast；Ercotina；Pro-Banthine；Neo-Metantyl；Pantheline

M.I.15，7919

性状 来自异丙醇＋乙醚中的无色结晶。易溶于水、乙醇、氯仿，几乎不溶于乙醚、苯。mp 159～161℃。

注意事项 该品口服有害。使用时应穿适当的防护服。

主要用途 生化研究。医用抗痉挛剂。

Propaquizafop 喔草酯 08374

[111479-05-1] $C_{22}H_{22}ClN_3O_5$ 443.88

成分 C 59.53%，H 5.00%，Cl 7.99%，N 9.47%，O 18.02%。

别名 2-异亚丙基氨基氧化乙基(*R*)-2-[4-(6-氯喹喔啉-2-基氧化)苯氧基]丙酸酯；(*R*)-2-[4-(6-氯-2-喹喔啉基)氧化]苯氧基丙酸 2-[[(1-甲基亚乙基)氨基]氧化]乙酯；(*R*)-2-[4-[(6-Chloro-2-quinoxalinyl)oxy]phenoxy]propanoic acid 2-[[(1-methylethylidene)amino]oxy]ethyl ester；2-Isopropylideneaminooxyethyl (*R*)-2-[4-(6-chloroquinoxalin-2-yloxy)phenoxy]propionate；Ro-17-3664；prilan

M.I.15，7920

性状 来自乙醚-已烷中的无色结晶。几乎不溶于水（pH 值 7，25℃，2×10^{-6}）。mp 62～64℃；d^{20} 1.29；$[\alpha]_D^{20}$ +29.7°（c=0.93%，于氯仿中）。LD_{50} 大鼠急性经口：>5000mg/kg；皮肤接触：>2000mg/kg。

注意事项 该品口服有害。使用时应避免吸入本品的粉尘。

主要用途 除草剂。分析用标准物质。

Proparacaine hydrochloride 丙对卡因 盐酸盐 08375

[5875-06-9] $C_{16}H_{27}ClN_2O_3$ 330.85

成分 C 58.08%，H 8.23%，Cl 10.72%，N 8.47%，O 14.51%。

别名 盐酸丙对卡因；盐酸 3-氨基-4-丙氧基苯甲酸 2-(二乙氨基)乙酯；3-氨基-4-丙氧基苯甲酸 2-(二乙氨基)乙酯 盐酸盐；Ak-Taine；Alcaine；Ophthaine；Ophthetic；3-Amino-4-propoxybenzoic acid 2-(diethylamino)ethyl ester hydrochloride；

2-(Diethylamino) ethyl 3-amino-4-propoxybenzoate hydrochloride; Proxymetacaine hydrochloride
M. I. 15，7921
性状 来自无水乙醇+乙酸乙酯中的无色棱柱体结晶。溶于水、热乙醇、甲醇，不溶于乙醚、苯。其溶液对石蕊呈中性。pK_a 3.2。mp 182.0～183.3℃；uv max（甲醇中）：225nm，270nm，300nm。
注意事项 该品吸入、口服或与皮肤接触有害。对眼睛有刺激性。接触皮肤能引起过敏。使用时应穿适当的防护服。万一接触到眼睛，应立即用大量水冲洗后请医生诊治。
主要用途 生化研究。医用眼的局部麻醉剂。兽用局部麻醉剂。

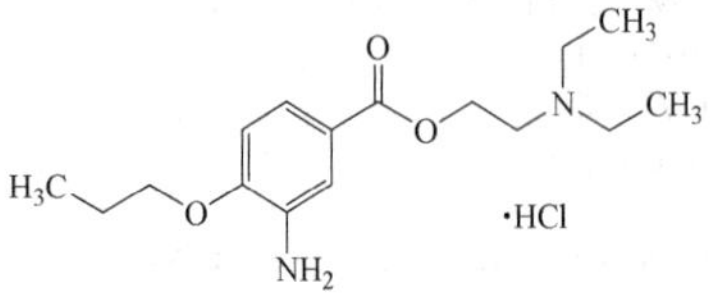

Propargite 炔螨特 08376
[2312-35-8] $C_{19}H_{26}O_4S$ 350.47
成分 C 65.12%，H 7.48%，O 18.26%，S 9.15%。
别名 Sulfurous acid 2-[4-(1,1-dimethylethyl)phenoxy]cyclohexyl 2-propynyl ester; Sulfurous acid 2-(*p*-*tert*-butylphenoxy) cyclohexyl 2-propynyl ester; 2-(*p*-*tert*-Butylphenoxy) cyclohexyl propargyl sulfite; Cyclosulfyne; Propargil; BPPS; ENT-27226; DO-14; Omite; Comite
M. I. 15，7922
性状 无色有黏性的液体。常加入 0.5%～1.0%的氧化丙烯作为稳定剂。溶于多数有机溶剂，几乎不溶于水（10.5mg/kg）。该品蒸馏可分解。LD_{50}雄，雌大鼠急性经口（mg/kg）：1480，1480；皮肤接触（mg/kg）：250，680。LC_{50}虹鳟鱼，翻车鱼：>100μg/L，31×10μg/L。
注意事项 该品吸入有毒。对皮肤有刺激性。对眼睛有严重损伤的危险。可能致癌。对水生物极毒。能对水环境引起长期不良的影响。使用时应穿适当的防护服，戴手套和防护镜或面罩。万一接触到眼睛，应立即用大量水冲洗后请医生诊治。使用时如有事故发生或有不适之感，应请医生诊治。应防止将本品释放于环境中。其包装物应按危险品处理。应密封于 2～8℃保存。
主要用途 长效杀螨剂。分析用标准物质。

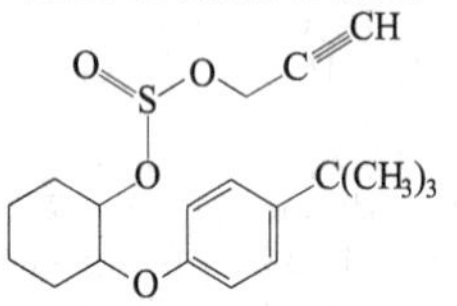

Propargyl alcohol 炔丙醇 08377
[107-19-7] C_3H_4O 56.06
成分 C 64.28%，H 7.19%，O 28.54%。
别名 2-丙炔-1-醇；丙炔醇；乙炔基甲醇；Acetylene carbinol; 2-Propyn-1-ol; Propiolic alcohol; 3-Hydroxyallylene; Hydroxy methylacetylene
GW 2015-123 M. I. 15，7923
性状 无色或微黄色液体。有柔和的天竺葵气味。有挥发性。遇热或碱能引起聚合，酸性水溶液可阻聚。能与水、苯、乙醇、氯仿、乙醚、丙酮、1,2-二氯乙烷、四氢呋喃、吡啶、二氧六环相混溶，中等程度溶于四氯化碳。mp −52～−48℃；bp_{760} 114～115℃/101.325kPa；$bp_{490.3}$ 100℃/65.368kPa；$bp_{147.6}$ 70℃/19.678kPa；$bp_{35.4}$ 40℃/4.72kPa；$bp_{20.6}$ 30℃/2.746kPa；$bp_{11.6}$ 20℃/1.547kPa；Fp 91.4℉（33℃）；d_4^{20} 0.9715；n_D^{20} 1.43064。LD_{50}大鼠，小鼠急性经口(mg/kg)：20，50。一般试剂含量≥99.0%(GC)。
注意事项 该品易燃。具有腐蚀性，能引起烧伤。吸入、口服或接触皮肤有毒。对水生物有毒。能对水环境引起长期不良的结果。使用时应穿适当的防护服。万一接触到眼睛，应立即用大量水冲洗后请医生诊治。接触皮肤后，应立即用大量肥皂泡沫冲洗。使用时如有事故发生或有不适之感，应请医生诊治。应防止将本品释放于环境中。应密封于阴凉干燥处保存。
主要用途 有机合成。腐蚀阻止剂。安定剂。

Propargylamine 炔丙胺 08378
[2450-71-7] C_3H_5N 55.08
成分 C 65.42%，H 9.15%，N 25.43%。
别名 3-氨基-1-丙炔；Mono-Propargylamine; 2-Propynylamine; 3-Amino-1-propyne
性状 无色液体。对二氧化碳敏感。bp 83℃；Fp 42.8℉（6℃）；*d* 0.803；n_D^{20} 1.4490。一般试剂含量≥98.0%(GC)；
注意事项 该品高度易燃。口服有害，与皮肤接触有毒。具有腐蚀性，能引起烧伤。使用时应穿适当的防护服，戴手套和防护镜或面罩。万一接触到眼睛，应立即用大量水冲洗后请医生诊治。使用时如有事故发生或有不适之感，应请医生诊治。使用现场禁止吸烟。应远离火种，采取抗效静电措施。充氩气密封避光于 2～8℃干燥保存。

Propargyl chloride 炔丙基氯 08379
[624-65-7] C_3H_3Cl 74.51
成分 C 48.36%，H 4.06%，Cl 47.58%。
别名 3-氯-1-丙炔；氯化炔丙基；3-Chloro-1-propyne
M. I. 15，7924
性状 无色液体。能与苯、四氯化碳、乙醇、乙二醇、乙醚、乙酸乙酯相混溶。几乎不溶于水、甘油。mp −78℃；bp_{760} 57℃/101.325kPa；Fp<60℉(16℃)；d_4^{25} 1.0306；n_D^{20} 1.434。一般试剂含量≥98.0%。
注意事项 该品高度易燃。吸入、口服或与皮肤接触有毒。对眼睛、呼吸系统及皮肤有刺激性。使用时应穿适当的防护服，戴手套和防护镜或面罩。使用时应避免吸入本品的蒸气。万一接触到眼睛，应立即用大量水冲洗后请医生诊治。使用时如有事故发生或有不适之感，应请医生诊治。使用现场禁止吸烟。应远离火种密封保存。
主要用途 有机合成中间体。

Propazine 扑灭津 08380
[139-40-2] $C_9H_{16}ClN_5$ 229.71
成分 C 47.06%，H 7.02%，Cl 15.43%，N 30.49%。
别名 6-Chloro-*N*,*N'*-bis(1-methylethyl)-1,3,5-triazine-2,4-diamine; 2-Chloro-4,6-bis(isopropylamino)-*s*-triazine; 2,4-bis(isopropylamino)-6-chloro-*s*-triazine; G-30028; Prozinex
M. I. 15，7926
性状 无色结晶。难溶于有机溶剂，几乎不溶于水（20℃，8.6×10^{-6}）。mp 213℃。LD_{50}大鼠急性经口：>5g/kg。一般试剂含量≥99.0%（HPLC）。
注意事项 该品对机体有不可逆损伤的可能性。可能致癌。对水生物极毒。能对水环境引起长期不良的影响。使用时应穿适当的防护服和戴手套。应防止将本品释放于环境中。其包装物应按危险品处理。
主要用途 除草剂。分析用标准物质。

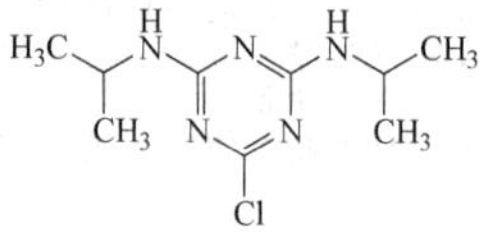

Propentofylline 丙戊茶碱 08381
[55242-55-2] $C_{15}H_{22}N_4O_3$ 306.37
成分 C 58.81%，H 7.24%，N 18.29%，O 15.67%。
别名 3,7-Dihydro-3-methyl-1-(5-oxohexyl)-7-propyl-1*H*-purine-2,6-dione; 3-Methyl-1-(5-oxohexyl)-7-propylxanthine; 1-(5'-Oxohexyl)-3-methyl-7-propylxanthine; HWA-285; Albert-285; HOE-285; Hextol; Karslvan
M. I. 15，7927
性状 来自异丙醚中的无色或白色结晶。溶于水（25℃）3.2%；乙醇>10%；二甲基亚砜>10%。mp 69～70℃。LD_{50}雄，雌小鼠；雄，雌大鼠急性经口（mg/kg）：900，780；1150，940。静脉注射（mg/kg）：168，170；180，195。腹膜内注射（mg/kg）：375，346；199，196。皮下注射（mg/kg）：450，508；400，338。
注意事项 该品吸入、口服或与皮肤接触有害。应密封于−20℃保存。
主要用途 生化研究。医用镇吐剂。兽用周围及大脑的血管舒张剂。

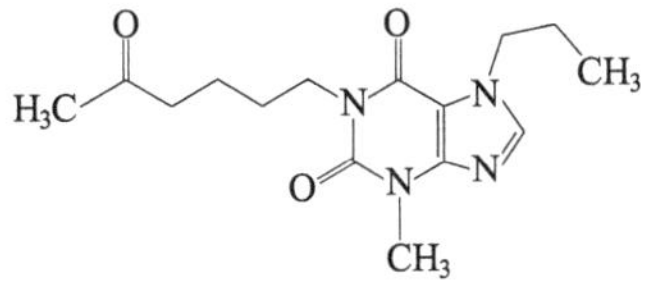

Propetamphos　烯虫磷 08382

[31218-83-4]　$C_{10}H_{20}NO_4PS$　281.31

成分　C 42.70%，H 7.17%，N 4.98%，O 22.75%，P 11.01%，S 11.40%。

别名　巴胺磷；(*E*)-3-[(乙基氨基)甲氧基硫膦基]氧化-2-丁烯酸 1-甲基乙基酯；(*E*)-*O*-2-异丙氧基羰基-1-甲基乙烯基 *O*-甲基乙基氨基硫代磷酸酯；(*E*)-3-[(Ethylamino)methoxyphosphinothioyl]oxy-2-butenoic acid 1-methylethyl ester；(*E*)-3-Hydroxycrotonic acid isopropyl ester *O*-ester with *O*-methyl ethylphosphoramidothioate；(*E*)-1-Methylethyl 3-[(ethylamino)methoxyphosphinothioyl]oxy-2-butenoate；(*E*)-*O*-2-Isopropoxycarbonyl-1-methylvinyl *O*-methyl ethylphosphoramidothioate；SAN-3221；Catalyst

M. I. 15，7929

性状　微黄色液体。溶于大多数有机溶剂。微溶于水(24℃，110mg/L)。$bp_{0.005}$ 87～89℃/0.667Pa；d_4^{20} 1.1294；n_D^{20} 1.495。LD_{50} 雄大鼠急性经口：82mg/kg。

注意事项　该品口服有毒。对水生物极毒。能对水环境引起长期不良的影响。使用时应戴手套。使用时如有事故发生或有不适之感，应请医生诊治。应防止将本品释放于环境中。其包装物应按危险品处理。应密封于 2～8℃保存。

主要用途　杀虫剂。兽用杀体外寄生物。分析用标准物质。

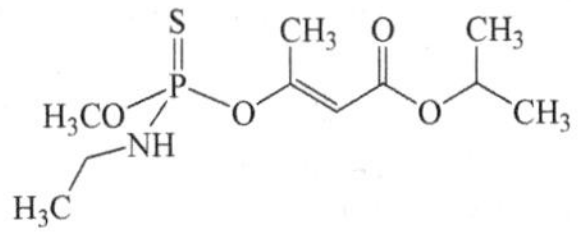

Propicillin potassium salt　苯丙西林钾盐 08383

[1245-44-9]　$C_{18}H_{21}KN_2O_5S$　416.53

成分　C 51.90%，H 5.08%，K 9.39%，N 6.73%，O 19.21%，S 7.70%。

别名　苯丙青霉素钾盐；苯氧丙基青霉素钾盐；BRL-284；PA-248；Baycillin；Brocillin；Cetacillin；Oricillin；Trescillin；Ultrapen；(2*S*,5*R*,6*R*)-3,3-Dimethyl-7-oxo-6-(1-oxo-2-phenoxybutyl)amino-4-thia-1-azabicycio[3.2.0]heptane-2-carboxylic acid potassium salt；6-(α-Phenoxybutyramido)penicillanic acid potassium salt；α-Phenoxypropylpenicilline potassium salt；Levopropylcillin potassium salt；

M. I. 15，7931

性状　无色结晶。20℃时，溶于 1.2 份水、23 份 95%乙醇(W/V)。其 1%溶液（质量浓度）pH 值 5～7.5。195～197℃分解。

主要用途　医用抗菌剂。

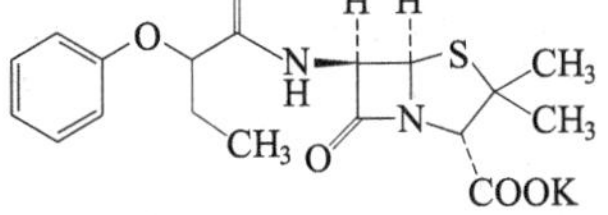

Propiconazole　丙环唑 08384

[60207-90-1]　$C_{15}H_{17}Cl_2N_3O_2$　342.22

成分　C 52.65%，H 5.01%，Cl 20.72%，N 12.28%，O 9.35%。

别名　1-[2-(2,4-二氯苯基)-4-丙基-1,3-二氧戊环-2-基]甲基-1*H*-1,2,4-三唑；1-[2-(2,4-Dichlorophenyl)-4 propyl-1,3-dioxolan-2-yl]methyl-1*H*-1,2,4-triazole；Proconazole；CGA-64250；Banner；Orbit；Tilt

M. I. 15，7932

性状　浅黄色有黏性的液体。溶于多数有机溶剂，微溶于水(20℃，110mg/L)。$bp_{0.1}$ 180℃/13.332Pa。LD_{50} 大鼠急性经口：1517mg/kg。

注意事项　该品口服有害。接触皮肤能引起过敏。对水生物极毒。能对水环境引起长期不良的影响。使用时应穿适当的防护服和戴手套。如误服本品，应立即就医，并出示本品的容器或标签。应防止将本品释放于环境中。其包装物应按危险品处理。应密封于 2～8℃保存。

主要用途　农业用杀菌剂。分析用标准物质。

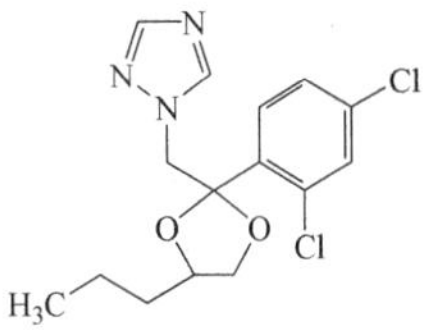

Propidium iodide　碘化丙啶 08385

[25535-16-4]　$C_{27}H_{34}I_2N_4$　668.40

成分　C 48.52%，H 5.13%，I 37.97%，N 8.38%。

别名　3，8-Diamino-5-(3-diethylaminopropyl)-6-phenylphenanthridinium iodide methiodide；3，8-Diamino-6-phenyl-5-(3-diethylaminopropyl)phenanthridinium iodide methiodide；IP

性状　红色粉末。一般试剂含量≥95.0%（HPLC/TLC）。

注意事项　该品对眼睛、呼吸系统及皮肤有刺激性。使用时应穿适当的防护服和戴手套。万一接触到眼睛，应立即用大量水冲洗后请医生诊治。应充氩气密封避光于 2～8℃干燥保存。

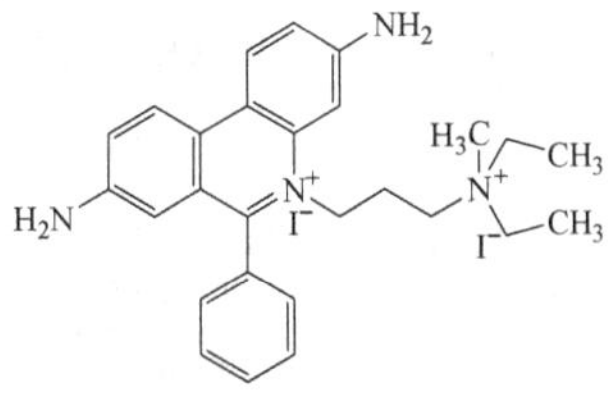

Propineb　丙森锌 08386

[12071-83-9]　$C_5H_8N_2S_4Zn$　289.78

成分　C 20.72%，H 2.78%，N 9.67%，S 44.25%，Zn 22.57%。

别名　[[(1-Methyl-1,2-ethanediyl)bis[carbamodithioato]](2－)]zinc；[Propylenebis(dithiocarbamato)]zinc；Zinc 1,2-Propylene bis-dithiocarbamate；Mezineb；Methylzineb；Bayer 46131；Antracol

M. I. 15，7933

性状　白色至浅黄色粉末。几乎无味。加热至约 160℃色变棕而分解。在强酸或碱性介质中分解。几乎不溶于所有通常的溶剂。LD_{50} 雄大鼠，兔，猫急性经口(mg/kg)：8500，>2500，>2500。一般试剂为混合物，含量≥82%。

注意事项　该品对水生物有毒。能对水环境引起长期不良的影响。应防止将本品释放于环境中。其包装物应按危险品处理。

主要用途　农业用保护性杀菌剂。分析用标准物质。

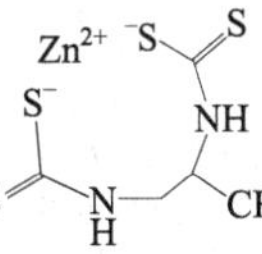

β-Propiolactone　β-丙酸内酯 08387

[57-57-8]　$C_3H_4O_2$　72.06

成分　C 50.00%，H 5.60%，O 44.40%。

别名　3-羟基丙酸内酯；Betaprone；BPL；Hydracrylic acid β-lactone；3-Hydroxypropionic acid lactone；NSC-21626；2-Oxetanone；Propanolide；β-Propinonolactone

M. I. 15，7934

性状　无色液体。有刺激气味。潮气进入时慢慢分解成羟基丙酸，其水溶液迅速全部分解。能与乙醇、丙酮、乙醚、氯仿相混溶，溶于水（37%体积分数）。mp －33.4℃；bp_{760} 162℃/101.325kPa（分解）；bp_{750} 150℃/99.992kPa（分解）；bp_{20} 61℃/2.666kPa；bp_{10} 51℃/1.333kPa；Fp 158℉（70℃）；d_4^{20} 1.1460；d_4^{25} 1.1420；d_{20}^{20} 1.1490；n_D^{20} 1.4131。n_D^{25} 1.4110。一般试剂含量≥97.0%。

注意事项　该品吸入极毒。能致癌。对眼睛及皮肤有刺激性。使用前应得到专门的指导，避免曝露。使用时如有事故发生或有不适之感，应请医生诊治。应密封于 2～8℃干燥保存。

主要用途　有机合成。消毒剂。分析用标准物质。

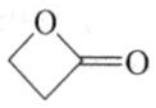

Propiolic acid　丙炔酸　08388

[471-25-0]　$C_3H_2O_2$　70.05

成分　C 51.44%，H 2.88%，O 45.68%。

别名　2-Propynoic acid；Acetylenecarboxylic acid；Propargylic acid

GW 2015-125　M. I. 15，7935

性状　室温为无色液体(来自二硫化碳中的为无色结晶，mp 9℃)。bp 144℃(分解)；bp_{50} 70～75℃/6.666kPa；$bp_{10.5}$ 54～55℃/1.4kPa；Fp 138℉(58℃)；d_4^{25} 1.1325；d_4^{20} 1.1380；d_4^{15} 1.1435；$n_D^{20.4}$ 1.4302。一般试剂含量≥98.0%。

注意事项　该品口服或与皮肤接触有毒。具有腐蚀性，能引起烧伤。使用时应穿适当的防护服，戴手套和防护镜或面罩。使用时禁止饮食。万一接触到眼睛，应立即用大量水冲洗后请医生诊治。使用时如有事故发生或有不适之感，应请医生诊治。使用完应立即脱掉受污染的衣服。应防止将本品释放于环境中。应密封避光于2～8℃干燥保存。

Propiomazine hydrochloride　丙酰马嗪 盐酸盐　08389

[1240-15-9]　$C_{20}H_{25}ClN_2OS$　376.94

成分　C 63.73%，H 6.69%，Cl 9.40%，N 7.43%，O 4.24%，S 8.51%。

别名　盐酸丙酰马嗪；Largon；1-[10-[2-(Dimethylamino)propyl]-10*H*-phenothiazin-2-yl]-1-propanone hydrochloride；10-Dimethylaminoisopropyl-2-propionylphenothiazine hydrochloride；Propionylpromethazine hydrochloride；Wy-1359

M. I. 15，7936

性状　黄色几乎无味的粉末。易溶于水、乙醇，不溶于苯。

主要用途　医用镇静剂，安眠剂。

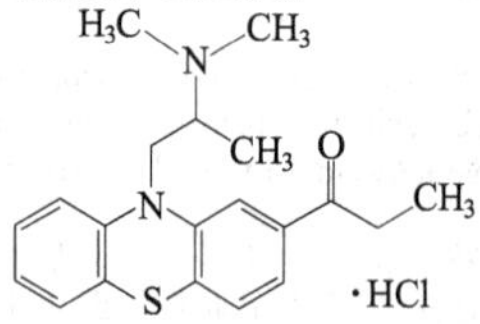

Propionaldehyde　丙醛　08390

[123-38-6]　C_3H_6O　58.08

成分　C 62.04%，H 10.41%，O 27.55%。

别名　甲基乙醛；Methylacetaldehyde；Propanal；Propionic aldehyde；Propylaldehyde；Aldehyde C_3

GW 2015-122　M. I. 15，7937

性状　无色液体。有窒息性气味。能与乙醇、乙醚相混溶，20℃时溶于5体积水。久置能聚合。mp －81℃；bp_{760} 49℃/101.325kPa；bp_{740} 47℃/98.658kPa；bp_{687} 45℃/91.592kPa；Fp ＜20℉(－6℃，开杯)；d_4^{33} 0.7898；d_4^{20} 0.8071；$d_4^{9.7}$ 0.8192；d_4^0 0.8432；$n_{580}^{16.6}$ 1.3695；n_D^{19} 1.36460。LD_{50}大鼠急性经口：1.4g/kg；LC 大鼠吸入空气中含量：8000×10^{-6}。一般试剂含量≥96.0%(GC)。

注意事项　该品高度易燃。对眼睛、呼吸系统及皮肤有刺激性。使用现场禁止吸烟。切勿排入下水道。应远离火种，密封于2～8℃通风良好处保存。

主要用途　有机合成。人造橡胶。防腐消毒剂。橡胶促进剂。防老剂。

Propionamide　丙酰胺　08391

[79-05-0]　C_3H_7NO　73.10

成分　C 49.29%，H 9.65%，N 19.16%，O 21.89%。

别名　Propanamide；Propionic acid amide

M. I. 15，7938

性状　来自苯中的无色斜方片状结晶。易溶于水、乙醇、乙醚、三氯甲烷，能随水蒸气挥发。mp 79℃；bp 222.2℃；d_4^{80} 0.9597；d_4^{20} 1.0335；n_D^{110} 1.4160。一般试剂含量≥99.0%。

注意事项　该品应密封保存。

Propionic acid　丙酸　08392

[79-09-4]　$C_3H_6O_2$　74.08

成分　C 48.64%，H 8.16%，O 43.19%。

别名　初油酸；正丙酸；Ethylformic acid；Methylacetic acid；Carboxylic acid C_3；Propanoic acid

GW 2015-126　M. I. 15，7939

性状　无色澄清油状液体。有刺鼻的不愉快的臭味。溶于乙醇、乙醚、三氯甲烷。能与水共沸。mp －21.5℃；bp_{760} 141.1℃/101.325kPa；bp_{400} 122℃/53.324kPa；bp_{100} 85.8℃/13.332kPa；bp_1 4.6℃/133.32Pa；Fp 136℉(58℃，开杯)；d_4^{20} 0.99336；n_D^{25} 1.3848。LD_{50}大鼠急性经口：4.29g/kg。一般试剂含量≥99.0%(GC)。

注意事项　该品易燃。具有腐蚀性，能引起烧伤。使用时应穿适当的防护服。使用时应避免吸入本品的蒸气。万一接触到眼睛，应立即用大量水冲洗后请医生诊治。使用时如有事故发生或有不适之感，应请医生诊治。

主要用途　测定芳香族二胺类的试剂。酯化剂。硝酸纤维素的溶剂。增塑剂。镀镍溶液的配制。食品香料的配制。

Propionic anhydride　丙酸酐　08393

[123-62-6]　$C_6H_{10}O_3$　130.14

成分　C 55.38%，H 7.75%，O 36.88%。

别名　丙酐；初油酸酐；正丙酸酐；Methylacetic anhydride；Propanoic anhydride；Propionic acid anhydride

GW 2015-127　M. I. 15，7940

性状　无色液体。有辛辣刺激性气味。溶于甲醇、乙醇、乙醚、三氯甲烷，能被水分解。mp －45℃；bp_{760} 167.0℃/101.325kPa；bp_{400} 146.0℃/53.33kPa；bp_{200} 127.8℃/26.664kPa；bp_{100} 107.2℃/13.332kPa；bp_{60} 94.5℃/8kPa；bp_{40} 85.6℃/5.33kPa；bp_{20} 70.4℃/12.666kPa；bp_{10} 57.7℃/1.333kPa；bp_5 45.3℃/666.6kPa；bp_1 20.6℃/133.32kPa；Fp 165℉(74℃，开杯)；d_4^{50} 0.97913；d_4^{40} 0.98974；d_4^{20} 1.0125；d_4^{15} 1.0169；d_4^0 1.0336；n_D^{17} 1.4041；n_D^{20} 1.4038。LD_{50}大鼠急性经口：2.36g/kg。一般试剂含量≥96.0%(NT)。

注意事项　该品具有腐蚀性，能引起烧伤。万一接触到眼睛，应立即用大量水冲洗后请医生诊治。使用时如有事故发生或有不适之感，应请医生诊治。

主要用途　有机分析中用以测定甲氧基。在非水滴定中能防止高氯酸、乙酸盐的低温冻结。

Propionitrile　丙腈　08394

[107-12-0]　C_3H_5N　55.08

成分　C 65.42%，H 9.15%，N 25.43%。

别名　乙基氰；氰乙烷；Ethyl cyanide；Nitrile C_3；Propanenitrile

GW 2015-121　M. I. 15，7941

性状　无色透明液体。有乙醚味。能与乙醇、乙醚、二甲基甲酰胺相混溶，溶于水(40℃，11.9g/100g；100℃，29g/100g)。mp －91.8℃；bp_{760} 97.2℃/101.325kPa；bp_{400} 77.7℃/53.329kPa；bp_{200} 58.2℃/26.664kPa；bp_{100} 41.4℃/13.332kPa；bp_{60} 30.1℃/7.999kPa；bp_{40} 22.0℃/5.333kPa；bp_{20} 8.8℃/2.666kPa；bp_{10} －3.0℃/1.333kPa；bp_5 －13.6℃/666.61kPa；bp_1 －35℃/133.32kPa；Fp 43℉(6℃，闭杯)；$d_4^{70.2}$ 0.7291；d_4^{56} 0.7515；d_4^{30} 0.7716；d_4^{20} 0.7818；d_4^0 0.8020；n_D^{30} 1.36132；n_D^{20} 1.36585；n_D^{15} 1.36812。LD_{50}大鼠急性经口：39mg/kg。一般试剂含量≥99.0%(GC)。

注意事项　该品高度易燃。其蒸气吸入有害。口服有毒。与皮肤接触极毒。对眼睛有刺激性。可能损伤生育力。可能危害胎儿。使用时应穿适当的防护服，戴手套和防护镜或面罩。使用现场禁止吸烟。使用时如有事故发生或有不适之感，应请医生诊治。应远离火种，密封于阴凉处保存。

主要用途　有机合成。分离烃类和精制石油馏分的优良溶剂。

Propionyl bromide　丙酰溴　08395

[598-22-1]　C_3H_5BrO　136.98

成分　C 26.31%，H 3.68%，Br 58.33%，O 11.68%。

别名　溴丙酰；Propanoyl bromide

GW 2015-2399

性状　无色或浅黄色液体。具有催泪性。能与乙醚混溶。与水、乙醇能发生反应。bp 103～104℃；Fp 126℉(52℃)；d_4^{20} 1.504；n_D^{20} 1.455。一般试剂含量≥98.0%(T)。

注意事项　该品易燃。能与水激烈反应。具有腐蚀性，能引起烧伤。使用时应穿适当的防护服，戴手套和防护镜或面罩。万一接触到眼睛，应立即用大量水冲洗后请医生诊治。使用时如有事故发生或有不适之感，应请医生诊治。应远离火种，密封于干燥处保存。

主要用途 有机合成。

Propionyl chloride 丙酰氯 08396

[79-03-8] C_3H_5ClO 92.52

成分 C 38.95%，H 5.45%，Cl 38.32%，O 17.29%。

别名 氯化丙酰；Propanoyl chloride

GW 2015-156 M. I. 15，7942

性状 无色至浅黄色液体。有刺激性气味。遇水、乙醇剧烈分解。mp －94℃；bp 80℃；Fp 53℉(11℃)；d_4^{20} 1.065；n_D^{20} 1.4051。一般试剂含量≥98.0%(T)。

注意事项 该品高度易燃。具有腐蚀性，能引起烧伤。与水反应激烈。使用现场禁止吸烟。万一接触到眼睛，应立即用大量水冲洗后请医生诊治。使用时如有事故发生或有不适之感，应请医生诊治。应远离火种，密封于通风良好处干燥保存。

主要用途 烷基化试剂。丙酰化试剂。

Propionylpromazine hydrochloride 丙酰丙嗪 盐酸盐 08397

[7681-67-6] $C_{20}H_{25}ClN_2OS$ 376.94

成分 C 63.73%，H 6.68%，Cl 9.41%，N 7.43%，O 4.24%，S 8.51%。

别名 盐酸丙酰丙嗪；1-[10-[3-(Dimethylamino) propyl]-10*H*-phenothiazin-2-yl]-1-propanone hydrochloride；3-Propionyl-10-(γ-dimethylaminopropyl) phenothiazine hydrochloride；10-(3-Dimethylaminopropyl)-2-propionylpheno thiazine hydrochloride；Propiopromazine hydrochloride；1497-CB hydrochloride；Tranvet

M. I. 15，7943

性状 无色结晶。溶于水。mp 150～160℃。

注意事项 使用时应避免吸入本品的粉尘，避免与眼睛及皮肤接触。应密封于 2～8℃保存。

主要用途 生化研究。医用镇定剂。分析用标准物质。

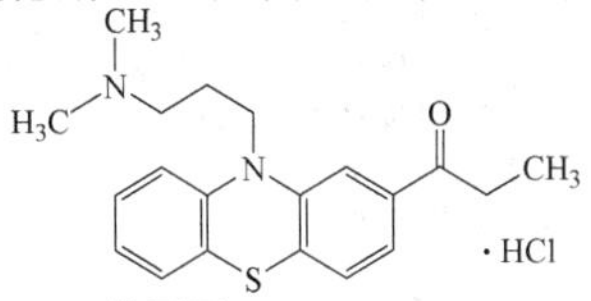

Propiophenone 苯丙酮 08398

[93-55-0] $C_9H_{10}O$ 134.18

成分 C 80.56%，H 7.51%，O 11.92%。

别名 苯基乙基甲酮；Ethyl phenyl ketone；Phenyl ethyl ketone；1-Phenyl-1-propanone；Propionylbenzene

M. I. 15，7944

性状 无色小叶状或片状结晶。有强烈的持久的花香味。能与甲醇、无水乙醇、乙醚、苯、甲苯相混溶，不溶于水、甘油、乙二醇、丙二醇。mp 21℃；bp_{760} 218℃/101.325kPa；bp_{400} 194.2℃/53.329kPa；bp_{200} 170.2℃/26.664kPa；bp_{100} 149.3℃/13.332kPa；bp_{60} 135℃/7.999kPa；bp_{40} 124.3℃/5.333kPa；bp_{20} 107.6℃/2.666kPa；bp_{10} 92.2℃/1.333kPa；bp_5 77.9℃/666.61kPa；Fp 210℉(99℃)；$d_4^{85.5}$ 0.9572；$d_4^{61.2}$ 0.9776；$d_4^{41.8}$ 0.9934；d_{25}^{25} 1.0087；d_{20}^{20} 1.0118；d_4^{20} 1.0105(液体)；d_4^0 1.157(固体)；$n_D^{15.9}$ 1.5290；n_D^{20} 1.5269；uv max(已烷中)：250nm，280nm，323nm。一般试剂含量≥99.0%(GC)。

注意事项 该品对眼睛、呼吸系统及皮肤有刺激性。使用时应穿适当的防护服。使用时应避免吸入本品的蒸气，避免与眼睛及皮肤接触。万一接触到眼睛，应立即用大量水冲洗后请医生诊治。

主要用途 有机合成中间体。香料定香剂。

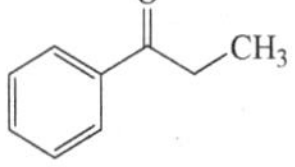

Propiverine hydrochloride 丙派凡林 盐酸盐 08399

[54556-98-8] $C_{23}H_{30}ClNO_3$ 403.95

成分 C 68.39%，H 7.49%，Cl 8.78%，N 3.47%，O 11.88%。

别名 盐酸丙哌凡林；P-4；Detrunorm；Mictonorm；Mictonetten；α-Phenyl-α-propoxybenzeneacetic acid 1-methyl-4-piperidinyl ester hydrochloride；α，α-Diphenyl-α-propoxyacetic acid 1-methyl-4-piperdyl ester hydrochloride；1-Methyl-4-piperidyl diphenylpropoxyacetate hydrochloride

M. I. 15，7945

性状 无色或白色结晶或粉末。略微溶于水、乙醇。mp 216～218℃。LD_{50}雄、雌小鼠，雄、雌大鼠静脉注射(mg/kg)：36，36，22，25；皮下注射(mg/kg)：223、283，1632、1411；急性经口(mg/kg)：410，323，1000，1092。

主要用途 医疗用于尿路失禁的治疗。

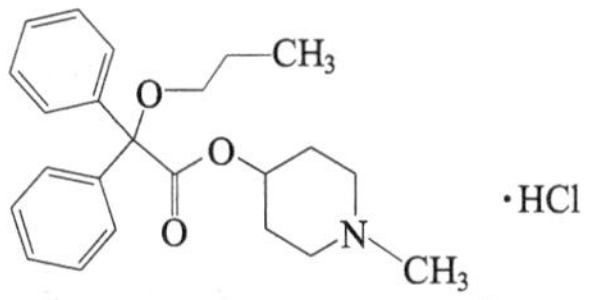

Propizepine 丙吡氮䓬 08400

[10321-12-7] $C_{17}H_{20}NO_4$ 296.37

成分 C 68.90%，H 6.80%，N 18.90%，O 5.40%。

别名 6-[2-(Dimethylamino) propyl]-1，6-dihydro-5*H*-pyrido[2，3-*b*][1，5]benzodiazepin-5-one；6，11-Dihydro-6-(2-dimethylamino-2-methylethyl)-5*H*-pyrido[2，3-*b*][1，5]benzodiazepin-5-one

M. I. 15，7946

性状 无色结晶。mp 122℃。

主要用途 医用抗抑郁剂。

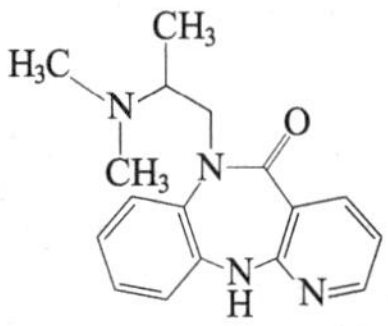

Propoxur 残杀威 08401

[114-26-1] $C_{11}H_{15}NO_3$ 209.24

成分 C 63.14%，H 7.23%，N 6.69%，O 22.94%。

别名 残虫畏；残杀畏；2-(1-Methylethoxy) phenol methylcarbamate；*o*-Isopropoxyphenyl *N*-methylcarbamate；Aprocarb；Bay 39007；Bay 9010；Baygon；Bifex；Blattanex；Propyon；Suncide；Unden

M. I. 15，7949

性状 无色的微小结晶。溶于甲醇、丙酮及多数有机溶剂，但仅微溶于冷的烃类。在水中的溶解度(20℃)约0.2%。在强碱性介质中不稳定。在高温下能生成异氰酸甲酯而分解。在强碱介质中不稳定。mp 91.5℃。LD_{50}雄，雌大鼠急性经口：83mg/kg，86mg/kg。一般试剂含量≥98.0%(HPLC)。

注意事项 该品口服有毒。对水生物极毒。能对水环境引起长期不利的结果。使用时应戴手套。使用时如有事故发生或有不适之感，应请医生诊治。应防止将本品释放于环境中。其包装物应按危险品处理。

主要用途 杀虫剂。分析用标准物质。

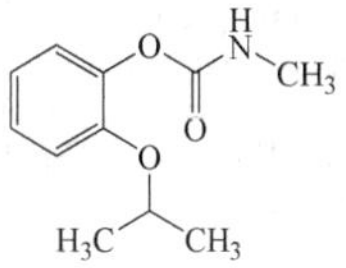

Propoxycaine hydrochloride 丙氧卡因 盐酸盐 08402

[550-83-4] $C_{16}H_{27}ClN_2O_3$ 330.85

成分 C 58.09%，H 8.23%，Cl 10.71%，N 8.47%，O 14.51%。

别名 盐酸丙氧卡因；4-氨基-2-丙氧基苯甲酸-2-乙氨基乙酯 盐酸盐；盐酸 4-氨基-2-丙氧基苯甲酸 2-乙氨基乙酯；4-Amino-2-

propoxybenzoic acid 2-diethylaminoethyl ester hydrochloride; 2-Diethylaminoethyl 4-amino-2-propoxybenzoate hydrochloride; 2-Diethylaminoethyl 2-propoxy-4-aminobenzoate hydrochloride; Ravocaine hydrochloride; Blockain hydrochloride

M. I. 15, 7950

性状 白色结晶。无味。易溶于水，溶于乙醇，略微溶于乙醚，几乎不溶于丙酮、氯仿。其 2% 水溶液 pH 值 5.4。mp 148～150℃。

主要用途 医用局部麻醉剂。

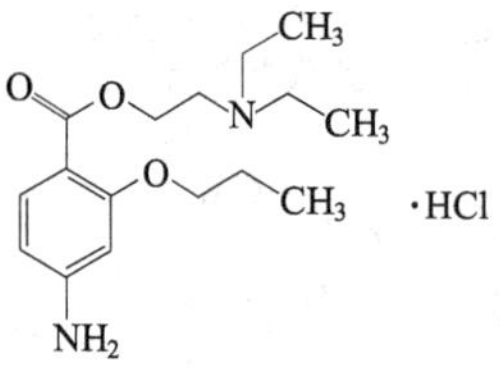

Propoxyphene hydrochloride 丙氧芬 盐酸盐 08403

[1639-60-7] $C_{22}H_{30}ClNO_2$ 375.94

成分 C 70.29%，H 8.04%，Cl 9.43%，N 3.73%，O 8.51%。

别名 达而丰 盐酸盐；普洛帕芬 盐酸盐；盐酸丙氧芬；盐酸达而丰；盐酸普洛帕芬；(+)-1,2-二苯基-2-丙酰氧基-3-甲基-4-二甲氨基丁烷 盐酸盐；Darvon；Deprancol；Develin；(*αS*)-*α*-[(1*R*)-2-Dimethylamino-1-methylethyl]-*α*-phenylbenzeneethanol propanoate(ester) hydrochloride；*α*-*d*-4-Dimethylamino-3-methyl-1,2-diphenyl-2-butanolpropionate hydrochloride；(+)-1, 2-Diphenyl-2-propionoxy-3-methyl-4-dimethylaminobutan ehydrochloride；(+)-4-Dimethylamino-1,2-diphenyl-3-methyl-2-propionyloxybutane hydrochloride；*α*-*d*-Pripoxyphene hydrochloride；Dextropropoxyphene hydrochloride

M. I. 15, 7952

性状 来自甲醇＋乙酸乙酯中的无色结晶。味苦。易溶于水，溶于乙醇、氯仿、丙酮，几乎不溶于苯、乙醚。mp163～168.5℃；$[\alpha]_D^{25}$ +59.8°(c=0.6，于水中)。LD_{50} 小鼠，大鼠静脉注射(mg/kg)：28，15；腹膜内注射(mg/kg)：111，58；皮下注射(mg/kg)：211，134；急性急性经口(mg/kg)：282，230。

主要用途 医用麻醉止痛剂。

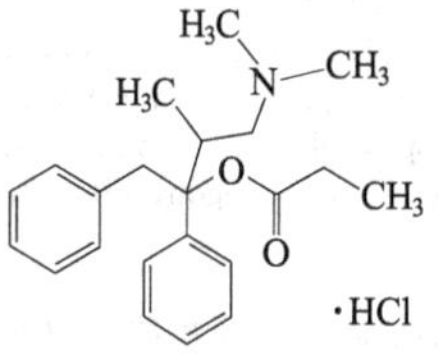

(*R*)-Propranolol hydrochloride (*R*)-心得安 盐酸盐 08404

[13071-11-9] [318-98-9] $C_{16}H_{22}ClNO_2$ 295.81

成分 C 64.97%，H 7.50%，Cl 11.98%，N 4.74%，O 10.82%。

别名 (*R*)-盐酸心得安；盐酸(*R*)-萘心安；(*R*-)-萘心安 盐酸盐；Angilol；Apsolol；Avlocardyl hydrochloride；AY-64043；Bedranol；Beprane；Berkolol；Bata-Tablinen；Beta-Timelets；Cardinol；Caridolol；Deralin；Dociton；Duranol；Efektolol；Elbrol；Erekven；Euprovasin hydrochloride；Frekven；ICI-45520；Inderal；Indobloc；Intermigrom；(*R*)-1-Isopropylamino-3-(1-naphthyloxy)-2-propanolhydrochloride；Kemi S；1-(1-Methylethyl) amino-3-(1-naphthalonyloxy)-2-propanol hydrochloride；NSC-91523；Oposim；Propabloc；Prophylux；Propranur；Rapynogen；Sumial；Tesnol

M. I. 15, 7953

性状 来自正丙醇中的无色结晶。溶于水、乙醇，微溶于氯仿，几乎不溶于乙醚、苯、乙酸乙酯。mp 163～164℃。LD_{50} 小鼠急性经口：565mg/kg；静脉注射：22mg/kg；腹膜内注射：107mg/kg。生化试剂含量≥99.0%(AT)。

注意事项 该品口服有害。使用时应避免吸入本品的粉尘，避免与眼睛及皮肤接触。应密封于 2～8℃保存。

主要用途 生化研究。医用抗高血压、抗心律失常剂。

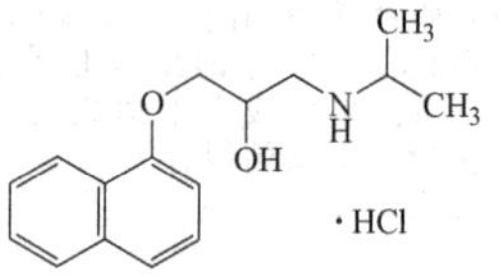

·HCl

Propyl acetate 乙酸丙酯 08405

[109-60-4] $C_5H_{10}O_2$ 102.13

成分 C 58.80%，H 9.87%，O 31.33%。

别名 醋酸丙酯；乙酸正丙酯；Acetic acid *n*-propyl ester

GW 2015-2656 M. I. 15, 7954

性状 无色透明液体。有果香味。能与乙醇、乙醚相混溶，微溶于水(16℃，1.6∶100)。mp －92℃；bp 101.6℃；Fp 58℉(14℃，闭杯)；d_{20}^{20} 0.887；d_4^{20} 0.836；n_D^{20} 1.3844。LD_{50} 大鼠，小鼠急性经口：9370mg/kg，8300mg/kg。一般试剂含量≥99.0%(GC)。

注意事项 该品高度易燃。对眼睛有刺激性。反复曝露可造成皮肤干燥或破裂。其蒸气可引起瞌睡和眩晕。使用时应避免吸入本品的蒸气。切勿排入下水道。使用现场禁止吸烟。万一接触到眼睛，应立即用大量水冲洗后请医生诊治。应远离火种，采取抗放静电措施密封保存。

主要用途 溶剂。香料。

Propylamine 丙胺 08406

[107-10-8] C_3H_9N 59.11

成分 C 60.96%，H 15.35%，N 23.70%。

别名 正丙胺；1-氨基丙烷；1-丙胺；1-Aminopropane；Amine C_3；1-Propanamine

GW 2015-18 M. I. 15, 7956

性状 无色液体。呈碱性。有强烈的氨味。对二氧化碳敏感。能与水、乙醇、乙醚相混溶。mp －83℃；bp 48～49℃；Fp 10℉(－12℃，闭杯)；d_{20}^{20} 0.719；n_D^{20} 1.389。LD_{50} 大鼠急性经口：0.57g/kg。一般试剂含量≥99.0%(GC)。

注意事项 该品高度易燃。吸入、口服或与皮肤接触有害。具有腐蚀性，能引起烧伤。使用时应穿适当的防护服，戴手套和防护镜或面罩。万一接触到眼睛，应立即用大量水冲洗后请医生诊治。使用时如有事故发生或有不适之感，应请医生诊治。使用现场禁止吸烟。应远离火种，于通风良好处密封保存。

主要用途 溶剂。有机合成。

Propylbenzene 丙苯 08407

[103-65-1] C_9H_{12} 120.20

成分 C 89.93%，H 10.06%。

别名 正丙苯；丙基苯；1-苯丙烷；1-苯基丙烷；1-Phenylpropane；*n*-Propylbenzene

GW 2015-2755 M. I. 15, 7957

性状 无色透明液体。溶于乙醇、乙醚，极微溶于水(0.06g/L)。mp －99.2℃；bp_{760} 159.2℃/101.32kPa；bp_{400} 135.7℃/53.328kPa；bp_{200} 113.5℃/26.664kPa；bp_{100} 94℃/13.332kPa；bp_{40} 71.6℃/5.333kPa；bp_{20} 56.8℃/2.666kPa；bp_{10} 43.4℃/1.333kPa；bp_5 31.3℃/666.61Pa；bp_1 6.3℃/133.32Pa；Fp 107.6℉(42℃)；d_4^{20} 0.8621；n_D^{20} 1.4919。LD_{50} 大鼠急性经口：6.04g/kg。一般试剂含量≥99.0%(GC)。

注意事项 该品易燃。对呼吸系统有刺激性。口服有害。并能损伤肺脏。对水生物有毒。能对水环境引起长期不利的结果。使用时应戴手套。避免与皮肤接触。应防止将本品释放于环境中。如误服本品不能吐出，应立即请医生诊治，并出示瓶签或包装物。应密封保存。

主要用途 色谱分析标准物质。乙酸纤维素的溶剂。织物染色和印字。

Propyl butyrate 丁酸丙酯 08408

[105-66-8] $C_7H_{14}O_2$ 130.19

成分 C 64.58%，H 10.84%，O 24.58%。

别名 正丁酸正丙酯；酪酸正丙酯；*n*-Propyl *n*-butyrate；Butanoic acid propyl ester

GW 2015-2776 M. I. 15, 7959

性状 无色液体。能与乙醇、乙醚任意混溶，微溶于水。mp

-95℃；bp 143℃；Fp 98.6℉(37℃)；d_4^{15} 0.879；n_D^{20} 1.4005。LD_{50} 大鼠急性经口：15g/kg。试剂标准物含量≥99.7%(GC)。
注意事项 该品易燃。对眼睛、呼吸系统及皮肤有刺激性。使用时应穿适当的防护服。使用现场禁止吸烟。使用时应避免吸入本品的蒸气，避免与眼睛及皮肤接触。万一接触到眼睛，应立即用大量水冲洗后请医生诊治。应远离火种密封保存。
主要用途 色谱分析标准物质。溶剂。有机合成中间体。

Propyl chloroformate 氯甲酸丙酯 08409
[109-61-5] $C_4H_7ClO_2$ 122.55
成分 C 39.20，H 5.76%，Cl 28.93%，O 26.11%。
别名 Carbonochloridic propyl ester；Propyl chlorocarbonate
GW 2015-1516 M.I.15，7961
性状 无色液体。能与乙醚、苯、氯仿相混溶，能逐渐被水或乙醇分解。bp 114～116℃；Fp 84℉（29℃，闭杯）；d^{20} 1.090；n_D^{20} 1.4040。
注意事项 该品有毒。易燃。应密封于干燥处保存。
主要用途 有机合成。

Propylene carbonate 碳酸丙烯酯 08410
[108-32-7] $C_4H_6O_3$ 102.09
成分 C 47.06%，H 5.92%，O 47.02%。
别名 碳酸丙二醇酯；4-甲基-1,3-二噁茂酮；4-甲基二氧五环-2-酮；碳酸1,2-丙二醇酯；碳酸丙烯；Propylene glycol carbonate；4-Methyl-1,3-dioxolan-2-one；1,2-Propanediol cyclic carbonate
性状 无色黏稠状液体。能与乙醇、乙醚、苯相混溶，微溶于水。mp -55℃；bp 239～242℃；Fp 270℉（132℃）；d_4^{20} 1.204；n_D^{20} 1.422。一般试剂含量≥99.0%（GC）。
注意事项 该品对眼睛有刺激性。万一接触到眼睛，应立即用大量水冲洗后请医生诊治。应充氩气密封于干燥处保存。
主要用途 气相色谱固定液，分离分析 C_2～C_5 烃类氧化物，用于 C_4 烃组分的分离（但分不开丙烯与异丁烷）。溶剂。

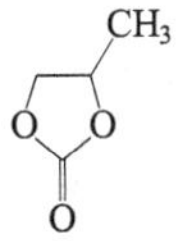

CH_3

Propylene oxide 氧化丙烯 08411
[75-56-9] C_3H_6O 58.08
成分 C 62.04%，H 10.41%，O 27.55%。
别名 1，2-环氧丙烷；1，2-Epoxpropane；Methyloxirane
M.I.15，7969
性状 无色液体。能与乙醇、乙醚相混溶，溶于水(20℃，40.5%)。mp -112.13℃；bp 23～34℃；Fp -31℉(-35℃，闭杯)；d_4^{t} 0.859；LD_{50} 大鼠急性经口：1.14g/kg。一般试剂含量≥99.0%(GC)。
注意事项 该品极易燃。能致癌。吸入、口服或与皮肤接触有害。对眼睛、呼吸系统和皮肤有刺激性。使用前应得到专门的指导，避免曝露。使用时如有事故发生或有不适之感，应请医生诊治。应密封于2～8℃保存。
主要用途 溶剂。有机合成。

Propyl ether 丙醚 08412
[111-43-3] $C_6H_{14}O$ 102.18
成分 C 70.53%，H 13.81%，O 15.66%。
别名 正丙醚；二正丙醚；丙氧基丙烷；Di-*n*-propyl ether；1,1′-Oxybispropane；Propoxypropane
GW 2015-2758 M.I.15，3385
性状 无色液体。极易挥发。具有乙醚气味。溶于乙醇、乙醚，微溶于水。mp -122℃；bp 89～91℃；Fp -5℉(-20℃，开杯)；d_4^{20} 0.7360；n_D^{20} 1.3807。一般试剂含量≥99.0%（GC）。
注意事项 该品高度易燃。能形成爆炸性过氧化物。反复曝露可造成皮肤干燥或破裂。其蒸气可引起瞌睡和眩晕。使用现场禁止吸烟。切勿排入下水道。应远离火种，采取抗放静电措施，于通风良好处密封保存。
主要用途 溶剂。有机合成。

Propyl gallate 棓酸丙酯 08413
[121-79-9] $C_{10}H_{12}O_5$ 212.20
成分 C 56.60%，H 5.70%，O 37.70%。
别名 没食子酸正丙酯；3,4,5-三羟基苯甲酸丙酯；五倍子酸丙酯；没食子酸丙酯；Gallic acid propyl ester；PG；Progallin P；*n*-Propyl gallate；Tenox PG；3，4，5-Trihydroxybenzoic acid propyl ester
M.I.15，7971
性状 无色至微黄色结晶或粉末。溶于水（25℃，0.35g/100mL)、乙醇（103g/100g)、乙醚（83g/100g)、棉籽油（30℃，1.23g/100g)、猪油（45℃，1.14g/100g)。铁和铁盐存在下色变暗。其0.05%水溶液 pH 值 6.3，0.1%水溶液 pH 值 5.9，0.2%水溶液 pH 值 5.7。pK_a 8.11；mp 150℃。LD_{50} 小鼠，大鼠，仓鼠，兔急性经口（mg/kg)：1.70～3.50，2.1～7.2，48，2.75；LD_{50} 大鼠腹膜内注射：0.38g/kg。生化试剂含量≥98.0%（HPLC)。
注意事项 该品口服有害。接触皮肤能引起过敏。使用时应戴手套。使用时应避免吸入本品的粉尘，避免与眼睛及皮肤接触。
主要用途 防腐剂。食品、脂肪、油类、乳类及蜡的抗氧剂。

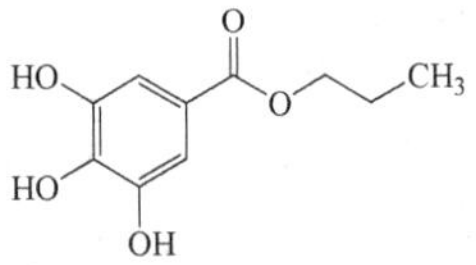

dl-propylhexedrine *dl*-丙己君 08414
[3595-11-7] $C_{10}H_{31}N$ 155.28
成分 C 77.35%，H 13.63%，N 9.02%。
别名 六氢脱氧麻黄碱；1-环己基-2-甲基氨基丙烷；*N*,α-二甲基环己基乙胺；*N*,α-Dimethylcyclohexaneethanamine；1-Cyclohexyl-2-methylaminopropane；Hexahydrodesoxyephedrine；Benzedrex
M.I.15，7872
性状 无色油状液体。有氨气味。能与乙醇、氯仿、乙醚相混溶。极微溶于水。于室温时缓慢挥发。其水溶液对磁呈碱性，并能吸收空气中的二氧化碳。bp_{760} 205℃/101.325kPa；bp_{20} 92～93℃/2.666kPa；d_4^{25} 0.8501；n_D^{20} 1.4600。
主要用途 医用肾上腺功能剂（血管收缩剂）。医用减轻鼻子充血剂。

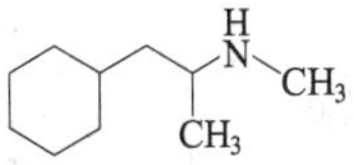

Propyl 4-hydroxybenzoate 4-羟基苯甲酸丙酯 08415
[94-13-3] $C_{10}H_{12}O_3$ 180.20
成分 C 66.65%，H 6.71%，O 26.64%。
别名 尼泊金丙酯；对羟基安息香酸丙酯；对羟基苯甲酸丙酯；4-Hydroxybenzoic acid propyl ester；Propyl *p*-hydroxybenzoate；Nipasol M；Propylparaben；Propyl parasept；Solbrol P
M.I.15，7979
性状 白色结晶。微有焦灼味。易溶于乙醇、乙醚，微溶于沸水，溶于2000份冷水。mp 96～97℃。一般试剂含量≥99.0%。
注意事项 该品对眼睛、呼吸系统及皮肤有刺激性。使用时应穿适当的防护服。万一接触到眼睛，应立即用大量水冲洗后请医生诊治。
主要用途 防腐剂。抗氧剂。

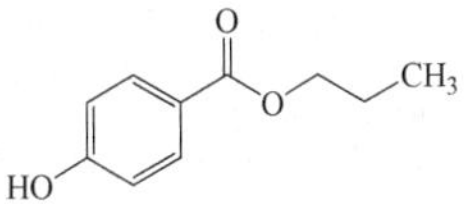

Propyl propionate 丙酸丙酯 08416
[106-36-5] $C_6H_{12}O_2$ 116.16
成分 C 62.04%，H 10.41%，O 27.55%。
别名 丙酸正丙酯；Propanoic acid propyl ester
M.I.15，7979
性状 无色液体。能与乙醇、乙醚相混溶，溶于200份水。mp -76℃；bp 122～124℃；Fp 66.2℉（19℃)；d^{20} 0.883；

n_D^{20} 1.3935。一般试剂含量≥99.0%（GC）。

注意事项 该品易燃。其蒸气吸入有害。使用时应避免与皮肤接触。应远离火种密封保存。

主要用途 溶剂，气相色谱标准物。色谱分析试剂。

6-Propyl-2-thiouracil 6-丙基-2-硫代尿嘧啶 08417

[51-52-5] $C_7H_{10}N_2OS$ 170.23

成分 C 49.39%，H 5.92%，N 16.46%，O 9.40%，S 18.83%。

别名 6-正丙基-2-硫代呥嗐；4-丙基-2-硫代呥嗐；丙基硫氧嘧啶；2-硫-4-羟基-6-丙基嘧啶；6-丙基硫脲间氮苯；6-正丙基-2-硫代尿嘧啶；4-羟基-2-巯基-6-丙基嘧啶；2,3-Dihydro-6-propyl-2-thioxo-4（1*H*）-pyrimidinone；4-Hydroxy-2-mercapto-6-propylpyrimidine；Propacil；Propycil；4-Propyl-2-thiouracil；Propyl-thyracil；2-Thio-6-propyl-1,3-pyrimidin-4-one；2-Thio-4-hydroxy-6-*n*-propyl pyrimidine；2-Thio-4-oxo-6-propyl-1,3-Pyrimidine；2-Thio-6-propyl-1,3-pyrimidin-4-one；Thyreostat Ⅱ

M. I. 15，7980

性状 白色结晶性粉末。无臭。味苦。易溶于氨水、碱水溶液。1g该品溶于约900份水（20℃）、100份沸水，溶于60份乙醇、60份丙酮，几乎不溶于乙醚、苯、氯仿。mp 219～221℃；uv max（甲醇中）：275nm，214nm（ε 15800，15600）；（甲醇酸氢氧化钾中）：315.5nm，260nm，207.5nm（ε 10900，10700，15400）。一般试剂含量≥98.0%（T）。

注意事项 该品口服有害。对机体有不可逆损伤的可能性。可能致癌。使用时应穿适当的防护服和戴手套。使用时应避免吸入本品的粉尘，避免与眼睛及皮肤接触。

主要用途 生化研究。医用抗甲状腺机能亢进剂。

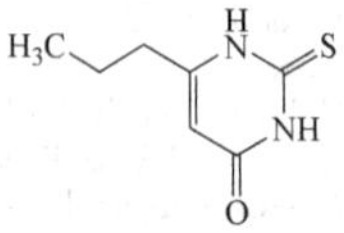

H₃C, H, N, S, NH, O

Propyltrichlorosilane 丙基三氯硅烷 08418

[141-57-1] $C_3H_7Cl_3Si$ 177.53

成分 C 20.30%，H 3.97%，Cl 59.91%，Si 15.82%。

别名 三氯正丙基硅烷；三氯丙基硅烷；Trichloro-*n*-propylsilane

GW 2015-119

性状 无色液体。在潮湿空气中易水解，同时游离出盐酸。bp 123℃；Fp 87.8℉（31℃）；d_4^{20} 1.195；n_D^{20} 1.430。一般试剂含量≥97.0%（GC）。

注意事项 该品易燃。能与水反应激烈。具有腐蚀性，能引起烧伤。使用时应穿适当的防护服，戴手套和防护镜或面罩。万一接触到眼睛，应立即用大量水冲洗后请医生诊治。使用时如有事故发生或有不适之感，应请医生诊治。应远离火种，采取抗放静电措施，充氩气密封保存。

主要用途 有机硅中间体。

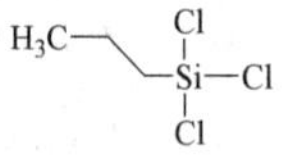

Propyltrimethoxysilane 丙基三甲氧基硅烷 08419

[1067-25-0] $C_6H_{16}O_3Si$ 164.28

成分 C 43.87%，H 9.82%，O 29.22%，Si 17.10%。

别名 三甲氧基正丙基硅烷；三甲氧基丙基硅烷；Trimethoxypropylsilane

性状 无色液体。bp 142℃；Fp 71.6℉（22℃）；d_4^{20} 0.932；n_D^{20} 1.3900。一般试剂含量≥98.0%（GC）。

注意事项 该品易燃。具有腐蚀性，能引起烧伤。使用时应穿适当的防护服，戴手套和防护镜或面罩。作用时禁止饮食及吸烟。万一接触到眼睛，应立即用大量水冲洗后请医生诊治。使用时如有事故发生或有不适之感，应请医生诊治。万一着火，应用指定的设备灭火，而不能用水。应采取抗放静电措施，密封于干燥处保存。其包装物应按危险品处理。

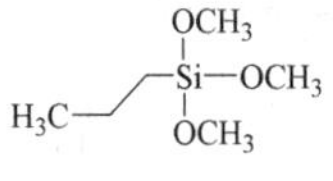

Propylure 诱引酯 08420

[10297-61-7] $C_{18}H_{32}O_2$ 280.45

成分 C 77.09%，H 11.50%，O 11.41%。

别名 乙酸10-丙基反式-5,9-十三(二)烯酯；(*E*)-10-Propyl-5,9-tridecadien-1-ol acetate；*trans*-1-Acetoxy-10-(*n*-propyl) trideca-5,9-diene；10-Propyl-*trans*-5,9-tridecadienyl acetate

M. I. 15，7981

性状 无色液体。无气味。$bp_{0.1}$ 135℃/13.3Pa；n_D^{25} 1.4635。

主要用途 昆虫诱引剂。

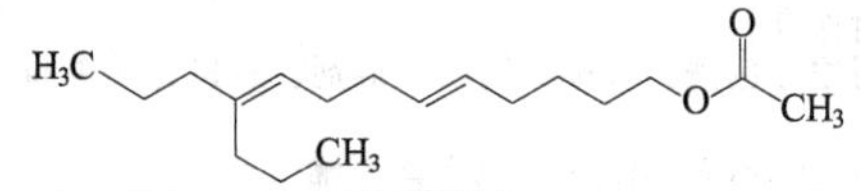

3-Propylxanthine 3-丙基黄嘌呤 08421

[41078-02-8] $C_8H_{10}N_4O_2$ 194.20

成分 C 49.48%，H 5.19%，N 28.85%，O 16.48%。

别名 Enprofylline

性状 白色粉末。溶于乙醇、二甲基亚砜，微溶于水。mp 287～289℃。生化试剂含量≥99.0%（HPLC）。

注意事项 该品吸入、口服或与皮肤接触有害。使用时应穿适当的防护服。使用时应避免吸入本品的粉尘，避免与眼睛及皮肤接触。

主要用途 生化研究。

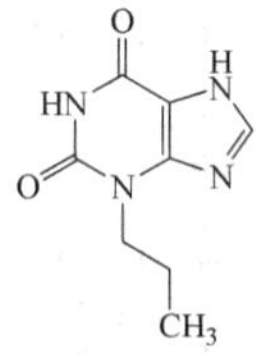

Propyphenazone 4-异丙基安替比林 08422

[479-92-5] $C_{14}H_{18}N_2O$ 230.31

成分 C 73.01%，H 7.88%，N 12.16%，O 6.95%。

别名 1,2-Dihydro-1,5-dimethyl-4-(1-methylethyl)-2-phenyl-3*H*pyrazol-3-one；4-Isopropylantipyrine；4-Isopropyl-2,3-dimethyl-1-phenyl-3-pyrazolin-5-one；2,3-Dimethyl-1-phenyl-4-isopropylpyrazolone；Isopropylphenazone；Budirol；Causyth；Cibalgina；Eufibron；Isoproctin P

M. I. 15，7982

性状 无色结晶。味微苦。易溶于乙醇、乙醚，微溶于水（16.5℃，0.24g/100mL）。mp 103℃。

主要用途 医用止痛剂，抗发热剂，抗炎剂。

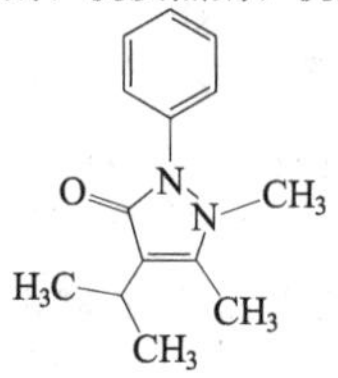

Propyzamide 炔苯酰草胺 08423

[23950-58-5] $C_{12}H_{11}Cl_2NO$ 256.13

成分 C 56.27%，H 4.33%，Cl 27.68%，N 5.47%，O 6.25%。

别名 3,5-Dichloro-*N*-(1,1-dimethyl-2-propynyl) benzamide；Pronamid；RH-315；Kerb

M. I. 15，7983

性状 白色固体。溶于脂肪烃及芳香烃溶剂。在水中的溶解度（25℃）：15×10^{-6}。25℃时蒸气压：8.5×10^{-5} mmHg。mp 155～156℃。LD_{50} 雄，雌大鼠急性经口：8350mg/kg，5620mg/kg。

注意事项 该品对机体有不可逆损伤的可能性，可能致癌。对水生物极毒。能对水环境产生长期不良的影响。使用时应穿适当的防护服和戴手套。使用时应避免吸入本品的粉尘，避免与眼睛及皮肤接触。应防止将本品释放于环境中。其包装物应按危险品处理。

主要用途 除草剂。分析用标准物质。

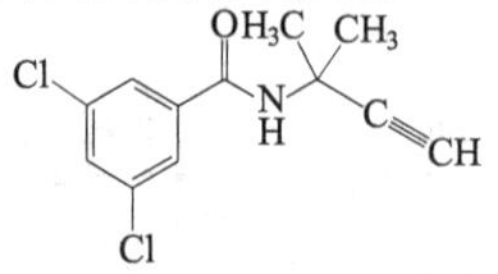

Proquazone 普罗喹宗 08424

[22760-18-5]　$C_{18}H_{18}N_2O$　278.36

成分　C 77.67%，H 6.52%，N 10.06%，O 5.75%。

别名　7-Methyl-1-(1-methylethyl)-4-phenyl-2(1*H*)-quinazolinone；1-Isopropyl-7-methyl-4-phenyl-2(1*H*)-quinazolinone；RU-43-715；Sandoz43-715；Biarison

M. I. 15，7984

性状　来自乙酸乙酯中的黄色结晶。溶于氯仿，不溶于水。mp 137～138℃。

主要用途　医用抗炎剂。

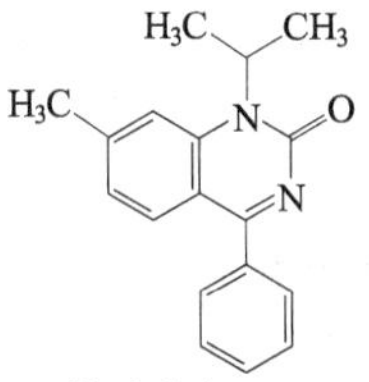

Prostaglandin A_1　前列腺素 A_1　08425

[14152-28-4]　$C_{20}H_{32}O_4$　336.47

成分　C 71.39%，H 9.59%，O 19.02%。

别名　(13*E*,15*S*)-15-Hydroxy-9-oxoprosta-10,13-dien-1-oic acid；PGA_1

性状　淡黄色结晶。生化试剂含量≥99.0%（TLC）。

注意事项　使用时应避免吸入本品的粉尘，避免与眼睛及皮肤接触。应充氩气密封避光于－20℃保存。

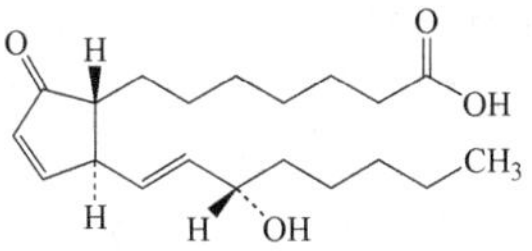

Prostaglandin A_2　前列腺素 A_2　08426

[13345-50-1]　$C_{20}H_{30}O_4$　334.46

成分　C 71.82%，H 9.04%，O 19.13%。

别名　(5*Z*,13*E*,15*S*)-15-Hydroxy-9-oxoprosta-5,10,13-trien-1-oic acid；PGA_2

性状　淡黄色黏稠液体。一般试剂为乙酸甲酯的溶液，含量约95%（约10mg/mL）。

注意事项　该品高度易燃。对眼睛有刺激性。反复曝露可造成皮肤干燥或开裂。其蒸气可造成头晕或瞌睡。使用时应穿适当的防护服。使用现场禁止吸烟。使用时应避免吸入本品的蒸气，避免与眼睛接触。万一接触到眼睛，应立即用大量水冲洗后请医生诊治。应远离火种，充氩气密封避光于－20℃保存。

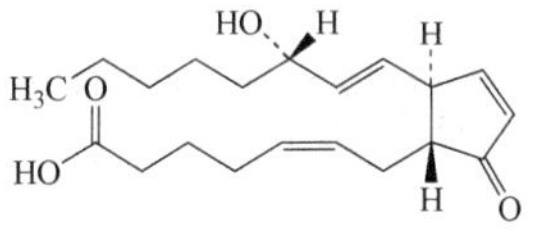

Prostaglandin B_1　前列腺素 B_1　08427

[13345-51-2]　$C_{20}H_{32}O_4$　336.47

成分　C 71.39%，H 9.59%，O 19.02%。

别名　(13*E*,15*S*)-15-Hydroxy-9-oxoprosta-8(12),13-dien-1-oic acid；PGB_1

性状　无色结晶或白色结晶性粉末。溶于丙酮。生化试剂含量≥99.0%（TLC）。

注意事项　见08425前列腺素 A_1。

主要用途　生化研究。

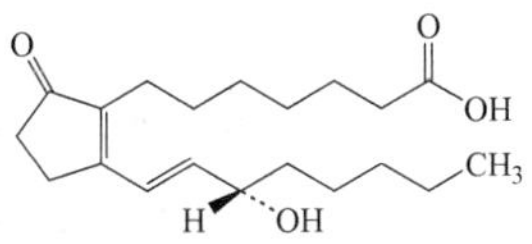

Prostaglandin B_2　前列腺素 B_2　08428

[13367-85-6]　$C_{20}H_{30}O_4$　334.46

成分　C 71.82%，H 9.04%，O 19.13%。

别名　(5*Z*,13*E*,15*S*)-15-Hydroxy-9-oxoprosta-5,8(12),13-trien-1-oic acid；PGB_2

性状　无色结晶或白色结晶性粉末。溶于丙酮。生化试剂含量≥98.0%（TLC）。

注意事项　见08419前列腺素 A_1。

主要用途　生化研究。

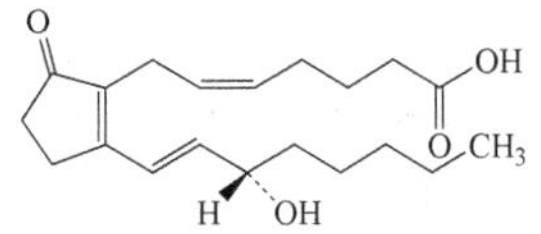

Prostaglandin D_2　前列腺素 D_2　08429

[41598-07-6]　$C_{20}H_{32}O_5$　352.47

成分　C 68.15%，H 9.15%，O 22.70%。

别名　(5*Z*,9*α*,13*E*,15*S*)-9,15-Dihydroxy-11-oxoprosta-5,13-dien-1-oic acid；PGD_2

性状　无色结晶或白色结晶性粉末。溶于氯仿。生化试剂含量≥96.0%（TLC）。

注意事项　该品口服有害。能损伤生育力。使用前应得到专门的指导，避免曝露。使用时应穿适当的防护服。使用时应避免吸入本品的粉尘。万一接触到眼睛，应立即用大量水冲洗后请医生诊治。应充氩气密封于－20℃保存。

主要用途　生化研究。

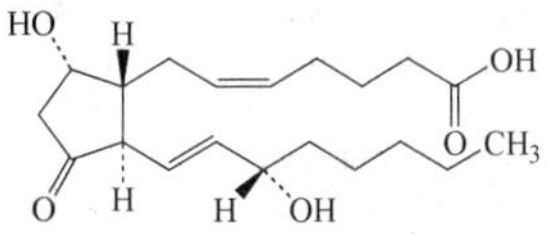

Prostaglandin E_1　前列腺素 E_1　08430

[745-65-3]　$C_{20}H_{34}O_5$　354.49

成分　C 67.76%，H 9.67%，O 22.57%。

别名　Alprostadil；Caverject；(11*α*,13*E*,15*S*)-11,15-Dihydroxy-9-oxoprost-13-en-1-oic acid；Edex；3-Hydroxy-2-(3-hydroxy-1-octenyl)-5-oxocyclopentaneheptanoic acid；Liple；Minprog；Muse；Palux；PGE_1；Prostandin；Prostine VR；Prostivas；U-10136

M. I. 15，7987

性状　来自乙酸乙酯＋庚烷中的无色至微黄色针状结晶。mp 115～116℃；$[\alpha]_{578}$－61.6°（*c*＝0.56，于四氢呋喃中）。生化试剂含量≥99.0%（TLC）。

注意事项　该品口服有害。使用时应穿适当的防护服。应充氩气密封避光于－20℃保存。

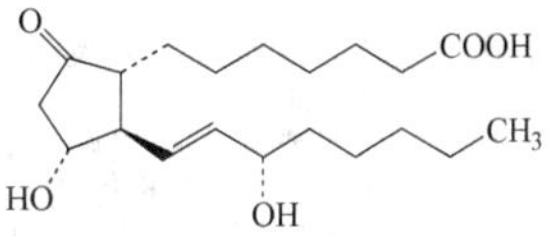

Prostaglandin E_2　前列腺素 E_2　08431

[363-24-6]　$C_{20}H_{32}O_5$　352.47

成分　C 68.15%，H 9.15%，O 22.70%。

别名　Cerviprost；(5*Z*,11*α*,13*E*,15*S*)-11,15-Dihydroxy-9-oxoprosta-5,13-dien-1-oic acid；Dinoprostone；7-[3-Hydroxy-2-(3-hydroxy-1-octenyl)-5-oxocyclopentyl]-5-heptenoic acid；Minprostin E_2；PGE_2；Prepidil；Propess；Prostarmon-E；Prostin E_2；U-12062

M. I. 15，7988

性状　无色至微黄色针状结晶。易溶于丙酮、乙醇、乙醚、乙酸乙酯、异丙醇、甲醇、二氯甲烷，溶于甲苯、异丙醚，几乎不溶于己烷。mp 66～68℃；$[\alpha]_D^{26}$－61°（*c*＝1，于四氢呋喃中）。生化试剂含量≥99.0%（TLC）。

注意事项　该品口服有害。能损伤生育力。使用前应得到专门的指导，避免曝露。使用时应穿适当的防护服，戴手套和防护镜或面罩。使用时应避免吸入本品的粉尘。万一接触到眼睛，应立即用大量水冲洗后请医生诊治。应充氩气密封避光于－20℃保存。

主要用途　生化研究。医用催产剂。

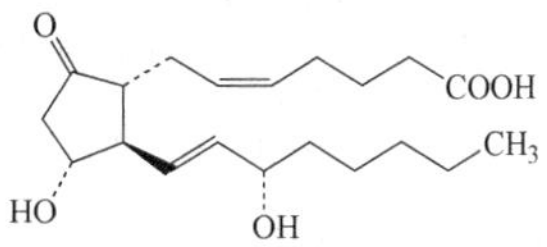

Prostaglandin $F_{1\alpha}$　前列腺素 $F_{1\alpha}$　08432

[745-62-0]　$C_{20}H_{36}O_5$　356.51

成分 C 67.38%，H 10.18%，O 22.44%。
别名 PG $F_{1\alpha}$
性状 白色结晶。溶于乙醇。生化试剂含量≥99.0%(TLC)。
注意事项 该品使用时应避免吸入本品的粉尘，避免与眼睛及皮肤接触。应充氩气密封避光于－20℃保存。

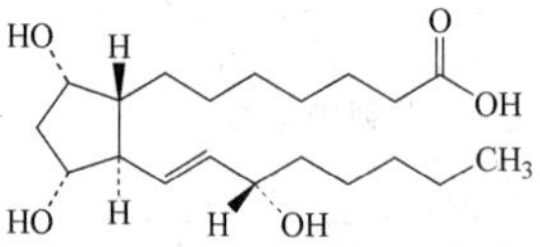

Prostaglandin $F_{2\alpha}$ 前列腺素 $F_{2\alpha}$ 08433

[551-11-1] $C_{20}H_{34}O_5$ 354.49
成分 C 67.76%，H 9.67%，O 22.57%。
别名 7-[3,5-Dihydroxy-2-(3-hydroxy-1-octenyl) cyclopentyl]-5-heptenoic acid; Dinoprost; Enzaprost F; Glandin; PG $F_{2\alpha}$; Prostarmon F; U-14583; Prostalmon F; (5*Z*, 9*α*, 11*α*, 13*E*, 15*S*)-9,11,15-Trihydroxyprosta-5,13-dien-1-oic acid
M. I. 15，7989
性状 无色结晶性粉末。易溶于甲醇、无水乙醇、乙酸乙酯、氯仿，微溶于水。mp 25～35℃；$[\alpha]_D^{25}$ +23.5°（*c*=1，于四氢呋喃中）。LD_{50}兔静脉注射：2.5～5.0mg/kg；肌肉注射：2.5～5.0mg/kg。
注意事项 该品能损伤生育力。吸入、口服或与皮肤接触有害。对眼睛有严重损伤的危险。使用时应穿适当的防护服。使用时应避免吸入本品的粉尘，避免与眼睛及皮肤接触。应充氩气密封于－20℃保存。

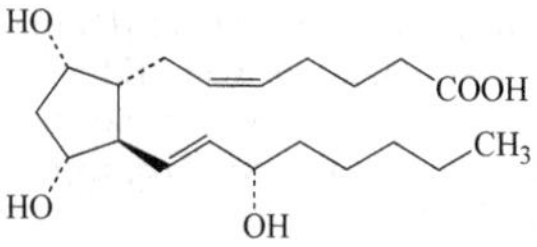

Prostaglandin I_2 sodium salt 前列腺素 I_2 钠盐 08434

[61849-14-7] $C_{20}H_{31}NaO_5$ 374.45
成分 C 64.15%，H 8.34%，Na 6.14%，O 21.36%。
别名 Cyclo-Prostin; Epoprostenol sodium; Flolan; PGI_2-Na; Prostacyclin sodium salt; U-53217A
M. I. 15，7986
性状 无色结晶或白色结晶性粉末。易吸潮。溶于乙醇。生化试剂含量≥99.0%（TLC）。
注意事项 该品吸入、口服或与皮肤接触有害。使用时应穿适当的防护服。应避免吸入本品的粉尘。万一接触到眼睛，应立即用大量水冲洗后请医生诊治。应充氩气密封于－20℃干燥保存。
主要用途 生化研究。

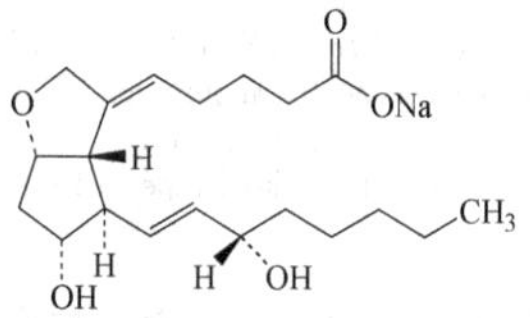

Prosulfuron 氟磺隆 08435

[94125-34-5] $C_{15}H_{16}F_3N_5O_4S$ 419.38
成分 C 42.96%，H 3.85%，F 13.59%，N 16.70%，O 15.26%，S 7.64%。
别名 1-[2-(3,3,3-三氟丙基)苯磺酰]-3-(4-甲氧基-6-甲基-1,3,5-三嗪-2-基)脲; 1-(4-甲氧基-6-甲基-1,3,5-三嗪-2-基)-3-[2-(3,3,3-三氟丙基)苯磺酰]脲; *N*-[(4-甲氧基-6-甲基-1,3,5-三嗪-2-基)氨基]羰基-2-(3,3,3-三氟丙基)苯磺酰胺;; *N*-[(4-Methoxy-6-methyl-1,3,5-triazin-2-yl)amino]carbonyl-2-(3,3,3-trifluoropropyl) benzenesulfonamide; 1-(4-Methoxy-6-methyl-1,3,5-triazin-2-yl)-3-[2-(3,3,3-trifluoropropyl) phenylsulfonyl] urea; 1-[2-(3,3,3-Trifluoropropyl) phenylsulfonyl]-3-(4-methoxy-6-methyl-1,3,5-triazin-2-yl)urea; CGA-152005; Peak
M. I. 15，7992
性状 无色结晶。无味。溶于水（25℃，pH 值 6.8）：4g/L。mp 155℃（分解）。LD_{50}大鼠急性经口：986mg/kg；兔皮肤接触＞2g/kg；LC（4h）大鼠吸入：＞5g/m³。一般试剂含量≥97.0%（HPLC）。
注意事项 该品口服有害。对水生物极毒。能对水环境引起长期不良的影响。使用时应穿适当的防护服，戴手套和防护镜或面罩。应防止将本品释放于环境中。其包装物应按危险品处理。应密封于 20℃以下保存。
主要用途 除草剂。分析用标准物质。

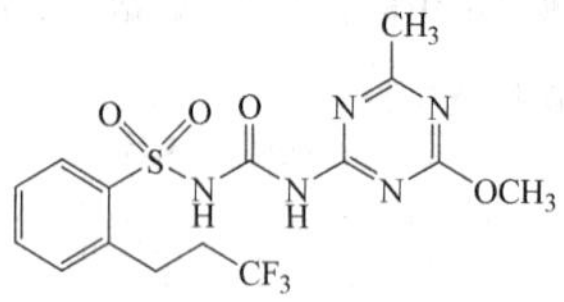

Prosultiamine 丙硫硫胺 08436

[59-58-5] $C_{15}H_{24}N_4O_2S_2$ 356.50
成分 C 50.54%，H 6.79%，N 15.72%，O 8.98%，S 17.99%。
别名 伏硫胺; 新维生素 B_1; *N*-(4-Amino-2-methyl-5-pyrimidinyl) methyl-*N*-(4-hydroxy-1-methyl-2-propyldithio-1-butenyl) formamide; 2-(2-Methyl-4-aminopyrimidin-5-yl) methylformamido-5-hydroxy-2-penten-3-yl propyl disuolfide; Vitamin B_1 propyl disulfide; Thiamine propyl disulfide; Dithiopropylthiamine; DTPT; TPD; Alinamin; Binova
M. I. 15，7993
性状 来自苯中的无色棱柱体结晶。溶于有机溶剂和脂类，略微溶于水。128～129℃分解。
主要用途 医用维生素（辅助 Co-因子）。

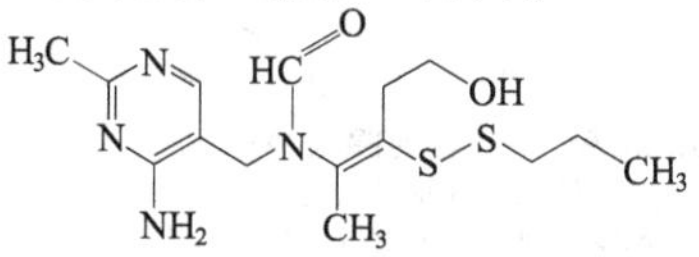

E-型

Protamin sulfate 硫酸鱼精蛋白 08437

[9007-31-2] Mr 5000～10000
别名 硫酸鱼精朊; 精蛋白 硫酸盐; 鱼精蛋白 硫酸盐; Salmine sulfate
性状 白色至微黄色无定形粉末。易溶于水，不溶于乙醇、乙醚等有机溶剂。
注意事项 该品使用时应避免吸入本品的粉尘，避免与眼睛及皮肤接触。应充氩气密封干燥保存。
主要用途 生化研究。

Protein A from staphylococcus aureus 08438

蛋白 A（金黄色葡萄球菌） Mr 约 41000
性状 近白色粉末。该品 0.5mg 完全溶于 1mL 水中，溶液无色透明。
注意事项 该品口服或与皮肤接触有害。与酸接触能释放出极毒气体。使用时应穿适当的防护服和戴手套。使用时应避免吸入本品的粉尘，避免与眼睛及皮肤接触。应充氩气密封于 2～8℃干燥保存。

Proteinase from bacillus subtilis

蛋白酶（枯草杆菌） 08439
[9001-92-7] Mr 约 27000
别名 枯草杆菌蛋白酶; Subtilisin from bacillus subtilis; Subtilopeptidase A; Protease; Subtilisin carlsberg; Subtilopeptidase A
EC 3.4.24.4
性状 浅褐色冷冻干粉。溶于水。生化试剂含量约 10U/mg。
注意事项 该品对眼睛、呼吸系统及皮肤有刺激性。吸入能引起过敏。使用时应穿适当的防护服和戴手套。使用时应避免吸入本品的粉尘，避免与皮肤接触。万一接触到眼睛，应立即用大量水冲洗后请医生诊治。应充氩气密封于 2～8℃干燥保存。
主要用途 生化研究。

Proteinase A from Barkers yeast

蛋白酶 A（贝克酵母） 08440
［9001-92-7］
别名 Endopeptidase
EC 3. 4. 23. 25
性状 白色至淡黄色冷冻干粉。溶于水。
注意事项 该品应密封于－20℃保存。

Proteinase K from tritirachium abbum 蛋白酶 K 08441
［39450-01-6］ Mr 27000～29000
别名 Endopeptidase K；Protease K
EC 3. 4. 21. 64
性状 浅棕黄色微细结晶或粉末。一般商品含量约 290U/mg。
注意事项 见 08439 蛋白酶（枯草杆菌）。应密封于－20℃保存。

Protein hydrolysate 水解蛋白 08442
别名 Amigen；Aminokrovin；Aminosol；Bioplex；Dekamin；Parenamine；Parentamin；Protigényl；Travamin
M. I. 15，7996
性状 奶黄色粉末。系干酪素水解产物，含有各种氨基酸及各种胺类（一般试剂分酸水解和酶水解两种）。
注意事项 该品应充氩气密封干燥保存。
主要用途 生化研究。生物培养基。医用流体和营养素的补充剂。

Protein kinase C catalystic subunit from bovine heart 蛋白激酶 C 催化亚基（牛心） 08443
别名 蛋白激酶；Protein kinase
性状 冻干白色粉末。生化试剂含量≥95.0%（SDS-PAGE），≥750%U/mg。
注意事项 使用时应避免吸入本品的粉尘，避免与眼睛及皮肤接触。应充氩气密封于－20℃干燥保存。
主要用途 生化研究。

Protein kinase inhibitor from rabbit 蛋白激酶抑制剂 兔 08444
［99534-03-9］ $C_{94}H_{148}N_{32}O_{31}$ 2222. 38
成分 C 50. 80%，H 6. 71%，N 20. 17%，O 22. 32%。
性状 白色至微黄色粉末。生化试剂含量≥85.0%（HPLC）。
注意事项 使用时应避免吸入本品的粉尘，避免与眼睛及皮肤接触。应充氩气密封避光于－20℃保存。
主要用途 生化研究。

Prothipendyl hydrochloride 丙胺氮嗪 盐酸盐 08445
［1225-65-6］ $C_{16}H_{20}ClN_3S$ 321. 87
成分 C 59. 71%，H 6. 26%，Cl 11. 01%，N 13. 06%，S 9. 96%。
别名 盐酸丙胺氮嗪；D-206；Dominal；Tolnate；*N*，*N*-Dimethyl-10*H*-pyrido［3，2-*b*］［1，4］benzothiazine-10-propanamine hydrochloride；10-(3-Dimethylaminopropyl)-10*H*-pyrido［3，2-*b*］［1，4］benzothiazine hydrochloride；10-(γ-Dimethylaminopropyl)-1-azaphenothiazine hydrochloride；*N*-(3-Dimethylaminopropyl)thiophenylpyridylamine hydrochloride；2，3-Pyridino-(5′，6′)-5，6-benzo-4-(3″-dimethylaminopropyl)-1，4-thiazine hydrochloride
M. I. 15，7998
性状 一水合物为无色结晶。易溶于水、甲醇，几乎不溶于乙醚、石油醚。mp 108～112℃。无水物约 176℃结块，mp 177～178℃。
主要用途 医用精神抑制剂。

Protionamide 丙硫异烟胺 08446
［14222-60-7］ $C_9H_{12}N_2S$ 180. 27
成分 C 59. 97%，H 6. 71%，N 15. 54%，S 17. 78%。
别名 2-Propyl-4-pyridinecarbothioamide；2-Propylthioisonicotinamide；Prothionamide；2-Propyl-4-thiocarbamoylpyridine；Ektebin；Peteha；Trevintix
M. I. 15，8000
性状 无色结晶。溶于乙醇、甲醇，微溶于乙醚、氯仿，几乎不溶于水。mp 142℃。LD_{50} 小鼠，大鼠急性经口：1. 0mg/kg，1. 32g/kg。
主要用途 医用结核菌抑制剂。

Protoanemonin 原白头翁脑 08447
［108-28-1］ C_5H_4O 96. 09
成分 C 62. 50%，H 4. 20%，O 33. 30%。
别名 原白头翁素；5-Methylene-2(5*H*)-furanone；4-Hydroxy-2，4-pentadienoic acid γ-lactone；5-Metyhylene-2-oxodihydrofuran；Isomycin
M. I. 15，8001
性状 浅黄色油状液体。能随水蒸气挥发。溶于二氯乙烷、氯仿，微溶于水（约 1%）。在水中稳定。$bp_{1.5}$ 45℃/200Pa。
主要用途 医用抗菌剂。

Protokylol hydrochloride 胡椒喘定 盐酸盐 08448
［136-69-6］ $C_{18}H_{22}ClNO_5$ 367. 83
成分 C 58. 78%，H 6. 03%，Cl 9. 64%，N 3. 81%，O 21. 75%。
别名 盐酸胡椒喘定；JB-251；Caytine；Ventaire；4-［2-［2-(1，3-Benzodioxol-5-yl)-1-methylethyl］amino-1-hydroxyethyl］-1，2-benzenedio hydrochloride；α-［(α-Methyl-3，4-methylenedioxyphenethylamino)methyl］protocatechuyl alcohol hydrochloride；α-(3，4-Dihydroxyphenyl)-β-［2-(3，4-methylenedioxyphenyl)isopropylamino］ethanol hydrochloride；1-(3，4-Dihydroxyphenyl)-2-(α-methyl-3，4-methylenedioxyphenethylamino)ethanol hydrochloride；*N*-［β-(3，4-Methylenedioxyphenyl)isopropyl］-β-(3，4-dihydroxyphenyl)-β-hydroxyethylamine hydrochloride；*N*-［2-(3，4-Methylenedioxyphenylisopropyl)］norepinephrine hydrochloride
M. I. 15，8004
性状 来自异丙醇中的无色结晶。溶于水。mp 126～127℃。LD_{50}大鼠急性经口：(938±96) mg/kg。
主要用途 医用、兽用支气管扩张剂。

Protopine hydrochloride 普罗托平 盐酸盐 08449
［136-86-9］ $C_{20}H_{20}ClNO_5$ 389. 83
成分 C 61. 62%，H 5. 17%，Cl 9. 09%，N 3. 59%，O 20. 52%。
别名 金英花碱 盐酸盐；前陶品 盐酸盐；普托品 盐酸盐；蓝堇碱 盐酸盐；盐酸普罗托平；4，6，7，14-Tetrahydro-5-methyl-bis［1，3］benzodioxolo［4，5-*c*：5′，6′-g］azecin-13(5*H*)-one hydrochloride；7-Methyl-2，3，9，10-bis(methylenedioxy)-7，13a-secoberbin-13a-one hydrochloride；Fumarine hydrochloride；Macleyine hydrochloride
M. I. 15，8005
性状 来自乙醇中的无色棱柱体结晶。溶于乙醇，亦溶于水（13℃，溶于 143 份水）。另有一种六水合物，为来自水中的针状结晶。
注意事项 该品口服有毒。使用时应穿适当的防护服，戴手套和防护镜或面罩。使用时如有事故发生或有不适之感，应请医生诊治。应密封于 2～8℃保存。
主要用途 生化研究。

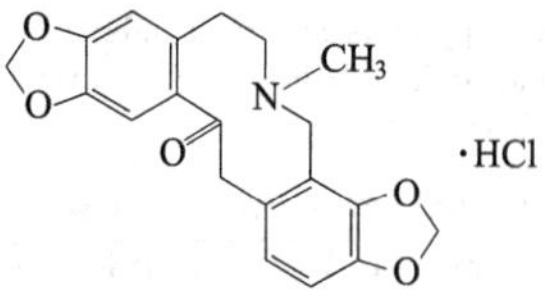

·HCl

Protoporphyrin Ⅸ 原卟啉 Ⅸ 08450

[553-12-8] $C_{34}H_{34}N_4O_4$ 562.67

成分 C 72.58%，H 6.09%，N 9.96%，O 11.37%。

别名 7，12-Diethenyl-3，8，13，17-tetramethyl-21*H*，23*H*-porphine-2，18-dipropanoic acid；3，18-Divinyl-2，7，13，17-tetramethyl prophine-8，12-dipropionic acid；3，7，12，17-Tetramethyl-8，13-divinyl-2，18-porphinedipropionic acid；1，3，5，8-Tetramethyl-2，4-divinylporphine-6，7-dipropionic acid

M. I. 15，8006

性状 来自乙醚中的棕黄色单斜棱柱体结晶。易溶于氯仿、冰乙酸、盐酸，稍微溶于稀碱溶液、苯胺、吡啶。最大吸收值（25%盐酸中）：602.4nm，582.2nm，557.2nm。生化试剂含量≥95.0%（HPLC）。

注意事项 该品对眼睛、呼吸系统及皮肤有刺激性。使用时应穿适当的防护服。万一接触到眼睛，应立即用大量水冲洗后请医生诊治。应充氩气密封避光于 2～8℃保存。

主要用途 生化研究。肝病研究。

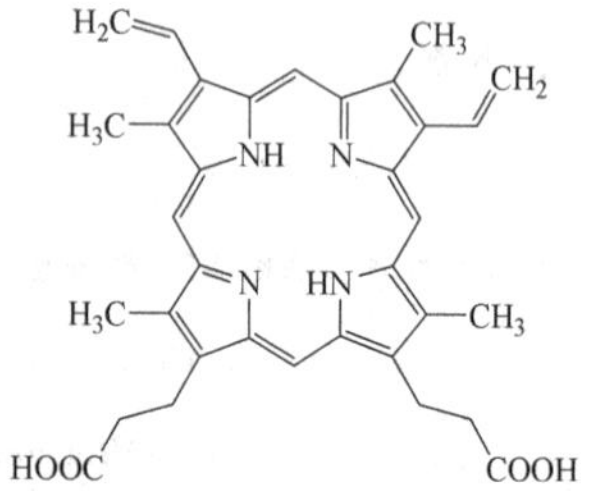

Protoveratrine A 原藜芦碱 A 08451

[143-57-7] $C_{41}H_{63}NO_{14}$ 793.95

成分 C 62.03%，H 8.00%，N 1.76%，O 28.21%。

别名 绿藜芦碱 A；[3*β*(*S*)，4*α*，6*α*，7*α*，15*α*(*R*)，16*β*]-4，9-Epoxycevane-3，4，6，7，14，15，16，20-octol 6，7-diacetate 3-(2-hydroxy-2-methylbutanoate)15-(2-methylbutanoate)；Protalba

M. I. 15，8008

性状 来自丙酮中的无色结晶。溶于氯仿、吡啶、热乙醇。267～269℃分解；$[\alpha]_D^{25}$ −40.5°（吡啶中）；$[\alpha]_D^{25}$ −10.5°（氯仿中）。LD_{50}雄小鼠皮下注射：0.29mg/kg。生化试剂含量≥80.0%。

注意事项 该品吸入、口服或与皮肤接触极毒。使用时应穿适当的防护服，戴手套和防护镜或面罩。使用时应避免吸入本品的粉尘。使用时如有事故发生或有不适之感，应请医生诊治。应密封于 2～8℃通风保存。

主要用途 生化研究。

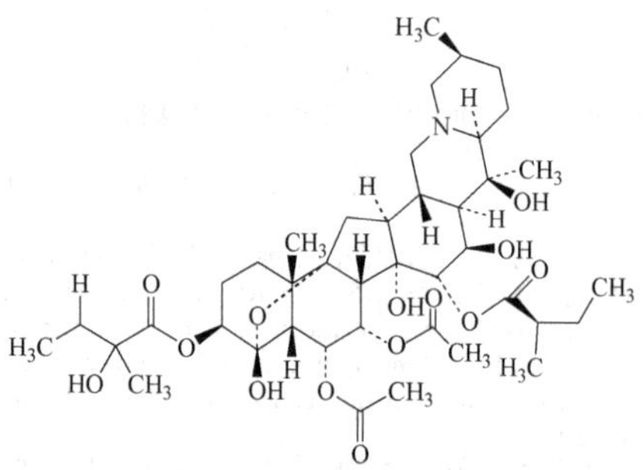

Protriptyline hydrochloride 普罗替林 盐酸盐 08452

[1225-55-4] $C_{19}H_{22}ClN$ 299.84

成分 C 76.11%，H 7.40，Cl 11.82%，N 4.67%。

别名 7-(3-甲基氨基丙基)-1,2∶5,6-二苯并环庚三烯 盐酸盐；盐酸 7-(3-甲基氨基丙基)-1,2∶5,6-二苯并环庚三烯；盐酸普罗替林；MK-240；Concordin；Triptil；Vivactil *N*-Methyl-5*H*-dibenzo[*a*，*d*]cycloheptene-5-propanamine hydrochloride；5-(3-Methylaminopropyl)-5*H*-dibenzo [*a*，*d*] cycloheptene hydrochloride；7-(3-Methylaminopropyl)-1，2∶5，6-dibenzocycloheptatriene hydrochloride；Amimetilina hydrochloride

M. I. 15，8010

性状 来自异丙醇-乙醚中的无色结晶或粉末。易溶于水、乙醇、氯仿，几乎不溶于乙醚。pK_a8.2。mp 169～171℃；uv max：290nm（ε 13311）。生化试剂含量≥99.0%（TLC）。

注意事项 该品吸入、口服或与皮肤接触有害。对眼睛、呼吸系统及皮肤有刺激性。使用时应穿适当的防护服。万一接触到眼睛，应立即用大量水冲洗后请医生诊治。

主要用途 生化研究。医用抗抑郁剂。

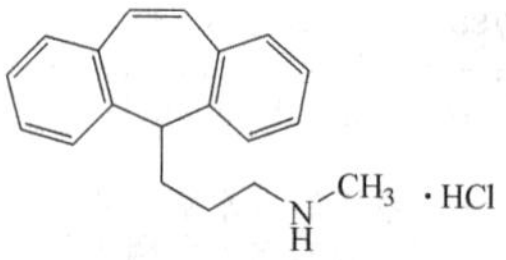

·HCl

Proxazole citrate 胺丙噁二唑 柠檬酸盐 08453

[132-35-4] $C_{23}H_{33}N_3O_8$ 479.53

成分 C 57.61%，H 6.94，N 8.76%，O 26.69%。

别名 5-[2-(二乙氨基)乙基]-3-(*α*-乙基苄基)-1，2，4-噁二唑柠檬酸盐；柠檬酸胺丙噁二唑；AF-634；Flou；Pirecin；Toness；*N*，*N*-Diethyl-3-(1-phenylpropyl)-1，2，4-oxadiazoie-5-ethanamine citrate；5-[2-(Diethylamino)ethyl]-3-(*α*-ethylbenzyl)-1，2，4-oxadiazole citrate；Propaxoline citrate

M. I. 15，8012

性状 无色结晶。LD_{50}大鼠腹膜内注射：39mg/kg；急性经口：60mg/kg。

主要用途 医用，兽用抗痉挛剂。

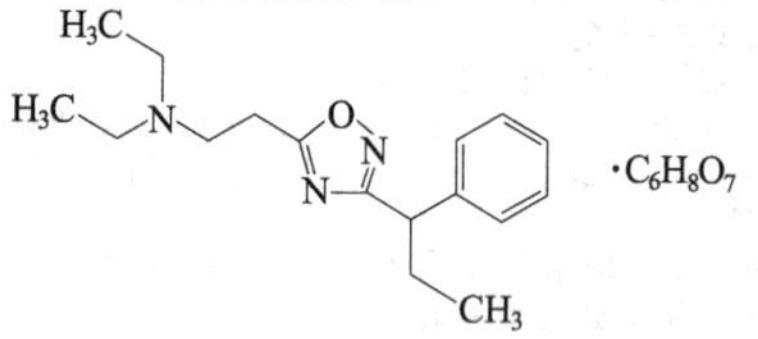

$\cdot C_6H_8O_7$

Proxibarbal 烯丙基羟丙基巴比妥 08454

[2537-29-3] $C_{10}H_{14}N_2O_4$ 226.23

成分 C 53.09%，H 6.24，N 12.38%，O 28.29%。

别名 5-(2-Hydroxypropyl)-5-(2-propenyl)-2，4，6(1*H*，3*H*，5*H*)-pyrimidinetrione；5-Allyl-5-(2-hydroxypropyl) barbituric acid；5-Allyl-5-(*β*-hydroxypropyl) barbituinc acid；5-Allyl-5-(*β*-hydroxypropyl) malonylurea；Proxibarbital；HH-184；Axeen；Centralgol；Centralgyl；Ipronal

M. I. 15，8013

性状 来自苯＋乙醇中的无色结晶，mp157～158℃；或来自丙酮＋氯仿中的结晶，mp 166.5～168.5℃。中等轻度溶于水。

主要用途 医用镇静剂，安眠剂。

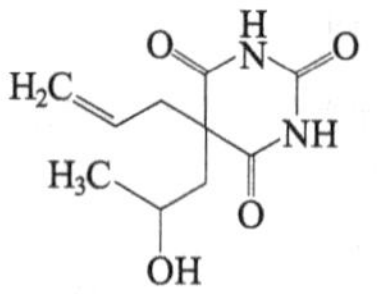

Proxyphylline 羟丙茶碱 08455

[603-00-9] $C_{10}H_{14}N_4O_3$ 238.25

成分 C 50.41%，H 5.92%，N 23.52%，O 20.15%。

别名 3，7-二氢-7-(2-羟丙基)-1，3-二甲基-1*H*-嘌呤-2，6-二酮；3，7-Dihydro-7-(2-hydroxypropyl)-1，3-dimethyl-1*H*-purine-2，6-dione；7-(2-Hydroxypropyl) theophylline；Brontyl；Proxy-Retardoral；Spantin；Spasmolysin；Thean；Theon

M. I. 15，8014

性状 来自无水乙醇中的无色结晶。1g 该品溶于约 1mL 水、14mL 无水乙醇。较多地溶于沸乙醇。其 5%水溶液 pH 值 5.5～7.0。mp 135～136℃。
注意事项 该品口服有害。使用时应穿适当的防护服。
主要用途 生化研究。医用支气管扩张剂，血管舒张剂。

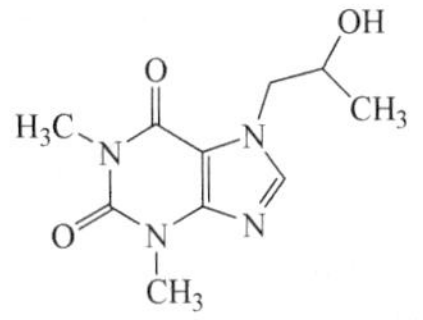

Prucalopride 普卢卡必利 08456
[179474-81-8] $C_{18}H_{26}ClN_3O_3$ 367.87
成分 C 58.77%，H 7.12%，Cl 9.64%，N 11.42%，O 13.05%。
别名 普芦卡必利；普卡必利；4-Amino-5-chloro-2，3-dihydro-*N*-[1-(3-methoxypropyl)-4-piperidinyl]-7-benzofurancarboxamide；R-93877；Resolor
M. I. 15，8015
性状 一水合物为无色结晶。mp 90.7℃；bp_{760} 481.4℃/101.325kPa；Fp 472.8℉ (244.9℃)；*d*1.28。生化试剂含量≥98.0%。
主要用途 医用胃（前）动力剂。

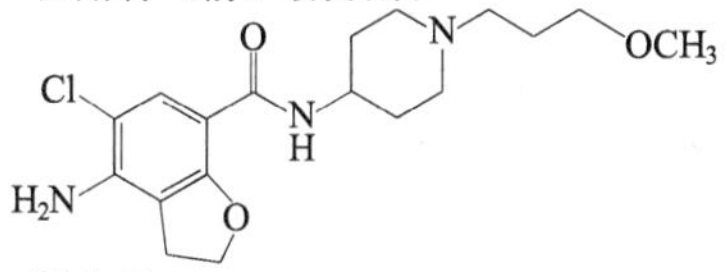

Prunetin 樱黄素 08457
[552-59-0] $C_{16}H_{12}O_5$ 284.26
成分 C 67.60%，H 4.25%，O 28.14%。
别名 4′,5-二羟基-7-甲氧基异黄酮；5-羟基-3-(4-羟基苯基)-7-甲氧基-4*H*-1-苯并吡喃-4-酮；5-Hydroxy-3-(4-hydroxyphenyl)-7-methoxy-4*H*-1-benzopyran-4-one；4′,5-Dihydroxy-7-methoxyisoflavone；Prunusetin
M. I. 15，8017
性状 来自乙醇中的无色针状结晶。mp 240℃。生化试剂含量≥99.0% (TLC)。
注意事项 使用时应避免吸入本品的粉尘，避免与眼睛及皮肤接触。应充氩气密封保存。
主要用途 生化研究。

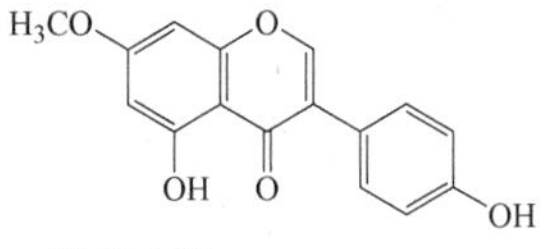

Prussian blue 普鲁士蓝 08458
[14038-43-8] [12240-15-2] $C_{18}Fe_7N_{18}$ 859.24
成分 C 25.16%，Fe 45.50%，N 29.34%。
别名 中国蓝；亚铁氰化铁；贡蓝；柏林蓝；铁蓝；Berlin blue；Chinese blue；Ferric ferrocyanide；Ferric hexacyanoferrate (Ⅱ)；Hamburg blue；Hexakis(cyano-*C*)ferrate(4－)iron (3＋)(3∶4)；Milori blue；Mineral blue；Pigment blue 27；Paris blue；Steel blue
M. I. 15，8018 C. I. 77510
性状 深紫蓝色粉末或块状物。溶于草酸溶液呈蓝色，见日光迅速沉淀。溶于碱溶液，溶于水 (6mg/mL)、乙醇 (20mg/mL) 等多数有机溶剂。最大吸收值（水中）：694nm。*d* 1.75～1.81。
注意事项 使用时应避免吸入本品的粉尘，避免与眼睛及皮肤接触。应密封保存。
主要用途 生物染色剂。细菌血清检验中用以制备中国蓝琼脂培养基。生物标本着色。气体中除去硫化氢。

Pseudococaine 假可卡因 08459
[478-73-9] $C_{17}H_{21}NO_4$ 303.36
成分 C 67.31%，H 6.98%，N 4.62%，O 21.10%。
别名 右旋可卡因；(1*R*,2*S*,3*S*,5*S*)-3-Benzoyloxy-8-methyl-8-azabicyclo[3.2.1]octane-2-carboxylic acid methyl ester；3*β*-Hydroxy-1-αH,5α*H*-tropane-2α-carboxylic acid methyl ester benzoate；2α-Carbomethoxy-3*β*-benzoxytropane；Depsococaine；Dextrocaine；Isococaine；Deleaine
M. I. 15，8020
性状 无色棱柱体结晶。易溶于乙醚、氯仿、苯、石油醚，微溶于水。mp 47℃；$[\alpha]_D^{20}+42°$ (c=5，于氯仿中)。
主要用途 过去的医用局部麻醉剂。

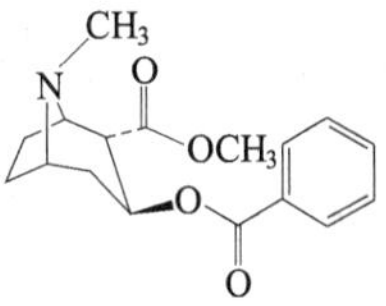

d-Pseudoephedrine d-假麻黄碱 08460
[90-82-4] $C_{10}H_{15}NO$ 165.24
成分 C 72.69%，H 9.15%，N 8.48%，O 9.68%。
别名 (＋)-假麻黄碱；*d*-ψ-麻黄碱；*d*-异麻黄碱；*d*-假麻黄素；*d*-ψ-麻黄素；*d*-异麻黄素；(＋)-ψ-麻黄碱；(＋)-ψ-麻黄素；(α*S*)-α-[(1S)-1-(Methylamino)ethyl]benzenemethanol；(＋)-Pseudoephedrine；*d*-*iso*-Ephedrine；*d*-Isoephedrine；(1*S*，2*S*)-(＋)-Pseudoephedrine；α-(1-Methylaminoethyl) benzyl alcohol；*d*-ψ-Ephedrine；(＋)-ψ-Ephedrine；(1*S*,2*S*)-2-Methylamino-1-phenylpropan-1-ol；*d*-ψ-Ephedrine
M. I. 15，8024
性状 来自乙醚中的无色菱形片状结晶。易溶于乙醇、乙醚。略微溶于水。mp 118～118.7℃；$[\alpha]_D^{20}+51.2°$（于乙醇中）。生化试剂含量≥96.0% (GC)。
注意事项 该品吸入、口服或与皮肤接触有害。对眼睛、呼吸系统及皮肤有刺激性。使用时应穿适当的防护服和戴手套。使用时应避免吸入本品的粉尘，避免与眼睛及皮肤接触。万一接触到眼睛，应立即用大量水冲洗后请医生诊治。
主要用途 医用于减轻鼻子充血剂。

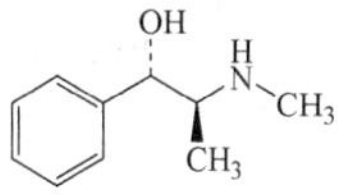

Pseudoionone 假紫罗酮 08461
[141-10-6] $C_{13}H_{20}O$ 192.30
成分 C 81.20%，H 10.48%，O 8.32%。
别名 6,10-二甲基-3,5,9-十一碳三烯-2-酮；6,10-Dimethyl-3,5,9-undecatriene-2-one；Citrylideneacetone；2，6-Dimethylhendeca-2,6,8-trien-10-one；ψ-Ionone
M. I. 15，8025
性状 浅黄色油状液体。bp_{12} 143～145℃/1.6kPa；bp_4 124～126℃/533.288Pa；bp_2 114～116℃/266.622Pa；Fp 183.2℉ (84℃)；d^{20} 0.8984；n_D^{20} 1.53346。
注意事项 使用时应避免吸入本品的蒸气，避免与眼睛及皮肤接触。

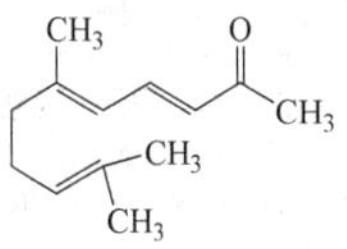

Pseudopelletierine 假石榴皮碱 08462
[552-70-5] $C_9H_{15}NO$ 153.23
成分 C 70.55%，H 9.87%，N 9.14%，O 10.44%。
别名 假石榴碱；9-Methyl-9-azabicyclo[3.3.1]nonan-3-one；9-Methyl-3-granatanone；Pseudopunicine
M. I. 15，8028
性状 来自石油醚中的斜方棱柱体结晶。具挥发性呈强碱性。1g 该品溶于约 2.5mL 水、10L 乙醚。易溶于乙醇、氯仿，略微溶于石油醚。mp 54℃；bp 246℃。
注意事项 使用时应避免与眼睛及皮肤接触。

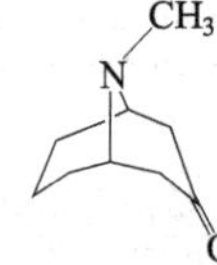

D-Psicose **D-阿洛酮糖** 08463

[551-68-8] $C_6H_{12}O_6$ 180.16

成分 C 40.00%，H 6.71%，O 53.28%。

别名 伪果糖；D-*ribo*-2-Ketohexose；D-Ribohexulose；D-Allulose；D-Erythrohexulose；Pseudofruclose

M. I. 15，8033

性状 有甜味的糖浆状液体。溶于水、甲醇、乙醇，几乎不溶于丙酮。$[\alpha]_D^{25}+4.7°$（$c=4.3$，于水中，无可检测旋光变化）。生化试剂含量≥95.0%。

注意事项 该品应密封于2～8℃保存。

主要用途 生化研究。

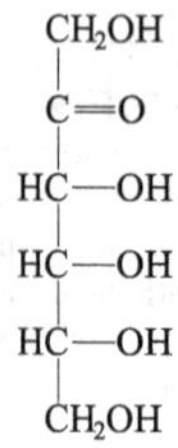

Psilocin **裸盖菇素** 08464

[520-53-6] $C_{12}H_{16}N_2O$ 204.27

成分 C 70.56%，H 7.90%，N 13.71%，O 7.83%。

别名 3-[2-(二甲氨基)乙基]-1*H*-吲哚-4-醇；*N*,*N*-二甲基-4-羟基色胺；脱磷酸裸盖茹素；4-羟基-*N*,*N*-二甲基色胺；3-[2-(Dimethylamino)ethyl]-1*H*-indol-4-ol；4-Hydroxy-*N*,*N*-dimethyltryptamine；Psilocyn

M. I. 15，8034

性状 来自甲醇中的片状结晶，为两性物质。极微溶于水。mp 173～176℃；uv max：222nm，260nm，267nm，283nm，293nm（lg ε 4.6，3.7，3.8，3.7，3.6）。

注意事项 该品口服有害。使用时应穿适当的防护服，戴手套和防护镜或面罩。应密封于－20℃保存。

主要用途 生化研究。

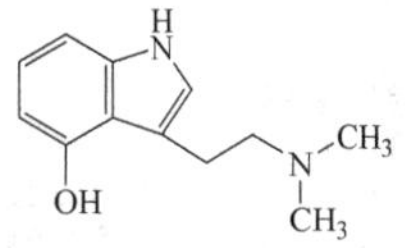

Psoralen **补骨脂内酯** 08465

[66-97-7] $C_{11}H_6O_3$ 186.16

成分 C 70.97%，H 3.25%，O 25.78%。

别名 补骨脂内脂；补骨脂素；Ficusin；7*H*-Furo[3,2-*g*][1]benzopyran-7-one；Furo[3,2-*g*]benzopyran-7-one；Furo[3,2-*g*]coumarin；6-Hydroxy-5-benzofuranacrylic acid δ-lactone

M. I. 15，8037

性状 来自乙醚中的无色结晶。mp 163～164℃。生化试剂含量≥99.0%（HPLC）。

注意事项 该品口服有害。对眼睛、呼吸系统及皮肤有刺激性。使用时应穿适当的防护服，戴手套和防护镜或面罩。使用时应避免吸入本品的粉尘。万一接触到眼睛，应立即用大量水冲洗后请医生诊治。应充氩气密封避光于2～8℃保存。

主要用途 生化研究。生化合成用的最初化学探针。

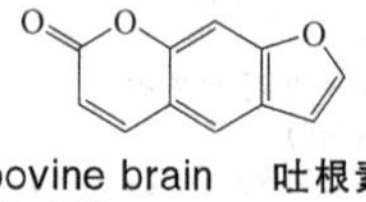

Psychosine from bovine brain **吐根素（牛脑）** 08466

[2238-90-6] $C_{24}H_{47}NO_7$ 461.63

成分 C 62.45%，H 10.26%，N 3.03%，O 24.26%。

别名 神经鞘氨醇半乳糖苷；鞘氨醇半乳糖苷；1-β-D-Galactosylsphingosine

性状 白色冷冻干燥粉末。

注意事项 该品吸入、口服或与皮肤接触有害。使用时应穿适当的防护服。应密封于－20℃保存。

主要用途 生化研究。

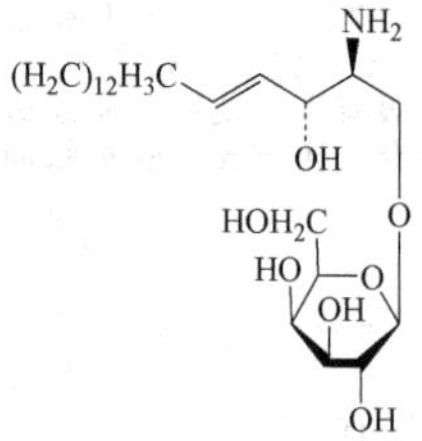

Psychotrine tetrahydrate **吐根酚亚碱 四水** 08467

[7633-29-6](无水物) $C_{28}H_{36}N_2O_4 \cdot 4H_2O$ 464.61(无水物)

成分(以无水物计) C 72.39%，H 7.81%，N 6.03%，O 13.77%。

别名 吐根碱丁 四水；1′,15-Didehydro-7′,10,11-trimethoxyemetan-6′-ol

M. I. 15，8038

性状 来自稀丙酮或乙醇中的带蓝色荧光的黄色棱柱体结晶。略微溶于水、苯、石油醚、乙醚，更多地溶于乙醇、丙酮、氯仿。无水物120℃成块，120～126℃变成透明物，128℃完全溶化。$[\alpha]_D^{15}+69.3°$（$c=2$，于乙醇中）；uv max（0.1mol/L 盐酸中）：240nm，288nm，306nm，356nm（ε 13900，5700，6250，6800）。

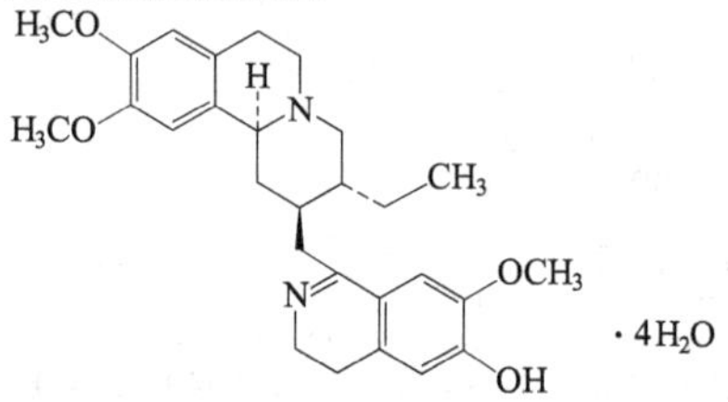

Pterine **蝶呤** 08468

[2236-60-4] $C_6H_5N_5O$ 163.14

成分 C 44.17%，H 3.09%，N 42.93%，O 9.81%。

别名 2-Amino-4-hydroxypteridine；2-Amino-4-oxodihydropteridine

性状 白色粉末。生化试剂含量≥97.0%(HPLC)。

注意事项 该品对眼睛、呼吸系统及皮肤有刺激性。使用时应穿适当的防护服。万一接触到眼睛，应立即用大量水冲洗后请医生诊治。应充氩气密封于2～8℃保存。

主要用途 生化研究。

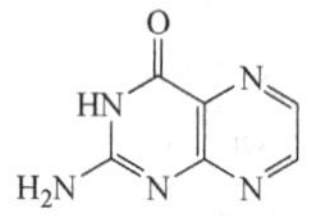

Pteroic acid **蝶酸** 08469

[119-24-4] $C_{14}H_{12}N_6O_3$ 312.29

成分 C 53.85%，H 3.87%，N 26.91%，O 15.37%。

别名 4-[[(2-Amino-1,4-dihydro-4-oxo-6-pteridinyl)methyl]amino]benzoic acid；*p*-[(2-Amino-4-hydroxy-6-pteridylmethyl)amino]benzoic acid

M. I. 15，8042

性状 来自稀盐酸中的无色结晶。溶于氢氧化钠水溶液。生化试剂含量≥95.0%。

主要用途 生化研究。

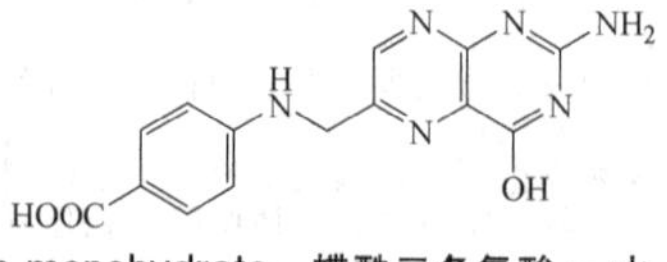

Pteropterin monohydrate **蝶酰三各氨酸 一水** 08470

[89-38-3](无水物) $C_{29}H_{33}N_9O_{12} \cdot H_2O$ 699.63(无水)

成分(以无水物计) C 49.79%，H 4.75%，N 18.02%，O 27.44%。

别名 蝶酰二-γ-谷氨酰谷氨酸；*N*-[4-[[(2-Amino-3,4-dihydro-

4-oxo-6-pteridinyl) methyl] amino] benzoyl]-L-γ-glutamyl-L-γ-glutamyl-L-glutamic acid; N-[N-(N-Pteroyl-γ-glutamyl)-γ-glutamyl] glutamic acid; Fermentation L. casei Factor; Pterolyl-γ-glutamyl-γ-glutamylglutamic acid; Pteroyldi-γ-glutamylglutamic acid; Pteroyltriglutamic acid; PTGA; Teropterin

M. I. 15, 8043

性状 来自用盐酸及微量氯化钠调节至 pH 值 2.8 水中的无色结晶。溶于水（5℃，0.10mg/mL；80℃，3.00mg/mL）、氢氧化钠溶液。

主要用途 过去的医用抗肿瘤剂。

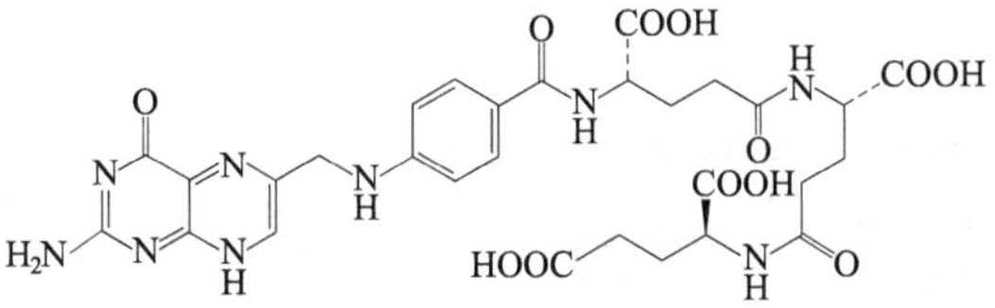

(+)-Pulegone (+)-长叶薄荷酮 08471

[89-82-7] $C_{10}H_{16}O$ 152.24

成分 C 78.90%，H 10.59%，O 10.51%。

别名 R-(+)-p-Menth-4(8)-en-3-one; (R)-2-Isopropylidene-5-methylcyclohexanone; R-(+)-p-Menth-4(8)-en-3-one; 1-Methyl-4-isopropylidene-3-cyclohexanone; (5R)-5-Methyl-2-(1-methylethylidene)cyclohexanone

M. I. 15, 8046

性状 无色油状液体。有愉快的气味。能与乙醇、乙醚、氯仿相混溶，几乎不溶于水。bp_{760} 224℃/101.325kPa; bp_{100} 151～153℃/13.332kPa; bp_{17} 103℃/2.266kPa; bp_6 84℃/799.93Pa; Fp 180°F(82℃); d_4^{15} 0.9346; n_D^{20} 1.4894; $[\alpha]_{546}^{20}$ +28.2°; $[\alpha]_D^{20}$ +21°。一般试剂含量≥98.5%(GC)。

注意事项 该品口服有害。使用时应避免吸入本品的蒸气，避免与眼睛及皮肤接触。应充氩气密封于 2～8℃保存。

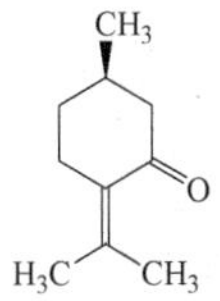

Purine 嘌呤 08472

[120-73-0] $C_5H_4N_4$ 120.12

成分 C 50.00%，H 3.36%，N 46.65%。

别名 四氮杂茚；尿环；7H-咪唑[4，5-d]嘧啶；7H-Imidazo[4，5-d] pyrimidin；1H-Purine

M. I. 15, 8052

性状 来自甲苯或乙醇中的无色针状结晶。易溶于水、热乙醇，微溶于热乙酸乙酯、丙酮，几乎不溶于氯仿、乙醚。其水溶液对石蕊呈中性。mp 216～217℃。生化试剂含量≥98.5%（HPLC）。

注意事项 使用时应避免吸入本品的粉尘，避免与眼睛及皮肤接触。应密封于 2～8℃保存。

主要用途 生化研究。新陈代谢研究。有机合成。

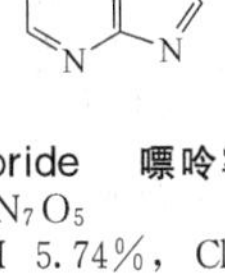

Puromycin dihydrochloride 嘌呤霉素 二盐酸盐 08473

[58-58-2] $C_{22}H_{31}Cl_2N_7O_5$ 544.43

成分 C 48.53%，H 5.74%，Cl 13.02%，N 18.01%，O 14.69%。

别名 二盐酸嘌呤霉素；3'-[(2S)-2-Amino-3-(4-methoxyphenyl)-1-oxopropyl] amino-3'-deoxy-N，N-dimethyladenosine dihydrochloride; 3'-(α-Amino-p-methoxyhydrocinnamido)-3'-deoxy-N，N-dimethyladenosine dihydrochloride; 6-Dimethylamino-9-[3-deoxy-3-(p-methoxy-L-phenylalanylamino)-β，D-ribofuranosyl]-β-purine dihydrochloride; 6-Dimethylamino-9-[3'-(p-methoxy-L-phenylalanylamino)-3'-deoxy-β，D-ribofuranosyl]purine dihydrochloride; Stylomycin dihydrochloride; CL-13900 2HCl; P-638 2HCl; 3123-L 2HCl

M. I. 15, 8054

性状 白色结晶或粉末。溶于水。mp 174℃（分解）。LD_{50}（嘌呤霉素）小鼠急性经口：675mg/kg；静脉注射：350mg/kg；腹膜内注射：525mg/kg。生化试剂含量≥98.0%（HPLC）。

注意事项 该品口服有害。使用时应避免吸入本品的粉尘，避免与眼睛及皮肤接触。应充氩气密封避光于－20℃干燥保存。

主要用途 医用抗肿瘤剂，抗原生物剂。代谢抑制剂。

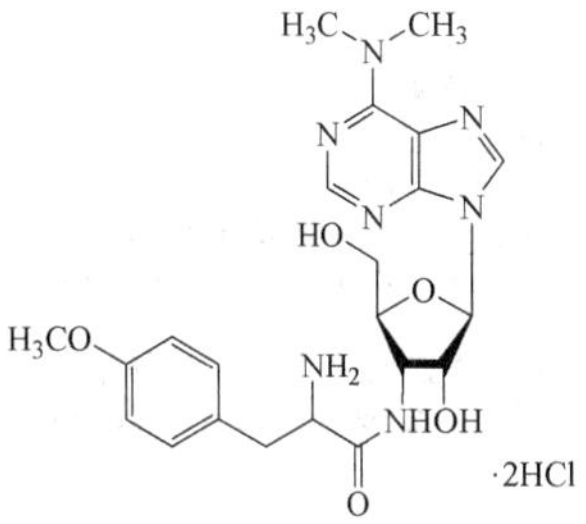

Purpurin 红紫素 08474

[81-54-9] $C_{14}H_8O_5$ 256.21

成分 C 65.63%，H 3.15%，O 31.22%。

别名 紫色素；紫素；1,2,4-三羟基蒽醌；尿红素；紫茜素；Natural red 8; Natural red 16; 1,2,4-Trihydroxy-9,10-anthracenedione; 1,2,4-Trihydroxyanthraquinone

M. I. 15, 8056 C. I. 58205 C. I. 75410

性状 红色长针状结晶。来自稀乙醇中的为含 1 分子结晶水的橙色结晶，100℃失水后为红色。易溶于乙醇（呈红色）、乙醚（带黄色荧光）。溶于苯、甲苯、二甲苯（呈深黄色），溶于沸明矾溶液（呈红色）。mp 257℃。一般试剂干燥含量约 90%。

注意事项 该品对眼睛、呼吸系统及皮肤有刺激性。使用时应穿适当的防护服。万一接触到眼睛，应立即用大量水冲洗后请医生诊治。应充氩气密封于 2～8℃保存。

主要用途 生物染色剂。细胞核染色剂。检测硼酸、硼、锆、钙、氟。

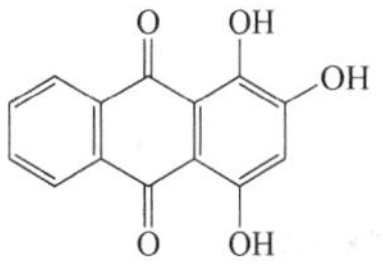

Purpurogallin 红棓酚 08475

[569-77-7] $C_{11}H_8O_5$ 220.18

成分 C 60.00%，H 3.66%，O 36.33%。

别名 2,3,4,6-四羟基-5H-苯并环庚烯-5-酮；2,3,4,6-Tetrahydroxy-5H-benzocyclohepten-5-one

M. I. 15, 8057

性状 来自冰乙酸中的深红色针状结晶。略微溶于有机溶剂。274～275℃分解。

注意事项 该品对眼睛、呼吸系统及皮肤有刺激性。

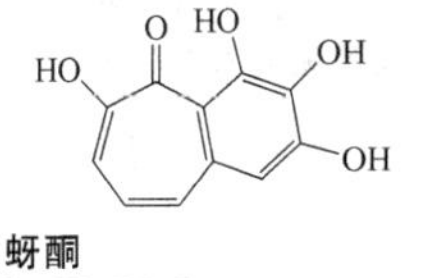

Pymetrozine 吡蚜酮 08476

[123312-89-0] $C_{10}H_{11}N_5O$ 217.23

成分 C 55.29%，H 5.10%，N 32.24%，O 7.37%。

别名 (E)-4,5-二氢-6-甲基-4-(3-吡啶基亚甲基)氨基-1,2,4-三嗪-3(2H)-酮；(E)-4,5-Dihydro-6-methyl-4-(3-pyridinylmethylene) amino-1，2，4-triazin-3(2H)-one; CGA-215944; Plenum; Fulfill

M. I. 15, 8061

性状 无色结晶。20℃时该品于列物质中的溶解度（g/L）：水0.270；乙醇2.25；己烷<0.001。正辛醇/水中的分配系数：0.2。mp 234.4℃；Fp 446°F（230℃）。LD_{50}大鼠急性经口：5820mg/kg。一般试剂含量≥97.0%（HPLC）。
注意事项 该品对机体有不可逆损伤的可能性。可能致癌。对水生物有害。对水环境能产生长期有害的结果。使用时应穿适当的防护服和戴手套。应防止将本品释放于环境中。应密封于20℃以下保存。
主要用途 杀虫剂。分析用标准物质。

Pyocyanine 绿脓菌素 08477

［85-66-5］ $C_{13}H_{10}N_2O$ 210.24
成分 C 74.27%，H 4.79%，N 13.32%，O 7.61%。
别名 脓青素；绿脓标菌素；绿脓菌青素；5-甲基-1(5*H*)-吩嗪酮；5-Methyl-1(5*H*)-phenazinone；Sanazin
M. I. 15，8062
性状 来自水中的深蓝色针状结晶。易溶于氯仿，溶于硝基苯、吡啶、苯酚、乙酸、热水、热乙醇，微溶于冷水、苯。mp 133℃。

Pyrantel tartarate salt 噻嘧啶 酒石酸盐 08478

［33401-94-4］ $C_{15}H_{20}N_2O_6S$ 356.39
成分 C 50.55%，H 5.66%，N 7.86%，O 26.94%，S 9.00%。
别名 酒石酸噻嘧啶；CP-10423-18；Banminth；Strongid；(*E*)-1，4，5，6-Tetrahydro-1-methyl-2-[2-(2-thienyl)ethenyl]pyrimidine tartarate
M. I. 15，8066
性状 来自热甲醇中的白色结晶。mp 148～150℃；uv max（水中）：312nm（lg ε 4.27）。
注意事项 该品口服有毒。使用时如有事故发生或有不适之感，应请医生诊治。
主要用途 生化研究。医用驱线虫剂。

Pyrazinamide 吡嗪酰胺 08479

［98-96-4］ $C_5H_5N_3O$ 123.12
成分 C 48.78%，H 4.09%，N 34.13%，O 12.99%。
别名 Pyrazinecarboxamide；Pyrazinoic acid amide；Pyrazine carboxylamide；Aldinamide；Eprazin；Pezetamide；Pyrafat；Pirilène；Piraldina；Tebrazid；Unipyranamide；Zinamide
M. I. 15，8067
性状 来自水或乙醇中的无色结晶。60℃开始升华。该品于下列溶剂中溶解度（mg/mL）：水15；甲醇13.8；无水乙醇5.7；异丙醇3.8；乙醚1.0；异辛烷0.01；氯仿7.4。其水溶液呈中性。pK_a 0.5。mp 189～191℃；uv max：269nm（$E_{1cm}^{1\%}$ 660）。生化试剂含量≥99.0%（N）。
注意事项 使用时应避免吸入本品的粉尘，避免与眼睛及皮肤接触。
主要用途 生化研究。医用抗菌剂（结核菌抑制剂）。

Pyrazine 吡嗪 08480

［290-37-9］ $C_4H_4N_2$ 80.09
成分 C 59.99%，H 5.03%，N 34.98%。
别名 1,4-二嗪；1,4-Diazine；Pyradiazine
M. I. 15，8068
性状 无色结晶或类似蜡的固体。有类似吡啶的强烈气味。易溶于水、乙醇、乙醚。能随水蒸气挥发。mp 53℃；bp 115～118℃；Fp 132°F（55℃）；d_4^{61} 1.031；n_D^{61} 1.4953。一般试剂含量≥98.0%（GC）。
注意事项 该品高度易燃。对眼睛、呼吸系统及皮肤有刺激性。使用时应穿适当的防护服。使用现场禁止吸烟。使用时应避免吸入本品的粉尘，避免与眼睛及皮肤接触。万一接触到眼睛，应立即用大量水冲洗后请医生诊治。应远离火种密封保存。

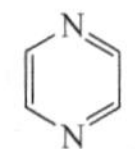

Pyrazinecarboxylic acid 吡嗪羧酸 08481

［98-97-5］ $C_5H_4N_2O_2$ 124.10
成分 C 48.39%，H 3.25%，N 22.57%，O 25.78%。
别名 吡嗪一羧酸；Pyrazinemonocarboxylic acid；Pyrazinoic acid
M. I. 15，8070
性状 来自水中的白色细小针状结晶。能升华。1g该品溶于120g无水乙醇（25℃），微溶于冷水，较多地溶于热水，几乎不溶于乙醚、氯仿、苯。p*K*（25℃）2.92。225～229℃分解。一般试剂含量≥98.0%（T）。
注意事项 见08479吡嗪酰胺。

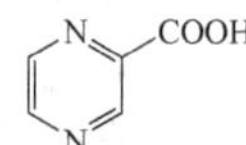

2,3-Pyrazinedicarboxylic acid 2,3-吡嗪二羧酸 08482

［89-01-0］ $C_6H_4N_2O_4$ 168.11
成分 C 42.87%，H 2.40%，N 16.66%，O 38.07%。
别名 1,4-哒嗪-2,3-二羧酸；1,4-二氮杂苯邻二甲酸；吡嗪-2,3-二羧酸；1,4-Diazine-2,3-dicarboxylic acid
M. I. 15，8069
性状 来自水中的为含2分子结晶水的柱状结晶。易溶于水，溶于甲醇、丙酮、乙酸乙酯，微溶于乙醇、乙醚、氯仿、苯、石油醚。183～185℃熔化并分解。一般试剂含量≥98.0%（T）。
注意事项 该品对眼睛、呼吸系统及皮肤有刺激性。使用时应穿适当的防护服和戴手套。万一接触到眼睛，应立即用大量水冲洗后请医生诊治。
主要用途 有机合成。

Pyrazole 吡唑 08483

［288-13-1］ $C_3H_4N_2$ 68.08
成分 C 52.93%，H 5.92%，N 41.15%。
别名 二氮二烯五环；1，2-二氮唑；邻二氮杂茂；1，2-Diazole；α-Pyrromonazole
M. I. 15，8071
性状 来自石油醚中的无色或白色针状或棱柱体结晶。有类似吡啶的气味，味苦。溶于水、乙醇、乙醚、苯。p*K*（25℃）11.52。mp 69.5～70℃；$bp_{757.9}$ 186～188℃/101.04kPa；*n* 1.4203；uv max（12mol/L硫酸中）：215nm（lg ε 3.76）；（pH值6.1）：310nm（lg ε 3.61）。LD_{50}（24h）大鼠，小鼠急性经口（mmol/kg）：21，22；静脉注射（mmol/kg）：19，21。一般试剂含量≥98.0%（GC）。
注意事项 该品口服有害。对眼睛、呼吸系统和皮肤有刺激性。对水生物有害。使用时应穿适当的防护服和戴手套。万一接触到眼睛，应立即用大量水冲洗后请医生诊治。应防止将本品释放于环境中。应密封于干燥处保存。
主要用途 螯合剂。有机合成。含卤素溶剂和润滑油的稳定剂。

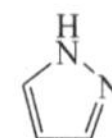

3，5-Pyrazoledicarboxylic acid monohydrate 3，5-吡唑二羧酸一水 08484

［30318-11-2］［3112-31-0］ $C_5H_4N_2O_4 \cdot H_2O$ 174.12

成分（以无水物计） C 38.47%，H 2.58%，N 17.95%，O 41.00%。

别名 一水合吡唑-3,5-二羧酸；吡唑-3,5-二羧酸；邻二氮杂茂-3，5-二甲酸；吡唑-3，5-二甲酸；Pyrazole-3，5-dicarboxylic acid

性状 白色针状结晶。微溶于水、乙醇、乙醚。mp 约295℃（分解）。一般试剂含量≥98.0%（T）。

注意事项 该品对眼睛、呼吸系统及皮肤有刺激性。使用时应穿适当的防护服和戴手套。万一接触到眼睛，应立即用大量水冲洗后请医生诊治。

主要用途 有机合成。

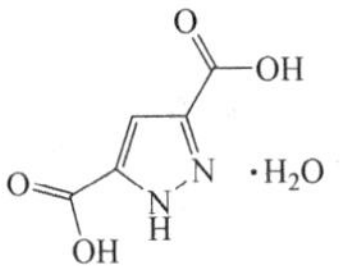

Pyrazophos 定菌磷 08485

[13457-18-6] $C_{14}H_{20}N_3O_5PS$ 373.36

成分 C 45.04%，H 5.40%，N 11.25%，O 21.43%，P 8.30%，S 8.59%。

别名 吡啶磷；2-(Diethoxyphosphinothioyl) oxy-5-methylpyrazolo[1,5-*a*]pyrimidine-6-carboxylic acid ethyl ester；2-Hydroxy-5-methylpyrazolo [1，5-*a*] pyrimidine-6-carboxylic acid ethyl ester，*O*-ester with *O*，*O*-diethyl phosphorothioate；HOE-2873；Afugan；Curamil

M. I. 15，8073

性状 黄色油状液体。低温凝固。mp 38～40℃。LD_{50} 大鼠，土拨鼠，兔急性经口（mg/kg）：140，184，435。

注意事项 该品吸入或口服有害。对水生物极毒。能对水环境引起长期不良的影响。使用时应穿适当的防护服和戴手套。如误服，应立即就医，并出示容器或标签。应防止将本品释放于环境中。其包装物应按危险品处理。应密封于2～8℃保存。

主要用途 杀菌剂。分析用标准物质。

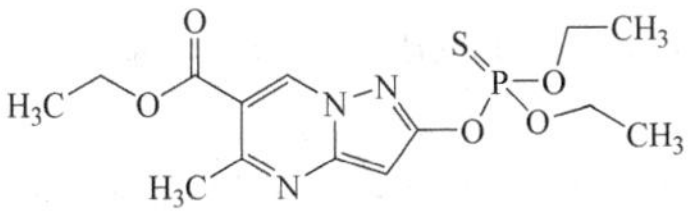

Pyrene 芘 08486

[129-00-0] $C_{16}H_{10}$ 202.26

成分 C 95.02%，H 4.98%。

别名 嵌二萘；焦油脑；芯；苯并代菲；Benzo[*def*]phenanthrene

M. I. 15，8074

性状 纯品应无色，实际为浅黄色并带微蓝色荧光的单斜棱柱体片状结晶。颇溶于有机溶剂，如溶于乙醚，微溶于乙醇，不溶于水。mp 156℃；bp 404℃；d^{23} 1.271。一般试剂含量≥99.0%（GC）。

注意事项 该品对眼睛、呼吸系统及皮肤有刺激性。对水生物极毒。能对水环境引起长期不良的影响。使用时应穿适当的防护服。使用时应避免吸入本品的粉尘，避免与眼睛及皮肤接触。万一接触到眼睛，应立即用大量水冲洗后请医生诊治。应防止将本品释放于环境中。其包装物应按危险品处理。

主要用途 分析用标准物质。荧光用试剂。

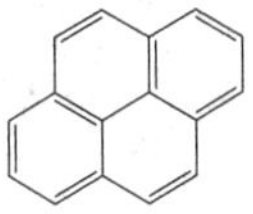

***N*-(1-Pyrenyl)maleimide *N*-(1-芘基)马来酰亚胺** 08487

[42189-56-0] $C_{20}H_{11}NO_2$ 297.32

成分 C 80.80%，H 3.73%，N 4.71%，O 10.76%。

别名 *N*-(3-芘基)马来酰亚胺；*N*-(3-Pyrenyl)maleimide

性状 无色结晶。mp 约 230℃。一般试剂含量≥99.0%（HPLC）。

注意事项 该品对眼睛、呼吸系统及皮肤有刺激性。使用时应穿适当的防护服。万一接触到眼睛应立即用大量水冲洗后请医生诊治。应充氩气密封避光于干燥处保存。

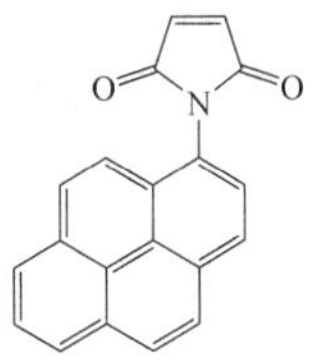

Pyrethrin Ⅰ 除虫菊素Ⅰ 08488

[121-21-1] $C_{21}H_{28}O_3$ 328.45

成分 C 76.79%，H 8.59%，O 14.61%。

别名 除虫菊酯Ⅰ；(1*R*，3*R*)-2，2-Dimethyl-3-(2-metyyl-1-propenyl) cyclopropanecarboxylic acid (1*S*)-2-methyl-4-oxo-3(2*Z*)-2，4-pentadienyl-2-cyclopenten-1-yl ester；Chrysanthemum-monocarboxylic acid pyrethrolone ester

M. I. 15，8075

性状 无色具有黏性的液体。于空气中易氧化并变得纯化。溶于乙醇、石油醚、煤油、四氯化碳、二氯乙烷、硝基甲烷，几乎不溶于水。$bp_{0.0005}$ 146～150℃/0.07Pa；n_D^{20} 1.5242；$[\alpha]_D^{20}-14°$（异辛烷中）；uv max（95%乙醇中）：225nm（ε 36400）。

主要用途 杀虫剂。

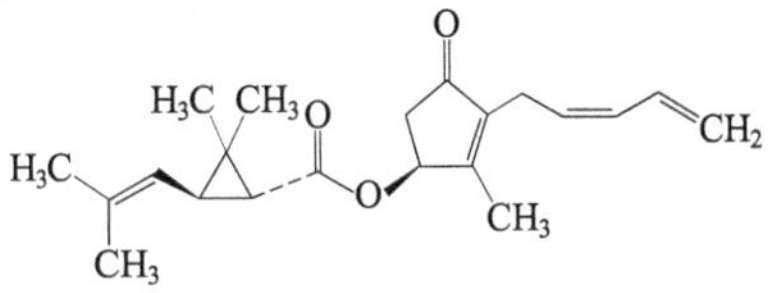

Pyridaben 哒螨灵 08489

[96489-71-3] $C_{19}H_{25}ClN_2OS$ 364.93

成分 C 62.54%，H 6.91%，Cl 9.71%，N 7.68%，O 4.38%，S 8.79%。

别名 速螨酮；哒螨净；哒螨酮；4-Chloro-2-(1，1-dimethylethyl)-5-[[4-(1，1-dimethylethyl)phenyl]methyl]thio-3(2*H*)-pyridazinone；2-*tert*-Butyl-5-(4-*tert*-butylbenzylthio)-4-chloro-pyridazin-3(2*H*)-one；NC-129；NCI-129；Sanmite；Nexter

M. I. 15，8078

性状 白色结晶性固体。无味。该品于下列物质中的溶解度（20℃，g/100mL）：丙酮 46，玉米油 4.2，乙醇 5.7，甲基溶纤剂 11，二甲苯 39，苯 11，环己烷 32，己烷 1.0，正辛醇 6.3，水 1.2×10^{-6}。于多数有机溶剂中稳定，于水中 pH 值 4、7、9 时稳定。在热水中（50℃）能稳定 3 个月。蒸气压（20℃）1.9×10^{-6} mmHg/253×10^{-6} Pa；mp111～112℃；d_4^{20} 1.2。LD_{50} 雄、雌大鼠，北美鹌鹑，雄野鸭急性经口（mg/kg）：435、458，>2250，>2500；雄、雌兔经口（mg/kg）：>2000，>2000。

注意事项 该品吸入或口服有毒。对水生物极毒。能对水环境引起不利的结果。使用时应穿适当的防护服和戴手套。使用时如有事故发生或有不适之感，应请医生诊治。应防止将本品释放于环境中。其包装物应按危险品处理。

主要用途 杀螨剂。分析用标准物质。

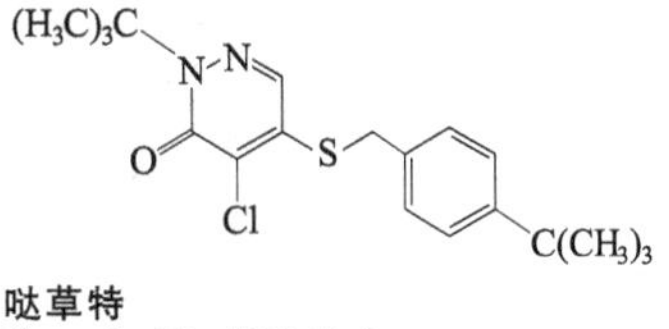

Pyridate 哒草特 08490

[55512-33-9] $C_{19}H_{23}ClN_2O_2S$ 378.92

成分 C 60.23%，H 6.12%，Cl 9.36%，N 7.39%，O 8.44%，S 8.46%。

别名 *O*-(6-Chloro-3-phenyl-4-pyridazinyl)carbonothioic acid *S*-octyl ester；Fenpyrate；CL-11344；Lentagran

M. I. 15,8079

性状 棕色油状液体。溶于有机溶剂，几乎不溶于水（90×10^{-6}）。mp 27℃；$bp_{0.1}$ 220℃/13.3Pa；Fp 392℉（200℃，开杯）；n_D^{20} 1.568；d^{20} 1.555。LD_{50} 雄、雌大鼠，小鼠急性经口（mg/kg）：1970、2400，>10000；兔皮肤接触：>3450mg/kg。LC_{50}(96h)鲤鱼，鲑鱼(mg/L)：>100，81。

注意事项 该品对皮肤有刺激性。接触皮肤能引起过敏。对水生物极毒。能对水环境产生不利的结果。使用时应戴适当的手套。应避免与皮肤接触。应防止将本品释放于环境中。其包装物应按危险品处理。应密封于 2～8℃保存。

主要用途 除草剂。分析用标准物质。

Pyridazine 哒嗪 08491

[289-80-5] $C_4H_4N_2$ 80.09

成分 C 59.99%，H 5.03%，N 34.98%。

别名 邻二氮杂苯；1，2-Diazine；Orthodiazine；Oizine

M. I. 15，8080

性状 无色液体。能与水、苯、二甲基甲酰胺相混溶，易溶于甲醇、乙醇、乙醚，几乎不溶于石油醚。mp −8℃；bp_{760} 208℃/101.325kPa；bp_{14} 87℃/1.867kPa；bp_1 48℃/133.322Pa；Fp 185℉（85℃）；$d_4^{23.5}$ 1.1035；d_4^{18} 1.107；$n_D^{23.5}$ 1.52311；uv max：338nm。一般试剂含量≥98.0%(GC)。

注意事项 使用时应避免吸入本品的蒸气，避免与眼睛及皮肤接触。应充氩气密封避光保存。

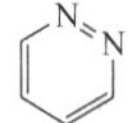

Pyridine 吡啶 08492

[110-86-1] C_5H_5N 79.10

成分 C 75.92%，H 6.37%，N 17.71%。

别名 一氮三烯六环；氮环；氮（杂）苯

GW 2015-98　M. I. 15，8081

性状 无色透明液体。有特殊臭味。能与水、乙醇、三氯甲烷、石油醚、乙醚、油类等多种有机溶剂相混溶。能随水蒸气挥发。其 0.2mol/L 水溶液的 pH 值 8.5。pK_a 5.19。mp −41.6℃；bp 115.2～115.3℃；Fp 68℉（20℃，闭杯）；d_4^{20} 0.98272；n_D^{20} 1.50920。LD_{50}大鼠急性经口：1.58g/kg。

注意事项 该品高度易燃。吸入、口服或与皮肤接触有害。万一接触到眼睛，应立即用大量水冲洗后请医生诊治。接触皮肤后应立即用大量肥皂泡沫冲洗。应远离火种充氩气密封保存。

主要用途 分析试剂，检定和测定锑、砷、铝、铋、镉、铈、铬、钴、铜、金、镧、铅、锂、锰、汞、锗、镍、铵、铂、磷、铗、镨、硅、银、硫、铊、碲、钍、钛、铀、钒、锌、锆、氯酸盐、铬酸盐、氰化物、重铬酸盐、高氯酸盐、高锰酸盐、过硫酸盐、硫氰酸盐、硫代硫酸盐。色谱分析标准物质。有机合成。有机和无机化合物的良好溶剂。

参考规格 GB/T 689—1998

	分析纯	化学纯
含量（C_5H_5N）/%≥	99.5	99.0
与水混合试验	合格	合格
蒸发残渣/%≤	0.002	0.004
水分（H_2O）/%≤	0.1	0.2
氯化物（Cl）/%≤	0.0005	0.001
氨（NH_3）/%≤	0.002	0.004
硫酸盐（SO_4）/%≤	0.001	0.002
铜（Cu）	合格	合格
还原高锰酸钾物质	合格	合格

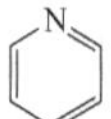

3-Pyridine acetic acid 3-吡啶乙酸 08493

[501-81-5] $C_7H_7NO_2$ 137.14

成分 C 61.31%，H 5.14%，N 10.21%，O 23.33%。

别名 Lioxone；3PAA；Minedil

M. I. 15，8082

性状 来自乙酸乙酯或乙醇中的无色结晶。mp 144℃。

主要用途 医用抗青光眼剂。

2-Pyridinecarboxaldehyde 2-吡啶甲醛 08494

[1121-60-4] C_6H_5NO 107.11

成分 C 67.28%，H 4.71%，N 13.08%，O 14.94%。

别名 吡啶-2-甲醛；2-吡啶醛；2-醛基吡啶；Pyridine-2-aldehyde；2-Pyridinecarbaldehyde；Picolinaldehyde；2-Pyridylaldehyde

性状 无色油状液体。有刺激性气味和灼烧味。溶于水、乙醇、乙醚、乙酸乙酯。bp 181℃；Fp 130℉（54℃）；d_4^{20} 1.121；n_D^{20} 1.5370。一般试剂含量≥98.0%（GC）。

注意事项 该品易燃。口服有害。对眼睛、呼吸系统及皮肤有刺激性。使用时应穿适当的防护服。万一接触到眼睛，应用大量水冲洗后请医生诊治。应充氩气密封避光于 2～8℃保存。

主要用途 有机合成。

3-Pyridinecarboxaldehyde 3-吡啶甲醛 08495

[500-22-1] C_6H_5NO 107.11

成分 C 67.28%，H 4.71%，N 13.08%，O 14.94%。

别名 吡啶-3-甲醛；3-吡啶醛；Pyridine-3-aldehyde；Nicotinaldehyde；Nicotinic aldehyde；3-Pyridinecarbaldehyde

性状 无色液体。易吸潮，有刺激性。溶于水、乙醇、丙酮、氯仿。bp_{10} 78～81℃/1.333kPa；Fp 95℉（35℃）；d_4^{20} 1.141；n_D^{20} 1.549。一般试剂含量≥97.0%（GC）。

注意事项 该品易燃。对呼吸系统及皮肤有刺激性。使用时应戴防护镜或面罩。万一接触到眼睛，应立即用大量水冲洗后请医生诊治。应充氩气密封避光于 2～8℃保存。

主要用途 有机合成。

4-Pyridinecarboxaldehyde 4-吡啶甲醛 08496

[872-85-5] C_6H_5NO 107.11

成分 C 67.28%，H 4.71%，N 13.08%，O 14.94%。

别名 4-吡啶甲醛；4-吡啶醛；4-醛基吡啶；Isonicotinaldehyde；Pyridine-4-aldehyde；*iso*-Nicotinic aldehyde；4-Pyridylaldehyde；*iso*-Nicotinaldehyde；Isonicotinic aldehyde；4-Pyridinecarbaldehyde

性状 微黄色油状液体。溶于水、乙醚。bp_{10} 71～73℃/1.333kPa；Fp 179.6℉（82℃）；d_4^{20} 1.137；n_D^{20} 1.544。一般试剂含量≥96.0%(GC)。

注意事项 该品对眼睛、呼吸系统及皮肤有刺激性。万一接触到眼睛，应立即用大量水冲洗后请医生诊治。应充氩气密封避光于 2～8℃保存。

主要用途 有机合成。

2,3-Pyridinedicarboxylic acid 2,3-吡啶二羧酸 08497

[89-00-9] $C_7H_5NO_4$ 167.12

成分 C 50.31%，H 3.02%，N 8.38%，O 38.29%。

别名 吡啶-2，3-二羧酸；喹啉酸；2，3-氮杂苯二甲酸；2，3-PDCA；2，3-Pyridinedicarboxylic acid；Quinolinic acid

M. I. 15，8190

性状 白色结晶性粉末。无味。溶于 180 份水及碱溶液，微溶于乙醇，几乎不溶于苯、乙醚。mp 190℃（快速加热分解为二氧化碳及烟酸）。一般试剂含量≥99.0%（T）。

注意事项 该品对眼睛、呼吸系统及皮肤有刺激性。使用时应穿适当的防护服和戴手套。万一接触到眼睛，应立即用大量水冲洗后请医生诊治。

主要用途 测定铜的试剂。

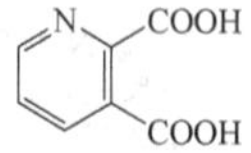

2,5-Pyridinedicarboxylic acid 2,5-吡啶二羧酸 08498

[100-26-5] $C_7H_5NO_4$ 167.12

成分 C 50.31%，H 3.02%，N 8.38%，O 38.29%。

别名 吡啶-2,5-二羧酸；异辛可部酸；2,5-PDCA；Pyridine-2,

5-dicarboxylic acid; *iso*-Cinchomeronic acid; Isocinchomeronic acid
M. I. 15，5204
性状 来自稀盐酸中的无色至微褐色三斜小叶状、片状结晶。无气味。溶于热稀无机酸，微溶于沸水、沸乙醇，几乎不溶于冷水、乙醇、乙醚、苯。mp 254℃。一般试剂含量≥98.0%（T）。
注意事项 该品对眼睛、呼吸系统及皮肤有刺激性。使用时应穿适当的防护服和戴手套。万一接触到眼睛，应立即用大量水冲洗后请医生诊治。
主要用途 制造尼可丁酸。杀虫剂。染料中间体。

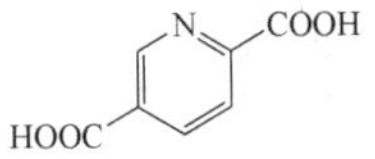

2,6-Pyridinedicarboxylic acid 2,6-吡啶二羧酸 08499
[499-83-2] $C_7H_5NO_4$ 167.12
成分 C 50.31%，H 3.02%，N 8.38%，O 38.29%。
别名 吡啶-2,6-二羧酸；2,6-噼啰啉二酸；Pyridine-2,6-dicarboxylic acid；2,6-Dipicolinic acid；DPA；2,6-PDCA
性状 无色针状结晶。无色无臭。易溶于热乙醇，几乎不溶于水。mp 约 255℃（分解）；Fp>370.4°F（188℃）。一般试剂含量≥98.0%（T）。
注意事项 该品对眼睛、呼吸系统及皮肤有刺激性。使用时应穿适当的防护服和戴手套。万一接触到眼睛，应立即用大量水冲洗后请医生诊治。
主要用途 分析试剂。牛肝谷氨酸脱氢酶的竞争抑制剂。

3,4-Pyridinedicarboxylic acid 3,4-吡啶二羧酸 08500
[490-11-9] $C_7H_5NO_4$ 167.12
成分 C 50.31%，H 3.02%，N 8.38%，O 38.29%。
别名 吡啶-3,4-二羧酸；辛可罂粟酸；辛可部酸；3,4-PDCA；3,4-Pyridine dicarboxylic acid；Cinchomeronic acid
M. I. 15，2286
性状 无色结晶。加热有少部分升华而不分解。略微溶于热乙醇、乙醚、苯，不溶于氯仿。mp 256℃。一般试剂含量≥97.0%（T）。
注意事项 该品对眼睛、呼吸系统及皮肤有刺激性。使用时应穿适当的防护服和戴手套。万一接触到眼睛，应立即用大量水冲洗后请医生诊治。

3,5-Pyridinedicarboxylic acid 3,5-吡啶二羧酸 08501
[499-81-0] $C_7H_5NO_4$ 167.12
成分 C 50.31%，H 3.02%，N 8.38%，O 38.29%。
别名 吡啶-3,5-二羧酸；二烟碱二酸；Pyridine-3,5-dicarboxylic acid；Dinicotinic acid；3,5-PDCA
性状 无色结晶。mp 325℃（分解）。一般试剂含量≥97.0%（T）。
注意事项 该品对眼睛、呼吸系统及皮肤有刺激性。使用时应穿适当的防护服和戴手套。万一接触到眼睛，应立即用大量水冲洗后请医生诊治。

Pyridine 1-oxide 1-氧化吡啶 08502
[694-59-7] C_5H_5NO 95.10
成分 C 63.15%，H 5.30%，N 14.73%，O 16.82%。
别名 *N*-氧化吡啶；Pyridine *N*-oxide
M. I. 15，8084
性状 无色结晶。易潮解。mp 66℃；$bp_{1.0}$ 100～105℃/133.322Pa；Fp 289.4°F（143℃）。一般试剂含量≥98.0%（NT）。
注意事项 该品对眼睛、呼吸系统及皮肤有刺激性。使用时应穿适当的防护服和戴手套。万一接触到眼睛，应立即用大量水冲洗后请医生诊治。
主要用途 有机合成中间体。

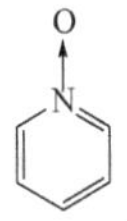

Pyridine-3-sulfonic acid 吡啶-3-磺酸 08503
[636-73-7] $C_5H_5NO_3S$ 159.16
成分 C 37.73%，H 3.17%，N 8.80%，O 30.16%，S 20.15%。
性状 白色结晶。溶于水，不溶于乙醇。mp>300℃。一般试剂含量≥98.0%（T）。
注意事项 该品具有腐蚀性，能引起烧伤。使用时应穿适当的防护服，戴手套和防护镜或面罩。万一接触到眼睛，应立即用大量水冲洗后请医生诊治。使用时如有事故发生或有不适之感，应请医生诊治。应密封保存。
主要用途 生化研究。烟酸制造中间体。电镀添加剂。

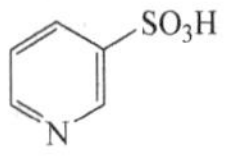

Pyridinium chlorochromate 氯铬酸吡啶鎓 08504
[66299-14-9] $C_5H_6ClCrNO_3$ 215.55
成分 C 27.86%，H 2.81%，Cl 16.45%，Cr 24.12%，N 6.50%，O 22.27%。
别名 吡啶氯铬酸盐；Chlorotrioxochromate(1−)，hydrogen，compd with pyridine(1：1)；PCC
M. I. 15，8086
性状 橙黄色固体。不溶于二氯甲烷。mp 205℃（分解）。一般试剂含量≥98.0%（RT）。
注意事项 该品与易燃品接触能引起燃烧。吸入能致癌，接触皮肤能引起过敏。对水中有机物极毒。能对水环境引起长期不利的结果。使用前应得到专门的指导，避免曝露。应防止将本品释放于环境中。使用时如有事故发生或有不适之感，应请医生诊治。应防止将本品释放于环境中。其包装物应作为危险品处理。应远离易燃物品密封保存。
主要用途 有机合成用氧化剂。

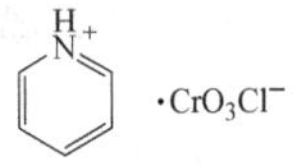

Pyridinol carbamate 吡醇氨酯 08505
[1882-26-4] $C_{11}H_{15}N_3O_4$ 253.26
成分 C 52.17%，H 5.97%，N 16.59%，O 25.27%。
别名 血脉宁；安吉宁；2,6-Pyridinedimethanol bis(methylcarbamate)(ester)；2,6-Pyridinylenebis[methyl-*N*-methylcarbamate]；Pyricarbate；H-3749；Anginin；Angioxine；Aterosan；Atover；Cicloven；Colesterinex；Duvaline；Movecil；Prodectin；Ravenil；Sospitan；Vasagin；Vasapril；Vasocil；Vadoverin
M. I. 15，8088
性状 来自甲醇或丙酮中的无色针状结晶。易溶于热水，略微溶于冷水。mp 136～137℃；uv max(甲醇中)：264～265nm。LD_{50}小鼠，大鼠，兔，狗急性经口(mg/kg)：4500，3400，5200，1000。
主要用途 医用抗动脉硬化剂。

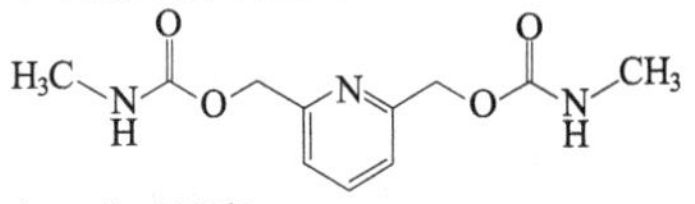

Pyridomycin 吡啶霉素 08506
[18791-21-4] $C_{27}H_{32}N_4O_8$ 540.57
成分 C 59.99%，H 5.97%，N 10.36%，O 23.68%。
别名 [5*R*-(2*Z*,5*R**,6*S**,9*S**,10*S**,11*R**)]-3-Hydroxy-*N*-[10-hydroxy-5，11-dimethyl-2-(1-methylpropylidene)-3，7，12-trioxo-9-(3-pyridinylmethyl)-1，4-dioxa-8-azacyclododec-6-yl]-2-pyridinecarboxamide
M. I. 15，8089
性状 来自乙醇中的无色结晶。溶于低级醇、乙酸乙酯、乙酸丁酯、苯、丙酮、二氧六环、四氢呋喃，几乎不溶于水。mp 222℃；uv max(乙醇中)：303nm($E^{1\%}_{1cm}$ 209)。

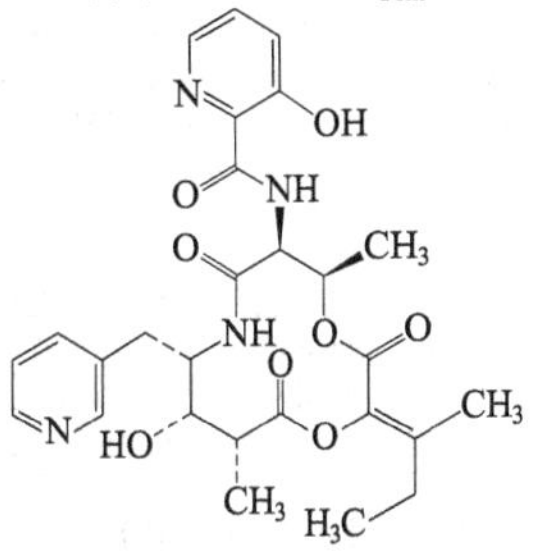

Pyridostigmine bromide 溴化吡斯的明 08507
[101-26-8] $C_9H_{13}BrN_2O_2$ 261.12
成分 C 41.40%，H 5.02%，Br 30.60%，N 10.73%，O 12.25%。
别名 溴化3-二甲氨基甲酰氧基-1-甲基吡啶；溴化麦斯提龙；3-[(Dimethylamino) carbonyl] oxy-1-methylpyridinium bromide；3-Hydroxy-1-methylpyridinium bromide dimethylcarbamate；1-Methyl-3-hydroxypyridinium bromide dimethylcarbamate；3-Dimethylcarbamyloxy-1-methylpyridinium bromide；Ro-1-5130；Kalymin；Mestinon；Regonol
M.I.15，8090
性状 来自无水乙醇中的有光泽的结晶。易吸潮。易溶于水、乙醇、氯仿，微溶于己烷，几乎不溶于乙醚、丙酮、苯。mp 152～154℃。
注意事项 该品吸入、口服或与皮肤接触极毒。接触皮肤能引起过敏。使用时应穿适当的防护服，戴手套和防护镜或面罩。使用时要避免吸入本品的粉尘。使用时如有事故发生或有不适之感，应请医生诊治。
主要用途 生化研究。医用胆碱功能剂。

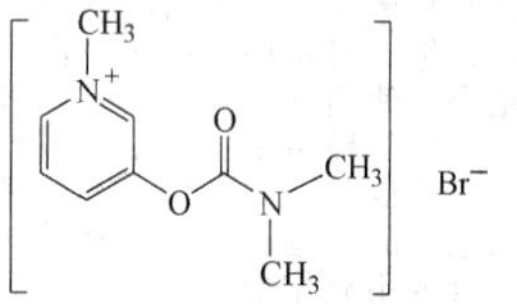

Pyridoxal hydrochloride 吡哆醛 盐酸盐 08508
[65-22-5] $C_8H_{10}ClNO_3$ 203.63
成分 C 47.19%，H 4.95%，Cl 17.41%，N 6.88%，O 23.57%。
别名 盐酸吡哆醛；吡醛素 盐酸盐；盐酸吡醛素；盐酸维生素 B_6 醛；盐酸3-羟基-5-羟甲基-2-甲基异烟酰醛；3-羟基-5-羟甲基-2-甲基异烟酰醛 盐酸盐；3-Hydroxy-5-hydroxymethyl-2-methyl-*iso*-nicotinaldehyde hydrochloride；3-Hydroxy-5-hydroxymethyl-2-methyl-4-pyridinecarboxaldehyde hydrochloride；3-Hydroxy-5-hydroxymethyl-2-methylisonicotinaldehyde hydrochloride；2-Methyl-3-hydroxy-4-formyl-5-hydroxymethylpyridine hydrochloride；PLHCl
M.I.15，8091
性状 白色菱形结晶。易溶于水(1g/2mL)，微溶于95%乙醇(1.7g/100mL)。其1%水溶液pH值2.65。mp 约165℃(分解)；uv max：292.5nm。生化试剂含量≥99.5%(AT)。
注意事项 该品应密封避光于－20℃保存。
主要用途 制造维生素 B_6。

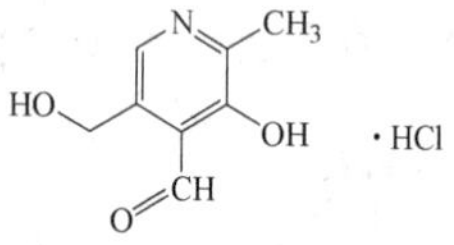

Pyridoxal 5-phosphate monohydrate
5-磷酸吡哆醛 一水 08509
[41468-25-1][54-47-7](无水物) $C_8H_{10}NO_6P \cdot H_2O$ 265.16
成分(以无水物计) C 38.88%，H 4.08%，N 5.67%，O 38.84%，P 12.53%。
别名 一水合5-磷酸吡哆醛；辅脱羧酶；吡哆醛-5-磷酸；5-磷酸吡醛素；3-Hydroxy-2-methyl-5-(phosphonooxy) methyl-4-pyridinecarboxaldehyde；Pyridoxal 5-monophosphoric acid ester；Codecarboxylase；PLP；3-Hydroxy-5-hydroxymethyl-2-methylisonicotinaldehyele 5-phosphate；3-Hydroxy-5-hydroxy methyl-2-methyl-*iso*-nicotinaldehyde 5-phosphate；PAL-P；Pyromijin；Sechvitan；Vitazechs
M.I.15，8092
性状 无色结晶。该品在酸溶液中无色，在碱溶液中呈亮黄色。mp 140～143℃；uv max(碱溶液中)：390nm；(酸溶液中)：295nm。生化试剂含量≥97.0%(NT)。
注意事项 使用时应避免吸入本品的粉尘，避免与眼睛及皮肤接触。应充氩气密封避光于2～8℃保存。
主要用途 生化研究，用作酶的抑制剂。

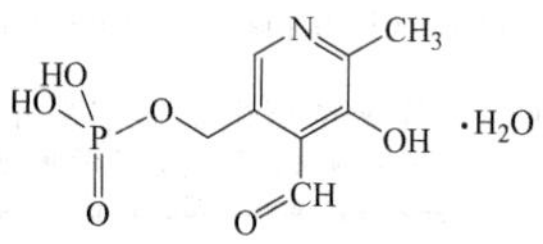

Pyridoxamine dihydrochloride 吡哆胺 二盐酸盐 08510
[524-36-7] $C_8H_{14}Cl_2N_2O_2$ 241.11
成分 C 39.85%，H 5.85%，Cl 29.41%，N 11.62%，O 13.27%。
别名 二盐酸吡胺素；盐酸吡哆胺；二盐酸吡哆胺；二盐酸维生素 B_6 胺；吡胺素 二盐酸盐；2-甲基-3-羟基-4-氨甲基-5-羟甲基吡啶 二盐酸盐；4-Aminomethyl-5-hydroxy-6-methyl-3-pyridinemethanol dihydrochloride；2-Methyl-3-hydroxy-4-aminomethyl-5-hydroxymethylpyridine dihydrochloride；Pyridoxammonium dichloride
M.I.15，8093
性状 无色或白色片状结晶。有潮解性。见光逐渐变色。易溶于水(约1g/2mL)，微溶于95%乙醇(0.65g/100mL)。其1%水溶液pH值2.4。mp 226～227℃(分解)；uv max(pH 1.94)：287.5nm。生化试剂含量≥99.0%(TLC)。
注意事项 该品对眼睛、呼吸系统及皮肤有刺激性。使用时应穿适当的防护服。万一接触到眼睛，应立即用大量水冲洗后请医生诊治。应密封于－20℃保存。
主要用途 生化研究。

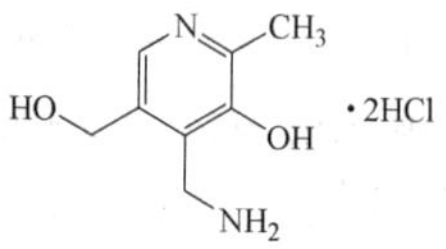

4-Pyridoxic acid 4-吡哆酸 08511
[82-82-6] $C_8H_9NO_4$ 183.16
成分 C 52.46%，H 4.95%，N 7.65%，O 34.94%。
别名 3-羟基-5-羟甲基-2-甲基-4-吡啶羧酸；2-甲基-3-羟基-4-羧基-3-羟甲基吡啶；3-Hydroxy-5-hydroxymethyl-2-methyl-4-pyridinecarboxylic acid；3-Hydroxy-5-hydroxymethyl-2-methylisonicotinic acid；2-Methyl-3-hydroxy-4-carboxy-5-hydroxymethylpyridine
M.I.15，8094
性状 无色楔形结晶。微溶于水、乙醇、吡啶，不溶于乙醚、酸的水溶液，但能完全溶于碱的水溶液。mp 247～248℃。一般试剂含量≥95.0%。
注意事项 该品对眼睛、呼吸系统及皮肤有刺激性。使用时应穿适当的防护服。万一接触到眼睛，应立即用大量水冲洗后请医生诊治。应密封于－20℃保存。

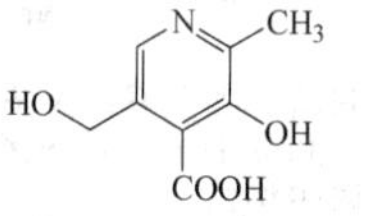

Pyridoxine hydrochloride 吡哆辛 盐酸盐 08512
[58-56-0] $C_8H_{12}ClNO_3$ 205.64
成分 C 46.73%，H 5.88%，Cl 17.24%，N 6.81%，O 23.34%。
别名 盐酸吡哆辛；盐酸 B_6 醇；盐酸吡哆素；吡哆醇 盐酸盐；盐酸吡哆醇；盐酸维生素 B_6；维生素 B_6 盐酸盐；Adermine hydrochloride；Benadon；Bonasanit；Campoviton 6；Hexabetalin；Hexabione hydrochloride；Hexavibex；Hexermin；Hexobion；3-Hydroxy-4，5-dimethylol-α-picoline hydrochloride；5-Hydroxy-6-methyl-3，4-pyridinecarbinol hydrochloride；5-Hydroxy-6-methyl-3，4-pyridinedimethanol hydrochloride；2-Methyl-3-hydroxy-4，5-bis(hydroxymethyl)pyridine hydrochloride；Pyridipea；Pyridox；Pyridoxinium chloride；Pyridoxol hydrochloride；Vitamin B_6 hydrochloride
M.I.15，8095
性状 来自乙醇＋丙酮中的无色片状或不透明棒状结晶或结晶性粉末。无气味，味咸。1g该品溶于约4.5mL水、90mL乙醇，溶于甲醇、丙二醇，略微溶于丙酮，不溶于乙醚、氯仿。205～212℃分解，可升华；uv max(0.1mol/L盐酸中)：290nm(ε 8400)；(磷酸盐缓冲液中，pH 7)：253nm，325nm(ε 3700，7100)。其10%水溶液(质量浓度)pH值3.2。生化试剂含量≥98.0%(HPLC)。

注意事项 该品应充氩气密封避光于2～8℃保存。
主要用途 生化研究。医用维生素增补剂（酶辅因子）。兽用营养因素。

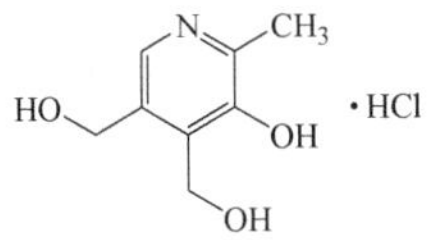

1-(2-Pyridylazo)-2-naphthol 1-(2-吡啶偶氮)-2-萘酚 08513
[85-85-8] $C_{15}H_{11}N_3O$ 249.27
成分 C 72.28%，H 4.45%。N 16.86%，O 6.42%。
别名 α-吡啶偶氮-β-萘酚；PAN；α-Pyridylazo-β-naphthol
性状 橙红色结晶性粉末。溶于乙醇、乙醚、碱溶液及有机溶剂。不溶于水。mp 138～140℃。
注意事项 该品对眼睛、呼吸系统及皮肤有刺激性。使用时应穿适当的防护服。万一接触到眼睛，应立即用大量水冲洗后请医生诊治。应密封于－20℃保存。
主要用途 络合指示剂。光度法测定钴、铜、镓、汞、铟、铱、锰、镍、铅、钯、铑、钌、锑、钛、铀、钒、锌、锆及镧系元素。

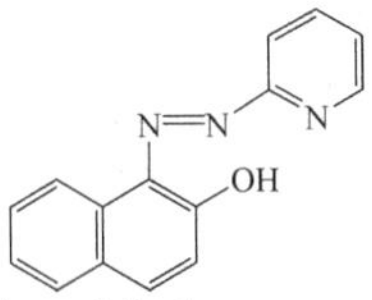

2-(2-Pyridylazo)-1-naphthol
2-(2-吡啶偶氮)-1-萘酚 08514
[10335-31-6] $C_{15}H_{11}N_3O$ 249.27
成分 C 72.28%，H 4.45%，N 16.86，O 6.42%。
别名 ISOPAN；iso-PAN
性状 深橙红色结晶。溶于乙醇，不溶于水。mp 124～189℃。一般试剂含量≥95.0%（HPLC）。
注意事项 该品对眼睛、呼吸系统及皮肤有刺激性。使用时应穿适当的防护服。万一接触到眼睛，应立即用大量水冲洗后请医生诊治。应密封于－20℃保存。
主要用途 络合指示剂。

4-(2-Pyridylazo)resorcinol 08515
4-(2-吡啶偶氮)间苯二酚
[1141-59-9] $C_{11}H_9N_3O_2$ 215.21
成分 C 61.39%，H 4.22%，N 19.53%，O 14.87%。
别名 吡啶(2-偶氮-4-)间苯二酚；吡啶(2-偶氮-4-)雷琐辛；PAR
性状 橙色至橘红色结晶性粉末。易溶于乙醇、乙醚及碱溶液，不溶于水。mp 195～202℃（分解）。一般试剂含量≥95.0%（CHN）。
注意事项 该品对眼睛、呼吸系统及皮肤有刺激性。使用时应穿适当的防护服。万一接触到眼睛，应立即用大量水冲洗后请医生诊治。
主要用途 络合指示剂。

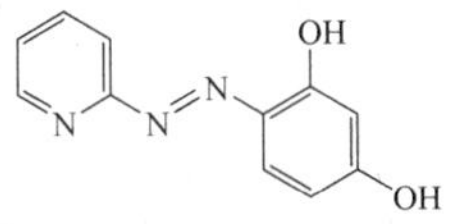

4-(2-Pyridylazo)resorcinol monosodium salt
4-(2-吡啶偶氮)间苯二酚 一钠盐 08516
[16593-81-0] $C_{11}H_8N_3NaO_2 \cdot aq$ 237.20＋aq
成分（以无水物计） C 55.70%，H 3.40%，N 17.72%，Na 9.69%，O 13.49%。
别名 吡啶(2-偶氮-4-)间苯二酚钠盐；PAR monosodium salt；PAR-Na；Pyridine(2-azo-4-)resorcinol monosodium salt；4-(2-Pyridylazo)resorcinol monosodium salt
性状 棕黄色无定形粉末。溶于水。
注意事项 该品对眼睛、呼吸系统及皮肤有刺激性。使用时应穿适当的防护服。万一接触到眼睛，应立即用大量水冲洗后请医生诊治。
主要用途 络合指示剂。光度法测定铋、钴、铜、铵、铟、锰、钼、铌、镍、镎、锇、铅、钯、铑、钌、钪、钽、铊、钍、铀、钒及镧系元素。

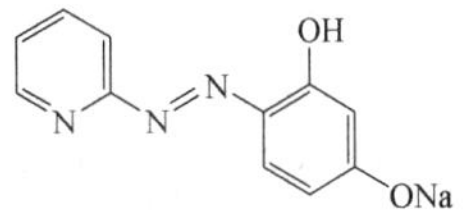

3-(2-Pyridyl)-5,6-diphenyl-1,2,4-triazine
3-(2-吡啶基)-5,6-二苯基-1,2,4-三嗪 08517
[1046-56-6] $C_{20}H_{14}N_4$ 310.36
成分 C 77.40%，H 4.55%，N 18.05%。
别名 铁试剂；3-(2-吡啶基)-5,6-双苯基-1,2,4-三嗪；5,6-二苯基-3-(2-吡啶基)-1,2,4-三嗪；Ferrospectron；5,6-Diphenyl-3-(2-pyridyl)-1,2,4-triazine；PDT
性状 白色结晶性粉末。mp 190～193℃。一般试剂含量≥99.0%（HPLC）。
注意事项 该品对眼睛、呼吸系统及皮肤有刺激性。使用时应穿适当的防护服。万一接触到眼睛，应立即用大量水冲洗后请医生诊治。

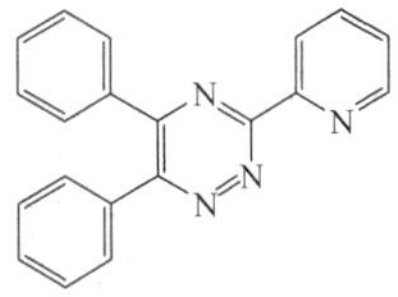

2-(4-Pyridyl)ethanesulfonic acid
2-(4-吡啶基)乙烷磺酸 08518
[53054-76-5] $C_7H_9NO_3S$ 187.21
成分 C 44.91%，H 4.85%，N 7.48%，O 25.64%，S 17.13%。
别名 4-吡啶乙烷磺酸；4-Pyridineethanesulfonic acid
性状 白色结晶性粉末或颗粒。mp 297～299℃（分解）。一般试剂含量≥98.0%（T）。
注意事项 该品具有腐蚀性，能引起烧伤。对眼睛、呼吸系统及皮肤有刺激性。使用时应穿适当的防护服，戴手套和防护镜或面罩。万一接触到眼睛，应立即用大量水冲洗后请医生诊治。使用时如有事故发生或有不适之感，应请医生诊治。

Pyrifenox 啶斑肟 08519
[88283-41-4] $C_{14}H_{12}Cl_2N_2O$ 295.16
成分 C 56.97%，H 4.10%，Cl 24.02%，N 9.49%，O 5.42%。
别名 2′,4′-二氯-2-(3-吡啶基)苯乙酮 0-甲基肟；1-(2,4-Dichlorophenyl)-2-(3-pyridinyl) ethanone *O*-methyloxime；2′,4′-Dichloro-2-(3-pyridyl)acetophenone *O*-methyloxime；ACR-3453A；Ro-15-1297；Dorado
M. I. 15，8096
性状 微带黏性的褐色液体。有柔和的芳香气味。溶于水（20℃，pH值>时 115mg/L）、已烷（<1g/L）。溶于丙酮、乙酸乙酯、氯仿、乙醚、二甲基苯酰胺、异丙醇、甲苯，全部>250g/L。蒸气压（25℃）1.4×10^{-5} mmHg/186.65×10^{-5}Pa；$bp_{0.1}$>150℃/13.3Pa；Fp 293℉（145℃）。LD_{50}大鼠腹膜内注射：950mg/kg；急性经口：>5g/kg；皮肤接触：>5g/kg。LC_{50}大鼠吸入：>2.05mg/L。
注意事项 该品口服有害。
主要用途 农用杀菌剂。分析用标准物质。

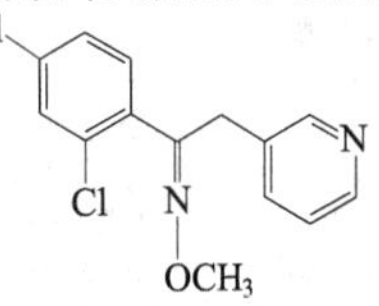

Pyrilamine maleate 顺丁烯二酸吡钠明 08520
[59-33-6] $C_{21}H_{27}N_3O_5$ 401.46
成分 C 62.83%，H 6.78%，N 10.47%，O 19.93%。
别名 苹果酸新安特甘；苹果酸吡钠明；顺丁烯二酸新安特甘；Antamine；Anthisan；2-[(2-Methylaminoethyl)(*p*-methoxybenzyl)amino]pyridine maleate；Dorantamin；Enrumay；Histalon；Histan；Histatex；Histosol；Histapyran；Mepyramine maleate；*N*-*p*-Methoxybenzyl-*N*′,*N*′-dimethyl-*N*-α-pyridylethylenediamine maleate；*N*-(4-Methoxyphenyl) methyl-*N*′，*N*′-dimethyl-*N*-2-pyridinyl-1,2-ethane-diamine maleale；Neo-Antergan；Pa-

raminyl; Parmal; Pyramal; Pyranisamine maleate; RP-2786 maleate; Stamine; Stangen; Thylogen
M. I. 15，8097
性状 无色结晶。具有苦咸味道。在空气中稳定。1g 该品约溶于 0.4mL 水、15mL 无水乙醇，易溶于氯仿，微溶于苯、乙醚。其 10% 水溶液 pH 值约 5.1。mp 100～101℃；uv max：244nm（$E^{1\%}_{1cm}$ 420）。LD_{50}小鼠急性经口：338mg/kg。
注意事项 该品口服有害。对眼睛、呼吸系统及皮肤有刺激性。使用时应穿适当的防护服和戴手套。万一接触到眼睛，应立即用大量水冲洗后请医生诊治。
主要用途 生化研究。医用抗组织胺剂。

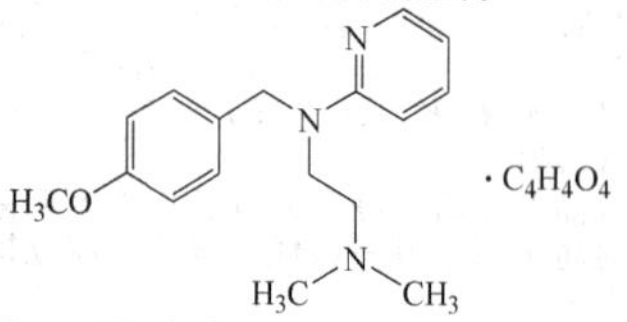

H_3CO · $C_4H_4O_4$

Pyrimethamine 乙嘧啶 08521
[58-14-0] $C_{12}H_{13}ClN_4$ 248.71
成分 C 57.95%，H 5.27%，Cl 14.25%，N 22.53%。
别名 乙胺嘧啶；2,4-二氨基-5-对氯苯基-6-乙基嘧啶；达拉匹林；息疟定；5-(4-氯苯基)-6-乙基-2,4-嘧啶二胺；5-(4-Chlorophenyl)-6-ethyl-2, 4-pyrimidinediamine; 2, 4-Diamino-5-(*p*-chlorophenyl)-6-ethylpyrimidine; RP-4753; Chloridin; Daraprim; Malocide; Tindurin
M. I. 15，8098
性状 无色结晶。溶于沸乙醇（约 25g/L）、冷乙醇（约 9g/L）、稀盐酸（约 5g/L），微溶于丙酮、氯仿，极微溶于丙二醇、二甲基乙酰胺（70℃时），几乎不溶于水。mp 233～234℃。
注意事项 该品口服有害。使用时应避免吸入本品的粉尘。
主要用途 生化研究。医用抗原生物剂，抗疟剂。

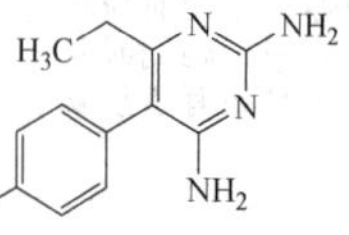

Pyrimidine 嘧啶 08522
[289-95-2] $C_4H_4N_2$ 80.09
成分 C 59.99%，H 5.03%，N 34.98%。
别名 二氮三烯六环；间二氮苯；1, 3-Diazine; *m*-Diazine; Metadiazine; Miazine
M. I. 15，8100
性状 无色油状液体或结晶块。有特殊的臭味。溶于水、乙醇、乙醚。mp 20～22℃；bp_{762} 123～124℃/101.591kPa；Fp 93.2℉（34℃）；uv max（水中）：240nm（ε 2400）。一般试剂含量≥98.0%（GC）。
注意事项 该品易燃。使用时应避免吸入本品的蒸气，避免与眼睛及皮肤接触。应密封保存。
主要用途 生化研究。有机合成。

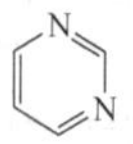

Pyriminil 吡甲硝苯脲 08523
[53558-25-1] $C_{13}H_{12}N_4O_3$ 272.26
成分 C 57.35%，H 4.44%，N 20.58%，O 17.63%。
别名 灭鼠优；抗鼠灵；*N*-(3-吡啶甲基)-*N'*-(4-硝基苯基)脲；*N*-(4-硝基苯基)-*N'*-(3-吡啶基甲基)脲；*N*-(4-Nitrophenyl)-*N'*-(3-pyridinylmethyl) urea; *N*-3-Pyridylmethyl-*N'*-*p*-nitrophenyl-urea; Pyrinuron; RH-787; DLP-787; Vacer
M. I. 15，8101
性状 白色至浅黄色粉末。溶于乙醇、丙酮，不溶于水。mp 223～225℃（分解）。LD_{50} 雄，雌大鼠急性经口：6.2mg/kg，7.2mg/kg。
主要用途 杀鼠剂。

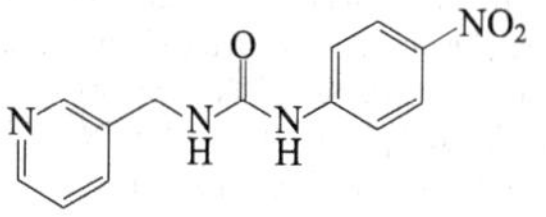

Pyrinoline 四吡环戊烯醇 08524
[1740-22-3] $C_{27}H_{20}N_4O$ 416.48
成分 C 77.87%，H 4.84%，N 13.45%，O 3.84%。
别名 α-[3-(Di-2-pyridinylme-thylene)-1, 4-cyclopentadien-1-yl]-α-2-pyridinyl-2-pyridine-methanol; 3-(Di-2-pyridylmethylene)-α, α-di-2-pyridyl-1, 4-cyclopentadiene-1-methanol; Di-2-pyridyl-(6, 6-di-2-pyridylful-ven-2-yl) methanol; McN-1210; Surexin
M. I. 15，8102
性状 无色结晶。mp 146.5～147.5℃。
主要用途 医用抗心律失常剂（强心剂抑制剂）。

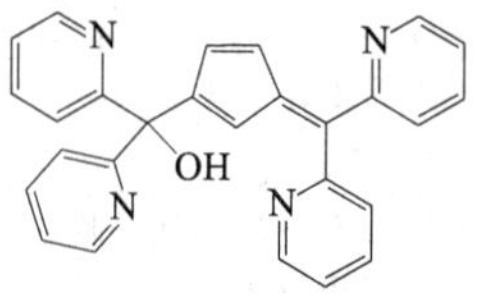

Pyriproxyfen 吡丙醚 08525
[95737-68-1] $C_{20}H_{19}NO_3$ 321.38
成分 C 74.75%，H 5.96%，N 4.36%，O 14.93%。
别名 蚊蝇醚；4-苯氧基苯基（*RS*）-2-（2-吡啶基氧）丙基醚；2-[1-Methyl-2-(4-phenoxyphenoxy) ethoxy] pyridine; 4-Phenoxyphenyl (*RS*)-2-(2-pyridyloxy) propyl ether; S-9318; S-31183; Sumilarv
M. I. 15，8103
性状 浅黄色液体。长期可凝固并产生结晶。mp 49.7℃；$n_D^{20.5}$ 1.5823。
主要用途 杀虫剂。兽犬用杀体的寄生物。分析用标准物质。

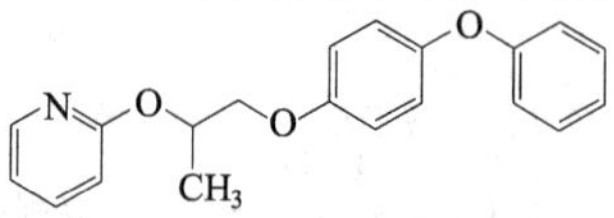

Pyrithiamine 抗硫胺素 08526
[534-64-5] $C_{14}H_{20}Br_2N_4O$ 420.15
成分 C 40.02%，H 4.80%，Br 38.04%；N 13.34%，O 3.81%。
别名 吡啶代噻唑硫胺素；1-(4-Amino-2-methyl-5-pyrimidinyl) methyl-3-(2-hydroxyethyl)-2-methylpyridiniumbromide monohydrobromide; 1-(2-Methyl-4-amino-5-pyrimi-dyl) methyl-2-methyl-3-hydroxyethylpyridinium bromide hydrobromide; Neopyrithiamine
M. I. 15，8105
性状 来自丙酮中的无色结晶。溶于水。218～220℃分解；uv max（水中）：238nm，271nm。生化试剂含量约 95.0%。
注意事项 该品吸入、口服或与皮肤接触有害。使用时应穿适当的防护服。应密封于 2～8℃保存。
主要用途 生化研究。

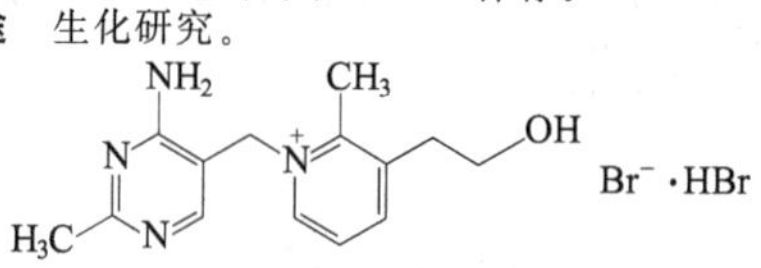

Br^- ·HBr

Pyrithiobac 嘧草硫醚 08527
[123342-93-8] $C_{13}H_{11}ClN_2O_4S$ 326.75
成分 C 47.79%，H 3.39%，Cl 10.85%，N 8.57%，O 19.59%，S 9.81%。
别名 2-氯-6-[(4,6-二甲氧基-2-嘧啶基)硫]苯甲酸；2-Chloro-6-[(4,6-dimethoxy-2-pyrimidinyl)thio]benzoic acid; KIH-8921
M. I. 15，8106
性状 赭石粉末，mp 148～151℃。
主要用途 除草剂。

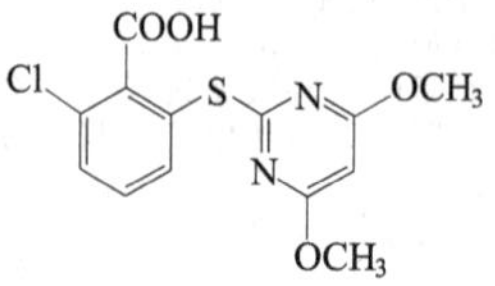

Pyritinol 吡硫醇 08528
[1098-97-1] $C_{16}H_{20}N_2O_4S_2$ 368.48
成分 C 52.15%，H 5.47%，N 7.60%，O 17.37%，S 17.40%。
别名 双硫吡哆醇；脑复新；3,3'-Dithiobis(methylene)-bis[5-hydroxy-6-methyl-4-pyridinemethanol]；Bis(4-hydroxy-methyl-5-hydroxy-6-methyl-3-pyridylmethyl) disulfide；Bis [(3-hydroxy-4-hydroxymethyl-2-methyl-5-pyridyl)methyl] disulfide；Dipyridoxolyl disulfide；Pyridoxine-5-disulfide；Pyrithioxin
M. I. 15，8109
性状 无色结晶。mp 218～220℃。
主要用途 脑代谢机能促进剂。止吐剂。

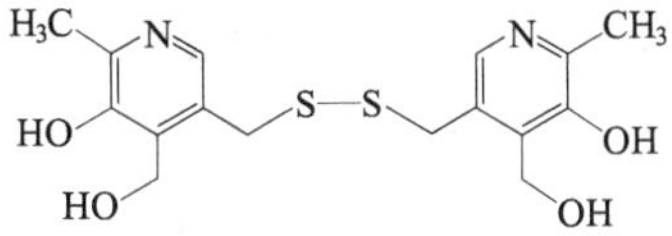

Pyrogallic acid 焦性没食子酸 08529
[87-66-1] $C_6H_6O_3$ 126.11
成分 C 57.14%，H 4.80%，O 38.06%。
别名 1,2,3-三羟基苯；没食子酚；连苯三酚；邻苯三酚；1,2,3-苯三酚；焦棓酸；焦棓酚；1,2,3-Benzenetriol；1,2,3-Trihydroxybenzene；Pyrogallol
M. I. 15，8112
性状 白色结晶。无味。曝露于空气中或见光可变为浅灰色。逐渐加热可升华。1g该品溶于1.7mL水、1.3mL乙醇、1.6mL乙醚，微溶于苯、三氯甲烷、二硫化碳。其水溶液在空气中吸氧变暗，碱性时色变加快。mp 131～133℃；bp 309℃；*d* 1.45。LD_{50}兔急性经口：1.6g/kg。一般试剂含量≥99.0%。
注意事项 该品吸入、口服或与皮肤接触有害。对机体有不可逆损伤的可能性，可能致癌。对水生物有害。对水环境能产生长期有害的结果。使用时应穿适当的防护服和戴手套。应防止将本品释放于环境中。应密封避光保存。
主要用途 检测锑、铋、金、银、汞盐、磷钼酸及磷钨酸的还原剂。测定钽、钼、铌时分离钛、铁、铝。用于钼、铌、钛、铈、铋、铜、银、钒、铁、亚硝酸盐、碘酸盐的显色反应。

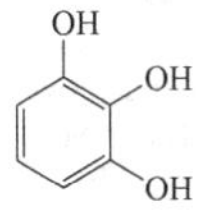

Pyrogallol red 邻苯三酚红 08530
[32638-88-3] $C_{19}H_{12}O_8S$ 400.36
成分 C 57.00%，H 3.02%，O 31.97%，S 8.01%。
别名 邻苯三酚磺酞；焦性没食子酸红；焦棓酚红；焦棓酚磺酞；PR；Pyrogallol sulfonphthalein
性状 棕色粉末。易溶于稀醇。mp≥300℃。
注意事项 使用时应避免吸入本品的粉尘，避免与眼睛及皮肤接触。应密封保存。
主要用途 络合滴定指示剂。络合滴定铋、钴、镍和铅。

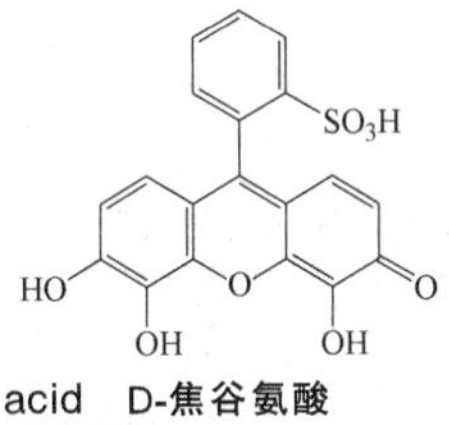

D-Pyroglutamic acid D-焦谷氨酸 08531
[4042-36-8] $C_5H_7NO_3$ 129.12
成分 C 46.51%，H 5.46%，N 10.85%，O 37.18%。
别名 (*R*)-2-吡咯烷酮-5-羧酸；(*R*)-2-Pyrrolidone-5-carboxylic acid
性状 白色结晶性粉末。bp 155～158℃。一般试剂含量≥99.0%(T)。
注意事项 该品对眼睛、呼吸系统及皮肤有刺激性。使用时应穿适当的防护服。万一接触到眼睛，应立即用大量水冲洗后请医生诊治。

DL-Pyroglutamic acid DL-焦谷氨酸 08532
[149-87-1] $C_5H_7NO_3$ 129.12
成分 C 46.51%，H 5.46%，N 10.85%，O 37.18%。
别名 DL-2-吡咯烷酮-5-羧酸；DL-谷氨酸-γ-内酰胺；DL-焦性胶氨酸；DL-焦性麸质酸；DL-Glutamic acid-γ-lactam；5-Oxo-DL-proline；DL-5-Oxopyrrolidine-2-carboxylic acid；DL-2-Pyrrolidone-5-carboxylic acid；(±)-2-Pyrrolidone-5-carboxylic acid
性状 白色结晶性粉末。mp 182～185℃。一般试剂含量≥99.0%(T)。
注意事项 该品对眼睛、呼吸系统及皮肤有刺激性。使用时应穿适当的防护服。万一接触到眼睛，应立即用大量水冲洗后请医生诊治。

L-Pyroglutamic acid L-焦谷氨酸 08533
[98-79-3] $C_5H_7NO_3$ 129.12
成分 C 46.51%，H 5.46%，N 10.85%，O 37.17%。
别名 L-焦性麸质酸；L-焦性胶氨酸；焦性面筋氨基酸；L-2-吡咯烷酮-5-羧酸；α-Aminoglutaric acid lactam；L-5-Oxo-2-pyrrolidinecarboxylic acid；Glutamic acid lactam；L-Glutamic acid pactam；5-Oxo-L-proline；Pyro-Glu；L-2-Pyrrolidone-5-carboxylic acid；(*S*)-2-Pyrrolidone-5-carboxylic acid
M. I. 15，8113
性状 来自乙醇+石油醚中的无色正交双楔结晶或白色结晶性粉末。溶于水、乙醇、丙酮。mp 162～163℃；$[\alpha]_D^{25}$ −23.6°(*c*=5，于pH值7水中)；$[\alpha]_D^{20}$ −11.9°(*c*=2，于水中)。生化试剂含量≥99.0%(T)。
注意事项 该品对眼睛、呼吸系统及皮肤有刺激性。使用时应穿适当的防护服。万一接触到眼睛，应立即用大量水冲洗后请医生诊治。应密封于干燥处保存。
主要用途 生化试剂，酶的抑制剂。外消旋胺的离析。

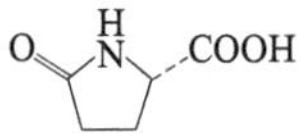

Pyrolan 吡唑兰 08534
[87-47-8] $C_{13}H_{15}N_3O_2$ 245.28
成分 C 63.66%，H 6.16%，N 17.13%，O 13.05%。
别名 吡唑威；Dimethylcarbamic acid 3-methyl-1-phenyl-1*H*-pyrazol-5-yl ester；1-Phenyl-3-methyl-5-pyrazolyl dimethylcarbamate；3-Methyl-1-phenyl-5-pyrazolyldimethylcarbamate；ENT-17588；G-22008
M. I. 15，8114
性状 无色结晶。具有水及脂肪的溶解性。mp 50℃；$bp_{0.2}$ 160～162℃/26.6Pa。LD_{50}大鼠急性经口：62mg/kg。
主要用途 内吸杀蚜虫剂。胆碱酯酶抑制剂。

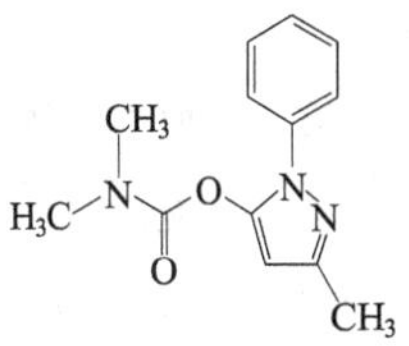

Pyronaridine tetraphosphate 咯萘啶 四磷酸盐 08535
[76748-86-2] $C_{29}H_{44}ClN_5O_{18}P_4$ 910.03
成分 C 38.28%，H 4.87%，Cl 3.90%，N 7.70%，O 31.65%，P 13.61%。
别名 四磷酸咯萘啶；4-(7-Chloro-2-methoxybenzo[*b*]-1,5-naphthyridin-10-yl)amino-2,6-bis(1-pyrroli-dinylmethyl)phenol tetraphosphate；Malaridine tetraphosphate
M. I. 15，8117
性状 黄色针状结晶。无气味。易吸潮。味道微苦。溶于水，极微溶于乙醇，不溶于氯仿、乙醚及多数有机溶剂。mp 233～236℃(分解)。LD_{50}小鼠肌肉注射：(251±33)

mg/kg；急性经口：(1368±239) mg/kg。
主要用途 医用抗疟剂。

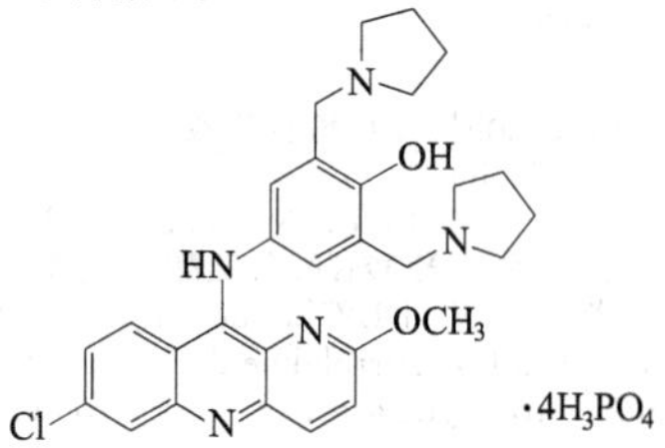

Pyronine B 吡罗红 B 08536
[2150-48-3] $C_{21}H_{27}ClN_2O \cdot FeCl_3$ 521.12
成分 C 48.40%，H 5.22%，Cl 27.21%，Fe 10.72%，N 5.38%，O 3.07%。
别名 二苯氧杂芑胺 B;派罗宁 B;焦宁 B;3,6-Bis(diethylamino) xanthylium chloride;(6-Diethylamino-3*H*-xanthen-3-ylidene) diethylammonium chloride;*N*-(6-Dimethylamino-3*H*-xanthene-3-ylidene)-*N*-methylmethanaminium chloride;(6-Dimethylamino-3*H*-xanthen-3-ylidene) dimethylammonium chloride; Tetraethyldiaminoxanthenyl chloride; Tetramethyldiaminoxanthylium chloride
M.I. 15，8118 C.I. 45010
性状 一般商品为吡罗红 B 三氯化铁配合剂。绿色有金属光泽的针状结晶。溶于水、乙醇，溶液呈蓝色并带有黄色荧光。mp 176～178℃；最大吸光值 (50%乙醇中)：555nm ($E_{1cm}^{1\%}$ 2324)。
注意事项 使用时应避免吸入本品的粉尘，避免与眼睛及皮肤接触。应密封保存。
主要用途 生物染色剂，如细菌、线粒体、嗜碱性细胞、肥大细胞和脓液中的淋巴球菌的染色。区分布鲁氏杆菌时的制菌剂。

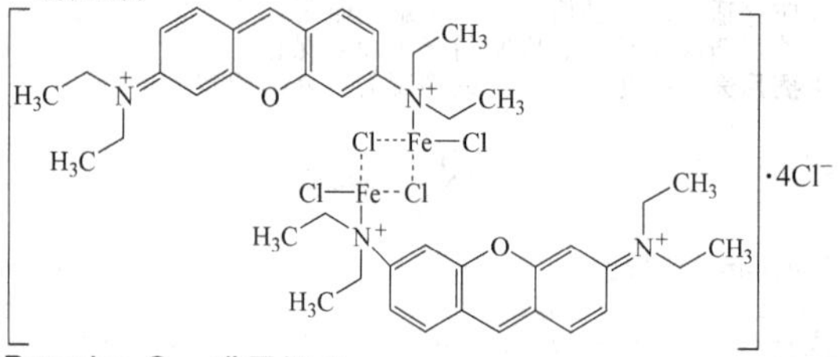

Pyronine G 吡罗红 G 08537
[92-32-0] $C_{17}H_{19}ClN_2O$ 302.80
成分 C 67.43%，H 6.32%，Cl 11.71%，N 9.25%，O 5.28%。
别名 二苯氧杂芑胺 G;吡罗红 Y;派罗宁 G;派罗宁 Y;焦宁 G;焦宁 Y;3,6-Bis(dimethylamino) xanthylium chloride;*N*-(6-Dimethylamino-3*H*-xanthene-3-ylidene)-*N*-methylmethanaminium chloride;(6-Dimethylamino-3*H*-xanthen-3-ylidene) dimethylammonium chloride; Tetramethyldiaminoxanthylium chloride;Pyronine Y
M.I. 15，8119 C.I. 45005
性状 来自乙醇中的有光泽的绿色结晶。溶于水 (26℃ 8.96%)，溶液呈红色；溶于乙醇 (26℃ 0.60%)，溶液带有浅黄色荧光；不溶于乙醚。mp 250～260℃；最大吸光值约 552nm。
注意事项 使用时应避免吸入本品的粉尘，避免与眼睛及皮肤接触。
主要用途 生物染色剂，可与格兰-巴本汉姆染色素合用于淋巴球菌的染色。核酸染色。检定汞、银、锡的试剂。

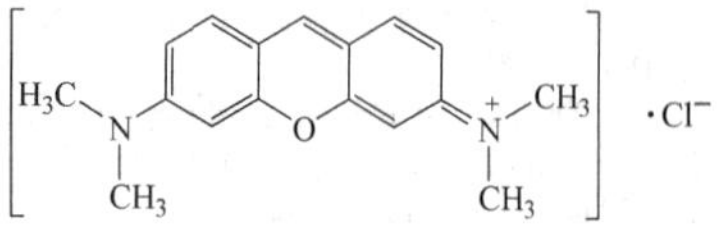

Pyrophosphoric acid 焦磷酸 08538
[2466-09-3] $H_4O_7P_2$ 177.97
成分 H 2.27%，O 62.93%，P 34.81%。
别名 Diphosphoric acid
M.I. 15，8120
性状 无色玻璃状结晶或很少见的无色针状结晶。有吸湿性。溶于水(23℃,709g/100mL)、乙醇、乙醚。mp 61℃。
注意事项 该品口服有害。具有腐蚀性，能引起烧伤。使用时应穿适当的防护服，戴手套和防护镜或面罩。万一接触到眼睛，应立即用大量水冲洗后请医生诊治。使用时如有事故发生或有不适之感，应请医生诊治。应充氮气密封于干燥处保存。
主要用途 催化剂。用于比色测定铁时的隐蔽剂。有机磷酸酯类的制备。

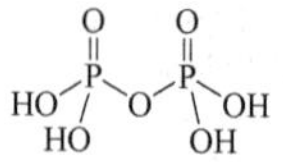

Pyrovalerone hydrochloride 吡咯戊酮 盐酸盐 08539
[1147-62-6] $C_{16}H_{24}ClNO$ 281.82
成分 C 68.19%，H 8.58%，Cl 12.58%，N 4.97%，O 5.68%。
别名 1-(4-甲基苯基)-2-(1-吡咯烷基)-1-戊酮 盐酸盐;盐酸吡咯戊酮;F-1983;Centroton;Thymeryix;1-(4-Methylphenyl)-2-(1-pyrrolidinyl)-1-pentanone hydrochloride;4′-Methyl-2-(1-pyrrolidinyl) valerophenone hydrochloride;α-Pyrrolidino-*p*-methylvalerophenone hydrochloride;1-(1-Pyrrolidinyl) butyl *p*-tolyl ketone hydrochloride;1-(*p*-Tolyl)-1-oxo-2-pyrrolidino-*n*-pentane hydrochloride;1-(*p*-Tolyl)-2-pyrrolidino-1-pentanone hydrochloride
M.I. 15，8122
性状 来自 2-丁酮或甲醇+丙酮+乙醚中的无色结晶。mp 178℃。LD_{50}小鼠急性经口：350mg/kg。
主要用途 医用中枢神经系统兴奋剂。

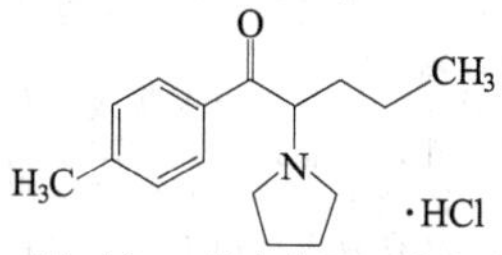

Pyrrocaine hydrochloride 吡咯卡因 盐酸盐 08540
[2210-64-2] $C_{14}H_{21}ClN_2O$ 268.79
成分 C 62.56%，H 7.88%，Cl 13.19%，N 10.42%，O 5.95%。
别名 *N*-(2,6-二甲基苯基)-1-吡咯烷乙酰胺 盐酸盐;盐酸吡咯卡因;*N*-(2,6-Dimethylphenyl)-1-pyrrolidineacetamide hydrochloride;1-Pyrrolidineaceto-2′,6′-xylidide;2-(1-pyrrolidinyl)-2′,6′-acetoxylidide hydrochloride; 1-Pyrrolidinoaceto-2, 6-dimethylanilide hydrochloride; EN-1010-HCl; NSC-52644-HCl; Endocaine hydrochloride;Dynacaine hydrochloride
M.I. 15，8127
性状 来自异丙醇中的无色结晶。溶于水、乙醇、异丙醇，几乎不溶于氯仿、乙醚。mp 205℃。
主要用途 医用局部麻醉剂。

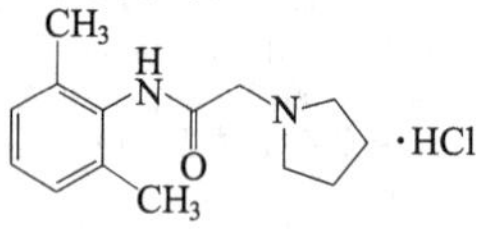

Pyrrol 吡咯 08541
[109-97-7] C_4H_5N 67.09
成分 C 71.61%，H 7.51%，N 20.88%。
别名 一氮二烯五环；二乙烯亚胺；一氮唑；氮杂茂；Azole；Imidole；Divinylenimine；1*H*-Pyrrol
GW 2015-100 M.I. 15，8128
性状 新蒸馏品无色，逐渐变为浅黄色或浅棕色油状液体。易溶于乙醇、苯、乙醚，略微溶于水，不溶于稀碱溶液，溶于稀酸则分解。见光或露置空气中变棕色。mp −24℃；bp_{760} 129.8℃/101.325kPa；Fp 102℉ (39℃，闭杯)；d_4^{20} 0.9691；n_D^{20} 1.5085。一般试剂含量≥97.0% (GC)。
注意事项 该品易燃。口服有毒。其蒸气吸入有害。对机体有不可逆损伤的可能性。可能致癌。使用时应穿适当的防护服和戴手套。万一接触到眼睛，应立即用大量水冲洗后请医生诊治。使用时如有事故发生或有不适之感，应请医生诊治。使用时应避免吸入本品的蒸气，避免与眼睛及皮肤接触。应充氩气密封避光保存。

主要用途 检验金、亚硒酸、硅酸，测定铬酸盐，金、碘酸盐、汞、亚硒酸、硅和钒。有机合成。制药工业。

Pyrrol-2-carboxylic acid 吡咯-2-羧酸 08542

[634-97-9] $C_5H_5NO_2$ 111.10

成分 C 54.05%，H 4.54%，N 12.61%，O 28.80%。

别名 2-羧基吡咯；2-Carboxypyrrole

性状 近似白色针状结晶或粉末。溶于水、乙醇、乙醚。mp 209～211℃。一般试剂含量≥98.0（T）。

注意事项 该品对眼睛、呼吸系统及皮肤有刺激性。使用时应穿适当的防护服。万一接触到眼睛，应立即用大量水冲洗后请医生诊治。应密封保存。

主要用途 糖原蛋白代谢研究。

Pyrrolidine 吡咯烷 08543

[123-75-1] C_4H_9N 71.12

成分 C 67.55%，H 12.76%，N 19.69%。

别名 四亚甲基亚胺；四氢化吡咯；吡咯啶；四氢氮杂茂；Tetrahydropyrrole；Tetramethyleneimine

GW 2015-2069 M. I. 15，8129

性状 几乎无色的液体。有不愉快的类似氨的气味。对二氧化碳敏感。在空气中发烟。呈强碱性。能与水相混溶，溶于乙醇、乙醚、氯仿。p*K*（25℃）2.89。bp 88.5～89℃；Fp 38℉（4℃）；$d_4^{22.5}$ 0.8520；n_D^{28} 1.4402。一般试剂含量≥99.5%（GC）。

注意事项 该品高度易燃。吸入或口服有害。具有强腐蚀性，能引起严重烧伤。使用时应穿适当的防护服，戴手套和防护镜或面罩。万一接触到眼睛，应立即用大量水冲洗后请医生诊治。使用时如有事故发生或有不适之感，应请医生诊治。使用现场禁止吸烟。应远离火种，充氩气密封于阴凉处干燥处保存。

主要用途 中间体。

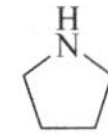

2-Pyrrolidone 2-吡咯烷酮 08544

[616-45-5] C_4H_7NO 85.11

成分 C 56.45%，H 8.29%，N 16.46%，O 18.80%。

别名 丁内酰胺；*α*-酮吡咯啶；2-吡咯酮；*α*-吡咯酮；*δ*-Butyrolactam；K-30；2-Ketopyrrolidine；2-Oxopyrrolidine；*α*-Pyrrolidone；2-Pyrrolidinone

GW 2015-101 M. I. 15，8130

性状 无色结晶。在约25℃以上为液体。能与水、乙醇、乙醚、氯仿、苯、乙酸乙酯、二硫化碳相混溶。mp 23～26℃；bp_{760} 245℃/101.325kPa；$bp_{9.2}$ 113～114℃/1.227kPa；$bp_{0.2}$ 76℃/26.664Pa；Fp 265℉（129℃，开杯）；d_4^{25} 1.116；n_D^{20} 1.4870。一般试剂含量≥99.0%（GC）。

注意事项 该品对眼睛、呼吸系统及皮肤有刺激性。使用时应穿适当的防护服。万一接触到眼睛，应立即用大量水冲洗后请医生诊治。该品口服有害。应密封于阴凉干燥处保存。

主要用途 有机合成。溶剂。

3-Pyrroline 3-吡咯啉 08545

[109-96-6] C_4H_7N 69.11

成分 C 69.52%，H 10.21%，N 20.27%。

别名 2,5-二氢-1*H*-吡咯；2,5-Dihydro-1*H*-pyrrole

M. I. 15，8131

性状 几乎无色的液体。有类似氨的使人不愉快气味。具有催泪性。呈强碱性。在空气中发烟。易吸潮，并吸收二氧化碳。与水相混溶，溶于乙醇、乙醚、氯仿。bp_{748} 90～91℃/99.72kPa；Fp −0.4℉（−18℃）；d_4^{20} 0.9097；n_D^{20} 1.4664。一般试剂含量≥96.0%。

注意事项 该品高度易燃。具有腐蚀性，能引起烧伤。吸入、口服或与皮肤接触有害。使用时应穿适当的防护服，戴手套和防护镜或面罩。使用现场禁止吸烟。避免吸入本品的蒸气。万一接触到眼睛，应立即用大量水冲洗后请医生诊治。使用时如有事故发生或有不适之感，应请医生诊治。应远离火种，充氩气密封干燥保存。

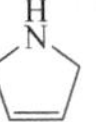

Pyrrolnitrin 硝吡咯菌素 08546

[1018-71-9] $C_{10}H_6Cl_2N_2O_2$ 257.07

成分 C 46.72%，H 2.35%，Cl 27.58%，N 10.90%，O 12.45%。

别名 3-氯-4-(3-氯-2-硝基苯基)吡咯；3-Chloro-4-(3-chloro-2-nitrophenyl) pyrrole；3-Chloro-4-(2′-nitro-3′-chlorophenyl) pyrrole；PN；Pyroace

M. I. 15，8132

性状 来自热环己烷中的浅黄色结晶。在曝露于阳光下而失去抗生素活力下逐渐变为红色或棕色。溶于甲醇、乙醇、丁醇、丙酮、乙酸乙酯、苯、乙醚、氯仿、四氯化碳、吡啶、乙酸，微溶于水、石油醚、环己烷。mp 124.5℃；uv max：252nm（ε 7500）。LD_{50} 大鼠，兔腹膜内注射（mg/kg）：68，105。生化试剂含量＞95.0%（HPLC）。

注意事项 该品对眼睛、呼吸系统及皮肤有刺激性。使用时应穿适当的防护服。万一接触到眼睛，应立即用大量水冲洗后请医生诊治。应密封于−20℃保存。

主要用途 医用抗真菌剂。

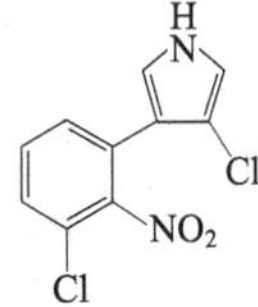

Pyruvaldehyde 20% water solution 丙酮醛 20%水溶液 08547

[78-98-8] $C_3H_4O_2$ 72.06

成分 C 50.00%，H 5.59%，O 44.41%。

别名 甲基乙二醛 20%水溶液；2-氧丙醛 20%水溶液；焦性葡萄醛 20%水溶液；乙酰甲醛 20%水溶液；Acetoformaldehyde 20% water solution；Acetylformaldehyde 20% water solution；2-Ketopropionaldehyde 20% water solution；Pyruvicaldehyde 20% water solution；Methylglyoxal 20% water solution；2-Oxopropanal 20% water solution

M. I. 15，6153

性状 纯品为无色至浅黄色透明液体。极易聚合。溶于水、乙醇。溶于乙醚、苯呈黄色，溶于乙醇为无色。bp_{760} 72℃/101.325kPa；d^{24} 1.0455；$n_D^{17.5}$ 1.4002。一般试剂为含量约 20%的水溶液。

注意事项 该品口服有害。对眼睛有刺激性。使用时应穿适当的防护服。使用时应避免吸入本品的蒸气，避免与眼睛及皮肤接触。万一接触到眼睛，应立即用大量水冲洗后请医生诊治。应密封于 2～8℃保存（勿冻结）。

主要用途 生化研究。

Pyruvaldehyde 40% water solution 丙酮醛 40%水溶液 08548

[78-98-8] $C_3H_4O_2$ 72.06

成分 C 50.00%，H 5.59%，O 44.41%。

别名 甲基乙二醛 40%水溶液；2-氧丙醛 40%水溶液；乙酰甲醛 40%水溶液；焦性葡萄醛 40%水溶液；Acetoformaldehyde 40% water solution；Acetylformaldehyde 40% water solution；2-Ketopropionaldehyde 40% water solution；Methylglyoxal 40% water solution；2-Oxopropanal 40% water solution；Pyruvicaldehyde 40% water solution

M. I. 15，6153

性状 纯品为黄色液体。极易聚合。溶于水、乙醇。溶于乙醚、苯呈黄色，溶于乙醇为无色。d_4^{20} 1.20。一般试剂为含量约 40%的水溶液。

注意事项 该品口服有害。对眼睛有刺激性。使用时应穿适当的防护服。使用时应避免吸入本品的蒸气，避免与眼睛及皮肤接触。万一接触到眼睛，应立即用大量水冲洗后请医生诊治。应密封于2～8℃保存（勿冻结）。

主要用途 生化研究。

Pyruvate kinase from rabbit muscle

丙酮酸激酶（兔肌） 08549

[9001-59-6] Mr 约 230000

别名 丙酮酸磷酸转移酶；Phosphoenolpyrarate kinase；Phosphopyruvate transphosphorylase；PK；Pyruvate phosphoferase

EC 2.7.1.40

性状 细针状结晶或白色冻干粉末，含量100～250U/mg。对湿度敏感。另外有的商品为溶于3.8mol/L硫酸铵溶液中的液体，含量10～40mg/mL。

注意事项 粉末的使用时应避免吸入本品的粉尘，避免与眼睛及皮肤接触。应充氩气密封于－20℃保存。液体的应密封于2～8℃保存（勿冻结）。

主要用途 测定ADP、AMP、磷酸烯醇丙酮酸盐和磷酸甘油酸盐。

Pyruvic acid 丙酮酸 08550

[127-17-3] $C_3H_4O_3$ 88.06

成分 C 40.92%，H 4.58%，O 54.50%。

别名 乙酰甲酸；α-酮基丙酸；2-氧代丙酸；Acetylformic acid；2-Oxopropanoic acid；α-Ketopropionic acid；Pyroracemic acid

M.I. 15，8135

性状 浅黄色液体。易吸潮。见光色变深。与水、乙醇、乙醚相混溶。pK（25℃）2.49。mp 11.8℃；bp_{760} 165℃/101.325kPa（分解）；bp_{100} 106.5℃/13.332kPa；bp_{40} 85.3℃/5.332kPa；bp_{20} 70.8℃/2.666kPa；bp_{10} 57.9℃/1.333kPa；bp_5 45.8℃/666.61Pa；bp_1 21.4℃/133.32Pa；Fp 179.6°F（82℃）；d_4^{15} 1.267；n_D^{20} 1.4138。一般试剂含量≥98.0%（T）。

注意事项 该品具有腐蚀性，能引起烧伤。使用时应穿适当的防护服，戴手套和防护镜或面罩。万一接触到眼睛，应立即用大量水冲洗后请医生诊治。使用时如有事故发生或有不适之感，应请医生诊治。应密封于2～8℃保存。

主要用途 测定伯醇、仲醇，检定脂肪族胺等的显色剂。生化试剂。转氨酶的测定。

Q

Quartz sand 石英砂 08551

[14808-60-7] [7631-86-9] SiO_2 60.08

成分 O 53.26%，Si 46.75%。

别名 二氧化硅 天然；天然二氧化硅；Silica；Silicon dioxide natural；Quartz sand washed and calcined

M.I. 15，8632

性状 白色细小颗粒结晶。无味。溶于氢氟酸生成四氟化硅气体，不溶于水、酸。

注意事项 该品粉尘吸入对机体有不可逆损伤的可能性。使用时应穿适当的防护服和戴手套。

主要用途 分析测定硼、砷、银，提纯硅铁。

Quassin 苦木素 08552

[76-78-8] $C_{22}H_{28}O_6$ 388.46

成分 C 68.02%，H 7.27%，O 24.71%。

别名 2,12-Dimethoxypierasa-2,12-diene-1,11,16-trione；3aβ,6aβ,7,7aα,8,11a,11bα,11c-Octahydro-2,10-dimethoxy-3,8α,11aβ,11cβ-tetramethylphenanthro[10,1-*bc*]pyran-1,5,11(4*H*)-trione；Nigakilactone D

M.I. 15，8142

性状 来自稀甲醇中的长方形片状结晶。味极苦（苦味限度1∶60000）。溶于苯、乙醇、丙酮、氯仿、吡啶、乙酸、热乙酸乙酯，略微溶于乙醚、石油醚。mp 222℃，$[\alpha]_D^{20}$＋34.5°（c＝5.09，于氯仿中）；uv max：约255nm（ε 约11650）。

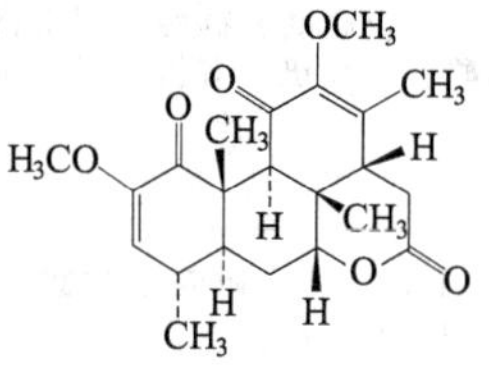

p-Quaterphenyl 对四联苯 08553

[135-70-6] $C_{24}H_{18}$ 306.41

成分 C 94.08%，H 5.92%。

别名 4,4′-二苯基联苯；4,4′-Diphenylbiphenyl；4,4′-Diphenyldiphenyl；Tetraphenyl

性状 白色片状结晶或结晶性粉末。易溶于甲苯、吡啶、喹啉、乙酸戊酯，微溶于苯，几乎不溶于乙醇、乙醚。mp 312～314℃。一般试剂含量≥99.0%（HPLC）。

注意事项 使用时应避免吸入本品的粉尘，避免与眼睛及皮肤接触。

主要用途 闪烁试剂。

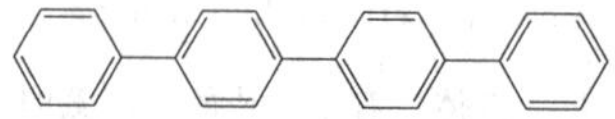

Quatrimycin 四一霉素 08554

[79-85-6] $C_{22}H_{24}N_2O_8$ 444.44

成分（以无水物计） C 59.46%，H 5.44%，N 6.30%，O 28.80%。

别名 [4*R*-(4α,4aβ,5aβ,6α,12aβ)]-4-Dimethylamino-1,4,4a,5,5a,6,11,12a-octahydro-3,6,10,12,12a-pentahydroxy-6-methyl-1,11-dioxo-2-naphtha-cenecarboxamide；Epitetracycline

M.I. 15，8144

性状 一水物为无色结晶。mp 178℃（分解）；$[\alpha]_D^{25}$－335°（c＝0.5，于0.03mol/L盐酸中）；uv max（于0.001mol/L硫酸中）：216nm，255nm，270nm，355（ε 13900，16400，15200，14700）。LD_{50}小鼠静脉注射：85.8mg/kg。

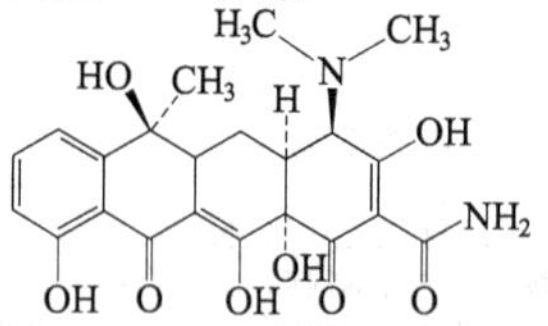

Quazepam 四氟硫安定 08555

[36735-22-5] $C_{17}H_{11}ClF_4N_2S$ 386.79

成分 C 52.79%，H 2.87%，Cl 9.17%，F 19.65%，N 7.24%，S 8.29%。

别名 夸西泮；7-Chloro-5-(2-fluorophenyl)-1,3-dihydro-1-(2,2,2-trifluoroethyl)-2*H*-1,4-benzodiazepine-2-thione；Sch-16134；Doral；Dormalin；Oniria；Prosedar；Qua-zium；Selepam

M.I. 15，8145

性状 来自二氯乙烷-己烷中的无色结晶。mp 137.5～139℃。LD_{50}小鼠静脉注射：＞1370mg/kg；急性经口：＞5000mg/kg。LD_{50}雄、雌小鼠，雄、雌大鼠腹膜内注射（mg/kg）：845、921、3072、2749。

主要用途 医用镇静剂，安眠剂。

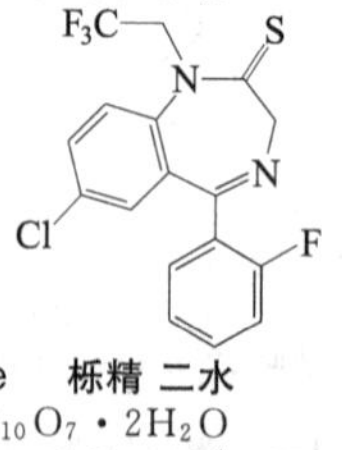

Quercetin dihydrate 槲精 二水 08556

[6151-25-3] $C_{15}H_{10}O_7\cdot 2H_2O$ 338.27

成分（以无水物计） C 59.61%，H 3.33%，O 37.06%。

别名 二水合槲精；槲皮素；3,3′,4′,5,7-五羟基-2-苯基-1-氧杂-4-萘酮；栎皮黄素；栎精酸；槲黄素；橡精；3,3′,4′,5,7-五羟基黄酮；Cyanidenolon 1522；2-(3,4-Dihydroxyphenyl)-3,5,7-trihydroxy-4*H*-1-benzopyran-4-one；Meletine；3,3′,4′,5,7-Pentahydroxyflavone；Quercetinic acid；Sophoretine

M. I. 15，8150　C. I. 75670

性状　来自稀乙醇中的黄色针状结晶。1g 该品溶于 290mL 无水乙醇、23mL 沸乙醇，溶于氨水、冰乙酸，几乎不溶于水。95～97℃失去结晶水，约 314℃分解；uv max（乙醇中）：258nm，375nm（lg ε 2.75，2.75）。LD_{50} 小鼠急性经口：160mg/kg。一般试剂含量≥98.0%（HPLC）。

注意事项　该品口服有毒。对机体有不可逆损伤的可能性。可能致癌。使用时应穿适当的防护服，戴手套和防护镜或面罩。应避免吸入本品的粉尘。使用时如有事故发生或有不适之感，应请医生诊治。其包装物应按危险品处理。应密封保存。

主要用途　染色剂。微量分析锆、锗、铁、铀、铝。

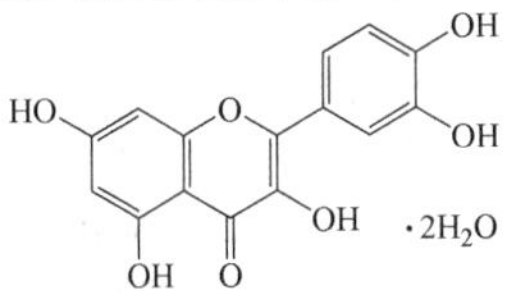

HO O OH OH OH OH O ·$2H_2O$

Quercitrin　栎素　08557

[522-12-3]　$C_{21}H_{20}O_{11}$　448.38

成分　C 56.25%，H 4.50%，O 39.25%。

别名　槲皮鼠李苷；槲皮苷；槲皮素-3-L-鼠李糖苷；3-(6-Deoxy-α-L-mannopyranosyl)oxy-2-(3,4-dihydroxyphenyl)-5,7-dihydroxy-4*H*-1-benzopyran-4-one；3,3′,4′,5,7-Pentahydroxyflavone-3-L-rhamnoside；Quercetin-3-L-rhamnoside；Quercimelin；Quercitroside；Thujin

M. I. 15，8153

性状　来自稀甲醇或乙醇中的黄色结晶。对空气敏感。溶于乙醇，略溶于热水，几乎不溶于冷水、乙醚。mp 176～179℃（乙醇中析出）；167℃（水中析出）。uv max（乙醇中）：350nm，258nm（lg ε 4.18，4.30）。一般试剂含量≥97.0%（HPLC）。

注意事项　该品应充氩气密封保存。

主要用途　点滴分析铁、铀。

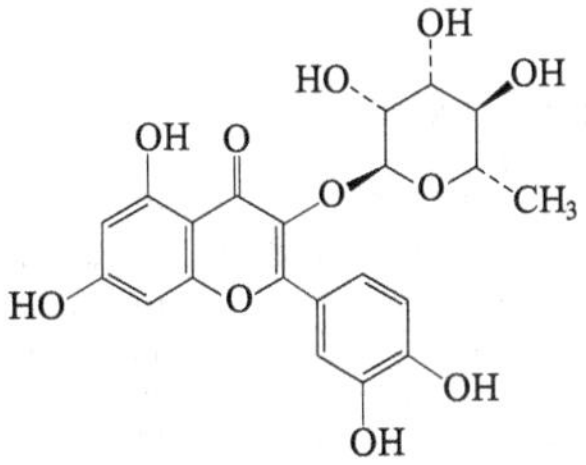

OH HO OH OH O O O CH_3 HO O OH OH

Quetiapine hemifumarate　喹硫平半富马酸盐　08558

[111974-72-2]　$C_{46}H_{54}N_6O_8S_2$　883.09

成分　C 62.57%，H 6.16%，N 9.52%，O 14.49%，S 7.26%。

别名　富马酸喹硫平；半富马酸喹硫平；喹的平富马酸盐；ICI-204636；Seroquel；2-[2-(4-Dibenzo[b_1f][1,4]thiazepin-11-yl-1-piperazinyl) ethoxy] ethanol hemifurmarate；11-[4-[2-(2-Hydroxyethoxy) ethyl]-1-piperazinyl] dibenzo [*b*，*f*] [1，4] thiazepine hemifurmarate

M. I. 15，8155

性状　来自乙醇中的无色结晶或白色结晶性粉末。mp 172～173℃。

主要用途　医用精神抑制剂。

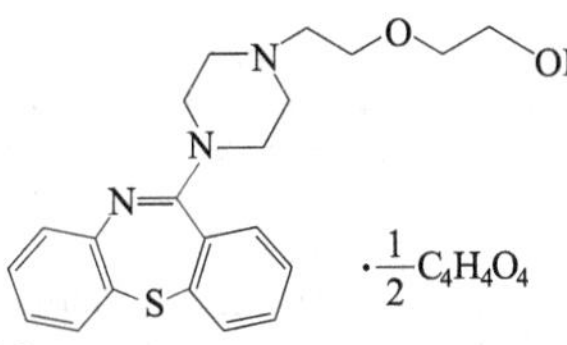

N O OH N N S ·$\frac{1}{2}C_4H_4O_4$

Quin2　喹因 2　08559

[73630-23-6](盐)[83014-44-2](酸)　$C_{26}H_{23}K_4N_3O_4$　693.87

成分　C 45.01%，H 3.34%，K 22.54%，N 6.06%，O 23.06%。

别名　*N*-[2-[8-Bis(carboxymethyl) amino-6-methoxy-2-quinolinyl]methoxy-4-methylphenyl]-*N*-(carboxymethyl) glycine tetrapotassium salt；2-[2-Bis(carboxymethyl) amino-5-methylphenoxy]methyl-6-methoxy-8-[bis(carboxymethyl)amino]quinoline

M. I. 15，8158

性状　浅黄色粉末。uv max 吸收值（于 0.1mol/L 氯化钾溶液中）：261nm，354nm（ε 37000，5000）；游离染料中：240nm，332nm（ε 36000，5000）。一般试剂含量≥95.0%（HPLC）。

注意事项　该品应密封于 2～8℃保存。

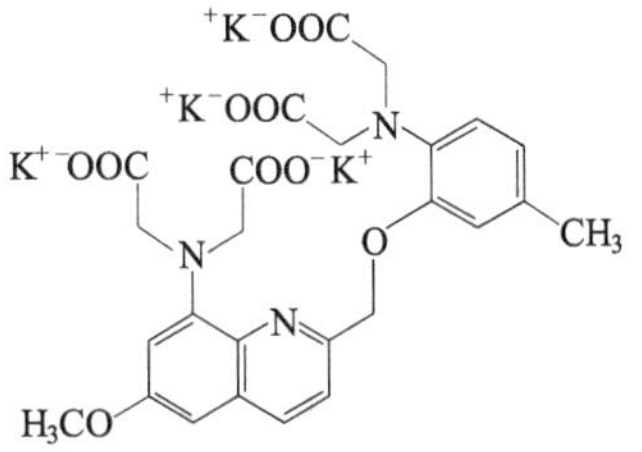

$^+K^-OOC$ $^+K^-OOC$ N $K^+{}^-OOC$ COO^-K^+ CH_3 O N N H_3CO

Quinacillin disodium salt　羧喹噁啉青霉素二钠盐　08560

[985-32-0]　$C_{18}H_{14}N_4Na_2O_6S$　460.37

成分　C 46.96%，H 3.07%，N 12.17%，Na 9.99%，O 20.85%，S 6.96%。

别名　3-羧基-2-喹噁啉青霉素二钠盐；(2*S*,5*R*,6*R*)-6-[(3-Carboxy-2-quinoxalinyl) carbonyl] amino-3，3-dimethyl-7-oxo-4-thia-1-azabicyclo [3.2.0] heptane-2-carboxylic acid disodium salt；3-Carboxy-2-quinoxalinylpenicillin disodium salt

M. I. 15，8159

性状　无色结晶。易溶于水。易吸潮。261～262℃分解；$[\alpha]_D^{23}$ +183.5°（水中）；uv max（含 9.2%水中）：242nm，326nm（ε 32100，7280）。

主要用途　医用抗菌剂。

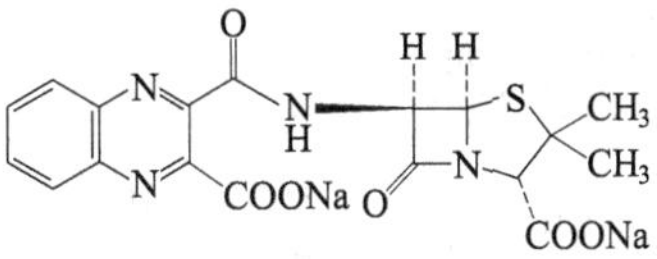

O H H N N S CH_3 H CH_3 N COONa O N COONa

Quinacrine dihydrochloride　喹吖因 二盐酸盐　08561

[69-05-6]　$C_{23}H_{32}Cl_3N_3O$　472.89

成分　C 58.42%，H 6.82%，Cl 22.49%，N 8.89%，O 3.38%。

别名　二盐酸阿的平；二盐酸喹吖因；阿的平 二盐酸盐；盐酸阿的平；6-Chloro-9-(4-diethylamino-1-methylbutyl) amino-2-methoxyacridine dihydrochloride；Palaocin；Acri-quine；Atabrine hydrochloride；Atebrin dihydrochloride；Erion；Metoquine；Italchin；Mepacrine hydrochloride；QD；RP-866；SN-390

M. I. 15，8160

性状　亮黄色结晶。味苦。溶于热水（1g 该品溶于约 35mL 水），微溶于乙醇，稍微溶于甲醇，不溶于乙醚、苯、丙酮。mp 248～250℃（分解）。一般试剂含量≥97.0%（HPLC）。

注意事项　该品口服有害。对眼睛、呼吸系统及皮肤有刺激性。使用时应穿适当的防护服，戴手套和防护镜或面罩。使用时应避免吸入本品的粉尘，避免与眼睛及皮肤接触。应充氩气密封避光于干燥处保存。

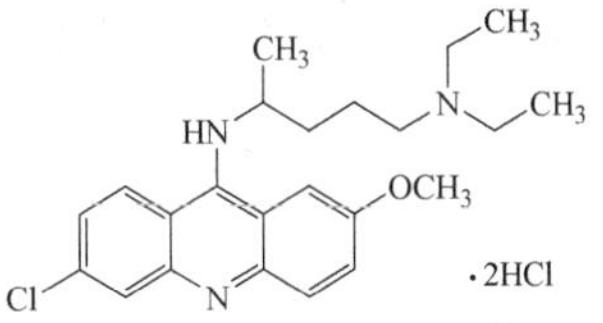

CH_3 CH_3 N CH_3 HN OCH_3 Cl N ·2HCl

Quinacrine mustard dihydrochloride 芥子喹吖因 二盐酸盐　08562

[4213-45-0]　$C_{23}H_{30}Cl_5N_3O$　541.78

成分　C 50.99%，H 5.58%，Cl 32.72%，N 7.76%，O 2.95%。

别名　二盐酸芥子喹吖因；二盐酸喹吖因氮碱；9-[4-(双(2-氯乙基) 氨基)-1-甲基丁氨基]-6-氯-2-甲氧基吖啶 二盐

酸盐；阿的平氮碱 二盐酸盐；喹吖因氮碱 二盐 酸盐；9-[4-(Bis(2-chloroethyl)amino)-1-methylbutyl amino]-6-chloro-2-methoxyacridine dihydrochloride

性状 橘黄色粉状结晶。一般试剂含量≥90.0%(N)。

注意事项 该品能引起遗传基因的损伤。吸入或口服有毒。吸入或与皮肤接触可引起过敏。使用前应得到专门的指导，避免曝露。使用时应穿适当的防护服，戴手套和防护镜或面罩。使用时应避免吸入本品的粉尘。使用时如有事故发生或有不适之感，应请医生诊治。应充氩气密封避光于−20℃干燥保存。

主要用途 染色体 RNA 的荧光标记试剂。

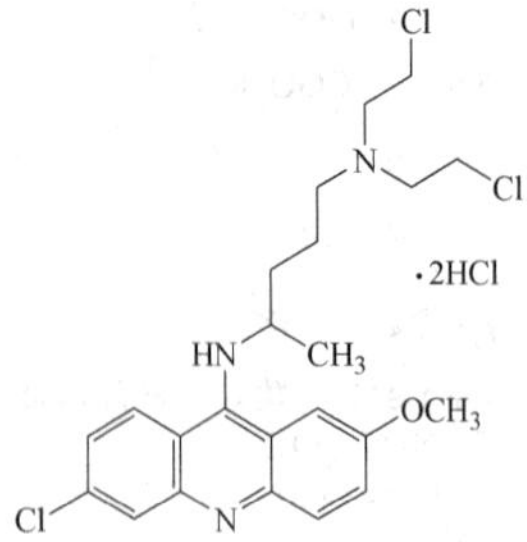

Quinagolide 喹高利特 08563

[87056-78-8] $C_{20}H_{33}N_3O_3S$ 395.56

成分 C 60.73%，H 8.41%，N 10.62%，O 12.13%，S 8.10%。

别名 喹高莱；*rel*-*N*,*N*-Diethyl-*N*′-(3*R*,4a*R*,10a*S*)-(1,2,3,4,4a,5,10,10a-octahydro-6-hydroxy-1-propylbenzo[*g*]quinolin-3-yl) sulfamide；(±)-1-*n*-Propyl-3α-dieth-ylsulfamoyl-amino-6-hydroxy-1,2,3,4,4aα,5,10,10aβ-octahy-drobenzo[*g*]quinoline

M.I. 15，8161

性状 浅褐色粉末。mp 122.5～124℃。

主要用途 医用催乳激素抑制剂。

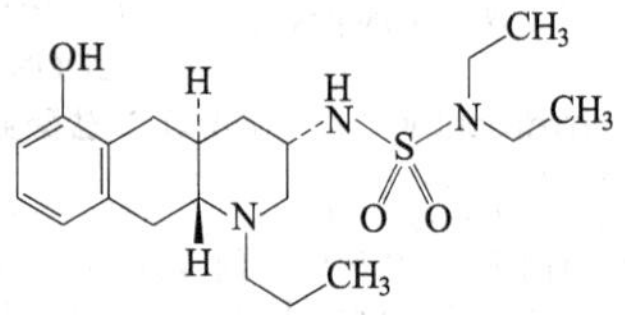

Quinaldic acid 喹哪啶酸 08564

[93-10-7] $C_{10}H_7NO_2$ 173.17

成分 C 69.36%，H 4.07%，N 8.09%，O 18.48%。

别名 2-羧基喹啉；喹啉-2-羧酸；Quinaldinic acid；2-Quinolinecarboxylic acid

M.I. 15，8162

性状 无色或微黄色结晶或粉末。溶于热水、乙醇、碱溶液、苯，微溶于冷水。mp 155～157℃。一般试剂含量≥99.0%(T)。

注意事项 该品对眼睛、呼吸系统及皮肤有刺激性。使用时应穿适当的防护服。使用时应避免吸入本品的粉尘，避免与眼睛及皮肤接触。万一接触到眼睛，应立即用大量水冲洗后请医生诊治。应密封保存。

主要用途 测定镉、铜、铁、锌、铀的试剂。

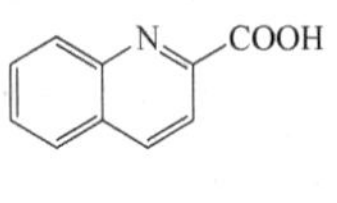

Quinaldine 喹哪啶 08565

[91-63-4] $C_{10}H_9N$ 143.19

成分 C 83.88%，H 6.34%，N 9.78%。

别名 2-甲基喹啉；邻甲基喹啉；2-Methylquinoline

GW 2015-1129 M.I. 15，8163

性状 无色油状液体。有喹啉气味。露置空气中易变成红棕色。溶于乙醇、乙醚、三氯甲烷，几乎不溶于水。mp −9～−3℃；bp 246～247℃；Fp 175℉(79℃)；*d* 约 1.06；n_D^{20} 1.611。LD_{50} 大鼠急性经口：1.23g/kg。一般试剂含量≥97.0%(GC)。

注意事项 该品口服或与皮肤接触有害。对眼睛、呼吸系统及皮肤有刺激性。使用时应穿适当的防护服和戴手套。万一接触到眼睛，应立即用大量水冲洗后请医生诊治。应密封避光保存。

主要用途 测定铋的试剂。有机合成。

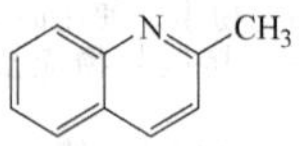

Quinaldine blue 喹哪啶蓝 08566

[2768-90-3] $C_{25}H_{25}ClN_2$ 388.94

成分 C 77.20%，H 6.48%，Cl 9.11%，N 7.20%。

别名 氯化频哪氰醇；增感红；Bis[1-ethylquinoline-(2)]trimethinecyanine chloride；1,1′-Diethyl-2,2′-carbocyanine chloride；1,1′-Diethyl-2,2′-trimethinequinocyanine chloride；1-Ethyl-2-[3-(1-ethyl-2(1*H*)-quinolinylidene)-1-propenyl]quinolinium chloride；Pinacyanol chloride；Vernitest reagent

M.I. 15，8164

性状 浅蓝绿色棱柱形、针状结晶或粉末。中等程度溶于水，呈紫红色。溶于乙醇呈蓝色。溶液均为二色性。约263℃分解；λ_{max} 604(560) nm。

注意事项 该品对眼睛、呼吸系统及皮肤有刺激性。使用时应穿适当的防护服，戴手套和防护镜或面罩。应密封于2～8℃保存。

主要用途 生物组织染色剂。

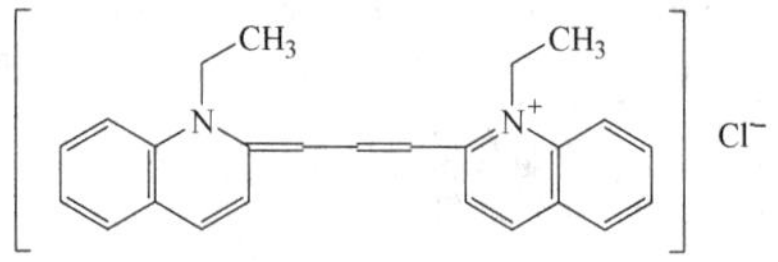

Quinaldine red 喹哪啶红 08567

[117-92-0] $C_{21}H_{23}IN_2$ 430.33

成分 C 58.61%，H 5.39%，I 29.49%，N 6.51%。

别名 2-(对二甲氨基苯乙烯)碘化乙基喹啉；α-(*p*-Dimethyl aminophenylethylene) quinoline ethiodide；2-[2-[4-(Dimethylamino)phenyl]ethenyl]-1-ethylquinolinium iodide；2-[*p*-(Dimethylamino) styryl]-1-ethylquinolinium iodide；2-(*p*-Dimethylaminostyryl)quinoline ethiodide；Eastman No. 1361

M.I. 15，8165

性状 深红色粉末。易溶于乙醇呈深红色，微溶于水。pH值1.4～3.2(由无色至红色)；如有氯化物存在时，pH值1.2～3.0(由无色至红色)。λ_{max} 528nm。一般试剂含量(干燥)95.0%。

注意事项 该品应密封避光保存。

主要用途 酸碱指示剂。

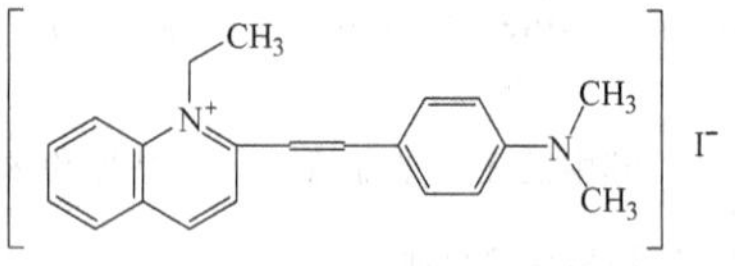

Quinalizarin 醌茜素 08568

[81-61-8] $C_{14}H_8O_6$ 272.21

成分 C 61.77%，H 2.96%，O 35.26%。

别名 1,2,5,8-四羟基蒽醌；对醌对二酚茜素；Alizarin bordeaux B；Mordant violet 26；1,2,5,8-Tetrahydroxy-9,10-anthracenedione；1,2,5,8-Tetrahydroxyanthraquinone

M.I. 15，8166 C.I. 58500

性状 来自乙酸或硝基苯中的红色针状结晶，带绿色的金属光泽。溶于碱性水溶液呈红紫色，在乙酸中为黄色，在硫酸中为蓝紫色，极微溶于多种有机溶剂，不溶于水。mp >275℃。

注意事项 该品对眼睛、呼吸系统及皮肤有刺激性。使用时应穿适当的防护服。使用时应避免吸入本品的粉尘，避免与眼睛及皮肤接触。万一接触到眼睛，应立即用大量水冲洗后请医生诊治。应密封保存。

主要用途 测定铍、镁、钙、铝、镧、钍、铈、镨、钕、锆、硼等的试剂。棉织物的媒染剂。

Quinapril hydrochloride 喹那普利 盐酸盐 08569

[82586-55-8] $C_{25}H_{31}ClN_2O_5$ 474.98

成分 C 63.22%，H 6.58%，Cl 7.46%，N 5.90%，O 16.84%。

别名 盐酸喹那普利；CI-906；PD-109452-2；Accupril；Accuprin；Accupro；Acequin；Acuitel；Korec；Quinazil；(3*S*)-2-[(2*S*)-2-[(1*S*)-1-Ethoxycarbonyl-3-phenylpropyl]amino-1-oxopropyl]-1,2,3,4-tetrahydro-3-isoquinolinecarboxylie acid hydrochloride；(*S*)-2-[(*S*)-*N*-[(*S*)-1-Carboxy-3-phenylpropyl]alanyl]-1,2,3,4-tetrahydro-3-isoquinolinecarboxylic acid 1-ethyl ester hydrochloride

M.I. 15，8167

性状 来自乙酸乙酯-甲苯中的无色结晶，mp 120～130℃，$[\alpha]_D^{23}+14.5°$($c=1.2$，于乙醇中)。或来自乙腈中的白色结晶性固体，mp 119～121.5℃，$[\alpha]_D^{25}+15.4°$($c=2$，于甲醇中)。LD_{50}雄、雌小鼠，雄、雌大鼠急性经口(mg/kg)：1739、1840、4280、3541；静脉注射(mg/kg)：504、523、158、107。生化试剂含量≥97.0%(HPLC)。

注意事项 使用时应避免吸入本品的粉尘。避免与眼睛及皮肤接触。

主要用途 医用抗高血压剂。

Quinazoline 喹唑啉 08570

[253-82-7] $C_8H_6N_2$ 130.15

成分 73.83%，H 4.65%，N 21.52%。

别名 5,6-苯并嘧啶；1,3-苯并二氮杂苯；苯并[*a*]嘧啶；1,3-Benzodiazine；Benzo[*a*]pyrimidine；5,6-Benzopyrimidine；Phenmiazine

M.I. 15，8169

性状 来自石油醚中的无色小叶片状结晶。有喹啉气味。味道微苦。易溶于水，溶于多数有机溶剂。呈中性反应。mp 48.0～48.5℃；$bp_{772.5}$ 241.5℃/102.991kPa；bp_{764} 241.5℃/101.858kPa；Fp 224℉(106℃)。一般试剂含量≥98.0%。

注意事项 使用时应避免吸入本品的粉尘，避免与眼睛及皮肤接触。应密封干燥保存。

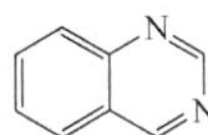

Quinestrol 炔雌醚 08571

[152-43-2] $C_{25}H_{32}O_2$ 364.53

成分 C 82.37%，H 8.85%，O 8.78%。

别名 17α-乙炔基雌二醇-3-环戊基醚；炔雌醇-3-环戊醚；(17α)-3-Cyclopentyloxy-19-norpregna-1,3,5(10)-trien-20-yn-17-ol；17α-Ethinylestradiol 3-cyclopentyl ether；W-3566；Estrovis

M.I. 15，8171

性状 无色结晶。mp 107～108℃；$[\alpha]_D^{25}+5°$($c=0.5$，于二氧六环中)。

注意事项 该品能危害胎儿。吸入、口服或与皮肤接触有害。可能致癌。使用前应得到专门的指导，避免曝露。使用时应穿适当的防护服，戴手套和防护镜或面罩。使用时应避免吸入本品的粉尘。使用时如有事故发生或有不适之感，应请医生诊治。应密封于阴凉、通风处保存。

主要用途 生化研究。医用雌激素。

Quinethazone 喹乙唑酮 08572

[73-49-4] $C_{10}H_{12}ClN_3O_3S$ 289.73

成分 C 41.46%，H 4.17%，Cl 12.24%，N 14.50%，O 16.57%，S 11.07%。

别名 喹乙宗；7-氯-2-乙基-6-氨磺酰-1,2,3,4-四氢-4-喹唑酮；7-Chloro-2-ethyl-1,2,3,4-tetrahydro-4-oxo-6-quinazolinesulfonamide；7-Chloro-2-ethyl-6-sulfamoyl-1,2,3,4-tetrahydro-4-quinazolinone；7-Chloro-2-ethyl-1,2,3,4-tetrahydro-4-oxo-6-sulfamoylquinazoline；CL-36010；Hydromox；Aquamox

M.I. 15，8172

性状 来自50%丙酮中的具有纤维性结晶。溶于丙酮、乙醇。mp 250～252℃。

主要用途 医用利尿剂，抗高血压剂。

Quinfamide 喹法米特 08573

[62265-68-3] $C_{16}H_{13}Cl_2NO_4$ 354.18

成分 C 54.26%，H 3.70%，Cl 20.02%，N 3.95%，O 18.07%。

别名 2-呋喃羧酸-1-二氯乙酰基-1,2,3,4-四氢-6-喹啉酯；2-Furancarboxylic acid 1-dichloroacetyl-1,2,3,4-tetrahydro-6-quinolinyl ester；2-Furoic acid ester with 1-dichloroacetyl-1,2,3,4-tetrahydro-6-quinolinol；1-Dichloroacetyl-6-(2-furoyloxy)-1,2,3,4-tetrahydroquinoline；Win-40014；Amenox；Amenide

M.I. 15，8173

性状 来自乙酸乙酯中的无色结晶。mp 150.5～151℃。

主要用途 医用抗阿米巴剂。

Quinhydrone 醌氢醌 08574

[106-34-3] $C_{12}H_{10}O_4$ 218.21

成分 C 66.05%，H 4.62%，O 29.33%。

别名 苯醌合苯二酚；对苯醌合对苯二酚；2,5-Cyclohexadiene-1,4-dione compd with 1,4-benzenediol(1∶1)；Green hydroquinone

M.I. 15，8174

性状 黄绿色结晶。有特殊气味。见光或久置变红棕色。溶于热水、氨水、乙醇、乙醚，微溶于冷水，不溶于石油醚。mp 171℃(部分升华与分解)；*d* 1.40。LD_{50}大鼠急性经口：225mg/kg。一般试剂含量≥97.0%。

注意事项 该品口服有害。对眼睛、呼吸系统及皮肤有刺激性。使用时应穿适当的防护服。万一接触到眼睛，应立即用大量水冲洗后请医生诊治。应密封避光保存。

主要用途 pH值的测定。醌氢醌电极的制造。

Quinic acid 奎尼酸 08575

[77-95-2] $C_7H_{12}O_6$ 192.17

成分 C 43.75%，H 6.29%，O 49.95%。

别名 喹尼酸；六氢-1,3,4,5-四羟基苯甲酸；1,3,4,5-四羟基环己烷羧酸；1，3，4，5-四羟基环己烷-1-羧酸；金鸡纳酸；Chinic acid；Kinic acid；(－)-Hexahydro-1，3，4，5-tetrahydroxybenzoic acid；1，3，4，5-Tetrahydroxycyclohexanecarboxylic acid；(1*α*，3*R*，4*α*，5*R*)-1，3，4，5-Tetrahydoxycyclohexanecarboxylic acid

M. I. 15，8175

性状　白色结晶。有强酸味。溶于2.5份水，溶于乙醇、冰乙酸，不溶于乙醚。mp 162～163℃；*d* 1.64；$[\alpha]_D^{20}$ －42°～＋44°（于水中）。一般试剂含量≥98.0%（T）。

注意事项　使用时应避免吸入本品的粉尘，避免与眼睛及皮肤接触。

主要用途　生化研究。

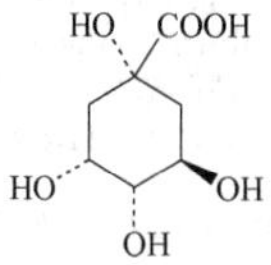

HO　COOH　HO　OH　OH

Quinidine　奎尼定　08576

[56-54-2]　$C_{20}H_{24}N_2O_2$　324.42

成分　C 74.05%，H 7.46%，N 8.64%，O 9.86%。

别名　奎尼丁；奎尼啶；异奎宁碱；异金鸡纳碱；*β*-金鸡纳碱；Conquinine；(9*S*)-6′-Methoxycinchonan-9-ol；*α*-(6-Methoxy-4-quinolyl)-5-vinyl-2-quinuclidinemethanol；6-Methoxy-*α*-(5-viny1-2-quinucliding)-4-quinoline methanol；Pitayine；*β*-Quinine

M. I. 15，8176

性状　无色结晶。能摩擦发光。1g该品溶于36mL乙醇、56mL乙醚、1.6mL三氯甲烷，溶于2000mL冷水、800mL沸水。易溶于甲醇，几乎不溶于石油醚。在稀硫酸中呈蓝色荧光。pK_1（20℃）5.4；pK_2 10.0。mp 174～175℃；$[\alpha]_D^{15}$ ＋230°（*c*＝1.8，于氯仿中）；$[\alpha]_D^{17}$ ＋258°（于乙醇中）；$[\alpha]_D^{17}$ ＋322°（*c*＝1.6，于2mol/L盐酸中）。LD_{50}大鼠急性经口：263mg/kg；静脉注射：30mg/kg。一般试剂含量≥98.0%（NT）。

注意事项　该品口服有害。使用时应穿适当的防护服。应密封避光保存。

主要用途　医用抗心律失常剂，抗疟剂。化验分析用于铋、磷等的测定。

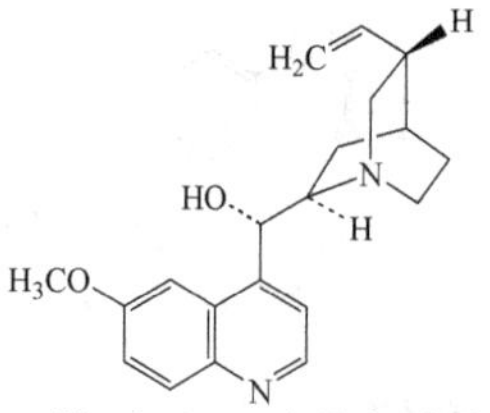

H_2C　H　N　HO　H　H_3CO　N

Quinidine sulfate dihydrate　奎尼定 硫酸盐 二水　08577

[6591-63-5]　$C_{40}H_{50}N_4O_8S$　782.95

成分（以无水物计）　C 64.32%，H 6.75%，N 7.50%，O 17.14%，S 4.29%。

别名　二水合硫酸奎尼定；异金鸡纳碱 硫酸盐；异奎宁碱 硫酸盐；硫酸奎尼丁；硫酸异金鸡纳碱；硫酸异奎宁碱；奎尼丁硫酸盐；硫酸*β*-金鸡纳碱；硫酸奎尼定 二水；Cin-Quin；Quinicardine；Quinidex extentabs；Quinora

M. I. 15，8176

性状　白色微细结晶。无气味，味极苦。1g该品溶于10mL乙醇、3mL甲醇、12mL氯仿、约90mL水、15mL沸水，不溶于乙醚、苯。pK_a 4.2，8.8。其1%水溶液pH值6.0～6.8。mp 212～214℃（分解）；$[\alpha]_D^{25}$约＋212°（于95%乙醇中）；$[\alpha]_D^{25}$约＋260°（于稀盐酸中）。LD_{50}小鼠，大鼠急性经口（mg/kg）：700，455.8；静脉注射（mg/kg）：83，56。一般试剂含量≥85.0%。

注意事项　该品口服有害。使用时应穿适当的防护服和戴手套。应密封避光保存。

主要用途　在紫外光照射下滴定酸时作荧光指示剂（在pH值3.8～6.1时由天蓝色至紫色，pH值9.5～10.0时荧光消失）。重量法测定钨，比色法测定铋，比浊法测定磷。

Quinine　奎宁　08578

[130-95-0]　$C_{20}H_{24}N_2O_2$　324.42

成分　C 74.05%，H 7.46%，N 8.64%，O 9.86%。

别名　金鸡纳碱；金鸡纳霜；(8*α*，9*R*)-6′-Methoxycinchonan-9-ol

M. I. 15，8177

性状　白色有丝光的针状结晶或无定形粉末。无气味。味极苦。170～180℃于高真空状态可升华。1g该品溶于0.8mL乙醇、1.2mL氯仿、二硫化碳、80mL苯、20mL甘油、1900mL 10%氨水、250mL无水乙醚、1900mL水、760mL沸水，几乎不溶于石油醚。pK_1（18℃）5.07；pK_2 9.7。mp 177℃（微分解）；$[\alpha]_D^{15}$ －169°（*c*＝2，于97%乙醇中）；$[\alpha]_D^{17}$ －117°（*c*＝1.5，于氯仿中）；$[\alpha]_D^{15}$ －285°（*c*＝0.4mol/L，于0.05mol/L硫酸中）。一般试剂含量≥98.0%（NT）。

注意事项　该品对眼睛、呼吸系统及皮肤有刺激性。吸入或与皮肤接触可引起过敏。使用时应穿适当的防护服和戴手套。使用时应避免吸入本品的粉尘。使用时如有事故发生或有不适之感，应请医生诊治。应密封避光保存。

主要用途　检验锑、铋、镉、铈、金、铱、锇、铂、硒、碲、锡、碳酸盐、磷酸盐、硫酸盐、亚硫酸盐、硫化物，测定砷、钨。生化研究。医用抗疟剂，骨骼肌肉松弛剂。

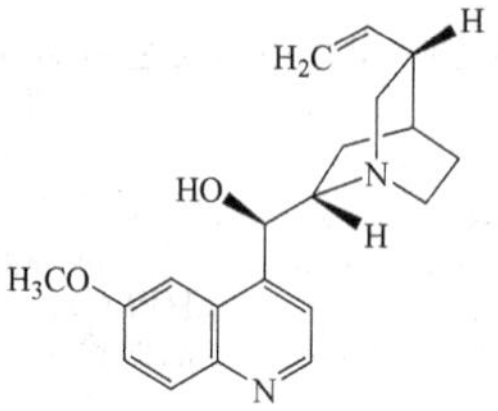

H_2C　H　N　HO　H　H_3CO　N

Quinine hydrochloride dihydrate
奎宁 盐酸盐 二水　08579

[6119-47-7]　$C_{20}H_{25}ClN_2O_2 \cdot 2H_2O$　396.92

成分（以无水物计）　C 66.56%，H 6.98%，Cl 9.82%，N 7.76%，O 8.87%。

别名　盐酸金鸡纳碱 二水；盐酸奎宁 二水；金鸡纳碱 盐酸盐 二水；Quinine chloride

M. I. 15，8177

性状　无色有光泽的针状结晶。味极苦。露置热空气中风化。1g该品溶于16mL水、0.5mL沸水、1.0mL乙醇、约7.0mL甘油、约1mL氯仿、约350mL乙醚。其1%水溶液pH值6.0～7.0。mp 115～116℃（分解）；$[\alpha]_{546}^{20}$ －285°±5°；$[\alpha]_D^{20}$ －230°±5°（*c*＝2，于0.1mol/L盐酸中）。一般试剂含量（以干样计）99.0%～101.5%。

注意事项　该品口服有害。吸入或与皮肤接触可引起过敏。使用时应穿适当的防护服和戴手套。使用时应避免吸入本品的粉尘。使用时如有事故发生或有不适之感，应请医生诊治。应密封避光保存。

主要用途　分析试剂。

Quinine sulfate dihydrate　奎宁 硫酸盐 二水　08580

[6119-70-6]　$C_{40}H_{50}N_4O_8S \cdot 2H_2O$　782.95

成分（以无水物计）　C 64.32%，H 6.75%，N 7.50%，O 17.14%，S 4.29%。

别名　二水合硫酸奎宁；硫酸金鸡纳碱；硫酸奎宁 二水；金鸡纳碱 硫酸盐；Quinamm；Quinate；Quine；Quinsan

M. I. 15，8177

性状　无色或白色针状、棒状结晶或粉末。味极苦。不活泼，但见光后逐渐变成褐色。在空气中吸潮。100℃时失去结晶水。1g该品溶于810mL水、32mL沸水、120mL乙醇、10mL 78℃乙醇。易溶于2体积氯仿与1体积无水乙醇的混合溶液，微溶于乙醚、三氯甲烷。其水溶液对石蕊呈中性。mp约225℃（分解）；$[\alpha]_D^{15}$－220°（5%溶液于约0.5mol/L盐酸中）。一般试剂含量（以无水盐计）99.0%～101.5%。

注意事项　该品对眼睛、呼吸系统及皮肤有刺激性。万一接触到眼睛，应立即用大量水冲洗后请医生诊治。应密封避光保存。

主要用途　在紫外线照射下滴定酸时作荧光指示剂（pH值3.8～6.1由天蓝至紫色，pH值9.5～10荧光消失）。重量分析法测定钨；比色分析法测定铋；比浊法测定磷等。

Quinmerac 氯甲喹啉酸 08581

[90717-03-6] $C_{11}H_8ClNO_2$ 221.64

成分 C 59.61%，H 3.64%，Cl 15.99%，N 6.32%，O 14.44%。

别名 喹草酸，绿甲喹叶啉酸；7-氯-3-甲基喹啉-8-羧酸；7-Chloro-3-methyl-8-quinolinecarboxylic acid；BAS-518；BAS-518H

M. I. 15，8182

性状 来自二甲基甲酰胺中的无色结晶性固体。无味。该品于下列物质中的溶解度（20℃，g/100g）：水 2.1×10^{-3}，橄榄油<0.1，丙酮 0.2。较少地溶于有机溶剂。蒸气压（20℃）$<10\times10^{-5}$Pa；mp 244℃。LD_{50}大鼠急性经口：>5g/kg；皮肤接触：>2g/kg。对蜜蜂无毒。

主要用途 除草剂。

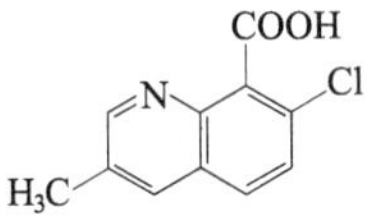

Quinoline 喹啉 08582

[91-22-5] C_9H_7N 129.16

成分 C 83.69%，H 5.46%，N 10.84%。

别名 苯并吡啶；氮（杂）萘；1-Benzazine；Benzo[*b*]pyridine；Chinoleine；Leucoline

GW 2015-1238　M. I. 15，8185

性状 无色至微黄色油状液体。有吸湿性。有特殊气味。见光或露置空气中色变深。与二硫化碳、乙醇、乙醚相混溶，微溶于冷水。能溶解硫、磷、三氧化砷。能随水蒸气挥发。mp −15℃；bp_{760} 237.7℃/101.325kPa；bp_{100} 163.2℃/13.332kPa；bp_{40} 136.7℃/5.333kPa；bp_{20} 119.8℃/2.666kPa；bp_{10} 103.8℃/1.333kPa；bp_5 89.6℃/666.61Pa；bp_1 59.7℃/133.32Pa；Fp 214℉(101℃)；d_4^{25} 1.0900；n_D^{20} 1.62683。LD_{50}大鼠急性经口：460mg/kg。一般试剂含量≥97.0%(GC)。

注意事项 该品口服或与皮肤接触有害。对皮肤有刺激性。对眼睛有严重损伤的危险。使用时应穿适当的防护服，戴手套和防护镜或面罩。万一接触到眼睛，应立即用大量水冲洗后请医生诊治。应充氩气密封避光保存。

主要用途 折射率的测定。木质素的检定。钒酸盐和砷酸盐的分离。溶剂。并能使许多元素（如锌、氮、镉、钴、铜等），在硫氰酸盐或碘存在下形成特殊晶体。以进行显微分析。显微结晶法测定砷酸、锆、钍、镧、铵、镨的沉淀剂。测试铋、锑、镍、铼、钛、铂、钯、铱、锇、金。

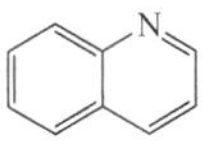

Quinoline-3-carboxylic acid 喹啉-3-羧酸 08583

[6480-68-8] $C_{10}H_7NO_2$ 173.17

成分 C 69.36%，H 4.07%，N 8.09%，O 18.48%。

别名 3-喹啉羧酸；3-Quinoline carboxylic acid

性状 白色结晶。mp 277～280℃。一般试剂含量≥98.0%（HPLC）。

注意事项 该品对眼睛、呼吸系统及皮肤有刺激性。使用时应穿适当的防护服。使用时应避免吸入本品的粉尘，避免与眼睛及皮肤接触。万一接触到眼睛，应立即用大量水冲洗后请医生诊治。

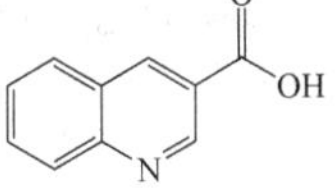

Quinoline-4-carboxylic acid 喹啉-4-羧酸 08584

[486-74-8] $C_{10}H_7NO_2$ 173.17

成分 C 69.36%，H 4.07%，N 8.09%，O 18.48%。

别名 4-喹啉羧酸；4-Quinoline carboxylic acid

性状 无色结晶或白色结晶性粉末。mp 254～255℃。一般试剂含量≥97.0%（T）。

注意事项 该品对眼睛、呼吸系统及皮肤有刺激性。使用时应穿适当的防护服。使用时应避免吸入本品的粉尘，避免与眼睛及皮肤接触。万一接触到眼睛，应立即用大量水冲洗后请医生诊治。

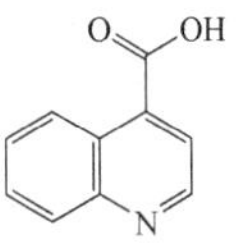

Quinoline-8-carboxylic acid 喹啉-8-羧酸 08585

[86-59-9] $C_{10}H_7NO_2$ 173.17

成分 C 69.36%，H 4.07%，N 8.09%，O 18.48%。

M. I. 15，8187

性状 来自水中的无色针状结晶。易溶于酸、碱，溶于热水、乙醇，微溶于冷水。mp 186～187.5℃。高于熔点时可升华。

主要用途 检测镉、铜、铁、铅、汞、银、铊，定量测定铜。

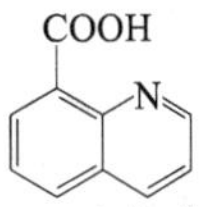

Quinoline hydrochloride 喹啉 盐酸盐 08586

[530-64-3] C_9H_8ClN 165.62

成分 C 65.27%，H 4.87%，Cl 21.41%，N 8.46%。

别名 盐酸喹啉

M. I. 15，8185

性状 白色结晶。易潮解。易溶于水、乙醇、热苯、三氯甲烷，略微溶于冷乙醚。mp 93～94℃。一般试剂含量98.5%～100.5%。

注意事项 该品应密封避光保存。

主要用途 测定磷、硅的试剂。地质分析作溶剂。

8-Quinolinesulfonyl chloride 8-喹啉磺酰氯 08587

[18704-37-5] $C_9H_6ClNO_2S$ 227.67

成分 C 47.48%，H 2.66%，Cl 15.57%，N 6.15%，O 14.05%，S 14.08%。

别名 氯化 8-喹啉磺酰

性状 白色结晶性粉末。易吸潮。mp 127～130℃；bp 306℃。一般试剂含量≥96.0%（AT）。

注意事项 该品具有腐蚀性，能引起烧伤。使用时应穿适当的防护服，戴手套和防护镜或面罩。万一接触到眼睛，应立即用大量水冲洗后请医生诊治。使用时如有事故发生或有不适之感，应请医生诊治。应充氩气密封于干燥处保存。

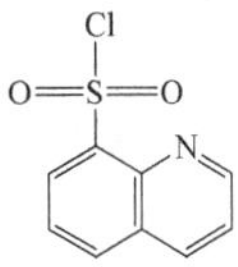

Quinoline yellow 喹啉黄 08588

[8004-92-0] $C_{18}H_9NNa_2O_8S_2$ 477.38

成分 C 45.29%，H 1.90%，N 2.93%，Na 9.63%，O 26.81%，S 13.43%。

别名 水溶喹啉黄；酸性黄 3；食品黄 13；Acid yellow 3；D&C Yellow No. 10；Food yellow 13

M. I. 15，8188　C. I. 47005

性状 亮绿黄色粉末。溶于水和乙醇呈黄色。于硫酸中呈橙色。几乎不溶于植物油。LD_{50}大鼠急性经口：>2g/kg。

注意事项 该品口服有害。

主要用途 显微镜用。食品用色素。

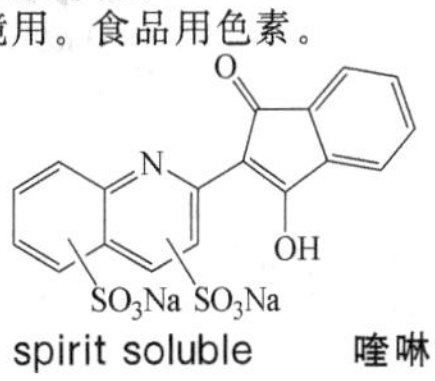

Quinoline yellow spirit soluble 喹啉黄 醇溶 08589

[8003-22-3]

别名 酒精溶 喹啉黄；喹啉黄 A；喹啉黄碱；溶剂黄 33；Quinoline yellow base；Quinoline yellow A；D&C Yellow No. 11；Solvent yellow 33

M. I. 15，8189　C. I. 47000

性状 浅绿黄色结晶。溶于丙酮、氯仿、苯、甲苯，微溶于乙醇（呈黄色）、亚麻子油、矿物油、油酸、石蜡、硬脂酸、松节油，不溶于水。在浓硫酸中呈黄棕色，在其稀溶液中有黄色絮凝物。λ_{max} 439nm。一般试剂干燥含量约95%。

注意事项 该品对眼睛、呼吸系统及皮肤有刺激性。

Quinoxaline 喹喔啉　08590

[91-19-0]　$C_8H_6N_2$　130.15

成分 C 73.83%，H 4.65%，N 21.52%。

别名 苯并[*a*]吡嗪；1,4-苯并二嗪；1,4-Benzodiazine；Benzoparadiazine；Benzo[*a*]pyrazine；Phenpiazine

M. I. 15,8195

性状 无色结晶。极易溶于水、乙醇、乙醚、苯。mp 29～30℃；$bp_{760.3}$ 229.5℃/101.365kPa；bp_{12} 108～111℃/1.6kPa；Fp 208℉（98℃）d_4^{48} 1.1334（液体）；n_D^{48} 1.6231。一般试剂含量≥97.0%。

注意事项 该品对眼睛、呼吸系统及皮肤有刺激性。使用时应穿适当的防护服和戴手套。万一接触到眼睛，应立即用大量水冲洗后请医生诊治。

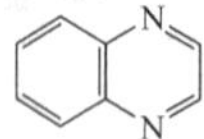

Quinoxyfen 喹氧灵　08591

[124495-18-7]　$C_{15}H_8Cl_2FNO$　308.13

成分 C 58.47%，H 2.62%，Cl 23.01%，F 6.17%，N 4.55%，O 5.19%。

别名 苯氧喹啉；快诺芬；5,7-二氯-4-(4-氟苯氧基)喹啉；5,7-Dichloro-4-(4-fluorophenoxy)quinoline；DE-795；Fortress

M. I. 15，8196

性状 来自庚烷中的无色结晶。mp 105～106℃；Fp 212℉（100℃）。LD_{50}大鼠急性经口：＞5000mg/kg。兔皮肤接触＞2000mg/kg，大鼠吸入＞3.38mg/L。

注意事项 该品接触皮肤能引起过敏。对水生物极毒。能对水环境引起不利的结果。使用时应戴适当的手套。应避免与皮肤接触。如误服本品。应立即请医生检查，并出示本品的容器或标签。应防止将本品释放于环境中。其包装物应按危险品处理。

主要用途 农用杀菌剂。分析用标准物质。

Quinuclidine 奎宁环　08592

[100-76-5]　$C_7H_{13}N$　111.19

成分 C 75.62%，H 11.79%，N 12.60%。

别名 1,4-亚乙基哌啶；1-Azabicyclo[2.2.2]octane；1,4-Ethylenepiperidine

M. I. 15，8198

性状 来自石油醚中的无色棱柱体结晶。对二氧化碳和空气敏感。能升华。易溶于水及一般有机溶剂。mp 156℃（闭封试管中）。一般试剂含量≥97.0%（NT）

注意事项 该品口服或与皮肤接触有毒。对皮肤有刺激性。对眼睛有严重损伤的危险。使用时应穿适当的防护服，戴手套和防护镜或面罩。万一接触到眼睛，应立即用大量水冲洗后请医生诊治。使用时如有事故发生或有不适之感，应请医生诊治。应充氩气密封保存。

3-Quinuclidinol 3-奎宁环醇　08593

[1619-34-7]　$C_7H_{13}NO$　127.19

成分 C 66.10%，H 10.30%，N 11.01%，O 12.58%。

别名 3-羟基奎宁环；1-Azabicyclo[2.2.2]octan-3-ol；3-Hydroxyquinuclidine

M. I. 15，8199

性状 无色结晶。对二氧化碳敏感。易溶于水。mp 221～223℃。一般试剂含量≥98.0%（NT）

注意事项 见08587 8-喹啉磺酰氯。应密封保存。

主要用途 有机合成。

Quinupramine 喹核氮革　08594

[31721-17-2]　$C_{21}H_{24}N_2$　304.44

成分 C 82.85%，H 7.95%，N 9.20%。

别名 5-(1-Azabicyclo[2.2.2]oct-3-yl)-10,11-dihydro-5*H*-dibenz[*b*,*f*]azepine；10,11-Dihydro-5-(3-quinuclidinyl)-5*H*-dibenz[*b*,*f*]azepine；LM-208；Kinupril；Kevopril

M. I. 15，8200

性状 无色结晶。mp 150℃。

主要用途 医用抗抑郁剂。

Quinupristin 喹奴普丁　08595

[120138-50-3]　$C_{53}H_{67}N_9O_{10}S$　1022.23

成分 C 62.27%，H 6.61%，N 12.33%，O 15.65%，S 3.14%。

别名 喹努普丁；4-(4-Dimethylamino-*N*-methyl-L-phenylalanine)-5-[(2*S*，5*R*)-5-[[(3*S*)-1-azabicyclo[2.2.2]oct-3-yl]thio]methyl-4-oxo-2-piperidinecarboxylicacid]virginiamycin S1；5δ-[(3*S*)-3-Quinuclidinyl]thiomethylpristinamycin IA；RP-57669

M. I. 15，8201

性状 来自与甲醇混合物中的白色结晶。mp 约200℃。

主要用途 医用抗菌剂。

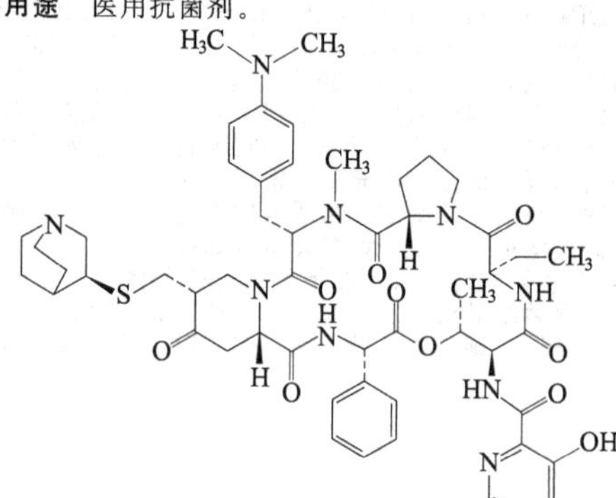

Quisqualic acid 使君子酸　08596

[52809-07-1]　$C_5H_7N_3O_5$　189.13

成分 C 31.75%，H 3.73%，N 22.22%，O 42.30%。

别名 (αS)-α-Amino-3,5-dioxo-1,2,4-Oxadiazolidine-2-propanoic acid；3-(3,5-Dioxo-1,2,4-oxadiazolidin-2-yl)-L-alanine；β-(3,5-Dioxo-1,2,4-oxodiazolidin-2-yl)-L-alanine；L-Quisqualic acid

M. I. 15，8202

性状 来自水-乙醇中的无色结晶。溶于水、氨水、乙醇。mp 190～191℃；$[\alpha]_D^{20}$+17.0°（*c*=2.0，于6mol/L盐酸中）。生化试剂含量≥99.0%（TLC）。

注意事项 该品吸入、口服或与皮肤接触有害。使用时应穿适当的防护服。万一接触到眼睛，应立即用大量水冲洗后请医生诊治。应密封于2～8℃保存。

Quizalofop-ethyl 喹禾灵　08597

[76578-14-8]　$C_{19}H_{17}ClN_2O_4$　372.81

成分 C 61.21%，H 4.60%，Cl 9.51%，N 7.51%，O 17.17%。

别名 禾草克；快伏草；2-[4-(6-氯-2-喹恶啉氧基)苯氧基]丙酸乙酯；2-[4-[(6-Chloro-2-quinoxalinyl)oxy]phenoxy]propanoic acid ethyl ester; Ethyl 2-[4-(6-chloro-2-quinoxalinyloxy) phenoxy] propionate; Quinofopethyl; DPX-Y6202; NCI-96683; NC-302; Assure; Targa; Pilot

M. I. 15, 8203

性状 白色结晶。该品于下列物质中的溶解度(20℃, g/mL):丙酮 0.11,乙醇 0.009,苯 0.29,二甲苯 0.12。几乎不溶于水(20℃, 0.3×10^{-6} g/mL)。mp 92～93℃; $bp_{0.2}$ 220℃/26.6Pa。LD_{50}雄、雌大鼠,雄、雌小鼠急性经口(mg/kg):1670、1480、2350、2360;皮肤接触:全部 10000mg/kg。LC_{50}(96h)虹鳟鱼:10.7mg/L。

注意事项 该品口服或与皮肤接触有害。使用时应避免吸入本品的粉尘。应避免与眼睛及皮肤接触。

主要用途 除草剂。分析用标准物质。

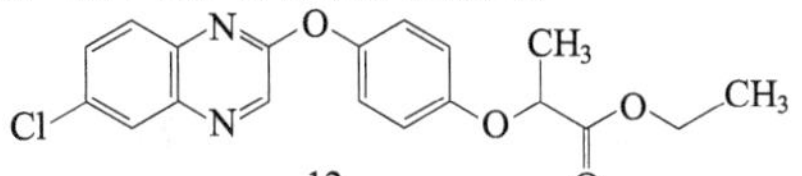

12

R

Rabeprazole 雷贝拉唑 08598

[117976-89-3] $C_{18}H_{21}N_3O_3S$ 359.44

成分 C 60.15%, H 5.89%, N 11.69%, O 13.35%, S 8.92%。

别名 2-[[4-(3-Methoxypropoxy)-3-methyl-2-pyridinyl]methyl]sulfinyl-1*H*-benzimidazole; Pariprazole

M. I. 15, 8206

性状 来自二氯甲烷-乙醚中的白色结晶。mp 99～100℃(分解)。

主要用途 医用抗溃疡剂。

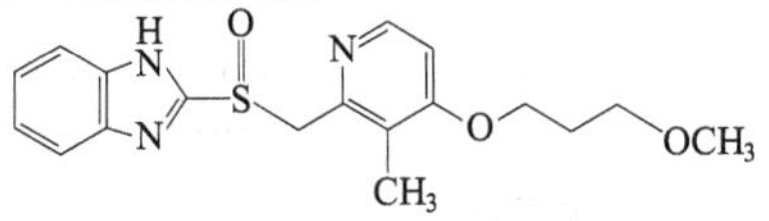

Racecadotril 消旋卡多曲 08599

[81110-73-8] $C_{21}H_{23}NO_4S$ 385.48

成分 C 65.43%, H 6.01%, N 3.63%, O 16.60%, S 8.32%。

别名 *N*-[(*R*,*S*)-3-乙酰巯基-2-苄基丙酰基]甘氨酸苄酯;卡多曲消旋;*N*-[2-(Acetylthio)methyl-1-oxo-3-phenylpropyl]glycine phenylmethyl ester; *N*-[(*R*,*S*)-3-Acetylthio-2-benzylpropanoyl] glycine benzyl ester; Acetorphan; Hidrasec; Tiorfan

M. I. 15, 8207

性状 来自乙醚中的白色结晶。mp 89℃; *d* 1.206。生化试剂含量≥99.5%。

主要用途 医用止泻剂。

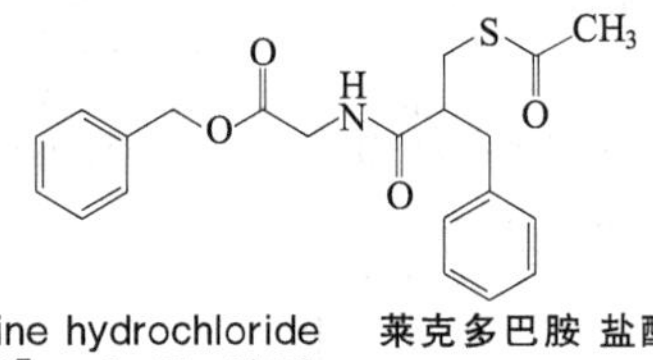

Ractopamine hydrochloride 莱克多巴胺 盐酸盐 08600

[90274-24-1] $C_{18}H_{24}ClNO_3$ 337.84

成分 C 63.99%, H 7.16%, Cl 10.49%, N 4.15%, O 14.21%。

别名 雷托帕明;盐酸莱克多巴胺; EL-737; LY-031537; Paylean; Optaflexx; 4-Hydroxy-α-[[[3-(4-hydroxyphenyl)-1-methylpropyl]amino]methyl]benzenemethanol hydrochloride; 1-(4-Hydroxyphenyl)-2-[1-methyl-3-(4-hydroxyphenyl)propylamino] ethano hydrochloride; *N*-[2-(4-Hydroxyphenyl)-2-hydroxyethyl]-1-methyl-3-(4-hydroxyphenyl)propylamine hydrochloride

M. I. 15, 8208

性状 无色结晶。mp 124～129℃。

注意事项 该品吸入或口服有害。接触皮肤能引起过敏。使用时应戴适当的手套。应避免与皮肤接触。万一接触到眼睛,应立即用大量水冲洗后请医生诊治。

主要用途 分析用标准物质。

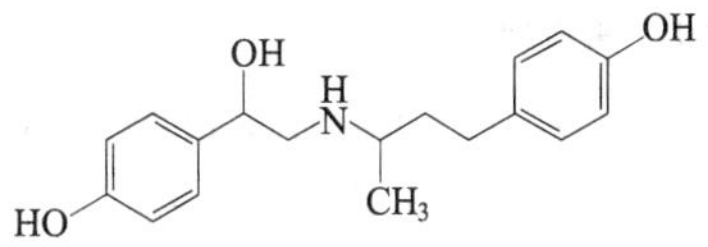

D-(+)-Raffinose pentahydrate

(+)-棉子糖 五水 08601

[17629-30-0] $C_{18}H_{32}O_{16}\cdot5H_2O$ 594.53

成分 (以无水物计) C 42.86%, H 6.39%, O 50.75%。

别名 五水合棉子糖;密三糖;桉糖;甜菜糖;蜜三糖;1,6-(α-Galactopyranosyl)-α-D-glucopyranosyl-β-D-fructofuranoside; (α-Galactosyl)sucrose; Gossypose; Melitose; Melitriose; Raffinose; 6-*O*-α-D-Galactopyranosyl-D-glucopyranosyl-β-D-fructofuranoside

M. I. 15, 8213

性状 来自稀乙醇中的集束状结晶或白色结晶性粉末。易吸湿。1g 该品溶于 7mL 水、10mL 甲醇,溶于吡啶,微溶于乙醇。mp 80℃(无水物 118～119℃分解); *d* 1.465; $[\alpha]_D^{20}$ +105.2°(*c*=4,于水中)。生化试剂含量≥99.0%(HPLC)。

注意事项 该品应密封于干燥处保存。

主要用途 生化研究(细菌学用)。

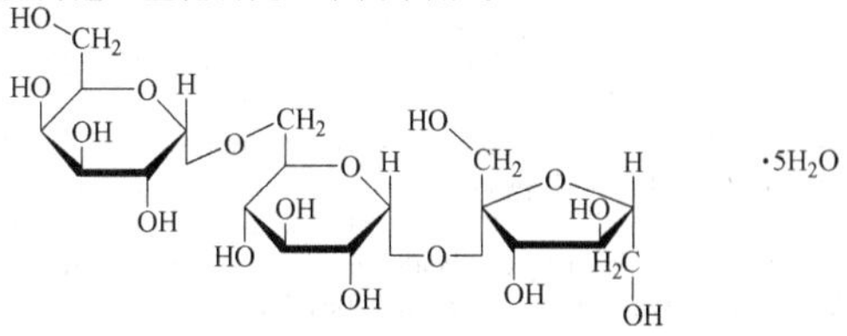

$\cdot5H_2O$

Rafoxanide 氯苯碘柳胺 08602

[22662-39-1] $C_{19}H_{11}Cl_2I_2NO_3$ 626.01

成分 C 36.45%, H 1.77%, Cl 11.33%, I 40.5%, N 2.24%, O 7.67%。

别名 雷复尼特;碘醚柳胺;*N*-[3-Chloro-4-(4-chlorophenoxy)phenyl]-2-hydroxy-3,5-diiodobenzamide; 3′-Chloro-4′-(*p*-chlorophenoxy)-3,5-diiodosalicylanilide; MK-990; Flukanide; Ranide

M. I. 15, 8214

性状 无色结晶。中等程度溶于丙酮、乙腈,几乎不溶于水。mp 168～170℃。

主要用途 兽用杀吸虫剂,驱肠虫剂。分析用标准物质。

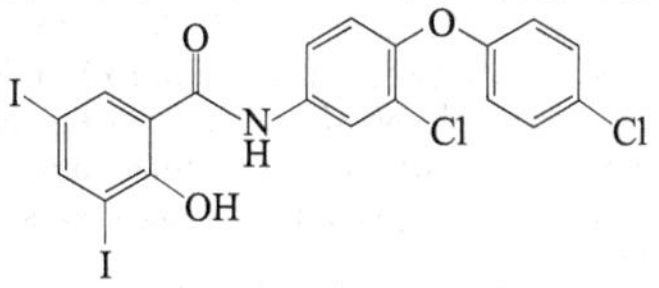

Raloxifene hydrochloride 雷洛昔芬 盐酸盐 08603

[82640-04-8] $C_{28}H_{28}ClNO_4S$ 510.05

成分 C 65.94%, H 5.53%, Cl 6.95%, N 2.75%, O 12.55%, S 6.29%。

别名 盐酸雷洛昔芬; LY-156758; Evista; [6-Hydroxy-2-(4-hydroxyphenyl)benzo[*b*]thien-3-yl][4-[2-(1-piperidinyl)ethoxy]phenyl]methanone hydrochloride; Keoxifene hydrochloride; LY-139481-HCl

M. I. 15, 8215

性状 来自甲醇/水中的无色至浅黄色结晶。微溶于二甲基亚砜,略溶于甲醇,微溶于乙醇,极微溶于水、异丙醇、辛醇,几乎不溶于乙醚、乙酸乙酯。mp 258℃; uv max(乙醇中): 286nm (ε 32800)。

主要用途 医用抗骨质疏松剂。

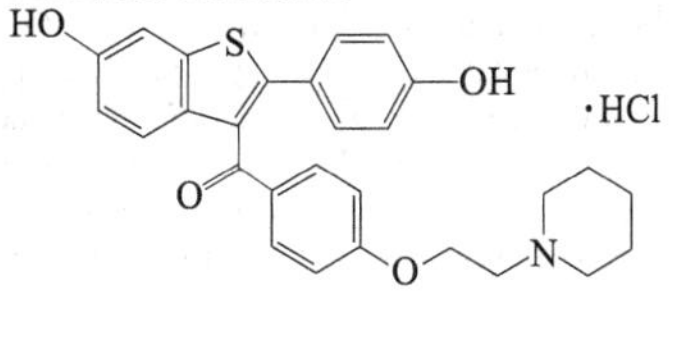

·HCl

Raltitrexed 雷替曲塞 08604

[112887-68-0] $C_{21}H_{22}N_4O_6S$ 458.49

成分 C 55.01%，H 4.84%，N 12.22%，O 20.94%，S 6.99%。

别名 *N*-[5-[(1,4-Dihydro-2-methyl-4-oxo-6-quinazolinyl)methyl]methylamino-2-thienyl]carbonyl-L-glutamic acid; *N*-(5-[*N*-(3,4-Dihydro-2-methyl-4-oxoquinazolin-6-ylmethyl)-*N*-methylamino]-2-thenoyl)-L-glutamic acid; ICI-D-1694; ZD-1694; Tomudex

M. I. 15，8217

性状 浅黄色粉末。溶于水。一水合物 mp 180～184℃。

注意事项 该品口服有毒。能危害胎儿。使用前应得到专门的指导，避免曝露。使用时如有事故发生或有不适之感，应请医生诊治。

主要用途 医用抗肿瘤剂。

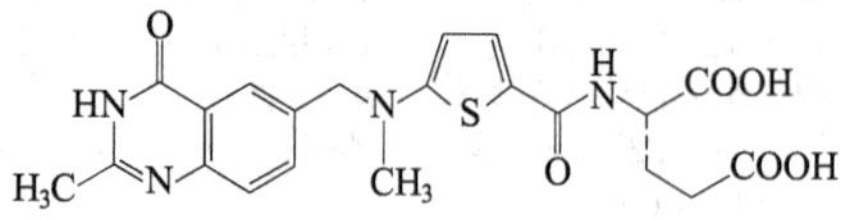

Ramatroban 雷马曲班 08605

[116649-85-5] $C_{21}H_{21}FN_2O_4S$ 416.47

成分 C 60.56%，H 5.08%，F 4.56%，N 6.73%，O 15.37%，S 7.70%。

别名 (3*R*)-3-[(4-Fluorophenyl)sulfonyl]amino-1,2,3,4-tetrahydro-9*H*-carbazole-9-propanoic acid; (+)-(3*R*)-3-(*p*-Fluorobenzenesulfonamido)-1,2,3,4-tetrahydrocarbazole-9-propionic acid; (+)-3-(4-Fluorophenylsulfonamido)-9-(2-carboxyethyl)-1,2,3,4-tetrahydrocarbazole; Bay u 3405; Baynas

M. I. 15，8218

性状 来自乙醚中的无色结晶。mp 134～135℃；$[\alpha]_D$ +70.1°（c=1.0，于甲醇中）。生化试剂含量≥98.0%。

主要用途 医用止喘剂，抗过敏剂。抗血栓剂。

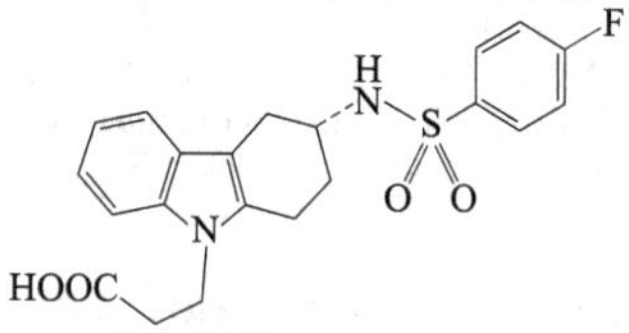

Ramifenazone 雷米那酮 08606

[3615-24-5] $C_{14}H_{19}N_3O$ 245.33

成分 C 68.54%，H 7.81%，N 17.13%，O 6.52%。

别名 4-异丙基氨基安替比林；1,2-Dihydro-1,5-dimethyl-4-(1-methylethyl)amino-2-phenyl-3*H*-pyrazol-3-one; 4-Isopropylamino 2,3-dimethyl-1-phenyl-3-pyrazolin-5-one; 4-Isopropylaminoantipyrine; Isopropylaminophenazone; Isopyrin

M. I. 15，8220

性状 来自丙酮+冰乙酸中的无色结晶。mp 80℃。LD_{50}小鼠腹膜内注射：843mg/kg；急性经口：1070mg/kg。

主要用途 医用止痛剂，抗发热剂。抗炎剂。

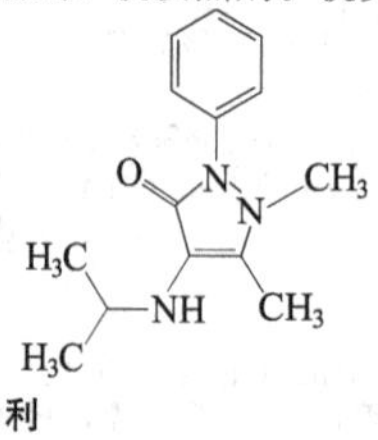

Ramipril 雷米普利 08607

[87333-19-5] $C_{23}H_{32}N_2O_5$ 416.52

成分 C 66.32%，H 7.74%，N 6.73%，O 19.21%。

别名 [2*S*,3a*S*,6a*S*]-1-[(2*S*)-2-[(1*S*)-1-Ethoxycarbonyl-3-phenylpropyl]amino-1-oxopropyl]octahydrocyclopenta[*b*]pyrrole-2-carboxylic acid; *N*-(1*S*-Carboethoxy-3-phenylpropyl)-*S*-alanyl-*cis*, *endo*-2-azabicyclo[3.3.0]octane-3*S*-carboxylic acid; (2*S*,3a*S*,6a*S*)-1-[(*S*)-*N*-[(*S*)-1-Carboxy-3-phenylpropyl]alanyl]octahydrocyclopenta[*b*]pyrrole-2-carboxylic acid 1-ethyl ester; HOE-498; Altace; Cardace; Delix; Pramace; Quark; Ramace; Triatec; Tritace; Unipril; Vesdil

M. I. 15，8221

性状 来自乙醚中的毡状针状白色结晶。易溶于甲醇，略溶于水。溶于二甲基亚砜（约 18mg/mL）。mp109℃；$[\alpha]_D^{24}$+33.2°（c=1，于 0.1mol/L 乙醇盐酸溶液中）。LD_{50}（14 天）雄、雌小鼠，雄、雌大鼠静脉注射（mg/kg）：1194、1158，687、608；急性经口（mg/kg）：10933、10048，>10000、>10000。生化试剂含量≥98.0%（HPLC）。

主要用途 医用抗高血压剂。

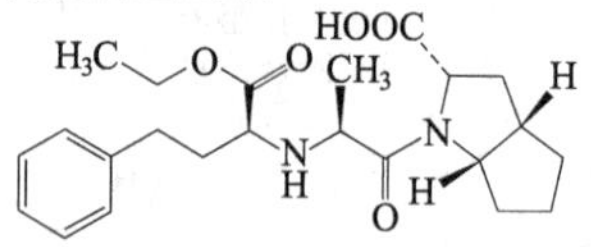

Ramosetron hydrochloride 雷莫司琼 盐酸盐 08608

[132907-72-3] $C_{17}H_{18}ClN_3O$ 315.80

成分 C 64.66%，H 5.75%，Cl 11.23%，N 13.31%，O 5.07%。

别名 盐酸雷莫司琼；奈西雅；(1-Methyl-1*H*-indol-3-yl)[(5*R*)-4,5,6,7-tetrahydro-1*H*-benzimidazol-5-yl]methanone hydrochloride; (*R*)-5-(1-Methylindol-3-yl)carbonyl-4,5,6,7-tetrahydrobenzimidazole hydrochloride; Nor-YM-060-HCl; Nasecl; YM-060

M. I. 15，8223

性状 浅黄至白色结晶性粉末。无味。易溶于水。或来乙醇中的结晶。溶于二甲基亚砜。mp 215～230℃；$[\alpha]_D$ −42.9°（c=1.02，于甲醇中）。生化试剂含量≥98.0%。

主要用途 医用止吐剂。

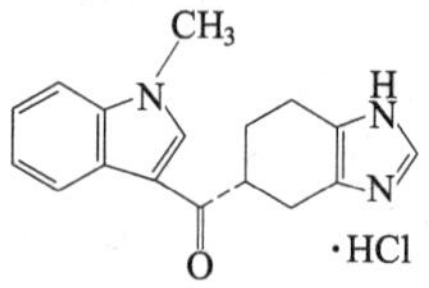

Ranimustine 雷莫司汀 08609

[58994-96-0] $C_{10}H_{18}ClN_3O_7$ 327.72

成分 C 36.65%，H 5.54%，Cl 10.82%，N 12.82%，O 34.17%。

别名 雷诺氮芥；Methyl 6-[[(2-chloroethyl)nitrosoamino]carbonyl]amino-6-deoxy-*α*-D-glucopyranoside; Methyl *N*-carbamyl-*N*′-(2-chloroethyl)-*N*′-nitroso-6-amino-6-deoxy-*α*-D-glucopyranoside; 6-[3-(2-Chloroethyl)-3-nitrosoureido]-6-deoxy-*α*-D-glucopyranoside; 3-(Methyl-*α*-D-glucopyranos-6-yl)-1-(2-chloroethyl)-1-nitrosourea; Ranomustine; MCNU; NSC-0270516; Cymerin; Thymerin

M. I. 15，8227

性状 来自无水乙醇-乙醚（1：1）中的浅黄色针状结晶。mp 111～112℃；$[\alpha]_D^{20}$+93.2°（c=0.5，于甲醇中）。或来自异丙醇中的结晶。mp 101～103℃（分解）；$[\alpha]_D^{25}$ +73.2°（c=0.3，于甲醇中）。溶于水（25℃，900mg/mL）。LD_{50}雄大鼠腹膜内注射：42mg/kg；静脉注射：42mg/kg；急性经口：50mg/kg。

主要用途 医用抗肿瘤剂。

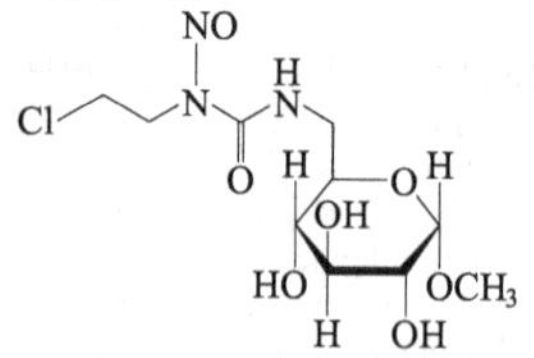

Ranitidine hydrochloride 呋喃硝胺 盐酸盐 08610

[66357-59-3] $C_{13}H_{23}ClN_4O_3S$ 350.86

成分 C 44.50%，H 6.61%，Cl 10.10%，N 15.97%，O 13.68%，S 9.14%。

别名 糖硝烯二胺 盐酸盐；盐酸呋喃硝胺；盐酸糖硝烯二胺；AH-19065；Azantac；Melfax；Noctone；Raniben；Ranidil；Ranipiex；Sostril；Taural；Terposen；Trigger；Ulcex；Ultidine；Zantac；Zantic；*N*-[2-[[[5-(Dimethylamino)methyl-2-furanyl]methyl]thio]ethyl]-*N*′-methyl-2-nitro-1,1-ethenediamine hydrochloride

M. I. 15，8228

性状 白色至浅黄固体。易溶于乙酸、水，溶于甲醇，略微溶于乙醇，几乎不溶于氯仿。mp 133～134℃；uv max（异丙醇中）：228nm，236nm。

注意事项 使用时应避免吸入本品的粉尘，避免与眼睛及皮肤接触。

主要用途 生化研究。医用抗溃疡剂。

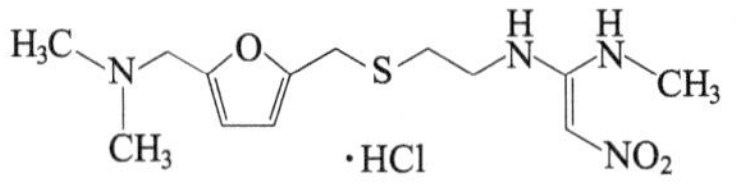

Ranolazine dihydrochloride 雷诺嗪 二盐酸盐 08611

[95635-56-6] $C_{24}H_{35}Cl_2N_3O_4$ 500.46

成分 C 57.60%，H 7.05%，Cl 14.17%，N 8.40%，O 12.79%。

别名 盐酸雷诺嗪；RS-43285；*N*-(2,6-Dimethylphenyl)-4-[2-hydroxy-3-(2-methoxyphenoxy) propyl]-1-piperazineacetamide dihydrochloride；(±)-4-[2-Hydroxy-3-(*o*-methoxyphenoxy) propyl]-1-piperazineaceto-2′,6′-xylidide dihydrochloride；(±)-1-[3-(2-Methoxyphenoxy)-2-hydroxypropyl]-4-[*N*-(2, 6-dimethylphenyl) carbamoylmethyl]piperazine

M. I. 15，8229

性状 来自甲醇/乙醚中的白色结晶性粉末。溶于水（10mg/mL）。mp 164～166℃。生化试剂含量≥99.0%（HPLC）。

注意事项 使用时应避免吸入本品的粉尘，避免与眼睛及皮肤接触。

主要用途 生化研究。医用抗心绞痛剂。

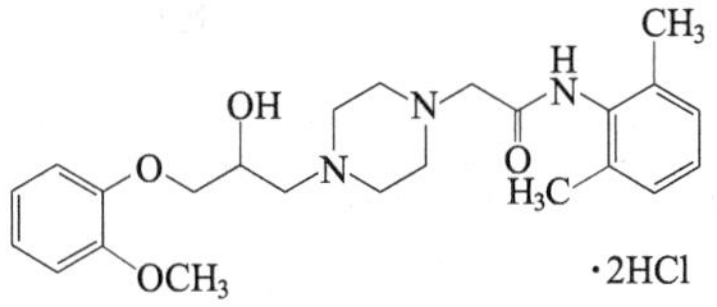

Rapacuronium bromide 瑞库溴铵 08612

[156137-99-4] $C_{37}H_{61}BrN_2O_4$ 677.81

成分 C 65.57%，H 9.07%，Br 11.79%，N 4.13%，O 9.44%。

别名 雷帕库溴铵；瑞帕库溴铵；1-[(2β,3α,5α,16β,17β)-3-Acetyloxy-17-(1-oxopropoxy)-2-(1-piperidinyl) androstan-16-yl]-1-(2-propenyl) piperidinium bromide；1-Allyl-2-(3α,17β-dihydroxy-2β-piperidino-5α-androstan-16β-yl) piperidinium bromide 3-acetate 17-propionate；Org-9487；Raplon

M. I. 15，8231

性状 来自乙醚-丙酮中的无色结晶。mp 184℃；$[\alpha]_D^{20}$ −12.7°(*c*=1.01，于氯仿中)。

主要用途 医用神经肌肉麻醉剂。

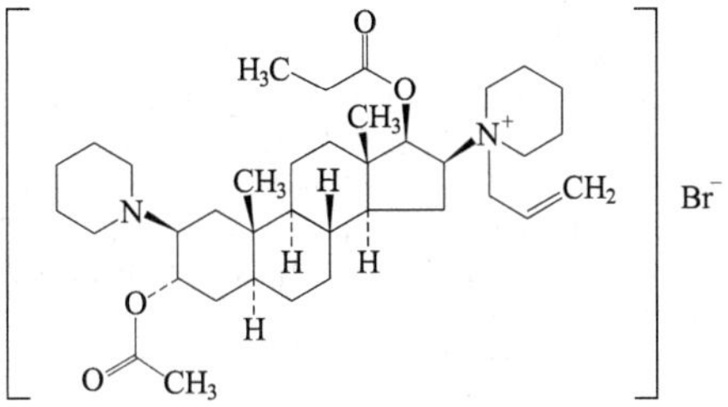

Rapamycin 雷帕霉素 08613

[53123-88-9] $C_{51}H_{79}NO_{13}$ 914.19

成分 C 67.01%，H 8.71%，N 1.53%，O 22.75%。

别 名 Sirolimus；RAPA；RPM；AY-22989；NSC-226080；Rapamune

M. I. 15，8232

性状 来自乙醚中的无色结晶性固体或近白色粉末。溶于乙醚、氯仿、丙酮、甲醇、二甲基甲酰胺，略微溶于己烷、石油醚，不溶于水。mp 183～185℃；$[\alpha]_D^{25}$ −58.2°（于甲醇中）；uv max（95%乙醇中）：267nm，277nm，288nm（$E_{1cm}^{1\%}$ 417，541，416）。LD_{50}小鼠腹膜内注射：约600mg/kg；急性经口：>2500mg/kg。生化试剂含量≥95.0%（HPLC）。

注意事项 使用时应避免吸入本品的粉尘，避免与眼睛及皮肤接触。应密封于−20℃保存。

主要用途 生化研究。医用免疫抑制剂。

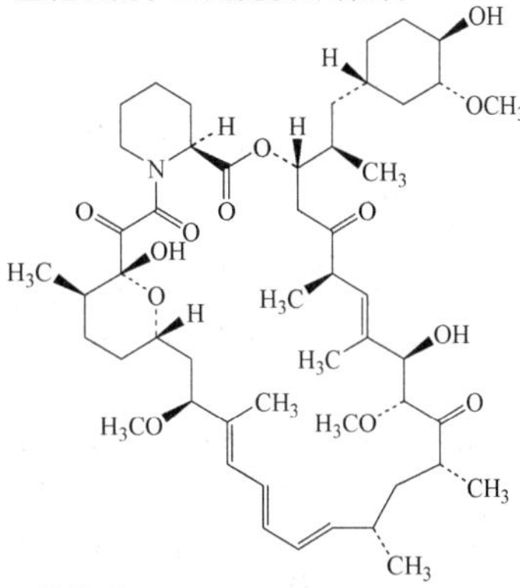

Razoxane 雷佐生 08614

[21416-67-1] $C_{11}H_{16}N_4O_4$ 268.27

成分 C 49.25%，H 6.01%，N 20.88%，O 23.86%。

别名 丙亚胺；抗癌-173；亚胺-159；4,4′-(1-Methyl-1,2-ethanediyl) bis-2,6-piperazinedione；(±)-4,4′-Propylenedi-2,6-piperazinedione；(±)-(3,5,3′,5′-Tetraoxo)-1,2-dipiperazinopropane；(±)-1,2-Bis(3,5-dioxopiperazinyl) propane；ICI-59118；ICRF-159；NSC-129943；Razoxin

M. I. 15，8241

性状 浅奶油色微晶型固体。mp 237～239℃。

主要用途 医用抗肿瘤剂。

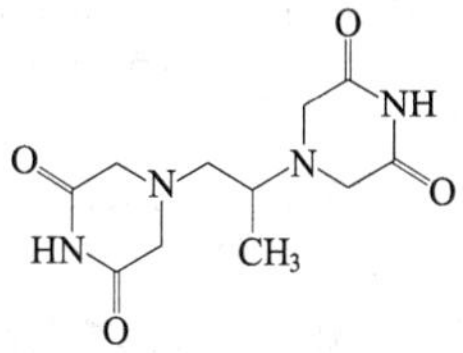

Rebamipide 瑞巴匹特 08615

[90098-04-7] $C_{19}H_{15}ClN_2O_4$ 370.79

成分 C 61.55%，H 4.08%，Cl 9.56%，N 7.56%，O 17.26%。

别名 瑞巴派特；膜固思达；α-(4-氯苯甲酰基)氨基-1,2-二氢-2-氧-4-喹啉丙酸；α-(4-Chlorobenzoyl) amino-1,2-dihydro-2-oxo-4-quinolinepropanoic acid；(±)-α-(*p*-Chlorobenzamido)-1,2-dihydro-2-oxo-4-quinolinepropionic acid；2-(4-Chlorobenzoylamino)-3-[2(1*H*)-quinolinon-4-yl]propionic acid；Proamipide；OPC-12759；Mucosta

M. I. 15，8242

性状 来自二甲基甲酰胺-水中的白色粉末。半水合物 mp 288～290℃（分解）。生化试剂含量≥99.0%（HPLC）。

主要用途 医用抗溃疡剂。

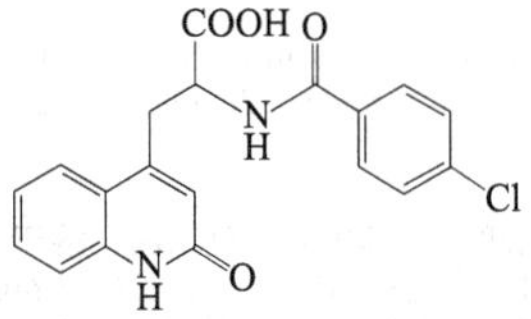

Reboxetine mesylate hydrate 瑞波西汀 甲烷磺酸盐 08616

[98769-81-4][98769-82-5](无水物) $C_{20}H_{27}NO_6S$ 409.50

成分 C 59%，H 7%，N 3%，O 23%，S 8%。

别名 甲磺酸瑞波西汀；叶洛抒；佐东辛；(2*R*)-*rel*-2-[(*R*)-(2-Ethoxyphenoxy) phenylmethyl] morpholine；(±)-(2*R**)-2-[(α*R**)-α-(*o*-Ethoxyphenoxy)benzyl]morpholine；Reboxetine methanesulfonate

M. I. 15，8244

性状 白色或近白色粉末。mp 145～146℃。生化试剂含量≥96.0%（HPLC）。

注意事项 使用时应避免吸入本品的粉尘，避免与眼睛及皮肤肤接触。应密封于 2～8℃保存。
主要用途 医用抗抑郁剂。

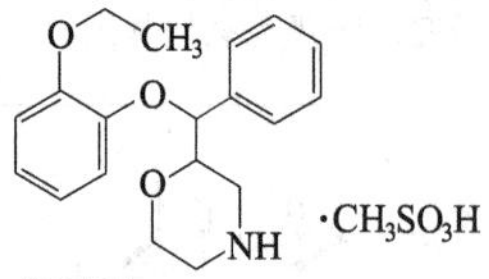

$\cdot CH_3SO_3H$

Reductic acid 还原酸 08617

[80-72-8] $C_5H_6O_3$ 114.10
成分 C 52.63%，H 5.30%，O 42.07%。
别名 2,3-二羟基-2-环戊烯-1-酮；2-环戊烯-2，3-二醇-1-酮；2，3-Dihydroxy-2-cyclopenten-1-one；2-Cyclopenten-2，3-diol-1-one
M. I. 15，8246
性状 来自乙酸乙酯中的浅黄色结晶。溶于水、甲醇、乙醇，略微溶于乙醚、乙酸乙酯、丙酮，不溶于苯。213～213.5℃分解。
主要用途 抗氧化剂，类似于抗坏血酸或异抗坏血酸。

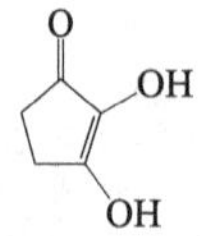

Reinecke salt monohydrate 雷氏盐 一水 08618

[13573-16-5] $C_4H_{10}CrN_7S_4 \cdot H_2O$ 354.42
成分（以无水物计） C 14.28%，H 3.00%，Cr 15.46%，N 29.15%，S 38.12%。
别名 一水合雷氏盐；四硫氰基二氨络铬酸铵盐；赖纳克盐；利英纳克盐；二氨基四硫代氰酸铬铵；Ammonium diamminetetrakis(thiocyanato-N) chromate (1－) monohydrate；Ammonium reineckate；Ammonium tetrathiocyanatodiamminechromate(Ⅲ)
M. I. 15，8248
性状 深红色结晶或红色结晶性粉末。溶于热水、乙醇，略微溶于冷水。mp 268～272℃（分解）。一般试剂含量≥97.0%（T）。
注意事项 该品与酸接触能释放出极毒气体。吸入、口服或与皮肤接触有害。能吸入可能致癌。接触皮肤能引起过敏。对水生物极毒。能对水环境引起长期不良的影响。使用时应得到专门的指导，避免曝露。使用时应穿适当的防护服。使用时应避免吸入本品的粉尘，避免与眼睛及皮肤接触。使用时如有事故发生或有不适之感，应请医生诊治。应防止将本品释放于环境中。其包装物应按危险品处理。应远离食品、饮料及饲料密封保存。
主要用途 测定伯胺、仲胺、嘧啉及羟基嘧啉。沉淀某些氨基酸及汞的试剂。比色测定胆碱及其他生物碱。

Remacemide hydrochloride 瑞马西胺 盐酸盐 08619

[111686-79-4] $C_{17}H_{21}ClN_2O$ 304.82
成分 C 66.99%，H 6.94%，Cl 11.63%，N 9.19%，O 5.25%。
别名 盐酸瑞马西胺；2-Amino-*N*-(1-methyl-1,2-diphenylethyl) acetamide hydrochloride；FPL-12924AA；PR-934-423A
M. I. 15，8250
性状 来自异丙醇＋甲醇中的无色结晶。溶于水（40g/L）、中性盐（22g/L）、稀盐酸（26g/L）、乙醇（24g/L）。mp 253～254℃。LD_{50}大鼠静脉注射：约 50mg/kg；急性经口：约 900mg/kg。
主要用途 医用抗惊厥剂，神经蛋白活化剂。

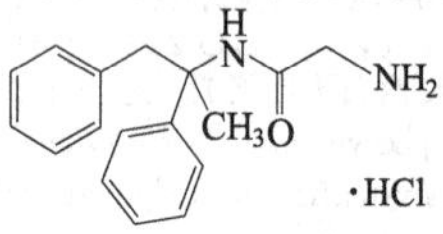

$\cdot HCl$

Remifentanil hydrochloride 瑞芬太尼 盐酸盐 08620

[132539-07-2] $C_{20}H_{29}ClN_2O_5$ 412.91
成分 C 58.18%，H 7.08%，Cl 8.59%，N 6.78%，O 19.37%。
别名 盐酸瑞芬太尼；瑞捷；GI-87084B；Ultiva；4-Methoxycarbonyl-4-(1-oxopropyl) phenylamino-1-piperidinepropanoic acid methyl ester hydrochloride；4-Carboxy-4-(*N*-phenylpropionamido)-1-piperidinepropionic acid dimethyl ester hydrochloride；Remifentanyl hydrochloride；GI-87084-HCl
M. I. 15，8251
性状 来自甲醇＋乙醚中的无色结晶。或白色、近白色粉末。mp 212～214℃。生化试剂含量≥99.0%。
主要用途 医用麻醉止痛剂。

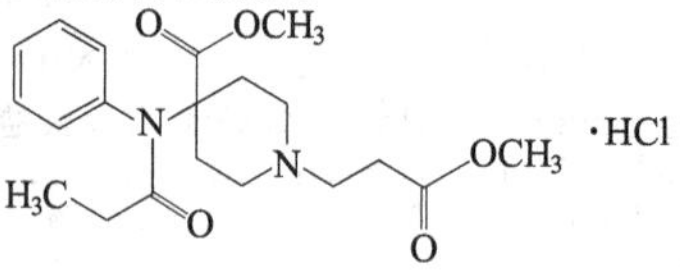

$\cdot HCl$

Remoxipride hydrochloride monohydrate 瑞莫必利 盐酸盐 08621

[117591-79-4] [73220-03-8] $C_{16}H_{24}BrClN_2O_3 \cdot H_2O$ 425.75
成分（以无水物计） C 47.13%，H 5.93%，Br 19.60%，Cl 8.69%，N 6.87%，O 11.77%。
别名 盐酸瑞莫必利；A-33547；FLA-731；Roxiam；3-Bromo-*N*-[(2*S*)-1-ethyl-2-pyrrolidinyl] methyl-2，6-dimethoxybenzamide hydrochloride monohydrate；(－)-*N*-Ethyl-2-(3-bromo-2,6-dimethoxybenzamidomethyl)pyrrolidine hydrochloride monohydrate
M. I. 15，8252
性状 白色至灰白色结晶性固体。该品于下列物质中的溶解度（mg/mL）：水 300，乙醇 400，二氯甲烷 80，丙酮 20。pK_a8.9。105℃失去结晶水。mp 173℃；$[\alpha]_D^{20}-11°$（$c=2$，于水中）；uv max（于水、乙醇、0.1mol/L 盐酸中）：286nm，287nm，286nm（ε 2280，2260，2280）。LD_{50}大鼠腹膜内注射：794μmol/kg。生化试剂含量≥99.0%。
主要用途 医用精神抑制剂。

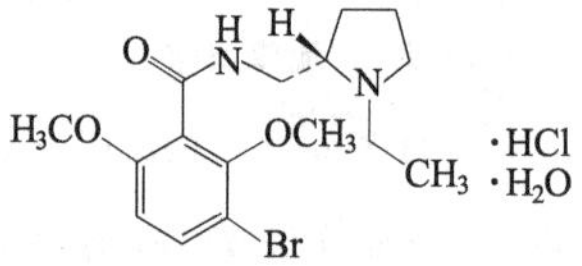

$\cdot HCl \cdot H_2O$

Repaglinide 瑞格列奈 08622

[135062-02-1] $C_{27}H_{36}N_2O_4$ 452.60
成分 C 71.65%，H 8.02%，N 6.19%，O 14.14%。
别名 诺和龙；瑞哌格列尼；2-Ethoxy-4-[2-[(1*S*)-3-methyl-1-[2-(1-piperidinyl) phenyl] butyl] amino-2-oxoethyl] benzoic acid；(＋)-2-Ethoxy-α-[(*S*)-α-isobutyl-*o*-piperidinobenzyl]carbamoyl-*p*-toluic acid；(*S*)-(＋)-2-Ethoxy-4-[*N*-[1-(2-piperidinophenyl)-3-methyl-1-butyl] aminocarbonylmethyl] benzoic acid；AG-EE-623 ZW；Novonorm；Prandin
M. I. 15，8256
性状 来自乙醇/水（2∶1）中的白色结晶性粉末。无味。mp 126～128℃。或来自中性水中的结晶。mp 130～131℃。溶于二甲基亚砜（34mg/mL）。$[\alpha]_D^{20}+6.97°$（$c=0.975$，于甲醇中）；$[\alpha]_D^{20}+7.45°$（$c=1.06$，于甲醇中）。LD_{50}大鼠急性经口：＞1g/kg。生化试剂含量≥99.0%（HPLC）。
注意事项 该品应密封于 2～8℃保存。
主要用途 医用抗糖尿病剂。

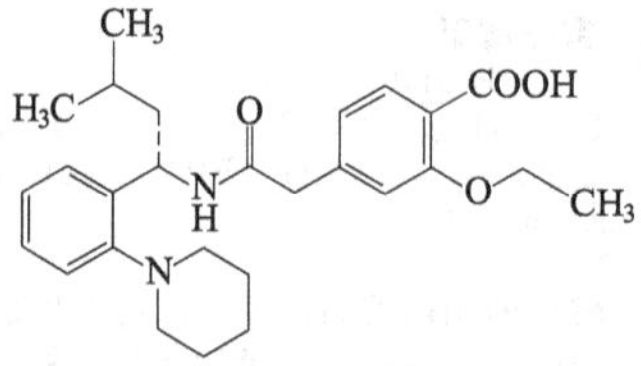

Repirinast 瑞吡司特 08623

[73080-51-0] $C_{20}H_{21}NO_5$ 355.39
成分 C 67.59%，H 5.96%，N 3.94%，O 22.51%。
别名 5，6-Dihydro-7，8-dimethyl-4，5-dioxo-4*H*-pyrano[3，2-*c*]

quinoline-2-carboxylic acid 3-methylbutyl ester; Isopentyl 5,6-dihydro-7,8-dimethyl-4,5-dioxo-4*H*-pyrano[3,2-*c*]quinoline-2-carboxylate; MY-5116; Romet

M. I. 15, 8258

性状 来自氯仿+正己烷中的无色结晶。mp 236～241℃。LD_{50}大鼠，小鼠急性经口：＞5000mg/kg；皮下注射：＞5000mg/kg。生化试剂含量≥99.0%。

主要用途 医用抗过敏剂。

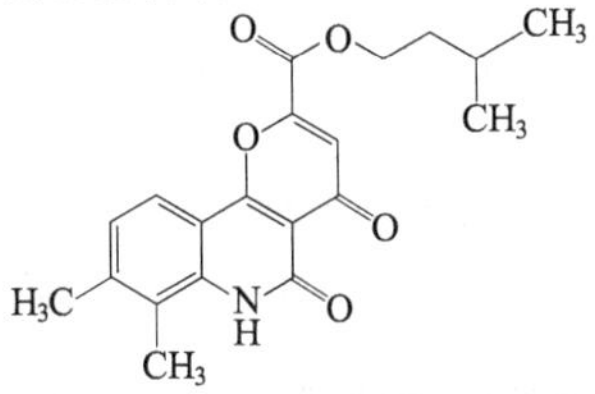

Reproterol hydrochloride 茶丙喘宁 盐酸盐 08624

[13055-82-8] $C_{18}H_{24}ClN_5O_5$ 425.87

成分 C 50.77%，H 5.69%，Cl 8.32%，N 16.45%，O 18.78%。

别名 盐酸茶丙喘宁；W-2946M；Asmaterolo；Bronchodil；Bronchospasmin；7-[3-[[2-(3,5-Dihydroxyphenyl)-2-hydroxyethyl]amino]propyl]-3,7-dihydro-1,3-dimethyl-1*H*-purine-2,6-dione hydrochloride；7-[3-[(β,3,5-Trihydroxyphenethyl)amino]propyl]theophyline hydrochloride；D-1959-HCl

M. I. 15, 8259

性状 无色结晶。mp 249～250℃。LD_{50}小鼠静脉注射：148mg/kg；急性经口：＞10g/kg。

主要用途 医用支气管扩张剂。

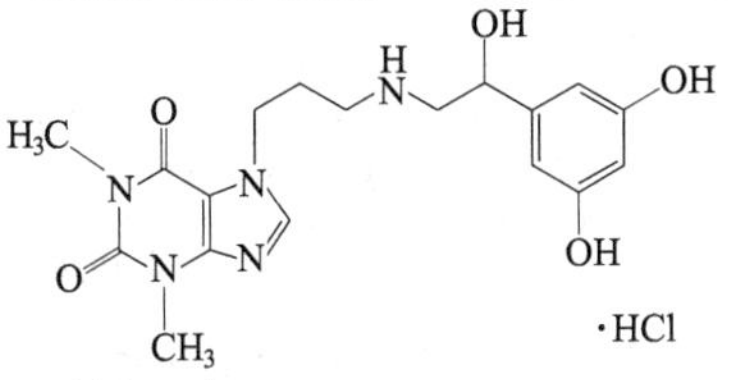

Resazurin 树脂天青 08625

[550-82-3] $C_{12}H_7NO_4$ 229.19

成分 C 62.89%，H 3.08%，N 6.11%，O 27.92%。

别名 偶氮苯间四酚；刃天青；刃石青；Diazoresorcinol；Resazoin；7-Hydroxy-3*H*-phenoxazin-3-one 10-oxide

M. I. 15, 8261

性状 深红色细小结晶，有绿色光泽。溶于稀碱溶液，略微溶于乙醇、冰乙酸，不溶于水、乙醚。pH 值3.8～6.5(由橙至深紫色)。

注意事项 该品对眼睛、呼吸系统及皮肤有刺激性。使用时应穿适当的防护服和戴手套。使用时应避免吸入本品的粉尘，避免与眼睛及皮肤接触。万一接触到眼睛，应立即用大量水冲洗后请医生诊治。应密封保存。

主要用途 酸碱指示剂。检定次硫酸盐。

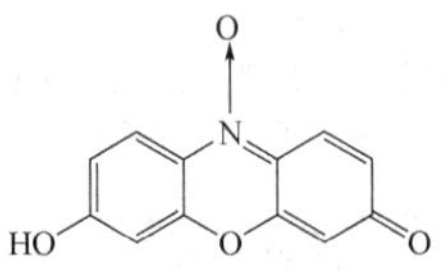

Resazurin sodium salt 树脂天青钠盐 08626

[62758-13-8] $C_{12}H_6NNaO_4$ 251.17

成分 C 57.38%，H 2.41%，N 5.58%，Na 9.15%，O 25.48%。

别名 刃天青钠盐；7-Hydroxy-3*H*-phenoxazin-3-one-10-oxide sodium salt；Sodium resazurin

性状 红色结晶或粉末。溶于水。其他内容见“树脂天青”。

注意事项 见 08625 树脂天青。

Reserpiline 利血平灵 08627

[131-02-2] $C_{23}H_{28}N_2O_5$ 412.48

成分 C 66.97%，H 6.84%，N 6.79%，O 19.39%。

别名 利血比林；(4*S*,4a*S*,13b*R*,14a*S*)-4a,5,7,8,13,13b,14,14a-Octahydro-10,11-dimethoxy-4-methyl-4*H*-indolo[2,3-*a*]pyrano[3,4-*g*]quinolizine-1-carboxylic acid methyl ester；(3β,19α,20α)-16,17-Didehydro-10,11-dimethoxy-19-methyloxayohimban-16-carboxylic acid methyl ester

M. I. 15, 8264

性状 无定形粉末。易溶于乙醇、丙酮、氯仿、苯。$[\alpha]_D^{20}$ −38°(乙醇中)，−14°(*c*=1.5，于吡啶中)，−12°(*c*=1.7，于氯仿中)；uv max(乙醇中)：229nm，300～304nm(lg ε 4.57，4.03)。

主要用途 医用抗高血压剂。

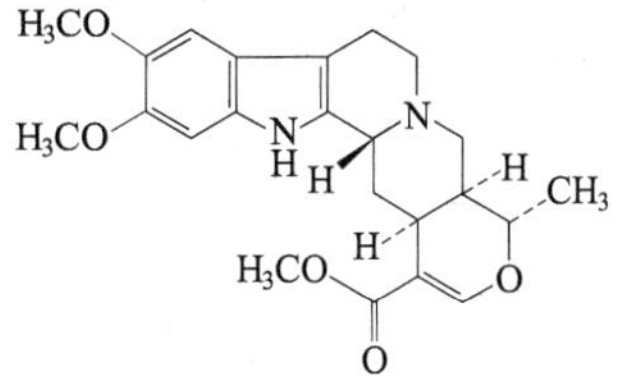

Reserpine 利血平 08628

[50-55-5] $C_{33}H_{40}N_2O_9$ 608.69

成分 C 65.12%，H 6.62%，N 4.60%，O 23.66%。

别名 Crystoserpine；(3β,16β,17α,18β,20α)-11,17-Dimethoxy-18-[(3,4,5-trimethoxybenzoyl)oxy]yohimban-16-carboxylic acid methyl ester；Eskaserp；Rau-sed；Reserpoid；Rivasin；Sandril；Sedaraupin；Serfin；Serpasil；Serpasol；3,4,5-Trimethoxybenzoyl methyl reserpate

M. I. 15, 8265

性状 来自稀丙酮中的长棱柱体结晶。易溶于氯仿（约 1g/6mL）、二氯甲烷、冰乙酸，溶于苯、乙酸乙酯，微溶于丙酮、甲醇、乙醇（1g/1800mL）、乙醚、乙酸及柠檬酸水溶液，极微溶于水。264～265℃分解；$[\alpha]_D^{23}$ −118°（于氯仿中）；$[\alpha]_D^{23}$ −164°（*c*=0.96，于吡啶啶中）；$[\alpha]_D^{26}$ −168°（*c*=0.624，于二甲基甲酰胺中）；uv max（氯仿中）：216nm，267nm，295nm（ε 61700，17000，10200）。生化试剂含量≥99.0%（NT）。

注意事项 该品可能致癌。可能危害胎儿。口服有害。使用前应得到专门的指导，避免曝露。使用时应穿适当的防护服，戴手套和防护镜或面罩。应避免吸入本品的粉尘。使用时如有事故发生或有不适之感，应请医生诊治。应充氩气密封保存。

主要用途 生化研究。医用抗高血压剂。

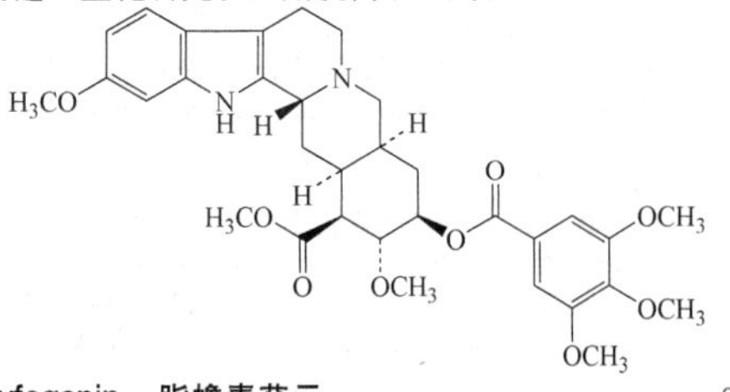

Resibufogenin 脂蟾毒苷元 08629

[465-39-4] $C_{24}H_{32}O_4$ 384.52

成分 C 74.97%，H 8.39%，O 16.64%。

别名 来西蟾酥毒基；(3β,5β,15β)-14,15-Epoxy-3-hydroxy-5-bufa-20,22-dienolide；Respigon

M. I. 15, 8266

性状 来自丙酮+水中的无色结晶。mp 113～140℃/155～168℃；$[\alpha]_D^{22}$ −7.1°(*c*=1.259，于氯仿中)。亦有一种无定形固体。$[\alpha]_D^{16}$ −5.4°(*c*=2.030，于氯仿中)。

主要用途 医用强心剂。

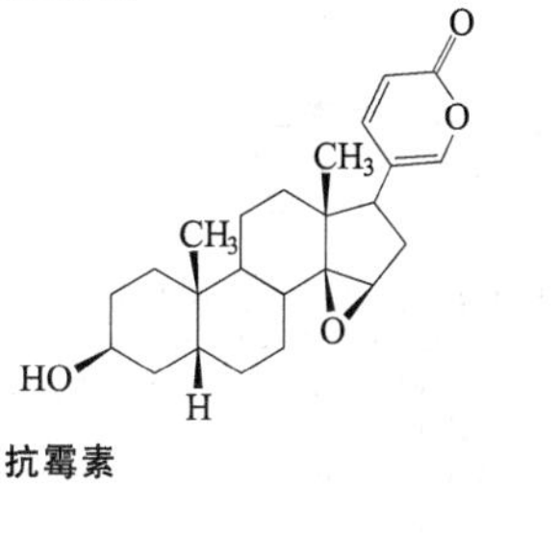

Resistomycin 抗霉素 08630

[20004-62-0] $C_{22}H_{16}O_6$ 376.36

成分 C 70.21%，H 4.29%，O 25.51%。

别名 拒霉素；3,5,7,10-Tetrahydroxy-1,1,9-trimethyl-2*H*-benzo[*cd*]pyrene-2,6(1*H*)-dione；X-340

M.I.15，8272

性状 来自二氧六环中的黄色针状结晶。溶于乙醚、苯、乙醇、丙酮、乙酸，微溶于水。于氢氧化钠和吡啶中为橙红色，于吡啶中为红色，于乙醇、苯、丙酮溶液中有荧光。亦溶于硫酸。200～205℃ (10^{-4}mmHg/10^{-2}Pa) 升华（无活性损失）；315℃分解；最大吸收值：268nm，290nm，320nm，337nm，366nm，457nm (ε 24000，23000，14400，13900，11000，15400)。

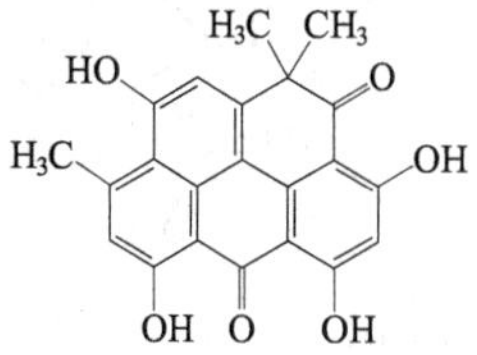

Resorantel 雷琐太尔 08631

[20788-07-2] $C_{13}H_{10}BrNO_3$ 308.13

成分 C 50.67%，H 3.27%，Br 25.93%，N 4.55%，O 15.58%。

别名 4′-溴-2,6-二羟基苯酰苯胺；雷索太尔；*N*-(4-溴苯基)-2,6-二羟基苯甲酰胺；*N*-(4-Bromophenyl)-2,6-dihydroxybenzamide；4′-Bromo-γ-resorcylanilide；4′-Bromo-2,6-dihydroxybenzanilide；2,6-Dihydroxybenzoic acid 4′-bromoanilide；Resorcylam；HOE-296V；Terenol

M.I.15，8275

性状 无色粉末。在室温中稳定（最少2年）。对酸、碱都很稳定。易溶于二甲基甲酰胺，微溶于低级醇，不溶于水、烃类、植物油。mp 229～230℃（亦有报告为183～186℃）。

主要用途 兽用羊及反刍动物的驱肠虫剂。

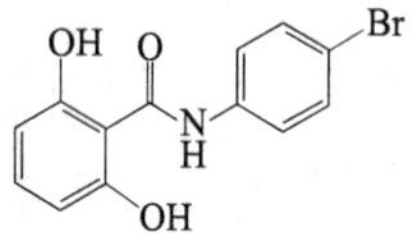

Resorcinol 间苯二酚 08632

[108-46-3] $C_6H_6O_2$ 110.11

成分 C 65.45%，H 5.49%，O 29.06%。

别名 1,3-二羟基苯；间二羟基苯；树脂酚；雷锁辛；1,3-Benzenediol；1，3-Dihydroxybenzene；*m*-Dihydroxybenzene；Resorcin

GW 2015-57 M.I.15，8276

性状 白色针状结晶。见光或露置空气中渐变为粉红色。1g该品溶于0.9mL水、0.2mL 80℃水、0.9mL乙醇，易溶于乙醚、甘油，微溶于氯仿。mp 109～111℃；bp 280℃；Fp 260.6℉ (127℃)；*d* 1.272。一般试剂含量≥99.0% (HPLC)。

注意事项 该品口服有害。对眼睛及皮肤有刺激性。对水生物极毒。万一接触到眼睛，应立即用大量水冲洗后请医生诊治。应防止将本品释放于环境中。应充氮气密封避光于干燥处保存。

主要用途 锌、镉、铅、酒石酸、亚硝酸盐、硝酸盐的检定。比色测定呋喃甲醛、糖、酮的检验。检测重氮化合物盐类的试剂。医用角质层分离剂，抗皮脂溢剂。

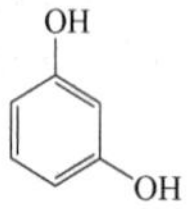

Resorcinol yellow 间苯二酚黄 08633

[547-57-9] $C_{12}H_9N_2NaO_5S$ 316.26

成分 C 45.57%，H 2.87%，N 8.86%，Na 7.27%，O 25.29%，S 10.14%。

别名 金莲橙O；偶氮间苯二酚磺酸钠；间苯二酚品黄；Acid orange 6；Chrysoine；4-[(2,4-Dihydroxyphenyl)azo]benzenesulfonic acid monosodium salt；Food yellow 8；Tropaeolin O；Tropaeolin R；Gold yellow；Sodium azoresorcinolsulfanilate；Sodium *p*-(2,4-dihydroxyphenylazo)benzenesulfonate；Yellow T

M.I.15，9954 C.I.14270

性状 棕色粉末，溶于水，溶液呈橙黄至橙红色。溶于乙醇。pH值11.1～12.7（由黄至橙色）。λ_{max} 490nm。

注意事项 该品应密封保存。

主要用途 pH指示剂。偶尔用于原生物染色。

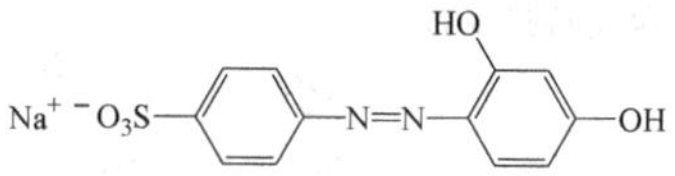

Resorufin sodium salt 试卤灵钠盐 08634

[34994-50-8] $C_{12}H_6NNaO_3$ 235.18

成分 C 61.29%，H 2.57%，N 5.96%，Na 9.77%，O 20.41%。

别名 9-羟基-3-异吩噁唑酮钠盐；7-羟基-3*H*-吩噁嗪-3-酮钠盐；9-Hydroxy-3-isophenoxazone sodium salt；7-Hydroxy-3*H*-phenoxazin-3-one sodium salt

性状 白色结晶。mp>300℃。

注意事项 该品对眼睛、呼吸系统及皮肤有刺激性。使用时应戴手套。万一接触到眼睛，应立即用大量水冲洗后请医生诊治。应密封于－20℃保存。

主要用途 生化研究。显微镜用。

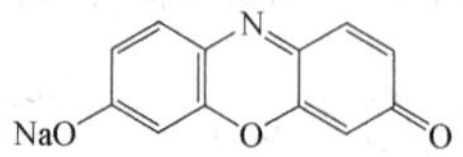

Resveratrol 白藜芦醇 08635

[501-36-0] $C_{14}H_{12}O_3$ 228.25

成分 C 73.67%，H 5.30%，O 21.03%。

别名 3,4,5-三羟基反式芪；3,4,5-Trihydroxy-*trans*-stilbene；5-[(1*E*)-2-(4-Hydroxyphenyl)ethenyl]-1,3-benzenediol；*trans*-Resveratrol；(*E*)-5-(*p*-Hydroxystyryl)resorcinol；3,4′,5-Stilbenetriol；3,5,4′-Trihydroxystilbene

M.I.15，8279

性状 来自甲醇中的近白色粉末。mp 253～255℃。生化试剂含量>99.0% (GC)。

注意事项 该品对呼吸系统及皮肤有刺激性。对眼睛有严重损伤的危险。使用时应戴防护镜或面罩。万一接触到眼睛，应立即用大量水冲洗后请医生诊治。应密封于－20℃保存。

主要用途 生化研究。

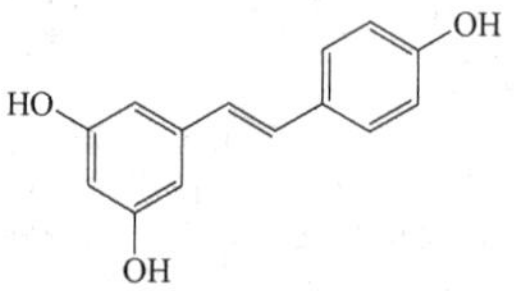

Retene 惹烯 08636

[483-65-8] $C_{18}H_{18}$ 234.34

成分 C 92.26%，H 7.74%。

别名 1-甲基-7-异丙基菲；7-Isopropyl-1-methylphenanthrene；1-Methyl-7-(1-methylethyl)phenanthrene

M.I.15，8283

性状 来自乙醇中的无色片状或鳞片状结晶。溶于热乙醇、苯、热乙醚，二硫化碳，不溶于水。mp 99℃；bp_{760} 390～394℃/101.325kPa；bp_{10} 208℃/1.333kPa。

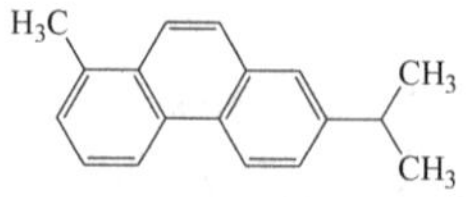

all-trans-Retinal 全反式视黄醛 08637

[116-31-4] $C_{20}H_{28}O$ 284.44

成分 C 84.45%，H 9.92%，O 5.62%。

别名 全反式视网膜醛；视网膜醛 全反式；视黄醛 全反式；维生素A醛 全反式；维他命A醛 全反式；Axerophthal；Retinaldehyde；Retinene；Vitamin A aldehyde

M. I. 15，8287

性状 来自石油醚中的橙黄色结晶或粉末。溶于乙醇、氯仿、环己烷、石油醚、油类，几乎不溶于水。mp 61～64℃；uv max（己烷中）：368nm（ε 48000）。生化试剂含量≥98.0%。

注意事项 该品口服有害。对皮肤有刺激性。使用时应穿适当的防护服和戴手套。使用时应避免吸入本品的粉尘。该品应密封于－20℃保存。

主要用途 生化研究。

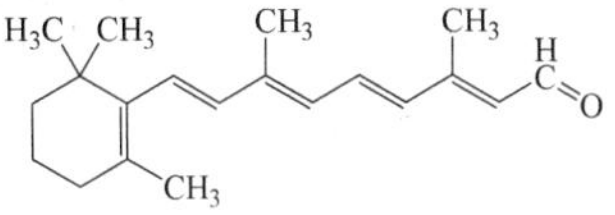

13-*cis*-Retinoic acid 13-顺式视黄酸 08638

[4759-48-2] $C_{20}H_{28}O_2$ 300.44

成分 C 79.96%，H 9.39%，O 10.65%。

别名 13-顺式视网膜酸；13-顺式维生素A酸；视网膜酸13-顺式；视黄酸13-顺式；维生素A酸13-顺式；Accutane；Isotretinoin；Isotrex；Ro-4-3780；Roaccutane；2-cis-Vitamin Aacid；Neovitamin Aacid；Oratane

M. I. 15，5274

性状 来自异丙醇中的黄色或橙红色片状结晶。溶于氯仿，略溶于乙醇、异丙醇、丙二醇400，几乎不溶于水。mp 174～175℃；uv max：354nm（ε 39800）。LD_{50}（20天）小鼠，大鼠急性经口：3389mg/kg，>4g/kg；腹膜内注射：904mg/kg，901mg/kg。生化试剂含量≥98.0%（HPLC）。

注意事项 该品对眼睛、呼吸系统及皮肤有刺激性。能危害胎儿。使用前应得到专门的指导，避免曝露。使用时应穿适当的防护服，戴手套和防护镜或面罩。万一接触到眼睛，应立即用大量水冲洗后请医生诊治。使用时如有事故发生或有不适之感，应请医生诊治。应密封于－20℃保存。

主要用途 生化研究。医用角质层分离剂。

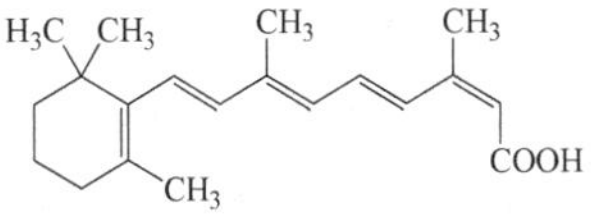

Retrorsine 倒千里光碱 08639

[480-54-6] $C_{18}H_{25}NO_6$ 351.40

成分 C 61.52%，H 7.17%，N 3.99%，O 27.32%。

别名 12,18-Dihydroxysenecionan-11,16-dione；*β*-Longilobine

M. I. 15，8290

性状 来自乙酸乙酯中的无色结晶。易溶于乙醇、氯仿，微溶于水、丙酮、乙酸乙酯，几乎不溶于乙醚。mp 212℃；$[\alpha]_D^{18}$ －17.6°（c＝1.99，于乙醇中）；uv max（水中）：217nm（lg ε 3.85）。

注意事项 该品口服有毒。使用时应穿适当的防护服，戴手套和防护镜或面罩。使用时应避免吸入本品的粉尘。应密封保存。

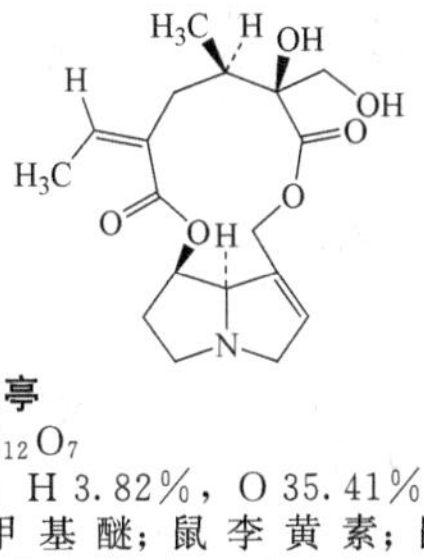

Rhamnetin 鼠李亭 08640

[90-19-7] $C_{16}H_{12}O_7$ 316.27

成分 C 60.76%，H 3.82%，O 35.41%。

别名 栎精-7-甲基醚；鼠李黄素；鼠李醚；2-(3,4-Dihydroxyphenyl)-3,5-dihydroxy-7-methoxy-4*H*-1-benzopyran-4-one；3,3′,4′,5-Tetrahydroxy-7-methoxyflavone；7-Methylquercetin；*β*-Rhamnocitrin；Cyanidenolon-7-methyl ether 1537

M. I. 15，8294

性状 来自丙酮＋甲醇中的黄色针状结晶。易吸潮。易溶于稀碱呈正黄色，溶于热酚，微溶于热水、热乙醇、热冰乙酸、热丙酮。mp 292～294℃；uv max（乙醇中）：371nm，256nm（lg ε 4.41，4.40）。一般试剂含量≥99.0%（HPLC）。

注意事项 该品对眼睛、呼吸系统及皮肤有刺激性。使用时应穿适当的防护服和戴手套。万一接触到眼睛，应立即用大量水冲洗后请医生诊治。应充氩气密封于2～8℃干燥保存。

主要用途 过去用于羊毛及棉的染色。

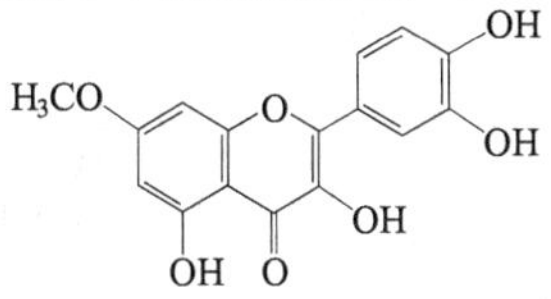

L-Rhamnose monohydrate L-鼠李糖 一水 08641

[6155-35-7] $C_6H_{12}O_5 \cdot H_2O$ 182.17

成分（以无水物计） C 43.90%，H 7.37%，O 48.73%。

别名 一水合鼠李糖；异甜醇；6-Deoxy-L-mannose；L-Mannomethylose；L-(＋)-Rhamnose monohydrate；Isodulcit

M. I. 15，8295

性状 白色结晶性粉末。溶于水、甲醇，微溶于乙醇。mp 90～92℃；$[\alpha]_D^{20} \xrightarrow{2h} +8°\pm0.5°$（$c$＝5，于水中）。生化试剂含量≥99.0%（HPLC）。

注意事项 该品应密封于干燥处保存。

主要用途 生化研究。

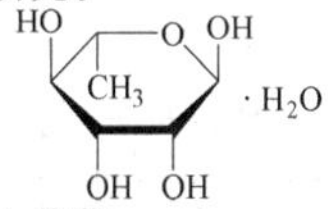

Rhapontin 土大黄苷 08642

[155-58-8] $C_{21}H_{24}O_9$ 420.41

成分 C 60.00%，H 5.75%，O 34.25%。

别名 大黄素荧光指示剂；祁卢亭；(*E*)-3-Hydroxy-5-[2-(3-hydroxy-4-methoxyphenyl)ethenyl]phenyl *β*-D-glucopyranoside；4′-Methoxy-3,3′,5-stilbenetriol 3-glucoside；Ponticin；Rhaponticin；3,3′,5-Trihydroxy-4′-methoxystilbene-3-*O*-*β*-D-glucoside

M. I. 15，8297

性状 无色结晶。有亮蓝色荧光。溶于稀乙醇、热丙酮、热水，微溶于乙醚、乙醇、丙酮、冷水，几乎不溶于苯、石油醚、氯仿。236～237℃分解。$[\alpha]_D^{32}$ －59.5°（于丙酮中）。生化试剂含量≥99.0%。

注意事项 该品应密封于2～8℃保存。

主要用途 生化研究。

β-D-葡萄糖-O

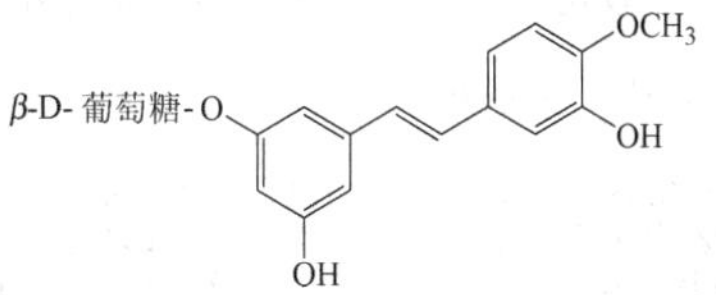

Rheadine 丽春花碱 08643

[2718-25-4] $C_{21}H_{21}NO_6$ 383.40

成分 C 65.79%，H 5.52%，N 3.65%，O 25.04%。

别名 大黄定；(5b*R*,13b*R*,15*S*)-5b,6,7,8,13b,15-Hexahydro-15-methoxy-6-methyl-[1,3]dioxolo[4,5-*h*]-1,3-dioxolo[7,8][2]benzopyrano[3,4-*a*][3]benzazepine；(8*β*)-8-methoxy-16-methyl-2,3：10,11-bis[methylenebis(oxy)]rheadan；Rhoeadine

M. I. 15，8298

性状 来自乙醇中的无色结晶。微溶于乙酸乙酯、二氯甲烷，几乎不溶于水、乙醇、氯仿、乙醚、苯。mp 252～254℃；$[\alpha]_D^{23}$ ＋235°（c＝1.01，于氯仿中）；$[\alpha]_D^{22}$ ＋174°（c＝0.69，于吡啶中）；uv max（乙醇中）：239nm，290nm（ε 9150，9180）。

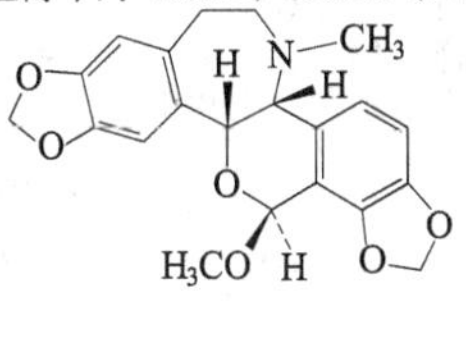

Rhein 大黄酸 08644

[478-43-3] $C_{15}H_8O_6$ 284.22

成分 C 63.39%，H 2.84%，O 33.77%。

别名 4,5-二羟基蒽醌-2-羧酸；9,10-Dihydro-4,5-dihydroxy-9,10-dioxo-2-anthracenecarboxylic acid；1,8-Dihydroxyanthraquinone-3-carboxylic acid；4,5-Dihydroxyanthraquinone-2-carboxylic acid；Chrysazin-3-carboxylic acid；Monorhein；Rheic acid；

Cassic acid; Parietic acid; Rhubarb yellow

M. I. 15, 8299

性状 黄色针状结晶（升华提纯）。溶于碱、吡啶，微溶于乙醇、苯、氯仿、乙醚、石油醚，几乎不溶于水。mp 321～322℃；330℃分解，最大吸收值（甲醇中）：229nm，258nm，435nm（ε 36800，20100，11100）。

注意事项 该品对眼睛、呼吸系统及皮肤有刺激性。使用时应穿适当的防护服和戴手套。万一接触到眼睛，应立即用大量水冲洗后请医生诊治。应密封于2～8℃保存。

主要用途 生化研究。

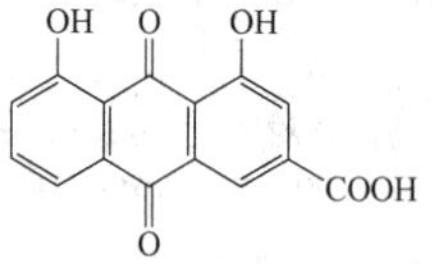

Rhenium powder 铼粉 08645

[7440-15-5] Re 186.207

M. I. 15, 8300

性状 六方形密堆积结晶或黑色至银灰色粉末。溶于硝酸并氧化成铼酸，微溶于硫酸，几乎不溶于盐酸、氢氟酸。可吸附氢气。mp 3180℃；bp 5900℃；*d* 21.02。一般试剂含量≥99.9%。

注意事项 该品高度易燃。使用现场禁止吸烟。万一着火，应用干砂灭火而不能用水。应密封保存。

主要用途 高硬度铼、钨、铁合金的制造。

Rhenium（Ⅶ）oxide 七氧化二铼 08646

[1314-68-7] O_7Re_2 484.41

成分 O 23.12%，Re 76.88%。

别名 铼酸酐；庚氧化铼；Rhenium heptoxide；Dirhenium heptoxide

M. I. 15, 8301

性状 金丝雀黄色结晶。极易潮解，250℃开始升华。易溶于水、乙醇、乙醚、乙酸乙酯、二氧六环、吡啶。在空气中很快吸收水分，生成过铼酸（$HReO_4$）。mp 300.3℃；bp 360.3℃。一般试剂含量≥99.9%。

注意事项 该品与易燃物品接触能引起着火。应远离易燃物品，密封于干燥处保存。

主要用途 高硬度合金的制造。催化剂。氧化剂。

Rhodamine B 罗丹明 B 08647

[81-88-9] $C_{28}H_{31}ClN_2O_3$ 479.02

成分 C 70.21%，H 6.52%，Cl 7.40%，N 5.85%，O 10.02%。

别名 四乙基罗丹明；蓝光碱性蕊香红；玫瑰红 B；蕊香红 B；Basic violet 10；Brilliant pink B；*N*-[9-(2-Carboxyphenyl)-3,6-bis(diethylamino)-3*H*-xanthen-3-ylidene]-*N*-ethylethanaminium chloride；9-(2-Carboxyphenyl)-3，6-bis（diethylamino）xanthylium chloride；D&C Red No. 19；Rhodamine O；Tetraethylrhodamine

M. I. 15, 8307 C. I. 45170

性状 带绿色光泽的结晶或红紫色粉末。易溶于水，其浓溶液呈蓝红色，稀溶液有强荧光。易溶于乙醇，微溶于盐酸、氢氧化钠溶液。mp 210～211℃（分解）；*d* 1.31。LD_{50}大鼠静脉注射：89.5mg/kg。一般试剂含量≥95.0%。

注意事项 该品口服有害。对眼睛有严重损伤的危险。可能致癌。使用时应穿适当的防护服戴手套和防护镜或面罩。万一接触到眼睛，应立即用大量水冲洗后请医生诊治。应远离热源，密封于干燥处保存。

主要用途 测定锑、铋、钴、金、锰、汞、钼、钽、铵、钨等的试剂。吸附指示剂。生物染色剂。

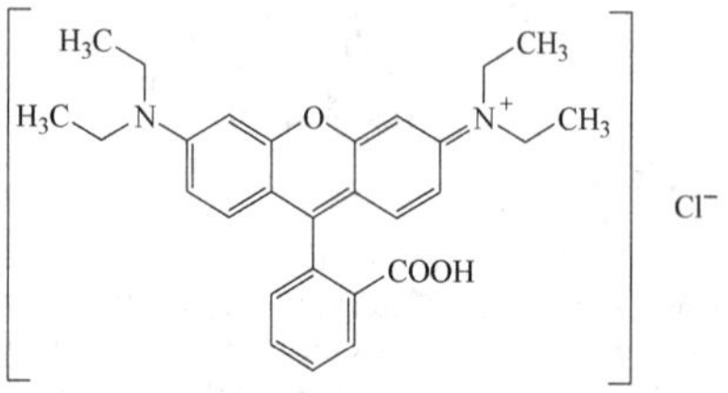

Rhodamine B isothiocyanate 异硫氰酸罗丹明 B 08648

[36877-69-7] $C_{29}H_{30}ClN_3O_3S$ 536.10

成分 C 64.97%，H 5.64%，Cl 6.61%，N 7.84%，O 8.95%，S 5.98%。

别名 异硫氰酸玫瑰红 B；RBITC；RITC

性状 红紫色粉末。为异硫氰基（—NCS）为5位或6位的异构体混合物。一般试剂含量>70.0%。

注意事项 该品吸入、口服或与皮肤接触有害。对眼睛、呼吸系统及皮肤有刺激性。吸入可引起过敏。使用时应穿适当的防护服。使用时应避免吸入本品的粉尘，避免与眼睛及皮肤接触。万一接触到眼睛，应立即用大量水冲洗后请医生诊治。使用时如有事故发生或有不适之感，应请医生诊治。应充氩气密封避光于2～8℃干燥保存。

主要用途 生化研究。蛋白质的荧光标记物。

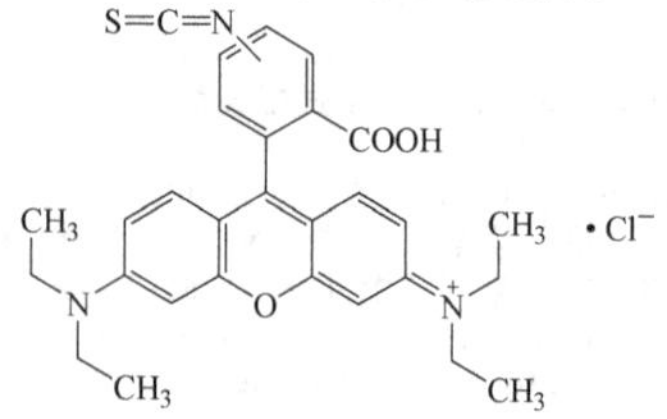

Rhodamine 6G 罗丹明 6G 08649

[989-38-8] $C_{28}H_{31}ClN_2O_3$ 479.02

成分 C 70.21%，H 6.52%，Cl 7.40%，N 5.85%，O 10.02%。

别名 玫瑰红 6G；黄光碱性蕊香红；蕊香红 6G；Basic red 1；Brilliant pink 5G；Calcozine red 6G extra；Rhodamine 6GX；Rhodyle 4G

C. I. 45160

性状 红色或黄棕色粉末。溶于水，溶液呈猩红色并带有黄绿色荧光，溶于乙醇则呈橙红色并带有绿黄色荧光。λ_{max}约524nm。一般试剂干燥含量约95%。

注意事项 该品应密封避光保存。

主要用途 测定镓的灵敏试剂。比色测定钽。测定银及溴化物。吸附指示剂（由红紫色至橙色）。

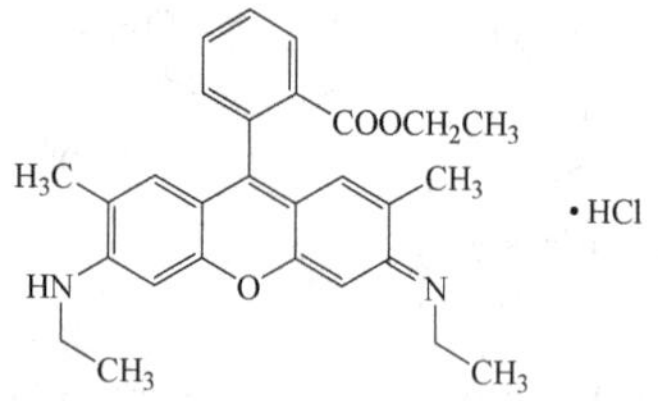

Rhodamine 6G perchlorate 罗丹明 6G 高氯酸盐 08650

[13161-28-9] $C_{28}H_{31}ClN_2O_7$ 543.02

成分 C 61.93%，H 5.75%，Cl 6.53%，N 5.16，O 20.62%。

别名 过氯酸罗丹明 6G；罗丹明 6G 过氯酸盐；高氯酸罗丹明 6G

性状 暗红色粉末。mp 263～265℃；λ_{max} 528nm。生化试剂含量≥99.0%（TLC）。

注意事项 该品对眼睛、呼吸系统及皮肤有刺激性。使用时应穿适当的防护服。使用时应避免吸入本品的粉尘，避免与眼睛及皮肤接触。万一接触到眼睛，应立即用大量水冲洗后请医生诊治。应密封保存。

主要用途 吸附指示剂。

Rhodamine 101 罗丹明 101 08651

[64339-18-0] $C_{32}H_{30}N_2O_3$ 490.61

成分 C 78.34%，H 6.16%，N 5.71%，O 9.78%。

性状 暗红色粉末。

注意事项 见08650罗丹明6G高氯酸盐。

主要用途 吸附指示剂。

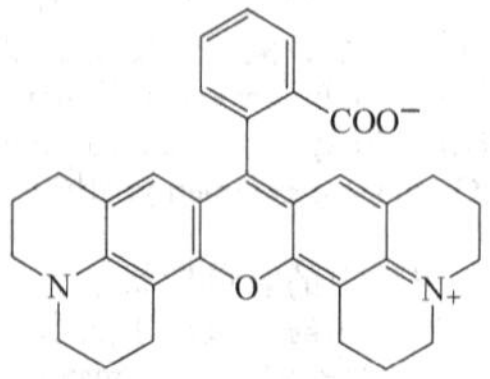

Rhodamine 110 chloride 氯化罗丹明 110 08652

[13558-31-1] $C_{20}H_{15}ClN_2O_3$ 366.80

成 分　C 65.49%，H 4.12%，Cl 9.67%，N 7.64%，O 13.08%。
别名　罗丹明 110 盐酸盐；盐酸罗丹明 110
性状　暗红色粉末。mp>300℃。一般试剂含量≥99.0%（UV）。
注意事项　使用时应避免吸入本品的粉尘，避免与眼睛及皮肤接触。

Rhodamine 123　罗丹明 123　08653
[62669-70-9]　$C_{21}H_{17}ClN_2O_3$　380.83
成分　C 66.23%，H 4.50%，Cl 9.31%，N 7.36%，O 12.60%。
性状　暗红色粉末。溶于乙醇（0.02g/1mL）应澄清，红色。生化试剂含量≥90.0%（HPLC）。
注意事项　见 08652 罗丹明 101。

Rhodamine 800　罗丹明 800　08654
[101027-54-7]　$C_{26}H_{26}ClN_3O$　431.96
成 分　C 72.30%，H 6.07%，Cl 8.21%，N 9.73%，O 3.70%。
性状　暗红色粉末。
注意事项　见 08652 罗丹明 110。

Rhodanine　罗丹宁　08655
[141-84-4]　$C_3H_3NOS_2$　133.18
成分　C 27.06%，H 2.27%，N 10.52%，O 12.01%，S 48.15%。
别名　银试剂；2-硫代-4-噻唑烷酮；Argenton；Rhodanic acid；4-Oxothiazolidine；2-Thio-4-ketothiazolidine；2-Thioxo-4-thiazolidinone
M. I. 15，8308
性状　来自冰乙酸或水中的浅黄色结晶。易溶于沸水，溶于甲醇、乙醇、乙醚、碱溶液、氨水、热乙酸、二甲基甲酰胺，微溶于冷水。p*K*（25℃）5.52；mp 168.5℃；*d* 0.868。一般试剂含量≥99.0%（HPLC）。
注意事项　该品口服有害。对眼睛有严重损伤的危险。使用时应戴防护镜或面罩。使用时应避免吸入本品的粉尘，避免与眼睛及皮肤接触。万一接触到眼睛应立即用大量水冲洗后请医生诊治。应密封保存。
主要用途　重量分析法测定银。合成苯丙氨酸。

Rhodinol　香茅醇　08656
[6812-78-8]　$C_{10}H_{20}O$　156.27
成分　C 76.86%，H 12.90%，O 10.24%。
别名　左旋香茅醇；罗丁醇；雄刈萱醇；玫瑰醇；（3*S*）-3,7-Dimethyl-7-octen-1-ol；α-Citronellol
M. I. 15，8309
性状　无色油状液体。有玫瑰气味。与乙醇、乙醚相混溶，极微溶于水。bp_{12} 114～115℃/1.6kPa；d_4^{20} 0.8549；n_D^{20} 1.4556；$[\alpha]_D^{20}$ −2.88°；uv max：186～189nm（ε 9000）。
主要用途　香料。

Rhodium powder　铑粉　08657
[7440-16-6]　Rh　102.90550
M. I. 15，8310
性状　银白色粉末。溶于王水和熔融的硫酸氢钾。不溶于其他酸。mp 1966℃；bp 4500℃；d^{20} 12.41。一般试剂含量≥99.9%。
注意事项　该品高度易燃。使用时应避免吸入本品的粉尘，避免与眼睛及皮肤接触。使用现场禁止吸烟。应远离火种密封保存。
主要用途　铑、铂合金的制造。电镀光学镜头，并可防止银器发暗。

Rhodium(Ⅲ) chloride　氯化铑　08658
[10049-07-7]　$RhCl_3$　209.26
成分　Cl 50.82%，Rh 49.18%。
别名　三氯化铑；Rhodium trichloride
M. I. 15，8313
性状　红色粉末。一般溶于水，但因制法不同也有不溶的。溶于盐酸、乙醇、碱溶液、氰化物溶液，不溶于乙醚、水。在 50℃水中分解，受强热分解为铑和氯气。LD_{50} 大鼠静脉注射：198mg/kg。一般试剂含量（以 Rh 计）35.0%～39.0%。
注意事项　该品口服有害。对眼睛、呼吸系统及皮肤有刺激性。使用时应穿适当的防护服和戴手套。万一接触到眼睛，应立即用大量水冲洗后请医生诊治。应密封于干燥处保存。
主要用途　光谱分析标准物。

Rhodium(Ⅲ) nitrate hydrate　硝酸铑 水合　08659
[10139-58-9]　$Rh(NO_3)_3 \cdot xH_2O$　288.92・18.02*x*
成分（以无水物计）　N 14.54%，O 49.84%，Rh 35.62%。
别名　水合硝酸铑
GW 2015-2305
性状　黄色潮解性结晶。溶于水，不溶于乙醇。一般试剂铑含量约 36%。
注意事项　该品与易燃品接触能引起燃烧。具有腐蚀性，能引起烧伤。使用时应穿适当的防护服，戴手套和防护镜或面罩。万一接触到眼睛，应立即用大量水冲洗后请医生诊治。使用时如有事故发生或有不适之感，应请医生诊治。应远离热源与易燃物品，充氩气密封于干燥处保存。
主要用途　氧化剂。

Rhodium(Ⅲ) oxide　氧化铑　08660
[12036-35-0]　O_3Rh_2　253.81
成分　O 18.91%，Rh 81.09%。
别名　三氧化二铑；Rhodium sesquioxide
性状　灰色结晶。不溶于水、乙醇、氢氧化钾溶液。1100～1150℃分解成金属铑。*d* 8.20。一般试剂铑含量≥81.0%。
注意事项　使用时应避免吸入本品的粉尘，避免与眼睛及皮肤接触。应密封保存。
主要用途　特殊合金的制造。

Rhodizonic acid dipotassium salt　玫棕酸二钾盐　08661
[13021-40-4]　$C_6K_2O_6$　246.27
成分　C 29.26%，K 31.75%，O 38.98%。
别名　环已烯二醇四酮二钾；玫棕酸钾；玫瑰红酸二钾盐；5,6-Dihydroxy-5-cyclohexene-1,2,3,4-tetrone dipotassium salt；Potassium rhodizonate；Rhodizonic acid K_2 salt
性状　深红色有金属光泽的结晶。溶于水。mp>300℃。
注意事项　见氧化铑。
主要用途　测钡、铅、锡、铯、硫酸根的试剂。

Rhodizonic acid disodium salt 玫棕酸二钠盐 08662

[523-21-7] $C_6Na_2O_6$ 214.04

成分 C 33.67%，Na 21.48%，O 44.85%。

别名 环己烯二醇四酮二钠；玫棕酸钠；玫瑰红酸二钠盐；5,6-Dihydroxy-5-cyclohexene-1，2，3，4-tetrone disodium salt；Disodium rhodizonate；Sodium dihydroxydiquinoyl；Sodium rhodizonate；Sodium tetraoxyhydroquinone；Rhodizonic acid Na_2 salt；[(3,4,5,6-Tetraoxo-1-cyclohexen-1,2-ylene)dioxy]disodium

M. I. 15，8799

性状 紫色结晶或黑棕色粉末。溶于水，其溶液呈橙黄色，不稳定。微溶于碳酸钠溶液，不溶于乙醇。

注意事项 见 08660 氧化铑。

主要用途 测定钡、铅、锶、硫酸盐等的灵敏试剂。

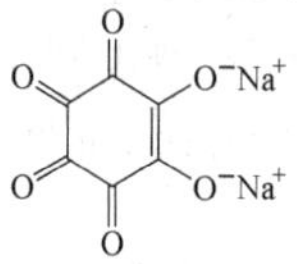

Rhodoxanthin 紫杉紫素 08663

[116-30-3] $C_{40}H_{50}O_2$ 562.84

成分 C 85.36%，H 8.95%，O 5.69%。

别名 紫松果黄素；4′，5′-Didehydro-4，5-*retro*-β，β-carotene-3，3′-dione

M. I. 15，8320

性状 来自苯与甲醇（1∶4）中的玫瑰花的深紫色矛尖状结晶。易溶于吡啶，溶于苯、氯仿，略微溶于乙醇、甲醇，几乎不溶于己烷、石油醚。mp 219℃（其空管中），最大吸收值（氯仿中）：546nm，510nm，482nm。

主要用途 用于食品、饮料、药物、化妆品的着色。

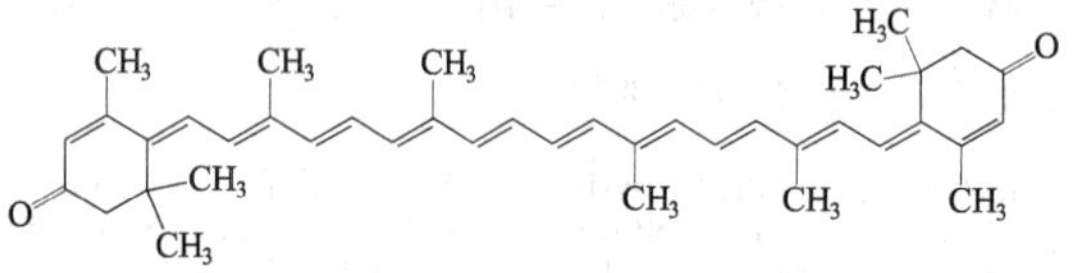

Rhynchophylline 钩藤碱 08664

[76-66-4] $C_{22}H_{28}N_2O_4$ 384.48

成分 C 68.73%，H 7.34%，N 7.29%，O 16.64%。

别名 鹿霍非灵；(αE,1′R,6′R,7′S,8′aS)-6′-Ethyl-1,2,2′,3′,6′,7′,8′,8′a-octahydro-α-methoxymethylene-2-oxo-spiro[3H-indole-3,1′(5′H)-indolizine]-7′-acetic acid methyl ester；(7β,16E,20α)-16,17-Didehydro-17-methoxy-2-oxocorynoxan-16-carboxylic acid methyl ester；Rhyncophylline；Mitrinermine

M. I. 15，8322

性状 来自甲醇中的无色结晶。溶于氯仿，较多地溶于丙酮、乙醇、苯，略微溶于乙醚、乙酸乙酯。几乎不溶于石油醚。pK_a6.4；mp 216℃；$[\alpha]_D^{13}$ −14.7°(c=2.5，于氯仿中)；uv max：245nm，280nm(lg ε 4.24，3.15)。

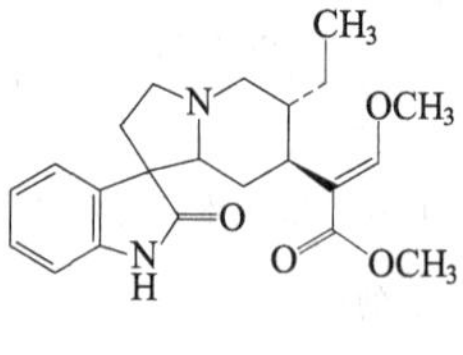

Ribavirin 三氮唑核苷 08665

[36791-04-5] $C_8H_{12}N_4O_5$ 244.21

成分 C 39.35%，H 4.95%，N 22.94%，O 32.76%。

别名 1-β-D-Ribofuranosyl-1，2，4-triazole-3-carboxamide；1-β-D-Ribofur-anosyl-1H-1，2，4-triazole-3-carboxamide；RTCA；ICN-1229；Rebetol；Tribavirin；Viramid；Virazid；Virazole

M. I. 15，8323

性状 白色至灰白色粉末。性稳定。易溶于水，微溶于无水乙醇。mp 166～168℃（乙醇水溶液中结晶）；mp 174～176℃（乙醇中结晶）；$[\alpha]_D^{25}$ −36.5°（c=1，于水中）；$[\alpha]_D^{20}$ −38°（c=1，于水中）。LD_{50} 小鼠腹膜内注射：1.3g/kg；大鼠急性经口：5.3g/kg。

注意事项 该品能危害胎儿。使用前应得到专门的指导，避免曝露。使用时应避免吸入本品的粉尘。使用时如有事故发生或有不适之感，应请医生诊治。应密封于阴凉、通风处于2～8℃保存。

主要用途 生化研究。医用抗病毒剂。

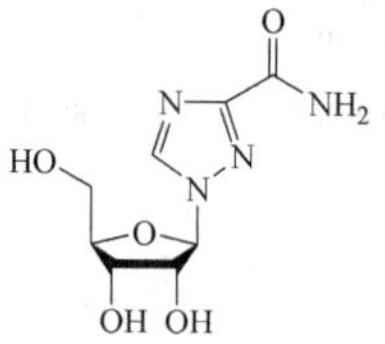

Riboflavin 核黄素 08666

[83-88-5] $C_{17}H_{20}N_4O_6$ 376.37

成分 C 54.25%，H 5.36%，N 14.89%，O 25.51%。

别名 维生素 B_2；维生素 G；Beflavin；7，8-Dimethyl-10-O-ribityl-*iso*-alloxazine；7，8-Dimethyl-10-ribitylisoalloxazine；7，8-Dimethyl-10-(D-*ribo*-2，3，4，5-tetrahydroxypentyl)isoalloxazin；Vitamin G；Flavaxin；Lactoflavin；Ribipca；Vitamin B_2

M. I. 15，8325

性状 来自 2mol/L 乙酸、乙醇、水或吡啶中的黄色或橙黄色细小针状结晶或结晶性粉末。易溶于稀碱溶液，溶于无水乙醇（27.5℃，4.5mg/100mL），微溶于水（1g 溶于3000～约 15000mL 水）、环己醇、乙酸戊酯、苯甲醇、酚，不溶于乙醚、氯仿、丙酮、苯。278～282℃分解。LD_{50} 大鼠急性经口：>10g/kg；皮下注射：5.0g/kg；腹膜内注射：0.56g/kg。生化试剂含量≥98.0%（HPLC）。

注意事项 使用时应避免吸入本品的粉尘，避免与眼睛及皮肤接触。应充氩气密封避光于 2～8℃保存。

主要用途 生化研究。组织培养基的制备。制药工业。营养增补剂。有时用作色素。

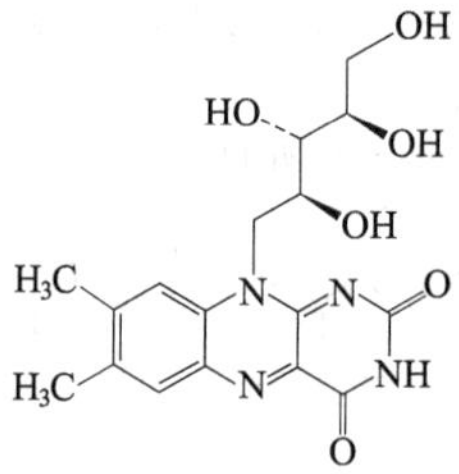

D-(+)-Ribonic acid γ-lacton

D-(+)-核糖酸-γ-内酯 08667

[5336-08-3] $C_5H_8O_5$ 148.12

成分 C 40.54%，H 5.44%，O 54.01%。

别名 α，β，γ-三羟基-γ-戊内酯；D-(+)-异阿拉伯树胶糖酸-γ-内酯；α，β-Dihydroxy-γ-hydroxymethylbutyrolacton；D-(+)-Ribono-1，4-lactone；α，β，γ-Trihydroxy-γ-valerolacton

性状 白色结晶或结晶性粉末。溶于水、乙醇、丙酮。mp 84～86℃；$[\alpha]_D^{20}$ +18.3°±0.5°(c=5，于水中)。生化试剂含量≥99.0%（T）。

注意事项 见 08660 氧化铑。

主要用途 生化研究。

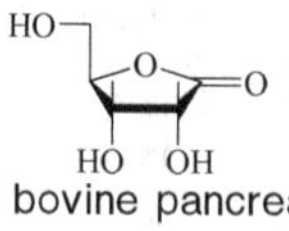

Ribonuclease A from bovine pancrease

核糖核酸酶 A（牛胰） 08668

[9001-99-4] Mr 约 13700

别名 RNase；Ribonucleate pyrimidine-nucleotide-2′-transferase (cyclizing)

M. I. 15，8326 EC 3.1.27.5

性状 无色结晶或近白色冻干粉末。易溶于水。uv max（0.1mol/L 氯化钾溶液中）：277.5nm（ε 9700）。生化试剂含量 40kU/mg。

注意事项 使用时应避免吸入本品的粉尘，避免与眼睛及皮肤接触。应充氩气密封于−20℃干燥保存。

主要用途 生化研究。

Ribonuclease B from bovine pancreas

核糖核酸酶 B（牛胰） 08669

[9001-99-4]
别名 RNase B
EC 3.1.27.5
性状 白色结晶或冷冻干粉。易溶于水。基本上无盐、无其他蛋白酶杂质。生化试剂含量>90.0%（SDS-PAGE）。
注意事项 见 08668 核糖核酸酶 A（牛胰）。
主要用途 生化研究。

Ribonuclease H from *E. Coli*
核糖核酸酶 H（大肠杆菌） 08670
[9050-76-4]
别名 RNase H
EC 3.1.4.34
性状 细微结晶。存于 pH 值约 8.0 的缓冲液中（Hepes-KOH 25mmol/L）；氯化钾 50mmol/L；二巯基苏糖醇 1mmol/L；甘油 50%（体积分数）。
注意事项 该品应密封于−20℃保存。
主要用途 生化研究。

Ribonuclease T_1 from *Aspergillus oryzae*
核糖核酸酶 T_1（米曲霉） 08671
[9026-12-4] Mr 约 11085
别名 Guanyloribonuclease；Ribonucleate 3′-guanylo oligonucleotidohydrolase；RNase T_1
EC 3.1.27.3
性状 细微结晶。保存于 pH 值约 6 的缓冲液中（硫酸铵 3.2mol/L）。
注意事项 使用时应避免与眼睛及皮肤接触。应充氩气密封于 2～8℃保存。
主要用途 生化研究。

Ribonuclease T_2 from *Aspergillus oryzae*
核糖核酸酶 T_2（米曲霉） 08672
[37278-25-4]
别名 Ribonuclease Ⅱ；Ribonucleate-3′-oligonucleotidohydro-lase；RNase T_2
EC 3.1.27.1
性状 含有缓冲剂的白色冻干粉末。
注意事项 该品应于−20℃密封保存。
主要用途 生化研究。

Ribonucleic acid from yeast 核糖核酸（酵母） 08673
[63231-63-0]
别名 戊糖核酸；核酸（酵母）；RNA；Yeast nucleic acid
M.I.15，8327
性状 近白色粉末。溶于碱溶液，微溶于水。
注意事项 使用时应避免吸入本品的粉尘，避免与眼睛及皮肤接触。应充氩气密封于−20℃干燥保存。
主要用途 生化研究。核糖核酸酶的底物。

Ribonucleic acid transfer from yeast
转移核糖核酸（酵母） 08674
[9014-25-9]
别名 Transfer RNA；t-RNA
M.I. 15，8327
性状 米色冻干粉末。
注意事项 使用时应避免吸入本品的粉尘，避免与眼睛及皮肤接触。应密封于−20℃干燥保存。
主要用途 生化研究。

D-(−)-Ribose D-(−)-核糖 08675
[50-69-1] $C_5H_{10}O_5$ 150.13
成分 C 40.00%，H 6.71%，O 53.29%。
别名 异性树胶糖；D-(−)-胞核糖；D-Ribofuranose
M.I.15，8328
性状 来自无水乙醇中的片状无色结晶或粉末。微有香味。极易吸潮。溶于水，微溶于乙醇，不溶于乙醚、丙酮。mp 87℃；$[\alpha]_D^{24}$ −25°（于水中最终值）。生化试剂含量≥99.0%（HPLC）。
注意事项 该品应充氩气密封于 2～8℃干燥保存。
主要用途 生化研究。细胞功能试验。

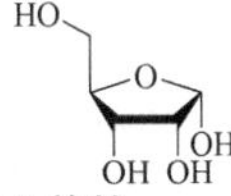

L-(+)-Ribose L-(+)-核糖 08676
[24259-59-4] $C_5H_{10}O_5$ 150.13
成分 C 40.00%，H 6.71%，O 53.29%。
别名 L-（+）-胞核糖；L-Ribofuranose
性状 无色结晶或白色结晶性粉末。溶于水。mp 85℃。生化试剂含量≥99.0%（HPLC）。
注意事项 该品对眼睛、呼吸系统及皮肤有刺激性。使用时应穿适当的防护服。万一接触到眼睛，应立即用大量水冲洗后请医生诊治。应充氩气密封于 2～8℃干燥保存。
主要用途 生化研究。

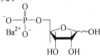

D-Ribose 5-phosphate barium salt hexahydrate
5-磷酸-D-核糖钡盐 六水 08677
[15673-79-7] $C_5H_9BaO_8P$ 473.53
成分（以无水物计） C 16.43%，H 2.48%，Ba 37.58%，O 35.03%，P 8.48%。
别名 D-核糖-5-磷酸钡盐 六水；D-Ribose-5-phosphoric acid Ba salt hexahydrate；Ribofuranose-5-phosphoric acid barium salt hexahydrate；D-Ribose-5-phosphoric acid barium salt hexahydrate
GW 61908 M.I. 15，8329
性状 白色粉末。溶于水，不溶于乙醇。$[\alpha]_D^{20}$ +12°±2°（c=1，于 0.2mol/L 盐酸中）。生化试剂含量≥99.0%（TLC）。
注意事项 该品吸入或口服有害。接触皮肤后，应立即用大量水冲洗后请医生诊治。应充氩气密封于 2～8℃干燥保存。
主要用途 生化研究。

D-Ribose 5-phosphate disodium salt dihydrate
5-磷酸-D-核糖二钠盐 二水 08678
[207671-46-3] $C_5H_9Na_2O_8P \cdot 2H_2O$ 310.14
成分（以无水物计） C 21.91，H 3.31%，Na 16.78%，O 46.70%，P 11.30%。
别名 D-Ribose-5-phosphoric acid sodium salt dihydrate
性状 白色结晶。易溶于水，微溶于乙醇。生化试剂含量≥99.0%（TLC）。
注意事项 使用时应避免吸入本品的粉尘，避免与眼睛及皮肤接触。应充氩气密封于−20℃干燥保存。
主要用途 生化研究。

Ribostamycin sulfat 硫酸核糖霉素 08679
[53797-35-6] $C_{17}H_{36}N_4O_{14}S$ 552.55
成分 C 36.95%，H 6.57%，N 10.14%，O 40.54%，S 5.80%。
别名 硫酸威他霉素；硫酸维生霉素；硫酸维斯他霉素；Ibistacin；Landamycine；Ribostamin；Ribomycine；Vistamycin；*O*-2，6-Diamino-2，6-dideoxy-*α*-D-glucopyranosyl-(1→4)-*O*-[*β*-D-ribofuranosyl-(1→5)]-2-deoxy-D-streptamine sulfate；SF-733 antibiotic sulfate
M.I.15，8330
性状 白色或浅黄色粉末。$[\alpha]_D^{20}$ +39°（c=1）。LD_{50} 小鼠静脉注射：225mg/kg。

注意事项 该品能危害胎儿。吸入、口服或与皮肤接触有害。使用前应得到专门的指导，避免曝露。使用时应穿适当的防护服，戴手套和防护镜或面罩。使用时应避免吸入本品的粉尘。使用时如有事故发生或有不适之感，应请医生诊治。应密封于2～8℃保存。

主要用途 生化研究。抗菌剂。

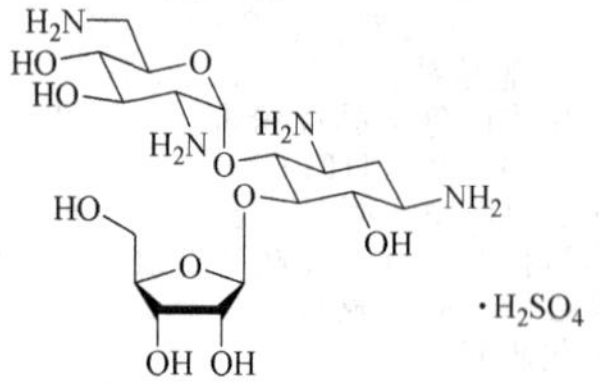

$\cdot H_2SO_4$

D-Ribulose D-核酮糖 08680

[488-84-6] $C_5H_{10}O_5$ 150.13

成分 C 40.00%，H 6.71%，O 53.28%。

别名 D-Adonose；D-*erythro*-2-Ketopentose；D-*erythro*-2-Pentulose

M.I. 15，8331

性状 浅黄色黏稠浆状物。溶于水。有甜味。$[\alpha]_D^{24}-15°$（c=0.5，于水中）。生化试剂含量≥85.0%（HPLC）。

注意事项 该品应充氩气密封于-20℃干燥保存。

主要用途 生化研究。

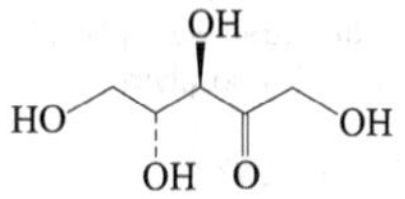

D-Ribulose 1,5-diphosphate tetrasodium salt dihydrate 1,5-二磷酸-D-核酮糖四钠盐 二水 08681

[108321-97-7] $C_5H_8Na_4O_{11}P_2 \cdot 2H_2O$ 434.04

成分（以无水物计） C 15.64%，H 2.10%，Na 20.30%，O 45.83%，P 16.13%。

别名 D-核酮糖-1，5-二磷酸四钠盐 二水；D-Ribulose 1，5-bisphosphate tetrasodium salt dihydrate；RuDP

性状 无色结晶或白色结晶性粉末。溶于水。易吸潮。生化试剂含量≥99.0%（TLC）。

注意事项 见08678 5-磷酸-D-核糖二钠盐 二水。

主要用途 生化研究。

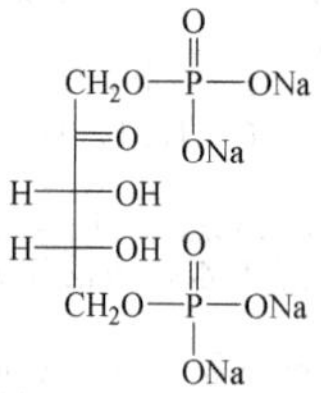

D-Ribulose 5-phosphate disodium salt 5-磷酸-D-核酮糖二钠盐 08682

[108321-99-9] $C_5H_9Na_2O_8P$ 274.07

成分 C 21.91%，H 3.31%，Na 16.78%，O 46.70%，P 11.30%。

别名 D-核酮糖-5-一磷酸二钠盐；D-核酮糖-5-磷酸二钠盐；5-磷酸D-核酮糖二钠盐；D-Ribulose 5-phosphate disodium salt

性状 白色至微黄色结晶。溶于水、甲醇、乙醇。生化试剂含量≥96.0%（TLC）。

注意事项 见08678 5-磷酸-D-核糖二钠盐。应充氩气密封于-20℃干燥保存。

主要用途 生化研究。

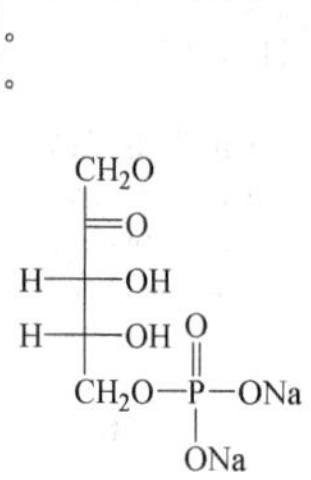

Ricinine 蓖麻碱 08683

[524-40-3] $C_8H_8N_2O_2$ 164.16

成分 C 58.53%，H 4.91%，N 17.07%，O 19.49%。

别名 1,2-Dihydro-4-methoxy-1-methyl-2-oxo-3-pyridinecarbonitrile；1,2-Dihydro-4-methoxy-1-methyl-2-oxonicotinonitrile Ricidine

M.I. 15，8334

性状 来自乙醇中的无色棱柱体或针状结晶。对石蕊呈中性。略微溶于水、乙醇、氯仿、乙醚。170～180℃（20mmHg/2.666kPa）升华；mp 210.5℃。

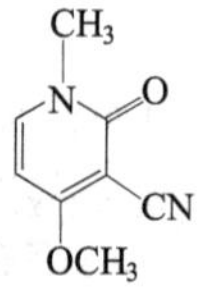

Ricinoleic acid 蓖麻油酸 08684

[141-22-0] $C_{18}H_{34}O_3$ 298.47

成分 C 72.44%，H 11.48%，O 16.08%。

别名 蓖麻醇酸；蓖麻子油酸；(9*Z*,12*R*)-12-Hydroxy-9-octadecenoic acid；*d*-12-Hydroxy-*cis*-9-octadecenoic acid；*d*-12-Hydroxyoleic acid；Ricinic acid

M.I. 15，8335

性状 无色至微黄色油状液体。溶于乙醇、乙醚、丙酮、氯仿，不溶于水。mp 5.5℃；bp_{10} 245℃/1.333kPa；$d_4^{27.4}$ 0.940；n_D^{20} 1.4716；$[\alpha]_D^{22}+6.67°$；$[\alpha]_D^{26}+7.15°$（c=5，于丙酮中）。一般试剂含量≥99.0%。

注意事项 该品对眼睛、呼吸系统及皮肤有刺激性。使用时应穿适当的防护服。万一接触到眼睛，应立即用大量水冲洗后请医生诊治。应密封于2～8℃保存。

主要用途 生化研究。肥皂、红油、羟基硬脂酸的制造。织物整理。医用避孕剂的定形剂。

Ridogrel 利多格雷 08685

[110140-89-1] $C_{18}H_{17}F_3N_2O_3$ 366.34

成分 C 59.02%，H 4.68%，F 15.56%，N 7.65%，O 13.10%。

别名 利多瑞尔；5-[[(*E*)-[3-Pyridinyl[3-(trifluoromethyl)phenyl]methylene]amino]oxy]pentanoic acid；R-68070

M.I. 15，8337

性状 来自二异丙醚与己烷（2∶1）中的无色结晶。mp 70.3℃。

主要用途 医用抗血栓形成剂。

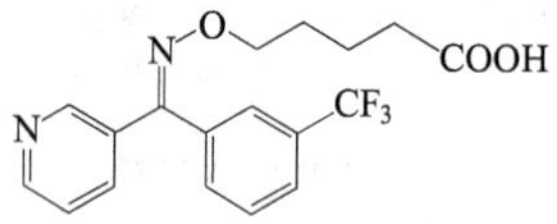

Rifabutin 利福布丁 08686

[72559-06-9] $C_{46}H_{62}N_4O_{11}$ 847.02

成分 C 65.23%，H 7.38%，N 6.61%，O 20.78%。

别名 利福布丁；(9*S*,12*E*,14*S*,15*R*,16*S*,17*R*,18*R*,19*R*,20*S*,21*S*,22*E*,24*Z*)-16-Acetyloxy-6,18,20-trihydroxy-14-methoxy-7,9,15,17,19,21,25-heptamethyl-1′-(2-methylpropyl)spiro[9,4-(epoxypenta[1,11,13]trienlmino)-2*H*-furo[2′,3′∶7,8]naphth[1,2-*d*]imidazole-2,4′-piperdine]-5,10,26(3*H*,9*H*)-trione；1′,4-Didehydro-1-deoxy-1,4-dihydro-5′-(2-methylpropyl)-1-oxorifamycin XIV；(9*S*,12*E*,14*S*,15*R*,16*S*,17*R*,18*R*,19*R*,20*S*,21*S*,22*E*,24*Z*)-6,16,18,20-Tetrahydroxy-1′-isobutyl-14-methoxy-7,9,15,17,19,21,25-heptamethylspiro[9,4-(epoxypentadeca[1,11,13]trienimino)-2*H*-furo[2′,3′:7,8]naphth[1,2-*d*]imidazole-2,4′-piperidine]-5,10,26(3*H*,9*H*)-trione-16-acetate；4-Deoxo-3,4-[2-spiro-(*N*-isobutyl-4-piperidyl)]-(1*H*)-imidazo-(2,5-dihydro)rifamycin S；4-*N*-Isobutylspiropiperidylrifamycin S；LM-427；Ansatipine；Mycobutin

M. I. 15, 8338

性状 紫红色结晶性粉末。溶于氯仿、甲醇,微溶于乙醇,极微溶于水。uv max(甲醇中):493nm,315nm,274nm,238nm。

主要用途 医用结抗菌抑制剂。

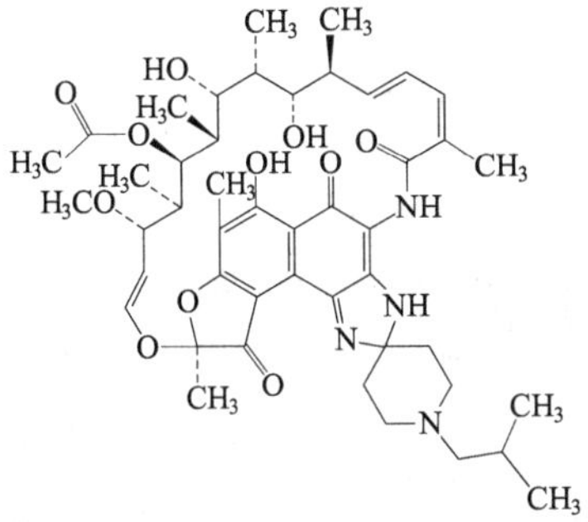

Rifalazil 利福拉齐 08687

[129791-92-0] $C_{51}H_{64}N_4O_{13}$ 941.09

成分 C 65.09%,H 6.85%,N 5.95%,O 22.10%。

别名 福利拉吉;1′,4-Didehydro-1-deoxy-1,4-dihydro-3′-hydroxy-5′-[4-(2-methylpropyl)-1-piperazinyl]-1-oxorifamycin Ⅷ;(2*S*,16*Z*,18*E*,20*S*,21*S*,22*R*,23*R*,24*R*,25*S*,26*R*,27*S*,28*E*)-5,12,21,23,25-Pentahydroxy-10-(4-isobutyl-1-piperazinyl)-27-methoxy-2,4,16,20,22,24,26-heptamethyl-2,7-(epoxypentadeca[1,11,13]trienimino)-6*H*-benzofuro[4,5-*a*]phenoxazine-1(2*H*),6,15-trione 25-acetate;3′-Hydroxy-5′-(4-isobutyl-1-piperazinyl)benzoxazinorifamycin;KRM-1648

M. I. 15, 8339

性状 来自氯仿-己烷中的无色结晶。mp 195~200℃(分解)。

主要用途 医用结抗菌抑制剂。

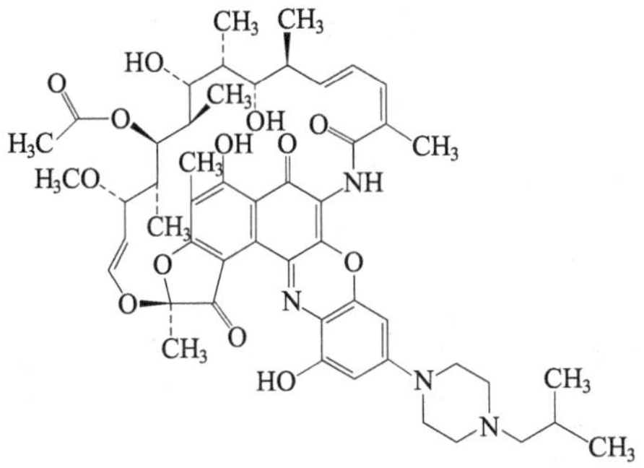

Rifamide 利福酰胺 08688

[2750-76-7] $C_{43}H_{58}N_2O_{13}$ 810.94

成分 C 63.69%,H 7.21%,N 3.45%,O 25.65%。

别名 利福霉素B二乙酰胺;利福米特;4-*O*-(2-Diethylamino-2-oxoethyl)rifamycin;2-[1,2-Dihydro-5,6,17,19,21-pentahydroxy-23-methoxy-2,4,12,16,18,20,22-heptamethyl-1,11-dioxo-2,7-(epoxypentadeca[1,11,13]trienimino)naphtho[2,1-*b*]furan-9-yl oxy]-*N*,*N*-diethylacetamide 21-acetate;*N*,*N*-Diethylrifomycin B amide;Rifamycin B diethylamide;M-14;Rifocin M

M. I. 15, 8340

性状 来自苯+己烷中的黄至橙色结晶。无固定的熔点。于140℃开始软化,170℃完全熔化并分解。$[\alpha]_D^{20}-48.7°$(c=0.4,于甲醇中);最大吸收值(于磷酸盐pH值7.38的缓冲液中):222nm,302nm,421nm(ε 42820,20770,16200)。LD_{50}小鼠,大鼠急性经口(mg/kg):2450,>4000;皮下注射(mg/kg):640,2500;腹膜内注射(mg/kg):320,535;静脉注射(mg/kg):315,380。

主要用途 医用抗菌剂。

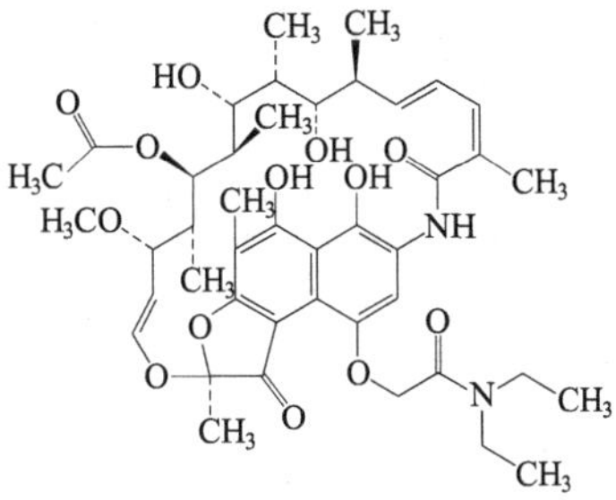

Rifampicin 利福平 08689

[13292-46-1] $C_{43}H_{58}N_4O_{12}$ 822.95

成分 C 62.76%,H 7.10%,N 6.81%,O 23.33%。

别名 甲哌力复霉素;3-(4-甲基-1-哌嗪亚胺甲基)利福霉素SV;Abrifam;Eremfat;5,6,9,17,19,21-Hexahydroxy-23-methoxy-2,4,12,16,18,20,22-heptamethyl-8-[*N*-(4-methyl-1-piperazinyl)formimidoyl]-2,7-(epoxypentadeca[1,11,13]trienimino)naphtho[2,1-*b*]furan-1,11(2*H*)-dione 21-acetate;3-{[4-Methyl-1-piperazinyl)imino]methyl}rifamycin;R/AMP;Rifa;Rifadine;Rifaldin;Rifaldazine;Rifampin;Rifamycin AMP;Rifapicin;Rifaprodin;Rifoldin;Rimactane

M. I. 15, 8341

性状 来自丙酮中的红色至橙红色片状结晶或砖红色结晶粉末。无味。易溶于氯甲烷、氯仿、二甲基亚砜,溶于乙酸乙酯、甲醇、四氢呋喃,微溶于丙酮、四氯化碳,极微溶于水(pH值<6)。干燥粉末稳定,其水溶液很不稳定,在二甲亚砜中极稳定。183~188℃分解。λ_{max}(pH值7.38):237nm,255nm,334nm,475nm(ε 33200,32100,27000,15400)。LD_{50}小鼠,大鼠急性经口(mg/kg):885,1720;静脉注射(mg/kg):260,330;腹膜内注射(mg/kg):640,550。生化试剂含量≥97.0%(UV)。

注意事项 该品口服有害。对眼睛、呼吸系统及皮肤有刺激性。使用时应穿适当的防护服。万一接触到眼睛,应立即用大量水冲洗后请医生诊治。应充氩气密封避光于2~8℃干燥保存。

主要用途 生化研究。细菌核糖核酸聚合酶的特殊抑制剂。医用抗结核剂。

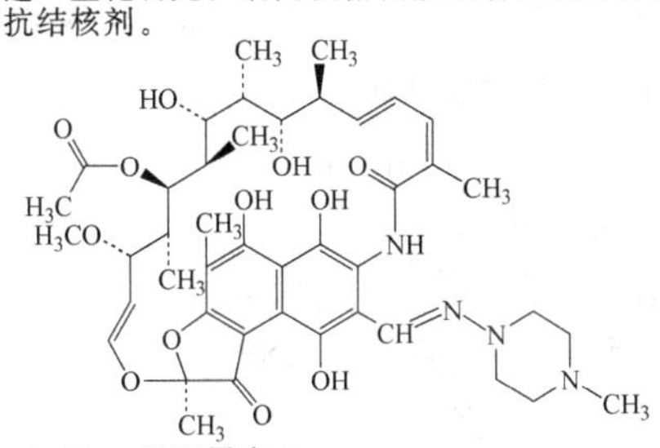

Rifamycin B 利福霉素B 08690

[13929-35-6] $C_{39}H_{49}NO_{14}$ 755.81

成分 C 61.98%,H 6.53%,N 1.85%,O 29.64%。

别名 4-*O*-(Carboxymethyl)rifamycin;Nancimycin

M. I. 15, 8342

性状 来自苯中的黄色菱形或针状结晶。微溶于水(0.027%质量分数)、甲醇(2.62%)、乙醇(0.44%)。mp 160~164℃;$[\alpha]_D^{20}-11°$(于甲醇中);λ_{max}(于磷酸盐缓冲液中,pH值7.3):223nm,304nm,425nm($E_{1cm}^{1\%}$ 555,275,220)。LD_{50} 小鼠静脉注射:2.04g/kg;腹膜内注射,皮下注射,急性经口:>3g/kg。

注意事项 使用时应避免吸入本品的粉尘,避免与眼睛及皮肤接触。应充氩气密封避光于2~8℃干燥保存。

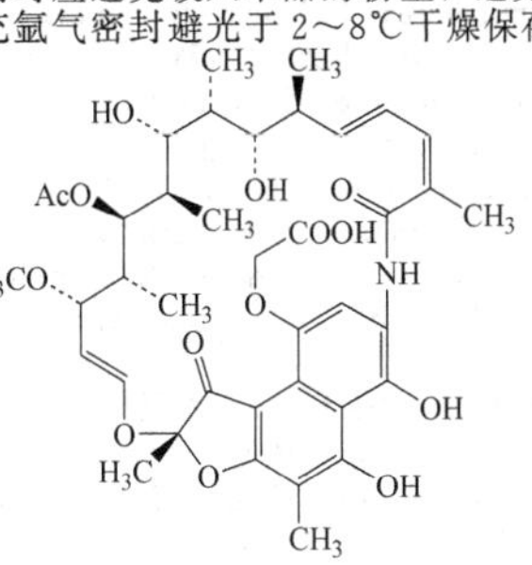

Rifamycin SV sodium salt 利福霉素 SV 钠盐 08691

[14897-39-3] $C_{37}H_{46}NNaO_{12}$ 719.76

成分 C 67.74%，H 6.44%，N 1.95%，Na 3.19%，O 26.67%。

别名 5,6,9,17,19,21-Hexahydroxy-23-methoxy-2,4,12,16,18,20,22-heptamethyl-2,7-(epoxypentadeca[1,11,13]trienimino) naphtho[2,1-*b*]furan-1,11(2*H*)-dione 21-acetate sodium salt; Rifomycin SV sodium salt; Rifamicine SV sodium salt Rifamastene; Rifocin

M. I. 15，8343

性状 橙红色结晶。溶于水（约 5g/100mL，pH 值 7.2）。生化试剂含量≥98.0%（HPLC）。

注意事项 使用时应避免吸入本品的粉尘。避免与眼睛及皮肤接触。应密封于 2～8℃保存。

主要用途 医用，兽用抗菌剂。

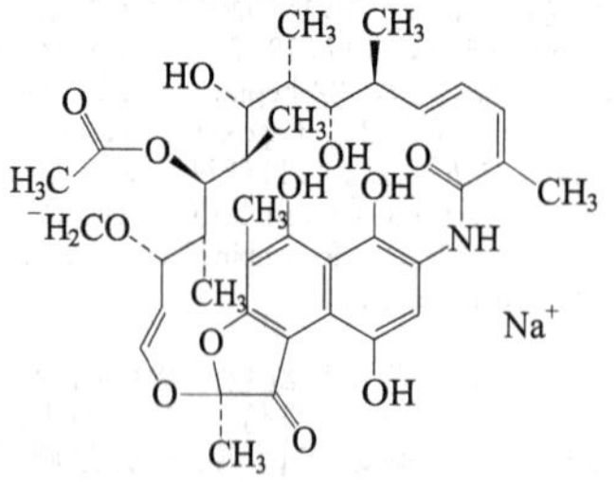

Rifapentine 环戊哌利福霉素 08692

[61379-65-5] $C_{47}H_{64}N_4O_{12}$ 877.05

成分 C 64.37%，H 7.36%，N 6.39%，O 21.89%。

别名 3-[[(4-Cyclopentyl-1-piperazinyl)imino]methyl]rifamycin; MDL-473; DL-473; R-773; Priftin

M. I. 15，8344

性状 来自乙酸乙酯中的无色结晶。mp 179～180℃；uv max：475nm，334nm（ε 15200，26700）。LD_{50}小鼠急性经口：>2000mg/kg。腹膜内注射：750mg/kg。亦有报告为小鼠急性经口：3300mg/kg；腹膜内注射：710mg/kg。

主要用途 医用结核菌抑制剂。

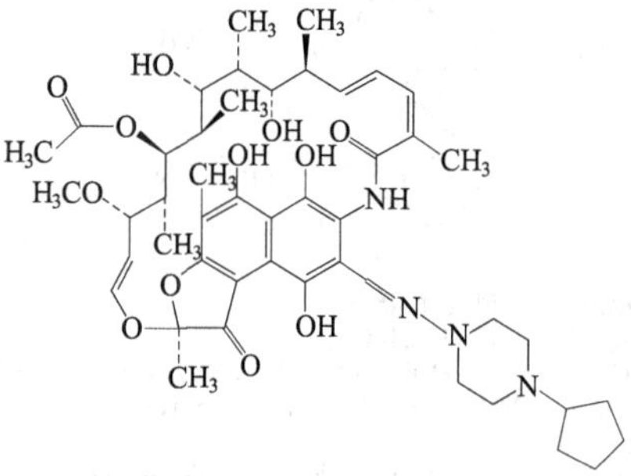

Rifaximin 利福昔明 08693

[80621-81-4] $C_{43}H_{51}N_3O_{11}$ 785.89

成分 C 65.72%，H 6.54%，N 5.35%，O 22.39%。

别名 利福西明；利福西亚胺；(2*S*,16*Z*,18*E*,20*S*,21*S*,22*R*,23*R*,24*R*,25*S*,26*R*,27*S*,28*E*)-25-Acetyloxy-5,6,21,23-tetrahydroxy-27-methoxy-2,4,11,16,20,22,24,26-octamethyl-2,7-[epoxypentadeca(1,11,13)trienimino]benzofuro[4,5-*e*]pyrido[1,2-*a*]benzimidazole-1,15(2*H*)-dione; 5,6,21,23,25-Pentahydroxy-27-methoxy-2,4,11,16,20,22,24,26-octamethyl-2,7-(epoxypentadeca[1,11,13]trienimino)benzofuro[4,5-*e*]pyrido[1,2-*a*]benzimidazole-1,15(2*H*)-dione-25-acetate; 4-Deoxy-4′-methylpyrido[1′,2′-1,2]imidazo[5,4-*c*]rifamycin SV; Rifamycin L105; Flonorm; Radactiv; Xifaxan; Rifaxidin; L-105; L-105SV; α-0817185; Fatroximin; Normix; Rifacol

M. I. 15，8345

性状 红橙色粉末。溶于醇、乙酸乙酯、氯仿、甲苯，不溶于水。mp 200～205℃（分解）；uv max：232nm，260nm，292nm，320nm，370nm，450nm（$E_{1cm}^{1\%}$ 489，339，295，216，119，159）。LD_{50}大鼠急性经口：>2000mg/kg。

主要用途 医用，兽用抗菌剂。分析用标准物质。

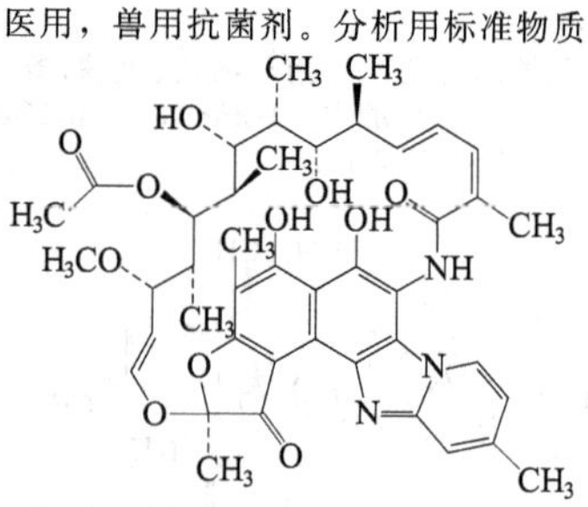

Rilmazafone hydrochloride dihydrate
利马扎封 盐酸盐 二水 08694

[99593-25-6]（无 HCl） $C_{21}H_{21}Cl_3N_6O_3 \cdot 2H_2O$ 547.82

成分（以无水物计） C 49.28%，H 4.14%，Cl 20.78%，N 16.42%，O 9.38%。

别名 盐酸利马扎封；450191-S; Rhythmy; 5-[(Aminoacetyl)amino]methyl-1-[4-chioro-2-(2-chlorobenzoyl)phenyl]-*N*,*N*-dimethyl-1*H*-1,2,4-triazole-3-carboxamide hydrochloride dihydrate; 1-(2-*o*-Chlorbenzoyl-4-chlorophenyl)-5-glycylaminomethyl-3-dimethylcarbamoyl-1*H*-1,2,4-triazole hydrochloride dihydrate; 2′,5-Dichloro-2-(3-dimethylcarbamoyl-5-glycylaminomethyl-1*H*-1,2,4-triazol-1-yl) benzophenone hydrochloride dihydrate

M. I. 15，8346

性状 来自 95%乙醇中的固体。mp 107℃。LD_{50}小鼠急性经口：>1500mg/kg。

主要用途 医用镇静剂，安眠剂。

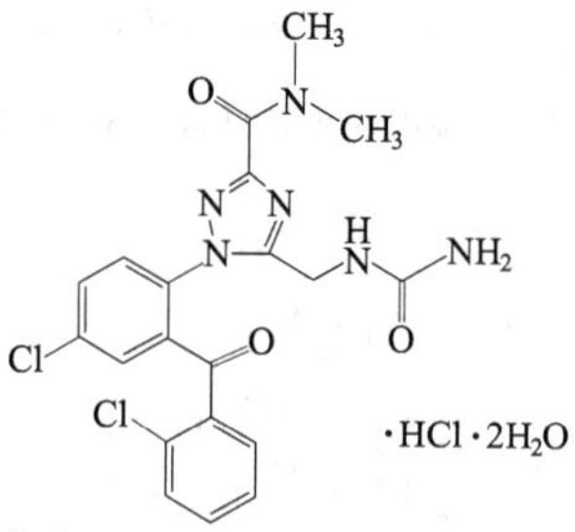

·HCl·2H₂O

Riluzole 利鲁唑 08695

[1744-22-5] $C_8H_5F_3N_2OS$ 234.20

成分 C 41.03%，H 2.15%，F 24.34%，N 11.96%，O 6.83%，S 13.69%。

别名 6-三氟甲氧基-2-苯并噻唑胺；2-氨基-6-(三氟甲氧基)苯并噻唑；6-Trifluoromethoxy-2-benzothiazolamine; 2-Amino-6-(trifluoromethoxy) benzothiazole; PK-26124; RP-54274; Rilutek

M. I. 15，8350

性状 来自乙醇与水（1∶1）中的无色或白色结晶。几乎不溶于水。mp 119℃。LD_{50}小鼠腹膜内注射：46mg/kg；急性经口：67mg/kg。

注意事项 该品口服有毒。使用时如有事故发生或有不适之感，应请医生诊治。

主要用途 生化研究。医用神经蛋白活化剂。

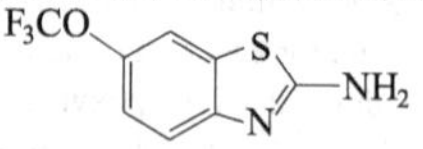

Rimexolone 双甲丙酰龙 08696

[49697-38-3] $C_{24}H_{34}O_3$ 370.53

成分 C 77.80%，H 9.25%，O 12.95%。

别名 17β-羟基-16α,17α-二甲基-17-丙酰基-1,4-雄二烯-3-酮；(11β,16α,17β)-11-Hydroxy-16,17-dimethyl-17-(1-oxopropyl) androsta-1,4-dien-3-one; 11β-Hydroxy-16α, 17α-dimethyl-17-propionylandrosta-1,4-dien-3-one; 11β-Hydroxy-16α,17α,21-trimethylpregna-1,4-diene-3,20-dione; Trimexolone; Org-6216; Rimexel; Vexol

M. I. 15，8352

性状 白色至灰白色结晶或粉末。易溶于氯仿，略溶于甲醇。mp 258～268℃。[α]$_D$ +100°（c = 0.92，于吡啶中）；uv max：244nm（ε 14600）。
主要用途 医用局部抗炎剂。

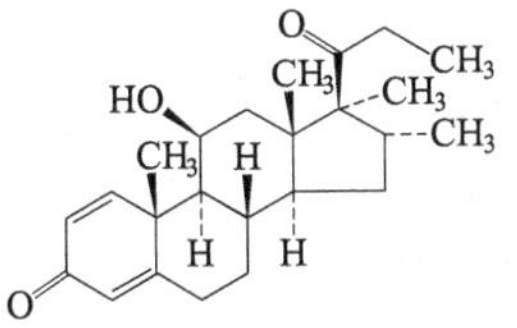

Rimiterol 利米特罗 08697

[32953-89-2] $C_{12}H_{17}NO_3$ 223.27
成分 C 64.56%，H 7.68%，N 6.27%，O 21.50%。
别名 羟哌甲苯二酚；二羟苯哌啶甲醇；哌喘啶；*rel*-4-[(*R*)-Hydroxy-(2*S*)-2-piperidinylmethyl-1,2-benzenediol；*erythro*-*α*-(3,4-Dihydroxyphenyl)-2-piperidinemethanol；*erythro*-3,4-Dihydroxyphenyl-2-piperidinylcarbinol
M. I. 15，8353
性状 来自乙酸乙酯中的无色结晶。mp 203～204℃。
主要用途 医用支气管扩张剂。

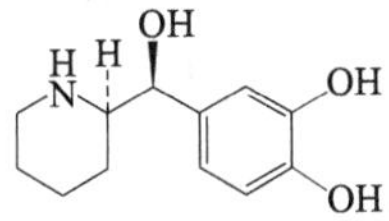

Rimsulfuron 砜嘧磺隆 08698

[122931-48-0] $C_{14}H_{17}N_5O_7S_2$ 431.44
成分 C 38.98%，H 3.97%，N 16.23%，O 25.96%，S 14.86%。
别名 *N*-[(4,6-Dimethoxy-2-pyrimidinyl)amino]carbonyl-3-ethylsulfonyl-2-pyridinesulfonamide；DPX-E9636；Matrix；Titus
M. I. 15，8356
性状 白色粉末。溶于水（25℃，pH 值 5 时 135mg/kg；pH 值 7 时 7300mg/kg；pH 值 9 时 5560mg/kg）。pK_a4.1；蒸气压（25℃）：1.1×10^{-8} mmHg/146.65×10^{-8}Pa；mp 176～178℃；Fp 392℉（200℃）。LD_{50}大鼠急性经口：>5000mg/kg；兔皮肤接触：>2000mg/kg。
主要用途 除草剂。分析用标准物质。

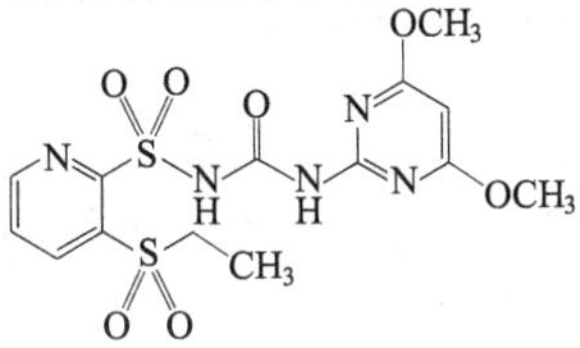

Risperidone 利培酮 08699

[106226-06-2] $C_{23}H_{27}FN_4O_2$ 410.49
成分 C 67.30%，H 6.63%，F 4.63%，N 13.65%，O 7.80%。
别名 利螺环酮；税司哌酮；3-[2-[4-(6-Fluoro-1,2-benzisoxazol-3-yl)-1-piperidinyl]ethyl]-6,7,8,9-tetrahydro-2-methyl-4*H*-pyrido[1,2-*a*]pyrimidin-4-one；R-64766；Belivon；Risperdal
M. I. 15，8361
性状 来自二甲基甲酰胺+2-丙醇中的无色结晶。溶于二氯甲烷，略微溶于乙醇，几乎不溶于水。mp 170.0℃。LD_{50}雄、雌小鼠，大鼠，狗静脉注射（mg/kg）：29.7，26.9，34.3，35.4，14.1，18.3；急性经口（mg/kg）：82.1，63.1，113，56.6，18.3，18.3。
注意事项 该品口服有毒。使用时应穿适当的防护服，戴手套和防护镜或面罩。接触皮肤后，应立即用大量肥皂泡沫冲洗。使用完毕应立即脱掉受污染的衣服。使用时如有事故发生或有不适之感，应请医生诊治。
主要用途 生化研究。精神抑制剂，分析用标准物质。

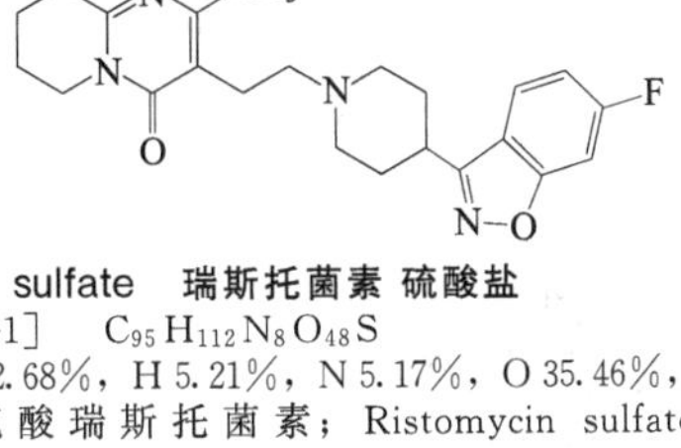

Ristocetin sulfate 瑞斯托菌素 硫酸盐 08700

[11140-99-1] $C_{95}H_{112}N_8O_{48}S$ 2166.02
成分 C 52.68%，H 5.21%，N 5.17%，O 35.46%，S 1.48%。
别名 硫酸瑞斯托菌素；Ristomycin sulfate；Spontin sulfate；Riston sulfate
M. I. 15，8362
性状 无色结晶。溶于酸性水溶液，不溶于有机溶剂。一般商品为含瑞斯托菌素的混合物，瑞斯托菌素 A>90%。
注意事项 使用时应避免吸入本品的粉尘，避免与眼睛及皮肤接触。应充氩气密封避光于 2～8℃保存。
主要用途 生化研究。医用抗菌剂。

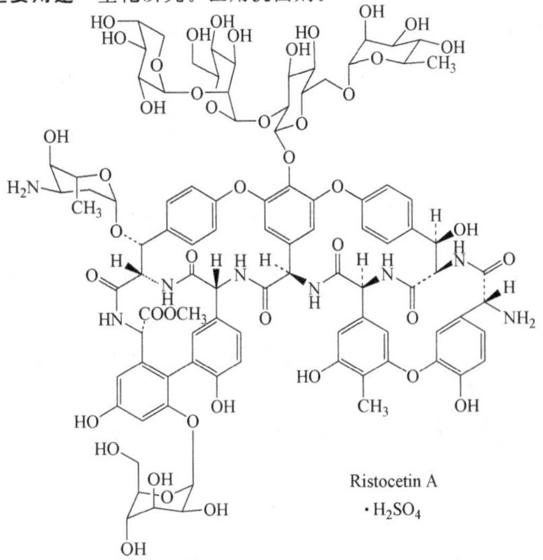

Ristocetin A

$\cdot H_2SO_4$

Ritanserin 利坦色林 08701

[87051-43-2] $C_{27}H_{25}F_2N_3OS$ 477.57
成分 C 67.91%，H 5.28%，F 7.96%，N 8.80%，O 3.35%，S 6.71%。
别名 利坦舍林；利坦塞林；利坦丝林；6-[2-[4-[Bis(4-fluorophenyl)methylene]-1-piperidinyl]ethyl]-7-methyl-5*H*-thiazoio[3,2-*a*]pyrimidin-5-one；R-55667；Tiserton
M. I. 15，8363
性状 来自乙腈中的无色结晶。溶于甲醇、二甲基亚砜，不溶于水。mp 145.5℃。LD_{50}雄、雌小鼠，大鼠，狗静脉注射（mg/kg）：28.2，28.2，20.0，22.2，24.1，33.2；急性经口（mg/kg）：626，993，956，515，约 1280，640～1280。
注意事项 该品对眼睛、呼吸系统及皮肤有刺激性。使用时应穿适当的防护服。应避免吸入本品的粉尘。万一接触到眼睛，应立即用大量水冲洗后请医生诊治。
主要用途 生化研究。医用抗抑郁剂。

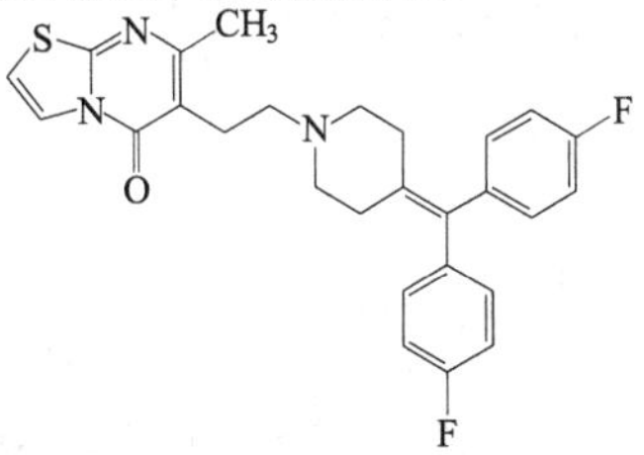

Ritipenem sodium salt 利替培南钠盐 08702

[84845-58-9] $C_{10}H_{11}N_2NaO_6S$ 310.26
成分 C 38.71%，H 3.57%，N 9.03%，Na 7.41%，O 30.94%，S 10.33%。
别名 FCE-22101；(5*R*,6*S*)-3-[(Aminocarbonyl)oxy]methyl-6-[(1*R*)-1-hydroxyethyl]-7-oxo-4-thia-1-azabicyclo[3.2.0]hept-2-ene-2-carboxylic acid sodium salt；(5*R*，6*S*，8*R*)-6*α*-Hydroxyethyl-2-carbamoyloxymethyl-2-penem-3-carboxylic acid sodium salt；(5*R*,6*S*)-6-[(1*R*)-1-Hydroxyethyl]-3-hydroxymethyl-7-oxo-4-thia-1-azabicyclo[3.2.0]hept-2-ene-2-carboxylic acid；3-carbamate sodium salt
M. I. 15，8364
性状 $[\alpha]_D^{20}+140°$；uv max（水中）：258nm，306nm（ε 4150，6030）。LD_{50}雄、雌小鼠，雄、雌大鼠静脉注射（mg/kg）：3872、4393，2000、2201。
主要用途 医用抗菌剂。

Ritodrine hydrochloride 羟苄羟麻黄碱 盐酸盐 08703

[23239-51-2] $C_{17}H_{22}ClNO_3$ 323.82

成分 C 63.06%，H 6.85%，Cl 10.95%，N 4.33%，O 14.82%。

别名 利托君 盐酸盐；盐酸利托君；盐酸羟苄羟麻黄碱；DU-21220；Miolene；Prempar；Pre-Par；Utemerin；Utopar；Yutopar；(*αS*)-*rel*-4-Hydroxy-*α*-[(1*R*)-1-[[2-(4-hydroxyphenyl)ethyl]amino]ethyl] benzenemethanol hydrochloride；*erythro*-*p*-Hydroxy-*α*-[1-[(*p*-hydroxyphenethyl)amino]ethyl]benzyl alcohol hydrochloride；*N*-[2-(*p*-Hydroxyphenyl)ethyl]-*N*-[2-(*p*-hydroxyphenyl)-2-hydroxy-1-methylethyl] amine hydrochloride；1-(4-Hydroxyphenyl)-2-[2-(4-hydroxyphenyl)ethylamino]propanol hydrochloride；*N*-(*p*-Hydroxyphenylethyl)-4-hydroxynorephedrine hydrochloride

M. I. 15，8365

性状 来自乙醇-乙醚中的无色结晶。易溶于水、乙醇，溶于正丙醇，几乎不溶于乙醚。mp 193～195℃（分解）；uv max：267.5nm（ε 3310）。

注意事项 该品口服有害。使用时应穿适当的防护服。

主要用途 生化研究。

Ritonavir 利托那韦 08704

[155213-67-5] $C_{37}H_{48}N_6O_5S_2$ 720.95

成分 C 61.64%，H 6.71%，N 11.66%，O 11.10%，S 8.89%。

别名 雷托那韦；(3*S*,4*S*,6*S*,9*S*)-4-Hydroxy-12-methyl-9-(1-methylethyl)-13-[2-(1-methylethyl)-4-thiazolyl]-8,11-dioxo-3,6-bis(phenylmethyl)-2,7,10,12-tetraazatridecanoic acid 5-thiazolylmethyl ester；(5*S*,8*S*,10*S*,11*S*)-10-hydroxy-2-methyl-5-(1-methylethyl)-1-[2-(1-methylethyl)-4-thiazolyl]-3,6-dioxo-8,11-bis(phenylmethyl)-2,4,7,12-tetraazatridecan-13-oic acid 5-thiazolylmethyl ester；(2*S*,3*S*,5*S*)-5-[*N*-[*N*-[[*N*-Methyl-*N*-[(2-isopropyl-4-thiazolyl)methyl]amino]carbonyl]valinyl]amino]-2-[*N*-[(5-thiazolyl)methoxycarbonyl]amino]-1,6-diphenyl-3-hydroxyhexane；A-84538；Abbott 84538；ABT-538；Norvir

M. I. 15，8366

性状 白色至浅褐色粉末。味苦。易溶于甲醇、二氯甲烷，极微溶于乙腈，几乎不溶于水。mp 120～122℃。一般试剂含量≥98.5%。

主要用途 医用抗病毒剂。

Rivastigmine hydrogen tartrate 卡巴拉汀 酒石酸氢盐 08705

[129101-54-8] $C_{18}H_{28}N_2O_8$ 400.43

成分 C 53.99%，H 7.05%，N 7.00%，O 31.96%。

别名 重酒石酸卡巴拉汀；利斯的明重酒石酸盐；重酒石酸利斯的明；ENA-713；SDZ-ENA-713；SDZ-212-713；Exelon；Ethylmethylcarbamic acid 3-[(1S)-1-(dimethylamino)ethyl]phenyl ester hydrogen tartrate；(*S*)-*N*-Ethyl-3-(1-dimethylamino)ethyl-*N*-methylphenylcarbamate hydrogen tartrate

M. I. 15，8369

性状 来自乙醇中的白色至灰白色结晶。易溶于水，溶于乙醇、乙腈，微溶于正辛醇，极微溶于乙酸乙酯。分配系数（正辛醇/pH 值 7 的磷酸盐缓冲液中，37℃）：3.0。mp 123～125℃；$[\alpha]_D^{20}$ +4.7°(*c*=5，于乙醇中)。

主要用途 医用健脑剂。

Rociverine 罗西维林 08706

[53716-44-2] $C_{20}H_{37}NO_3$ 339.52

成分 C 70.75%，H 10.98%，N 4.13%，O 14.14%。

别名 羟双环凡林；里拉通；*rel*-(1*R*,2*R*)-1-Hydroxy[1,1′-bicyclohexyl]-2-carboxylic acid 2-diethylamino-1-methylethyl ester；2-Diethylamino-1-methylethyl *cis*-1-hydroxy[bicyclohexyl]-2-carboxylate；LG-30158；Rilaten

M. I. 15，8374

性状 油状液体。溶于乙醇、乙醚、氯仿、苯、稀无机酸，不溶于水。$bp_{0.1}$ 148～150℃/13.3Pa；n_D^{20} 1.4820。

主要用途 医用解痉剂。

Rocuronium bromide 罗库溴铵 08707

[119302-91-9] $C_{32}H_{53}BrN_2O_4$ 609.69

成分 C 63.04%，H 8.76%，Br 13.11%，N 4.59%，O 10.50%。

别名 1-[(2*β*,3*α*,5*α*,16*β*,17*β*)-17-Acetyloxy-3-hydroxy-2-(4-morpholinyl) androstan-16-yl]-1-(2-propenyl) pyrrolidinium bromide；1-Allyl-1-(3*α*,17*β*-dihydroxy-2*β*-morpholino-5*α*-androstan-16*β*-yl) pyrrolidinium 17-acetate bromide Org-9426；Esmeron；Zemuron

M. I. 15，8375

性状 无色结晶。mp 161～169℃；$[\alpha]_D^{20}$ +18.7°（*c*=1.03，于氯仿中）。一般试剂含量≥98.0%（T）。

注意事项 该品应密封于 2～8℃保存。

主要用途 医用神经肌肉麻醉剂。

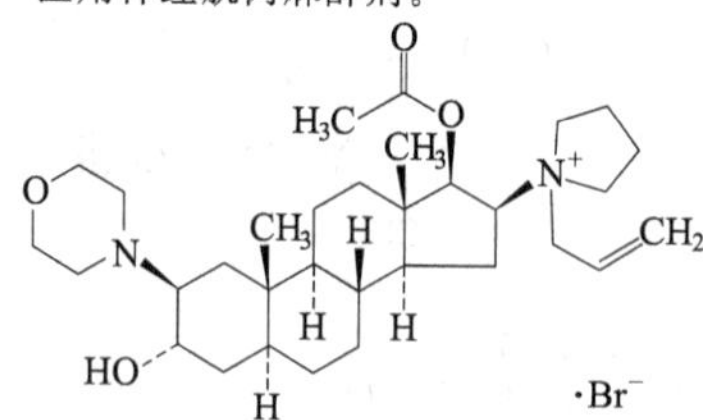

Rofecoxib 罗非考昔 08708

[162011-90-7] $C_{17}H_{14}O_4S$ 314.36

成分 C 64.95%，H 4.49%，O 20.36%，S 10.20%。

别名 罗非昔布；诺菲呋酮；4-[4-(甲基磺酰基)苯基]-3-苯基-2(5*H*)-呋喃酮；4-[4-(Methylsulfonyl) phenyl]-3-phenyl-2(5*H*)-furanone；MK-0966；Vioxx

M. I. 15，8377

性状 白色至灰白色至浅黄色粉末。略微溶于丙酮，微溶于甲醇、乙酸异丙酯，极微溶于乙醇，几乎不溶于辛醇，不溶于水。*d*1.333。

主要用途 医用抗关节炎剂。

Rolipram 环戊苯吡酮 08709

[61413-54-5] $C_{16}H_{21}NO_3$ 275.35

成分 C 69.79%，H 7.69%，N 5.09%，O 17.43%。

别 名 4-(3-Cyclopentyloxy-4-methoxyphenyl)-2-pyrrolidinone；

ZK-62711
M. I. 15，8380
性状 来自乙酸乙酯中的无色结晶。mp 132℃。
注意事项 该品对眼睛、呼吸系统及皮肤有刺激性。使用时应穿适当的防护服。万一接触到眼睛，应立即用大量水冲洗后请医生诊治。
主要用途 生化研究。医用抗抑郁剂。

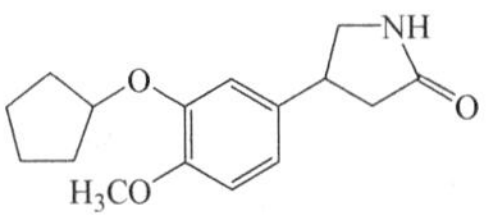

Rolitetracycline 吡甲四环素 08710

[751-97-3] $C_{27}H_{33}N_3O_8$ 527.57

成分 C 61.47%，H 6.31%，N 7.97%，O 24.26%。
别名 四氢吡咯甲基四环素；吡咯烷甲基四环素；[4*S*-(4*α*,4a*α*,5a*α*,6*β*,12a*α*)]-4-Dimethylamino-1,4,4a,5,5a,6,11,12a-octahydro-3,6,10,12,12a-pentahydroxy-6-methyl-1,11-dioxo-*N*-(1-Pyrrolidinylmethyl)-2-naphthacenecarboxamide；*N*-(Pyrrolidinomethyl) tetracycline；*N*-(1-Pyrrolidinylmethyl) tetracycline；Reverin；Syntetrin；Tetraverin；Transcycline
M. I. 15，8381
性状 细小的浅黄色针状结晶。为两性物质。易溶于乙醇，溶于稀酸、稀碱，溶于水（25℃，1.25g/mL）。比四环素、盐酸四环素能更多地溶解。162～165℃分解。
注意事项 见 08709 环戊苯吡酮。口服有害。
主要用途 生化研究。医用抗菌剂。

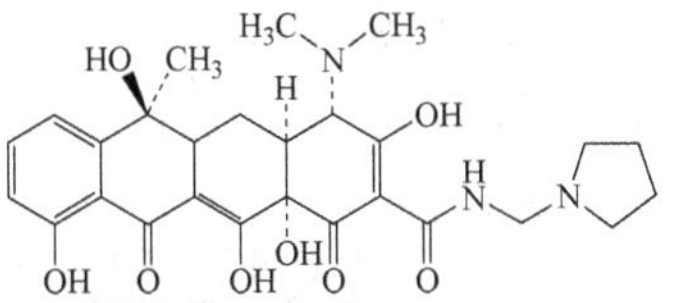

Ronidazole 洛硝哒唑 08711

[7681-76-7] $C_6H_8N_4O_4$ 200.15

成分 C 36.01%，H 4.03%，N 27.99%，O 31.97%。
别名 氨基甲酸(1-甲基-5-硝基咪唑-2-基)甲酯；1-Methyl-5-nitroimidazole-2-methanol carbamate(ester)；Carbamic acid(1-methyl-5-nitroimidazol-2-yl) methyl ester；1-Methyl-2-(carbamoyloxy) methyl-5-nitroimidazole；(1-Methyl-5-nitroimidazole-2-yl) methyl carbamate；MCMN；Ridzol
M. I. 15，8385
性状 浅黄色结晶。易溶于丙酮，溶于甲醇、乙醇、氯仿、乙酸乙酯，溶于水（室温 pH 值 6.5，约 2.9mg/mL），更多地溶于酸溶液，在碱溶液中不稳定。pK_a 1.2。mp 167～169℃。
注意事项 使用时应避免吸入本品的粉尘，避免与眼睛及皮肤接触。应密封于−20℃保存。
主要用途 生化研究。兽用灭菌剂。

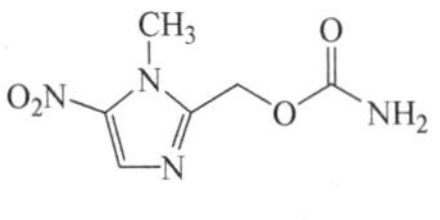

Ronnel 皮蝇磷 08712

[299-84-3] $C_8H_8Cl_3O_3PS$ 321.53

成分 C 29.88%，H 2.51%，Cl 33.08%，O 14.93%，P 9.63%，S 9.97%。
别名 phosphorothioic acid；*O*,*O*-dimethyl *O*-(2,4,5-trichlorophenyl) ester；Fenchlorphos；Dimethyl trichlorophenyl thiophosphate；Trolene；Etrolene；Nankor；Korlan；Viozene
M. I. 15，8387
性状 白色粉末。易溶于丙酮、四氯化碳、乙醚、二氯甲烷、甲苯、煤油，几乎不溶于水（25℃，0.004g/100mL）。蒸气压（25℃）：8×10^{-4} mmHg/1.07×10^{-4} kPa；mp 41℃。LD_{50}雄，雌大鼠急性经口：1250mg/kg，2630mg/kg。
注意事项 该品口服或与皮肤接触有害。对水生物极毒。能对水环境引起不利的结果。使用时应穿适当的防护服和戴手套。应避免与眼睛接触。应防止将本品释放于环境中。其包装物应按危险品处理。
主要用途 杀虫剂，杀家蝇剂。

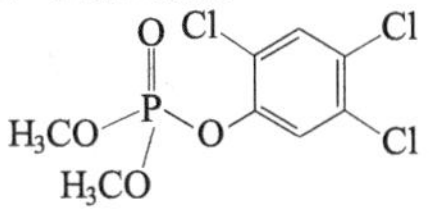

Ropinirole hydrochloride 罗匹尼罗 盐酸盐 08713

[91374-20-8] $C_{16}H_{25}ClN_2O$ 296.84

成分 C 64.74%，H 8.49%，Cl 11.94%，N 9.44%，O 5.39%。
别名 盐酸罗匹尼罗；力必平；4-[2-(二丙氨基)乙基]-1,3-二氢-2*H*-吲哚-2-酮 盐酸盐；SKF-101468A；Requip；4-[2-(Dipropylamino) ethyl]-1,3-dihydro-2*H*-indol-2-one hydrochloride；4-[2-(Di-*n*-propylamino) ethyl]-2(3*H*)-indolone hydrochloride；SKF-101468-HCl
M. I. 15，8388
性状 来自乙腈中的无色结晶。溶于水（133mg/mL）。mp 241～243℃。
注意事项 该品口服有害。对眼睛及皮肤有刺激性。对水生物极毒。能对水环境产生长期不良的影响。使用时应穿适当的防护服，戴手套和防护镜或面罩。万一接触到眼睛，应立即用大量水冲洗后请医生诊治。应防止将本品释放于环境中。其包装物应按危险品处理。
主要用途 医用抗震颤剂。

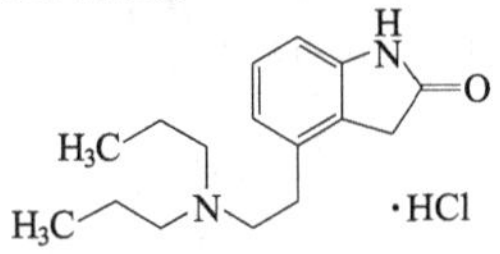

Ropivacaine 罗派卡因 08714

[84057-95-4] $C_{17}H_{26}N_2O$ 274.41

成分 C 74.41%，H 9.55%，N 10.21%，O 5.83%。
别名 (2*S*)-*N*-(2,6-Dimethylphenyl)-1-propyl-2-piperidinecarboxamide；(*S*)-(−)-1-Propyl-2′,6′-pipecoloxylidide；*l*-*N*-*n*-Propylpipecolic acid-2,6-xylidide；LEA-103
M. I. 15，8389
性状 来自甲苯中的无色结晶。pK_a8.16；mp 144～146℃。$[\alpha]_D^{25}$ −82.0°（c=2，于甲醇中）。分配系数（1-辛醇/pH 值 7.4 缓冲液中）：115.0。
主要用途 医用局部麻醉剂。

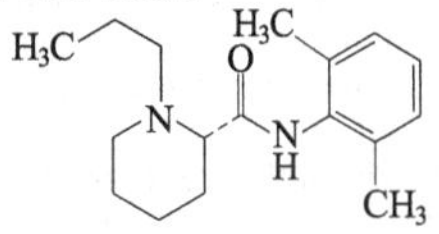

Roquinimex 罗喹美克 08715

[84088-42-6] $C_{18}H_{16}N_2O_3$ 308.34

成分 C 70.12%，H 5.23%，N 9.09%，O 15.57%。
别名 1,2-Dihydro-4-hydroxy-*N*,1-dimethyl-2-oxo-*N*-phenyl-3-quinolinecarboxamide；*N*-Phenyl-*N*-methyl-1,2-dihydro-4-hydroxy-1-methyl-2-oxoquinoline-3-carboxamide；1,2-Dihydro-4-hydroxy-*N*,1-dimethyl-2-oxo-3-quinolinecarboxanilide；LS-2616；Linomide
M. I. 15，8390
性状 来自吡啶中的无色结晶。mp 200～204℃。
主要用途 医用抗肿瘤剂。免疫调节剂。

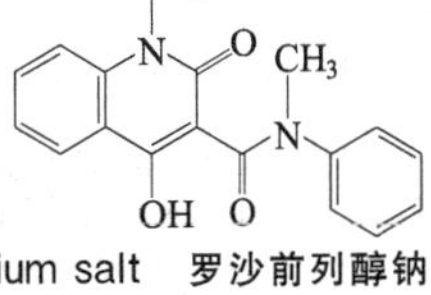

Rosaprostol sodium salt 罗沙前列醇钠盐 08716

[56695-66-0] $C_{18}H_{33}NaO_3$ 320.45

成分 C 67.47%，H 10.38%，Na 7.17%，O 14.98%。
别名 2-Hexyl-5-hydroxycyclopentaneheptanoic acid sodium salt；9-Hydroxy-19,20-bisnorprostanoic acid sodium salt；C-83-Na；IBI-C83-Na；Rosal-Na
M. I. 15，8391
性状 白色固体。LD_{50}小鼠，大鼠急性经口：约 3g/kg，>5g/kg。
主要用途 医用抗溃疡剂。

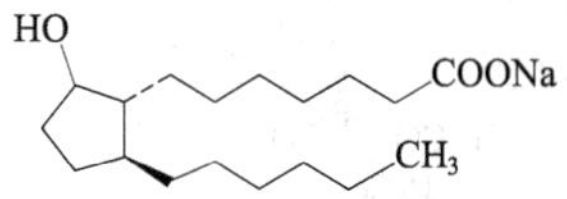

Rosaramicin 蔷薇霉素 08717

[35834-26-5] $C_{31}H_{51}NO_9$ 581.75

成分 C 64.00%，H 8.84%，N 2.41%，O 24.75%。

别名 罗沙米星；4′-Deoxycirramycin A_1；3-Ethyl-7-hydroxy-2，8，12，16-tetramethyl-5，13-dioxo-9-(3，4，6-trideoxy-3-dimethylamino-*β*-D-*xylo*-hexcpyranosyl) oxy-4，17-dioxabicyclo[14.1.0]heptadec-14-ene-10-acetaldehyde；Antibiotic 67-694；Juvenimicin A_3；Rosamicin；M-4365A2；Sch-14947

M.I. 15，8392

性状 来自氯仿中的无色结晶。易溶于甲醇、丙酮、氯仿、苯，略微溶于乙醚，微溶于水。mp 119～122℃；$[\alpha]_D^{26}$ −35°（乙醇中）；uv max（甲醇中）：240nm（ε 14600）。LD_{50}小鼠皮下注射：625mg/kg；腹膜内注射：350mg/kg；静脉注射：155mg/kg。

注意事项 该品吸入、口服或与皮肤接触有害。使用时应穿适当的防护服。万一接触到眼睛，应立即用大量水冲洗后请医生诊治。应密封于2～8℃保存。

主要用途 生化研究。医用抗菌剂。

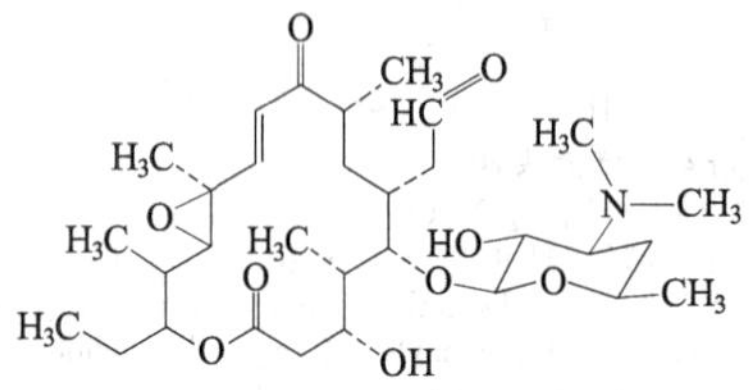

Rosoxacin 罗索沙星 08718

[40034-42-2] $C_{17}H_{14}N_2O_3$ 294.31

成分 C 69.38%，H 4.79%，N 9.52%，O 16.31%。

别名 1-乙基-1，4-二氢-4-氧-7-(4-吡啶基)-3-喹啉羧酸；吡乙喹酸；罗索沙星；1-Ethyl-1，4-dihydro-4-oxo-7-(4-pyridinyl)-3-quinolinecarboxylic acid；Acrosoxacin；Win-35213；Eracine；Eradacil；Eradacin；Winuron

M.I. 15，8400

性状 来自二甲基甲酰胺中的黄色结晶。于70℃时在干燥中稳定。对光敏感。于pH值2.0～9.5时的溶液和悬浮液中稳定。mp 290℃。

主要用途 医用抗菌剂。

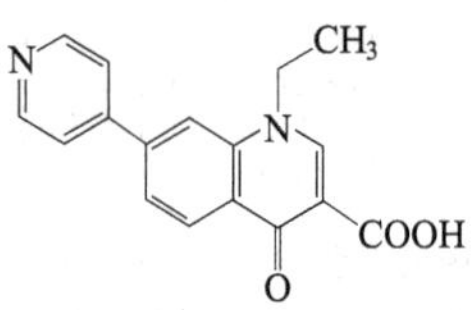

Rose bengal potassium salt 虎红钾盐 08719

[632-68-8] $C_{20}H_2Cl_4I_4K_2O_5$ 1049.85

成分 C 22.88%，H 0.19%，Cl 13.51%，I 48.35%，K 7.45%，O 7.62%。

别名 孟加拉玫瑰红钾盐；四氯四碘荧光素二钾盐；玫瑰红钾盐；虎红二钾盐；Acid red 94；Rose bengal B；Rose bengal K salt；4，5，6，7-Tetrachloro-3′，6′-dihydroxy-2′，4′，5′，7′-tetraiodospiro[isobenzofuran-1(3*H*)，9′(9*H*)-xanthen]-3-one dipotassium salt；4，5，6，7-Tetrachloro-2′，4′，5′，7′-tetraiodofluorescein dipotassium salt

M.I. 15，8393　C.I. 45440

性状 鲜蓝桃红色或棕红色粉末。溶于水及乙醇呈棕红色，溶于浓硫酸呈棕色。

注意事项 该品应密封于干燥处保存。

主要用途 生物染色剂。可在银量法中用作吸附指示剂。银量法测定碘离子。

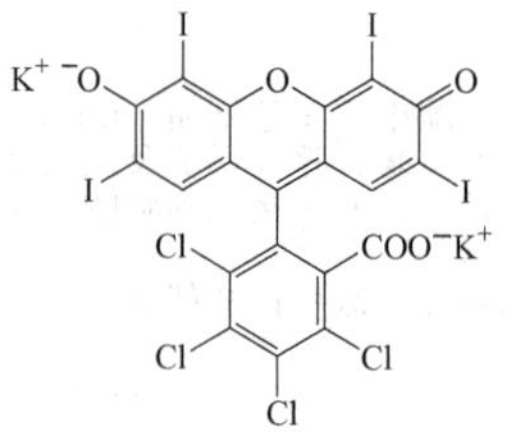

Rose bengal sodium salt 虎红钠盐 08720

[632-69-9] $C_{20}H_2Cl_4I_4Na_2O_5$ 1017.65

成分 C 23.61%，H 0.20%，Cl 13.94%，I 49.88%，Na 4.52%，O 7.86%。

别名 虎红二钠盐；孟加拉玫瑰红B；四氯四碘荧光素二钠盐；玫瑰红钠盐；Rose bengal extra；Rose bengal Na salt；3，4，5，6-Tetrachloro-2′，4′，5′，7′-tetraiodofluorescein disodium salt；R-105

M.I. 15，8393

性状 棕红色粉末。溶于水，溶液呈紫色，无荧光。在硫酸中为棕色，稀释时能析出肉红色沉淀。

注意事项 使用时应避免吸入本品的粉尘，避免与眼睛及皮肤接触。应密封避光保存。

主要用途 生物染色剂。银量法测定碘离子。吸附指示剂（玫瑰红至紫色）。

Rosolic acid 玫红酸 08721

[603-45-2] $C_{19}H_{14}O_3$ 290.32

成分 C 78.61%，H 4.86%，O 16.53%。

别名 金红；树脂质酸；蔷薇色酸；金精；4-(对，对′-二羟基二苯甲叉)-2，5-环己二烯酮；Aurin；4-Bis(4-hydroxyphenyl)methylene-2，5-cyclohexadien-1-one；Corallin；4-(*p*，*p*′-Dihydroxybenzhydrylidene)-2，5-cyclohexadien-1-one；*p*-Rosolic acid

M.I. 15，872　C.I. 43800

性状 深红色针状结晶或红棕色粉末，有绿色金属光泽。溶于乙醇、稀酸或碱溶液，微溶于水（0.12%）、乙醚、三氯甲烷，几乎不溶于苯。308～310℃分解；pH值6.2～8.0（由橙至红色）。λ_{max}（氢氧化钾溶液中）：534.6nm，479.5nm。一般试剂干燥含量≥85.0%。

注意事项 该品对眼睛、呼吸系统及皮肤有刺激性。使用时应穿适当的防护服。万一接触到眼睛，应立即用大量水冲洗后请医生诊治。应密封保存。

主要用途 酸碱指示剂。生物染色剂。染料中间体。

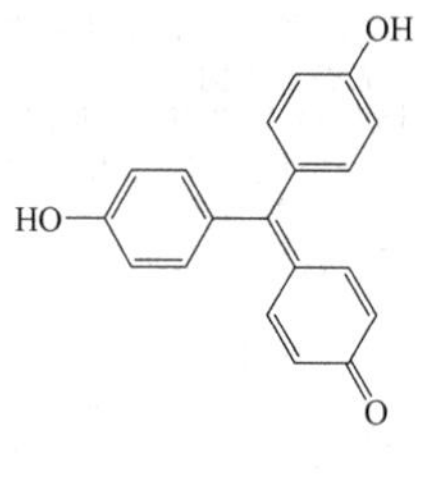

Rostaporfin 罗培泊芬 08722

[284041-10-7] $C_{37}H_{42}Cl_2N_4O_2Sn$ 764.38

成分 C 58.14%，H 5.54%，Cl 9.28%，N 7.73%，O 4.19%，Sn 15.53%。

别名 罗他泊芬；二氯化紫红素乙酯锡；(OC-6-13)Dichloro[*rel*-ethyl(18*R*，19*S*)-3，4，20，21-tetradehydro-4，9，14，19-tetraethyl-18，19-dihydro-3，8，13，18-tetramethyl-20-phorbinecarboxylato(2−)-κN^{23}，κN^{24}，κN^{25}，κN^{26}]tin；(SP-4-2)；[Ethyl 3，4，20，21-tetradehydro-4，9，14，19-tetraethyl-18，19-dihydro-3，8，13，18-tetramethyl-20-phorbinecarboxylato(2−)-κN^{23}，κN^{24}，κN^{25}，κN^{26}]tin；$SnET_2$；Tin etiopurpurin dichloride；Tin ethyl etiopurpurin dichloride；Photrex；Purlytin

M.I. 15，8401

性状 来自二氯甲烷-甲醇（10∶1）中的无色结晶。最大吸收值：656nm（甲醇中）；661nm（含磷酸盐缓冲液中）（ε 42800；15200）。

主要用途 医用抗肿瘤剂（感光剂）。

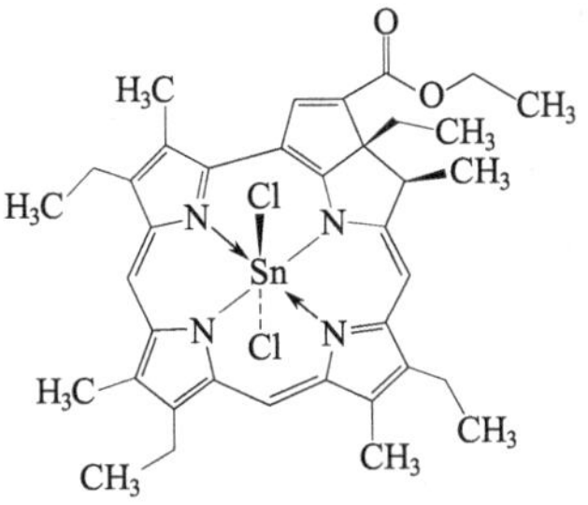

Rotenone 鱼藤酮 08723

[83-79-4] $C_{23}H_{22}O_6$ 394.42

成分 C 70.04%，H 5.62%，O 24.34%。

别名 Canex；[2R-(2α，6aα，12aα)]-1，2，12，12a-Tetrahydro-8，9-dimethoxy-2-(1-methylethenyl)-[1]benzopyrano[3，4-b]furo[2，3-h][1]benzopyran-6(6aH)-one；Noxfire

M. I. 15，8403

性状 来自三氯乙烯中的无色斜方或六边形片状结晶。溶于丙酮、四氯化碳、乙醇、氯仿、乙醚及多数有机溶剂，不溶于水。曝露于光下或空气中可分解。mp 165～166℃；$bp_{0.5}$ 210～220℃/66.66Pa；d_4^{20} 1.27；$[\alpha]_D^{20}$ −228°（c=2.22，于苯中）。LD_{50} 小鼠腹膜内注射：2.8mg/kg；大鼠急性经口：132mg/kg，静脉注射：6mg/kg。生化试剂含量 95.0%～98.0%。

注意事项 该品口服有毒。对眼睛、呼吸系统及皮肤有刺激性。对水生物极毒。能对水环境引起长期不良的影响。使用时应穿适当的防护服。应避免吸入本品的粉尘，避免与眼睛及皮肤接触。使用时如有事故发生或有不适之感，应请医生诊治。应防止将本品释放于环境中。其包装物应按危险品处理。应密封避光保存。

主要用途 生化研究。呼吸抑制剂。杀虫剂。

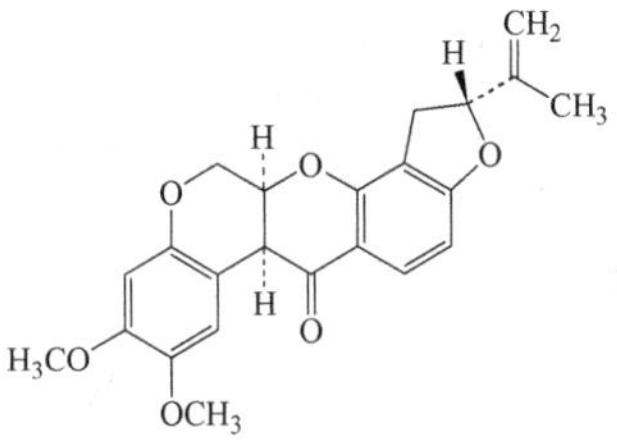

Rottlerin 楸毒素 08724

[82-08-6] $C_{30}H_{28}O_8$ 516.55

成分 C 69.76%，H 5.46%，O 24.78%。

别名 咖马林；粗糠柴苦素；(E)-1-[6-(3-Acetyl-2，4，6-trihydroxy-5-methylphenyl) methyl-5，7-dihydroxy-2，2-dimethyl-2H-1-benzopyran-8-yl]-3-phenyl-2-propen-1-one；5，7-Dihydroxy-2，2-dimethyl-6-(2，4，6-trihydroxy-3-methyl-5-acetylbenzyl)-8-cinnamoyl-1，2-chromene；Mallotoxin

M. I. 15，8405

性状 来自乙酸乙酯中的亮红棕色有金色光泽的片状或针状结晶，mp 212℃。或来自甲苯中的棕黄色片状结晶，mp 206～207℃。溶于乙醚、氯仿、苯、乙酸乙酯，略溶于冷乙醇、乙酸，几乎不溶于水。生化试剂含量≥85.0%。

注意事项 该品应密封于 2～8℃保存。

主要用途 生化研究。

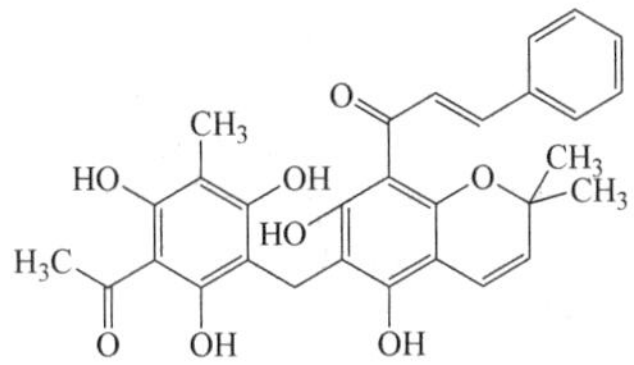

Roxindole hydrochloride 罗克吲哚 盐酸盐 08725

[108050-82-4] $C_{23}H_{27}ClN_2O$ 382.93

成分 C 72.14%，H 7.11%，Cl 9.26%，N 7.32%，O 4.18%。

别名 盐酸罗克吲哚；EMD-38362；3-[4-(3，6-Dihydro-4-phenyl-1(2H)-pyridinyl) butyl]-1H-indol-5-ol hydrochloride；5-Hydroxy-3-[4-(1，2，3，6-tetrahydro-4-phenyl-1-pyridyl) butyl]indole hydrochloride

M. I. 15，8408

性状 无色单斜结晶。mp 274℃。生化试剂含量≥98.0%。

注意事项 该品应密封于−20℃保存。

主要用途 医用抗抑郁剂。

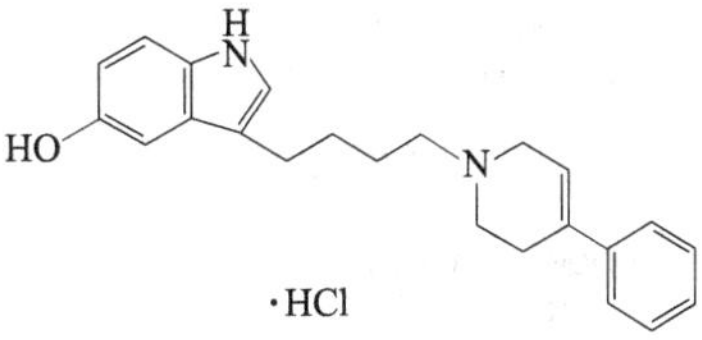

Roxithromycin 罗红霉素 08726

[80214-83-1] $C_{41}H_{76}N_2O_{15}$ 837.06

成分 C 58.83%，H 9.15%，N 3.35%，O 28.67%。

别名 利君沙；Erythromycin 9-[O-[(2-methoxyethoxy)methyl]oxime]；Oxacyclotetradecane erythromycin deriv；9-(2′，5′-Dioxahexyloxyimino) erythromycin；RU-28965；RU-965；Assoral；Claramid；Forilin；Overal；Rossitrol；Rotramin；Rulid；Surlid

M. I. 15，8409

性状 无色结晶。$[\alpha]_D^{25}$ −77.5°±2°（c=0.45，于氯仿中）。生化试剂含量≥90.0%（HPLC）。

注意事项 该品口服有害。应密封于 2～8℃保存。

主要用途 生化研究。医用抗菌剂。

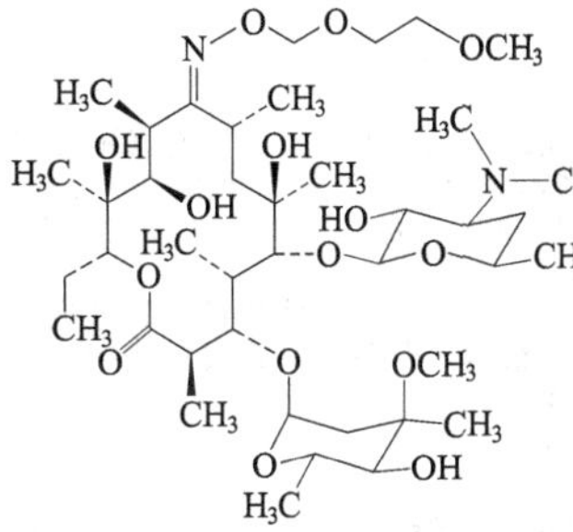

Rubiadin 茜根定 08727

[117-02-2] $C_{15}H_{10}O_4$ 254.24

成分 C 70.86%，H 3.96%，O 25.17%。

别名 甲基异茜草素；1，3-Dihydroxy-2-methyl-9，10-anthracenedione；1，3-Dihydroxy-2-methylanthraquinone

M. I. 15，8414

性状 来自冰乙酸中的黄色片状结晶，mp 302℃；来自乙醇中的黄色细长片状结晶，mp 290℃。溶于乙醇、乙醚，几乎不溶于水、碱类。最大吸收值（乙醇中）：246nm，280nm，415nm（lg ε 4.39，4.52，3.87）。一般试剂含量≥98.0%。

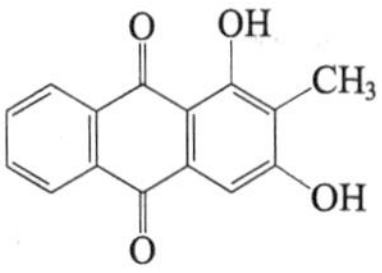

Rubidium 铷 08728

[7440-17-7] Rb 85.4678

GW 2015-1220 M. I. 15，8415

性状 银白色柔软金属。性活泼。溶于酸。mp 39℃；bp 688℃；d^{20} 1.532。

注意事项 该品遇水激烈反应并放出高度易燃气体。在空气中能自动燃烧。具有腐蚀性，能引起烧伤。使用时应穿适当的防护服，戴手套和防护镜或面罩。万一接触到眼睛，应立即用大量水冲洗后请医生诊治。使用时如有事故发生或有不适之感，应请医生诊治。万一着火，应用干砂等灭火设备，而不能用水。应浸入矿物油中密封于阴凉处保存。

主要用途 铷盐、光电池的制造。沸石催化剂。

Rubidium carbonate 碳酸铷 08729

[584-09-8] CO_3Rb_2 230.95

成分 C 5.20%，O 20.78%，Rb 74.01%。

性状 白色粉末。有潮解性。溶于水，溶液呈强碱性，不溶于乙醇。mp 837℃。一般试剂含量≥99.0%（T）。

注意事项 该品对眼睛、呼吸系统及皮肤有刺激性。使用时应穿适当的防护服，戴手套和防护镜或面罩。万一接触到眼睛，应立即用大量水冲洗后请医生诊治。应充氩气密封于干燥处保存。

主要用途 分析试剂。其他铷盐的合成。

Rubidium chloride 氯化铷 08730

[7791-11-9] ClRb 120.92

成分 Cl 29.32%，Rb 70.68%。

别名 Rubinorm

M. I. 15，8417

性状 白色结晶性粉末。1g 该品溶于 1mL 冷水、0.7mL 沸水、90mL 甲醇、1650mL 乙醇。其水溶液呈中性。mp 715℃；bp 1390℃；d 2.76。一般试剂含量≥99.0%（AT）。

注意事项 该品可能损伤生育力。使用时应穿适当的防护服和戴手套。使用时应避免吸入本品的粉尘，避免与眼睛及皮肤接触。应密封保存。

主要用途 铂、铱、钛、锆、过氯酸盐的显微结晶分析试剂。催化剂。医用抗抑郁剂。

Rubidium iodide 碘化铷 08731

[7790-29-6] IRb 212.37

成分 I 59.76%，Rb 40.24%。

M. I. 15，8419

性状 白色结晶或结晶性粉末。露置空气中或见光变色。溶于 0.66 份水，溶于乙醇。其水溶液呈中性或弱碱性。mp 642℃；bp 1300℃；d 3.55。一般试剂含量≥98.0%（AT）。

注意事项 该品吸入或与皮肤接触可引起过敏。使用时应避免吸入本品的粉尘，避免与眼睛及皮肤接触。应充氮气密封避光于干燥处保存。

主要用途 碘源。

Rubidium nitrate 硝酸铷 08732

[13126-12-0] NO_3Rb 147.47

成分 N 9.50%，O 32.55%，Rb 57.95%。

性状 无色六角形或菱形结晶。溶于水，易溶于硝酸、丙酮。d 3.110。一般试剂含量≥99.0%（T）。

注意事项 该品与易燃品接触能引起燃烧。对眼睛、呼吸系统及皮肤有刺激性。使用时应穿适当的防护服。使用时应避免吸入本品的粉尘，避免与眼睛及皮肤接触。万一接触到眼睛，应立即用大量水冲洗后请医生诊治。应远离易燃物品密封保存。

主要用途 微量分析用试剂。

Rubidium sulfate 硫酸铷 08733

[7488-54-2] O_4Rb_2S 267.00

成分 O 23.97%，Rb 64.02%，S 12.01%。

性状 白色结晶，在空气中稳定。易溶于水。加热时变暗。mp 1050℃；d 3.613；n_D^{20}1.513。一般试剂含量≥99.0%（T）。

注意事项 该品对眼睛及皮肤有刺激性。万一接触到眼睛，应立即用大量水冲洗后请医生诊治。应密封于干燥处保存。

Rubijervine 白藜芦碱 08734

[79-58-3] $C_{27}H_{43}NO_2$ 413.65

成分 C 78.40%，H 10.48%，N 3.39%，O 7.74%。

别名 （3β，12α）-Solanid-5-ene-3，12-diol；Δ^5-3β，12α-Dihydroxysolanidene；Rubigervine

M. I. 15，8420

性状 来自乙醇中的溶剂化针状结晶。溶于乙醇、甲醇、苯、氯仿，微溶于乙醚、石油醚，略微溶于水。在浓硫酸中呈红色。能被洋地黄皂苷沉淀。mp 240～246℃；$[\alpha]_D^{25}$ +19.0°（乙醇中）。LD_{50}小鼠静脉注射：70mg/kg。

主要用途 医用抗真菌剂。

Rubitecan 鲁比替康 08735

[91421-42-0] $C_{20}H_{15}N_3O_6$ 393.36

成分 C 61.07%，H 3.84%，N 10.68%，O 24.40%。

别名 卢比替康；(4*S*)-4-Ethyl-4-hydroxy-10-nitro-1*H*-pyrano[3′,4′：6,7]indolizino[1,2-*b*]quinoline-3,14(4*H*,12*H*)-dione；9-Nitrocamptothecin；9-Nitro-(20*S*)-camptothecin；9-NC

M. I. 15，8421

性状 来自甲醇-氯仿（13：87）中的黄色无定形粉末。mp 182～186℃；$[\alpha]_D^{23}$ +27°（c=0.2，于甲醇-氯仿 1：4 溶液中）。

主要用途 医用抗肿瘤剂。

Rubrene 红荧烯 08736

[517-51-1] $C_{42}H_{28}$ 532.68

成分 C 94.70%；H 5.30%。

别名 5，6，11，12-Tetraphenylnaphthacene

性状 红色结晶。溶于苯、二硫化碳，溶液呈橙色，稀溶液为粉红色并有黄色荧光。mp 331℃。一般试剂含量≥98.0%。

注意事项 使用时应避免吸入本品的粉尘，避免与眼睛及皮肤接触。应密封保存。

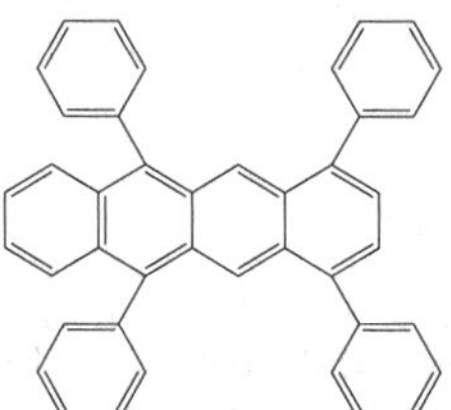

Rufigallol 六羟基蒽二酮 08737

[82-12-2] $C_{14}H_8O_8$ 304.21

成分 C 55.28%，H 2.65%，O 42.07%。

别名 1,2,3,5,6,7-Hexahydroxy-9,10-anthracenedione；1,2,3,5,6,7-Hexahydroxyanthraquinone；Rufigallic acid

M. I. 15，8425 C. I. 58600

性状 红色针状结晶。易溶于丙酮，微溶于乙醇、乙醚，呈黄色；溶于碱溶液呈紫色，但立即被氧化分解；几乎不溶于水。不熔化，但加热后部分分解而升华。

主要用途 用于与锆、铪的色反应。

Rufinamide 卢非酰胺 08738

[106308-44-5] $C_{10}H_8F_2N_4O$ 238.20

成分 C 50.42%，H 3.39%，F 15.95%，N 23.52%，O 6.72%。
别名 1-(2,6-二氟苯基)甲基-1*H*-1,2,3-三唑-4-甲酰胺；1-(2,6-Difluorophenyl) methyl-1*H*-1,2,3-triazole-4-carboxamide；1-(2,6-Difluorobenzyl)-1*H*-1,2,3-triazole-4-carboxamide；CGP-33101；Banzel；Inovelon
M. I. 15，8426
性状 来自乙醇中的无色结晶。中等程度溶于 0.1mol/L 盐酸中。微溶于四氢呋喃、甲醇，极微溶于乙醇、乙腈，几乎不溶于水。mp 237～240℃。
主要用途 医用抗惊厥剂。

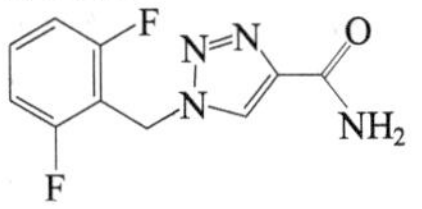

Rufloxacin hydrochloride 芦氟沙星 盐酸盐 08739

[106017-08-7] $C_{17}H_{19}ClFN_3O_3S$ 399.87
成分 C 51.06%，H 4.79%，Cl 8.87%，F 4.75%，N 10.51%，O 12.00%，S 8.02%。
别名 盐酸芦氟沙星；ISF-09334；Qari；Monos；Tebraxin 9-Fluoro-2，3-dihydro-10-(4-methyl-1-piperazinyl)-7-oxo-7*H*-pyrido[1,2,3-*de*]-1,4-benzothiazine-6-carboxylic acid hydrochloride；MF-934-HCl
M. I. 15，8427
性状 来自乙醇/水中的无色结晶。mp 322～324℃。LD_{50} 大鼠，小鼠静脉注射（mg/kg）：285，224；兔，雄、雌大鼠急性经口（mg/kg）：660，631，501。
主要用途 医用抗菌剂。

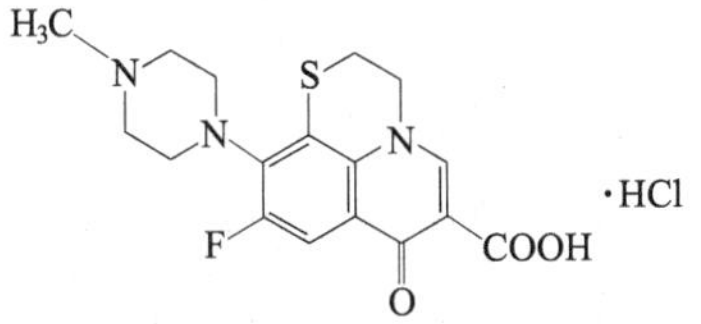

Rutecarpine 吴茱萸碱 08740

[84-26-4] $C_{18}H_{13}N_3O$ 287.32
成分 C 75.25%，H 4.56%，N 14.63%，O 5.57%。
别名 吴茱萸次碱；8,13-Dihydroindolo[2′,3′：3,4]pyrido[2,1-*b*]quinazolin-5(7*H*)-one；Rutaecarpine
M. I. 15，8432
性状 来自乙酸乙酯中的无色针状结晶。溶于苯、乙醇、氯仿、乙醚、二甲基亚砜，几乎不溶于水。mp 259.5～260℃；uv max(乙醇中)：278nm，290nm，332nm，345nm，364nm (lg ε 3.83，3.88，4.49，4.54，4.44)。生化试剂含量≥98.0%(HPLC)。
注意事项 该品口服有毒。使用时如有事故发生或有不适之感，应请医生诊治。应密封于 2～8℃保存。
主要用途 生化研究。

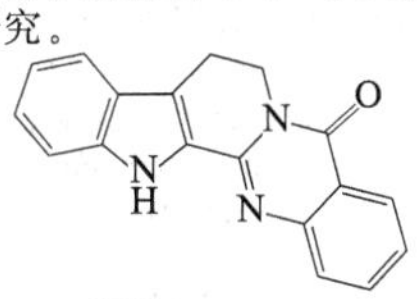

Ruthenium powder 钌粉 08741

[7440-18-8] Ru 101.07
M. I. 15，8433
性状 灰色金属粉末。不溶于酸或王水。加热至 450℃以上在空气中缓慢氧化成二氧化钌。mp 约 2450℃；bp 约 4150℃；*d* 12.45。
注意事项 该品高度易燃。使用现场禁止吸烟。万一着火，应用干砂灭火而不能用水。应远离火种密封于干燥处保存。
主要用途 钌盐、电触点合金的制造。长链烃合成用催化剂。

Ruthenium(Ⅲ) chloride 氯化钌 08742

[10049-08-8] Cl_3Ru 207.42
成分 Cl 51.27%，Ru 48.73%。
别名 三氯化钌；Ruthenic chloride；Ruthenium sesquichloride；Ruthenium trichloride
M. I. 15，8436
性状 α 型为黑色有光泽的结晶。不溶于乙醇、水。β 型为深棕色松软的六方形结晶。溶于乙醇。一般试剂含量(Ru) 约 49%。
注意事项 该品具有腐蚀性，能引起烧伤。使用时应穿适当的防护服，戴手套和防护镜或面罩。使用时应避免吸入本品的粉尘，避免与眼睛及皮肤接触。万一接触到眼睛，应立即用大量水冲洗后请医生诊治。使用时如有事故发生或有不适之感，应请医生诊治。其包装物应按危险品处理。
主要用途 分析试剂，亚硫酸盐的测定。测定钌化合物的原子价。电极涂层材料。

Ruthenium(Ⅳ) oxide 氧化钌 08743

[12036-10-1] O_2Ru 133.07
成分 O 24.05%，Ru 75.95%。
别名 二氧化钌；Ruthenium dioxide
性状 暗蓝色结晶或粉末。有结晶水时为黑色。溶于熔融碱，不溶于水、乙醇。*d* 6.970。
注意事项 该品对眼睛、呼吸系统及皮肤有刺激性。使用时应戴手套。万一接触到眼睛，应立即用大量水冲洗后请医生诊治。应密封保存。
主要用途 光谱分析用试剂。

Ruthenium red 钌红 08744

[1307-52-4] [11103-72-3] $Cl_6H_{42}N_{14}O_2Ru_3$ 786.34
成分 Cl 27.05%，H 5.38%，N 24.94%，O 4.07%，Ru 38.55%。
别名 Ruthenium oxychloride ammoniated
M. I. 15，8434 C. I. 77800
性状 棕红色粉末。溶于水、氨水、氯化钾、明矾溶液，不溶于乙醇、甘油、丁香油。一般试剂含量约 95%(AT)。
注意事项 使用时应避免吸入本品的粉尘，避免与眼睛及皮肤接触。应密封于干燥处保存。
主要用途 生物染色剂。果胶质、树胶、动物组织和细菌的染色。

Rutin trihydrate 芸香苷 三水 08745

[153-18-4] [250249-75-3] $C_{27}H_{30}O_{16}\cdot 3H_2O$ 664.55
成分(以无水物计) C 53.12%，H 4.95%，O 41.93%。
别名 三水合芸香苷；芸香叶苷；芦丁；3-[6-*O*-(6-Deoxy-α-L-mannopyranosyl)-β-D-glucopyranosyl] oxy-2-(3，4-dihydroxyphenyl)-5，7-dihydroxy-4*H*-1-benzopyran-4-one；Birutan；Eldrin；Globularicitrin；Ilixathin；Melin；Myrticolorin；Osyritrin；Osyritin；Paliuroside；Phytomelin；3,3′,4′,5,7-Pentahydroxyflavone-3-rutinoside；Quercetin-3-rutinoside；Rutoside；Sophorin；Violaquercitrin；Vitamin P
M. I. 15，8438
性状 来自水中的浅黄绿色针状结晶或粉末。1g 该品溶于 7mL 沸甲醇，溶于吡啶、甲酰胺，微溶于乙醇、丙酮、乙酸乙酯，几乎不溶于水(1g 溶于约 8L 冷水、200mL 沸水)、氯仿、二硫化碳、乙醚、苯。mp 185～192℃；$[\alpha]_D^{23}$ +13.82°(于乙醇中)；$[\alpha]_D^{23}$ −39.43°(于吡啶中)。LD_{50} 小鼠静脉注射：950mg/kg(丙二醇溶液中)。生化试剂含量≥90.0%(HPLC)。
注意事项 该品口服有害。使用时应避免吸入本品的粉尘，避免与眼睛及皮肤接触。应密封避光于干燥处保存。
主要用途 生化研究。晶状体醛糖还原酶的抑制剂。毛发保护剂。

Ryanodine 利阿诺定 08746

[15662-33-6] $C_{25}H_{35}NO_9$ 493.55
成分 C 60.84%，H 7.15%，N 2.84%，O 29.18%。
别名 兰尼碱；雷诺丁；(3*S*,4*R*,4a*R*,6*S*,7*S*,8*R*,8a*S*,8b*R*,9*S*,9a*S*)-1*H*-pyrrole-2-carboxylic acid dodecahydro-4,6,7,8a,8b,9a-hexahydroxy-3,6a,9-trimethyl-7-(1-methylethyl)-6,9-methanobenzo[1,2]pentaleno[1,6-*bc*]furan-8-yl ester；Ryaodol 3-(1*H*-pyrrole-2-carboxylate)
M. I. 15，8442
性状 无色结晶或白色粉末。溶于水、乙醇、丙酮、乙醚、氯仿，几乎不溶于苯、石油醚。219～220℃分解；$[\alpha]_D^{25}$

+26°（于甲醇中）；uv max（乙醇中）：268.5nm（lg ε 4.18）。一般试剂含量≥95.0%（HPLC）。

注意事项 该品口服或与皮肤接触有害。对水生物极毒。能对水环境引起不利的结果。使用时应穿适当的防护服和戴手套。应防止将本品释放于环境中。其包装物应按危险品处理。

主要用途 杀虫剂。

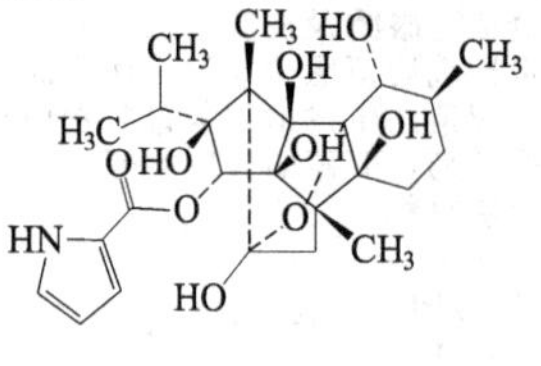

S

Sabcomeline 沙可美林 08747

[159912-53-5] $C_{10}H_{15}N_3O$ 193.25

成分 C 62.15%，H 7.82%，N 21.74%，O 8.28%。

别名 αZ,3R-α-甲氧基亚氨基-1-氮杂双环[2.2.2]辛烷-3-乙腈；αZ,3R-α-Methoxyimino-1-azabicyclo[2.2.2]octane-3-acetonitrile；SB-202026

M. I. 15，8444

性状 来自甲醇-丙酮中的白色结晶。mp 154～156℃；bp 278℃；Fp 251.6℉（122℃）；d 1.25；$[\alpha]_D^{20}$+14.4°（c=0.424，于乙醇中）。

主要用途 医用止吐剂。阿尔茨海默病治疗剂。

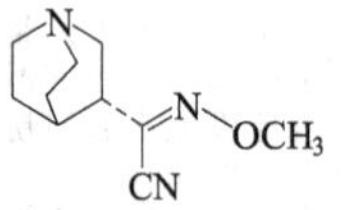

Saccharin 糖精 08748

[81-07-2] $C_7H_5NO_3S$ 183.18

成分 C 45.90%，H 2.75%，N 7.65%，O 26.20%，S 17.50%。

别名 邻磺酰苯酰亚胺；1,2-Benzisothiazol-3(2H)-one 1,1-dioxide；2,3-Dihydro-3-oxobenzisosulfonazole；1,2-Dihydro-2-ketobenzisosulfonazole；Saccharin insoluble；Benzosulfimide；o-Sulfobenzimide；Benzoic sulfimide；o-Sulfobenzoi acid imide；Gluside；Glucid；Garantose；Saccharinol；Saccharinose；Saccharol；Saxin；Sykose；Hermesetas

M. I. 15，8445

性状 无色单斜结晶。味苦，并有金属余味。1g该品溶于290mL水、25mL沸水、31mL乙醇、12mL丙酮、约50mL甘油。易溶于碳酸碱水溶液，微溶于氯仿、乙醚。其0.35%水溶液pH值2.0。mp 228.8～229.7℃；d 0.828；uv max（0.1mol/L氢氧化钠溶液中）：267.3nm（ε 1570）。

主要用途 非营养甜味剂。

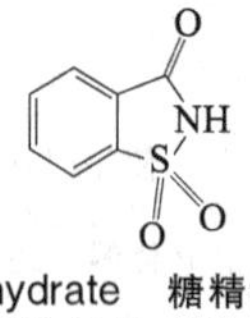

Saccharin sodium dihydrate 糖精钠 二水 08749

[82385-42-0] $C_7H_4NNaO_3S \cdot 2H_2O$ 241.19

成分（以无水物计） C 40.98%，H 1.97%，N 6.83%，Na 11.20%，O 23.39%，S 15.63%。

别名 二水合糖精钠；邻磺酰苯甲酰亚胺钠盐；O-Benzoic acid sulfimide sodium salt；Crystallose；Dagutan；2,3-Dihydro-1,2-benzisothiazole-3-one-1,1-dioxide sodium salt；Kristallose；Soluble saccharin；Sucaryl；Sucromat；2-Sulfobenzoic acid imide sodium salt

M. I. 15，8445

性状 无色或白色结晶或结晶性粉末。1g该品溶于1.2mL水、约50mL乙醇。其水溶液对石蕊呈中性或微碱性，但对酚酞不呈碱性。其甜度为（稀水溶液）蔗糖的300～500倍。LD_{50} 小鼠，大鼠腹膜内注射（g/kg）：6.3，7.1；急性经口（g/kg）：17.5，17.0。一般试剂含量≥99.0%。

主要用途 食品甜味剂。

L-Saccharopine 酵母氨酸 08750

[997-68-2] $C_{11}H_{20}N_2O_6$ 276.29

成分 C 47.82%，H 7.30%，N 10.14%，O 34.74%。

别名 ε-N-(L-戊二酸-2-基)-L-赖氨酸；N-(5-Amino-5-carboxypentyl)-L-glutamic acid；ε-N-(L-Glutar-2-yl)-L-lysine

M. I. 15，8446

性状 水合的结晶。易溶于碱溶液及强酸，略微溶于水、乙醇。pK_2 2.6；pK_3 4.1；pK_4 9.2；pK_5 10.3。100℃时在五氧化二磷存在下失去结晶水，240～248℃时成无水物并分解。$[\alpha]_D^{23}$+33.6°（c=1于0.5mol/L盐酸中），$[M]_D$+93°。

注意事项 该品应密封于−20℃保存。

主要用途 生化研究。

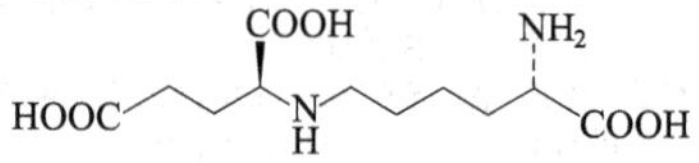

Safranine T 藏红 T 08751

[477-73-6] $C_{20}H_{19}ClN_4$ 350.85

成分 C 68.47%，H 5.46%，Cl 10.10%，N 15.97%。

别名 藏花红T；3,7-二氨基-2,8-二甲基-5-氯化苯吩嗪；蓝光藏花红；沙黄；盐基桃红；番红花红T；棉红；碱性红2；碱性藏红T；Aniline rose；Basic red 2；Cotton red；3,7-Diamino-2,8-dimethyl-5-phenylphenazinium chloride；Safranine；Safranine A；Safranine O；Safranine Y

C. I. 50240

性状 红棕色粉末。易溶于乙醇，溶于水。一般试剂含量约85%。

注意事项 该品对眼睛有严重损伤的危险。使用时应戴防护镜或面罩。万一接触到眼睛，应立即用大量水冲洗后请医生诊治。使用时应避免吸入本品的粉尘，避免与眼睛及皮肤接触。应密封保存。

主要用途 微量分析亚硝酸的试剂。氧化还原指示剂。酸碱指示剂。生物染色剂。

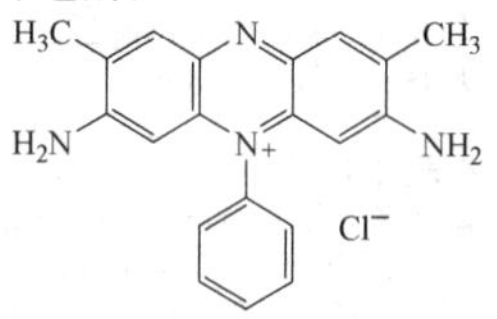

Safrole 黄樟素 08752

[94-59-7] $C_{10}H_{10}O_2$ 162.19

成分 C 74.06%，H 6.21%，O 19.73%。

别名 黄樟油素；烯丙基二氧甲苯酯；黄樟脑；萨富罗尔；4-Allyl-1,2-methylenedioxybenzene；Allylcatechol methylene ether；5-Allyl-1,3-benzodioxole；Shikimol；5-(2-Propenyl)-1,3-benzodioxole；Allyl dioxybenzene methylene ether；m-Allylpyrocatechin methylene ether

M. I. 15，8453

性状 无色或微黄色液体。有樟木气味。易溶于乙醇，与氯仿、乙醚相混溶，不溶于水。mp 约11℃；bp 232～234℃；Fp 212°F(100℃)；d^{20} 1.096；n_D^{20} 1.5383。LD_{50} 大鼠，小鼠急性经口，1950mg/kg，2350mg/kg。一般试剂含量≥97.0%。

注意事项 该品口服有害。对机体有不可逆损伤的可能性。能致癌。使用前应得到专门的指导，避免曝露。使用时应穿适当的防护服，戴手套和防护镜或面罩。使用时如有事故发生或有不适之感，应请医生诊治。应密封保存。

主要用途 香料。胡椒醛的合成。

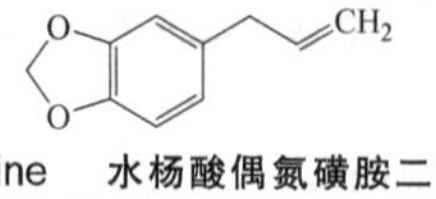

Salazosulfadimidine 水杨酸偶氮磺胺二甲嘧啶 08753

[2315-08-4] $C_{19}H_{17}N_5O_5S$ 427.44

成分 C 53.39%，H 4.01%，N 16.38%，O 18.71%，S 7.50%。

别名 柳氮磺胺二甲嘧啶；5-[2-[4-[[(4,6-Dimethyl-2-pyrimidinyl) amino] sulfonyl] phenyl] azo]-2-hydroxybenzoic acid；5-[*p*-[(4,6-Dimethyl-2-pyrimidinyl) sulfamoyl] phenylazo] salicylic acid；4′-(4，6-Dimethylpyrimidin-2-ylsulfamoyl)-4-hydroxyazobenzene-3-carboxylic acid；5-[*p*-[(4，6-Dimethyl-2-pyrimidinyl)aminosulfonyl]phenylazo]salicylic acid；Salicylazosulfadimidine；Salicylazosulfamethazine；Azudimidine

M. I. 15，8457

性状 棕色结晶。mp 207℃。

主要用途 医用抗菌剂。

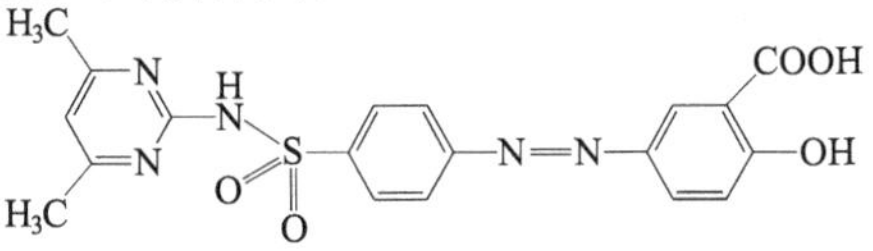

H_3C N H N S O O N=N COOH OH N H_3C

Salicin 水杨素 08754

[138-52-3] $C_{13}H_{18}O_7$ 286.28

成分 C 54.54%，H 6.34%，O 39.12%。

别名 D-(−)-水杨素；水杨糖；水杨苷；*o*-(*β*-D-Glucosyloxy) benzyl alcohol；Salicoside；Salichyl alcohol glucoside；Saligenin-*β*-D-glucopyranoside；D-(−)-Salicin；2-(Hydroxymethyl) phenyl-*β*-D-glucopyranoside

M. I. 15，8460

性状 来自水中的无色或白色斜方结晶。1g 该品溶于 23mL 水、3mL 沸水、90mL 乙醇、30mL 60℃乙醇，溶于碱类、吡啶、冰乙酸，几乎不溶于乙醚、氯仿。其水溶液对石蕊呈中性。mp 199～202℃；$[\alpha]_D^{25}-62°\sim-67°$($c=3$，于水中)；$[\alpha]_D^{20}-45.6°$($c=0.6$，于无水乙醇中)。生化试剂含量≥99.0%(TLC)。

注意事项 该品接触皮肤能引起过敏。使用时应穿适当的防护服和戴手套。应充氩气密封于干燥处保存。

主要用途 生化研究。测定 *β*-糖苷酶的底物。硝酸试剂。止痛剂。

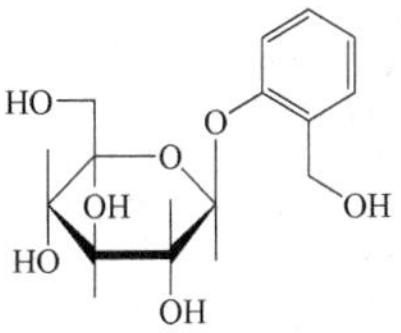

HO O O OH OH HO OH

Salicyl alcohol 水杨醇 08755

[90-01-7] $C_7H_8O_2$ 124.14

成分 C 67.73%，H 6.50%，O 25.78%。

别名 邻羟基苯甲醇；邻羟基苄醇；2-羟基苄醇；*α*-2-Dihydroxytoluene；2-Hydroxybenzyl alcohol；*o*-Hydroxybenzyl alcohol；*ω*-Hydroxy-*o*-cresol；Salicain；Saligenin；Saligenol；2-Hydroxybenzenemethanol

M. I. 15，8461

性状 无色片状结晶或结晶性粉末。易溶于乙醇、乙醚、三氯甲烷，溶于 15 份水，溶于苯。遇硫酸产生红色。100℃时可升华。mp 86～87℃；*d* 1.16。一般试剂含量≥99.0%。

注意事项 该品对眼睛、呼吸系统及皮肤有刺激性。使用时应穿适当的防护服和戴手套。使用时应避免吸入本品的粉尘，避免与眼睛及皮肤接触。万一接触到眼睛，应立即用大量水冲洗后请医生诊治。

主要用途 医用局部麻醉剂。有机合成。

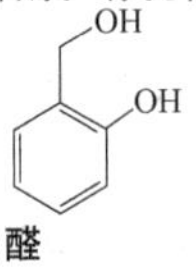

OH OH

Salicylaldehyde 水杨醛 08756

[90-02-8] $C_7H_6O_2$ 122.12

成分 C 68.85%，H 4.95%，O 26.20%。

别名 2-羟基苯甲醛；邻羟基苯甲醛；2-Hydroxybenzaldehyde；*o*-Hydroxybenzaldehyde；Salicylic aldehyde

GW 2015-2013　M. I. 15，8462

性状 无色澄清至浅褐色油状液体。有类似杏仁的气味和辛辣味。溶于乙醇、乙醚，微溶于水。遇硫酸呈橙色。mp −7℃；bp 196～197℃；Fp 170℉ (76℃)；d_4^{20} 1.167；n_D^{20} 1.5735。MLD 大鼠皮下注射：900～1000mg/kg。一般试剂含量≥99.0%(GC)。

注意事项 该品口服或与皮肤接触有害。对眼睛、呼吸系统及皮肤有刺激性。可能危害胎儿。使用时应穿适当的防护服和戴手套。万一接触到眼睛，应立即用大量水冲洗后请医生诊治。应充氩气密封避光保存。

主要用途 测定铜、镍及乙醇中杂醇油的试剂。有机合成。香料。

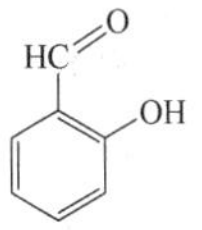

HC O OH

Salicylaldoxime 水杨醛肟 08757

[94-67-7] $C_7H_7NO_2$ 137.14

成分 C 61.31%，H 5.15%，N 10.21%，O 23.33%。

别名 邻羟基苯甲醛肟；2-羟基苯甲醛肟；*o*-Hydroxybenzaldehyde oxime；2-Hydroxybenzaldehyde oxime；Saldox

M. I. 15，8464

性状 白色棱柱体结晶或粉末。易溶于乙醇、苯、乙醚、稀盐酸，较多地溶于热水，微溶于冷水，不溶于石油醚。加热可分解为水杨醛和羟胺。mp 57℃。一般试剂含量≥98.0% (NT)。

注意事项 该品口服有害。对眼睛、呼吸系统和皮肤有刺激性。使用时应穿适当的防护服和戴手套。万一接触到眼睛，应立即用大量水冲洗后请医生诊治。

主要用途 分析铜、铅、镍、锌、铋的试剂。

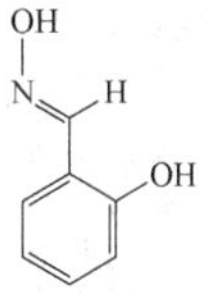

OH N H OH

Salicylamide 水杨酰胺 08758

[65-45-2] $C_7H_7NO_2$ 137.14

成分 C 61.31%，H 5.15%，N 10.21%，O 23.33%。

别名 邻羟基苯酰胺；Acket；Algiamida；Cidal；Algamon；*o*-Hydroxy benzamide；2-Hydroxybenzamide；Salamid；Samid；Saliamin；Salicylic acid amide；Salizell；Salymid；Urtosal

M. I. 15，8465

性状 无色或微带粉红色的结晶性粉末。微有苦味。溶于水(30℃，0.2%；47℃，0.8%)、甘油(5℃，2.0%；39℃，5.0%；60℃，10.0%)、丙二醇(5℃，10.0%)，易溶于乙醚、碱溶液，溶于乙醇、丙二醇，微溶于三氯甲烷。其水溶液(28℃)pH 值约 5。mp 140℃。LD_{50} 小鼠急性经口：1.4g/kg。

注意事项 该品口服有害。对眼睛、呼吸系统及皮肤有刺激性。使用时应穿适当的防护服和戴手套。使用时应避免吸入本品的粉尘，避免与眼睛及皮肤接触。万一接触到眼睛，应立即用大量水冲洗后请医生诊治。

主要用途 有机合成。医用止痛剂。防腐剂。

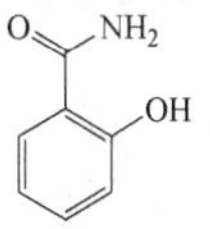

O NH_2 OH

Salicylamide *o*-acetic acid 邻氨基甲酰苯氧乙酸 08759

[25395-22-6] $C_9H_9NO_4$ 195.17

成分 C 55.39%，H 4.65%，N 7.18%，O 32.79%。

别名 水杨酰胺氧乙酸；[2-(Aminocarbonyl)phenoxy]acetic acid；*o*-(Carbamylphenoxy) acetic acid；*α*-(2-Carbamoylphenoxy)acetic acid

M. I. 15，8466

性状 无色结晶。溶于碱水溶液。mp 221℃。

主要用途 医用抗炎剂，止痛剂，抗发热剂。

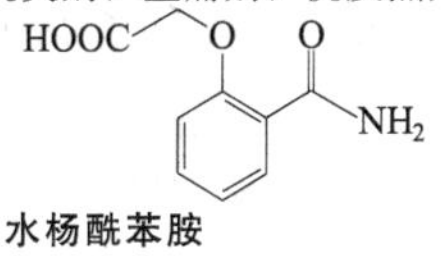

HOOC O O NH_2

Salicylanilide 水杨酰苯胺 08760

[87-17-2] $C_{13}H_{11}NO_2$ 213.24

成分 C 73.22%，H 5.20%，N 6.57%，O 15.01%。

别名 水杨酰替苯胺；2-羟基-*N*-苯基苯酰胺；2-Hydroxy-*N*-phenylbenzamide；*N*-Phenylsalicylamide；Salinidol；Shirlan extra；2-Hydroxybenzanilide

M. I. 15，8467

性状 白色或浅棕色无味的小叶片状结晶。无味。易溶于乙醇、三氯甲烷、乙醚、苯，微溶于水。mp 135.8～136.2℃。一般试剂含量≥98.0%（HPLC）。

注意事项 该品对眼睛、呼吸系统及皮肤有刺激性。使用时应穿适当的防护服和戴手套。使用时应避免吸入本品的粉尘，避免与眼睛及皮肤接触。万一接触到眼睛，应立即用大量水冲洗后请医生诊治。

主要用途 有机合成。制药工业。抗霉剂。医用局部杀真菌剂。防菌剂的合成。

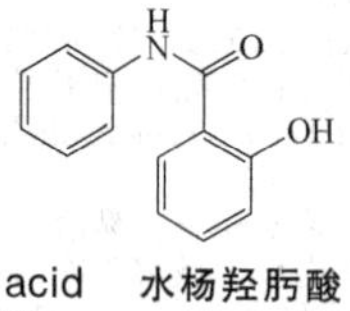

Salicylhydroxamic acid 水杨羟肟酸 08761

[89-73-6] $C_7H_7NO_3$ 153.14

成分 C 54.90%，H 4.61%，N 9.15%，O 31.34%。

别名 水杨酰肟酸，水杨基羟肟酸；*N*，2-Dihydroxybenzamide；2-Hydroxybenzhydroxamic acid；*N*-Salicyloylhydroxylamine

M. I. 15，8468

性状 来自乙酸中的无色针状结晶。露置空气中逐渐变红色。能升华。易溶于乙醇、乙醚，溶于热乙酸，微溶于水。p*K*（25℃）4.19。mp 168℃（缓慢加热）；176～178℃（快速加热）。一般试剂含量≥99.0%。

注意事项 该品吸入、口服或与皮肤接触有害。对眼睛、呼吸系统及皮肤有刺激性。对机体有不可逆损伤的可能性。使用时应戴手套。应避免吸入本品的粉尘。万一接触到眼睛，应立即用大量水冲洗后请医生诊治。应密封避光保存。

主要用途 螯合剂。测定钛、钒和分离铌、钽等的试剂。分析铋、铜、镍、铅，沉淀银、镉、钴、铁、汞、镁、锰、钒等。

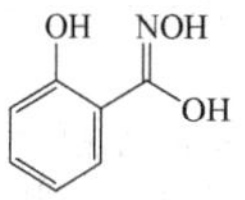

Salicylic acid 水杨酸 08762

[69-72-7] $C_7H_6O_3$ 138.12

成分 C 60.87%，H 4.38%，O 34.75%。

别名 沙利西酸；邻羟基苯甲酸；柳酸；撒酸；2-羟基苯甲酸；Acnisal；Duofilm；Duoplant；*o*-Hydroxybenzoic acid；2-Hydroxybenzoic acid；Keralyt；Occlusal；Verrugon

M. I. 15，8469

性状 白色针状结晶或结晶性粉末。见光色变暗。该品于下列物质中的溶解度%（质量分数）：水 0.20（20℃），2.11（80℃）；四氯化碳 0.262（25℃）；苯 0.775（25℃）；丙醇 27.36（21℃）；无水乙醇 34.87（21℃）；丙酮 396（23℃）。其饱和水溶液 pH 值 2.4。pK_a 2.98。76℃升华。mp 159℃；bp_{20} 211℃/2.666kPa；Fp 314.6℉（157℃，闭杯）；d_4^{20} 1.443；*n* 1.565。LD_{50}小鼠静脉注射：500mg/kg。一般试剂含量≥99.0%（T）。

注意事项 该品口服有害。对呼吸系统及皮肤有刺激性。对眼睛有严重损伤的危险。使用时应穿适当的防护服，戴手套和防护镜或面罩。万一接触到眼睛，应立即用大量水冲洗后请医生诊治。应密封避光保存。

主要用途 铜、铁的比色测定。可从钍和其他稀土元素中分离钍、铝。检测铝、硼、锌、铜、铁、铅、锰、汞、镍、银、钛、钨、钒、次亚硫酸盐、硝酸盐、亚硝酸盐。锆与钛的分离。紫外线滴定时用作荧光指示剂。络合指示剂。食品的防腐剂。医用（局部）角质层分离剂。

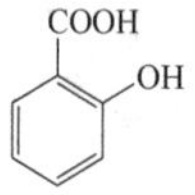

4-Salicyloylmorpholine 4-水杨酰吗啉 08763

[3202-84-4] $C_{11}H_{13}NO_3$ 207.23

成分 C 63.76%，H 6.32%，N 6.76%，O 23.16%。

别名 （2-Hydroxyphenyl）-4-morpholinyl methanone；4-（2-Hydroxybenzoyl）morpholine；Salicyl morpholide；L-1102；Tardisal

M. I. 15，8470

性状 无色结晶。该品于下列物质中的溶解度（g/100mL）：水 0.41；乙醇 3.3；乙醚 0.22。其饱和水溶液 pH 值 6.2。mp 175℃。

主要用途 医用利胆剂。

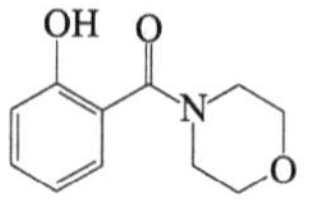

Salicylsulfuric acid monosodium salt 水杨酸硫酸酯一钠盐 08764

[6155-64-2] $C_7H_5NaO_6S$ 240.16

成分 C 35.01%，H 2.10%，Na 9.57%，O 39.97%，S 13.35%。

别名 Sodium salicylsulfate；Salcyl；Salcylix；2-（Sulfooxy）benzoic acid；Salicylic acid；acid sulfate monosodium salt；Salicylic acid sulfuric acid ester monosodium salt

M. I. 15，8471

性状 无色细小的针状结晶。溶于水，不溶于有机溶剂。

主要用途 医用止痛、退热、抗炎剂。

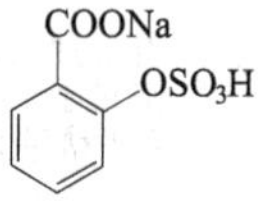

Salinazid 羟苯烟腙 08765

[495-84-1] $C_{13}H_{11}N_3O_2$ 241.25

成分 C 64.72%，H 4.60%，N 17.42%，O 13.26%。

别名 水杨醛叉异烟肼；异烟酸亚水杨基肼；（2-羟基苯基）亚甲基肼 4-吡啶羧酸；[（2-Hydroxyphenyl）methylene]hydrazide 4-pyridinecarboxylic acid；1-Isonicotinoyl-2-salicylidene-hydrazine；Isonicotinic acid salicylidenehydrazide；Saliniazid；*N'*-*o*-Hydroxybenzylidenepyridine-4-carboxyhydrazide；*o*-Hydroxybenzal isonicotinylhydrazone；Nupa-Sal；Acozid

M. I. 15，8472

性状 来自乙醇中的无色结晶。溶于水（25℃，0.005g/100mL）、无水乙醇（0.18g/100mL）、丙二醇（0.212g/100mL）。溶于稀酸水溶液及碱生成黄色溶液。mp 232～233℃。

主要用途 医用抗菌剂（结核菌抑制剂）。

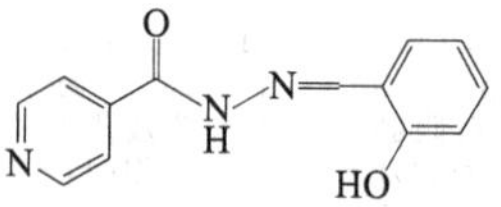

Salinomycin 盐霉素 08766

[53003-10-4] $C_{42}H_{70}O_{11}$ 751.00

M. I. 15，8473

性状 无色结晶或白色结晶性粉末。溶于乙醇。pK'_a 6.4（二甲基甲酰胺中）。mp 112.5～113.5℃；$[\alpha]_D^{25}$ −63°（*c*=1，于乙醇中）；uv max（乙醇∶水，2∶1）：284nm（ε 126）。LD_{50}小鼠腹膜内注射：18mg/kg；急性经口：50mg/kg。生化试剂含量≥98.0%（TLC）。

注意事项 该品口服有毒。使用时如有事故发生或有不适之感，应请医生诊治。应充氩气密封于−20℃保存。

主要用途 生化研究。兽用抗球虫剂。

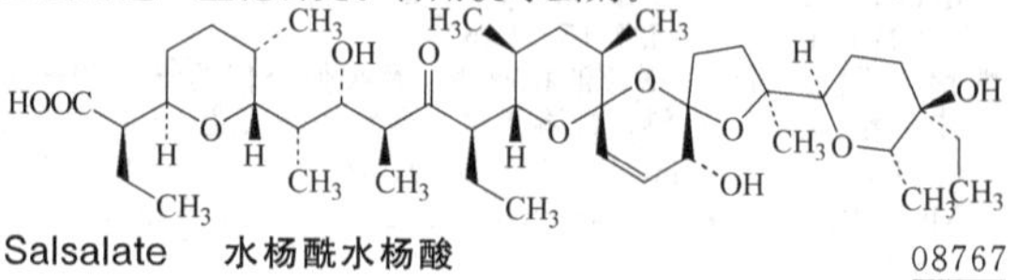

Salsalate 水杨酰水杨酸 08767

[552-94-3]　$C_{14}H_{10}O_5$　258.23

成分　C 65.12%，H 3.90%，O 30.98%。

别名　双水杨酸；水杨酸水杨酸酯；2-Hydroxybenzoic acid 2-carboxyphenyl ester；Disalicylic acid；Salicylic acid bimolecularester；Salicyloxysalicylic acid；Salicylsalicylic acid；NSC-49171；Disalcid；Disalgesic；Mono-Gesic；Salflex

M. I. 15，8477

性状　来自苯中的无色结晶。溶于乙醇、乙醚，略微溶于苯。不溶于水，但能逐渐被水解为水杨酸。mp 148～149℃。

主要用途　医用止痛剂，抗炎剂。

OH O COOH

Salsoline　猪毛菜碱　08768

[101467-40-7]　$C_{11}H_{15}NO_2$　193.25

成分　C 68.37%，H 7.82%，N 7.25%，O 16.56%。

别名　鹿尾草碱；萨苏林；6-羟基-7-甲氧基-1-甲基-1,2,3,4-四氢异喹啉；(*R*)-1,2,3,4-Tetrahydro-7-methoxy-1-methyl-6-isoquinolinol；6-Hydroxy-7-methoxy-1-methyl-1,2,3,4-tetrahydroisoquinoline；(+)-Salsoline

M. I. 15，8478

性状　来自乙醇中的结晶。溶于氯仿、热乙醇、稀氢氧化钠溶液，微溶于水、苯，几乎不溶于乙醚、石油醚。mp 221℃；$[\alpha]_D^{20}+34.5°$（$c=1$，于 0.1mol/L 盐酸中）。

CH_3 H_3CO NH HO

Samandarine　蝾螈碱　08769

[467-51-6]　$C_{19}H_{31}NO_2$　305.46

成分　C 74.71%，H 10.23%，N 4.59%，O 10.48%。

别名　火蛇皮毒碱；(2*S*,5*R*,5a*S*,5b*S*,7a*R*,9*S*,10a*S*,10b*S*,12a*R*)-Octadecahydro-5a,7a-dimethyl-2,5-epoxycyclopenta[5,6]naphth[1,2-*d*]azepin-9-ol；(1α,4α,5β,16β)-Epoxy-3-aza-A；homoandrostan-16β-ol

M. I. 15，8483

性状　来自无水甲醇或 50% 丙酮中的无色针状结晶。易溶于多数有机溶液，几乎不溶于水及氢氧化钠溶液。mp 187～188℃；$[\alpha]_D^{17}+43.3°$（于丙酮中）。

CH_3 OH CH_3 H HN O H H H

Samarium　钐　08770

[7440-19-9]　Sm　150.36

M. I. 15，8484

性状　黄色硬质金属。接触空气即失去光泽。溶于酸。mp 1074℃；bp 1794℃；*d* 7.536。

注意事项　该品与水接触能释放出高度易燃气体。具有蓄积性危害。切勿向该物品中加水。应充氩气密封于干燥处保存。

主要用途　特殊合金的制造。

Samarium chloride　氯化钐　08771

[10361-82-7]　Cl_3Sm　256.71

成分　Cl 41.43%，Sm 58.57%。

别名　三氯化钐；Samarium trichloride

M. I. 15，8484

性状　无水物为白色至淡黄色粉末。六水合物为黄色片状结晶。有吸湿性。极易溶于乙醇，溶于水。mp 686℃（无水）；*d* 4.465（无水）；*d* 2.382（六水合物）。LD_{50} 小鼠腹膜内注射：585mg/kg；急性经口＞2g/kg。一般试剂含量≥99.9%（REO）。

注意事项　该品对眼睛、呼吸系统及皮肤有刺激性。使用时应戴手套。使用时应避免吸入本品的粉尘，避免与眼睛及皮肤接触。万一接触到眼睛，应立即用大量水冲洗后请医生诊治。应密封保存。

Samarium nitrate hexahydrate　硝酸钐 六水　08772

[13759-83-6]　$N_3O_9Sm \cdot 6H_2O$　444.46

成分（以无水物计）　N 12.49%，O 42.81%，Sm 44.70%。

别名　六水合硝酸钐

GW 2015-2322

性状　淡黄色三斜结晶。溶于水。mp 78～79℃；*d* 2.375。一般试剂含量≥98.0%（T）。

注意事项　该品与易燃物品接触能引起燃烧。对眼睛、呼吸系统及皮肤有刺激性。使用时应戴手套。应避免吸入本品的粉尘，避免与眼睛及皮肤接触。万一接触到眼睛，应立即用大量水冲洗后请医生诊治。应远离易燃物品密封保存。其包装物应按危险品处理。

主要用途　红外线磷光促进剂。

Samarium oxide　氧化钐　08773

[12060-58-1]　O_3Sm_2　348.72

成分　O 13.76%，Sm 86.24%。

别名　三氧化二钐；Samaria

性状　浅黄至白色粉末。对二氧化碳敏感。溶于酸，不溶于水。mp (2300±50)℃；*d* 8.347。一般试剂含量≥99.8%。

注意事项　使用时应避免吸入本品的粉尘，避免与眼睛及皮肤接触。应充氩气密封于干燥处保存。

主要用途　光谱分析标准物。乙醇脱氢反应的催化剂。中子吸收剂。生产磁性材料、记忆元件等的原料。

Samarium sulfate octahydrate　硫酸钐 八水　08774

[13465-58-2]　$O_{12}S_3Sm_2 \cdot 8H_2O$　733.01

成分（以无水物计）　O 32.60%，S 16.33%，Sm 51.06%。

别名　八水合硫酸钐

M. I. 15，8484

性状　浅黄色单斜结晶。易吸潮。略微溶于水。450℃失去结晶水。d^{18} 2.930；*n* 1.543～1.563。一般试剂含量≥99.9%（REO）。

注意事项　该品对眼睛、呼吸系统及皮肤有刺激性。万一接触到眼睛，应立即用大量水冲洗后请医生诊治。应密封于干燥处保存。

Sanguinarine chloride　氯化血根碱　08775

[5578-73-4]　$C_{20}H_{14}ClNO_4$　367.79

成分　C 65.31%，H 3.84%，Cl 9.64%，N 3.81%，O 17.40%。

别名　Viadent；13-Methyl[1,3]benzodioxolo[5,6-*c*]-1,3-dioxolo[4,5-*i*]phenanthridinium chloride；4-Chelerythrine chloride；Pseudochelerythrine chloride；Viadent

M. I. 15，8493

性状　橙色结晶性粉末。LD_{50} 雄小鼠静脉注射：15.9mg/kg；雌小鼠皮下注射：102.0mg/kg。LD_{50} 大鼠静脉注射：29mg/kg；急性经口：1658mg/kg。生化试剂含量≥98.0%（HPLC）。

注意事项　该品口服有害。使用时应穿适当的防护服。使用时应避免吸入本品的粉尘，避免与眼睛及皮肤接触。应充氩气密封保存。

主要用途　用于校准红外光谱及色谱分析。生化研究。

Cl^- H_3C N^+ O O O O

α-Santalol　α-檀香醇　08776

[115-71-9]　$C_{15}H_{24}O$　220.36

成分　C 81.76%，H 10.98%，O 7.26%。

别名　α-白檀香油烯醇；檀香脑；(2*Z*)-5-[(1*R*,3*R*,6*S*)]-(2,3-Dimethyltricyclo[2.2.1.0^{2,6}]hept-3-yl)-2-methyl-2-penten-1-ol

M. I. 15，8494

性状　无色液体。溶于乙醇，微溶于丙二醇、甘油，几乎不溶于水。bp_{14} 166～167℃/1.867kPa；d_{25}^{25} 0.9770；n_D^{25} 1.5017；

[α]$_{5461}$+10.3°;$[\alpha]_D^{20}$+17.2°(c=0.8,于氯仿中)。
主要用途 肥皂及洗涤剂用香料。

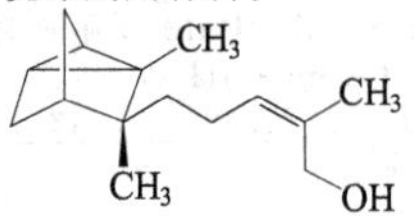

β-Santalol β-檀香醇 08777

[77-42-9] $C_{15}H_{24}O$ 220.36

成分 C 81.76%,H 10.98%,O 7.26%。

别名 β-檀香油烯醇;β-檀香脑;(2Z)-2-Methyl-5-[(1S,2R,4R)-(2-methyl-3-methylenebicyclo[2.2.1]hept-2-yl)-2-penten-1-ol; 2-Methyl-5-(2-methyl-3-methylene-2-norbornyl)-2-penten-1-ol

M. I. 15, 8495

性状 无色液体。溶于乙醇,几乎不溶于水。bp_{17} 177~178℃/2.266kPa;d_{25}^{25}0.9717;n_D^{25}1.5100;$[\alpha]_{5461}$−87.1°。

主要用途 肥皂及洗涤剂用香料。

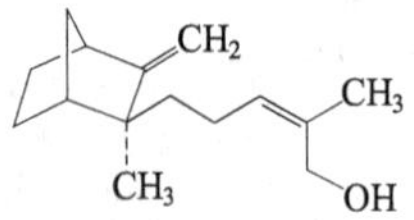

(−)-α-Santonin (−)-α-山道年 08778

[481-06-1] $C_{15}H_{18}O_3$ 246.30

成分 C 73.15%,H 7.37%,O 19.49%。

别名 山道年;蛔蒿素;山道酸酐;1,2,3,4,4a,7-Hexahydro-1-hydroxy-α,4a,8-trimethyl-7-oxo-2-naphthaleneacetic acid γ-lactone; Santolactone; l-Santonin;[3S-(3α,3aα,5aβ,9bβ)]-3a,5,5a,9b-Tetrahydro-3,5a,9-trimethylnaphtho[1,2-b]furan-2,8(3H,4H)-dione

M. I. 15, 8498

性状 无色斜方楔形透明结晶或白色粉末。受光线照射逐渐变色。入口时初无味,继则转苦。溶于碱类及多数挥发油、脂肪油,微溶于水(溶于 5000 份冷水、250 份沸水)。沸点升华。mp 170~173℃; d 1.187; $[\alpha]_D^{25}$−170°~−175°(c=2,于乙醇中)。生化试剂含量≥99.0%。

注意事项 该品口服有害。使用时应避免吸入本品的粉尘,避免与眼睛及皮肤接触。应密封于 2~8℃保存。

主要用途 生化研究。驱虫剂。

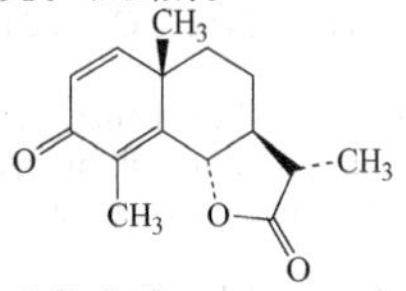

Saperconazole 赛普康唑 08779

[110588-57-3] $C_{35}H_{38}F_2N_8O_4$ 672.74

成分 C 62.49%,H 5.69%,F 5.65%,N 16.66%,O 9.51%。

别名 沙波康唑;沙康唑;沙泊那唑;沙帕克那唑;4-[4-[4-[4-[[2-(2,4-Difluorophenyl)-2(1H-1,2,4-triazol-1-ylmethyl)-1,3-dioxolan-4-yl]methoxy]phenyl]-1-piperazinyl]phenyl]-2,4-dihydro-2-(1-methylpropyl)-3H-1,2,4-triazol-3-one;(±)-1-sec-Butyl-4-[p-[4-[p-[[(2R*,4S*)-2-(2,4-difluorophenyl)-2(1H-1,2,4-triazol-1-ylmethyl)-1,3-dioxolan-4-yl]methoxy]phenyl]-1-piperazinyl]phenyl]-Δ^2-1,2,4-triazolin-5-one;R-66905

M. I. 15, 8499

性状 来自乙腈中的无色结晶。微溶于水。mp 189.5℃。

主要用途 抗真菌剂。

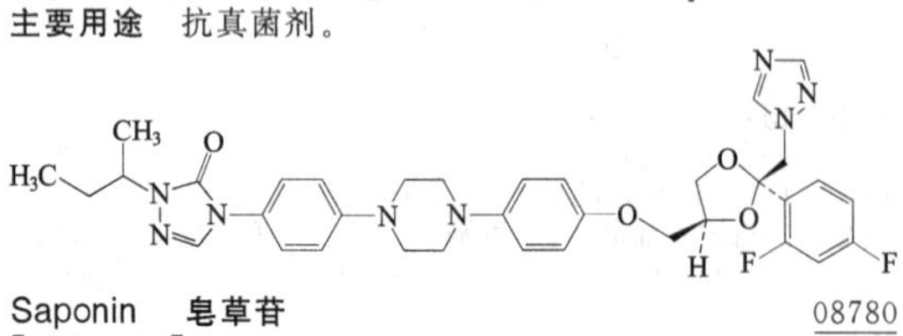

Saponin 皂草苷 08780

[8047-15-2]

别名 肥皂草素;皂角苷;石竹苷;皂素;植物皂质

M. I. 15, 8502

性状 白色无定形粉末。易溶于水、甲醇、热稀乙醇,不溶于苯、三氯甲烷、乙醚。

注意事项 该品对眼睛及呼吸系统有刺激性。使用时应戴手套和防护镜或面罩。万一接触到眼睛,应用大量水冲洗后请医生诊治。应密封于干燥处保存。

主要用途 临床化验用于血液氧容量及含氧量的测定。电子计数白细胞周围血液中寻找肿瘤细胞。乳化剂。发泡剂。防腐剂。

Saquinavir 沙奎那韦 08781

[127779-20-8] $C_{38}H_{50}N_6O_5$ 670.86

成分 C 68.03%,H 7.51%,N 12.53%,O 11.92%。

别名 双喹纳韦;沙奎那维;(2S)-N′-[(1S,2R)-3-[(3S,4aS,8aS)-3-[[(1,1-Dimethylethyl)amino]carbonyl]octahydro-2(1H)-isoquinolinyl]-2-hydroxy-1-(phenylmethyl)propyl]-2-[(2-quinolinylcarbonyl)amino]butanediamide;(S)-N-[(αS)-α-[(1R)-2-[(3S,4aS,8aS)-3-(tert-Butylcarbamoyl)octahydro-2(1H)-isoquinolyl]-1-hydroxyethyl]phenethyl]-2-quinaldamido-succinamide; N-tert-Butyldecahydro-2-[2(R)-hydroxy-4-phenyl-3(S)-[[N-(2-quinolylcarbonyl)-L-asparaginyl]amino]butyl]-(4aS,8aS)-isoquinoline-3(S)-carboxamide;Ro-31-8959

M. I. 15, 8506

性状 白色结晶性固体。微溶于水(21℃,0.22g/100mL)。$[\alpha]_D^{20}$−55.9°(c=0.5,于甲醇中)。

主要用途 医用抗病毒剂,蛋白酶抑制剂。

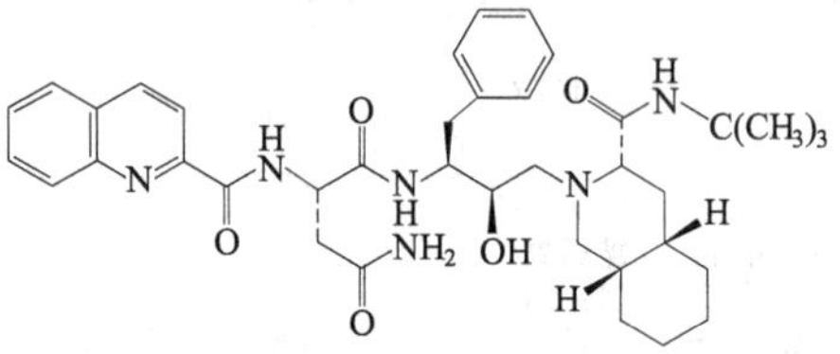

Sarafloxacin monohydrochloride 沙氟沙星 一盐酸盐 08782

[91296-87-6] $C_{20}H_{18}ClF_2N_3O_3$ 421.83

成分 C 56.95%,H 4.30%,Cl 8.40%,F 9.01%,N 9.96%,O 11.38%。

别名 盐酸沙氟沙星;沙拉沙星 盐酸盐;盐酸沙拉沙星;A-56620;Abbott 56620;6-Fluoro-1-(4-fluorophenyl)-1,4-dihydro-4-oxo-7-(1-piperazinyl)-3-quinolinecarboxylic acid monohydrochloride

M. I. 15, 8507

性状 无色结晶或白色粉末。mp>275℃。

主要用途 喹诺酮类抗菌剂。

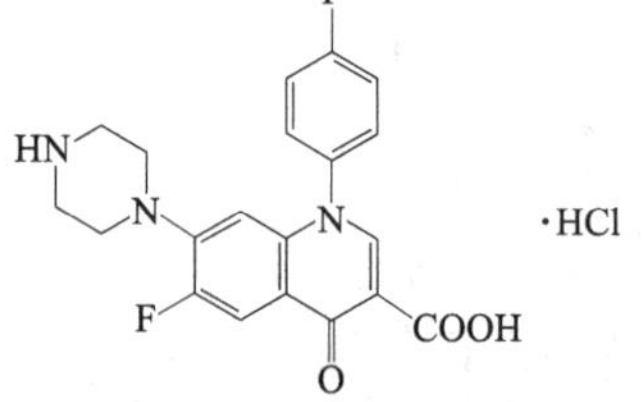

Sarcosine 肌氨酸 08783

[107-97-1] $C_3H_7NO_2$ 89.09

成分 C 40.44%,H 7.92%,N 15.72%,O 35.92%。

别名 N-甲基甘氨酸;N-甲基氨基乙酸;肉氨基酸;肉素;N-Methylaminoacetic acid;N-Methylglycocoll;N-Methylgly-cine;N-Methylaminoethanoic acid;Sar

M. I. 15, 8510

性状 来自稀甲醇中的无色斜方结晶。具有甜味。有潮解性。溶于水,微溶于乙醇。pK_1'1 2.23;pK_2' 210.01。212℃分解。生化试剂含量≥99.0%(NT)。

注意事项 该品应密封于干燥处保存。

主要用途 生化研究。抗酶剂的合成。牙膏发泡剂。

Sarcosine hydrochloride 肌氨酸 盐酸盐 08784

[637-96-7] $C_3H_8ClNO_2$ 125.56

成分　C 28.70%，H 6.42%，Cl 28.24%，N 11.16%，O 25.48%。
别名　盐酸肌氨酸；盐酸 *N*-甲基甘氨酸；盐酸肉氨基酸；盐酸 *N*-甲基氨基乙酸；盐酸肉素；*N*-Methylaminoacetic acid hydrochloride；*N*-Methylglycine hydrochloride；*N*-Methylglycocoll hydrochloride
M. I. 15，8510
性状　来自乙醇中的无色针状结晶。易吸潮。溶于水，微溶于乙醇、乙醚。171℃分解。生化试剂含量≥99.0%。
注意事项　该品应密封于干燥处保存。
主要用途　生化研究。抗酶剂的合成。

Sarsasapogenin　洋菝葜皂苷配质　08785
[126-19-2]　$C_{27}H_{44}O_3$　416.64
成分　C 77.84%，H 10.64%，O 11.52%。
别名　洋菝葜皂角苷配基；Parigenin；(3*β*，5*β*，25*S*)-Spirostan-3-01
M. I. 15，8517
性状　来自丙酮中的长三棱形针状结晶。溶于乙醇、丙酮、苯、氯仿。能被毛地黄皂苷沉淀。mp 199～199.5℃；$[\alpha]_D^{25}-75°$；$[\alpha]_{546}^{25}-89°$（$c=0.5$，于氯仿中）。生化试剂含量≥98.0%。
主要用途　生化研究。

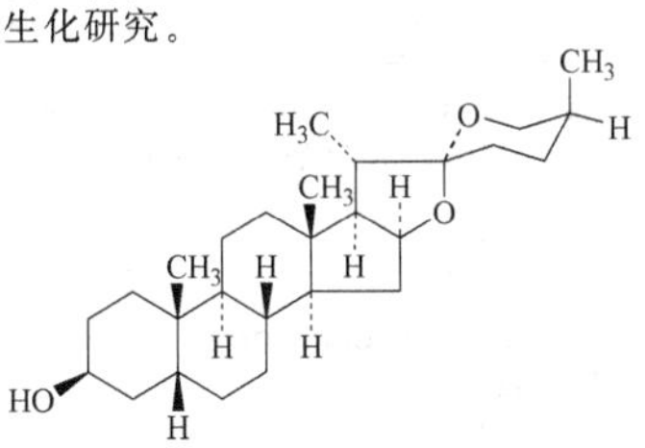

Saxitoxin diacetate salt　贝毒素 二乙酸盐　08786
[220355-66-8]　$C_{14}H_{25}N_7O_8$　419.39
成分　C 40.09%，H 6.01%，N 23.38%，O 30.52%。
别名　二乙酸贝毒素
性状　无色结晶。该品系一种非蛋白质强毒素，麻痹性贝毒素。
注意事项　该品吸入、口服或与皮肤接触极毒。使用时应穿适当的防护服，戴手套和防护镜或面罩。使用时应避免吸入本品的粉尘。万一接触到眼睛，应立即用大量水冲洗后请医生诊治。使用时如有事故发生或有不适之感，应请医生诊治。应密封于－20℃保存。
主要用途　生化研究。

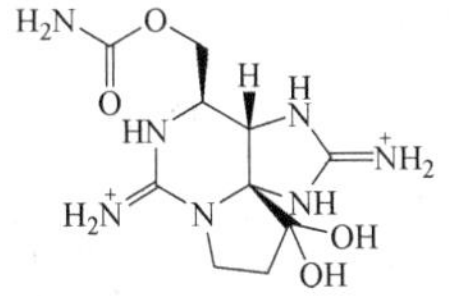

Scandium　钪　08787
[7440-20-2]　Sc　44.955910
M. I. 15，8529
性状　银白色金属。该品有两种构型。*α* 型为六角形结构，*β* 型为面心立方体结构。银白色颗粒。溶于稀酸。*d* 2.990。一般试剂含量≥99.0%。
注意事项　该品高度易燃。使用时应穿适当的防护服，戴手套和防护镜或面罩。使用现场禁止吸烟。应远离火种，密封于通风良好处保存。
主要用途　制造高熔点合金。

Scandium chloride　氯化钪　08788
[10361-84-9]　Cl_3Sc　151.32
成分　Cl 70.29%，Sc 29.71%。
别名　三氯化钪；Scandium trichloride
M. I. 15，8529
性状　白色结晶或固体。具有潮解性。溶于水，不溶于乙醇。mp 960℃；*d* 2.390。LD_{50} 小鼠急性经口：4g/kg；腹膜内注射：750mg/kg。一般试剂含量≥99.9%。
注意事项　该品应密封于干燥处保存。
主要用途　制造高熔点合金。

Scandium oxide　氧化钪　08789
[12060-08-1]　O_3Sc_2　137.91
成分　O 34.80%，Sc 65.20%。
别名　钪氧；三氧化二钪；Scandia；Scandium sesquioxide
M. I. 15，8529
性状　白色微细粉末。易溶于热酸或浓酸，稍溶于冷酸，不溶于水。*d* 3.864。一般试剂含量≥99.9%。
注意事项　该品应密封保存。
主要用途　光谱分析试剂。制造钪盐，高熔点合金。

Scandium sulfate pentahydrate　硫酸钪 五水　08790
[15292-44-1]　$O_{12}S_3Sc_2 \cdot 5H_2O$　468.17
成分（以无水物计）　O 50.78%，S 25.44%，Sc 23.78%。
M. I. 15，8529
性状　无色结晶。易吸潮。易溶于水，不溶于乙醇。*d* 2.519。一般试剂含量≥99.9%。
主要用途　光谱分析试剂。

Schradan　八甲磷　08791
[152-16-9]　$C_8H_{24}N_4O_3P_2$　286.25
成分　C 33.57%，H 8.45%，N 19.57%，O 16.77%，P 21.64%。
别名　八甲基焦磷酰胺；*N*,*N*,*N*′,*N*′,*N*″,*N*″,*N*‴,*N*‴-Octamethyldiphosphoramide；Oetamethyl pyrophosphoramide；Bis[bisdimethylaninophosphonous]anhydride；Bis-*N*,*N*,*N*′,*N*′-tetramethylphosphorodiamidic anhydride；OMPA；Pestox Ⅲ；Sytam
M. I. 15，8532
性状　无色黏性液体。与水相混溶，溶于多数有机溶剂。溶于酮类、腈类、酯类、芳香烃、醇类，几乎不溶于高脂肪烃。能被酸水解。mp 14～20℃；bp_2 154℃/266.6Pa；$bp_{0.5}$ 120～125℃/66.7Pa；d_4^{25} 1.09；n_D^{25} 1.462。蒸气压(25℃)：1×10^{-3}mmHg/133.3×10^{-3}Pa。LD_{50} 雄，雌大鼠急性经口(mg/kg)：9.1，42；皮肤接触(mg/kg)：15，44。
主要用途　杀虫剂。

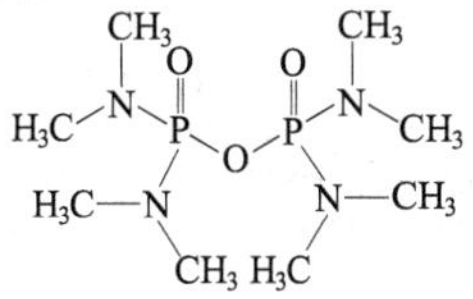

Schwesinger P_4 base　磷腈配体 P_4 碱　08792
[111324-04-0]　$C_{22}H_{63}N_{13}P_4$　633.73
成分　C 41.70%，H 10.02%，N 28.73%，P 19.55%。
别名　超级碱；*N*‴-(1,1-Dimethylethyl)-*N*,*N*′,*N*″-tris[tris(dimethylamino)phosphoranylidene]phosphorimidic triamide；*t*-Bu-P_4
M. I. 15，8535
性状　无色结晶性固体。是亲水性及亲脂性。在室温中于湿空气及已烷蒸气中潮解。0.13Pa 升华；mp 207℃。
主要用途　聚合反应促进剂；非亲核碱。

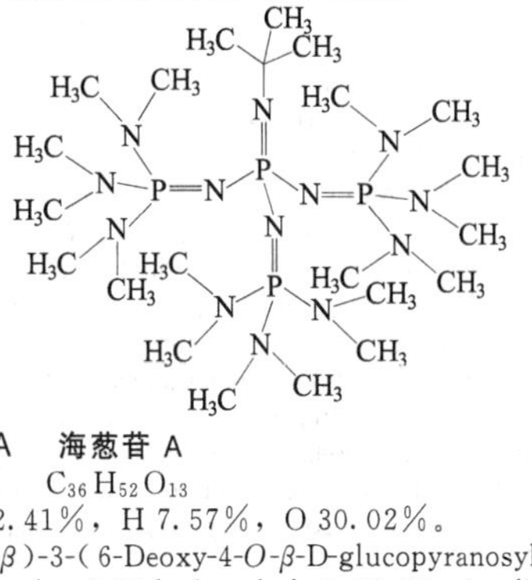

Scillaren A　海葱苷 A　08793
[124-99-2]　$C_{36}H_{52}O_{13}$　692.80
成分　C 62.41%，H 7.57%，O 30.02%。
别名　(3*β*)-3-(6-Deoxy-4-*O*-*β*-D-glucopyranosyl-*α*-L-mannopyranosyloxy)-14-hydroxybufa-4,20,22-trienolide；Glucoproscillaridin A；Transvaalin
M. I. 15，8536
性状　来自甲醇中的两种晶体：棱柱体结晶，mp 184～186℃；小叶状结晶，mp 208～211℃。味道极苦。该品溶于 350 份乙醇、80 份甲醇、40 份稀乙醇（4 体积乙醇＋1 体积水）。略微溶于水，几乎不溶于氯仿、乙醚。$[\alpha]_D^{23}$－71.9°（c＝1.011，于甲醇中）。LD_{50} 大鼠静脉注射：15.5mg/kg。

主要用途 医用强心剂。

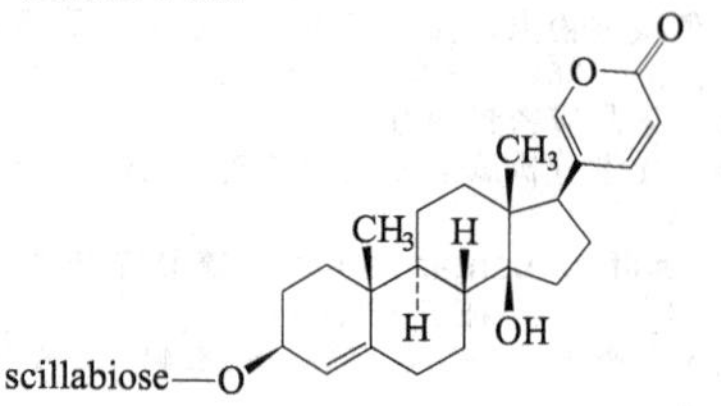

Scillarenin 海葱苷 08794

[465-22-5] $C_{24}H_{32}O_4$ 384.52

成分 C 74.97%，H 8.39%，O 16.64%。

别名 海葱宁；海葱苷元；绵枣儿苷；(3β)-3,14-Dihydroxybufa-4,20,22-trienolide

M. I. 15，8537

性状 来自甲醇中的无色棱柱体结晶。mp 232～238℃；$[\alpha]_D^{20}$－16.8°(c＝0.357，于甲醇中)；$[\alpha]_D^{20}$＋17.9°(c＝0.39，于氯仿中)；uv max：300nm(lg ε 3.72)。LD 猫静脉注射：0.1567mg/kg。

主要用途 医用强心剂。

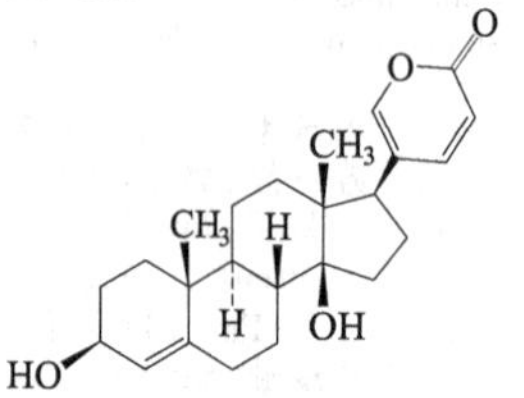

Scoparin 金雀花素 08795

[301-16-6] $C_{22}H_{22}O_{11}$ 462.41

成分 C 57.14%，H 4.80%，O 38.06%。

别名 扫帚黄素；8-β-D-Glucopyranosyl-5,7-dihydroxy-2-(4-hydroxy-3-methoxyphenyl)-4H-1-benzopyran-4-one；8-Glycosyl-4′,5,7-trihydroxy-3′-methoxyflavone；Scoparoside

M. I. 15，8539

性状 来自 80%甲醇中的无色针状结晶。溶于热水、乙醇、甲醇、乙酸、乙酸乙酯、丙酮、吡啶，几乎不溶于冷水、乙醚、氯仿、苯。mp 253℃；uv max(甲醇中)：345nm，270nm(lg ε 4.27，4.18)。

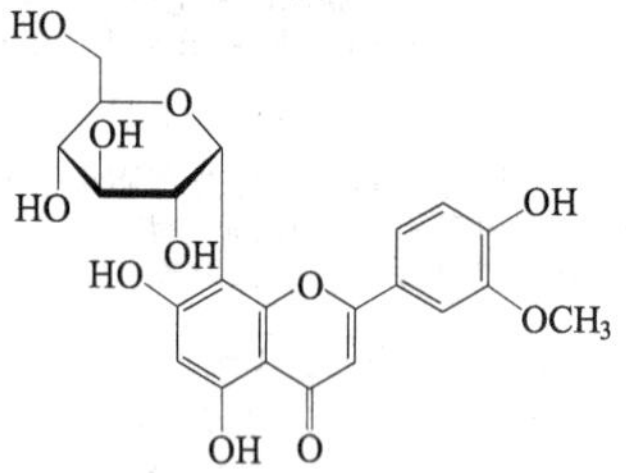

Scopolamine 莨菪胺 08796

[51-34-3] $C_{17}H_{21}NO_4$ 303.35

成分 C 67.31%，H 6.98%，N 4.62%，O 21.10%。

别名 菲沃斯碱；菲沃斯素；海沃辛；东莨菪碱；6β,7β-Epoxy-3α-tropanyl S-(－)-tropate；6β,7β-Epoxy-1αH,5αH-tropan-3α-ol(－)-tropate；(αS)-α-(Hydroxymethyl) benzeneacetic acid (1α,2β,4β,5α,7β)-9-methyl-3-oxa-9-azatricyclo[3.3.1.0^{2,4}] non-7-yl ester；6,7-Epoxytropine tropate；[7(S)-(1α,2β,4β,5α,7β)]-α-(Hydroxymethyl) benzeneacetic acid 9-methyl-3-oxa-9-azatricyclo[3.3.1.0^{2,4}]non-7-yl ester；Hyoscine；Scop；Scopine tropate；Scopoderm T TS；l-Scopolamine；Transcop；Transderm scop；Tropic acid ester with scopine

M. I. 15，8543

性状 无色稠厚糖浆状液体。久置逐渐分解，易被酸、碱水解。溶于 9.5 份水（15℃），溶于乙醇、乙醚、氯仿、丙酮、热水，略微溶于苯、石油醚。mp 59℃（一水合物）；$[\alpha]_D^{20}$－28°（c＝2.7，于水中）。

注意事项 该品应密封避光保存。

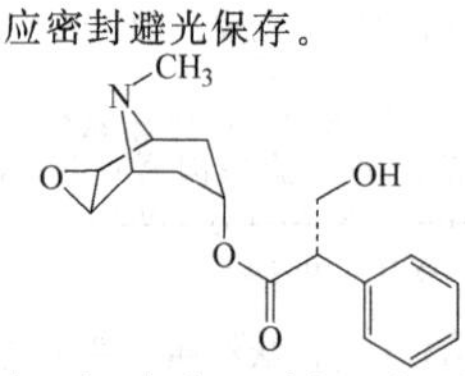

(－)-Scopolamine hydrobromide trihydrate

氢溴酸(－)-莨菪胺 三水 08797

[114-49-8] $C_{17}H_{22}BrNO_4 \cdot 3H_2O$ 438.32

成分 C 53.14%，H 5.77%，Br 20.79%，N 3.64%，O 16.65%。

别名 三水合氢溴酸莨菪胺；氢溴酸东莨菪碱；东莨菪碱氢溴酸盐；氢溴酸菲沃斯碱；Hyoscine hydrobromide；Scopolammonium bromide；Scopos

M. I. 15，8543

性状 来自水中的白色斜方形结晶或粉末。在干燥空气中轻微风化。1g 该品溶于 1.5mL 水、20mL 乙醇，微溶于氯仿，不溶于乙醚。其 0.05 mol/L 水溶液 pH 值 5.85。mp 195～199℃(10.5℃ 3h 失去结晶水)；$[\alpha]_D^{25}$－24°～－26°(c＝5，于水中)。uv max(甲醇中)：246nm，252nm，258nm，264nm($A_{1cm}^{1\%}$ 3.5，4.0，4.5，3.0)。LD_{50} 大鼠皮下注射：3.8g/kg。生化试剂含量≥98.0%(TLC)。

注意事项 该品口服有害。使用时应穿适当的防护服。使用时如有事故发生或有不适之感，应请医生诊治。应密封避光干燥保存。

主要用途 生化研究。

(－)-Scopolamine hydrochloride

(－)-莨菪胺 盐酸盐 08798

[55-16-3] $C_{17}H_{22}ClNO_4$ 339.80

成分 C 60.09%，H 6.53%，Cl 10.43%，N 4.12%，O 18.83%。

别名 盐酸（－）-莨菪胺；Hyoscine hydrochloride

M. I. 15，8543

性状 来自丙酮中的无色结晶。易溶于水、乙醇。其 0.05mol/L 水溶液 pH 值 5.85。mp 200℃。生化试剂含量≥99.0%（TLC）。

注意事项 该品吸入、口服或与皮肤接触极毒。使用时应避免接触眼睛。使用时如有事故发生或有不适之感，应请医生诊治。应密封避光干燥保存。

主要用途 生化研究。测定金的试剂。

Scopoletin 莨菪亭 08799

[92-61-5] $C_{10}H_8O_4$ 192.17

成分 C 62.50%，H 4.20%，O 33.30%。

别名 6-甲氧基-7-羟基香豆素；6-甲氧基伞形酮；7-羟基-6-甲氧基香豆素；甲基七叶灵；Chrysatropic acid；Esculetin-6-methyl ether；Gelseminic acid；7-Hydroxy-6-methoxycoumarin；7-Hydroxy-6-methoxy-2H-1-benzopyran-2-one；6-Methoxyumbelliferone；β-Methylesculetin

M. I. 15，8545

性状 来自氯仿或乙酸中的无色针状或棱柱体结晶。溶于热乙醇、热冰乙酸，略溶于氯仿，微溶于水、冷乙醇，不溶于苯。其乙醇溶液有蓝色荧光。mp 204℃；uv max：230nm，254nm，260nm，298nm，346nm(lgε 4.11，3.68，3.63，3.68，4.07)。生化试剂含量≥98.0%(HPLC)。

注意事项 该品对眼睛、呼吸系统及皮肤有刺激性。使用时应穿适当的防护服。万一接触到眼睛，应立即用大量水冲洗后请医生诊治。

主要用途 生化研究。植物生长激素。

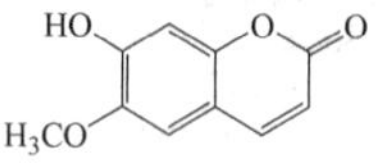

Scutellarein 黄芩素 08800

[529-53-3] $C_{15}H_{10}O_6$ 286.24

成分 C 62.94%，H 3.52%，O 33.54%。

别名 5,6,7,4′-四羟基黄酮；黄芩配质；野黄芩素；5,6,7-Trihydroxy-2-(4-hydroxyphenyl)-4H-1-benzopyran-4-one；4′,5,6,

7-Tetrahydroxyflavone；6-Hydroxypelargidenon 1465
M. I. 15，8549
性状 来自甲醇中的黄色小叶状结晶。300℃以下不熔化；uv max（乙醇中）：286nm，339nm（ε 16600，18300）。

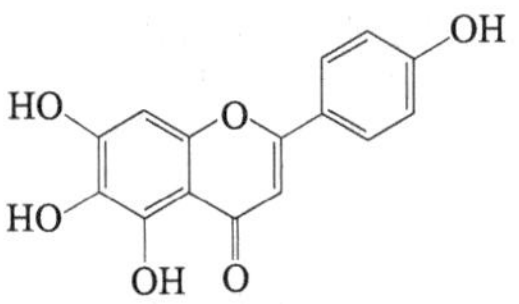

Sebacic acid 癸二酸 08801

[111-20-6] $C_{10}H_{18}O_4$ 202.25
成分 C 59.39%，H 8.97%，O 31.64%。
别名 皮脂酸；辛二甲酸；1，8-Octanedicarboxylic acid；Sebacylic acid；Decanedioic acid；Dicarboxylic acid C10
M. I. 15，8552
性状 来自丙酮＋石油醚中的无色单斜棱柱体、片状或小叶状结晶。易溶于醇类、醚类、酮类，微溶于水（0℃，0.004%；20℃，0.10%；65℃，0.42%；100℃，2.0%）、乙醚（17℃，0.1%）。其水溶液对甲基橙呈中性。pK_1 4.59；pK_2 5.59。mp 134.5℃；bp_{100} 294.5℃/13.332kPa；bp_{50} 273℃/6.666kPa；bp_{15} 243.5℃/2kPa；bp_{10} 232℃/1.333kPa；d_4^{20} 1.207；n_D^{134} 1.422。一般试剂含量≥95.0%（GC）。
注意事项 见 08799 莨菪亭。
主要用途 用于钍的沉淀和定量测定，能使钍、铈与其他稀土元素分离。癸二酸酯类、癸二酸盐类的制备。气相色谱固定液。增塑剂。醇酸树脂的合成。聚酰胺纤维、聚酯纤维的合成。

Scbacil 1,2-环癸二酮 08802

[96-01-5] $C_{10}H_{16}O_2$ 168.24
成分 C 71.39%，H 9.59%，O 19.02%。
别名 1，2-Cyclodecanedione
M. I. 15，8553
性状 无色结晶。mp 40～41℃；bp_{18} 120～125℃/2.4kPa；bp_{10} 104～105℃/1.3kPa。
主要用途 兽用杀体外寄生虫剂。

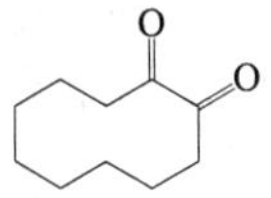

Secnidazole 另丁硝唑 08803

[3366-95-8] $C_7H_{11}N_3O_3$ 185.18
成分 C 45.40%，H 5.99%，N 22.69%，O 25.92%。
别名 塞克硝唑；α，2-Dimethyl-5-nitro-1*H*-imidazole-1-ethanol；1-(2-Hydroxypropyl)-2-methyl-5-nitroimidazole；1-(2-Methyl-5-nitroimidazol-1-yl)-2-propanol；PM-185184；RP-14539；Flagentyl
M. I. 15，8556
性状 来自甲苯中的无色结晶。mp 76℃。
主要用途 医用抗阿米巴剂。抗原生物剂（毛滴虫）。

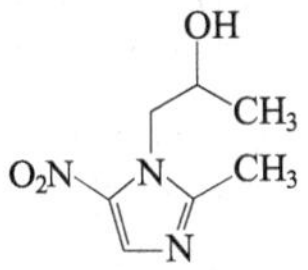

Secobarbital sodium salt 速可巴比妥钠盐 08804

[309-43-3] $C_{12}H_{17}N_2NaO_3$ 260.26
成分 C 55.38%，H 6.58%，N 10.76%，Na 8.83%，O 18.44%。
别名 司可巴比妥钠盐；甲丁巴比妥钠盐；西司巴比妥钠盐；速可眠钠盐；金纳巴比妥钠盐；司可那钠盐；断二乙基丙二酰脲钠盐；5-(1-Methylbutyl)-5-(2-propenyl)-2,4,6(1*H*,3*H*,5*H*)-pyrimidinetrione monosodium salt；Sodium 5-allyl-5-(1-methylbutyl) barbiturate；5-Allyl-5-(1-methylbutyl) barbituric acid sodium salt；5-Allyl-5-(1-methylbutyl) malonylurea sodium salt；Meballymal sodium；Quinalbarbitone sodium；Barbosec；Immenoctal；Pramil；Quinalspan；Sedutain；Seconal Sodium；Seotalnatrium
M. I. 15，8557
性状 白色粉末。易吸潮。味苦。易溶于水，溶于乙醇，不溶于乙醚。其水溶液对石蕊呈碱性。LD_{50} 大鼠急性经口：125mg/kg。
注意事项 该品吸入、口服或与皮肤接触有毒。可能危害胎儿。使用时应穿适当的防护服，戴手套和防护镜或面罩。使用时应避免吸入本品的粉尘。使用时如有事故发生或有不适之感，应请医生诊治。
主要用途 生化研究。医用镇静剂，安眠剂。

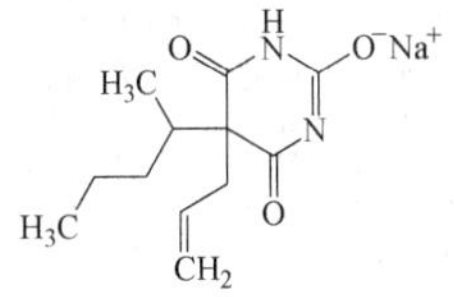

Secretin human 肠促胰液肽（人） 08805

[108153-74-8] [1393-25-5] $C_{130}H_{220}N_{44}O_{40}$ 3039.46
别名 促胰液素；催胰液激素；肠促胰液素；胰泌素
M. I. 15，8558
性状 淡黄色结晶性粉末。微溶于水，不溶于乙醇。生化试剂含量≥97.0%（HPLC）。
注意事项 该品应充氩气密封于－20℃干燥保存。
主要用途 生化研究。胰及胆囊功能的检测。医用胰激素。

Sedoheptulose anhydride monohydrate 景天庚酮糖酐 一水 08806

[469-90-9] $C_7H_{12}O_6 \cdot H_2O$ 210.18
成分（以无水物计） C 43.75%，H 6.29%，O 49.96%。
别名 一水合景天庚酮糖酐；景天庚酮聚糖；2，7-Anhydro-β-D-altro-heptulopyranose monohydrate；Sedoheptulosan monohydrate
性状 无色结晶。溶于水。
注意事项 该品应密封于干燥处保存。
主要用途 生化研究。

Seleqiline hydrochloride L-(－)-*N*，α-二甲基-*N*-2-丙炔基苯乙胺 盐酸盐 08807

[14611-52-0] $C_{13}H_{18}ClN$ 223.74
成分 C 69.78%，H 8.11%，Cl 15.84%，N 6.26%。
别名 Anipryl；Antiparkin；Atapryl；Amindan；Carbex；(α*R*)-*N*，α-Dimethyl-*N*-2-propynylbenzeneethanamine hydrochloride；L-(－)-*N*，α-Dimethyl-*N*-2-propynylphenethylamine hydrochloride；(－)-Deprenil hydrochloride；L-Deprenyl hydrochloride；D épr ényl；Eld é prine；Eldepryl；Jumex；Movergan；Plurimen；Selepark；Seletop；Zelapar
M. I. 15，8565
性状 无色结晶。易溶于水、氯仿、甲醇。mp 141～142℃；$[\alpha]_D^{25}$ －10.8°（c＝6.48，于水中）。LD_{50} 大鼠静脉注射：81mg/kg。皮下注射：280mg/kg。
主要用途 医用抗震颤麻痹剂。

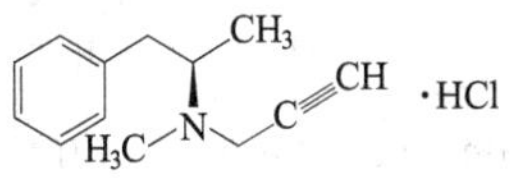

Selenic acid 硒酸 08808

[7783-08-6] H_2O_4Se 144.98
成分 H 1.39%，O 44.14%，Se 54.46%。
GW 2015-2195 M. I. 15，8566
性状 无色或白色六方棱柱体结晶。易潮解。易溶于水，溶于硫酸，不溶于氨水。在乙醇中分解。能被氢溴酸、氢碘酸、硫化氢、盐酸羟胺、苯肼、甲酸、草酸、乙酰氯还原成硒。mp 58℃；bp 260℃；d_4^{15} 2.9508。一般试剂含量≥80.0%。
注意事项 该品吸入或口服有毒，并具有蓄积性危害。具有腐蚀性，能引起烧伤。对水生物极毒。能对水环境引起不利的结果。使用现场不得进餐或吸烟。接触皮肤后应立即用大量水冲洗。使用时如有事故发生或有不适之感，应请医生诊治。应防止将本品释放于环境中。其包装物应按危险品处理。应充氩气密封于干燥处保存。
主要用途 测定甲醇的试剂。硒酸盐制备。

Selenious acid　亚硒酸 08809
[7783-00-8]　H_2O_3Se 128.98
成分　H 1.57%，O 37.22%，Se 61.22%。
别名　Monohydrated selenium dioxide；Selenous acid
GW 2015-2470　M. I. 15，8567
性状　无色透明六方棱柱体结晶。有潮解性。溶于水、乙醇，不溶于氨水。mp 70℃（分解）；d_4^{15} 3.004。
注意事项　该品吸入或口服有毒，并具有蓄积性危害。具有腐蚀性，能引起烧伤。对水生物极毒。能对水环境引起不利的结果。使用现场不得进餐或吸烟。接触皮肤后应立即用大量水冲洗。使用时如有事故发生或有不适之感，应请医生诊治。应防止将本品释放于环境中。其包装物应按危险品处理。应充氩气密封于干燥处保存。
主要用途　测定钛、锆、氟化氢的试剂。与乙炔、酚和生物碱反应灵敏。氧化剂。

Selenite cystine broth　亚硒酸盐胱氨酸增菌液 08810
别名　Fluid selenite cystine broth；SC
性状　近白色粉末。该品由下列物质组成（g/L）：酶水解干酪素 5；乳糖 4；十二水磷酸氢二钠 10；亚硒酸氢钠 4；L-胱氨酸 0.01。
注意事项　该品吸入或口服有毒。并具有蓄积性危害。对水生物有毒。能对水环境引起长期不良的影响。应防止将本品释放到环境中。应密封于干燥处保存。
主要用途　用于沙门菌选择性增菌培养。

Selenium granular　硒粒 08811
[7782-49-2]　Se 78.96
GW 2015-2188　M. I. 15，8568
性状　灰黑色结晶性颗粒。溶于硝酸、二硫化碳、苯、喹啉，不溶于水、盐酸、稀硫酸。mp 220.2℃。bp 684.9℃；d^{25}4.81。一般试剂含量≥99.0%。
注意事项　该品的粉尘吸入或口服有毒，并有蓄积性危害。能对水生物的环境产生长期不良的影响。使用现场不得进餐或吸烟。接触皮肤后应立即用大量水冲洗。使用时如有事故发生或有不适之感，应立即请医生诊治。应防止将本品释放于环境中。应密封保存。
主要用途　定氮时作催化剂。芳香族化合物的脱氢剂。有机硒化合物的制造。照相业的增感剂。制备硒整流器、光电管、静电摄影和其他光学仪器的材料。

Selenium(Ⅳ) oxide　二氧化硒 08812
[7446-08-4]　O_2Se 110.96
成分　O 28.84%，Se 71.16%。
别名　亚硒酐；亚硒酸酐；氧化硒；Selenium dioxide；Selenious anhydride
GW 2015-645　M. I. 15，8571
性状　有光泽的四方针状结晶。有酸味并有辛辣的感觉。其黄绿色的蒸气有刺激性酸味。有潮解性。吸水后成亚硒酸。对光和热稳定。该品于下列物质中的溶解度(1 份/100 份溶剂)：水 38.4(14℃)；甲醇 10.16(11.8℃)；93%乙醇 6.67(14℃)；丙酮 4.35(15.3℃)；乙酸 1.11(13.9℃)。溶于浓硫酸。mp 340℃；bp 315℃（升华）；d_{15}^{15} 3.954；n_D^{20} <1.76。一般试剂含量≥99.0%。
注意事项　该品吸入或口服有毒，并具有蓄积性危害。具有腐蚀性，能引起烧伤。对水生物极毒。能对水环境引起不利的结果。使用现场不得进餐或吸烟。接触皮肤后应立即用大量水冲洗。使用时如有事故发生或有不适之感，应请医生诊治。应防止将本品释放于环境中。其包装物应按危险品处理。应充氩气密封于干燥处保存。
主要用途　分析试剂，是沉淀锆、铪、生物碱的灵敏试剂。制备硒化合物、高纯硒的原料。氧化剂。催化剂。

Selenium(Ⅳ) oxychloride　氧氯化硒 08813
[7791-23-3]　Cl_2OSe 165.86
成分　Cl 42.75%，O 9.65%，Se 47.61%。
别名　氯化亚硒酰；Seleninyl chloride；Selenium dichloride oxide
GW 2015-2544　M. I. 15，8572
性状　近似无色或浅黄色液体。在空气中发烟。遇水分解为盐酸和亚硒酸。与三氯甲烷、四氯化碳、二硫化碳、苯、甲苯相混溶。约 5℃凝固。bp 180℃；d_4^{16} 2.44；n_D^{20} 1.651。LD_{50}兔皮下注射：7mg/kg。
注意事项　该品吸入或口服有毒，并具有蓄积性危害。具有腐蚀性，能引起烧伤。对水生物极毒。能对水环境引起长期不良的影响。使用时应避免与皮肤接触。万一接触到眼睛，应立即用大量水冲洗后请医生诊治。接触皮肤后，应立即用大量肥皂水冲洗。使用时如有事故发生或有不适之感，应请医生诊治。应防止将本品释放于环境中。其包装物应按危险品处理。应密封于干燥处保存。
主要用途　金属溶剂。硫化剂。促进剂。

Selenium(Ⅳ) chloride　四氯化硒 08814
[10026-03-6]　Cl_4Se 220.76
成分　Cl 64.23%，Se 35.77%。
别名　Selenium tetrachloride
GW 2015-2057　M. I. 15，8575
性状　白色、灰白至浅黄色结晶。易潮解。吸水后分解成亚硒酸和盐酸。溶于三氯氧磷，微溶于二硫化碳，不溶于乙醇、乙醚，不溶于液溴。遇干燥氨气、酸、碱都能分解。热至 170～196℃升华。d 2.6；n_D^{20}1.807。一般试剂含量≥99.5%。
注意事项　该品吸入或口服有毒，并具有蓄积性危害。具有腐蚀性，能引起烧伤。对水生物极毒。能对水环境引起长期不良的影响。使用时应避免与皮肤接触。万一接触到眼睛，应立即用大量水冲洗后请医生诊治。接触皮肤后，应立即用大量肥皂水冲洗。使用时如有事故发生或有不适之感，应请医生诊治。应防止将本品释放于环境中。其包装物应按危险品处理。应密封于干燥处保存。
主要用途　电子、仪器、仪表工业。硫化剂。

Selenium sulfide　硫化硒 08815
[7488-56-4]　S_2Se 143.10
成分　S 44.82%，Se 55.18%。
别名　二硫化硒；Exsel；Selenium disulfide；Selsun
M. I. 15，8573
性状　红色粉末。受热至 100℃软化，再高即分解。能被硝酸和王水分解。溶于 0.01mol/L 盐酸，不溶于水。mp<100℃。LD_{50}大鼠急性经口：138mg/kg。一般试剂含量≥99.0%。
注意事项　该品吸入或口服有毒，并具有蓄积性危害。具有腐蚀性，能引起烧伤。对水生物极毒。能对水环境引起长期不良的影响。使用时应避免与皮肤接触。万一接触到眼睛，应立即用大量水冲洗后请医生诊治。接触皮肤后，应立即用大量肥皂水冲洗。使用时如有事故发生或有不适之感，应请医生诊治。应防止将本品释放于环境中。其包装物应按危险品处理。应密封于干燥处保存。
主要用途　局部抗皮脂溢剂。电子及仪表工业用材料。

Seleno-L-(＋)-methionine　硒代-L-(＋)-蛋氨酸 08816
[3211-76-5]　$C_5H_{11}NO_2Se$ 196.13
成分　C 30.62%，H 5.66%，N 7.14%，O 16.32%，Se 40.26%。
别名　(S)-2-Amino-4-(methylseleno)butyric acid；L-(＋)-2-Amino-4-(methylseleno)butanoic acid；L-(＋)-α-Amino-γ-(methylseleno)butyric acid；Seleno-L-methionine
M. I. 15，8578
性状　来自含水丙酮中的无色结晶或粉末。mp 266～268℃（分解）；$[\alpha]_D^{22}$＋21.6°（c＝0.5，于 2mol/L 盐酸中）。生化试剂含量≥98.0%（TLC）。
注意事项　该品吸入或口服有毒，并具有蓄积性危害。具有腐蚀性，能引起烧伤。对水生物极毒。能对水环境引起长期不良的影响。使用时应避免与皮肤接触。万一接触到眼睛，应立即用大量水冲洗后请医生诊治。接触皮肤后，应立即用大量肥皂水冲洗。使用时如有事故发生或有不适之感，应请医生诊治。应防止将本品释放于环境中。其包装物应按危险品处理。应密封于干燥处保存。
主要用途　生化研究。

Selenourea　硒脲 08817
[630-10-4]　CH_4N_2Se 123.02
成分　C 9.76%，H 3.28%，N 22.77%，Se 64.18%。

别名 Selenium urea
GW 2015-2194
性状 白色或浅红色针状结晶。见光和露置空气中易分解。易溶于热水。mp 214～215℃（分解）。一般试剂含量≥97.0%（Se）。
注意事项 该品吸入或口服有毒，并具有蓄积性危害。具有腐蚀性，能引起烧伤。对水生生物极毒。能对水环境引起不利的结果。使用现场不得进餐或吸烟。接触皮肤后应立即用大量水冲洗。使用时如有事故发生或有不适之感，应请医生诊治。应防止将本品释放于环境中。其包装物应按危险品处理。应充氩气密封于干燥处保存。
主要用途 分析试剂。分光光度法测定锇。

Sematilide monohydrochloride 司美利特 盐酸盐 08818

[101526-62-9] $C_{14}H_{24}ClN_3O_3S$ 349.87
成分 C 48.06%，H 6.91%，Cl 10.13%，N 12.01%，O 13.72%，S9.16%。
别名 盐酸司美利特；CK-1752A；*N*-[2-(Diethylamino)ethyl]-4-[(methylsulfonyl)amino]benzamide monohydrochloride；CL-1752-HCl
M. I. 15，8581
性状 来自丙酮/甲醇中的无色结晶，mp 141～142℃。另有两种多晶型结晶，mp 137℃及 mp 142℃。pK_{a1}7.60；pK_{a2}9.51。分配系数（辛醇/pH 值 7.4 缓冲液）：0.104（10mmol）。uv max（0.1mol/L 氢氧化钠溶液中）：289nm（ε 1.91×10^4）；uv max（0.1mol/L 盐酸中）：254nm（ε 1.78×10^4）。LD_{50}小鼠腹膜内注射：250～300mg/kg。LD_{50}小鼠，大鼠，狗静脉注射（mg/kg）：96，92，143～175；急性经口（mg/kg）：1800，3200，500～1000。生化试剂为一水合物含量≥99.0%（HPLC）。
注意事项 该品应密封于 2～8℃保存。
主要用途 医用抗心律失常剂（Ⅲ型）。

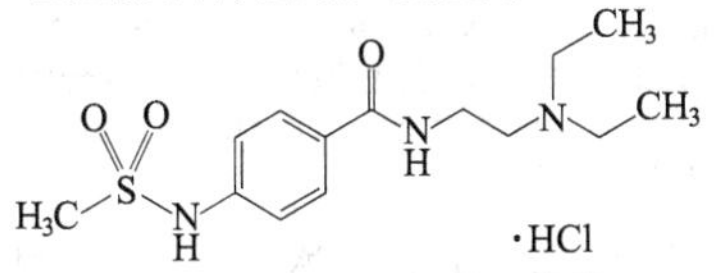

Semduramicin sodium salt 生度米星钠盐 08819

[119068-77-8] $C_{45}H_{75}NaO_{16}$ 895.07
成分 C 60.39%，H 8.45%，Na 2.57%，O 28.60%。
别名 UK-61689-2；Aviax；(2*R*,3*S*,4*S*,5*R*,6*S*)-Tetrahydro-2,4-dihydroxy-6-[(1*R*)-1-[(2*S*,5*R*,7*S*,8*R*,9*S*)-9-hydroxy-2,8-dimethyl-2-[(2*S*,2'*R*,3'*S*,5*R*,5'*R*)-octahydro-2-methyl-5'-[(2*S*,3*S*,5*R*,6*S*)-tetrahydro-6-hydroxy-3,5,6-trimethyl-2*H*-pyran-2-yl]-3'-[[(2*S*,5*S*,6*R*)-tetrahydro-5-methoxy-6-methyl-2*H*-pyran-2-yl]oxy]-2,2'-bifuran]-5-yl]-1,6-dioxaspiro[4,5]dec-7-yl]ethyl]-5-methoxy-3-methyl-2*H*-pyran-2-acetic acid sodium salt；UK-61689-Na
M. I. 15，8582
性状 来自异丙醚中的无色结晶。mp 175～176℃；$[\alpha]_D^{25}$ +19.3°（*c*=0.5，于甲醇中）。
主要用途 兽用抑球虫剂。

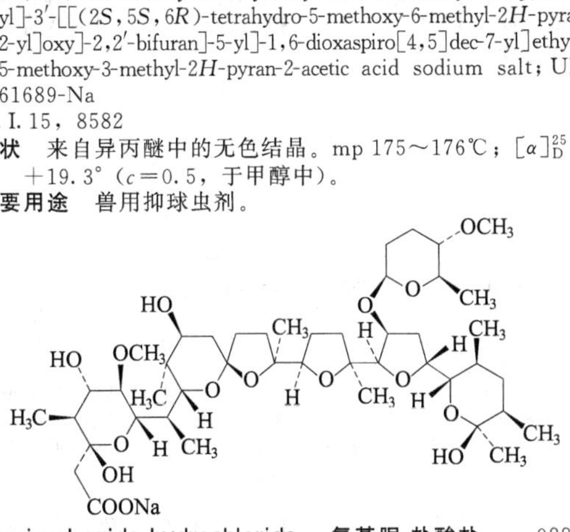

Semicarbazide hydrochloride 氨基脲 盐酸盐 08820

[563-41-7] CH_6ClN_3O 111.53
成分 C 10.77%，H 5.42%，Cl 31.79%，N 37.68%，O 14.35%。
别名 盐酸氨基脲；盐酸氨脲；Aminourea hydrochloride；*N*-Aminourea hydrochlonde；Carbamylhydrazine hydrochloride；Hydrazinecarboxamide monohydrochloride
M. I. 15，8583
性状 来自稀乙醇中的无色透明或白色棱柱体结晶。易溶于水呈酸性反应，极微溶于热乙醇，不溶于无水乙醚。175～185℃分解。一般试剂含量≥99.0%。
注意事项 该品口服有毒。对机体有不可逆损伤的可能性。可能损伤生育力。使用时应穿适当的防护服和戴手套。使用时应避免吸入本品的粉尘，避免与眼睛及皮肤接触。其包装物应按危险品处理。应密封于通风良好处保存。
主要用途 测定酮、醛的试剂。检定金、铱、铂、钯、氰酸盐、测定钒酸盐。

Semixylenol orange 半二甲酚橙 08821

[19329-67-0] $C_{24}H_{23}NNa_2O_9S$ 547.49
成分 C 52.65%，H 4.23%，N 2.56%，Na 8.40%，O 26.30%，S 5.86%。
别名 半二甲酚橘黄
性状 橙黄色粉末，其钠盐为橙红色。能与多种金属离子络合。其水溶液为红紫色。不溶于乙醇。一般试剂含量≥80.0%（分光光度法）。
注意事项 该品应密封保存。
主要用途 滴定铁、铝、铅、钍的络合指示剂。比色测定铋、锆、铪、钍等的试剂。

Semotiadil fumarate 司莫地尔富马酸盐 08822

[116476-14-3] $C_{33}H_{36}N_2O_{10}S$ 652.72
成分 C 60.72%，H 5.56%，N 4.29%，O 24.51%，S 4.91%。
别名 富马酸噻莫地尔；噻莫地尔富地酸盐；富马酸司莫地尔；SD-3211；(2*R*)-2-[2-[3-[[2-(1,3-Benzodioxol-5-yloxy)ethyl]methylamino]propoxy]-5-methoxyphenyl]-4-methyl-2*H*-1,4-benzothiazin-3(4*H*)-one fumarate；(+)-(*R*)-3,4-Dihydro-2-[5-methoxy-2-[3-[*N*-methyl-[*N*-2-[3,4-(methyleedioxy)phenoxy]ethyl]amino]propoxy]phenyl]-4-methyl-3-oxo-2*H*-1,4-benzothiazine fumarate；Sesamodil fumarate；DS-4823
M. I. 15，8585
性状 来自乙醇中的无色结晶。mp 134～135℃；$[\alpha]_D^{25}$ +195°（于二甲基亚砜中）。
主要用途 医用抗高血压剂，抗心绞痛剂。

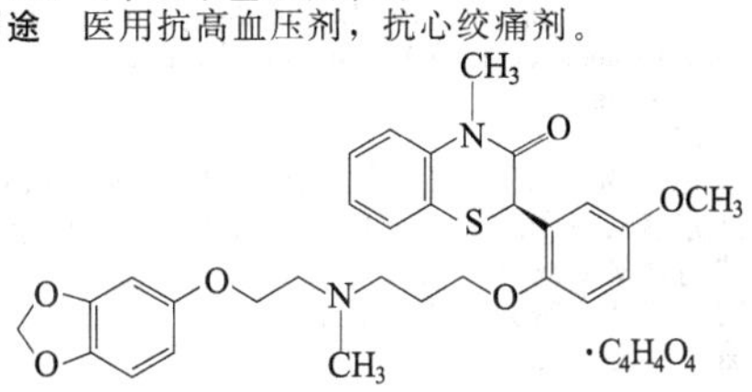

Sempervirine 常生草碱 08823

[6882-99-1] $C_{19}H_{16}N_2$ 272.35
成分 C 83.79%，H 5.92%，N 10.29%。
别名 常绿钩吻碱；2,3,4,13-Tetrahydro-1*H*-benz[*g*]indolo[2,3-*a*]quinolizin-6-ium；3,4,5,6,14,15,20,21-Octadehydroyohimbanium；Sempervirene
M. I. 15，8586
性状 其一水合物为来自氯仿中的黄色针状结晶，mp 228℃；或来自稀乙醇中的浅棕黄色小叶状结晶，mp 258℃。溶于乙醇、氯仿、吡啶，微溶于丙酮，几乎不溶于乙醚、苯。偶极矩：8.5（二氧六环中）；7.5（苯中）。uv max（乙醇中）：243nm，249nm，297nm，345nm，387nm（lg ε 4.58，4.57，4.20，4.26，4.24）。

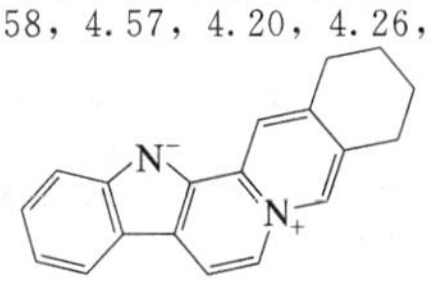

Senecionine 千里光碱 08824

[130-01-8] $C_{18}H_{25}NO_5$ 335.40
成分 C 64.46%，H 7.51%，N 4.18%，O 23.85%。
别名 千里光宁；(3*Z*,5*R*,6*R*,14a*R*,14b*R*)-3-Ethylidene-3,4,5,6,9,11,13,14,14a,14b-decahydro-6-hydroxy-5,6-dimethyl[1,*b*]dioxacyclododecino[2,3,4-*gh*]pyrrolizine-2,7-dione；12-Hydroxysenecionan-11,16-dione；Aureine
M. I. 15，8590

性状 片状结晶，味苦。对空气敏感。易溶于氯仿，微溶于乙醇、乙醚，几乎不溶于水。mp 236℃；$[\alpha]_D^{25}-55.1°$（$c=0.034$，于氯仿中）。LD_{50} 小鼠静脉注射：(64.12±2.24) mg/kg。

注意事项 该品口服有毒。使用时如有事故发生或有不适之感，应立即请医生诊治。应充氩气密封于−20℃保存

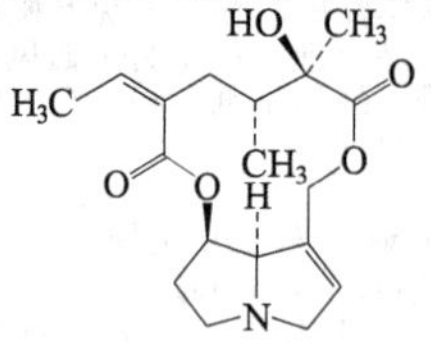

Seratrodast 塞曲司特 08825

[112665-43-7] $C_{22}H_{26}O_4$ 354.45

成分 C 74.55%，H 7.39%，O 18.06%。

别名 塞拉司特；西拉达司；7-(3,5,6-三甲基-1,4-苯醌-2-基)-7-苯基庚酸；ζ-(2,4,5-Trimethyl-3,6-dioxo-1,4-cyclohexadien-1-yl) benzeneheptanoic acid(±)-7-(3,5,6-Trimethyl-1,4-benzoquinon-2-yl)-7-phenylheptanoic acid; AA-2414; Abbott 73001; Bronica

M. I. 15，8598

性状 来自乙醇中的无色结晶。mp 128～129℃。

主要用途 医用止喘剂。抗炎剂。

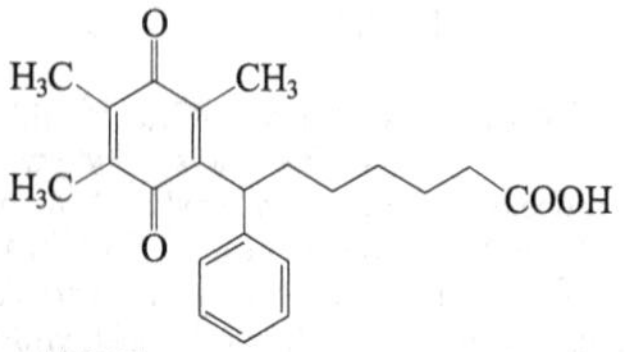

D-Serine D-丝氨酸 08826

[312-84-5] $C_3H_7NO_3$ 105.09

成分 C 34.29%，H 6.71%，N 13.33%，O 45.67%。

别名 D-2-氨基-3-羟基丙酸；D-蚕丝氨基酸；D-β-羟基丙氨酸；D-2-Amino-3-hydroxypropionic acid; D-β-Hydroxyalanine; D-2-Amino-3-hydroxypropanoic acid; (R)-2-Amino-3-hydroxy propionic acid; (R)-(−)-Serine

M. I. 15，8599

性状 白色结晶。溶于水，不溶于乙醇、乙醚。mp 215～225℃(分解)；$[\alpha]_D^{20}-13°\pm1°$（$c=1$，于 5mol/L 盐酸中）。生化试剂含量≥98.0%(NT)。

注意事项 该品应密封于干燥处保存。

主要用途 生化研究。

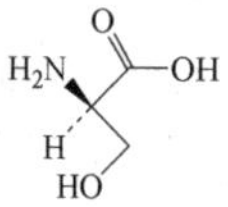

DL-Serine DL-丝氨酸 08827

[302-84-1] $C_3H_7NO_3$ 105.09

成分 C 34.29%，H 6.71%，N 13.33%，O 45.67%。

别名 DL-2-氨基-3-羟基丙酸；DL-蚕丝氨基酸；DL-β-羟基丙氨酸；DL-2-Amino-3-hydroxypropionic acid; DL-β-Hydroxyalanine; DL-2-Amino-3-hydroxypropanoic acid; (±)-2-Amino-3-hydroxypropionic acid

M. I. 15，8599

性状 来自水中的无色单斜柱状或小叶状结晶。溶于水(0℃，22.04g/L；25℃，50.23g/L；50℃，103g/L；75℃，192g/L；100℃，322g/L)，不溶于通常的中性溶剂。pK_1' 2.21；pK_2'9.15。246℃分解；d 1.537。生化试剂含量≥99.0%(NT)。

注意事项 该品应密封于干燥处保存。

主要用途 生化研究。培养基的制备。

L-Serine L-丝氨酸 08828

[56-45-1] $C_3H_7NO_3$ 105.09

成分 C 34.29%，H 6.71%，N 13.33%，O 45.67%。

别名 L-2-氨基-3-羟基丙酸；L-蚕丝氨基酸；L-β-羟基丙氨酸；L-2-Amino-3-hydroxypropanoic acid; L-2-Amino-3-hydroxypropionic acid; L-β-Hydroxyalanine; (S)-2-Amino-3-hydroxypropionic acid; L-α-Amino-β-hydroxypropionic acid; β-Hydroxyalanine; S; Ser; (S)-(+)-Serine

M. I. 15，8599

性状 白色六方形片状或棱柱体结晶。于 150℃(10^{-4} mmHg)升华。溶于水，不溶于一般中性溶剂。228℃分解；$[\alpha]_D^{20}-6.83°$（$c=10.41$）；$[\alpha]_D^{25}+14.95°$（$c=9.34$，于 1mol/L 盐酸中）。生化试剂含量≥99.5%(NT)。

注意事项 该品应密封于干燥处保存。

主要用途 生化研究。组织培养基的制备。营养增补剂。

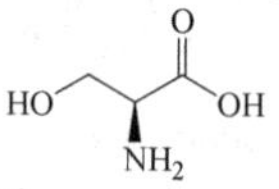

DL-Serinol DL-丝氨醇 08829

[534-03-2] $C_3H_9NO_2$ 91.11

成分 C 39.55%，H 9.96%，N 15.37%，O 35.12%。

别名 2-氨基-1，3-丙二醇；2-Amino-1，3-propanediol；β-Aminotrimethyleneglycol

性状 无色油状液体。很易吸湿。mp 52～55℃；bp 115～116℃；bp_1 115～116℃/133.32Pa；Fp>230℉ (110℃)；n 1.4891。生化试剂含量≥99.0%。

注意事项 该品具有腐蚀性。能引起烧伤。使用时应穿适当的防护服，戴手套和防护镜或面罩。使用时禁止饮食。万一接触到眼睛，应立即用大量水冲洗后请医生诊治。使用时如有事故发生或有不适之感，应请医生诊治。应密封干燥保存。

主要用途 生化研究。营养增补剂。

Serotonin creatinine sulfate monohydrate 硫酸-5-羟色胺肌酐 一水 08830

[971-74-4] $C_{14}H_{21}N_5O_6S\cdot H_2O$ 405.43

成分（以无水物计） C 43.40%，H 5.46%，N 18.08%，O 24.88%，S 8.28%。

别名 一水合 5-羟色胺肌酐硫酸盐；一水合硫酸-5-羟色胺肌酐；5-羟色胺肌酐 硫酸盐；5-羟色胺硫酸肌酐络合物；3-(2-Aminoethyl)indole-5-ol; Antemovis; 5-HT; 5-Hydroxytryptamine creatinine sulfate

M. I. 15，8601

性状 白色片状结晶。溶于水、冰乙酸，微溶于甲醇、95%乙醇，不溶于无水乙醇、丙酮、吡啶、乙醚、苯、乙酸乙酯、三氯甲烷。其水溶液在空气中易被氧化，其 0.01mol/L 水溶液 pH 值 3.6。pK_1'4.9；pK_2'9.8。215℃分解；uv max(于水中，pH 值 3.5)：275nm(ε15000)。生化试剂含量≥98.0%(T)。

注意事项 该品吸入、口服或与皮肤接触有害。可能致癌。可能危害胎儿。使用时应穿适当的防护服和戴手套。使用时应避免吸入其粉尘。应充氮气密封避光于 2～8℃干燥保存。

主要用途 生化研究。

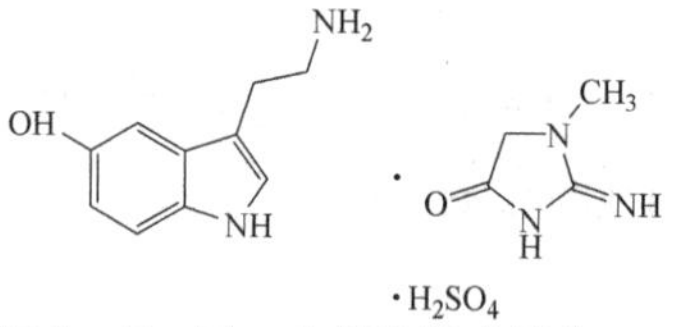

Serotonin hydrochloride 5-羟色胺 盐酸盐 08831

[153-98-0] $C_{10}H_{13}ClN_2O$ 212.68

成分 C 56.47%，H 6.16%，Cl 16.67%，N 13.17%，O 7.52%。

别名 盐酸 5-羟色胺；3-(2-氨基乙基)-5-羟基吲哚 盐酸盐；盐酸 3-(2-氨基乙基)-5-羟基吲哚；3-(2-Aminoethyl)-5-hydroxyindole hydrochloride; 5-Hydroxy-3-(2-aminoethyl)indole hydrochloride; 5-Hydroxytryptamine hydrochloride; 5-HT HCl

M. I. 15，8601

性状 无色结晶。易吸潮。溶于水，其溶液 pH 值 2～6.4 时稳定。mp 167～168℃。生化试剂含量≥98.0% (HPLC)。

注意事项 该品吸入、口服或与皮肤接触有害。对眼睛、呼吸系统及皮肤有刺激性。使用时应穿适当的防护服。应避免吸入本品的粉尘。万一接触到眼睛，应立即用大量水冲洗后请医生诊治。应充氩气密封避光于干燥处保存。

主要用途 生化研究。

$\cdot$ HCl

Serpentine alkaloid 蛇根碱 08832

[18786-24-8] $C_{21}H_{20}N_2O_3$ 348.40

成分 C 72.40%，H 5.79%，N 8.04%，O 13.78%。

别名 (19α)-3,4,5,6,16,17-Hexadehydro-16-methoxycarbonyl-19α-methyloxayohimbanium

M. I. 15，8603

性状 来自无水乙醇中黄色棒状或小叶状结晶。为溶剂合物。易溶于甲醇，溶于10%乙酸及多数有机溶剂。mp 158℃；$[\alpha]_D^{25}$ +292°(c=0.27，于甲醇中)；$[\alpha]_D^{25}$ +267°(c=0.21，于乙醇中)；uv max(乙醇中)：252nm，308nm，370nm(lg ε 4.49，4.30，3.61)。

Sertaconazole nitrate 舍他康唑 硝酸盐 08833

[99592-39-9] $C_{20}H_{16}Cl_3N_3O_4S$ 500.78

成分 C 47.97%，H 3.22%，Cl 21.24%，N 8.39%，O 12.78%，S 6.40%。

别名 盐酸舍他康唑；1-[2-[(7-氯苯并[b]噻吩-3-基)甲氧基]-2-(2,4-二氯苯基)乙基]-1H-咪唑 硝酸盐；FI-7056；Dermofix；Zalain；1-[2-[(7-Chlorobenzo[b]thien-3-yl)methoxy]-2-(2,4-dichlorophenyl)ethyl]-1H-imidazole nitrate；(±)-1-[2,4-Dichloro-β-[(7-chlorobenzo[b]thien-3-yl)methoxy]phenethyl]imidazole nitrate；7-Chloro-3-[1-(2,4-dichlorophenyl)-2-(1H-imidazol-1-yl)ethoxy-methyl]benzo[b]thiophene nitrate；FI-7045 nitrate

M. I. 15，8604

性状 白色结晶性粉末。无气味。易溶于乙醇(1.7%)、氯仿(1.5%)，微溶于丙酮(0.95%)，极微溶于正辛醇(0.069%)，几乎不溶于水(<0.01%)。pK_b7.26；mp 158～160℃；uv max(甲醇中)：302.3nm ($A_{1cm}^{1\%}$ 79.8)，292.9nm，260.3nm。

主要用途 医用抗真菌剂。

$\cdot HNO_3$

Sertindole 舍吲哚 08834

[106516-24-9] $C_{24}H_{26}ClFN_4O$ 440.95

成分 C 65.37%，H 5.94%，Cl 8.04%，F 4.31%，N 12.71%，O 3.63%。

别名 舍延多；1-[2-[4-[5-氯-1-(4-氟苯基)-1H-吲哚-3-基]-1-哌啶基]乙基]-2-咪嗯啉酮；1-[2-[4-[5-Chloro-1-(4-fluorophenyl)-1H-indol-3-yl]-1-piperidinyl]ethyl]-2-imidazolidinone；5-Chloro-1-(4-fluorophenyl)-3-[1-[2-(2-imidazolidinon-1-yl)ethyl]-4-piperidyl]-1H-indoie；LU-23-174；Serdolect

M. I. 15，8605

性状 来自丙酮中的无色结晶，mp 154～155℃；或来自2-丙醇+乙酸乙酯中的结晶，mp 166℃。

主要用途 医用精神抑制剂。平喘剂。

Sertraline hydrochloride 舍曲林 盐酸盐 08835

[79559-97-0] $C_{17}H_{18}Cl_3N$ 342.69

成分 C 59.58%，H 5.29%，Cl 31.03%，N 4.09%。

别名 盐酸舍曲林；CP-51974-1；Lustral；Zoloft(1S,4S)-4-(3,4-Dichlorophenyl)-1,2,3,4-tetrahydro-N-methyl-1-naphthalenamine hydrochloride

M. I. 15，8606

性状 无色结晶。该品于下列物质中的溶解度(室温，mg/mL)：水 3.8；0.1mol/L 盐酸 0.51；0.1mol/L 氢氧化钠溶液 0.002；乙醇 15.7；异丙醇 4.3；氯仿 110；丙酮 1.1；N,N-二甲基甲酰胺 88；二甲基亚砜 147；乙酸乙酯 0.20；乙腈 0.85；甲醇 0.1mol/L 盐酸 47；氯仿/甲醇(1∶1)134。pK_a(水)：9.48±0.04；pK_a(甲醇∶水，体积比 40∶60)：8.6；pK_a(乙醇∶水，体积比 1∶1)8.5。mp 243～245℃；d1.37；$[\alpha]_D^{23}$ +37.9°(c=2，于甲醇中)。

主要用途 医用抗抑郁剂。

$\cdot$HCl

Serum from fetal bovine 胎牛血清 08836

别名 血清(胎牛)；Fetal bovine serum；Sera (bovine fetal)

性状 浅黄色液体。

注意事项 该品应密封于-20℃保存。

主要用途 生化研究。

Sesamin 芝麻明 08837

[607-80-7] $C_{20}H_{18}O_6$ 354.36

成分 C 67.79%，H 5.12%，O 27.09%。

别名 芝试素；脂麻素；(1S,3aR,4S,6aR)-5,5′-(Tetrahydro-1H,3H-furo[3,4-c]furan-1,4-diyl)bis-1,3-benzodioxole；Tetrahydro-1,4-bis[3,4-(methylenedioxy)phenyl]-1H,3H-furo[3,4-c]furan；2,6-Bis(3,4-methylenedioxyphenyl)-3,7-dioxabicyclo[3.3.0]octane

M. I. 15，8609

性状 来自乙醇中的结晶。易溶于氯仿、乙酸、丙酮，几乎不溶于水、碱溶液、盐酸。mp 125～126℃。一般试剂含量≥95.0%。

注意事项 使用时应避免吸入本品的粉尘，避免与眼睛及皮肤接触。应密封于-20℃保存。

主要用途 杀螨剂最佳结合物。

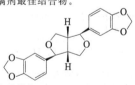

Sesamolin 芝麻林素 08838

[526-07-8] $C_{20}H_{18}O_7$ 370.36

成分 C 64.86%，H 4.90%，O 30.24%。

别名 芝麻酚精；麻油酚；5-[(1S,3aR,4R,6aR)-4-(1,3-Benzodioxolol-5-yloxy)tetrahydro-1H,3H-furo[3,4-c]furan-1-yl]-1,3-benzodioxole；Tetrahydro-1-[3,4-(methylenedioxy)phenoxy]-4-[3,4-(methylenedioxy)phenyl]-1H,3H-furo[3,4-c]furan

M. I. 15，8610

性状 来自乙醇中的白色片状结晶。mp 93～94℃；$[\alpha]_D^{20}$ +212℃ (于氯仿中)。

主要用途 除虫菊杀虫剂的最佳合作剂。

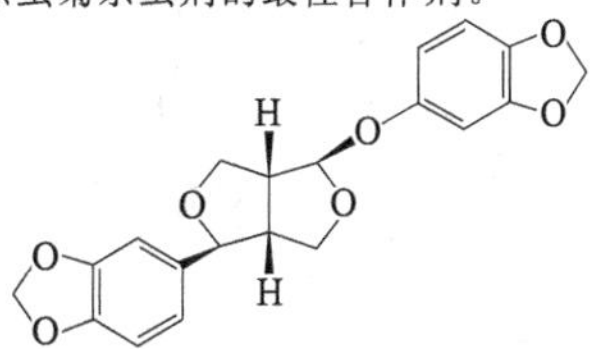

Sethoxydim 烯禾定 08839

[74051-80-2]　$C_{17}H_{29}NO_3S$　327.48

成分　C 62.35%，H 8.93%，N 4.28%，O 14.66%，S 9.79%。

别名　2-[1-(乙氧基亚氨基)丁基]-5-[2-(乙硫基)丙基]-3-羟基-2-环己烯-1-酮；拿捕净；硫乙草灭；；2-[1-(Ethoxyimino)butyl]-5-[2-(ethylthio) propyl]-3-hydroxy-2-cyclohexen-1-one；BAS-9052；NP-55；Poast

M. I. 15，8612

性状　无色至淡黄色油状液体。无嗅。与甲醇、丙酮、甲苯、正己烷、乙酸乙酯、二甲苯相混溶，微溶于水(20℃，pH 值 4 时 25mg/L，pH 值 7 时 4700mg/L)。在弱酸及碱性条件下稳定。bp＞90℃。LD_{50} 雄、雌大鼠急性经口 (mg/kg)：3200、2676；雄、雌小鼠急性经口 (g/kg)：5.6、4.3。LC_{50} (3h) 水蚤：1.5mg/L。对蜜蜂无任何毒性反应。

注意事项　使用时应避免与眼睛及皮肤接触。接触后应立即用大量水冲洗。应远离氧化剂，密封避光于 2～8℃保存。

主要用途　除草剂。

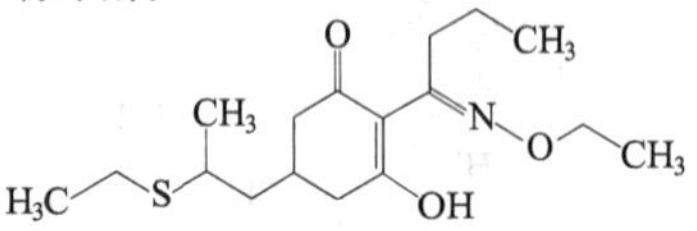

Shikimic acid　莽草酸　08840

[138-59-0]　$C_7H_{10}O_5$　174.15

成分　C 48.28%，H 5.79%，O 45.94%。

别名　3α，4α，5β-三羟基环己烯羧酸；3α，4α，5β-Trihydroxy-1-cyclohexene-1-carboxylic acid；(3*R*，4*S*，5*R*)-3，4，5-Trihy- droxy-1-cyclohexene-1-carboxylic acid；[3*R*-(3α，4α，5β)]-3，4，5-Trihydroxy-1-cyclohexene-1-carboxylic acid

M. I. 15，8619

性状　来自甲醇/乙酸乙酯中的无色或白色针状结晶。能升华。水中溶解度约为 18g/100mL，微溶于无水乙醇(23℃，2.25g/100mL)、无水乙醚(23℃，0.015g/100mL)，几乎不溶于氯仿、苯、石油醚。p*K* (14.1℃) 5.19。mp 183～184.5℃；$[\alpha]_D$ −161°(*c*＝0.57，于甲醇中)；$[\alpha]_D^{18}$ −183.8°(*c*＝4.03，于水中)；uv max(乙醇中)：213nm(ε 8900)。LD_{50} 小鼠腹膜内注射：1g/kg。一般试剂含量≥99.0%。

注意事项　使用时应避免吸入本品的粉尘，避免与眼睛及皮肤接触。应充氩气密封干燥保存。

主要用途　有机合成。生化研究。

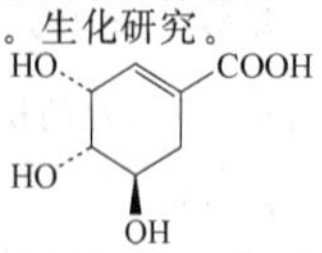

Sibutramine hydrochloride monohydrate
西布茶明 盐酸盐 一水　08841

[125494-59-9]　$C_{17}H_{27}Cl_2N \cdot H_2O$　334.33

成分（以无水物计）　C 64.55%，H 8.60%，Cl 22.41%，N 4.43%。

别名　西布曲明 盐酸盐；盐酸西布曲明；盐酸西布茶明；*N*-[1-[1-(4-氯苯基)环丁基]-3-甲基丁基]-*N*，*N*-二甲胺 盐酸盐；盐酸 *N*-[1-[1-(4-氯苯基)环丁基]-3-甲基丁基]-*N*，*N*-二甲胺；BTS-54524；Reductil；Meridia；1-(4-Chlorophenyl)-*N*，*N*-dimethyl-α-(2-methylpropyl) cyclobutanemethanamine hydrochloride monohydrate；*N*-1-[1-(4-chlorophenyl) cyclobutyl]-3-methylbutyl-*N*，*N*-dimethylamine hydrochloride monohydrate

M. I. 15，8624

性状　来自水中的无色结晶或白色结晶性粉末。溶于水 (2.9mg/L，pH 值 5.2)。分配系数(辛醇/水)：30.9(pH 值 5.0)。mp193～195.5℃。

主要用途　医用抗肥胖剂。

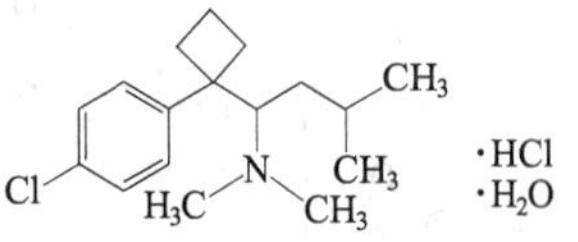

Siccanin　癣可宁　08842

[22733-60-4]　$C_{22}H_{30}O_3$　342.48

成分　C 77.16%，H 8.83%，O 14.01%。

别名　干螨孢菌素；(4a*S*，6a*S*，11b*R*，13a*S*，13b*S*)-2，3，4，4a，5，6，6a，13b-Octahydro-4，4，6a，9-tetramethyl-1*H*，11b*H*，13*H*-benzo[*a*]furo[2，3，4-*mn*]xanthen-11-ol；[4a*S*-(4aα，6aα，11bα，13a*R**，13bα)]-1，2，3，4，4a，5，6，6a，11b，13b-Decahydro-4，4，6a，9-tetramethyl-13*H*-benzo[*a*]furo[2，3，4-*mn*]xanthen-11-ol；Tackle

M. I. 15，8625

性状　白色至浅黄色结晶。无气味。完全溶于氯仿、二甲基甲酰胺、苯，易溶于丙酮、乙醚、乙酸乙酯，溶于乙醇，几乎不溶于水。p*K* 10.9。mp 139～140℃；$[\alpha]_D^{20}$ −136°(*c*＝2，于氯仿中)；uv max(乙醇中)：210nm，285nm(ε 45690，1717)。LD_{50} 小鼠，大鼠急性经口(mg/kg)：＞6000，＞1000；皮下注射或腹膜内注射(mg/kg)：＞3000，＞600。

主要用途　医用抗真菌剂。

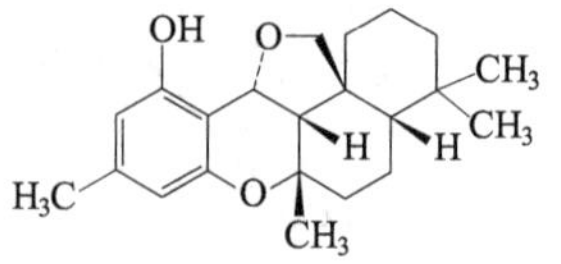

Sicomicin sulfate　紫苏霉素 硫酸盐　08843

[53179-09-2]　$(C_{19}H_{37}N_5O_7) \cdot 5H_2SO_4$　1385.45

成分　C24.33% H5.06% N7.47% O17.09% S46.05%。

别名　西索霉素 硫酸盐；西梭霉素 硫酸盐；Baymicin；Extramycin；Mensiso；Siseptin；Sisobiotic；Sisolline；Sisomin；*O*-3-Deoxy-4-*C*-methyl-3-methylamino-β-L-arabinopyranosyl-(1→6)-*O*-[2，6-diamino-2，3，4，6-tetradeoxy-α-D-*glycero*-hex-4-enopyranosyl-(1→4)]-2-deoxy-D-streptamine sulfate；(2*S*-*cis*)-4-*O*-[3-Amino-6-aminomethyl-3，4-dihydro-2*H*-pyran-2-yl]-2-deoxy-6-*O*-[3-deoxy-4-*C*-methyl-3-methylamino-β-L-arabinopyranosyl]-D-streptamine sulfate；Riekamicin sulfate；Anibiotic 6640 sulfate；Sch-13475 sulfate

M. I. 15，8688

性状　无色结晶或白色结晶性粉末。溶于水，几乎不溶于乙醇。LD_{50} 小鼠静脉注射：34mg/kg；腹膜内注射：221mg/kg；皮下注射：288mg/kg。

注意事项　该品吸入、口服或与皮肤接触有毒。能危害胎儿。使用时应穿适当的防护服，戴手套和防护镜或面罩。使用时应避免吸入本品的粉尘。使用时如有事故发生或有不适之感，应请医生诊治。应密封于 2～8℃保存。

主要用途　生化研究。医用抗菌剂。

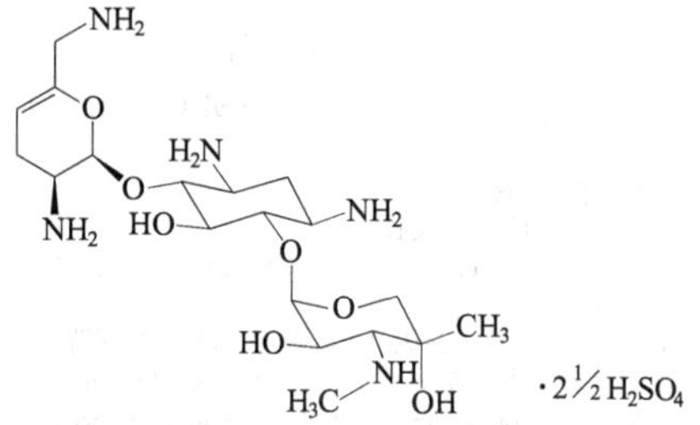

Siduron　环草隆　08844

[1982-49-6]　$C_{14}H_{20}N_2O$　232.32

成分　C 72.38%，H 8.68%，N 12.06%，O 6.89%。

别名　甲环己苯脲；*N*-(2-甲基环己基)-*N*′-苯基脲；1-(2-Methylcyclohexyl)-3-phenylurea；*N*-(2-Methylcyclohexyl)-*N*′-phenylurea；Tupersan

M. I. 15，8626

性状　无色或白色固体。溶于 10%或更多的乙醇、二甲基乙酰胺、二甲基甲酰胺、二氯甲烷，极微溶于水 (18×mg/kg)。mp 133～138℃。

注意事项　该品对皮肤有刺激性。

主要用途　除草剂。分析用标准物质。

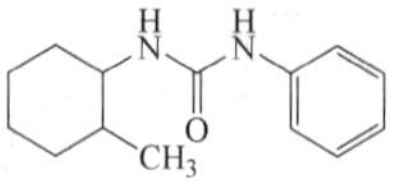

Sildenafil 西地那非 08845

[139755-83-2] $C_{22}H_{30}N_6O_4S$ 474.58

成分 C 55.68%，H 6.37%，N 17.71%，O 13.48%，S 6.76%。

别名 西多芬；昔多芬；5-[2-Ethoxy-5-(4-methyl-1-piperazinyl) sulfonyl]phenyl-1,6-dihydro-1-methyl-3-propyl-7*H*-pyrazolo[4,3-*d*] pyrimidin-7-one；1-[3-(4,7-Dihydro-1-methyl-7-oxo-3-propyl-1*H*-pyrazolo[4,3-*d*]pyrimidin-5-yl)-4-ethoxyphenyl]sulfonyl-4-methylpiperazine；5-[2-Ethoxy-5-(4-methylpiperazinyl-sulfonyl) phenyl]-1-methyl-3-*n*-propyl-1,6-dihydro-7*H*-pyrazolo[4,3-*d*]pyrimidin-7-one；UK-92480

M. I. 15，8628

性状 无色结晶。mp 187～189℃。

主要用途 用于雄性勃起机能障碍的治疗。

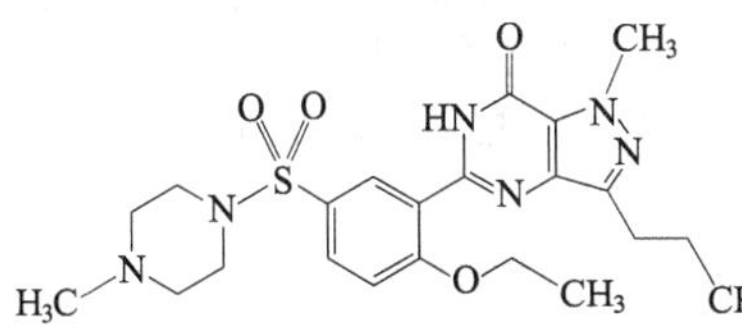

Silica gel 硅胶 08846

[112926-00-8] $SiO_2 \cdot nH_2O$ 60.09＋18.02x

成分 （以无水物计）Si 46.75% O 53.25%。

别名 原色硅胶；氧化硅胶；硅凝胶

性状 无色半透明或乳白色无定形颗粒。具有不同微孔结构和比表面积。能耐盐酸、硫酸和硝酸的浸渍，不溶于水。

注意事项 该品使用时应避免吸入本品的粉尘，避免与眼睛及皮肤接触。应密封于干燥处保存。

主要用途 干燥剂。气相色谱试剂、薄层色谱试剂。催化剂。也用于气体干燥、气体吸收、有机物液体脱水等。

Silica gel G 硅胶 G 08847

[112926-00-8] $SiO_2 \cdot xH_2O$

成分 （以无水物计）Si O

别名 Silica gel G for TLC

性状 白色粉末。具有不同微孔结构和比表面积。含有13%的石膏作黏合剂。略呈酸性。易吸收空气中的水分。

注意事项 该品使用时应避免吸入本品的粉尘，避免与眼睛及皮肤接触。应密封于干燥处保存。

主要用途 薄层色谱用吸附剂。

Silica gel GF_{254} 硅胶 GF_{254} 08848

[112926-00-8] $SiO_2 \cdot xH_2O$ 60.09＋18.02x

成分 （以无水物计）Si 46.75% O 53.2 5%。

别名 Silica gel GF_{254} for TLC

性状 白色粉末。具不同微孔结构和比表面积。内含半水石膏和无机荧光粉。在紫外波长 254nm 处显黄绿色荧光。易吸收空气中的水分。

注意事项 该品使用时应避免吸入本品的粉尘，避免与眼睛及皮肤接触。应密封于干燥处保存。

主要用途 薄层色谱用吸附剂。

Silica gel H 硅胶 H 08849

[112926-00-8] $SiO_2 \cdot xH_2O$ 60.09＋18.02x

成分 （以无水物计）Si 46.75% O 53.2 5%。

别名 Silica gel H for TLC

性状 白色粉末。具有不同微孔结构和比表面积。其中不含石膏和有机黏合剂。能吸收空气中的水分。溶于氢氟酸和热碱溶液，不溶于水和其他无机酸。

注意事项 该品使用时应避免吸入本品的粉尘，避免与眼睛及皮肤接触。应密封于干燥处保存。

主要用途 薄层色谱用吸附剂。可用于怕钙的样品分析。

Silica gel HF_{254} 硅胶 HF_{254} 08850

[112926-00-8] $SiO_2 \cdot xH_2O$

成分 （以无水物计）Si 46.75% O 53.2 5%。

别名 Silica gel HF_{254} for TLC

性状 白色粉末。具有不同微孔结构和比表面积。有较强的吸附性。其中含有无机荧光粉。在紫外波长 254nm 处显黄绿色荧光。易吸收空气中的水分。

注意事项 该品使用时应避免吸入本品的粉尘，避免与眼睛及皮肤接触。应密封于干燥处保存。

主要用途 薄层色谱用吸附剂。

Silica gel 60 $HF_{254+366}$ 硅胶 60 $HF_{254+366}$ 08851

[112926-00-8] $SiO_2 \cdot xH_2O$ 60.09＋18.02x

成分 （以无水物计）Si 46.75% O 53.25%。

别名 Silica gel $HF_{254+366}$ for TLC

性状 具有多孔结构的白色粉末。含少量荧光物质，在紫外波长 254nm 处显绿色荧光，366nm 处显蓝色荧光。

注意事项 该品使用时应避免吸入本品的粉尘，避免与眼睛及皮肤接触。应密封于干燥处保存。

主要用途 薄层色谱用吸附剂。

Silica gel self indicator 变色硅胶 08852

别名 硅胶 变色；Silica gel with moisture indicator

性状 蓝色或浅蓝色半透明质硬玻璃状的不规则颗粒。是以氯化钴处理的、含水约 3%～7%的硅胶。具有不同微孔结构和比表面积，能在不同的相对湿度下显示不同的颜色，吸潮后逐渐变粉红色。烘干后仍为蓝色，仍可继续使用。

注意事项 该品使用时应避免吸入本品的粉尘，避免与眼睛及皮肤接触。应密封于干燥处保存。

主要用途 干燥剂。催化剂。

Silicic acid 硅酸 08853

[1343-98-2] H_2O_3Si 78.10

成分 H 2.58%，O 61.46%，Si 35.96%。

别名 含水二氧化硅；矽酸；Hydrated silica；Precipitated silica

M. I. 15，8629

性状 白色无定形粉末。易溶于氢氟酸，溶于氢氧化钾、氢氧化钠溶液，不溶于水和其他酸。mp 150℃（分解）。

注意事项 该品使用时应避免吸入本品的粉尘，避免与眼睛及皮肤接触。应密封于干燥处保存。

主要用途 气体和蒸气的吸收剂。催化剂。杀虫剂。

Silicon powder 硅粉 08854

[7440-21-3] Si 28.0855

GW 2015-837 M. I. 15，8630

性状 棕色或棕黑色无定形粉末。易溶于氢氟酸和硝酸的混合液中，溶于苛性碱溶液并发生氢气，不溶于水和一般酸类，在王水中能缓慢地被氧化为二氧化硅。mp 1410℃；bp 2335℃；d_4^{25} 2.33。

注意事项 该品易燃。

主要用途 制造硅烷和硅酮。制造硅有机化合物、合金、耐火材料等。

Silicon carbide 碳化硅 08855

[409-21-2] CSi 40.10

成分 C 29.95%，Si 70.04%。

别名 金刚砂；Carborundum

M. I. 15，8631

性状 绿色至蓝黑色虹彩鲜明的结晶性粉末。极硬，莫氏硬度为 9.5，2700℃时升华并分解。溶于熔融的碱类、铁水，不溶于水、乙醇。d 3.23。一般试剂含量≥99.0%。

注意事项 该品对眼睛及呼吸系统有刺激性。使用时应戴手套和防护镜或面罩。使用时应避免吸入本品的粉尘。万一接触到眼睛，应立即用大量水冲洗后请医生诊治。

主要用途 磨料、耐高温材料。抛光玻璃、花岗石和陶瓷器皿等。

Silicon (Ⅳ) chloride 四氯化硅 08856

[10026-04-7] Cl_4Si 169.90

成分 Cl 83.47%，Si 16.53%。

别名 Silicon tetrachloride；Tetrachlorosilane

GW 2015-2051 M. I. 15，8639

性状 无色透明发烟性液体。有窒息性的刺激味。遇水反应激烈并分解成硅酸和盐酸。与氨气作用生成四氨基硅并产生烟雾。与苯、乙醚、三氯甲烷、石油醚相混溶。mp －70℃；bp 59℃；d_4^0 1.52；n_D^{20} 1.415。一般试剂含量≥99.0%。

注意事项 该品与水反应激烈。对眼睛、呼吸系统及皮肤有刺激性。万一接触到眼睛，应立即用大量水冲洗后请医生诊治。应密封于干燥处保存。

主要用途 分析试剂。硅酮、硅酸酯类的制备。有机硅单体、有机硅油、半导体光纤等所用的材料。烟幕的制造。

Silicon (Ⅱ) oxide 一氧化硅 08857

[10097-28-6] OSi 44.08

成分 O 36.30%，Si 63.71%。

别名 Silicon monoxide

M. I. 15，8635

性状 棕黑色或黑色结晶颗粒。性质不太稳定，易氧化而呈红色。溶于氢氟酸和硝酸的混合液，亦溶于温碱溶液，同时发生氢气并生成硅酸盐。mp 1702℃；*d* 2.18。一般试剂含量≥99.8%。

注意事项 该品蒸气吸入有害。使用时应穿适当的防护服。使用时应避免吸入其粉尘。应密封于通风良好处保存。

主要用途 在真空中将其蒸发，涂于光学仪器用的金属反射镜面上，作为保护膜。用于光学玻璃和半导体材料的制备。

Silicon(Ⅳ) oxide 二氧化硅 08858

[7631-86-9][60676-86-0] SiO_2 60.08

成分 O 53.26%，Si 46.75%。

别名 矽石；矽氧；矽酐；硅土；二氧化矽；石英砂；Silica；Silicon dioxide；Silicic anhydride

M. I. 15，8632

性状 无色细小结晶颗粒或白色无定形粉末。无味。溶于氢氟酸，生成四氟化硅气体，不溶于水及一般无机酸。mp 1670℃；d^0 2.65（石英）。一般试剂含量≥99.0%。

注意事项 长期曝露吸入有害。使用时应避免吸入本品的粉尘。

主要用途 硅标准液的制备。在晶体管和集成电路中作为杂质扩散的掩蔽膜和保护层。硅化合物和荧光粉的原料。固体电路生产中扩锑时控制锑浓度。光导纤维用材料。抗结块、消泡剂。

Silicotungstic acid 硅钨酸 08859

[12520-88-6][12027-38-2](水合物) $H_4O_{40}SiW_{12}$ 2878.16

成分 H 0.14%，O 22.24%，Si 0.98%，W 76.65%。

别名 Tungstosilicic acid；Silicowolframic acid

M. I. 15，8641

性状 白色至微黄色结晶。有潮解性。易溶于水、乙醇，受热则溶于其结晶水。加热至600℃以上分解。

注意事项 该品对眼睛、呼吸系统及皮肤有刺激性。使用时应戴手套。万一接触到眼睛，应立即用大量水冲洗后请医生诊治。应密封于阴凉干燥处保存。

主要用途 测定生物碱的沉淀剂。碱性苯胺染料的媒染剂。矿物分离用溶液重质的配制。

Silver 银 08860

[7440-22-4] Ag 107.8682

别名 Silver metal

M. I. 15，8643

性状 银白色有光泽金属。性柔软，常制成箔、粒、丝、粉、网、绒和海绵等形状。延展性仅次于金，是热和电的优良导体。溶于稀硝酸和热的浓硫酸。mp 960.5℃；bp 约 2000℃；d^{15} 10.49。一般试剂含量≥99.99%。

Silver powder 银粉 08861

[7440-22-4] Ag 107.8682

M. I. 15，8643

性状 银白色金属粉末。其他同 08860 银。一般试剂含量≥99.7%。

注意事项 使用时应避免吸入本品的粉尘。

主要用途 银盐的制备。催化剂。还原剂。银合金的制造。

Silver precipitated 沉淀银 08862

[7440-22-4] Ag 107.8682

M. I. 15，8643

性状 灰白色有金属光泽的晶体或粉末。溶于硝酸、热硫酸及熔融的氢氧化钠，不溶于水、盐酸、碱溶液。mp 960.5℃（真空中）。

注意事项 使用时应避免吸入本品的粉尘。

主要用途 分析试剂。银盐制备。催化剂。还原剂。合金的制备。

Silver acetate 乙酸银 08863

[563-63-3] $C_2H_3AgO_2$ 166.91

成分 C 14.39%，H 1.81%，Ag 64.63%，O 19.17%。

别名 醋酸银；Acetic acid silver salt

M. I. 15，8644

性状 白色至浅灰色有光泽的针状结晶或结晶性粉末。易溶于稀硝酸，溶于 100 份冷水、35 份沸水。受热则分解。*d* 3.26。一般试剂含量≥99.0%(AT)。

注意事项 该品对眼睛、呼吸系统及皮肤有刺激性。使用时应穿适当的防护服。使用时应避免与眼睛及皮肤接触。万一接触到眼睛，应用大量水冲洗后请医生诊治。应密封避光保存。

主要用途 分析试剂。用于除去卤素及液氨中的氧化剂。制药工业。

Silver arsenate 砷酸银 08864

[13510-44-6] Ag_3AsO_4 462.53

成分 Ag 69.96%，As 16.20%，O 13.84%。

GW 2015-1947

性状 深红色粉末。溶于氨水、乙酸、硝酸、碳酸铵溶液，能被盐酸分解，不溶于水。熔点分解。d^{25} 6.657。一般试剂含量≥99.99%。

注意事项 该品吸入或口服有毒。能致癌。对水生物极毒。能对水环境引起长期不良的影响。使用前应得到专门的指导，避免曝露。使用时应避免吸入本品的粉尘，避免与眼睛及皮肤接触。使用时如有事故发生或有不适之感，应立即请医生诊治。应防止将本品释放于环境中。其包装物应按危险品处理。应密封避光保存。

主要用途 制药工业。

Silver bromide 溴化银 08865

[7785-23-1] AgBr 187.77

成分 Ag 57.45%，Br 42.55%。

M. I. 15，8645

性状 浅黄色粉末。见光色变黑。微溶于稀氨水，较多地溶于浓氨水，溶于氰化钾溶液、水(25℃，0.135mg/L)、硫代硫酸钠溶液，不溶于乙醇及多数酸。mp 432℃；bp 700℃(分解)；*d* 6.47；*n* 2.253。一般试剂含量≥99.0%。

注意事项 使用时应避免吸入本品的粉尘，避免与眼睛及皮肤接触。应密封避光保存。

主要用途 可用于铷的微量分析。照相制版。电镀业。医用局部抗感染剂，收敛剂。

Silver carbonate 碳酸银 08866

[534-16-7] CAg_2O_3 275.74

成分 C 4.36%，Ag 78.24%，O 17.41%。

M. I. 15，8646

性状 新制得的为浅黄色粉末。久置或遇光色变暗。感光性极强。溶于氨水、稀硝酸、氰化钾溶液、硫代硫酸钠溶液，几乎不溶于水（溶于 30000 份冷水、2000 份沸水）、乙醇。约 220℃分解；*d* 6.08。一般试剂含量≥99.0%(AT)。

注意事项 对眼睛、呼吸系统及皮肤有刺激性。使用时应穿适当的防护服。使用时应避免吸入本品的粉尘，避免与眼睛及皮肤接触。万一接触到眼睛，应立即用大量水冲洗后请医生诊治。应密封避光保存。

主要用途 分析试剂。电镀业。

Silver chloride 氯化银 08867

[7783-90-6] AgCl 143.32

成分 Ag 75.26%，Cl 24.74%。

别名 Cerargyrite

M. I. 15，8648

性状 白色粉末。见光变紫并逐渐转黑。溶于 13 份 10%氨水、250 份浓盐酸、氰化钾溶液、硫代硫酸钠溶液，微溶于水(25℃，1.93mg/L)，不溶于乙醇、稀酸。mp 455℃；bp 1550℃；*d* 5.56；*n* 2.071。一般试剂含量≥99.5%。

注意事项 使用时应避免吸入本品的粉尘，避免与眼睛及皮肤接触。应密封避光保存。

主要用途 分析试剂。光谱分析中用作缓冲剂来提高稀土元素的灵敏度。光度测定。照相及电镀业。

Silver chromate 铬酸银 08868

[7784-01-2] Ag_2CrO_4 331.73

成分 Ag 65.03%，Cr 15.67%，O 19.29%。

别名 Silver chromate (Ⅵ)

M. I. 15，8649

性状 深红色或棕红色结晶性粉末。溶于硝酸、氨水、氰化钾溶液，极微溶于水（0℃，0.0014%）。d^{25} 5.625。一般试剂含量≥98.0%。

注意事项 该品与易燃物接触能引起燃烧。吸入可能致癌。具有腐蚀性，能引起烧伤。接触皮肤能引起过敏。对水生物极毒。能对水环境引起不利的结果。使用前应得到专门的指导，避免曝露。使用时应避免吸入本品的粉尘，避免与眼睛及皮肤接触。使用时如有事故发生或有不适之感，应请医生诊治。应防止将本品释放于环境中。其包装物应按危险品处理。应远离易燃物品。密封避光于干燥处保存。

主要用途 分析试剂。滴定卤化物。用于由醇生成 3-羟基丁醛的催化剂。

Silver cyanide 氰化银 08869

[506-64-9] CAgN 133.89

成分 C 8.97%，Ag 80.56%，N 10.46%。

GW 2015-1703　M. I. 15，8651

性状 白色或浅灰色粉末。无味。于干燥空气中稳定。见光色变黑。溶于氰化钠溶液、沸浓硝酸，略微溶于氨水，不溶于水、乙醇、稀酸。加热至 320℃分解。*d* 3.95。一般试剂含量≥99.0%。

注意事项 该品吸入、吞入或与皮肤接触极毒，与酸接触时能释放出极毒气体。对水生物极毒。能对水环境引起长期不良的影响。接触皮肤后应立即用大量水冲洗。使用时如有事故发生或有不适之感，应立即请医生诊治。切勿排入下水道。应防止将本品释放于环境中。其包装物应按危险品处理。应密封避光保存。

主要用途 分析试剂。制药工业。电镀业。

Silver iodate 碘酸银 08870

[7783-97-3] $AgIO_3$ 282.77

成分 Ag 38.15%，I 44.88%，O 16.97%。

GW 2015-209　M. I. 15，8654

性状 白色结晶性粉末。溶于 2.5 份 10%氨水、碘化钾溶液，25℃溶于 1875 份水、约 1000 份 35%硝酸。遇硫酸分解。mp＞200℃；*d* 5.53。一般试剂含量≥99.0%。

注意事项 该品与易燃物品接触能引起燃烧。对眼睛、呼吸系统及皮肤有刺激性。使用时应穿适当的防护服，戴手套和防护镜或面罩。万一接触到眼睛，应立即用大量水冲洗后请医生诊治。使用现场禁止吸烟。应远离火种，密封避光保存。其包装物应按危险品处理。

主要用途 微量分析氯的试剂。测定生物液体，如血液和尿中的氯。制药工业。

Silver iodide 碘化银 08871

[7783-96-2] AgI 234.77

成分 Ag 45.95%，I 54.05%。

M. I. 15，8655

性状 亮黄色无定形粉末。无味。见光色变黑。溶于氰化钾、碘化钾、硫代硫酸钠溶液，几乎不溶于水（0.03mg/L）。mp 552℃；bp 1506℃；*d* 5.67；*n* 2.21。一般试剂含量≥99.0%。

注意事项 该品使用时应避免吸入其粉尘，避免与眼睛及皮肤接触。应密封避光保存。

主要用途 分析试剂，可用于铯的微量分析。照相业。人工降雨。医用局部抗感染剂。

Silver metavanadate 偏钒酸银 08872

[13497-94-4] AgO_3V 206.81

成分 Ag 52.16%，O 23.21%，V 24.63%。

别名 Silver vanadate(Ⅴ)

性状 橙黄色粉末。易溶于氨水，不溶于水、乙醇。

注意事项 该品口服有毒。对眼睛、呼吸系统及皮肤有刺激性。使用时应穿适当的防护服和戴手套。万一接触到眼睛，应立即用大量水冲洗后请医生诊治。应密封避光保存。其包装物应按危险品处理。

主要用途 钢铁分析试剂。吸收剂。

Silver nitrate 硝酸银 08873

[7761-88-8] $AgNO_3$ 169.87

成分 Ag 63.50%，N 8.25%，O 28.26%。

GW 2015-2340　M. I. 15，8657

性状 无色透明片状结晶。对光较稳定，但接触有机物时色变黑。易溶于氨水，1g 该品溶于 0.4mL 水、0.1mL 沸水、30mL 乙醇、6.5mL 沸乙醇、253mL 丙酮，微溶于乙醚。其水及乙醇溶液对石蕊呈中性，pH 值约 6。mp 212℃；*d* 4.352。加热至 450℃即分解成金属银。对蛋白质有凝固作用。

注意事项 该品与易燃物接触能引起燃烧。具有腐蚀性，能引起烧伤。对水生物极毒。能对水环境引起不利的结果。万一接触到眼睛，应立即用大量水冲洗后请医生诊治。使用时如有事故发生或有不适之感，应立即请医生诊治。应防止将本品释放于环境中。其包装物应按危险品处理。应密封避光保存。

主要用途 分析试剂。基准试剂。氯、溴、碘、氰化物、硫氰酸盐等的测定。测锰时作催化剂。电镀业。胶片制造。银盐制备。医用局部抗感染剂。

参考规格

GB/T 670—2007	优级纯	分析纯	化学纯
含量（$AgNO_3$）/%≥	99.8	99.8	99.5
外观	合格	合格	合格
pH 值（50g/L，25℃）	5.0～6.0	5.0～6.0	5.0～6.0
澄清度试验/号≤	2	3	5
水不溶物/%≤	0.003	0.005	0.005
氯化物（Cl）/%≤	0.0005	0.001	0.003
硫酸盐（SO_4）/%≤	0.002	0.004	0.006
铁（Fe）/%≤	0.0002	0.0004	0.0007
铜（Cu）/%≤	0.0005	0.001	0.002
铅（Pb）/%≤	0.0005	0.001	0.002
盐酸不沉淀物/%≤	0.005	0.02	0.03

GB 12595—2008	工作基准试剂
含量（$AgNO_3$）/%	99.95～100.5
外观	合格
水溶液反应	合格
澄清度试验	合格
干燥失重/%≤	0.1
盐酸不沉淀物/%≤	0.005
氯化物（Cl）/%≤	0.0005
硫酸盐（SO_4）/%≤	0.002
铁（Fe）/%≤	0.0002
铜（Cu）/%≤	0.0005
铅（Pb）/%≤	0.0005

Silver nitrite 亚硝酸银 08874

[7783-99-5] $AgNO_2$ 153.87

成分 Ag 70.10%，N 9.10%，O 20.80%。

M. I. 15，8658

性状 浅黄色针状结晶。无味。不吸潮。见光分解，颜色变黑。溶于硝酸、氨水，溶于 300 份水，较多地溶于沸水，不溶于乙醇，能被稀酸分解。140℃分解；*d* 4.45。一般试剂含量≥99.0%（AT）。

注意事项 该品与易燃物品接触能引起燃烧。口服有毒。对眼睛及皮肤有刺激性。对水生物极毒。能对水环境引起长期不良的影响。万一接触到眼睛，应立即用大量水冲洗后请医生诊治。接触皮肤后，应立即用大量肥皂泡沫冲洗。应防止将本品释放于环境中。其包装物应按危险品处理。应密封避光保存。

主要用途 分析试剂，高锰酸盐溶液的标定。亚硝酸盐的测定。伯醇、仲醇、叔醇的鉴别。水的分析。有机合成。

Silver oxide 氧化银 08875

[20667-12-3] Ag_2O 231.74

成分 Ag 93.09%，O 6.90%。
别名 Argentous oxide；Silver (I) oxide
GW 2015-2541 M. I. 15，8660
性状 棕黑色重质粉末。无味。见光逐渐分解。在空气中能吸收二氧化碳。易溶于稀硝酸、氨水、氰化钠溶液，稍微溶于氢氧化钠溶液，溶于 40000 份水，几乎不溶于乙醇。约 200℃开始分解，至 250～300℃分解加快；d_4^{25} 7.22。LD_{50}大鼠急性经口：2.82g/kg。一般试剂含量≥99.0%(AT)。
注意事项 该品对眼睛、呼吸系统及皮肤有刺激性。使用时应穿适当的防护服，戴手套和防护镜或面罩。万一接触到眼睛，应立即用大量水冲洗后请医生诊治。应密封避光保存。
主要用途 分析试剂。有机合成。防腐剂。催化剂。电子器件材料。玻璃工业。

Silver perchlorate hydrate 高氯酸银 水合 08876

[331717-44-3][7783-93-9](无水物) $AgClO_4 \cdot H_2O$ 207.31
成分 无水物 Ag 52.03%,Cl 17.10%,O 30.87%。
别名 水合高氯酸银;过氯酸银
GW 2015-810 M. I. 15,8662
性状 潮解性的结晶。易溶于水(557g/100mL),溶于苯胺、吡啶、苯、甲苯、氯仿、甘油、硝基甲烷、硝基苯、氯苯等多种有机溶剂。486℃分解;d^{25} 2.806。一般试剂含量≥97.0%(AT)。
注意事项 该品干燥时具有爆炸性。与易燃物品接触能引起燃烧。具有腐蚀性,能引起烧伤。使用时应穿适当的防护服,戴手套和防护镜或面罩。万一接触到眼睛,应立即用大量水冲洗后请医生诊治。使用时如有事故发生或有不适之感,应请医生诊治。应远离易燃物品,充氩气密封避光于阴凉处保存。
主要用途 环保测定氟。

Silver permanganate 高锰酸银 08877

[7783-98-4] $AgMnO_4$ 226.80
成分 Ag 47.56%,Mn 24.22%,O 28.22%。
别名 过锰酸银;Silver manganate(Ⅶ)
GW 2015-816 M. I. 15，8663
性状 紫色结晶性粉末。遇光分解。室温时溶于水（9g/L），较多地溶于热水，能被乙醇分解。*d* 4.49。
注意事项 该品与易燃物品接触能引起燃烧。对眼睛有刺激性。万一接触到眼睛，应立即用大量水冲洗后请医生诊治。接触皮肤后，应立即用大量肥皂泡沫冲洗。应远离火种，密封避光保存。
主要用途 用于气体防毒面具。

Silver proteinate 蛋白银 08878

[9008-42-8] [9015-51-4]
别名 胶体银;胶体蛋白银;Argentoproteinum;Silver colloidal;Albumose silver;Protargin;Protargol;Silver nucleate;Silver nucleinate;Silver protein,strong
M. I. 15，8666
性状 微黄至橙色至棕黑色粉末或胶状物质。易溶于水，几乎不溶于乙醇、乙醚、氯仿。一般试剂含银约 8%；其 1%水溶液 pH 值 8.0～9.5。
注意事项 该品吸入、口服或与皮肤接触有毒。使用时应穿适当的防护服和戴手套。使用时如有事故发生或有不适之感，应请医生诊治。应充氩气密封避光于干燥处保存。
主要用途 医用消毒剂，防腐剂，杀菌剂。镀银。

Silver sulfate 硫酸银 08879

[10294-26-5] Ag_2O_4S 311.79
成分 Ag 69.19%，O 20.53%，S 10.28%。
M. I. 15，8668
性状 无色结晶或白色结晶性粉末。见光逐渐变黑。溶于硝酸、氨水、浓硫酸，溶于 125 份水、71 份沸水。mp 657℃；1085℃分解；*d* 5.45。一般试剂含量≥99.5%（AT）。
注意事项 该品对眼睛、呼吸系统及皮肤有刺激性。使用时应穿适当的防护服，戴手套和防护镜或面罩。万一接触到眼睛，应立即用大量水冲洗后请医生诊治。应密封避光保存。
主要用途 用于亚硝酸盐、钒酸盐、磷酸盐和氟的比色测定。测定乙烯。水质分析中钴和铬的测定。

Silver sulfide 硫化银 08880

[21548-73-2] Ag_2S 247.80
成分 Ag 87.06%，S 12.94%。
别名 一硫化二银；Argentous sulfide
M. I. 15，8669
性状 灰黑色重质粉末。溶于硝酸、氰化碱溶液，不溶于水。mp 845℃；d_4^{20} 7.234。一般试剂含量≥98.0%(AT)。
注意事项 该品对眼睛、呼吸系统及皮肤有刺激性。使用时应穿适当的防护服。使用时应避免吸入本品的粉尘，避免与眼睛及皮肤接触。应密封避光保存。
主要用途 用于测定土壤中的硫、氯、溴、碘等离子。合金制造。陶瓷业。医用牙科烤瓷。

Silver thiocyanate 硫氰酸银 08881

[1701-93-5] AgCSN 165.95
成分 Ag 65.00%，C 7.24%，S 19.32%，N 8.44%。
性状 白色或浅粉红色粉末。露置空气中色变深。溶于浓硫酸、氨水，极微溶于水，不溶于乙醇、丙酮。120℃即分解。
注意事项 该品与酸接触能释放出极毒的气体。吸入、口服或与皮肤接触有毒。使用时应避免吸入本品的粉尘，避免与眼睛及皮肤接触。应远离食品、饮料和动物饲料，密封避光保存。

Silver tungstate 钨酸银 08882

[13465-93-9] Ag_2O_4W 463.58
成分 Ag 46.54%，O 13.81%，W 39.66。
别名 Silver tnngsten oxide
性状 浅黄色结晶或粉末。溶于硝酸、氰化钾溶液、氨水，不溶于水。一般试剂含量≥97.0%。
注意事项 该品应密封避光保存。
主要用途 催化剂。

Silybin A 水飞蓟素 A 08883

[22888-70-6] $C_{25}H_{22}O_{10}$ 482.44
成分 C 62.24%，H 4.60%，O 33.16%。
别名 (2*R*,3*R*)-2-[(2*R*,3*R*)-2,3-Dihydro-3-(4-hydroxy-3-methoxyphenyl)-2-hydroxymethyl-1,4-benzodioxin-6-yl]-2,3-dihydro-3,5,7-trihydroxy-4*H*-1-benzopyran-4-one;Silibinin;Silybum substance E_6;Silymarin I
M. I. 15，8671
性状 无色结晶。溶于丙酮、乙酸乙酯、甲醇、乙醇，略微溶于氯仿，几乎不溶于水。mp 158～160℃，180℃分解。$[\alpha]_D+6.1°$（$c=0.3$，于甲醇中）；uv max（甲醇中）：217nm，230nm，288nm（lg ε 5.2，5.2，5.1）。
注意事项 该品对眼睛、呼吸系统及皮肤有刺激性。使用时应穿适当的防护服和戴手套。万一接触到眼睛，应立即用大量水冲洗后请医生诊治。应密封于−20℃保存。
主要用途 生化研究。医用肝脏保护制。

Simazine 西玛津 08884

[122-34-9] $C_7H_{12}ClN_5$ 201.66
成分 C 41.69%，H 6.00%，Cl 17.58%，N 34.73%。
别名 西玛三嗪；6-氯-*N*，*N'*-二乙基-1，3，5-三嗪-2，4-二胺；2-氯-4，6-双（乙氨基）-*s*-三嗪；Aquazine；2，4-Bis(ethylamino)-6-chloro-*s*-triazine；CAT；2-Chloro-4，6-bis(ethylamino)-*s*-triazine；6-Chloro-*N*，*N'*-diethyl-1，3，5-triazine-2，4-diamine；G-27692；Gesatop；Primatol S；Princep；Simanex
M. I. 15，8672
性状 来自乙醇或甲基溶纤剂中的无色或白色结晶。微溶于二氧六环、乙二醇乙醚，几乎不溶于水。在酸性溶液中加热分解。mp 226～227℃；Fp 212℉（100℃）。LD_{50}大鼠急性经口：5g/kg。

注意事项 该品对机体有不可逆损伤的可能性。对水生物极毒。能对水环境引起长期不良的结果。使用时应穿适当的防护服和戴手套。如误服本品，应立即就医，并出示标签或容器。应防止将本品释放于环境中。其包装物应按危险品处理。应密封保存。

主要用途 除莠剂。分析用标准物。

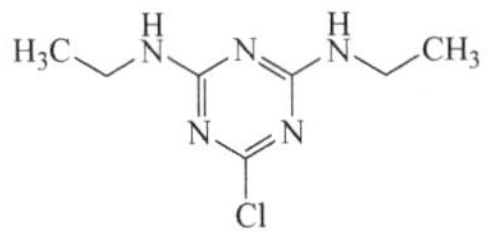

Simetryn 西草净 08885

[1014-70-6] $C_8H_{15}N_5S$ 213.30

成分 C 45.05%，H 7.09%，N 32.83%，S 15.03%。

别名 N^2，N^4-Diethyl-6-methylthio-1，3，5-triazine-2，4-diamine；2，4-Bis（ethylamino）-6-methylthio-*s*-triazine；2，4-Bis(ethylamino)-6-methylthio-1，3，5-triazine；2-Methylthio-4，6-bis(monoethylamino)-*s*-triazine；G-32911；Gy-bon

M. I. 13，8610

性状 无色结晶。mp 82～83℃。LD_{50}大鼠急性经口：1830mg/kg。

注意事项 该品口服有害。对水生物极毒。能对水环境引起长期不利的结果。应防止将本品释放于环境中。其包装物应按危险品处理

主要用途 除草剂。分析用标准物质。

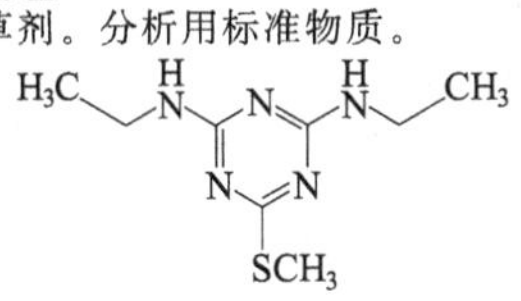

Simfibrate 双贝特 08886

[14929-11-4] $C_{23}H_{26}Cl_2O_6$ 469.36

成分 C 58.86%，H 5.58%，Cl 15.11%，O 20.45%。

别名 双安妥明；降脂丙二酯；安妥明丙二醇酯；氯苯氧基甲基丙酸丙酯；2-(4-Chlorophenoxy)-2-methylpropanoic acid 1，3-propanediyl ester；2-(*p*-Chlorophenoxy)-2-methylpropionic acid trimethylene ester；1，3-Propanediol bis[α-(*p*-chlorophenoxy)isobutyrate]；1,3-Propanediol bis[2-(4-chlorophenoxy)-2-methylpropionate]；Sinfibrate；CLY-503；Cholesolvin；Liposovin

M. I. 15，8675

性状 无色结晶。mp 51～53℃。$bp_{0.15}$ 220～230℃/20Pa；$bp_{0.03}$ 197～200℃/4Pa。LD_{50}小鼠，大鼠急性经口：3.3～3.5mg/kg，7.3～8.0mg/kg。

主要用途 医用抗胆甾醇剂。

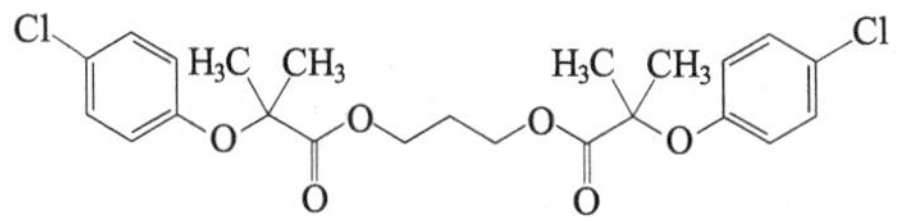

Simvastatin 辛代他汀 08887

[79902-63-9] $C_{25}H_{38}O_5$ 418.57

成分 C 71.74%，H 9.15%，O 19.11%。

别名 辛代他汀；斯代他汀；2，2-Dimethylbutanoic acid (1*S*，3*R*，7*S*，8*S*，8a*R*)-1，2，3，7，8，8a-hexahydro-3，7-dimethyl-8-[2-[(2*R*，4*R*)-tetrahydro-4-hydroxy-6-oxo-2*H*-pyran-2-yl]ethyl]-1-naphthalenyl ester；2，2-Dimethylbutyric acid 8-ester with(4*R*，6*R*)-6-[2-[(1*S*，2*S*，6*R*，8*S*，8a*R*)-1，2，6，7，8，8a-hexahydro-8-hydroxy-2，6-dimethyl-1-naphthyl]ethyl]tetrahydro-4-hydroxy-2*H*-pyran-2-one；Synvinolin；MK-733；Denan；Liponorm；Lodalès；Simovil；Sinvacor；Sivastin；Zocor；Zocord

M. I. 15，8677

性状 来自氯化正丁烷＋己烷中的白色至近白色结晶或粉末。不吸湿。该品于下列物质中的溶解度（mg/mL）：氯仿 610；二甲亚砜 540；甲醇 200；乙醇 160；正己烷 0.15；0.1mol/L 盐酸 0.06；聚乙二醇-400 70；丙二醇 30；0.1mol/L 氢氧化钠溶液 70；水 0.03。mp 135～138℃；$[\alpha]_D^{25}$ +292°（c=0.5%，于乙腈中）；uv max（乙腈中）：231nm，238nm，247nm（$A_{1cm}^{1\%}$ 516，604，408）。

主要用途 医用抗高血脂剂。

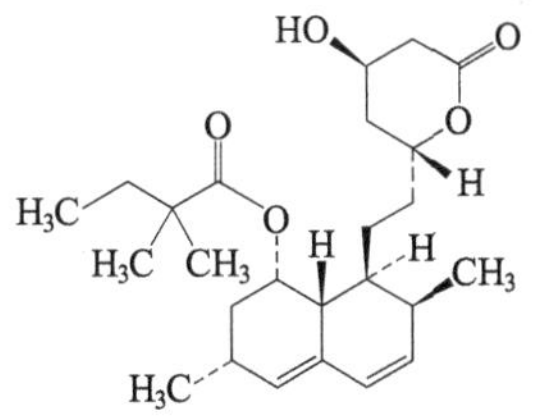

Sinefungin 西尼霉素 08888

[58944-73-3] $C_{15}H_{23}N_7O_5$ 381.39

成分 C 47.24%，H 6.08%，N 25.71%，O 20.97%。

别名 6，9-Diamino-1-(6-amino-9*H*-purin-9-yl)-1，5，6，7，8，9-hexadeoxy-D-glycero-α-L-*tato*-decofuranuronic acid；Compd 57926；Antibiotic 32232RP；A-9145

M. I. 15，8682

性状 白色至浅黄色粉末。溶于水，极微溶于甲醇、乙醇，不溶于有机溶剂。室温时其水溶液 pH 值 1～11 时稳定。pK_a（于66%二甲基甲酰胺中）：2.9，3.9，8.9，10.2。$[\alpha]_D^{25}$ −2.61°（c=5，于水中）；uv max（乙中性溶液中）：206nm，258nm（$E_{1cm}^{1\%}$ 520，325）；（于碱性溶液中）：256nm（$E_{1cm}^{1\%}$ 325）。LD_{50}小鼠皮下注射：185mg/kg。生化试剂含量≥95.0%（HPLC）。

注意事项 该品口服有害。使用时应穿适当的防护服。应密封于2～8℃保存。

主要用途 医用抗真菌剂。

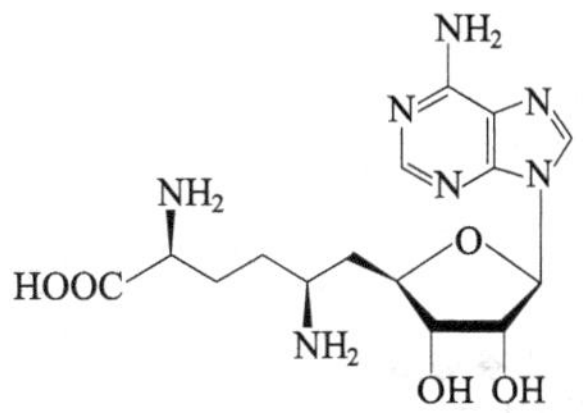

Sinigrin monohydrate 黑芥子硫苷酸钾 一水 08889

[64550-88-5] $C_{10}H_{16}KNO_9S_2 \cdot H_2O$ 415.49

成分（以无水物计） C 30.22%，H 4.06%，K 9.84%，N 3.52%，O 36.23%，S 16.13%。

别名 一水合黑芥子硫苷酸钾；1-Thio-β-D-glucopyranose；1-(*N*-Sulfooxy-3-butenimidate) monopotassium salt；Sinigroside；Myronate potassium；Potassium myronate；Allyl glucosinolate

M. I. 15，8683

性状 无色结晶。易溶于水、热乙醇，不溶于苯、氯仿、乙醚。mp 127～129℃；$[\alpha]_D^{18}$ −16.4°。生化试剂含量≥99.0%（TLC）。

注意事项 该品对眼睛、呼吸系统及皮肤有刺激性。使用时应穿适当的防护服和戴手套。万一接触到眼睛，应立即用大量水冲洗后请医生诊治。应密封于−20℃保存。

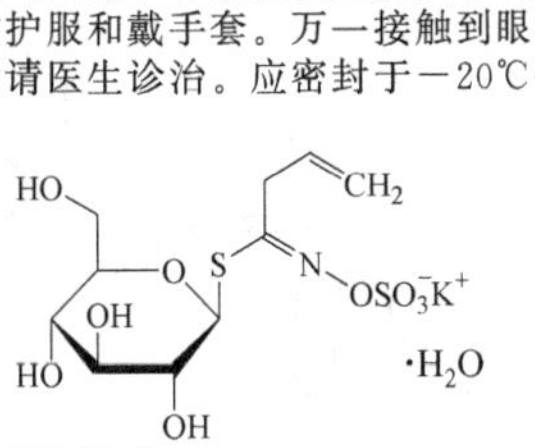

Sinomenine 汉防己碱 08890

[115-53-7] $C_{19}H_{23}NO_4$ 329.40

成分 C 69.28%，H 7.04%，N 4.25%，O 19.43%。

别名 (9α，13α，14α)-7，8-Didehydro-4-hydroxy-3，7-dimethoxy-17-methylmorphinan-6-one；Cucoline；Coculine；Kukoline

M. I. 15，8684

性状 来自苯中的无色针状或白色集束体结晶。溶于乙醇、丙酮、氯仿、稀碱，微溶于水、乙醚、苯。mp 161℃；

$[\alpha]_D^{26}$ −71°（c＝2.1，于乙醇中）。LD_{50} 小鼠急性经口：580mg/kg。
注意事项 该品有毒。可能致癌。

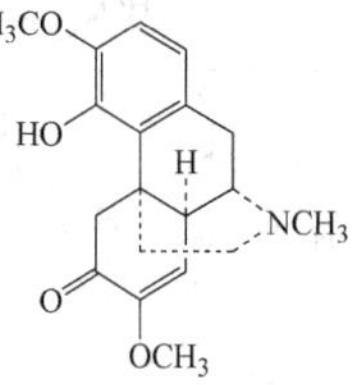

Sitafloxacin sesguihydrste 西他沙星 08891
[163253-35-8][127254-12-0](无水物) $C_{19}H_{18}ClF_2N_3O_3 \cdot 1\frac{1}{2}H_2O$ 409.82(无水物)
成分(以无水物计) C 55.69%，H 4.43%，Cl 8.65%，F 9.27%，N 10.25%，O 11.71%。
别名 7-[(7S)-7-氨基 7-5-氮杂螺[2,4]庚-5-基]-8-氯-6-氟-1-[(1R,2S)-2-氟环丙基]-1,4-二氢-4-氧-3-喹啉羧酸；DU-6859a；7-[(7S)-7-Amino-5-azaspiro[2,4]hept-5-yl]-8-chloro-6-fluoro-1-[(1R,2S)-2-fluorocyclopropyl]-1,4-dihydro-4-oxo-3-quinolinecarboxylic acid sesguihydrate；DU-6859 sesguihydrate
M. I. 15，8689
性状 来自乙醇或水＋氢氧化铵中的无色结晶。溶于水(131μg/mL)。mp 225℃（分解）；$[\alpha]_{589}$ −199.9°（c＝1，于1mol/L 氢氧化钠溶液中）。
主要用途 医用喹诺酮类抗菌剂。

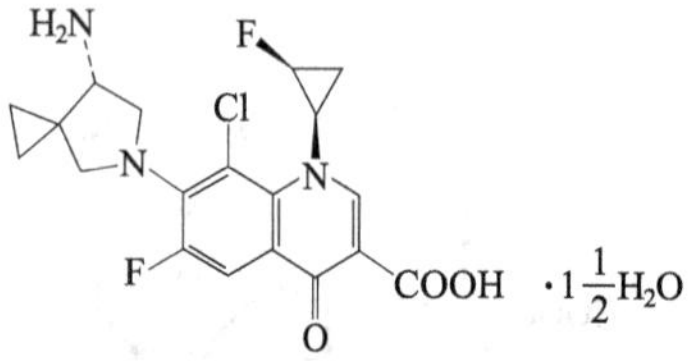

β-Sitosterol β-谷甾醇 08892
[83-46-3] $C_{29}H_{50}O$ 414.72
成分 C 83.99%，H 12.15%，O 3.86%。
别名 β-谷固醇；β-食物固醇；Cinchol；Cupreol；α-Dihydrofucosterol；22：23-Dihydrostigmasterol；24β-Ethyl-Δ^5-cholesten-3β-ol；Harzol；α-Phytosterol；Prostasal；Quebrachol；Rhamnol；Sito-Lande；β-Sitosterin；Stigmast-6-en-3β-ol；(3β)-Stigmast-5-en-3-ol；Δ^5-Stigmasten-3β-ol
M. I. 15，8694
性状 来自乙醇中的无色或白色片状结晶。溶于热乙醇，微溶于冷乙醇。mp 140℃；$[\alpha]_D^{25}$ −37°（c＝2，于氯仿中）。生化试剂含量≥97.0%（GC）。
注意事项 使用时应避免吸入本品的粉尘，避免与眼睛及皮肤接触。应充氩气密封于−20℃保存。
主要用途 生化研究。医用抗胆甾醇血剂。治疗前列腺瘤。

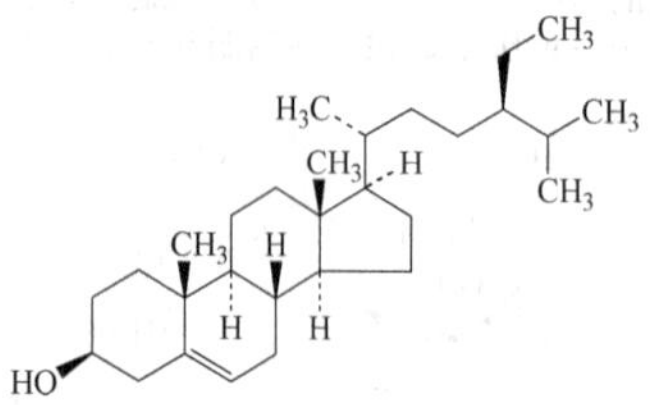

Sivelestat sodium salt tetrahydrate
西维采他司钠盐 四水 08893
[201677-61-4][150374-95-1](无水物) $C_{20}H_{21}N_2NaO_7S \cdot 4H_2O$ 528.50
成分(以无水物计) C 52.63%，H 4.64%，N 6.14%，Na 5.04%，O 24.54%，S 7.02%。
别名 四水合西维来他司钠；N-[[[[4-(2,2-二甲基-1-氧丙氧基)苯基]磺酰]氨基]苯甲酰]甘氨酸钠盐；EI-546；ONO-5046；Elaspol；N-[2-[[[4-(2，2-Dimethyl-1-oxopropoxy) phenyl]sulfonyl]amino]benzoyl]glycine sodium salt；N-[o-(p-Plvaloyloxybenzene)sulfonylaminobenzoyl]glycine sodium salt；N-[2-[4-(2,2-Dimethylpropionyloxy)phenylsulfonylamino]benzoyl]aminoacetic acid sodium salt
M. I. 15，8696
性状 无色结晶或白色至灰白色粉末。溶于水。LD_{50} 大鼠静脉注射：450mg/kg。生化试剂含量≥98.0%（HPLC）。
主要用途 医疗用于肺损伤合并全身发炎反应的综合治疗剂。

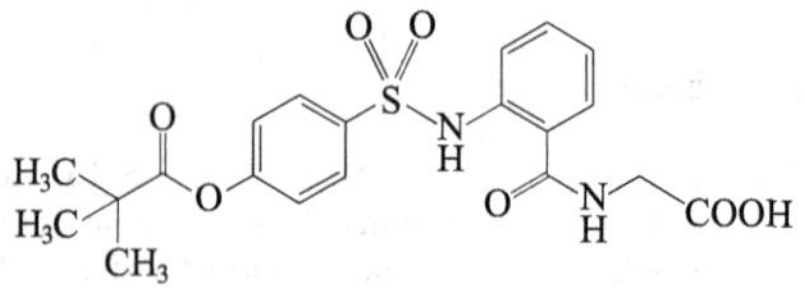

DL-trans-Sobrerol DL-反式水合松萜氧 08894
[498-71-5] $C_{10}H_{18}O_2$ 170.25
成分 C 70.55%，H 10.66%，O 18.79%。
别名 Lysmucol；Sobrepin；DL-trans-5-Hydroxy-α，α，4-trimethyl-3-cyclohexene-1-methanol；DL-trans-p-Menth-6-ene-2，8-diol；DL-trans-6，8-Carvomenthenediol；DL-trans-1-p-Menthene-6,8-diol；DL-trans-Pinolhydrate
M. I. 15，8705
性状 无色结晶。溶于水（15℃，3.3g/100mL）。mp 130～131.5℃；bp 270～271℃。LD_{50} 大鼠，小鼠静脉注射：全部 580mg/kg。
主要用途 医用黏液溶解剂。

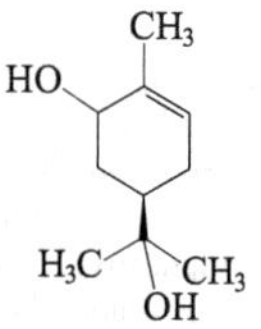

(I型)

Sobuzoxane 索布佐生 08895
[98631-95-9] $C_{22}H_{34}N_4O_{10}$ 514.53
成分 C 51.36%，H 6.66%，N 10.89%，O 31.09%。
别名 C，C′-1，2-Ethanediylbis[(2，6-dioxo-4，1-piperazinediyl) methylene]carbonic acid C，C′-bis(2-methylpropyl) ester；4，4′-Ethylenebis(1-hydroxymethyl-2，6-piperazinedione)bis(isobutyl carbonate)(ester)；4,4′-(1,2-Ethanediyl)bis(1-isobutoxycarbonyloxymethyl)-2,6-piperazinedione；1,2-Bis(4-isobutoxycarbonyloxymethyl-3,5-dioxopiperazin-1-yl)ethane；MST-16；Perazolin
M. I. 15，8706
性状 来自乙二醇-甲醚中的无色结晶，mp 128～130℃。或来自乙醇中的结晶，mp 132～133℃。溶于二甲基亚砜(19mg/mL)，不溶于水。LD_{50} 雄，雌小鼠，大鼠腹膜内注射(mg/kg)：807，960，877，567；皮下注射(mg/kg)：400，673，3025，2821；急性经口：全部＞5g/kg。生化试剂含量≥99.0%(HPLC)。
主要用途 医用抗肿瘤剂。

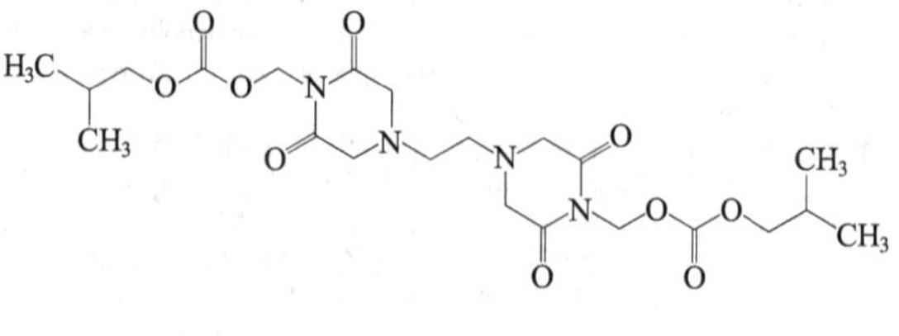

Soda lime 钠石灰 08896
[8006-28-8]

别名 苏打石灰；碱石灰；Sodium hydroxide with lime
GW 2015-1583 M. I. 15，8707
性状 白色或灰色颗粒。本品为氧化钙和氢氧化钠（约5%～20%）一定比例的混合物。在空气中吸收二氧化碳（吸收率约25%～35%）。
注意事项 该品具有腐蚀性，能引起严重烧伤。使用时应穿适当的防护服，戴手套和防护镜或面罩。万一接触到眼睛，应立即用大量水冲洗后请医生诊治。使用时如有事故发生或有不适之感，应请医生诊治。应密封于干燥处保存。
主要用途 测定碳。二氧化碳的吸收剂。干燥剂。

Sodium 钠 08897

[7440-23-5] Na 22.99
别名 金属钠；；Natrium
GW 2015-1582 M. I. 15，8708
性状 有光泽的银白色金属，立方体结构。质软而轻。遇水燃烧并分解，遇醇亦分解。溶于汞生成钠汞齐。mp 97.82℃；bp 881.4℃；Fp 128℉（53℃）；d^{20} 0.968。一般试剂含量≥99.0%。
注意事项 该品与水反应激烈，并释放出高度易燃气体。具有腐蚀性，能引起烧伤。使用时应保持容器干燥。使用时如有事故发生或有不适之感，应请医生诊治。万一着火，应用特殊的干粉灭火设备灭火，而不能用水。应存放于生产厂家指定的液体中，密封于干燥处保存。
主要用途 有机物中氮、硫、氟的检验。过氧化钠、氨基钠等的制备。有机合成和某些金属冶炼的还原剂。合成橡胶的催化剂。石油的脱硫剂。钠化合物及合金的制备。

Sodium acetate anhydrous 无水乙酸钠 08898

[127-09-3] $C_2H_3NaO_2$ 82.03
成分 C 29.28%，H 3.69%，Na 28.03%，O 39.01%。
别名 乙酸钠 无水；无水醋酸钠；醋酸钠 无水；Acetic acid sodium salt anhydrous
M. I. 15，8709
性状 白色粉末。有吸湿性。易溶于水，中等程度溶于乙醇。mp 324℃（分解）；*d* 1.528。
注意事项 使用时应避免吸入本品的粉尘，避免与眼睛及皮肤接触。应密封于干燥处保存。
主要用途 分析用于测定铅、锌、铝、铁、钴、锑、镍和锡。电子、仪表、冶金工业。媒染剂。缓冲剂。染料和制药工业。影片洗印。
参考规格 GB/T 694—2015

	优级纯	分析纯	化学纯
含量（CH_3COONa），质量分数/%≥	99.0	99.0	98.5
pH (50g/L, 25℃)	7.5～9.0	7.5～9.0	7.5～9.0
澄清度试验/号≤	3	3	5
水不溶物，质量分数/%≤	0.005	0.005	0.01
氯化物（Cl），质量分数/%≤	0.001	0.002	0.005
硫酸盐（SO_4），质量分数/%≤	0.003	0.003	0.01
磷酸盐（PO_4），质量分数/%≤	0.0005	0.0005	0.001
镁（Mg），质量分数/%≤	0.0005	0.0005	0.001
铝（Al）质量分数/%≤	0.001	0.001	0.002
钾（K），质量分数/%≤	0.002		
钙（Ca），质量分数/%≤	0.001	0.005	0.005
铁（Fe），质量分数/%≤	0.0005	0.0005	0.001
重金属（以Pb计），质量分数/%≤	0.001	0.001	0.002

Sodium acetate trihydrate 乙酸钠 三水 08899

[6131-90-4] $C_2H_3NaO_2 \cdot 3H_2O$ 136.08
成分（以无水物计） C 29.28%，H 3.69%，Na 28.03%，O 39.01%。
别名 三水合乙酸钠；结晶乙酸钠；乙酸钠 结晶；结晶醋酸钠；醋酸钠 结晶；Acetic acid sodium salt trihydrate
M. I. 15，8709
性状 无色透明结晶或白色颗粒。能在干燥空气中风化。1g该品溶于0.8mL水、0.6mL沸水、19mL乙醇。25℃时，其0.1mol/L水溶液pH值8.9。mp 58℃。120℃失去结晶水，温度再高即分解。*d* 1.45。
注意事项 该品应密封于阴凉干燥处保存。
主要用途 分析用于测定铅、铜、镍、铁。制备199培养基。媒染剂。缓冲剂。染料合成。影片洗印。
参考规格 GB/T 693—1996

	优级纯	分析纯	化学纯
含量（$CH_3COONa \cdot 3H_2O$）/%≥	99.5	99.0	98.0
pH值（50g/L，25℃）	7.5～9.0	7.5～9.0	7.5～9.0
澄清度试验	合格	合格	合格
水不溶物/%≤	0.002	0.002	0.005
氯化物（Cl）/%≤	0.0003	0.001	0.003
硫酸盐（SO_4）/%≤	0.002	0.005	0.005
磷酸盐（PO_4）/%≤	0.0002	0.0002	0.0005
铝（Al）/%≤	0.0005	0.0005	0.001
钾（K）/%≤	0.002		
钙（Ca）/%≤	0.001	0.002	0.005
铁（Fe）/%≤	0.0002	0.0002	0.0005
铜（Cu）/%≤	0.0005	0.0005	0.001
铅（Pb）/%≤	0.0005	0.0005	0.001
还原高锰酸钾物质（以HCOOH计）/%≤	0.005	0.01	0.02

Sodium alginate 海藻酸钠 08900

[9005-38-3] $(C_6H_7NaO_6)_n$
别名 藻朊钠；藻胶钠；藻酸钠；Sodium polymannuronate；Algin；Kelgin；Alginic acid sodium salt；Alto；Alman；Alloid；Allose；Protanal
M. I. 15，234
性状 奶油色至浅棕色粉末或颗粒。具有亲水悬胶体的性质。溶于水，不溶于乙醇、氯仿、乙醚等有机溶剂。溶液加热或冷却均不凝结。
注意事项 使用时应避免吸入本品的粉尘，避免与眼睛及皮肤接触。应密封于干燥处保存。
主要用途 稳定剂。作人造半透膜。媒染剂。增稠剂。锅炉防垢剂。制药工业。

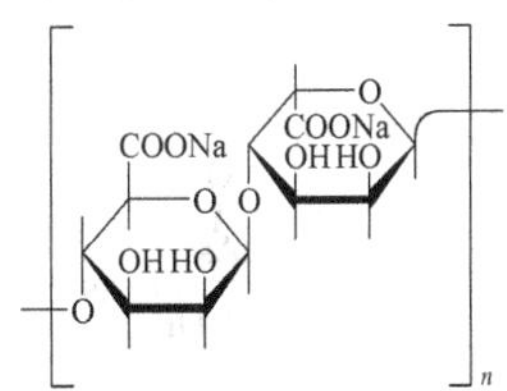

Sodium aluminate 铝酸钠 08901

[1302-42-7] [11138-49-1] $AlNaO_2$ 81.97
成分 Al 32.92%，Na 28.05%，O 39.04%。
别名 氧化铝钠；偏铝酸钠；Aluminum sodium oxide；Sodium metaaluminate
GW 2015-1379 M. I. 15，8712
性状 白色颗粒或块状物。易溶于水，其溶液呈强碱性。不溶于乙醇。mp 1650℃。
注意事项 该品具有腐蚀性，能引起严重烧伤。使用时应穿适当的防护服，戴手套和防护镜或面罩。万一接触到眼睛，应立即用大量水冲洗后请医生诊治。使用时如有事故发生或有不适之感，应请医生诊治。应密封于干燥处保存。
主要用途 分析试剂。媒染剂。沸石和乳白色玻璃的制造。

Sodium amide 氨基钠 08902

[7782-92-5] H_2NNa 39.01
成分 H 5.17%，N 35.91%，Na 58.93%。
别名 Sodamide
M. I. 15，8714
性状 无色结晶或白色结晶性粉末。有氨味。溶于氨水（20℃，约0.1%），遇水分解成氢氧化钠和氨，亦能被热乙醇和弱酸所分解。mp 210℃；约400℃开始分解。一般试剂含量≥95.0%（T）。
注意事项 该品遇水激烈反应并放出高度易燃气体。能形成爆炸性过氧化物。具有腐蚀性，能引起烧伤。使用时应穿适当的防护服和戴手套及防护镜或面罩。使用时应避免吸入本品的粉尘，应保持容器干燥。万一接触到眼睛，应立即用大量水冲洗后请医生诊治。使用时如有事故发生或有不适之感，应立即请医生诊治。使用完毕应立即脱掉受污染的衣服。万一着火时应使用干砂灭火，而不能用水。应远离火种，充氩气密封于干燥处保存。
主要用途 脱水剂。有机合成。氰化钠的制造。

Sodium ammonium hydrogen phosphate tetrahydrate 磷酸氢铵钠 四水 08903

[13011-54-6] $H_5NNaO_4P \cdot 4H_2O$ 209.07
成分（以无水物计） H 3.68%，N 10.22%，Na 16.78%，O 46.71%，P 22.61%。
别名 四水合磷酸氢铵钠；磷酸氢钠铵 四水；Ammonium sodium hydrogen phosphate; Ammonum sodium phosphate dibasic tetrahydrate Microcosmic salt; *sec*-Sodium ammonium phosphate
性状 无色透明单斜结晶或白色颗粒。无味。在空气中风化并失去部分氨。溶于约5份冷水、1份沸水，不溶于乙醇。其5%水溶液pH值7.8～8.2。mp约80℃；*d* 1.544。一般试剂含量≥99.0%（NT）。
注意事项 使用时应避免吸入本品的粉尘，避免与眼睛及皮肤接触。
主要用途 用于测定镁、锌。铀溶液的标定。

Sodium arsanilate 氨基苯胂酸钠 08904

[127-85-5] $C_6H_7AsNNaO_3$ 239.04
成分 C 30.15%，H 2.95%，As 31.34，N 5.86%，Na 9.62%，O 20.08%。
别名 阿托克西耳；阿散酸钠；(4-Aminophenyl) arsonic acid sodium salt; Arsanilic acid sodium salt; Sodium aminarsonate; Sodium *p*-aminophenylarsonate; Sodium anilarsonate; Arsamin; Atoxyl; Nuarsol; Protoxyl; Soamin; Sonate; Piglet pro-Gen V; Trypoxyl
M.I.15，783
性状 一般商品为四水合物［6696-54-4］。白色结晶性粉末。无气味。溶于约6份水、约100份乙醇。其水溶液对石蕊呈中等酸性。
注意事项 该品有毒。
主要用途 过去的抗梅毒剂。

Sodium arsenate dibasic heptahydrate 砷酸氢二钠 七水 08905

[10048-95-0] $AsHN_2O_4 \cdot 7H_2O$ 312.01
成分（以无水物计） As 40.30%，H 0.54%，Na 24.73%，O 34.42%。
别名 七水合砷酸氢二钠；Disodium arsenate; Di-Sodium arsenate; di-Sodium hydrogen arsenate
GW 2015-1941 M.I.15，8715
性状 无色无味的结晶。在热空气中易风化。溶于1.3份水，溶于甘油，水溶液对石蕊呈碱性。微溶于乙醇。mp 57℃（急速加热）；125℃（无水物）；*d* 1.87。LD_{75} 大鼠腹膜内注射：14～18mg As/kg。一般试剂含量≥98.5%（RT）。
注意事项 该品吸入或口服有毒。能致癌。对水生物极毒。能对水环境引起不利的结果。使用前应得到专门的指导，避免曝露。使用时如有事故发生或有不适之感，应请医生诊治。应防止将本品释放于环境中。其包装物应按危险品处理。应密封保存。
主要用途 钢铁分析试剂。测定砷、铍。与吗啡、乌头碱、香木瓜蛋白酶等作用产生显色反应。

Sodium arsenite 亚砷酸钠 08906

[7784-46-5] $AsNaO_2$ 129.91
成分 As 57.67%，Na 17.70%，O 24.63%。
别名 偏亚砷酸钠；Sodium dioxoarsenate; Sodium meta arsenite
GW 2015-2462 M.I.15，8716
性状 白色或灰白色粉末。有潮解性。易溶于水，微溶于乙醇。能吸收空气中二氧化碳。LD_{50} 大鼠急性经口：41mg/kg。
注意事项 该品吸入或口服有毒。能致癌。对水生物有害。能对水环境引起不利的结果。使用前应得到专门的指导，避免曝露。使用现场不得进餐或吸烟。接触皮肤后应立即用大量水冲洗。使用时如有事故发生或有不适之感，应立即请医生诊治。应防止将本品释放于环境中。其包装物应按危险品处理。应密封于干燥处保存。
主要用途 分析试剂，如碘和锰的微量分析。杀虫剂。防腐剂。兽用杀螨剂。

Sodium azide 叠氮化钠 08907

[26628-22-8] N_3Na 65.01
成分 N 64.64%，Na 35.36%。
别名 叠氮钠；三氮化钠；Smite
GW 2015-217 M.I.15，8717
性状 无色六角形结晶。溶于水（10℃，40.16%；17℃，41.7%）及氨水，微溶于乙醇，不溶于乙醚。本品不稳定，加热至300℃时分解成钠和氮气。*d* 1.846。LD_{50} 大鼠急性经口：45mg/kg。一般试剂含量≥99.0%（T）。
注意事项 该品遇高热或剧烈震动能爆炸。口服极毒。与酸接触能释放出极毒气体。对水生物极毒。能对水环境引起长期不利的结果。接触皮肤后应立即用大量水冲洗。使用时如有事故发生或有不适之感，应立即请医生诊治。应防止将本品释放于环境中。其包装物应按危险品处理。应密封于阴凉处保存。
主要用途 检测硫化物及硫氰酸盐的试剂。细菌培养基的配制。有机合成。制备叠氮酸盐，如叠氮铅。制纯钠。防老剂。

Sodium benzenesulfinate 苯亚磺酸钠 08908

[873-55-2] $C_6H_5NaO_2S$ 164.16
成分 C 43.90%，H 3.07%，Na 14.00%，O 19.49%，S 19.53%。
别名 Benzenesulfinic acid sodium salt
性状 白色或浅黄色鳞片状结晶。溶于水，溶液呈弱碱性。mp>300℃。一般试剂含量≥97.0%（HPLC）。
注意事项 使用时应避免吸入本品的粉尘，避免与眼睛及皮肤接触。应密封保存。
主要用途 检测钸、铁、钛、锆的试剂。

Sodium benzenesulfonate 苯磺酸钠 08909

[515-42-4] $C_6H_5NaO_3S$ 180.15
成分 C 40.00%，H 2.80%，Na 12.76%，O 26.64%，S 17.80%。
别名 一水合苯磺酸钠；Benzene sulfonic acid sodium salt; Sodium benzosulfonate
M.I.15，1071
性状 无色结晶或白色片状结晶或粉末。溶于水，微溶于乙醇。一般试剂含量≥99.0%（T）。
注意事项 该品口服有害。对眼睛、呼吸系统及皮肤有刺激性。使用时应避免吸入本品的粉尘，避免与眼睛及皮肤接触。万一接触到眼睛，应立即用大量水冲洗后请医生诊治。
主要用途 显微微晶分析法测定钾。

Sodium benzoate 苯甲酸钠 08910

[532-32-1] $C_7H_5NaO_2$ 144.10
成分 C 58.34%，H 3.50%，Na 15.95%，O 22.21%。
别名 安息香酸钠；苯酸钠；Benzoic acid sodium salt
M.I.15，8718
性状 白色颗粒或结晶性粉末。无味。1g该品溶于1.8mL水、1.4mL沸水，其溶液对石蕊呈弱碱性，pH约8。溶于约75mL乙醇，溶于50mL 47.5mL乙醇与3.7mL水的混合溶液。mp >300℃。LD_{50} 大鼠急性经口：4.07g/kg。一般试剂含量≥99.0%（NT）。
注意事项 该品对眼睛、呼吸系统及皮肤有刺激性。可能危害胎儿。可能损伤生育力。对机体有不可逆损伤的可能性。使用时应穿适当的防护服和戴手套。使用时应避免与眼睛及皮肤接触。万一接触到眼睛，应立即用大量水冲洗后请医生诊治。其包装物应按危险品处理。应密封保存。

主要用途 血清胆红素试验的助溶剂。制药工业。染料中间体。杀菌剂。防腐剂。植物遗传研究。

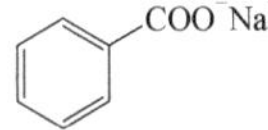

Sodium bicarbonate 碳酸氢钠 08911

[144-55-8] $CHNaO_3$ 84.01

成分 C 14.30%，H 1.20%，Na 27.37%，O 57.13%。

别名 小苏打；重曹；重碳酸钠；酸式碳酸钠；Baking soda；Sodium acid carbonate；Sodium hydrogen carbonate

M. I. 15，8719

性状 白色结晶性粉末或颗粒。溶于水（约 18℃，12 份；25℃，10 份），溶液呈弱碱性（25℃，0.1mol/L 水溶液 pH 值 8.3），几乎不溶于乙醇。遇酸则剧烈分解。d 2.159；n_D^{20} 1.500。

注意事项 使用时应避免吸入本品的粉尘，避免与眼睛及皮肤接触。

主要用途 分析试剂。生化培养基的配制。无机合成。医用解酸剂，尿路及全身碱化剂。

参考规格 GB/T 640—1997

	优级纯	分析纯	化学纯
含量（$NaHCO_3$）/%≥	99.5	99.5	99.0
pH 值（50g/L，25℃）/≤	8.6	8.6	8.6
澄清度试验	合格	合格	合格
水不溶物/%≤	0.005	0.01	0.02
氯化物（Cl）/%≤	0.001	0.002	0.005
总氮量（N）/%≤	0.0005	0.001	0.002
硫酸盐（SO_4）/%≤	0.002	0.005	0.01
磷酸盐和硅酸盐（以 SiO_2 计）/%≤	0.002	0.005	0.01
镁（Mg）/%≤	0.002	0.003	0.005
钾（K）/%≤	0.005	0.01	0.02
钙（Ca）/%≤	0.005	0.007	0.01
铁（Fe）/%≤	0.0005	0.001	0.002
重金属（以 Pb 计）/%≤	0.0005	0.001	0.002
还原碘物质（以 I 计）/%≤	0.0065		

Sodium bifluoride 氟化氢钠 08912

[1333-83-1] F_2HNa 61.99

成分 F 61.30%，H 1.63%，Na 37.09%。

别名 氟氢化钠；酸式氟化钠；Sodium hydrogen fluoride；Sodium hydrogen difluoride

GW 2015-759 M. I. 15，8720

性状 白色结晶性粉末。有吸湿性。加热分解。溶于水，不溶于乙醇。水溶液能腐蚀玻璃。一般试剂含量≥98.0%。

注意事项 该品口服有毒。具有腐蚀性，能引起烧伤。使用时应戴手套。使用时应避免吸入本品的粉尘，避免与眼睛及皮肤接触。万一接触到眼睛，应立即用大量水冲洗后请医生诊治。使用时如有事故发生或有不适之感，应请医生诊治。应密封于干燥处保存。

主要用途 防腐剂。助熔剂。雕刻玻璃的腐蚀剂。动植物标本保存剂。无水氟化氢的制造。

Sodium biselenite 亚硒酸氢钠 08913

[7782-82-3] $HNaO_3Se$ 150.96

成分 H 0.67%，Na 15.23%，O 31.79%，Se 52.31%。

别名 重亚硒酸钠；Sodium hydrogen selenite；Sodium hydroselenite

GW 2015-2477

性状 白色结晶。易潮解。溶于水，不溶于乙醇。一般试剂含量≥96.0%（RT）。

注意事项 该品吸入或口服有毒，并具有蓄积性危害。对水生物极毒。能对水环境引起长期不良的影响。使用现场不得进餐或吸烟。接触皮肤后应立即用大量水冲洗。使用时如有事故发生或有不适之感，应立即请医生诊治。应防止将本品释放于环境中。其包装物应按危险品处理。应密封于干燥处保存。

主要用途 分析试剂。细菌培养基的制备。培养、分离沙门菌。

Sodium bismuthate hydrate 铋酸钠 水合 08914

[12232-99-4] [129935-02-0] $BiNaO_3$ 279.97+18.02x

成分 Bi 74.64%，Na 8.21%，O 17.14%。

别名 水合铋酸钠；偏铋酸钠水合；Sodium metabismuthate hydrate

M. I. 15，8721

性状 黄色至黄棕色的无定形粉末。微有吸湿性。不溶于冷水，加沸水或遇酸迅速分解。在空气中逐渐失去氧。LD_{100} 大鼠急性经口：720mg/kg。一般试剂含量≥90.0%。

注意事项 该品口服有害。应密封于干燥处保存。

主要用途 分析试剂，钢铁分析中锰的测定。氧化剂。

Sodium bisulfate monohydrate 硫酸氢钠 一水 08915

[10034-88-5] $HNaO_4S \cdot H_2O$ 138.07

成分（以无水物计） H 0.84%，Na 19.15%，O 53.30%，S 26.71%。

别名 一水合硫酸氢钠；重硫酸钠 一水；酸式硫酸钠 一水；Sodium acid sulfate monohydrate；Sodium hydrogen sulfate monohydrate

GW 2015-1326 M. I. 15，8722

性状 无色、无味的结晶。有潮解性。溶于约 0.8 份水，其溶液呈强酸性（0.1mol/L 溶液，pH 值 1.4）。能被乙醇分解为硫酸钠和硫酸。mp 58.54℃。约 315℃ 分解。d 2.103。一般试剂含量≥98.0%（T）。

注意事项 该品对眼睛有严重损伤的危险。使用时应避免与皮肤接触。万一接触到眼睛，应立即用大量水冲洗后请医生诊治。应密封于干燥处保存。

主要用途 分析试剂。测定溴、碘、铜和二氧化钛。矿物分析。助熔剂。

Sodium bisulfite 亚硫酸氢钠 08916

[7631-90-5] $HNaO_3S$ 104.05

成分 H 0.97%，Na 22.09%，O 46.13%，S 30.81%。

别名 重亚硫酸钠；酸式亚硫酸钠；Sodium acid sulfite；Sodium hydrogen sulfite

GW 2015-2455 M. I. 15，8724

性状 白色结晶性粉末。有二氧化硫气味。溶于 3.5 份冷水、2 份沸水，溶于约 70 份乙醇。其水溶液呈酸性。在空气中易被氧化为硫酸盐。d 1.48。LD_{50} 大鼠静脉注射：115mg/kg。

注意事项 该品口服有毒。与酸接触能释放出有毒气体。对眼睛、呼吸系统及皮肤有刺激性。使用时应穿适当的防护服，应避免吸入本品的粉尘，避免与眼睛及皮肤接触。万一接触到眼睛，应立即用大量水冲洗后请医生诊治。如误服本品，应立即请医生检查，并出示瓶签或包装物。应密封于阴凉干燥处保存。

主要用途 分析中用作还原剂。漂白剂。细菌抑制剂。

参考规格 HG/T 3492—2003

	分析纯	化学纯
含量（以 SO_2 计）/%	58.5	58.5
澄清度试验	合格	合格
水不溶物/%≤	0.005	0.01
氯化物（Cl）/%≤	0.01	0.02
铁（Fe）/%≤	0.001	0.002
重金属（以 Pb 计）/%≤	0.001	0.002
砷（As）/%≤	0.0001	0.0002

Sodium bitartrate anhydrous 无水酒石酸氢钠 08917

[526-94-3] $C_4H_5NaO_6$ 172.07

成分 C 27.92%，H 2.93%，Na 13.36%，O 55.79%。

别名 无水重酒石酸钠；重酒石酸氢钠 无水；酒石酸氢钠 无水；Sodium acid tartrate anhydrous；Sodium hydrogen tartrate anhydrous

M. I. 15，8725

性状 白色结晶性粉末，溶于水。mp 243℃（分解）。一般试剂含量≥98.0%。

Sodium bitartrate monohydrate　酒石酸氢钠　一水 08918
[6131-98-2]　$C_4H_5O_6Na \cdot H_2O$　190.08
成分（以无水物计）　C 27.92%，H 2.93%，Na 13.36%，O 55.79%。
别名　一水合重酒石酸钠；一水合酒石酸氢钠；重酒石酸钠一水；Sodium acid tartrate monohydrate；Sodium hydrogen tartrate monohydrate；L-(+)-Tartaric acid monosodium salt monohydrate
M. I. 15，8725
性状　白色结晶。溶于约9份水、2份沸水，溶液呈酸性。几乎不溶于乙醇。100℃失去结晶水。$[\alpha]_{546}^{20}$ +26°±1°；$[\alpha]_D^{20}$+23°±1°（c=1，于水中）。一般试剂含量≥99.0%。
主要用途　分析试剂，如钾的测定。培养基的制备。

Sodium borohydride　硼氢化钠 08919
[16940-66-2]　BH_4Na　37.83
成分　B 28.58%，H 10.66%，Na 60.77%。
别名　四氢硼化钠；硼氢钠；Sodium tetrahydroborate
GW 2015-1608　M. I. 15，8727
性状　无色立方体结晶或白色结晶性粉末。具有潮解性。该品于下列物质中溶解度如下（质量分数）：溶于水（25℃，55%；60℃，88.5%）、氨水（25℃，104%）、乙二胺（75℃，22%）、吡啶（25℃，3.1%）、吗啡啉（25℃，1.4%）、甲醇（20℃，16.4%，起反应）、乙醇（20℃，4.0%逐渐反应）、四氢糠醇（20℃，14.0%）、四氢呋喃（20℃，0.1%）、二乙二醇二甲醚（25℃，5.5%）、二甲基甲酰胺（20℃，18.0%）、四氢呋喃甲醇（20℃，14.0%，缓慢溶解），不溶于乙醚。mp 36～37℃；d 1.074。一般试剂含量≥98.0%。
注意事项　该品与水接触时能释放出高度易燃气体。吸入、口服或与皮肤接触有毒。具有腐蚀性，能引起烧伤。使用时应穿适当的防护服，戴手套和防护镜或面罩。应避免吸入本品的粉尘。万一接触到眼睛，应立即用大量水冲洗后请医生诊治。接触皮肤能引起过敏。使用时如有事故发生或有不适之感，应立即请医生诊治。万一着火，应用特殊粉末灭火，而不能用水。应远离生活区，充氩气密封于干燥处保存。
主要用途　有机化合物中微量醛、酮、过氧化物的清除剂。

Sodium bromate　溴酸钠 08920
[7789-38-0]　$BrNaO_3$　150.89
成分　Br 52.96%，Na 15.24%，O 31.81%。
GW 2015-2421　M. I. 15，8728
性状　无色、无味的结晶或白色颗粒或结晶性粉末。溶于2.5份水、1.1份沸水，其溶液呈中性，不溶于乙醇。mp 381℃（分解）；d 3.34。一般试剂含量≥99.0%（RT）。
注意事项　该品与易燃物品接触能引起燃烧。口服有毒。对眼睛、呼吸系统及皮肤有刺激性。使用时应穿适当的防护服。万一接触到眼睛，应立即用大量水冲洗后请医生诊治。应远离易燃物品密封保存。
主要用途　用于容量分析，如酚类的测定。氧化剂。

Sodium bromide　溴化钠 08921
[7647-15-6]　BrNa　102.89
成分　Br 77.66%，Na 22.34%。
别名　钠溴；Sedoneural
M. I. 15，8729
性状　白色结晶、颗粒或粉末。味道微苦。能吸收空气中水分。1g该品溶于1.1mL水、约16mL乙醇、6mL甲醇。其水溶液几乎呈中性，pH值6.5～8.0。mp 755℃；d 3.21。LD_{50}大鼠急性经口：3.5g/kg。
注意事项　该品对眼睛、呼吸系统和皮肤有刺激性。使用时应戴手套。应避免吸入本品的粉尘，避免与眼睛及皮肤接触。万一接触到眼睛，应立即用大量水冲洗后请医生诊治。应密封于干燥处保存。
主要用途　分析试剂，微量分析测定镉。无机和有机合成。照相制版。制药工业。

参考规格　GB/T 1265—2003	分析纯	化学纯
含量（NaBr）/%≥	99.0	98.0
pH值（50g/L，25℃）	5.5～8.5	5.5～8.5
澄清度试验/号≤	合格	合格
水不溶物/%≤	0.005	0.02
氯化物（Cl）/%≤	0.2	0.5
溴酸盐（BrO_3）/%≤	0.001	0.003
碘化物（I）/%≤	0.02	0.05
总氮量（N）/%≤	0.001	0.002
硫酸盐（SO_4）/%≤	0.002	0.005
镁（Mg）/%≤	0.0005	0.002
钾（K）/%≤	0.1	
钙（Ca）/%≤	0.002	0.005
铁（Fe）/%≤	0.0002	0.0005
重金属（以Pb计）/%≤	0.0002	0.0005
钡（Ba）/%≤	0.002	0.005

Sodium butyrate anhydrous　无水丁酸钠 08922
[156-54-7]　$C_4H_7NaO_2$　110.09
成分　C 43.64%，H 6.41%，Na 20.88%，O 29.06%。
别名　丁酸钠 无水；无水正丁酸钠；正丁酸钠 无水；无水酪酸钠；Butyric acid sodium salt
性状　白色结晶。溶于水、乙醇。mp 250～253℃。一般试剂含量≥99.0%（GC）。
注意事项　该品对眼睛、呼吸系统及皮肤有刺激性。可能致癌。使用时应穿适当的防护服和戴手套。万一接触到眼睛，应立即用大量水冲洗后请医生诊治。应充氩气密封于阴凉干燥处保存。
主要用途　生化研究。有机合成。

Sodium cacodylate trihydrate　二甲胂酸钠　三水 08923
[6131-99-3] [124-65-2]　$C_2H_6AsNaO_2 \cdot 3H_2O$　214.03
成分（以无水物计）　C 15.02%，H 3.78%，As 46.83%，Na 14.37%，O 20.00%。
别名　二甲基胂酸钠；三水合二甲胂酸钠；双甲胂酸钠；卡可地钠；Arsecodile；Arsicodile；Arsycodile；Cacodylic acid sodium salt trihydrate；Dimethyl arsinic acid sodium salt；[(Dimethylarsino)oxy]sodium As-oxide；Rad-ecate；Silvisar；Sodium dimethylarsonate
GW 2015-468　M. I. 15，8730
性状　无色或白色无定形结晶性颗粒或粉末。微有气味。极易潮解。1g该品溶于0.5mL水、2.5mL乙醇。其溶液pH值约8～9。约60℃液化，120℃成为无水物且分解。一般试剂含量≥98.0%（T）。
注意事项　该品吸入或口服有毒。对水生物极毒。能对水环境引起长期不良的影响。使用时应避免吸入本品的粉尘。使用现场不得进餐或吸烟。接触皮肤后，应立即用大量水冲洗。使用时如有事故发生或有不适之感，应立即请医生诊治。应防止将本品释放于环境中。其包装物应按危险品处理。应密封于干燥处保存。
主要用途　除草剂。生化研究。

$H_3C-As(=O)(CH_3)-O^-\,Na^+ \cdot 3H_2O$

Sodium caproate　己酸钠 08924
[10051-44-2]　$C_6H_{11}NaO_2$　138.14
成分　C 52.17%，H 8.03%，Na 16.64%，O 23.16%。
别名　正己酸钠；Sodium hexanoate；n-Caproic acid sodium salt；Hexanoic acid sodium salt
性状　白色结晶或粉末。溶于水，微溶于乙醇。一般试剂含量≥99.0%（NT）。
注意事项　该品对眼睛、呼吸系统及皮肤有刺激性。使用时应穿适当的防护服。万一接触到眼睛，应立即用大量水冲洗后请医生诊治。
主要用途　有机试剂。

Sodium caprylate　辛酸钠 08925
[1984-06-1]　$C_8H_{15}NaO_2$　166.20
成分　C 57.81%，H 9.10%，Na 13.83%，O 19.25%。
别名　正辛酸钠；Octanoic acid sodium salt；Sodium n-octoate；Caprylic acid sodium salt；Sodium octanoate
性状　乳酪色的细小颗粒。易溶于水。mp 约245℃（分解）。一般试剂含量≥98.5%（T）。

主要用途 制药工业。

Sodium carbonate anhydrous 无水碳酸钠 08926

[497-19-8] CNa_2O_3 105.99

成分 C 11.33%，Na 43.38%，O 45.28%。

别名 炭氧；纯碱；碱粉；碳酸钠 无水；碱面；Soda ash；Soda calcined；Solvay soda

M. I. 15，8731

性状 白色粉末。在空气中逐渐吸水成为一水合物。溶于3.5份水、2.2份35℃水。溶于甘油，不溶于乙醇。遇酸分解。其水溶液呈强碱性，pH值11.6。mp 851℃；*d* 2.53。LD_{50}（30d）小鼠腹膜内注射：116.6mg/kg。

注意事项 该品对眼睛有刺激性。使用时应避免吸入本品的粉尘，万一接触到眼睛，应立即用大量水冲洗后请医生诊治。应密封于干燥处保存。

主要用途 分析试剂。光谱分析试剂。测定铝、硫、铜、铅、锌。检验尿液及全血葡萄糖。影片洗印。

参考规格

GB 1255—2007	工作基准试剂
含量（Na_2CO_3）/%	99.95～100.05
澄清度试验/号≤	2
灼烧失重/%≤	0.5
氯化物（Cl）/%≤	0.001
总氮量（N）/%≤	0.001
硫化合物（以 SO_4 计）/%≤	0.003
磷酸盐及硅酸盐（以 SiO_3 计）/%≤	0.0025
镁（Mg）/%≤	0.0005
铝（Al）/%≤	0.001
钾（K）/%≤	0.005
钙（Ca）/%≤	0.01
铁（Fe）/%≤	0.0003
重金属（以 Pb 计）/%≤	0.0005

GB 10735—2008	第一基准试剂
含量（Na_2CO_3）/%	99.98～100.02
澄清度试验/号≤	2
水不溶物/%≤	0.005
氯化物（Cl）/%≤	0.001
硫化合物（以 SO_4 计）/%≤	0.003
总氮量（N）/%≤	0.001
磷酸盐及硅酸盐（以 SiO_3 计）/%≤	0.0025
镁（Mg）/%≤	0.0005
铝（Al）/%≤	0.001
钾（K）/%≤	0.005
钙（Ca）/%≤	0.005
铁（Fe）/%≤	0.0003
重金属（以 Pb 计）/%≤	0.0005

GB/T 639—2008	优级纯	分析纯	化学纯
含量（Na_2CO_3）/%≥	99.8	99.8	99.8
澄清度试验/号≤	2	3	4
水不溶物/%≤	0.005	0.01	0.02
灼烧失重（300℃）/%≤	0.5	1.0	1.0
氯化物（Cl）/%≤	0.001	0.002	0.005
硫化合物（以 SO_4 计）/%≤	0.003	0.005	0.01
总氮量（N）/%≤	0.001	0.001	0.002
磷酸盐及硅酸盐（以 SiO_3 计）/%≤	0.0025	0.006	0.013
镁（Mg）/%≤	0.0005	0.002	0.005
铝（Al）/%≤	0.001	0.003	0.01
钾（K）/%≤	0.005	0.005	0.02
钙（Ca）/%≤	0.005	0.01	0.02
铁（Fe）/%≤	0.0003	0.0005	0.001
重金属（以 Pb 计）/%≤	0.0005	0.0005	0.001

Sodium carbonate decahydrate 碳酸钠 十水 08927

[6132-02-1] $CNaO_3 \cdot 10H_2O$ 286.14

成分（以无水物计） C 11.33%，Na 43.38%，O 45.29%。

别名 十水合碳酸钠；结晶碳酸钠；冰碱；结晶苏打；碳酸钠 结晶；Nevite soda；Sodium carbonate crystal；Washing soda；Sal soda

M. I. 15，8731

性状 无色透明结晶。易风化。溶于2份冷水、0.25份沸水，溶于甘油，不溶于乙醇。其水溶液对石蕊呈强碱性。mp 30℃；*d* 1.46。

注意事项 见 08926 无水碳酸钠。

主要用途 分析试剂。微量分析定锰、铊及碳酸盐。照相制版。兽用催吐剂。溶液用于清洗皮肤。

参考规格

HG/T 4196—2011	分析纯	化学纯
含量（$Na_2CO_3 \cdot 10H_2O$）/%≥	99.0	99.0
澄清度试验/号≤	3	4
水不溶物/%≤	0.005	0.01
氯化物（Cl）/%≤	0.001	0.003
硫化合物（以 SO_4 计）/%≤	0.003	0.005
磷酸盐（PO_4）/%≤	0.0005	0.002
硅酸盐（SiO_3）/%≤	0.001	0.005
总氮量（N）/%≤	0.0005	0.001
镁（Mg）/%≤	0.0003	0.002
铝（Al）/%≤	0.0005	0.003
钾（K）/%≤	0.003	0.01
钙（Ca）/%≤	0.003	0.008
铁（Fe）/%≤	0.0002	0.0003
重金属（以 Pb 计）/%≤	0.0003	0.0005

Sodium carbonate monohydrate 碳酸钠 一水 08928

[5968-11-6] $CNa_2O_3 \cdot H_2O$ 124.00

成分（以无水物计） C 11.33%，Na 43.38%，O 45.29%。

别名 一水合碳酸钠；一水苏打；Soda monohydrate

M. I. 15，8731

性状 无色或白色微小结晶或结晶性粉末。无味。溶于3份水、1.8份沸水、7份甘油，不溶于乙醇。*d* 2.25。一般试剂含量≥99.5%（T）。

注意事项 见 08926 无水碳酸钠。应密封于阴凉干燥处保存。

主要用途 软水剂。钠盐的制备。照相用。

Sodium chlorate 氯酸钠 08929

[7775-09-9] $ClNaO_3$ 106.44

成分 Cl 33.31%，Na 21.60%，O 45.09%。

别名 白药钠；氯酸碱；Atlacide；Defol；Dervan

GW 2015-1535 M. I. 15，8733

性状 无色无味的结晶或白色颗粒。溶于约1mL冷水、0.5mL沸水、4mL甘油、约130mL乙醇、约50mL沸乙醇。其水溶液呈中性。mp 248℃；约300℃放出氧；*d* 2.5。LD_{50}大鼠急性经口：12g/kg。一般试剂含量≥99.0%（T）。

注意事项 该品与易燃物品混合时具有爆炸性。口服有毒。对水生物有毒。能对水环境引起长期不良的影响。如误服本品，应立即请医生检查，并出示瓶签或包装物。应防止将本品释放于环境中。应远离易燃物品，远离食品、饮料和动物饲料，密封于阴凉干燥处保存。

主要用途 电子、仪表、冶金工业。氧化剂。除草剂。

Sodium chloride 氯化钠 08930

[7647-14-5] ClNa 58.44

成分 Cl 60.66%，Na 39.34%。

别名 食盐；Common salt；Salt；Sea salt；Rock salt

M. I. 15，8734

性状 无色或白色四方体结晶或结晶性粉末。微有潮解性。1g该品溶于2.8mL水（25℃）、2.6mL沸水、10mL甘油。极微溶于乙醇，几乎不溶于浓盐酸。其水溶液呈中性，pH值6.7～7.3。mp 800.4℃；*d* 2.17。LD_{50}大鼠急性经口：(3.75±0.43) g/kg。

主要用途 分析试剂。微量分析测定氟和硅酸盐的试剂。标定硝酸银的基准试剂。生物培养基的制备。血液常规检验。肝功能试验。制冷混合剂。食品防腐剂，调味剂。医用电解液补充剂，催吐剂，局部抗炎剂。

参考规格

GB 1253—2007	工作基准试剂
含量（NaCl）/%	99.95～100.05
pH值（50g/L溶液，25℃）	5.0～8.0
澄清度试验/号≤	2
水不溶物/%≤	0.003
磷酸盐（PO_4）/%≤	0.0005

项目	指标
溴化物（Br）/%≤	0.005
碘化物（I）/%≤	0.001
六氰合铁（Ⅱ）酸盐［以 $Fe(CN)_6$ 计］/%≤	0.0001
硫酸盐（SO_4）/%≤	0.001
总氮量（N）/%≤	0.0005
镁（Mg）/%≤	0.001
钾（K）/%≤	0.01
钙（Ca）/%≤	0.002
铁（Fe）/%≤	0.0001
重金属（以 Pb 计）/%≤	0.0005
钡（Ba）/%≤	0.001

GB 10733—2008	第一基准试剂
澄清度试验/号≤	2
水不溶物/%≤	0.003
碘化物（I）/%≤	0.001
溴化物（Br）/%≤	0.005
硫酸盐（SO_4）/%≤	0.001
总氮量（N）/%≤	0.0005
磷酸盐（PO_4）/%≤	0.0005
六氰合铁（Ⅱ）酸盐［以 Fe（CN）$_6$ 计］/%≤	0.0001
镁（Mg）/%≤	0.001
钾（K）/%≤	0.01
钙（Ca）/%≤	0.002
铁（Fe）/%≤	0.0001
钡（Ba）/%≤	0.001
重金属（以 Pb 计）/%≤	0.0005

GB/T 1266—2006	优级纯	分析纯	化学纯
含量（NaCl）/%≥	99.8	99.5	99.5
pH 值（50g/L，25℃）	5.0～8.0	5.0～8.0	5.0～8.0
澄清度试验	合格	合格	合格
水不溶物/%≤	0.003	0.005	0.02
干燥失重/%≤	0.2	0.5	0.5
溴化物（Br）/%≤	0.005	0.01	0.05
碘化物（I）/%≤	0.001	0.002	0.012
总氮量（以 N 计）/%≤	0.0005	0.001	0.003
硫酸盐（SO_4）/%≤	0.001	0.002	0.005
镁（Mg）/%≤	0.001	0.002	0.005
钾（K）/%≤	0.01	0.02	0.04
钙（Ca）/%≤	0.002	0.005	0.01
六氰合铁（Ⅱ）酸盐［以 $Fe(CN)_6$ 计］/%≤	0.0001	0.0001	
磷酸盐（PO_4）/%≤	0.0005	0.001	
铁（Fe）/%≤	0.0001	0.0002	0.0005
重金属（以 Pb 计）/%≤	0.0005	0.0005	0.001
砷（As）/%≤	0.00002	0.00005	0.0001
钡（Ba）/%≤	0.001	0.001	0.001

Sodium chloroacetate 氯乙酸钠 08931

［3926-62-3］ $C_2H_2ClNaO_2$ 116.48

成分 C 20.62%，H 1.73%，Cl 30.44%，Na 19.74%，O 27.47%。

别名 一氯乙酸钠；Chloroacetic acid sodium salt Somon GW 2015-1555 M. I. 15，2112

性状 白色结晶性固体。溶于水（20℃，85g/100mL），微溶于甲醇，不溶于丙酮、苯、乙醚、四氯化碳。LD_{50} 大鼠，小鼠，豚鼠急性经口（mg/kg）：76，255，80。一般试剂含量≥97.0%（NT）。

注意事项 该品口服有毒。对皮肤有刺激性。对水生物极毒。使用时应戴手套。使用时应避免吸入本品的粉尘。使用时如有事故发生或有不适之感，应请医生诊治。应防止将本品释放于环境中。

主要用途 染料合成。除草剂。

Sodium chloroaurate dihydrate 氯金酸钠 二水 08932

［13874-02-7］ $AuCl_4Na \cdot 2H_2O$ 397.79

成分（以无水物计） Au 54.45%，Cl 39.20%，Na 6.35%。

别名 二水合氯金酸钠；四氯金酸钠；Gold sodium chloride；Sodium aurichloride；Sodium chloroaurate（Ⅲ）；Sodium tetrachloroaurate（Ⅲ）；Sodium gold chloride；Sodium tetrachloroaurate（Ⅲ）dihydrate

M. I. 15，8816

性状 橙黄色正交双锥体结晶。易溶于水，溶于乙醇、乙醚。热至100℃时仍稳定。温度高于100℃时则失去结晶水而分解，析出金。一般试剂含量（以 Au 计）≥48.0%。

注意事项 该品对眼睛及呼吸系统有刺激性。使用时应戴手套和防护镜或面罩。万一接触到眼睛，应立即用大量水冲洗后请医生诊治。应密封避光于阴凉干燥处保存。

主要用途 分析试剂。制药工业。电镀。照相。

Sodium chloroplatinate hexahydrate 氯铂酸钠 六水 08933

［16923-58-3］［19583-77-8］ $Cl_6Na_2Pt \cdot 6H_2O$ 561.88

成分（以无水物计） C 46.88%，Na 10.13%，Pt 42.99%。

别名 六水合六氯铂酸钠；六水合氯铂酸钠；六氯铂酸钠 六水；铂氯化钠 六水；氯化铂钠 六水；Platinum sodium chloride；Sodium hexachloroplatinate；Sodium hexachloroplatinate（Ⅳ）hexahydrate；Sodium platinichloride

M. I. 15，8758

性状 橙黄色结晶。有潮解性。溶于水、乙醇。uv max：262nm（ε 24500）。

注意事项 该品口服有毒。对眼睛有严重损伤的危险。吸入或与皮肤接触可引起过敏。使用时应穿适当的防护服，戴手套和防护镜或面罩。使用时应避免吸入本品的粉尘。万一接触到眼睛，应立即用大量水冲洗后请医生诊治。接触皮肤后应立即用大量水冲洗。使用时如有事故发生或有不适之感，应请医生诊治。应密封于阴凉干燥处保存。

主要用途 检测钾。催化剂。

Sodium cholate 胆酸钠 08934

［361-09-1］［206986-87-0］（水合物） $C_{24}H_{39}NaO_5$ 430.57

成分 C 66.95%，H 9.13%，Na 5.34%，O 18.58%。

别名 Cholic acid sodium salt；Colalin sodium salt；17β-（1-Methyl-3-carboxypropyl）etiocholane-3α，7α，12α-triol sodium salt；（3α，5β，7α，12α）-3，7，12-Trihydroxycholan-24-oic acid sodium salt；3α，7α，12α-Trihydroxy-5β-cholanic acid sodium salt

M. I. 15，2210

性状 无色或白色结晶或结晶性粉末。易溶于水（15℃，>568.9g/L），溶于乙醇，微溶于丙酮。$[\alpha]_{546}^{20}+42°\pm2°$；$[\alpha]_D^{20}+36°\pm2°$（$c=0.6$，于乙醇中）。生化试剂含量≥98.0%。

注意事项 使用时应避免吸入本品的粉尘，避免与眼睛及皮肤接触。应充氮气密封于阴凉干燥处保存。

主要用途 生化研究。细菌培养基的配制。医用利胆剂。

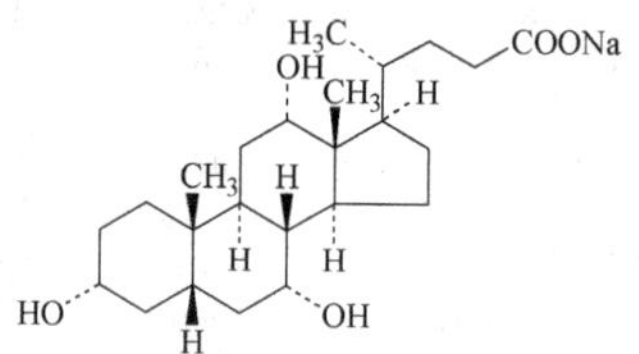

Sodium chromate anhydrous 无水铬酸钠 08935

［7775-11-3］ $CrNa_2O_4$ 161.97

成分 Cr 32.10%，Na 28.39%，O 39.51%。

别名 铬酸钠 无水；Neutral sodium chromate anhydrous；Sodium chromate（Ⅵ）anhydrous

M. I. 15，8736

性状 黄色结晶性粉末。易潮解。易溶于水，溶液呈碱性。微溶于乙醇。mp 792℃；d_4^{25} 2.723。一般试剂含量≥99.0%。

注意事项 该品能致癌。能引起遗传基因的损伤。能损伤生育力。能危害胎儿。口服有毒。吸入极毒。接触皮肤有害。具有腐蚀性，能引起烧伤。吸入或与皮肤接触可引起过敏。长期接触有严重损伤健康的危险。对水生物极毒。能对水环境引起长期不利的结果。使用之前应得到专门的指导，避免曝露。使用时应穿适当的防护服，戴手套、防护镜或面罩。使用时如有事故发生或有不适之感，应请医生诊治。应防止将本品释放于环境中。其包装物应按危险品处理。应密封于干燥处保存。

主要用途 分析试剂。有机合成。氧化剂。防腐剂。颜料配制。鞣革剂。媒染剂。

Sodium chromate tetrahydrate 铬酸钠 四水 08936

[10034-82-9] $CrNa_2O_4 \cdot 4H_2O$ 234.03

成分（以无水物计） Cr 32.10%，Na 28.39%，O 39.51%。

别名 四水合铬酸钠；Neutral sodium chromate tetrahydrate

GW 2015-820 M. I. 15，8736

性状 黄色微潮解的结晶。易潮解。溶于约1份水，其溶液呈碱性。微溶于乙醇。一般试剂含量≥99.0%。

注意事项 该品能致癌。能引起遗传基因的损伤。能损伤生育力。能危害胎儿。口服有毒。吸入极毒。接触皮肤有害。具有腐蚀性，能引起烧伤。吸入或与皮肤接触可引起过敏。长期接触有严重损伤健康的危险。对水生物极毒。能对水环境引起长期不利的结果。使用之前应得到专门的指导，避免曝露。使用时应穿适当的防护服，戴手套、防护镜或面罩。使用时如有事故发生或有不适之感，应请医生诊治。应防止将本品释放于环境中。其包装物应按危险品处理。应密封于干燥处保存。

主要用途 分析试剂。有机合成。防锈剂。媒染剂。鞣革剂。

Sodium citrate anhydrous 柠檬酸三钠 无水 08937

[68-04-2] $C_6H_5Na_3O_7$ 258.07

成分 C 27.92%，H 1.95%，Na 26.73%，O 43.40%。

别名 无水枸橼酸三钠；枸橼酸三钠 无水；无水柠檬酸三钠；Citnatin；Citrosodine；Trisodium citrate anhydrous；Urisal

M. I. 15，8737

性状 白色结晶或粉末。溶于水，不溶于乙醇。LD_{50}大鼠，小鼠腹膜内注射（mmol/kg）：6.0，5.5。生化试剂含量≥99.0%（NT）。

注意事项 使用时应避免吸入本品的粉尘，避免与眼睛及皮肤接触。

主要用途 系统碱化剂，利尿剂，祛痰剂，发汗剂。

Sodium citrate dibasic sesquihydrate 柠檬酸氢二钠 1½水 08938

[6132-05-4] $C_6H_6Na_2O_7 \cdot 1\frac{1}{2}H_2O$ 263.11

成分（以无水物计） C 30.52%，H 2.56%，N 19.48%，O 47.44%。

别名 二盐基柠檬酸钠 1½水；1½水合枸橼酸氢二钠；1½水合柠檬酸氢二钠；枸橼酸氢二钠 1½水；Alkacitron；Disodium citrate；Disodium hydrogen citrate；Sodium citrate acid；di-Sodium hydrogen citrate；di-Sodium hydrogen citrate sesquihydrate；Citric acid disodium salt

M. I. 15，2325

性状 白色粉末。有盐的味道。1g 该品溶于 2mL 水，其 3%（质量浓度）水溶液 pH 值 4.9～5.2。不溶于有机溶剂。一般试剂含量≥99.0%（T）。

主要用途 分析试剂。制药工业。临床检验。

Sodium citrate monobasic anhydrous 柠檬酸二氢钠 无水 08939

[18996-35-5] $C_6H_7NaO_7$ 214.11

成分 C 33.66%，H 3.30%，Na 10.74%，O 52.31%。

别名 无水枸橼酸二氢钠；无水柠檬酸二氢钠；一盐基柠檬酸钠 无水；柠檬酸钠 单盐基；枸橼酸二氢钠 无水；Citric acid monosodium salt；Sodium dihydrogen citrate anhydrous

性状 白色粉末。溶于水，其盐类及溶液易发霉。一般试剂含量≥99.0%（T）。

注意事项 使用时应避免吸入本品的粉尘，避免与眼睛及皮肤接触。应密封于干燥处保存。

Sodium citrate tribasic dihydrate 柠檬酸钠 二水 08940

[6132-04-3] $C_6H_5Na_3O_7 \cdot 2H_2O$ 294.10

成分（以无水物计） C 27.92%，H 1.95%，Na 26.73%，O 43.40%。

别名 二水合枸橼酸钠；二水合柠檬酸钠；枸橼酸三钠 二水；枸橼酸钠 二水；柠檬酸三钠 二水；Citnatin；Citrosodine；triSodium citrate；Citric acid trisodium salt dihydrate；Trisodium citrate dihydrate

M. I. 15，8737

性状 白色无味结晶、颗粒或粉末。有盐的味道。在空气中稳定。溶于 1.3 份水、0.6 份沸水，其溶液对石蕊呈微碱性，pH 值约 8。不溶于乙醇。150℃ 成为无水物。mp＞300℃；*d* 1.814。LD_{50}大鼠腹膜内注射：6.0mmol/kg。

主要用途 细菌培养基的制备。医用血液防凝剂。校正尿的酸度。

参考规格 GB/T 16493—1996

	分析纯	化学纯
含量（$C_6H_5Na_3O_7 \cdot 2H_2O$）/%≥	99.0	98.0
pH 值（50g/L，25℃）	7.5～9.0	7.5～9.0
澄清度试验	合格	合格
水不溶物/%≤	0.005	0.01
氯化物（Cl）/%≤	0.001	0.005
硫酸盐（SO_4）/%≤	0.005	0.01
总氮量（N）/%≤	0.001	
磷酸盐（PO_4）/%≤	0.002	0.01
铁（Fe）/%≤	0.0005	0.001
重金属（以 Pb 计）/%≤	0.0005	0.001
易碳化物质	合格	

Sodium cobaltinitrite 亚硝酸钴钠 08941

[13600-98-1] $CoN_6Na_3O_{12}$ 403.93

成分 Co 14.59%，N 20.81%，Na 17.07%，O 47.53%。

别名 六硝基三价钴酸钠；亚硝酸钠钴；钴亚硝酸钠；Sodium cobaltnitrite；Sodium hexanitrocobaltate（Ⅲ）；Trisodium hexakis(nitrato-*N*)cobaltate(3)

M. I. 15，8738

性状 黄色至棕黄色结晶性粉末。易溶于水，微溶于乙醇。能被无机酸分解，但不被乙酸或弱有机酸所改变。水溶液久置则分解，如加数滴乙酸，可保持约 3 个月。

注意事项 该品与易燃物品接触能引起燃烧。对眼睛、呼吸系统及皮肤有刺激性。吸入或接触皮肤能引起过敏。使用时应避免吸入本品的粉尘，避免与眼睛及皮肤接触。使用时应穿适当的防护服和戴手套。万一接触到眼睛，应立即用大量水冲洗后请医生诊治。应远离易燃物品，密封于阴凉干燥处保存。

主要用途 钾、铷、铯的微量分析试剂。

Sodium cyanate 氰酸钠 08942

[917-61-3] CNNaO 65.01

成分 C 18.48%，N 21.55%，Na 35.36%，O 24.61%。

别名 Cyanic acid sodium salt

M. I. 15，8740

性状 来自乙醇中的无色针状结晶。溶于水、乙醇（0℃，0.22g/100g），不溶于乙醚。遇碳酸钠或尿素分解。mp 550℃；d_4^{20} 1.893。LD_{50}小鼠腹膜内注射：260mg/kg。一般试剂含量≥97.0%。

注意事项 该品口服有害。对水生物有害。对水环境能产生长期有害的结果。使用时应避免与眼睛及皮肤接触。应防止将本品释放于环境中。应密封保存。

主要用途 有机合成。钢铁的热处理。

Sodium cyanide 氰化钠 08943

[143-33-9] CNNa 49.01

成分 C 24.51%，N 28.58%，Na 46.91%。

别名 Cyanogran

GW 2015-1688 M. I. 15，8741

性状 白色颗粒或熔融块状物。充分干燥后无味，在湿空气中易潮解并产生微量氰化氢。易溶于水，溶液呈强碱性。微溶于乙醇。mp 563℃。LD_{50}大鼠急性经口：15mg/kg。一般试剂含量≥97.0%（AT）。

注意事项 该品吸入、口服或与皮肤接触极毒。与酸接触时释放出极毒气体。对水生物极毒。能对水环境引起长期不良的结果。接触皮肤后应立即用大量水冲洗。切勿排入下水道。使用时如有事故发生或有不适之感，应立即请医生诊治。应防止将本品释放于环境中。其包装物应按危险品处理。应密封于干燥处保存。

主要用途 分析上用作掩蔽剂。冶炼、电镀工艺中作络合剂。昆虫激素研究。提炼金、银矿，电解铂、铬。热处理。

Sodium cyanoborohydride 氰硼氢化钠 08944

[25895-60-7] CH_3BNNa 62.84

成分 C 19.11%，H 4.81%，B 17.20%，N 22.29%，Na 36.58%。

别名 硼氰氢化钠；Sodium borocyanohydride；Sodium cyanohydridoborate；Sodium cyanotrihydridoborate；Sodium (cyanoC) trihydroborate(1−)

M. I. 15，8742

性状 白色粉末或小颗粒。易吸潮。溶于水（29℃，212g/100g）、四氢呋喃（28℃，37.2g/100g）、2-甲氧基乙醚（25℃，17.6g/100g）。易溶于甲醇，微溶于乙醇、异丙胺，不溶于乙醚、苯、己烷。mp 240～242℃（分解）；d^{28} 1.199。一般试剂含量≥95.0%（RT）。

注意事项 该品高度易燃。具有腐蚀性，能引起烧伤。万一接触到眼睛，应立即用大量水冲洗后请医生诊治。该品吸入、口服或与皮肤接触极毒。与酸接触时释放出极毒气体。对水生物极毒。能对水环境引起长期不良的结果。接触皮肤后应立即用大量水冲洗。切勿排入下水道。使用时如有事故发生或有不适之感，应立即请医生诊治。应防止将本品释放于环境中。其包装物应按危险品处理。应密封于干燥处保存。应充氩气密封于干燥处保存。

主要用途 醛、酮的选择性还原剂。

Sodium deoxycholate 脱氧胆酸钠 08945

[302-95-4] $C_{24}H_{39}NaO_4$ 414.57

成分 C 69.53%，H 9.48%，Na 5.55%，O 15.44%。

别名 去氧胆酸钠；Deoxycholic acid sodium salt；Desoxycholic acid sodium salt；Sodium 3，12-dihydroxycholanate；(3α，5β，12α)-3，12-Dihydroxy-5-cholan-24-oic acid sodium salt；3α，12α-Dihydroxy-5β-cholanic acid sodium salt；17β-(1-Methyl-3-carboxypropyl)etiocholane-3α，12α-diol sodium salt；Sodium 3α，12α-dihydroxy-β-cholanate；DOC

M. I. 15，2901

性状 白色结晶性粉末。味苦似胆汁。易溶于水（15℃，>333g/L），微溶于乙醇，不溶于乙醚。mp 170～173℃。生化试剂含量≥98.0%（NT）。

注意事项 该品口服有害。对呼吸系统有刺激性。使用时应避免吸入本品的粉尘，避免与眼睛及皮肤接触。应充氩气密封于干燥处保存。

主要用途 生化研究。医用利胆剂（促使胆汁分泌剂）。配制细菌培养基。蛋白质分析。代替脑磷脂作胆固醇絮状试验。

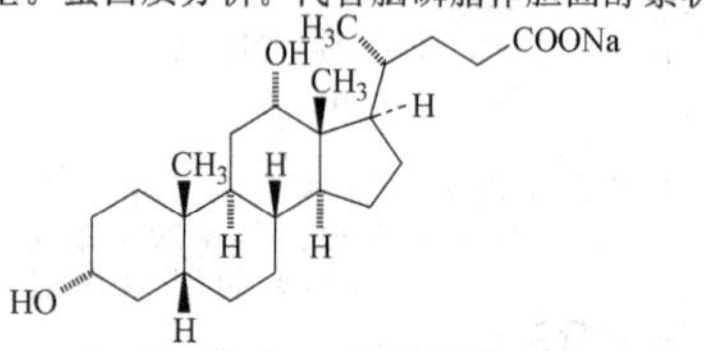

[结构式：H₃C，OH，CH₃，COONa，H，CH₃，H，H，H，HO，H]

Sodium dichromate dihydrate 重铬酸钠 二水 08946

[7789-12-0] $Cr_2Na_2O_7 \cdot 2H_2O$ 297.99

成分 Cr 39.20%，Na 17.55%，O 42.75%。

别名 二水合重铬酸钠；红矾钠；Bichromate of soda；Sodium bichromate dihydrate；Sodium dichromate (Ⅵ) dihydrate

GW 2015-2820 M. I. 15，8744

性状 红色至橙红色结晶。微潮解。易溶于水，溶液呈酸性（1%溶液 pH 值 4.0，10%溶液 pH 值 3.5）。不溶于乙醇。其饱和水溶液含量：0℃，70.6%；20℃，73.18%；40℃，77.09%；60℃，82.04%；80℃，88.39%；100℃，91.43%。其溶液冻结点：20%，−3.5℃；30%，−6℃；60%，−26℃；69%，−48℃。100℃时失去结晶水。mp 320℃；d_4^{25} 2.348。

注意事项 该品口服、吸入有毒，能致癌。能引起遗传基因的损伤。能危害胎儿。可能损伤生育力。与易燃品接触能引起燃烧。具有腐蚀性，能引起烧伤。吸入或与皮肤接触能引起过敏。长期接触有严重损伤健康的危险。在使用前应得到专门的指导，避免曝露。使用时如有事故发生或有不适之感，应请医生诊治。应防止将本品释放于环境中。其包装物应按危险品处理。应密封于干燥处保存。

主要用途 分析试剂。检测铅、锌等。氧化剂。防腐剂。有机合成。电镀业。医用抗局部抗感染剂。

参考规格 HG/T 3439—2000

	分析纯	化学纯
含量（$Na_2Cr_2O_7 \cdot 2H_2O$）/%≥	99.5	99.0
水不溶物含量/%≤	0.003	0.01
氯化物（Cl）/%≤	0.005	0.02
硫酸盐（SO_4）/%≤	0.02	0.05
铝（Al）/%	0.002	0.005
钙（Ca）/%≤	0.005	0.02
铁（Fe）/%≤	0.0005	0.001

Sodium 2,4-dinitrobenzenesulfonate 2,4-二硝基苯磺酸钠 08947

[885-62-1] $C_6H_3N_2NaO_7S$ 270.15

成分 C 26.68%，H 1.12%，N 10.37%，Na 8.51%，O 41.46%，S 11.87%。

别名 2，4-Dinitrobenzenesulfonic acid sodium salt

性状 白色结晶或粉末。易吸潮。一般试剂含量≥98.0%（T）。

注意事项 该品对眼睛、呼吸系统及皮肤有刺激性。使用时应穿适当的防护服和戴手套。使用时应避免吸入本品的粉尘，避免与眼睛及皮肤接触。万一接触到眼睛，应立即用大量水冲洗后请医生诊治。应密封于干燥处保存。

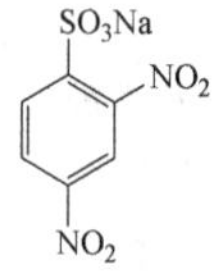

[结构式：SO_3Na，NO_2，NO_2]

Sodium dithionite 连二亚硫酸钠 08948

[7775-14-6] $Na_2O_4S_2$ 174.10

成分 Na 26.41%，O 36.76%，S 36.83%。

别名 低亚硫酸钠；保险粉；二硫四氧酸钠；Sodium hydrosulfite；Sodium sulfoxylate；Sodium hyposulfite

GW 2015-1243 M. I. 15，8747

性状 白色或灰白色结晶性粉末。有微臭味。易溶于水（20℃，240g/L），微溶于乙醇。受潮、受热或露置空气中都能使其分解，放出二氧化硫。d 2.41。一般试剂含量≥82.0%（RT）。

注意事项 该品能引起燃烧。口服有毒。与酸接触时能释放出有毒气体。使用时应保持容器密闭和干燥。万一接触到眼睛，应立即用大量水冲洗后请医生诊治。接触皮肤后应立即用大量水冲洗。万一着火，应使用干粉灭火设备，而决不能用水。应充氩气密封于干燥处保存。

主要用途 强还原剂。极谱显影。脱硫剂。

Sodium dodecylbenzenesulfonate 十二烷基苯磺酸钠 08949

[25155-30-0] $C_{18}H_{29}NaO_3S$ 348.48

成分 C 62.04%，H 8.39%，Na 6.60%，O 13.77%，S 9.20%。

别名 Conoco C-50；Conoco C-60；Conoco SD-40；DBS；LAS；Laurylbenzenesulfonic acid sodium salt；Dodecylbenzene sodium sulfonate；Dodecylbenzenesulfonic acid sodium salt；Santomerse 1#；SDBS；Sodium dodecylbenzenesulfonate；Sodium laurylbenzenesulfonate

M. I. 15，8748

性状 浅黄色结晶。易溶于水，溶于热乙醇。LD_{50} 小鼠急性经口：2g/kg；静脉注射：105mg/kg。

注意事项 该品口服有害。对眼睛及皮肤有刺激性。对眼睛有严重损伤的危险。使用时应穿适当的防护服，戴手套和防护镜或面罩。万一接触到眼睛，应立即用大量水冲洗后请医生诊治。使用完毕应立即脱掉受污染的衣服。应密封于干燥处保存。

主要用途 阴离子型表面活性剂。洗涤剂。

Sodium dodecylsulfate 十二烷基硫酸钠 08950

[151-21-3] $C_{12}H_{25}NaO_4S$ 288.38

成分 C 49.98%，H 8.74%，Na 7.97%，O 22.19%，S 11.12%。

别名 月桂基硫酸钠；SDS；Sodium lauryl sulfate；Dodecylsulfate sodium salt；Dodecylsodium sulfate；K-12；Sulfuric acid monododecyl ester sodium salt；Irium；SLS

M. I. 15，8768

性状 白色或奶油色结晶鳞片或粉末。有特殊气味。在湿热空气中分解。1g 该品溶于 10mL 水，溶于热乙醇。mp 204～207℃（分解）。LD_{50} 大鼠急性经口：1288mg/kg。一般试剂含量≥99.0%（GC）。

注意事项 该品吸入或与皮肤接触有害。对眼睛及皮肤有刺激性。使用时应穿适当的防护服和戴手套。万一接触到眼睛，应立即用大量水冲洗后请医生诊治。应密封于干燥处保存。

主要用途 生化研究。从蛋白质中分离核酸。脂肪的乳化剂。阳离子型表面活性剂。湿润剂。洗涤剂。

Sodium dodecylsulfonate 十二烷基磺酸钠 08951

[2386-53-0] $C_{12}H_{25}NaO_3S$ 272.38

成分 C 52.92%，H 9.25%，Na 8.44%，O 17.62%，S 11.77%。

别名 月桂基磺酸钠；Sodium laurylsulfonate；1-Dodecanesulfonic acid sodium salt；SDS

性状 白色或浅黄色结晶或粉末。易溶于水，溶于热乙醇，微溶于乙醚，不溶于石油醚。mp>300℃。一般试剂含量≥99.0%。

主要用途 阴离子型表面活性剂。可用作乳化剂、浮选剂、印染工作的渗透剂等。

Sodium ethylate 乙醇钠 08952

[141-52-6] C_2H_5NaO 68.05

成分 C 35.30%，H 7.41%，Na 33.78%，O 23.51%。

别名 乙氧钠；乙基氧化钠；Sodium ethoxide；Caustic alcohol

GW 2015-2570 M. I. 15，8749

性状 白色或浅黄色粉末。对空气敏感。具有吸潮性。在漏光的空气中分解，长期贮存颜色变深，遇水分解为氢氧化钠和乙醇。溶于无水乙醇而不分解。Fp 86℉（30℃）。一般试剂含量≥96.0%。

注意事项 该品高度易燃。与水反应剧烈。具有腐蚀性，能引起烧伤。使用时应保持容器干燥。使用现场禁止吸烟。使用时应穿适当的防护服。万一接触到眼睛时，应立即用大量水冲洗后请医生诊治。使用时如有事故发生或有不适之感，应请医生诊治。万一着火，应用化学干粉灭火，而不能用水。应远离火种，充氩气密封避光于阴凉干燥处保存。

主要用途 有机合成。用以引入羟乙基。

Sodium ferrocyanide decahydrate 亚铁氰化钠 十水 08953

[14434-22-1] $C_6FeN_6Na_4 \cdot 10H_2O$ 484.06

成分（以无水物计） C 23.71%，Fe 18.38%，N 27.65%，Na 30.26%。

别名 十水合亚铁氰化钠；黄血盐钠；黄色盐；Sodium hexacyanoferrate(Ⅱ)；Sodium prussiate yellow；Tetrasodium hexakis(cyano-*C*)ferrate(4－)

M. I. 15，8752

性状 浅黄色单斜结晶或颗粒。能在干燥空气中风化。溶于水并缓慢地分解，不溶于乙醇等多数有机溶剂。水中溶解度（以无水盐计）：1℃，10.2%；17℃，14.7%；25℃，17.6%；53℃，28.1%；85℃，39%；96.6℃，39.7%。50℃开始失水，81.5℃时成为无水物，435℃分解。一般试剂含量≥99.0%。

注意事项 使用时应避免吸入本品的粉尘，避免与眼睛及皮肤接触。应密封保存。

主要用途 钯、银、锇的微量分析测定。高铁试剂。染料。

Sodium fluoborate 氟硼酸钠 08954

[13755-29-8] BF_4Na 109.79

成分 B 9.85%，F 69.22%，Na 20.94%。

别名 四氟硼钠；氟硼化钠；四氟硼酸钠；Sodium borofluoride；Sodium fluoroborate；Sodium tetrafluoroborate

M. I. 15，8753

性状 白色斜方、长方形棱柱体结晶或粉末。易溶于水（26℃，108g/100mL；100℃，210g/100mL），其水溶液有苦味，对石蕊呈酸性。略微溶于乙醇。遇热或酸逐渐分解。mp 384℃（微分解）；d^{20} 2.47。

注意事项 该品具有强腐蚀性，能引起严重烧伤。使用时应穿适当的防护服，戴手套和防护镜或面罩。万一接触到眼睛，应立即用大量水冲洗后请医生诊治。使用时如有事故发生或有不适之感，应请医生诊治。应密封于干燥处保存。

主要用途 分析试剂。氟化剂。电化学工程。

Sodium fluoride 氟化钠 08955

[7681-49-4] FNa 41.99

成分 F 45.25%，Na 54.75%。

别名 Chemifluor；Dentalfluoro；Duraphat；Florocid；Fluorol；Fluoros；Flura-Drops；Karidium；Lemoflur；Luride-SF；Qssalin；Ossin；Osteo-F；Osteofluor；Slow-fluoride；Zymafluor；Villiaumite

GW 2015-754 M. I. 15，8754

性状 无色、白色立方或四方形结晶或粉末。溶于水（15℃，4.0g/100mL；25℃，4.3g/100mL；100℃，5.0g/100mL），溶液呈碱性。其溶液对玻璃有腐蚀性。不溶于乙醇。mp 993℃；bp 1704℃；*d* 2.78。LD_{50} 大鼠急性经口：0.18g/kg。

注意事项 该品口服有毒。与酸接触能放出极毒气体。对眼睛及皮肤有刺激性。使用时应穿适当的防护服。使用时应避免吸入本品的粉尘。使用时如有事故发生或有不适之感，应请医生诊治。应密封保存。

主要用途 微量分析测定钪，光电比色法测定磷。血液检验。掩蔽剂。防腐剂。

参考规格 GB/T 1264—1997	优级纯	分析纯	化学纯
含量（NaF）/%≥	99.0	98.0	98.0
澄清度试验	合格	合格	合格
水不溶物/%≤	0.01	0.05	0.1
干燥失重/%≤	0.3		
酸度（以 H^+ 计）/(mmol/100g)%≤	2.5	5.0	10.0
碱度（以 OH^- 计）/(mmol/100g)%≤	1.0	2.0	4.0
氯化物（Cl）/%≤	0.002	0.005	0.01
硫酸盐（SO_4）/%≤	0.01	0.03	0.05
氟硅酸盐（SiF_6）/%≤	0.1	0.6	1.2
铁（Fe）/%≤	0.002	0.005	0.005
重金属（以 Pb 计）/%≤	0.001	0.003	0.005

Sodium fluoroacetate 氟乙酸钠 08956

[62-74-8] $C_2H_2FNaO_2$ 100.02

成分 C 24.02%，H 2.02%，F 18.99%，Na 22.99%，O 31.99%。

别名 氟醋酸钠；一氟乙酸钠；Compd 1080，Fluoroacetic acid sodium salt；Fluoroethanoic acid sodium salt；Fratol；Gifblaarpoison sodium salt

GW 2015-784 M. I. 15，4199

性状 白色固体或粉末。该品 25℃时于下列物质中的溶解度（g/100g）：水 111；甲醇 5；乙醇 1.4；丙酮 0.04；四氯化碳 0.004。mp 200～202℃（分解）。一般试剂含量≥95.0%（NT）。

注意事项 该品吸入、口服或与皮肤接触极毒。对水生物极毒。使用时应穿适当的防护服和戴手套。使用时应避免吸入本品的粉尘。使用时如有事故发生或有不适之感，应请医生诊治。应防止将本品释放于环境中。应远离食品、饮料和动物饲料密封于干燥处保存。

主要用途 杀虫药。合成氟化物的原料。杀啮齿类动物药。

Sodium fluoroaluminate 氟铝酸钠 08957

[15096-52-3] [13775-53-6] AlF_6Na_3 209.94

成分 Al 12.85%，F 54.30%，Na 32.85%。

别名 冰晶石；氟化铝钠；氟铝化钠；六氟铝酸钠；Cryolite；Ice spar；Kryolith；Sodium aluminum fluoride；Sodium hexafluoroaluminate

M. I. 15，2595

性状 雪白色半透明玻璃状结晶或粉末。溶于浓硫酸、铝盐或铁盐溶液，微溶于水，不溶于盐酸。能被沸碱水溶液或氢氧化钙水溶液分解。mp 1000℃；*d* 2.95。LD_{50} 大鼠急性经口：200mg/kg。一般试剂含量≥99.0%。

注意事项 该品吸入或口服有害。长期曝露、口服或吸入对健康有严重损伤的危险。对水生物有毒。能对水环境引起长期不良的影响。使用时应戴手套。使用时应避免吸入本品的粉尘。使用时如有事故发生或有不适之感，应请医生诊治。应防止将本品释放于环境中。
主要用途 杀虫剂。黏合剂。助熔剂。搪瓷工业。

Sodium formaldehydesulfoxylate dihydrate
甲醛合次硫酸氢钠 二水 08958
[6035-47-8] [149-44-0] $CH_3NaO_3S \cdot 2H_2O$ 154.11
成分（以无水物计） C 10.17%，H 2.56%，Na 19.47%，O 40.64%，S 27.15%。
别名 二水合甲醛合次硫酸氢钠；甲醛合次硫酸氢钠；吊白块；雕白块；Aldnil；Formaldehyde sodium sulfoxylate；Formaldehydesulfoxylic acid sodium salt；Formopan；Formosul；Hydrolit；Hydroxymethanesulfinic acid sodium salt；Rongalite；Rongalite C；Sodium hydroxymethanesulfinate；Sodium methanalsulfoxylate
M. I. 15，8755
性状 白色结晶。易溶于水，微溶于乙醇、氯仿、乙醚、苯，能被稀酸分解。其水溶液呈中性。mp 63～64℃，温度再高即分解。LD_{50}小鼠皮下注射：4.0g/kg。一般试剂干燥含量≥98.0%（RT）。
注意事项 该品对眼睛、呼吸系统及皮肤有刺激性。使用时应穿适当的防护服。使用时应避免吸入本品的粉尘。万一接触到眼睛，应立即用大量水冲洗后请医生诊治。应密封于干燥处保存。
主要用途 分析试剂。印染还原剂。医用汞中毒解毒剂。有机合成。

Sodium formate 甲酸钠 08959
[141-53-7] $CHNaO_2$ 68.01
成分 C 17.66%，H 1.48%，Na 33.80%，O 47.05%。
别名 蚁酸钠；Formic acid sodium salt
M. I. 15，8756
性状 白色潮解性颗粒或结晶性粉末。微有甲酸气味。溶于约1.3份水、甘油，微溶于乙醇。其水溶注呈中性，pH值约7。强热时分解为氢和草酸钠，最后生成碳酸钠。mp 253℃；*d* 1.92。一般试剂含量≥99.0%。
注意事项 该品对眼睛、呼吸系统及皮肤有刺激性。使用时应穿适当的防护服。使用时应避免吸入本品的粉尘。万一接触到眼睛，应立即用大量水冲洗后请医生诊治。应密封于干燥处保存。
主要用途 测定磷、砷的试剂。消毒剂。收敛剂。媒染剂。甲酸及草酸的合成。

Sodium D-gluconate D-葡糖酸钠 08960
[527-07-1] $C_6H_{11}NaO_7$ 218.14
成分 C 33.04%，H 5.08%，Na 10.54%，O 51.34%。
别名 五羟基己酸钠；D-葡萄糖酸钠；D-Gluconate sodium salt；D-Gluconic acid sodium salt
M. I. 15，4492
性状 白色或微黄色结晶性粉末。易溶于水（25℃，59g/100mL），略微溶于乙醇，不溶于乙醚。mp 200～205℃（分解）；$[\alpha]_D^{20}+12°$（*c*=20，于水中）。一般试剂含量≥99.0%。
主要用途 生化试剂。防止溶液中铁、铝等氢氧化物沉淀。整合剂。食品用营养增补剂。

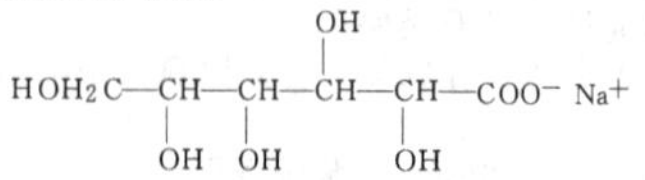

Sodium D-glucuronate monohydrate
D-葡糖醛酸钠 一水 08961
[14984-34-0] [207300-70-7] $C_6H_9NaO_7 \cdot H_2O$ 234.14
成分（以无水物计） C 33.34%，H 4.20%，Na 10.64%，O 51.82%。
别名 一水合D-葡糖醛酸钠；D-Glucuronic acid sodium salt
性状 白色或微黄色结晶性粉末。易溶于水，不溶于乙醇。生化试剂含量≥98.0%。
注意事项 使用时应避免吸入本品的粉尘，避免与眼睛及皮肤接触。应密封于干燥处保存。
主要用途 生化研究。

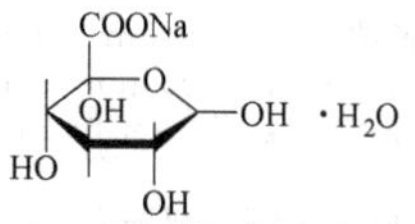

Sodium DL-α-glycerophosphate hexahydrste
DL-α-甘油磷酸钠 六水 08962
[3325-00-6][34363-28-5]（无水物） $C_3H_7Na_2O_6P \cdot 6H_2O$ 324.16
成分（以无水物计） C 16.68%，H 3.27%，Na 21.28%，O 44.43%，P 14.34%。
别名 DL-α-甘油磷酸二钠；*rac*-Glycerol 1-phosphate disodium salt hexahydrate；1,2,3-Propametriol mono（dihydrogen phosphate）disodium salt；di-Sodium α-glycerophosphate；Sodium glycerylphosphate
M. I. 15，8757
性状 无色结晶或白色结晶性粉末。味咸。易溶于水，不溶于乙醇。生化试剂含量98%～102%。
注意事项 该品应密封于2～8℃保存。
主要用途 生化研究。测定酸性或碱性磷酸酶的底物。医用强壮剂。

Sodium β-glycerophosphate pentahydrate
β-甘油磷酸钠 五水 08963
[819-83-0][13408-09-8]（五水合物） $C_3H_7Na_2O_6P \cdot 5\frac{1}{2}H_2O$ 306.12
成分（以无水物计） C 16.68%，H 3.27%，Na 21.28%，O 44.43%，P 14.34%。
别名 β-甘油磷酸二钠；di-Sodium β-glycerophosphate；Glycerol 2-phosphate disodium salt；β-Glycerol phosphate disodium salt
M. I. 15，8757
性状 白色鳞片状结晶。溶于约1.5份水，较多地溶于热水，不溶于乙醇。其水溶液pH值约9.5。>300℃分解。
注意事项 使用时应避免吸入本品的粉尘，避免与眼睛及皮肤接触。应密封于干燥处保存。
主要用途 测定血液中磷酸酶的试剂。医用强壮剂。

Sodium glycinate 甘氨酸钠 08964
[6000-44-8] $C_2H_4NNaO_2$ 97.05
成分 C 24.75%，H 4.15%，N 14.43%，Na 23.69%，O 32.97%。
别名 氨基乙酸钠；Aminoacetic acid sodium salt；Glycine sodium salt；Glycocoll sodium salt；Sodium aminoacetate
性状 白色或浅黄色结晶性粉末。有潮解性。易溶于水。生化试剂含量≥99.0%（TLC）。
注意事项 该品应密封于干燥处保存。
主要用途 生化研究。

Sodium glycocholate 甘胆酸钠 08965
[863-57-0] $C_{26}H_{42}NNaO_6$ 487.61
成分 C 64.04%，H 8.68%，N 2.87%，Na 4.71%，O 19.69%。
别名 Glycocholic acid sodium salt；*N*-Cholylglycine sodium salt
M. I. 15，4529
性状 来自95%乙醇＋乙醚中的无色至微黄色结晶。有不愉快的气味，味苦。有潮解性，溶于水（15℃，>274g/L）、乙醇（15℃，>340g/L）。mp 230～240℃；$[\alpha]_D^{24}+32°$（于水中）。生化试剂为水合物，含量≥97.0%（TLC）。
注意事项 使用时应避免吸入本品的粉尘，避免与眼睛及皮肤接触。应充氮气密封于干燥处保存。
主要用途 生物培养基的配制。

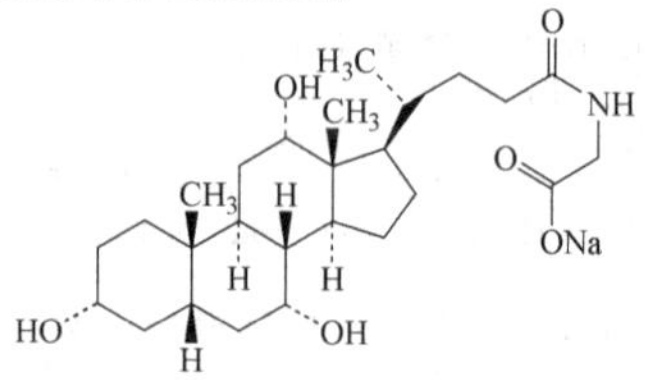

Sodium glycollate 乙醇酸钠 08966

[2836-32-0] $C_2H_3NaO_3$ 98.03

成分 C 24.50%，H 3.08%，Na 23.45%，O 48.96%。

别名 甘醇酸钠；羟基乙酸钠；Glycollic acid sodium salt；Hydroxyacetic acid sodium salt；Hydroxyethanoic acid sodium salt；Sodium glycolate；Sodium hydroxyacetate

性状 白色结晶。溶于水，微溶于稀乙酸，不溶于乙醚。一般试剂含量98.0%～100.5%。

注意事项 该品应密封保存。

主要用途 有机合成中间体。非电极电镀缓冲液。

Sodium hexafluorosilicate 六氟硅酸钠 08967

[16893-85-9] F_6Na_2Si 188.05

成分 F 60.62%，Na 24.45%，Si 14.93%。

别名 氟硅酸钠；氟硅化钠；Salufer；Sodium fluorosilicate；Sodium fluosilicate；Sodium silicofluoride

GW 2015-743　M. I. 15，8759

性状 白色颗粒或粉末。溶于150份冷水、40份沸水，不溶于乙醇。其冷水溶液呈中性。d 2.68。LD兔胃内给药：76mg F/kg；大鼠皮下注射：42mg F/kg；豚鼠急性经口：250mg/kg；豚鼠皮下注射：500mg/kg。一般试剂含量≥99.0%。

注意事项 该品吸入、口服或与皮肤接触有毒。万一接触到眼睛，应立即用大量水冲洗后请医生诊治。使用时如有事故发生或有不适之感，应立即请医生诊治。

主要用途 分析试剂。软水剂。防腐剂。杀菌剂。也用于搪瓷业、玻璃工业、照相印染等。兽用除虱剂。

Sodium hexametaphosphate 六偏磷酸钠 08968

[68915-31-1] $(NaPO_3)_{12\sim13}\cdot Na_2O$

别名 聚偏磷酸钠；Calgon；Giltex；Hagan phosphate；Micromet；Quadrafos；Sodium polymetaphosphate

M. I. 15，8773

性状 无色透明玻璃状固体或白色粉末。易吸潮。缓慢溶于水，溶液呈碱性（pH值8～8.6），不溶于有机溶剂。mp 628℃（分解）；d 约2.5。一般试剂含量（以 P_2O_5 计）65.0%～70.0%。

注意事项 该品对眼睛、呼吸系统及皮肤有刺激性。使用时应穿适当的防护服。万一接触到眼睛，应立即用大量水冲洗后请医生诊治。应密封于干燥处保存。

主要用途 分析试剂。软水剂。照相洗印。印染等。

Sodium hippurate 马尿酸钠 08969

[532-94-5] $C_9H_8NNaO_3$ 201.16

成分 C 53.74%，H 4.01%，N 6.96%，Na 11.43%，O 23.86%。

别名 苯甲酰氨基乙酸钠；Benzoylaminoacetic acid sodium salt；Benzoyl glycine sodium salt；Hippuric acid sodium salt

性状 白色粉末。有潮解性。易溶于水，溶于乙醇。一般试剂为水合物，含量≥99.0%（TLC）。

注意事项 使用时应避免吸入本品的粉尘，避免与眼睛及皮肤接触。应密封于干燥处保存。

主要用途 生化研究，如细菌培养等。

Sodium hydride 氢化钠 08970

[7646-69-7] HNa 24.00

成分 H 4.20%，Na 95.79%。

GW 2015-1661　M. I. 15，8760

性状 银白色针状结晶或灰白色粉末。溶于熔融氢氧化钠，也溶于金属钠及钾的汞齐中，不溶于液氨、二硫化碳、四氯化碳、苯。425℃分解；d 1.396。另有含量为80%或60%的，分散于矿物油中。一般试剂干燥含量≥95.0%。

注意事项 该品与水接触能释放出高度易燃气体。对眼睛有刺激性。应防止儿童接近。应避免与眼睛及皮肤接触。万一接触到眼睛，应立即用大量水冲洗后请医生诊治。使用时如有事故发生或有不适之感，应请医生诊治。万一着火，应用指定设备灭火，而不能用水。应充氩气密封于干燥处保存。

主要用途 制造硼氢化钠。金属表面防锈剂。还原剂。

Sodium hydroxide 氢氧化钠 08971

[1310-73-2] HNaO 40.00

成分 H 2.52%，Na 57.47%，O 40.00%。

别名 苛性钠；烧碱；Caustic soda；Soda lye；Sodium hydrate

GW 2015-1669　M. I. 15，8761

性状 白色半透明片状结晶。在空气中易吸收水分和二氧化碳。1g该品溶于0.9mL水、0.3mL沸水、7.2mL无水乙醇、2.4mL甲醇，亦溶于甘油。其水溶液0.05%（质量分数）pH值约12，0.5% pH值约13，5% pH值约14。mp 318℃；bp 1390℃；d^{25} 2.13。LD兔急性经口（10%溶液）：500mg/kg。

注意事项 该品具有强腐蚀性，能造成严重烧伤。使用时应戴适当的手套和防护镜或面罩。万一接触到眼睛，应立即用大量水冲洗后请医生诊治。使用时如有事故发生或有不适之感，应请医生诊治。应密封于干燥处保存。

主要用途 分析试剂。钠盐的制造。皂化剂。少量二氧化碳和水的吸收剂。

参考规格 GB/T 629—1997	优级纯	分析纯	化学纯
含量（NaOH）/%≥	98.0	96.0	95.0
碳酸盐（以 Na_2CO_3 计）/%≤	1.0	1.5	3.0
澄清度试验	合格	合格	合格
氯化物（Cl）/%≤	0.002	0.005	0.01
硫酸盐（SO_4）/%≤	0.002	0.005	0.02
总氮量（N）/%≤	0.0005	0.001	0.002
磷酸盐（PO_4）/%≤	0.0005	0.001	0.002
硅酸盐（SiO_3）/%≤	0.005	0.01	0.05
镁（Mg）/%≤	0.0005		
铝（Al）/%≤	0.001	0.002	0.005
钾（K）/%≤	0.02	0.05	
钙（Ca）/%≤	0.002	0.01	0.05
铁（Fe）/%≤	0.0005	0.001	0.002
镍（Ni）/%≤	0.001		
锌（Zn）/%≤	0.001		
砷（As）/%≤	0.0001		
重金属（以Pb计）/%≤	0.001	0.003	0.003

Sodium 4-hydroxybenzoate 4-羟基苯甲酸钠 08972

[114-63-6] $C_7H_5NaO_3$ 160.11

成分 C 52.51%，H 3.15%，Na 14.36%，O 29.98%。

别名 对苯酚甲酸钠；对羟基苯甲酸钠；*p*-Hydroxybenzoic acid sodium salt；Sodium *p*-hydroxybenzoate；4-Hydroxybenzoic acid sodium salt

性状 白色结晶。易潮解。溶于水，不溶于乙醇。一般试剂含量≥97.0%（NT）。

注意事项 该品对眼睛、呼吸系统及皮肤有刺激性。使用时应穿适当的防护服。万一接触到眼睛，应立即用大量水冲洗后请医生诊治。应密封于干燥处保存。

主要用途 有机合成。染料中间体。

(±)-Sodium 3-hydroxybutyrate
(±)-3-羟基丁酸钠 08973

[1506-83-4] $C_4H_7NaO_3$ 126.09

成分 C 38.10%，H 5.60%，Na 18.23%，O 38.07%。

别名 β-羟基丁酸钠；3-Hydroxybutyrate sodium salt；Sodium β-hydroxybutyrate；(±)-3-Hydroxybutyric acid sodium salt

性状 白色粉末。易潮解。易溶于水。mp 167～170℃。一般试剂含量≥98.5%。

注意事项 使用时应避免吸入本品的粉尘，避免与眼睛及皮肤接触。应充氩气密封于2～8℃干燥保存。

主要用途 生化研究。

Sodium 4-hydroxybutyrate 4-羟基丁酸钠 08974

[502-85-2] $C_4H_7NaO_3$ 126.09

成分 C 38.10%，H 5.60%，Na 18.23%，O 38.07%。

别名 γ-羟基丁酸钠；GHB；4-Hydrobutanoic acid sodium salt；4-Hydroxybutyric acid sodium salt；Gamma-OH；γ-OH；NSC-84223；Sodium oxybate；Sodium γ-oxybutyrate；Somatomax PM；Somsanit；Wy-3478；xyrem

M. I. 15，4854

性状 来自乙醇中的无色结晶或白色结晶性粉末。溶于水。易吸潮。mp 146～149℃。LD_{50} 雄，雌大鼠腹膜内注射：2000mg/kg，1650mg/kg。

注意事项 使用时应避免吸入本品的粉尘，避免与眼睛及皮肤接触。应充氩气密封于2～8℃干燥保存。

主要用途 医用静脉麻醉剂。用于发作性睡眠的治疗，急性酒精中毒的治疗。

Sodium hypochlorite solution　次亚氯酸钠溶液　08975
[7681-52-9]　ClNaO　74.44
成分　Cl 47.63%，Na 30.88%，O 21.49%。
别名　安替福民；次氯酸钠溶液；Antiformin
GW 2015-166　M. I. 15，8762
性状　浅黄绿色澄明液体。有强氧化性和强碱性。受热(35℃以上)或遇酸则分解。d^{25} 1.206。一般试剂含活性氯 6%～14%。
注意事项　该品与酸接触时能释放出有毒气体。具有腐蚀性，能引起烧伤。使用时应穿适当的防护服，戴手套和防护镜或面罩。万一接触到眼睛，应立即用大量水冲洗后请医生诊治。接触皮肤后，应用大量水冲洗。使用时如有事故发生或有不适之感，应请医生诊治。该品不能与酸及胺类混合。应密封于 2～8℃保存。
主要用途　唾液内结核菌的检验。医用消毒剂。水的净化，消毒、去臭。纸浆、织物漂白。

Sodium hypophosphite monohydrate
次亚磷酸钠　一水　08976
[10039-56-2]　$H_2NaO_2P \cdot H_2O$　105.99
成分（以无水物计）　H 2.29%，Na 26.13%，O 36.37%，P 35.21%。
别名　一水合次亚磷酸钠；次磷酸钠 一水；卑磷酸钠 一水；Phosphinic acid sodium salt monohydrate
M. I. 15，8763
性状　无色结晶或白色颗粒。无味。易潮解。该品溶于 1 份水、0.15 份沸水，易溶于沸乙醇、甘油，溶于冷乙醇，微溶于无水乙醇，不溶于乙醚。其水溶液呈中性。一般试剂含量≥99.0%。
注意事项　使用时应避免吸入本品的粉尘，避免与眼睛及皮肤接触。应充氩气密封于 2～8℃干燥保存。
主要用途　分析试剂，如砷和碘酸盐等的测定。强还原剂。亦用于临床检验。

Sodium iminodiacetate dibasic monohydrate
亚氨基二乙酸钠　一水　08977
[17593-73-6] [6011-32-1]　$C_4H_5NNa_2O_4 \cdot H_2O$　195.08
成分（以无水物计）　C 27.13%，H 2.85%，N 7.91%，Na 25.97%，O 36.14%。
别名　一水合亚氨基二乙酸二钠；Iminodiacetic acid disodium salt monohydrate
M. I. 15，4959
性状　白色结晶。易溶于水。一般试剂含量≥95.0%（T）。
注意事项　该品对眼睛、呼吸系统及皮肤有刺激性。使用时应穿适当的防护服。万一接触到眼睛，应立即用大量水冲洗后请医生诊治。应密封保存。
主要用途　氨羧络合剂。掩蔽剂。

Sodium iodate　碘酸钠　08978
[7681-55-2]　$INaO_3$　197.89
成分　I 64.13%，Na 11.62%，O 24.25%。
GW 2015-204　M. I. 15，8764
性状　白色结晶性粉末。该品溶于约 11 份水、3 份沸水，其溶液呈中性。溶于丙酮、乙酸，不溶于乙醇。加热则分解。d 4.28。LD_{50}雌小鼠腹膜内注射：(119±4) mg/kg；静脉注射：(108±4) mg/kg；急性经口：(505±26) mg/kg。
注意事项　该品与易燃物品接触能引起燃烧。口服有害。吸入或与皮肤接触可引起过敏。使用时应穿适当的防护服和戴手套。应避免吸入本品的粉尘。使用时如有事故发生或有不适之感，应请医生诊治。应远离易燃品密封保存。
主要用途　分析试剂。氧化剂。医用黏膜消毒剂。

Sodium iodide anhydrous　无水碘化钠　08979
[7681-82-5]　INa　149.89
成分　I 84.67%，Na 15.34%。
别名　碘化钠 无水；Anayodin；Ioduril
M. I. 15，8765
性状　白色立方结晶或颗粒。无味。有潮解性。在空气和水溶液中逐渐析出碘而变黄。1g 该品溶于 0.5mL 水、约 2mL 乙醇、1mL 甘油，溶于丙酮。其水溶液呈弱碱性(pH 值 8～9.5)。mp 651℃；d 3.67。MLD 大鼠静脉注射：1.3g/kg。一般试剂含量≥99.5%（AT）。
注意事项　该品对眼睛及皮肤有刺激性。使用时应戴手套。使用时应避免吸入本品的粉尘，避免与眼睛及皮肤接触。万一接触到眼睛，应立即用大量水冲洗后请医生诊治。应密封避光于干燥处保存。
主要用途　分析试剂，微量分析测定钯、铂、铊等。碘的助溶剂。制单晶的原料。医用碘的补充剂，祛痰剂。

Sodium iodide dihydrate　碘化钠　二水　08980
[13517-06-1]　$INa \cdot 2H_2O$　185.92
成分（以无水物计）　I 84.67%，Na 15.34%。
别名　二水合碘化钠；Iodurildihydrate
M. I. 15，8765
性状　无色结晶。有潮解性。在空气或水溶液中逐渐析出碘而变黄。溶于水、乙醇、甘油。65℃以上失去结晶水。mp 752℃。d 2.448。MLD（无水物）大鼠静脉注射：1.3g/kg。一般试剂含量≥99.0%。
注意事项　该品对眼睛及皮肤有刺激性。使用时应戴手套。使用时应避免吸入本品的粉尘，避免与眼睛及皮肤接触。万一接触到眼睛，应立即用大量水冲洗后请医生诊治。应密封避光于干燥处保存。
主要用途　分析试剂，微量分析测定钯、铂、铊等。碘的助溶剂。制药工业。

Sodium iodoacetate　碘乙酸钠　08981
[305-53-3]　$C_2H_2INaO_2$　207.93
成分　C 11.55%，H 0.97%，I 61.03%，Na 11.06%，O 15.39%。
别名　碘醋酸钠；Iodoacetic acid sodium salt
性状　白色或浅黄色结晶。有潮解性。溶于水，不溶于乙醚、无水乙醇、丙酮。mp 208℃（分解）。一般试剂含量≥99.0%（NT）。
注意事项　该品口服有毒。对呼吸系统及皮肤有刺激性。对眼睛有严重损伤的危险。使用时应穿适当的防护服，戴手套和防护镜或面罩。万一接触到眼睛，应立即用大量水冲洗后请医生诊治。使用时如有事故发生或有不适之感，应立即请医生诊治。应充氩气密封避光于干燥处保存。
主要用途　照相材料。制药工业。

Sodium lactate　乳酸钠　08982
[72-17-3] [DL-312-85-6]　$C_3H_5NaO_3$　112.06
成分　C 32.16%，H 4.50%，Na 20.52%，O 42.83%。
别名　羟基丙酸钠；Lacolin；Lactic acid sodium salt；Sodium hydroxy propinoate；2-Hydroxypropionic acid sodium salt
M. I. 15，8767
性状　无色或几乎无色的浓稠油状液体。有吸湿性。与水、乙醇相混溶，其溶液呈中性。不溶于乙醚。mp 17℃；d_4^{20} 1.27。一般试剂含量≥99.0%（NT）。
主要用途　酪蛋白的增韧剂。吸水剂。医用电解质补充剂，全身及尿道碱化剂。

Sodium laurate　月桂酸钠　08983
[629-25-4]　$C_{12}H_{23}NaO_2$　222.30
成分　C 64.83%，H 10.43%，Na 10.34%，O 14.39%。
别名　十二酸钠；Sodium dodecanate；Lauric acid sodium salt
性状　白色结晶或粉末。溶于热水、热乙醇，难溶于冷乙醇。一般试剂含量 98.0%～100.5%。
注意事项　该品对呼吸系统及皮肤有刺激性。对眼睛有严重损伤的危险。对水生物有毒。能对水环境引起长期不良的影响。使用时应避免吸入本品的粉尘，避免与眼睛及皮肤接触。万一接触到眼睛，应立即用大量水冲洗后请医生诊治。应防止将本品释放于环境中。
主要用途　清洗剂。杀虫剂。

Sodium malonate monohydrate　丙二酸钠　一水　08984
[26522-85-0]　$C_3H_2Na_2O_4 \cdot H_2O$　166.04
成分（以无水物计）　C 24.34%，H 1.36%，Na 31.06%，O 43.23%。

别名 一水合丙二酸钠；一水合缩水苹果酸钠；缩水苹果酸钠一水；Malonic acid disodium salt monohydrate；Malonic acid sodium salt monohydrate；Sodium malonate dibasic monohydrate

性状 白色结晶。溶于水，其1%水溶液 pH 值 8～9。一般试剂含量≥99.0%（NT）。

注意事项 使用时应避免吸入本品粉尘，避免与眼睛及皮肤接触。

主要用途 有机合成。

Sodium 2-mercaptoethanesulfonate 2-巯基乙烷磺酸钠 08985

[19767-45-4] $C_2H_5NaO_3S_2$ 164.17

成分 C 14.63%，H 3.07%，Na 14.00%，O 29.24%，S 39.06%。

别名 Coenzyme M sodium salt；D-7093；HS-COM-Na；2-Mercaptoethanesulfonic acid sodium salt；Mesna；Mesnex；Mistabron；Mistabronco；Mucofluid；UCB-3983；Uromitexan

M. I. 15，5979

性状 白色结晶。易溶于水，略微溶于有机溶剂。LD_{50} 雄、雌小鼠，雄、雌大鼠静脉注射（mg/kg）：1887、2048、2098、1683；腹膜内注射（mg/kg）：2005、2098、1529、1251；急性经口（mg/kg）：6102、>7200，4440、4679。生化试剂含量≥98.0%（RT）。

注意事项 该品对眼睛、呼吸系统及皮肤有刺激性。使用时应穿适当的防护服和戴手套。万一接触到眼睛，应立即用大量水冲洗后请医生诊治。

主要用途 医用检测黏多糖。解毒剂。

Sodium metabisulfite 偏重亚硫酸钠 08986

[7681-57-4] $Na_2O_5S_2$ 190.09

成分 Na 24.19%，O 42.08%，S 33.73%。

别名 焦亚硫酸钠；Sodium disulfite；Sodium pyrosulfite

M. I. 15，8770

性状 白色结晶或粉末。有二氧化硫的气味。有吸湿性。易溶于水、甘油，水溶液呈酸性。微溶于乙醇。mp 150℃（分解）；*d* 2.34～2.36。

注意事项 该品口服有毒。与酸接触能释放出有毒气体。对眼睛有严重损伤的危险。使用时应穿适当的防护服，戴防护镜或面罩。万一接触到眼睛，应立即用大量水冲洗后请医生诊治。如误服本品，应立即就医，并出示本品的容器或标签。应密封于干燥处保存。

主要用途 分析试剂。防腐剂。还原剂。染料合成。医用抗氧化助剂。

参考规格 HG/T 4021—2008	分析纯	化学纯
含量（$Na_2S_2O_5$）/%≥	96.0	94.0
澄清度试验/号≤	3	5
水不溶物/%≤	0.005	0.01
氯化物（Cl）/%	0.005	0.02
硫代硫酸盐（S_2O_3）/%≤	0.05	
铁（Fe）/%≤	0.0005	0.002
重金属（以 Pb 计）/%≤	0.0005	0.002
砷（As）/%≤	0.0001	0.0002

Sodium metaborate tetrahydrate 偏硼酸钠 四水 08987

[10555-76-7] $BNaO_2 \cdot 4H_2O$ 137.86

成分（以无水物计） B 16.43%，Na 34.94%，O 48.63%。

别名 四水合偏硼酸钠

M. I. 15，8771

性状 无色或白色结晶。易溶于水，溶液呈强碱性。不溶于乙醇。mp 57℃。120℃时失去1分子结晶水，无水物 mp 966℃。一般试剂含量≥99.0%。

注意事项 该品对眼睛、呼吸系统及皮肤有刺激性。使用时应穿适当的防护服和戴手套。万一接触到眼睛，应立即用大量水冲洗后请医生诊治。应密封于干燥处保存。

主要用途 分析试剂。防腐剂。漂白剂。

Sodium metaphosphate 偏磷酸钠 08988

[10361-03-2] [7785-84-4] NaO_3P 101.96

成分 Na 22.55%，O 47.08%，P 30.38%。

别名 二缩原磷酸钠

M. I. 15，8773

性状 无色透明结晶或白色粉末。有潮解性。溶于水，溶液呈碱性。不溶于乙醇。

注意事项 该品应密封于干燥处保存。

主要用途 软水剂。

Sodium metavanadate 偏钒酸钠 08989

[13718-26-8] NaO_3V 121.93

成分 Na 18.85%，O 39.36%，V 41.78%。

别名 钒酸钠；Sodium vanadate(Ⅴ)

M. I. 15，8774

性状 无色结晶或浅黄色结晶性粉末。溶于热水，微溶于乙醇。mp 610℃。一般试剂含量≥98.0%（RT）。

注意事项 该品口服有毒。对眼睛、呼吸系统及皮肤有刺激性。使用时应穿适当的防护服，戴手套和防护镜或面罩。使用时应避免吸入本品的粉尘。万一接触到眼睛，应立即用大量水冲洗后请医生诊治。使用时如有事故发生或有不适之感，应请医生诊治。

主要用途 分析试剂。过硼酸盐的测定。腐蚀抑制剂。植物接种。照相业。媒染剂。制造墨水。

Sodium methanesulfonate 甲烷磺酸钠 08990

[2386-57-4] CH_3NaO_3S 118.09

成分 C 10.17%，H 2.56%，Na 19.47%，O 40.65%，S 27.15%。

别名 甲基磺酸钠；Methanesulfonic acid sodium salt；Sodium methyl sulfonate

性状 带光泽的白色片状结晶。易吸潮。溶于热乙醇。一般试剂含量≥98.0%（T）。

注意事项 该品对眼睛、呼吸系统及皮肤有刺激性。使用时应穿适当的防护服和戴手套。万一接触到眼睛，应立即用大量水冲洗后请医生诊治。应密封于干燥处保存。

Sodium methylate 甲醇钠 08991

[124-41-4] CH_3NaO 54.02

成分 C 22.23%，H 5.60%，Na 42.56%，O 29.62%。

别名 甲氧基钠；Sodium methoxide

GW 2015-1024 M. I. 15，8775

性状 白色流动性粉末。遇潮湿易分解。溶于甲醇、乙醇。一般试剂含量≥97.0%。

注意事项 该品高度易燃。与水反应激烈。具有腐蚀性，能引起烧伤。使用时应保持容器干燥。使用现场禁止吸烟。万一接触到眼睛，应立即用大量水冲洗后请医生诊治。使用时如有事故发生或有不适之感，应请医生诊治。万一着火，应使用化学干粉灭火设备，而不能用水。应远离火种，充氮气密封于干燥处保存。

主要用途 有机合成的缩合剂。

Sodium molybdate dihydrate 钼酸钠 二水 08992

[10102-40-6] $MoNa_2O_4 \cdot 2H_2O$ 241.96

成分（以无水物计） Mo 46.59%，Na 22.33%，O 31.08%。

别名 二水合钼酸钠；Molyhibit 100；Sodium molybdate (Ⅵ) dihydrate

M. I. 15，8776

性状 白色结晶性粉末。溶于1.7份冷水、约0.9份沸水。其5%水溶液（25℃）pH 值 9.0～10.0。100℃时失去结晶水。mp 687℃（无水物）；*d* 3.78。一般试剂含量≥99.5%。

注意事项 该品有蓄积性危害。可能损伤生育力。可能危害胎儿。使用时应穿适当的防护服和戴手套。使用时应避免吸入本品的粉尘，避免与眼睛及皮肤接触。

主要用途 分析试剂，生物碱及苷的测定。测定磷肥过磷酸钙的全磷及有效磷的含量。染料和制药工业。

Sodium nitrate 硝酸钠 08993

[7631-99-4] $NNaO_3$ 84.99

成分 N 16.48%，Na 27.05%，O 56.47%。

别名 智利硝；Caliche；Chile saltpeter；Cubic niter；Soda niter

GW 2015-2311 M. I. 15，8778

性状 无色透明结晶或白色颗粒或粉末。1g 该品溶于 1.1mL 水、0.6mL 沸水，溶于 125mL 乙醇、52mL 沸乙醇、3470mL 无水乙醇、300mL 无水甲醇。其水溶液呈中性。mp 308℃；*d* 2.26。LD_{50} 兔急性经口：1.955g（阴离子）/kg。

注意事项 该品与易燃物品接触能引起燃烧。口服有害。对眼睛、呼吸系统及皮肤有刺激性。使用现场禁止吸烟。使用时应穿适当的防护服，戴手套和防护镜或面罩。万一接触到眼睛，应立即用大量水冲洗后请医生诊治。应远离易燃品，充氩气密封于干燥处保存。

主要用途 高纯分析试剂。光谱试剂。氧化剂。染料合成。炸药和焰火的制造。

参考规格 GB/T 636—2011

	分析纯	化学纯
含量（$NaNO_3$）/%≥	99.0	98.5
pH（50g/L 溶液，25℃）	5.5～7.5	5.5～7.5
澄清度试验/号≤	3	5
水不溶物/%≤	0.004	0.01
总氯量（以 Cl 计）/%≤	0.0015	0.005
碘酸盐（IO_3）/%≤	0.0005	0.002
硫酸盐（SO_4）/%≤	0.003	0.01
亚硝酸盐（NO_2）/%≤	0.0005	0.001
磷酸盐（PO_4）/%≤	0.0005	0.001
铵（NH_4）/%≤	0.002	0.005
钾（K）/%≤	0.005	0.01
钙（Ca）/%≤	0.005	0.01
铁（Fe）/%≤	0.0001	0.0005
重金属（以 Pb 计）/%≤	0.0005	0.001

Sodium nitrite 亚硝酸钠 08994

[7632-00-0] $NNaO_2$ 68.99

成分 N 20.30%，Na 33.32%，O 46.38%。

别名 Erinitrit；Diazotizing salt；Nitrous acid sodium salt

GW 2015-2492 M.I.15，8779

性状 白色或微黄色结晶性颗粒、棒或粉末。有潮解性。溶于 1.5 份冷水、0.6 份沸水，微溶于乙醇、乙醚。其水溶液呈碱性，pH 值约 9。mp 271℃；约 320℃ 分解；*d* 2.17。LD_{50}大鼠急性经口：180mg/kg。

注意事项 该品与易燃物品接触能引起燃烧。口服有毒。对水生物极毒。使用时如有事故发生或有不适之感，应请医生诊治。应防止将本品释放于环境中。应密封于干燥处保存。

主要用途 分析试剂。点滴分析测定汞、钾及氯酸盐。肝功能试验中测定血清胆红素。氧化剂。重氮化试剂。亚硝酸盐、亚硝基化合物的合成。医用血管舒张剂，氰化物中毒的解毒剂。

参考规格 GB/T 633—1994

	分析纯	化学纯
含量（$NaNO_2$）/%≥	99.0	98.0
澄清度试验	合格	合格
水不溶物/%≤	0.002	0.01
氯化物（Cl）/%≤	0.005	0.04
硫酸盐（SO_4）/%≤	0.005	0.03
钾（K）/%≤	0.001	0.005
铁（Fe）/%≤	0.0005	0.001
重金属（以 Pb 计）/%≤	0.0002	0.001
钙（Ca）/%≤	0.005	

Sodium nitroprusside dihydrate 亚硝基铁氰化钠 二水 08995

[13755-38-9] $C_5FeN_6Na_2O \cdot 2H_2O$ 297.95

成分（以无水物计） C 22.93%，Fe 21.32%，N 32.09%，Na 17.55%，O 6.11%。

别名 二水合亚硝基铁氰化钠；亚硝酰铁氰化钠；硝普酸钠；Nipruss；Nipride；Nitropress；Nitroprusside sodium；Pentakis(cyano-*C*)nitrosylferrate(2－)disodium；Sodium nitroferricyanide；Sodium nitroprussate；Sodium nitrosylpentacyano ferrate(Ⅲ)；Sodium pentacyanonitrosylferrate(Ⅲ)dihydrate

M.I.15，8780

性状 深红色的透明结晶。溶于约 2.3 份水，微溶于乙醇。极微溶于氯仿，不溶于苯。*d*1.72。其水溶液不稳定，能逐渐分解并变为绿色。一般试剂含量≥99.0%（AT）。

注意事项 该品口服有毒。吸入或与皮肤接触有害。使用时应穿适当的防护服，戴手套和防护镜或面罩。接触皮肤后，应立即用大量肥皂泡沫冲洗。使用时如有事故发生或有不适之感，应立即请医生诊治。应密封于干燥、通风良好处保存。

主要用途 检定醛、丙酮、二氧化硫、锌、碱金属、硫化物等的试剂。医用抗高血压剂。

Sodium 1-octadecanesulfonate 1-十八烷基磺酸钠 08996

[13893-34-0] $C_{18}H_{37}NaO_3S$ 356.54

成分 C 60.64%，H 10.46%，Na 6.45%，O 13.46%，S 8.99%。

别名 1-十八烷磺酸钠；1-Octadecanesulfonic acid sodium salt；Octadecylsulfonic acid sodium salt；Sodium octadecylsulfonate

性状 白色结晶或粉末。易吸潮。mp 163～165℃。一般试剂含量≥99.0%（T）。

主要用途 阴离子表面活性剂。用于清洁剂和纺织助剂。

注意事项 使用时应避免吸入本品的粉尘，避免与眼睛及皮肤接触。应密封于干燥保存。

Sodium oleate 油酸钠 08997

[143-19-1] $C_{18}H_{33}NaO_2$ 304.45

成分 C 71.01%，H 10.92%，Na 7.55%，O 10.51%。

别名 十八碳烯-[9]-酸钠；顺式-9-十八烯酸钠盐；*cis*-9-Octadecenoic acid sodium salt；Oleic acid sodium salt；Eunatrol

性状 近白色或浅黄色结晶或粉末。有类似牛油的气味。易溶于水，溶于热乙醇，不溶于苯、乙醚。其水溶液因水解而呈碱性。mp 232～235℃。一般试剂含量≥99.0%（GC）。

注意事项 使用时应避免吸入本品的粉尘，避免与眼睛及皮肤接触。应充氩气密封于阴凉干燥处保存。

主要用途 阴离子型表面活性剂。织物的防水剂。选矿等。

Sodium orthovanadate 原钒酸钠 08998

[13721-39-6] Na_3O_4V 176.92

成分 Na 35.03%，O 36.17%，V 28.8%。

别名 正钒酸钠

性状 无色针状结晶。溶于水，溶液呈强碱性。不溶于乙醇。mp 850℃。LD_{50}大鼠急性经口：100mg/kg。

注意事项 该品吸入、口服或与皮肤接触有害。使用时应穿适当的防护服。应避免吸入本品的粉尘。应密封于阴凉干燥处保存。

主要用途 制药工业。植物接种。照相业。墨水制造。印染等。

Sodium oxalate 草酸钠 08999

[62-76-0] $C_2Na_2O_4$ 134.00

成分 C 17.93%，Na 34.31%，O 47.76%。

别名 乙二酸钠；Ethanedioic acid disodium salt；Oxalic acid sodium salt；di-Sodium oxalate

M.I.15，8781

性状 白色无味结晶性粉末。溶于 27 份水、16 份沸水，其水溶液呈中性。不溶于乙醇。d^{30}2.888。

注意事项 该品口服或与皮肤接触有害。使用时应避免与眼睛及皮肤接触。

主要用途 标定高锰酸钾溶液的基准试剂。织物、鞣革整理剂。

参考规格 GB/T 1289—1994

	优级纯	分析纯
含量（$Na_2C_2O_4$）/%≥	99.8	99.8
pH 值（50g/L 溶液，25℃）	7.5～8.5	7.5～8.5
澄清度试验	合格	合格
水不溶物/%≤	0.005	0.01
干燥失重/%≤	0.01	0.02
氯化物（Cl）/%≤	0.001	0.002
总氮量（N）/%≤	0.001	0.002
硫化合物（以 SO_4 计）/%≤	0.002	0.004
钾（K）/%≤	0.005	0.01
铁（Fe）/%≤	0.0002	0.0005
重金属（以 Pb 计）/%≤	0.001	0.002
易炭化物质	合格	合格

GB 1254—2007	工作基准试剂
含量（$Na_2C_2O_4$）/%	99.95～100.05
pH 值（30g/L 溶液，25℃）	7.5～8.5
澄清度试验，号≤	2
干燥失重/%≤	0.01
氯化物（Cl）/%≤	0.001

总氮量（N）/%≤ 0.001
硫化合物（以 SO_4 计）/%≤ 0.002
钾（K）/%≤ 0.005
铁（Fe）/%≤ 0.0005
重金属（以 Pb 计）/%≤ 0.001
易碳化物质 合格

Sodium oxide powder 氧化钠粉 09000

[1313-59-3] Na_2O 61.98

成分 Na 74.18%，O 25.81%。

别名 一氧化钠；Sodium monoxide

M.I.15，8782

性状 白色无定形块或粉末。易吸潮。400℃以上分解为过氧化钠和金属钠。遇水起剧烈化合反应，形成氢氧化钠。*d* 2.27。一般试剂含量≥97.0%。

注意事项 该品与水反应激烈。具有腐蚀性，能引起烧伤。使用时应穿适当的防护服，戴手套和防护镜或面罩。使用时应保持容器干燥。切勿向该物品中加水。万一接触到眼睛，应立即用大量水冲洗后请医生诊治。使用时如有事故发生或有不适之感，应请医生诊治。应密封于干燥处保存。

主要用途 脱氢剂。

Sodium palmitate 棕榈酸钠 09001

[408-35-5] $C_{16}H_{31}NaO_2$ 278.41

成分 C 69.03%，H 11.22%，Na 8.26%，O 11.49%。

别名 十六酸钠；软脂酸钠；Sodium hexadecylate；Palmitic acid sodium salt

性状 白色粉末。微溶于水。mp 283～290℃。一般试剂含量≥95.0%。(NT)。

注意事项 使用时应避免吸入本品的粉尘，避免与眼睛及皮肤接触。

主要用途 水质分析。

Sodium perborate tetrahydrate 高硼酸钠 四水 09002

[10486-00-7] $BNaO_3 \cdot 4H_2O$ 153.86

成分（以无水物计） B 13.22%，Na 28.11%，O 58.68%。

别名 四水合高硼酸钠；过硼酸钠；Dexol；Perborax；Sodium metaborate peroxyhydrate；Sodium perborate

GW 2015-860 M.I.15，8783

性状 白色结晶性粉末。无气味。味咸。60℃以上分解。溶于甘油。溶于约 40 份水，能分解出过氧化氢，溶液呈碱性。>60℃分解。一般试剂含量≥96.0%。

注意事项 该品口服有害。与易燃物品接触能引起燃烧。对眼睛有刺激性。使用时应穿适当的防护服。万一接触到眼睛，应立即用大量水冲洗后请医生诊治。应远离易燃物品，密封于阴凉干燥处保存。

主要用途 分析试剂。氧化剂。防腐、脱臭、电镀、印染、织物漂白、杀菌等。医用局部消毒剂。

Sodium perchlorate monohydrate 高氯酸钠 一水 09003

[7791-07-3] $ClNaO_4 \cdot H_2O$ 140.45

成分（以无水物计） Cl 28.96%，Na 18.78%，O 52.27%。

别名 一水合过氯酸钠；一水合高氯酸钠；过氯酸钠 一水；过氯酸碱；Irenat

GW 2015-806 M.I.15，8784

性状 白色结晶。有吸潮性。易溶于水，溶于乙醇、丙酮，不溶于乙醚。约 130℃分解；*d* 2.02。一般试剂含量≥99.0%（T）。

注意事项 该品与易燃物物混合时具有爆炸性。口服有害。使用时应避免吸入本品的粉尘。使用完毕应立即脱掉受污染的衣服。应远离食品、饮料和动物饲料，充氩气密封于干燥处保存。

主要用途 分析试剂。氧化剂。医用甲状腺抑制剂。

Sodium periodate 高碘酸钠 09004

[7790-28-5] $INaO_4$ 213.89

成分 I 59.33%，Na 10.75%，O 29.92%。

别名 过碘酸钠（偏）；偏过碘酸钠；偏高碘酸钠；Sodium metaperiodate

GW 2015-797 M.I.15，8772

性状 白色四方形结晶。溶于水、盐酸、硝酸、硫酸、乙酸，不溶于乙醇。受热至约 300℃分解为碘酸钠和氧。d_4^{16} 3.865。一般试剂含量≥99.5%（RT）。

注意事项 该品与易燃物品接触能引起燃烧。口服有害。对眼睛、呼吸系统及皮肤有刺激性。使用时应穿适当的防护服。万一接触到眼睛，应立即用大量水冲洗后请医生诊治。应远离易燃物品密封避光保存。

主要用途 分析试剂，锰的测定。

Sodium peroxide 过氧化钠 09005

[1313-60-6] Na_2O_2 77.98

成分 Na 58.96%，O 41.03%。

别名 过氧化碱；Sodium dioxide；Sodium superoxide；Solozone

GW 2015-898 M.I.15，8786

性状 浅黄白色颗粒或粉末。能吸收空气中水分和二氧化碳。易溶于水，生成氢氧化钠和过氧化氢。mp 460℃（分解）。一般试剂含量≥95.0%（RT）。

注意事项 该品与易燃物品接触能引起燃烧。具有强腐蚀性，能引起严重烧伤。使用时应戴眼镜或面罩。使用时应保持容器干燥。使用完毕应立即脱掉所有受污染的衣服。使用时如有事故发生或有不适之感，应立即请医生诊治。应充氮气密封于干燥处保存。

主要用途 分析试剂。漂白剂。

Sodium persulfate 过硫酸钠 09006

[7775-27-1] $Na_2O_8S_2$ 238.09

成分 Na 19.31%，O 53.76%，S 26.93%。

别名 二硫八氧酸钠；过二硫酸钠；过氧二硫酸钠；过硫酸碱；高硫酸钠；Sodium peroxodisulfate；Sodium peroxydisulfate

GW 2015-858 M.I.15，8787

性状 白色结晶性粉末。久贮含量降低。能被乙醇、银离子分解。溶于水（20℃时初始溶解度：549g/L)。MLD 兔静脉注射：178mg/kg。一般试剂含量≥99.0%（RT)。

注意事项 该品与易燃物品接触能引起燃烧。口服有害。对眼睛、呼吸系统及皮肤有刺激性，吸入或与皮肤接触可引起过敏。使用现场禁止吸烟。使用时应穿适当的防护服和戴手套。使用时应避免吸入本品的粉尘。使用时如有事故发生或有不适之感，应请医生诊治。应远离易燃物品，密封于干燥处保存。

主要用途 氧化剂。漂白剂。电池去极剂。

Sodium phosphate dibasic anhydrous 无水磷酸氢二钠 09007

[7558-79-4] HNa_2O_4P 141.96

成分 H 0.71%，Na 32.39%，O 45.08%，P 21.82%。

别名 磷酸氢二钠 无水；Dibasic sodium phosphate；Disodiumhydrogen phosphate；Phosphate of soda；Secondary sodium phosphate；di-Sodium hydrogen phospate anhydrous；di-Sodium orthophosphate anhydrous；Exsiccated sodium phosphate；Hydro disodium phosphate anhydrous；Sodium monohydrogen phosphate anhydrous；Disodium phosphate anhydrous；*sec*-Sodium phosphate anhydrous；Sodium phosphate dibasic anhydrous；DSP

M.I.15，8789

性状 白色结晶或结晶性粉末。易吸潮。易溶于约 8 份水，较多地溶于热水，不溶于乙醇。其 1%水溶液（25℃）pH 值 9.1。热至 300℃时分解而变成焦磷酸钠。

注意事项 该品应充氩气密封于干燥处保存。

主要用途 分析试剂。缓冲剂。软水剂。印染业防火剂。丝织物增重等。

参考规格 GB 6854—2008 pH 基准试剂

混合磷酸盐溶液 pH $(S)_{II}$ 值（0.025mol/kg，25℃）

pH $(S)_{II}$ = pH $(S)_{I}$ ±0.01

含量（Na_2HPO_4）/% 99.0～100.1
pH（20g/L，25℃） 9.1～9.3
澄清度试验/号≤ 2
水不溶物/%≤ 0.002
氯化物（Cl）/%≤ 0.002
硫酸盐（SO_4）/%≤ 0.005
硝酸盐（NO_3）/%≤ 0.001

镁（Mg）/%≤	0.001
钾（K）/%≤	0.02
铁（Fe）/%≤	0.001
砷（As）/%≤	0.0005
重金属（以 Pb 计）/%≤	0.0005

Sodium phosphate dibasic dodecahydrate

磷酸氢二钠 十二水 09008

[10039-32-4] $HNa_2O_4P \cdot 12H_2O$ 358.14

成分（以无水物计） H 0.71%，Na 32.39%，O 45.08%，P 21.82%。

别名 二盐基磷酸钠 十二水；磷酸二钠 十二水；十二水合磷酸氢二钠；磷酸氢二钠；di-Sodium orthophosphate；di-Sodium phosphate；di-Sodium hydrogen phosphate dodecahydrate；*sec*-Sodium phosphate dodecahydrate；Disodium phosphate dodecahydrate

M. I. 15，8789

性状 无色透明的柱状结晶或颗粒。在干燥空气中易风化。溶于 3 份水，其溶液呈碱性，pH 值约 9.5。几乎不溶于乙醇。mp 34～35℃；*d* 约 1.5。

注意事项 该品应密封于阴凉处保存。

主要用途 分析试剂，铀的微量分析。pH 基准试剂。软水剂。糖的提纯。金属清洗剂。照相显影剂。医用泻剂。

参考规格 GB/T 1263—2006

	优级纯	分析纯	化学纯
含量($Na_2HPO_4 \cdot 12H_2O$)/%≥	99.0	99.0	98.0
pH 值（50g/L，25℃）	9.1～9.4	9.1～9.4	9.1～9.4
澄清度试验	合格	合格	合格
水不溶物/%≤	0.005	0.005	0.01
氯化物（Cl）/%≤	0.0005	0.001	0.003
硫酸盐（SO_4）/%≤	0.005	0.005	0.03
总氮量（N）/%≤	0.001	0.002	0.005
钾（K）/%≤	0.005	0.01	0.1
铁（Fe）/%≤	0.0005	0.0005	0.001
砷（As）/%≤	0.00005	0.0005	0.002
重金属(以 Pb 计)/%≤	0.0005	0.0005	0.001

Sodium phosphate monobasic anhydrous

无水磷酸二氢钠 09009

[7558-80-7] H_2NaO_4P 119.98

成分 H 1.68%，Na 19.16%，O 53.34%，P 25.82%。

别名 磷酸二氢钠 无水；Monosodium phosphate anhydrous；Sodium biphosphate anhydrous；Acid sodium phosphate anhydrous；Monosodium orthophosphate anhydrous；Primary sodium phosphate anhydrous；mono-Sodium phosphate anhydrous；Sodium dihydrogen phosphate anhydrous

M. I. 15，8790

性状 白色结晶性粉末。微有吸湿性。溶于水，溶液呈弱酸性。不溶于乙醇。一般试剂含量≥99.0%（T）。

注意事项 该品应密封于干燥处保存。

主要用途 常用分析试剂。缓冲剂。软水剂。尿酸化剂。

Sodium phosphate monobasic dihydrate

磷酸二氢钠 二水 09010

[13472-35-0] $H_2NaO_4P \cdot 2H_2O$ 156.01

成分（以无水物计） H 1.68%，Na 19.16%，O 53.34%，P 25.82%。

别名 一盐基磷酸钠；二水合磷酸二氢钠；磷酸一钠；Monosodium phosphate dihydrate；Sodium biphosphate dihydrate；Sodium dihydrogen phosphate dihydrate；monoSodium phosphate dihydrate；Primary sodium phosphate dihydrate；Sodium dihydrogen orthophosphate dihydrate

M. I. 15，8790

性状 无色斜方双棡结晶或白色粉末。有潮解性。易溶于水，不溶于乙醇。在 0～40℃之间稳定。mp 60℃；热至 100℃失去结晶水。*d* 1.915

注意事项 该品应密封于干燥处保存。

主要用途 分析试剂。缓冲剂。软水剂。细菌培养等。医用尿酸化剂。

参考规格 GB/T 1267—2011

	分析纯	化学纯
含量（$NaH_2PO_4 \cdot 2H_2O$）/%≥	99.0	98.0
pH 值（50g/L，25℃）	4.2～4.6	4.2～4.6
澄清度试验/号≤	3	5
水不溶物/%≤	0.01	0.02
氯化物（Cl）/%≤	0.005	0.01
硝酸盐（NO_3）/%≤	0.001	0.002
硫酸盐（SO_4）/%≤	0.005	0.01
铵（NH_4）/%≤	0.002	
钾（K）/%≤	0.02	0.1
铁（Fe）/%≤	0.001	0.005
重金属（以 Pb 计）/%≤	0.001	0.005
砷（As）/%≤	0.0002	0.0005
氨沉淀物/%≤	0.01	0.02

Sodium phosphate tribasic anhydrous 无水磷酸钠 09011

[7601-54-9] Na_3O_4P 163.94

成分 Na 42.07%，O 39.04%，P 18.89%。

别名 磷酸三钠 无水；无水磷酸三钠；磷酸钠 无水；Oakite；Trisodium orthophosphate；Trisodium phosphate；TSP

M. I. 15，8792

性状 白色粉末或块状物。溶于水，不溶于乙醇。加热亦不分解。mp 1340℃。一般试剂含量≥94.0%。

注意事项 该品具有腐蚀性，能引起烧伤。对眼睛、呼吸系统及皮肤有刺激性。使用时应穿适当的防护服，戴手套和防护镜或面罩。万一接触到眼睛，应立即用大量水冲洗后请医生诊治。使用时如有事故发生或有不适之感，应请医生诊治。应密封于干燥处保存。

主要用途 分析试剂。软水剂。糖的提纯。电镀。照相用。

Sodium phosphate tribasic dodecahydrate

磷酸三钠 十二水 09012

[10101-89-0] $Na_3O_4P \cdot 12H_2O$ 380.12

成分（以无水物计） Na 42.07%，O 39.04%，P 18.89%。

别名 十二水合磷酸三钠；正磷酸钠 十二水；磷酸钠 十二水；Tertiarysodium phosphate dodecahydrate；Trisodium orthophosphate dodecahydrate；tri-Sodium phosphatedodecahydrate；Trisodium phosphate dodecahydrate

M. I. 15，8792

性状 无色或白色结晶。在干燥空气中易风化。溶于 3.5 份水、1 份沸水，溶液呈强碱性。0.1%溶液的 pH 值 11.5；0.5%溶液的 pH 值 11.7；1.0%溶液的 pH 值 11.9。不溶于乙醇。mp 约 75℃；*d* 1.6。LD_{50} 大鼠急性经口：7.40g/kg。

注意事项 该品具有腐蚀性，能引起烧伤。使用时应穿适当的防护服，戴手套和防护镜或面罩。万一接触到眼睛，应立即用大量水冲洗后请医生诊治。使用时如有事故发生或有不适之感，应请医生诊治。应密封保存。

主要用途 分析试剂。微量分析测定铀。软水剂。糖的提纯。金属清洗剂。照相制版。

参考规格 HG/T 3493—2000

	分析纯	化学纯
含量（$Na_3PO_4 \cdot 12H_2O$）/%≥	98.0	97.0
澄清度试验	合格	合格
游离碱/%≤	1.5	3.0
氯化物（Cl）/%≤	0.005	0.005
总氮量（N）/%≤	0.002	0.005
二钠盐(以 $Na_2HPO_4 \cdot 12H_2O$ 计)/%≤	0.5	1.0
硫酸盐（SO_4）/%≤	0.01	0.03
铁（Fe）/%≤	0.0005	0.002
重金属（以 Pb 计）/%≤	0.001	0.002
砷（As）/%≤	0.0003	0.001

Sodium phosphite dibasic pentahydrate

亚磷酸氢二钠 五水 09013

[13517-23-2] $HNa_2O_3P \cdot 5H_2O$ 216.03

成分（以无水物计） H 0.80%，Na 36.50%，O 38.10%，P 24.59%。

别名 五水合亚磷酸氢二钠；亚磷酸钠；Sodium hydrogen hposphite pentahydrate

M. I. 15，8793

性状 白色吸湿性结晶性粉末。易溶于水。一般试剂含量

≥98.0%。

注意事项 使用时应穿适当的防护服，戴手套和防护镜或面罩。应避免吸入本品的粉尘。

主要用途 分析试剂。制药工业。

Sodium phosphomolybdate 磷钼酸钠 09014

[1313-30-0] $Mo_{12}Na_3O_{40}P$ 1891.30

成分 Mo 60.88%，Na 3.65%，O 33.84%，P 1.64%。

别名 钼磷酸钠；Sodium dodecamolybdophosphate；Sodium molybdophosphate；Phosphomolybdic acid sodium salt；Molybdophosphoric acid sodium salt

M.I.15，8794

性状 白色结晶。易溶于水。一般试剂含量（以 M_0O_3 计）90.5%～94.0%；（以 P_2O_5 计）3.5%～4.0%。

注意事项 使用时应避免吸入本品的粉尘，避免与眼睛及皮肤接触。应密封避光保存。

主要用途 分析试剂，可用于生物碱和植物脂肪的检验。神经显微检查。

Sodium phosphotungstate 磷钨酸钠 09015

[51312-42-6] $HNa_2O_{40}PW_{12}$ 2924.14

成分 H 0.03%，Na 1.57%，O 21.89%，P 1.06%，W 75.45%。

别名 Phosphotungstic acid disodium salt；Sodium dodecatungstophosphate；di-Sodium phosphotungstate；Sodium phosphowolframate；Sodium tungstophosphate

M.I.15，8795

性状 白色颗粒或粉末。易风化。溶于水。

注意事项 该品口服有毒。对眼睛、呼吸系统及皮肤有刺激性。使用时应穿适当的防护服。万一接触到眼睛，应立即用大量水冲洗后请医生诊治。应密封保存。

主要用途 测定生物碱、脲酸、钾的试剂。

Sodium polyanetholesulfonate 聚茴香脑磺酸钠 09016

[91178-70-0] [55963-78-5]

别名 聚对丙烯基茴香醚钠；Anetholesulfonic acid sodium salt polymer；Polyanetholesulfonlc acid sodium salt

M.I.15，8796

性状 黄色至浅棕色粉末。在水中缓慢润涨，其溶液呈中性反应，不溶于乙醇。其水溶液对热、稀碱、稀酸稳定。

注意事项 该品对眼睛、呼吸系统及皮肤有刺激性。使用时应穿适当的防护服。万一接触到眼睛，应该即用大量水冲洗后请医生诊治。应密封于干燥处保存。

主要用途 生化研究。

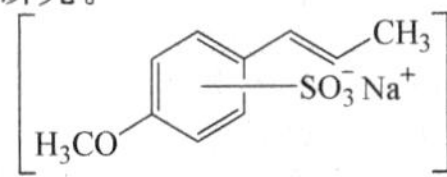

Sodium propionate 丙酸钠 09017

[137-40-6] $C_3H_5NaO_2$ 96.06

成分 C 37.51%，H 5.25%，Na 23.93%，O 33.31%。

别名 Impedex；Mycoban；Propionic acid sodium salt；Sodium propanoate

M.I.15，8798

性状 无色透明结晶或颗粒。易潮解。1g该品溶于约1mL水、0.65mL沸水，25℃溶于约24mL乙醇。对石蕊呈中性或微碱性反应。mp 287～289℃。一般试剂含量≥99.0%（NT）。

注意事项 该品与皮肤接触有毒。使用时应穿适当的防护服和戴手套。万一接触到眼睛，应立即用大量水冲洗后请医生诊治。应密封于干燥处保存。

主要用途 测定转氨酶用试剂。杀菌剂。防霉剂。局部抗霉菌剂。

Sodium pyrophosphate anhydrous 无水焦磷酸钠 09018

[7722-88-5] $Na_4O_7P_2$ 265.90

成分 Na 34.58%，O 42.12%，P 23.30%。

别名 无水焦磷酸四钠；焦磷酸四钠 无水；焦磷酸钠 无水；Sodium pyrophosphate tetrabasic anhydrous；Tetrasodium pyrophosphate anhydrous；TSPP anhydrous

M.I.15，9388

性状 无色透明结晶。溶于水（0℃，2.61g/100mL；25℃，6.70g/100mL；100℃，42.2g/100mL），其1%溶液 pH 值10.2。不溶于乙醇。mp 988℃；*d* 2.534。一般试剂含量≥98.0%（NT）。

注意事项 见09016聚茴香脑磺酸钠。

主要用途 分析试剂。金属电解分析。软水剂。除锈剂。分散和乳化剂。

Sodium pyrophosphate decahydrate 焦磷酸钠 十水 09019

[13472-36-1] $Na_4O_7P_2 \cdot 10H_2O$ 446.06

成分(以无水物计) Na 34.58%，O 42.12%，P 23.30%。

别名 十水合焦磷酸钠；十水合焦磷酸四钠；焦磷酸四钠 十水；Tetrasodium diphosphate decahydrate；tetra-Sodium pyrophosphate decahydrate；Tetrasodium pyrophosphate decahydrate；TSPP

M.I.15，9388

性状 无色透明结晶。在干燥空气中微风化。溶于水（0℃，3.16g/100mL；20℃，6.23g/100mL；25℃，8.14g/100mL；80℃，30.04g/100mL），其溶液呈碱性（25℃，1%水溶液 pH 值10.2）。不溶于乙醇。100℃失去结晶水；mp 79.5℃；*d* 1.82。一般试剂含量≥99.0%。

注意事项 该品对眼睛、呼吸系统及皮肤有刺激性。使用时应穿适当的防护服。使用时应避免与眼睛及皮肤接触。万一接触到眼睛，应立即用大量水冲洗后请医生诊治。应密封保存。

主要用途 分析试剂。金属电解分析。软水剂。分散和乳化剂。除锈剂。

Sodium pyrrolidinedithiocarbamate 吡咯烷二硫代甲酸钠 09020

[872-71-9] $C_5H_8NNaS_2$ 169.24

成分 C 35.48%，H 4.76%，N 8.28%，Na 13.58%，S 37.89%。

别名 二水合吡咯烷二硫代甲酸钠；四亚甲基二硫代氨基甲酸钠；吡咯烷二硫代羧酸钠；Sodium tetramethylenedithiocarbamate；1-Pyrrolidinecarbodithioic acid sodium salt；Pyrrolidinedithiocarbonic acid sodium salt；SPDC；SPDTC

性状 白色结晶。易溶于水，微溶于乙醇。一般试剂含量约80%（NT），结晶水15%～20%。

注意事项 使用时应避免吸入本品的粉尘，避免与眼睛及皮肤接触。应充氮气密封保存。

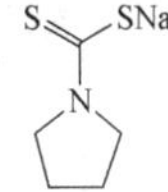

Sodium pyruvate 丙酮酸钠 09021

[113-24-6] $C_3H_3NaO_3$ 110.04

成分 C 32.75%，H 2.75%，Na 20.89%，O 43.62%。

别名 焦葡萄酸钠；Pyruvic acid sodium salt；Sodium acetyl formate；Sodium α-ketopropionate；Sodium pyrooacemate

性状 白色片状结晶或粉末。易溶于水，微溶于乙醇、乙醚、乙酸。mp＞300℃。生化试剂含量≥99.0%（NT）。

注意事项 该品应密封于2～8℃干燥保存。

主要用途 生化试剂。测定乳酸脱氢酶的底物。测定人体血液中谷-丙转氨酶（G.P.T）或谷-草转氨酶（G.O.T）含量的试剂。

Sodium salicylate 水杨酸钠 09022

[54-21-7] $C_7H_5NaO_3$ 160.10

成分 C 52.52%，H 3.15%，Na 14.36%，O 29.98%。

别名 邻羟基苯甲酸钠；柳酸钠；2-羟基苯甲酸钠；Alysine；Enterosalicyl；Enterosalil；2-Hydroxybenzoic acid monosodium salt；*o*-Hydroxybenzoic acid sodium salt；Idocyl；Salicylic acid sodium salt；Saliglutin

M.I.15，8469

性状 白色鳞片状结晶或结晶性粉末。无味。久存或见光变粉红色。溶于水（125g/100mL）、甲醇（17g/100mL）。其水溶液呈弱酸性，pH值5～6。mp 440℃。LD_{50}大鼠腹膜内注射：780mg/kg。一般试剂含量99.5%～100.3%。

注意事项 该品口服有毒。应密封避光保存。

主要用途 微量分析测定二氧化铀，也可用作胃液中游离酸的检验试剂。有机合成。防腐剂。医药、电子、仪表、冶金工业。

Sodium selenate anhydrous　无水硒酸钠　09023

[13410-01-0]　Na_2O_4Se　188.94

成分　Na 24.34%，O 33.87%，Se 41.79%。

别名　硒酸钠 无水

GW 2015-2198　M.I.15，8800

性状　白色颗粒状结晶。溶于水。LD_{100}兔急性经口：4mg/kg。一般试剂含量≥98.0%（T）。

注意事项　该品吸入或口服有毒，并具有蓄积性危害。对水生物极毒。能对水环境引起长期不良的结果。使用现场不得进餐或吸烟。接触皮肤后应立即用大量水冲洗。使用时如有事故发生或有不适之感，应立即请医生诊治。应防止将本品释放于环境中。其包装物应按危险品处理。应充氩气密封保存。

主要用途　增光剂，防腐剂。杀菌剂。玻璃工业用脱色剂。

Sodium selenate decahydrate　硒酸钠 十水　09024

[10102-23-5]　$Na_2SeO_4\cdot10H_2O$　369.09

成分(以无水物计)　Na 24.34%，O 33.87%，Se 41.79%。

别名　十水合硒酸钠

GW 2015-2198　M.I.15，8800

性状　白色结晶。易溶于水。mp 32℃。LD_{50}小鼠腹膜内注射：18.45mg/kg。一般试剂含量≥99.9%。

注意事项　该品吸入或口服有毒，并具有蓄积性危害。对水生物极毒。能对水环境引起长期不良的结果。使用现场不得进餐或吸烟。接触皮肤后应立即用大量水冲洗。使用时如有事故发生或有不适之感，应立即请医生诊治。应防止将本品释放于环境中。其包装物应按危险品处理。应充氩气密封保存。

主要用途　分析试剂。增光剂。杀虫剂。玻璃工业脱色剂。加入镀铬液中可改进抗腐蚀性。

Sodium selenite　亚硒酸钠　09025

[10102-18-8]　Na_2O_3Se　172.94

成分　Na 26.59%，O 27.75%，Se 45.66%。

别名　Selenious acid disodium salt

GW 2015-2476　M.I.15，8802

性状　白色四方形棱柱体结晶或结晶性粉末。在空气中稳定。易溶于水，不溶于乙醇。LD_{50}大鼠经口：7mg/kg。一般试剂含量≥97.0%。

注意事项　该品吸入或口服有毒，并具有蓄积性危害。对水生物极毒。能对水环境引起长期不良的结果。使用现场不得进餐或吸烟。接触皮肤后应立即用大量水冲洗。使用时如有事故发生或有不适之感，应立即请医生诊治。应防止将本品释放于环境中。其包装物应按危险品处理。应密封于阴凉处保存。

主要用途　生物碱的检验。红色玻璃、釉彩配制。

Sodium silicate nonahydrate　硅酸钠 九水　09026

[13517-24-3][1344-09-8](无水物)　$Na_2O_3Si\cdot9H_2O$

成分(以无水物计)　Na 37.67%，O 39.32%，Si 23.01%。

别名　九水合硅酸钠；水玻璃；泡花碱；偏硅酸钠；矽酸钠；Liquid glass；Sodium metasilicate；Water glass

GW 2015-1618　M.I.15，8804

性状　白色或灰白色块状物或粉末。溶于水、碱溶液。不溶于醇、酸。mp48℃。一般试剂含量（以Na_2O计）19.3%～22.8%。

注意事项　该品应密封于阴凉处保存。

主要用途　分析试剂。织物防火剂。黏合剂。

Sodium stannate trihydrate　锡酸钠 三水　09027

[12209-98-2]　$NaO_3Sn\cdot3H_2O$　266.73

成分(以无水物计)　Na 21.62%，O 22.57%，Sn 55.81%。

别名　三水合锡酸钠；Preparing salt；Sodium stannate(Ⅳ) trihydrate；Sodium tin oxide trihydrate

M.I.15，8805

性状　无色或白色结晶。在空气中逐渐分解。溶于约1.7份水，溶液呈碱性。不溶于乙醇。受热至140℃时完全失去结晶水。一般试剂含量≥97.0%。

注意事项　该品对眼睛、呼吸系统及皮肤有刺激性。使用时应戴手套。万一接触到眼睛，应立即用大量水冲洗后请医生诊治。

主要用途　媒染剂。镀锡。织物的防火剂。

Sodium stearate　硬脂酸钠　09028

[822-16-2]　$C_{18}H_{35}NaO_2$　306.47

成分　C 70.54%，H 11.51%，Na 7.50%，O 10.44%。

别名　十八酸钠；Stearic acid sodium salt

M.I.15，8806

性状　白色粉末。有滑腻感。具有脂肪气味。易溶于热水、热乙醇，水溶液因水解呈强碱性，乙醇溶液为中性。一般试剂含量≥98.0%（T）。

注意事项　使用时应避免与眼睛及皮肤接触。

主要用途　生化研究。牙膏的制造。防水剂。塑料稳定剂。

Sodium succinate hexahydrate　丁二酸钠 六水　09029

[6106-21-4]　$C_4H_4Na_2O_4\cdot6H_2O$　270.14

成分(以无水物计)　C 29.65%，H 2.49%，Na 28.37%，O 39.49%。

别名　丁二酸二钠六水；六水合丁二酸钠；六水合琥珀酸钠；琥珀酸钠 六水；琥珀酸钠 六水；Sodium succinate dibasic hexahydrate；di-Sodium succinate hexahydrate；Succinic acid sodium salt hexahydrate；Succinic acid disodium salt hexahydrate

M.I.15，8808

性状　白色颗粒或结晶性粉末。在空气中稳定。溶于约5份水，其溶液呈中性或微碱性。不溶于乙醇。120℃失去全部结晶水。LD_{50}(无水物)小鼠静脉注射：4.5g/kg。一般试剂含量≥99.0%(NT)。

注意事项　该品对眼睛、呼吸系统及皮肤有刺激性。使用时应穿适当的防护服和戴手套。万一接触到眼睛，应立即用大量水冲洗后请医生诊治。

主要用途　化验分析测定镁。医用呼吸作用兴奋剂，尿路碱化剂。利尿剂。泻剂。巴比妥酸盐麻醉者的解醒剂。缓冲剂。食品用调味剂。

Sodium sulfate anhydrous　无水硫酸钠　09030

[7757-82-6]　Na_2O_4S　142.04

成分　Na 32.37%，O 45.05%，S 22.57%。

别名　无水芒硝；芒硝 无水；硫酸钠 无水；Sodium sulfate exsiccated

M.I.15，8809

性状　白色正交双锥体结晶或结晶性粉末。有吸潮性。溶于约3.6份水，溶于甘油，不溶于乙醇。mp 884℃；*d* 2.7。

注意事项　使用时应避免吸入本品的粉尘，避免与眼睛及皮肤接触。应密封于干燥处保存。

主要用途　分析试剂。如氮的测定，钢铁中的钼含量。有机液体脱水剂。医用泻剂。兽用清洗剂。

参考规格　GB/T 9853—2008

	分析纯	化学纯
含量（Na_2SO_4）/%≥	99.0	98.0
pH值（50g/L，25℃）	5.0～8.0	5.0～8.0
杂质最高含量		
澄清度试验/号≤	3	5
水不溶物/%≤	0.005	0.02
灼烧失重/%≤	0.2	0.5
氯化物（Cl）/%≤	0.001	0.005
总氮量（N）/%≤	0.0005	0.001
磷酸盐（PO_4）/%≤	0.001	0.002
钙（Ca）/%≤	0.002	0.005
铁（Fe）/%≤	0.0005	0.0015
重金属（以Pb计）/%≤	0.0005	0.002
钾（K）/%≤	0.01	

Sodium sulfate decahydrate　硫酸钠 十水　09031

[7727-73-3][7757-82-6](无水物)　$Na_2O_4S\cdot10H_2O$　322.19

成分(以无水物计)　Na 32.37%，O 45.05%，S 22.57%。

别名　十水合硫酸钠；芒硝；结晶硫酸钠；Glauber's salt；Mirabilite；Sodium sulfate crystal；Thenardite

M.I.15，8809

性状 无色透明结晶或颗粒。无味。在干燥空气中逐渐风化。溶于水（15℃，溶于 3.3 份水；25℃，溶于 1.5 份水），其水溶液呈中性，pH 值 6～7.5。溶于甘油，不溶于乙醇。mp 32.4℃；热至 100℃失去全部结晶水；d 1.46。一般试剂含量≥99.0%（T）。

注意事项 该品应密封保存。

主要用途 分析试剂，测定铅。测土壤与植株的硝态氮。染料的检定。媒染剂。医用泻剂。兽用清洗剂。

Sodium sulfide nonahydrate 硫化钠 九水 09032

[1313-84-4] $Na_2S \cdot 9H_2O$ 240.17

成分（以无水物计） Na 58.91%，S 41.08%。

别名 九水合硫化钠；臭苏打；臭碱；结晶硫化钠；硫化钠结晶；硫化碱；Sodium monosulfide nonahydrate；Sodium sulfuret nonahydrate

GW 2015-1288 M.I.15，8810

性状 无色四方体结晶。有硫化氢气味。易潮解。见光色变黄。1g 该品溶于 0.5mL 水，微溶于乙醇，不溶于乙醚。mp 约 50℃；d_4^{16} 1.427。一般试剂含量≥98.0%。

注意事项 该品与酸接触能释放出有毒气体。具有腐蚀性，能引起烧伤。对水生物极毒。万一接触到眼睛，应立即用大量水冲洗后请医生诊治。使用时如有事故发生或有不适之感，应立即请医生诊治。应防止将本品释放于环境中。应密封避光于阴凉干燥处保存。

主要用途 分析试剂，如有机硫化物总硫量的测定。皮革脱毛剂。

Sodium sulfite anhydrous 无水亚硫酸钠 09033

[7757-83-7] Na_2O_3S 126.04

成分 Na 36.48%，O 38.08%，S 25.44%。

别名 亚硫酸钠 无水；硫养；硫养粉；Exsiccated sodium sulfite

M.I.15，8811

性状 无色或白色细小的结晶或粉末。溶于 3.2 份水，溶于甘油，极微溶于乙醇。pH 值约 9。LD_{50} 小鼠静脉注射：175mg/kg。

注意事项 该品口服有毒。与酸接触能释放出有毒气体。对眼睛、呼吸系统及皮肤有刺激性。使用应穿适当的防护服和戴手套。万一接触到眼睛，应立即用大量水冲洗后请医生诊治。应充氩气密封于阴凉处保存。

主要用途 分析试剂，测定锑、镁、铜、锌、磷。还原剂。光敏电阻材料。照相用。

参考规格 HG/T 3472—2000	分析纯	化学纯
含量（Na_2SO_3）/%≥	97.0	95.0
澄清度试验	合格	合格
水不溶物/%≤	0.005	0.01
酸性亚硫酸盐	合格	合格
游离碱（以 Na_2CO_3 计）/%≤	0.1	0.3
氯化物（Cl）/%≤	0.005	0.02
硫代硫酸盐（S_2O_3）/%≤	0.01	0.02
铁（Fe）/%≤	0.0005	0.002
重金属（以 Pb 计）/%≤	0.001	0.002
砷（As）/%≤	0.0001	0.0005

Sodium sulfite heptahydrate 亚硫酸钠 七水 09034

[10102-15-5] $Na_2O_3S \cdot 7H_2O$ 252.14

成分（以无水物计） Na 36.48%，O 38.08%，S 25.44%。

别名 七水合亚硫酸钠；亚硫酸钠 结晶；结晶亚硫酸钠；Sodium sulfite crystal

M.I.15，8811

性状 无色透明结晶。易风化。溶于 1.6 份水，水溶液呈碱性并能溶解硫黄（pH 值约 9）。溶于约 30 份甘油，略微溶于乙醇。150℃失去 7 分子结晶水。

注意事项 该品应密封避光于阴凉处保存。

主要用途 分析试剂，碲、铌的微量分析测定。测定碘酸盐。还原剂。显影液的配制。

Sodium tartrate dihydrate 酒石酸钠 二水 09035

[6106-24-7][868-18-8]（无水物） $C_4H_4Na_2O_6 \cdot 2H_2O$ 230.08

成分（以无水物计） C 24.76%，H 2.08%，Na 23.69%，O 49.74%。

别名 二水合 DL-酒石酸钠；Disodium DL-tartrate dihydrate；DL-Tartaric acid disodium salt dihydrate

M.I.15，8812

性状 无色透明结晶或白色结晶性颗粒或粉末。溶于约 3 份冷水、1.5 份沸水，其溶液对石蕊呈微碱性，pH 值 7～9。不溶于乙醇。d 1.82。生化试剂含量≥99.0%（NT）。

主要用途 生化研究。水质分析。医用泻剂。

参考规格 HG/T 3478—1999	分析纯	化学纯
酒石酸钠含量（$C_4H_4O_6Na_2 \cdot 2H_2O$）/%≥	99.0	98.0
pH 值（25℃，50g/L）	7.0～9.0	7.0～9.0
澄清度试验	合格	合格
水不溶物/%≤	0.005	0.01
氯化物（Cl）/%≤	0.002	0.005
硫酸盐（SO_4）/%≤	0.005	0.01
磷酸盐（PO_4）/%≤	0.002	
铁（Fe）/%≤	0.001	0.005
重金属（以 Pb 计）/%≤	0.0005	0.001

Sodium L-tartrate dihydrate L-酒石酸钠 二水 09036

[6106-24-7] $C_4H_4Na_2O_6 \cdot 2H_2O$ 230.08

成分（以无水物计） C 24.76%，H 2.08%，Na 23.69%，O 49.74%。

别名 二水合 L-酒石酸钠；酒石酸钠；Disodium L-tartrate dihydrate；di-Sodium tartrate；di-Sodium L-tartrate；di-Sodium tartrate dihydrate；L-(+)-Tartaric acid disodium salt

M.I.15，8812

性状 白色结晶颗粒或结晶性粉末。溶于水，不溶于乙醇。mp 150℃；$[\alpha]_D^{20}+26°$（c=10，于水中）。

注意事项 使用时应避免吸入本品的粉尘，避免与眼睛及皮肤接触。

主要用途 生化研究。点滴分析测定钒，标定卡尔·费休试剂。

参考规格 HG/T 3478—1999	分析纯	化学纯
含量（$C_4H_4Na_2O_6 \cdot 2H_2O$）/%≥	99.0	98.0
pH 值（25℃，50g/L）	7.0～9.0	7.0～9.0
澄清度试验	合格	合格
水不溶物/%≤	0.005	0.01
氯化物（Cl）/%≤	0.002	0.005
硫酸盐（SO_4）/%≤	0.005	0.01
磷酸盐（PO_4）/%≤	0.002	
铁（Fe）/%≤	0.001	0.005
重金属（以 Pb 计）/%≤	0.0005	0.001

```
       COONa
   H ──┼── OH
  HO ──┼── H
       COONa
```

Sodium taurocholate 牛胆酸钠 09037

[145-42-6] $C_{26}H_{44}NNaO_7S$ 537.69

成分 C 58.08%，H 8.25%，N 2.60%，Na 4.28%，O 20.83%，S 5.96%。

别名 牛磺胆酸钠；Cholaic acid sodium salt；*N*-Choloyltaurine sodium salt；Cholyltaurine sodium salt；Taurocholic acid sodium salt；2-[[(3α，5β，7α，12α)-3，7，12-Trihydroxy-24-oxocholan-24-yl]amino]ethanesulfonic acid sodium salt

M.I.15，9212

性状 无色结晶。味先甜而后苦。易溶于水、乙醇。约 230℃分解；$[\alpha]_D^{20}+24°$（c=3，于水中）。生化试剂含量≥97.0%（TLC）。

注意事项 该品对呼吸系统有刺激性。应充氩气密封于干燥处保存。

主要用途 脂肪酶促进剂。制备细菌培养基。

Sodium tellurate 碲酸钠 09038

[10101-83-4] Na_2O_4Te 237.58

成分 Na 19.35%，O 26.94%，Te 53.71%。

别名 Sodium tellurate (Ⅵ)
M. I. 15, 8813
性状 白色粉末。溶于 130 份冷水、50 份沸水。MLD 大鼠腹膜内注射：37.2～55.8mg/kg。
注意事项 该品口服有毒。对眼睛、呼吸系统及皮肤有刺激性。使用时应戴手套。万一接触到眼睛，应立即用大量水冲洗后请医生诊治。其包装物应按危险品处理。应密封保存。
主要用途 分析试剂。制药工业。

Sodium tellurite 亚碲酸钠 09039

[10102-20-2] Na_2O_3Te 221.58
成分 Na 20.75%，O 21.66%，Te 57.59%。
别名 Sodium tellurate (Ⅳ)
GW 2015-2442 M. I. 15, 8814
性状 白色粉末。易溶于热水，微溶于冷水。LD_{50} 大鼠腹膜内注射：56.78mg/kg，静脉注射：55.85mg/kg；兔急性经口：104mg/kg。一般试剂含量≥99.5%。
注意事项 该品口服有毒。使用时应穿适当的防护服和戴手套。接触皮肤后应立即用大量水冲洗。使用时如有事故发生或有不适之感，应请医生诊治。应密封于通风良好处保存。
主要用途 有机合成。细菌学研究。

Sodium tetraborate anhydrous 无水四硼酸钠 09040

[1330-43-4] $B_4Na_2O_7$ 201.21
成分 B 21.49%，Na 22.85%，O 55.66%。
别名 五缩四硼酸钠；无水硼砂；无水硼酸钠；四硼酸钠无水；硼酸钠无水；Borax anhydrous; Borax glass; Fused borax; Fused sodium borate anhydrous; Sodium borate anhydrous; Sodium borate fused; Sodium pyroborate anhydrous
M. I. 15, 8726
性状 无色透明硬块或白色粉末。有吸湿性。露置空气中色变暗，在潮湿空气中能生成一部分水合物。易溶于沸水，微溶于冷水，溶液呈强碱性。不溶于乙醇。mp 878℃；bp 575℃（分解）；*d* 2.367；n_D^{20} 1.501。一般试剂含量≥99.5%。
注意事项 该品口服有毒。使用时应穿适当的防护服和戴手套。万一接触到眼睛，应立即用大量水冲洗后请医生诊治。应密封于干燥处保存。
主要用途 分析试剂，硼砂珠试验等。

Sodium tetraborate decahydrate 四硼酸钠 十水 09041

[1303-96-4] $B_4O_7Na_2 \cdot 10H_2O$ 381.36
成分（以无水物计） B 21.49%，Na 22.85%，O 55.66%。
别名 十水合四硼酸钠；焦性硼酸钠 十水；硼砂；硼酸钠 十水；Borax; Borax decahydrate; Jaikin; Sodium borate; Sodium pyroborate
M. I. 15, 8726
性状 无色坚硬的结晶粉末或颗粒。在干燥空气中能风化。易溶于水和甘油，不溶于醇类和酸类。加热至 100℃失去 5 分子结晶水，至 150℃即完全失去结晶水，320℃分解。1g 该品溶于 16mL 水、0.6mL 沸水、约 1mL 甘油，不溶于乙醇。其水溶液对石蕊或酚酞呈碱性，pH 值约 9.5。mp 75℃；*d* 1.73。LD_{50} 大鼠急性经口：5.66g/kg。
注意事项 该品与易燃品接触能引起燃烧。对眼睛、呼吸系统及皮肤有刺激性。使用时应穿适当的防护服。使用时应避免吸入本品的粉尘，避免与眼睛及皮肤接触。万一接触到眼睛，应立即用大量水冲洗后请医生诊治。应远离易燃物品密封保存。
主要用途 分析试剂。缓冲剂。防腐剂。金属助熔剂。电子工业用、照相用。兽用消毒剂。

参考规格 GB/T 632—2008	优级纯	分析纯	化学纯
含量($Na_2B_4O_7 \cdot 10H_2O$)/%≥	99.5	99.5	99.0
澄清度试验/号≤	2	4	6
盐酸不溶物/%≤	0.003	0.005	0.02
氯化物（Cl）/%≤	0.0005	0.002	0.005
硫酸盐（SO_4）/%≤	0.005	0.01	0.015
磷酸盐（PO_4）/%≤	0.001	0.002	0.005
钙（Ca）/%≤	0.005	0.005	0.02
铁（Fe）/%≤	0.0001	0.0003	0.0005
铅（Pb）/%≤	0.0005	0.001	0.002
铜（Cu）/%≤	0.0005	0.001	0.002

GB 6856—2008	pH 基准试剂
四硼酸钠溶液 pH (S)$_Ⅱ$ 值 (0.01mol/kg，25℃)	pH (S)$_Ⅱ$＝pH (S)$_Ⅰ$ ±0.01
含量（$Na_2B_4O_7 \cdot 10H_2O$）/%≥	99.5
澄清度试验/号≤	2
盐酸不溶物/%≤	0.002
氯化物（Cl）/%≤	0.0005
硫酸盐（SO_4）/%≤	0.005
磷酸盐（PO_4）/%≤	0.001
碳酸盐（CO_3）	合格
钙及镁（以 Ca 计）/%≤	0.005
钾（K）/%≤	0.05
铁（Fe）/%≤	0.0001
重金属（以 Pb 计）/%≤	0.0005
砷（As）/%≤	0.0001

Sodium tetradecylsulfate 十四烷基硫酸钠 09042

[139-88-8] $C_{14}H_{29}NaO_4S$ 316.43
成分 C 53.14%，H 9.24%，Na 7.27%，O 20.22%，S 10.13%。
别名 7-Ethyl-2-methyl-4-undecanol hydrogen sulfate sodium salt; 7-Ethyl-2-methyl-4-hendecanol sulfate sodium salt; Sodium 2-methyl-7-ethyl-4-umdecyl sulfate; Sodium 7-ethyl-2-methylundecyl-4-sulfate; Sotradecol; Tergitol 4; Trombavar; Trombovar
M. I. 15, 8817
性状 白色蜡状固体。溶于水、乙醇、乙醚。其 5%水溶液 pH 值 6.5～9.0。水溶液表面张力（25℃）：（质量分数 0.05%）：56.5 达因/cm；（质量分数 0.10%）52 达因/cm；（质量分数 0.20%）47 达因/cm；（质量分数 0.50%）40 达因/cm；（质量分数 1.0%）35 达因/cm。LD_{50} 大鼠急性经口：4.95g/kg。
主要用途 湿润剂。医用致硬化剂。

SO_3^- Na^+ ; CH_3 ; O ; H_3C ; CH_3 ; CH_3

Sodium tetrakis[3,5-bis(trifluoromethyl)phenyl]borate 四[3,5-双(三氟甲基)苯基]硼酸钠 09043

[79060-88-1] $C_{32}H_{12}BF_{24}Na$ 886.21
成分 C 43.37%，H 1.36%，B 1.22%，F 51.45%，Na 2.59%。
别名 Tetrakis[3,5-bis(trifluoromethyl)phenyl]boron sodium
性状 白色结晶性粉末。
注意事项 使用时应避免吸入本品的粉尘，避免与眼睛及皮肤接触。应充氩气密封保存。

F_3C ; F_3C ; $\cdot BNa^+$; 4

Sodium tetrakis (4-fluorophenyl) borate dihydrate 四（4-氟苯基）硼酸钠 二水 09044

[207683-22-5] $C_{24}H_{16}BF_4Na \cdot 2H_2O$ 450.22
成分（以无水物计） C 69.60%，H 3.89%，B 2.61%，F 18.35%，Na 5.55%。
别名 二水合四（4-氟苯基）硼酸钠；Tetrakis (4-fluorophenyl) boron sodium dihydrate
性状 白色结晶性粉末。一般试剂含量≥97.0%（NT）。
注意事项 该品对眼睛、呼吸系统及皮肤有刺激性。使用时应穿适当的防护服。万一接触到眼睛，应立即用大量水冲洗后请医生诊治。应密封干燥保存。

$\left[F-C_6H_4-\right]_4^- \cdot BNa^+$

Sodium tetraphenylborate 四苯硼钠 09045

[143-66-8] $C_{24}H_{20}BNa$ 342.22

成分 C 84.23%，H 5.89%，B 3.16%，Na 6.72%。

别名 四苯基硼酸钠；Kalignost；Sodium tetraphenylboron；Tetra phenylboron sodium

M. I. 15，8818

性状 来自氯仿中的雪白色结晶。微有吸潮性。易溶于水、丙酮，较少地溶于乙醚、氯仿，几乎不溶于石油醚。

注意事项 该品口服有害。应密封避光于2～8℃保存。

主要用途 分析试剂，用于钾、铵、铷、铯、汞、铊及含氮有机化合物的测定。

参考规格 HG/T 3438—2003	分析纯	化学纯
含量［$NaB(C_6H_5)_4$］/%≤	99.0	97.0
澄清度试验	合格	合格
丙酮溶解试验	合格	合格
干燥失量/%≤	0.5	1.0

$\left[C_6H_5-H\right]_4^- \cdot BNa^+$

Sodium thiocyanate 硫氰酸钠 09046

[540-72-7] CNNaS 81.07

成分 C 14.82%，N 17.28%，Na 28.36%，S 39.55%。

别名 硫氰化钠；Sodium rhodanide；Sodium sulfocyanate；Sodium sulfocyanide；Thiocyanate sodium

M. I. 15，9480

性状 无色或白色结晶。有潮解性。溶于约0.6份水，易溶于乙醇、丙酮。其溶液呈中性。mp约300℃。LD_{50}大鼠急性经口：764mg/kg。

注意事项 该品吸入、口服或与皮肤接触有毒。与酸接触能释放出极毒气体。对水生物有害。能对水环境引起长期不良的影响。应防止将本品释放于环境中。应远离食品、饮料和动物饲料，密封于干燥处保存。

主要用途 分析试剂，如钢铁中铌的测定及测定银、铜、铁。制造有机硫氰酸盐。

参考规格 GB/T 1268—1998	优级纯	分析纯	化学纯
含量（NaCNS）/%≥	99.0	98.5	98.0
碳酸盐（以 Na_2CO_3 计）/%≤	0.2		
澄清度试验	合格	合格	合格
水不溶物/%≤	0.002	0.005	0.01
氯化物（Cl）/%≤	0.005	0.01	0.02
硫化物（S）/%≤	0.001		
硫酸盐（SO_4）/%≤	0.005	0.01	0.025
铵（NH_4）/%≤	0.001	0.005	0.02
铁（Fe）/%≤	0.0001	0.0003	0.0006
重金属（以Pb计）/%≤	0.0002	0.0005	0.001
还原碘的物质（以I计）/%≤	0.05	0.1	0.2

Sodium thioglycolate 硫代乙醇酸钠 09047

[367-51-1] $C_2H_3NaO_2S$ 114.09

成分 C 21.05%，H 2.65%，Na 20.15%，O 28.05%，S 28.10%。

别名 硫代甘醇酸钠；硫代羟基乙酸钠；巯基乙酸钠；Mercaptoacetic acid sodium salt；Sodium mercaptoacetate；Thioglycolic acid sodium salt

M. I. 15，8819

性状 白色结晶。有潮解性。有特殊臭味。曝露于空气中或铁中变色。易溶于水，微溶于乙醇。mp>300℃。LD_{50}大鼠腹膜内注射：148mg/kg。一般试剂含量≥96.0%（RT）。

注意事项 该品口服有毒。对皮肤有刺激性。使用时应穿适当的防护服。接触皮肤后应立即用大量水冲洗。应充氩气密封避光于2～8℃干燥保存。

主要用途 分析试剂，如铁、钼、银、锡等的测定。配制细菌培养基。

Sodium thiosulfate anhydrous 无水硫代硫酸钠 09048

[7772-98-7] $Na_2O_3S_2$ 158.10

成分 Na 29.08%，O 30.36%，S 40.56%。

别名 无水大苏打；无水次亚硫酸钠；次亚硫酸钠 无水；硫代硫酸钠 无水；Ametox；Antichlor anhydride；Hypoanhydrous；Sodium hyposulfite anhydrous；Sodium thiosulfate dried；Sodothiol；Sulfothiorine

M. I. 15，8821

性状 白色结晶性粉末。有潮解性。溶于水，几乎不溶于乙醇。加热即分解。一般试剂含量≥98.0%（RT）。

注意事项 使用时应避免吸入本品的粉尘，避免与眼睛及皮肤接触。应密封于干燥处保存。

主要用途 分析试剂。基准试剂。还原剂。除氯剂。照相定影剂。医用解毒剂（氰化物）。

Sodium thiosulfate pentahydrate

硫代硫酸钠 五水 09049

[10102-17-7] $Na_2O_3S_2 \cdot 5H_2O$ 248.17

成分（以无水物计） Na 29.08%，O 30.36%，S 40.56%。

别名 大苏打；五水合硫代硫酸钠；次亚硫酸钠；海波；Antichlor；Hypo；Sodium hyposulfite；Sodium subsulfite

M. I. 15，8821

性状 无色结晶或白色颗粒。无味。在干热空气中风化，在湿冷的空气中则微潮解。易溶于水，不溶于乙醇。其水溶液近似中性，pH值6.5～8.0。受热至100℃失去结晶水。mp 48℃；*d* 1.69。LD大鼠静脉注射：>2.5g/kg。

注意事项 该品对眼睛、呼吸系统及皮肤有刺激性。使用时应穿适当的防护服和戴手套。使用时应避免吸入本品的粉尘，避免与眼睛及皮肤接触。万一接触到眼睛，应立即用大量水冲洗后请医生诊治。应密封保存。

主要用途 分析试剂，如氧化还原滴定剂。除氯剂。媒染剂。定影剂。

参考规格 GB/T 637—2006	优级纯	分析纯	化学纯
含量（$Na_2S_2O_3 \cdot 5H_2O$）/%≥	99.5	99.0	98.5
pH值（50g/L，25℃）	6.0～7.5	6.0～7.5	6.0～7.5
澄清度试验/号≤	2	3	5
水不溶物/%≤	0.002	0.005	0.01
氯化物（Cl）/%≤	0.02	0.02	
硫酸盐及亚硫酸盐（以 SO_4 计）/%≤	0.04	0.05	0.1
硫化物（S）/%≤	0.0001	0.00025	0.0005
总氮量（N）/%≤	0.002	0.005	
钾（K）/%≤	0.001		
镁（Mg）/%≤	0.001	0.001	
钙（Ca）/%≤	0.003	0.003	0.005
铁（Fe）/%≤	0.0005	0.0005	0.001
重金属（以Pb计）/%≤	0.0005	0.0005	0.001

Sodium trifluoroacetate 三氟乙酸钠 09050

[2923-18-4] $C_2F_3NaO_2$ 136.01

成分 C 17.65%，F 41.91%，Na 16.90%，O 23.53%。

别名 三氟醋酸钠；Trifluoroacetic acid sodium salt

性状 无色透明结晶或白色粉末。易溶于水、热乙醇，微溶于乙醚，不溶于苯。mp 207℃（分解）；*d*1.49。一般试剂含量≥99.0%（NT）。

注意事项 该品对眼睛、呼吸系统及皮肤有刺激性。使用时应穿适当的防护服和戴手套。使用时应避免吸入本品的粉尘，避免与眼睛及皮肤接触。万一接触到眼睛，应立即用大量水冲洗后请医生诊治。应密封保存。

主要用途 杀虫剂。防腐剂。

Sodium tripolyphosphate 三聚磷酸钠 09051

[7758-29-4]　$Na_5P_3O_{10}$　$Na_5O_{10}P_3$　367.86

成分　Na 31.25%，O 43.49%，P 25.26%。

别名　三磷酸五钠；多聚磷酸钠；Pentasodium triphosphate；PAPP；Sodium triphosphate；penta-Sodium triphosphate；Sodium triphosphate pentabasic；Sodium tripolyphosphate pentabasic；STPP；Triphosphoric acid pentasodium salt；Tripolyphosphate sodiam salt

M. I. 15，8824

性状　白色颗粒或粉末。微潮解性。溶于水（25℃，20g/100mL；100℃，86.5g/100mL），其1%水溶液pH值（25℃）9.7～9.8。在酸性溶液中煮沸能水解成正磷酸盐。mp 622℃。LD_{50}大鼠急性经口：6.50g/kg。

注意事项　该品对眼睛、呼吸系统及皮肤有刺激性。使用时应穿适当的防护服，戴手套和防护镜或面罩。万一接触到眼睛，应立即用大量水冲洗后请医生诊治。接触皮肤后，应立即用大量水冲洗。应密封于干燥处保存。

Sodium tungstate dihydrate　钨酸钠 二水　09052

[10213-10-2]　$Na_2O_4W \cdot 2H_2O$　329.85

成分（以无水物计）　Na 15.65%，O 21.78%，W 62.57%。

别名　二水合钨酸钠；Sodium tungstate(Ⅵ) dihydrate；Sodium tungsten oxide dihydrate；Sodium wolframate dihydrate

M. I. 15，8826

性状　无色结晶或白色结晶性粉末。在干燥空气中风化。溶于约1.1份水，溶液呈弱碱性，pH值8～9。不溶于乙醇。100℃失去结晶水；mp 665℃。LD_{50}大鼠皮下注射：240mg/kg；兔肌肉注射：105mg/kg。

注意事项　该品口服有毒。使用时应穿适当的防护服。

主要用途　分析试剂，检验血清蛋白。生物碱沉淀剂。织物的防水和防火剂。制取金属钨及其化合物的原料。

Sofalcone　索法酮　09053

[64506-49-6]　$C_{27}H_{30}O_6$　450.53

成分　C 71.98%，H 6.71%，O 21.31%。

别名　2-[5-(3-甲基-2-丁烯-1-基)氧]-2-[3-[4-(3-甲基-2-丁烯-1-基)]苯氧基]乙酸；苏法抗；索法尔酮；2-[5-[(3-Methyl-2-buten-1-yl)oxyl-2-[3-[4-(3-methyl-2-buten-1-yl)oxy]phenyl]-1-oxo-2-propen-1-yl]phenoxy]acetic acid；2′-Carboxymethoxy-4,4′-bis(3-methyl-2-butenyloxy)chalcone；Su-88；Solon

M. I. 15，8828

性状　来自乙醇中的亮黄色针状结晶或浅黄色结晶性粉末。mp 143～144℃。LD_{50}小鼠，大鼠急性经口：>10g/kg。生化试剂含量≥99.0%。

主要用途　医用抗溃疡剂。

Solan　蔬草灭　09054

[2307-68-8]　$C_{13}H_{18}ClNO$　239.74

成分　C 65.13%，H 7.57%，Cl 14.79%，N 5.84%，O 6.67%。

别名　*N*-(3-氯-4-甲基苯基)-2-甲基戊酰胺；*N*-(3-Chloro-4-methylphenyl)-2-methylpentanamide；3′-Chloro-2-methyl-*p*-valerototuidide；Niagara4512

M. I. 15，8829

性状　无色结晶。溶于松木油、二异丁基甲酮、异佛尔酮、二甲苯，几乎不溶于水。mp 79～80℃。LD_{50}大鼠急性经口：10g/kg。

主要用途　除草剂。

Solanesol　茄呢醇　09055

[13190-97-1]　$C_{45}H_{74}O$　631.09

成分　C 85.64%，H 11.82%，O 2.54%。

别名　(2*E*,6*E*,10*E*,14*E*,18*E*,22*E*,26*E*,30*E*)-3,7,11,15,19,23,27,31,35-Nonamethyl-2,6,10,14,18,22,26,30,34-hexatriacontanonaen-1-ol；nonaisoprenol

M. I. 15，8830

性状　白色蜡状固体。溶于有机溶剂，不溶于水。mp 41.5～42.5℃。一般试剂含量≥90.0%（HPLC）。

注意事项　该品应密封于－20℃保存。

主要用途　吸烟环境的踪示剂。

Solanine　茄碱　09056

[51938-42-2][20562-02-1]（α-型）　$C_{45}H_{73}NO_{15}$　868.07

成分　C 62.26%，H 8.48%，N 1.61%，O 27.65%。

别名　龙葵碱；茄苷；茄灵；Solatunine

M. I. 15，8832

性状　α-型为来自甲醇中的白色细长针状结晶。易溶于热乙醇，极微溶于水(25mg/L，pH值6.0)，几乎不溶于乙醚、氯仿。p*K*(15℃)6.65。约190℃结块变棕色，约285℃分解；$[\alpha]_D^{20}$ －59°(于吡啶中)。LD_{50}大鼠腹膜内注射：67.0mg/kg。生化试剂含量≥99.0%(TLC)。

注意事项　该品口服有毒。应充氩气密封于－20℃保存。

主要用途　生化研究。农用杀虫剂。

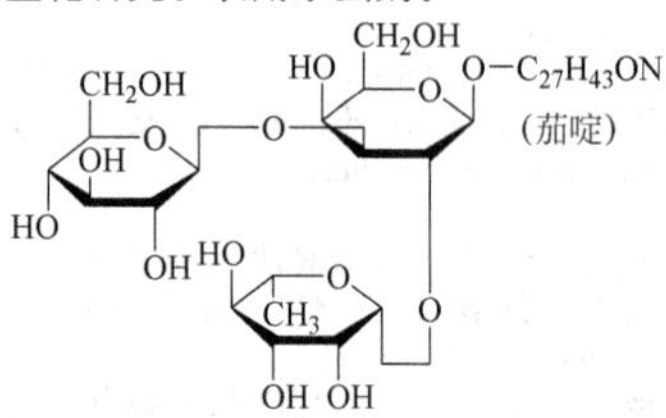

Solasonine　澳洲茄碱　09057

[19121-58-5]　$C_{45}H_{73}NO_{16}$　884.07

成分　C 61.14%，H 8.32%，N 1.58%，O 28.96%。

别名　茄解碱；(3β,22α,25*R*)-Spirosol-5-en-3-yl *O*-6-deoxy-α-L-mannopyranosyl-(1→2)-*O*-[β-D-glucopyranosyl-(1→3)]-β-D-galactopyranoside；Solanine-S；Purapurine

M. I. 15，8837

性状　来自甲醇中的无色针状结晶。溶于热乙醇、热二氧六环，微溶于热水、烯乙酸，几乎不溶于氯仿、乙醚。296℃结块；mp 301～303℃；$[\alpha]_D^{23}$ －88°（*c*＝1.01，于吡啶中）；$[\alpha]_D^{22}$ －74.5°（*c*＝0.51，于甲醇中）。

Somatostatin　生长激素释放抑制因子　09058

[38916-34-6]　$C_{76}H_{104}O_{19}S_2$　1637.90

成分　C 55.73%，H 6.40%，N 15.39%，O 18.56%，S 3.91%。

别名　Growth hormone-release inhibiting factor；GH-RIF；SRIF；Somatotropin release inhibiting factor；SRIF-14

M. I. 15，8841

性状　微细结晶。

注意事项　该品应充氩气密封于－20℃干燥保存。

主要用途　生化研究。生长激素抑制剂。

Ala — Gly — Cys — Lys — Asn — Phe — Phe — Trp

Cys — Ser — Thr — Phe — Thr — Lys

Sophorose　槐糖　09059

[534-46-3] [20429-79-2]　$C_{12}H_{22}O_{11}$　342.30

成分 C 42.11%，H 6.48%，O 51.41%。
别名 α-葡萄糖-β-葡萄糖苷；2-葡糖-β-葡萄糖苷；槐二糖；β-D-Glc-[1→2]-D-Glc；2-O-β-D-Glucopyranosyl-α-D-glucose
M. I. 15，8845
性状 一水合物为来自80%甲醇水溶液中的无色针状结晶。mp 196～198℃；$[\alpha]_D^{18}+19°$（$c=1.2$，于水中）。生化试剂含量≥98.0%。
注意事项 该品应密封于−20℃保存。
主要用途 生化研究。

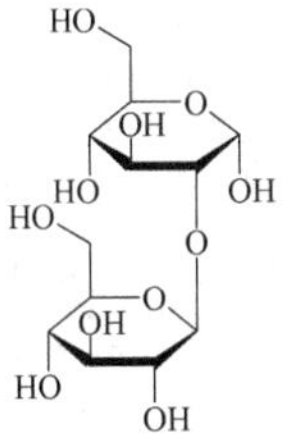

Sorbic acid 山梨酸 09060

[110-44-1] $C_6H_8O_2$ 112.13
成分 C 64.27%，H 7.19%，O 28.54%。
别名 2，4-己二烯酸；花楸酸；清凉茶酸；(2*E*，4*E*)-2，4-Hexadienoic acid；1，3-Pentadiene-1-carboxylic acid；2-Propenylacrylic acid
M. I. 15，8847
性状 来自水中的无色针状结晶。溶于丙二醇(25℃,5.5%)、无水乙醇或甲醇(12.90%)、20%乙醇(0.29%)、冰乙酸(11.5%)、丙酮(9.2%)、苯(2.3%)、四氯化碳(1.3%)、环己烷(0.28%)、二氧六环(11.0)%、甘油(0.31%)、异丙醇(8.4%)、异丙醚(2.7%)、乙酸甲酯(6.1%)、甲苯(1.9%)、水(30℃，0.25%；100℃，3.8%)。p*K*(25℃)4.76。mp 134.5℃；bp 228℃(分解)；Fp 260℉(127℃)。LD_{50}大鼠急性经口：7.36g/kg。一般试剂含量≥99.0%(T)。
注意事项 该品对眼睛、呼吸系统及皮肤有刺激性。使用时应穿适当的防护服。万一接触到眼睛，应立即用大量水冲洗后请医生诊治。应密封于2～8℃保存。
主要用途 杀虫剂配制。干性油类变性剂。霉菌和酵母的抑制剂。食品制霉剂，尤其对乳酪的保鲜。合成橡胶碾压性改进的研究。

Sorbinil 索比尼尔 09061

[68367-52-2] $C_{11}H_9FN_2O_3$ 236.20
成分 C 55.94%,H 3.84%,F 8.04%,N 11.86%,O 201.32%。
别名 (4*S*)-6-Fluoro-2,3-dihydrospiro[4*H*-1-benzopyran-4,4′-imidazolidine]-2′，5′-dione；(+)-(4*S*)-6-Fluorospiro[chroman-4,4′-imidazolidine]-2′,5′-dione；CP-45634
M. I. 15，8849
性状 来自乙醇中的无色结晶。mp 241～243℃；*d*1.52；$[\alpha]_D^{25}+54.0°$（$c=1$，于甲醇中）。生化试剂含量≥98.0%(HPLC)。
主要用途 醛糖还原酶抑制剂。

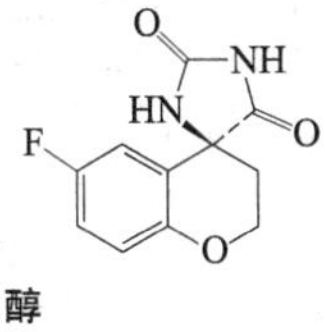

D-Sorbitol D-山梨醇 09062

[50-70-4] $C_6H_{14}O_6$ 182.17
成分 C 39.56%，H 7.75%，O 52.69%。
别名 D-山梨糖醇；花楸醇；清凉茶醇；D-Cystosol；D-Glucitol；Hexahydric alcohol；D-Resulax；Sorbilande；Sorbit；D-Sorbitax；D-Sorbo；D-Sorbostyl；D-Sorbit；D-Sorbitur；D-Sorbol
M. I. 15，8851
性状 无色针状结晶或白色结晶性粉末。极易吸潮。易溶于水(83%以上)。溶于甲醇、异丙醇、丁醇、环己醇、苯酚、丙酮、乙酸、二甲基甲酰胺、吡啶、乙酰胺溶液等，微溶于冷乙醇，几乎不溶于乙醚。mp 110～112℃；$[\alpha]_D^{20}-2.0°$（于水中）。生化试剂含量≥99.0%(HPLC)。
注意事项 该品应密封于干燥处保存。
主要用途 生化研究。山梨糖、抗坏血酸、丙二醇的制造。气相色谱固定液（适用于含氧化合物的分离）。有机合成。稠化剂。硬化剂。韧化剂。杀虫剂。医用缓泻剂。

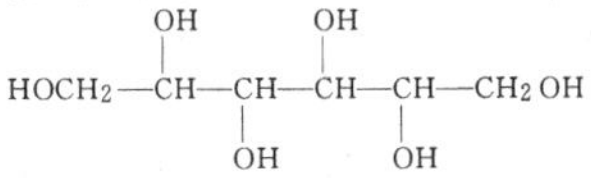

D-(+)-Sorbose D-(+)-山梨糖 09063

[3615-56-3] $C_6H_{12}O_6$ 180.16
成分 C 40.00%,H 6.71%,O 53.28%。
性状 白色结晶性粉末。溶于水，易吸潮。生化试剂含量≥99.0%。
注意事项 该品应充氩气密封干燥保存。
主要用途 生化研究。

L-(−)-Sorbose L-(−)-山梨糖 09064

[87-79-6] $C_6H_{12}O_6$ 180.16
成分 C 40.00%，H 6.71%，O 53.28%。
别名 花楸糖；清凉茶糖；Sorbin；Sorbinose
M. I. 15，8852
性状 无色斜方双楣结晶或白色结晶性粉末。有甜味。易溶于水，几乎不溶于乙醇、异丙醇，不溶于乙醚、丙酮、苯、三氯甲烷。pK_a(17.5℃)：11.55。mp 165℃；d^{15} 1.65；$[\alpha]_D^{30}-42.7°$（$c=5$，于水中）。生化试剂含量≥98.0%(HPLC)。
注意事项 使用时应避免吸入本品的粉尘，避免与眼睛及皮肤接触。应密封保存。
主要用途 生化研究，如生物培养基的配制。维生素C的合成原料。

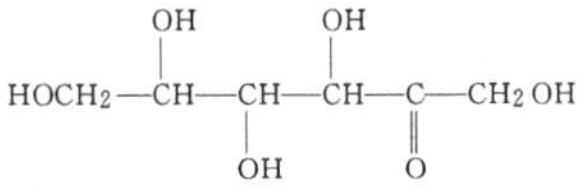

Sorivudine 索利夫定 09065

[77181-69-2] $C_{11}H_{13}BrN_2O_6$ 349.14
成分 C 37.84%,H 3.75%,Br 22.89%,N 8.02%,O 27.49%。
别名 索利伏汀；1-β-D-Arabinofuranosyl-5-[(1*E*)-2-bromoethenyl]-2,4(1*H*,3*H*)-pyrimidinedione；1-β-D-Arabinofuranosyl-(*E*)-5-(2-bromovinyl)uracil；5-BromovinylaraU；Brovavir；BV-araU；BVAU；YN-72；SQ-32756；Usevir
M. I. 15，8853
性状 来自乙醇中的白色结晶。mp 195～200℃（分解）（亦有报告为182℃）；$[\alpha]_D^{25}+0.5°$（于1mol/L氢氧化钠溶液中）。LD_{50}小鼠腹膜内注射：约3300mg/kg；皮下注射：>5000mg/kg；急性经口：>10000mg/kg。
主要用途 医用抗病毒剂。

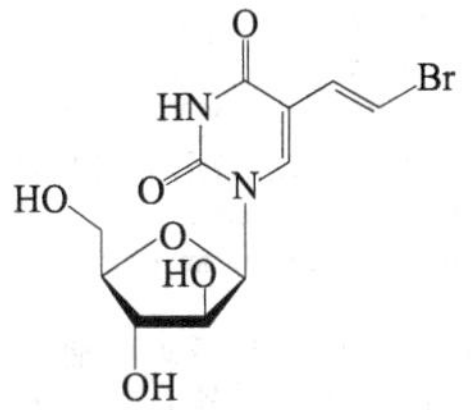

Sotalol hydrochloride 梭达罗 盐酸盐 09066

[959-24-0] $C_{12}H_{21}ClN_2O_3S$ 308.82
成分 C 46.67%,H 6.85%,Cl 11.48%,N 9.07%,O 15.54%,S 10.38%。
别名 心得怡 盐酸盐；甲磺胺心啶 盐酸盐；索他洛尔 盐酸盐；盐酸心得怡；盐酸甲磺胺心啶；盐酸索他洛尔；盐酸梭达罗；MJ-1999；Beta-Cardone；Betapace；Darob；*N*-[4-[1-Hydroxy-2-[(1-methylethyl)amino]ethyl]phenyl]methanesulfonamide hydrochloride；4′-[1-Hydroxy-2-(isopropylamino)ethyl]methanesulfonanilide hydrochloride Sotacor；Sotalex
M. I. 15，8854
性状 白色至灰白色结晶性固体或粉末。易溶于水，微溶于氯仿。mp 206.5～207℃（分解）。分配系数（水/正辛醇）：0.24；(1-辛醇/pH值7.4磷酸盐缓冲液，37℃)：0.09。LD_{50}雄小鼠，大鼠急性经口(mg/kg)：2600，3450；腹膜内注射(mg/kg)：670，

680。LD_{50}兔急性经口：1000mg/kg；LD_{50}狗腹膜内注射：330mg/kg。生化试剂含量≥98.0%（TLC）。

注意事项 该品对眼睛、呼吸系统及皮肤有刺激性。使用时应穿适当的防护服。万一接触到眼睛，应立即用大量水冲洗后请医生诊治。

主要用途 医用抗心绞痛剂，抗心律失常剂（Ⅱ+Ⅲ类），抗高血压剂。

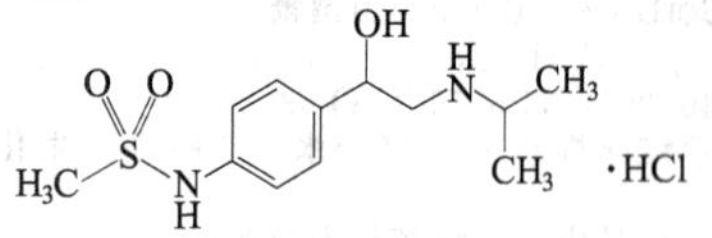

Soterenol hydrochloride 羟甲磺胺心定 盐酸盐 09067

[14816-67-2] $C_{12}H_{21}ClN_2O_4S$ 324.83

成分 C 44.37%，H 6.52%，Cl 10.91%，N 8.62%，O 19.70%，S 9.87%。

别名 盐酸羟甲磺胺心定；*N*-[2-Hydroxy-5-[1-hydroxy-2-[(1-methylethyl)amino]ethyl]phenyl]methanesulfonamidehydrochloride；2′-Hydroxy-5′-[1-hydroxy-2-(isopropylamino)ethyl]methanesulfonanilid hydrochloride；MJ-1992-HCl

M. I. 15，8855

性状 来自甲醇-异丙醚中的无色结晶。mp 195.5～196.5℃（分解）。LD_{50} 7日小鼠静脉注射：41mg/kg；腹膜内注射：315mg/kg；急性经口：660mg/kg。

主要用途 医用支气管扩张剂。

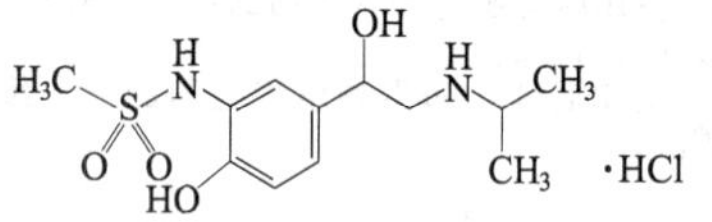

Soybean oil 大豆油 09068

[8001-22-7]

别名 豆油

M. I. 15，8857

性状 浅黄色至棕黄色油状液体。与无水乙醇、乙醚、二硫化碳、石油醚、氯仿相混溶，不溶于水。d_{25}^{25} 0.916～0.922；n_D^{25} 1.471～1.475；Fp 540℉（282℃）。

注意事项 该品吸入可引起过敏。使用时应穿适当的防护服。应于2～8℃避光、通风处保存。不能与易燃易爆物混存。一般保质期1年半至2年。

主要用途 一般精炼后食用。可制取硬脂酸，环氧大豆油等。

$CH_2OH—COOR^1$
$CH—COOR^2$
$CH_2—COOR^3$

R^1，R^2=亚油酸
R^3=油酸

Span® 20 司班 20 09069

[1338-39-2] $C_{18}H_{34}O_6$ 346.46

成分 C 62.40%，H 9.89%，O 27.71%。

别名 山梨醇酐十二酸酯；山梨醇酐月桂酸酯；山梨糖醇酐单月桂酸酯；失水山梨醇单月桂酸酯；一月桂酸清凉茶醇酯；清凉茶醇一月桂酸酯；Alkamuls SML；Arlacel 20；Emsorb 2515；Glycomul L；Sorbitan laurate；Sorbitan monolaurate

M. I. 15，8850

性状 琥珀黄色油状液体。溶于矿物油类、棉粒油、甲醇、乙醇、异丙醇、乙二醇，不溶于水、丙二醇。在水中分散后成半乳浊溶液。mp 14～16℃；Fp 235.4℉（113℃）；*d* 1.058；n_D^{20} 1.474。

主要用途 非离子型表面活性剂。乳化剂。润湿剂。气相色谱固定液（适用于分析分离含氧化合物）。

Span® 40 司班 40 09070

[26266-57-9] $C_{22}H_{42}O_6$ 402.57

成分 C 65.64%，H 10.52%，O 23.85%。

别名 山梨醇酐十六酸酯；山梨醇酐棕榈酸酯；山梨糖醇酐单棕榈酸酯；失水山梨醇棕榈酸单酯；清凉茶醇一棕榈酸酯；一棕榈酸清凉茶醇酯；Arlacel 40；Sorbitane monopalmitate

性状 黄褐色蜡状物。溶于甲醇、氯仿、热油类及多种有机溶剂，微溶于液体石蜡，不溶于水，但在热水中能分散成乳浊溶液。mp 42～46℃；Fp 235.4℉（113℃）；*d* 1.00。

注意事项 该品对眼睛、呼吸系统及皮肤有刺激性。使用时应穿适当的防护服。万一接触到眼睛，应立即用大量水冲洗后请医生诊治。

主要用途 非离子型表面活性剂。水、油型乳化剂。增稠剂。气相色谱固定液（适用于分析分离含氧化合物）。

Span® 60 司班 60 09071

[1338-41-6] $C_{24}H_{46}O_6$ 430.63

成分 C 66.94%，H 10.77%，O 22.29%。

别名 山梨醇酐硬脂酸酯；山梨糖醇酐单硬脂酸酯；清凉茶醇一硬脂酸酯；一硬脂酸清凉茶醇酯；Alkamuls SMS；Arlacel 60；Glycomul S；Sorbitan monostearate

M. I. 15，8850

性状 白色或浅黄色蜡状固体。溶于醇类、四氯化碳、甲苯，微溶于乙酸乙酯、液体石蜡，不溶于冷水、丙酮、溶剂汽油，但在热水中分散后即成乳状溶液。酸值5～11。mp 49～65℃；Fp 302°F（150℃）；*d* 0.98～1.03。

注意事项 使用时应避免与眼睛及皮肤接触。

主要用途 非离子型表面活性剂。气相色谱固定液（适用于分析分离含氧化合物）。乳化剂、增稠剂。

Span® 65 司班 65 09072

[26658-19-5] $C_{60}H_{114}O_8$ 963.56

成分 C 74.79%，H 11.92%，O 13.28%。

别名 山梨糖醇酐三硬脂酸酯；三硬脂酸清凉茶醇酯；清凉茶醇三硬脂酸酯；Arlacel 65；Sorbitane tristearate

性状 淡黄色蜡状固体。可分散在矿油、棉籽油、丙酮、二氧六环中，微溶于乙醚，不溶于水，但能分散在热水中。mp 44～48℃；Fp 302℉（150℃）；*d* 1.00。

主要用途 非离子型表面活性剂。气相色谱固定液。乳化剂。

Span® 80 司班 80 09073

[1338-43-8] $C_{24}H_{44}O_6$ 428.60

成分 C 67.26%，H 10.35%，O 22.40%。

别名 一油酸山梨糖醇酐酯；山梨醇酐单油酸酯；山梨糖醇酐单油酸酯；一油酸清凉茶醇酯；清凉茶醇一油酸酯；Alkamuls SMO；Arlacel 80；Capmul O；Emsoib 2500；Glycomul O；Sorbitan monooleate；Sorbitan oleate

M. I. 15，8850

性状 黄色至浅粉红色或红棕色油状液体。有特异气味。溶于乙醇、异丙醇、矿物油、植物油，不溶于水、丙二醇，但在热水中能分散成乳浊溶液。黏度（20℃）1200～2000mPa·s。mp 10～12℃；Fp 235.4℉（113℃）。d_4^{20} 0.994。

主要用途 气相色谱固定液（适用于含氧化合物的分析）。乳化剂。

Span® 85 司班 85 09074

[26266-58-0] $C_{60}H_{108}O_8$ 957.52

成分 C 75.26%，H 11.37%，O 13.37%。

别名 山梨糖醇酐三油酸酯；三油酸清凉茶醇酯；清凉茶醇三油酸酯；Sorbitane trioleate；Arlacel 85

性状 棕黄色油状液体。具有脂肪气味。与有机溶剂及类相混溶，微分散于水中。黏度（20℃）200～300mPa·s。mp 10℃；Fp 235.4℉（113℃）；d_4^{20} 0.952；n_D^{20} 1.4760。

注意事项 该品对皮肤有刺激性。万一接触到眼睛，应立即用大量水冲洗后请医生诊治。

主要用途 非离子型表面活性剂。水、油型的乳化剂。分散剂。

Sparfloxacin 司氟沙星 09075

[110871-86-8] $C_{19}H_{22}F_2N_4O_3$ 392.41

成分 C 58.16%，H 5.65%，F 9.68%，N 14.28%，O 12.23%。

别名 司帕沙星；5-氨基-1-环丙基-7-(顺式-3，5-二甲基-1-哌嗪基)-6，8-二氟-1，4-二氢-4-氧-3-喹啉羧酸；苏柏沙星；斯帕哌酸；斯巴沙星；*rel*-5-Amino-1-cyclopropyl-7-[(3*R*，5*S*)-3，5-dimethyl-1-piperazinyl]-6，8-difluoro-1，4-dihydro-4-oxo-3-quinolinecarboxylic acid；AT-4140；CI-978；PD-131501；Spsra；Zagam

M. I. 15，8862

性状 来自氯仿＋乙醇中的无色结晶。pK_{a1}6.25，pK_{a2}9.30。mp 266～269℃（分解）。
主要用途 医用抗菌剂。

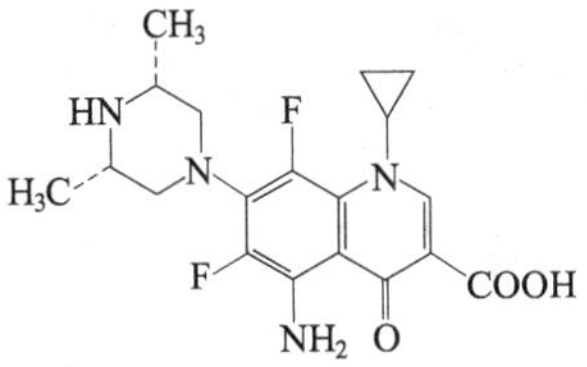

Sparsomycin 稀疏霉素 09076

[1404-64-4] $C_{13}H_{19}N_3O_5S_2$ 361.43

成分 C 43.20%，H 5.30%，N 11.63%，O 22.13%，S 17.74%。
别名 (2*E*)-*N*-[(1*S*)-1-Hydroxymethyl-2-[(*R*)-[(methylthio)methyl]sulfinyl]ethyl]-3-(1,2,3,4-tetrahydro-6-methyl-2,4-dioxo-5-pyrimidinyl)-2-propenamide；(*E*)-(1*S*)-1,2,3,4-Tetrahydro-*N*-[1-hydroxymethyl-2-[[(methylthio)methyl]sulfinyl]ethyl]-6-methyl-2,4-dioxo-5-pyrimidineacrylamide；(＋)-Sparsomycin；NSC-59729；U-19183
M. I. 15，8863
性状 无色结晶。微溶于水、低级醇，不溶于少数机性有机溶剂。pK'_a8.67，于水中；9.05，于40%乙醇中。mp 208～209℃(分解)；$[\alpha]_D^{25}+69°$(c=0.5，于水中)；uv max：302nm(水或0.1mol/L硫酸水溶液中)，328nm(0.1mol/L氢氧化钾水溶液中)。LD_{50}狗，大鼠，小鼠静脉注射(mg/kg)：0.5～1.0，2.25，4.32；LD_{50}小鼠腹膜内注射：2.4mg/kg。生化试剂含量≥98.0%。
注意事项 该品口服极毒。使用时应穿适当的防护服和戴手套。接触皮肤后应立即用大量水冲洗。使用时如有事故发生或有不适之感，应请医生诊治。应密封于2～8℃保存。
主要用途 用于研究蛋白质生物合成的研究工具。

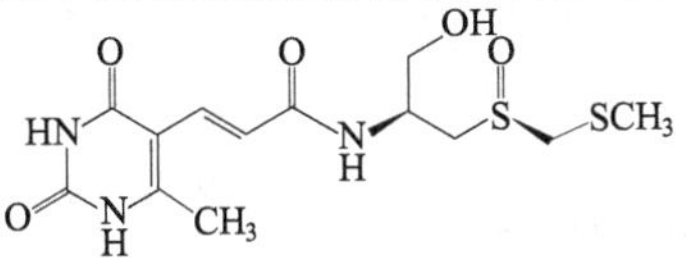

Sparteine sulfate pentahydrate 鹰爪豆碱 硫酸盐 五水 09077

[6160-12-9] $C_{15}H_{28}N_2O_4S \cdot 5H_2O$ 422.53

成分(以无水物计) C 54.19%，H 8.49%，N 8.43%，O 19.25%，S 9.65%。
别名 无叶豆碱 硫酸盐；五水合硫酸鹰爪豆碱；硫酸无叶豆碱；硫酸斯帕亭；硫酸鹰爪豆碱 五水；鹰爪豆碱 硫酸盐；Depasan；[7*S*-(7α，7aα，14α，14aβ)]-Dodecahydro-7，14-methano-2*H*，6*H*-dipyrido[1，2-*a*：1′，2′-*e*][1，5]diazocinesulfate pentahydrate；Lupinidine sulfate pentahydrale；*l*-Sparteine sulfate pentahydrate；Tocosamine
M. I. 15，8864
性状 无色或白色柱状结晶。无气味，微有咸苦味。在100℃时失去结晶水并变为棕色。1g该品溶于1.1mL水、3mL乙醇，几乎不溶于乙醚、氯仿。其0.05mol/L水溶液pH值3.3。136℃分解。生化试剂含量≥99.0%（T）。
注意事项 该品口服有毒。使用时应避免吸入本品的粉尘，避免与眼睛及皮肤接触。
主要用途 生化研究。医用催产剂。

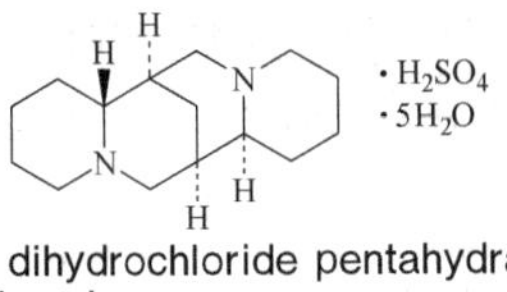

Spectinomycin dihydrochloride pentahydrate 奇霉素 二盐酸盐 五水 09078

[22189-32-8][21736-83-4] $C_{14}H_{26}Cl_2N_2O_7 \cdot 5H_2O$ 495.34

成分(以无水物计) C 41.49%，H 6.47%，Cl 17.50%，N 6.91%，O 27.63%。
别名 二盐酸奇霉素；二盐酸大观霉素；二盐酸放线壮观素；放线壮观素 二盐酸盐；Actinospectacin dihydrochloride；Espectinomicina dihydrochloride；Spectam；[2*R*-(2α，4aβ，5aβ，6β，7β，8β，9α，9aα，10aβ)]-Decahydro-4a，7，9-trihydroxy-2-methyl-6，8-bis(methylamino)-4*H*-pyrano[2，3-6][1，4]benzoxin-4-one dihydrochloride pentahydrate；Spectogard；Stanilo；Togamycin；Trantan；Trobicin
M. I. 15，8866
性状 来自丙酮溶液中的无色针状结晶。溶于水、甲醇、甲酰胺、丙二醇、二甲基亚砜，微溶于氯仿（0.042mg/mL）、丙酮（0.015mg/mL）、乙醚（0.010mg/mL）。mp 205～207℃（分解）；$[\alpha]_D+14.8°$（c=0.42，于水中）。生化试剂含量≥98.0%（T）。
注意事项 使用时应避免吸入本品的粉尘，避免与眼睛及皮肤接触。应充氩气密封于2～8℃保存。
主要用途 医用、兽用抗菌剂。

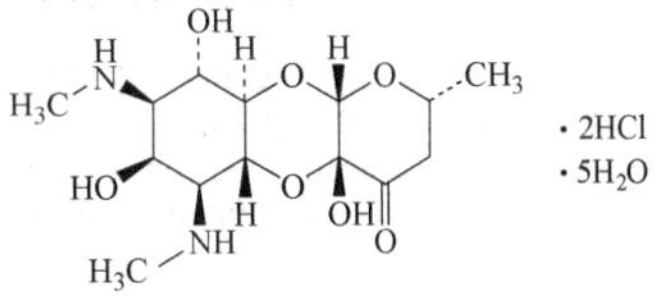

Spermaceti 鲸蜡 09079

别名 鲸脑油；Cetaceum；Spermwax
M. I. 15，8868
性状 珠白色半透明的类似脂肪的物质。几乎无气味，无味。长期露置空气中即变黄和酸败。溶于沸乙醇、乙醚、氯仿、二硫化碳、油类、沸乙醇，微溶于石油醚，不溶于水及冷乙醇。mp 42～50℃；d 0.938～0.944；n_D^{80}约1.4330。
注意事项 该品应密封保存。
主要用途 乳化剂。油膏基质。

Spermidine 精脒 09080

[124-20-9] $C_7H_{19}N_3$ 145.25

成分 C 57.88%，H 13.19%，N 28.93%。
别名 *N*-(3-氨基丙基)-1，4-丁二胺；*N*-(3-氨基丙基)-1，4-二氨基丁烷；亚精胺；*N*-(3-Aminopropyl)-1，4-diaminobutane；*N*-(3-Aminopropyl)-1，4-butanediamine；*N*-(γ-Aminopropyl)tetramethylenediamine；1，8-Diamino-4-azaoctane
M. I. 15，8869
性状 无色液体。温度较低可凝固。对二氧化碳敏感。溶于水、乙醇、乙醚。mp 22～25℃；bp_{14} 128～130℃/1.867kPa；Fp 233.6℉（112℃）；d_4^{20} 0.925；n_D^{20} 1.4790。生化试剂含量≥99.5%（GC）。
注意事项 该品具有腐蚀性，能引起烧伤。使用时应穿适当的防护服，戴手套和防护镜或面罩。万一接触到眼睛，应立即用大量水冲洗后请医生诊治。使用时如有事故发生或有不适之感，应立即请医生诊治。应充氩气密封于干燥处保存。
主要用途 生化研究工具。

Spermidine trihydrochloride 精脒 三盐酸盐 09081

[334-50-9] $C_7H_{22}Cl_3N_3$ 254.62

成分 C 33.02%，H 8.71%，Cl 41.77%，N 16.50%。
别名 三盐酸精脒；*N*-(3-氨基丙基)-1，4-丁二胺 盐酸盐；盐酸精脒；精脒盐酸盐；Spermidine hydrochloride；*N*-(3-Aminopropyl)butane-1，4-diamine hydrochloride
M. I. 15，8869
性状 来自乙醇与盐酸（65：2）中的无色或白色结晶。溶于水。mp 256～258℃。生化试剂含量≥99.5%（AT）。
注意事项 该品对眼睛、呼吸系统及皮肤有刺激性。使用时应穿适当的防护服。万一接触到眼睛，应立即用大量水冲洗后请医生诊治。应充氩气密封干燥保存。
主要用途 生化研究工具。

Spermine 精胺 09082

[71-44-3] $C_{10}H_{26}N_4$ 202.35

成分 C 59.36%，H 12.95%，N 27.69%。
别名 二氨基丙基四亚甲基二胺；精碱；精素；*N*，*N*′-双(3-氨基丙基)-1，4-丁二胺；*N*，*N*′-Bis(3-aminopropyl)-1，4-butanediamine；Diaminopropyltetramethylenediamine；Gerontine；Musculamine；Neuridine；*N*，*N*-Bis(3-aminopropyl)-1，4-diaminobutane；*N*，*N*′-Bis(3-aminopropyl)tetramethylene diamine
M. I. 15，8870
性状 无色针状结晶或白色结晶性粉末。易吸潮。呈强碱性。能吸入空气中的二氧化碳。易溶于水、低级醇类、氯仿，几乎不溶于乙醚、苯、石油醚。mp 55～60℃；$bp_{0.5}$ 141～142℃/66.66Pa（液体）；Fp 230°F（110℃）；d_4^{20} 0.937。生化试剂含量≥99.0%（GC）。

注意事项 该品具有腐蚀性，能引起烧伤。使用时应穿适当的防护服，戴手套和防护镜或面罩。万一接触到眼睛，应立即用大量水冲洗后请医生诊治。使用时如有事故发生或有不适之感，应立即请医生诊治。应充氩气密封于 2～28℃处保存。

主要用途 生化研究工具。

Spermine diphosphate hexahydrate

精胺 二磷酸盐 六水 09083

[58298-97-8][3891-79-0] $C_{10}H_{32}N_4O_8P_2 \cdot 6H_2O$ 506.42

成分(以无水物计) C 30.15%，H 8.10%，N 14.07%，O 32.13%，P 15.55%。

别名 二磷酸精胺 六水；六水合磷酸精胺；精碱 磷酸盐；精素 磷酸盐；磷酸精碱；*α*,*δ*-Bis(*γ*-aminopropylamino)butane phosphate；*N*,*N'*-Bis-(3-amino-*n*-propyl) putrescine phosphate；Diaminopropyltetrame-thylenediamine phosphate；Spermine phosphate

M. I. 15, 8870

性状 来自水中的无色针状结晶或粉末。溶于稀酸及碱液，不溶于乙醚、乙醇及一般有机溶剂，微溶于水（20℃，0.037%；100℃，1%）。加热至 227℃软化。mp 230～240℃（分解）。

注意事项 该品对眼睛、呼吸系统及皮肤有刺激性。使用时应穿适当的防护服。万一接触到眼睛，应立即用大量水冲洗后请医生诊治。应密封于－20℃保存。

主要用途 生化研究工具。

Sphingomyelins from chicken egg yolk

鞘磷脂（鸡蛋黄） 09084

[85187-10-6] $C_{25}H_{51}N_2O_6P$ 506.70

成分 C 59.26%，H 10.14%，N 5.53%，O 18.95%，P 6.11%。

别名 神经鞘磷脂；*N*-Acyl-4-sphingenyl-1-*O*-phosphocholine

M. I. 15, 8873

性状 白色结晶性粉末。微吸湿。溶于氯仿、热无水乙醇、乙酸，微溶于吡啶，不溶于乙醚、丙酮、水。mp 196～198℃。生化试剂含量≥98.0%（TLC）。

注意事项 使用时应避免吸入本品的粉尘，避免与眼睛及皮肤接触。应充氩气密封避光于－20℃干燥保存。

主要用途 生化研究。

D-Sphingosine D-鞘氨醇

09085

[123-78-4] $C_{18}H_{37}NO_2$ 299.50

成分 C 72.19%，H 12.45%，N 4.68%，O 10.68%。

别名 D-神经鞘氨醇；(2*S*,3*R*,4*E*)-2-Amino-4-octadecene-1,3-diol；(*E*)-D-*erythro*-4-Octadecene-1,3-Diol；1,3-Dihydroxy-2-amino-4-octadecene；4-Sphingenine；*trans*-D-*erythro*-2-Amino-4-octadecene-1,3-diol

M. I. 15, 8874

性状 来自乙酸乙酯中的无色结晶。溶于氯仿。mp 80～84℃；$[\alpha]_D^{22}$ －3°（于氯仿中）。生化试剂含量约 99%（TLC）。

注意事项 使用时应避免吸入本品的粉尘，避免与眼睛及皮肤接触。应充氩气密封避光于－20℃干燥保存。

主要用途 生化研究。

OH
H_3C OH
NH_2

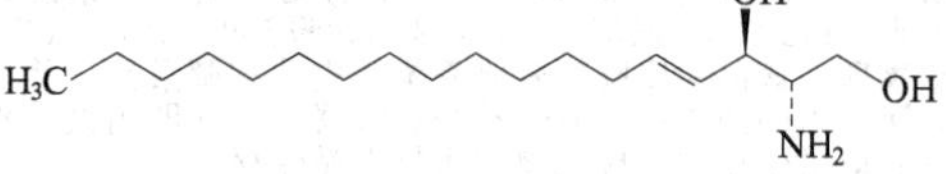

Spinosyn A 多杀霉素 A

09086

[131929-60-7] $C_{41}H_{65}NO_{10}$ 731.97

成分 C 67.28%，H 8.95%，N 1.91%，O 21.86%。

别名 多杀菌素 A；(2*R*,3a*S*,5a*R*,5b*S*,9*S*,13*S*,14*R*,16a*S*,16b*R*)-2-(6-Deoxy-2,3,4-tri-*O*-methyl-*α*-L-mannopyranosyl)oxy-13-[(2*R*,5*S*,6*R*)-5-(dimethylamino)tetrahydro-6-methyl-2*H*-pyran-2-yl]oxy-9-ethyl-2,3,3a,5a,5b,6,9,10,11,12,13,14,16a,16b-tetradecahydro-14-methyl-1*H*-*as*-indaceno[3,2-*d*]oxacyclododecin-7,15-dione；LepicidinA；A-83543A；LY-232105

M. I. 15, 8877

性状 白色结晶性固体。无气味。见光易分解。该品于下列物质中的溶解度（%）：甲醇 19，丙酮 17，二氯甲烷＞50，己烷 0.45%。溶于水(pH 值 5,290mg/kg；pH 值 7,235mg/kg；pH 值 9,16mg/kg；蒸馏水,20mg/kg)。pK_a 801；mp 118℃。$[\alpha]_{436}^{27}$ －262.7°(甲醇中)；uv max(甲醇中)：243nm(ε11000)。LD_{50} 大鼠急性经口：3783～5000mg/kg。

注意事项 应避免与眼睛及皮肤接触。接触后应立即用大量水冲洗。如误服应立即请医生诊治。应密封避光保存。

主要用途 杀虫剂。杀体外寄生物。

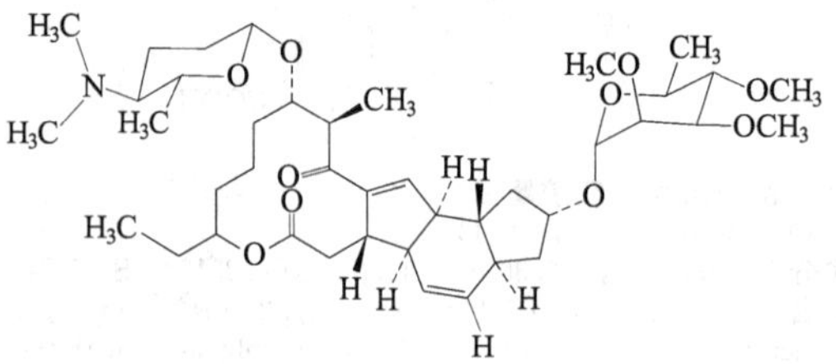

H_3C N H_3C H_3C O O CH_3 O O H_3C O H H H H H H H_3CO CH_3 OCH_3 OCH_3 O

Spiperone 螺环哌啶酮

09087

[749-02-0] $C_{23}H_{26}FN_3O_2$ 395.48

成分 C 69.85%，H 6.63%，F 4.80%，N 10.63%，O 8.09%。

别名 螺环哌丁苯；螺环哌多；8-[4-(4-Fluorophenyl)-4-oxobutyl]-1-phenyl-1,3,8-triazaspiro[4.5]decan-4-one；8-[3-(*p*-Fluorobenzoyl)propyl]-1-phenyl-1,3,8-triazaspiro[4.5]decan-4-one；4-Phenyl-8-[3-(4-fluorobenzoyl)propyl]-1-oxo-2,4,8-triazaspiro[4.5]decane；Spiropitan

M. I. 15, 8878

性状 无色结晶。mp 190～193.6℃。

注意事项 该品口服有毒。可能危害胎儿。使用时应穿适当的防护服和戴手套。使用时如有事故发生或有不适之感，应请医生诊治。

主要用途 生化研究。医用精神抑制剂。

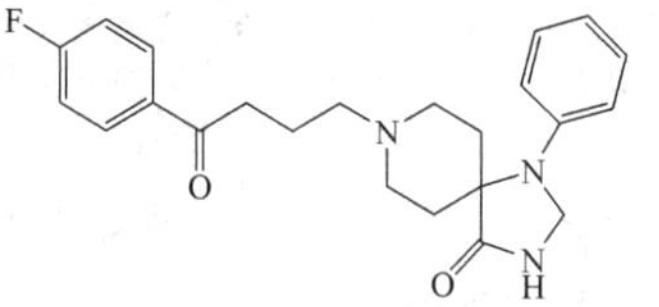

F O N N O N H

Spiramycin 螺旋霉素

09088

[8025-81-8]

别名 RP-5337；Selectomycin；Rovamicina；Rovamycin

M. I. 15, 8879

性状 浅黄色结晶。溶于多数有机溶剂，微溶于水。$[\alpha]_D^{20}$ －80°（于甲醇中）；uv max（乙醇中）：231nm。LD_{50} 大鼠急性经口：9.4g/kg；皮下注射：1g/kg；静脉注射：170mg/kg。一般试剂为Ⅰ型、Ⅱ型、Ⅲ型的混合体。

注意事项 使用时应避免吸入本品的粉尘，避免与眼睛及皮肤接触。应密封于 2～8℃保存。

主要用途 生化研究。医用抗菌剂。

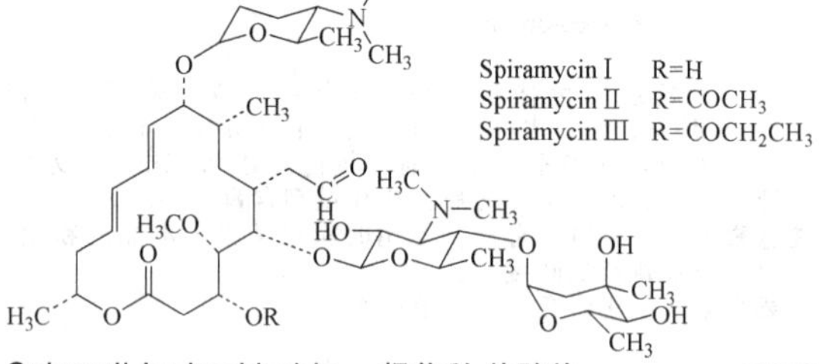

Spiramycin Ⅰ R=H
Spiramycin Ⅱ R=$COCH_3$
Spiramycin Ⅲ R=$COCH_2CH_3$

CH_3 O N CH_3 CH_3 O CH_3 O H H_3C N－CH_3 H_3CO HO O O O CH_3 O OH CH_3 OH H_3C O OR O CH_3

Spirapril hydrochloride 螺普利 盐酸盐

09089

[94841-17-5] $C_{22}H_{31}ClN_2O_5S_2$ 503.07

成分 C 52.53%，H 6.21%，Cl 7.05%，N 5.57%，O 15.90%，S 152.75%。

别名 盐酸螺普利；Sch-33844；TI-211-950；Renormax；Renpress；Sandopril；(8*S*)-7-[(2*S*)-2-[[(1*S*)-1-ethoxycarbonyl-3-phenylpropyl]amino]-1-oxopropyl]-1,4-dithia-7-azaspiro[4,4]nonane-8-carboxylic acid hydrochloride；(8*S*)-7-[(*S*)-*N*-[(*S*)-1-Carboxy-3-phenylpropyl]alanyl]-1,5-dithia-7-azaspiro[4,4]nonane-8-carboxylic acid 1-ethyl esterhydrochloide

M. I. 15, 8880

性状 白色固体。mp 192～194℃（分解）；$[\alpha]_D^{26}$ －11.2°（*c*＝0.4，于乙醇中）。

主要用途 医用抗高血压剂。

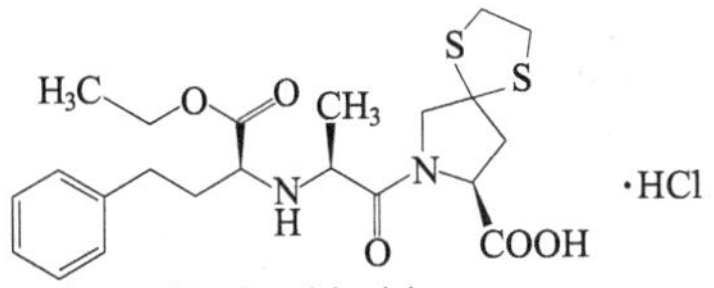

·HCl

Spirogermanium dihydrochloride 螺旋锗 二盐酸盐 09090

[41992-22-7] $C_{17}H_{38}Cl_2GeN_2$ 414.04

成分 C 49.31%，H 9.25%，Cl 17.12%，Ge 17.54%，N 6.77%。

别名 二盐酸螺旋锗；盐酸螺旋锗；NSC-192965；Spiro-32；8,8-Diethyl-*N*,*N*-dimethyl-2-aza-8-germaspiro[4.5]decane-2-propanamine dihydrochloride；2-[3-(Dimethylamino)propyl]-8,8-diethyl-2-aza-8-germaspiro[4.5]decane dihydrochloride

M. I. 15，8885

性状 无色结晶。mp 287～288℃。LD_{50}大鼠，小鼠腹膜内注射（mg/kg）：75，150；小鼠急性经口：324mg/kg；LD_{50}雄，雌小鼠静脉注射（mg/kg）：44.5，41.5；肌肉注射（mg/kg）：142.9，119。

主要用途 医用抗肿瘤剂。

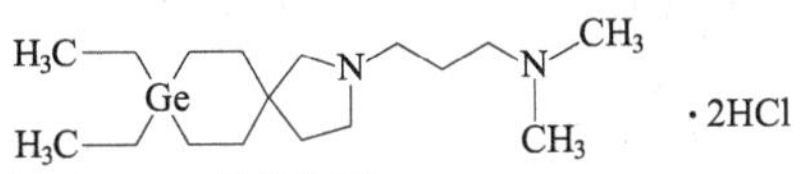

·2HCl

Spironolactone 螺甾内酯 09091

[52-01-7] $C_{24}H_{32}O_4S$ 416.58

成分 C 69.20%，H7.74%，O 15.36%，S 7.70%。

别名 (7α,17α)-7-Acetylthio-17-hydroxy-3-oxopregn-4-ene-21-carboxylic acid γ-lactone；17-Hydroxy-7α-mercapto-3-oxo-17α-pregn-4-ene-21-carboxylic acid γ-lactone，acetate；3-(3-Oxo-7α-acetylthio-17β-hydroxy-4-androsten-17α-yl)propionic acid γ-lactone；SC-9420；Aldace；Aldactone；Aldopur；Almatol；Aquareduct；Deverol；Diatensec；Lacalmin；Laractone；Nefurofan；Osiren；Osyrol；Sincomen；Spiretic；Spirocatn；Spiroderm；Spirolone；Verospiron；Xenalon

M. I. 15，8887

性状 来自甲醇中的无色结晶，溶于多数有机溶剂，不溶于水。mp 134～135℃（201～202℃再凝固和分解）；$[\alpha]_D^{20}$ −33.5°（于氯仿中）；uv max：238nm（ε 20200）。LD_{50}大鼠，小鼠，兔腹膜内注射（mg/kg）：790，360，870。生化试剂含量≥97.0%。

注意事项 该品可能损伤生育力。使用前应得到专门的指导，避免曝露。使用时应穿适当的防护服，戴手套和防护镜或面罩。使用时应避免吸入本品的粉尘。使用时如有事故发生或有不适之感，应请医生诊治。

主要用途 生化研究。医用、兽用利尿剂。

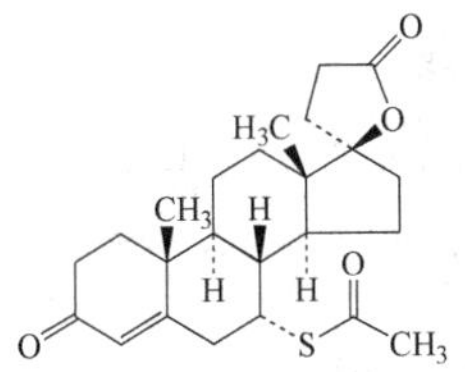

Spiroxamine 螺环菌胺 09092

[118134-30-8] $C_{18}H_{35}NO_2$ 297.48

成分 C 72.68%，H 11.86%，N 4.71%，O 10.76%。

别名 禾菌胺；萁孢菌素；螺恶茂胺；8-(1,1-Dimethylethyl)-*N*-ethyl-*N*-propyl-1，4-dioxaspiro[4.5]decane-2-methamine；KWG-4168；Impulse

M. I. 15，8889

性状 无色液体。为立体异构体的混合物。溶于丙酮、乙腈、二氯甲烷、正己烷、2-丙醇、甲苯、水（pH值3，20℃，>200g/L）。$bp_{0.05}$ 120℃/6.7Pa；Fp 296.6℉（147℃）；n_D^{20} 1.4662。LD_{50}大鼠急性经口：约 595mg/kg；皮肤接触：>1600mg/kg。LC_{50}大鼠吸入：约 2772mg/m³；LC_{50}虹鳟鱼（96h）：18.5mg/L。

注意事项 该品吸入、口服或与皮肤接触有毒。对皮肤有刺激性。接触皮肤能引起过敏。对水生物极毒。能对水环境引起不利的结果。使用时应穿适当的防护服，戴手套和防护镜或面罩。如误服本品，应立即请医生检查，并出示本品的容器或标签。应防止将本品释放于环境中。其包装物应按危险品处理。

主要用途 农用杀菌剂。分析用标准物质。

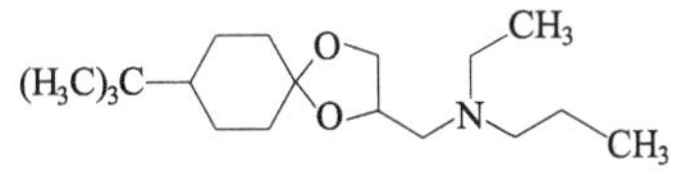

Squalane 角鲨烷 09093

[111-01-3] $C_{30}H_{62}$ 422.83

成分 C 85.22%，H 14.78%。

别名 异三十烷；2,6,10,15,19,23-六甲基二十四烷；鲨烷；Cosbiol；Dodecahydrosqualene；2,6,10,15,19,23-Hexamethyltetracosane；Perhydrosqualene；Robane；Spinacane；SQ；Wax-O-Sol

M. I. 15，8895

性状 无色透明油状液体。有薄荷或丙酮气味。于氧及空气中稳定。与乙醚、氯仿相混溶，易溶于汽油、石油醚、苯、油类，微溶于甲醇、乙醇、丙酮、冰乙酸，极微溶于无水乙醇，不溶于水。mp 约−38℃；bp_{760} 约 350℃/101.325kPa；bp_{10} 263℃/1.333kPa；bp_5 248℃/666.61Pa；Fp 425℉（218℃）；d_4^{15} 0.8115；n_D^{15} 1.4530。一般试剂含量≥99.0%（GC）。

注意事项 该品对眼睛、呼吸系统及皮肤有刺激性。使用时应穿适当的防护服。万一接触到眼睛，应立即用大量水冲洗后请医生诊治。

主要用途 气相色谱固定液（用于一般烃类和非极性化合物的分离）。

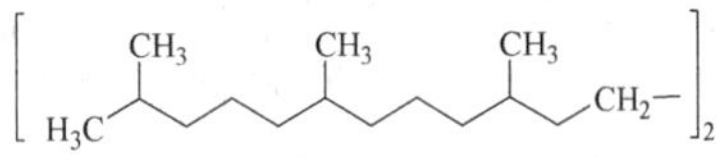

Squalene 角鲨烯 09094

[111-02-4] $C_{30}H_{50}$ 410.73

成分 C 87.73%，H 12.27%。

别名 三十碳六烯；角鲛油素；鲨烯；鱼肝油萜；(*all-E*)-2,6,10,15,19,23-Hexamethyl-2,6,10,14,18,22-tetracosahexaene；Spinacene；Supraene

M. I. 15，8896

性状 无色油状液体或来自乙醚/甲醇中的结晶。微有愉快的气味。对空气敏感。易溶于乙醚、丙酮、四氯化碳、石油醚等有机溶剂，略微溶于乙醇、冰乙酸，几乎不溶于水。mp −5℃；bp_{25} 285℃/3.333kPa；bp_2 240℃/266.64Pa；$bp_{0.15}$ 203℃/2Pa；Fp 230℉(110℃)；d_4^{20} 0.8584；n_D^{20} 1.4965。一般试剂含量≥97.0%（GC）。

注意事项 该品应充氩气密封避光保存。

主要用途 气相色谱固定液（适用于分析分离烃类化合物）。

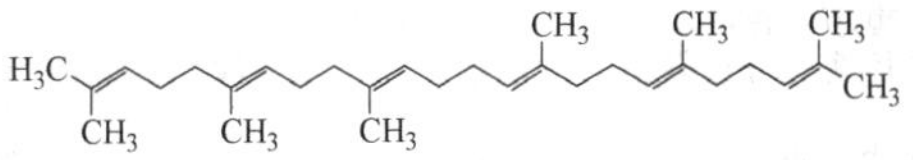

Stachyose hydrate 水苏糖 水合 09095

[470-55-3] $C_{24}H_{42}O_{21}\cdot xH_2O$ 666.58+$x\overline{H_2O}$

成分（以无水物计） C 43.25%，H 6.35%，O 50.40%。

别名 三水合水苏糖；β-D-Fructofuranosyl-*O*-α-D-galactopyranosyl-(1→6)-*O*-α-D-galactopyranosyl(1→6)-α-D-glucopyranoside；Lupeose

性状 无色结晶。溶于水。生化试剂含量≥98.0%（HPLC）。

注意事项 使用时应避免吸入本品的粉尘，避免与眼睛及皮肤接触。应充氩气密封保存。

主要用途 生化研究。

Stallimycin hydrochloride 偏端霉素 盐酸盐 09096

[6576-51-8] $C_{22}H_{28}ClN_9O_4$ 517.98

成分 C 51.01%，H 5.45%，Cl 6.84%，N 24.34%，O 12.36%。

别名 盐酸偏端霉素；Herperal；*N*-[5-[(3-Amino-3-iminopropyl)amino]carbonyl-1-methyl-*H*-pyrrol-3-yl]-4-[(4-formylamino-1-methyl-1*H*-pyrrol-2-yl)carbonyl]amino-1-methyl-1*H*-pyrrole-2-carboxamide hydrochloride；β-[1-Methyl-4-[1-methyl-4-(1-methyl-4-formylaminopyrrole-2-carboxamido)pyrrole-2-carboxamido]pyrrole-2-carboxamido]propionamidine hydrochloride；distamycin A hydrochloride；F. I. 6426-HCl

M. I. 15，3404

性状 来自稀盐酸中的无色结晶，mp 184～187℃。或来自乙醇-乙酸乙酯中的结晶，溶于水，于乙醇中（20mg/mL）呈黄至绿色，mp 189～193℃。uv max（96%乙醇中）：237nm，303nm（ε 30000，37000）。LD_{50}小鼠静脉注射：75mg/kg；腹膜内注射：500mg/kg。

主要用途 医用抗病毒剂。

$\cdot HCl$

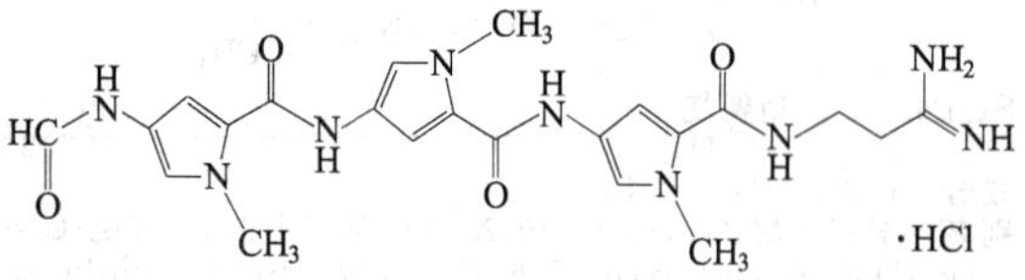

Stanozolol 康力龙 09097

[10418-03-8] $C_{21}H_{32}N_2O$ 328.50

成分 C 76.78%，H 9.82%，N 8.53%，O 4.87%。

别名 (5α,17β)-17-Methyl-2′*H*-androst-2-eno[3,2-*c*]pyrazol-17-ol;1,2,3,3a,3b,4,5,5a,6,8,10,10a,10b,11,12,12a-Hexadecahydro-1,10a,12a-trimethylcyclopenta[7,8]phenanthro[2,3-*c*]pyrazol-1-ol; 17β-Hydroxy-17α-methylandrostano[3,2-*c*]pyrazole; Androstanazole; Stanazol; NSC-43193; Win-14833; Stromba;Strombaject;Winstrol

M. I. 15，8921

性状 来自乙醇中的白色至浅黄色结晶或粉末。mp 229.8～242.0℃；$[\alpha]_D+35.7°$（于氯仿中）；$[\alpha]_D+48.6°$（于甲醇中）；uv max：223nm（ε 4740）。

注意事项 该品可能危害胎儿。使用前应得到专门的指导，避免曝露。使用时应穿适当的防护服，戴手套和防护镜或面罩。使用时应避免吸入本品的粉尘。应密封于 2～8℃保存。

主要用途 生化研究。医用雄性激素。

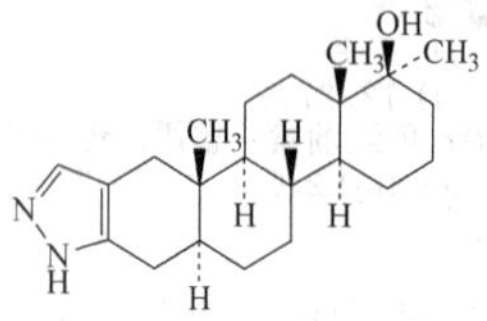

Starch from potatoes 马铃薯淀粉 09098

[9005-25-8] $(C_6H_{10}O_5)_n$ $(162.14)_n$

别名 Amylum；Potato starch

M. I. 15，8925

性状 白色柔软的无定形粉末。吸湿性强，在风干状态下含有约 20%的水分，在潮湿空气中能吸收 35%的水分。不溶于冷水、乙醇、乙醚。

注意事项 该品应密封于干燥处保存。

主要用途 分析做碘的指示剂。蛋白质电泳培养基的制备。

Starch soluble 可溶性淀粉 09099

[9005-84-9] $C_{12}H_{22}O_{11}$ 342.30

别名 溶解淀粉；Amylodextrin；Amylogen；Thinboiling starch

M. I. 15，8925

性状 白色粉末。无嗅，无味。溶于沸水，不溶于冷水、乙醇、乙醚。pH 值（2%，溶于 25℃水中）5.0～7.0。

注意事项 该品应密封于阴凉干燥处保存。

主要用途 测定血清钠，测定麦芽糖和血清中淀粉酶的活力。血液非蛋白氮的检验。碘量滴定法用作指示剂。乳化剂。

参考规格 HG/T 2759—2011

	分析纯
对碘灵敏度	合格
水溶解试验	合格
pH（20g/L，25℃）	6.0～7.5
灼烧残渣（以硫酸盐计）/%≤	0.5
干燥失重/%≤	13.0
还原费林试剂物质（以 $C_{12}H_{22}O_{11}\cdot H_2O$ 麦芽糖计）/%≤	0.7

Stavudine 司他夫定 09100

[3056-17-5] $C_{10}H_{12}N_2O_4$ 224.22

成分 C 53.57%，H 5.39%，N 12.49%，O 28.54%。

别名 司他夫啶；2′,3′-Didehydro-3′-deoxythymidine；1-(2,3-Dideoxy-β-*glycero*-pent-2-enofuranosyl) thymine；3′-Deoxy-2′-thymidinene；D4T；BMY-27857；Zerit

M. I. 15，8929

性状 来自乙醇/苯中的无色颗粒或固体，mp 165～166℃。或来自乙醇-乙醚中的结晶，mp 174℃。溶于水、二甲基亚砜，略溶于甲醇、乙醇、乙腈，微溶于二氯甲烷，不溶于己烷。$[\alpha]_D^{25}-39.4°$（$c=0.701$，于水中）；$[\alpha]_D^{20}-46.1°$（$c=0.7$，于水中）；uv max（水中）：266nm（ε 10149）。

主要用途 医用抗病毒剂。

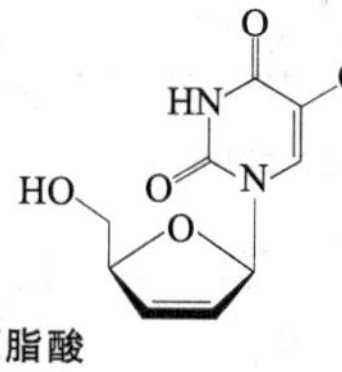

Stearic acid 硬脂酸 09101

[57-11-4] $C_{18}H_{36}O_2$ 284.48

成分 C 76.00%，H 12.76%，O 11.25%。

别名 十八酸；司的令；Cetylacetic acid；Emersol 132；Octadecanoic acid；Stearophanic acid；Carboxylic acid C_{18}

M. I. 15，8930

性状 白色至微黄色有光泽的叶片状结晶。似蜡。1g 该品溶于 3.4mL 二硫化碳、2mL 三氯甲烷、6mL 四氯化碳、26mL 丙酮、21mL 乙醇、5mL 苯。易溶于乙醚，亦溶于乙酸戊酯、甲苯。几乎不溶于水。mp 69～70℃；bp 383℃；Fp 385℉（195℃）；d^{70} 0.847；n_D^{80} 1.4299。LD_{50} 小鼠，大鼠静脉注射（mg/kg）：23±0.7，21.5±0.8。一般试剂含量≥98.5%（GC）。

注意事项 该品对皮肤有刺激性。

主要用途 用于水硬度的测定。钙、镁、锂的比浊测定。促进酸化的活性剂。扩散剂。

Stenbolone 司腾勃龙 09102

[5197-58-0] $C_{20}H_{30}O_2$ 302.46

成分 C 79.42%，H 10.00%，O 10.58%。

别名 2-甲基异睾酮；2-甲基-17β-羟基-5α-雄-1-烯-3-酮；(5α,17β)-17-Hydroxy-2-methylandrost-1-en-3-one；2-Methyl-5α-androst-1-en-17β-ol-3-one；2-Methyl-17β-hydroxy-5α-androst-1-en-3-one；Stenobolone (rescinded USAN)

M. I. 15，8935

性状 来自丙酮＋己烷中的无色结晶。mp 155～158℃；$[\alpha]_D+52°$（于氯仿中）；$[\alpha]_D^{26}+47°$（于氯仿中）；uv max（95%乙醇中）：241nm（lgε 3.99）。

主要用途 生化研究。其乙酸盐医疗上用于促进代谢剂。

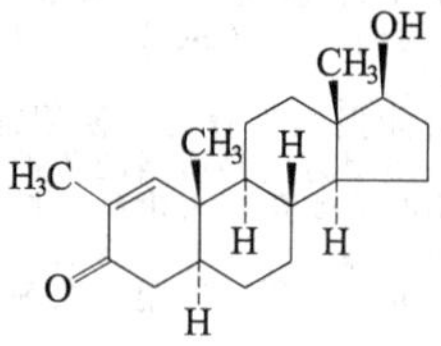

Stepronin 司替罗宁 09103

[72324-18-6] $C_{10}H_{11}NO_4S_2$ 273.32

成分 C 43.94%，H 4.06%，N 5.12%，O 23.41%，S 23.46%。

别名 *N*-[1-Oxo-2-[(2-thienylcarbonyl) thio]propyl]glycine；2-α-Thenoylthio propionylglycine；*N*-(2-Mercaptopropionyl) glycine 2-thiophenecarboxylate (ester)；TTPG；Prostenoglycine；Tiase

M. I. 15，8936

性状 来自乙腈中的无色结晶。mp 168～170℃；uv max：292nm。LD_{50} 小鼠急性经口：>2500mg/kg，静脉注射：>1250mg/kg；大鼠急性经口：>2500mg/kg，肌内注射：1801mg/kg。

主要用途 医用黏液溶解剂。

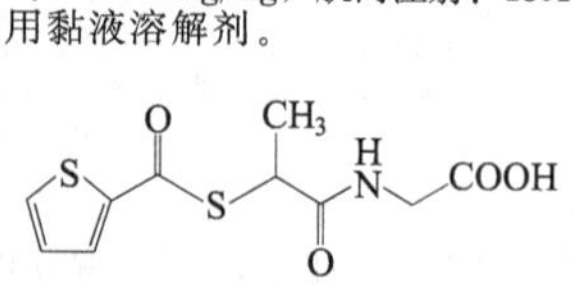

Sterigmatocystin 柄曲菌素 09104

[10048-13-2] $C_{18}H_{12}O_6$ 324.29

成分 C 66.67%，H 3.73%，O 29.60%。

别名 柄曲霉素；3α,12c-Dihydro-8-hydroxy-6-methoxy-7*H*-furol[3′,2′:4,5]furo[2,3-*c*]xanthen-7-one

性状 白色至黄色微细结晶或粉末。生化试剂含量≥98.0%（TLC）。

注意事项 该品口服有毒。对机体有不可逆损伤的可能性。使用时应穿适当的防护服和戴手套。使用时如有事故发生或有不适之感，应立即请医生诊治。应密封充氩气于 2～8℃保存。

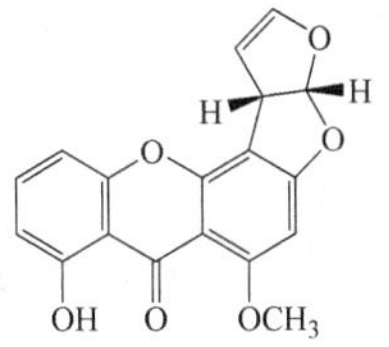

OH O OCH$_3$

Stevioside 蛇菊苷 09105

[57817-89-7] $C_{38}H_{60}O_{18}$ 804.88

成分 C 56.71%，H 7.51，O 35.78%。

别名 卡哈苡苷；斯替维苷；(4α)-13-[2-*O*-β-D-Glucopyranosyl-β-D-(glucopyranosyl)oxy]kaur-16-en-18-oic acid β-D-glucopyranosyl ester；Steviosin

M. I. 15，8939

性状 无色结晶。易潮解。甜度是蔗糖的 300 倍。1g 该品溶于 800mL 水，溶于二氧六环，微溶于乙醇。mp 198℃；$[\alpha]_D^{25}-39.3°$（c=5.7，于水中）。

注意事项 使用时应避免吸入本品的粉尘，避免与眼睛及皮肤接触。应充氩气密封避光于－20℃干燥保存。

主要用途 非营养型甜味剂。

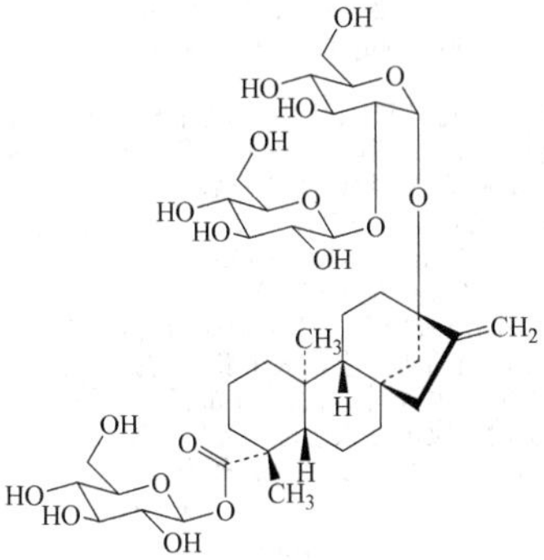

Stibocaptate 二巯琥珀酸锑钠 09106

[3064-61-7] $C_{12}H_6Na_6O_{12}S_6Sb_2$ 915.99

成分 C 15.74%，H 0.66%，Na 15.06%，O 20.96%，S 21.00%，Sb 26.59%。

别名 2,2′-[(1,2-Dicarboxy-1,2-ethanediyl)bis(thio)]bis-1,3,2-dithiastibolane-4,5-dicarboxylic acid hexasodium salt；2,3-Dimercaptosuccinic acid cyclicester with anumonic acid，diester with 2,3-dimercaptosuccinic acid hexasodium salt；2,3-Dimercaptosuccinic acid cyclicthioantimonate(Ⅲ) *S*,*S*-diester with 2,3-dimercaptosuccinatehexasodium salt；Sodium antimony-2,3-*meso*-dimercaptosuccinate；Antimony dimercaptosuccinate；TWSb；Ro-4-1544/6；SB-58；Astiban

M. I. 15，8941

性状 白色或微黄绿色粉末。易吸潮。对湿度不稳定。溶于水。LD_{50}小鼠皮下注射：500mg/kg。

主要用途 医用抗血吸虫剂。

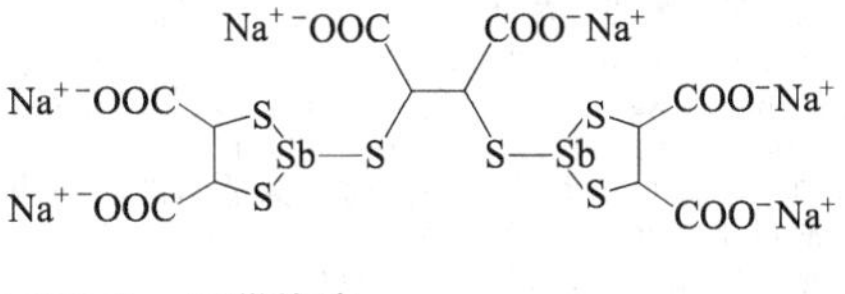

Stigmastanol 豆甾烷醇 09107

[83-45-4][19466-47-8] $C_{29}H_{52}O$ 416.73

成分 C 83.58%，H 12.58%，O 3.84%。

别名 (3β,5α)-Stigmastan-3-ol；Dihydro-β-sitosterol；β-Sitostanol；24α-Ethylcholestanol；Fucostanol

M. I. 15，8943

性状 一水合物为无色结晶。mp 138～139℃；$[\alpha]_D^{20}+25°$（c=1.1，于氯仿中）。生化试剂含量≥95.0%。

注意事项 该品对眼睛、呼吸系统及皮肤有刺激性。使用时应穿适当的防护服和戴手套。万一接触到眼睛，应立即用大量水冲洗后请医生诊治。应密封保存。

主要用途 生化研究。

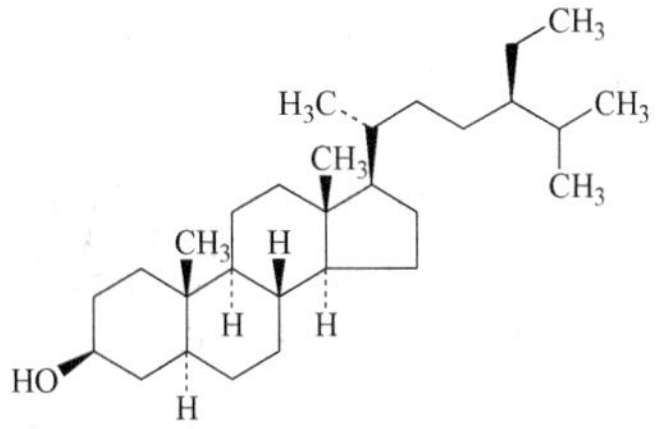

Stigmasterol 豆甾醇 09108

[83-48-7] $C_{29}H_{48}O$ 412.70

成分 C 84.40%，H 11.72%，O 3.88%。

别名 豆固醇；毒扁豆固醇；Anti-stiffness factor；5,22-Cholestadiene-24-ethyl-3β-ol；22-Dehydro-24-ethylcholesterol；3β-Hydroxy-24-ethyl-$\Delta^{5,22}$-cholestadiene；(3β，22*E*)-Stigmasta-5，22-dien-3-ol；Stigmasta-5,22-dien-3β-ol；Stigmasterin

M. I. 15，8944

性状 一水化合物为无色结晶性粉末。溶于热乙醇、乙醚、丙酮及苯等有机溶剂，不溶于水。mp 170℃（一水合物）；$[\alpha]_D^{22}$ －51°（c=2，于氯仿中）。生化试剂含量≥95.0%。

注意事项 使用时应避免吸入本品粉尘，避免与眼睛及皮肤接触。应密封于阴凉处保存。

主要用途 生化研究。制造孕酮

。

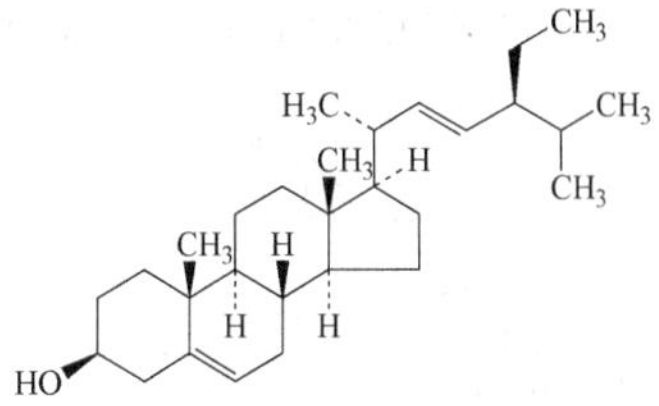

Stilbamidine dihydrochloride 芪脒 二盐酸盐 09109

[122-06-5（无 HCl)] $C_{16}H_{18}Cl_2N_4$ 337.25

成分 C 56.98%，H 5.38%，Cl 21.02%，N 16.61%。

别名 二盐酸芪脒；胺脒二盐酸盐；盐酸芪脒；4,4′-(1,2-Ethenediyl) bisbenzenecarboximidamide dihydrochloride；4,4′-Stilbenedicarboxamidine dihydrochloride；4,4′-Diamidinostilbene dihydrochloride

M. I. 15，8945

性状 来自水中的无色针状结晶。LD_{50}小鼠静脉注射：0.031mg/kg；皮下注射：0.18mg/kg。

主要用途 医用抗原生物剂。

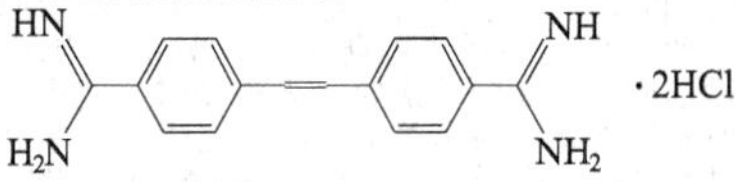

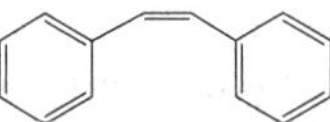

cis-Stilbene 顺式-芪 09110

[645-49-8] $C_{14}H_{12}$ 180.25

成分 C 93.29%，H 6.71%。

别名 二苯基乙烯 顺式；异芪；芪 顺式；顺式二苯乙烯；*cis*-1，2-Diphenylethylene；Isostilbene

M. I. 15，8946

性状 无色液体。完全溶于冷无水乙醇。sp －5℃；bp_{10} 135℃/1.333kPa；bp_1 96℃/133.322Pa；Fp＞230℉(110℃)；d 1.011；n_D^{25} 1.6188；uv max(95%乙醇中)：278nm(ε 10200)。一般试剂含量≥97.0%。

注意事项 该品对眼睛、呼吸系统及皮肤有刺激性。使用时应穿适当的防护服和戴手套。万一接触到眼睛，应立即用大量水冲洗后请医生诊治。应密封保存。

主要用途 有机合成。染料中间体。

***trans*-Stilbene 反式-芪** 09111

[103-30-0] $C_{14}H_{12}$ 180.25

成分 C 93.29%，H 6.71%。

别名 反式二苯乙烯；芪反式；*trans*-Bibenzal；*trans*-Bibenzylidene；*trans*-1,2-Diphenylethylene；*trans*-1,1′-(1,2-Ethenediyl) bis (benzene)

M. I. 15，8946

性状 来自95%乙醇中的无色、白色或浅绿黄色结晶。带蓝色荧光。溶于90份冷乙醇、13份沸乙醇，易溶于苯、乙醚，几乎不溶于水。mp 124℃；bp_{760} 306～307℃/101.325kPa；*d* 0.9707；n_D^{17} 1.6264；uv max(95%乙醇中)：296nm，305nm(ε 28100，26700)。

注意事项 该品口服有毒。对眼睛有刺激性。接触皮肤能引起过敏。对水生物有毒。能对水环境引起长期不良的影响。使用时应穿适当的防护服和戴手套。万一接触到眼睛，应立即用大量水冲洗后请医生诊治。应防止将本品释放于环境中。

主要用途 测定甲酚中间体的试剂。气相色谱试剂。闪烁体。荧光增白剂的中间体。染料工业。

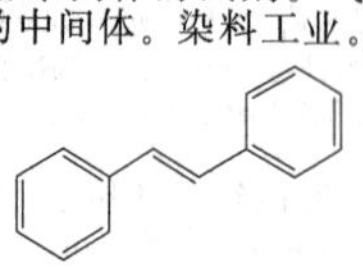

trans-Stilbene oxide 氧化反芪 09112

[1439-07-2] $C_{14}H_{12}O$ 196.25

成分 C 85.68%，H 6.16%，O 8.15%。

别名 *trans*-1，2-Diphenyloxirane

性状 白色结晶性粉末。mp 67～69℃。一般试剂含量≥98.0%（HPLC）。

注意事项 使用时应避免吸入本品的粉尘，避免与眼睛及皮肤接触。

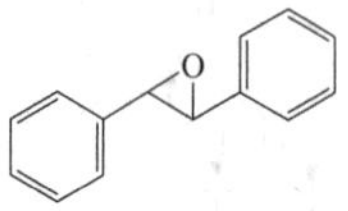

Stilbestrol 己烯雌酚 09113

[56-53-1] $C_{18}H_{20}O_2$ 268.36

成分 C 80.56%，H 7.51%，O 11.92%。

别名 乙芪酚；二乙基己烯雌酚；二羟二乙基代乙芪酚；二乙基二苯乙烯雌激酚；Antigestil；Apstil；(*E*)-3，4-Bis(4-hydroxyphenyl)-3-hexenve；Cyren A；DES；(*E*)-α，α′-Diethyl-4，4′-stilbenediol；4，4′-Dihydroxy-α，β-diethylstilbene；Distibene；Stibostrol Stihetin；stilbestrol

M. I. 15，3148

性状 来自苯中的无色小片状结晶。溶于甲醇、乙醇、乙醚、氯仿、脂肪油和稀碱溶液，几乎不溶于水。mp 169～172℃；uv max（0.1mol/L 氢氧化钠溶液中）：259nm（$E_{10m}^{1\%}$764）。生化试剂含量≥99.0%（HPLC）。

注意事项 该品可能致癌。可能危害胎儿。对眼睛、呼吸系统及皮肤有刺激性。对水生物有毒。能对水环境引起长期不良的影响。使用时应穿适当的防护服，戴手套和防护镜或面罩。使用前应得到专门的指导，避免曝露。使用时如有事故发生或有不适之感，应请医生诊治。应防止将本品释放于环境中。其包装物应按危险品处理。应充氩气密封保存。

主要用途 医用激素类抗肿瘤剂。

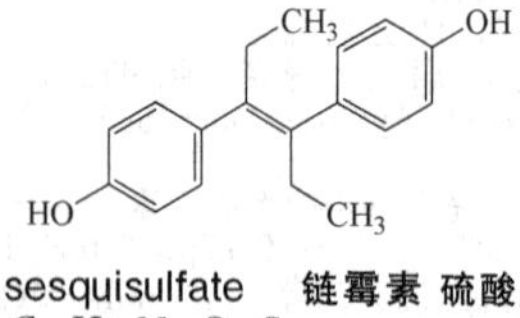

Streptomycin sesquisulfate 链霉素 硫酸盐 09114

[3810-74-0] $C_{42}H_{84}N_{14}O_{36}S_3$ 1457.38

成分 C 34.61%，H 5.81%，N 13.46%，O 39.52%，S 6.60%。

别名 硫酸链霉素；*O*-2-Deoxy-2-methylamino-α-L-glucopyranosyl-(1→2)-*O*-5-deoxy-3-*C*-formyl-α-L-lyxofuranosyl-(1→4)-*N*，*N*′-bis(aminoiminomethyl)-D-streptamine sesquisulfate；Streptomycin A；Streptomycin sulfate；Agristrep；Streptobrettin；Vetstrep

M. I. 15，8956

性状 白色至浅灰或浅米色粉末或颗粒。微有类似胺的气味。味微苦。曝露空气中易潮解。约28℃时于下列物质的溶解度(mg/mL)：水>20；甲醇0.85；乙醇0.30；异丙醇0.01；石油醚0.015；四氯化碳0.035；乙醚0.035。几乎不溶于氯仿。

注意事项 该品口服有毒。应密封于2～8℃干燥保存。

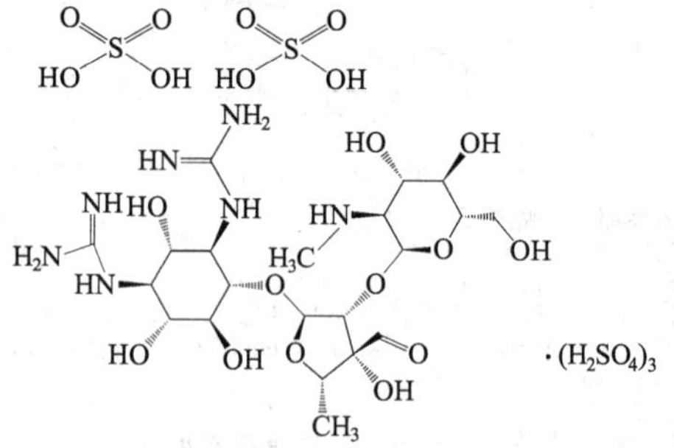

Streptonigrin 链黑菌素 09115

[3930-19-6] $C_{25}H_{22}N_4O_8$ 506.47

成分 C 59.29%，H 4.38%，N 11.06%，O 25.27%。

别名 5-Amino-6-(7-amino-5，8-dihydro-6-methoxy-5，8-dioxo-2-quinolyl)-4-(2-hydroxy-3，4-dimethoxyphenyl)-3-methyl-2-pyridinecarboxylic acid；5-Amino-6-(7-amino-5，8-dihydro-6-methoxy-5，8-dioxo-2-quinolyl)-4-(2-hydroxy-3，4-dimethoxyphenyl)-3-methylpicolinic acid；Bruneomycin；NSC-45383；Nigrin

M. I. 15，8957

性状 来自丙酮或二氧六环中的咖啡棕色至近黑色长方形片状结晶或棕色针状结晶。溶于二氧六环、吡啶、二甲基甲酰胺、碳酸氢钠水溶液随之分解，微溶于水、低级醇类、乙酸乙酯、氯仿。mp 262～263℃；275℃分解；uv max（甲醇中）：248nm，375～380nm（ε 38400，17400）。生化试剂含量≥98.0%（TLC）。

注意事项 该品口服极毒。使用前应有专门的指导，避免曝露。使用时应穿适当的防护服，戴手套和防护镜或面罩。接触皮肤后应立即用大量水冲洗。使用时如有事故发生或有不适之感，应请医生诊治。应由专人管理，充氩气密封于2～8℃保存。

主要用途 生化研究。医用抗肿瘤剂。

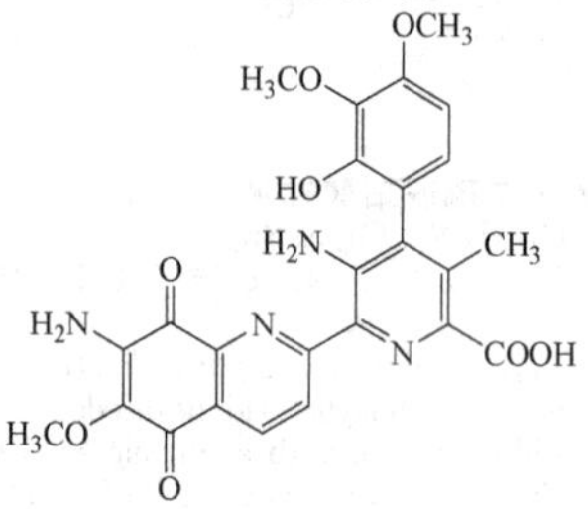

Streptozocin 链脲佐菌素 09116

[18883-66-4] $C_8H_{15}N_3O_7$ 265.22

成分 C 36.23%，H 5.70%，N 15.84%，O 42.23%。

别名 2-Deoxy-2-[(methylnitrosoamino)carbonyl]amino-D-glucopyranose；2-Deoxy-2-(3-methyl-3-nitrosoureido)-D-glucopyranose；Streptozotocin；*N*-Methylnitrosocarbamoyl-α-D-glucosamine；NSC-85998；U-9889；Zanosar

M. I. 15，8962

性状 来自95%乙醇中的无色或白色有尖角的小片或棱柱体。溶于水、低级醇类、酮类。mp 115℃（分解）；$[\alpha]_D^{25}+39°$；uv max（于乙醇中）：228nm（ε 6360）。LD_{50} 雌小鼠腹膜内注射：360mg/kg；静脉注射：275mg/kg；雄狗静脉注射：50mg/kg。生化试剂含量≥98.0%（HPLC）。

注意事项 该品可能致癌。使用时应穿适当的防护服。应充氩气密封于－20℃干燥保存。

主要用途 生化研究。医用抗肿瘤剂。

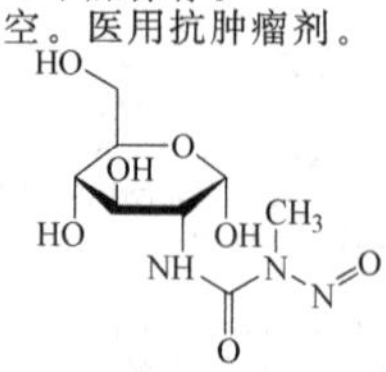

Strontium 锶 09117

[7440-24-6] Sr 87.62

GW 2015-1222 M. I. 15，8965

性状 银白色软质金属。遇水分解。其粉状物在空气中自燃。接触空气易氧化。溶于硝酸、盐酸和稀硫酸并放出氢气。mp (757±1)℃；bp 1366℃；*d* 2.6。
注意事项 该品易燃。具有刺激性。应存放在石蜡油中，密封于干燥处保存。
主要用途 制造红色信号弹、焰火及其他锶盐。

Strontium acetate hemihydrate 乙酸锶 半水 09118
[14692-29-6][543-94-2](无水物) $C_4H_6O_4Sr \cdot \frac{1}{2}H_2O$ 214.71
成分(以无水物计) C 23.36%，H 2.94%，O 31.11%，Sr 42.59%。
别名 半水合乙酸锶；醋酸锶 半水
M. I. 15,8966
性状 白色结晶性粉末。溶于 2.5 份水，其水溶液对石蕊呈中性。微溶于乙醇。150℃失去结晶水。LD 大鼠静脉注射：1.16mmol/kg。一般试剂含量 99.0%～100.5%。
注意事项 使用时应避免与眼睛及皮肤接触。应充氩气密封干燥保存。
主要用途 测定碳酸盐、环己六醇的试剂。

Strontium bromide hexahydrate 溴化锶 六水 09119
[7789-53-9] $Br_2Sr \cdot 6H_2O$ 355.53
成分(以无水物计) Br 64.59%，Sr 35.41%。
别名 二溴化锶 六水；六水合二溴化锶；六水合溴化锶
M. I. 15,8967
性状 无色结晶或白色颗粒。有潮解性。溶于 0.35 份水，溶于乙醇，不溶于乙醚。其水溶液呈中性。mp 88℃；180℃以上失去结晶水。LD_{50}大鼠腹膜内注射：1000mg/kg。一般试剂含量≥99.0%。
注意事项 该品对眼睛、呼吸系统及皮肤有刺激性。使用时应穿适当的防护服和戴手套。使用时应避免吸入本品的粉尘。万一接触到眼睛，应立即用大量水冲洗后请医生诊治。应密封避光于干燥处保存。
主要用途 分析试剂。医用抗惊厥剂。

Strontium carbonate 碳酸锶 09120
[1633-05-2] CO_3Cr 147.63
成分 C 8.14%，O 32.51%，Cr 59.35%。
M. I. 15,8968
性状 白色粉末。无臭、无味。溶于稀盐酸、稀硝酸并放出二氧化碳，微溶于含二氧化碳的水及铵盐溶液，溶于 100000 份水。1100℃分解为氧化锶和二氧化碳。*d* 3.5。一般试剂含量≥99.0%。
注意事项 使用时应避免吸入本品的粉尘，避免与眼睛及皮肤接触。
主要用途 电子元件材料。光谱试剂。烟火材料。制彩虹玻璃。其他锶盐制备。

Strontium chloride anhydrous 无水氯化锶 09121
[10476-85-4] Cl_2Sr 158.52
成分 Cl 44.73%，Sr 55.27%。
别名 二氯化锶 无水；无水二氯化锶；氯化锶 无水
M. I. 15,8970
性状 白色结晶。有潮解性。溶于水，微溶于无水乙醇、丙酮，不溶于氨水。mp 874℃；bp 1250℃；*d* 3.052。一般试剂含量≥99.0%。
注意事项 该品对眼睛、呼吸系统及皮肤有刺激性。使用时应穿适当的防护服和戴手套。使用时应避免吸入本品的粉尘。万一接触到眼睛，应立即用大量水冲洗后请医生诊治。应密封于干燥处保存。
主要用途 分析试剂。制药工业。锶盐制备。光谱试剂。

Strontium chloride hexahydrate 氯化锶 六水 09122
[10025-70-4] $Cl_2Sr \cdot 6H_2O$ 266.61
成分(以无水物计) Cl 44.73%，Sr 55.27%。
别名 二氯化锶 六水；六水合二氯化锶；六水合氯化锶
M. I. 15,8970
性状 无色结晶或白色颗粒。无味。在干燥空气中风化，在潮湿空气中潮解。溶于 0.8 份水、0.5 份沸水，溶于乙醇、丙酮。其水溶液呈中性。热至 61.4℃失去 4 分子结晶水，100℃成为一水盐，150℃失去全部结晶水。mp 115℃；*d* 1.96。LD_{50}小鼠静脉注射：147.6mg/kg。一般试剂含量≥99.0%。
注意事项 该品对眼睛、呼吸系统及皮肤有刺激性。使用时应穿适当的防护服和戴手套。使用时应避免吸入本品的粉尘。万一接触到眼睛，应立即用大量水冲洗后请医生诊治。应密封避光于干燥处保存。
主要用途 沉淀剂。制药工业。锶盐制备。

Strontium fluoride 氟化锶 09123
[7783-48-4] F_2Sr 125.62
成分 F 30.25%，Sr 69.75%。
别名 二氟化锶
M. I. 15,8972
性状 白色粉末或立方体结晶。微溶于水(18℃，11.7mg/100mL)，溶于稀酸，能被强酸分解。于 1000℃以下稳定。mp 约 1400℃；bp 2460℃；*d* 4.24；n_D^{20}1.442。一般试剂含量≥99.0%。
注意事项 该品吸入或口服有毒。使用时应穿适当的防护服。应密封于燥于通风良好处保存。
主要用途 其单晶用于激光，应用于电学和光学。制药用以代替其他的氟化物。日用化学工业。

Strontium hydroxide octahydrate 氢氧化锶 八水 09124
[1311-10-0] $H_2O_2Sr \cdot 8H_2O$ 265.76
成分(以无水物计) H 1.66%，O 26.31%，Sr 72.03%。
别名 八水合氢氧化锶；Strontium hydrate
M. I. 15,8973
性状 无色结晶或白色粉末。易潮解。约 100℃失去部分结晶水。吸收空气中二氧化碳而生成碳酸盐。溶于 50 份水、2.1 份沸水，其溶液呈强碱性，pH 值约 13.5。*d*1.90。一般试剂含量≥99.0%。
注意事项 该品具有腐蚀性，能引起烧伤。使用时应穿适当的防护服，戴手套和防护镜或面罩。万一接触到眼睛，应立即用大量水冲洗后请医生诊治。使用时如有事故发生或有不适之感，应请医生诊治。应密封于干燥处保存。
主要用途 提纯甜菜糖，从糖蜜中分离结晶糖。各种锶盐的制备。

Strontium iodide anhydrous 碘化锶 无水 09125
[10476-86-5] I_2Sr 341.43
成分 I 74.34%，Sr 25.66%。
别名 二碘化锶 无水；无水二碘化锶
M. I. 15,8974
性状 六水合物为无色至微黄色结晶。在潮湿空气中潮解。见光或露置空气中，都能被分解而使碘游离而使颜色变黄。溶于 0.2 份水，其溶液呈中性，溶于乙醇。mp 120℃(急热)；无水物 mp 402℃；*d* 4.42。LD_{50}大鼠腹膜内注射：800mg/kg。一般试剂含量≥99.9%。
注意事项 该品对眼睛及皮肤有刺激性。使用时应穿适当的防护服，戴手套和防护镜或面罩。万一接触到眼睛，应立即用大量水冲洗后请医生诊治。应密封、避光于干燥处保存。
主要用途 医用碘源。

Strontium nitrate 硝酸锶 09126
[10042-76-9] N_2O_6Sr 211.63
成分 N 13.24%，O 45.36%，Sr 41.40%。
GW 2015-2327 M. I. 15,8975
性状 白色颗粒或粉末。溶于 1.5 份水，微溶于乙醇、丙酮。其水溶液呈中性。mp 570℃；*d* 2.99；n_D1.588。LD_{50}大鼠腹膜内注射：540mg/kg。
注意事项 该品与易燃物接触能引起燃烧。对眼睛及皮肤有刺激性。使用时穿适当的防护服，戴手套和防护镜或面罩。万一接触到眼睛，应立即用大量水冲洗后请医生诊治。应远离易燃物品密封保存。
主要用途 电子管阴极材料。光谱试剂。烟火材料。高纯分析试剂。

参考规格 GB/T 669—1994	分析纯	化学纯
含量[$Sr(NO_3)_2$]/%≥	99.5	99.0
澄清度试验	合格	合格
水不溶物/%≤	0.005	0.01
干燥失重/%≤	0.1	0.5
游离酸(以 HNO_3 计)/%≤	0.013	0.013
氯化物(Cl)/%≤	0.0005	0.002
硫酸盐(SO_4)/%≤	0.005	0.01
钙(Ca)/%≤	0.03	0.05
铁(Fe)/%≤	0.0002	0.0005
重金属(以 Pb 计)/%≤	0.0005	0.001
钡(Ba)/%≤	0.02	0.1
钠(Na)/%≤	0.03	0.05
镁(Mg)/%≤	0.005	0.01

钾(K)/%≤　　0.02　　0.05

Strontium oxalate monohydrate　草酸锶 一水　09127

[814-95-9]　$C_2O_4Sr \cdot H_2O$　193.67

成分(以无水物计) C 13.68%,O 36.44%,Sr 49.89%。

别名 一水合乙二酸锶；一水合草酸锶；乙二酸锶 一水；Ethanedioic acid strontium salt

性状 白色结晶性粉末。无味。热至150℃失去结晶水。易溶于稀盐酸或硝酸，极微溶于水（溶于20000份水）、乙酸（溶于1900份3.5%乙酸）。一般试剂含量≥95.0%。

注意事项 该品口服或与皮肤接触有毒。使用时应避免与眼睛及皮肤接触。

主要用途 锶盐制备。焰火制造。

Strontium oxide　氧化锶　09128

[1314-11-0]　OSr　103.62

成分 O 15.44%，Sr 84.56%。

别名 一氧化锶；锶氧；Strontia；Strontium monoxide

M. I. 15，8976

性状 白色至浅灰白色的块状物或粉末。在空气中极易吸收水分和二氧化碳。溶于水，生成氢氧化物并放出大量热，微溶于乙醇。mp 2430℃；*d* 4.7。一般试剂含量≥99.5%。

注意事项 该品具有腐蚀性，能引起烧伤。使用时应穿适当的防护服，戴手套和防护镜或面罩。万一接触到眼睛，应立即用大量水冲洗后请医生诊治。使用时如有事故发生或有不适之感，应请医生诊治。应密封于干燥处保存。其包装物应按危险品处理。

主要用途 光谱纯试剂。玻璃、涂料、颜料等工业。制造锶盐、红色焰火。

Strontium sulfate　硫酸锶　09129

[7759-02-6]　$SrSO_4$　O_4SSr　183.68

成分 O 34.84%，S 17.45%，Sr 47.70%。

别名 天青石；Celestine；Celestite

M. I. 15，8978

性状 白色结晶性粉末。无味。1g该品溶于约8800mL水、800mL 2%盐酸、700mL 3%硝酸；溶于氯化铵溶液。mp 1580℃；*d* 3.96。一般试剂含量≥99.0%。

主要用途 测定钡的试剂。制造陶瓷和焰火。

Strophanthidin　羊角拗定　09130

[66-28-4]　$C_{23}H_{32}O_6$　404.50

成分 C 68.29%，H 7.97%，O 23.73%。

别名 毒毛旋花苷配基；(3*β*,5*β*)-3,5,14-Trihydroxy-19-oxocard-20(22)-enolide；Apocynamarin；Convallatoxigenin；Corchorin；Cymarigenin；Cynotoxin；Corchorgenin；Corchsularin

M. I. 15，8981

性状 来自5份甲醇和10份水中的斜方片状结晶。溶于乙醇、丙酮、氯仿、苯、冰乙酸，几乎不溶于水、乙醚、石油醚。mp 171～175℃（泡腾）；$[\alpha]_D^{25}$+43.1°（*c*=2.8，于甲醇中）。LD_{100}猫静脉注射：0.337mg/kg。生化试剂含量≥90.0%。

注意事项 该品吸入、口服或与皮肤接触极毒。使用时应穿适当的防护服，戴手套和防护镜或面罩。使用时应避免吸入本品的粉尘。使用时如有事故发生或有不适之感，应请医生诊治。应密封于－20℃保存。

主要用途 生化研究。

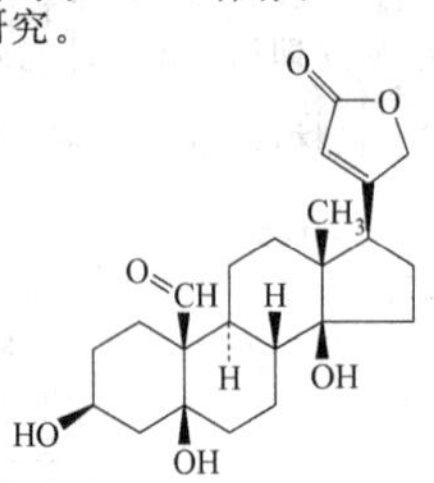

Strychnine　马钱子碱　09131

[57-24-9]　$C_{21}H_{22}N_2O_2$　334.42

成分 C 75.42%,H 6.63%,N 8.38%,O 9.57%。

别名 士的年；士的宁；Strychnidin-10-one；Vanqueline

GW 2015-481　　M. I. 15，8985

性状 来自氯仿-乙醚中的无色有光泽的立方体结晶或粉末。味极苦。1g该品溶于182mL乙醇、6.5mL氯仿、150mL苯、250mL甲醇、83mL吡啶，极微溶于乙醚、水。其700000分之一水溶液仍有苦味。pK_a(25℃)8.26。mp 275～285℃；d^{18} 1.359；$[\alpha]_D^{18}$－104.3°(*c*=0.254，于乙醇中)；$[\alpha]_D^{25}$－139°(*c*=0.4，于氯仿中)；uv max(95%乙醇中)：255nm，280nm，290nm ($E_{1cm}^{1\%}$ 377，130，101)。LD_{50}大鼠缓慢静脉注射：0.96mg/kg。一般试剂含量≥97.0%（TLC）。

注意事项 该品口服或与皮肤接触极毒。对水生物极毒。能对水环境引起长期不良的结果。使用时应穿适当的防护服和戴手套。使用时如有事故发生或有不适之感，应立即请医生诊治。应防止将本品释放于环境中。其包装物应按危险品处理。

主要用途 锑、砷、溴、铈、汞、锇、氯酸盐及硝基盐的试剂。灭鼠用毒饵。

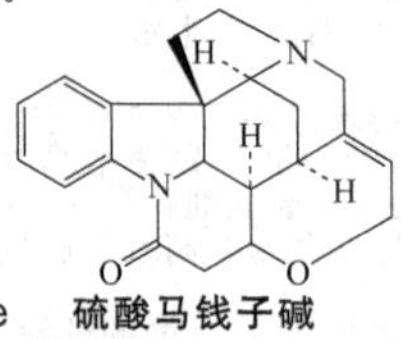

Strychnine sulfate　硫酸马钱子碱　09132

[60-41-3]　$C_{42}H_{46}N_4O_8S$　766.91

成分 C 65.78%,H 6.05%,N 7.31%,O 16.69%,S 4.18%。

别名 士的宁硫酸盐；士的年 硫酸盐；硫酸马钱子碱；马钱子碱 硫酸盐；硫酸士的宁；硫酸士的年；Strichnine sulfate

GW 2015-1317　　M. I. 15，8985

性状 无色结晶或白色结晶性粉末。无色、无气味，味道极苦。在干燥空气中易风化。1g该品溶于35mL水、65mL乙醇、325mL氯仿，不溶于乙醚。其1∶100的水溶液pH值5.5。mp 约200℃（分解）。LD_{50}大鼠急性经口：5mg/kg。一般试剂含量≥98.0%（T）

注意事项 该品吸入或口服极毒。对水生物极毒。能对水环境引起长期不良的影响。使用时应穿适当的防护服。接触皮肤后应立即用大量水冲洗。使用时如有事故发生或有不适之感，应立即请医生诊治。应防止将本品释放于环境中。其包装物应按危险品处理。应远离食品、饮料及饲料密封保存。

Stypticin　止血素　09133

[10018-19-6]　$C_{12}H_{14}ClNO_3$　255.70

成分 C 56.37%,H 5.52%,Cl 13.87%,N 5.48%,O 18.77%。

别名 氯化止血素；氯化可他宁；盐酸可他宁；Cotarnine chloride；Cotarninium chloride；7,8-Dihydro-4-methoxy-6-methyl-1,3-dioxolo[4,5-*g*]isoquinolinium chloride

M. I. 15，2540

性状 浅黄色粉末。在潮湿的空气中潮解。该品1份溶于约1份水、4份乙醇。

注意事项 该品应密封保存。

主要用途 医用止血剂。

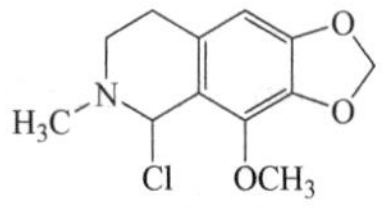

Styrene　苯乙烯　09134

[100-42-5]　C_8H_8　104.15

成分 C 92.26%，H 7.74%。

别名 乙烯苯；苏合香烯；Cinnamene；Cinnamol；Ethenylbenzene；Phenylethylene；Styrol；Styrolene；Vinylbenzene

GW 2015-96　　M. I. 15，8990

性状 无色至浅黄色油状液体。具强折射率。有刺激性气味。溶于乙醇、乙醚、甲醇、丙酮、二硫化碳，略微溶于水。受热、见光或在过氧化物的催化下易聚合，一般商品常加入约0.05%叔丁基对苯二酚作为阻聚剂。mp －30.6℃；bp 145～146℃；Fp 87℉(31℃，闭杯)；d^{20} 0.9059；n_D^{20} 1.5463。LD_{50} 小鼠腹膜内注射：(660±44.3)mg/kg；静脉注射：(90±5.2)mg/kg。一般试剂含量≥99.0%（GC）。

注意事项 该品易燃。其蒸气吸入有毒。对眼睛及皮肤有刺激性。使用时应避免吸入本品的蒸气。应密封避光于2～8℃保存。

主要用途 有机合成，如塑料、橡胶、树脂合成等。色谱分析标准物。

Suberic acid　辛二酸　09135

[505-48-6]　$C_8H_{14}O_4$　174.20

成分 C 55.16%，H 8.10%，O 36.74%。

别名 1,6-己烷二羧酸；软木酸；栓酸；1,6-Hexanedicarboxylic acid；Octanedioic acid；Dicarboxylic acid C_8

M. I. 15，8992

性状 无色结晶。1g 该品溶于 625mL 水、172mL 乙醚。溶于乙醇，几乎不溶于三氯甲烷。加热至 300℃升华而不分解。mp 140～144℃；bp_{100} 279℃/13.332kPa；Fp 410℉（210℃）。一般试剂含量≥98.0%（T）。

注意事项 该品对眼睛、呼吸系统及皮肤有刺激性。使用时应穿适当的防护服和戴手套。应避免吸入本品的粉尘，避免与眼睛及皮肤接触。万一接触到眼睛，应立即用大量水冲洗后请医生诊治。

主要用途 高分子聚合物的合成。塑料工业。制药中间体。

Substance P 多肽物质 P 09136

[33507-63-0] [11035-08-8] $C_{63}H_{98}N_{18}O_{13}S$ 1347.65

成分 C 56.15%，H 7.33%，N 18.71%，O 15.43%，S 2.38%。

别名 三乙酸多肽物质 P；P 物质；SP；Substance P triacetate；SP triacetate

M. I. 15，8993

性状 近白色微细结晶。一般试剂为水合物，含量≥98.0%（HPCE）。

注意事项 该品应充氩气密封于－20℃干燥保存。

主要用途 生化研究。

Arg-Pro-Lys-Pro-Gln-Gln-Phe-Phe-Gly-Leu-MetNH₂

Succinic acid 丁二酸 09137

[110-15-6] $C_4H_6O_4$ 118.09

成分 C 40.68%，H 5.12%，O 54.19%。

别名 琥珀酸；Amber acid；Asuccin；Bernsteinsäure；1,4-Butanedioic acid；Ethylenedicarboxylic acid；Ethylenesuccinic acid；Dicarboxylic acid C_4

M. I. 15，8999

性状 无色单斜柱状或片状结晶。1g 该品溶于 13mL 冷水、1mL 沸水、18.5mL 乙醇、113mL 乙醚、36mL 丙酮、20mL 甘油、6.3mL 甲醇，几乎不溶于苯、二硫化碳、四氯化碳、石油醚。其 0.1mol/L 水溶液 pH 值 2.7。mp 185～187℃；bp 235℃（分解）；*d* 1.56。一般试剂含量≥99.5%（T）。

注意事项 该品对呼吸系统及皮肤有刺激性。对眼睛有严重损伤的危险。使用时应穿适当的防护服。戴手套和防护镜或面罩。万一接触到眼睛，应立即用大量水冲洗后请医生诊治。

主要用途 检定钸、铜、镧、钪、镱、钇、亚硝酸盐。分离、测定铁、铅。缓冲液的配制。有机合成。

Succinic anhydride 丁二酸酐 09138

[108-30-5] $C_4H_4O_3$ 100.07

成分 C 48.01%，H 4.03%，O 47.96%。

别名 四氢呋喃-2,5-二酮；琥珀酸酐；Bernsteinsäure anhydride；Butanedioic anhydride；Dihydro-2,5-furandione；2,5-Diketotetrahydrofuran；Succininic acid anhydride；Succinyl oxide

M. I. 15，9000

性状 来自无水乙醇中的无色斜方棱柱体结晶。溶于乙醇、三氯甲烷、四氯化碳，极微溶于水、乙醚。于 92℃/1.0mmHg、115℃/5mmHg 可升华。mp 119.6℃；bp_{760} 261℃/101.325kPa；bp_{400} 237℃/53.324kPa；bp_{200} 212℃/26.664kPa；bp_{100} 189℃/13.332kPa；bp_{60} 174℃/8kPa；bp_{40} 163℃/5.332kPa；bp_{20} 145℃/2.666kPa；bp_{10} 128℃/1.333kPa；*d* 1.503。一般试剂含量≥99.0%（NT）。

注意事项 该品对眼睛及呼吸系统有刺激性。使用时应避免与眼睛接触。应密封于干燥处保存。

主要用途 分析试剂。制药工业。酯类和树脂的合成。

Succinimide 丁二酰亚胺 09139

[123-56-8] $C_4H_5NO_2$ 99.09

成分 C 48.48%，H 5.09%，N 14.14%，O 32.29%。

别名 丁二酸二酰亚胺；2,5-二酮吡咯烷；琥珀酸二酰亚胺；琥珀酰亚胺；Butanimide；3,4-Dihydropyrrole-2,5-dione；Dihydro-3-pyrroline-2,5-dione；2,5-Diketopyrrolidine；Orotric；2,5-Pyrrolidinedione；2,5-Dioxopyrrolidine

M. I. 15，9001

性状 来自丙酮或乙醇中的无色斜方双锥体结晶。1g 该品溶于 3mL、0.7mL 沸水、24mL 乙醇、5mL 60℃乙醇，不溶于乙醚、三氯甲烷。pK_a 9.5。mp 125～127℃；bp 287～289℃（微分解）；Fp 393℉（201℃）；*d* 1.141。LD_{50} 大鼠急性经口：14g/kg。一般试剂含量≥98.0%（NT）。

注意事项 该品应充氩气密封于－20℃干燥保存。

主要用途 分析试剂，检定氰。其汞化合物在联苯胺存在下，可用于氧化物的检验。医用抗尿结石剂。

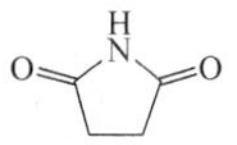

Succinonitrile 丁二腈 09140

[110-61-2] $C_4H_4N_2$ 80.09

成分 C 59.99%，H 5.03%，N 34.98%。

别名 1，2-二氰基乙烷；琥珀腈；Butanedinitrile；Deprelin；1,2-Dicyanoethane；*sym*-Dicyomoethane；Dinile；Ethylene cyanide；Ethylene dicyanide；Succinic acid dinitrile；Suxil

GW 2015-222 M. I. 15，9003

性状 白色蜡状立方体结晶。溶于丙酮、氯仿、二氧六环，微溶于水、乙醇、苯、乙醚、二硫化碳。mp 57.15℃；bp_{760} 265～267℃/101.325kPa；bp_{60} 185℃/8kPa；mp 158～160℃/2.666kPa；Fp 270℉(132℃)；d_4^{45} 1.023；d_4^{60} 0.9868（液体）；n_D^{60} 1.41734(液体)。一般试剂含量≥99.0%（GC）。

注意事项 该品口服有毒。对眼睛、呼吸系统及皮肤有刺激性。使用时应穿适当的防护服，戴手套和防护镜或面罩。万一接触到眼睛，应立即用大量水冲洗后请医生诊治。使用时如有事故发生或有不适之感，应立即请医生诊治。应密封保存。

主要用途 有机合成。

Succinyl chloride 丁二酰氯 09141

[543-20-4] $C_4H_4Cl_2O_2$ 154.97

成分 C 31.00%，H 2.60%，Cl 45.75%，O 20.65%。

别名 氯化丁二酰；氯化琥珀酰；琥珀酰氯；Butanedioyl chloride；Succinyl dichloride

GW 2015-224 M. I. 15，9004

性状 无色、发烟、具有高折射率的液体。能与乙醚、苯任意混溶，遇水、乙醇分解，不溶于石油醚。0℃时可凝固为小叶状结晶。mp 17℃；bp 192～193℃；Fp 169℉（76℃）；d_4^{15} 1.395；n_D^{15} 1.473。一般试剂含量≥96.0%。

注意事项 该品与水反应激烈。具有腐蚀性，能引起烧伤。使用时应穿适当的防护服，戴手套和防护镜或面罩。应保持容器干燥。使用时禁止饮食。切勿向该品中加水。万一接触到眼睛，应立即用大量水冲洗后请医生诊治。使用时如有事故发生或有不适之感，应立即请医生诊治。其包装物应按危险品处理。应密封于阴凉干燥处保存。

主要用途 分析滴定测水。有机合成。树脂和塑料的合成。

Succinylcholine chloride dihydrate 氯化丁二酰胆碱 二水 09142

[6101-15-1][71-27-2](无水物) $C_{14}H_{30}Cl_2N_2O_4$ 361.30

成分 无水物：C 46.54%，H 8.37%，Cl 19.62%，N 7.75%，O 17.71%。

别名 氯化琥珀酰胆碱 二水；2,2'-[(1,4-Dioxo-1,4-butanediyl)bis(oxy)]bis[*N*,*N*,*N*-trimethylethanaminium] dichloride；Bis[2-dimethylaminoethyl] succinate bis[methochloride]；2-Dimethylaminoethyl succinate dimethochloride；Diacetylcholine dichloride；suxamethonium chloride；Cholines succinate dichloride；Succinic acid bis[*β*-dimethylaminoethyl] ester dimethochloride；Choline chloride succinate（2∶1）；listenon；Anectine；Lysthenon；Midarine；Quelicin；Scoline；Sucostrin

M. I. 15，9006

性状 一般产品室温时为二水合物，为无色结晶。易溶于水（约 1g/mL），溶于 95%乙醇（0.42g/100mL），略微溶于苯、氯仿，不溶于乙醚。其 2%～5%水溶液 pH 值 4.5～3.0。mp 156～163℃；无水物 mp 约 190℃。LD_{50} 小鼠静脉注射：0.45mg/kg。生化试剂含量≥99.0%（AT）。

注意事项 使用时应避免吸入本品的粉尘，避免与眼睛及皮肤接触。应充氩气密封避光干燥保存。

主要用途 医用骨架肌肉松弛剂。

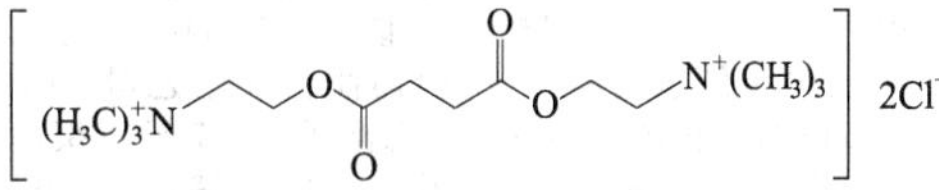

$[(H_3C)_3N^+CH_2CH_2OC(O)CH_2CH_2C(O)OCH_2CH_2N^+(CH_3)_3]\ 2Cl^-$

Succinylsulfathiazole 丁二酰磺胺噻唑 09143

[116-43-8] $C_{13}H_{13}N_3O_5S_2$ 355.38

成分 C 43.94%，H 3.69%，N 11.82%，O 22.51%，S 18.04%。

别名 琥珀酰磺胺噻唑；4-Oxo-4-[[4-[(2-thiazolylamino)sulfonyl]phenyl]amino]butanoic acid；4'-(2-Thiazolylsulfamoyl) succinanilic acid; *p*-2-Thiazolylsulfamylsuccinanilic acid; 2-(N^4-Succinylsulfanilamido) thiazole; Sulfasuxidine

M. I. 15，9008

性状 一水合物为光色至微黄色结晶。1g 该品溶于约 4800mL 水，溶于碱溶液，微溶于乙醇、丙酮，不溶于氯仿、乙醚。LD_{50}小鼠腹膜内注射：约 5.7g/kg。生化试剂含量≥99.0%。

注意事项 该品吸入或接触皮肤可引起过敏。使用时应穿适当的防护服和戴手套。应避免吸入本品的粉尘，使用时如有事故发生或有不适之感，应请医生诊治。

主要用途 医用抗菌剂。

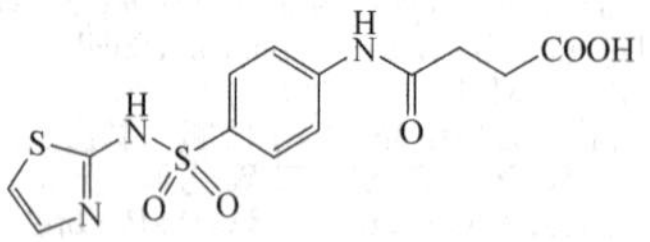

D-(+)-Sucrose 蔗糖 09144

[57-50-1] $C_{12}H_{22}O_{11}$ 342.30

成分 C 42.11%，H 6.48%，O 51.41%。

别名 甘蔗糖；Beet sugar; Cane sugar; *β*-D-Fructofuranosyl-*α*-D-glucopyranoside; *α*-D-Glucopyranosyl-*β*-D-fructofuranoside; D-(+)-Saccharose; Sugar

M. I. 15，9012

性状 无色单斜晶系的大结晶或白色结晶性粉末。1g 该品溶于 0.5mL 水、0.2mL 沸水，溶于 170mL 乙醇、约 100mL 甲醇，中等程度溶于甘油、吡啶。pK_a 12.62。160～186℃分解；d_4^{25} 1.587；$[\alpha]_D^{20}$+65.9°(*c*=26，于水中)。一般试剂含量≥99.0%（HPLC)。

注意事项 该品应密封于干燥处保存。

主要用途 测定 1-萘酚的试剂。钙、镁分离。络合滴定硼的掩蔽剂。有机微量分析测定碳、氢、氧的标准。生物培养基制备。

参考规格 HG/T 3462—1999	分析纯	化学纯
比旋光度 $[\alpha]_D^{20}$	+66.2°～+66.7°	+66.2°～+66.7°
澄清度试验	合格	合格
水不溶物/%≤	0.002	0.004
酸度（以 H^+ 计）/（mmol/100g）≤	0.08	0.12
灼烧残渣（以硫酸盐计）/%≤	0.01	0.02
氯化物（Cl）/%≤	0.0005	0.002
硫酸盐（SO_4）/%≤	0.002	0.008
干燥失重/%≤	0.03	0.06
铁（Fe）/%≤	0.00005	0.0002
重金属（以 Pb 计）/%≤	0.0001	0.0003
还原糖	合格	合格

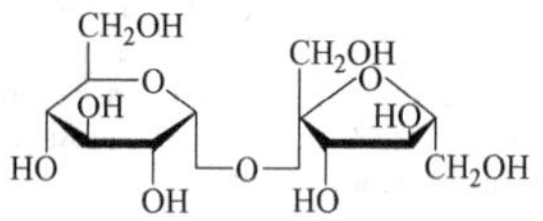

D-(+)-Sucrose octaacetate 蔗糖八乙酸酯 09145

[126-14-7] $C_{28}H_{38}O_{19}$ 678.59

成分 C 49.56%，H 5.64%，O 44.80%。

别名 八乙酰蔗糖；八乙酸蔗糖；八乙酸蔗糖酯；Octaacetyl sucrose；SOA

M. I. 15，9013

性状 来自乙醇中的无色针状结晶。味苦。有吸湿性。易溶于甲醇、氯仿，溶于乙醚。1 份该品溶于 1100 份水、1.1 份乙醚、0.7 份冰乙酸、0.3 份丙酮、11 份乙醇、0.6 份苯、22 份四氯化碳、约 0.5 份乙酸甲酯、7 份三聚乙醛、约 0.5 份甲苯。mp 89℃；约 285℃ 分解；bp_1 260℃/133.332Pa；n_D 1.4660；$[\alpha]_D^{25.4}$+58.5°（*c*=2.56，于无水乙醇中）。生化试剂含量≥96.0%（GC)。

注意事项 该品应密封于 2～8℃干燥保存。

主要用途 生化研究。气相色谱固定液。

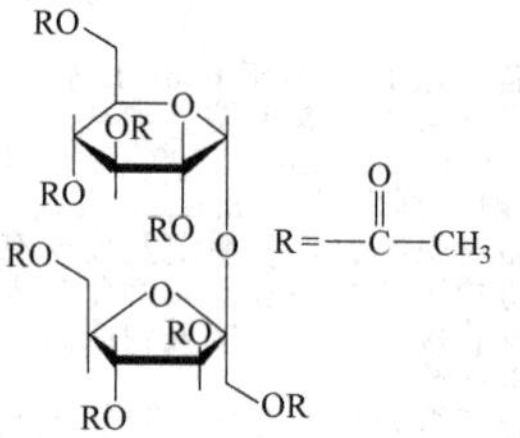

R=—C(=O)—CH_3

Sudan Ⅰ 苏丹Ⅰ 09146

[842-07-9] $C_{16}H_{12}N_2O$ 248.28

成分 C 77.42%，H 4.87%，N 11.28%，O 6.44%。

别名 油溶橙；苯基偶氮乙萘酚；1-苯基偶氮-2-萘酚；苏丹黄；苏旦Ⅰ；苯基（偶氮-1）-2-羟基萘；溶剂黄 14；Benzene（azo-1）-2-hydroxynaphthalene; Benzene azo-*β*-naphthol; Oil orange; Solvent yellow 14; Spirit yellow Ⅰ; Sudan yellow; 1-Phenylazo-2-naphthol

C. I. 12055

性状 暗红色粉末。溶于乙醚、苯、二硫化碳中呈橙黄色，溶于浓硫酸呈深红色，不溶于水、碱溶液。mp 131～133℃；λ_{max} 476（418）nm。一般试剂干燥含量约 97%。

注意事项 该品对眼睛、呼吸系统及皮肤具有刺激性。可能致癌。应密封保存。

主要用途 生物染色剂，如生物组织中类脂化合物的染色。石油着色剂。

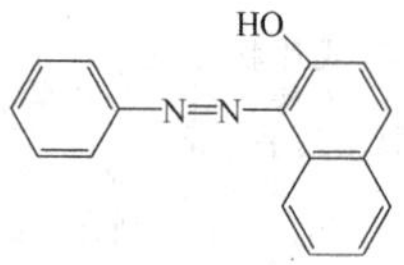

Sudan Ⅱ 苏丹Ⅱ 09147

[3118-97-6] $C_{18}H_{16}N_2O$ 276.34

成分 C 78.24%，H 5.84%，N 10.14%，O 5.79%。

别名 2，4-二甲基苯（1-偶氮-1）-2-羟基萘；油溶猩红 B；苏丹红；苏丹橙；苏旦Ⅱ；溶剂蓝 35；Brilliant oil scarlet B; 2,4-Dimethylbenzene(1-azo-1)-2-hydroxynaphthalene; Fast oil orange Ⅱ; Sudan orange RR; Sudan red; Solvent blue 35; Solvent orange 7

C. I. 12140

性状 橙红色粉末。溶于乙醇，不溶于水。mp 156～158℃；λ_{max} 493（420）nm。一般试剂干燥含量约 90%。

注意事项 该品对眼睛、呼吸系统及皮肤有刺激性。可能致癌。使用时应穿适当的防护服和戴手套。万一接触到眼睛时，应立即用大量水冲洗后请医生诊治。应密封保存。

主要用途 生物染色剂，如中枢神经组织的脂肪染色。

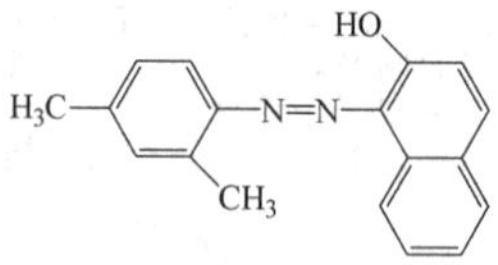

Sudan Ⅲ 苏丹Ⅲ 09148

[85-86-9] $C_{22}H_{16}N_4O$ 352.40

成分 C 74.98%，H 4.58%，N 15.90%，O 4.54%。

别名 苯基偶氮苯（4-偶氮-1）-2-萘酚；黄光油溶红；苏丹 G；苏旦Ⅲ；四偶氮苯-2-萘酚；D&C Red No. 17; Fat ponceau G; Oil red; Oil scarlet; 1-[4-(Phenylazo) phenyl]azo-2-naphthalenol; 1-[4-(Phenylazo) phenylazo]-2-naphthol; 1-(*p*-Phenylazophenylazo)-2-naphthol; Solvent red 23; Sudan red BK; Tetrazobenzene-*β*-naphthol; Sudan G; Tony red

M. I. 15，9015 C. I. 26100

性状 有绿色光泽的棕红色粉末。溶于三氯甲烷，中等程度溶于乙醇、乙醚、丙酮、石油醚、热甘油及挥发油，微溶于热冰乙酸，不溶于水或碱水。mp 约 195℃。一般试剂干燥含量约 90%。

注意事项 使用时应避免吸入本品的粉尘，避免与眼睛及皮肤接触。

主要用途 生物染色剂，如脂肪及其类似物质的染色。

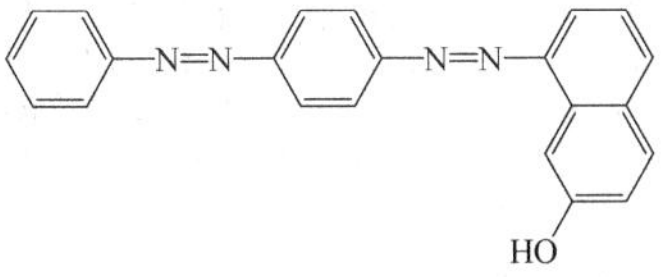

Sudan Ⅳ 苏丹 Ⅳ 09149

[85-83-6] $C_{24}H_{20}N_4O$ 380.45

成分 C 75.77%，H 5.30%，N 14.73%，O 4.21%。

别名 邻甲苯偶氮邻甲苯偶氮-2-萘酚；油溶暗红；猩红；油红Ⅳ；苏丹红 B；苏旦 Ⅳ；溶剂红 24；Biebrich scarlet red；Fat ponceau R；1-[2-Methyl-4-[(2-methylphenyl)azo]phenyl]azo-2-naphthalenol；Oil red Ⅳ；Scarlet R；Scarlet red；Sudan red BB；1-[4-(*o*-Tolylazo)-*o*-tolyl]azo-2-naphthol；Solvent red 24；Sudan red B；*o*-Tolylazo-*o*-tolylazo-*β*-naphthol；1-(4-Tolylazo-*o*-tolylazo)-2-naphthol

M.I.15，8530 C.I. 26105

性状 深棕色粉末。1g 该品溶于 15mL 三氯甲烷，溶于酚、热石油、石蜡，微溶于丙酮、乙醇、苯，几乎不溶于水。mp 181 ～ 188℃；260℃ 分解。一般试剂干燥含量≥80.0%。

注意事项 该品对眼睛及皮肤有刺激性。使用时应穿适当的防护服，戴手套和防护镜或面罩。万一接触到眼睛，应立即用大量水冲洗后请医生诊治。应密封保存。

主要用途 生物染色剂，如脂肪的染色等。制造高温温度计用色。

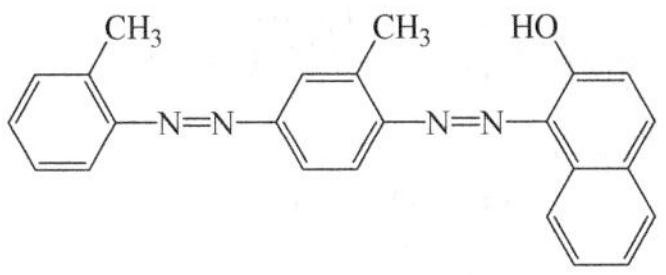

Sudan black B 苏丹黑 B 09150

[4197-25-5] $C_{29}H_{24}N_6$ 456.55

成分 C 76.29%，H 5.30%，N 18.41%。

别名 油溶黑 BT；苏旦黑 B；脂肪黑 BN；脂肪黑 HB；Ceres black BN；2，3-Dihydro-2，2-dimethyl-6-(4-phenylazo-1-naphthalenyl)azo-1*H*-perimidine；SBB；SSB，SBB-Ⅱ；SBB-Ⅱ.Fat black BN；Fat black HB；Oil black BT；Solvent black 3

M.I.15，9016 C.I. 26150

性状 黑色结晶性粉末。微溶于乙醇，不溶于水。mp 180～186℃（分解）；λ_{max} 598（415）nm。

主要用途 生物染色剂，如细菌、脂肪、骨髓的染色。组织化学中用以区别石蜡和动物脂肪。

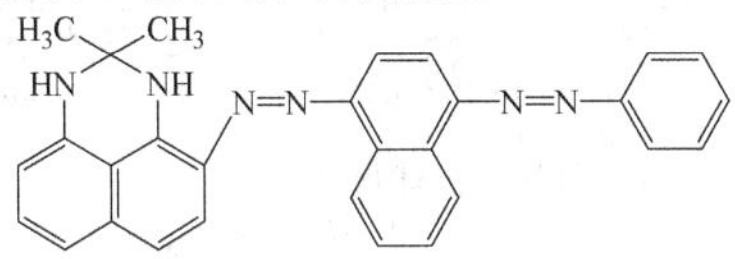

Sudan brown 苏丹棕 09151

[2653-72-7] $C_{20}H_{14}N_2O$ 298.38

成分 C 80.51%，H 4.73%，N 9.39%，O 5.36%。

别名 油棕 G；*α*-萘偶氮-*α*-萘酚；苏旦棕；1-羟基-1′，4-偶氮萘；Fat brown；1-Hydroxy-1′，4-azonaphthalene；*α*-Naphthaleneazo-*α*-naphthol；Oil brown G

C.I. 12020

性状 棕色粉末或深红色片状结晶。微溶于乙醇，不溶于水、碱类及稀酸。约在 100℃部分升华。

注意事项 该品应密封保存。

主要用途 脂肪染色。

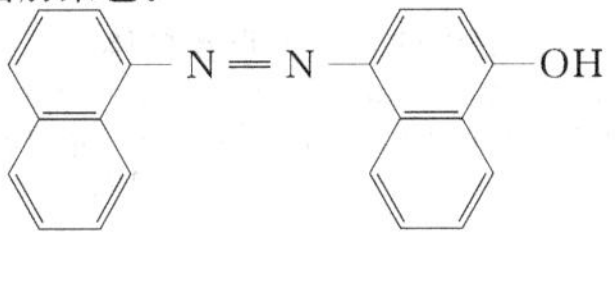

Sudan red B 苏丹红 B 09152

[3176-79-2] $C_{24}H_{20}N_4O$ 380.45

成分 C 75.77%，H 5.30%，N 14.73%，O 4.20%。

C.I. 26110

性状 红色粉末。溶于乙醇、丙酮。mp 173～175℃。

注意事项 使用时应避免吸入本品的粉尘，避免与眼睛及皮肤接触。

主要用途 生物染色剂。显微镜用。

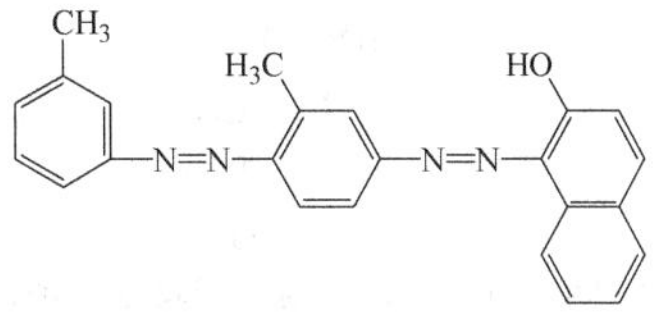

Sudan red 7B 苏丹红 7B 09153

[6368-72-5] $C_{24}H_{21}N_5$ 379.46

成分 C 75.96%，H 5.58%，N 18.46%。

别名 脂肪红 7B；脂肪红蓝；Fat red 7B；Fat red bluish

C.I. 26050

性状 红色粉末。mp 130℃（分解）；λ_{max}364nm，533nm。一般试剂干燥含量≥95.0%。

注意事项 使用时应避免吸入本品的粉尘，避免与眼睛及皮肤接触。

主要用途 生物染色剂。

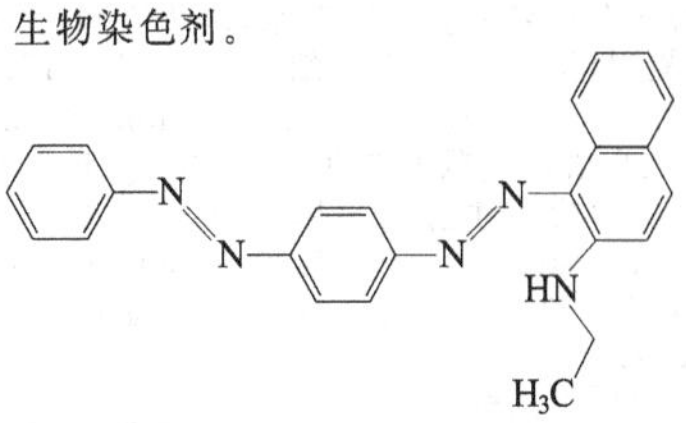

Sudan red G 苏丹红 G 09154

[1229-55-6] $C_{17}H_{14}N_2O_2$ 278.31

成分 C 73.37%，H 5.07%，N 10.07%，O 11.50%。

别名 苏丹红 R；邻甲氧基苯(偶氮-1)-2-萘酚；苏旦红 G；Oil vermillion；Sudan R；*o*-Methoxyphenyl-1-azo-2-naphthol

C.I. 12150

性状 红色粉末。溶于乙醇，其溶液呈红色。mp 180℃。

注意事项 使用时应避免吸入本品的粉尘。避免与眼睛及皮肤接触。

主要用途 生物染色剂。诊断梅毒。类脂化合物的染色。

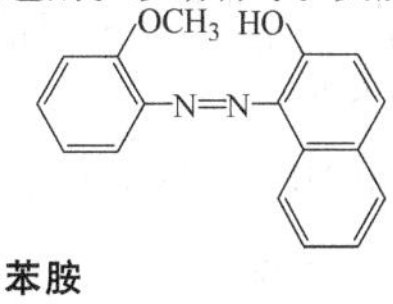

Sufentanil 噻哌苯胺 09155

[56030-54-7] $C_{22}H_{30}N_2O_2S$ 386.55

成分 C 68.36%，H 7.82%，N 7.25%，O 8.28%，S 8.29%。

别名 舒芬太尼；*N*-[4-Methoxymethyl-1-[2-(2-thienyl)ethyl]-4-piperidinyl]-*N*-phenylpropanamide；*N*-[4-Methoxymethyl-1-[2-(2-thienyl)ethyl]-4-piperidyl] propionanilide；Sufentanyl；R-30730

M.I.15，9018

性状 来自石油醚中的无色结晶。pK_a8.01；mp 96.6℃。分数系数（辛醇/水）：1727。LD_{50} 小鼠静脉注射：18.7mg/kg。

主要用途 医用麻醉止痛剂。

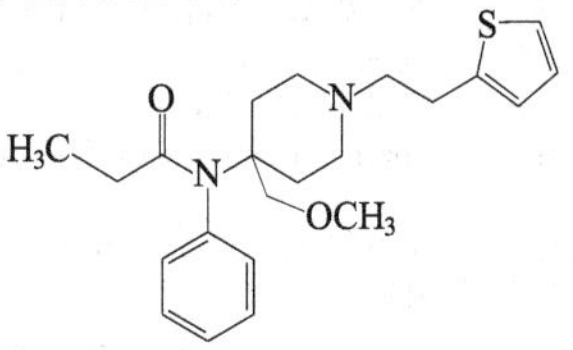

Sulbactam 舒巴坦 09156

[68373-14-8] $C_8H_{11}NO_5S$ 233.24

成分 C 41.20%，H 4.75%，N 6.01%，O 34.30%，S 13.75%。

别名 青霉烷砜；舒巴坦酸；青霉砜；青霉烷砜酸；(2S，

5*R*)-3,3-Dimethyl-7-oxo-4-thia-1-azabicyclo[3.2.0]heptane-2-carboxylic acid 4,4-dioxide; Penicillanic acid sulfone; Penicillanic acid 1,1-dioxide; CP-45899

M. I. 15，9021

性状 白色结晶性固体。溶于水。mp 148～151℃；$[\alpha]_D^{20}$ +251°（c=0.01，于 pH 值 5.0 的缓冲液中）。

主要用途 用于与 β-内酰胺结合的抗菌剂。β-内酰胺抑制剂。

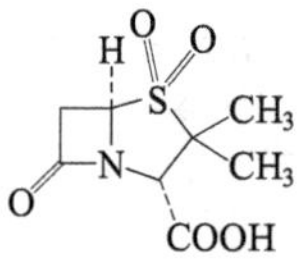

Sulbenicillin disodium salt 磺苄青霉素二钠盐 09157

[41744-40-5]（无 Na） $C_{16}H_{16}N_2Na_2O_7S_2$ 458.41

成分 C 41.92%，H 3.52%，N 6.11%，Na 10.03%，O 24.43%，S 13.99%。

别名 Kedacillina; Sulpelin; Lilacillin; (2*S*,5*R*,6*R*)-3,3-Dimethyl-7-oxo-6-[(2*R*)-phenylsulroacetyl]amino-4-thia-1-azabieyclo[3.2.0]heptane-2-carboxylic acid disodium salt; α-Sulfobenzylpenicillin; sulfoeillin disodium salt

M. I. 15，9022

性状 一般商品为异构体 D-(－)型及 L-(＋)型 3∶1 的混合物。浅黄至白色粉末。易溶于水，溶于甲醇，几乎不溶于正丙醇、丙酮、氯仿、苯、乙酸乙酯。mp 195～198℃（分解）；$[\alpha]_D^{22}$ +169°～+173°；uv max：267nm，262nm，268nm。LD_{50}雄、雌小鼠，雄、雌大鼠静脉注射(mg/kg)：7900、8000、6000、6200；腹膜内注射(mg/kg)：9600、10000、7200、7500；皮下注射(mg/kg)：11500、13500、11000、11800；肌肉注射(mg/kg)：11000、10500、8300、8600；急性经口：全部＞15000mg/kg。

主要用途 医用抗菌剂。

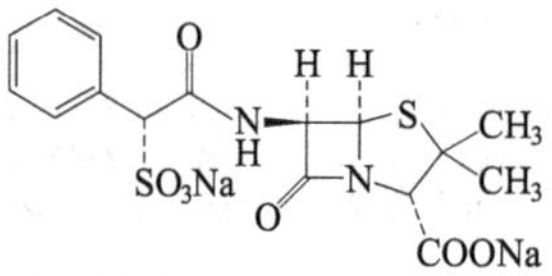

Sulbenox 舒贝诺司 09158

[58095-31-1] $C_9H_{10}N_2O_2S$ 210.25

成分 C 51.41%，H 4.79%，N 13.32%，O 15.22%，S 15.25%。

别名 4，5，6，7-四氢-7-氧苯并[*b*]噻嗯-4-基脲；氧苯噻脲；*N*-(4,5,6,7-Tetrahydro-7-oxobenzo[*b*]thien-4-yl)urea; CL-206576; Vigazoo

M. I. 15，9023

性状 无色结晶。mp 245～246℃。LD_{50}大鼠急性经口：＞5000mg/kg。

主要用途 兽用生长兴奋剂。

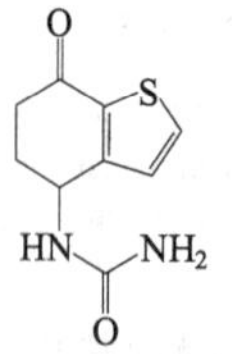

Sulbentine 舒苯汀 09159

[350-12-9] $C_{17}H_{18}N_2S_2$ 314.47

成分 C 64.93%，H 5.77%，N 8.91%，S 20.39%。

别名 二苯嗪硫酮；双苯硫酮；Tetrahydro-3,5-bis(phenylmethyl)-2*H*-1,3,5-thiadiazine-2-thione; 3,5-Dibenzylftetrahydro-2*H*-1,3,5-thiadiazine-2-thione; 2-Thioxo-3,5-dibenzyltetrahydro-1,3,5-thiadiazine; Dibenzthione; Fungipiex; Refungine

M. I. 15，9024

性状 来自丙酮或甲醇中的无色结晶。mp 101～102℃。

主要用途 医用抗真菌剂。

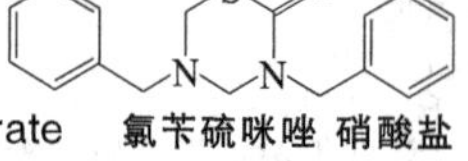

Sulconazole nitrate 氯苄硫咪唑 硝酸盐 09160

[61318-90-9] $C_{18}H_{16}ClN_3O_3S$ 460.75

成分 C 46.92%，H 3.50%，Cl 23.08%，N 9.12%，O 10.42%，S 6.96%。

别名 硫康唑 硝酸盐；硝酸氯苄硫咪唑；硝酸硫康唑；1-[2-[(4-Chlorophenyl)methyl]thio-2-(2,4-dichlorophenyl)ethyl]-1*H*-imidazole nitrate; (±)-1-[2,4-Dichloro-β-[(*p*-chlorobenzyl)thio]phenethyl]imidazole nitrate; Exelderm; Myk; RS-44672; Sulcosyn

M. I. 15，9025

性状 来自丙酮中的无色结晶。易溶于吡啶，略溶于丙酮，微溶于乙醇、氯仿、二氯甲烷，极微溶于水、甲苯、二氧六环。mp 130.5～132℃。

注意事项 该品口服有毒。使用时应穿适当的防护服。

主要用途 生化研究。医用抗真菌剂。

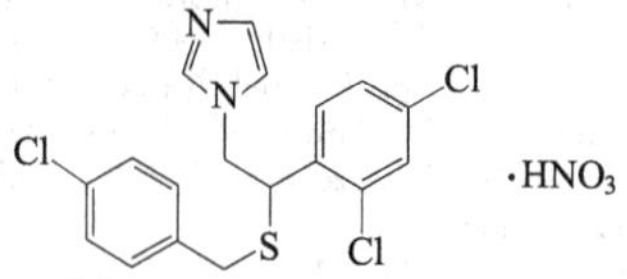

Sulcotrione 磺草酮 09161

[99105-77-8] $C_{14}H_{13}ClO_5S$ 328.76

成分 C 51.15%，H 3.99%，Cl 10.78%，O 24.33%，S 9.75%。

别名 2-(2-氯-4-甲砜基)苯甲酸基-1,3-环己二酮；2-(2-氯-4-甲磺酰苯甲酰)环己烷-1,3-二酮；2-[2-Chloro-4-(methylsulfonyl)benzoyl]-1,3-cyclohexanedione; ICIA-0051; SC-0051; Mikado

M. I. 15，9026

性状 亮褐色固体。溶于水（25℃，165mg/L）、丙酮、氯苯。mp 139℃；蒸气压（25℃）：4×10^{-8} mmHg/5.3×10^{-6} Pa。bp_{760} 574.5℃/101.325kPa；Fp 574.2°F（301.2℃）；*d*1.428。

注意事项 该品接触皮肤可引起过敏。使用时应穿适当的防护服和戴手套。

主要用途 除草剂。

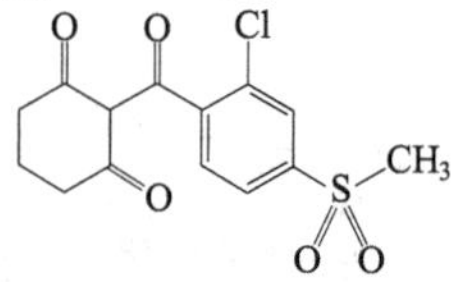

Sulfabenz 磺胺苯 09162

[127-77-5] $C_{12}H_{12}N_2O_2S$ 248.30

成分 C 58.05%，H 4.87%，N 11.28%，O 12.89%，S 12.91%。

别名 4-氨基-*N*-苯基苯磺酰胺；苯磺胺；4-Amino-*N*-phenylbenzenesulfonamide; Sulfanilanilide; *p*-Aminobenzenesulfonanilide; *p*-Aminophenylsulfonamidobenzene; *N'*-Phenylsulfanilamide

M. I. 15，9028

性状 来自稀乙醇中的无色针状结晶。易溶于热乙醇、丙酮，几乎不溶于水。pK_a（于 50% 乙醇水溶液中）：10.94；（于 80% 乙醇水溶液中）：11.59。mp 200℃。生化试剂含量≥98.0%。

主要用途 兽用抗菌剂，抗球虫剂。

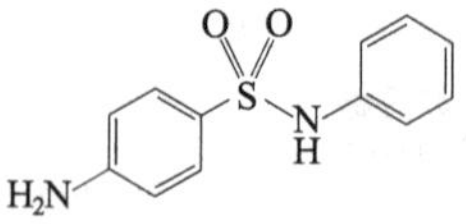

Sulfabenzamide 磺胺苯酰 09163

[127-71-9] $C_{13}H_{12}N_2O_3S$ 276.31

成分 C 56.51%，H 4.38%，N 10.14%，O 17.37%，S 11.60%。

别名 N^1-苯甲酰基氨苯磺胺；*N*-[(4-Aminophenyl)sulfonyl]benzamide; *N*-Sulfanilylbenzamide; N^1-Benzoylsulfanilamide; *N*-(*p*-Aminobenzenesulfonyl)benzamide; Sulfabenzide

M. I. 15，9029

性状 来自 60%乙醇中的长六方形棱柱体结晶。1g 该品溶于（30℃）3225mL 水、33mL 95% 乙醇、9mL 丙酮。溶于 1mol/L 氢氧化钠或氢氧化钾溶液中约 16g/100mL。不溶于乙醚。pK_a（25℃）4.57；mp 181.2～182.3℃。一般试剂含量≥99.0%（HPLC）。

注意事项 见 7144 苏丹红 B。应密封于 2～8℃保存。

主要用途 医用抗菌剂。分析用标准物质。

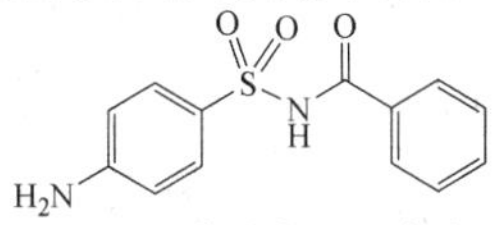

Sulfabromomethazine 磺胺溴二甲嘧啶 09164

[116-45-0] $C_{12}H_{13}BrN_4O_2S$ 357.23

成分 C 40.35%，H 3.67%，Br 22.37%，N 15.68%，O 8.96%，S 8.98%。

别名 5-溴磺胺二甲嘧啶；4-Amino-*N*-(5-bromo-4，6-dimethyl-2-pyrimidinyl) benzenesulfonamide；N^1-(5-Bromo-4，6-dimethyl-2-pyrimidinyl) sulfanilamide；5-Bromo-4，6-dimethyl-2-sulfanilamidopyrimidine；2-Sulfanilamide-5-bromo-4，6-dimethyl pyrimidine；5-Bromosulfamethazine；SN-3517

M. I. 15，9030

性状 无色结晶。溶于碱溶液。mp 250～252℃（分解）；uv max（于甲醇中）：238nm，272nm（A 428，635）；min：250nm（A 290）。

主要用途 兽用抗菌剂。

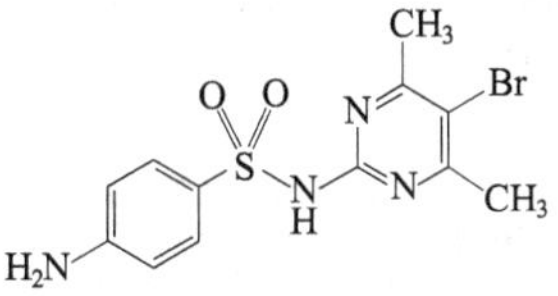

Sulfacetamide 乙酰磺胺 09165

[144-80-9] $C_8H_{10}N_2O_3S$ 214.24

成分 C 44.85%，H 4.71%，N 13.08%，O 22.40%，S 14.96%。

别名 *N*-[(4-Aminophenyl) sulfonyl] acetamide；*N*-Sulfanilylacetamide；*N'*-Acetylsulfanilamiue；*p*-Aminobenzenesulfonoacetamide

M. I. 15，9031

性状 白色或浅黄白色棱柱体结晶。溶于 150 份水（20℃）、15 份乙醇、7 份丙酮，易溶于无机酸、碱及碳酸盐溶液，微溶于乙醚，极溶于氯仿，几乎不溶于苯。其水溶液对石蕊呈酸性。mp 182～184℃。LD_{50} 狗急性经口：8g/kg。生化试剂含量≥98.0%（NT）。

注意事项 该品对机体有造成不可逆损伤的可能性。使用时应避免吸入本品的粉尘，避免与眼睛及皮肤接触。

主要用途 生化研究。医用抗菌剂。

Sulfachlorpyridazine 磺胺氯哒嗪 09166

[80-32-0] $C_{10}H_9ClN_4O_2S$ 284.72

成分 C 42.19%，H 3.19%，Cl 12.45%，N 19.68%，O 11.24%，S 11.26%。

别名 4-Amino-*N*-(6-chloro-3-pyridazinyl) benzenesulfonamide；N^1-(6-Chloro-3-pyridazinyl) sulfanilamide；3-Chloro-6-sulfanilamidopyridazine；3-Sulfanilamido-6-chloropyridazine；3-(*p*-Aminophenylsulfonamido)-6-chloropyridazine；Ciba 10370；Ba-10370；Cosulid；Cosumix；Nefrosul；Sonilyn；Sulfachloropyridazine

M. I. 15，9032

性状 无色结晶。

注意事项 该品接触皮肤能引起过敏。使用时应穿适当的防护服和戴手套。

主要用途 生化研究。医用抗菌剂。

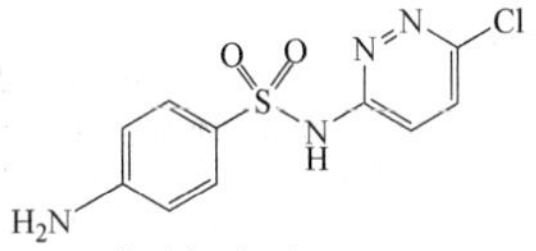

Sulfachrysoidine 磺胺柯衣酸 09167

[485-41-6] $C_{13}H_{13}N_5O_4S$ 335.34

成分 C 46.56%，H 3.91%，N 20.88%，O 19.08%，S 9.56%。

别名 磺胺柯定；3，5-Diamino-2-[[4-(aminosulfonyl) phenyl] azo] benzoic acid；3，5-Diamino-2-[*p*-(sulfamoylphenyl) azo] benzoie acid；Carboxysulfamidochrysoidine；Azo Compd No. 4；Rubiazol

M. I. 15，9032

性状 深红色结晶。mp 约 300℃。

主要用途 医用抗菌剂。

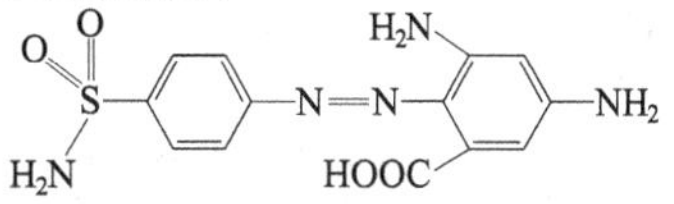

Sulfacytine 磺胺乙胞嘧啶 09168

[17784-12-2] $C_{12}H_{14}N_4O_3S$ 294.33

成分 C 48.97%，H 4.79%，N 19.04%，O 16.31%，S 10.89%。

别名 磺胺西汀；4-Amino-*N*-(1-ethyl-1，2-dihydro-2-oxo-4-pyrimidinyl) benzenesulfonamide；*N'*-(1-Ethyl-1，2-dihydro-2-oxo-4-pyrimidinyl) sulfanilamide；1-Ethyl-*N*-sulfanilylcytosine；*N*-Sulfanilyl-1-ethylcytosine；CL-636；Renoquid

M. I. 15，9034

性状 来自丁醇或甲醇中的无色结晶。于 pH 值 5 的缓冲液（37℃）平衡值约 175mg/100mL。溶解度随 pH 值增加而增加。pK' 6.90。mp 166.5～168℃；uv max（于甲醇中）：263nm，297nm（$E^{1\%}_{1cm}$584，762）。

主要用途 医用抗菌剂。

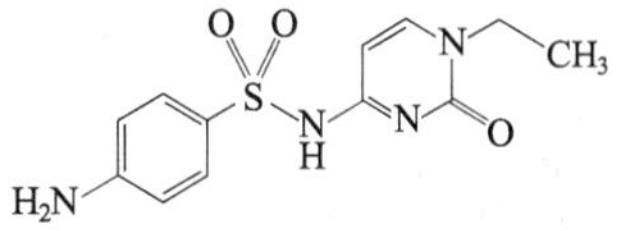

Sulfadiazine 磺胺嘧啶 09169

[68-35-9] $C_{10}H_{10}N_4O_2S$ 250.28

成分 C 47.99%，H 4.03%，N 22.39%，O 12.78%，S 12.81%。

别名 4-Amino-*N*-2-pyrimidinylbenzenesulfonamide；2-Sulfanilamidopyrimidine；N^1-2-Pyrimidinylsulfanilamide；N^1-2-Pyrimidylsulfanilamide；2-Sulfanilylaminopyrimidine；Sulfapyrimidine；Adiazine；Diazyl；Sulfolex

M. I. 15，9035

性状 无色至微黄色粉末。1g 该品（37℃）溶于约 620mL 人血清。易溶于稀无机酸、氢氧化钠及氢氧化钾溶液、氨水，略微溶于水（37℃，13mg/100mL pH 值 5.5，200mg/100mL pH 值 7.5）、乙醇、丙酮。mp 252～256℃（分解）。

注意事项 该品口服有毒。对眼睛、呼吸系统及皮肤有刺激性。吸入或与皮肤接触可引起过敏。使用时应穿适当的防护服。使用时应避免吸入本品的粉尘，避免与眼睛及皮肤接触。万一接触到眼睛，应立即用大量水冲洗后请医生诊治。应密封于 20℃以下保存。

主要用途 生化研究。医用抗菌剂。

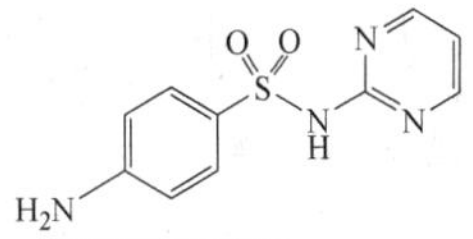

Sulfadieramide 异戊烯酰磺胺 09170

[115-68-4] $C_{11}H_{14}N_2O_3S$ 254.30

成分 C 51.95%，H 5.55%，N 11.02%，O 18.87%，S 12.61%。

别名 *N*-(4-Aminophenyl) sulfonyl-3-methyl-2-butenamide；3-Methyl-*N*-sulfanilylcrotonamide；-*N'*-Senecioylsulfanilamide；*N*-Sulfanilylseneciamide；*N'*-Dimethylacroylsulfanilamide；*N*-Sulfanilyl-*β*，*β*-dimethylacrylamide；Irgamide

M. I. 15，9036

性状 来自乙醇中的无色结晶。易溶于乙醇、丙酮，微溶于水、乙醚。mp 184～185℃。

主要用途 医用抗菌剂。

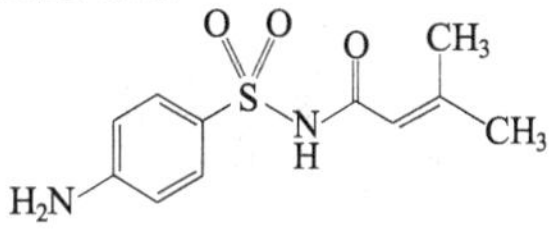

Sulfadimethoxine 磺胺二甲氧哒嗪 09171

[122-11-2] $C_{12}H_{14}N_4O_4S$ 310.33

成分 C 46.44%，H 4.55%，N 18.05%，O 20.62%，S 10.33%。

别名 4-Amino-*N*-(2，6-dimethoxy-4-pyrimidinyl) benzenesulfonamide；N^1-(2，6-Dimethoxy-4-pyrimidinyl) sulfanilamide；2，6-Dimethoxy-4-sulfanilamidopyrimidine；2，4-Dimethoxy-6-sulfanilamido-1，3-diazine；6-Sulfanilamido-2，4-dimethoxypyrimidine; 2，6-Dimethoxy-4-(*p*-aminobenzenesulfonamido) pyrimidine; Agribon; Albon; Arnosulfan; Diasulfa; Madribon; Maxulvet; Nostreptal; Sudine; Suldixine; Sulfabon; Sulxin; Symbio; Ultrasulfon

M. I. 15，9037

性状 来自稀乙醇中的无色结晶。溶于稀盐酸、碳酸钠水溶液。溶于水（37℃，mg/100mL）：4.6，pH 值 4.10；29.5，pH 值 6.7；58.0，pH 值 7.06；5170，pH 值 8.71。微溶于乙醇、乙醚、氯仿、己烷，几乎不溶水。mp 201～203℃。LD_{50} 小鼠急性经口：>10g/kg。

注意事项 该品对眼睛、呼吸系统及皮肤有刺激性。接触皮肤能引起过敏。使用时应穿适当的防护服和戴手套。使用时应避免吸入本品的粉尘，避免与眼睛及皮肤接触。万一接触到眼睛，应立即用大量水冲洗后请医生诊治。应密封避光于 2～8℃保存。

主要用途 生化研究。

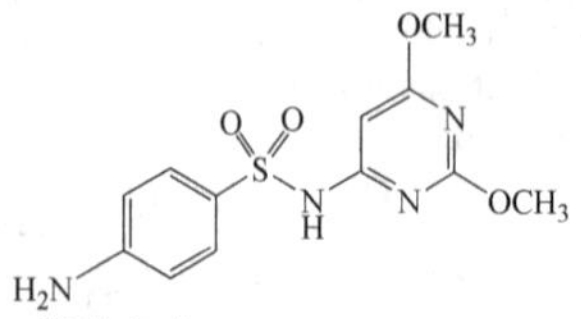

Sulfadoxine 磺胺多辛 09172

[2447-57-6] $C_{12}H_{14}N_4O_4S$ 310.33

成分 C 46.44%，H 4.55%，N 18.05%，O 20.62%，S 10.33%。

别名 周效磺胺；4-磺胺-5，6-二甲氧基嘧啶；4-Amino-*N*-(5，6-dimethoxy-4-pyrimidinyl) benzenesulfonamide; *N'*-(5，6-Dimethoxy-4-pyrimidinyl) sulfanilamide; 6-(4-Aminobenzenesulfonamido)-4，5-dimethoxypyrimidine; 4-Sulfanilamido-5，6-dimethoxypyrimidine; Sulforthomidine; Sulphormethoxine; Ro-4-4393; Fanasil

M. I. 15，9038

性状 来自 50%乙醇中的无色结晶。溶于稀无机酸、碱及碳酸盐溶液，微溶于乙醇、甲醇，极微溶于水，几乎不溶于乙醚。mp 190～194℃。LD_{50} 小鼠急性经口：5200mg/kg；皮下注射：2900mg/kg；腹膜内注射：2900mg/kg。

注意事项 该品对眼睛、呼吸系统及皮肤有刺激性。万一接触到眼睛，应立即用大量水冲洗后请医生诊治。应密封于 2～8℃保存。

主要用途 医用抗菌剂。分析用标准物质。

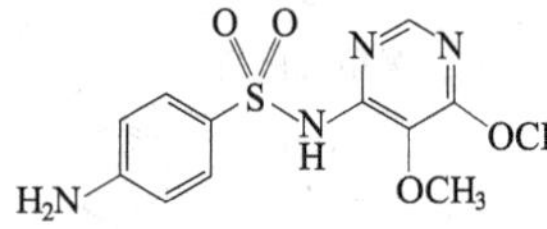

Sulfaethidole 磺胺乙噻二唑 09173

[94-19-9] $C_{10}H_{12}N_4O_2S_2$ 284.35

成分 C 42.24%，H 4.25%，N 19.70%，O 11.25%，S 22.55%。

别名 5-乙基-2-磺胺基-1，3，4-噻二唑；4-Amino-*N*-(5-ethyl-1，3，4-thiadiazol-2-yl) benzenesulfonamide; *N'*-(5-Ethyl-1，3，4-thiadiazol-2-yl) sulfanilamide; 5-Ethyl-2-Sulfanilamido-1，3，4-thiadiazole; 2-(*p*-Aminobenzenesulfonamido)-5-ethylthiadiazole; Sulfaethylthiadiazole; VK-55; Sul-Spantab

M. I. 15，9039

性状 无色结晶。1g 该品溶于 4000mL 水、40g 甲醇、30g 乙醇、10g 丙酮、1350g 乙醚、2800g 氯仿、20000g 苯。对石蕊呈弱酸性。mp 185.5～186.0℃。

主要用途 医用抗菌剂。兽用灭菌剂。

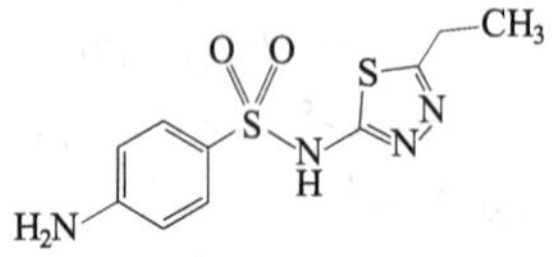

Sulfaguanidine 磺胺胍 09174

[57-67-0] $C_7H_{10}N_4O_2S$ 214.24

成分 C 39.24%，H 4.71%，N 26.15%，O 14.94%，S 14.96%。

别名 克痢定；磺胺脒；4-Amino-*N*-(aminoiminomethyl) benzenesulfonamide; 4-Amino-*N*-(diaminomethylene) benzenesulfonamide; N^1-Amidinosulfanilamide; N^1-Guanylsulfanilamide; *p*-Aminobenzenesulfonylguanidine; Sulfanilylguanidine; RP-2275; Diacta; Ganidan; Guanicil; Resulfon; Shigatox

M. I. 15，9040

性状 一水合物为无色针状结晶。易溶于稀无机酸，略微溶于乙醇、丙酮，室温时不溶于氢氧化钠溶液。1g 该品溶于约 1000mL 水（25℃）或约 10mL 100℃水。mp 190～193℃。LD_{100} 小鼠腹膜内注射：1.0g/kg。

注意事项 该品对眼睛、呼吸系统及皮肤有刺激性。使用时应穿适当的防护服和戴手套。万一接触到眼睛，应立即用大量水冲洗后请医生诊治。

主要用途 医用抗菌剂。

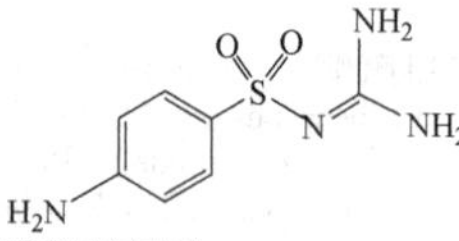

Sulfaguanole 磺胺甲噁脒 09175

[27031-08-9] $C_{12}H_{15}N_5O_3S$ 309.34

成分 C 46.59%，H 4.89%，N 22.64%，O 15.52%，S 10.37%。

别名 磺胺二甲噁唑脒；磺胺二甲噁唑胍；4-Amino-*N*-[[(4，5-dimethyl-2-oxazolyl) amino] iminomethyl] benzenesulfonamide; *N'*-[(4，5-Dimethyl-2-oxazoly) amidino] sulfanilamide; 1-(4，5-Dimethyloxazol-2-yl)-3-sulfanilylguanidine; 1-(*p*-Aminophehylsulfonyl)-3-(4，5-dimethyl-2-oxazolyl) guanidine; Sulfadimethyloxazolylguanidine; Enterocura

M. I. 15，9041

性状 来自丙酮-水（9：1）中的近无色结晶，mp 233～236℃；或来自水-甲醇中的结晶，mp 228～230℃。溶于稀氢氧化钠溶液，几乎不溶于水。pK_a 7.76。LD_{50} 小鼠、大鼠急性经口：>5g/kg。

主要用途 医用抗菌剂。

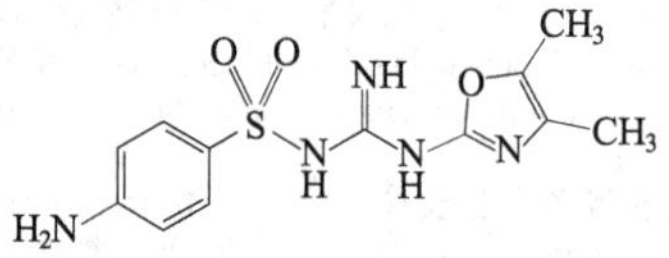

Sulfalene 磺胺甲氧吡嗪 09176

[152-47-6] $C_{11}H_{12}N_4O_3S$ 280.30

成分 C 47.14%，H 4.32%，N 19.99%，O 17.12%，S 11.44%。

别名 长效磺胺 B；吡嗪磺；2-磺胺基-3-甲氧基吡嗪；4-Amino-*N*-(3-methoxypyrazinyl) benzenesulfonamide; *N'*-(3-Methoxy-2-pyrazinyl) sulfanilamide; 2-(*p*-Aminobenzenesulfonamido)-3-methoxypyrazine; 3-Methoxy-2-sulfanilamidopyrazine; Sulfamethopyrazine; 2-Sulfanilamido-3-methoxypyrazine; Sulfamcthoxypyrazine; Sulfapyrazinemethoxyine; Farmitalia 204/122; Dalysep; Kelfizina; Kelfizine W; Longum; Policydal; Vetkelfizina

M. I. 15，9042

性状 来自乙醇中的无色结晶，mp 176℃。LD_{50} 小鼠急性经口：2.164g/kg；静脉注射：1.41g/kg。

主要用途 医用、兽用抗菌剂。

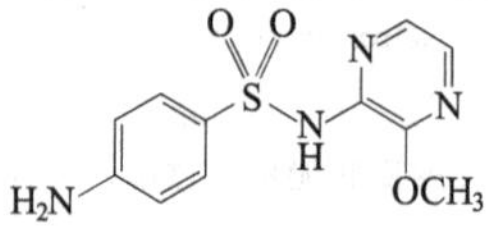

Sulfallate 草克死 09177

[95-06-7] $C_8H_{14}ClNS_2$ 223.78

成分 C 42.94%，H 6.31%，Cl 15.84%，N 6.26%，S 28.65%。

别名 菜草畏；Diethylcarbamodithioic acid 2-chloro-2-propenyl ester; Diethyldithiocarbamic acid 2-chloroallyl ester; 2-Chloroallyl diethyldithiocarbamate; CDEC; CP-4742; Vegadex

M. I. 15，9043

性状 琥珀色液体。溶于多数有机溶剂。在水中的溶解度（25℃）：100×10^{-6}。bp_1 128～130℃/133.322Pa；Fp212℉（100℃）；d^{25} 1.088；n_D^{25} 1.5822。LD_{50} 大鼠急性经口：850mg/kg。

注意事项 该品口服有毒。可能致癌。对水生物极毒。能对水环境引起长期不良的结果。使用前应得到专门的指导，避免曝露。使用时如有事故发生或有不适之感，应请医生诊治。应防止将本品释放于环境中。其包装物应按危险品处理。应密封于 2～8℃保存。

主要用途 除草剂。分析用标准物质。

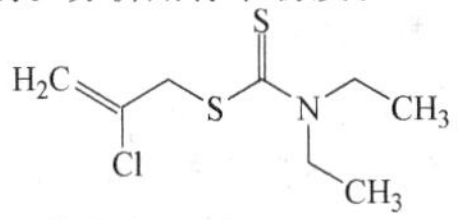

Sulfaloxic acid 磺胺洛西酸 09178

[14376-16-2] $C_{16}H_{15}N_3O_7S$ 393.37

成分 C 48.85%，H 3.84%，N 10.68%，O 28.47%，S 8.15%。

别名 羟甲酞磺脲；2-[[[4-[[[[(Hydroxymethyl) amino] carbonyl]amino]sulfonyl]phenyl]amino]carbonyl]benzoic acid；4'-(Carbamoylsulfamoyl) phthalanilic acid hydroxymethyl derivative；4'-Carbamoylsulfamoyl-*N*-(hydroxymethyl) phthalanilic acid；Formophthaloylsulfanilyl urea；2-[4-(Hydroxymethylurcidosulfonyl) phenylcarbamoyl]benzoic acid；Sulphaloxic acid

M. I. 15，9044

性状 无色结晶。溶于稀碱。mp 160～165℃。

主要用途 医用抗菌剂。

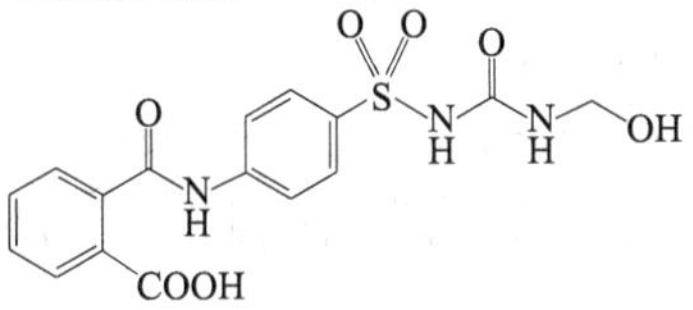

Sulfamerazine 磺胺二甲基嘧啶 09179

[127-79-7] $C_{11}H_{12}N_4O_2S$ 264.30

成分 C 49.99%，H 4.58%，N 21.20%，O 12.11%，S 12.13%。

别名 磺胺甲基嘧啶；2-磺胺-4-甲基嘧啶；4-Amino-*N*-(4-methyl-2-pyrimidinyl) benzenesulfonamide；N^1-(4-Methyl-2-pyrimidyl) sulfanilamide；N^1-(4-Methyl-2-pyrimidinyl) sulfanilamide；2-Sulfanilamido-4-methylpyrimidine；sulfamethyldiazine；RP-2632；Mesulfa；Percoccide

M. I. 15，9045

性状 无色或白色结晶，曝露于光下逐渐色变暗。易溶于稀无机酸或氢氧化钾、氢氧化钠及氨水溶液，略溶于丙酮，微溶于乙醇，极微溶于乙醚、氯仿。在水中的溶解度(37℃)：35mg/100mL，pH 值 5.5；170mg/100mL，pH 值 7.5。mp 234～238℃；uv max(于水中)：243nm，257nm($E_{1cm}^{1\%}$ 875，822)；(于0.1mol/L 盐酸中)：243nm，307nm($E_{1cm}^{1\%}$ 625，200)；(于乙醇中)：271nm($E_{1cm}^{1\%}$ 835)。一般试剂含量≥90.0%（HPLC)。

注意事项 该品对机体有造成不可逆损伤的可能性。使用时应避免吸入本品的粉尘，避免与眼睛及皮肤接触。20℃以下保存。

主要用途 医用抗菌剂。分析用标准物质。

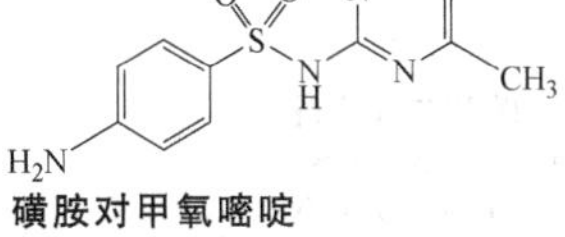

Sulfameter 磺胺对甲氧嘧啶 09180

[651-06-9] $C_{11}H_{12}N_4O_3S$ 280.30

成分 C 47.14%，H 4.32%，N 19.99%，O 17.12%，S 11.44%。

别名 消炎磺；2-磺胺-5-甲氧嘧啶；4-Amino-*N*-(5-methoxy-2-pyrimidinyl) benzenesulfonamide；N^1-(5-Methoxy-2-pyrimidinyl) sulfanilamide；Sulfa-5-methoxypyrimidine；2-Sulfanilamido-5-methoxypyrimidine；2-(*p*-Aminobenzenesulfonamido)-5-methoxypyrimidine；5-Methoxysulfadiazine；Sulfamethoxydiazine；Sulfametin (rescinded USAN)；Sulfametorine；Methoxypyrimal；AHR-857；I-2586；Bayrena；Durenat；Kinecid；Kiron；Kirocid；Sulla；Ultrax

M. I. 15，9046

性状 微小的结晶。味苦。溶于稀酸及碱类，略微溶于水、乙醇、乙醚。mp 214～216℃；uv max：230nm，271nm($E_{1cm}^{1\%}$ 562，726)。

注意事项 该品对眼睛、呼吸系统及皮肤有刺激性。使用时应穿适当的防护服。万一接触到眼睛，应立即用大量水冲洗后请医生诊治。应密封于 2～8℃保存。

主要用途 医用抗菌剂。分析用标准物质。

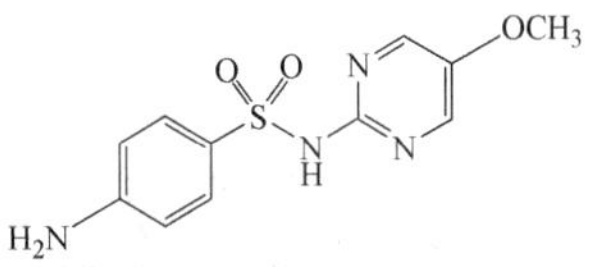

Sulfamethazine 磺胺二甲嘧啶 09181

[57-68-1] $C_{12}H_{14}N_4O_2S$ 278.33

成分 C 51.78%，H 5.07%，N 20.13%，O 11.50%，S 11.52%。

别名 4-氨基-*N*-(4,6-二甲基-2-嘧啶基)苯磺酰胺；4-Amino-*N*-(4,6-dimethyl-2-pyrimidinyl) benzenesulfonamide；N^1-(4,6-Dimethyl-2-pyrimidinyl) sulfanilamide；N^1-(4,6-Dimethyl-2-pyrimidyl) sulfanilamide；4,6-Dimethyl-2-sulfanilamidopyrimidine；Sulfamezathine；Sulfadimerazine；Sulfadimidine；Sulfamidine；Sulfadimethylpyrimidine；Diazil；Sulfadine；S-Dimidine；Dimidin-R；Neazina；Sulmet

M. I. 15，9047

性状 来自二氧六环-水中的无色结晶。溶于丙酮，微溶于乙醇，极微溶于乙醚。溶于水(29℃，150mg/100mL；37℃，192mg/100mL)，其 pH 值 7.0。pK_1 7.4±0.2，pK_2 2.65±0.2。mp 176℃；uv max(水中，pH 值 6.6)：241nm($E_{1cm}^{1\%}$ 670)；(0.01mol/L 氢氧化钠溶液中)：243nm，257nm($E_{1cm}^{1\%}$ 765，766)；(0.01mol/L 盐酸中)：241nm，297nm($E_{1cm}^{1\%}$ 561，266)。LD_{50} 小鼠腹膜内注射：1.06g/kg。生化试剂含量≥99.0%。

注意事项 使用时应避免吸入本品的粉尘，避免与眼睛及皮肤接触。应密封于 2～8℃保存。

主要用途 生化研究。医用抗菌剂。

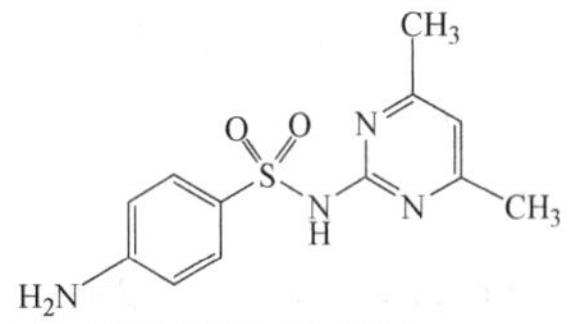

Sulfamethizole 磺胺甲基硫代二嗪 09182

[144-82-1] $C_9H_{10}N_4O_2S_2$ 270.33

成分 C 39.99%，H 3.73%，N 20.73%，O 11.84%，S 23.72%。

别名 磺胺甲噻二唑；4-Amino-*N*-(5-methyl-1，3，4-thiadiazol-2-yl) benzenesulfonamide；N^1-(5-Methyl-1，3，4-thiadiazol-2-yl) sulfanilamide；2-Sulfanilamido-5-methyl-1，3，4-thiadiazole；5-Methyl-2-sulfanilamido-1，3，4-thiadiazole；2-(*p*-Aminobenzenesulfonamido)-5-methylthiadiazole；Sulfamethylthiadiazole；Famet；Lucosil；Methazol；Renasul；Rufol；Salimol；Sulfapyelon；Thidicur；Thiosulfil；Urolucosil

M. I. 15，9048

性状 来自水中的无色结晶。1g 该品溶于水 4000mL（pH 值 6.5)、5mL（pH 值 7.5)，溶于 40g 甲醇、30g 乙醇、10g 丙酮、1370g 乙醚、2800g 氯仿。易溶于氨水和氢氧化钠、氢氧化钾水溶液，溶于稀无机酸，几乎不溶于苯。pK_a 5.45；mp 208℃。一般试剂含量≥99.0%（HPLC)。

注意事项 该品接触皮肤能引起过敏。使用时应穿适当的防护服和戴手套。应密封于 2～8℃保存。

主要用途 医用抗菌剂。分析用标准物质。

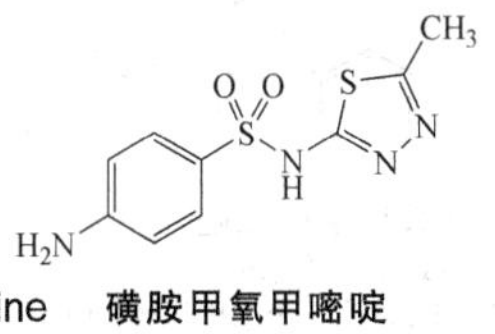

Sulfamethomidine 磺胺甲氧甲嘧啶 09183

[3772-76-7] $C_{12}H_{14}N_4O_3S$ 294.33

成分 C 48.97%，H 4.79%，N 19.04%，O 16.31%，S 10.89%。

别名 4-磺胺基-2-甲基-6-甲氧基嘧啶；4-Amino-*N*-(6-methoxy-2-methyl-4-pyrimidinyl) benzenesulfonamide；N'-(6-Methoxy-2-methyl-4-pyrimidinyl) sulfanilamide；2-Methyl-4-methoxy-6-sulfanilamidopyrimidine；4-Sulfanilamido-2-methyl-6-methoxypyrimidine；2-Methyl-4-methoxy-6-sulfanilamkdo-1，3-diazine；4-(*p*-Aminobenzenesulfonyl) amino-2-methyl-6-methoxypyrimidine；Duroprocin；Methofadin；Télémid

M. I. 15，9049

性状 无色结晶。mp 146℃。

主要用途 医用抗菌剂。

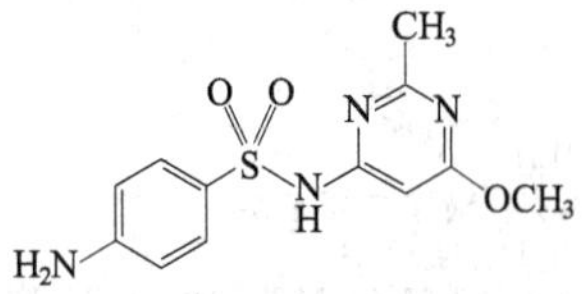

Sulfamethoxazole 磺胺甲基异噁唑 09184

[723-46-6] $C_{10}H_{11}N_3O_3S$ 253.28

成分 C 47.42%,H 4.38%,N 16.59%,O 18.95%,S 12.66%。

别名 新明磺;新诺明;SMZ;4-Amino-*N*-(5-methyl-3-isoxazolyl) benzenesulfonamide; 3-(*p*-Aminophenylsulfonamido)-5-methylisoxazole; N^1-(5-Methyl-3-isoxazolyl) sulfanilamide; 5-Methyl-3-sulfanilamidoisoxazole; 3-Sulfanilamido-5-methylisoxazole; Sulfisomezole; Sulfamethylisoxazole; Sulfamethoxizole;Gantanol;Sinomin

M. I. 15, 9050

性状 来自稀乙醇中的无色结晶。味苦。易溶于丙酮、氢氧化钠稀溶液,略溶于乙醇,几乎不溶于水、乙醚、氯仿。mp 167℃。LD_{50}小鼠急性经口:3662mg/kg。

注意事项 该品对眼睛、呼吸系统及皮肤有刺激性。接触皮肤能引起过敏。使用时应穿适当的防护服,万一接触到眼睛,应立即用大量水冲洗后请医生诊治。

主要用途 医用抗菌剂,抗肺囊虫剂。分析用标准物质。

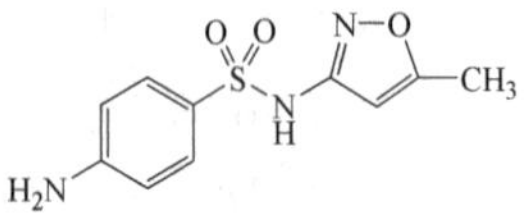

Sulfamethoxypyridazine 磺胺甲氧哒嗪 09185

[80-35-3] $C_{11}H_{12}N_4O_3S$ 280.30

成分 C 47.14%,H 4.32%,N 19.99%,O 17.12%,S 11.44%。

别名 日效磺胺;长效磺胺;磺胺甲氧嗪;4-Amino-*N*-(6-methoxy-3-pyridazinyl) benzenesulfonamide; N^1-(6-Methoxy-3-pyridazinyl) sulfanilamide; 6-Methoxy-3-sulfanilamidopy ridazine; 3-(*p*-Aminobenzenesulfamido)-6-methoxypyridazine; CL-13494; RP-7522; Kynex; Lederkyn; Midicel; Midikel; Sulfalex; Sulfdurazin;Sultirene

M. I. 15, 9051

性状 来自水中的无色结晶。味苦。易溶于碱水溶液,微溶于甲醇、乙醇(约1:200),较多地溶于丙酮(1:50),溶于二甲基甲酰胺(1g/1mL)。该品在水中的溶解度(37℃, mg/100mL): 110, pH 值 5; 120, pH 值 6; 147, pH 值 6.5。pK_a 6.7; mp 182~183℃。LD_{50}小鼠急性经口:1750mg/kg。一般试剂含量≥99.0%(HPLC)。

注意事项 使用时应避免吸入本品的粉尘,避免与眼睛及皮肤接触。应密封于2~8℃保存。

主要用途 医用抗菌剂。分析用标准物质。

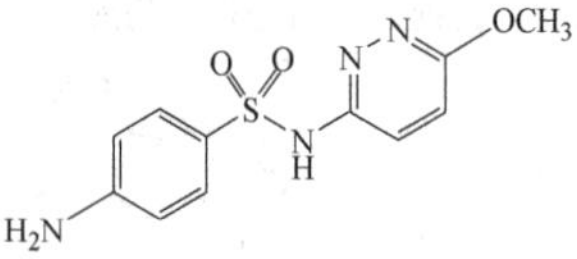

Sulfametrole 磺胺甲氧噻二唑 09186

[32909-92-5] $C_9H_{10}N_4O_3S_2$ 286.32

成分 C 37.75%,H 3.52%,N 19.57%,O 16.76%,S 22.39%。

别名 4-Amino-*N*-(4-methoxy-1,2,5-thiadiazol-3-yl) benzenesulfonamide;N^1-(4-Methoxy-1,2,5-thiadiazol-3-yl) sulfanilamide;3-Methoxy-4-(4′-aminobenzenesulfonamido)-1,2,5-thiadiazole

M. I. 15, 9052

性状 来自稀乙酸中的无色结晶。mp 149~150℃。

主要用途 医用抗菌剂。

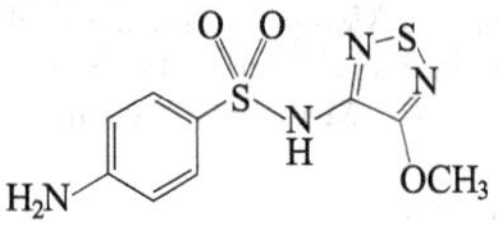

Sulfamic acid 氨基磺酸 09187

[5329-14-6] H_3NO_3S 97.09

成分 H 3.11%, N 14.43%, O 49.44%, S 33.02%。

别名 氨磺酸;磺酰胺酸;Amidosulfonic acid;SA

GW 2015-25 M. I. 15, 9053

性状 无色或白色正交结晶。溶于水(0℃,溶于6.5份;80℃,溶于约2份),略微溶于甲醇、乙醇,微溶于丙酮,不溶于乙醚。mp 约 205℃(分解);*d* 2.15。MLD 大鼠急性经口:1.6g/kg。一般试剂含量≥99.0%(T)。

注意事项 该品对眼睛及皮肤有刺激性。对水生物有害。对水环境能产生长期有害的结果。万一接触到眼睛,应立即用大量水冲洗后请医生诊治。接触皮肤后应立即用大量水冲洗。应防止将本品释放于环境中。应密封于干燥处保存。

主要用途 电镀业。除锈剂的制备。织物防火。有机合成。有机元素分析标准。除锈剂的制备。

Sulfamide 硫酰胺 09188

[7803-58-9] $H_4N_2O_2S$ 96.10

成分 H 4.20%,N 29.15%,O 33.30%,S 33.36%。

别名 Sulfurylamide

M. I. 15, 9054

性状 来自无水乙醇中的无色正交片状结晶。无味。易溶于水、热乙醇、丙酮,略微溶于冷乙醇。该品及溶液均稳定。mp 93℃;250℃分解。偶极矩 3.9。一般试剂含量≥99.0%(N)。

注意事项 该品对眼睛、呼吸系统及皮肤有刺激性。使用时应穿适当的防护服。万一接触到眼睛,应立即用大量水冲洗后请医生诊治。应充氮气密封于干燥处保存。

Sulfamidochrysoidine hydrochloride 磺胺柯衣定 盐酸盐 09189

[33445-35-1] $C_{12}H_{14}ClN_5O_2S$ 327.79

成分 C 43.97%,H 4.30%,Cl 10.81%,N 21.37%,O 9.76%,S 9.78%。

别名 盐酸磺胺柯衣定;磺胺米柯定 盐酸盐;Prontosil; Prontosil flavum;Prontosil rubrum;Rubiazol;Septosan;Sureptozon;4-[(2,4-Diaminophenyl)azo]benzenesulfonamide hydrochloride;2,4-Diaminoazobenzene-4′-sulfonamide hydrochloride;4′-Sulfamyl-2,4-diaminoazobenzene hydrochloride

M. I. 15, 9055

性状 橙红色结晶。1g 该品溶于 400mL 水,较多地溶于热水。溶于乙醇、丙酮、脂肪、油类。mp 248~250℃。

主要用途 医用抗菌剂。

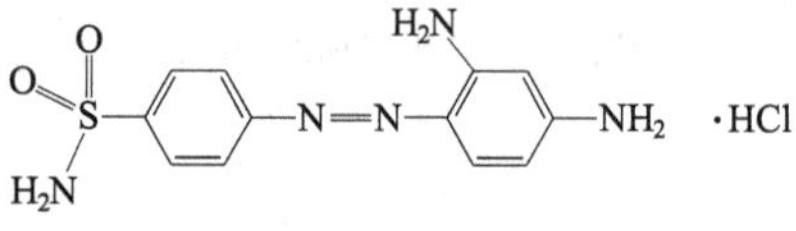

Sulfamoxole 磺胺二甲噁唑 09190

[729-99-7] $C_{11}H_{13}N_3O_3S$ 267.30

成分 C 49.43%, H 4.90%, N 15.72%, O 17.96%, S 11.99%。

别名 4,5-二甲基-2-磺胺基噁唑;N^1-(4,5-二甲基-2噁唑基)磺胺;对氨基苯磺酰-2-氨基-4,5-二甲基噁唑;4-氨基-*N*-(4,5-二甲基-2-噁唑基)苯磺酰胺;4-Amino-*N*-(4,5-dimethyl-2-oxazolyl) benzenesulfonamide;N^1-(4,5-Dimethyl-2-oxazolyl) sulfanilamide; 2-(*p*-Aminobenzenesulfonamido)-4,5-dimethyloxazole; 4,5-Dimethyl-2-sulfanilamidooxazole; *p*-Aminobenzenesulfonyl-2-amino-4,5-dimethyloxazole; Sulfadimethyloxazole; Justamil;Sulfmidil;Sulfuno;Tardamide

M. I. 15, 9056

性状 无色结晶。该品于下列物质中的溶解度(20℃, mg/100mL):水 85;甲醇 2315;氯仿 240;0.01 mol/L 盐酸 163;0.01mol/L 氢氧化钠溶液 196。mp 193~194℃;uv max: (4.91mg/mL 甲醇中):210nm,250nm,270nm(ε 740,546,857)。LD_{50}小鼠,大鼠急性经口(g/kg):>10.0,>12.5;腹膜内注射(g/kg):1.80,约2.50。一般试剂含量≥98.0%(HPLC)。

注意事项 该品接触皮肤能引起过敏。使用时应穿适当的防护服和戴手套。应密封于2～8℃保存。

主要用途 医用抗菌剂。分析用标准物质。

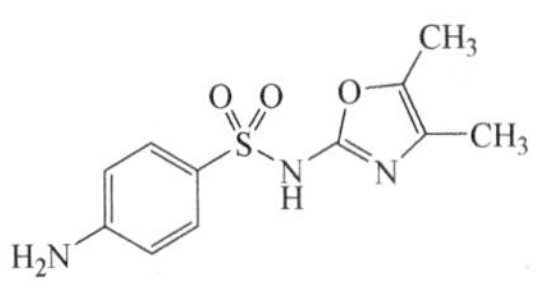

4-Sulfamoylbenzoic acid 4-氨磺酰苯甲酸 09191

[138-41-0] $C_7H_7NO_4S$ 201.20

成分 C 41.79%，H 3.51%，N 6.96%，O 31.81%，S 15.93%。

别名 卡西尼特；对羧基苯磺酰胺；对氨酰苯甲酸；4-磺胺基苯甲酸；苯甲酸对磺酰胺；对磺酰胺苯甲酸；4-(Aminosulfonyl) benzoic acid; Benzoic acid 4-sulfamide; *p*-Carboxybenzene sulfonamide; Carzenide; 4-Carboxybenzenesulfonamide; Dirnate; *p*-Sulfamoxylbenzoic acid; *p*-Sulfamylbenzoic acid; *p*-Sulfonamidobenzoic acid

M. I. 15，1876

性状 来自水中的扁平有光泽的无色棱柱体结晶。易溶于乙醇，几乎不溶于苯、乙醚、冷水。pK_a 3.50。mp 280℃分解。LD_{50}大鼠腹膜内注射：(350±22) mg/kg。一般试剂含量≥97.0%。

注意事项 使用时应避免吸入本品的粉尘，避免与眼睛及皮肤接触。

主要用途 制药工业。有机合成。其钠热用于碳酸酐酶的抑制剂。

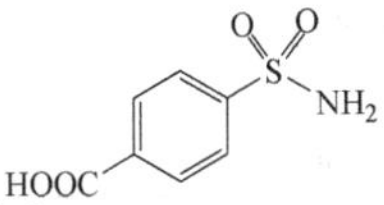

Sulfanilamide 磺胺 09192

[63-74-1] $C_6H_8N_2O_2S$ 172.20

成分 C 41.85%，H 4.68%，N 16.27%，O 18.58%，S 18.62%。

别名 对氨基苯磺酰胺；磺酰胺；4-Aminobenzenesulfonamide; *p*-Anilinesulfonamide; 1162-F; Prontosil album; Prontylin; Streptocide; *p*-Sulfamidoaniline

M. I. 15，9057

性状 来自沸水中的无色叶片状或针状结晶或粉末。1g该品溶于约37mL乙醇、约5mL丙酮、约2mL沸水，溶于甘油、盐酸、苛性钾和苛性钠水溶液，几乎不溶于乙醚、苯，石油醚、三氯甲烷。其0.5%水溶液pH值5.8～6.1。mp 164.5～166.5℃；uv max：255nm，312nm。LD_{50}小鼠急性经口：3.8g/kg。一般试剂含量≥99.5%。

注意事项 该品对眼睛、呼吸系统及皮肤有刺激性。可能危害胎儿。吸入或与皮肤接触可引起过敏。对机体有不可逆损伤的可能性。使用时应穿适当的防护服和戴手套。使用时应避免吸入本品的粉尘。万一接触到眼睛，应立即用大量水冲洗后请医生诊治。

主要用途 测定亚硝酸盐的试剂。医药用于抗细菌、微生物。

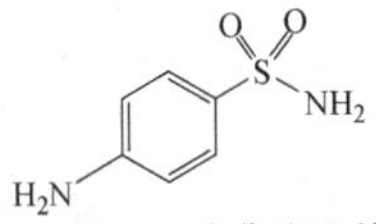

***p*-Sulfanilyl benzylamine 对磺胺酰基苄胺** 09193

[4393-19-5] $C_{13}H_{14}N_2O_2S$ 262.33

成分 C 59.52%，H 5.38%，N 10.68%，O 12.20%，S 12.22%。

别名 4-[(4-Aminophenyl) sulfonyl] benzenemethanamine; *p*-Sulfanilidobenzylamine; 4-Aminomethyl-4′-Aaminodiphenyl sulfone; *p*-Aminophenyl-*p*-aminomethylphenyl sulfone; Alphamide

M. I. 15，9059

性状 来自水中的无色针状结晶。mp 159℃。

主要用途 医用抗菌剂。

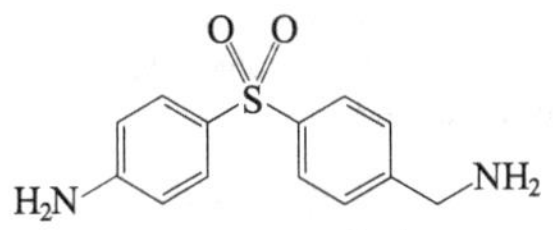

***N*⁴-Sulfanilylsulfanilamide 双磺胺** 09194

[547-52-4] $C_{12}H_{13}N_3O_4S_2$ 327.37

成分 C 44.03%，H 4.00%，N 12.84%，O 19.55%，S 19.59%。

别名 磺胺酰磺胺；4′-Sulfamoylsulfanilanilide; 4-Aminoboenzenesulfono-*p*-sulfamoylanilide; 4-(4′-Aminobenzenesulfonamido) benzenesulfonamide; DB-32; Diseptal C; Uliron C; Disulon; Neosanamid Ⅱ; Albasil C; Disulfan

M. I. 15，9061

性状 来自水中的无色针状结晶。溶于甲醇、乙醇、乙醚、稀氨水、稀盐酸，微溶于冷水，更多地溶于热水。几乎不溶于石油醚、氯仿。mp 133～134℃。

主要用途 医用局部抗菌剂。

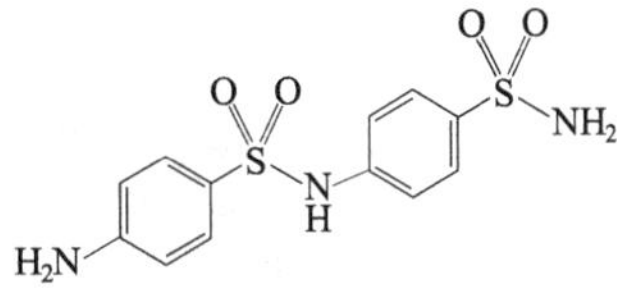

Sulfanilylurea 磺胺酰脲 09195

[547-44-4] $C_7H_9N_3O_3S$ 215.23

成分 C 39.06%，H 4.22%，N 19.52%，O 22.30%，S 14.90%。

别名 对氨苯磺酰脲；4-Amino-*N*-(aminocarbonyl) benzenesulfonamide; *N*-Sulfanilylcarbamide; Sulfacarbamide; Sulfaurea; Euvernil; Uractyl; Uramid; Urenil; Urosulfan

M. I. 15，9062

性状 来自水中的无色结晶。溶于水(37℃，811mg/100mL)。溶于碱，生成易溶的钠盐。mp 146～148℃(微分解)。

主要用途 医用抗菌剂。

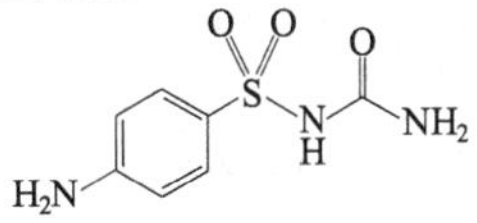

***N*-Sulfanilyl-3,4-xylamide**
***N*-磺胺酰-3,4-二甲苯甲酰胺** 09196

[120-34-3] $C_{15}H_{16}N_2O_3S$ 304.36

成分 C 59.19%，H 5.30%，N 9.20%，O 15.77%，S 10.53%。

别名 *N*-(4-Aminophenyl) sulfonyl-3,4-dimethylbenzamide; *N*′-(3,4-Dimethylbenzoyl) sulfanilamide; Geigy 867; Irgafen

M. I. 15，9063

性状 来自乙醇中的无色针状结晶。略微溶于水。其5%水溶液pH值8.2。mp 222～223℃；d 1.299；n_D^{20} 1.612。

主要用途 医用抗菌剂。

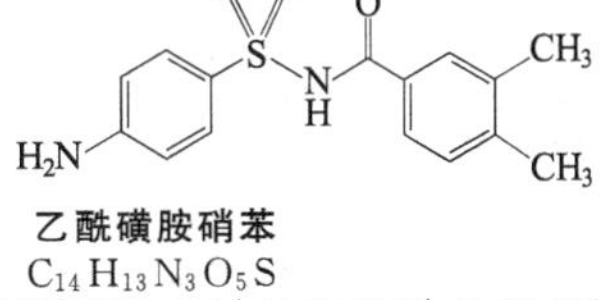

Sulfanitran 乙酰磺胺硝苯 09197

[122-16-7] $C_{14}H_{13}N_3O_5S$ 335.33

成分 C 50.15%，H 3.91%，N 12.53%，O 23.86%，S 9.56%。

别名 4-乙酰氨基苯磺酰-4′-硝基苯胺；*N*-(对乙酰基氨基苯磺酰)对硝基苯胺；*N*-[4-[[(4-硝基苯基)氨基]磺基]苯基]乙酰苯胺；*N*-[4-[[(4-Nitrophenyl) amino] sulfonyl] phenyl] acetamide; 4′-[(*p*-Nitrophenyl) sulfamoyl] acetanilide; N^4-Acetyl-N^1-(*p*-nitrophenyl) sulfanilamide; 4-Acetaminobenesulfon-4′-nitroanilide; *N*-(*p*-Acetylaminobenzenesulfonyl)-*p*-nitroaniline; APNPS

M. I. 15，9064

性状 来自稀乙醇中的无色结晶。易溶于丙酮，溶于热乙醇、甲醇，略微溶于水、乙醚。mp 239～240℃。一般试剂含量≥94.0%(HPLC)。

主要用途 兽用抗菌剂，抑球虫剂。分析用标准物质。

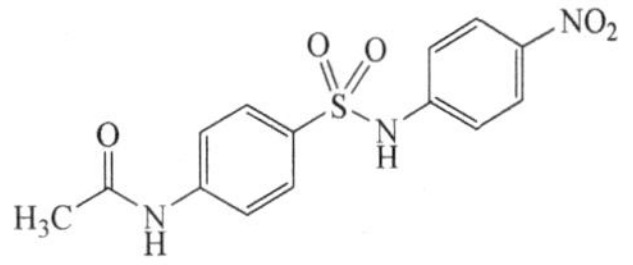

Sulfaperine 磺胺培林 09198

[599-88-2] $C_{11}H_{12}N_4O_2S$ 264.30

成分 C 49.99%,H 4.58%,N 21.20%,O 12.11%,S 12.13%。

别名 2-磺胺基-5-甲基嘧啶；4-Amino-*N*-(5-methyl-2-pyrimidinyl) benzenesulfonamide; *N'*-(5-Methyl-2-pyrimidinyl) Sulfanilamide; 5-Methyl-2-sulfanilamidopyrimidine; 2-Sulfanilamido-5-methylpyrimidine; Isosulfamerazine; 5-Methylsulfadiazine; Pallidin; Retardon; Rexulfa; Sintosulfa; Sulfatreis

M. I. 15，9065

性状 微小的奶油色结晶。溶于酸或碱的水溶液，生成水溶性钠盐。极微溶于水、乙醇。其约 40mg/100mL 水溶液 pH 值 5.5。mp 262～263℃。

主要用途 医用抗菌剂。

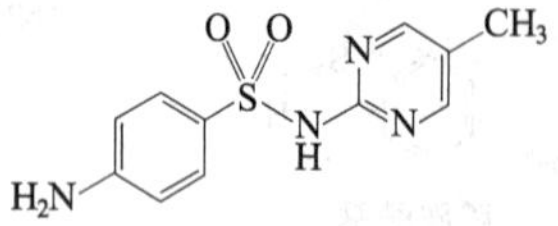

Sulfaphenazole 磺胺苯吡唑 09199

[526-08-9] $C_{15}H_{14}N_4O_2S$ 314.36

成分 C 57.31%,H 4.49%,N 17.82%,O 10.18%,S 10.20%。

别名 4-氨基-*N*-(1-苯基-1*H*-吡唑-5-基)苯磺酰胺；4-Amino-*N*-(1-phenyl-1*H*-pyrazol-5-yl) benzenesulfonamide; *N'*-(1-Phenylpyrazol-5-yl) sulfanilamide; 1-Phenyl-5-sulfanilamidopyrazole; 3-(*p*-Aminobenzenesulfonamido)-2-phenylpyrazole; 5-Sulfanilamido-1-phenylpyrazole; Isarol V; Orisul; Orisulf

M. I. 15，9066

性状 来自乙醇中的无色结晶。较多地溶于甲醇、乙醇、冰乙酸，略微溶于水（25℃，0.15g/100mL，其 pH 值 7.0）。mp 179～183℃。LD_{50} 小鼠急性经口：5800mg/kg。生化试剂含量≥99.0%。

主要用途 生化研究。医用抗菌剂。

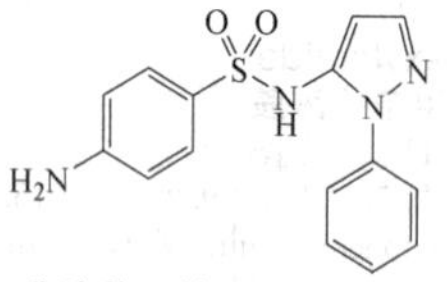

Sulfaproxyline 磺胺普罗林 09200

[116-42-7] $C_{16}H_{18}N_2O_4S$ 334.39

成分 C 57.47%,H 5.43%,N 8.38%,O 19.14%,S 9.59%。

别名 磺胺丙氧苯酰；对异丙氧基苯酰磺胺；*p*-Isopropoxy-*N*-sulfanilylbenzamide; *N'*-(*p*-Isopropoxybenzoyl) sulfanilamide; -*N'*-(4-Isopropoxybenzoyl)-*p*-Aminobenzenesulfonamide; Sulphaproxyline

M. I. 15，9067

性状 无色结晶。mp 172～173℃。

主要用途 医用抗菌剂。

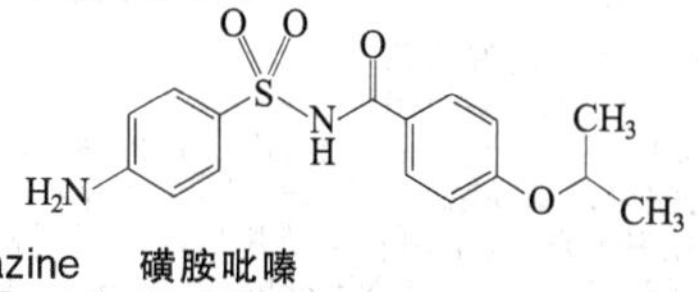

Sulfapyrazine 磺胺吡嗪 09201

[116-44-9] $C_{10}H_{10}N_4O_2S$ 250.28

成分 C 47.99%,H 4.03%,N 22.39%,O 12.78%,S 12.81%。

别名 4-Amino-*N*-(pyrazinyl) benzenesulfonamide; N^1-2-Pyrazinylsulfanilamide; 2-Sulfanilamidopyrazine

M. I. 15，9068

性状 无色结晶。溶于氢氧化钠、氢氧化钾、氨、氢氧化钡、稀浓矿物酸的水溶液，微溶于丙酮，极微溶于乙醇，几乎不溶于水（25℃，5mg/100mL；37℃，5.2mg/100mL）。250～254℃分解。

主要用途 医用、兽用抗菌剂。

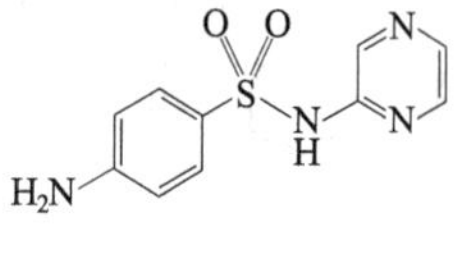

Sulfapyridine 磺氨吡啶 09202

[144-83-2] $C_{11}H_{11}N_3O_2S$ 249.29

成分 C 53.00%,H 4.45%,N 16.86%,O 12.84%,S 12.86%。

别名 4-Amino-*N*-2-pyridinylbenzenesulfonamide; N^1-2-Pyridylsulfanilamide; 2-Sulfanilamidopyridine; 2-(*p*-Aminobenzenesulfonamido) pyridine; M &B 693; Dagenan; Eubasin; Pyriamid; Coccoclase; Septipulmon

M. I. 15，9069

性状 来自乙醇中的无色结晶。该品 1g 溶于约 3500mL 水、440mL 乙醇、65mL 丙酮。易溶于稀无机酸、氢氧化钠或氢氧化钾溶液，更多地溶于热糖水溶液。其水溶液呈中性。mp 190～191℃。LD_{50} 小鼠急性经口：7.5mg/kg。生化试剂含量≥99.0%。

注意事项 该品应密封于 2～8℃保存。

主要用途 生化研究。医用抗菌剂。

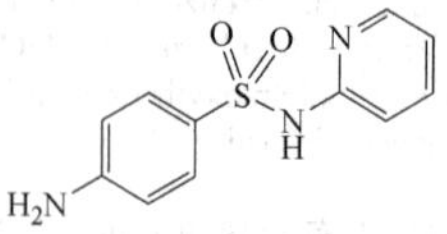

Sulfaquinoxaline 磺胺喹噁啉 09203

[59-40-5] $C_{14}H_{12}N_4O_2S$ 300.34

成分 C 55.99%,H 4.03%,N 18.65%,O 10.65%,S 10.67%。

别名 磺胺喹沙啉；4-Amino-*N*-2-quinoxalinylbenzenesulfonamide; N^1-1-(2-Quinoxalinyl) sulfanilamide; 2-Salfanilamidoquinoxaline; N^1-(2-Quinoxalyl) sulfanilamide; Salfabenzpyrazine; Compd 3-120; SQ; Sulquin

M. I. 15，9070

性状 无色微小的结晶。该品于下列物质中的溶解度：水（pH 值 7）0.75mg/100mL；95% 乙醇 73mg/100mL；丙酮 430mg/100mL。溶于碳酸钠及氢氧化钠水溶液。mp 247～248℃；uv max（于水中，pH 值 6.6）：252nm，360nm（$E^{1\%}_{1cm}$1110，275）。

注意事项 该品口服有毒。吸入或与皮肤接触可引起过敏。使用时应穿适当的防护服和戴手套。使用时应避免吸入本品的粉尘。使用时如有事故发生或有不适之感，应请医生诊治。

主要用途 兽用抑球虫剂。分析用标准物质。

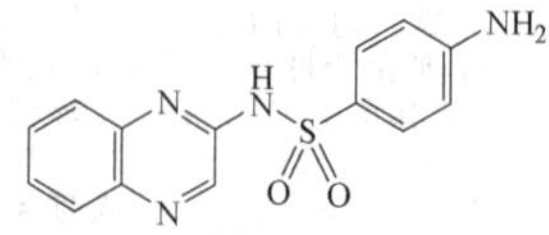

Sulfaquinoxaline sodium salt 磺胺喹噁啉钠盐 09204

[967-80-6] $C_{14}H_{11}N_4NaO_2S$ 322.32

成分 C 52.17%,H 3.44%,N 17.38%,Na 7.13%,O 9.93%,S 9.95%。

别名 Aviochina

M. I. 15，9070

性状 浅黄色结晶或粉末。易溶于水。其 1% 水溶液 pH 值约 10。生化试剂含量≥99.0%（HPLC）。

注意事项 该品口服有毒。吸入或与皮肤接触可引起过敏。使用时应穿适当的防护服和戴手套。使用时应避免吸入本品的粉尘。使用时如有事故发生或有不适之感，应请医生诊治。

主要用途 兽用抑球虫剂。

Sulfarsphenamine 硫胂凡纳明 09205

[618-82-6] $C_{14}H_{14}As_2N_2Na_2O_8S_2$ 598.21

成分 C 28.11%，H 2.36%，As 25.05%，N 4.68%，Na 7.69%，O 21.40%，S 10.72%。

别名 1,1'-[1,2-Diarsenediylbis[(6-hydroxy-3,1-phenylene) imino]]bismethanesulfonic acid sodium salt (1∶2); Disodium 3,3'-diamino-4,4'-dihydroxyarsenobenzene *N*-dimethylenesulfonate; Sulfarsenobenzene; Karsulphan; Myosalvarsan; Myarsenol; Metarsenobicon; Thiosarmine

M. I. 15，9072

性状 无味或几乎无味的黄色粉末。易溶于水，微溶于乙醇。其水溶液通常呈微酸性。

主要用途 过去医用抗梅毒剂。兽用抗菌剂。

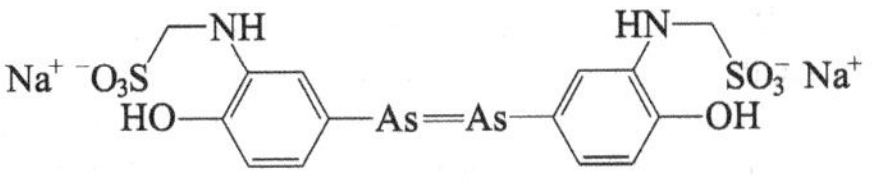

Sulfasalazine 水杨酸偶氮磺胺吡啶 09206

[599-79-1] $C_{18}H_{14}N_4O_5S$ 398.39

成分 C 54.27%，H 3.54%，N 14.06%，O 20.08%，S 8.05%。

别名 柳氮磺胺吡啶；2-羟基-5-[[4-[(2-吡啶基氨基)磺基]苯基]偶氮]苯甲酸；2-Hydroxy-5-[[4-[(2-pyridinylamino)sulfonyl]phenyl]azo]benzoic acid；5-[*p*-(2-Pyridylsulfamoyl)phenylazo]salicylic acid；Salazosulfapyridine；5-[4-(2-Pyridylsulfamoyl)phenylazo]-2-hydroxybenzoic acid；4-(Pyridyl-2-amidosulfonyl)-3′-carboxy-4′-hydroxyazobenzene；Salicylazosulfapyridine；Sulphasalazine；Azulfidine；Colo-Pleon；Salazopyrin

M. I. 15，9073

性状 细小的棕黄色结晶。溶于碱水溶液，极微溶于乙醇，几乎不溶于水、苯、氯仿、乙醚。240～245℃分解；uv max：237nm（$E_{1cm}^{1\%}$ 约 658），359nm。生化试剂含量≥98.0%。

注意事项 该品吸入或与皮肤接触可引起过敏。使用时应穿适当的防护服和戴手套。应避免吸入本品的粉尘。使用时如有事故发生或有不适之感，应请医生诊治。切勿排入下水道。应密封避光保存。

主要用途 生化研究。

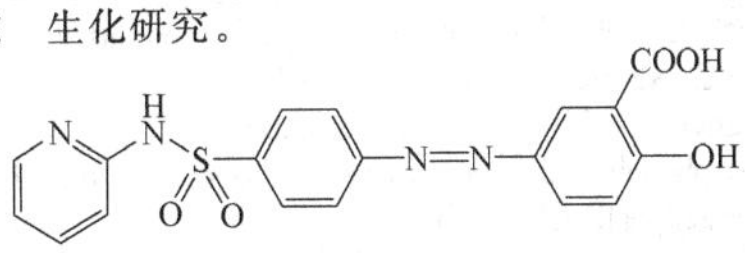

Sulfatase from Aerobacter aerogenes

硫酸酯酶（产气杆菌） 09207

[9016-17-5] Mr 约 41000

别名 Aryl-sulfatase from aerobacter aerogenes

EC 3.1.6.1

性状 白色结晶性粉末。一般商品为其水溶液，保存在0.01mol/L TRIS及pH值7.5的50%甘油中。

注意事项 使用时应避免与眼睛及皮肤接触。应充氩气密封于−20℃保存。

Sulfathiazole 磺胺噻唑 09208

[72-14-0] $C_9H_9N_3O_2S_2$ 255.31

成分 C 42.34%，H 3.55%，N 16.46%，O 12.53%，S 25.11%。

M. I. 15，9074

别名 2-(*p*-Aminobenzenesulfonamido)thiazole；4-Amino-*N*-2-thiazolylbenzenesulfonamide；Cibazol；Duatok；Enterobiocine；M&B 760；Norsulfazole；RP-2090；Sulfamul；2-Sulfanilamidothiazole；Sulfamul；2-(Sulfanilylamino)thiazole；Sulfavitina；Sulzol；ST；Thiazamide；N^1-2-Thiazolylsulfanilamide

性状 白色或浅黄色细小结晶或结晶性粉末。26℃时，溶于水 60mg/100mL（pH值6.03）、乙醇 525mg/100mL，溶于丙酮、稀无机酸、苛性钾和苛性钠水溶液及氨水，几乎不溶于乙醚、氯仿。pK_a 7.2。mp 202～202.5℃；生化试剂含量≥98.0%（N）。

注意事项 该品对眼睛、呼吸系统及皮肤有刺激性。接触皮肤能引起过敏。使用时应穿适当的防护服和戴手套。万一接触到眼睛，应立即用大量水冲洗后请医生诊治。

主要用途 医用抗菌剂。

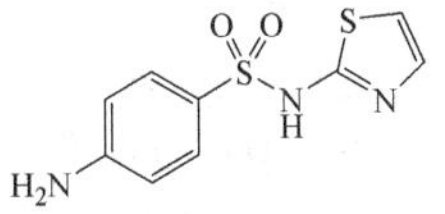

Sulfathiazole sodium salt 磺胺噻唑钠盐 09209

[144-74-1] $C_9H_8N_3NaO_2S_2$ 277.29

成分 C 38.98%，H 2.91%，N 15.15%，Na 8.29%，O 11.54%，S 23.13%。

别名 Monosodium-2-sulfanilamidothiazole；Soluble sulfathiazole；4-Amino-*N*-(2-thiazolyl)benzenesulfonamide sodium salt

M. I. 15，9074

性状 1½水合物为白色结晶性粉末或颗粒。1g该品溶于约2.5mL水、约15mL乙醇。其1%水溶液pH值9.35；10%水溶液pH值10.2。LD_{50} 小鼠皮下注射：1.45g/kg。生化试剂含量≥99.0%(TLC)。

注意事项 该品对眼睛、呼吸系统及皮肤有刺激性。接触皮肤能引起过敏。使用时应穿适当的防护服和戴手套。万一接触到眼睛，应立即用大量水冲洗后请医生诊治。

主要用途 医用抗菌剂。

Sulfathiourea 磺胺硫脲 09210

[515-49-1] $C_7H_9N_3O_2S_2$ 231.29

成分 C 36.35%，H 3.92%，N 18.17%，O 13.83%，S 27.72%。

别名 磺胺酰硫脲；4-Amino-*N*-(aminothioxomethyl)benzenesulfonamide；1-Sulfanilyl-2-thiourea；Sulfathiocarbamide；RP-2255；Badional；Fontamide

M. I. 15，9075

性状 无色结晶。溶于水（37℃，1.1g/100mL）。mp 171.5～172℃（分解）。

主要用途 医用抗菌剂。

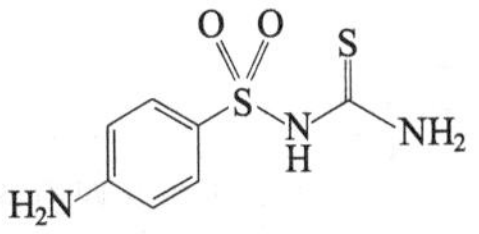

Sulfazamet 磺胺吡唑 09211

[852-19-7] $C_{16}H_{16}N_4O_2S$ 328.39

成分 C 58.52%，H 4.91%，N 17.06%，O 9.74%，S 9.76%。

别名 磺胺甲苯吡唑；4-Amino-*N*-(3-methyl-1-phenyl-1*H*-pyrazol-5-yl)benzenesulfonamide；*N*′-(3-Methyl-1-phenylpyrazol-5-yl)sulfanilamide；5-(*p*-Aminobenzenesulfonamido)-3-methyl-1-phenylpyrazole；3-(*p*-Aminobenzenesulfonamido)-2-phenyl-5-methylpyrazole；3-Methyl-1-phenyl-5-(sulfanilamido)pyrazole；Sulfamethylphenazole；Sulfapyrazole；Vesulong

M. I. 15，9076

性状 来自乙醇中的无色结晶。pK_a′5.69。mp 195℃。

主要用途 医用抗菌剂。

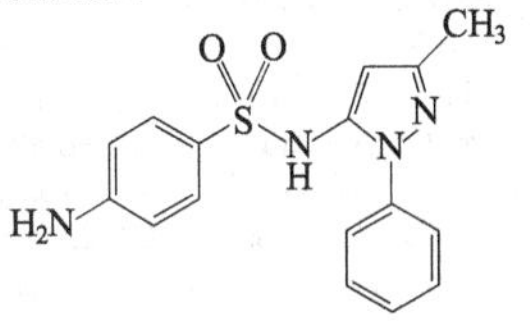

Sulfentrazone 甲磺草胺 09212

[122836-35-5] $C_{11}H_{10}Cl_2F_2N_4O_3S$ 387.18

成分 C 34.12%，H 2.60%，Cl 18.31%，F 9.81%，N 14.47%，O 12.40%，S 8.28%。

别名 磺酰唑草酮；*N*-[2,4-Dichloro-5-(4-difluoromethyl-4,5-dihydro-3-methyl-5-oxo-1*H*-1,2,4-triazol-1-yl)phenyl]methanesulfonamide；2′,4′-Dichloro-5′-(4-difluoromethyl-4,5-dihydro-3-methyl-5-oxo-1*H*-1,2,4-triazol-1-yl)methancsulfonanilide；F-6285；FMC-97285；Authority

M. I. 15，9078

性状 棕黄至褐色固体。溶于水（25℃：pH值6.0，0.11mg/g；pH值7.0，0.78mg/g；pH值7.5，16mg/g）。pK_a6.56。mp 75～78℃；蒸气压（25℃）：1×10^{-9}mmHg/133.3×10^{-9}Pa。LD_{50}大鼠急性经口：2855mg/kg；兔皮肤接触＞2000g/kg。LC_{50}（96h）翻车鱼，虹鳟鱼：92.8mg/kg，＞130mg/kg。

主要用途 除草剂。

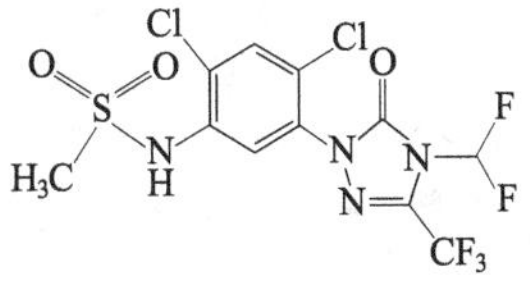

Sulfinpyrazone 苯磺唑酮 09213

[57-96-5] $C_{23}H_{20}N_2O_3S$ 404.48

成分 C 68.30%，H 4.98%，N 6.93%，O 11.87%，S 7.93%。

别名 4-苯基亚磺基乙基-1,2-二苯基-3,5-吡唑烷二酮；1,2-Diphenyl-4-[2-(phenylsulfinyl) ethyl]-3, 5-pyrazolidinedione; 1, 2-Diphenyl-3,5-dioxo-4-(2-phenylsulfinylethyl) pyrazolidine; 4-Phenylsulfoxyethyl-1, 2-diphenyl-3, 5-pyrazolidinedione; 4-(2-Benzenesulfinylethy)-1, 2-diphenylpyrazolidine-3, 5-dione; Sulfoxyphenylpyrazolidine; G-28315; Anturan; Anturane; Anturano; Enturen

M. I. 15, 9079

性状 来自氯仿＋庚烷中的无色结晶。于光及空气中稳定。溶于乙醇、丙酮、乙酸乙酯、氯仿，略微溶于稀碱，微溶于乙醚、矿物油、脂肪，几乎不溶于水、已烷。mp 136～137℃；uv max（1.0mol/L 氢氧化钠溶液中）：255nm。生化试剂含量≥99.0%。

注意事项 该品口服有毒。使用时应穿适当的防护服。

主要用途 生化研究。医用促尿酸排泄剂，抗血栓剂。

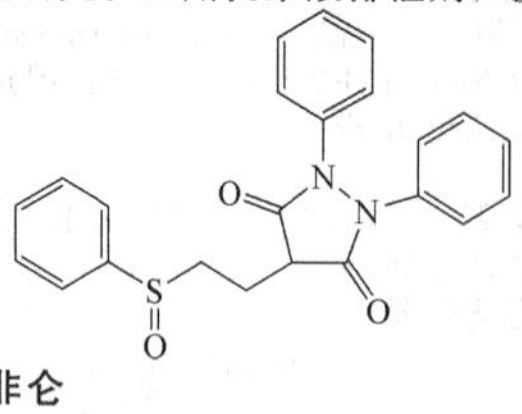

Sulfiram 舒非仑 09214

[95-05-6] $C_{10}H_{20}N_2S_3$ 264.46

成分 C 45.42%，H 7.62%，N 10.59%，S 36.37%。

别名 一硫化四乙基秋兰姆；单硫化四乙基秋兰姆；莫洛磺朗；*N*,*N*,*N'*,*N'*-Tetraethylthiodicarbonic diamide; Bis(diethylthiocarbamoyl) sulfide; Tetraethylthiurammonosulfide; Monosulfiram; TTMS; Kutkasin; Tetmosol

M. I. 15, 9080

性状 来自苯＋石油醚中的无色结晶。mp 30～32℃。

主要用途 医用、兽用采用杀体外寄生物剂。硫化(硬化)剂。

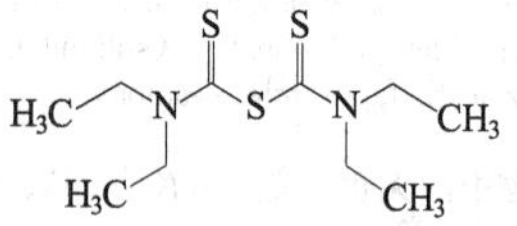

Sulfisomidine 磺胺异二甲嘧啶 09215

[515-64-0] $C_{12}H_{14}N_4O_2S$ 278.33

成分 C 51.78%，H 5.07%，N 20.13%，O 11.50%，S 11.52%。

别名 磺胺二甲异嘧啶；4-Amino-*N*-(2,6-dimethyl-4-pyrimidinyl) benzensulfonamide; *N'*-(2,6-dimethyl-4-pyrimidinyl) sulfanilamide; 2, 6-Dimethy1-4-sulfanilamidopyrimidine; 6-Sulfanilamido-2, 4-dimethylpyrimidine; 6-Sulfanilamido-2,4-dimethyl-1,3-diazine; 6-(*p*-Aminophenylsulfonamido)-2, 4-dimethylpyrimidine; 6-(*p*-Aminobenzenesulfonyl) amino-2, 4-dimethylpyrimidine; Sulfadimetine; Sulfaisodimidine; Sulphasomidine; Elkosin; Elcosine; Elkosil; Domain; Aristamid

M. I. 15, 9081

性状 来自乙醇中的无色针状结晶。易溶于稀盐酸、氢氧化钠溶液，微溶于乙醇、丙酮，几乎不溶于苯、乙醚、氯仿。溶于水（15℃，0.12g/100mL；30℃，0.30g/100mL)，较多地溶于热水（约 1∶60)，其水溶液对石蕊呈中性。在尿中的溶解度（37℃）：360mg/100mL，pH 值 5.5；1100mg/100mL，pH 值 7.5。mp 243℃。

注意事项 该品对眼睛、呼吸系统及皮肤有刺激性。使用时应穿适当的防护服。万一接触到眼睛，应立即用大量水冲洗后请医生诊治。

主要用途 生化研究。医用抗菌剂。

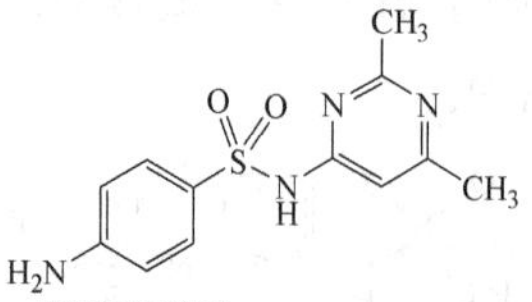

Sulfisoxazole 磺胺异噁唑 09216

[127-69-5] $C_{11}H_{13}N_3O_3S$ 267.30

成分 C 49.43%，H 4.90%，N 15.72%，O 17.96%，S 11.99%。

别名 N^1-(3,4-二甲基-5-异噁唑基)磺胺；3,4-二甲基-5-磺胺基异噁唑；5-对氨基苯磺酰氨基-3,4-二甲基异噁唑；4-氨基-*N*-(3,4-二甲基-5-异噁唑基)苯磺酰胺；5-(4-氨基苯磺酰氨基)-3,4-二甲基异噁唑；甘特里辛；净尿磺；菌得清；磺胺二甲基异噁唑；4-Amino-*N*-(3, 4-dimethyl-5-isoxazolyl) benzenesulfonamide; N^1-(3, 4-Dimethyl-5-isoxazolyl) sulfanilamide; 3, 4-Dimethyl-5-sulfanilamidoisoxazole; 5-(4-Aminophenylsulfonamido)-3, 4-dimethylisoxazole; 5-(*p*-Aminobenzenesulfonamido)-3,4-dimethylisooxazole; Sulfafurazole; Sulphafurazole; Gantrisin; Sosol; Soxisol; Soxomide; Sulfalar; Sulfazin; Sulfoxol

M. I. 15, 9082

性状 白色至微黄色结晶性粉末。味苦。溶于水（25℃，0.13mg/mL)、沸乙醇、3mol/L 盐酸。pK_a 5；mp 194℃。LD_{50}小鼠急性经口：6800mg/kg。一般试剂含量≥99.0%。

注意事项 该品对眼睛、呼吸系统及皮肤有刺激性。使用时应穿适当的防护服。万一接触到眼睛，应立即用大量水冲洗后请医生诊治。应密封于 2～8℃保存。

主要用途 分析用标准物质。

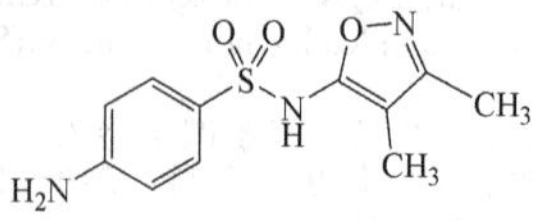

Sulfobromophthalein sodium salt 磺溴酞钠 09217

[71-67-0] $C_{20}H_8Br_4Na_2O_{10}S_2$ 837.99

成分 C 28.67%，H 0.96%，Br 38.14%，Na 5.49%，O 19.09%，S 7.65%。

别名 酚四溴酞磺酸二钠；溴磺酞钠；Bromosulfalein; Sulfobromophthalein disodium salt; Phenoltetrabromophthalein-3′,3″-disulfonic acid disodiumsalt; 3,3′-(4,5,6,7-Tetrabromo-3-oxo-1(3*H*)-isobenzofuranylidene) bis[6-hydroxybenzenesulfonic acid] disodium salt; Disodium phenoltetrabromophthalein sulfonate; Bromosulfophthalein; BSP; Bromsulphalein; Bromthalein

M. I. 15, 9084

性状 无色结晶。易吸潮。味苦。溶于水，不溶于乙醇、丙酮。其碱溶液呈蓝紫色。

注意事项 该品吸入或与皮肤接触可引起过敏。使用时应穿适当的防护服和戴手套，应避免吸入本品的粉尘。

主要用途 生化研究。医用肝功能的辅助诊断。

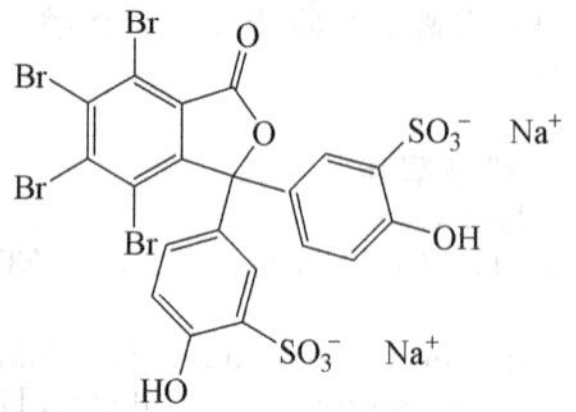

Sulfochlorophenol S 磺氯酚 S 09218

[2103-73-3] $C_{22}H_{10}Cl_2N_4Na_4O_{16}S_4$ 863.49

成分 C 30.60%，H 1.17%，Cl 8.21%，N 6.49%，Na 9.03%，O 29.65%，S 14.85%。

别名 氯代磺酚 S；2，7-双（5-氯-2-羟基-3-磺基苯偶氮）变色酸四钠盐；Chlorosulfophenol S; 2,7-Bis(5-chloro-2-hydroxy-3-sulfophenylazo) chromotropic acid tetrasodium salt

性状 深红色粉末。微溶于水。

注意事项 使用时应避免吸入本品的粉尘，避免与眼睛及皮肤接触。

主要用途 比色检测用试剂。分光光度法检测铌。络合指示剂。

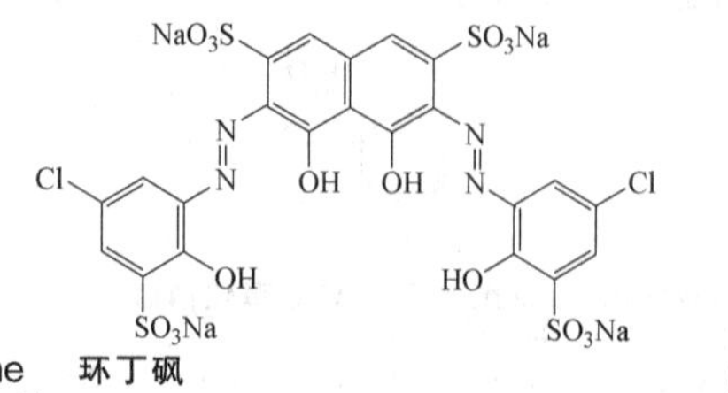

Sulfolane 环丁砜 09219

[126-33-0] $C_4H_8O_2S$ 120.17

成分 C 39.98%，H 6.71%，O 26.63%，S 26.68%。
别名 二氧化四氢噻吩；二氧化噻吩烷；四亚甲基砜；噻吩烷砜；Cyclobutyl sulfone; Tetrahydrothiophene 1-dioxide; Tetrahydrothiophene-1,1-dioxide; Tetramethylene sulfone; Thiophan sulfone
M. I. 15，9085
性状 无色至浅黄色油状液体。30℃时与甲苯、水、丙酮相混溶，与辛烷、烯烃、环烷烃部分混溶。mp 27.4～27.8℃；bp_{760} 285℃/101.325kPa；Fp 350℉（176℃，开杯）；d_4^{30} 1.2606；n_D^{30} 1.481。LD_{50} 大鼠急性经口：1.54mL/kg。一般试剂含量≥99.5%(GC)。
注意事项 该品口服有毒。使用时应避免吸入本品的蒸气，避免与眼睛接触。应密封保存。
主要用途 气相色谱固定液（适用于低级烃异构物的分析）。

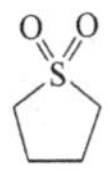

Sulfometuron-methyl 甲嘧磺隆 09220

[74222-97-2] $C_{15}H_{16}N_4O_5S$ 364.38
成分 C 49.44%，H 4.43%，N 15.38%，O 21.95%，S 8.80%。
别名 甲嘧磺隆甲酯；2-[[[[(4,6-Dimethyl-2-pyrimidinyl)amino]carbonyl]amino]sulfonyl]benzoic acid methyl ester；*N*-(4,6-Dimethylpyrimidin-2-yl) aminocarbonyl-2-methoxycarbonylbenzenesulfonamide；2-[3-(4,6-Dimethylpyrimidin-2-yl) ureidosulfonyl]benzoie acid methyl ester；Aa-5648；DPX-5648；Oust
M. I. 15，9087
性状 白色固体。溶于水（25℃，10mg/kg pH值5；300mg/kg pH值7）。pK_a5.7。mp 198～202℃。LD_{50}雄，雌大鼠急性经口（mg/kg）：>5000，>5000。
主要用途 除草剂。

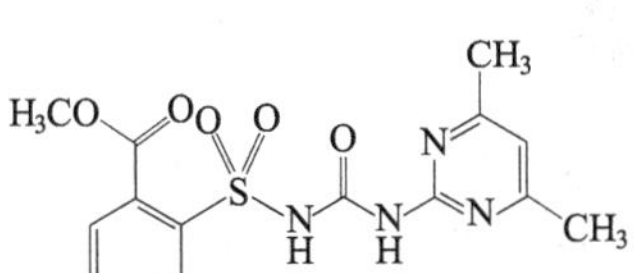

Sulfonazo Ⅲ 偶氮磺 Ⅲ 09221

[314062-43-6] $C_{22}H_{16}N_4O_{14}S_4$ 688.63
成分 C 38.37%，H 2.34%，N 8.14%，O 32.53%，S 18.63%。
别名 双(苯磺酸偶氮)变色酸；嘣吼偶氮 Ⅲ；2,7-Bis[(2-sulfo phenyl)azo]chromotropic acid；3,6-Bis(2-sulfophenylazo)-4,5-dihydroxy-2,7-naphthalenedisulfonic acid；4,5-Dihydroxy-3,6-bis[(*o*-sulfophenyl)azo]naphthaline-2,7-disulfonic acid；[2,7-(1,8-Dihydroxy-3,6-sulfonaphthalene)]bis(azo) bis(2-sulfobenzene)
性状 棕褐色固体或粉末，有深绿色光泽。溶于水。λ_{max} 567 (629) nm。
注意事项 使用时应避免吸入本品的粉尘。避免与眼睛及皮肤接触。
主要用途 测定钡的灵敏试剂。

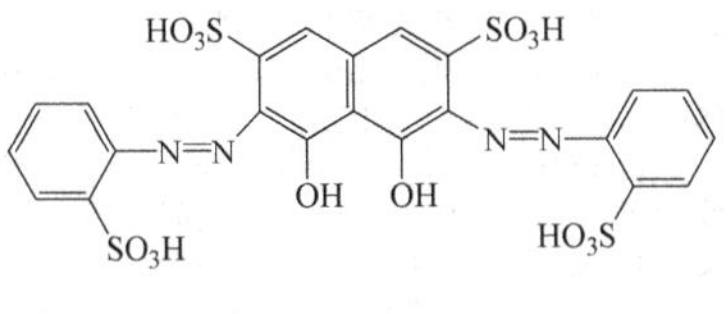

Sulfonazo Ⅲ tetrasodium salt 偶氮磺 Ⅲ 四钠盐 09222

[1738-02-9] $C_{22}H_{12}N_4Na_4O_{14}S_4$ 762.59
成分 C 34.65%，H 1.59%，N 7.35%，Na 10.23%，O 29.37%，S 16.82%。
别名 2,7-双（2-磺基苯偶氮）变色酸四钠盐；2,7-Bis(2-sulfophenylazo)chromotropic acid tetrasodium salt；3,6-Bis(2-sulfophenylazo)-4,5-dihydroxy-2,7-naphthalenedisulfonic acid Telrasodiumsalt
性状 棕色粉末。溶于水。
注意事项 使用时应避免吸入本品的粉尘。避免与眼睛及皮肤接触。
主要用途 滴定硫酸根的指示剂。

Sulfonethylmethane 眠砜乙基甲烷 09223

[76-20-0] $C_8H_{18}O_4S_2$ 242.35
成分 C 39.65%，H 7.49%，O 26.41%，S 26.46%。
别名 三乙眠砜；甲基索佛那；2,2-Bis(ethylsul-fonyl) butane；Diethylsulfonmethylethylmethane；Methylsulfonal；Trional
M. I. 15，9088
性状 来自水中的有光泽的小叶状或鳞状结晶，味苦。1g该品溶于200mL冷水、约30mL沸水、18mL乙醇，溶于乙醚。其水溶液对石蕊呈中性。加热分解并放出二氧化硫。mp 74～76℃。
主要用途 医用镇静剂，安眠剂。

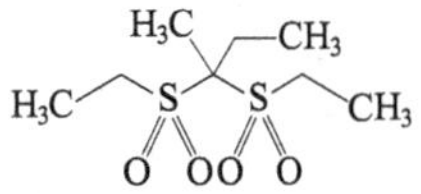

Sulfonmethane 眠砜甲烷 09224

[115-24-2] $C_7H_{16}O_4S_2$ 228.32
成分 C 36.82%，H 7.06%，O 28.03%，S 28.08%。
别名 2,2-Bis (ethylsulfonyl) propane；Diethylsulfondimethylmethane；Propanediethylsulfone；Sulfonal
M. I. 15，9090
性状 无色结晶。几乎无味。1g该品溶于365mL水、16mL沸水、60mL乙醇、3mL沸乙醇、64mL乙醚、11mL氯仿。溶于苯，不溶于甘油。mp 124～126℃；bp 300℃。
主要用途 医用、兽用安眠剂。

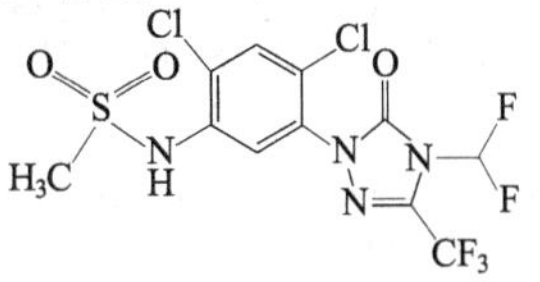

Sulfoniazide 磺烟腙 09225

[3691-81-4] $C_{13}H_{11}N_3O_4S$ 305.31
成分 C 51.14%，H 3.63%，N 13.76%，O 20.96%，S 10.50%。
别名 磺苯醛异烟肼；间磺酸基苯甲醛缩异烟肼；苯磺烟肼；4-Pyridinecarboxylic acid [(3-sulfophenyl)methylene] hydrazide；Isonicotinic acid *m*-sulfobenzylidene hydrazide；Isonicotinyl hydrazonotoluene-*m*-sulfonic acid；G-605
M. I. 15，9089
性状 无色针状结晶。微溶于水。250～253℃分解。
主要用途 医用抗菌剂（结核菌抑制剂）。

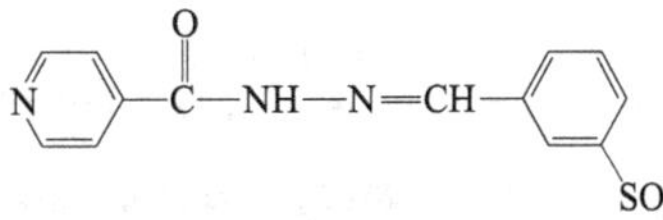

2-(4-Sulfophenylazo)chromotropic acid trisodium salt
2-(4-磺基苯偶氮)变色酸三钠盐 09226

[23647-14-5] $C_{16}H_9N_2Na_3O_{11}S_3$ 570.40
成分 C 33.69%，H 1.59%，N 4.91%，Na 12.09%，O 30.85%，S 16.86%。
别名 2-（对磺基苯偶氮）变色酸钠盐；钍锆试剂；对磺基苯偶氮-1,8-二羟基-3,6-萘二磺酸三钠盐；4,5-Dihydroxy-3-[(*p*-sulfophenyl)azo]naphthalene-2,7-disulfonic acid trisodium salt；1,8-Dihydroxy-2-(4-sulfophenylazo) naphthalene-3,6-disulfonic acid trisodium salt；2-(4-Sulfophenylazo)-1,8-dihydroxynaphthalene-3,6-disulfonic acid trisodium salt；Sulfanilic acid azo chromotrop；SPADNS
M. I. 15，8859
性状 红色与粉末。溶于水，微溶于乙醇。pK_a 约9。λ_{max} 507 (370) nm。一般试剂含量≥80.0%。
注意事项 该品对眼睛、呼吸系统及皮肤有刺激性。使用时应戴手套。万一接触到眼睛，应立即用大量水冲洗后请医生诊治。
主要用途 络合指示剂。测钍、锆的灵敏试剂。染料制备。

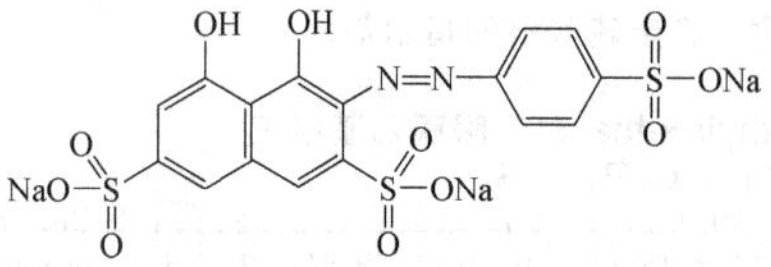

Sulforaphane 莱菔硫烷 09227

[142825-10-3][4478-93-7](DL-型) $C_6H_{11}NOS_2$ 177.28

成分 C 40.65%,H 6.25%,N 7.90%,O 9.02%,S 36.17%。

别名 萝卜硫素;1-异硫氰酸-4-甲磺基丁烷;1-异硫氰基-4*R*-甲基甲硫酰基丁烷;1-Isothiocyanato-4-[(*R*)-methylsulfinyl]butane;4-Methylsulfinylbutyl isothiocyanate

M. I. 15,9092

性状 纯品为近白色粉末。一般商品为浅黄棕色粉末。溶于乙醇、二甲基亚砜、甲醇、乙酸乙酯,不溶于水、己烷。bp 125~135℃;*d* 1.183;$[\alpha]_D^{22}$ −79.3°±1°(*c*=1.223,于氯仿中);$[\alpha]_D^{25}$ −78.6°(*c*=1.19,于氯仿中);uv max(水中):238nm(ε 910L·mol⁻¹·cm⁻¹);(于 0.1mol/L 氢氧化钠刚加成中):226nm(ε15300M⁻¹cm⁻¹)。一般试剂含量≥99.0%(HPLC)。

注意事项 该品应密封于−20℃保存。

主要用途 抗氧化剂。抗癌剂。

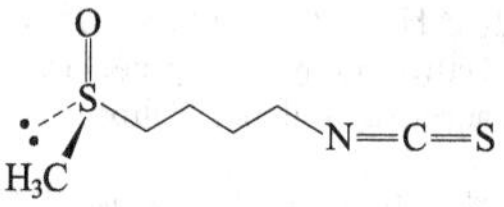

Sulforidazine 甲磺哒嗪 09228

[14759-06-9] $C_{21}H_{26}N_2O_2S_2$ 402.57

成分 C 62.66%,H 6.51%,N 6.96%,O 7.95%,S 15.93%。

别名 10-[2-(1-Methyl-2-piperidinyl)ethyl]-2-methylsulfonyl-10*H*-phenothiazine; 3-Methylsulfonyl-10-[2-(1-methyl-2-piperidyl)ethyl]phenothiazine;Thioridazine-2-sulfone;TPN-12;Imagotan;Inofal

M. I. 15,9093

性状 来自丙酮中的无色结晶。mp 121~123℃。

主要用途 医用精神抑制剂。

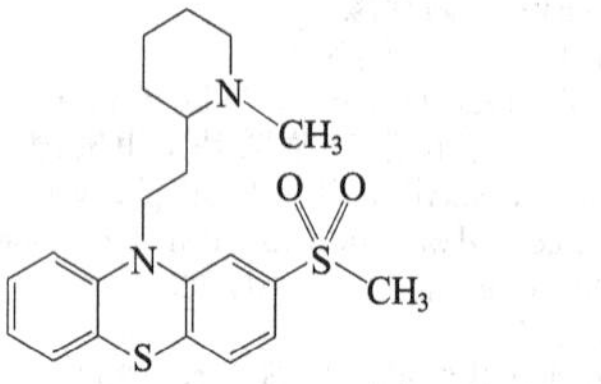

5-Sulfosalicylic acid dihydrate 5-磺基水杨酸 二水 09229

[5965-83-3] $C_7H_6O_6S \cdot 2H_2O$ 254.21

成分(以无水物计) C 38.54%,H 2.77%,O 44.00%,S 14.69%。

别名 二水合磺基水杨酸;硫柳酸;磺柳酸;3-羧基-4-羟基苯磺酸;磺基水杨酸;3-Carboxy-4-hydroxybenzenesulfonic acid;2-Hydroxybenzoic-5-sulfonic acid;Salicylsulfonic acid;Sulfosalicylic acid;5-Sulfosalicylic acid dihydrate;2-Hydroxy-5-sulfobenzoic acid dihydrate

M. I. 15,9094

性状 白色结晶或结晶性粉末。遇铁颜色变红。易溶于水、乙醇,溶于乙醚。通常溶于极性溶剂。mp 约 120℃(成为无水物),温度再高则分解为苯酚和水杨酸。

注意事项 该品对眼睛、呼吸系统及皮肤有刺激性。使用时应穿适当的防护服。万一接触到眼睛,应立即用大量水冲洗后请医生诊治。应密封避光保存。

主要用途 脑脊液检验。尿中蛋白、铁离子的检验。测定铝、铍、钙、铬、铜、铁、铅、镁、钠、钛、铊、硝酸盐等的试剂。测定铁的络合指示剂。

参考规格 GB/T 10705—2008

	分析纯	化学纯
含量($C_7H_6O_6S \cdot 2H_2O$) /%≥	99.0	98.0
对铁灵敏度试验	合格	合格
澄清度试验/号≤	3	5
水不溶物/%≤	0.005	0.01
灼烧残渣(以硫酸盐计)/%≤	0.02	0.05
氯化物(Cl)/%≤	0.002	0.005
硫酸盐(SO_4)/%≤	0.1	0.5
铁(Fe)/%≤	0.0001	0.0005
重金属(以 Pb 计)/%≤	0.0005	0.001
水杨酸(HOC_6H_4COOH)/%≤	0.02	0.2

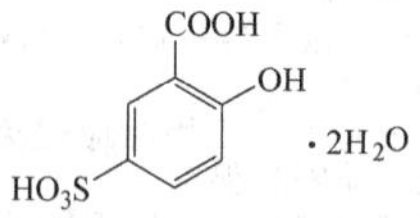

Sulfosulfuron 磺酰磺隆 09230

[141776-32-1] $C_{16}H_{18}N_6O_7S_2$ 470.48

成分 C 40.85%,H 3.86%,N 17.86%,O 23.80%,S 13.63%。

别名 磺隆;*N*-[(4,6-二甲氧基-2-嘧啶基)氨基]甲酰-2-(乙基磺酰)咪唑并[1,2-*α*]吡啶-3-磺酰胺;磺胺磺隆;乙磺嘧磺隆;乙磺磺隆;*N*-[(4,6-Dimethoxy-2-pyrimidinyl)amino]carbonyl-2-(ethylsulfonyl)imidazo[1,2-*α*]pyridine-3-sulfonamide;1-(2-Ethylsulfonylimidazol[1,2-*α*]pyridin-3-ylsulfonyl)-3-(4,6-dimethoxypyrimidin-2-yl)urea;MON-37500;Maverick;Monitor;Sundance

M. I. 15,9095

性状 白色结晶。无味。于水中溶解度:18×10⁻⁶(pH 值 5);1627×10⁻⁶(pH 值 7);482×10⁻⁶(pH 值 9)。mp 201.1~201.7℃;*d*1.63。LD_{50} 大鼠急性经口:>5000mg/kg;皮肤接触:>5000mg/kg;LC_{50}(96h)虹鳟鱼,鲤鱼:>95mg/L,>91mg/L。一般试剂含量≥99.0%。

注意事项 该品对水生物极毒。能对水环境产生长期不良的影响。其包装物应按危险品处理。

主要用途 除草剂。

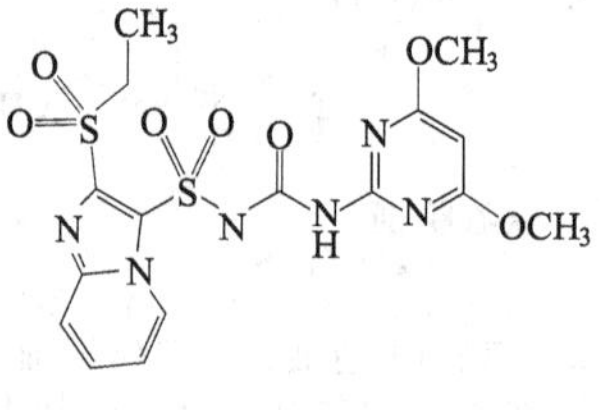

Sulfotep 治螟磷 09231

[3689-24-5] $C_8H_{20}O_5P_2S_2$ 322.31

成分 C 29.81%,H 6.25%,O 24.82%,P 19.22%,S 19.89%。

别名 二硫代焦磷酸 *O*,*O*,*O*′,*O*′-四乙酯;*O*,*O*,*O*′,*O*′-四乙基二硫代焦磷酸酯;治螟灵;硫特普;*O*,*O*,*O*′,*O*′-Tetraethyl dithiopyrophosphate;Thiodiphosphoric acid tetraethyl ester;Thiopyrophosphoric acid tetraethyl ester;Sulfotepp;Thiotepp;Dithio;Dithione;Dithiophos;TEDP;ASP-47;Bayer E 393;ENT-16273;Bladafum

GW2015-2091 M. I. 15,9096

性状 浅黄色液体。与多数有机溶剂相混溶。极微溶于水(25mg/L)。能腐蚀铁。bp_2 136~139℃/266.644Pa;d_4^{25} 1.196;n_D^{25} 1.4753。LD_{50} 小鼠皮下注射:8mg/kg。

注意事项 该品口服或与皮肤接触极毒。对水生物极毒。能对水环境引起长期不良的影响。使用时应穿适当的防护服和戴手套。使用时应避免吸入本品的蒸气。接触皮肤后应立即用大量水冲洗。使用时如有事故发生或有不适之感,应请医生诊治。应防止将本品释放于环境中。其包装物应按危险品处理。应密封于 2~8℃保存。

主要用途 杀虫剂、杀螨剂。分析用标准物质。

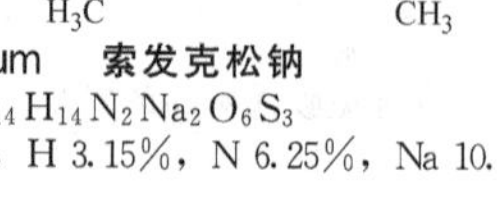

Sulfoxone sodium 索发克松钠 09232

[144-75-2] $C_{14}H_{14}N_2Na_2O_6S_3$ 448.43

成分 C 37.50%,H 3.15%,N 6.25%,Na 10.25%,O 21.41%,

S 21.45%。

别名 大艾松；氨苯砜二甲亚磺酸钠；Disodium [sulfonylbis (*p*-phenylenimino)] dimethanesulfinate；4,4′-Diaminodiphenylsulfone disodium formaldehyde sulfoxylate；Disodium formaldehydesulfoxylate-diaminodiphenylsulfone；Aldesulfonesodium；Diazon；Novotrone；Diasone

M.I.15，9098

性状 一般产品为二水合物。无色针状结晶或无定形粉末。易溶于水，微溶于乙醇，不溶于一般的有机溶剂。100～110℃后为无水物，263～265℃分解。

主要用途 医用抗菌剂（麻风菌抑制剂）。

Sulfur precipitated 沉降硫 09233

[7704-34-9] S 32.076

别名 硫沉降

GW 2015-1290 M.I.15，9099

性状 黄色非晶形的极细粉末。易溶于二硫化碳、苯、轻油、松节油、乙醚、三氯甲烷。mp 117～120℃。

注意事项 该品高度易燃。对眼睛、呼吸系统及皮肤有刺激性。使用时应戴手套和防护镜或面罩。使用时应避免吸入本品的粉尘和蒸气。万一接触到眼睛，应立即用大量水冲洗后请医生诊治。使用现场禁止吸烟。应远离火种密封保存。

主要用途 制造硫酸、亚硫酸盐、染料、杀虫剂、塑料、搪瓷等。橡胶的硫化。制药工业。

Sulfur sublimed 升华硫 09234

[7704-34-9] S 32.076

别名 硫黄升华

GW 2015-1290 M.I.15，9099

性状 黄色细小粉末。主要为斜方晶系硫，但也混有不溶于二硫化碳的无定形硫。溶于苯、二硫化碳、轻油、松节油、四氯化碳，微溶于甲苯、三氯甲烷，不溶于水、乙醇。mp 117～120℃。

注意事项 见09233沉降硫。

主要用途 高纯硫供半导体工业用。其他用途同沉降硫。

Sulfur chloride 氯化硫 09235

[10025-67-9] Cl_2S_2 135.02

成分 Cl 52.51%，S 47.49%。

别名 二氯化二硫；一氯化硫；Disulfur dichloride；Sulfur monochloride；Sulfur subchloride

GW 2015-2554 M.I.15，9100

性状 浅黄色油状液体。有特殊气味。在空气中发烟，对黏膜有刺激性。溶于乙醇、二硫化碳、苯、乙醚、四氯化碳、油类等，能被水分解产生硫、氯化氢、二氧化硫、硫化氢、亚硫酸盐、硫代硫酸盐。mp －77℃；bp_{760} 138℃/101.325kPa；bp_{100} 72.0℃/13.332kPa；bp_{10} 19.1℃/1.333kPa；$d_{15.5}^{15.5}$ 1.6885；n_D^{20} 1.670。一般试剂含量≥99.0%(CC)。

注意事项 该品与水反应激烈。具有强腐蚀性，能引起严重烧伤。口服有毒。蒸气吸入有害。与水接触能释放出有毒气体。对水生物极毒。使用时应穿适当的防护服，戴手套和防护镜或面罩。万一接触到眼睛，应立即用大量水冲洗后请医生诊治。使用时如有事故发生或有不适之感，应立即请医生诊治。应防止将本品释放于环境中。应密封于干燥处保存。

主要用途 硫的溶剂。橡胶代用黏合剂。硫化剂。杀虫剂的制造。

Sulfur dichloride 二氯化硫 09236

[10545-99-0] Cl_2S 102.97

成分 Cl 68.86%，S 31.14%。

别名 二氯化一硫；Dichloro sulfide

GW 2015-534

性状 浅红棕色发烟液体。与苯、乙醚、四氯化碳相混溶。遇水或加热至40℃以上易分解。bp 约60℃（分解）；d_4^{20} 1.621。

注意事项 该品与水反应激烈。具有腐蚀性，能引起烧伤。对水生物极毒。使用时应穿适当的防护服，戴手套和防护镜或面罩。万一接触到眼睛，应立即用大量水冲洗后请医生诊治。使用时如有事故发生或有不适之感，应请医生诊治。应防止将本品释放于环境中。应密封于干燥处保存。

主要用途 橡胶工业的硫化剂。硫的溶剂。有机合成。杀菌剂的制造。

Sulfuric acid 硫酸 09237

[7664-93-9] H_2O_4S 98.07

成分 H 2.06%，O 65.26%，S 32.69%。

别名 磺镪水；Battery acid；Hydrogen sulfate；Oil of vitriol

GW2015-1302 M.I.15，9104

性状 无色透明的油状液体。无味。露置空气中迅速吸水。与水、乙醇相混溶，同时放出大量热。bp 约290℃；*d* 约1.84；340℃分解为三氧化硫和水。LD_{50}大鼠急性经口：2.14g/kg。

注意事项 该品具有强腐蚀性，能引起严重烧伤。万一接触到眼睛，应立即用大量水冲洗后请医生诊治。使用时如有事故发生或有不适之感，应请医生诊治。稀释时不可将水倒入酸中，以防爆溅而灼伤人，应将浓酸缓缓注入水中。应密封于干燥处保存。

主要用途 常用分析试剂。钡、锶、铅的沉淀剂。脱水剂。磺化剂。高纯分析试剂。电子工业用。

参考规格 GB/T 625—2007	优级纯	分析纯	化学纯
含量(H_2SO_4)/%	95.0～98.0	95.0～98.0	95.0～98.0
色度/黑曾单位≤	10	10	15
灼烧残渣(以硫酸盐计)/%≤	0.0005	0.001	0.005
氯化物(Cl)/%≤	0.00002	0.00003	0.00005
硝酸盐(NO_3)/%≤	0.00002	0.00005	0.0005
铵盐(NH_4)/%≤	0.0001	0.0002	0.001
铁(Fe)/%≤	0.00002	0.00005	0.0001
铜(Cu)/%≤	0.00001	0.00001	0.0001
铅(Pb)/%≤	0.00001	0.00001	0.0001
砷(As)/%≤	0.000001	0.000003	0.000005
还原高锰酸钾物质(以SO_2计)/%≤	0.0002	0.0005	0.001

Sulfuric acid fuming 20% 发烟硫酸 20% 09238

[8014-95-7] $H_2SO_4 \cdot xSO_3$

别名 Oleum 20%；Pyrosulfuric acid 20%

GW 2015-723 M.I.15，9104

性状 无色或浅黄色油状液体。有吸水性。遇冷能凝结成固体。一般试剂含量（以游离SO_3计）20.0%～25.0%。

注意事项 该品与水反应激烈。具有强腐蚀性，能引起严重烧伤。在空气中发出窒息性三氧化硫烟雾。对呼吸系统有刺激性。遇有机物、氧化剂能引起燃烧。使用时避免吸入本品的蒸气。切勿向该物品中加水。万一接触到眼睛，应立即用大量水冲洗后请医生诊治。使用时如有事故发生或有不适之感，应立即请医生诊治。应密封于干燥处保存。

主要用途 硝酸脱水剂。有机合成。

Sulfuric acid fuming 50% 发烟硫酸 50% 09239

[8014-95-7] $H_2SO_4 \cdot xSO_3$

别名 Oleum 50%；Pyrosulfuric acid 50%

GW 2015-723 M.I.15，9104

性状 无色或浅黄色油状液体。有吸水性。遇冷能凝结成固体。

注意事项 该品与水反应激烈。具有强腐蚀性，能引起严重烧伤。在空气中发出窒息性三氧化硫烟雾。对呼吸系统有刺激性。遇有机物、氧化剂能引起燃烧。使用时避免吸入本品的蒸气。切勿向该物品中加水。万一接触到眼睛，应立即用大量水冲洗后请医生诊治。使用时如有事故发生或有不适之感，应立即请医生诊治。应密封于干燥处保存。

主要用途 硝酸脱水剂。有机合成。

Sulfurous acid 亚硫酸 09240

[7782-99-2] H_2O_3S 82.08

成分 H 2.46%，O 58.48%，S 39.07%。

别名 二氧化硫6%水溶液；亚硫酸酐溶液；Sulfur dioxide 6% water solution

GW 2015-2450 M.I.15，9106

性状 无色透明液体。呈弱酸性。有二氧化硫的气味。易分解。在空气中渐被氧化成硫酸。d 约1.03。一般试剂含二氧化硫6.0%。

注意事项 该品蒸气吸入有毒。具有腐蚀性，能引起烧伤。使用时应穿适当的防护服，戴手套和防护镜或面罩。万一接触到眼睛，应立即用大量水冲洗后请医生诊治。使用时如有事故发生或有不适之感，应请医生诊治。应充氩气密封于阴凉通风处保存。

主要用途 分析试剂。防腐剂，还原剂。漂白剂。医用消毒剂。

Sulfur tetrafluoride 四氟化硫 09241

[7783-60-0] F_4S 108.05

成分 F 70.33%，S 29.67%。

GW 2015-2024 M.I.15，9108

性状 无色气体。易溶于苯。能被浓硫酸分解。mp −121℃；bp −38℃；d 1.95（液体，−78℃）；d 2.349（固体，−183℃）。

注意事项 该品与水激烈反应。吸入极毒。具有腐蚀性，能引起烧伤。对呼吸系统有刺激性。使用时应穿适当的防护服，戴防护镜或面罩。万一接触到眼睛，应立即用大量水冲洗后请医生诊治。使用时如有事故发生或有不适之感，应请医生诊治。在通风不良的情况下，应戴适当的呼吸设备。应密封于干燥处保存。

主要用途 选择性氟化剂。

Sulfuryl chloride 磺酰氯 09242

[7791-25-5] Cl_2O_2S 134.96

成分 Cl 52.53%，O 23.71%，S 23.76%。

别名 二氯硫酰；氧氯化硫；氯化硫酰；Sulfonyl chloride；Sulfuric oxychloride

GW 2015-2543 M.I.15，9110

性状 无色至微黄色流动液体。有刺激味。在空气中微发烟。与苯、甲苯、乙醚、冰乙酸及一般有机溶剂相混溶，能被发烟硫酸、盐酸及水缓慢分解。mp −54.1℃；bp 69.3℃；d_4^{20} 1.6674；d_4^0 1.7045；n_D^{20} 1.4437。一般试剂含量≥97.0%（AT）。

注意事项 该品与水反应激烈。具有腐蚀性，能引起烧伤。对呼吸系统有刺激性。万一接触到眼睛，应立即用大量水冲洗后请医生诊治。使用时如有事故发生或有不适之感，应请医生诊治。

主要用途 测定胺类的试剂。有机合成。

Sulindac 苏灵大 09243

[38194-50-2] $C_{20}H_{17}FO_3S$ 356.41

成分 C 67.40%，H 4.81%，F 5.33%，O 13.47%，S 9.00%。

别名 (1*Z*)-5-氟-2-甲基-1-[4-(甲基亚磺酰)苯基]亚甲基-1*H*-茚-3-乙酸；(1*Z*)-5-Fluoro-2-methyl-1-[4-(methylsulfinyl)phenyl]methylene-1*H*-indene-3-acetic acid；*cis*-5-Fluoro-2-methyl-1-[*p*-(methylsulfinyl)benzylidene]-indene-3-acetic acid；MK-231；Aflodac；Algocetil；Arthrocine；Artribid；Citireuma；Clinoril；Clisundac；Reumofil；Reumyl；Sudac；Sulinol；Sulreuma

M.I.15，9112

性状 来自乙酸乙酯中的黄色结晶。无味。微溶于甲醇、乙醇、丙酮、氯仿，极微溶于乙酸乙酯、异丙醇，几乎不溶于己烷、水。在酸或碱的水溶液中稳定。pK_a（25℃）4.7。mp 182～185℃（分解）；uv max（于0.1mol/L盐酸的甲醇溶液中）：327nm，285nm，256nm，226nm（$E_{1cm}^{1\%}$ 375，420，410，540）。生化试剂含量≥99.0%。

注意事项 该品口服有毒。可能危害胎儿。吸入或与皮肤接触可引起过敏。

主要用途 生化研究。医用抗炎剂。

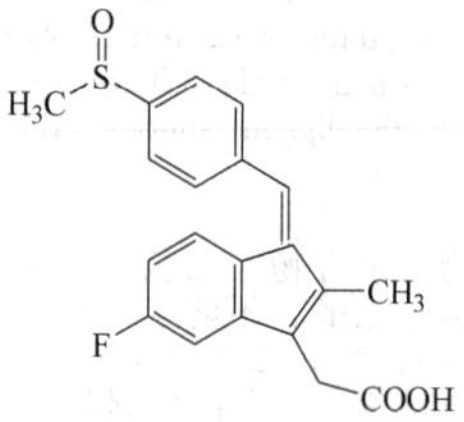

Sulisobenzone 舒利苯酮 09244

[4065-45-6] $C_{14}H_{12}O_6S$ 308.30

成分 C 54.54%，H 3.92%，O 31.14%，S 10.40%。

别名 2-苯甲酰-5-甲氧基苯酚-4-磺酸；磺异苯酮；2-羟基-4-甲氧基-5-磺酸二苯酮；紫外线吸收剂UV-284；5-Benzoyl-4-hydroxy-2-methoxybenzenesulfonic acid；3-Benzoyl-4-hydroxy-6-methoxybenzenesulfonic acid；2-Benzoyl-5-methoxy-1-phenol-4-sulfonic acid；2-Hydroxy-4-methoxybenzophenoe-5-sulfomicacid；Benziphenone-4；NSC-60584；Spectra-SorbUV284；Sungard；Uval；Uvinul MS-40

M.I.15，9113

性状 浅褐色粉末。1g该品溶于2mL甲醇、3.3mL乙醇、4mL水、100mL乙酸乙酯。mp 145℃。一般试剂含量≥98.5%（HPLC）。

注意事项 该品对眼睛、呼吸系统及皮肤有刺激性。使用时应戴手套和防护镜或面罩。万一接触到眼睛，应立即用大量水冲洗后请医生诊治。该品应密封于2～8℃保存。

主要用途 医用紫外线屏蔽剂。

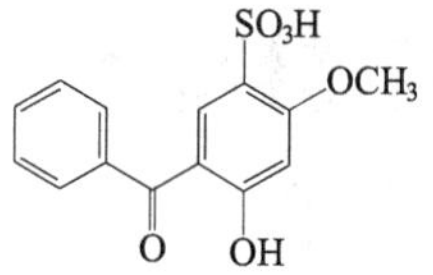

Sulmarin disodium salt trihydrate 香豆硫酯二钠盐 三水 09245

[29334-07-4]（无Na） $C_{10}H_6Na_2O_{10}S_2 \cdot 3H_2O$ 450.30

成分（以无水物计） C 30.31%，H 1.53%，Na 11.60%，O 40.38%，S 16.18%。

别名 6，7-二羟基-4-甲基香豆素二硫酸酯；4-Methyl-6，7-bis(sulfoxoy)-2*H*-1-benzopyran-2-one disodium salt trihydrate；6，7-Dihydroxy-4-methylcoumarin disulfate disodium salt trihydrate；4-Methylesculetinbis(hydrogen sulfate) disodium salt trihydrate；4-Methyl-6，7-dihydroxycoumarindisulfate disodium salt trihydrate；4-Methylesculetindisulfonie acid；4-Methylesculetin-6，7-disulfurie ester disodium salt trihydrate；MG-143 disodium salt trihydrate；Idro P_2 disodium salt trihydrate

M.I.15，9114

性状 来自60%乙醇中的无色结晶。252～253℃分解；uv max（pH值11.85）：304nm。

主要用途 医用止血剂（治痔疮剂）。

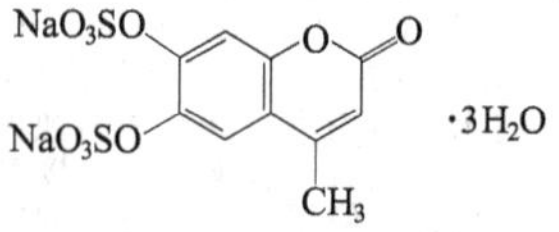

Sulmazole 硫马唑 09246

[73384-60-8] $C_{14}H_{13}N_3O_2S$ 287.34

成分 C 58.52%，H 4.56%，N 14.62%，O 11.14%，S 11.16%。

别名 2-[2-Methoxy-4-(methylsulfinyl)phenyl]-1*H*-imidazo[4，5-*b*]pyridine；AR-L115BS；Vardax

M.I.15，9115

性状 无色固体。mp 203～205℃。LD_{50}天竺鼠急性经口：560mg/kg；静脉注射：163mg/kg。

注意事项 该品口服有毒。对眼睛、呼吸系统及皮肤有刺激性。使用时应穿适当的防护服，万一接触到眼睛，应立即用大量水冲洗后请医生诊治。应密封于2～8℃保存。

主要用途 生化研究，医用强心剂。

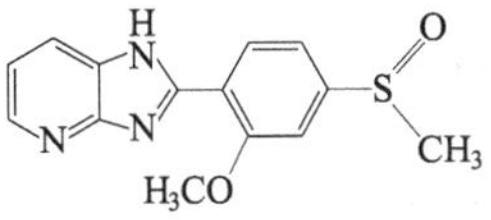

Suloctidil 硫辛苄醇 09247

[54676-75-8] $C_{20}H_{35}NOS$ 337.57

成分 C 71.16%，H 10.45%，N 4.15%，O 4.74%，S 9.50%。

别名 对异丙硫基-α-[1-(辛氨基)乙基]苄醇；4-(1-Methylethyl)thio-α-[1-(octylamino) ethyl] benzenemethanol；*erythro-p*-Isopropylthio-α-[1-(octylamino) ethyl] benzyl alcohol；1-(4-Isopropylthiophenyl)-2-octylaminopropanol；CP-556S；MJF-12637；Bemperil；Cerebro；Circleton；Dulasi；Duloctil；Euvasal；Fluversin；Fluvisco；Hemoantin；Iangene；Loctidon；Locton；Octamet；Polivasal；Sudil；Sulocton；Sulodene

性状 来自正戊烷或甲醇-水中的无色结晶。mp 62～63℃。LD_{50}小鼠急性经口：3700mg/kg。

注意事项 该品口服有毒。使用时应穿适当的防护服。应密封于2～8℃保存。

主要用途 生化研究。医用周围血管舒张剂。

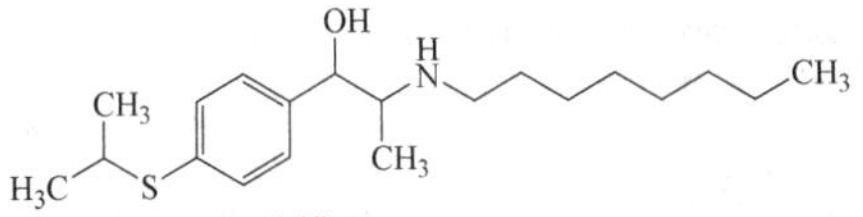

Sulphenone 一氯杀螨砜 09248

[80-00-2] $C_{12}H_9ClO_2S$ 252.71

成分 C 57.03%，H 3.59%，Cl 14.03%，O 12.66%，S 12.69%。

别名 对氯二苯砜；对氯苯基苯砜；1-氯-4-（苯磺酰）苯；4-氯二苯砜；杀螨砜；1-Chloro-4-(phenylsulfonyl) benzene；*p*-Chlorophenyl phenyl sulfone；4-Chlorodiphenylsulfone；Sulfenone；R-242

M. I. 15，9118

性状 双晶形结晶。微有芳香气味。无味道。该品于下列物质中的溶解度（20℃，g/100mL)：丙酮 74.4；二氧六环 65.6；异丙醇 21；己烷 0.4；苯 44.4；甲苯 29.4；二甲苯 18.2；四氯化碳 4.9。微溶于石油醚，几乎不溶于水。mp94℃。LD_{50}小鼠急性经口：2.7g/kg。

主要用途 杀螨剂。

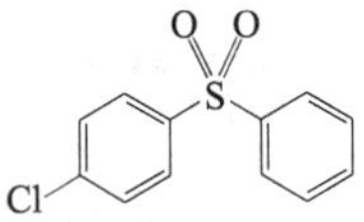

Sulpiride 硫苯酰胺 09249

[15676-16-1] $C_{15}H_{23}N_3O_4S$ 341.43

成分 C 52.77%，H 6.79%，N 12.31%，O 18.74%，S 9.39%。

别名 止吐灵；止呕灵；舒宁；舒必利；清呕宁；5-Aminosulfonyl-*N*-(1-ethyl-2-pyrrolidinyl) methyl-2-methoxybenzamide；*N*-(1-Ethyl-2-pyrrolidinyl) methyl-5-sulfamoyl-*o*-anisamide；*N*-(1-Ethyl-2-pyrrolidinyl) methyl-2-methoxy-5-sulfamoylbenzamide；Abilit；Aiglonyl；Coolspan；Dobren；Dogmatil；Dogmatyl；Dolmatil；Guastil；Meresa；Miradol；Mirbanil；Misulvan；Neogama；Omperan；Pyrikappl；Sernevin；Splotin；Sulpitil；Sursumid；Synédil；Trilan

M. I. 15，9119

性状 白色结晶性粉末。无气味。略微溶于甲醇，几乎不溶于水、乙醚、氯仿、苯 pK_{a1} 9.00，pK_{a2} 10.19；mp 178～180℃；$[\alpha]_D^{25}$ −66.8°（$c=0.5$，于二甲基甲酰胺中)。LD_{50}小鼠急性经口：2250mg/kg；腹膜内注射：170mg/kg。

注意事项 该品应密封于2～8℃保存。

主要用途 生化研究。医用止吐剂，抗抑郁剂。

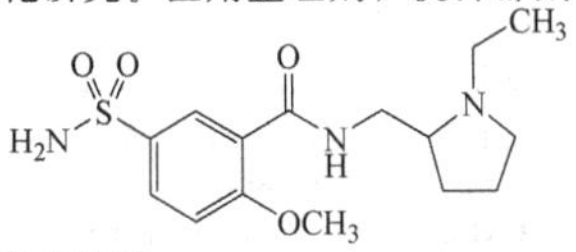

Sulprofos 硫灭克磷 09250

[35400-43-2] $C_{12}H_{19}O_2PS_3$ 322.45

成分 C 44.70%，H 5.94%，O 9.92%，P 9.61%，S 29.83%。

别名 甲丙硫磷；硫丙磷；*O*-乙基-*O*-（4-甲硫基苯基）-*S*-丙基二硫代磷酸酯；*O*-Ethyl *O*-[4-(methylthio) phenyl] phosphorodithioic acid *S*-propyl ester；*O*-Ethyl *O*-[4-(methylmercapto) phenyl]-*S*-*n*-propylphosphorothionothiolaie；*O*-Ethyl *O*-[4-(methylthio) phenyl] *S*-propylphosphorodithioate；BAY NTN 9306；Bolster；Helothion；Sulprophos

M. I. 14，8990

性状 褐色液体。有磷味。溶于有机溶剂，微溶于水。$bp_{0.1}$ 155～158℃/13.3Pa；d_{20}^{20} 1.20；n_D^{20} 1.585%。LD_{50}大鼠急性经口：227mg/kg。

注意事项 该品口服有毒，与皮肤接触有害。对水生物极毒。能对水环境引起不利的结果。使用时应避免吸入本品的蒸气、飞沫。使用时如有事故发生或有不适之感，应请医生诊治。应防止将本品释放于环境中。其包装物应按危险品处理。应密封于2～8℃保存。

主要用途 杀虫剂。分析用标准物质。

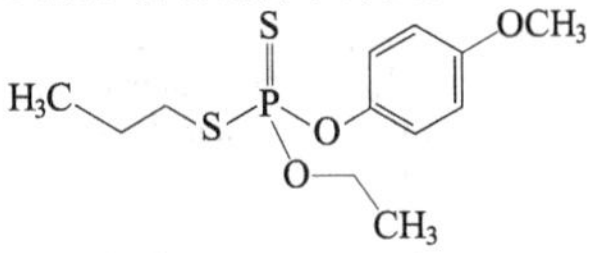

Sulprostone 前列磺酮 09251

[60325-46-4] $C_{23}H_{31}NO_7S$ 465.56

成分 C 59.34%，H 6.71%，N 3.01%，O 24.06%，S 6.89%。

别名 硫前列酮；塞普酮；(5*Z*)-7-[(1*R*,2*R*,3*R*)-3-Hydroxy-2-[(1*E*,3*R*)-3-hydroxy-4-phenoxy-1-butenyl]-5-oxocyclopentyl]-*N*-methylsulfonyl-5-heptenamide；CP-34089；SHB-286；ZK-57671；Nalador

M. I. 15，9120

性状 无色至浅棕色油状液体。溶于二甲基亚砜（>5mg/mL)。生化试剂含量≥98.0%（HPLC)。

注意事项 该品能损伤生育力。对眼睛、呼吸系统及皮肤有刺激性。使用前应得到专门的指导，避免曝露。使用时应穿适当的防护服和戴手套。应避免吸入本品。使用时如有事故发生或有不适之感，应请医生诊治。应密封于−20℃保存。

主要用途 医用堕胎剂。

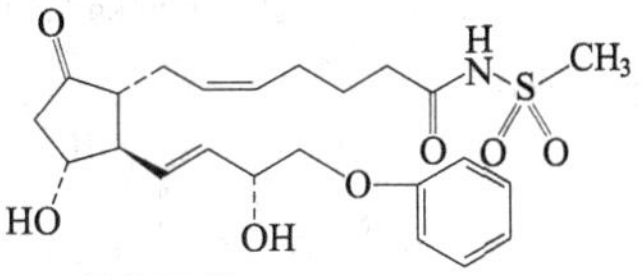

Sultamicillin 舒他西林 09252

[76497-13-7] $C_{25}H_{30}N_4O_9S_2$ 594.65

成分 C 50.50%，H 5.09%，N 9.42%，O 24.21%，S 10.78%。

别名 青霉砜氨苄西林；舒它西林；舒氨西林；舒氨新；优立新；(2*S*,5*R*,6*R*)-6-[(2*R*)-Aminophenylacetyl] amino-3,3-dimethyl-7-oxo-4-thia-1-azabicyclo[3.2.0] heptane-2-carboxylic acid [[[(2*S*,5*R*)-3,3-dimethyl-4,4-dioxido-7-oxo-4-thia-1-azabicyclo[3.2.0] hept-2-yl] carbonyl] oxy] methyl ester；1,1-Dioxopenicillanoyloxymethyl 6-(D-α-amino-α-phenylacetamido) penicillanate；6′-(2-Amino-2-phenylacetamido) penicillanoyloxymethyl penicillanate 1,1-dioxide；CP-49952；VD-1827

M. I. 15，9121

性状 无色结晶，mp 190℃；*d* 1.55。

主要用途 医用抗菌剂。

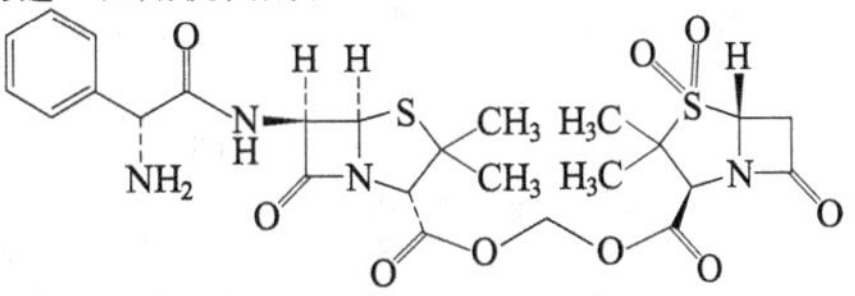

Sulthiame 舒噻嗪 09253

[61-56-3] $C_{10}H_{14}N_2O_4S$ 290.35

成分 C 41.37%，H 4.86%，N 9.65%，O 22.04%，S 22.08%。

别名 苯磺酰胺二氧四氢噻嗪；硫噻嗪；磺斯安；4-(Tetrahydro-2*H*-1,2-thiazin-2-yl) benzenesulfonamide *S*,*S*-dioxide；*N*-(4′-Sulfamylphenyl)-1,4-butanesultam；Tetrahydro-2-(*p*-sulfamoylphenyl)-1,2-thiazine 1,1-dioxide；2-(*p*-Aminosulfonylphenyl) tetrahydro-1,2-thiazine dioxide；1-(*p*-Amidosulfonylphenyl)-2-thiapiperidine 2,2-dioxide；*N*-(*p*-Aminosulfonyl-

phenyl)-1,4-butanesultam；Elisal；Ospolot；Trolone
M. I. 15，9122
性状 无色或白色结晶性粉末。易溶于碱，微溶于乙醇、氯仿、乙醚及酸，部分溶于沸水，几乎不溶于冷水。mp 180～182℃。
主要用途 医用抗惊厥剂。

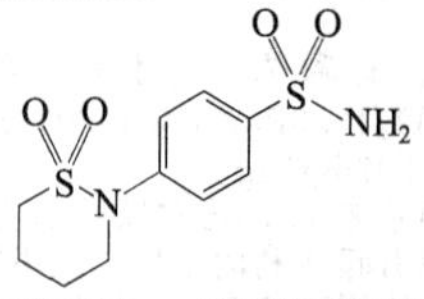

Sultopride hydrochloride 吡乙磺苯酰胺 盐酸盐 09254

[23694-17-9] $C_{17}H_{27}ClN_2O_4S$ 390.92
成分 C 52.23%，H 6.96%，Cl 9.07%，N 7.17%，O 16.37%，S 8.20%。
别名 盐酸吡乙磺苯酰胺；LIN-1418；Barnetil；Barnotil；*N*-(1-Ethyl-2-pyrrolidinyl) methyl-5-ethylsulfonyl-2-methoxybenzamide hydrochloride；*N*-(1-Ethyl-2-pyrrolidinyl) methyl-5-ethylsulfonyl-*O*-anisamide hydrochloride
M. I. 15，9123
性状 来自甲基乙基甲酮（2-丁酮）中的无色结晶，mp 181～182℃。或来自乙醇中的无色结晶，mp 190℃。
主要用途 医用精神抑制剂。

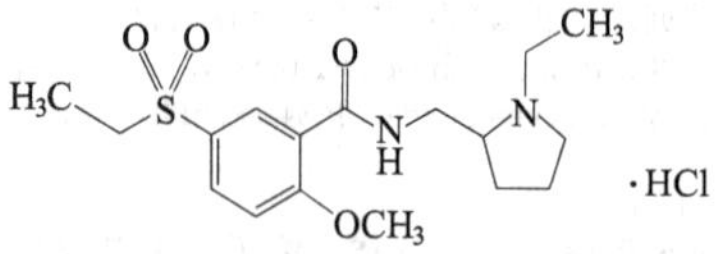

Sultosilic acid piperazine salt 磺托酸哌嗪盐 09255

[57775-27-6] $C_{17}H_{22}N_2O_7S_2$ 430.49
成分 C 47.43%，H 5.15%，N 6.51%，O 26.02%，S 14.89%。
别名 Diethylenediamine sultosylate；Piperazine sultosylate；A-585；Mimedran
M. I. 15，9124
性状 来自乙醇中的无色结晶。mp 174℃。LD_{50}猎兔猎犬，雄大鼠，雌大鼠腹膜内注射（mg/kg）：605，833.6，1272；大鼠经口：＞11g/kg。
主要用途 医用降血脂剂。

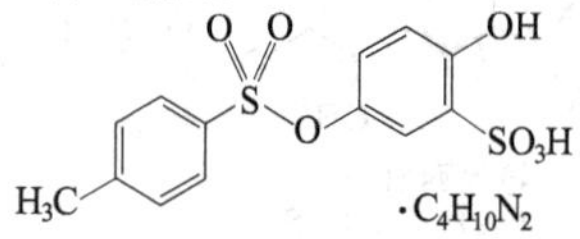

Sumatriptan 舒马普坦 09256

[103628-46-2] $C_{14}H_{21}N_3O_2S$ 295.40
成分 C 56.92%，H 7.17%，N 14.23%，O 10.83%，S 10.85%。
别名 舒马曲坦；3-[2-(Dimethylamino) ethyl]-*N*-methyl-1*H*-indole-5-methanesulfonamide；GR-43175
M. I. 15，9126
性状 无色结晶或粉末。极微溶于水。mp 169～171℃。
注意事项 该品对眼睛、呼吸系统及皮肤有刺激性。万一接触到眼睛，应立即用大量水冲洗后请医生诊治。
主要用途 医用抗偏头痛剂。

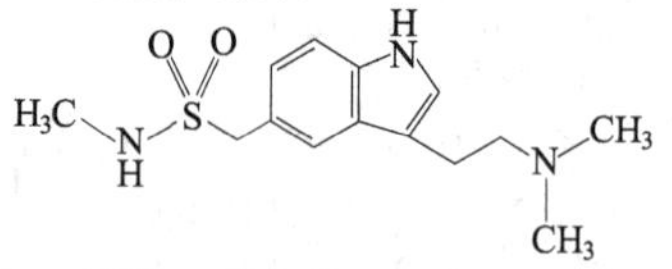

Sunset yellow FCF 日落黄 FCF 09257

[2783-94-0] $C_{16}H_{10}N_2Na_2O_7S_2$ 452.36
成分 C 42.48%，H 2.23%，N 6.19%，Na 10.16%，O 24.76%，S 14.17%。
别名 晚霞黄；6-Hydroxy-5-(4-sulfophenyl) azo-2-naphthalenesulfonic acid disodium salt；1-(*p*-Sulfophenylazo)-2-naphthol-6-sulfonic acid disodium salt；FD & C Yellow No.6；Food Yellow 3
M. I. 15，9130 C. I. 15985
性状 橙红色结晶。溶于水，微溶于乙醇。在浓硫酸中呈红-橙色，在稀硫酸中变为黄色。最大吸收值（于 0.02mol/L 乙酸铵水溶液中）：480nm。LD_{50}大鼠，小鼠急性经口：＞10g/kg，＞6g/kg。
主要用途 食用色素。

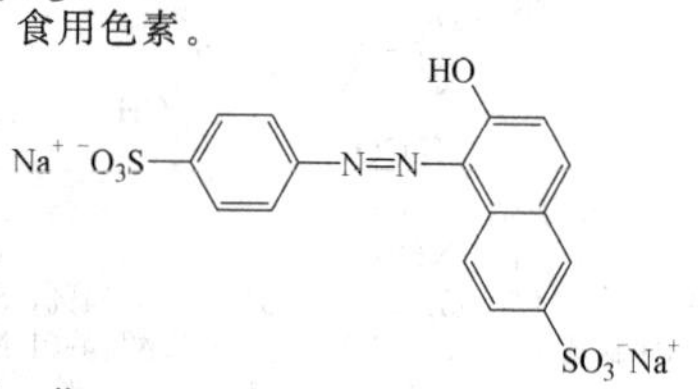

Superoxide dismutase from bovine erythrocytes 超氧化物歧化酶（牛红细胞） 09258

[9054-89-1] Mr 约 32000
别名 SOD
M. I. 15，9131 EC 1.15.1.1
性状 淡蓝灰色冷冻干燥粉末。一般试剂含量 2000～10000U/mg。
注意事项 使用时应避免吸入本品的粉尘，避免与眼睛及皮肤接触。应充氩气密封于－20℃干燥保存。
主要用途 生化研究。医用抗炎剂，放射性保护剂。

Superoxide dismutase from bovine liver 超氧化物歧化酶（牛肝） 09259

[9054-89-1] Mr 约 32000
M. I. 15，9131 EC 1.15.1.1
性状 浅棕色冷冻干燥粉末。一般商品含量约 1000U/mg。
注意事项 使用时应避免吸入本品的粉尘，避免与眼睛及皮肤接触。应充氩气密封于－20℃干燥保存。
主要用途 生化研究。

Superoxide dismutase from human erythrocytes 超氧化物歧化酶（人红血球） 09260

[9054-89-1] Mr 约 32000
M. I. 15，9131 EC 1.15.1.1
性状 淡绿色冷冻干燥粉末。一般试剂含量 3000～6000U/mg。
注意事项 使用时应避免吸入本品的粉尘，避免与眼睛及皮肤接触。应充氩气密封于－20℃干燥保存。
主要用途 生化研究。

Suplatast tosylate 甲磺司特对甲苯磺酸酯 09261

[94055-76-2] $C_{23}H_{33}NO_7S_2$ 499.64
成分 C 55.29%，H 6.66%，N 2.80%，O 22.41%，S 12.83%。
别名 对甲苯磺酸甲磺司特；[3-[[4-(3-Ethoxy-2-hydroxypropoxy) phenyl] amino]-3-oxopropyl] dimethylsulfonium salt with 4-methylbenzenesulfonic acid；(±)-[2-[[*p*-(3-Ethoxy-2-hydroxypropoxy) phenyl]carbamoyl]ethyl]dimethylsulfonium *p*-toluenesulfonate；IPD-1151T；IPD
M. I. 15，9132
性状 无色结晶或白色、灰白色粉末。mp 70～73℃。LD_{50}雄，雌小鼠；雄、雌大鼠静脉注射（mg/kg）：81，96；96，93。小鼠、大鼠急性经口（g/kg）：＞12.5，＞10。生化试剂含量≥98.0%（HPLC）。
主要用途 医用止喘剂，抗变应性剂。

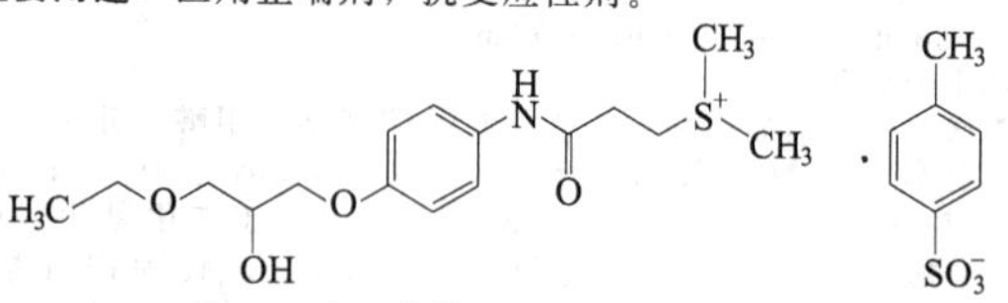

Suramin sodium salt 苏拉明钠盐 09262

[129-46-4] $C_{51}H_{34}N_6Na_6O_{23}S_6$ 1429.15
成分 C 42.86%，H 2.40%，N 5.88%，Na 9.65%，O 25.75%，S 13.46%。
别名 福诺三〇六；8,8'-[Carbonylbis[imino-3,1-phenylenecarbonylimino(4-methyl-3,1-phenylene) carbonylimino]]bis-1,3,5-naphthalenetrisulfonic acid hexasodium salt；Hexasodium *sym*-bis(*m*-aminobenzoyl-*m*-amino-*p*-methylbenzoyl-1-naphthylamino-4,6,8-trisulfonate) carbamide；Bayer 205；Fourmeau 309；Antrypol；Germanin；Moranyl；Naganol；Naphuride
M. I. 15，9135
性状 白色或微桃红色或奶油色粉末。味微苦。易吸潮。易溶于水、生理盐水，略微溶于95%乙醇，不溶于苯、乙醚、石油醚、氯仿。其水溶液对石蕊呈中性。LD_{50} 小鼠静脉注射：约620mg/kg。生化试剂含量≥99.0%（TLC）。

注意事项 使用时应避免吸入本品的粉尘，避免与眼睛及皮肤接触。应充氩气密封干燥保存。

主要用途 医用驱虫剂。抗原生物剂。

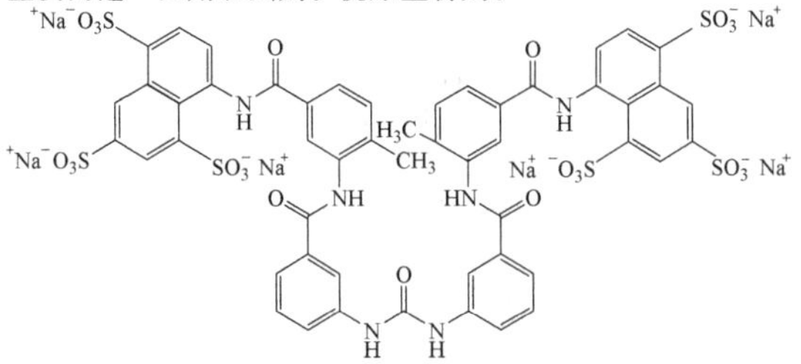

Suxibuzone 琥丁唑酮 09263

[27470-51-5] $C_{24}H_{26}N_2O_6$ 438.48

成分 C 65.74%，H 5.98%，N 6.39%，O 21.89%。

别名 4-丁基-4-羟甲基-1，2-二苯基-3，5-吡唑烷二酮琥珀酸氢酯；Butanedioic acid mono[(4-butyl-3，5-dioxo-1，2-diphenyl-4-pyrazolidinyl) methyl] ester；Succinic acid monoester with 4-butyl-4-hydroxymethyl-1，2-diphenyl-3，5-pyrazolidinedione；4-Butyl-4-hydroxymethyl-1，2-diphenyl-3，5-pyrazolidinedione hydrogen succinate (ester)；1，2-Diphenyl-4-*n*-butyl-4-hydroxymethyl-3，5-dioxopyrazolidine hemisuccinate；4-Hydroxymethylbutazolidine hemisuccinate；AE-17；Calbène；Danilon；Flogos；Solurol

M. I. 15，9139

性状 来自乙醇中的白色结晶性粉末。味苦。溶于多数有机溶剂，不溶于水。mp 126～127℃。LD_{50} 小鼠急性经口：5.683mmol/kg。

注意事项 该品吸入、口服或与皮肤接触有毒。使用时应穿适当的防护服。

主要用途 生化研究。医用抗炎剂。

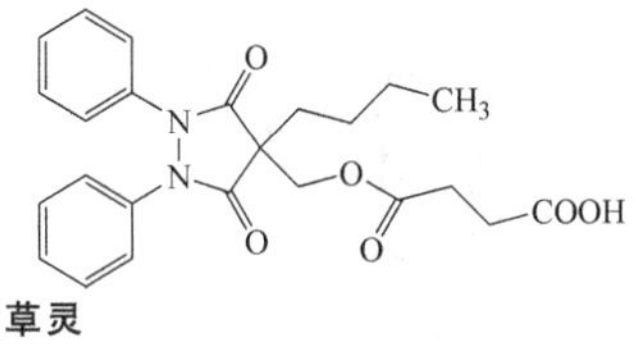

Swep 灭草灵 09264

[1918-18-9] $C_8H_7Cl_2NO_2$ 220.05

成分 C 43.67%，H 3.21%，Cl 32.22%，N 6.37%，O 14.54%。

别名 *N*-(3，4-二氯苯基)氨基甲酸甲酯；Methyl *N*-(3，4-dichlorophenyl) carbamate

性状 白色粉末。mp 112～114℃。

注意事项 该品口服有毒。使用时避免吸入本品的粉尘，避免与眼睛及皮肤接触。

主要用途 除草剂。分析用标准样品。

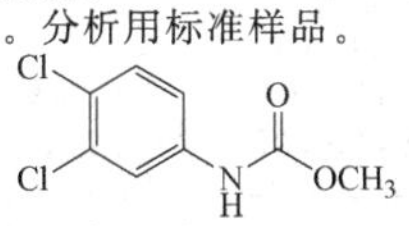

Symclosene 三氯异氰尿酸 09265

[87-90-1] $C_3Cl_3N_3O_3$ 232.41

成分 C 15.50%，Cl 45.76%，H 18.08%，O 20.65%。

别名 三氯三氧三嗪；1，3，5-三氯-1，3，5-三嗪-2，4，6-三酮；氧氯三嗪；1，3，5-Trichloro-1，3，5-triazine-2，4，6(1*H*，3*H*，5*H*)-trione；Trichloroiminocyanurie acid；Trichioroisocyanuric acid；ACL-85；Chloreal

GW 2015-1868 M. I. 15，9806

性状 来自二氯乙烷中的无色针状结晶。溶于水（25℃，约0.2%）、氯化的及强极性溶剂。其水溶液pH值约4.4。有效氯约90%。mp 246～247℃（分解）。

注意事项 该品与易燃物接触能燃烧，与酸接触能放出有毒气体。口服有毒。对眼睛及呼吸系统有刺激性。对水生物极毒。能对水环境引起长期不利的结果。万一接触到眼睛，应立即用大量水冲洗后请医生诊治。万一着火或爆炸，应避免吸入其烟雾。应保持容器的干燥。防止将本品释放于环境中。其包装物应按危险品处理。

主要用途 医用局部抗感染剂。

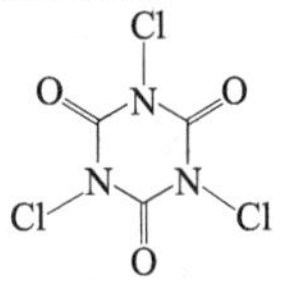

Synephrine 脱氧肾上腺素 09266

[94-07-5] $C_9H_{13}NO_2$ 167.21

成分 C 64.65%，H 7.84%，N 8.38%，O 19.14%。

别名 1-对羟苯基-2-甲氨基乙醇；对羟福林；辛内弗林；4-Hydroxy-α-[(methylamino) methyl] benzenemethanol；*p*-Hydroxy-α-[(methylamino) methyl] benzyl alcohol；1-(4-Hydroxyphenyl)-2-methylaminoethanol；*p*-Methylaminoethanolphenol；*β*-Methylamino-α-(4-hydroxyphenyl) ethyl alcohol；Methylaminomethyl 4-Hydroxyphenyl carbinol；Analeptin；Ethaphene；Oxedrine；Parasympatol；Simpaplon；Synephrin；Synthenate

M. I. 15，9142

性状 无色结晶。对空气、阳光稳定。mp 184～185℃。生化试剂含量≥99.0%。

注意事项 该品对眼睛、呼吸系统及皮肤有刺激性。使用时应穿适当的防护服。万一接触到眼睛，应立即用大量水冲洗后请医生诊治。应密封于2～8℃保存。

主要用途 生化研究。医用肾上腺素功能剂，拟交感神经剂。

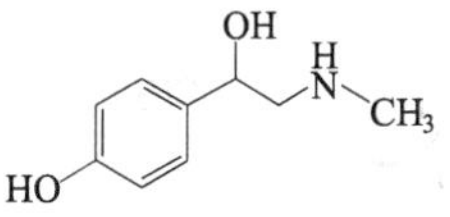

Synperonic NP-10 聚乙二醇壬基苯基醚 09267

[9016-45-9] $C_9H_{19}C_6H_4(OCH_2CH_2)_nOH$

别名 壬基酚聚氧乙烯醚；聚乙二醇单壬基苯基醚；壬基苯基聚氧乙烯醚；壬基苯代聚乙烯氧基乙醇；Polyethyleneglycol nonylphenyl ether

GW 2015-1726

性状 无色液体。溶于水。d_4^{20} 1.059；n_D^{20} 1.490。

注意事项 该品对呼吸系统有刺激性。对眼睛有严重损伤的危险。使用时应穿适当的防护服，戴防护镜或面罩。使用时应避免与眼睛皮肤接触。万一接触到眼睛，应立即用大量水冲洗后请医生诊治。应密封于阴凉处保存。

主要用途 气相色谱固定液，分离分析醇类。

Syringaldehyde 丁香醛 09268

[134-96-3] $C_9H_{10}O_4$ 182.18

成分 C 59.34%，H 5.53%，O 35.13%。

别名 3，5-二甲氧基-4-羟基苯甲醛；3，5-Dimethoxy-4-hydroxybenzaldehyde；4-Hydroxy-3，5-dimethoxybenzaldehyde；Syringic aldehyde；3，5-Dimethoxy-4-hydroxybenzene carbonal；Gallaldehyde 3，5-dimethyl ether

M. I. 15，9145

性状 来自石油醚中的浅黄色针状结晶。溶于乙醇、乙醚、氯仿、热苯、冰乙酸，极微溶于水、石油醚。遇钠盐或钾盐呈黄色。mp 113℃；bp_{14} 192～193℃/1.867kPa；uv max（于二氧六环中）：305nm。一般试剂含量≥97.0%（HPLC）。

注意事项 除保存条件外，其他见09266脱氧肾上腺素。

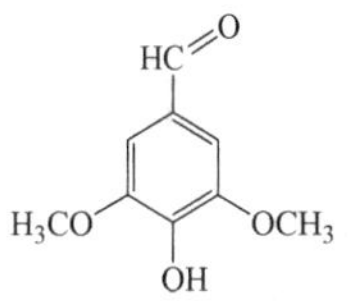

Syringic acid 丁香酸 09269

[530-57-4] $C_9H_{10}O_5$ 198.18

成分 C 54.55%，H 5.09%，O 40.37%。

别名 3，5-二甲氧基-4-羟基苯甲酸；4-羟基-3，5-二甲氧基苯甲酸；Gallic acid 3，5-dimethyl ether；4-Hydroxy-3，5-dimethoxybenzoic acid；3，5-Dimethoxy-4-hydroxybenzoic acid

性状 白色针状结晶。溶于乙醇、乙醚、三氯甲烷，微溶于水。mp 206～209℃。一般试剂含量≥97.0%（T）。

注意事项 除保存条件外，其他见 09259 脱氧肾上腺素。

主要用途 有机合成。

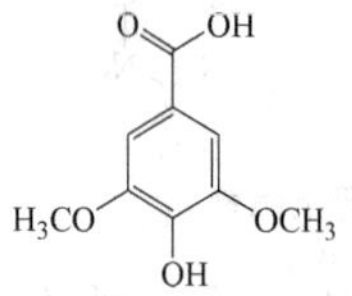

Syringin 丁香苷 09270

[118-34-3] $C_{17}H_{24}O_9$ 372.37

成分 C 54.83%，H 6.50%，O 38.67%。

别名 紫丁香苷；4-[(1*E*)-3-Hydroxy-1-proper-1-yl]-2,6-dimethoxyphenyl-*β*-D-glucopyranoside；4-(3-Hydroxypropenyl)-2，6-dimethoxyphenyl-D-glucoside；Syringoside；Ligustrin；Lilacin；Methoxyconiferine

M. I. 15，9146

性状 来自水中的无色结晶为一水合物。溶于热水，微溶于冷水，几乎不溶于乙醚。mp 192℃；$[\alpha]_D^{20}$ −8.2°（*c*＝2.43，于氯仿中）；$[\alpha]_D^{20}$ −17.25°（于水中）。

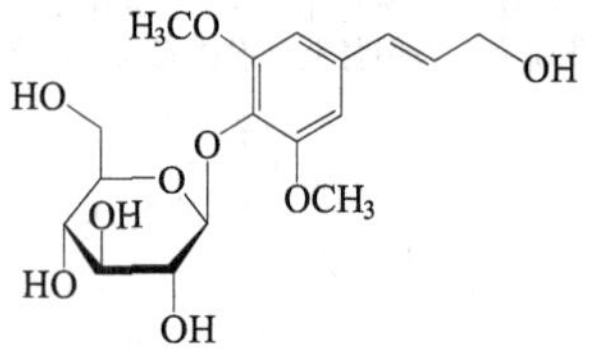

Syrosingopine 昔可平 09271

[84-36-6] $C_{35}H_{42}N_2O_{11}$ 666.73

成分 C 63.05%，H 6.35%，N 4.20%，O 26.40%。

别名 昔洛舍平；新洛哥平；乙酯利血平；(3*β*,16*β*,17*α*,18*β*,20*α*)-18-[4-(Ethoxycarbonyl)oxy-3,5-dimethoxybenzoyl]oxy-11,17-dimethoxyyohimban-16-carboxylic acid methyl ester；Methyl carbethoxysyringoylreserpate；Carbethoxysyringoyl methyl reserpate；Methyl *O*-(*O*′-carbethoxysyringoyl) reserpate；Syringopine；Su-3118；Isotense；Londomin；Raunova；Seniramin；Singoserp；Siringina

M. I. 15，9147

性状 来自丙酮中的无色结晶. mp 175～179℃。

主要用途 医用抗高血压剂。

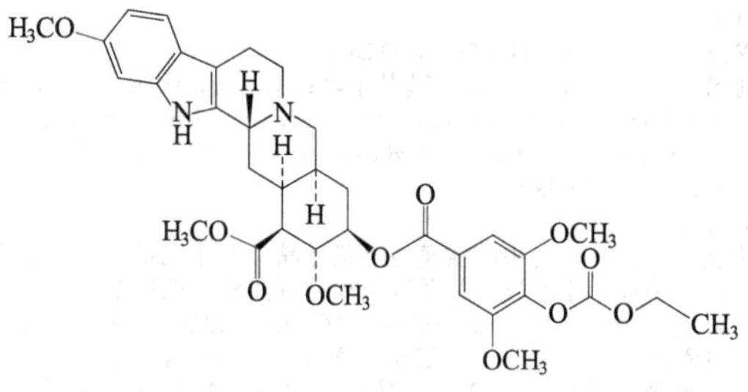

T

Tacalcitol 他卡西妥 09272

[57333-96-7] $C_{27}H_{44}O_3$ 416.63

成分 C 77.84%，H 10.64%，O 11.52%。

别名 他卡西醇；(1*α*,3*S*,5*Z*)-4-Methylene-5-[(2*E*)-2-[(1*R*,3a*S*,7a*R*)-octahydro-1-[(1*R*,4*R*)-4-hydroxy-1,5-dimethylhexyl]-7*α*-methyl-4*H*-indem-4-ylidene]ethylidene]-1,3-cyclohexanediol；(1*α*,3*β*,5*Z*,7*E*,24*R*)-9,10-Secocholesta-5,7,10(19)-triene-1,3,24-triol；1*α*，24（*R*）-Dihydroxycholecalciferol；1*α*，24（*R*）-Dihydroxyvitamin D_3；TV-02；Bonealfa；Curatoderm

M. I. 15，9152

性状 白色固体。uv max（乙醇中）：265nm。生化试剂含量≥98.0%。

主要用途 医用治牛皮癣剂。

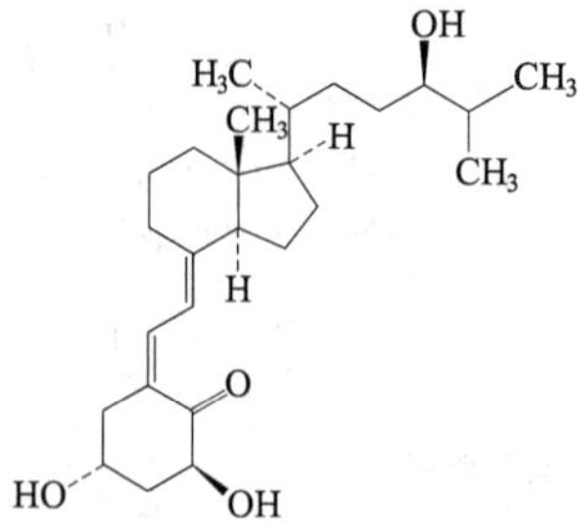

Tachysterol 速甾醇 09273

[115-61-7] $C_{28}H_{44}O$ 396.66

成分 C 84.78%，H 11.18%，O 4.03%。

别名 环裂甾醇；速固醇；(1*S*)-3-[(1*E*)-2-[(1*E*)-2-[(1*R*,3a*R*,7a*R*)-2,3,3a,6,7,7a-Hexahydro-7a-methyl-1-[(1*R*,2*E*,4*R*)-1,4,5-trimethyl-2-hexen-1-yl]-1*H*-inden-4-yl]ethenyl]]-4-methyl-3-cyclohexen-1-ol；(3*β*，6*E*，22*E*)-9，10-Secoergosta-5(10),6,8,22-tetraen-3-ol

M. I. 15，9153

性状 无色油状液体。易被空气氧化。不被毛地黄皂苷沉淀。溶于有机溶剂，但不溶于甲醇。不溶于水。$[\alpha]_D^{18}$ −70°（24.6mg 溶于 2mL 石油醚）；$[\alpha]_{546}^{18}$ −86.3°（于石油醚中）；uv max：280nm。

主要用途 生化研究。

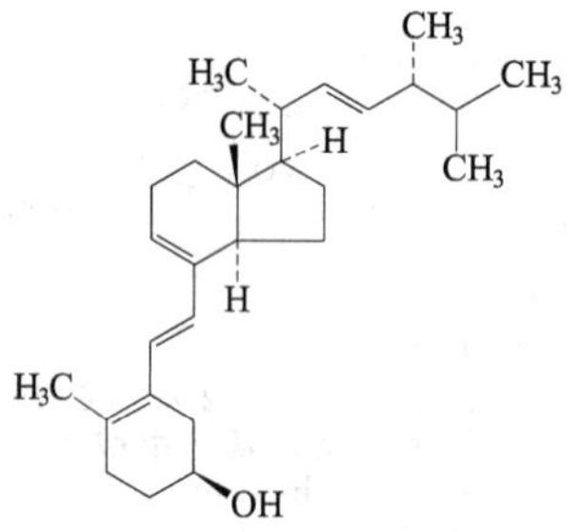

Tacrolimus 他克莫司 09274

[104987-11-3] $C_{44}H_{69}NO_{12}$ 804.03

成分 C 65.73%，H 8.65%，N 1.74%，O 23.88%。

别名 (3*S*,4*R*,5*S*,8*R*,9*E*,12*S*,14*S*,15*R*,16*S*,18*R*,19*R*,26aS)-5,6,8,11,12,13,14,15,16,17,18,19,24,25,26,26a-Hexadecahydro-5,19-dihydroxy-3-[(1*E*)-2-[(1*R*,3*R*,4*R*)-4-hydroxy-3-methoxycyclohexyl]-1-methylethenyl]-14,16-dimethoxy-4,10,12,18-tetramethyl-8-(2-propenyl)-15,19-epoxy-3*H*-pyrido[2,1-*c*][1,4]oxaazacyclotricosine-1,7,20.21(4*H*,23*H*)-tetrone；17-Allyl-1,14-dihydroxy-12-[2-(4-hydroxy-3-methoxycyclohexyl)-1-methylvinyl]-23,25-dimethoxy-13,19,21,27-tetramethyl-11,28-dioxa-4-azatricyclo[22.3.1.$0^{4,9}$]octacos-18-ene-2,3,10,16-tetraone；FK-506；FR-900506；Prograf；Protopic

M. I. 15，9155

性状 一般商品为一水合物。为来自乙腈中的无色棱柱体结晶。溶于甲醇、乙醇、丙酮、乙酸乙酯、氯仿、乙醚，略微溶于己烷、石油醚，不溶于水。mp 127～129℃；$[\alpha]_D^{23}$ −84.4°（*c*＝1.02，于氯仿中）。LD_{50} 小鼠腹膜内注射：＞200mg/kg；雄、雌大鼠静脉注射（mg/kg）：57.0，23.6；急性经口（mg/kg）：134，194。

注意事项 该品口服有毒。使用时如有事故发生或有不适之感，应请医生诊治。

主要用途 医用免疫抑制剂。

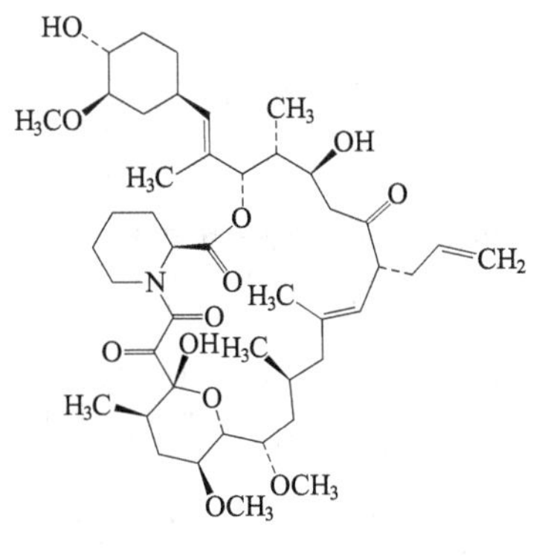

Tafenoguine succinate 他非诺喹丁二酸酯 09275

[106635-81-8] $C_{28}H_{34}F_3N_3O_7$ 581.59

成分 C 57.83%，H 5.89%，F 9.80%，N 7.23%，O 19.26%。

别名 丁二酸他非诺喹酯；他非诺喹琥珀酸酯；N^4-[2,6-Dimethoxy-4-methyl-5-[3-(trifluoromethyl) phenoxy]-8-quinolinyl]-1,4-pentanediamine succinate; 8-(4-Amino-1-methylbutyl) amino-2,6-dimethoxy-4-methyl-5-[3-(trifluoromethyl)phenoxy]quinoline succinate ; WR-238605; succinate; Etaquine

M. I. 15，9159

性状 来自乙腈中的无色结晶。mp 146～149℃。LD_{50}雄、雌大鼠急性经口（mg/kg）：429，416；腹膜内注射（mg/kg）：102，71。生化试剂含量≥95.0%（HPLC）。

主要用途 医用抗疟剂。

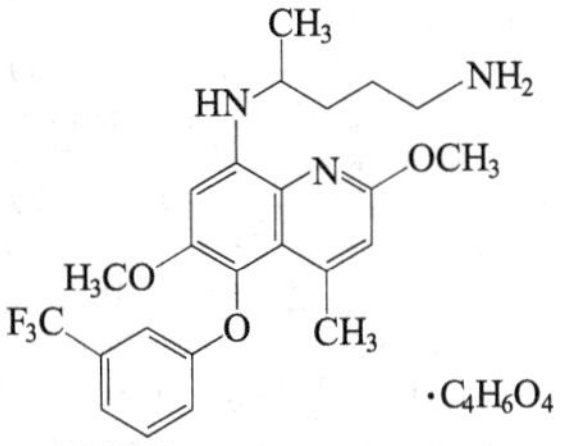

$\cdot C_4H_6O_4$

D-Tagatose D-塔格糖 09276

[87-81-0] $C_6H_{12}O_6$ 180.16

成分 C 40.00%，H 6.71%，O 53.28%。

别名 D-万寿菊糖；D-（－）-塔格糖；D-*lyxo*-Hexulose; D-Lyxohexulose

M. I. 15，9161

性状 来自稀乙醇中的无色或白色结晶。味微甜。易溶于水（0.1g/mL），不溶于乙醇。mp 131～133℃；$[\alpha]_D^{25}-5°$（$c=1$，于水中）。生化试剂含量≥99.0%（HPLC）。

注意事项 该品应充氩气密封于干燥处保存。

主要用途 生化试剂。

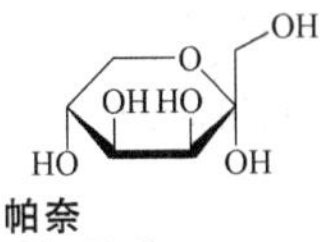

Talampanel 他仑帕奈 09277

[161832-65-1] $C_{19}H_{19}N_3O_3$ 337.38

成分 C 67.64%，H 5.68%，N 12.46%，O 14.23%。

别名 (8*R*)-7-乙酰基-5-(4-氨基苯基)-8,9-二氢-8-甲基-7*H*-1,3-二氧杂环戊烯并[4,5-*h*][2,3]苯并二氮杂䓬；(8*R*)-7-Acetyl-5-(4-aminophenyl)-8,9-dihydro-8-methyl-7*H*-1,3-dioxolo[4,5-*h*][2,3]benzodiazepine; *R*-(－)-1-(4-Aminophenyl)-3-acetyl-4-methyl-7,8-methylenedioxy-3,4-dihydro-5*H*-2,3-benzodiazepine; LY-300164

M. I. 15，9164

性状 无色结晶。mp 169～172℃；$[\alpha]_D-321.34°$（$c=1$，于甲醇中）。生化试剂含量≥98.0%。

主要事项 该品应密封于－20℃保存。

主要用途 医用抗惊厥剂。

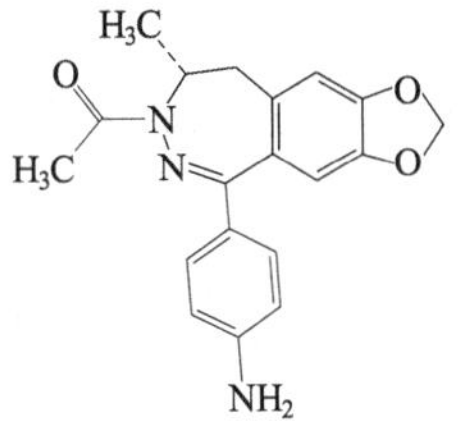

Talampicillin hydrochloride
酞氨苄青霉素 盐酸盐 09278

[39878-70-1] $C_{24}H_{24}ClN_3O_6S$ 517.98

成分 C 55.65%，H 4.67%，Cl 6.84%，N 8.11%，O 18.53%，S 6.19%。

别名 盐酸酞氨苄青霉素；盐酸氨苄青霉素酞酯；氨苄青霉素酞酯 盐酸盐；BRL-8988; Talat; Talpen; Yamacillin; (2*S*,5*R*,6*R*)-6-[(2*R*)-Aminophenylacetyl] amino-3,3-dimethyl-7-oxo-4-thia-1-isobenzofuranyl ester hydrochloride; (2*S*,5*R*,6*R*)-6-[(*R*)-2-Amino-2-phenylacetamido]-3,3-dimethyl-7-oxo-4-thia-1-azabicyclo[3.2.0] heptane-2-carboxylic acid ester with 3-hydroxyphthalide hydrochloride; 6-[D-(－)-α-Aminophenylacetamido] penicillanic acid phthalide ester hydrochloride; Ampicillin 1-oxo-1,3-dihydroisobenzofuran-3-yl ester hydrochloride; Phthalidyl D-α-aminobenzylpenicillanate hydrochloride

M. I. 15，9165

性状 白色粉末。mp 154～157℃（分解）。

主要用途 生化研究。医用抗菌剂。

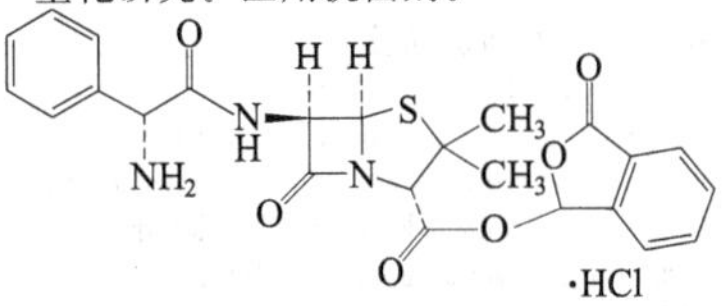

·HCl

Talbutal 5-烯丙基-5-（1-甲基丙基）巴比妥酸 09279

[115-44-6] $C_{11}H_{16}N_2O_3$ 224.26

成分 C 58.91%，H 7.19%，N 12.49%，O 21.40%。

别名 5-(1-Methylpropyl)-5-(2-propehyl)-2,4,6(1*H*,3*H*,5*H*)-pyrimidinetrione; 5-Allyl-5-*sec*-butylbarbituric acid; 5-Allyl-5-(1-methylpropyl) barbituric acid; Lo-tusate

M. I. 15，9167

性状 来自水或稀乙醇中的无色结晶。味微苦。溶于乙醇、氯仿、乙醚、丙酮、冰乙酸，亦溶于不挥发的碱溶液，几乎不溶于水、石油醚。其饱和水溶对石蕊呈酸性。mp 108～110℃。LD_{50}大鼠急性经口：57.5mg/kg。

主要用途 医用镇静剂，安眠剂。

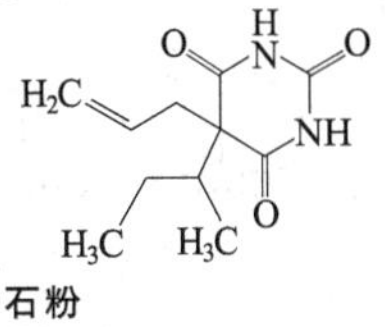

Talc powder 滑石粉 09280

[14807-96-6] $H_2Mg_3O_{12}Si_4$ 379.26

成分 H 0.53%，Mg 19.23%，O 50.62%，Si 29.62%。

别名 French chalk powder; Hydrous magnesium silicate; Talcum powder; Trench chalk powder

M. I. 15，9168

性状 白色至灰白色极微细的结晶形粉末。无味。有油性，易黏附在皮肤上，有滑腻感。不溶于水、冷酸、碱。

注意事项 使用时应避免吸入本品的粉尘，避免与眼睛及皮肤接触。

主要用途 除尘粉。

Talinolol 环脲心安 09281

[57460-41-0] $C_{201}H_{33}N_3O_3$ 363.50

成分 C 66.09%，H 9.15%，N 11.56%，O 13.20%。

别名 *N*-Cyclohexyl-*N'*-[4-[3-[(1,1-dimethylethyl) amino]-2-hydroxypropoxy]phenyl]urea; (±)-1-[*p*-[3-(*tert*-Butylamino)-2-hydroxypropoxy]phenyl]-3-cyclohexylurea; 02-115; Cordanum

M. I. 15，9170

性状 来自异丙醇中的无色结晶。mp 142～144℃。LD_{50}大鼠、小鼠急性经口（mg/kg）：1180，593；腹膜内注射

(mg/kg): 54.3, 74.7; 静脉注射 (mg/kg): 29.7, 25.0。

主要用途 医用抗高血压剂，抗心律失常剂（β-受体阻滞剂）。

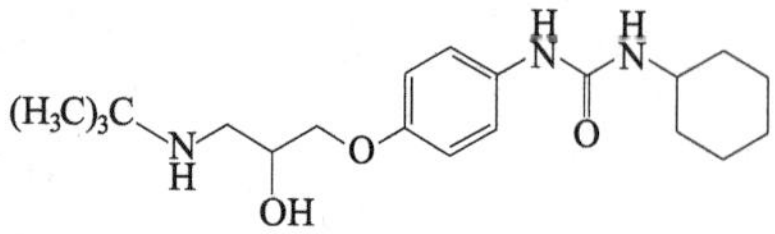

Talipexole dihydrochloride 他利克索 二盐酸盐 09282

[36085-73-1] $C_{10}H_{17}Cl_2N_3S$ 282.23

成分 C 42.56%，H 6.07%，Cl 25.12%，N 14.89%，S 11.36%。

别名 盐酸他利克索；6-烯丙基-2-氨基-5，6，7，8-四氢-4*H*-噻唑［4，5-*d*］氮杂䓬 二盐酸盐；B-HT-920；Domin；5,6,7,8-Tetrahydro-6-(2-propenyl)-4*H*-thiazolo[4,5-*d*]azepin-2-amine；6-Allyl-2-amino-5,6,7,8-tetrahydro-4*H*-thiazolo[4,5-*d*]azepine

M. I. 15，9171

性状 无色结晶或白色粉末。mp 245℃（分解）。LD_{50} 雌、雄大鼠急性经口 (mg/kg): 687, 403; 静脉注射 (mg/kg): 72, 66。

主要用途 医用抗震颤剂。

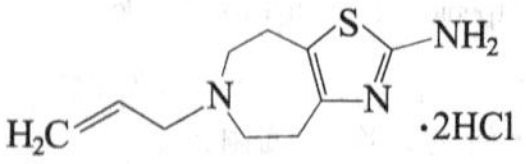

TallysomycinA 太利苏霉素 A 09283

[65057-90-1] $C_{68}H_{110}N_{22}O_{27}S_2$ 1731.88

成分 C 47.16%，H 6.40%，N 17.79%，O 24.94%，S 3.70%。

别名 N^1-[4-Amino-6-[3-[(4-aminobutyl)amino]propyl]amino-6-oxohexyl]-13-(4-amino-4,6-dideoxy-α-L-talopyranosyl)oxy-19-demethyl-12-hydroxybleomycinamide；BU-2231A

M. I. 15，9175

性状 白色无定形固体。溶于水、甲醇、二甲基甲酰胺，微溶于乙醇，几乎不溶于别的有机溶剂。无固定熔点，＞210℃逐渐分解。$[\alpha]_D^{23}-21°$（c=0.5，于水中）；uv max（水中）：290nm（$E_{1cm}^{1\%}$ 67）。LD_{50} 小鼠皮下注射：28mg/kg。

主要用途 生化研究。医用抗肿瘤剂。

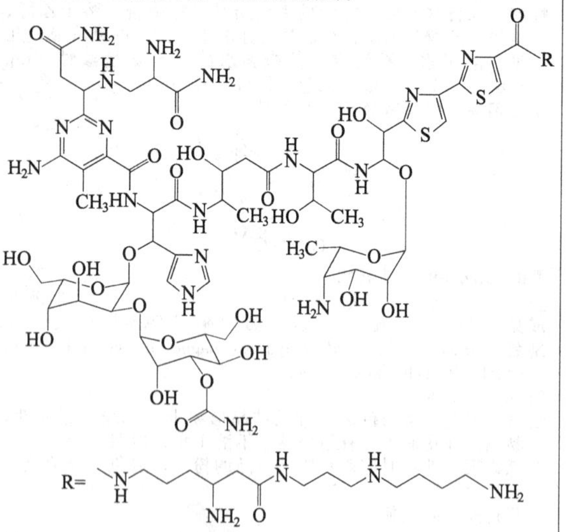

Talniflumate 氟烟酞酯 09284

[66898-62-2] $C_{21}H_{13}F_3N_2O_4$ 414.34

成分 C 60.88%，H 3.16%，F 13.76%，N 6.76%，O 15.45%。

别名 2-间三氟甲基苯胺基烟酸酞酯；2-[3-(Trifluoromethyl)phenyl]amino-3-pyridinecarboxylic acid 1,3-dihydro-3-oxo-1-isobenzofuranyl ester；Phthalidyl 2-(3-trifluoromethylanilino)nicotinate；Phthalidyl 2-(α,α,α-trifluoro-*m*-toluidino)nicotinate；BA-7602-06；Somalgen

M. I. 15，9176

性状 白色或浅黄色结晶性粉末。mp 165～166℃；uv max（氯仿中）：287nm，357nm（ε 25600，7800）。LD_{50} 大鼠急性经口：12000mg/kg。

主要用途 生化研究。医用抗炎剂，止痛剂。

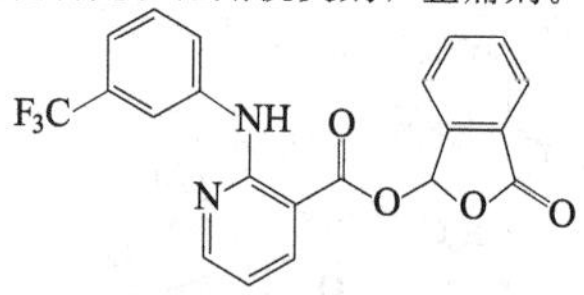

Taltirelin tetrahydrate 他替瑞林 四水 09285

[201677-75-0] $C_{17}H_{21}N_7O_5 \cdot 4H_2O$ 475.76

成分（以无水物计） C 50.36%，H 5.72%，N 24.18%，O 19.73%。

别名 TA-0910；Ceredist *N*-[4(*S*)-Hexahydro-1-methyl-2,6-dioxo-4-primidinyl]carbonyl-L-histidyl-L-prolinamide；(*S*)-*N*-(1-Methyl-4,5-dihydroorotyl)-L-histidyl-L-prolinamide

M. I. 15，9177

性状 白色结晶。无气味。溶于水、乙酸、乙醇，微溶于甲醇、乙腈。mp 72～75℃；$[\alpha]_D^{23}-13.6°$。LD_{50} 小鼠，大鼠急性经口 (mg/kg): ＞5000, ＞5000; 小鼠，雄、雌大鼠静脉注射 (mg/kg): ＞2000, 799, 946。

主要用途 医疗用于脊髓小脑退化的治疗。

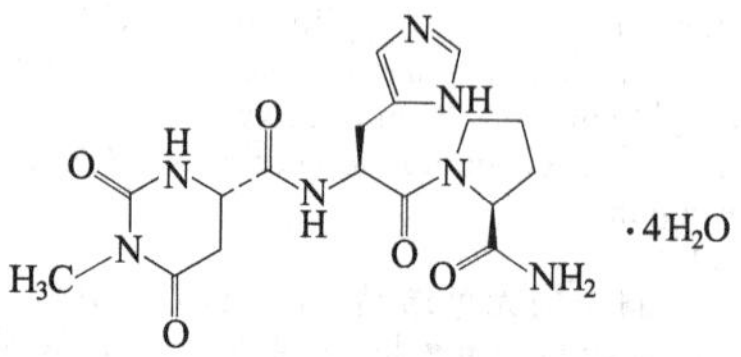

Tamoxifen citrate 柠檬酸它莫西芬 09286

[54965-24-1] $C_{32}H_{37}NO_8$ 563.65

成分 C 68.19%，H 6.62%，N 2.49%，O 22.71%。

别名 它莫西芬 柠檬酸盐；它莫西芬 枸橼酸盐；柠檬酸 1-对-β-二甲氨基乙氧基苯基-反式-1，2-二苯基-1-丁烯；柠檬酸三苯氧胺；三苯氧胺 柠檬酸盐；枸橼酸三苯氧胺；枸橼酸它莫西芬；反式-2-［4-（1，2-二苯基-1-丁烯基）苯氧基］-*N*,*N*-二甲基乙胺 柠檬酸盐；*trans*-2-[4-(1,2-Diphenyl-1-butenyl)phenoxy]-*N*,*N*-dimethylethylamine citrate；(*Z*)-2-[4-(1,2-Diphenyl-1-butenyl)phenoxy]-*N*,*N*-dimethylethylamine citrate；1-*p*-β-Dimethylaminoethoxyphenyl-*trans*-1,2-diphenyl-1-butene citrate；ICI-46474；Kessar；Noltam；Nolvadex；Nourytam；Tamofene；Tamoxasta；Zemide；Zitazonium

M. I. 15，9180

性状 细微的白色结晶性粉末。无味。溶于甲醇，极微溶于水、乙醇、丙酮、氯仿。相对湿度过高易潮解。mp 140～142℃。LD_{50} 小鼠，大鼠腹膜内注射 (mg/kg): 200, 600; 静脉注射 (mg/kg): 62.5, 62.5; 急性经口 (g/kg): 3～6, 1.2～2.5。生化试剂含量≥99.0%。

注意事项 该品可能致癌。可能损伤生育力。能危害胎儿。口服有毒。可能危害母乳喂养的婴儿。使用前应得到专门的指导，避免曝露。使用时应穿适当的防护服，戴手套和防护镜或面罩。使用时如有事故发生或有不适之感，应请医生诊治。应密封于2～8℃保存。

主要用途 生化研究。医用抗雌激素。减轻、缓解、治疗乳腺癌。

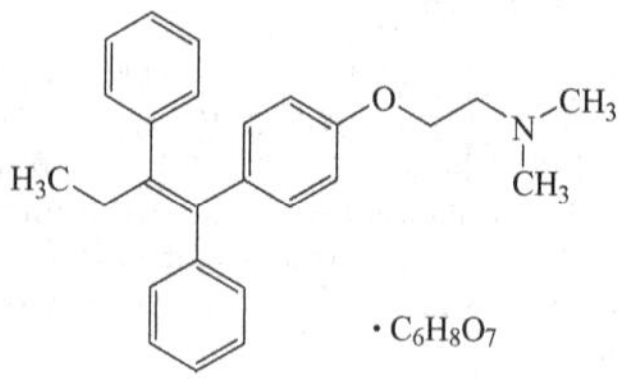

Tamsulosin hydrochloride 坦索罗辛 盐酸盐 09287

[106463-17-6] $C_{20}H_{29}ClN_2O_5S$ 444.97

成分 C 53.99%，H 6.57%，Cl 7.97%，N 6.30%，O 17.98%，S 7.20%。

别名 盐酸坦索罗辛；盐酸坦舒罗苯；盐酸坦洛新；5-[(2*R*)-[[2-(2-乙氧基苯氧基)乙基]氨基]丙基]-2-甲氧基苯磺酰胺盐酸盐；LY-253351；YM-12617-1；YM-617；Flomax；Harnal；Omnic；Pradif；5-[(2*R*)-2-[[2-(2-Ethoxyphenoxy)ethyl]amino]propyl]-2-methoxybenzenesulfonamide hydrochloride；Amsulosin hydrochloride

M. I. 15，9181

性状 白色结晶或粉末。易溶于甲酸，略溶于甲醇，微溶于水、冰乙酸，几乎不溶于乙醚。mp 228～230℃（分解）；$[\alpha]_D^{24}-4.0°$（$c=0.35$，于甲醇中）。生化试剂含量≥98.0%。

注意事项 该品口服有毒。对眼睛、呼吸系统及皮肤有刺激性。万一接触到眼睛时，应立即用大量水冲洗后请医生诊治。应密封保存。

主要用途 医疗用于良性前列腺肥大的治疗。排尿障碍治疗剂。

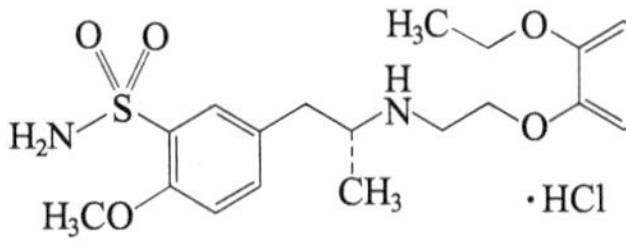

Tannic acid　单宁酸　09288

[1401-55-4]　$C_{76}H_{52}O_{46}$　1701.23

成分 C 53.66%，H 3.08%，O 43.26%。

别名 丹宁酸；丹宁；没食子酸；鞣酸；Gallotannic acid；Gallotannin；Penta(*m*-digalloyl)glucose；Tannin

M. I. 15，9184

性状 浅黄色或浅棕色无定形的疏松性粉末。微有特殊气味。有收敛性。见光或露置空气中颜色逐渐变黑。1g 该品溶于 0.35mL 水、1mL 热甘油，易溶于乙醇、丙酮，几乎不溶于苯、乙醚、三氯甲烷、石油醚、二硫化碳、四氯化碳、乙烷。在 210～215℃大部分分解为焦性没食子酸和二氧化碳。LD_{100} 小鼠急性经口：6.0g/kg。

注意事项 该品对眼睛、呼吸系统及皮肤有刺激性。使用时应穿适当的防护服。使用时应避免吸入本品的粉尘，避免与眼睛及皮肤接触。万一接触到眼睛，应立即用大量水冲洗后请医生诊治。应密封避光保存。

主要用途 铍、铝、镓、钼、铌、银、钛、钽、锆的沉淀与重量测定。铜、钼、铁、钒、铈、钴的比色测定。蛋白质和生物碱的沉淀剂。制造墨水、没食子酸、焦性没食子酸。医用收敛剂。

Tantalum foil　钽片　09289

[7440-25-7]　Ta　180.94788

M. I. 15，9185

性状 银白色或灰色片状金属。具延展性。极硬。溶于熔融碱类，不溶于水。除氢氟酸和发烟硫酸外，对其他酸和碱溶液均不起反应。钽箔或粉燃烧时开始生成黑色产物，后变为褐色的五氧化二钽。mp 2996℃；bp 5429℃；*d* 16.69。

主要用途 耐熔合金。制造半导体管丝。制造真空管和 X 射线管。

Tantalum(Ⅴ) chloride　氯化钽　09290

[7721-01-9]　Cl_5Ta　358.20

成分 Cl 49.48%，Ta 50.52%。

别名 五氯化钽；Tantalic chloride；Tantalum pentachloride

GW 2105-2152　M. I. 15，9186

性状 白色或淡黄色单斜结晶或结晶性粉末。在二氧化碳或干燥氯气中升华。在潮湿空气或水中分解并生成钽酸。溶于无水乙醇、氯仿、四氯化碳、二硫化碳、氢氧化钾溶液，不溶于硫酸。mp 216.5～220℃；bp 239.3℃；*d* 3.68。LD_{50} 大鼠腹膜内注射：75mg/kg；急性经口：1.9g/kg。

注意事项 该品吸入、口服或与皮肤接触有毒。具有腐蚀性，能引起烧伤。使用时应穿适当的防护服，戴手套和防护镜或面罩。万一接触到眼睛，应立即用大量水冲洗后请医生诊治。接触皮肤后应立即用大量水冲洗。使用时如有事故发生或有不适之感，应请医生诊治。使用完毕应立即脱掉受污染的衣服。应密封于干燥处保存。

主要用途 制造纯金属钽。

Tantalum(Ⅴ) oxide　五氧化二钽　09291

[1314-61-0]　O_5Ta_2　441.89

成分 O 18.10%，Ta 81.90%。

别名 钽酐；氧化钽；钽酸酐；Tantalic acid anhydride；Tantalum pentoxide

M. I. 15，9188

性状 白色微晶性粉末。难熔。溶于氢氟酸，能被熔融的氢氧化钾、硫酸氢钾所分解，不溶于水、乙醇、碱溶液以及氢氟酸以外的无机酸。mp 1880℃；*d* 8.20。LD_{50} 大鼠急性经口：8g/kg。一般试剂含量≥99.0%。

主要用途 制造光学玻璃。金属钽和碳化钽的中间物。

Taprostene sodium salt　他前列烯钠盐　09292

[87440-45-7]　$C_{24}H_{29}NaO_5$　420.48

成分 C 68.56%，H 6.95%，Na 5.47%，O 19.02%。

别名 CG-4203；Rheocyclan；3-[(*Z*)-[(3a*R*,4*R*,5*R*-,6a*S*)-4-[(1*E*,3*S*)-3-Cyclohexyl-3-hydroxy-1-propenyl]hexahydro-5-hydroxy-2*H*-cyclopenta[*b*]furan-2-ylidene]methyl]benzoic acid sodium salt；*α*-[(2*Z*，3a*R*，4*R*，5*R*，6a*S*)-4-[(1*E*，3*S*)-3-Cyclohexyl-3-hydroxypropenyl]hexahydro-5-hydroxy-2*H*-cyclopenta[*b*]furan-2-ylidene]-*m*-toluic acid sodium salt；[(5*Z*,13*E*，9*α*,11*α*,15*S*)-2,3,4-Trinor-1,5-inter-*m*-phenylene-6,9-epoxy-11,15-dihydroxy-15-cyclohexyl-16，17，18，19，20-pentanor]prosta-5,13-dienoic acid sodium salt

M. I. 15，9190

性状 灰白色粉末。溶于水（26mg/mL）。mp 173～182.5℃；$[\alpha]_D^{22}+249°$（$c=0.68$，于甲醇中）。LD_{50} 小鼠、大鼠静脉注射：164mg/kg，20mg/kg。生化试剂含量≥98.0%（HPLC）。

注意事项 该品吸入、口服或与皮肤接触有毒。应密封于2～8℃保存。

主要用途 医用抗血栓形成剂。

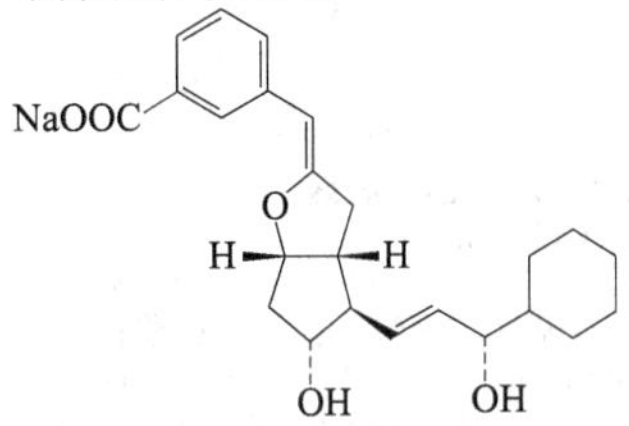

TAPS　*N*-[三(羟甲基)]甲基氨基丙烷磺酸　09293

[29915-38-6]　$C_7H_{17}NO_6S$　243.27

成分 C 34.56%，H 7.04%，N 5.76%，O 39.46%，S 13.18%。

别名 3-[[2-羟基-1，1-二(羟甲基)乙基]氨基]-1-丙烷磺酸；3-[[2-Hydroxy-1,1-bis(hydroxymethyl)ethyl]amino]-1-propanesulfonic acid；*N*-[Tris(hydroxymethyl)]methyl-3-aminopropanesulfonic acid

M. I. 15，9191

性状 无色结晶。pK_a：8.55；pK_a(37℃)：8.1；pK_a(25℃)：8.28。mp 194℃；Fp 230℉(110℃)。生化试剂含量≥99.5%(T)。

注意事项 使用时应避免吸入本品的粉尘，避免与眼睛及皮肤接触。

主要用途 生物缓冲剂。

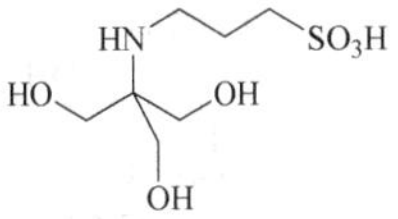

Taraxerol　蒲公英萜醇　09294

[127-22-0]　$C_{30}H_{50}O$　426.73

成分 C 84.44%，H 11.81%，O 3.75%。

别名 蒲公英赛醇；(3*β*,13*α*)-13-Methyl-27-norolean-14-en-3-ol；(3*β*)-D-Friedoolean-14-en-3-ol；Isoolean-14-en-3*β*-ol；Skimmiol；Alnulin；Tiliadin

M. I. 15，9195

性状 来自氯仿+甲醇中的无色片状结晶或来自苯中的无色针

状结晶。溶于苯、氯仿、乙醚、乙酸乙酯、乙酸酐、乙酸、苯酚、吡啶、二甲苯，较少地溶于乙醇。mp 282～285℃；uv max（乙醇中）：210nm，215nm，220nm，223nm（ε 3900，2400，700，250）。

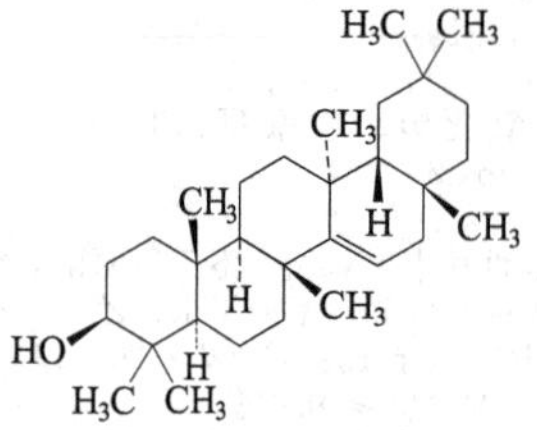

D-(－)-Tartaricacid D-(－)-酒石酸

09295

[147-71-7] $C_4H_6O_6$ 150.09

成分 C 32.01%，H 4.03%，O 63.96%。

别名 左旋葡萄酸；D-(－)-二羟基丁二酸；(2*S*,3*S*)-2,3-Dihydroxybutanedioic acid；D-*threo*-2，3-Dihydroxysuccinic acid；Levotartaric acid；(2*S*,3*S*)-(－)-Tartaric acid；*l*-Tartaric acid；(－)-Tartaric acid；(*S*,*S*)- Tartaric acid；Unnatural tartaric acid；D-Threo-2，3-dihydroxysuccinic acid；Unusual tartaric acid；D-Threaric acid

M. I. 15，9203

性状 无色透明单斜半面棱柱体结晶或白色结晶性粉末。热至170℃以上分解，发出焦糖气味。1g该品溶于0.75mL水、0.5mL沸水，溶于1.7mL甲醇、3mL乙醇、10.5mL丙醇、250mL乙醚，亦溶于甘油，不溶于三氯甲烷。水溶液呈酸性，易生霉菌。pK_{a1} 2.93；pK_{a2} 4.23。mp 168～170℃；d_4^{20} 1.7598；$[\alpha]_D^{20}$ －12.0°（c＝20，于水中）。一般试剂含量≥99.0%（T）。

注意事项 该品对眼睛、呼吸系统及皮肤有刺激性。使用时应穿适当的防护服和戴手套。万一接触到眼睛，应立即用大量水冲洗后请医生诊治。

主要用途 检测钾的试剂。

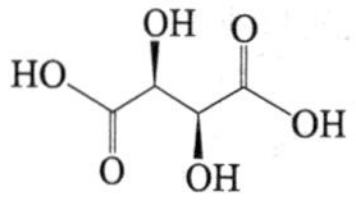

DL-Tartaric acid DL-酒石酸

09296

[133-37-9] $C_4H_6O_6$ 150.09

成分 C 32.01%，H 4.03%，O 63.96%。

别名 DL-二羟基丁二酸；消旋酒石酸；葡萄酸；2，3-Dihydroxybutanedioic acid；Paratartaric acid；Racemic acid；Racemic tartaric acid；Resolvable tartaric acid；*dl*-Tartaric acid；Uvic acid

M. I. 15，9204

性状 来自无水乙醇中或73℃水中的无色或白色三斜平行双面体结晶。是等量左旋和右旋酒石酸的混合物。溶于乙醇（g/100g：0℃，2.006；15℃，3.153；25℃，5.01；40℃，6.229）、乙醚（约1%）。比L-酒石酸较少地溶于水，其0.1mol/L溶液pH值2.0。pK_{a1}2.96，pK_{a2}4.24。mp 206℃；Fp 410℉（210℃）。一般试剂含量≥99.5%（T）。

注意事项 该品对眼睛、呼吸系统及皮肤有刺激性。使用时应穿适当的防护服和戴手套。万一接触到眼睛，应立即用大量水冲洗后请医生诊治。

主要用途 测定钾盐的试剂。检定钙、钾。测定钙、锶。定性和定量分析用掩蔽剂。鞣革业。啤酒发泡剂。照相业。

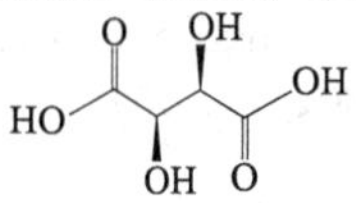

L-(＋)-Tartaric acid L-(＋)-酒石酸

09297

[87-69-4] $C_4H_6O_6$ 150.09

成分 C 32.01%，H 4.03%，O 63.96%。

别名 L-2,3-二羟基丁二酸；*d*-α，β-二羟基琥珀酸；右旋葡萄酸；Dextrotartaric acid；L-2，3-Dihydroxybutanedioic acid；(2*R*，3*R*)-2，3-Dihydroxybutanedioic acid；*d*-α，β-Dihydroxysuccinic acid；Natural tartaric acid；Ordinary tartaric acid；*d*-Tartaric acid；(＋)-Tartaric acid；(*R*，*R*)-Tartaric acid；L-Threaric acid；(2*R*，3*R*)-(＋)-Tartaric acid

M. I. 15，9205

性状 无色单斜半面棱柱体结晶。为强有机酸。水溶液有凉爽的酸味。在光和空气中稳定。1g该品溶于0.75mL水、0.5mL沸水、1.7mL甲醇、3mL乙醇、10.5mL丙醇、250mL乙醚，溶于甘油，不溶于氯仿。25℃，pK_{a1} 2.98，pK_{a2} 4.34。mp 168～170℃；Fp 302℉（150℃）；d_4^{20} 1.7598；$[\alpha]_D^{20}$ ＋12.0°（c＝20，于水中）。

注意事项 该品对眼睛、呼吸系统及皮肤有刺激性。使用时应穿适当的防护服和戴手套。万一接触到眼睛，应立即用大量水冲洗后请医生诊治。

主要用途 生化研究。掩蔽剂。鞣革业。啤酒发泡剂。检验或测定钾盐，如没有沉淀作用时用以掩蔽铁、铝、钛、钨等。能与若干元素盐类作用于生成可溶性的络合物（如氧化铌、氧化钽和焦硫酸钾）。照相业。

参考规格 GB/T 1294—2008

	分析纯	化学纯
含量（$C_6H_4O_6$）/%≥	99.5	99.0
澄清度试验/号≤	4	6
水不溶物/%≤	0.005	0.01
灼烧残渣（以硫酸盐计）/%≤	0.01	0.05
氯化物（Cl）/%≤	0.0005	0.001
硫酸盐（SO_4）/%≤	0.005	0.01
磷酸盐（PO_4）/%≤	0.002	0.005
钙（Ca）/%≤	0.002	0.005
铁（Fe）/%≤	0.0005	0.001
铜（Cu）/%≤	0.0005	
铅（Pb）/%≤	0.0005	0.001

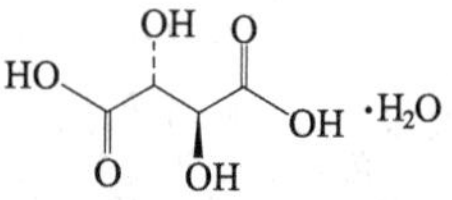

meso-Tartaric acid monohydrate
内消旋酒石酸 一水

09298

[147-73-9] $C_4H_6O_6 \cdot H_2O$ 168.10

成分（以无水物计） C 32.01%，H 4.03%，O 63.96%。

别名 一水合内消旋酒石酸；酒石酸 内消旋；Internally compensated tartaric acid；Mesotartaric acid；Unresolvable tartaric acid

M. I. 15，9202

性状 白色长方形片状结晶。溶于水（20℃，100mL水最多溶解125g）。它是与光学活性体分不开的分子内消旋酸。pK_{a1} 3.11；pK_{a2} 4.80。mp 159～160℃；d_4^{20} 1.666。

注意事项 该品对眼睛、呼吸系统及皮肤有刺激性。使用时应穿适当的防护服和戴手套。万一接触到眼睛，应立即用大量水冲洗后请医生诊治。

主要用途 测定钙的试剂。鞣革业。照相业。

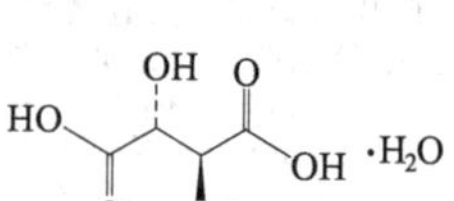

Taurine 牛磺酸

09299

[107-35-7] $C_2H_7NO_3S$ 125.14

成分 C 19.20%，H 5.64%，N 11.19%，O 38.35%，S 25.62%。

别名 牛胆碱；牛胆素；2-氨基乙烷磺酸；2-Aminoethanesulfonic acid；Ethylaminosulfonic acid

M. I. 15，9211

性状 白色或浅黄色单斜三棱形棒状结晶。溶于15.5份水（12℃），0.004份该品17℃时溶于100份95%乙醇，不溶于无水乙醇。pK_1' 1.5；pK_2' 8.74。mp 325℃（分解）；d1.734。生化试剂含量≥99.5%（T）。

注意事项 该品对眼睛、呼吸系统及皮肤有刺激性。使用时应穿适当的防护服和戴手套。万一接触到眼睛，应立即用大量水冲洗后请医生诊治。

主要用途 生化试剂。湿润剂。

Taurochenodeoxycholic acid sodium salt
牛磺鹅脱氧胆酸钠盐

09300

[6009-98-9] $C_{26}H_{44}NNaO_6S$ 521.70

成分 C 59.86%,H 8.50%,N 2.68%,Na 4.41%,O 18.40%,S 6.15%。

别名 Taurochenodeoxycholic acid Na salt;Sodium taurochenodeoxycholate;TCDA-Na

性状 白色结晶。溶于水。生化试剂含量≥97.0%(TLC)。

注意事项 该品对呼吸系统有刺激性。应充氩气密封干燥保存。

主要用途 生化研究。

Taurocholic acid 牛黄胆酸 09301

[81-24-3] $C_{26}H_{45}NO_7S$ 515.71

成分 C 60.55%,H 8.80%,N 2.72%,O 21.72%,S 6.22%。

别名 2-[[(3α,5β,7α,12α)-3,7,12-Trihydroxy-24-oxocholan-24-yl]amino]ethanesulfonic acid;*N*-Choloyltaurine;Cholaic acid;Cholyltaurine

M. I. 15, 9212

性状 来自乙醇+乙醚中的细长集束结晶或四边形棱柱体结晶。于空气中稳定。易溶于水,溶于乙醇,几乎不溶于乙醚、乙酸乙酯。能被酸或碱水解成胆酸和牛磺酸。p*K* 1.4;约125℃分解;$[\alpha]_D^{18}+38.8°$($c=2$,于乙醇中)。LD_{50}新生大鼠:380mg/kg。

主要用途 医用利胆剂。

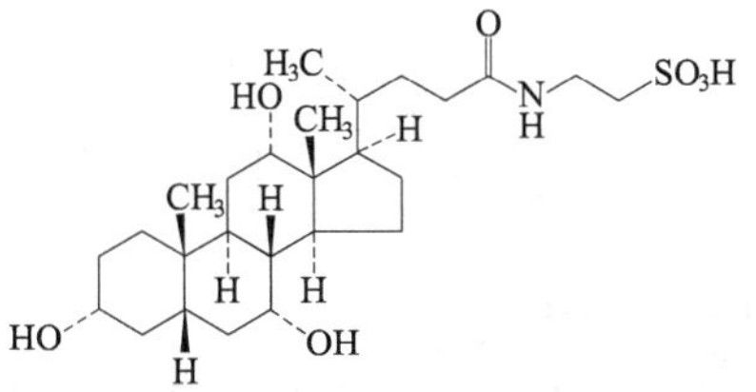

Taurodeoxycholic acid sodium salt hydrate 牛磺脱氧胆酸钠盐 水合 09302

[207737-97-1] $C_{26}H_{44}NNaO_6S \cdot xH_2O$ 521.69(无水)

成分(以无水物计) C 59.86%,H 8.50%,N 2.68%,Na 4.41%,O 18.40%,S 6.15%。

别名 *N*-(Deoxycholyl) taurine sodium;3α,12α-Dihydroxy-5β-cholan-24-oic acid *N*-(2-sulfoethyl) amide sodium salt;2-[(3α,12α-Dihydroxy-24-oxo-5β-cholan-24-yl) amino] ethanesulfonic acid sodium salt;Sodium taurodeoxycholate;Sodium taurodesoxycholate

性状 白色结晶,溶于水。mp 168℃(分解);$[\alpha]_D^{20}+33.5°\pm1°$($c=2.5$,于水中)。生化试剂含量≥97.0%(TLC)。

注意事项 该品对呼吸系统有刺激性。应充氩气密封干燥保存。

主要用途 生化研究。

Taurolidine 甲双二嗪 09303

[19388-87-5] $C_7H_{16}N_4O_4S_2$ 284.35

成分 C 29.57%,H 5.67%,N 19.70%,O 22.51%,S 22.55%。

别名 4,4′-Methylenebis(tetrahydro-1,2,4-thiadiazine) 1,1,1′,1′-tetraoxide;4,4′-Methylenebis perhydro-1,2,4-thiadiazine 1,1-dioxide;Bis(1,1-dioxoperhydro-1,2,4-thiadiazin-4-yl)methane;Drainasept;Taurolin;Tauroflex

M. I. 15, 9213

性状 白色结晶。溶于水。mp 154~158℃。

主要用途 医用抗菌剂。

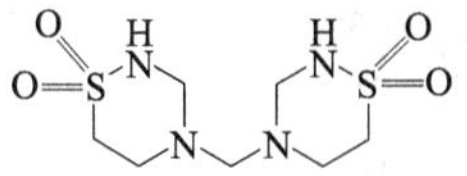

Taurolithocholic acid sodium salt 牛磺石胆酸钠盐 09304

[6042-32-6] $C_{26}H_{44}NNaO_5S$ 505.69

成分 C 61.75%,H 8.77%,N 2.77%,Na 4.55%,O 15.82%,S 6.34%。

别名 牛磺石胆酸钠;5β-Cholan-24-oic acid *N*-(2-sulfoethyl) amide-3α-ol sodium salt;3α-Hydroxy-5β-cholan-24-oic acid *N*-(2-sulfoethyl)amide sodium salt;Sodium taurolithocholate

性状 白色结晶。

主要用途 生化研究。

Tazanolast 他扎司特 09305

[82989-25-1] $C_{13}H_{15}N_5O_3$ 289.30

成分 C 53.97%,H 5.23%,N 24.21%,O 16.59%。

别名 他扎诺特;2-Oxo-[[3-(2*H*-tetrazol-5-yl)phenyl]amino]acetic acid butyl ester;Butyl 3′-(1*H*-tetrazol-5-yl)oxanilate;TO-188;WP-833;Tazalest;Tazanol

M. I. 15, 9217

性状 白色或微黄白色结晶或结晶性粉末。味苦。略臭。易溶于丙酮,较易溶于甲醇、乙醇、乙腈,难溶于乙醚,几乎不溶于水。LD_{50}雄、雌小鼠,雄、雌大鼠急性经口和皮下注射:全部>4000mg/kg。腹膜内注射(mg/kg):1145,1191,1423,1628;静脉注射(mg/kg):1126、1121、1119、1277。

主要用途 医用抗过敏剂。

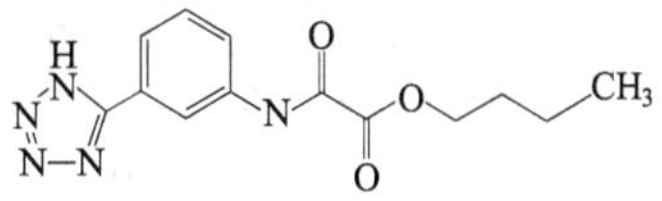

Tazettine 水仙花碱 09306

[507-79-9] $C_{18}H_{21}NO_5$ 331.37

成分 C 65.24%,H 6.39%,N 4.23%,O 24.14%。

别名 多花水仙碱;Sekisanine;Sekisanoline;Ungernine;(3*S*,4a*S*,6a*S*,13b*S*)-4,4a,5,6-Tetrahydro-3-methoxy-5-methyl-8*H*-[1,3]dioxo[6,7][2]benzopyrano[3,4-*c*]indo-6a(3*H*)-ol

M. I. 15, 9219

性状 无色结晶。溶于甲醇、乙醇、氯仿,略微溶于乙醚。mp 210~211℃(于真空管中);$[\alpha]_D^{25}+150.3°$(82mg于2mL氯仿中)。

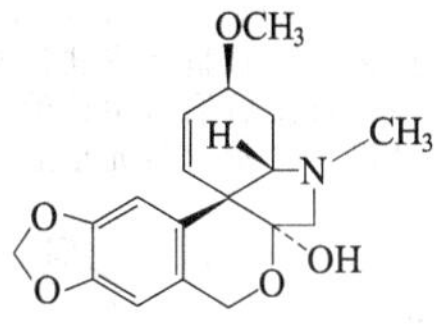

Tazobactam sodium salt 他唑巴坦钠盐 09307

[89785-84-2] $C_{10}H_{11}N_4NaO_5S$ 322.27

成分 C 37.27%,H 3.44%,N 17.39%,Na 7.13%,O 24.82%,S 9.95%。

别名 三唑巴坦钠;YTR-830;CL-307579;(2*S*,3*S*,5*R*)-3-Methyl-7-oxo-3-(1*H*-1,2,3-triazol-1-ylmethyl)-4-thio-1-azabicyclo[3.2.0]heptane-2-carboxylic acid 4,4-dioxide sodium salt;2β-(1,2,3-Triazol-1-yl)methyl-2α-methylpenam-3α-carboxylic acid 1,1-dioxide sodium salt;YTR-830H-Na;CL-298741-Na

M. I. 15, 9220

性状 无定形固体。mp>170℃(分解)。

主要用途 医用与β-内酰胺抗生素结合的一种抗菌剂(β-内酰胺酶抑制剂)。

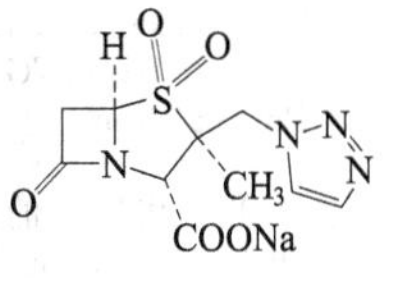

TCDD 四氯二苯并对二噁英 09308

[1746-01-6] $C_{12}H_4Cl_4O_2$ 321.96

成分 C 44.77%,H 1.25%,Cl 44.04%,O 9.94%。

别名 二噁英;2,3,7,8-Tetrachlorodibenzo[*b*,*e*][1,4]dioxin;2,3,7,8-Tetrachlorodibenzo-*p*-dioxin;2,3,6,7-Tetrachlorodibenzodioxin；Dioxin；TCDBD

M. I. 15，9221

性状 无色针状结晶，mp 295℃。或来自苯甲醚中的无色结晶，mp 320～325℃。LD_{50} 雄、雌大鼠急性经口：0.022mg/kg，0.045mg/kg。

主要用途 除草剂。除草剂中的剧毒杂质标样。

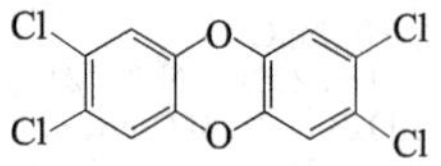

TCMTB 2-硫氰基甲基硫代苯并噻唑

09309

[21564-17-0] $C_9H_6N_2S_3$ 238.34

成分 C 45.35%，H 2.54%，N 11.75%，S 40.35%。

别名 倍生；佳生；苯噻氰；Thiocyanic acid (2-benzothiazolylthio) methyl ester；2-(Thiocyanomethylthio) benzothiazole；Bulab 6009；Busan 72；Busan 1118

M. I. 15，9223

性状 无色油状液体。有刺鼻的气味。溶于多数有机溶剂，不溶于水。Fp 66℃（开杯）；d^{25} 1.05（c＝0.30）。LD_{50} 雄、雌大鼠急性经口：752mg/kg，679mg/kg。

主要用途 羊毛防腐剂。杀菌剂，杀海洋生物剂。

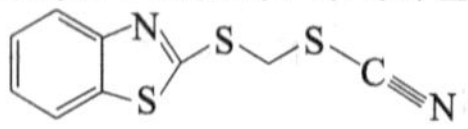

TDCPP 磷酸三(2,3-二氯丙)酯

09310

[13674-87-8] $C_9H_{15}Cl_6O_4P$ 430.89

成分 C 25.09%，H 3.51%，Cl 49.36%，O 14.85%，P 7.19%。

别名 磷酸三(1,3-二氯异丙酯)；菲洛尔 FR-2；1,3-Dichloro-2-prepanol phosphale (3∶1)；Phosphoric acid tris (1,3-dichioro-2-propyl) ester；Tris (1,3-dichloroisopropyl) phosphate；Tris[2-chloro-1-(chloromethyl) ethyl] phosphaie；TCPP；PF-38；Emulsion212；Fyrol FR-2®

M. I. 15，9224

性状 无色至微黄色有黏性的液体。溶于乙醇、氯仿等有机溶剂，微溶于水（约 100×10^{-6}）。bp_5 236～237℃/666.6Pa；d1.5；n_D^{20}1.5022。LD_{50}大鼠急性经口：1850mg/kg。

注意事项 使用时应避免与眼睛及皮肤接触。万一接触到眼睛，应立即用大量水冲洗后请医生诊治。接触皮肤后应立即用大量肥皂水冲洗。应密封避光于通风、干燥处保存。

主要用途 阻燃剂。

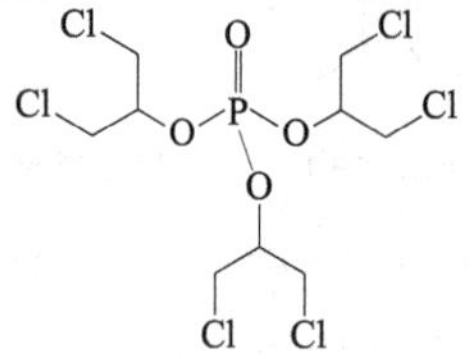

Tebuconazole

09311

[107534-96-3] $C_{16}H_{22}ClN_3O$ 307.82

成分 C 62.43%，H 7.20%，Cl 11.52%，N 13.65%，O 5.20%。

别名 (±)-α-[2-(4-氯苯基)乙基]-α-(1,1-二甲基乙基)-1H-1,2,4-三唑-1-乙醇；(RS)-1-(4-氯苯基)-4,4-二甲基-3(1H-1,2,4-三唑-1-基甲基)-戊-3-醇；1-(4-氯苯基)-3-(1H-1,2,4-三唑-1-基甲基)-4,4-二甲基戊-3-醇；(±)-α-[2-(4-Chlorophenyl)ethyl]-α-(1,1-dimethylethyl)-1H-1,2,4-triazole-1-ethanol；(RS)-1-(4-Chlorophenyl)-4, 4-dimethyl-3-(1H-1, 2, 4-triazol-1-ylmethyl) pentan-3-ol；Ethyltrianol；Fenetrazole；Terbuconazole；Terbutrazole；BAY HWG 1608；HWG-1608；Corail；Elite；Folicur；Horizon；Lynx；Raxil；Silvacur

M. I. 15，9229

性状 无色结晶。该品于下列物质中的溶解度（20℃，g/L）：水 0.032、二氯甲烷＞200、正己烷 2～5、2-丙醇 100～200、甲苯 50～100。mp 104.7℃。

注意事项 该品口服有毒。对水生物有毒。能对水环境引起长期不良的结果。使用时应穿适当的防护服和戴手套应避免吸入本品的粉尘。应防止将本品释放于环境中。

主要用途 杀菌剂。分析用标准物质。

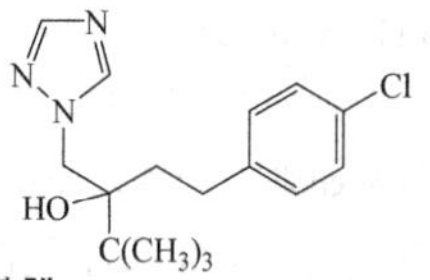

Tebufenozide 虫酰肼

09312

[112410-23-8] $C_{22}H_{28}N_2O_2$ 352.48

成分 C 74.97%，H 8.01%，N 7.95%，O 9.08%。

别名 3，5-二甲基苯甲酸 1-（1，1-二甲基乙基）-2-（4-乙基苯甲酰基）肼；米螨；N-叔丁基-N'-（4-乙基苯甲酰基）-3，5-二甲基苯甲酰肼；3,5-Dimethylbenzoic acid 1-(1,1-dimethylethyl)-2-(4-ethylbenzoyl) hydrazide；N-$tert$-Butyl-N'-(4-ethylbenzoyl)-3, 5-dimethylbenzoylhydrazide；RH-5992；Confirm；Mimic

M. I. 15，9230

性状 无色结晶或白色粉末。溶于水（25℃，0.83μg/mL）。mp 191℃。LD_{50} 大鼠，小鼠急性经口：＞5g/kg；大鼠皮肤接触：＞5g/kg。LD_{50} 蜜蜂接触（96h）：＞234μg。LC_{50} 虹鳟鱼（96h）：5.7mg/L。LC_{50} 雄野鸭（8 天饮食）：＞5g/kg。一般试剂含量≥97.0%（HPLC）。

注意事项 该品对水生物有毒。能对水环境引起长期不良的影响。使用时应避免吸入本品的粉尘，避免与眼睛及皮肤接触。应防止将本品释放于环境中。

主要用途 杀虫剂。分析用标准物质。

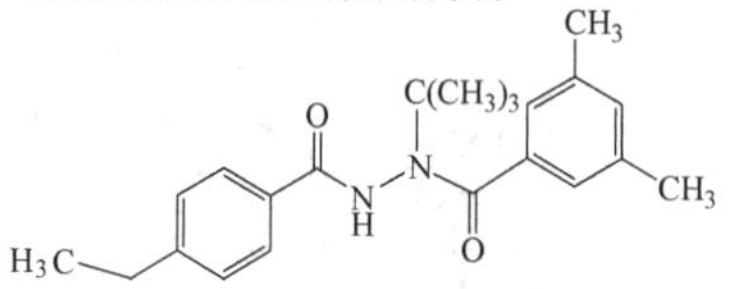

Tebuthiuron 丁噻隆

09313

[34014-18-1] $C_9H_{16}N_4OS$ 228.31

成分 C 47.35%，H 7.06%，N 24.54%，O 7.01%，S 14.04%。

别名 N-[5-(1,1-二甲基乙基)-1,3,4-噻二唑-2-基]-N,N'-二甲基脲；1-(5-叔丁基-1,3,4-噻二唑-2-基)-1,3-二甲基脲；特丁噻草隆；N-[5-(1, 1-Dimethylethyl)-1, 3, 4-thiadiazol-2-yl]-N, N'-dimethylurea；1-(5-$tert$-Butyl-1, 3, 4-thiadiazol-2-yl)-1, 3-dimethylurea；EL-103；Graslan；Spike；Perflan

M. I. 15，9232

性状 无色结晶或白色粉末。溶于水（2500mg/kg）、甲醇（170000mg/kg）。mp 160～163℃。LD_{50}小鼠，大鼠，兔急性经口（mg/kg）：579，644，286。

注意事项 该品口服有毒。对水生物极毒。能对水环境引起长期不良的影响。使用时应戴手套。应防止将本品释放于环境中。其包装物应按危险品处理。

主要用途 除草剂。分析用标准物质。

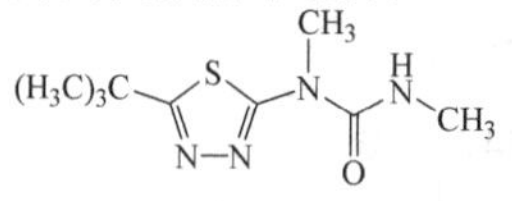

Teclothiazide 四氯甲噻嗪

09314

[4267-05-4] $C_8H_7Cl_4N_3O_4S$ 415.08

成分 C 23.15%，H 1.70%，Cl 34.16%，N 10.12%，O 15.42%，S 15.45%。

别名 6-Chloro-3,4-dihydro-3-trichloromethyl-2H-1,2,4-benzothiadiazine-7-sulfonamidel-1-dioxide；6-Chloro-3, 4-dihydro-7-sulfamoyl-3-trichloromethyl-2H-1,2,4-benzot-hiadiazine 1,1-dioxide；3-Trichloromethylhydrochlorothiazide；Tetrachlormethiazide

M. I. 15，9241

性状 无色结晶。mp 300～303℃；或 287℃。

主要用途 医用利尿剂。

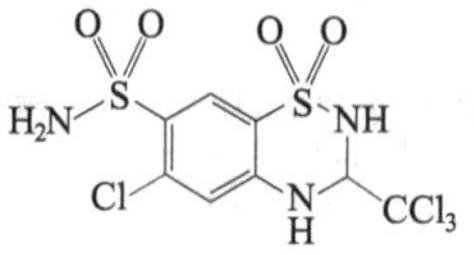

Teclozan　替克洛占 09315

[5560-78-1]　$C_{30}H_{28}Cl_4N_2O_4$ 502.25

成分 C 47.83%，H 5.62%，Cl 28.23%，N 5.58%，O 12.74%。

别名 *N*,*N*′-双(乙氧基乙基)-*N*,*N*′-双(二氯乙酰基)-1,4-二甲苯二胺；*N*,*N*′-[1,4-Phenylenebis methylene]bis[2,2-dichloro-*N*-(2-ethoxyethyl) acetamide]；*N*, *N*′-Bis(ethoxyethyl)-*N*,*N*′-Bis(dichloroacetyl)-1,4-xylylenediamine；*N*,*N*′-Bis(dichloroacetyl)-*N*, *N*′-bis (2-ethoxyethyl)-1, 4-bis (aminomethyl) benzene；Teclosan；Teclosine；Teclozine；NSC-107433；Win-13146；Win-AM-13146；Falmonox

M. I. 15，9242

性状 无色结晶。mp 137.6～143.9℃。LD_{50}小鼠急性经口：>8000mg/kg。

主要用途 医用抗阿米巴剂。

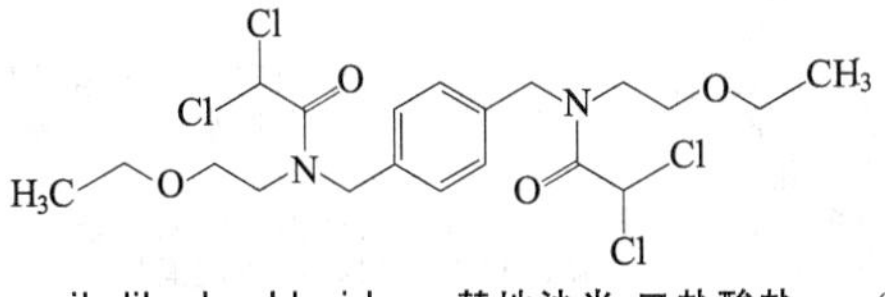

Tedisamil dihydrochloride　替地沙米 二盐酸盐 09316

[132523-84-3]　$C_{19}H_{34}Cl_2N_2$ 361.40

成分 C 63.15%，H 9.48%，Cl 19.62%，N 7.75%。

别名 盐酸替地沙米；KC-8857；3′,7′-Bis(cyclopropylmethyl) spiro[cyclopentane-1,9′-[3,7]diazabicyclo[3.3.1]nonane] dihydrochloride

M. I. 15，9246

性状 白色结晶。溶于水。mp 195～197℃；$bp_{0.1}$230℃/13.3Pa。

主要用途 医用抗心律失常剂（Ⅲ型），抗心绞痛剂。

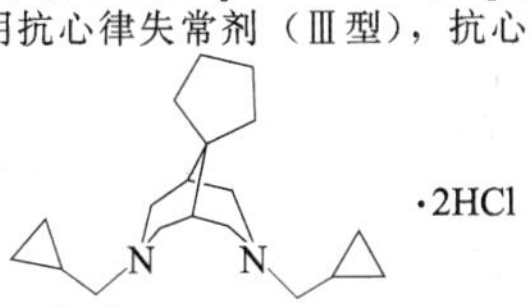

·2HCl

Teflubenzuron　氟苯脲 09317

[83121-18-0]　$C_{14}H_6Cl_2F_4N_2O_2$ 381.11

成分 C 44.12%，H 1.59%，Cl 18.60%，F 19.94%，N 7.35%，O 8.40%。

别名 伏虫隆；1-(3,5-二氯-3,4-二氟苯基)-3-(2,6-二氟苯甲酰基)脲；农梦特；*N*-[(3,5-Dichloro-2,4-difluorophenyl)amino]carbonyl-2,6-difluorobenzamide；1-(3,5-Dichloro-2,4-difluorophenyl)-3-(2,6-difluorobenzoyl)urea；CME-134；Nomolt

M. I. 15，9249

性状 无色结晶。该品于下列物质中的溶解度（20～23℃，g/100mL）：已烷 0.005；甲苯 0.085；乙醇 0.14；丙酮 1.0；二甲基亚砜 6.6。极微溶于水（20～23℃，200mg/kg）。mp 221～224℃；蒸气压（20℃）：8×10^{-12}mbar。LD_{50}大鼠急性经口：>5000mg/kg。

主要用途 杀虫剂，分析用标准物质。

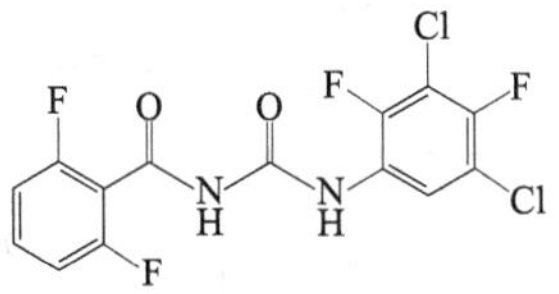

Tefluthrin　七氟菊酯 09318

[79538-32-2]　$C_{17}H_{14}ClF_7O_2$ 418.74

成分 C 48.76%，H 3.37%，Cl 8.47%，F 31.76%，O 7.64%。

别名 汰福宁；*rel*-(1*R*,3*R*)-*rel*-3-[(1*Z*)-2-Chioro-3,3,3-trifluoro-1-propenyl]-2,2-dimethylcyclopropanecarboxylic acid (2,3,5,6-tetrafluoro-4-methylphenyl) methyl ester；(±)-*cis*-4-Methyltetrafluorobenzyl 3-(2-chloro-3,3,3-trifluoro-prop-1-en-1-yl)-2,2-dimethylcyclopropanecarboxylate；2,3,5,6-Tetrafluoro-4-methylbenzyl(*Z*)-(1*RS*,3*RS*)-3-(2-chloro-3,3,3-trifluoro-1-propenyl)-2,2-dimethylcyclopropanecarboxylate；JF-6064；PP-993；R-151993；Force；Forza；Komet

M. I. 15，9251

性状 无色或白色固体。溶于水（2×10^{-2}mg/L），溶于丙酮、二氯甲烷、已烷、甲苯（全部>500g/L）。蒸气压（20℃）：8×10^{-6}mPa；mp 44℃；bp 156℃/1.33mPa；*d*1.48。LD_{50}大鼠急性经口：35mg/kg；皮肤接触：200～1000mg/kg。

注意事项 该品口服极毒。吸入或与皮肤接触有毒。使用时应穿适当的防护服，戴手套和防护镜或面罩。应避免吸入本品的粉尘。接触皮肤后，应立即用大量水冲洗。使用时如有事故发生或不适之感，应请医生诊治。

主要用途 杀虫剂，分析用标准物质。

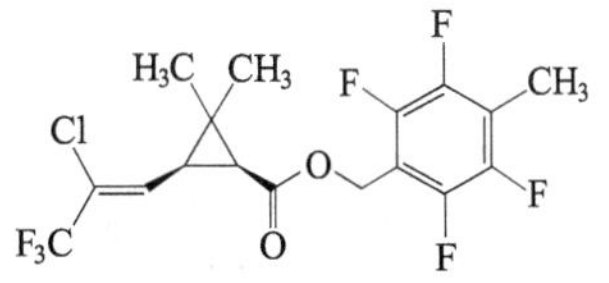

(*Z*)-(1*S*)-型

Tegafur　呋氟尿嘧啶 09319

[17902-23-7]　$C_8H_9FN_2O_3$ 200.17

成分 C 48.00%，H 4.53%，F 9.49%，N 14.00%，O 23.98%。

别名 氟四氢呋喃基密啶二酮；喃氟啶；5-Fluoro-1-(tetrahydro-2-furanyl)-2,4(1*H*,3*H*)-pyrimidinedione；5-Fluoro-1-(tetrahydro-2-furyl) uracil；*N*′1-(2′-Furanidyl)-5-fluorouracil；FT-207；MJF12264；NSC-148958；Citofur；Coparogin；Exonal；Fental；Franrose；Fiorafur；Fulaid；Fulfeel；Furafluor；Furofutran；Futraful；Lamar；Lifrit；Neberk；Nitobanil；Riol；Sinoflurol；Sunfural；Tefsicl C

M. I. 15，9252

性状 来自乙醇中的无色结晶。易溶于热水、乙醇、二甲基甲酰胺，不溶于水。mp 164～165℃；uv max：270nm [ε 8460（pH 值 2）；ε 8050（pH 值 7）；ε 6700（pH 值 12）]。LD_{50}小鼠（3d）急性经口：900mg/kg；腹膜内注射：750mg/kg。

主要用途 医用抗肿瘤剂。

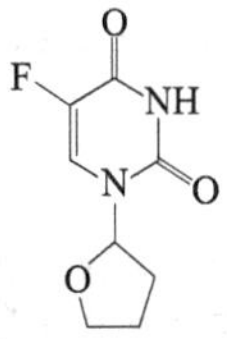

Tegaserod　替加色罗 09320

[145158-71-0]　$C_{16}H_{23}N_5O$ 301.39

成分 C 63.76%，H 7.69%，N 23.24%，O 5.31%。

别名 泽可马；替加罗德；2-(5-甲氧基-1*H*-吲哚-3-基)亚甲基-*N*-戊基卡巴肼；2-(5-Methoxy-1*H*-indol-3-yl) methylene-*N*-pentylhydrazinecarboximidamide

M. I. 15，9253

性状 白色结晶性粉末。mp 155℃；*d* 1.18。

注意事项 该品吸入、口服或与皮肤接触有毒。对眼睛、呼吸系统及皮肤有刺激性。使用时应穿适当的防护服和戴手套。万一接触到眼睛，应立即用大量水冲洗后请医生诊治。

主要用途 医用胃动力剂。用于治疗过敏性肠结合症。

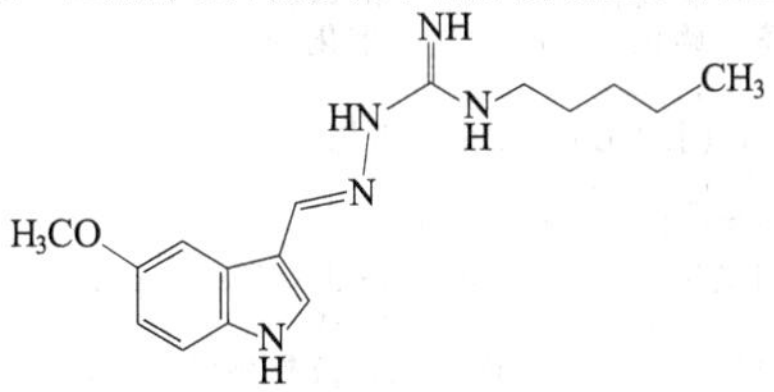

Telithromycin　泰利霉素 09321

[191114-48-4]　$C_{43}H_{65}N_5O_{10}$ 812.02

成分 C 63.60%，H 8.07%，N 8.62%，O 19.70%。

别名 替利霉素；(3a*S*,4*R*,7*R*,9*R*,10*R*,11*R*,13*R*,15*R*,15a*R*)-4-Ethyloctahydro-11-methoxy-3a,7,9,11,13,15-hexamethyl-1-[4-[4-(3-pyridinyl)-1*H*-imidazol-1-yl]butyl]-10-(3,4,6-trideoxy-3-dimethylamino-*β*-D-xylo-hexopyranosyl) oxy-2*H*-oxacyclotetradecino[4,3-*d*]oxazole-2,6,8,14(1*H*,7*H*,9*H*)-tetrone；3-De[(2,6-dideoxy-3-*C*-methyl-3-*O*-methyl-*α*-L-ribohexopyranosyl)oxy]-11,12-dideoxy-6-*O*-methyl-3-oxo-12,11-[oxy-

carbonyl [4-[4-(3-pyridinyl)-1*H*-imidazol-1-yl] butyl] imino] erythromycin; HMR-3647; RU-66647; Ketek.
M. I. 15，9261
性状 来自乙醚中的无色结晶。mp 187～188℃。
主要用途 医用抗菌剂。

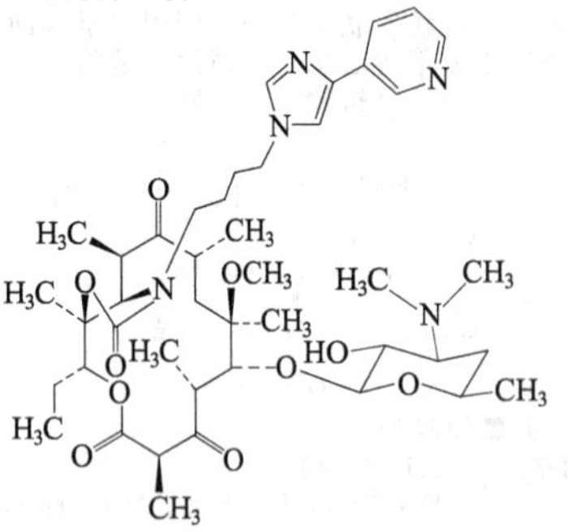

Telluric acid 碲酸 09322
[7803-68-1] H_6O_6Te 229.64
成分 H 2.63%，O 41.80%，Te 55.57%。
别名 二水合碲酸；Hydrogen tellurate；Orthotelluric acid；Trihydrated telluric oxide；Telluric（Ⅵ）acid
M. I. 15，9262
性状 白色结晶固体或双晶或单斜结晶。溶于水（30℃，约33%）、稀硝酸、碱溶液，略微溶于浓硝酸；不溶于乙醇。加热至300℃变成氧化碲。*d* 3.163（立方结晶）；*d* 3.068（单斜结晶）。一般试剂含量 99.5%～100.5%。
注意事项 该品蒸气吸入有毒。使用时应穿适当的防护服，戴手套和防护镜或面罩。使用时应避免吸入本品的粉尘。在通风不好的情况下，应戴适当的呼吸装置。应密封避光保存。
主要用途 定量分析中分离溴化物、氯化物的分离试剂。

Tellurium lump 碲块 09323
[13494-80-9] Te 127.60
M. I. 15，9263
性状 灰白色有金属光泽的晶体。溶于浓硫酸呈红色，溶于硝酸、王水、氢氧化钾和氰化钾溶液，不溶于水及中性溶剂。mp 449.8℃；bp 698.9；*d* 6.11～6.27。
注意事项 该品口服有毒。接触皮肤后，应立即用大量肥皂泡沫冲洗。
主要用途 碲化合物的制造。催化剂。

Tellurium powder 碲粉 09324
[13494-80-9] Te 127.60
M. I. 15，9263
性状 粉状。其他见“碲块”。
注意事项 该品易燃。口服有毒。使用时应穿适当的防护服，戴手套和防护镜或面罩。使用时应避免吸入本品的粉尘。接触皮肤后，应立即用大量肥皂泡沫冲洗。使用时如有事故发生或有不适之感，应请医生诊治。
主要用途 碲化合物的制造。催化剂。

Tellurium（Ⅳ）chloride 氯化碲 09325
[10026-07-0] Cl_4Te 269.40
成分 Cl 52.64%，Te 47.36%。
别名 四氯化碲；Telluric chloride；Tellurium tetrachloride
GW2015—2048 M. I. 15，9268
性状 白色结晶性固体或粉末。极易潮解。在水中分解成二氧化碲和盐酸。溶于无水乙醇、甲苯。mp 225℃；bp 380℃；*d* 3.01。一般试剂含量≥99.9%。
注意事项 该品口服有毒。具有腐蚀性，能引起烧伤。使用时应穿适当的防护服，戴手套和防护镜或面罩。万一接触到眼睛，应立即用大量水冲洗后请医生诊治。使用时如有事故发生或有不适之感，应请医生诊治。

Tellurium（Ⅳ）oxide 氧化碲 09326
[7446-07-3] O_2Te 159.60
成分 O 20.05%，Te 79.95%。
别名 二氧化碲；Tellurium dioxide
M. I. 15，9265
性状 白色四方晶形及斜方形两种结晶性粉末。加热色变黄。溶于盐酸和氢氧化钠溶液，极微溶于水（约1：150000），几乎不溶于氨水。mp 733℃；*d* 5.75（四方形），6.04（斜方形）。
注意事项 该品可能损伤生育力。可能危险胎儿。使用时应穿适当的防护服和戴手套。
主要用途 电子元件材料。防腐剂。菌苗中的细菌检验。制亚碲酸盐。

Tellurium（Ⅳ）tetraiodide 四碘化碲 09327
[7790-48-9] I_4Te 635.22
成分 I 79.91%，Te 20.09%。
别名 碘化碲；Tellurium iodide
M. I. 15，9269
性状 铁灰色结晶。在潮湿的空气中稳定。溶于氢碘酸，稍微溶于丙酮。在冷水中缓慢分解，在热水中则很快生成二氧化碲和碘酸。mp 280℃；d_4^{15} 5.05。
注意事项 该品口服有毒。具有腐蚀性，能引起烧伤。使用时应穿适当的防护服，戴手套和防护镜或面罩。万一接触到眼睛，应立即用大量水冲洗后请医生诊治。使用时如有事故发生或有不适之感，应请医生诊治。
主要用途 电子工业用材料。

Tellurous acid 亚碲酸 09328
[10049-23-7] H_2O_3Te 177.61
成分 H 1.14%，O 27.02%，Te 71.84%。
别名 Telluric（Ⅳ）acid
GW 61520 M. I. 15，9270
性状 白色结晶或结晶性粉末。溶于稀酸、稀碱溶液，微溶于水、乙醇。*d* 3.0。
注意事项 该品有毒。使用时应避免吸入本品的粉尘，避免与眼睛及皮肤接触。
主要用途 生物研究。

Telmisartan 替米沙坦 09329
[144701-48-4] $C_{33}H_{30}N_4O_2$ 514.63
成分 C 77.02%，H 5.88%，N 10.89%，O 6.22%。
别名 4′-[(1,4′-Dimethyl-2′-propyl[2,6′-bi-1*H*-benzimidazol]-1′-yl)methyl][1,1′-biphenyl]-2-carboxylic acid; 4′-[4-Methyl-6-(1-meghyl-2-benzimidazolyl)-2-propyl-1-benzimidazolyl] methyl-2-biphenylcarboxylic acid; BIBR277; Micardis; Pritor
M. I. 15，9271
性状 白色固体。溶于强碱，略溶于强酸（盐酸除外），几乎不溶于水（pH值3～9）。mp 261～263℃。生化试剂含量≥98.0%（HPLC）。
注意事项 使用时应避免吸入本品的粉尘，避免与眼睛及皮肤接触。
主要用途 医用抗高血压剂。

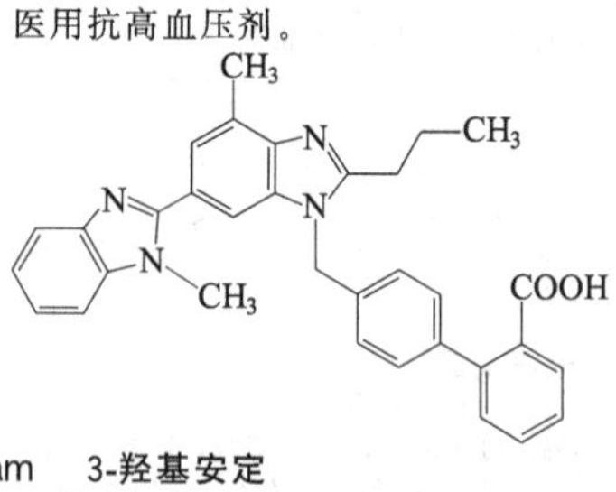

Temazepam 3-羟基安定 09330
[846-50-4] $C_{16}H_{13}ClN_2O_2$ 300.74
成分 C 63.90%，H 4.36%，Cl 11.79%，N 9.32%，O 10.64%。
别名 替马西泮；7-Chloro-1,3-dihydro-3-hydroxy-1-methyl-5-phenyl-2*H*-1,4-benzodiazepin-2-one; 3-Hydroxydiazepam; *N*-Methyloxazepam; Oxydiazepam; ER-115; K-3917; Ro-5-5345; Wy-3917; Euhypnos; Euipnos; Gelthix; Levanxene; Levanxol; Normison; Perdorm; Planum; Remestan; Restoril
M. I. 15，9275
性状 来自环己烷中的无色结晶。略微溶于乙醇，极微溶于水。mp119～121℃。
注意事项 该品口服有毒。

主要用途 医用镇静剂，安眠剂。

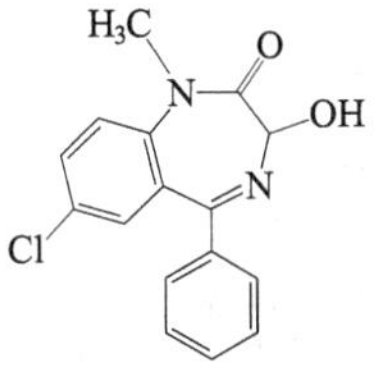

Temephos 双硫磷 09331

[3383-96-8] $C_{16}H_{20}O_6P_2S_3$ 466.46

成分 C 41.20%,H 4.32%,O 20.58%,P 13.28%,S 20.62%。

别名 双 *O*,*O*′-（二甲基硫代磷酸）*O*,*O*′-（硫代二-4,1-亚苯酯）；*O*,*O*′-（硫代二-4,1-亚苯基）硫代磷酸 *O*,*O*,*O*′,*O*′-四甲酯；硫代磷酸 *O*,*O*,*O*′,*O*′-四甲基-*O*,*O*′硫代二对亚苯酯；*O*,*O*′-(Thiodi-4,1-phenylene) phosphorothioic acid *O*,*O*,*O*′,*O*′-tetramethyl ester；*O*,*O*′-(Thiodi-4,1-phenylene) bis (*O*,*O*′-dimethylphosphorothioate)；*O*,*O*,*O*′,*O*′-Tetramethyl *O*,*O*′-thiodi-*p*-phenylene phosphorothioate; Phosphorothioic acid *O*,*O*-dimethyl ester *O*,*O*-diester with 4,4′-thiodiphenol; ENT-27165；AC-52160；Abate；Biothion

M. I. 15, 9278

性状 无色结晶性固体。溶于乙腈、四氯化碳、乙醚、二氯乙烷、甲苯，几乎不溶于水、己烷。mp 30.0～30.5℃。LD_{50}雄，雌大鼠急性经口：8，6g/kg，13g/kg。

注意事项 该品口服或与皮肤接触有毒。使用时应戴手套，应避免吸入本品的粉尘。应密封于 2～8℃保存。

主要用途 杀虫剂。分析用标准物质。

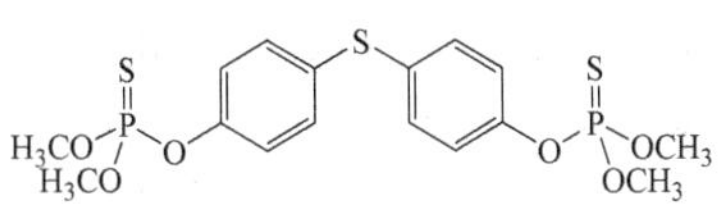

Temocapril hydrochloride 替莫普利 盐酸盐 09332

[110221-44-8] $C_{23}H_{29}ClN_2O_5S_2$ 513.06

成分 C 53.84%，H 5.70%，Cl 6.91%，N 5.46%，O 15.59%，S 12.50%。

别名 盐酸替莫普利；CS-622；Acecol；(2*S*,6*R*)-6-[[(1S)-1-Ethoxycarbonyl-3-phenylpropyl]amino]tetrahydro-5-oxo-2-(2-thienyl)-1,4-thiazepine-4(5*H*)-acetic acid hydrochloride；(±)-(2*S*,6*R*)-6-[[(1S)-1-Carboxy-3-phenylpropyl]amino]tetrahydro-5-oxo-2-(2-thienyl)-1,4-thiazepine-4(5*H*)-acetic acid；6-ethyl ester hydrochloride

M. I. 15, 9279

性状 来自乙醇/乙酸乙酯中的无色固体。mp 187℃（分解）；$[\alpha]_D^{25}$ +47.7°（*c*=1，于二甲基甲酰胺中）。LD_{50}小鼠、大鼠、狗经口（mg/kg）：>5000，>5000，>800。生化试剂含量≥98.0%。

注意事项 该品应密封于－20℃保存。

主要用途 医用抗高血压剂。

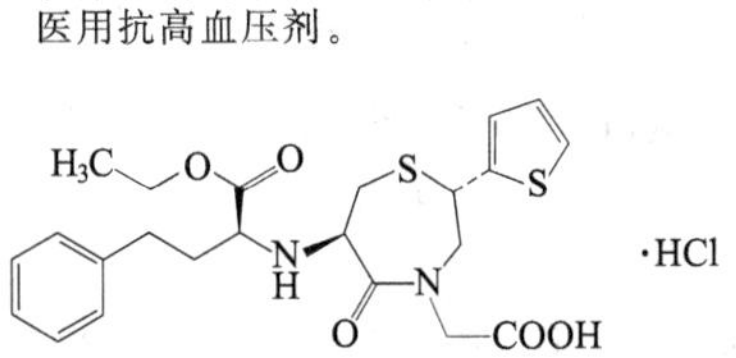

Temozolomide 替莫唑胺 09333

[85622-93-1] $C_6H_6N_6O_2$ 194.15

成分 C 37.12%，H 3.12%，N 43.29%，O 16.48%。

别名 蒂清；泰道；3,4-Dihydro-3-methyl-4-oxoimidazo[5,1-*d*]-1,2,3,5-tetrazine-8-carboxamide；8-Carbamoyl-3-methylimidazo[5,1-*d*]-1,2,3,5-tetrazin-4(3*H*)-one；Methazolastone；M&B39831；CCRG-81045；NSC-362856；Temodal；Temodar

M. I. 15, 9282

性状 来自二氯甲烷中的无色结晶或白色粉末。mp 212℃（分解）；uv max（95%乙醇中）：327nm。

注意事项 该品口服有毒。可能引起遗传基因的损伤。可能致癌。可能损伤生育力。能危险胎儿。对眼睛、呼吸系统及皮肤有刺激性。使用前应得到专门的指导，避免曝露。使用时应穿适当的防护服和戴手套。万一接触到眼睛，应立即用大量水冲洗后请医生诊治。使用时如有事故发生或有不适之感，应请医生诊治。

主要用途 医用抗肿瘤剂。

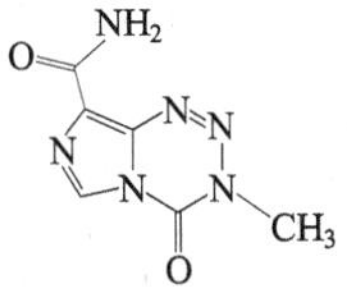

TEMPO 2,2,6,6-四甲基-1-吡啶基氧 09334

[2564-83-2] $C_9H_{18}NO$ 156.25

成分 C 69.18%，H 11.61%，N 8.96%，O 10.24%。

别名 1-氧基-2,2,6,6-四甲基吡啶；2,2,6,6-Tetramethyl-1-piperidinyloxy；2,2,6,6-Tetramethylpentamethylene nitroxide

M. I. 15, 9283

性状 深红色单斜结晶。mp 36～40℃；Fp 152.6°F（67℃）。一般试剂含量≥96.0%（GC）。

注意事项 该品具有腐蚀性，能引起烧伤。使用时应穿适当的防护服，戴手套和防护镜或面罩。万一接触到眼睛，应立即用大量水冲洗后请医生诊治。使用时如有事故发生或有不适之感，应请医生诊治。应密封于 2～8℃保存。

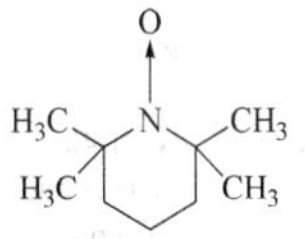

Tenidap 替尼达普 09335

[120210-48-2] $C_{14}H_9ClN_2O_3S$ 320.75

成分 C 52.43%，H 2.83%，Cl 11.05%，N 8.73%，O 14.96%，S 10.00%。

别名 替尼达帕；5-氯-2，3-二氢-2-氧-3-（2-噻吩羰基）-1*H*-吲哚-1-甲酰胺；(3*Z*)-5-Chloro-2,3-dihydro-3-(hydroxy-2-thienylmethylene)-2-oxo-1*H*-indole-1-carboxamide；5-Chloro-2，3-dihydro-2-oxo-3-(2-thienylcarbonyl)-1*H*-indole-1-carboxamide；5-Chioro-3-(2-thenoyl)-2-oxindole-1-carboxamide；CP-66248

M. I. 15, 9287

性状 来自乙酸中的松散黄色结晶。mp 230℃（分解）。生化试剂含量≥98.0%。

主要用途 医用抗炎剂。

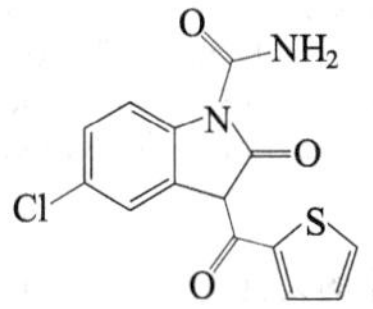

Teniposide 鬼臼噻吩苷 09336

[29767-20-2] $C_{32}H_{32}O_{13}S$ 656.66

成分 C 58.53%，H 4.91%，O 31.67%，S 4.88%。

别名 表鬼臼毒噻吩糖苷；(5*R*,5a*R*,8a*R*,9*S*)-5,8,8a,9-Tetrahydro-5-(4-hydroxy-3,5-dimethoxyphenyl)-9-[[4,6-*O*-(2-thienylmethylene)-*β*-D-glucopyranosyl]oxy]furo[3′,4′:6,7]naphtho[2,3-*d*]-1,3-dioxol-6(5a*H*)-one；4′-Demethylepipodophyllotoxin 9-(4,6-*O*-2-thenylidene-*β*-D-glucopyranoside)；4′-Demethylcpipodophyllotoxin-*β*-D-thenylidine glucoside；ETP；NSC-122819；VM-26；Vehen-Sandoz；Vumon

M. I. 15, 9288

性状 来自无水乙醇中的无色结晶。pK_a10.13。mp 242～246℃；$[\alpha]_D^{20}$ －107°（于 9：1 氯仿/甲醇中）；uv max（甲醇中）：283nm（$E_{1cm}^{1\%}$64.1）。

主要用途 医用抗肿瘤剂。

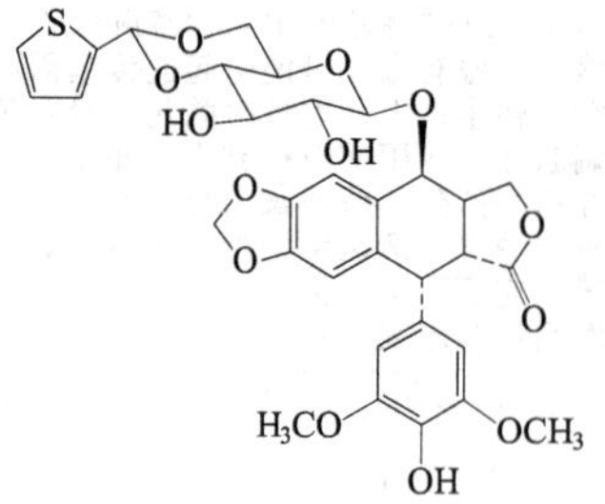

Tenofovir　替诺福韦　09337

[147127-20-6] [206184-49-8]（一水合物）　$C_9H_{14}N_5O_4P$　287.22

成分　C 37.64%，H 4.91%，N 24.38%，O 22.28%，P 10.78%。

别名　*P*-[[(1*R*)-2-(6-Amino-9*H*-purin-9-yl)-1-methylethoxy] methyl]phosphonic acid；(*R*)-9-(2-Phosphonomethoxypropyl) adenine；(*R*)-PMPA；GS-1278

M. I. 15，9289

性状　来自沸水＋乙醇中的无色结晶。mp 279℃；$[\alpha]_D$ ＋21°（c＝1，于 0.1mol/L 盐酸中）。

主要用途　医用抗病毒剂。

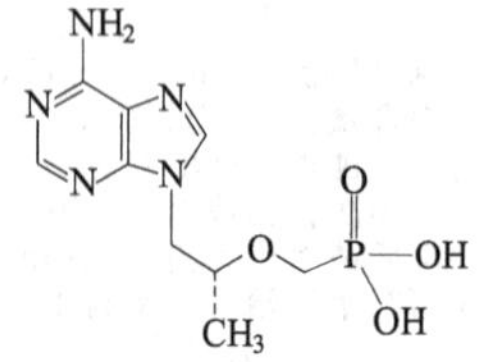

Tenonitrozole　噻吩硝噻唑　09338

[3810-35-3]　$C_8H_5N_3O_3S_2$　255.27

成分　C 37.64%，H 1.97%，N 16.46%，O 18.80%，S 25.12%。

别名　*N*-(5-Nitro-2-thiazolyl)-2-thiophenecarboxamide；2-(α-Thenoylamino)-5-nitrothiazole；Thenitrazole；TC-109；Atrican；Moniflagon

M. I. 15，9290

性状　来自二氧六环或二甲基甲酰胺中的无色结晶。mp 255～256℃。

主要用途　医用抗原生物剂（毛滴虫），抗真菌剂。

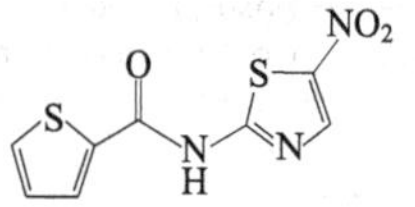

Tenoxicam　替诺昔康　09339

[59804-37-4]　$C_{13}H_{11}N_3O_4S_2$　337.37

成分　C 46.28%，H 3.29%，N 12.46%，O 18.97%，S 19.01%。

别名　滕诺息卡；4-Hydroxy-2-methyl-*N*-2-pyridinyl-2*H*-thieno[2,3-*e*]-1,2-thiazine-3-carboxamide 1,1-dioxide；Ro-12-0068；Alganex；Dolmen；Liman；Mobiflex；Rexalgan；Tilatil；Tilcotil

M. I. 15，9291

性状　来自二甲苯中的无色结晶。该品于下列物质中的溶解度(mg/mL)：水 0.045；乙醇＜1；甲醇＜1；丙酮 2；二氯甲烷 10；氯仿 8；二甲基亚砜 63。pK_{a1}5.3；pK_{a2}1.1。分配系数（辛醇/水）：0.3（pH 值 7.4）；3.5（pH 值 1.2）。mp 209～213℃（分解）；uv max（乙醇中）：205nm，265nm，360nm（ε 16422.12，10127.42，12544.21）。

注意事项　该品吸入、口服或与皮肤接触有毒。使用时应穿适当的防护服，戴手套和防护镜或面罩。使用时如有事故发生或有不适之感，应请医生诊治。

主要用途　医用抗炎剂，止痛剂。

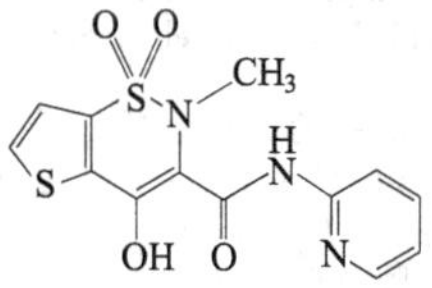

Tenuazonic acid　细格孢氮杂酸　09340

[610-88-8]　$C_{10}H_{15}NO_3$　197.23

成分　C 60.90%，H 7.67%，N 7.10%，O 24.34%。

别名　3-乙酰基-5-仲丁基-4-羟基-3-吡咯啉-2-酮；细交链孢菌酮酸；(5*S*)-3-Acetyl-1,5-dihydro-4-hydroxy-5-[(1*S*)-methylpropyl]-2*H*-pyrrol-2-one；3-Acetyl-5-*sec*-butyl-4-hydroxy-3-pyrrolin-2-one；3-Acetyl-5-*sec*-butyltetramic acid

M. I. 15，9292

性状　浅棕色具有黏性的树胶状物质。易溶于包括石油醚的有机溶剂，略微溶于水。久置可转变为异构体结晶。$bp_{0.035}$117℃/4.67Pa；$[\alpha]_D^{20}$－128°（c＝1，于甲醇中）；－132°±2°（c＝0.5，于氯仿中）。

主要用途　医用抗肿瘤剂。

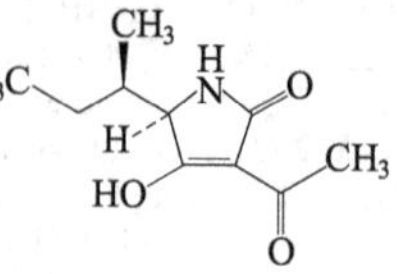

Teprenone　替普瑞酮　09341

[6809-52-5]　$C_{23}H_{38}O$　330.56

成分　C 83.57%，H 11.59%，O 4.84%。

别名　施维舒；6,10,14,18-四甲基-5,9,13,17-十九碳四烯-2-酮；6,10,14,18-Tetramethyl-5,9,13,17-nonadecatetraen-2-one；geranylgeranylacetone；GGA；E-0671；E36U31；Selbex

M. I. 15，9296

性状　黄色澄明油状液体。$bp_{0.01}$ 155～160℃/1.33Pa；$d_4^{20.5}$0.9081；n_D^{20}1.4947。

注意事项　该品应密封于－20℃保存。

主要用途　医用抗溃疡剂。

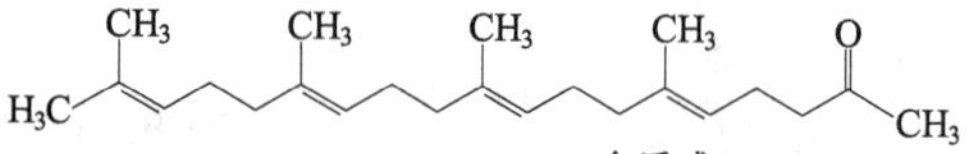

全反式

Terazosin hydrochloride　特拉唑嗪 盐酸盐　09342

[63590-64-7] [70024-40-7]（二水合物）　$C_{19}H_{26}ClN_5O_4$　423.90

成分　C 53.84%，H 6.18%，Cl 8.36%，N 16.52%，O 15.10%。

别名　得压平 盐酸盐；盐酸特拉唑嗪；盐酸得压平；1-(4-Amino-6,7-dimethoxy-2-quinazolinyl)-4-[(tetrahydro-2-furanyl) carbonyl]piperazine hydrochloride；；2-[(4-Tetranydro-2-furoyl)-1-piperazinyl]-4-amino-6,7-dimethoxyquinazoline hydrochloride

M. I. 15，9297

性状　来自异丙醇中的无色或白色结晶或粉末。易吸潮。溶于水（761.2mg/mL）。mp 278～279℃。LD 小鼠静脉注射：259.3mg/kg。一般试剂含量≥98.0%（TLC）。

注意事项　该品口服有毒。万一接触到眼睛，应立即用大量水冲洗后请医生诊治。

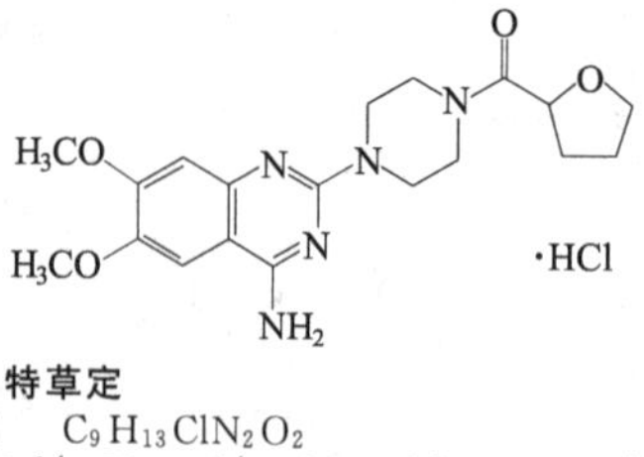

Terbacil　特草定　09343

[5902-51-2]　$C_9H_{13}ClN_2O_2$　216.67

成分　C 49.89%，H 6.05%，Cl 16.36%，N 12.93%，O 14.77%。

别名　3-叔丁基-5-氯-6-甲基脲嘧啶；5-Chloro-3-(1,1-dimethylethyl)-6-methyl-2,4(1*H*,3*H*)-pyrimidinedione；3-*tert*-Butyl-5-chloro-6-methyluracil；Du Pont Herbicide 732；Sinbar

M. I. 15，9298

性状　无色结晶。溶于水（25℃，710×10^{-6}）、二甲基甲酰胺、二甲基乙酰胺、环己酮，中等程度溶于甲基异丁基甲酮、乙酸丁酯、二甲苯。mp 175～177℃。LD_{50}大鼠急性经口：＞5g/kg。

注意事项　该品口服有毒。使用时应穿适当的防护服。应避免吸入本品的粉尘，避免与眼睛及皮肤接触。

主要用途 除草剂。分析用标准物质。

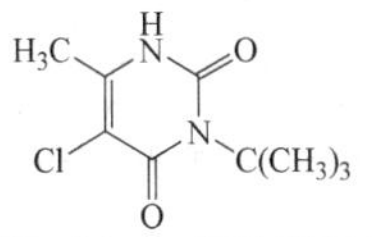

Terbinafine hydrochloride 特比萘芬 盐酸盐 09344

[78628-80-5] $C_{21}H_{26}ClN$ 327.90

成分 C 76.92%，H 7.99%，Cl 10.81%，N 4.27%。

别名 盐酸特比萘芬；SF-86-327；Lamisil；*N*-[(2*E*)-6,6-Dimethyl-2-hepten-4-ynyl]-*N*-methyl-1-naphthalenemethanamine；*trans*-*N*-Methyl-*N*-(1-naphthylmethyl)-6,6-dimethylhept-2-en-4-ynyl-1-amine

M. I. 15，9299

性状 来自2-丙醇+乙醚中的无色结晶。易溶于无水乙醇、甲醇、二氯甲烷，溶于乙醇，微溶于水、丙酮。mp 195～198℃（约150℃结晶结构开始改变）。LD_{50}小鼠、大鼠急性经口（mg/kg）：4000，4000；静脉注射（mg/kg）：393，213。生化试剂含量≥98.0%。

注意事项 该品对眼睛、呼吸系统及皮肤有刺激性。对水生物极毒。能对水环境产生长期不良的影响。万一接触到眼睛，应立即用大量水冲洗后请医生诊治。应防止将本品释放于环境中。其包装物应按危险品处理。应密封于-20℃保存。

主要用途 医用抗真菌剂。

·HCl

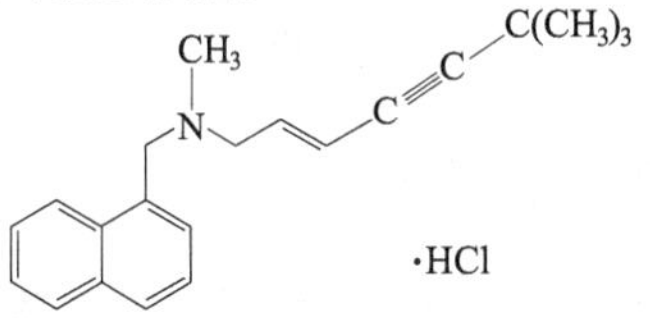

Terbium 铽 09345

[7440-27-9] Tb 158.92535

M. I. 15，9300

性状 银灰色金属。在空气中易氧化。mp 1356℃；bp 3230℃；*d* 8.27。一般试剂含量≥99.9%。

注意事项 使用时应避免吸入本品的粉尘，避免与眼睛及皮肤接触。应密封于干燥处保存。

主要用途 燐光体活化剂。

Terbium (Ⅲ) oxalate decahydrate 草酸铽 十水 09346

[24670-06-2] $C_6O_{12}Tb_2 \cdot 10H_2O$ 581.92（无水物）

成分（以无水物计） C 12.38%，O 32.99%，Tb 54.62%。

性状 白色结晶。无水物不溶于水和稀酸。*d* 2.6。

注意事项 该品口服或与皮肤接触有毒。使用时应避免与眼睛及皮肤接触。应密封于干燥处保存。

主要用途 制造其他铽盐。

Terbium(Ⅲ) oxide 氧化铽 09347

[12037-01-3] O_3Tb_2 365.85

成分 O 13.12%，Tb 86.88%。

别名 三氧化二铽；过氧化铽；Terbia；Terbium peroxide

M. I. 15，9300

性状 白色无定形粉末或固体。微有吸湿性。能从空气中吸收二氧化碳，溶于稀酸。一般试剂含量≥99.9%(REO)。

注意事项 该品应密封于干燥处保存。

主要用途 光谱分析磁性材料、荧光粉的添加材料。

Terbium(Ⅲ) sulfate octahydrate 硫酸铽 八水 09348

[13842-67-6] $O_{12}S_3Tb_2 \cdot 8H_2O$ 750.16

成分（以无水物计） O 31.68%，S 15.87%，Tb 52.45%。

别名 八水合硫酸铽

性状 白色结晶。溶于水，不溶于乙醇。热至360℃时失去全部结晶水。

注意事项 该品对眼睛、呼吸系统及皮肤有刺激性。使用时应戴手套。万一接触到眼睛，应立即用大量水冲洗后请医生诊治。应密封于干燥处保存。

主要用途 光谱分析。

Terbufos 特丁硫磷 09349

[13071-79-9] $C_9H_{21}O_2PS_3$ 288.42

成分 C 37.48%，H 7.34%，O 11.09%，P 10.74%，S 33.35%。

别名 特丁磷；百利普芬；Phosphorodithioic acid *S*-[(1,1-dimethylethyl) thio] methyl *O*,*O*-diethyl ester；Phosphorodithioic acid *S*-(*tert*-butylthio)methyl*O*,*O*-diethyl ester；AC-92100；Coumter

M. I. 15，9301

性状 85%～88% 纯品为无色至浅黄色透明液体。溶于丙酮、醇类、芳香及氯化烃类，溶于水（10×10^{-6}～15×10^{-6}）。mp -29.2℃；$bp_{0.01}$ 69℃/1.3Pa；Fp 190.4℉（88℃，泰格开杯）；d^{24} 1.105。LD_{50}鹌鹑急性经口：15mg/kg。

主要用途 该品口服或与皮肤接触极毒。对水生物极毒。能对水环境引起不利的结果。使用时应穿适当的防护服和戴手套。使用时如有事故发生或有不适之感，应请医生诊治。应防止将本品释放于环境中。其包装物应按危险品处理。应密封于2～8℃保存。

主要用途 土壤杀虫剂。分析用标准物质。

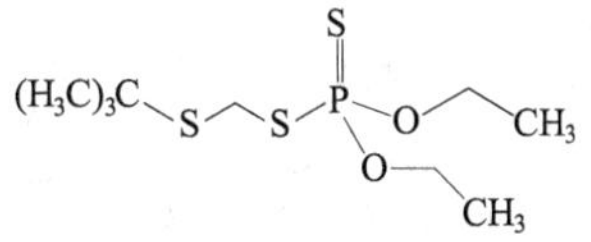

Terbutaline sulfate 间羟舒喘宁 硫酸盐 09350

[23031-32-5] $C_{24}H_{40}N_2O_{10}S$ 548.65

成分 C 52.54%，H 7.35%，N 5.11%，O 29.16%，S 5.84%。

别名 间羟叔丁肾上腺素 硫酸盐，间羟嗽必妥 硫酸盐；硫酸间羟舒喘宁；硫酸间羟叔丁肾上腺素；硫酸间羟嗽必妥；Brethaire；Brethine；Bricanyl；Butaliret；Monovent；Terbasmin；Terbul；5-[2-(1,1-Dimethylethyl) amino-1-hydroxyethyl]-1,3-benzenediol semisulfate；α-(*tert*-Butylamino) methyl-3,5-dihydroxybenzyl alcoho semisulfate；1-(3,5-Dihydroxyphenyl)-2-(*tert*-butylamino) ethanol semisulfate；Terbutaline hemisulfate salt

M. I. 15，9302

性状 无色结晶。该品于下列物质中的溶解度（25℃，mg/mL）：水>20；0.1mol/L盐酸>20；0.1mol/L氢氧化钠溶液>20；乙醇 1.2；10%乙醇>20；甲醇 2.7。pK_{a1} 8.8，pK_{a2} 10.1，pK_{a3} 11.2。mp 246～248℃；uv max (0.1mol/L盐酸中)：276nm ($A_{1cm}^{1\%}$ 67.6)。

注意事项 该品能危害胎儿。吸入或与皮肤接触可引起过敏。使用时应穿适当的防护服。万一接触到眼睛，应立即用大量水冲洗后请医生诊治。

主要用途 生化研究。医用支气管扩张剂。

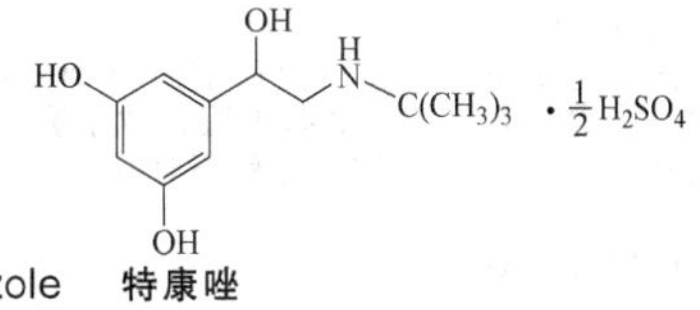

Terconazole 特康唑 09351

[67915-31-5] $C_{26}H_{31}Cl_2N_5O_3$ 532.47

成分 C 58.65%，H 5.87%，Cl 13.32%，N 13.15%，O 9.01%。

别名 曲康唑；*rel*-1-[4-[[(2*R*,4*S*)-2-(2,4-Dichlorophenyl)-2-(1*H*-1,2,4-triazol-1-ylmethyl)-1,3-dioxolan-4-yl]methoxy]phenyl]-4-(1-methylethyl) piperazine；Triaconazole；R-42470；Fungistat；Gyno-Terazol；Terozol；Tercospor

M. I. 15，9303

性状 来自异丙醚中的无色结晶。mp 126.3℃；*d* 1.35。

主要用途 医用抗真菌剂。

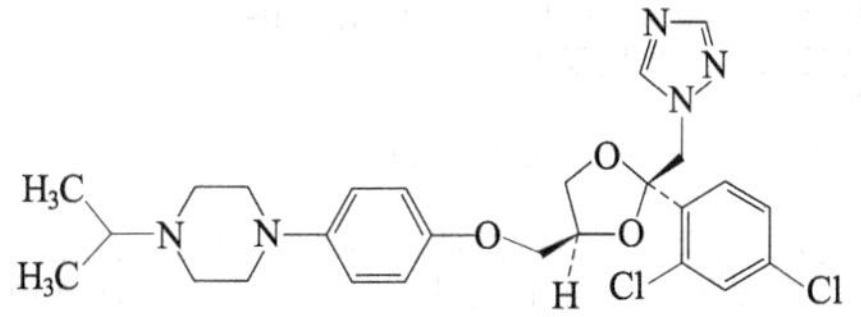

Terebene 芸香烯 09352

[8014-10-6] [1335-76-8]

别名 松节油混合萜；单萜烯混合物；松脂萜；特惹烯

GW 2015-2099

性状 无色液体。有百里香状的气味。与氯仿、乙醚、无水乙醇相混溶，该品 1mL 溶于 3mL 95%乙醇，几乎不溶于水。bp 160～172℃；d_{25}^{25} 0.860～0.865；n_D^{20} 1.468～1.474。
注意事项 该品易燃。使用现场禁止吸烟。应远离火种密封保存。
主要用途 纤维素类物质的处理。

Terfenadine 丁苯哌丁醇 09353
[50679-08-8] $C_{32}H_{41}NO_2$ 471.69
成分 C 81.48%，H 8.76%，N 2.97%，O 6.78%。
别名 α-[4-(1,1-Dimethylethyl) phenyl]-4-hydroxydiphenylmethyl-1-piperidinebutanol；1-(*p-tert*-Butylphenyl)-4-[4′-(α-hydroxydiphenylmethyl)-1′-piperidyl]butanol；α-(*p-tert*-Butylphenyl)-4-(α-hydroxy-α-phenylbenzyl)-1-piperidinebutanol；MDL-9918；Allerplus；Cyater；Seldane；Teldane；Teldanex；Terfex；Ternadin；Triludan
M.I. 15，9306
性状 来自丙酮的无色结晶。30℃时该品于下列物质中的溶解度（g/100mL）：水 0.001；乙醇 3.780；甲醇 3.750；己烷 0.034；0.1mol/L 盐酸 0.012；0.1mol/L 柠檬酸溶液 0.110；0.1mol/L 酒石酸溶液 0.045。mp 146.5～148.5℃；uv max（甲醇中）：260nm（A 660.4），（乙醇中）：260nm（A 671.4），（二氯甲烷中）：260nm（A 762.2）。LD_{50}小鼠急性经口：>2000mg/kg。
注意事项 该品应密封于 2～8℃保存。
主要用途 生化研究。医用抗组织胺剂。

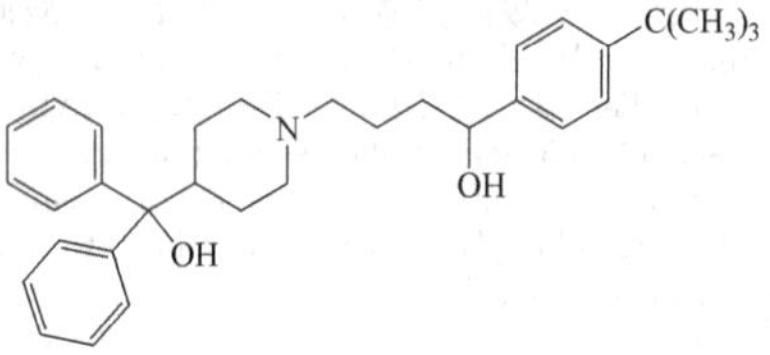

Terguride hydrogen maleate 马来酸氢特麦角脲 09354
[37686-85-4] $C_{14}H_{32}N_4O_5$ 456.54
成分 C 63.13%，H 7.08%，N 12.27%，O 17.52%。
别名 特麦角脲；马来酸氢盐；*N,N*-Diethyl-*N′*-[(8α)-6-methylergolin-8-yl] urea；*N*-(D-6-Methyl-8-isoergolin-1-yl)-*N′,N′*-diethylurea；6-Methyl-8α-(diethylcarbamoylamino) ergoline；9,10α-Dihydrolisuride；9,10-Transdihydrolisuride；TDHL
M.I. 15，9307
性状 来自乙醇中的白色结晶。溶于甲醇（14mg/mL），几乎不溶于水（1.26mg/mL）。mp 190～191℃。
注意事项 该品能损伤生育力。使用前应得到专门的指导，避免曝露。使用时应穿适当的防护服，戴手套和防护镜或面罩。使用时如有事故发生或有不适之感，应请医生诊治。
主要用途 医用抗震颤剂。

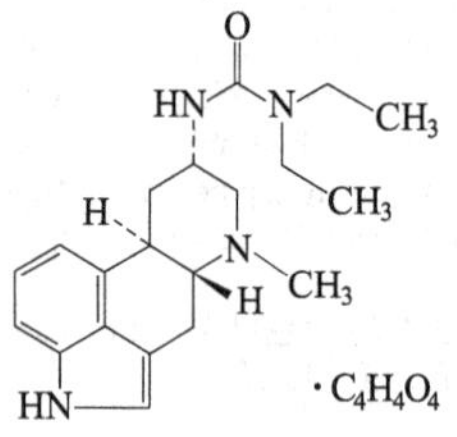

Terminal transferase from calf thymus 末端转移酶（小牛胸腺） 09355
[9027-67-2] Mr 约 60000
别名 Terminal deoxynucleotidyl transferase
EC 2.7.7.31
性状 微细结晶。一般试剂储存在含有 100mmol/L 磷酸钾、pH 值 7.2 和 1mmol/L 巯基乙醇的 50%甘油溶液中。
注意事项 纯品使用时应避免吸入本品的粉尘，避免与眼睛及皮肤接触。应密封于−20℃干燥保存。

Terpin 萜品 09356
[80-53-5] $C_{10}H_{20}O_2$ 172.27
成分 C 69.72%，H 11.70%，O 18.55%。
别名 松脂馏油；萜松油；1,8-萜二醇；4-(1-羟基-1-甲基乙基)-1-甲基环己醇；4-(1-Hydroxy-1-methylethyl)-1-methylcyclohexanol；Terpinol；Dipenteneglycol；*p*-Menthane-1,8-diol；4-Hydroxy-α,α,4-trimethylcyclohexanemethanol
M.I. 15，9311
性状 无色至微黄色略带黏性的液体或透明结晶。系三种异构体的混合物。顺式 1g 溶于 250mL 水、34mL 沸水、13mL 乙醇、3mL 沸乙醇、135mL 氯仿、140mL 乙醚、约 1mL 沸冰乙酸、13mL 甲醇、13mL 乙酸乙酯、77mL 苯、290mL 四氯化碳、250mL 二硫化碳，几乎不溶于石油醚。mp 116～117℃。反式 1g（20℃）溶于 11mL 甲醇、20mL 乙酸乙酯、100mL 水、250mL 苯、250mL 四氯化碳、500mL 二硫化碳。mp 158～159℃。顺式反式混合体：bp 214～224℃；d 0.931～0.935；n_D^{20} 1.4825～1.4855。
注意事项 使用时应避免吸入本品的粉尘，避免与眼睛及皮肤接触。

（顺式）

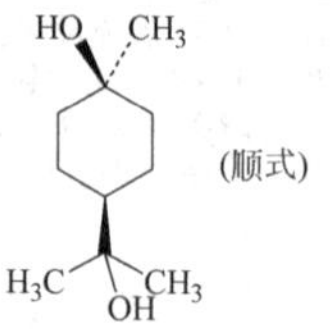

α-Terpinene α-萜品烯 09357
[99-86-5] $C_{10}H_{16}$ 136.24
成分 C 88.16%，H 11.84%。
别名 1-异丙基-4-甲基-1,3-环己二烯；1,3-萜二烯；1-*iso*-Propyl-4-methyl-1,3-cyclohexadiene；1-Isopropyl-4-methyl-1,3-cyclohexadiene；*p*-Mentha-1,3-diene
M.I. 15，9312
性状 无色油状液体。有愉快的柠檬气味。与乙醇、乙醚相混溶，不溶于水。bp 173.5～174.8℃；$bp_{13.5}$ 65.4～66℃/1.8kPa；Fp 115 ℉（46℃）；$d_4^{19.6}$ 0.8375；n_D^{20} 1.4784。一般试剂含量≥95.0%（GC）。
注意事项 该品易燃。口服有毒。对眼睛、呼吸系统及皮肤具有刺激性。对水生物有毒。能对水环境引起长期不良的影响。使用时应穿适当的防护服和戴手套。万一接触到眼睛，应立即用大量水冲洗后请医生诊治。应防止将本品释放于环境中。其包装物应按危险品处理。应充氩气密封于 2～8℃保存。

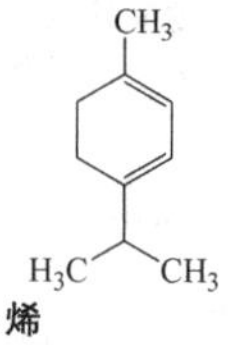

γ-Terpinene γ-萜品烯 09358
[99-85-4] $C_{10}H_{16}$ 136.24
成分 C 88.16%，H 11.84%。
别名 1-异丙基-4-甲基-1,4-环己二烯；1,4-萜二烯；1-*iso*-Propyl-4-methyl-1,4-cyclohexadiene；1-Isopropyl-4-methyl-1,4-cyclohexadiene；*p*-Mentha-1,4-diene
M.I. 15，9312
性状 无色油状液体。bp 183℃；Fp 125 ℉（51℃）；d_4^{15} 0.853；$n_D^{15.6}$ 1.4754。一般商品含量≥98.5（GC）。
注意事项 见 09357 α-萜品烯。

α-Terpineol α-萜品醇 09359
[98-55-5] $C_{10}H_{18}O$ 154.25
成分 C 77.87%，H 11.76%，O 10.37%。
别名 异松节油透醇；松脂醇；1-萜烯-8-醇；羟四甲六碳烯环；松油醇；松节油透醇；Lilacine；*p*-Menth-1-en-8-ol；Terpilenol；α,α,4-Trimethyl-3-cyclohexene-1-methanol
M.I. 15，9313
性状 无色黏稠状液体。为异构体的混合物。有丁香味和甜味。与乙醇、乙醚相混溶，微溶于水。mp 31～35℃；bp_{752} 218.8～219.4℃/100.258kPa；bp_3 85℃/399.97Pa；

Fp 193℉（89℃）；d^{15} 0.9386；n_D^{20} 1.4831。一般试剂含量约 95%。

注意事项 该品对眼睛、呼吸系统及皮肤有刺激性。使用时应穿适当的防护服。万一接触到眼睛，应立即用大量水冲洗后请医生诊治。应密封于 2～8℃保存。

主要用途 制药工业。调和肥皂、化妆品的香料。玻璃器皿用色彩的优良溶剂。油墨。仪表。电讯。医用消毒剂。

Terreic acid 土曲霉酸 09360

［121-40-4］ $C_7H_6O_4$ 154.12

成分 C 54.55%，H 3.92%，O 41.52%。

别名 (1*R*,6*S*)-3-Hydroxy-4-methyl-7-oxabicyclo[4.1.0]hept-3-ene-2,5-dione；2-Hydroxy-3-methyl-1,4-benzoquinone 5,6-epoxide；5,6-Epoxy-3-hydroxy-*p*-toluquinone

M.I.15，9315

性状 来自苯或乙烷中的浅黄色片状结晶。溶于乙醚、低级醇、丙酮、热环己烷。中等程度溶于矿物酸，但于碱溶液中很快分解。微溶于水。pK_a4.5；mp 127～127.5℃；其旋光性在很多溶剂中不同：$[\alpha]_D^{22}$ −16.6°（于氯仿中）；$[\alpha]_D^{22}$ −28.6°（1∶1 甲醇-苯中）；$[\alpha]_D^{22}$ +74.3°（pH 值 7 的磷酸盐缓冲液中）；uv max（乙醇中）：214nm，316nm（lgε 4.03，3.88）。

注意事项 该品应密封于 2～8℃保存。

Tertatolol hydrochloride 特他洛尔 盐酸盐 09361

［33580-30-2］ $C_{16}H_{26}ClNO_2S$ 331.90

成分 C 57.90%，H 7.90%，Cl 10.68%，N 4.22%，O 9.64%，S 9.66%。

别名 盐酸特他洛尔；特塔托醇 盐酸盐；S-2395；SE-2395；Artex；Artexal；Prenalex；1-(3,4-Dihydro-2*H*-1-benzothiopyran-8-yl)oxy-3-(1,1-dimethylethyl)amino-2-propanol；(±)-1-*tert*-Butylamino-3-(1-thiachroman-8-yloxy)-2-propanol；*dl*-8-[2-Hydroxy-3-[(*tert*-butylamino)propyl]oxy]thiochromane

M.I.15，9316

性状 来自乙腈中的无色结晶。pK_a9.8；mp 180～183℃。LD_{50}大鼠、小鼠静脉注射（mg/kg）：40，37；腹膜内注射（mg/kg）：90，120。

主要用途 医用抗高血压剂。

α-Terthienyl α-三联噻吩 09362

［1081-34-1］ $C_{12}H_8S_3$ 248.38

成分 C 58.03%，H 3.25%，S 38.72%。

别名 2,2′∶5′,2″-三联噻吩；2,2′∶5′,2″-Terthiophene；5-(2-Thienyl)-2,2′-bithiophene

M.I.15，9317

性状 来自甲醇中的黄橙色片状结晶。对光敏感。溶于二硫化碳、乙醚、苯、丙酮、石油醚，微溶于甲醇、乙醇，不溶于水。mp 93～94℃；uv max（甲醇中）：254nm，350nm（ε 7100，21300）。一般试剂含量≥99.0%（HPLC）。

注意事项 使用时应避免吸入本品的粉尘，避免与眼睛及皮肤接触。应充氩气密封避光于 2～8℃保存。

Testolactone 睾内酯 09363

［968-93-4］ $C_{19}H_{24}O_3$ 300.40

成分 C 75.97%，H 8.05%，O 15.98%。

别名 睾内酯酮；(4a*S*,4b*R*,10a*R*,10b*S*,12a*S*)-3,4,4a,5,6,10a,10b,11,12,12a-Decahydro-10a,12a-dimethyl-2*H*-phenanthro[2,1-*bj*]pyran-2,8(4b*H*)-dione；D-Homo-17a-oxaandrosta-1,4-diene-3,17-dione；13-Hydroxy-3-oxo-13,17-secoandrosta-1,4-dien-17-oie acid δ-lactone；1,2,3,4,4a,4b,7,9,10,10a-Decahydro-2-hydroxy-2,4b-dimethyl-7-oxo-1-phenanthrenepropionic acid δ-lactone；delta-1-Testololactone；1-Dehydrotestololactone；17α-Oxo-D-homo-1,4-androstadiene-3,17-dione；Δ^1-Testolactone；NSC-23759；SQ-9538；Fludestrin；Teslac

M.I.15，9323

性状 来自丙酮中的无色结晶。溶于乙醇、氯仿，微溶于水、苯甲醇，不溶于乙醚、己烷。mp 218～219℃；$[\alpha]_D^{23}$ −45.6°（*c* = 1.24，于氯仿中）；uv max（乙醇中）：242nm（ε 15800）。

主要用途 医用抗肿瘤剂。

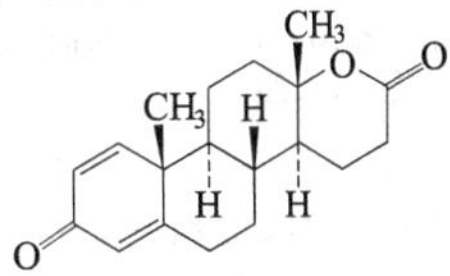

Testosterone 睾酮 09364

［58-22-0］ $C_{19}H_{28}O_2$ 288.43

成分 C 79.12%，H 9.79%，O 11.09%。

别名 睾丸甾酮；睾丸激素；Andro；Androderm；Andropatch；4-Androsten-17β-ol-3-one；Δ^4-Androsten-17β-ol-3-one；Androsten-17-ol-3-one；(17β)-17-Hydroxyandrost-4-en-3-one；17β-Hydroxy-4-androsten-3-one；Mertestate；Oreton；Testoderm；Testolin；Testro AQ；*trans*-Testosterone；Testrone；Virosterone

M.I.1，9324

性状 来自稀丙酮中的无色针状结晶或白色结晶性粉末。易溶于无水乙醇、氯仿，溶于植物油、乙醇、二氧六环及一般的有机溶剂，微溶于乙醚，几乎不溶于水。mp 155℃；$[\alpha]_D^{24}$ +109°（*c* = 4，于乙醇中）；uv max：238nm。生化试剂含量≥99.0%（HPLC）。

注意事项 该品可能危害胎儿。能致癌。使用前应得到专门的指导，避免曝露。使用时应穿适当的防护服和戴手套。使用时如有事故发生或有不适之感，应请医生诊治。

主要用途 生化研究。医用雄性激素。

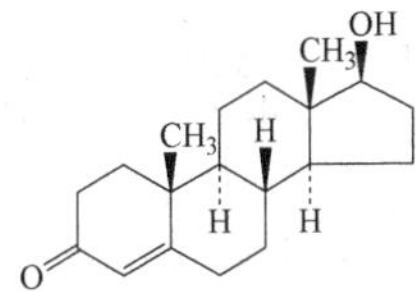

Testosterone acetate 乙酸睾酮 09365

［1045-69-8］ $C_{21}H_{30}O_3$ 330.47

成分 C 76.32%，H 9.15%，O 14.52%。

别名 乙酸睾丸素；乙酸睾甾酮；(17β)-17-Hydroxyandrost-4-en-3-one acetate；Δ^4-Androsten-17β-ol-3-one acetate；*trans*-Testosterone acetate

M.I.15，9324

性状 无色结晶。mp 140～141℃；$[\alpha]_D^{20}$ +88°（*c* = 1，于乙醇中）。一般试剂含量≥99.0%（HPLC）。

注意事项 该品口服有毒。可能危害胎儿。能致癌。使用前应得到专门的指导，避免曝露。使用时应穿适当的防护服，应避免吸入本品的粉尘。万一接触到眼睛，应立即用大量水冲洗后请医生诊治。使用时如有事故发生或有不适之感，应请医生诊治。

主要用途 生化研究。医用雄激素。

Testosterone propionate 丙酸睾酮 09366

［57-85-2］ $C_{22}H_{32}O_3$ 344.50

成分 C 76.70%，H 9.36%，O 13.93%。

别名 丙酸睾丸酮；丙酸睾丸激素；睾丸甾酮丙酸酯；Δ^4-Androstene-17β-propionate-3-one；Androtest P；Anertan；Enarmon；Neo-Hombreol(amp.)；Neo-hombreol(amp.)；Orchisterone；Oreton propionate；Perandren(amp.)；17β-Propionyloxy-4-androsten-3-one；

Sterandryl;Synandrol;Synerone;Testex;Testoviron;Virormone

M. I. 15，9324

性状 来自乙醇＋水中的粗大白色棱柱体结晶。易溶于乙醇、乙醚、吡啶、二氧六环及一般有机溶剂，溶于植物油，不溶于水。mp 118～122℃；$[\alpha]_D^{25}$ +83°～+90°（100mg溶于10mL二氧六环中）。生化试剂含量≥97.0%（HPLC）。

注意事项 该品口服有毒。能致癌。可能危害胎儿。使用前应得到专门的指导，避免曝露。使用时应穿适当的防护服和戴手套。使用时如有事故发生或有不适之感，应请医生诊治。

主要用途 生化研究。医用雄性激素。

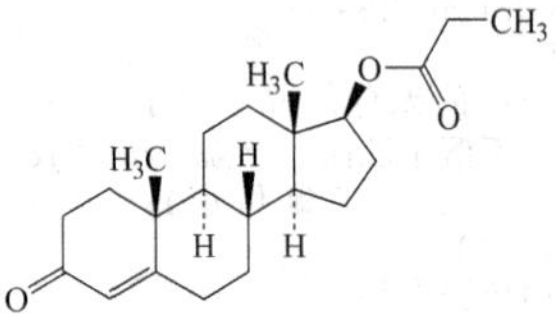

N,N,N',N'-Tetraacetylethylenediarmine

N,N,N',N'-四乙酰基乙二胺 09367

[10543-57-4] $C_{10}H_{16}N_2O_4$ 288.25

成分 C 52.62%，H 7.07%，N 12.27%，O 28.04%。

别名 N,N'-1,2-亚乙基双(二乙酰胺)；N,N'-1,2-Ethanediylbis[N-acetylacetamide]；TAED；TAED4303

M. I. 15，9158

性状 白色至灰白色固体或粉末。溶于水（>10^{-3} mol/L）。mp 149～150℃；uv max（于水中）：213nm（ε 18000 L·mol^{-1} cm^{-1}）。一般试剂含量≥90.0%。

注意事项 使用时应避免吸入本品的粉尘，避免与眼睛及皮肤接触。

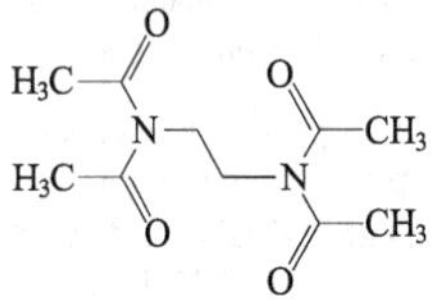

Tetraaminecopper sulfate 硫酸四氨铜 09368

[14283-05-7] $CuH_{12}N_4O_4S$ 227.73

成分 Cu 27.90%，H 5.31%，N 24.60%，O 28.10%，S 14.08%。

别名 硫酸铜铵；Cuprammonium sulfate；Ammonium cupric sulfate；Cupric sulfate, ammoniated；Eau celeste

M. I. 15，9325

性状 带有一个结晶水的为大颗粒暗蓝色的结晶。有氨味，在空气中能分解。溶于水（21.5℃，18.5g/100mL），几乎不溶于低级醇。d_4^{20} 1.81。

注意事项 该品应密封于干燥处保存。

主要用途 织物印染的媒染剂。

Tetraamminepalladium（Ⅱ）chloride monohydrate

氯化四氨钯 一水 09369

[13933-31-8] $Cl_2H_{12}N_4Pd \cdot H_2O$ 263.44

成分（以无水物计） Cl 28.89%，H 4.93%，N 22.83%，Pd 43.36%。

别名 一水合氯化四氨钯；氯化四氨亚钯 一水；氯亚钯四氨 一水；二氯化四氨钯；一水；Tetraamminepalladous chloride monohydrate

性状 白色结晶。易吸潮。mp 120℃（分解）；d 1.910。一般试剂含量≥99.9%。

注意事项 该品对眼睛、呼吸系统及皮肤有刺激性。万一接触到眼睛，应立即用大量水冲洗后请医生诊治。应密封于干燥处保存。

Tetraamminepalladium（Ⅱ）nitrate solution

硝酸四氨钯溶液 09370

[13601-08-6] $H_{12}N_6O_6Pd$ 298.55

成分 H 4.05%，N 28.15%，O 32.16%，Pd 35.65%。

别名 硝酸四氨亚钯溶液一般试剂为其溶液。含钯为5.0%；Tetraammine palladous nitrate solution

性状 白色结晶。mp 164℃。

注意事项 该品为氧化剂。干燥时能爆炸，与易燃物接触能引起燃烧。对眼睛、呼吸系统及皮肤有刺激性。万一接触到眼睛，应立即用大量水冲洗后请医生诊治。应远离易燃品保存。

1,2,4,5-Tetrabromobenzene 1,2,4,5-四溴苯 09371

[636-28-2] $C_6H_2Br_4$ 393.72

成分 C 18.30%，H 0.51%，Br 81.18%。

性状 白色结晶。易溶于乙醚，微溶于乙醇，不溶于水。mp 180～182℃；d_4^{20} 3.072。一般试剂含量≥98.0%。

注意事项 该品对眼睛、呼吸系统及皮肤有刺激性。使用时应穿适当的防护服。万一接触到眼睛，应立即用大量水冲洗后请医生诊治。

主要用途 有机合成。

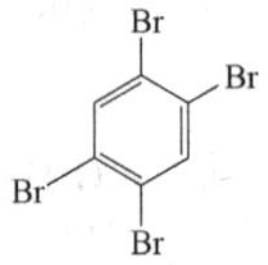

3,4,5,6-Tetrabromo-o-cresol

3,4,5,6-四溴邻甲酚 09372

[576-55-6] $C_7H_4Br_4O$ 423.72

成分 C 19.84%，H 0.95%，Br 75.43%，O 3.78%。

M. I. 15，9329

性状 白色至米色结晶性粉末。溶于乙醇、乙醚、碱溶液，几乎不溶于水。mp 205～208℃（分解）。

注意事项 该品对眼睛、呼吸系统及皮肤有刺激性。

主要用途 杀菌剂。

1,1,2,2-Tetrabromoethane

1,1,2,2-四溴乙烷 09373

[79-27-6] $C_2H_2Br_4$ 345.65

成分 C 6.95%，H 0.58%，Br 92.47%。

别名 四溴化乙炔；对称四溴化乙烷；Acetylene tetrabromide；Muthmann's liquid；sym-Tetrabromoethane；TBE

GW 2015-2085 M. I. 15，9330

性状 浅黄色有强折光性的重质液体。具有樟脑及碘仿的气味。与乙醇、乙醚、三氯甲烷、苯胺、冰乙酸相混溶，不溶于水。mp 0℃；bp_{54} 151℃/7.199 kPa；d 2.964；n_D^{20} 1.638。LD_{50} 小鼠腹膜内注射：443.4mg/kg。生化试剂含量≥98.0%(GC)。

注意事项 该品蒸气吸入极毒。对眼睛有刺激性。对水生物有害。对水环境能产生长期有害的结果。使用时应避免与皮肤接触。使用时如有事故发生或有不适之感，应立即请医生诊治。使用完毕应立即脱掉受污染的衣服。应防止将本品释放于环境中。应密封避光保存。

主要用途 分离矿石的浮选液。矿石密度和折射率的测定。杀虫剂的合成。

3',3",5',5"-Tetrabromophenolphthalein

3',3",5',5"-四溴酚酞 09374

[76-62-0] $C_{20}H_{10}Br_4O_4$ 633.91

成分 C 37.89%，H 1.59%，Br 50.42%，O 10.10%。

别名 3,3-Bis(3,5-dibromo-4-hydroxyphenyl)-1(3H)-isobenzofuranone

M. I. 13，9331

性状 来自乙醇、冰乙醇或乙醚中的无色或微黄色结晶或粉末。溶于乙醚、碱溶液呈紫色，微溶于乙醇、冰乙酸，几乎不溶于水。pH值变色范围 8.0（无色）～9.0（红紫）；mp 295～297℃（分解）。

注意事项 该品应密封、避光保存。

主要用途 酸碱指示剂。

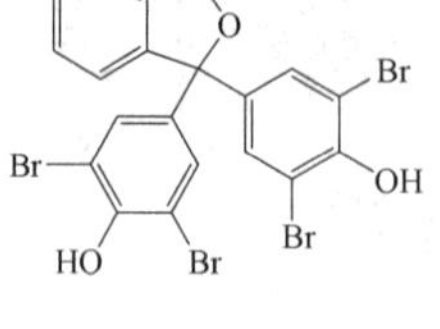

3′,3″,5′,5″-Tetrabromophenolphthalein ethyl ester
3′,3″,5′,5″-四溴酚酞乙酯 09375

[1176-74-5] $C_{22}H_{14}Br_4O_4$ 661.97

别名 2-[(3,5-Dibromo-4-hydroxyphenyl)(3,5-dibromo-4-oxo-2,5-cyclohexadien-1-ylidene)methyl]benzoic acid ethyl ester; Bromophthalein magenta E; Ethyltatrabromophenolphthalem; TBPE

M. I. 15，9331

成分 C 39.92%，H 2.13%，Br 48.28%，O 9.67%。

性状 白色或浅黄色粉末。溶于乙醇、乙醚、苯、乙酸、碱溶液，不溶于水。mp 208～211℃；λ_{max} 952nm。

注意事项 使用时应避免吸入本品的粉尘。避免与眼睛及皮肤接触。应充氩气密封避光保存。

主要用途 蛋白的灵敏试剂。

COOC2H5 Br Br HO O Br Br

3′,3″,5′,5″-Tetrabromophenolphthalein ethyl ester potassium salt
3′,3″,5′,5″-四溴酚酞乙酯钾盐 09376

[62637-91-6] $C_{22}H_{13}Br_4KO_4$ 700.06

M. I. 15，9331

成分 C 37.75%，H 1.87%，Br 45.66%，K 5.58%，O 9.14%。

性状 深绿色或蓝紫色结晶性粉末。溶于水、乙醇，溶液呈蓝紫色。溶于浓酸呈黄色，亦溶于乙醚。pH 值 3.0～3.5（由亮绿至蓝绿色），pH 值 4.9～5.2（由蓝至紫色）。mp 210℃（分解）；λ_{max} 593（386）nm。

注意事项 使用时应避免与眼睛及皮肤接触。

主要用途 分析试剂，如蛋白的灵敏测定。指示剂。

α,α,α′,α′-Tetrabromo-o-xylene
α,α,α′,α′-四溴邻二甲苯 09377

[13209-15-9] $C_8H_6Br_4$ 421.77

成分 C 22.78%，H 1.43%，Br 75.78%。

别名 1，2-双（二溴甲基）苯；1,2-Bis(dibromomethyl)benzene

性状 白色结晶性粉末。具有催泪性。mp 115～117℃。一般试剂含量≥98.0%（HPLC）。

注意事项 该品具有腐蚀性，能引起烧伤。对呼吸系统有刺激性。接触皮肤能引起过敏。使用时应穿适当的防护服，戴手套和防护镜或面罩。使用时禁止饮食。万一接触到眼睛，应立即用大量水冲洗后请医生诊治。使用时如有事故发生或有不适之感，应请医生诊治。应密封干燥保存。

主要用途 有机合成。

Br Br Br Br

Tetrabutylammonium bromide 四丁基溴化铵 09378

[1643-19-2] $C_{16}H_{36}BrN$ 322.38

成分 C 59.61%，H 11.26%，Br 24.79%，N 4.34%。

别名 四正丁基溴化铵；溴化四丁基铵；TBAB；TBuABr

性状 白色结晶。有潮解性。易溶于水、乙醇、乙醚、丙酮，微溶于苯。mp 103～104℃。一般试剂含量≥99.0%（AT）。

注意事项 该品对眼睛、呼吸系统及皮肤有刺激性。使用时应穿适当的防护服和戴手套。万一接触到眼睛，应立即用大量水冲洗后请医生诊治。应密封于干燥处保存。

主要用途 极谱分析试剂。有机合成。

Tetrabutylammonium chloride 四丁基氯化铵 09379

[1112-67-0] $C_{16}H_{36}ClN$ 277.92

成分 C 69.15%，H 13.06%，Cl 12.76%，N 5.04%。

别名 四正丁基氯化铵；氯化四丁基铵；氯化四正丁基铵；TBAC

性状 无色至淡褐色结晶。易潮解。易溶于水、乙醇、氯仿、丙酮，微溶于苯、乙醚。mp 41～44℃；Fp 235.4℉（113℃）。一般试剂含量≥99.0%（AT）。

注意事项 该品对眼睛、呼吸系统及皮肤有刺激性。使用时应穿适当的防护服。万一接触到眼睛，应立即用大量水冲洗后请医生诊治。应密封于干燥处保存。

主要用途 极谱分析试剂。

Tetrabutylammonium hydroxide 10% water solution
四丁基氢氧化铵 10%水溶液 09380

[2052-49-5] $C_{16}H_{37}NO$ 259.48

成分（纯品） C 74.06%，H 14.37%，N 5.40%，O 6.17%。

别名 四正丁基氢氧化铵 10%水溶液；氢氧化四丁铵 10%水溶液；TBA-OH

GW 2015-2019

性状 无色强碱性液体。易吸收空气中的二氧化碳。d 1.01。

注意事项 该品具有腐蚀性，能引起烧伤。使用时应穿适当的防护服，戴手套和防护镜或面罩。万一接触到眼睛，应立即用大量水冲洗后请医生诊治。使用时如有事故发生或有不适之感，应请医生诊治。应充氩气密封于 5℃以上保存。

主要用途 极谱分析试剂。

Tetrabutylammonium iodide 四丁基碘化铵 09381

[311-28-4] $C_{16}H_{36}IN$ 369.38

成分 C 52.03%，H 9.82%，I 34.36%，N 3.79%。

别名 四正丁基碘化铵；碘化四丁铵；TBAI

性状 白色或浅黄色结晶。溶于水、乙醇，微溶于三氯甲烷。mp 145～146℃。一般试剂含量≥99.0%（AT）。

注意事项 该品口服有毒。对眼睛、呼吸系统及皮肤有刺激性。使用时应穿适当的防护服。万一接触到眼睛，应立即用大量水冲洗后请医生诊治。应密封避光保存。

主要用途 极谱分析试剂。有机合成。

Tetrabutyltin 四丁基锡 09382

[1461-25-2] $C_{16}H_{36}Sn$ 347.17

成分 C 55.36%，H 10.45%，Sn 34.19%。

别名 四正丁基锡；Tin tetrabutyl

GW 2015-2021

性状 无色液体。与有机溶剂相混溶，不溶于水。mp −97℃；bp 245～247℃；Fp 225℉（107℃）；d_4^{20} 1.054；n_D^{20} 1.473。一般试剂含量≥94.0%。

注意事项 该品吸入或接触皮肤可引起过敏。使用时应穿适当的防护服和戴手套。使用时应避免吸入本品的蒸气，避免与皮肤接触。

主要用途 汽油防爆剂。

Tetrabutyl titanate 钛酸四丁酯 09383

[5593-70-4] $C_{16}H_{36}O_4Ti$ 340.33

成分 C 56.47%，H 10.66%，O 18.80%，Ti 14.07%。

别名 钛酸丁酯；四丁氧基钛；钛酸四正丁酯；原钛酸四丁酯；Butyl titanate; Tetrabutoxy titanium; Tetrabutyl orthotitanate; Orthotitanic acid tetrabutyl ester; Titanium(Ⅳ) butoxide; TBT

性状 浅黄色油状液体。受热易聚合。在−55℃时变为玻璃状物质。溶于多种有机溶剂。遇水分解为二氧化钛。$bp_{0.1}$ 140～145℃/13.332 Pa；Fp 122°F（50℃）；d_4^{20} 1.00；n_D^{20} 1.491。一般试剂含量≥97.0%。

注意事项 该品易燃。对眼睛、呼吸系统及皮肤有刺激性。使用时应戴手套和防护镜或面罩。使用现场禁止吸烟。万一接触到眼睛，应立即用大量水冲洗后请医生诊治。应远离火种，密封于干燥处保存。

主要用途 用于酯的交换反应。能增强涂料的抗热性，增强橡胶、塑料在金属表面的黏附性。

Tetracaine hydrochloride 四卡因 盐酸盐 09384

[136-47-0] $C_{15}H_{25}ClN_2O_2$ 300.83

成分 C 59.89%，H 8.38%，Cl 11.78%，N 9.31%，O 10.64%。

别名 丁卡因 盐酸盐；盐酸丁卡因；盐酸四卡因；盐酸地卡因；盐酸潘妥卡因；4-(Brtylamino)benzoic acid 2-(dimethylamino)ethyl ester monohydrochloride; *p*-Butylaminobenzoyl-2-dimethylaminoethanol hydrochloride; 2-Dimethylaminoethyl 4-*n*-butylamino-

benzoate hydrochloride; Dicain; Amethocaine hydrochloride; Anethaine; Decicain; Pantocaine; Pontocaine Hydrochloride; Tonexol
M. I. 15, 9333
性状 无色结晶。味微苦。该品 20℃时溶于 7.5 份水、40 份乙醇、30 份氯仿。几乎不溶于丙酮,不溶于乙醚、苯。其水溶液对石蕊呈中性。pK_a 8.39。mp 147～150℃; uv max(水中): 225nm, 310nm(ε 14108, 26352); (0.1mol/L 硫酸中): 229nm, 281nm, 312nm($E_{1cm}^{1\%}$ 509, 55, 76); (甲醇中): 226nm, 310nm(ε 7586, 29512); (氯仿中): 308nm(ε 27542)。LD_{50}小鼠腹膜内注射: 70mg/kg; 雌小鼠静脉注射: 13mg/kg; 皮下注射: 35mg/kg。一般试剂含量≥99.0%。
注意事项 该品口服有毒。对眼睛有刺激性。吸入或与皮肤接触可引起过敏。对机体有不可逆损伤的可能性。使用前应得到专门的指导，避免曝露。使用时应穿适当的防护服，戴手套和防护镜或面罩。使用时应避免吸入本品的粉尘。万一接触到眼睛，应立即用大量水冲洗后请医生诊治。使用时如有事故发生或有不适之感，应请医生诊治。
主要用途 生化研究。医用局部麻醉剂。

·HCl

1,2,3,4-Tetrachlorobenzene 1,2,3,4-四氯苯 09385
[634-66-2] $C_6H_2Cl_4$ 215.89
成分 C 33.38%, H 0.93%, Cl 65.68%。
GW 2015-2044
性状 无色至白色发暗针状结晶。mp 45～46℃; bp 254℃; Fp 235.4℉ (113℃)。
注意事项 该品口服有毒。使用时应避免吸入本品的粉尘，避免与眼睛及皮肤接触。
主要用途 有机合成。

1,2,3,5-Tetrachlorobenzene 1,2,3,5-四氯苯 09386
[634-90-2] $C_6H_2Cl_4$ 215.89
成分 C 33.38%, H 0.93%, Cl 65.68%。
GW 2015-2045
性状 无色针状结晶。mp 51℃; bp 246℃; Fp 235.4℉ (113℃)。
注意事项 该品对眼睛、呼吸系统及皮肤有刺激性。使用时应穿适当的防护服。万一接触到眼睛，应立即用大量水冲洗后请医生诊治。应密封于干燥处保存。
主要用途 有机合成。

1,2,4,5-Tetrachlorobenzene 1,2,4,5-四氯苯 09387
[95-94-3] $C_6H_2Cl_4$ 215.89
成分 C 33.38%, H 0.93%, Cl 65.68%。
GW 2015-2046
性状 白色至微灰色片状结晶。溶于乙醚、苯、二硫化碳，微溶于乙醇，不溶于水。mp 138～140℃。bp 240～246℃; Fp 320℉ (160℃)。一般试剂含量≥98.0% (GC)。
注意事项 该品对眼睛、呼吸系统及皮肤有刺激性。使用时应穿适当的防护服和戴手套。万一接触到眼睛，应立即用大量水冲洗后请医生诊治。应密封于干燥处保存。
主要用途 有机合成。电器绝缘的防火、防潮剂。杀虫剂。

3,4,5,6-Tetrachloro-1,2-benzoquinone
3,4,5,6-四氯-1,2-苯醌 09388
[2435-53-2] $C_6Cl_4O_2$ 245.88
成分 C 29.31%, Cl 57.68%, O 13.01%。
别名 *o*-Chloranil
性状 无色结晶。mp 126～129℃。一般试剂含量≥98.0% (AT)。
注意事项 该品对眼睛、呼吸系统及皮肤有刺激性。使用时应穿适当的防护服。万一接触到眼睛，应立即用大量水冲洗后请医生诊治。应密封于干燥处保存。
主要用途 有机合成。氢化芳香族脱氢用试剂。

1,1,2,2-Tetrachloroethane 1,1,2,2-四氯乙烷 09389
[79-34-5] $C_2H_2Cl_4$ 167.84
成分 C 14.31%, H 1.20%, Cl 84.49%。
别名 四氯化乙炔; 对称四氯乙烷; Acetylene tetrachloride; Bonoform; Cellon; Tetrachloroethane; *sym*-Tetrachloroethane
GW 2015-2063 M. I. 15, 9334
性状 无色质重油状液体。有强折光性。有似氯仿的气味。能与甲醇、苯、乙醇、乙醚、石油醚、四氯化碳、氯仿、二硫化碳、二甲基甲酰胺、油类相混溶,极微溶于水(25℃, 1g 该品溶于 350mL 水)。能随水蒸气挥发。mp −44℃; bp_{760} 146.5℃/101.325kPa; Fp＞228.2°F(109℃); d_4^{25} 1.58658; n_D^{20} 1.49419。LD_{50} 大鼠急性经口: 0.20mL/kg。一般试剂含量≥98.0%(GC)。
注意事项 该品吸入或与皮肤接触时极毒。对机体有不可逆损伤的可能性。对水生物有毒。能对水环境引起长期不利的结果。使用时在通风不好的情况下，应戴呼吸装置。使用时如有事故发生或有不适之感，应立即请医生诊治。应防止将本品释放于环境中。
主要用途 折射率的测定。溶剂。洗涤剂。杀虫剂的合成。涂料去锈剂。可可豆中测定可可碱。

Tetrachloroethylene 四氯乙烯 09390
[127-18-4] C_2Cl_4 165.82
成分 C 14.49%, Cl 85.51%。
别名 过氯乙烯; 全氯乙烯; Ethylene tetrachloride; Perchloroethylene; Didakene; Tetracap; Tetrachloroethene; Tetrachlorethene; Nema; Tetropil; Perclene; Ankilostin
GW 2015-2064 M. I. 15, 9335
性状 无色透明不燃的液体。有醚的气味。易聚合。与乙醇、乙醚、氯仿、苯相混溶，几乎不溶于水（溶于约 10000 份体积水）。mp 约 −22℃; bp 121℃; d_4^{20} 1.6230; d_4^{15} 1.6311; n_D^{20} 1.5055。LD_{50}小鼠急性经口: 8.85g/kg。LC_{50}小鼠空气吸入: 5925mg/L。一般试剂含量≥99.0% (GC)。
注意事项 该品对机体有不可逆损伤的可能性。对水生物有毒。能对水环境引起长期不利的结果。使用时应穿适当的防护服和戴手套。使用时应避免吸入本品的蒸气。应防止将本品释放于环境中。
主要用途 有机合成。溶剂。干洗剂。

2,3,4,6-Tetrachlorophenol 2,3,4,6-四氯酚 09391
[58-90-2] $C_6H_2Cl_4O$ 231.89
成分 C 31.08%, H 0.87%, Cl 61.15%, O 6.90%。
GW 2015-2042
性状 白色结晶。溶于乙醇、乙醚、苯、丙酮。mp 67～69℃; bp_{23} 164℃/3.066kPa。
注意事项 该品口服有毒。对眼睛及皮肤有刺激性。对水生物极毒。能对水环境引起长期不良的结果。使用时应戴手套。万一接触到眼睛，应立即用大量水冲洗后请医生诊治。接触皮肤后，应立即用大量肥皂水冲洗后请医生诊治。使用时如有事故发生或有不适之感，应请医生诊治。应防止将本品释放于环境中。其包装物应按危险品处理。应密封保存。
主要用途 杀菌剂。分析用标准物质。

3,4,5,6-Tetrachlorophenolphthalein
3,4,5,6-四氯酚酞 09392
[639-44-1] $C_{20}H_{10}Cl_4O_4$ 456.10

成分 C 52.67%，H 2.21%，Cl 31.09%，O 14.03%。
别名 Phenoltetrachlorophthalein；4,5,6,7-Tetrachloro-3,3-bis(4-hydroxyphenyl)-1(3*H*)-isobenzofuranone
M. I. 15，7361
性状 白色粉末。溶于乙醇、乙醚、丙酮、冰乙酸，亦溶于碱或碳酸盐溶液，其浓溶液呈深紫色，稀溶液呈紫红色。几乎不溶于水、氯仿、苯。＞300℃分解。通常应用其钠盐，为紫色结晶，易溶于水，曝露于空气中分解。
主要用途 酸碱指示剂。其钠盐用于测定肝功能。

3,3′,4′,5-Tetrachlorosalicylanilide
3,3′,4′,5-四氯水杨酰苯胺 09393

[1154-59-2] $C_{13}H_7Cl_4NO_2$ 351.00
成分 C 44.49%，H 2.01%，Cl 40.40%，N 3.99%，O 9.12%。
别名 3,5-Dichloro-*N*-(3,4-dichlorophenyl)-2-hydroxybenzamide；lrgasan BS200
M. I. 15，9336
性状 无色结晶或灰白色至米色结晶性粉末。在紫外光下有荧光。溶于碱水溶液及多数有机溶剂，几乎不溶于水。mp 161℃。
注意事项 该品口服有毒。对眼睛、呼吸系统及皮肤有刺激性。使用时应戴适当的手套和防护镜或面罩。万一接触到眼睛，应立即用大量水冲洗后请医生诊治。

Tetrachlorvinphos 杀虫畏 09394

[22248-79-9] $C_{10}H_9Cl_4O_4P$ 365.95
成分 C 32.82%，H 2.48%，Cl 38.75%，O 17.49%，P 8.46%。
别名 四氯烯磷；杀虫威；磷酸 2-氯-1-（2，4，5-三氯苯基）乙烯二甲酯；Phosphoric acid (*Z*)-2-chloro-1-(2,4,5-trichlorophenyl)ethenyl dimethyl ester；2,4,5-Trichloro-*α*-(chloromethylene)benzyl phosphate ester；2-Chloro-1-(2,4,5-trichlorophenyl) vinyl dimethyl phosphate；Stirofos；ENT-25841；SD-8447；Gardona；Rabon；Rabond
M. I. 15，9337
性状 无色结晶。该品在室温时下列物质中的溶解度：氯仿 40%～50%；二甲苯＜15%；水 11mg/kg。mp 97～98℃；蒸气压（20℃）：4.2×10^{-8}。LD_{50}雄，雌大鼠急性经口（mg/kg）：1100，1125。
注意事项 该品口服或与皮肤接触有毒。对水生物极毒。能对水环境引起长期不良的影响。使用时应穿适当的防护服和戴手套。使用时应避免吸入本品的粉尘。应防止将本品释放于环境中。其包装物应按危险品处理。应密封于 2～8℃保存。
主要用途 杀虫剂。分析用标准物质。

Tetraconazole 四氟醚唑 09395

[112281-77-3] $C_{13}H_{11}Cl_2F_4N_3O$ 372.14
成分 C 41.96%，H 2.98%，Cl 19.05%，F 20.42%，N 11.29%，O 4.30%。
别名 2-(2,4-二氯苯基)-3-(1*H*-1,2,4-三唑-1-基)丙基-1,1,2,2-四氟乙基醚；氟醚唑；1-[2-(2,4-Dichlorophenyl)-3-(1,1,2,2-tetrafluoroethoxy)propyl]-1*H*-1,2,4-triazole；(*RS*)-2-(2,4-Dichlorophenyl)-3-(1*H*-1,2,4-triazol-1-yl)propyl 1,1,2,2-tetrafluoroethyl ether；M-14360；Domark；Eminent；Lospel
M. I. 15，9338
性状 具有黏性的无色油状液体。易溶于二氯甲烷、丙酮、甲醇，微溶于水（20℃，150mg/L）。于 pH 值 5～9 的水溶液中及阳光下稳定。蒸气压（20℃）：1.2×10^{-5} mmHg/160×10^{-5} Pa。lg 分配系数（1-辛醇/水）：3.1（pH 值 7）。LD_{50}大鼠急性经口：1150mg/kg。
注意事项 该品吸入或口服有毒。可能致癌。对水生物有毒。能对水环境产生长期不良的影响。使用时应穿适当的防护服和戴手套。一旦发生火灾，切勿吸入其烟雾。应防止将本品释放于环境中。
主要用途 农用杀菌剂。

Tetracosane 二十四烷 09396

[646-31-1] $C_{24}H_{50}$ 338.66
成分 C 85.12%，H 14.88%。
别名 正二十四烷；Alkane C_{24}
性状 白色鳞片状结晶。溶于乙醇、乙醚、苯，不溶于水。mp 49～52℃；bp 391℃；Fp 381.2 ℉(194℃)。一般试剂含量≥99.0%(GC)。
主要用途 有机合成。气相色谱固定液。

Tetracosanoic acid 二十四酸 09397

[557-59-5] $C_{24}H_{48}O_2$ 368.65
成分 C 78.19%，H 13.12%，O 8.68%。
别名 二十四烷酸；Carboxylic acid C_{24}；Lignoceric acid
M. I. 15，5541
性状 无色结晶。溶于乙醇（溶于 91.53% 乙醇：0.182g/100mL）、乙醚、丙酮、苯、冰乙酸、二硫化碳。中和值 152.2。mp 84.15℃；bp_{10} 272℃/1.333kPa；d_4^{100} 0.8207；n_D^{100} 1.4287。一般试剂含量≥99.0%(GC)。
注意事项 该品对眼睛、呼吸系统及皮肤有刺激性。使用时应穿适当的防护服。万一接触到眼睛，应立即用大量水冲洗后请医生诊治。
主要用途 生化研究。

Tetracyanoethylene 四氰乙烯 09398

[670-54-2] C_6N_4 128.09
成分 C 56.26%，N 43.74%。
别名 四氰基乙烯；$\Delta^{2,2'}$-Bimalononitrile；Ethenetetracarbonitrile；Percyanoethylene；TCNE；1,1,2,2-Tetracyanoethene
GW 2015-2076　M. I. 15，9340
性状 无色或白色结晶。120℃开始升华，mp 200℃。一般试剂含量≥97.0%（N）。
注意事项 该品口服极毒。吸入或与皮肤接触有害。使用时应穿适当的防护服和戴手套。接触皮肤后应立即用大量水冲洗后请医生诊治。使用时如有事故发生或有不适之感，应立即请医生诊治。应密封于 2～8℃保存。
主要用途 用于芳香族的定性试验。有机合成。染料中间体。合成螺环化合物。

Tetracycline 四环素 09399

[60-54-8] $C_{22}H_{24}N_2O$ 444.44
成分 C 59.46%，H 5.44%，N 6.30%，O 28.80%。
别名 四环素碱；[4S-(4*α*,4a*α*,5a*α*,6*β*,12a*α*)]-4-Dimethylamino-1,4,4a,5,5a,6,11,12a-octahydro-3,6,10,12,12a-pentahydroxy-6-methyl-1,11-dioxo-2-naphthacenecarboxamide；Deschlorobiomycin；Tsiklomitsin；Ambramycin Liquamycin
M. I. 15，9341
性状 淡黄色结晶性粉末。无臭。易溶于稀酸、碱溶液，略溶于甲醇（＞20mg/mL）、乙醇，微溶于水（28℃，约 1.7mg/mL），几乎不溶于氯仿、乙醚。在中性或碱性溶液中稳定。pK_a（50%二甲基甲酰胺水溶液中）：8.3，10.2。$[\alpha]_D^{25}$ −257.9°（于 0.1mol/L 盐酸中）；$[\alpha]_D^{25}$ −239°（于甲醇中）；uv max（于 0.1mol/L 盐酸中）：220nm，268nm，355nm（ε

13000，18040，13320）。LD_{50} 大鼠，小鼠急性经口（mg/kg）：807，808。生化试剂含量≥98.0%(NT)。

注意事项 该品口服有毒。使用时应穿适当的防护服和戴手套。应避免吸入本品的粉尘。应充氩气密封避光于 2～8℃保存。

主要用途 医用广谱抗生素。

Tetracycline hydrochloride 四环素 盐酸盐 09400

［64-75-5］ $C_{22}H_{25}ClN_2O_8$ 480.90

成分 C 54.95%，H 5.24%，Cl 7.37%，N 5.83%，O 26.62%。

别名 盐酸四环素；Achromycin；Ala-Tet；Ambracyn；Ambramicina；Cefracycline；Cyclopar；Diocyclin；Helvecyclin；Hexacycline；Hostacyclin；Imex；Mediletten；Mephacyclin；Panmycin；Quadracyclin；Robitet；Steclin；Sumycin；Supramycin；Sustamycin；Tefilin；Tetrabid；Tetrablet；Tetracyn；Tetralution；Tetramavan；Tetrosol；Tetsol；Topicycline；［4S-(4α，4aα，5aα，6β，12aα)］-4-Dimethylamino-1，4，4a，5，5a，6，11，12a-oclahyolro-3，6，10，12，12a-pentahydroxy-6-methyl-1，11-dioxo-2-naphthacenecarboxamide hydrochloride；Deschlorobiomycin hydrochloride；Tsiklomitsin hydrochloride；Ambramycin hydrochloride；Liquamycin hydrochloride

M. I. 15，9341

性状 来自丁醇＋盐酸中的无色结晶。溶于水、甲醇、碱和碳酸盐溶液，微溶于乙醇，几乎不溶于乙醚、氯仿。其 2%水溶液 pH 值 2.1～2.3。214℃分解；$[\alpha]_D^{25}$ −257.9°（c=0.5，于 0.1mol/L 盐酸中）。LD_{50} 大鼠急性经口：6443mg/kg。生化试剂含量≥97.0%（HPLC）。

注意事项 该品对眼睛、呼吸系统及皮肤有刺激性。可能危害胎儿。使用时应穿适当的防护服和戴手套。万一接触到眼睛，应立即用大量水冲洗后请医生诊治。应充氩气密封避光于 2～8℃保存。

主要用途 生化研究。医用抗菌剂。

Tetradecane 十四烷 09401

［629-59-4］ $C_{14}H_{30}$ 198.40

成分 C 84.76%，H 15.24%。

别名 正十四烷；Alkane C_{14}

性状 无色透明液体。与乙醇、乙醚相混溶，不溶于水。mp 5.5℃；bp 252～254℃；Fp 211 ℉(99℃)；d 0.763；n_D^{20} 1.4290。一般试剂含量≥99.0%(GC)。

注意事项 该品口服有毒，可使肺脏受损。其蒸气可造成头晕或瞌睡。使用时应避免吸入本品的蒸气，避免与皮肤接触。如误服不能吐出，应立即就医，并出示瓶签或包装物。

1-Tetradecanethiol 1-十四硫醇 09402

［2079-95-0］ $C_{14}H_{30}S$ 230.46

成分 C 72.96%，H 13.12%，S 13.91%。

别名 正十四硫醇；n-Tetradecyl mercaptan

性状 无色液体。有恶臭。d_4^{20} 0.846；n_D^{20} 1.461。一般试剂含量≥98.0%(GC)。

注意事项 该品对眼睛有严重损伤的危险。接触皮肤能引起过敏。使用时应穿适当的防护服，戴手套和防护镜或面罩。万一接触到眼睛，应立即用大量水冲洗后请医生诊治。应充氩气密封保存。

1-Tetradecanol 1-十四醇 09403

［112-72-1］ $C_{14}H_{30}O$ 214.39

成分 C 78.43%，H 14.11%，O 7.46%。

别名 肉豆蔻醇；1-羟基十四烷；Alcohol C_{14}；1-Hydroxytetradecane；Myristyl alcohol；Tetradecyl alcohol

M. I. 15，6421

性状 白色结晶。溶于乙醚，微溶于乙醇，几乎不溶于水。mp 38℃；bp_{15} 167℃/2kPa；d 0.824；Fp 298.4℉（148℃）。一般试剂含量≥95.0%（GC）。

注意事项 该品对眼睛、呼吸系统及皮肤有刺激性。使用时应穿适当的防护服和戴手套。万一接触到眼睛，应立即用大量水冲洗后请医生诊治。

主要用途 香料制备。有机合成。固定液。气相色谱对比样品。

1-Tetradecene 1-十四烯 09404

［1120-36-1］ $C_{14}H_{28}$ 196.38

成分 C 85.63%，H 14.37%。

性状 无色透明液体。与乙醇、乙醚相混溶，不溶于水。mp −13℃；bp 251℃；Fp 240℉（115℃）；d_4^{20} 0.770～0.775；n_D^{20} 1.4360。一般试剂含量≥98.5%。

注意事项 该品对眼睛及呼吸系统有刺激性。使用时应穿适当的防护服。使用时应避免吸入本品的蒸气，避免与眼睛及皮肤接触。万一接触到眼睛，应立即用大量水冲洗后请医生诊治。

主要用途 有机合成。气相色谱标准物。

1-Tetradecylamine 1-十四胺 09405

［2016-42-4］ $C_{14}H_{31}N$ 213.41

成分 C 78.79%，H 14.64%，N 6.56%。

别名 1-氨基十四烷；十四烷胺；肉豆蔻胺；Amine C_{14}；1-Aminotetradecane；Myristylamine

性状 白色固体。温度较高时为无色油状液体。有氨气味。溶于乙醇、乙醚，不溶于水。对二氧化碳敏感。mp 38～40℃；bp_{15} 162℃/2kPa；Fp 212 ℉（110℃）。一般试剂含量≥98.5%（GC）。

注意事项 该品对眼睛、呼吸系统及皮肤有刺激性。使用时应穿适当的防护服和戴手套。万一接触到眼睛，应立即用大量水冲洗后请医生诊治。应充氩气密封保存。

主要用途 制造阳离子表面活性剂的中间体。杀虫剂。

Tetradifon 四氯杀螨砜 09406

［116-29-0］ $C_{12}H_6Cl_4O_2S$ 356.04

成分 C 40.48%，H 1.70%，Cl 39.83%，O 8.99%，S 9.00%。

别名 四氯二苯砜；1，2，4-Trichloro-5-［(4-chlorophenyl)sulfonyl］benzene；p-Chlorophenyl 2，4，5-trichlorophenyl sulfone；2，4，5，4′-Tetrachlorodiphenyl sulfone；Tedion；Tedion-V18

M. I. 15，9343

性状 来自苯中的无色结晶。在浓或稀碱中、无机酸中及高温、紫外线下稳定。mp 146.5～147.5℃。LD_{50}大鼠急性经口：556mg/kg。一般试剂含量≥97.0%（GC）。

注意事项 该品口服有毒。对水生物极毒。能对水环境引起长期不良的影响。应防止将本品释放于环境中。其包装物应按危险品处理。

主要用途 杀螨剂。杀恙虫、杀疥虫剂。分析用标准物。

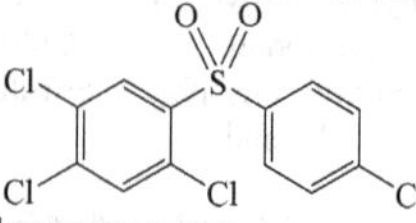

1，1，3，3-Tetraethoxypropane 09407

1，1，3，3-四乙氧基丙烷

［122-31-6］ $C_{11}H_{24}O_4$ 220.31

成分 C 59.97%，H 10.98%，O 29.05%。

别名 Malondialdehyde bis(diethyl acetal)；Malonaldehyde tetraethyl acetal；TPE

性状 无色液体。bp 220℃；Fp 190.4℉(88℃)；d_4^{20} 0.918；n_D^{20} 1.411。一般试剂含量≥95.0%（GC）。

注意事项 该品口服有毒。使用时应避免吸入本品的蒸气，避免与眼睛及皮肤接触。

Tetraethylammonium bromide 溴化四乙铵 09408

［71-91-0］ $C_8H_{20}BrN$ 210.16

成分 C 45.72%，H 9.59%，Br 38.02%，N 6.66%。

别名 四乙基溴化铵；溴化四乙基铵；Etambro；Etylon；Sympatektoman；TEAB；Tetranium；TMD-10；N，N，N-Triethylethanaminium bromide

M. I. 15，9344

性状 无色或白色结晶。有潮解性。溶于水、乙醇、三氯甲烷、丙酮，微溶于苯。其 10%水溶液 pH 值 6.5，于 95℃时 28h 不变。mp 285～290℃(分解)。一般试剂含量≥99.0%(AT)。

注意事项 见 09403 1-十四醇。应密封于干燥处保存。
主要用途 检验金、铱、锇、钯、铂、铑、钌。周围血管病的诊断和治疗。极谱分析试剂。

Tetraethylammonium chloride 氯化四乙铵 09409

[56-34-8] $C_8H_{20}ClN$ 165.71
成分 C 57.99%,H 12.17%,Cl 21.39%,N 8.45%。
别名 四乙基氯化铵;氯化四乙基铵;ETA chloride;Etamon chloride;TEAC
M.I.15,9345
性状 无色或白色结晶。有潮解性。易溶于水、乙醇、三氯甲烷、丙酮,微溶于苯。其10%水溶液pH值6.48。d_4^{21} 1.0801。LD_{50}狗静脉注射:55.7~72.4mg/kg。一般试剂含量≥98.0%(AT)。
注意事项 该品口服有毒。对眼睛、呼吸系统及皮肤有刺激性。使用时应穿适当的防护服。万一接触到眼睛,应立即用大量水冲洗后请医生诊治。
主要用途 检验锑和铋。测定金。极谱分析试剂。制药工业。降低血压治疗动脉硬化。

Tetraethylammonium hydroxide 10% watersolution 氢氧化四乙铵 10%水溶液 09410

[77-98-5] $C_8H_{21}NO$ 147.26
成分(纯品) C 65.25%,H 14.37%,N 9.51%,O 10.86%。
别名 四乙基氢氧化铵10%水溶液;氢氧化四乙基铵10%水溶液
GW 2015-2094 M.I.15,9346
性状 无色至浅黄色液体。具有强碱性。能在空气中吸收二氧化碳。加热分解。d^{25} 约1.01。
注意事项 该品具有腐蚀性,能引起烧伤。使用时应穿适当的防护服,戴手套和防护镜或面罩。万一接触到眼睛,应立即用大量水冲洗后请医生诊治。使用时如有事故发生或有不适之感,应请医生诊治。应充氮气密封保存。
主要用途 测定锂、镁、钾、钠。极谱分析试剂。

Tetraethyl ammonium hydroxide 20% water solution 氢氧化四乙铵 20%水溶液 09411

[77-98-5] $C_8H_{21}NO$ 147.26
成分(纯品) C 65.25%,H 14.37%,N 9.51%,O 10.86%。
别名 四乙基氢氧化铵20%水溶液;氢氧化四乙基铵20%水溶液
GW 2015-2094 M.I.15,9346
性状 无色至浅黄色液体。具有强碱性。能在空气中吸收二氧化碳。加热分解。
注意事项 见09410 氢氧化四乙铵10%水溶液。
主要用途 测定锂、镁、钾、钠。极谱分析。

Tetraethylammonium iodide 碘化四乙铵 09412

[68-05-3] $C_8H_{20}IN$ 257.17
成分 C 37.36%,H 7.84%,I 49.35%,N 5.45%。
别名 四乙基碘化铵;碘化四乙基铵
性状 白色或浅黄色结晶。溶于水,微溶于三氯甲烷,不溶于乙醚。mp 约320℃(分解)。一般试剂含量≥98.5%。
注意事项 该品对眼睛、呼吸系统及皮肤有刺激性。使用时应穿适当的防护服。万一接触到眼睛,应立即用大量水冲洗后请医生诊治。应密封、避光于干燥处保存。
主要用途 极谱分析试剂。

Tetraethyleneglycol 四乙二醇 09413

[112-60-7] $C_8H_{18}O_5$ 194.23
成分 C 49.47%,H 9.34%,O 41.19%。
别名 三缩四乙二醇;四乙二醇醚;四甘醇;Bis[2-(2-hydroxy ethoxy)ethyl] ether;TEG;Tetraglycol
性状 无色黏稠状液体。与水、乙醇、乙醚相混溶。mp −6℃;bp 314℃;Fp 375.8℉(191℃);d_4^{20} 1.124;n_D^{20} 1.460。一般试剂含量≥99.0%(GC)。
主要用途 气相色谱固定液。用于含氧化合物的分析。分离分析烃类化合物和醇。

Tetraethylene glycol dimethyl ether 四乙二醇二甲醚 09414

[143-24-8] $C_{10}H_{22}O_5$ 222.28
成分 C 54.04%,H 9.98%,O 35.99%。
别名 二甲氧基四甘醇;二甲氧基四缩乙二醇;四甘醇二甲醚;双二乙氧基甲醚;Bis[2-(2-methoxyethoxy)ethyl] ether;Dimethoxytetraethylene glycol;Dimethyl tetraglycol;2,5,8,11,14-Pentaoxapentadecane;TEGDME;Tetraglyme
M.I.15,9353
性状 无色透明液体。性能稳定。溶于水,与各种烃类溶剂相混溶。mp −27℃;bp_{760} 275.3℃/101.325kPa;bp_2 118℃/266.64Pa;Fp 285 ℉(140℃);d_4^{86} 0.9514;d_4^{20} 1.0087;n_D^{20} 1.4325。LD_{50} 大鼠急性经口:5.14g/kg。一般试剂含量≥98.0%(GC)。
注意事项 该品能形成爆炸性过氧化物。接触皮肤能引起过敏。使用时应穿适当的防护服和戴手套。应避免与皮肤接触。
主要用途 气相色谱固定液。溶剂。有机合成。

Tetraethylenepentamine 四亚乙基五胺 09415

[112-57-2] $C_8H_{23}N_5$ 189.31
成分 C 50.76%,H 12.25%,N 36.99%。
别名 四乙烯五胺;三缩四乙二胺;四乙五胺;TEP;TEPA;Tetren
GW 2015-2086
性状 黄色或棕黄色油状液体。具有强碱性。露置空气中易吸收水分及二氧化碳。与水及有机溶剂任意混溶。mp −40℃;bp 340℃;Fp 325℉(163℃);d^{25} 0.998;n_D^{20} 1.505。
注意事项 该品具有腐蚀性,能引起烧伤。口服或与皮肤接触有毒。接触皮肤能引起过敏。对水生物有毒。能对水环境引起不利的结果。使用时应穿适当的防护服,戴手套和防护镜或面罩。万一接触到眼睛,应立即用大量水冲洗后请医生诊治。使用时如有事故发生或有不适之感,应立即请医生诊治。应防止将本品释放于环境中。应密封于干燥处保存。
主要用途 络合滴定。铜、锌、镍的测定。气相色谱固定液。酸性物质的皂化。橡胶合成。洗涤剂。溶剂。气体提纯等。

N,*N*,*N*′,*N*′-Tetraethylethylenediamine *N*,*N*,*N*′,*N*′-四乙基乙二胺 09416

[150-77-6] $C_{10}H_{24}N_2$ 172.32
成分 C 69.70%,H 14.04%,N 16.26%。
别名 1,2-双(二乙氨基)乙烷;1,2-Bis(diethylamino)ethane
性状 无色液体。有氨味。与乙醇混溶,微溶于水。bp 191~192℃;Fp 138℉(58℃);*d* 0.808;n_D^{20} 1.4343。一般试剂含量≥99.0%。
注意事项 该品具有腐蚀性,能引起烧伤。应密封于干燥处保存。
主要用途 有机合成。

Tetraethyllead 四乙基铅 09417

[78-00-2] $C_8H_{20}Pb$ 323.45
成分 C 29.71%,H 6.23%,Pb 64.06%。
别名 Lead tetraethyl;TEL;Tetraethylplumbane
GW 2015-2093 M.I.15,9347
性状 无色液体。溶于苯、石油醚、汽油,微溶于乙醇,几乎不溶于水。bp 约200℃;227.7℃分解;Fp 163℉(72℃);d^{20} 1.653;n_D^{20} 1.5198。LD_{50} 大鼠急性经口;12.3mg/kg。
注意事项 该品有毒。
主要用途 分析用标准物。

N,*N*,*N*′,*N*′-Tetraethylphthalarmide *N*,*N*,*N*′,*N*′-四乙基邻苯二酰胺 09418

[83-81-8] $C_{16}H_{24}N_2O_2$ 276.38
成分 C 69.53%,H 8.75%,N 10.14%,O 11.58%。
别名 N^1,N^1,N^2,N^2-Tetraethyl-1,2-benzenedicarboxamide;Orthophthalic acid didiethylamide;*o*-Phthalic acid bis[diethylamide];Tetraethylbis(phthalamide);Analetil;Neo-Cardiamine;Neospiran;Unispiran
M.I.15,9348
性状 无色结晶。溶于水、生理盐水。mp 39℃;bp 175~180℃。
主要用途 医用兴奋剂,复苏剂。

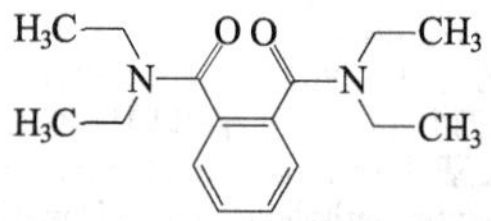

Tetraethyl pyrophosphate　焦磷酸四乙酯　09419
[107-49-3]　$C_8H_{20}O_7P_2$　290.19
成分　C 33.11%，H 6.95%，O 38.59%，P 21.35%。
别名　Diphosphoric acid tetraethyl ester; Pyrophosphoric acid tetraethyl ester; Bis-*O*, *O*-diethylphosphoric anhydride; TEPP; Bladan; Nifos T; Kilmite 40; Vapotone; Tetron; Killax; Mortopal
M. I. 15，9349
性状　无色流动的液体。有适宜的气味。易吸潮。与水混溶，但被快速水解。亦与丙酮、甲醇、乙醇、苯、氯仿、四氯化碳、甘油、乙二醇、丙二醇、甲苯、二甲苯相混溶，不能与石油醚、煤油相混溶。$bp_{2.3}$ 138℃/306.64Pa；bp_1 124℃/133.32Pa；$bp_{0.05}$ 82℃/6.666Pa；d_4^{20} 1.185；n_D^{20} 1.4196。LD_{50}雄大鼠急性经口：1.1mg/kg。
注意事项　该品口服或与皮肤接触极毒。对水生物极毒。使用时应穿适当的防护服，戴手套和防护镜或面罩。在通风不好的情况下，使用时应戴呼吸装置。使用时如有事故发生或有不适之感，应立即请医生诊治。应防止将本品释放于环境中。应密封于 2～8℃保存。
主要用途　杀虫剂。分析用标准物。

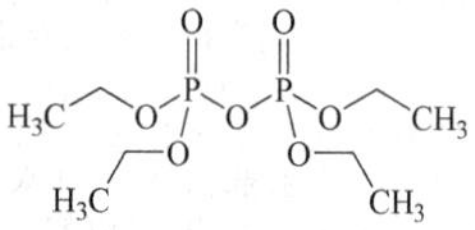

Tetraethylsilane　四乙基硅烷　09420
[631-36-7]　$C_8H_{20}Si$　144.33
成分　C 66.58%，H 13.97%，Si 19.46%。
性状　无色液体。bp 154～155℃；Fp 77℉（25℃）；d_4^{20} 0.766；n_D^{20} 1.427。一般试剂含量≥99.0%。
注意事项　该品易燃。对眼睛、呼吸系统及皮肤有刺激性。使用时应穿适当的防护服。使用现场禁止吸烟。应避免吸入本品的蒸气，避免与眼睛及皮肤接触。万一接触到眼睛，应立即用大量水冲洗后请医生诊治。

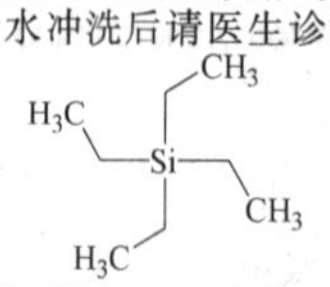

Tetraethylthiuram disulfide　二硫化四乙基秋兰姆　09421
[97-77-8]　$C_{10}H_{20}N_2S_4$　296.52
成分　C 40.51%，H 6.80%，N 9.45%，S 43.25%。
别名　双(二乙硫代氨基甲酰)化二硫；四乙基二硫化秋兰姆；二硫化双(二乙基硫代氨基甲酰)；Abstensil; Abstinyl; Antabuse; Antadix; Antietanol; Contralin; Cronetal; Disulfiram; Esperal; Etabus; Ethyl thiurad; Exhoran; Noxal; Stopetyl; Tetradine; Tetraethylthioperoxydicarbonic diamide; Tetraetil; Thiuranide; Teturamin; TTD; Bis(diethylthiocarbamyl) disulfide; Bis(diethylthiocarbamoyl) disulfide
M. I. 15，9407
性状　无色结晶或浅灰白色粉末。无味。溶于丙酮、氯仿、二硫化碳、苯，微溶于乙醇(3.82g/100mL)、乙醚(7.14g/100mL)，极微溶于水(0.02g/100mL)。mp 70℃；*d* 1.30。LD_{50} 大鼠急性经口：8.6g/kg。一般试剂含量≥98.0%(S)。
注意事项　该品口服有毒。接触皮肤能引起过敏。长期曝露或口服有害，并有严重损伤的危险。对水生物极毒。能对水环境引起长期不利的结果。使用时应戴手套。使用时应避免与皮肤接触。应防止将本品释放于环境中。其包装物应按危险品处理。
主要用途　铜试剂。橡胶硫化促进剂。医用醇阻化剂。

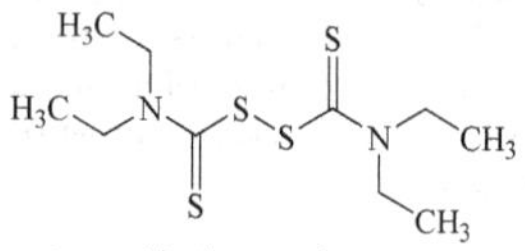

Tetraethyl titanate　钛酸四乙酯　09422
[3087-36-3]　$C_8H_{20}O_4Ti$　228.11
成分　C 42.12%，H 8.84%，O 28.06%，Ti 20.98%。
别名　乙氧化钛；四乙氧基钛；钛酸乙酯；原钛酸四乙酯；Ethyl titanate; Tetraethoxy titanium; Tetraethyl orthotitanate; Titanium(Ⅳ) ethoxide
GW 2015-2104
性状　浅黄色油状液体。与乙醇、乙醚、苯相混溶，遇水分解。$bp_{0.1}$ 110～115℃/13.332Pa；d_4^{20} 1.10；n_D^{20} 1.509。
注意事项　该品易燃。对眼睛、呼吸系统及皮肤有刺激性。使用时应穿适当的防护服。使用现场禁止吸烟。应避免吸入本品的蒸气，避免与眼睛及皮肤接触。万一接触到眼睛，应立即用大量水冲洗后请医生诊治。应远离火种，充氩气密封于 2～8℃干燥保存。
主要用途　有机合成。用于酯的交换反应，并能增强橡胶和塑料的金属表面的黏附性。

2,2,3,3-Tetrafluoro-1-propanol
2,2,3,3-四氟-1-丙醇　09423
[76-37-9]　$C_3H_4F_4O$　132.06
成分　C 27.29%，H 3.05%，F 57.54%，O 12.11%。
别名　C_3-Fluoroalcohol
M. I. 15，9351
性状　无色液体。mp −15℃；bp_{760} 109～110℃/101.325kPa；Fp 114.8℉（46℃）；d_4^{20} 1.4853；n_D^{20} 1.3197。一般试剂含量≥99.0%（GC）。
注意事项　该品易燃。其蒸气吸入有毒。对眼睛有刺激性。万一接触到眼睛，应立即用大量水冲洗后请医生诊治。

Tetraheptylammonium bromide　四庚基溴化铵　09424
[4368-51-8]　$C_{28}H_{60}BrN$　490.69
成分　C 68.54%，H 12.32%，Br 16.28%，N 2.85%。
别名　四正庚基溴化铵；溴化四庚基铵；溴化四正庚基铵；Tetra-*n*-heptylammonium bromide; Ammonium tetra-*n*-heptylbromide
性状　无色结晶。mp 89～91℃。一般试剂含量≥99.0%(AT)。
注意事项　该品对眼睛、呼吸系统及皮肤有刺激性。使用时应穿适当的防护服。万一接触到眼睛，应立即用大量水冲洗后请医生诊治。应密封于干燥处保存。

Tetraheptylammonium iodide　四庚基碘化铵　09425
[3535-83-9]　$C_{28}H_{60}IN$　537.70
成分　C 62.55%，H 11.25%，I 23.60%，N 2.60%。
别名　碘化四庚基铵；四正庚基碘化铵；Tetra-*n*-heptylammonium iodide
性状　无色结晶。mp 122～124℃。一般试剂含量≥99.0%（AT）。
注意事项　该品对眼睛、呼吸系统及皮肤有刺激性。使用时应穿适当的防护服。万一接触到眼睛，应立即用大量水冲洗后请医生诊治。应密封于干燥处保存。

(6*R*)-5,6,7,8-Tetrahydrobiopterin dihydrochloride
(6*R*)-5,6,7,8-四氢生物蝶呤 二盐酸盐　09426
[69056-38-8]　$C_9H_{17}Cl_2N_5O_3$　314.17
成分　C 34.41%，H 5.45%，Cl 22.57%，N 22.29%，O 15.28%。
别名　二盐酸(6*R*)-5,6,7,8-四氢生物蝶呤；(6*R*)-BH_4；Biopten; SUN-0588
M. I. 15，8505
性状　来自盐酸中的无色结晶。mp 245～246℃(分解)；$[\alpha]_D^{25}$ −6.81°(*c*=0.665，于 0.1mol/L 盐酸中)；uv max(于 2mol/L 盐酸中)：264nm(ε 16770)。
注意事项　该品吸入、口服或与皮肤接触有毒。对眼睛、呼吸系统及皮肤有刺激性。对机体有不可逆损伤的可能性，可能致癌。使用时应穿适当的防护服。使用时应避免吸入本品的粉尘。万一接触到眼睛，应立即用大量水冲洗后请医生诊治。应密封于−20℃保存。
主要用途　生化研究。医用治疗苯丙氨酸过多症。

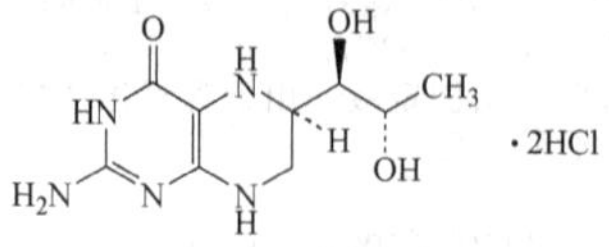

·2HCl

Tetrahydrofolic acide　四氢叶酸　09427

[135-16-0]　$C_{19}H_{23}N_7O_6$　445.43

成分　C 51.23%，H 5.20%，N 22.01%，O 21.55%。

别名　5,6,7,8-Tetrahydropteroyl-L-glutamic acid

性状　无色结晶。溶于水。生化试剂含量约 70%(HPLC)。

主要用途　生化研究。

注意事项　该品应充氩气密封避光于－20℃干燥保存。

Tetrahydrofuran　四氢呋喃　09428

[109-99-9]　C_4H_8O　72.11

成分　C 66.63%，H 11.18%，O 22.19%。

别名　一氧五环；四氢化氧杂茂；氧化四亚甲基；氧杂环戊烷；Diethylene oxide；Tetramethylene oxide；THF

GW 2015-2071　M. I. 15，9356

性状　无色液体。有类似乙醚的气味。与水、醇类、酮类、酯类、醚类及烃类相混溶。mp －108.5℃；bp_{760} 66℃/101.325kPa；bp_{176} 25℃/23.465kPa；Fp 1°F(－17.2℃)；d_4^{20} 0.8892；n_D^{20} 1.4070。生化试剂含量≥99.5%(GC)。

注意事项　该品高度易燃。能形成爆炸性过氧化物。对眼睛及呼吸系统有刺激性。使用现场禁止吸烟。切勿排入下水道。应远离火种，采取抗放静电措施，密封于阴凉处保存。

主要用途　色谱分析试剂。有机溶剂。氨基酸及肽的纸层析。塑料及树脂溶剂。尼龙 66 中间体。

2，5-Tetrahydrofurandimethanol

2，5-四氢呋喃二甲醇　09429

[104-80-3]　$C_6H_{12}O_3$　132.16

成分　C 54.53%，H 9.15%，O 36.32%。

别名　2,5-双(羟甲基)四氢呋喃；2,5-Anhydro-3,4-dideoxyhexitol；2,5-Bis(hydroxymethyl)tetrahydrofuran

M. I. 15，9357

性状　无色液体。易吸潮。有弱的气味。与水、甲醇、乙醇、丙酮、苯、乙酸甲酯、丁酮、氯仿相混溶，中等程度溶于乙醚、甲苯，几乎不溶于庚烷、甲基环己烷。黏度(mPa·s)：0℃，1926；25℃，225；50℃，51.9。mp －50℃以下；bp_{760} 265℃/101.325kPa；bp_{96} 200℃/12.799kPa；bp_{11} 115℃/1.467kPa；$bp_{0.25}$ 105℃/33.33kPa；d_4^{50} 1.1359；d_4^{25} 1.1542；d_4^{0} 1.1719；n_D^{25} 1.4766。

主要用途　溶剂。农用化学品，表面活性剂，树脂，增塑剂的合成。

Tetrahydrofurfuryl alcohol　四氢糠醇　09430

[97-99-4]　$C_5H_{10}O_2$　102.13

成分　C 58.80%，H 9.87%，O 31.33%。

别名　四氢呋喃甲醇；四氢氧杂茂甲醇；四氢麸醇；Tetrahydro-2-furancarbinol；THFA；Tetrahydro-2-furanmethanol；Tetrahydro-2-furylmethanol

M. I. 15，9358

性状　无色黏稠状液体。具吸湿性。与水、乙醇、乙醚、丙酮、氯仿、苯相混溶。bp_{760} 178℃/101.325kPa；Fp 183°F(84℃，开杯)；d_{20}^{20} 1.0543；d_{24}^{24} 1.0511；d_{31}^{31} 1.0450；n_D^{20} 1.4520；n_D^{25} 1.4499。一般试剂含量≥98.0%(GC)。

注意事项　该品对眼睛有刺激性。使用时应戴防护镜或面罩。应密封于阴凉干燥处保存。

主要用途　树脂、油脂、蜡等的溶剂。

1,2,3,4-Tetrahydronaphthalene　四氢萘　09431

[119-64-2]　$C_{10}H_{12}$　132.21

成分　C 90.85%，H 9.15%。

别名　萘满；Tetralin®；Tetranap

M. I. 15，9368

性状　无色或浅黄色透明液体。与乙醇、乙醚、丁醇、苯、丙酮、氯仿、石油醚、十氢萘相混溶，溶于甲醇(质量分数 50.6%)，不溶于水。能随水蒸气挥发。mp －31.0℃；bp_{760} 207.2℃/101.325kPa；bp_{400} 181.8℃/53.329；bp_{200} 157.2℃/26.664kPa；bp_{100} 135.3℃/13.332kPa；bp_{60} 121.3℃/8kPa；bp_{40} 110.4℃/5.333kPa；bp_{20} 93.8℃/2.666kPa；bp_{10} 79.0℃/1.333kPa；bp_5 65.3℃/666.61Pa；bp_1 38.0℃/133.32Pa；Fp 180°F(82℃，闭杯)，171°F(77℃，开杯)；d_4^{20} 0.9702；d_4^{25} 0.9662；n_D^{20} 1.54135。n_D^{25} 1.53919。LD_{50} 大鼠急性经口：2.86g/kg。一般试剂含量≥99.5%(GC)。

注意事项　该品能形成爆炸性过氧化物。对眼睛及皮肤有刺激性。对水生物有毒。能对水环境引起不利的结果。使用时应避免与眼睛及皮肤接触。万一接触到眼睛，应立即用大量水冲洗后请医生诊治。接触皮肤后，应立即用大量水冲洗。应防止将本品释放于环境中。

主要用途　锰的比色测定。色谱分析试剂。溶剂。

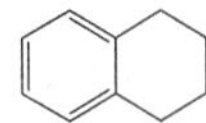

Tetrahydropalmatine　四氢巴马汀　09432

[2934-97-6]　$C_{21}H_{25}NO_4$　355.43

成分　C 70.97%，H 7.09%，N 3.94%，O 18.01%。

别名　延胡索乙素；5,8,13,13a-Terrahydro-2,3,9,10-tetramethoxy-6*H*-dibenzo[*α*,*g*]quinolizine；2,3,9,10-Tetramethoxyberbine；2,3,9,10-Tetremethoxydibenzo[*α*,*g*]quinolizidine；Hyndarin

M. I. 15，9360

性状　*l* 型为来自稀甲醇中的无色结晶。mp 147℃；$[\alpha]_D^{20}$ －291°(c=0.8，于 95%乙醇中)。*d* 型 mp 141～142℃(于真空管中)；$[\alpha]_D^{14}$＋292°(c=0.8，于 95%乙醇中)。

主要用途　医用镇痛剂。

Tetrahydropyran　四氢吡喃　09433

[142-68-7]　$C_5H_{10}O$　86.13

成分　C 69.73%，H 11.70%，O 18.58%。

别名　一氧六环；氧化五亚甲基；四氢哌喃；Pentamethylene oxide；Pyran tetrahydride；THP

GW 2015-2070　M. I. 15，9362

性状　无色液体。露置空气中能生成氧化物。与乙醇、乙醚及多数有机溶剂混溶，溶于水。mp －49.2℃；bp 88℃；Fp －4°F(－20℃)；d_4^{20} 0.8814；n_D^{20} 1.4211。一般试剂含量≥98.0%(GC)。

注意事项　该品高度易燃。对眼睛、呼吸系统及皮肤有刺激性。使用时应穿适当的防护服。使用现场禁止吸烟。万一接触到眼睛，应立即用大量水冲洗后请医生诊治。应远离火种，采取抗放静电措施于通风良好处密封保存。

主要用途　溶剂。

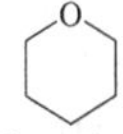

(1,2,5,6-Tetrahydropyridine-4-yl)methylphosphinie acid

(1,2,5,6-四氢吡啶-4-基)甲基膦酸　09434

[182485-36-5]　$C_6H_{12}NO_2P$　161.14

成分　C 44.72%，H 7.51%，N 8.69%，O 19.86%，P 19.22%。

别名　*P*-Methyl(1,2,3,6-tetrahydro-4-pyridinyl)phosphinie acid；TPMPA

M. I. 15，9722

性状　来自乙醇中的灰白色固体。溶于水(16mg/mL)，不溶于二甲基亚砜。mp 252～254℃。

主要用途　神经化学工具。

Tetrahydrothiophene　四氢噻吩　09435

[110-01-0]　C_6H_8S　88.17

成分　C 54.49%，H 9.15%，S 36.36%。

别名　Tetramethylene sulfide；Thiacyclopentane；Thiolane；Thiophane；THT；THTP

GW 2015-2075　　M. I. 15，9363

性状　无色液体。有恶臭。mp −96℃；bp 119～121℃；Fp 55℉(12℃)；n_D^{25} 1.5000～1.5014。LD_{50} 小鼠吸入：26.7mg/L。一般试剂含量≥97.0%(GC)。

注意事项　该品高度易燃。吸入、口服或与皮肤接触有毒。对眼睛及皮肤有刺激性。对水生物有害。对水环境能产生长期有害的结果。使用时应穿适当的防护服和戴手套。使用时应避免吸入本品的蒸气，使用现场禁止吸烟。应防止将本品释放于环境中。应远离火种密封保存。

主要用途　天然气增味剂。

Tetrahydroxyquinone　四羟基醌　09436

[319-89-1]［5676-48-2］　$C_6H_4O_6$　172.09

成分　C 41.88%，H 2.34%，O 55.78%。

别名　2,3,5,6-四羟基-2,5-环己二烯-1,4-二酮；四氧醌；四羟基对苯醌；四羟醌；HPEK-1；Kelox；NSC-112931；Tetrahydroxy-1,4-benzenequinone；Tetrahydroxy-*p*-benzoquinone；2,3,5,6-Tetrahydroxy-2,5-cyclohexadiene-1,4-dione；Tetroquinone；THQ

M. I. 15，9397

性状　蓝黑色结晶。在光线照射下出现黄色，易溶于热水（1∶100）及乙醇，微溶于冷水（1∶200），微溶于乙醚。mp 280℃。

注意事项　该品对眼睛、呼吸系统及皮肤有刺激性。使用时应穿适当的防护服。万一接触到眼睛，应立即用大量水冲洗后请医生诊治。应密封于干燥处保存。

主要用途　利用显色反应以检验钡离子。在钡盐滴定硫酸盐时作为指示剂。

Tetrahydrozoline hydrochloride　四氢唑啉 盐酸盐　09437

[522-48-5]　$C_{13}H_{17}ClN_2$　236.74

成分　C 65.95%，H 7.24%，Cl 14.97%，N 11.83%。

别名　2-(1,2,3,4-四氢-1-萘基)-2-咪唑啉 盐酸盐；盐酸四氢唑啉；Rhinopront；Tyzine；Visine；Yxin；4,5-Dihydro-2-(1,2,3,4-tetrahydro-1-naphthalenyl)-1*H*-imidazole hydrochloride；2-(1,2,3,4-Tetrahydro-1-naphthyl)-2-imidazoline hydrochloride；Tetryzoline hydrochloride

M. I. 15，9364

性状　来自乙醇中的无色结晶。易溶于水、乙醇，极微溶于氯仿，几乎不溶于乙醚。其1%水溶液 pH 值 5.0～6.5。256～257℃分解；uv max：264.5nm，271.5nm（$A_{1cm}^{1\%}$ 17.5，15.5）。生化试剂含量≥98.0%。

注意事项　该品口服有毒。对眼睛、呼吸系统及皮肤有刺激性。使用时应穿适当的防护服。万一接触到眼睛，应立即用大量水冲洗后请医生诊治。

主要用途　医用肾上腺素功能剂（血管收缩剂），减轻鼻子的充血剂。

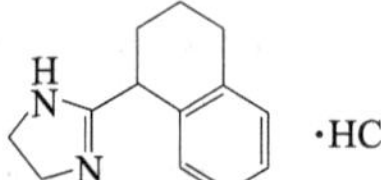

Tetraiodoethylene　四碘乙烯　09438

[513-92-8]　C_2I_4　531.64

成分　C 4.52%，I 95.48%。

别名　四碘代乙烯；Tetraiodoethene；Diiodoform；Ethylene periodide；Ethylene tetraiodide。

M. I. 15，9365

性状　浅黄色重质细小的实际无色的结晶。有特殊气味。曝露于光下呈棕色。溶于苯、氯仿、甲苯、二硫化碳，微溶于乙醚，不溶于水。mp 187℃；*d* 2.98。

注意事项　该品对眼睛、呼吸系统及皮肤有刺激性。应密封避光保存。

3′,3″,5′,5″-Tetraiodophenolsulfonphthalein
3′,3″,5′,5″-四碘酚磺酞　09439

[4430-24-4]　$C_{19}H_{10}I_4O_5S$　857.97

成分　C 26.60%，H 1.17%，I 59.16%，O 9.32%，S 3.74%。

别名　四碘酚红；四碘磺酚酞；碘酚蓝；Iodophenol blue；Phenol tetraiodosulfonphthalein

性状　红棕色粉末。溶于水、乙醇、氢氧化钠溶液。pH 值 3.0～4.8（由黄至蓝色）。mp 229℃（分解）；λ_{max} 433nm。

注意事项　该品对眼睛、呼吸系统及皮肤有刺激性。使用时应穿适当的防护服。万一接触到眼睛，应立即用大量水冲洗后请医生诊治。

主要用途　酸碱指示剂。吸附指示剂。

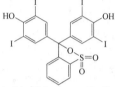

***N*,*N*,*N*′,*N*′-Tetrakis(2-hydroxyethyl) ethylenediamine**
***N*,*N*,*N*′,*N*′-四(2-羟乙基)乙二胺**　09440

[140-07-8]　$C_{10}H_{24}N_2O_4$　236.31

成分　C 50.83%，H 10.24%，N 11.85%，O 27.08%。

别名　2,2′,2″,2‴-乙二胺四乙醇；2,2′,2″,2‴-Ethylenediaminetetraethanol；THEED；2,2′,2″,2‴-(Ethylenedinitrilo)tetraethanol

性状　白色或浅黄棕色黏稠的油状液体。与水、乙醇相混溶。bp 约 280℃；Fp>210.2℉(99℃)；d_4^{20} 1.125；n_D^{20} 1.501。

注意事项　使用时应避免吸入本品的蒸气，避免与眼睛及皮肤接触。

主要用途　气相色谱固定液，用于含氮、含氧化合物的分析。络合试剂。

α-Tetralone　α-四氢萘酮　09441

[529-34-0]　$C_{10}H_{10}O$　146.19

成分　C 82.16%，H 6.89%，O 10.94%。

别名　α-萘满酮；1-氧代四氢化萘；3,4-Dihydro-1(2*H*)-naphthalenone；1-Oxo-1,2,3,4-tetrahydronaphthalene；1-Tetralone；1-Ketotetrahydronaphthalene

性状　无色液体。一般商品及长期保存色变棕。不溶于水。mp 2～7℃；bp_{13} 127℃/1.733kPa；Fp 230℉（110℃）；d_4^{20} 1.096；n_D^{20} 1.568。一般试剂含量≥96.0%（GC）。

注意事项　该品口服有毒。使用时应穿适当的防护服。应避免吸入本品的蒸气，避免与眼睛及皮肤接触。

主要用途　溶剂。中间体。

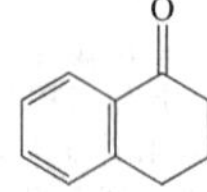

Tetramethrin　胺菊酯　09442

[7696-12-0]　$C_{19}H_{25}NO_4$　331.41

成分　C 68.86%，H 7.60%，N 4.23%，O 19.31%。

别名　2,2-Dimethyl-3-(2-methyl-1-propenyl)cyclopropanecarboxylic acid (1,3,4,5,6,7)-hexahydro-1,3-dioxo-2*H*-isoindol-2-yl)methyl ester；2,2-Dimethyl-3-(2-methylpropenyl)cyclopropanecarboxylic acid ester with *N*-hydroxymethyl-1-cyclohexene-1,2-dicarboximide；*N*-(3,4,5,6-Tetrahydrophthalimide)methyl-*cis*,*trans*-chrysanthemate；*N*-Chrysanthemoxymethyl-1-cyclohexene-1,2-dicarboximide；Phthalthrin；FMC-9260；SP-1103；Neo-Pynamin

M. I. 15，9370

性状 一般试剂为异构体的混合物。白色结晶性固体。mp 65～80℃；d_{20}^{20} 1.108；$n_D^{21.5}$ 1.5175。LD_{50} 小鼠急性经口：1000mg/kg。
注意事项 该品蒸气吸入有毒。使用时应避免与眼睛及皮肤接触。
主要用途 杀虫剂。分析用标准物。

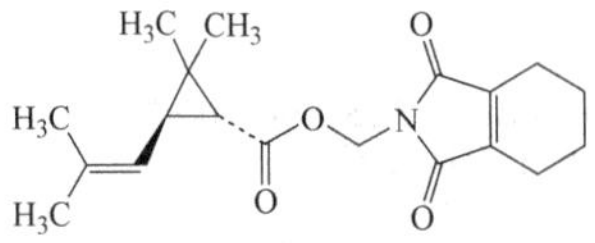

(1R)-反式

Tetramethylammonium bromide 溴化四甲铵 09443
[64-20-0] $C_4H_{12}BrN$ 154.06
成分 C 31.19%，H 7.85%，Br 51.87%，N 9.09%。
别名 四甲基溴化铵；溴化四甲基铵；TMAB
性状 白色结晶。有潮解性。溶于水，微溶于乙醇，不溶于乙醚、三氯甲烷。mp≥300℃。一般试剂含量≥99.0%。
注意事项 该品口服有毒。对眼睛、呼吸系统及皮肤有刺激性。使用时应穿适当的防护服，戴手套和防护镜或面罩。万一接触到眼睛，应立即用大量水冲洗后请医生诊治。使用时如有事故发生或有不适之感，应请医生诊治。应密封于干燥处保存。
主要用途 极谱分析试剂。检定碱金属和碱土金属。

Tetramethylammonium chloride 氯化四甲铵 09444
[75-57-0] $C_4H_{12}ClN$ 109.60
成分 C 43.84%，H 11.04%，Cl 32.35%，N 12.78%。
别名 四甲基氯化铵；氯化四甲基铵；TMAC
性状 白色结晶。有挥发性。易潮解。溶于水。mp≥300℃。一般试剂含量≥99.0%。
注意事项 该品口服有毒。对眼睛、呼吸系统及皮肤有刺激性。与皮肤接触有害。使用时应穿适当的防护服和戴手套。万一接触到眼睛或皮肤，应立即用大量水冲洗后请医生诊治。使用时如有事故发生或有不适之感，应立即请医生诊治。应充氩气密封于干燥处保存。
主要用途 极谱分析试剂。

Tetramethylammonium hydroxide 10% water solution
氢氧化四甲铵 10%水溶液 09445
[75-59-2] $C_4H_{13}NO$ 91.15
成分(纯品) C 52.71%,H 14.38%,N 15.37%,O 17.55%。
别名 四甲基氢氧化铵 10%水溶液；氢氧化四甲基铵 10%水溶液；TMAH
GW 2015-2037 M.I.15，9371
性状 无色透明液体。具有强碱性。易吸收空气中的二氧化碳，溶于水、乙醇。d_4^{20} 1.01；n_D^{20} 1.381。
注意事项 该品口服或与皮肤接触有毒。具有腐蚀性，能引起烧伤。使用时应穿适当的防护服，戴手套和防护镜或面罩。万一接触到眼睛，应立即用大量水冲洗后请医生诊治。使用时如有事故发生或有不适之感，应请医生诊治。应充氩气密封保存。
主要用途 极谱分析试剂。

Tetramethylammonium iodide 碘化四甲铵 09446
[75-58-1] $C_4H_{12}IN$ 201.05
成分 C 23.90%，H 6.02%，I 63.12%，N 6.97%。
别名 四甲基碘化铵；碘化四甲基铵；TMAI
M.I.15，9372
性状 浅黄色结晶。易溶于无水乙醇，微溶于水，不溶于乙醚、三氯甲烷。约 230℃开始分解；*d* 1.84。一般试剂含量≥99.0%（AT）。
注意事项 该品对眼睛、呼吸系统及皮肤有刺激性。使用时应穿适当的防护服。万一接触到眼睛，应立即用大量水冲洗后请医生诊治。应密封避光保存。
主要用途 极谱分析试剂。

1,2,3,5-Tetramethtylbenzene 1,2,3,5-四甲基苯 09447
[527-53-7] $C_{10}H_{14}$ 134.22
成分 C 89.49%，H 10.51%。
别名 异杜烯；Isodurene
M.I.15，5211
性状 无色液体。易溶于乙醚，溶于乙醇，不溶于水。mp −24℃；bp_{760} 197.9℃/101.325kPa；bp_{400} 173.7℃/53.333kPa；bp_{200} 149.9℃/26.664kPa ；bp_{100} 128.3℃/13.332kPa；bp_{60} 115.4℃/8kPa ；bp_{40} 105.8℃/5.333kPa；bp_{20} 91.0℃/2.666kPa ；bp_{10} 77.8℃/1.333kPa；bp_5 65.8℃/666.61Pa ；bp_1 40.6℃/133.32Pa；Fp 145.4℉（63℃）；d_4^{20} 0.8906；d_4^0 0.8961；n_D^{20} 1.5134；n_{He}^{20} 1.51126。
注意事项 使用时应避免吸入本品的蒸气，避免与眼睛及皮肤接触。

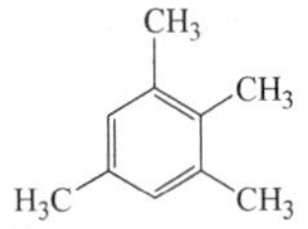

1,2,4,5-Tetramethylbenzene 1,2,4,5-四甲基苯 09448
[95-93-2] $C_{10}H_{14}$ 134.22
成分 C 89.49%，H 10.51%。
别名 均四甲苯；杜烯；Durene；Durol；*sym*-Tetramethylbenzene
GW 2015—2029 M.I.15，3515
性状 来自乙醇中的无色鳞状体结晶。有类似樟脑的气味。易溶于乙醇、乙醚、苯，不溶于水。能升华。mp 80℃；bp 191～193℃；Fp 约 165.2°F（74℃）；d_4^{81} 0.84。一般试剂含量≥97.0%。
注意事项 该品易燃。使用时应避免吸入本品的粉尘，避免与眼睛及皮肤接触。应远离火种密封保存。
主要用途 有机合成。

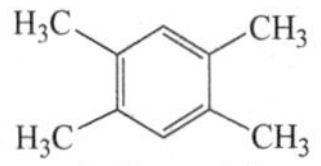

3，3′，5，5′-Tetramethylbenzidine
3，3′，5，5′-四甲基联苯胺 09449
[54827-17-7] $C_{16}H_{20}N_2$ 240.35
成分 C 79.96%，H 8.39%，N 11.65%。
别名 TMB；TMBZ
性状 无色结晶。mp 166～171℃。一般试剂含量≥99.0%（GC）。
注意事项 该品口服有毒。对眼睛、呼吸系统及皮肤有刺激性。使用时应穿适当的防护服和戴手套。万一接触到眼睛，应立即用大量水冲洗后请医生诊治。应充氩气密封避光保存。
主要用途 有机合成。

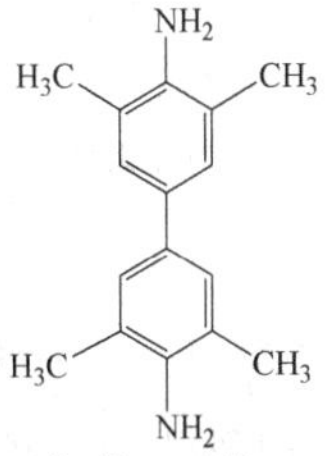

***N,N,N′,N′*-Tetramethylbenzidine**
***N,N,N′,N′*-四甲基联苯胺** 09450
[366-29-0] $C_{16}H_{20}N_2$ 240.35
成分 C 79.96%,H 8.39%,N 11.65%。
性状 无色针状结晶。易溶于氯仿，溶于热苯，微溶于乙醚、乙醇。mp 193～195℃。一般试剂含量≥95.0%。
注意事项 该品对眼睛、呼吸系统及皮肤有刺激性。使用时应穿适当的防护服。使用时应避免吸入本品的粉尘，避免与眼睛及皮肤接触。万一接触到眼睛，应立即用大量水冲洗后请医生诊治。
主要用途 有机合成。

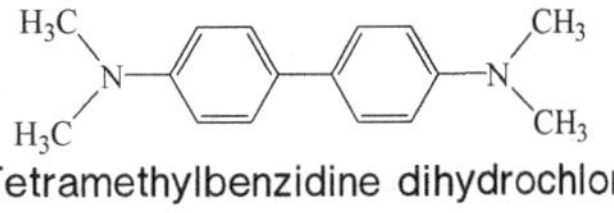

3,3′,5,5′-Tetramethylbenzidine dihydrochloride

3,3′,5,5′-四甲基联苯胺 二盐酸盐 09451

[64285-73-0] $C_{16}H_{22}Cl_2N_2 \cdot H_2O$ 313.27

成分 C 61.34%,H 7.08%,Cl 22.63%,N 8.94%。

别名 二盐酸3,3′,5,5′-四甲基联苯胺;4,4′-Diamino-3,3′,5,5′-tetramethylbiphenyl dihydrochloride

性状 白色结晶性粉末。mp≥300℃。生化试剂含量≥98.0%(AT)。

注意事项 使用时应避免吸入本品的粉尘,避免与眼睛及皮肤接触。应充氩气密封于2~8℃干燥保存。

主要用途 生化研究。免疫学用试剂。

4, 4′-Tetramethyldiaminodiphenylmethane

4, 4′-四甲二胺二苯甲烷 09452

[101-61-1] $C_{17}H_{22}N_2$ 254.38

成分 C 80.27%, H 8.72%, N 11.01%。

别名 *N,N,N′,N′*-四甲基-4,4′-二氨基二苯甲烷;*p,p′*-四甲二胺二苯甲烷;*N,N,N′,N′*-四甲基-4,4′-亚甲基二苯胺;4,4′-亚甲基双(*N,N*-二甲基苯胺);米蚩碱;Arnold's base;*N,N,N′,N′*-Tetramethyl-4,4-diaminodiphenylmethane;Bis[(*p*-dimethylamino)phenyl]methane;Methylene base;Methane base;4,4′-Methylenebis(*N,N*-dimethylaniline);4,4′-Methylenebis(*N,N*-dimethylbenzenamine);Tetra-base;Michler's base;TMD;*N,N,N′,N′*-Tetramethyl-4,4′-methylenedianiline

M. I. 15, 6255

性状 白色或浅蓝白色有光泽的小叶片状结晶。溶于乙醚、苯、二硫化碳、酸类,微溶于冷乙醇,较多地溶于热乙醇,不溶于水。mp 90~91℃; bp 390℃; $bp_{0.1}$ 155~157℃/13.33Pa; Fp 352.4℉(178℃)。一般试剂含量≥99.0%(NT)。

注意事项 该品可能致癌。对水生物极毒。能对水环境引起长期不良的影响。使用前应得到专门的指导,避免曝露。使用时如有事故发生或有不适之感,应请医生诊治。应防止将本品释放于环境中。其包装物应按危险品处理。应密封避光保存。

主要用途 测定铅、锰、臭氧和其他氧化物的灵敏试剂。染料中间体。沉淀钨。

H_3C CH_3 N N CH_3 CH_3

N,N,N′,N′-Tetramethylethylenediamine

***N,N,N′,N′*-四甲基乙二胺** 09453

[110-18-9] $C_6H_{16}N_2$ 116.21

成分 C 62.01%, H 13.88%, N 24.11%。

别名 1,2-双(二甲氨基)乙烷;1,2-Bis(dimethylamino)ethane;TEMED;TMEDA

GW 2015-2038

性状 无色透明液体。对二氧化碳敏感。与水、乙醇和其他有机溶剂相混溶。mp −55℃; bp 120~122℃; Fp 68℉(20℃); d_4^{20} 0.775; n_D^{20} 1.419。一般试剂含量≥99.0%(GC)。

注意事项 该品高度易燃。吸入或口服有害。具有腐蚀性,能引起烧伤。使用时应穿适当的防护服,戴手套和防护镜或面罩。使用现场禁止吸烟。万一接触到眼睛,应立即用大量水冲洗后请医生诊治。使用时如有事故发生或有不适之感,应请医生诊治。应远离火种,充氩气密封避光保存。

主要用途 生化研究。有机合成。交联聚合催化剂。

1,1,3,3-Tetramethylguanidine **1,1,3,3-四甲基胍** 09454

[80-70-6] $C_5H_{13}N_3$ 115.18

成分 C 52.14%, H 11.38%, N 36.48%。

别名 *N,N,N′,N′*-四甲基胍;*N,N,N′,N′*-Tetramethylguanidine;TMG

M. I. 15, 9375

性状 无色液体。易溶于多数有机溶液,溶于水。bp 165℃; bp_{745} 159.5℃/99.325kPa; bp_{11} 52~54℃/1.467kPa; Fp 140℉(60℃,闭杯); d^{25} 0.9136; d_4^{20} 0.916; n_D^{20} 1.4690。一般试剂含量≥99.0%(GC)。

注意事项 该品口服有毒。具有腐蚀性,能引起烧伤。使用时应穿适当的防护服,戴手套和防护镜或面罩。万一接触眼睛,应立即用大量的水冲洗后请医生诊治。使用时如有事故发生或有不适之感,应请医生诊治。使用完毕应立即脱掉受污染的衣服。应充氮气密封保存。

NH H_3C CH_3 N N CH_3 CH_3

2,2,6,6-Tetramethyl-3,5-heptanedione

2,2,6,6-四甲基-3,5-庚二酮 09455

[1118-71-4] $C_{11}H_{20}O_2$ 184.28

成分 C 71.70%,H 10.94%,O 17.36%。

别名 二叔戊酰甲烷;双(三甲基乙酰基)甲烷;DPVM;Dipivalonyl methane;Dipivaloylmethane

性状 无色液体。sp 19℃;bp_{10} 80℃/1.333kPa;Fp 153℉(67℃);d_4^{20} 0.895;n_D^{20} 1.458。一般试剂含量≥98.0%(GC)。

注意事项 使用时应避免吸入本品的蒸气,避免与眼睛及皮肤接触。

2,6,10,14-Tetramethylpentadecane

2,6,10,14-四甲基十五烷 09456

[1921-70-6] $C_{19}H_{40}$ 268.53

成分 C 84.98%,H 15.02%。

别名 姥鲛烷;朴日斯烷;Norphytane;Pristane; Robuoy

M. I. 15,7870

性状 无色透明稳定液体。低黏度。溶于乙醚、苯、氯仿、石油醚、四氯化碳。bp_{760} 296℃/101.325kPa; bp_{10} 158℃/1.333kPa; $bp_{0.001}$ 68℃/133.3Pa(浸泡温度); Fp>230℉(110℃); d_4^{20} 0.78267; n_D^{20} 1.43848。一般试剂含量≥96.0%。

注意事项 该品对眼睛及皮肤有刺激性。使用时应穿适当的防护服。万一接触到眼睛,应立即用大量水冲洗后请医生诊治。

主要用途 润滑剂。抗蚀剂。

CH_3 CH_3 CH_3 CH_3 H_3C CH_3

N,N,N′,N′-Tetramethyl-1,4-phenylenediamine

***N,N,N′,N′*-四甲基-1,4-苯二胺** 09457

[100-22-1] $C_{10}H_{16}N_2$ 164.25

成分 C 73.13%, H 9.82%, N 17.06%。

别名 *N,N,N′,N′*-四甲基对苯二胺;沃斯特氏蓝;沃斯特氏试剂;Tetramethyl-*p*-phenylenediamine;*N,N,N′,N′*-Tetramethyl-1,4-benzenediamine;*N,N,N′,N′*-Tetramethyl-*p*-phenylenediamine;Wurster's blue;Wurster's reagent

M. I. 15, 9376

性状 来自石油醚中的无色至微黄色结晶。易溶于乙醇、氯仿、乙醚、石油醚,微溶于冷水,较多地溶于热水。mp 51~52℃; bp 260℃。

注意事项 该品吸入、口服或与皮肤接触有毒。接触皮肤后,应立即用大量水冲洗。应充氩气密封保存。

主要用途 有机合成。环氧树脂固化剂。

H_3C CH_3 N N H_3C CH_3

N,N,N′,N′-Tetramethyl-1,4-phenylenediaminedihydrochloride

***N,N,N′,N′*-四甲基-1,4-苯二胺 二盐酸盐** 09458

[637-01-4] $C_{10}H_{18}Cl_2N_2$ 237.18

成分 C 50.64%, H 7.65%, Cl 29.90%, N 11.81%。

别名 二盐酸*N,N,N′,N′*-四甲基对苯二胺;二盐酸*N,N,N′,N′*-四甲基-1,4-苯二胺;*N,N,N′,N′*-Tetramethyl-1,4-benzenediamiamine dihydrochloride;Tetramethyl-*p*-phenylenediamine dihydrochloride;TPD;Wurster's reagent

性状 白色结晶性粉末。溶于水,不溶于乙醇。mp 222~224℃(分解)。一般试剂含量≥97.0%(AT)。

注意事项 该品对眼睛及皮肤有刺激性。使用时应穿适当的防护服。万一接触到眼睛,应立即用大量水冲洗后请医生诊治。

主要用途 有机合成。环氧树脂固化剂。

2,2,6,6-Tetramethylpiperidine
2,2,6,6-四甲基哌啶 09459
[768-66-1] $C_9H_{19}N$ 141.26
成分 C 76.52%，H 13.56%，N 9.92%。
性状 无色液体。bp 155～157℃；Fp 76 ℉（24℃）；d_4^{20} 0.832；n_D^{20} 1.4440。一般试剂含量≥97.0%(GC)。
注意事项 该品易燃。口服有毒。对眼睛、呼吸系统及皮肤有刺激性。使用时应避免吸入本品的蒸气，避免与眼睛及皮肤接触。万一接触到眼睛，应立即用大量水冲洗后请医生诊治。

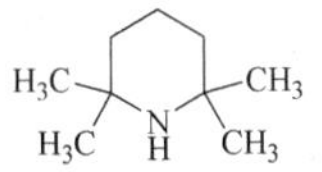

2,2,6,6-Tetramethylpiperidine-*N*-oxyl-4-amino-4-carboxylie acid
2,2,6,6-四甲基哌啶-*N*-氧基-4-氨基-4-羧酸 09460
[15871-57-5] $C_{10}H_{19}N_2O_3$ 215.27
成分 C 55.80%，H 8.90%，N 13.01%，O 22.30%。
别名 TOAC；4-氨基-4-羧基-2,2,6,6-四甲基哌啶-1-氧；4-Amino-4-carboxy-2,2,6,6-tetramethyl-1-piperidinyloxy
M.I.15，9645
性状 来自水-乙醇（20%/80%）中的浅黄色结晶。mp 228～230℃（分解）；uv max（水中）：239nm，416nm（ε 1480，8.4）。
注意事项 该品对眼睛、呼吸系统及皮肤有刺激性。使用时应戴适当的手套和防护镜或面罩。万一接触到眼睛，应立即用大量水冲洗后请医生诊治。
主要用途 EPR探针。

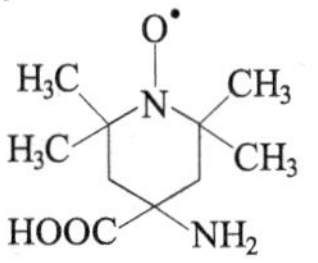

Tetramethylrhodamine B isothiocyanate
异硫氰酸四甲基罗丹明 B 09461
[6749-36-6] $C_{25}H_{21}N_3O_3S$ 443.53
成分 C 67.70%，H 4.77%，N 9.47%，O 10.82%，S 7.23%。
别名 四甲基罗丹明B异硫氰酸盐；TRITC；MRITC
性状 微细结晶。溶于甲醇、二甲基亚砜。
注意事项 该品对眼睛、呼吸系统及皮肤具有刺激性。吸入能引起过敏。使用时应穿适当的防护服。使用时应避免吸入本品的粉尘。万一接触到眼睛，应立即用大量水冲洗后请医生诊治。应充氩气密封避光于2～8℃干燥保存。

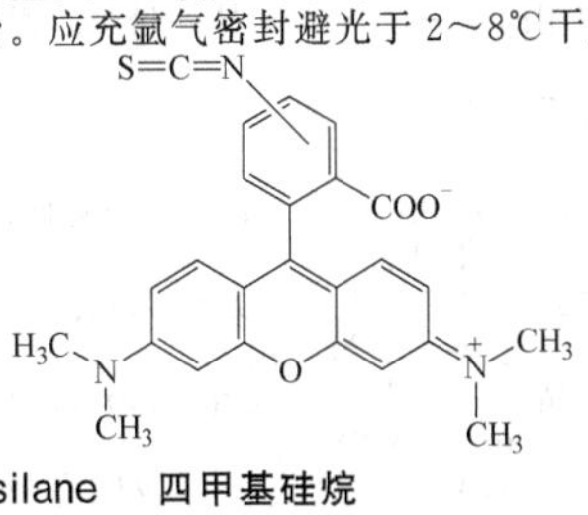

Tetramethylsilane 四甲基硅烷 09462
[75-76-3] $C_4H_{12}Si$ 88.23
成分 C 54.45%，H 13.71%，Si 31.83%。
别名 四甲基硅；Silicon tetramethyl；TMS
GW 2015-2035 M.T.15，9377
性状 无色液体。易挥发。溶于多数有机溶剂，不溶于水。mp －102.12℃（α-型）；－99.04℃（β-型）；bp 26.6℃；Fp －17℉（－26℃）；d 0.636；d_4^{20} 0.6464；；d_4^0 0.6688；n_D^{20} 1.3588。一般试剂含量≥99.0%(GC)。
注意事项 该品极易燃。使用时应避免吸入本品的蒸气。使用现场禁止吸烟。使用时如有事故发生或有不适之感，应请医生诊治。万一着火时应使用化学干粉灭火剂灭火，不能用水。应远离火种，采取抗放静电措施，于阴凉通风良好处密封保存。
主要用途 核磁共振试剂。

Tetramethylthiuram disulfide 二硫化四甲基秋兰姆 09463
[137-26-8] $C_6H_{12}N_2S_4$ 240.42
成分 C 29.98%，H 5.03%，N 11.65%，S 53.34%。
别名 二硫化双（二甲基硫化氨基甲烷）；双（二甲硫代氨基甲酸）化二硫；四甲基二硫化秋兰姆；促进剂TMTD；秋兰姆；福美双；Tetramethylthioperoxydicarbonic diamide；Bis(dimethylthiocarbamoyl) disulfide；Bis(dimethylthiocarbamyl) disulfide；ENT-987；SQ-1489；NSC-1771；Thiurad；Thylate；Fernasan；Nomersan；Rezifilm；Pomarsol；Tersan；Tuads；Arasan；Thiram；Thiuram；TMTD
GW 2015-2004 M.I.15，9525
性状 来自氯仿＋乙醇中的无色结晶。无味。溶于丙酮（1.2%）、苯（2.5%）、三氯甲烷、二硫化碳等有机溶剂，微溶于乙醇、乙醚（0.2%），不溶于水、稀苛性碱溶液、汽油。遇酸易分解。mp 155～156℃；d 1.29。LD_{50}大鼠急性经口：640mg/kg。生化试剂含量≥98.0%（N）。
注意事项 该品吸入或口服有毒。对眼睛及皮肤有刺激性。长期曝露有严重损伤健康的危险。接触皮肤能引起过敏。对水生物极毒。能对水环境引起长期不良的影响。使用时应穿适当的防护服和戴手套。万一接触到眼睛，应立即用大量水冲洗后请医生诊治。应防止将本品释放于环境中。其包装物应按危险品处理。应密封于阴凉干燥处保存。
主要用途 植物种子、叶子的保护性杀菌剂。医用消毒剂。

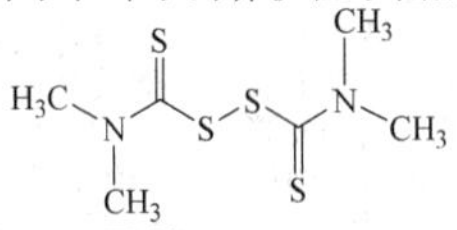

Tetramethylurea 四甲基脲 09464
[632-22-4] $C_5H_{12}N_2O$ 116.16
成分 C 51.70%，H 10.41%，N 24.12%，O 13.77%。
别名 四甲基尿素；Temur；TMU
M.I.15，9378
性状 无色透明液体。有微弱的愉快气味。与水、乙醇、乙醚等通常有机溶剂相混溶。mp －1.2℃；bp 176.5℃；bp_{740} 174.5℃/98.658kPa；bp_{12} 63～64℃/1.6kPa；Fp 约167℉（75℃）；d_4^{20} 0.9687；n_D^{20} 1.4493；uv max：271.5nm（ε 1940）。LD_{50}大鼠静脉注射：1.1g/kg。一般试剂含量≥99.0%（GC）。
注意事项 该品口服有毒。使用时应避免吸入本品的蒸气，避免与眼睛及皮肤接触。应充氩气密封于干燥处保存。
主要用途 分析试剂。溶剂。

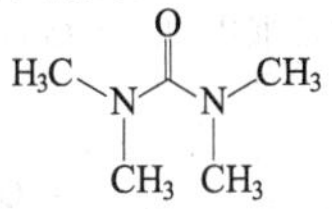

Tetrandrine 倒地拱素 09465
[518-34-3] $C_{38}H_{42}N_2O_6$ 622.76
成分 C 73.29%，H 6.80%，N 4.50%，O 15.41%。
别名 特船君；(1β)-6,6′,7,12-Tetramethoxy-2,2′-dimethylberbaman
M.I.15，9379
性状 无色针状结晶。溶于乙醚及多数有机溶剂，几乎不溶于水、石油醚。mp 217～218℃；$[\alpha]_D^{26}$ ＋252.4°（于氯仿中）。
注意事项 使用时应避免吸入本品的粉尘，避免与眼睛及皮肤接触。
主要用途 生化研究。医用解热、止痛剂。

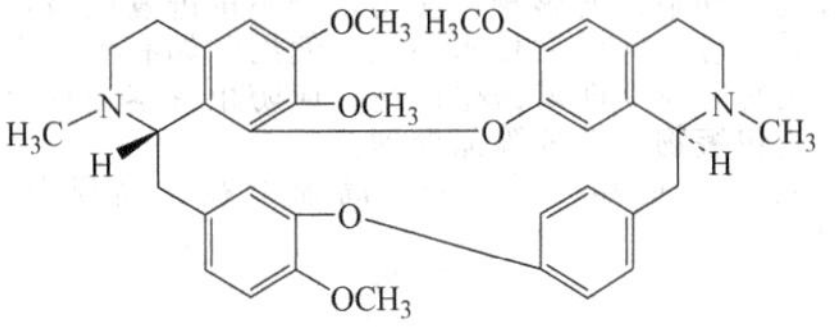

Tetranitroblue tetrazolium chloride
氯化四硝基四氮唑蓝 09466
[1184-43-6] $C_{40}H_{28}Cl_2N_{12}O_{10}$ 907.64
成分 C 52.93%，H 3.11%，Cl 7.81%，N 18.52%，O 17.63%。
别名 3,3′-二甲氧基苯-4,4′-双[2,5-双(4-硝基苯)氯化四氮唑]；四硝基四氮唑蓝；四硝基氮蓝四唑；TNBT；3,3′-Dianisole-

4,4′-bis[2,5-bis(4-nitrophenyl)tetrazolium chloride];Tetranitro BT;3,3′-(3,3′-Dimethoxy-4,4′-biphenylylene)bis[2,5-bis(*p*-nitrophenyl)-2*H*-tetrazolium chloride]; Tetranitrotetrazolium blue chloride

性状 浅黄色粉末。溶于水。mp 约 170℃（分解）。一般试剂含量≥85.0%（AT）。

注意事项 该品能致癌。使用前应得到专门指导，避免曝露。应充氩气密封、避光于阴凉干燥处保存。

主要用途 氧化还原指示剂。用以测定脱氢酶类。

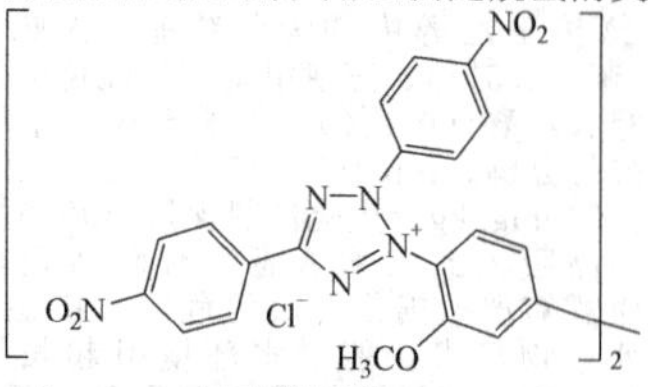

Tetranitromethane 四硝基甲烷 09467

[509-14-8] CN_4O_8 196.03

成分 C 6.13%，N 28.58%，O 65.29%。

别名 TNM

GW 2015-2078 M. I. 15，9381

性状 浅黄色液体。易挥发。对皮肤及呼吸系统有刺激性。易溶于乙醇、乙醚，不溶于水。有杂质存在或遇芳香族有机化合物能发生爆炸。mp 13.8℃；bp_{760} 126℃/101.325kPa；$bp_{25.8}$ 40℃/3.44kPa；$bp_{14.9}$ 30℃/1.986kPa；$bp_{8.4}$ 20℃/1.12kPa；$bp_{5.7}$ 13.8℃/759.9Pa；$bp_{1.9}$ 0℃/253.3Pa；Fp ＞ 230 ℉（110℃）；d_4^{25} 1.6229；n_D^{20} 1.4384；n_D^{25} 1.4358。

注意事项 该品能致癌。是氧化剂，为爆炸品。应用安瓿熔封于阴凉处保存。

主要用途 用于有机化合物双键的测定。氧化剂。火箭燃料的制造。

Tetrantoin 四氢萘妥英 09468

[52094-70-9] $C_{12}H_{12}N_2O_2$ 216.24

成分 C 66.65%，H 5.59%，N 12.96%，O 14.80%。

别名 3′,4′-Dihydrospiro[imidazolidine-4,2′(1′*H*)-naphthalene]-2,5-dione;7,8-Benzo-1,3-diazaspiro[4.5]deeane-2,4-dine;S-2-676;Spirodon

M. I. 15，9382

性状 来自乙醇或冰乙酸中的无色结晶。mp 267～268℃。

主要用途 医用抗惊厥剂。

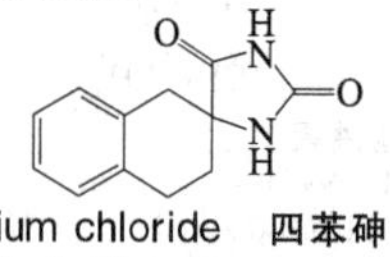

Tetraphenylarsonium chloride 四苯砷氯 09469

[507-28-8] $C_{24}H_{20}AsCl$ 418.80

成分 C 68.83%，H 4.81%，As 17.89%，Cl 8.46%。

别名 四苯基氯化钾；氯化四苯胂；Arsonium tetraphenylchloride

M. I. 15，9383

性状 来自无水乙醚中的无色结晶。有毒。易溶于水（30℃，32.5g/100mL），溶于乙醇、甲醇，略微溶于丙酮。mp 256～257℃。一般试剂含量≥97.0%。

注意事项 该品口服或吸入有毒。对水生物极毒。能对水环境引起长期不良的影响。使用现场不得进餐或吸烟。接触皮肤后，应立即用大量水冲洗。使用时如有事故发生或有不适之感，应立即请医生诊治。应防止将本品释放于环境中。其包装物应按危险品处理。

主要用途 测定镉、锌、汞、高氯酸盐、高碘酸盐等的试剂。

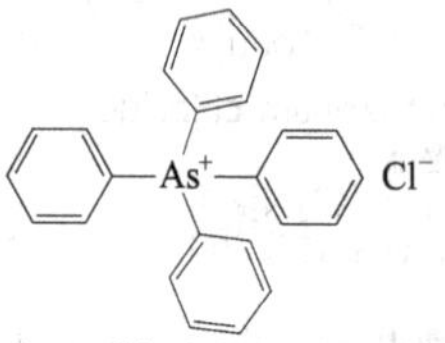

Tetraphenylarsonium chloride hydrochloride

0 四苯砷氯 盐酸盐 09470

[123334-18-9] $C_{24}H_{21}AsCl_2$ 455.26

成分 C 63.32%，H 4.65%，As 16.46%，Cl 15.57%。

别名 四苯基氯化钾盐酸盐；铼试剂；盐酸四苯砷氯；氯化四苯砷 盐酸盐；盐酸氯化四苯砷；TPAC

性状 白色结晶。易溶于水、乙醇、苯等。mp 211～213℃。

注意事项 同 09469 四苯砷氯。

主要用途 测定铼的灵敏试剂。用于钨、锰、汞、锡、锌、氯酸盐、碘酸盐等的测定。

1,1,4,4-Tetraphenyl-1,3-butadiene
1,1,4,4-四苯基-1,3-丁二烯 09471

[1450-63-1] $C_{28}H_{22}$ 358.48

成分 C 93.81%，H 6.19%。

别名 TPB

性状 黄色针状结晶。不溶于水，溶于多种有机溶剂。mp 197～203℃。一般试剂含量≥99.0%（HPLC）。

注意事项 该品对眼睛、呼吸系统及皮肤有刺激性。使用时应穿适当的防护服。万一接触到眼睛，应立即用大量水冲洗后请医生诊治。

主要用途 闪烁试剂。

Tetraphenylcyclopentadienone
四苯基环戊二烯酮 09472

[479-33-4] $C_{29}H_{20}O$ 384.48

成分 C 90.59%，H 5.24%，O 4.16%。

性状 无色结晶。不溶于水。mp 217～219℃。一般试剂含量≥96.0%（UV）。

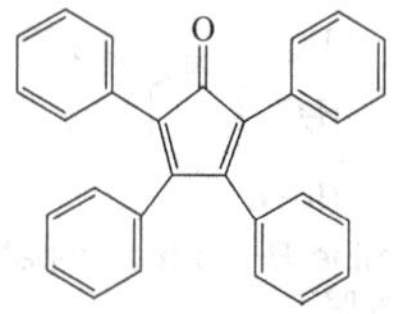

Tetraphenylethylene 四苯基乙烯 09473

[632-51-9] $C_{26}H_{20}$ 332.44

成分 C 93.94%，H 6.06%。

别名 1,1,2,2-四苯基乙烯；均四苯乙烯；*sym*-Tetraphenylethylene;1,1,2,2-Tetraphenylethylene

性状 无色单斜或斜方结晶。溶于乙醇、乙醚、苯，不溶于水。mp 222～224℃；bp 420℃。一般试剂含量≥99.0%（HPLC）。

注意事项 使用时应避免吸入本品的粉尘，避免与眼睛及皮肤接触。

主要用途 有机合成。

Tetraphenylphosphonium bromide 溴化四苯鏻 09474

[2751-90-8] $C_{24}H_{20}BrP$ 419.31

成分 C 68.75%，H 4.81%，Br 19.06%，P 7.39%。

别名 四苯基溴化鏻；四苯鏻溴

性状 无色结晶。溶于水，易吸湿。mp 298～300℃。一般试剂含量≥99.0%（NT）。

注意事项 本品对眼睛、呼吸系统及皮肤有刺激性。使用时应穿适当的防护服。万一接触到眼睛，应立即用大量水冲洗后请医生诊治。应充氩气密封于干燥处保存。

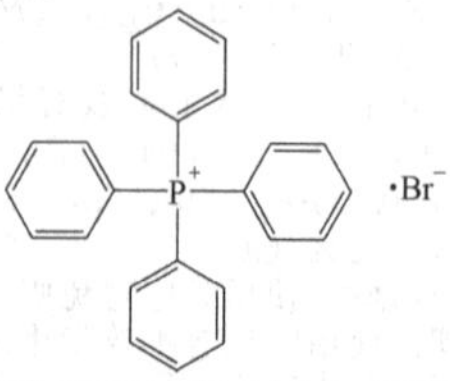

Tetraphenylphosphonium chloride 氯化四苯鏻 09475

[2001-45-8] $C_{24}H_{20}ClP$ 374.85

成分 C 76.90%，H 5.38%，Cl 9.46%，P 8.26%。

别名 四苯基氯化鏻；四苯鏻氯

性状 无色结晶。溶于水，易吸湿。mp 275～280℃（分解）。一般试剂含量≥97.0%（AT）。

注意事项 本品对眼睛、呼吸系统及皮肤有刺激性。使用时应穿适当的防护服。万一接触到眼睛，应立即用大量水冲洗后请医生诊治。应充氩气密封于干燥处保存。

Tetraphenyl tin 四苯基锡 09476

[595-90-4] $C_{24}H_{20}Sn$ 427.13

成分 C 67.49%，H 4.72%，Sn 27.79%。

别名 Tin tetraphenyl

GW 2015—2017

性状 无色菱形结晶。溶于热苯、吡啶、三氯甲烷、四氯化碳、乙酸，微溶于乙醇，不溶于水。mp 224～227℃；bp＞420℃；Fp＞230℉（110℃）。一般试剂含量≥97.0%。

注意事项 该品吸入、口服或接触皮肤有毒。对水生物极毒。能对水环境引起长期不利的结果。万一接触到眼睛，应立即用大量水冲洗后请医生诊治。接触皮肤后应用大量肥皂泡沫冲洗。使用时如有事故发生或有不适之感，应请医生诊治。使用完毕应立即脱掉受污染的衣服。应防止将本品释放于环境中。其包装物应按危险品处理。应密封保存。

主要用途 有机合成。用以吸收变压器油中自氯化环烃类分解而来的盐酸。

Tetrapropylammonium hydroxide water solution 氢氧化四丙铵 水溶液 09477

[4499-86-9] $C_{12}H_{29}NO$ 203.37

成分（纯品） C 70.87%，H 14.37%，N 6.89%，O 7.87%。

别名 四正丙基氢氧化铵；四丙基氢氧化铵；氢氧化四丙基铵；氢氧化四正丙铵；Ammonium tetra-*n*-propylhydroxide；Tetra-propylammonium hydroxide

性状 一般试剂为该品 1.0mol/L 的水溶液（约 20%水溶液）。对二氧化碳敏感。d 1.012；n_D^{20} 1.3716。

注意事项 该品具有腐蚀性。能引起烧伤。使用时应穿适当的防护服，戴手套和防护镜或面罩。万一接触到眼睛，应立即用大量水冲洗后请医生诊治。使用时如有事故发生或有不适之感，应立即请医生诊治。应充氩气密封保存。

Tetrathiafulvalene 四硫富瓦烯 09478

[31366-25-3] $C_6H_4S_4$ 204.34

成分 C 35.27%，H 1.97%，S 62.76%。

别名 2-(1,3-Dithiol-2-ylidene)-1,3-dithiole；$\Delta^{2,2'}$-Bi-1,3-dithiole；Bis-1,3-dithiole；1,4,5,8-Tetrathiafulvalene；TTF

M. I. 15，9390

性状 黄色或橙色固体。mp 118.5～119℃；uv max（二氯甲烷中）：290nm，310nm（ε 4×10^4，4×10^4）。不溶于水。生化试剂含量≥98.0%（HPLC）。

注意事项 该品接触皮肤能引起过敏。使用时应穿适当的防护服和戴手套。应充氩气密封于保存。

主要用途 生化研究。分子探测，原子团的催化。

Tetratriacontane 三十四烷 09479

[14167-59-0] $C_{34}H_{70}$ 478.93

成分 C 85.27%，H 14.73%。

别名 Alkane C_{34}

性状 无色结晶或固体。mp 72～75℃；bp_2 285℃/266.644Pa。一般试剂含量≥99.0%（GC）。

主要用途 气相色谱标准物。

Tetrazepam 四氨安定 09480

[10379-14-3] $C_{16}H_{17}ClN_2O$ 288.78

成分 C 66.55%，H 5.93%，Cl 12.28%，N 9.70%，O 5.54%。

别名 7-Chlro-5-(1-cyclohexen-1-yl)-1,3-dihydro-1-methyl-2*H*-1,4-benzodiazepin-2-one；7-Chloro-5-(1-cyclohexenyl)-1-methyl-2-oxo-2,3-dihydro-1*H*-[1,4] benzo [*f*] diazepine；CB-4261；Musaril；Muskelet；Myolastan

M. I. 15，9391

性状 来自乙酸乙酯中的黄棕色结晶。mp 144℃；uv max（乙醇中）：227nm（ε 28500）。LD_{50} 小鼠腹膜内注射：415mg/kg；急性经口：2000mg/kg。

主要用途 医用骨架肌肉松弛剂。

Tetrazole 四氮唑 09481

[288-94-8] CH_2N_4 70.05

成分 C 17.15%，H 2.88%，N 79.98%。

别名 Te；1*H*-Tetrazole

性状 无色结晶。mp 157～158℃；Fp 42.8℉（6℃）。一般试剂含量≥99.0%。

注意事项 该品高度易燃。温度在 90℃以上能引起爆炸。吸入、口服或接触皮肤有毒。对眼睛有刺激性。使用时应穿适当的防护服。使用时应避免吸入本品的粉尘，避免与眼睛及皮肤接触。万一接触到眼睛，应立即用大量水冲洗后请医生诊治。应远离火种于阴凉处密封保存。

Tetrazolium blue 四氮唑蓝 09482

[1871-22-3] $C_{40}H_{32}Cl_2N_8O_2$ 727.65

成分 C 66.03%，H 4.43%，Cl 9.74%，N 15.40%，O 4.40%。

别名 四唑蓝；氯化四氮唑蓝；蓝四唑；Blue tetrazolium；BT；BTC；3，3′-Dianisole-4，4′-bis（3，5-diphenyl tetrazolium chloride）；3，3′-Dianisolebis [4，4′-（3，5-diphenyl）tetrazolium chloride]；Tetrazole blue；3,3′-(3,3′-Dimethoxy-4,4′-biphenylene) bis(2,5-diphenyl-2*H*-tetrazolium chloride)；3,3′-[3,3′-Dimethoxy (1,1′-biphenyl)-4,4′-diyl] bis(2,5-diphenyl-2*H*-tetrazolium) dichloride；Dimethoxy neotetrazolium；Ditetrazolium chloride；Tetrazolium blue chloride

M. I. 15，9392

性状 柠檬黄色结晶。易溶于甲醇、乙醇、三氯甲烷，微溶于水，不溶于乙醚、乙酸乙酯、丙酮。242～245℃分解。生化试剂含量≥90.0%（AT）。

注意事项 该品能致癌。使用前应得到专门的指导。避免曝露。使用时应避免吸入本品的粉尘，避免与眼睛及皮肤接触。使用时如有事故发生或有不适之感，应请医生诊治。应充氩气密封避光于干燥处保存。

主要用途 生化试剂。在组织化学中用以测定脱氢酶的活度。细菌、霉菌的染色剂。

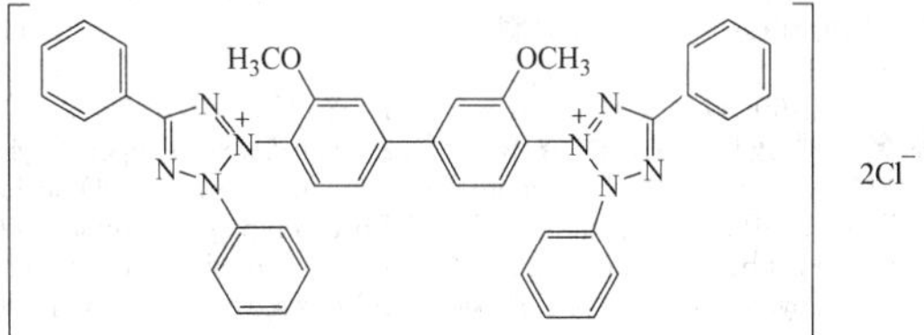

Tetrodotoxin 河豚毒 09483

[4368-28-9] $C_{11}H_{17}N_3O_8$ 319.27

成分 C 41.38%，H 5.37%，N 13.16%，O 40.09%。

别名 河豚毒素；Octahydro-12-hydroxymethyl-2-imino-5,9:7,10a-dimethano-10a*H*-[1,3] dioxocino [6,5-*d*] pyrimidine-4,7,10,11,12-pentol；Maculotoxin；Spheroidine；Tarichatroxin；Tetrodontoxin；Fugu poison；TTX

M. I. 15. 9394

性状 无色结晶。溶于稀乙酸，微溶于水、无水乙醇、乙醚，几乎不溶于一般有机溶剂。在强酸及碱溶液中毒性破坏。pK_a：8.76（水中）；9.4（于 50%乙醇中）。约 220℃变暗，超过则分解。$[\alpha]_D^{25}-8.64°$（c=8.55，于稀乙酸中）。LD_{50} 小鼠腹膜内注射：10μg/kg。

注意事项 该品吸入、口服或与皮肤接触极毒。使用时应穿适当的防护服，戴手套和防护镜或面罩。使用时应避免吸入本品的粉尘。使用时如有事故发生或有不适之感，应请医生诊治。应密封于 2～8℃保存。

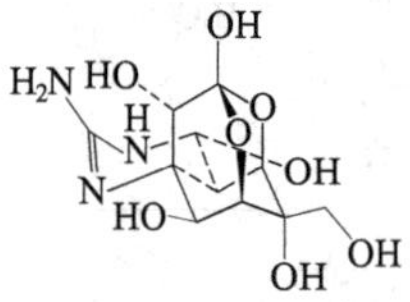

Tetronasin sodium salt　替曲那新钠盐 09484
[75139-05-8（无 Na）]　$C_{35}H_{53}NaO_8$ 624.79
成分　C 67.28%，H 8.55%，Na 3.68%，O 20.49%。
别名　4-Hydroxy-3-[(2*S*)-2-[(1*S*,2*S*,6*R*)-2-[(1*E*)-3-hydroxy-2-[(2*R*,3*R*,6*S*)-tetrahydro-3-methyl-6-[(1*E*,3*S*)-3-[(2*R*,3*S*,5*R*)-tetrahydro-5-[(1*S*)-1-methoxyethyl]-3-methyl-2-furanyl]-1-butenyl]-2*H*-pyran-2-yl]-1-propenyl]-6-methylcyclohexyl]-1-oxopropyl]-2(5*H*)-furanone sodium salt; Antibiotic M139603-Na; ICI-139603-Na; M-139603-Na
M. I. 15，9396
性状　溶于多数有机溶剂，不溶于水。pK_a 1.8±0.3（甲醇/水 1：9 中）；mp 176～178℃；$[\alpha]_D^{23}$ −82°（c=0.2，于甲醇中）；uv max（乙醇中）：234nm，270nm（ε 13000，11000）。
主要用途　兽用反刍性功能增强剂。

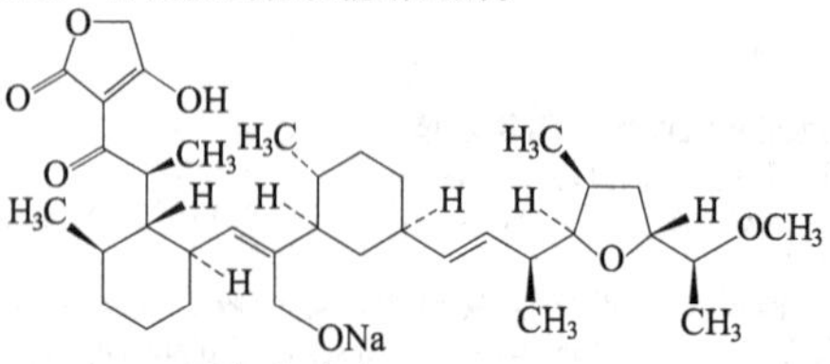

Tetroxoprim　四氧苄嘧啶 09485
[53808-87-0]　$C_{16}H_{22}N_4O_4$ 334.38
成分　C 57.47%，H 6.63%，N 16.76%，O 19.14%。
别名　5-[3,5-Dimethoxy-4-(2-methoxyethoxy)phenyl]methyl-2,4-pyrimidinediamine; 2,4-Diamino-5-[3,5-dimethoxy-4-(2-methoxyethoxy)benzyl]pyrimidine; HE-781
M. I. 15，9398
性状　来自水中的无色结晶。30℃时该品于下列物质中的溶解度（mg/mL）：水 2.65；氯仿 69；正辛醇 1.61。pK_b 8.25。mp 153～156℃。LD_{50} 大鼠急性经口：1357mg/kg。
主要用途　医用抗菌剂。

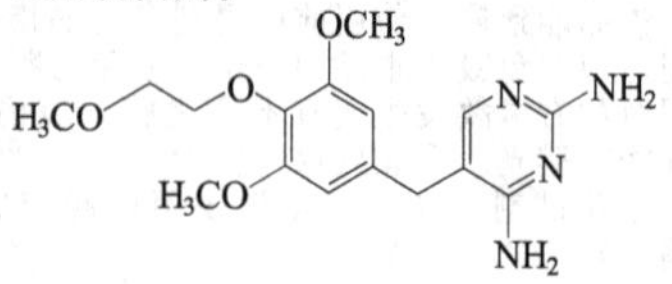

Thalidomide　酞咪哌啶酮 09486
[50-35-1]　$C_{13}H_{10}N_2O_4$ 258.23
成分　C 60.47%，H 3.90%，N 10.85%，O 24.78%。
别名　酞胺哌啶酮；酞谷酰亚胺；2-(2,6-Dioxo-3-piperidinyl)-1*H*-isoindole-1,3(2*H*)-dione; *N*-(2,6-Dioxo-3-piperidyl)phthalimide; α-Phthalimidoglutarimide; 3-Phthalimidoglutarimide; 2,6-Dioxo-3-phthalimidopiperidine; *N*-Phthalylglutamic acid imide; *N*-Phthaloylglutanimide; K-17; Contergan; Neurosedyn; Softenon; Thalomid
M. I. 15，9403
性状　无色针状结晶。易溶于二氧六环、二甲基甲酰胺、吡啶，略微溶于水（45～60mg/L）、甲醇、乙醇、丙酮、乙酸乙酯、乙酸丁酯、冰乙酸，几乎不溶于乙醚、氯仿、苯。mp 269～271℃；uv max（中性溶液）：220.300nm。生化试剂含量≥98.0%。
注意事项　该品能引起遗传基因的损伤。能损伤生育力。能危害胎儿。与皮肤接触有害。使用前应得到专门的指导，避免曝露。使用时应穿适当的防护服，戴手套和防护镜或面罩。应避免吸入本品的粉尘。万一接触到眼睛，应立即用大量水冲洗后请医生诊治。使用时如有事故发生或有不适之感，应请医生诊治。
主要用途　生化研究。

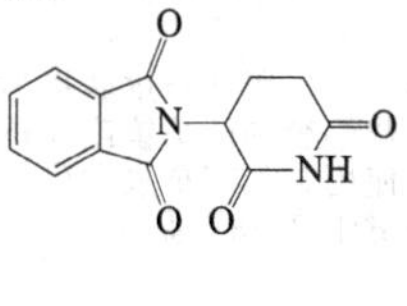

Thallium　铊 09487
[7440-28-0]　Tl 204.38
GW 2015-2103　M. I. 15，9404
性状　浅蓝白色质软的金属。在潮湿空气中氧化，表面覆有一层氧化物的黑色薄膜。溶于硝酸、硫酸，微溶于盐酸，不溶于水、氨水。mp 303.5℃；bp 1457℃；*d* 11.85。
注意事项　该品吸入或口服极毒，并具有蓄积性危害。接触皮肤后，应立即用大量水冲洗。使用时如有事故发生或有不适之感，应请医生诊治。应防止将本品释放于环境中。通常保存于煤油中密封保存。应远离食品、饮料和动物饲料密封存放。
主要用途　铊盐制造。光学玻璃制造。

Thallium（Ⅰ）acetate　乙酸铊 09488
[563-68-8]　$C_2H_3O_2Tl$ 263.42
成分　C 9.12%，H 1.15%，O 12.15%，Tl 77.59%。
别名　乙酸亚铊；Thallous acetate
GW 2015-2647　M. I. 15，9405
性状　白色针状结晶。易潮解，溶于水、乙醇，不溶于丙酮。mp 131℃。LD_{50} 雌大鼠腹膜内注射：23mgT₁/kg；急性经口：32mgT₁/kg。一般试剂含量≥99.0%。
注意事项　该品吸入或口服极毒，并具有蓄积性危害。对水生物有毒。能对水环境引起长期不利的结果。接触皮肤后应立即用大量水冲洗。使用时如有事故发生或有不适之感，应立即请医生诊治。应防止将本品释放于环境中。应远离食品、饮料和动物饲料密封保存。
主要用途　密度液的配制。杀虫剂。杀鼠剂。焰火染色。光学玻璃。脱毛剂。

Thallium（Ⅰ）bromide　溴化铊 09489
[7789-40-4]　BrTl 284.28
成分　Br 28.11%，Tl 71.89%。
别名　溴化亚铊；Thallous bromide
GW 2015-2405　M. I. 15，9407
性状　浅黄色结晶性粉末。溶于 2360 份水，不溶于丙酮、乙醇。mp 约 460℃；*d* 7.5。一般试剂含量≥99.99%。
注意事项　该品吸入或口服时极毒，并具有蓄积性危害。对水生物有毒。能对水环境引起长期不利的结果。接触皮肤后，应立即用大量水冲洗。使用时如有事故发生或有不适之感，应请医生诊治。应防止将本品释放于环境中。通常保存于煤油中密封保存。应远离食品、饮料和动物饲料存放。
主要用途　与碘化铊混合用于红外辐射线的传导。

Thallium（Ⅰ）carbonate　碳酸铊 09490
[6533-73-9]　CO_3Tl_2 468.77
成分　C 2.56%，O 10.24%，Tl 87.20%。
别名　碳酸亚铊；Thallous carbonate
GW 2015-2113　M. I. 15，9408
性状　白色有光泽的结晶。溶于 24 份水、3.7 份沸水，不溶于乙醇、乙醚、丙酮。mp 272℃；*d* 7.1。一般试剂含量≥99.9%。
注意事项　该品吸入或口服极毒，并具有蓄积性危害。对水生物有毒。能对水环境引起长期不利的结果。接触皮肤后，应立即用大量水冲洗。使用时如有事故发生或有不适之感，应立即请医生诊治。应防止将本品释放于环境中。应远离食品、饮料和动物饲料密封保存。
主要用途　二硫化碳的测定。钻石的制造。光谱分析试剂。

Thallium（Ⅰ）chloride　氯化铊 09491
[7791-12-0]　ClTl 239.83
成分　Cl 14.78%，Tl 85.22%。
别名　一氯化铊；氯化亚铊；Thallium monochloride; Thallous chloride
GW 2015-1495　M. I. 15，9409
性状　白色结晶性粉末。溶于热的碳酸钠溶液，溶于约 260 份冷水、70 份沸水，不溶于乙醇。mp 430℃；*d* 7.0。
注意事项　该品吸入或口服极毒，并具有蓄积性危害。对水生物有毒。能对水环境引起长期不利的结果。接触皮肤后，应立即用大量水冲洗。使用时如有事故发生或有不适之感，应请医生诊治。应防止将本品释放于环境中。

应远离食品、饮料和动物饲料密封保存。
主要用途 极谱分析试剂。氯化催化剂。

Thallium（Ⅰ）fluoride 氟化铊 09492
［7789-27-7］ FTl 223.38
成分 F 8.50%，Tl 91.49%。
别名 氟化亚铊；Thallous fluoride
M. I. 15，9411
性状 坚硬、有光泽的结晶。吸湿即失去光滑，但在干燥空气中立即还原成原貌。易溶于水，其浓溶液呈强碱性。mp 322℃；d_4^{25} 8.36。一般试剂含量≥97.0%。
注意事项 该品吸入或口服极毒，并具有蓄积性危害。对水生物有毒。能对水环境引起长期不利的结果。接触皮肤后，应立即用大量水冲洗。使用时如有事故发生或有不适之感，应立即请医生诊治。应防止将本品释放于环境中。应远离食品、饮料和动物饲料密封保存。
主要用途 制备氟化酯类用。

Thallium（Ⅰ）formate 甲酸铊 09493
［992-98-3］ CHO_2Tl 249.39
成分 C 4.82%，H 0.40%，O 12.83%，Tl 81.95%。
别名 甲酸亚铊；蚁酸铊；Thallous formate
GW 2015－1179
性状 白色结晶。易潮解。易溶于水、甲醇，不溶于其他醇。mp 101℃。一般试剂含量≥98.5%。
注意事项 该品吸入或口服极毒，并具有蓄积性危害。接触皮肤后，应立即用大量肥皂水冲洗。使用时如有事故发生或有不适之感，应立即请医生诊治。应防止将本品释放于环境中。应远离食品、饮料和动物饲料密封保存。
主要用途 克列里奇（Clerici's）重液的配制。

Thallium（Ⅰ）iodide 碘化铊 09494
［7790-30-9］ ITl 331.28
成分 I 38.31%，Tl 61.69%。
别名 一碘化铊；碘化亚铊；Thallium monoiodide；Thallous iodide
GW 2015-191 M. I. 15，9413
性状 黄色结晶性粉末。溶于王水、碘化钾溶液，几乎不溶于水，不溶于乙醇。mp 440℃；bp 824℃；*d* 7.1。一般试剂含量≥99.0%。
注意事项 该品吸入或口服极毒，并具有蓄积性危害。对水生物有毒。能对水环境引起长期不利的结果。接触皮肤后，应立即用大量水冲洗。使用时如有事故发生或有不适之感，应立即请医生诊治。应防止将本品释放于环境中。应远离食品、饮料和动物饲料密封保存。
主要用途 与溴化铊合用于红外辐射线的传导。

Thallium（Ⅰ）nitrate 硝酸铊 09495
［10102-45-1］ NO_3Tl 266.38
成分 N 5.26%，O 18.02%，Tl 76.72%。
别名 硝酸亚铊；Thallous nitrate
GW 2015-2328 M. I. 15，9414
性状 白色结晶。溶于10份冷水、0.3份沸水，微溶于丙酮，不溶于乙醇。具有氧化性。mp 206℃；450℃分解；*d* 5.55。LD_{50} 小鼠腹膜内注射：0.14 mmol/kg。一般试剂含量≥99.5%。
注意事项 该品吸入或口服极毒，并具有蓄积性危害。接触皮肤后，应立即用大量肥皂水冲洗。使用时如有事故发生或有不适之感，应立即请医生诊治。应防止将本品释放于环境中。应远离食品、饮料和动物饲料密封保存。
主要用途 定量分析共存的氯、溴、碘。光导纤维材料。在溴和氯存在下测定碘。显微结晶分析中用以测定钼酸盐、钨酸盐、卤素、金、铂、钯、钨酸、钼酸、钨酸等微晶。

Thallium（Ⅲ）oxide 氧化铊 09496
［1314-32-5］ O_3Tl_2 456.76
成分 O 10.51%，Tl 89.49%。
别名 三氧化二铊；Thallium peroxide；Thallium sesquioxide；Thallic oxide
GW 2015-2538 M. I. 15，9417
性状 棕色粉末。溶于盐酸时分解逸出氯气，溶于硫酸时分解出氧气，不溶于水。mp 717℃；*d* 9.65。一般试剂含量≥98.0%。
注意事项 该品吸入或口服极毒，并具有蓄积性危害。对水生物有毒。能对水环境引起长期不利的结果。接触皮肤后，应立即用大量水冲洗。使用时如有事故发生或有不适之感，应立即请医生诊治。应防止将本品释放于环境中。应远离食品、饮料和动物饲料密封保存。
主要用途 铊标准试剂的配制。高纯分析试剂。催化剂等。

Thallium（Ⅰ）sulfate 硫酸铊 09497
［7446-18-6］ O_4STl_2 504.82
成分 O 12.68%，S 6.35%，Tl 80.97%。
别名 硫酸亚铊；Eccothal；Thallous sulfate
GW 2015-1328 M. I. 15，9418
性状 白色斜方棱柱体结晶。易溶于稀酸，溶于水（0℃，2.7g/100mL；20℃，4.87g/100mL；100℃，18.45g/100mL）。mp 632℃；*d* 6.77。LD_{50} 大鼠急性经口：25mg/kg。一般试剂含量≥99.0%。
注意事项 该品口服极毒。对皮肤有刺激性。口服或长期暴露对健康有严重损伤的危险。对水生物有毒。能对水环境引起长期不利的结果。使用时应穿适当的防护服和戴手套。使用时如有事故发生或有不适之感，应立即请医生诊治。应防止将本品释放于环境中。应远离食品、饮料和动物饲料密封保存。
主要用途 分析试剂。极谱分析。有氯存在时试验碘，用于臭氧定量法。测定脂肪及油类中不饱和酸的试剂。制药工业。灭鼠药。

Thapsigargin 毒胡罗卜素 09498
［67526-95-8］ $C_{34}H_{50}O_{12}$ 650.76
成分 C 62.75%，H 7.74%，O 29.50%。
别名 毒胡萝卜内酯；Octanoic acid［3*S*-［3α，3aβ，4α，6β，6aβ，7β，8α（*Z*），9bα］］-6-acetyloxy-2，3，3a，4，5，6，6a，7，8，9b-decahydro-3，4a-dihydroxy-3，6，9-trimethyl-8-（2-methyl-1-oxo-2-butenyl）oxy-2-oxo-4-（1-oxobutoxy）azuleno［4，5-*b*］furan-7-yl ester；Thapsigargine；Tg
M. I. 15，9421
性状 无色无定形粉末。生化试剂含量≥90.0%。
注意事项 该品对眼睛、呼吸系统及皮肤有刺激性。吸入能引起过敏。使用时应穿适当的防护服，戴手套和防护镜或面罩。万一接触到眼睛，应立即用大量水冲洗后请医生诊治。应密封于－20℃保存。
主要用途 生化研究。

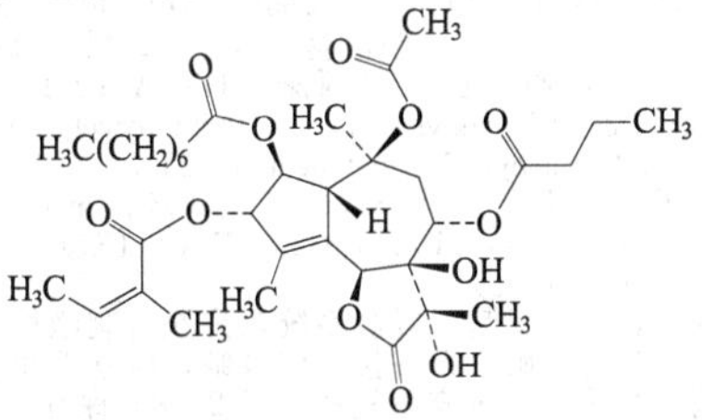

CH_3 O O O H_3C O CH_3 $H_3C(CH_2)_6$ O O H O H_3C H_3C OH CH_3 CH_3 O OH O

Thebacon 醋氢可待酮 09499
［466-90-0］ $C_{20}H_{23}NO_4$ 341.41
成分 C 70.36%，H 6.79%，N 4.10%，O 18.75%。
别名 乙酰二氢可待因酮；醋氢可待因酮；Dihydrocodeinone enol acetate；（5α）-6，7-Didehydro-4，5-epoxy-3-methoxy-17-methylmorphinan-6-ol 6-acetate（ester）；Demethyldihydrothebaine acetate（ester）；Acetyldemethyldihydrothebaine；Acetyldihydrocodeinone
M. I. 15，9426
性状 来自甲醇中的无色针状结晶。溶于多数有机溶剂，几乎不溶于水。mp 154℃。
主要用途 医用镇咳剂。

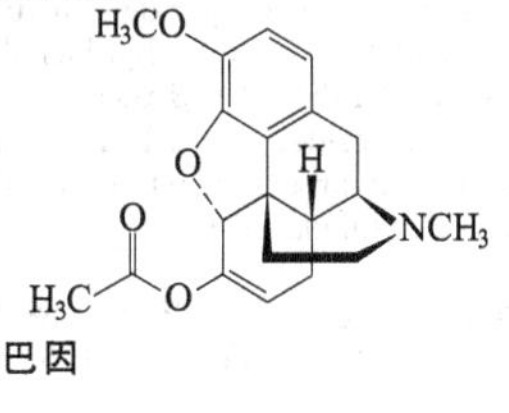

H_3CO O H O NCH_3 H_3C O

Thebaine 蒂巴因 09500

[115-37-7]　$C_{19}H_{21}NO_3$　311.38

成分　C 73.29%，H 6.80%，N 4.50%，O 15.41%。

别名　二甲基吗啡；(5α)-6,7,8,14-Tetradehydro-4,5-epoxy-3,6-dimethoxy-17-methylmorphinan；Paramorphine

M. I. 15，9427

性状　无色斜方、长方形片状结晶。1g 该品 15℃溶于 1460mL 水、约 15mL 热乙醇、13mL 氯仿、约 200mL 乙醚、25mL 苯、12mL 吡啶，不易溶于石油醚。p*K*（15℃）6.05。其水溶液（15℃）pH 值 7.6。mp 193℃；$[\alpha]_D^{15}-219°$（$p=2$，于乙醇中）；$[\alpha]_D^{23}-230°$（$p=5$，于氯仿中）。

注意事项　该品吸入、口服或与皮肤接触极毒。使用时应穿适当的防护服，戴手套和防护镜或面罩。使用时应避免吸入本品的粉尘。使用时如有事故发生或有不适之感，应请医生诊治。

主要用途　生化研究。

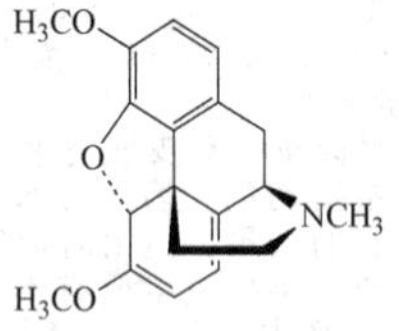

H_3CO　NCH_3　H_3CO

Thenaldine　噻苯哌胺　09501

[86-12-4]　$C_{17}H_{22}N_2S$　286.44

成分　C 71.28%，H 7.74%，N 9.78%，S 11.19%。

别名　1-甲基-*N*-苯基-*N*-(2-噻吩甲基)-4-哌啶胺；1-Methyl-*N*-phenyl-*N*-(2-thienylmethyl)-4-piperidinamine；1-Methyl-4-*N*-2-thenylanilinopiperidine；1-Methyl-4-amino-*N*-phenyl-*N*-(2-thenyl) piperidine；Thenophenopiperidine；1-Methyl-4-[phenyl-(2-thenyl)amino]piperidine；Thenalidine；Sandostene

M. I. 15，9429

性状　一般产品为四水合物，为无色结晶。mp 170～172℃；无水物 mp 95～97℃，$bp_{0.02}$ 158～160℃/2.666Pa。

主要用途　医用抗组胺剂，止痒剂。

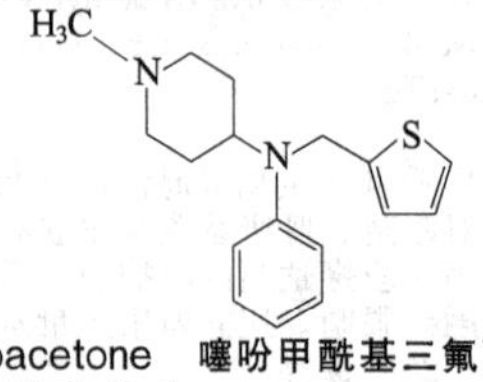

H_3C　N　N　S

Thenoyltrifluoroacetone　噻吩甲酰基三氟丙酮　09502

[326-91-0]　$C_8H_5F_3O_2S$　222.19

成分　C 43.25%，H 2.27%，F 25.65%，O 14.40%，S 14.43%。

别名　4,4,4-三氟-1-(2-噻吩酰基)-1,3-丁二酮；硫茂甲酰丙酮川三氟；噻吩甲酰三氟丙酮；$HTTA_3$；2-Thenoyltrifluoroacetone；3-(2-Thenoyl)-1,1,1-trifluoroacetone；4,4,4-Trifluoro-1-(2-thienyl)-1,3-butanedione；TTA

性状　浅米黄色粉末。溶于苯、二氧六环。mp 42～43℃；bp_8 96～98℃/1.067kPa；Fp 233°F（111℃）。一般试剂含量≥99.0%（GC）。

注意事项　该品对眼睛、呼吸系统及皮肤有刺激性。使用时应穿适当的防护服。万一接触到眼睛，应立即用大量水冲洗后请医生诊治。应充氩气密封于 2～8℃保存。

主要用途　萃取分离锆和铪以及铀、钍与核反应产物的分离等。

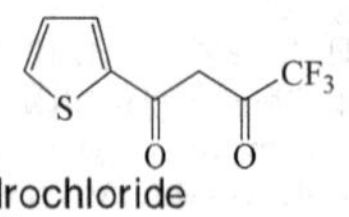

S　O　O　CF_3

Thenyldiamine hydrochloride
噻吩甲基二胺 盐酸盐　09503

[91-79-2（无 HCl）]　$C_{14}H_{20}ClN_3S$　297.85

成分　C 56.46%，H 6.77%，Cl 11.90%，N 14.11%，S 10.77%。

别名　盐酸噻吩甲基二胺；*N*,*N*-Dimethyl-*N*′-2-pyridinyl-*N*′-(3-thicnylmethyl)-1,2-ethanediamine hydrochloride；2-[(2-Dimethylaminoethyl)-3-thenylamino] pyridine hydrochloride；*N*,*N*-Dimethyl-*N*′-(α-pyridyl)-*N*′-(3-methylthienyl) ethylenediamine hydrochloride；*N*-(α-Pyridyl)-*N*-(β-thenyl)-*N*′,*N*′-dimethylethylenediamin hydrochloride；*N*-(2-Dimethylaminoethyl)-*N*-2-pyridyl-3-thenylamine hydrochloride；Dethylandiamine hydrochloride；Win2848-HCl；Thenfadil-HCl

M. I. 15，9431

性状　来自甲醇中的无色结晶。味苦。溶于水（>20%），微溶于乙醇。其水 1%溶液 pH 值 6.5。mp 169.5～170℃。LD_{50}大鼠急性经口：525mg/kg。

主要用途　医用抗组胺剂。

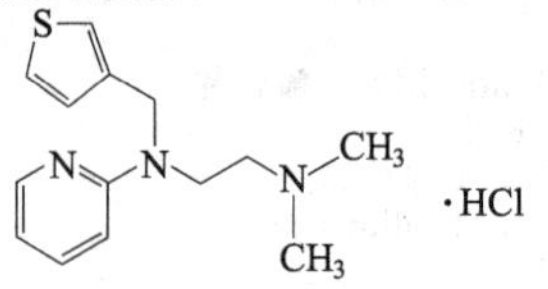

S　N　N　N　CH_3　·HCl　CH_3

Theobromine　可可碱　09504

[83-67-0]　$C_7H_8N_4O_2$　180.17

成分　C 46.67%，H 4.48%，N 31.10%，O 17.76%。

别名　3,7-二甲基黄嘌呤；2,6-二羟基-3,7-二甲基嘌呤；3,7-二甲基-2,6-二氧嘌呤；2,6-Dihydrxy-3,7-dimethylpurine；3,7-Dimethylxanthine；3,7-Dihydro-3,7-dimethyl-1*H*-purine-2,6-dione

M. I. 15，9433

性状　来自水中的无色或白色单斜形针状结晶或结晶性粉末。1g 该品溶于约 2000mL 水、150mL 沸水、2200mL 95%乙醇、约 22 份 20%磷酸三钠水溶液，溶于碱溶液、浓酸，中等程度溶于氨水，几乎不溶于苯、乙醚、氯仿、四氯化碳。290～295℃升华；mp 357℃。生化试剂含量≥99.0%（HPLC）。

注意事项　该品口服有毒。可能危害胎儿。使用时应穿防护服和戴手套。使用时应避免吸入本品的粉尘。应充氩气密封保存。

主要用途　生化研究。医用利尿剂，支气管扩张剂，强心剂。

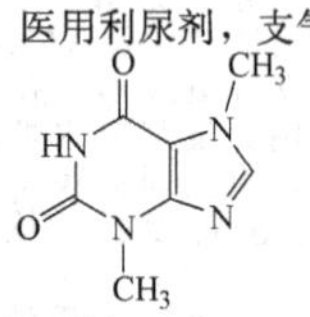

O　CH_3　HN　N　O　N　N　CH_3

1-Theobromineacetic acid sodium salt
1-可可碱乙酸钠盐　09505

[32245-40-2]　$C_9H_9N_4NaO_4$　260.18

成分　C 41.55%，H 3.49%，N 21.53%，Na 8.84%，O 24.60%。

别名　Sodium theobromine acetate；2,3,6,7-Tetrahydro-3,7-dimethyl-2,6-dioxo-1*H*-purine-1-acetic acid sodium salt；3,6-Dihydro-3,7-dimethyl-2,6-dioxo-1(2*H*)-purineacetic acid sodium salt；3,6-Dihydro-2,6-diketo-3,7-dimethyl-1(2)-purineacetic acid sodium salt

M. I. 15，9434

性状　无色或白色结晶性粉末。易溶于水，并生成中性溶液。

主要用途　医用支气管扩张剂。

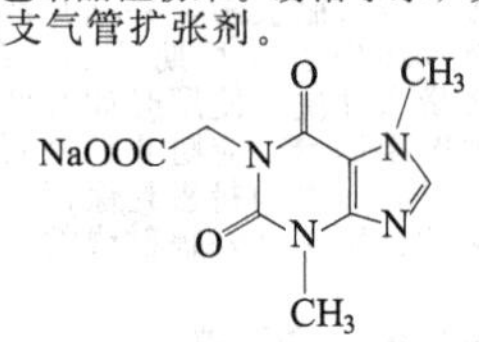

O　CH_3　NaOOC　N　N　O　N　N　CH_3

Theofibrate　氯贝茶碱　09506

[54504-70-0]　$C_{19}H_{21}ClN_4O_5$　420.85

成分　C 54.23%，H 5.03%，Cl 8.42%，N 13.31%，O 19.01%。

别名　祛脂酸羟乙茶碱酯；羟乙茶碱安妥明；益多酯；2-(4-Chlorophenoxy)-2-methylpropanoic acid 2-(1,2,3,6-tetrahydro-1,3-dimethyl-2,6-dioxo-7*H*-purin-7-yl) ethyl ester；2-(*p*-Chlorophenoxy)-2-methylpropionic acid ester with 7-(2-hydroxyethyl) theophylline；1-(Theophyllin-7-yl) ethyl 2-(*p*-chlorophenoxy) isobutyrate；Etofylline clofibrate；ML-1024；Duolip

M. I. 15，9435

性状　来自乙醇中的无色结晶。溶于丙酮、氯仿、热醇类，几乎不溶于 pH 值 2～7.4 的水及冷醇类。mp 133～135℃。LD_{50}小鼠，大鼠，狗急性经口（g/kg）：11.7，17.0，>10.0。

主要用途　医用抗青光眼剂。

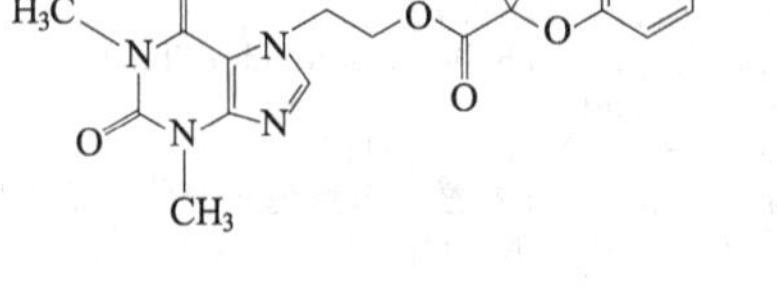

O　H_3C　CH_3　Cl　H_3C　N　N　O　O　O　N　N　O　CH_3

Theophylline monohydrate　茶碱　09507

[58-55-9]　$C_7H_8N_4O_2$　180.17

成分　C 46.67%，H 4.48%，N 31.10%，O 17.76%。

别名　1,3-二甲基黄嘌呤；2,6-二羟基-1,3-二甲基嘌呤；1,3-二甲基-2,6-二羟基嘌呤；Accurbron；Aerobin；Aerolate；Afonilum；Armophylline；Austyn；Bilordyl；Bronchoretard；Bronkodyl；Cétraphylline；Diffumal；3,7-Dihydro-1,3-dimethyl-1*H*-purine-2,6-dione；2,6-Dihydroxy-1,3-Dimethylpurine；1,3-Dimethyl-2,6-dihydroxy purine；1,3-Dimethylxanthine；Duraphyllin；Elixophyllin；Etheophyl；Euphyllin；Euphylong；LaBID；Lasma；Nuelin；Physpan；Pro-Vent；PulmiDur；Pulmo-Timelets；Respbid；Slo-Bid；Slo-Phyllin；Solosin；Talotren；Teosona；Theobid；Theoclear；Theochron；Theo-Dur；Theolair；Theograd；Theon；Theophyl；Theostat；Theovent；Unifyl；Uniphyl；Uniphyllin；Xanthium

M. I. 15，9436

性状　一水合物为来自水中的无色细小单斜片状结晶。味苦。1g该品溶于120mL水、80mL乙醇、约110mL氯仿。溶于热水、碱溶液、氨水、稀盐酸、稀硝酸，微溶于乙醚。pK_a（25℃）8.77；pK_b 13.5，11.5。mp 270～274℃；uv max（0.1mol/L氢氧化钠溶液中）：274nm。生化试剂含量≥99.0%（HPLC）。

注意事项　该品口服有毒。应充氩气密封保存。

主要用途　生化研究。医用支气管扩张剂。

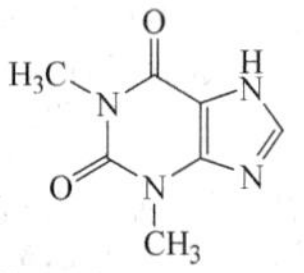

Thiabendazole　噻苯咪唑　09508

[148-79-8]　$C_{10}H_7N_3S$　201.25

成分　C 59.68%，H 3.51%，N 20.88%，S 15.93%。

别名　涕必灵；2-（4-噻唑基）苯并咪唑；2-(4-Thiazolyl) bonzimidazole；2-(4-Thiazolyl)-1*H*-benzimidazole；4-(2-Benzimidazoly) thiazole；MK-360；Thibenzole；Equizole；Mertect；Storite；TBZ；Tecto

M. I. 15，9440

性状　白色至近白色结晶。无味。溶于二甲基甲酰胺、二甲基亚砜，微溶于丙酮、醇类、酯类、氯化烃类，极微溶于氯仿、乙醚。mp 304～305℃；uv max（甲醇中）：298nm（ε 23330）。LD_{50} 小鼠，大鼠，兔急性经口（g/kg）：3.6，3.1，>3.8。

注意事项　该品对水生物极毒。能对水环境引起长期不良的影响。应防止将本品释放于环境中。其包装物应按危险品处理。

主要用途　生化研究。医用驱虫剂（杀线虫剂）。

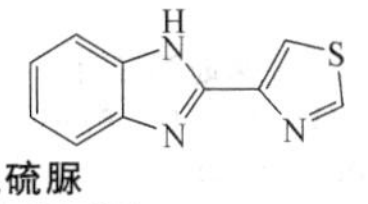

Thiacetazone　氨硫脲　09509

[104-06-3]　$C_{10}H_{12}N_4OS$　236.29

成分　C 50.83%，H 5.12%，N 23.71%，O 6.77%，S 13.57%。

别名　胺苯硫脲；硫胺脲；结核安；*N*-[4-[[(Aminothioxomethyl) hydrazono]methyl]phenyl]acetamide；2-[[4-(Acetylamino) phenyl]methylene]hydrazinecarbothioamide；4′-Formylacetanilide thiosemicarbazone；*p*-Acetamidobenzaldehyde thiosemicarbazone；*p*-Acetylaminobenzaldehyde thiosemicarbazone；*p*-Acetaminobenzylidenethiosemicarbazone；Amithiozone；Thibone；Thioacetazone；Tb I-698；Conteben；Livazone；Myrizone；Neustab；Panrone；Seroden；Tebethion；Thiocarbazil；Thioparamizone；Tibione；Tiobicina

M. I. 15，9442

性状　来自无水乙醇中的浅黄色微小的结晶。味苦。曝露于光下色变深。溶于热乙醇，极微溶于冷乙醇。溶于丙二醇约1%，不溶于水、丙酮、苯、四氯化碳、氯仿、二硫化碳、石油醚。225～230℃分解；uv max（乙醇中）：328nm。LD_{50}小鼠皮下注射：1～2g/kg。

注意事项　该品口服有毒。使用时应穿适当的防护服。

主要用途　医用抗菌剂（结核菌抑制剂）。

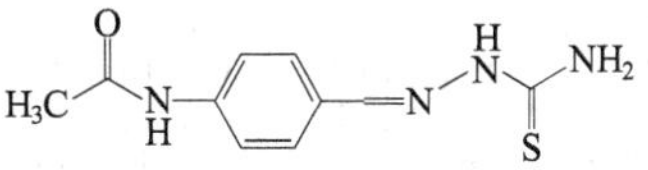

Thiacloprid　噻虫啉　09510

[111988-49-9]　$C_{10}H_9ClN_4S$　252.72

成分　C 47.53%，H 3.59%，Cl 14.03%，N 22.17%，S 12.69%。

别名　虫啉；[*N*(*Z*)]-[3-[(6-Chloro-3-pyridinyl) methyl]-2-thiazolidinylidene]cyanamide；(2*Z*)-3-(6-Chloro-3-pyridinyl) methyl-1,3-thiazolidin-2-ylidene cyanamide；BAYYRC2894，Alantos；Bariard；Biscaya；Calypso

M. I. 15，9443

性状　来自乙醚中的无色结晶（*Z*-型为浅黄色粉末）。溶于水（20℃，185mg/L）。蒸气压（20℃）：3×10^{-10} Pa。LD_{50} 雄，雌大鼠急性经口（mg/kg）：836.444；皮肤接触（mg/kg）：>2000，>2000。LC_{50}（4h）雄，雌大鼠（mg/m³）：>2535，1223。LC（96h）虹鳟鱼：30.5mg/L。

注意事项　该品吸入或口服有毒。对水生物有害。其包装物应按危险品处理。

主要用途　杀虫剂。分析用标准物质。

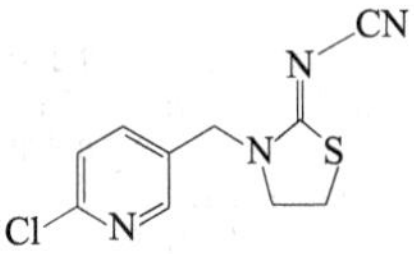

Thialbarbital　硫烯比妥　09511

[467-36-7]　$C_{13}H_{16}N_2O_2S$　264.34

成分　C 59.07%，H 6.10%，N 10.60%，O 12.10%，S 12.13%。

别名　硫烯丙巴比妥；硫醛巴比妥；5-(2-Cyclohexen-1-yl) dihydro-5-(2-propenyl)-2-thioxo-4,6(1*H*,5*H*)-pyrimidinedione；5-Allyl-5-(2-cyclohexen-1-yl)-2-thiobarbituric acid；5-(2-Cyclohexen-1-yl)-5-allyl-2-thiobarbituric acid；Thialbarbitone；Kemithal

M. I. 15，9444

性状　无色结晶。mp 148～150℃。

主要用途　医用、兽用静脉注射麻醉剂。

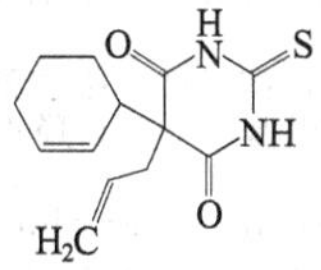

Thiambutene　噻吩丁烯胺　09512

[86-14-6]　$C_{16}H_{21}NS_2$　291.47

成分　C 65.93%，H 7.26%，N 4.81%，S 22.00%。

别名　*N*,*N*-Diethyl-1-methyl-3,3-di-2-thienylallylamine；3-Diethylamino-1，1-di(2′-thienyl) but-1-ene；Diethylthiambutene；191C49；NIH-4185

M. I. 15，9445

性状　无色结晶。$bp_{0.03}$ 122～128℃/4Pa。LD_{50}小鼠腹膜内注射：90mg/kg。

主要用途　兽用止痛剂（麻醉剂）。

Thiamethoxam　噻虫嗪　09513

[153719-23-4]　$C_8H_{10}ClN_5O_3S$　291.71

成分　C 32.94%，H 3.46%，Cl 12.15%，N 24.01%，O 16.45%，S 10.99%。

别名　阿克泰；赛速安；噻虫烟碱；3-[(2-Chloro-5-thiazolyl) methyl] tetrahydro-5-methyl-*N*-nitro-4*H*-1，3，5-oxadiazin-4-imine；CGA-293343；Actara；Adage；Cruiser

M. I. 15，9446

性状 无色或白色结晶性粉末。溶于水（25℃，4100mg/L）。蒸气压（25℃）：6.6×10^{-9}Pa；lg 分配系数（辛醇/水）：25℃，−0.13；mp 139.1℃。LD_{50}大鼠急性经口：1563mg/kg；皮肤接触：>2000mg/kg。LD_{50}北美鹌鹑，雄野鸭急性经口（mg/kg）：1552，576。LC（96h）虹鳟鱼，翻车鱼（mg/L）：>100，>114。

注意事项 该品口服有毒。

主要用途 杀虫剂。分析用标准物质。

Thiamine disulfide 二硫化硫胺 09514

[67-16-3] $C_{24}H_{34}N_8O_4S_2$ 562.71

成分 C 51.23%，H 6.09%，N 19.91%，O 11.37%，S 11.39%。

别名 二硫化维生素 B_1；二硫化硫胺素；N，N′-[Dithiobis[2-(2-hydroxyethyl)-1-methyl-2，1-ethenediyl]] bis [N-[(4amino-2-methyl-5-pyrimidinyl) methyl] formamide]；Aneurin disulfide；Vitamin B_1 disulfide；Aktivin；Neolamin

M. I. 15，9449

性状 无水物为黄色结晶或粉末。易溶于含有丙酮或水的溶剂。溶于水（37℃：pH 值 1.2，37.7mg/mL；pH 值 3，3.0mg/mL；pH 值 5，1.33mg/mL；pH 值 7.2，0.568mg/mL）。极微溶于苯、丙酮、乙醚、乙醇。mp 177℃。

主要用途 医用维生素（酶辅因子）。

(Z,Z)-异构体

Thiamine hydrochloride 硫胺 盐酸盐 09515

[67-03-8] $C_{12}H_{18}Cl_2N_4OS$ 337.26

成分 C 42.73%，H 5.38%，Cl 21.02%，N 16.61%，O 4.74%，S 9.51%。

别名 盐酸硫胺素；盐酸噻胺；维生素 B_1；氯化 3-（4′-氨基-2′-甲基嘧啶-5′-甲基）-5-（β-羟乙基）-4-甲基噻唑 盐酸盐；硫胺素 盐酸盐；3-(4-Amino-2-methyl-5-pyrimidinyl) methyl-5-(2-hydroxyethyl)-4-methylthiazolium chloride hydrochloride；Benerva；Benerva；Betabion；Betalin S；Betaxin；Bewon；Metabolin；3-(4′-Amino-2′-methylpyrimidyl-5′-methyl)-4-methyl-5-β-hydroxyethylthiazolium chloride hydrochloride；Aneurine hydrochloride；Betabion hydrochloride；Thiamine chloride hydrochloride；Thiamine dichloride；Thiamine monochloride hydrochloride；Thiaminium chloride hydrochloride；Vitamin B_1 hydrochloride；Vitaneurin

M. I. 15，9447

性状 白色单斜片状结晶或结晶性粉末。微有噻唑气味。味苦。1g 该品溶于约 1mL 水、100mL 95%乙醇、315mL 无水乙醇、18mL 甘油，较多地溶于甲醇，溶于丙二醇，不溶于乙醚、苯、氯仿。其 1%水溶液（质量/体积）pH 值 3.13；其 0.1%水溶液（质量/体积）pH 值 3.58。248℃分解。LD_{50} 小鼠静脉注射：89.2mg/kg；急性经口：8224mg/kg。生化试剂含量≥99.0%（AT）。

注意事项 使用时应避免吸入本品的粉尘，避免与眼睛及皮肤接触。应充氩气密封避光于 2～8℃干燥保存。

主要用途 生化试剂。医用维生素（酶辅因子）。荧光及磷光度分析磷。

Thiamiprine 硫咪嘌呤 09516

[5581-52-2] $C_9H_8N_8O_2S$ 292.28

成分 C 36.98%，H 2.76%，N 38.34%，O 10.95%，S 10.97%。

别名 硫唑嘌呤胺；6-(1-Methyl-4-nitro-1H-imidazol-5-yl)thio-1H-purin-2-amine；2-Amino-6-[(1-methyl-4-nitroimidazol-5-yl) thio] purine；2-Amino-6-(1′-methyl-4′-nitro-5′-imidazolyl) mercaptopurine；Guaneran

M. I. 15，9451

性状 无色结晶。>200℃逐渐分解；uv max：320nm（pH 值 1），315nm（pH 值 11）。

主要用途 医用抗肿瘤剂。

Thiamorpholine 硫吗啉 09517

[123-90-0] C_4H_9NS 103.18

成分 C 46.56%，H 8.79%，N 13.58%，S 31.07%。

别名 1，4-硫氮杂环己烷；Thiomorpholine；Tetrahydro-1，4-thiazine；1，4-Thiazan；Parathiazan

M. I. 15，9452

性状 无色流动的液体。有强烈的类似哌啶的气味。能吸收空气中的二氧化碳。与水及多种有机液体相混溶。能随水蒸气挥发。bp_{758} 169℃/101.058kPa；bp_{243} 166～167℃/99.058kPa；Fp 145℉(63℃)。一般试剂含量≥98.0%。

注意事项 该品具有腐蚀性，能引起烧伤。对呼吸系统有刺激性。使用时应穿适当的防护服，戴手套和防护镜或面罩。万一接触到眼睛，应立即用大量水冲洗后请医生诊治。使用时如有事故发生或有不适之感，应请医生诊治。

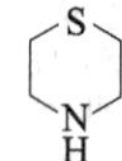

Thiamphenicol 甲砜氯霉素 09518

[15318-45-3] $C_{12}H_{15}Cl_2NO_5S$ 356.21

成分 C 40.46%，H 4.24%，Cl 19.90%，N 3.93%，O 22.46%，S 9.00%。

别名 甲砜霉素；2，2-Dichloro-N-[(1R，2R)-2-hydroxy-1-hydroxymethyl-2-[4-(methylsulfonyl)phenyl]ethyl]acetamide；D-d-threo-2-Dichloroacetamido-1-(4-methylsulfonyl) phenyl-1，3-propanediol；Dextrosulphenidol；Win5063-2；8053CB；Hyrazin；Igralin；Neomyson；Rigelon；Thiamcol；Thionicol；Thiophenicol；Urfamyeine；Urophenil

M. I. 15，9453

性状 无色结晶。相当可观地溶于水，溶于乙醇。mp 164.3～166.3℃；$[\alpha]_D^{25}$+12.9°（于乙醇中）；uv max（95%乙醇中）：224nm，266nm，274nm（ε 13700，800，700）。生化试剂含量≥99.0%（TLC）。

注意事项 使用时应避免吸入本品的粉尘，避免与眼睛及皮肤接触。

主要用途 医用抗菌剂。

Thiamylal 硫戊巴比妥 09519

[77-27-0] $C_{12}H_{18}N_2O_2S$ 254.35

成分 C 56.67%，H 7.13%，N 11.01%，O 12.58%，S 12.60%。

别名 5-烯丙基-5-(1-甲基丁基)-2-硫代巴比妥；Dihydro-5-(1-methylbutyl)-5-(2-propenyl)-2-thioxo-4，6(1H，5H)-pyrimidinedione；5-Allyl-5-(1-methylbutyl)-2-thiobarbituric acid；Thioseconal

M. I. 15，9454

性状 来自稀乙醇中的无色结晶。mp 132～133℃。

注意事项 该品吸入、口服或与皮肤接触有毒。使用时应穿适当的防护服，戴手套和防护镜或面罩。使用时如有事故发生或有不适之感，应请医生诊治。

主要用途 生化研究。医用静脉麻醉剂。

Thianaphthene 硫茚 09520

[95-15-8] C_8H_6S 134.20

成分 C 71.60%，H 4.51%，S 23.89%。

别名 1-Benzothiophene; Benzo[*b*]thiophene; Benzothiofuran; Thionaphthene

M. I. 15，9455

性状 无色小叶片状结晶。有类似萘的气味。溶于多数有机溶剂。能随水蒸气挥发。mp 32℃；bp_{760} 221℃/101.325kPa；bp_{20} 103～105℃/2.666kPa；Fp 230℉(110℃)。一般试剂含量≥95.0%(GC)。

注意事项 使用时应避免吸入本品的粉尘，避免与眼睛及皮肤接触。

主要用途 合成制造药品、硫靛蓝。

Thiazesim hydrochloride 胺苯硫䓬酮 盐酸盐 09521

[3122-01-8] $C_{19}H_{23}ClN_2OS$ 362.92

成分 C 62.88%，H 6.39%，Cl 9.77%，N 7.72%，O 4.41%，S 8.84%。

别名 盐酸胺苯硫䓬酮；Altinil; SQ-10496; 5-[2-(Dimethylamino)ethyl]-2,3-dihydro-2-phenyl-1,5-benzothiazepin-4(5*H*)-one hydrochloride; Thiazenone HCl; Tiazesim HCl

M. I. 15，9457

性状 来自乙腈中的无色结晶。mp 222～224℃。

主要用途 医用抗抑郁剂。

Thiazinamium methylsulfate 甲基硫酸三甲异丙嗪 09522

[58-34-4] $C_{19}H_{26}N_2O_4S_2$ 410.55

成分 C 55.59%，H 6.38%，N 6.82%，O 15.59%，S 15.62%。

别名 甲磺异丙嗪；*N*,*N*,*N*-α-Tetramethyl-10*H*-phenothiazine-10-ethanaminium methylsulfate; Trimethyl(1-methyl-2-phenothiazin-10-ylethyl)ammonium methylsulfate; Trimethyl[1-methyl-2-(10-phenothiazinyl)ethyl]ammonium methyl sulfate; *N*-[β-(10-Phenothiazinyl)propyl]trimethylammonium methylsulfate; RP-3554; Multergan; Padisal

M. I. 15，9458

性状 无色结晶。溶于水（25℃，约10%），易溶于无水乙醇，略微溶于丙酮，几乎不溶于乙醚、苯。曝露于光下变色。mp 206～210℃（微分解）。

主要用途 医用抗组胺剂。

Thiazole 噻唑 09523

[288-47-1] C_3H_3NS 85.12

成分 C 42.33%，H 3.55%，N 16.46%，S 37.66%。

M. I. 15，9459

性状 无色或微黄色液体。溶于多数有机溶剂，微溶于水。bp 117～118℃；Fp 78.8℉（26℃）；d^{25} 1.20；n_D^{20} 1.5380。一般试剂含量≥98.0%（GC）。

注意事项 该品易燃。口服有毒。对呼吸系统及皮肤有刺激性。对眼睛有严重损伤的危险。使用时应戴防护镜或面罩。使用时应避免吸入本品的蒸气，避免与眼睛及皮肤接触。使用现场禁止吸烟。万一接触到眼睛，应立即用大量水冲洗后请医生诊治。应充氩气密封避光保存。

主要用途 有机合成。杀虫剂。

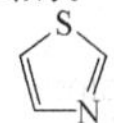

Thiazolinobutazone 噻唑丁癸酮 09524

[54749-86-9] $C_{22}H_{26}N_4O_2S$ 410.54

成分 C 64.36%，H 6.38%，N 13.65%，O 7.79%，S 7.81%。

别名 噻唑布宗；噻唑保泰松；4-Butyl-1,2-diphenyl-3,5-pyrazolidinedione compd with 4,5-dihydro-2-thiazolamine(1∶1); 2-Thiazoline-2-ammonium 4-*n*-butyl-1,2-diphenyl-3,5-pyrazolidinedionate; Phenylbutazone 2-amino-2-thiazoline salt; TZB; LAS-11871; Fordonal

M. I. 15，7390

性状 白色结晶。mp 164～166℃。LD_{50}大鼠，小鼠急性经口：1425mg/kg，1650mg/kg。

主要用途 医用抗炎剂。

Thiazolsulfone 噻唑砜 09525

[473-30-3] $C_9H_9N_3O_2S_2$ 255.31

成分 C 42.34%，H 3.55%，N 16.46%，O 12.53%，S 25.11%。

别名 5-(4-Aminophenyl)sulfonyl-2-thiazolamine; 2-Amino-5-sulfanilylthiazole; 4-Aminophenyl-2′-aminothiazolyl-5′-sulfone; Thiazossulfone; Thiazolesulfone; Promizole

M. I. 15，9461

性状 来自乙醇中的细小针状结晶。是极弱的酸。溶于10%碱溶液（分解），生成碱金属盐（pH值10）。易溶于丙酮、二氧六环、70%乙醇、稀酸，中等程度溶于无水乙醇、乙酸乙酯、乙醚。mp219～221℃（微分解）。

主要用途 医用抗菌剂。

3-(2-Thiazolyl)-DL-alanine

3-(2-噻唑基)-DL-丙氨酸 09526

[1596-65-2] $C_6H_8N_2O_2S$ 172.21

成分 C 41.85%，H 4.68%，N 16.27%，O 18.58%，S 18.62%。

别名 2-噻唑基-DL-丙氨酸；(±)-2-Amino-3-(2-thiazolyl)propionic acid; β-(2-Thiazolyl)-DL-alanine

性状 无色结晶。mp 202～204℃。一般试剂含量≥98.0%。

注意事项 该品对眼睛、呼吸系统及皮肤有刺激性。使用时应穿适当的防护服。万一接触到眼睛，应立即用大量水冲洗后请医生诊治。应密封于−20℃保存。

1-(2-Thiazolylazo)-2-naphthol

1-(2-噻唑基偶氮)-2-萘酚 09527

[1147-56-4] $C_{13}H_9N_3OS$ 255.30

成分 C 61.16%，H 3.55%，N 16.46%，O 6.27%，S 12.56%。

别名 2-(2-羟基-1-萘基偶氮)噻唑；2-(2′-Hydroxy-1-naphthylazo)thiazole; TAN

性状 橘红色至棕色结晶性粉末。溶于乙醇。mp 138～

139℃。一般试剂含量≥99.0%（CHN）。

注意事项 该品对眼睛、呼吸系统及皮肤有刺激性。使用时应戴手套。万一接触到眼睛，应立即用大量水冲洗后请医生诊治。

主要用途 分析试剂。

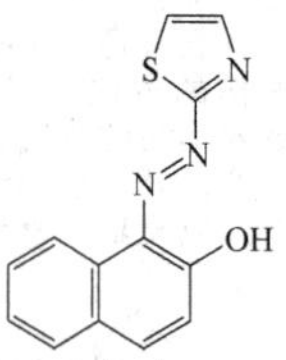

4-(2′-Thiazolylazo)resorcinol

4-(2′-噻唑基偶氮)间苯二酚 09528

[2246-46-0] $C_9H_7N_3O_2S$ 221.24

成分 C 48.86%，H 3.19%，N 18.99%，O 14.46%，S 14.49%。

别名 2，4-二羟基苯偶氮噻唑；2-（2，4-Dihydroxybenzeneazo）thiazole；TAR

性状 橘黄色至橘红色粉末。mp 211℃（分解）。一般试剂含量≥98.0%（T）。

注意事项 该品对眼睛、呼吸系统及皮肤有刺激性。使用时应戴手套。万一接触到眼睛，应立即用大量水冲洗后请医生诊治。

主要用途 分析试剂。

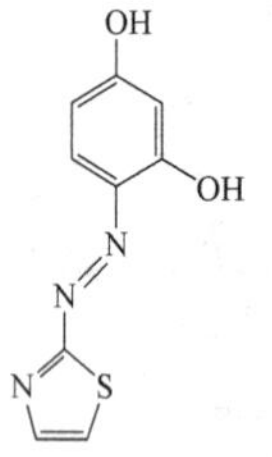

Thiazolyl blue tetrazoliumbromide

噻唑蓝溴化四氮唑 09529

[298-93-1] $C_{18}H_{16}BrN_5S$ 414.33

成分 C 52.18%，H 3.89%，Br 19.29%，N 16.90%，S 7.74%。

别名 3-(4,5-二甲基-2-噻唑)-2,5-二苯基溴化四氮唑；溴化3-(4,5-二甲基-2-噻唑基)-2,5-二苯基四氮唑；3-(4，5-Dimethyl-2-thiazolyl)-2，5-diphenyl-2*H*-tetrazolium bromide；Methylthiazolyldiphenyltetrazolium bromide；Thiazolyl blue tetrazolium bromide；MTT

性状 黄色粉末。溶于水、甲醇，不溶于氯仿。mp 195℃（分解）。生化试剂含量约98%（TLC）。

注意事项 使用时应避免吸入本品的粉尘，避免与眼睛及皮肤接触。应充氩气密封避光于2～8℃干燥保存。

主要用途 生化研究。用于酶活力的测定，测定 $NADH_2$、$NADPH_2$ 及心肌黄酶。

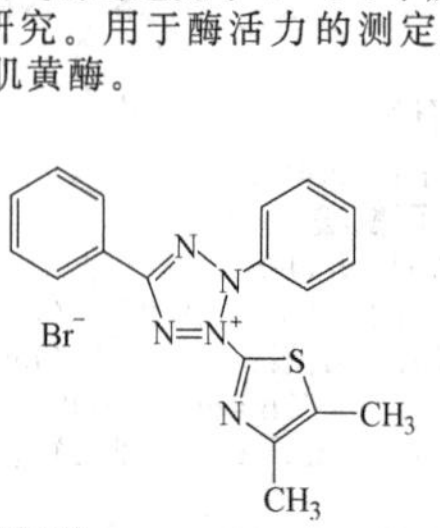

Thiazopyr **噻唑烟酸** 09530

[117718-60-2] $C_{16}H_{17}F_5N_2O_2S$ 396.38

成分 C 48.48%，H 4.32%，F 23.96%，N 7.07%，O 8.07%，S 8.09%。

别名 噻草啶；2-二氟甲基-5-(4,5-二氢-2-噻唑基)-4-(2-甲基丙基)-6-三氟甲基-3-吡啶羧酸甲酯；2-Difluoromethyl-5-(4，5-dihydro-2-thiazolyl)-4-(2-methylpropyl)-6-trifluoromethyl-3-pyridinecarboxylic acid methyl ester；RH-123652；MON-13200；Mandate；Visor

M. I. 15，9463

性状 来自己烷中的浅橙色结晶。mp 79～81℃。LD_{50}大鼠急性经口：>5g/kg。

主要用途 除草剂。

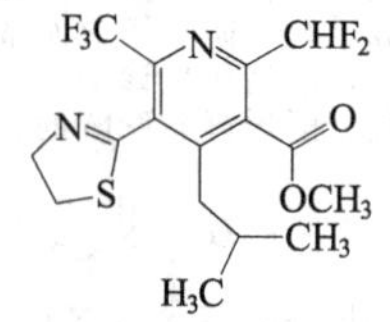

Thibenzaoline **2-巯基苯并咪唑-1,3-二甲醇** 09531

[6028-35-9] $C_9H_{10}N_2O_2S$ 210.25

成分 C 51.41%，H 4.79%，N 13.32%，O 15.22%，S 15.25%。

别名 1,3-Dihydro-1,3-bis(hydroxymethyl)-2*H*-benzimidazole-2-thione；1,3-Bis(hydroxymethyl)-2-benzimidazolinethione；2-Mercaptobenzimidazole-1,3-dimethylol；Thyreocordon

M. I. 15，9464

性状 无色结晶或白色粉末。味极苦。溶于稀碱。mp 160～162℃。

主要用途 医用抗甲状腺机能亢进剂。

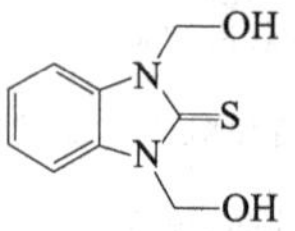

Thidiazuron **噻苯隆** 09532

[51707-55-2] $C_9H_8N_4OS$ 220.25

成分 C 49.08%，H 3.66%，N 25.44%，O 7.26%，S 14.56%。

别名 *N*-苯基-*N*′-1,2,3-噻二唑-5-基脲；5-(*N*-苯基氨基甲酰氨基)-1,2,3-噻二唑；*N*-Phenyl-*N*′-1,2,3-thiadiazol-5-ylurea；5-(*N*-Phenylcarbamoylamino)-1,2,3-thiadiazole；Thiadiazuron；TDZ；SN-49537；Dropp

M. I. 15，9465

性状 来自异丙醇中的无色结晶。易溶于二甲亚砜、二甲基甲酰胺、丙酮、环已酮、异佛尔酮，微溶于脂肪烃、芳香烃及水。mp 217℃(分解)。

注意事项 该品对眼睛、呼吸系统及皮肤有刺激性。使用时应穿适当的防护服。应避免吸入本品的粉尘，万一接触到眼睛，应立即用大量水冲洗后请医生诊治。

主要用途 棉花脱叶剂。组织培养用植物生长调节剂。分析用标准物。

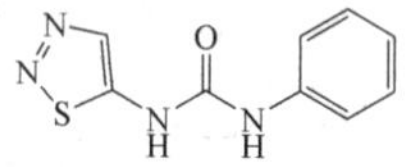

3-(2-Thienyl)-L-alanine **3-(2-噻吩基)-L-丙氨酸** 09533

[22951-96-8] $C_7H_9NO_2S$ 171.22

成分 C 49.10%，H 5.30%，N 8.18%，O 18.69%，S 18.73%。

别名 L-α-氨基噻吩-2-丙酸；噻吩基初油氨基酸；(*S*)-2-Amino-3-(2-thlenyl) propionic acid；L-α-Aminothiophene-2-propionic acid；2-Thiophene alanine

性状 无色结晶。溶于酸、碱溶液，不溶于水。mp 约260℃（分解）；$[\alpha]_D^{20}$ −31.5°±1°（c=1，于水中）。生化试剂含量≥98.0%（TLC）。

注意事项 该品对眼睛、呼吸系统及皮肤有刺激性。使用时应穿适当的防护服。应避免吸入本品的粉尘，万一接触到眼睛，应立即用大量水冲洗后请医生诊治。

主要用途 苯基丙氨酸抗撷物。抑制细菌生长。

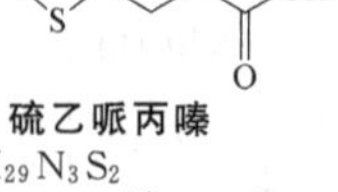

Thiethylperazine **硫乙哌丙嗪** 09534

[1420-55-9] $C_{22}H_{29}N_3S_2$ 399.62

成分 C 66.12%，H 7.31%，N 10.52%，S 16.05%。

别名 乙硫拉嗪；乙巯匹拉嗪；甲哌硫丙嗪；2-Ethylthio-10-[3-(4-methyl-1-piperazinyl) propyl] phenothiazine；3-Ethylmercapto-10-(1′-methylpiperazinyl-4′-propyl) phenothiazine

M. I. 15，9467

性状 来自丙酮中的无色结晶。mp 62～64℃；$bp_{0.01}$ 227℃/1.33Pa

主要用途 医用止吐剂。

Thifensulfuron-methyl 噻吩磺隆 09535

[79277-27-3] $C_{12}H_{13}N_5O_6S_2$ 387.39

成分 C 37.21%，H 3.38%，N 18.08%，O 24.78%，S 16.55%。

别名 3-[[[(4-Methoxy-6-methyl-1，3，5-triazin-2-yl) amino] carbonyl] amino] sulfonyl-2-thiophenecarboxylic acid methyl ester; Methyl 3-[3-(4-methoxy-6-methyl-1，3，5-triazin-2-yl) ureidosulfonyl] thiophene-2-carboxylate; Thiameturon-methyl; DPX-M6316; Pinnacle; Harmony

M. I. 15，9468

性状 白色固体。溶于水（25℃：pH 值 4，24mg/L；pH 值 5，260mg/L；pH 值 6，2400mg/L）。pK_a（25℃）：4.0。蒸气压（25℃）：2.7×10^{-6} mmHg/360×10^{-6} Pa；分配系数（辛醇/水）：0.027；mp 186℃。

注意事项 该品对水生物极毒。能对水环境引起不利的结果。应防止将本品释放于环境中。其包装物应按危险品处理。

主要用途 除草剂。分析用标准物质。

Thioacetamide 硫代乙酰胺 09536

[62-55-5] C_2H_5NS 75.13

成分 C 31.97%，H 6.71%，N 18.64%，S 42.67%。

别名 乙硫酰胺；Acetothioamide; Ethanethioamide; TAA

M. I. 15，9472

性状 来自苯中的无色或白色片状结晶。微有硫醇臭味。溶于水(25℃，16.3g/100mL)、乙醇(26.4g/100g)，微溶于乙醚。mp 113～114℃；uv max（于水中）：210nm，261nm，318nm（lg ε 3.66，4.08，1.8）。MLD 大鼠急性经口：200mg/kg。一般试剂含量≥99.0%。

注意事项 该品口服有毒。能致癌。对眼睛及皮肤有刺激性。对水生物有害。对水环境能产生长期有害的结果。使用之前应得到专门的指导，避免曝露。使用时如有事故发生或有不适之感，应立即请医生诊治。应防止将本品释放于环境中。应密封保存。

主要用途 铋的测定。定性分析中代替硫化氢作分组试剂。

Thioacetic acid 硫代乙酸 09537

[507-09-5] C_2H_4OS 76.11

成分 C 31.56%，H 5.30%，O 21.02%，S 42.12%。

别名 乙硫羟酸；硫代醋酸；Ethanethioic acid; Methanecarbothioic acid; Thiacetic acid; Thiolacetic acid

GW 2015-1281 M. I. 15，9473

性状 黄色发烟液体。有刺激性臭味。具催泪性。能分解为乙酸和有毒的硫化氢气体。易溶于乙醇，溶于特别热的水。bp 93℃；Fp 52℉(11℃)；d_4^{10} 1.075；n_D^{20} 1.4630。一般试剂含量≥95.0%(GC)。

注意事项 该品高度易燃。具有腐蚀性，能引起烧伤。接触皮肤能引起过敏。使用时应穿适当的防护服，戴手套和防护镜或面罩。使用现场禁止吸烟。万一接触到眼睛，应立即用大量水冲洗后请医生诊治。使用时如有事故发生或有不适之感，应请医生诊治。应远离火种，采取抗放静电措施，于通风良好处密封保存。

主要用途 测定酯酶的试剂。检定钴、铅。测定钼。在稀氨液中，代替硫化氢作金属沉淀剂。硫醛、硫酮的制备。催泪剂。

Thiobarbital 硫巴比妥 09538

[77-32-7] $C_8H_{12}N_2O_2S$ 200.26

成分 C 47.98%，H 6.04%，N 13.99%，O 15.98%，S 16.01%。

别名 5，5-二乙基-2-硫代巴比土酸；5，5-Diethyldihydro-2-thioxo-4，6（1*H*，5*H*）-pyrimidinedione；5，5-Diethyl-2-thiobarbituric acid; Ibition

M. I. 15，9474

性状 来自水中的浅黄色针状结晶。溶于约 88 份热水，溶于乙醇、氯仿、乙醚、丙酮、氨水、碱类溶液，略微溶于甲苯，几乎不溶于苯。mp 180℃。

主要用途 医用抗甲状腺机能亢进剂。

2-Thiobarbituric acid 2-硫代巴比妥酸 09539

[504-17-6] $C_4H_4N_2O_2S$ 144.15

成分 C 33.33%，H 2.80%，N 19.43%，O 22.20%，S 22.24%。

别名 4，6-二羟基-2-硫代嘧啶；丙二酰硫脲；丙二酰缩硫脲；硫代巴比土酸；4，6-Dihydroxy-2-mercaptopyrimidine; Malonylthiourea

性状 浅黄色片状结晶。有恶臭。对空气敏感。溶于热水、乙醇、碱类和碳酸钠溶液。mp245℃（分解）。一般试剂含量≥98.0%（S）。

注意事项 该品对眼睛、呼吸系统及皮肤有刺激性。使用时应避免吸入本品的粉尘，避免与眼睛及皮肤接触。万一接触到眼睛，应立即用大量水冲洗后请医生诊治。应密封保存。

主要用途 生化试剂。制药工业。铑的重量分析。

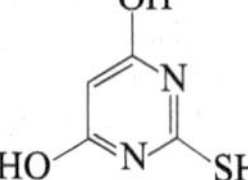

Thiobenzoic acid 硫代苯甲酸 09540

[98-91-9] C_7H_6OS 138.19

成分 C 60.84%，H 4.38%，O 11.58%，S 23.20%。

性状 黄色油状液体。有恶臭。易溶于乙醇、乙醚、二硫化碳，不溶于水。mp 15～17℃；bp_{12} 103～105℃/1.6kPa；Fp 201.2℉（94℃）；d_4^{20} 1.183；n_D^{20} 1.605。一般试剂含量≥94.0%（T）。

注意事项 该品对眼睛、呼吸系统及皮肤有刺激性。使用时应穿适当的防护服和戴手套。万一接触到眼睛，应立即用大量水冲洗后请医生诊治。接触皮肤后，应立即用大量水冲洗。应充氮气密封于 2～8℃保存。

主要用途 有机合成。

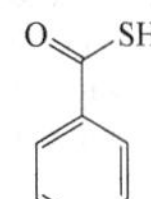

Thiocolchicine 硫代秋水仙碱 09541

[2730-71-4] $C_{22}H_{25}NO_5S$ 415.50

成分 C 63.60%，H 6.06%，N 3.37%，O 19.25%，S 7.72%。

别名 *N*-[(7*S*)-5，6，7，9-Tetrahydro-1，2，3-trimethoxy-10-methylthio-9-oxobenzo[α]heptalen-7-yl]acetamide

M. I. 15，9477

性状 来自乙酸乙酯中的黄色立方体结晶。溶于乙醇、丙酮、氯仿，几乎不溶于水、乙醚。mp 192～194℃；$[\alpha]_D^{20}$ −221°。

主要用途 医用骨架肌肉松弛剂。

2-Thiocresol 2-硫代甲酚 09542

[137-06-4]　C_7H_8S　124.20

成分　C 67.69%，H 6.49%，S 25.81%。

别名　2-甲苯硫酚；2-甲基苯硫醇；邻甲苯硫酚；邻甲苯硫醇；邻硫代甲酚；2-巯基甲苯；2-Mercaptotoluene；*o*-Methylbenzenethiol；*o*-Methylthiophenol；*o*-Thiocresol；2-Toluenethiol；*o*-Toluenethiol；2-Tolylmercaptan

GW 2015-1019　M. I. 15，9478

性状　常温下为液体，低温下为片状结晶。有恶臭。溶于乙醇、乙醚，不溶于水。能随水蒸气挥发。mp 15℃；bp 约 195℃；Fp 147℉（63℃，闭杯）；*d* 1.054；n_D^{20} 1.5780。

注意事项　该品口服有毒。对眼睛、呼吸系统及皮肤有刺激性。使用时应穿适当的防护服和戴手套。万一接触到眼睛，应立即用大量水冲洗后请医生诊治。应密封于通风良好处保存。

主要用途　有机合成。制药工业。

SH
CH3

4-Thiocresol　4-硫代甲酚　09543

[106-45-6]　C_7H_8S　124.20

成分　C 67.69%，H 6.49%，S 25.81%。

别名　4-甲苯硫酚；4-甲基苯硫醇；对硫代甲酚；对甲苯硫酚；4-巯基甲苯；4-Mercaptotoluene；*p*-Methylbenzenethiol；*p*-Methylthiophenol；MTP；*p*-Thiocresol；*p*-Toluenethiol；*p*-Tolylmercaptan

GW 2015-1021　M. I. 15，9478

性状　白色小叶片状结晶。有恶臭。有潮解性。溶于乙醇、乙醚，不溶于水。mp 43～44℃；bp 约 195℃；Fp 155℉（68℃，闭杯）。

注意事项　该品口服有毒。对眼睛、呼吸系统及皮肤有刺激性。具有腐蚀性，能引起烧伤。使用时应穿适当的防护服，戴手套和防护镜或面罩。在通风不好的情况下，应戴呼吸装置。万一接触到眼睛，应立即用大量水冲洗后请医生诊治。接触皮肤后应用肥皂水冲洗。使用时如有事故发生或有不适之感，应立即请医生诊治。应密封于通风良好处保存。

主要用途　抑菌剂。

SH
CH3

D-Thioctic acid　D-硫辛酸　09544

[1200-22-2]　$C_8H_{14}O_2S_2$　206.32

成分　C 46.57%，H 6.84%，O 15.51%，S 31.08%。

别名　D-1，2-Dithiolane-3-pentanoic acid；D-1，2-Dithiolane-3-valeric acid；6，8-Thioctic acid；*α*-Lipoic acid；5-(D-1，2-Dithiolan-3-yl)valeric acid；5-[3-(D-1，2-Dithiolanyl)]pentanoic acid；*δ*-[3-(D-1，2-Dithiacyclopentyl)]pentanoic acid；Protogen A；Acetate replacing factor；Pyruvate oxidation factor；Biletan；Thioctacid；Thioctan；Tioctan

M. I. 15，9479

性状　来自真空升华（85～90℃，25×10^{-6}m）提纯的无色结晶。溶于脂肪溶剂，几乎不溶于水。pK_a 5.4；mp 46～48℃（微块）；$[\alpha]_D^{23}+104°$（c=0.88，于苯中）；uv max（甲醇中）：333nm（ε 150）。

主要用途　医用肝病的治疗。蕈类中毒的解毒。

H
COOH
S—S

DL-Thioctic acid　DL-硫辛酸　09545

[1077-28-7]　$C_8H_{14}O_2S_2$　206.32

成分　C 46.57%，H 6.84%，O 15.51%，S 31.08%。

别名　二硫辛酸；1，2-二硫戊环-3-戊酸；*α*-类脂酸；DL-6，8-硫辛酸；Acetate replacing factor；Biletan；*δ*-[3-(1，2-Dithiocyclopentyl)]pentanoic acid；1，2-Dithiolane-3-pentanoic acid；1，2-Dithiolane-3-valeric acid；*δ*-[3-(1，2-Dithiacyclopentyl)]pentanoic acid；5-[3-(1，2-Dithiolanyl)]pentanoic acid；5-(1，2-Dithiolan-3-yl) valeric acid；DL-*α*-Lipoic acid；6，8-Dithiooctanoic acid；Protogen A；Pyruvate oxidation factor；Thioctacid；Thioctan；DL-6，8-Thioctic acid；Tioctan；5-(3，U，Z-Dithiolanyl)pentanoic acid

M. I. 15，9479

性状　来自环己烷中的黄色针状结晶或结晶性粉末。溶于油脂溶剂，几乎不溶于水。mp 60～61℃；bp 160～165℃。生化试剂含量≥98.0%。

注意事项　该品口服有毒。对眼睛、呼吸系统及皮肤有刺激性。使用时应穿适当的防护服，戴手套和防护镜或面罩。万一接触到眼睛，应立即用大量水冲洗后请医生诊治。应密封保存。

主要用途　生化研究。

Thiodicarb　硫双威　09546

[59669-26-0]　$C_{10}H_{18}N_4O_4S_3$　354.46

成分　C 33.89%，H 5.12%，N 15.81%，O 18.05%，S 27.13%。

别名　硫双卡；硫双灭多威；2，4，8-Trimethyl-5-oxo-6-oxa-3，9-dithia-2，4，7-triazadec-7-enoic acid[1-(methylthio)ethylidene]azanyl ester；*N*，*N*′-[Thiobis[(methylimino)carbonyloxy]]bisethanimidothioic acid dimethyl ester；Bis-[*O*-(1-methylthioethylimino)-*N*-methylcarbamic acid]-*N*，*N*′-sulfide；*N*，*N*′-Bis[1-methylthioacetaldehyde *O*-(*N*-methylcarbamoyl) oxime] sulfide；*O*-[*N*-[*N*′-(1-Methylthioethylideneiminooxycarbonyl)-*N*′-methylaminosulfenyl]-*N*-methylcarbamoyl]-*S*-methylacetohydroximate；Dicarbosulf；Bismethomylthioether；UC-51762；CGA-45156；Larvin

M. I. 15，9482

性状　无色结晶。mp 173～174℃。LD_{50}大鼠急性经口：160mg/kg；皮肤接触>1600mg/kg。

注意事项　该品吸入或口服有毒。使用时应穿适当的防护服和戴手套。接触皮肤后，应立即用大量水冲洗。使用时如有事故发生或不适之感应请医生诊治。

主要用途　杀虫剂。分析用标准物质。

SCH3　O　O　SCH3
H3C　N　O　N　S　N　O　N　CH3
CH3　CH3

2，2′-Thiodiethanol　2，2′-硫代二乙醇　09547

[111-48-8]　$C_4H_{10}O_2S$　122.18

成分　C 39.32%，H 8.25%，O 29.19%，S 26.24%。

别名　2，2′-二羟基二乙硫；硫代二乙二醇；硫代二甘醇；2，2′-硫代双乙醇；2，2′-Thiodiglycol；Bis(2-hydroxyethyl) sulfide；Dihydroxydiethyl sulfide；Thiodiethylene glycol；Thiodiglycol

M. I. 15，9483

性状　无色黏稠状液体。有恶臭。与水、乙醇、丙酮、三氯甲烷相混溶，微溶于乙醚、苯、四氯化碳。遇酸能生成芥子气。mp －16℃；bp_{14} 168℃/1.867kPa；Fp 320 ℉（160℃，开杯）；d_4^{20} 1.1824；n_D^{20} 1.519。生化试剂含量≥99.0%（GC）。

注意事项　该品对眼睛有刺激性。应充氩气密封于干燥处保存。

主要用途　溶剂。抗氧剂。有机合成。

Thiodiglycolic acid　硫代二乙酸　09548

[123-93-3]　$C_4H_6O_4S$　150.15

成分　C 32.00%，H 4.03%，O 42.62%，S 21.35%。

别名　亚硫基二乙酸；2，2′-硫代二乙酸；硫代二乙醇酸；硫代二（羟基乙酸）；Dimethylsulfide-*α*，*α*′-dicarboxylic acid；Mercaptodiacetic acid；2，2′-Thiobis(acetic acid)；2，2′-Thiodiacetic acid；Thiodiacetic acid

M. I. 15，9484

性状　来自水中的无色结晶。有恶臭。溶于水、乙醇。mp 129℃。一般试剂含量≥97.0%（T）。

注意事项　该品具有腐蚀性，能引起烧伤。使用时应穿适当的防护服，戴手套和防护镜或面罩。万一接触到眼睛，应立即用大量水冲洗后请医生诊治。使用时如有事故发生或有不适之感，应请医生诊治。其包装物应按危险品处理。

主要用途　检测铜、铅、汞、银。

3，3′-Thiodipropionic acid　3，3′-硫代二丙酸　09549

[111-17-1]　$C_6H_{10}O_4S$　178.20

成分　C 40.44%，H 5.66%，O 35.91%，S 17.99%。

别名　硫化双（2-羧基乙基）酯；Bis (2-carboxyethyl) sulfide；Diethyl sulfide 2,2′-dicarboxylic acid；3,3′-Thiobis (propanoic acid)；Thiodihydracrylic acid；β,β′-Thiodipropionic acid

M. I. 15，9485

性状　来自热水中的有珍珠样光泽的小叶状结晶。有恶臭。1g 该品 26℃时溶于 26.9mL 水。易溶于热水、乙醇、丙酮。pK（25℃）4.11。mp 134℃；Fp 262.4°F（128℃）。一般试剂含量≥97.0%（T）。

注意事项　该品对眼睛、呼吸系统及皮肤有刺激性。使用时应穿适当的防护服。万一接触到眼睛，应立即用大量水冲洗后请医生诊治。

3,3′-Thiodipropionitrile　3,3′-硫代二丙腈　09550

[111-97-7]　$C_6H_8N_2S$　140.21

成分　C 51.40%，H 5.75%，N 19.98%，S 22.87%。

别名　β,β′-硫代二丙腈；硫化双(2-氰乙基)；β,β′-Thiodipropionitrile；Bis(2-cyanoethyl) sulfide

GW 2015—1275

性状　白色或浅黄色结晶，30℃以上熔化为液体。有恶臭。溶于丙酮。mp 24～25℃；Fp 383°F（195℃）；d_4^{20} 1.117；n_D^{20} 1.506。一般试剂含量≥98.0%（GC）。

注意事项　该品对眼睛、呼吸系统及皮肤有刺激性。使用时应穿适当的防护服。万一接触到眼睛，应立即用大量水冲洗后请医生诊治。

主要用途　气相色谱固定液，用于硫化合物、酚、卤代烷等的分析。

Thioflavin S　硫黄素 S　09551

[1326-12-1]　$C_{17}H_{22}N_2O_7S_3$　462.57

成分　C 44.14%，H 4.79%，N 6.06%，O 24.21%，S 20.80%。

别名　直接黄 7；硫代黄色素 S；Direct yellow 7

C. I. 49010

性状　黄色结晶或粉末。易溶于水，呈金黄色。溶于乙醇。λ_{max} 374nm。

注意事项　使用时应避免吸入本品的粉尘，避免与眼睛及皮肤接触。

Thioflavin T　硫黄素 T　09552

[2390-54-7]　$C_{17}H_{19}ClN_2S$　318.86

成分　C 64.03%，H 6.01%，Cl 11.12%，N 8.79%，S 10.06%。

别名　盐基嫩黄；硫代黄色素 T；Basic yellow 1；Direct brilliant flavine T；Rhoduline yellow T

C. I. 49005

性状　黄色结晶性粉末。极易溶于热水、乙醇。λ_{max} 412nm。一般试剂干燥含量约 75%。

主要用途　昆虫组织学染色。

5-Thio-D-glucose　5-硫代-D-葡萄糖　09553

[20408-97-3]　$C_6H_{12}O_5S$　196.22

成分　C 36.73%，H 6.16%，O 40.77%，S 16.34%。

别名　α-D-Glucothiopyranose；5-Thio-α-D-glucopyranose

M. I. 15，9487

性状　来自甲醇中的无色结晶。易吸潮。mp 135～136℃；$[\alpha]_D^{20}$ +188°(c=1.56，于水中)。LD_{50}小鼠腹膜内注射：5.5g/kg。生化试剂含量≥98.0%（HPLC）。

注意事项　使用时应避免吸入本品的粉尘。避免与眼睛及皮肤接触。

Thioglycerol　硫代丙三醇　09554

[96-27-5]　$C_3H_8O_2S$　108.16

成分　C 33.31%，H 7.46%，O 29.58%，S 29.64%。

别名　硫代甘油；1-硫代丙三醇；3-巯基-1,2-丙二醇；3-Mercapto-1,2-propanediol；Monothioglycerine；α-Monothioglycerol；Thioglycerine；1-Thioglycerol

M. I. 15，9488

性状　浅黄色极黏稠液体。有恶臭。易吸湿。对空气敏感。与乙醇混溶，易溶于水，不溶于乙醚。bp_1 99～101℃/133.322Pa；Fp 235°F（113℃，闭杯）；d 1.246；n_D^{20} 1.527。生化试剂含量≥99.0%（GC）。

注意事项　该品吸入或与皮肤接触有毒。对眼睛、呼吸系统及皮肤有刺激性。使用时应穿适当的防护服和戴手套。使用时应避免吸入本品的蒸气，避免与眼睛及皮肤接触。万一接触到眼睛，应立即用大量水冲洗后请医生诊治。应充氩气密封保存。

主要用途　医用疗创伤剂。

6-Thioguanine　6-硫代鸟嘌呤　09555

[154-42-7]　$C_5H_5N_5S$　167.19

成分　C 35.92%，H 3.01%，N 41.89%，S 19.18%。

别名　2-氨基-6-巯基嘌呤；6-巯基鸟嘌呤；2-Amino-1,7-dihydro-6H-purine-6-thione；2-Amino-6-mercaptopurine；2-Aminopurine-6-thiol；Lanvis；6-TG

M. I. 15，9490

性状　来自水中的无色针状结晶。有恶臭。易溶于稀碱溶液，不溶于水、乙醇、氯仿。mp>360℃。生化试剂含量≥96.0%（HPLC）。

注意事项　该品口服有毒。使用时应穿适当的防护服，戴手套和防护镜或面罩。接触皮肤后，应用大量水冲洗。使用时如有事故发生或有不适之感，应立即请医生诊治。

主要用途　生化研究。抗新塑料。

Thioguanosine　硫代鸟苷　09556

[85-31-4]　$C_{10}H_{13}N_5O_4S$　299.31

成分　C 40.13%，H 4.38%，N 23.40%，O 21.38%，S 10.71%。

别名　巯基鸟苷，硫代鸟嘌呤核苷；巯基鸟嘌呤核苷；(−)-2-Amino-6-mercaptopurineriboside hydrate；2-Amino-6-mercapto-9-β-D-ribofuranosylpurine

M. I. 15，9491

性状　半水合物为来自水中的无色微小锥形棱柱体结晶。pK_a 8.33；224～227℃分解；$[\alpha]_D^{22}$ −64°（c=1.3，于 0.1mol/L 氢氧化钠溶液中）；uv max（pH 值 4～6）：257nm，342nm（ε 8820，24800）。

主要用途　生化研究。

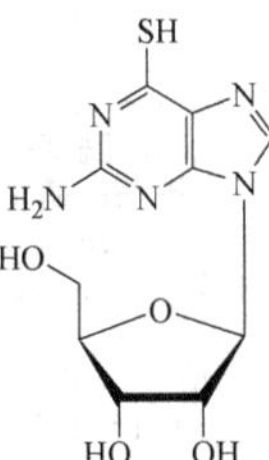

Thiolactic acid　硫代乳酸　09557

[79-42-5]　$C_3H_6O_2S$　106.14

成分　C 33.95%，H 5.70%，O 30.15%，S 30.21%。

别名　2-巯基丙酸；2-硫羟丙酸；2-Mercaptopropionic acid；2-Mercaptopropanoic acid；α-Mercaptopropanoic acid；2-Thiolpropionic acid；α-Mercaptopropanoic acid

GW 2015—1711　M. I. 15，9493

性状　无色油状液体。具有不愉快的气味。遇冷可凝固。与水、乙醇、乙醚、丙酮相混溶。mp 约 10℃；bp_{16} 117℃/2.133 kPa；Fp 233.6°F（112℃）；d_4^{15} 1.220；n_D^{16} 1.4823。一般试剂含量≥97.0%。

注意事项　该品口服有毒。具有腐蚀性，能引起烧伤。使用时应穿适当的防护服，戴手套和防护镜或面罩。万一接触到眼睛，应立即用大量水冲洗后请医生诊治。使用时如有事故发生或有不适之感，请医生诊治。

主要用途 有机合成。

Thiolutin 硫藤黄菌素 09558

[87-11-6] $C_8H_8N_2O_2S_2$ 228.28

成分 C 42.09%，H 3.53%，N 12.27%，O 14.02%，S 28.09%。

别名 6-Acetamido-4-methyl-1,2-dithiolo[4,3-*b*]pyrrol-5(4*H*)-one；*N*-(4,5-Dihydro-4-methyl-5-oxo-1,2-dithiolo[4,3-*b*]pyrrol-6-yl) acetamide；3-Acetamido-5-methylpyrrolin-4-one[4,3-*d*]-1,2-dithiole；Acetopyrrothine

M. I. 15，9495

性状 来自正丁醇中的亮黄色针状结晶。略微溶于水（210mg/L），较多地溶于甲醇、乙醇、氯仿、丙酮、冰乙酸、甲基异丁基甲酮，较少地溶于乙醚、苯、己烷。于酸及中性溶液中稳定，于碱溶液中分解。273～276℃分解；200℃/13.33Pa 升华；uv max（甲醇中）：250nm，311nm，388nm（ε 6300，5700，11000）。LD_{50}小鼠皮下注射：25mg/kg；急性经口：25mg/kg。一般试剂含量≥95.0%（HPLC）。

注意事项 该品口服极毒。使用时如有事故发生或有不适之感，应请医生诊治。应密封于－20℃保存。

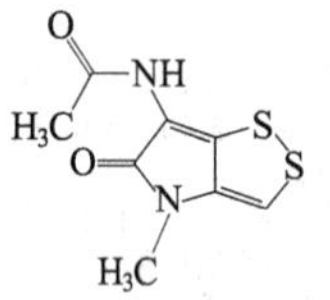

Thiomalic acid 硫代苹果酸 09559

[70-49-5] $C_4H_6O_4S$ 150.15

成分 C 32.00%，H 4.03%，O 42.62%，S 21.35%。

别名 巯基丁二酸；巯基琥珀酸；Mercaptobutanedioic acid；Mercaptosuccinic acid

M. I. 15，9496

性状 白色结晶或粉末。具有硫化物气味。溶于水（40℃，约 50g/100mL）、乙醇（25℃，约 50g/100mL）、丙酮，中等性度溶于乙醚，几乎不溶于苯。其水溶液遇氯化高铁短时间呈蓝色。mp 149～150℃。一般试剂含量≥99.0%（HPLC）。

注意事项 该品口服有毒。对眼睛、呼吸系统及皮肤有刺激性。使用时应穿适当的防护服。避免吸入本品的粉尘，避免与眼睛及皮肤接触。万一接触到眼睛，应立即用大量水冲洗后请医生诊治。

主要用途 比色测定用作掩蔽剂。

Thionalide 巯萘剂 09560

[93-42-5] $C_{12}H_{11}NOS$ 217.29

成分 C 66.33%，H 5.10%，N 6.45%，O 7.36%，S 14.75%。

别名 巯乙酰替-2-萘胺；巯基乙酰基-2-萘胺；硫代乙醇酸-*β*-萘胺；*β*-硫代羟基乙酸氨基萘；硫代乙醇酸-*β*-氨基萘；2-Mertapto-*N*-2-naphthalenylacetarnide；2-Mercapto-*N*-2-naphthylacetamide；Thioglycollic-*β*-aminonaphthalide

M. I. 15，9497

性状 白色至象牙色针状结晶。易溶于乙醇、乙醚等多数有机溶剂，不溶于水。mp 111～112℃。

主要用途 检定金、钟、镉、铑、钌、锑、铅、铜、汞、银、铊、铋。碱度的检验。

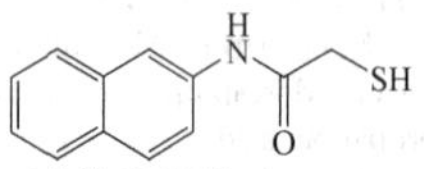

Thio-2-naphthol 硫代-2-萘酚 09561

[91-60-1] $C_{10}H_8S$ 160.23

成分 C 74.96%，H 5.03%，S 20.01%。

别名 2-萘基硫酚；2-萘硫酚；硫代乙萘酚；2-硫代萘酚；*β*-巯基萘；2-Mercaptonaphthalene；2-Naphthalenethiol；2-Naphthyl mercaptan；2-Thionaphthol；*β*-Thionaphthol

M. I. 15，6464

性状 来自乙醇中的无色结晶或淡黄色结晶性粉末。有不愉快的臭味。易溶于乙醇、乙醚、石油醚，略微溶于水。能随水蒸气挥发。mp 81℃；bp_{760} 286℃/101.325kPa；$bp_{10.3}$ 146.3℃/1.373kPa。一般试剂含量≥99.0%（GC）。

注意事项 该品口服有害。应密封保存。

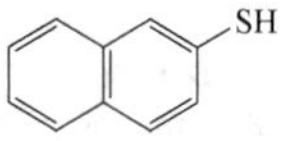

Thionazin 硫磷嗪 09562

[297-97-2] $C_8H_{13}N_2O_3PS$ 248.24

成分 C 38.71%，H 5.28%，N 11.29%，O 19.33%，P 12.48%，S 12.92%。

别名 治线磷；Phosphorothioic acid *O*,*O*-diethyl *O*-pyrazinyl ester；*O*，*O*-Diethyl *O*-(2-pyrazinyl) phosphorothioate；Ethyl pyrazinyl phosphorothioate；EN-18133；ENT-25580；American Cyanamid 18133；Cynem；Nemafos；Zinophos

M. I. 13，9420

性状 琥珀色液体。与多数有机溶剂相混溶，微溶于水。mp －1.7℃；bp 80℃；n_D^{25} 1.5131。蒸气压（30℃）：0.4Pa。LD_{50}雌，雄大鼠急性经口（mg/kg）：3.5，6.4；皮肤接触：11，17。一般试剂为乙腈溶液。

注意事项 该品吸入、口服或与皮肤接触有毒。对眼睛有刺激性。使用时应穿适当的防护服。万一接触到眼睛，应立即用大量水冲洗后请医生诊治。使用现场禁止吸烟。应远离火种密封保存。

主要用途 杀线虫剂，杀虫剂。

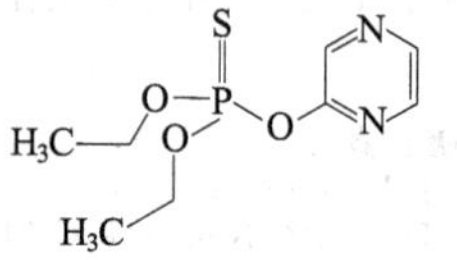

Thionicotinamide 硫代烟酰胺 09563

[4621-66-3] $C_6H_6N_2S$ 138.19

成分 C 52.15%，H 4.38%，N 20.27%，S 23.20%。

别名 硫代菸酰胺；3-Pyridylthiocarboxamide

性状 黄色至绿色结晶。mp 190～191℃；Fp 320℉（160℃）。一般试剂含量≥98.0%。

注意事项 该品口服有毒。对眼睛、呼吸系统及皮肤有刺激性。使用时应穿适当的防护服和戴手套。万一接触到眼睛，应立即用大量水冲洗后请医生诊治。

Thionine 硫堇 09564

[581-64-6] [135-59-1] $C_{12}H_{10}ClN_3S$ 263.74

成分 C 54.65%，H 3.82%，Cl 13.44%，N 15.93%，S 12.16%。

别名 劳氏青莲；劳氏紫；7-Amino-3-imino-3*H*-phenothiazine hydrochloride；3,7-Diaminophenothiazin-5-ium chloride；3,7-Diamino-5-phenothiazonium acetate；Lauth's violet；Thionine acetate

M. I. 15，9499 C. I. 52000

性状 黑绿色有光泽的针状结晶。易溶于热水、三氯甲烷，微溶于乙醇、乙醚，难溶于冷水。其水溶液初始为蓝色，然后变为紫色。最大吸光值（水中）：602.5nm。

注意事项 使用时应避免吸入本品的粉尘，避免与眼睛及皮肤接触。

主要用途 生物染色剂。指示剂。细胞核的染色、活性染色、黏蛋白染色。亚麻子油的抗氧剂。

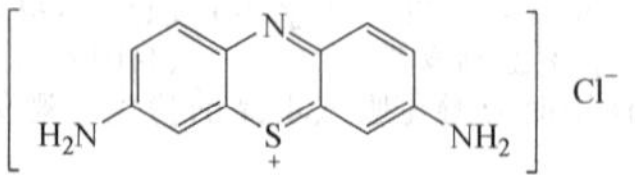

Thionyl bromide 亚硫酰溴 09565

[507-16-4] Br_2OS 207.87

成分 Br 76.88%，O 7.70%，S 15.42%。

别名 二溴亚砜；溴化亚砜；溴化亚硫酰；Sulforous oxybromide；Sulfur oxybromide

M. I. 15，9500

性状 橙黄色液体。有催泪性。与苯、氯仿、四氯化碳相混溶。能被水水解。mp－52℃；bp_{773} 138℃/103.056kPa；bp_{20} 48℃/2.666kPa；d_4^{20} 2.688。一般试剂含量≥97.0%(AT)。

注意事项 该品与水反应激烈。具有腐蚀性，能引起烧伤。吸入或与皮肤接触有害。使用时应穿适当的防护服，戴手套和防护镜或面罩。万一接触到眼睛，应立即用大量水冲洗后请医生诊治。使用时如有事故发生或有不适之感，应请医生诊治。应密封避光于2～8℃保存。

Thionyl chloride 氯化亚砜 09566

[7719-09-7] Cl_2OS 118.96

成分 Cl 59.60%，O 13.45%，S 26.95%。

别名 二氯亚砜；二氯氧硫；亚硫酰二氯；亚硫酰氯；氧氯化硫；氯化亚硫酰；Sulforous oxychloride；Sulfur oxychloride

GW 2015-1493 M.I.15，9501

性状 无色或浅黄色、微红色透明发烟液体。具有催泪性。具强折射性。与苯、三氯甲烷、四氯化碳相混溶。遇水分解成二氧化硫和氯化氢。mp－104.5℃；bp_{760} 76℃/101.325kPa；$bp_{96.6}$ 20℃/12.879kPa；d_4^0 1.676；d_4^{10} 1.655；d_4^{20} 1.638；n_D^{20} 1.517。一般试剂含量≥99.0%。

注意事项 该品与水反应激烈，并能释放出有毒气体。具有强腐蚀性，能引起严重烧伤。吸入或口服有毒。使用时应穿适当的防护服，戴手套和防护镜或面罩。万一接触到眼睛，应立即用大量水冲洗后请医生诊治。使用时如有事故发生或有不适之感，应立即请医生诊治。应密封保存。

主要用途 用于芳香族胺和脂肪胺的测定。有机合成，如酰基氯的制取。

Thiopental sodium 戊硫代巴比妥钠 09567

[71-73-8] $C_{11}H_{17}N_2NaO_2S$ 264.32

成分 C 49.99%，H 6.48%，N 10.60%，Na 8.70%，O 12.11%，S 12.13%。

别名 硫喷妥钠；5-Ethyldihydro-5-(1-methylbutyl)-2-thioxo-4,6(1*H*,5*H*)-pyrimidinedione monosodium salt；5-Ethyl-5-(1-methylbutyl)-2-thiobarbituric acid sodium salt；Thiomebumal sodium；Penthiobarbital sodium；Thiopentone sodium；Thionembutal；Intraval Sodium；Nesdonal Sodium；Pentothal Sodium；Trapanal

M.I.15，9503

性状 微黄白色粉末。易吸潮。有大蒜的气味。溶于水、乙醇，不溶于乙醚、苯、石油醚。其水溶液对磁呈碱性。沸腾时有沉淀出现。LD_{50}小鼠腹膜内注射：149mg/kg；静脉注射：78mg/kg。

主要用途 医用静脉麻醉剂。

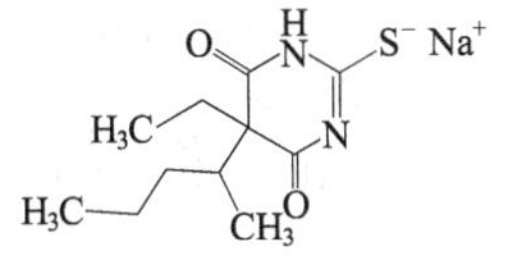

Thiophanate 硫菌灵 09568

[23564-06-9] $C_{14}H_{18}N_4O_4S_2$ 370.44

成分 C 45.39%，H 4.90%，N 15.12%，O 17.28%，S 17.31%。

别名 苯硫脲酯；托布津；*N*,*N'*-[1,2-Phenylenebis(iminocarbonothioyl)]biscarbamic acid *C*,*C'*-diethyl ester；4,4'-*o*-Phenylenebis[3-thioallophanic acid] diethyl ester；1,2-Bis(3-ethoxycarbonyl-2-thioureido)benzene；Cercobin；Topsin；Nemafax

M.I.15，9505

性状 来自丙酮中的无色片状结晶。194℃分解。LD_{50}小鼠，大鼠急性经口：＞15g/kg。

主要用途 系统的杀菌剂。

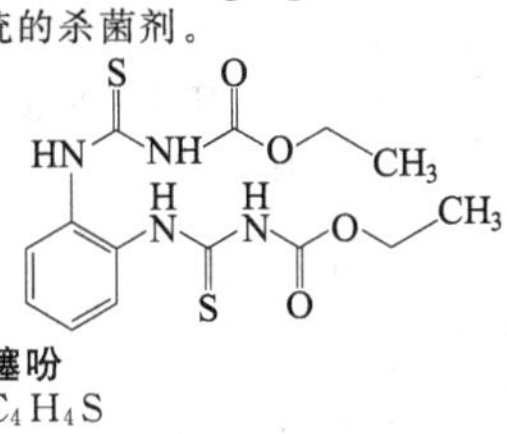

Thiophene 噻吩 09569

[110-02-1] C_4H_4S 84.14

成分 C 57.10%，H 4.79%，S 38.10%。

别名 一硫二烯五环；硫代呋喃；硫（杂）茂；Divinylene sulfide；Thiofuran；Thiofurfuran；Thiole；Thiotetrole

GW 2015-1738 M.I.15，9506

性状 无色透明液体。有近似苯的气味。与乙醇、乙醚等有机溶剂相混溶，不溶于水。mp －38.3℃；bp_{760} 84.4℃/101.325kPa；bp_{400} 64.7℃/53.329kPa；bp_{200} 46.5℃/26.664kPa；bp_{100} 30.5℃/13.332kPa；bp_{60} 20.1℃/8kPa；bp_{40} 12.5℃/5.333kPa；bp_{20} 0℃/2.666kPa；bp_{10} －10.9℃/1.333kPa；bp_5 －20.8℃/666.61Pa；加热850℃以上分解。d_4^0 1.0873；d_4^{25} 1.0573；d_4^{50} 1.0285；n_D^{25} 1.52684。

注意事项 该品能致癌。能引起遗传基因的损伤。高度易燃。吸入、口服或与皮肤接触有毒。对眼睛有严重损伤的危险。使用前应得到专门的指导，避免曝露。使用现场禁止吸烟。使用时应戴防护镜或面罩。万一接触到眼睛，应立即用大量水冲洗后请医生诊治。接触到皮肤后，应立即用大量肥皂泡沫冲洗。使用现场禁止吸烟。应远离火种，密封于阴凉处保存。

主要用途 溶剂。有机合成。

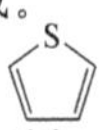

Thiophene-2-carboxylic acid 噻吩-2-羧酸 09570

[527-72-0] $C_5H_4O_2S$ 128.15

成分 C 46.86%，H 3.15%，O 24.97%，S 25.02%。

别名 噻吩甲酸；2-Thenoic acid；2-Thiophenecarboxylic acid；2-Thiophenic acid

M.I.15，9507

性状 来自水中的无色针状结晶。易溶于乙醚、乙醇、热水，中等程度溶于氯仿，微溶于石油醚。mp 128.5℃；bp 260℃。一般试剂含量≥98.0%（T）。

注意事项 该品对眼睛、呼吸系统及皮肤有刺激性。使用时应穿适当的防护服。万一接触到眼睛，应立即用大量水冲洗后请医生诊治。

主要用途 有机合成。

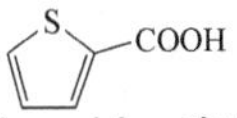

Thiophene-3-carboxylic acid 噻吩-3-羧酸 09571

[88-13-1] $C_5H_4O_2S$ 128.15

成分 C 46.86%，H 3.15%，O 24.97%，S 25.02%。

别名 3-噻吩甲酸；3-Thenoic acid；*β*-Thiophenic acid

M.I.15，9430

性状 来自水中的无色结晶或白色固体。溶于水（25℃，0.43g/100g)，能随水蒸气挥发。pK_a 6.23。mp 137～138℃。一般试剂含量≥98.0%（T）。

注意事项 使用时应避免吸入本品的粉尘，避免与眼睛及皮肤接触。

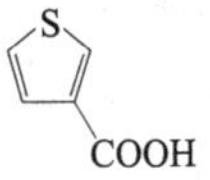

Thiophenol 苯硫酚 09572

[108-98-5] C_6H_6S 110.17

成分 C 65.41%，H 5.49%，S 29.10%。

别名 巯基苯；硫酚；苯基硫醇；硫代苯酚；Benzenethiol；Mercaptobenzene；Phenylmercaptan

GW 2015-71 M.I.15，9508

性状 无色液体。有类似大蒜的刺激性气味。能在空气中氧化。与乙醚、苯、二硫化碳相混溶，易溶于乙醇，不溶于水。mp －15℃；bp_{760} 168.3℃/101.325kPa；bp_{100} 103.6℃/13.332kPa；bp_{50} 86.2℃/6.666kPa；bp_{20} 69.7℃/2.666kPa；bp_1 18.6℃/133.32kPa；Fp 123℉(50℃)；d_4^{25} 1.0728；n_D^{25} 1.58603。一般试剂含量≥98.0%(GC)。

注意事项 该品易燃。具有腐蚀性，能引起烧伤。吸入极毒。口服或与皮肤接触有毒。对眼睛有严重损伤的危险。使用时应穿适当的防护服，戴手套和防护镜或面罩。应避免吸入本品的蒸气。万一接触到眼睛，应立即用大量肥皂水冲洗后请医生诊治。接触皮肤后，应立即用大量肥皂泡沫冲洗。使用时如有事故发生或有不适之感，应请医生诊治。应充氩气密封保存。

主要用途 有机合成。

Thiopropazate dihydrochloride 奋乃静乙酸酯 二盐酸盐 09573

[146-28-1] $C_{23}H_{30}Cl_3N_3O_2S$ 518.92

成分 C 53.23%，H 5.83%，Cl 20.50%，N 8.10%，O 6.17%，

S 6.18%。

别名 乙酰哌非纳嗪 二盐酸盐；二盐酸奋乃静乙酸酯；二盐酸乙酰哌非纳嗪；Dartal；Dartalan；4-[3-(2-Chlorophehothiazin-10-yl)propgl]-1-piperazineethanol acetate dihydrochloride；2-Chloro-10-[3-[1-(2-acetoxyethyl)-4-piperazinyl]propyl]phenothiazine dihydrochloride；10-[3-[1-(2-Acetoxyethyl)-4-piperazinyl]propyl]-2-chlorophenothiazine dihydrochloride；*N*-(*β*-Acetoxyethyl)-*N*′-[*γ*-(2′-chloro-10′-phenothiazinyl)propyl]piperazine dihydrochloride；1-(2-Acetoxyethyl)-4-[3-(2-chloro-10-phenothiazinyl)propyl]piperazine dihydrochloride

M.I.15，9509

性状 来自95%乙醇中的无色结晶。易溶于水，较少地溶于乙醇、氯仿，几乎不溶于乙醚。223～229℃分解。

主要用途 医用精神抑制剂。

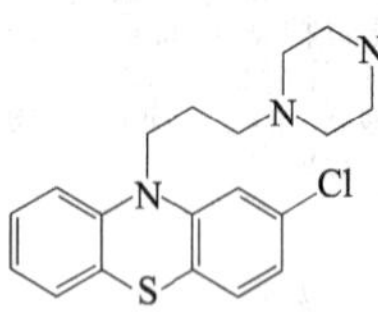

·2HCl

Thioproperazine 氨砜拉嗪 09574

[316-81-4] $C_{22}H_{30}N_4O_2S_2$ 446.63

成分 C 59.16%，H 6.77%，N 12.54%，O 7.16%，S 14.36%。

别名 硫丙拉嗪；*N*,*N*-Dimethyl-10-[3-(4-methyl-1-piperazinyl)propyl]phenothiazine-2-sulfonamide；3-Dimethylsulfamoyl-10-[3-(4-methylpiperazino)propyl]phenothiazine；2-Dimethylsulfamoyl-10-[3′-(4″-piperazino)propyl]phenothiazine；Thioperazine；RP-7843；SKF-5883

M.I.15，9510

性状 无色结晶。mp 140℃。

主要用途 医用精神抑制剂，止吐剂。

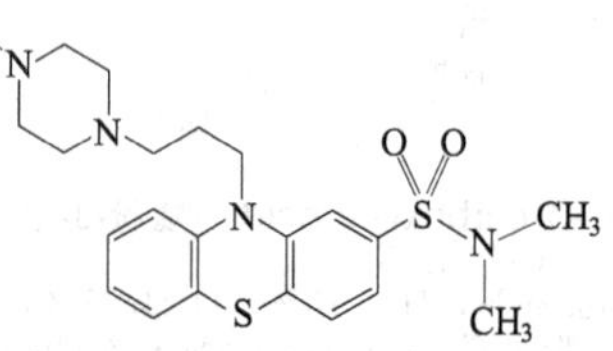

Thioridazine hydrochloride 甲硫达嗪 盐酸盐 09575

[130-61-0] $C_{21}H_{27}ClN_2S_2$ 407.03

成分 C 61.97%，H 6.69%，Cl 8.71%，N 6.88%，S 15.75%。

别名 盐酸甲硫达嗪；盐酸硫醚嗪；硫醚嗪 盐酸盐；Aldazine；Mellaril；Melleretten；Melleril；Mallorol；10-[2-(1-Methyl-2-piperidinyl)ethyl]-2-methylthio-10*H*-phenothiazine hydrochloride；2-Methylmercapto-10-[2-(*N*-methyl-2-piperidyl)ethyl]phenothiazine hydrochloride；3-Methylmercapto-*N*-[2′-(*N*-methyl-2-piperidyl)ethyl]phenothiazine hydrochloride；Novoridazine；Orsanil；Ridazin；Stalleril；TP-21

M.I.15，9512

性状 来自丙酮中的无色结晶。1份该品溶于9份水、10份乙醇、5份氯仿，溶于甲醇，不溶于乙醚。mp 158～160℃；uv max（水中）：262nm，310nm（ε 41842，3215）；（95%乙醇中）：264nm，310nm（ε 41598，3256）；（0.1mol/L盐酸中）：264nm，305nm（ε 42371，5495）；（0.1mol/L氢氧化钠溶液中）：263nm（ε 18392）。生化试剂含量≥99.0%。

注意事项 该品口服有毒。对眼睛、呼吸系统及皮肤有刺激性。使用时应穿适当的防护服。万一接触到眼睛，应立即用大量水冲洗后请医生诊治。

主要用途 生化研究。医用安定剂。

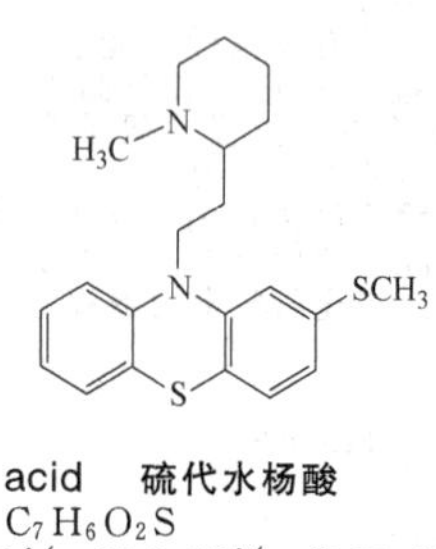

·HCl

Thiosalicylic acid 硫代水杨酸 09576

[147-93-3] $C_7H_6O_2S$ 154.18

成分 C 54.53%，H 3.92%，O 20.75%，S 20.80%。

别名 硫代柳酸；邻巯基苯甲酸；2-巯基苯甲酸；2-Mercaptobenzoic acid；*o*-Sulfhydrylbenzoic acid

M.I.15，9513

性状 来自冰乙酸或乙醇中的硫黄色无光泽的片状、针状结晶或结晶性粉末。有蒜臭味。能升华。易溶于乙醇、冰乙酸，微溶于热水、乙醚，不溶于苯。遇三氯化铁呈蓝色。mp 164～165℃。一般试剂含量≥98.0%（RT）。

注意事项 该品对眼睛、呼吸系统及皮肤有刺激性。使用时应穿适当的防护服。万一接触到眼睛，应立即用大量水冲洗后请医生诊治。

主要用途 测定铁的试剂。硫靛染料的制备。

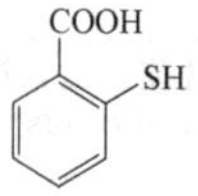

Thiosemicarbazide 硫代氨基脲 09577

[79-19-6] CH_5N_3S 91.13

成分 C 13.18%，H 5.53%，N 46.11%，S 35.18%。

别名 氨基硫脲；Aminothiourea；Hydrazinecarbothioamide

M.I.15，9514

性状 白色结晶或结晶性粉末。对空气敏感。溶于水、乙醇。mp 182～184℃。LD_{50}成熟的挪威大鼠急性经口：13mg/kg。一般试剂含量≥99.0%（RT）。

注意事项 该品口服极毒。对眼睛、呼吸系统及皮肤有刺激性。可能致癌。使用时应穿适当的防护服和戴手套。应防止吸入本品的粉尘。使用时如有事故发生或有不适之感，应请医生诊治。万一接触到眼睛，应立即用大量水冲洗后请医生诊治。接触皮肤后，应立即用大量水冲洗。其包装物应按危险品处理。应充氮气密封避光保存。

主要用途 铬的重量法测定。根据本品形成的硫代缩氨基脲的熔点不同，用于醛、酮、糖的鉴定。

Thiostrepton 硫链丝菌素 09578

[1393-48-2] $C_{72}H_{85}N_{19}O_{18}S_5$ 1664.89

成分 C 51.94%，H 5.15%，N 15.99%，O 17.30%，S 9.63%。

别名 硫链丝菌肽；Gargon；Thiactin；Bryamycin

M.I.15，9517

性状 来自氯仿+甲醇中的无色结晶。溶于氯仿、二氧六环、吡啶、冰乙酸、二甲基甲酰胺，几乎不溶于水、低级醇、非极性有机溶剂、稀酸或碱水溶液。被酸、碱溶解即分解。246～256℃分解。$[\alpha]_D^{23}$ −98.5°（于冰乙酸中）；−61°（于二氧六环中）；−20°（于吡啶中）。生化试剂含量≥90.0%（HPLC）。

注意事项 使用时应避免吸入本品的粉尘，避免与眼睛及皮肤接触。应充氩气密封于−20℃干燥保存。

主要用途 生化研究。医用抗菌剂。

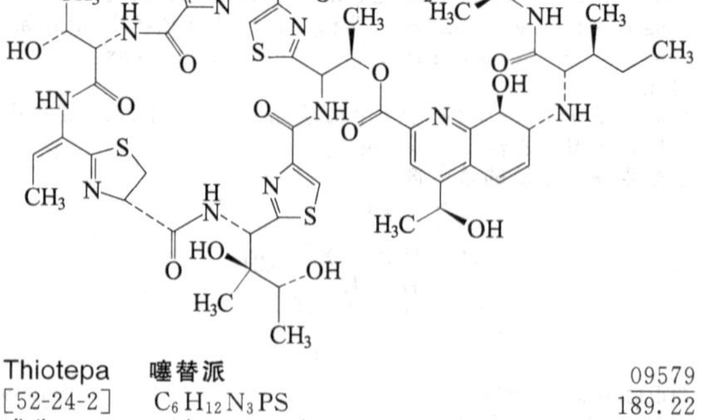

Thiotepa 噻替派 09579

[52-24-2] $C_6H_{12}N_3PS$ 189.22

成分 C 38.09%，H 6.39%，N 22.21%，P 16.37%，S 16.94%。

别名 三亚乙基硫代磷酰胺；三胺硫磷；硫替派；1,1′,1″-Phosphinothioylidynetrisaziridine；Triethylenethiophosphoramide；Tris(1-aziridinyl)phosphinesulfide；Tespamin；Tifosyl

M. I. 15，9518

性状 来自戊烷或乙醚中的无色结晶。溶于水（25℃，19g/100mL）。易溶于乙醇、乙醚、氯仿，溶于苯。mp 51.5℃。LD_{50}大鼠静脉注射：15mg/kg。

注意事项 该品口服极毒。可能引起遗传基因的损伤。可能致癌。使用前应得到专门的指导，避免曝露。使用时应穿适当的防护服，戴手套和防护镜或面罩。应避免吸入本品的粉尘。万一接触到眼睛，应用大量水冲洗后请医生诊治。使用时如有事故发生或有不适之感，应请医生诊治。

主要用途 医用抗肿瘤剂。

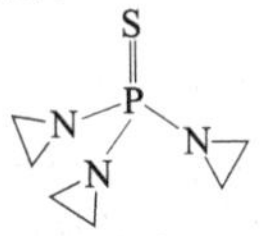

cis-Thiothixene 顺式氨砜噻吨 09580

[5591-45-7] $C_{23}H_{29}N_3O_2S_2$ 443.66

成分 C 62.27%，H 6.59%，N 9.47%，O 7.21%，S 14.45%。

别名 甲哌硫丙硫蒽 顺式；氨砜噻吨 顺式；*cis*-*N*,*N*-Dimethyl-9-[3-(4-methyl-1-piperazinyl)propylidene]thioxanthene-2-sulfonamide；*cis*-9-[3-(4-Methyl-1-piperazinyl)propylidene]-2-(dimethylsulfonamido)thioxanthene；*cis*-Tiotixene；*cis*-Navane；*cis*-Orbinamon

M. I. 15，9519

性状 无色结晶。mp 147.5～149℃；uv max（甲醇中）：228nm，260nm，310nm（lg ε 4.6，4.3，3.9）。LD_{50}小鼠，大鼠腹膜内注射（mg/kg）：100，55。生化试剂含量≥98.0%（TLC）。

注意事项 该品口服有毒。使用时应穿适当的防护服。应密封于2～8℃保存。

主要用途 生化研究。医用安定剂。

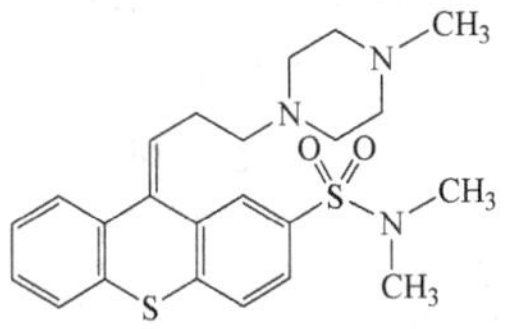

2-Thiouracil 2-硫脲嘧啶 09581

[141-90-2] $C_4H_4N_2OS$ 128.15

成分 C 37.49%，H 3.15%，N 21.86%，O 12.48%，S 25.02%。

别名 硫代二羟嘧啶；硫脲间氮苯；硫代咄噻；2-硫脲嘧啶；4-羟基-2-巯基嘧啶；Deracil；2,3-Dihydro-2-thioxo-4(1*H*)-pyrimidinone；4-Hydroxy-2-mercaptopyrimidine；6-Hydroxy-2-mercaptopyrimidine；4-Hydroxy-2(1*H*)-pyrimidinethione；2-Mercapto-4-hydroxypyrimidine；2-Mercapto-4(1*H*)-pyrimidinone；2-Mercapto-4-pyrimidone；2-Thio-4-oxypyrimidine

M. I. 15，9520

性状 浅黄色松软的结晶或粉末。味极苦。易溶于碱溶液，极微溶于水（1∶2000），几乎不溶于乙醇、乙醚、酸。mp≥300℃。LD_{100} 大鼠腹膜内注射：1.5g/kg。生化试剂含量≥99.0%。

注意事项 该品对机体有不可逆损伤的可能性。使用时应穿适当的防护服和戴手套。应密封于2～8℃保存。

主要用途 生化试剂。营养及生理试验。

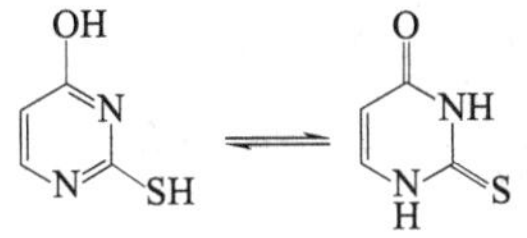

Thiourea 硫脲 09582

[62-56-6] CH_4N_2S 76.12

成分 C 15.78%，H 5.30%，N 36.80%，S 42.12%。

别名 硫代尿素；Sulfocarbamide；Sulfourea；Thiocarbamide；Thiocarbonic acid diamide；TU

GW 2015-1291 M. I. 15，9521

性状 无色斜方晶体或针状结晶。味苦。溶于11份水，溶于乙醇，微溶于乙醚。mp 176～178℃；*d* 1.405。LD_{50}野生挪威大鼠急性经口：1.83g/kg。

注意事项 该品口服有毒。对机体有不可逆损伤的可能性。可能危害胎儿。对水生物有毒。能对水环境引起长期不利的结果。使用时应穿适当的防护服和戴手套。应防止将本品释放于环境中。

主要用途 高纯分析试剂。铋、锇、铑、硒、铅、碲、亚硝酸盐等的测定。色谱分析试剂。测定铋的络合指示剂。掩蔽剂。

参考规格 HG/T 3454—1999	分析纯	化学纯
含量（H_2NCSNH_2）/%≥	99.0	98.0
澄清度试验	合格	合格
水不溶物/%≤	0.002	0.01
干燥失重/%≤	0.5	
灼烧残渣（以硫酸盐计）/%≤	0.005	0.02
硫氰酸盐（以 CNS 计）/%≤	0.005	0.01

Thioxanthone 噻吨酮 09583

[492-22-8] $C_{13}H_8OS$ 212.27

成分 C 73.56%，H 3.80%，O 7.54%，S 15.10%。

别名 硫杂蒽-9-酮；噻吨-9-酮；Thiaxanthone；Thioxanthen-9-one；9-Oxothioxanthene

M. I. 15，9523

性状 来自氯仿中的黄色针状结晶。易溶于苯、氯仿、二硫化碳、热冰乙酸，微溶于乙醇，几乎不溶于水、碱溶液。溶于浓硫酸呈黄色，并有绿色荧光。mp 211℃；bp_{715} 373℃/95.325kPa。一般试剂含量≥98.5%（HPLC）。

注意事项 使用时应避免吸入本品的粉尘，避免与眼睛及皮肤接触。

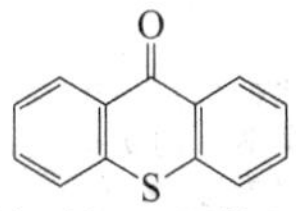

Thiphenamil hydrochloride 双苯乙硫酯 盐酸盐 09584

[548-68-5] $C_{20}H_{26}ClNOS$ 363.94

成分 C 66.01%，H 7.20%，Cl 9.74%，N 3.85%，O 4.40%，S 8.81%。

别名 替芬那米 盐酸盐；盐酸双苯乙硫酯；盐酸替芬那米；Trocinate；α-Phenylbenzeneethanethioic acid *S*-[2-(diethylamino)ethyl] ester hydrochloride；Diphenylthioacetic acid *S*-(2-diethylaminoethyl) ester hydrochloride；Diphenylthiolacetic acid 2-diethylaminoethyl ester hydrochloride；*S*-[2-(Diethylamino)ethyl] diphenylthioacetate hydrochloride；*β*-Diethylaminoethyl diphenylthioacetate hydrochloride

M. I. 15，9524

性状 来自苯＋石油醚中的玫瑰花形微小针状结晶或来自无水乙醇＋乙酸乙酯中的长棱柱体结晶。溶于水。其水溶液对石蕊呈约中性。mp 129～130℃。

主要用途 医用抗痉挛剂。

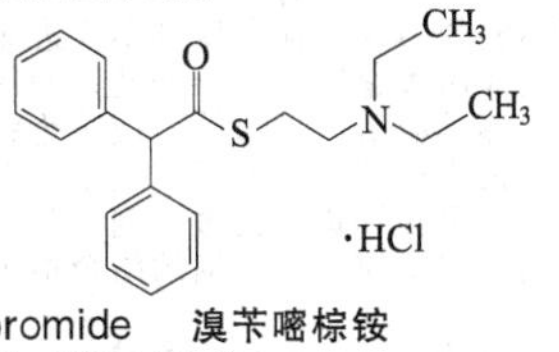

·HCl

Thonzonium bromide 溴苄嘧棕铵 09585

[553-08-2] $C_{32}H_{55}BrN_4O$ 591.72

成分 C 64.96%，H 9.37%，Br 13.50%，N 9.47%，O 2.70%。

别名 溴化十六烷基苄啶二胺；*N*-[2-[[(4-Methoxyphenyl)methyl]-2-pyrimidinylamino]ethyl]-*N*，*N*-dimethyl-1-hexadecanaminium bromide；Hexadecyl[2-[(*p*-methoxybenzyl)-2-pyrimidinylamino]ethyl]dimethylammonium bromide；Cetyl[2-[(*p*-methoxybenzyl)-2-pyrimidinylamino]ethyl]dimethylammonium bromide；*N*-(2-Pyrimidyl)-*N*-(*p*-methoxybenzyl)-*N*′，*N*′-dimethyl-*N*′-cetyl-*N*′-bromoethylenediamine；Thonzide

性状 无色或白色结晶。mp 91～92℃。

注意事项 该品吸入、口服或与皮肤接触有毒。对眼睛、呼吸系统及皮肤有刺激性。对眼睛有严重损伤的危险。使用时应穿适当的防护服。万一接触到眼睛，应立即用大量水冲洗后请医生诊治。

主要用途 生化研究。洗涤剂。

Thorium (Ⅳ) nitrate tetrahydrate 硝酸钍 四水 09586

[13470-07-0] [13823-29-5] $N_4O_{12}Th \cdot 4H_2O$ 552.11

成分(以无水物计) N 11.67%, O 39.99%, Th 48.34%。

别名 四水合硝酸钍

M. I. 15, 9530

性状 白色结晶或结晶性粉末。微潮解。易溶于水、乙醇,水溶液呈强酸性。一般试剂含量≥99.0%(T)。

注意事项 该品有放射性。与易燃物品接触能引起燃烧。口服有毒,并具有蓄积性危害。对眼睛、呼吸系统及皮肤有刺激性。使用时应穿适当的防护服,戴手套和防护镜或面罩。使用时如有事故发生或有不适之感,应立即请医生诊治。

主要用途 分析试剂,如氟的测定。氧化剂。

Thorium (Ⅳ) oxide 氧化钍 09587

[1314-20-1] O_2Th 264.04

成分 O 12.12%, Th 87.88%。

别名 二氧化钍;钍氧;Thoria;Thorium anhydride;Thorium dio-xide

M. I. 15, 9531

性状 白色重质、难熔的结晶性粉末。难溶于酸,不溶于水、碱溶液。mp 3390℃;d 10.0。

注意事项 该品有放射性。吸入、口服或接触皮肤有毒,并具有蓄积性危害。能致癌。使用前应得到专门的指导,避免曝露。使用时应穿适当的防护服,戴手套和防护镜或面罩。使用时如有事故发生或有不适之感,应立即请医生诊治。

主要用途 无硅光学玻璃、高温耐火材料的制造。催化剂。钨钍合金制造。医用辅助诊断(射线透不过的介质)。

Thoron 钍试剂 09588

[3688-92-4] $C_{16}H_{11}AsN_2Na_2O_{10}S_2$ 576.30

成分 C 33.35%, H 1.92%, As 13.00%, N 4.86%, Na 7.98%, O 27.76%, S 11.13%。

别名 邻苯胂酸偶氮 R 盐;1-(邻苯胂酸)偶氮苯-2-萘酚-3,6-二磺酸二钠盐;APANS;1-(*o*-Arsonophenyl) azo-2-naphthol-3,6-disulfonic acid disodium salt;2-(2-Hydroxy-3,6-disulfo-1-naphthaleneazo)phenylarsonic acid disodium salt;Thorin;Thoronol

性状 鲜红色结晶或粉末。溶于水和稀酸,其溶液呈橙色。溶于碱溶液呈橙红色,而且易分解。不溶于有机溶剂。mp>300℃。

注意事项 该品吸入或口服有毒。对水生物极毒。能对水环境引起长期不利的结果。使用现场不得进餐或吸烟。接触皮肤后,应立即用大量肥皂泡沫冲洗。使用时如有事故发生或有不适之感,应请医生诊治。应防止将本品释放于环境中。其包装物应按危险品处理。应密封保存。

主要用途 比色测定钍和锆的灵敏试剂;分光光度测定锂的试剂;也可用作测定铋、钍、铀的络合指示剂。

D-Threonine D-苏氨酸 09589

[632-20-2] $C_4H_9NO_3$ 119.12

成分 C 40.33%, H 7.62%, N 11.76%, O 40.29%。

别名 D-2-氨基-3-羟基丁酸;D-α-氨基-β-羟基丁酸;D-异赤丝藻氨酸;D-羟基丁氨酸;(2*R*,3*S*)-2-Amino-3-hydroxybutyric acid;D-α-Amino-β-hydroxybutyric acid;D-2-Amino-3-hydroxy butyric acid;D-β-Hydroxy-2-aminobutyric acid

性状 无色结晶。易溶于水,不溶于无水乙醇、乙醚、三氯甲烷。$[\alpha]_D^{20}$ +29°±1°(c=5,于水中)。生化试剂含量≥99.0%(NT)。

主要用途 生化试剂。培养基的制备。

DL-Threonine DL-苏氨酸 09590

[80-68-2] $C_4H_9NO_3$ 119.12

成分 C 40.33%, H 7.62%, N 11.76%, O 40.29%。

别名 DL-2-氨基-3-羟基丁酸;DL-α-氨基-β-羟基丁酸;DL-异赤丝藻氨基酸;DL-羟基丁氨酸;DL-α-Amino-β-hydroxybutyric acid;DL-2-Amino-3-hydroxybutyric acid;DL-β-Hydroxy-2-aminobutyric acid

性状 白色斜方结晶。mp 约 245℃(分解)。一般试剂含量≥98.0%(TLC)。

主要用途 生化试剂。培养基的制备。营养增补剂。与葡萄糖共热易产生焦香和巧克力香味。有增香作用。

L-Threonine L-苏氨酸 09591

[72-19-5] $C_4H_9NO_3$ 119.12

成分 C 40.33%, H 7.62%, N 11.76%, O 40.29%。

别名 L-2-氨基-3-羟基丁酸;L-α-氨基-β-羟基丁酸;L-羟基丁氨酸;L-异赤丝藻氨酸;L-α-Amino-β-hydroxybutyric acid;L-2-Amino-3-hydroxybutyric acid;[*R*-(*R**,*S**)]-2-Amino-3-hydroxybutanoic acid;L-β-Hydroxy-2-aminobutyric acid;T;Thr

M. I. 15, 9534

性状 无色结晶。易溶于水,不溶于无水乙醇、乙醚、三氯甲烷等中性溶剂。pK_1' 2.63;pK_2' 10.43。255~257℃分解;$[\alpha]_D^{26}$ −28.3°(c=1.09,于水中)。生化试剂含量≥98.0%(TLC)。

主要用途 生化试剂,如培养基的制备等。营养增补剂。用于配制氨基酸输液和综合氨基酸制剂。

D-Threose D-苏糖 09592

[95-43-2] $C_4H_8O_4$ 120.10

成分 C 40.00%, H 6.71%, O 53.29%。

别名 D-苏阿糖;(2*S*,3*R*)-2,3,4-Trihydroxybutanal

M. I. 15, 9535

性状 糖浆状物。易溶于水,微溶于乙醇,几乎不溶于乙醚、石油醚。$[\alpha]_D^{20}$ −12.3°(20min,c=4,于水中)。生化试剂含量≥60.0%。

注意事项 该品应密封于 2~8℃保存。

主要用途 生化研究。

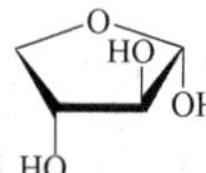

L-Threose L-苏糖 09593

[95-44-3] $C_4H_8O_4$ 120.10

成分 C 40.00%, H 6.71%, O 53.29%。

别名 L-苏阿糖;(2*R*,3*S*)-2,3,4-Trihydroxybutanal

M. I. 15, 9536

性状 糖浆状物。溶于水。$[\alpha]_D^{20}$ +13.2°(c=4.5,最终值)。生化试剂含量≥60.0%。

注意事项 该品应密封于 2~8℃保存。

主要用途 生化研究。

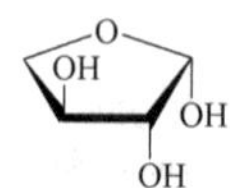

Thrombin from bovine plasma 凝血酶(牛血浆) 09594

[9002-04-4]

别名 凝血酵素；Thrombase
M. I. 15，9537　E. C. 3. 4. 21. 5
性状 白色、淡黄色或微灰色（冷冻干燥）粉末。易溶于生理盐水，溶液呈淡黄色浑浊溶液。生化试剂含量约 40～300NHU/mg。
注意事项 使用时应避免吸入本品的粉尘，避免与眼睛及皮肤接触。应充氩气密封于－20℃干燥保存。
主要用途 能使人纤维蛋白原转化为纤维蛋白。

Thromboxane B_2　凝血噁烷胺 B_2　09595
[54397-85-2]　$C_{20}H_{34}O_6$　370. 49
成分 C 64. 84%，H 9. 25%，O 25. 91%。
别名 血栓烷 B_2；凝栓质 B_2；(5*Z*，9*α*，13*E*，15*S*)-9，11，15-Trihydroxythromboxa-5，13-dien-1-oic acid；[2*R*-[2*α*(1*E*，3*S**)，3*β*(*Z*)，4*β*，6*α*]]-7-[tetrahydro-4，6-dihydroxy-2-(3-hydroxy-1-octenyl)-2*H*-pyran-3-yl]-5-heptenoic acid；TXB_2；PHD
M. I. 15，9542
性状 来自乙酸乙酯/乙醚/石油醚中的片状结晶。mp 95～96℃；$[\alpha]_D^{25}$ +57. 4°（*c*=0. 26，于乙酸乙酯中）。
注意事项 该品可能危害胎儿。使用时应穿适当的防护服。应避免吸入本品的粉尘。应充氩气密封避光于－20℃干燥保存。
主要用途 生化研究。

OH COOH HO O CH_3 OH

(－)-α-Thujone　(－)-α-苧酮　09596
[546-80-5]　$C_{10}H_{16}O$　152. 24
成分 C 78. 90%，H 10. 59%，O 10. 51%。
别名 (－)-*α*-崖柏酮；(1*S*，4*R*)-1-Isopropyl-4-methylbicyclo[3. 1. 0]hexan-3-one；L-Thujone；*α*-Thujone；l-4-Methyl-l-(1-methylethyl)bicyclo[3. 1. 0]hexan-3-one；*l*-3-Thujanone
M. I. 15，9546
性状 无色或几乎无色的液体。对空气敏感。溶于乙酸及多种有机溶剂，几乎不溶于水。bp_{17} 83. 8～84. 1℃/2. 266kPa；Fp 148℉（64℃）；d_4^{25} 0. 9109；n_D^{15} 1. 4490；$[\alpha]_D^{20}$ －19. 2°；uv max（异辛烷中）：300nm（*ε* 23）。LD_{50} 小鼠皮下注射：134. 2mg/kg。一般试剂含量≥96. 0%（GC）。
注意事项 该品口服有毒。应密封于 2～8℃保存。

Thujopsene　罗汉柏烯　09597
[470-40-6]　$C_{15}H_{24}$　204. 36
成分 C 88. 16%，H 11. 84%。
别名 斧柏烯；羽毛柏烯；(1a*S*，4a*S*，8a*S*)-1，1a，4，4a，5，6，7，8-Octahydro-2，4a，8，8-tetramethylcyclopropa[*d*]naphthalene；Widdrene
M. I. 15，9547
性状 无色液体。bp_{10} 120℃/1. 333kPa；Fp 219. 2℉（104℃）；d^{24} 0. 932；n_D^{25} 1. 5031；$[\alpha]_D$ －110°（*c*=2，于氯仿中）；uv max（乙醇中）：212nm（ε 4680）。一般试剂含量≥97. 0%（GC）。
注意事项 使用时应避免吸入本品的蒸气、气味，避免与眼睛及皮肤接触。

H_3C CH_3 CH_3 CH_3

Thulium　铥　09598
[7440-30-4]　Tm　168. 93421
M. I. 15，9548
性状 银白色有光泽的金属。溶于稀酸。mp 1545℃；bp 1725℃；*d* 9. 3208。
注意事项 该品与水接触时能释放出高度易燃气体，在空气中能自动燃烧。对眼睛和呼吸系统有刺激性。使用时应穿适当的防护服。万一接触到眼睛，应立即用大量水冲洗后请医生诊治。万一着火应使用干砂灭火，而不能用水。应密封充氩气于干燥处保存。
主要用途 光谱分析。

Thulium（Ⅲ）chloride heptahydrate
氯化铥 七水　09599
[10025-92-0][1331-74-4][水合物 19423-86-0]　$Cl_3Tm \cdot 7H_2O$　401. 39
成分（以无水物计）　Cl 38. 63%，Tm 61. 37%。
别名 七水合三氯化铥；七水合氯化铥；三氯化铥 七水
M. I. 15，9548
性状 绿色结晶。易吸潮。溶于水、乙醇。mp 824℃；bp 1400℃。LD_{50} 小鼠腹膜内注射：485mg/kg；急性经口：6. 25g/kg。一般试剂含量≥99. 9%。
主要用途 光谱分析。

Thulium oxide　氧化铥　09600
[12036-44-1]　O_3Tm_2　385. 87
成分 O 12. 44%，Tm 87. 56%。
别名 三氧化二铥；铥氧；Thulia
M. I. 15，9548
性状 白色带微绿色的粉末。缓慢地溶于强酸，不溶于水。mp 2400℃。一般试剂含量≥99. 9%。
主要用途 制造金属铥。

Thulium（Ⅲ）oxalate hexahydrate　草酸铥 六水　09601
[26677-68-9]　$C_6O_{12}Tm_2 \cdot 6H_2O$　710. 01
成分（以无水物计）　C 11. 97%，O 31. 90%，Tm 56. 13%。
别名 乙二酸铥 六水；六水合乙二酸铥；六水合草酸铥
M. I. 15，9548
性状 浅绿白色粉末。吸潮。溶于碱金属草酸盐溶液而生成复盐。
注意事项 该品具有刺激性。应密封干燥保存。
主要用途 从普通金属中分离铥。

Thurfyl nicotinate　烟酸氢糠酯　09602
[70-19-9]　$C_{11}H_{13}NO_3$　207. 23
成分 C 63. 76%，H 6. 32%，N 6. 76%，O 23. 16%。
别名 3-Pyridinecarboxylic acid (tetrahydro-2-furanyl) methyl ester；Nicotinic acid tetrahydrofurfuryl ester；Tetrahydrofurfuryl nicotinate；Nicotafuryl；Trafuril
M. I. 15，9550
性状 无色油状液体。溶于水、油类。$bp_{0.25}$ 114～116℃/33. 3Pa。
主要用途 医用发红剂。

N O O O

Thymidine　胸苷　09603
[50-89-5]　$C_{10}H_{14}N_2O_5$　242. 23
成分 C 49. 59%，H 5. 83%，N 11. 57%，O 33. 02%。
别名 去氧胸腺素苷；1-(2-脱氧-*β*-D-呋喃核糖)-5-甲基尿嘧啶；胸腺核苷；胸腺嘧啶核苷；胸腺嘧啶脱氧核苷；1-(2-Deoxy-*β*-D-ribofuranosyl)-5-methyluracil；1-(2-Deoxy-*β*-D-ribofuanosyl)thymine；TdR；Thymine-2-deoxyriboside；Thymine-2-desoxyriboside
M. I. 15，9552
性状 来自乙酸乙酯中的无色针状、玫瑰花形结晶或白色结晶性粉末。溶于水、甲醇、热乙醇、热丙酮、热乙酸乙酯、吡啶、冰乙酸，略微溶于热氯仿。mp 185℃；$[\alpha]_D^{25}$ +30. 6°（*c*=1. 029，于水中）；uv max（pH 7. 2）：206. 5nm，267nm（ε×10^3 9. 8，9. 7）。生化试剂含量≥99. 0%（HPLC）。
注意事项 该品可能损伤生育力。对机体有造成不可逆损伤的可能性。使用时应穿适当的防护服和戴手套。使用时应避免吸入本品的粉尘，避免与眼睛及皮肤接触。应充氩气密封保存。

主要用途 生化生化研究。

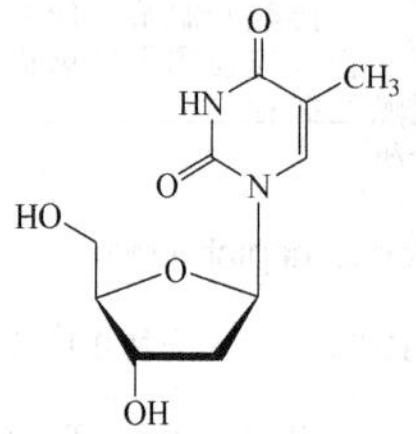

Thymidine 5′-monophosphate 5′-一磷酸胸苷 09604

[365-07-1] $C_{10}H_{15}N_2O_8P$ 322.21

成分 C 37.28%，H 4.69%，N 8.69%，O 39.72%，P 9.61%。

别名 胸苷-5′-一磷酸；胸腺核苷-5′-单磷酸；胸腺脱氧核苷酸；Thymidine-5′-monophosphoric acid; Deoxythymidylic acid; 5-Thymidylic acid; 2-Deoxythymidine-5′-monophosphoric acid; T-5′-P; TMP; 5′-TMP; 5′-7mp

性状 无色结晶。生化试剂含量 98.0%～100.0%。

注意事项 该品应密封于－20℃保存。

主要用途 生化研究。

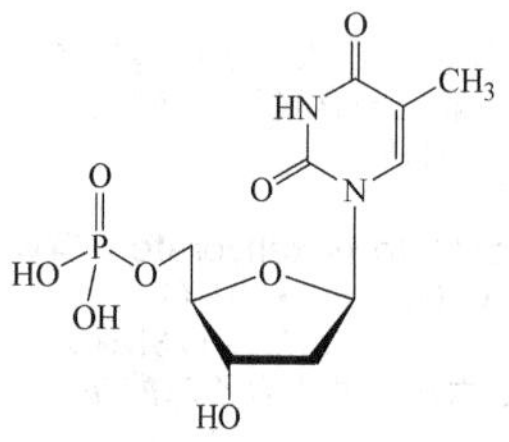

Thymidine 5′-monophosphate disodium salt dihydrate 5′-一磷酸胸苷二钠盐 二水 09605

[33430-62-6] $C_{10}H_{13}N_2Na_2O_8P \cdot 2H_2O$ 402.21

成分（以无水物计） C 32.80%，H 3.58%，N 7.65%，Na 12.56%，O 34.95%，P 8.46%。

别名 二水合 5′-一磷酸胸苷二钠盐；胸腺核苷-5′-单磷酸二钠盐；胸腺嘧啶-5′-单磷酸二钠盐；5′-胸腺脱氧核苷单磷酸二钠盐；2-脱氧胸腺嘧啶核苷-5′-磷酸二钠盐；Thymidine-5′-monophosphoric acid Na_2 salt; 2-Deoxythymidine 5′-monophosphate disodium salt; 5′-Thymidylic acid disodium salt; dTMP; 5′-TMP-Na_2

性状 白色无定形粉末。mp 约 215℃（分解）；$[\alpha]_D^{20}-5.0°\pm2°$（$c=1$，于 0.5mol/L 磷酸氢二钠溶液中）。生化试剂含量≥99.0%。

注意事项 该品应充氩气密封于－20℃干燥保存。

主要用途 生化研究。

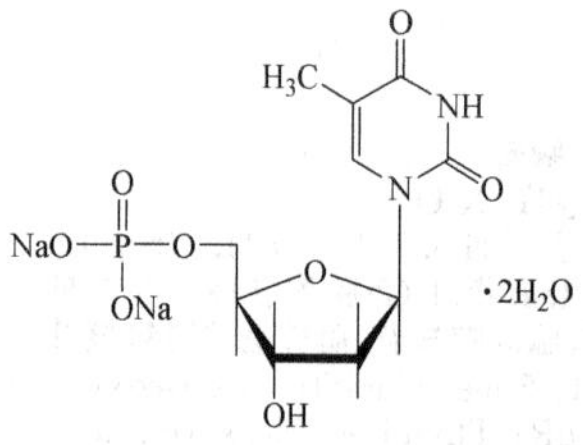

Thymidine 5′-triphosphate tetrasodium salt 5′-三磷酸胸苷四钠盐 09606

[3624-46-2] $C_{10}H_{13}N_2Na_4O_{14}P_3$ 556.12

成分 C 21.60%，H 2.36%，N 5.03%，Na 14.02%，O 40.28%，P 16.71%。

别名 胸腺核苷-5′-三磷酸四钠盐；去氧胸腺嘧啶三磷酸四钠盐；2-脱氧胸腺核苷-5′-三磷酸四钠盐；Thymidine-5′-triphosphoric acid Na_4 salt; 2-Deoxythymidine 5′-triphosphate tetrasodium salt; 5′-TTP-Na_4; dTTP-Na_4 salt

性状 白色无定形粉末。生化试剂含量≥85.0%（HPLC）；TDP ≤15%（HPLC）；H_2O≤15%。

注意事项 该品使用时应避免吸入本品的粉尘。避免与眼睛及皮肤接触。应充氩气密封于－20℃干燥保存。

主要用途 生化研究。

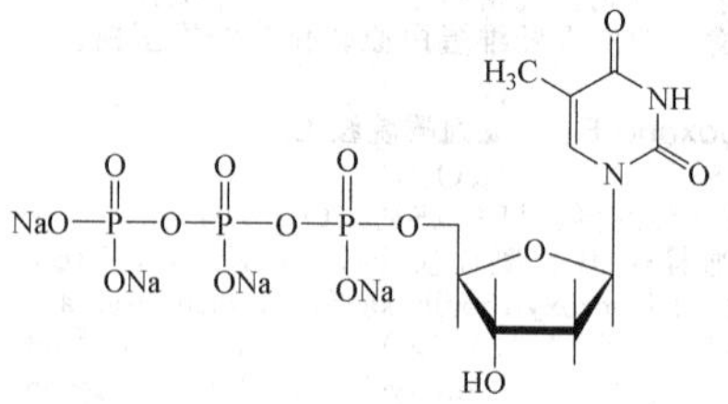

Thymine 胸腺嘧啶 09607

[65-71-4] $C_5H_6N_2O_2$ 126.12

成分 C 47.62%，H 4.80%，N 22.21%，O 25.37%。

别名 2,4-二羟基-5-甲基嘧啶；5-甲基尿嘧啶；5-甲基呻嚅胸腺素；胸腺间氮苯；5-甲基呻嚅；2,4-Dihydroxy-5-methylpyrimidine; 5-Methyl-2, 4-(1*H*, 3*H*)-pyrimidinedione; 5-Methyluracil

M. I. 15, 9553

性状 来自水中的无色树枝状或星形片状结晶。能升华。易溶于碱溶液，溶于热水，微溶于冷水（25℃，4g/L）；微溶于乙醇，略溶于乙醚。335～337℃分解；uv max（pH 值 7.0）：205nm，264.5nm（ε×10³ 9.5，7.9）。生化试剂含量≥99.0%。

注意事项 使用时应避免吸入本品的粉尘，避免与眼睛及皮肤接触。

主要用途 生化研究。营养研究。培养基。

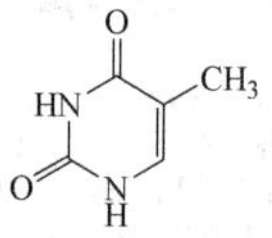

Thymol 百里酚 09608

[89-83-8] $C_{10}H_{14}O$ 150.22

成分 C 79.95%，H 9.39%，O 10.65%。

别名 5-甲基-2-异丙基酚；百里香酚；2-异丙基-5-甲基苯酚；麝香草酚；麝香草脑；3-*p*-Cymenol; 3-Hydroxy-*p*-cymene; 2-Isopropyl-5-methylphenol; 1-Methyl-3-hydroxy-4-isopropylbenzene; 1-Methyl-3-hydroxy-4-*iso*-propylbenzene; 5-Methyl-2-isopropyl-1-phenol; 5-Methyl-2-(1-methylethyl) phenol; 5-Methyl-2-*iso*-propyl-1-phenol; Thymecam phor; *m*-Thymol

M. I. 15, 9554

性状 无色片状结晶。有特殊香味。1g 该品 25℃时溶于约 1000mL 水、1mL 乙醇、0.7mL 氯仿、1.5mL 乙醚、1.7mL 橄榄油。溶于冰乙酸、碱溶液、油类。mp 51.5℃；bp 约 233℃；d_4^{25} 0.9699；n_D^{20} 1.5227；n_D^{25} 1.5204。LD_{50} 大鼠急性经口：980mg/kg。

注意事项 该品口服有毒。具有腐蚀性，能引起烧伤。对水生物有毒。能对水环境引起长期不良的结果。使用时应穿适当的防护服，戴手套和防护镜或面罩。万一接触到眼睛，应立即用大量水冲洗后请医生诊治。接触皮肤后应立即用大量水冲洗。使用时如有事故发生或有不适之感，应请医生诊治。应防止将本品释放于环境中。

主要用途 测定钛、锑、砷、硝酸盐、亚硝酸盐、氨的试剂。测定氨、钛、硫酸盐。医用局部消毒剂，驱虫剂。

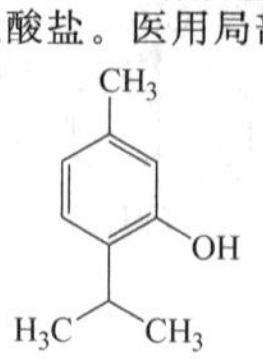

Thymol blue 百里酚蓝 09609

[76-61-9] $C_{27}H_{30}O_5S$ 466.59

成分 C 69.50%，H 6.48%，O 17.14%，S 6.87%。

别名 百里香酚蓝；百里香酚磺酞；麝香草酚蓝；麝香草酚磺酞；4,4′-(3*H*-2,1-Benzoxathiol-3-ylidene) bis[5-methyl-2-(1-methylethyl)phenol] *S*,*S*-dioxide; *α*-Hydroxy-*α*,*α*-bis(5-hydroxycarvacryl)-*o*-toluenesulfonic acid *γ*-sultone; Thymolsulfonephthalein

M. I. 15，9555

性状 棕绿色结晶性粉末。有特殊的气味。溶于乙醇及稀碱溶液，不溶于水。pH 值 1.2～2.8（由红至黄色）；8.0～9.6（由黄至蓝色）。

注意事项 使用时应避免与眼睛及皮肤接触。

主要用途 酸碱指示剂。

参考规格 HG/T 4010—2008 指示剂

pH 变色域	1.2（红）～2.8（黄） 8.0（黄）～9.6（蓝）
质量吸收系数/[L/(cm·g)]≥	71.0
乙醇溶解试验	合格
灼烧残渣（以硫酸盐计）/%≤	0.3

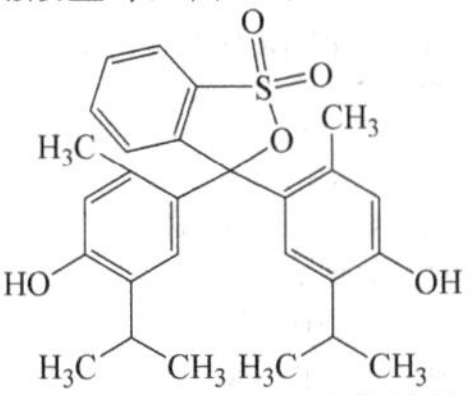

Thymol blue sodium salt 百里酚蓝钠盐 09610

[62625-21-2] $C_{27}H_{29}NaO_5S$ 488.58

成分 C 66.38%，H 5.98%，Na 4.71%，O 16.37%，S 6.56%。

别名 麝香草酚蓝钠盐

性状 棕色结晶性粉末。溶于水。mp 284℃（分解）。

主要用途 酸碱指示剂。

Thymolphthalein 百里酚酞 09611

[125-20-2] $C_{28}H_{30}O_4$ 430.54

成分 C 78.11%，H 7.02%，O 14.86%。

别名 5′,5″-二异丙基-2′,2″-二甲基酚酞；百里香酚酞；麝香草酚酞；3,3-Bis[4-hydroxy-2-methyl-5-(1-methylethyl)phenyl]-1(3*H*)-isobenzofuranone; 5,′5″-Diisopropyl-2′,2″-dimethylphenolphthaleine; 5′,5″-Di-*iso*-propyl-2′,2″-dimethylphenolphthalein; Dithymolphthalide; TP

M. I. 15，9556

性状 无色针状结晶。溶于乙醇、丙酮，溶于稀碱呈蓝色，溶于硫酸呈胭脂红色，不溶于水。pH 值 9.3～10.5（由无色至蓝色）。mp 约 253℃。

注意事项 使用时应避免吸入本品的粉尘，避免与眼睛及皮肤接触。

主要用途 酸碱指示剂。

参考规格 HG/T 4011—2008 指示剂

熔点范围/℃	251.0～255.0
pH 变色域	9.3（无色）～10.5（蓝色）
乙醇溶解试验	合格
灼烧残渣（以硫酸盐计）/%≤	0.1

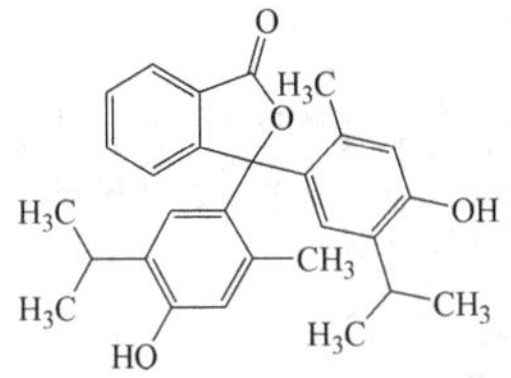

Thymolphthalein monophosphate disodium salt trihydrate 一磷酸百里酚酞二钠盐 三水 09612

[28749-63-5] $C_{28}H_{29}Na_2O_7P \cdot 3H_2O$ 608.54

成分（以无水物计） C 60.65%，H 5.27%，Na 8.29%，O 20.20%，P 5.59%。

别名 三水合一磷酸百里酚二钠盐；百里酚酞一磷酸二钠盐；麝香草酚酞磷酸二钠盐

性状 白色结晶。一般试剂含量约 75%（NT）；含水（H_2O）23%～25%。

注意事项 该品应充氩气密封于 2～8℃干燥保存。

主要用途 酸性或碱性磷酸酶的基质。

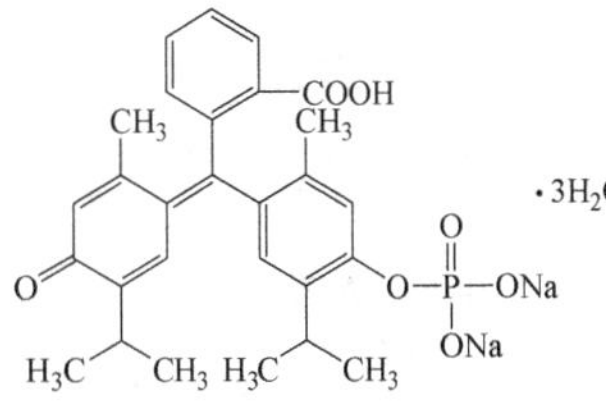

Thymolphthalexon 百里酚酞络合指示剂 09613

[62698-55-9] $C_{38}H_{40}N_2Na_4O_{12}$ 808.70

成分 C 57.43%，H 5.07%，N 3.52%，Na 9.81%，O 24.16%。

别名 百里酚酞-3′,3″-双(亚甲基亚胺二乙酸)；麝香草酚酞络合剂；3′,3″-Bis[*N*,*N*-di(carboxymethyl)aminomethyl]thymolphthalein; Thymolphthalein-3′,3″-bis(methyleneiminodiacetic acid sodium salt); Thymolphthalein complexone; TPC

性状 白色结晶性粉末。溶于水，不溶于无水乙醇。其酸溶液为无色，其碱溶液为深蓝色。mp 191℃（分解）。

主要用途 络合指示剂。测定钙、锶、钡、锰及稀土元素。

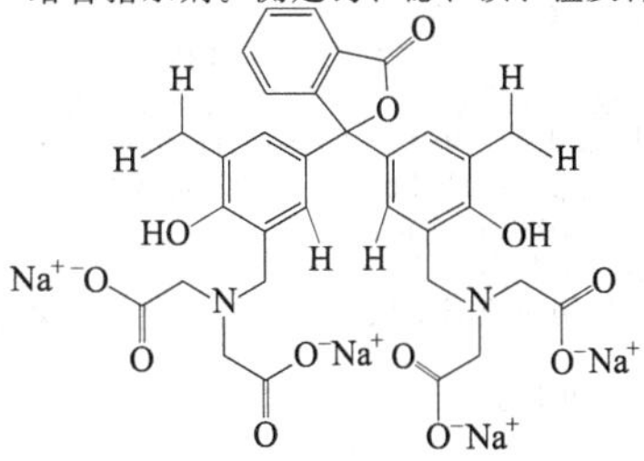

o-Thymotic acid 邻百里酸 09614

[548-51-6] [4389-53-1] $C_{11}H_{14}O_3$ 194.23

成分 C 68.02%，H 7.27%，O 24.71%。

别名 6-甲基-3-异丙基水杨酸；3-异丙基-6-甲基水杨酸；2-羟基-6-甲基-3-(1-甲基乙基)苯甲酸；2-羟基-3-异丙基-6-甲基苯甲酸；2-Hydroxy-3-isopropyl-6-methylbenzoic acid; 2-Hydroxy-6-methyl-3-(1-meth-ylethyl) benzoic acid; 3-Hydroxy-2-*p*-cymene-carboxylic acid; 3-Isopropyl-6-methylsalicylic acid; *o*-Thymotinic acid; 6-Methyl-3-isopropylsalicylic acid

M. I. 15，9563

性状 来自水中的无色单斜三棱针状结晶。1g 该品溶于 10L 水（20℃），溶于乙醇、乙醚、氯仿、苯、石油醚。能随水蒸气挥发。mp 127℃。

注意事项 该品对眼睛、呼吸系统及皮肤有刺激性。

主要用途 生化研究。

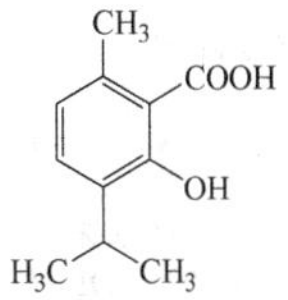

Thymyl *N*-isoamylcarbamate *N*-异戊基氨基甲酸百里酚酯 09615

[578-20-1] $C_{16}H_{25}NO_2$ 263.38

成分 C 72.97%，H 9.57%，N 5.32%，O 12.15%。

别名 百里酚 *N*-异戊基氨基甲酸酯；*N*-异戊基氨基甲酸麝香草酚酯；麝香草酚 *N*-异戊基氨基甲酸酯；Isoamylcarbamic acid thymyl ester; Isopropyl-*m*-cresylester of isoamylcarbamic acid; Egressin

M. I. 15，9564

性状 来自石油醚中的无色针状结晶。遇碱皂化，分解成异戊胺及百里酚（与二氧化碳一同）。几乎不溶于水（<1：50000）。mp 57℃。

主要用途 医用驱虫剂。

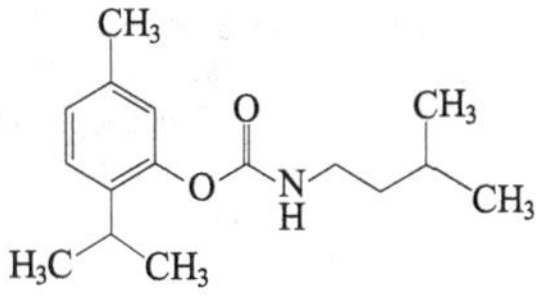

Thyroglobulin from bovine thyroid glands
甲状腺球蛋白（牛甲状腺） 09616
[9010-34-8] Mr 约 670000
性状 无色结晶。生化试剂含量≥98.0%（GE）；碘约0.7%；γ-球蛋白≤2%；灰分≤4%。
注意事项 使用时应避免吸入本品的粉尘，避免与眼睛及皮肤接触。应充氩气密封避光于−20℃干燥保存。

DL-Thyronine DL-甲状腺氨酸 09617
[1034-10-2] $C_{15}H_{15}NO_4$ 273.29
成分 C 65.92%，H 5.53%，N 5.13%，O 23.42%。
别名 DL-无碘甲状腺素；邻(4-羟基苯基)-DL-酪氨酸；3-[4-(4-羟基苯氧基)苯基]-DL-丙氨酸；DL-α-Amino-β-[4-(4-oxyphenoxy) phenyl] propionic acid；DL-Desiodothyroxine；3-[4-(4-Hydroxyphenoxy)phenyl]-DL-alanine；3-[p-(p-Hydroxyphenoxy) phenyl]-DL-alanine；o-(4-Hydroxyphenyl)-DL-tyrosine
性状 白色至灰白色粉末。几乎不溶于乙醇、乙醚，不溶于水。mp 253～254℃（分解）。
主要用途 生化研究。

L-Thyronine L-甲状腺氨酸 09618
[1596-67-4] $C_{15}H_{15}NO_4$ 273.29
成分 C 65.92%，H 5.53%，N 5.13%，O 23.42%。
别名 L-无碘甲状腺素；邻(4-羟基苯基)-L-酪氨酸；3-[4-(4-羟基苯氧基)苯基]-L-丙氨酸；3-[4-(4-Hydroxyphenoxy)phenyl]-L-alanine；3-[p-(p-Hydroxyphenoxy) phenyl]-L-alanine；o-(4-Hydroxyphenyl)-L-tyrosine
性状 淡黄色至灰色粉末。
注意事项 使用时应避免吸入本品的粉尘，避免与眼睛及皮肤接触。
主要用途 生化研究。

Thyropropic acid 三碘甲腺丙酸 09619
[51-26-3] $C_{15}H_{11}I_3O_4$ 635.96
成分 C 28.33%，H 1.74%，I 59.86%，O 10.06%。
别名 4-(4-Hydroxy-3-iodophenoxy-3,5-diiodobenzene Propanoic acid)；4-(4-Hydroxy-3-iodophenoxy)-3,5-diiodohydrocinnamic acid；3,3′,5-Triiodothyropropionic acid；β-[4-(3′-Iodo-4′-hydroxyphenoxy)-3,5-diiodophenyl]propionic acid；Birodan
M. I. 15，9567
性状 来自无水乙醇中的无色结晶。mp 200℃。
主要用途 医用抗高血脂，降胆固醇剂。

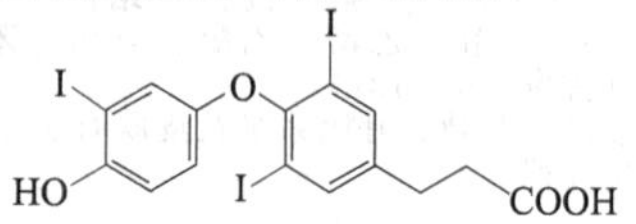

DL-Thyroxine DL-甲状腺素 09620
[300-30-1] $C_{15}H_{11}I_4NO_4$ 776.87
成分 C 23.19%，H 1.43%，I 65.34%，N 1.80%，O 8.24%。
别名 DL-β-（3，5-二碘-4-羟基苯氧基）-3，5-二碘苯丙氨酸；DL-四碘甲状腺氨酸；DL-甲状腺胺；DL-β-[(3,5-Diiodo-4-hydroxyphenoxy)-3,5-diiodophenyl] alanine；DL-3,3′,5,5′-Tetraiodothyronine
M. I. 15，9570
性状 白色针状结晶。遇光不稳定。溶于碱溶液、热碳酸碱溶液，不溶于水、乙醇和其他有机溶剂。231～233℃分解。
注意事项 该品吸入、口服或与皮肤接触有毒。使用时应穿适当的防护服和戴手套。应密封避光保存。
主要用途 生化研究。

L-Thyroxine L-甲状腺素 09621
[51-48-9] $C_{15}H_{11}I_4NO_4$ 776.87
成分 C 23.19%，H 1.43%，I 65.34%，N 1.80%，O 8.24%。
别名 L-β-(3,5-二碘-4-羟基苯氧基)-3,5-二碘苯丙氨酸；L-四碘甲状腺氨酸；O-(4-Hydroxy-3,5-diiodophenyl)-3,5-diiodo-L-tyrosine；(−)-3-[4-(4-Hydroxy-3,5-diiodophenoxy)-3,5-diiodophenyl]alanine；3,5,3′,5′-Tetraiodo-L-thyronine；Levothyroxine；T_4；L-β-[(3,5-Diiodo-4-hydroxyphenoxy)-3,5-dicodophenyl]alanine；L-3,3′,5,5′-Tetraiodothyronine
M. I. 15，9570
性状 无色结晶。溶于碱溶液，不溶于水、乙醇、乙醚。235～236℃分解。$[\alpha]_{546}^{25}$ −3.2°（0.66g 溶于 6.07g 0.5mol/L 氢氧化钠溶液和 13.03g 乙醇中）；$[\alpha]_D^{20}$ −4.4°（3%于0.13mol/L 氢氧化钠溶液和 70%乙醇中）。生化试剂含量≥97.0%（HPLC）。
注意事项 该品吸入、口服或与皮肤接触有毒。使用时应穿适当的防护服和戴手套。应充氩气密封避光于 2～8℃保存。
主要用途 生化研究。

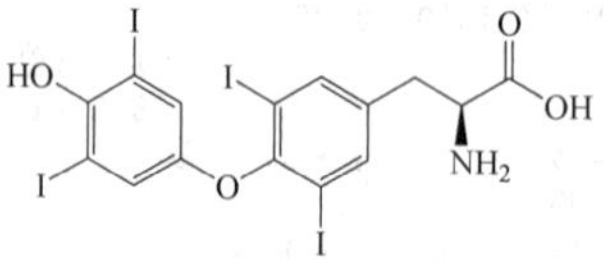

L-Thyroxine sodium salt pentahydrate
L-甲状腺素钠盐 五水 09622
[6106-07-6] $C_{15}H_{10}I_4NNaO_4 \cdot 5H_2O$ 888.94
成分（以无水物计） C 22.55%，H 1.26%，I 63.54%，N 1.75%，Na 2.88%，O 8.01%。
别名 五水合 L-甲状腺素钠盐；L-甲状腺胺钠；L-四碘甲状腺氨酸钠盐；Eltroxin；Euthyrox；O-(4-Hydroxy-3,5-diiodophenyl)-3,5-diiodo-L-tyrosine monosodium salt；Laevoxine；Letter；Levaxin；Levothroid；Levothyrox；Levothyroxine sodium；Oroxine；Sodium levothyroxine；Synthroid sodium；L-3,3′5,5′-Tetraiodothyronine sodium salt pentahydrate；Thyroxevan
M. I. 15，9570
性状 无色三斜结晶或奶油色粉末。溶于水（25℃，约 15mg/100mL），溶于无机酸、碱和碳酸盐溶液，较多地溶于乙醇，极微溶于氯仿、乙醚。水溶液 pH 值 8.35～9.35。d_4^{20} 2.381；$[\alpha]_D^{20}$ −4.4°（c=3，于 70%乙醇中）。生化试剂含量≥97.0%（HPLC）。
注意事项 使用时应避免吸入本品的粉尘。避免与眼睛及皮肤接触。应密封于−20℃保存。
主要用途 生化研究。

Tiagabine hydrochloride 噻加宾 盐酸盐 09623
[145821-59-6] $C_{20}H_{26}ClNO_2S_2$ 412.00
成分 C 58.31%，H 6.36%，Cl 8.60%，N 3.40%，O 7.77%，S 15.56%。
别名 盐酸噻加宾；（3R）-1-[4，4-双（3-甲基-2-噻吩基）-3-丁烯基]-3-吡啶甲酸 盐酸盐；Gabitril；(3R)-1-[4,4-Bis(3-methyl-2-thienyl)-3-butenyl]-3-piperidinecarboxylic acid hydrochloride；(−)-(R)-1-[4,4-bis(3-methyl-2-thienyl)-3-butenyl] nipecotic acid hydrochloride；TGE-HCl；NO-328-HCl；NO-05-0328-HCl；NNC-05-0328-HCl；A-70569-HCl
M. I. 15，9572
性状 白色至灰白色结晶性粉末。无气味。溶于水（3%），易溶于甲醇、乙醇，溶于异丙醇、碱水溶液，极微溶于氯仿，几乎不溶于正庚烷，不溶于己烷。pK_{a1} 3.3，pK_{a2} 9.4。mp 192℃（分解）；$[\alpha]_D^{20}$ −11°；分配系数（辛醇/水，pH 值 7.4）：39.3。
注意事项 该品吸入、口服或与皮肤接触有毒。使用时应穿适当的防护服和戴手套。使用时如有事故发生或有不适之感，应立即就医。应密封于干燥处保存。
主要用途 医用抗惊厥剂。

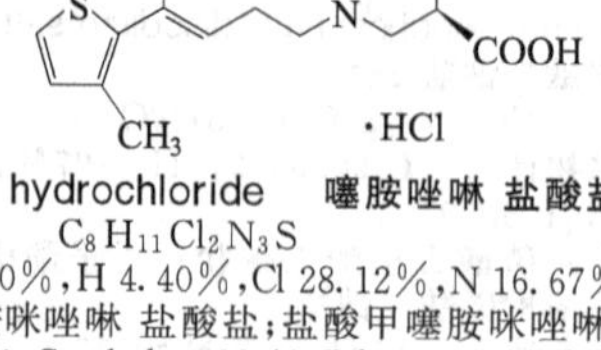

Tiamenidine hydrochloride 噻胺唑啉 盐酸盐 09624
[51274-83-0] $C_8H_{11}Cl_2N_3S$ 252.16
成分 C 38.10%，H 4.40%，Cl 28.12%，N 16.67%，S 12.72%。
别名 甲噻胺咪唑啉 盐酸盐；盐酸甲噻胺咪唑啉；盐酸噻胺唑啉；HOE-440；Sundralen；N-(2-Cyloro-4-methyl-3-thienyl)-4,5-dihydro-1H-imidazol-2-amine hydrochloride；2-(2-chloro-4-

methyl-3-thienyl) amino-2-imidazoline hydrochloride; 2-Chloro-4-methyl-3-(2′-imidazolin-2′-ylamino) thiophene hydrochloride; Thiamenidine hydrochloride

M. I. 15，9573

性状 来自异丙醇＋石油醚中的无色结晶。mp 228～229℃。LD_{50}大鼠，小鼠静脉注射（mg/kg）：40，45；小鼠皮下注射：170mg/kg；急性经口：400mg/kg。

主要用途 医用抗高血压剂。

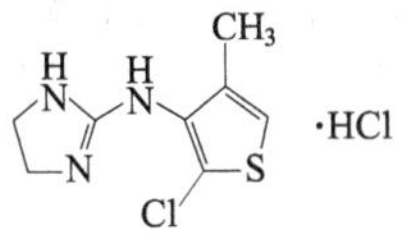

·HCl

Tiamulin fumarate 硫黏菌素 反丁烯二酸盐 09625

[55297-96-6] $C_{32}H_{51}NO_8S$ 609.82

成分 C 63.03%，H 8.43%，N 2.30%，O 20.99%，S 5.26%。

别名 反丁烯二酸硫黏菌素；硫黏菌素 富马酸盐；富马酸硫黏菌素；[3aS-(3aα，4β，5α，6α，8β，9α，9aβ，10S*)]-[(2-(Diethylamino) ethyl) thio] acetic acid 6-ethenyldecahydro-5-hudroxy-4，6，9，10-tetramethyl-1-oxo-3a，9-propano-3a*H*-cyclopentacycloocten-8-yl ester fumarate; 14-Desoxy-14-[(2-diethylaminoethyl) mercaptoacetoxy] mutilin fumarate; Thiamutilin fumarate; Tiamutin; SQ-14055 fumarate; 81723 hfu; SQ-22947; Denagard; Dynamutilin

M. I. 15，9574

性状 来自丙酮中的无色结晶。mp 147～148℃（于乙酸乙酯 60℃干燥或 80℃隔液搅拌后）。一般试剂含量≥98.0%（HPLC）。

注意事项 该品口服有毒。使用时应穿适当的防护服。使用时应避免吸入本品的粉尘，避免与眼睛及皮肤接触。应密封于 2～8℃保存。

主要用途 医用抗菌剂。分析用标准物质。

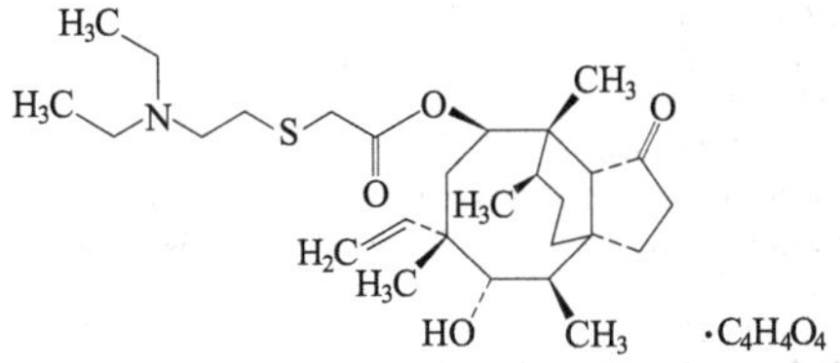

·$C_4H_4O_4$

Tianeptine sodium salt 噻奈普汀钠盐 09626

[30123-17-2] $C_{21}H_{24}ClN_2NaO_4S$ 458.93

成分 C 54.96%，H 5.27%，Cl 7.72%，N 6.10%，Na 5.01%，O 13.94%，S 6.99%。

别名 7-[(3-氯-6，11-二氢-5，5-二氧-6-甲基二苯并[*c*，*f*][1，2]噻唑平-11-基)氨基]庚酸钠；7-[(3-Chloro-6，11-dihydro-6-methyl-5，5-dioxidodibenzo[*c*，*f*][1，2] thiazepin-11-yl) amino] heptanoic acid sodium salt; S-1574; Stablon; 7-[(3-Chloro-6，11-dihydro-6-methyldibenzo[*c*，*f*][1，2] thiazepin-11-yl) amino] heptanoic acid *S*，*S*-dioxide sodium salt

M. I. 15，9575

性状 无色固体或白色粉末。mp 180℃

主要用途 医用抗抑郁剂。

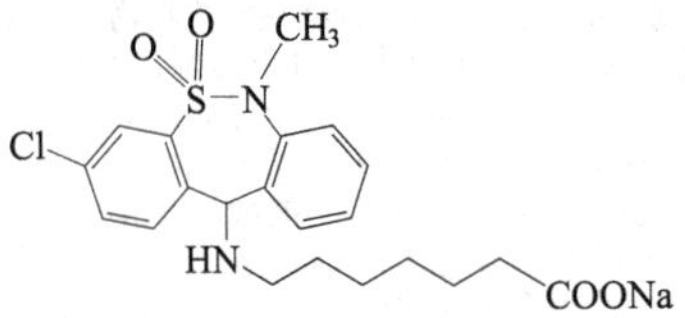

Tiapride hydrochloride 胺甲磺茴胺 盐酸盐 09627

[51012-33-0] $C_{15}H_{25}ClN_2O_4S$ 364.89

成分 C 49.38%，H 6.91%，Cl 9.72%，N 7.68%，O 17.54%，S 8.79%。

别名 盐酸胺甲磺茴胺；Gramalil; Italprid; Luxoben; Sereprile; Tiapridal; Tiapridex; *N*-[2-(Diethylamino) ethyl]-2-methoxy-5-(methylsulfonyl) benzamide hydrochloride; *N*-[2-(Diethylamino) ethyl]-5-methylsulfonyl-*o*-anisamide hydrochloride; Thiapride hydrochloride; FLC-1374-HCl

M. I. 15，9576

性状 无色结晶或白色粉末。

注意事项 该品应密封于 2～8℃保存。

主要用途 医用抗运动障碍剂。

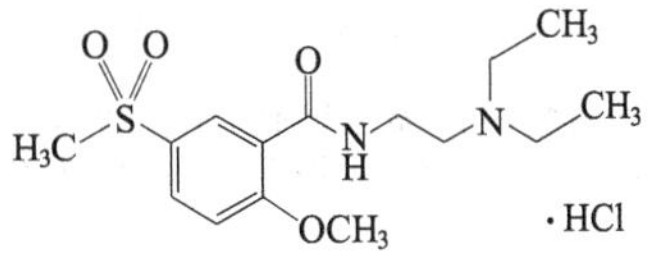

·HCl

Tiaprofenic acid 苯酰甲基噻吩乙酸 09628

[33005-95-7] $C_{14}H_{12}O_3S$ 260.31

成分 C 64.60%，H 4.65%，O 18.44%，S 12.32%。

别名 5-苯甲酰基-α-甲基-2-噻吩乙酸；α-甲基-5-苯甲酰基-2-噻嗯基乙酸；5-Benzoyl-α-methjyl-2-thiopheneacetic acid; α-Methyl-5-benzoyl-2-thienylacetic acid; FC-3001; RU-15060; Suralgam; Surgam

M. I. 15，9577

性状 无色结晶。mp 96℃（异丙醚中）。

主要用途 医用抗炎剂。

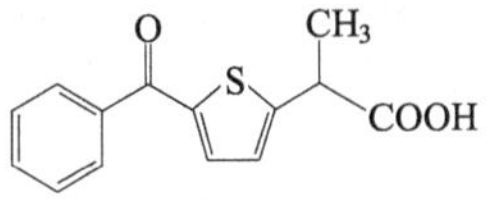

Tiaramide hydrochloride 羟哌苯噻酮 盐酸盐 09629

[35941-71-0] $C_{15}H_{19}Cl_2N_3S$ 392.30

成分 C 45.92%，H 4.88%，Cl 18.07%，N 10.71%，O 12.23%，S 8.17%。

别名 盐酸羟哌苯噻酮；NTA-194; FK-1160; Solantal; 4-[5-Chloro-2-oxo-3 (2*H*)-benzothiazolyl] acetyl-1-piperazineethanol hydrochloride; 5-Chloro-3-[4-(2-hydroxyethyl)-1-piperazinyl] carbonylmethyl-2-benzothiazolinone hydrochloride; Tialamide-HCl

M. I. 15，9579

性状 无色结晶性粉末。无气味。味道苦。易溶于水，微溶于有机溶剂。其 10%水溶液 pH 值 3.4～3.7。mp 159～161℃。LD_{50} 雄小鼠，大鼠静脉注射（mg/kg）：178，203；腹膜内注射（mg/kg）：298，540；急性经口（mg/kg）：564，3600。

主要用途 医用抗炎剂，止痛剂。

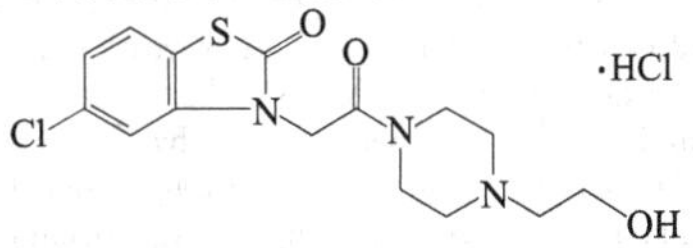

·HCl

Tiazofurin 噻唑呋啉 09630

[60084-10-8] $C_9H_{12}N_2O_5S$ 260.26

成分 C 41.54%，H 4.65%，N 10.76%，O 30.74%，S 12.32%。

别名 2β-D-Ribofuranosyl-4-thiazolecarboxamide; Riboxamide; TCAR; CI-909; NSC-286193; Tiazole

M. I. 15，9580

性状 来自乙醇-乙酸乙酯中的无色结晶。mp 145～146℃；$[\alpha]_D^{25}-9°$（$c=0.5$，于乙醇中）；uv max（乙醇中）：215nm，237nm（ε 9450，7625）。

注意事项 该品应密封避光于 2～8℃保存。

主要用途 医用抗肿瘤剂。

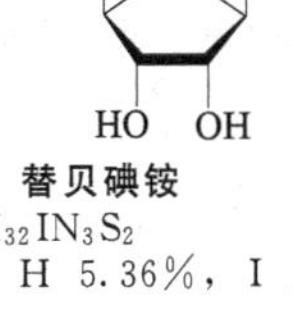

Tibezonium iodide 替贝碘铵 09631

[54663-47-7] $C_{28}H_{32}IN_3S_2$ 601.61

成分 C 55.90%，H 5.36%，I 21.09%，N 6.98%，

S 10.66%。

别名 替贝碘铵；N,N-Diethyl-N-methyl-2-[[4-[4-(phenylthio)phenyl]-3H-1,5-benzodiazepin-2-yl]thio]ethanaminium iodide；Diethylmethyl[2-[[4-[p-(phenylthio)phenyl]-3H-1,5-benzodiazepin-2-yl] thio] ethyl] ammonium iodide；2-[β-(N-Diethylamino)ethylthio]-4-(p-phenylthio)phenyl-3H-1,5-benzodiazepine methiodide；Thiabenzazonium iodide；Rec-15-0691；Antoral

M. I. 15，9581

性状 来自异丙醇中的无色结晶。mp 162℃。LD_{50} 小鼠，大鼠急性经口（mg/kg）：9，＞10；腹膜内注射（mg/kg）：42，35。

主要用途 医用抗菌剂。

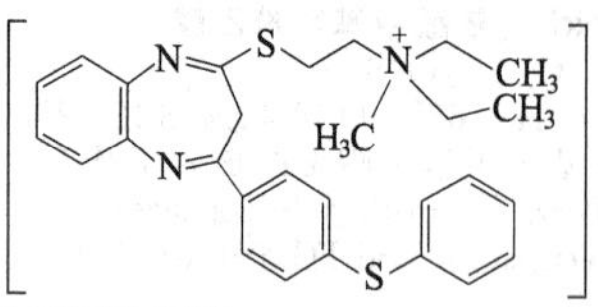

Tiblone 7-甲异炔诺酮 09632

[5630-53-5] $C_{21}H_{28}O_2$ 312.45

成分 C 80.73%，H 9.03%，O 10.24%。

别名 (7α,17α)-17-Hydroxy-7-methyl-19-norpregn-5(10)-en-20-yn-3-one；7α-Methyl-17α-ethynyl-17β-hydroxy-19-norandrost-5(10)-en-3-one；7α-Methyl-17α-ethynyl-17β-hydroxyestr-5(10)-en-3-one；Org-OD-14；Livial

M. I. 15，9582

性状 无色结晶。mp 165～1692℃。

主要用途 医疗用于治疗绝经综合征。

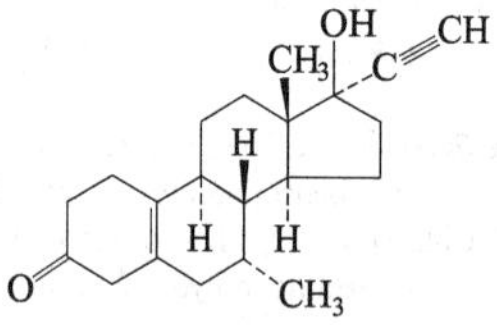

Ticarcillin disodium salt 替卡西林二钠盐 09633

[4697-14-7] $C_{15}H_{14}N_2Na_2O_6S_2$ 428.38

成分 C 42.06%，H 3.29%，N 6.54%，Na 10.73%，O 22.41%，S 14.97%。

别名 羧噻吩青霉素二钠盐；BRL-2288；Monapen；Ticar；Ticarpen；Ticillin；(2S,5R,6R)-6-[(2R)-Carboxy-3-thienylacetyl]amino-3,3-dimethyl-7-oxo-4-thia-1-azabicyclo[3.2.0]heptane-2-carboxylic acid disodium salt；N-(2-Carboxy-3,3-dimethyl-7-oxo-4-thia-1-azabicyclo[3.2.0]hept-6-yl)-3-thiophenemalonamic acid disodium salt；6-[D-(—)-α-Carboxy-3-thienylacetamido] penicillanic acid disodium salt；α-Carboxy-3-thienylmethylpenicillin disodium salt

M. I. 15，9584

性状 奶油色至白色的非品型粉末。易吸潮。易溶于水（＞100g/100mL)，呈澄明的溶液，其 pH 值介于 6.0～8.0 之间。水溶液相对稳定，而酸溶液相对不稳定。生化试剂含量≥95.0%。

注意事项 该品对眼睛、呼吸系统及皮肤有刺激性。吸入或与皮肤接触可引起过敏。使用时应穿适当的防护服和戴手套。万一接触到眼睛，应立即用大量水冲洗后请医生诊治。应密封于 2～8℃保存。

主要用途 医用，兽用抗菌剂。

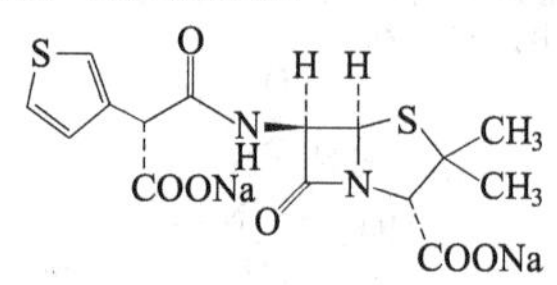

Ticlopidine hydrochloride 氯苄噻啶 盐酸盐 09634

[53885-35-1] $C_{14}H_{15}Cl_2NS$ 300.24

成分 C 56.00%，H 5.04%，Cl 23.62%，N 4.67%，S 10.68%。

别名 盐酸氯苄噻啶；4-C-32；53-32C；Anagregal；Caudaline；5-(2-Chlorophenyl) methyl-4，5，6，7-tetrahydrothieno [3，2-c] pyridine hydrochloride；5-(o-Chlorobenzyl)-4，5，6，7-tetrahydrothieno[3，2-c] pyridine hydrochloride；Panaldine；Ticlid；Ticlodix；Ticlodone；Ticlosin；Tiklid

M. I. 15，9585

性状 来自乙醇中的无色结晶。溶于水、95%乙醇、甲醇、氯仿，不溶于乙醚。pK_a 7.64。mp 190℃；uv max（水中)：214nm，268nm，295nm ($A_{1cm}^{1\%}$ 303.8，13.14，2)。LD_{50} 小鼠（24h）静脉注射：55mg/kg；急性经口＞300mg/kg。生化试剂含量≥99.0%。

注意事项 该品口服有毒。使用时应穿适当的防护服。

主要用途 生化研究。医用血小板凝聚抑制剂（抗血栓形成剂)。

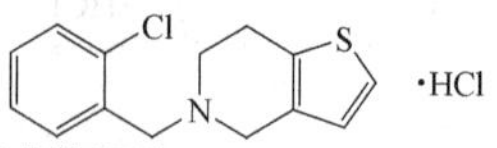

Ticrynafen 氯噻苯氧酸 09635

[40180-04-9] $C_{13}H_8Cl_2O_4S$ 331.16

成分 C 47.15%，H 2.44%，Cl 21.41%，O 19.32%，S 9.68%。

别名 [2,3-Dichloro-4-(2-thienylcarbonyl) phenoxy] acetic acid；[2,3-Dichioro-4-(2-thenoyl)phenoxy]acetic acid；[2,3-dichloro-4-(2-thiophehecarbonyl) phenoxy] aceticacid；Tienilic acid；Thienylic acid；ANP-3624；CE-3624；SKF-62698；Diflurex；Selacryn

M. I. 15，9586

性状 来自 50%乙醇中的无色结晶。mp 148～149℃。LD_{50} 小鼠静脉注射：225mg/kg；急性经口：1275mg/kg。

主要用途 医用利尿剂，抗高血压剂。

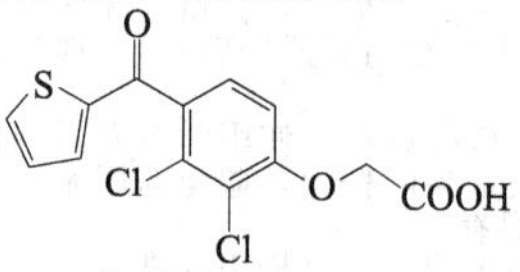

Tiemonium iodide 碘化噻苯丙吗啉 09636

[144-12-7] $C_{18}H_{24}INO_2S$ 445.36

成分 C 48.54%，H 5.43%，I 28.49%，N 3.15%，O 7.18%，S 7.20%。

别名 4-[3-Hydroxy-3-phenyl-3-(2-thienyl) propyl] -4-methylmorpholinium iodide；N-Methyl-N- [3-hydroxy-3-phenyl-3-(α-thienyl) propyl] morpholinium iodide；Visceralgina

M. I. 15，9587

性状 无色固体。mp 189～191℃。

主要用途 医用抗胆碱剂，解痉剂。

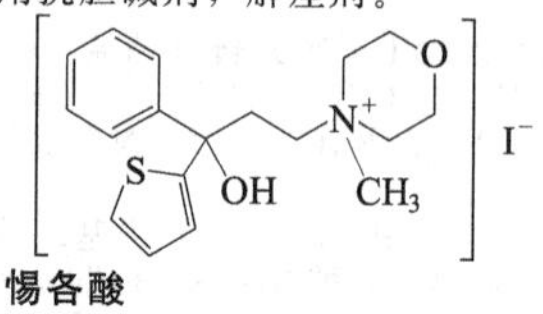

Tiglic acid 惕各酸 09637

[80-59-1] $C_5H_8O_2$ 100.12

成分 C 59.98%，H 8.05%，O 31.96%。

别名 顺芷酸；反式 2-甲基-2-丁烯酸；反式 2，3-二甲基丙烯酸；(E) -2-甲基-2-丁烯酸；trans-2，3-Dimethylacrylic acid；trans-2-Methyl-2-butenoic acid；(2E) -2-Methyl-2-butenoic acid；(E) -2-Methylcrotonic acid

M. I. 15，9589

性状 来自水中的无色三斜片状结晶或棒状物。有辛辣气味。能随水蒸气挥发。易溶于热水，溶于乙醇、乙醚，微溶于冷水。pK (25℃) 5.02。mp 63.5～64℃；bp_{760} 198.5℃/101.325kPa；$bp_{11.5}$ 95～96℃/1.533kPa；d 0.972；n_D^{81} 1.4342；uv max（水中)：216～217nm (ε 10700)。一般试剂含量≥97.0% (GC)。

注意事项 该品具有腐蚀性，能引起烧伤。使用时应穿适当的防护服，戴手套和防护镜或面罩。万一接触到眼睛，应立即用大量水冲洗后请医生诊治。使用时如有事故发生或有不适之感，应请医生诊治。

主要用途 乳剂破坏剂。其酯类可作香料。

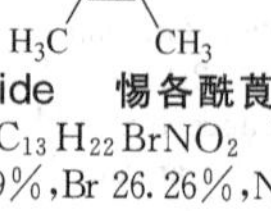

Tigloidine hydrobromide 惕各酰莨菪碱 氢溴酸盐 09638

[495-83-0](无 HBr) $C_{13}H_{22}BrNO_2$ 304.23

成分 C 51.32%，H 7.29%，Br 26.26%，N 4.60%，O 10.52%。

别名 裘波树碱 氢溴酸盐；澳洲莨菪碱 氢溴酸盐；氢溴酸惕各酰莨菪碱；Tiglyssin；2-Methyl-2-butenoic acid [1α，3α(*E*)，5α]-8-methyl-8-azabicyclo[3.2.1]oct-3-yl ester；(*E*)-1α*H*，5α*H*-Tropan-3β-ol 2-methylcrotonate hydrobromide；Tiglylpseudotropeine hydrobromide；3β-Tigloyloxytropane hydrobromide；Tiglic acid ester with pseudotropine hydrobromide

M. I. 15，9590

性状 无色结晶或粉末。溶于氯仿。mp 234～235℃。

主要用途 医用中枢神经抑制剂，解痉剂。

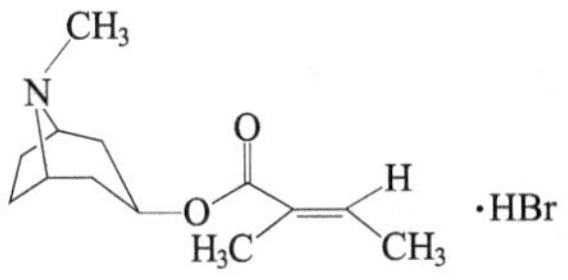

Tigogenin 剑麻皂素 09639

[77-60-1] $C_{27}H_{44}O_3$ 416.65

成分 C 77.83%，H 10.64%，O 11.52%。

别名 惕告吉宁；提果皂甙元；紫花洋地黄皂角甙配体；(3β，5α，25*R*)-Spirostan-3-ol

M. I. 15，9591

性状 来自烯甲醇中的无色结晶。溶于丙酮、乙醚、石油醚。能被毛地黄皂苷沉淀。mp 203℃；$[\alpha]_D^{20}-62°$。生化试剂含量≥98.0%。

主要用途 生化研究。

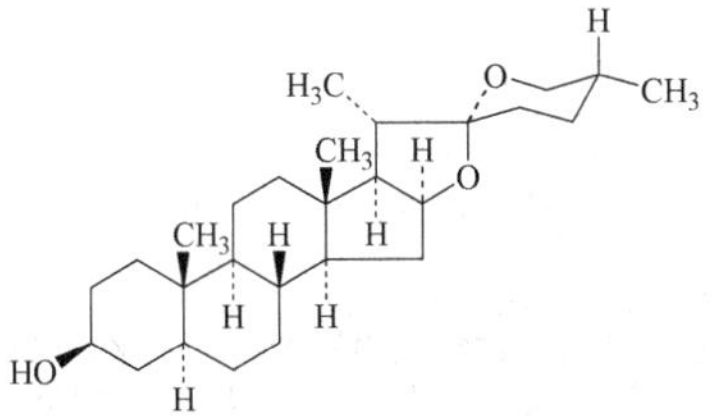

Tilidine hydrochloride hemihyclrate 痛立定 09640

[27107-79-5] $C_{17}H_{24}ClNO_2 \cdot \frac{1}{2}H_2O$ 318.84

成分（以无水物计） C 65.90%，H 7.81%，Cl 11.44%，H 4.52%，O 10.33%。

别名 盐酸痛立定；Gö-1261C；W-5759A；Lucayan；Valoron；(1*R*，2*S*)-*rel*-2-Dimethylamino-1-phenyl-3-cyclohexene-1-carboxylic acid ethyl ester hydrochloride；Ethyl 2-dimethylamino-1-phenyl-3-cyclohexene-1-carboxylate hydrochloride；3-*trans*-Dimethylamino-4-phenyl-4-*trans*-carbethoxy-Δ^1-cyclohexene hydrochloride

M. I. 15，9594

性状 无色结晶。易溶于水。mp 125℃。LD_{50}（7日）小鼠，大鼠臂肌注射（mg/kg）：437.0，417.7；皮下注射（mg/kg）：490.0，400.0；静脉注射（mg/kg）：52.0，74.1。

主要用途 医用麻醉止痛剂。

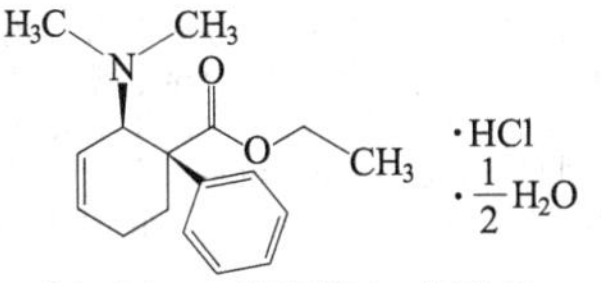

Tilisolol hydrochloride 替利洛尔 盐酸盐 09641

[62774-96-3] $C_{17}H_{25}ClN_2O_3$ 340.85

成分 C 59.91%，H 7.39%，Cl 10.40%，N 8.22%，O 14.08%。

别名 盐酸替利洛尔；替尼索洛尔 盐酸盐；*N*-696；Selecal；4-[3-(1，1-Dimethylethyl) amino-2-hydroxypropoxy]-2-methyl-1(2*H*)-isoquinolinone hydrochloride；4-[3-(*tert*-Butylamino)-2-hydroxypropoxy]-*N*-methylisocarbostyril hydrochloride

M. I. 15，9595

性状 来自乙酸乙酯中的白色结晶。mp 203～205℃。LD_{50}雄、雌小鼠，雄、雌大鼠急性经口（mg/kg）：1393、1290，145、188；皮下注射（mg/kg）：1219、1245，176、169；腹膜内注射（mg/kg）：578、557，39.5、29.2；静脉注射（mg/kg）：74.3、104.7，75.8、38.1。

主要用途 医用抗心律失常剂，抗高血压剂。

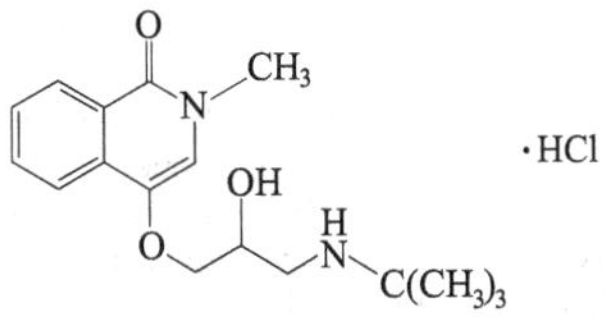

Tilmicosin 替米可新 09642

[108050-54-0] $C_{46}H_{80}N_2O_{13}$ 869.15

成分 C 63.57%，H 9.28%，N 3.22%，O 23.93%。

别名 替米考星；4^A-*O*-De(2，6-dideoxy-3-*C*-methyl-α-L-*ribo*-hexopyranosyl)-20-deoxo-20-(3，5-dimethyl-1-piperidinyl) tylosin；20-Deoxo-20-(3,5-dimethylpiperidin-1-yl) desmycosin；EL-870；LY-177370；Micotil；Pulmotil

M. I. 15，9596

性状 白色至近白色无定形固体。微溶于水、正己烷。pK_a'（66%二甲基甲酰胺）：7.4，8.5；$[\alpha]_D^{23}+12.75°$（$c=0.010004$，于氯仿中，5cm）；uv max：283nm（ε 22643）。

主要用途 兽用抗菌剂，分析用标准物质。

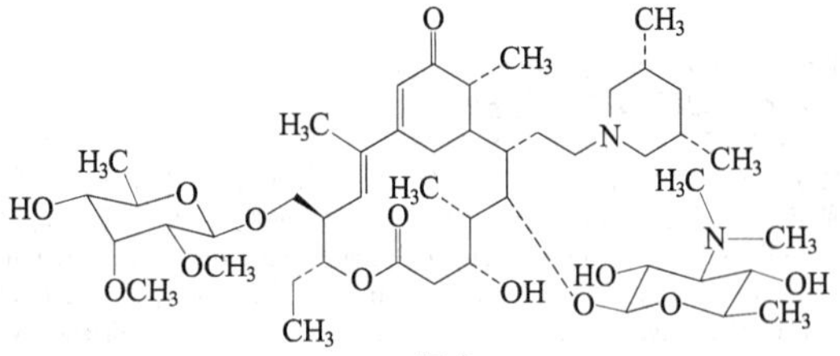

顺式

Tilorone dihydrochloride 双二乙氨乙基芴酮 二盐酸盐 09643

[27591-69-1] $C_{25}H_{36}Cl_2N_2O_3$ 483.48

成分 C 62.11%，H 7.50%，Cl 14.67%，N 5.79%，O 9.93%。

别名 乙氨芴酮；泰洛龙；二盐酸双二乙氨乙基芴酮；2,7-Bis[2-(diethylamino) ethoxy]-9*H*-fluoren-9-one dihydrochloride；Bis-DEAE-fluorenone dihydrochloride

M. I. 15，9597

性状 来自丁酮-甲醇中的无色结晶。mp 235～237℃；uv max（水中）：269nm（$E_{1cm}^{1\%}$ 1600）。LD_{50} 小鼠，大鼠（单剂量）急性经口（mg/kg）：959，852；腹膜内注射（mg/kg）：145，244。

注意事项 该品有刺激性。

主要用途 生化研究。

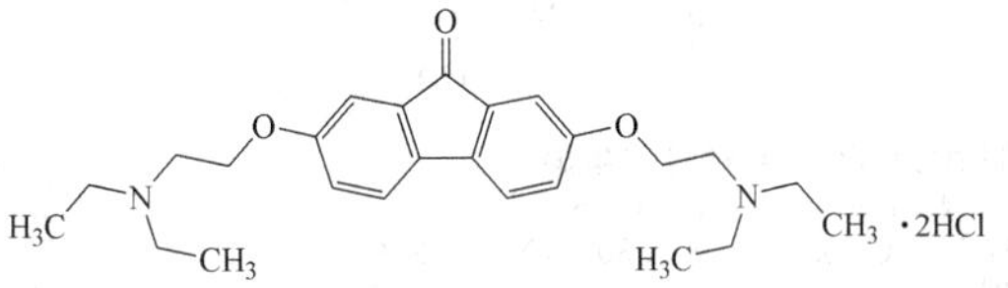

Timepidium bromide 溴化噻甲哌啶 09644

[35035-05-3] $C_{17}H_{22}BrNOS_2$ 400.39

成分 C 51.00%，H 5.54%，Br 19.96%，N 3.50%，O 4.00%，S 16.01%。

别名 3-(Di-2-thienylmethylene)-5-methoxy-1，1-dimethylpiperidinium bromide (1∶1)；SA-504；Mepidium；Sesden

M. I. 15，9599

性状 来自丙酮/乙醚中的无色结晶。mp 198～200℃。

主要用途 医用解痉剂。

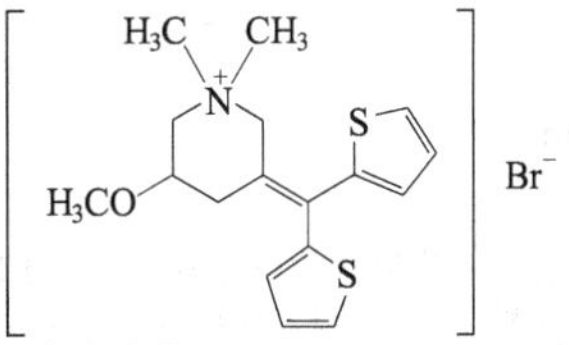

Timiperone 硫咪哌酮 09645

[57648-21-2] $C_{22}H_{24}FN_3OS$ 397.52

成分 C 66.47%，H 6.09%，F 4.78%，N 10.57%，O 4.02%，S 8.07%。
别名 4-[4-(2,3-Dihydro-2-thioxo-1*H*-benzimidazol-1-yl)-1-piperidinyl]-1-(4-fluorophenyl)-1-butanone；1-[1-[3-(4-Fluorobenzoyl) propyl]-4-piperidyl]-2-mercaptobenzimidazole；4-Fluoro-4-[4-(2-thioxo-1-benzimidazolinyl) piperidino] butyrophenone；1-[1-[3-(4-Fluorobenzoyl) propyl]-4-piperidyl]-2,3-dihydrobenzimidazole-2-thione；DD-3480；Tolopelon
M. I. 15，9600
性状 来自丙酮中的无色结晶。微溶于水。mp 201～203℃；uv max（乙醇中）：226.5nm，246nm，309nm。LD_{50}雄大鼠，小鼠急性经口：232mg/kg，478mg/kg。
主要用途 医用精神抑制剂。

S NH O N N F

Timolol hydrogen maleate salt

噻吗心安 顺丁烯二酸氢盐 09646
[26921-17-5] $C_{17}H_{28}N_4O_7S$ 432.49
成分 C 47.21%，H 6.53%，N 12.95%，O 25.89%，S7.41%。
别名 马来酸噻吗心安；顺丁烯二酸噻吗心安；噻吗心安马来酸氢盐；MK-950；Aquanil；Betim；Blocadren；Proflax；Temserin；Tenopt；Timacar；Timacor；Timoptic；Timoptol；(2*S*)-1-(1,1-Dimethylethyl) amino-3-[4-(4-morpholinyl)-1,2,5-thiadiazol-3-yl] oxy-2-propanol hydrogen maleate salt；*S*-(－)-3-(3-*tert*-Butylamino-2-hydroxypropoxy)-4-morpholino-1,2,5-thiadiazole hydrogen maleate salt；(－)-3-Morpholino-4-(3-*tert*-butylamino-2-hydroxypropoxy)-1,2,5-thiadiazole hydrogen maleate salt
M. I. 15，9601
性状 来自乙醇中的白色结晶。溶于水、乙醇、甲醇，略微溶于氯仿、丙二醇，极微溶于环己烷，几乎不溶于异辛烷，不溶于乙醚、环己烷。其溶液于 pH 值 12 以上稳定。mp 201.5～202.5℃；$[\alpha]_{405}^{24}$ －12.0°（c=5，于 1mol/L 盐酸中）；$[\alpha]_{D}^{25}$ －4.2°；uv max（于 0.1mol/L 盐酸中）：294nm（$A_{1cm}^{1\%}$200）。
注意事项 该品口服有毒。可能危害胎儿。使用时应穿适当的防护服。
主要用途 医用抗高血压剂，抗心律失常剂，抗心绞痛剂，抗青光眼剂。

S N N O N O OH N H $C(CH_3)_3$ $\cdot C_4H_4O_4$

Timonacic 4-噻唑烷羧酸 09647

[444-27-9] $C_4H_7NO_2S$ 133.17
成分 C 36.08%，H 5.30%，N 10.52%，O 24.03%，S24.07%。
别名 4-Thiazolidinecarboxylicacid；ATC；Norgamen；Thioproline；NSC-25855；Detoxepa；Hepalidine；Heparegen；Tiazolidin
M. I. 15，9602
性状 *dl* 型为无色结晶。mp 195℃；LD_{50}小鼠急性经口：400mg/kg。*l* 型为来自水中的无色结晶。易溶于热水、酸、碱溶液，略微溶于冷水，几乎不溶于乙醇。196～197℃分解。
主要用途 医用利胆剂，肝脏保护剂。

S NH HOOC

Tin foil 锡箔 09648

[7440-31-5] Sn 118.710
M. I. 15，9603
性状 银白色有光泽的箔状软质金属。易溶于浓盐酸、王水，渐溶于冷的稀酸。mp 231.9℃；bp 2507℃；d 7.31。一般试剂含量≥99.0%。
主要用途 测定锅炉用水的磷酸盐。测定砷的试剂。

Tin granular 锡粒 09649

[7440-31-5] Sn 118.710
M. I. 15，9603
性状 银白色有光泽的粒状软质金属。有延展性。与盐酸作用放出氢并生成氯化亚锡，与硝酸作用生成不溶性的锡酸，与苛性碱溶液作用则生成亚锡酸盐。mp 231.9℃；bp 2507℃；d 7.31。一般试剂含量≥99.9%。
主要用途 测定砷、磷酸盐的试剂。锡盐制备。合金制造。有机合成。

Tin(Ⅱ) bromide 溴化亚锡 09650

[10031-24-0] Br_2Sn 278.52
成分 Br 57.38%，Sn 42.62%。
别名 二溴化锡；二溴化锡 二水；Stannous bromide；Tin dibromide
M. I. 15，8909
性状 浅黄色粉末。于空气中可氧化。溶于乙醇、乙醚、丙酮，溶于微量水，但能被大量水逐渐分解。mp 215℃；bp 623℃；d 5.12。一般试剂含量≥99.5%。
注意事项 该品具有腐蚀性，能引起烧伤。使用时应穿适当的防护服，戴手套和防护镜或面罩。万一接触到眼睛，应立即用大量水冲洗后请医生诊治。使用时如有事故发生或有不适之感，应请医生诊治。应密封避光于干燥处保存。其包装物应按危险品处理。
主要用途 分析试剂。还原剂。

Tin(Ⅳ) bromide 溴化锡 09651

[7789-67-5] Br_4Sn 438.33
成分 Br 72.92%，Sn 27.08%。
别名 四溴化锡；溴化高锡；Stannic bromide；Tin tetrabromide
GW 2015-2083 M. I. 15，8900
性状 白色结晶块。在空气中冒烟。溶于水、乙醇、四氯化碳。mp 31℃；bp 202℃；d 3.34。一般试剂含量≥99.0%（AT）。
注意事项 该品具有腐蚀性，能引起烧伤。使用时应穿适当的防护服，戴手套和防护镜或面罩。使用完毕应立即脱掉受污染的衣服。万一接触到眼睛，应立即用大量水冲洗后请医生诊治。接触皮肤后应立即用大量水冲洗。使用时如有事故发生或有不适之感，应请医生诊治。应密封于干燥处保存。其包装物应按危险品处理。
主要用途 矿物分离。

Tin（Ⅱ）chloride anhydrous 无水氯化亚锡 09652

[7772-99-8] Cl_2Sn 189.61
成分 Cl 37.39%，Sn 62.61%。
别名 二氯化锡 无水；无水二氯化锡；氯化亚锡 无水；Stannochlor；Stannous chloride anhydrous；Tin dichloride anhydrous；Tin protochloride anhydrous
M. I. 15，8910
性状 白色斜方结晶块或薄片。易溶于水、乙醇、丙酮、乙醚、乙酸甲酯、甲基乙基甲酮、异丁醇，几乎不溶于二甲苯、溶剂汽油。mp 247℃；bp 652℃；d 3.95。LD_{50} 小鼠，大鼠腹膜内注射（mg/kg）：271.0，316.0；急性经口（mg/kg）：1710.0，2000.0；静脉注射（mg/kg）：34.8，43.0。
注意事项 该品口服有毒。具有腐蚀性，能引起烧伤。对呼吸系统有刺激性。使用时应穿适当的防护服，戴手套和防护镜或面罩。万一接触到眼睛，应立即用大量水冲洗后请医生诊治。使用时如有事故发生或有不适之感，应立即请医生诊治。应密封保存。
主要用途 银、砷、钼等的测定。媒染剂。强还原剂。

Tin（Ⅱ）chloride dihydrate 氯化亚锡 二水 09653

[10025-69-1] $Cl_2Sn \cdot 2H_2O$ 225.64
成分(以无水物计) Cl 37.39%，Sn 62.61%。
别名 二水合氯化亚锡；二氯化锡 二水；Stannochlor；Tin dichloride dihydrate；Tin protochloride；Tin salt；Stannous chloride dihydrate
M. I. 15，8910
性状 无色柱状结晶。易溶于稀、浓盐酸，溶于乙醇、乙酸乙酯、冰乙酸、氢氧化钠溶液，溶于较多的水，其稀水溶液久置易水解而生成碱式盐的沉淀。mp 37～38℃；*d* 2.71。

注意事项 除保存外，其他同 09652 无水氯化亚锡。

主要用途 用于银、铅、砷、钼等的比色测定。强还原剂。媒染剂。色基制造。蔗糖漂白。测定血清中无机磷及碱性磷酸脂酶活力。钼蓝法测定土壤及植株的含磷量。

参考规格 GB/T 638—2007	分析纯	化学纯
含量（$SnCl_2 \cdot 2H_2O$）/%≥	98.0	97.0
澄清度试验/号≤	3	5
盐酸不溶物/%≤	0.005	0.01
硫酸盐（SO_4）/%≤	0.003	0.01
铁（Fe）/%≤	0.003	0.01
铜（Cu）/%≤	0.002	0.005
铅（Pb）/%≤	0.005	0.02
砷（As）/%≤	0.0001	0.0002
硫化氢不沉淀物（以硫酸盐计）/%≤	0.02	0.1

Tin(Ⅳ) chloride anhydrous 无水氯化锡 09654

[7646-78-8] Cl_4Sn 260.51

成分 Cl 54.43%，Sn 45.57%。

别名 无水氯化高锡；四氯化锡 无水；无水四氯化锡；氯化高锡 无水；Fuming spirit of Libavius；Fuming stannic chloride；Stannic chloride anhydrous；Stannic chloride fuming；Tin tetrachloride anhydrous；Tin(Ⅳ) chloride

GW 2015-2058 M.I.15，8901

性状 无色发烟液体。呈强碱性，溶于乙醇、四氯化碳、苯、甲苯、丙酮、煤油、汽油，溶于水能发出大量热。mp −33℃；bp 114℃；*d* 2.26。

注意事项 该品具有腐蚀性，能引起烧伤。对水生物有害。能对水环境引起长期不良的影响。使用时应保持容器的密闭和干燥。万一接触到眼睛，应立即用大量水冲洗后请医生诊治。使用时如有事故发生或有不适之感，应立即请医生诊治。应防止将本品释放于环境中。应密封于干燥处保存。

主要用途 由铷、钯中分离钾。有机分析中用以皂化酚、醚。有机锡制造。

Tin(Ⅳ) chloride pentahydrate 氯化锡 五水 09655

[10026-06-9] $Cl_4Sn \cdot 5H_2O$ 350.58

成分(以无水物计) Cl 54.43%，Sn 45.57%。

别名 五水合氯化高锡；五水合氯化锡；结晶四氯化锡；结晶氯化高锡；结晶氯化锡；Tin(Ⅳ) chloride crystal；Butter of tin；Stannic chloride hydrated；Tin tetrachloride hydrate

GW 2015-2059 M.I.15，8901

性状 白色或微黄色结晶或熔块。微有盐酸气味。吸湿性强。易溶于水，溶于乙醇。

注意事项 该品具有腐蚀性，能引起烧伤。使用时应穿适当的防护服，戴手套和防护镜或面罩。使用完毕应立即脱掉受污染的衣服。万一接触到眼睛，应立即用大量水冲洗后请医生诊治。接触皮肤后应立即用大量水冲洗。使用时如有事故发生或有不适之感，应请医生诊治。应密封于干燥处保存。其包装物应按危险品处理。

主要用途 分析试剂。有机合成。脱水剂。织物媒染剂。电子工业。

参考规格 HG/T 3488—2003	分析纯	化学纯
含量（$SnCl_4 \cdot 5H_2O$）/%≥	99.0	98.0
澄清度试验	合格	合格
硫酸盐（SO_4）/%≤	0.005	0.01
铁（Fe）/%≤	0.001	0.002
锑（Sb）/%≤	0.005	0.01
砷（As）/%≤	0.0005	0.001
硫化氢不沉淀物（以硫酸盐计）/%≤	0.05	0.1

Tin（Ⅱ）iodide 碘化亚锡 09656

[10294-70-9] I_2Sn 372.52

成分 I 68.13%，Sn 31.87%。

别名 二碘化锡；Stannous iodide；Tin diiodide

M.I.15，8912

性状 橙黄色或红色针状结晶或粉末。溶于氯化钠、碘化钾，溶于苯、二硫化碳、三氯甲烷，微溶于水并被其分解。mp 320℃；bp 720℃（分解）；*d* 5.28。一般试剂含量≥98.0%。

注意事项 该品具有腐蚀性，能引起烧伤。使用时应穿适当的防护服，戴手套和防护镜或面罩。使用完毕应立即脱掉受污染的衣服。万一接触到眼睛，应立即用大量水冲洗后请医生诊治。接触皮肤后应立即用大量水冲洗。使用时如有事故发生或有不适之感，应请医生诊治。应密封于干燥处保存。其包装物应按危险品处理。

主要用途 分析试剂。还原剂。亚硝酸盐制造。

Tin（Ⅳ）iodide 碘化锡 09657

[7790-47-8] I_4Sn 626.33

成分 I 81.05%，Sn 18.95.0%。

别名 四碘化锡；碘化高锡；Stannic iodide；Tin tetraiodide

GW 2015—2018 M.I.15，8904

性状 黄色或微红色针状结晶。溶于乙醇、苯、四氯化碳、二硫化碳、三氯甲烷、乙醚，能被水分解。mp 约 143℃；约 180℃升华；bp 340℃；*d* 4.46。MLD 大鼠静脉注射：200mg/kg。一般试剂含量≥95.0%。

注意事项 该品具有腐蚀性，能引起烧伤。使用时应穿适当的防护服，戴手套和防护镜或面罩。使用时禁止饮食。万一接触到眼睛，应立即用大量水冲洗后请医生诊治。使用时如有事故发生或有不适之感，应立即请医生诊治。其包装物应按危险品处理。应密封避光于干燥处保存。

主要用途 分析试剂。有机合成。催化剂。

Tin（Ⅱ）oxalate 草酸亚锡 09658

[814-94-8] C_2O_4Sn 206.73

成分 C 11.62%，O 30.96%，Sn 57.42%。

别名 草酸锡；乙二酸亚锡；Oxalic acid tin（Ⅱ）salt；Stannous oxalate

M.I.15，8913

性状 白色重质粉末。溶于稀盐酸，不溶于水。*d* 3.56。一般试剂含量≥98.0%。

注意事项 该品口服或与皮肤接触有毒。使用时应避免与眼睛及皮肤接触。

主要用途 织物印染剂。蓝图印纸的晒制。煤的氢化催化剂。酯化反应催化剂。

Tin（Ⅱ）oxide 一氧化锡 09659

[21651-19-4] OSn 134.71

成分 O 11.88%，Sn 88.12%。

别名 氧化亚锡；Stannous oxide；Tin monoxide；Tin protoxide

M.I.15，8914

性状 棕黑色粉末。在空气中稳定，加热转化为氧化锡。溶于酸、浓氢氧化钠和氢氧化钾溶液，不溶于水、乙醇。*d* 6.45。一般试剂含量≥99.0%。

注意事项 该品应密封保存。

主要用途 还原剂。亚锡盐制备。电镀和玻璃工业。

Tin（Ⅳ）oxide 二氧化锡 09660

[18282-10-5] O_2Sn 150.71

成分 O 21.23%，Sn 78.77%。

别名 白色氧化锡；锡灰；氧化高锡；Flowers of tin；Stannic anhydride；Stannic oxide；Tin anhydride；Tin dioxide；Tin oxide white；Tin peroxide；Tin ash；White tin oxide

M.I.15，8905

性状 白色或微灰白色粉末。缓溶于热浓氢氧化钾、氢氧化钠溶液，不溶于水、乙醇、冷酸。mp 1127℃；*d* 6.95。一般试剂含量≥99.8%。

注意事项 使用时应避免吸入本品的粉尘。

主要用途 锡盐制造。催化剂。媒染剂。涂料配制。玻璃、搪瓷、电子等工业。光谱分析试剂。

Tin（Ⅱ）sulfate 硫酸亚锡 09661

[7488-55-3]　O_4SSn　214.77
成分　O 29.80%，S 14.93%，Sn 55.27%。
别名　Stannous sulfate
M. I. 15，8917
性状　雪白色正交结晶。溶于水、乙醇、稀硫酸。在水中能迅速水解生成碱式硫酸盐而沉淀。378℃分解成二氧化锡和二氧化硫。一般试剂含量≥95.5%。
注意事项　该品应密封于干燥处保存。
主要用途　织物的媒染剂。镀锡。

Tin(Ⅱ) sulfide　硫化亚锡　09662

[1314-95-0]　SSn　150.77
成分　S 21.26%，Sn 78.74%。
别名　一硫化锡；Stannous sulfide；Tin monosulfide；Tin protosulfide
M. I. 15，8918
性状　深灰色结晶或黑色无定形粉末。溶于浓盐酸、热浓硫酸，不溶于水、氢氧化钠等、硫化钠等溶液。在浓盐酸中能生成二氯化锡和硫化氢。*d* 5.08。一般试剂含量≥99.5%。
注意事项　该品对眼睛、呼吸系统及皮肤有刺激性。使用时应戴手套。万一接触到眼睛，应立即用大量水冲洗后请医生诊治。其包装物应按危险品处理。
主要用途　分析用。烃类、聚合用催化剂。

Tin(Ⅳ)sulfide　硫化锡　09663

[1315-01-1]　SnS_2　182.83
成分　S 35.07%，Sn 64.93%。
别名　二硫化锡；硫化高锡；Mosaic gold；Stannic sulfide；Tin bronze；Tin disulfide；Tin bronze
M. I. 15，8907
性状　金黄色小叶状结晶。溶于王水、氢氧化钠等、硫化钠等溶液，不溶于水、稀酸。加热分解。*d*4.5。
主要用途　油漆中的涂料。光谱分析试剂。

Tioclomarol　噻氯香豆素　09664

[22619-35-8]　$C_{22}H_{16}Cl_2O_4S$　447.33
成分　C 59.07%，H 3.61%，Cl 15.85%，O 14.31%，S 7.17%。
别名　3-[3-(4-Chlorophenyl)-1-(5-chloro-2-thienyl)-3-hydroxypropyl]-4-hydroxy-2*H*-1-benzopyran-2-one；3-[5-Chloro-α-(*p*-chloro-β-hydroxyphenethyl)-2-thenyl]-4-hydroxycoumarin；Apegmone
M. I. 15，9607
性状　来自甲醇中的白色结晶。mp 104℃。
主要用途　医用抗凝血剂。

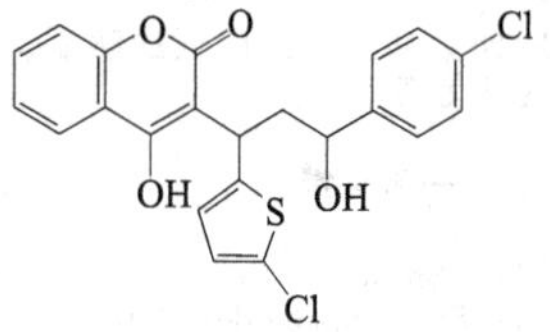

Tioconazole hydrochloride　的康唑 盐酸盐　09665

[65899-73-2（无 HCl）]　$C_{16}H_{14}Cl_4N_2OS$　424.16
成分　C 45.31%，H 3.33%，Cl 33.43%，N 6.60%，O 3.77%，S 7.56%。
别名　盐酸的康唑；盐酸噻苯乙咪唑；噻苯乙咪唑 盐酸盐；噻康唑 盐酸盐；1-[2-(2-Chloro-3-thienyl)methoxyl-2-(2，4-dichlorophenyl)ethyl]-1*H*-imidazole hydrochloride；1-[2，4-Dichioro-β-[(2-chloro-3-thenyl)oxy]phenethyl]imidazole；UK-20349 hydrochloride；Fungibacid hydrochloride；Gyno-Trosyd hydrochloride；Trosyd hydrochloride；Trosyl hydrochloride；Vagistat hydrochloride；Zoniden hydrochloride
M. I. 15，9608
性状　无色结晶。mp 168～170℃。
主要用途　医用局部抗真菌剂。

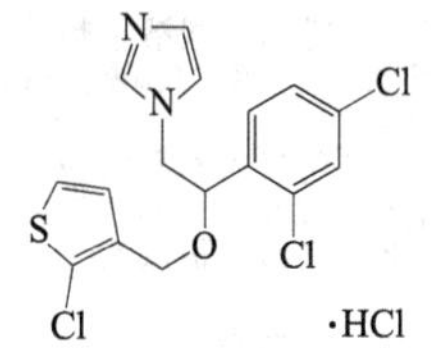

·HCl

Tiotropium bromide　噻托溴铵　09666

[136310-93-5]　$C_{19}H_{22}BrNO_4S_2$　472.41
成分　C 48.31%，H 4.69%，Br 16.91%，N 2.97%，O 13.55%，S 13.57%。
别名　噻托溴胺；(1α，2β，4β，5α，7β)-7-(Hydroxydi-2-thienylacetyl)oxy-9，9-dimethyl-3-oxa-9-azoniatricyclo[3.3.1.0^{2,4}]nonane bromide；6β，7β-Epoxy-3β-hydroxy-8-methyl-1α*H*，5δ*H*-tropanium bromide di-2-thienylglycolate；Ba-679 BR；Ba-679
M. I. 15，9610
性状　白色至微黄白色粉末。溶于甲醇，略微溶于水。mp 218～220℃。
主要用途　医用支气管扩张剂。抗胆碱剂。

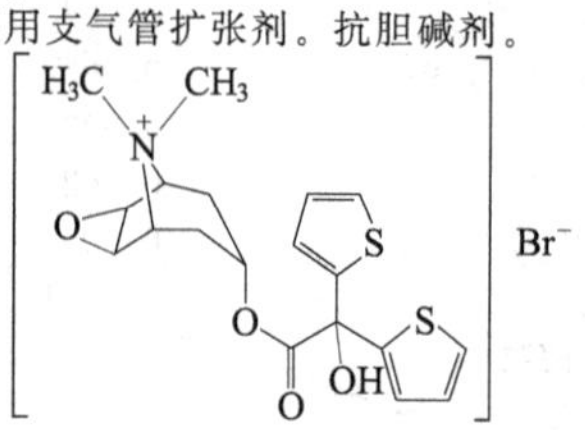

Tioxidazole　丙噻氨酯　09667

[61570-90-9]　$C_{12}H_{14}N_2O_3S$　266.32
成分　C 54.12%，H 5.30%，N 10.52%，O 18.02%，S 12.04%。
别名　(6-Propoxy-2-benzothiazolyl)carbamic acid methyl ester；Methyl 6-propoxy-2-benzothiazolylcarbamate；Sch-21480；Tiox
M. I. 15，9611
性状　白色固体。无味。微溶于有机溶剂，不溶于水。mp 178～180℃。
主要用途　兽用驱马肠虫剂。

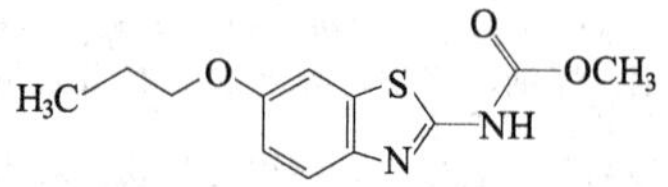

Tipepidine　双噻哌啶　09668

[5169-78-8]　$C_{15}H_{17}NS_2$　275.43
成分　C 65.41%，H 6.22%，N 5.09%，S 23.28%。
别名　双噻甲哌啶；必嗽定；安嗽灵；3-(Di-2-thienylmethylene)-1-methylpiperidine；1-Methyl-3-piperidylidenedi(2-thienyl)methane；Tipedine；AT-327；CR-662
M. I. 15，9613
性状　来自石油醚中的黄色结晶。mp 64～65℃；$bp_{4\sim5}$ 178～184℃/533.3～666.6Pa。LD_{50}小鼠腹膜内注射：294mg/kg；肌肉注射：308mg/kg；急性经口：867mg/kg。
主要用途　医用镇咳剂。

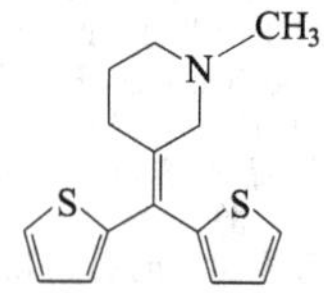

Tiquizium bromide　溴化噻甲喹　09669

[71731-58-3]　$C_{19}H_{24}BrNS_2$　410.43
成分　C 55.60%，H 5.89%，Br 19.47%，N 3.41%，S 15.62%。
别名　溴甲噻喹；*rel*-(15*R*，9a*R*)-3-(Di-2-thienylmethylene)octahydro-5-methyl-2*H*-quinolizinium bromide (1∶1)；3-(Di-2-thienylmethylene)-5-methyl-*trans*-quinolizidinium bromide；HSR-902；HS-902；Thiaton
M. I. 15，9616
性状　来自甲醇-丙酮中的无色针状结晶。mp 278～281℃（分解）。
主要用途　医用抗痉挛剂。

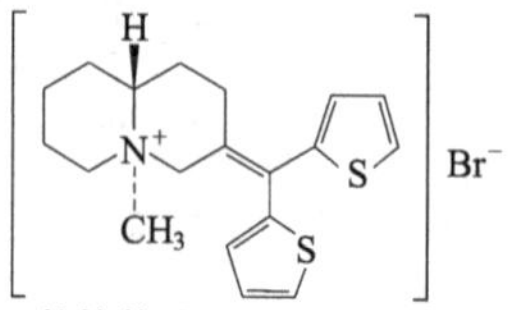

Tirapazamine　替拉扎明　09670

[27314-97-2]　$C_7H_6N_4O_2$　178.15

成分　C 47.19%，H 3.39%，N 31.45%，O 17.96%。

别名　1,2,4-Benzotriazin-3-amine 1,4-dioxide；3-Amino-1,2,4-benzotriazine 1,4-dioxide；NSC-130181；SR-4233；Win-59075；Tirazone

M. I. 15，9617

性状　来自甲醇中的橙色针状结晶，mp 229～230℃（分解）；或来自水＋乙酸中的金红色结晶，mp 220℃（分解）。uv max：272nm，474nm（lgε 4.24，3.52）。

主要用途　医用抗肿瘤剂。

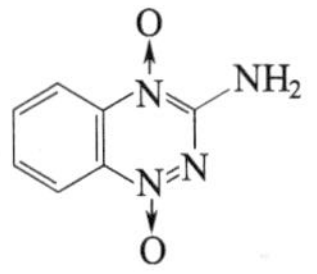

Tiratricol　三碘甲腺乙酸　09671

[51-24-1]　$C_{14}H_9I_3O_4$　621.94

成分　C 27.04%，H 1.46%，I 61.21%，O 10.29%。

别名　[4-(4-Hydroxy-3-iodophenoxy)-3,5-diiodophenyl]acetic acid；3,3′,5-Triiodo-4-(4-hydroxyphenoxy)phenylacetic acid；3,5-Diiodo-4-(3-iodo-4-hydroxyphenoxy)phenylacetic acid；3,3′,5-Triiodothyroacetic acid；Triac；Triacana

M. I. 15，9618

性状　来自甲醇＋水中的无色针状结晶。mp 65℃。再凝固 110℃，mp 180～183℃。

主要用途　医用抗甲状腺机能减退剂。

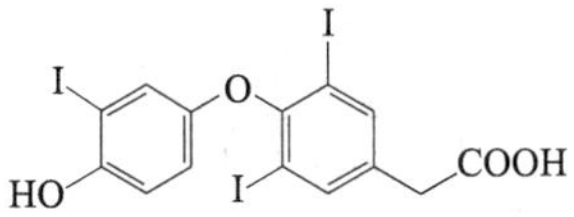

Tirilazad methane sulfonate monohydrate

甲烷磺酸替拉扎特 一水　09672

[111793-42-1]　$C_{39}H_{56}N_6O_5S \cdot H_2O$　738.99

成分(以无水物计)　C 64.97%，H 7.83%，N 11.66%，O 11.10%，S 4.45%。

别名　甲磺酸替拉扎特；替拉扎特甲磺酸 一水；Tirilazad mesylate；U-74006F；Freedox；(16α)-21-[4-(2,6-Di-1-pyrrolidinyl-4-pyrimidinyl)-1-piperazinyl]-16-methylpregna-1,4,9(11)-triene-3,20-dione methanesulfonate

M. I. 15，9619

性状　无色结晶。mp 181～185℃（分解）；uv max：234nm，285nm（ε 52000，17000）。lg*p*（辛醇/水）：8。

主要用途　医用脂类过氧化作用抑制剂。

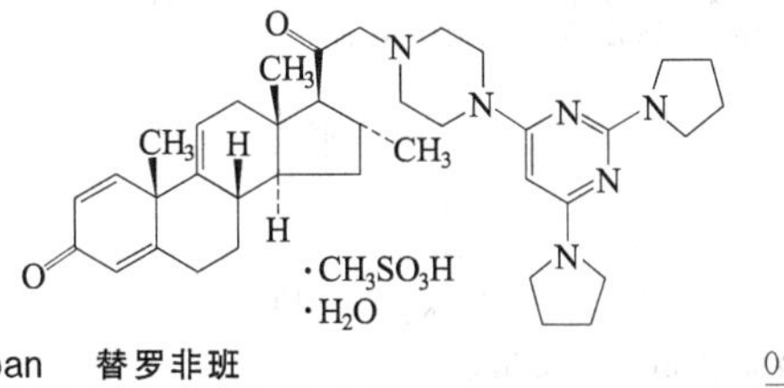

Tirofiban　替罗非班　09673

[144494-65-6]　$C_{22}H_{36}N_2O_5S$　440.60

成分　C 59.97%，H 8.24%，N 6.36%，O 18.16%，S 7.28%。

别名　欣维宁；*N*-Butylsulfony-*O*-[4-(4-piperidinyl)butyl]-L-tyrosine；*N*-Butylsulfonyl-4-[4-(4-piperidyl)butoxyl]-L-phenylalanine；2-*S*-(*n*-Butylsulfonylamino)-3-[4-(piperidin-4-yl)butyloxyphenyl]propionic acid

M. I. 15，9620

性状　白色固体。mp 223～225℃。

主要用途　医用抗血栓形成剂，用于不稳定心绞痛的治疗。

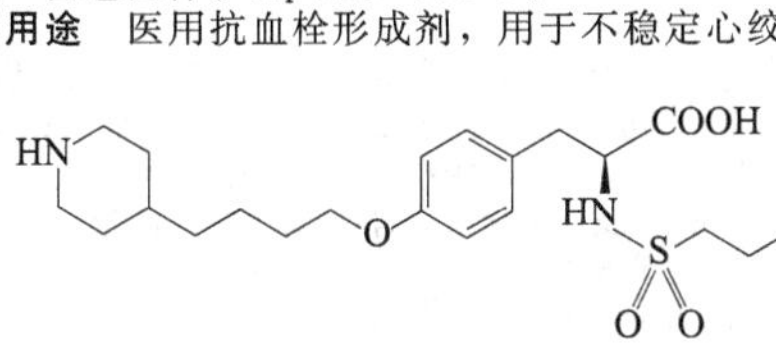

Tiron　钛铁试剂　09674

[149-45-1]　$C_6H_4Na_2O_8S_2$　314.19

成分　C 22.94%，H 1.28%，Na 14.63%，O 40.74%，S 20.41%。

别名　邻苯二酚-3,5-二磺酸钠；试钛灵；1,2-二羟基苯-3,5-二磺酸二钠；4,5-二羟基-1,3-苯二磺酸二钠盐；4,5-Dihydroxy-1,3-benzenedisulfonic acid disodium salt；1,2-Dihydroxybenzene-3,5-disulfonic acid disodium salt；Disodium 1,2-dihydroxybenzene-3,5-disulfonate；Disodium pyrocastechol-3,5-disulfonate；Pyrocatechol-3,5-disulfonic acid disodium salt；Sodium catechol disulfonate；Tiferron；Sodium 1,2-dihydroxybenzene-3,5-disulfonate；Sodium pyrocatechol-2,4-disulfonate

M. I. 15，9621

性状　白色或浅灰黄色的结晶。极易溶于水，微溶于乙醇，不溶于丙酮。该品遇氯化铁络合产生深蓝色（pH 值<5），遇钛盐呈橙色，遇铜盐呈绿黄色，遇六价钼呈金丝雀黄色。

注意事项　该品对眼睛、呼吸系统及皮肤有刺激性。使用时应穿适当的防护服。万一接触到眼睛，应立即用大量水冲洗后请医生诊治。应充氮气密封于干燥处保存。

主要用途　比色测定铁、钛、钼的灵敏试剂；也可用作络合指示剂。测定铈、铌和稀土金属。金属掩蔽剂。

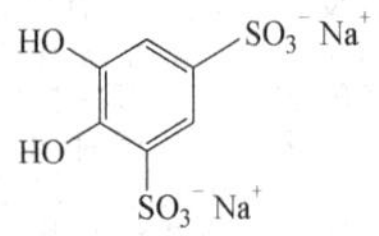

Tiropramide　苯酰胺桂胺　09675

[55837-29-1]　$C_{28}H_{41}N_3O_3$　467.64

成分　C 71.91%，H 8.84%，N 8.99%，O 10.26%。

别名　α-Benzoylamino-4-[2-(diethylamino)ethoxy]-*N*,*N*-dipropylbenzenepropanamide；DL-α-Benzamido-*p*-[2-(diethylamino)ethoxy]-*N*,*N*-dipropylhydrocinnamamide；*O*-(2-Diethylaminoethyl)-*N*-benzoyl-DL-tyrosyl-di-*n*-propylamide；CR-603

M. I. 15，9622

性状　来自石油醚中的无色结晶。mp 65～67℃。LD_{50} 大鼠静脉注射：33.9mg/kg。

主要用途　医用抗痉挛剂，镇痛剂。

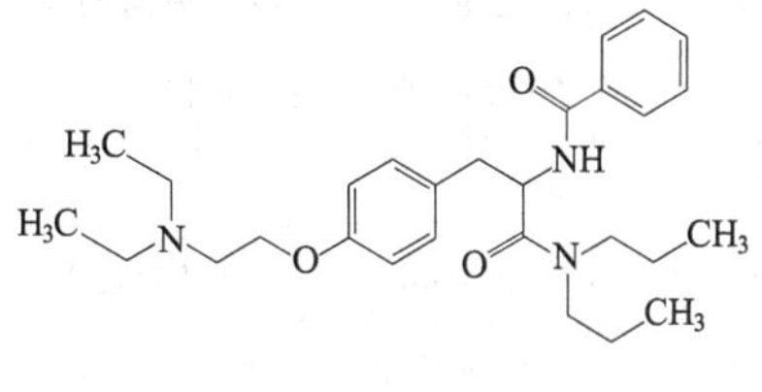

Titanium powder　钛粉　09676

[7440-32-6]　Ti　47.867

GW 2015-1223　M. I. 15，9626

性状　深灰色有光泽的金属粉末。溶于浓盐酸、硫酸、王水。mp 1677℃；bp 3277℃。一般试剂含量≥99.0%。

注意事项　该品高度易燃。在空气中能自燃。使用时应穿适当的防护服，戴手套和防护镜或面罩。使用现场禁止吸烟。万一着火，应用指定的灭火设备而不能用水。应采取抗放静电措施，密封于通风良好处保存。

主要用途　制造各种合金。

Titanium carbide　碳化钛　09677

[12070-08-5]　TiC　CTi　59.91

成分　C 20.05%，Ti 79.95%。

性状　银灰色金属的结晶固体。质硬。溶于王水及硝酸，不溶于水。*d* 4.930。一般试剂含量≥98.0%。

注意事项　该品高度易燃。使用时应避免吸入本品的粉尘。万一着火，应用指定的灭火设备。应远离火种，采取抗放静电措施，密封保存。

主要用途　高硬度合金。用碳化钨制切削工具时的添加剂。

Titanium(Ⅲ) chloride solution　三氯化钛溶液　09678

[7705-07-9] Cl_3Ti 154.22

成分（纯品） Cl 68.96%，Ti 31.04%。

别名 氯化亚钛溶液；Titanium trichloride solution；Titanous chloride solution

GW 2015-1848 M.I.15，9637

性状 暗紫色液体。一般试剂为约15%～20%(RT)的盐酸溶液。在空气中氧化后即褪色。

注意事项 该品具有腐蚀性，能引起烧伤。对呼吸系统有刺激性。使用时应穿适当的防护服，戴手套和防护镜或面罩。万一接触到眼睛，应立即用大量水冲洗后请医生诊治。接触皮肤后，应立即用大量水冲洗。使用时如有事故发生或有不适之感，应请医生诊治。应密封于通风良好处保存。

主要用途 偶氮染料分析用滴定液。测定硝基、高铁离子及过硫酸盐。铜、铁、钒的比色测定。强还原剂。

Titanium (Ⅳ) chloride 四氯化钛 09679

[7550-45-0] Cl_4Ti 189.67

成分 Cl 74.76%，Ti 25.24%。

别名 氯化钛；Titanic chloride；Titanium tetrachloride

GW 2015-2055 M.I.15，9634

性状 无色液体。有刺激性酸味。溶于冷水、乙醇，能被热水分解，生成难溶的羟基氯化物和氢氧化物。mp －24.1℃；bp 136.4℃；d 1.726；d_4^{20} 1.729。

注意事项 该品与水反应激烈。具有腐蚀性，能引起烧伤。使用时应穿适当的防护服，戴手套和防护镜或面罩。使用时应保持容器的密闭和干燥。万一接触到眼睛，应立即用大量水冲洗后请医生诊治。使用时如有事故发生或有不适之感，应请医生诊治。应密封于干燥处保存。

主要用途 微量分析法测定亚铁氰化物。制造三氯化钛和金属钛的原料。发烟剂等。

Titanium (Ⅳ) oxide 二氧化钛 09680

[13463-67-7] O_2Ti 79.87

成分 O 40.06%，Ti 59.93%。

别名 钛酐；钛白；钛白粉；Pigment white 6；Titania；Titanic anhydride；Titanic dioxide；Titanium white；Unitane

M.I.15，9628 C.I.77891

性状 白色无定形粉末。溶于热浓硫酸、氢氟酸，不溶于水、盐酸、硝酸、稀硫酸。mp 1855℃；d 4.13（板钛矿）。一般试剂含量≥99.0%。

注意事项 该品可能致癌。使用时应穿适当的防护服和戴手套。

主要用途 光谱分析试剂。高纯钛盐的制备。颜料、聚乙烯着色剂。研磨剂。制药工业。电容介质。耐高温合金、耐高温海绵钛的制造。

Titanium (Ⅲ) sulfate solution 硫酸亚钛溶液 09681

[19495-80-8] [10343-61-0] $O_{12}S_3Ti_2$ 383.90

成分(纯品) O 50.01%，S 25.05%，Ti 24.94%。

别名 Titanium sesquisulfate solution；Titanous sulfate solution

M.I. 15，9632

性状 纯品为绿色结晶性粉末。溶于稀盐酸、稀硫酸，不溶于水、乙醇、浓硫酸。在空气中能被氧化而褪色。久置有结晶析出。一般试剂为45%的稀硫酸溶液，为深紫色液体。

注意事项 该品具有腐蚀性，能引起烧伤。使用时应穿适当的防护服，戴手套和防护镜或面罩。万一接触到眼睛，应立即用大量水冲洗后请医生诊治。使用时如有事故发生或有不适之感，应请医生诊治。应密封避光保存。

主要用途 分析试剂。强还原剂。用于带有硫氰化物的比色测定时作为铜、铁、钒及其他化合物的还原剂。测定偶氮化合物时用作滴定液。

Titan yellow 达旦黄 09682

[1829-00-1] $C_{28}H_{19}N_5Na_2O_6S_4$ 695.71

成分 C 48.34%，H 2.75%，N 10.07%，Na 6.61%，O 13.80%，S 18.43%。

别名 钛黄；噻唑黄；Chlorazol yellow 2G；Clayton yellow；Diazamine golden yellow T；2，2′-[(Diazoamino)di-*p*-phenylene] bis [6-methyl-7-benzothiazolesulfonic acid] disodium salt；Direct yellow 9；Thiazole yellow G；Mimosa；2，2′-(1-Triazene-1，3-diyldi-4，1-phenylene) bis (6-methyl-7-benzothiazolesulfonic acid) disodium salt；2，2′-(1-Triazene-1，3-diyldi-4，1-phenylene) di[6-methyl-7-benzothiazothiazolesulfonic acid] disodium salt

M.I.15，9462 C.I.19540

性状 浅黄棕色粉末。溶于水或乙醇呈黄色，溶于氢氧化钠溶液呈浅红黄色，溶于硫酸呈浅棕黄色。pH值 11.0～13.0（由黄至红色）。

注意事项 使用时应避免吸入本品的粉尘，避免与眼睛及皮肤接触。应密封避光保存。

主要用途 滴定镁的灵敏试剂。酸碱指示剂。印染剂。

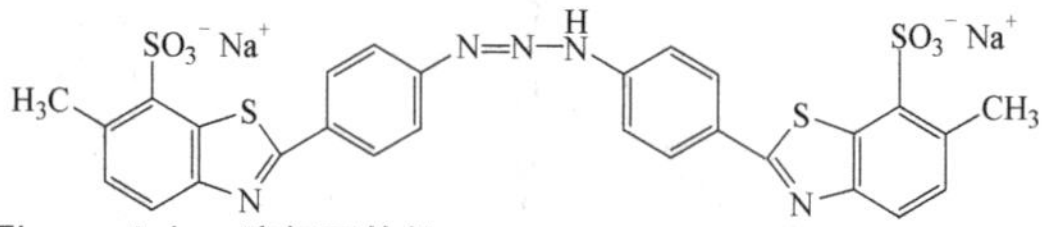

Tixocortol 巯氢可的松 09683

[61951-99-3] $C_{21}H_{30}O_4S$ 378.53

成分 C 66.63%，H 7.99%，O 16.91%，S 8.47%。

别名 21-巯基氢化可的松；(11*β*)-11，17-Dihydroxy-21-mercaptopregn-4-ene-3，20-dione；11*β*，17*α*-Dihydroxy-21-thio-3，20-dioxo-4-pregnene

M.I. 15，9641

性状 细小的白色固体。220～221℃分解；uv max（95%乙醇中）：241nm（ε 1.65×10[4]）。

主要用途 医用抗炎剂。

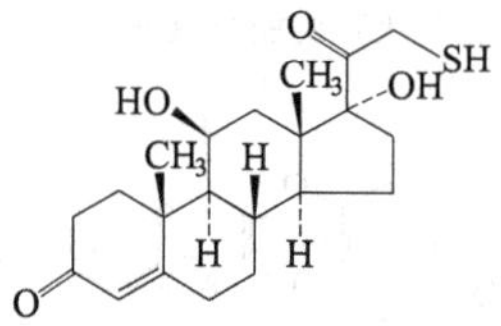

Tizanidine hydrochloride 咪噻二唑 盐酸盐 09684

[64461-82-1] $C_9H_9Cl_2N_5S$ 290.17

成分 C 37.25%，H 3.13%，Cl 24.44%，N 24.14%，S 11.05%。

别名 盐酸咪噻二唑；AB-021；5-Chloro-*N*-(4，5-dihydro-1*H*-imidazol-2-yl)-2，1，3-benzothiadiazol-4-amine；5-Chloro-4-(2-imidazolin-2-ylamino)-2，1，3-benzothiadiazole；DS-103-282；Sirdalad；Temelin；Zanaflex

M.I. 15，9642

性状 来自甲醇中的无色或白色至微黄色结晶性粉末。微溶于水（约 29mg/mL）、甲醇。mp 221～223℃。LD_{50}小鼠急性经口：235mg/kg。生化试剂含量≥98.0%（HPLC）。

注意事项 该品口服有毒。对眼睛、呼吸系统及皮肤有刺激性。使用时应穿适当的防护服，戴手套和防护镜或面罩。万一接触到眼睛，应立即用大量水冲洗后请医生诊治。

主要用途 医用骨架肌肉松弛剂。

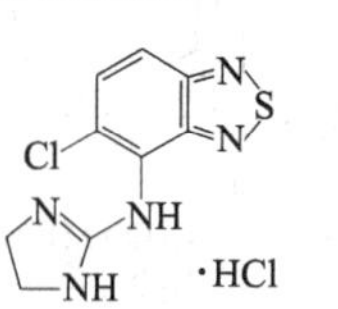

Tobramycin 托普霉素 09685

[32986-56-4] $C_{18}H_{37}N_5O_9$ 467.52

成分 C 46.24%，H 7.98%，N 14.98%，O 30.80%。

别名 *O*-3-Amino-3-deoxy-*α*-D-glucopyranosyl-(1→6)-*O*-[2，6-diamino-2，3，6-trideoxy-*α*-D-*ribo*-hexopyranosyl-(1→4)]-2-deoxy-D-strep-tamine；4-[2，6-Diamino-2，3，6-trideoxy-*α*-D-glycopyranosyl]-6-[3-amino-3-deoxy-*α*-D-glycopyranosyl]-2-deoxystreptamine；Nebramycin factor 6；NF 6；Tobracin；Tobralex；Tobramaxin；Tobrex

M.I. 15，9647

性状 碱性白色至近白色粉末。易溶于水（1份溶于1.5份水），极微溶于乙醇（1份溶于2000份乙醇），几乎不溶于氯仿、乙醚。$[\alpha]_D^{20}$ +129°（c=1，于水中）。LD_{50} 小鼠，大鼠皮下注射：441mg/kg，969mg/kg。生化试剂含量≥99.0%（TLC）。

注意事项 该品应充氩气密封于2～8℃干燥保存。

主要用途 生化研究。医用抗菌剂。

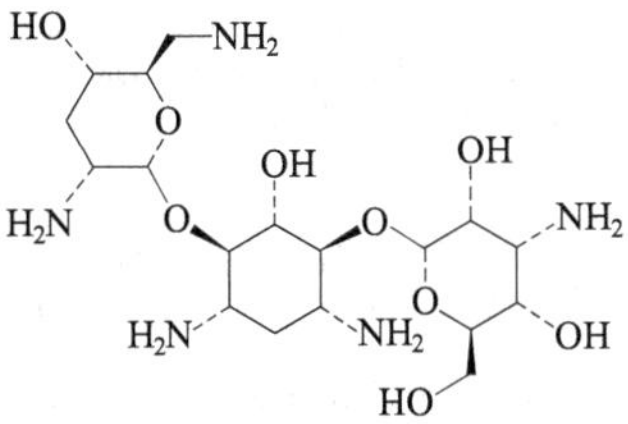

(±)-Tocainide hydrochloride
(±)-妥卡尼 盐酸盐 09686
[71395-14-7] $C_{11}H_{17}ClN_2O$ 228.72
成分 C 57.77%，H 7.49%，Cl 15.50%，N 12.25%，O 7.00%。
别名 氨酰甲苯胺 盐酸盐；盐酸妥卡尼；2-氨基-*N*-（2，6-二甲基苯基）丙胺 盐酸盐；W-36095；Taquidil；Tonocard；Xylotocan；2-Amino-*N*-（2，6-dimethylphenyl）propanamide hydrochloride；2-Aminopropiono-2′，6′-xylidide hydrochloride
M.I. 15，9648
性状 来自乙醇/乙醚中的无色结晶。易溶于水、乙醇，几乎不溶于氯仿、乙醚。mp 246～247℃。
主要用途 医用抗心律失常剂（IB型）。

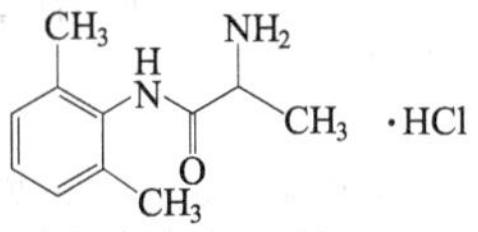

Tocamphyl 龙脑酯二乙醇胺 09687
[5634-42-4] $C_{23}H_{37}NO_6$ 423.55
成分 C 65.22%，H 8.81%，N 3.31%，O 22.66%。
别名 樟酯醇胺；1，2，2-Trimethyl-1，3-cyclopentanedicarboxylic acid 1-[1-(4-methylphenyl)ethyl] ester compd with 2，2′-iminobis[ethanol](1∶1)；Camphoric acid 1-(*p*，*α*-dimethylbenzyl) ester，compd with 2，2′-imidodiethanol (1∶1)；*p*，*α*-Dimethylbenzyl camphorate diethanolamine salt；*p*-Toluoylmethylcarbinolmono-*d*-camphoric acid ester diethanolamine salt；Methyl *p*-tolylcarbinol camphorate diethanolamine salt；*p*-Tolylmethylcarbinol camphoric acid ester diethanolamine salt；Diethanolamine *p*-tolylmethylcarbinol camphorate；Diethanolamine *d*-methyltoluylcarbinol camphorate；Biliphorine；Hepatoxane；Syncuma
M.I. 15，9649
性状 无色结晶。溶于水。
主要用途 医用促胆汁分泌剂。

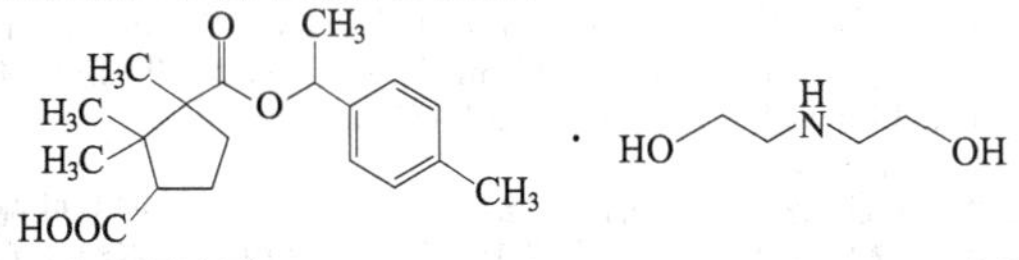

Tocol 母育酚 09688
[119-98-2] $C_{26}H_{44}O_2$ 388.64
成分 C 80.35%，H 11.41%，O 8.23%。
别名 母生育酚；2-甲基-2-植基-6-羟基色满；3，4-Dihydro-2-methyl-2-(4，8，12-trimethyltridecyl)-2*H*-1-benzopyran-6-ol；2-Methyl-2-(4，8，12-trimethyltridecyl)-6-chromanol；2-Methyl-2-phytyl-6-chromanol；6-Hydroxy-2-methyl-2-phytylchroman；2-Methyl-2-phytyl-6-hydroxychroman
M.I. 15，9652
性状 无色有黏性液体。$bp_{0.001}$ 165～175℃/0.13Pa。
主要用途 抗氧化剂。

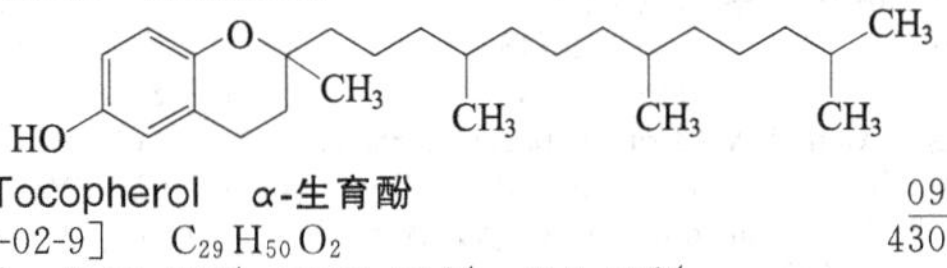

α-Tocopherol α-生育酚 09689
[59-02-9] $C_{29}H_{50}O_2$ 430.72
成分 C 80.87%，H 11.70%，O 7.43%。
别名 (2*R*)-3，4-Dihydro-2，5，7，8-tetramethyl-2-[(4*R*，8*R*)-4，8，12-trimethyltridecyl]-2*H*-1-benzopyran-6-ol；(+)-2，5，7，8-Tetramethyl-2-(4′，8′，12′-trimethyltridecyl)-6-chromanol；(*R*，*R*，*R*)-*α*-Tocopherol；*d*-*α*-Tocopherol；5，7，8-Trimethyltocol；Optovit；Tocovital
M.I. 15，9653
性状 无色透明的针状结晶，室温为液体。mp 2.5～3.5℃；n_D^{20} 1.505；$[\alpha]_{546.1}^{25}$ −3.0°(苯中)；$[\alpha]_{546.1}^{25}$ +0.32°（乙醇中）。生化试剂含量≥99.0%(UV)。
注意事项 使用时应避免吸入本品的蒸气，避免与眼睛及皮肤接触。应充氩气密封避光于2～8℃保存。
主要用途 医用维生素E添加剂。

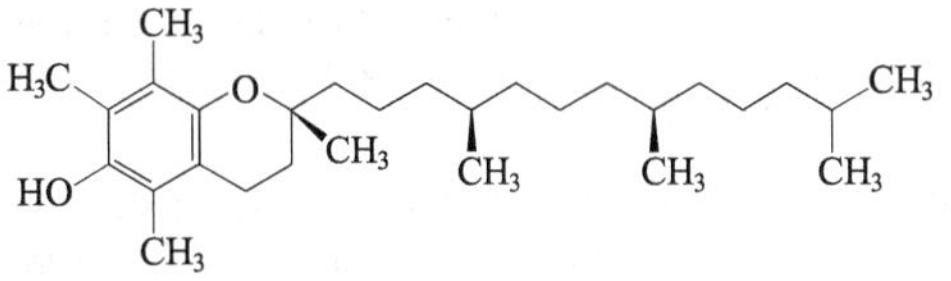

β-Tocopherol β-生育酚 09690
[16698-35-4] $C_{28}H_{48}O_2$ 416.69
成分 C 80.71%，H 11.61%，O 7.68%。
别名 (2*R*)-3，4-Dihydro-2，5，8-trimethyl-2-[(4*R*，8*R*)-4，8，12-trimethyltridecyl]-2*H*-1-benzopyran-6-ol；(+)-2，5，8-Trimethyl-2-(4，8，12-trimethyltridecyl)-6-chromanol；5，8-Dimethyltocol；Cumotocopherol；Neotocopherol；*p*-Xylotocopherol
M.I. 15，9654
性状 浅黄色有黏性的油状液体。易溶于油类、乙醇、氯仿、乙醚及其他脂肪溶剂，不溶于水。对热及碱稳定。缓慢地被大气中氧逐渐氧化，而被高铁及银盐很快地氧化，曝露于光下颜色逐渐变深。$bp_{0.1}$ 200～210℃/13.3Pa；$[\alpha]_{546.1}^{25}$ +2.9°（*c*=7.15，于乙醇中）；uv max：297nm（$E_{1cm}^{1\%}$ 87.6）。

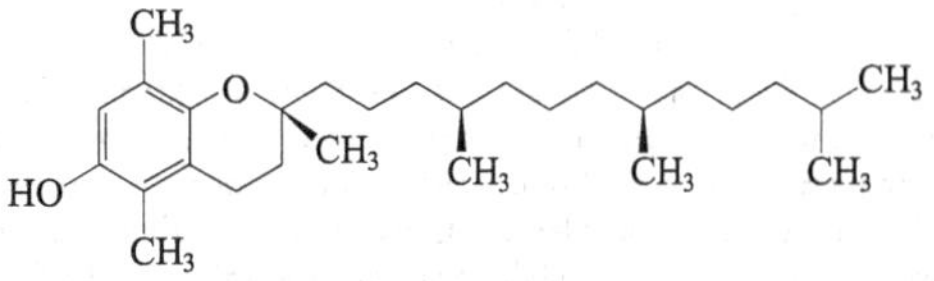

γ-Tocopherol γ-生育酚 09691
[54-28-4] [7616-22-0] $C_{28}H_{48}O_2$ 416.69
成分 C 80.71%，H 11.61%，O 7.68%。
别名 (*dl*-form)，(2*R*)-3，4-Dihydro-2，7，8-trimethyl-2-[(4*R*，8*R*)-4，8，12-trimethyl-tridecyl]-2*H*-1-benzopyran-6-ol；(+)-2，7，8-Trimethyl-2-(4，8，12-trimethyltridecyl)-6-chromanol；(*R*，*R*，*R*)-*γ*-Tocopherol；7，8-Dimethyltocol；*o*-Xylotocopherol
M.I. 15，9655
性状 浅黄色，具有黏性的液体。低温下为透明结晶。易溶于油类、丙酮、乙醇、氯仿、乙醚及其他脂肪溶剂，不溶于水。对热和碱稳定。逐渐被空气中的氧，很快地被铁盐、银盐氧化。于光下颜色逐渐变深。mp −3～−2℃；$bp_{0.1}$ 200～210℃/13.332Pa；$[\alpha]_{546.1}^{25}$ −2.4°（*c*=8.59，于苯中）；$[\alpha]_{546.1}^{25}$ +2.2°（*c*=9.32，于乙醇中）；uv max：298nm（$E_{1cm}^{1\%}$ 92.8）。生化试剂含量≥97.0%（UV）。
注意事项 该品应充氩气密封避光于2～8℃保存。
主要用途 生化研究。

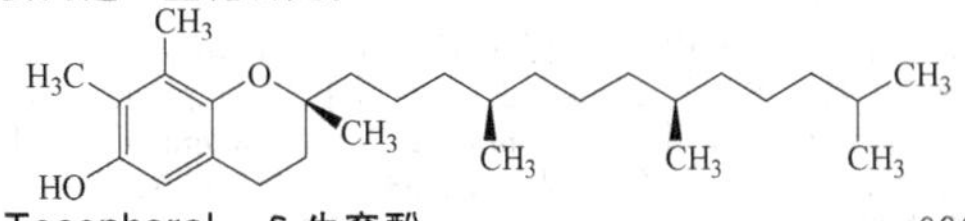

δ-Tocopherol δ-生育酚 09692
[119-13-1] $C_{27}H_{46}O_2$ 402.66
成分 C 80.54%，H 11.52%，O 7.95%。
别名 (2*R*)-3，4-Dihydro-2，8-dimethyl-2-[(4*R*，8*R*)-4，8，12-trimethyltridecyl]-2*H*-1-benzopyran-6-ol；8-Methyltocol
M.I. 15，9656
性状 浅黄色，具有黏性的液体。$[\alpha]_{546}^{25}$ +3.4°（*c*=1.55，于乙醇中）；$[\alpha]_{546}^{25}$ +1.1°（*c*=10.9，于苯中）；uv max：298nm（$E_{1cm}^{1\%}$ 91.2）。生化试剂含量约90%。一般为1安瓿100mg。
注意事项 该品应密封于−20℃或2～8℃保存。
主要用途 生化研究。

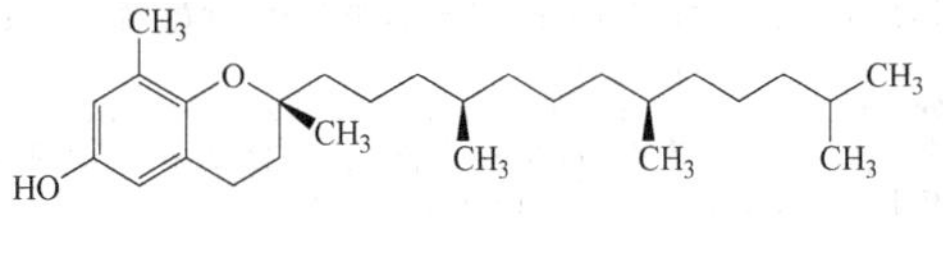

Tocoretinate 维生素 A 生育醇酯 09693

[40516-48-1] $C_{49}H_{56}O_3$ 713.14

成分 C 82.53%，H 10.74%，O 6.73%。

别名 维甲酸维 E 酯；Retinoic acid (±)-(2*R*)-3,4-dihydro-2,5,7,8-tetramcthyl-2-[(4*R*,8*R*)-4,8,12-trimethyltridecyl]-2*H*-1-benzopyran-6-yl ester；(±)-(2*R**)-2,5,7,8-Tetramethyl-2-[(4*R**,8*R**)-4,8,12-trimethyltridecyl]-6-chromanyl retinoate；Trctinoin tocoferil；DL-α-Tocopherylretinoate；L-300；N-021；Olcenon

M. I. 15，9657

性状 亮黄色油状液体。溶于油脂，不溶于水。uv max (乙醇中)：365nm ($E^{1\%}_{1cm}$ 642)。LD_{50}小鼠静脉注射：>1000mg/kg；急性经口：>2000mg/kg。

主要用途 医用疗创剂。

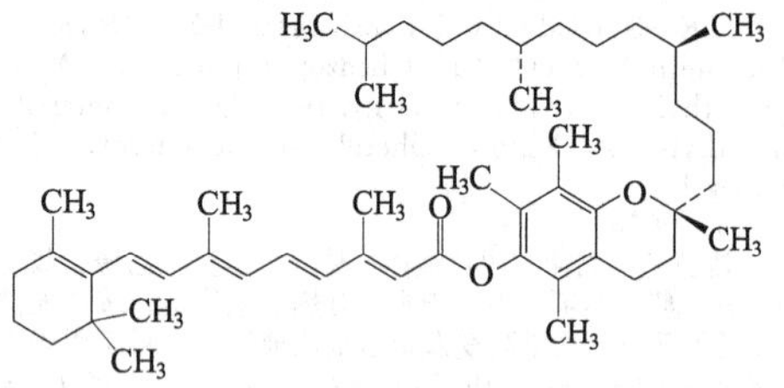

Todralazine hydrochloride 乙肼苯哒嗪 盐酸盐 09694

[3778-76-5] $C_{11}H_{13}ClN_4O_2$ 268.70

成分 C 49.17%，H 4.88%，Cl 13.19%，N 20.85%，O 11.91%。

别名 盐酸乙肼苯哒嗪；CEPH；BT-621；Apiracohl；Aperdor；Apride；Atapren；Binazin；Illcut；Propat；2-(1-Phthalazinyl) hydrazinecarboxylic acid ethyl ester hydrochloride；3-(1-Phthalazinyl) carbazic acid ethyl ester hydrochloride；N^1-Carbethoxy-N^2-phthalazinehydrazine hydrochloride；Carboethoxyphthalazinohydrazine hydrochloride；Ecarazine hydrochloride

M. I. 15，9660

性状 无色结晶。LD_{50}小鼠腹膜内注射：500mg/kg。

注意事项 该品吸入、口服或与皮肤接触有毒。使用时应穿适当的防护服。

主要用途 生化研究。医用抗高血压剂。

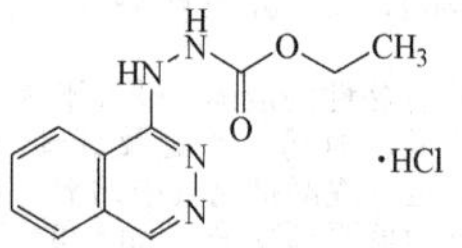

Tofisopam 甲氧异氮䓬 09695

[22345-47-7] $C_{22}H_{26}N_2O_4$ 382.46

成分 C 69.09%，H 6.85%，N 7.32%，O 16.73%。

别名 1-(3,4-Dimethoxyphenyl)-5-ethyl-7,8-dimethoxy-4-methyl-5*H*-2,3-benzodiazepine；EGYT341；Grandaxin；Senel

M. I. 15，9662

性状 来自异丙醇中的无色至白色、浅奶油色结晶性粉末。溶于二甲基亚砜（约 14mg/mL)，不溶于水。mp 156～157℃；uv max (甲醇中)：310nm，272nm，239nm (ε 16100，11200，26300)。生化试剂含量≥98.0% (HPLC)。

注意事项 该品口服有毒。对水生物极毒。应防止将本品释放于环境中。其包装物应按危险品处理。

主要用途 医用抗焦虑剂。

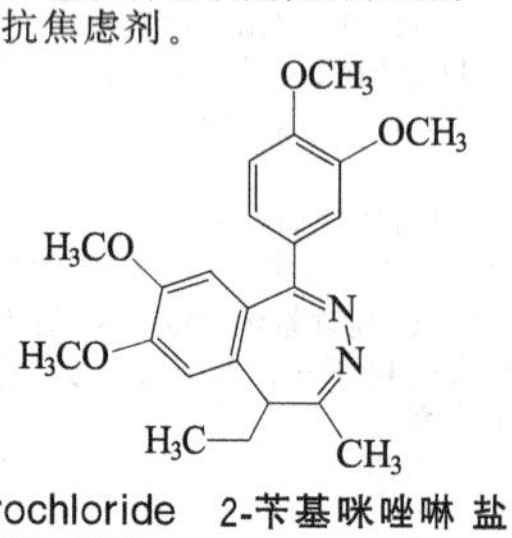

Tolazoline hydrochloride 2-苄基咪唑啉 盐酸盐 09696

[59-97-2] $C_{10}H_{13}ClN_2$ 196.68

成分 C 61.07%，H 6.66%，Cl 18.03%，N 14.24%。

别名 4,5-二氢-2-苄基-1*H*-咪唑 盐酸盐；盐酸 2-苄基咪唑啉；盐酸 4,5-二氢-2-苄基-1*H*-咪唑；Lambral；Priscol；Priscoline；Vaso-Dilatan；4,5-Dihydro-2-phenylmethyl-1*H*-imidazole hydrochloride；2-Benzyl-2-imidzaoline hydrochloride；2-Benzyl2-iminazoline hydrochloride；Benzazoline hydrochloride；2-Benzyl-4,5-imidazoline hydrochloride；Phenyl-methylimidazoline hydrochloride

M. I. 15，9666

性状 无色结晶。味苦。易溶于水、乙醇，溶于氯仿，极微溶于乙醚、乙酸乙酯。其 2.5%水溶液 pH 值 4.9～5.3。mp 174℃。

主要用途 生化研究。医用末梢血管舒张剂。

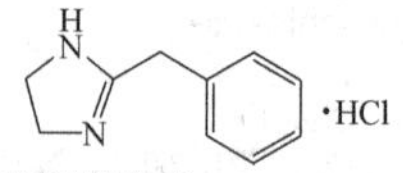

Tolbutamide 甲苯磺丁脲 09697

[64-77-7] $C_{12}H_{18}N_2O_3S$ 270.35

成分 C 53.31%，H 6.71%，N 10.36%，O17.75%，S 11.86%。

别名 1-丁基-3-(4-甲基苯磺酰) 脲；甲糖宁；甲磺丁脲；；*N*-(Butylamino) carbonyl-4-methylbenzenesulfonamide；1-Butyl-3-(*p*-tolylsulfonyl) urea；Tolylsulfonylbutylurea；3-(*p*-Tolyl-4-sulfonyl)-1-butylurea；*N*-*n*-Butyl-*N*′-tosylurea；*N*′-4-Methylbenzenesulfonyl-*N*″-butylurea；*N*-(Sulfonyl-*p*-methylbenzene)-*N*′-*n*-butylurea；U-2043；Artosin；Diaben；Diasulfon；Dolipol；Glyconon；Ipoglicone；Mobenol；Orabet；Orinase；Oterben；Pramidex；Rastinon；Tolbusal

M. I. 15，9667

性状 白色或近白色结晶或粉末。溶于乙醇、氯仿，几乎不溶于水。mp 128.5～129.5℃。生化试剂含量≥97.0% (HPLC)。

注意事项 该品吸入、口服或与皮肤接触有毒。可能致癌。接触皮肤能引起过敏。使用时应穿适当的防护服。使用时应避免吸入本品的粉尘，避免与眼睛及皮肤接触。应密封于 20℃以下保存。

主要用途 医用抗糖尿病剂。

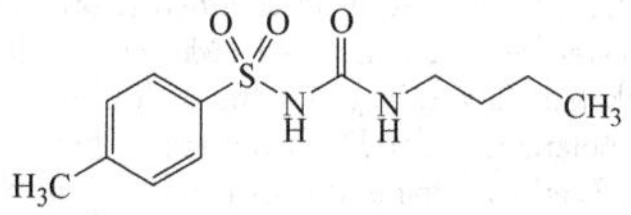

Tolcapone 托卡朋 09698

[134308-13-7] $C_{14}H_{11}NO_5$ 273.24

成分 C 61.54%，H 4.06%，N 5.13%，O 29.28%。

别名 3，4-二羟基-4′-甲基-5-硝基苯基苯甲酮；(3，4-二羟基-5-硝基苯基) (4-甲基苯基) 甲酮；(3,4-Dihydroxy-5-nitrophenyl) (4-methylphenyl) methanone；3，4-Dihydroxy-4′-methyl-5-nitrobenzophenone；Ro-40-7592；Tasmar

M. I. 15，9668

性状 来自二氯乙烷中的无色结晶。易溶于丙酮、四氢呋喃，溶于甲醇、乙酸乙酯，略溶于氯仿、二氯甲烷，不溶于水、正己烷。mp 146～148℃。生化试剂含量≥99.0%。

注意事项 该品应密封于－20℃保存。

主要用途 医用抗震颤剂。

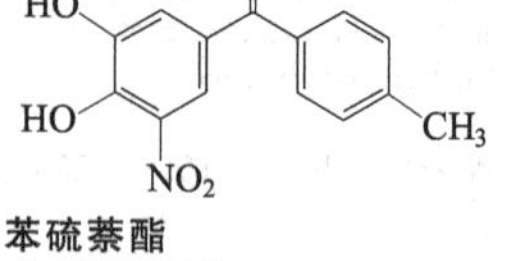

Tolciclate 甲苯硫萘酯 09699

[50838-36-3] $C_{20}H_{21}NOS$ 323.45

成分 C 74.27%，H 6.54%，N 4.33%，O 4.95%，S 9.91%。

别名 Methyl-*N*-(3-methylphenyl)carbamothioic acid *O*-(1,2,3,4,-tetrahydro-1,4-methanonaphthalen-6-yl) ester；*O*-(1,4-Methano-1,2,3,4-tetrahydro-6-naphthyl) *N*-methyl-*N*-(*m*-tolyl) thiocarbamate；KC-9147；Fungifos；Kilmicen；Tolmicen

M. I. 15，9669

性状 来自异丙醇中的无色结晶性粉末。溶于正己烷 (14.9mg/mL)、正辛醇 (23.9mg/mL)，几乎不溶于水。mp 92～94℃。LD_{50}小鼠，大鼠，狗急性经口 (mg/kg)：4000，6000，5000。

主要用途 医用抗真菌剂。

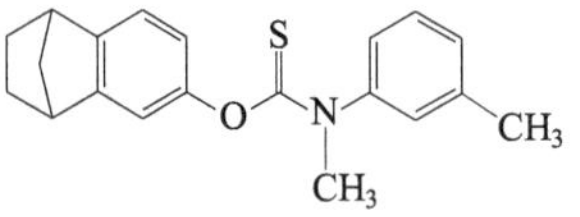

Tolclofos-methyl 甲基立枯磷 09700

[57018-04-9] $C_9H_{11}Cl_2O_3PS$ 301.12

成分 C 35.90%，H 3.68%，Cl 23.55%，O 15.94%，P 10.29%，S 10.65%。

别名 *O*-2,6-二氯对甲苯基-*O*,*O*-二甲基硫代磷酸酯；脱克松；棉亩康；*O*-(2,6-Dichloro-4-methylphenyl) phosphorothioic acid *O*,*O*-dimethyl ester；*O*-(2,6-Dichloro-*p*-tolyl) *OO*-dimethyl phosphorothioaet；Tolclophos-methyl；S-3349；Rizolex

M. I. 15，9670

性状 来自甲醇中的无色结晶。易溶于二甲苯、丙酮、环己酮、氯仿，极微溶于水（23℃，0.3～0.4mg/kg）。蒸气压（20℃）：4.27×10^{-4} mmHg/559.3×10^{-4} Pa；mp 79～79.5℃。LD_{50}雄、雌大鼠，雄、雌小鼠急性经口（mg/kg）：约5000、约5000，3500、3600；腹膜内注射（mg/kg）：约5000、4900，1070、1260；皮肤接触：全部＞5000mg/kg；皮下注射：全部＞5000mg/kg。

注意事项 使用时应避免吸入本品的粉尘，避免与眼睛及皮肤接触。应密封于2～8℃保存。

主要用途 农用杀菌剂。

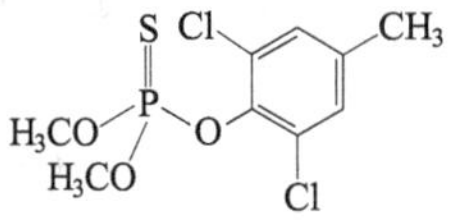

Tolcyclamide 甲磺环己脲 09701

[664-95-9] $C_{14}H_{20}N_2O_3S$ 296.39

成分 C 56.73%，H 6.80%，N 9.45%，O 16.19%，S 10.82%。

别名 对甲苯磺酰环己脲；1-环己基-3-对甲苯磺酰脲；*N*-(Cyclohexylamino) carbonyl-4-methylbenzenesulfonamide；1-Cyclohexyl-3-*p*-tolylsulfonylurea；Tolhexamide；Glycyclamide；Cyclamide；K-386；Diaboral

M. I. 15，9671

性状 来自三氯乙烯中的无色结晶。mp 174～176℃。

主要用途 医用抗糖尿病剂。

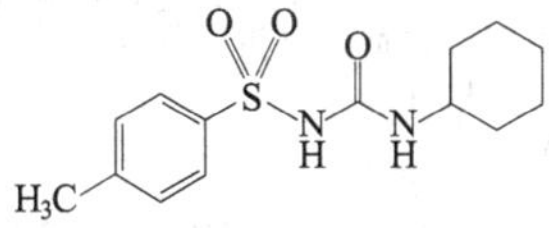

Tolfenamic acid 邻甲氯灭酸 09702

[13710-19-5] $C_{14}H_{12}ClNO_2$ 261.71

成分 C 64.25%，H 4.62%，Cl 13.55%，N 5.35%，O 12.23%。

别名 *N*-(2-甲基-3-氯苯基)氨茴酸；2-[(3-氯-2-甲基苯基)氨基]苯甲酸；*N*-(3-氯邻甲苯基)氨茴酸；2-[(3-Chloro-2-methylphenyl) amino] benzoic acid；*N*-(3-Chloro-*o*-tolyl) anthranilic acid；*N*-(2-Methyl-3-chlorophenyl) anthranilic acid；GEA-6414；Clotam；Tolfedine；Tolfine

M. I. 15，9673

性状 来自无水乙醇中的无色结晶。mp 207～207.5℃。

注意事项 该品口服有毒。

主要用途 生化研究。医用抗炎剂，止痛剂。

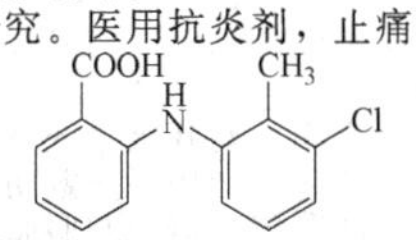

o-Tolidine 邻联甲苯胺 09703

[119-93-7] $C_{14}H_{16}N_2$ 212.30

成分 C 79.21%，H 7.60%，N 13.20%。

别名 3,3′-二甲基联苯胺；二氨二甲基联苯；邻甲苯联胺；邻联茴胺；甲土立丁；4,4′-Diamino-3,3′-dimethylbiphenyl；Diaminoditolyl；3,3′-Dimethylbenzidine；3,3′-Dimethyl-[1,1′-biphenyl]-4,4′-diamine

GW 2015-387 M. I. 15，9674

性状 白色至微粉红色结晶或粉末。有苯胺样气味。溶于稀酸、乙醇、乙醚，微溶于水。mp 129～131℃；Fp 212℉（100℃）。

注意事项 该品可能致癌。口服有毒。对水生物有毒。能对水环境引起长期不利的结果。在使用前应得到专门的指导，避免曝露。使用时如有事故发生或有不适之感，应请医生诊治。应防止将本品释放于环境中。应密封避光保存。

主要用途 检验金的灵敏试剂。检验水中游离氯、硝酸盐、亚硝酸盐、铬、铜、钴、汞以及空气中的氰离子等的测定。吸附指示剂。氧化还原指示剂。

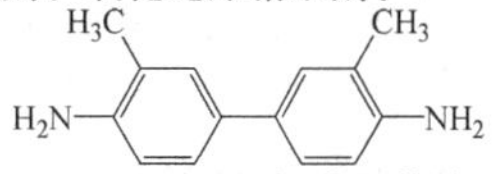

o-Tolidine dihydrochloride 邻联甲苯胺 二盐酸盐 09704

[612-82-8] $C_{14}H_{18}Cl_2N_2$ 285.21

成分 C 58.96%，H 6.36%，Cl 24.86%，N 9.82%。

别名 3,3′-二甲基联苯胺 二盐酸盐；二盐酸邻联甲苯胺；邻联甲苯胺 二盐酸盐；盐酸邻联甲苯胺；3,3′-Dimethyl benzine dihydrochloride；3,3′-Dimethyl-(1,1′-biphenyl)-4,4′-diamine dihydrochloride；4,4′-Diamino-3,3′-dimethylbiphenyl dihydrochloride；Diaminoditolyl dihydrochloride

GW 2015-2513 M. I. 15，9674

性状 白色结晶。溶于水和稀盐酸。mp＞300℃。一般试剂含量≥99.0%（HPLC）。

注意事项 该品可能致癌。口服有害。对水生物有毒。能对水环境引起长期不利的结果。在使用前应得到专门的指导，避免曝露。使用时如有事故发生或有不适之感，应请医生诊治。应防止将本品释放于环境中。应密封避光保存。

主要用途 有机合成。水中微量氯的测定。

Tolindate 苯硫茚酯 09705

[27877-51-6] $C_{18}H_{19}NOS$ 297.42

成分 C 72.69%，H 6.44%，N 4.71%，O 5.38%，S 10.78%。

别名 Methyl (3-methylphenyl) carbamothioic acid *O*-(2,3-dihydro-1*H*-inden-5-yl) ester；*m*,*N*-Dimethylthiocarbanilic acid *O*-5-indanyl ester；*O*-(5-Indanyl) *m*,*N*-dimethylthiocarbanilate；Dalnate

M. I. 15，9675

性状 无色结晶。mp 94～95℃。

主要用途 医用抗真菌剂。

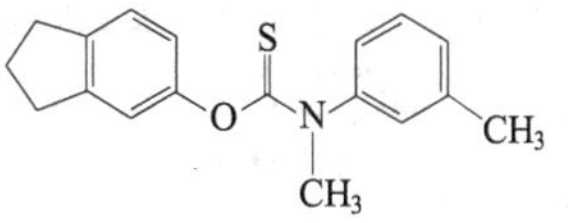

Tolmetin sodium dihydrate 甲苯酰吡酸钠 二水 09706

[64490-92-2] $C_{15}H_{14}NNaO_3 \cdot 2H_2O$ 315.30

成分（以无水物计） C 64.51%，H 5.05%，N 5.02%，Na 8.23%，O 17.19%。

别名 5-对甲苯甲酰-1-甲基吡咯-2-乙酸钠；McN-2559-21-98；1-Methyl-5-(4-methylbenzoyl)-1*H*-pyrrole-2-acetic acid；1-Methyl-5-*p*-toluoylpyrrole-2-acetic acid；5-(*p*-toluoyl)-1-methylpyrrole-2-acetic acid；Reutol；Tolectin；Tolmene

M. I. 15，9677

性状 亮黄色至亮橙色结晶性粉末。易溶于水、甲醇，微溶于乙醇，极微溶于氯仿。

注意事项 该品口服有毒。对皮肤有刺激性。使用时应穿适当的防护服。

主要用途 生化研究。医用抗炎剂。

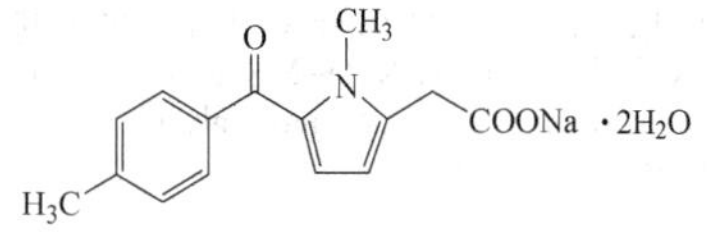

Tolnaftate 癣退 09707

[2398-96-1]　$C_{19}H_{17}NOS$　307.41

成分　C 74.24%，H 5.57%，N 4.56%，O 5.20%，S 10.43%。

别名　甲基（3-甲基苯基）硫代氨基甲酸 2-萘酯；*N*-甲基-*N*-间甲苯基硫代氨基甲酸 2-萘酯；Methyl（3-methylphenyl)-carbamothioic acid *O*-2-naphthalenyl ester；*m*，*N*-Dimethyl-thiocarbanilic acid *O*-2-naphthyl ester；*O*-2-Naphthyl *m*，*N*-dimethylthiocarbanilate；2-Naphthyl *N*-methyl-*N*-(3-tolyl) thionocarbamate；Sch-10144；Aftate；Chinofungin；Fungistop；Hi-Alarzin；Sporiline；Timoped；Tinactin；Tinaderm；Tonoftal

M. I. 15，9678

性状　来自乙醇中的无色结晶。易溶于氯仿、丙酮，溶于四氯化碳（1∶9），略微溶于甲醇、乙醚，微溶于乙醇，几乎不溶于水。mp 110.5～111.5℃；uv max（甲醇中）：258nm，222nm。LD_{50}小鼠，大鼠急性经口（g/kg）：＞10，＞6；皮下注射（g/kg）：＞6，＞4。

注意事项　该品应密封于 2～8℃保存。

主要用途　生化研究。医用抗真菌剂。

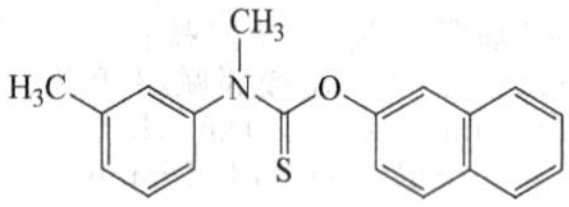

Toloxatone　甲苯噁酮　09708

[29218-27-7]　$C_{11}H_{13}NO_3$　207.23

成分　C 63.76%，H 6.32%，N 6.76%，O 23.16%。

别名　5-羟甲基-3-间甲基苯基-2-噁唑烷酮；5-Hydroxymethyl-3-(3-methylphenyl)-2-oxazolidinone；5-Hydroxymethyl-3-*m*-tolyl-2-oxazoli-dinone；MD-69276；Humoryl；Perenum

M. I. 15，9680

性状　来自异丙醇中的无色结晶。mp 76℃。LD_{50}小鼠急性经口：1850mg/kg。

主要用途　医用抗抑郁剂。

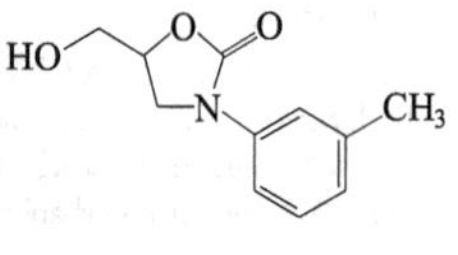

Tolpropamine hydrochloride　托普帕敏 盐酸盐　09709

[3339-11-5]　$C_{18}H_{24}ClN$　289.85

成分　C 74.59%，H 8.35%，Cl 12.23%，N 4.83%。

别名　*N*，*N*-二甲基-3-苯基-3-对甲苯基丙胺 盐酸盐；盐酸托普帕敏；Pragman Gelee；*N*，*N*，4-Trimethyl-*γ*-phenylbenzenepropanamine hydrochloride；*N*，*N*-Dimethyl-3-phenyl-3-*p*-tolylpropylamine hydrochloride；3-Dimethylamino-1-phenyl-1-*p*-tolylpropane hydrochloride

M. I. 15，9682

性状　无色结晶或白色粉末。mp 182～184℃。

主要用途　医用局部抗组胺剂，止痒剂。

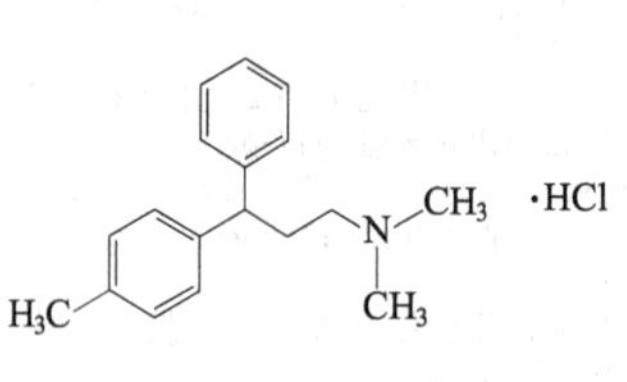

Tolrestat　托瑞司他　09710

[82964-04-3]　$C_{16}H_{14}F_3NO_3S$　357.35

成分　C 53.78%，H 3.95%，F 15.95%，N 3.92%，O 13.43%，S 8.97%。

别名　特力他；托雷斯泰；*N*-(6-甲氧基-5-三氟甲基-1-萘基)硫代甲基-*N*-甲基甘氨酸；*N*-(6-Methoxy-5-trifluoromethyl-1-naphthalenyl) thioxomethyl-*N*-methylglycine；Tolrestatin；AY-27773；Alredase；Lorestat

M. I. 15，9683

性状　无色结晶或白色粉末。mp 164～1654℃。

主要用途　医用糖尿病性神经病的治疗。

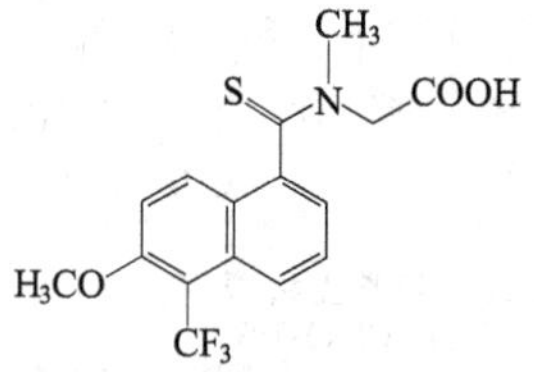

Tolterodine tartrate　托特罗定 酒石酸盐　09711

[124937-52-6]　$C_{26}H_{37}NO_7$　475.58

成分　C 65.66%，H 7.84%，N 2.95%，O 23.55%。

别名　酒石酸托特罗定；PNU-200583E；Detrol；Detrusitol；2-[(1*R*)-3-Bis（1-methylethyl）amino-1-phenylpropyl]-4-methylpheno tartrate；(＋)-(*R*)-2-[*α*-[2-(Diisopropylamino) ethyl]benzyl]-*p*-cresol tartrate；(＋)-*N*，*N*-Diisopropyl-3-(2-hydroxy-5-methylphenyl)-3-phenylpropylamine tartrate；Kabi 2234 tartrate

M. I. 15，9684

性状　来自乙醇中的无色结晶。溶于水（12mg/mL），溶于甲醇，微溶于乙醇，几乎不溶于甲苯。分配系数（正辛醇/水）：1.83（pH 值 7.3）。pK_a 9.87；$[\alpha]_{546}^{25}$ ＋36.0°。LD_{50}雄小鼠静脉注射：10～20mg/kg。

主要用途　医用尿路失禁的治疗。

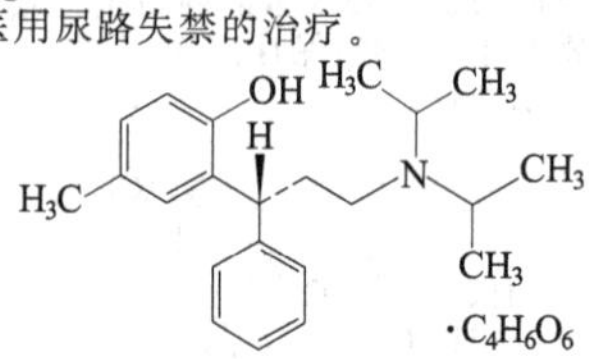

$\cdot C_4H_6O_6$

Toltrazuril　托曲珠利　09712

[69004-03-1]　$C_{18}H_{14}F_3N_3O_4S$　425.38

成分　C 50.82%，H 3.32%，F 13.40%，N 9.88%，O 15.04%，S 7.54%。

别名　托三嗪；百球清；1-Methyl-3-[3-methyl-4-[4-[(trifluoromethyl)thio]phenoxy]phenyl]-1，3，5-triazine-2，4，6(1*H*，3*H*，5*H*)-trlone；1-Methyl-3-[4-[*p*-[(trifluoromethyl)thio]phenoxy]-*m*-tolyl]-*s*-triazine-2，4，6(1*H*，3*H*，5*H*)-trione；Bay Vi9142；Baycox

M. I. 15，9685

性状　无色结晶或白色粉末。mp 194℃。

注意事项　该品对水生物极毒。对水环境引起不利的结果。应防止将本品释放于环境中。其包装物应按危险品处理。

主要用途　兽用抑球虫剂。分析用标准物质。

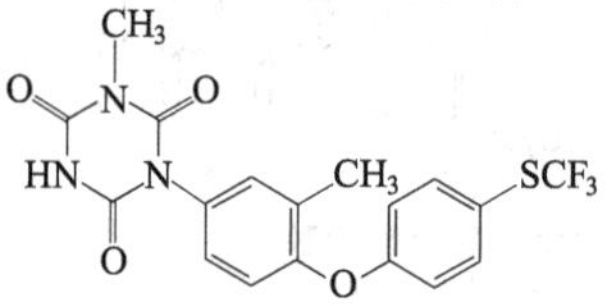

o-Tolualdehyde　邻甲苯甲醛　09713

[529-20-4]　C_8H_8O　120.15

成分　C 79.97%，H 6.71%，O 13.32%。

别名　2-甲基苯甲醛；邻甲基苯甲醛；2-Methylbenzaldelyde；*o*-Toluylaldehyde

M. I. 15，9686

性状　无色液体。对空气和二氧化碳敏感。不溶于水。mp －35℃；bp_{760} 200～202℃/101.325kPa；bp_{15} 94～96℃/2kPa；bp_6 68～72℃/799.932Pa；Fp 170.6℉(77℃)；d_4^{19} 1.0386；n_D^{25} 1.5430；n_D^{19} 1.549；n_α^{19} 1.5423；n_β^{19} 1.5650；n_γ^{19} 1.5798。一般试剂含量≥98.0%(GC)。

注意事项　该品口服有毒。对呼吸系统及皮肤有刺激性。对眼睛有严重损伤的危险，使用时应戴防护镜或面罩。使用时应避免吸入本品的蒸气，避免与眼睛及皮肤接触。万一接触到眼睛，应立即用大量水冲洗后请医生诊治。应充氩气密封保存。

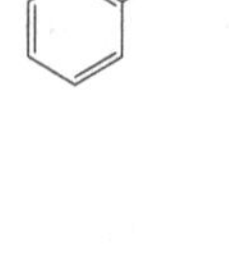

o-Toluamide　邻甲苯甲酰胺　09714
[527-85-5]　C_8H_9NO　135.17
成分　C 71.09%，H 6.71%，N 10.36%，O 11.84%。
别名　2-甲基苯甲酰胺；2-Methylbenzamide
M. I. 15，9687
性状　来自水中的无色结晶。易溶于乙醇、热水、浓盐酸，较少地溶于乙醚，略微溶于苯，几乎不溶于冷水。mp 144～145℃。

Toluene　甲苯　09715
[108-88-3]　C_7H_8　92.14
成分　C 91.25%，H 8.75%。
别名　苈；甲烷；Methacide；Methylbenzene；Phenylmethane；Toluol
GW 2015-1014　M. I. 15，9688
性状　无色透明液体。有苯味。有强折射性。与乙醇、乙醚、三氯甲烷、丙酮、二硫化碳、冰乙酸等有机溶剂相混溶，极微溶于水(23.5℃，质量分数 0.067%)。mp −95℃；bp 110.6℃；Fp 40℉(4.4℃，闭杯)；d_4^{20} 0.866；n_D^{20} 1.4967。LD_{50}大鼠急性经口：7.53g/kg。
注意事项　该品高度易燃。可能危害胎儿。对皮肤有刺激性。长期曝露，吸入有毒，并有严重损伤健康的危险。口服可使肺脏受损。其蒸气可造成头晕或瞌睡。使用时应穿适当的防护服和戴手套。使用时应避免与眼睛接触。切勿排入下水道。应远离火种，采取抗放静电措施，密封保存。如误服本品，应立即就医，并出示瓶盖或包装物。
主要用途　色谱分析标准物质。电子工业清洗剂。染料、香料、苯甲酸、苯甲醛和其他有机化合物的合成。溶剂。水分的测定。用于恒温干燥箱作校正温度计的标准。

参考规格　GB/T 684—1999	分析纯	化学纯
含量（$C_6H_5CH_3$）/%≥	99.5	98.5
密度（20℃）/（g/mL）	0.865～0.869	0.865～0.869
蒸发残渣/%≤	0.001	0.002
酸度(以 H^+ 计)/(mmoL/100g)≤	0.01	0.03
碱度(以 OH^- 计)/(mmoL/100g)≤	0.01	0.06
水分(H_2O)/%≤	0.03	0.05
硫化合物（以 SO_4 计）/%≤	0.0005	0.001
易炭化物质	合格	合格
噻吩	合格	合格
不饱和化合物(以 Br 计)/%≤	0.005	0.03

Toluene 2,4-diisocyanate　2,4-二异氰酸甲苯酯　09716
[584-84-9]　$C_9H_6N_2O_2$　174.16
成分　C 62.07%，H 3.47%，N 16.09%，O 18.37%。
别名　甲苯-2,4-二异氰酸酯；2,4-Diisocyanato-1-methylbenzene；2,4-Diisocyanatotoluene；4-Methyl-*m*-phenylenedlisocyanate；TDI；Isocyanic acid 4-methyl-*m*-phenylene ester；Nacconate 100；TDI；Toluylene 2,4-diisocyanate；2,4-Tolylene diisocyanate；*m*-Tolylene diisocyanate；Cresorcinol diisocyanate；TC
GW 2015-1015　M. I. 15，9689
性状　室温为无色液体。具强刺激性气味。与乙醚、二乙二醇一甲醚、氯苯、丙酮、苯、橄榄油相混溶，溶于乙醇并分解。mp 19.5～21.5℃；bp_{760} 251℃/101.325kPa；bp_{11} 126℃/1.467 kPa；Fp 270℉（132℃，开杯）；d_4^{20}　1.2244（液体）；n_D^{20}　1.567。一般试剂含量≥98.0%（GC）。
注意事项　该品吸入极毒。对眼睛、呼吸系统及皮肤有刺激性。吸入或与皮肤接触可引起过敏。对机体有不可逆损伤的可能性。可能致癌。对水生物有毒。对水环境能产生长期有害的结果。使用时应穿适当的防护服和戴手套。应避免吸入本品的蒸气。使用时如有事故发生或有不适之感，应立即请医生诊治。应防止将本品释放于环境中。应充氩气密封于干燥处保存。
主要用途　有机合成。蛋白质交联剂。橡胶硫化剂。

o-Toluenesulfonamide　邻甲苯磺酰胺　09717
[88-19-7]　$C_7H_9NO_2S$　171.22
成分　C 49.10%，H 5.30%，N 8.18%，O 18.69%，S 18.73%。
别名　甲苯-2-磺酰胺；邻苈磺酰胺；Toluene-2-sulfonamide
性状　无色或白色八面体结晶。溶于乙醇，微溶于水、乙醚。mp 156～158℃；bp_1 210℃/133.3Pa；Fp 352℉（178℃）。一般试剂含量≥99.0%。
注意事项　该品对眼睛、呼吸系统及皮肤有刺激性。可能致癌。使用时应穿适当的防护服和戴手套。万一接触到眼睛，应立即用大量水冲洗后请医生诊治。其包装物应按危险品处理。
主要用途　有机合成。增塑剂。树脂和涂料的防霉杀菌剂。

p-Toluenesulfonamide　对甲苯磺酰胺　09718
[70-55-3]　$C_7H_9NO_2S$　171.22
成分　C 49.10%，H 5.30%，N 8.18%，O 18.69%，S 18.73%。
别名　甲苯-4-磺酰胺；对苈磺酰胺；Toluene-4-sulfonamide；PTSA
性状　白色结晶。溶于乙醇，难溶于水。mp 137～138℃；bp_{10} 221℃/1.333kPa；Fp 396℉(202℃)。一般试剂含量≥99.0%(TLC)。
注意事项　该品对眼睛、呼吸系统及皮肤有刺激性。使用时应穿适当的防护服和戴手套。万一接触到眼睛，应立即用大量水冲洗后请医生诊治。
主要用途　有机合成。增塑剂。树脂和涂料的防霉杀菌剂。合成。糖精合成。

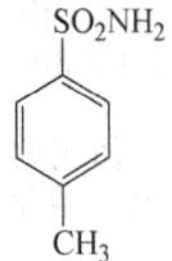

p-Toluenesulfonic acid monohydrate
对甲苯磺酸 一水　09719
[6192-52-5]　$C_7H_8O_3S \cdot H_2O$　190.21
成分（以无水物计）　C 48.83%，H 4.68%，O 27.87%，S 18.62%。
别名　甲苯-4-磺酸；4-Methylbenzenesulfonic acid monolydrate；Toluene-4-sulfonic acid monolydrate；Tosic acid monolydrate
M. I. 15，9692
性状　无色单斜小叶状、针状、片状结晶或粉末。易溶于水（约 67g/100mL），溶于乙醇、乙醚。mp 106～107℃；bp_{20} 140℃/2.666kPa；$bp_{0.1}$ 185～187℃/13.332Pa。一般试剂含量≥98.0%。
注意事项　该品具有腐蚀性，能引起烧伤。使用时应穿适当的防护服，戴手套和防护镜或面罩。万一接触到眼睛，应立即用大量水冲洗后请医生诊治。使用时如有事故发生或有不适之感，应请医生诊治。
主要用途　测定伯胺的试剂。染料制备。有机合成。

p-Toluenesulfonic acid sodium salt
对甲苯磺酸钠盐　09720
[6263-41-8] [657-84-1]　$C_7H_7NaO_3S$　194.18
成分　C 43.30%，H 3.63%，Na 11.84%，O 24.72%，S 16.51%。
别名　甲苯-4-磺酸钠；对甲苯磺酸钠；Sodium toluene-4-sulfonate；Sodium *p*-toluene sulfonate；Toluene-4-sulfonic acid Na salt
M. I. 15，9692
性状　无色或白色正交片状形结晶或粉末。易溶于水。一般试剂含量≥98.0%。
注意事项　该品对眼睛、呼吸系统及皮肤有刺激性。使用时应戴手套。万一接触到眼睛，应立即用大量水冲洗后请医生诊治。
主要用途　有机合成和染料中间体。

p-Toluenesulfonyl chloride　对甲苯磺酰氯　09721

[98-59-9]　$C_7H_7ClO_2S$　190.64

成分　C 44.10%，H 3.70%，Cl 18.60%，O 16.78%，S 16.82%。

别名　甲苯-4-磺酰氯；对氯化甲苯砜；氯化对甲苯磺酰；Toluene-4-sulfonyl chloride；Tosyl chloride

GW 2015—256　M. I. 15，9693

性状　无色或白色结晶。易溶于乙醇、乙醚、苯，不溶于水。mp 69～71℃；bp_{15} 146℃/2kPa。一般试剂含量≥99.0%（AT）。

注意事项　该品具有腐蚀性，能引起烧伤。使用时应穿适当的防护服，戴手套和防护镜或面罩。万一接触到眼睛，应立即用大量水冲洗后请医生诊治。使用时如有事故发生或有不适之感，应请医生诊治。应充氮气密封于干燥处保存。

主要用途　伯胺、仲胺、酚类的测定。有机合成。染料制备。激素合成中分子的重排反应。

m-Toluic acid　间甲苯甲酸　09722

[99-04-7]　$C_8H_8O_2$　136.15

成分　C 70.58%，H 5.92%，O 23.50%。

别名　间菂甲酸；3-甲基苯甲酸；3-Methylbenzoic acid；*m*-Toluylic acid

M. I. 15，9695

性状　来自水中的无色至微黄色的棱柱体结晶。能升华。易溶于乙醇、乙醚，溶于1170份15℃水、60份沸水。mp 111～113℃；bp 263℃；Fp 302℉（150℃）。一般试剂含量≥99.0%（T）。

注意事项　该品口服有毒。使用时应穿适当的防护服。使用时应避免吸入本品的粉尘，避免与眼睛及皮肤接触。

主要用途　有机合成。

o-Toluic acid　邻甲苯甲酸　09723

[118-90-1]　$C_8H_8O_2$　136.15

成分　C 70.58%，H 5.92%，O 23.50%。

别名　邻菂甲酸；2-甲基苯甲酸；2-Methylbenzoic acid；*o*-Toluylic acid

M. I. 15，9695

性状　无色结晶。易溶于乙醇、三氯甲烷，溶于35份沸水，微溶于冷水。能随水蒸气挥发。mp 107～108℃；bp 258～260℃；Fp 298.4℉（148℃）。一般试剂含量≥99.5%（T）。

注意事项　该品对眼睛、呼吸系统及皮肤有刺激性。使用时应穿适当的防护服和戴手套。万一接触到眼睛，应立即用大量水冲洗后请医生诊治。

主要用途　染料制备。有机合成。抑菌剂。

p-Toluic acid　对甲苯甲酸　09724

[99-94-5]　$C_8H_8O_2$　136.15

成分　C 70.58%，H 5.92%，O 23.50%。

别名　对菂甲酸；4-甲基苯甲酸；4-Methylbenzoic acid；PTA；*p*-Toluylic acid

M. I. 15，9695

性状　无色针状结晶。易溶于乙醇、乙醚、甲醇，略微溶于热水。mp 180～181℃；bp 274～275℃。一般试剂含量≥99.0%（GC）。

注意事项　使用时应避免吸入本品的粉尘，避免与眼睛及皮肤接触。

主要用途　用于钍的测定及钙、锶的分离。有机合成。

m-Toluidine　间甲苯胺　09725

[108-44-1]　C_7H_9N　107.16

成分　C 78.46%，H 8.47%，N 13.07%。

别名　3-甲基苯胺；间菂胺；间氨基甲苯；3-Aminotoluene；*m*-Aminotoluene；3-Methylaniline；3-Methylbenzamine；*m*-Tolylamine

GW 2015-1084　M. I. 15，9696

性状　无色液体。溶于乙醇、乙醚、稀酸，微溶于水，能随水蒸气挥发。mp 约−50℃；bp 203～204℃；Fp 194℉（90℃）；d_{25}^{25} 0.990；n_D^{22} 1.5711。一般试剂含量≥99.0%（GC）。

注意事项　该品吸入、口服或与皮肤接触有毒，并具有蓄积性危害。可能致癌。对水生物极毒。使用时应穿适当的防护服和戴手套。使用前应得到专门的指导，避免曝露。接触皮肤后，应立即用大量水冲洗。接触皮肤后，应立即用大量肥皂泡沫冲洗。使用时如有事故发生或有不适之感，应请医生诊治。应防止将本品释放于环境中。应充氩气密封避光保存。

主要用途　分析试剂，检定锇、钯、铂、钌、硝酸盐的测定。有机合成。染料合成。

o-Toluidine　邻甲苯胺　09726

[95-53-4]　C_7H_9N　107.16

成分　C 78.46%，H 8.47%，N 13.07%。

别名　2-甲基苯胺；邻菂胺；邻氨基甲苯；2-Aminotoluene；*o*-Aminotoluene；2-Methylaniline；2-Methylbenzamine；*o*-Tolylamine

GW 2015-1083　M. I. 15，9696

性状　浅黄色油状液体。溶于乙醇、乙醚、稀酸，微溶于水。能随水蒸气挥发。久置或见光逐渐变成棕红色。bp 200～202℃；Fp 185℉（85℃，闭杯）；d_{20}^{20} 1.008；n_D^{20} 1.5688。LD_{50} 大鼠急性经口：0.94g/kg。一般试剂含量≥99.5%（GC）。

注意事项　该品吸入或口服有毒，可能致癌。对眼睛有刺激性。对水生物极毒。使用之前应得到专门的指导，避免曝露。使用时应穿适当的防护服并戴手套。使用时如有事故发生或有不适之感，应请医生诊治。应防止将本品释放于环境中。应充氩气密封避光保存。

主要用途　测定铈、镧、钕、镨、钍、锆。比色测定氯、双氧水、铂、氰化氢、铱、镍、锇、钯、钒、铬、银、金等的试剂。有机合成。染料中间体。

p-Toluidine　对甲苯胺　09727

[106-49-0]　C_7H_9N　107.16

成分　C 78.46%，H 8.47%，N 13.07%。

别名　4-甲基苯胺；对菂胺；对氨基甲苯；4-Aminotoluene；*p*-Aminotoluene；4-Methylaniline；4-Methylbenzamine；*p*-Tolylamine

GW 2015-1085　M. I. 15，9696

性状　无色或白色有光泽的片状或小叶状结晶。易溶于乙醇、乙醚、丙酮、甲醇、二硫化碳、油类、稀酸，溶于约135份水。mp 44～45℃；bp 200～201℃；Fp 188℉（86℃，闭杯）；d_4^{20} 1.046；n_D^{59} 1.5532。一般试剂含量≥99.0%（GC）。

注意事项　该品吸入、口服或与皮肤接触有毒。对眼睛有刺激性。可能致癌。接触皮肤能引起过敏。对水生物极毒。使用时应穿适当的防护服和戴手套。接触皮肤后应立即用大量水冲洗。使用时如有事故发生或有不适之感，应请医生诊治。应防止将本品释放于环境中。

主要用途　测定金、银、铱、锇、铂、硝酸盐、亚硝酸盐、间苯三酚、木质素、羧酸、磺酸等的试剂。染料合成。有机合成。

Toluidine blue　甲苯胺蓝　09728

[92-31-9]［6586-04-5］　$C_{15}H_{16}ClN_3S$　305.82

成分　C 58.91%，H 5.27%，Cl 11.59%，N 13.74%，S 10.48%。

别名　3-Amino-7-dimethylamino-2-methylphenothiazin-5-ium chloride；3-Amino-7-dimethylamino-2-methylphenazathionium chloride；Blutene chloride；Basic blue 17；Dimethyltoluthionine chloride；Klot；Tolazul；Tolonium chloride；Toluidine blue O；Methylene blue T50；

Methyl blue T extra;TBO
M. I. 15，9679　C. I. 52040
性状　深绿色粉末。溶于水（3.82g/100mL），溶液呈蓝紫色。溶于乙醇（0.57g/100mL），溶液呈蓝色。在碱性溶液中呈紫褐色。在硫酸中呈黄绿色。λ_{max} 640.4nm（水中）。LD_{50}小鼠，大鼠，兔静脉注射（mg/kg）：27.56，28.93，13.44。一般试剂干燥含量>80.0%。
注意事项　使用时应避免吸入本品的粉尘，避免与眼睛及皮肤接触。
主要用途　酸碱指示剂。生物染色剂。氧化还原指示剂。眼科用于检查角膜缺陷和损伤部分。组织化学中用于测定脱氧核糖核酸、核糖核酸。医用止血剂，辅助诊断白喉。

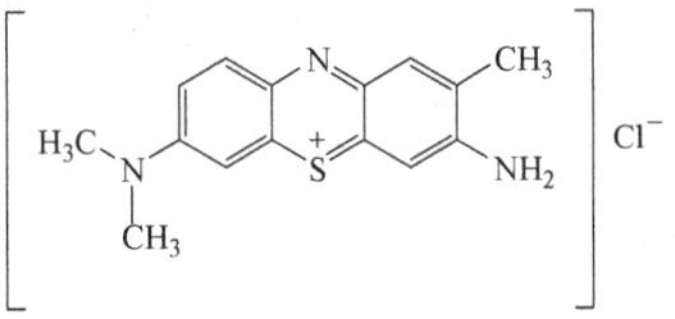

o-Toluidine hydrochloride　邻甲苯胺 盐酸盐　09729
[636-21-5]　$C_7H_{10}ClN$　143.61
成分　C 58.54%，H 7.02%，Cl 24.69%，N 9.75%。
别名　2-甲基苯胺 盐酸盐；盐酸邻甲苯胺；盐酸 2-甲基苯胺；2-Methylaniline hydrochloride
性状　白色结晶。溶于水。mp 216～218℃。一般试剂含量≥98.0%（AT）。
注意事项　该品吸入、口服或与皮肤接触有毒。可能致癌。使用前应得到专门的指导，避免曝露。使用时应穿适当的防护服，戴手套和防护镜或面罩。使用时如有事故发生或有不适之感，应请医生诊治。应密封保存。
主要用途　测定水中微量氯的试剂。测定钒、铬、金、银。

p-Toluidine hydrochloride　对甲苯胺 盐酸盐　09730
[540-23-8]　$C_7H_{10}ClN$　143.62
成分　C 58.54%，H 7.02%，Cl 24.69%，N 9.75%。
别名　盐酸对甲苯胺；4-甲基苯胺 盐酸盐；盐酸 4-甲基苯胺；4-Methylaniline hydrochloride
GW 2015-2520
性状　灰白色结晶。溶于水、乙醇。mp 243～245℃。
注意事项　该品吸入、口服或与皮肤接触有毒。对机体有不可逆损伤的可能性。使用时应穿适当的防护服和戴手套。使用时应避免吸入本品的粉尘。应密封保存。
主要用途　十二烷基苯磺酸铵含量的分析。有机合成。

6-(p-Toluidino)-2-naphthalenesulfonic acid
6-对甲苯氨基-2-萘磺酸　09731
[7724-15-4]　$C_{17}H_{15}NO_3S$　313.38
成分　C 65.16%，H 4.82%，N 4.47%，O 15.32%，S 10.23%。
别名　2，6-TNS
性状　浅灰绿色针状结晶。溶于乙醇，微溶于水，不溶于苯。生化试剂含量≥97.0%（HPLC）。
注意事项　该品对皮肤有刺激性。应充氩气密封避光于干燥处保存。
主要用途　荧光探测蛋白构象。

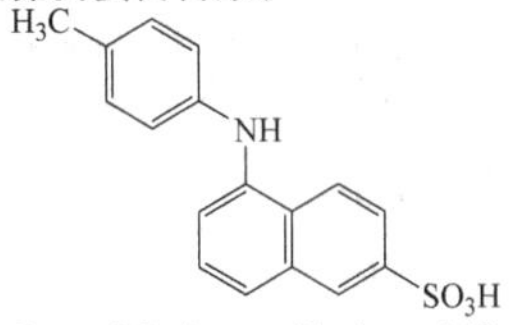

6-(p-Toluidino)-2-naphthalenesulfonic acidSodium salt
6-对甲苯氨基-2-萘磺酸钠盐　09732
[53313-85-2]　$C_{17}H_{14}NNaO_3S$　335.35
成分　C 60.89%，H 4.21%，Na 6.86%，N 4.18%，O 14.31%，S 9.56%。
别名　2-对甲苯氨基萘-6-磺酸钠盐；2-*p*-Toluidinonaphthylene-6-sulfonic acid sodium salt；TNS
性状　白色结晶。mp>300℃。
注意事项　该品对眼睛、呼吸系统及皮肤有刺激性。使用时应穿适当的防护服。万一接触到眼睛，应立即用大量水冲洗后请医生诊治。

m-Tolunitrile　间甲苯甲腈　09733
[620-22-4]　C_8H_7N　117.15
成分　C 82.02%，H 6.02%，N 11.96%。
别名　间甲苯基氰；3-甲基苯甲腈；间氰基甲苯；间茐甲腈；3-氰基甲苯；*m*-Cyanotoluene；3-Methylbenzenecarbonitrile；3-Methylbenzonitrile；3-Tolyl cyanide
GW 2015-1090
性状　无色液体。溶于乙醇、乙醚，不溶于水。mp −23℃；bp_{20} 99～101℃/2.666kPa；Fp 188℉（86℃）；d_4^{20} 0.976；n_D^{20} 1.5256。一般试剂含量≥98.0%（GC）。
注意事项　该品吸入、口服或与皮肤接触有毒。对眼睛、呼吸系统及皮肤有刺激性。使用时应穿适当的防护服，戴手套和防护镜或面罩。使用时应避免吸入本品的蒸气。万一接触到眼睛，应立即用大量水冲洗后请医生诊治。使用时如有事故发生或有不适之感，应请医生诊治。
主要用途　有机合成。

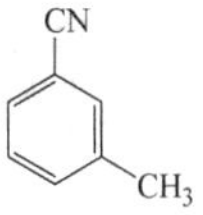

o-Tolunitrile　邻甲苯甲腈　09734
[529-19-1]　C_8H_7N　117.15
成分　C 82.02%，H 6.02%，N 11.96%。
别名　邻甲苯基氰；2-甲基苯甲腈；邻茐甲腈；邻氰基甲苯；*o*-Cyanotoluene；2-Methylbenzenecarbonitrile；2-Methylbenzonitrile；*o*-Methylbenzonitrile；2-Tolyl cyanide
GW 2015-1089　M. I. 15，9697
性状　无色液体。与乙醇、乙醚相混溶，不溶于水。mp −13℃；bp_{760} 205.2℃/101.325kPa；bp_{100} 135℃/13.332kPa；bp_{40} 110℃/5.333kPa；bp_{20} 93℃/2.666kPa；bp_{10} 77.9℃/1.333kPa；bp_5 64℃/666.61Pa；bp_1 36.7℃/133.32Pa；Fp 179.6℉（82℃）；d_4^{75} 0.9481；d_4^{45} 0.9737；d_4^{20} 0.9955；n_D^{23} 1.52720。一般试剂含量≥97.0%（GC）。
注意事项　该品对眼睛及皮肤有刺激性。对水生物有毒。对水环境能产生长期有害的结果。使用时应穿适当的防护服。万一接触到眼睛，应立即用大量水冲洗后请医生诊治。应防止将本品释放于环境中。
主要用途　有机合成。

p-Tolunitrile　对甲苯甲腈　09735
[104-85-8]　C_8H_7N　117.15
成分　C 82.02%，H 6.02%，N 11.96%。
别名　对甲苯基氰；4-甲基苯甲腈；对氰基甲苯；对茐甲腈；*p*-Cyanotoluene；4-Methylbenzenenitrile；4-Methylbenzonitrile；4-Tolyl cyanide
GW 2015-1091　M. I. 15，9698
性状　来自乙醇中的无色或浅黄色针状结晶。易溶于乙醇、乙醚，不溶于水。mp 29.5℃；bp_{760} 217.6℃/101.325kPa；bp_{100} 145.2℃/13.332kPa；bp_{60} 130℃/7.999kPa；bp_{40} 109.5℃/5.333kPa；bp_{20} 101.7℃/2.666kPa；bp_{10} 85.8℃/1.333kPa；bp_5 71.3℃/666.6Pa；bp_1 42.5℃/133.32Pa；Fp 197.6°F（92℃）；d_4^{75} 0.9390；d_4^{60} 0.9512；d_4^{45} 0.9640；d_4^{30} 0.9785。一般试剂含量≥98.0%（GC）。
注意事项　该品对眼睛及皮肤有刺激性。接触皮肤能引起过敏。使用时应穿适当的防护服和戴手套。其包装物应按危险品处理。
主要用途　有机合成。

2-(p-Toluyl)benzoic acid　2-(对甲苯甲酰)苯甲酸　09736
[85-55-2]　$C_{15}H_{12}O_3$　240.26
成分　C 74.99%，H 5.03%，O 19.98%。
别名　4-甲基二苯甲酮-2′-羧酸；4-Methylbenzophenone-2′-carboxylic acid；4′-Methylbenzophenone-2-carboxylic acid；*p*-Toluyl-*o*-benzoic acid
M. I. 15，10002
性状　来自乙醇中的无色棱柱体结晶。易溶于乙醇、乙醚、苯、丙酮、沸甲苯，微溶于沸水。mp 137～139℃。一般试剂含量≥98.0%。

注意事项 该品对眼睛、呼吸系统及皮肤有刺激性。使用时应戴手套。万一接触到眼睛，应立即用大量水冲洗后请医生诊治。

主要用途 有机合成。

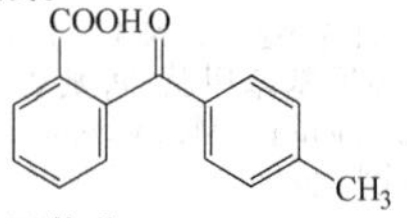

Toluylene blue 甲苯蓝 09737

[97-26-7] $C_{15}H_{19}ClN_4$ 290.80

成分 C 61.95%，H 6.59%，Cl 12.19%，N 19.27%。

别名 二氨基甲苯蓝；亚甲苯蓝；间甲苯二胺蓝；Diaminomethyl phenyldimethyl-*p*-benzoquinone diimine chloride；*N*-[4-(2,4-Diamino-5-methylphenyl) imino-2,5-cyclohexadien-1-ylidene]-*N*-methylmethanaminium chloride；[4-(4,6-Diamino-*m*-tolyl) imino-2,5-cyclohexadien-1-ylidene] dimethylammonium chloride；Tolylene blue

M. I. 15，10003　C. I. 49410

性状 一水合物为蓝褐色或铜棕色结晶成粉末。溶于热水、乙酸、乙醇呈蓝色，水溶液加盐酸呈红棕色。

主要用途 生物学上用作氧化还原指示剂。肿瘤代谢研究。生物染色剂。

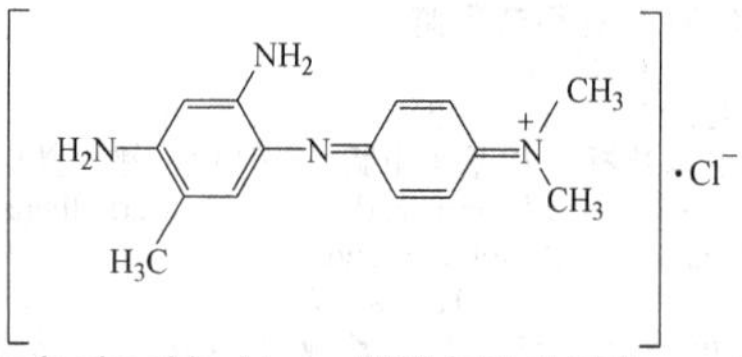

Tolycaine hydrochloride 甲苯卡因 盐酸盐 09738

[7210-92-6] $C_{15}H_{23}ClN_2O_3$ 314.81

成分 C 57.23%，H 7.36%，Cl 11.26%，N 8.90%，O 15.25%。

别名 盐酸甲苯卡因；Baycain；2-(2-Diethylaminoacetamido)-*m*-toluic acid methyl ester hydrochloride；2-Methyl-6-carbomethoxy-*N*-diethylaminoacetanilide hydrochloride；Methyl 2-diethylaminoacetamido-*m*-toluate hydrochloride；3-Methyl-2-diethylaminoacetylaminobenzoic acid methyl ester hydrochloride

M. I. 15，9700

性状 无色结晶。mp 139～140.5℃。

主要用途 医用局部麻醉剂。

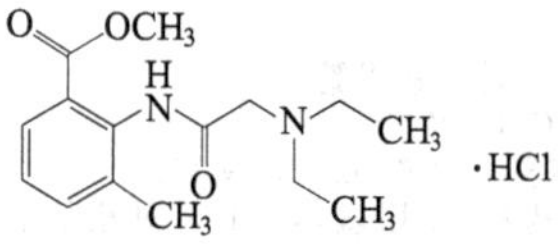

Tomatidine hydrochloride 番茄碱 盐酸盐 09739

[6192-62-7] $C_{27}H_{46}ClNO_2$ 452.11

成分 C 71.73%，H 10.26%，Cl 7.84%，N 3.10%，O 7.08%。

别名 水解番茄碱 盐酸盐；盐酸水解番茄碱；盐酸番茄碱；盐酸番茄苷元；番茄苷元 盐酸盐；(3*β*，5*α*，22*β*，25*S*)-Spirosolan-3-ol；5*α*-Tomatidan-3*β*-ol hydrochloride；5*α*，20β_F，22α_F，25β_F，27-azaspirostan-3*β*-ol hydrochloride

M. I. 15，9703

性状 来自无水乙醇中的无色结晶。mp 265～270℃；$[\alpha]_D^{25}$ −5°（于甲醇中）。生化试剂含量约 85%。

注意事项 使用时应避免吸入本品的粉尘，避免与眼睛及皮肤接触。应密封于 2～8℃保存。

主要用途 生化研究。

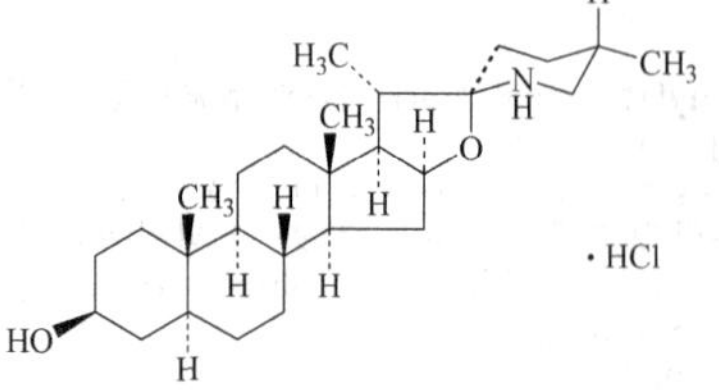

Tomatine 番茄苷 09740

[17406-45-0] $C_{50}H_{83}NO_{21}$ 1034.20

成分 C 58.07%，H 8.09%，N 1.35%，O 32.49%。

别名 番茄碱糖苷；番茄素；Lycopersicin；(3*β*，5*α*，22*β*，25*S*)-Spirosolan-3yl *O*-*β*-D-glucopyranosyl-(1→2)-*O*-[*β*-D-xylopyranosyl-(1→3)]-*O*-*β*-D-glucopyranosyl-(1→4)-*β*-D-galactopyranoside

M. I. 15，9704

性状 来自甲醇中的无色至浅黄色针状结晶。溶于乙醇、甲醇、二氧六环、丙二醇，不溶于水、乙醚、石油醚。mp 263～268℃；$[\alpha]_D^{20}$ −18°（*c*=0.55，于吡啶中）。LD_{50}大鼠急性经口：900～1000mg/kg。

注意事项 该品口服有毒。使用时应避免吸入本品的粉尘，避免与眼睛及皮肤接触。应于 2～8℃保存。

主要用途 甾族化合物沉淀剂。植物杀菌剂。

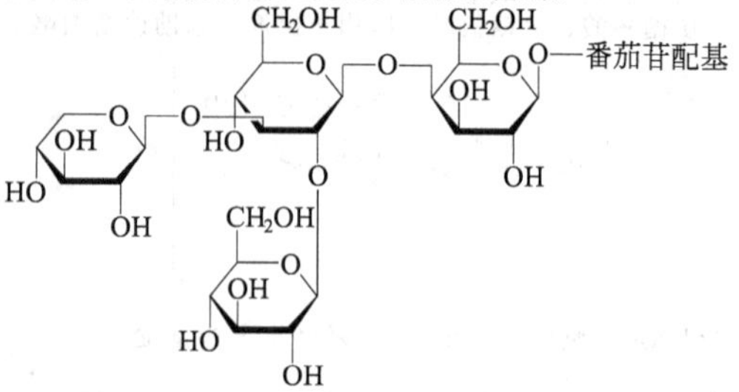

Topiramate 托吡酯 09741

[97240-79-4] $C_{12}H_{21}NO_8S$ 339.36

成分 C 42.47%，H 6.24%，N 4.13%，O 37.72%，S 9.45%。

别名 妥泰；2,3∶4,5-Bis-*O*-(1-methylethylidene)-*β*-D-fructopyranose sulfamate；2,3∶4,5-Di-*O*-isopropylidene-*β*-D-fructopyranose suifamate；McN-4853；RWJ-17021-000；Topamax

M. I. 15，9706

性状 来自乙酸乙酯＋己烷中的无色或白色结晶性粉末。味苦。溶于碱溶液或磷酸钠溶液（pH 值 9～10）。易溶于丙酮、氯仿、乙醇、二氯甲烷，溶于水（9.8mg/mL），溶于二甲基亚砜（约 44mg/mL）。mp 125～126℃；$[\alpha]_D^{23}$ −34.0°（*c*=0.4，于甲醇中）。生化试剂含量≥98.0%（HPLC）。

注意事项 该品对眼睛、呼吸系统及皮肤有刺激性。使用时应穿适当的防护服。万一接触到眼睛，应立即用大量水冲洗后请医生诊治。应密封于 2～8℃保存。

主要用途 医用抗惊厥剂。

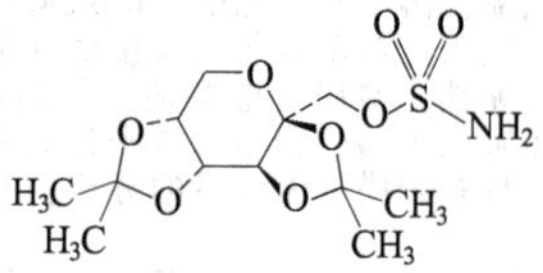

Topotecan hydrochloride 拓扑替康 盐酸盐 09742

[119413-54-6] $C_{23}H_{24}ClN_3O_5$ 457.91

成分 C 60.33%，H 5.28%，Cl 7.74%，N 9.18%，O 17.47%。

别名 盐酸拓扑替康；盐酸托泊替康；拓普替康 盐酸盐；NSC-609669；SKF-104864A；Hycamtin；(4*S*)-10-(Dimethylamino) methyl-4-ethyl-4,9-dihydroxy-1*H*-pyrano[3′,4′∶6,7] indolizino [1,2-*b*] quinoline-3,14 (4*H*,12*H*)-dione hydrochloride；9-(Dimethylamino) methyl-10-hydroxy-(20*S*)-camptothecin hydrochloride；Hycamptamine hydrochloride；SKF-104864-HCl

M. I. 15，9707

性状 亮黄至浅绿色粉末。易吸潮，对光和热敏感。溶于水（>1mg/mL）。mp 213～218℃（分解）。生化试剂含量≥99.0%。

主要用途 医用抗肿瘤剂。

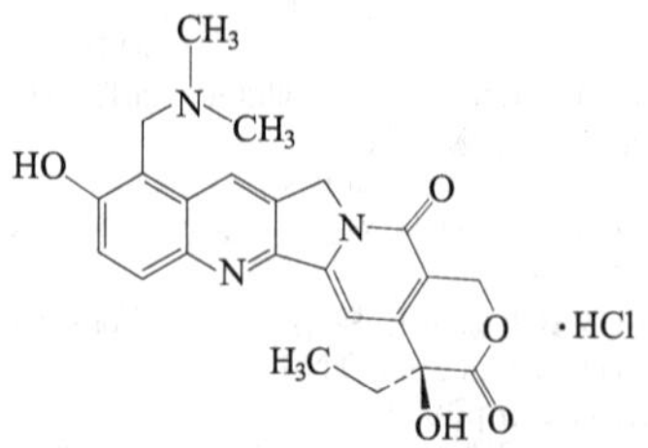

Toremifene　托瑞米芬 09743

[89778-26-7]　$C_{26}H_{28}ClNO$ 405.97

成分 C 76.92%，H 6.95%，Cl 8.73%，N 3.45%，O 3.94%。

别名 2-[4-[(1*Z*)-4-Chloro-1,2-diphenyl-1-butenyl]phenoxy]-*N*,*N*-dimethylethanamine；(*Z*)-4-Chloro-1,2-diphenyl-1-[4-[2-(*N*,*N*-dimethylamino)ethoxy]phenyl]-1-butene

M. I. 15，9709

性状 无色结晶或白色粉末。mp 108～110℃。

主要用途 医用抗雌激素，抗肿瘤剂。

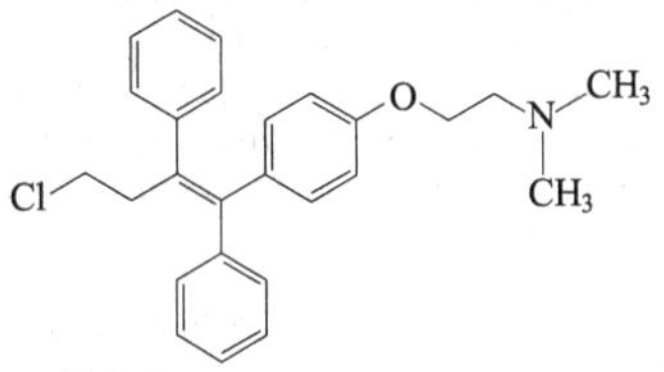

Torsemide　托塞米 09744

[56211-40-6]　$C_{16}H_{20}N_4O_3S$ 348.42

成分 C 55.16%，H 5.79%，N 16.08%，O 13.78%，S 9.20%。

别名 托拉塞米；*N*-[(1-Methylethyl) amino] carbonyl-4-(3-methylphenyl) amino-3-pyridinesulfonamide；1-Isopropyl-3-[(4-*m*-toluidino-3-pyridyl) sulfonyl] urea；3-Isopropylcarbamylsulfonamido-4-(3′-meghylphenyl) aminopyridine；Torasemide；AC-4464；Bm-02015；JDL-464；Demadex；Luplae；Toradiur；Torem；Unat

M. I. 15，9711

性状 白色至灰白色结晶性粉末。微溶于 0.1mol/L 氢氧化钠溶液、0.1mol/L 盐酸、乙醇、甲醇，极微溶于丙酮、氯仿，几乎不溶于水、乙醚。pK_a6.44；mp 163～164℃。

注意事项 该品对眼睛有刺激性。万一接触到眼睛，应立即用大量水冲洗后请医生诊治。

主要用途 医用利尿剂。

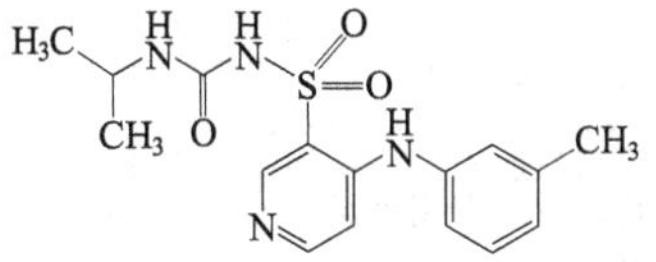

Tosufloxacin hydrochloride　妥舒沙星 盐酸盐 09745

[104051-69-6]　$C_{19}H_{16}ClF_3N_4O_3$ 440.81

成分 C 51.77%，H 3.66%，Cl 8.04%，F 12.93%，N 12.71%，O 10.89%。

别名 盐酸妥舒沙星；托氟沙星 盐酸盐；盐酸托氟沙星；A-60969；7-(3-Amino-1-pyrrolidinyl)-1-(2,4-difluorophenyl)-6-fluoro-1,4-dihydro-4-oxo-1,8-naphthyridine-3-carboxylic acid hydrochloride；A-61827-HCl

M. I. 15，9714

性状 来自浓盐酸-乙醇（1∶3）中的无色结晶。mp 247～250℃（分解）。

主要用途 医用抗菌剂。

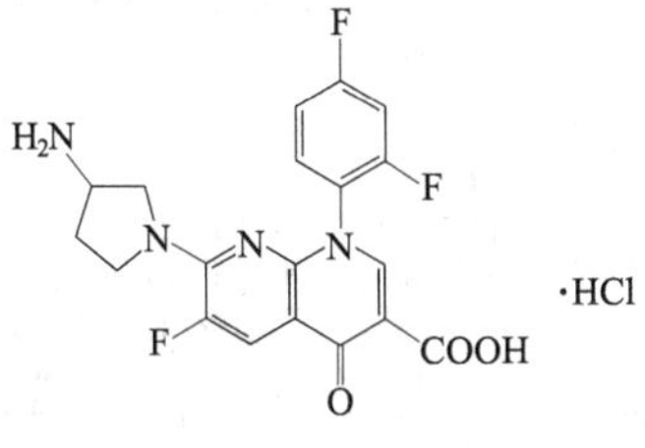

N_α-*p*-Tosyl-L-arginine methyl ester hydrochloride
N_α-对甲苯磺酰-L-精氨酸甲酯　盐酸盐 09746

[1784-03-8]　$C_{14}H_{23}ClN_4O_4S$ 378.87

成分 C 44.38%，H 6.12%，Cl 9.36%，N 14.79%，O 16.89%，S 8.46%。

别名 对甲苯磺酰-L-精氨酸甲酯 盐酸盐；盐酸 N_2-对甲苯磺酰-L-精氨酸甲酯；*p*-Toluenesulfonylarginine methyl ester HCl；TAME

性状 白色结晶。溶于水、乙醇、甲醇。

注意事项 使用时应避免吸入本品的粉尘，避免与眼睛及皮肤接触。应充氩气密封于－20℃干燥保存。

主要用途 生化研究。

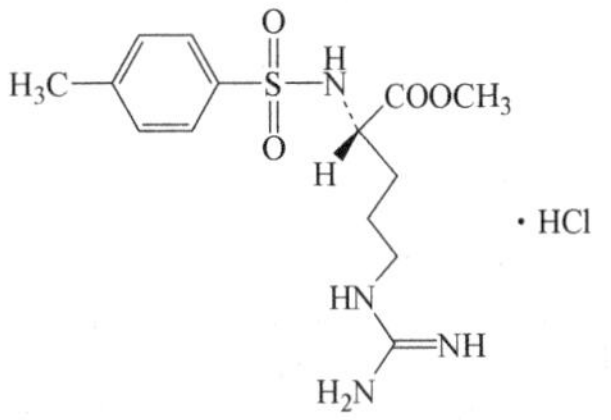

***p*-Tosyl-L-phenylalanine chloromethyl ketone**
对甲苯磺酰-L-苯丙氨酸氯甲基甲酮 09747

[402-71-1]　$C_{17}H_{18}ClNO_3S$ 351.85

成分 C 58.03%，H 5.16%，Cl 10.08%，N 3.98%，O 13.64%，S 9.11%。

别名 L-[(甲苯-4-磺酰氨基)-2-苯基]乙基氯甲基酮；*N*-甲苯磺酰-L-苯基丙氨酰氯代甲烷；L-1-氯-3-对甲苯磺酰胺-4-苯基-2-丁酮；(*S*)-L-1-Chloro-3-*p*-tosylamido-4-phenyl-2-butanone；L-[(Toluene-4-sulphonamido)-2-phenyl] ethyl chloromethyl ketone；TPCK；L-1-Tosylamino-2-phenylethyl chloromethyl ketone；*N*-Tosyl-L-phenylalanylchloromethane；TPCK

性状 无色结晶。具有催泪性。mp 101～106℃；$[\alpha]_D^{20}$ −88°±2°（c=1，于乙醇中）。生化试剂含量≥95.0%（HPLC）。

注意事项 该品对呼吸系统及皮肤有刺激性。对眼睛有严重损伤的危险，使用时应穿适当的防护服。万一接触到眼睛，应立即用大量水冲洗后请医生诊治。应充氮气密封干燥保存。

主要用途 生化研究。

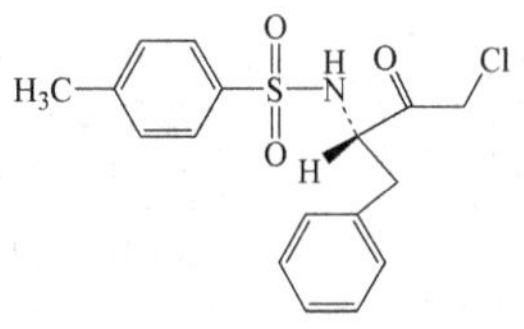

Toxaphene　毒杀芬 09748

[8001-35-2]　$C_{10}H_{10}Cl_8$ 413.81

成分 C 29.03%，H 2.44%，Cl 68.54%。

别名 八氯莰烯；Alltox；Camphechlor；Chlorinated camphene；Geniphene；Hercules 3956；Motox；Octachloro camphene；Phenacide；Phenatox；Polychlorocamphene；Strobane T；Toxakil

GW 2015-44　M. I. 15，9716

性状 黄色蜡状固体。能腐蚀铁。易溶于芳香烃，微溶于水（3mg/L）。mp 65～90℃；d^{25}1.630。LD_{50}小鼠、雌大鼠急性经口（mg/kg）：90，80；皮肤接触（mg/kg）：1075，780。一般试剂为异辛烷或甲醇溶液。

注意事项 该品有毒。使用时应避免吸入本品的蒸气（详见溶剂性质）。

Toyocamycin　丰加霉素 09749

[606-58-6]　$C_{12}H_{13}N_5O_4$ 291.27

成分 C 49.48%，H 4.50%，N 24.04%，O 21.97%。

别名 东洋霉素；旺地杀菌素；4-Amino-7-*β*-D-ribofuranosyl-7*H*-pyrrolo[2,3-*d*]pyrimidine-5-carbonitrile；4-Amino-5-cyano-7-(D-ribofuranosyl)-7*H*-pyrrolo[2,3-*d*] pyrimidine；Uramycin B；Vengicide；antibiotic 1037；E-212

M. I. 15，9721

性状 来自甲醇或丙酮中的细小针状结晶。溶于乙酸，中等程度溶于甲醇、乙醇、丙酮、二氧六环、丁醇、水、乙醚，几乎不溶于氯仿、乙酸乙酯、石油醚。mp 243℃，一水合物 239～243℃，$[\alpha]_D^{16}$ −45.7°（c=1.05，于 0.1mol/L 盐酸中）；uv max（于水中）：230nm，277nm（$E_{1cm}^{1\%}$400，548）。LD_{100}小鼠皮下注射：10～20mg/kg。

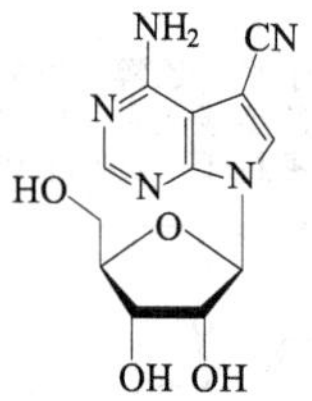

Tralkoxydim 肟草酮 09750

[87820-88-0] $C_{20}H_{27}NO_3$ 329.44

成分 C 72.92%，H 8.26%，N 4.25%，O 14.57%。

别名 三甲苯草酮；1-[1-(乙氧基亚氨基)丙基]-3-羟基-5-(2,4,6-三甲基苯基)-2-环己烯-1-酮；2-[1-(Ethoxylmine) propyl]-3-hydroxy-5-(2，4，6-trimethylphenyl)-2-cyclohexen-1-one；2-[1-(Ethoxyimino) propyl]-3-hydroxy-5-mesitylcyclohex-2-en-1-one；PP-604；Achieve；Grasp

M. I. 15，9724

性状 白色结晶性固体。溶于水（20℃：pH 值 6.5，6mg/L；pH 值 5.0，5mg/L)。该品于下列物质中的溶解度（24℃，g/L)：已烷 18；甲苯 213；二氯甲烷>500；甲醇 25；丙酮 89；乙酸乙酯 110。mp 106℃蒸气压（20℃)：4×10^{-10}kPa。LD_{50}雄、雌大鼠，雄、雌小鼠，雄兔急性经口（mg/kg)：1324、934、1231、1100、519；雄、雌大鼠皮肤接触（mg/kg)：>2000，>2000。

主要用途 除草剂。

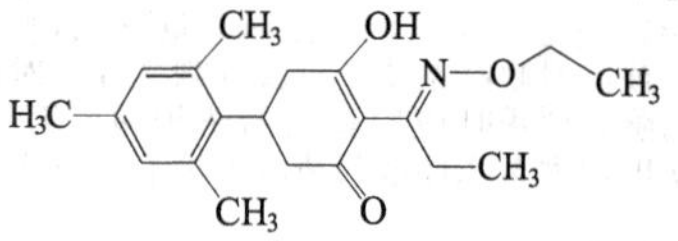

Tramadol hydrochloride 曲马多 盐酸盐 09751

[36282-47-0] $C_{16}H_{26}ClNO_2$ 299.84

成分 C 64.09%，H 8.74%，Cl 11.82%，N 4.67%，O 10.67%。

别名 (1*R*，2*R*) -*rel*-2-（二甲基氨基）甲基-1-（3-甲氧基苯基）环已醇 盐酸盐；反胺苯环醇 盐酸盐；盐酸反胺苯环醇；盐酸曲马多；Amadol；Contramal；Crispin；Tradonal；Tramal；Ultram；Zamudol；Zydol；(1*R*，2*R*)-*rel*-2-(Dimethylamino) methyl-1-(3-methoxyphenyl) cyclohexanol hydrochloride；E-265-HCl；CG-315E-HCl；U-26225A-HCl

M. I. 15，9726

性状 白色结晶性粉末。味苦。溶于水、乙醇。pK_a9.41。mp 180～181℃。LD_{50}小鼠、大鼠急性经口（mg/kg)：350，228；皮下注射（mg/kg)：200，286。生化试剂含量≥99.0%（HPLC)。

注意事项 该品口服有毒。对水生物有毒。能对水环境引起不利的结果。应防止将本品释放于环境中。应密封于 2～8℃保存。

主要用途 医用止痛剂。

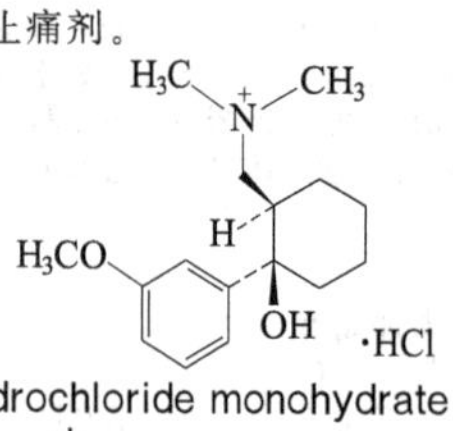

Tramazoline hydrochloride monohydrate 萘胺唑啉 盐酸盐 一水 09752

[3715-90-0] $C_{13}H_{18}ClN_3 \cdot H_2O$ 269.77

成分(以无水物计) C 62.02%，H 7.21%，Cl 14.08%，N 16.69%。

别名 盐酸萘胺唑啉；KB-227；Biciron；Ellatun；Rhinaspray；Rhinogutt；Rhinospray；Rinogutt；Towk；4,5-Dihydro-*N*-(5,6,7,8-tetrahydro-1-naphthalenyl)-1*H*-imidazol-2-amine hydrochloride；2-(5，6，7，8-Tetrahydro-1-naphthyl) amino-2-imidazoline hydrochloride

M. I. 15，9727

性状 来自乙醇+乙醚或丙酮+乙醚中的无色结晶。溶于水。mp 172～174℃。LD_{50}小鼠急性经口：195mg/kg。

主要用途 医用减充血剂。

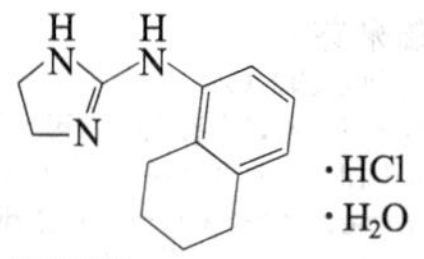

Trandolapril 群多普利 09753

[87679-37-6] $C_{24}H_{34}N_2O_5$ 430.55

成分 C 66.95%，H 7.96%，N 6.51%，O 18.58%。

别名 泉多普利；(2*S*,3a*R*,7aS)-1-[(2*S*)-2-[[(1*S*)-1-Ethoxycarbonyl-3-phenylpropyl]amino]-1-oxopropyl]octahydro-1*H*-indole-2-carboxylic acid；(3a*R*,7a*S*)-1-[*N*-[(1*S*)-Ethoxycarbonyl-3-phenylpropyl]-(*S*)-alsnyl] octahydroindole-2(*S*)-carboxylic acid；(2*S*,3a*R*,7a*S*)-1-[(*S*)-*N*-[(*S*)-1-Carboxy-3-phenylpropyl] alanyl] hexahydro-2-indolinecarboxylic acid 1-ethyl ester；RU-44570；Mavik；Odrik；Gopten

M. I. 15，9729

性状 无色结晶性固体。溶于氯仿、二氯甲烷、甲醇。mp 125℃。

主要用途 医用抗高血压剂。

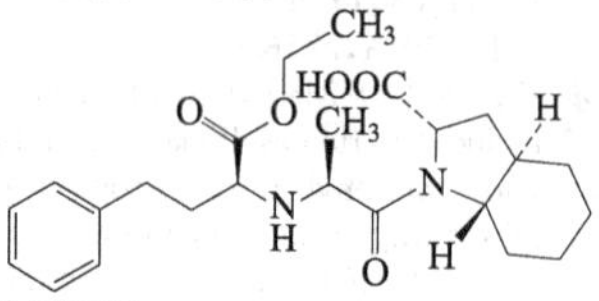

Tranilast 曲尼司特 09754

[53902-12-8] $C_{18}H_{17}NO_5$ 327.34

成分 C 66.05%，H 5.23%，N 4.28%，O 24.44%。

别名 *N*-(3',4'-二甲氧基肉桂酰)氨茴酸；利喘平；2-[[3-(3,4-Dimethoxyphenyl)-1-oxo-2-propenyl]amino]benzoic acid；*N*-(3',4'-Dimethoxycinnamoyl)anthranilic acid；*N*-5'；Rizaben

M. I. 15，9731

性状 来自氯仿中的无色结晶。溶于二甲基亚砜（18mg/mL)，不溶于水。mp 211～213℃。LD_{50}雄、雌小鼠，雄、雌大鼠急性经口（mg/kg)：780、680、1600、1100；腹膜内注射（mg/kg)：410、385、405、395；皮下注射（mg/kg)：2630、2820，3630、3060。

注意事项 该品口服有毒。使用时应穿适当的防护服。万一接触到眼睛，应立即用大量水冲洗后请医生诊治。应密封于 2～8℃保存。

主要用途 医用抗过敏剂。

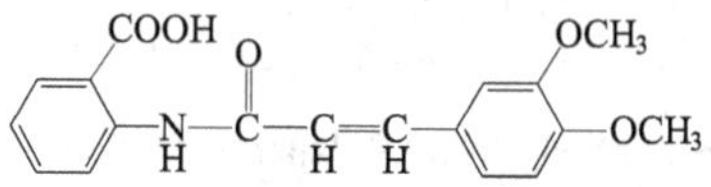

Transferrin (human) 铁传递蛋白（人） 09755

约 79550

别名 Bovine transferrin；Human serotransferrin；Siderophilin

M. I. 15，9733

性状 近白色粉末。系非血红素铁传递蛋白，不含铁。生化试剂含量约 95%（HPCE)。

注意事项 使用时应避免吸入其粉尘，避免与眼睛及皮肤接触。应密封于 2～8℃保存。

Trapidil 唑嘧胺 09756

[15421-84-8] $C_{10}H_{15}N_5$ 205.27

成分 C 58.51%，H 7.37%，N 34.12%。

别名 7-二乙氨基-5-甲基均三唑［1,5-*α*］嘧啶；*N*，*N*-二乙基-5-甲基[1,2,4]三唑[1,5-*α*]嘧啶-7-胺；*N*,*N*-Diethyl-5-methyl［1，2，4］triazolo［1，5-*α*］pyrimidin-7-amine；7-Diethylamino-5-methyl-*s*-triazolo[1,5-*α*]pyrimidine；Trapymin；AR-12008；Avantrin；Rocornal

M. I. 15，9735

性状 白色至浅黄色结晶性粉末。无气味。味苦。易溶于水、1mol/L 硫酸、10%氨水，亦溶于甲醇、异丙醇、正丁醇、氯仿、苯，溶于乙醚，几乎不溶于已烷、庚烷。mp 98～99.4℃；uv max(甲醇中)：222nm，270nm，307nm(lgε4.28，3.83，4.28)。LD_{50}小鼠，大鼠静脉注射(mg/kg)：155，76；急性经口(mg/kg)：380，235；腹膜内注射(mg/kg)：155，100；皮下注射

(mg/kg):132,100。

主要用途 医用冠状血管舒张剂。

Trazodone hydrochloride 氯哌三唑酮 盐酸盐 09757

[25332-39-2] $C_{19}H_{23}Cl_2N_5O$ 408.33

成分 C 55.89%，H 5.68%，Cl 17.36%，N 17.15%，O 3.92%。

别名 盐酸氯哌三唑酮；2-[3-[4-(3-Chlorophenyl)-1-piperazinyl]propyl]-1,2,4-triazolo[4,3-*a*]pyridin-3(2*H*)-one hydrochloride；AF-1161；Bimaran；Desyrel；Molipaxin；Pragmazone；Thombran；Tombran；Trazolan；Trittico

M. I. 15，9740

性状 来自乙醇中的白色片状结晶或粉末。无味。略微溶于水、氯仿、乙醇、甲醇，几乎不溶于通常的有机溶剂。mp 223℃；uv max（水中）：211nm，246nm，274nm，312nm（ε 50100，11730，3840，3840）。LD_{50}小鼠静脉注射：96mg/kg。生化试剂含量≥99.0%（HPLC）。

注意事项 该品口服有毒。对机体有不可逆损伤的可能性。可能致癌。使用时应穿适当的防护服。使用时应避免吸入本品的粉尘。

主要用途 生化研究。医用抗抑郁剂。

D-(+)-Trehalose dihydrate D-(+)-海藻糖 二水 09758

[6138-23-4] $C_{12}H_{22}O_{11} \cdot 2H_2O$ 378.34

成分（以无水物计） C 42.11%，H 6.48%，O 51.41%。

别名 二水合海藻糖；漏芦糖；蕈糖；*α*-D-Glucopyranosyl-*α*-D-glucopyranoside；(*α*-D-Glucosido)-*α*-D-glucosidemycose；Naturaltrehalose；*α*,*α*-Trehalose

M. I. 15，9742

性状 来自稀乙醇中的无色正交双楔透明结晶。有甜味。溶于水、热乙醇，不溶于乙醚。mp 96.5～97.5℃；$[\alpha]_D^{20}$ +178°（*c*=7，于水中）。生化试剂含量≥99.0%（HPLC）。

注意事项 该品应充氩气密封于干燥处保存。

主要用途 生化研究。

Tremorine 震颤素 09759

[51-73-0] $C_{12}H_{20}N_2$ 192.31

成分 C 74.95%，H 10.48%，N 14.57%。

别名 1,4-二吡咯烷-2-丁炔；1,1'-(2-丁炔-1,4-二基)双吡咯烷；1,1'-(2-Butyne-1,4-diyl)bispyrrolidine；1,1'-(2-Butynylene)dipyrrolidine；1,4-Dipyrrolidino-2-butyne

M. I. 15，9744

性状 无色液体。$bp_{2.5}$ 116～116.5℃/333.3Pa；$bp_{0.1}$ 239～240℃/13.3Pa。

Trenbolone 群勃龙 09760

[10161-33-8] $C_{18}H_{22}O_2$ 270.37

成分 C 79.96%，H 8.20%，O 11.83%。

别名 去甲雄三烯醇酮；孕三烯酮；(17*β*)-17-Hydroxyestra-4,9,11-trien-3-one；4,9,11-Estratrien-17*β*-ol-3-one；17*β*-Hydroxy-19-norandrosta-4,9,11-trien-3-one；19-Norandrosta-4,9,11-trien-17*β*-ol-3-one；Trienbolone；Trienolone

M. I. 15，9745

性状 无色结晶。mp 186℃；$[\alpha]_D^{20}$ +19°（*c*=0.45，于乙醇中）；uv max：239nm，340.5nm（ε 5260，28000）。生化试剂含量≥98.0%。

注意事项 该品可能损伤生育力。使用前应得到专门的指导，避免曝露。使用时应穿适当的防护服，戴手套和防护镜或面罩。应避免吸入本品的粉尘。使用时如有事故发生或有不适之感，应请医生诊治。应密封于2～8℃保存。

主要用途 医用蛋白同化激素。

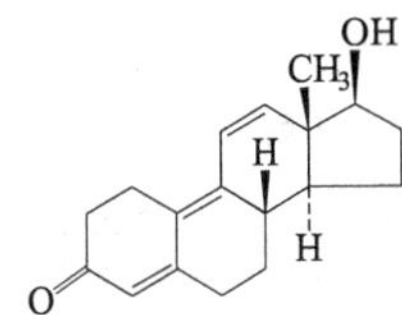

Trengestone 氯二去氢逆孕酮 09761

[5192-84-7] $C_{21}H_{25}ClO_2$ 344.88

成分 C 73.14%，H 7.31%，Cl 10.28%，O 9.28%。

别名 (9*β*,10*α*)-6-Chloropregna-1,4,6-triene-3,20-dione；6-Chloro-1,6-didehydroretroprogesterone；6-Chloro-1,6-bisdehydroretroprogesterone；Ro-4-8347；Retroid

M. I. 15，9746

性状 来自丙酮中的无色结晶。mp 208～209℃（分解）；uv max：229nm，253nm，302nm（ε 11500，10520，10650）。

主要用途 医用孕激素。

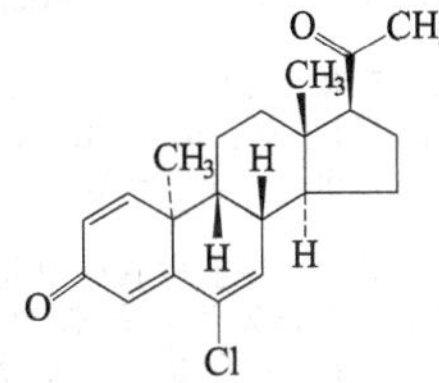

Trepibutone 三乙氧基丙酰丙酸 09762

[41826-92-0] $C_{16}H_{22}O_6$ 310.35

成分 C 61.92%，H 7.15%，O 30.93%。

别名 2,4,5-Triethoxy-*γ*-oxobenzenebutanoic acid；3-(2,4,5-Triethoxybenzoyl)propionic acid；AA-149；Supacal

M. I. 15，9747

性状 来自乙醇水溶液中的无色针状结晶或来自丙酮水溶液中的无色片状结晶。对热、湿度、散射阳光稳定。mp 150～151℃。

主要用途 医用利胆剂，解痉剂。

***l*-Tretoguinol hydrochloride *l*-喘速宁 盐酸盐** 09763

[18559-59-6] $C_{19}H_{24}ClNO_5$ 381.85

成分 C 59.76%，H 6.33%，Cl 9.28%，N 3.67%，O 20.95%。

别名 *l*-夜罗宁 盐酸盐；*l*-盐酸喘速宁；AQ-110；Inolin；Vems；*l*-1,2,3,4-Tetrahydro-1-(3,4,5-trimethoxyphenyl)methyl-6,7-isoquinolinediol hydrochloride；*l*-1-(3',4',5'-Trimethoxybenzyl)-6,7-dihydroxy-1,2,3,4-tetrahydroisoquinoline hydrochloride；*l*-Trimethoquinol hydrochloride

M. I. 15，9749

性状 浅黄色结晶。易溶于水，溶于乙醇。

主要用途 医用支气管扩张剂。

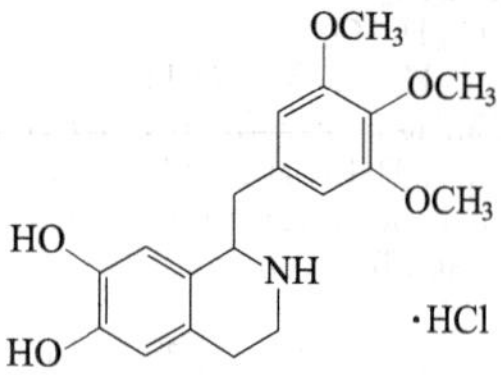

Triacontane 三十烷 09764

[638-68-6] $C_{30}H_{62}$ 422.83

成分 C 85.22%，H 14.78%。

别名 Alkane C_{30}

性状 无色结晶。易溶于热苯、氯仿，溶于乙醚，不溶于水。mp 64～67℃；bp_3 258～259℃/399.97Pa。一般试剂含量≥99.0%（GC）。

注意事项 使用时应避免吸入本品的粉尘，避免与眼睛及皮肤接触。

主要用途 气相色谱标准物。

1-Triacontanol 1-三十醇 09765

[593-50-0] $C_{30}H_{62}O$ 438.83

成分 C 82.11%，H 14.24%，O 3.65%。

别名 三十醇；1-Hydroxytriacontane；Melissyl alcohol；Myricyl alcohol；Triacontanol；Alcohol C_{30}

M. I. 15，9753

性状 无色结晶或白色固体。易溶于苯、乙醚，溶于热乙醇，极微溶于冷乙醇，几乎不溶于水。mp 87℃；d_{95} 0.777。生化试剂含量≥96.0%（GC）。

主要用途 生化研究。植物生长调节剂。

Triadimefon 1-(4-氯苯氧基)-3,3-二甲基-1-(1*H*-1,2,4-三唑-1-基)-2-丁酮 09766

[43121-43-3] $C_{14}H_{16}ClN_3O_2$ 293.75

成分 C 57.24%，H 5.49%，Cl 12.07%，N 14.31%，O10.89%。

别名 三唑酮；1-(4-Chlorophenoxy)-3,3-dimethyl-1-(1*H*-1,2,4-triazol-1-yl)-2-butanone；BAY MEB 6447；Bayleton

M. I. 15，9754

性状 无色结晶。溶于水（20℃，260mg/L），中等程度溶于除脂肪烃外的多数有机溶剂。mp 82℃。LD_{50}雄，雌大鼠急性经口（mg/kg）：568，363。一般试剂含量≥98.0%（HPLC）。

注意事项 该品口服有毒。接触皮肤能引起过敏。对水生物有毒。能对水环境引起长期不良的影响。使用时应戴手套。应避免与皮肤接触。应防止将本品释放于环境中。

主要用途 农业用杀菌剂。分析用标准物质。

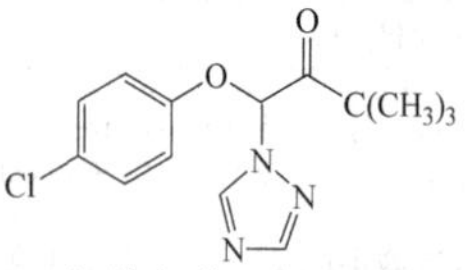

Triadimenol β-(4-氯苯氧基)-α-(1,1-二甲基乙基)-1*H*-1,2,4-三唑-1-乙醇 09767

[55219-65-3] $C_{14}H_{18}ClN_3O_2$ 295.77

成分 C 56.85%，H 6.13%，Cl 11.99%，N 14.21%，O 10.82%。

别名 三唑醇；三泰隆；β-(4-Chlorophenoxy)-α-(1,1-dimethylethyl)-1*H*-1,2,4-triazole-1-ethanol；1-(4-Chiorophenoxy)-3,3-dimethyl-1-(1*H*-1,2,4-triazol-1-yl)butan-2-ol；BAYKWG0519；Bayfdan；Bayfian；Spinnaker；Summit

M. I. 15，9755

性状 无色结晶。溶于水（20℃，0.012g/100g）、乙醇、酮类。mp 112～117℃；Fp 212℉（100℃）。LD_{50}雄，雌大鼠急性经口：1161mg/kg，1105mg/kg；皮肤接触（24h）：>5000mg/kg。LD_{50}鹌鹑：>10g/kg。

注意事项 该品口服有毒。对水生物有毒。能对水环境产生长期有害的结果。使用时应避免吸入本品的粉尘。应防止将本品释放于环境中。

主要用途 合成农用杀菌剂，谷类种子的保护。

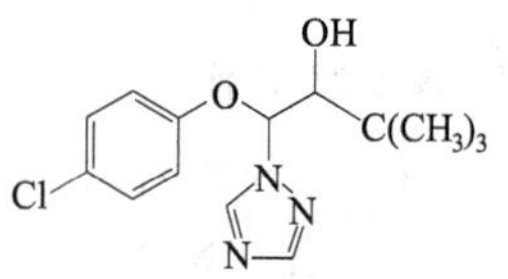

Triallate 野麦畏 09768

[2303-17-5] $C_{10}H_{16}Cl_3NOS$ 304.65

成分 C 39.43%，H 5.29%，Cl 34.91%，N 4.60%，O 5.25%，S 10.52%。

别名 阿畏达；燕麦畏；*N*,*N*-Bis(1-methylethyl)carbamothioic acid *S*-(2,3,3-trichloro-2-propenyl) ester；Diisopropylthiocarbamic acid *S*-(2,3,3-trichloroallyl) ester；2,3,3-Trichloro-2-propene-1-thiol diisopropylcarbamate；*S*-2,3,3-Trichloroallyl diisopropylthiocarbamate；*S*-(2,3,3-Trichloro-2-propenyl) bis(1-methylethyl)carbamothioate；CP-23426；Avadex BW；Far-Go

M. I. 15，9756

性状 近白色粉末。

注意事项 该品口服或长期曝露有毒。并有严重损伤健康的危险。接触皮肤能引起过敏。对水生物极毒。能对水环境引起不利的结果。使用时应戴适当的手套，避免与皮肤接触。应防止将本品释放于环境中。其包装物应按危险品处理。应密封于2～8℃保存。

主要用途 除草剂，分析用标准物质。

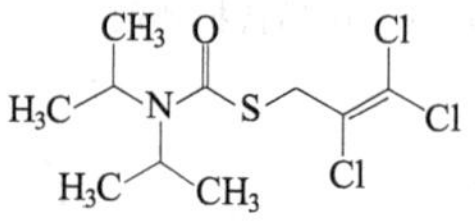

Triallyl cyanurate 氰尿酸三烯丙酯 09769

[101-37-1] $C_{12}H_{15}N_3O_3$ 249.27

成分 C 57.82%，H 6.07%，N 16.86%，O 19.26%。

别名 三聚氰酸三烯丙酯；2,4,6-三(烯丙氧基)均三嗪；Cyanuric acid triallyl ester；2,4,6-Triallyloxy-1,3,5-triazine；2,4,6-Tris(allyloxy)-*s*-triazin；TAC

GW 2015-1819

性状 无色或浅黄色结晶。热至熔点以上为液体。易聚合。对速度敏感。溶于乙醇、丙酮或烃类溶剂。mp 26～28℃；Fp 235.4℉（113℃）；d_4^{20} 1.117～1.119；n_D^{20} 1.504～1.506。一般试剂含量≥98.0%（GC）。

注意事项 该品口服有毒。对眼睛或呼吸系统有刺激性。对水生物有毒。能对水环境引起不利的结果。使用时应穿适当的防护服。应防止将本品释放于环境中。应密封于干燥处保存。

主要用途 聚合物及有机合成促进剂。

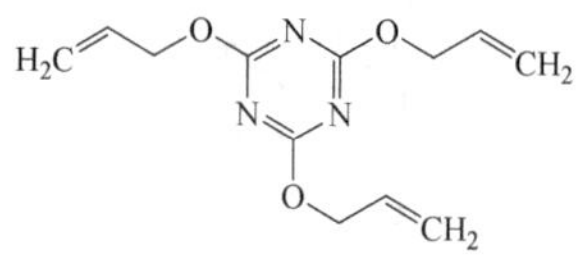

Triamcinolone 氟羟脱氢皮质醇 09770

[124-94-7] $C_{21}H_{27}FO_6$ 394.44

成分 C 63.95%，H 6.90%，F 4.82%，O 24.34%。

别名 氟羟脱氢皮质甾醇；氟羟泼尼松龙；氟羟强的松龙；9α-Fluoro-11β,16α,17,21-tetrahydroxypregna-1,4-diene-3,20-dione；(11β,16α)-9-Fluoro-11,16,17,21-tetrahydroxypregna-1,4-diene-3,20-dione；Δ^1-9α-Fluoro-16α-hydroxyhydrocortisone；9α-Fluoro-16α-hydroxyprednisolone；Δ^1-16α-Hydroxy-9α-fluorohydrocortisone；16α-Hydroxy-9α-fluoroprednisolone；CL-19823；Aristocort；Cinolone；Kenacort；Ledercort (tabl.)；Omcilon；Tricortale；Volon

M. I. 15，9757

性状 白色或近白色结晶。微溶于乙醇、甲醇，极微溶于水、氯仿、乙醚。mp 269～271℃或260～262.5℃；$[\alpha]_D^{25}$+75°（于丙酮中）；uv max：238nm（ε 15800）。

注意事项 该品对机体有不可逆损伤的可能性。可能致癌。使用时应穿适当的防护服。应避免吸入本品的粉尘。

主要用途 生化研究。医用肾上腺皮质激素。

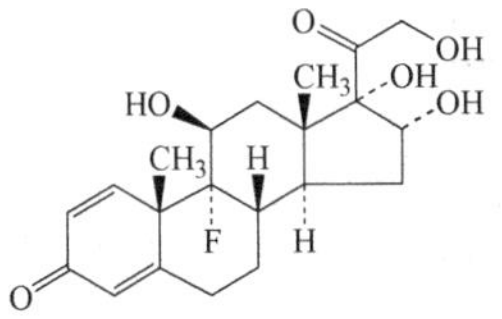

Triamcinolone acetonide　丙炎松　09771

[76-25-5]　$C_{24}H_{31}FO_6$　434.50

成分　C 66.34%，H 7.19%，F 4.37%，O 22.09%。

别名　去炎舒松；去炎松缩酮；去炎松-A；丙酮缩去炎松；(11*β*，16*α*)-9-Fluoro-11，21-dihydroxy-16，17-[1-methylethylidenebis(oxy)]pregna-1，4-diene-3，20-dione；9*α*-Fluoro-11*β*，16*α*，17，21-tetrahydroxypregna-1，4-diene-3，20-dione cyclic 16，17-acetal with acetone；9*α*-Fluoro-16*α*-hydroxyprednisolone acetonide；Triamcinolone 16*α*，17-acetonide；9*α*-Fluoro-11*β*，21-dihydroxy-16*α*，17*α*-isopropylidenedioxy-1，4-pregnadiene-3，20-dione；9*α*-Fluoro-16*α*，17-isopropylidenedioxyprednisolone；Adcortyl；Azmacort；Delphicort；Extracort；Ftorocort；Kenacort-A；Kenalog；Ledercort Cream；Nasacort；Respicort；Rineton；Solodelf；Tramacin；Triam；Tricinolon；Vetalog；Volon A；Volonimat

M. I. 15，9758

性状　无色结晶。略微溶于甲醇、丙酮、乙酸乙酯、氯仿、无水乙醇，几乎不溶于水。mp 292～294℃；$[\alpha]_D^{23}+109°$ (c=0.75，于氯仿中)；uv max（无水乙醇中）：238nm（ε 14600）。一般试剂含量≥99.0%。

注意事项　该品可能危害胎儿。使用前应得到专门的指导，避免曝露。使用时应避免吸入本品的粉尘，避免与眼睛及皮肤接触。使用时如有事故发生或有不适之感，应请医生诊治。

主要用途　生化研究。医用糖皮质激素。吸入止喘剂，鼻子的抗变应性剂。

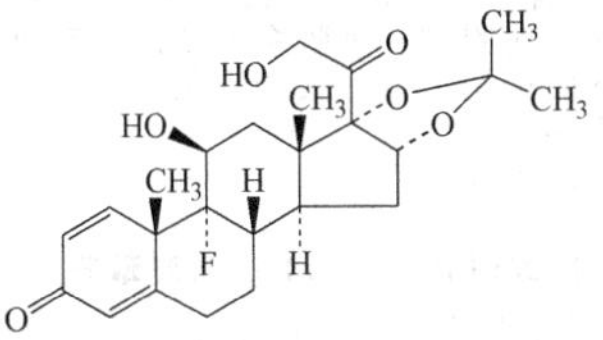

2,4,6-Triaminopyrimidine　2,4,6-三氨基嘧啶　09772

[1004-38-2]　$C_4H_7N_5$　125.14

成分　C 38.39%，H 5.64%，N 55.96%。

别名　2,4,6-嘧啶三胺；2,4,6-Pyrimidinetriamine

性状　柱状结晶。易溶于水，难溶于乙醇、乙醚。mp 247～250℃。一般试剂含量≥98.0%（NT）。

注意事项　该品对眼睛、呼吸系统及皮肤有刺激性。使用时应穿适当的防护服和戴手套。万一接触到眼睛，应立即用大量水冲洗后请医生诊治。应密封保存。

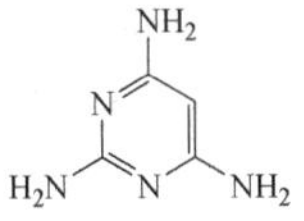

Triamterene　氨苯蝶啶　09773

[396-01-0]　$C_{12}H_{11}N_7$　253.27

成分　C 56.91%，H 4.38%，N 38.71%。

别名　2,4,7-三氨基-6-苯基蝶啶；三氨蝶啶；6-苯基-2,4,7-蝶啶三胺；6-苯基-2，4，7-三氨基蝶啶；6-Phenyl-2，4，7-pteridinetriamine；2，4，7-Triamino-6-phenylpteridine；6-Phenyl-2，4，7-triaminopteridine；Ademin(e)；Pterofen；Pterophene；NSC-77625；SKF-8542；Dyren；Dyrenium；Dytac；Jatropur；Teriam；Triteren；Urocaudal

M. I. 15，9760

性状　来自丁醇中的黄色片状结晶。溶于甲酸，微溶于水（1∶1000）、乙醇（1∶3000）、氯仿（1∶4000），极微溶于乙酸、稀无机酸，几乎不溶于乙醚、苯、稀碱溶液。mp 316℃；uv max（于 4.5% 甲酸中）：356nm（ε 21000）。

注意事项　该品口服有毒。对眼睛、呼吸系统及皮肤有刺激性。使用时应穿适当的防护服和戴手套和防护镜或面罩。万一接触到眼睛，应立即用大量水冲洗后请医生诊治。

主要用途　生化研究。医用利尿剂。

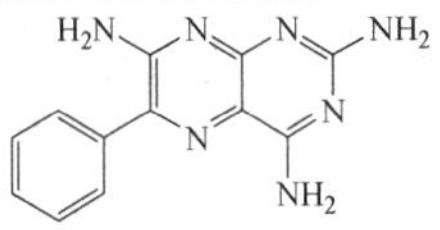

Triasulfuron

1-[2-(2-氯乙氧基)苯磺酰]-3-(4-甲氧基-6-甲基-1,3,5-三嗪-2-基)脲　09774

[82097-50-5]　$C_{14}H_{16}ClN_5O_5S$　401.82

成分　C 41.85%，H 4.01%，Cl 8.82%，N 17.43%，O 19.91%，S 7.98%。

别名　2-(2-氯乙氧基)-*N*-[[(4-甲氧基-6-甲基-1,3,5-三嗪-2-基)氨基]羰基]苯磺酰胺；2-(2-Chloroethoxy)-*N*-[[(4-methoxy-6-methyl-1,3,5-triazin-2-yl)amino]carbonyl]benzenesulfonamide；1-[2-(2-Chloroethoxy)phenylsulfonyl]-3-(4-methoxy-6-methyl-1,3,5-triazin-2-yl)urea；CGA-131036；Amber；Logran

M. I. 15，9761

性状　白色结晶。溶于 pH 值 7 的水(20℃，1.5g/L)。mp 186℃。LD_{50}大鼠急性经口：>5g/kg；皮肤接触：>2g/kg。LC_{50}大鼠吸入(4h)：>5185mg/m^3。

注意事项　该品对水生物极毒。能对水环境引起长期不利的结果。应防止将本品释放于环境中。其包装物应按危险品处理。

主要用途　除草剂。分析用标准物质。

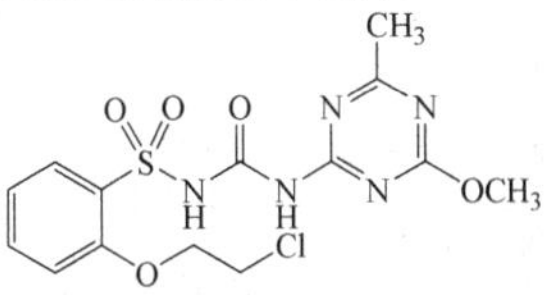

Triazamate　唑蚜威　09775

[112143-82-5]　$C_{13}H_{22}N_4O_3S$　314.40

成分　C 49.66%，H 7.05%，N 17.82%，O 15.27%，S 10.20%。

别名　[[1-[(Dimethylamino)carbonyl]-3-(1,1-dimethylethyl)-1*H*-1,2,4-triazol-5-yl]thio]acetic acid ethyl ester；Ethyl (3-*tert*-butyl-1-dimethylcarbamoyl-1*H*-1,2,4-triazol-5-ylthio)acetate；1-Dimethylcarbamoyl-3-*tert*-butyl-5-carboethoxymethylthio-1,2,4-triazole；RH-7988；WL-145158；Aphistar；Aztec

M. I. 15，9762

性状　浅褐色固体。溶于二氯甲烷、乙酸乙酯，溶于专业用水<1%。蒸气压 4.8×10^{-6}mmHg/640×10^{-6}Pa；mp 60℃。LD_{50}（14 天）小鼠，大鼠急性经口（mg/kg）：61，50～200；大鼠皮肤接触：>5000mg/kg。LC_{50}（48h）水蚤：0.048mg/L；（96h）翻车鱼，鲑鱼（mg/L）：1.0，0.43。

主要用途　农药。

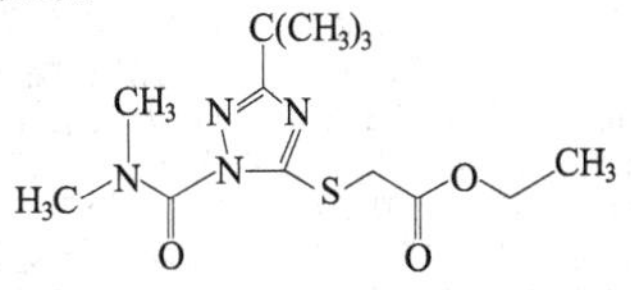

Triaziquone　2，3，5-三（亚乙基亚胺基）苯醌　09776

[68-76-8]　$C_{12}H_{13}N_3O_2$　231.26

成分　C 62.32%，H 5.67%，N 18.17%，O 13.84%。

别名　2,3,5-Tris(1-aziridinyl)-2,5-cyclohexadiene-1,4-dione；2,3,5-Tris(1-aziridinyl)-*p*-benzoquinone；2,3,5-Tris(aziridino)-1,4-benzoquinone；2,3,5-Tris(ethyleneimino)benzoquinone；Bayer 3231；Trenimon

M. I. 15，9764

性状　来自乙酸乙酯中的紫色针状结晶。溶于丙酮、苯、氯仿、乙酸乙酯、甲醇、热乙酸，略微溶于冷水。mp 162.5～163℃。

主要用途　医用抗肿瘤剂。

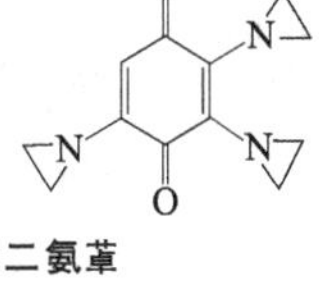

Triazolam　三唑苯二氮䓬　09777

[28911-01-5]　$C_{17}H_{12}Cl_2N_4$　343.21

成分 C 59.49%，H 3.52%，Cl 20.66%，N 16.32%。

别名 8-Chloro-6-(2-chlorophenyl)-1-methyl-4*H*-[1,2,4]triazolo[4,3-*α*][1,4]benzodiazepine; 8-Chloro-6-(*o*-chlorophenyl)-1-methyl-4*H*-*s*-triazolo[4,3-*a*][1,4]benzodiazepine; Clorazolam; U-33030; Halcion; Novodorm; Songar

M. I. 15, 9765

性状 来自 2-丙醇中的褐色结晶。溶于氯仿，微溶于乙醇，几乎不溶于水、乙醚。mp 233～235℃；LD_{50}小鼠，大鼠急性经口：>100mg/kg，>5000mg/kg。

注意事项 使用时应穿适当的防护服。应避免吸入其粉尘，避免与眼睛及皮肤接触。万一接触到眼睛，应立即用大量水冲洗后请医生诊治。

主要用途 生化研究。医用镇静剂，安眠剂。

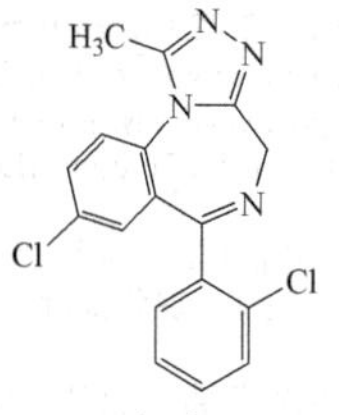

1,2,4-Triazole 1,2,4-三氮唑 09778

[288-88-0] 69.07

成分 C 34.78%，H 4.38%，N 60.84%。

别名 1,2,4-三唑；1,2,4-三氮杂茂；Pyrrodiazole；1*H*-1，2，4-Triazole

M. I. 15，9766

性状 来自乙醇＋苯中的无色针状结晶。溶于水、乙醇。mp 120～121℃；bp_{760} 260℃/101.325kPa（分解）。一般试剂含量≥99.0%（NT）。

注意事项 该品口服有毒。对眼睛有刺激性。可能危害胎儿。使用时应穿适当的防护服和戴手套。

主要用途 复制系统的光电导体。

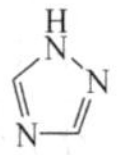

Triazophos 三唑磷 09779

[24017-47-8] $C_{12}H_{16}N_3O_3PS$ 313.31

成分 C 46.00%，H 5.15%，N 13.41%，O 15.32%，P 9.89%，S 10.23%。

别名 1-苯基-3-(*O*,*O*-二乙基硫磷酰)-1,2,4-三氮唑；Phosphorothioic acid *O*,*O*-diethyl *O*-(1-phenyl-1*H*-1,2,4-triazol-3-yl) ester；1-Phenyl-3-(*O*，*O*-diethylthionophosphoryl)-1，2，4-triazole；HOE-2960；Hostathion

M. I. 15，9767

性状 浅棕色油状液体。该品于下列物质中的溶解度（25℃，g/100mL）：正己烷 0.7；甲苯 30；乙酸乙酯 30；丙酮 30；乙醇 30。mp 0～5℃；*d* 1.247。LD_{50}大鼠急性经口：82mg/kg，皮肤接触：1100mg/kg，腹膜内注射：107mg/kg；兔皮肤接触：280mg/kg。一般试剂为二甲苯溶液。

注意事项 该品易燃。吸入或口服有毒。与皮肤接触有害。对皮肤有刺激性。对水生物极毒。能对水环境引起长期不利的结果。使用时应穿适当的防护服和戴手套。使用时如有事故发生或有不适之感，应请医生诊治。应防止将本品释放于环境中。其包装物应按危险品处理。应密封于 2～8℃保存。

主要用途 杀虫剂。分析用标准物质。

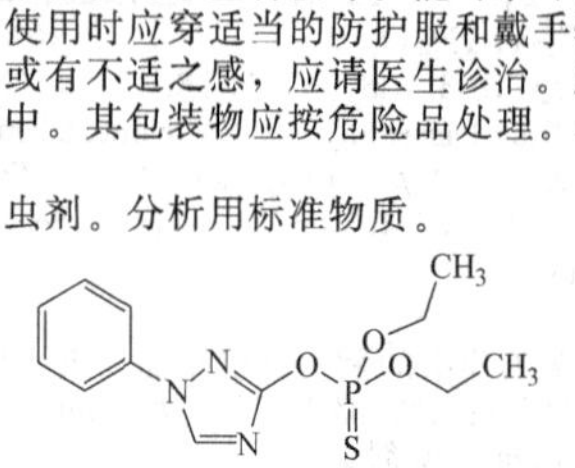

Triazoxide 咪唑嗪 09780

[72459-58-6] $C_{10}H_6ClN_5O$ 247.64

成分 C 48.50%，H 2.44%，Cl 14.32%，N 28.28%，O 6.46%。

别名 7-Chloro-3-(1*H*-imidazol-1-yl)-1,2,4-benzotriazine 1-oxide；3-(Imidazol-1-yl)-7-chlorobenzo-1,2,4-triazine-1-oxide；BAY SAS 9244

M. I. 15，9768

性状 浅黄色结晶。该品于下列物质中的溶解度（20℃，g/L）：水 0.03，正己烷<1，二氯甲烷 50～100，2-丙醇 2～5，甲苯 20～50。mp 182℃；Fp 212℉（100℃）。LD_{50}大鼠皮肤接触：>5000mg/kg；急性经口：100～200mg/kg。LC_{50}大鼠（4h 吸入）：0.8～3.2mg/L。

注意事项 该品吸入或口服有毒。使用时应避免吸入本品的粉尘，避免与眼睛及皮肤接触。使用时如有事故发生或有不适之感，应请医生诊治。

主要用途 杀菌剂。分析用标准物质。

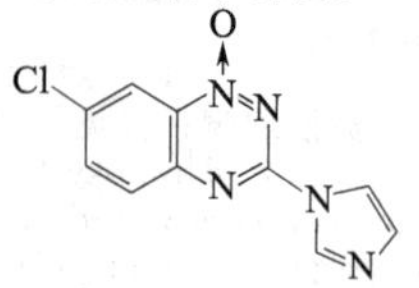

Tribenzylamine 三苄胺 09781

[620-40-6] $C_{21}H_{21}N$ 287.41

成分 C 87.76%，H 7.36%，N 4.87%。

别名 三（苯甲基）胺；TBA

性状 白色片状或柱状结晶。对二氧化碳敏感。溶于热乙醇、乙醚，微溶于水。mp 91～93℃；Fp 399℉（204℃）。一般试剂含量≥99.0%（NT）。

注意事项 该品对眼睛、呼吸系统及皮肤有刺激性。使用时应穿适当的防护服。万一接触到眼睛，应立即用大量水冲洗后请医生诊治。应充氮气密封保存。

主要用途 分离铌、钽。有机合成。

Tribromoacetaldehyde 三溴乙醛 09782

[115-17-3] C_2HBr_3O 280.74

成分 C 8.56%，H 0.36%，Br 85.39%，O 5.70%。

别名 溴醛；Bromal

GW 2015-1904 M. I. 15，1390

性状 淡黄色油状液体。具催泪性。溶于水、乙醇、乙醚。bp 约 174℃（分解）；Fp 150℉（65℃）；d_4^{20} 2.66；n_D^{20} 1.584。

注意事项 该品对眼睛、呼吸系统及皮肤有刺激性。使用时应穿适当的防护服。万一接触到眼睛，应立即用大量水冲洗后请医生诊治。

主要用途 制药工业。

2,4,6-Tribromoaniline 2,4,6-三溴苯胺 09783

[147-82-0] $C_6H_4Br_3N$ 329.82

成分 C 21.85%，H 1.22%，Br 72.68%，N 4.25%。

别名 Aniline 2，4，6-tribromide

GW 2015-1895 M. I. 15，9771

性状 无色或白色针状结晶。溶于热乙醇、三氯甲烷、乙醚，微溶于冷乙醇，不溶于水。mp 120～122℃；bp 300℃；*d* 2.35。一般试剂含量≥98.0%。

注意事项 该品对眼睛、呼吸系统及皮肤有刺激性。使用时应穿适当的防护服和戴手套。万一接触到眼睛，应立即用大量水冲洗后请医生诊治。

主要用途 有机合成。

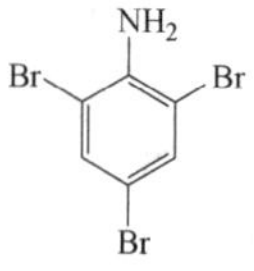

1,2,4-Tribromobenzene 1,2,4-三溴苯 09784

[615-54-3] $C_6H_3Br_3$ 314.82

成分 C 22.89%，H 0.96%，Br 76.14%。

别名 偏三溴苯

性状 白色结晶。易溶于乙醚、沸乙醇、苯。mp 41～43℃；bp 274～276℃；Fp>230℉（110℃）。一般试剂含量≥95.0%。

注意事项 该品对眼睛、呼吸系统及皮肤有刺激性。使用时应穿适当的防护服。万一接触到眼睛，应立即用大量水冲洗后请医生诊治。应充氮气密封保存。

主要用途 有机合成。

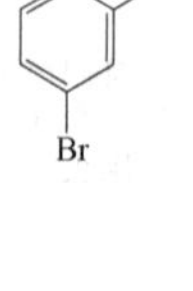

1,3,5-Tribromobenzene　1,3,5-三溴苯 09785
[626-39-1]　$C_6H_3Br_3$　314.82
成分　C 22.89%，H 0.96%，Br 76.14%。
别名　对称三溴苯；*sym*-Tribromobenzene
性状　无色针状结晶。溶于二氧六环，微溶于热乙醇，不溶于水。mp 120～123℃；bp 271℃。一般试剂含量≥98.0%。
注意事项　该品具有蓄积性危害。使用时应避免吸入本品的粉尘，避免与眼睛及皮肤接触。
主要用途　有机合成。

2,4,6-Tribromo-*m*-cresol　2,4,6-三溴间甲酚 09786
[4619-74-3]　$C_7H_5Br_3O$　344.83
成分　C 24.38%，H 1.46%，Br 69.52%，O 4.64%。
别名　2,4,6-Tribromo-3-methylphenol；2,4,6-Tribromo-3-hydroxytoluene；Micatex
M.I. 15，9774
性状　来自50%乙醇水溶液中的无色结晶。mp 84℃。
主要用途　医用局部抗真菌剂。

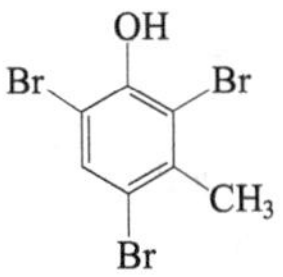

2,2,2-Tribromoethanol　2,2,2-三溴乙醇 09787
[75-80-9]　$C_2H_3Br_3O$　282.76
成分　C 8.50%，H 1.07%，Br 84.78%，O 5.66%。
别名　三溴乙醇；Tribromoethanol；Tribromoethylalcohol；Tribromoethyl alcohol
性状　无色结晶。溶于40份水（40℃），易溶于戊烯水合物，溶于乙醇、乙醚、苯、热石油醚。mp 77～80℃；bp_{10} 92～93℃/1.333kPa。LD_{50}大鼠急性经口：1.09g/kg。一般试剂含量≥96.0%（GC）。
注意事项　该品口服有毒。对眼睛、呼吸系统及皮肤有刺激性。使用时应穿适当的防护服。万一接触到眼睛，应立即用大量水冲洗后请医生诊治。应密封避光保存。

Tribromomethane　三溴甲烷 09788
[75-25-2]　$CHBr_3$　252.73
成分　4.75%，H 0.40%，Br 94.85%。
别名　溴仿；Bromoform；Formyl tribromide；Methenyl tribromide
GW 2015-1903　M.I. 15，1430
性状　无色重质液体。有氯仿气味。有甜味。与乙醇、苯、三氯甲烷、乙醚、石油醚、丙酮、油类相混溶，溶于约800份水。mp 7.5℃；bp 149～150℃；d_4^{15} 2.9035；n_D^{15} 1.6005。LD_{50}小鼠皮下注射：7.2mmol/kg。一般试剂含量≥98.0%（GC）。
注意事项　该品吸入有毒。对眼睛及皮肤有刺激性。对机体有不可逆损伤的可能性。对水生物有毒。能对水环境引起长期不利的结果。接触皮肤后，应立即用大量水冲洗。使用时如有事故发生或有不适之感，应请医生诊治。应防止将本品释放于环境中。应充氩气密封避光保存。
主要用途　测定分子量时作溶剂。矿物折射指数的测定。按相对密度分离各种矿石。

2,4,6-Tribromophenol　2,4,6-三溴酚 09789
[118-79-6]　$C_6H_3Br_3O$　330.80
成分　C 21.79%，H 0.91%，Br 72.46%，O 4.84%。
别名　对称三溴酚；Bromol；*sym*-Tribromophenol
M.I. 15，9775
性状　来自冰乙酸中的无色或白色长针状固体。能升华。溶于乙醇、甲醇、氯仿、乙醚、甘油及二氯甲烷，15℃时溶于14000份水。mp 96℃；bp 282～290℃；*d* 2.55。LD_{50}大鼠急性经口：<2g/kg。LC_{50}（96h）黑头呆鱼（肥头鲤）：6.6mg/L。一般试剂含量≥98.0%（HPLC）。
注意事项　该品口服或吸入有毒。对眼睛、呼吸系统及皮肤有刺激性。使用时应穿防护服和戴手套。万一接触到眼睛，应立即用大量水冲洗后请医生诊治。应密封于通风良好处保存。

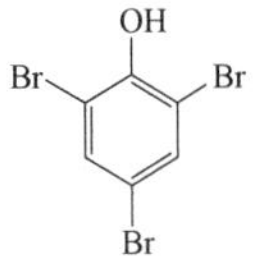

1,2,3-Tribromopropane　1,2,3-三溴丙烷 09790
[96-11-7]　$C_3H_5Br_3$　280.79
成分　C 12.83%，H 1.79%，Br 85.37%。
别名　Allyl tribromide；Glycerol tribromohydrin；Tribromohydrin；*sym*-Tribromopropane
M.I. 15，9776
性状　无色至微黄色液体。溶于乙醇、乙醚、氯仿，不溶于水。mp 16.5℃；bp_{760} 220℃/101.325kPa；bp_{200} 170℃/26.664kPa；bp_{100} 148℃/13.334kPa；bp_{60} 134℃/7.999kPa；bp_{40} 123℃/5.333kPa；bp_{20} 106℃/2.666kPa；bp_{10} 90℃/1.333kPa；bp_5 76℃/666.61kPa；bp_1 47.5℃/133.328kPa；Fp 200°F（94℃）；d^{23} 2.436；n_D^{18} 1.58436。一般试剂含量≥98.0%。
注意事项　该品口服有毒。对眼睛及皮肤有刺激性。对机体有造成不可逆损伤的可能性。使用时应穿适当的防护服和戴手套。万一接触到眼睛，应立即用大量水冲洗后请医生诊治。
主要用途　溶剂。杀线虫剂。有机合成。

Tribromsalan　三溴水杨酰苯胺 09791
[87-10-5]　$C_{13}H_8Br_3NO_2$　449.92
成分　C 34.70%，H 1.79%，Br 53.28%，N 3.11%，O 7.11%。
别名　3,5-Dibromo-*N*-(4-bromophenyl)-2-hydroxybenzamide；3,4′,5-Tribromosalicylanilide；TBS；Temasept Ⅳ
M.I. 15，9778
性状　无色结晶。易溶于二甲基甲酰胺，溶于热丙酮，几乎不溶于水。mp 227～228℃。
主要用途　用去污剂的抑菌剂。

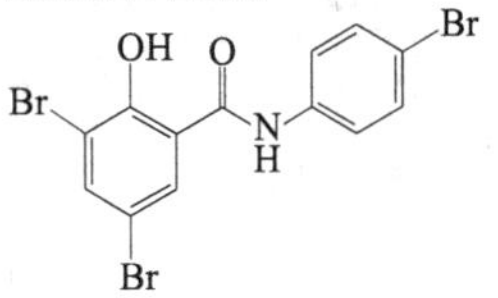

Tributylamine　三丁胺 09792
[102-82-9]　$C_{12}H_{27}N$　185.36
成分　C 77.76%，H 14.68%，N 7.56%。
别名　*N*,*N*-二丁基-1-丁胺；三丁基胺；三正丁胺；*N*,*N*-Dibutyl-1-butanamine；Tri-*n*-butylamine
GW 2015-1923　M.I. 15，9780
性状　无色液体。吸潮。呈碱性。有特异气味。易溶于乙醇、乙醚，略微溶于水。mp －71℃；bp 216～217℃；bp_{10} 88～90℃/1.333kPa；Fp 146°F（63℃）；d_{20}^{20} 0.7782；n_D^{20} 1.429。一般试剂含量≥99.0%（GC）
注意事项　该品口服有毒。吸入或与皮肤接触有毒。对皮肤有刺激性。对水生物有毒。能对水环境引起长期不利的结果。使用时应穿适当的防护服，戴手套和防护镜或面罩。万一接触到眼睛，应立即用大量水冲洗后请医生诊治。使用时如有事故发生或有不适之感，应请医生诊治。应防止将本品释放于环境中。
主要用途　溶剂。

Tributyl borate　硼酸三丁酯 09793
[688-74-4]　$C_{12}H_{27}BO_3$　230.15
成分　C 62.63%，H 11.82%，B 4.70%，O 20.85%。
别名　硼酸丁酯；硼酸三正丁酯；硼酸正丁酯；Tri-*n*-butyl borate；Boric acid tributyl ester；*n*-Butyl borate；Tributoxyborane
性状　无色透明液体。易吸潮。与甲醇等一般有机溶剂相混溶。遇水分解。mp －70℃；bp_{12} 114～115℃/1.6kPa；Fp 200°F（93℃）；d_4^{20} 0.857；n_D^{20} 1.409。一般试剂含量≥99.0%（GC）
注意事项　该品口服有毒。对眼睛、呼吸系统及皮肤有刺激性。使用时应穿适当的防护服，戴手套和防护镜或面罩。万一接触到眼睛，应立即用大量水冲洗后请医生诊治。应密封于干燥处保存。

主要用途 半导体元件的制作。其他有机硼化合物的合成和高纯硼的制备。催化剂。

Tributyl citrate 柠檬酸三丁酯 09794

[77-94-1] $C_{18}H_{32}O_7$ 360.45

成分 C 59.98%,H 8.95%,O 31.07%。

别名 2-羟基丙三羧酸三丁酯;柠檬酸丁酯;枸橼酸三丁酯;*n*-Butyl citrate;Citric acid tributyl ester;2-Hydroxy-1,2,3-propane tricarboxylic acid tributyl ester

M. I. 15, 1565

性状 无色或浅黄色液体。无味。与乙醇等多数有机溶剂相混溶,不溶于水。mp −20℃;bp_{22} 约 233℃/2.933kPa;Fp 365℉ (185℃);d_{20}^{20} 1.045;n_D^{20} 1.4460。一般试剂含量≥97.0% (GC)

注意事项 使用时应避免吸入本品的蒸气,避免与眼睛及皮肤接触。

主要用途 气相色谱固定液。塑料的韧化剂。泡沫去除剂。硝酸纤维的溶剂。

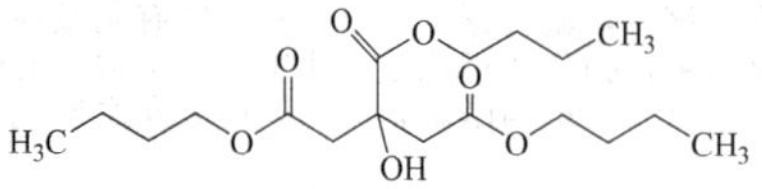

Tributyl phosphate 磷酸三丁酯 09795

[126-73-8] $C_{12}H_{27}O_4P$ 266.32

成分 C 54.12%。H 10.22%,O 24.03%,P 11.63%。

别名 磷酸三正丁酯;TBP;Phosphoric acid tributyl ester;Tri-*n*-butyl phosphate

M. I. 15, 9781

性状 无色液体。无味。与多种有机溶剂相混溶。1mL 该品溶于约 165mL 水。mp −80℃;bp 289℃ (分解);bp_{27} 177~178℃/3.6kPa;Fp 294.8℉ (146℃);d_{25}^{25} 0.976;n_D^{25} 1.4215。LD_{50}大鼠急性经口:3.0g/kg。

注意事项 该品口服有毒,对皮肤有刺激性。可能致癌。使用时应穿适当的防护服和戴手套,应避免与眼睛接触。如误服本品,应立即就医,并出示本品的容器或瓶签。

主要用途 气相色谱固定液。萃取钴、铱、锰、钼、钯、铂、铑、锝、铀、钨。比色测定钼。硝酸纤维素、乙酸纤维素的溶剂。

参考规格 GB/T 15354—2011	分析纯	化学纯
含量[$(C_4H_9O_3)PO$]/%≥	98.5	97.0
密度(20℃)/(g/mL)	0.974~0.980	0.974~0.980
酸度(以 H^+ 计)/(mmol/g)≤	0.002	0.01
水分(H_2O)/%≤	0.1	0.3

Tri-*n*-butylphosphine oxide 三正丁基氧化膦 09796

[814-29-9] $C_{12}H_{27}OP$ 218.32

成分 C 66.02%,H 12.46%,O 7.33%,P 14.19%。

别名 氧化三丁基膦;氧化三正丁基膦;

性状 白色固体。mp 69~70℃;bp_1 150℃/133.322Pa。一般试剂含量≥95.0%。

注意事项 该品对呼吸系统及皮肤有刺激性。使用时应戴手套和防护镜或面罩。万一接触到眼睛,应立即用大量水冲洗后请医生诊治。

主要用途 铀、钍等稀有元素的萃取剂。

Tributyl phosphite 亚磷酸三丁酯 09797

[102-85-2] $C_{12}H_{27}O_3P$ 250.32

成分 C 57.58%,H 10.87%,O 19.17%,P 12.37%。

性状 无色液体。溶于一般有机溶剂,遇水分解。bp_{10} 125~128℃/1.333kPa;Fp 179.6℉ (82℃),d_4^{20} 0.915;n_D^{20} 1.432。一般试剂含量≥95.0% (GC)。

注意事项 该品对眼睛及皮肤有刺激性。与皮肤接触有害。具有腐蚀性,能引起烧伤。使用时应穿适当的防护服,戴手套和防护镜或面罩。万一接触到眼睛,应立即用大量水冲洗后请医生诊治。使用时如有事故发生或有不适之感,应请医生诊治。应密封于干燥处保存。

主要用途 汽油添加剂。聚酰胺稳定剂。

Tricaine 三卡因 09798

[886-86-2] $C_{10}H_{15}NO_5S$ 261.29

成分 C 45.97%,H 5.79%,N 5.36%,O 30.62%,S 12.27%。

别名 间氨基苯甲酸乙酯 甲烷磺酸盐;甲烷磺酸 3-氨基苯甲酸乙酯;3-氨基苯甲酸乙酯 甲烷磺酸盐;3-Aminobenzoic acid ethyl ester methanesulfonate;Ethyl *m*-aminobenzoate methanesulfonate;MS-222;Finquel;Tricaine methanesulfonate

M. I. 15, 9786

性状 来自乙醇+乙酸乙酯中的白色细小针状结晶。溶于水至 11%时,呈微酸性。但多数水溶液几乎呈中性。mp 149~150℃。LC_{50} (96h) 虹鳟鱼:50.50mg/L。

注意事项 该品对眼睛、呼吸系统及皮肤有刺激性。使用时应穿适当的防护服。万一接触到眼睛,应立即用大量水冲洗后请医生诊治。应充氩气密封于 2~8℃保存。

主要用途 生化研究。鱼的麻醉剂。

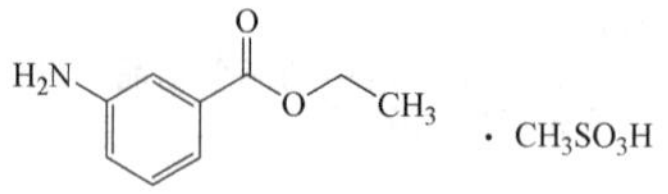

Tricarballylic acid 丙三羧酸 09799

[99-14-9] $C_6H_8O_6$ 176.12

成分 C 40.92%,H 4.58%,O 54.51%。

别名 *β*-羧基戊二酸;1,2,3-丙三甲酸;均丙三羧酸;*β*-Carboxyglutaric acid;1,2,3-Propanetricarboxylic acid

M. I. 15, 9787

性状 来自水或乙醚中的无色大斜方棱柱体结晶。50g 该品 18℃溶于 100mL 水,0.9g 溶于 100mL 乙醚,完全溶于乙醇。pK_1 (30℃) 3.49;pK_2 4.58;pK_3 5.83;mp166℃。一般试剂含量≥99.0% (T)。

注意事项 该品吸入极毒。口服有毒。与水反应激烈。与水接触能释放有毒的气体。具有强腐蚀性,能引起严重烧害。长期曝露、吸入有严重损害健康的危险。使用时应穿适当的防护服,戴手套和防护镜或面罩。使用时应保持容皿密闭和干燥。万一接触到眼睛,应立即用大量水冲洗后请医生诊治。使用时如有事故发生或有不适之感,应请医生诊治。应密封于干燥处保存。

主要用途 有机合成。

Trichlorfon 敌百虫 09800

[52-68-6] $C_4H_8Cl_3O_4P$ 257.43

成分 C 18.66%,H 3.13%,Cl 41.31%,O 24.86%,P 12.03%。

别名 *O*,*O*-二甲基(2,2,2-三氯-1-羟基乙基)膦酸酯;Bayer L-1359;Cekufon;Chlorofos;Combot;Danex;Danet;*O*,*O*-Dimethyl 1-hydroxy-2,2,2-trichloroethylphosphonate;*O*,*O*-Dimethyl (2,2,2-trichloro-1-hydroxyethyl) phosphonate;Dipterex;Dylox;Metrifonate;Neguvon;Proxol;Trichlorphon;(2,2,2-Trichloro-1-hydroxyethyl) phosphonic acid dimethyl ester;Trichlorphene;Tugon;Bilarcil;Pro Mem

GW 2015-365 M. I. 15, 9788

性状 白色结晶。本品易溶于二氯甲烷、丙酮、乙醇、氯仿,溶于水 (25℃,15.4g/100mL)、苯,极微溶于己烷、四氯化碳、乙醚,不溶于石蜡油,能被碱分解。mp 83~84℃;d_4^{20} 1.73;n_D^{20} 1.3439。LD_{50} 大鼠急性经口:450mg/kg,腹膜内注射:255mg/kg;小鼠皮下注射:400mg/kg,腹膜内注射:500mg/kg。

注意事项 该品口服有毒。接触皮肤能引起过敏。对水生物极毒。能对水环境引起长期不良的影响。使用时应戴手套。应避免与皮肤接触。应防止将本品释放于环境中。其包装物应按危险品处理。应密封于2~8℃保存。

主要用途 杀虫剂。医用驱血吸虫剂。

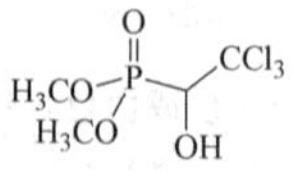

Trichlormethiazide 三氯噻嗪 09801

[133-67-5] $C_8H_8Cl_3N_3O_4S_2$ 380.64

成分 C 25.24%,H 2.12%,Cl 27.94%,N 11.04%,O 16.81%,S 16.85%。

别名 6-Chloro-3-dichloromethyl-3,4-dihydro-2*H*-1,2,4-benzothiadiazine-7-sulfonamide 1,1-dioxide;6-Chloro-3-dichloromethyl-7-sulfamyl-3,4-dihydro-1,2,4-benzothiadiazine 1,1-

dioxide; 3-Dichloromethyl-6-chloro-7-sulfamyl-3, 4-dihydro-1, 2, 4-benzothiadiazine 1, 1-dioxide; 3-Dichloromethylhydrochlorothiazide; Hydrotrichlorothiazide; Trichloromethiazide; Achletin; Anatran; Anistadin; Aponorin; Carvacron; Diurese; Esmarin; Fluitran; Flutra; Intromene; Kubacron; Metahydrin; Naqua; Salurin; Tachionin; Tolcasone; Triflumen
M. I. 15, 9789
性状 来自甲醇＋丙酮＋水中的无色结晶。该品于下列物质中的溶解度（25℃，mg/mL）：水 0.8，乙醇 21，甲醇 60。易溶于丙酮，极微溶于乙醚 266～273℃ 分解。LD_{50} 大鼠急性经口：＞20g/kg。一般试剂含量≥98.0%。
注意事项 该品吸入或与皮肤接触可引起过敏。使用时应穿适当的防护服。
主要用途 生化研究。医用利尿剂，抗高血压剂。

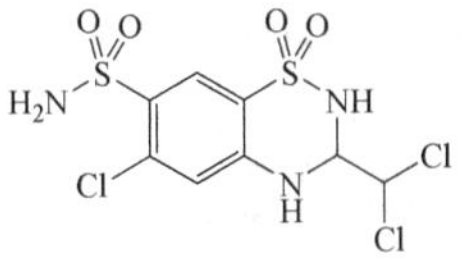

Trichloroacetamide 三氯乙酰胺 09802
[594-65-0] $C_2H_2Cl_3NO$ 162.40
成分 C 14.79%，H 1.24%，Cl 65.49%，N 8.62%，O 9.85%。
别名 2，2，2-三氯乙酰胺；2，2，2-Trichloroacetamide
性状 无色单斜片状结晶。溶于乙醇、乙醚，微溶于水。mp 139～141℃；bp 238～240℃。一般试剂含量≥98.0%（AT）。
注意事项 该品吸入、口服或与皮肤接触有毒。对眼睛、呼吸系统及皮肤有刺激性。使用应穿适当的防护服和戴手套。万一接触到眼睛，应立即用大量水冲洗后请医生诊治。
主要用途 测定氰化物。蛋白质沉淀剂。胆色素的试剂。

Trichloroacetic acid 三氯乙酸 09803
[76-03-9] $C_2HCl_3O_2$ 163.38
成分 C 14.70%，H 0.62%，Cl 65.09%，O 19.59%。
别名 三氯醋酸；TCA
GW 2015-1862　M. I. 15，9792
性状 无色结晶。微有特殊气味。极易潮解。易溶于乙醇、乙醚。溶于 0.1 份水，溶液呈酸性。其 0.1mol/L 水溶液 pH 值 1.2。mp 57～58℃；bp 196～197℃；Fp 235.4℉（113℃）；d_4^{61} 1.629；n_D^{20} 1.6200。LD_{50} 大鼠急性经口：5g/kg。一般试剂含量≥99.5%（T）
注意事项 该品具有强腐蚀性，能引起严重烧伤。对水生物极毒。能对水环境引起长期不良的结果。使用时应穿适当的防护服，戴手套和防护镜或面罩。万一接触到眼睛，应立即用大量水冲洗后请医生诊治。应防止将本品释放于环境中。其包装物应按危险品处理。
主要用途 测定氰化物、胆色素的试剂。蛋白质沉淀剂。医用腐蚀剂。

Trichloroacetonitrile 三氯乙腈 09804
[545-06-2] C_2Cl_3N 144.38
成分 C 16.64%，Cl 73.66%，N 9.70%。
别名 氰代三氯甲烷；Trichloromethyl cyanide；Trichloromethylnitrile；Tritox
GW 2015-1860　M. I. 15，9793
性状 无色液体。有挥发性。bp_{760} 85.7℃/101.325kPa；Fp 383℉（195℃，闭杯）；d_4^{35} 1.4223；d_4^{25} 1.4403；n_D^{20} 1.4409；n_D^{27} 1.4375。LD_{50} 大鼠急性经口：0.25g/kg。一般试剂含量≥97.0%（GC）。
注意事项 该品吸入、口服或与皮肤接触有毒。对水生物有毒。能对水环境引起长期不利的结果。使用时如有事故发生或有不适之感，应请医生诊治。应防止将本品释放于环境中。
主要用途 杀虫剂。有机合成试剂。

Trichloroacetyl chloride 三氯乙酰氯 09805
[76-02-8] C_2Cl_4O 181.83
成分 C 13.21%，Cl 77.99%，O 8.80%。
别名 氯化三氯乙酰
GW 2015-1867
性状 无色液体。具有催泪性。遇水分解。mp －146℃；bp 118～119℃；d_4^{20} 1.620；n_D^{20} 1.471。一般试剂含量≥98.0%（AT）。
注意事项 该品与水反应激烈。吸入有毒，口服有毒。具有腐蚀性，能引起烧伤。使用时应穿适当的防护服，戴手套和防护镜或面罩。万一接触到眼睛，应立即用大量水冲洗后请医生诊治。接触皮肤应立即用大量水冲洗。使用时如有事故发生或有不适之感，应请医生诊治。应密封或严封于干燥处保存。

2,4,5-Trichloroaniline 2,4,5-三氯苯胺 09806
[636-30-6] $C_6H_4Cl_3N$ 196.46
成分 C 36.68%，H 2.05%，Cl 54.14%，N 7.13%。
别名 1-氨基-2，4，5-三氯苯；1-Amino-2，4，5-trichlorobenzene
GW 2015-1828
性状 浅黄色针状结晶。溶于乙醚、乙醇、二硫化碳，微溶于石油醚，不溶于水。能随水蒸气同时挥发。mp 94～95℃；bp 270℃。
注意事项 该品吸入、口服或与皮肤接触有毒，并具有蓄积性危害。对水生物极毒。能对水环境引起长期不利的结果。使用时应穿适当的防护服和戴手套。接触皮肤后，应立即用大量水冲洗。使用时如有事故发生或有不适之感，应请医生诊治。应防止将本品释放于环境中。其包装物应按危险品处理。
主要用途 染料。有机合成。分析用标准物质。

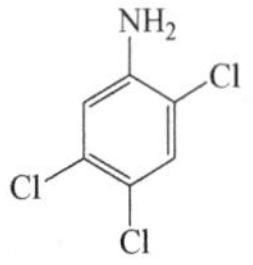

2,4,6-Trichloroaniline 2,4,6-三氯苯胺 09807
[634-93-5] $C_6H_4Cl_3N$ 196.46
成分 C 36.68%，H 2.05%，Cl 54.14%，N 7.13%。
别名 1-氨基-2，4，6-三氯苯；1-Amino-2，4，6-trichlorobenzene
GW 2015-1829
性状 白色针状结晶。溶于乙醇、乙醚、石油醚，不溶于水。mp 76～78℃；bp 262℃。一般试剂含量≥98.0%（HPLC）。
注意事项 该品吸入、口服或与皮肤接触有毒，并具有蓄积性危害。对水生物极毒。能对水环境引起长期不利的结果。使用时应穿适当的防护服和戴手套。接触皮肤后，应立即用大量水冲洗。使用时如有事故发生或有不适之感，应请医生诊治。应防止将本品释放于环境中。其包装物应按危险品处理。
主要用途 有机合成。

2,4,6-Trichloroanisole 2,4,6-三氯苯甲醚 09808
[87-40-1] $C_7H_5Cl_3O$ 211.47
成分 C 39.76%，H 2.38%，Cl 50.29%，O 7.57%。
别名 Tyrene
M. I. 15，9794
性状 来自乙醇中的无色单斜针状结晶。于室温中缓慢升华。能随水蒸气挥发。溶于甲醇、二氧六环、苯、环己酮，几乎不溶于水。mp 60℃；$bp_{738.2}$ 240℃/98.418kPa；bp_{28} 132℃/3.733kPa。
注意事项 该品口服有毒。对眼睛有刺激性。使用时应避免吸入本品的粉尘和蒸气，避免与眼睛及皮肤接触。万一接触到眼睛，应立即用大量水冲洗后请医生诊治。

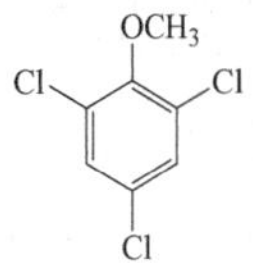

1,2,3-Trichlorobenzene　1,2,3-三氯苯　09809

[87-61-6]　$C_6H_3Cl_3$　181.44

成分　C 39.72%，H 1.67%，Cl 58.61%。

别名　连三氯苯；1，2，3-TCB；*vic*-Trichlorobenzene

GW 2015-1835　M. I. 15，9795

性状　来自乙醇中的无色片状结晶。易溶于二硫化碳、苯，略微溶于乙醇，不溶于水。能随水蒸气挥发。mp 52.6℃；bp 221℃；Fp 235.4℉（113℃）；d 1.69；n_D^{19} 1.5776。

注意事项　该品口服有毒。对眼睛、呼吸系统及皮肤有刺激性。万一接触到眼睛，应立即用大量水冲洗后请医生诊治。接触皮肤后应立即用大量水冲洗。

主要用途　有机合成。

Cl
Cl
Cl

1,2,4-Trichlorobenzene　1,2,4-三氯苯　09810

[120-82-1]　$C_6H_3Cl_3$　181.44

成分　C 39.72%，H 1.67%，Cl 58.61%。

别名　不对称三氯化苯；偏三氯苯；1，2，4-TCB；*unsym*-Trichlorobenzene

GW 2015-1836　M. I. 15，9796

性状　无色液体。与乙醚、苯、二硫化碳、石油醚相混溶，略微溶于乙醇，不溶于水。能随水蒸气挥发。mp 17℃；bp 213℃；Fp 230℉（110℃）；d_{25}^{25} 1.4634；n_D^{25} 1.5524。

注意事项　该品口服有毒。对皮肤有刺激性。对水生物极毒。能对水环境引起长期不良的影响。使用时应穿适当的防护服和戴手套。使用时应避免吸入本品的蒸气。应防止将本品释放于环境中。其包装物应按危险品处理。

主要用途　有机合成。杀虫剂。溶剂。染料中间体。

1,3,5-Trichlorobenzene　1,3,5-三氯苯　09811

[108-70-3]　$C_6H_3Cl_3$　181.44

成分　C 39.72%，H 1.67%，Cl 58.61%。

别名　对称三氯苯；1，3，5-TCB；*sym*-Trchlorobenzene

GW 2015-1837　M. I. 15，9797

性状　无色针状结晶。有特殊气味。能随水蒸气挥发。易溶于乙醚、苯、石油醚、二硫化碳、冰乙酸，略微溶于乙醇，不溶于水。mp 63.4℃；bp 208.4℃；Fp 224.6℉（107℃）；n_D^{19} 1.5662。

注意事项　该品吸入、口服或与皮肤有毒。其余见 09809 1，2，3-三氯苯。

主要用途　有机合成。杀虫剂。染料合成。

β,β,β-Trichloro-*tert*-butanol hemihydrate β,β,β-三氯叔丁醇 半水　09812

[6001-64-5]　$C_4H_7Cl_3O \cdot \frac{1}{2}H_2O$　186.46

成分（以无水物计）　C 27.07%，H 3.98%，Cl 59.93%，O 9.02%。

别名　三氯丁原醇；1,1,1-三氯-2-甲基-2-丙醇；2-甲基-1,1,1-三氯-2-丙醇；半水合三氯叔丁醇；安纳新；克罗勒吞；氯丁醇；Acetone chloroform；Chlorobutanol；Chlorbutol；Chloretone；Coliquifilm；Methaform；2-Methyl-1,1,1-trichloro-2-propanol；Sedaform；β,β,β-Tichloro-*tert*-butyl alcohol；1,1,1-Trichloro-2-methyl-2-propanol

M. I. 15，2129

性状　白色结晶。微有樟脑味。易升华。溶于乙醇、乙醚、石油醚、丙酮、三氯甲烷、油类、甘油、冰乙酸等，微溶于水。mp 78℃；Fp＞212℉（100℃）。MLD（无水物）狗，兔急性经口：238mg/kg，213mg/kg。

注意事项　该品口服有毒。对眼睛、呼吸系统及皮肤有刺激性。使用时应穿适当的防护服，戴手套和防护镜或面罩。万一接触到眼睛，应立即用大量水冲洗后请医生诊治。应密封保存。

主要用途　防腐剂。增塑剂。

1,1,1-Trichloroethane　1,1,1-三氯乙烷　09813

[71-55-6]　$C_2H_3Cl_3$　133.40

成分　C 18.01%，H 2.27%，Cl 79.72%。

别名　甲基三氯甲烷；Chlorothene；Methylchloroform

GW 2015-1864　M. I. 15，9801

性状　无色液体。不升华。溶于丙酮、苯、四氯化碳、甲醇、乙醚，不溶于水，但能吸收少量水。mp −32.5℃；bp_{760} 74.1℃/101.325kPa；d_4^{20} 1.3376；n_D^{20} 1.43838。一般试剂含量≥99.0%（GC）。

注意事项　该品蒸气吸入有毒。对臭氧层有危险。使用时应避免与眼睛及皮肤接触。应防止将本品释放于环境中。

主要用途　溶剂。有机合成。

1,1,2-Trichloroethane　1,1,2-三氯乙烷　09814

[79-00-5]　$C_2H_3Cl_3$　133.40

成分　C 18.01%，H 2.27%，Cl 79.72%。

别名　Chloroethylidene chloride；β-Trichloroethane；Vinyl trichloride

GW 2015-1865　M. I. 15，9802

性状　无色透明液体。有特殊气味。不易燃。与乙醇、乙醚、丙酮等有机溶剂相混溶，不溶于水。mp −35℃；bp 113～114℃；d_4^{20} 1.4416；n_D^{20} 1.4711。LD_{50} 大鼠急性经口：0.58mL/kg。一般试剂含量≥99.8%(GC)。

注意事项　该品吸入、口服或与皮肤接触有毒。对机体有不可逆损伤的可能性，可能致癌。能引起遗传基因的损伤。使用时应穿适当的防护服和戴手套。如误服，应立即就医，并出示本品容器或瓶签。应密封于通风良好处保存。

主要用途　有机合成。乙酸纤维、天然橡胶的合成橡胶的溶剂。

2,2,2-Trichloroethanol　2,2,2-三氯乙醇　09815

[115-20-8]　$C_2H_3Cl_3O$　149.40

成分　C 16.08%，H 2.02%，Cl 71.18%，O 10.71%。

别名　三氯乙醇；2,2,2-Trichloroethanol；Trichloroethyl alcohol

M. I. 15，9803

性状　无色液体。温度过低可凝固。能吸潮。有醚的气味。溶于约 12 份水。与乙醇、乙醚相混溶。其水溶液 pH 值 5～6。mp 18℃；bp 151～153℃；Fp 230℉（110℃）；d_{20}^{20} 1.55。LD_{50}大鼠急性经口：600mg/kg。一般试剂含量≥98.0%（GC）。

注意事项　该品口服有毒。对眼睛有严重损伤的危险。使用时应穿适当的防护服，戴手套和防护镜或面罩。万一接触到眼睛，应立即用大量水冲洗后请医生诊治。应密封干燥保存。

主要用途　生化研究。医用安眠剂，镇静剂。

Trichloroethylene　三氯乙烯　09816

[79-01-6]　C_2HCl_3　131.38

成分　C 18.28%，H 0.77%，Cl 80.95%。

别名　三氯代乙烯；Algylen；Chlorylen；Ethinyl trichloride；Gemalgene；Germalgene；Trichloroethene；Trethylene；Trichloren；TCE；Tri-Clene；Trilene；Triline；Trimar；Westrosol

GW 2015-1866　M. I. 15，9804

性状　无色、易流动的液体。有类似三氯甲烷的气味。不易燃。与乙醇、乙醚、氯仿相混溶，微溶于水(25℃，0.11g/100g)。mp −84.8℃；bp_{760} 86.9℃/101.325kPa；bp_{400} 67.0℃/53.33kPa；bp_{200} 48℃/26.66kPa；bp_{100} 31.4℃/13.33kPa；bp_{60} 20℃/8kPa；bp_{20} −1℃/2.666kPa；bp_{10} −12.4℃/1.333kPa；bp_5 −22.8℃/666.6Pa；bp_1 −43.8℃/133.32Pa；d_4^{25} 1.4559；d_4^{20} 1.4642；d_4^{15} 1.4695；d_4^4 1.4904；n_D^{25} 1.45560；n_D^{20} 1.4775；n_D^{17} 1.47914。LD_{50}大鼠急性经口：4.92mL/kg；LC 大鼠(4h)：8000×10^{-6}。一般试剂含量≥99.5%。

注意事项　该品可能致癌。对眼睛及皮肤有刺激性。对水生物有害。能对水环境引起长期不良的影响。其蒸气可造成头晕或瞌睡。使用前应得到专门的指导，避免曝露。使用时如有事故发生或有不适之感，应请医生诊治。应防止将本品释放于环境中。

主要用途　大规模集成电路用清洗剂。测定碘价的试剂。不燃性溶剂。脂肪、蜡、树脂、油等溶剂、干洗皂为磷及硫的不燃性溶剂。熏剂、冷冻剂。

Trichlorofluoromethane　三氯氟甲烷　09817
[75-69-4]　CCl_3F　137.36
成分　C 8.74%,Cl 77.42%,F 13.83%。
别名　三氯一氟甲烷;氟三氯甲烷;Trichloromonofluoromethane;Fluorotrichloromethane;Fluorocarbon 11;Freon 11;Frigen 11;Arcton 11
GW 2015-1859　M. I. 15,9805
性状　无色液体(室温下)。不燃。溶于乙醇、乙醚及一般有机溶剂,几乎不溶于水。mp −111℃;bp_{760} 23.7℃/101.325kPa;bp_{400} 6.8℃/53.329kPa;bp_{200} −9.1℃/26.664kPa;bp_{100} −23℃/13.332kPa;bp_{60} −32.3℃/7.999kPa;bp_{40} −39.0℃/5.333kPa;bp_{20} −49.7℃/2.666kPa;bp_{10} −59.0℃/1.333kPa;bp_5 −67.6℃/666.61Pa;bp_1 −84.3℃/133.322kPa;$d_4^{17.2}$ 1.494;$d_{气体}^{25}$ 5.04(空气=1);$n_D^{18.5}$ 1.3865。
注意事项　该品蒸气吸入有毒。对臭氧层有危害。使用时应避免吸入本品的蒸气,避免与眼睛及皮肤接触。应防止将本品释放于环境中。应密封于2～8℃保存。

Trichloromelamine　三氯三聚氰胺　09818
[7673-09-8]　$C_3H_3Cl_3N_6$　229.46
成分　C 15.70%,H 1.32%,Cl 46.35%,N 36.63%。
别名　N^2,N^4,N^6-Trichloro-2,4,6-triamino-1,3,5-triazine
性状　无色结晶。对湿度敏感。mp≥300℃。一般试剂含量≥98.0%(AT)。
注意事项　该品与易燃物品接触能引起着火。口服有毒。对眼睛、呼吸系统及皮肤有刺激性。使用时应穿适当的防护服。万一接触到眼睛,应立即用大量水冲洗后请医生诊治。应远离易燃物品,密封于干燥处保存。
主要用途　杀虫剂。

Trichloromethane　三氯甲烷　09819
[67-66-3]　$CHCl_3$　119.37
成分　C 10.06%,H 0.84%,Cl 89.09%。
别名　氯仿;哥罗仿;Chloroform;Formyl trichloride;Methenyl trichloride
GW 2015-1852　M. I. 15,2142
性状　无色透明液体。具强折射性。有特殊臭味。味甜。易挥发而不易燃烧。遇阳光或在空气中氧作用,逐渐分解并产生光气(碳酰氯)。因此,一般常加入1%的乙醇作稳定剂。与乙醇、乙醚、苯、石油醚、四氯化碳、二硫化碳、油类相混溶,1mL该品溶于约200mL水(25℃)。mp −63.5℃;bp 61～62℃;d_{20}^{20} 1.484;n_D^{20} 1.4476。LD_{50}(14天)大鼠急性经口:2.18mL/kg。
注意事项　该品吸入、口服或长期曝露有毒。对皮肤有刺激性。对机体有不可逆损伤的可能性。可能致癌,长期接触对健康有严重危害。使用时应穿适当的防护服和戴手套。
主要用途　测定钴、锰、铱、碘、磷的提取剂。测定血清中无机磷,有机玻璃、脂肪、橡胶树脂、生物碱、蜡、磷、碘的溶剂。

参考规格　GB/T 682—2002	分析纯	化学纯
含量($CHCl_3$)/%≥	99.0	98.5
乙醇(C_2H_5OH)(稳定剂)/%	0.3～1.0	0.3～1.0
密度(20℃)/(g/mL)	1.471～1.484	1.471～1.484
蒸发残渣/%≤	0.0005	0.001
水分/%≤	0.03	0.05
酸度(以H^+计)/(mmol/100g)≤	0.01	0.02
氯化物(Cl)/%≤	0.00005	0.0001
游离氯(Cl_2)/%≤	0.0005	0.001
羰基化合物(CO)/%≤	0.0003	0.0005
适用于双硫腙试验	合格	
易炭化物质	合格	合格

Trichloronitromethane　三氯硝基甲烷　09820
[76-06-2]　CCl_3NO_2　164.37
成分　C 7.31%,Cl 64.70%,N 8.52%,O 19.47%。
别名　氯化苦;硝基三氯甲烷;硝基氯仿;Acquinite;Chloropicrin;Larvacide 100;Nitrochloroform;Nitrotrichloromethane;Picfume
GW 2015-1854　M. I. 15,2159
性状　无色微油状液体。有强烈的刺激味,能使人流泪或头痛。与无水乙醇、苯、二硫化碳相混溶,溶于乙醚,几乎不溶于水(25℃,0.1621g/100mL;0℃,0.2272g/100mL)。mp −64℃;bp_{757} 112℃/100.92kPa;d_4^{25} 1.6483;d_4^{20} 1.6558;n_D^{25} 1.4596;n_D^{20} 1.4611。一般试剂含量≥98.0%(GC)。
注意事项　该品吸入有毒,口服有毒。对眼睛、呼吸系统及皮肤有刺激性。使用时应穿适当的防护服和戴手套。在通风不好的情况下,应戴呼吸系统装置。使用时如有事故发生或有不适之感,应立即请医生诊治。
主要用途　染料合成。有机合成。熏蒸剂。杀菌剂。杀虫药。

2,4,5-Trichlorophenol　2,4,5-三氯酚　09821
[95-95-4]　$C_6H_3Cl_3O$　197.44
成分　C 36.50%,H 1.53%,Cl 53.86%,O 8.10%。
别名　Collunosol;Dowicide 2
GW 2015-1830　M. I. 15,9808
性状　来自乙醇或石油醚中的无色针状结晶。有强烈的酚味。能升华。该品在下列物质中的溶解度(25℃,g/100g):丙酮615;苯163;四氯化碳51;乙醚525;甲醇615;甲苯122;水<0.2。p*K*(25℃)7.37。mp 67℃;bp_{760} 253℃/101.325kPa;bp_{746} 248℃/99.46kPa;Fp271.4℉(133℃)。LD_{50}大鼠急性经口:0.82g/kg。一般试剂含量≥95.0%(GC)。
注意事项　该品口服有毒。对眼睛及皮肤有刺激性。对水生物极毒。能对水环境引起长期不利的结果。万一接触到眼睛,应立即用大量水冲洗后请医生诊治。接触皮肤后应用大量肥皂水冲洗。应防止将本品释放于环境中。其包装物应按危险品处理。
主要用途　气相色谱标准物。杀霉菌剂。

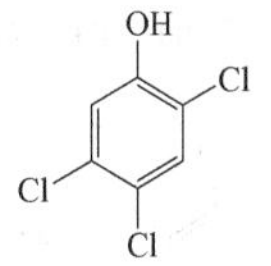

2,4,6-Trichlorophenol　2,4,6-三氯酚　09822
[88-06-2]　$C_6H_3Cl_3O$　197.44
成分　C 36.50%,H 1.53%,Cl 53.86%,O 8.10%。
别名　Dowicide2S;Omal
GW 2015-1831　M. I. 15,9809
性状　来自石油醚中的无色针状结晶。有强烈酚味。该品在下列物质中的溶解度(g/100g):丙酮525;苯113;四氯化碳37;二丙酮醇335;乙醚354;甲醇525;松油163;甲苯100;松节油37;水<0.1。能随水蒸气挥发。mp 69℃;bp_{760} 246℃/101.325kPa;*d* 1.4901。
注意事项　该品口服有毒。对眼睛及皮肤有刺激性。对机体有不可逆损伤的可能性。可能致癌。对水生物极毒。能对水环境引起不利的结果。使用时应穿适当的防护服和戴手套。应防止将本品释放于环境中。其包装物应按危险品处理。
主要用途　杀菌剂。防腐剂。有机合成。

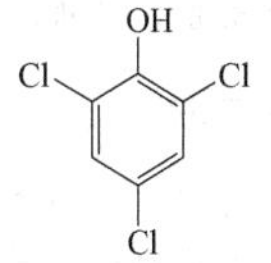

2,4,5-Trichlorophenoxyacetic acid
2,4,5-三氯苯氧基乙酸　09823
[93-76-5]　$C_8H_5Cl_3O_3$　255.48
成分　C 37.61%,H 1.97%,Cl 41.63%,O 18.79%。
别名　Esteron 245;2,4,5-T;Trioxone
GW 2015-1833　M. I. 15,9149
性状　来自苯中的无色至微黄色固体。溶于乙醇,极微溶于水(30℃,238mg/kg)。mp 153℃;d_{20}^{20} 1.80。LD_{50}小鼠,大鼠急性经口:389mg/kg,500mg/kg。
注意事项　该品口服有毒。对眼睛、呼吸系统及皮肤有刺激性。使用时应避免与皮肤接触。
主要用途　植物生长刺激素。铵盐及钠盐可作除草剂。

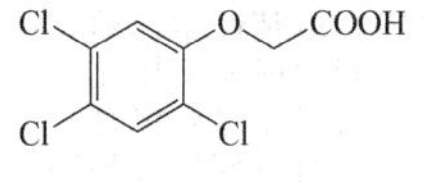

2-(2,4,5-Trichlorophenoxy)propionic acid

2-(2,4,5-三氯苯氧基) 丙酸 09824

[93-72-1] $C_9H_7Cl_3O_3$ 269.51

成分 C 40.11%,H 2.62%,Cl 39.46%,O 17.81%。

别名 Fenoprop; Silvex; 2, 4, 5-TP

GW 2015-1832

性状 无色结晶。该品 25℃时在下列物质中的溶解度：水 0.014%；丙酮 15.2%；苯 0.16%；四氯化碳 0.024%；乙醚 7.13%；庚烷 0.017%；甲醇 10.5%。mp 181.6℃。LD_{50}大鼠急性经口：650mg/kg。一般试剂含量≥97.0%（GC）。

注意事项 该品口服有毒。对皮肤有刺激性。对水生物极毒。能对水环境引起长期不利的结果。使用时应戴手套。应防止将本品释放于环境中。其包装物应按危险品处理。

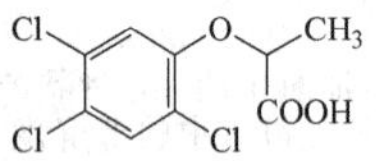

2,3,6-Trichlorophenylacetic acid

2,3,6-三氯苯乙酸 09825

[85-34-7] $C_8H_5Cl_3O_2$ 239.49

成分 C 40.12%,H 2.10%,Cl 44.41%,O 13.36%。

别名 Chlorfenac; 2, 3, 6-Trichlorobenierleacetic acid; Fenac;

性状 来自苯中的无色结晶。溶于丙酮、乙醇、乙醚，不溶于水。mp 161℃。LD_{50}大鼠急性经口：3000mg/kg。

注意事项 该品口服有毒。对水生物有毒。能对水环境引起长期不利的结果。使用时应穿适当的防护服。应防止将本品释放于环境中。

主要用途 除草剂。分析用标准物质。

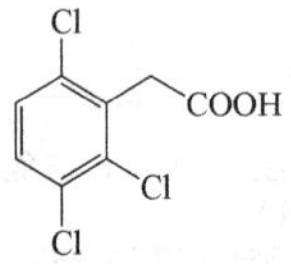

1,2,3-Trichloropropane 1,2,3-三氯丙烷 09826

[96-18-4] $C_3H_5Cl_3$ 147.43

成分 C 24.44%,H 3.42%,Cl 72.14%。

别名 Glyceroltrichlorohydrine; Allyl trichloride; Trichlorohydrine

GW 2015-1834

性状 无色透明液体。与乙醇、乙醚相混溶。mp －14℃; bp 152～156℃; Fp 165.2℉ (74℃); d_4^{20} 1.385; n_D^{20} 1.484。一般试剂含量≥98.0% (GC)。

注意事项 该品吸入、口服或与皮肤接触有毒。可能致癌。可能损伤生育力。使用前应得到专门的指导，避免曝露。使用时应戴适当的手套和防护镜或面罩。使用时如有事故发生或有不适之感，应请医生诊治。

主要用途 气相色谱标准物。溶剂。去垢剂。

Trichlorosilane 三氯硅烷 09827

[10025-78-2] Cl_3HSi 135.44

成分 Cl 78.52%,H 0.74%,Si 20.74%。

别名 三氯矽甲烷；三氯氢硅；三氯化硅；硅氯仿；Silicochloroform; Trichloromonosilane

GW 2015-1838 M.I.15, 9811

性状 无色透明流动液体。易挥发。遇水分解。在空气中发烟。溶于苯、二硫化碳、四氯化碳、氯仿。mp －126.5℃; bp_{760} 31.8℃/101.325kPa; Fp －58℉(－50℃); d_4^{25} 1.3313; d_4^{20} 1.3417; d_4^0 1.3830; n_D^{25} 1.3983; n_D^{20} 1.4020。LD_{50}大鼠急性经口:1.03g/kg。一般试剂含量≥99.0%。

注意事项 该品极易燃。与水反应激烈。与水接触时能释放出有毒气体，在空气中能自燃。吸入或口服有毒。具有强腐蚀性，能引起严重烧伤。使用时应穿适当的防护服，戴手套和防护镜或面罩。使用现场禁止吸烟。万一接触到眼睛，应立即用大量水冲洗后请医生诊治。使用时如有事故发生或有不适之感，应请医生诊治。使用时应避免与眼睛及皮肤接触。万一着火时应使用化学干粉灭火设备，而不能用水。应密封于通风干燥处保存。

主要用途 制备高分子有机硅化合物的原料。

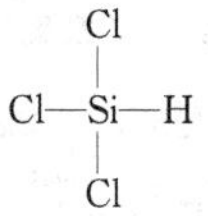

α,α,α-Trichlorotoluene α,α,α-三氯甲苯 09828

[98-07-7] $C_7H_5Cl_3$ 195.47

成分 C 43.01%,H 2.58%,Cl 54.41%。

别名 三氯苄；苄川三氯；苯三氯甲烷；苯氯仿；Benzenyl trichloride; Benzotrichloride; Benzylidyne chloride; Phenylchloroform; Toluene trichloride; (Trichloromethyl) benzene; ω, ω, ω-Trichlopotoluene

GW 2015-1851 M.I.15, 1112

性状 无色或淡黄色油状液体。溶于乙醇、乙醚、苯及多数有机溶剂，不溶于水。在空气中发烟。不稳定。mp －5℃; bp_{760} 220.8℃/101.325kPa; bp_{60} 129℃/7.999kPa; bp_{25} 105℃/3.333kPa; bp_{10} 89℃/1.333kPa; Fp 260.6℉ (127℃, 开杯); d_4^{20} 1.3756; n_D^{20} 1.55789。LD_{50}大鼠急性经口：6.0g/kg。一般试剂含量≥97.0% (GC)。

注意事项 该品吸入有毒。口服有毒。对呼吸系统及皮肤有刺激性。对眼睛有严重损伤的危险。可能致癌。使用前应得到专门的使用及养护的指导，避免曝露。使用时如有事故发生或有不适之感，应请医生诊治。应密封保存。

主要用途 有机合成。合成苯甲酸。

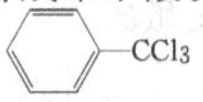

1,1,2-Trichloro-1,2,2-trifluoroethane

1,1,2-三氯-1,2,2-三氟乙烷 09829

[76-13-1] $C_2Cl_3F_3$ 187.38

成分 C 12.82%,Cl 56.76%,F 30.42%。

别名 1, 1, 2-三氟三氯乙烷; F 113; Genetron® 113; 1,1,2-Trifluoro-1,2,2-trichloroethane; TTE

GW 2015-1825

性状 无色挥发性液体。无味。mp －35℃; bp 47～48℃; d_4^{20} 1.575; n_D^{20} 1.359。一般试剂含量≥99.7% (GC)。

注意事项 该品对臭氧层有危害。对水生物有毒。能对水环境产生长期不良的影响。使用时应避免吸入本品的蒸气，避免与眼睛及皮肤接触。应防止将本品释放于环境中。应密封于 2～8℃保存。

主要用途 紫外分光溶剂。

Trichodermin 木霉菌素 09830

[4682-50-2] $C_{17}H_{24}O_4$ 292.38

成分 C 69.84%,H 8.27%,O 21.89%。

别名 (4β)-12,13-Epoxytrichothec-9-en-4-ol acetate; WG-696

M.I. 15, 9812

性状 来自戊烷（－70℃）中的无色结晶。溶于一般的有机溶剂，略微溶于水。mp 46℃; $bp_{0.05}$ 110～112℃/6.7Pa; $[\alpha]_D^{20}$ －11° (c = 1, 于氯仿中); uv max (乙醇中): 205nm (ε 2400)。LD_{50}小鼠皮下注射：500～1000mg/kg；急性经口：＞1000mg/kg。

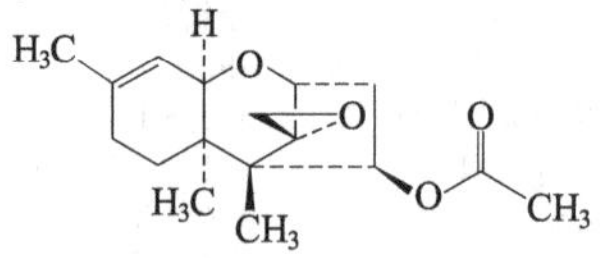

Trichostatin A 曲古抑菌素 A 09831

[58880-19-6] $C_{17}H_{22}N_2O_3$ 302.37

成分 C 67.53%,H 7.33%,N 9.26%,O 15.87%。

别名 [R-(E,E)]-7-[4-(Dimethylamino)phenyl]-N-hydroxy-4,6-dimethyl-7-oxo-2,4-heptadienamide

M.I.15, 9814

性状 来自乙酸乙酯中的无色结晶。溶于低级醇，略微溶于氯仿、乙酸乙酯、丙酮、苯。mp 150～151℃; $[\alpha]_D^{20.5}$ +62.8° (±1.1°) (c = 1.007, 于乙醇中); uv max (乙醇中): 252nm, 265nm, 341nm ($E_{1cm}^{1\%}$ 531, 582, 648)。一般试剂含量≥98.0% (HPLC)。

注意事项 该品吸入、口服或与皮肤接触有毒。对眼睛、呼吸系统及皮肤有刺激性。接触皮肤能引起过敏。使用时应穿适当的防护服。万一接触到眼睛，应立即用大量水冲洗后请医生诊治。应密封于－20℃保存。

主要用途 生化研究。

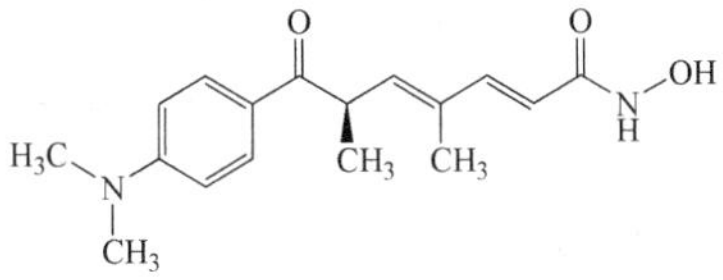

Tricine 麦黄酮 09832

[5704-04-1] $C_6H_{13}NO_5$ 179.17

成分 C 40.22%，H 7.31%，N 7.82%，O 44.65%。

别名 *N*-[三(羟甲基)甲基]甘氨酸；小麦黄素；苜蓿素；*N*-[2-Hydrocy-1,1-bis(hydroxymethyl)ethyl]glycine；*N*-[Tris(hydroxymethyl)methyl]glycine

M. I. 15，9816

性状 来自乙醇/水中的无色结晶。pK_{a1} 约 2.3；pK_{a2}（0.1mol/L）：0℃，8.6；20℃，8.15；37℃，7.8。pK_2（20℃）：8.15（0.2mol/L）；8.15（0.01mol/L）。ΔpK_a/℃ −0.021。其饱和水溶液为 0.8mol/L（0℃）。mp 187℃。生化试剂含量≥99.0%(NT)。

主要用途 生物缓冲剂。

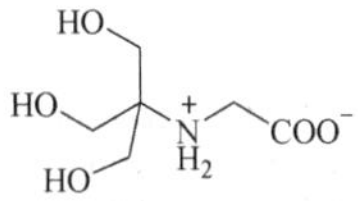

Triclabendazole 三氯苯咪唑 09833

[68786-66-3] $C_{14}H_9Cl_3N_2OS$ 359.65

成分 C 46.75%，H 2.52%，Cl 29.57%，N 7.79%，O 4.45%，S 8.91%。

别名 5-Chloro-6-(2,3-dichlorophenoxy)-2-methylthio-1*H*-benzimidazole；CGA-89317；Fasinex

M. I. 15，9817

性状 无色结晶。mp 175～176℃。

主要用途 兽用驱片吸虫剂。

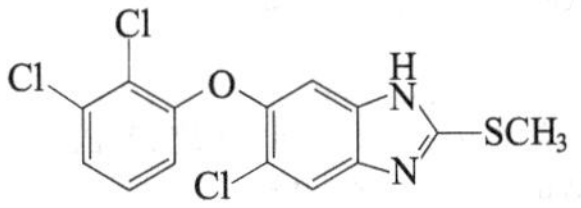

Triclobisonium chloride 创必龙 09834

[79-90-3] $C_{36}H_{74}Cl_2N_2$ 605.90

成分 C 71.36%，H 12.31%，Cl 11.70%，N 4.62%。

别名 曲比氯铵；N^1,N^1,N^6,N^6-Tetramethyl-N^1,N^6-bis[1-methyl-3-(2,2,6-trimethylcyclohexyl)propyl]-1,6-hexanediaminium dichloride(1∶2)；Hexamethylenebis[dimethyl[1-methyl-3-(2,2,6-trimethylcyclohexyl)propyl]ammonium chloride]；*N*,*N′*-Bis[1-methyl-3-(2,2,6-trimethylcyclohexyl)propyl] *N*,*N′*-dimethyl-1.6-hexanediamine bis(methochloride)；Ro-5-0810/1；Triburon

M. I. 15，9818

性状 白色结晶性粉末。溶于水、氯仿、乙醇。mp 243～253℃（分解）。

主要用途 医用消毒防腐剂。

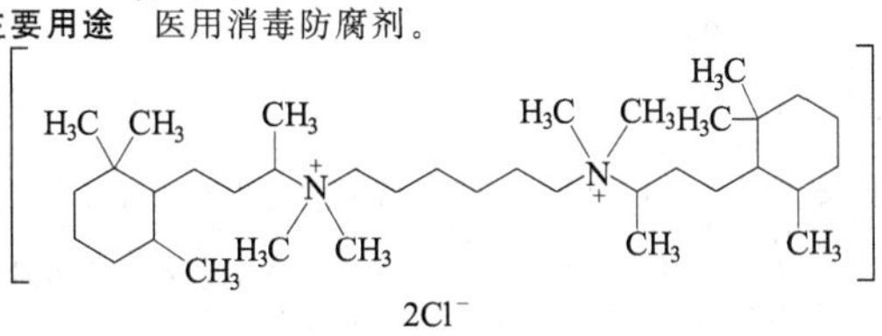

Triclocarban 三氯二苯脲 09835

[101-20-2] $C_{13}H_9Cl_3N_2O$ 315.58

成分 C 49.48%，H 2.88%，Cl 33.70%，N 8.88%，O 5.07%。

别名 三氯苯脲；*N*-(4-Chlorophenyl)-*N′*-(3,4-dichlorophenyl)urca；3,4,4′-Trichlorocarbanilide；1-(3′,4′-Dichlorophenyl)-3-(4′-chlorophenyl)urca；TCC；Cutisan；Nobacter；Solubacter

M. I. 15，9819

性状 白色细小片状结晶。mp 255.2～256℃。

主要用途 医用防腐剂，消毒剂。

Triclopyr 绿草定 09836

[55335-06-3] $C_7H_4Cl_3NO_3$ 256.46

成分 C 32.78%，H 1.57%，Cl 41.47%，N 5.46%，O 18.72%。

别名 [(3,5,6-三氯-2-吡啶基)氧化]乙酸；定草酯；(3,5,6-Trichloro-2-pyridinyl)oxyacetic acid；Dowco 233；Garlon；Timbrel

M. I. 15，9821

性状 无色或白色松散性固体。溶于水（25℃，440mg/L）、丙酮（25℃，989g/kg）、1-辛醇（25℃，307g/kg）。易被光分解。pK_a 2.68。mp 148～150℃。LD_{50}大鼠急性经口：713mg/kg。

注意事项 该品口服有毒。使用时应避免吸入本品的粉尘，避免与眼睛及皮肤接触。

主要用途 除草剂。分析用标准物质。

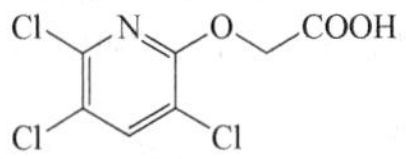

Triclosan 二氯苯氧氯酚 09837

[3380-34-5] $C_{12}H_7Cl_3O_2$ 289.54

成分 C 49.78%，H 2.44%，Cl 36.73%，O 11.05%。

别名 2-(2,4-二氯苯氧基)-5-氯酚；三氯生；2,4,4′-三氯-2′-羟基二苯醚；5-氯-2-(2,4-二氯苯氧基)酚；5-Chloro-2-(2,4-dichlorophenoxy)phenol；2,4,4′-Trichloro-2′-hydroxydiphenyl ether；CH-3635；Aquasept；Gamophen；Irgasan DP 300；Sapoderm；Ster-Zac

M. I. 15，9822

性状 白色至灰白色结晶性粉末。有弱的芳香气味。易溶于碱溶液及多数有机溶剂。溶于甲醇、乙醇、丙酮，微溶于己烷，几乎不溶于水。pK_a7.9。蒸气压（20℃）：4×10^{-6}mmHg/5×10^{-4}Pa。mp 54～57.3℃。

注意事项 该品对眼睛及皮肤有刺激性。对水生物极毒。能对水环境引起长期不良的影响。使用时可能引起遗传基因的损伤。使用时应戴防护镜或面罩。万一接触到眼睛，应立即用大量水冲洗后请医生诊治。应防止将本品释放于环境中。其包装物应按危险品处理。

主要用途 医用防腐剂，消毒剂。

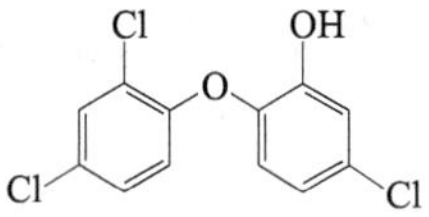

Tricosane 二十三烷 09838

[638-67-5] $C_{23}H_{48}$ 324.64

成分 C 85.10%，H 14.90%。

别名 Alkane C_{23}

性状 无色结晶。溶于乙醚、二氧六环，不溶于水。mp 47～49℃；bp_{15} 234℃/2kPa；Fp 235.4℉（113℃）。一般试剂含量≥99.0%（GC）。

注意事项 使用时应避免吸入本品的粉尘，避免与眼睛及皮肤接触。

主要用途 气相色谱标准物。有机合成。

Tricosanoic acid 二十三酸 09839

[2433-96-7] $CH_3(CH_2)_{21}COOH$ $C_{23}H_{46}O_2$ 354.62

成分 C 77.90%，H 13.07%，O 9.02%。

别名 正二十三酸；Carboxylic acid C_{23}

性状 无色结晶。mp 77～79℃。一般试剂含量≥98.5%（GC）。

注意事项 该品对眼睛、呼吸系统及皮肤有刺激性。使用时应穿适当的防护服。使用时应避免吸入本品的粉尘，避免与眼睛及皮肤接触。万一接触到眼睛，应立即用大量水冲洗后请医生诊治。

***cis*-Tricos-9-ene 顺式-9-二十三碳烯** 09840

[27519-02-4] $C_{23}H_{46}$ 322.62

成分 C 85.63%，H 14.37%。

别名 Muscalure；(*Z*)-9-Tricosene

M. I. 15，6394

性状 白色粉末。bp 299～300℃；$bp_{0.1}$ 157～158℃/13.332Pa；Fp >230℉（110℃）；*d* 0.806；n_D^{26} 1.4517。LD_{50}兔皮肤接触：>2025mg/kg；大鼠急性经口：>23070mg/kg。

注意事项 使用时应避免与眼睛及皮肤接触。

主要用途 生化研究。昆虫引诱剂。

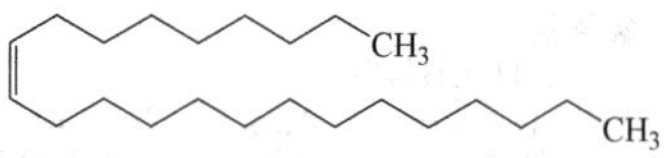

Tricresyl phosphate 磷酸三甲苯酯 09841

[1330-78-5] $C_{21}H_{21}O_4P$ 368.37

成分 C 68.47%，H 5.75%，O 17.37%，P 8.41%。

别名 磷酸三甲酚酯；磷酸三甲苯酚酯；Celluflex 179；Kronitex TCP；Lindol；Phosphoric acid tricresyl ester；Phosphoric acid tris (methylphenyl) ester；PX-917；Tricresyl phosphate；Tritolyl phosphate；TTP

GW 2015—1271　M. I. 15，9940

性状 无色或浅黄色透明油状液体。与乙醇、苯、乙醚等有机溶剂相混溶，几乎不溶于水（85℃，<0.002%）。凝固点−28℃；bp_{10}约 265℃/1.333kPa；Fp 482℃（250℃）；d_{25}^{25} 1.16；n_D^{25} 1.55。

注意事项 该品口服或与皮肤接触有毒。对水生物有毒。能对水环境引起长期不利的结果。使用时应穿适当的防护服和戴手套。接触皮肤后，应立即用大量水冲洗。应防止将本品释放于环境中。

主要用途 气相色谱固定液，用于芳烃、醚类异构体、卤代物和硫醇等的分析。硝化纤维的溶剂。增塑剂。

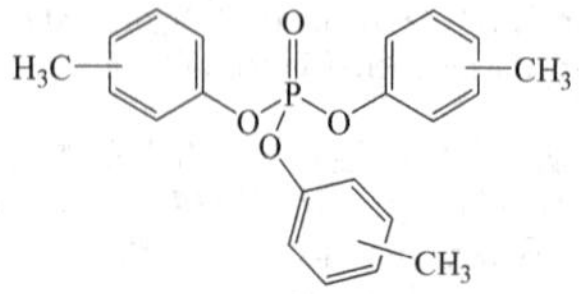

Tricromyl 3-甲基色酮 09842

[85-90-5] $C_{10}H_8O_2$ 160.17

成分 C 74.99%，H 5.03%，O 19.98%。

别名 3-Methyl-4*H*-1-benzopyran-4-one；3-Methylchromone；3-Methyl-γ-benzopyrone；Cromonalgina

M. I. 15，9823

性状 来自乙醇中的无色结晶。mp 68℃；uv max(乙醇中)：304nm。

主要用途 医用抗痉挛剂，冠状血管舒张剂。

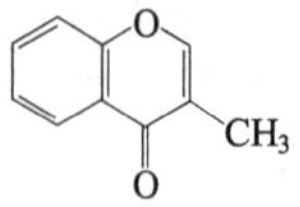

Tridecane 十三烷 09843

[629-50-5] $C_{13}H_{28}$ 184.37

成分 C 84.69%，H 15.31%。

别名 Alkane C_{13}

性状 无色透明液体。与乙醇、乙醚相混溶，不溶于水。mp −5.5℃；bp 235～236℃；Fp 201.2°F（94℃）；d_4^{20} 0.755；n_D^{20} 1.426。一般试剂含量≥99.5%(GC)。

注意事项 该品对眼睛、呼吸系统及皮肤有刺激性。使用时应穿适当的防护服。万一接触到眼睛，应立即用大量水冲洗后请医生诊治。

主要用途 色谱分析标准物质。

Tridecanoic acid 十三酸 09844

[638-53-9] $C_{13}H_{26}O_2$ 214.35

成分 C 72.84%，H 12.23%，O 14.93%。

别名 十二烷-1-羧酸；十三烷酸；Carboxylic acid C_{13}；Dodecane-1-carboxylic acid

性状 无色结晶。溶于乙醇、乙醚，微溶于水。mp 42～44℃；bp_{100} 236℃/13.322kPa；Fp 235.4°F（113℃）。一般试剂含量≥98.0%(GC)。

注意事项 该品对眼睛、呼吸系统及皮肤有刺激性。使用时应穿适当的防护服。万一接触到眼睛，应立即用大量水冲洗后请医生诊治。

主要用途 有机合成。生化研究。

1-Tridecanol 1-十三醇 09845

[112-70-9] $C_{13}H_{28}O$ 200.37

成分 C 77.93%，H 14.08%，O 7.98%。

别名 Alcohol C_{13}；*n*-Tridecyl alcohol

性状 白色结晶。溶于乙醇、乙醚、氯仿，不溶于水。mp 31～34℃；bp_{15} 155～156℃/2kPa；Fp 235.4°F(113℃)；*d* 0.822。一般试剂含量≥98.0%(GC)。

注意事项 该品对眼睛、呼吸系统及皮肤有刺激性。使用时应穿适当的防护服。万一接触到眼睛，应立即用大量水冲洗后请医生诊治。

主要用途 气相色谱标准物质。

1-Tridecene 1-十三烯 09846

[2437-56-1] $C_{13}H_{26}$ 182.35

成分 C 85.63%，H 14.37%。

别名 Tridecylene

性状 无色液体。易溶于乙醇和乙醚，不溶于水。mp −23℃；bp 233℃；Fp 197.6°F(92℃)；d_4^{20} 0.765；n_D^{20} 1.432。一般试剂含量≥99.5%(GC)。

注意事项 该品对眼睛有刺激性。使用时应穿适当的防护服。万一接触到眼睛，应立即用大量水冲洗后请医生诊治。应充氩气密封保存。

主要用途 气相色谱标准物质。

Tridecylamine 十三胺 09847

[2869-34-3] $C_{13}H_{29}N$ 199.38

成分 C 78.31%，H 14.66%，N 7.03%。

别名 正十三胺；Amine C_{13}；1-Aminotridecane

性状 无色液体。不溶于水。mp 30～32℃；bp 265℃；Fp 230°F(110℃)。一般试剂含量≥98.0%(GC)。

注意事项 该品口服有毒。对呼吸系统及皮肤有刺激性。对眼睛有严重损伤的危险。对水生物极毒。能对水环境引起长期不良的影响。使用时应戴防护镜或面罩。万一接触到眼睛，应立即用大量水冲洗后请医生诊治。应防止将本品释放于环境中。其包装物应按危险品处理。

主要用途 检验铅、锑、锌、钯、铂、锰、锡。腐蚀抑制剂。

Tridecylbenzene 十三烷基苯 09848

[123-02-4] $C_{19}H_{32}$ 260.47

成分 C 87.61%，H 12.38%。

别名 正十三烷基苯；1-苯基十三烷；1-Phenyltridecane；Detergent Alkylate #5；Tridane

M. I. 15，9824

性状 无色液体。mp 10℃；bp 346℃；bp_{10} 188～189.5℃/1.333kPa；d_4^{25} 1.8515；d_4^{20} 0.8550；n_D^{25} 1.4800；n_D^{20} 1.4821。一般试剂含量≥99.5%(GC)。

注意事项 该品对水生物极毒。使用时应防止将本品释放于环境中。

主要用途 分析用标准物质。

Tridemorph 十三吗啉 09849

[24602-86-6] $C_{19}H_{39}NO$ 297.53

成分 C 76.70%，H 13.21%，N 4.71%，O 5.38%。

别名 二甲十三烷吗啉；2，6-Dimethyl-4-tridecylmorpholine；*N*-Tridecyl-2，6-dimethylmorpholine；2，6-Dimethyl-4-tridecyltetrahydro-1，4-oxazine

M. I. 15. 9825

性状 无色油状液体。$bp_{1.3}$ 139～142℃/173.319Pa；$bp_{0.7}$ 130～133℃/93.325Pa；n_D^{25} 1.4568。

注意事项 该品可能危害胎儿，吸入或与皮肤接触有毒。对皮肤有刺激性。对水生物极毒。能对水环境产生长期不良的影响。使用前应得到专门的指导，避免曝露。使用时应穿适当的防护服和戴手套。使用时如有事故发生或有不适之感，应请医生诊治。应防止将本品释放于环境中。其包装物应按危险品处理。

主要用途 农用杀菌剂。分析用标准物质。

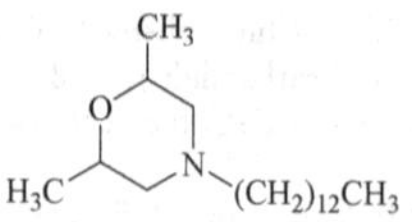

Tridihexethyl iodide 碘化三乙己苯胺 09850

[125-99-5] $C_{21}H_{36}INO$ 445.43

成分 C 56.63%，H 8.15%，I 28.49%，N 3.14%，O 3.59%。

别名 碘化（3-环己基-3-羟基-3-苯基丙基）三乙铵；γ-Cyclohexyl-*N*，*N*，*N*-triethyl-γ-hydroxybenzenepropanaminium iodide; (3-Cyclohexyl-3-hydroxy-3-phenylpropyl) triethylammonium iodide; 3-Diethylamino-1-cyclohexyl-1-phenyl-1-propanol ethiodide; 3-Diethylamino-1-phenyl-1-cyclohexyl-1-propanol ethiodide; α-(2-Diethylaminoethyl)-α-phenylcyclohexanemethanol ethiodide; Propethonum iodide; Tridihexethide; 921 C; Claviton

M. I. 15，9826

性状 无色结晶。味苦。溶于水（25℃，1.1g/100mL）。易溶于乙醇、氯仿，极微溶于乙醚。其1%水溶液pH值5.5～7。mp 179～184℃。

主要用途 医用抗痉挛剂。

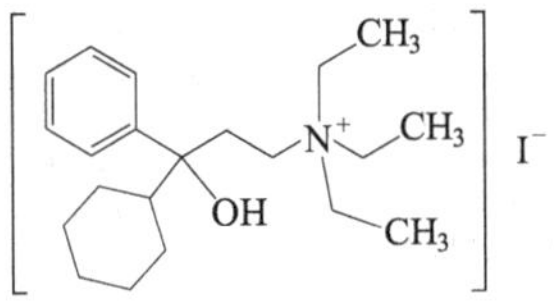

Tridiphane 灭草环 09851

[58138-08-2] $C_{10}H_7Cl_5O$ 320.42

成分 C 37.49%，H 2.20%，Cl 55.32%，O 4.99%。

别名 2-(3,5-Dichlorophenyl)-2-(2,2,2-trichloroethyl) oxirane; Dowco 356

M. I. 15，9827

性状 黄色油状液体。n_D^{25} 1.5720。LD_{50}（工业纯含量89%～91%）雄、雌小鼠，雄、雌大鼠急性经口（mg/kg）：约1200、约740，1700～2300、1500～1900。

主要用途 除草剂。

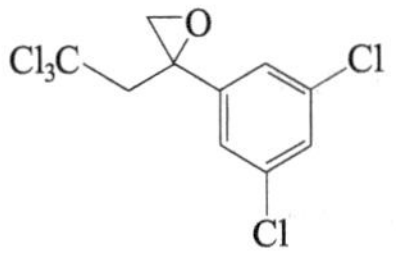

Trietazine 草达津 09852

[1912-26-1] $C_9H_{16}ClN_5$ 229.71

成分 C 47.06%，H 7.02%，Cl 15.43%，N 30.49%。

别名 6-Chloro-*N*,*N*,*N'*-triethyl-1,3,5-triazine-2,4-diamine; 2-Chloro-4-diethylamino-6-ethylamino-*s*-triazine; 2-Ethylamino-4-diethylamino-6-chloro-*s*-triazine; G-27901; NC-1667; Aventox; Remtal

M. I. 15，9829

性状 来自丙醇中的无色结晶。该品于下列物质中的溶解度（25℃）：水20mg/kg；丙醇17%；苯20%；氯仿>50%；二氧六环10%；乙醇3%。mp 100～102℃。LD_{50}大鼠急性经口：1750mg/kg。

注意事项 该品口服有毒。对水生物极毒。能对水环境引起长期不良的影响。使用时应穿适当的防护服和戴手套。应防止将本品释放于环境中。其包装物应按危险品处理。

主要用途 除草剂。分析用标准物质。

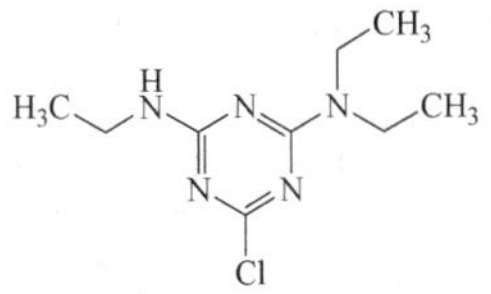

Triethanolamine 三乙醇胺 09853

[102-71-6] $C_6H_{15}NO_3$ 149.19

成分 C 48.30%，H 10.13%，N 9.39%，O 32.17%。

别名 2,2',2''-三羟基三乙胺；氨基三乙醇；2,2',2''-Nitrilotris-ethanol; TEA; Triethylolamine; 2,2',2''-Trihydroxytriethylamine; Tris(2-hydroxyethyl)amine; Trolamine

M. I. 15，9830

性状 无色至浅黄色黏稠状液体。易吸湿。微有氨气味。久置或遇光、空气色变褐。与水、甲醇、丙酮相混溶，25℃时溶于乙醚1.6%、苯4.2%、四氯化碳0.4%、正庚烷<0.1%。其0.1mol/L水溶液pH值10.5。p*K*（25℃）9.50。mp 21.57℃；bp_{760} 335.4℃/101.325kPa；Fp 365℉（185℃）；d_4^{60} 1.0985；d_4^{20} 1.1242；n_D^{20} 1.4852。一般试剂含量≥99.0%（GC）。

注意事项 该品对眼睛有刺激性。万一接触到眼睛，应立即用大量水冲洗后请医生诊治。应充氩气密封避光于干燥处保存。

主要用途 气相色谱固定液，用于含氧、含氮化合物和含水样品的分析。锡、锑的测定。电子工业用掩蔽剂和络合剂。溶剂。腐蚀抑制剂。

Triethylamine 三乙胺 09854

[121-44-8] $C_6H_{15}N$ 101.19

成分 C 71.22%，H 14.94%，N 13.84%。

别名 *N*,*N*-Diethylethanamine

GW 2015-1915 M. I. 15，9831

性状 无色液体。有强的氨气味。在空气中微发烟。与乙醇、乙醚相混溶，约18.7℃时微溶于水。mp −115℃；bp 89～90℃；Fp 20℉(−6℃，闭杯)；d_4^{25} 0.7255；n_D^{20} 1.4003。LD_{50}大鼠急性经口：460mg/kg。一般试剂含量≥99.0%。

注意事项 该品高度易燃。吸入、口服或与皮肤接触有毒。具有强腐蚀性，能引起严重烧伤。使用时应穿适当的防护服，戴手套和防护镜或面罩。使用现场禁止吸烟。切勿排入下水道。万一接触到眼睛，应立即用大量水冲洗后请医生诊治。使用时如有事故发生或有不适之感，应请医生诊治。应远离火种，于阴凉处密封保存。

主要用途 季铵类化合物的制造。催化剂的合成。溶剂。橡胶硫化促进剂。渗透剂。防水剂。

Triethylamine hydrochloride 三乙胺 盐酸盐 09855

[554-68-7] $C_6H_{16}ClN$ 137.65

成分 C 52.36%，H 11.72%，Cl 25.75%，N 10.17%。

别名 盐酸三乙胺；三乙基氯化铵；*N*,*N*-Diethylethanamine hydrochloride; Triethylammonium chloride

M. I. 15，9831

性状 来自乙醇中的无色结晶。溶于0.7份水，溶于乙醇、三氯甲烷，极微溶于苯，几乎不溶于乙醚。245℃升华。mp 253～254℃；*d* 1.069。一般试剂含量≥99.0%（AT）。

注意事项 该品对眼睛、呼吸系统及皮肤有刺激性。使用时应穿适当的防护服。使用时应避免吸入本品的粉尘，避免与眼睛及皮肤接触。万一接触到眼睛，应立即用大量水冲洗后请医生诊治。

主要用途 测定锡、锑。软化剂。合成树脂。

Triethyl borate 硼酸三乙酯 09856

[150-46-9] $C_6H_{15}BO_3$ 146.00

成分 C 49.36%，H 10.36%，B 7.40%，O 32.88%。

别名 硼酸乙酯；Boric acid triethyl ester; Ethyl borate

GW 2015-1611

性状 无色透明液体。易吸潮。遇水易分解成乙醇和硼酸。bp 117～118℃；Fp 52℉（11℃）；d_4^{20} 0.863；n_D^{20} 1.3740。一般试剂含量≥98.0%（GC）。

注意事项 该品高度易燃。使用现场禁止吸烟。使用时应避免吸入本品的蒸气。应远离火种，密封于干燥处保存。

主要用途 制造半导体元件。有机硼化合物的合成。提纯高纯度硼的原料。增塑剂。焊接助溶剂。

Triethyl citrate 柠檬酸三乙酯 09857

[77-93-0] $C_{12}H_{20}O_7$ 276.29

成分 C 52.17%，H 7.30%，O 40.54%。

别名 柠檬酸乙酯；枸橼酸三乙酯；Citric acid triethyl ester; Ethyl citrate

M. I. 15，2325

性状 无色液体。味苦。溶于乙醇，不溶于水。约10℃凝固；bp_{760} 294℃/101.32kPa；bp_1 127℃/133.32Pa；Fp311℉（155℃）；d^{20} 1.137；n_D^{20} 1.4420。一般试剂含量≥98.0%（GC）。

Triethylenediamine 三亚乙基二胺 09858

[280-57-9] $C_6H_{12}N_2$ 112.18

成分 C 64.24%，H 10.78%，N 24.97%。

别名 三乙烯二胺；环三乙二胺；Dabco；1,4-Diazabicyclo[2.2.2] octane; TED; TEDA; TEM

M. I. 15，9834

性状 无色或微黄色结晶。有吸湿性。室温易升华。该品在下列物质中溶解度（25℃，g/100g）：水45；乙醇77；甲基乙基甲酮26.1；丙酮13；苯51。pK_{a1} 3.0；pK_{a2} 8.7。mp

158℃；bp 174℃；Fp 122℉（50℃）。一般试剂含量≥95.0%（NT）。

注意事项 该品高度易燃。口服有毒。对眼睛、呼吸系统及皮肤有刺激性。对眼睛有严重损伤的危险。对水生物有害。能对水环境引起长期不良的影响。使用时应穿适当的防护服。戴手套和防护镜或面罩。万一接触到眼睛，应立即用大量水冲洗后请医生诊治。应防止将本品释放于环境中。应密封干燥保存。

主要用途 制造聚氨酯泡沫塑料。催化剂。

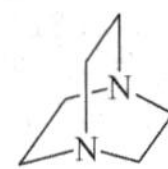

Triethylene glycol 三甘醇 09859

[112-27-6] $C_6H_{14}O_4$ 150.17

成分 C 47.99%，H 9.40%，O 42.62%。

别名 二乙醚乙二醇；二缩三乙二醇；二-β-羟基乙氧基乙烷；三乙二醇；Di-β-hydroxyethoxyethane；2,2′-[1,2-Ethanediylbis(oxy)]bisethanol；2,2′-Ethylenedioxybis(ethanol)；Triglycol；Trigol；2,2′-Ethylenedioxydiethanol；Ethylene glycol-di-β-hydroxyethylether；Glycol bis(hydroxyethyl) ether；TEG

M.I. 15，9835

性状 无色至微黄色液体。有吸湿性。与水、乙醇、苯、甲苯相混溶，微溶于乙醚，几乎不溶于石油醚。mp −7.2℃；bp 285℃；bp_{14} 165℃/1.867kPa；Fp 350.6℉（177℃）；d_4^{15} 1.1274；n_D^{15} 1.4578。LD_{50}小鼠，大鼠急性经口（g/kg）：21，15～22；静脉注射（g/kg）：7.3～9.5，11.7。一般试剂含量≥99.0%（GC）。

注意事项 该品对眼睛、呼吸系统及皮肤有刺激性。使用时应穿适当的防护服。使用时应避免吸入本品的粉尘，避免与眼睛及皮肤接触。万一接触到眼睛，应立即用大量水冲洗后请医生诊治。

主要用途 气相色谱固定液，如用于含氧化合物的分析。硝化纤维素、各种树脂、树胶的溶剂。有机合成。适用于水溶液分析，选择性与聚乙二醇相似。适用于分析含氧化合物特别是醇、苯胺、脂肪酸、吡啶、喹啉。

Triethylene glycol dimethacrylate 二甲基丙烯酸三乙二醇酯 09860

[109-16-0] $C_{14}H_{22}O_6$ 286.33

成分 C 58.73%，H 7.74%，O 33.53%。

别名 二缩三乙二醇双甲基丙烯酸酯；三甘醇二甲基丙烯酸酯；Triethylene glycol bismethylacrylate

性状 淡黄色液体。具催泪性。溶于有机溶剂，不溶于水。bp_{12} 162℃/1.6kPa；Fp 332.6℉（167℃）；d_4^{20} 1.072；n_D^{20} 1.461。一般试剂含量≥95.0%（GC）。

注意事项 该品对眼睛、呼吸系统及皮肤有刺激性。万一接触到眼睛，应立即用大量水冲洗后请医生诊治。接触皮肤后应立即用大量水冲洗。应密封避光保存。

主要用途 固化剂。

Triethylene glycol dimethyl ether 三甘醇二甲醚 09861

[112-49-2] $C_8H_{18}O_4$ 178.23

成分 C 53.91%，H 10.18%，O 35.91%。

别名 三乙二醇二甲醚；1,2-二(2-甲氧基乙氧基)乙烷；二缩三乙二醇二甲醚；1,2-Bis(2-methoxyethoxy)ethane；Triglyme；Dimethoxy triglycol；2,5,8,11-Tetraoxadodecane

M.I. 15，9861

性状 无色液体。与水及烃类溶剂混溶。mp −45℃；bp_{760} 216℃/101.325kPa；bp_{10} 103.5℃/1.333kPa；$bp_{0.9}$ 20℃/199.99Pa；Fp 231.8℉（111℃）；d_4^{20} 0.990；n_D^{20} 1.4233。一般试剂含量≥98.0%（GC）。

注意事项 该品可能损伤生育力，可能危害胎儿。能形成爆炸性过氧化物。使用前应得到专门的指导，避免曝露。使用时应穿适当的防护服和戴手套。使用时如有事故发生或有不适之感，应请医生诊治。应充氩气密封干燥保存。

主要用途 溶剂。

Triethylenemelamine 三亚胺嗪 09862

[51-18-3] $C_9H_{12}N_6$ 204.24

成分 C 52.93%，H 5.92%，N 41.15%。

别名 三亚乙基胺均三嗪；三乙撑蜜胺；癌宁；2,4,6-Tris(1-aziridinyl)-1,3,5-triazine；2,4,6-Tris(ethylenimino)-*s*-triazine；2,4,6-Triethylenimino-1,3,5-triazine；Triethanomelamine；Tretamine；Triamelin；TEM；NSC-9706；Persistol

M.I. 15，9836

性状 来自氯仿中的微小结晶。该品于下列物质中的溶解度（26℃，质量分数）：水 40%，氯仿 28.1%，二氯甲烷 19.7%，甲醇 12.5%，丙酮 10.6%，二氧六环 9.6%，乙醇 7.7%，苯 5.6%，二甲基溶纤剂 4.8%，甲乙酮 4.7%，乙酸乙酯 4.5%，四氯化碳 3.6%。室温中其水溶液可聚合。139℃分解。LD_{50}小鼠，大鼠腹膜内注射（mg/kg）：2.8，1.0；急性经口（mg/kg）：15，13。

主要用途 医用抗肿瘤剂。

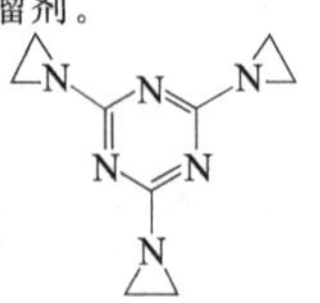

Triethylenephosphoramide 三亚乙基磷酰胺 09863

[545-55-1] $C_6H_{12}N_3OP$ 173.16

成分 C 41.62%，H 6.99%，N 24.27%，O 9.24%，P 17.89%。

别名 1,1′,1″-Phosphinylidynetrisaziridine；Tris(1-aziridinyl)phosphine oxide；Phosphoric acid triethyleneimide；Aphoxide；APO；TEPA

M.I. 15，9837

性状 无色结晶。极能溶于水，易溶于乙醇、乙醚、丙酮。mp 41℃；bp_{23} 90～91℃/3.066kPa。LD_{50}雄大鼠急性经口：37mg/kg。

主要用途 医用抗肿瘤剂。

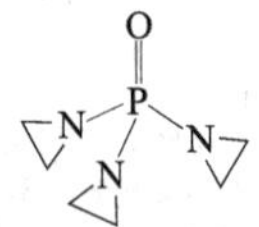

Triethylenetetramine 三亚乙基四胺 09864

[112-24-3] $C_6H_{18}N_4$ 146.24

成分 C 49.28%，H 12.41%，N 38.31%。

别名 三乙烯四胺；二缩三乙二胺；三乙四胺；N^1,N^2-Bis(2-aminoethyl)-1,2-ethanediamine；*N*,*N*′-Bis(2-aminoethyl)ethylenediamine；1,8-Diamino-3,6-diazaoctane；3,6-Diazaoctane-1,8-diamine；TECZA；TETA；1,4,7,10-Tetraazadecane；Trien；Trientine；Triethylenetetramine

GW 2015-1908 M.I. 15，9828

性状 无色至浅黄色黏稠油状液体。呈强碱性(pH值14)。溶于水、乙醇。能吸收空气中二氧化碳。mp 12℃；bp 266～267℃；bp_{31} 174℃/4.13kPa；bp_1 112～113℃/133Pa；Fp 290℉（143℃）；d^{15} 0.9817；n_D^{20} 1.4971。LD_{50}大鼠急性经口：2.5g/kg。一般试剂含量≥95.0%。

注意事项 该品与皮肤接触有毒，能引起过敏。具有腐蚀性，能引起烧伤。对水生物有毒。对水环境能产生长期有害的结果。使用时应穿适当的防护服，戴手套和防护镜或面罩。万一接触到眼睛，应立即用大量水冲洗后请医生诊治。使用时如有事故发生或有不适之感，应请医生诊治。应防止将本品释放于环境中。应密封保存。

主要用途 分析络合试剂。气相色谱固定液。碱性气体的脱水剂。染料中间体。树脂的溶剂。橡胶促进剂。软化剂。净化剂。电缆头的焊接。电流法终点，与EDTA配合测定金属离子混合物。

Triethylenetetraminehexaacetic acid 三亚乙基四胺六乙酸 09865

[869-52-3] $C_{18}H_{30}N_4O_{12}$ 494.45

成分 C 43.72%，H 6.12%，N 11.33%，O 38.83%。

别名 三乙烯四胺六乙酸；三乙四胺六乙酸；Tiethylenetetramine-*N*，*N*，*N*′，*N*″，*N*‴，*N*‴-hexaacetic acid；TTHA

性状 白色结晶或结晶性粉末。溶于热水、碱溶液，不溶于酸、有机溶剂。mp 234～236℃（分解）。一般试剂含量

≥98.0%（T）。
注意事项 见 09855 三乙胺 盐酸盐。
主要用途 络合剂。放射性物质的分析中用作掩蔽剂。

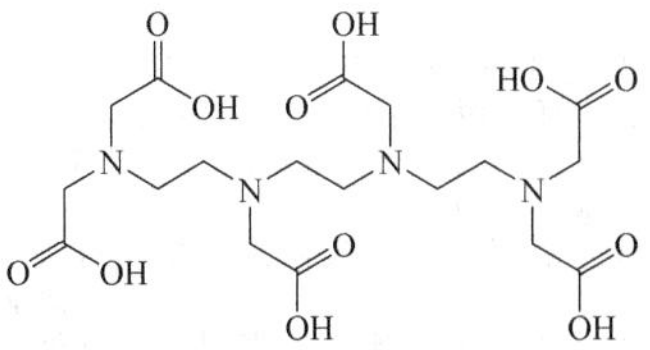

Triethyl orthoformate 原甲酸三乙酯 09866
[122-51-0] $C_7H_{16}O_3$ 148.20
成分 C 56.73%,H 10.88%,O 32.39%。
别名 三乙氧基甲烷；原甲酸乙酯；Aethone；Triethoxymethane；Ethyl orthoformate；1，1′，1″-[Methylidynetris（oxy）tris(ethane)]；Orthoformic acid triethyl ester
GW 2015-2747 M.I.15，6980
性状 无色液体。有类似松针的气味。与乙醇、乙醚相混溶，微溶于水并同时分解。mp <−18℃；bp_{765} 143℃/101.991kPa；Fp 95℉（35℃）；d_4^{25} 0.8858；d_4^{20} 0.8909；n_D^{25} 1.3900。LD_{50}大鼠急性经口：7.06g/kg。一般试剂含量≥99%（GC）。
注意事项 该品易燃。对眼睛有刺激性。使用时应穿适当的防护服。使用现场禁止吸烟。万一接触到眼睛，应立即用大量水冲洗后请医生诊治。应远离火种，密封于阴凉干燥处保存。
主要用途 有机合成。

Triethyl orthopropionate 原丙酸三乙酯 09867
[115-80-0] $C_9H_{20}O_3$ 176.26
成分 C 61.33%,H 11.44%,O 27.23%。
别名 原丙酸乙酯；1，1，1-三乙氧基丙烷；Ethyl orthopropionate；Orthopropionic acid triethyl ester；1，1，1-Triethoxypropane
GW 2015-2745
性状 无色透明液体。溶于乙醇。bp 148～152℃；Fp 140℉（60℃）；d_4^{20} 0.886；n_D^{20} 1.402。一般试剂含量≥95.0%（GC）。
注意事项 该品对眼睛、呼吸系统及皮肤有刺激性。使用时应穿适当的防护服。万一接触到眼睛，应用大量水冲洗后请医生诊治。
主要用途 有机合成。染料工业。制药工业。胶片增感剂。

Triethyloxonium tetrafluoroborate

四氟硼化三乙基锌 09868
[368-39-8] $C_6H_{15}BF_4O$ 189.99
成分 C 37.93%,H 7.96%,B 5.69%,F 40.00%,O 8.42%。
M.I.15，5867
性状 白色固体。易吸潮。mp91～92℃（分解）；d_4^{20} 1.277。一般试剂含量≥97.0%（T）。含有1%～3%的乙醚作为稳定剂。
注意事项 该品具有腐蚀性，能引起烧伤。能与水激烈反应。使用时应穿适当的防护服，戴手套和防护镜或面罩。应避免吸入本品的粉尘。使用时应禁止饮食、禁止吸烟。万一接触到眼睛，应立即用大量水冲洗后请医生诊治。使用时如有事故发生或有不适之感，应请医生诊治。应远离火种，充氩气密封于2～8℃干燥保存。
主要用途 强乙基化剂。

Triethyl phosphate 磷酸三乙酯 09869
[78-40-0] $C_6H_{15}O_4P$ 182.16
成分 C 39.56%,H 8.30%,O 35.13%,P 17.00%。
别名 磷酸乙酯；Ethyl phosphate；Phosphoric acid triethyl ester；TEP
M.I.15，9838
性状 无色液体。溶于乙醇、乙醚，溶于水部分分解。bp 215～216℃；bp_{10} 90～95℃/1.333kPa；Fp 240℉（115℃）；d^{19} 1.0725；n_D^{17} 1.4067。一般试剂含量≥98.0%（GC）。
注意事项 该品口服有毒。使用时应避免与眼睛接触。
主要用途 高沸点的溶剂。增塑剂。气相色谱固定液。

Triethyl phosphine 三乙膦 09870
[554-70-1] $C_6H_{15}P$ 118.16
成分 C 60.99%,H 12.80%,P 26.21%。
别名 三乙基膦
M.I.15，9839
性状 无色液体。有风信子恶臭气味。与乙醇、乙醚相混溶，几乎不溶于水。bp_{744} 127～128℃/99.192kPa；Fp 1℉（−17℃）；d_4^{15} 0.800。一般试剂含量≥97.0%（GC）。
注意事项 该品在空气中能自燃。高度易燃。具有腐蚀性，能引起烧伤。使用时应穿适当的防护服，戴手套和防护镜或面罩。使用时应由专人指导。万一接触到眼睛，应立即用大量水冲洗后请医生诊治。使用时如有事故发生或有不适之感，应请医生诊治。应充氩气密封保存。
主要用途 有机合成。

Triethyl phosphite 亚磷酸三乙酯 09871
[122-52-1] $C_6H_{15}O_3P$ 166.16
成分 C 43.37%,H 9.10%,O 28.89%,P 18.64%。
GW 2015-2449 M.I.15，9840
性状 无色液体。bp_{760} 154℃/101.32kPa；bp_{16} 57～58℃/2.13kPa；bp_{13} 51～52℃/1.73kPa；bp_{10} 43～44℃/1.33kPa；$bp_{0.1}$ 20～22℃/13.3Pa；Fp 129℉（54℃，闭杯）；d_4^{20} 0.963；n_D^{25} 1.4104～1.4106；n_D^{20} 1.4126。一般试剂含量≥95.0%(GC)。
注意事项 该品易燃。口服有毒。其余同原丙酸三乙酯。应充氩气密封于干燥处保存。

Trifloxystrobin 三氟敏 09872
[141517-21-7] $C_{20}H_{19}F_3N_2O_4$ 408.38
成分 C 58.82%,H 4.69%,F 13.69%,N 6.86%,O 15.67%。
别名 合芬宁；肟菌酯；(*αE*)-*α*-Methoxyimino-2-[[[(*E*)-[1-[3-(trifluoromethyl)phenyl]ethylidene]amino]oxy]methyl]benzeneacetic acid methyl ester；(*E*,*E*)-Methoxyimino-[2-[1-(3-trifluoromethylphenyl) ethylideneaminooxymethyl] phenyl] acetic acid methyl ester；CGA-279202；Flint；Stratego；Compass；Twist
M.I.15，9843
性状 白色粉末。无味。溶于水(25℃,610μg/L)。mp 72.9℃；285℃开始分解。bp 约 312℃；Fp 158℉(70℃)。LD_{50}大鼠急性经口：>5g/kg；皮肤接触：>2g/kg。LC_{50}大鼠吸入：>4646(mg/m³)；鹌鹑：>2gmg/kg；虹鳟鱼：0.015mg/L。
注意事项 该品接触皮肤能引起过敏。对水生物极毒。能对水环境能引起过敏。使用时应戴适当的手套。应避免与皮肤接触。如误服本品，应立即请医生检查，并出示本品的容器或标签。应防止将本品释放于环境中。其包装物应按危险品处理。
主要用途 农用杀菌剂。分析用标准物质。

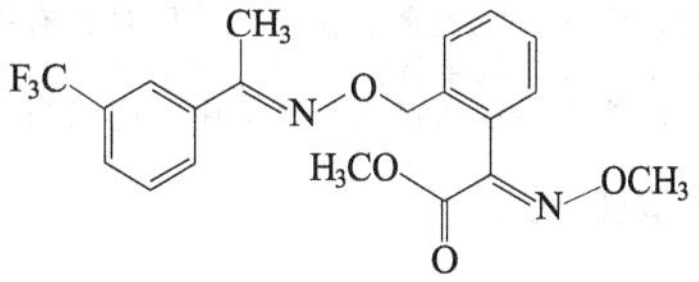

Triflumuron 三氟隆 09873
[64628-44-0] $C_{15}H_{60}ClF_3N_2O_3$ 358.70
成分 C 50.23%，H 2.81%，Cl 9.88%，F 15.89%，N 7.81%，O 13.38%。
别名 三福隆；杀铃脲；杀虫隆；2-Chloro-*N*-[[[4-(trifluoromethoxy)phenyl]amino]carbonyl]benzamide；*N*-(2-Chlorobenzoyl)-*N′*-[4-(trifluoromethoxy) phenyl] urca；Trifluron；SIR-8514；BAY SIR 8514；Alsystin；Baycidal；Starycide
M.I.15，9844
性状 无色结晶。对鱼微毒，对蜜蜂无害。mp 198℃。LD_{50}大鼠，小鼠腹膜内注射，皮下注射，急性经口：>5g/kg，>5g/kg。
注意事项 使用时应避免吸入本品的粉尘，避免与眼睛及皮肤接触。
主要用途 杀虫剂（杀幼虫剂）。分析用标准物质。

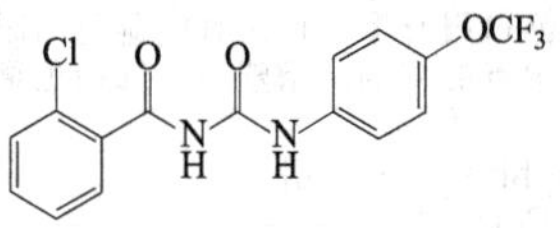

Trifluoperazine dihydrochloride 三氟拉嗪 二盐酸盐

09874

[440-17-5] $C_{21}H_{26}Cl_2F_3N_3S$ 480.42

成分 C 52.50%,H 5.45%,Cl 14.76%,F 11.86%,N 8.75%,S 6.67%。

别名 二盐酸三氟吡啦嗪;二盐酸 10-[3-(4-甲基哌嗪-1-基)丙基]-2-三氟甲基-10*H*-吩噻嗪;三氟甲基甲哌丙基吩嗪 二盐酸盐;二盐酸三氟拉嗪;10-[3-(4-甲基哌嗪-1-基)丙基]-2-三氟甲基-10*H*-吩噻嗪 二盐酸盐;Triftazin;Triphthasine;Eskazinyl;Eskazine;Jatroneural;Modalina;Stelazine;Terfluzine;10-[3-(4-Methyl-1-piperazinyl)propyl]-2-trifluoromethyl-10*H*-phenothiazine dihydrochloride;2-Trifluoromethyl-10-[3′-(1-methyl-4-piperazinyl)propyl]phenothiazine dihydrochloride

M. I. 15, 9846

性状 来自无水乙醇中的奶油色微细粉末。易吸潮。易溶于水,溶于乙醇,略微溶于氯仿,不溶于稀碱、乙醚、苯。其 5%水溶液 pH 值 2.2。pK_1 3.9;pK_2 8.1;mp 242~243℃。生化试剂含量≥98.0%(AT)。

注意事项 该品口服有毒。使用时应穿适当的防护服。应避免吸入本品的粉尘。应充氩气密封于 2~8℃干燥保存。

主要用途 医用精神抑制剂。

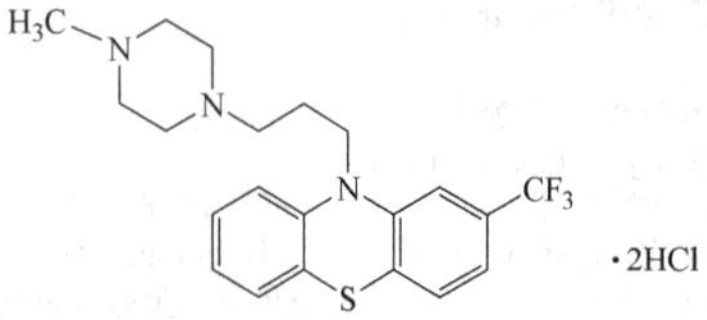

·2HCl

Trifluoracetic acid 三氟乙酸

09875

[76-05-1] $C_2HF_3O_2$ 114.02

成分 C 21.07%,H 0.88%,F 49.99%,O 28.06%。

别名 三氟醋酸;Perfluoroacetic acid;TFA;TFAA;Trifluoroacetic acid;Trifluoroethanoic acid

GW 2015-1789 M. I. 15, 9847

性状 无色发烟液体。有吸湿性。有辛辣味。与乙醚、丙酮、乙醇、苯、四氯化碳、己烷相混溶,微溶于水。pK_a 0.3;mp −15.4℃;bp 72.4℃;d^{20} 1.5351;n_D^{20} 1.285。LD_{50} 小鼠静脉注射:1.2g/kg。一般试剂含量≥99.0%(GC)。

注意事项 该品蒸气吸入有毒。具有强腐蚀性,能引起严重烧伤。对水生物有毒。对水环境能产生长期有害的结果。万一接触到眼睛,应立即用大量水冲洗后请医生诊治。接触皮肤后,应立即用大量水冲洗。使用时如有事故发生或有不适之感,应请医生诊治。使用完毕应立即脱掉受污染的衣服。应防止将本品释放于环境中。应密封于通风良好处保存。

主要用途 有机合成。

Trifluoracetic anhydride 三氟乙酸酐

09876

[407-25-0] $C_4F_6O_3$ 210.03

成分 C 22.87%,F 54.27%,O 22.85%。

别名 三氟醋酸酐;三氟乙酐;三氟醋酐;TFAA;Trifluoroacetic anhydride

GW 2015-1790

性状 无色液体。易挥发。有刺激性气味。溶于乙醚、乙酸。在碱性溶液中易水解。bp 39~40℃;d_4^{20} 1.511。一般试剂含量≥98.0%(GC)。

注意事项 该品具有腐蚀性,能引起烧伤。能与水激烈反应。使用时应穿适当的防护服,戴手套和防护镜或面罩。应避免吸入本品的粉尘。作用时应禁止饮食、禁止吸烟。万一接触到眼睛,应立即用大量水冲洗后请医生诊治。使用时如有事故发生或有不适之感,应请医生诊治。应远离火种,充氩气密封于 2~8℃干燥保存。

主要用途 分析试剂。溶剂。催化剂。脱水缩合剂。羟基和氨基三氟乙酰化时的保护剂。

Trifluoroacetamide 三氟乙酰胺

09877

[354-38-1] $C_2H_2F_3NO$ 113.04

成分 C 21.25%,H 1.78%,F 50.42%,N 12.39%,O 14.15%。

别名 2,2,2-三氟乙酰胺;2,2,2-Trifluoroacetamide

性状 白色结晶。易溶于水。mp 65~70℃;bp 162.5℃。一般试剂含量≥97.0%(N)。

注意事项 该品对眼睛、呼吸系统及皮肤有刺激性。使用时应穿适当的防护服和戴手套。万一接触到眼睛,应立即用大量水冲洗后请医生诊治。应密封于干燥处保存。

主要用途 有机合成。

Trifluoroacetone 三氟丙酮

09878

[421-50-1] $C_3H_3F_3O$ 112.05

成分 C 32.16%,H 2.70%;F 50.87%,O 14.28%。

别名 三氟二甲基酮;1,1,1-三氟丙酮;Trifluoro dimethyl ketone;1,1,1-Trifluoro-2-propanone

GW 2015-1765

性状 无色液体。具催泪性。bp 21~23℃;Fp −23℉(−30℃);d_4^{20} 1.189;n_D^{20}<1.3000。一般试剂含量≥96.0%(GC)。

注意事项 该品极易燃。对眼睛、呼吸系统及皮肤有刺激性。使用现场禁止吸烟。切勿排入下水道。使用时应穿适当的防护服和戴手套。应远离火种,采取抗放静电措施,于通风良好处于 2~8℃密封保存。

主要用途 有机合成。溶剂。

2,2,2-Trifluoroethanol 2,2,2-三氟乙醇

09879

[75-89-8] $C_2H_3F_3O$ 100.04

成分 C 24.01%,H 3.02%,F 56.97%,O 15.99%。

别名 Trifluoroethyl alcohol

GW 2015-1788 M. I. 15, 9848

性状 无色澄清液体。与水、乙醇、氯仿、酮类及醚类相混溶。mp −43.5℃;bp 74.05℃;Fp 84.2℉(29℃);$d^0$1.4106;d^{22} 1.3739;n_D^{22} 1.2907。一般试剂含量≥99.0%(GC)。

注意事项 该品易燃。吸入、口服或与皮肤接触有毒。对呼吸系统及皮肤有刺激性。对眼睛有严重损伤的危险。使用时应穿适当的防护服,戴手套和防护镜或面罩。万一接触到眼睛,应立即用大量水冲洗后请医生诊治。

主要用途 溶剂。

1,1,1-Trifluoromethanesulfonic acid 1,1,1-三氟甲烷磺酸

09880

[1493-13-6] CHF_3O_3S 150.07

成分 C 8.00%,H 0.67%,F 37.98%,O 31.98%,S 21.36%。

别名 TFMSA;Trimesylate acid;Triflic acid

M. I. 15, 9842

性状 无色至微棕色液体。bp_{760} 162℃/101.32kPa;$bp_{57.5}$ 91℃/7.67kPa;$bp_{37.5}$ 81℃/5kPa;bp_1 42℃/133.3Pa;d^{25} 1.6980;n_D^{25} 1.325。一般试剂含量≥98.0%(T)。

注意事项 该品口服或与皮肤接触有毒。具有强腐蚀性,能引起严重烧伤。使用时应穿适当的防护服,戴手套和防护镜或面罩。万一接触到眼睛,应立即用大量水冲洗后请医生诊治。使用时如有事故发生或有不适之感,应请医生诊治。应充氩气密封于干燥处保存。

3-(Trifluoromethyl)benzoic acid 3-(三氟甲基)苯甲酸

09881

[454-92-2] $C_8H_5F_3O_2$ 190.12

成分 C 50.54%,H 2.65%,F 29.98%,O 16.83%。

别名 间三氟甲基苯甲酸;间三氟甲基安息香酸;3-Carboxybenzotrifluoride;*m*-Trifluoromethylbenzoic acid;*α*,*α*,*α*-Trifluoro-*m*-toluic acid

性状 无色结晶或白色结晶性粉末。溶于苯。mp 104~106℃;bp_{775} 238.5℃/103.325kPa。一般试剂含量≥98.0%(T)。

注意事项 该品对眼睛、呼吸系统及皮肤有刺激性。使用时应穿适当的防护服。万一接触到眼睛,应立即用大量水冲洗后请医生诊治。

主要用途 测定氟的标准样品。

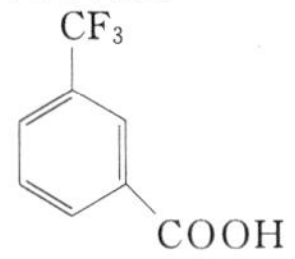

CF_3 / COOH

1,1,1-Trifluoro-2,4-pentadione

1,1,1-三氟-2,4-戊二酮 09882

[367-57-7] $C_5H_5F_3O_2$ 154.09

成分 C 38.97%,H 3.27%,F 36.99%,O 20.77%。

别名 三氟乙酰丙酮；TAA；TFA；Trifluoro acetyl acetone；α,α,α-Trifluoro acetyl acetone；1,1,1-Triflaoro-2,4-pentanedione

性状 无色至浅棕黄色易挥发液体。与苯、三氯甲烷等有机溶剂相混溶。bp 105～106℃；Fp 78.8℉（26℃）；d_4^{20} 1.274；n_D^{20} 1.389。一般试剂含量≥98.0%（GC）。

注意事项 该品易燃。吸入、口服或与皮肤接触有毒。使用时应穿适当的防护服和戴手套。应密封保存。

主要用途 用于无机离子的鉴定、分离和提纯。萃取剂。螯合剂。

Trifluorothymine deoxyriboside

三氟胸腺嘧啶脱氧胸苷 09883

[70-00-8] $C_{10}H_{11}F_3N_2O_5$ 296.2

成分 C 40.55%，H 3.74%，F 19.24%，N 9.46%，O 27.01%。

别名 2′-脱氧-5-三氟甲基尿苷；三氟胸苷；2′-Deoxy-5-trifluoro methyluridine；Trifluorothymidine；Trifluridine

性状 白色粉末。一般试剂含量≥99.0%（HPLC）。

注意事项 该品吸入、口服或与皮肤接触有毒。对机体有不可逆损伤的可能性。可能致癌。使用时应穿适当的防护服，避免吸入本品的粉尘。应密封于－20℃保存。

主要用途 生化研究。

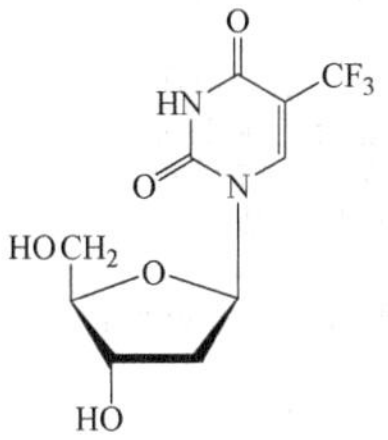

O, CF_3, HN, O, N, $HOCH_2$, O, HO

α,α,α-Trifluorotoluene α,α,α-三氟甲苯 09884

[98-08-8] $C_7H_5F_3$ 146.11

成分 C 57.54%，H 3.45%，F 39.01%。

别名 苄川三氟；苯三氟甲烷；苯氟仿；Benzenyl trifluoride；Benzotrifluoride；Benzylidyne fluoride；Phenylfluoroform；Toluene trifluoride；(Trifluoromethyl)benzene；(Trifluoromethyl)benzene

GW 2015-1780 M.I.15, 1113

性状 无色液体。有芳香气味。易溶于乙醇、丙酮、苯、乙醚等有机溶剂，不溶于水；mp －29.05℃；bp 103.46℃；Fp 53.6℉（12℃）；d^{20} 1.1886；$n_D^{13.3}$ 1.41486。一般试剂含量≥99.5%（GC）。

注意事项 该品高度易燃。对水生物有毒。能对水环境引起长期不利的结果。使用时应避免吸入本品的蒸气。使用现场禁止吸烟。应防止将本品释放于环境中。应远离火种密封保存。

主要用途 溶剂。有机合成。染料中间体。

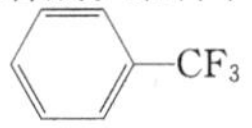

CF_3

Trifluperidol hydrochloride 三氟哌啶醇 盐酸盐 09885

[2062-77-3] $C_{22}H_{24}ClF_4NO_2$ 445.88

成分 C 59.26%，H 5.43%，Cl 7.95%，F 17.04%，N 3.14%，O 7.18%。

别名 三氟哌丁苯 盐酸盐；盐酸三氟哌丁苯；盐酸三氟哌啶醇；R-2498；Psicoperidol；Psychoperidol；Triperidol；1-(4-Fluorophenyl)-4-[4-hydroxy-4-[3-(trifluoromethyl) phenyl]-1-piperidinyl]-1-butanone hydrochloride；4′-Fluoro-4-[4-hydroxy-4-(α,α,α-trifluoro-*m*-tolyl) piperidino] butyrophenone hydrochloride；*p*-Fluoro-4-[4′-hydroxy-4′-(3″-trifluoromethyl) phenyl] piperidinobutytophenone hydrochloride；1-(3′-*p*-Fluorobenzoylpropyl)-4-hydroxy-4-(3″-trifluoromethylphenyl) piperidine hydrochloride；ω-[4-Hydroxy-4-(*m*-trifluoromethylphenyl) piperidino]-*p*-fluorobutyrophenone hydrochloride；Flumoperone hydrochloride

M.I. 15, 9852

性状 来自丙酮中的无色或白色结晶。溶于水，中等程度溶于乙醇。mp 200.5～201.3℃。LD_{50} 大鼠静脉注射：14mg/kg；皮下注射：70mg/kg。

注意事项 该品口服有毒。使用时应穿适当的防护服，戴手套和防护镜或面罩。应避免吸入本品的粉尘。使用时如有事故发生或有不适之感，应请医生诊治。

主要用途 医用精神抑制剂。

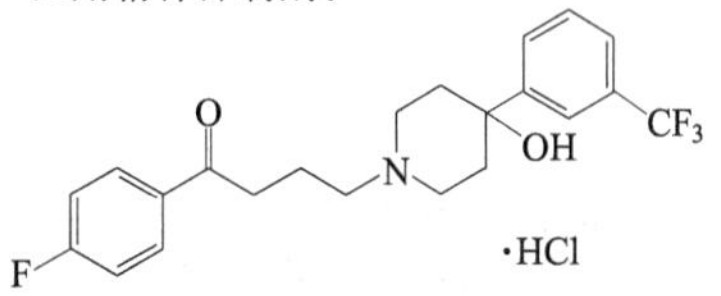

O, N, OH, CF_3, F, ·HCl

Triflupromazine hydrochloride

三氟普马嗪 盐酸盐 09886

[1098-60-8] $C_{18}H_{20}ClF_3N_2S$ 388.88

成分 C 55.60%，H 5.18%，Cl 9.12%，F 14.66%，N 7.20%，S 8.25%。

别名 三氟丙嗪 盐酸盐；盐酸三氟丙嗪；盐酸三氟普马嗪；Adazine；Fluorofen；Psyquil；Siquil；Vespral；Vesprin；Vetame；*N*,*N*-Dimethyl-2-trifluoromethyl-10*H*-phenothiazine-10-propanamine；10-[3-(Dimethylamino) propyl]-2-trifluoromethylphenothiazine；2-Trifluoromethyl-10-(γ-dimethylaminopropyl) phenothiazine；Fluopromazine

M.I. 15, 9853

性状 来自二甲苯中的无色结晶。溶于水、乙醇、丙酮。其2%水溶液 pH 值 4.1。不溶于乙醚。173～174℃分解；uv max：255nm，305nm（$E_{1cm}^{1\%}$ 700，90）。一般试剂含量≥99.0%（HPLC）。

注意事项 该品吸入、口服或与皮肤接触有毒。使用时应穿适当的防护服。应避免吸入本品的粉尘，避免与眼睛及皮肤接触。应密封于20℃以下保存。

主要用途 医用精神抑制剂。

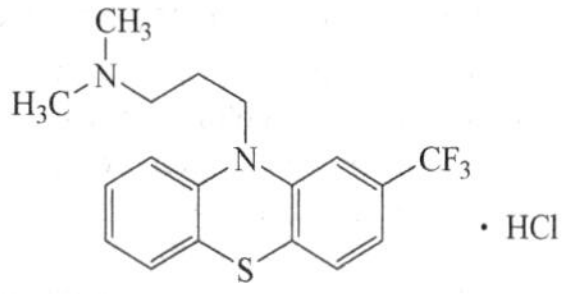

CH_3, N, H_3C, N, CF_3, S, · HCl

Trifluridine 三氟胸苷 09887

[70-00-8] $C_{10}H_{11}F_3N_2O_5$ 296.20

成分 C 40.55%，H 3.74%，F 19.24%，N 9.46%，O 27.01%。

别名 曲氟胸苷；α,α,α-Trifluorothymidine；2′-Deoxy-5-(trifluoromethyl) uridine；5-Trifluoromethyl-2′-deoxyuridine；F3TDR；NSC-75520；TFT Thilo；Virophta；Viroptic

M.I. 15, 9855

性状 来自乙酸乙酯中的无色结晶。mp 186～189℃；uv max（于 0.1mol/L 盐酸中）：260nm（ε 9960）；（于 0.1mol/L 氢氧化钠溶液中）：260nm（ε 6590）。生化试剂含量≥99.0%（HPLC）。

注意事项 该品吸入、口服或与皮肤接触有毒。对机体有不可逆损伤的可能性。使用时应穿适当的防护服。应避免吸入本品的粉尘。应密封于－20℃保存。

主要用途 医用抗病毒剂（眼的），抗肿瘤剂。

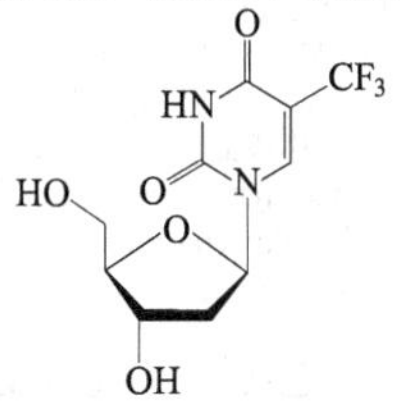

O, HN, CF_3, HO, O, N, O, OH

Triflusal 乙酰 4-三氟甲基水杨酸 09888

[322-79-2] $C_{10}H_7F_3O_4$ 248.16

成分 C 48.40%，H 2.84%，F 22.97%，O 25.79%。

别名 2-Acetyloxy-4-(trifluoromethyl) benzoic acid；α,α,α-

Trifluoro-2,4-cresotic acid acetate; Acetyl-4-trifluoromethylsalicylic acid; UR-1501; Disgren
M.I. 15, 9856
性状 来自石油醚/乙醚中的白色结晶性固体。与乙醇相混溶，几乎不溶于水。mp 110～112℃（快速加热）；120～122℃（缓慢加热）。
主要用途 医用抗血栓凝结剂（血小板凝集抑制剂）。

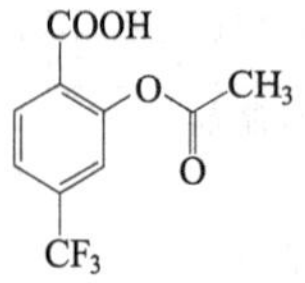

Triflusulfuron-methyl 氟胺磺隆 09889
[126535-15-7] $C_{17}H_{19}F_3N_6O_6S$ 492.43
成分 C 41.47%，H 3.89%，F 11.57%，N 17.07%，O 19.49%，S 6.51%。
别名 2-[[[[4-Dimethylamino-6-(2,2,2-trifluoroethoxy)-1,3,5-triazin-2-yl] amino] carbonyl] amino] sulfonyl-3-methyl benzoic acid methyl ester; DPX-66037; Debut; Safari; Upbeet
M.I. 15, 9857
性状 白色固体。于水中溶解度（25℃，mg/kg）：1（pH 值 3）；3（pH 值 5）；110（pH 值 7）；11000（pH 值 9）。pK_a4.4；mp 160～135℃；Fp 302℉（150℃）。LD_{50}大鼠急性经口：＞5000mg/kg；兔皮肤接触：＞2000mg/kg。
主要用途 除草剂，分析用标准物质。

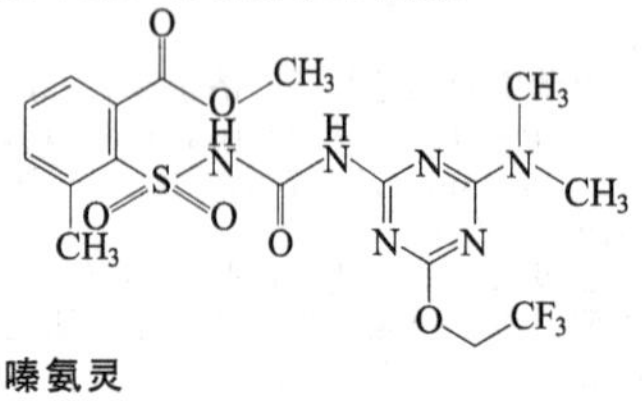

Triforine 嗪氨灵 09890
[26644-46-2] $C_{10}H_{14}Cl_6N_4O_2$ 434.95
成分 C 27.61%，H 3.24%，Cl 48.90%，N 12.88%，O 7.36%。
别名 *N*,*N*′-[1,4-Piperazinediylbis(2,2,2-trichloroethylidene)] bisformamide; 1,4-Di(2,2,2-trichloro-1-formamidoethyl) piperazine; 1,4-Bis(1-formamido-2,2,2-trichloroethyl) piperazine; Cela W-524; CME-74770; Basforin; Funginex; Saprol
M.I. 15, 9859
性状 白色结晶。溶于二甲亚砜、*N*-甲基吡咯烷酮，中等程度溶于四氢呋喃，不溶于丙酮、苯、甲氯化碳、氯仿、二氯甲烷、石油醚，极微溶于水（20℃，27～29mg/kg）。能被浓硫酸和盐酸分解为氯醛和吡嗪。mp 155℃。
注意事项 该品对水生物有毒。能对水环境引起长期不良的影响。应防止将该品释放于环境中。
主要用途 杀菌剂。分析用标准物质。

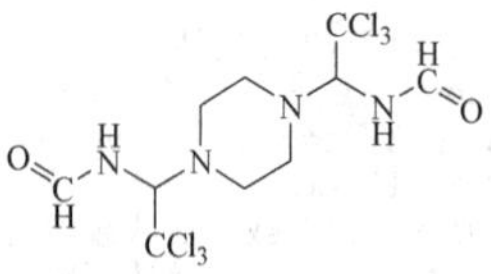

Trigonellamide chloride
氯化 1-甲基-3-氨基甲酰吡啶 09891
[1005-24-9] $C_7H_9ClN_2O$ 172.61
成分 C 48.71%，H 5.26%，Cl 20.54%，N 16.23%，O 9.27%。
别名 3-氨基甲酰-1-甲基氯化吡啶；*N*′-甲基氯化烟酰胺；氯甲基烟酰胺；烟酰胺甲基氯；3-Aminocarbonyl-1-methylpyridinium chloride; *N*′-Methylnicotinamide chloride; 1-Methylpyridine-3-carboxylic acid amide chloride; Nicotinamide chloromethylate; Nicotinamide methyl chloride
M.I. 15, 9862
性状 来自甲醇中的无色结晶。中等程度溶于水，更多地溶于乙醇、丁醇、异丁醇，不溶于戊醇、辛醇、苯、氯苯、氯仿。其水溶液当沸腾时即被破坏，尤其在碱存在下更能加快。在碱溶液中，室温亦能破坏。与酮类在碱水溶液中反应产生浅绿蓝色荧光。如加酸，则荧光专为蓝色，并随被加热而增强。240℃分解。一般试剂含量≥99.0%。

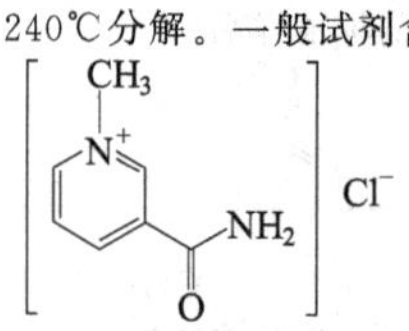

Trigonelline hydrochloride 胡芦巴碱 盐酸盐 09892
[6138-41-6] $C_7H_8ClNO_2$ 173.60
成分 C 48.43%，H 4.64%，Cl 20.42%，N 8.07%，O 18.43%。
别名 *N*-甲基烟酸内铵盐 盐酸盐；盐酸 *N*-甲基烟酸内盐；盐酸胡芦巴碱；烟酸 *N*-甲基内铵盐；3-Carboxy-1-methylpyridinium inner salt hydrochloride; Nicotinic acid *N*-methylbetaine hydrochloride; Coffearine hydrochloride; Caffearine hydrochloride; Gynesine hydrochloride; Trigenolline hydrochloride
M.I. 15, 9863
性状 来自 90% 乙醇中的无色结晶。易溶于水，微溶于乙醇，几乎不溶于乙醚、苯。mp 258～259℃。一般试剂含量≥98.0%（AT）。
注意事项 使用时应避免吸入本品的粉尘，避免与眼睛及皮肤接触。

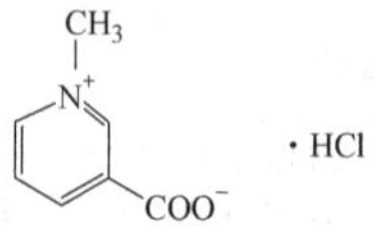

Trihexylamine 三己胺 09893
[102-86-3] $C_{18}H_{39}N$ 269.52
成分 C 80.22%，H 14.58%，N 5.20%。
别名 三正己胺；THA
性状 无色液体。易溶于乙醇、乙醚，溶于酸，微溶于水。bp_{12} 150～159℃/1.6kPa。d_4^{20} 0.798；n_D^{20} 1.442。一般试剂含量≥99.0%（GC）。
注意事项 该品口服有毒。对眼睛、呼吸系统及皮肤有刺激性。使用时应穿适当的防护服和戴手套。万一接触到眼睛，应立即用大量水冲洗后请医生诊治。
主要用途 溶剂。有机合成。

DL-Trihexyphenidyl hydrochloride
DL-苯海索 盐酸盐 09894
[52-49-3] $C_{20}H_{32}ClNO$ 337.93
成分 C 71.09%，H 9.55%，Cl 10.49%，N 4.14%，O 4.73%。
别名 安坦；盐酸 DL-苯海索；α-Cyclohexyl-α-phenyl-1-piperidinepropanol hydrochloride; 3-(1-Piperidyl)-1-cyclohexyl-1-phenyl-1-propanol hydrochloride; 1-Phenyl-1-cyclohexyl-3-piperidyl-1-propanol hydrochloride; Benzhexol chloride; Aparkane; Artane; Broflex; Cyclodot; Pacitane; Paralest; Pargitan; Parkinane; Parkopan; Peragit; Pipanol; Sedrena; Tremin; Triphedinon; Triphenidyl; Tsiklodol
M.I. 15, 9864
性状 无色结晶。该品于下列物质中的溶解度（25℃，g/100mL）：水 1.0，乙醇 6，氯仿 5。更多地溶于甲醇，极微溶于乙醚、苯。其 1% 水溶液 pH 值 5.5～6.0。mp114.3～115.0℃；258.5℃分解。
注意事项 该品口服有毒。使用时应穿适当的防护服。
主要用途 医用抗震颤麻痹剂。

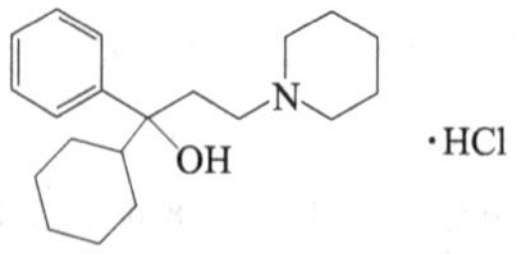

2′,3′,4′-Trihydroxyacetophenone 09895
2′,3′,4′-三羟基苯乙酮
[528-21-2] $C_8H_8O_4$ 168.15
成分 C 57.14%，H 4.80%，O 38.06%。
别名 茜素黄 C；Gallacetophenone; 1-(2,3,4-Trihydroxyphenyl) ethanone; Alizarine yellow C
M.I. 15, 4372 C.I. 57000
性状 白色至棕灰色结晶性粉末。溶于 600 份冷水，较多地溶于热水。溶于乙醇、乙醚、乙酸钠溶液。mp 173℃；

uv max（甲醇中）：237nm，296nm（ε 8560，12500）。

注意事项 该品口服有毒。对眼睛、呼吸系统及皮肤有刺激性。使用时应穿适当的防护服和戴手套。万一接触到眼睛，应立即用大量水冲洗后请医生诊治。

主要用途 防腐剂。防毒剂。

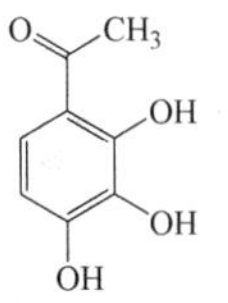

2,3,4-Trihydroxybenzaldehyde

2,3,4-三羟基苯甲醛 09896

[2144-08-3] $C_7H_6O_4$ 154.12

成分 C 54.55%，H 3.92%，O 41.52%。

别名 Pyrogallol-4-carboxaldehyde

性状 无色结晶。mp 161～163℃。一般试剂含量≥97.0%（T）。

注意事项 该品口服有毒。对眼睛、呼吸系统及皮肤有刺激性。使用时应穿适当的防护服和戴手套。万一接触到眼睛，应立即用大量水冲洗后请医生诊治。

主要用途 有机合成。

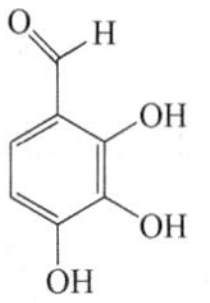

2,4,6-Trihydroxybenzaldehyde

2,4,6-三羟基苯甲醛 09897

[487-70-7] $C_7H_6O_4$ 154.12

成分 C 54.55%，H 3.92%，O 41.52%。

别名 间苯三酚甲醛；间苯三酚醛；Phloroglucinaldehyde Phloroglucinolcarboxaldehyde

性状 无色或白色针状结晶。遇三氯化铁生成红色。mp 195℃（分解）。一般试剂含量≥95.0%。

注意事项 该品口服有毒。对眼睛、呼吸系统及皮肤有刺激性。使用时应穿适当的防护服和戴手套。万一接触到眼睛，应立即用大量水冲洗后请医生诊治。

2,3,5-Triiodobenzoic acid 2,3,5-三碘苯甲酸 09898

[88-82-4] $C_7H_3I_3O_2$ 499.81

成分 C 16.82%，H 0.60%，I 76.17%，O 6.40%。

别名 TIBA

性状 浅黄色结晶。溶于乙醇。mp 220～222℃。一般试剂含量≥97.0%(T)。

注意事项 该品口服有毒。使用时应穿适当的防护服。应避免吸入本品的粉尘。万一接触到眼睛，应立即用大量水冲洗后请医生诊治。

主要用途 植物生长调节剂。

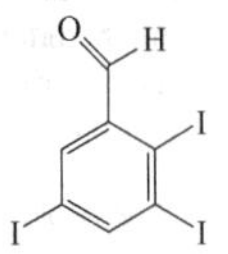

3,3′,5-Triiodo-L-thyronine

3,3′,5-三碘-L-甲状腺氨酸 09899

[6893-02-3] $C_{15}H_{12}I_3NO_4$ 650.98

成分 C 27.68%，H 1.86%，I 58.48%，N 2.15%，O 9.83%。

别名 3,3′,5-三碘-L-甲腺氨酸；4-(3-碘-4-羟基苯氧基)-3,5-二碘苯丙氨酸；*O*-(4-Hydroxy-3-iodophenyl)-3,5-diiodo-L-tyrosine；L-3-[4-(4-Hydroxy-3-iodophenoxy)-3,5-diiodophenyl]alanine；4-(3-Iodo-4-hydroxyphenoxy)-3,5-diiodophenylalanine；Liothyronine；T-3；3,5,3′-Triiodothyronine

M. I. 15，5565

性状 无色结晶。溶于稀碱水溶液，不溶于水、乙醇、丙二醇。236～237℃分解；$[\alpha]_D^{29.5}$ +21.5°（c=4.75，于1份1mol/L 盐酸与2份乙醇的溶液中）。

注意事项 该品口服有毒。对眼睛、呼吸系统及皮肤有刺激性。使用时应穿适当的防护服和戴手套。万一接触到眼睛，应立即用大量水冲洗后请医生诊治。应密封避光于2～8℃保存。

主要用途 测定血清 T_3 浓度。为诊断甲亢的灵敏指标，用于体外测定甲状腺功能。

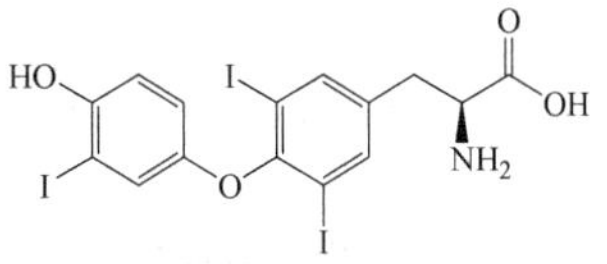

3，3′，5-Triiodo-L-thyronine sodium salt

3，3′，5-三碘甲状腺氨酸钠盐 09900

[55-06-1] $C_{15}H_{11}I_3NNaO_4$ 672.96

成分 C 26.77%，H 1.65%，I 56.57%，N 2.08%，Na 3.42%，O 9.51%。

别名 3，3′，5-三碘甲腺氨酸钠盐；Liothyronine sodium；Sodium L-triiodothyronine；Cytobin；Cytomel；Cynomel；Tertroxin；Triostat

M. I. 15，5565

性状 浅褐色结晶性粉末。微溶于乙醇，极微溶于水，几乎不溶于多数有机溶剂。mp 230～235℃（分解）；$[\alpha]_{546}^{20}$ +26°±2°；$[\alpha]_D^{20}$ +21°±2°（c=1，于1mol/L 盐酸与乙醇1∶2的溶液中）。生化试剂含量≥98.0%(HPLC)。

注意事项 使用时应避免吸入本品的粉尘，避免与眼睛及皮肤接触。应充氩气密封避光于2～8℃干燥保存。

主要用途 甲状腺功能诊断。

Triisopropanolamine 三异丙醇胺 09901

[122-20-3] $C_9H_{21}NO_3$ 191.27

成分 C 56.52%，H 11.07%，N 7.32%，O 25.09%。

别名 三(2-羟基丙基)胺；1,1′,1″-氮基三-2-丙醇；1,1′,1″-Nitrilotri(2-propanol)；Tris(2-hydroxypropyl)amine

性状 常温下为固体。mp 48～52℃；bp_{23} 190℃/3.066 kPa；Fp 320℉(160℃)。一般试剂含量≥90.0%(GC)；异构体总含量≥97.0%(GC)。

注意事项 该品对眼睛有刺激性。对水生物有毒。能对水环境引起长期不利的结果。万一接触到眼睛，应立即用大量水冲洗后请医生诊治。应防止将本品释放于环境中。

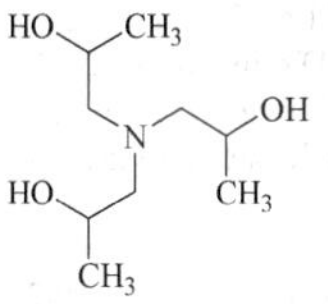

1,3,5-Triisopropylbenzene 1,3,5-三异丙苯 09902

[717-74-8] $C_{15}H_{24}$ 204.36

成分 C 88.16%，H 11.84%。

别名 间三异丙苯

性状 无色液体。bp 233～236℃；Fp 197.6℉(92℃)；d_4^{20} 0.854；n_D^{20} 1.488。一般试剂含量约95.0%(GC)。

注意事项 使用时应避免吸入本品的蒸气，避免与眼睛及皮肤接触。

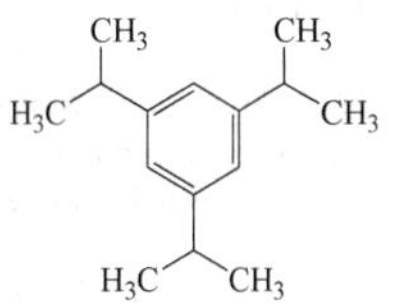

Triisoproyl borate 硼酸三异丙酯 09903

[5419-55-6] $C_9H_{21}BO_3$ 188.08

成分 C 57.48%，H 11.25%，B 5.75%，O 25.52%。

别名 Boric acid triisopropyl ester

GW 2015-1612

性状 无色液体。对温度敏感。bp 139～141℃；Fp 62.6℉(17℃)；d_4^{20} 0.818；n_D^{20} 1.377。一般试剂含量≥97.0%(GC)。

注意事项 该品高度易燃。使用时应避免吸入本品的蒸气，避免与眼睛及皮肤接触。使用现场禁止吸烟。应远离火种，采取抗放静电措施充氩气密封干燥保存。

Trilostane　腈环氧雄烷　09904

[13647-35-3]　$C_{20}H_{27}NO_3$　329.44

成分　C 72.92%，H 8.26%，N 4.25%，O 14.57%。

别名　(4α，5α，17β)-4，5-Epoxy-3，17-dihydroxyandrost-2-ene-2-carbonitrile；4，5-Epoxy-17-hydroxy-3-oxoandrostane-2-carbonitrile；2α-Cyano-4α，5α-epoxyandrostan-17β-ol-3-one；Win-24540；Desopan；Modrastane；Modrenal

M. I. 15，9867

性状　来自吡啶/二氧六环中的褐色结晶。mp 257.8～270℃（分解）；$[\alpha]_D^{25}+137.4°$（$c=1$，于吡啶中）；uv max（于乙醇中）：252nm（ε 8300）。

主要用途　医用肾上腺皮质抑制剂。

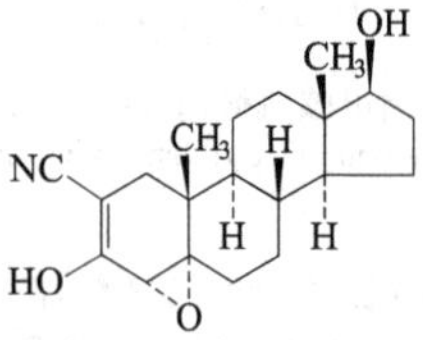

Trimebutine　三甲丁酯　09905

[39133-31-8]　$C_{22}H_{29}NO_5$　387.48

成分　C 68.20%，H 7.54%，N 3.61%，O 20.64%。

别名　3，4，5-三甲氧基苯甲酸 2-二甲氨基-2-苯基丁酯；3，4，5-Trimethoxybenzoic acid 2-dimethylamino-2-phenylbutyl ester

M. I. 15，9868

性状　来自乙醇中的无色结晶。溶于二氯甲烷。mp 78～80℃。

注意事项　该品应密封于 2～8℃保存。

主要用途　生化研究。医用抗痉挛剂。

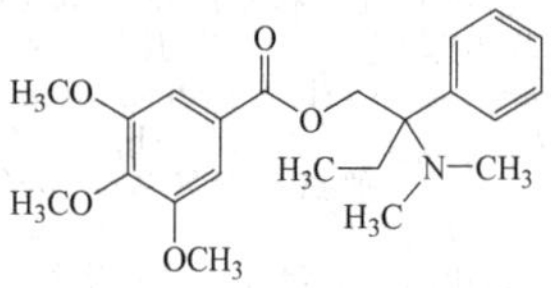

Trimecaine　三甲卡因　09906

[616-68-2]　$C_{15}H_{24}N_2O$　248.37

成分　C 72.54%，H 9.74%，N 11.28%，O 6.44%。

别名　美索卡因；2-Diethylamino-2′，4′，6′-trimethylacetanilide；*N-sym*-Trimethylphenyldiethylaminoacetamide；2-Diethylaminoacetyl-2′，4′，6′-trimethylanilide；S-203；Meaocaine；Mesidicaine；Mesokain

M. I. 15，9869

性状　无色结晶。mp 44℃；bp_6 187℃/799.9Pa；$bp_{0.6}$ 154～155℃/79.99Pa。LD_{50}小鼠皮下注射：295mg/kg。

主要用途　医用麻醉剂。

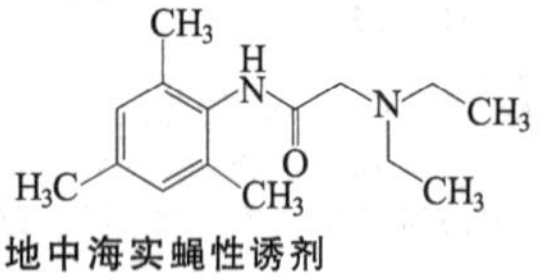

Trimedlure　地中海实蝇性诱剂　09907

[12002-53-8]　$C_{12}H_{21}ClO_2$　232.75

成分　C 61.93%，H 9.09%，Cl 15.23%，O 13.75%。

别名　诱蝇羧酯；地中海实蝇引诱剂；4(or 5)-Chloro-2-methylcyclohexanecarboxylic acid 1，1-dimethylethyl ester；*tert*-Butyl 4(or 5)-chloro-2-methylcyclohexanecarboxylate；TML

M. I. 15，9870

性状　无色油状液体。bp107～113℃；n_D^{20} 1.460。LD_{50}大鼠急性经口：(4556 ± 1136) mg/kg；兔皮肤接触：>2025mg/kg。LC_{50}（24h）虹鳟鱼、翻车鱼：11.5×10^{-6}，14.7×10^{-6}。

主要用途　昆虫引诱剂。

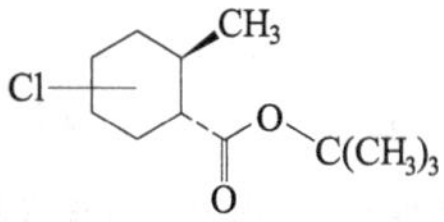

Trimellitic acid　1,2,4-苯三酸　09908

[528-44-9]　$C_9H_6O_6$　210.14

成分　C 51.44%，H 2.88%，O 45.68%。

别名　1,2,4-苯三羧酸；1,2,4-苯三甲酸；偏苯三甲酸；偏苯三酸；1,2,4-Benzenetricarboxylic acid；1,2,4-Tricarboxybenzene

M. I. 15，9871

性状　来自乙酸或稀乙醇中的无色结晶。该品 25℃于下列物质的溶解度（g/100g）：四氯化碳 0.004；石油醚 0.03；二甲苯 0.006；二甲基甲酰胺 31.3；乙酸乙酯 1.7；丙酮 7.9；水 2.1；乙醇 25.3。不溶于苯、氯仿、二硫化碳。mp 218～220℃；至 229～234℃（分解）。

注意事项　该品口服有毒。对眼睛、呼吸系统及皮肤有刺激性。使用时应穿适当的防护服和戴手套。万一接触到眼睛，应立即用大量水冲洗后请医生诊治。

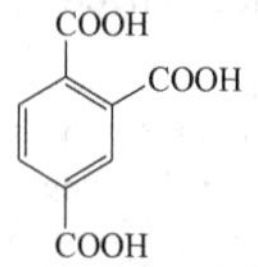

Trimellitic anhydride　1,2,4-苯三酸酐　09909

[552-30-7]　$C_9H_4O_5$　192.13

成分　C 56.26%，H 2.10%，O 41.64%。

别名　偏苯三甲酸酐；偏苯三酸酐；苯-1,2,4-三羧酸酐；Anhydrotrimellitic acid；Benzene-1,2,4-tricarboxylic acid anhydride；1,3-Dihydro-1，3-dioxo-5-isobenzofurancarboxylic acid；1，3-Dioxo-5-phthalancarboxylic acid；Trimellitic acid 1,2-anhydride；TMA

M. I. 15，98726

性状　无色结晶。该品 25℃在下列物质中的溶解度(g/100g)：四氯化碳 0.002；石油醚 0.06；二甲苯 0.4；二甲基甲酰胺 15.5；丙酮 49.6；乙酸乙酯 21.6。mp 161～163.5℃；bp_{14} 240～245℃/1.867kPa；Fp 440°F (127℃)；d 1.540。一般试剂含量≥97.0%。

注意事项　该品呼吸系统有刺激性。对眼睛有严重损伤的危险。吸入或与皮肤接触可引起过敏。使用时应穿适当的防护服，戴手套和防护镜或面罩。使用时应避免吸入本品的粉尘。万一接触到眼睛，应立即用大量水冲洗后请医生诊治。应充氩气密封于干燥处保存。

主要用途　增塑剂。

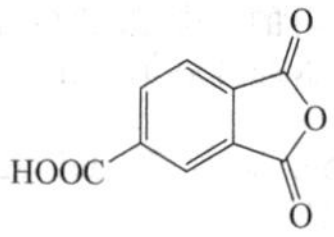

Trimeprazine tartrate　酒石酸异丁嗪　09910

[4330-99-8]　$C_{40}H_{50}N_4O_6S_2$　746.98

成分　C 63.13%，H 6.97%，N 7.75%，O 13.28%，S 8.87%。

别名　三甲泼拉嗪；异丁嗪酒石酸盐；Panectyl；Repeltin；Temaril；Theralene；Trimeprazine hemitartrate *N*，*N*，β-Trimethyl-10*H*-phenothiazine-10-propanamine hemitartrate；10-(3-Dimethylamino-2-methylpropyl)phenothiazine hemitartrate；10-(2-Methyl-3-dimethylaminopropyl)phenothiazine hemitartrate；Alimemazine hemitartrate；Methylpromazine hemitartrate；Bayer1219 hemitartrate；RP-6549 hemitartrate

M. I. 15，9873

性状　白色近白色结晶。易溶于水、氯仿，溶于乙醇，极微溶于乙醚、苯。

注意事项　该品吸入、口服或与皮肤接触有毒。使用时应穿适当的防护服。

主要用途　生化研究。医用止痒剂。

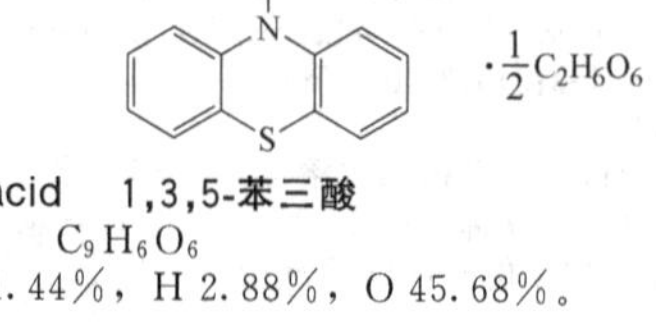

$\cdot\frac{1}{2}C_4H_6O_6$

Trimesic acid　1,3,5-苯三酸　09911

[554-95-0]　$C_9H_6O_6$　210.14

成分　C 51.44%，H 2.88%，O 45.68%。

别名 苯-1,3,5-三羧酸；均苯三羧酸；均苯三酸；1,3,5-Benzenetricarboxylic acid

性状 淡棕黄色半流动黏性液体。mp 374～376；Fp 622°F (328℃)。一般试剂含量≥97.0%(T)。

注意事项 该品对眼睛、呼吸系统及皮肤有刺激性。使用时应穿适当的防护服，戴手套和防护镜或面罩。万一接触到眼睛，应立即用大量水冲洗后请医生诊治。

Trimetazidine dihydrochloride
三甲氧苄嗪 二盐酸盐 09912

[13171-25-0] $C_{14}H_{24}Cl_2N_2O_3$ 339.26

成分 C 49.56%，H 7.13%，Cl 20.90%，N 8.26%，O 14.15%。

别名 二盐酸三甲氧苄嗪；Kyurinett；1-[(2,3,4-Trimethoxy phenyl) methyl] piperazine dihydrochloride；Vastarel F；Yoshimilon

M. I. 15，9874

性状 无色结晶。mp 225～228℃。LD_{50}雄，雌小鼠，大鼠静脉注射(mg/kg)：91，107，124，124；腹膜内注射(mg/kg)：264，245，327，288；急性经口(mg/kg)：528，608，1147，987。

主要用途 医用抗心绞痛剂。

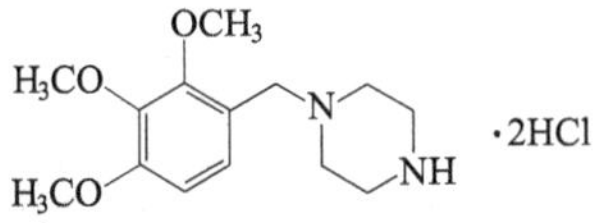

OCH₃ / H₃CO / H₃CO / N / NH ·2HCl

Trimethadione 三甲双酮 09913

[127-48-0] $C_6H_9NO_3$ 143.14

成分 C 50.35%，H 6.34%，N 9.79%，O 33.53%。

别名 3,5,5-Trimethyl-2,4-oxazolidinedione；3,5,5-Trimethyl-2,4-dioxooxazolidine；Troxidone；Absentol；Epidione；Petidon；Ptimal；Tridione

M. I. 15，9875

性状 无色或白色颗粒状结晶。微有樟脑样的气味及辛辣的微苄味道。易溶于乙醇、苯、氯仿、乙醚，溶于水（约5%）；几乎不溶于石油醚。其5%水溶液 pH 值约 6.0。mp 46～46.5℃；bp_5 78～80℃/666.6Pa。

注意事项 该品吸入、口服或与皮肤接触有毒。可能危害胎儿。使用前应得到专门的指导，避免曝露。使用时应穿适当的防护服，戴手套、防护镜或面罩。应避免吸入本品的粉尘。使用时如有事故发生或有不适之感，应请医生诊治。

主要用途 医用，兽用抗惊厥剂。

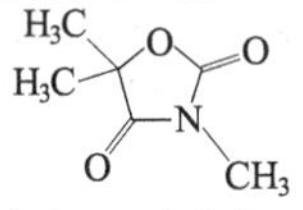

Trimethaphan camsylate 咪噻芬 09914

[68-91-7] $C_{32}H_{40}N_2O_5S_2$ 596.80

成分 C 64.40%，H 6.76%，N 4.69%，O 13.40%，S 10.74%。

别名 Octahydro-2-oxo-1,3-bis(phenylmethyl)thieno[1′,2′：1,2]thieno[3,4-*d*]imidazol-5-ium (1*S*,4*R*)-7,7-dimethyl-2-oxobicyclo[2.2.1]heptane-1-methanesulfonate(1：1)；4,6-Dibenzyl-5-oxo-1-thia-4,6-diazatricyclo[6.3.0.0^{3,7}]undecanium (+)-β-camphorsulfonate；*d*-3,4-(1′,3′-Dibenzyl-2′-ketoimidazolido)-1,2-trimethylenethiophanium *d*-camphorsulfonate；Trimethaphan camphorsulfonate；Trimetaphan camphorsulfonate；Methioplegium；Nu-2222；Arfonad

M. I. 15，9876

性状 无色结晶。味苦。1g 该品溶解少于 5mL 水、2mL 乙醇。微溶于丙酮、乙醚。其1%水溶液 pH 值 5.0～6.0。约 245℃分解；$[\alpha]_D^{20}$ +22.0° (c=4，于水中)。

主要用途 医用抗高血压剂。

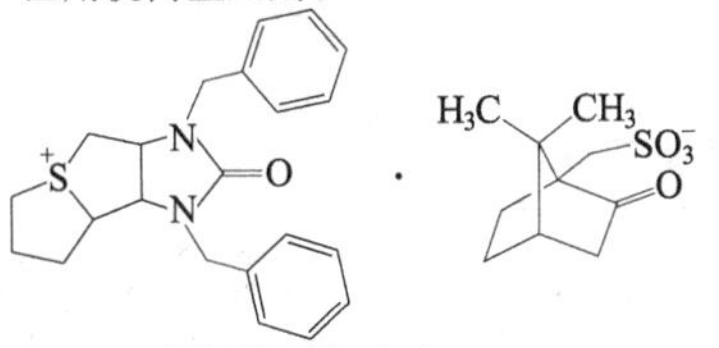

Trimethoprim 三甲氧苄二氨嘧啶 09915

[738-70-5] $C_{14}H_{18}N_4O_3$ 290.32

成分 C 57.92%，H 6.25%，N 19.30%，O 16.53%。

别名 2,4-二氨基-5-(3,4,5-三甲氧基苄基)嘧啶；5-(3,4,5-Trimethoxyphenyl) methyl-2,4-pyrimidinediamine；2,4-Diamino-5-(3,4,5-trimethoxybenzyl) pyrimidine；Instalac；Monotrim；Proloprim；Syraprim；Tiempe；Trimanyl；Trimogal；Trimopan；Trimpex；Uretrim；Wellcoprim

M. I. 15，9878

性状 白色至奶油色结晶性粉末。该品于下列物质中的溶解度(25℃，g/100mL)：*N*，*N*-二甲基乙酰胺 13.86；苯甲醇 7.29；丙二醇 2.57；氯仿 1.82；甲醇 1.21；水 0.04；乙醚 0.003；苯 0.002。微溶于乙醇、丙酮，几乎不溶于四氯化碳。pK_a 6.6；mp 199～203℃。LD_{50}小鼠急性经口：7g/kg。一般试剂含量≥98.0%(TLC)。

注意事项 该品口服有毒。可能危害胎儿。接触皮肤能引起过敏。使用前应得到专门的指导，避免曝露。使用时应穿适当的防护服，戴手套和防护镜或面罩。使用时如有事故发生或有不适之感，应请医生诊治。应充氩气密封避光于 2～8℃干燥保存。

主要用途 生化研究。医用抗菌剂。

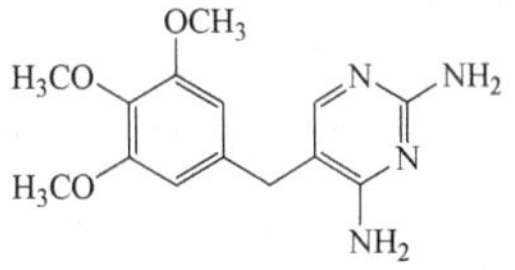

1,2,4-Trimethoxybenzene 1,2,4-三甲氧基苯 09916

[135-77-3] $C_9H_{12}O_3$ 168.19

成分 C 64.27%，H 7.19%，O 28.54%。

别名 Hydroxyhydroquinone trimethyl ether

性状 无色液体。bp 249～251℃；Fp 235.4°F (113℃)；d_4^{20} 1.130；n_D^{20} 1.533。一般试剂含量≥97.0%(GC)。

注意事项 使用时应避免吸入本品的蒸气和飞沫，避免与眼睛及皮肤接触。

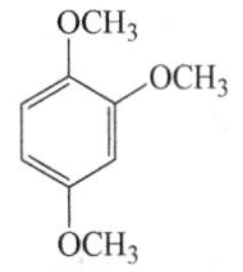

3,4,5-Trimethoxybenzoic acid
3,4,5-三甲氧基苯甲酸 09917

[118-41-2] $C_{10}H_{12}O_5$ 212.20

成分 C 56.60%，H 5.70%，O 37.70%。

别名 没食子酸三甲醚；三甲基没食子酸；Gallic acid trimethyl ether；Trimethyl gallic acid

性状 白色针状结晶。溶于乙醇、乙醚、三氯甲烷。mp 168～170℃；bp_{10} 225～227℃/1.333kPa。

注意事项 该品对眼睛、呼吸系统及皮肤有刺激性。使用时应穿适当的防护服，戴手套和防护镜或面罩。万一接触到眼睛，应立即用大量水冲洗后请医生诊治。

主要用途 有机合成。金属检测剂。

Trimethylacetyl chloride 三甲基乙酰氯 09918

[3282-30-2] C_5H_9ClO 120.58

成分 C 49.81%，H 7.52%，Cl 29.40%，O 13.27%。

别名 新戊酰氯；氯化新戊酰；Pivaloyl chloride

GW 2015-1815

性状 无色至微黄色液体。具有催泪性。bp 105～106℃；Fp 66.2°F (19℃)；d 0.980；n_D^{20} 1.4120。一般试剂含量≥98.0%(GC)。

注意事项 该品高度易燃。与水反应激烈。吸入有毒。口服有毒。具有腐蚀性，能引起烧伤。对眼睛及呼吸系统有刺激性。使用现场禁止吸烟。使用时应穿适当的防护服，戴手套和防护镜或面罩。万一接触到眼睛，应立即用大量水冲洗后请医生诊治。使用时如有事故发生或有不适之感，应立即请医生诊治。应远离火种，充氮气密封保存。

Trimethylamine anhydrous 无水三甲胺 09919

[75-50-3] C_3H_9N 59.11

成分 C 60.96%，H 15.35%，N 23.70%。

别名 三甲胺 无水；*N*，*N*-Dimethylmethanamine；TMA

GW 2015—1796 M.I.15，9880

性状 无色液化气体。有氨味。易被水及乙醇吸收。溶于乙醚、苯、甲苯、二甲苯、乙基苯、氯仿。mp −117.08℃；bp_{760} 2.87℃/101.325kPa；bp_{747} 3.2～3.8℃/99.59kPa；Fp 20 ℉(−6℃)；d_4^0 0.6709；n_D^{20} 1.3443。一般试剂含量≥99.0%。

注意事项 该品极易燃。其蒸气吸入有毒。对呼吸系统及皮肤有刺激性。对眼睛有严重损伤的危险。使用时应戴防护镜或面罩。不能穿孔。使用现场禁止吸烟。万一接触到眼睛，应立即用大量水冲洗后请医生诊治。切勿排入下水道。应远离火种，密封于50℃以下保存。

主要用途 有机合成。诱虫剂。

Trimethylamine 33% ethanol solution

三甲胺 33%乙醇溶液 09920

[75-50-3] C_3H_9N 59.11

成分(纯品) C 60.96%，H 15.35%，N 23.70%。

别名 *N*，*N*-Dimethyl methanamine 33% ethanol solution

M.I.15，9880

性状 无色液体。有氨味。与水、乙醇相混溶。对二氧化碳敏感。Fp −4℉ (−20℃)；d_4^{20} 0.75。

注意事项 该品极易燃。蒸气吸入有毒。对呼吸系统及皮肤有刺激性。对眼睛有严重损伤的危险。使用时应穿适当的防护服，戴手套和防护镜或面罩。万一接触到眼睛，应立即用大量水冲洗后请医生诊治。使用时如有事故发生或有不适之感，应请医生诊治。使用现场禁止吸烟。切勿排入下水道。应充氮气，远离火种，于阴凉处密封保存。

主要用途 测定甲氧和乙氧基的试剂。制药工业。有机合成。表面活性剂，杀虫剂的合成。浮选剂。

Trimethylamine hydrochloride 三甲胺 盐酸盐 09921

[593-81-7] $C_3H_{10}ClN$ 95.57

成分 C 37.70%，H 10.55%，Cl 37.10%，N 14.66%。

别名 盐酸三甲胺；三甲基氯化铵；氯化三甲铵；N-203；Trimethylammonium chloride

M.I.15，9880

性状 无色单斜结晶或结晶性粉末。有潮解性。溶于水、乙醇，中等程度溶于三氯甲烷，不溶于乙醚。200℃烧结成块并升华。277～278℃分解。

注意事项 该品对眼睛、呼吸系统及皮肤有刺激性。使用时应穿适当的防护服。万一接触到眼睛，应立即用大量水冲洗后请医生诊治。应充氩气密封于干燥处保存。

主要用途 测定甲氧基、乙氧基的试剂。

1,2,3-Trimethylbenzene 1,2,3-三甲苯 09922

[526-73-8] C_9H_{12} 120.20

成分 C 89.94%，H 10.06%。

别名 1,2,3-三甲基苯；半苯；连三甲苯；Hemellitene；Vicinal trimethyl benzene；Hemimellitene；Hemellitol；1,2,3-TMB

GW 2015-1799

性状 无色透明液体。与乙醇、乙醚、丙酮等有机溶剂任意混溶，不溶于水。mp −25℃；bp175～177℃；Fp 127.4℉ (53℃)；d_4^{20} 0.894；n_D^{20} 1.513。一般试剂含量 90%～95% (GC)。气相色谱标准物含量≥99.5% (GC)。

注意事项 该品易燃。对呼吸系统有刺激性。使用时应避免吸入本品的蒸气，避免与眼睛及皮肤接触，应密封保存。

主要用途 色谱分析标准物质。

1,2,4-Trimethylbenzene 1,2,4-三甲苯 09923

[95-63-6] C_9H_{12} 120.20

成分 C 89.93%，H 10.06%。

别名 1,2,4-三甲基苯；假茴香油素；Asymmetrical trimethylbenzene；Pseudocumene；Pseudocumol；1,2,4-TMB；*asym*-Trimethylbenzene

GW 2015-1800 M.I.15，8023

性状 无色液体。溶于乙醇、乙醚、苯，几乎不溶于水。mp −43.78℃；bp 169～171℃；Fp 120℉(48℃)；d_4^{20} 0.8761；n_D^{21} 1.5044。LD_{50}雄，雌小鼠腹膜内注射：4.1mg/kg。

注意事项 该品易燃。其蒸气吸入有毒。对眼睛、呼吸系统及皮肤有刺激性。对水生物有毒。能对水环境引起长期不利的结果。万一接触到眼睛，应立即用大量水冲洗后请医生诊治。应防止将本品释放于环境中。应密封保存。

主要用途 色谱分析标准物质。有机合成。制药工业。

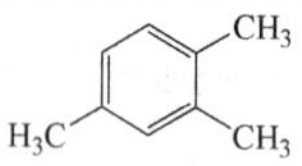

Trimethyl borate 硼酸三甲酯 09924

[121-43-7] $C_3H_9BO_3$ 103.91

成分 C 34.68%，H 8.73%，B 10.40%，O 46.19%。

别名 三甲氧基硼烷；硼酸甲酯；Boric acid trimethyl ester；Methyl borate

GW 2015-1610 M.I.15，9882

性状 无色液体。对湿度有敏感。与四氢呋喃、乙醚、异丙胺、己烷、甲醇、液体石蜡及一般有机溶剂相混溶。遇水分解为甲醇和硼酸。与甲醇能形成共沸物。mp −34℃；bp 67～68℃；Fp 84.2℉ (29℃)；*d* 0.915；n_D^{20} 1.358。LD_{50}大鼠急性经口：6.14mL/kg。一般试剂含量≥99.0% (GC)。

注意事项 该品易燃。与皮肤接触有毒。使用时应避免吸入本品的蒸气，避免与眼睛接触。应远离火种，于密封干燥处保存。

主要用途 其他有机硼化合物的合成和高纯硼的制备。催化剂。石蜡、树脂和石油的溶剂。半导体工业掺杂源。

2,2,3-Trimethylbutane 2,2,3-三甲基丁烷 09925

[464-06-2] C_7H_{16} 100.20

成分 C 83.90%，H 16.09%。

别名 五甲基乙烷；异丙基三甲基甲烷；Pentamethylethane；Triptane

GW 2015-1802

性状 无色液体。溶于乙醇，不溶于水。mp −25℃；bp 78～81℃；Fp −4℉ (−20℃)；d_4^{20} 0.689；n_D^{20} 1.3890。一般试剂含量≥99.0% (GC)。

注意事项 该品高度易燃。对皮肤有刺激性。对水生物极毒。能对水环境引起长期不利的结果。口服有毒，并可能损伤肺脏。其蒸气可引起瞌睡和眩晕。使用现场禁止吸烟。切勿排入下水道。如误服本品不能吐出，应立即请医生诊治，并出示瓶签或包装物。应防止将本品释放于环境中。应远离火种，采取抗放静电措施，密封于通风良好处保存。

主要用途 有机合成。

3,3,5-Trimethylcyclohexanone

3,3,5-三甲基环己酮 09926

[873-94-9] $C_9H_{16}O$ 140.23

成分 C 77.09%，H 11.50%，O 11.41%。

性状 无色透明液体。溶于乙醇、乙醚。mp −10℃；bp 189～191℃；Fp 147.2℉ (64℃)；*d* 0.888；n_D^{20} 1.4450。一般试剂含量≥98.0%。

注意事项 该品对眼睛、呼吸系统及皮肤有刺激性。使用时应穿适当的防护服。万一接触到眼睛，应立即用大量水冲洗后请医生诊治。应充氩气密封于干燥处保存。

主要用途 有机合成。

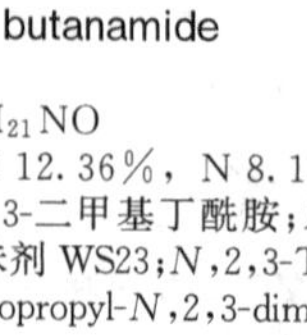

Trimethyl isopropyl butanamide

三甲基异丙基丁酰胺 09927

[51115-67-4] $C_{10}H_{21}NO$ 171.28

成分 C 70.12%，H 12.36%，N 8.18%，O 9.34%。

别名 2-异丙基-*N*,2,3-二甲基丁酰胺；*N*,2,3-三甲基-2-(1-甲基乙基)丁酰胺；凉味剂 WS23；*N*,2,3-Trimethyl-2-(1-methylethyl)butanamide；2-Isopropyl-*N*,2,3-dimethylbutanamide；WS23

M.I.15，9887

性状 有薄荷样凉味的无色固体，mp 58～61℃；或白色结晶性粉末，mp 63℃；$bp_{0.35}$ 83～85℃/46.7Pa。一般试剂含量≥99.0%（GC）。

主要用途 生理冷却剂。凉味剂。

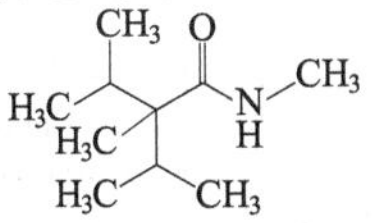

Trimethyl orthoformate 原甲酸三甲酯 09928

［149-73-5］ $C_4H_{10}O_3$ 106.12

成分 C 45.27%，H 9.50%，O 45.23%。

别名 三甲氧基甲烷；Trimethoxymethane

GW 2015-2746

性状 无色液体。bp 101～102℃；Fp 60℉（15℃）；d 0.970；n_D^{20} 1.3790。一般试剂含量≥99.0%（GC）。

注意事项 该品高度易燃。对眼睛有刺激性。使用时应穿适当的防护服。使用现场禁止吸烟。万一接触到眼睛，应立即用大量水冲洗后请医生诊治。应远离火种密封于通风良好处保存。

2,2,4-Trimethylpentane 2,2,4-三甲基戊烷 09929

［540-84-1］ C_8H_{18} 114.23

成分 C 84.12%，H 15.88%。

别名 异辛烷；三甲基异丁基甲烷；异丁基三甲基甲烷；Alkane C8；Isobutyltrimethylmethane；Isooctane；*iso*-Octane；Trimethyl-*iso*-butylmethane；Trimethylisobutylmethane

GW 2015-1813 M.I.15，5239

性状 无色透明液体。溶于苯、甲苯、二甲苯、二硫化碳、四氯化碳、二甲基甲酰胺、乙醚、丙酮、苯、三氯甲烷、油类，稍微溶于无水乙醇，几乎不溶于水。mp －107.45℃；bp 99.3℃；Fp 10℉（－12℃，闭杯）；d_4^{20} 0.69194；n_D^{20} 1.39157。一般试剂含量≥99.0%（HPLC）。气相色谱标准物含量≥99.5%（GC）。

注意事项 该品高度易燃。口服有毒，并可能损伤肺脏。对皮肤有刺激性。其蒸气可引起瞌睡和眩晕。对水生物极毒。能对水环境引起长期不良的结果。切勿排入下水道。如误服本品不能吐出，应立即请医生诊治，并出示瓶签或包装物。应防止将本品释放于环境中。其包装物应按危险品处理。应远离火种，采取抗放静电措施，于通风良好处密封保存。

主要用途 色谱分析标准物质。有机合成。汽油抗震性的检定。测定内燃机燃料爆炸性质的标准。

2,3,4-Trimethylpentane 2,3,4-三甲基戊烷 09930

［565-75-3］ C_8H_{18} 114.23

成分 C 84.12%，H 15.88%。

GW 2015-1814

性状 无色液体。易溶于乙醇、乙醚、丙酮、苯、氯仿等有机溶剂，不溶于水。mp －110℃；bp 113～114℃；Fp 41℉（5℃）；d_4^{20} 0.718；n_D^{20} 1.405。一般试剂含量≥97.0%（GC）。

注意事项 该品口服有毒。与皮肤接触有毒。对眼睛、呼吸系统及皮肤有刺激性。使用时应穿适当的防护服，戴手套和防护镜或面罩。使用时如有事故发生或有不适之感，应立即请医生诊治。应充氩气密封避光于 2～8℃干燥保存。

2,2,4-Trimethyl-1,3-pentanediol 2,2,4-三甲基-1,3-戊二醇 09931

［144-19-4］ $C_8H_{18}O_2$ 146.23

成分 C 65.71%，H 12.41%，O 21.88%。

性状 白色固体。溶于乙醇、丙酮、苯、乙醚，微溶于水。mp 50～53℃；bp 232℃；Fp 235.4℉（113℃）。一般试剂含量≥96.0%（GC）。

注意事项 该品对眼睛、呼吸系统及皮肤有刺激性。使用时应戴适当的手套和防护镜或面罩。万一接触到眼睛，应立即用大量水冲洗后请医生诊治。

2,4,4-Trimethyl-1-pentene 2,4,4-三甲基-1-戊烯 09932

［107-39-1］ C_8H_{16} 112.22

成分 C 85.62%，H 14.37%。

别名 双异丁烯；α-Di-*iso*-butylene；α-Diisobutylene；2-Methylpropene dimer

GW 2015-1797

性状 无色液体。溶于乙醚、苯、氯仿，不溶于水。bp 100～101℃；Fp 24.8℉（－4℃）；d_4^{20} 0.715；n_D^{20} 1.409。一般试剂含量≥98.0%（GC）。

注意事项 该品高度易燃。对水生物有毒。能对水环境引起不利的结果。使用现场禁止吸烟。切勿排入下水道。应防止将本品释放于环境中。应远离火种，采取抗放静电措施，于通风良好处密封保存。

2,3,5-Trimethylphenol 2,3,5-三甲酚 09933

［697-82-5］ $C_9H_{12}O$ 136.19

成分 C 79.37%，H 8.88%，O 11.75%。

别名 2,3,5-三甲基苯酚；异假茴香豆醇；6-羟基-1,2,4-三甲基苯；6-羟基(代)假茴香油素；6-Hydroxy-1,2,4-trimethylbenzene；Isopseudocumenol

性状 无色针状结晶。mp 92～94℃；bp 230～231℃。一般试剂含量≥98.0%（GC）。

注意事项 该品具有腐蚀性，能引起烧伤。使用时应穿适当的防护服，戴手套和防护镜或面罩。万一接触到眼睛，应立即用大量水冲洗后请医生诊治。使用时如有事故发生或有不适之感，应请医生诊治。

主要用途 有机合成。

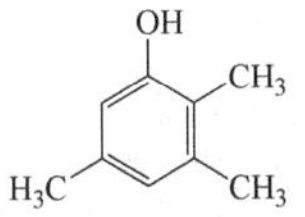

2,4,6-Trimethylphenol 2,4,6-三甲酚 09934

［527-60-6］ $C_9H_{12}O$ 136.19

成分 C 79.37%，H 8.88%，O 11.75%。

别名 2-羟基苯；2,4,6-三甲基苯酚；Mesitol；2-Hydroxymesitylene

性状 白色结晶。溶于乙醇，不溶于水。mp 70～72℃；bp 220℃。

注意事项 该品具有腐蚀性，能引起烧伤。使用时应穿适当的防护服，戴手套和防护镜或面罩。万一接触到眼睛，应立即用大量水冲洗后请医生诊治。使用时如有事故发生或有不适之感，应请医生诊治。

主要用途 有机合成。

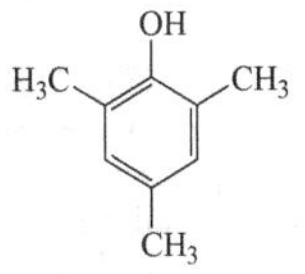

Trimethyl phosphate 磷酸三甲酯 09935

［512-56-1］ $C_3H_9O_4P$ 140.08

成分 C 25.72%，H 6.48%，O 45.69%，P 22.11%。

别名 磷酸甲酯；Phosphoric acid trimethyl ester；Methyl phosphate；TMP

性状 无色液体。常温下稳定。对湿度敏感。与各种树脂、树胶及多种有机溶剂相混溶，溶于水而分解。mp －46℃；bp 196～198℃；d_4^{20} 1.197；n_D^{20} 1.3960。一般试剂含量≥99.0%。

注意事项 该品口服有毒，对眼睛及皮肤有刺激性，并对机体有不可逆损伤的可能性。可能致癌。可能引起遗传基因的损伤。使用前应得到专门的指导，避免曝露。使用时应穿适当的防护服，戴手套和防护镜或面罩。使用时如有事故发生或有不适之感，应请医生诊治。应密封于干燥处保存。

主要用途 测定锗的试剂。溶剂。萃取剂。半导体的扩散源。气相色谱固定液。

2,4,6-Trimethylpyridine 2,4,6-三甲基吡啶 09936

［108-75-8］ $C_8H_{11}N$ 121.18

成分 C 79.29%，H 9.15%，N 11.56%。

别名 2,4,6-三甲基氮杂苯；2,4,6-可力丁；对称可力丁；胶氨基；对称可力丁；2,4,6-Collidine；γ-Collidine；α,γ,α′-Collidine；*sym*-Collidine

M. I. 15，9890

性状 无色液体。有芳香气味。与乙醚相混溶，溶于甲醇、乙醇、氯仿、苯、甲苯、稀酸，溶于水（6℃，20.8g/100mL；20℃，3.5g/100mL；100℃，1.8g/100mL）。pK_a（25℃）6.69。mp −46℃；bp_{762} 170.5℃/101.59kPa；bp_{760} 171℃/101.325kPa；bp_{31} 65℃/4.13kPa；$bp_{2.7}$ 10℃/359.97Pa；Fp 136℉（57.8℃）；$d_4^{22.1}$ 0.9166；$d_4^{16.4}$ 0.9191；$d_{15.5}^{15.5}$ 0.920～0.935；n_D^{25} 1.4959；$n_D^{22.1}$ 1.49770。一般试剂含量≥99.0%(GC)。

注意事项 该品易燃。吸入、口服或与皮肤接触有毒。对眼睛、呼吸系统及皮肤有刺激性。使用时应穿适当的防护服和戴手套。万一接触到眼睛，应立即用大量水冲洗后请医生诊治。使用时避免吸入本品的蒸气，避免与眼睛及皮肤接触。

主要用途 溶剂。有机合成。

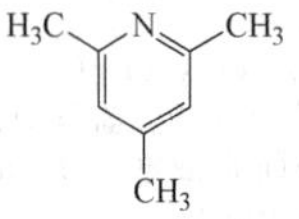

1-(Trimethylsilyl)imidazole 1-(三甲基硅烷基)咪唑

09937

[18156-74-6] $C_6H_{12}N_2Si$ 140.26

成分 C 51.38%，H 8.62%，N 19.97%，Si 20.02%。

别名 *N*-三甲基硅烷基咪唑；TMSI；TMSIM；SIM；*N*-Trimethylsilylimidazole；TSIM

性状 无色液体。遇水分解。bp_{14} 93～94℃/1.867kPa；Fp 42℉（5℃）；d_4^{20} 0.957；n_D^{20} 1.476。一般试剂含量≥98.0%(T)。

注意事项 该品易燃。对眼睛、呼吸系统及皮肤有刺激性。使用时应穿适当的防护服。使用现场禁止吸烟。万一接触到眼睛，应立即用大量水冲洗后请医生诊治。应充氩气密封于2～8℃干燥保存。

主要用途 强甲硅烷化剂，特别对醇类。

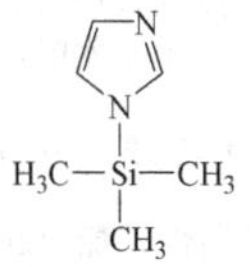

3-Trimethylsilyl-1-propanesulfonic acid sodium salt 3-三甲基硅烷基-1-丙烷磺酸钠盐

09938

[2039-96-5] $C_6H_{15}NaO_3SSi$ 218.33

成分 C 33.01%，H 6.92%，Na 10.53%，O 21.98%，S 14.69%，Si 12.86%。

别名 2,2-二甲基-2-硅戊烷-5-磺酸钠盐；4,4-二甲基-4-硅戊磺酸钠盐；2,2-Dimethyl-2-silapentane-5-sulfonate sodium salt；Sodium 2,2-dimethyl-2-silapentane-5-sulfonate；4,4-Dimethyl-4-silapentanesulfonic acid sodium salt；DSS；TSPSA

性状 无色结晶。易吸湿。mp 约 165℃(分解)。一般试剂含量≥99.0%(T)。

注意事项 使用时避免吸入本品的粉尘，避免与眼睛及皮肤接触。应充氩气密封于干燥处保存。

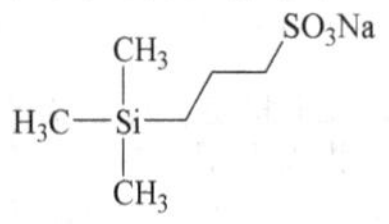

Trimetozine 三甲氧基苯酰吗啉

09939

[635-41-6] $C_{14}H_{19}NO_5$ 281.31

成分 C 59.78%，H 6.81%，N 4.98%，O 28.44%。

别名 4-Morpholinyl(3,4,5-trimethoxyphenyl)methanone；4-(3,4,5-Trimethoxybenzoyl)morpholine；*N*-(3,4,5-Trimethoxybenzoyl)tetrahydro-1,4-oxazine；V-7；Opalene；Trioxazine

M. I. 15，9892

性状 无色结晶。微溶于水、乙醇。mp 120～122℃。

主要用途 医用抗焦虑剂。

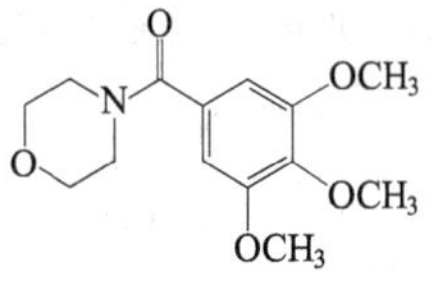

Trimetrexate monoacetate monohydrate 曲美沙特 一乙酸盐 一水

09940

[117381-09-6] $C_{21}H_{27}N_5O_5 \cdot H_2O$ 447.50

成分（以无水物计） C 58.73%，H 6.34%，N 16.31%，O 18.63%。

别名 三甲曲沙 乙酸盐；乙酸三甲曲沙；乙酸曲美沙特；5-Methyl-6-[(3,4,5-trimethoxyphenyl)amino]methyl-2,4-quinazolinediamine monoacetate monohydrate；2,4-Diamino-5-methyl-6-[(3,4,5-trimethoxyanilino)methyl]quinazoline monoacetate monohydrate；TMC-monoacetate monohydrate；NSC-249008 monoacetate monohydrate；JB-11 monoacetate monohydrate；CI-898 monoacetate monohydrate

M. I. 15，9893

性状 来自乙酸水溶液中的无色结晶。稀薄地溶于水。mp 215～217℃。LD_{50}小鼠腹膜内注射：175mg/kg。

主要用途 医用抗肿瘤剂，抗肺囊虫剂。

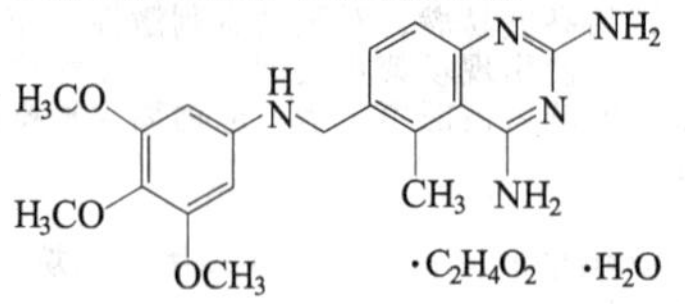

Trimipramine maleate salt 三甲丙咪嗪 马来酸盐

09941

[521-78-8] $C_{24}H_{30}N_2O_4$ 410.51

成分 C 70.22%，H 7.37%，N 6.82%，O 15.59%。

别名 三甲丙咪嗪 异丁酸盐；三甲丙咪嗪 顺丁烯二酸盐；马来酸三甲丙咪嗪；失水苹果酸三甲丙咪嗪；异丁烯二酸三甲丙咪嗪；顺丁烯二酸三甲丙咪嗪；Stangyl (tabl.)；Surmontil (tabl.)；10,11-Dihydro-*N*,*N*,*β*-trimethyl-5*H*-dibenz[*b*,*f*]azepine-5-propanamine maleate；5-(3-Dimethylamino-2-methylpropyl)-10,11-dihydro-5*H*-dibenz[*b*,*f*]azepine maleate；5-(3-Dimethylamino-2-methylpropyl)iminodibenzyl maleate；Trimeprimine maleate；Trimeproprimine maleate；RP-7162 maleate；Sapilent maleate

M. I. 15，9894

性状 无色结晶或白色粉末。溶于氯仿，微溶于水、乙醇，几乎不溶于乙醚。mp 142℃。一般试剂含量≥99.0%(TLC)。

注意事项 该品口服有毒。对眼睛、呼吸系统及皮肤有刺激性。可能危害胎儿。使用时应穿适当的防护服。万一接触到眼睛，应立即用大量水冲洗后请医生诊治。应密封于2～8℃保存。

主要用途 生化研究。医用抗抑郁剂。

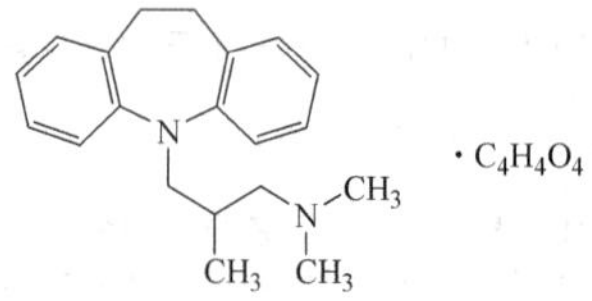

Trimoprostil 曲莫前列素

09942

[69900-72-7] $C_{23}H_{38}O_4$ 378.55

成分 C 72.98%，H 10.12%，O 16.91%。

别名 (5*Z*,11*α*,13*E*,15*R*)-15-Hydroxy-11,16,16-trimethyl-9-oxoprosta-5,13-dien-1-oic acid；(*Z*)-7-[(1*R*,2*R*,3*R*)-2-[(*E*)-(3*R*)-3-Hydroxy-4,4-dimethyl-1-octenyl]-3-methyl-5-oxocyclopentyl]-5-heptenoic acid；*nat*-11*R*，16，16-Trimethyl-15*R*-hydroxy-9-oxoprosta-*cis*-5-*trans*-13-dienoic acid；11*R*,16,16-Trimethyl-(11-desoxyprostaglandin E_2)；11-Deoxy-11*α*,16,16-trimethyl-PGE_2；TM-PGE_2；Ro-21-6937；Ulstar

M. I. 15，9895

性状 无色油状液体。$[\alpha]_D$ −51.54°（*c*=1，于氯仿中）。LD_{50}小鼠，大鼠急性经口（mg/kg）：41，23；腹膜内注射（mg/kg）：70，21；皮下注射（mg/kg）：68，29。

主要用途 医用抗溃疡剂。

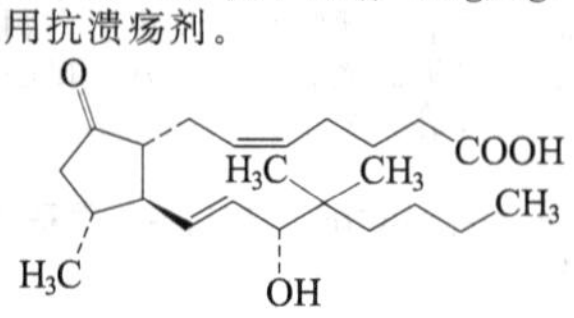

Trinexapac-ethyl
4-环丙基羟基亚甲基-3，5-二氧环己烷羧酸乙酯 09943
[95266-40-3] $C_{13}H_{16}O_5$ 252.27
成分 C 61.90%，H 6.39%，O 31.71%。
别名 抗倒酯；4-Cyclopropylhydroxymethylene-3，5-dioxocyclohexanecarboxylic acid ethyl ester；Cimectacarb；CGA-163935；Moddus；Palisade；Primo；Vision
M. I. 15，9897
性状 无色结晶。溶于水（20℃，g/L）：27（pH 值 7）；5（pH 值 5）。该品于下列物质中的溶解度（20℃，g/mL）：甲醇＞1；乙腈＞1；环己酮＞1；异丙醇 0.9；正辛醇 0.18；己烷 0.035。pK_a 4.7；mp 36℃；n_D^{30} 1.5350。LD_{50}大鼠急性经口：4460mg/kg；皮肤接触：＞4000mg/kg。一般试剂含量≥97.0%（HPLC）。
注意事项 该品对水生物有毒。应防止将本品释放于环境中。
主要用途 植物生长调节剂。分析用标准物质。

1,3,5-Trinitrobenzene 1,3,5-三硝基苯 09944
[99-35-4] $C_6H_3N_3O_6$ 213.11
成分 C 33.82%，H 1.42%，N 19.72%，O 45.04%。
别名 对称三硝基苯；间三硝基苯；Benzite；TNB；*sym*-Trinitrobenzene
GW 2015-1870 M. I. 15，9898
性状 来自冰乙酸中的无色至黄色正交双锥体片状结晶。该品于下列物质中溶解度（g/100g）：水 0.035；苯 6.2；甲醇 4.9；乙醇 1.9；乙醚 1.5；二硫化碳 0.25；石油醚 0.05。易溶于稀亚硫酸钠溶液。mp 122.5℃；bp 315℃；d_4^{152} 1.4775；d_4^{20} 1.76。LD_{50}大鼠急性经口：275mg/kg。一般试剂为 500mg/安瓿装。
注意事项 该品当干燥时能爆炸。经碰撞、摩擦、遇火及其他火种有爆炸的危险。吸入、口服或与皮肤接触极毒。具有蓄积性危害。对呼吸系统及皮肤有刺激性。对眼睛有严重损伤的危险。对水生物极毒。能对水环境引起长期不良的影响。使用时如有事故发生或有不适之感，应请医生诊治。应防止将本品释放于环境中。其包装物应按危险品处理。本品及容器必须以安全方式堆放。
主要用途 色谱分析标准物质。

2,4,6-Trinitrobenzenesulfonic acid trihydrate
2,4,6-三硝基苯磺酸 三水 09945
[2508-19-2] $C_6H_3N_3O_9S \cdot 3H_2O$ 347.22
成分（以无水物计） C 24.58%，H 1.03%，N 14.33%，O 49.12%，S 10.94%。
别名 三水合 2，4，6-三硝基苯磺酸；苦基磺酸 三水；Picrylsulfonic acid trihydrate；TBNS；TNBS
GW 2015-1876
性状 黄色斜方形结晶。溶于丙酮、甲醇，微溶于苯。mp 190～195℃。
注意事项 该品当干燥时爆炸。口服有毒。具有腐蚀性，能引起烧伤。接触皮肤能引起过敏。使用时应穿适当的防护服，戴手套和防护镜或面罩。万一接触到眼睛，应立即用大量水冲洗后请医生诊治。使用时如有事故发生或有不适之感，应请医生诊治。应密封于－20℃保存。

Trioctylamine 三辛胺 09946
[1116-76-3] $C_{24}H_{51}N$ 353.68
成分 C 81.50%，H 14.53%，N 3.96%。
别名 三正辛胺；N-235；Tri-*n*-octylamine；TNOA；TOA
性状 无色或浅黄色油状液体。有氨味。溶于氯仿，微溶于甲醇，不溶于水。bp 365～367℃；Fp 325.4℉（163℃）；d_4^{20} 0.811；n_D^{20} 1.449。
注意事项 该品易燃。对眼睛、呼吸系统及皮肤有刺激性。使用时应穿适当的防护服。使用现场禁止吸烟。万一接触到眼睛，应立即用大量水冲洗后请医生诊治。应充氩气密封于 2～8℃干燥保存。应充氩气密封保存。
主要用途 对钍、铀等锕系元素有较好的萃取性能，而且对有色金属、稀有、稀散金属和铂系元素都可在不同体系下进行萃取分离。表面活性剂。

Trioctylphosphine oxide 三辛基氧化膦 09947
[78-50-2] $C_{24}H_{51}OP$ 386.64
成分 C 74.55%，H 13.29%，O 4.14%，P 8.01%。
别名 三正辛基氧化膦；氧化三正辛基膦；TOPO；Tri-*n*-octylphosphine oxide
性状 白色针状结晶。易潮解。溶于苯、石油醚。mp 52～55℃；bp_2 201～202℃/266.64Pa；Fp 230℉（110℃）。一般试剂含量≥97.0%（GC）。
注意事项 该品对呼吸系统及皮肤有刺激性。对眼睛有严重损伤的危险。使用时应穿适当的防护服，戴防护镜或面罩。万一接触到眼睛，应立即用大量水冲洗后请医生诊治。应密封于干燥处保存。
主要用途 铬酸盐萃取剂。溶剂。

1,3,5-Trioxane 1,3,5-三氧六环 09948
[110-88-3] $C_3H_6O_3$ 90.08
成分 C 40.00%，H 6.71%，O 53.28%。
别名 1,3,5-三氧杂环己烷；1,3,5-三噁烷；三噁烷 对称；对称三氧六环；对称三烷；对称三聚甲醛；Metaformaldehyde；Triformol；1,3,5-Trioxacyclohexane；*sym*-Trioxane；Trioxymethylene
GW 2015-1818 M. I. 15，9906
性状 无色或白色结晶性固体。易升华。易溶于水（18℃，17.2g/100mL；25℃，21.1g/100mL）、乙醇、乙醚、丙酮、三氯甲烷、二硫化碳、苯，微溶于戊烷、低级烷烃、石油醚。mp 64℃；bp_{759} 114.5℃/101.19kPa（再高即分解）；Fp 113℉（45℃）；d^{65} 1.17。一般试剂含量≥99.0%（GC）。
注意事项 该品高度易燃。对呼吸系统有刺激性。可能危害胎儿。使用时应穿适当的防护服和戴手套。如误服，应立即就医，并出示本品的容器或标签。
主要用途 有机合成。消毒剂。无焰无色的燃料。

Trioxsalen 三甲呋豆素 09949
[3902-71-4] $C_{14}H_{12}O_3$ 228.25
成分 C 73.67%，H 5.30%，O 21.03%。
别名 三甲补骨脂内酯；三甲呋苯吡喃酮；三甲沙林；2,5,9-Trimethyl-7*H*-furo[3,2-*g*][1]benzopyran-7-one；6-Hydroxy-*β*，2，7-trimethyl-5-benzofuranacrylic acid *δ*-lactone；4，5′，8-Trimethylpsoralen；NSC-71047；Trisoralen
M. I. 15，9907
性状 来自氯仿中的无色棱柱体结晶。对光敏感。溶于二氯甲烷，略微溶于氯仿，微溶于乙醇，几乎不溶于水。mp 234.5～235℃；uv max（甲醇中）：250nm，295nm，335nm（lg ε 4.35，3.99，3.80）。一般试剂含量≥97.0%（HPLC）。
注意事项 该品具有腐蚀性，能引起烧伤。可能致癌。使用时应穿适当的防护服，戴手套和防护镜或面罩。万一接触到眼睛，应立即用大量水冲洗后请医生诊治。使用时如有事故发生或有不适之感，应请医生诊治。应充氩气密封避光于 2～8℃保存。
主要用途 生化研究。医用治白癜风剂。

Tripamide 曲帕胺 09950
[73803-48-2] $C_{16}H_{20}ClN_3O_3S$ 369.86
成分 C 51.96%,H 5.45%,Cl 9.58%,N 11.36%,O 12.98%,S 8.67%。
别名 卓波酰胺;氨磺异吲苯酰胺;*rel*-3-Aminosulfonyl-4-chloro-*N*-[(3a*R*,4*R*,7*S*,7a*S*)-octahydro-4,7-methano-2*H*-isoindol-2-yl]benzamide;(3aα,4α,7α,7aα)-3-Aminosulfonyl-4-chloro-*N*-(octahydro-4,7-methano-2*H*-isoindol-2-yl)benzamide;4-chloro-*N*-(*endo*-hexahydro-4,7-methanoisoindolin-2-yl)-3-sulfamoylbenzamide;toripamide;ADR-033;E-614;Normonal
M.I. 15,9909
性状 无色针状结晶。
主要用途 医用抗高血压剂,利尿剂。

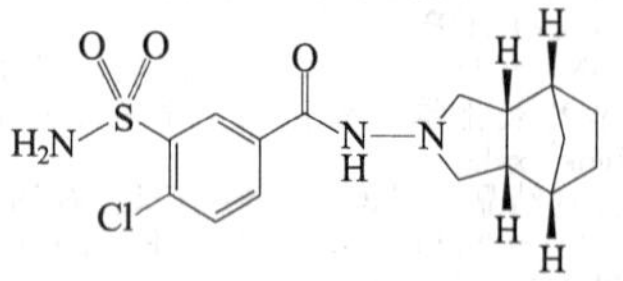

Tripelennamine hydrochloride 苄吡二胺 盐酸盐 09951
[154-69-8] [22306-05-4] $C_{16}H_{22}ClN_3$ 291.82
成分 C 65.85%,H 7.60%,Cl 12.15%,N 14.40%。
别名 去敏灵;朴敏宁;曲吡那敏 盐酸盐;吡苄明;吡苄胺;盐酸苄吡二胺;Azaron;Dehistin;*N*,*N*-Dimethyl-*N*″-phenylmethyl-*N*′-2-pyridinyl-1,2-ethanediamine hydrochloride;2-[Benxyl(2-dimethylaminoethyl)amino]pyridine hydrochloride;*N*-Benzyl-*N*′,*N*′-dimethyl-*N*-(2-pyridyl)ethylenediamine hydrochloride;*N*,*N*-Dimethyl-*N*′-benzyl-*N*′-(α-pyridyl) ethylenediamine hydrochloride;β-Dimethylaminoethyl-2-pyridylbenzylamine hydrochloride;β-Dimethylaminoethyl-2-pyridylaminotoluene hydrochloride
M.I. 15,9910
性状 来自乙酸乙酯+甲醇中的无色结晶。味苦。1g 该品溶于 0.77mL 水、6mL 乙醇、6mL 氯仿、约 350mL 丙酮。不溶于苯、乙醚。乙酸乙酯。对石蕊约呈中性。其水溶液(25mg/mL)pH 值 6.71,(50mg/mL)pH 值 6.67,(100mg/mL)pH 值 5.56。mp 192~193℃;uv max(水中):244nm,305nm(ε 14470,4780)。LD_{50}小鼠腹膜内注射:47mg/kg。
注意事项 该品口服有毒。对眼睛、呼吸系统及皮肤有刺激性。使用时应穿适当的防护服。万一接触到眼睛,应立即用大量水冲洗后请医生诊治。
主要用途 医用抗组胺剂。

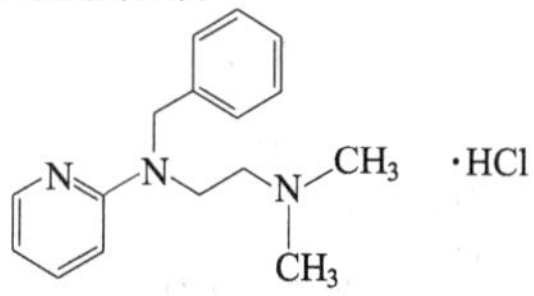

Triphenylamine 三苯胺 09952
[603-34-9] $C_{18}H_{15}N$ 245.32
成分 C 88.13%,H 6.16%,N 5.71%。
性状 无色或浅黄色结晶。易溶于苯,溶于乙醚、丙酮,微溶于乙醇,不溶于水。mp 124~128℃;bp 365℃;n_D^{16} 1.353。一般试剂含量≥98.0%(GC)。
注意事项 该品对眼睛及皮肤有刺激性。使用时应避免吸入本品的粉尘,避免与眼睛及皮肤接触。万一接触到眼睛,应立即用大量水冲洗后请医生诊治。接触皮肤后,应用大量水冲洗。
主要用途 有机合成。

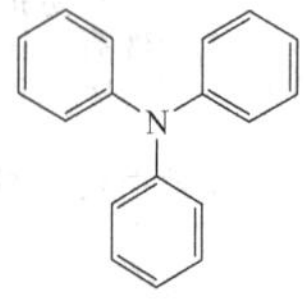

Triphenylarsine 三苯胂 09953
[603-32-7] $C_{18}H_{15}As$ 306.24
成分 C 70.60%,H 4.94%,As 24.46%。
别名 Arsine triphenyl
性状 白色或浅灰红色结晶。溶于苯、乙醚、三氯甲烷,微溶于乙醇,不溶于水。mp 60~62℃。bp 360℃;Fp 509℉(265℃)。一般试剂含量≥98.0%。
注意事项 该品吸入或口服有毒。对水生物极毒。能对水环境产生长期不良的影响。使用现场禁止饮食及吸烟。接触皮肤后应立即用大量水冲洗。使用时如有事故发生或有不适之感,应请医生诊治。应防止将本品释放于环境中。其包装物应按危险品处理。应密封避光保存。
主要用途 制药工业。植物研究(0.7mg/L 溶液即能防止植物孢子生长)。

Triphenylbromomethane 三苯基溴甲烷 09954
[596-43-0] $C_{19}H_{15}Br$ 323.24
成分 C 70.60%,H 4.68%,Br 24.72%。
别名 三苯甲基溴;溴三苯甲烷;溴代三苯基甲烷;Bromotriphenylmethane;Trityl bromide;Triphenylmethyl bromide
性状 白色粉末或颗粒。溶于二氧六环。mp 152~155℃;bp_{15} 230℃/2kPa。一般试剂含量≥95.0%(AT)。
注意事项 该品具有腐蚀性,能引起烧伤。使用时应穿适当的防护服,戴手套和防护镜或面罩。万一接触到眼睛,应立即用大量水冲洗后请医生诊治。使用时如有事故发生或有不适之感,应请医生诊治。

Triphenylchloromethane 三苯基氯甲烷 09955
[76-83-5] $C_{19}H_{15}Cl$ 278.78
成分 C 81.86%,H 5.42%,Cl 12.72%。
别名 氯三苯甲烷;氯代三苯基甲烷;Chlorotriphenylmethane;Triphenylmethyl chloride;Trityl chloride
M.I. 15,9944
性状 无色至微黄色结晶或结晶性粉末。对湿度敏感。露置于空气中易分解。易溶于苯、二硫化碳等多数有机溶剂,微溶于水。mp 111~112℃;bp_{20} 230~235℃/2.666kPa;d1.26。一般商品含量 98.0%~100.5%。
注意事项 该品具有腐蚀性,能引起烧伤。应密封避光保存。
主要用途 测定糖类中的伯醇。有机合成。

Triphenylchlorosilane 三苯基氯硅烷 09956
[76-86-8] $C_{18}H_{15}ClSi$ 294.86
成分 C 73.32%,H 5.13%,Cl 12.02%,Si 9.53%。
别名 一氯三苯基硅烷;氯三苯基硅烷;氯化三苯基硅烷;Triphenylsilane chloride;Chlorotriphenylsilane;Triphenylsilyl chloride;TPSCl
GW 2015-1744
性状 白色固体或粉末。溶于丙酮。mp 92~94℃。一般试剂含量≥97.0%(AT)。
注意事项 该品具有腐蚀性,能引起烧伤。对呼吸系统有刺激性。使用时应穿适当的防护服,戴手套和防护镜或面罩。万一接触到眼睛,应立即用大量水冲洗后请医生诊治。使用时如有事故发生或有不适之感,应立即请医生诊治。应充氩气密封于干燥处保存。
主要用途 制造高分子有机硅化合物的原料。

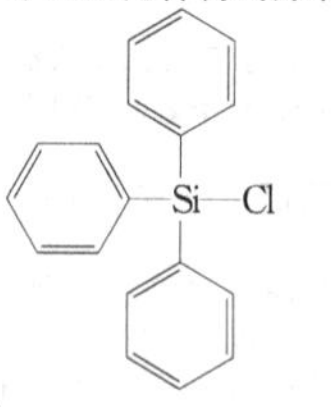

Triphenylene 三亚苯 09957
[217-59-4] $C_{18}H_{12}$ 228.29
成分 C 94.70%,H 5.30%。
别名 9,10-苯并菲;异蒎;二苯并萘;9,10-Benzophenanthrene;1,2,3,4-Dibenznaphthalene;Isochrysene
M.I. 15,9913
性状 来自乙醇或氯仿中的无色长针状结晶。能升华。易溶于苯、氯仿,其溶液呈蓝色荧光。微溶于乙醇,不溶于水。mp 199℃;bp 425℃;d 1.302。一般试剂含量≥98.0%(HPLC)。
注意事项 使用时避免吸入本品的粉尘,避免与眼睛及皮肤接触。

Triphenylmethane　三苯甲烷　09958

[519-73-3]　$C_{19}H_{16}$　244.34

成分　C 93.40%，H 6.60%。

别名　三苯基甲烷；1,1′,1″-Methylidenetris(benzene)；Tritan

M.I.15，9914

性状　无色正交棱锥形结晶。易溶于热乙醇、乙醚、氯仿，溶于石油醚、苯、二硫化碳，微溶于冰乙酸。该品于下列物质中的溶解度（30℃，质量分数）：氯仿 48.6；己烷 12.5；二硫化碳 53；苯（19℃）7.24。mp 78.2℃；bp_{760} 360℃/101.325kPa；bp_{200} 239.7℃/26.664kPa；bp_{100} 228℃/13.332kPa；bp_{60} 221℃/7.999kPa；bp_{40} 215.5℃/5.333kPa；bp_{20} 206.8℃/2.666kPa；bp_{10} 197℃/1.333kPa；bp_{5} 188℃/666.61Pa；bp_{1} 170℃/133.32Pa；d_4^{100} 1.0134；n_D^{100} 1.59546。一般试剂含量≥97.0%（HPLC）。

注意事项　使用时避免吸入本品的粉尘，避免与眼睛及皮肤接触。

主要用途　气相色谱固定液，用于芳香族化合物的分析。染料合成。

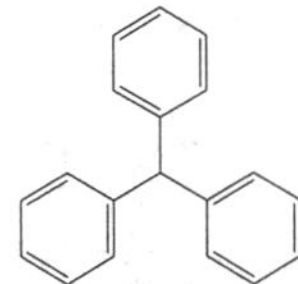

Triphenylmethanol　三苯基甲醇　09959

[76-84-6]　$C_{19}H_{16}O$　260.34

成分　C 87.66%，H 6.19%，O 6.15%。

别名　α-羟基三苯基甲烷；Triphenylcarbinol；Tritanol；Trityl alcohol

M.I.15，9912

性状　来自苯中的无色六方柱状或三方结晶。易溶于乙醇、乙醚、苯，溶于浓硫酸呈深黄色，溶于冰乙酸不变色，不溶于水、石油醚。mp 164.2℃；bp 360℃；d_4^{0} 1.199。一般试剂含量≥98.0%（HPLC）。

注意事项　该品对皮肤有刺激性。使用时应避免吸入本品的粉尘，避免与眼睛及皮肤接触。

主要用途　有机合成。

Triphenyl phosphate　磷酸三苯酯　09960

[115-86-6]　$C_{18}H_{15}O_4P$　326.29

成分　C 66.26%，H 4.63%，O 19.61%，P 9.49%。

别名　磷酸苯酯；Phosphoric acid triphenyl ester；TPP；Phenyl phosphate

M.I.15，9915

性状　无色或白色针状结晶。微有潮解性。溶于乙醚、苯、三氯甲烷、丙酮，中等程度溶于乙醇，不溶于水。mp 49～50℃；bp_{11} 245℃/1.467 kPa；Fp 435℉（223℃）；n_D^{20} 1.563。一般试剂含量≥98.0%（GC）。

注意事项　该品对皮肤有刺激性，并具有蓄积性危害。使用时应穿适当的防护服和戴手套。使用时应避免吸入本品的粉尘。避免与眼睛及皮肤接触。

主要用途　气相色谱固定液。纤维素和塑料的增塑剂。

Triphenylphosphine　三苯膦　09961

[603-35-0]　$C_{18}H_{15}P$　262.29

成分　C 82.43%，H 5.76%，P 11.81%。

别名　三苯基膦；Phosphorus triphenyl；Triphenyl phosphorous

GW 2015-1743　M.I.15，9916

性状　来自乙醚中的无色至微黄色片状或棱柱体结晶。无味。易溶于乙醚，溶于苯、三氯甲烷、冰乙酸，较少地溶于乙醇，几乎不溶于水。mp 80.5℃；bp＞360℃（惰性气体中）；Fp 359℉（181℃）；d_4^{80} 1.075（液体）；d_4^{25} 1.194。

注意事项　该品口服有毒。接触皮肤能引起过敏。对水生物极毒。能对水环境产生长期不良的结果。使用时应穿适当的防护服和戴手套。其包装物应按危险品处理。应充氮气密封保存。

主要用途　测定羟基用作稀释剂。有机元素分析标准。

Triphenylphosphine oxide　氧化三苯膦　09962

[791-28-6]　$C_{18}H_{15}OP$　278.29

成分　C 77.69%，H 5.43%，O 5.75%，P 11.13%。

别名　三苯基氧化膦；TPPO

性状　无色结晶。溶于乙醇、苯，微溶于热水。mp 155～157℃；Fp 356℉（180℃）。一般试剂含量≥98.0%（HPLC）。

注意事项　该品口服有毒。对眼睛、呼吸系统及皮肤有刺激性。万一接触到眼睛，应立即用大量水冲洗后请医生诊治。

主要用途　萃取剂。

Triphenyl phosphite　亚磷酸三苯酯　09963

[101-02-0]　$C_{18}H_{15}O_3P$　310.29

成分　C 69.68%，H 4.87%，O 15.47%，P 9.98%。

GW 2015-2447

性状　无色透明油状液体。与乙醇、乙醚、苯、丙酮等有机溶剂相混溶，不溶于水。mp 22～24℃；bp 360℃；Fp 410℉（210℃）；d_4^{20} 1.18；n_D^{20} 1.5900。一般试剂含量≥97.0%（HPLC）。

注意事项　该品对眼睛及皮肤有刺激性。对水生物极毒。能对水环境引起长期不利的结果。接触皮肤后应立即用大量水冲洗。应防止将本品释放于环境中。其包装物应按危险品处理。

主要用途　螯合剂。塑料制品防老剂。合成醇酸树脂、聚酯树脂。

Triphenylsilane　三苯基硅烷　09964

[789-25-3]　$C_{18}H_{16}Si$　260.42

成分　C 83.02%，H 6.19%，Si 10.78%。

性状　无色或白色固体。遇水分解。mp 43～45℃；bp_2 152℃/266.644Pa；Fp 169 ℉（76℃）。一般试剂含量≥99.0%（GC）。

注意事项　该品对眼睛、呼吸系统及皮肤有刺激性。使用时应穿适当的防护服和戴手套。万一接触到眼睛，应立即用大量水冲洗后请医生诊治。应密封干燥保存。

主要用途　有机合成。

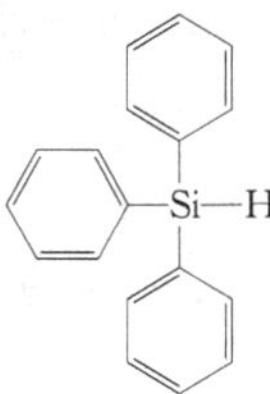

Triphenylsilanol　三苯硅烷醇　09965

[791-31-1]　$C_{18}H_{16}OSi$　276.41

成分　78.22%，H 5.83%，O 5.79%，Si 10.16%。

别名　羟基三苯基硅烷；三苯基硅烷醇；Hydroxytriphenylsilane

性状　白色结晶。mp 150～153℃。一般试剂含量≥98.0%（CH）。

注意事项　该品对眼睛、呼吸系统及皮肤有刺激性。使用时应穿适当的防护服和戴手套。万一接触到眼睛，应立即用大量水冲洗后请医生诊治。应密封干燥保存。

Triphenyltetrazolium chloride　氯化三苯基四氮唑　09966

[298-96-4]　$C_{19}H_{15}ClN_4$　334.81

成分　C 68.16%，H 4.52%，Cl 10.59%，N 16.73%。

别名　2,3,5-三苯基氯化四氮唑；四氮唑红；红四唑；氯化2,3,5-三苯基四氮唑；RT；Tetrazolium chloride；Tetrazolium salt；TPTZ；TTAC；TTC；TTZ；Red tetrazolium；2,3,5-Triphenyl-2*H*-tetrazolium chloride；Vitastain

M.I.15，9918

性状　来自乙醇或氯仿中的近似无色针状结晶至浅黄色结晶性粉末。溶于水、乙醇、丙酮，不溶于乙醚。243℃分解。生化试剂含量≥99.0%（AT）。

注意事项　该品对眼睛、呼吸系统及皮肤有刺激性。使用时应穿适当的防护服和戴手套。万一接触到眼睛，应立即用大量水冲洗后请医生诊治。应密封干燥保存。应充氩气密封避光于干燥处保存。

主要用途 其1%～2%水溶液用以检定植物种子的发芽率。脱氢酶活性的测定。二硼烷、五硼烷、硼烷的滴定等。农药残留量的分析。色谱分析试剂。还原糖的灵敏试剂。区分乙醇、酮类及简单醛。

Triphenyltin chloride 氯化三苯基锡 09967

[639-58-7] $C_{18}H_{15}ClSn$ 385.46

成分 C 56.09%，H 3.92%，Cl 9.20%，Sn 30.80%。

别名 三苯基氯化锡；Chlorotriphenylstannane；Chlorotriphenyltin；Fentin chloride

性状 白色固体。易吸湿。不溶于水。mp 103～106℃；bp 240℃。一般试剂含量≥97.0%（AT）。

注意事项 该品吸入、口服或与皮肤接触有毒。对水生物极毒。能对水环境引起长期不利的结果。万一接触到眼睛，应立即用大量水冲洗后请医生诊治。接触皮肤后应用大量水冲洗。使用时如有事故发生或有不适之感，应请医生诊治。使用后应立即脱掉所有受污染的衣服。应防止将本品释放于环境中。其包装物应按危险品处理。

Triprolidine hydrochloride monohydrate 吡咯吡胺 盐酸盐 一水 09968

[6138-79-0] $C_{19}H_{23}ClN_2 \cdot H_2O$ 332.87

成分（以无水物计） C 72.48%，H 7.36%，Cl 11.26%，N 8.90%。

别名 反式-2-[3-(1-吡咯烷基)-1-对甲苯丙烯基]吡啶 盐酸盐；苯丙烯啶 盐酸盐；盐酸吡咯吡啶；盐酸苯丙烯啶；295C51；Actidil；Actidilon；Pro-Actidil；Pro-Entra；Venen；2-[(1*E*)-1-(4-Methylphenyl)-3-(1-pyrrolidinyl)-1-propenyl]pyridine hydrochloride；*trans*-2-[3-(1-Pyrrolidinyl)-1-*p*-tolylpropenyl]pyridine hydrochloride；*trans*-1-(2-Pyridyl)-3-pyrrolidino-1-*p*-tolylprop-1-ene hydrochloride；*trans*-1-(4-Methylphenyl)-1-(2-pyridyl)-3-pyrrolidinoprop-1-ene hydrochloride

M. I. 15，9922

性状 来自水中的无色结晶。中等程度溶于水、乙醇、甲醇。mp 116～118℃；uv max（乙醇中）：235nm，283nm（ε 15000，7400）。一般试剂含量≥99.0%。

注意事项 该品口服有毒。对眼睛、呼吸系统及皮肤有刺激性。使用时应穿适当的防护服。万一接触到眼睛，应立即用大量水冲洗后请医生诊治。应密封于2～8℃保存。

主要用途 生化研究。医用抗组胺剂。

Tripropylamine 三丙胺 09969

[102-69-2] $C_9H_{21}N$ 143.27

成分 C 75.45%，H 14.77%，N 9.78%。

别名 三正丙胺；TPA；Tri-*n*-propylamine

GW 2015-1922

性状 无色液体。与乙醇、乙醚相混溶，微溶于水。mp −93.5℃；bp_{11} 40～42℃/1.466kPa；Fp 93.2℉（34℃）；d_4^{20} 0.756；n_D^{20} 1.417。一般试剂含量≥98.0%（GC）。

注意事项 该品易燃。口服有毒。吸入或与皮肤接触有毒。具有腐蚀性，能引起烧伤。使用时应穿适当的防护服，戴手套和防护镜或面罩。万一接触到眼睛，应立即用大量水冲洗后请医生诊治。使用时如有事故发生或有不适之感，应请医生诊治。应远离火种密封保存。

主要用途 有机合成。溶剂。

Tripropyl borate 硼酸三丙酯 09970

[688-71-1] $C_9H_{21}BO_3$ 188.08

成分 C 57.48%，H 11.25%，B 5.75%，O 25.52%。

别名 硼酸三正丙酯；硼酸丙酯；Propyl borate

性状 无色透明液体。与乙醇、乙醚、苯等有机溶剂相混溶。遇水分解。bp 175～177℃；Fp 90℉（32℃）；d_4^{20} 0.857；n_D^{20} 1.395。一般试剂含量≥98.0%。

注意事项 该品易燃。对眼睛、呼吸系统及皮肤有刺激性。万一接触到眼睛，应立即用大量水冲洗后请医生诊治。应远离火种，密封于干燥处保存。

主要用途 电子工业掺杂源。有机合成。半导体硼扩散源。

Triptycene 三蝶烯 09971

[477-75-8] $C_{20}H_{14}$ 254.33

成分 C 94.45%，H 5.55%。

别名 9,10-*o*-Benzeno-9,10-dihydroanthracene；9,10-Dihydro-9,10-*o*-benzenoanthracene

M. I. 15，9925

性状 来自环己烷或甲基环己烷中的无色结晶。mp 253～254℃。

α,α′,α″-Tripyridyl α,α′,α″-三吡啶 09972

[1148-79-4] $C_{15}H_{11}N_3$ 233.28

成分 C 77.23%，H 4.75%，N 18.01%。

别名 2，6-二（2-吡啶基）吡啶；2，2′：6′，2″-三联吡啶；2，6-Di（2-pyridyl）pyridine；2，2′：6′，2″-Terpyridine

性状 白色结晶。易溶于多数有机溶剂，微溶于水。mp 90～92℃。一般试剂含量≥98.5%（GC）。

注意事项 该品口服或与皮肤接触极毒。对眼睛、呼吸系统及皮肤有刺激性。使用时应穿适当的防护服和戴手套。万一接触到眼睛，应立即用大量水冲洗后请医生诊治。接触皮肤应立即用大量水冲洗。使用时如有事故发生或有不适之感，应请医生诊治。

主要用途 检验铁、钴、铂的试剂。

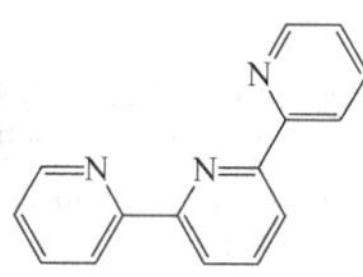

2,4,6-Tri(2-pyridyl)-*s*-triazine 2,4,6-三（2-吡啶基）均三嗪 09973

[3682-35-7] $C_{18}H_{12}N_6$ 312.34

成分 C 69.22%，H 3.87%，N 26.91%。

别名 TPTZ；2,4,6-Tripyridyl-*s*-triazine；2,4,6-Tri-2-pyridyl-*s*-triazine；2,4,6-Tripyridyl-1,3,5-triazine；Tripyridyltriazine；2,4,6-Tris(2-pyridyl)-1,3,5-triazine；2,4,6-Tri(2-pyridyl)-*sym*-triazine

M. I. 15，9926

性状 白色至米色结晶或结晶性粉末。溶于乙醇、苯，微溶于水。mp 244～245℃。一般试剂含量≥99.0%（TLC）。

注意事项 该品对眼睛、呼吸系统及皮肤有刺激性。使用时应穿适当的防护服和戴手套。万一接触到眼睛，应立即用大量水冲洗后请医生诊治。应密封干燥保存。

主要用途 测定血清中铁。亚铁试剂。

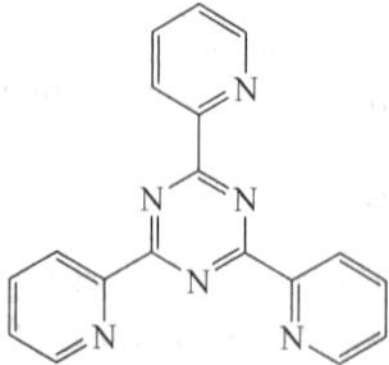

1,2,3-Tris(2-cyanoethoxy)propane 1,2,3-三（2-氰乙氧基）丙烷 09974

[2465-93-2] $C_{12}H_{17}N_3O_3$ 251.29

成分 C 57.36%，H 6.82%，N 16.72%，O 19.10%。

别名 Fractonitrile Ⅲ；TCEP；Glycerol tris(2-cyanoethyl ether)；3,

3′,3″-(1,2,3-Propantriyltrioxy)tripropionitrile;TCEP

性状 棕褐色油状液体。与乙醇、丙酮等有机溶剂相混溶，不溶于水、乙醚。d 1.107。一般试剂含量 95.0%。

注意事项 该品吸入、口服或与皮肤接触有毒。使用时应穿适当的防护服和戴手套。使用时禁止饮食。使用时如有事故发生或有不适之感，应请医生诊治。使用完应立即脱掉受污染的衣物。应远离生活区，密封于通风良好处保存。

主要用途 气相色谱固定液。选择性保留低级含氧化合物。

Tris(diethylamino)phosphine 三(二乙氨基)膦 09975

[2283-11-6] $C_{12}H_{30}N_3P$ 247.37

成分 C 58.27%,H 12.22%,N 16.99%,P 12.52%。

别名 六乙基亚磷三胺；Hexaethylphosphoroustriamide

性状 无色液体。bp_{10} 80～90℃/1.333kPa；Fp 138°F（58℃）；d 0.903；n_D^{20} 1.4737。一般试剂含量≥97.0%（GC）。

注意事项 该品对眼睛、呼吸系统及皮肤有刺激性。使用时应穿适当的防护服，戴手套和防护镜或面罩。使用时应避免吸入本品的蒸气，万一接触到眼睛，应立即用大量水冲洗后请医生诊治。应充氩气密封保存。

2,4,6-Tris(dimethylaminomethyl)phenol
2,4,6-三(二甲氨基甲基)酚 09976

[90-72-2] $C_{15}H_{27}N_3O$ 265.40

成分 C 67.88%,H 10.25%,N 15.83%,O 6.03%。

别名 DMP-30;K-54;NP-30;α,α′,α″-Tris(dimethylamino)mesitol

性状 几乎无色的黏稠液体。溶于乙醇、苯、丙酮、冷水，微溶于热水。bp_1 130～135℃/133.322Pa；Fp 255.2°F（124℃）；d_4^{20} 0.974；n_D^{20} 1.517。一般试剂含量≥90.0%（NT）。

注意事项 该品口服有毒。对眼睛及皮肤有刺激性。万一接触到眼睛，应立即用大量水冲洗后请医生诊治。接触皮肤后应立即用大量肥皂泡沫冲洗。

主要用途 环氧树脂促进剂。防老剂。染料制备。

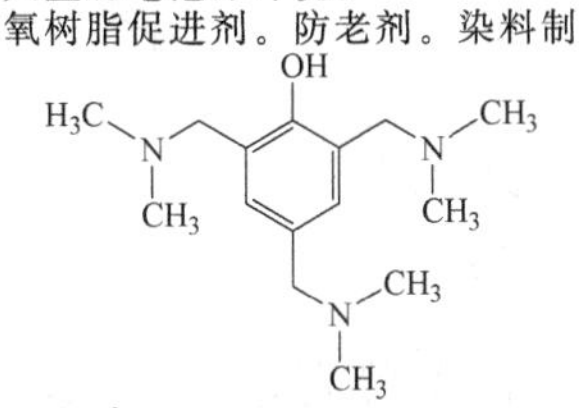

OH H₃C CH₃ N N CH₃ CH₃ N CH₃ CH₃

Tris (2-ethylhexyl) phosphate
磷酸三(2-乙基己)酯 09977

[78-42-2] $C_{24}H_{51}O_4P$ 434.65

成分 C 66.32%，H 11.83%，O 14.72%，P 7.13%。

别名 三（2-乙基己基）磷酸酯；磷酸三异辛酯；Tri-*iso*-octyl phosphate; Phosphoric acid tris（2-ethylhexyl）ester; Trioctyl phosphate

性状 无色或浅黄色液体。与乙醇、乙醚、丙酮、苯等有机溶剂相混溶；不溶于水。bp_4 215℃/533.288Pa；Fp 404.6°F（207℃）；d_4^{20} 0.924；n_D^{20} 1.443。一般试剂含量≥99.0%（GC）。

注意事项 该品蒸气吸入有毒。对眼睛及皮肤有刺激性。使用时应穿适当的防护服，戴手套和防护镜或面罩。万一接触到眼睛，应立即用大量水冲洗后请医生诊治。应密封于通风良好处保存。

主要用途 溶剂。气相色谱固定液。萃取剂。增塑剂。

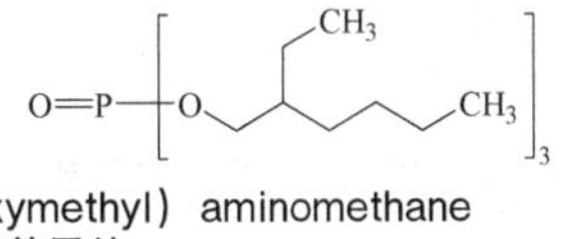

Tris (hydroxymethyl) aminomethane
三(羟甲基)氨基甲烷 09978

[77-86-1] $C_4H_{11}NO_3$ 121.14

成分 C 39.66%，H 9.15%，N 11.56%，O 39.62%。

别名 三甲醇氨基甲烷；缓血酸铵；2-氨基-2-羟甲基-1,3-丙二醇；2-Amino-2-hydroxymethyl-1,3-propanediol; Aminomethylidinetrimethanol; Talatrol; THAM; Trimethylol aminomethane; TRIS; Trisamine; Tris Amino; Trometamol; Tris-buffer; Trizma® base; Tromethamine; Tromethane

M.I. 15，9951

性状 白色至微黄色结晶性粉末或块。具有强碱性。其 0.1mol/L 水溶液 pH 值 10.4。该品于下列物质中的溶解度（25℃，mg/mL）：水 550，乙二醇 79.1，甲醇 26，无水乙醇 14.6，95%乙醇 22.0，二甲基甲酰胺 14，丙酮 2.0，乙酸乙酯 0.5，橄榄油 0.4，环己烷 0.1。微溶于氯仿（0.05mg/kg）、四氯化碳（<0.05mg/mL）。几乎不溶于苯。mp 171～172℃；bp_{10} 219～220℃/1.333kPa。一般试剂含量≥99.8%。

注意事项 见 09970 硼酸三丙酯。应密封于干燥处保存。

主要用途 表面活性剂。促进剂。乳化剂。有机合成。酸性气体吸收剂。

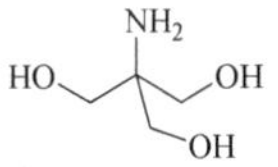

Tris(hydroxymethyl)aminomethane hydrochloride
三(羟甲基)氨基甲烷 盐酸盐 09979

[1185-53-1] $C_4H_{12}ClNO_3$ 157.60

成分 C 30.48%,H 7.67%,Cl 22.50%,N 8.89%,O 30.46%。

别名 盐酸三（羟甲基）氨基甲烷；2-Amino-2-hydroxymethyl-1,3-propanediol hydrochloride; TRIS hydrochloride; Tromethane hydrochloride

性状 白色结晶或粉末。易吸潮。mp 148～150℃（分解）。

注意事项 见 09970 硼酸三丙酯。应密封于干燥处保存。

Tris(hydroxymethyl)nitromethane
三(羟甲基)硝基甲烷 09980

[126-11-4] $C_4H_9NO_5$ 151.12

成分 C 31.79%,H 6.00%,N 9.27%,O 52.93%。

别名 2-Hydroxymethyl-2-nitro-1,3-propanediol;2-Nitro-2-hydroxymethyl-1,3-propanediol;Trimethylolnitromethane

M.I. 15，9929

性状 来自乙酸乙酯＋苯中的无色结晶。易溶于醇类，略微溶于苯及烃类。溶于水（20℃，220g/100mL），其 0.1mol/L 水溶液 pH 值 4.5。mp 214℃。一般试剂含量≥95.0%。

注意事项 该品口服有毒。使用时应穿适当的防护服和戴手套。应避免吸入本品的粉尘。应密封于 10℃以下保存。

主要用途 医生诊治。

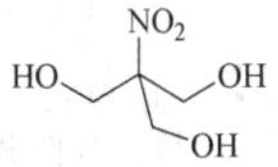

1,1,1-Tris(hydroxymethyl)propane
1,1,1-三(羟甲基)丙烷 09981

[77-99-6] $C_6H_{14}O_3$ 134.18

成分 C 53.71%,H 10.52%,O 35.77%。

别名 2-乙基-2-羟甲基-1,3-丙二醇；1,1,1-三甲醇丙烷；2-Ethyl-2-hydroxymethyl-1,3-propanediol; Hexaglycerine; TMP; Trimethylolpropane

性状 无色结晶。易溶于水、乙醇，不溶于苯、四氯化碳。mp 56～58℃；Fp 314.6°F（172℃）。一般试剂含量≥98.0%（GC）。

注意事项 使用时应避免吸入本品的粉尘，避免与眼睛及皮肤接触。

Trithiozine 三甲硫吗啉 09982

[35619-65-9] $C_{14}H_{19}NO_4S$ 297.37

成分 C 56.55%,H 6.44%,N 4.71%,O 21.52%,S 10.78%。

别名 溃疡愈康；4-Morpholinyl(3,4,5-trimethoxyphenyl)methanethione;4-[Thioxo(3,4,5-trimethoxyphenyl)methyl]morpholine;4-(3,4,5-Trimethoxythiobenzoyl)morpholine;Sulmetozine(rescinded INN);Tritioxine;ISF-2001;Tresanil

M.I. 15，9937

性状 来自乙醇中的浅黄色固体。mp 141～143℃；LD_{50} 小鼠腹膜内注射：2000mg/kg。

主要用途 医用抗消化性溃疡剂。

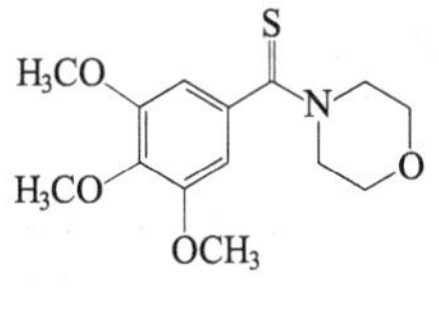

Tritoqualine 三乙氧喹 09983

[14504-73-5] $C_{26}H_{32}N_2O_8$ 500.55

成分 C 62.39%,H 6.44%,N5.60%,O 25.57%。

别名 7-Amino-4,5,6-triethoxy-3-(5,6,7,8-tetrahydro-4-methoxy-6-methyl-1,3-dioxolo[4,5-*g*]isoquinolin-5-yl)-1(3*H*)-isobenzofuranone;7-Amino-4,5,6-triethoxy-3-(5,6,7,8-tetrahydro-4-methoxy-6-methyl-1,3-dioxolo)[4,5-*g*]isoquinolin-5-yl-phthalide; Tritocaline; L-554; Hypostamine; Inhibostamin;Livafa

M.I. 15, 9942

性状 无色结晶。mp 183℃。

主要用途 医用抗组胺剂。

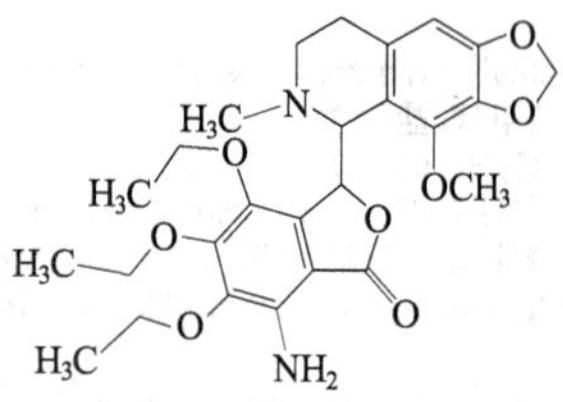

Triton® X-100 曲拉通 X-100 09984

[9002-93-1] $C_{34}H_{62}O_{11}$ 646.86

成分 C 63.13%, H 9.66%, O 27.21%。

别名 辛基苯基聚氧乙烯醚;OP乳化剂;聚乙二醇辛基苯基醚;Marlophen 87;*p*-Octyl polyethylene glycol phenyl ether;*p*-*iso*-Octyl phenoxy polyethoxy ethanol;Polyethylene glycol mono[*p*-(1,1,3,3-tetramethylbutyl)phenyl] ether;Polyethylene glycol *tert*-octylphenyl ether

M.I. 15, 6850

性状 无色或几乎无色透明黏稠液体。与水、乙醇、丙酮相混溶,溶于苯、甲苯,不溶于石油醚。d_4^{25} 1.0595;n_D^{25} 1.4894。

注意事项 该品口服有毒。对眼睛及皮肤有刺激性。对眼睛有严重损伤的危险。使用时应穿适当的防护服,戴防护镜或面罩。万一接触到眼睛,应立即用大量水冲洗后请医生诊治。应充氩气密封避光于2~8℃干燥保存。

主要用途 气相色谱固定液(最高使用温度190℃,溶剂为丙酮、氯仿、二氯甲烷、甲醇),分离分析烃类化合物、含氧化合物(醇、酯、酮)、碱性和中性含氮化合物、硫醇。非离子表面活性剂。

Triton® X-305 solution 曲拉通 X-305 溶液 09985

[9002-93-1]

性状 无色液体。是较稳定的极性固定液。一般试剂为约70%的水溶液。d_4^{20} 1.10;n_D^{20} 1.441。

注意事项 该品口服有毒。对眼睛有严重损伤的危险。使用时应戴防护镜或面罩。万一接触到眼睛,应立即用大量水冲洗后请医生诊治。应充氩气密封保存。

主要用途 气相色谱固定液。分析无机含硫气体、硫醇、烷基化合物、含氮化合物、含氧化合物、醇。

Triton® X-405 70% water solution

曲拉通 X-405 70%水溶液 09986

[9002-93-1] *t*-Oct-C_6H_4 $(OCH_2CH_2)_xOH$ *x* 约 40

别名 Polyethyleneglycol *t*-octyl phenyl ether

性状 无色液体。一般试剂为70%水溶液。Fp>212°F(110℃);*d* 1.10;n_D^{20} 1.4370。

注意事项 该品口服有毒。对眼睛及皮肤有刺激性。对眼睛有严重损伤的危险。使用时应穿适当的防护服,戴防护镜或面罩。万一接触到眼睛,应立即用大量水冲洗后请医生诊治。应充氩气密封避光于2~8℃干燥保存。

Trofosfamide 氯乙环磷酰胺 09987

[22089-22-1] $C_9H_{18}Cl_3N_2O_2P$ 323.58

成分 C 33.41%,H 5.61%,Cl 32.87%,N 8.66%,O 9.89%,P 9.57%。

别名 *N*,*N*,3-Tris(2-chloroethyl)tetrahydro-2*H*-1,3,2-oxazaphosphorin-2-amine 2-oxide;2-[Bis(2-chloroethyl)amino]-3-(2-chloroethyl)tetrahydro-2*N*-1,3,2-oxaphosphorine 2-oxide;*N*,*N*,*N'*-Tris(2-chloroethyl)-*N'*,*O*-propylene phosphorie acid ester diamide;Trilophosphamide;Trophosphamide;NSC-109723;Z-4828;Ixoten

M.I. 15, 9947

性状 来自乙醚中的无色结晶。mp 50~51℃;$[\alpha]_D^{25}$ −28.6°(c=2,于甲醇中)。LD_{50} 小鼠腹膜内注射:212mg/kg。

主要用途 医用抗肿瘤剂。

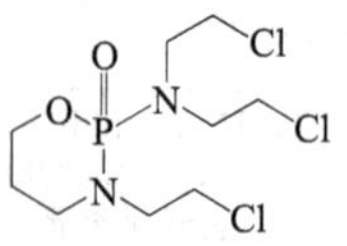

Troglitazone 曲格列酮 09988

[97322-87-7] $C_{24}H_{27}NO_5S$ 441.54

成分 C 65.29%,H 6.16%,N 3.17%,O 18.12%,S 7.26%。

别名 5-[4-[(3,4-Dihydro-6-hydroxy-2,5,7,8-tetramethyl-2*H*-1-benzopyran-2-yl)methoxy]phenyl]methyl-2,4-thiazolidinedione;(±)-5-[4-[(6-Hydroxy-2,5,7,8-tetramethylchroman-2-yl)methoxy]benzyl]-2,4-thiazolidinedione;Romglizone;CS-045;CI-991;Noscal;Prelay;Rezulin;Romozin

M.I. 15, 9948

性状 来自苯-丙酮中的白色至微黄色结晶。溶于二甲基亚砜(20mg/mL)。mp 184~186℃。生化试剂含量≥98.0%(HPLC)。

注意事项 使用时应避免吸入本品的粉尘,避免与眼睛及皮肤接触。

主要用途 医用抗糖尿病剂。

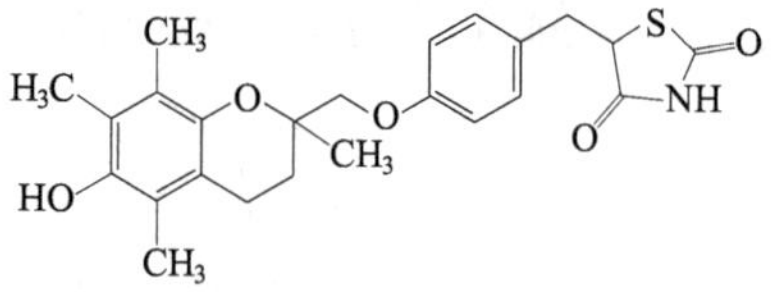

Tromantadine hydrochloride

1-(二甲氨基乙氧基乙酰氨基)金刚烷 盐酸盐 09989

[41544-24-5] $C_{16}H_{29}ClN_2O_2$ 316.87

成分 C 60.65%,H 9.22%,Cl 11.19%,N 8.84%,O 10.10%。

别名 D-41;2-[2-(Dimethylamino)ethoxy]-*N*-tricyclo[3.3.1.1^{3,7}]*dec*-1-yl acetamide hydrochloride;*N*-1-Adamantyl-*N*-[2-(dimethylamino)ethoxy] acetamide hydrochloride;1-(Dimethylaminoethoxyacetamido)adamantane hydrochloridevirु-Merz;viruserol

M.I. 15, 9950

性状 无色结晶。mp 157~158℃。LD_{50} 大鼠急性经口:630mg/kg;小鼠静脉注射:71.0mg/kg。

主要用途 医用抗病毒剂。

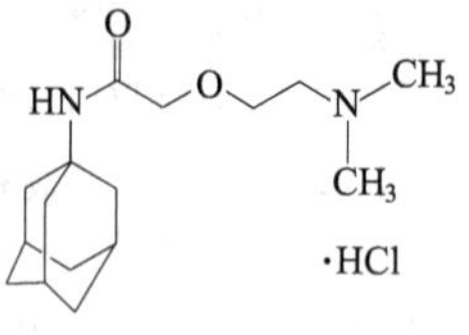

Tropacine hydrochloride 托巴辛 盐酸盐 09990

[6878-98-4(无 HCl)] $C_{22}H_{26}ClNO_2$ 371.91

成分 C 71.05%,H 7.05%,Cl 9.53%,N 3.77%,O 8.60%。

别名 盐酸托巴辛;*α*-Phenylbenzencaceticacid(3-*endo*)-8-methyl-8-azabicyclo[3.2.1]oct-3-yl ester hydrochloride;1*αH*,5*αH*-Tropam-3*α*-ol diphenylacetate hydrochloride;Diphenylacetic acid 3*α*-tropanyl ester hydrochloride;3*α*-Tropanyl diphenylacetate hydrochloride;Tropine diphenylacetate hydrochloride

M.I. 15, 9952

性状 来自氯仿+乙醚中的无色结晶。mp 217~218℃。

主要用途 医用抗震颤剂。

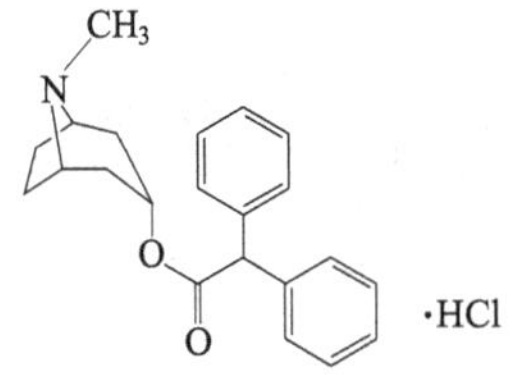

Tropane 托烷 09991

[529-17-9] $C_8H_{15}N$ 125.22

成分 C 76.74%,H 12.07%,N 11.19%。

别名 莨菪烷；8-Methyl-8-azabicyclo[3.2.1]octane；1*αH*，5*αH*-Tropane；2,3-Dihydro-8-methylnortropidine

M.I. 15，9956

性状 无色液体。略微溶于水。bp 163～169℃；Fp 108℉(42℃)；d_{15}^{15} 0.9259；n_D^{20} 1.4770。

注意事项 该品对眼睛、呼吸系统及皮肤有刺激性。

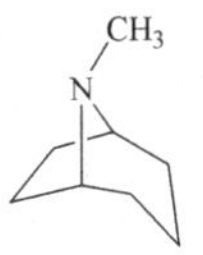

DL-Tropic acid DL-托品酸 09992

[529-64-6] $C_9H_{10}O_3$ 166.18

成分 C 65.05%，H 6.07%，O 28.88%。

别名 2-苯基-3-羟基丙酸；3-羟基-2-苯基丙酸；3-Hydroxy-2-phenylpropionic acid；2-Phenylhydracrylic acid；2-Phenyl-3-hydroxy propionic acid

M.I. 15，9958

性状 来自水或苯中的无色针状或片状结晶。1g 该品溶于 50mL 水，易溶于沸水，溶于甲醇、乙醇、乙醚，微溶于苯，几乎不溶于石油醚。mp 118℃。160℃以上分解。一般试剂含量≥99.0%(T)。

注意事项 使用时应避免吸入本品的粉尘，避免与眼睛及皮肤接触。

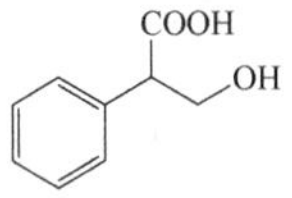

Tropicamide 托品酰胺 09993

[1508-75-4] $C_{17}H_{20}N_2O_2$ 284.36

成分 C 71.81%,H 7.09%,N 9.85%,O 11.25%。

别名 *N*-Ethyl-*α*-hydroxymethyl-*N*-(4-pyridinylmethyl)benzeneacetamide；*N*-Ethyl-2-phenyl-*N*-(4-pyridylmethyl)hydracrylamide；*N*-Ethyl-*N*-(*γ*-picolyl)tropamide；Mydriacyl；Mydriaticum

M.I. 15，9959

性状 白色或近白色结晶性固体。易溶于氯仿及强酸溶液，微溶于水。mp 96～97℃；uv max (0.025mg/mL，于 0.1mol/L 盐酸中)：254nm (ε 5.1×10³)。

注意事项 该品吸入、口服或与皮肤接触有毒。对眼睛、呼吸系统及皮肤有刺激性。吸入或与皮肤接触可引起过敏。使用时应穿适当的防护服。应避免吸入本品的粉尘。万一接触到眼睛，应立即用大量水冲洗后请医生诊治。应密封于 2～8℃保存。

主要用途 生化研究。医用扩瞳剂，抗胆碱剂。

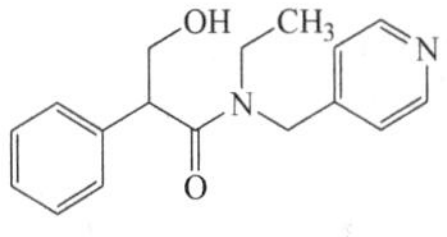

Tropine 托品 09994

[120-29-6] $C_8H_{15}NO$ 141.21

成分 C 68.05%,H 10.71%,N 9.92%,O 11.33%。

别名 托品碱；托品醇；Endo-8-methyl-8-azobicyclo[3.2.1]octan-3-ol；2,3-Dihydro-3*α*-hydroxy-8-methylnortropidine；2,3-Dihydro-3*α*-hydroxy-tropidine；*endo*-8-Methyl-8-azabicyclo[3.2.1]octan-3-ol；3-Tropanol；1*αH*,5*αH*-Tropan-3*α*-ol；*N*-Methyl-8-azabicyclo[3.2.1]octan-3-ol

M.I. 15，9960

性状 来自乙醚中的无色片状结晶。有吸湿性。呈强碱性。其 0.05mol/L 水溶液 pH 值 11.5。易溶于水、乙醇，溶于乙醚、氯仿。mp 63℃；bp 233℃。一般试剂含量≥97.0%(NT)。

注意事项 该品吸入或口服有毒。使用时应穿适当的防护服和戴手套。使用时应避免吸入本品的粉尘，避免与眼睛及皮肤接触。应密封于 2～8℃干燥保存。

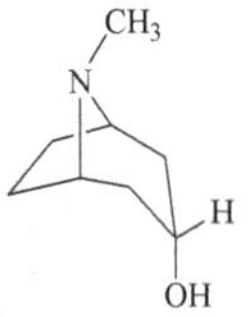

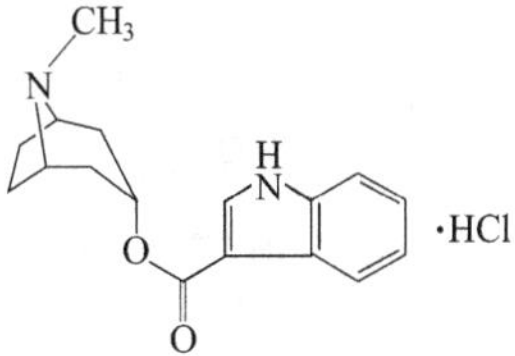

Tropisetron monohydrochloride 托烷司琼 盐酸盐 09995

[105826-92-4] $C_{17}H_{21}ClN_2O_2$ 320.82

成分 C 63.65%,H 6.60%,Cl 11.05%,N 8.73%,O 9.97%。

别名 盐酸托烷司琼；1*H*-Indole-3-carboxylic acid (3-*endo*)-8-methyl-8-azabicyclo[3.2.1]oct-3-yl ester monohydrochloride；3*α*，Tropanyl 1-1H indole-3-carboxylatic acidester monohydrochloride；aH，5*αH*-Tropam-3a-y1indde-3-cda-boxylate monToh-ydrochloritle ICS-205-930-HCl；Navoban；Novban

M.I. 15，9962

性状 无色结晶或白色粉末。mp 283～285℃(分解)。

主要用途 医用止吐剂。

Trospium chloride 氯化托螺吡咯 09996

[10405-02-4] $C_{25}H_{30}ClNO_3$ 427.97

成分 C 70.16%,H 7.07%,Cl 8.28%,N 3.27%,O 11.22%。

别名 (1*α*，3*β*，5*α*)-3-[(Hydroxydiphenylacetyl)oxy]spiro[8-azoniabicyclo[3.2.1]octane-8，1′-pyrrolidinium] chloride；3*α*-Hydroxyspito[1*αH*，5*αH*-nortropane-8，1′-pyrrolidinium] chloride benzilate；Azoniaspiro(3*α*-benziloyloxynortropane-8，1′-pyrrolidine) chloride；Azoniaspiro (3*α*-diphenylglycoloyloxynortropan-8，1′-pytrolidine)chloride；3*α*-Benziloyloxyspiro(nortropane-8,1′-pytrolidinium)chloride；Regurin；Relaspium；Spasmex

M.I. 15，9966

性状 来自乙醇-乙醚中的无色结晶。溶于水(约 1g/2mL)。mp 255～257℃(分解)。LD_{50}小鼠静脉注射：12.3mg/kg。

主要用途 医用治疗尿路失禁，或胃肠道解痉剂。

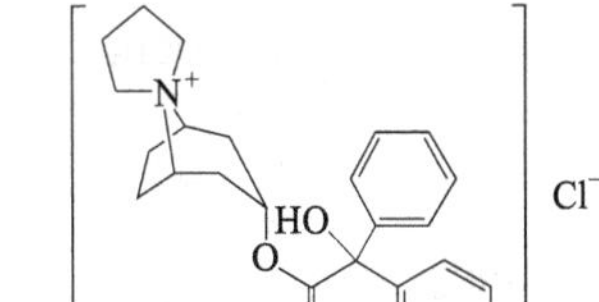

Trovafloxacin hydrochloride 曲伐沙星 盐酸盐 09997

[146961-34-4] $C_{20}H_{16}ClF_3N_4O_3$ 452.82

成分 C 53.05%,H 3.56%,Cl 7.83%,F 12.59%,N 12.38%，O 10.6%。

别名 盐酸曲伐沙星；特伐沙星 盐酸盐；曲氟沙星 盐酸盐；(1*α*，5*α*,6*α*)-7-(6-Amino-3-azabicyclo[3.1.0]hex-3-yl)-1-(2,4-difluorophenyl)-6-fluoro-1,4-dihydro-4-oxo-1,8-naphthyridine-3-carboxylic acid hydrochloride；CP-99219-HCl

M.I. 15，9967

性状 来自乙腈/甲醇中的浅黄色结晶。mp 246℃(分解)。

主要用途 医用抗菌剂。

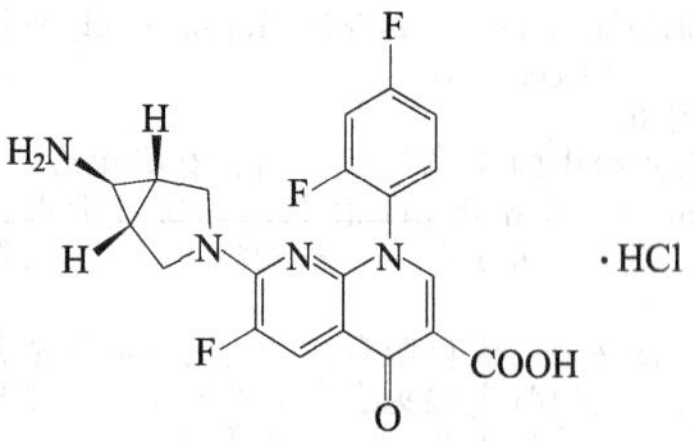

Troxerutin 曲克芦丁 09998

[7085-55-4] $C_{33}H_{42}O_{19}$ 742.68

成分 C 53.37%，H 5.70%，O 40.93%。

别名 7，3′，4′-三［O-（2-羟乙基）］芦丁；托克芦丁；2-[3，4-Bis（2-hydroxyethoxy）phenyl]-3-[6-*O*-（6-deoxy-α-L-mannopyranosyl）-β-D-gluxopyranosy］oxy-5-hydroxy-7-（2-hydroxyethoxy）-4*H*-1-benxopyran-4-one；7，3′，4′-Tris［*O*-（2-hydroxyethyl）］rutin；trioxyethdrutin；Tri（hydroxyethyl）ruioside；Posorutin；Ruven；Vastribil；Veinamitol；Veniten

M. I. 15，9969

性状 黄色粉末。溶于水、甘油、丙二醇，几乎不溶于冷乙醇、甲醇、乙醚、苯、氯仿。mp 181℃；$[\alpha]_D^{20}-48°\pm1°$（c=1，于吡啶中）。生化试剂含量≥80.0%（HPLC）。

注意事项 使用时应避免吸入本品的粉尘，避免与眼睛及皮肤接触。

主要用途 医用治疗静脉障碍。

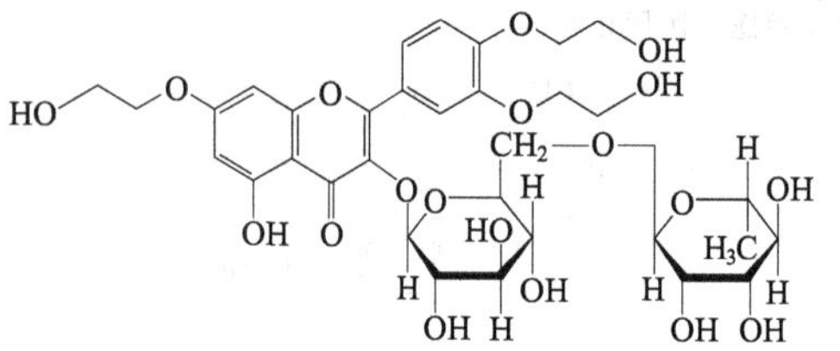

Troxipide 曲昔派特 09999

[30751-05-4] $C_{15}H_{22}N_2O_4$ 294.35

成分 C 61.21%，H 7.53%，N 9.52%，O 21.74%。

别名 曲昔匹特；3,4,5-三甲氧基-N-(3-哌啶基)苯甲酰胺；3,4,5-Trimeghoxy-*N*-3-piperidinylbenzamide；3-(3,4,5-Trimethoxy-benzamido)piperidine；KU-54；Aplace

M. I. 15，9970

性状 来自乙腈中的无色针状结晶。溶于乙醇。mp 179～181.5℃；LD_{50}雄、雌大鼠，雄、雌小鼠急性经口（mg/kg）：500、2100，2200、2000；皮下注射（mg/kg）：>4150、>4150，1600、1550；腹膜内注射（mg/kg）：340、340，300、305。

主要用途 医用抗溃疡剂。

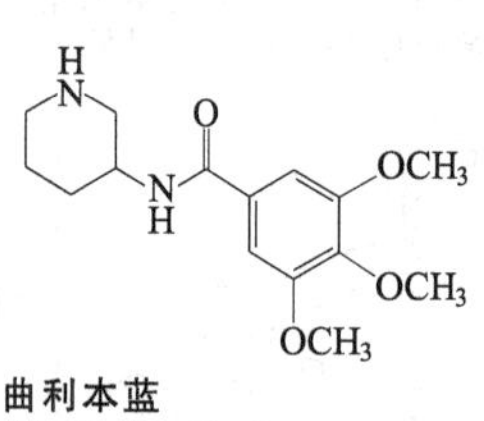

Trypan blue 曲利本蓝 10000

[72-57-1] $C_{34}H_{24}N_6Na_4O_{14}S_4$ 960.79

成分 C 42.50%，H 2.52%，N 8.75%，Na 9.57%，O 23.31%，S 13.35%。

别名 锥蓝；双（甲苯基偶氮氨基萘酚二磺酸钠）；Azidine blue 3B；Benzamine blue；Benzo blue；Chlorazol blue 3B；Congo blue；Diamine blue；Dianil blue；Direct blue 14；3，3′-[(3，3′-Dimethyl[1，1′-bipenyl]-4，4′-diyl) bis(azo)]bis[5-amino-4-hydroxy-2，7-naphthalenedisulfonic acid] tetrasodium salt；3，3′-(3，3′-Dimethyl-4，4′-biphenylene) bis(azo) bis(5-amino-4-hydroxy-2，7-naphthalenedisulfonic acid) tetrasodium salt；Ditolyldiazobis-8-amino-1-naphthol-3，6-disulfonic acid sodium salt；Naphthylamine blue；Niagara blue；Sodium ditolyldiazobis-8-amino-1-naphthol-3，6-disulfonate；Tetrasodium 3，3′-[(3，3′-Dimethyl-4，4′-biphenylene) bis(azo)]bis(5-amino-4-hydroxy-2，7-naphthalene-disulfonate)

M. I. 15，9972　C. I. 23850

性状 蓝灰色粉末。溶于水，溶液呈深蓝色。几乎不溶于乙醇。mp>300℃。LD_{100}大鼠静脉注射：300mg/kg。

注意事项 该品可能致癌。在使用前应得到专门的指导，避免曝露。使用时如有事故发生或有不适之感，应请医生诊治。

主要用途 生物染色剂。如活体的染色。病毒检验。注入循环系统可使肾小管着色。

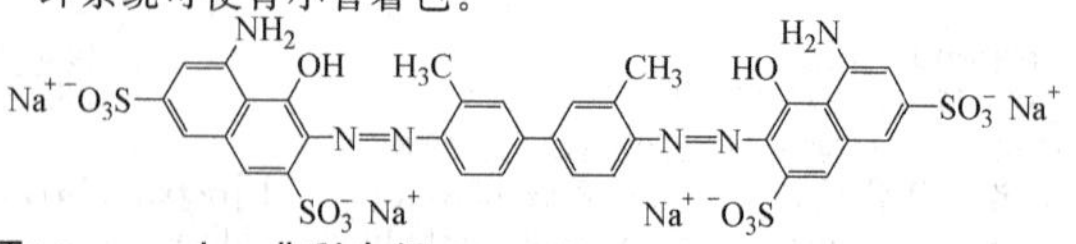

Trypan red 曲利本红 10001

[574-64-1] $C_{32}H_{19}N_6Na_5O_{15}S_5$ 1002.78

成分 C 38.33%，H 1.91%，N 8.38%，Na 11.46%，O 23.93%，S 15.99%。

别名 锥虫红；锥红；Pentasodium 4，4′-[(3-sulfo-4，4′-biphenylene)bis(azo)]bis(3-amino-2，7-naphthalenedisulfonate)；Sodium 3-sulfodiphenyldiazobis-β-naphthylamine-3，6-disulfonate；4，4′-[(3-sulfo[1，1′-biphenyl]-4，4′-diyl) bis(azo)]bis[3-amino-2，7-naphthalenedisulfonic acid] pentasodium salt；4，4′-[(3-Sulfo-4，4′-biphenylene) bis(azo)]bis(3-amino-2，7-naphthalenedisulfonic acid) pentasodium salt

M. I. 15，9973　C. I. 22850

性状 红棕色粉末。溶于水呈红色，几乎不溶于乙醇。

主要用途 检定溴化物、氯化物、亚硝酸盐。生物活体染色。兽医用治疗各种焦虫病。

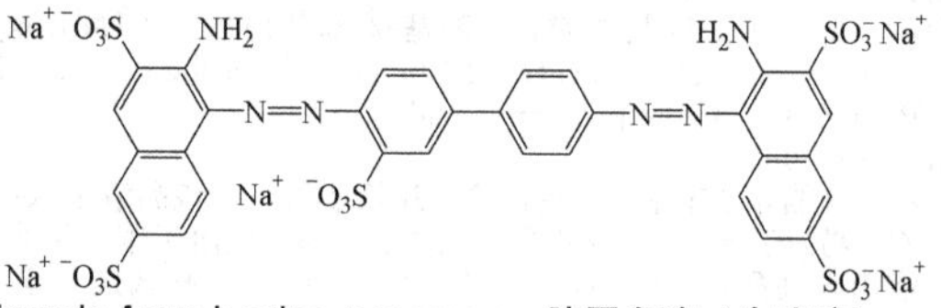

Trypsin from bovine pancreas 胰蛋白酶（牛胰脏） 10002 23000

[9002-07-7]

别名 胰蛋白酵素；胰朊酶；Parenzyme；Parenzymol；Tryptar；Trypure

M. I. 15，9975　EC3.4.21.4

性状 黄色至灰黄色结晶或粉末。溶于水，几乎不溶于乙醇、甘油。一般试剂含量约 7500U/mg。

注意事项 该品对眼睛、呼吸系统及皮肤有刺激性。吸入可引起过敏。使用时应穿适当的防护服和戴手套。使用时应避免吸入本品的粉尘，避免与皮肤接触。万一接触到眼睛，应立即用大量水冲洗后请医生诊治。应密封于−20℃干燥保存。

主要用途 生化研究。医用酶（用于蛋白水解）。

Trypsin inhibitor from soyabean 胰蛋白酶抑制剂（大豆） 10003 20000

[9035-81-8]

别名 胰朊酶抑制剂；Hageman factor inhibitor；Kunitz soybean trypsin inhibitor；Popcorn inhibitor；SBTI

性状 近白色或黄棕色无盐冷冻干燥粉末。溶于水及稀缓冲液。一般试剂含量约 5000U/mg。

注意事项 使用时应避免吸入本品的粉尘，避免与眼睛及皮肤接触。应充氩气密封于 2～8℃干燥保存。

主要用途 血纤维蛋白/血纤维蛋白原无降解鉴定试验。

Trypsinogen from bovine pancreas 胰蛋白酶原（牛胰脏） 10004

[9002-08-8]

别名 胰朊酶原

性状 近白色冻干无盐粉末。由牛胰中提取经一次结晶而得。

注意事项 该品对眼睛、呼吸系统及皮肤有刺激性。吸入能引起过敏。使用时应穿适当的防护服和戴手套。使用时应避免吸入本品的粉尘，避免与眼睛及皮肤接触。万一接触到眼睛，应立即用大量水冲洗后请医生诊治。应密封于−20℃干燥保存。

主要用途 生化研究。

Tryptamine 色胺 10005

[61-54-1] $C_{10}H_{12}N_2$ 160.22

成分 C 74.97%，H 7.55%，N 17.48%。

别名 β-吲哚基乙胺；胰化蛋白胺；3-(2-氨基乙基)吲哚；3-(2-Aminoethyl)indole；1*H*-Indole-3-ethanamine；2-(3-Indolyl)ethylamine

M. I. 15，9976

性状 来自石油醚中的无色或白色针状结晶。溶于乙醇、丙酮，几乎不溶于乙醚、苯、氯仿、水。mp 118℃；uv max（乙醇中）：222nm，282nm，290nm（lg ε 4.56，3.78，3.71）。生化试剂含量≥99.0%。

注意事项 该品对眼睛、呼吸系统及皮肤有刺激性。使用时应避免吸入本品的粉尘，避免与眼睛及皮肤接触。应充氩气密封避光于−20℃保存。

主要用途 生化研究。

H N NH2

Tryptamine hydrochloride 色胺酸 盐酸盐 10006

[343-94-2] $C_{10}H_{13}ClN_2$ 196.68

成分 C 61.07%，H 6.66%，Cl 18.03%，N 14.24%。

别名 盐酸色胺；盐酸胰化蛋白胺；胰化蛋白胺 盐酸盐；3-(2-Aminoethyl)indole hydrochloride；2-(3-Indolyl)ethylamine hydrochloride

M. I. 15，9976

性状 来自乙醇+乙酸乙酯中的无色针状结晶。易溶于水，微溶于乙醇。mp 248℃；uv max(95%乙醇中)：221nm，275nm，281nm，290nm(lg ε 4.52，3.73，3.75，3.69)。生化试剂含量≥99.0%。

注意事项 该品对眼睛、呼吸系统及皮肤有刺激性。使用时应避免吸入本品的粉尘，避免与眼睛及皮肤接触。应充氩气密封避光于干燥处保存。

主要用途 生化研究。

D-Tryptophan D-色氨酸 10007

[153-94-6] $C_{11}H_{12}N_2O_2$ 204.23

成分 C 64.69%，H 5.92%，N 13.72%，O 15.67%。

别名 D-α-氨基-3-吲哚基-1-丙酸；D-胰化蛋白氨基酸；(*R*)-2-Amino-3-(3-indolyl) propionic acid；D-α-Amino-3-indolepropionic acid；D-β-3-Indolylalanine

性状 白色叶片状结晶。溶于碱溶液，不溶于水、乙醇。$[\alpha]_D^{20}$ +31.5°±2°（*c*=1，于水中）。生化试剂含量≥98.0%（TLC）。

注意事项 使用时应避免吸入本品的粉尘，避免与眼睛及皮肤接触。应避光保存。

主要用途 生化研究。制药工业。

DL-Tryptophan DL-色氨酸 10008

[54-12-6] $C_{11}H_{12}N_2O_2$ 204.23

成分 C 64.69%，H 5.92%，N 13.72%，O 15.67%。

别名 DL-α-氨基-3-吲哚基-1-丙酸；DL-胰化蛋白氨基酸；DL-α-Amino-3-indolepropionic acid；(±)-2-Amino-3-(3-indolyl) propionic acid；DL-β-3-Indolylalanine

性状 白色结晶。微溶于水、乙醇，不溶于三氯甲烷。遇强酸分解。mp 约 295℃(分解)。一般试剂含量≥99.0%(NT)。

注意事项 该品应避光保存。

主要用途 生化研究。培养基的制备。营养增补剂。抗氧化剂，可添加于明胶、玉米等色氨酸含量少的食品。

L-Tryptophan L-色氨酸 10009

[73-22-3] $C_{11}H_{12}N_2O_2$ 204.23

成分 C 64.69%，H 5.92%，N 13.72%，O 15.67%。

别名 *l*-α-氨基-3-吲哚基-1-丙酸；L-胰化蛋白氨基酸；L-α-Amino-3-indolepropionic acid；*l*-α-Aminoindole-3-propionic acid；*l*-α-Aminoindole-3-indolepro;ionic acid；(S)-α-Amino-1*H*-indole-3-propanoic acid；2-Amino-3-indolylpropamoic acid；(*S*)-2-Amino-3-(3-indolyl)propionic acid；Ardeytropin；*l*-β-3-Indolylalanine；Kalma；Optimax WV；Pacitron；Sedanoct；Trofan；Trp；Trypan；W

M. I. 15，9977

性状 来自烯乙醇中的无色小叶状或片状结晶。溶于水（g/L）：0℃，8.23；20℃，10.53；25℃，11.36；50℃，17.06；75℃，27.95；100℃，49.87。溶于热乙醇、碱溶液、稀盐酸，不溶于氯仿。pK_1 2.38，pK_2 9.39。289℃分解；$[\alpha]_D^{23}$ −31.5°（*c*=1）；$[\alpha]_D^{20}$ +2.4°（于 0.5mol/L 盐酸中）；$[\alpha]_D^{20}$ +0.15°（*c*=2.43，于 0.5mol/L 氢氧化钠溶液中）。生化试剂含量≥99.0%（NT）。

注意事项 使用时应避免吸入本品的粉尘，避免与眼睛及皮肤接触。应避光保存。

主要用途 生化研究。组织培养基制备。

H N NH2 OH O

Tryptose 胰蛋白胨 10010

别名 Peptone from meat and soybean meal

性状 灰黄色粉末。易吸潮。溶于水，不溶于乙醇、乙醚。其 2%水溶液 pH 值 7.0±0.2。

注意事项 使用时应避免吸入本品的粉尘，避免与眼睛及皮肤接触。应充氩气密封于干燥保存。

主要用途 生化研究，布鲁氏菌培养用。

Tryptose phosphate broth 磷酸胰蛋白胨肉汤 10011

别名 胰蛋白胨磷酸盐肉汤

性状 近白色粉末。由胰蛋白胨、葡萄糖、氯化钠、磷酸氢二钠组成。用时加蒸馏水，调 pH 值至 7.3，蒸汽灭菌。

注意事项 该品应密封于阴凉干燥处保存。

Tsuduranine 青藤碱 10012

[517-97-5] $C_{18}H_{19}NO_3$ 297.35

成分 C 72.71%，H 6.44%，N 4.71%，O 16.14%。

别名 土杜拉宁；(6a*R*)-5，6，6a，7-Tetrahydro-1，2-dimethoxy-4*H*-dibenzo [*de*,*g*] quinolin-10-ol；1,2-Dimethoxy-6aβ-noraporphin-10-ol；Tuduranine

M. I. 15，9980

性状 来自乙醚缓慢蒸发中的微小针状结晶。易溶于通常的有机溶剂。mp 约 125℃（105℃软化）；$[\alpha]_D^{20}$ −127.5°（*c*=0.855，于乙醇中）。

OCH3 H3CO HO N H H

T-2 Toxin T-2 毒素 10013

[21259-20-1] $C_{24}H_{34}O_9$ 466.53

成分 C 61.79%，H 7.35%，O 30.86%。

别名 4β，15-Diacetoxy-3α-hydroxy-8α-(3-methylbutyryloxy)-12，13-epoxytrichothec-9-ene；12，13-Epoxytrichothec-9-ene-3，4，8，15-tetrol-4，15-diacetate-8-isovalerate；(3α，4β，8α)-12，13-Epoxytrichothec-9-ene-3，4，8，15-tetrol 4，15-diacetate 8-(3-methylbutanoate)；3α-Hydroxy-4β，15-diacetoxy-8α-(3-methylbutyryloxy)-12，13-epoxy-Δ⁹-tricothecene；8α-(3-Methylbutyryloxy)-4β-15-diacetoxyscirp-9-en-3α-ol；Fusariotoxin T-2；Insariotoxin；Mycotoxin T-2；NSC-138780

M. I. 15，9981

性状 无色结晶或白色粉末。易溶于乙醇、乙酸乙酯、氯仿、二甲基亚砜等多数有机溶剂，微溶于石油醚，极微溶于水。mp 151～152℃；$[\alpha]_D^{26}$ +15°（*c*=2.58，于乙醇中）。LD_{50} 雌大鼠急性经口：4.0mg/kg。LD_{50} 小鼠静脉注射：4.2mg/kg，腹膜内注射：5.2mg/kg；大鼠胃内给药：7.0mg/kg，腹膜内注射：0.9～1.3mg/kg，静脉注射：0.9mg/kg，皮下注射：2.0mg/kg；豚鼠急性经口：3.0～4.0mg/kg，胃内给药：5.3mg/kg，肌肉注射：1.0mg/kg，静脉注射：1.0～2.0mg/kg，皮下注射：2.0mg/kg；猪急性经口：5.0mg/kg，静脉注射：3.0mg/kg。一般试剂含量≥98.0%（TLC）。

注意事项 该品吸入、口服或与皮肤接触极毒。对皮肤有刺激性。对机体有不可逆损伤的可能性。使用时应穿适当的防护服和戴手套。接触皮肤后应立即用大量水冲洗，使用时如有事故发生或有不适之感，应立即请医生诊治。应充氩气密封于－20℃干燥保存。

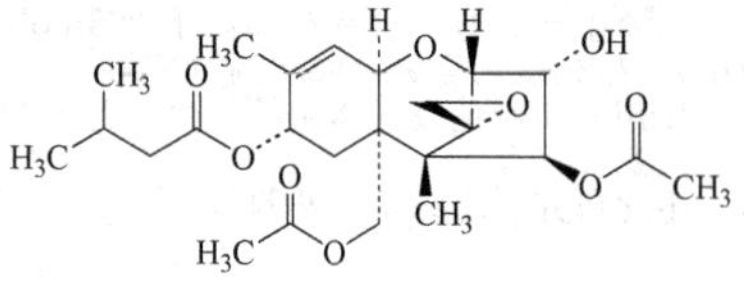

Tubercidin 块菌素 10014

［69-33-0］ $C_{11}H_{14}N_4O_4$ 266.26

成分 C 49.62％，H 5.30％，N 21.04％，O 24.04％。

别名 杀结核菌素；7β-D-Ribofuranosyl-7*H*-pyrrolo［2，3-*d*］pyrimidin-4-amine；4-Amino-7-β-D-ribofuranosyl-7*H*-pyrrolo［2，3-*d*］pyrimidine；7-Deazaadenosine；Sparsamycin A；U-10071

M. I. 15，9984

性状 来自水中的无色针状结晶。溶于酸或碱溶液。1g 该品溶于 330mL 水、200mL 甲醇、2000mL 乙醇。几乎不溶于丙酮、乙酸乙酯、氯仿、苯、石油醚。247～248℃分解；$[\alpha]_D^{17}$ －67°（于 50％乙酸中）；uv max（0.01mol/L 氢氧化钠溶液中）：270nm（ε12100）。LD_{50} 小鼠静脉注射：45mg/kg。生化试剂含量≥99.0％（HPLC）。

注意事项 该品口服极毒。使用时应穿适当的防护服，戴手套和防护镜或面罩。使用时如有事故发生或有不适之感，应请医生诊治。应充氩气密封保存。

主要用途 生化研究。医用抗真菌剂，抗菌剂（结核菌抑制剂），抗肿瘤剂。

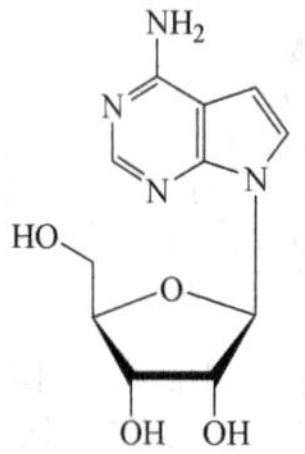

Tubocurarine chloride 氯化筒箭毒碱 10015

［57-94-3］ $C_{37}H_{42}Cl_2N_2O_6$ 681.65

成分 C 65.20％，H 6.21％，Cl 10.40％，N 4.11％，O 14.08％。

别名 氢氯化吐巴寇拉令碱；D-筒箭毒碱 氯化物；氯化南美防己碱；氯化箭毒块茎碱；氯化管箭毒碱；Curarin-HAF；Delacurarine；Dextrotubocurarine chloride；7′，12′-Dihydroxy-6，6′-dimethoxy-2，2′，2′-trimethyltubocuraranium chloride hydrochloride；Intocostrin；Jexin；Tubadil；Tubarine

GW 2015-1478 M. I. 15，9987

性状 来自水中的无色或带黄色的片状结晶。含 5 分子结晶水的为针状结晶。溶于水（约 50mg/mL）、乙醇、甲醇，不溶于吡啶、氯仿、苯、丙酮、乙醚。约 270℃分解；$[\alpha]_D^{20\sim25}$ ＋215°（c＝0.25～0.3g/100mL）；uv max（水中）：280nm（$E_{1cm}^{1\%}$ 118°）。LD_{50} 小鼠，大鼠于二甲基亚砜中急性经口（mg/kg）：33.2，27.8；于水中急性经口（mg/kg）：59，5、36.9。生化试剂含量≥97.0％。

注意事项 该品口服有毒。使用时如有事故发生或有不适之感，应立即请医生诊治。应充氩气密封于 2～8℃保存。

主要用途 生化研究。医用骨骼肌肉松弛剂。

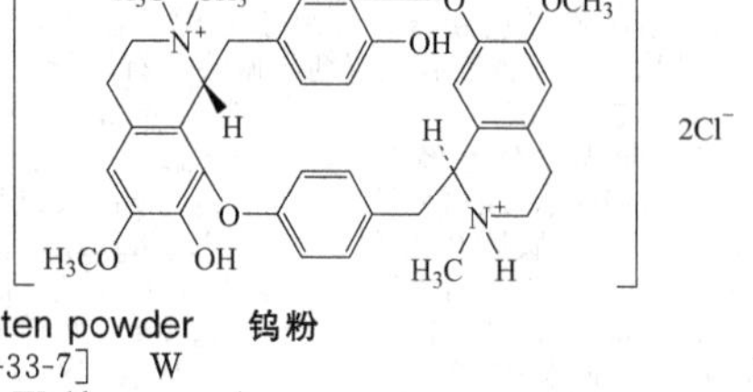

Tungsten powder 钨粉 10016

［7440-33-7］ W 183.84

别名 Wolfram powder

M. I. 15，9994

性状 灰色或灰黑色金属粉末。在干燥空气中稳定，受潮逐渐被氧化。在浓硝酸和氢氟酸的混合物中迅速溶解，亦能被氢氧化钠和硝酸钠的混合物所熔融。mp 3410℃；bp_{760} 5900℃/101.325kPa；d_4^{20} 18.7～19.3。

注意事项 该品高度易燃。使用现场禁止吸烟。万一着火，应用干砂灭火，而不能用水。应远离火种，密封于干燥处保存。

主要用途 分析试剂。高硬度合金的制造。用以增进钢的硬度、韧度强性和抗拉强度。光谱分析用电极。白炽灯和电子管灯丝的制造。

Tungsten carbide 碳化钨 10017

［12070-12-1］ CW 195.85

成分 C 6.13％，W 93.87％。

别名 一碳化钨；Wolfram carbide

M. I. 15，9995

性状 灰色粉末。溶于硝酸和氢氟酸的混合液，不溶于水。mp 2600～2850℃；bp 6000℃；d_4^{18} 15.6。一般试剂含量≥99.5％。

注意事项 该品高度易燃。使用时应避免吸入本品的粉尘，避免与眼睛及皮肤接触。应采取抗放静电措施密封保存。

主要用途 合金制造。渗碳工具。

Tungsten（Ⅵ）oxide 氧化钨 10018

［1314-35-8］ O_3W 231.84

成分 O 20.70％，W 79.30％。

别名 三氧化钨；钨酸酐；Tungsten trioxide；Tungstic anhydride；Wolfram trioxide

M. I. 15，9997

性状 金丝雀黄色重质粉末。加热色变深橙色。溶于氢氟酸和碱溶液，极微溶于酸，不溶于水。mp 1473℃。一般试剂含量≥99.9％。

注意事项 该品口服有毒。对眼睛、呼吸系统及皮肤有刺激性。应用时应穿适当的防护服。万一接触到眼睛，应立即用大量水冲洗后请医生诊治，应密封于干燥处保存。

主要用途 分析试剂。金属钨及其合金的制造。X 射线用屏、防火织物、钨盐、釉彩等的制造。光谱分析试剂。

Tungstic acid 钨酸 10019

［7783-03-1］ H_2O_4W 249.85

成分 H 0.81％，O 25.61％，W 73.58％。

别名 Orthotungstic acid；Tungstic（Ⅵ）acid

M. I. 15，9998

性状 黄色或黄绿色粉末。溶于氢氟酸，缓溶于苛性碱溶液，不溶于水及一般酸类。mp 100℃（分解）；bp 1473℃；d 5.5；n_D^{20} 2.24。一般试剂含量≥99.0％（T）。

注意事项 该品对眼睛、呼吸系统及皮肤有刺激性。使用时应戴手套。万一接触到眼睛，应立即用大量水冲洗后请医生诊治。

主要用途 纺织品的媒染剂。钨、钨丝的制备。

Tunicamycin 衣霉素 10020

［11089-65-9］

M. I. 15，9999

性状 白色结晶性粉末。溶于碱水、吡啶、热甲醇，微溶于乙醇、丁醇，几乎不溶于丙酮、乙酸乙酯、氯仿、苯、酸性水。mp 234～235℃（分解）；$[\alpha]_D^{20}$ ＋52°（c＝0.5，于吡啶中）；uv max（甲醇中）：205nm，260nm（$E_{1cm}^{1\%}$ 230，110）。

注意事项 该品口服极毒。使用时应穿适当的防护服和戴手套。接触皮肤后应立即用大量水冲洗。使用时如有事故发生或有不适之感，应请医生诊治。应充氩气密封避光于 2～8℃保存。

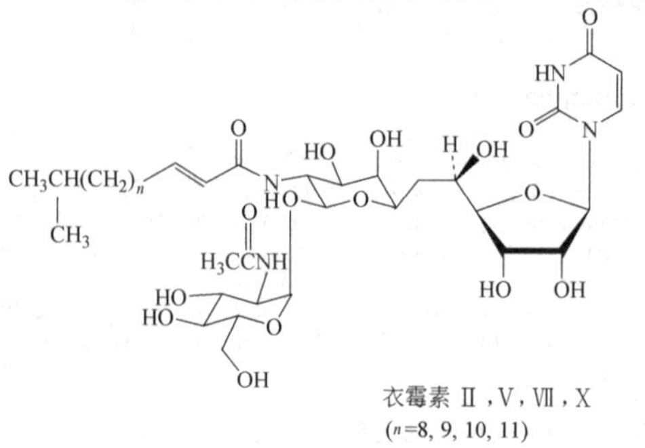

衣霉素 Ⅱ，Ⅴ，Ⅶ，Ⅹ
(n=8, 9, 10, 11)

D-Turanose D-松二糖 10021

[547-25-1] $C_{12}H_{22}O_{11}$ 342.30

成分 C 42.11%，H 6.48%，O 51.41%。

别名 土冉糖；土耳其甘罗糖；3-(α-D-葡糖基)-D-果糖；3-*O*-α-D-Glucopyranosyl-D-fructose；3-(α-D-Glucosido)-D-fructose

M. I. 15，10001

性状 来自水＋乙醇中的无色棱柱体结晶或白色粉末。易吸潮。味甜。易溶于水、甲醇，1g该品溶于19mL 95%乙醇。157℃分解；$[\alpha]_D^{20}$ 27.3°⟶75.8°（c＝4，于水中）。生化试剂含量≥98.0%（HPLC）。

注意事项 该品应充氩气密封于干燥处保存。

主要用途 生化研究。

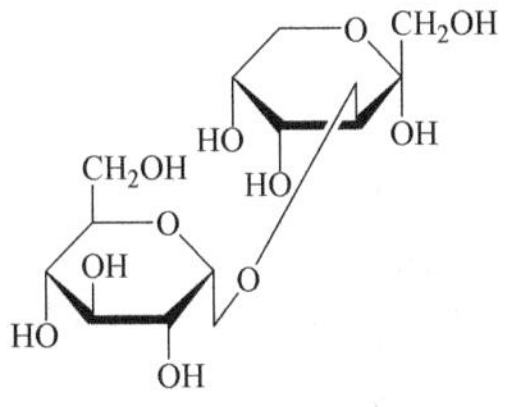

Turkey-red oil 土耳其红油 10022

别名 太古油；红油；磺化蓖麻油；Castor oil sulfonated；Red oil；Sulfated castor oil

M. I. 15，10004

性状 橙黄色黏稠液体。溶于水。Fp 228.2℉（109℃）；d_4^{20} 1.039；n_D^{20} 1.455。

注意事项 该品对眼睛及皮肤有刺激性。使用时应穿适当的防护服。万一接触到眼睛，应立即用大量水冲洗后请医生诊治。

ar-Turmerone 芳姜黄酮 10023

[532-65-0] $C_{15}H_{20}O$ 216.32

成分 C 83.29%，H 9.32%，O 7.40%。

别名 芳香姜黄酮；(6S)-2-Methyl-6-(4-methylphenyl)-2-hepten-4-one；2-Methyl-6-*p*-tolyl-2-hepten-4-one

M. I. 15，10006

性状 无色油状液体。bp_{10} 159～160℃/1.333kPa；d_D^{20}0.9634；$[\alpha]_D^{20}$＋82.21°，或 $[\alpha]_D^{22}$＋59.9°（c＝4.5，于己烷中）。一般试剂含量≥95.0%。

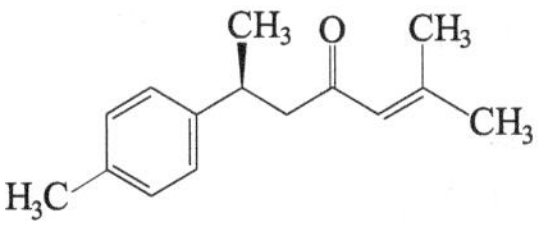

Turpentine oil 松节油 10024

[8006-64-2] [8002-09-3]

别名 Fir oili；Oil of turpentine；Oleum terebinthinae；Pine oil；Spirit of turpentine；Terebenthene

GW 2015-2098 M. I. 15，10007

性状 无色或浅黄色液体。有松香气味。溶于乙醇、乙醚、三氯甲烷、冰乙酸，不溶于水。bp 154～165℃；Fp（最低）86.0℉（30℃）；d_{25}^{25} 0.852～0.868；n_D^{20} 1.4680～1.4780。

注意事项 该品易燃。吸入、口服或与皮肤接触有毒。口服或使肺脏受损。对眼睛及皮肤有刺激性。接触皮肤能引起过敏。对水生物有毒。能对水环境引起长期不良的影响。使用时应穿适当的防护服和戴手套。如误服本品，应立即就医，并出示本品容器或标签。应防止将本品释放于环境中。其包装物应按危险品处理。应远离火种，密封避光于通风处保存。

主要用途 制造松油醇、龙脑、樟脑等的原料。油漆的溶剂。外搽药的配制。

Tween® 20 吐温 20 10025

[9005-64-5]

别名 聚乙氧基月桂酸清凉茶醇；聚环氧乙烷山梨糖醇单月桂酸酯；聚氧乙烯山梨糖醇酐单月桂酸酯；Polyoxyethylene sorbitan monolaurate；T-20

性状 黄色油状液体。溶于水、稀酸、稀碱及多数有机溶剂。Fp 230℉（110℃）；d_4^{20} 1.095；n_D^{20} 1.4680。

主要用途 非离子型表面活性剂。水溶性乳化剂。气相色谱固定液。分离分析挥发油、脂肪酸酯、醇、酮、卤化物。

Tween® 40 吐温 40 10026

[9005-66-7]

别名 聚乙氧基棕榈酸清凉茶醇；聚环氧乙烷山梨糖醇单棕榈酸酯；聚氧乙烯山梨糖醇酐单棕榈酸酯；Polyoxyethylene sorbitan monopalmitate；T-40

性状 琥珀色油状液体。溶于水、稀酸、稀碱及多数有机溶剂。黏度（25℃）400～650mPa·s。Fp 235.4℉（113℃）；d_4^{20} 1.083；n_D^{20} 1.4700。

主要用途 非离子型表面活性剂。气相色谱固定液。分离脂肪酸酯、醇、酮、卤化物。

Tween® 60 吐温 60 10027

[9005-67-8]

别名 聚乙氧基单硬脂酸清凉茶醇；聚环氧乙烷山梨糖醇单硬脂酸酯；聚氧乙烯山梨糖醇酐单硬脂酸酯；Polyoxyethylenesorbitan monostearate；T-60

性状 浅黄棕色油状液体。有脂肪味。与水以及多种有机溶剂相混溶。Fp 302℉（150℃）；d^{25} 1.044；黏度（50℃）75～175mPa·s。

主要用途 非离子型表面活性剂。分离分析脂肪酸酯、醇、酮、卤化物。乳化剂。扩散剂。

Tween® 65 吐温 65 10028

[9005-71-4]

别名 聚氧乙烯山梨糖醇酐三硬脂酸酯；聚氧乙烯失水山梨醇三硬脂酸酯；Polyoxyethylene sorbitan tristearate；T-65

性状 黄褐色蜡状固体。能分散于水及甲苯中，溶于棉籽油、丙酮、乙醚、二氧六环。黏度（50℃）60～120mPa·s。d_4^{20}约1.05；mp 27～31℃；Fp 300.2℉（149℃）。

主要用途 非离子型表面活性剂。气相色谱固定液。

Tween® 80 吐温 80 10029

[9005-65-6]

别名 聚环氧乙烷失水山梨糖醇单油酸酯；聚氧乙烯（20）山梨糖醇酐单油酸酯；Emsorb 6900；Liposorb O-20；Monitan；POE(20) sorbitan monooleate；Sorlate；T-Maz 80；Polyethylene oxide sorbitan monooleate；Polyoxyethylene (20) sorbitan monooleate；Polysorbate 80；T-80

M. I. 15，7703

性状 浅粉红色油状液体。有脂肪味。易溶于水，溶于乙醇、乙酸乙酯、甲醇、甲苯、棉籽油、玉米油，不溶于矿物、植物油。其5%水溶液pH值6～8之间。Fp＞302℉（150℃）；d 1.06～1.09；n_D^{20} 1.473。LD_{50}小鼠，大鼠腹膜内注射：7.5mL/kg，6.3mL/kg。

注意事项 该品应密封于干燥处保存。

主要用途 气相色谱固定液，用于醇、酮、酯类的分离；脂肪酸、烃类的分离。非离子型表面活性剂。

Tween® 85 吐温 85 10030

[9005-70-3]

别名 聚乙氧基三油酸清茶醇；聚氧乙烯山梨糖醇酐三油酸酯；聚氧乙烯失水山梨醇三油酸酯；Polyoxyethylene sorbitan trioleate；T-85

性状 琥珀色油状液体。能分散在硬水、稀酸、稀碱中，溶于多数有机溶剂及油类，不溶于丙酮、乙二醇。黏度250～500mPa·s。Fp 300.2℉（149℃）；d_4^{20} 1.028；n_D^{20} 1.470。

主要用途 气相色谱固定液。分离分析脂肪酸酯、醇、丙酮、卤化物。非离子型表面活性剂。亲油性。乳化剂。

Tybamate 羟戊丁氨酯 10031

[4268-36-4] $C_{13}H_{26}N_2O_4$ 274.36

成分 C 56.91%，H 9.55%，N 10.21%，O 23.33%。

别名 *N*-丁基-2-甲基-2-丙基-1,3-丙二醇二氨基甲酸酯；*N*-Butylcarbamic acid 2-[(aminocarbonyl) oxy] methyl-2-methylpentyl ester; Carbamate of 2-hydroxymethyl-2-methylpentyl ester of butylcarbamic acid; *N*-Butyl-2-methyl-2-propyl-1, 3-propanediol dicarbamate; 2-Methyl-2-propyltrimethylene butylcarbamate carbamate; Nospan; Solacen; Tybatran

M. I. 15, 10010

性状 来自1，1，2-三氯乙烷+己烷（1：2）中的无色结晶。mp 49～51℃；$bp_{0.06}$150～152℃/8Pa。

主要用途 医用抗焦虑剂。

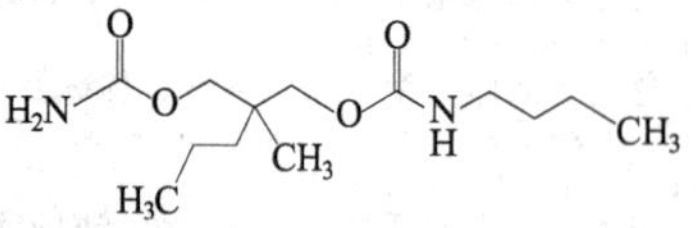

Tylophorine 娃儿藤碱 10032

[482-20-2] $C_{24}H_{27}NO_4$ 393.48

成分 C 73.26%，H 6.92%，N 3.56%，O 16.26%。

别名 (13a*S*)-9,11,12,13,13a,14-Hexahydro-2,3,6,7-tetramethoxydibenzo[*f*,*h*]pyrrolo[1,2-*b*]isoquinoline; 2,3,6,7-Tetramethoxyphenanthro[9,10：6′,7′]indolizidine

M. I. 15, 10012

性状 无色结晶。282～284℃分解；$[\alpha]_D^{23}+15°$（c=0.7，于氯仿中）；$[\alpha]_D^{21}+73°$（c=0.7，于氯仿中）；uv max（于乙醇中）：257nm，286nm，339nm，356nm（lg ε 4.7，4.42.3.28，3.19）。其溶液不稳定。

主要用途 医用催吐剂，镇喘剂。

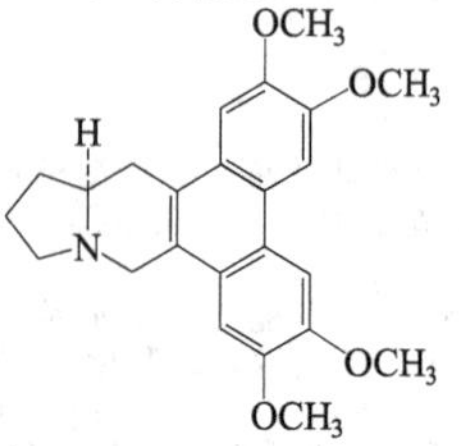

Tylosin 泰乐菌素 10033

[1401-69-0] $C_{46}H_{77}NO_{17}$ 916.11

成分 C 60.31%，H 8.47%，N 1.53%，O 29.69%。

别名 泰乐霉素；肼胝素；Tylan

M. I. 15, 10013

性状 来自水中的无色结晶。易溶于甲醇，溶于水（25℃，5mg/mL）、低级醇、酯及酮，溶于氯化烃、苯、乙醚。其溶液于pH值4～9时稳定，而pH值<4时则活泼及分解。mp 128～132℃；$[\alpha]_D^{25}-46°$（c=2，于甲醇中）；uv max：282nm（$E_{1cm}^{1\%}$ 245）。

注意事项 该品吸入或与皮肤接触可引起过敏。使用时应穿适当的防护服。应密封于2～8℃保存。

主要用途 兽用抗菌剂。

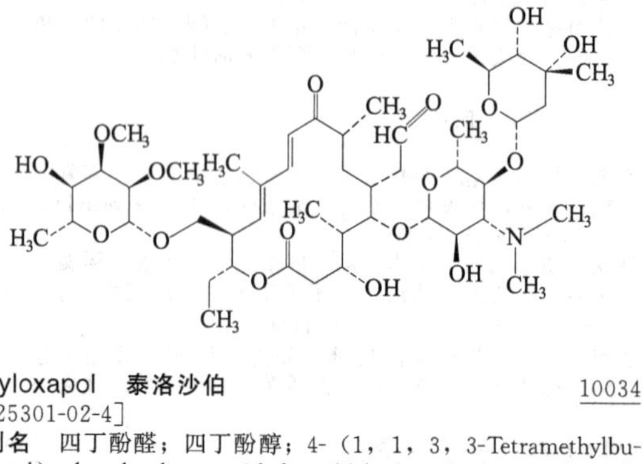

Tyloxapol 泰洛沙伯 10034

[25301-02-4]

别名 四丁酚醛；四丁酚醇；4-（1，1，3，3-Tetramethylbutyl）phenol polymer with formaldehyde and oxirane; Oxyethylated tertiary octylphenol formaldehyde polymer; *p*-Isooctylpolyoxyethylenephenol formaldehyde polymer; Tyloxypal; Alevaire; Superinone; Triton A-20; Triton WR-1339

M. I. 15, 10014

性状 无色或白色结晶性粉末。呈碱性。缓慢地但易与水混溶，溶于苯、甲苯、氯仿、四氯化碳、二硫化碳、乙酸。能被金属氧化。凝固点 92～97℃；d^{20} 1.0963；Fp 235℉（113℃）。

注意事项 该品对眼睛、呼吸系统及皮肤有刺激性。使用时应穿适当的防护服。万一接触到眼睛，应立即用大量水冲洗后请医生诊治。

主要用途 医用黏液溶解剂。

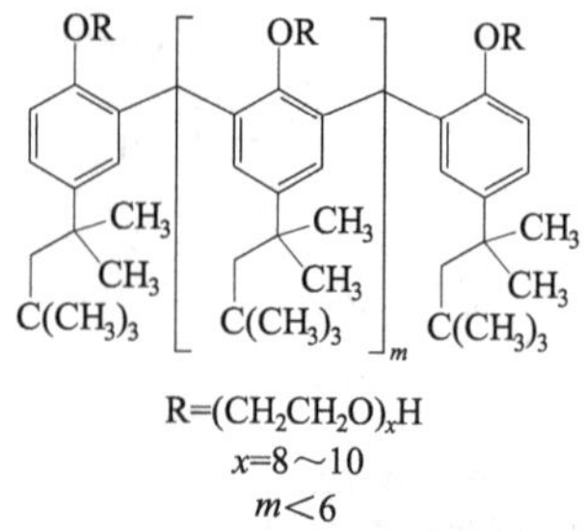

$R=(CH_2CH_2O)_xH$

x=8～10

m<6

Tymazoline hydrochloride 麝草唑啉 盐酸盐 10035

[24243-97-8（无 HCl）] $C_{14}H_{21}ClN_2O_2$ 284.78

成分 C 59.05%，H 7.43%，Cl 12.45% N 9.84%，O 11.24%。

别名 盐酸麝草唑啉；Pernazene; 4,5-Dihydro-2-[5-methyl-2-(1-methylethyl)phenoxyl]methyl-1*H*-imidazole hydrochloride; 2-(Thymyloxy) methyl-2-imidazoline hydrochloride; 2-(Thymyloxymethyl) glyoxalidine hydrochloride; 2-(*p*-Mentha-1, 3, 5-trien-2-yloxy)methyl-2-imidazoline hydrochloride

M. I. 15, 10015

性状 无色结晶，mp 215～217℃。或来自丁酮+乙醇中的结晶，mp 223.5～225℃。

主要用途 医用减轻鼻子充血剂。

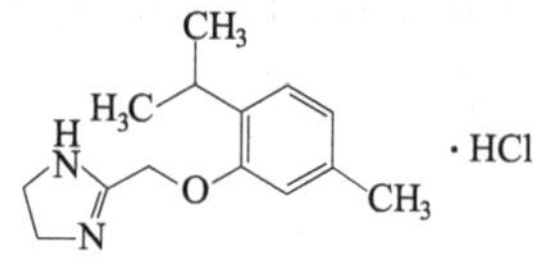

Tyramine 酪胺 10036

[51-67-2] $C_8H_{11}NO$ 137.18

成分 C 70.05%，H 8.08%，N 10.21%，O 11.66%。

别名 干酪胺；对（β-氨基乙基）酚；4-羟基苯基乙胺；干酪毒素；台尔明；4-(2-Aminoethyl) phenol; 2-(4-Hydroxyphenyl) ethylamine; *p*-(β-Aminoethyl) phenol; 4-Hydroxyphenethylamine; α-(4-Hydroxyphenyl)-β-aminoethane; 2-*p*-Hydroxyphenyl ethylamine; Systogene; Tocosine; Tyrosamine; Uteramine

M. I. 15, 10016

性状 来自苯或乙醇中的无色结晶。呈碱性。对空气敏感。15℃时1g该品溶于95mL水，溶于10mL沸乙醇，微溶于苯、二甲苯。mp 164～165℃；bp_{25} 205～207℃/3.333kPa；bp_2 166℃/266.64Pa。生化试剂含量≥99.0%（TLC）。

注意事项 该品对眼睛、呼吸系统及皮肤有刺激性。使用时应穿适当的防护服。万一接触到眼睛，应立即用大量水冲洗后请医生诊治。应充氩气密封保存。

主要用途 生化研究。

Tyramine hydrochloride　酪胺 盐酸盐 10037
[60-19-5]　$C_8H_{12}ClNO$ 173.64
成分　C 55.34%，H 6.97%，Cl 20.42%，N 8.07%，O 9.21%。
别名　干酪毒素 盐酸盐；台尔明 盐酸盐；盐酸干酪胺；对羟基苯基乙胺 盐酸盐；盐酸对羟基苯乙胺；盐酸酪胺；盐酸干酪毒素；盐酸台尔明；4-(2-Aminoethyl)phenol hydrochlorde；*p*-(*β*-Aminoethyl)phenol hydrochloride；4-Hydroxyphenethylamine hydrochloride；*α*-(4-Hydroxyphenyl)-*β*-aminoethane hydrochloride；Mydrial；Systogene hydrochloride；Tocosine hydrochloride；Tyrosamine hydrochloride；UteramineHCl；*β*-(*p*-Hydroxyphenyl)ethyla-mine hydrochloride
M. I. 15，10016
性状　来自乙醇＋乙醚中的无色结晶或白色粉末。溶于水呈中性，溶于甲醇、乙醇、冰醋酸，微溶于氯仿。mp 269℃。一般试剂含量≥97.0%（AT）。
注意事项　见 10036 酪胺，应充氩气密封于干燥处保存。
主要用途　有机合成。医用肾上腺功能剂。

Tyrocidine A hydrochloride　短杆菌酪肽 A 盐酸盐 10038
[1481-70-5(无 HCl)]　$C_{66}H_{88}ClN_{13}O_{13}$ 1306.96
成分　C 60.65%，H 6.79%，Cl 2.71%，N 13.93%，O 15.91%。
别名　盐酸短杆菌酪肽 A
M. I. 15，10017
性状　来自甲醇＋水中的无色结晶。易溶于甲醇-水或乙醇-水，微溶于甲醇、乙醇，几乎不溶于氯仿、丙酮、乙醚。mp 240～242℃；$[\alpha]_D^{25}$ −111°（c=1.37，于己醇中）。
主要用途　医用抗菌剂。

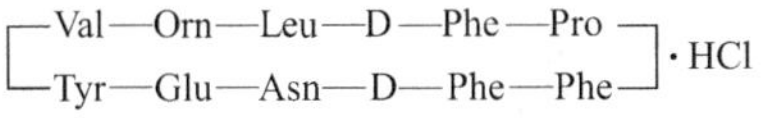

Val—Orn—Leu—D—Phe—Pro
Tyr—Glu—Asn—D—Phe—Phe ·HCl

Tyropanoate sodium　丁酰碘番酸钠 10039
[7246-21-1]　$C_{15}H_{17}I_3NNaO_3$ 663.01
成分　C 27.17%，H 2.58%，I 57.42%，N 2.11%，Na3.47%，O 7.24%。
别名　丁碘苄丁酸钠；*α*-Ethyl-2，4，6-triiodo-3-[(1-oxobutyl) amino] benzenepropanoic acid monosodium salt；3-Butyramido-*α*-ethyl-2，4，6-triiodohydrocinnamic acid sodium salt；*α*-Ethyl-*β*-（2，4，6-triiodo-3-butyramidophenyl）propionicacid sodium salt；Sodium tyropanoate；Win-8851-2；Bilopaque；Lumopaque；Tyropaque
M. I. 15，10018
性状　来自乙醚中的无色固体。溶于水。mp 208～210℃，LD_{50}小鼠静脉注射：720mg/kg。
主要用途　医疗辅助诊断（胆囊造影剂）。

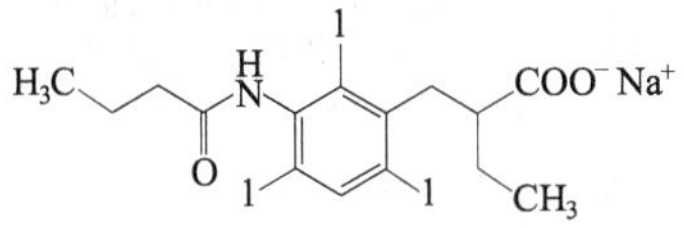

Tyrosinase from mushroom　酪氨酸酶（蘑菇） 10040
[9002-10-2]　Mr 约 125000
别名　儿茶酚氧化酶；多聚苯酚氧化酶；陈干酪酵素；酥氨基酸酶；Catechol oxidase；*o*-Diphenol oxygen oxidoreductase；Polyphenolase；Polyphenol oxidase；Monophenol monooxygenase
M. I. 15，10019　EC 1.14，18.1
性状　近棕色含缓冲盐的冻干粉末。
注意事项　使用时应避免吸入本品的粉尘，避免与眼睛及皮肤接触。应充氩气密封于−20℃干燥保存。
主要用途　生化研究。医用抗高血压剂。

D-Tyrosine　D-酪氨酸 10041
[556-02-5]　$C_9H_{11}NO_3$ 181.19
成分　C 59.66%，H 6.12%，N 7.73%，O 26.49%。
别名　D-干酪氨基酸；D-苯酚氨基丙酸；酥氨酸；D-*β*-对羟基苯丙氨酸；D-*α*-氨基对羟基氢化肉桂酸；D-*α*-Amino-*p*-hydroxyhydrocinnamic acid；D-*α*-Amino-*β*-*p*-hydroxyphenylpropionic acid；D-*β*-*p*-Hydroxyphenylalanine
M. I. 15，10020
性状　白色结晶。溶于碱溶液，微溶于水（0℃，0.196g/100g；50℃，0.1052g/100g）。热至 310～314℃ 分解；$[\alpha]_D^{25}$ +10.3°（c=4，于 1mol/L 盐酸中）。一般试剂含量≥99.0%（NT）。
注意事项　见 10036 酪胺。
主要用途　生化研究。

DL-Tyrosine　DL-酪氨酸 10042
[556-03-6]　$C_9H_{11}NO_3$ 181.19
成分　C 59.66%，H 6.12%，N 7.73%，O 26.49%。
别名　DL-干酪氨基酸；DL-苯酚氨基丙酸；DL-*β*-对羟基苯丙氨酸；DL-*α*-氨基对羟基氢化肉桂酸；DL-*α*-Amino-*p*-hydroxyhydrocinnamic acid；DL-*α*-Amino-*β*-*p*-hydroxyphenylpropionic acid；DL-*β*-*p*-Hydroxyphenylalanine
M. I. 15，10020
性状　无色粗大的针状结晶。溶于碱溶液，微溶于水（0℃，0.0147g/100g；25℃，0.351g/100g；50℃，0.0836g/100g）、乙醇，不溶于乙醚。316℃分解。一般试剂含量≥99.0%（NT）。
注意事项　见 10036 酪胺。
主要用途　生化研究。组织培养基的制备。

L-Tyrosine　L-酪氨酸 10043
[60-18-4]　$C_9H_{11}NO_3$ 181.19
成分　C 59.66%，H 6.12%，N 7.73%，O 26.49%。
别名　L-干酪氨基酸；L-苯酚氨基丙酸；L-*β*-对羟基苯丙氨酸；L-*α*-氨基对羟基氢化肉桂酸；（*S*）-*α*-Amino-4-hydroxybenzenepropanoic acid；（*S*）-2-Amino-3-（4-hydroxyphenyl）propionic acid；L-*α*-Amino-*p*-hydroxyhydrocinnamic acid；L-*α*-Amino-*β*-*p*-hydroxyphenylpropionic acid；L-*β*-（*p*-Hydroxyphenyl）alanine；Tyr；Y
M. I. 15，10020
性状　有光泽的白色细小针状结晶。溶于碱溶液，微溶于水（0℃，0.02g/100g；25℃，0.045g/100g；50℃，0.105g/100g；75℃，0.244g/100g；100℃，0.565g/100g），不溶于无水乙醇、乙醚、丙酮。pK_1 2.20，pK_2 9.11，pK_3 10.07。342～344℃分解。d 1.456；$[\alpha]_D^{22}$ −10.6°（c=4，于 1mol/L 盐酸中）；$[\alpha]_D^{18}$ −13.2°（c=4，于 3mol/L 氢氧化钠溶液中）。生化试剂含量≥99.0%（NT）。
注意事项　见 10036 酪胺。
主要用途　生化研究。用米隆反应（蛋白质呈色反应）进行比色定量分析。组织培养基的制备。营养增补剂。

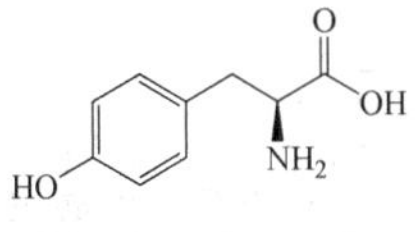

DL-*m*-Tyrosine　间酪氨酸 10044
[587-33-7] [775-06-4]　$C_9H_{11}NO_3$ 181.19
成分　C 59.66%，H 6.12%，N 7.73%，O 26.49%。
别名　（±）-2-Amino-3-（3-hydroxyp henyl）propionic acid；3-Hydroxy-L-pheny-lalanine；*α*-Amino-3-hydroxyhydrocinnamic acid；Metatyrosine
M. I. 15，10021
性状　无色或白色结晶或固体。mp 267～270℃（分解）；$[\alpha]_D^{22}$ −14.5°（于 70%乙醇中）；$[\alpha]_D^{22}$ +8.9°（于 70%乙醇，2mol/L 盐酸中）。生化试剂含量≥98.0%（NT）。
注意事项　见 10036 酪胺。

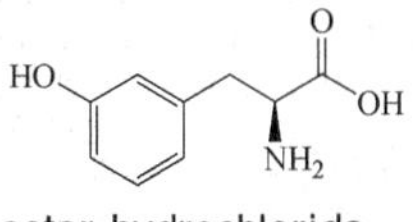

L-Tyrosine ethyl ester hydrochloride
L-酪氨酸乙酯 盐酸盐 10045
[4089-07-0]　$C_{11}H_{16}ClNO_3$ 245.70
成分　C 53.77%，H 6.56%，Cl 14.43%，N 5.70%，O 19.53%。
别名　盐酸 L-酪氨酸乙酯

性状 白色结晶。mp 166～170℃；$[\alpha]_D^{20}-6.8°\pm0.5°$（$c=2$，于水中）。一般试剂含量≥99.0%（AT）。
注意事项 使用时应避免吸入本品的粉尘，避免与眼睛及皮肤接触。

L-Tyrosine hydrochloride L-酪氨酸 盐酸盐 10046
[16870-43-2] $C_9H_{12}ClNO_3$ 217.65
成分 C 49.67%，H 5.56%，Cl 16.29%，N 6.44%，O 22.05%。
别名 盐酸L-酪氨酸；3-(4-羟基苯基)-L-丙氨酸 盐酸盐；3-(4-Hydroxyphenyl)-L-alanine hydrochloride
性状 无色结晶。mp 239℃（分解）；$[\alpha]_D^{20}-8°$（$c=4$，于1mol/L盐酸中）。一般试剂含量≥98.0%（TLC）。
主要用途 生化研究。

L-Tyrosine methyl ester hydrochloride
L-酪氨酸甲酯 盐酸盐 10047
[3417-91-2] $C_{10}H_{14}ClNO_3$ 231.68
成分 C 51.84%，H 6.09%，Cl 15.30%，N 6.05%，O 20.72%。
别名 盐酸L-酪氨酸甲酯
性状 白色结晶。mp 约190℃（分解）；$[\alpha]_D^{20}$ 76°±2°（$c=3$，于吡啶中）。一般试剂含量≥99.0%（AT）。
注意事项 见10036 酪胺。

Tyrothricin from *Bacillus brevis* 短杆菌素（短杆菌） 10048
[1404-88-2]
别名 土芽孢菌素；杜博氏酶；混合短杆菌肽；Dermotricine；Dubos crude crystals；Hydrotricine；Tyri 10；Tyrosur
M. I. 15，10023
性状 灰色至浅棕色粉末。系得自土壤杆菌的抗生素，包括10%～20%的短杆菌肽及40%～60%的短杆菌酪素。该品于下列物质中溶解度（28℃，mg/mL）：水2.1；异丙醇5.6；苯0.30；异辛烷0.042；四氯化碳0.455；乙酸乙酯2.65；丙酮6.8；乙醚3.25；二氧六环11.1；氯仿1.6。215～220℃分解。LD_{50}小鼠皮下注射：>1500mg/kg；腹膜内注射：100mg/kg；急性经口：>3000mg/kg。
注意事项 使用时应避免吸入本品的粉尘。避免与眼睛及皮肤接触。
主要用途 生化研究。医用局部抗菌剂，治疗肺炎菌、链球菌、葡萄球菌引起的疾病。

U

Ubenimex 乌苯美司 10049
[58970-76-6] $C_{16}H_{24}N_2O_4$ 308.38
成分 C 62.32%，H 7.84%，，N 9.08%，O 20.75%。
别名 苯丁抑制素；百士欣；由必尼美；贝他茵；N-[（2*S*，3*R*）-4-苯基-3-氨基-2-羟基丁酰]-L-亮氨酸；N-[（2*S*，3*R*）-3-氨基-2-羟基-4-苯丁酰]-L-白氨酸；N-[（2*S*，3*R*）-3-Amino-2-hydroxy-1-oxo-4-phenylbutyl]-L-leucine；[（2*S*，3*R*）-3-Amino-2-hydroxy-4-phenylbutanoyl]-L-leucine；NK-421；Bestatin
M. I. 15，10024
性状 无色针状结晶或白色粉末。溶于乙酸、二甲基亚砜、甲醇，较少地溶于水，不溶于乙酸乙酯、苯、己烷、氯仿。pK_a 8.1，3.1；mp 233～236℃；$[\alpha]_D^{20}-15.5°$（$c=1$，于1mol/L盐酸中）；uv max：241.5nm，248nm，253nm，258nm，264.5nm，268nm（$E_{1cm}^{1\%}$ 3.8，4.0，5.0，6.0，4.6，2.7）。LD_{50}雄、雌小鼠，雄、雌大鼠皮下注射（g/kg）：1.3、1.9、1.9、2.1；腹膜内注射（g/kg）：0.19、0.19、0.90、0.78；急性经口（g/kg）：>4.0、>4.0、>2.0、>2.0。生化试剂含量≥98.5%。
注意事项 该品应密封于－20℃保存。
主要用途 医疗免疫调节剂，抗肿瘤剂。

NH2 O COOH CH3 / N H / CH3 / OH

Umbelliferone 伞形酮 10050
[93-35-6] $C_9H_6O_3$ 162.14
成分 C 66.67%，H 3.73%，O 29.60%。
别名 伞形花内酯；7-羟基香豆素；繖形酮；Hydrangin；7-Hydroxy-2*H*-1-benzopyran-2-one；7-Hydroxycoumarin；Skimmetin
M. I. 15，10032
性状 来自水中的无色针状结晶。能升华。1g该品溶于约100mL沸水，易溶于乙醇、氯仿、乙酸，溶于稀碱溶液，略微溶于乙醚，其溶液呈蓝色荧光。mp 225～228℃。一般试剂含量≥98.0%（HPLC）。
注意事项 见10036 酪胺。
主要用途 荧光指示剂。酸碱指示剂。

HO O O

Undecanal 十一醛 10051
[112-44-7] $C_{11}H_{22}O$ 170.30
成分 C 77.58%，H 13.02%，O 9.39%。
别名 Aldehyde C_{11}；Hendecanal；*n*-Undecyl aldehyde
性状 无色液体。溶于油类、乙醇，不溶于甘油、水。易聚合。mp －2℃；bp_{12} 110～113℃/1.6kPa；Fp 167℉（75℃）；d_4^{20} 0.828；n_D^{20} 1.433。一般试剂含量≥95.0%（GC）。
注意事项 该品对眼睛、呼吸系统及皮肤有刺激性。使用时应避免吸入本品的蒸气，避免与眼睛及皮肤接触。万一接触到眼睛，应立即用大量水冲洗后请医生诊治。
主要用途 香料。

Undecane 十一烷 10052
[1120-21-4] $C_{11}H_{24}$ 156.31
成分 C 84.52%，H 15.48%。
别名 Alkane C_{11}；Hendecane
性状 无色液体。易溶于乙醇、乙醚，不溶于水。mp －26℃；bp 195～196℃；Fp 150.8℉（66℃）；d_4^{20} 0.742；n_D^{20} 1.418。一般试剂含量≥97.0%（GC）。
注意事项 该品口服有毒，可损伤肺脏。其余，见10043 十一醛。
主要用途 色谱分析标准物质。

Undecanoic acid 十一酸 10053
[112-37-8] $C_{11}H_{22}O_2$ 186.30
成分 C 70.92%，H 11.90%，O 17.18%。
别名 十一烷酸；正十一酸；Carboxylic acid C_{11}；Hendecanoic acid；Undecoic acid；Undecylic acid；*n*-Undecylic acid
性状 无色结晶。溶于乙醇、乙醚、三氯甲烷，不溶于水。mp 28.5℃；bp_{160} 228℃/21.332kPa；Fp 235.4℉（113℃）。
注意事项 见10051 十一醛。
主要用途 有机合成。

1-Undecanol 1-十一醇 10054
[112-42-5] $C_{11}H_{24}O$ 172.31
成分 C 76.68%，H 14.04%，O 9.28%。
别名 正十一醇；癸基甲醇；Decyl acrbinol；1-Hendecanol；Hendecyl alcohol；*n*-Undecyl alcohol；Alcohol C_{11}
性状 无色或浅黄色液体。有柠檬的香味。与乙醚、60%乙醇相混溶，不溶于水。mp 13～16℃；bp 248～250℃；Fp 235.4℉（113℃）；d_4^{20} 0.832；n_D^{20} 1.441。
注意事项 该品对皮肤有刺激性。接触皮肤能引起过敏，对水生物有毒，能对水环境引起长期不良的影响。使用时应穿适当的防护服和戴手套。应防止将本品释放于环境中。
主要用途 化妆品用香料（有柠檬的香味）。

2-Undecanol 2-十一醇 10055
[1653-30-1] $C_{11}H_{24}O$ 172.31
成分 C 76.68%，H 14.04%，O 9.28%。
别名 2-十一烷醇；Methyl nonyl carbinol
性状 无色液体。不溶于水。mp 1～3℃；bp 229～231℃；

bp_{12} 129 ～ 131℃/1.6kPa；Fp 206.6℉ （97℃）；d_4^{20} 0.826；n_D^{20} 1.437。一般试剂含量≥98.0%（GC）。

注意事项 该品对眼睛、呼吸系统及皮肤有刺激性。对水生物有毒，对水环境能产生长期不良的影响。使用时应穿适当的防护服。万一接触到眼睛，应立即用大量水冲洗后请医生诊治。应防止将本品释放于环境中。

2-Undecanone 2-十一酮 10056

[112-12-9] $C_{11}H_{22}O$ 170.30

成分 C 77.58%，H 13.02%，O 9.39%。

别名 2-十一烷酮；壬基甲基甲酮；甲基壬基甲酮；2-Hendecanone；Methyl nonyl ketone；Nonyl methyl ketone

M.I. 15，6177

性状 无色油状液体。有强烈的气味。溶于乙醚，不溶于水。mp 12.1℃；bp_{761} 231.5～232.5℃/101.457kPa；bp_7 99℃/933.25Pa；Fp 192℉（88℃）；d_4^{20} 0.8260～0.8263；n_D^{30} 1.42527。LD_{50}兔皮肤接触：＞5g/kg；LD_{50}大鼠，小鼠急性经口（g/kg）：＞5，3.88。一般试剂含量≥97.0%（GC）。

注意事项 该品对水生物有毒，对水环境可产生长期不良的影响。使用时应避免吸入本品的蒸气，应避免与眼睛及皮肤接触。应防止将本品释放于环境中。

主要用途 有机合成。香料。

1-Undecene 1-十一烯 10057

[821-95-4] $C_{11}H_{22}$ 154.30

成分 C 85.63%，H 14.37%。

别名 1-十一碳烯

性状 无色液体。不溶于水，溶于有机溶剂。mp －49℃；bp 192～194℃；Fp 145°F（62℃）；d_4^{20} 0.751；n_D^{20} 1.427。一般试剂含量≥95.0%（GC）。气相色谱标准物含量≥99.5%（GC）。

注意事项 该品吸入或口服有毒，对眼睛、呼吸系统及皮肤有刺激性。使用时应穿适当的防护服。万一接触到眼睛，应立即用大量水冲洗后请医生诊治。

主要用途 色谱分析标准物。

10-Undecenoyl chlocide 10-十一碳烯酰氯 10058

[38460-95-6] $C_{11}H_{19}ClO$ 202.72

成分 C 65.17%，H 9.45%，Cl 17.49%，O 7.89%。

性状 无色液体。bp_{10} 120～122℃/1.333kPa；Fp 200℉（93℃）；d_4^{20} 0.944；n_D^{20} 1.454。一般试剂含量≥97.0%（GC）。

注意事项 该品具有腐蚀性，能引起烧伤。对呼吸系统有刺激性。使用时应穿适当的防护服，戴手套和防护镜或面罩。万一接触到眼睛，应立即用大量水冲洗后请医生诊治。使用时如有事故发生或有不适之感，应请医生诊治。应密封保存。

1-Undecylamine 1-十一胺 10059

[7307-55-3] $C_{11}H_{25}N$ 171.33

成分 C 77.11%，H 14.71%，N 8.18%。

别名 1-氨基十一烷；Amine C_{11}；1-Aminoundecane

性状 无色至微黄色液体。溶于热水、乙醇，不溶于乙醚。对二氧化碳敏感。mp 15～17℃；bp 242℃；bp_8 106～107℃/1.067kPa；Fp 198℉（92℃）；d_4^{20} 0.7979；n_D^{20} 1.4388。一般试剂含量≥98.0%（GC）。

注意事项 该品对眼睛、呼吸系统及皮肤有刺激性。使用时应穿适当的防护服。万一接触到眼睛，应立即用大量水冲洗后请医生诊治。应充氩气密封保存。

Undecylenic acid 十一烯酸 10060

[112-38-9] $C_{11}H_{20}O_2$ 184.28

成分 C 71.70%，H 10.94%，O 17.36%。

别名 10-十一烯酸；十一碳烯-9-酸；Declid；Fungoid solution；10-Hendecenoic acid；Renselin；Sevinon；10-Undecenoic acid；9-Undecylenic acid

M.I. 15，10033

性状 无色或浅黄色结晶，温度高时为液体。溶于乙醇、乙醚、三氯甲烷，不溶于水。碘值 137.8。mp 24.5℃；bp_{760} 275℃/101.325kPa（分解）；bp_{182} 232～235℃/24.265kPa；bp_{130} 230～235℃/17.332kPa；bp_{100} 213.5℃/13.332kPa；bp_{90} 198～200℃/11.999kPa；bp_{15} 168.3℃/2kPa；bp_1 131℃/133.32Pa；Fp 300℉（148℃）；d_4^{20} 0.9072；d_{25}^{25} 0.9102；d_{45}^{45} 0.8993；$d_4^{79.9}$ 0.8653；n_D^{25} 1.4486。LD_{50}小鼠急性经口：8.15g/kg；腹膜内注射：960mg/kg。一般试剂含量≥97.0%（GC）。

注意事项 见 10059 1 十一胺

主要用途 香料制备。有机合成。医用局部抗真菌剂。

Uracil 尿嘧啶 10061

[66-22-8] $C_4H_4N_2O_2$ 112.09

成分 C 42.86%，H 3.60%，N 24.99%，O 28.55%。

别名 2,6-二羟基-1,3-二氮杂苯；2,4-二羟基嘧啶；2,4(1,3)-嘧啶二酮；咕噁；2,4-Dihydroxypyrimidine；2,6-Dihydroxypyrimidine；2,4-Dioxopyrimidine；4-Hydroxy-2(1*H*)-pyrimidinone；2-Hydroxy-4(1*H*)-pyrimidinone；2-Hydroxy-4(3*H*)-pyrimidinone；2,4(1*H*,3*H*)-Pyrimidinedione；2,4-Pyrimidinediol；2,6-Pyrimidinedione

M.I. 15，10035

性状 来自水中的无色至浅黄色针状结晶。易溶于热水，溶于氨水和其他碱类，略微溶于冷水（25℃100份水溶解该品0.358份），几乎不溶于乙醇、乙醚。p*K* 9.45。mp 335℃（泡腾）；uv max（pH 值 7.0）：202.5nm，259.5nm（ε×10^{-3} 9.2，8.2）。一般试剂含量≥99.0%（T）。

注意事项 使用时应避免吸入本品的粉尘，避免与眼睛及皮肤接触。

主要用途 生化研究。

Uracil mustard 尿嘧啶氮芥 10062

[66-75-1] $C_8H_{11}Cl_2N_3O_2$ 252.10

成分 C 38.12%，H 4.40%，Cl 28.12%，N 16.67%，O 12.69%。

别名 5-双（2-氯乙基）氨基尿嘧啶；乌拉莫司汀；5-Bis(2-chloroethyl) amino-2,4-(1*H*,3*H*)-pyrimidinedione；5-[Bis(2-chloroethyl) amino] uracil；2,6-Dihydroxy-5-bis(2-chloroethyl) aminopyramidine；5-[Di（β-chloroethyl）amino] uracil；Uramustine；Demethyldopan；Desmethyldopan；NSC-34462；U-8344

M.I. 15，10036

性状 来自甲醇＋水中的无色结晶。略微溶于水。206℃分解。uv max（0.01mol/L 硫酸于 95% 乙醇中）：257nm（ε 5675）。LD_{50}大鼠腹膜内注射：约 1.25～2.5mg/kg。

主要用途 生化研究。医用抗肿瘤剂。

Uranediol 马尿甾二醇 10063

[516-51-8] $C_{21}H_{36}O_2$ 320.52

成分 C 78.69%，H 11.32%，O 9.98%。

别名 (1*S*,2*R*,4a*S*,4b*R*,6a*S*,8*S*,10a*S*,10b*S*,12a*S*)-Octadecahydro-2,10a,12a-trimethyl-1,8-chrysenediol；(3β,5α,17α,17aβ)-17-Methyl-D-homoandrostane-31,17a-diol

M.I. 15,10038

性状 来自乙醇水溶液中的无色针状结晶。180℃，0.06～0.1mmHg/8～13.33Pa 时升华。mp 216～219℃；$[\alpha]_D^{15}$＋3.7°（*c*＝1.8，于氯仿中）

主要用途 生化研究。

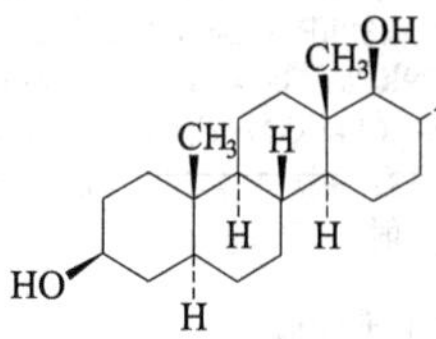

Uranium（Ⅵ）acetate dihydrate 乙酸铀 二水 10064

［6159-44-0］ $C_4H_6U \cdot 2H_2O$ 424.14

成分（以无水物计） C 12.38%，H 1.56%，O 24.73%，U 61.33%。

别名 乙酸双氧铀；乙酸铀酰；二水合乙酸铀；醋酸铀；Uranyl acetate dihydrate

M.I.15，10046

性状 黄色结晶性粉末。微有乙酸气味。溶于10份水，微溶于乙醇。加热至110℃失去结晶水。d 2.89。一般试剂含量≥99.0%（T）。

注意事项 该品有放射性。吸入或口服极毒。具有蓄积性危害。对水生物有毒。能对水环境引起长期不利的结果。使用现场不得进餐或吸烟。使用时如有事故发生或有不适之感，应请医生诊治。应防止将本品释放于环境中。应密封保存。

主要用途 临床检验中用于血钠的测定。细菌氧化催速剂。活化剂。

Uranium（Ⅵ）chloride 氯化铀 10065

［7791-26-6］ Cl_2O_2U 340.93

成分 Cl 20.80%，O 9.39%，U 69.82%。

别名 铀酰氯；氯化双氧铀；氯化铀酰；Uranium dioxydichloride；Uranium oxychloride；Uranyl chloride

M.I.15，10047

性状 亮黄色结晶。易吸潮。易溶于水，其溶液不稳定。溶于丙酮、乙醇，不溶于苯。约450℃分解；约775℃挥发。

注意事项 该品具有腐蚀性，能引起烧伤。使用时应穿适当的防护服，戴手套和防护镜或面罩。万一接触到眼睛，应立即用大量水冲洗后请医生诊治。使用时如有事故发生或有不适之感，应请医生诊治。

Uranium（Ⅵ）nitrate hexahydrate 硝酸铀 六水 10066

［13520-83-7］ $N_2O_8U \cdot 6H_2O$ 502.12

成分（以无水物计） N 7.11%，O 32.48%，U 60.41%。

别名 六水合硝酸铀；硝酸双氧铀 六水；硝酸铀酰 六水；UNH；Uranyl nitrate hexahydrate；Yellow salt

M.I.15，10048

性状 黄色微带荧光的结晶。溶于水（122g/100g），其溶液呈酸性。易溶于乙醇、乙醚。mp 60℃；d 2.807。

注意事项 见10064乙酸铀 二水。应密封于干燥处保存。

主要用途 砷、矾、乙酸和过氧化氢的测定。血钠的测定。氧化剂。用亚铁氰化钾滴定锌和铅时作指示剂。影片着色剂。

Uranium（Ⅵ）oxide 三氧化铀 10067

［1344-58-7］ O_3U 286.03

成分 O 16.78%，U 83.22%。

别名 红色氧化铀；Red uranium oxide；Uranic oxide；Uranium trioxide；Uranium oxide red

M.I.15，10045

性状 红色或棕黄色粉末。溶于酸，不溶于水。d 7.29。

注意事项 见10064乙酸铀 二水。

主要用途 核燃料，催化剂。

Urazole 尿唑 10068

［3232-84-6］ $C_2H_3N_3O_2$ 101.07

成分 C 23.77%，H 2.99%，N 41.58%，O 31.66%。

别名 1，2，4-Triazolidine-3，5-dione；Bicarbamimide；1*H*-1，2，4-Triazole-3，5（2*H*，4*H*）-dione；Hydrazodicarbonimide；3，5-Diketotriazolidine

M.I.15，10051

性状 来自水中的无色小叶状结晶。呈弱酸性。溶于水（0℃，2.83g/100mL；65℃，23.7g/100mL），微溶于乙醇，几乎不溶于乙醚。pK_a：1.6×10^{-6}；249～250℃分解。

主要用途 生化研究。

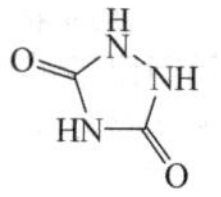

Urea 脲 10069

［57-13-6］ CH_4N_2O 60.06

成分 C 20.00%，H 6.71%，N 46.64%，O 26.64%。

别名 尿素；碳酰二胺；碳酰胺；Aquacare；Aquadrate；Basodexan；Carbamide；Carbonyldiamide；Hyanit；Keratinamin；Nutraplus；Onychomal；Pastaron；Ureaphil；Ureophil；Urepearl

M.I.15，10052

性状 无色柱状结晶或白色结晶性粉末。溶于浓盐酸。1g该品溶于1mL水、10mL 95%乙醇、1mL 95%沸乙醇、20mL无水乙醇、6mL甲醇、2mL甘油，几乎不溶于乙醚、三氯甲烷。mp 132.7℃；d_4^{18} 1.32。

注意事项 使用时应避免吸入本品的粉尘，避免与眼睛及皮肤接触。应密封保存。

主要用途 检验锑和锡，测定铅、铜、镓、磷、碘化物、硝酸盐。高纯分析试剂。稳定剂。有机合成。医用利尿剂，润滑剂。

参考规格 GB/T 696—2008

	分析纯	化学纯
含量（H_2NCONH_2）/%≥	99.0	99.0
澄清度试验/号≤	2	4
水不溶物/%≤	0.005	0.02
灼烧残渣（以硫酸盐计）/%≤	0.01	0.02
氯化物（Cl）/%≤	0.0003	0.001
硫酸盐（SO_4）/%≤	0.001	0.005
氨（NH_3）/%≤	0.005	0.005
铁（Fe）/%≤	0.0002	0.0005
重金属（以Pb计）/%≤	0.0002	0.0005
缩二脲（$C_2H_5N_3O_2$）/%≤	0.2	0.4

Urease from jack bean 脲酶（巨豆） 10070

［9002-13-5］ 约480000

别名 大豆酵素；尿素酶；Urea amidohydrolase；Urase；Urastrat

M.I.15，10055 EC 3.5.1.5

性状 无色、近白色至黄色细微八面体结晶或粉末。溶于水、稀碱溶液、稀氨水，不溶于乙醇、乙醚、丙酮等有机溶剂。零电位点pH值5.0～5.1。uv max：278.5nm。

注意事项 该品对眼睛、呼吸系统及皮肤有刺激性。吸入能引起过敏。使用时应穿适当的防护服和戴手套。使用时应避免吸入本品的粉尘，避免与眼睛及皮肤接触。万一接触到眼睛，应立即用大量水冲洗后请医生诊治。应密封于2～8℃干燥保存。

主要用途 生化研究。测定血液及尿中的脲。

参考规格 企标

	生化试剂
活力	3U/mg

Uric acid 尿酸 10071

［69-93-2］ $C_5H_4N_4O_2$ 168.11

成分 C 35.72%，H 2.40%，N 33.33%，O 28.55%。

别名 2,6,8-三羟基尿杂环；2,6,8-三羟基嘌呤；三氧化嘌呤；8-羟基黄质；7,9-Dihydro-1*H*-purine-2,6,8-(3*H*)-trione；8-Hydroxy-xanthine；Purine-2，6，8（1*H*，3*H*，9*H*）-trione；Triketopurine；Purine-2,6,8-triol；2,6,8-Trioxypurine

M.I.15，10060

性状 白色结晶。无味、无气味。溶于热浓硫酸、甘油、碱溶液、碳酸碱溶液、乙酸钠和磷酸钠溶液，1g该品溶于约15000份冷水、约2000份沸水，不溶于乙醇、乙醚。mp 300℃；d 1.89。一般试剂含量≥98.0%（HPLC）。

注意事项 该品具有蓄积性危害。

主要用途 检验钨酸盐。

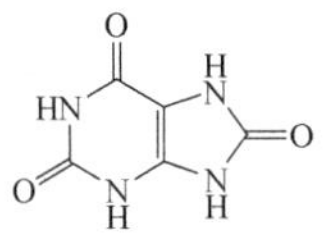

Uricase from porcine liver　尿酸酶（猪肝）　10072
[9002-12-4]
别名　Urate oxidase；Uric oxidase；Urikoxidase；Urico-oxidase
M. I. 15，10061　EC 1.7.3.3
性状　白色或微带棕绿色结晶性粉末或有光泽透明条纹片。对湿度敏感。几乎不溶于水，微溶于碱性缓冲液。
注意事项　该品应充氩气密封于−20℃干燥保存。
主要用途　检定血清和尿中的尿酸。

Uridine　尿苷　10073
[58-96-8]　$C_9H_{12}N_2O_6$　244.20
成分　C 44.27%，H 4.95%，N 11.47%，O 39.31%。
别名　二氢嘧啶核苷；呻嚐核糖苷；尿核苷；尿嘧啶核苷；1-β-D-Ribofuranosyluracil；Uracil riboside；Uracil-3-D-ribofuranoside；Uracil-1-β-D-ribofuranoside；Urd
M. I. 15，10062
性状　来自烯乙醇中的无色针状结晶或白色结晶性粉末。溶于水，微溶于稀乙醇，不溶于无水乙醇。mp 165℃；$[\alpha]_D^{20}$　+4°（c=2，于水中）。uv max（pH 值 7.3）：261nm，205nm（ε×10^{-3} 10.1，9.8）。生化试剂含量≥99.0%（HPLC）。
注意事项　该品应充氩气密封保存。
主要用途　生化研究。

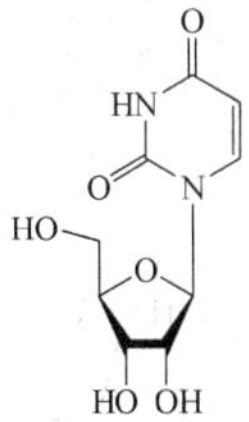

Uridine-3′,5′-cyclic monophosphate sodium salt
3′，5′-环一磷酸尿苷钠盐　10074
[56632-58-7]　$C_9H_{10}N_2NaO_8P$　328.15
成分　C 32.94%，H 3.07%，N 8.54%，Na 7.00%，O 39.00%，P 9.44%。
别名　尿苷-3′,5′-环一磷酸钠盐；CUMP-Na；Uridine-3′,5′-cyclic monophos-phoric acid Na salt；3′,5-cUMP-Na；Uridine 3′，5′-monophosphate cyclic sodium salt
性状　白色晶形粉末。一般试剂含量约 98%。
注意事项　该品应密封于−20℃保存。

Uridine 5′-diphosphate disodium salt trihydrate
5′-二磷酸尿苷二钠盐　三水　10075
[27821-45-0]　$C_9H_{12}N_2Na_2O_{12}P_2 \cdot 3H_2O$　502.18
成分（以无水物计）　C 24.12%，H 2.70%，N 6.25%，Na 10.26%，O 42.84%，P 13.82%。
别名　三水合 5′-二磷酸尿苷二钠盐；尿苷-5′-二磷酸二钠盐；5′-UDP-Na_2 salt；Uridine 5′-pyrophosphate disodium salt
M. I. 15，10063
性状　无色或白色结晶。易溶于水。p$K_{a}'_1$6.5；p$K_{a}'_2$9.4。uv max（pH 值 7）：262nm；（pH 值 11）：261 nm。
注意事项　该品对眼睛、呼吸系统及皮肤有刺激性。使用时应穿适当的防护服。万一接触到眼睛，应立即用大量水冲洗后请医生诊治。应充氩气密封于−20℃干燥保存。
主要用途　生化研究。

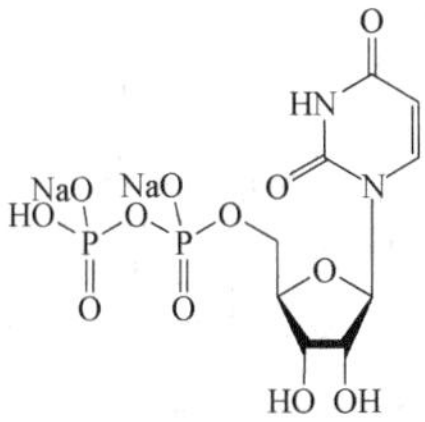

Uridine-5′-diphosphoglucuronic acid trisodium salt
尿苷-5′-二磷酸葡糖醛酸　三钠盐　10076
[63700-19-6]　$C_{15}H_{19}N_2Na_3O_{18}P_2$　639.25
成分　C 28.18%，H 3.00%，N 4.38%，Na 9.70%，O 45.05%，P 9.69%。
别名　5′-二磷酸尿苷葡糖醛酸 三钠；UDPGA-Na_3；UDP-GlcA-Na_3
性状　白色结晶性粉末。易吸潮。溶于水。生化试剂含量≥99.0%（HPLC）。
注意事项　该品使用时应避免吸入本品的粉尘，避免与眼睛及皮肤接触。应充氩气密封于−20℃干燥保存。

Uridine 5′-monophosphate　5′-一磷酸尿苷　10077
[58-97-9]　$C_9H_{13}N_2O_9P$　324.18
成分　C 33.35%，H 4.04%，N 8.64%，O 44.42%，P 9.55%。
别名　尿苷-5′-一磷酸；尿苷-5′-单磷酸；5′-单磷酸尿苷；Uridine-5′-monophosphoric acid；5′-Uridylic acid；UMP；Uridine-5′-phosphoric acid；U5′-P
M. I. 15，10066
性状　白色结晶。一般试剂含量 98%～100%。
注意事项　该品应密封于−20℃保存。
主要用途　生化研究。

Uridine 5′-monophosphate disodium salt
5′-一磷酸尿苷二钠盐　10078
[3387-36-8]　$C_9H_{11}N_2Na_2O_9P$　368.15
成分　C 29.36%，H 3.01%，N 7.61%，Na 12.49%，O 39.11%，P 8.41%。
别名　尿苷酸二钠盐；尿核苷-5′-磷酸二钠盐；5′-磷酸尿苷二钠盐；尿苷-5′-磷酸二钠盐；5-UMP-Na_2 salt；Uridine 5′-monophosphate disodium salt；5′-Uridylic acid disodium salt；Uridine-5′-monophosphoric acid Na_2 salt
M. I. 15，10066
性状　白色粉末。易溶于水（20℃，约 41g/100mL）。uv max（0.1mol/L 盐酸中）：262nm（ε 10000）。生化试剂含量≥99.0%（HPLC）。
注意事项　该品使用时应避免吸入其粉尘，避免与眼睛及皮肤接触。应充氩气密封于−20℃干燥保存。
主要用途　生化研究。

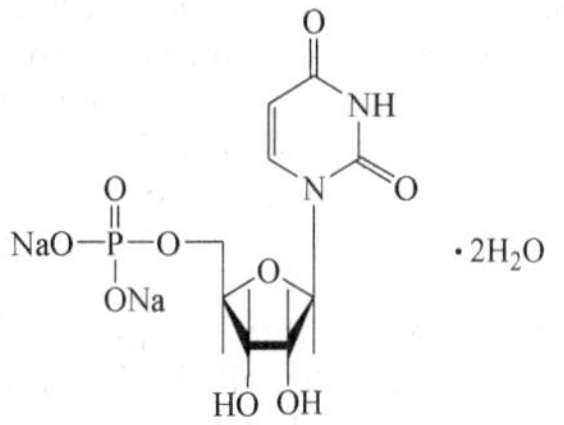

Uridine 5′-triphosphate trisodium salt dihydrate
5′-三磷酸尿苷三钠盐　二水　10079
[116295-90-0] [19817-92-6]　$C_9H_{12}N_2Na_3O_{15}P_3 \cdot 2H_2O$　586.11
成分（以无水物计）　C 19.90%，H 2.23%，N 5.16%，Na 11.41%，O 44.19%，P 17.11%。
别名　二水合 5′-一磷酸尿苷三钠盐；尿苷-5′-三磷酸三钠盐二水；Sodium uridine-5′-triphosphate；UTP-trisodium salt；Uridine-5′-triphosphoric acid Na_3 salt；Uripina；5′-UTP-Na_3；Uteplex
M. I. 15，10065
性状　白色粉末。溶于水，极微溶于乙醇。pK_{a1} 6.6；pK_{a2} 9.5。mp＞140℃（分解）。uv max（pH 值 7）：262nm（a_M10000）；（pH 值 11）：261nm（a_M8100）。生化试剂含量≥80.0%；UDP≤15%；UMP≤5%。
注意事项　该品吸入、口服或与皮肤接触有毒，并可造成不可逆的后果。使用时应穿适当的防护服。应避免吸入本品的粉尘，避免与眼睛及皮肤接触。万一接触到眼睛，应立即用大量水冲洗后请医生诊治。应充氩气密封于−20℃干燥保存。
主要用途　生化研究。

Urocanic acid 尿刊酸 10080

[104-98-3] $C_6H_6N_2O_2$ 138.13

成分 C 52.17%，H 4.38%，N 20.28%，O 23.17%。

别名 尿狗酸；异吡唑丙烯酸；咪唑丙烯酸；间二氮茂丙烯酸；5-Imidazole acrylic acid；4-Imidazole acrylic acid；Iminazolyl acrylic acid；3-（1*H*-Imidazol-4-yl）-2-propanoic acid；Urocaninic acid；3-（4-Imidazolyl）acrylic acid

性状 无色针状或菱形结晶。溶于热水、热丙酮，不溶于乙醇、乙醚。mp 226～228℃。一般试剂含量≥99.0%（T）。

注意事项 该品使用时应避免吸入其粉尘，避免与眼睛及皮肤接触。

主要用途 生化研究。

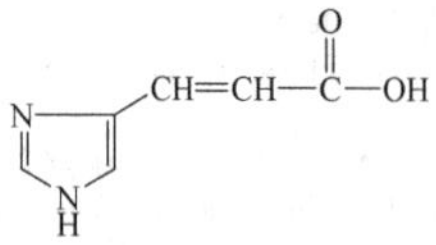

urothion 尿硫蝶呤 10081

[19295-31-9] $C_{11}H_{11}N_5O_3S_2$ 325.36

成分 C 40.61%，H 3.41%，N 21.53%，O 14.75%，S 19.71%。

别名 2-Amino-7-（1，2-dihydroxy-ethyl）-6-（methylthio）thieno［3，2-*g*］pteridin-4（3*H*）-one

M. I. 15，10073

性状 橙色结晶。溶于水（约 1∶10000）pH 值 6.6。更多地溶于碱溶液，亦溶于酸，几乎不溶于一般的有机溶剂。360℃不熔化。$[\alpha]_D^{20}$ −20℃（于 0.05mol/L 氢氧化钠溶液中 15h）。

主要用途 生化研究。

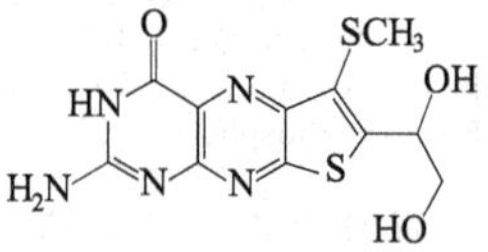

Ursodeoxycholic acid 乌索脱氧胆酸 10082

[128-13-2] $C_{24}H_{40}O_4$ 392.58

成分 C 73.43%，H 10.27%，O 16.30%。

别名 Actigall；Arsacol；Desol；3α，7β-Dihydroxy-5β-cholanic acid；3α，7β-Dihydroxy-5β-cholan-24-oic acid；（3α，5β，7β）-3，7-Dihydroxycholan-24-oic acid；3α，7β-Dioxycholanic acid；Delursan；Destolit；Deursil；Cholit-Ursan；Litursol；Lyeton；17β-（1-Methyl-3-carboxypropyl）etiocholane-3α，7β-diol；Peptarom；Solutrat；Urdes；Ursobilin；Ursodamor；Ursacol；Urso；Ursochol；Ursodiol；Ursofalk；Ursolvan；UDCS；Ursodesoxycholanic acid；5β-Cholan-24-oic acid-3α，7β-diol

M. I. 15，10074

性状 来自乙醇中的无色片状体。易溶于乙醇、冰乙酸，略微溶于氯仿，微溶于乙醚，几乎不溶于水。mp 203℃；$[\alpha]_D^{20}$ +57°（*c*=2，于无水乙醇中）。LD_{50} 大鼠，小鼠皮下注射（g/kg）：2，6；腹膜内注射（mg/kg）：1000，1200；静脉注射（mg/kg）：310，260。生化试剂含量≥99.0%（T）。

注意事项 该品应充氩气密封保存。

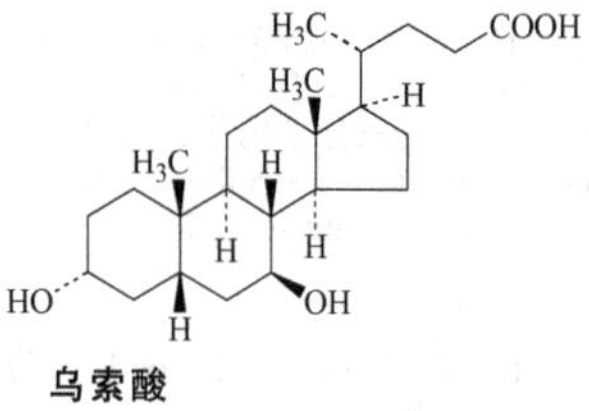

Ursolic acid 乌索酸 10083

[77-52-1] $C_{30}H_{48}O_3$ 456.71

成分 C 28.90%，H 10.59%，O 10.51%。

别名 熊果酸；（3β）-3-Hydroxyurs-12-en-28-oic acid；Urson；Prunol；Micromerol；Malol

M. I. 15，10075

性状 来自无水乙醇中的无色有光泽的大菱形结晶或来自稀乙醇中的无色细小的针状结晶。1 份该品 15℃溶于 88 份甲醇、178 份乙醇、35 份沸乙醇、140 份乙醚、388 份氯仿、1675 份二硫化碳。中等程度溶于丙酮，溶于热冰乙酸、2%醇溶氢氧化钠，不溶于水及石油醚。mp 285～288℃；$[\alpha]_D^{21}$ +67.5°（*c*=1，于 1mol/L 氢氧化钾乙醇溶液中）。一般试剂含量≥98.5%（HPLC）。

注意事项 该品应充氩气密封于 2～8℃保存。

主要用途 生化研究。药品及食品的乳化剂。

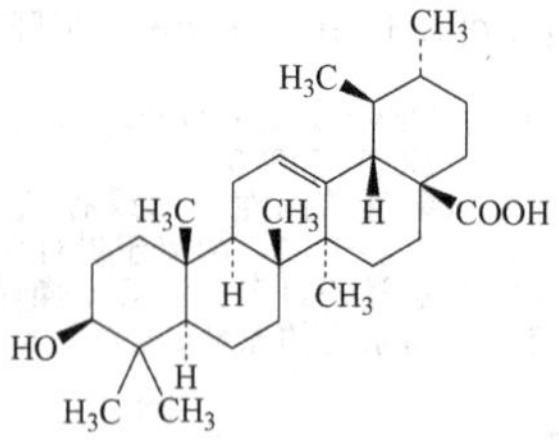

D-Usnic acid D-地衣酸 10084

[7562-61-0] $C_{18}H_{16}O_7$ 344.32

成分 C 62.79%，H 4.68%，O 32.53%。

别名 D-松罗酸；(+)-地衣酸；2，6-Diacetyl-7，9-dihydroxy-8，9b-dimethyl-1，3(2*H*，9b *H*)-dibenzofurandione；Usnein；D-Usninic acid

M. I. 15，10078

性状 来自丙酮中的黄色斜方形棱柱体结晶。该品 25℃于下列物质中的溶解度（g/100mL）：水＜0.001；丙酮 0.77；乙酸乙酯 0.88；乙醇 0.02；甲基溶纤剂 0.22；乙基溶纤剂 0.32；糠醛 7.32；糠醇 1.21。mp 204℃；$[\alpha]_D^{16}$ +509.4°（*c*=0.697，于氯仿中）。LD_{50} 小鼠静脉注射：25mg/kg。生化试剂含量≥95.0%（TLC）。

注意事项 该品口服有毒。使用时应穿适当的防护服。使用时应避免吸入本品的粉尘，避免与眼睛及皮肤接触。应充氩气密封于干燥处保存。

主要用途 生化研究。

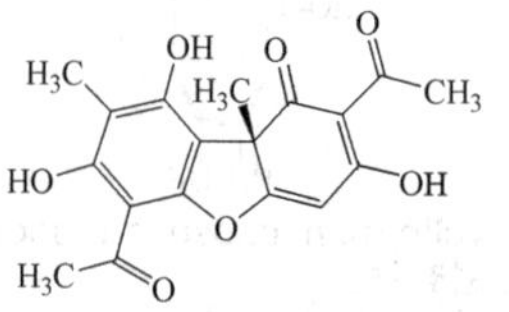

Uzarin 乌扎拉苷 10085

[20231-81-6] $C_{35}H_{54}O_{14}$ 698.80

成分 C 60.16%，H 7.79%，O 32.05%。

别名 乌沙苷；（3β，5α）-3-（6-*O*-β-D-Gluco-pyranosyl-β-D-glucopyranosyl）oxy-14-hydroxycard-20（22）-enolide

M. I. 15，10083

性状 来自吡啶+水中的无色棱柱体结晶（mp 266～270°）或来自乙醇+乙醚中的粗针状结晶（mp 206～208℃）。溶于吡啶、热甲基溶纤剂（2-甲氧基乙醇），略微溶于水，几乎不溶于乙醚、氯仿、丙酮。$[\alpha]_D^{20}$ −27°（*c*=1.075，于吡啶中）；$[\alpha]_D^{19}$ −1.4°（*c*=0.85，于甲醇中）；uv max：217nm（lg ε 4.23）。

主要用途 生化研究，医用止泻剂。

V

Vaccenic acid 法生油酸 10086

[693-72-1] $C_{18}H_{34}O_2$ 282.47

成分 C 76.54%，H 12.13%，O 11.33%。

别名 十八碳-11-烯酸；（11*E*）-11-Octadecenoic acid；trans-Δ″-Octadecenoic acid；

M. I. 15，10084

性状 来自丙酮中的无色片状结晶。mp 43～44℃；Fp 235℉（113℃）；n_D^{70} 1.4402；n_D^{60} 1.4439；中和当量 282.5；碘值 89.9。一般试剂含量约 99%（GC）。

注意事项 该品对眼睛、呼吸系统及皮肤有刺激性。使用时应穿适当的防护服，万一接触到眼睛，应立即用大量水冲洗后请医生诊治。应密封于−20℃保存。

Valacyclovir hydrochloride 伐昔洛韦 盐酸盐 10087

[124832-27-5] $C_{13}H_{21}ClN_6O_4$ 360.80

成分 C 43.28%，H 5.87%，Cl 9.83%，N 23.29%，O 17.74%。
别名 盐酸伐西洛韦；万乃洛韦 盐酸盐，盐酸万乃洛韦；L-缬氨酸-2-[2-氨基-1，6-二氢-6-氧-9*H*-嘌呤-9-基甲氧基]乙酯 盐酸盐；256U；BW-256U87；BW-256；Valtrex；L-Valine 2-[(2-amino-1，6-dihydro-6-oxo-9*H*-purin-9-yl) methoxy] ethyl ester hydrochloride；L-Valine ester with 9-[(2-hydroxyethoxy) methyl] guanine hydrochloride；Valaciclovir hydrochloride；Val-ACV-HCl
M. I. 15，10085
性状 无色或白色结晶性固体。一般为水合物存在。溶于水(174mg/mL)。uv max (水中)：252.8nm (ε 8530)。生化试剂含量≥98.0%(HPLC)。
注意事项 该品口服有毒。应密封于阴凉干燥处保存。
主要用途 医用抗病毒剂。

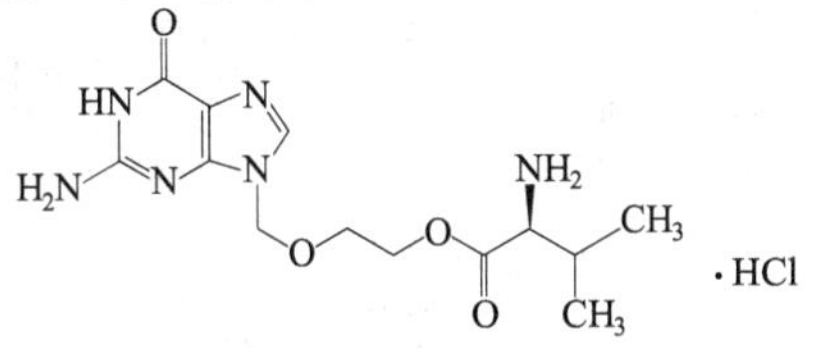

Valdetamide 戊地胺 10088

[512-48-1] $C_9H_{17}NO$ 155.24
成分 C 69.63%，H 11.04%，N 9.02%，O 10.31%。
别名 2,2-Diethyl-4-pentenamide；Diethylallylacetamide；Novonal
M. I. 15， 10087
性状 白色粉末。易溶于乙醇、乙醚，溶于120份水。mp 75～76℃。
主要用途 医用镇静剂，安眠剂。

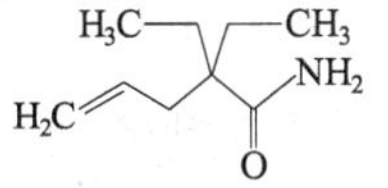

Valeraldehyde 戊醛 10089

[110-62-3] $C_5H_{10}O$ 86.13
成分 C 69.73%，H 11.70%，O 18.58%。
别名 正戊醛；Aldehyde C_5；*n*-Valeric aldehyde；Pentanal；*n*-Amyl aldehyde；Valeral；*n*-Valeraldehyde
GW 2015-2178 M. I. 15，10088
性状 无色液体。与乙醇、乙醚等多数有机溶剂相混溶，极微溶于水。bp 102～103℃；Fp 39.2°F (4℃)；d_4^{20} 0.8095；n_D^{20} 1.3944。LD_{50}大鼠急性经口：5.66mL/kg。一般试剂含量≥98.0%(GC)。
注意事项 该品高度易燃。对眼睛及皮肤有刺激性。对眼睛有严重损伤的危险。使用时应穿适当的防护服，戴防护镜或面罩。使用现场禁止吸烟。万一接触到眼睛，应立即用大量水冲洗后请医生诊治。应远离火种，采取抗放静电措施，密封于2～8℃保存。
主要用途 促进剂。香料。

Valeric acid 戊酸 10090

[109-52-4] $C_5H_{10}O_2$ 102.13
成分 C 58.80%，H 9.87%，O 31.33%。
别名 正戊酸；丙基乙酸；穿心排草酸；缬草酸；Pentanoic acid；Propylacetic acid；Carboxylic acid C_5；Valerianic acid
GW 2015-2792 M. I. 15，10090
性状 无色液体。有不愉快臭味。易溶于乙醇、乙醚，溶于30份水。mp −34.5℃；bp 186～187℃；bp_{23} 96℃/3.066kPa；d_4^{20} 0.939；n_D^{20} 1.4086。LD_{50}小鼠静脉注射：(1290±53) mg/kg。一般试剂含量≥99.0%(GC)。
注意事项 该品具有腐蚀性，能引起烧伤。对水生物有毒。对水环境能产生长期有害的结果。使用时应穿适当的防护服。万一接触到眼睛，应立即用大量水冲洗后请医生诊治。使用时如有事故发生或有不适之感，应请医生诊治。应防止将本品释放于环境中。应密封保存。
主要用途 香料制造。制药工业。有机合成。

δ-Valerolactam δ-戊内酰胺 10091

[675-20-7] C_5H_9NO 99.13
成分 C 60.58%，H 9.15%，N 14.13%，O 16.14%。
别名 2-哌啶酮；5-氨基-δ-戊内酰胺；2-氮己环酮；2-Piperidone；5-Aminovaleric acid δ-lactam；2-Piperidinone
性状 白色结晶或固体。溶于水。mp 33～36℃；bp 256℃；$bp_{0.1}$ 81～82℃/13.332Pa。一般试剂含量≥97.0%(GC)。
注意事项 使用时应避免吸入本品的粉尘，避免与眼睛及皮肤接触。应充氩气密封于干燥处保存。

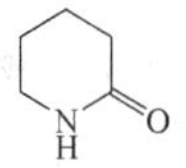

1，4-Valerolactone 1，4-戊内酯 10092

[108-29-2] $C_5H_8O_2$ 100.12
成分 C 59.98%，H 8.05%，O 31.96%。
别名 γ-戊酸内酯；γ-戊内酯；4-羟基正戊酸内酯；4-甲基丁内酯；γ-羟基缬草酸内酯；4，5-Dihydro-5-methyl-2(3*H*) -furanone；4-Hydroxy-*n*-valeric acid γ-lactone；4-Methylbutyrolactone；4-Hydroxypentanoic acid lactone；γ-Methyl-γ-butyrolactone；4-Valerolactone；γ-Valerolactone
性状 无色液体。与水及多种有机溶剂混溶。mp −31℃；bp 207～208℃；bp_{10} 82～85℃/1.333kPa；Fp 204.8°F (96℃)；d_4^{20} 1.052；n_D^{20} 1.433。一般试剂含量≥98.0%(GC)。
注意事项 该品对眼睛、呼吸系统及皮肤有刺激性。使用时应带适当的手套。万一接触到眼睛，应立即用大量水冲洗后请医生诊治。
主要用途 杀虫剂。溶剂。

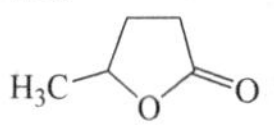

Valeronitrile 戊腈 10093

[110-59-8] C_5H_9N 83.13
成分 C 72.24%，H 10.91%，N 16.85%。
别名 正戊腈；丁基氰；丁基甲腈；氰化正丁烷；Nitrile C_5；Pentanenitrile；1-Buthyl cyanide；*n*-Butyl cyanide；1-Cyanobutane；Valeric acid nitrile
GW2015-2174 M. I. 15，10091
性状 无色液体。与乙醇、乙醚相混溶，不溶于水。mp −96℃；bp 141℃；$bp_{739.3}$ 104.4℃/98.565kPa；bp_{15} 45～47℃/2kPa；Fp 105°F (40℃)；d^0 0.8164；n_D^{20} 1.3962。LD_{50}雄小鼠急性经口：2.297mmol/kg。一般试剂含量≥99.0%(GC)
注意事项 该品易燃。口服有毒。使用时应穿适当的防护服，戴手套和防护镜或面罩。使用时如有事故发生或有不适之感，应请医生诊治。
主要用途 有机合成。溶剂。

Valethamate bromide 溴化戊乙胺酯 10094

[90-22-2] $C_{19}H_{32}BrNO_2$ 386.37
成分 C 59.06%，H 8.35%，Br 20.68%，N 3.63%，O 8.28%。
别名 *N*,*N*-Diethyl-*N*-methyl-2-[(3-methyl-1-oxo-2-phenylpentyl)oxy]ethanaminium bromide；3-Methyl-2-phenylvaleric acid diethyl(3-hydroxyethyl) methylammonium bromide ester；2-Phenyl-3-methylvaleric acid β-(diethylamino)ethyl ester bromomethylate；3-Methyl-2-phenylvaleric acid 2-diethylaminoethyl ester methyl bromide；2-Diethylaminoethyl 2-phenyl-3-methylvalerate methyl bromide；Diethyl(2-hydroxyethyl)methylammonium 3-methyl-2-phenylvalerate bromide；Resitan；Epidosin
M. I. 15，10092
性状 来自乙醇+乙醚或丙酮中的无色结晶。易溶于水，全溶于乙醇，几乎不溶于乙醚。其水溶液稳定。mp 100～101℃。
主要用途 生化研究。医用抗胆碱剂，抗痉挛剂。

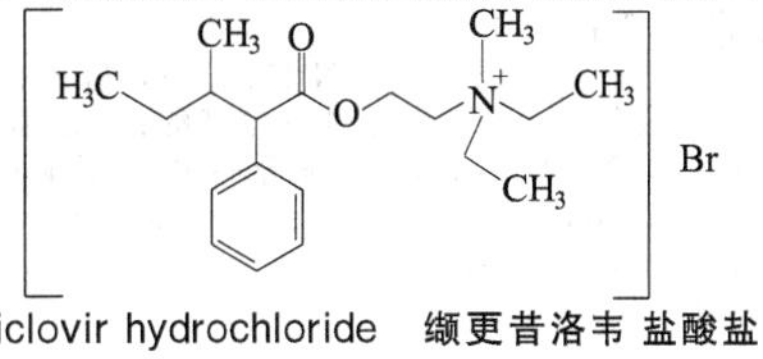

Valganciclovir hydrochloride 缬更昔洛韦 盐酸盐 10095

[175865-59-5]　$C_{14}H_{23}ClN_6O_5$　390.83

成分　C 43.02%，H 5.93%，Cl 9.07%，N 21.50%，O 20.47%。

别名　盐酸缬更昔洛韦；万赛维；克毒愈；RO-107-9070/194；RS-79070-194；Cymeval；Darilin；Rovalcyte；Valcyte L-Valine 2-（2-amino-1，6-dihydro-6-oxo-9*H*-purin-9-yl） methoxy-3-hydroxypropyl ester hydrochloride；2-(2-Amino-1，6-dihydro-6-oxo-9*H*-purin-9-yl) methoxy-3-hydroxypropanyl-L-valinaet hydrochloride

M. I. 15，10093

性状　白色至灰白色结晶性粉末或来自水＋异丙醇中的结晶。142℃时性改变，175℃分解。溶于水（25℃，70mg/mL，pH 值 7）。易溶于 2-丙醇、乙醇，微溶于已烷，几乎不溶于丙酮、乙酸、乙酯。分配系数（辛醇/水）0.0095（pH 值 7）。生化试剂含量≥99.0%（HPLC）。

主要用途　医用抗病毒剂。

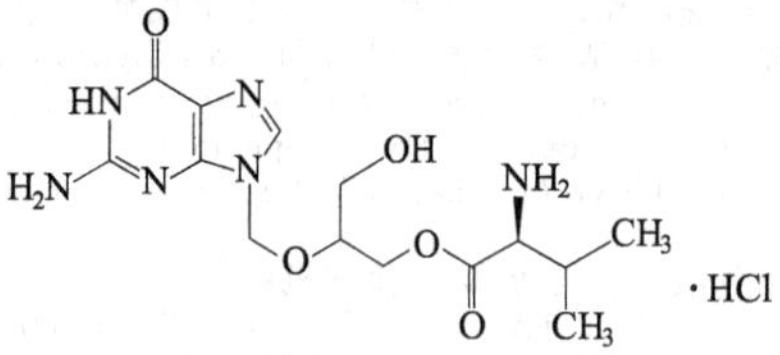

Validamycin A　有效霉素 A　10096

[37248-47-8]　$C_{20}H_{35}NO_{13}$　497.49

成分　C 48.29%，H 7.09%，N 2.82%，O 41.81%。

别名　[1*S*-(1*α*，4*α*，5*β*，6*α*)]-1，5，6-Trideoxy-4-*O*-*β*-*D*-glucopyranosyl-5-hydroxymethyl-1-(4，5，6-trihydroxy-3-hydroxymethyl-2-cycyohexen-1-yl)amino-D-*chiro*-inositol；Validacin；Valimon

M. I. 15，10094

性状　无色亲水性粉末。溶于水、甲醇、二甲基甲酰胺、二甲基亚砜，略微溶于乙醇、丙酮，不溶于乙酸乙酯、乙醚，pK_a 6.0。100℃变软，135℃分解。$[\alpha]_D^{24}+110°$（*c*＝1，于水或吡啶中），＋92°（*c*＝1，于二甲基甲酰胺中）。

主要用途　杀菌剂。

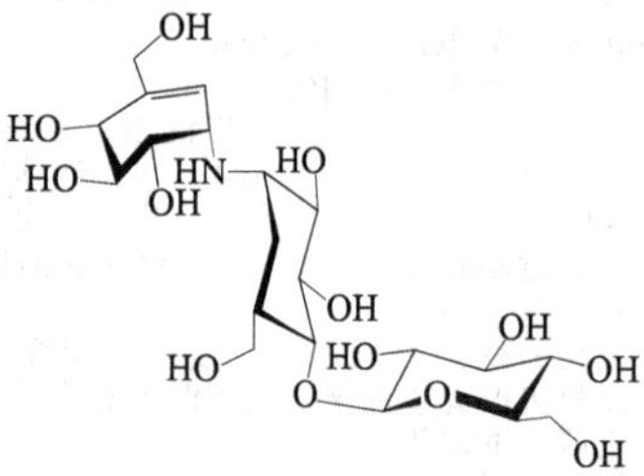

D-Valine　D-缬氨酸　10097

[640-68-6]　$C_5H_{11}NO_2$　117.15

成分　C 51.26%，H 9.46%，N 11.96%，O 27.31%。

别名　D-异戊氨酸；D-穿心排草氨基酸；D-*α*-氨基异戊酸；D-2-氨基-3-甲基丁酸；D-氨基异缬草酸；（*R*）-*α*-Aminoisovaleric acid；D-2-Amino-3-methylbutyric acid；D-2-Amino-*iso*-valeric acid

性状　白色结晶。溶于水，微溶于乙醇。mp 315℃（分解）；$[\alpha]_D^{20}-27.0°\pm0.5°$（*c*＝5，于 5mol/L 盐酸中）。生化试剂含量≥99.0%（NT）。

注意事项　使用时应避免吸入本品的粉尘，避免与眼睛及皮肤接触。

主要用途　生化研究。

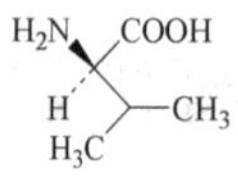

DL-Valine　DL-缬氨酸　10098

[516-06-3]　$C_5H_{11}NO_2$　117.15

成分　C 51.26%，H 9.46%，N 11.96%，O 27.31%。

别名　DL-异戊氨酸；DL-穿心排草氨基酸；DL-氨基异缬草酸；DL-*α*-氨基异戊酸；DL-2-氨基-3-甲基丁酸；DL-2-Amino-3-methylbutyric acid；DL-2-Amino-*iso*-valeric acid；(±) -*α*-Aminoisovaleric acid

M. I. 15，10095

性状　白色片状结晶。1 份该品溶于 11.7 份 15℃水、14.1 份 25℃水，不溶于一般的中性溶剂。约 298℃分解。生化试剂含量≥99.0%（NT）。

注意事项　见 10097 D-缬氨酸。

主要用途　生化试剂。组织培养基的制备。

L-Valine　L-缬氨酸　10099

[72-18-4]　$C_5H_{11}NO_2$　117.15

成分　C 51.26%，H 9.46%，N 11.96%，O 27.31%。

别名　L-2-氨基-3-甲基丁酸；L-穿心排草氨基酸；L-2-氨基异戊酸；L-异戊氨酸；L-氨基异缬草酸；2-Aminoisovaleric acid；*α*-Aminoisovaleric acid；(*S*)-*α*-Aminoisovaleric acid；L-2-Amino-3-methylbutyric acid；(*S*)-2-Amino-3-methylbutanoic acid；L-2-Amino-*iso*-valeric acid；Val；V

M. I. 15，10095

性状　来自水＋乙醇中的无色小叶片状结晶。能升华。于水中溶解度：25℃，(5.74±0.05) g/100g。几乎不溶于乙醇、乙醚、丙酮。pK_1 2.32，pK_2 9.62。mp 315℃；*d* 1.230；$[\alpha]_D^{23}+22.9°$（*c*＝0.8，于 20%盐酸中）。生化试剂含量≥99.0%（NT）。

注意事项　见 10097 D-缬氨酸。

主要用途　生化研究。组织培养基制备。制药工业。营养增补剂。可与其他必需氨基酸共同配制氨基酸输液，综合氨基酸制剂。

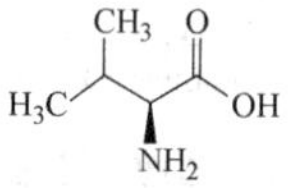

Valinomycin　缬氨霉素　10100

[2001-95-8]　$C_{54}H_{90}N_6O_{18}$　1111.34

成分　C 58.36%，H 8.16%，N 7.56%，O 25.91%。

M. I. 15，10096

性状　来自二丁醚中的有光泽的无色长方形结晶。易溶于石油醚、乙醚、苯、氯仿、丙酮、冰乙酸、乙酸丁酯，几乎不溶于水。呈中性。mp 190℃；$[\alpha]_D^{20}+31.0°$（*c*＝1.6，于苯中）。生化试剂含量≥98.0%（TLC）。

注意事项　该品口服或与皮肤接触极毒。使用时应有专人指导。应穿适当的防护服和戴手套。接触皮肤后应立即用大量水冲洗。使用时如有事故发生或有不适之感，应立即请医生诊治。应充氩气密封于 2～8℃干燥保存。

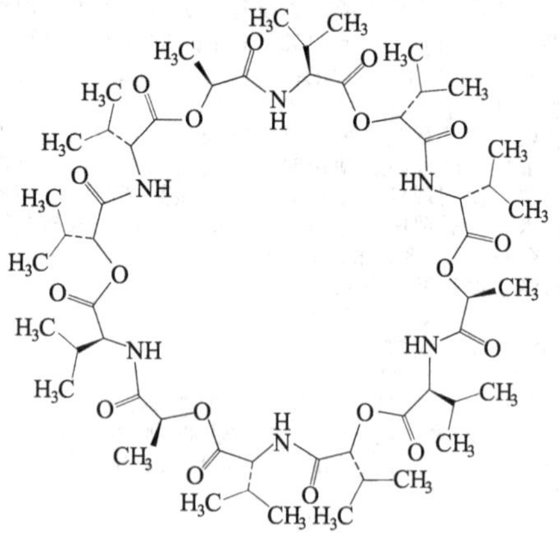

Valnemulin hydrochloride　沃尼妙林 盐酸盐　10101

[133868-46-9]　$C_{31}H_{53}ClN_2O_5S$　601.28

成分　C 61.92%，H 8.89%，Cl 5.90%，N 4.66%，O 13.30%，S 5.33%。

别名　盐酸沃尼妙林；Econor；[[2-[(2*R*)-2-Amino-3-methyl-1-oxobutyl]amino-1，1-dimethylethyl]thio]acetic acid (3a*S*，4*R*，5*S*，6*S*，8*R*，9*R*，9a*R*，10*R*)-6-ethenyldecahydro-5-hydroxy-4，6，9，10-tetramethyl-1-oxo-3a，9-propano-3a*H*-cyclopentacy cllocalocten-8-yl ester hydrochloride；14-*O*-[1-(D-2-Amino-3-methylbutyrylamino)-2-methylpropan-2-ylthioacetyl]mutilin hydrochloride

M. I. 15，10097

性状　白色或微黄色结晶性粉末。易吸潮。易溶于水、甲醇、二氯甲烷，几乎不溶于叔丁基甲醚。mp 174～

177℃；$[\alpha]_D^{20}$ +15.5°～+18°；pH 值 3.0～6.0。生化试剂含量≥98.0%。
注意事项 该品应远离热源，于阴凉通风处密封保存。
主要用途 兽用抗菌剂。

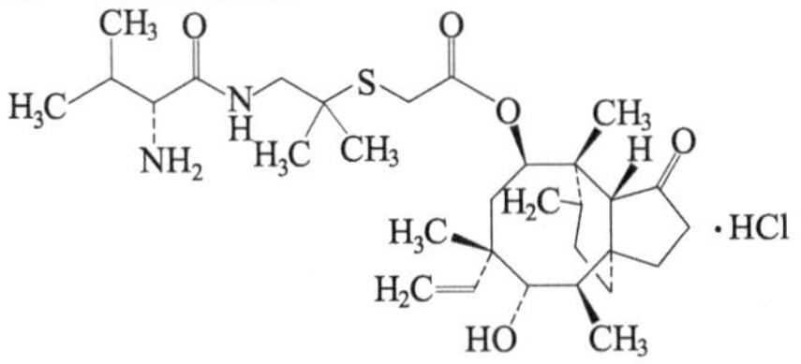

Valnoctamide 2-乙基-3-甲基戊酰胺 10102
[4171-13-5] $C_8H_{17}NO$ 143.23
成分 C 67.09%，H 11.96%，N 9.78%，O 11.17%。
别名 2-Ethyl-3-methylpentanamide；2-Ethyl-3-methylvaieramide；α-Ethyl-β-methylvaleramide；Valmethamide；McN-X-181；Axiquel；Nirvanil
M. I. 15，10098
性状 无色结晶。溶于水。mp 113.5～114℃。
主要用途 医用抗焦虑剂。

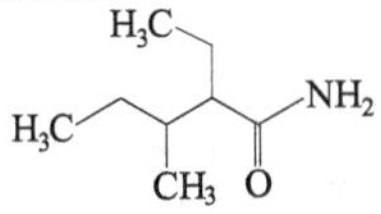

Valproic acid α-丙基戊酸 10103
[99-66-1] $C_8H_{16}O_2$ 144.21
成分 C 66.63%，H 11.18%，O 22.19%。
别名 二正丙基乙酸；2-丙基戊酸；2-Propylpentanoic acid；2-Propylvaleric acid；Mylproin；Di-*n*-propylacetic acid；Convulex；Depakene；Mylproin
M. I. 15，10099
性状 无色液体。有特殊气味。易溶于 1mol/L 氢氧化钠溶液和甲醇、乙醇、丙酮、氯仿、苯乙醚、正庚烷等有机溶剂，微溶于 0.1mol/L 盐酸，溶于水（1.3mg/mL）。pK_a 4.6。bp 219.5℃；Fp 232℉（111℃）；d_4^0 0.9215；$n_D^{24.5}$ 1.425。LD_{50}大鼠急性经口：670mg/kg。一般试剂含量≥98.0%。
注意事项 该品口服有毒。可能危害胎儿。对眼睛、呼吸系统及皮肤有刺激性。使用时应穿适当的防护服，戴手套和防护镜或面罩。使用时应避免吸入本品的蒸气。万一接触到眼睛，应立即用大量水冲洗后请医生诊治。使用时如有事故发生或有不适之感，应请医生诊治。

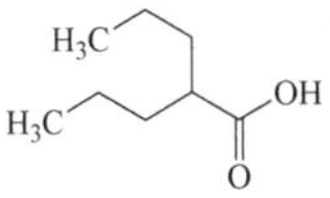

Valpromide 2-丙基戊酰胺 10104
[2430-27-5] $C_8H_{17}NO$ 143.23
成分 C 67.09%，H 11.96%，N 9.78%，O 11.17%。
别名 丙缬草酰胺；癫健安；2-Propylpentanamide；2-Propylvaleramide；2-Propylpentamide；Dipropylacetamide；Depamide
M. I. 15，10100
性状 白色，无气味，味苦的结晶性粉末。几乎不溶于水，mp 125～126℃。
主要用途 医用抗惊厥剂。

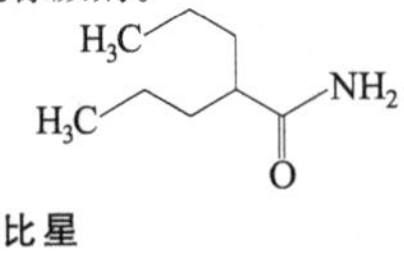

Valrubicin 戊柔比星 10105
[56124-62-0] $C_{34}H_{36}F_3NO_3$ 723.65
成分 C 56.43%，H 5.01%，F 7.88%，N 1.94%，O 28.74%。
别名 Pentanoic acid 2-[(2*S*,4*S*)-1,2,3,4,6,11-hexahydro-2,5,12-trihydroxy-7-methoxy-6,11-dioxo-4-[2,3,6-trideoxy-3-(trifluoroacetyl) amino-α-L-lyxohexopyranosyl] oxy-2-naphthacenyl]-2-oxoethyl ester；*N*-Trifluoroacetyladriamycin-14-valerate；AD-32；NSC-246131；Valstar
M. I. 15，10101
性状 橙色或橙红色粉末。为强亲脂物。溶于二氯甲烷、乙醇、甲醇、丙酮，极微溶于水、己烷、石油醚。mp 135～136℃。
注意事项 该品对眼睛、呼吸系统及皮肤有刺激性。使用时应戴适当的手套和防护镜或面罩。万一接触到眼睛，应立即用大量水冲洗后请医生诊治。
主要用途 医用抗肿瘤剂。

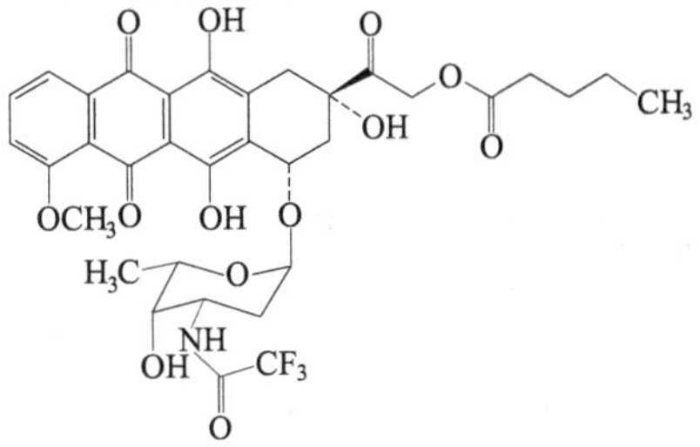

Vanadium 钒 10106
[7440-62-2] V 50.9415
M. I. 15，10104
性状 灰白色光亮金属粉末或块状物。mp 1917℃；$d^{18.7}$ 6.11。
主要用途 制造防锈合金。除氧剂。制备钒盐。

Vanadium（Ⅳ）chloride 四氯化钒 10107
[7632-51-1] Cl_4V 192.75
成分 Cl 73.58%，V 26.43%。
别名 氯化钒；Vanadium tetrachloride
GW 2015-2049
性状 红棕色液体。在空气中发白烟。溶于水，亦溶于无水乙醇、乙醚、丙酮、三氯甲烷、乙酸。mp −28℃；bp 154℃；*d* 1.816。
注意事项 该品与水反应激烈。口服有毒。具有腐蚀性，能引起烧伤。使用时应穿适当的防护服，戴手套和防护镜或面罩。使用时禁止饮食。万一接触到眼睛，应立即用大量水冲洗后请医生诊治。使用时如有事故发生或有不适之感，应请医生诊治。应密封避光于干燥处保存。
主要用途 用于三氯化钒、二氯化钒的制备。

Vanadium（Ⅳ）oxide 四氧化二钒 10108
[12036-73-6] O_4V_2 165.88
成分 O 38.58%，V 61.42%。
别名 二氧化钒；Vanadium dioxide；Vanadium tetraoxide
性状 白色粉末。
注意事项 该品吸入或口服有毒。对眼睛、呼吸系统及皮肤有刺激性。使用时应穿适当的防护服和戴手套。使用时禁止饮食。万一接触到眼睛，应立即用大量水冲洗后请医生诊治。使用时如有事故发生或有不适之感，应请医生诊治，应密封于通风良好处保存。

Vanadium（Ⅴ）oxide 五氧化二钒 10109
[1314-62-1] O_5V_2 181.88
成分 O 43.98%，V 56.02%。
别名 无水钒酸；钒酸酐；Vanadic anhydride；Vanadium pentoxide
GW 2015-2161 M. I. 15，10107
性状 橙黄色结晶性粉末或铁锈棕色斜方结晶。1g 该品溶于约 125mL 水，溶于浓酸成红至黄色溶液，溶于碱溶液生成钒酸盐，不溶于乙醇。能被二氧化硫还原。mp 690℃；*d* 3.35。
注意事项 该品吸入或口服有毒。对呼吸系统有刺激性。对机体有不可逆损伤的可能性。长期接触，吸入有严重损害健康的危险。可能危害胎儿。对水生物有毒。能对水环境引起长期不利的结果。使用时应穿适当的防护服和戴手套。在通风不好的情况下，应戴适当的呼吸装置。使用时如有事故发生或有不适之感，应请医生诊治。应防止将本品释放于环境中。
主要用途 光谱分析试剂。催化剂。玻璃用紫外线阻止剂。显影剂。

参考规格 HG/T 3485—2003	优级纯	分析纯	化学纯
含量（V_2O_5）/%≥	99.5	99.0	99.0
盐酸不溶物及硅酸盐/%≤	0.1	0.2	0.3

HG/T 3485—2003	优级纯	分析纯	化学纯
灼烧失重/%≤	0.10	0.15	0.25
氯化物 (Cl) /%≤	0.005	0.01	0.02
铵 (NH_4) /%≤	0.02	0.05	0.1
硫酸盐 (SO_4) /%≤	0.01	0.02	0.04
钠 (Na) /%≤	0.02	0.04	0.1
铁 (Fe) /%≤	0.01	0.02	0.03
重金属 (以 Pb 计) /%≤	0.002	0.005	0.01

Vanadium (Ⅳ) oxysulfate dihydrate
硫酸氧钒 二水 10110
[12440-03-8] $O_5SV \cdot 2H_2O$ 199.05
成分 (以无水物计) O 49.08%, S 19.67%, V 31.25%。
别名 二水合硫酸氧钒；硫酸钒；硫酸钒酰；Vanadic sulfate; Vanadium oxide sulfate; Vanadium sulfate; Vanadyl sulfate
GW2015-1330 M.I. 15, 10113
性状 蓝色结晶性粉末。溶于水。
注意事项 该品吸入或口服有毒。对眼睛、呼吸系统及皮肤有刺激性。使用时应穿适当的防护服。使用时应避免吸入本品的粉尘。万一接触到眼睛，应立即用大量水冲洗后请医生诊治。应密封于通风良好处保存。
主要用途 织物的媒染剂。有色玻璃、陶瓷等的制造。催化剂。还原剂。

Vancomycin hydrochloride 万古霉素 盐酸盐 10111
[1404-93-9] $C_{66}H_{76}Cl_3N_9O_{24}$ 1485.72
成分 C 53.36%, H 5.16%, Cl 7.16%, N 8.48%, O 25.84%。
别名 一盐酸万古霉素；盐酸万古霉素；Lyphocin; Vancocin hydrochloride; Vancor
M.I. 15, 10116
性状 白色固体。溶于水 (>100mg/mL)，中等程度溶于稀甲醇，不溶于大多数醇类、乙醚、丙酮、氯仿。其溶液能被多种重金属盐类产生沉淀。uv max (水中): 282nm ($E^{1\%}_{1cm}$ 40)。LD_{50}小鼠静脉注射: 489mg/kg; 腹膜内注射: 1734mg/kg; 皮下注射，急性经口: 5g/kg。生化试剂含量≥80.0% (HPLC)。
注意事项 该品接触皮肤能引起过敏。使用时应穿适当的防护服和戴手套。应避免吸入本品的粉尘，避免与眼睛及皮肤接触。应充氩气密封避光于 2~8℃干燥保存。
主要用途 生化试剂。医用抗生素类药，用于耐青霉素的葡萄球菌感染。

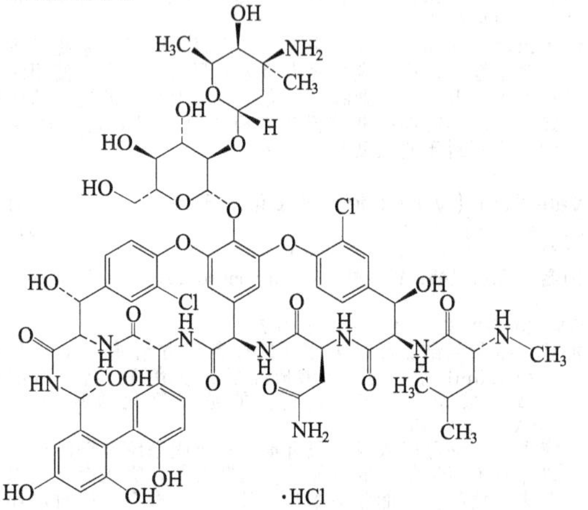

Vanillic acid 香草酸 10112
[121-34-6] $C_8H_8O_4$ 168.15
成分 C 57.14%, H 4.80%, O 38.06%。
别名 香荚兰酸；4-羟基-3-甲氧基苯甲酸；4-Hydroxy-3-methoxy benzoic acid
M.I. 15, 10119
性状 白色针状结晶。无味。易溶于乙醇，溶于乙醚，溶于 860 份水。mp 210℃，未分解的能升华。一般试剂含量≥97.0% (HPLC)。
注意事项 该品对眼睛、呼吸系统及皮肤有刺激性。使用时应穿适当的防护服和戴手套。万一接触到眼睛，应立即用大量水冲洗后请医生诊治。
主要用途 香料合成。有机合成。

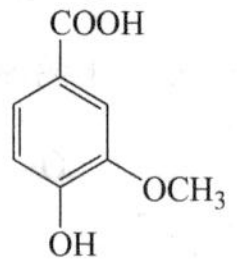

Vanillin 香草醛 10113
[121-33-5] $C_8H_8O_3$ 152.15
成分 C 63.15%, H 5.30%, O 31.55%。
别名 凡尼林；3-甲氧基-4-羟基苯甲醛；香兰醛；香荚兰醛；香荚兰素；4-羟基间大茴香醛；原儿茶醛-3-甲醚；香兰素；4-Hydroxy-3-methoxybenzaldehyde; 3-Methoxy-4-hydroxybenzaldehyde; Methylprotocatechuic aldehyde; Vanillic aldehyde; 4-Hydroxy-*m*-anisaldehyde; Protocatechuic aldehyde 3-methyl ether
M.I. 15, 10120
性状 白色或近白色结晶性粉末。有芳香味。1g 该品溶于 100mL 水、160mL 80℃水、约 20mL 甘油，其水溶液对石蕊呈酸性。易溶于乙醇、乙醚、三氯甲烷、冰乙酸、二硫化碳、吡啶，亦溶于油类、碱溶液。mp 81～83℃; $bp_{759.8}$ 285℃/101.3kPa; bp_{10} 154℃/1.333kPa; *d* 1.056。LD_{50}大鼠，豚鼠急性经口: 1580mg/kg, 1400mg/kg。一般试剂含量≥98.0% (HPLC)。
注意事项 该品口服有毒。使用时应避免吸入本品的粉尘，避免与眼睛及皮肤接触。应密封保存。
主要用途 检验蛋白质、氮杂茆、间苯三酚和单宁酸的铁离子试剂。从苯甲酸中测氯。食品香料。

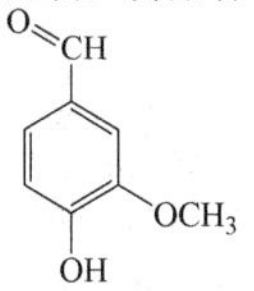

***o*-Vanillin 邻香草醛** 10114
[148-53-8] $C_8H_8O_3$ 152.15
成分 C 63.15%, H 5.30%, O 31.55%。
别名 邻香兰素；邻香荚兰素；3-甲氧基水杨醛；3-甲氧基-2-羟基苯甲醛；2-羟基-3-甲氧基苯甲醛；3-Aldehydoguaiacol; 2-Hydroxy-3-methoxybenzaldehyde; 3-Methoxysalicyl aldehyde
性状 白色或浅黄色针状结晶。溶于乙醇。mp 43～45℃; bp 265～266℃; Fp 235.4℉ (113℃)。一般试剂含量≥99.0% (HPLC)。
注意事项 该品口服有毒。对眼睛、呼吸系统及皮肤有刺激性。使用时应穿适当的防护服。应避免吸入本品的蒸气。应充氩气密封保存。
主要用途 有机合成。

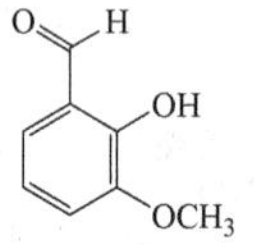

Variamine blue B salt 凡拉明蓝 B 盐 10115
[101-69-9] $C_{13}H_{12}ClN_3O$ 261.71
成分 C 59.66%, H 4.62%, Cl 13.55%, N 16.06%, O 6.11%。
别名 固蓝 VB；原色重氮盐蓝；变胺蓝 B 盐；重氮-4-氨基-4′-甲氧基二苯胺；标准重氮色盐蓝；Diazo-4-amino-4′-methoxy diphenylamine; Fast blue VB, MB, BL; Variamine blue BA, BD, BN
GW2015-1196 C.I. 37255
性状 橙红色至浅棕色粉末。易溶于水，溶于乙醇，不溶于乙醚。
注意事项 使用时应避免吸入本品的粉尘，避免与眼睛及皮肤接触。
主要用途 测定磷酸酶。

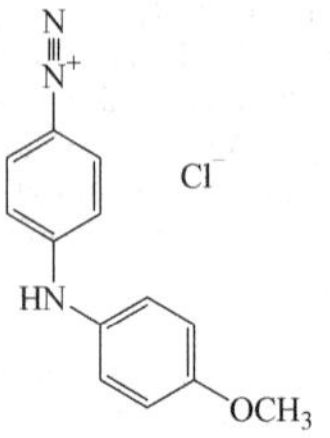

Vaseline 凡士林 10116

[8009-03-8]

别名 石油脂；凡士林油；Cosmoline；Vaseline oil；Paraffin jelly；Petrolatum；Petroleum jelly；Saxoline；Stanolene；Vasoliment

M. I. 15，7300

性状 白色、无臭、无味的具有拉丝性质的软膏状物。易溶于苯、氯仿，二硫化碳及油类，溶于己烷、乙醚、石油醚，几乎不溶于甘油、乙醇，不溶于水。mp 38～54℃；Fp 419℉（约 215℃）；d_{25}^{60} 0.820～0.865；n_D^{60} 1.460～1.474。

主要用途 气相色谱固定液，分离分析烃类化合物。

Vasoactive intestinal peptide from porcine
血管活性肠肽（猪） 10117

[40077-57-4] [37221-79-7] $C_{147}H_{238}N_{44}O_{42}S$ 3325.80

成分 C 53.09%，H 7.21%，N 18.53%，O 20.20%，S 0.96%。

别名 Vasoactive intestinal polypeptide；VIP

M. I. 15，10198

性状 微细结晶。一般试剂含量≥95.0%（HPLC）。

注意事项 使用时应避免吸入本品的粉尘，避免与眼睛及皮肤接触。应充氩气密封于－20℃干燥保存。

Vecuronium bromide 维库溴铵 10118

[50700-72-6] $C_{34}H_{57}BrN_2O_4$ 637.74

成分 C 64.03%，H 9.01%，Br 12.53%，N 4.39%，O 10.03%。

别名 诺库隆；溴化维科罗宁；1-[(2β，3α，5α，16β，17β)-3，17-Bis（acetyloxy）-2-（1-piperidinyl）androstan-16-yl]-1-methylpiperidinium bromide；NC-45；Org-NC-45；Musculax；Norcuron

M. I. 15，10132

性状 无色结晶。略微溶于乙醇，微溶于水、丙酮。mp 227～229℃。LD_{50}小鼠静脉注射：0.061mg/kg。

主要用途 医用、兽用神经肌肉麻醉剂。

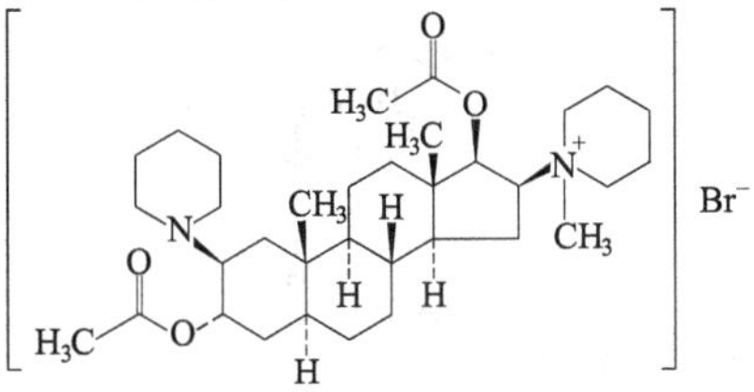

Vedaprofen 维达洛芬 10119

[71109-09-6] $C_{19}H_{22}O_2$ 282.38

成分 C 80.82%，H 7.85%，O 11.33%。

别名 4-Cyclohexyl-α-methyl-1-naphthaleneacetic acid；2-（4-Cyclohexyl-1-naphthyl）-propionic acid；CERM-10202；PM-150；Quadrisol

M. I. 15，10133

性状 来自乙醇/水中的无色结晶。mp 150℃。LD_{50}大鼠急性经口：400mg/kg。一般试剂含量≥99.0%。

主要用途 兽用抗炎镇痛剂。

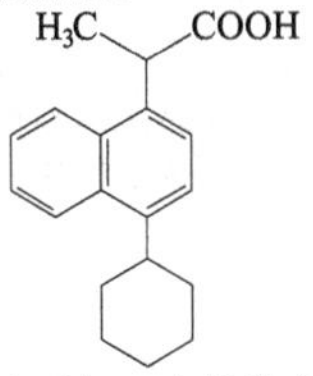

Venlafaxine hydrochloride 文拉法辛 盐酸盐 10120

[99300-78-4] $C_{17}H_{28}ClNO_2$ 313.87

成分 C 65.05%，H 8.99%，Cl 11.29%；N 4.46%；O 10.19%。

别名 盐酸文拉法辛；Wy-45030；Effexor；1-[2-Dimethylamino-1-(4-methoxyphenyl) ethyl] cyclohexanol hydrochloride；(±)-1-[α-(Dimethylamino) methyl-*p*-methoxybenzyl] cyclohexanol hydrochloride；*N*，*N*-Dimethyl-2-(1-hydroxycyclohexyl)-2-(4-methoxyphenyl)ethylamine hydrochloride；Venlafexine hydrochloride

M. I. 15，10140

性状 来自甲醇/乙酸乙酯中的白色至灰白色结晶性固体。溶于水（572mg/mL）。分配系数（辛醇/水）：0.43；mp 215～217℃。

注意事项 该品对眼睛、呼吸系统及皮肤有刺激性。使用时应戴手套和防护镜或面罩。万一接触到眼睛，应立即用大量水冲洗后请医生诊治。

主要用途 医用抗抑郁剂。

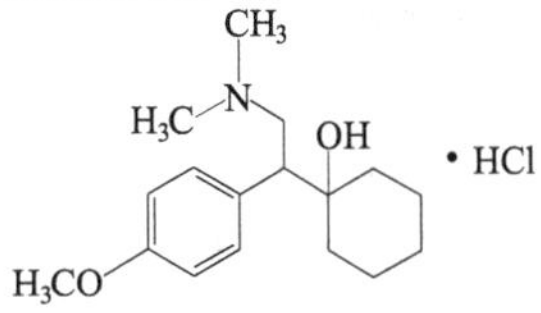

Verapamil hydrochloride 戊脉安 盐酸盐 10121

[152-11-4] $C_{27}H_{39}ClN_2O_4$ 491.07

成分 C 66.04%，H 8.00%，Cl 7.22%，N 5.70%，O 13.03%。

别名 盐酸戊脉安；异搏定 盐酸盐；异搏停 盐酸盐；Arpamyl；Berkatens；Calan；Cardiagutt；Cardibeltin；Cordilox；Covera-HS；Dignover；Drosteakard；Geangin；Isoptin；Quasar；Securon；Univer；Vasolan；Veracim；Veramex；Veraptin；Verelan；Verexamil

M. I. 15，10144

性状 无色结晶。对光敏感。易溶于甲醇、二甲基甲酰胺，溶于乙醇、异丙醇、丙酮、乙酸乙酯，略微溶于氯仿。该品 21℃时溶于水：7g/100g（pH 值 4.24）。其 0.1%水溶液 pH 值 5.25。在下列溶剂中的溶解度（mg/mL）：水 83；乙醇＞100；甲醇＞100；2-丙醇 4.6；乙酸乙酯 1.0；二甲基甲酰胺＞100；二氯甲烷＞100；己烷 0.001。pK_a 8.6；138.5～140.5℃ 分解；uv max：232nm，278nm。LD_{50}大鼠，小鼠静脉注射（mg/kg）：16，7.6；皮下注射（mg/kg）：107，68；腹膜内注射（mg/kg）：67，68；急性经口（mg/kg）：114，163。生化试剂含量≥99.0%（TLC）。

注意事项 该品吸入、口服或与皮肤接触有毒。使用时应穿适当的防护服和戴手套。使用时如有事故发生或有不适之感，应请医生诊治。应充氩气密封避光保存。

主要用途 生化研究。医用抗心绞痛剂、抗心律失常剂。

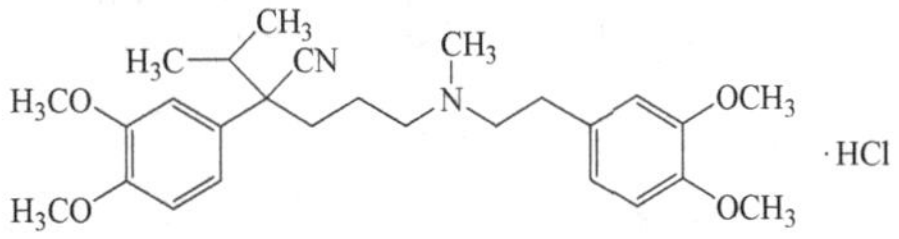

Veratraldehyde 藜芦醛 10122

[120-14-9] $C_9H_{10}O_3$ 166.18

成分 C 65.05%，H 6.07%，O 28.88%。

别名 3，4-二甲氧基苯甲醛；焦儿茶醛二甲醚；绿藜芦醛；3，4-Dimethoxybenzenecarbonal；3，4-Dimethoxybenzaldehyde；Vanillinic methyl ether；Protocatechualdehyde dimethyl ether；Veratric aldehyde

M. I. 15，10145

性状 来自乙醚、石油醚、甲苯或四氯化碳中的无色针状结晶。有香草豆的气味。易溶于乙醇、乙醚，微溶于热水。在空气中易氧化。mp 42～43℃；bp_{760} 281℃/101.325kPa；bp_{53} 201℃/7.066kPa；bp_{10} 155℃/1.333kPa；Fp 233°F（112℃）。一般试剂含量≥98.0%。

注意事项 该品口服有毒。对眼睛、呼吸系统及皮肤有刺激性。使用时应穿适当的防护服和戴手套。使用时应避免吸入本品的粉尘，避免与眼睛及皮肤接触。万一接触到眼睛，应立即用大量水冲洗后请医生诊治。应充氮气密封保存。

主要用途 香料制备。制药工业。

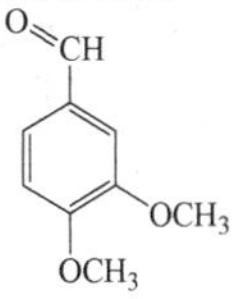

Veratric acid　藜芦酸 10123

[93-07-2]　$C_9H_{10}O_4$　182.18

成分　C 59.34%，H 5.53%，O 35.13%。

别名　3，4-二甲氧基苯甲酸；绿藜芦酸；3，4-Dimethoxybenzoic acid；Dimethylprotocatechuic acid

M.I.15，10147

性状　无色结晶。无味。极易溶于乙醇、乙醚。溶于 2150 份冷水、165 份沸水。mp 180～181℃。一般试剂含量≥99.0%（HPLC）。

注意事项　见 10112 香草酸。

Veratridine　藜芦定 10124

[71-62-5]　$C_{36}H_{51}NO_{11}$　673.80

成分　C 64.17%，H 7.63%，N 2.08%，O 26.12%。

别名　藜芦碱 I；(3β,4α,16β)-4,9-Epoxycevane-3,4,12,14,16,17,20-heptol 3-(3,4-dimethexybenzoate)；3-Veratroylveracevine

M.I.15，10148

性状　浅黄至白色无定形粉末。微溶于乙醚，不溶于水。pK_a 9.54±0.02；mp 180℃；$[\alpha]_D^{20}$+8.0°（乙醇中）。LD_{50}小鼠腹膜内注射：1.35mg/kg；静脉注射：0.42mg/kg；皮下注射：6.3mg/kg。生化试剂含量≥90.0%（TLC）。

注意事项　该品吸入、口服或与皮肤接触极毒。对眼睛、呼吸系统及皮肤有刺激性。使用时应穿适当的防护服，戴手套和防护镜或面罩。万一接触到眼睛，应立即用大量水冲洗后请医生诊治。使用时如有事故发生或有不适应感，应请医生诊治。应充氩气密封于－20℃保存。

主要用途　生化研究。

Veratrine　藜芦碱 10125

[62-59-9] [8051-02-3]　$C_{32}H_{49}NO_9$　591.74

成分　C 64.95%，H 8.35%，N 2.37%，O 24.33%。

别名　西伐丁；绿藜芦碱；塞凡丁；Cevadine；Veratridine；Crystal veratine；[3β,4α,16β]-4,9-Epoxycevane-3,4,12,14,16,17,20-heptol 3-[(2Z)-2-methyl-2-butenoate]

M.I.15，2032

性状　来自乙醚中的无光泽针状结晶或粉末。1g 该品溶于约 15mL 乙醇或乙醚，微溶于水。mp 213～214.5℃（分解）；$[\alpha]_D^{20}$+12.8°（c=3.2，于乙醇中）。LD_{50}小鼠腹膜内注射：3.5mg/kg。

注意事项　该品对眼睛，呼吸系统及皮肤有刺激性。使用时应穿适当的防护服，戴手套和防护镜或面罩。

主要用途　分析试剂检验锑、铼、硒、钨。生化研究。医用局部抗刺激剂。

Veratrine hydrochloride　藜芦碱 盐酸盐 10126

[17666-25-0]

别名　盐酸藜芦碱

性状　白色至淡黄色粉末。溶于水、乙醇。

注意事项　该品吸入、口服或与皮肤接触极毒。使用时应穿适当的防护服，戴手套和防护镜或面罩。万一接触到眼睛，应立即用大量水冲洗后请医生诊治。使用时如有事故发生或有不适之感，应请医生诊治。

主要用途　分析试剂，检验锑、铼、硒、钨。生化研究。医用局部抗刺激剂。

Verbascose　毛蕊花糖 10127

[546-62-3]　$C_{30}H_{52}O_{26}$　828.72

成分　C 43.48%，H 6.32%，O 50.19%。

别名　毛蕊糖；β-D-Fructofuranosyl- O-α-D-galactopyranosyl-(1→6)-O-α-D-galactopyranosyl(1→6)-O-α-D-galactipyranosyl-(1→6)-α-D-glucoipyranoside；O-α-D-galuctopyranosyl-(1→6)-[O-α-D-galactopyranosyl-(1→6)-]₂-O-α-D-glucopyranosyl-(1→2)-β-D-fructofuranoside

M.I.15，10152

性状　无色针状结晶。mp 219～220℃或 253℃；$[\alpha]_D^{20}$+170°（于水中）；$[\alpha]_D^{25}$+146°（c=2.1，于水中）。一般试剂含量≥98.0%（HPLC）。

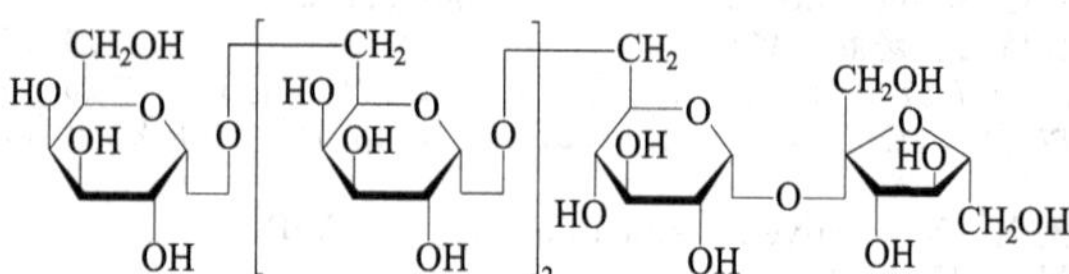

Verbenalin　马鞭草苷 10128

[548-37-8]　$C_{17}H_{24}O_{10}$　388.37

成分　C 52.57%，H 6.23%，O 41.20%。

别名　马鞭草灵；[1S-(1α,4aα,7α,7aα)]-1-(β-D-Glucopyranosyloxy)-1,4a,5,6,7,7a-hexahydro-7-methyl-5-oxocyclopenta[c]pyran-4-carboxylic acid methyl ester；Comin

M.I.15，10153

性状　无色针状结晶。味苦。对湿度敏感。易溶于水，微溶于乙醇、乙酸乙酯、丙酮，不溶于氯仿、乙醚。mp 182～183℃；$[\alpha]_D^{25}$－173°（于水中）；uv max（乙醇中）：238nm，290nm(ε 9600,105)。生化试剂含量≥99.0%(HPLC)。

注意事项　使用时应避免吸入本品的粉尘，避免与眼睛及皮肤接触。应充氩气密封干燥保存。

Vernolate　灭草猛 10129

[1929-77-7]　$C_{10}H_{21}NOS$　203.35

成分　C 59.07%，H 10.41%，N 6.89%，O 7.87%，S 15.77%。

别名　二丙基硫代氨基甲酸 S-丙酯；S-丙基二丙基硫代氨基甲酸酯；灭草丹；灭草敌；Dipropylcarbamothioic acid S-propyl ester；Dipropyl thiocarbamic acid S-propyl ester；S-Propyl dipropylthiocarbamate；R-1607；Vernam

性状　无色液体。与多数有机溶剂相混溶，微溶于水（25℃，107mg/L）。bp_{30} 149～150℃/4kPa；d_4^{30} 0.9440；n_4^{30} 1.4736。LD_{50}大鼠急性经口：1780mg/kg。一般试剂含量≥99.0%（GC）。

注意事项　该品口服有毒。对水生物有毒。能对水环境引起长期不利的结果。应防止将本品释放于环境中。

主要用途　除草剂。分析用标准物质。

Verrucarin A　疣孢菌素 A 10130

[3148-09-2]　$C_{27}H_{34}O_9$　502.56

成分　C 64.53%，H 6.82%，O 28.65%。

别名　黏液菌素 A；Muconomycin A

M.I.15，10160

性状　来自乙醚/丙酮中的无色长方形片状结晶。mp >360℃（分解）；$[\alpha]_D^{23}$+206°（c=1.012，于氯仿中）；

uv max（乙醇中）：260nm（lg ε 4.25）。LD_{50}小鼠，大鼠，兔静脉注射（mg/kg）：1.5，0.87，0.54。一般试剂含量约 95.0%。

注意事项 该品吸入、口服或与皮肤接触极毒。使用时应穿适当的防护服，戴手套和防护镜或面罩。使用时应避免吸入本品的粉尘。使用时如有事故发生或有不适之感，应请医生诊治。应密封于−20℃保存。

主要用途 生化研究。

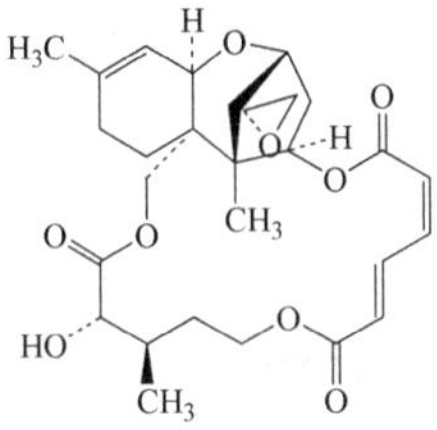

Versalide 万山麝香 10131

[88-29-9] $C_{18}H_{26}O$ 258.41

成分 C 83.66%，H 10.14%，O 6.19%。

别名 乙酸乙基四甲基四氢萘；1-(3-Ethyl-5，6，7，8-tetrahydro-5，5，8，8-tetramethyl-2-naphthalenyl) ethanone；3′-Ethyl-5′，6′，7′，8′-tetrahydro-5′，5′，8′，8′-tetramethyl-2′-acetonaphthone

M. I. 15，10161

性状 无色结晶。溶于乙醇。mp46.5℃；$bp_2$130℃/266.64Pa。

主要用途 用于香料，化妆品、肥皂的增香剂。

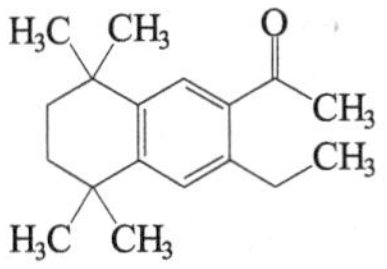

Vesnarinone 维司力农 10132

[81840-15-5] $C_{22}H_{25}N_3O_4$ 395.46

成分 C 66.82%，H 6.37%，N 10.63%，O 16.18%。

别名 维司纳力酮；威那力农；6-[4-(3，4-Dimethoxybenzoyl)-1-piperazinyl]-3，4-dihydro-2(1*H*)-quinolinone；1-(3，4-Dimethoxybenzoyl)-4-(1，2，3，4-tetrahydro-2-oxo-6-quinolinyl) piperazine；3，4-Dihydro-6-[4-(3，4-dimethoxybenzoyl)-1-piperazinyl]-2(1*H*)-quinolinone；6-[4-(3，4-Dimethoxybenzoyl)-1-piperazinyl]-3，4-dihydrocarbostyril；1-(1，2，3，4，-Tetrahydro-2-oxo-6-quinolyl)-4-veratroylpiperazine；Piteranometozinel；OPC-8212；Arkin

M. I. 15，10166

性状 来自乙醇-氯仿中的无色颗粒，mp 238.1～239.5℃；或浅黄色结晶性粉末，mp 238.1～239.8℃。无嗅。无味。该品于下列物质中的溶解度（25℃，%）：冰乙酸 18.68；氯仿 14.19；苯甲醇 5.913；*N*-甲基-2-吡咯烷酮 3.407；二甲基亚砜 2.509；环丁砜 1.229；二甲基呋喃 1.179；二氧六环 0.1653；甲醇 0.1151；丙酮 0.06389；乙醇 0.04005；水 0.002086。pK_a 2.86；uv max（甲醇，乙醇，氯仿中）：271nm（$\varepsilon = 2.51\times10^4$，$2.52\times10^4$，$2.30\times10^4$。$c$=10μg/mL）。

主要用途 医用强心剂。

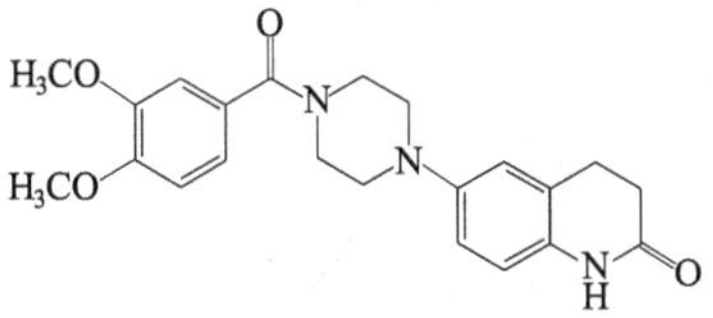

Victoria blue B 维多利亚蓝 B 10133

[2580-56-5] $C_{33}H_{32}ClN_3$ 506.09

成分 C 78.32%，H 6.37%，Cl 7.01%，N 8.30%。

别名 盐基品蓝 B；碱性蓝；维多利亚天蓝 B；胜利蓝 B；Corn blue BN；Fat blue B；Basic blue 26；Tetramethylphenyltriaminodiphenyl-α-naphthyl carbinol anhydride HCl；Victoria blue BX；Victoria blue B base NB

C. I. 44045

性状 青铜色发光颗粒或紫色粉末。溶于热水、乙醇，微溶于苯，几乎不溶于冷水、乙醚。一般试剂干燥含量约 80%。

注意事项 该品口服有毒。对眼睛有刺激性。使用时应避免吸入本品的粉尘，避免与眼睛及皮肤接触。万一接触到眼睛，应立即用大量水冲洗后请医生诊治。

主要用途 生物染色剂（用于神经组织、胶质、血液、螺旋体等）。

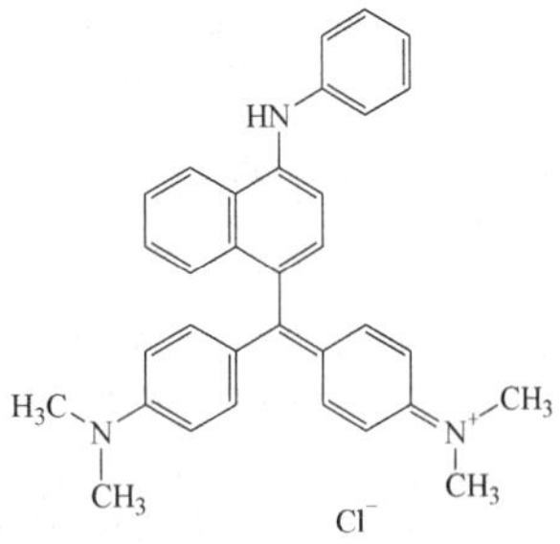

Vigabatrin 敌颠易 10134

[68506-86-5] $C_6H_{11}NO_2$ 129.16

成分 C 55.80%，H 8.58%，N 10.84%，O 24.77%。

别名 4-氨基-5-己烯酸；γ-乙烯基-γ-氨基丁酸；4-Amino-5-hexenoic acid；γ-Vinyl-γ-aminobutyric acid；gamma-Vinyl GABA；γ-Vinyl GABA；GVG；MDL-71754；RMI-71754；Sabril

M. I. 15，10175

性状 来自丙酮/水中的无色或近白色结晶。易溶于水，溶于乙醇。mp 209℃。LD_{50} 小鼠腹膜内注射：>2500mg/kg。

注意事项 该品对眼睛、呼吸系统及皮肤有刺激性。使用时应穿适当的防护服，万一接触到眼睛，应立即用大量水冲洗后请医生诊治。应密封于 2～8℃保存。

主要用途 生化研究。医用抗惊厥剂。

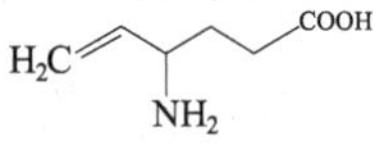

Viloxazine hydrochloride 维洛沙嗪 盐酸盐 10135

[35604-67-2] $C_{13}H_{20}ClNO_3$ 273.76

成分 C 57.04%，H 7.36%，Cl 12.95%，N 5.12%，O 17.53%。

别名 2-[(2-乙氧基苯氧基) 甲基] 吗啉 盐酸盐；维洛嘧嗪 盐酸盐；盐酸 2-[(2-乙氧基苯氧基) 甲基] 吗啉；盐酸维洛沙嗪；盐酸维洛嘧嗪；2-[(2-Ethoxyphenoxy) methyl] morpholinehydrochloride；2-(2-Ethoxyphenoxymethyl) tetrahydro-1，4-oxazine hydrochloride；ICI-58834 hydrochloride；Vivalan；Vicilan；Vivarint

M. I. 15，10178

性状 无色结晶或白色粉末。mp 185～186℃。LD_{50}小鼠急性经口：1000mg/kg；静脉注射：60mg/kg。

主要用途 生化研究。医用抗抑郁剂。

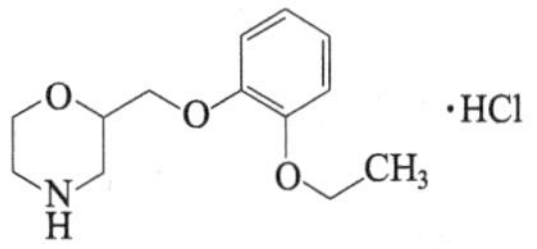

Vinblastine 长春碱 10136

[865-21-4] $C_{46}H_{58}N_4O_9$ 810.99

成分 C 68.13%，H 7.21%，N 6.91%，O 17.75%。

别名 长春花碱；Vincaleukoblastine；VLB

M. I. 15，10179

性状 来自甲醇中的无色针状结晶。溶于醇类、丙酮、乙酸乙酯、氯仿，几乎不溶于水、石油醚。pK_{a1} 5.4，pK_{a2} 7.4。mp 211～216℃；$[\alpha]_D^{23}-32°$（c=0.88，于甲醇中）；uv max（乙醇中）：214nm，259nm（lg ε 4.74，4.22）。

主要用途 生化研究。医用抗肿瘤剂。

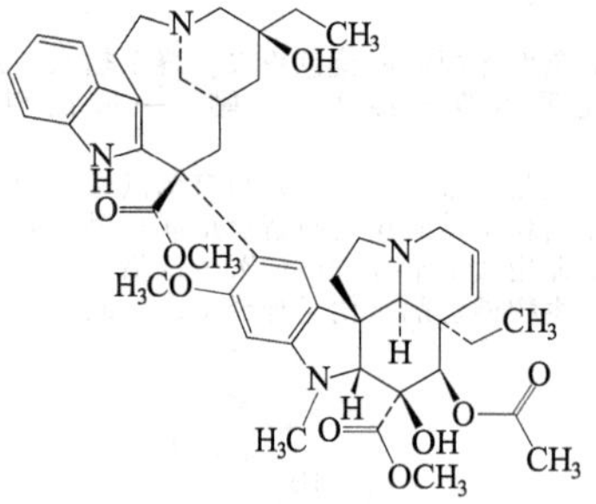

Vinblastine sulfate　长春碱 硫酸盐　10137

[143-67-9]　$C_{46}H_{60}N_4O_{13}S$　909.06

成分　C 60.78%，H 6.65%，N 6.16%，O 22.88%，S 3.53%。

别名　长春花碱 硫酸盐；硫酸长春碱；29060-LE；Exal；Velban；Velbe；Vincaleukoblastone sulfate；VLB sulfate salt

M. I. 15，10179

性状　无色结晶或粉末。1份该品溶于10份水、50份氯仿。极微溶于乙醇，几乎不溶于乙醚。pK_a 15.4；pK_a 27.4；mp 284～285℃；$[\alpha]_D^{26}-28°$（c=1.01，于甲醇中）；uv max（于甲醇中）：212nm，262nm，284nm，292nm（lg ε 4.75，4.28，4.22，4.18）。LD_{50}小鼠静脉注射：9.5mg/kg。生化试剂含量≥97.0%（TLC）。

注意事项　该品口服有毒。对呼吸系统及皮肤有刺激性。对眼睛有严重损伤的危险。使用前应得到专门的指导，避免曝露。使用时应穿适当的防护服，戴防护镜或面罩。使用时应避免吸入本品的粉尘。万一接触到眼睛，应立即用大量水冲洗后请医生诊治。应充氩气密封避光于2～8℃保存。

主要用途　生化研究。医用抗肿瘤剂。

Vincamine　长春蔓胺　10138

[1617-90-9]　$C_{11}H_{26}N_2O_3$　354.45

成分　C 71.16%，H 7.39%，N 7.90%，O 13.54%。

别名　(3α，14β，16α)-14，15-Dihydro-14-hydroxyeburnamenine-14-carboxylic acid methyl ester；13a-Ethyl-2，3，5，6，12，13，13a，13b-octahydro-12-hydroxy-1*H*-indolo[3，2，1-*de*]pyrido[3，2，1-*ij*][1，5]naphthyridine-12-carboxylic acid methyl ester；Angiopac；Arteriovinca；Cetal；Devincan；Equipur；Novicet；Ocu-Vinc；Oxygeron；Perval；Pervincamine；Pervone；Sostenil；Tripervan；Vincadar；Vincafarm；Vincafolina；Vincafor；Vincagil；Vincalen；Vincamidol；Vincapront；Vincimax；Vinodrel Retard；Vraap

M. I. 15，10180

性状　来自丙酮或甲醇中的黄色结晶。mp 232～233℃；$[\alpha]_D^{23}+41°$（于吡啶中）；uv max 225nm，278nm（lg ε 4.14，3.61）。LD_{50}小鼠静脉注射：75mg/kg，皮下注射：>1000mg/kg；急性经口：1000mg/kg。

主要用途　生化研究。医用血管舒张剂。

Vinclozolin　烯菌酮　10139

[50471-44-8]　$C_{12}H_9Cl_2NO_3$　286.11

成分　C 50.38%，H 3.17%，Cl 24.78%，N 4.90%，O 16.78%。

别名　乙烯菌核利；3-(3,5-二氯苯基)-5-乙烯基噁唑烷-2,4-二酮；农利灵；3-(3,5-二氯苯基)-5-乙烯基-5-甲基-2,4-噁唑烷二酮；3-(3,5-Dichlorophenyl)-5-ethenyl-5-methyl-2,4-oxazolidinedione；3-(3,5-Dichlorophenyl)-5-methyl-5-vinyloxazolidine-2,4-dione；BAS-352F；Ronilan；Vorlan

M. I. 15，10181

性状　无色结晶性固体。溶于水（20℃，1g/L）。该品于下列物质中的溶解度（g/kg）：丙酮435；苯146；氯仿319；乙酸乙酯253。在碱性溶液中逐渐水解。mp 108℃。LD_{50}大鼠急性经口：10g/kg。一般试剂含量≥98.0%（HPLC）。

注意事项　该品能损伤生育力。可能危害胎儿。可能致癌。接触皮肤能引起过敏。对水生物有毒。能对水环境引起长期不良的影响。使用前应得到专门的指导，避免曝露。使用时如有事故发生或有不适之感，应请医生诊治。应防止将本品释放于环境中。

主要用途　农用杀菌剂。分析用标准物质。

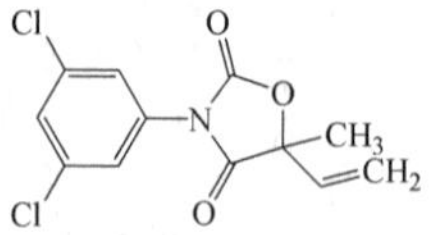

Vinconate monohydrochloride　温可纳特一盐酸盐　10140

[119600-43-0]　$C_{18}H_{21}ClN_2O_2$　332.83

成分　C 64.96%，H 6.36%，Cl 10.65%，N 8.42%，O 9.61%。

别名　长春考酯中盐酸盐；盐酸温可纳特；OC-340；OM-853；3-Ethyl-2，3，3a，4-tetrahydro-1*H*-indolo[3，2，1-*de*][1，5]naphthyridine-6-carbcxyiic acid methyl ester monohydrochloride；Chanodesethylapovincamine monohydrochloride

M. I. 15，10182

性状　无色结晶或白色粉末。mp 194～195℃。LD_{50}雄、雌小鼠，雄、雌大鼠急性经口（mg/kg）：947、699、2582、2348；静脉注射（mg/kg）：127、131、112、117；皮下注射（mg/kg）：4073、3446，>6000、>6000。

主要用途　医用止吐剂。

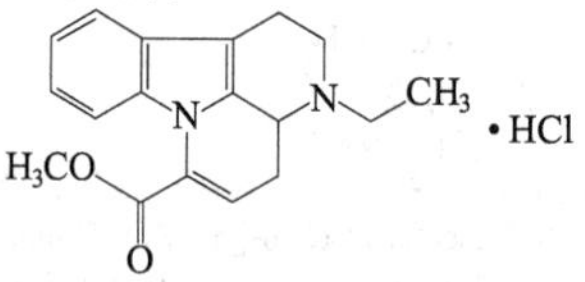

Vincristine sulfate　长春新碱 硫酸盐　10141

[2068-78-2]　$C_{46}H_{58}N_4O_{14}S$　923.04

成分　C 59.86%，H 6.33%，N 6.07%，O 24.27%，S 3.47%。

别名　硫酸长春新碱；Kyocristine；LCR sulfate；Oncovin；22-Oxovincaleukoblastine sulfate；Vincrex；VCR sulfate salt

M. I. 15，10183

性状　来自乙醇中的无色结晶。易吸潮。1份该品溶于2份水、30份氯仿，溶于甲醇，微溶于乙醇，几乎不溶于乙醚。mp 273～281℃；$[\alpha]_D^{26}+8.5°$（c=0.8）；uv max（甲醇中）：218nm，252nm，293nm（lg ε 4.72，4.24，4.18，4.23）。生化试剂含量≥97.5%（HPLC）。

注意事项　使用时应避免吸入本品的粉尘，避免与眼睛及皮肤接触。应充氩气密封于-20℃保存。

主要用途　生化研究。医用抗肿瘤剂。

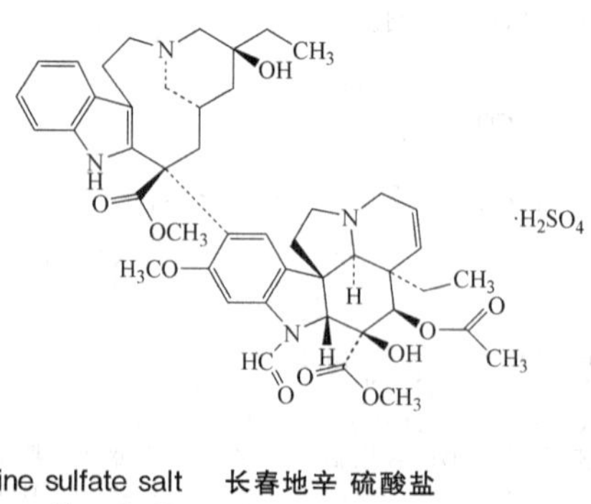

Vindesine sulfate salt　长春地辛 硫酸盐　10142

[59917-39-4]　$C_{43}H_{57}N_5O_{11}S$　852.01

成分　C 60.62%，H 6.74%，N 8.22%，O 20.66%，

S 3.76%。

别名 长春花碱酰胺 硫酸盐；长春酰胺硫酸盐；硫酸长春地辛；硫酸长春花碱酰胺；硫酸长春酰胺；3-Aminocarbonyl-O[4]-deacetyl-3-de（methoxycarbonyl）vincaleukoblastine sulfate salt；Desacetylvinblastine amide sulfate salt；Eldisine；Fildesin；LY-099094；VDS sulfate

M. I. 15，10184

性状 来自乙醇-异丙醇中的无定形固体。mp＞250℃。LD_{50}小鼠，大鼠静脉注射（mg/kg）：6.3±0.6，2.0±0.2；小鼠腹膜内注射（mg/kg）：8.8±2.5。一般试剂含量≥95.0%（TLC）。

注意事项 该品对机体有不可逆损伤的可能性。使用时应穿适当的防护服。万一接触到眼睛，应立即用大量水冲洗后请医生诊治。应密封于2～8℃保存。

主要用途 生化研究。医用抗肿瘤剂。

Vinorelbine ditartrate 长春瑞滨 二酒石酸盐 10143

［125317-39-7］

成分 C%，H%，N%，O%。 1079.12

别名 二酒石酸长春瑞滨；Eunades；Navelbine；3′，4′-Didehydro-4′-deoxy-*C*′-norvincaleukoblastine ditartrate；Nor-5′-anhydrovinblastine ditartrate；NVB ditartrate；KW-2307 ditartrate

M. I. 15，10187

性状 黄至白色无定形粉末。易吸潮。易溶于水，溶于乙醇、甲醇，几乎不溶于已烷。

注意事项 该品接触皮肤能引起过敏。使用时应穿适当的防护服。万一接触到眼睛，应立即用大量水冲洗后请医生诊治。

主要用途 兽用抗肿瘤剂。

Vinpocetine 去水高长春胺 10144

［42971-09-5］ $C_{22}H_{26}N_2O_2$ 350.46

成分 C 75.40%，H 7.48%，N 7.99%，O 9.13%。

别名 （3*α*，16*α*）-Eburnamenine-14-carboxylic acid ethyl ester；3*α*，16*α*-Apovincaminic acid ethyl ester；Ethyl apovincamin-22-oate；RGH-4405；Cavinton

M. I. 15，10188

性状 来自苯中的无色结晶。mp 147～153℃（分解）；$[\alpha]_D^{20}$+114°（*c*=1，于吡啶中）；uv max（96%乙醇中）：229nm，275nm，315nm（lg ε 4.45，4.08，3.85）。LD_{50}小鼠，大鼠急性经口（mg/kg）：534，503；腹膜内注射（mg/kg）：240，133.8；静脉注射（mg/kg）：58.7，42.6。一般试剂含量≥98.0%。

注意事项 该品口服有毒。使用时应穿适当的防护服。

主要用途 医用大脑血管舒张剂。

Vinyl acetate 乙酸乙烯酯 10145

［108-05-4］ $C_4H_6O_2$ 86.09

成分 C 55.81%，H 7.03%，O 37.17%。

别名 醋酸乙烯酯；Acetic acid ethenyl ester；Acetic acid vinyl ester；VAC

GW2015-2650 M. I. 15，10189

性状 无色液体。有水果味。受光、热或微量的氧化物的作用易聚合成无色透明块状物。与乙醇、乙醚相混溶，溶于丙酮、苯、氯仿。微溶于水（20℃，1g/50mL）。一般常加入约0.0015%的氢醌或铜盐作稳定剂。mp －93℃；bp 72.7℃；Fp 18°F(－8℃，闭杯)；d_4^{20} 0.932；n_D^{20} 1.395。LD_{50}大鼠急性经口：2.92g/kg。一般试剂含量≥99.0%(GC)。

注意事项 该品高度易燃。使用时应避免吸入本品的蒸气。使用现场禁止吸烟。切勿排入下水道。应远离火种，采取抗放静电措施密封保存。

主要用途 树脂合成。纤维合成。油类降凝增稠剂的中间体。黏合剂。

Vinylbital 乙烯另戊巴比妥 10146

［2430-49-1］ $C_{11}H_{16}N_2O_3$ 224.26

成分 C 58.91%，H 7.19%，N 12.49%，O 21.40%。

别名 5-Ethenyl-5-(1-methylbutyl)-2,4,6(1*H*,3*H*,5*H*)-pyrimidinetrione；5-(1-Methylbutyl)-5-vinylbarbituric acid；5-Vinyl-5-(1-methylbutyl) barbituric acid；Butyvinal；Speda；Optanox

M. I. 15，10190

性状 无色结晶。mp 90～91.5℃。

主要用途 生化研究。医用安眠剂，镇静剂。

9-Vinylcarbazole 9-乙烯基咔唑 10147

［1484-13-5］ $C_{14}H_{11}N$ 193.25

成分 C 87.01%，H 5.74%，N 7.25%。

别名 *N*-乙烯基咔唑；*N*-乙烯基-9-氮芴；*N*-乙烯基二苯并吡咯；*N*-乙烯基二苯基亚胺；9-Ethenylcarbazole；*N*-Vinylcarbazole；*N*-Vinyldibenzopyrrole；*N*-Vinyldiphenylenimine

性状 无色片状结晶。见光变黑。溶于乙醇、丙酮、戊烷、氯代苯等。易聚合。mp 60～65℃；$bp_3$154～155℃/400Pa。一般试剂含量≥98.0%（GC）。

注意事项 该品口服或与皮肤接触有毒。对皮肤有刺激性。接触皮肤能引起过敏。对水生物极毒。能对水环境引起长期不良的影响。对机体有不可逆损伤的可能性。使用时应穿适当的防护服和戴手套。使用时应避免吸入本品的粉尘和蒸气。应防止将本品释放于环境中，其包装物应按危险品处理。应密封避光于2～8℃保存。

主要用途 聚合物可作绝缘体，具有与云母片相同的介电性能。感光复印剂。

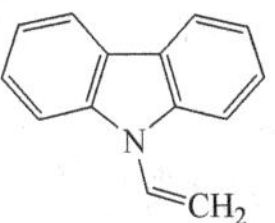

Vinylmagnesium bromide（1.0mol/L solution in tetrahydrofuran）

溴化乙烯镁（1mol/L 四氢呋喃溶液） 10148

[1826-67-1] C_2H_3BrMg 131.26
成分 C 18.30%，H 2.30%，Br 60.87%，Mg 18.52%。
别名 乙烯基溴化镁；溴化乙烯镁四氢呋喃溶液；乙烯基溴化镁四氢呋喃溶液
GW 2015-2071
性状 无色液体。对空气和湿度敏感。Fp 1°F（−17℃）；d_4^{20} 0.981。
注意事项 该品高度易燃。与水反应激烈。能形成爆炸性过氧化物。具有腐蚀性，能引起烧伤。使用时应穿适当的防护服，戴手套和防护镜或面罩。应保持容器密闭和干燥。使用现场禁止吸烟。切勿排入下水道。万一接触到眼睛，应立即用大量水冲洗后请医生诊治。使用时如有事故发生或有不适之感，应请医生诊治。万一着火，应用化学干粉灭火，而不能用水。应远离火种，采取抗放静电措施，充氩气密封于干燥处保存。

2-Vinylpyridine 2-乙烯基吡啶 10149

[100-69-6] C_7H_7N 105.14
成分 C 79.97%，H 6.71%，N 13.32%。
别名 2-乙烯基氮苯；2-Ethenylpyridine；2-Pyridylethylene；α-Vinyl pyridine
GW 2015-2666
性状 无色油状液体。易聚合。具有催泪性。与乙醇、乙醚、三氯甲烷相混溶；微溶于水。能随水蒸气挥发。一般常加入约 0.1%的 4-叔丁基邻苯二酚为稳定剂。bp_{12} 48～51℃/1.6kPa；Fp 116°F（46℃）；d_4^{20} 0.974；n_D^{20} 1.549。一般试剂含量≥97.0%（GC）。
注意事项 该品易燃。口服有毒。其蒸气吸入有毒。具有腐蚀性，能引起烧伤。吸入或与皮肤接触能引起过敏。使用时应穿适当的防护服，戴手套和防护镜或面罩。使用时应避免吸入本品的蒸气。使用现场禁止吸烟。万一接触到眼睛，应立即用大量水冲洗后请医生诊治。使用时如有事故发生或有不适之感，应请医生诊治。应远离火种，密封避光于 2～8℃保存。
主要用途 有机合成。离子交换树脂、人造树胶的合成。制药工业。

N CH2

4-Vinylpyridine 4-乙烯基吡啶 10150

[100-43-6] C_7H_7N 105.14
成分 C 79.97%，H 6.71%，N 13.32%。
别名 4-乙烯基氮苯；4-Ethenylpyridine；4-Pyridylethylene；γ-Vinylpyridine
GW 2015-2667
性状 无色液体。溶于热水、热乙醇，微溶于冷水、乙醚。bp_{12} 58～61℃/1.6kPa；Fp 118.4°F（48℃）；d_4^{20} 0.984；n_D^{20} 1.549。一般试剂含量约 96%（GC）；约含 0.01%的氢醌为稳定剂。
注意事项 该品易燃。吸入或口服有毒。吸入或与皮肤接触可引起过敏。具有腐蚀性，能引起烧伤。使用时应穿适当的防护服，戴手套和防护镜或面罩。使用时应避免吸入本品的蒸气和飞沫。万一接触到眼睛，应立即用大量水冲洗后请医生诊治。使用时如有事故发生或有不适之感，应请医生诊治。应充氩气密封避光于2～8℃保存。
主要用途 有机合成。

1-Vinyl-2-pyrrolidone 1-乙烯基-2-吡咯烷酮 10151

[88-12-0] C_6H_9NO 111.14
成分 C 64.84%，H 8.16%，N 12.60%，O 14.40%。
别名 *N*-乙烯基吡咯烷酮；*N*-Vinyl-α-pyrrolidone；*N*-Vinylpyrrolidone；NVP；VP
性状 无色液体，低温成固体。与水、乙醇、乙醚、乙酸乙酯等相混溶。与其他乙烯化合物易共聚合。常加入约 0.001%的 *N*，*N'*-二仲丁基对苯二胺作稳定剂。mp 12～13℃；bp_{11} 92～95℃/1.467kPa；Fp 201°F（93℃）；d_4^{20} 1.045；n_D^{20} 1.511。LD_{50}大鼠急性经口：1022mg/kg。一般试剂含量≥97.0%（GC）。
注意事项 该品吸入、口服或与皮肤接触有毒。对呼吸系统有刺激性。对眼睛有严重损伤的危险。长期曝露或吸入，对机体有不可逆损伤的可能性，可能致癌。使用时应穿适当的防护服，戴手套和防护镜或面罩。万一接触到眼睛，应用大量水冲洗后请医生诊治。应密封保存。
主要用途 聚乙烯基吡咯烷酮的制备。

N O CH2

Vinyltrichlorosilane 乙烯基三氯硅烷 10152

[75-94-5] $C_2H_3Cl_3Si$ 161.49
成分 C 14.88%，H 1.87%，Cl 65.86%，Si 17.39%。
别名 乙烯三氯化硅；三氯乙烯基硅烷；三氯硅烷基乙烯；A-150；(Trichlorosilyl) ethylene；Trichlorovinylsilane
GW 2015-2670
性状 无色液体。有刺激性气味。对湿度敏感。与乙醚、苯等相混溶。遇水或乙醇即分解。mp −95℃；bp 88～90℃；Fp 50°F（10℃）；d_4^{20} 1.270；n_D^{20} 1.435。一般试剂含量≥97.0%（GC）。
注意事项 该品高度易燃。与水反应激烈。吸入、口服或与皮肤接触有毒。具有腐蚀性，能引起烧伤。使用时应穿适当的防护服，戴手套和防护镜或面罩。使用现场禁止吸烟。万一接触到眼睛，应立即用大量水冲洗后请医生诊治。使用时如有事故发生或有不适之感，应请医生诊治。应远离火种，密封于干燥处保存。

Cl Cl Si H2C Cl

Vinyltriethoxysilane 乙烯基三乙氧基硅烷 10153

[78-08-0] $C_8H_{18}O_3Si$ 190.32
成分 C 50.49%，H 9.53%，O 25.22%，Si 14.76%。
别名 三乙氧基乙烯基硅烷；(Triethoxysilyl) ethylene；Triethoxyvinylsilane
GW 2015-2674
性状 无色液体。与乙醇、乙醚、苯相混溶。bp_{20} 62～63℃/2.66kPa；Fp 94°F（34℃）；d_4^{20} 0.911；n_D^{20} 1.399。一般试剂含量≥98.0%（GC）。
注意事项 该品易燃。对眼睛及呼吸系统有刺激性。使用时应穿适当的防护服。使用时应避免吸入本品的蒸气，避免与眼睛及皮肤接触。万一接触到眼睛，应立即用大量水冲洗后请医生诊治。应密封于干燥处保存。
主要用途 憎水剂。玻璃钢表面处理。无线电元件的防潮、绝缘。

H2C O CH3 Si O CH3 H3C O

Vinyltrimethoxysilane 乙烯基三甲氧基硅烷 10154

[2768-02-7] $C_5H_{12}O_3Si$ 148.23
成分 C 40.51%，H 8.16%，O 32.38%，Si 18.95%。
别名 三甲氧基乙烯基硅烷；（三甲氧基硅烷基）乙烯；(Trimethoxysilyl) ethylene；Triethoxyvinylsilane
性状 无色液体。Fp 71.6°F（22℃）；d_4^{20} 0.971；n_D^{20} 1.339。一般试剂含量≥98.0%（GC）。
注意事项 该品易燃。对眼睛、呼吸系统及皮肤有刺激性。使用时应穿适当的防护服，戴手套和防护镜或面罩。万一接触到眼睛，应立即用大量水冲洗后请医生诊治。应充氩气密封于干燥处保存。

H3CO OCH3 Si H2C OCH3

Vinyltrimethylsilane 乙烯基三甲基硅烷 10155

[754-05-2] $C_5H_{12}Si$ 100.24

成分 C 59.91%，H 12.07%，Si 28.02%。
别名 三甲基乙烯基硅烷；（三甲基硅烷基）乙烯；Ethenyltrimethylsilane；（Trimethylsilyl）ethylene；Trimethylvinylsilane
性状 无色液体。bp 54～56℃；Fp －11.2°F（－24℃）；d_4^{20} 0.690；n_D^{20} 1.392。一般试剂含量≥99.0%(GC)。
注意事项 该品高度易燃。对眼睛、呼吸系统及皮肤有刺激性。使用时应穿防护服。使用时应避免吸入本品的蒸气。使用现场禁止吸烟。切勿排入下水道。万一接触到眼睛，应立即用大量水冲洗后请医生诊治。应采取抗放静电措施，远离火种，于通风良好处密封保存。

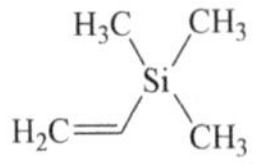

Vinyltriphenylsilane　乙烯基三苯基硅烷 10156
[18666-68-7]　$C_{20}H_{18}Si$　286.45
成分 C 83.86%，H 6.33%，Si 9.80%。
别名 三苯基乙烯基硅烷；（三苯基硅烷基）乙烯；（Triphenylsilyl）ethylene；Triphenylvinylsilane
性状 无色粉末或固体。mp 59～61℃。一般试剂含量≥98.0%（CH)。
注意事项 该品对眼睛、呼吸系统及皮肤有刺激性。使用时应穿适当的防护服和戴手套。使用时应避免吸入本品的粉尘，避免与眼睛及皮肤接触。万一接触到眼睛，应立即用大量水冲洗后请医生诊治。应密封于 2～8℃保存。

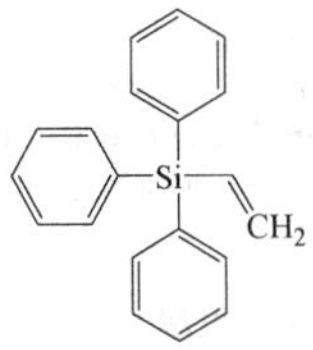

Vinyltris（2-methoxyethoxy）silane
乙烯基三（2-甲氧基乙氧基）硅烷 10157
[1067-53-4]　$C_{11}H_{24}O_6Si$　280.39
成分 C 47.12%，H 8.63%，O 34.24%，Si 10.02%。
别名 三（2-甲氧基乙氧基）乙烯基硅烷；Tris（2-methoxyethoxy）vinylsilane
性状 无色液体。bp_5 133℃/0.667kPa；Fp 132.8°F（56℃)；d_4^{20} 1.041；n_D^{20} 1.430。一般试剂含量≥95.0%（GC)。
注意事项 该品易燃。吸入、口服或与皮肤接触有毒。可能危害胎儿。使用前应得到专门的指导，避免曝露。使用时应穿适当的防护服和戴手套。使用时如有事故发生或有不适之感，应请医生诊治。

Violet red bile agar　结晶紫中性红胆盐琼脂 10158
别名 中性红结晶紫胆盐琼脂；Crystal violet neutral red bile agar
性状 暗红色粉末。溶于水。该品由琼脂 13.0g/L，胆盐 1.5g/L，结晶紫 0.002g/L，乳糖 10.0g/L，中性红 0.03g/L，蛋白胨 7.0g/L，氯化钠 5.0g/L，酵母浸膏 3.0g/L 组成。
注意事项 该品应密封于阴凉干燥处保存。
主要用途 用于大肠菌群的固定平板检测。

Violuric acid　紫尿酸 10159
[87-39-8][26351-19-9](一水合物)　$C_4H_3N_3O_4$　157.09
成分 C 30.58%，H 1.93%，N 26.75%，O 40.74%。
别名 中草酸二酰脲-5-肟；5-异亚硝基巴比土酸；紫巴比土酸；5-亚硝基-2，4，6-三羟基嘧啶；紫脲酸；Alloxan 5-oxime；5-(Hydroxyimino) barbituric acid；5-Isonitrosobarbituric acid；5-*iso*-Nitrosobarbituric acid；5-Nitroso-2，4，6-trihydroxypyrimidine；Oximidomesoxalyl urea；2，4，5，6(1*H*，3*H*)-Pyrimidinetetrone 5-oxime
M. I. 15，10196
性状 近无色斜方结晶。溶于乙醇，微溶于水，水溶液呈紫色。遇三氯化铁呈蓝色。p*K* 4.7；240～241℃分解。一般试剂含量≥97.0%。
注意事项 该品对眼睛、呼吸系统及皮肤有刺激性。使用时应穿适当的防护服。万一接触到眼睛，应立即用大量水冲洗后请医生诊治。
主要用途 测定铵、钙、钡、铜、铝、镁、汞、钾、钠、钯的试剂。

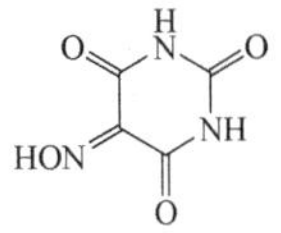

Viomycin sulfate　紫霉素 硫酸盐 10160
[37883-00-4]　$C_{25}H_{45}N_{13}O_{14}S$　783.78
成分 C 38.31%，H 5.79%，N 23.23%，O 28.58%，S 4.09%。
别名 硫酸紫霉素；Celiomycin sulfate；Flormycin sulfate；Tuberactinomycin B；Viocin
M. I. 15，10197
性状 无色片状结晶。易吸潮。溶于水，几乎不溶于有机溶剂。mp 266℃（分解）；$[\alpha]_D^{18}$ －29.5°（c＝1，于水中）；uv max(于水或 0.1mol/L 盐酸或 0.1mol/L 氢氧化钠溶液中)：268nm(lg ε 4.4)；285nm(lg ε 4.2)。LD_{50}小鼠静脉注射：240mg/kg；皮下注射：1750mg/kg。生化试剂含量≥75.0%(HPLC)。
注意事项 该品可能危害胎儿。吸入、口服或与皮肤接触有毒。使用前应得到专门的指导，避免曝露。使用时应穿适当的防护服和戴手套。使用时应避免吸入本品的粉尘。使用时如有事故发生或有不适之感，应请医生诊治。应充氩气密封避光于 2～8℃干燥保存。
主要用途 生化研究。医用抗菌剂。

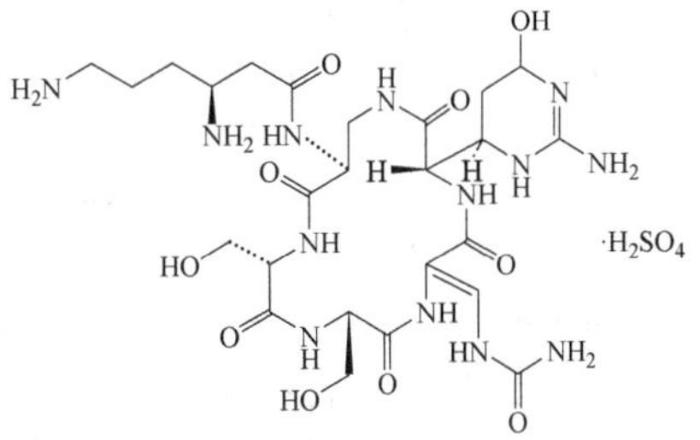

Viquidil hydrochloride　奎尼辛 盐酸盐 10161
[52211-63-9]　$C_{20}H_{25}ClN_2O_2$　360.88
成分 C 66.56%，H 6.98%，Cl 9.82%，N 7.76%，O 8.87%。
别名 盐酸奎尼辛；Desclidium；Permiran；(3*R-cis*)-3-(3-Ethenyl-4-piperiidinyl)-1-(6-methoxy-4-quinolinyl)-1-propanone hydrochloride；Quinicine hydrochloride；1-(6-Methoxy-4-quinolyl)-3-(3-vinyl-4-piperidyl)-1-propanone hydrochloride；Chinicine hydrochloride；Mequiverine hydrochloride；Quinotoxine hydrochloride；Quinotoxl hydrochloride；LM-192HCl
M. I. 15，10199
性状 黄色粉末。无气味，味苦。溶于乙醇，略溶于水，几乎不溶于丙酮。mp（184±4)℃；uv max（氯仿中)：246nm，355nm。
主要用途 生化研究。医用大脑血管舒张剂。

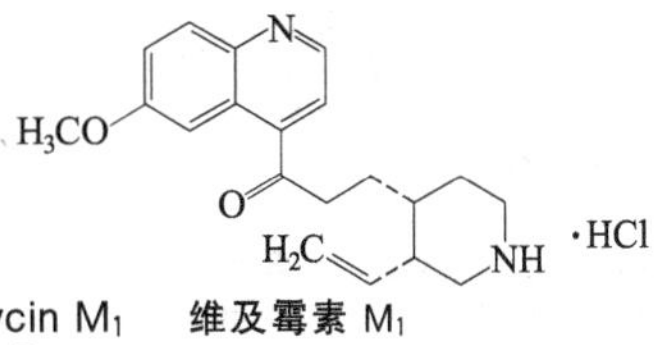

Virginiamycin M_1　维及霉素 M_1 10162
[21411-53-0]　$C_{28}H_{35}N_3O_7$　525.60
成分 C 63.99%，H 6.71%，N 7.99%，O 21.31%。
别名 威里霉素 M_1；Mikamycin A；Ostreogrycin A；Pristinamycin II_A；Staphylomycin M_1；Streptogramin A；Vernamycin A

M. I. 15，10200

性状 来自乙酸乙酯中的无色条状结晶。溶于甲醇、乙醇、氯仿，极稀地溶于水，不溶于己烷、石油醚。mp 203～205℃；$[\alpha]_D^{20}-218°$（c=0.34，于乙醇中）；uv max（乙醇中）：228nm（lg ε 4.51）。生化试剂含量≥95.0%。

注意事项 该品应密封于2～8℃保存。

主要用途 生化研究。医用抗菌剂。

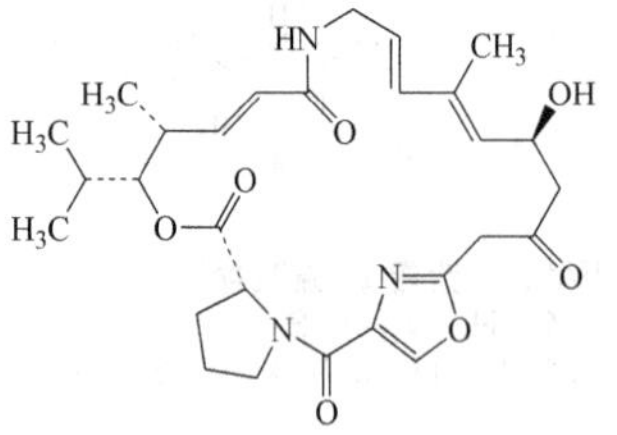

Virginiamycin S_1 维及霉素 S_1 10163

[23152-29-6] $C_{43}H_{49}N_7O_{10}$ 823.90

成分 C 62.69%，H 5.99%，N 11.90%，O 19.42%。

别名 威里霉素 S_1；Staphylomycin S

M. I. 15，10200

性状 来自甲醇中的无色结晶。mp 240～242℃；$[\alpha]_D^{20}-28°$（c=1，于乙醇中）；uv max（乙醇中）：305nm（lg ε 3.85）。

主要用途 生化研究。医用抗菌剂。

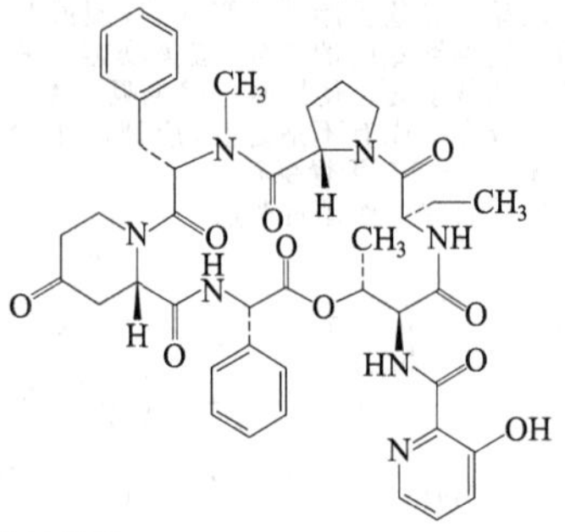

Viridin 绿毛霉素 10164

[3306-52-3] $C_{20}H_{16}O_6$ 352.34

成分 C 68.18%，H 4.58%，O 27.24%。

别名 绿毛菌素；绿胱霉素；(1*β*，2*β*)-1-Hydroxy-2-methoxy-18-norandrosta-5,8,11,13-tetraeno[6,5,4-*bc*]furan-3,7,17-trione

M. I. 15，10202

性状 来自苯中的棱柱体结晶。mp 245℃（分解）；$[\alpha]_D^{19}-224°$；uv max：242nm，300nm（lg ε 4.49，4.22）。来自丙酮中的针状结晶。mp 222～224℃（分解）。来自冰乙酸中的棱柱体结晶。mp 200～205℃（分解）。溶于水、氯仿、略微溶于二硫化碳、四氯化碳，不溶于乙醚、樟脑。

主要用途 生化研究。医用抗霉剂。

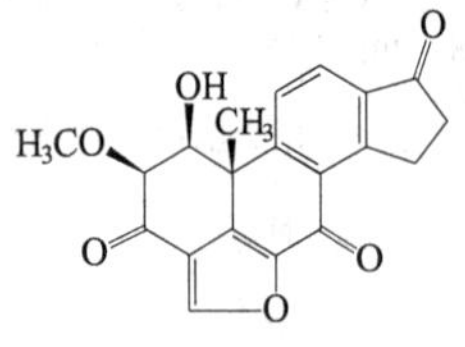

Visnadine 维斯纳丁 10165

[477-32-7] $C_{21}H_{24}O_7$ 388.42

成分 C 64.94%，H 6.23%，O 28.83%。

别名 氢吡豆素；(2*R*)-2-Methylbutanoie acid 10-acetyloxy-9,10-dihydro-8,8-dimethyl-2-oxo-2*H*,8*H*-benzo[1,2-*b*;3,4-*b*′]dipyran-9-yl ester;2-Methylbutyric acid 9-ester with 9,10-dihydro-9,10-dihydroxy-8,8-dimethyl-2*H*,8*H*-benzo[1,2-*b*;3,4-*b*′]dipyran-2-one acetate;8,8-Dimethyl-2-oxo-9,10-dihydro-2*H*,8*H*-benzo[1,2-*b*;3,4-*b*′]dipyran-9,10-diyl-10-acetate-9-(*α*-methylbutyrate);3,4,5-Trihydroxy-2,2-dimethyl-6-chromanacrylic acid *δ*-lactone 4-acetate 3-(2-methylbutyrate)；4′-Acetoxy-3′-(*α*-methylbutyryloxy)-2′,2′-dimethyldihydropyrano(7,8：6′,5′)coumarin;3-(*α*-Methylbutyryloxy)-4-acetoxy-3,4-dihydroseseline;Cardine;Carduben;Vibeline;Visnamine

M. I. 15，10208

性状 来自轻石油或乙醚＋乙烷中的针状结晶。易溶于氯仿、丙酮、乙醚、苯、二甲基甲酰胺，完全溶于乙醇、甲醇，微溶于水。mp 85～88℃；$[\alpha]_D^{20}+9.2°$（乙醇中）；$[\alpha]_D^{30}+42.5°$（c=2，于二氧六环中）。LD_{50}小鼠急性经口：2240mg/kg；皮下注射：＞370mg/kg。

主要用途 生化研究。医用冠状血管舒张剂。

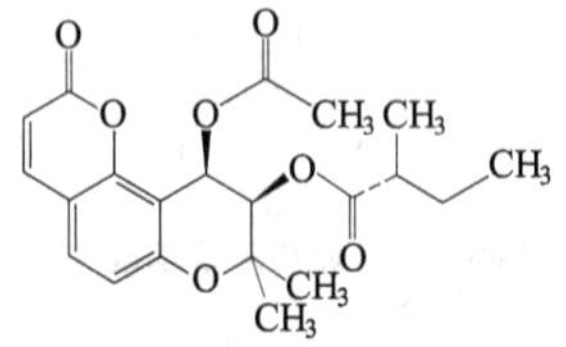

Vitamin A alcohol 维生素 A 醇溶 10166

[68-26-8] $C_{20}H_{30}O$ 286.46

成分 C 83.86%，H 10.56%，O 5.59%。

别名 维生素甲；甲种维生素；抗眼干燥病维生素；3，7-二甲基-9-（2，6，6-三甲基-1-环己烯）-2，4，6，8-壬四烯醇；瑞叮醇；Acon；Afaxin；Agiolan；Alphalin；Anatola；Anti-infective vitamin；Antixerophthalmic vitamin；Aoral；Apexol；Apostavit；Aquasol A；Atav；Avibon；Avitol；Axerol；Axerophthol；Biosterol；(*all-E*)-3，7-Dimethyl-9-(2，6，6-trimethyl-1-cyclohexen-1-yl)-2，4，6，8-nonatetraen-1-ol；DohyfralA；Epiteliol；Lard-factor；Nio-A-Let；Oleovitamin A；Ophthalamin (obsolete)；Prepalin；Retinol；Testavol；Vaflol；Vi-Alpha；Vitpex；Vogan；Vogan-Neu；*all-trans*-Retinol；Vitamin Ai

M. I. 15，10211

性状 来自极性溶剂（如甲醇、甲酸乙酯）中的无色至淡黄色结晶。溶于无水乙醇、甲醇、氯仿、乙醚、脂肪及油类，几乎不溶于水、甘油。mp 62～64℃；uv max（乙醇中）：324～325nm（$E_{1cm}^{1\%}$ 1835）。LD_{50}（10天）小鼠腹膜内注射：1510mg/kg；急性经口：2570mg/kg。生化试剂含量≥99.0%（HPLC）。

注意事项 该品口服有毒。对皮肤有刺激性。使用时应穿适当的防护服和戴手套。应避免吸入本品的粉尘。应充氩气密封避光于－20℃保存。

主要用途 生化研究。医用维生素。

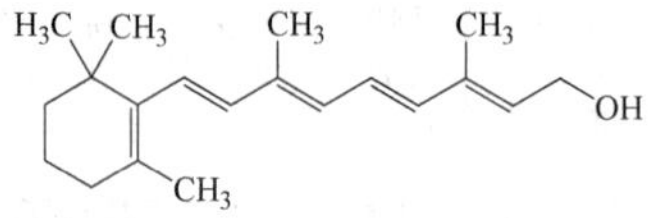

Vitamin A acetate 乙酸维生素 A 10167

[127-47-9] $C_{22}H_{32}O_2$ 328.50

成分 C 80.44%，H 9.82%，O 9.75%。

别名 维生素A醋酸酯；醋酸甲种维生素；乙酸维他命A；乙酸抗感染性维生素；All-*trans*-retinyl acetate；All-*trans*-vitamine A acetate；Retinol acetate；Antixerophthalmic vitamin acetate；Retinyl acetate；all-*trans*-Vitamin A acetate

M. I. 15，10211

性状 来自甲醇中的浅黄色三棱形结晶。对空气和湿度敏感。易溶于95%乙醇、乙醚、氯仿、轻石油、脂肪及不挥发油。mp 57～58℃；d_4^{20} 0.931；n_D^{20} 1.508；uv max（乙醇中）：326 nm（$E_{1cm}^{1\%}$ 1550）。LD_{50}（10天）小鼠急性经口：4100mg/kg。一般试剂含量约1500U/mg。

注意事项 该品可能危害胎儿。对皮肤有刺激性。使用时应穿适当的防护服和戴手套。应充氩气密封避光于2～8℃干燥保存。

主要用途 生化研究。

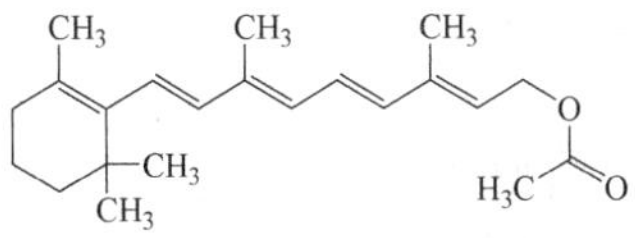

Vitamin B_{12}　维生素 B_{12}　10168

[68-19-9]　$C_{63}H_{88}CoN_{14}O_{14}P$　1355.39

成分　C 55.83%，H 6.54%，Co 4.35%，N 14.47%，O 16.53%，P 2.29%。

别名　维生素乙$_{12}$；维他命 B_{12}；氰钴胺素；Anacobin；Antipernicin；Antipernicious anemia principle；Bedodeka；Bedoz；Behepan；Berubi；Berubigen；Betalin-12；Betolvex；Cobalin；Cobinamide cyanide phosphate 3′-ester with 5，6-dimethyl-1-α-D-ribofuranosylbenzimidazole inner salt；Crystamine；Cykobemin；Cytacon；Cytamen；Cytobion；Cyanocobalamin；Cobione；Cyanocobalamin；5，6-Dimethyl benzimidazolyl cyanocobamide；Docibin；Docigram；Docivit；Dodex；Extrinsic factor；Fresmin；LLD factor；Macrabin；Millevit；Redisol；Rubesol；Rubramin PC；Sytobex；Vibalt；Vitarubin

M. I. 15，10212

性状　深红色结晶。易吸潮，1g 该品溶于约 80mL 水，其溶液呈中性。溶于乙醇，不溶于丙酮、氯仿、乙醚。210～220℃色变深，至 300℃不熔化。$[\alpha]^{23}_{656}-59°\pm9°$（稀水溶液）；最大吸收值（水中）：278nm，361nm，550nm（$A^{1\%}_{1cm}$ 115，204，64）。生化试剂含量≥98.0%。

注意事项　使用时应避免吸入本品的粉尘，避免与眼睛及皮肤接触。应充氩气密封避光于 2～8℃保存。

主要用途　生化研究。医用营养增补剂。

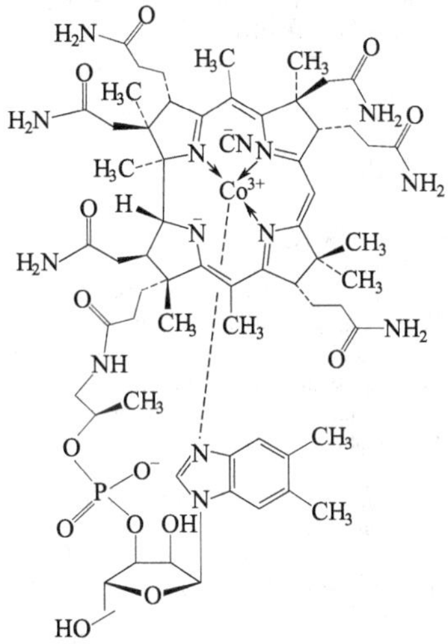

Vitamin D_2　维生素 D_2　10169

[50-14-6]　$C_{28}H_{44}O$　396.66

成分　C 84.78%，H 11.18%，O 4.03%。

别名　钙化醇；骨化醇；维生素丁$_2$；维他命丁$_2$；9，10-开联 $\Delta^{5(6),7,10,(19)22}$-麦角甾四烯-3-醇；积钙固醇；Activated ergosterol；Calciferol；Condol；Decaps；Dee-Ron；Deltalin；De-Rat concentrate；Deratol；Detalup；Diactol；Divit Urto；Ercalciol；Ergocalciferol；Drisdol；Ergorone；Ertron；Fortodyl；Hi-Deratol；Infron；Metadee；Mina D_2；Mulsiferol；Mykostin；Oleovitamin D_2；Ostelin；Radiostol；Radsterin；9，10-Secoergosta-5，7，10（19），22-tetraen-3β-ol；（3β，5Z，7E，22E）-9，10-Secoergosta-5，7，10（19），22-tetraen-3-ol；Shock-Ferol；Sterogyl；D-Tracetten；Uvesterol-D；Vio-D；Viosterol

M. I. 15，10215

性状　来自丙酮中的无色棱柱体结晶。溶于乙醚、乙醇、丙酮、氯仿等通常的有机溶剂，不溶于水。mp 115～118℃；$[\alpha]^{25}_{D}+82.6°$（c=3，于丙酮中）；$[\alpha]^{20}_{D}+102.5°$（于乙醇中）；$[\alpha]^{20}_{D}+52°$（于氯仿中）；uv max（己烷中）：264.5nm（$E^{1\%}_{1cm}$ 458.9±7.5）。生化试剂含量约 40000U/mg。

注意事项　该品吸入极毒。口服或与皮肤接触有毒。长期接触、口服有严重损伤健康的危险。使用时应穿适当的防护服和戴手套。接触皮肤应立即用 3%乙酸及大量水冲洗。使用时如有事故发生或有不适之感，应请医生诊治。应充氩气密封避光于 2～8℃干燥保存。

主要用途　生化研究。营养增补剂，经口食用，主要于小肠下部吸收能促进钙、磷的吸收，使骨组织正常化。

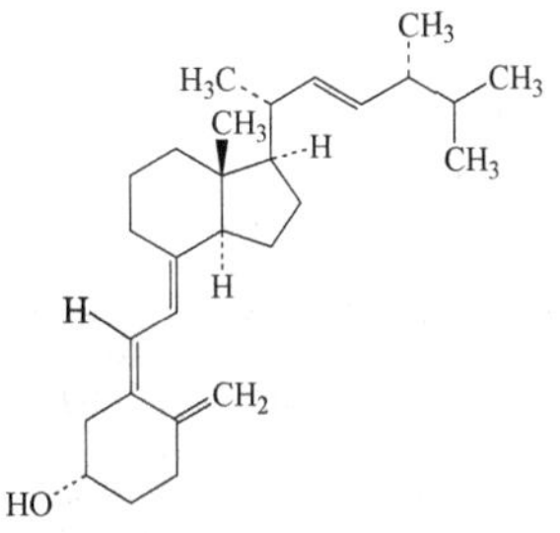

Vitamin D_3　维生素 D_3　10170

[67-97-0]　$C_{27}H_{44}O$　384.65

成分　C 84.31%，H 11.53%，O 4.16%。

别名　9，10-开联 $\Delta^{5(6)7,10,(19)}$-胆甾三烯-3-醇；抗软骨病维生素；维他命 D_3；维生素 D_3；活性-7-脱氢胆甾醇；胆钙化（甾）醇；Activated 7-dehydrocholesterol；Antirachitic vitamin；Calciol；CC；Cholecalciferol；Colecalciferol；D_3-Vicotrat；7-Dehydrocholesterol activated；Delsterol；Deparal；Duphafral D_3 1000；Ebivit；Micro-Dee；Neodohyfral D_3；Provitina；Ricketon；Oleovitamin D_3；9，10-Secocholesta-57，10（19）-trien-3β-ol；Calciol；(3β,5Z,7E)-9,10-Secocholestan-5,7,10(19)-trien-3-ol；Trivitan；Vi-De-3；Vigantol；Vigorsan

M. I. 15，10216

性状　来自稀丙酮中的无色细小针状结晶。溶于乙醇、乙醚、丙酮、氯仿等多数有机溶剂，微溶于植物油，几乎不溶于水。mp 84～85℃；$[\alpha]^{20}_{D}+84.8°$（c=1.6，于丙酮中）；$[\alpha]^{20}_{D}+51.9°$（c=1.6，于氯仿中）；uv max（于乙醇或己烷中）：264.5nm（$E^{1\%}_{1cm}$ 450～490）。生化试剂含量约 40000U/mg。

注意事项　该品吸入、口服或与皮肤接触有毒。使用时应穿适当的防护服，戴手套和防护镜或面罩。使用时如有事故发生或有不适之感，应请医生诊治。应充氩气密封避光于 2～8℃保存。

主要用途　生化研究。医用维生素营养增补剂。

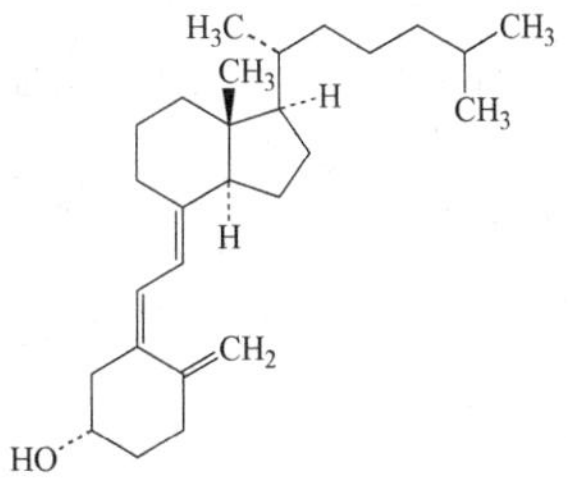

Vitamin D_4　维生素 D_4　10171

[511-28-4]　$C_{28}H_{46}O$　398.68

成分　C 84.36%，H 11.63%，O 4.01%。

别名　（1S，3Z）-4-Methylene-3-[（2E）-2-[（1R，3aS，7aR）-octahydro-7a-methyl-1-[（1R，4S）-1，4，5-trimethylhexyl]-4H-inden-4-ylidene] ethylidene] cyclohexanol；（3β，5Z，7E）-9，10-Secocrgosta-5，7，10（19）-trien-3-ol；22，23-Dihydrovitamin D_2；22，23-Dihydroergocalciferol

M. I. 15，10217

性状　来自稀丙酮中的小片状结晶。溶于除石油醚外的多数有机溶剂，微溶于植物油，几乎不溶于水。不被毛地黄皂苷沉淀。mp 96～98℃；$[\alpha]^{18}_{D}+89.3°$（c=0.47，于丙酮中）；uv max：265nm。

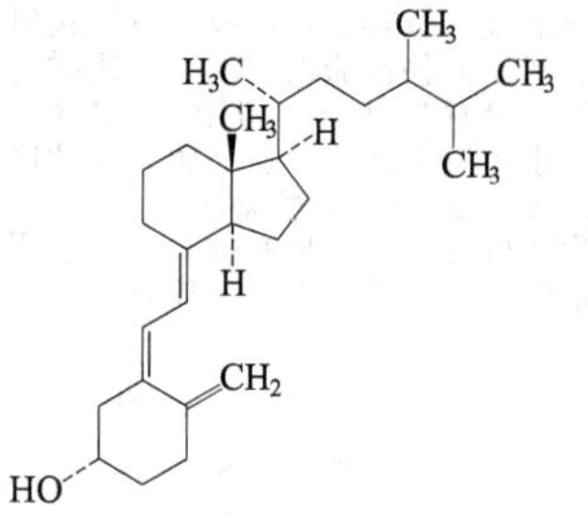

Vitamin E 维生素 E 10172

[1406-18-4] [59-02-9] $C_{29}H_{50}O_2$ 430.71

成分 C 80.87%，H 11.70%，O 7.43%。

别名 生育酚；维他命戊；All-*rac*-α-tocopherol; Antisterility vitamin; [2*R*-2*R**(4*R**,8*R**)]-3,4-Dihydro-2,5,7,8-tetramethyl-2-(4, 8, 12-trimethyltridecyl)-2*H*-1-benzopyran-6-ol; Eprolin-S; Ephynal; Epsilan; Evion; all-*rac*-α-Tocopherol; Syntopherol; 5,7,8-Trimethyltocol; 2,5,7,8-Tetramethyl-2-(4′,8′12′-trimethyltridecyl)-6-chromanol; α-Tocopherol; (+)-α-Tocopherol

M. I. 15, 10218

性状 外消旋者为微黏性淡黄色油状液体。易溶于乙醇、乙醚、丙酮、氯仿、油脂及其他脂肪溶剂，几乎不溶于水。$bp_{0.1}$ 200～220℃/13.332Pa；Fp 230℉（110℃）；d_4^{20} 0.950；n_D^{20} 1.506；$[\alpha]_{546.1}^{25}$ −3.0°（于苯中）；$[\alpha]_{546.1}^{25}$ −0.32°（于乙醇中）。生化试剂含量≥99.0%（UV）。

注意事项 使用时应避免吸入本品的蒸气，避免与眼睛及皮肤接触。应充氩气密封避光于 2～8℃保存。

主要用途 生化研究。

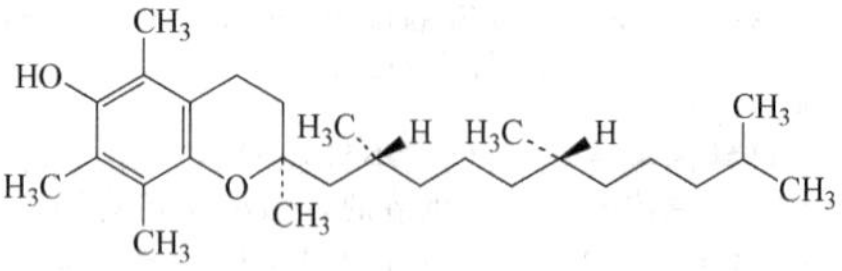

Vitamin E acetate 乙酸维生素 E 10173

[7695-91-2] $C_{31}H_{52}O_3$ 472.75

成分 C 78.76%，H 11.09%，O 10.15%。

别名 生育酚醋酸酯；维生素 E 乙酸酯；2，5，7，8-四甲基-2-（4′，8′，12′-三甲基十三烷基）-6-色满醇 乙酸酯；乙酸生育酚；维生素 E 乙酸盐；生育酚 乙酸盐；[2*R**(4*R**,8*R*)]-3,4-Dihydro-2,5,7,8-tetramethyl-2-(4,8,12-trimethyltridecyl)-2*H*-1-benzopyran-6-ol acetate; α-Tocopherol acetate; α-Tocopheryl acetate; 2,5,7,8-Tetramethyl-2-(4′,8′,12′-trimethyltridecyl)-6-chromanol acetate; *o*-Acetylα-tocopherol; all-*rac*-α-Tocopheryl acetate; α-Tocopheryl acetate; Contopheron; α-Tocopheryl acetate; Ecofrol; Tocophrin; Tertilvit; Juvela; Gevex; Alfacol; Epsilan M; E-Toplex; Econ; E-Ferol; Tocofrol; Tofaxin; Ephynal acetate; Evipherol; Eusovit

性状 外消旋者为淡黄色黏稠透明液体。易溶于乙醚、丙酮、氯仿，较少地溶于乙醇，不溶于水。mp −27.5℃；$bp_{0.3}$ 224℃/40Pa；$bp_{0.025}$ 194℃/3.333Pa；$bp_{0.01}$ 184℃/1.333Pa；Fp 235.4℉（113℃）；$d_4^{21.3}$ 0.9533；n_D^{20} 1.4950～1.4972。uv max（环己烷中）：285.5nm。一般试剂含量≥96.0%（HPLC）。

注意事项 该品应充氩气密封避光于 2～8℃保存。

主要用途 生化研究。

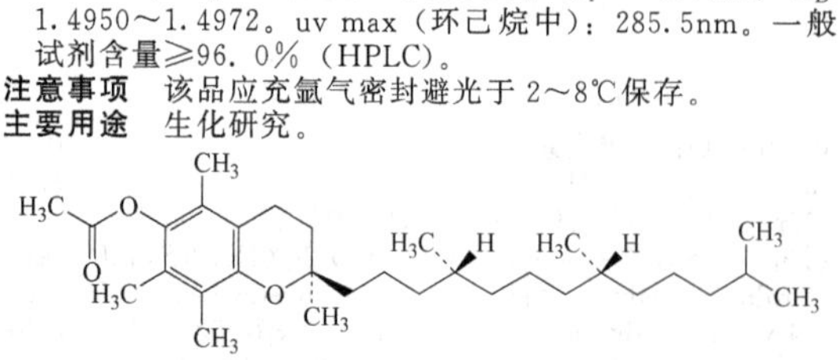

Vitamin K₁ 维生素 K₁ 10174

[84-80-0] $C_{31}H_{46}O_2$ 450.71

成分 C 82.61%，H 10.29%，O 7.10%。

别名 2-甲基-3-植醇基-1,4-萘醌；Aquamephyton; Konakion; Mephyton; 2-Methyl-3-phytyl-1,4-naphthoquinone; 2-Methyl-3-[(2*E*,7*R*,11*R*)-3,7,11,15-tetramethyl-2-hexadecenyl]-1,4-naphthalenedione; Mono-Kay; Phylloquinone; Phytomenadione; Phytonadione; 3-Phytylmenadione; Veda-K₁; Veta-K₁; Vitamin K₁(20)

M. I. 15, 7492

性状 黄色黏稠油状物。溶于无水乙醇、丙酮、苯、石油醚、已烷、二氧六环、氯仿、乙醚，略微溶于甲醇，微溶于乙醇，不溶于水。mp −20℃；Fp 235.4℉（113℃）；d_4^{20} 0.9；n_D^{20} 1.5263；$[\alpha]_D^{25}$ −0.28°（于二氧六环中）；uv max（石油醚中）：242nm，248nm，260nm，269nm，325nm（$E_{1cm}^{1\%}$ 396，419，383，387，68）。

注意事项 该品应密封于 2～8℃干燥保存。

主要用途 生化研究。

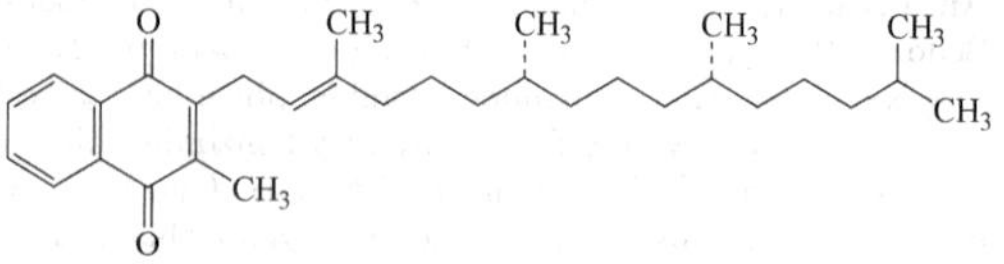

Vitamin K₂ 维生素 K₂ 10175

[11032-49-8863-61-6] $C_{31}H_{40}O_2$ 444.66

成分 C 83.74%，H 9.07%，O 7.20%。

别名 维他命 K₂; Glakay; Kaytwo; Menaguinone; (*E*,*E*,*E*)-2-Methyl-3-(3,7,11-15-tetramethyl-2,6,10,14-hexadecatetraenyl)-1,4-naphthaienedione; Menatetrenone; MK4; Vitamin K₂(20)

M. I. 15, 5901

性状 来自乙醇中的黄色结晶或粉末。易溶于正己烷，溶于乙醇，微溶于甲醇，几乎不溶于水。mp 35℃。uv max：248nm $(E)_{1cm}^{1\%}$ 439)。

注意事项 该品使用时应穿适当的防护服和戴手套。应避免吸入本品的粉尘，避免与眼睛及皮肤接触。万一接触到眼睛，应立即用大量水冲洗后请医生诊治。应密封于−20℃保存。

主要用途 生化研究。医用维生素。

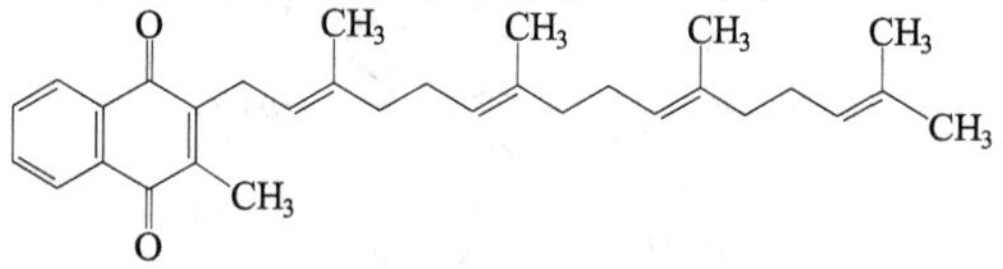

Vitamin K₃ 维生素 K₃ 10176

[58-27-5] $C_{11}H_8O_2$ 172.18

成分 C 76.73%，H 4.68%，O 18.58%。

别名 2-甲基-1，4-萘醌；甲萘醌；维他命 K₃；抗出血病维生素；Antihemorrhagic vitamin; Aquakay; Aquinone; Menadione; 2-Methyl-1,4-naphthalenedione; 2-Methyl-1,4-naphthoquinone; Menaphthone; Menaquinone; Kanone; Kappaxin; Kayklot; Kayquinone; Klottone; Kolklot; Synkay; Thyloquinone

M. I. 15, 5899

性状 亮黄色结晶。在空气中稳定，但能被阳光分解。1g 该品溶于约 60mL 乙醇、10mL 苯、50mL 植物油，中等程度溶于氯仿、四氯化碳，几乎不溶于水。mp 105～107℃。LD_{50}小鼠急性经口：约 0.5g/kg。生化试剂含量≥97.0%（HPLC）。

注意事项 该品口服有毒。对眼睛、呼吸系统及皮肤有刺激性。使用时应穿适当的防护服。万一接触到眼睛，应立即用大量水冲洗后请医生诊治。应密封避光保存。

主要用途 生化研究。

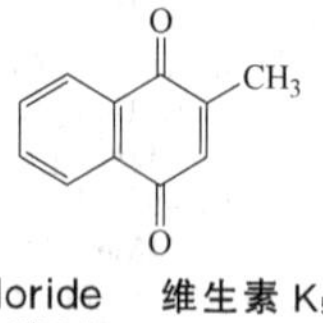

Vitamin K₅ hydrochloride 维生素 K₅ 盐酸盐 10177

[130-24-5] $C_{11}H_{12}ClNO$ 209.68

成分 C 63.01%，H 5.77%，Cl 16.91%，N 6.68%，O 7.63%。

别名 盐酸维生素 K₅；4-Amino-2-methyl-1-naphthalenol hydrochloride; 4-Amino-2-methyl-1-naphtholhydrochloride; 2-Methyl-4-amino-1-hydroxynaphthalene hydrochloride; 3-Methyl-4-hydroxy-1-naphthylamine hydrochloride; Synkamin hydrochloride

M. I. 15, 10220

性状 来自稀盐酸中的无色针状结晶。曝露于空气中或阳光下变为桃红至深紫色。易溶于水，微溶于乙醇，不溶于乙醚。262℃色变暗，280～282℃分解。

主要用途 生化研究。用于研究胰岛素活性己糖转移的探针。医用维生素。

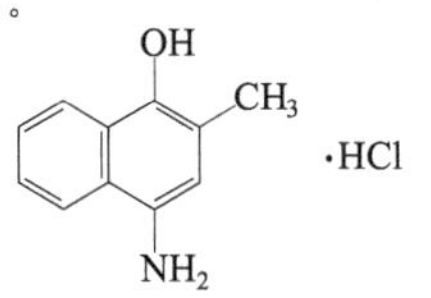

Voglibose 伏格列波糖 10178

[83480-29-9] $C_{10}H_{21}NO_7$ 267.28

成分 C 44.94%，H 7.92%，N 5.24%，O 41.90%。

别名 培欣；3，4-Dideoxy-4-[2-hydroxy-1-(hydroxymethyl) ethyl] amino-2-*C*-hydroxymethyl-D-epiinositol；*N*-(1，3-Dihydroxy-2-propyl) valiolamine；AO-128；Basen

M. I. 15，10226

性状 无色结晶。溶于水、二甲基亚砜（74mg/mL）、乙醇（≤1mg/mL）。mp 162～163℃；$[\alpha]_D^{25}$ +26.2°（c=1，于水中）。生化试剂含量≥99.0%（HPLC）。

注意事项 该品应密封于－20℃保存。

主要用途 抗糖尿病剂。

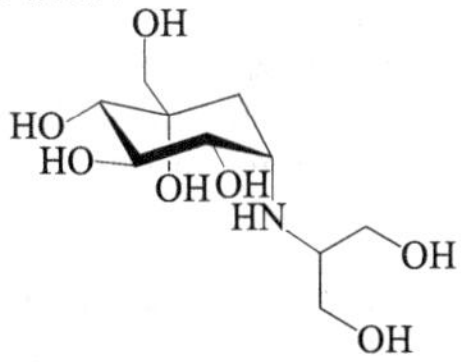

Voriconazole 伏立康唑 10179

[137234-62-9] $C_{16}H_{14}F_3N_5O$ 349.32

成分 C 55.01%，H 4.04%，F 16.32%，N 20.05%，O 4.58%。

别名 活力康唑；伏力康唑；威凡；(α*R*,β*S*)-α-(2,4-Ditluorophenyl)-5-fluoro-β-methyl-α-(1*H*-1，2，4-triazol-1-ylmethyl)-4-pyrimideethanol；2*R*,3*S*-2-(2,4-Difluorophenyl)-3-(5-fluoropyrimidin-4-yl)-1-(1*H*-1,2,4-triazol-1-yl)butan-2-ol；UK-109496

M. I. 15，10231

性状 白色至灰白色结晶性粉末。mp 127℃；$[\alpha]_D^{25}$ －62°（c=1，于甲醇中）。生化试剂含量≥98.0%。

注意事项 该品口服有毒。可能致癌。对水生物有毒。能对水环境引起长期不良的影响，使用前应得到专门的指导，避免曝露。使用时应穿适当的防护服和戴手套。使用时应避免吸入本品的粉尘。使用时如有事故发生或有不适之感，应请医生诊治。

主要用途 医用抗真菌剂（全身）。

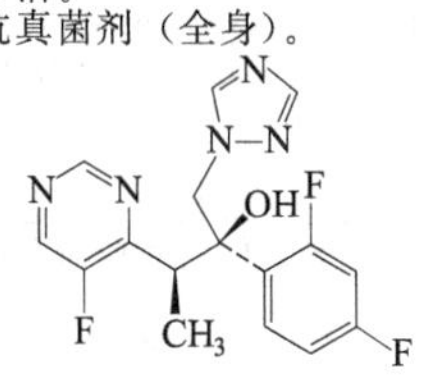

Vorozole 伏氯唑 10180

[129731-10-8] $C_{16}H_{13}ClN_6$ 324.77

成分 C 59.17%，H 4.03%，Cl 10.92%，N 25.88%。

别名 伏罗唑；6-[(*S*)-(4-Chlorophenyl)-1*H*-1，2，4-triazol-1-ylmethyl]-1-methyl-1*H*-benzotriazole；(+)-(*S*)-6-[4-Chloro-α-(1*H*-1，2，4-triazol-1-yl) benzyl]-1-methyl-1*H*-benzotriazoe；R-83842；Rivizor

M. I. 15，10233

性状 来自2-丙醇中的无色结晶。mp 130～135℃；$[\alpha]_D^{20}$ +8.0°（c=10，于甲醇中）。生化试剂含量≥98.0%。

主要用途 医用抗肿瘤剂。

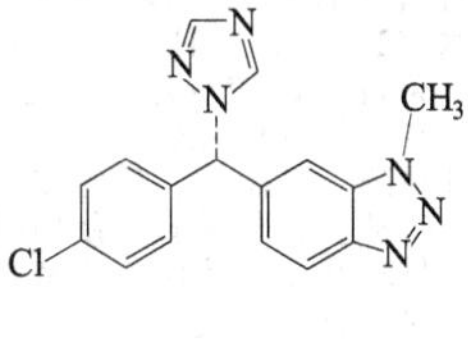

W

Warfarin 杀鼠灵 10181

[81-81-2] $C_{19}H_{16}O_4$ 308.33

成分 C 74.01%，H 5.23%，O 20.76%。

别名 华法令；华法灵；4-Hydroxy-3-(3-oxo-1-phenylbutyl)-2*H*-1-benzopyran-2-one；3-(α-Acetonylbenzyl)-4-hydroxycoumarin；1-(4′-Hydroxy-3′-coumarinyl)-1-phenyl-3-butanone；3-α-Phenyl-β-acetylethyl-4-hydroxycoumarin；Compound 42；Coumafene；WARF compound 42；Co-Rax；Rodex

GW 2015-2678 M. I. 15，10236

性状 来自乙醇中的无色结晶。易溶于碱的水溶液，溶于丙酮、二氧六环，中等程度溶于甲醇、乙醇、异丙醇及某些油类，几乎不溶于水、苯、环己烷。mp 161℃；uv max（于水中，pH 值 10）：308nm（ε 13610）。一般试剂含量≥98.0%。

注意事项 该品有毒。口服或长期接触对健康有严重损伤的危险。可能危害胎儿。对水生物有毒。能对水环境引起长期不良的影响。使用前应得到专门的指导，避免曝露。使用时如有事故发生或有不适之感，应请医生诊治。应防止将本品释放于环境中。

主要用途 杀鼠剂。医用抗凝剂。

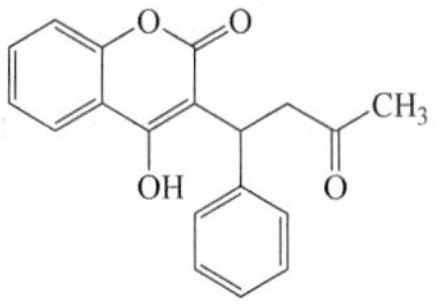

Water 水 10182

[7732-18-5] H_2O 18.02

成分 H 11.19%，O 88.78%。

别名 纯净水

M. I. 15，10237

性状 无色液体。mp 0℃；bp 100℃；d_4^{20} 0.999868；n_D^{20} 1.34。

注意事项 如用玻璃瓶装，不能冻结。

Withaferin A 魏菲灵 A 10183

[5119-48-2] $C_{28}H_{38}O_6$ 470.61

成分 C 71.46%，H 8.14%，O 20.40%。

别名 醉茄素 A；(4β，5β，6β，22*R*)-5，6-Epoxy-4，22，27-trihydioxy-1-oxoergosts-2，24-dien-26-oic acid δ-lacione；4β，27-Dihydroxy-1-oxo-5β，6β-epoxywitha-2，24-dienolide

M. I. 15，10246

性状 来自丙酮-石油醚中的白色棱柱体结晶，mp 252～253℃。或来自乙酸乙酯中的结晶，mp 243～245℃。$[\alpha]_D^{28}$ +125°（c=1.3，于氯仿中）；uv max（乙醇中）：214nm，335nm（ε 17300，165）。一般试剂含量≥98.0%。

注意事项 该品应密封避光于2～8℃干燥保存。

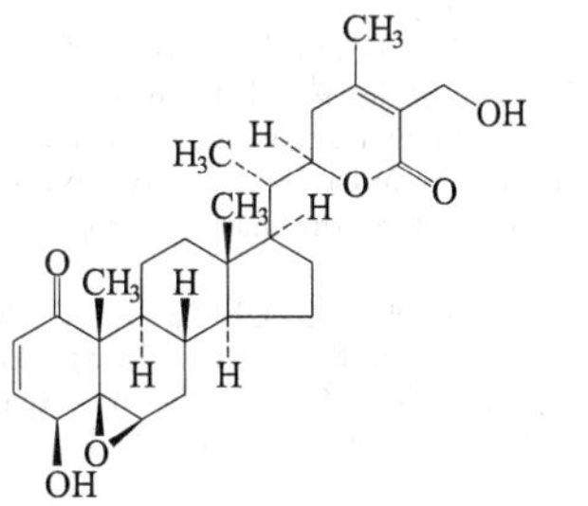

Wortmannin 渥曼青霉素 10184

[19545-26-7] $C_{23}H_{24}O_8$ 428.44

成分 C 64.48%，H 5.65%，O 29.87%。

别名 (1*S*,6b*R*,9a*S*,11*R*,11b*R*)-11-Acetyloxy-1,6b,7,8,9a,10，11，11b-octahydro-1-methoxymethyl-9a，11b-dimethyl-3*H*-furo[4,3,2-*de*]indeno[4,5-*h*]-2-benzopyran-3,6,9-trione

M. I. 15，10251

性状 无色中性固体。其水溶液不稳定，pH 值 3～8。mp 240℃。生化试剂含量≥98.0%（TLC）。

注意事项 该品吸入、口服或与皮肤接触极毒。对眼睛、呼吸系统及皮肤有刺激性。使用时应穿适当的防护服和戴手套。万一接触到眼睛，应立即用大量水冲洗后请医生诊治。使用时如有事故发生或有不适之感，应请医生诊治。

应充氩气密封避光于 2～8℃干燥保存。

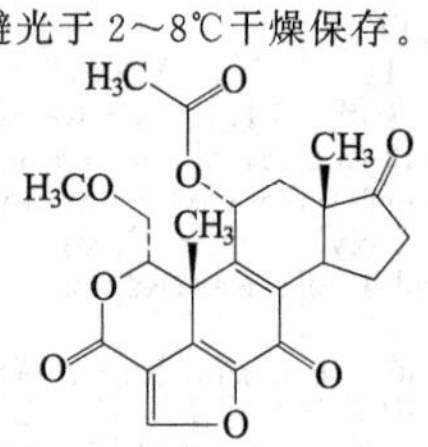

Wright's stain 瑞氏色素 10185

[68988-92-1]

别名 赖氏色素；曙红变性亚甲基蓝；曙红亚甲基蓝 Ⅰ；Eosin methylene blue Ⅰ

性状 亮绿色粉末。溶于乙醇，不溶于水。

注意事项 该品口服有毒。对眼睛有严重损伤的危险。对水生物有害。能对水环境引起长期不良的影响。使用时应穿适当的防护服，戴防护镜或面罩。使用时应避免吸入本品的粉尘，避免与眼睛及皮肤接触。万一接触到眼睛，应立即用大量水冲洗后请医生诊治。应防止将本品释放于环境中。应密封避光保存。

主要用途 一种显微镜涂片用染色剂，如白细胞、虐原虫、锥虫的检查。

X

Xaliproden hydrochloride 扎利罗登 盐酸盐 10186

[90494-79-4] $C_{24}H_{23}ClF_3N$ 417.90

成分 C 68.98%，H 5.55%，Cl 8.48%，F 13.64%，N 3.35%。

别名 盐酸扎利罗登；1,2,3,6-四氢-1-[2-(2-萘基)乙基]-4-[3-(三氟甲基)苯基]吡啶 盐酸盐；SR-57746A；1,2,3,6-Tetrahydro-1-[2-(2-naphthalenyl)ethyl]-4-[3-(trifluoromethyl)phenyl]pyridine hydrochloride

M.I.15，10252

性状 白色粉末。mp 255～260℃。

主要用途 医用神经蛋白活化剂。

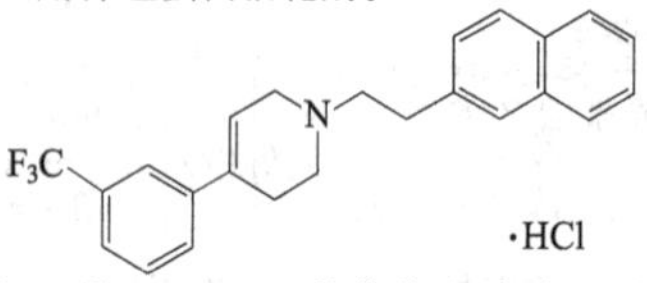

·HCl

Xamoterol hemifumarate 扎莫特罗 半富马酸盐 10187

[73210-73-8] $C_{36}H_{54}N_6O_{14}$ 794.86

成分 C 54.40%，H 6.85%，N 10.57%，O 28.18%。

别名 富马酸扎莫特罗；ICI-118587；Corwin；*N*-[2-[[2-Hydroxy-3-(4-hydroxyphenoxy)propyl]amino]ethyl]-4-morpholinecarboxamide hemifumarate；1-(4-Hydroxyphenoxy)-3-[2-(4-morpholinocarboxamido)ethylamino]-2-propanolhemifumarate

M.I.13，10112

性状 来自乙醇中的无色或白色结晶。溶于水（60℃，10mg/mL）、二甲基亚砜（60℃，18mg/mL）。mp 168～169℃（分解）。生化试剂含量≥98.0%（HPLC）。

注意事项 使用时应避免吸入本品的粉尘，避免与眼睛及皮肤接触。

主要用途 医用强心剂。

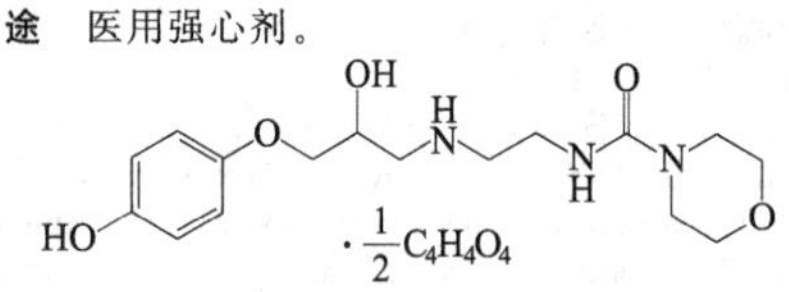

$\cdot\frac{1}{2}C_4H_4O_4$

Xanomeline oxalate 呫诺美林 草酸盐 10188

[141064-23-5] $C_{16}H_{25}N_3O_5S$ 371.45

成分 C 51.74%，H 6.78%，N 11.31%，O 21.54%，S 8.63%。

别名 占诺美林 草酸盐；草酸呫诺美林；3-(4-Hexyloxy-1,2,5-thiadiazol-3-yl)-1,2,5,6-tetrahydro-1-methylpyridineoxatate

M.I.15，10254

性状 来自丙酮中的无色结晶。mp 148℃。

主要用途 医用胆碱功能剂，止吐剂。

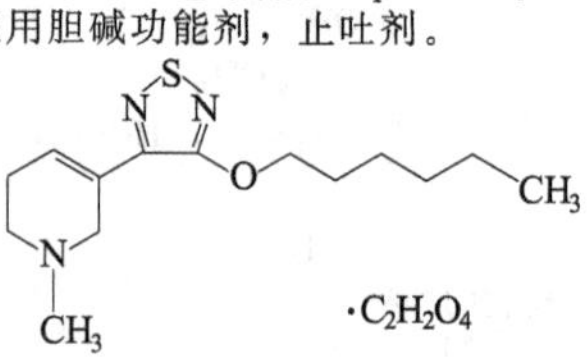

$\cdot C_2H_2O_4$

Xanthan gum 汉生胶 10189

[11138-66-2] Mr>1000000

别名 Gum xanthan；Keltrol F；Kelzan；Polysaccharide B-1459

M.I.15，10255

性状 无色无味自由流动的粉末。

主要用途 生化研究。食品添加剂。

Xanthatin 叶黄制菌素 10190

[26791-73-1] $C_{15}H_{18}O_3$ 246.31

成分 C 73.15%，H 7.37%，O 19.49%。

别名 3a*R*-(3aα，7β，8aβ)-3，3a，4，7，8，8a-Hexahydro-7-methyl-3-methylene-6-(3-oxo-1-butenyl)-2*H*-cyclohepta[*b*]furan-2-one

M.I.15，10256

性状 来自甲醇或乙醇中的无色扁平针状结晶。溶于乙醚、丙酮、乙醇，微溶于热水，几乎不溶于石油醚、5%氢氧化钠溶液、5%盐酸。mp 114.5～115℃；$[\alpha]_D^{30}$ −20°（于乙醇中）；uv max：275nm，213nm（ε 22800，7300）。

主要用途 生化研究。

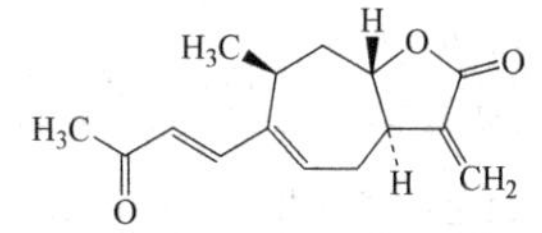

Xanthene 呫吨 10191

[92-83-1] $C_{13}H_{10}O$ 182.22

成分 C 85.69%，H 5.53%，O 8.78%。

别名 黄染料母质；呫畔；氧杂蒽；杂氧[10]蒽；氧化二苯基甲烷；二苯并吡喃；Dibenzopyran；Diphenylene methane oxide；*O*，*O*-Methylene diphenyl ether

性状 白色细小结晶。溶于乙醚，微溶于乙醇，极微溶于水。mp 101～102℃；bp 310～312℃。一般试剂含量≥98.0%（GC）。

注意事项 该品吸入或与皮肤接触可引起过敏。使用时应穿适当的防护服和戴手套。使用时应避免吸入本品的粉尘。

主要用途 有机合成。

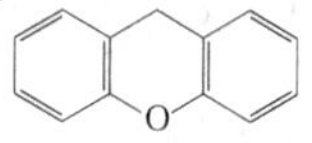

Xanthine 黄嘌呤 10192

[69-89-6] $C_5H_4N_4O_2$ 152.11

成分 C 39.48%，H 2.65%，N 36.83%，O 21.04%。

别名 黄嘌；黄尿环；二氧化嘌呤；海生丁；黄花色精；2,6-二羟基嘌呤；2,6-Dioxopurine；3,7-Dihydro-1*H*-purine-2,6-dione；2,6(1*H*,3*H*)-Purinedione；2,6-Dihydroxypurine

M.I.15，10257

性状 来自水中的鳞片状白色、浅黄色结晶或粉末。1g 该品溶于 14.5L 水（16℃）、1.4L 沸水。易溶于氢氧化钠溶液、氨水，溶于无机酸，较少地溶于乙醇。mp>300℃。一般试剂含量≥99.0%（HPLC）。

注意事项 该品对眼睛有刺激性。接触皮肤可引起过敏。使用时应穿适当的防护服和戴手套。使用时应避免吸入本品的粉尘，避免与眼睛及皮肤接触。应密封于阴凉处保存。

主要用途 生化研究。有机合成。

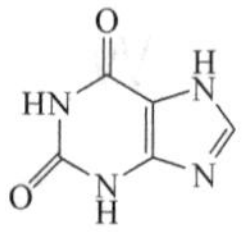

Xanthine oxidase from bovine milk
黄嘌呤氧化酶（牛乳） 10193
[9002-17-9] Mr 约 275000
别名 XO；XOD；Xanthopterin oxidase
EC 1. 1. 3. 22
性状 近白色至棕色冻干粉末。一般试剂含量约0.5U/mg。
注意事项 该品应充氩气密封于2～8℃保存。
主要用途 生化研究。

Xanthocillin X 黄青霉素 X 10194
[580-74-5] $C_{18}H_{12}N_2O_2$ 288.31
成分 C 74.99%，H 4.20%，N 9.72%，O 11.10%。
别名 4,4′-[(1*Z*,3*Z*)-2,3-Diisocyano-1,3-butadiene-1,4-diyl]bisphenol；Bis(*p*-hydroxybenzylidene)ethyleneisocyanide；1,4-Bis(*p*-hydroxyphenyl)-2,3-dilsonitrilo-1,3-butadiene
M. I. 15，10259
性状 来自乙醇中的黄色集束针状结晶。或来自乙酸乙酯中的黄色斜方形结晶。易溶于碱水溶液，溶于乙醇、乙醚、丙酮、二氧六环（均至1%），几乎不溶于水、石油醚、苯、氯仿。约210℃炭化。
主要用途 医用抗菌剂。

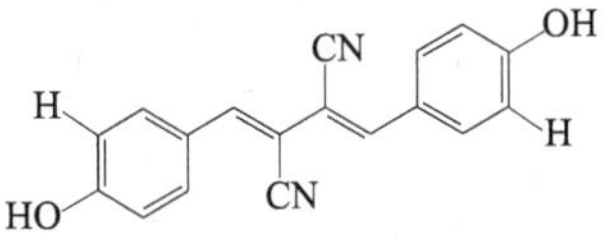

Xanthone 呫吨酮 10195
[90-47-1] $C_{13}H_8O_2$ 196.21
成分 C 79.58%，H 4.11%，O 16.31%。
别名 黄染料母酮；呫㖕酮；氧化二苯甲酮；氧(杂)蒽酮；二苯并哌弄；Diphenylene ketone oxide；9-Oxoxanthene；Dibenzo-γ-pyrone；Benzophenone oxide；Genicide；9*H*-Xanthen-9-one；Xanthene ketone；9-Xanthenone
M. I. 15，10260
性状 来自乙醇中的浅黄色多晶型针状结晶。易溶于三氯甲烷，溶于冷乙醇（0.55g/100mL）、沸乙醇（6.71g/100mL），微溶于热水、苯、乙醚、石油醚、甲苯、二甲苯。溶于浓硫酸呈黄色，并有浅蓝色荧光。mp 174℃；bp_{730} 351℃/97.325kPa。一般试剂含量≥97.0%（HPLC）。
注意事项 使用时应避免吸入本品的粉尘，避免与眼睛及皮肤接触。
主要用途 制造呫吨氢醇，杀蛹剂。染料制备。

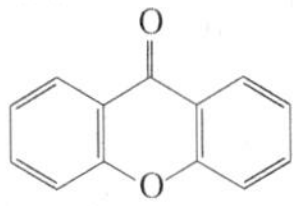

Xanthophyll 叶黄素 10196
[127-40-2] $C_{40}H_{56}O_2$ 568.89
成分 C 84.45%，H 9.92%，O 5.62%。
别名 胡萝卜醇；β，ε-Carotene-3，3′-diol；Lutein；Vegetable lutein；Vegetable luteol；Bo-Xan
M. I. 15，10261
性状 来自乙醚＋甲醇中的具有金属光泽的黄色棱柱形结晶。溶于脂肪及脂肪溶剂，比玉米黄质较多地溶于沸甲醇（1∶700），不溶于水。mp 190℃；$[\alpha]_{Cd}^{18}$ ＋165°（*c*＝0.7，于苯中）；最大吸收值（二氧六环中）：481nm，453nm，429nm，333nm，268nm（ε 142000，152000，100000，15500，35000）。生化试剂含量≥90.0%（HPLC）。
注意事项 该品应充氩气密封避光于－70℃保存。

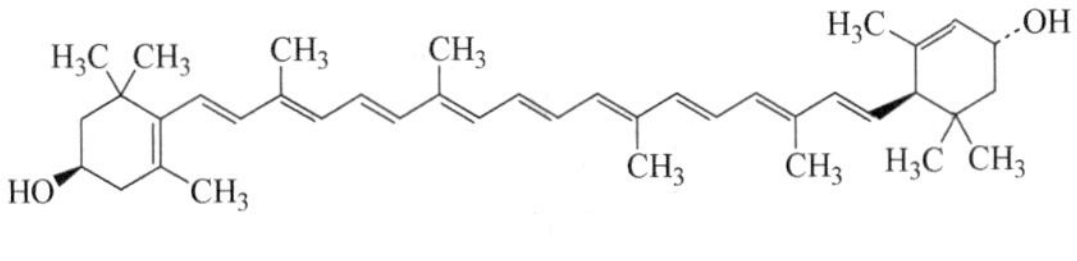

Xanthopterin monohydrate 黄蝶呤 一水 10197
[5979-01-1][119-44-8](无水物) $C_6H_5N_5O_2 \cdot H_2O$ 197.16
成分（以无水物计） C 40.23%，H 2.81%，N 39.09%，O 17.86%。
别名 2-氨基-4,6-二羟基蝶啶；蝶黄素；2-Amino-1,5-dihydro-4,6-pteridinedione；2-Amino-4,6-dihydroxypteridine；2-Amino-4,6-dihydroxypyrimido[4,5-*b*]pyrazine；2-Amino-4,6-pteridinediol；2-Amino-4,6-pteridinedione
M. I. 15，10262
性状 橙黄色结晶。对空气敏感。溶于稀氨水、氢氧化钠溶液呈黄色；溶于2mol/L盐酸，呈无色溶液；几乎不溶于水。mp＞300℃；约410℃分解；uv max（pH值11）：255nm，390nm（$E_{1cm}^{1\%}$ 0.92，0.355）。生化试剂含量≥97.0%（HPLC）。
注意事项 见10195呫吨酮。应充氩气密封保存。
主要用途 生化研究。

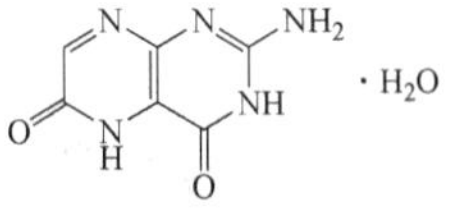

Xanthosine dihydrate 黄苷 二水 10198
[5968-90-1][146-80-5](无水物) $C_{10}H_{12}N_4O_6 \cdot 2H_2O$ 320.26
成分（以无水物计） C 42.26%，H 4.26%，N 19.71%，O 33.77%。
别名 黄嘌呤核苷；黄尿环核苷；黄质核苷；9-β-D-Ribofuranosyl-9*H*-purine-2,6-diol；9-β-D-Ribofuranosylxanthine；Xanthine riboside；9-β-D-Ribofuranosyl-9*H*-Purine-2，6（1*H*，3*H*)-dione
M. I. 15，10263
性状 来自水中的无色长棱柱体结晶或粉末。易溶于热水，溶于热稀乙醇，微溶于冷水。不溶于乙醚。易被无机酸水解。$[\alpha]_D^{30}$ －51.2°（*p*＝8，于0.3mol/L氢氧化钠溶液中）；uv max：253nm（ε 8790）。一般试剂含量≥99.0%。
注意事项 该品应密封于阴凉干燥处保存。

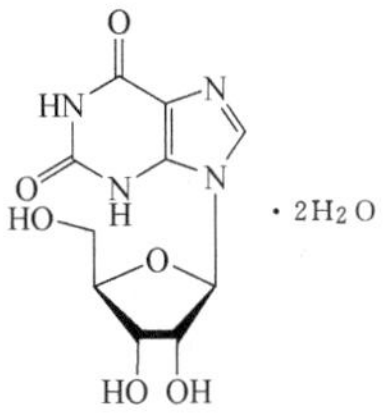

Xanthotoxin 花椒毒素 10199
[298-81-7] $C_{12}H_8O_4$ 216.19
成分 C 66.67%，H 3.73%，O 29.60%。
别名 黄原毒；8-甲氧补骨脂素；甲氧扫若仑；氧化补骨脂素；6-羟基-7-甲氧基苯并呋喃-5-丙烯酸-δ-内酯；黄原毒素；Ammoidin；Methoxsalen；8-Methoxypsoralen；9-Methoxy-7*H*-furo[3,2-*g*][1]benzopyran-7-one；6-Hydroxy-7-methoxy-5-benzofuranacrylic acid δ-lactone；8-Methoxy-4′,5′∶6,7-furocoumarin；8-Methoxy(furano-3′,2′∶6,7-coumarin)；Xanthotoxin；8-MOP；8-MP；Meladinine；Meloxine；Oxsoralen；6-Hydroxy-7-methoxybenzofuran-5-acrylic acid δ-lactone；9-Methoxypsoralen
M. I.15，6059
性状 来自热水或苯＋石油醚中的有丝光的针状结晶或来自乙醇＋乙醚中的长菱形棱柱体结晶。无味。易溶于氯仿，溶于沸乙醇、丙酮、乙酸、苯、二氧六环，略微溶于沸水，几乎不溶于冷水。mp 148℃；uv max：219nm，249nm，300nm（lg ε 4.32，4.35，4.06）。LD_{50}大鼠腹膜内注射：(470±30)mg/kg。
注意事项 该品口服有毒。可能致癌。可能引起遗传基因的损伤。具有腐蚀性，能引起烧伤。使用前应得到专门的指导，避免曝露。使用时应穿适当的防护服，戴手套和防护镜或面罩。万一接触到眼睛，应立即用大量水冲洗后请医生诊治。使用时如有事故发生或有不适之感，应请医生诊治。应充氩气密封保存。

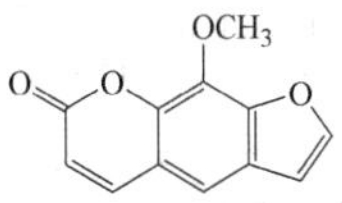

Xanthurenic acid　黄尿酸　10200
[59-00-7]　$C_{10}H_7NO_4$　205.17
成分　C 58.54%，H 3.44%，N 6.83%，O 31.19%。
别名　4，8-二羟基喹啉甲酸；4，8-二羟基-2-喹啉羧酸；4,8-Dihydroxy-2-quinolinecarboxylic acid；4,8-Dihydroxyquinaldic acid
M. I. 15，10266
性状　硫黄色结晶。溶于碱、碳酸盐水溶液（呈黄色），溶于热稀盐酸，不溶于水。mp 286℃；uv max（水中）：243nm，342nm（ε 30000，6500）。一般试剂含量≥95.0%（HPLC）。
注意事项　该品对眼睛、呼吸系统及皮肤有刺激性。使用时应穿适当的防护服。万一接触到眼睛，应立即用大量水冲洗后请医生诊治。
主要用途　生化研究。维生素 B_6 代谢中间体。

Xanthydrol　呫吨氢醇　10201
[90-46-0]　$C_{13}H_{10}O_2$　198.22
成分　C 78.77%，H 5.08%，O 16.14%。
别名　二苯并哌喃醇；二苯（并）吡喃醇；呫吨氢醇；氧杂蒽醇；黄染料母醇；9-羟基呫吨；9-Hydroxyxanthene；Xanthanol；9-Xanthenol
性状　白色结晶性粉末。溶于乙醇、三氯甲烷、浓硫酸（其溶液呈黄色并带有绿色的荧光），微溶于水。mp 122～124℃。一般试剂含量约 99%（HPLC）。
注意事项　该品口服有毒，并有蓄积性危害。使用时应避免吸入本品的粉尘。应充氩气密封避光于 2～8℃保存。
主要用途　测定滴滴涕、胺类、氨基甲酸酯、磺胺类、脲等的试剂。

Xibornol　异冰片二甲酚　10202
[13741-18-9]　$C_{18}H_{26}O$　258.41
成分　C 83.66%，H 10.14%，O 6.19%。
别名　6-异冰片基-3,4-二甲酚；*rel*-4,5-Dimethyl-2-[(1*R*,2*S*,4*S*)-1,7,7-trimethylbicyclo[2.2.1]hept-2-yl]phenol；6-Isobornyl-3,4-xylenol；6-Isobornyl-3,4-dimethylphenol；6-(2-Isobornyl)-3,4-xylen-1-ol；3,4-Dimethyl-6-isobornylphenol；Nanbacine
M. I. 15，10273
性状　来自石油醚中的无色结晶。mp 94～96℃；bp_3 165～168℃/399.96Pa。亦有报告为极黏的浅黄色液体。bp_9 185～189℃/1.2kPa；d_4^{20} 1.0240；n_D^{20} 1.5382。
主要用途　工业用橡胶抗氧剂。医用抗菌剂。

Ximoprofen　肟环苯丙酸　10203
[56187-89-4]　$C_{15}H_{19}NO_3$　261.32
成分　C 68.94%，H 7.33%，N 5.36%，O 18.37%。
别名　4-[3-(Hydroxyimino) cyclohexyl]-α-methylbenzeneacetic acid；*p*-(3-Oxocyclohexyl) hydratropic acid oxime；XIFAM；2-[4-(3-Oximinocyclohexyl) phenyl] propionic acid；13832-JL
M. I. 15，10275
性状　来自水/甲醇中的无色结晶。mp 178℃。
主要用途　医用抗炎、镇痛剂。

Xipamide　氯磺水杨胺　10204
[14293-44-8]　$C_{15}H_{15}ClN_2O_4S$　354.81
成分　C 50.78%，H 4.26%，Cl 9.99%，N 7.90%，O 18.04%，S 9.04%。
别名　4-氯-5-氨磺酰-2′,6′-水杨酰二苯胺 5-Aminosulfonyl-4-chloro-*N*-(2,6-dimethylphenyl)-2-hydroxybenzamide；4-Chloro-5-sulfamoyl-2′,6′-salicyloxylidide；4-Chloro-2′,6′-dimethyl-5-sulfamoylsalicylanilide；4-Chloro-5-sulfamylsalicyloyl-2′,6′-dimethylanilide；Bei-1293；Aquaphor；Chronexan；Diurexan；Lumitens
M. I. 15，10276
性状　来自甲醇一水中的无色结晶。mp 256℃。
主要用途　医用利尿剂，抗高血压剂。

Xylan　木聚糖　10205
[9014-63-5]　$(C_5H_8O_4)_n$　$(132.11)_n$
成分　C 45.46%，H 6.10%，O 48.44%。
别名　木糖胶；木胶；半木质；半纤维；多缩木糖；Hemicellulose；Hemicellulose A；Pentosan
性状　白色或浅黄色粉末。溶于碱溶液，不溶于水。
注意事项　该品应密封于干燥处保存。
主要用途　生化研究。发酵。

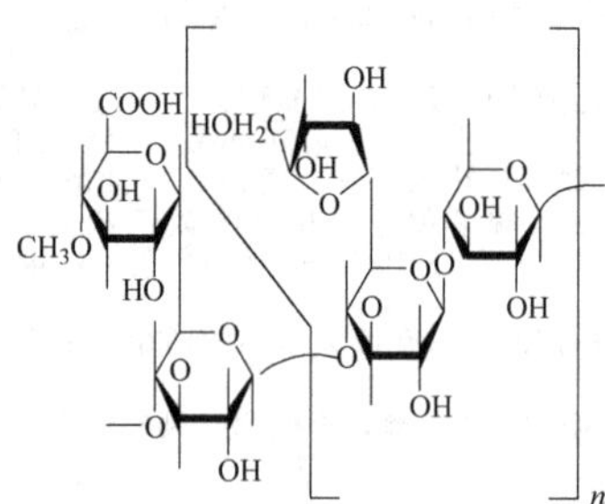

Xylazine　甲苯噻嗪　10206
[7361-61-7]　$C_{12}H_{16}N_2S$　220.33
成分　C 65.42%，H 7.32%，N 12.71%，S 14.55%。
别名　赛拉嗪；*N*-(2,6-Dimethylphenyl)-5,6-dihydro-4*H*-1,3-thiazin-2-amine；5,6-Dihydro-2-(2,6-xylidino)-4*H*-1,3-thiazine；2-(2,6-Dimethylphenylamino)-4*H*-5,6-dihydro-1,3-thiazine；Bay 1470；Bay Va 1470；Wh-7286
M. I. 15，10277
性状　来自苯-石油醚中的无色、几乎无气味的结晶。溶于酸、苯、丙酮、氯仿，微溶于石油醚，不溶于水及碱类。mp 140～142℃。LD_{50} 小鼠皮下注射：121mg/kg；急性经口：240mg/kg。LD_{50} 大鼠急性经口：130mg/kg。生化试剂含量≥99.0%。
注意事项　该品吸入、口服或与皮肤接触有毒。使用时应穿适当的防护服，戴手套和防护镜或面罩。使用时如有事故发生或有不适之感，应请医生诊治。应密封于－20℃保存。
主要用途　兽用镇静剂，止痛剂，肌肉松弛剂。

Xylene　二甲苯　10207
[1330-20-7]　C_8H_{10}　106.17

成分 C 90.50%，H 9.49%。

别名 荅；赛罗；Xylol；Dimethylbenzene

M. I. 15，10278

性状 无色透明液体。为三种异构体和乙基苯的混合物。与无水乙醇、乙醚、三氯甲烷等多种有机溶剂相混溶，几乎不溶于水。bp 137～140℃；Fp 85°F(29℃)；d 约 0.86；n_D^{20} 1.497。

注意事项 该品易燃。吸入或与皮肤接触有毒。对皮肤有刺激性。使用时应避免与眼睛及皮肤接触。应远离火种密封保存。

主要用途 用作分光纯溶剂。精密光学仪器、电子工业等的溶剂和清洗剂。

参考规格 GB/T 16494—1996

	分析纯	化学纯
含量（C_8H_{10}）/%≥	99.0	99.0
色度/黑曾单位≤	10	20
蒸发残渣/%≤	0.001	0.002
酸度（以 H^+ 计）/（mmol/100g）≤	0.025	0.05
碱度（以 OH^- 计）/（mmol/100g）≤	0.025	0.05
易炭化物质	合格	合格
硫化合物（以 SO_4 计）/%≤	0.006	0.01
苯（C_6H_6）/%≤	0.1	0.2
甲苯（$C_6H_5CH_3$）/%≤	0.1	0.5
乙基苯（$C_6H_5C_2H_5$）/%≤	19	24
噻吩及其同系物（以 C_4H_4S 计）/%≤	0.0001	0.0001
水分（H_2O）/%≤	0.03	0.06

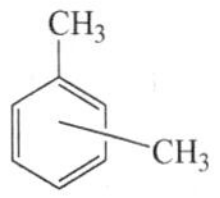

m-Xylene 间二甲苯 10208

[108-38-3] C_8H_{10} 106.17

成分 C 90.50%，H 9.49%。

别名 1，3-二甲基苯；1，3-Dimethylbenzene

GW 2015-356 M. I. 15，10278

性状 无色透明液体。与乙醇、乙醚、三氯甲烷等多数有机溶剂相混溶，不溶于水。mp －47.4℃；bp 139.3℃；Fp 81°F（27℃，闭杯）；d_4^{15} 0.8684；n_D^{20} 1.4973。LD_{50} 大鼠急性经口：7.71mL/kg。一般商品含量≥99.0%（GC）。

注意事项 该品易燃。吸入或与皮肤接触有毒。对皮肤有刺激性。使用时应避免与眼睛接触。应远离火种密封保存。

主要用途 用作分光纯溶剂。精密光学仪器、电子工业等的溶剂和清洗剂，有机合成。折射率的测定。

o-Xylene 邻二甲苯 10209

[95-47-6] C_8H_{10} 106.17

成分 C 90.50%，H 9.49%。

别名 1,2-二甲基苯；1,2-Dimethylbenzene

GW 2015-355 M. I. 15，10278

性状 无色透明液体。与乙醇、乙醚相混溶，不溶于水。mp －25℃；bp 144℃；Fp 90°F（32℃，闭杯）；d_4^{20} 0.8801；n_D^{20}1.5058。一般试剂含量≥99.0%（GC）。

注意事项 见 10208 间二甲苯。

主要用途 色谱分析标准物质。有机合成。溶剂。

p-Xylene 对二甲苯 10210

[106-42-3] C_8H_{10} 106.17

成分 C 90.50%，H 9.49%。

别名 1,4-二甲基苯；1,4-Dimethylbenzene

GW 2015-357 M. I. 15，10278

性状 无色液体。低温时凝固为片状物。与乙醇、乙醚及其他有机溶剂相混溶，不溶于水。其蒸气能与空气形成爆炸性混合物。mp 13～14℃；bp 137～138℃；Fp 81°F（27℃，闭杯）；d_4^{20} 0.86104；n_D^{20} 1.49575。一般试剂含量≥99.0%（GC）。

注意事项 见 10208 间二甲苯。

主要用途 色谱分析标准物质。溶剂。有机合成。

Xylene cyanol FF 二甲苯蓝 FF 10211

[2650-17-1] $C_{25}H_{27}N_2NaO_6S_2$ 538.61

成分 C 55.75%，H 5.05%，N 5.20%，Na 4.27%，O 17.82%，S 11.91%。

别名 二甲苯蓝；二甲苯花黄 FF；酸性蓝 147；Acid blue 147；Cyanol FF；*m*-Hydroxyphenyldiethyldiamino ditolyl carbinol disulfonic acid anhydride sodium salt；XC

C. I. 42135

性状 蓝黑色粉末。易溶于乙醇，溶于水，溶液呈蓝色。mp 295℃（分解）；λ_{max} 615 nm。一般试剂干燥含量约 75%。

注意事项 该品对眼睛、呼吸系统及皮肤有刺激性。使用时应穿适当的防护服和戴手套。万一接触到眼睛，应立即用大量水冲洗后请医生诊治。

主要用途 测定金属镍中微量镁的试剂。生物染色剂。氧化还原指示剂，组织培养红细胞活体染色。

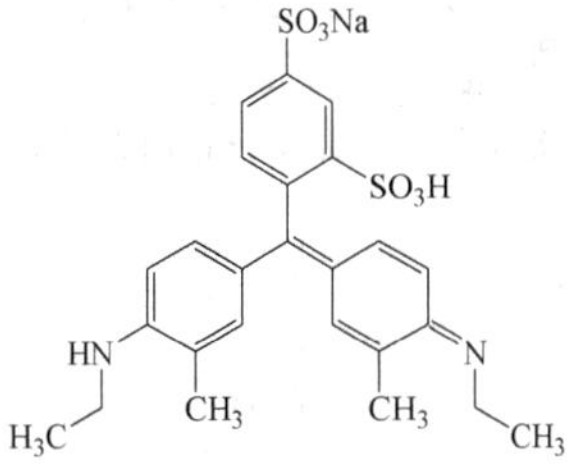

Xylenol blue 二甲酚蓝 10212

[125-31-5] $C_{23}H_{22}O_5S$ 410.48

成分 C 67.30%，H 5.40%，O 19.49%，S 7.81%。

别名 对二甲苯酚磺酞酞；对二甲酚蓝；对二甲苯酚蓝；1,4-二甲基-5-羟基苯磺酞酞；4,4′-(3*H*-2,1-Benzoxathiol-3-ylidene) bis(2,5-dimethylphenol) *S*,*S*-dioxide；1,4-Dimethyl-5-hydroxybenzenesulfonphthalein；Bis(2,5-dimethyl-4-hydroxybenzene) sulfonphthalein；α,4,4′-Trihydroxy-2,5,2′,5′-tetramethyltriphenylmethane-2″-sulfonic acid γ-sultone；*p*-Xylenol blue；*p*-Xylenolsulfonephthalein

M. I. 15，10280

性状 来自乙醇中的棕色结晶或深红色至棕黑色粉末。溶于乙醇，微溶于水。其 0.02%溶液的 pH 值 1.2 为红色，2.8 为黄色，9.6 为蓝色。

注意事项 见 10211 二甲苯蓝 FF。

主要用途 pH 指示剂。

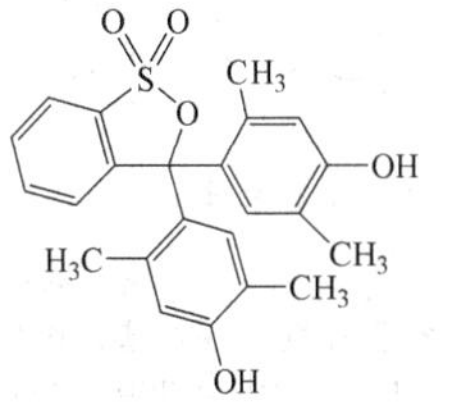

Xylenol orange tetrasodium salt 二甲酚橙 四钠盐 10213

[3618-43-7] [63721-83-5] $C_{31}H_{28}N_2Na_4O_{13}S$ 760.59

成分 C 48.89%，H 3.57%，N 3.68%，Na 12.34%，O 27.31%，S 4.21%。

别名 二甲酚橘黄；邻甲酚磺酞酞-3,3′-双(甲基亚胺二乙酸)四钠盐；*o*-Cresolsulfonphthalein-3，3′-bis（methyliminodiacetic acid sodium salt)；Dicresol orange；5，5-Bis [bis（carboxymethyl) amino] methyl-*o*-cresolsulfonphthalein Na_4 salt；XO

M. I. 15，10281

性状 红棕色有光泽的结晶性粉末。易潮解。溶于水，极微溶于乙醇。mp 210℃（分解）；λ_{max} 580nm。一般试剂干燥含量约 90%。

注意事项 使用时应避免吸入本品的粉尘，避免与眼睛及皮肤接触。该品的水溶液久存失效。应密封于干燥处保存。

主要用途 酸碱指示剂。测定铋、钍、铅、钴、铜、铁、铝的络合指示剂。

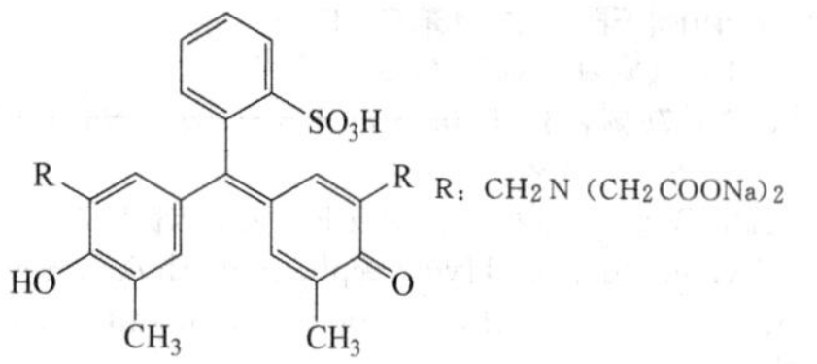

R：$CH_2N(CH_2COONa)_2$

Xylitol 木糖醇 10214

[87-99-0] $C_5H_{12}O_5$ 152.15

成分 C 39.47%，H 7.95%，O 52.58%。

别名 Eutrit；Kannit；Klinit；Kylit；Newtol；*xylo*-Pentane-1，2，3，4，5-pentol；Torch；Xylite；Xyliton

M. I. 15，10283

性状 来自四氢呋喃中的无色斜方针状结晶或来自乙醇中的棱柱体结晶。溶于无水甲醇（6.0g/100g）、无水乙醇（1.2g/100g）、水（64.2g/100g）。其溶液稳定。易吸潮。mp 93～94.5℃；*d* 1.52。LD_{50}小鼠急性经口：约 22g/kg。生化试剂含量≥99.0%。

注意事项 该品应密封于干燥处保存。

主要用途 生化研究。口服或静脉用营养素。防龋齿剂的制备。

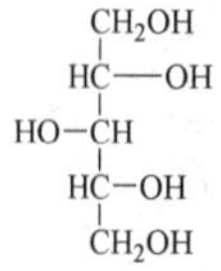

Xylometazoline hydrochloride 丁苄唑啉 盐酸盐 10215

[1218-35-5] $C_{16}H_{25}ClN_2$ 280.84

成分 C 68.43%，H 8.97%，Cl 12.62%，N 9.97%。

别名 2-（4-叔丁基-2，6-二甲基苄基）-2-咪唑啉 盐酸盐；盐酸丁苄唑啉；盐酸 2-（4-叔丁基-2，6-二甲基苄基）-2-咪唑啉；Neo-Rinoleina；Novorin；Olynth；Otriven；Otrivin；Xymelin 2-[4-（1，1-Dimethylethyl）-2，6-dimethylphenyl] methyl-4，5-dihydro-1*H*-imidazole hydrochloride；2-（4-*tert*-Butyl-2，6-dimethylbenzyl）-2-imidazoline hydrochloride

M. I. 15，10284

性状 无色结晶。溶于水（3%以上），易溶于乙醇，溶于甲醇，略溶于氯仿，几乎不溶于乙醚、苯。

注意事项 该品口服有毒。使用时应穿适当的防护服。

主要用途 生化研究。医用减轻充血剂。

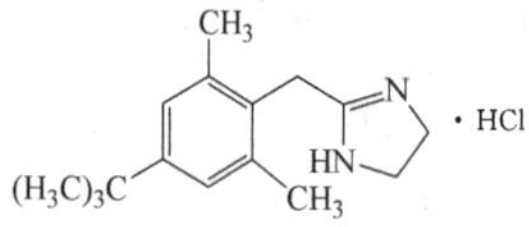

D-(+)-Xylose D-(+)-木糖 10216

[58-86-6] $C_5H_{10}O_5$ 150.13

成分 C 40.00%，H 6.71%，O 53.28%。

别名 D-（+）-木质醛糖；D-木糖；戊醛糖；Wood sugar；Xylomed；XyloPfan；*α*-D-Xylopyranose

M. I. 15，10285

性状 无色单斜针状或棱柱体结晶。有甜味。1g 该品溶于 0.8mL 水，溶于热乙醇、吡啶，微溶于乙醇。pK_a（18℃）：12.14；mp 153～154℃；d_4^{20} 1.525；$[\alpha]_D^{20}$ +92°$\xrightarrow{16h}$+18.6°（*c*=10，于水中）。生化试剂含量≥99.0%（HPLC）。

注意事项 该品应充氩气密封于干燥处保存。

主要用途 生化研究。生物培养基的配制。

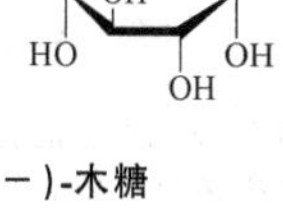

L-(−)-Xylose L-(−)-木糖 10217

[609-06-3] $C_5H_{10}O_5$ 150.13

成分 C 40.00%，H 6.71%，O 53.29%。

别名 L（−）-木质醛糖；L-戊醛糖

性状 无色针状结晶或白色结晶性粉末。易溶于水、热乙醇。$[\alpha]_D^{20}$$\xrightarrow{10h}$−20.0°±1°（*c*=10，于水中）。生化试剂含量≥99.0%（HPLC）。

注意事项 该品应充氩气密封于干燥处保存。

主要用途 生化研究。生物培养基的配制。

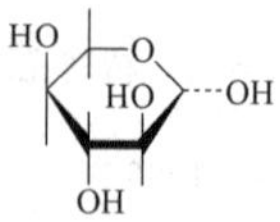

Xylose lysine deoxycholate agar XLD 琼脂 10218

别名 木糖、赖氨酸、脱氧胆酸琼脂；XLD 培养基；Agar xyloselysine deoxycholate；XLD Agar；XLD medium

性状 近白色粉末。对湿度敏感。该品由琼脂 15g/L，柠檬酸铁铵 0.89g/L，乳糖 7.5g/L，L-赖氨酸盐酸盐 5g/L，酚红 0.08g/L，氯化钠 5g/L，去氧胆酸钠 2.5g/L，硫代硫酸钠 6.8g/L，蔗糖 7.5g/L，木糖 3.5g/L，酵母浸膏 3g/L 组成。

注意事项 使用时应避免吸入本品的粉尘，避免与眼睛及皮肤接触。应密封干燥保存。

主要用途 选择性培养基，用于志贺菌的选择性培养。

D-Xylulose D-木酮糖 10219

[551-84-8] $C_5H_{10}O_5$ 150.13

成分 C 40.00%，H 6.71%，O 53.28%。

别名 D-*threo*-Pentulose；D-Xyloketose

M. I. 15，10286

性状 无色浆状物。$[\alpha]_D^{18}$ −33°（*c*=2.5）。生化试剂含量≥97.0%（TLC）。

注意事项 该品应充氩气密封于 2～8℃干燥保存。

主要用途 生化研究。

L-Xylulose L-木酮糖 10220

[527-50-4] $C_5H_{10}O_5$ 150.13

成分 C 40.00%，H 6.71%，O 53.29%。

别名 L-threo-Pentulose；threo-2-Pentulose

M. I. 15，10286

性状 浅黄色糖浆状物。Fp 235.4℉（113℃）；$[\alpha]_D^{21}$ +31°。一般商品含量≥95.0%。

注意事项 该品应密封于 2～8℃保存。

主要用途 生化研究。

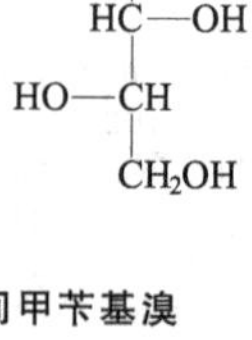

m-Xylyl bromide 间甲苄基溴 10221

[620-13-3] C_8H_9Br 185.06

成分 C 51.92%，H 4.90%，Br 43.18%。

别名 3-甲基苄溴；间甲基溴化苄；1-溴甲基-3-甲基苯；*α*-溴间二甲苯；*ω*-溴间二甲苯 1-Bromomethyl-3-methylbenzene；*α*-Bromo-*m*-xylene；*m*-Methylbenzyl bromide；*ω*-Bromo-*m*-xylene

M. I. 15，10288

性状 无色液体。溶于乙醇、乙醚，几乎不溶于水。bp 212～215℃（微分解）；Fp 179.6℉（82℃）；d^{23} 1.371。

注意事项 该品吸入、口服或与皮肤接触有毒。具有腐蚀性，能引起灼伤。使用时应穿适当的防护服，戴手套和防护镜或面罩。万一接触到眼睛，应立即用大量水冲洗后请医生诊治。使用时如有事故发生或有不适之感，应请医生诊治。

主要用途 有机合成。

O-Xylyl bromide 邻甲苄基溴 10222
[89-92-9] C_8H_9Br 185.06
成分 C 51.92%，H 4.90%，Br 43.18%。
别名 邻甲基溴化苄；1-溴甲基-2-甲基苯；α-溴邻二甲苯；ω-溴邻二甲苯；1-Bromomethyl-2-methylbenzene；α-Bromo-o-xylene；2-Methylbenzyl bromide；ω-Bromo-o-xylene
M. I. 15，10288
性状 无色棱柱体结晶。高温为液体。具有催泪性。溶于乙醇、乙醚，几乎不溶于水。mp 21℃；bp 223～234℃；bp_{742} 216～217℃/98.925kPa；bp_5 102℃/666.6Pa；d^{23} 1.381；n_D^{27} 1.5730。一般试剂含量≥97.0%（GC）。
注意事项 该品具有腐蚀性，能引起烧伤。使用时应穿适当的防护服，戴手套和防护镜或面罩。万一接触到眼睛，应立即用大量水冲洗后请医生诊治。使用时如有事故发生或有不适之感，应请医生诊治。应密封于2～8℃保存。
主要用途 有机合成。

p-Xylyl bromide 对甲苄基溴 10223
[104-81-4] C_8H_9Br 185.06
成分 C 51.92%，H 4.90%，Br 43.18%。
别名 对甲基溴化苄；1-溴甲基-4-甲基苯；α-溴对二甲苯；ω-溴对二甲苯；1-Bromomethyl-4-methylbenzene；α-Bromo-p-xylene；4-Methylbenzyl bromide；ω-Bromo-p-xylene
M. I. 15，10288
性状 来自乙醇中的无色针状结晶。易溶于氯仿、热乙醚，几乎不溶于水。mp 38℃；bp_{740} 218～220℃/98.658kPa；bp_{15} 120℃/2kPa；Fp 208.4℉（98℃）；d 1.324。一般试剂含量≥97.0%（GC）。
注意事项 见10222邻甲苄基溴。应避光保存。
主要用途 有机合成。

Y

Yangonin 卡法椒素 10224
[500-62-9] $C_{15}H_{14}O_4$ 258.27
成分 C 69.76%，H 5.46%，O 24.78%。
别名 麻醉椒素；甲氧醉椒素；4-Methoxy-6-[(1E)-2-(4-methoxyphenyl) ethenyl]-2H-pyran-2-one；4-Methoxy-6-(p-methoxystyryl)-2H-pyran-2-one；5-Hydroxy-3-methoxy-7-(p-methoxyphenyl)-2,4,6-heptatrienoic acid δ-lactone；4-Methoxy-6-[β-(p-anisyl) vinyl]-α-pyrone；6-(p-methoxystyryl)-4-methoxy-α-pyrone
M. I. 15，10291
性状 来自甲醇中的无色结晶。溶于热乙醇、冰乙酸、乙酸乙酯、丙酮，微溶于苯、乙醚，几乎不溶于水。mp 155～157℃；uv max（乙醇中）：360nm（lg ε 4.33）。一般试剂含量≥98.0%。
注意事项 该品应密封避光于−20℃干燥保存。

Yeast extract 酵母浸膏 10225
[8013-01-2]
别名 酵母抽提物；酵母浸出汁
性状 棕黄色黏稠膏状物。有特殊气味。溶于水呈黄至棕色。
注意事项 该品应充氩气密封于干燥处保存。
主要用途 生物培养基的制备。高蛋白质制品。食品用调味剂。

Yeast extract powder 酵母浸膏粉 10226
M. I. 15，10292
性状 黄色或浅黄色粉末。呈中性。用于多种培养基中。
主要用途 细菌培养基。

Yingzhaosu A 鹰爪甲素 A 10227
[73301-54-9] $C_{15}H_{26}O_4$ 270.37
成分 C 66.64%，H 9.69%，O 23.67%。
别名 (3S,4E)-5-[(1S,4S,5S,8R)-4,8-Dimethyl-2,3-dioxabicyclo[3.3.1] non-4-yl]-2-methyl-4-pentene-2,3-diol；(+)-Yingzhosu A
M. I. 15，10296
性状 无色固体。mp 95～96℃；$[\alpha]_D^{25}$ +226°（于氯仿中）。
主要用途 医用抗疟剂。

Yohimbine 育亨宾 10228
[146-48-5] $C_{21}H_{26}N_2O_3$ 354.45
成分 C 71.16%，H 7.39%，N 7.90%，O 13.54%。
别名 Aphrodine；Corynine；(16α，17α)-17-Hydroxyyohimban-16-carboxylic acid methyl ester；Quebrachine
M. I. 15，10300
性状 来自稀乙醇中的无色斜方针状无色结晶。溶于热甲醇、乙醇、氯仿、热苯，中等程度溶于乙醚，略微溶于石油醚、水。mp 234℃；$[\alpha]_D^{20}$ +50.9°～+62.2°（于乙醇中）；$[\alpha]_D^{20}$ +108°（于吡啶中）。pK_a 6.34；uv max（于甲醇中）：226nm，280nm，291nm（lg ε 4.56，3.88，3.80）。

Yohimbine hydrochloride 育亨宾 盐酸盐 10229
[65-19-0] $C_{21}H_{27}ClN_2O_3$ 390.91
成分 C 64.52%，H 6.96%，Cl 9.07%，N 7.17%，O 12.28%。
别名 盐酸萝芙根（皮）碱；盐酸育亨宾；萝芙根（皮）碱盐酸盐；Antagonil；Aphrodine hydrochloride；Aphrodyne；Corynine hydrochloride；Erex；(16α，17α)-17-Hydroxyohimban-16-carboxylic acid methyl ester hydrochloride；Quebrachine hydrochloride；Yobine；Yocon；Yohimex；Yohydrol；Yovital
M. I. 15，10300
性状 来自乙醇中的无色斜方片状或棱柱体结晶。该品1g溶于约120mL水、400mL乙醇，水溶液近中性。302℃分解；$[\alpha]_D^{22}$ +105°（c=1，于水中）。生化试剂含量≥99.0%（TLC）。
注意事项 该品吸入、口服或与皮肤接触有毒。使用时应穿适当的防护服，戴手套和防护镜或面罩。应避免吸入本品的粉尘。使用时如有事故发生或有不适之感，应请医生诊治。应密封避光保存。
主要用途 生化研究。医用扩瞳剂。

Ytterbium 镱 10230
[7440-64-4] Yb 173.04
别名 金属镱
M. I. 15，10303
性状 银灰色金属。具延展性。溶于稀酸、液氨。mp 819℃；bp 1196℃；α型 d 6.977；β型 d 6.54。
注意事项 使用时应避免与眼睛及皮肤接触。
主要用途 制备特种合金。稀土金属分析。

Ytterbium(Ⅲ) acetate tetrahydrate
乙酸镱 四水 10231
[15280-58-7] $C_{18}H_{27}O_{18}Yb\cdot4H_2O$ 422.24

成分（以无水物计） C 20.58%，H 2.59%，O 27.41%，Yb 49.41%。
别名 四水合乙酸镱；醋酸镱
性状 无色六角形片状物。易溶于水。易吸潮。一般试剂含量≥99.9%。
注意事项 该品应密封于干燥处保存。

Ytterbium（Ⅲ）chloride hexahydrate
氯化镱 六水 10232
[100361-91-8] $Cl_3Yb \cdot 6H_2O$ 387.49
成分（以无水物计） Cl 38.07%，Yb 61.93%。
别名 三氯化镱 六水；六水合三氯化镱；六水合氯化镱；Ytterbium trichloride hexahydrate
M. I. 15，10303
性状 无色或微绿色单斜结晶。易溶于水，溶于无水乙醇。易吸潮。mp 150～155℃；*d* 2.575。LD_{50}小鼠腹膜内注射：395mg/kg；急性经口：6.7g/kg。一般试剂含量≥99.9%。
注意事项 该品应密封于干燥处保存。

Ytterbium(Ⅲ) nitrate tetrahydrate 硝酸镱 四水 10233
[35725-34-9] $N_3O_9Yb \cdot 4H_2O$ 431.13
成分（以无水物计） N 11.70%，O 40.10%，Yb 48.19%。
别名 四水合硝酸镱
GW 2015-2338 M. I. 15，10303
性状 来自浓硝酸中的无色透明棱柱体结晶。易吸潮。溶于水。LD_{50}（六水合物）大鼠腹膜内注射：255mg/kg；急性经口：3.1g/kg。一般试剂含量≥99.0%（T）。
注意事项 该品为氧化剂。与易燃物品接触能引起燃烧。口服有毒。对眼睛、呼吸系统及皮肤有刺激性。使用时应穿适当的防护服。万一接触到眼睛，应立即用大量水冲洗后请医生诊治。应远离火种，密封于干燥处保存。

Ytterbium(Ⅲ) oxide 氧化镱 10234
[1314-37-0] O_3Yb_2 394.08
成分 O 12.18%，Yb 87.82%。
别名 三氧化二镱；Ytterbia
M. I. 15，10303
性状 无色块状物或粉末。溶于稀酸，不溶于水。d_4^{20}9.170。一般试剂含量≥99.9%。
主要用途 荧光粉、光学玻璃添加剂。

Ytterbium(Ⅲ) sulfate octahydrate 硫酸镱 八水 10235
[10034-98-7] $O_{12}S_3Yb_2 \cdot 8H_2O$ 778.39
成分（以无水物计） O 30.27%，S 15.17%，Yb 54.56%。
别名 八水合硫酸镱
M. I. 15，10303
性状 有光泽的无色结晶。易溶于水。易吸潮。
注意事项 该品对眼睛、呼吸系统及皮肤有刺激性。使用时应戴手套。万一接触到眼睛，应立即用大量水冲洗后请医生诊治。应密封于干燥处保存。

Yttrium carbonate hydrate 碳酸钇 水合 10236
[38245-39-5] $C_3O_9Y_2 \cdot xH_2O$ 357.83
成分（以无水物计） C 10.07%，O 40.24%，Y 49.69%。
M. I. 15，10305
性状 白色至粉红白色粉末。溶于稀无机酸，微溶于碳酸铵、碳酸钠溶液，不溶于水。一般试剂含量≥99.9%。
注意事项 该品应密封于干燥处保存。

Yttrium chloride hexahydrate 氯化钇 六水 10237
[10025-94-2] [12741-05-8] $Cl_3Y \cdot 6H_2O$ 303.35
成分（以无水物计） Cl 54.47%，Y 45.53%。
别名 三氯化钇 六水；六水合三氯化钇；六水合氯化钇；Yttrium trichloride hexahydrate
M. I. 15，10305
性状 无色透明结晶。溶于水、乙醇，不溶于乙醚。一般试剂含量≥99.9%。
主要用途 制备纯金属。

Yttrium nitrate hexahydrate 硝酸钇 六水 10238
[13494-98-9] $N_3O_9Y \cdot 6H_2O$ 383.01
成分（以无水物计） N 15.28%，O 52.38%，Y 32.34%。
别名 六水合硝酸钇
GW 2015-2335 M. I. 15，10305
性状 无色斜方结晶。易潮解。溶于水、乙醇、乙醚、硝酸。*d* 2.682。LD_{50}大鼠腹膜内注射：350mg/kg。一般试剂含量≥99.9%。
注意事项 该品为氧化剂。与易燃物品接触能引起燃烧。对眼睛、呼吸系统及皮肤有刺激性。使用时应穿适当的防护服，戴手套和防护镜或面罩。万一接触到眼睛，应立即用大量水冲洗后请医生诊治。应远离易燃物品密封保存。
主要用途 分析试剂，如氟的容量测定等。

Yttrium oxide 氧化钇 10239
[1314-36-9] O_3Y_2 225.82
成分 O 21.26%，Y 78.74%。
别名 三氧化二钇；钇氧；Yttria
M. I. 15，10305
性状 白色粉末。易溶于稀酸，不溶于水。易从空气中吸收氨。mp 2410℃；*d* 5.03。LD_{50}大鼠腹膜内注射：500mg/kg。
注意事项 见 10234 硫酸镱，水。
主要用途 荧光粉、磁性材料的添加材料。原子能工业等。制造红外线光谱仪中光源。乙炔灯和煤气灯的纱罩。彩色电视荧光体。

Yttrium sulfate octahydrate 硫酸钇 八水 10240
[7446-33-5] $O_{12}S_3Y_2 \cdot 8H_2O$ 610.12
成分（以无水物计） O 41.20%，S 20.64%，Y 38.16%。
别名 八水合硫酸钇
M. I. 15，10305
性状 无色至微粉红色单斜结晶。溶于浓硫酸，溶于水，不溶于碱。*d* 2.558。一般试剂含量≥99.9%。
注意事项 该品对眼睛、呼吸系统及皮肤有刺激性。万一接触到眼睛，应立即用大量水冲洗后请医生诊治。应密封于干燥处保存。
主要用途 光谱分析用。

Z

Zafirlukast 扎鲁司特 10241
[107753-78-6] $C_{31}H_{33}H_3O_6S$ 575.68
成分 C 64.68%，H 5.78%，N 7.30%，O 16.67%，S 5.57%。
别名 扎夫司特；扎非司特；安可来；[3-[[2-Methoxy-4-[[[(2-methylphenyl)sulfonyl]amino]carbonyl]phenyl]methyl]-1-methyl-1*H*-indol-5-yl]carbamic acid cyclopentyl ester；Cyclopentyl 3-[2-methoxy-4-[(*o*-tolylsulfonyl)carbamoyl]benzyl]-1-methylindole-5-carbamate；*N*-[4-[5-(Cyclopentyloxycarbonyl)amino-1-methylindol-3-ylmethyl]-3-methoxybenzoyl]-2-methylbenzenesulfonamide；ICI-204219；Accolate
M. I. 15，10306
性状 来自甲醇中的白色固体。易溶于四氢呋喃、丙酮、二甲基亚砜（120mg/mL），微溶于甲醇，几乎不溶于水（<1mg/mL）。mp 138～140℃。生化试剂含量≥99.0%。
主要用途 医用止喘剂。抗过敏剂。

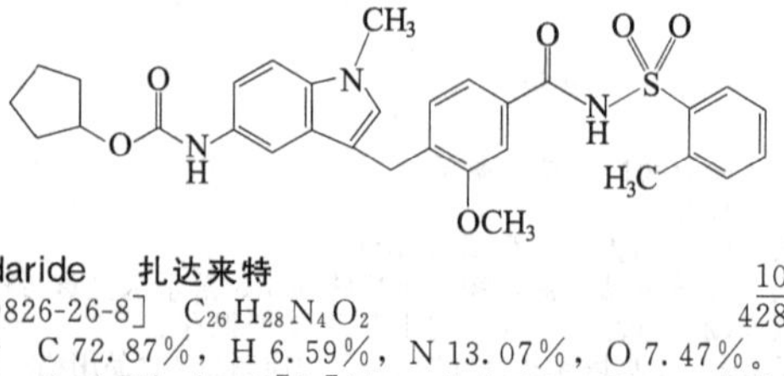

Zaldaride 扎达来特 10242
[109826-26-8] $C_{26}H_{28}N_4O_2$ 428.54
成分 C 72.87%，H 6.59%，N 13.07%，O 7.47%。
别名 1,3-Dihydro-1-[1-[(4-methyl-4*H*,6*H*-pyrrolo[1,2-*a*][4,1]benzoxazepin-4-yl)methyl]-4-piperidinyl]-2*H*-benzimidazol-2-one

M. I. 15，10308

性状 无色结晶。水合物 mp 173～175℃。

主要用途 医用止泻剂。

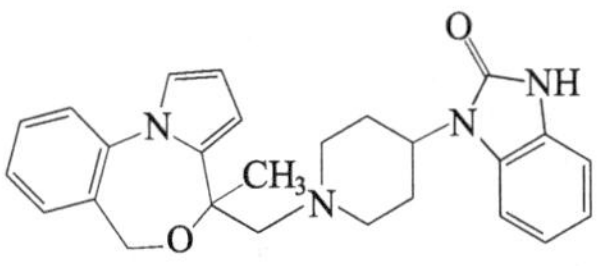

Zaleplon 扎来普隆 10243

[151319-34-5] $C_{17}H_{15}N_5O$ 305.34

成分 C 66.87%，H 4.95%，N 22.94%，O 5.24%。

别名 扎雷普隆；拆帕隆；*N*-[3-(3-氰基吡唑[1,5-*a*]嘧啶-7-基)苯基]-*N*-乙基乙酰胺；*N*-[3-(3-Cyanopyrazolo[1,5-*a*]pyrimidin-7-yl)phenyl]-*N*-cthylacetamide；CL-284846；Sonata

M. I. 15，10309

性状 白色至灰白色粉末。略微溶于乙醇、丙二醇，几乎不溶于水。分配系数 lg*p*（辛醇/水）：1.23（pH 值 1～7）。mp186～187℃。

主要用途 医用镇静剂，安眠剂。

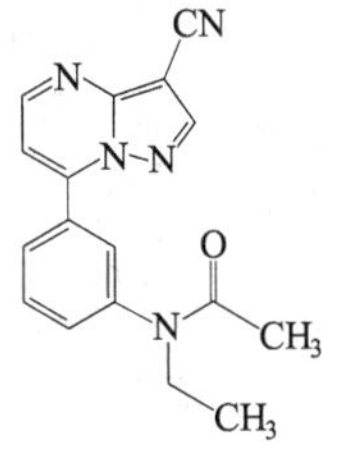

Zaltoprofen 扎托布洛芬 10244

[74711-43-6] $C_{17}H_{14}O_3S$ 298.36

成分 C 68.44%，H 4.73%，O 16.09%，S 10.75%。

别名 扎托洛芬；10，11-Dihydro-α-methyl-10-oxodibenzo[*b*，*f*] thiepin-2-acetic acid；2-(10，11-Dihydro-10-oxodibenzo[*b*，*f*]thiepin-2-yl) propionic acid；CN-100；Soreton；Peon

M. I. 15，10310

性状 来自苯/正己烷中的浅黄色结晶。无气味。无味道。易溶于丙酮、氯仿，溶于甲醇，微溶于乙醇、苯，几乎不溶于水、环己烷。mp130.5～131.5℃（亦有报告为 131～133℃）。

主要用途 医用抗炎剂，止痛剂。

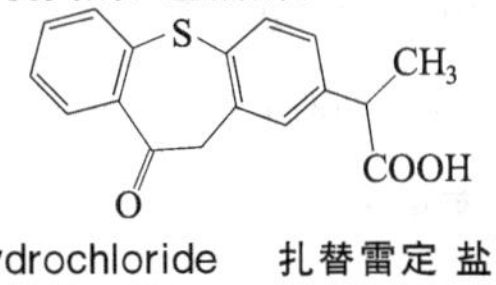

Zatebradine hydrochloride 扎替雷定 盐酸盐 10245

[91940-87-3] $C_{26}H_{37}ClN_2O_5$ 493.04

成分 C 63.34%，H 7.56%，Cl 7.19%，N 5.68%，O 16.22%。

别名 盐酸扎替雷定；UL-FS-49；3-[3-[[2-(3,4-Dimethoxyphenyl)ethyl] methylamino] propyl]-1，3，4，5-tetrahydro-7，8-dimethoxy-2*H*-3-benzazepin-2-one hydrochloride；1-(7,8-Dimethoxy-1,3,4,5-tetrahydro-2*H*-3-benzazepin-2-on-3-yl)-3-[*N*-methyl-*N*-[2-(3,4-dimethoxyphenyl)ethyl]amino]propane hydrochloide

M. I. 15，10313

性状 无色双晶形变体。溶于水。mp 188℃（或 168℃）。

主要用途 医用抗心绞痛剂。

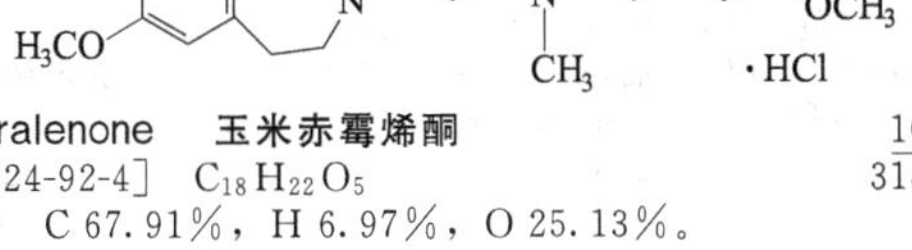

Zearalenone 玉米赤霉烯酮 10246

[17924-92-4] $C_{18}H_{22}O_5$ 318.37

成分 C 67.91%，H 6.97%，O 25.13%。

别名 (3*S*，11*E*)-3，4，5，6，9，10-Hexahydro-14，16-dihydroxy-3-methyl-1*H*-2-benzoxacyclotetradecin-1，7(8*H*)-dione；6-(10-Hydroxy-6-oxo-*trans*-1-undecenyl)-β-resorcylic acid lactone；Compd F-2；FES

M. I. 15，10314

性状 无色结晶。溶于碱水溶液、乙醚、苯、醇类，不溶于水。mp 164～165℃；$[\alpha]_{546}^{25}$ −107.5°（*c*＝1，于甲醇中）；uv max（甲醇中）：236nm，274nm，316nm（ε 29700，13909，6020）。生化试剂含量≥98.0%（TLC）。

注意事项 该品具有腐蚀性，能引起烧伤。可能损伤生育力。可能危害胎儿。使用时应穿适当的防护服，戴手套和防护镜或面罩。万一接触到眼睛，应立即用大量水冲洗后请医生诊治。使用时如有事故发生或有不适之感，应请医生诊治。应充氩气密封于－20℃保存。

主要用途 生化研究。

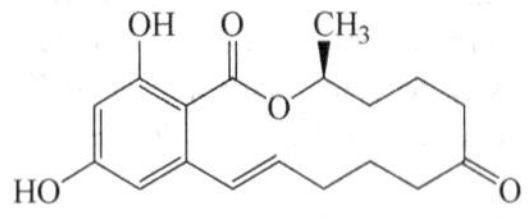

Zeatin 玉米素 10247

[1637-39-4] $C_{10}H_{13}N_5O$ 219.25

成分 C 54.78%，H 5.98%，N 31.94%，O 7.30%。

别名 反式-6-(4-羟基-3-甲基-2-丁烯基氨基)嘌呤；N^6-异戊烯腺嘌呤；N^6-(4-Hydroxy-3-methyl-2-buten-1-yl)adenine；*trans*-6-(4-Hydroxy-3-methyl-2-butenylamino)purine；(2*E*)-2-Methyl-4-(1*H*-purin-6-ylamino)-2-buten-1-ol；ZA；ZEA；*trans*-Zeatin；ZT

M. I. 15，10315

性状 来自水中的无色至微黄色结晶或粉末。mp 207～208℃。uv max (0.1mol/L 盐酸中)：207nm，275nm (ε 14500，14650)；(pH 值 7.2)：212nm，270nm (ε 17050，16150)；(0.1mol/L 氢氧化钠溶液中)：220nm，276nm (ε15900，14650)。生化试剂含量≥98.0% (HPLC)。

注意事项 使用时应避免吸入本品的粉尘，避免与眼睛及皮肤接触。应充氩气密封避光于－20℃保存。

主要用途 细胞学杂交研究。

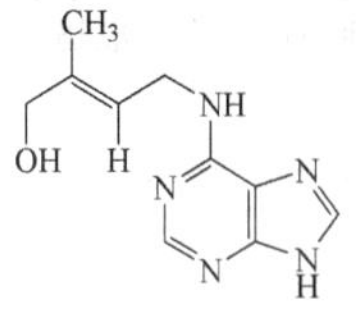

Zeranol 赤霉烯酮 10248

[26538-44-3] $C_{18}H_{26}O_5$ 322.40

成分 C 67.06%，H 8.13%，O 24.81%。

别名 右环十四酮酚；玉米赤霉醇；折仑诺；泽仑诺；(3*S*，7*R*)-3，4，5，6，7，8，9，10，11，12-Decahydro-7，14，16-trihydroxy-3-methyl-1*H*-2-benzoxacyclotetradecin-1-one；6-(6，10-Dihydroxyundecyl)-β-resorcylic acid μ-lactone；α-Zearalanol；MK-188；P-1496；Ralgro；Ralabol；Ralone

M. I. 15，10319

性状 来自异丙醇/水中的无色结晶。mp 182～183℃；$[\alpha]_D$＋46.3°（*c*＝1，于甲醇中）。LD_{50} 小鼠腹膜内注射：4400mg/kg；急性经口：＞40g/kg。

主要用途 兽用促代谢剂。

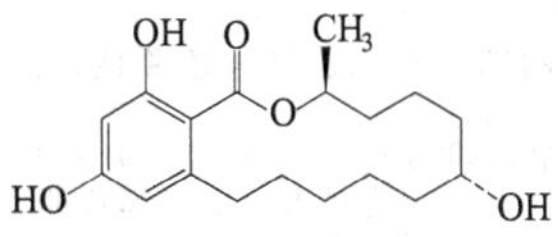

Zileuton 齐留通 10249

[111406-87-2] $C_{11}H_{12}N_2O_2S$ 236.29

成分 C 55.91%，H 5.12%，N 11.85%，O 13.54%，S 13.57%。

别名 弃日通；积璐琛；*N*-(1-Benzo[*b*]thien-2-ylethyl)-*N*-hydroxyurea；(±)-*N*-Hydroxy-*N*-(1-benzo[*b*]thien-2-ylethyl)urca；A-64077；Abbott 64077；Leutrol；Zyflo

M. I. 15，10323

性状 无色结晶。mp 157～158℃。
注意事项 该品口服有毒。对眼睛有刺激性。万一接触到眼睛，应立即用大量水冲洗后请医生诊治。
主要用途 医用止喘剂。

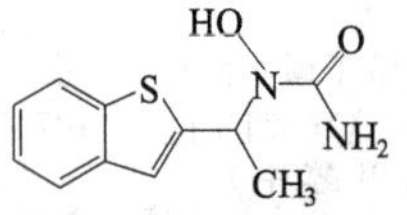

Zimeldine dihydrochloride monohydrate

苯吡烯胺 二盐酸盐 一水 10250
[61129-30-4] $C_{16}H_{17}BrN_2 \cdot 2HCl \cdot H_2O$ 408.16
成分（以无水物计） C 49.26%，H 4.91%，Br 20.48%，Cl 18.17%，N 7.18%。
别名 一水合二盐酸苯吡烯胺；二盐酸苯吡烯胺 一水；(*Z*)-3-(4-Bromophenyl)-*N*，*N*-dimethyl-3-(3-pyridinyl)-2-propen-1-amine dihydrochloride；(*Z*)-3-(4′-Bromophenyl)-3-(3″-pyridyl) dimethylallylamine diydrochloride；Zimelidine dihydrochloride；*cis*-H-102/09 dihydrochloride
M. I. 15，10325
性状 无色或白色结晶。溶于水。mp 193℃。
注意事项 该品口服有毒。使用时应穿适当的防护服。
主要用途 生化研究。抗抑郁剂。

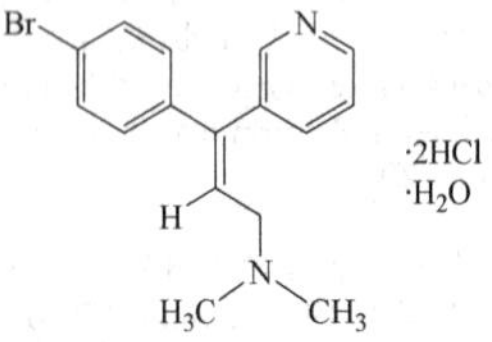

Zinc free from arsenic 无砷锌

10251
[7440-66-6] Zn 65.38
别名 无砷锌粒；锌粒 无砷
M. I. 15，10326
性状 银白至灰白色颗粒状金属。溶于稀酸，亦溶于氢氧化钠溶液，不溶于水。mp 419.5℃；bp 908℃；d^{24}7.14。
主要用途 测定含砷物质时作标准物。

参考规格 GB/T 2304—2008	分析纯
硫酸不溶物/%≤	0.04
硫化合物（以 SO_4 计）/%≤	0.01
铁（Fe）/%≤	0.01
砷（As）/%≤	0.00001
铅（Pb）/%≤	0.01%

Zinc granular 锌粒

10252
[7440-66-6] Zn 65.38
M. I. 15，10326
性状 灰白色有光泽的金属颗粒。在干燥空气中稳定。溶于稀酸并放出氢气，缓慢地溶于氨水和苛性碱溶液，不溶于水。mp 419.5℃；bp 908℃；d^{24} 7.14。一般试剂含量≥99.8%。
主要用途 分析试剂，如砷、铜、硝酸盐等的测定。制取氢和合金的还原剂。有机合成还原剂。

Zinc powder 锌粉

10253
[7440-66-6] Zn 65.39
GW 2015-2358 M. I. 15，10326
性状 浅灰色的细小粉末。具强还原性。mp 419.5℃；bp 908℃；*d* 7.140。
注意事项 该品高度易燃。与水接触时释放出高度易燃气体。对水生物极毒。能对水环境引起长期不良的影响。使用时应保持容器密闭和干燥。万一着火，应使用化学干粉灭火设备而不能用水。应防止将本品释放于环境中。其包装物应按危险品处理。应密封于干燥处保存。
主要用途 催化剂。还原剂。有机合成。

Zinc acetate dihydrate 乙酸锌 二水

10254
[5970-45-6] $C_4H_6O_4Zn \cdot 2H_2O$ 219.53
成分（以无水物计） C 26.18%，H 3.30%，O 34.88%，Zn 35.65%。
别名 二水合乙酸锌；二水合醋酸锌；醋酸锌 二水
M. I. 15，10327
性状 来自稀乙酸中的无色片状或粒状结晶。微有乙酸味。1g 该品溶于 2.3mL 水、1.6mL 沸水、30mL 乙醇、约 1mL 沸乙醇。其水溶液对石蕊呈中性或微酸性，pH 值约 5～6。加热至 100℃失去结晶水。mp 237℃；*d* 1.735。LD_{50}大鼠急性经口：2.46g/kg。一般试剂含量≥99.0%（KT）。
注意事项 该品口服有毒。对眼睛有刺激性。对水生物极毒。能对水环境引起长期不良的影响。使用时应穿适当的防护服。使用时应避免吸入本品的粉尘。万一接触到眼睛，应立即用大量水冲洗后请医生诊治。应防止将本品释放于环境中。其包装物应按危险品处理。应密封保存。
主要用途 测定钙和锶，点滴分析钠，测定硫化氢、检验蛋白、单宁、胆红磷酸盐和血的试剂。媒染剂。

Zinc bromide 溴化锌

10255
[7699-45-8] Br_2Zn 225.22
成分 Br 70.96%，Zn 29.04%。
M. I. 15，10328
性状 无色斜方晶系结晶或白色结晶性粉末。易吸潮。1g 该品溶于 0.25mL 水、0.5mL 90%乙醇，溶于乙醚、碱溶液。其水溶液对石蕊呈酸性，pH 值约 4。mp 394℃；bp 697℃；*d* 4.22。一般试剂含量≥98.0%（KT）。
注意事项 该品具有腐蚀性。能引起烧伤。对水生物极毒。能对水环境引起长期不良的影响。使用时应穿适当的防护服，戴手套和防护镜或面罩。万一接触到眼睛，应立即用大量水冲洗后请医生诊治。使用时如有事故发生或有不适之感，应请医生诊治。应防止将本品释放于环境中。其包装物应按危险品处理。应密封干燥保存。
主要用途 制药工业。照相业。

Zinc carbonate basic tetrahydrate

碱式碳酸锌 四水 10256
[5970-47-8][5263-02-5]（无水物） $C_2H_6O_{12}Zn_5 \cdot 4H_2O$ 548.96
成分（以无水物计） C 4.38%，H 1.10%，O 34.97%，Zn 59.55%。
别名 四水合次碳酸锌；四水合碱式碳酸锌；次碳酸锌 四水；碳酸锌 碱式；Zinc subcarbonate；Zinc carbonate hydroxide；Zinc hydroxide carbonate
M. I. 15，10330
性状 白色无定形粉末。溶于稀酸、氨水和苛性碱溶液，不溶于水和乙醇。
注意事项 该品对眼睛、呼吸系统及皮肤有刺激性。使用时应穿适当的防护服。万一接触到眼睛，应立即用大量水冲洗后请医生诊治。
主要用途 分析试剂。制药工业。

Zinc chloride 氯化锌

10257
[7646-85-7] Cl_2Zn 136.31
成分 Cl 52.01%，Zn 47.99%。
别名 Butter of zinc
GW 2015-1480 M. I. 15，10331
性状 白色粉末或颗粒。无味。极易潮解。1g 该品溶于 0.25mL2% 盐酸、1.3mL 乙醇、2mL 甘油。极易溶于水（25℃，432g/100g；100℃，614g/100g），易溶于丙酮。其水溶液对石蕊呈酸性，pH 值约 4。mp 327.9℃；bp 732℃；d^{25}2.907。LD_{50}大鼠静脉注射：60～90mg/kg。
注意事项 该品口服有毒。具有腐蚀性，能引起烧伤。对水生物极毒。能对水环境引起长期不利的结果。使用时应穿适当的防护服，戴手套和防护镜或面罩。使用时应保持容器密闭和干燥。万一接触到眼睛，应立即用大量水冲洗后请医生诊治。接触皮肤后应立即用大量肥皂泡沫冲洗。使用时如有事故发生或有不适之感，应请医生诊治。应防止将本品释放于环境中。其包装物应按危险品处理。应密封于干燥处保存。
主要用途 分析试剂，检验仲醇。催化剂。石油净化剂和有机合成脱水剂。干电池制造。医用收敛剂。

参考规格 HG/T 2760—2011	分析纯	化学纯
含量（$ZnCl_2$）/%≥	98.0	98.0

澄清度试验/号≤	2	4
稀盐酸不溶物/%≤	0.005	0.01
硝酸盐(NO_3)/%≤	0.003	0.006
铵盐(NH_4)/%≤	0.005	
硫酸盐(SO_4)/%≤	0.01	0.03
钠(Na)/%≤	0.05	0.10
镁(Mg)/%≤	0.01	0.02
钾(K)/%≤	0.02	0.04
钙(Ca)/%≤	0.06	0.10
铁(Fe)/%≤	0.0005	0.002
铅(Pb)/%≤	0.002	0.01
碱式盐(以 ZnO 计)/%≤	1.2	2.4

Zinc cyanide　氰化锌　10258

[557-21-1]　C_2N_2Zn　117.42

成分　C 20.45%,N 23.85%,Zn 55.69%。

GW 2015-1696　M. I. 15,10334

性状　白色粉末。溶于氰化碱、苛性碱溶液,不溶于水。*d* 1.850。一般试剂含量≥98.0%。

注意事项　该品吸入、口服或与皮肤接触极毒。遇酸接触能释放出极毒气体。对水生物极毒。能对水环境引起长期不利的结果。接触皮肤后应立即用大量水冲洗。切勿排入下水道。使用时如有事故发生或有不适之感,应立即请医生诊治。应防止将本品释放于环境中。其包装物应按危险品处理。应密封于干燥处保存。

主要用途　电镀。气体中除氨。

Zinc fluoride anhydrous　无水氟化锌　10259

[7783-49-5]　F_2Zn　103.41

成分　F 36.74%,Zn 63.25%。

别名　氟化锌 无水

GW 2015-763　M. I. 15,10335

性状　无色针状结晶或白色结晶性粉末。微有吸潮性。溶于盐酸、硝酸和氨水,微溶于水和氢氟酸。mp 872℃;bp1500℃;d^{25} 5.00。一般试剂含量≥99.0%。

注意事项　该品口服有毒。对眼睛、呼吸系统及皮肤有刺激性。使用时应穿适当的防护服和戴手套。使用时禁止饮食。使用时应避免吸入本品的粉尘。万一接触到眼睛,应立即用大量水冲洗后请医生诊治。使用时如有事故发生或有不适之感,应请医生诊治。

主要用途　分析试剂。木料浸渍剂。

Zinc fluoride tetrahydrate　氟化锌 四水　10260

[13986-18-0]　$F_2Zn \cdot 4H_2O$　175.43

成分(以无水物计)　F 36.75%,Zn 63.25%。

别名　四水合氟化锌

GW 2015-763　M. I. 15,10335

性状　白色菱面结晶或粉末。易溶于稀酸或氨水,微溶于水(1.516g/100mL)。热至100℃失去4分子结晶水。

注意事项　见10259无水氟化锌。

主要用途　分析试剂。木料浸渍剂。

Zinc hexafluorosilicate hexahydrate 六氟硅酸锌 六水　10261

[16871-71-9]　$F_6SiZn \cdot 6H_2O$　315.54

成分(以无水物计)　F 54.95%,Si 13.54%,Zn 31.52%。

别名　六水合六氟硅酸锌;六水合氟硅酸锌;硅氟化锌 六水;氟矽酸锌 六水;Zinc silicofluoride;Zinc fluosilicate;Zinc fluoro silicate

GW 2015-1338　M. I. 15,10337

性状　白色结晶。溶于水。其1%水溶液pH值3.2。

注意事项　该品口服有毒。具有腐蚀性,能引起烧伤。使用时应穿适当的防护服,戴手套和防护镜或面罩。使用时应避免与眼睛及皮肤接触。使用时如有事故发生或有不适之感,应请医生诊治。应远离食品、饮料和动物饲料,密封于干燥处保存。

主要用途　防蛀剂。水泥快速硬化剂。防霉剂。

Zinc iodide　碘化锌　10262

[10139-47-6]　I_2Zn　319.22

成分　I 79.51%,Zn 20.49%。

M. I. 15,10339

性状　白色或近白色微细颗粒或粉末。易潮解。1g该品溶于0.3mL水、0.2mL沸水、2mL甘油,易溶于乙醇、乙醚。其水溶液对石蕊呈酸性,pH值约5。mp约446℃;bp约625℃(分解);d^{25} 4.74。一般试剂含量≥98.0%(KT)。

注意事项　该品具有腐蚀性,能引起烧伤。对眼睛、呼吸系统及皮肤有刺激性。使用时应穿适当的防护服,戴手套和防护镜或面罩。万一接触到眼睛,应立即用大量水冲洗后请医生诊治。使用时如有事故发生或有不适之感,应请医生诊治。应密封避光于干燥处保存。

主要用途　配制碘淀粉试剂以测定亚硝酸盐。分析游离氯和其他氧化剂的试剂。

Zinc nitrate hexahydrate　硝酸锌 六水　10263

[10196-18-6]　$N_2O_6Zn \cdot 6H_2O$　297.49

成分(以无水物计)　N 14.79%,O 50.68%,Zn 34.53%。

别名　六水合硝酸锌

GW 2015-2331　M. I. 15,10343

性状　无色结晶。无味。易潮解。溶于约0.5份水,易溶于乙醇。其水溶液对石蕊呈酸性,5%水溶液pH值5.1。mp约36℃;*d* 2.065。

注意事项　该品与易燃物品接触能引起燃烧。口服有毒。对眼睛、呼吸系统及皮肤有刺激性。使用时应穿适当的防护服。万一接触到眼睛,应立即用大量水冲洗后请医生诊治。使用时如有事故发生或有不适之感,应请医生诊治。应远离易燃物品,密封于阴凉干燥处保存。

主要用途　分析试剂,如血液中硫的测定。

参考规格　GB/T 667—1995	分析纯	化学纯
含量[$Zn(NO_3)_2 \cdot 6H_2O$]/%≥	99.0	98.0
pH值(50g/L,25℃)>	3.5	3.5
水溶液反应	合格	合格
澄清度试验	合格	合格
水不溶物/%≤	0.005	0.01
氯化物(Cl)/%≤	0.001	0.002
硫酸盐(SO_4)/≤	0.002	0.005
铁(Fe)/%≤	0.0003	0.001
铅(Pb)/%≤	0.005	0.02
硫化铵不沉淀物(以硫酸盐计)/%≤	0.10	0.15

Zincon sodium salt　锌试剂 钠盐　10264

[62625-22-3]　$C_{20}H_{15}N_4NaO_6S$　462.41

成分　C 51.95%,H 3.27%,N 12.12%,Na 4.97%,O 20.76%,S 6.93%。

别名　邻[2-(2-羟基-5-磺基苯偶氮)亚苄基]肼基苯甲酸钠;2-Carboxy-2′-hydroxy-5′-sulfoformazylbenzene sodium salt;2-{[α-(2-Hydroxy-5′-sulfophenylazo)benzylidene]hydrazino}benzoic acid [1-(2′-hydroxy-5′-sulfophenyl)-3-phenyl-5-(2″-carboxyphenyl)formazan] sodium salt;1-(2′-Hydroxy-5′-sulfophenyl)-3-phenyl-5-(2′-carboxyphenyl)formazan sodium salt;*o*-[2-(2-Hydroxy-5-sulfophenylazo)benzylidene]hydrazinobenzoic acid sodium salt

M. I. 15, 10345

性状　紫棕色结晶性粉末。溶于碱溶液,其溶液呈橙至红色。微溶于水、乙醇,不溶于多数有机溶剂。与锌能生成蓝色化合物。λ_{max} 523nm。

注意事项　该品对眼睛及皮肤有刺激性。使用时应穿适当的防护服和戴手套。万一接触到眼睛,应立即用大量水冲洗后请医生诊治。

主要用途　测定锌、汞的灵敏试剂。滴定钙、锌的络合指示剂。

Zinc oxalate dihydrate 草酸锌 二水 10265

[4255-07-6] [无水物 547-68-2] $C_2O_4Zn \cdot 2H_2O$ 189.43

成分（以无水物计） C 15.66%，O 41.72%，Zn 42.62%。

别名 乙二酸锌 二水；二水合乙二酸锌；二水合草酸锌

M.I.15，10346

性状 白色粉末。溶于稀酸、氨水，极微溶于水。一般试剂含量≥99.9%。

注意事项 该品口服或与皮肤接触有毒。使用时应避免吸入本品的粉尘，避免与眼睛及皮肤接触。

主要用途 分析试剂。

Zinc oxide 氧化锌 10266

[1314-13-2] ZnO 81.41

成分 O 19.65%，Zn 80.35%。

别名 锌氧粉；锌华；白铅华；Flowers of zinc；Philosopher's wool；Zinc white

C.I. 77947 M.I.15，10347

性状 白色或微黄白色粉末。无味。在空气中吸收二氧化碳和水蒸气。溶于稀酸、浓碱溶液、氨水、铵盐溶液，不溶于水、乙醇。mp 1800℃（加压下）。1720℃升华（常压下）。*d* 5.67。

注意事项 该品对水生物极毒。能对水环境产生长期不良的影响。应防止将本品释放于环境中。其包装物应按危险品处理。

主要用途 标定EDTA钠的基准试剂。在锰的氧化还原容量法测定中用以沉淀盐类易水解的元素。分析试剂，如铁、铬、钒、锆、钛等的测定食品用锌强化剂。基准试剂。光谱分析试剂。光敏材料基质。电子元件。

参考规格 GB 1260—2008

	工作基准试剂
含量（ZnO）/%	99.95～100.05
澄清度试验/号≤	2
灼烧失重/%≤	0.2
游离碱	合格
氯化物（Cl）/%≤	0.001
硝酸盐（NO_3）/%≤	0.003
硫化合物（以 SO_4 计）/%≤	0.005
镁（Mg）/%≤	0.002
钙（Ca）/%≤	0.005
铁（Fe）/%≤	0.0005
铅（Pb）/%≤	0.003
还原高锰酸钾物质（以O计）/%≤	0.0016

HG/T 2890—2011	分析纯	化学纯
含量（ZnO）/%≥	99.0	99.0
澄清度试验/号≤	3	5
稀硫酸不溶物/%≤	0.01	0.02
游离碱	合格	合格
氯化物（Cl）/%≤	0.001	0.005
硝酸盐（NO_3）/%≤	0.003	0.005
硫化合物（以 SO_4 计）/%≤	0.01	0.02
锰（Mn）/%≤	0.0005	0.001
铁（Fe）/%≤	0.0005	0.0025
砷（As）/%≤	0.00005	0.0002
钠（Na）/%≤	0.05	0.10
镁（Mg）/%≤	0.005	0.01
钾（K）/%≤	0.01	0.02
钙（Ca）/%≤	0.005	0.01
铅（Pb）/%≤	0.005	0.05
还原高锰酸钾物质（以O计）/%≤	0.002	0.004

Zinc peroxide 过氧化锌 10267

[1314-22-3] ZnO_2 97.41

成分 O 32.85%，Zn 67.15%。

别名 二氧化锌；Zinc superoxide；Zinc dioxide；Zinc perhydrol；ZPO

GW 2015-912 M.I.15，10349

性状 白色至淡黄白色粉末。无味。溶于稀酸，并释放出过氧化氢；不溶于水，但能逐渐被水分解。约150℃分解。一般试剂含量50%～60%（其余为氧化锌）。

注意事项 该品与易燃物品混合具有爆炸性。对眼睛、呼吸系统及皮肤有刺激性。使用时应穿适当的防护服。使用时应避免与眼睛及皮肤接触。万一接触到眼睛，应立即用大量水冲洗后请医生诊治。使用完毕立即脱掉被污染的衣服。应远离易燃品，密封于通风干燥处保存。

主要用途 硫化氢吸收剂。

Zinc phosphate tetrahydrate 磷酸锌 四水 10268

[7779-90-0] $O_8P_2Zn_3 \cdot 4H_2O$ 458.16

成分（以无水物计） O 33.14%，P 16.04%，Zn 50.81%。

别名 四水合磷酸锌；Zinc phosphate tribasic tetrahydrate

M.I.15，10351

性状 白色粉末。无味。溶于稀无机酸、乙酸、氨水、碱溶液，不溶于水、乙醇。mp 900℃。一般试剂含量≥99.9%。

注意事项 该品对水生物极毒。能对水环境产生长期不良的影响。应防止将本品释放于环境中。其包装物应按危险品处理。

主要用途 分析试剂。牙科用粘固剂。

Zinc stearate 硬脂酸锌 10269

[557-05-1] $C_{36}H_{70}O_4Zn$ 632.36

成分 C 68.38%，H 11.16%，O 10.12%，Zn 10.34%。

别名 十八酸锌；脂蜡酸锌；Octadecanoic acid zinc salt

M.I.15，10358

性状 白色细小粉末。有滑腻感。有特殊气味。溶于苯，遇稀酸分解，不溶于水、乙醇、乙醚。mp 约120℃。

注意事项 该品对呼吸系统有刺激性。使用时应穿适当的防护服，戴手套和防护镜或面罩。应避免吸入本品的粉尘。万一接触到眼睛，应立即用大量水冲洗后请医生诊治。在通风条件不良的情况下使用。应戴适当的呼吸设备。

主要用途 制药工业。固化油的配制。油漆干燥剂。润滑剂的配制。

Zinc sulfate anhydrous 无水硫酸锌 10270

[7733-02-0] O_4SZn 161.47

成分 O 39.63%，S 19.86%，Zn 40.51%。

别名 硫酸锌 无水；Keratol；Optraex；Solvezink；Solvazinc；White vetriol；Zincaps；Zincate；Zincomed；Zinc vitriol

M.I.15,10359

性状 无色结晶或白色结晶性粉末。易溶于水，其稀溶液呈弱酸性。溶于甘油，微溶于乙醇。

注意事项 该品对眼睛及皮肤有刺激性。使用时应避免吸入本品的粉尘，避免与眼睛接触。

主要用途 分析试剂。固化油的制造。漂白剂。催化剂。媒染剂。木材、皮革的防腐剂。

Zinc sulfate heptahydrate 硫酸锌 七水 10271

[7446-20-0] $O_4SZn \cdot 7H_2O$ 287.54

成分（以无水物计） O 39.64%，S 19.86%，Zn 40.50%。

别名 七水合硫酸锌；皓矾；Collazin；Keratol；Op-Thal-Zin；Redeema；Solvazinc；Solvezink；Virudermin；White vitriol；Zincate；Zincomed

M.I.15,10359

性状 无色或白色结晶性粉末或颗粒。无味。1g该品溶于0.6mL水、2.5mL甘油，不溶于乙醇。其水溶液对石蕊呈酸性，pH值约4.5。在干燥空气中易风化。mp 100℃；约500℃分解；*d* 1.97。

注意事项 该品口服有毒。对眼睛有严重损伤的危险。对水生物极毒。能对水环境引起长期不良的影响。使用时应戴防护镜或面罩。使用时应避免吸入本品的粉尘，避免与眼睛及皮肤接触。万一接触到眼睛，应立即用大量水冲洗后请医生诊治。如误服本品，应立即就医并出示本品容器或标签。应防止将本品释放于环境中。其包装物应按危险品处理。应密封保存。

主要用途 分析试剂。点滴分析法测定铜和氯酸盐。血清蛋白检验。测定钢铁及炉渣的含硫量。媒染剂。电子元件。医药。食品用锌强化剂。

参考规格 GB/T 666—2011 分析纯 化学纯

含量($ZnSO_4 \cdot 7H_2O$)/%≥	99.5	99.0
pH 值(50g/L,25℃)	4.4～6.0	4.4～6.0
澄清度试验/号≤	3	5
水不溶物/%≤	0.01	0.02
氯化物(Cl)/%≤	0.0005	0.002
总氮量(N)/%≤	0.001	0.002
铁(Fe)/%≤	0.0005	0.002
铜(Cu)/%≤	0.001	0.005
镉(Cr)/%≤	0.0005	0.002
砷(As)/%≤	0.00005	0.0002
锰(Mn)/%≤	0.0003	0.001
铅(Pb)/%≤	0.001	0.01
钙(Ca)/%≤	0.005	0.01
钠(Na)/%≤	0.05	0.1
镁(Mg)/%≤	0.005	0.01
钾(K)/%≤	0.01	0.02

Zinc sulfide anhydrous 无水硫化锌 10272

[1314-98-3] SZn 97.47

成分 S 32.89%,Zn 67.11%。

别名 硫化锌 无水;Zinc blende

M.I.15,10360

性状 白色至浅灰色、微黄色粉末。溶于稀无机酸,不溶于水、碱溶液。*d* 4.102。一般试剂含量≥97.0%。

注意事项 该品与酸接触能释放出有毒气体。对眼睛、呼吸系统及皮肤有刺激性。使用时应戴手套。万一接触到眼睛,应立即用大量水冲洗后请医生诊治。

主要用途 分析试剂。电子元件。荧光粉的基质。

Zinc tungstate 钨酸锌 10273

[13597-56-3]O_4WZn 313.22

成分 O 20.43%,W 58.69%,Zn 20.88%。

别名 氧化钨锌;Zinc tungsten oxide

性状 白色结晶。一般试剂含量≥99.9%。

注意事项 使用时应戴适当的手套。

Zineb 代森锌 10274

[12122-67-6] $(C_4H_6N_2S_4Zn)_n$ $(275.75)_n$

成分 C 17.42%,H 2.19%,N 10.16%,S 46.51%,Zn 23.71%。

别名 亚乙基双二硫代氨基甲酸锌;[1,2-Ethanediylbis(carbamodithioato)](2－)zinc;[Ethylenebis(dithiocarbamato)]zinc;Zinc ethylenebis(dithiocarbamate);Ethylenebis(dithiocarbamic acid)zinc salt;ENT-14874;Parzate C;Lonacol;Dithane Z-78;Tiezene;Tritoftorol

M.I.15, 10365

性状 来自氯仿＋乙醇中的无色结晶或粉末。溶于二硫化碳、吡啶。其粉末能容易扩展在水的上面,也能悬浮于水,但实际不溶于水。LD_{50}大鼠急性经口:＞5g/kg。

注意事项 该品对呼吸系统有刺激性,接触皮肤能引起过敏。使用时应保持容器干燥。使用时应避免与眼睛及皮肤接触。如误服本品,应立即请医生检查,并向医生出示本品包装容器或标签。应密封于2～8℃保存。

主要用途 农业用于杀菌剂。

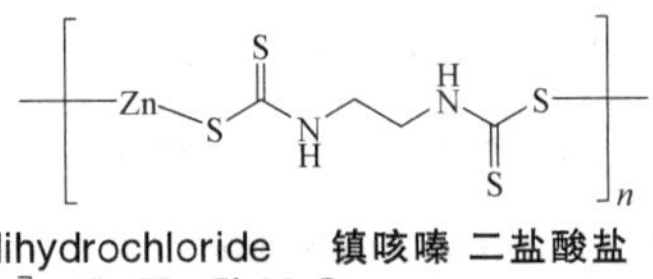

Zipeprol dihydrochloride 镇咳嗪 二盐酸盐 10275

[34758-84-4] $C_{23}H_{34}Cl_2N_2O_3$ 457.44

成分 C 60.39%, H 7.49%, Cl 15.50% N 6.12%, O 10.49%。

别名 双苯哌丙醇 二盐酸盐;盐酸镇咳嗪;CERM-3024;Antituxil-Z;Citizeta;Mirsol;Respirase;Robnin;Zitoxil;4-(2-Methoxy-2-phenylethyl)-α-methoxyphenylmethyl-1-piperazineethanol dihydrochloride; α-(α-Methoxybenzyl)-4-(β-methoxyphenethyl)-1-piperazineethanol dihydrochloride ; 1-(2-Hydroxy-3-methoxy-3-phenylpropyl)-4-(2-methoxy-2-phenylethyl) piperazine dihydrochloride;1-(2-Methoxy-2-phenylethyl)-4-(2-hydroxy-3-methoxy-3-phenylpropyl)piperazine dihydrochloride

M.I.15, 10370

性状 来自无水乙醇中的无色结晶。于水溶液中稳定。mp 231℃。LD_{50}小鼠急性经口:301mg/kg。

主要用途 医用镇咳剂。

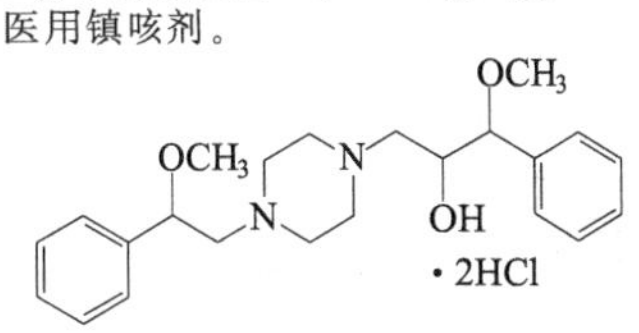

Ziprasidone hydrochloride monohydrate 齐普西酮 盐酸盐 一水 10276

[138982-67-9][122883-93-6](无水物) $C_{21}H_{22}Cl_2N_4OS \cdot H_2O$ 467.41

成分(以无水物计)C 56.13%,H 4.93%,Cl 15.78%,N 12.47%,O 3.56%,S 7.13%。

别名 盐酸齐普西酮;齐拉西酮 盐酸盐;盐酸齐拉西酮;CP-88059-1;Geodon;Zeldox;5-[2-[4-(1,2-Benzisothiazol-3-yl)-1-piperazinyl]ethyl]-6-chloro-1,3-dihydro-2*H*-indol-2-one hydrochloride monohydrate;5-[2-[4-(1,2-Benzisothiazol-3-yl)piperazinyl]ethyl]-6-chlorooxindole hydrochloride monohydrate;CP-88059-HCl

M.I.15, 10371

性状 白色至微桃红色粉末。一般商品为半水合物。mp ＞300℃。

主要用途 医用精神抑制剂。

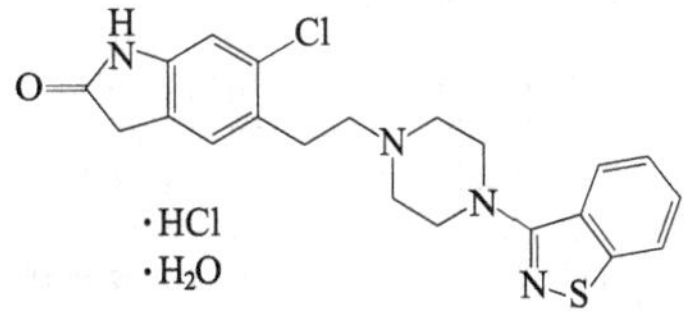

Ziram 二甲二硫代氨基甲酸锌 10277

[137-30-4] $C_6H_{12}N_2S_4Zn$ 305.83

成分 C 23.56%, H 3.96%, N 9.16%, S 41.93%, Zn 21.39%。

别名 福美锌; (*T*-4)-Bis(dimethylcarbamodithioato-*S*, *S'*) zinc; Bis (dimethyldithiocarbamato) zinc; Zinc dimethyldithiocarbamte; Dimethyldithiocarbamic acid zinc salt; Zinc bis (dimethylthiocarbamoyl) disulfide; Crittam; Methyl cymate; Mezene; Pomarsol Z; Thionic; Triscabol

GW2015-2006 M.I.15, 10372

性状 来自热氯仿＋乙醇中的无色结晶。该品25℃时于下列溶剂中的溶解度(g/100mL):乙醇＜0.5;丙酮＜0.5;苯＜0.2;四氯化碳＜0.2;乙醚＜0.2;萘0.5。溶于稀苛性碱溶液,较多地溶于氯仿,几乎不溶于水。其粉尘能燃烧。mp 250℃; d_4^{25} 1.66。LD_{50}大鼠急性经口:1.4g/kg。

注意事项 该品吸入极毒,口服有毒。对呼吸系统有刺激性。对眼睛有严重损伤的危险。接触皮肤能引起过敏。长期接触有严重损伤健康的危险。对水生物极毒。能对水环境产生长期不良的影响。使用时应穿适当的防护服,戴手套和防护镜或面罩。应避免吸入其粉尘。万一接触到眼睛,应立即用大量水冲洗后请医生诊治。接触皮肤后应用大量水冲洗。应防止将本品释放于环境中。其包装物应按危险品处理,应密封于2～8℃保存。

主要用途 橡胶硫化促进剂。农用杀菌剂。

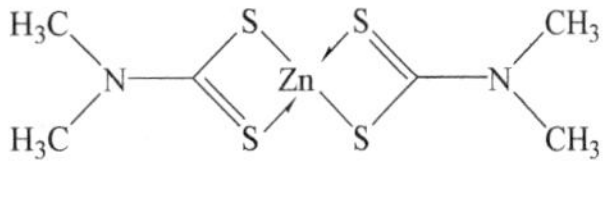

Zirconium foil 锆箔 10278

[7440-67-7] Zr 91.224

GW 41508 M.I.15, 10373

性状 浅灰色有光泽的箔状金属。

注意事项 该品与水接触时能释放出高度易燃气体,在空气中能自燃。使用时应保持容器密闭和干燥。万一着火,应使用干砂灭火设备，决不能用水。应储存于厂家指定的液体中，充氩气密封于干燥处保存。

Zirconium powder 锆粉 10279
[7440-67-7] Zr 91.224
GW 2015-1215 M.I. 15，10373
性状 蓝黑色无定形粉末。mp 1857℃；bp 3577℃；*d* 6.5。一般试剂含量≥97.0%。
注意事项 见10278锆箔。
主要用途 制造合金。无线电真空管。氢气发生剂。

Zirconium（Ⅳ）carbide powder 碳化锆粉 10280
[12070-14-3] CZr 103.23
成分 C 11.63%，Zr 88.37%。
性状 暗灰色类金属粉末。溶于氧化性酸，不溶于水、盐酸。*d* 6.730。一般试剂含量≥99.5%。
注意事项 该品极易燃。万一着火，应用砂及指定灭火设备，而不能用水。其包装物应按危险品处理。应采取抗放静电措施密封保存。

Zirconium（Ⅳ）chloride 氯化锆 10281
[10026-11-6] $ZrCl_4$ 233.02
成分 Cl 60.85%，Zr 39.15%。
别名 四氯化锆；Zirconium tetrachloride
GW 2015-2050 M.I. 15，10374
性状 无色有光泽的单斜结晶或粉末。易吸潮。具有催泪性。易溶于水，溶于乙醇、乙醚，不溶于苯、四氯化碳、二硫化碳。331℃升华。*d* 2.803。LD_{50} 小鼠，大鼠急性经口：655mg/kg，1688mg/kg。一般试剂含量≥99.5%。
注意事项 该品与水反应激烈。具有腐蚀性，能引起烧伤。口服有毒。对皮肤有刺激性。使用时应穿适当的防护服，戴手套和防护镜或面罩。万一接触到眼睛时，应立即用大量水冲洗后请医生诊治。使用时如有事故发生或有不适之感，应请医生诊治。应密封于干燥处保存。
主要用途 分析试剂。有机合成催化剂。锆的制备。颜料配制。鞣化剂。防水剂。

Zirconium（Ⅱ）hydride 氢化锆 10282
[7704-99-6] ZrH_2 93.24
成分 H 2.16%，Zr 97.84%。
GW 2015-1654 M.I. 15，10376
性状 灰黑色金属性粉末。性稳定。溶于氢氟酸。一般试剂含量≥99.0%。
注意事项 该品与水接触能释放出高度易燃气体。使用时应保持容器密闭和干燥。使用时应避免与眼睛及皮肤接触。万一着火，应使用干砂灭火而不能用水。应密封于干燥处保存。
主要用途 高纯分析试剂。强还原剂。催化剂。

Zirconium（Ⅳ）hydroxide 氢氧化锆 10283
[14475-63-9] H_4O_4Zr 159.25
成分 H 2.53%，O 40.19%，Zr 57.28%。
别名 偏锆酸；Metazirconic acid
M.I. 15，10377
性状 白色重质无定形粉末。溶于无机酸，不溶于水。mp 550℃（分解）；*d* 3.25。
注意事项 该品对眼睛、呼吸系统及皮肤有刺激性。
主要用途 分析试剂。锆化合物的制取。颜料配制。玻璃配料。

Zirconium(Ⅳ) nitrate pentahydrate
硝酸锆 五水 10284
[13746-89-9] $N_4O_{12}Zr \cdot 5H_2O$ 429.33
成分（以无水物计） N 16.51%，O 56.59%，Zr 26.89%。
别名 五水合硝酸锆
GW 2015-2295 M.I. 15，10379
性状 白色结晶。易吸潮。易溶于水，溶于乙醇。其水溶液对石蕊呈酸性。
注意事项 该品与易燃物品接触能引起着火。对呼吸系统及皮肤有刺激性。应远离火种，密封于干燥处保存。
主要用途 测定钾和氟化物的试剂。

Zirconium（Ⅳ）oxide 氧化锆 10285
[1314-23-4] ZrO_2 123.22
成分 O 25.97%，Zr 74.03%。
别名 二氧化锆；Zirconium dioxide；Zirconic anhydride；Zirconia
M.I. 15，10380
性状 白色重质无定形粉末或单斜结晶。溶于氢氟酸、硫酸，微溶于盐酸和硝酸，几乎不溶于水。mp 2680℃；bp 4300℃；*d* 5.85。一般试剂含量≥99.0%。
注意事项 该品对眼睛、呼吸系统及皮肤有刺激性。使用时应穿适当的防护服。万一接触到眼睛，应立即用大量水冲洗后请医生诊治。
主要用途 高纯分析试剂。高纯锆盐的制备。红外线光谱仪中的光源。还可用于X射线照相。医用治疗皮肤病。

Zirconium（Ⅳ）oxychloride octahydrate
氧氯化锆 八水 10286
[13520-92-8] $Cl_2OZr \cdot 8H_2O$ 322.25
成分（以无水物计） Cl 39.81%，O 8.98%，Zr 51.21%。
别名 八水合氧氯化锆；次氯酸锆；氯化锆酰；氯氧化锆；Basic zirconium chloride；Dichlorooxozicomium；Zirconium chloride basic；Zirconium (Ⅳ) oxide chloride；Zirconyl chloride
M.I. 15，10384
性状 来自水中的无色四方形结晶。易溶于水、乙醇，微溶于盐酸。*d* 1.91。LD_{50} 大鼠腹膜内注射：400mg/kg；急性经口：3.5g/kg。一般试剂含量≥99.0%（AT）。
注意事项 该品具有腐蚀性，能引起烧伤。对呼吸系统有刺激性。使用时应穿适当的防护服，戴手套和防护镜或面罩。万一接触到眼睛时，应立即用大量水冲洗后请医生诊治。使用时如有事故发生或有不适之感，应请医生诊治。应密封于干燥处保存。
主要用途 定性和比色测定氟化物。分离磷酸盐。

Zirconium（Ⅳ）oxynitrate dihydrate
硝酸氧锆 二水 10287
[13826-66-9] [14985-18-3]（水合物） $N_2O_7Zr \cdot 2H_2O$ 267.27
成分（以无水物计） N 12.11%，O 48.43%，Zr 39.45%。
别名 二水合硝酸氧锆；硝酸锆酰；Zirconyl nitrate
GW 2015-2333
性状 白色结晶或粉末。有潮解性。具有强酸味。易溶于水、乙醇，水溶液呈酸性。
注意事项 该品与易燃物品接触能引起燃烧。具有腐蚀性，能引起烧伤。使用时应穿适当的防护服，戴手套和防护镜或面罩。万一接触到眼睛，应立即用大量水冲洗后请医生诊治。接触皮肤后，应用大量水冲洗。使用时如有事故发生或有不适之感，应请医生诊治。应远离易燃物品，密封于干燥处保存。
主要用途 溶解难溶的铅、钡、锶和钙的硫酸盐。测定钾和氟化物的试剂。发光剂和耐火材料的制造。电子、仪表、冶金工业。

Zirconium(Ⅳ) silicate 硅酸锆 10288
[10101-52-7] O_4SiZr 183.31
成分 O 34.91%，Si 15.32%，Zr 49.76%。
别名 锆英石；锆石；风信子石；Zirconium orthosilicate
M.I. 15，10381
性状 无色四角形双锥体结晶。不溶于酸。mp＞1540℃；*d* 4.56。
主要用途 制造金属锆和氧化锆。耐火材料。

Zirconium（Ⅳ）sulfate tetrahydrate
硫酸锆 四水 10289
[7446-31-3] [34806-73-0]（水合物） $O_8S_2Zr \cdot 4H_2O$ 355.40
成分（以无水物计） O 45.17%，S 22.63%，Zr 32.20%。
别名 四水合硫酸锆；Disulfatozirconic acid
M.I. 15，10382
性状 无色或白色结晶性固体。易溶于水（18℃，52.5g/100g），溶液呈酸性。不溶于醇。热至135～150℃失去3分子结晶水。380℃成为无水物。*d* 3.22。LD_{50} 大鼠急性经口：3.5g/kg；腹膜内注射：175mg/kg。一般试剂含量≥98.0%。

注意事项 该品对眼睛及皮肤有刺激性。使用时应戴适当的手套。万一接触到眼睛，应立即用大量水冲洗后请医生诊治。
主要用途 催化剂。载体。氨基酸、蛋白质沉淀剂。

Zoledronic acid 唑来膦酸 10290

[118072-93-8] $C_5H_{10}N_2O_7P_2$ 272.09

成分 C 22.07%，H 3.70%，N 10.30%，O 41.16%，P 22.77%。
别名 ρ,ρ'-[1-Hydroxy-2-(1*H*)-imidazol-1-yl ethylidene] bisphosphonic acid; 2-(Imidazol-1-yl)-1-hydroxyethane-1, 1-diphosphonic acid; CGP-42446
M. I. 15，10388
性状 来自水中的无色结晶或白色结晶性 · 粉末。mp 239℃（分解）。一般试剂含量≥99.0%。
注意事项 该品口服或与皮肤接触有毒。对眼睛、呼吸系统及皮肤有刺激性。使用时应穿适当的防护服，戴手套和防护镜或面罩。应避免与眼睛及皮肤接触。
主要用途 医用骨吸收抑制剂。钙调节剂。

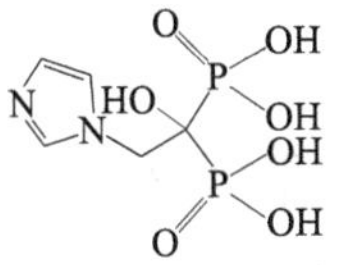

Zolimidine 左利米定 10291

[1222-57-7] $C_{14}H_{12}N_2O_2S$ 272.32

成分 C 61.75%，H 4.44%，N 10.29%，O 11.75%，S 11.77%。
别名 甲磺苯咪啶；2-[4-(Methylsulfonyl) phenyl] imidazo [1, 2-*a*] pyridine; Zoliridine; Solimidin
M. I. 15，10389
性状 无色结晶。mp 242～244℃。LD_{50} 大鼠急性经口：3710mg/kg。
主要用途 医用抗消化性溃疡剂。食欲兴奋剂。

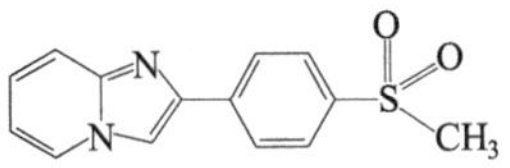

Zomepirac sodium salt 苯酰吡酸钠 10292

[64092-48-4] $C_{15}H_{13}ClNNaO_3$ 313.71

成分 C 57.43%，H 4.18%，Cl 11.30%，N 4.46%，Na 7.33%，O 15.30%。
别名 1，4-二甲基-5-（对氯苯甲酰）吡咯-2-乙酸钠盐；佐美酸钠；5-（4-氯苯甲酰）-1，4-二甲基-1*H*-吡咯-2-乙酸钠盐；氯苯酰二甲基吡咯乙酸钠；蠕胞菌素；5-(4-Chlorobenzoyl)-1, 4-dimethyl-1*H*-pyrrole-2-acetic acid sodium salt; 1, 4-Dimethyl-5-(*p*-chlorobenzoyl) pyrrole-2-acetic acid sodium salt; Zomax; Zomaxin; Zopirac
M. I. 14，10191
性状 来自异丙醇＋水中的无色结晶。mp 295～296℃。
注意事项 该品吸入、口服或与皮肤接触有毒。使用时应穿适当的防护服，戴手套和防护镜或面罩。使用时应避免吸入本品的粉尘。使用时如有事故发生或有不适之感，应请医生诊治。
主要用途 生化研究。医用止痛剂，抗炎剂。

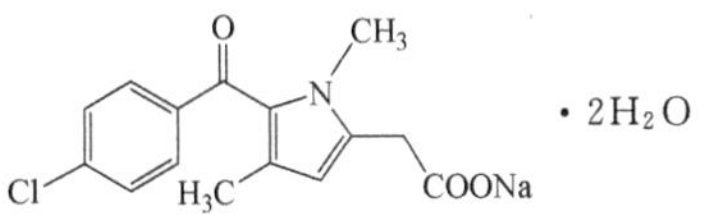

· $2H_2O$

Zonisamide 唑尼沙胺 10293

[68291-97-4] $C_8H_8N_2O_3S$ 212.22

成分 C 45.28%，H 3.80%，N 13.20%，O 22.62%，S 15.11%。
别名 左尼沙胺；唑利磺胺；1, 2-Benzisoxazole-3-methanesulfonamide; 3-Sulfamoylmethyl-1, 2-benzisoxazole; AD-810; CI-912; Excegran
M. I. 15，10392
性状 来自乙酸乙酯中的白色针状结晶。无气味，无味道。于水中溶解度（mg/mL）：0.80；于盐酸中（0.1mol/L，mg/mL）：0.50。溶于甲醇、乙醇、乙酸乙酯、乙酸，略微溶于水、氯仿、正己烷。pK_a10.2；mp 160～163℃（或162～166℃）。LD_{50} 小鼠，大鼠急性经口（mg/kg）：1892，2001；皮下注射（mg/kg）：1273，2569；腹膜内注射（mg/kg）：699，733；静脉注射（mg/kg）：604，748。生化试剂含量≥99.5%。
注意事项 该品口服有毒。
主要用途 医用抗惊厥剂。

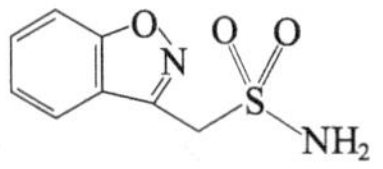

Zopiclone 吡嗪哌酯 10294

[43200-80-2] $C_{17}H_{17}ClN_6O_3$ 388.81

成分 C 52.52%，H 4.41%，Cl 9.12%，N 21.62%，O 12.34%。
别名 4-Methyl-1-piperazinecarboxylic acid 6-(5-chloro-2-pyridinyl)-6, 7-dihydro-7-oxo-5*H*-pyrrolo[3, 4-*b*]pyrazin-5-yl ester; 6-(5-Chloropyrid-2-yl)-5-(4-methylpiperazin-1-yl)carbonyloxy-7-oxo-6, 7-dihydro-5*H*-pyrrolo [3, 4-*b*] pyrazine; RP-27267; Amoban; Imovane; Limovan; Sopivan; Ximovan; Zimovane
M. I. 15，10393
性状 来自乙腈/二异丙醚（1：1）中的无色结晶。溶于二甲基亚砜，不溶于水。mp 178℃。
注意事项 该品可能损伤生育力。吸入、口服或与皮肤接触有毒。对眼睛、呼吸系统及皮肤有刺激性。使用时应穿适当的防护服。万一接触到眼睛，应立即用大量水冲洗后请医生诊治。
主要用途 生化研究。医用镇静剂，安眠剂。

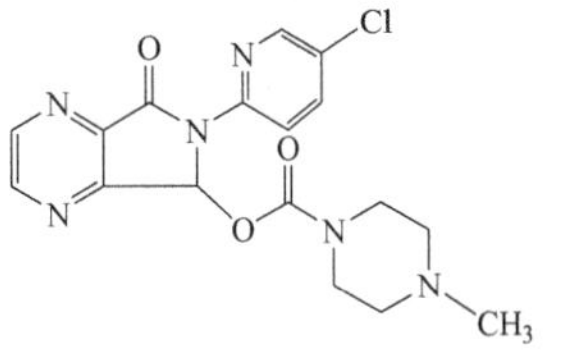

Zopolrestat 唑泊司他 10295

[110703-94-1] $C_{19}H_{12}F_3N_3O_3S$ 419.38

成分 C 54.42%，H 2.88%，F 13.59%，N 10.02%，O 11.44%，S 7.64%。
别名 3, 4-Dihydro-4-oxo-3-(5-trifluoromethyl-2-benzothiazolyl) methyl-1-phthalazineacetic acid; 2-[4-Oxo-3-[5-(trifluoromethyl) benzothiazol-2-ylmethyl]-3, 4-dihydrophthalazin-1-yl] acetic acid; CP-73850
M. I. 15，10394
性状 无色结晶。pK_a（二氧六环/水中）：5.46（1：1），6.38（2：1）；$\lg p$（正辛醇/水）：3.43；mp 197～198℃。生化试剂含量≥98.0%（HPLC）。
主要用途 醛糖还原酶抑制剂。医用糖尿病并发症的治疗。

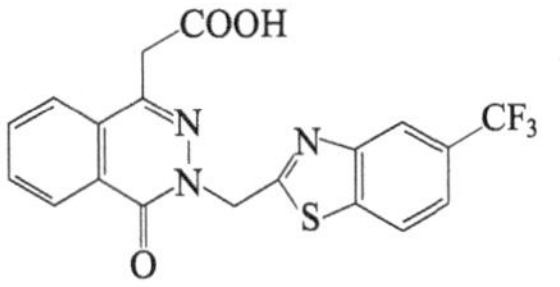

Zorubicin hydrochloride 柔红霉素苯腙 盐酸盐 10296

[36508-71-1] $C_{34}H_{36}ClN_3O_{10}$ 682.12

成分 C 59.87%，H 5.32%，Cl 5.20%，N 6.16%，O 23.46%。
别名 苯甲酰腙柔红霉素 盐酸盐；红比腙 盐酸盐；盐酸柔红霉素苯腙；盐酸红比腙；NSC-164011; Rubidazone; Benzoic acid2-[1-[(2*S*, 4*S*-)-4-(3-amino-2, 3, 6-trideoxy-α-L-*lyxo*-hexopyranosyl)oxy-1, 2, 3, 4, 6, 11-hexahydro-2, 5, 12-trihydroxy-7-methoxy-6, 11-dioxo-2-napthacenyl]ethylidene]hydrazide hydrochloride; Benzoic acid hydrazide 3-hydrazone with daunorubicin hydrochloride; RP-22050 HCl

M. I. 15，10395

性状 来自乙醇中的红橙色结晶性粉末。$[\alpha]_D^{20}-50°$（c=0.2，于水中）；uv max（甲醇中）：232.5nm，253nm，480nm，495nm（ε 40225，35300，10480，10300）。LD_{50}小鼠皮下注射：13.66mg/kg；腹膜内注射：4.42mg/kg；静脉注射：8.50mg/kg。

主要用途 医用抗肿瘤剂。

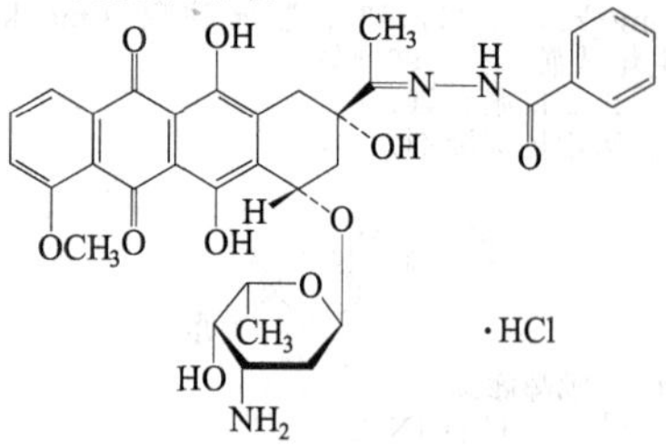

Zotepine 佐替平 10297

［26615-21-4］ $C_{18}H_{18}ClNOS$ 331.86

成分 C 65.15%，H 5.47%，Cl 10.68%，N 4.22%，O 4.82%，S 9.66%。

别名 苯噻庚乙胺；唑替平；2-(8-Chlorodibenzo[*b*,*f*]thiepin-10-yl) oxy-*N*,*N*-dimethylethanamine；2-Chloro-11-(2-dimethylaminoethoxy) dibenzo [*b*, *f*] thiepine；Lodopin；Nipolept；Setous；Zoleptil

M. I. 15，10397

性状 来自环己烷中的无色结晶。mp 90～91℃；uv max（95%乙醇中）：266nm。LD_{50}雄小鼠，大鼠急性经口（mg/kg）：108，458；静脉注射（mg/kg）：43.3，39.7；腹膜内注射（mg/kg）：40.0，97.0；皮下注射（mg/kg）：84.9，2080。

主要用途 医用精神抑制剂。

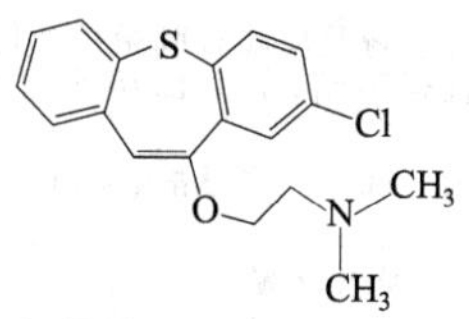

Zoxazolamine 氯苯噁唑胺 10298

［61-80-3］ $C_7H_5ClN_2O$ 168.58

成分 C 49.87%，H 2.99%，Cl 21.03%，N 16.62%，O 9.49%。

别名 2-氨基-5-氯苯并噁唑；5-氯-2-苯并噁唑胺；5-Chloro-2-benzoxazolamine；2-Amino-5-chlorobenzoxazole；McN-485；Flexin

M. I. 15，10399

性状 来自苯中的无色结晶。溶于乙醇，微溶于水。mp 185～185.5℃；uv max（甲醇中）：244nm，285nm。LD_{50}小鼠，大鼠腹膜内注射（mg/kg）：376，102；急性经口（mg/kg）：678，730。一般试剂含量≥97.0%。

注意事项 该品对眼睛、呼吸系统及皮肤有刺激性。

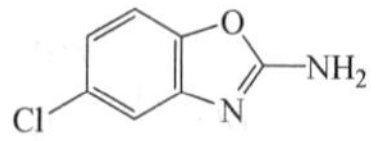

Zymosan A from saccharomyces cerevisiae 酵母聚糖 A（酿酒酵母） 10299

［58856-93-2］［9010-72-4］

M. I. 15，10400

性状 白色至浅灰色粉末。几乎不溶于水。但易分散于水中，产生一种类似的悬浮物。

注意事项 使用时应避免吸入本品的粉尘，避免与眼睛及皮肤接触。应充氩气密封于2～8℃保存。

主要用途 生化研究，用于裂解素的分析。

中文通用名索引

B

C

D

E

F

G

H

J

K

L

M

N

O

P

Q

R

S

T

W

X

Y

Z

CAS 登录号索引